现行建筑施工规范大全

（含条文说明）

第 3 册

装饰装修·专业工程·施工管理

本社编

中国建筑工业出版社

图书在版编目（CIP）数据

现行建筑施工规范大全(含条文说明). 第 3 册　装饰装修·专业工程·施工管理/本社编. —北京：中国建筑工业出版社，2014.2
ISBN 978-7-112-16109-6

Ⅰ.①现…　Ⅱ.①本…　Ⅲ.①建筑工程-工程施工-建筑规范-中国　Ⅳ.①TU711

中国版本图书馆 CIP 数据核字(2013)第 270405 号

责任编辑：丁洪良　李翰伦
责任校对：关　健

现行建筑施工规范大全

（含条文说明）

第 3 册

装饰装修·专业工程·施工管理

本社编

*

中国建筑工业出版社出版、发行(北京西郊百万庄)

各地新华书店、建筑书店经销

北京红光制版公司制版

北京中科印刷有限公司印刷

*

开本：787×1092毫米　1/16　印张：124¼　插页：1　字数：4480千字
2014 年 7 月第一版　2014 年 7 月第一次印刷
定价：**275.00** 元
ISBN 978-7-112-16109 -6
(24881)

出 版 说 明

《现行建筑设计规范大全》、《现行建筑结构规范大全》、《现行建筑施工规范大全》缩印本（以下简称《大全》），自 1994 年 3 月出版以来，深受广大建筑设计、结构设计、工程施工人员的欢迎。2006 年我社又出版了与《大全》配套的三本《条文说明大全》。但是，随着科研、设计、施工、管理实践中客观情况的变化，国家工程建设标准主管部门不断地进行标准规范制订、修订和废止的工作。为了适应这种变化，我社将根据工程建设标准的变更情况，适时地对《大全》缩印本进行调整、补充，以飨读者。

鉴于上述宗旨，我社近期组织编辑力量，全面梳理现行工程建设国家标准和行业标准，参照工程建设标准体系，结合专业特点，并在认真调查研究和广泛征求读者意见的基础上，对 2009 年出版的设计、结构、施工三本《大全》和配套的三本《条文说明大全》进行了重大修订。

新版《大全》将《条文说明大全》和原《大全》合二为一，即像规范单行本一样，把条文说明附在每个规范之后，这样做的目的是为了更加方便读者理解和使用规范。

由于规范品种越来越多，《大全》体量愈加庞大，本次修订后决定按分册出版，一是可以按需购买，二是检索、携带方便。

《现行建筑设计规范大全》分 4 册，共收录标准规范 193 本。

《现行建筑结构规范大全》分 4 册，共收录标准规范 168 本。

《现行建筑施工规范大全》分 5 册，共收录标准规范 304 本。

需要特别说明的是，由于标准规范处在一个动态变化的过程中，而且出版社受出版发行规律的限制，不可能在每次重印时对《大全》进行修订，所以在全面修订前，《大全》中有可能出现某些标准规范没有替换和修订的情况。为使广大读者放心地使用《大全》，我社在网上提供查询服务，读者可登录我社网站查询相关标准规范的制订、全面修订、局部修订等信息。

为不断提高《大全》质量、更加方便查阅，我们期待广大读者在使用新版《大全》后，给予批评、指正，以便我们改进工作。请随时登录我社网站，留下宝贵的意见和建议。

中国建筑工业出版社

2013 年 10 月

欲查询《大全》中规范变更情况，或有意见和建议：请登录中国建筑出版在线网站（book. cabplink. com）。登录方法见封底。

目　录

4 装 饰 装 修

5 专 业 工 程

6 施工组织与管理

4

装饰装修

中华人民共和国国家标准

住宅装饰装修工程施工规范

Code for construction of decoration of housings

GB 50327—2001

主编部门：中华人民共和国建设部
批准部门：中华人民共和国建设部
施行日期：2002年5月1日

关于发布国家标准《住宅装饰装修工程施工规范的通知》

建标〔2001〕266 号

根据我部《关于印发"二○○○至二○○一年度工程建设国家标准制订、修订计划"的通知》（建标〔2001〕87号）的要求，由我部会同有关部门共同编制的《住宅装饰装修工程施工规范》，经有关部门会审，批准为国家标准，编号为 GB 50327—2001，自2002 年 5 月 1 日起施行。其中，3.1.3、3.1.7、3.2.2、4.1.1、4.3.4、4.3.6、4.3.7、10.1.6 为强制性条文，必须严格执行。

本规范由建设部负责管理和对强制性条文的解释，中国建筑装饰协会负责具体技术内容的解释，建设部标准定额所组织中国建筑工业出版发行。

中华人民共和国建设部

2001 年 12 月 9 日

前 言

本规范是根据中华人民共和国建设部建标标〔2000〕36 号文《关于同意编制〈住宅装饰装修施工规范〉的函》的要求，由中国建筑装饰协会会同有关科研、设计、施工单位和地方装饰协会共同编制的。

本规范根据建设部下达任务的要求，结合我国住宅装饰装修的特点，在章节安排上基本涵盖了住宅内部装饰装修工程施工的全过程。同时，针对目前政府主管部门和消费者普遍关心的问题，强调了房屋结构安全、防火和室内环境污染控制，列入了施工管理的有关内容。

本规范突出了施工过程的控制。对装饰装修材料提出了原则性的要求。对工程验收标准因有相应规范规定，一般不再在本规范中表述。

本规范在编制过程中参照了部分国家现行法律、法规、管理规定和技术规范，充分考虑了与相关规范的协调，有些关键条目作了直接引用。

由于全国范围内住宅装饰装修的工艺差异较大，因此本规范的技术要求定位在全行业的平均水平上。

本规范共分十六章，依次为：总则、术语、基本规定、防火安全、室内环境污染控制、防水工程、抹灰工程、吊顶工程、轻质隔墙工程、门窗工程、细部工程、墙面铺装工程、涂饰工程、地面铺装工程、卫生器具及管道安装工程、电气安装工程。

本规范具体解释工作由中国建筑装饰协会负责。地址：北京市海淀区车公庄西路甲 19 号华通大厦，邮编：100044。为进一步完善本规范，请各单位在使用中注意总结经验，并将建议或意见寄给中国建筑装饰协会，以供今后修订时参考。

本规范主编单位：中国建筑装饰协会

本规范参编单位：中国建筑科学研究院、中国建筑设计研究院、河南省建筑装饰协会、武汉建筑装饰协会、深圳市装饰行业协会、上海市家庭装饰行业协会、北京东易日盛装饰工程有限公司、北京龙发装饰工程有限公司、北京阔达建筑装饰工程有限责任公司、北京庄典装饰工程有限公司、北京元洲装饰工程有限责任公司、北京艺海雅苑装饰设计有限公司、苏州贝特装饰设计工程有限公司、深圳市嘉音家居装修工程有限公司、深圳市居众家庭装饰工程有限公司、郑州市康利达装饰工程有限公司、武汉天立家庭装饰工程有限公司、哈尔滨麻雀艺术设计有限公司、上海百姓家庭装潢有限公司、上海荣欣家庭装潢有限公司、上海进念室内设计装饰有限公司、上海聚通装潢材料有限公司。

主要起草人员：张京跃　黄　白　房　箴　田万良　王本明　鲁心源　侯茂盛　张树君　李引擎　安　静　顾国华　钟晓春　熊　翔　杨东洲　郭　伟　何文祥　陈　辉　张　丽　刘　炜　李泰岩　王　显　庄　燕　尤东明　谢　威　刘海宁　薛景霞　关有为　冯雪冬　高志萍　窦麒贵　吕伟民　黄　振　濮铁生

目　次

1 总　则

1.0.1 为住宅装饰装修工程施工规范，保证工程质量，保障人身健康和财产安全，保护环境，维护公共利益，制定本规范。

1.0.2 本规范适用于住宅建筑内部的装饰装修工程施工。

1.0.3 住宅装饰装修工程施工除应执行本规范外，尚应符合国家现行有关标准、规范的规定。

2 术　语

2.0.1 住宅装饰装修　Interior decoration of housings

为了保护住宅建筑的主体结构，完善住宅的使用功能，采用装饰装修材料或饰物，对住宅内部表面和使用空间环境所进行的处理和美化过程。

2.0.2 室内环境污染　indoor environmental pollution

指室内空气中混入有害人体健康的氡、甲醛、苯、氨、总挥发性有机物等气体的现象。

2.0.3 基体　primary structure

建筑物的主体结构和围护结构。

2.0.4 基层　basic course

直接承受装饰装修施工的表面层。

3 基本规定

3.1 施工基本要求

3.1.1 施工前应进行设计交底工作，并应对施工现场进行核查，了解物业管理的有关规定。

3.1.2 各工序、各分项工程应自检、互检及交接检。

3.1.3 施工中，严禁损坏房屋原有绝热设施；严禁损坏受力钢筋；严禁超荷载集中堆放物品；严禁在预制混凝土空心楼板上打孔安装埋件。

3.1.4 施工中，严禁擅自改动建筑主体、承重结构或改变房间主要使用功能；严禁擅自拆改燃气、暖气、通讯等配套设施。

3.1.5 管道、设备工程的安装及调试应在装饰装修工程施工前完成，必须同步进行的应在饰面层施工前完成。装饰装修工程不得影响管道、设备的使用和维修。涉及燃气管道的装饰装修工程必须符合有关安全管理的规定。

3.1.6 施工人员应遵守有关施工安全、劳动保护、防火、防毒的法律、法规。

3.1.7 施工现场用电应符合下列规定：

　1 施工现场用电应从户表以后设立临时施工用电系统。

　2 安装、维修或拆除临时施工用电系统，应由电工完成。

　3 临时施工供电开关箱中应装设漏电保护器。进入开关箱的电源线不得用插销连接。

　4 临时用电线路应避开易燃、易爆物品堆放地。

　5 暂停施工时应切断电源。

3.1.8 施工现场用水应符合下列规定：

　1 不得在未做防水的地面蓄水。

　2 临时用水管不得有破损、滴漏。

　3 暂停施工时应切断水源。

3.1.9 文明施工和现场环境应符合下列要求：

　1 施工人员应衣着整齐。

　2 施工人员应服从物业管理或治安保卫人员的监督、管理。

　3 应控制粉尘、污染物、噪声、震动等对相邻居民、居民区和城市环境的污染及危害。

　4 施工堆料不得占用楼道内的公共空间，封堵紧急出口。

　5 室外堆料应遵守物业管理规定，避开公共通道、绿化地、化粪池等市政公用设施。

　6 工程垃圾宜密封包装，并放在指定垃圾堆放地。

　7 不得堵塞、破坏上下水管道、垃圾道等公共设施，不得损坏楼内各种公共标识。

　8 工程验收前应将施工现场清理干净。

3.2 材料、设备基本要求

3.2.1 住宅装饰装修工程所用材料的品种、规格、性能应符合设计的要求及国家现行有关标准的规定。

3.2.2 严禁使用国家明令淘汰的材料。

3.2.3 住宅装饰装修所用的材料应按设计要求进行防火、防腐和防蛀处理。

3.2.4 施工单位应对进场主要材料的品种、规格、性能进行验收。主要材料应有产品合格证书，有特殊要求的应有相应的性能检测报告和中文说明书。

3.2.5 现场配制的材料应按设计要求或产品说明书制作。

3.2.6 应配备满足施工要求的配套机具设备及检测仪器。

3.2.7 住宅装饰装修工程应积极使用新材料、新技术、新工艺、新设备。

3.3 成品保护

3.3.1 施工过程中材料运输应符合下列规定：

　1 材料运输使用电梯时，应对电梯采取保护措施。

　2 材料搬运时要避免损坏楼道内顶、墙、扶手、楼道窗户及楼道门。

3.3.2 施工过程中应采取下列成品保护措施：

　1 各工种在施工中不得污染、损坏其它工种的半成品、成品。

2 材料表面保护膜应在工程竣工时撤除。

3 对邮箱、消防、供电、电视、报警、网络等公共设施应采取保护措施。

4 防火安全

4.1 一般规定

4.1.1 施工单位必须制定施工防火安全制度，施工人员必须严格遵守。

4.1.2 住宅装饰装修材料的燃烧性能等级要求，应符合现行国家标准《建筑内部装修设计防火规范》（GB 50222）的规定。

4.2 材料的防火处理

4.2.1 对装饰织物进行阻燃处理时，应使其被阻燃剂浸透，阻燃剂的干含量应符合产品说明书的要求。

4.2.2 对木质装饰装修材料进行防火涂料涂布前应对其表面进行清洁。涂布至少分两次进行，且第二次涂布应在第一次涂布的涂层表干后进行，涂布量应不小于 $500g/m^2$。

4.3 施工现场防火

4.3.1 易燃物品应相对集中放置在安全区域并应有明显标识。施工现场不得大量积存可燃材料。

4.3.2 易燃易爆材料的施工，应避免敲打、碰撞、摩擦等可能出现火花的操作。配套使用的照明灯、电动机、电气开关、应有安全防爆装置。

4.3.3 使用油漆等挥发性材料时，应随时封闭其容器。擦拭后的棉纱等物品应集中存放且远离热源。

4.3.4 施工现场动用电气焊等明火时，必须清除周围及焊渣滴落区的可燃物质，并设专人监督。

4.3.5 施工现场必须配备灭火器、砂箱或其他灭火工具。

4.3.6 严禁在施工现场吸烟。

4.3.7 严禁在运行中的管道、装有易燃易爆的容器和受力构件上进行焊接和切割。

4.4 电气防火

4.4.1 照明、电热器等设备的高温部位靠近非 A 级材料、或导线穿越 B_2 级以下装修材料时，应采用岩棉、瓷管或玻璃棉等 A 级材料隔热。当照明灯具或镇流器嵌入可燃装饰装修材料中时，应采取隔热措施予以分隔。

4.4.2 配电箱的壳体和底板宜采用 A 级材料制作。配电箱不得安装在 B_2 级以下（含 B_2 级）的装修材料上。开关、插座应安装在 B_1 级以上的材料上。

4.4.3 卤钨灯灯管附近的导线应采用耐热绝缘材料

制成的护套，不得直接使用具有延燃性绝缘的导线。

4.4.4 明敷塑料导线应穿管或加线槽板保护，吊顶内的导线应穿金属管或 B_1 级 PVC 管保护，导线不得裸露。

4.5 消防设施的保护

4.5.1 住宅装饰装修不得遮挡消防设施、疏散指示标志及安全出口，并且不应妨碍消防设施和疏散通道的正常使用。不得擅自改动防火门。

4.5.2 消火栓门四周的装饰装修材料颜色应与消火栓门的颜色有明显区别。

4.5.3 住宅内部火灾报警系统的穿线管，自动喷淋灭火系统的水管线应用独立的吊管架固定。不得借用装饰装修用的吊杆和放置在吊顶上固定。

4.5.4 当装饰装修重新分割了住宅房间的平面布局时，应根据有关设计规范针对新的平面调整火灾自动报警探测器与自动灭火喷头的布置。

4.5.5 喷淋管线、报警器线路、接线箱及相关器件宜暗装处理。

5 室内环境污染控制

5.0.1 本规范中控制的室内环境污染物为：氡（^{222}Rn）、甲醛、氨、苯和总挥发性有机物（TVOC）。

5.0.2 住宅装饰装修室内环境污染控制除应符合本规范外，尚应符合《民用建筑工程室内环境污染控制规范》（GB 50325—2001）等国家现行标准的规定。设计、施工应选用低毒性、低污染的装饰装修材料。

5.0.3 对室内环境污染控制有要求的，可按有关规定对 5.0.1 条的内容全部或部分进行检测，其污染物浓度限值应符合表 5.0.3 的要求。

表 5.0.3 　　　 住宅装饰装修
后室内环境污染物浓度限值

室内环境污染物	浓 度 限 值
氡（Bq/m^3）	≤200
甲醛（mg/m^3）	≤0.08
苯（mg/m^3）	≤0.09
氨（mg/m^3）	≤0.20
总挥发性有机物 TVOC（Bq/m^3）	≤0.50

6 防水工程

6.1 一般规定

6.1.1 本章适用于卫生间、厨房、阳台的防水工程施工。

6.1.2 防水施工宜采用涂膜防水。

6.1.3 防水施工人员应具备相应的岗位证书。

6.1.4 防水工程应在地面、墙面隐蔽工程完毕并经检查验收后进行。其施工方法应符合国家现行标准、规范的有关规定。

6.1.5 施工时应设置安全照明，并保持通风。

6.1.6 施工环境温度应符合防水材料的技术要求，并宜在 5℃ 以上。

6.1.7 防水工程应做两次蓄水试验。

6.2 主要材料质量要求

6.2.1 防水材料的性能应符合国家现行有关标准的规定，并应有产品合格证书。

6.3 施工要点

6.3.1 基层表面应平整，不得有松动、空鼓、起沙、开裂等缺陷，含水率应符合防水材料的施工要求。

6.3.2 地漏、套管、卫生洁具根部、阴阳角等部位，应先做防水附加层。

6.3.3 防水层应从地面延伸到墙面，高出地面 100mm；浴室墙面的防水层不得低于 1800mm。

6.3.4 防水砂浆施工应符合下列规定：

　1　防水砂浆的配合比应符合设计或产品的要求，防水层应与基层结合牢固，表面应平整，不得有空鼓、裂缝和麻面起砂，阴阳角应做成圆弧形。

　2　保护层水泥砂浆的厚度、强度应符合设计要求。

6.3.5 涂膜防水施工应符合下列规定：

　1　涂膜涂刷应均匀一致，不得漏刷。总厚度应符合产品技术性能要求。

　2　玻纤布的接槎应顺流水方向搭接，搭接宽度应不小于 100mm。两层以上玻纤布的防水施工，上、下搭接应错开幅宽的 1/2。

7 抹灰工程

7.1 一般规定

7.1.1 本章适用于住宅内部抹灰工程施工。

7.1.2 顶棚抹灰层与基层之间及各抹灰层之间必须粘结牢固，无脱层、空鼓。

7.1.3 不同材料基体交接处表面的抹灰应采取防止开裂的加强措施。

7.1.4 室内墙面、柱面和门洞口的阳角做法应符合设计要求。设计无要求时，应采用 1:2 水泥砂浆做暗护角，其高度不应低于 2m，每侧宽度不应小于 50mm。

7.1.5 水泥砂浆抹灰层应在抹灰 24h 后进行养护。抹灰层在凝结前，应防止快干、水冲、撞击和震动。

7.1.6 冬期施工，抹灰时的作业面温度不宜低于 5℃；抹灰层初凝前不得受冻。

7.2 主要材料质量要求

7.2.1 抹灰用的水泥宜为硅酸盐水泥、普通硅酸盐水泥，其强度等级不应小于 32.5。

7.2.2 不同品种不同标号的水泥不得混合使用。

7.2.3 水泥应有产品合格证书。

7.2.4 抹灰用砂子宜选用中砂，砂子使用前应过筛，不得含有杂物。

7.2.5 抹灰用石灰膏的熟化期不应少于 15d。罩面用磨细石灰粉的熟化期不应少于 3d。

7.3 施工要点

7.3.1 基层处理应符合下列规定：

　1　砖砌体，应清除表面杂物、尘土，抹灰前应洒水湿润。

　2　混凝土，表面应凿毛或在表面洒水润湿后涂刷 1:1 水泥砂浆（加适量胶粘剂）。

　3　加气混凝土，应在湿润后边刷界面剂，边抹强度不大于 M5 的水泥混合砂浆。

7.3.2 抹灰层的平均总厚度应符合设计要求。

7.3.3 大面积抹灰前应设置标筋。抹灰应分层进行，每遍厚度宜为 5~7mm。抹石灰砂浆和水泥混合砂浆每遍厚度宜为 7~9mm。当抹灰总厚度超出 35mm时，应采取加强措施。

7.3.4 用水泥砂浆和水泥混合砂浆抹灰时，应待前一抹灰层凝结后方可抹后一层；用石灰砂浆抹灰时，应待前一抹灰层七八成干后方可抹后一层。

7.3.5 底层的抹灰层强度不得低于面层的抹灰层强度。

7.3.6 水泥砂浆拌好后，应在初凝前用完，凡结硬砂浆不得继续使用。

8 吊顶工程

8.1 一般规定

8.1.1 本章适用于明龙骨和暗龙骨吊顶工程的施工。

8.1.2 吊杆、龙骨的安装间距、连接方式应符合设计要求。后置埋件、金属吊杆、龙骨应进行防腐处理。木吊杆、木龙骨、造型木板和木饰面板应进行防腐、防火、防蛀处理。

8.1.3 吊顶材料在运输、搬运、安装、存放时应采取相应措施，防止受潮、变形及损坏板材的表面和边角。

8.1.4 重型灯具、电扇及其他重型设备严禁安装在吊顶龙骨上。

8.1.5 吊顶内填充的吸音、保温材料的品种和铺设厚度应符合设计要求，并应有防散落措施。

8.1.6 饰面板上的灯具、烟感器、喷淋头、风口箅子等设备的位置应合理、美观，与饰面板交接处应严密。

8.1.7 吊顶与墙面、窗帘盒的交接应符合设计要求。

8.1.8 搁置式轻质饰面板，应按设计要求设置压卡装置。

8.1.9 胶粘剂的类型应按所用饰面板的品种配套选用。

8.2 主要材料质量要求

8.2.1 吊顶工程所用材料的品种、规格和颜色应符合设计要求。饰面板、金属龙骨应有产品合格证书。木吊杆、木龙骨的含水率应符合国家现行标准的有关规定。

8.2.2 饰面板表面应平整，边缘应整齐、颜色应一致。穿孔板的孔距应排列整齐；胶合板、木质纤维板、大芯板不应脱胶、变色。

8.2.3 防火涂料应有产品合格证书及使用说明书。

8.3 施 工 要 点

8.3.1 龙骨的安装应符合下列要求：

1 应根据吊顶的设计标高在四周墙上弹线。弹线应清晰、位置应准确。

2 主龙骨吊点间距、起拱高度应符合设计要求。当设计无要求时，吊点间距应小于 1.2m，应按房间短向跨度的 1‰～3‰ 起拱。主龙骨安装后应及时校正其位置标高。

3 吊杆应通直，距主龙骨端部距离不得超过 300mm。当吊杆与设备相遇时，应调整吊点构造或增设吊杆。

4 次龙骨应紧贴主龙骨安装。固定板材的次龙骨间距不得大于 600mm，在潮湿地区和场所，间距宜为 300～400mm。用沉头自攻钉安装饰面板时，接缝处次龙骨宽度不得小于 40mm。

5 暗龙骨系列横撑龙骨应用连接件将其两端连接在通长次龙骨上。明龙骨系列的横撑龙骨与通长龙骨搭接处的间隙不得大于1mm。

6 边龙骨应按设计要求弹线，固定在四周墙上。

7 全面校正主、次龙的位置及平整度，连接件应错位安装。

8.3.2 安装饰面板前应完成吊顶内管道和设备的调试和验收。

8.3.3 饰面板安装前应按规格、颜色等进行分类选配。

8.3.4 暗龙骨饰面板（包括纸面石膏板、纤维水泥加压板、胶合板、金属方块板、金属条形板、塑料条形板、石膏板、钙塑板、矿棉板和格栅等）的安装应

符合下列规定：

1 以轻钢龙骨、铝合金龙骨为骨架，采用钉固法安装时应使用沉头自攻钉固定。

2 以木龙骨为骨架，采用钉固法安装时应使用木螺钉固定，胶合板可用铁钉固定。

3 金属饰面板采用吊挂连接件、插接件固定时应按产品说明书的规定放置。

4 采用复合粘贴法安装时，胶粘剂未完全固化前板材不得有强烈振动。

8.3.5 纸面石膏板和纤维水泥加压板安装应符合下列规定：

1 板材应在自由状态下进行安装，固定时应从板的中间向板的四周固定。

2 纸面石膏板螺钉与板边距离：纸包边宜为 10～15mm，切割边宜为 15～20mm；水泥加压板螺钉与板边距离宜为 8～15mm。

3 板周边钉距宜为 150～170mm，板中钉距不得大于 200mm。

4 安装双层石膏板时，上下层板的接缝应错开，不得在同一根龙骨上接缝。

5 螺钉头宜略埋入板面，并不得使纸面破损。钉眼应做防锈处理并用腻子抹平。

6 石膏板的接缝应按设计要求进行板缝处理。

8.3.6 石膏板、钙塑板的安装应符合下列规定：

1 当采用钉固法安装时，螺钉与板边距离不得小于 15mm，螺钉间距宜为 150～170mm，均匀布置，并应与板面垂直，钉帽应进行防锈处理，并应用与板面颜色相同涂料涂饰或用石膏腻子抹平。

2 当采用粘接法安装时，胶粘剂应涂抹均匀，不得漏涂。

8.3.7 矿棉装饰吸声板安装应符合下列规定：

1 房间内湿度过大时不宜安装。

2 安装前应预先排板，保证花样、图案的整体性。

3 安装时，吸声板上不得放置其他材料，防止板材受压变形。

8.3.8 明龙骨饰面板的安装应符合以下规定：

1 饰面板安装应确保企口的相互咬接及图案花纹的吻合。

2 饰面板与龙骨嵌装时应防止相互挤压过紧或脱挂。

3 采用搁置法安装时应留有板材安装缝，每边缝隙不宜大于1mm。

4 玻璃吊顶龙骨上留置的玻璃搭接宽度应符合设计要求，并应采用软连接。

5 装饰吸声板的安装如采用搁置法安装，应有定位措施。

9 轻质隔墙工程

9.1 一般规定

9.1.1 本章适用于板材隔墙、骨架隔墙和玻璃隔墙等非承重轻质隔墙工程的施工。

9.1.2 轻质隔墙的构造、固定方法应符合设计要求。

9.1.3 轻质隔墙材料在运输和安装时，应轻拿轻放，不得损坏表面和边角。应防止受潮变形。

9.1.4 当轻质隔墙下端用木踢脚覆盖时，饰面板应与地面留有 20～30mm 缝隙；当用大理石、瓷砖、水磨石等做踢脚板时，饰面板下端应与踢脚板上口齐平，接缝应严密。

9.1.5 板材隔墙、饰面板安装前应按品种、规格、颜色等进行分类选配。

9.1.6 轻质隔墙与顶棚和其他墙体的交接处应采取防开裂措施。

9.1.7 接触砖、石、混凝土的龙骨和埋置的木楔应作防腐处理。

9.1.8 胶粘剂应按饰面板的品种选用。现场配置胶粘剂，其配合比应由试验决定。

9.2 主要材料质量要求

9.2.1 板材隔墙的墙板、骨架隔墙的饰面板和龙骨、玻璃隔墙的玻璃应有产品合格证书。

9.2.2 饰面板表面应平整，边沿应整齐，不应有污垢、裂纹、缺角、翘曲、起皮、色差和图案不完整等缺陷。胶合板不应有脱胶、变色和腐朽。

9.2.3 复合轻质墙板的板面与基层（骨架）粘接必须牢固。

9.3 施工要点

9.3.1 墙位放线应按设计要求，沿地、墙、顶弹出隔墙的中心线和宽度线，宽度线应与隔墙厚度一致。弹线应清晰，位置应准确。

9.3.2 轻钢龙骨的安装应符合下列规定：

1 应按弹线位置固定沿地、沿顶龙骨及边框龙骨，龙骨的边线应与弹线重合。龙骨的端部应安装牢固，龙骨与基体的固定点间距应不大于 1m。

2 安装竖向龙骨应垂直，龙骨间距应符合设计要求。潮湿房间和钢板网抹灰墙，龙骨间距不宜大于 400mm。

3 安装支撑龙骨时，应先将支撑卡安装在竖向龙骨的开口方向，卡距宜为 400～600mm，距龙骨两端的距离宜为 20～25mm。

4 安装贯通系列龙骨时，低于 3m 的隔墙安装一道，3～5m 隔墙安装两道。

5 饰面板横向接缝处不在沿地、沿顶龙骨上时，应加横撑龙骨固定。

6 门窗或特殊接点处安装附加龙骨应符合设计要求。

9.3.3 木龙骨的安装应符合下列规定：

1 木龙骨的横截面积及纵、横向间距应符合设计要求。

2 骨架横、竖龙骨宜采用开半榫、加胶、加钉连接。

3 安装饰面板前应对龙骨进行防火处理。

9.3.4 骨架隔墙在安装饰面板前应检查骨架的牢固程度、墙内设备管线及填充材料的安装是否符合设计要求，如有不符合处采取措施。

9.3.5 纸面石膏板的安装应符合以下规定：

1 石膏板宜竖向铺设，长边接缝应安装在竖龙骨上。

2 龙骨两侧的石膏板及龙骨一侧的双层板的接缝应错开，不得在同一根龙骨上接缝。

3 轻钢龙骨应用自攻螺钉固定，木龙骨应用木螺钉固定。沿石膏板周边钉间距不得大于 200mm，板中钉间距不得大于 300mm，螺钉与板边距离应为 10～15mm。

4 安装石膏板时应从板的中部向板的四边固定。钉头略微埋入板内，但不得损坏纸面。钉眼应进行防锈处理。

5 石膏板的接缝应按设计要求进行板缝处理。石膏板与周围墙或柱应留有 3mm 的槽口，以便进行防开裂处理。

9.3.6 胶合板的安装应符合下列规定：

1 胶合板安装前应对板背面进行防火处理。

2 轻钢龙骨应采用自攻螺钉固定。木龙骨采用圆钉固定时，钉距宜为 80～150mm，钉帽应砸扁；采用钉枪固定时，钉距宜为 80～100mm。

3 阳角处宜作护角；

4 胶合板用木压条固定时，固定点间距不应大于 200mm。

9.3.7 板材隔墙的安装应符合下列规定：

1 墙位放线应清晰，位置应准确。隔墙上下基层应平整，牢固。

2 板材隔墙安装拼接应符合设计和产品构造要求。

3 安装板材隔墙时宜使用简易支架。

4 安装板材隔墙所用的金属件应进行防腐处理。

5 板材隔墙拼接用的芯材应符合防火要求。

6 在板材隔墙上开槽、打孔应用云石机切割或电钻钻孔，不得直接剔凿和用力敲击。

9.3.8 玻璃砖墙的安装应符合下列规定：

1 玻璃砖墙宜以 1.5m 高为一个施工段，待下部施工段胶结材料达到设计强度后再进行上部施工。

2 当玻璃砖墙面积过大时应增加支撑。玻璃砖墙的骨架应与结构连接牢固。

3 玻璃砖应排列均匀整齐，表面平整，嵌缝的油灰或密封膏应饱满密实。

9.3.9 平板玻璃隔墙的安装应符合下列规定：

1 墙位放线应清晰，位置应准确。隔墙基层应平整、牢固。

2 骨架边框的安装应符合设计和产品组合的要求。

3 压条应与边框紧贴，不得弯棱、凸鼓。

4 安装玻璃前应对骨架、边框的牢固程度进行检查，如有不牢应进行加固。

5 玻璃安装应符合本规范门窗工程的有关规定。

10 门窗工程

10.1 一般规定

10.1.1 本章适用于木门窗、铝合金门窗、塑料门窗安装工程的施工。

10.1.2 门窗安装前应按下列要求进行检查：

1 门窗的品种、规格、开启方向、平整度等应符合国家现行有关标准规定，附件应齐全。

2 门窗洞口应符合设计要求。

10.1.3 门窗的存放、运输应符合下列规定：

1 木门窗应采取措施防止受潮、碰伤、污染与暴晒。

2 塑料门窗贮存的环境温度应小于50℃；与热源的距离不应小于1m。当在环境温度为0℃的环境中存放时，安装前应在室温下放置24h。

3 铝合金、塑料门窗运输时应竖立排放并固定牢靠。樘与樘间应用软质材料隔开，防止相互磨损及压坏玻璃和五金件。

10.1.4 门窗的固定方法应符合设计要求。门窗框、扇在安装过程中，应防止变形和损坏。

10.1.5 门窗安装应采用预留洞口的施工方法，不得采用边安装边砌口或先安装后砌口的施工方法。

10.1.6 推拉门窗扇必须有防脱落措施，扇与框的搭接量应符合设计要求。

10.1.7 建筑外门窗的安装必须牢固，在砖砌体上安装门窗严禁用射钉固定。

10.2 主要材料质量要求

10.2.1 门窗、玻璃、密封胶等应按设计要求选用，并应有产品合格证书。

10.2.2 门窗的外观、外形尺寸、装配质量、力学性能应符合国家现行标准的有关规定，塑料门窗中的竖框、中横框或拼樘料等主要受力杆件中的增强型钢，应在产品说明中注明规格、尺寸。门窗表面不应有影响外观质量的缺陷。

10.2.3 木门窗采用的木材，其含水率应符合国家现行标准的有关规定。

10.2.4 在木门窗的结合处和安装五金配件处，均不得有木节或已填补的木节。

10.2.5 金属门窗选用的零附件及固定件，除不锈钢外均应经防腐蚀处理。

10.2.6 塑料门窗组合窗及连窗门的拼樘应采用与其内腔紧密吻合的增强型钢作为内衬，型钢两端比拼樘料长出10～15mm。外窗的拼樘料截面积尺寸及型钢形状、壁厚，应能使组合窗承受本地区的瞬间风压值。

10.3 施工要点

10.3.1 木门窗的安装应符合下列规定：

1 门窗框与砖石砌体、混凝土或抹灰层接触部位以及固定用木砖等均应进行防腐处理。

2 门窗框安装前应校正方正，加钉必要拉条避免变形。安装门窗框时，每边固定点不得少于两处，其间距不得大于1.2m。

3 门窗框需镶贴脸时，门窗框应凸出墙面，凸出的厚度应等于抹灰层或装饰面层的厚度。

4 木门窗五金配件的安装应符合下列规定：

1）合页距门窗扇上下端宜取立梃高度的1/10，并应避开上、下冒头。

2）五金配件安装应用木螺钉固定。硬木应钻2/3深度的孔，孔径应略小于木螺钉直径。

3）门锁不宜安装在冒头与立梃的结合处。

4）窗拉手距地面宜为1.5～1.6m，门拉手距地面宜为0.9～1.05m。

10.3.2 铝合金门窗的安装应符合下列规定：

1 门窗装入洞口应横平竖直，严禁将门窗框直接埋入墙体。

2 密封条安装时应留有比门窗的装配边长20～30mm的余量，转角处应斜面断开，并用胶粘剂粘贴牢固，避免收缩产生缝隙。

3 门窗框与墙体间缝隙不得用水泥砂浆填塞，应采用弹性材料填嵌饱满，表面应用密封胶密封。

10.3.3 塑料门窗的安装应符合下列规定：

1 门窗安装五金配件时，应钻孔后用自攻螺钉拧入，不得直接锤击钉入。

2 门窗框、副框和扇的安装必须牢固。固定片或膨胀螺栓的数量与位置应正确，连接方式应符合设计要求，固定点应距窗角、中横框、中竖框150～100mm，固定点间距应小于或等于 600mm。

3 安装组合窗时应将两窗框与拼樘料卡接，卡接后应用紧固件双向拧紧，其间距应小于或等于 600mm，紧固件端头及拼樘料与窗框间的缝隙应用嵌缝膏进行密封处理。拼樘料型钢两端必须与洞口固定牢固。

4 门窗框与墙体间缝隙不得用水泥砂浆填塞，应采用弹性材料填嵌饱满，表面应用密封胶密封。

10.3.4 木门窗玻璃的安装应符合下列规定：

1 玻璃安装前应检查框内尺寸、将裁口内的污垢清除干净。

2 安装长边大于 1.5m 或短边大于 1m 的玻璃，应用橡胶垫并用压条与螺钉固定。

3 安装木框、扇玻璃，可用钉子固定，钉距不得大于 300mm，且每边不少于两个；用木压条固定时，应先刷底油后安装，并不得将玻璃压得过紧。

4 安装玻璃隔墙时，玻璃在上框面应留有适量缝隙，防止木框变形，损坏玻璃。

5 使用密封膏时，接缝处的表面应清洁、干燥。

10.3.5 铝合金、塑料门窗玻璃的安装应符合下列规定：

1 安装玻璃前，应清出槽口内的杂物。

2 使用密封膏前，接缝处的表面应清洁、干燥。

3 玻璃不得与玻璃槽直接接触，并应在玻璃四边垫上不同厚度的垫块，边框上的垫块应用胶粘剂固定。

4 镀膜玻璃应安装在玻璃的最外层，单面镀膜玻璃应朝向室内。

11 细部工程

11.1 一般规定

11.1.1 本章适用木门窗套、窗帘盒、固定柜橱、护栏、扶手、花饰等细部工程的制作安装施工。

11.1.2 细部工程应在隐蔽工程已完成并经验收后进行。

11.1.3 框架结构的固定柜橱应用榫连接。板式结构的固定柜橱应用专用连接件连接。

11.1.4 细木饰面板安装后，应立即刷一遍底漆。

11.1.5 潮湿部位的固定橱柜、木门套应做防潮处理。

11.1.6 护栏、扶手应采用坚固、耐久材料，并能承受规范允许的水平荷载。

11.1.7 扶手高度不应小于 0.90m，护栏高度不应小于 1.05m，栏杆间距不应大于 0.11m。

11.1.8 湿度较大的房间，不得使用未经防水处理的

石膏花饰、纸质花饰等。

11.1.9 花饰安装完毕后，应采取成品保护措施。

11.2 主要材料质量要求

11.2.1 人造木板、胶粘剂的甲醛含量应符合国家现行标准的有关规定，应有产品合格证书。

11.2.2 木材含水率应符合国家现行标准的有关规定。

11.3 施工要点

11.3.1 木门窗套的制作安装应符合下列规定：

1 门窗洞口应方正垂直，预埋木砖应符合设计要求，并应进行防腐处理。

2 根据洞口尺寸、门窗中心线和位置线，用方木制成搁栅骨架并应做防腐处理，横撑位置必须与预埋件位置重合。

3 搁栅骨架应平整牢固，表面刨平。安装搁栅骨架应方正，除预留出板面厚度外，搁栅骨架与木砖间的间隙应垫以木垫，连接牢固。安装洞口搁栅骨架时，一般先上端后两侧，洞口上部骨架应与紧固件连接牢固。

4 与墙体对应的基层板板面应进行防腐处理，基层板安装应牢固。

5 饰面板颜色、花纹应谐调。板面应略大于搁栅骨架，大面应净光，小面应刮直。木纹根部应向下，长度方向需要对接时，花纹应通顺，其接头位置应避开视线平视范围，宜在室内地面 2m 以上或 1.2m 以下，接头应留在横撑上。

6 贴脸、线条的品种、颜色、花纹应与饰面板谐调。贴脸接头应成 45°角，贴脸与门窗套板面结合应紧密、平整，贴脸或线条盖住抹灰墙面应不小于 10mm。

11.3.2 木窗帘盒的制作安装应符合下列规定：

1 窗帘盒宽度应符合设计要求。当设计无要求时，窗帘盒宜伸出窗口两侧 200～300mm，窗帘盒中线应对准窗口中线，并使两端伸出窗口长度相同。窗帘盒下沿与窗口上沿应平齐或略低。

2 当采用木龙骨双包夹板工艺制作窗帘盒时，遮挡板外立面不得有明榫、露钉帽，底边应做封边处理。

3 窗帘盒底板可采用后置埋木楔或膨胀螺栓固定，遮挡板与顶棚交接处宜用角线收口。窗帘盒靠墙部分应与墙面紧贴。

4 窗帘轨道安装应平直。窗帘轨固定点必须在底板的龙骨上，连接必须用木螺钉，严禁用圆钉固定。采用电动窗帘轨时，应按产品说明书进行安装调试。

11.3.3 固定橱柜的制作安装应符合下列规定：

1 根据设计要求及地面及顶棚标高，确定橱柜的平面位置和标高。

2 制作木框架时，整体立面应垂直、平面应水平，框架交接处应做榫连接，并应涂刷木工乳胶。

3 侧板、底板、面板应用扁头钉与框架固定牢固，钉帽应做防腐处理。

4 抽屉应采用燕尾榫连接，安装时应配置抽屉滑轨。

5 五金件可先安装就位，油漆之前将其拆除，五金件安装应整齐、牢固。

11.3.4 扶手、护栏的制作安装应符合下列规定：

1 木扶手与弯头的接头要在下部连接牢固。木扶手的宽度或厚度超过 70mm 时，其接头应粘接加强。

2 扶手与垂直杆件连接牢固，紧固件不得外露。

3 整体弯头制作前应做足尺样板，按样板划线。弯头粘结时，温度不宜低于 5℃。弯头下部应与栏杆扁钢结合紧密、牢固。

4 木扶手弯头加工成形应刨光，弯曲应自然，表面应磨光。

5 金属扶手、护栏垂直杆件与预埋件连接应牢固、垂直，如焊接，则表面应打磨抛光。

6 玻璃栏板应使用夹层夹玻璃或安全玻璃。

11.3.5 花饰的制作安装应符合下列规定：

1 装饰线安装的基层必须平整、坚实，装饰线不得随基层起伏。

2 装饰线、件的安装应根据不同基层，采用相应的连接方式。

3 木（竹）质装饰线、件的接口应拼对花纹，拐弯接口应齐整无缝，同一种房间的颜色应一致，封口压边条与装饰线、件应连接紧密牢固。

4 石膏装饰线、件安装的基层应干燥，石膏线与基层连接的水平线和定位线的位置、距离应一致，接缝应 45°角拼接。当使用螺钉固定花件时，应用电钻打孔，螺钉头应沉入孔内，螺钉应做防锈处理；当使用胶粘剂固定花件时，应选用短时间固化的胶粘材料。

5 金属类装饰线、件安装前应做防腐处理。基层应干燥、坚实。铆接、焊接或紧固件连接时，紧固件位置应整齐，焊接点应在隐蔽处、焊接表面应无毛刺。刷漆前应去除氧化层。

12 墙面铺装工程

12.1 一般规定

12.1.1 本章适用于石材、墙面砖、木材、织物、壁

纸等材料的住宅墙面铺贴安装工程施工。

12.1.2 墙面铺装工程应在墙面隐蔽及抹灰工程、吊顶工程已完成并经验收后进行。当墙体有防水要求时，应对防水工程进行验收。

12.1.3 采用湿作业法铺贴的天然石材应作防碱处理。

12.1.4 在防水层上粘贴饰面砖时，粘结材料应与防水材料的性能相容。

12.1.5 墙面层应有足够的强度，其表面质量应符合国家现行标准的有关规定。

12.1.6 湿作业施工现场环境温度宜在 5℃ 以上；裱糊时空气相对湿度不得大于 85%，应防止湿度及温度剧烈变化。

12.2 主要材料质量要求

12.2.1 石材的品种、规格应符合设计要求，天然石材表面不得有隐伤、风化等缺陷。

12.2.2 墙面砖的品种、规格应符合设计要求，并应有产品合格证书。

12.2.3 木材的品种、质量等级应符合设计要求，含水率应符合国家现行标准的有关要求。

12.2.4 织物、壁纸、胶粘剂等应符合设计要求，并应有性能检测报告和产品合格证书。

12.3 施工要点

12.3.1 墙面砖铺贴应符合下列规定：

1 墙面砖铺贴前应进行挑选，并应浸水 2h 以上，晾干表面水分。

2 铺贴前应进行放线定位和排砖，非整砖应排放在次要部位或阴角处。每面墙不宜有两列非整砖，非整砖宽度不宜小于整砖的 1/3。

3 铺贴前应确定水平及竖向标志，垫好底尺，挂线铺贴。墙面砖表面应平整、接缝应平直、缝宽应均匀一致。阴角砖应压向正确，阳角线宜做成 45°角对接。在墙面突出物处，应整砖套割吻合，不得用非整砖拼凑铺贴。

4 结合砂浆宜采用 1：2 水泥砂浆，砂浆厚度宜为 6～10mm。水泥砂浆应满铺在墙砖背面，一面墙不宜一次铺贴到顶，以防塌落。

12.3.2 墙面石材铺装应符合下列规定：

1 墙面砖铺贴前应进行挑选，并应按设计要求进行预拼。

2 强度较低或较薄的石材应在背面粘贴玻璃纤维网布。

3 当采用湿作业法施工时，固定石材的钢筋网应与预埋件连接牢固。每块石材与钢筋网拉接点不得少于 4 个。拉接用金属丝应具有防锈性能。灌注砂浆前应将石材背面及基层湿润，并应用填缝材料临时封闭石材板缝，避

免漏浆。灌注砂浆宜用 1:2.5 水泥砂浆，灌注时应分层进行，每层灌注高度宜为 150～200mm，且不超过板高的 1/3，插捣应密实。待其初凝后方可灌注上层水泥砂浆。

4 当采用粘贴法施工时，基层处理应平整但不应压光。胶粘剂的配合比应符合产品说明书的要求。胶液应均匀、饱满的刷抹在基层和石材背面，石材就位时应准确，并应立即挤紧、找平、找正，进行顶、卡固定。溢出胶液应随时清除。

12.3.3 木装饰装修墙制作安装应符合下列规定：

1 制作安装前应检查基层的垂直度和平整度，有防潮要求的应进行防潮处理。

2 按设计要求弹出标高、竖向控制线、分格线。打孔安装木砖或木楔，深度应不小于 40mm，木砖或木楔应做防腐处理。

3 龙骨间距应符合设计要求。当设计无要求时：横向间距宜为 300mm，竖向间距宜为 400mm。龙骨与木砖或木楔连接应牢固。龙骨、木质基层板应进行防火处理。

4 饰面板安装前应进行选配，颜色、木纹对接应自然谐调。

5 饰面板固定应采用射钉或胶粘接，接缝应在龙骨上，接缝应平整。

6 镶接式木装饰墙可用射钉从凹榫边倾斜射入。安装第一块时必须校对竖向控制线。

7 安装封边收口线条时应用射钉固定，钉的位置应在线条的凹槽处或背视线的一侧。

12.3.4 软包墙面制作安装应符合下列规定：

1 软包墙面所用填充材料、纺织面料和龙骨、木基层板等均应进行防火处理。

2 墙面防潮处理应均匀涂刷一层清油或满铺油纸。不得用沥青油毡做防潮层。

3 木龙骨宜采用凹槽榫工艺预制，可整体或分片安装，与墙体连接应紧密、牢固。

4 填充材料制作尺寸应正确，棱角应方正，应与木基层板粘接紧密。

5 织物面料裁剪时经纬应顺直。安装应紧贴墙面，接缝应严密，花纹应吻合，无波纹起伏、翘边和褶皱，表面应清洁。

6 软包布面与压线条、贴脸线、踢脚板、电气盒等交接处应严密，顺直，无毛边。电气盒盖等开洞处，套割尺寸应准确。

12.3.5 墙面裱糊应符合下列规定：

1 基层表面应平整、不得有粉化、起皮、裂缝和突出物，色泽应一致。有防潮要求的应进行防潮处理。

2 裱糊前应按壁纸、墙布的品种、花色、规格进行选配、拼花、裁切、编号，裱糊时应按编号顺序粘贴。

3 墙面应采用整幅裱糊，先垂直面后水平面，先细部后大面，先保证垂直后对花拼逢，垂直面是先上后下，先长墙面后短墙面，水平面是先高后低。阴角处接缝应搭接，阳角处应包角不得有接缝。

4 聚氯乙烯塑料壁纸裱糊前应先将壁纸用水润湿数分钟，墙面裱糊时应在基层表面涂刷胶粘剂，顶棚裱糊时，基层和壁纸背面均应涂刷胶粘剂。

5 复合壁纸不得浸水，裱糊前应先在壁纸背面涂刷胶粘剂，放置数分钟，裱糊时，基层表面应涂刷胶粘剂。

6 纺织纤维壁纸不宜在水中浸泡，裱糊前宜用湿布清洁背面。

7 带背胶的壁纸裱糊前应在水中浸泡数分钟。裱糊顶棚时应涂刷一层稀释的胶粘剂。

8 金属壁纸裱糊前应浸水 1～2min，阴干 5～8min 后在其背面刷胶。刷胶应使用专用的壁纸粉胶，一边刷胶，一边将刷过胶的部分，向上卷在发泡壁纸卷上。

9 玻璃纤维基材壁纸、无纺墙布无需进行浸润。应选用粘接强度较高的胶粘剂，裱糊前应在基层表面涂胶，墙布背面不涂胶。玻璃纤维墙布裱糊对花时不得横拉斜扯避免变形脱落。

10 开关、插座等突出墙面的电气盒，裱糊前应先卸去盒盖。

13 涂饰工程

13.1 一般规定

13.1.1 本章适用于住宅内部水性涂料、溶剂型涂料和美术涂饰的涂饰工程施工。

13.1.2 涂饰工程应在抹灰、吊顶、细部、地面及电气工程等已完成并验收合格后进行。

13.1.3 涂饰工程应优先采用绿色环保产品。

13.1.4 混凝土或抹灰基层涂刷溶剂型涂料时，含水率不得大于 8%；涂刷水性涂料时，含水率不得大于 10%；木质基层含水率不得大于 12%。

13.1.5 涂料在使用前应搅拌均匀，并应在规定的时间内用完。

13.1.6 施工现场环境温度宜在 5～35℃之间，并应注意通风换气和防尘。

13.2 主要材料质量要求

13.2.1 涂料的品种、颜色应符合设计要求，并应有产品性能检测报告和产品合格证书。

13.2.2 涂饰工程所用腻子的粘结强度应符合国家现

行标准的有关规定。

13.3 施工要点

13.3.1 基层处理应符合下列规定：

1 混凝土及水泥砂浆抹灰基层：应满刮腻子、砂纸打光，表面应平整光滑、线角顺直。

2 纸面石膏板基层：应按设计要求对板缝、钉眼进行处理后，满刮腻子、砂纸打光。

3 清漆木质基层：表面应平整光滑、颜色谐调一致、表面无污染、裂缝、残缺等缺陷。

4 调和漆木质基层：表面应平整、无严重污染。

5 金属基层：表面应进行除锈和防锈处理。

13.3.2 涂饰施工一般方法：

1 滚涂法：将蘸取漆液的毛辊先按 W 方式运动将涂料大致涂在基层上，然后用不蘸取漆液的毛辊紧贴基层上下、左右来回滚动，使漆液在基层上均匀展开，最后用蘸取漆液的毛辊按一定方向满滚一遍。阴角及上下口宜采用排笔刷涂找齐。

2 喷涂法：喷枪压力宜控制在 0.4～0.8MPa 范围内。喷涂时喷枪与墙面应保持垂直，距离宜在 500mm 左右，匀速平行移动。两行重叠宽度宜控制在喷涂宽度的 1/3。

3 刷涂法：宜按先左后右、先上后下、先难后易、先边后面的顺序进行。

13.3.3 木质基层涂刷清漆：木质基层上的节疤、松脂部位应用虫胶漆封闭，钉眼处应用油性腻子嵌补。在刮腻子、上色前，应涂刷一遍封闭底漆，然后反复对局部进行拼色和修色，每修完一次，刷一遍中层漆，干后打磨，直至色调谐调统一，再做饰面漆。

13.3.4 木质基层涂刷调和漆：先满刷底油一遍，待其干后用油腻子将钉孔、裂缝、残缺处嵌刮平整，干后打磨光滑，再刷中层和面层油漆。

13.3.5 对泛碱、析盐的基层应先用 3% 的草酸溶液清洗，然后用清水冲刷干净或在基层上满刷一遍耐碱底漆，待其干后刮腻子，再涂刷面层涂料。

13.3.6 浮雕涂饰的中层涂料应颗粒均匀，用专用塑料辊蘸煤油或水均匀滚压，厚薄一致，待完全干燥固化后，才可进行面层涂饰。面层为水性涂料应采用喷涂，溶剂型涂料应采用刷涂。间隔时间宜在 4h 以上。

13.3.7 涂料、油漆打磨应待涂膜完全干透后进行，打磨应用力均匀，不得磨透露底。

14 地面铺装工程

14.1 一般规定

14.1.1 本章适用于石材（包括人造石材）、地面砖、实木地板、竹地板、实木复合地板、强化复合地板、地毯等材料的地面面层的铺贴安装工程施工。

14.1.2 地面铺装宜在地面隐蔽工程、吊顶工程、墙面抹灰工程完成并验收后进行。

14.1.3 地面面层应有足够的强度，其表面质量应符合国家现行标准、规范的有关规定。

14.1.4 地面铺装图案及固定方法等应符合设计要求。

14.1.5 天然石材在铺装前应采取防护措施，防止出现污损、泛碱等现象。

14.1.6 湿作业施工现场环境温度宜在 5℃ 以上。

14.2 主要材料质量要求

14.2.1 地面铺装材料的品种、规格、颜色等均应符合设计要求并应有产品合格证书。

14.2.2 地面铺装时所用龙骨、垫木、毛地板等木料的含水率，以及防腐、防蛀、防火处理等均应符合国家现行标准、规范的有关规定。

14.3 施工要点

14.3.1 石材、地面砖铺贴应符合下列规定：

1 石材、地面砖铺贴前应浸水湿润。天然石材铺贴前应进行对色、拼花并试拼、编号。

2 铺贴前应根据设计要求确定结合层砂浆厚度，拉十字线控制其厚度和石材、地面砖表面平整度。

3 结合层砂浆宜采用体积比为 1:3 的干硬性水泥砂浆，厚度宜高出实铺厚度 2～3mm。铺贴前应在水泥砂浆上刷一道水灰比为 1:2 的素水泥浆或干铺水泥 1～2mm 后洒水。

4 石材、地面砖铺贴时应保持水平就位，用橡皮锤轻击使其与砂浆粘结紧密，同时调整其表面平整度及缝宽。

5 铺贴后应及时清理表面，24h 后应用 1:1 水泥浆灌缝，选择与地面颜色一致的颜料与白水泥拌和均匀后嵌缝。

14.3.2 竹、实木地板铺装应符合下列规定：

1 基层平整度误差不得大于 5mm。

2 铺装前应对基层进行防潮处理，防潮层宜涂刷防水涂料或铺设塑料薄膜。

3 铺装前应对地板进行选配，宜将纹理、颜色接近的地板集中使用于一个房间或部位。

4 木龙骨应与基层连接牢固，固定点间距不得大于 600mm。

5 毛地板应与龙骨成 30° 或 45° 铺钉，板缝应为 2～3mm，相邻板的接缝应错开。

6 在龙骨上直接铺装地板时，主次龙骨的间距应根据地板的长宽模数计算确定，地板接缝应在龙骨的中线上。

7 地板钉长度宜为板厚的 2.5 倍，钉帽应砸扁。

固定时应从凹榫边 30°角倾斜钉入。硬木地板应先钻孔，孔径应略小于地板钉直径。

8 毛地板及地板与墙之间应留有 8～10mm 的缝隙。

9 地板磨光应先刨后磨，磨削应顺木纹方向，磨削总量应控制在 0.3～0.8mm 内。

10 单层直铺地板的基层必须平整、无油污。铺贴前应在基层刷一层薄而匀的底胶以提高粘结力。铺贴时基层和地板背面均应刷胶，待不粘手后再进行铺贴。拼板时应用榔头垫木块敲打紧密，板缝不得大于 0.3mm。溢出的胶液应及时清理干净。

14.3.3 强化复合地板铺装应符合下列规定：

1 防潮垫层应满铺平整，接缝处不得叠压。

2 安装第一排时应凹槽面靠墙。地板与墙之间应留有 8～10mm 的缝隙。

3 房间长度或宽度超过 8m 时，应在适当位置设置伸缩缝。

14.3.4 地毯铺装应符合下列规定：

1 地毯对花拼接应按毯面绒毛和织纹走向的同一方向拼接。

2 当使用张紧器伸展地毯时，用力方向应呈 V 字形，应由地毯中心向四周展开。

3 当使用倒刺板固定地毯时，应沿房间四周将倒刺板与基层固定牢固。

4 地毯铺装方向，应是毯面绒毛走向的背光方向。

5 满铺地毯，应用扁铲将毯边塞入卡条和墙壁间的间隙中或塞入踢脚下面。

6 裁剪楼梯地毯时，长度应留有一定余量，以便在使用中可挪动常磨损的位置。

15 卫生器具及管道安装工程

15.1 一般规定

15.1.1 本章适用于厨房、卫生间的洗涤、洁身等卫生器具的安装以及分户进水阀后给水管段、户内排水管段的管道施工。

15.1.2 卫生器具、各种阀门等应积极采用节水型器具。

15.1.3 各种卫生设备及管道安装均应符合设计要求及国家现行标准规范的有关规定。

15.2 主要材料质量要求

15.2.1 卫生器具的品种、规格、颜色应符合设计要求并应有产品合格证书。

15.2.2 给排水管材、件应符合设计要求并应有产品合格证书。

15.3 施工要点

15.3.1 各种卫生设备与地面或墙体的连接应用金属固定件安装牢固。金属固定件应进行防腐处理。当墙体为多孔砖墙时，应凿孔填实水泥砂浆后再进行固定件安装。当墙体为轻质隔墙时，应在墙体内设后置埋件，后置埋件应与墙体连接牢固。

15.3.2 各种卫生器具安装的管道连接件应易于拆卸、维修。排水管道连接应采用有橡胶垫片排水栓。卫生器具与金属固定件的连接表面应安置铅质或橡胶垫片。各种卫生陶瓷类器具不得采用水泥砂浆窝嵌。

15.3.3 各种卫生器具与台面、墙面，地面等接触部位均应采用硅酮胶或防水密封条密封。

15.3.4 各种卫生器具安装验收合格后应采取适当的成品保护措施。

15.3.5 管道敷设应横平竖直，管卡位置及管道坡度等均应符合规范要求。各类阀门安装应位置正确且平正，便于使用和维修。

15.3.6 嵌入墙体、地面的管道应进行防腐处理并用水泥砂浆保护，其厚度应符合下列要求：墙内冷水管不小于 10mm、热水管不小于 15mm，嵌入地面的管道不小于 10mm。嵌入墙体、地面或暗敷的管道应作隐蔽工程验收。

15.3.7 冷热水管安装应左热右冷，平行间距应不小于 200mm。当冷热水供水系统采用分水器供水时，应采用半柔性管材连接。

15.3.8 各种新型管材的安装应按生产企业提供的产品说明书进行施工。

16 电气安装工程

16.1 一般规定

16.1.1 本章适用于住宅单相入户配电箱户表后的室内电路布线及电器、灯具安装。

16.1.2 电气安装施工人员应持证上岗。

16.1.3 配电箱户表后应根据室内用电设备的不同功率分别配线供电；大功率家电设备应独立配线安装插座。

16.1.4 配线时，相线与零线的颜色应不同；同一住宅相线（L）颜色应统一，零线（N）宜用蓝色，保护线（PE）必须用黄绿双色线。

16.1.5 电路配管、配线施工及电器、灯具安装除遵守本规定外，尚应符合国家现行有关标准规范的规定。

16.1.6 工程竣工时应向业主提供电气工程竣工图。

16.2 主要材料质量要求

16.2.1 电器、电料的规格、型号应符合设计要求及国家现行电器产品标准的有关规定。

16.2.2 电器、电料的包装应完好，材料外观不应有破损，附件、备件应齐全。

16.2.3 塑料电线保护管及接线盒必须是阻燃型产品，外观不应有破损及变形。

16.2.4 金属电线保护管及接线盒外观不应有折扁和裂缝，管内应无毛刺，管口应平整。

16.2.5 通信系统使用的终端盒、接线盒与配电系统的开关、插座，宜选用同一系列产品。

16.3 施 工 要 点

16.3.1 应根据用电设备位置，确定管线走向、标高及开关、插座的位置。

16.3.2 电源线配线时，所用导线截面积应满足用电设备的最大输出功率。

16.3.3 暗线敷设必须配管。当管线长度超过 15m 或有两个直角弯时，应增设拉线盒。

16.3.4 同一回路电线应穿入同一根管内，但管内总根数不应超过 8 根，电线总截面积（包括绝缘外皮）不应超过管内截面积的 40%。

16.3.5 电源线与通讯线不得穿入同一根管内。

16.3.6 电源线及插座与电视线及插座的水平间距不应小于 500mm。

16.3.7 电线与暖气、热水、煤气管之间的平行距离不应小于 300mm，交叉距离不应小于 100mm。

16.3.8 穿入配管导线的接头应设在接线盒内，接头搭接应牢固，绝缘带包缠应均匀紧密。

16.3.9 安装电源插座时，面向插座的左侧应接零线(N)，右侧应接相线（L），中间上方应接保护地线(PE)。

16.3.10 当吊灯自重在 3kg 及以上时，应先在顶板上安装后置埋件，然后将灯具固定在后置埋件上。严

禁安装在木楔、木砖上。

16.3.11 连接开关、螺口灯具导线时，相线应先接开关，开关引出的相线应接在灯中心的端子上，零线应接在螺纹的端子上。

16.3.12 导线间和导线对地间电阻必须大于 $0.5M\Omega$。

16.3.13 同一室内的电源、电话、电视等插座面板应在同一水平标高上，高差应小于 5mm。

16.3.14 厨房、卫生间应安装防溅插座，开关宜安装在门外开启侧的墙体上。

16.3.15 电源插座底边距地宜为 300mm，平开关板底边距地宜为 1400mm。

附录 A 本规范用词说明

A.0.1 为便于在执行本规范条文时区别对待，对要求严格程度不同的用词，说明如下：

1 表示很严格，非这样做不可的用词：
正面词采用"必须"、"只能"；
反面词采用"严禁"。

2 表示严格，在正常情况下均应这样做的用词：
正面词采用"应"；
反面词采用"不应"或"不得"。

3 表示允许稍有选择，在条件许可时，首先应这样作的用词：
正面词采用"宜"；
反面词采用"不宜"。

表示有选择，在一定条件下可以这样做的，采用"可"。

A.0.2 条文中指定按其他有关标准、规范执行时，写法为"应按……执行"或"应符合……的规定"。

中华人民共和国国家标准

住宅装饰装修工程施工规范

GB 50327—2001

条 文 说 明

目　次

1 总 则

本章说明的是本规范制定的目的、适用范围以及与相关标准、规范的关系。

2 术 语

本章对住宅装饰装修、室内环境污染、基体和基层在本规范中的特定内容做出定义。

3 基 本 规 定

3.1.1 本条规定的是施工前的主要准备工作内容。

3.1.2 自检、互检、交接检在施工实践中被证明是保证工程质量行之有效的措施。以规范的形式确定下来，对提高工程质量具有积极意义。各项检查应按工艺标准进行，符合要求并做相应记录后，再进行下一步施工。

3.1.3 本条对危及住宅建筑结构安全的行为做出了严禁的强制性规定。

3.1.4 对涉及主体和承重结构的变动和增加荷载的住宅装饰装修，应由原结构设计单位或相应资质的设计单位核查有关原始资料，对原建筑结构进行必要的核验，按工程建设强制性标准确定设计后施工。目的是为了保证住宅建筑的结构安全、保障人身健康和财产安全，维护公共利益。业主及施工单位均有严格遵守的义务。

3.1.6 施工安全与劳动保护，既是企业对施工人员的要求，也是施工人员的基本权利。

3.1.7 施工现场用电是施工安全的重要内容，也是安全事故的多发领域，因此制定为强制性规定。

3.1.9 从维护人民群众利益的立场出发，本规范通过制定施工现场管理规定，规范施工人员的行为，力图使住宅装饰装修工程施工中的扰民问题得到一定程度的控制。

3.2.1 对住宅装饰装修工程所用材料质量提出了原则性要求。

3.2.4 本条明确了材料进场质量把关的责任由施工单位负责，以减少合同纠纷，保护消费者利益。

3.3.1 提出了在住宅装饰装修过程中对既有建筑和设备的保护要求。

4 防 火 安 全

4.1.1 防火安全首先应从制度建设入手。本条对施工单位和施工人员均提出了要求。

4.1.2 按现行国家标准《建筑材料燃烧性能分级方法》，将内部装饰装修材料的燃烧性能分为四级。本规范依据该分级方法将材料分为 A 不燃、B1 难燃、B2 可燃、B3 易燃四级，以利于装饰装修材料的检测和规范的实施。

《建筑内部装饰装修设计防火规范》(GB50222—95)对装饰装修材料防火设计提出了相应的要求，它应是本规范的参照点，故提出本条规定。

4.2.1 阻燃处理通常可采用浸渍法、喷雾法、浸轧法。采用浸渍法处理织物时，一般将织物浸渍于阻燃剂中，待浸透后将织物

取出，用轧辊轧出或用甩干机甩出多余的水分，铺叠平整，然后晒干、烘干、烫平即可。

4.2.2 防火涂料涂刷木材时应保证其渗入木材内部直至阻燃剂不再被吸收为止。两遍涂布的要求就是为了保证达到此效果。每平方米涂布 500g 的要求是有关标准规定的。木材表面如有水和油渍，会影响防火涂料的粘结性和耐燃性。

4.3.1 易燃物品对火十分敏感，很小的火星都可以致其起火，为此应集中放置并且在单位空间内尽可能少放可燃物品，以免火灾荷载过大。

4.3.2 施工现场材料堆放比较复杂，并且施工中的碰撞摩擦有可能出现火花。为此当施工现场有易燃、易爆材料时，应避免出现产生火花的操作。

4.3.3 油漆等挥发性材料会产生可爆气体，因此尽可能将其密闭，以免出现爆炸。

4.3.4 电气焊落渣温度很高，足以引燃很多类型的可燃材料。许多火灾表明，在电焊渣滴落区扫除可燃物并设专人监督，是十分有效的防火措施。

4.3.5 良好的施工环境和较高的防火意识是防止火灾发生的基本条件。

4.3.6 事实证明施工现场吸烟是引发火灾的重大隐患，必须严禁。

4.3.7 焊接和切割会在瞬间产生高温，该温度足以引燃引爆各类易燃、易爆的物质。

4.4.1 由照明灯具引发火灾的案例很多。本条没有具体规定高温部位与非 A 级装饰装修材料之间的距离。因为各种照明灯具在使用时散发出的热量大小、连续工作时间的长短、装饰装修材料的燃烧性能，以及不同防火保护措施的效果，都各不相同，难以做出具体的规定。可由设计人员本着"保障安全、经济合理、美观实用"的原则根据具体情况采取措施。

4.4.2 目前家用电器设备大幅增加。另外，由于室内装修采用的可燃材料越来越多，增加了电气设备引发火灾的危险性。为防止配电箱产生的火花或高温熔珠引燃周围的可燃物和避免箱体传热引燃墙面装饰装修材料，规定其不应直接安装在低于 B1 级的装饰装修材料上。开关、插座常会出现打火现象，故安装也应按此原则。

4.4.3 卤钨灯管工作时会产生很高的温度，因此与之相连的导线应有耐高温的防护。

4.4.4 对电线施行槽板和套管保护是为了防止电线破损老化短路而出现的火险。

4.5.1 进行室内装饰装修设计时要保证疏散指示标志和安全出口易于辨认，以免人员在紧急情况下发生疑问和误解。防火门是专用防火产品，其生产、安装均有严格的质量要求。装饰装修时不应损害防火门的任何一项专用功能。如特殊情况需做改动时，必须符合相应国家规范标准的要求。

4.5.2 建筑内部设置的消火栓门一般都设在比较显眼的位置，颜色也比较醒目。但有的单位单纯追求装饰装修效果，把消火栓门罩在木柜里面；还有的单位把消火栓门装饰装修得几乎与墙面一样，不到近处看不出来。这些做法对消火栓的及时取用造成了障碍。为了充分发挥消火栓在火灾扑救中的作用，特制定本条规定。

4.5.3 装饰装修吊顶的吊杆间距密，承载能力小，并且承载能力没有考虑其他负荷。消防水系统或报警系统的管线若用装饰装修的吊杆，第一不安全，第二会影响装饰装修的质量，因此应分开。消防系统的吊杆应按各自的规范要求设置。

4.5.4 房间重新分割装饰装修后，喷头、探头如果不进行调整，难以满足重新分割后的房间平面对喷头、探头布置的规范要求，会造成重大的火灾隐患。因此必须重点提出，引起高度重视。

4.5.5 为了不影响装饰装修效果，喷淋管线、报警线路、器件等首先应尽可能暗装；在不可能暗装时，为减少对装饰装修效果的影响，可以采取一些措施，如明装的标高、位置可按装饰装修要求调整，明装的器件可以按装饰装修要求进行协调处理。

5 室内环境污染控制

5.0.1 本规范列出的室内环境污染的五种主要有害物质是对人身危害最大的，因此必须提出加以严格控制。

5.0.2 《民用建筑工程室内环境污染控制规范》（GB 50325—2001）对室内环境污染控制提出了相应的要求，它应是本规范的参照点，故提出本条规定。同时要求设计、施工应选用低毒性、低污染的装饰装修材料。

5.0.3 住宅装饰装修后，业主可以要求对 5.0.1 条列出的五种污染物质全部或部分进行检测。检测单位应是获政府有关职能部门许可的机构。

6 防 水 工 程

6.1.1 本章所指防水工程为二次施工。一次施工为住宅在结构施工时所做的防水工程。在装饰装修施工中，由于业主要求改换地砖等，在剔凿时难免将防水层破坏，这时必须重新做防水施工。

6.1.2 涂膜类防水指聚氨酯等涂膜防水材料，产品特点是：拉伸强度、断裂伸长率均高于氯丁乳沥青防水材料，施工后干燥快，现在住宅装饰装修中多用此材料。但不排除使用其他类型的防水材料。

6.1.4 因卫生间面积狭小，施工中使用的材料又多有挥发性物质，为预防对施工人员的健康造成损害或引起燃爆，在无自然光照采用人工照明时，应设置安全照明并保持通风。

6.1.5 防水施工环境温度有下限要求，宜在 5℃ 以上。

6.3.1 基层表面如有凹凸不平、松动、空鼓、起沙、开裂等缺陷，将直接影响防水工程质量，因此对上述缺陷应做预先处理。基层含水率过高会引起空鼓，故水率应小于 9%。

基层泛水坡度应符合设计要求。

6.3.2 地漏、套管、卫生洁具根部、阴阳角等是渗漏的多发部位，因此在做大面积防水施工前应先做好局部防水附加层。

7 抹 灰 工 程

7.1.1 本章所指抹灰工程，是在住宅内墙面，包括混凝土、砖砌体、加气混凝土砌块等墙面涂抹水泥砂浆、水泥混合砂浆、白灰砂浆、聚合物水泥砂浆，以及纸筋灰、石膏灰等。

抹灰工程应在隐蔽工程完毕，并经验收后进行。

7.1.2 针对顶棚抹灰层脱落，造成人员、财物的损失事故，故将本条作为强制性条文提出。施工单位应采取有效措施保证本条的落实。

7.1.3 为了防止不同材质基层的伸缩系数不同而造成抹灰层的通长裂缝，不同材质基层交接处表面应先铺设防裂加强材料，其与各基层的搭接宽度应不小于 100mm。

7.1.4 水泥护角的功能主要是增加阳角的硬度和强度，减少使用过程中碰撞损坏。

7.1.5 水泥砂浆抹好后，常温下 24h 后应喷水养护，以促进水泥强度的增长。

7.1.6 为防止砂浆受冻后停止水化，在层与层之间形成隔离层，故要求施工现场温度下限不低于 5℃。

7.3.1 基层处理是抹灰工程的第一道工序，也是影响抹灰质量的关键，目的是增强基体与底层砂浆的粘结，防止空鼓、裂缝和脱落等质量隐患，因此要求基层表面应剔平突出部位，光滑部位剔凿毛，残渣污垢、隔离剂等应清理干净。

洒水润湿基层是为了避免抹灰层过早脱水，影响强度，产生空鼓。住宅内部墙面基层洒水程度应视室内气温及操作环境的实际情况掌握。

7.3.2 抹灰总厚度加大了应力，等于加大抹灰层与基层的剪切力，易产生剥离，故抹灰层的平均总厚度应符合设计要求。

7.3.3 大面积抹灰前设置标筋，是为了控制抹灰厚度及平整度。因一次性抹灰过厚，干缩率加大，易出现空鼓、裂缝、脱落，为有利于基层与抹灰层的结合及面层的压光，防止上述质量问题，故抹灰施工应分层进行。

7.3.5 为避免抹灰层在凝结过程中产生较强的收缩应力，破坏强度较低的基层或抹灰底层，产生空鼓、裂缝、脱落等质量问题，故要求强度高的抹灰层不得覆盖在强度低的抹灰层上。

7.3.6 凡结硬的砂浆，再加水使用，其和易性、保水性差，硬化收缩性大，粘结强度低，故做本条规定。

8 吊 顶 工 程

8.1.1 本章适用于龙骨加饰面板的吊顶工程施工。住宅装饰装修中一般为不上人吊顶，主要指木骨架、罩面板吊顶和轻钢龙骨罩面板吊顶及格栅木吊顶。罩面板主要指纸面石膏板埃特板、胶合板、矿棉吸音板、PVC 扣板、铝扣板等。

8.1.2 吊顶必须符合设计要求的主要内容包括：吊杆、龙骨的材质、规格、安装间距、连接方式以及标高、起拱、造型、颜色等。

8.1.4 重型灯具及电风扇、排风扇等有动荷载的物件，均应由独立吊杆固定。

8.3.1 吊杆的位置因关系到吊顶应力分配是否均衡、板面是否平整，故吊杆的位置及垂直度应符合设计和安全的要求。主、次龙骨的间距，可按饰面板的尺寸模数确定。

吊杆、龙骨的连接必须牢固。由于吊杆与龙骨之间松动造成应力集中，会产生较大的挠度变形，出现大面积罩面板不平整。在吊杆和龙骨的间距与水平度、连接位置等全面校正后，再将龙骨的所有吊挂件、连接件拧紧、夹牢。

为避免暗藏灯具与吊顶主龙骨、吊杆位置相撞，可在吊顶前在房间地面上弹线、排序，确定各物件的位置而后吊线施工。

8.3.2 吊顶板内的管线、设备在封顶板之前应作为隐蔽项目，调试验收完，应作记录。

8.3.5 对螺钉与板边距离、钉距、钉头嵌入石膏板内尺寸做出量化要求。钉头埋入板过深将破坏板的承载力。

9 轻质隔墙工程

9.1.1 本章适用于板材隔墙、骨架隔墙及玻璃隔墙的施工。板材隔墙多是加气混凝土条板和增强石膏空心条板。骨架隔墙多是轻钢龙骨。饰面板种类比较多，如纸面石膏板、GRC 板、FC 板、埃特板等。玻璃砖有空心和实心两种，本章专指空心玻璃砖。

9.1.2 轻质隔墙安装所需的预埋件、连接件的位置、数量及固定方法，因涉及安全问题，故强调必须符合设计要求。有墙基要求的隔墙，应先按设计要求进行墙基施工。

9.1.6 因不同材质的物理膨胀系数不同，为避免出现通长裂缝，故轻质隔墙与顶棚和其他墙体的交接处应有防裂缝处理。

9.3.1 墙位放线强调按设计要求，为保证隔墙垂直、平整，故要求沿地、顶、墙弹出隔墙的中心线和宽度线，宽度线应与龙骨的边线吻合，弹出 + 500mm 标高线。

9.3.2 应根据龙骨的不同材质确定沿地、顶、墙龙骨的固定点间距，且固定牢固。

9.3.4 预埋墙内的水暖、电气设备，应按设计要求采取局部加强措施固定牢固。为保证结构安全，墙中铺设管线时，不得切断横、竖向龙骨。

为保证密实，墙体内的填充材料应干燥，填充均匀无下坠，接头无空隙。

9.3.5 依墙面形状铺设饰面板，平面墙宜竖向铺设，曲面墙宜横向铺设。

为避免应力集中，由于物理膨胀系数不一而引起的不安全隐患，龙骨两侧的饰面板及龙骨一侧的内外两层饰面板应错缝排列，接缝不得落在同一根龙骨上。所有饰面板接缝处的固定点必须连接在龙骨上。

为解决石膏板开裂、板接缝不平、墙面不平等通病，安装饰面板时，应从板的中部向板的四边固定，钉头略埋入板内，钉眼应用腻子抹平。

9.3.8 玻璃砖自重较大，且砌筑的接触面较小，故要求以 1.5m 高度为单位分段施工，待固定后再进行上部施工。

10 门窗工程

10.1.1 本章适用于木门窗、金属门窗、塑料门窗，以及门窗玻璃的安装。

10.1.2 为保证门窗安装质量，在门窗安装之前，应根据设计和厂方提供的门窗节点图和构造图进行检查，核对类型、规格、开启方向是否符合设计要求，零部件、组合件是否齐全。

门窗安装前应核对洞口位置、尺寸及方正，有问题应提前进行剔凿、找平等处理。

10.1.5 为了保护门窗在施工过程中免受磨损、受力变形，应采用预留洞口的方法，而不得采用边安装边砌口或先安装后砌口的施工方法。

10.1.6 为保证使用安全，特别是防止高层住宅窗扇坠落事故，推拉窗扇必须有防脱落措施，扇与框的搭接量应符合设计要求。

10.1.7 门窗的固定方法应根据不同材质的墙体确定不同的方法。如混凝土墙洞口应采用射钉或膨胀螺钉。砖墙洞口应采用膨胀螺钉或水泥钉固定，但不得固定在砖缝上。除预埋件之外，砖受冲击之后易碎，因此在砖砌体上安装门窗时严禁用射钉固定。

10.3.1 木门窗与砖石砌体、混凝土或抹灰层接触处，是易受潮变形部位，故应进行防腐防潮处理；为保证使用安全，埋入砌体或混凝土中的木砖应进行防腐处理；为使木门窗框安装牢固，开启灵活，关闭严密，木门窗框的固定点数量、位置、固定方法，应符合设计要求。

10.3.3 为达到密闭目的，塑料门窗框与洞口壁的间隙应采用填充材料分层填塞充实。水泥为刚性材料，不能随环境温度的变化而伸缩，产生间隙，因此应用弹性材料填塞。同时，外表面应留 5～8mm 深槽口以填嵌密封胶。

10.3.5 金属、塑料门窗安装玻璃时，密封压条应与玻璃全部压紧，与型材的接缝处应无明显缝隙，接头缝隙应不大于 0.5mm。

11 细部工程

11.1.1 本章适用于木门窗套、窗帘盒、固定橱柜、护栏、扶手、装饰花件等制作安装。

11.1.2 细部工程应在隐蔽工程、管道安装及吊顶工程已完成并经验收，墙面、地面已经找平后施工。

11.1.3 固定橱柜依结构可分为框架式和板式二种，安装施工各不相同，框架结构的固定橱柜应用榫连接。板式结构的固定橱柜应用专用连接件连接，不得胶粘。

11.1.5 为防止橱柜在潮湿环境中变形或腐朽，应在安装固定橱柜的墙面上作防潮层。

11.1.6 护栏、扶手一般是设在楼梯、落地窗、回廊、阳台等边缘部位的安全防护设施，故应采用坚固、耐久材料制作，固定必须牢固，并能承受规范允许的荷载，荷载主要是垂直和水平方向的。

11.1.7 扶手、护栏高度、垂直杆件间净空是根据工程建设强制性标准制定的，目的是防止儿童翻爬、钻卡等意外发生，因此必须严格遵守。

11.2.1 细部工程是比较集中地使用人造板材、胶粘剂及溶剂型涂料的分项子工程，同时也是甲醛、苯等室内主要污染物质的主要来源，因此必须强调所用材料应符合国家现行标准，以达到减少室内环境污染的目的。

11.3.1 木门窗套制作安装的重点是：洞口、骨架、面板、贴脸、线条五部分，强调应按设计要求制作。骨架可分片制作安装，立杆一般为二根，当门窗套较宽时可适当增加；横撑应根据面板厚度确定间距。

11.3.2 木窗帘盒制作安装的重点是：盒宽、龙骨、盒底板、窗帘轨道五部分，应强调安装的牢固性。

11.3.3 固定橱柜制作安装应根据图纸设计进行。框架结构制作完成后认真校正垂直和水平度，然后进行旁板、顶板、面板等的制作安装。

11.3.5 随着装饰花件品种的增加，合成类装饰线、件在工程中已有较普遍的应用，对其防潮防腐可不要求，但有些以中密度板为基材的合成线、件仍需做防潮防腐处理。

12 墙面铺装工程

12.1.1 本章适用于石材（包括人造石材）、陶瓷、木材、纺织物、壁纸、墙布等材料在住宅内部墙面的铺贴安装。

12.1.2 墙面铺装应在隐蔽、墙面抹灰工程已完成并经验收后进行。当墙体有防水要求时，应对防水工程进行验收。

12.1.3 天然石材采用湿作业法铺贴，面层会出现反白污染，系混凝土外加剂中的碱性物质所致，因此，应进行防碱背涂处理。

12.1.4 因憎水性防水材料使防水材料与粘结材料不相容，故防水层上粘贴饰面砖不应采用憎水性防水材料。

12.1.5 基层表面的强度和稳定性是保证墙面铺装质量的前提，因此要首先根据铺装材料要求处理好基层表面。

12.1.6 为防止砂浆受冻，影响粘结力，故现场湿作业施工环境温度宜在 5℃ 以上；裱糊时空气相对湿度不宜大于 85%；裱糊过程中和干燥前，气候条件突然变化会干扰均匀干燥而造成表面不平整，故应防止过堂风与温度变化过大。

12.3.1 为保证墙面砖铺贴的整体效果，分格预排就显得十分重要。宜制定面砖分配详图，按图施工。在制定详图时，不仅要考虑墙面整体的高度与宽度，还应考虑与墙面有关的门窗洞口及管线设备等应尽可能符合面砖的模数。

为加强砂浆的粘结力，可在砂浆中掺入一定量的胶粘剂。

12.3.3 大面积的木装饰墙和软包应特别注意防火要求，所使用的材料应严格进行防火处理。

12.3.4 软包分硬收边和软收边，有边框和无边框等。面料的种类也很多，宜结合设计和面料特性制作安装。

12.3.5 裱糊使用的胶粘剂应按壁纸或墙布的品种选配，应具备防霉、耐久等性能。如有防火要求则应有耐高温、不起层性能。

13 涂 饰 工 程

13.1.1 本章适用于住宅内部水性涂料、溶剂型涂料和美术涂饰的涂刷工程施工。

13.1.3 涂饰工程因施工面积大，所用材料如不符合有关环保要求的，将严重影响住宅装饰装修后的室内环境质量。故在可能的情况下，应优先使用绿色环保产品。

13.1.4 含水率的控制要求是保证涂料与基层的粘接力以及涂层不出现起皮、空鼓等现象。

13.1.5 各类涂料在使用前均应充分搅拌均匀，才能保障其技术指标的一致稳定。为避免产生色差，应根据涂饰使用量一次调配完成，并在规定时间内用完，否则会降低其技术指标，影响其施涂质量。

13.1.6 涂饰工程对施工环境要求较高，适宜的温度有利于涂料的干燥、成膜。温度过低或过高，均会降低其技术指标。良好的通风，既能加快结膜过程，又对操作人员的健康有益。

13.2.2 内墙腻子的粘结强度、耐老化性及腻子对基层的附着力会直接影响到整个涂层的质量，故制定本规定。厨房、卫生间为潮湿部位，墙面应使用耐水型内墙腻子。

13.3.1 基层直接影响到涂料的附着力、平整度、色调的谐调和使用寿命，因此，对基层必须进行相应的处理，否则会影响涂层的质量。

13.3.3 在刮腻子前涂刷一遍底漆，有三个目的：第一是保证木材含水率的稳定性；第二是以免腻子中的油漆被基层过多的吸收，影响腻子的附着力；第三是因材质所处原木的不同部位，其密度也有差异，密度大者渗透性小，反之，渗透性强。因此上色前刷一遍底漆，控制渗透的均匀性，从而避免颜色不至于因密度大者上色后浅，密度小者上色后深的弊端。

13.3.4 先刷清油的目的：一是保证木材含水率的稳定性；二是增加调和漆与基层的附着力。

13.3.5 因新建住宅的混凝土或抹灰基层有尚未挥发的碱性物质，故在涂饰涂料前，应涂刷抗碱封底漆；因旧住宅墙面已陈旧，故应清除松松的旧装饰装修层并进行界面处理。

13.3.7 凡未完全干透的涂膜均不能打磨，涂料、油漆也不例外。打磨的技巧应用力均匀，整个膜面都要磨到，不能磨透露底。

14 地面铺装工程

14.1.1 本章适用于石材、地砖、实木地板、竹地板、实木复合地板、强化复合地板、塑料地板、地毯等材料的地面面层的铺装工程施工。

14.1.2 地面面层的铺装所用龙骨、垫木及毛地板等木料的含

率，以及树种、防腐、防蚁、防水处理均应符合有关规定，如《木结构工程施工质量验收规范》。

14.1.3 地面铺装下的隐蔽工程，如电线、电缆等，在地面铺装前应完成并验收。

14.1.4 依施工程序，各类地面面层铺设宜在顶、墙面工程完成后进行。

14.1.5 天然石材采用湿作业法铺贴，面层会出现反白污染，系混凝土外加剂中的碱性物质所致，因此，应进行防碱背涂处理。

14.3.1 石材、地面砖层铺设后，表面应进行湿润养护，其养护时间应不少于7d。

14.3.2 实木地板有空铺、实铺两种方式，可采用双层面层和单层面层铺设。

空铺时木龙骨与基层连接应牢固，同时应避免损伤基层中的预埋管线；紧固件锚入现浇楼板深度不得超过板厚的2/3；在预制空心楼板上固定时，不得打洞固定。

实铺时应采用防水、防菌的胶。

14.3.3 强化复合地板属于无粘结铺设，地板与地面基层不用胶粘，只铺一层软泡沫塑料，以增加弹性，同时起防潮作用。板与板之间的企口部分用胶粘合，使整个房间地板形成一个整体。

强化复合地板铺设时，相邻条板端头错缝距离应大于300mm。

14.3.4 地毯铺设有固定、活动两种方式。固定式铺设时地毯张拉应适度，固定用金属卡条、压条、专用双面胶带应符合设计要求。

15 卫生器具及管道安装工程

15.1.1 本章规定适用于厨房洗涤盆、卫生间坐便器、净身器、普通浴缸、淋浴房、台盆、立盆等设备的安装。对新型卫浴设备如家用冲浪浴缸、电脑控制的冲洗按摩淋浴器、多功能人体冲洗式坐便器以及各种带有其他辅助功能的卫生设备等应按生产企业规定的技术资料进行安装及验收。各种燃气或电加热设备及管道安装应按照相应的技术规程进行。

管道安装仅限于本套住宅内，给水管由分户水表或阀门后开始（包括集中供热水的小区住宅），排水管由进入户内的接口部位开始。

15.1.2 我国是一个人均水资源相对贫乏的国家，节约用水是一项基本国策。本条的规定体现了本规范贯彻这一基本国策的精神。节水型卫生器具主要是指一次冲洗量≤6L的坐便器、防渗水箱配件、陶瓷芯片龙头、阀门等。提倡使用大小便分档定量冲洗坐便器。

15.1.3 对于一般卫生设备安装，建设部于2000年7月颁布的《卫生设备安装》（99S304）图册内容详尽，安装要求明确，本工程应以此为技术依据。

目前建筑给排水管道工程，各种管材已有国家、行业或地方技术规程，供设计、施工及验收应用，如《建筑排水用硬聚氯乙烯管道工程技术规程》（CJJ/T—29—98）、《建筑给水硬聚氯乙烯管道设计及施工验收规程》（CECS41：92）已作详细规定，本章不再重复。

15.2.2 目前建筑给水、排水用管材管件，硬聚氯乙烯管材、件有国家标准，另有些管材如铝塑复合管（PAP）管材有行业标准，其他管材目前市场上应用的如无规共聚聚丙烯（PP—R）、交联聚乙烯（PE—X）、聚丁烯（PB）等国家标准正在制定或审批过程中，因此这些管材目前主要质量标准按先进国家产品标准制定的企业标准进行控制。设计时应有说明。

15.3.1 本条对卫生器具安装在不同墙体时的安全牢固性提出了具体要求。

15.3.3 各种卫生器具是盛水性的器具，使用时与建筑面层连接部位可能产生渗水、溅水而影响环境，本条是基于这些要求提出的。密封材料要求有可靠防渗性能，又不能有坚实牢固的胶结性，以免更换、维修器具时，损坏表面质量。特别是坐便器底部坐落地坪位置不得采用水泥砂浆等材料窝嵌，而应采用硅酮胶、橡胶垫或油灰等材料。

15.3.6 目前住宅给水普遍采用塑料管材，它具有耐强、耐久、卫生，不产生二次污染，保温节能等优点，但塑料管道是高分子材料，其随温度变化，线膨胀系数较大，当约束管材线膨胀，管道产生内应力，因此嵌装埋设后对管道周边应采用 C10 水泥砂浆嵌实，以足够的摩擦力抵消其膨胀力且不致对墙面产生影响。本条规定的保护层厚度是工程实践中得出的最小厚度。管道嵌装及暗敷属隐蔽工程，且一旦发生渗漏水形成工程隐患，应进行隐蔽工程验收，合格后方可进行下道工序施工。

15.3.7 目前建设部对聚烯烃类给水管如聚乙烯（HDPE）、聚丁烯（PB）交联聚乙烯（PE—X）以及铝塑复合管等在卫生器具较集中的卫生间使用时，为确保用水可靠性、安全性，提高施工安装功效，要求集中设分水器，以中间无管件的直线管段将分水器出水与用水器具连接的供水形式，本条根据这一要求提出。

15.3.8 随着我国建筑材料工业的发展，新型管材在工程中的应用已越来越广泛。已有相应标准规范规定的从其规定，暂无标准规范规定的应按生产企业提供的产品说明书进行施工。

16 电气安装工程

16.1.1 本条明确了本章适用的范围。

16.1.2 本条对电气安装施工人员的资格提出要求。

16.1.3 本条明确了电源线及其配线的基本原则。

16.1.4 为了保证电器使用时的人身及设备安全，明确了配线的

基本规定：相线与零线的颜色应不同，保护地线的绝缘外皮必须是黄绿双色。

16.1.5 本条明确了住宅配电施工时，除执行本规范外，还应执行与本规范有关的国家标准规范规定。

16.1.6 本条对施工电位提出了工程竣工后应向业主提供电气工程竣工图的要求，以便业主今后对电路的维修和改造。

16.2.1 本条明确了配电施工中所用材料应按设计要求选配，同时明确了当设计要求与国家现行的电气产品标准不一致时，应执行国家的标准。

16.2.2 本条明确了配电工程中，材料质量要求的一般规定。

16.2.3 本条明确了配电施工材料、塑料电线保护管及塑料盒的准用条件。

16.2.4 本条明确了配电施工材料、金属电线保护管及金属盒的准用条件。

16.2.5 本条是为了保证装饰效果的谐调性。

16.3.1 本条明确了配电工程的前期准备工作。

16.3.2 本条是为了确保配电系统的安全以及满足用电要求。

16.3.3 本条是为了保证配电系统的安全性和可操作性，防止穿线时导线外皮受损。

16.3.4 本条明确了管内配线施工时，对导线的基本要求。

16.3.5 本条是为了保证通讯线路的安全畅通。

16.3.6 本条是为了保证人身设备安全以及视频效果。

16.3.7 本条明确了导线安装时与其他管线的安全距离。

16.3.8 本条是为了保证导线搭接的可靠性。

16.3.9 本条明确了电源插座接线的具体位置。

16.3.10 本条明确了重型灯具安全吊装的基本原则。

16.3.11 本条明确了开关、灯具的基本连接方法。

16.3.12 本条规定了导线间、导线对地间的安全电阻值。

16.3.13 本条是为了保证装饰装修的美观性。

16.3.14 本条明确了厨房、卫浴间插座、开关安装的一般原则。

16.3.15 本条明确了附墙电器安装的一般高度。

中华人民共和国国家标准

建筑内部装修防火施工及验收规范

Code for fire prevention installation and acceptance in
construction of interior decoration engineering of buildings

GB 50354—2005

主编部门：中华人民共和国公安部
批准部门：中华人民共和国建设部
施行日期：2005年8月1日

中华人民共和国建设部
公　告

第 328 号

建设部关于发布国家标准
《建筑内部装修防火施工及验收规范》的公告

现批准《建筑内部装修防火施工及验收规范》为国家标准，编号为 GB 50354—2005，自 2005 年 8 月 1 日起实施。其中，第 2.0.4、2.0.5、2.0.6、2.0.7、2.0.8、3.0.4、4.0.4、5.0.4、6.0.4、7.0.4、8.0.2、8.0.6 条为强制性条文，必须严格执行。

本规范由建设部标准定额研究所组织中国计划出版社出版发行。

中华人民共和国建设部
二○○五年四月十五日

前　言

《建筑内部装修防火施工及验收规范》是根据建设部建标［1999］308 号文件"关于印发 1999 年工程建设国家标准制定、修订计划的通知"要求，由公安部消防局组织中国建筑科学研究院等单位共同编制的。

规范编制过程中，编制组总结了我国建筑内部装修工程防火施工及验收的实践经验，广泛开展了调研和试验论证，吸取了先进的科研成果，参考了国内外有关标准规范，征求了全国有关单位和专家的意见，经过多次修改形成送审稿，并通过审查会审查。根据审查会意见，进一步修改完善后定稿。

本规范共分八章和四个附录，主要内容包括：总则、基本规定、纺织织物子分部装修工程、木质材料子分部装修工程、高分子合成材料子分部装修工程、复合材料子分部装修工程、其他材料子分部装修工程、工程质量验收。

本规范中以黑体字标志的条文为强制性条文，必须严格执行。本规范由建设部负责管理和对强制性条文的解释，中国建筑科学研究院负责具体技术内容的解释。在本规范实施过程中，如发现需要修改或补充之处，请将意见和有关资料寄至中国建筑科学研究院（单位地址：北京市北三环东路 30 号，邮政编码：100013），以便今后修订时参考。

本规范主编单位、参编单位和主要起草人：

主 编 单 位：中国建筑科学研究院

参 编 单 位：公安部四川消防研究所
北京市建筑设计研究院
四川省公安消防总队
北京市公安消防总队
河南省公安消防总队
广东省公安消防总队
上海市公安消防总队
北京市华远房地产股份有限公司

主要起草人：陈景辉　季广其　朱春玲　沈　纹
刘激扬　卢国建　邵韦平　宋晓勇
王春华　邓建华　沈奕辉　周敏莉
刘　康

目　　次

1 总 则

1.0.1 为防止和减少建筑火灾危害,保证建筑内部装修工程防火施工质量符合防火设计要求,制定本规范。

1.0.2 本规范适用于工业与民用建筑内部装修工程的防火施工与验收。本规范不适用于古建筑和木结构建筑的内部装修工程的防火施工与验收。

1.0.3 建筑内部装修工程的防火施工与验收,应按装修材料种类划分为纺织织物子分部装修工程、木质材料子分部装修工程、高分子合成材料子分部装修工程、复合材料子分部装修工程及其他材料子分部装修工程。

1.0.4 建筑内部装修工程的防火施工与验收,除执行本规范的规定外,尚应符合现行国家有关标准的规定。

2 基本规定

2.0.1 建筑内部装修工程防火施工(简称装修施工)应按照批准的施工图设计文件和本规范的有关规定进行。

2.0.2 装修施工应按设计要求编写施工方案。施工现场管理应具备相应的施工技术标准、健全的施工质量管理体系和工程质量检验制度,并应按本规范附录 A 的要求填写有关记录。

2.0.3 装修施工前,应对各部位装修材料的燃烧性能进行技术交底。

2.0.4 进入施工现场的装修材料应完好,并应核查其燃烧性能或耐火极限、防火性能型式检验报告、合格证书等技术文件是否符合防火设计要求。核查、检验时,应按本规范附录 B 的要求填写进场验收记录。

2.0.5 装修材料进入施工现场后,应按本规范的有关规定,在监理单位或建设单位监督下,由施工单位有关人员现场取样,并应由具备相应资质的检验单位进行见证取样检验。

2.0.6 装修施工过程中,装修材料应远离火源,并应指派专人负责施工现场的防火安全。

2.0.7 装修施工过程中,应对各装修部位的施工过程作详细记录。记录表的格式应符合本规范附录 C 的要求。

2.0.8 建筑工程内部装修不得影响消防设施的使用功能。装修施工过程中,当确需变更防火设计时,应经原设计单位或具有相应资质的设计单位按有关规定进行。

2.0.9 装修施工过程中,应分阶段对所选用的防火装修材料按本规范的规定进行抽样检验。对隐蔽工程的施工,应在施工过程中及完工后进行抽样检验。现场进行阻燃处理、喷涂、安装作业的施工,应在相应的施工作业完成后进行抽样检验。

3 纺织织物子分部装修工程

3.0.1 用于建筑内部装修的纺织织物可分为天然纤维织物和合成纤维织物。

3.0.2 纺织织物施工应检查下列文件和记录:

1 纺织织物燃烧性能等级的设计要求;

2 纺织织物燃烧性能型式检验报告、进场验收记录和抽样检验报告;

3 现场对纺织织物进行阻燃处理的施工记录及隐蔽工程验收记录。

3.0.3 下列材料进场应进行见证取样检验:

1 B_1、B_2 级纺织织物;

2 现场对纺织织物进行阻燃处理所使用的阻燃剂。

3.0.4 下列材料应进行抽样检验:

1 现场阻燃处理后的纺织织物,每种取 $2m^2$ 检验燃烧性能;

2 施工过程中受潮浸、燃烧性能可能受影响的纺织织物,每种取 $2m^2$ 检验燃烧性能。

Ⅰ 主控项目

3.0.5 纺织织物燃烧性能等级应符合设计要求。

检验方法:检查进场验收记录或阻燃处理记录。

3.0.6 现场进行阻燃施工时,应检查阻燃剂的用量、适用范围、操作方法。阻燃施工过程中,应使用计量合格的称量器具,并严格按使用说明书的要求进行施工。阻燃剂必须完全浸透织物纤维,阻燃剂干含量应符合检验报告或说明书的要求。

检验方法:检查施工记录。

3.0.7 现场进行阻燃处理的多层纺织织物,应逐层进行阻燃处理。

检验方法:检查施工记录。隐蔽层检查隐蔽工程验收记录。

Ⅱ 一般项目

3.0.8 纺织织物进行阻燃处理过程中,应保持施工区段的洁净;现场处理的纺织织物不应受污染。

检验方法:检查施工记录。

3.0.9 阻燃处理后的纺织织物外观、颜色、手感等应无明显异常。

检验方法:观察。

4 木质材料子分部装修工程

4.0.1 用于建筑内部装修的木质材料可分为天然木材和人造板材。

4.0.2 木质材料施工应检查下列文件和记录:

1 木质材料燃烧性能等级的设计要求;

2 木质材料燃烧性能型式检验报告、进场验收记录和抽样检验报告;

3 现场对木质材料进行阻燃处理的施工记录及隐蔽工程验收记录。

4.0.3 下列材料进场应进行见证取样检验:

1 B_1 级木质材料;

2 现场进行阻燃处理所使用的阻燃剂及防火涂料。

4.0.4 下列材料应进行抽样检验:

1 现场阻燃处理后的木质材料,每种取 $4m^2$ 检验燃烧性能;

2 表面进行加工后的 B_1 级木质材料,每种取 $4m^2$ 检验燃烧性能。

Ⅰ 主控项目

4.0.5 木质材料燃烧性能等级应符合设计要求。

检验方法:检查进场验收记录或阻燃处理施工记录。

4.0.6 木质材料进行阻燃处理前,表面不得涂刷油漆。

检验方法:检查施工记录。

4.0.7 木质材料在进行阻燃处理时,木质材料含水率不应大于 12%。

检验方法:检查施工记录。

4.0.8 现场进行阻燃施工时,应检查阻燃剂的用量、适用范围、操作方法。阻燃施工过程中,应使用计量合格的称量器具,并严格按使用说明书的要求进行施工。

检验方法:检查施工记录。

4.0.9 木质材料涂刷或浸渍阻燃剂时,应对木质材料所有表面都进行涂刷或浸渍,涂刷或浸渍后的木材阻燃剂的干含量应符合检验报告或说明书的要求。

检验方法:检查施工记录及隐蔽工程验收记录。

4.0.10 木质材料表面粘贴装饰表面或阻燃饰面时,应先对木质材料进行阻燃处理。

检验方法:检查隐蔽工程验收记录。

4.0.11 木质材料表面进行防火涂料处理时,应对木质材料的所有表面进行均匀涂刷,且不应少于2次,第二次涂刷应在第一次涂层表面干后进行;涂刷防火涂料用量不应少于500g/m²。

检验方法:观察,检查施工记录。

Ⅱ 一般项目

4.0.12 现场进行阻燃处理时,应保持施工区段的洁净,现场处理的木质材料不应受污染。

检验方法:检查施工记录。

4.0.13 木质材料在涂刷防火涂料前应清理表面,且表面不应有水、灰尘或油污。

检验方法:检查施工记录。

4.0.14 阻燃处理后的木质材料表面应无明显返潮及颜色异常变化。

检验方法:观察。

5 高分子合成材料子分部装修工程

5.0.1 用于建筑内部装修的高分子合成材料可分为塑料、橡胶及橡塑材料。

5.0.2 高分子合成材料施工应检查下列文件和记录:

    1 高分子合成材料燃烧性能等级的设计要求;

    2 高分子合成材料燃烧性能型式检验报告、进场验收记录和抽样检验报告;

    3 现场对泡沫塑料进行阻燃处理的施工记录及隐蔽工程验收记录。

5.0.3 下列材料进场应进行见证取样检验:

    1 B₁、B₂级高分子合成材料;

    2 现场进行阻燃处理所使用的阻燃剂及防火涂料。

5.0.4 现场阻燃处理后的泡沫塑料应进行抽样检验,每种取0.1m³检验燃烧性能。

Ⅰ 主控项目

5.0.5 高分子合成材料燃烧性能等级应符合设计要求。

检验方法:检查进场验收记录。

5.0.6 B₁、B₂级高分子合成材料,应按设计要求进行施工。

检验方法:观察。

5.0.7 对具有贯穿孔的泡沫塑料进行阻燃处理时,应检查阻燃剂的用量、适用范围、操作方法。阻燃施工过程中,应使用计量合格的称量器具,并按使用说明书的要求进行施工。必须使泡沫塑料被阻燃剂浸透,阻燃剂干含量应符合检验报告或说明书的要求。

检验方法:检查施工记录及抽样检验报告。

5.0.8 顶棚内采用泡沫塑料时,应涂刷防火涂料。防火涂料宜选用耐火极限大于30min的超薄型钢结构防火涂料或一级饰面型防火涂料,湿涂覆比值应大于500g/m²。涂刷应均匀,且涂刷不应少于2次。

检验方法:观察并检查施工记录。

5.0.9 塑料电工套管的施工应满足以下要求:

    1 B₂级塑料电工套管不得明敷;

    2 B₁级塑料电工套管明敷时,应明敷在A级材料表面;

    3 塑料电工套管穿过B₁级以下(含B₁级)的装修材料时,应采用A级材料或防火封堵密封件严密封堵。

检验方法:观察并检查施工记录。

Ⅱ 一般项目

5.0.10 对具有贯穿孔的泡沫塑料进行阻燃处理时,应保持施工区段的洁净,避免其他工种施工。

检验方法:观察并检查施工记录。

5.0.11 泡沫塑料经阻燃处理后,不应降低其使用功能,表面不应出现明显的盐析、返潮和变硬等现象。

检验方法:观察。

5.0.12 泡沫塑料进行阻燃处理过程中,应保持施工区段的洁净;现场处理的泡沫塑料不应受污染。

检验方法:观察并检查施工记录。

6 复合材料子分部装修工程

6.0.1 用于建筑内部装修的复合材料,可包括不同种类材料按不同方式组合而成的材料组合体。

6.0.2 复合材料施工应检查下列文件和记录:

    1 复合材料燃烧性能等级的设计要求;

    2 复合材料燃烧性能型式检验报告、进场验收记录和抽样检验报告;

    3 现场对复合材料进行阻燃处理的施工记录及隐蔽工程验收记录。

6.0.3 下列材料进场应进行见证取样检验:

    1 B₁、B₂级复合材料;

    2 现场进行阻燃处理所使用的阻燃剂及防火涂料。

6.0.4 现场阻燃处理后的复合材料应进行抽样检验,每种取4m²检验燃烧性能。

主控项目

6.0.5 复合材料燃烧性能等级应符合设计要求。

检验方法:检查进场验收记录。

6.0.6 复合材料应按设计要求进行施工,饰面层内的芯材不得暴露。

检验方法:观察。

6.0.7 采用复合保温材料制作的通风管道,复合保温材料的芯材不得暴露。当复合保温材料芯材的燃烧性能不能达到B₁级时,应在复合材料表面包覆玻璃纤维布等不燃性材料,并应在其表面涂刷饰面型防火涂料。防火涂料湿涂覆比值应大于500g/m²,且至少涂刷2次。

检验方法:检查施工记录。

7 其他材料子分部装修工程

7.0.1 其他材料可包括防火封堵材料和涉及电气设备、灯具、防火门窗、钢结构装修的材料。

7.0.2 其他材料施工应检查下列文件和记录:

    1 材料燃烧性能等级的设计要求;

    2 材料燃烧性能型式检验报告、进场验收记录和抽样检验报告;

    3 现场对材料进行阻燃处理的施工记录及隐蔽工程验收记录。

7.0.3 下列材料进场应进行见证取样检验:

    1 B₁、B₂级材料;

    2 现场进行阻燃处理所使用的阻燃剂及防火涂料。

7.0.4 现场阻燃处理后的复合材料应进行抽样检验。

主控项目

7.0.5 材料燃烧性能等级应符合设计要求。

检验方法:检查进场验收记录。

7.0.6 防火门的表面加装贴面材料或其他装修时,不得减小门框和门的规格尺寸,不得降低防火门的耐火性能,所用贴面材料的燃烧性能等级不应低于 B₁ 级。

检验方法:检查施工记录。

7.0.7 建筑隔墙或隔板、楼板的孔洞需要封堵时,应采用防火堵料严密封堵。采用防火堵料封堵孔洞、缝隙及管道井和电缆竖井时,应根据孔洞、缝隙及管道井和电缆竖井所在位置的墙板或楼板的耐火极限要求选用防火堵料。

检验方法:观察并检查施工记录。

7.0.8 用于其他部位的防火堵料应根据施工现场情况选用,其施工方式应与检验时的方式一致。防火堵料施工后必须严密填实孔洞、缝隙。

检验方法:观察并检查施工记录。

7.0.9 采用阻火圈的部位,不得对阻火圈进行包裹,阻火圈应安装牢固。

检验方法:观察并检查施工记录。

7.0.10 电气设备及灯具的施工应满足以下要求:

1 当有配电箱及电控设备的房间内使用了低于 B₁ 级的材料进行装修时,配电箱必须采用不燃材料制作;

2 配电箱的壳体和底板应采用 A 级材料制作。配电箱不应直接安装在低于 B₁ 级的装修材料上;

3 动力、照明、电热器等电气设备的高温部位靠近 B₁ 级以下(含 B₁ 级)材料或导线穿越 B₁ 级以下(含 B₁ 级)装修材料时,应采用瓷管或防火封堵密封件分隔,并用岩棉、玻璃棉等 A 级材料隔热;

4 安装在 B₁ 级以下(含 B₁ 级)装修材料内的配件,如插座、开关等,必须采用防火封堵密封件或具有良好隔热性能的 A 级材料隔绝;

5 灯具直接安装在 B₁ 级以下(含 B₁ 级)的材料上时,应采取隔热、散热等措施;

6 灯具的发热表面不得靠近 B₁ 级以下(含 B₁ 级)的材料。

检验方法:观察并检查施工记录。

8 工程质量验收

8.0.1 建筑内部装修工程防火验收(简称工程验收)应检查下列文件和记录:

1 建筑内部装修防火设计审核文件、申请报告、设计图纸、装修材料的燃烧性能设计要求、设计变更通知单、施工单位的资质证明等;

2 进场验收记录,包括所用装修材料的清单、数量、合格证及防火性能型式检验报告;

3 装修施工过程的施工记录;

4 隐蔽工程施工防火验收记录和工程质量事故处理报告等;

5 装修施工过程中所用防火装修材料的见证取样检验报告;

6 装修施工过程中的抽样检验报告,包括隐蔽工程的施工过程中及完工后的抽样检验报告;

7 装修施工过程中现场进行涂刷、喷涂等阻燃处理的抽样检验报告。

8.0.2 工程质量验收应符合下列要求:

1 技术资料应完整;

2 所用装修材料或产品的见证取样检验结果应满足设计要求;

3 装修施工过程中的抽样检验结果,包括隐蔽工程的施工过程中及完工后的抽样检验结果应符合设计要求;

4 现场进行阻燃处理、喷涂、安装作业的抽样检验结果应符合设计要求;

5 施工过程中的主控项目检验结果应全部合格;

6 施工过程中的一般项目检验结果合格率应达到 80%。

8.0.3 工程质量验收应由建设单位项目负责人组织施工单位项目负责人、监理工程师和设计单位项目负责人等进行。

8.0.4 工程质量验收时可对主控项目进行抽查。当有不合格项时,应对不合格项进行整改。

8.0.5 工程质量验收时,应按本规范附录 D 的要求填写有关记录。

8.0.6 当装修施工的有关资料经审查全部合格、施工过程全部符合要求、现场检查或抽样检测结果全部合格时,工程验收应为合格。

8.0.7 建设单位应建立建筑内部装修工程防火施工及验收档案。档案应包括防火施工及验收全过程的有关文件和记录。

附录 A 施工现场质量管理检查记录

表 A 施工现场质量管理检查记录

工程名称		分部工程名称	
建设单位		监理单位	
设计单位		施工单位项目负责人	
施工单位		施工许可证	

序号	项 目	内 容
1	现场质量管理制度	
2	质量责任制	
3	主要专业工种施工人员操作上岗证书	
4	施工图审查情况	
5	施工组织设计、施工方案及审批	
6	施工技术标准	
7	工程质量检验制度	
8	现场材料、设备管理	
9	其他	
检查结论		

施工单位项目负责人:(签章)	监理工程师:(签章)	建设单位项目负责人:(签章)
年 月 日	年 月 日	年 月 日

附录 B 装修材料进场验收记录

表 B 装修材料进场验收记录

材料类别	品种	使用部位及数量	进场材料燃烧性能	设计要求燃烧性能	检验报告	合格证书	核查人员
纺织织物							
木质材料							
高分子合成材料							
复合材料							

续表 B

材料类别	品种	使用部位及数量	进场材料燃烧性能	设计要求燃烧性能	检验报告	合格证书	核查人员
其他材料							

验收单位	施工单位:(单位印章)	施工单位项目负责人:(签章) 　　　　　年　月　日
	监理单位:(单位印章)	监理工程师:(签章) 　　　　　年　月　日

附录 C　建筑内部装修工程防火施工过程检查记录

表 C　建筑内部装修工程防火施工过程检查记录

工程名称		分部工程名称	
子分部工程名称			
施工单位		监理单位	
施工执行规范名称及编号			

项目	《规范》章节条款	施工单位检查评定记录	监理单位验收记录

施工单位项目负责人:(签章) 　　　　年　月　日	监理工程师:(签章) 　　　　年　月　日

附录 D　建筑内部装修工程防火验收记录

表 D　建筑内部装修工程防火验收记录

工程名称		分部工程名称	
施工单位		项目负责人	
监理单位		监理工程师	

序号	检查项目名称	检查内容记录	检查评定结果
1			
2			
3			
4			
5			

综合质量验收结论	

验收单位	施工单位:(单位印章)	项目负责人:(签章) 　　　　年　月　日
	监理单位:(单位印章)	监理工程师:(签章) 　　　　年　月　日
	设计单位:(单位印章)	项目负责人:(签章) 　　　　年　月　日
	建设单位:(单位印章)	项目负责人:(签章) 　　　　年　月　日

本规范用词说明

1 为便于在执行本规范条文时区别对待,对要求严格程度不同的用词说明如下:

1)表示很严格,非这样做不可的用词:

正面词采用"必须",反面词采用"严禁"。

2)表示严格,在正常情况下均应这样做的用词:

正面词采用"应",反面词采用"不应"或"不得"。

3)表示允许稍有选择,在条件许可时首先应这样做的用词:

正面词采用"宜",反面词采用"不宜";

表示有选择,在一定条件下可以这样做的用词,采用"可"。

2 本规范中指明应按其他有关标准、规范执行的写法为"应符合……的规定"或"应按……执行"。

中华人民共和国国家标准

建筑内部装修防火施工及验收规范

GB 50354—2005

条 文 说 明

目　　次

1 总 则

1.0.1　本条阐明了制定本规范的目的。

建筑内部装修中大量使用的有机材料,是建筑物发生火灾的潜在隐患。通过进行防火阻燃处理,提高其燃烧性能等级,是确保装修材料防火安全性的有效手段。因此,加强对建筑内部装修防火工程施工的技术监督,制定建筑内部装修防火工程施工的质量要求与验收评定标准,对于保证建筑内部装修工程的施工质量满足防火设计规范的要求,十分必要。

1.0.2　本条规定了本规范的适用范围。

1.0.3　在本规范的编制过程中,为了与《建筑工程施工质量验收统一标准》协调一致,考虑到建筑内部装修施工中所涉及的材料种类繁多,本规范按装修材料种类将建筑内部装修的防火施工划分为几个子分部装修工程。

建筑内部装修的防火施工与验收主要包括三方面的内容:一是审查建筑内部装修所选用的材料是否满足防火设计规范要求,并对材料进场、施工、见证取样检验和抽样检验进行了规定;二是对建筑内部装修施工过程中的控制项目和检验方法提出要求;三是建筑内部装修竣工后对总体的防火施工质量给出是否合格的结论。

1.0.4　建筑内部装修防火施工,不应改变装修材料以及装修所涉及的其他内部设施的使用功能,如装修材料的装饰性、保温性、隔声性、防水性和空调管道材料的保温性能等等。

2 基本规定

2.0.1　建筑内部装修防火施工应符合施工图设计文件并满足本规范的要求。

2.0.2　完整的防火施工方案和健全的质量保证体系是保证施工质量符合设计要求的前提。

2.0.3　为确保装修材料的采购、进场、施工等环节符合施工图设计文件的要求,装修施工前应对各部位装修材料的燃烧性能进行技术交底。

2.0.4　所有防火装修材料的燃烧性能等级应按本规范附录 B 的要求填写进场验收记录。对于进入施工现场的装修材料,凡是现行有关国家标准对其燃烧性能等级有明确规定的,可按其规定确定。如天然石材在相关标准中已明确规定其燃烧性能等级为 A 级,因此在装修施工中可按不燃性材料直接使用。凡是现行有关国家标准中没有明确规定其燃烧性能等级的装修材料,如装饰织物、木材、塑料产品等,应将材料送交国家授权的专业检验机构对材料的防火安全性能进行型式检验。

2.0.5　本条规定的依据是《建筑工程施工质量验收统一标准》。见证取样检验是指在监理单位或建设单位监督下,由施工单位有关人员现场取样,并送至具备相应资质的检验单位所进行的检验。具备相应资质的检验单位是指经中国实验室国家认可委员会评定,符合 CNAL/AC01:2002《实验室认可准则》的规定,已被国家质量监督检验检疫总局批准认可为国家级实验室,并颁发了中华人民共和国《计量认证合格证书》,满足计量检定、测试能力和可靠性的要求,并具有授权的检验机构。

2.0.7　本条规定的施工记录是检验施工过程是否满足设计要求的重要凭证。当施工过程的某一个环节出现问题时,可根据施工记录查找原因。装修施工过程中,应根据本规范的施工技术要求进行施工作业,施工单位应对各装修部位的施工过程作详细记录,并由监理工程师或施工现场技术负责人签字认可。

2.0.8　本条规定是为避免不按设计进行的防火施工对建筑内部装修的总体防火能力或建筑物的总体消防能力产生不利的影响。

2.0.9　本条规定是保证防火工程施工质量的必要手段。对隐蔽工程材料,当装修施工完毕后是无法检验的,如木龙骨架。

3 纺织织物子分部装修工程

3.0.1　规定了本章的适用范围。天然纤维织物是指棉、丝、羊毛等纤维制品。合成纤维织物是指化学合成的纤维制品。在建筑内部装修中广泛使用的产品有壁布、地毯、窗帘、幕布或其他室内纺织产品。

3.0.2　本条规定的技术资料是建筑内部装修子分部工程验收和工程验收的内容。

3.0.3　B_1、B_2 纺织织物是建筑内部装修中普遍采用的材料,其燃烧性能的质量差异与产品种类、用途、生产厂家、进货渠道等多种因素有关。因此,为保证施工质量,应进行见证取样检验。对于现场进行阻燃处理的施工,施工质量与所用的阻燃剂密切相关,也应进行见证取样检验。

3.0.4　规定了抽样检验的范围和取样数量。在施工过程中,纺织织物受湿浸或其他不利因素影响后,其燃烧性能会受到不同程度的影响,因此,为保证施工质量,应进行抽样检验。样品的抽取数量是根据现行国家标准《纺织品 燃烧性能试验 垂直法》GB/T 5455 确定的。

3.0.5　首先应检查设计中各部位纺织织物的燃烧性能等级要求,然后通过检查进场验收记录确认各部位纺织织物是否满足设计要求。对于没有达到设计要求的纺织织物,再检查是否有现场阻燃处理施工记录及抽样检验报告。

3.0.6　阻燃剂的浸透过程和浸透时间以及干含量对纺织织物的阻燃效果至关重要。阻燃剂浸透织物纤维,是保证被处理的装饰织物具有阻燃性的前提,阻燃剂的干含量达到检验报告或说明书的要求时,才能保证被处理的纺织织物满足防火设计要求。

3.0.7　如果不对多层组合纺织织物的每一层分别进行阻燃处理,不能保证装修后的整体材料的燃烧性能。

3.0.8　阻燃处理施工过程中其他工种的施工,可能会导致被处理的纺织织物表面受到污染,影响阻燃处理的施工质量。

3.0.9　如阻燃处理后的纺织织物出现了明显盐析、返潮、变硬、褶皱等现象,将影响其使用功能。

4 木质材料子分部装修工程

4.0.1　规定了本章的适用范围。

4.0.2　本条规定的技术资料是建筑内部装修子分部工程验收和工程验收的内容。

4.0.3　对于天然木材,其燃烧性能等级一般可被确认为 B_2 级。而在建筑内部装修中广泛使用的是燃烧性能等级为 B_1 级的木质材料或产品,其质量差异与产品种类、用途、生产厂家、进货渠道、产品的加工方式和阻燃处理方式等多种因素有关,因此,为保证施工质量,应进行见证取样检验。对于现场进行阻燃处理的施工,施工质量与所用的阻燃剂密切相关,也应进行见证取样检验。对于饰面型防火涂料,考虑到目前我国的实际情况,也应进行见证取样检验。

4.0.4 规定了抽样检验的范围和取样数量。B₁级木质材料表面经过加工后,可能会损坏表面阻燃层,应进行抽样检验。样品的抽取数量是根据现行国家标准《建筑材料难燃性试验方法》GB/T 8625 和《建筑材料可燃性试验方法》GB/T 8626 确定的。木质材料的难燃性试验的试件尺寸为:190×1000(mm),厚度不超过80mm,每次试验需 4 个试件,一般需进行 3 组平行试验;木质材料的可燃性试验的试件尺寸为:90×100(mm),90×230(mm),厚度不超过 80mm,表面点火和边缘点火试验均需要 5 个试件。对于板材,可按尺寸直接制备试件;对于型材,如门框、龙骨等,可拼接后按尺寸制备试件。

4.0.5 首先应检查设计中各部位木质装修材料的燃烧性能等级要求,然后通过检查进场验收记录确认各部位木质装修材料是否满足设计要求。对于没有达到设计要求的木质装修材料,再检查是否有现场阻燃处理施工记录及抽样检验报告。

4.0.6 对木装修材料的阻燃处理,目前主要有两种方法:一种是使用阻燃剂对木材浸刷处理,另一种方法是将防火涂料涂刷在木材表面。使用阻燃剂处理木材,就是使阻燃液渗透到木材内部使其中的阻燃物质留存于木材内部纤维空隙间,一旦受火起到阻燃目的。使用防火涂料处理就是在木材表面涂刷一层防火涂料,通常防火涂料在受火后会产生一发泡层,从而保护木材不受火。显然当木材表面已涂刷油漆后,以上防火处理将达不到目的。

4.0.7 木材含水率对木材的阻燃处理效果尤为重要,对于干燥的木材,阻燃剂易于浸入到木纤维内部,处理后的木材阻燃效果显著;反之,如果木材含水率过高,则阻燃剂难以浸入到木纤维内部,处理后的木材阻燃效果不佳。实践证明,当木材含水率不大于12%时,可以保证在使用阻燃剂处理木材时的效果。

4.0.9 木材不同于其他材料,它的每一个表面都可以是使用面,其中的任何一面都可能是受火面,因此应对木材的所有表面进行阻燃处理。有必要指出的是,目前我国有些地方在对木材进行阻燃施工时,仅在使用面的背面涂刷一层防火涂料,这种做法是不符合防火规范要求的。阻燃剂的干含量是检验木材阻燃处理效果的一个重要指标。阻燃剂应按产品说明书进行施工。

4.0.10 有些木装修如固定家具与墙面等,其表面可能还会粘贴其他装修材料。在粘贴其他装修材料前必须先对木装修进行阻燃处理并检验是否合格。通常在木材表面粘贴时所使用的材料如阻燃防火板、阻燃织物等都是一些有机化工材料,这些物质是不足以起到对木材的防火保护作用的。

4.0.11 使用防火涂料对木材进行阻燃处理时,试验时规定的湿涂覆比为 $500g/m^2$。

4.0.13 喷涂前木质材料表面有水或油渍会影响防火施工质量。

4.0.14 木质材料经阻燃处理后的表面如有明显返潮或颜色变化,表明阻燃处理工艺存在问题。

5 高分子合成材料子分部装修工程

5.0.1 规定了本章的适用范围。

5.0.2 本条规定的技术资料是建筑内部装修子分部工程验收和工程验收的内容。

5.0.3 B₁、B₂级高分子合成材料在建筑内部装修中被广泛使用,是建筑火灾中较为危险的材料,其质量差异与产品种类、用途、生产厂家、进货渠道、产品的加工方式和阻燃处理方式等多种因素有关,因此,为保证施工质量,应进行见证取样检验。对于现场进行

阻燃处理的施工,施工质量与所用的阻燃剂密切相关,也应进行见证取样检验。对于防火涂料,考虑到目前我国的实际情况,也应进行见证取样检验。

5.0.4 特别强调对现场进行阻燃处理的泡沫材料进行抽样检验,是因为泡沫材料进行现场阻燃处理的复杂性,阻燃剂选择不当,将导致阻燃处理效果不佳。样品的抽取数量是根据泡沫材料的试验方法确定的。

5.0.5 首先应检查设计中各部位高分子合成材料的燃烧性能等级要求,然后通过检查进场验收记录确认各部位高分子合成材料是否满足设计要求。对于没有达到设计要求的高分子合成材料,再检查是否有现场阻燃处理施工记录及抽样检验报告。

5.0.6 高分子合成材料的使用,是与施工方式一并考虑的。如粘接材料选用不当或不按规定进行安装施工等,都可能会导致安装后的材料燃烧性能等级降低。

5.0.7 本条规定是为了确保阻燃处理的效果。

5.0.8 本条规定是为了确保材料的耐燃时间满足设计要求,是根据多次试验的检验数据提出的。

5.0.9 本条规定了电工套管及各种配件应以 A 级材料为基材或采用 A 级材料,使之与其他装修材料隔绝。

5.0.11 本条规定是为了保证不改变材料的使用功能。

5.0.12 本条规定是为了确保阻燃处理效果。

6 复合材料子分部装修工程

6.0.1 规定了本章的适用范围。随着科学技术的进步和人们对工作、居住环境质量要求的提高,复合材料的种类将会越来越多。

6.0.2 本条规定的技术资料是建筑内部装修子分部工程验收和工程验收的内容。

6.0.3 本条规定了见证取样的范围和数量。

6.0.4 首先应检查设计中各部位复合材料的燃烧性能等级要求,然后通过检查进场验收记录确认各部位复合材料是否满足设计要求。对于没有达到设计要求的复合材料,再检查是否有现场阻燃处理施工记录及抽样检验报告。

6.0.5 复合材料的防火安全性体现在其整体的完整性。如饰面层内的芯材外露,则整体使用功能将受到影响,其整体的燃烧性能等级也可能会降低。

6.0.6 外缠玻璃布是为了保证防火涂料的喷涂质量。

7 其他材料子分部装修工程

7.0.1 规定了本章的适用范围。

7.0.2 本条规定的技术资料是建筑内部装修子分部工程验收和工程验收的内容。

7.0.5 首先应检查设计中各部位材料的燃烧性能等级要求,然后通过检查进场验收记录确认各部位材料是否满足设计要求。对于没有达到设计要求的材料,再检查是否有现场阻燃处理施工记录及抽样检验报告。

7.0.6 一般情况下,防火门是不允许改装的。如装修需要,不得不对防火门的外观进行贴面处理时,加装贴面后,不得降低防火门的耐火性能。

7.0.7 本条规定封堵部位防火堵料的耐火极限应达到被封堵部位构件的耐火极限要求。采用的各种防火堵料经封堵施工后,必

须牢固填实孔洞、缝隙及管道井,不得留有间隙,以确保封堵质量。

7.0.9 本条规定是为了保证阻火圈的阻火功能。

8 工程质量验收

8.0.1 本条规定了工程质量验收时需提交审查的技术资料清单。

8.0.2 本条规定了工程质量验收包括的内容。

8.0.4 本条规定工程质量验收过程中,对重点部位,或有异议的装修材料,可进行抽样检查,是为了确保施工质量符合防火设计要求。

8.0.6 本条规定是工程质量验收合格判定的标准。

8.0.7 建立和保存好防火施工及验收档案很重要,故作此条规定。归档文件可以是纸质,也可是不可修改的电子文档。

中华人民共和国国家标准

屋面工程技术规范

Technical code for roof engineering

GB 50345—2012

主编部门：山 西 省 住 房 和 城 乡 建 设 厅
批准部门：中华人民共和国住房和城乡建设部
施行日期：2 0 1 2 年 1 0 月 1 日

中华人民共和国住房和城乡建设部
公　告

第 1395 号

关于发布国家标准
《屋面工程技术规范》的公告

现批准《屋面工程技术规范》为国家标准，编号为 GB 50345-2012，自 2012 年 10 月 1 日起实施。其中，第 3.0.5、4.5.1、4.5.5、4.5.6、4.5.7、4.8.1、4.9.1、5.1.6 条为强制性条文，必须严格执行。原国家标准《屋面工程技术规范》GB 50345-2004 同时废止。

本规范由我部标准定额研究所组织中国建筑工业出版社出版发行。

中华人民共和国住房和城乡建设部

2012 年 5 月 28 日

前　言

本规范是根据住房和城乡建设部《关于印发〈2009 年工程建设标准规范制订、修订计划〉的通知》（建标［2009］88 号）的要求，由山西建筑工程（集团）总公司和浙江省长城建设集团股份有限公司会同有关单位，共同对《屋面工程技术规范》GB 50345-2004 进行修订后编制完成的。

本规范共分 5 章和 2 个附录。主要内容包括：总则、术语、基本规定、屋面工程设计、屋面工程施工等。

本规范中以黑体标志的条文为强制性条文，必须严格执行。

本规范由住房和城乡建设部负责管理和对强制性条文的解释，由山西建筑工程（集团）总公司负责具体技术内容的解释。本规范在执行过程中，请各单位结合工程实践，认真总结经验，注意积累资料，随时将意见和建议反馈给山西建筑工程（集团）总公司（地址：山西省太原市新建路 9 号，邮政编码：030002，邮箱：4085462@sohu.com），以供今后修订时参考。

本规范主编单位：山西建筑工程（集团）总公司

浙江省长城建设集团股份有限公司

本规范参编单位：北京市建筑工程研究院

浙江工业大学

太原理工大学

中国建筑科学研究院

中国建筑材料科学研究总院

苏州防水研究院

苏州市新型建筑防水工程有限责任公司

中国建筑防水协会

杭州金汤建筑防水有限公司

中国建筑标准设计研究院

北京圣洁防水材料有限公司

上海台安工程实业有限公司

大连细扬防水工程集团有限公司

宁波科德建材有限公司

杜邦中国集团有限公司

欧文斯科宁（中国）投资有限公司

宁波山泉建材有限公司

本规范参加单位：陶氏化学（中国）投资有限公司

达福喜建材贸易（上海）有限公司

中国聚氨酯工业协会异氰酸酯专业委员会

本规范主要起草人：郝玉柱　霍瑞琴　闫永茂

李宏伟　施　炯　朱冬青

王寿华　哈成德　叶林标

项桦太　马芸芳　王　天

高延继　张文华　杨　胜

姜静波　杜红秀　胡　骏

王祖光　尚华胜　陈　平

杜　昕　程雪峰　樊细杨

姚茂国　米　然　王聪慧

　　　　　　　　　　　　叶泉友

本规范主要审查人：李承刚　蔡昭昀　牛光全

　　　　　　　　　杨善勤　李引擎　张道真

　　　　　　　　　于新国　叶琳昌　王　伟

目   次

Contents

1 总　则

1.0.1 为提高我国屋面工程技术水平，做到保证质量、经济合理、安全适用、环保节能，制定本规范。

1.0.2 本规范适用于房屋建筑屋面工程的设计和施工。

1.0.3 屋面工程的设计和施工，应遵守国家有关环境保护、建筑节能和防火安全等有关规定，并应制定相应的措施。

1.0.4 屋面工程的设计和施工除应符合本规范外，尚应符合国家现行有关标准的规定。

2 术　语

2.0.1 屋面工程　roof project
由防水、保温、隔热等构造层所组成房屋顶部的设计和施工。

2.0.2 隔汽层　vapor barrier
阻止室内水蒸气渗透到保温层内的构造层。

2.0.3 保温层　thermal insulation layer
减少屋面热交换作用的构造层。

2.0.4 防水层　waterproof layer
能够隔绝水而不使水向建筑物内部渗透的构造层。

2.0.5 隔离层　Isolation layer
消除相邻两种材料之间粘结力、机械咬合力、化学反应等不利影响的构造层。

2.0.6 保护层　protection layer
对防水层或保温层起防护作用的构造层。

2.0.7 隔热层　insulation layer
减少太阳辐射热向室内传递的构造层。

2.0.8 复合防水层　compound waterproof layer
由彼此相容的卷材和涂料组合而成的防水层。

2.0.9 附加层　additional layer
在易渗漏及易破损部位设置的卷材或涂膜加强层。

2.0.10 防水垫层　waterproof cushion
设置在瓦材或金属板材下面，起防水、防潮作用的构造层。

2.0.11 持钉层　nail-supporting layer
能够握裹固定钉的瓦屋面构造层。

2.0.12 平衡含水率　equilibrium water content
在自然环境中，材料孔隙中所含有的水分与空气湿度达到平衡时，这部分水的质量占材料干质量的百分比。

2.0.13 相容性　compatibility
相邻两种材料之间互不产生有害的物理和化学作用的性能。

2.0.14 纤维材料　fiber material
将熔融岩石、矿渣、玻璃等原料经高温熔化，采用离心法或气体喷射法制成的板状或毡状纤维制品。

2.0.15 喷涂硬泡聚氨酯　spraying polyurethane rigid foam
以异氰酸酯、多元醇为主要原料加入发泡剂等添加剂，现场使用专用喷涂设备在基层上连续多遍喷涂发泡聚氨酯后，形成无接缝的硬泡体。

2.0.16 现浇泡沫混凝土　casting foam concrete
用物理方法将发泡剂水溶液制备成泡沫，再将泡沫加入到由水泥、骨料、掺合料、外加剂和水等制成的料浆中，经混合搅拌、现场浇筑、自然养护而成的轻质多孔混凝土。

2.0.17 玻璃采光顶　Glass lighting roof
由玻璃透光面板与支承体系组成的屋顶。

3 基本规定

3.0.1 屋面工程应符合下列基本要求：

1 具有良好的排水功能和阻止水侵入建筑物内的作用；

2 冬季保温减少建筑物的热损失和防止结露；

3 夏季隔热降低建筑物对太阳辐射热的吸收；

4 适应主体结构的受力变形和温差变形；

5 承受风、雪荷载的作用不产生破坏；

6 具有阻止火势蔓延的性能；

7 满足建筑外形美观和使用的要求。

3.0.2 屋面的基本构造层次宜符合表 3.0.2 的要求。设计人员可根据建筑物的性质、使用功能、气候条件等因素进行组合。

表 3.0.2　屋面的基本构造层次

屋面类型	基本构造层次（自上而下）
卷材、涂膜屋面	保护层、隔离层、防水层、找平层、保温层、找平层、找坡层、结构层
	保护层、保温层、防水层、找平层、找坡层、结构层
	种植隔热层、保护层、耐根穿刺防水层、防水层、找平层、保温层、找平层、找坡层、结构层
	架空隔热层、防水层、找平层、保温层、找平层、找坡层、结构层
	蓄水隔热层、隔离层、防水层、找平层、保温层、找平层、找坡层、结构层
瓦屋面	块瓦、挂瓦条、顺水条、持钉层、防水层或防水垫层、保温层、结构层
	沥青瓦、持钉层、防水层或防水垫层、保温层、结构层

续表 3.0.2

屋面类型	基本构造层次（自上而下）
金属板屋面	压型金属板、防水垫层、保温层、承托网、支承结构
	上层压型金属板、防水垫层、保温层、底层压型金属板、支承结构
	金属面绝热夹芯板、支承结构
玻璃采光顶	玻璃面板、金属框架、支承结构
	玻璃面板、点支承装置、支承结构

注：1 表中结构层包括混凝土基层和木基层；防水层包括卷材和涂膜防水层；保护层包括块体材料、水泥砂浆、细石混凝土保护层；

2 有隔汽要求的屋面，应在保温层与结构层之间设隔汽层。

3.0.3 屋面工程设计应遵照"保证功能、构造合理、防排结合、优选用材、美观耐用"的原则。

3.0.4 屋面工程施工应遵照"按图施工、材料检验、工序检查、过程控制、质量验收"的原则。

3.0.5 屋面防水工程应根据建筑物的类别、重要程度、使用功能要求确定防水等级，并应按相应等级进行防水设防；对防水有特殊要求的建筑屋面，应进行专项防水设计。屋面防水等级和设防要求应符合表3.0.5的规定。

表 3.0.5　屋面防水等级和设防要求

防水等级	建筑类别	设防要求
Ⅰ级	重要建筑和高层建筑	两道防水设防
Ⅱ级	一般建筑	一道防水设防

3.0.6 建筑屋面的传热系数和热惰性指标，均应符合现行国家标准《民用建筑热工设计规范》GB 50176、《公共建筑节能设计标准》GB 50189、现行行业标准《严寒和寒冷地区居住建筑节能设计标准》JGJ 26、《夏热冬暖地区居住建筑节能设计标准》JGJ 75 和《夏热冬冷地区居住建筑节能设计标准》JGJ 134 的有关规定。

3.0.7 屋面工程所用材料的燃烧性能和耐火极限，应符合现行国家标准《建筑设计防火规范》GB 50016 的有关规定。

3.0.8 屋面工程的防雷设计应符合现行国家标准《建筑物防雷设计规范》GB 50057 的有关规定。金属板屋面和玻璃采光顶的防雷设计尚应符合下列规定：

1 金属板屋面和玻璃采光顶的防雷体系应和主体结构的防雷体系有可靠的连接；

2 金属板屋面应按现行国家标准《建筑物防雷设计规范》GB 50057 的有关规定采取防直击雷、防雷电感应和防雷电波侵入措施；

3 金属板屋面和玻璃采光顶按滚球法计算，且不在建筑物接闪器保护范围之内时，金属板屋面和玻璃采光顶应按现行国家标准《建筑物防雷设计规范》GB 50057 的有关规定装设接闪器，并应与建筑物防雷引下线可靠连接。

3.0.9 屋面工程所用防水、保温材料应符合有关环境保护的规定，不得使用国家明令禁止及淘汰的材料。

3.0.10 屋面工程中推广应用的新技术，应通过科技成果鉴定、评估或新产品、新技术鉴定，并应按有关规定实施。

3.0.11 屋面工程应建立管理、维修、保养制度；屋面排水系统应保持畅通，应防止水落口、檐沟、天沟堵塞和积水。

4 屋面工程设计

4.1 一般规定

4.1.1 屋面工程应根据建筑物的建筑造型、使用功能、环境条件，对下列内容进行设计：

1 屋面防水等级和设防要求；

2 屋面构造设计；

3 屋面排水设计；

4 找坡方式和选用的找坡材料；

5 防水层选用的材料、厚度、规格及其主要性能；

6 保温层选用的材料、厚度、燃烧性能及其主要性能；

7 接缝密封防水选用的材料及其主要性能。

4.1.2 屋面防水层设计应采取下列技术措施：

1 卷材防水层易拉裂部位，宜选用空铺、点粘、条粘或机械固定等施工方法；

2 结构易发生较大变形、易渗漏和损坏的部位，应设置卷材或涂膜附加层；

3 在坡度较大和垂直面上粘贴防水卷材时，宜采用机械固定和对固定点进行密封的方法；

4 卷材或涂膜防水层上应设置保护层；

5 在刚性保护层与卷材、涂膜防水层之间应设置隔离层。

4.1.3 屋面工程所使用的防水材料在下列情况下应具有相容性：

1 卷材或涂料与基层处理剂；

2 卷材与胶粘剂或胶粘带；

3 卷材与卷材复合使用；

4 卷材与涂料复合使用；

5 密封材料与接缝基材。

4.1.4 防水材料的选择应符合下列规定：

1 外露使用的防水层，应选用耐紫外线、耐老化、耐候性好的防水材料；

2 上人屋面，应选用耐霉变、拉伸强度高的防水材料；

3 长期处于潮湿环境的屋面，应选用耐腐蚀、耐霉变、耐穿刺、耐长期水浸等性能的防水材料；

4 薄壳、装配式结构、钢结构及大跨度建筑屋面，应选用耐候性好、适应变形能力强的防水材料；

5 倒置式屋面应选用适应变形能力强、接缝密封保证率高的防水材料；

6 坡屋面应选用与基层粘结力强、感温性小的防水材料；

7 屋面接缝密封防水，应选用与基材粘结力强和耐候性好、适应位移能力强的密封材料；

8 基层处理剂、胶粘剂和涂料，应符合现行行业标准《建筑防水涂料有害物质限量》JC 1066 的有关规定。

4.1.5 屋面工程用防水及保温材料标准，应符合本规范附录 A 的要求；屋面工程用防水及保温材料主要性能指标，应符合本规范附录 B 的要求。

4.2 排水设计

4.2.1 屋面排水方式的选择，应根据建筑物屋顶形式、气候条件、使用功能等因素确定。

4.2.2 屋面排水方式可分为有组织排水和无组织排水。有组织排水时，宜采用雨水收集系统。

4.2.3 高层建筑屋面宜采用内排水；多层建筑屋面宜采用有组织外排水；低层建筑及檐高小于 10m 的屋面，可采用无组织排水。多跨及汇水面积较大的屋面宜采用天沟排水，天沟找坡较长时，宜采用中间内排水和两端外排水。

4.2.4 屋面排水系统设计采用的雨水流量、暴雨强度、降雨历时、屋面汇水面积等参数，应符合现行国家标准《建筑给水排水设计规范》GB 50015 的有关规定。

4.2.5 屋面应适当划分排水区域，排水路线应简捷，排水应通畅。

4.2.6 采用重力式排水时，屋面每个汇水面积内，雨水排水立管不宜少于 2 根；水落口和水落管的位置，应根据建筑物的造型要求和屋面汇水情况等因素确定。

4.2.7 高跨屋面为无组织排水时，其低跨屋面受水冲刷的部位应加铺一层卷材，并应设 40mm ～ 50mm 厚、300mm ～ 500mm 宽的 C20 细石混凝土保护层；高跨屋面为有组织排水时，水落管下应加设水簸箕。

4.2.8 暴雨强度较大地区的大型屋面，宜采用虹吸式屋面雨水排水系统。

4.2.9 严寒地区应采用内排水，寒冷地区宜采用内排水。

4.2.10 湿陷性黄土地区宜采用有组织排水，并应将雨雪水直接排至排水管网。

4.2.11 檐沟、天沟的过水断面，应根据屋面汇水面积的雨水流量经计算确定。钢筋混凝土檐沟、天沟净宽不应小于 300mm，分水线处最小深度不应小于 100mm；沟内纵向坡度不应小于 1%，沟底水落差不得超过 200mm；檐沟、天沟排水不得流经变形缝和防火墙。

4.2.12 金属檐沟、天沟的纵向坡度宜为 0.5%。

4.2.13 坡屋面檐口宜采用有组织排水，檐沟和水落斗可采用金属或塑料成品。

4.3 找坡层和找平层设计

4.3.1 混凝土结构层宜采用结构找坡，坡度不应小于 3%；当采用材料找坡时，宜采用质量轻、吸水率低和有一定强度的材料，坡度宜为 2%。

4.3.2 卷材、涂膜的基层宜设找平层。找平层厚度和技术要求应符合表 4.3.2 的规定。

表 4.3.2 找平层厚度和技术要求

找平层分类	适用的基层	厚度 (mm)	技术要求
水泥砂浆	整体现浇混凝土板	15～20	1：2.5 水泥砂浆
	整体材料保温层	20～25	
细石混凝土	装配式混凝土板	30～35	C20 混凝土，宜加钢筋网片
	板状材料保温层		C20 混凝土

4.3.3 保温层上的找平层应留设分格缝，缝宽宜为 5mm～20mm，纵横缝的间距不宜大于 6m。

4.4 保温层和隔热层设计

4.4.1 保温层应根据屋面所需传热系数或热阻选择轻质、高效的保温材料，保温层及其保温材料应符合表 4.4.1 的规定。

表 4.4.1 保温层及其保温材料

保温层	保温材料
板状材料保温层	聚苯乙烯泡沫塑料，硬质聚氨酯泡沫塑料，膨胀珍珠岩制品，泡沫玻璃制品，加气混凝土砌块，泡沫混凝土砌块
纤维材料保温层	玻璃棉制品，岩棉、矿渣棉制品
整体材料保温层	喷涂硬泡聚氨酯，现浇泡沫混凝土

4.4.2 保温层设计应符合下列规定：

1 保温层宜选用吸水率低、密度和导热系数小，并有一定强度的保温材料；

　　2　保温层厚度应根据所在地区现行建筑节能设计标准，经计算确定；

　　3　保温层的含水率，应相当于该材料在当地自然风干状态下的平衡含水率；

　　4　屋面为停车场等高荷载情况时，应根据计算确定保温材料的强度；

　　5　纤维材料做保温层时，应采取防止压缩的措施；

　　6　屋面坡度较大时，保温层应采取防滑措施；

　　7　封闭式保温层或保温层干燥有困难的卷材屋面，宜采取排汽构造措施。

4.4.3　屋面热桥部位，当内表面温度低于室内空气的露点温度时，均应作保温处理。

4.4.4　当严寒及寒冷地区屋面结构冷凝界面内侧实际具有的蒸汽渗透阻小于所需值，或其他地区室内湿气有可能透过屋面结构层进入保温层时，应设置隔汽层。隔汽层设计应符合下列规定：

　　1　隔汽层应设置在结构层上、保温层下；

　　2　隔汽层应选用气密性、水密性好的材料；

　　3　隔汽层应沿周边墙面向上连续铺设，高出保温层上表面不得小于150mm。

4.4.5　屋面排汽构造设计应符合下列规定：

　　1　找平层设置的分格缝可兼作排汽道，排汽道的宽度宜为40mm；

　　2　排汽道应纵横贯通，并应与大气连通的排汽孔相通，排汽孔可设在檐口下或纵横排汽道的交叉处；

　　3　排汽道纵横间距宜为6m，屋面面积每36m²宜设置一个排汽孔，排汽孔应作防水处理；

　　4　在保温层下也可铺设带支点的塑料板。

4.4.6　倒置式屋面保温层设计应符合下列规定：

　　1　倒置式屋面的坡度宜为3%；

　　2　保温层应采用吸水率低，且长期浸水不变质的保温材料；

　　3　板状保温材料的下部纵向边缘应设排水凹缝；

　　4　保温层与防水层所用材料应相容匹配；

　　5　保温层上面宜采用块体材料或细石混凝土做保护层；

　　6　檐沟、水落口部位应采用现浇混凝土堵头或砖砌堵头，并应作好保温层排水处理。

4.4.7　屋面隔热层设计应根据地域、气候、屋面形式、建筑环境、使用功能等条件，采取种植、架空和蓄水等隔热措施。

4.4.8　种植隔热层的设计应符合下列规定：

　　1　种植隔热层的构造层次应包括植被层、种植土层、过滤层和排水层等；

　　2　种植隔热层所用材料及植物等应与当地气候

条件相适应，并应符合环境保护要求；

　　3　种植隔热层宜根据植物种类及环境布局的需要进行分区布置，分区布置应设挡墙或挡板；

　　4　排水层材料应根据屋面功能及环境、经济条件等进行选择；过滤层宜采用200g/m²～400g/m²的土工布，过滤层应沿种植土周边向上铺设至种植土高度；

　　5　种植土四周应设挡墙，挡墙下部应设泄水孔，并应与排水出口连通；

　　6　种植土应根据种植物的要求选择综合性能良好的材料；种植厚度应根据不同种植土和植物种类等确定；

　　7　种植隔热层的屋面坡度大于20%时，其排水层、种植土应采取防滑措施。

4.4.9　架空隔热层的设计应符合下列规定：

　　1　架空隔热层宜在屋顶有良好通风的建筑物上采用，不宜在寒冷地区采用；

　　2　当采用混凝土板架空隔热层时，屋面坡度不宜大于5%；

　　3　架空隔热制品及其支座的质量应符合国家现行有关材料标准的规定；

　　4　架空隔热层的高度宜为180mm～300mm，架空板与女儿墙的距离不应小于250mm；

　　5　当屋面宽度大于10m时，架空隔热层中部应设置通风屋脊；

　　6　架空隔热层的进风口，宜设置在当地炎热季节最大频率风向的正压区，出风口宜设置在负压区。

4.4.10　蓄水隔热层的设计应符合下列规定：

　　1　蓄水隔热层不宜在寒冷地区、地震设防地区和振动较大的建筑物上采用；

　　2　蓄水隔热层的蓄水池应采用强度等级不低于C25、抗渗等级不低于P6的现浇混凝土，蓄水池内宜采用20mm厚防水砂浆抹面；

　　3　蓄水隔热层的排水坡度不宜大于0.5%；

　　4　蓄水隔热层应划分为若干蓄水区，每区的边长不宜大于10m，在变形缝的两侧应分成两个互不连通的蓄水区。长度超过40m的蓄水隔热层应分仓设置，分仓隔墙可采用现浇混凝土或砌体；

　　5　蓄水池应设溢水口、排水管和给水管，排水管应与排水出口连通；

　　6　蓄水池的蓄水深度宜为150mm～200mm；

　　7　蓄水池溢水口距分仓墙顶面的高度不得小于100mm；

　　8　蓄水池应设置人行通道。

4.5　卷材及涂膜防水层设计

4.5.1　卷材、涂膜屋面防水等级和防水做法应符合表4.5.1的规定。

表 4.5.1 卷材、涂膜屋面防水等级和防水做法

防水等级	防 水 做 法
Ⅰ级	卷材防水层和卷材防水层、卷材防水层和涂膜防水层、复合防水层
Ⅱ级	卷材防水层、涂膜防水层、复合防水层

注：在Ⅰ级屋面防水做法中，防水层仅作单层卷材时，应符合有关单层防水卷材屋面技术的规定。

4.5.2 防水卷材的选择应符合下列规定：

1 防水卷材可按合成高分子防水卷材和高聚物改性沥青防水卷材选用，其外观质量和品种、规格应符合国家现行有关材料标准的规定；

2 应根据当地历年最高气温、最低气温、屋面坡度和使用条件等因素，选择耐热度、低温柔性相适应的卷材；

3 应根据地基变形程度、结构形式、当地年温差、日温差和振动等因素，选择拉伸性能相适应的卷材；

4 应根据屋面卷材的暴露程度，选择耐紫外线、耐老化、耐霉烂相适应的卷材；

5 种植隔热屋面的防水层应选择耐根穿刺防水卷材。

4.5.3 防水涂料的选择应符合下列规定：

1 防水涂料可按合成高分子防水涂料、聚合物水泥防水涂料和高聚物改性沥青防水涂料选用，其外观质量和品种、型号应符合国家现行有关材料标准的规定；

2 应根据当地历年最高气温、最低气温、屋面坡度和使用条件等因素，选择耐热性、低温柔性相适应的涂料；

3 应根据地基变形程度、结构形式、当地年温差、日温差和振动等因素，选择拉伸性能相适应的涂料；

4 应根据屋面涂膜的暴露程度，选择耐紫外线、耐老化相适应的涂料；

5 屋面坡度大于25%时，应选择成膜时间较短的涂料。

4.5.4 复合防水层设计应符合下列规定：

1 选用的防水卷材与防水涂料应相容；

2 防水涂膜宜设置在防水卷材的下面；

3 挥发固化型防水涂料不得作为防水卷材粘结材料使用；

4 水乳型或合成高分子类防水涂膜上面，不得采用热熔型防水卷材；

5 水乳型或水泥基类防水涂料，应待涂膜实干后再采用冷粘铺贴卷材。

4.5.5 每道卷材防水层最小厚度应符合表4.5.5的规定。

表 4.5.5 每道卷材防水层最小厚度（mm）

防水等级	合成高分子防水卷材	高聚物改性沥青防水卷材		
		聚酯胎、玻纤胎、聚乙烯胎	自粘聚酯胎	自粘无胎
Ⅰ级	1.2	3.0	2.0	1.5
Ⅱ级	1.5	4.0	3.0	2.0

4.5.6 每道涂膜防水层最小厚度应符合表4.5.6的规定。

表 4.5.6 每道涂膜防水层最小厚度（mm）

防水等级	合成高分子防水涂膜	聚合物水泥防水涂膜	高聚物改性沥青防水涂膜
Ⅰ级	1.5	1.5	2.0
Ⅱ级	2.0	2.0	3.0

4.5.7 复合防水层最小厚度应符合表4.5.7的规定。

表 4.5.7 复合防水层最小厚度（mm）

防水等级	合成高分子防水卷材＋合成高分子防水涂膜	自粘聚合物改性沥青防水卷材（无胎）＋合成高分子防水涂膜	高聚物改性沥青防水卷材＋高聚物改性沥青防水涂膜	聚乙烯丙纶卷材＋聚合物水泥防水胶结材料
Ⅰ级	1.2＋1.5	1.5＋1.5	3.0＋2.0	(0.7＋1.3)×2
Ⅱ级	1.0＋1.0	1.2＋1.0	3.0＋1.2	0.7＋1.3

4.5.8 下列情况不得作为屋面的一道防水设防：

1 混凝土结构层；

2 Ⅰ型喷涂硬泡聚氨酯保温层；

3 装饰瓦及不搭接瓦；

4 隔汽层；

5 细石混凝土层；

6 卷材或涂膜厚度不符合本规范规定的防水层。

4.5.9 附加层设计应符合下列规定：

1 檐沟、天沟与屋面交接处、屋面平面与立面交接处，以及水落口、伸出屋面管道根部等部位，应设置卷材或涂膜附加层；

2 屋面找平层分格缝等部位，宜设置卷材空铺附加层，其空铺宽度不宜小于100mm；

3 附加层最小厚度应符合表4.5.9的规定。

表 4.5.9 附加层最小厚度（mm）

附加层材料	最小厚度
合成高分子防水卷材	1.2
高聚物改性沥青防水卷材（聚酯胎）	3.0

附加层材料	最小厚度
合成高分子防水涂料、聚合物水泥防水涂料	1.5
高聚物改性沥青防水涂料	2.0

注：涂膜附加层应夹铺胎体增强材料。

4.5.10 防水卷材接缝应采用搭接缝，卷材搭接宽度应符合表4.5.10的规定。

表4.5.10 卷材搭接宽度（mm）

卷材类别		搭接宽度
合成高分子防水卷材	胶粘剂	80
	胶粘带	50
	单缝焊	60，有效焊接宽度不小于25
	双缝焊	80，有效焊接宽度10×2+空腔宽
高聚物改性沥青防水卷材	胶粘剂	100
	自粘	80

4.5.11 胎体增强材料设计应符合下列规定：

　　1 胎体增强材料宜采用聚酯无纺布或化纤无纺布；

　　2 胎体增强材料长边搭接宽度不应小于50mm，短边搭接宽度不应小于70mm；

　　3 上下层胎体增强材料的长边搭接缝应错开，且不得小于幅宽的1/3；

　　4 上下层胎体增强材料不得相互垂直铺设。

4.6 接缝密封防水设计

4.6.1 屋面接缝应按密封材料的使用方式，分为位移接缝和非位移接缝。屋面接缝密封防水技术要求应符合表4.6.1的规定。

表4.6.1 屋面接缝密封防水技术要求

接缝种类	密封部位	密封材料
位移接缝	混凝土面层分格接缝	改性石油沥青密封材料、合成高分子密封材料
	块体面层分格缝	改性石油沥青密封材料、合成高分子密封材料
	采光顶玻璃接缝	硅酮耐候密封胶
	采光顶周边接缝	合成高分子密封材料
	采光顶隐框玻璃与金属框接缝	硅酮结构密封胶
	采光顶明框单元板块间接缝	硅酮耐候密封胶

接缝种类	密封部位	密封材料
非位移接缝	高聚物改性沥青卷材收头	改性石油沥青密封材料
	合成高分子卷材收头及接缝封边	合成高分子密封材料
	混凝土基层固定件周边接缝	改性石油沥青密封材料、合成高分子密封材料
	混凝土构件间接缝	改性石油沥青密封材料、合成高分子密封材料

4.6.2 接缝密封防水设计应保证密封部位不渗水，并应做到接缝密封防水与主体防水层相匹配。

4.6.3 密封材料的选择应符合下列规定：

　　1 应根据当地历年最高气温、最低气温、屋面构造特点和使用条件等因素，选择耐热度、低温柔性相适应的密封材料；

　　2 应根据屋面接缝变形的大小以及接缝的宽度，选择位移能力相适应的密封材料；

　　3 应根据屋面接缝粘结性要求，选择与基层材料相容的密封材料；

　　4 应根据屋面接缝的暴露程度，选择耐高低温、耐紫外线、耐老化和耐潮湿等性能相适应的密封材料。

4.6.4 位移接缝密封防水设计应符合下列规定：

　　1 接缝宽度应按屋面接缝位移量计算确定；

　　2 接缝的相对位移量不应大于可供选择密封材料的位移能力；

　　3 密封材料的嵌填深度宜为接缝宽度的50%～70%；

　　4 接缝处的密封材料底部应设置背衬材料，背衬材料应大于接缝宽度20%，嵌入深度应为密封材料的设计厚度；

　　5 背衬材料应选择与密封材料不粘结或粘结力弱的材料，并应能适应基层的伸缩变形，同时应具有施工时不变形、复原率高和耐久性好等性能。

4.7 保护层和隔离层设计

4.7.1 上人屋面保护层可采用块体材料、细石混凝土等材料，不上人屋面保护层可采用浅色涂料、铝箔、矿物粒料、水泥砂浆等材料。保护层材料的适用范围和技术要求应符合表4.7.1的规定。

表4.7.1 保护层材料的适用范围和技术要求

保护层材料	适用范围	技术要求
浅色涂料	不上人屋面	丙烯酸系反射涂料
铝箔	不上人屋面	0.05mm厚铝箔反射膜

续表 4.7.1

保护层材料	适用范围	技术要求
矿物粒料	不上人屋面	不透明的矿物粒料
水泥砂浆	不上人屋面	20mm 厚 1:2.5 或 M15 水泥砂浆
块体材料	上人屋面	地砖或 30mm 厚 C20 细石混凝土预制块
细石混凝土	上人屋面	40mm 厚 C20 细石混凝土或 50mm 厚 C20 细石混凝土内配 φ4@100 双向钢筋网片

4.7.2 采用块体材料做保护层时，宜设分格缝，其纵横间距不宜大于 10m，分格缝宽度宜为 20mm，并应用密封材料嵌填。

4.7.3 采用水泥砂浆做保护层时，表面应抹平压光，并应设表面分格缝，分格面积宜为 1m²。

4.7.4 采用细石混凝土做保护层时，表面应抹平压光，并应设分格缝，其纵横间距不应大于 6m，分格缝宽度宜为 10mm～20mm，并应用密封材料嵌填。

4.7.5 采用淡色涂料做保护层时，应与防水层粘结牢固，厚薄均匀，不得漏涂。

4.7.6 块体材料、水泥砂浆、细石混凝土保护层与女儿墙或山墙之间，应预留宽度为 30mm 的缝隙，缝内宜填塞聚苯乙烯泡沫塑料，并应用密封材料嵌填。

4.7.7 需经常维护的设施周围和屋面出入口至设施之间的人行道，应铺设块体材料或细石混凝土保护层。

4.7.8 块体材料、水泥砂浆、细石混凝土保护层与卷材、涂膜防水层之间，应设置隔离层。隔离层材料的适用范围和技术要求宜符合表 4.7.8 的规定。

表 4.7.8　隔离层材料的适用范围和技术要求

隔离层材料	适用范围	技术要求
塑料膜	块体材料、水泥砂浆保护层	0.4mm 厚聚乙烯膜或 3mm 厚发泡聚乙烯膜
土工布	块体材料、水泥砂浆保护层	200g/m² 聚酯无纺布
卷材	块体材料、水泥砂浆保护层	石油沥青卷材一层
低强度等级砂浆	细石混凝土保护层	10mm 厚黏土砂浆，石灰膏:砂:黏土=1:2.4:3.6
		10mm 厚石灰砂浆，石灰膏:砂=1:4
		5mm 厚掺有纤维的石灰砂浆

4.8 瓦屋面设计

4.8.1 瓦屋面防水等级和防水做法应符合表 4.8.1 的规定。

表 4.8.1　瓦屋面防水等级和防水做法

防水等级	防水做法
Ⅰ 级	瓦+防水层
Ⅱ 级	瓦+防水垫层

注：防水层厚度应符合本规范第 4.5.5 条或第 4.5.6 条Ⅱ级防水的规定。

4.8.2 瓦屋面应根据瓦的类型和基层种类采取相应的构造做法。

4.8.3 瓦屋面与山墙及突出屋面结构的交接处，均应做不小于 250mm 高的泛水处理。

4.8.4 在大风及地震设防地区或屋面坡度大于 100% 时，瓦片应采取固定加强措施。

4.8.5 严寒及寒冷地区瓦屋面，檐口部位应采取防止冰雪融化下坠和冰坝形成等措施。

4.8.6 防水垫层宜采用自粘聚合物沥青防水垫层、聚合物改性沥青防水垫层，其最小厚度和搭接宽度应符合表 4.8.6 的规定。

表 4.8.6　防水垫层的最小厚度和搭接宽度（mm）

防水垫层品种	最小厚度	搭接宽度
自粘聚合物沥青防水垫层	1.0	80
聚合物改性沥青防水垫层	2.0	100

4.8.7 在满足屋面荷载的前提下，瓦屋面持钉层厚度应符合下列规定：

　　1 持钉层为木板时，厚度不应小于 20mm；

　　2 持钉层为人造板时，厚度不应小于 16mm；

　　3 持钉层为细石混凝土时，厚度不应小于 35mm。

4.8.8 瓦屋面檐沟、天沟的防水层，可采用防水卷材或防水涂膜，也可采用金属板材。

Ⅰ　烧结瓦、混凝土瓦屋面

4.8.9 烧结瓦、混凝土瓦屋面的坡度不应小于 30%。

4.8.10 采用的木质基层、顺水条、挂瓦条，均应作防腐、防火和防蛀处理；采用的金属顺水条、挂瓦条，均应作防锈蚀处理。

4.8.11 烧结瓦、混凝土瓦应采用干法挂瓦，瓦与屋面基层应固定牢靠。

4.8.12 烧结瓦和混凝土瓦铺装的有关尺寸应符合下列规定：

　　1 瓦屋面檐口挑出墙面的长度不宜小于300mm；

　　2 脊瓦在两坡面瓦上的搭盖宽度，每边不应小于 40mm；

　　3 脊瓦下端距坡面瓦的高度不宜大于 80mm；

　　4 瓦头伸入檐沟、天沟内的长度宜为 50mm～70mm；

5 金属檐沟、天沟伸入瓦内的宽度不应小于150mm；

6 瓦头挑出檐口的长度宜为50mm～70mm；

7 突出屋面结构的侧面瓦伸入泛水的宽度不应小于50mm。

Ⅱ 沥青瓦屋面

4.8.13 沥青瓦屋面的坡度不应小于20%。

4.8.14 沥青瓦应具有自粘胶带或相互搭接的连锁构造。矿物粒料或片料覆面沥青瓦的厚度不应小于2.6mm，金属箔面沥青瓦的厚度不应小于2mm。

4.8.15 沥青瓦的固定方式应以钉为主、粘结为辅。每张瓦片上不得少于4个固定钉；在大风地区或屋面坡度大于100%时，每张瓦片不得少于6个固定钉。

4.8.16 天沟部位铺设的沥青瓦可采用搭接式、编织式、敞开式。搭接式、编织式铺设时，沥青瓦下应增设不小于1000mm宽的附加层；敞开式铺设时，在防水层或防水垫层上应铺设厚度不小于0.45mm的防锈金属板材，沥青瓦与金属板材应用沥青基胶结材料粘结，其搭接宽度不应小于100mm。

4.8.17 沥青瓦铺装的有关尺寸应符合下列规定：

1 脊瓦在两坡面瓦上的搭盖宽度，每边不应小于150mm；

2 脊瓦与脊瓦的压盖面不应小于脊瓦面积的1/2；

3 沥青瓦挑出檐口的长度宜为10mm～20mm；

4 金属泛水板与沥青瓦的搭盖宽度不应小于100mm；

5 金属泛水板与突出屋面墙体的搭接高度不应小于250mm；

6 金属滴水板伸入沥青瓦下的宽度不应小于80mm。

4.9 金属板屋面设计

4.9.1 金属板屋面防水等级和防水做法应符合表4.9.1的规定。

表4.9.1 金属板屋面防水等级和防水做法

防水等级	防水做法
Ⅰ级	压型金属板+防水垫层
Ⅱ级	压型金属板、金属面绝热夹芯板

注：1 当防水等级为Ⅰ级时，压型铝合金板基板厚度不应小于0.9mm；压型钢板基板厚度不应小于0.6mm；

　　2 当防水等级为Ⅰ级时，压型金属板应采用360°咬口锁边连接方式；

　　3 在Ⅰ级屋面防水做法中，仅作压型金属板时，应符合《金属压型板应用技术规范》等相关技术的规定。

4.9.2 金属板屋面可按建筑设计要求，选用镀层钢板、涂层钢板、铝合金板、不锈钢板和钛锌板等金属板材。金属板材及其配套的紧固件、密封材料，其材料的品种、规格和性能等应符合现行国家有关材料标准的规定。

4.9.3 金属板屋面应按围护结构进行设计，并应具有相应的承载力、刚度、稳定性和变形能力。

4.9.4 金属板屋面设计应根据当地风荷载、结构体形、热工性能、屋面坡度等情况，采用相应的压型金属板板型及构造系统。

4.9.5 金属板屋面应在保温层的下面宜设置隔汽层，在保温层的上面宜设置防水透汽膜。

4.9.6 金属板屋面的防结露设计，应符合现行国家标准《民用建筑热工设计规范》GB 50176的有关规定。

4.9.7 压型金属板采用咬口锁边连接时，屋面的排水坡度不宜小于5%；压型金属板采用紧固件连接时，屋面的排水坡度不宜小于10%。

4.9.8 金属檐沟、天沟的伸缩缝间距不宜大于30m；内檐沟及内天沟应设置溢流口或溢流系统，沟内宜按0.5%找坡。

4.9.9 金属板的伸缩变形除应满足咬口锁边连接或紧固件连接的要求外，还应满足檩条、檐口及天沟等使用要求，且金属板最大伸缩变形量不应超过100mm。

4.9.10 金属板在主体结构的变形缝处宜断开，变形缝上部应加扣带伸缩的金属盖板。

4.9.11 金属板屋面的下列部位应进行细部构造设计：

1 屋面系统的变形缝；

2 高低跨处泛水；

3 屋面板缝、单元体构造缝；

4 檐沟、天沟、水落口；

5 屋面金属板材收头；

6 洞口、局部凸出体收头；

7 其他复杂的构造部位。

4.9.12 压型金属板采用咬口锁边连接的构造应符合下列规定：

1 在檩条上应设置与压型金属板波形相配套的专用固定支座，并应用自攻螺钉与檩条连接；

2 压型金属板应搁置在固定支座上，两片金属板的侧边应确保在风吸力等因素作用下扣合或咬合连接可靠；

3 在大风地区或高度大于30m的屋面，压型金属板应采用360°咬口锁边连接；

4 大面积屋面和弧状或组合弧状屋面，压型金属板的立边咬合宜采用暗扣直立锁边屋面系统；

5 单坡尺寸过长或环境温差过大的屋面，压型金属板宜采用滑动式支座的360°咬口锁边连接。

4.9.13 压型金属板采用紧固件连接的构造应符合下列规定：

1 铺设高波压型金属板时，在檩条上应设置固定支架，固定支架应采用自攻螺钉与檩条连接，连接件宜每波设置一个；

2 铺设低波压型金属板时，可不设固定支架，应在波峰处采用带防水密封胶垫的自攻螺钉与檩条连接，连接件可每波或隔波设置一个，但每块板不得少于3个；

3 压型金属板的纵向搭接应位于檩条处，搭接端应与檩条有可靠的连接，搭接部位应设置防水密封胶带。压型金属板的纵向最小搭接长度应符合表4.9.13的规定；

表 4.9.13 压型金属板的纵向最小搭接长度（mm）

压型金属板		纵向最小搭接长度
高波压型金属板		350
低波压型金属板	屋面坡度≤10%	250
	屋面坡度>10%	200

4 压型金属板的横向搭接方向宜与主导风向一致，搭接不应小于一个波，搭接部位应设置防水密封胶带。搭接处用连接件紧固时，连接件应采用带防水密封胶垫的自攻螺钉设置在波峰上。

4.9.14 金属面绝热夹芯板采用紧固件连接的构造，应符合下列规定：

1 应采用屋面板压盖和带防水密封胶垫的自攻螺钉，将夹芯板固定在檩条上；

2 夹芯板的纵向搭接应位于檩条处，每块板的支座宽度不应小于50mm，支承处宜采用双檩或檩条一侧加焊通长角钢；

3 夹芯板的纵向搭接应顺流水方向，纵向搭接长度不应小于200mm，搭接部位均应设置防水密封胶带，并应用拉铆钉连接；

4 夹芯板的横向搭接方向宜与主导风向一致，搭接尺寸应按具体板型确定，连接部位均应设置防水密封胶带，并应用拉铆钉连接。

4.9.15 金属板屋面铺装的有关尺寸应符合下列规定：

1 金属板檐口挑出墙面的长度不应小于200mm；

2 金属板伸入檐沟、天沟内的长度不应小于100mm；

3 金属泛水板与突出屋面墙体的搭接高度不应小于250mm；

4 金属泛水板、变形缝盖板与金属板的搭盖宽度不应小于200mm；

5 金属屋脊盖板在两坡面金属板上的搭盖宽度不应小于250mm。

4.9.16 压型金属板和金属面绝热夹芯板的外露自攻螺钉、拉铆钉，均应采用硅酮耐候密封胶密封。

4.9.17 固定支座应选用与支承构件相同材质的金属材料。当选用不同材质金属材料并易产生电化学腐蚀时，固定支座与支承构件之间应采用绝缘垫片或采取其他防腐蚀措施。

4.9.18 采光带设置宜高出金属板屋面250mm。采光带的四周与金属板屋面的交接处，均应作泛水处理。

4.9.19 金属板屋面应按设计要求提供抗风揭试验验证报告。

4.10 玻璃采光顶设计

4.10.1 玻璃采光顶设计应根据建筑物的屋面形式、使用功能和美观要求，选择结构类型、材料和细部构造。

4.10.2 玻璃采光顶的物理性能等级，应根据建筑物的类别、高度、体形、功能以及建筑物所在的地理位置、气候和环境条件进行设计。玻璃采光顶的物理性能分级指标，应符合现行行业标准《建筑玻璃采光顶》JG/T 231 的有关规定。

4.10.3 玻璃采光顶所用支承构件、透光面板及其配套的紧固件、连接件、密封材料，其材料的品种、规格和性能等应符合国家现行有关材料标准的规定。

4.10.4 玻璃采光顶应采用支承结构找坡，排水坡度不宜小于5%。

4.10.5 玻璃采光顶的下列部位应进行细部构造设计：

1 高低跨处泛水；

2 采光板板缝、单元体构造缝；

3 天沟、檐沟、水落口；

4 采光顶周边交接部位；

5 洞口、局部凸出体收头；

6 其他复杂的构造部位。

4.10.6 玻璃采光顶的防结露设计，应符合现行国家标准《民用建筑热工设计规范》GB 50176 的有关规定；对玻璃采光顶内侧的冷凝水，应采取控制、收集和排除的措施。

4.10.7 玻璃采光顶支承结构选用的金属材料应作防腐处理，铝合金型材应作表面处理；不同金属构件接触面之间应采取隔离措施。

4.10.8 玻璃采光顶的玻璃应符合下列规定：

1 玻璃采光顶应采用安全玻璃，宜采用夹层玻璃或夹层中空玻璃；

2 玻璃原片应根据设计要求选用，且单片玻璃厚度不宜小于6mm；

3 夹层玻璃的玻璃原片厚度不宜小于5mm；

4 上人的玻璃采光顶应采用夹层玻璃；

5 点支承玻璃采光顶应采用钢化夹层玻璃；

6 所有采光顶的玻璃应进行磨边倒角处理。

4.10.9 玻璃采光顶所采用夹层玻璃除应符合现行国家标准《建筑用安全玻璃 第 3 部分：夹层玻璃》GB 15763.3 的有关规定外，尚应符合下列规定：

1 夹层玻璃宜为干法加工合成，夹层玻璃的两片玻璃厚度相差不宜大于 2mm；

2 夹层玻璃的胶片宜采用聚乙烯醇缩丁醛胶片，聚乙烯醇缩丁醛胶片的厚度不应小于 0.76mm；

3 暴露在空气中的夹层玻璃边缘应进行密封处理。

4.10.10 玻璃采光顶所采用夹层中空玻璃除应符合本规范第 4.10.9 条和现行国家标准《中空玻璃》GB/T 11944 的有关规定外，尚应符合下列规定：

1 中空玻璃气体层的厚度不应小于 12mm；

2 中空玻璃宜采用双道密封结构。隐框或半隐框中空玻璃的二道密封应采用硅酮结构密封胶；

3 中空玻璃的夹层面应在中空玻璃的下表面。

4.10.11 采光顶玻璃组装采用镶嵌方式时，应采取防止玻璃整体脱落的措施。玻璃与构件槽口的配合尺寸应符合现行行业标准《建筑玻璃采光顶》JG/T 231 的有关规定；玻璃四周应采用密封胶条镶嵌，其性能应符合国家现行标准《硫化橡胶和热塑性橡胶 建筑用预成型密封垫的分类、要求和试验方法》HG/T 3100 和《工业用橡胶板》GB/T 5574 的有关规定。

4.10.12 采光顶玻璃组装采用胶粘方式时，隐框和半隐框构件的玻璃与金属框之间，应采用与接触材料相容的硅酮结构密封胶粘结，其粘结宽度及厚度应符合强度要求。硅酮结构密封胶应符合现行国家标准《建筑用硅酮结构密封胶》GB 16776 的有关规定。

4.10.13 采光顶玻璃采用点支组装方式时，连接件的钢制驳接爪与玻璃之间应设置衬垫材料，衬垫材料的厚度不宜小于 1mm，面积不应小于支承装置与玻璃的结合面。

4.10.14 玻璃间的接缝宽度应能满足玻璃和密封胶的变形要求，且不应小于 10mm；密封胶的嵌填深度宜为接缝宽度的 50%～70%，较深的密封槽口底部应采用聚乙烯发泡材料填塞。玻璃接缝密封宜选用位移能力级别为 25 级硅酮耐候密封胶，密封胶应符合现行行业标准《幕墙玻璃接缝用密封胶》JC/T 882 的有关规定。

4.11 细部构造设计

4.11.1 屋面细部构造应包括檐口、檐沟和天沟、女儿墙和山墙、水落口、变形缝、伸出屋面管道、屋面出入口、反梁过水孔、设施基座、屋脊、屋顶窗等部位。

4.11.2 细部构造设计应做到多道设防、复合用材、连续密封、局部增强，并应满足使用功能、温差变形、施工环境条件和可操作性等要求。

4.11.3 细部构造所用密封材料的选择应符合本规范第 4.6.3 条的规定。

4.11.4 细部构造中容易形成热桥的部位均应进行保温处理。

4.11.5 檐口、檐沟外侧下端及女儿墙压顶内侧下端等部位均应作滴水处理，滴水槽宽度和深度不宜小于 10mm。

Ⅰ 檐 口

4.11.6 卷材防水屋面檐口 800mm 范围内的卷材应满粘，卷材收头应采用金属压条钉压，并应用密封材料封严。檐口下端应做鹰嘴和滴水槽（图 4.11.6）。

4.11.7 涂膜防水屋面檐口的涂膜收头，应用防水涂料多遍涂刷。檐口下端应做鹰嘴和滴水槽（图 4.11.7）。

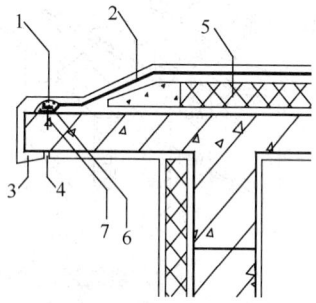

图 4.11.6 卷材防水屋面檐口
1—密封材料；2—卷材防水层；
3—鹰嘴；4—滴水槽；5—保温层；
6—金属压条；7—水泥钉

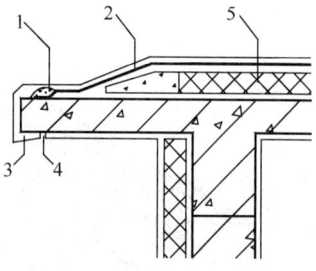

图 4.11.7 涂膜防水屋面檐口
1—涂料多遍涂刷；2—涂膜防水层；
3—鹰嘴；4—滴水槽；5—保温层

4.11.8 烧结瓦、混凝土瓦屋面的瓦头挑出檐口的长度宜为 50mm～70mm（图 4.11.8-1、图 4.11.8-2）。

4.11.9 沥青瓦屋面的瓦头挑出檐口的长度宜为 10mm～20mm；金属滴水板应固定在基层上，伸入沥青瓦下宽度不应小于 80mm，向下延伸长度不应小于 60mm（图 4.11.9）。

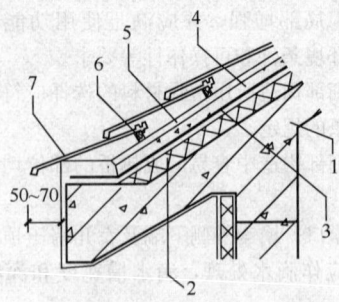

图 4.11.8-1 烧结瓦、混凝土
瓦屋面檐口（一）

1—结构层；2—保温层；3—防水层或
防水垫层；4—持钉层；5—顺水条；
6—挂瓦条；7—烧结瓦或混凝土瓦

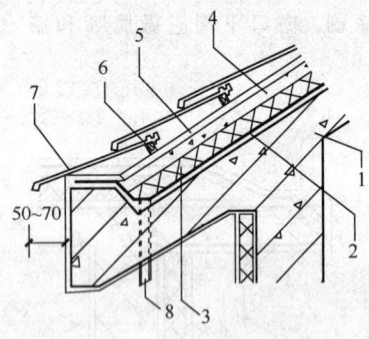

图 4.11.8-2 烧结瓦、
混凝土瓦屋面檐口（二）

1—结构层；2—防水层或防水垫层；
3—保温层；4—持钉层；5—顺水条；
6—挂瓦条；7—烧结瓦或混凝土瓦；
8—泄水管

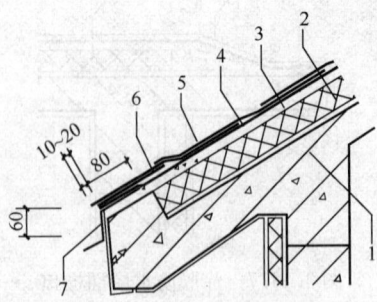

图 4.11.9 沥青瓦屋面檐口

1—结构层；2—保温层；3—持钉层；
4—防水层或防水垫层；5—沥青瓦；
6—起始层沥青瓦；7—金属滴水板

4.11.10 金属板屋面檐口挑出墙面的长度不应小于
200mm；屋面板与墙板交接处应设置金属封檐板和压
条（图 4.11.10）。

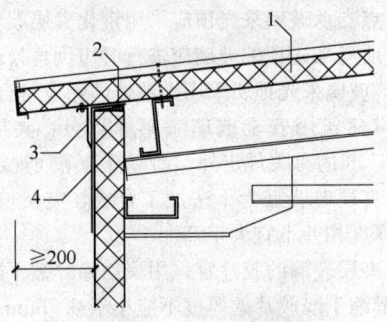

图 4.11.10 金属板屋面檐口

1—金属板；2—通长密封条；
3—金属压条；4—金属封檐板

Ⅱ 檐沟和天沟

4.11.11 卷材或涂膜防水屋面檐沟（图 4.11.11）
和天沟的防水构造，应符合下列规定：

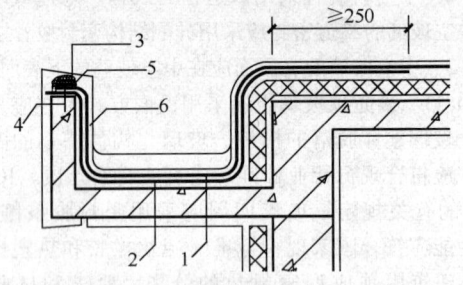

图 4.11.11 卷材、涂膜防水屋面檐沟

1—防水层；2—附加层；3—密封材料；
4—水泥钉；5—金属压条；6—保护层

1 檐沟和天沟的防水层下应增设附加层，附加
层伸入屋面的宽度不应小于 250mm；

2 檐沟防水层和附加层应由沟底翻上至外侧顶
部，卷材收头应用金属压条钉压，并应用密封材料封
严，涂膜收头应用防水涂料多遍涂刷；

3 檐沟外侧下端应做鹰嘴或滴水槽；

4 檐沟外侧高于屋面结构板时，应设置溢水口。

4.11.12 烧结瓦、混凝土瓦屋面檐沟（图 4.11.12）

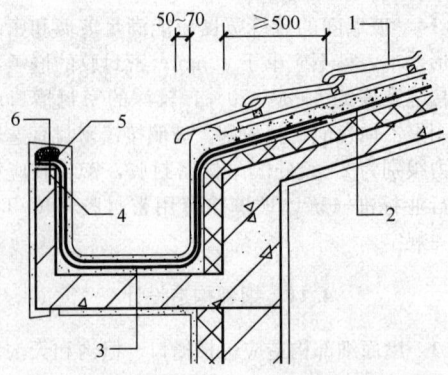

图 4.11.12 烧结瓦、混凝土瓦屋面檐沟

1—烧结瓦或混凝土瓦；2—防水层或防水垫层；
3—附加层；4—水泥钉；5—金属压条；6—密封材料

和天沟的防水构造，应符合下列规定：

    1 檐沟和天沟防水层下应增设附加层，附加层伸入屋面的宽度不应小于 500mm；

    2 檐沟和天沟防水层伸入瓦内的宽度不应小于 150mm，并应与屋面防水层或防水垫层顺流水方向搭接；

    3 檐沟防水层和附加层应由沟底翻上至外侧顶部，卷材收头应用金属压条钉压，并应用密封材料封严；涂膜收头应用防水涂料多遍涂刷；

    4 烧结瓦、混凝土瓦伸入檐沟、天沟内的长度，宜为 50mm～70mm。

4.11.13 沥青瓦屋面檐沟和天沟的防水构造，应符合下列规定：

    1 檐沟防水层下应增设附加层，附加层伸入屋面的宽度不应小于 500mm；

    2 檐沟防水层伸入瓦内的宽度不应小于 150mm，并应与屋面防水层或防水垫层顺流水方向搭接；

    3 檐沟防水层和附加层应由沟底翻上至外侧顶部，卷材收头应用金属压条钉压，并应用密封材料封严；涂膜收头应用防水涂料多遍涂刷；

    4 沥青瓦伸入檐沟内的长度宜为 10mm～20mm；

    5 天沟采用搭接式或编织式铺设时，沥青瓦下应增设不小于 1000mm 宽的附加层（图 4.11.13）；

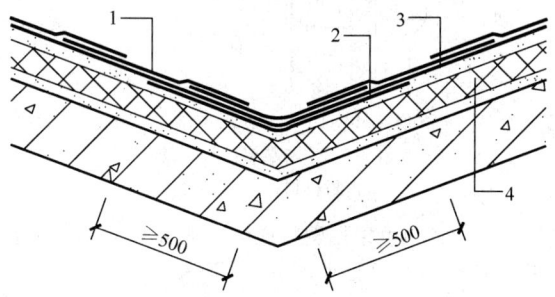

图 4.11.13　沥青瓦屋面天沟
1—沥青瓦；2—附加层；3—防水层或防水垫层；
4—保温层

    6 天沟采用敞开式铺设时，在防水层或防水垫层上应铺设厚度不小于 0.45mm 的防锈金属板材，沥青瓦与金属板材应顺流水方向搭接，搭接缝应用沥青基胶结材料粘结，搭接宽度不应小于 100mm。

Ⅲ　女儿墙和山墙

4.11.14 女儿墙的防水构造应符合下列规定：

    1 女儿墙压顶可采用混凝土或金属制品。压顶向内排水坡度不应小于 5%，压顶内侧下端应作滴水处理；

    2 女儿墙泛水处的防水层下应增设附加层，附加层在平面和立面的宽度均不应小于 250mm；

    3 低女儿墙泛水处的防水层可直接铺贴或涂刷

至压顶下，卷材收头应用金属压条钉压固定，并应用密封材料封严；涂膜收头应用防水涂料多遍涂刷（图 4.11.14-1）；

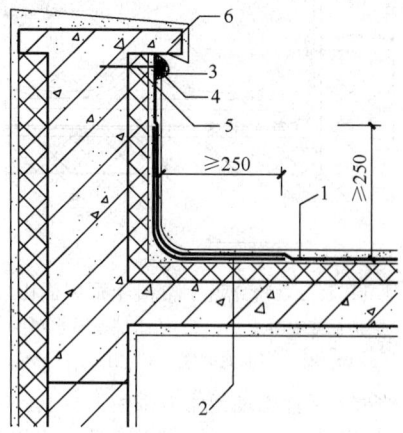

图 4.11.14-1　低女儿墙
1—防水层；2—附加层；3—密封材料；
4—金属压条；5—水泥钉；6—压顶

    4 高女儿墙泛水处的防水层泛水高度不应小于 250mm，防水层收头应符合本条第 3 款的规定；泛水上部的墙体应作防水处理（图 4.11.14-2）；

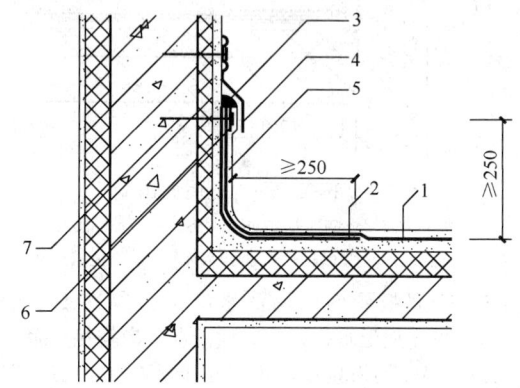

图 4.11.14-2　高女儿墙
1—防水层；2—附加层；3—密封材料；
4—金属盖板；5—保护层；6—金属压条；
7—水泥钉

    5 女儿墙泛水处的防水层表面，宜采用涂刷浅色涂料或浇筑细石混凝土保护。

4.11.15 山墙的防水构造应符合下列规定：

    1 山墙压顶可采用混凝土或金属制品。压顶应向内排水，坡度不应小于 5%，压顶内侧下端应作滴水处理；

    2 山墙泛水处的防水层下应增设附加层，附加层在平面和立面的宽度均不应小于 250mm；

    3 烧结瓦、混凝土瓦屋面山墙泛水应采用聚合物水泥砂浆抹成，侧面瓦伸入泛水的宽度不应小于 50mm（图 4.11.15-1）；

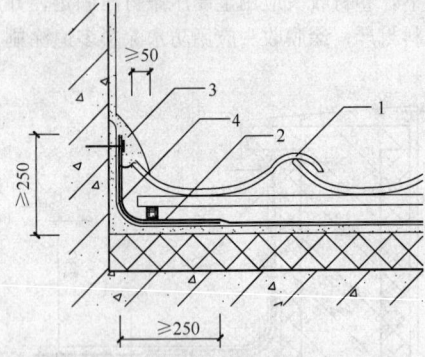

图 4.11.15-1　烧结瓦、混凝土瓦屋面山墙

1—烧结瓦或混凝土瓦；2—防水层或防水垫层；
3—聚合物水泥砂浆；4—附加层

4 沥青瓦屋面山墙泛水应采用沥青基胶粘材料满粘一层沥青瓦片，防水层和沥青瓦收头应用金属压条钉压固定，并应用密封材料封严（图 4.11.15-2）；

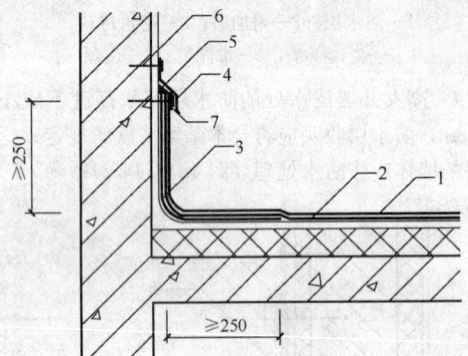

图 4.11.15-2　沥青瓦屋面山墙

1—沥青瓦；2—防水层或防水垫层；3—附加层；
4—金属盖板；5—密封材料；6—水泥钉；7—金属压条

5 金属板屋面山墙泛水应铺钉厚度不小于0.45mm 的金属泛水板，并应顺流水方向搭接；金属泛水板与墙体的搭接高度不应小于 250mm，与压型金属板的搭盖宽度宜为 1 波～2 波，并应在波峰处采用拉铆钉连接（图 4.11.15-3）。

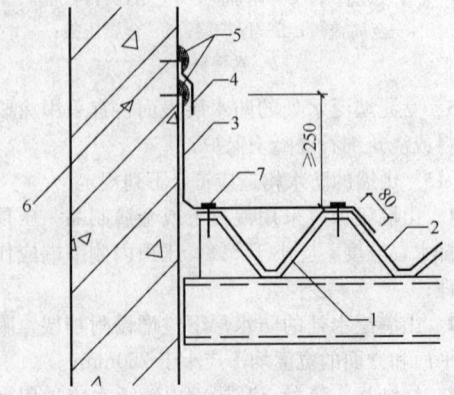

图 4.11.15-3　压型金属板屋面山墙

1—固定支架；2—压型金属板；3—金属泛水板；
4—金属盖板；5—密封材料；6—水泥钉；7—拉铆钉

Ⅳ 水 落 口

4.11.16 重力式排水的水落口（图 4.11.16-1、图4.11.16-2）防水构造应符合下列规定：

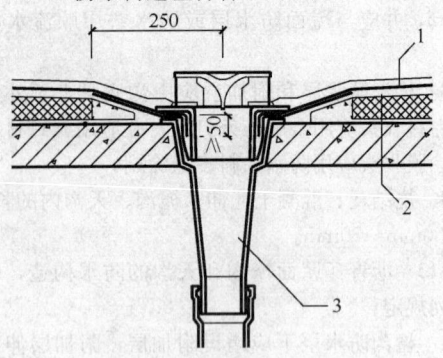

图 4.11.16-1　直式水落口

1—防水层；2—附加层；3—水落斗

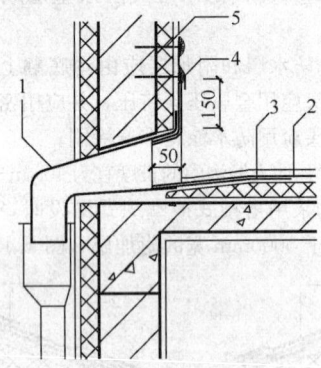

图 4.11.16-2　横式水落口

1—水落斗；2—防水层；3—附加层；
4—密封材料；5—水泥钉

1 水落口可采用塑料或金属制品，水落口的金属配件均应作防锈处理；

2 水落口杯应牢固地固定在承重结构上，其埋设标高应根据附加层的厚度及排水坡度加大的尺寸确定；

3 水落口周围直径 500mm 范围内坡度不应小于5%，防水层下应增设涂膜附加层；

4 防水层和附加层伸入水落口杯内不应小于50mm，并应粘结牢固。

4.11.17 虹吸式排水的水落口防水构造应进行专项设计。

Ⅴ 变 形 缝

4.11.18 变形缝防水构造应符合下列规定：

1 变形缝泛水处的防水层下应增设附加层，附加层在平面和立面的宽度不应小于 250mm；防水层应铺贴或涂刷至泛水墙的顶部；

2 变形缝内应预填不燃保温材料，上部应采用防水卷材封盖，并放置衬垫材料，再在其上干铺一层卷材；

3 等高变形缝顶部宜加扣混凝土或金属盖板（图4.11.18-1）；

4 高低跨变形缝在立墙泛水处，应采用有足够变形能力的材料和构造作密封处理（图4.11.18-2）。

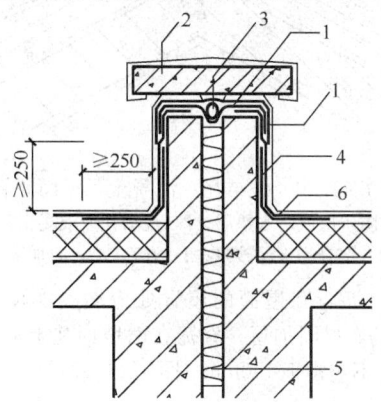

图 4.11.18-1 等高变形缝
1—卷材封盖；2—混凝土盖板；
3—衬垫材料；4—附加层；
5—不燃保温材料；6—防水层

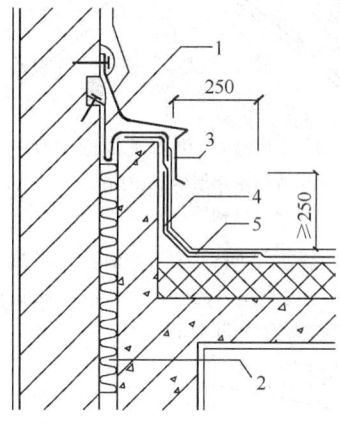

图 4.11.18-2 高低跨变形缝
1—卷材封盖；2—不燃保温材料；
3—金属盖板；4—附加层；
5—防水层

Ⅵ 伸出屋面管道

4.11.19 伸出屋面管道（图4.11.19）的防水构造应符合下列规定：

1 管道周围的找平层应抹出高度不小于30mm的排水坡；

2 管道泛水处的防水层下应增设附加层，附加层在平面和立面的宽度均不应小于250mm；

3 管道泛水处的防水层泛水高度不应小于250mm；

4 卷材收头应用金属箍紧固和密封材料封严，涂膜收头应用防水涂料多遍涂刷。

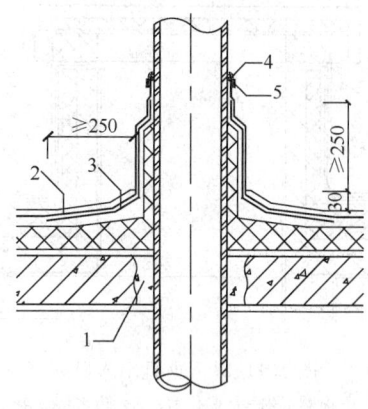

图 4.11.19 伸出屋面管道
1—细石混凝土；2—卷材防水层；
3—附加层；4—密封材料；5—金属箍

4.11.20 烧结瓦、混凝土瓦屋面烟囱（图4.11.20）的防水构造，应符合下列规定：

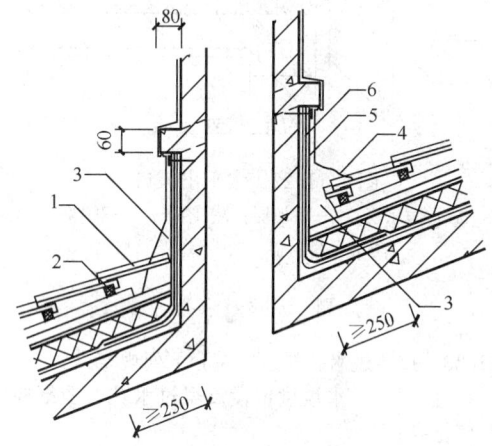

图 4.11.20 烧结瓦、混凝土瓦屋面烟囱
1—烧结瓦或混凝土瓦；2—挂瓦条；
3—聚合物水泥砂浆；4—分水线；
5—防水层或防水垫层；6—附加层

1 烟囱泛水处的防水层或防水垫层下应增设附加层，附加层在平面和立面的宽度不应小于250mm；

2 屋面烟囱泛水应采用聚合物水泥砂浆抹成；

3 烟囱与屋面的交接处，应在迎水面中部抹出分水线，并应高出两侧各30mm。

Ⅶ 屋面出入口

4.11.21 屋面垂直出入口泛水处应增设附加层，附加层在平面和立面的宽度均不应小于250mm；防水层收头应在混凝土压顶圈下（图4.11.21）。

4.11.22 屋面水平出入口泛水处应增设附加层和护墙，附加层在平面上的宽度不应小于250mm；防水层收头应压在混凝土踏步下（图4.11.22）。

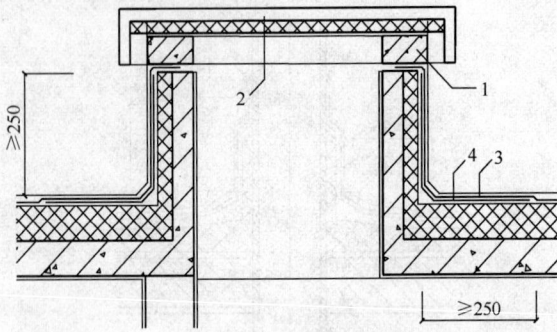

图 4.11.21　垂直出入口
1—混凝土压顶圈；2—上人孔盖；3—防水层；4—附加层

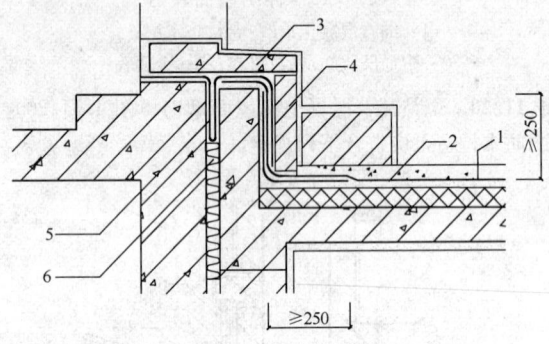

图 4.11.22　水平出入口
1—防水层；2—附加层；3—踏步；4—护墙；
5—防水卷材封盖；6—不燃保温材料

Ⅷ　反梁过水孔

4.11.23　反梁过水孔构造应符合下列规定：

1　应根据排水坡度留设反梁过水孔，图纸应注明孔底标高；

2　反梁过水孔宜采用预埋管道，其管径不得小于 75mm；

3　过水孔可采用防水涂料、密封材料防水。预埋管道两端周围与混凝土接触处应留凹槽，并应用密封材料封严。

Ⅸ　设施基座

4.11.24　设施基座与结构层相连时，防水层应包裹设施基座的上部，并应在地脚螺栓周围作密封处理。

4.11.25　在防水层上放置设施时，防水层下应增设卷材附加层，必要时应在其上浇筑细石混凝土，其厚度不应小于 50mm。

Ⅹ　屋　脊

4.11.26　烧结瓦、混凝土瓦屋面的屋脊处应增设宽度不小于 250mm 的卷材附加层。脊瓦下端距坡面瓦的高度不宜大于 80mm，脊瓦在两坡面瓦上的搭盖宽度，每边不应小于 40mm；脊瓦与坡瓦面之间的缝隙应采用聚合物水泥砂浆填实抹平（图 4.11.26）。

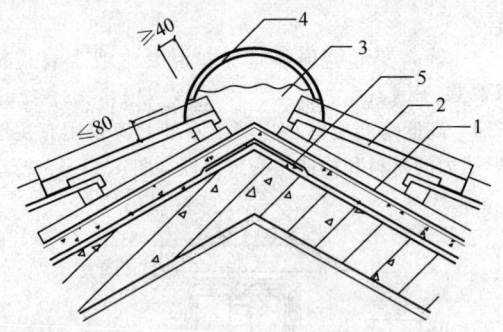

图 4.11.26　烧结瓦、混凝土瓦屋面屋脊
1—防水层或防水垫层；2—烧结瓦或混凝土瓦；
3—聚合物水泥砂浆；4—脊瓦；5—附加层

4.11.27　沥青瓦屋面的屋脊处应增设宽度不小于 250mm 的卷材附加层。脊瓦在两坡面瓦上的搭盖宽度，每边不应小于 150mm（图 4.11.27）。

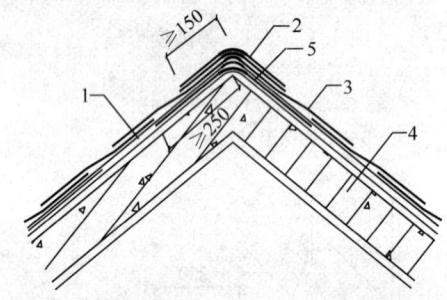

图 4.11.27　沥青瓦屋面屋脊
1—防水层或防水垫层；2—脊瓦；3—沥青瓦；
4—结构层；5—附加层

4.11.28　金属板屋面的屋脊盖板在两坡面金属板上的搭盖宽度每边不应小于 250mm，屋面板端头应设置挡水板和堵头板（图 4.11.28）。

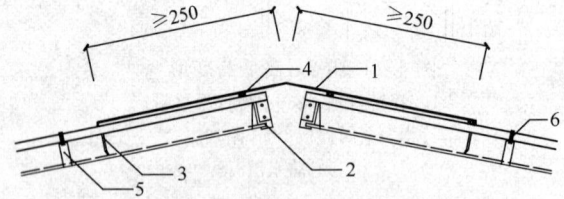

图 4.11.28　金属板材屋面屋脊
1—屋脊盖板；2—堵头板；3—挡水板；
4—密封材料；5—固定支架；6—固定螺栓

Ⅺ　屋　顶　窗

4.11.29　烧结瓦、混凝土瓦与屋顶窗交接处，应采用金属排水板、窗框固定铁脚、窗口附加防水卷材、支瓦条等连接（图 4.11.29）。

4.11.30　沥青瓦屋面与屋顶窗交接处应采用金属排水板、窗框固定铁脚、窗口附加防水卷材等与结构层连接（图 4.11.30）。

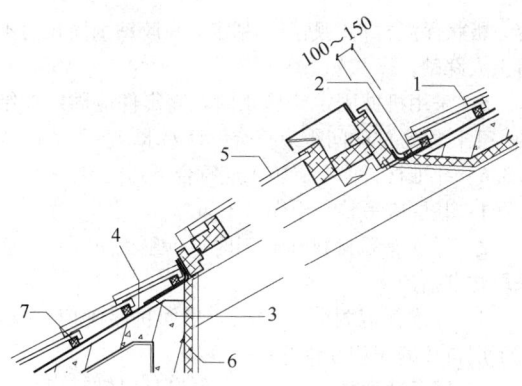

图 4.11.29 烧结瓦、混凝土瓦屋面屋顶窗
1—烧结瓦或混凝土瓦；2—金属排水板；
3—窗口附加防水卷材；4—防水层或防水
垫层；5—屋顶窗；6—保温层；7—支瓦条

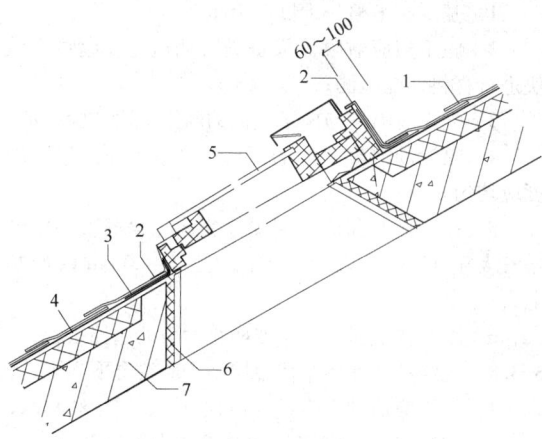

图 4.11.30 沥青瓦屋面屋顶窗
1—沥青瓦；2—金属排水板；3—窗口附加防水卷材；
4—防水层或防水垫层；5—屋顶窗；
6—保温层；7—结构层

5 屋面工程施工

5.1 一般规定

5.1.1 屋面防水工程应由具备相应资质的专业队伍进行施工。作业人员应持证上岗。

5.1.2 屋面工程施工前应通过图纸会审，并应掌握施工图中的细部构造及有关技术要求；施工单位应编制屋面工程的专项施工方案或技术措施，并应进行现场技术安全交底。

5.1.3 屋面工程所采用的防水、保温材料应有产品合格证书和性能检测报告，材料的品种、规格、性能等应符合设计和产品标准的要求。材料进场后，应按规定抽样检验，提出检验报告。工程中严禁使用不合格的材料。

5.1.4 屋面工程施工的每道工序完成后，应经监理或建设单位检查验收，并应在合格后再进行下道工序的施工。当下道工序或相邻工程施工时，应对已完成的部分采取保护措施。

5.1.5 屋面工程施工的防火安全应符合下列规定：

1 可燃类防水、保温材料进场后，应远离火源；露天堆放时，应采用不燃材料完全覆盖；

2 防火隔离带施工应与保温材料施工同步进行；

3 不得直接在可燃类防水、保温材料上进行热熔或热粘法施工；

4 喷涂硬泡聚氨酯作业时，应避开高温环境；施工工艺、工具及服装等应采取防静电措施；

5 施工作业区应配备消防灭火器材；

6 火源、热源等火灾危险源应加强管理；

7 屋面上需要进行焊接、钻孔等施工作业时，周围环境应采取防火安全措施。

5.1.6 屋面工程施工必须符合下列安全规定：

1 严禁在雨天、雪天和五级风及其以上时施工；

2 屋面周边和预留孔洞部位，必须按临边、洞口防护规定设置安全护栏和安全网；

3 屋面坡度大于 30% 时，应采取防滑措施；

4 施工人员应穿防滑鞋，特殊情况下无可靠安全措施时，操作人员必须系好安全带并扣好保险钩。

5.2 找坡层和找平层施工

5.2.1 装配式钢筋混凝土板的板缝嵌填施工应符合下列规定：

1 嵌填混凝土前板缝内应清理干净，并应保持湿润；

2 当板缝宽度大于 40mm 或上窄下宽时，板缝内应按设计要求配置钢筋；

3 嵌填细石混凝土的强度等级不应低于 C20，填缝高度宜低于板面 10mm～20mm，且应振捣密实和浇水养护；

4 板端缝应按设计要求增加防裂的构造措施。

5.2.2 找坡层和找平层的基层的施工应符合下列规定：

1 应清理结构层、保温层上面的松散杂物，凸出基层表面的硬物应剔平扫净；

2 抹找坡层前，宜对基层洒水湿润；

3 突出屋面的管道、支架等根部，应用细石混凝土堵实和固定；

4 对不易与找平层结合的基层应做界面处理。

5.2.3 找坡层和找平层所用材料的质量和配合比应符合设计要求，并应做到计量准确和机械搅拌。

5.2.4 找坡层应按屋面排水方向和设计坡度要求进行，找坡层最薄处厚度不宜小于 20mm。

5.2.5 找坡材料应分层铺设和适当压实，表面宜平整和粗糙，并应适时浇水养护。

5.2.6 找平层应在水泥初凝前压实抹平，水泥终凝前完成收水后应二次压光，并应及时取出分格条。养护时间不得少于7d。

5.2.7 卷材防水层的基层与突出屋面结构的交接处，以及基层的转角处，找平层均应做成圆弧形，且应整齐平顺。找平层圆弧半径应符合表5.2.7的规定。

表 5.2.7 找平层圆弧半径（mm）

卷材种类	圆弧半径
高聚物改性沥青防水卷材	50
合成高分子防水卷材	20

5.2.8 找坡层和找平层的施工环境温度不宜低于5℃。

5.3 保温层和隔热层施工

5.3.1 严寒和寒冷地区屋面热桥部位，应按设计要求采取节能保温等隔断热桥措施。

5.3.2 倒置式屋面保温层施工应符合下列规定：

1 施工完的防水层，应进行淋水或蓄水试验，并应在合格后再进行保温层的铺设；

2 板状保温层的铺设应平稳，拼缝应严密；

3 保护层施工时，应避免损坏保温层和防水层。

5.3.3 隔汽层施工应符合下列规定：

1 隔汽层施工前，基层应进行清理，宜进行找平处理；

2 屋面周边隔汽层应沿墙面向上连续铺设，高出保温层上表面不得小于150mm；

3 采用卷材做隔汽层时，卷材宜空铺，卷材搭接缝应满粘，其搭接宽度不应小于80mm；采用涂膜做隔汽层时，涂料涂刷应均匀，涂层不得有堆积、起泡和露底现象；

4 穿过隔汽层的管道周围应进行密封处理。

5.3.4 屋面排汽构造施工应符合下列规定：

1 排汽道及排汽孔的设置应符合本规范第4.4.5条的有关规定；

2 排汽道应与保温层连通，排汽道内可填入透气性好的材料；

3 施工时，排汽道及排汽孔均不得被堵塞；

4 屋面纵横排汽道的交叉处可埋设金属或塑料排汽管，排汽管宜设置在结构层上，穿过保温层及排汽道的管壁四周应打孔。排汽管应作好防水处理。

5.3.5 板状材料保温层施工应符合下列规定：

1 基层应平整、干燥、干净；

2 相邻板块应错缝拼接，分层铺设的板块上下层接缝应相互错开，板间缝隙应采用同类材料嵌填密实；

3 采用干铺法施工时，板状保温材料应紧靠在基层表面上，并应铺平垫稳；

4 采用粘结法施工时，胶粘剂与保温材料相容，板状保温材料应贴严、粘牢，在胶粘剂固化前不得上人踩踏；

5 采用机械固定法施工时，固定件应固定在结构层上，固定件的间距应符合设计要求。

5.3.6 纤维材料保温层施工应符合下列规定：

1 基层应平整、干燥、干净；

2 纤维保温材料在施工时，应避免重压，并应采取防潮措施；

3 纤维保温材料铺设时，平面拼接缝应贴紧，上下层拼接缝应相互错开；

4 屋面坡度较大时，纤维保温材料宜采用机械固定法施工；

5 在铺设纤维保温材料时，应做好劳动保护工作。

5.3.7 喷涂硬泡聚氨酯保温层施工应符合下列规定：

1 基层应平整、干燥、干净；

2 施工前应对喷涂设备进行调试，并应喷涂试块进行材料性能检测；

3 喷涂时喷嘴与施工基面的间距应由试验确定；

4 喷涂硬泡聚氨酯的配比应准确计量，发泡厚度应均匀一致；

5 一个作业面应分遍喷涂完成，每遍喷涂厚度不宜大于15mm，硬泡聚氨酯喷涂后20min内严禁上人；

6 喷涂作业时，应采取防止污染的遮挡措施。

5.3.8 现浇泡沫混凝土保温层施工应符合下列规定：

1 基层应清理干净，不得有油污、浮尘和积水；

2 泡沫混凝应按设计要求的干密度和抗压强度进行配合比设计，拌制时应计量准确，并应搅拌均匀；

3 泡沫混凝土应按设计的厚度设定浇筑面标高线，找坡时宜采取挡板辅助措施；

4 泡沫混凝土的浇筑出料口离基层的高度不宜超过1m，泵送时应采取低压泵送；

5 泡沫混凝土应分层浇筑，一次浇筑厚度不宜超过200mm，终凝后应进行保湿养护，养护时间不得少于7d。

5.3.9 保温材料的贮运、保管应符合下列规定：

1 保温材料应采取防雨、防潮、防火的措施，并应分类存放；

2 板状保温材料搬运时应轻拿轻放；

3 纤维保温材料应在干燥、通风的房屋内贮存，搬运时应轻拿轻放。

5.3.10 进场的保温材料应检验下列项目：

1 板状保温材料：表观密度或干密度、压缩强度或抗压强度、导热系数、燃烧性能；

2 纤维保温材料应检验表观密度、导热系数、燃烧性能。

5.3.11 保温层的施工环境温度应符合下列规定：

1 干铺的保温材料可在负温度下施工;

2 用水泥砂浆粘贴的板状保温材料不宜低于5℃;

3 喷涂硬泡聚氨酯宜为15℃~35℃,空气相对湿度宜小于85%,风速不宜大于三级;

4 现浇泡沫混凝土宜为5℃~35℃。

5.3.12 种植隔热层施工应符合下列规定:

1 种植隔热层挡墙或挡板施工时,留设的泄水孔位置应准确,并不得堵塞;

2 凹凸型排水板宜采用搭接法施工,搭接宽度应根据产品的规格具体确定;网状交织排水板宜采用对接法施工;采用陶粒作排水层时,铺设应平整,厚度应均匀;

3 过滤层土工布铺设应平整、无皱折,搭接宽度不应小于100mm,搭接宜采用粘合或缝合处理;土工布应沿种植土周边向上铺设至种植土高度;

4 种植土层的荷载应符合设计要求;种植土、植物等应在屋面上均匀堆放,且不得损坏防水层。

5.3.13 架空隔热层施工应符合下列规定:

1 架空隔热层施工前,应将屋面清扫干净,并应根据架空隔热制品的尺寸弹出支座中线;

2 在架空隔热制品支座底面,应对卷材、涂膜防水层采取加强措施;

3 铺设架空隔热制品时,应随时清扫屋面防水层上的落灰、杂物等,操作时不得损伤已完工的防水层;

4 架空隔热制品的铺设应平整、稳固,缝隙应勾填密实。

5.3.14 蓄水隔热层施工应符合下列规定:

1 蓄水池的所有孔洞应预留,不得后凿。所设置的溢水管、排水管和给水管等,应在混凝土施工前安装完毕;

2 每个蓄水区的防水混凝土应一次浇筑完毕,不得留置施工缝;

3 蓄水池的防水混凝土施工时,环境气温宜为5℃~35℃,并应避免在冬期和高温期施工;

4 蓄水池的防水混凝土完工后,应及时进行养护,养护时间不得少于14d;蓄水后不得断水;

5 蓄水池的溢水口标高、数量、尺寸应符合设计要求;过水孔应设在分仓墙底部,排水管应与水落管连通。

5.4 卷材防水层施工

5.4.1 卷材防水层基层应坚实、干净、平整,应无孔隙、起砂和裂缝。基层的干燥程度应根据所选防水卷材的特性确定。

5.4.2 卷材防水层铺贴顺序和方向应符合下列规定:

1 卷材防水层施工时,应先进行细部构造处理,然后由屋面最低标高向上铺贴;

2 檐沟、天沟卷材施工时,宜顺檐沟、天沟方向铺贴,搭接缝应顺流水方向;

3 卷材宜平行屋脊铺贴,上下层卷材不得相互垂直铺贴。

5.4.3 立面或大坡面铺贴卷材时,应采用满粘法,并宜减少卷材短边搭接。

5.4.4 采用基层处理剂时,其配制与施工应符合下列规定:

1 基层处理剂应与卷材相容;

2 基层处理剂应配比准确,并应搅拌均匀;

3 喷、涂基层处理剂前,应先对屋面细部进行涂刷;

4 基层处理剂可选用喷涂或涂刷施工工艺,喷、涂应均匀一致,干燥后应及时进行卷材施工。

5.4.5 卷材搭接缝应符合下列规定:

1 平行屋脊的搭接缝应顺流水方向,搭接宽度应符合本规范第4.5.10条的规定;

2 同一层相邻两幅卷材短边搭接缝错开不应小于500mm;

3 上下层卷材长边搭接缝应错开,且不应小于幅宽的1/3;

4 叠层铺贴的各层卷材,在天沟与屋面的交接处,应采用叉接法搭接,搭接缝应错开;搭接缝宜留在屋面与天沟侧面,不宜留在沟底。

5.4.6 冷粘法铺贴卷材应符合下列规定:

1 胶粘剂涂刷应均匀,不得露底、堆积;卷材空铺、点粘、条粘时,应按规定的位置及面积涂刷胶粘剂;

2 应根据胶粘剂的性能与施工环境、气温条件等,控制胶粘剂涂刷与卷材铺贴的间隔时间;

3 铺贴卷材时应排除卷材下面的空气,并应辊压粘贴牢固;

4 铺贴的卷材应平整顺直,搭接尺寸应准确,不得扭曲、皱折;搭接部位的接缝应满涂胶粘剂,辊压应粘贴牢固;

5 合成高分子卷材铺好压粘后,应将搭接部位的粘合面清理干净,并应采用与卷材配套的接缝专用胶粘剂,在搭接缝粘合面上涂刷均匀,不得露底、堆积,应排除接缝间的空气,并用辊压粘贴牢固;

6 合成高分子卷材搭接部位采用胶粘带粘结时,粘合面应清理干净,必要时可涂刷与卷材及胶粘带材性相容的基层胶粘剂,撕去胶粘带隔离纸后应及时粘合接缝部位的卷材,并应辊压粘贴牢固;低温施工时,宜采用热风机加热;

7 搭接缝口应用材性相容的密封材料封严。

5.4.7 热粘法铺贴卷材应符合下列规定:

1 熔化热熔型改性沥青胶结料时,宜采用专用导热油炉加热,加热温度不应高于200℃,使用温度不宜低于180℃;

2 粘贴卷材的热熔型改性沥青胶结料厚度宜为1.0mm～1.5mm；

3 采用热熔型改性沥青胶结料铺贴卷材时，应随刮随滚铺，并应展平压实。

5.4.8 热熔法铺贴卷材应符合下列规定：

1 火焰加热器的喷嘴距卷材面的距离应适中，幅宽内加热应均匀，应以卷材表面熔融至光亮黑色为度，不得过分加热卷材；厚度小于3mm的高聚物改性沥青防水卷材，严禁采用热熔法施工；

2 卷材表面沥青热熔后应立即滚铺卷材，滚铺时应排除卷材下面的空气；

3 搭接缝部位宜以溢出热熔的改性沥青胶结料为度，溢出的改性沥青胶结料宽度宜为8mm，并宜均匀顺直；当接缝处的卷材上有矿物粒或片料时，应用火焰烘烤及清除干净后再进行热熔和接缝处理；

4 铺贴卷材时应平整顺直，搭接尺寸应准确，不得扭曲。

5.4.9 自粘法铺贴卷材应符合下列规定：

1 铺粘卷材前，基层表面应均匀涂刷基层处理剂，干燥后应及时铺贴卷材；

2 铺贴卷材时应将自粘胶底面的隔离纸完全撕净；

3 铺贴卷材时应排除卷材下面的空气，并应辊压粘贴牢固；

4 铺贴的卷材应平整顺直，搭接尺寸应准确，不得扭曲、皱折；低温施工时，立面、大坡面及搭接部位宜采用热风机加热，加热后应随即粘贴牢固；

5 搭接缝口应采用材性相容的密封材料封严。

5.4.10 焊接法铺贴卷材应符合下列规定：

1 对热塑性卷材的搭接缝可采用单缝焊或双缝焊，焊接应严密；

2 焊接前，卷材应铺放平整、顺直，搭接尺寸应准确，焊接缝的结合面应清理干净；

3 应先焊长边搭接缝，后焊短边搭接缝；

4 应控制加热温度和时间，焊接缝不得漏焊、跳焊或焊接不牢。

5.4.11 机械固定法铺贴卷材应符合下列规定：

1 固定件应与结构层连接牢固；

2 固定件间距应根据抗风揭试验和当地的使用环境与条件确定，并不宜大于600mm；

3 卷材防水层周边800mm范围内应满粘，卷材收头应采用金属压条钉压固定和密封处理。

5.4.12 防水卷材的贮运、保管应符合下列规定：

1 不同品种、规格的卷材应分别堆放；

2 卷材应贮存在阴凉通风处，应避免雨淋、日晒和受潮，严禁接近火源；

3 卷材应避免与化学介质及有机溶剂等有害物质接触。

5.4.13 进场的防水卷材应检验下列项目：

1 高聚物改性沥青防水卷材的可溶物含量，拉力，最大拉力时延伸率，耐热度，低温柔性，不透水性；

2 合成高分子防水卷材的断裂拉伸强度、扯断伸长率、低温弯折性、不透水性。

5.4.14 胶粘剂和胶粘带的贮运、保管应符合下列规定：

1 不同品种、规格的胶粘剂和胶粘带，应分别用密封桶或纸箱包装；

2 胶粘剂和胶粘带应贮存在阴凉通风的室内，严禁接近火源和热源。

5.4.15 进场的基层处理剂、胶粘剂和胶粘带，应检验下列项目：

1 沥青基防水卷材用基层处理剂的固体含量、耐热性、低温柔性、剥离强度；

2 高分子胶粘剂的剥离强度、浸水168h后的剥离强度保持率；

3 改性沥青胶粘剂的剥离强度；

4 合成橡胶胶粘带的剥离强度、浸水168h后的剥离强度保持率。

5.4.16 卷材防水层的施工环境温度应符合下列规定：

1 热熔法和焊接法不宜低于－10℃；

2 冷粘法和热粘法不宜低于5℃；

3 自粘法不宜低于10℃。

5.5 涂膜防水层施工

5.5.1 涂膜防水层的基层应坚实、平整、干净，应无孔隙、起砂和裂缝。基层的干燥程度应根据所选用的防水涂料特性确定；当采用溶剂型、热熔型和反应固化型防水涂料时，基层应干燥。

5.5.2 基层处理剂的施工应符合本规范第5.4.4条的规定。

5.5.3 双组分或多组分防水涂料应按配合比准确计量，应采用电动机具搅拌均匀，已配制的涂料应及时使用。配料时，可加入适量的缓凝剂或促凝剂调节固化时间，但不得混合已固化的涂料。

5.5.4 涂膜防水层施工应符合下列规定：

1 防水涂料应多遍均匀涂布，涂膜总厚度应符合设计要求；

2 涂膜间夹铺胎体增强材料时，宜边涂布边铺胎体；胎体应铺贴平整，应排除气泡，并应与涂料粘结牢固。在胎体上涂布涂料时，应使涂料浸透胎体，并应覆盖完全，不得有胎体外露现象。最上面的涂膜厚度不应小于1.0mm；

3 涂膜施工应先做好细部处理，再进行大面积涂布；

4 屋面转角及立面的涂膜应薄涂多遍，不得流淌和堆积。

5.5.5 涂膜防水层施工工艺应符合下列规定：

　　1 水乳型及溶剂型防水涂料宜选用滚涂或喷涂施工；

　　2 反应固化型防水涂料宜选用刮涂或喷涂施工；

　　3 热熔型防水涂料宜选用刮涂施工；

　　4 聚合物水泥防水涂料宜选用刮涂法施工；

　　5 所有防水涂料用于细部构造时，宜选用刷涂或喷涂施工。

5.5.6 防水涂料和胎体增强材料的贮运、保管，应符合下列规定：

　　1 防水涂料包装容器应密封，容器表面应标明涂料名称、生产厂家、执行标准号、生产日期和产品有效期，并应分类存放；

　　2 反应型和水乳型涂料贮运和保管环境温度不宜低于5℃；

　　3 溶剂型涂料贮运和保管环境温度不宜低于0℃，并不得日晒、碰撞和渗漏；保管环境应干燥、通风，并应远离火源、热源；

　　4 胎体增强材料贮运、保管环境应干燥、通风，并应远离火源、热源。

5.5.7 进场的防水涂料和胎体增强材料应检验下列项目：

　　1 高聚物改性沥青防水涂料的固体含量、耐热性、低温柔性、不透水性、断裂伸长率或抗裂性；

　　2 合成高分子防水涂料和聚合物水泥防水涂料的固体含量、低温柔性、不透水性、拉伸强度、断裂伸长率；

　　3 胎体增强材料的拉力、延伸率。

5.5.8 涂膜防水层的施工环境温度应符合下列规定：

　　1 水乳型及反应型涂料宜为5℃～35℃；

　　2 溶剂型涂料宜为-5℃～35℃；

　　3 热熔型涂料不宜低于-10℃；

　　4 聚合物水泥涂料宜为5℃～35℃。

5.6 接缝密封防水施工

5.6.1 密封防水部位的基层应符合下列规定：

　　1 基层应牢固，表面应平整、密实，不得有裂缝、蜂窝、麻面、起皮和起砂等现象；

　　2 基层应清洁、干燥，应无油污、无灰尘；

　　3 嵌入的背衬材料与接缝壁间不得留有空隙；

　　4 密封防水部位的基层宜涂刷基层处理剂，涂刷应均匀，不得漏涂。

5.6.2 改性沥青密封材料防水施工应符合下列规定：

　　1 采用冷嵌法施工时，宜分次将密封材料嵌填在缝内，并应防止裹入空气；

　　2 采用热灌法施工时，应由下向上进行，并宜减少接头；密封材料熬制及浇灌温度，应按不同材料要求严格控制。

5.6.3 合成高分子密封材料防水施工应符合下列规定：

　　1 单组分密封材料可直接使用；多组分密封材料应根据规定的比例准确计量，并应拌合均匀；每次拌合量、拌合时间和拌合温度，应按所用密封材料的要求严格控制；

　　2 采用挤出枪嵌填时，应根据接缝的宽度选用口径合适的挤出嘴，应均匀挤出密封材料嵌填，并应由底部逐渐充满整个接缝；

　　3 密封材料嵌填后，应在密封材料表干前用腻子刀嵌填修整。

5.6.4 密封材料嵌填应密实、连续、饱满，应与基层粘结牢固；表面应平滑，缝边应顺直，不得有气泡、孔洞、开裂、剥离等现象。

5.6.5 对嵌填完毕的密封材料，应避免碰损及污染；固化前不得踩踏。

5.6.6 密封材料的贮运、保管应符合下列规定：

　　1 运输时应防止日晒、雨淋、撞击、挤压；

　　2 贮运、保管环境应通风、干燥，防止日光直接照射，并应远离火源、热源；乳胶型密封材料在冬季时应采取防冻措施；

　　3 密封材料应按类别、规格分别存放。

5.6.7 进场的密封材料应检验下列项目：

　　1 改性石油沥青密封材料的耐热性、低温柔性、拉伸粘结性、施工度；

　　2 合成高分子密封材料的拉伸模量、断裂伸长率、定伸粘结性。

5.6.8 接缝密封防水的施工环境温度应符合下列规定：

　　1 改性沥青密封材料和溶剂型合成高分子密封材料宜为0℃～35℃；

　　2 乳胶型及反应型合成高分子密封材料宜为5℃～35℃。

5.7 保护层和隔离层施工

5.7.1 施工完的防水层应进行雨后观察、淋水或蓄水试验，并应在合格后再进行保护层和隔离层的施工。

5.7.2 保护层和隔离层施工前，防水层或保温层的表面应平整、干净。

5.7.3 保护层和隔离层施工时，应避免损坏防水层或保温层。

5.7.4 块体材料、水泥砂浆、细石混凝土保护层表面的坡度应符合设计要求，不得有积水现象。

5.7.5 块体材料保护层铺设应符合下列规定：

　　1 在砂结合层上铺设块体时，砂结合层应平整，块体间应预留10mm的缝隙，缝内应填砂，并应用1:2水泥砂浆勾缝；

　　2 在水泥砂浆结合层上铺设块体时，应先在防水层上做隔离层，块体间应预留10mm的缝隙，缝内应用1∶2水泥砂浆勾缝；

  3 块体表面应洁净、色泽一致，应无裂纹、掉角和缺楞等缺陷。

5.7.6 水泥砂浆及细石混凝土保护层铺设应符合下列规定：

  1 水泥砂浆及细石混凝土保护层铺设前，应在防水层上做隔离层；

  2 细石混凝土铺设不宜留施工缝；当施工间隙超过时间规定时，应对接槎进行处理；

  3 水泥砂浆及细石混凝土表面应抹平压光，不得有裂纹、脱皮、麻面、起砂等缺陷。

5.7.7 浅色涂料保护层施工应符合下列规定：

  1 浅色涂料应与卷材、涂膜相容，材料用量应根据产品说明书的规定使用；

  2 浅色涂料应多遍涂刷，当防水层为涂膜时，应在涂膜固化后进行；

  3 涂层应与防水层粘结牢固，厚薄应均匀，不得漏涂；

  4 涂层表面应平整，不得流淌和堆积。

5.7.8 保护层材料的贮运、保管应符合下列规定：

  1 水泥贮运、保管时应采取防尘、防雨、防潮措施；

  2 块体材料应按类别、规格分别堆放；

  3 浅色涂料贮运、保管环境温度，反应型及水乳型不宜低于5℃，溶剂型不宜低于0℃；

  4 溶剂型涂料保管环境应干燥、通风，并应远离火源和热源。

5.7.9 保护层的施工环境温度应符合下列规定：

  1 块体材料干铺不宜低于−5℃，湿铺不宜低于5℃；

  2 水泥砂浆及细石混凝土宜为5℃～35℃；

  3 浅色涂料不宜低于5℃。

5.7.10 隔离层铺设不得有破损和漏铺现象。

5.7.11 干铺塑料膜、土工布、卷材时，其搭接宽度不应小于50mm；铺设应平整，不得有皱折。

5.7.12 低强度等级砂浆铺设时，其表面应平整、压实，不得有起壳和起砂等现象。

5.7.13 隔离层材料的贮运、保管应符合下列规定：

  1 塑料膜、土工布、卷材贮运时，应防止日晒、雨淋、重压；

  2 塑料膜、土工布、卷材保管时，应保证室内干燥、通风；

  3 塑料膜、土工布、卷材保管环境应远离火源、热源。

5.7.14 隔离层的施工环境温度应符合下列规定：

  1 干铺塑料膜、土工布、卷材可在负温下施工；

  2 铺抹低强度等级砂浆宜为5℃～35℃。

5.8 瓦屋面施工

5.8.1 瓦屋面采用的木质基层、顺水条、挂瓦条的防腐、防火及防蛀处理，以及金属顺水条、挂瓦条的防锈蚀处理，均应符合设计要求。

5.8.2 屋面木基层应铺钉牢固、表面平整；钢筋混凝土基层的表面应平整、干净、干燥。

5.8.3 防水垫层的铺设应符合下列规定：

  1 防水垫层可采用空铺、满粘或机械固定；

  2 防水垫层在瓦屋面构造层次中的位置应符合设计要求；

  3 防水垫层宜自下而上平行屋脊铺设；

  4 防水垫层应顺流水方向搭接，搭接宽度应符合本规范第4.8.6条的规定；

  5 防水垫层应铺设平整，下道工序施工时，不得损坏已铺设完成的防水垫层。

5.8.4 持钉层的铺设应符合下列规定：

  1 屋面无保温层时，木基层或钢筋混凝土基层可视为持钉层；钢筋混凝土基层不平整时，宜用1∶2.5的水泥砂浆进行找平；

  2 屋面有保温层时，保温层上应按设计要求做细石混凝土持钉层，内配钢筋网应骑跨屋脊，并应绷直与屋脊和檐口、檐沟部位的预埋锚筋连牢；预埋锚筋穿过防水层或防水垫层时，破损处应进行局部密封处理；

  3 水泥砂浆或细石混凝土持钉层可不设分格缝；持钉层与突出屋面结构的交接处应预留30mm宽的缝隙。

Ⅰ 烧结瓦、混凝土瓦屋面

5.8.5 顺水条应顺流水方向固定，间距不宜大于500mm，顺水条应铺钉牢固、平整。钉挂瓦条时应拉通线，挂瓦条的间距应根据瓦片尺寸和屋面坡长经计算确定，挂瓦条应铺钉牢固、平整，上棱应成一直线。

5.8.6 铺设瓦屋面时，瓦片应均匀分散堆放在两坡屋面基层上，严禁集中堆放。铺瓦时，应由两坡从下向上同时对称铺设。

5.8.7 瓦片应铺成整齐的行列，并应彼此紧密搭接，应做到瓦榫落槽、瓦脚挂牢、瓦头排齐，且无翘角和张口现象，檐口应成一直线。

5.8.8 脊瓦搭盖间距应均匀，脊瓦与坡面瓦之间的缝隙应用聚合物水泥砂浆填实抹平，屋脊或斜脊应顺直。沿山墙一行瓦宜用聚合物水泥砂浆做出披水线。

5.8.9 檐口第一根挂瓦条应保证瓦头出檐口50mm～70mm；屋脊两坡最上面的一根挂瓦条，应保证脊瓦在坡面瓦上的搭盖宽度不小于40mm；钉檐口条或封檐板时，均应高出挂瓦条20mm～30mm。

5.8.10 烧结瓦、混凝土瓦屋面完工后，应避免屋面受物体冲击，严禁任意上人或堆放物件。

5.8.11 烧结瓦、混凝土瓦的贮运、保管应符合下列规定：

1 烧结瓦、混凝土瓦运输时应轻拿轻放，不得抛扔、碰撞；

2 进入现场后应堆垛整齐。

5.8.12 进场的烧结瓦、混凝土瓦应检验抗渗性、抗冻性和吸水率等项目。

Ⅱ 沥青瓦屋面

5.8.13 铺设沥青瓦前，应在基层上弹出水平及垂直基准线，并应按线铺设。

5.8.14 檐口部位宜先铺设金属滴水板或双层檐口瓦，并应将其固定在基层上，再铺设防水垫层和起始瓦片。

5.8.15 沥青瓦应自檐口向上铺设，起始层瓦应由瓦片经切除垂片部分后制得，且起始层瓦沿檐口应平行铺设并伸出檐口 10mm，再用沥青基胶结材料和基层粘结；第一层瓦应与起始层瓦叠合，但瓦切口应向下指向檐口；第二层瓦应压在第一层瓦上且露出瓦切口，但不得超过切口长度。相邻两层沥青瓦的拼缝及切口应均匀错开。

5.8.16 檐口、屋脊等屋面边沿部位的沥青瓦之间、起始层沥青瓦与基层之间，应采用沥青基胶结材料满粘牢固。

5.8.17 在沥青瓦上钉固定钉时，应将钉垂直钉入持钉层内；固定钉穿入细石混凝土持钉层的深度不应小于 20mm，穿入木质持钉层的深度不应小于 15mm，固定钉的钉帽不得外露在沥青瓦表面。

5.8.18 每片脊瓦应用两个固定钉固定；脊瓦应顺年最大频率风向搭接，并应搭盖住两坡面沥青瓦每边不小于 150mm；脊瓦与脊瓦的压盖面不应小于脊瓦面积的 1/2。

5.8.19 沥青瓦屋面与立墙或伸出屋面的烟囱、管道的交接处应做泛水，在其周边与立面 250mm 的范围内应铺设附加层，然后在其表面用沥青基胶结材料满粘一层沥青瓦片。

5.8.20 铺设沥青瓦屋面的天沟应顺直，瓦片应粘结牢固，搭接缝应密封严密，排水应通畅。

5.8.21 沥青瓦的贮运、保管应符合下列规定：

1 不同类型、规格的产品应分别堆放；

2 贮存温度不应高于 45℃，并应平放贮存；

3 应避免雨淋、日晒、受潮，并应注意通风和避免接近火源。

5.8.22 进场的沥青瓦应检验可溶物含量、拉力、耐热度、柔度、不透水性、叠层剥离强度等项目。

5.9 金属板屋面施工

5.9.1 金属板屋面施工应在主体结构和支承结构验收合格后进行。

5.9.2 金属板屋面施工前应根据施工图纸进行深化排板图设计。金属板铺设时，应根据金属板板型技术

要求和深化设计排板图进行。

5.9.3 金属板屋面施工测量应与主体结构测量相配合，其误差应及时调整，不得积累；施工过程中应定期对金属板的安装定位基准点进行校核。

5.9.4 金属板屋面的构件及配件应有产品合格证和性能检测报告，其材料的品种、规格、性能等应符合设计要求和产品标准的规定。

5.9.5 金属板的长度应根据屋面排水坡度、板型连接构造、环境温差及吊装运输条件等综合确定。

5.9.6 金属板的横向搭接方向宜顺主导风向；当在多维曲面上雨水可能翻越金属板板肋横流时，金属板的纵向搭接应顺流水方向。

5.9.7 金属板铺设过程中应对金属板采取临时固定措施，当天就位的金属板材应及时连接固定。

5.9.8 金属板安装应平整、顺滑，板面不应有施工残留物；檐口线、屋脊线应顺直，不得有起伏不平现象。

5.9.9 金属板屋面施工完毕，应进行雨后观察、整体或局部淋水试验，檐沟、天沟应进行蓄水试验，并应填写淋水和蓄水试验记录。

5.9.10 金属板屋面完工后，应避免屋面受物体冲击，并不宜对金属面板进行焊接、开孔等作业，严禁任意上人或堆放物件。

5.9.11 金属板应边缘整齐、表面光滑、色泽均匀、外形规则，不得有扭翘、脱膜和锈蚀等缺陷。

5.9.12 金属板的吊运、保管应符合下列规定：

1 金属板应用专用吊具安装，吊装和运输过程中不得损伤金属板材；

2 金属板堆放地点宜选择在安装现场附近，堆放场地应平整坚实且便于排除地面水。

5.9.13 进场的彩色涂层钢板及钢带应检验屈服强度、抗拉强度、断后伸长率、镀层重量、涂层厚度等项目。

5.9.14 金属面绝热夹芯板的贮运、保管应符合下列规定：

1 夹芯板应采取防雨、防潮、防火措施；

2 夹芯板之间应用衬垫隔离，并应分类堆放，应避免受压或机械损伤。

5.9.15 进场的金属面绝热夹芯板应检验剥离性能、抗弯承载力、防火性能等项目。

5.10 玻璃采光顶施工

5.10.1 玻璃采光顶施工应在主体结构验收合格后进行；采光顶的支承构件与主体结构连接的预埋件应按设计要求埋设。

5.10.2 玻璃采光顶的施工测量应与主体结构测量相配合，测量偏差应及时调整，不得积累；施工过程中应定期对采光顶的安装定位基准点进行校核。

5.10.3 玻璃采光顶的支承构件、玻璃组件及附件，

其材料的品种、规格、色泽和性能应符合设计要求和技术标准的规定。

5.10.4 玻璃采光顶施工完毕，应进行雨后观察、整体或局部淋水试验，檐沟、天沟应进行蓄水试验，并应填写淋水和蓄水试验记录。

5.10.5 框支承玻璃采光顶的安装施工应符合下列规定：

1 应根据采光顶分格测量，确定采光顶各分格点的空间定位；

2 支承结构应按顺序安装，采光顶框架组件安装就位、调整后应及时紧固；不同金属材料的接触面应采用隔离材料；

3 采光顶的周边封堵收口、屋脊处压边收口、支座处封口处理，均应铺设平整且可靠固定；

4 采光顶天沟、排水槽、通气槽及雨水排出口等细部构造应符合设计要求；

5 装饰压板应顺流水方向设置，表面应平整，接缝应符合设计要求。

5.10.6 点支承玻璃采光顶的安装施工应符合下列规定：

1 应根据采光顶分格测量，确定采光顶各分格点的空间定位；

2 钢桁架及网架结构安装就位、调整后应及时紧固；钢索杆结构的拉索、拉杆预应力施加应符合设计要求；

3 采光顶应采用不锈钢驳接组件装配，爪件安装前应精确定出其安装位置；

4 玻璃宜采用机械吸盘安装，并应采取必要的安全措施；

5 玻璃接缝应采用硅酮耐候密封胶；

6 中空玻璃钻孔周边应采取多道密封措施。

5.10.7 明框玻璃组件组装应符合下列规定：

1 玻璃与构件槽口的配合应符合设计要求和技术标准的规定；

2 玻璃四周密封胶条的材质、型号应符合设计要求，镶嵌应平整、密实，胶条的长度宜大于边框内槽口长度 1.5%～2.0%，胶条在转角处应斜面断开，并应用粘结剂粘结牢固；

3 组件中的导气孔及排水孔设置应符合设计要求，组装时应保持孔道通畅；

4 明框玻璃组件应拼装严密，框缝密封应采用硅酮耐候密封胶。

5.10.8 隐框及半隐框玻璃组件组装应符合下列规定：

1 玻璃及框料粘结表面的尘埃、油渍和其他污物，应分别使用带溶剂的擦布和干擦布清除干净，并应在清洁 1h 内嵌填密封胶；

2 所用的结构粘结材料应采用硅酮结构密封胶，其性能应符合现行国家标准《建筑用硅酮结构密封胶》GB 16776 的有关规定；硅酮结构密封胶应在有

效期内使用；

3 硅酮结构密封胶应嵌填饱满，并应在温度 15℃～30℃、相对湿度 50% 以上、洁净的室内进行，不得在现场嵌填；

4 硅酮结构密封胶的粘结宽度和厚度应符合设计要求，胶缝表面应平整光滑，不得出现气泡；

5 硅酮结构密封胶固化期间，组件不得长期处于单独受力状态。

5.10.9 玻璃接缝密封胶的施工应符合下列规定：

1 玻璃接缝密封应采用硅酮耐候密封胶，其性能应符合现行行业标准《幕墙玻璃接缝用密封胶》JC/T 882 的有关规定，密封胶的级别和模量应符合设计要求；

2 密封胶的嵌填应密实、连续、饱满，胶缝应平整光滑、缝边顺直；

3 玻璃间的接缝宽度和密封胶的嵌填深度应符合设计要求；

4 不宜在夜晚、雨天嵌填密封胶，嵌填温度应符合产品说明书规定，嵌填密封胶的基面应清洁、干燥。

5.10.10 玻璃采光顶材料的贮运、保管应符合下列规定：

1 采光顶部件在搬运时应轻拿轻放，严禁发生互相碰撞；

2 采光玻璃在运输中应采用有足够承载力和刚度的专用货架；部件之间应用衬垫固定，并应相互隔开；

3 采光顶部件应放在专用货架上，存放场地应平整、坚实、通风、干燥，并严禁与酸碱等类的物质接触。

附录 A 屋面工程用防水及保温材料标准

A.0.1 屋面工程用防水材料标准应按表 A.0.1 选用。

表 A.0.1 屋面工程用防水材料标准

类别	标 准 名 称	标准编号
改性沥青防水卷材	1. 弹性体改性沥青防水卷材	GB 18242
	2. 塑性体改性沥青防水卷材	GB 18243
	3. 改性沥青聚乙烯胎防水卷材	GB 18967
	4. 带自粘层的防水卷材	GB/T 23260
	5. 自粘聚合物改性沥青防水卷材	GB 23441
高分子防水卷材	1. 聚氯乙烯防水卷材	GB 12952
	2. 氯化聚乙烯防水卷材	GB 12953
	3. 高分子防水材料　第1部分：片材	GB 18173.1
	4. 氯化聚乙烯-橡胶共混防水卷材	JC/T 684

类别	标准名称	标准编号
防水涂料	1. 聚氨酯防水涂料	GB/T 19250
	2. 聚合物水泥防水涂料	GB/T 23445
	3. 水乳型沥青防水涂料	JC/T 408
	4. 溶剂型橡胶沥青防水涂料	JC/T 852
	5. 聚合物乳液建筑防水涂料	JC/T 864
密封材料	1. 硅酮建筑密封胶	GB/T 14683
	2. 建筑用硅酮结构密封胶	GB 16776
	3. 建筑防水沥青嵌缝油膏	JC/T 207
	4. 聚氨酯建筑密封胶	JC/T 482
	5. 聚硫建筑密封胶	JC/T 483
	6. 中空玻璃用弹性密封胶	JC/T 486
	7. 混凝土建筑接缝用密封胶	JC/T 881
	8. 幕墙玻璃接缝用密封胶	JC/T 882
	9. 彩色涂层钢板用建筑密封胶	JC/T 884
瓦	1. 玻纤胎沥青瓦	GB/T 20474
	2. 烧结瓦	GB/T 21149
	3. 混凝土瓦	JC/T 746
配套材料	1. 高分子防水卷材胶粘剂	JC/T 863
	2. 丁基橡胶防水密封胶粘带	JC/T 942
	3. 坡屋面用防水材料 聚合物改性沥青防水垫层	JC/T 1067
	4. 坡屋面用防水材料 自粘聚合物沥青防水垫层	JC/T 1068
	5. 沥青防水卷材用基层处理剂	JC/T 1069
	6. 自粘聚合物沥青泛水带	JC/T 1070
	7. 种植屋面用耐根穿刺防水卷材	JC/T 1075

A.0.2 屋面工程用保温材料标准应按表 A.0.2 的规定选用。

表 A.0.2 屋面工程用保温材料标准

类别	标准名称	标准编号
聚苯乙烯泡沫塑料	1. 绝热用模塑聚苯乙烯泡沫塑料	GB/T 10801.1
	2. 绝热用挤塑聚苯乙烯泡沫塑料（XPS）	GB/T 10801.2
硬质聚氨酯泡沫塑料	1. 建筑绝热用硬质聚氨酯泡沫塑料	GB/T 21558
	2. 喷涂聚氨酯硬泡体保温材料	JC/T 998

类别	标准名称	标准编号
无机硬质绝热制品	1. 膨胀珍珠岩绝热制品	GB/T 10303
	2. 蒸压加气混凝土砌块	GB/T 11968
	3. 泡沫玻璃绝热制品	JC/T 647
	4. 泡沫混凝土砌块	JC/T 1062
纤维保温材料	1. 建筑绝热用玻璃棉制品	GB/T 17795
	2. 建筑用岩棉、矿渣棉绝热制品	GB/T 19686
金属面绝热夹芯板	1. 建筑用金属面绝热夹芯板	GB/T 23932

附录 B 屋面工程用防水及保温材料主要性能指标

B.1 防水材料主要性能指标

B.1.1 高聚物改性沥青防水卷材主要性能指标应符合表 B.1.1 的要求。

表 B.1.1 高聚物改性沥青防水卷材主要性能指标

项目	指标				
	聚酯毡胎体	玻纤毡胎体	聚乙烯胎体	自粘聚酯胎体	自粘无胎体
可溶物含量 (g/m²)	3mm厚≥2100 4mm厚≥2900		—	2mm厚≥1300 3mm厚≥2100	—
拉力 (N/50mm)	≥500	纵向≥350	≥200	2mm厚≥350 3mm厚≥450	≥150
延伸率（%）	最大拉力时 SBS≥30 APP≥25	—	断裂时≥120	最大拉力时≥30	最大拉力时≥200
耐热度 (℃, 2h)	SBS卷材 90, APP卷材 110, 无滑动、流淌、滴落		PEE卷材 90, 无流淌、起泡	70, 无滑动、流淌、滴落	70, 滑动不超过2mm
低温柔性（℃）	SBS卷材-20; APP卷材-7; PEE卷材-20			−20	
不透水性	压力 (MPa)	≥0.3	≥0.2	≥0.4	≥0.3	≥0.2
	保持时间 (min)	≥30			≥120	

注：SBS卷材为弹性体改性沥青防水卷材；APP卷材为塑性体改性沥青防水卷材；PEE卷材为改性沥青聚乙烯胎防水卷材。

B.1.2 合成高分子防水卷材主要性能指标应符合表 B.1.2 的要求。

表 B.1.2　合成高分子防水卷材主要性能指标

项　目		指　标			
		硫化橡胶类	非硫化橡胶类	树脂类	树脂类(复合片)
断裂拉伸强度(MPa)		≥6	≥3	≥10	≥60 N/10mm
扯断伸长率(%)		≥400	≥200	≥200	≥400
低温弯折(℃)		-30	-20	-25	-20
不透水性	压力(MPa)	≥0.3	≥0.2	≥0.3	≥0.3
	保持时间(min)	≥30			
加热收缩率(%)		<1.2	<2.0	≤2.0	≤2.0
热老化保持率(80℃×168h,%)	断裂拉伸强度	≥80	≥85		≥80
	扯断伸长率	≥70	≥80		≥70

B.1.3　基层处理剂、胶粘剂、胶粘带主要性能指标应符合表 B.1.3 的要求。

表 B.1.3　基层处理剂、胶粘剂、胶粘带主要性能指标

项　目	指　标			
	沥青基防水卷材用基层处理剂	改性沥青胶粘剂	高分子胶粘剂	双面胶粘带
剥离强度(N/10mm)	≥8	≥8	≥15	≥6
浸水168h剥离强度保持率(%)	≥8 N/10mm	≥8 N/10mm	70	70
固体含量(%)	水性≥40 溶剂性≥30	—	—	—
耐热性	80℃无流淌	80℃无流淌	—	—
低温柔性	0℃无裂纹	0℃无裂纹	—	—

B.1.4　高聚物改性沥青防水涂料主要性能指标应符合表 B.1.4 的要求。

表 B.1.4　高聚物改性沥青防水涂料主要性能指标

项　目	指　标	
	水乳型	溶剂型
固体含量(%)	≥45	≥48
耐热性(80℃,5h)	无流淌、起泡、滑动	
低温柔性(℃,2h)	-15,无裂纹	-15,无裂纹

续表 B.1.4

项　目		指　标	
		水乳型	溶剂型
不透水性	压力(MPa)	≥0.1	≥0.2
	保持时间(min)	≥30	≥30
断裂伸长率(%)		≥600	—
抗裂性(mm)		—	基层裂缝0.3mm,涂膜无裂纹

B.1.5　合成高分子防水涂料(反应型固化)主要性能指标应符合表 B.1.5 的要求。

表 B.1.5　合成高分子防水涂料(反应型固化)主要性能指标

项　目		指　标	
		Ⅰ类	Ⅱ类
固体含量(%)		单组分≥80;多组分≥92	
拉伸强度(MPa)		单组分,多组分≥1.9	单组分,多组分≥2.45
断裂伸长率(%)		单组分≥550;多组分≥450	单组分,多组分≥450
低温柔性(℃,2h)		单组分-40;多组分-35,无裂纹	
不透水性	压力(MPa)	≥0.3	
	保持时间(min)	≥30	

注:产品按拉伸性能分Ⅰ类和Ⅱ类。

B.1.6　合成高分子防水涂料(挥发固化型)主要性能指标应符合表 B.1.6 的要求。

表 B.1.6　合成高分子防水涂料(挥发固化型)主要性能指标

项　目		指　标
固体含量(%)		≥65
拉伸强度(MPa)		≥1.5
断裂伸长率(%)		≥300
低温柔性(℃,2h)		-20,无裂纹
不透水性	压力(MPa)	≥0.3
	保持时间(min)	≥30

B.1.7 聚合物水泥防水涂料主要性能指标应符合表 B.1.7 的要求。

表 B.1.7　聚合物水泥防水涂料主要性能指标

项　目		指　标
固体含量（%）		≥70
拉伸强度（MPa）		≥1.2
断裂伸长率（%）		≥200
低温柔性（℃，2h）		－10，无裂纹
不透水性	压力（MPa）	≥0.3
	保持时间（min）	≥30

B.1.8 聚合物水泥防水胶结材料主要性能指标应符合表 B.1.8 的要求。

表 B.1.8　聚合物水泥防水胶结材料主要性能指标

项　目		指　标
与水泥基层的拉伸粘结强度（MPa）	常温 7d	≥0.6
	耐水	≥0.4
	耐冻融	≥0.4
可操作时间（h）		≥2
抗渗性能（MPa，7d）	抗渗性	≥1.0
抗压强度（MPa）		≥9
柔韧性 28d	抗压强度/抗折强度	≤3
剪切状态下的粘合性（N/mm，常温）	卷材与卷材	≥2.0
	卷材与基底	≥1.8

B.1.9 胎体增强材料主要性能指标应符合表 B.1.9 的要求。

表 B.1.9　胎体增强材料主要性能指标

项目		指　标	
		聚酯无纺布	化纤无纺布
外观		均匀，无团状，平整无皱折	
拉力（N/50mm）	纵向	≥150	≥45
	横向	≥100	≥35
延伸率（%）	纵向	≥10	≥20
	横向	≥20	≥25

B.1.10 合成高分子密封材料主要性能指标应符合表 B.1.10 的要求。

表 B.1.10　合成高分子密封材料主要性能指标

项　目		指　标						
		25LM	25HM	20LM	20HM	12.5E	12.5P	7.5P
拉伸模量（MPa）	23℃ －20℃	≤0.4 和 ≤0.6	>0.4 或 >0.6	≤0.4 和 ≤0.6	>0.4 或 >0.6	—		
定伸粘结性		无破坏				—		
浸水后定伸粘结性		无破坏				—		
热压冷拉后粘结性		无破坏				—		
拉伸压缩后粘结性						无破坏		
断裂伸长率（%）						≥100		≥20
浸水后断裂伸长率（%）						≥100		≥20

注：产品按位移能力分为 25、20、12.5、7.5 四个级别；25 级和 20 级密封材料按伸拉模量分为低模量（LM）和高模量（HM）两个次级别；12.5 级密封材料按弹性恢复率分为弹性（E）和塑性（P）两个次级别。

B.1.11 改性石油沥青密封材料主要性能指标应符合表 B.1.11 的要求。

表 B.1.11　改性石油沥青密封材料主要性能指标

项　目		指　标	
		Ⅰ类	Ⅱ类
耐热性	温度（℃）	70	80
	下垂值（mm）	≤4.0	
低温柔性	温度（℃）	－20	－10
	粘结状态	无裂纹和剥离现象	
拉伸粘结性（%）		≥125	
浸水后拉伸粘结性（%）		125	
挥发性（%）		≤2.8	
施工度（mm）		≥22.0	≥20.0

注：产品按耐热度和低温柔性分为Ⅰ类和Ⅱ类。

B.1.12 烧结瓦主要性能指标应符合表 B.1.12 的要求。

表 B.1.12　烧结瓦主要性能指标

项　目	指　标	
	有釉类	无釉类
抗弯曲性能（N）	平瓦 1200，波形瓦 1600	
抗冻性能（15 次冻融循环）	无剥落、掉角、掉棱及裂纹增加现象	

项目	指标	
	有釉类	无釉类
耐急冷急热性（10次急冷急热循环）	无炸裂、剥落及裂纹延长现象	
吸水率（浸水24h,%)	≤10	≤18
抗渗性能（3h）	—	背面无水滴

B.1.13 混凝土瓦主要性能指标应符合表 B.1.13 的要求。

表 B.1.13　混凝土瓦主要性能指标

项目	指标			
	波形瓦		平板瓦	
	覆盖宽度≥300mm	覆盖宽度≤200mm	覆盖宽度≥300mm	覆盖宽度≤200mm
承载力标准值（N）	1200	900	1000	800
抗冻性（25次冻融循环）	外观质量合格，承载力仍不小于标准值			
吸水率（浸水24h,%)	≤10			
抗渗性能（24h）	背面无水滴			

B.1.14 沥青瓦主要性能指标应符合表 B.1.14 的要求。

表 B.1.14　沥青瓦主要性能指标

项目		指标
可溶物含量（g/m²)		平瓦≥1000；叠瓦≥1800
拉力（N/50mm)	纵向	≥500
	横向	≥400
耐热度（℃）		90，无流淌、滑动、滴落、气泡
柔度（℃）		10，无裂纹
撕裂强度（N）		≥9
不透水性（0.1MPa,30min）		不透水
人工气候老化（720h）	外观	无气泡、渗油、裂纹
	柔度	10℃无裂纹

项目		指标
自粘胶耐热度	50℃	发黏
	70℃	滑动≤2mm
叠层剥离强度（N）		≥20

B.1.15 防水透汽膜主要性能指标应符合表 B.1.15 的要求。

表 B.1.15　防水透汽膜主要性能指标

项目	指标	
	Ⅰ类	Ⅱ类
水蒸气透过量（g/m²·24h,23℃）	≥1000	
不透水性（mm,2h）	≥1000	
最大拉力（N/50mm）	≥100	≥250
断裂伸长率（%）	≥35	≥10
撕裂性能（N，钉杆法）	≥40	
热老化（80℃,168h）	拉力保持率（%）	
	断裂伸长率保持率（%）	≥80
	水蒸气透过量保持率（%）	

B.2　保温材料主要性能指标

B.2.1 板状保温材料的主要性能指标应符合表 B.2.1 的要求。

表 B.2.1　板状保温材料主要性能指标

项目	指标						
	聚苯乙烯泡沫塑料		硬质聚氨酯泡沫塑料	泡沫玻璃	憎水型膨胀珍珠岩	加气混凝土	泡沫混凝土
	挤塑	模塑					
表观密度或干密度（kg/m³)	—	≥20	≥30	≤200	≤350	≤425	≤530
压缩强度（kPa）	≥150	≥100	≥120	—	—	—	—
抗压强度（MPa）	—	—	—	≥0.4	≥0.3	≥1.0	≥0.5
导热系数[W/(m·K)]	≤0.030	≤0.041	≤0.024	≤0.070	≤0.087	≤0.120	≤0.120
尺寸稳定性（70℃,48h,%)	≤2.0	≤3.0	≤2.0	—	—	—	—
水蒸气渗透系数[ng/(Pa·m·s)]	≤3.5	≤4.5	≤6.5	—	—	—	—
吸水率（v/v,%)	≤1.5	≤4.0	≤4.0	≤0.5	—	—	—
燃烧性能	不低于 B₂ 级			A 级			

B.2.2 纤维保温材料主要性能指标应符合表 B.2.2 的要求。

表 B.2.2　纤维保温材料主要性能指标

项　　目	指　　标			
	岩棉、矿渣棉板	岩棉、矿渣棉毡	玻璃棉板	玻璃棉毡
表观密度（kg/m³）	≥40	≥40	≥24	≥10
导热系数[W/(m·K)]	≤0.040	≤0.040	≤0.043	≤0.050
燃烧性能	A 级			

B.2.3 喷涂硬泡聚氨酯主要性能指标应符合表 B.2.3 的要求。

表 B.2.3　喷涂硬泡聚氨酯主要性能指标

项　　目	指　　标
表观密度（kg/m³）	≥35
导热系数[W/(m·K)]	≤0.024
压缩强度（kPa）	≥150
尺寸稳定性（70℃，48h，%）	≤1
闭孔率（%）	≥92
水蒸气渗透系数[ng/(Pa·m·s)]	≤5
吸水率（v/v，%）	≤3
燃烧性能	不低于 B₂ 级

B.2.4 现浇泡沫混凝土主要性能指标应符合表 B.2.4 的要求。

表 B.2.4　现浇泡沫混凝土主要性能指标

项　　目	指　　标
干密度（kg/m³）	≤600
导热系数[W/(m·K)]	≤0.14
抗压强度（MPa）	≥0.5
吸水率（%）	≤20%
燃烧性能	A 级

B.2.5 金属面绝热夹芯板主要性能指标应符合表 B.2.5 的要求。

表 B.2.5　金属面绝热夹芯板主要性能指标

项　　目	指　　标				
	模塑聚苯乙烯夹芯板	挤塑聚苯乙烯夹芯板	硬质聚氨酯夹芯板	岩棉、矿渣棉夹芯板	玻璃棉夹芯板
传热系数[W/(m²·K)]	≤0.68	≤0.63	≤0.45	≤0.85	≤0.90

续表 B.2.5

项　　目	指　　标				
	模塑聚苯乙烯夹芯板	挤塑聚苯乙烯夹芯板	硬质聚氨酯夹芯板	岩棉、矿渣棉夹芯板	玻璃棉夹芯板
粘结强度（MPa）	≥0.10	≥0.10	≥0.10	≥0.06	≥0.03
金属面材厚度	彩色涂层钢板基板≥0.5mm，压型钢板≥0.5mm				
芯材密度（kg/m³）	≥18	—	≥38	≥100	≥64
剥离性能	粘结在金属面材上的芯材应均匀分布，并且每个剥离面的粘结面积不应小于 85%				
抗弯承载力	夹芯板挠度为支座间距的 1/200 时，均布荷载不应小于 0.5 kN/m²				
防火性能	芯材燃烧性能按《建筑材料及制品燃烧性能分级》GB 8624 的有关规定分级。岩棉、矿渣棉夹芯板，当夹芯板厚度小于或等于 80mm 时，耐火极限应大于或等于 30min；当夹芯板厚度大于 80mm 时，耐火极限应大于或等于 60min				

本规范用词说明

1　为便于在执行本规范条文时区别对待，对要求严格程度不同的用词说明如下：

1) 表示很严格，非这样做不可的用词：
正面词采用"必须"，反面词采用"严禁"；

2) 表示严格，在正常情况均应这样做的用词：
正面词采用"应"，反面词采用"不应"或"不得"；

3) 表示允许稍有选择，在条件许可时首先应这样做的用词：
正面词采用"宜"，反面词采用"不宜"；

4) 表示有选择，在一定条件下可以这样做的用词，采用"可"。

2　本规范中指明应按其他有关标准执行的写法为："应符合……的规定"或"应按……执行"。

引用标准名录

1　《建筑给水排水设计规范》GB 50015

2　《建筑设计防火规范》GB 50016

3　《建筑物防雷设计规范》GB 50057

4　《民用建筑热工设计规范》GB 50176

5　《公共建筑节能设计标准》GB 50189

6 《工业用橡胶板》GB/T 5574

7 《建筑材料及制品燃烧性能分级》GB 8624

8 《中空玻璃》GB/T 11944

9 《建筑用安全玻璃　第 3 部分：夹层玻璃》GB 15763.3

10 《建筑用硅酮结构密封胶》GB 16776

11 《严寒和寒冷地区居住建筑节能设计标准》JGJ 26

12 《夏热冬暖地区居住建筑节能设计标准》JGJ 75

13 《夏热冬冷地区居住建筑节能设计标准》JGJ 134

14 《建筑玻璃采光顶》JG/T 231

15 《幕墙玻璃接缝用密封胶》JC/T 882

16 《建筑防水涂料有害物质限量》JC 1066

17 《硫化橡胶和热塑性橡胶　建筑用预成型密封垫的分类、要求和试验方法》HG/T 3100

中华人民共和国国家标准

屋面工程技术规范

GB 50345—2012

条 文 说 明

修 订 说 明

本规范是在《屋面工程技术规范》GB 50345-2004 的基础上修订完成,上一版规范的主编单位是山西建筑工程(集团)总公司,参编单位有北京市建筑工程研究院、中国建筑科学研究院、浙江工业大学、太原理工大学、中国建筑标准设计研究所、四川省建筑科学研究院、中国化学建材公司苏州防水研究设计所、徐州卧牛山新型防水材料有限公司、山东力华防水建材有限公司。主要起草人员是哈成德、王寿华、朱忠厚、严仁良、叶林标、王 天、项桦太、马芸芳、高延继、王宜群、杨 胜、李国干、孙晓东。

本次修订的主要技术内容是:1. "基本规定"首次提出了屋面工程应满足 7 项基本要求,屋面工程设计与施工是按照屋面的基本构造层次和细部构造进行规定的;2. 屋面防水等级分为Ⅰ级和Ⅱ级,设防要求分别为两道防水设防和一道防水设防;屋面防水层包括卷材防水层、涂膜防水层和复合防水层,淘汰了细石混凝土防水层;3. 屋面保温层包括板状材料保温层、纤维材料保温层和整体材料保温层,增加了岩棉、矿渣棉和玻璃棉以及泡沫混凝土砌块和现浇泡沫混凝土等不燃烧材料;4. 瓦屋面包括烧结瓦、混凝土瓦和沥青瓦,增加了金属板屋面和玻璃采光顶。

为了便于广大设计、施工、科研、学校等单位有关人员正确理解和执行本规范条文内容,规范编制组按章、节、条顺序编制了本规范的条文说明,对条文规定的目的、依据以及执行中需注意的有关事项进行了说明。虽然本条文说明不具备与规范正文同等的法律效力,但建议使用者认真阅读,作为正确理解和把握规范规定的参考。

目　次

1 总 则

1.0.1 近年来，由于在屋面工程中新型防水保温材料、新型屋面形式及新的施工技术等方面均有较快的发展，同时一些屋面工程专项技术标准也将陆续出台，原规范已不能适应屋面工程技术发展的需要，故必须进行修订。

在本条中明确了这次规范修订的目的，就是要在设计、施工方面提高我国屋面工程的技术水平，同时强调了以下四项要求：

1 保证屋面工程防水层和密封部位不渗漏，保温隔热功能满足设计要求；

2 根据不同的建筑类型、重要程度、使用功能要求、屋面形式以及地区特点等，在确保屋面工程质量的基础上做到经济合理；

3 在屋面工程的设计和施工中，应对屋面工程的防水、保温、隔热做到安全适用；

4 根据环境保护和建筑节能政策，在设计选材、施工作业以及使用过程中均应符合环境保护和建筑节能的要求，防止对周围环境造成污染。

1.0.2 在本条中明确了本规范的适用范围。屋面工程应遵循"材料是基础、设计是前提、施工是关键、管理是保证"的综合治理原则，屋面工程设计与屋面工程施工的内容应从总体上涵盖了所有屋面工程的专项技术标准。

1.0.3 环境保护和建筑节能是我国的一项重大技术政策，关系到我国经济建设可持续发展的战略决策。屋面工程设计和施工应从材料选择、施工方法等方面着手，考虑其对周围环境的影响程度以及建筑节能效果，并应采取针对性措施。

本条中除保留原规范的内容外，还增加了在屋面工程设计和施工中有关防火安全的规定。对屋面工程的设计和施工，必须依据公安部、住房和城乡建设部联合发布的《民用建筑外保温系统及外墙装饰防火暂行规定》的要求，制定有关防火安全的实施细则及规定，采取必要的防火措施，确保屋面在火灾情况下的安全性。

2 术 语

本规范从屋面工程设计和施工的角度列出了17条术语。术语中包括以下3种情况：

1 在原规范中的一些均为人所熟知的术语，在这次修订时予以删除，如"沥青防水卷材、高聚物改性沥青防水卷材、合成高分子防水卷材"等。

2 对尚未出现在国家标准、行业标准中的术语，在这次修订时予以增加，如"复合防水层、相容性"等。

3 对过去在国家标准或行业标准不统一的术语，在这次修订中予以统一，如"防水垫层、持钉层"等。

3 基 本 规 定

3.0.1 屋面是建筑的外围护结构，在本规范编制时应针对屋面的使用功能及要求，把屋面当做一个系统工程来进行研究，同时考虑了我国的实际情况，建立屋面工程技术内在规律的理论，指导屋面工程的技术发展。对屋面工程的基本要求说明如下：

1 具有良好的排水功能和阻止水侵入建筑物内的作用。

排水是利用水向下流的特性，不使水在防水层上积滞，尽快排除。防水是利用防水材料的致密性、憎水性构成一道封闭的防线，隔绝水的渗透。因此，屋面排水可以减轻防水的压力，屋面防水又为排水提供了充裕的排除时间，防水与排水是相辅相成的。

2 冬季保温减少建筑物的热损失和防止结露。

按我国建筑热工设计分区的设计要求，严寒地区必须满足冬季保温，寒冷地区应满足冬季保温，夏热冬冷地区应适当兼顾冬季保温。屋面应采用轻质、高效、吸水率低、性能稳定的保温材料，提高构造层的热阻；同时，屋面传热系数必须满足本地区建筑节能设计标准的要求，以减少建筑物的热损失。屋面大多数采用外保温构造，造成屋面的内表面大面积结露的可能性不大，结露主要出现在檐口、女儿墙与屋顶的连接处，因此对热桥部位应采取保温措施。

3 夏季隔热降低建筑物对太阳能辐射热的吸收。

按我国建筑热工设计分区的设计要求，夏热冬冷地区必须满足夏季防热要求，夏热冬暖地区必须充分满足夏季防热要求。屋面应利用隔热、遮阳、通风、绿化等方法来降低夏季室内温度，也可采用适当的围护结构减少太阳的辐射传入室内。屋面若采用含有轻质、高效保温材料的复合结构，对达到所需传热系数比较容易，要达到较大的热惰性指标就很困难，因此对屋面结构形式和隔热性能亟待改善。屋面传热系数和热惰性指标必须满足本地区建筑节能设计标准的要求，在保证室内热环境的前提下，使夏季空调能耗得到控制。

4 适应主体结构的受力变形和温差变形。

屋面结构设计一般应考虑自重、雪荷载、风荷载、施工或使用荷载，结构层应保证屋面有足够的承载力和刚度；由于受到地基变形和温差变形的影响，建筑物除应设置变形缝外，屋面构造层必须采取有效措施。有关资料表明，导致防水功能失效的主要症结，是防水工程在结构荷载和变形荷载的作用下引起的变形，当变形受到约束时，就会引起防水主体的开裂。因此，屋面工程一要有抵抗外荷载和变形的能力，二要减少约束、适当变形，采取"抗"与"放"的结合尤为重要。

5 承受风、雪荷载的作用不产生破坏。

虽然屋面工程不作为承重结构使用，但对其力学性能和稳定性仍然提出了要求。国内外屋顶突然坍塌事故，给了我们深刻的教训。屋面系统在正常荷载引起的联合应力作用下，应能保持稳定；对金属屋面、采光顶来讲，承受风、雪荷载必须符合现行国家标准《建筑结构荷载规范》GB 50009 的有关规定，特别是屋面系统应具有足够的力学性能，使其能够抵抗由风力造成压力、吸力和振动，而且应有足够的安全系数。

6 具有阻止火势蔓延的性能。

对屋面系统的防火要求，应依据法律、法规制定有关实施细则。在火灾情况下的安全性，屋面系统所用材料的燃烧性能和耐火极限必须符合现行国家标准《建筑设计防火规范》GB 50016 的有关规定，屋面工程应采取必要的防火构造措施，保证防火安全。

7 满足建筑外形美观和使用要求。

建筑应具有物质和艺术的两重性，既要满足人们的物质需求，又要满足人们的审美要求。现代城市的建筑由于跨度大、功能多、形状复杂、技术要求高，传统的屋面技术已很难适应。随着人们对屋面功能要求的提高及新型建筑材料的发展，屋面工程设计突破了过去千篇一律的屋面形式。通过建筑造型所表达的艺术性，不应刻意表现繁琐、豪华的装饰，而应重视功能适用、结构安全、形式美观。

3.0.2 就我国屋面工程的现状看，屋面大体上可分为卷材防水屋面、涂膜防水屋面、保温屋面、隔热屋面、瓦屋面、金属板屋面、采光顶等种类。在每类屋面中，由于所用材料不同和构造各异，因而形成了各种屋面工程。屋面工程是一个完整的系统，主要应包括屋面基层、保温与隔热层、防水层和保护层。本条是按照屋面的所用材料来进行分类，并列表叙述屋面基本构造层次，有关构造层的定义可见术语内容。本条在执行时，允许设计人员稍有选择，但在条件许可时首先应这样做。

3.0.3 本条规定了屋面工程设计的基本原则：

1 屋面是建筑的外围护结构，主要是起覆盖作用，借以抵抗雨雪，避免日晒等自然界大气变化的影响，同时亦起着保温、隔热和稳定墙身等作用。根据本规范第 3.0.1 条的规定，屋面工程的基本功能不仅为建筑的耐久性和安全性提供保证，而且成为防水、节能、环保、生态及智能建筑技术健康发展的平台，因此，保证功能在屋面工程设计中具有十分重要的意义和作用。

2 根据人们对屋面功能要求的提高及新型建筑材料的发展，屋面工程设计将突破过去千篇一律的屋面形式，对防水、节能、环保、生态等方面提出了更

高的要求。由于屋面构造层次较多，除应考虑相关构造层的匹配和相容外，还应研究构造层间的相互支持，方便施工和维修。国内当前屋面工程中设计深度严重不足，特别是构造设计不够合理，造成屋面功能无法得到保证的现状，因此，构造合理是提高屋面工程寿命的重要措施。

3 屋面防水和排水是一个问题的两个方面，考虑防水的同时应考虑排水，应先让水顺利、迅速地排走，不使屋面积水，自然可减轻防水层的压力。屋面工程中对屋面坡度、檐沟、天沟的汇水面积、水落口数量、管径大小等设计，应尽可能使水以较快的速度、简捷的途径顺畅排除，总之，做好排水是提高防水功能的有效措施，因此，防排结合是屋面防水概念设计的主要内容。

4 由于新型建筑材料的不断涌现，设计人员应该熟悉材料的种类及其性能，并根据屋面使用功能、工程造价、工程技术条件等因素，合理选择使用材料，提供适用、安全、经济、美观的构造方案。选材有以下标准：（1）根据不同的工程部位选材；（2）根据主体功能要求选材；（3）根据工程环境选材；（4）根据工程标准选材。因此，优选用材是保证屋面工程质量的基本条件。

5 建筑既要满足人们物质需要，又要满足审美要求；它不但体现某个时代的物质文化水平和科学技术水平，而且还反映出这个时代的精神面貌。

3.0.4 本条规定了屋面工程施工的基本原则：

1 施工单位必须按照工程设计图纸和施工技术标准施工，不得擅自修改屋面工程设计，不得偷工减料。在施工过程中发现设计文件和图纸有差错的，施工单位应当及时提出意见和建议，因此，按图施工是保证屋面工程施工质量的前提。

2 施工单位必须按照工程设计要求、施工技术标准和合同约定，对进入施工现场的屋面防水、保温材料进行抽样检验，并提出检验报告。未经检验或检验不合格的材料，不得在工程中使用，因此，材料检验是保证屋面工程施工质量的基础。

3 施工单位必须建立、健全施工质量检验制度，严格工序管理，做好隐蔽工程的质量检查和记录。屋面工程每道工序施工后，均应采取相应的保护措施，因此，工序检查是保证屋面工程施工质量的关键。

4 施工单位应具备相应的资质，并应建立质量管理体系。施工单位应编制屋面工程专项施工方案，并应经过审查批准。施工单位应按有关的施工工艺标准和经审定的施工方案施工，并应对施工全过程实行质量控制，因此，过程控制是保证屋面工程施工质量的措施。

5 屋面工程施工质量验收，应按现行国家标准《屋面工程质量验收规范》GB 50207 的规定执行。施工单位对施工过程中出现质量问题或不能满足安全使

用要求的屋面工程，应当负责返修或返工，并应重新进行验收，因此，质量验收是保证屋面工程施工质量的条件。

3.0.5 本条对屋面防水等级和设防要求作了较大的修订。原规范对屋面防水等级分为四级，Ⅰ级为特别重要或对防水有特殊要求的建筑，由于这类建筑极少采用，本次修订作了"对防水有特殊要求的建筑屋面，应进行专项防水设计"的规定；原规范Ⅳ级为非永久性建筑，由于这类建筑防水要求很低，本次修订给予删除，故本条根据建筑物的类别、重要程度、使用功能要求，将屋面防水等级分为Ⅰ级和Ⅱ级，设防要求分别为两道防水设防和一道防水设防。

本规范征求意见稿和送审稿中，都曾明确将屋面防水等级分为Ⅰ级和Ⅱ级，防水层的合理使用年限分别定为 20 年和 10 年，设防要求分别为两道防水设防和一道防水设防。关于防水层合理使用年限的确定，主要是根据建设部《关于治理屋面渗漏的若干规定》(1991) 370 号文中"……选材要考虑其耐久性能保证 10 年"的要求，以及考虑我国的经济发展水平、防水材料的质量和建设部《关于提高防水工程质量的若干规定》(1991) 837 号中有关精神提出的。考虑近年来新型防水材料的门类齐全、品种繁多，防水技术也由过去的沥青防水卷材叠层做法向多道设防、复合防水、单层防水等形式转变。对于屋面的防水功能，不仅要看防水材料本身的材性，还要看不同防水材料组合后的整体防水效果，这一点从历次的工程调研报告中已得到了证实。由于对防水层的合理使用年限的确定，目前尚缺乏相关的实验数据，根据本规范审查专家建议，取消对防水层合理使用年限的规定。

3.0.6 根据现行国家标准《民用建筑热工设计规范》GB 50176 的规定，严寒和寒冷地区居住建筑应进行冬季保温设计，保证内表面不结露；夏热冬冷地区居住建筑应进行冬季保温和夏季防热设计，保证保温、隔热性能符合规定要求；夏热冬暖地区居住建筑应进行夏季防热设计，保证隔热性能符合规定要求。建筑节能设计中的传热系数和热惰性指标，是围护结构热工性能参数。根据建筑物所处城市的气候分区区属不同，公共建筑和居住建筑屋面的传热系数和热惰性指标不应大于表 1 和表 2 规定的限值。

表 1　公共建筑不同气候区屋面传热系数限值

气候分区	传热系数 k [(W/m² · K)]		
	体型系数≤0.3	0.3＜体型系数 ≤0.4	屋顶透明部分
严寒地区 A 区	≤0.35	≤0.30	≤2.50
严寒地区 B 区	≤0.45	≤0.35	≤2.60

续表 1

气候分区	传热系数 k [(W/m² · K)]		
	体型系数 ≤0.3	0.3＜体型系数 ≤0.4	屋顶透明部分
寒冷地区	≤0.55	≤0.45	≤2.70
夏热冬冷地区	≤0.70		≤3.00
夏热冬暖地区	≤0.90		≤3.50

表 2　居住建筑不同气候区屋面传热系数和热惰性指标限值

气候分区	传热系数 k [(W/m² · K)]		
	≤3 层建筑	4~8 层建筑	≥9 层建筑
严寒地区 A 区	0.20	0.25	0.25
严寒地区 B 区	0.25	0.30	0.30
严寒地区 C 区	0.30	0.40	0.40
寒冷地区 A 区	0.35	0.45	0.45
寒冷地区 B 区	0.35	0.45	0.45
	热惰性指标	体型系数≤0.40	体型系数＞0.40
夏热冬冷地区	D＞2.5	≤1.00	≤0.60
	D≤2.5	≤0.80	≤0.50
夏热冬暖地区	D≥2.5	≤1.00	
	—	≤0.50	

3.0.7 屋面工程是建筑围护结构的重要部分，主要功能是防水和保温。尽管屋面结构基层符合现行国家标准《建筑设计防火规范》GB 50016 中的有关建筑构件燃烧性能和耐火极限的规定，但是屋面基层上大多是采用易燃或阻燃的防水和保温材料，会在房屋建造和使用过程中可能造成火灾的蔓延。公安部与住房和城乡建设部 2009 年 9 月下发了《关于印发〈民用建筑外保温系统及外墙装饰防火暂行规定〉的通知》，通知中对屋顶保温材料的燃烧性能等作了相应规定。据了解，现行国家标准《建筑材料及制品燃烧性能分级》GB 8624、《建筑设计防火规范》GB 50016 及《高层民用建筑设计防火规范》GB 50045 目前正在修订中，故本条只作原则性规定。

3.0.8 本条是依据现行国家标准《建筑物防雷设计规范》GB 50057 和《建筑幕墙》GB/T 21086 的有关规定，对屋面工程的防雷设计提出要求。

3.0.9 环境保护是我国的一项重大政策。1989 年国家制定了《中华人民共和国环境保护法》，明确提出了保护和改善生活环境与生态环境，防治污染或其他公害，保障人体健康等要求，因此，在进行屋面工程的防水层、保温层设计时，应选择对环境和人身健康无害的防水、保温材料。在进行屋面工程的防水层、保温层施工时，应严格按照要求施工，必要时应采取措施，防止对周围环境造成污染及对人身健康带来危害。

3.0.10 随着科学技术的不断发展，在屋面工程中也不断涌现出许多新型屋面形式和新型防水、保温材料，施工工艺也相应得到较大的发展。本条是依据《建设领域推广应用新技术的规定》（建设部令第109号）和《建设部推广应用新技术管理细则》（建科〔2002〕222号）的精神，注重在建筑工程中推广应用新技术和限制、禁止使用落后的技术。对采用性能、质量可靠的防水、保温材料和相应的施工技术等科技成果，必须经过科技成果鉴定、评估或新产品、新技术鉴定，并应制定相应的技术规程。同时还强调新材料、新工艺、新技术、新产品需经屋面工程实践检验，符合有关安全及功能要求的方可推广应用。

3.0.11 排水系统不但交工时要畅通，在使用过程中应经常检查，防止水落口、檐沟、天沟堵塞，以免造成屋面长期积水和大雨时溢水。工程交付使用后，应由使用单位建立维护保养制度，指定专人定期对屋面进行检查、维护。做好屋面的维护保养工作，是延长防水层使用年限的根本保证。据调查，很多屋面由交付使用到发现渗漏期间，从未有人对屋面进行过检查或清理，造成屋面排水口堵塞、长期积水或杂草滋长，有的屋面因上人而造成局部损坏，加速了防水层的老化、开裂、腐烂和渗漏。为此，本条对屋面工程管理、维护、保养提出了原则规定。

4 屋面工程设计

4.1 一 般 规 定

4.1.1 屋面工程设计不仅要考虑建筑造型的新颖、美观，而且要考虑建筑的使用功能、造价、环境、能耗、施工条件等因素，经技术经济分析选择屋面形式、构造和材料。

1 屋面防水等级应根据建筑物的类别、重要程度、使用功能要求确定。不同防水等级的屋面均不得发生渗漏。本规范规定Ⅰ级防水屋面应采用两道防水设防，Ⅱ级防水屋面应采用一道防水设防。

2 国内目前屋面工程中，有的设计深度严重不足，设计者可以不进行认真的选材和任意套用通用节点详图，使得施工方可以任意采用建筑材料，操作也可以随便，监理方认可或不认可均无依据。因此，设计时必须考虑使用功能、环境条件、材料选择、施工技术、综合性价比等因素，对屋面防水、保温构造认真进行处理，重要部位要有大样图。以便施工单位"照图施工"，监理单位"按图检查"，从而避免屋面

工程在施工中的随意性。

3 屋面排水系统设计是建筑设计图纸的主要内容，由于近年来屋面形式多样化，常常限制了水落管的合理设置。所以，在建筑初步设计阶段，就应明确屋面排水系统包括排水分区、水落口的分布及排水坡度的设计。施工图设计应明确分水脊线、排水坡起线，排水途径应通畅便捷，水落口应负荷均匀，同时应明确找坡方式和选用的找坡材料。

4 屋面工程使用的材料必须符合国家现行有关标准的规定，严禁使用国家明令禁止使用及淘汰的材料。合理选择屋面工程使用的防水和保温材料，设计文件中应详细注明防水、保温材料的品种、规格、性能等。鉴于目前市场上有许多假冒伪劣材料，很难保证达到国家制定的技术指标，如果设计时不严加控制，就容易被伪劣材料混充，所以在设计时应注明所用材料的技术指标，以便施工时检测。

4.1.2 本条规定了屋面防水层设计时确保工程质量的技术措施。

1 考虑在防水卷材与基层满粘后，基层变形产生裂缝会影响卷材的正常使用。对于屋面上预计可能产生基层开裂的部位，如板端缝、分格缝、构件交接处、构件断面变化处等部位，宜采用空铺、点粘、条粘或机械固定等施工方法，使卷材不与基层粘结，也就不会出现卷材零延伸断裂现象。

2 对容易发生较大变形或容易遭到较大破坏和老化的部位，如檐口、檐沟、泛水、水落口、伸出屋面管道根部等部位，均应增设附加层，以增强防水层局部抵抗破坏和老化的能力。附加层可选用与防水层相容的卷材或涂膜。

3 大坡面或垂直面上粘贴防水卷材，往往由于卷材本身重力大于粘结力而使防水层发生下滑现象，设计时应采用金属压条钉压固定，并用密封材料封严。这里一般不建议采用提高卷材粘结力的方法，过大粘结力对克服基层变形影响不利。

4 在卷材或涂膜防水层上均应设置保护层，以保护防水层不直接受阳光紫外线照射及酸雨等侵害以及人为的破坏，从而延长防水层的使用寿命。常用的保护层有块体材料、水泥砂浆、细石混凝土、浅色涂料以及铝箔等。

5 由于刚性保护层材料的自身收缩或温度变化影响，直接拉伸防水层，使防水层疲劳开裂而发生渗漏，因此，在刚性保护层与卷材、涂膜防水层之间应做隔离层，以减少两者之间的粘结力、摩擦力，并使保护层的变形不受到约束。

4.1.3 工程实践中，关于相容性的问题是设计人员最为关心但却最容易被忽视的。本次规范修订时对相容性给出了定义，即相邻两种材料之间互不产生有害的物理和化学作用的性能。本条规定在卷材、涂料与基层处理剂、卷材与胶粘剂或胶粘带、卷材与卷材、

卷材与涂料复合使用、密封材料与接缝基材等情况下应具有相容性。表3及表4分别列出卷材基层处理剂及胶粘剂的选用和涂膜基层处理剂的选用。

表 3　卷材基层处理剂及胶粘剂的选用

卷　材	基层处理剂	卷材胶粘剂
高聚物改性沥青卷材	石油沥青冷底子油或橡胶改性沥青冷胶粘剂稀释液	橡胶改性沥青冷胶粘剂或卷材生产厂家指定产品
合成高分子卷材	卷材生产厂家随卷材配套供应产品或指定的产品	

表 4　涂膜基层处理剂的选用

涂　料	基层处理剂
高聚物改性沥青涂料	石油沥青冷底子油
水乳型涂料	掺 0.2%～0.3%乳化剂的水溶液或软水稀释，质量比为 1∶0.5～1∶1，切忌用天然水或自来水
溶剂型涂料	直接用相应的溶剂稀释后的涂料薄涂
聚合物水泥涂料	由聚合物乳液与水泥在施工现场随配随用

4.1.4　卷材、涂料、密封材料在各种不同类型的屋面、不同的工作条件、不同的使用环境中，由于气候温差的变化、阳光紫外线的辐射、酸雨的侵蚀、结构的变形、人为的破坏等，都会给防水材料带来一定程度的危害，所以本条规定在进行屋面工程设计时，应根据建筑物的建筑造型、使用功能、环境条件选择与其相适应的防水材料，以确保屋面防水工程的质量。

4.1.5　本规范附录 A 是有关屋面工程用防水、保温材料标准，这些标准都是现行的国家标准和行业标准。本规范附录 B 是屋面工程用防水、保温材料的主要性能指标，应该说明的是这些性能指标不一定就是国家和行业产品标准的全部技术要求，而是屋面工程对该种材料的技术要求，只要满足这些技术要求，才可以在屋面工程中使用。

4.2　排　水　设　计

4.2.1　"防排结合"是屋面工程设计的一条基本原则。屋面雨水能迅速排走，减轻了屋面防水层的负担，减少了屋面渗漏的机会。

排水系统的设计，应根据屋顶形式、气候条件、使用功能等因素确定。对于排水方式的选择，一般屋面汇水面积较小，且檐口距地面较近，屋面雨水的落差较小的低层建筑可采用无组织排水。对于屋面汇水面积较大的多跨建筑或高层建筑，因檐口距地面较高，屋面雨水的落差大，当刮大风下大雨时，易使从檐口落下的雨水浸湿到墙面上，故应采用有组织排水。

4.2.2　屋面排水方式可分为有组织排水和无组织排水。有组织排水就是屋面雨水有组织的流经天沟、檐沟、水落口、水落管等，系统地将屋面上的雨水排出。在有组织排水中又可分为内排水和外排水或内外排水相结合的方式，内排水是指屋面雨水通过天沟由设置于建筑物内部的水落管排入地下雨水管网，如高层建筑、多跨及汇水面积较大的屋面等。外排水是指屋面雨水通过檐沟、水落口由设置于建筑物外部的水落管直接排到室外地面上，如一般的多层住宅、中高层住宅等采用。无组织排水就是屋面雨水通过檐口直接排到室外地面，如一般的低层住宅建筑等。一般中、小型的低层建筑物或檐高不大于 10m 的屋面可采用无组织排水，其他情况下都应采取有组织排水。

在有条件的情况下，提倡收集雨水再利用或直接对雨水进行利用。特别对于水资源缺乏的地区，充分利用雨水进行灌溉等，有利于节能减排，变废为宝，节约资源。

4.2.3　由于高层建筑外排水系统的安装维护比较困难，因此设计内排水系统为宜。多跨厂房因相邻两坡屋面相交，故只能用天沟内排水的方式排出屋面雨水。在进行天沟设计时，尽可能采用天沟外排水的方式，将屋面雨水由天沟两端排出室外。如果天沟的长度较长，为满足沟底纵向坡度及沟底水落差的要求，一般沟底分水线距水落口的距离超过 20m 时，可采用除两端外排水口外，在天沟中间增设水落口和内排水管。排水口的设置同时也确定了找坡分区的划分，当屋面找坡较长时，可以增设排水口，以减小找坡长度。

4.2.4　在进行屋面排水系统设计时，应符合现行国家标准《建筑给水排水设计规范》GB 50015 的有关规定。首先应根据屋面形式及使用功能要求，确定屋面的排水方式及排水坡度，明确是采用有组织排水还是无组织排水。如采用有组织排水设计时，要根据所在地区的气候条件、雨水流量、暴雨强度、降雨历时及排水分区，确定屋面排水走向。通过计算确定屋面檐沟、天沟所需要的宽度和深度。根据屋面汇水面积和当地降雨历时，按照水落管的不同管径核定每根水管的屋面汇水面积以及所需水落管的数量，并根据檐沟、天沟的位置及屋面形状布置水落口及水落管。

4.2.5　本条规定了屋面划分排水区域设计的要求。首先应根据屋面形式、屋面面积、屋面高低层的设置等情况，将屋面划分成若干个排水区域，根据排水区域确定屋面排水线路，排水线路的设置应在确保屋面排水通畅的前提下，做到长度合理。

4.2.6　当采用重力式排水时，每个水落口的汇水面积宜为 150m²～200m²，在具体设计时还要结合地区的暴雨强度及当地的有关规定、常规做法来进行调整。屋面每个汇水面积内，雨水排水立管不宜少于2根，是避免一根排水立管发生故障，屋面排水系统不会瘫痪。

4.2.7 对于有高低跨的屋面，当高跨屋面的雨水流到低跨屋面上后，会对低跨屋面造成冲刷，天长日久就会使低跨屋面的防水层破坏，所以在低跨屋面上受高跨屋面排下的雨水直接冲刷的部位，应采取加铺卷材或在水落管下加设水簸箕等措施，对低跨屋面进行保护。

4.2.8 目前在屋面工程中大部分采用重力流排水，但是随着建筑技术的不断发展，一些超大型建筑不断涌现，常规的重力流排水方式就很难满足屋面排水的要求，为了解决这一问题，本规范修订时提出了推广使用虹吸式屋面雨水排水系统的必要性。虹吸排水的原理是利用建筑屋面的高度和雨水所具有的势能，产生虹吸现象，通过雨水管道变径，在该管道处形成负压，屋面雨水在管道内负压的抽吸作用下，以较高的流速迅速排出屋面雨水。

相对于普通重力流排水，虹吸式雨水排水系统的排水管道均按满流有压状态设计，悬吊横管可以无坡度铺设。由于产生虹吸作用时，管道内水流流速很高，相对于同管径的重力流排水量大，故可减少排水立管的数量，同时可减小屋面的雨水负荷，最大限度地满足建筑使用功能要求。

虹吸式屋面雨水排水系统，目前在我国逐渐被采用，如东莞国际会展中心、上海科技馆、浦东国际机场、北京世贸商城等一批大型项目相继建成投入使用后，系统运行良好。为了在我国推广应用这一技术，中国工程建设标准化协会制定了《虹吸式屋面雨水排水系统技术规程》CECS183：2005。故本条规定暴雨强度较大地区的工业厂房、库房、公共建筑等大型屋面，宜采用虹吸式屋面雨水排水系统。

由于虹吸排水系统的设计有一定的技术要求，排水口、排水管等构件如果不按要求设计，将起不到虹吸作用，所以虹吸式屋面雨水排水系统应按专项技术规程进行设计。

4.2.9 冬季时严寒和寒冷地区，外排水系统容易被冰冻，使水落口堵塞或冻裂，而在化冻时水落口的冰尚未完全冻融，造成屋面的溶水无法排出。故本条规定严寒地区应采用内排水，寒冷地区宜采用内排水，以避免水落口受冻。有条件时，外排水系统应对水落管和水落口采取防冻措施，以便屋面上化冻后的冰雪溶水能顺利排出。

4.2.10 湿陷性黄土是一种特殊性质的土，大量分布在我国的山西、陕西、甘肃等地区。这种湿陷性黄土在上覆土的自重压力或上覆土的自重压力与附加压力共同作用下，受水浸湿后，土体结构逐渐被破坏，土颗粒向大孔中移动，从而导致地基湿陷，引起上部建筑的不均匀下沉，使墙体出现裂缝。所以本条规定在

湿陷性黄土地区的建筑屋面宜采用有组织排水系统，将屋面雨水直接排至排水管网或排至不影响建筑物地基的区域，避免屋面雨水直接排到室外地面上，沿地面渗入地下而造成地基不均匀下沉，导致建筑物破坏。

4.2.11 根据多年实践经验，檐沟、天沟宽度太窄不仅不利于防水层施工，而且也不利于排水，所以本条规定其净宽度不应小于300mm。檐沟、天沟的深度按沟底的分水线深度来控制，本条规定分水线处的最小深度不应小于100mm，如过小，则当沟中水满时，雨水易由天沟边溢出，导致屋面渗漏。

在本条中还规定了檐沟、天沟沟底的纵向坡度不应小于1%，这是因为如果沟底坡度过小，在施工中很难做到沟底平直顺坡，常常会因沟底凹凸不平或倒坡，造成檐沟、天沟中排水不畅或积水。沟内如果长期积水，沟内的卷材或涂膜防水层易发生霉烂，造成渗漏。

沟底的水落差就是天沟内的分水线到水落口的高差，本条文规定沟底水落差不应大于200mm，这是因为沟底排水坡度为1%，排水线路长20m时，水落差就是200mm。

4.2.12 钢筋混凝土檐沟、天沟的纵向坡度一般都由材料找坡，而金属檐沟、天沟的坡度是由结构找坡的，考虑制作和安装方面的因素，规定金属檐沟、天沟的纵向坡度宜为0.5%。在雨水丰富降雨量较大的地区，金属檐沟、天沟要有足够的盛水量及排水能力，以免雨量较大时雨水溢出。

4.2.13 对于坡屋面的檐口宜采用有组织排水，檐沟和水落斗可采用经过防锈处理的金属成品或塑料成品，这样不仅施工方便，而且有利于保证工程质量。

4.3 找坡层和找平层设计

4.3.1 屋面找坡层的作用主要是为了快速排水和不积水，一般工业厂房和公共建筑只要对顶棚水平度要求不高或建筑功能允许，应首先选择结构找坡，既节省材料、降低成本，又减轻了屋面荷载，因此，本条规定混凝土结构屋面宜采用结构找坡，坡度不应小于3%。

当用材料找坡时，为了减轻屋面荷载和施工方便，可采用质量轻和吸水率低的材料。找坡材料的吸水率宜小于20%，过大的吸水率不利于保温及防水。找坡层应具有一定的承载力，保证在施工及使用荷载的作用下不产生过大变形。找坡层的坡度过大势必会增加荷载和造价，因此本条规定材料找坡坡度宜为2%。

4.3.2 找平层是为防水层设置符合防水材料工艺要求且坚实而平整的基层，找平层应具有一定的厚度和强度。如果整体现浇混凝土板做到随浇随原浆找平和压光，表面平整度符合要求时，可以不再做找平

层。采用水泥砂浆还是细石混凝土作找平层,主要根据基层的刚度。根据调研结果,在装配式混凝土板或板状材料保温层上设水泥砂浆找平层时,找平层易发生开裂现象,故本规范修订时规定装配式混凝土板上应采用细石混凝土找平层。基层刚度较差时,宜在混凝土内加钢筋网片。同时,还规定板状材料保温层上应采用细石混凝土找平层。

4.3.3 由于找平层的自身干缩和温度变化,保温层上的找平层容易变形和开裂,直接影响卷材或涂膜的施工质量,故本条规定保温层上的找平层应留设分格缝,使裂缝集中到分格缝中,减少找平层大面积开裂。分格缝的缝宽宜为 5mm~20mm,当采用后切割时可小些,采用预留时可适当大些,缝内可以不嵌填密封材料。由于结构层上设置的找平层与结构同步变形,故找平层可以不设分格缝。

4.4 保温层和隔热层设计

4.4.1 屋面保温层应采用轻质、高效的保温材料,以保证屋面保温性能和使用要求。本次规范修订时,增加了矿物纤维制品和泡沫混凝土等内容,目的是考虑屋面防火安全,着重推广无机保温材料供设计人员选择。为此,本条按其材料把保温层分为三类,即板状材料保温层、纤维材料保温层和整体材料保温层。

纤维材料是指玻璃棉制品和岩棉、矿渣棉制品,具有质量轻、导热系数小、不燃、防蛀、耐腐蚀、化学稳定性好等特点,做成毡状或板状的制品,是较好的绝热材料和不燃材料。

泡沫混凝土是用机械方法将发泡剂水溶液制备成泡沫,再将泡沫加入水泥、集料、掺合料、外加剂和水等组成的料浆中,经混合搅拌、浇筑成型、蒸汽养护或自然养护而成的轻质多孔保温材料。泡沫混凝土制品的密度为 300kg/m³~500kg/m³ 时,抗压强度为 0.3MPa~0.5MPa,导热系数为 0.095W/(m·K)~0.010W/(m·K)。因为泡沫混凝土的原料广泛、生产方便、价格便宜,常用砌块或现场浇筑的方法,在建筑工程中得到广泛应用。

4.4.2 本条对屋面保温层设计提出以下要求:

1 无机保温材料按其构造分为纤维材料、粒状材料和多孔材料,如矿物纤维制品、膨胀珍珠岩制品、泡沫玻璃制品、加气混凝土、泡沫混凝土等。有机保温材料主要有泡沫塑料制品,如聚苯乙烯泡沫塑料、硬质聚氨酯泡沫塑料等。屋面结构的总热阻应为各层材料热阻及内、外表面换热阻的总和,其中保温材料的热阻尤为重要。根据国家对节约能源政策的不断提升,目前民用建筑节能标准已提高到 50% 或 65%,为了使屋面结构传热系数满足本地区建筑节能设计标准规定的限值,保温层宜选用吸水率低、密度和导热系数小,并有一定强度的保温材料,其厚度应按现行建筑节能设计标准计算确定。

2 由于保温材料大多数属于多孔结构,干燥时孔隙中的空气导热系数较小,静态空气的导热系数 λ 为 0.02,保温隔热性较好。保温材料受潮后,其孔隙中存在水蒸气和水,而水的导热系数 λ 为 0.5 比静态空气大 20 倍左右,若材料孔隙中的水分受冻成冰,冰的导热系数 λ 为 2.0 相当于水的导热系数的 4 倍,因此保温材料的干湿程度与导热系数关系很大。由于每一个地区的环境湿度不同,定出统一的含水率限值是不可能的,因此本条提出了平衡含水率的问题。

在实际应用中的材料试件含水率,根据当地年平均相对湿度所对应的相对含水率,可通过表 5 计算确定。

表 5　当地年平均相对湿度所对应的相对含水率

当地年均相对湿度	相对含水率
潮湿>75%	45%
中等 50%~75%	40%
干燥<50%	35%

相对含水率　　　$W = \dfrac{W_1}{W_2}$ 　　　(1)

$$W_1 = \frac{m_1 - m}{m} \times 100\%$$

$$W_2 = \frac{m_2 - m}{m} \times 100\%$$

式中:W_1——试件的含水率(%);
　　　W_2——试件的吸水率(%);
　　　m_1——试件在取样时的质量(kg);
　　　m_2——试件在面干潮湿状态的质量(kg);
　　　m——试件的绝干质量(kg)。

3 本次规范修订时,对板状保温材料的压缩强度作了规定,如将挤塑聚苯板压缩强度规定为 150kPa,在正常使用荷载情况下可以满足上人屋面的要求。当屋面为停车场、运动场等情况时,应由设计单位根据实际荷载验算后选用相应压缩强度的保温材料。

4 矿物纤维制品在常见密度范围内,其导热系数基本上不随密度而变,而热阻却与其厚度成正比。考虑纤维材料在长期荷载作用下的压缩蠕变,采取防止压缩的措施可以减少因厚度沉陷而导致的热阻下降。

5 屋面坡度超过 25% 时,干铺保温层常发生下滑现象,故应采取粘贴或铺钉措施,防止保温层变形和位移。

6 封闭式保温层是指完全被防水材料所封闭,不易蒸发或吸收水分的保温层。吸湿性保温材料如加气混凝土和膨胀珍珠岩制品,不宜用于封闭式保温层。保温层干燥有困难是指吸湿保温材料在雨期施工、材料受潮或泡水的情况下,未能采取有效措施控制保温材料的含水率。由于保温层含水率过高,不但会降低其保温性能，而且在水分汽化时会使卷材防水层产生鼓泡，导致局部渗漏。因此，对于封闭式保温层或保温层干燥有困难的卷材屋面而言，当保温材料在施工使用时的含水率大于正常施工环境的平衡含水率时，采取排汽构造是控制保温材料含水率的有效措施。当卷材屋面保温层干燥有困难时，铺贴卷材宜采用空铺法、点粘法、条粘法。

4.4.3 热桥是指在室内外温差作用下，形成热流密集、内表面温度较低的部位。屋面热桥部位主要在屋顶与外墙的交接处，通常称为结构性热桥。屋面热桥部位应采取保温处理，使该部位内表面温度不低于室内空气的露点温度。

4.4.4 本条对隔汽层设计作出具体的规定：

1 按照现行国家标准《民用建筑热工设计规范》GB 50176 中有关围护结构内部冷凝受潮验算的规定，屋顶冷凝计算界面的位置，应取保温层与外侧密实材料层的交界处。当围护结构材料层的蒸汽渗透阻小于保温材料因冷凝受潮所需的蒸汽渗透阻时，应设置隔汽层。外侧有卷材或涂膜防水层，内侧为钢筋混凝土屋面板的屋顶结构，如经内部冷凝受潮验算不需要设隔汽层时，则应确保屋面板及其接缝的密实性，达到所需的蒸汽渗透阻。

2 隔汽层是一道很弱的防水层，却具有较好的蒸汽渗透阻，大多采用气密性、水密性好的防水卷材或涂料。隔汽层是隔绝室内湿气通过结构层进入保温层的构造层，常年湿度很大的房间，如温水游泳池、公共浴室、厨房操作间、开水房等的屋面应设置隔汽层。

3 隔汽层做法同防水层，隔汽层应沿周边墙面向上连续铺设，高出保温层上表面不得小于 150mm，隔汽层收边不需要与保温层上的防水层连接，理由1：隔汽层不是防水层，与防水设防无关联；理由2：隔汽层施工在前，保温层和防水层施工在后，几道工序无法做到同步，防水层与墙面交接处的泛水处理与隔汽层无关联。

4.4.5 屋面排汽构造设计是对封闭式保温层或保温层干燥有困难的卷材屋面采取的技术措施。为了做到排汽道及排汽孔与大气连通，使水汽有排走的出路，同时力求构造简单合理，便于施工，并防止雨水进入保温层，本条对排汽道及排汽孔的设置作出了具体的规定。

4.4.6 本条对倒置式屋面保温层设计提出以下要求：

1 倒置式屋面的坡度宜为 3%，主要考虑到坡度太大会造成保温材料下滑，太小不利于屋面的排水。

2 倒置式屋面保温材料容易受雨水浸泡，使导热系数增大，保温性能下降，且易遭水侵蚀破坏，故应选用吸水率低，且长期浸水不变质的保温材料，如挤塑聚苯乙烯泡沫塑料、硬质聚氨酯泡沫塑料和喷涂硬泡聚氨酯等。

3 保温层很轻，若不加保护和埋压，容易被大风吹起，或是被屋面雨水浮起。由于有机保温材料长期暴露在外，受到紫外线照射及臭氧、酸碱离子侵蚀会过早老化，以及人在上面踩踏而破坏，因此保温层上面应设置块体材料或细石混凝土保护层。喷涂硬泡聚氨酯与浅色涂料保护层间应具相容性。

4 为了不造成板状保温材料下面长期积水，在保温层的下部应设置排水通道和泄水孔。

4.4.7 屋面隔热是指在炎热地区防止夏季室外热量通过屋面传入室内的措施。在我国南方一些省份，夏季时间较长、气温较高，随着人们生活的不断改善，对住房的隔热要求也逐渐提高，采取了种植、架空、蓄水等屋面隔热措施。屋面隔热层设计应根据地域、气候、屋面形式、建筑环境、使用功能等条件，经技术经济比较确定。这是因为同样类型的建筑在不同地区采用隔热方式也有很大区别，不能随意套用标准图或其他做法。从发展趋势看，由于绿色环保及美化环境的要求，采用种植隔热方式将胜于架空隔热和蓄水隔热。

4.4.8 本条对种植隔热层的设计提出以下要求：

1 降雨量很少的地区，夏季植物生长依赖人工浇灌，冬季草木植物枯死，故停止浇水灌溉。由于降雨量少，人工浇灌的水也不太多，种植土中的多余水甚少，不会造成植物烂根，所以不必另设排水层。

南方温暖，夏季多雨，冬季不结冰，种植土中含水四季不减。特别大雨之后，积水很多必须排出，以防止烂根，所以在种植土下应设排水层。

冬季寒冷但夏季多雨的地区，下雨时有积聚如泽的现象，排除明水不如用排水层作暗排，所以在种植土下应设排水层。冬季严寒，虽无雨但存雪，种植土含水量仍旧大，冻结之后降低保温能力，所以在防水层下应加设保温层。

2 不同地区由于气候条件的不同，所选择的种植植物不同，种植土的厚度也就不同，如乔木根深，地被植物根浅，故本条规定所用材料及植物等应与当地气候条件相适应，并应符合环境保护要求。

3 根据调研结果，种植屋面整体布置不便于管理，为便于管理和设计排灌系统，种植植物的种类也宜分区。本次修订时，将原规范中的整体布置取消，改为宜分区布置。

4 排水层的材料的品种较多，为了减轻屋面荷载，应尽量选择塑料、橡胶类凹凸型排水板或网状交织排水板。如年降水量小于蒸发量的地区，宜选用蓄水功能好的排水板。若采用陶粒作排水层时，陶粒的粒径不应小于 25mm，堆积密度不宜大于 500kg/m³，铺设厚度宜为 100mm～150mm。

过滤层是为防止种植土进入排水层造成流失。过滤层太薄容易损坏，不能阻止种植土流失；过滤层太厚，渗水缓慢，不易排水。过滤层的单位面积质量宜为 $200g/m^2 \sim 400g/m^2$。

5 挡墙泄水孔是为了排泄种植土中过多的水分，泄水孔被堵塞，造成种植土内积水，不但影响植物的生长，而且给防水层的正常使用带来不利。

6 种植隔热层的荷载主要是种植土，虽厚度深有利植物生长，但为了减轻屋面荷载，需要尽量选择综合性能良好的材料，如田园土比较经济；改良土由于掺加了珍珠岩、蛭石等轻质材料，其密度约为田园土的 1/2。

7 坡度大于 20% 的屋面，排水层、种植土等易出现下滑，为防止发生安全事故，应采取防滑措施，也可做成梯田式，利用排水层和覆土层找坡。屋面坡度大于 50% 时，防滑难度大，故不宜采用种植隔热层。

4.4.9 本条对架空隔热层的设计提出以下要求：

1 我国广东、广西、湖南、湖北、四川等省属夏热冬暖地区，为解决炎热季节室内温度过高的问题，多采用架空隔热层措施；架空隔热层是利用架空层内空气的流动，减少太阳辐射热向室内传递，故宜在屋顶通风良好的建筑物上采用。由于城市建筑密度不断加大，不少城市高层建筑林立，造成风力减弱、空气对流较差，严重影响架空隔热层的隔热效果。

2 根据国内采用混凝土支墩、砌块支墩与混凝土板组合、金属支架与金属板组合等的实际情况，有关架空隔热制品及其支座的质量，应符合有关材料标准的要求。

3 架空隔热层的高度，应根据屋面宽度或坡度大小的变化确定。屋面较宽时，风道中阻力增加，宜采用较高的架空层，或在中部设置通风口，以利于空气流通；屋面坡度较小时，进风口和出风口之间的压差相对较小，为便于风道中空气流通，宜采用较高的架空层，反之可采用较低的架空层。

4.4.10 本条对蓄水隔热层的设计提出以下要求：

1 蓄水隔热层主要在我国南方采用。国外有资料介绍在寒冷地区使用的为密封式，我国目前均为敞开式的，冬季如果不将水排除，则易冻冰而导致胀裂损坏，故不宜在北方寒冷地区使用。

地震地区和振动较大的建筑物上，最好不采用蓄水隔热层。振动易使建筑物产生裂缝，造成屋面渗漏。

2 为保证蓄水池的整体性、坚固性和防水性，强调采用现浇防水混凝土，混凝土强度等级不低于 C25，抗渗等级不低于 P6，且蓄水池内用 20mm 厚防水砂浆抹面。

3 蓄水隔热层划分蓄水区和设分仓缝，主要是防止蓄水面积过大引起屋面开裂及损坏防水层。根据使用及有关资料介绍，蓄水深度宜为 150mm ～ 200mm，低于此深度隔热效果不理想，高于此深度加

重荷载，隔热效果提高并不大，且当水较深时夏季白天水温升高，晚间水温降低放热，反而导致室温增加。蓄水隔热层设置人行通道，对于使用过程中的管理是非常重要的。

4.5　卷材及涂膜防水层设计

4.5.1 本条对卷材及涂膜防水屋面不同的防水等级，提出了相应的防水做法。当防水等级为 I 级时，设防要求为两道防水设防，可采用卷材防水层和卷材防水层、卷材防水层和涂膜防水层、复合防水层的防水做法；当防水等级为 II 级时，设防要求为一道防水设防，可采用卷材防水层、涂膜防水层、复合防水层的防水做法。

4.5.2 本条对防水卷材的选择作出规定：

1 由于各种卷材的耐热度和柔性指标相差甚大，耐热度低的卷材在气温高的南方和坡度大的屋面上使用，就会发生流淌，而柔性差的卷材在北方低温地区使用就会变硬变脆。同时也要考虑使用条件，如防水层设置在保温层下面时，卷材对耐热度和柔性的要求就不那么高，而在高温车间则要选择耐热度高的卷材。

2 若地基变形较大、大跨度和装配式结构或温差大的地区和有振动影响的车间，都会对屋面产生较大的变形而拉裂，因此必须选择延伸率大的卷材。

3 长期受阳光紫外线和热作用时，卷材会加速老化；长期处于水泡或干湿交替及潮湿背阴时，卷材会加快霉烂，卷材选择时一定要注意这方面的性能。

4 种植隔热屋面的防水层应采用耐根穿刺防水卷材，其性能指标应符合现行行业标准《种植屋面用耐根穿刺防水卷材》JC/T 1075 的技术要求。

4.5.3 我国地域广阔，历年最高气温、最低气温、年温差、日温差等气候变化幅度大，各类建筑的使用条件、结构形式和变形差异很大，涂膜防水层用于暴露还是埋置的形式也不同。高温地区应选择耐热性高的防水涂料，以防流淌；严寒地区应选择低温柔性好的防水涂料，以免冷脆；对结构变形较大的建筑屋面，应选择延伸大的防水涂料，以适应变形；对暴露式的涂膜防水层，应选用耐紫外线的防水涂料，以提高使用年限。设计人员应综合考虑上述各种因素，选择相适应的防水涂料，保证防水工程的质量。

4.5.4 复合防水层是指彼此相容的卷材和涂料组合而成的防水层。使用过程中除要求两种材料材性相容外，同时要求两种材料不得相互腐蚀，施工过程中不得相互影响。因此本条规定挥发固化型防水涂料不得作为卷材粘结材料使用，否则涂膜防水层成膜质量受到影响；水乳型或合成高分子类防水涂料上面不得采用热熔型防水卷材，否则卷材防水层施工时破坏涂膜防水层；水乳型或水泥基类防水涂料应待涂膜干燥后铺贴卷材，否则涂膜防水层成膜质量差，严重的将成

不了柔性防水膜。当两种防水材料不相容或相互腐蚀时，应设置隔离层，具体选择应依据上层防水材料对基层的要求来确定。

4.5.5、4.5.6 防水层的使用年限，主要取决于防水材料物理性能、防水层的厚度、环境因素和使用条件四个方面，而防水层厚度是影响防水层使用年限的主要因素之一。本条对卷材防水层及涂膜防水层厚度的规定是以合理工程造价为前提，同时又结合国内外的工程应用的情况和现有防水材料的技术水平综合得出的量化指标。卷材防水层及涂膜防水层的厚度若按本条规定的厚度选择，满足相应防水等级是切实可靠的。

4.5.7 复合防水层是屋面防水工程中积极推广的一种防水技术，本条对防水等级为Ⅰ、Ⅱ级复合防水层最小厚度作出明确规定。需要说明的是：聚乙烯丙纶卷材物理性能除符合《高分子防水材料 第1部分：片材》GB 18173.1 中 FS2 的技术要求外，其生产原料聚乙烯应是原生料，不得使用再生的聚乙烯；粘贴聚乙烯丙纶卷材的聚合物水泥防水胶结材料主要性能指标，应符合本规范附录第 B.1.8 条的要求。

4.5.8 所谓一道防水设防，是指具有单独防水能力的一道防水层。虽然本规范相关条文已明确了屋面防水等级和设防要求，以及每道防水层的厚度，但防水工程设计与施工人员对屋面的一道防水设防存在不同的理解。为此，本条将一些常见的违规行为作为禁忌条目，比较具体也容易接受，便于掌握屋面防水设计的各项要领。

对于喷涂硬泡聚氨酯保温层，是指国家标准《硬泡聚氨酯保温防水工程技术规范》GB 50404 - 2007 中的Ⅰ型保温层。

4.5.9 附加层一般是设置在屋面易渗漏、防水层易破坏的部位，例如平面与立面结合部位、水落口、伸出屋面管道根部、预埋件等关键部位，防水层基层后期产生裂缝或可预见变形的部位。前者设置涂膜附加层，后者设置卷材空铺附加层。附加层设置得当，能起到事半功倍的作用。

对于屋面防水层基层可预见变形的部位，如分格缝、构件与构件、构件与配件接缝部位，宜设置卷材空铺附加层，以保证基层变形时防水层有足够的变形区间，避免防水层被拉裂或疲劳破坏。附加层的卷材与防水层卷材相同，附加层空铺宽度应根据基层接缝部位变形量和卷材抗变形能力而定。空铺附加层的做法可在附加层的两边条粘、单边粘贴、铺贴隔离纸、涂刷隔离剂等。

为了保证附加层的质量和节约工程造价，本条对附加层厚度作出了明确的规定。

4.5.10 屋面防水卷材接缝是卷材防水层成败的关键，而卷材搭接宽度是接缝质量的保证。本条对高聚物改性沥青防水卷材和合成高分子防水卷材的搭接宽度，统一列出表格，条理明确。表 4.5.10 卷材搭接宽度，系根据我国现行多数做法及国外资料的数据作出规定的。同时本条规定屋面防水卷材应采用搭接缝，不提倡采用对接法。对接法是指卷材对接铺贴，上加贴一定宽度卷材覆盖条来实现接缝密封防水处理方法，其缺点一是增加接缝量，由一条接缝变为两条接缝；二是覆盖条其中一边接缝形成逆水搭茬。

4.5.11 设置胎体增强材料目的，一是增加涂膜防水层的抗拉强度，二是保证胎体增强材料长短边一定的搭接宽度，三是当防水层拉伸变形时避免在胎体增强材料接缝处出现断裂现象。胎体增强材料的主要性能指标，应符合本规范附录第 B.1.9 条的要求。

4.6 接缝密封防水设计

4.6.1 根据本规范的有关规定，在屋面工程中的一些接缝部位要嵌填密封材料或用密封材料封严。查阅我国现行的技术标准和图集，密封材料在防水工程中有大量设计，几乎到了遇缝就设计密封材料的程度。而在现实工程中，有关密封材料的使用和质量却令人担忧。原因一是密封材料在防水工程中的重要作用不被重视；二是密封材料的使用部位不够合理；三是对密封材料基层处理不符合要求。为此，本条针对密封材料的使用方式，参考日本建筑工程标准规范 JASS8 防水工程，将屋面接缝分为位移接缝和非位移接缝。对位移接缝采用两面粘结的构造，非位移接缝可采用三面粘结的构造。

这里，对表 4.6.1 屋面接缝密封防水技术要求，需说明两点：

1 接缝部位是按本规范有关内容加以整理的，并对原规范作了一些调整，如：装配式钢筋混凝土板的板缝、找平层的分格缝、管道根部与找平层的交接处，水落口杯周围与找平层交接处，一律不再嵌填密封材料。

2 密封材料是按改性石油沥青密封材料、合成高分子密封材料、硅酮耐候密封胶、硅酮结构密封胶来选用的。改性石油沥青密封材料产品价格相对便宜、施工方便，但承受接缝位移只有5％左右，使用寿命较短。国外在建筑用密封胶中，油性嵌缝膏已趋于消失；建筑密封胶产品按位移能力分为四级，承受接缝位移有 7.5％、12.5％、20％、25％。弹性密封胶的耐候性好，使用寿命较长，在建筑中大量使用；硅酮结构密封胶是指与建筑接缝基材粘结且能承受结构强度的弹性密封胶，主要用于建筑幕墙。硅酮结构密封胶设计，应根据不同的受力情况进行承载力极限状态验算，确定硅酮结构密封胶的粘结宽度和粘结厚度。

由于密封材料品种繁多、性能各异，设计人员应根据不同用途正确选择密封材料，并按产品标准提出材料的品种、规格和性能等要求。

4.6.2 保证密封部位不渗水，是接缝密封防水设计的基本要求。进行接缝部位的密封防水设计时，应根据建筑接缝位移的特征，选择相应的密封材料和辅助材料，同时还要考虑外部条件和施工可行性。原规范虽对屋面防水等级和设防要求作出了明确的规定，但对接缝密封防水设计没有具体规定。完整的屋面防水工程应包括主体防水层和接缝密封防水，并相辅相成；同时，接缝密封防水应与主体防水层的使用年限相适应。需要指出的是，工程实践中所用密封材料与主体防水层相当多是不匹配的，有些密封材料使用寿命只有2年~3年，从而大大降低了整体防水效果。为此，本条规定接缝密封防水设计应保证密封部位不渗漏，并应做到接缝密封防水与主体防水层相匹配。

4.6.3 屋面接缝密封防水使防水层形成一个连续的整体，能在温差变化及振动、冲击、错动等条件下起到防水作用，这就要求密封材料必须经得起长期的压缩拉伸、振动疲劳作用，还必须具备一定的弹塑性、粘结性、耐候性和位移能力。本规范所指接缝密封材料是不定型膏状体，因此还要求密封材料必须具备可施工性。

我国地域广阔，气候变化幅度大，历年最高、最低气温差别很大，并且屋面构造特点和使用条件不同，接缝部位的密封材料存在着埋置和外露、水平和竖向之分，接缝部位应根据上述各种因素，选择耐热度、柔性相适应的密封材料，否则会引起密封材料高温流淌或低温龟裂。

接缝位移的特征分为两类，一类是外力引起接缝位移，可以是短期的、恒定不变的；另一类是温度引起接缝周期性拉伸-压缩变化的位移，使密封材料产生疲劳破坏。因此应根据屋面接缝部位的大小和位移的特征，选择位移能力相适应的密封材料。一般情况下，除结构粘结外宜采用低模量密封材料。

4.6.4 屋面位移接缝的接缝宽度，应按屋面接缝位移量计算确定。接缝的相对位移量不应大于可供选择密封材料的位移能力，否则将导致密封防水处理的失败。密封材料的嵌填深度取接缝宽度的50%~70%，是从国外大量资料和国内工程实践中总结出来的，是一个经验值。

背衬材料填塞在接缝底部，主要控制嵌填密封材料的深度，以及预防密封材料与缝的底部粘结，三面粘会造成应力集中，破坏密封防水。因此背衬材料应选择与密封材料不粘或粘结力弱的材料，并应能适应基层的延伸和压缩，具有施工时不变形、复原率高和耐久性好等性能。

4.7 保护层和隔离层设计

4.7.1 保护层的作用是延长卷材或涂膜防水层的使用期限。根据调研情况，本条列出了目前常用的保护层材料，这些材料简单易得，施工方便，经济可靠。

对于不上人屋面和上人屋面的要求，所用保护层的材料有所不同，本条列出了保护层材料的适用范围和技术要求。铝箔、矿物粒料，通常是在改性沥青防水卷材生产过程中，直接覆盖在卷材表面作为保护层。覆盖铝箔时要求平整，无皱折，厚度应大于0.05mm；矿物粒料粒度应均匀一致，并紧密粘附于卷材表面。

4.7.2 对于块体材料作保护层，在调研中发现往往因温度升高致使块体膨胀隆起，因此，本条规定分格缝纵横间距不应大于10m，分格缝宽度宜为20mm。

4.7.3 本条规定水泥砂浆表面应抹平压光，可避免水泥砂浆保护层表面出现起砂、起皮现象。水泥砂浆保护层由于自身的干缩和温度变化的影响，往往产生严重龟裂，且裂缝宽度较大，以至造成碎裂、脱落。根据工程实践经验，在水泥砂浆保护层上划分表面分格缝，分格面积宜为1m²，将裂缝均匀分布在分格缝内，避免了大面积的龟裂。

4.7.4 用细石混凝土作保护层时，分格缝设置过密，不但给施工带来困难，而且不易保证质量，分格面积过大又难以达到防裂的效果，根据调研的意见，规定纵横间距不应大于6m，分格缝宽度宜为10mm~20mm。

4.7.5 浅色涂料是指丙烯酸系反射涂料，它主要以丙烯酸酯树脂加工而成，具有良好的粘结性和不透水性；产品化学性质稳定，能长期经受日光照射和气候条件变化的影响，具有优良的耐紫外线、耐老化性和耐久性，可在各类防水材料基面上作耐候、耐紫外线罩面防护。

4.7.6 根据屋面工程的调查发现，刚性保护层与女儿墙未留出空隙的屋面，高温季节会出现因刚性保护层热胀顶推女儿墙，有的还将女儿墙推裂造成渗漏，而在刚性保护层与女儿墙间留出空隙的屋面，均未出现推裂女儿墙事故，故本条规定了块体材料、水泥砂浆、细石混凝土保护层与女儿墙或山墙之间，应预留宽度为30mm的缝隙，缝内宜填塞聚苯乙烯泡沫塑料，并用密封材料嵌填。

4.7.7 屋面上常设有水箱、冷却塔、太阳能热水器等设施，需定期进行维护或修理，为避免在搬运材料、工具及维护作业中，对防水层造成损伤和破坏，故本条规定在经常维护设施周围与出入口之间的人行道应设置块体材料或细石混凝土保护层。

4.7.8 隔离层的作用是找平、隔离。在柔性防水层上设置块体材料、水泥砂浆、细石混凝土等刚性保护层，由于保护层与防水层之间的粘结力和机械咬合力，当刚性保护层膨胀变形时，会对防水层造成损坏，故在保护层与防水层之间应铺设隔离层，同时可防止保护层施工时对防水层的损坏。对于不同的屋面保护层材料，所用的隔离层材料有所不同，本条列出了隔离层材料的适用范围和技术要求。

4.8 瓦屋面设计

4.8.1 本条中所指的瓦屋面，包括烧结瓦屋面、混凝土瓦屋面和沥青瓦屋面。近年来随着建筑设计的多样化，为了满足造型和艺术的要求，对有较大坡度的屋面工程也越来越多地采用了瓦屋面。

本次修订规范时将屋面防水等级划分为Ⅰ、Ⅱ两级，本条规定防水等级为Ⅰ级的瓦屋面，防水做法采用瓦＋防水层；防水等级为Ⅱ级的瓦屋面，防水做法采用瓦＋防水垫层。这就使瓦屋面能在一般建筑和重要建筑的屋面工程中均可以使用，扩大了瓦屋面的使用范围。

4.8.2 在进行瓦屋面设计时，瓦屋面的基层可以用木基层，也可以用混凝土基层，其构造做法应符合以下要求：

1 烧结瓦、混凝土瓦铺设在木基层上时，宜先在基层上铺设防水层或防水垫层，然后钉顺水条、挂瓦条，最后再挂瓦。

2 烧结瓦、混凝土瓦铺设在混凝土基层上时，宜在混凝土表面上先抹水泥砂浆找平层，再在其上铺设防水层或防水垫层，然后钉顺水条、挂瓦条，最后再挂瓦。

3 烧结瓦、混凝土瓦铺设在有保温层的混凝土基层上时，宜先在保温层上铺设防水层或防水垫层，再在其上设细石混凝土持钉层，然后钉顺水条、挂瓦条，最后再挂瓦。

4 沥青瓦铺设在木基层上时，宜先在基层上铺设防水层或防水垫层，然后铺钉沥青瓦。

5 沥青瓦铺设在混凝土基层上时，宜在混凝土表面上先抹水泥砂浆找平层，再在其上铺设防水层或防水垫层，最后再铺钉沥青瓦。

6 沥青瓦铺设在有保温层的混凝土基层上时，宜先在保温层上铺设防水层或防水垫层，再在其上铺设持钉层，最后再铺钉沥青瓦。

4.8.3 瓦屋面与山墙及突出屋面结构的交接处，是屋面防水的薄弱环节。在调研中发现这些部位发生渗漏的情况比较多见，所以对这些部位应作泛水处理，其泛水高度不应小于 250mm。

4.8.4 在一些建筑中为满足建筑造型的要求而加大瓦屋面的坡度，当瓦屋面的坡度大于 100% 时，瓦片容易坠落，尤其是在大风或地震设防地区，屋面受外力的作用，瓦片极易被掀起、抛出，导致屋面损坏。本条规定在大风及地震设防地区或屋面坡度大于 100% 时，对瓦片应采用固定加强措施。烧结瓦、混凝土瓦屋面，应用镀锌铁丝将全部瓦片与挂瓦条绑扎固定；沥青瓦屋面檐口四周及屋脊部位，每张沥青瓦片应增加固定钉数量，同时上下沥青瓦之间应采用沥青基胶结材料满粘。

4.8.5 严寒及寒冷地区瓦屋面工程的檐口部位，在冬季下雪后会形成冰棱或冰坝，不仅影响了屋面上雪水的排出，而且也容易损坏檐口，因此，设计时应采取防止冰雪融化下坠和冰坝形成的措施，以确保屋面工程正常使用。

4.8.6 防水垫层在瓦屋面中起着重要的作用，因为"瓦"本身还不能算作是一种防水材料，只有瓦和防水垫层组合后才能形成一道防水设防。防水垫层质量的好坏，直接关系到瓦屋面质量的好坏，因此本条对防水垫层所用卷材的品种、最小厚度和搭接宽度作出了规定。

4.8.7 持钉层的厚度应能满足固定钉在受外力作用时的抗拔力要求，同时也考虑到施工人员在屋面上操作时对木基层所产生的荷载作用，所以本条规定持钉层为木板时厚度不应小于 20mm。而当持钉层采用人造板时，因其属于有性能分级的结构性人工板材，故其厚度可比普通木板减薄。当持钉层为细石混凝土时，考虑到细石混凝土中骨料的粒径，如混凝土的厚度小于 35mm 则很难施工，所以规定细石混凝土的厚度不应小于 35mm。

4.8.8 本条强调檐沟、天沟设置防水层的重要性，防水层可采用防水卷材、防水涂膜或金属板材。

4.8.9 烧结瓦、混凝土瓦屋面都有一定坡度，以便迅速排走屋面上的雨水。由于木屋架、钢木屋架的高跨比一般为 1/6～1/4，如果按最小高跨比为 1/6 考虑，则屋面的最小坡度应为 33.33%，而原规范中规定平瓦屋面的坡度不应小于 20%，这个坡度仅相当于 11°18′，坡度太小不仅不利于屋面排水，而且瓦片之间易发生爬水，导致屋面渗漏，所以本条规定烧结瓦、混凝土瓦屋面的坡度不应小于 30%。

4.8.10 木基层、木顺水条、木挂瓦条等木质构件，由于在潮湿的环境和一定的温度条件下，木腐菌极易繁殖，木腐菌侵蚀木材，导致木构件腐朽。另外在潮湿闷热的环境中，还会给白蚁、甲壳虫等的生存创造了条件，这些昆虫的习性是喜欢居住在木材中，并将木材内部蛀成蜂窝状洞穴和曲折形穴道，使木基层遭到损害而失去使用功能，所以当瓦屋面使用木基层时，应按现行国家标准《木结构设计规范》GB 50005 的规定进行防腐和防蛀处理。另外，木材是易燃材料，易导致火灾，所以本条规定对此类木基层，还必须进行防火处理。

金属顺水条、金属挂瓦条在干湿交替的环境中，铁类金属极易锈蚀，年长日久更易造成严重锈蚀而使金属构件损坏，因此，本条规定当烧结瓦、混凝土瓦屋面采用金属顺水条、挂瓦条时，应事先进行防锈蚀处理，如涂刷防锈漆或进行镀锌处理等。

4.8.11 烧结瓦、混凝土瓦干法挂瓦时，应将顺水条、挂瓦条钉在基层上，顺水条的间距宜为 500mm，再在顺水条上固定挂瓦条。块瓦采用在基层上使用泥背的非永久性建筑，本条已取消。

烧结瓦、混凝土瓦的后爪均应挂在挂瓦条上,上下行瓦的左右拼缝应相互错开搭接并落槽密合;瓦背面有挂钩和穿线小孔均为铺筑时固定瓦片用的,一般坡度的瓦屋面檐口两排瓦片,均应用18号铁丝穿在瓦背面的小孔上,并扎穿在挂瓦条上,以防止瓦片脱离时滑下。

4.8.12 根据烧结瓦和混凝土瓦的特性,通过经验总结,本条规定了块瓦铺装时相关部位的搭伸尺寸。烧结瓦、混凝土瓦屋面的檐口如果挑出墙面太少,下大雨时檐口下的墙体易被雨水淋湿,甚至会导致渗漏。按实践经验和美观的要求,檐口挑出墙面的长度以不小于300mm为宜。瓦片挑出檐口的长度如果过短,雨水易流淌到封檐板上,造成爬水,按经验总结瓦片挑出檐口的长度以50mm~70mm为宜。

4.8.13 沥青瓦屋面由于具有重量轻、颜色多样、施工方便、可在木基层或混凝土基层上使用等优点,所以近年来在坡屋面工程中广泛采用。沥青瓦屋面必须具有一定的坡度,如果屋面坡度过小,则不利于屋面雨水排出,而且在沥青瓦片之间还可能发生浸水现象,所以本条规定沥青瓦屋面的坡度不应小于20%。当沥青瓦屋面坡度过大或在大风地区,瓦片易出现下滑或被大风掀起,所以应采取加固措施,以确保沥青瓦屋面的工程质量。

4.8.14 在沥青瓦片上有粘结点、连续或不连续的粘结条,能确保沥青瓦安装在屋面上后垂片能被粘结。沥青瓦的厚度是确保屋面防水质量的关键,根据现行国家标准《玻纤胎沥青瓦》GB/T 20474 的规定,矿物粒(片)沥青瓦质量不低于 3.4kg/m²,厚度不小于 2.6mm;金属箔面沥青瓦质量不低于 2.2kg/m²,厚度不小于 2mm。

4.8.15 沥青瓦为薄而轻的片状材料,瓦片以钉为主、粘结为辅的方法与基层固定。沥青瓦通过钉子钉入持钉层和沥青瓦片之间的相互粘结,成为一个与基层牢固固定的整体。为了使沥青瓦与基层固定牢固,要求在每片沥青瓦片上应钉入 4 个固定钉。如果屋面坡度过大,为防止沥青瓦片下坠的作用,以及防止大风时将沥青瓦片掀起破坏,所以本条规定在大风地区或屋面坡度超过 100%时,每张瓦片上不得少于 6 个固定钉。

4.8.16 本条规定了沥青瓦屋面天沟的几种铺设形式:

1 搭接式:沿天沟中心线铺设一层宽度不小于1000mm的附加防水垫层,将外边缘固定在天沟两侧,从一侧铺设瓦片跨过天沟中心线不小于300mm,然后用固定钉固定,再将另一侧的瓦片搭过中心线后固定,最后剪修沥青瓦片上的边角,并用沥青基胶结材料固定。

2 编织式:沿天沟中心线铺设一层宽度不小于1000mm的附加防水垫层,将外边缘固定在天沟两

侧。在两侧屋面上同时向天沟方向铺设瓦片,至距天沟中心线 75mm 处再铺设天沟上的瓦片。

3 敞开式:沿天沟中心线的两侧,采用厚度不小于 0.45mm 的防锈金属板,用金属固定件固定在基层上,沥青瓦片与金属天沟之间用 100mm 宽的沥青基胶粘材料粘结,瓦片上的固定钉应密封覆盖。

4.8.17 根据沥青瓦的特性,通过经验总结,本条规定了沥青瓦铺装时相关部位的搭伸尺寸。

4.9 金属板屋面设计

4.9.1 近几年,大量公共建筑的涌现使得金属板屋面迅猛发展,大量新材料应用及细部构造和施工工艺的创新,对金属板屋面设计提出了更高的要求。

金属板屋面是由金属面板与支承结构组成,金属板屋面的耐久年限与金属板的材质有密切的关系,按现行国家标准《冷弯薄壁型钢结构技术规范》GB 50018 的规定,屋面压型钢板厚度不宜小于 0.5mm。参照奥运工程金属板屋面防水工程质量控制技术指导意见中对金属板的技术要求,本条规定当防水等级为Ⅰ级时,压型铝合金板基板厚度不应小于 0.9mm;压型钢板基板厚度不应小于 0.6mm,同时压型金属板应采用 360°咬口锁边连接方式。

尽管金属板屋面所使用的金属板材料具有良好的防腐蚀性,但由于金属板的伸缩变形受板型连接构造、施工安装工艺和冬夏季温差等因素影响,使得金属板屋面渗漏水情况比较普遍。根据本规范规定屋面Ⅰ级防水需两道防水设防的原则,同时考虑金属板屋面有一定的坡度和泄水能力好的特点,本条规定Ⅰ级金属板屋面应采用压型金属板+防水垫层的防水做法;Ⅱ级金属板屋面应采用紧固件连接或咬口锁边连接的压型金属板以及金属面绝热夹芯板的防水做法。

4.9.2 金属板材可按建筑设计要求选用,目前较常用的面板材料为彩色涂层钢板、镀层钢板、不锈钢板、铝合金板、钛合金板和铜合金板。选用金属面板材料时,产品应符合现行国家或行业标准,也可参照国外同类产品标准的性能、指标及要求。彩色涂层钢板应符合现行《彩色涂层钢板及钢带》GB/T 12754 的要求;镀层钢板应符合现行国家标准《连续热镀锌钢板及钢带》GB/T 2518 和《连续热镀铝锌合金镀层钢板及钢带》GB/T 14978 的要求;不锈钢板应符合现行国家标准《不锈钢冷轧钢板和钢带》GB/T 3280 和《不锈钢热轧钢板和钢带》GB/T 4237 的要求;铝合金板应符合现行国家标准《铝及铝合金轧制板材》GB/T 3880 的要求;钛合金板应符合现行国家标准《钛及钛合金板材》GB/T 3621 的要求;铜合金板应符合现行国家标准《铜及铜合金板》GB/T 2040 的要求;金属板材配套使用的紧固件应符合现行国家标准《紧固件机械性能》GB/T 3098 的要求;防水密封胶带应符合现行行业标准《丁基橡胶防水密封胶粘带》

JC/T 942 的要求；防水密封胶垫宜采用三元乙丙橡胶、氯丁橡胶、硅橡胶，其性能应符合现行行业标准《硫化橡胶和热塑性橡胶 建筑用预成型密封垫的分类、要求和试验方法》HG/T 3100 和国家标准《工业用橡胶板》GB/T 5574 的要求；硅酮耐候密封胶应符合现行国家标准《硅酮建筑密封胶》GB/T 14683 的要求。

4.9.3 金属板屋面是建筑物的外围护结构，主要承受屋面自重、活荷载、风荷载、积灰荷载、雪荷载以及地震作用和温度作用。金属面板与支承结构之间、支承结构与主体结构之间，须有相应的变形能力，以适应主体结构的变形；当主体结构在外荷载作用下产生位移时，一般不应使构件产生过大的内力和不能承受的变形。

4.9.4 压型金属板板型主要包括：有效宽度、展开宽度、板厚、截面惯性矩、截面模量和最大允许檩距等内容，均应由生产厂家负责提供。

压型金属板构造系统可分为单层金属板屋面、单层金属板复合保温屋面、檩条露明型双层金属板复合保温屋面、檩条暗藏型双层金属板复合保温屋面。

1 单层金属板屋面：厚度不应小于 0.6mm 压型金属板；冷弯型钢檩条。

2 单层金属板复合保温屋面：厚度不应小于 0.6mm 压型金属板；玻璃棉毡保温层；隔汽层；热镀锌或不锈钢丝网；冷弯型钢檩条。

3 檩条露明型双层金属板复合保温屋面：厚度不应小于 0.6mm 上层压型金属板；玻璃棉毡保温层；隔汽层；冷弯型钢附加檩条；厚度不应小于 0.5mm 底层压型金属板；冷弯型钢主檩条。

4 檩条暗藏型双层金属板复合保温屋面：厚度不应小于 0.6mm 上层压型金属板；玻璃棉毡保温层；隔汽层；冷弯型钢附加檩条；厚度不应小于 0.5mm 底层压型金属板。

4.9.5 在空气湿度相对较大的环境中，保温层靠向室内一侧应增设隔汽层；在严寒及寒冷地区或室内外温差较大的环境中，隔汽层设置需通过热工计算。防水透汽膜是具有防风和防水透汽功能的膜状材料，包括纺粘聚乙烯和聚丙烯膜；防水透汽膜应铺设在屋面保温层外侧，可将外界水域空气气流阻挡在建筑外部，阻止冷风渗透，同时能将室内的潮气排到室外。防水透汽膜性能应符合本规范附录 B.1.15 的规定，该指标摘自《建筑外墙防水工程技术规程》JGJ/T 235-2011 第 4.2.6 条的规定。

4.9.6 建筑室内表面发生结露会给室内环境带来负面影响，如果长时间的结露则会滋生霉潮，对人体健康造成有害的影响，也是不允许的。室内表面出现结露最直接的原因是内表面温度低于室内空气的露点温度。一般说来，在金属板屋面结构内表面大面积结露的可能性不大，结露往往都出现在热桥的位置附近。

当然要彻底杜绝金属板屋面结构内表面结露现象有时也是非常困难的，只是要求在室内空气温、湿度设计条件下不应出现结露。根据国内外有关热工计算资料，室内温度和相对湿度下的露点温度可按表 6 选用。

表 6 室内温度和相对湿度下的露点温度（℃）

室内温度 （℃）	室内相对湿度（%）							
	20	30	40	50	60	70	80	90
5	-14.4	-9.9	-6.6	-4.0	-1.8	0	1.9	3.5
10	-10.5	-5.9	-2.5	0.1	2.7	4.8	6.7	8.4
15	-6.7	-2.0	1.7	4.8	7.4	9.7	11.6	13.4
20	-3.0	2.1	6.2	9.4	12.1	14.5	16.5	18.3
25	-0.9	6.6	10.8	14.1	16.9	19.3	21.4	23.3
30	-5.1	11.0	15.3	18.8	21.7	24.1	26.3	28.3
35	9.4	15.5	19.8	23.5	26.5	29.0	31.1	33.2
40	13.7	20.0	24.6	28.2	31.3	33.9	36.1	38.2

本条明确金属板屋面防结露设计应符合现行国家标准《民用建筑热工设计规范》GB 50176 的有关规定。通过有关围护结构内表面以及内部温度的计算和围护结构内部冷凝受潮的验算，才能真正解决防结露问题。

4.9.7 由于金属板屋面的泄水能力较好，原规范规定金属板材屋面坡度宜大于或等于 10%，但在规范的执行中带来不少争议，故本条对屋面坡度取值经综合考虑作了修订。当屋面金属板采用紧固件连接时，屋面坡度不宜小于 10%，维持原规范的规定；当屋面金属板采用咬口锁边连接时，屋面坡度不宜小于 5%。杜绝了因传统采用螺栓固定而造成屋面渗漏。

4.9.8 本条对金属板屋面的檐沟、天沟设计给予规定。考虑到金属板材的热胀冷缩，金属檐沟、天沟的长度不宜太长。如果板材材质为不锈钢板，热胀系数为 $17.3 \times 10^{-6}/℃$，冬夏最大温差为 60℃，板长为 30m，则伸缩量为 $\Delta L = 30 \times 10^3 \times 60 \times 17.3 \times 10^{-6} = 31.14mm$。檐沟、天沟的纵向伸缩量控制在 30mm 左右是可行的，本条规定檐沟、天沟的伸缩缝间距不宜大于 30m。

按国家标准《建筑给水排水设计规范》GB 50015-2003 中第 4.9.8 条的规定，建筑屋面雨水排水工程应设置溢流口、溢流堰、溢流管系统等溢流设施。溢流排水不得危害建筑设施和行人安全。由于金属板屋面清理不及时，内檐沟及内天沟落水口堵塞引起的渗漏水比较普遍，而且屋面板与内檐沟及内天沟的细部构造防水难度较大，本条规定内檐沟及内天沟应设置溢流口或溢流系统，沟内宜按 0.5% 找坡。

4.9.9 金属板屋面的热胀冷缩主要是在横向和纵向。由于压型金属板是将镀层钢板或铝合金板经辊压冷弯，沿板宽方向形成连续波形截面的成型板，一方面大大提高屋面板的刚度，另一方面波肋的存在允许屋面板在横向有一定的伸缩。由于在工厂轧制的压型金属板受运输条件的限制，一般板长宜在 12m 之内；在施工现场轧制的压型金属板应根据吊装条件尽量采用较长尺寸的板材，以减少板的纵向搭接，防止渗漏。

压型金属板采用紧固件连接时，由于板的纵向伸缩受到紧固件的约束，使得屋面板的钉孔处和螺钉均存在温度应力，故金属板的单坡长度不宜超过 12m。压型金属板采用咬口锁边时，由于固定支座仅限制屋面板在板宽方向和上下方向的移动，屋面板沿板块长度方向可有一定的移动量，使得屋面板不产生温度应力，这样金属板的单坡最小长度可以大大提高。根据本规范第 4.9.15 条第 2 款的规定，由于金属板单坡长度过大，板的伸缩量超过金属板铺装的有关尺寸，会影响檐沟及天沟的使用，故本条提出金属板最大伸缩变形量不宜超过 100mm 的要求。有关压型金属板的单坡最大长度可参见本规范第 5.9.5 条的条文说明。

4.9.10 主体结构考虑到温度变化和混凝土收缩对结构产生不利影响，以及地基不均匀沉降或抗震设防要求，必须设置伸缩缝、沉降缝、防震缝，统称变形缝。金属板屋面外围护结构，应能适应主体结构的变形要求，本条规定金属板在主体结构的变形缝处宜断开，不宜直接跨越主体结构变形缝，变形缝上部应加扣带伸缩的金属盖板。

4.9.11 金属板屋面的细部构造设计比较复杂，不同供应商的金属屋面板构造做法也不尽相同，很难统一标准，一般均应对细部构造进行深化设计。金属板屋面细部构造，是指金属板变形大、应力与变形集中、用材多样、施工条件苛刻、最易出现质量问题和发生渗漏的部位，细部构造是保证金属板屋面整体质量的关键。

4.9.12 本条对压型金属板采用咬口锁边连接的构造设计提出具体要求。

暗扣直立锁边屋面系统固定方式：首先将 T 形铝质固定支座固定在檩条上，再将压型金属板扣在固定支座的梅花头上，最后用电动锁边机将金属板材的搭接边咬合在一起。由于固定方法先进，温度变形自由伸缩，抗风性能好，现场施工方便，保证屋面防水功能，在国内许多大型公共建筑得到推广应用。

金属板屋面由于保温层设在金属板的下面，所以大面积金属屋面板都存在严重的温度变形问题，如不合理释放这部分变形，容易导致金属屋面板局部折屈、隆起和磨损，故本条规定单坡尺寸过长或环境温差过大的建筑屋面，压型金属板宜采用滑动式支座的

360°咬口锁边连接。滑动式支座分为座顶或座体两部分，座体开有一长圆孔，座顶卡在长圆孔内，沿长圆孔可以左右滑动。长圆孔的长度可以根据金属板伸缩量的大小由中间向两端逐渐加大。同时还需考虑在静荷载作用下，座顶和座体之间的相对滑动必须克服相互间的摩擦力。

4.9.13 本条是对压型金属板采用紧固件连接的构造设计提出了具体要求。对于压型金属板连接件主要选用自攻螺钉，连接件必须带有较好的防水密封胶垫材料，以防止连接点渗漏。对于压型金属板上下排板的搭接长度，应根据板型和屋面坡度确定；压型金属板的纵向搭接和横向连接部位，均应设置通长防水密封胶带，以防搭接缝渗漏。

4.9.14 金属面绝热夹芯板是将彩色涂层钢板面板及底板与硬质聚氨酯、聚苯乙烯、岩棉、矿渣棉、玻璃棉芯材，通过粘结剂或发泡复合而成的保温复合板材。本条对夹芯板采用紧固件连接的构造作了具体的规定，为了减少屋面的接缝，防止渗漏和提高保温性能，应尽量采用长尺寸的夹芯板。

4.9.15 金属板屋面的檐口、檐沟、天沟、屋脊以及金属泛水板与女儿墙、山墙等交接处，均是屋面渗漏的薄弱部位，本条规定了金属板铺装的最小尺寸要求。

4.9.16 硅酮耐候密封胶是一种多用途、单组分、无污染、中性固化、性能优良的硅酮密封胶，具有良好的粘结性、延伸性、水密性、气密性，固化后形成耐用、高性能及其弹性和耐气候性能。本条规定了压型金属板和金属面绝热夹芯板的自攻螺钉、拉铆钉外露处，均应采用硅酮耐候密封胶密封。

硅酮耐候密封胶在使用前，应进行粘结材料的相容性和粘结性试验，确认合格后才能使用。

4.9.17 当铝合金材料与除不锈钢以外的其他金属材料接触、紧固时，容易产生电化学腐蚀，应在铝合金材料及其他金属材料之间采用橡胶或聚四氟乙烯等隔离材料。

4.9.18 在金属板屋面中，一般采用采光带来弥补大跨度建筑中部的光线不足问题。透光屋面材料常用聚碳酸酯类板，其构造特点及技术数据应参见专业厂家样本，板材性能应满足国家相关规定。

聚碳酸酯类板包括实心板和中空板，适用于各种曲面造型的要求。在实体工程中，若将采光板做成与配套使用的压型金属板相同的板型，采光板与压型金属板的横向连接采用咬合或扣合的方式，两板之间因空隙较小而形成毛细作用；同时由于采光板与金属板的热胀系数差别很大，当接缝密封胶的位移不能满足接缝位移量要求时，即在板缝部位很容易发生渗漏。大量工程实践也证明，若采光顶与金属板采用平面交接，由于变形差异，防水细部构造很难处理，故采光带必须高出屋面一定的距离，将两种不同材料的建筑构造完全分开，并应在采光带的四周与金属板屋面的

交接处做好泛水处理。

本条对采光带设置宜高出金属板屋面250mm的要求，符合本规范第4.9.15条有关泛水板与突出屋面墙体搭接高度不应小于250mm的规定。

4.9.19 金属板屋面应按设计要求提供抗风揭试验验证报告。由于金属板屋面抗风揭能力的不足，对建筑的安全性能影响重大，产生破坏造成的损失也非常严重，因此，无论国内和国外对建筑的风荷载安全都很重视。

我国对建筑物的风荷载设计，主要是按现行国家标准《建筑结构荷载规范》GB 50009的规定。由于现行规范对风荷载的设计要求与国外相比偏低，并且更重要的是只有设计要求，没有相关的标准测试方法对设计要求进行验证，无法确定建筑物的安全性。为此，中国建筑材料科学研究院苏州防水研究院所属的国家建材工业建筑防水材料产品质量监督检验测试中心与国际上屋面系统检测最权威的机构美国FM认证公司合作，引进了FM成熟的屋面抗风揭测试技术，并于2010年8月建成了我国首个屋面系统抗风揭实验室，开展金属板屋面系统的抗风揭检测业务。实验室通过了与FM认证检测机构的对比试验，测试结果一致可靠，能够有效评价通过设计的屋面系统所能达到的抗风揭能力，保证建筑物的安全。通过该方法，能够检验屋面系统的设计、屋面系统所用的表面材料、基层材料、保温材料、固定件以及整个屋面系统的可靠性和可行性。

4.10 玻璃采光顶设计

4.10.1 玻璃采光顶是指由直接承受屋面荷载和作用的玻璃透光面板与支承体系所组成的围护结构，与水平面的夹角小于75°的围护结构和装饰性结构。玻璃采光顶作为建筑的外围护结构，其造型是建筑设计的重要内容，设计者不仅要考虑建筑造型的新颖、美观，还要考虑建筑的使用功能、造价、环境、能耗、施工条件等诸多因素，需重点对结构类型、材料和细部构造方面进行设计。

玻璃采光顶的支承结构主要有钢结构、钢索杆结构、铝合金结构等，采光顶的支承形式包括桁架、网架、拱壳、圆穹等；玻璃采光顶应按围护结构设计，主要承受自重以及直接作用于其上的风雪荷载、地震作用、温度作用等，不分担主体结构承受的荷载或地震作用。玻璃采光顶应具有足够的承载能力、刚度和稳定性，能够适应主体结构的变形及承受可能出现的温度作用。同时，玻璃采光顶的构造设计除应满足安全、实用、美观的要求外，尚应便于制作、安装、维修保养和局部更换。

4.10.2 玻璃采光顶的物理性能主要包括承载性能、气密性能、水密性能、热工性能、隔声性能和采光性能。性能要求的高低和建筑物的功能性质、重要性等有关，不同的建筑在很多性能上是有所不同的，玻璃

采光顶的物理性能应根据建筑物的类别、高度、体型、功能以及建筑物所在的地理位置、气候和环境条件进行设计。如沿海或经常有台风的地区，要求玻璃采光顶的风压变形性能和雨水渗漏性能高些；风沙较大地区，要求玻璃采光顶的风压变形性能和空气渗透性能高些；寒冷地区和炎热地区，要求采光顶的保温隔热性能良好。下面列出现行国家标准《建筑玻璃采光顶》JG/T 231中有关玻璃采光顶的承载性能、气密性能、水密性能、热工性能、隔声性能、采光性能等分级指标，供设计人员选用。

1 承载性能：玻璃采光顶承载性能分级指标 S 应符合表7的规定。

表7 承载性能分级

分级代号	1	2	3	4	5	6	7	8	9
分级指标值 S (kPa)	$1.0{\leqslant}S$ <1.5	$1.5{\leqslant}S$ <2.0	$2.0{\leqslant}S$ <2.5	$2.5{\leqslant}S$ <3.0	$3.0{\leqslant}S$ <3.5	$3.5{\leqslant}S$ <4.0	$4.0{\leqslant}S$ <4.5	$4.5{\leqslant}S$ <5.0	$S{\geqslant}5.0$

注：1 9级时需同时标注 S 的实测值；
　　2 S 值为最不利组合荷载标准值；
　　3 分级指标值 S 为绝对值。

2 气密性能：玻璃采光顶开启部分，采用压力差为10Pa时的开启缝长空气渗透量 q_L 作为分级指标，分级指标应符合表8的规定；玻璃采光顶整体（含开启部分）采用压力差为10Pa时的单位面积空气渗透量 q_A 作为分级指标，分级指标应符合表9的规定。

表8 玻璃采光顶开启部分气密性能分级

分级代号	1	2	3	4
分级指标值 q_L [m³/(m·h)]	$4.0{\geqslant}q_L$ >2.5	$2.5{\geqslant}q_L$ >1.5	$1.5{\geqslant}q_L$ >0.5	$q_L{\leqslant}0.5$

表9 玻璃采光顶整体气密性能分级

分级代号	1	2	3	4
分级指标值 q_A [m³/(m²·h)]	$4.0{\geqslant}q_A$ >2.0	$2.0{\geqslant}q_A$ >1.2	$1.2{\geqslant}q_A$ >0.5	$q_A{\leqslant}0.5$

3 水密性能：当玻璃采光顶所受风压取正值时，水密性能分级指标 ΔP 应符合表10的规定。

表10 玻璃采光顶水密性能分级

分级代号		3	4	5
分级指标值 ΔP(kPa)	固定部分	$1000{\leqslant}\Delta P$ <1500	$1500{\leqslant}\Delta P$ <2000	$\Delta P{\geqslant}2000$
	可开启部分	$500{\leqslant}\Delta P$ <700	$700{\leqslant}\Delta P$ <1000	$\Delta P{\geqslant}1000$

注：1 ΔP 为水密性能试验中，严重渗漏压力差的前一级压力差；
　　2 5级时需同时标注 ΔP 的实测值。

4 热工性能：玻璃采光顶的传热系数分级指标值应符合表 11 的规定；遮阳系数分级指标 SC 应符合表 12 的规定。

表 11　玻璃采光顶的传热系数分级

分级代号	1	2	3	4	5
分级指标值 k [W/(m²·K)]	$k>4.0$	$4.0\geqslant k>3.0$	$3.0\geqslant k>2.0$	$2.0\geqslant k>1.5$	$k\leqslant1.5$

表 12　玻璃采光顶的遮阳系数分级

分级代号	1	2	3	4	5	6
分级指标值 SC	$0.9\geqslant SC>0.7$	$0.7\geqslant SC>0.6$	$0.6\geqslant SC>0.5$	$0.5\geqslant SC>0.4$	$0.4\geqslant SC>0.3$	$0.3\geqslant SC>0.2$

5 隔声性能：玻璃采光顶的空气隔声性能采用空气计权隔声量 R_w 进行分级，其分级指标应符合表 13 的规定。

表 13　玻璃采光顶的空气隔声性能分级

分级代号	2	3	4
分级指标值 R_w (dB)	$30\leqslant R_w<35$	$35\leqslant R_w<40$	$R_w\geqslant40$

注：4 级时应同时标注 R_w 的实测值。

6 采光性能：玻璃采光顶的采光性能采用透光折减系数 T_r 作为分级指标，其分级指标应符合表 14 的规定。

表 14　玻璃采光顶采光性能分级

分级代号	1	2	3	4	5
分级指标值 T_r	$0.2\leqslant T_r<0.3$	$0.3\leqslant T_r<0.4$	$0.4\leqslant T_r<0.5$	$0.5\leqslant T_r<0.6$	$T_r\geqslant0.6$

注：1　T_r 为透射漫射光照度与漫射光照度之比；
　　2　5 级时需同时标注 T_r 的实测值。

上述玻璃采光顶的性能应由制作和安装单位每三年进行一次型式检验；由于承载性能、气密性能和水密性能是采光顶应具备的基本性能，因此是必要检测项目。有保温、隔声、采光等要求时，可增加相应的检测项目。采光顶的承载性能、水密性能和气密性能检测应按现行国家标准《建筑幕墙气密、水密、抗风压性能检测方法》GB/T 15227 进行；采光顶的热工性能、隔声性能和采光性能检测，应分别按现行国家标准《建筑外门窗保温性能分级及检测方法》GB/T 8484、《建筑外门窗空气隔声性能分级及检测方法》GB/T 8485 和《建筑外窗采光性能分级及检测方法》GB/T 11976 进行。

4.10.3 玻璃采光顶所用材料均应有产品合格证和性能检测报告，材料的品种、规格、性能等应符合国家现行材料标准要求。

1 钢材宜选用碳素结构钢和低合金结构钢、耐候钢等，并按照设计要求做防腐处理。

2 铝合金型材应符合现行国家标准《铝合金建筑型材》GB 5237 的规定，铝合金型材表面处理应符合现行行业标准《建筑玻璃采光顶》JG/T 231 中的规定。

3 采光顶使用的钢索应采用钢绞线，并应符合现行行业标准《建筑用不锈钢绞线》JG/T 200 的规定；钢索压管接头应符合现行行业标准《建筑幕墙用钢索压管接头》JG/T 201 的规定。

4 采光顶所用玻璃应符合现行国家标准《建筑用安全玻璃　第 2 部分：钢化玻璃》GB 15763.2、《建筑用安全玻璃　第 3 部分：夹层玻璃》GB 15763.3、《半钢化玻璃》GB/T 17841 和现行行业标准《建筑玻璃采光顶》JG/T 231 的规定。

5 采光顶所用紧固件、连接件除不锈钢外，应进行防腐处理。主要受力紧固件应进行承载力验算。

6 橡胶密封制品宜采用三元乙丙橡胶、氯丁橡胶或硅橡胶，密封胶条应符合现行行业标准《硫化橡胶和热塑性橡胶　建筑用预成型密封垫的分类、要求和试验方法》HG/T 3100 和现行国家标准《工业用橡胶板》GB/T 5574 的规定。

7 硅酮结构密封胶应符合现行国家标准《建筑用硅酮结构密封胶》GB 16776 的规定。

8 玻璃接缝密封胶应符合现行行业标准《幕墙玻璃接缝用密封胶》JC/T 882 的规定；中空玻璃用一道密封胶应符合现行行业标准《中空玻璃用丁基热熔密封胶》JC/T 914 的规定，二道密封胶应符合现行行业标准《中空玻璃用弹性密封胶》JC/T 486 的规定。

4.10.4 玻璃采光顶大多以其特有的倾斜屋面效果，满足建筑使用功能和美观要求。玻璃采光顶应采用结构找坡，由采光顶的支承结构与主体结构结合而形成排水坡度，同时还应考虑保证单片玻璃挠度所产生的积水可以排除，故本条规定玻璃采光顶应采用支承结构找坡，其排水坡度不宜小于 5%。

4.10.5 玻璃采光顶的细部构造设计复杂，而且大部分由玻璃采光顶供应商制作安装，不同供应商的构造做法也不尽相同，所以均应进行深化设计。深化设计时，应对本条所列部位进行构造设计。

4.10.6 本条是对玻璃采光顶防结露设计提出的要求。玻璃采光顶内侧结露影响人们的生活和工作，因此玻璃采光顶设计坡度不宜太小，以防止结露水滴落；玻璃采光顶的型材应设置集水槽，并使所有集水槽相互沟通，使玻璃下的结露水汇集，并将结露水汇集排放到室外或室内水落管内。

4.10.7 玻璃采光顶支承结构必须作防腐处理或型材

作表面处理，型材已作表面处理的可不再作防腐处理。

铝合金型材与其他金属材料接触、紧固时，容易产生电化学腐蚀，应在铝合金材料与其他金属材料之间采取隔离措施。

4.10.8~4.10.10 这三条对玻璃采光顶的玻璃提出具体要求。规定玻璃采光顶的玻璃面板应采用安全玻璃，安全玻璃主要包括夹层玻璃和中空夹层玻璃。中空玻璃设计时上层玻璃尚应考虑冰雹等的影响。

夹层玻璃是一种性能良好的安全玻璃，是用聚乙烯醇缩丁醛（PVB）胶片将两块玻璃粘结在一起，当受到外力冲击时，玻璃碎片粘在PVB胶片上，可以避免飞溅伤人。钢化玻璃是将普通玻璃加热后急速冷却形成，当被打破时，玻璃碎片细小而无锐角，不会造成割伤。

4.10.11 采光顶玻璃组装采用镶嵌方式时，玻璃与构件槽口之间应适应在正常工作情况下会发生结构层间位移和玻璃变形，以避免玻璃直接碰到构件槽口造成玻璃破损，因此，明框玻璃组件中，玻璃与槽口的配合尺寸很重要，应符合设计和技术标准的规定。

玻璃四周的密封胶条应采用有弹性、耐老化的密封材料，密封胶条不应有硬化、龟裂现象。《建筑玻璃采光顶》JG/T 231-2007 中规定：橡胶制品应符合现行行业标准《硫化橡胶和热塑性橡胶 建筑用预成型密封垫的分类、要求和试验方法》HG/T 3100和现行国家标准《工业用橡胶板》GB/T 5574的规定，宜采用三元乙丙橡胶、氯丁橡胶和硅橡胶。

4.10.12 采光顶玻璃组装采用胶粘方式时，中空玻璃的两层玻璃之间的周边以及隐框和半隐框构件的玻璃与金属框之间，都应采用硅酮结构密封胶粘结。结构胶使用前必须经过胶与相接触材料的相容性试验，确认其粘结可靠才能使用。硅酮结构密封胶的相容性试验应符合现行国家标准《建筑硅酮结构密封胶》GB 16776的有关规定。

4.10.13 采光顶玻璃采用点支式组装方式时，在正常工作情况下会发生结构层间位移和玻璃变形。若连接件与玻璃面板为硬性直接接触，易产生玻璃爆裂的现象，同时直接接触亦易产生摩擦噪声。因此，点支承玻璃采光顶的支承装置除应符合结构受力和建筑美观要求外，还应具有吸收平面变形的能力，在连接件与玻璃之间应设置衬垫材料，这种材料应具备一定的韧性、弹性、硬度和耐久性。

4.10.14 玻璃是不渗透材料，玻璃采光顶防水设防无需采用防水卷材或防水涂料处理，而是集中对玻璃面板之间的装配接缝嵌填弹性密封胶，保证密封不渗漏。由于采光顶渗漏现象时有发生，主要表现在接缝密封层的开裂、脱粘或局部缺陷，而且一处的渗漏治理往往会产生新的漏点，所以在设计时应充分评估采光顶玻璃接缝的变位特征，正确设定接缝构造及选

材，控制接缝密封形状和施工质量，才能实现屋面工程无渗漏的目标。

玻璃接缝设计应首先分析引起玻璃面板接缝位移的诸多因素，并计算这些因素产生的位移量值。以温差位移为例：如采光顶面板为18mm厚夹层玻璃，表层为热反射玻璃（热吸收系数 $H=0.83$，热容常数 $C=56$），面板长边为2000mm，短边为1500mm，夏季最高环境温度为33℃，冬季最低环境温度为-16℃，在面板边部无约束条件下，面板间接缝的最大温差位移量 ΔL 可按下式计算：

$$\Delta L = L \cdot \Delta T_{max} \cdot \alpha \qquad (2)$$

式中：L——长边尺寸（mm）；

α——玻璃热膨胀系数，取 9×10^{-6}（/℃）；

ΔT_{max}——最大温差（℃）。

ΔT_{max} = 夏季日照下玻璃最高温度（即 $H \times C +$ 夏季最高环境温度）-冬季最低环境温度 = $(0.83 \times 56 + 33) - (-16) = 80 + 16 = 96$（℃）

$\Delta L = 2000 \times 96 \times 9 \times 10^{-6} = 1.73$（mm）

考虑风荷载变化、雪荷载、地震、自重挠度等引起接缝的位移量为1.20mm（计算略），叠加温差位移后总位移量为2.93mm，考虑误差等其他因素，取安全系数1.1，则接缝最大位移量值为3.22mm。

若设定接缝宽度为6mm，计算位移量为3.22mm，则接缝胶的相对位移为±27%，在密封胶标准中最高位移能力级别为25级，即位移能力为±25%，所以无胶可选，必须加大接缝宽度。如加宽为8mm，则接缝相对位移量为±20.2%，这样设定可选用位移能力级别为25级密封胶。考虑到接缝形状和变形产生的应力集中，以及密封胶随使用年限的增加可能发生性能变化，为更安全地设定接缝宽度宜加大到10mm。

本条规定玻璃接缝密封胶应符合现行行业标准《幕墙玻璃接缝用密封胶》JC/T 882的规定。还规定接缝深度宜为接缝宽度的50%～70%，是从国外大量资料和国内屋面接缝防水实践中总结出来的，是一个经验值。另外根据德国的经验，缝深为缝宽的1/2～2/3左右，与本条文的规定也基本一致。

4.11 细部构造设计

4.11.1 屋面的檐口、檐沟和天沟、女儿墙和山墙、水落口、变形缝、伸出屋面管道、屋面出入口、反梁过水孔、设施基座、屋脊、屋顶窗等部位，是屋面工程中最容易出现渗漏的薄弱环节。据调查表明，屋面渗漏中70%是由于细部构造的防水处理不当引起的，说明细部构造设防较难，是屋面工程设计的重点。

随着建筑的大型化和复杂化以及屋面功能的增加，除上述常见的细部构造外，在屋面工程中出现新的细部构造形式也是很正常的，因此本规范未规定的新的细部构造应根据其特征进行设计。

本规范在有关细部构造中所示意的节点构造，仅为条文的辅助说明，不能作为设计节点的构造详图。

4.11.2 屋面的节点部位由于构造形状比较复杂，多种材料交接，应力、变形比较集中，受雨水冲刷频繁，所以应局部增强，使其与大面积防水层同步老化。增强处理可采用多道设防、复合用材、连续密封、局部增强。细部构造设计是保证防水层整体质量的关键，同时应满足使用功能、温差变形、施工环境条件和工艺的可操作性等要求。

4.11.3 参见本规范第 4.6.3 条的条文说明。

4.11.4 屋面的节点部位往往形状比较复杂，设计时可采用不同的保温材料与大面的保温层衔接，形成连续保温层，防止热桥的出现。节点部位保温材料的选择，应充分考虑保温层设置的可能性和施工的可行性。保证热桥部位的内表面温度不低于室内空气的露点温度。

4.11.5 滴水处理的目的是为了阻止檐口、檐沟外侧下端等部位的雨水沿板底流向墙面而产生渗漏或污染墙面；如滴水槽的宽度和深度太小，雨水会由于虹吸现象越过滴水槽，使滴水处理失效，故规定滴水槽的最小尺寸。

4.11.6 檐口部位的卷材防水层收头和滴水是檐口防水处理的关键，空铺、点粘、条粘的卷材在檐口端部800mm 范围内应满粘，卷材防水层收头压入找平层的凹槽内，用金属压条钉压牢固并进行密封处理，钉距宜为 500 mm～800 mm，防止卷材防水层收头翘边或被风揭起。从防水层收头向外的檐口上端、外檐至檐口下部，均应采用聚合物水泥砂浆铺抹，以提高檐口的防水能力。由于檐口做法属于无组织排水，檐口雨水冲刷量大，为防止雨水沿檐口下端流向外墙，檐口下端应同时做鹰嘴和滴水槽。

4.11.7 涂膜防水层与基层粘结较好，在檐口处涂膜防水层收头可以采用涂料多遍涂刷，以提高防水层的耐雨水冲刷能力，防止防水层收头翘边或被风揭起。檐口端部和滴水处理方式参见本规范第 4.11.6 条的条文说明。

4.11.8、4.11.9 瓦屋面下部的防水层或防水垫层可设在保温层的上面或下面，并应做到檐口的端部。烧结瓦、混凝土瓦屋面的瓦头，挑出檐口的长度宜为50mm～70mm，主要是防止雨水流淌到封檐板上；沥青瓦屋面的瓦头，挑出檐口的长度宜为10mm～20mm，应沿檐口铺设金属滴水板，并伸入沥青瓦下宽度不应小于80mm，主要是有利于排水。

4.11.10 为防止雨水从金属屋面板与外墙的缝隙进入室内，规定金属板材挑出屋面檐口的长度不得小于200mm，并应设置檐口封檐板。

4.11.11 檐沟和天沟是排水最集中的部位，本条规定檐沟、天沟应增铺附加层。当主体防水层为卷材时，附加层宜选用防水涂膜，既适应较复杂的施工，又减少了密封处理的困难，形成优势互补的涂膜与卷材复合；当主体防水层为涂膜时，沟内附加层宜选用同种涂膜，但应设胎体增强材料。檐沟、天沟与屋面交接处，由于构件断面变化和屋面的变形，常在此处发生裂缝，附加层伸入屋面的宽度不应小于250mm。屋面如不设保温层，则屋面与檐沟、天沟的附加层在转角处应空铺，空铺宽度宜为 200mm，以防止基层开裂造成防水层的破坏。

檐沟防水层收头应在沟外侧顶部，由于卷材铺贴较厚及转弯不服帖，常因卷材的弹性发生翘边脱落，因此规定卷材防水层收头应采用压条钉压固定，密封材料封严。涂膜防水层收头用涂料多遍涂刷。

从防水层收头向外的檐口上端、外檐至檐口下部，均应采用聚合物水泥砂浆铺抹，以提高檐口的防水能力。为防止沟内雨水沿檐沟外侧下端流向外墙，檐沟下端应做鹰嘴或滴水槽。

当檐沟外侧板高于屋面结构板时，为防止雨水口堵塞造成积水漫上屋面，应在檐沟两端设置溢水口。

檐沟和天沟卷材铺贴应从沟底开始，保证卷材应顺流水方向搭接。当沟底过宽，在沟底出现卷材搭接缝时，搭接缝应用密封材料密封严密，防止搭接缝受雨水浸泡出现翘边现象。

4.11.12 瓦屋面的檐沟和天沟应增设防水附加层，由于檐沟大都为悬挑结构，为增加内檐板上部防水层的抗裂能力，附加层应盖过内檐板，故规定附加层应伸入屋面 500mm 以上。为使雨水顺坡落入檐沟或天沟，防止爬水现象，本条规定了烧结瓦、混凝土瓦伸入檐沟、天沟的尺寸要求。

4.11.13 本条第 1～4 款参见本规范第 4.11.12 条的条文说明。

天沟内沥青瓦铺贴的方式有搭接式、编织式和敞开式三种。采用搭接式或编织式铺贴时，沥青瓦及其配套的防水层或防水垫层铺过天沟，因此只需在天沟内增设 1000mm 宽的附加层。敞开式铺贴时，天沟部位除了铺设 1000mm 宽附加层及防水层或防水垫层外，应在上部再铺设厚度不小于 0.45mm 的防锈金属板材，并与沥青瓦顺流水方向搭接，保证天沟防水的可靠性。

4.11.14 女儿墙防水处理的重点是压顶、泛水、防水层收头的处理。

压顶的防水处理不当，雨水会从压顶进入女儿墙的裂缝，顺缝从防水层背后渗入室内，故对压顶的防水做法作出具体规定。

低女儿墙的卷材防水层收头宜直接铺压在压顶下，用压条钉压固定并用密封材料封闭严密。高女儿墙的卷材防水层收头可在离屋面高度 250mm 处，采用金属压条钉压固定，钉距不宜大于 800mm，再用密封材料封严，以保证收头的可靠性；为防止雨水沿高女儿墙的泛水渗入，卷材收头上部应做金属盖板保护。

根据多年实践证实，防水涂料与水泥砂浆抹灰层具有良好的粘结性，所以在女儿墙部位，防水涂料一直涂刷至女儿墙或山墙的压顶下，压顶也应作防水处理，避免女儿墙及其压顶开裂而造成渗漏。

4.11.15 瓦屋面及金属板屋面与突出屋面结构的交接处应作泛水处理。

烧结瓦、混凝土瓦屋面的泛水是最易渗漏的部位，聚合物水泥砂浆具有一定的韧性，用于泛水处理可以防止开裂引起的泛水渗漏。

沥青瓦屋面的泛水部位可增设附加层进行增强处理，收头参照女儿墙的做法。

金属板屋面山墙泛水采用铺钉金属泛水板的形式，金属泛水板之间应顺流水方向搭接；金属泛水板的作用效果和可靠性，取决于泛水板与墙体的搭接宽度和收头做法、泛水板与金属屋面板搭盖宽度和连接做法，本条均作了具体规定。

4.11.16 重力式排水为传统的排水方式，水落口材料包括金属制品和塑料制品两种，其排水设计、施工都有成熟的经验和技术。

水落口应牢固固定在承重结构上，否则水落口产生的松动会使水落口与混凝土交接处的防水设防破坏，产生渗漏现象。

水落口高出天沟及屋面最低处的现象一直较为普遍，究其原因是在埋设水落口或设计规定标高时，未考虑增加的附加层和排水坡度加大的尺寸。因此规定水落口杯必须设在沟底最低处，水落口埋设标高应根据附加层的厚度及排水坡度加大的尺寸确定。

对于水落口处的防水构造，采取多道设防、柔性密封、防排结合的原则处理。在水落口周围500mm的排水坡度应不小于5%，坡度过小，施工困难且不易找准；采取防水涂料涂封，涂层厚度为2mm，相当于屋面涂层的平均厚度，使它具有一定的防水能力，防水层和附加层伸入水落口杯内不应小于50mm，避免水落口处的渗漏发生。

4.11.17 虹吸式排水方式是近年新出现的排水方式，具有排水速度快、汇水面积大的特点。水落口部位的防水构造和部件都有相应的系统要求，因此设计时应根据相关的要求进行专项设计。

4.11.18 变形缝的防水构造应能保证防水设防具有足够的适应变形而不破坏的能力。变形缝的泛水墙高度规定是为了防止雨水漫过泛水墙，泛水墙的阴角部位应按照泛水做法要求设置附加层。防水层的收头应铺设或涂刷至泛水墙的顶部。

变形缝中应预填不燃保温材料作为卷材的承托，在其上覆盖一层卷材并向缝中凹伸，上放圆形的衬垫材料，再铺设上层的合成高分子卷材附加层，使其形成 Ω 形覆盖。

等高的变形缝顶部加盖钢筋混凝土或金属盖板加

以保护。高低跨变形缝的附加层和防水层在高跨墙上的收头应固定牢固、密封严密；再在上部用固定牢固的金属盖板保护。

4.11.19 为确保屋面工程质量，对伸出屋面的管道应做好防水处理，规定管道周围的找平层应抹出不小于30mm的排水坡，并设附加层做增强处理；防水层应铺贴或涂刷至管道上，收头部位距屋面不宜小于250mm；卷材收头应用金属箍或铁丝紧固，密封材料封严。充分体现多道设防和柔性密封的原则。

4.11.20 伸出屋面烟囱在坡屋面中是常见，另外坡屋面上的排气道也常做成与烟囱相似的形式，由于有突出屋面结构的存在，其阴角处容易产生裂缝，防水施工也相对困难，因此在泛水部位应增设附加层，防水层收头采用金属压条钉压固定。另外为避免烟囱迎水面产生积水现象，应在迎水面中部抹出分水线，向两侧抹出一定的排水坡度，使雨水从两侧排走。

4.11.21 屋面垂直出入口应防止雨水从盖板下倒灌入室内，故规定泛水高度不得小于250mm，泛水部位变形集中且难以设置保护层，故在防水层施工前应先做附加增强处理，附加层的厚度和尺寸应符合条文规定。防水层的收头应在压顶圈下，使收头的防水设防可靠，不会产生翘边、开口等缺陷。

4.11.22 屋面水平出入口的设防重点是泛水和收头，泛水要求与垂直出入口基本相同。防水层应铺设至门洞踏步板下，收头处用密封材料封严，再用水泥砂浆保护。

4.11.23 反梁在现代建筑中越来越多，按照排水设计的要求，大部分反梁中需设置过水孔，使雨水能流向水落口及时排走。反梁过水孔的孔底标高应与两侧的檐沟底面标高一致，由于檐沟有坡度要求，因此每个过水孔的孔底标高都是不同的，施工时应预先根据结构标高、保温层厚度、找坡层厚度等计算出每个过水孔的孔底标高，再进行过水孔管的安设。

结构设计一般不允许在反梁上开设大的孔洞，因此过水孔宜采用预埋管道的方式，为保证过水孔排水顺畅，规定了过水孔的最小尺寸。由于预埋管道与周边混凝土的线膨胀系数不同，温度变化时管道两端周围与混凝土接触处易产生裂缝，故管道口四周应预留凹槽用密封材料封严。

4.11.24 由于大型建筑和高层建筑日益增多，在屋面上经常设置天线塔架、擦窗机支架、太阳能热水器底座等，这些设施有的搁置在防水层上，有的与屋面结构相连。若与结构相连时，防水层应包裹基座部分，设施基座的预埋地脚螺栓周围必须做密封处理，防止地脚螺栓周围发生渗漏。

4.11.25 搁置在防水层上的设备，有一定的质量和振动，对防水层易造成破损，因此应按常规做卷材附加层，有些质量重、支腿面积小的设备，应该做细石混凝土垫块或衬垫，以免压坏防水层。

4.11.26 烧结瓦或混凝土瓦屋面的脊瓦与坡面瓦之间的缝隙，一般采用聚合物水泥砂浆填实抹平，脊瓦下端距坡面瓦的高度不宜超过 80mm，一是考虑施工操作，二是防止砂浆干缩开裂导致雨水流入而造成渗漏，并根据烧结瓦和混凝土瓦的特性，规定了脊瓦与坡面瓦的搭盖宽度。

4.11.27 本条是根据沥青瓦的特性规定了脊瓦在两坡面瓦上的搭盖宽度，防止搭盖宽度过小，脊瓦易被风掀起。

4.11.28 金属板材屋面的屋脊部位应用金属屋脊盖板，以免盖板下凹；板材端头应设置堵头板，防止施工过程中或渗漏时雨水流入金属板材内部。

4.11.29 烧结瓦或混凝土瓦屋面，屋顶窗的窗料及金属排水板、窗框固定铁脚、窗口防水卷材、支瓦条等配件，可由屋顶窗的生产厂家配套供应，并按照设计要求施工。

4.11.30 沥青瓦屋面，屋顶窗的窗料及金属排水板、窗框固定铁脚、窗口防水卷材等配件，可由屋顶窗的生产厂家配套供应，并按照设计要求施工。

5 屋面工程施工

5.1 一般规定

5.1.1 防水工程施工实际上是对防水材料的一次再加工，必须由防水专业队伍进行施工，才能保证防水工程的质量。防水专业队伍应由经过理论与实际施工操作培训，并经考试合格的人员组成。本条所指的防水专业队伍，应由当地建设行政主管部门对防水施工企业的规模、技术水平、业绩等综合考核后颁发证书，作业人员应由有关主管部门发给上岗证。

实现防水施工专业化，有利于加强管理和落实责任制，有利于推行防水工程质量保证期制度，这是提高屋面防水工程质量的关键。对非防水专业队伍或非防水工施工的，当地质量监督部门应责令其停止施工。

5.1.2 设计图纸作为施工的依据，"照图施工"是施工单位应严格遵守的基本原则，所以在屋面工程施工前，施工单位应组织相关人员认真熟悉设计图纸，掌握屋面工程的构造层次、材料选用、技术要求及质量要求等。在设计单位参与的条件下进行图纸会审，可以解决屋面工程在设计及施工中存在的问题，确保屋面的质量及施工的顺利进行。

为了指导施工作业，确保屋面工程的质量，施工单位应根据设计图纸，结合施工的实际情况，编制有针对性的施工方案或技术措施。屋面工程施工方案的内容包括：工程概况、质量目标、施工组织与管理、防水保温材料及其使用、施工操作技术、安全注意事项等。

5.1.3 屋面工程所采用的防水、保温材料，除有产品合格证书和性能检测报告等出厂质量证明文件外，还应有当地建设行政主管部门指定检测单位对该产品本年度抽样检验认证的试验报告，其质量必须符合国家现行产品标准和设计要求。

材料进入现场后，监理单位、施工单位应按规定进行抽样检验，检验应执行见证取样送检制度，并提出检验报告。抽样检验不合格的材料不得用在工程上。

5.1.4 屋面工程是由若干构造层次组成的，如果下面的构造层质量不合格，而被上面的构造层覆盖，就会造成屋面工程的质量隐患。在屋面工程施工中，必须按各道工序分别进行检查验收，不能到工程全部做完后才进行一次性检查验收。每一道工序完成后，应经建设或监理单位检查验收，合格后方可进行下道工序的施工。

对屋面工程的成品保护是一个非常重要的环节。屋面防水工程完工后，有时又要上人进行其他作业，如安装天线、水箱、堆放杂物等，会造成防水层局部破坏而出现渗漏。本条规定当下道工序或相邻工程施工时，应对已完成的部分采取保护措施。

5.1.5 公安部、住房和城乡建设部于 2009 年 9 月 25 日发布了《民用建筑外保温系统及外墙装饰防火暂行规定》，提出了屋面工程施工及使用中的防火规定。在屋面工程中使用的防水、保温材料很多是属于可燃材料，如改性沥青防水卷材、合成高分子防水卷材、改性沥青防水涂料、合成高分子防水涂料以及有机保温材料等。所以施工单位在进行屋面工程施工时，对这些易燃的防水、保温材料的运输、保管应远离火源，露天存放时应用不燃材料完全覆盖，以防引发火灾。在施工作业时，强调在可燃保温材料上不得采用热熔法、热粘法等施工工艺进行施工，以防引燃保温材料而酿成火灾。同时要求屋面工程施工时要加强火源、热源等火灾危险源的管理，并在屋面工程施工作业区配置足够的消防灭火器材，以防一旦着火，能够将火及时扑灭，不致酿成火灾。

5.1.6 施工单位应遵守有关施工安全、劳动保护、防火和防毒的法律法规，建立相应的管理制度，并应配备必要的设备、器具和标识。

本条是针对屋面工程的施工范围和特点，着重进行危险源的识别、风险评价和实施必要的措施。屋面工程施工前，对危险性较大的工程作业，应编制专项施工方案，并进行安全交底。坚持安全第一、预防为主和综合治理的方针，积极防范和遏制建筑施工生产安全事故的发生。

5.2 找坡层和找平层施工

5.2.1 装配式钢筋混凝土板的板缝太窄，细石混凝土不容易嵌填密实，板缝宽度通常大于 20mm 较为合适。细石混凝土填缝高度应低于板面10mm～20mm，以便与上面细石混凝土找平层更好地结合。当板缝较大时，嵌填的细石混凝土类似混凝土板带，要承受自重和屋面荷载的作用，因此当板缝宽度大于40mm或上窄下宽时，应在板缝内加构造配筋。

5.2.2 为了便于铺设隔汽层和防水层，必须在结构层或保温层表面做找平处理。在找坡层、找平层施工前，首先要检查其铺设的基层情况，如屋面板安装是否牢固，有无松动现象；基层局部是否凹凸不平，凹坑较大时应先填补；保温层表面是否平整，厚薄是否均匀；板状保温材料是否铺平垫稳；用保温材料找坡是否准确等。

基层检查并修整后，应进行基层清理，以保证找坡层、找平层与基层能牢固结合。当基层为混凝土时，表面清扫干净后，应充分洒水湿润，但不得积水；当基层为保温层时，基层不宜大量浇水。基层清理完毕后，在铺抹找坡、找平材料前，宜在基层上均匀涂刷素水泥浆一遍，使找坡层、找平层与基层更好地粘结。

5.2.3 目前，屋面找平层主要是采用水泥砂浆、细石混凝土两种。在水泥砂浆中掺加抗裂纤维，可提高找平层的韧性和抗裂能力，有利于提高防水层的整体质量。按本规范第4.3.2条的技术要求，水泥砂浆采用体积比水泥：砂为1：2.5；细石混凝土强度等级为C20；混凝土随浇随抹时，应将原浆表面抹平、压光。找平层、找坡层的施工，应做到所用材料的质量符合设计要求，计量准确和机械搅拌。

5.2.4 按本规范第4.3.1条的规定，当屋面采用材料找坡时，坡度宜为2%，因此基层上应按屋面排水方式，采用水平仪或坡度尺进行拉线控制，以获得合理的排水坡度。本条规定找坡层最薄处厚度不宜小于20mm，是指在找坡起始点1m范围内，由于用轻质材料找坡不太容易成形，可采用1：2.5水泥砂浆完成，由此往外仍采用轻质材料找坡，按2%坡度计算，1m长度的坡高应为20mm。

5.2.5 找坡材料宜采用质量轻、吸水率低和有一定强度的材料，通常是将适量水泥浆与陶粒、焦渣或加气混凝土碎块拌合而成。本条提出了找坡层施工过程中的质量控制，以保证找坡层的质量。

5.2.6 由于一些单位对找平层质量不够重视，致使找平层的表面有酥松、起砂、起皮和裂缝的现象，直接影响防水层和基层的粘结质量并导致防水层开裂。对找平层的质量要求，除排水坡度满足设计要求外，还应通过收水后二次压光等施工工艺，减少收缩开裂，使表面坚固密实、平整；水泥终凝后，应采取浇水、湿润覆盖、喷养护剂或涂刷冷底子油等方法充分养护。

5.2.7 卷材防水层的基层与突出屋面结构的交接处和基层的转角处，是防水层应力集中的部位。找平层圆弧半径的大小应根据卷材种类来定。由于合成高分子防水卷材比高聚物改性沥青防水卷材的柔性好且卷材薄，因此找平层圆弧半径可以减小，即高聚物改性沥青防水卷材为50mm，合成高分子防水卷材为20mm。

5.2.8 找坡层、找平层施工环境温度不宜低于5℃。在负温度下施工，需采取必要的冬施措施。

5.3 保温层和隔热层施工

5.3.1 严寒和寒冷地区的屋面热桥部位，对于屋面总体保温效果影响较大，应按设计要求采取节能保温隔断热桥等措施。当缺少设计要求时，施工单位应提出办理洽商或按施工技术方案进行处理。完工后用热工成像设备进行扫描检查，可以判定其处理措施是否有效。

5.3.2 进行淋水或蓄水试验是为了检验防水层的质量，大面积屋面应进行淋水试验，檐沟、天沟等部位应进行蓄水试验，合格后方能进行上部保温层的施工。

保护层施工时如损坏了保温层和防水层，不但会降低使用功能，而且屋面一旦出现渗漏，很难找到渗漏部位，也不便于及时修复。

5.3.3 本条对隔汽层施工作出了规定：

　　1 隔汽层施工前，应清理结构层上的松散杂物，凸出基层表面的硬物应剔平扫净。同时基层应作找平处理。

　　2 隔汽层铺设在保温层之下，可采用一般的防水卷材或涂料，其做法与防水层相同。规定屋面周边隔汽层应沿墙面向上铺设，并高出保温层上表面不得小于150mm。

　　3 考虑到隔汽层被保温层、找平层等埋压，卷材隔汽层可采用空铺法进行铺设。为了提高卷材搭接部位防水隔汽的可靠性，搭接缝应采用满粘法，搭接宽度不应小于80mm。采用涂膜做隔汽层时，涂刷质量对隔汽效果影响极大，涂料涂刷应均匀，涂层无堆积、起泡和露底现象。

　　4 若隔汽层出现破损现象，将不能起到隔绝室内水蒸气的作用，严重影响保温层的保温效果，故应对管道穿过隔汽层破损部位进行密封处理。

5.3.4 埋设排汽管是排汽构造的主要形式，穿过保温层的排汽管及排汽道的管壁四周均匀打孔，以保证排汽的畅通。排汽管周围与防水层交接处应做附加层，排汽管的泛水处及顶部应采取防止雨水进入的措施。

5.3.5 板状材料保温层采用上下层保温板错缝铺设，可以防止单层保温板在拼缝处的热量泄漏，效果更佳。干铺法施工时，应铺平垫稳、拼缝严密，板间缝隙应用同类材料的碎屑嵌填密实；粘结法施工时，板状保温材料应贴严粘牢，在胶粘剂固化前不得上人踩踏。

本条还增加了机械固定法施工，即使用专用螺钉和垫片，将板状保温材料定点钉固在结构上。

5.3.6 纤维材料保温层分为板状和毡状两种。由于纤维保温材料的压缩强度很小，是无法与板状保温材料相提并论的，故本条提出纤维保温材料在施工时应避免重压。板状纤维保温材料多用于金属压型板的上面，常采用螺钉和垫片将保温板与压型板固定，固定点应设在压型板的波峰上。毡状纤维保温材料用于混凝土基层的上面时，常采用塑料钉先与基层粘牢，再放入保温毡，最后将塑料垫片与塑料钉端热熔焊接。毡状纤维保温材料用于金属压型板的下面时，常采用不锈钢丝或铝板制成的承托网，将保温毡兜住并与檩条固定。

还特别提醒：在铺设纤维保温材料时，应重视做好劳动保护工作。纤维保温材料一般都采用塑料膜包装，但搬运和铺设纤维保温材料时，会随意掉落矿物纤维，对人体健康造成危害。施工人员应穿戴头罩、口罩、手套、鞋、帽和工作服，以防矿物纤维刺伤皮肤和眼睛或吸入肺部。

5.3.7 本条对喷涂硬泡聚氨酯保温层施工作出规定：

1 喷涂硬泡聚氨酯保温层的基层表面要求平整，是为了保证保温层厚度均匀且表面达到要求的平整度；基层要求干净、干燥，是为了增强保温层与基层的粘结。

2 喷涂硬泡聚氨酯必须使用专用喷涂设备，并应进行调试，使喷涂试块满足材料性能要求；喷涂时喷枪与施工基面保持一定距离，是为了控制喷涂硬泡聚氨酯保温层的厚度均匀，又不至于使材料飞散；喷涂硬泡聚氨酯保温层施工应多遍喷涂完成，是为了能及时控制、调整喷涂层的厚度，减少收缩影响。一般情况下，聚氨酯发泡、稳定及固化时间约需 15min，故规定施工后 20min 内不能上人，防止损坏保温层。

3 由于喷涂硬泡聚氨酯施工受气候影响较大，若操作不慎会引起材料飞散，污染环境，故施工时应对作业面外易受飞散物污染的部位，如屋面边缘、屋面上的设备等采取遮挡措施。

4 因聚氨酯硬泡体的特点是不耐紫外线，在阳光长期照射下易老化，影响使用寿命，故要求喷涂施工完成后，及时做保护层。

5.3.8 本条对现浇泡沫混凝土保温层施工作出规定：

1 基层质量对于现浇泡沫混凝土质量有很大影响，浇筑前湿润基层可以阻止其从现浇泡沫混凝土中吸收水分，但应防止因积水而产生粘结不良或脱层现象。

2 一般来说泡沫混凝土密度越低，其保温性能越好，但强度越低。泡沫混凝土配合比设计应按干密度和抗压强度来配制，并按绝对体积法来计算所组成各种材料的用量。配合比设计时，应先通过试配确保

达到设计所要求的导热系数、干密度及抗压强度等指标。影响泡沫混凝土性能的一个很重要的因素是它的孔结构，细致均匀的孔结构有利于提高泡沫混凝土的性能。按泡沫混凝土生产工艺要求，对水泥、掺合料、外加剂、发泡剂和水必须计量准确；水泥料浆应预先搅拌 2min，不得有团块及大颗粒存在，再将发泡机制成的泡沫与水泥料浆混合搅拌 5min～8min，不得有明显的泡沫飘浮和泥浆块出现。

3 泡沫混凝土浇筑前，应设定浇筑面标高线，以控制浇筑厚度。泡沫混凝土通常是保温层兼找坡层使用，由于坡面浇筑时混凝土向下流淌，容易出现沉降裂缝，故找坡施工时应采取模板辅助措施。

4 泡沫混凝土的浇筑出料口离基层不宜超过 1m，采用泵送方式时，应采取低压泵送。主要是为了防止泡沫混凝土料浆中泡沫破裂，而造成性能指标的降低。

5 泡沫混凝土厚度大于 200mm 时应分层浇筑，否则应按施工缝进行处理。在泡沫混凝土凝结过程中，由于伴随有泌水、沉降、早期体积收缩等现象，有时会产生早期裂缝，所以在泡沫混凝土施工时应尽量降低浇筑速度和减少浇筑厚度，以防止混凝土终凝前出现沉降裂缝。在泡沫混凝土硬化过程中，由于水分蒸发原因产生脱水收缩而引起早期干缩裂缝，预防干裂的措施主要是采用塑料布将外露的全部表面覆盖严密，保持混凝土处于润湿状态。

5.3.9 大部分保温材料强度较低，容易损坏，同时怕雨淋受潮，为保证材料的规格质量，应当做好贮运、保管工作，减少材料的损坏。

5.3.10 本条规定了进场的板状保温材料、纤维保温材料需进行的物理性能检验项目。

5.3.11 用水泥砂浆粘贴板状材料，在气温低于 5℃时不宜施工，但随着新型防冻外加剂的使用，有可靠措施且能够保证质量时，根据工程实际情况也可在 5℃以下时施工。

现场喷涂硬泡聚氨酯施工时，气温过高或过低均会影响其发泡反应，尤其是气温过低时不易发泡。采用喷涂工艺施工，如果喷涂时风速过大则不易操作，故对施工时的风速也相应作出了规定。

5.3.12 本条对种植隔热层施工作出具体规定：

1 种植隔热层挡墙泄水孔是为了排泄种植土中过多的水分而设置的，若留设位置不正确或泄水孔被堵塞，种植土中过多的水分不能排出，不仅会影响使用，而且会对防水层不利；

2 排水层是指能排出渗入种植土中多余水分的构造层，排水层的施工必须与排水管、排水沟、水落口等排水系统连接且不得堵塞，保证排水畅通；

3 过滤层土工布应沿种植土周边向上敷设至种植土高度，以防止种植土的流失而造成排水层堵塞；

4 考虑到种植土和植物的重量较大，如果集中

堆放在一起或不均匀堆放，都会使屋面结构的受力情况发生较大的变化，严重时甚至会导致屋面结构破坏事故，种植土层的荷载尤其应严格控制，防止过量超载。

5.3.13 本条对架空隔热层施工作出具体规定：

1 做好施工前的准备工作，以保证施工顺利进行；

2 考虑架空隔热制品支座部位负荷增大，支座底面的卷材、涂膜均属于柔性防水，若不采取加强措施，容易造成支座下的防水层破损，导致屋面渗漏；

3 由于架空隔热层对防水层可起到保护作用，一般屋面防水层上不做保护层，所以在铺设架空隔热制品或清扫屋面上的落灰、杂物时，均不得损伤防水层；

4 考虑到屋面在使用中要上人清扫等情况，架空隔热制品的敷设应做到平整和稳固，板缝应以勾填密实为好，使板块形成一个整体。

5.3.14 本条对蓄水隔热层施工作出具体规定：

1 由于蓄水池的特殊性，孔洞后凿不宜保证质量，故强调所有孔洞应预留；

2 为了保证每个蓄水区混凝土的整体防水性，防水混凝土应一次浇筑完毕，不得留施工缝，避免因接缝处理不好而导致裂缝；

3 蓄水隔热层完工后，应在混凝土终凝时进行养护，养护后方可蓄水，并不可断水，防止混凝土干涸开裂；

4 溢水口的标高、数量、尺寸应符合设计要求，以防止暴雨溢流。

5.4 卷材防水层施工

5.4.1 卷材防水层基层应坚实、干净、平整，无孔隙、起砂和裂缝，基层的干燥程度应视所用防水材料而定。当采用机械固定法铺贴卷材时，对基层的干燥度没有要求。

基层干燥程度的简易检验方法，是将 $1m^2$ 卷材平坦地干铺在找平层上，静置 3h～4h 后掀开检查，找平层覆盖部位与卷材上未见水印，即可铺设隔汽层或防水层。

5.4.2 在历次调查中，节点、附加层和屋面排水比较集中部位出现渗漏现象最多，故应按设计要求和规范规定先行仔细处理，检查无误后再开始铺贴大面卷材，这是保证防水质量的重要措施，也是较好素质施工队伍的一般施工顺序。

檐沟、天沟是雨水集中的部位，而卷材的搭接缝又是防水层的薄弱环节，如果卷材垂直于檐沟、天沟方向铺贴，搭接缝大大增加，搭接方向难以控制，卷材开缝和受水冲刷的概率增大，故规定檐沟、天沟铺贴的卷材宜顺流水方向铺贴，尽量减少搭接缝。

卷材铺贴方向规定宜平行屋脊铺贴，其目的是保

证卷材长边接缝顺流水方向；上、下层卷材不得相互垂直铺贴，主要是避免接缝重叠，即重叠部位的上层卷材接缝造成间隙，接缝密封难以保证。

5.4.3 在铺贴立面或大坡面的卷材时，为防止卷材下滑和便于卷材与基层粘贴牢固，规定采取满粘法铺贴，必要时采取金属条条钉压固定，并用密封材料封严。短边搭接过多，对防止卷材下滑不利，因此要求尽量减少短边搭接。

5.4.4 基层处理剂应与防水卷材相容，尽量选择防水卷材生产厂家配套的基层处理剂。在配制基层处理剂时，应根据所用基层处理剂的品种，按有关规定或说明书的配合比要求，准确计量，混合后应搅拌3min～5min，使其充分均匀。在喷涂或涂刷基层处理剂时应均匀一致，不得漏涂，待基层处理剂干燥后应及时进行卷材防水层的施工。如基层处理剂涂刷后但尚未干燥前遭受雨淋，或是干燥后长期不进行防水层施工，则在防水层施工前必须再涂刷一次基层处理剂。

5.4.5 本条规定同一层相邻两幅卷材短边搭接缝错开不应小于 500mm，是避免短边接缝重叠，接缝质量难以保证，尤其是改性沥青防水卷材比较厚，四层卷材重叠也不美观。

上、下层卷材长边搭接缝应错开，且不小于幅宽的 1/3，目的是避免接缝重叠，消除渗漏隐患。

5.4.6 本条对冷粘法铺贴卷材作出规定：

1 胶粘剂的涂刷质量对保证卷材防水施工质量关系极大，涂刷不均匀，有堆积或漏涂现象，不但影响卷材的粘结力，还会造成材料浪费。空铺法、点粘法、条粘法，应在屋面周边 800mm 宽的部位满粘贴。点粘时每平方米粘结不少于 5 个点，每点面积为 100mm×100mm，条粘时每幅卷材与基层粘结面不少于 2 条，每条宽度不小于 150mm。

2 由于各种胶粘剂的性能及施工环境要求不同，有的可以在涂刷后立即粘贴，有的则需待溶剂挥发一部分后粘贴，间隔时间还和气温、湿度、风力等因素有关，因此，本条提出应控制胶粘剂涂刷与卷材铺贴的间隔时间，否则会直接影响粘结力，降低粘结的可靠性。

3 卷材与基层、卷材与卷材间的粘贴是否牢固，是防水工程中重要的指标之一。铺贴时应将卷材下面空气排净，加适当压力才能粘牢，一旦有空气存在，还会由于温度升高、气体膨胀，致使卷材粘结不良或起鼓。

4 卷材搭接缝的质量，关键在搭接宽度和粘结力。为保证搭接尺寸，一般在基层或已铺卷材上按要求弹出基准线。铺贴时应平整顺直，不扭曲、皱折，搭接缝应涂满胶粘剂，粘贴牢固。

5 卷材铺贴后，考虑到施工的可靠性，要求搭接缝口用宽 10mm 的密封材料封口，提高卷材接缝的

密封防水性能。密封材料宜选择卷材生产厂家提供的配套密封材料，或者是与卷材同种材性的密封材料。

5.4.7 本条对热粘法铺贴卷材的施工要点作出规定。采用热熔型改性沥青胶铺贴高聚物改性沥青防水卷材，可起到涂膜与卷材之间优势互补和复合防水的作用，更有利于提高屋面防水工程质量，应当提倡和推广应用。为了防止加热温度过高，导致改性沥青中的高聚物发生裂解而影响质量，故规定采用专用的导热油炉加热熔化改性沥青，要求加热温度不应高于200℃，使用温度不应低于180℃。

铺贴卷材时，要求随刮涂热熔型改性沥青胶随滚铺卷材，展平压实，本条对粘贴卷材的改性沥青胶结料厚度提出了具体的规定。

5.4.8 本条对热熔法铺贴卷材的施工要点作出规定。施工时加热幅宽内必须均匀一致，要求火焰加热器喷嘴距卷材面适当，加热至卷材表面有光亮时方可以粘合，如熔化不够会影响粘结强度，但加温过高全使改性沥青老化变焦，失去粘结力且易把卷材烧穿。铺贴卷材时应将空气排出使其粘贴牢固，滚铺卷材时缝边必须溢出热熔的改性沥青，使搭接缝粘贴严密。

由于有些单位将2mm厚的卷材采用热熔法施工，严重地影响了防水层的质量及其耐久性，故在条文中规定厚度小于3mm的高聚物改性沥青防水卷材，严禁采用热熔法施工。

为确保卷材搭接缝的粘结密封性能，本条规定有铝箔或矿物粒或片料保护层的部位，应先将其清除干净后再进行热熔的接缝处理。

用条粘法铺贴卷材时，为确保条粘部分的卷材与基层粘贴牢固，规定每幅卷材的每条粘贴宽度不应小于150mm。

为保证铺贴的卷材搭接缝平整顺直，搭接尺寸准确和不发生扭曲，应在基层或已铺卷材上按要求弹出基准线，严禁控制搭接缝质量。

5.4.9 本条对自粘法铺贴卷材的施工要点作出规定。首先将自粘胶底面隔离纸撕净，否则不能实现完全粘贴。为了提高自粘卷材与基层粘结性能，基层处理剂干燥后应及时粘贴卷材。为保证接缝粘结性能，搭接部位提倡采用热风机加热，尤其在温度较低时施工，这一措施就更为必要。

采用这种铺贴工艺，考虑到防水层的收缩以及外力使缝口翘边开缝，接缝口要求用密封材料封口，提高卷材接缝的密封防水性能。

在铺贴立面或大坡面卷材时，立面和大坡面处卷材容易下滑，可采用加热方法使自粘卷材与基层粘贴牢固，必要时采取金属压条钉压固定。

5.4.10 焊接法一般适用于热塑性高分子防水卷材的接缝施工。为了使搭接缝焊接牢固和密封，必须将搭接缝的结合面清刷干净，无灰尘、砂粒、污垢，必要时要用溶剂清洗。焊接施焊前，应将卷材铺放平整顺

直，搭接缝应按事先弹好的基准线对齐，不得扭曲、皱折。为了保证焊接缝质量和便于施焊操作，应先焊长边搭接缝，后焊短边搭接缝。

5.4.11 目前国内适用机械固定法铺贴的卷材，主要有PVC、TPO、EPDM防水卷材和5mm厚加强高聚物改性沥青防水卷材，要求防水卷材强度高、搭接缝可靠和使用寿命长等特性。机械固定法铺贴卷材，当固定件固定在屋面板上拉拔力不能满足风揭力的要求时，只能将固定件固定在檩条上。固定件采用螺钉加垫片时，应加盖200mm×200mm卷材封盖。固定件采用螺钉加"U"形压条时，应加盖不小于150mm宽卷材封盖。

5.4.12 由于卷材品种繁多、性能差异很大，外观可能完全一样难以辨认，因此要求按不同品种、型号、规格等分别堆放，避免工程中误用后造成质量事故。

卷材具有一定的吸水性，施工时卷材表面要求干燥，避免雨淋和受潮，否则施工后可能出现起鼓和粘结不良现象；卷材不能接近火源，以免变质和引起火灾。

卷材宜直立堆放，由于卷材中空，横向受挤压可能压扁，开卷后不易展开铺平，影响工程质量。

卷材较容易受某些化学介质及溶剂的溶解和腐蚀，故规定不允许与这些有害物质直接接触。

5.4.13 本条规定了进场的高聚物改性沥青防水卷材和合成高分子防水卷材需进行的物理性能检验项目。

5.4.14 胶粘剂和胶粘带品种繁多、性能各异，胶粘剂有溶剂型、水乳型、反应型（单组分、多组分）等类型。一般溶剂型胶粘剂应用铁桶密封包装，避免溶剂挥发变质或腐蚀包装桶；水乳型胶粘剂可用塑料桶密封包装，密封包装是为了运输、贮存时胶粘剂不致外漏，以免污染和侵蚀其他物品。溶剂型胶粘剂受热后容易挥发而引起火灾，故不能接近火源和热源。

5.4.15 本条规定了进场的基层处理剂、胶粘剂和胶粘带需进行的物理性能检验项目。高分子胶粘剂和胶粘带浸水168h后剥离强度保持率是一个重要性能指标，因为诸多高分子胶粘剂及胶粘带浸水后剥离强度会下降，为保证屋面的整体防水性能，规定其浸水168h后剥离强度保持率不应低于70%。

5.4.16 各类防水卷材施工时环境均有所不同，若施工环境温度低于本条规定值，将会影响卷材的粘结效果，尤其是冷粘法或自粘法铺贴的卷材，严重的可能导致开胶或粘结不牢。此外热熔法或热粘法还会造成能源的浪费。

5.5 涂膜防水层施工

5.5.1 涂膜防水层基层应坚实平整、排水坡度应符合设计要求，否则会导致防水层积水；同时防水层施工前基层应干燥、无孔隙、起砂和裂缝，保证涂膜防水层与基层有较好粘结强度。

本条对基层的干燥程度作了较为灵活的规定。溶剂型、热熔型和反应固化型防水涂料，涂膜防水层施工时，基层要求干燥，否则会导致防水层成膜后空鼓、起皮现象；水乳型或水泥基类防水涂料对基层的干燥度没有严格要求，但从成膜质量和涂膜防水层与基层粘结强度来考虑，干燥的基层比潮湿基层有利。

5.5.2 基层处理剂应与防水涂料相容。一是选择防水涂料生产厂家配套的基层处理剂；二是采用同种防水涂料稀释而成。

在基层上涂刷基层处理剂的作用，一是堵塞基层毛细孔，使基层的湿气不易渗到防水层中，引起防水层空鼓、起皮现象；二是增强涂膜防水层与基层粘结强度。因此，涂膜防水层一般都要涂刷基层处理剂，而且要求涂刷均匀、覆盖完全。同时要求待基层处理剂干燥后再涂布防水涂料。

5.5.3 采用多组分涂料时，涂料是通过各组分的混合发生化学反应而由液态变成固体，各组分的配料计量不准和搅拌不匀，将会影响混合料的充分化学反应，造成涂料性能指标下降。配成涂料固化的时间比较短，所以要按照在配料固化时间内的施工量来确定配料的多少，已固化的涂料不能再用，也不能与未固化的涂料混合使用，混合后将会降低防水涂膜的质量。若涂料黏度过大或固化过快时，可加入适量的稀释剂或缓凝剂进行调节，涂料固化过慢时，可适当地加入一些促凝剂来调节，但不得影响涂料的质量。

5.5.4 防水涂料涂布时如一次涂成，涂膜层易开裂，一般为涂布三遍或三遍以上为宜，而且须待先涂的涂料干后再涂后一遍涂料，最终达到本规范规定要求厚度。

涂膜防水层涂布时，要求涂刮厚薄均匀、表面平整，否则会影响涂膜层的防水效果和使用年限，也会造成材料不必要的浪费。

涂膜中夹铺胎体增强材料，是为了增加涂膜防水层的抗拉强度，要求边涂布边铺胎体增强材料，而且要刮平排除内部气泡，这样才能保证胎体增强材料充分被涂料浸透并粘结更好。涂布涂料时，胎体增强材料不得有外露现象，外露的胎体增强材料易于老化而失去增强作用，本条规定最上层的涂层应至少涂刮两遍，其厚度不应小于1mm。

节点和需铺附加层部位的施工质量至关重要，应先涂布节点和附加层，检查其质量是否符合设计要求，待检查无误后再进行大面积涂布，这样可保证屋面整体的防水效果。

屋面转角及立面的涂膜若一次涂成，极易产生下滑并出现流淌和堆积现象，造成涂膜厚薄不均，影响防水质量。

5.5.5 不同类型的防水涂料应采用不同的施工工艺，一是提高涂膜施工的工效，二是保证涂膜的均匀性和涂膜质量。水乳型及溶剂型防水涂料宜选用滚涂或喷涂，工效高，涂层均匀；反应固化型防水涂料属厚质防水涂料宜选用刮涂或喷涂，不宜采用滚涂；热熔型防水涂料宜选用刮涂，因为防水涂料冷却后即成膜，不适用滚涂和喷涂；刷涂施工工艺的工效低，只适用于关键部位的涂膜防水层施工。

5.5.6 各类防水涂料的包装容器必须密封，如密封不好，水分或溶剂挥发后，易使涂料表面结皮，另外溶剂挥发时易引起火灾。

包装容器上均应有明显标志，标明涂料名称，尤其多组分涂料，以免把各类涂料搞混，同时要标明生产日期和有效期，使用户能准确把握涂料是否过期失效；另外还要标明生产厂名，使用户一旦发现质量问题，可及时与厂家取得联系；特别要注明材料质量执行的标准号，以便质量检测时核实。

在贮运和保管环境温度低于0℃时，水乳型涂料易冻结失效，溶剂型涂料虽然不会产生冻结，但涂料稠度要增大，施工时也不易涂开，所以分别提出涂料在贮运和保管时的环境温度。由于溶剂型涂料具有一定的燃爆性，所以应严防日晒、渗漏，远离火源、热源、避免碰撞，在库内应设有消防设备。

5.5.7 本条规定了进场的防水涂料和胎体增强材料需进行的物理性能检验项目。

5.5.8 溶剂型涂料在负温下虽不会冻结，但黏度增大会增加施工操作难度，涂布前应采取加温措施保证其可涂性，所以溶剂型涂料的施工环境温度宜在−5℃～35℃；水乳型涂料在低温下将延长固化时间，同时易遭冻结而失去防水作用，温度过高使水蒸发过快，涂膜易产生收缩而出现裂缝，所以水乳型涂料的施工环境温度宜为5℃～35℃。

5.6 接缝密封防水施工

5.6.1 本条适用于位移接缝密封防水部位的基层，非位移接缝密封防水部位的基层应符合本条第1、2款的规定。密封防水部位的基层不密实，会降低密封材料与基层的粘结强度；基层不平整，会使嵌填密封材料不均匀，接缝位移时密封材料局部易拉坏，失去密封防水作用。如果基层不干净、不干燥，会降低密封材料与基层的粘结强度，尤其是溶剂型或反应固化型密封材料，基层必须干燥。由于我国目前无适当的现场测定基层含水率的设备和措施，不能给出定量的规定，只能提出定性的要求。按本规范第4.6.4条的有关规定，背衬材料应比接缝宽度大20%的规定，使用专用压轮嵌入背衬材料后，可以保证接缝密封材料的设计厚度，同时还保证背衬材料与接缝壁间不留有空隙。基层处理剂的主要作用，是使被粘结体的表面受到渗透及浸润，改善密封材料和被粘结体的粘结性，并可以封闭混凝土及水泥砂浆表面，防止从内部渗出碱性物质及水分，因此密封防水部位的基层宜涂刷基层处理剂。

5.6.2 冷嵌法施工的条文内容是参考有关资料，并通过施工实践总结出来的。由于各种密封材料均存在着不同程度的干湿变形，当干湿变形和接缝尺寸均较大时，密封材料宜分次嵌填，否则密封材料表面会出现"U"形。且一次嵌填的密封材料量过多时，材料不易固化，会影响密封材料与基层的粘结力，同时由于残留溶剂的挥发引起内部不密实或产生气泡。热灌法施工应严格按照施工工艺要求进行操作，热熔型改性石油沥青密封材料现场施工时，熬制温度应控制在180℃~200℃，若熬制温度过低，不仅大大降低密封材料的粘结性能，还会使材料变稠，不便施工；若熬制温度过高，则会使密封材料性能变坏。

5.6.3 合成高分子密封材料施工时，单组分密封材料在施工现场可直接使用，多组分密封材料为反应固化型，各个组分配比一定要准确，宜采用机械搅拌，拌合应均匀，否则不能充分反应，降低材料质量。拌合好的密封材料必须在规定的时间内施工完，因此应根据实际情况和有效时间内材料施工用量来确定每次拌合量。不同的材料、生产厂家都规定了不同的拌合时间和拌合温度，这是决定多组分密封材料施工质量好坏的关键因素。合成高分子密封材料的嵌填十分重要，如嵌填不饱满，出现凹陷、漏嵌、孔洞、气泡，都会降低接缝密封防水质量，因此，在施工中应特别注意，出现的问题应在密封材料表干前修整；如果表干前不修整，则表干后不易修整，且容易将固化的密封材料破坏。

5.6.4 密封材料嵌填应密实、连续、饱满，与基层粘结牢固，才能确保密封防水的效果。密封材料嵌填时，不管是用挤出枪还是用腻子刀施工，表面都不会光滑平直，可能还会出现凹陷、漏嵌、孔洞、气泡等现象，对于出现的问题应在密封材料表干前及时修整。

5.6.5 嵌填完毕的密封材料应按要求养护，下一道工序施工时，必须对接缝部位的密封材料采取保护措施，如施工现场清扫或保温隔热层施工时，对已嵌缝的密封材料宜采用卷材或木板条保护，防止污染及碰损。嵌填的密封材料，固化前不得踩踏，因为密封材料嵌缝时构造尺寸和形状都有一定的要求，而未固化的密封材料则不具有一定的弹性，踩踏后密封材料发生塑性变形，导致密封材料构造尺寸不符合设计要求。

5.6.6 密封材料在紫外线、高温和雨水的作用下，会加速其老化和降低产品质量。大部分密封材料是易燃品，因此贮运和保管时应避免日晒、雨淋、远离火源和热源。合成高分子密封材料贮运和保管时，应保证包装密封完好，如包装不严密，挥发固化型密封材料中的溶剂和水分挥发会产生固化，反应固化型密封材料如与空气接触会产生凝胶。保管时应将其分类，不应与其他材料或不同生产日期的同类材料堆放在一

起，尤其是多组分密封材料更应该避免混乱堆放。

5.6.7 本条规定了进场的改性沥青密封材料、合成高分子密封材料需进行的物理性能检验项目。

5.6.8 施工时气温低于0℃，密封材料变稠，工人难以施工，同时大大减弱了密封材料与基层的粘结力。在5℃以下施工，乳胶型密封材料易破乳，产生凝胶现象，反应型密封材料难以固化，无法保证密封防水质量。故规定改性沥青密封材料和溶剂型高分子密封材料的施工环境温度宜为0℃~35℃；乳胶型及反应型密封材料施工环境温度宜为5℃~35℃。

5.7 保护层和隔离层施工

5.7.1~5.7.3 这三条按每道工序之间验收的要求，强调对防水层或保温层的检验，可防止防水层被保护层覆盖后，存在未解决的问题；同时做好清理工作和施工维护工作，保证防水层和保温层的表面平整、干净，避免施工作业中人为对防水层和保温层造成损坏。

5.7.4 本条强调保护层施工后的表面坡度，不得因保护层的施工而改变屋面的排水坡度，造成积水现象。

5.7.5 本条对块体材料保护层的铺设作出要求，注意要区分块体间缝隙与分格缝，块体间缝用水泥砂浆勾缝，每10m留设的分格缝应用密封材料嵌缝。

5.7.6 在水泥初凝前完成抹平和压光；水泥终凝后应充分养护，可避免保护层表面出现起砂、起皮现象。由于收缩和温差的影响，水泥砂浆及细石混凝土保护层预先留设分格缝，使裂缝集中于分格缝中，可减少大面积开裂的现象。

5.7.7 当采用浅色涂料做保护层时，涂刷时涂刷的遍数越多，涂层的密度就越高，涂层的厚度越均匀；堆积会造成不必要的浪费，还会影响成膜时间和成膜质量，流淌会使涂膜厚度达不到要求，涂料与防水层粘结是否牢固，其厚度能否达到要求，直接影响到屋面防水层的耐久性；因此，涂料保护层必须与防水层粘结牢固和全面覆盖，厚薄均匀，才能起到对防水层的保护作用。

5.7.8 本条分别对水泥、块体材料和浅色涂料的贮运、保管提出要求。

5.7.9 本条规定了块体材料、水泥砂浆、细石混凝土等的施工环境温度，若在负温下施工，应采取必要的防冻措施。

5.7.10 为了消除保护层与防水层之间的粘结力及机械咬合力，隔离层必须使保温层与防水层完全隔离，对隔离层破损或漏铺部位应及时修复。

5.7.11、5.7.12 对隔离层铺设提出具体质量要求。

5.7.13 本条对隔离层材料的贮运、保管提出要求。

5.7.14 干铺塑料膜、土工布或卷材，可在负温下施工，但要注意材料的低温开卷性，对于沥青基卷材

应选择低温柔性好的卷材。铺抹低强度砂浆施工环境温度不宜低于5℃。

5.8 瓦屋面施工

5.8.1 参见本规范第4.8.10条的条文说明。

5.8.2 瓦屋面的钢筋混凝土基层表面不平整时，应抹水泥砂浆找平层，有利于瓦片铺设。混凝土基层表面应清理干净、保持干燥，以确保瓦屋面的工程质量。

5.8.3 在瓦屋面中铺贴防水垫层时，铺贴方向宜平行于屋脊，并顺流水方向搭接，防止雨水侵入卷材搭接缝而造成渗漏，而且有利于钉压牢固，方便施工操作。

防水垫层的最小厚度和搭接宽度，应符合本规范第4.8.6条的规定。

在瓦屋面施工中常常出现防水垫层铺好后，后续工序施工的操作人员不注意保护已完工的防水垫层，不仅在防水垫层上随意踩踏，还在其上乱放工具、乱堆材料，损坏了防水垫层，造成屋面渗漏。所以本条强调了后续工序施工时不得损坏防水垫层。

5.8.4 本条对屋面有无保温层的不同情况，提出了瓦屋面持钉层的铺设方法。当设计无具体要求时，持钉层施工应按本条执行。

由于考虑建筑节能的需要，瓦屋面的保温层宜设置在结构层与瓦面之间。块瓦面传统做法，常把保温材料填充在挂瓦条间格内，这里存在两个问题：一是保温层超过挂瓦条高度时，挂瓦条要加大后才能直接钉在基层上；二是挂瓦条间格内完全填充保温材料后，造成屋面通风效果较差，因此，目前多采用在基层上先做保温层，再做持钉层的方法。

持钉层是烧结瓦、混凝土瓦和沥青瓦的基层，持钉层要做到坚实和平整，厚度应符合本规范第4.8.7条的规定。采用细石混凝土持钉层时，只有将持钉层、保温层和基层有效地连接成一个整体，才能保证瓦屋面铺装和使用的安全，为此，细石混凝土持钉层的厚度不应小于35mm，混凝土强度等级、钢筋网和锚筋的直径和间距应按具体工程设计。基层预埋锚筋应伸出保温层20mm，并与钢筋网采用焊接或绑扎连牢。锚筋应在屋脊和檐口、檐沟部位的结构板内预埋，以确保持钉层的受力合理和施工方便。

5.8.5 顺水条的作用是压紧防水垫层，并使其在瓦片下能留出一定高度的空间，瓦缝中渗下的水可沿顺水条流走，所以顺水条的铺钉方向一定要垂直屋脊方向，间距不宜大于500mm。顺水条铺钉后表面平整，才能保证其上的挂瓦条铺钉平整。由于烧结瓦、混凝土瓦的规格不一、屋面坡度不一，所以必须按瓦片尺寸和屋面坡长计算铺瓦档数，并在屋面上按档数弹出挂瓦条位置线。在铺钉挂瓦条时，一定要铺钉牢固，不得漏钉，以防挂瓦后变形脱落，另外在铺钉挂瓦条

时应在屋面上拉通线，并使挂瓦条的上表面在同一斜面上，以确保挂瓦后屋面平整。

5.8.6 在瓦屋面的施工过程中，运到屋面上的烧结瓦、混凝土瓦，应均匀分散地堆放在屋面的两坡，铺瓦应由两坡从下到上对称铺设，是考虑到烧结瓦、混凝土瓦的重量较大，如果集中堆放在一起，或是铺瓦时两坡不对称铺设，都会对屋盖支撑系统产生过大的不对称施工荷载，使屋面结构的受力情况发生较大的变化，严重时甚至会导致屋面结构破坏事故。

5.8.7 在铺挂烧结瓦、混凝土瓦时，瓦片之间应排列整齐、紧密搭接、瓦榫落槽、瓦脚挂牢，做到整体瓦面平整，横平竖直，才能实现外表美观，尤其是不得有张口、翘角现象，否则冷空气或雨水易沿缝口渗入室内造成屋面渗漏。

5.8.8 脊瓦铺设时要做到脊瓦搭盖间距均匀，屋脊或斜脊应成一直线，无起伏现象，以确保美观。脊瓦与坡面瓦之间的缝隙应用聚合物水泥砂浆嵌填，以减少因砂浆干缩而引起的裂缝。沿山墙的一行瓦，由于瓦边裸露，不仅雨雪易由此处渗入，而且刮大风时也易将瓦片掀起，故此部分宜用聚合物水泥砂浆抹出披水线，将瓦片封固。

5.8.9 根据烧结瓦、混凝土瓦屋面多年使用的经验，在调查研究的基础上规定了瓦片铺装时相关部位的构造尺寸。

5.8.10 烧结瓦、混凝土瓦均为脆性材料，在瓦屋面上受到外力冲击或重物堆压时，瓦片极易断裂、破碎，损坏了瓦屋面的整体防水功能，故本条强调了瓦屋面的成品保护，以确保瓦屋面的使用功能。

5.8.11 由于瓦片是脆性材料，易断裂或碰碎，所以在瓦片的装卸运输过程中应轻拿轻放，不得抛扔、碰撞，以避免将瓦片损坏。

5.8.12 本条规定了进场的烧结瓦、混凝土瓦需进行的物理性能检验项目。

5.8.13 在铺设沥青瓦前应根据屋面坡长的具体尺寸，按照沥青瓦的规格及搭盖要求，在屋面基层上弹水平及垂直基准线，然后按线的位置铺设沥青瓦，以确保沥青瓦片之间的搭盖尺寸。

5.8.14 檐口部位施工时，宜先铺设金属滴水板或双层檐口瓦，并将其与基层固定牢固，然后再铺设防水垫层。檐口沥青瓦应满涂沥青胶结材料，以确保粘结牢固，避免翘边、张口。

5.8.15 铺设沥青瓦时，相邻两层沥青瓦拼缝及切口均应错开，上下层不得重合。因为沥青瓦上的切口是用来分开瓦片的缝隙，瓦片被切口分离的部分，是在屋面上铺设后外露的部分，如果切口重合不但易造成屋面渗漏，而且也影响屋面外表美观，失去沥青瓦屋面应有的效果。起始层瓦由瓦片经切除垂片部分后制得，是避免瓦片过于重叠而引起折痕。起始层瓦沿檐口平行铺设并伸出檐口10mm，这是防止檐口爬水现

象的举措。露出瓦切口，但不得超过切口长度，是确保沥青瓦铺设质量的关键。

5.8.16 檐口和屋脊部位，易受强风或融雪损坏，发生渗漏现象比较普遍。为确保其防水性能，本条规定屋面周边的檐口和屋脊部位沥青瓦应采用满粘加固措施。

5.8.17 沥青瓦是薄面轻的片状材料，瓦片是以钉为主，以粘为辅的方法与基层固定，所以本条规定了固定钉应垂直钉入持钉层内，同时规定了固定钉钉入不同持钉层的深度，以保证固定钉有足够的握裹力，防止因大风等外力作用导致沥青瓦片脱落损坏。固定钉的钉帽必须压在上一层沥青瓦的下面，不得外露，以防固定钉锈蚀损坏。固定钉的钉帽应钉平，才能使上下两层沥青瓦搭盖平整，粘结严密。

5.8.18 在沥青瓦屋面上铺设脊瓦时，脊瓦应顺年最大频率风向搭接，以避免因逆风吹而张口。脊瓦应盖住两坡面瓦每边不小于150mm，脊瓦与脊瓦的搭盖面积不应小于脊瓦面积的1/2，这样才能使两坡面的沥青瓦通过脊瓦形成一个整体，以确保屋面工程质量。

5.8.19 沥青瓦屋面与立墙或伸出屋面的烟囱、管道的交接处，是屋面防水的薄弱环节，如果处理不好就容易在这些部位出现渗漏，所以本条规定在上述部位的周边与立面250mm范围内，应先铺设附加层，以增强这些部位的防水处理。然后再在其上用沥青胶结材料满涂粘贴一层沥青瓦片，使之与屋面上的沥青瓦片连成一个整体。

5.8.20 沥青瓦屋面的天沟是屋面雨水集中的部位，也是屋面变形较敏感的部位，处理不好就容易造成渗漏，所以施工时不论是采用搭接式、编织式或敞开式铺贴，都要保证天沟顺直，才能排水畅通。天沟部位的沥青瓦应满涂沥青胶粘材料与沟底防水垫层粘结牢固，沥青瓦之间的搭接缝应密封严密，以防止天沟中的水渗入瓦下。

5.8.21 本条对沥青瓦的贮运、保管作了规定。

5.8.22 本条规定了进场的沥青瓦需进行的物理性能检验项目。

5.9 金属板屋面施工

5.9.1 为了保证金属板屋面施工的质量，要求主体结构工程应满足金属板安装的基本条件，特别是主体结构的轴线和标高的尺寸偏差控制，必须达到有关钢结构、混凝土结构和砌体结构工程施工质量验收规范的要求，否则，应采用适当的措施后才能进行金属板安装施工。

5.9.2 金属板屋面排板设计直接影响到金属板的合理使用、安装质量及结构安全等，因此在金属板安装施工前，进行深化排板设计是必不可少的一项细致具体的技术工作。排板设计的主要内容

包括：檩条及支座位置，金属板的基准线控制，异形金属板制作，板的规格及排布，连接件固定方式等。本条规定金属板排板图及必要的构造详图，是保证金属板安装质量的重要措施。

金属板安装施工前，技术人员应仔细阅读设计图纸和有关节点构造，按金属板屋面的板型技术要求和深化设计排板图进行安装。

5.9.3 金属板屋面是建筑围护结构，在金属板安装施工前必须对主体结构进行复测。主体结构轴线和标高出现偏差时，金属板的分隔线、檩条、固定支架或支座均应及时调整，并应绘制精确的设计放样详图。

金属板安装施工时，应定期对金属板安装定位基准进行校核，保证安装基准的正确性，避免产生安装误差。

5.9.4 金属板屋面制作和安装所用材料，凡是国家标准规定需进行现场检验的，必须进行有关材料各项性能指标检验，检验合格者方能在工程中使用。

5.9.5 在工厂轧制的金属板，由于受运输条件限制，板长不宜大于12m；在施工现场轧制金属板的长度，应根据屋面排水坡度、板型连接构造、环境温差及吊装运输条件等综合确定，金属板的单坡最大长度宜符合表15的规定。

表15 金属板的单坡最大长度（m）

金属板种类	连接方式	单坡最大长度
压型铝合金板	咬口锁边	50
压型钢板	咬口锁边	75
压型钢板	紧固件固定	面板12
		底板25
夹芯板	紧固件固定	12
泛水板	紧固件固定	6

5.9.6 本条规定金属板相邻两板的搭接方向宜顺主导风向，是指金属板屋面在垂直于屋脊方向的相邻两板的接缝，当采取顺主导风向时，可以减少风力对雨水向室内的渗透。

当在多维曲面上雨水可能翻越金属板板肋横流时，咬合接口应顺流水方向。目前有许多金属板屋面呈多维曲面，虽曲面上的雨水流向是多变的，但都应服从水由高处往低处流动的道理，故咬合接口应顺流水方向。

5.9.7 本条是对金属板铺设过程中的施工安全问题作出的规定。

5.9.8 金属板安装应平整、顺滑，确保屋面排水通畅。对金属板的保护，是金属板安装施工过程中十分重要而易被忽视的问题，施工中对板面的粘附物应及时清理干净，以免凝固后再清理时划伤表面的装饰层。金属板的屋脊、檐口、泛水直线段应顺直，曲线段应顺畅。

5.9.9 金属板施工完毕，应目测金属板的连接和密封处理是否符合设计要求，目测无误后应进行淋水试验或蓄水试验，观察金属板接缝部位以及檐沟、天沟是否有渗漏现象，并应做好文字记录。

5.9.10 加强金属板屋面完工后的成品保护，以保证屋面工程质量。

5.9.11 为了防止因金属板在吊装、运输过程中或保管不当而造成的变形、缺陷等影响工程质量，本条提出有关注意事项，这是金属板安装施工前应做的准备工作。

5.9.12 本条对金属板的吊运、保管作出了规定。

5.9.13 本条规定了进场的彩色涂层钢板及钢带需进行的物理性能检验项目。

5.9.14 本条对金属面绝热夹芯板的贮运、保管作出了规定。

5.9.15 本条规定了进场的金属面绝热夹芯板需进行的物理性能检验项目。

5.10 玻璃采光顶施工

5.10.1 为了保证玻璃采光顶安装施工的质量，本条要求主体结构工程应满足玻璃采光顶安装的基本条件，特别是主体结构的轴线控制线和标高控制线的尺寸偏差，必须达到有关钢结构、混凝土结构和砌体结构工程质量验收规范的要求，否则，应采用适当的控制措施后才能进行玻璃采光顶的安装施工。

为了保证玻璃采光顶与主体结构连接牢固，玻璃采光顶与主体结构连接的预埋件，在主体结构施工时应按设计要求进行埋设，预埋件位置偏差不应大于20mm。当预埋件位置偏差过大或未设预埋件时，施工单位应制定施工技术方案，经设计单位同意后方可实施。

5.10.2 对玻璃采光顶的施工测量强调两点：

1 玻璃采光顶分格轴线的测量应与主体结构测量相配合；主体结构轴线出现偏差时，玻璃采光顶分格线应根据测量偏差及时进行调整，不得积累。

2 定期对玻璃采光顶安装定位基准进行校核，以保证安装基准的正确性，避免因此产生安装误差。

5.10.3 玻璃采光顶支承构件、玻璃组件及附件，材料品种、规格、色泽和性能，均应在设计文件中明确规定，安装施工前应对进场的材料进行检查和验收，不得使用不合格和过期的材料。

5.10.4 玻璃采光顶的现场淋水试验和天沟、排水槽蓄水试验，是屋面工程质量验收的功能性检验项目，应在玻璃采光顶施工完毕后进行。淋水时间不应小于2h，蓄水时间不应小于24h，观察有无渗漏现象，并应填写淋水或蓄水试验记录。

5.10.5、5.10.6 这两条是对框支承和点支承玻璃采光顶的安装施工提出的基本要求，对分格测量、支承结构安装、框架组件和驳接组件装配、玻璃接缝、节点构造等内容作了具体规定。

5.10.7 明框玻璃组件组装包括单元和配件。单元的加工制作和安装要求，一是玻璃与型材槽口的配合尺寸，应符合设计要求和技术标准的规定；二是玻璃四周密封胶条应镶嵌平整、密实；三是明框玻璃组件中的导气孔及排水孔，是实现等压设计及排水功能的关键，在组装时应特别注意保持孔道通畅，使金属框和玻璃因结露而产生的冷凝水得到控制、收集和排除。

5.10.8 隐框玻璃组件的组装主要考虑玻璃组装采用的胶粘方式和要求。一是硅酮结构密封胶使用前，应进行相容性和剥离粘结性试验；二是应清洁玻璃和金属框表面，不得有尘埃、油和其他污物，清洁后应及时嵌填密封胶；三是硅酮结构胶的粘结宽度和厚度应符合设计要求；四是硅酮结构胶固化期间，不应使胶处于工作状态，以保证其粘结强度。

5.10.9 按现行行业标准《幕墙玻璃接缝用密封胶》JC/T 882规定，密封胶的位移能力分为20级和25级两个级别，同一级别又有高模量（HM）和低模量（LM）之分，选用时必须分清产品级别和模量；产品进场验收时，必须检查产品外包装上级别和模量标记的一致性，不能采用无标记产品。当玻璃接缝采用二道密封时，则第一道密封宜采用低模量产品，第二道用高模量产品，这样有利于提高接缝密封表面的耐久性。如果选用高强度、高模量新型产品，可显著提高接缝防水密封的安全可靠性和耐久性，目前已出现HM100/50和LM100/50级别的产品，但必须经验证后选用。

夹层玻璃的厚度一般在10mm左右，玻璃接缝密封的深度宜与夹层玻璃的厚度一致。中空玻璃在有保温设计的采光顶中普遍得到使用，中空玻璃的总厚度一般在22mm左右，玻璃接缝密封深度只需满足接缝宽度50%～70%的要求，通常是在接缝处密封胶底部设置背衬材料，其宽度应比接缝宽度大20%，嵌入深度应为密封胶的设计厚度。背衬材料可采用聚乙烯泡沫棒，以预防密封胶与底部粘结，三面粘会造成应力集中并破坏密封防水。

5.10.10 本条对玻璃采光顶材料的贮运、保管作出了规定，主要是依据现行行业标准《建筑玻璃采光顶》JG/T 231的要求提出的。

中华人民共和国国家标准

坡屋面工程技术规范

Technical code for slope roof engineering

GB 50693—2011

主编部门：中华人民共和国住房和城乡建设部
批准部门：中华人民共和国住房和城乡建设部
实施日期：２０１２ 年 ５ 月 １ 日

中华人民共和国住房和城乡建设部
公　告

第 1029 号

关于发布国家标准
《坡屋面工程技术规范》的公告

现批准《坡屋面工程技术规范》为国家标准，编号为 GB 50693-2011，自 2012 年 5 月 1 日起实施。其中，第 3.2.10、3.2.17、3.3.12、10.2.1 条为强制性条文，必须严格执行。

本规范由我部标准定额研究所组织中国建筑工业出版社出版发行。

中华人民共和国住房和城乡建设部
2011 年 5 月 12 日

前　言

根据原建设部《关于印发〈2005 年工程建设标准规范制订、修订计划（第一批）〉的通知》（建标函[2005] 84 号）的要求，规范编制组经广泛调查研究，认真总结实践经验，参考有关国际标准和国外先进标准，并在广泛征求意见的基础上，编制本规范。

本规范的主要技术内容是：总则、术语、基本规定、坡屋面工程材料、防水垫层、沥青瓦屋面、块瓦屋面、波形瓦屋面、金属板屋面、防水卷材屋面、装配式轻型坡屋面等。

本规范中以黑体字标志的条文为强制性条文，必须严格执行。

本规范由住房和城乡建设部负责管理和对强制性条文的解释，由中国建筑防水协会负责具体技术内容的解释。执行过程中如有意见或建议，请寄送中国建筑防水协会（地址：北京市海淀区三里河路 11 号，邮编：100831），以便今后修订时参考。

本规范主编单位：中国建筑防水协会
本规范参编单位：中国建筑材料科学研究总
院苏州防水研究院
北京市建筑设计研究院
深圳大学建筑设计研究院
中国砖瓦工业协会
中国绝热节能材料协会
欧文斯科宁（中国）投资
有限公司
格雷斯中国有限公司
曼宁家屋面系统（中国）
有限公司
永得宁国际贸易（上海）
有限公司
巴特勒（上海）有限公司
上海建筑防水材料（集团）公司
嘉泰陶瓷（广州）有限
公司
北京圣洁防水材料有限
公司
渗耐防水系统（上海）有
限公司
北京铭山建筑工程有限
公司

本规范主要起草人员： 王　天　朱冬青　李承刚
朱志远　孙庆祥　颉朝华
王　兵　张道真　丁红梅
姜　涛　方　虎　张照然
张　浩　葛　兆　尚华胜
杜　昕

本规范主要审查人员： 叶林标　方展和　李引擎
王祖光　刘达文　蔡昭昀
羡永彪　霍瑞琴

目　　次

Contents

1 总　则

1.0.1 为提高我国坡屋面工程技术水平，确保工程质量，制定本规范。

1.0.2 本规范适用于新建、扩建和改建的工业建筑、民用建筑坡屋面工程的设计、施工和质量验收。

1.0.3 坡屋面工程的设计和施工应遵守国家有关环境保护、建筑节能和安全的规定，并应采取相应措施。

1.0.4 坡屋面工程应积极采用成熟的新材料、新技术、新工艺。

1.0.5 坡屋面工程的设计、施工和质量验收除应符合本规范外，尚应符合国家现行有关标准的规定。

2 术　语

2.0.1 坡屋面　slope roof
坡度大于等于3％的屋面。

2.0.2 屋面板　roof boarding
用于坡屋面承托保温隔热层和防水层的承重板。

2.0.3 防水垫层　underlayment
坡屋面中通常铺设在瓦材或金属板下面的防水材料。

2.0.4 持钉层　lock layer of nail
瓦屋面中能够握裹固定钉的构造层次，如细石混凝土层和屋面板等。

2.0.5 隔汽层　vapour barrier
阻滞水蒸气进入保温隔热材料的构造层次。

2.0.6 正脊　flat ridge
坡屋面屋顶的水平交线形成的屋脊。

2.0.7 斜脊　slope ridge
坡屋面斜面相交凸角的斜交线形成的屋脊。

2.0.8 斜天沟　slope cullis
坡屋面斜面相交凹角的斜交线形成的天沟。

2.0.9 搭接式天沟　lapped cullis
在斜天沟上铺设沥青瓦，两侧瓦片搭接形成的天沟。

2.0.10 编织式天沟　knitted cullis
在斜天沟上铺设沥青瓦，两侧瓦片编织形成的天沟。

2.0.11 敞开式天沟　open cullis
瓦材铺设至天沟边沿，天沟底部采用卷材或金属板构造形成的天沟。

2.0.12 挑檐　overhang
屋面向排水方向挑出外墙或外廊部位的檐口构造。

2.0.13 块瓦　tile
由黏土、混凝土和树脂等材料制成的块状硬质屋面瓦材。

2.0.14 沥青波形瓦　corrugated bitumen sheets
由植物纤维浸渍沥青成型的波形瓦材。

2.0.15 树脂波形瓦　corrugated resin sheets
以合成树脂和纤维增强材料为主要原料制成的波形瓦材。

2.0.16 光伏瓦　photovoltaic tile
太阳能光伏电池与瓦材的复合体。

2.0.17 光伏防水卷材　photovoltaic waterproof sheet
太阳能光伏薄膜电池与防水卷材的复合体。

2.0.18 机械固定件　fastener
用于机械固定保温隔热材料、防水卷材的固定钉、垫片和压条等配件。

2.0.19 金属板屋面　metal plate roof
采用压型金属板或金属面绝热夹芯板的建筑屋面。

2.0.20 装配式轻型坡屋面　assembly-type light sloping roof
以冷弯薄壁型钢屋架或木屋架为承重结构，轻质保温隔热材料、轻质瓦材等装配组成的坡屋面系统。

2.0.21 抗风揭　wind uplift resistance
阻抗由风力产生的对屋面向上荷载的措施。

2.0.22 冰坝　ice dam
在屋面檐口部位结冰形成的挡水冰体。

3 基本规定

3.1 材　料

3.1.1 坡屋面应按构造层次、环境条件和功能要求选择屋面材料。材料应配置合理、安全可靠。

3.1.2 坡屋面工程采用的材料应符合下列规定：

　　1 材料的品种、规格、性能等应符合国家相关产品标准和设计规定，满足屋面设计使用年限的要求，并应提供产品合格证书和检测报告；

　　2 设计文件应标明材料的品种、型号、规格及其主要技术性能；

　　3 坡屋面工程宜采用节能环保型材料；

　　4 材料进场后，应按规定抽样复验，提出试验报告；

　　5 坡屋面使用的材料宜贮存在阴凉、干燥、通风处，避免日晒、雨淋和受潮，严禁接近火源；运输应符合相关标准规定。

3.1.3 严禁在坡屋面工程中使用不合格的材料。

3.1.4 坡屋面采用的材料应符合相关建筑防火规范的规定。

3.2 设　计

3.2.1 坡屋面工程设计应遵循"技术可靠、因地制宜、经济适用"的原则。

3.2.2 坡屋面工程设计应包括以下内容：

    1 确定屋面防水等级；

    2 确定屋面坡度；

    3 选择屋面工程材料；

    4 防水、排水系统设计；

    5 保温、隔热设计和节能措施；

    6 通风系统设计。

3.2.3 坡屋面工程设计应根据建筑物的性质、重要程度、地域环境、使用功能要求以及依据屋面防水层设计使用年限，分为一级防水和二级防水，并应符合表3.2.3的规定。

表3.2.3 坡屋面防水等级

项 目	坡屋面防水等级	
	一级	二级
防水层设计使用年限	≥20 年	≥10 年

注：1 大型公共建筑、医院、学校等重要建筑屋面的防水等级为一级，其他为二级；

    2 工业建筑屋面的防水等级按使用要求确定。

3.2.4 根据建筑物高度、风力、环境等因素，确定坡屋面类型、坡度和防水垫层，并应符合表3.2.4的规定。

表3.2.4 屋面类型、坡度和防水垫层

坡度与垫层	屋 面 类 型						
	沥青瓦屋面	块瓦屋面	波形瓦屋面	金属板屋面		防水卷材屋面	装配式轻型坡屋面
				压型金属板屋面	夹芯板屋面		
适用坡度（%）	≥20	≥30	≥20	≥5	≥5	≥3	≥20
防水垫层	应选	应选	应选	一级应选二级宜选	—	—	应选

3.2.5 坡屋面采用沥青瓦、块瓦、波形瓦和一级设防的压型金属板时，应设置防水垫层。

3.2.6 坡屋面防水构造等重要部位应有节点构造详图。

3.2.7 坡屋面的保温隔热层应通过建筑热工设计确定，并应符合相关规定。

3.2.8 保温隔热层铺设在装配式屋面板上时，宜设置隔汽层。

3.2.9 坡屋面应按现行国家标准《建筑结构荷载规范》GB 50009的有关规定进行风荷载计算。沥青瓦屋面、金属板屋面和防水卷材屋面应按设计要求提供抗风揭试验检测报告。

3.2.10 屋面坡度大于100%以及大风和抗震设防烈度为7度以上的地区，应采取加强瓦材固定等防止瓦材下滑的措施。

3.2.11 持钉层的厚度应符合下列规定：

    1 持钉层为木板时，厚度不应小于20mm；

    2 持钉层为胶合板或定向刨花板时，厚度不应小于11mm；

    3 持钉层为结构用胶合板时，厚度不应小于9.5mm；

    4 持钉层为细石混凝土时，厚度不应小于35mm。

3.2.12 细石混凝土找平层、持钉层或保护层中的钢筋网应与屋脊、檐口预埋的钢筋连接。

3.2.13 夏热冬冷地区、夏热冬暖地区和温和地区坡屋面的节能措施宜采用通风屋面、热反射屋面、带铝箔的封闭空气间层或屋面种植等，并应符合现行国家标准《民用建筑热工设计规范》GB 50176 的相关规定。

3.2.14 屋面坡度大于100%时，宜采用内保温隔热措施。

3.2.15 坡屋面工程设计应符合相关建筑防火设计规范的规定。

3.2.16 冬季最冷月平均气温低于−4℃的地区或檐口结冰严重的地区，檐口部位应增设一层防冰坝返水的自粘或满粘防水垫层。增设的防水垫层应从檐口向上延伸，并超过外墙中心线不少于1000mm。

3.2.17 严寒和寒冷地区的坡屋面檐口部位应采取防冰雪融坠的安全措施。

3.2.18 钢筋混凝土檐沟的纵向坡度不宜小于1%。檐沟内应做防水。

3.2.19 坡屋面的排水设计应符合下列规定：

    1 多雨地区的坡屋面应采用有组织排水；

    2 少雨地区可采用无组织排水；

    3 高低跨屋面的水落管出水口处应采取防冲刷措施。

3.2.20 坡屋面有组织排水方式和水落管的数量，应按现行国家标准《建筑给水排水设计规范》GB 50015的相关规定确定。

3.2.21 坡屋面的种植设计应符合现行行业标准《种植屋面工程技术规程》JGJ 155的有关规定。

3.2.22 屋面设有太阳能热水器、太阳能光伏电池板、避雷装置和电视天线等附属设施时，应符合下列规定：

    1 应计算屋面结构承受附属设施的荷载；

    2 应计算屋面附属设施的风荷载；

    3 附属设施的安装应符合设计要求；

    4 附属设施的支撑预埋件与屋面防水层的连接处采取防水密封措施。

3.2.23 屋面采用光伏瓦和光伏防水卷材的防水构造可按照本规范的相关规定执行。

3.2.24 采光天窗的设计应符合下列规定：

　　1 采用排水板时，应有防雨措施；

　　2 采光天窗与屋面连接处应作两道防水设防；

　　3 应有结露水泻流措施；

　　4 天窗采用的玻璃应符合相关安全的要求；

　　5 采光天窗的抗风压性能、水密性、气密性等应符合相关标准的规定。

3.2.25 坡屋面上应设置施工和维修时使用的安全扣环等设施。

3.3 施 工

3.3.1 坡屋面工程施工前应通过图纸会审，对施工图中的细部构造进行重点审查；施工单位应编制施工方案、技术措施和技术交底。

3.3.2 坡屋面工程应由具有相应资质的专业队伍施工，操作人员应持证上岗。

3.3.3 穿出屋面的管道、设施和预埋件等，应在防水层施工前安装。

3.3.4 防水垫层施工完成后，应及时铺设瓦材或屋面材料。

3.3.5 铺设瓦材时，瓦材应在屋面上均匀分散堆放，自下而上作业。瓦材宜顺工程所在地年最大频率风向铺设。

3.3.6 保温隔热材料施工应符合下列规定：

　　1 保温隔热材料应按设计要求铺设；

　　2 板状保温隔热材料铺设应紧贴基层，铺平垫稳，拼缝严密，固定牢固；

　　3 板状保温隔热材料可镶嵌在顺水条之间；

　　4 喷涂硬泡聚氨酯保温隔热层的厚度应符合设计要求，并应符合现行国家标准《硬泡聚氨酯保温防水工程技术规范》GB 50404 的有关规定；

　　5 内保温隔热屋面用保温隔热材料施工应符合设计要求。

3.3.7 坡屋面的种植施工应符合现行行业标准《种植屋面工程技术规程》JGJ 155 的有关规定。

3.3.8 设有采光天窗的屋面施工应符合下列规定：

　　1 采光天窗与结构框架连接处应采用耐候密封材料封严；

　　2 结构框架与屋面连接部位的泛水应按顺水方向自下而上铺设。

3.3.9 屋面转角处、屋面与穿出屋面设施的交接处，应设置防水垫层附加层，并加强防水密封措施。

3.3.10 装配式屋面板应采取下列接缝密封措施：

　　1 混凝土板的对接缝宜采用水泥砂浆或细石混凝土灌填密实；

　　2 轻型屋面板的对接缝宜采用自粘胶条盖缝。

3.3.11 施工的每道工序完成后，应检查验收并有完整的检查记录，合格后方可进行下道工序的施工。下道工序或相邻工程施工时，应对已完工的部分做好清理和保护。

3.3.12 坡屋面工程施工应符合下列规定：

　　1 屋面周边和预留孔洞部位必须设置安全护栏和安全网或其他防止坠落的防护措施；

　　2 屋面坡度大于 30% 时，应采取防滑措施；

　　3 施工人员应戴安全帽，系安全带和穿防滑鞋；

　　4 雨天、雪天和五级风及以上时不得施工；

　　5 施工现场应设置消防设施，并应加强火源管理。

3.4 工程验收

3.4.1 坡屋面工程施工过程中应对子分部工程和分项工程规定的项目进行验收，并应做好记录。

3.4.2 坡屋面工程的竣工验收应按有关规定执行。

4 坡屋面工程材料

4.1 防 水 垫 层

4.1.1 防水垫层表面应具有防滑性能或采取防滑措施。

4.1.2 防水垫层应采用以下材料：

　　1 沥青类防水垫层（自粘聚合物沥青防水垫层、聚合物改性沥青防水垫层、波形沥青通风防水垫层等）；

　　2 高分子类防水垫层（铝箔复合隔热防水垫层、塑料防水垫层、透汽防水垫层和聚乙烯丙纶防水垫层等）；

　　3 防水卷材和防水涂料。

4.1.3 防水等级为一级设防的沥青瓦屋面、块瓦屋面和波形瓦屋面，主要防水垫层种类和最小厚度应符合表 4.1.3 的规定。

表 4.1.3　一级设防瓦屋面的主要防水垫层种类和最小厚度

防水垫层种类	最小厚度 (mm)
自粘聚合物沥青防水垫层	1.0
聚合物改性沥青防水垫层	2.0
波形沥青通风防水垫层	2.2
SBS、APP 改性沥青防水卷材	3.0
自粘聚合物改性沥青防水卷材	1.5
高分子类防水卷材	1.2
高分子类防水涂料	1.5
沥青类防水涂料	2.0
复合防水垫层（聚乙烯丙纶防水垫层＋聚合物水泥防水胶粘材料）	2.0 (0.7＋1.3)

4.1.4 自粘聚合物沥青防水垫层应符合现行行业标准《坡屋面用防水材料 自粘聚合物沥青防水垫层》JC/T 1068 的有关规定。

4.1.5 聚合物改性沥青防水垫层应符合现行行业标准《坡屋面用防水材料 聚合物改性沥青防水垫层》JC/T 1067 的有关规定。

4.1.6 波形沥青通风防水垫层的主要性能应符合表 4.1.6 的规定。

表 4.1.6 波形沥青通风防水垫层主要性能

项　目		性能要求
标称厚度(mm)		标称值±10%
弯曲强度(跨距 620mm,弯曲位移 1/200)(N/m²)		≥700
撕裂强度(N)		≥150
抗冲击性(跨距 620mm,40kg 沙袋,250mm 落差)		不得穿透试件
抗渗性(100mm 水柱,48h)		无渗漏
沥青含量(%)		≥40
吸水率(%)		≤20
耐候性	冻融后撕裂强度(N)	≥150
	冻融后抗渗性(100mm 水柱,48h)	无渗漏

4.1.7 铝箔复合隔热防水垫层的主要性能应符合表 4.1.7 的规定。

表 4.1.7 铝箔复合隔热防水垫层主要性能

项　目		性能要求
单位面积质量(g/m²)		≥90
断裂拉伸强度(MPa)		≥20
断裂伸长率(%)		≥10
不透水性(0.3MPa,30min)		无渗漏
低温弯折性		−20℃,无裂纹
加热伸缩量(mm)	延伸	≤2
	收缩	≤4
钉杆撕裂强度(N)		≥50
热空气老化(80℃,168h)	断裂拉伸强度保持率(%)	≥80
	断裂伸长率保持率(%)	≥70
反射率(%)		≥80

4.1.8 聚乙烯丙纶防水垫层的厚度和主要性能应符合表 4.1.8-1 的规定。用于粘结聚乙烯丙纶防水垫层的聚合物水泥防水胶粘材料的主要性能应符合表

4.1.8-2 的规定。

表 4.1.8-1 聚乙烯丙纶防水垫层厚度和主要性能指标

项　目		性能要求
主体材料厚度(mm)		≥0.7
断裂拉伸强度(N/cm)		≥60
断裂伸长率(%)常温(纵/横)		≥300
不透水性(0.3MPa,30min)		无渗漏
低温弯折性		−20℃,无裂纹
加热伸缩量(mm)	延伸	≤2
	收缩	≤4
撕裂强度(N)		≥50
热空气老化(80℃,168h)	断裂拉伸强度保持率(%)	≥80
	断裂伸长率保持率(%)	≥70

表 4.1.8-2 聚合物水泥防水胶粘材料主要性能

项　目		性能要求
剪切状态下的粘合性(N/mm,常温)	卷材与卷材	≥2.0 或卷材断裂
	卷材与基层	≥1.8 或卷材断裂

4.1.9 透汽防水垫层的主要性能应符合表 4.1.9 的规定。

表 4.1.9 透汽防水垫层主要性能

项　目		性能要求
单位面积质量(g/m²)		≥50
拉力(N/50mm)	瓦屋面	≥260
	金属屋面	≥180
延伸率(%)		≥5
低温柔度		−25℃,无裂纹
抗渗性	瓦屋面(1500mm 水柱,2h)	无渗漏
	金属屋面(1000mm 水柱,2h)	无渗漏
钉杆撕裂强度(N)	瓦屋面	≥120
	金属屋面	≥35
水蒸气透过量(g/m²·24h)		≥200

4.1.10 用于防水垫层的防水卷材和防水涂料的主要性能应符合相关标准的规定;采用高分子类防水涂料时,涂膜厚度不应小于 1.5mm;采用沥青类防水涂

料时，涂膜厚度不应小于 2.0mm。

4.2 保温隔热材料

4.2.1 坡屋面保温隔热材料可采用硬质聚苯乙烯泡沫塑料保温板、硬质聚氨酯泡沫保温板、喷涂硬泡聚氨酯、岩棉、矿渣棉或玻璃棉等。不宜采用散状保温隔热材料。

4.2.2 保温隔热材料的品种和厚度应满足屋面系统传热系数的要求，并应符合相关建筑热工设计规范的规定。

4.2.3 保温隔热材料的表观密度不应大于 250kg/m³。装配式轻型坡屋面宜采用轻质保温隔热材料，表观密度不宜大于 70kg/m³。

4.2.4 模塑聚苯乙烯泡沫塑料应符合现行国家标准《绝热用模塑聚苯乙烯泡沫塑料》GB/T 10801.1 的有关规定；挤塑聚苯乙烯泡沫塑料应符合现行国家标准《绝热用挤塑聚苯乙烯泡沫塑料（XPS）》GB/T 10801.2 的有关规定。

4.2.5 硬质聚氨酯泡沫保温板应符合现行国家标准《建筑绝热用硬质聚氨酯泡沫塑料》GB/T 21558 的有关规定。

4.2.6 喷涂硬泡聚氨酯保温隔热材料的主要性能应符合现行国家标准《硬泡聚氨酯保温防水工程技术规范》GB 50404 的有关规定。

4.2.7 绝热玻璃棉应符合现行国家标准《建筑绝热用玻璃棉制品》GB/T 17795 的有关规定。

4.2.8 岩棉、矿渣棉保温隔热材料的主要性能应符合现行国家标准《建筑用岩棉、矿渣棉绝热制品》GB/T 19686 的规定。用于机械固定法施工时，应符合表 4.2.8 的有关规定。

表 4.2.8　岩棉、矿渣棉保温隔热材料主要性能

厚度（mm）	压缩强度（压缩比10%，kPa）	点荷载强度（变形5mm，N）	导热系数[W/(m·K)]平均温度（25℃±1℃）	酸度系数
≥50	≥40	≥200	≤0.040	≥1.6
	≥60	≥500		
	≥80	≥700		

热阻 R（m²·K/W）平均温度（25℃±1℃）	尺寸稳定性	质量吸湿率（%）	憎水率（%）	短期吸水量（部分浸入）（kg/m²）
≥1.25	长度、宽度和厚度的相对变化率均不大于1.0%	≤1	≥98	≤1.0

4.3 沥 青 瓦

4.3.1 沥青瓦的规格和主要性能应符合现行国家标准《玻纤胎沥青瓦》GB/T 20474 的有关规定。

4.3.2 沥青瓦屋面使用的配件产品的规格和技术性能应符合相关标准的规定。

4.4 块　瓦

4.4.1 烧结瓦和配件瓦的主要性能应符合现行国家标准《烧结瓦》GB/T 21149 的有关规定。

4.4.2 混凝土瓦和配件瓦的主要性能应符合现行行业标准《混凝土瓦》JC/T 746 的有关规定。

4.4.3 烧结瓦、混凝土瓦屋面结构中使用的配件的规格和技术性能应符合有关标准的规定。

4.5 波 形 瓦

4.5.1 沥青波形瓦的主要性能应符合表 4.5.1 的规定，规格、尺寸应符合有关标准的规定。

表 4.5.1　沥青波形瓦主要性能

项　　目	性能要求
标称厚度（mm）	标称值±10%
弯曲强度（跨距620mm，弯曲位移1/200）（N/m²）	≥1400
撕裂强度（N）	≥200
抗冲击性（跨距620mm，40kg砂袋，400mm落差）	不得穿透试件
抗渗性（100mm水柱，48h）	无渗漏
沥青含量（%）	≥40
吸水率（%）	≤20
耐候性　冻融后撕裂强度（N）	≥200
耐候性　冻融后抗渗性（100mm水柱，48h）	无渗漏

4.5.2 树脂波形瓦的表面应平整，厚度均匀，无裂纹、裂口、破孔、烧焦、气泡、明显麻点、异色点，主要性能应符合有关标准的规定。

4.5.3 波形瓦屋面使用的配件规格和技术性能应符合有关标准的规定。

4.6 金 属 板

4.6.1 压型金属板材的规格和主要性能应符合表 4.6.1 的规定。

表 4.6.1　压型金属板材的基板规格和主要性能

板材名称	最小公称厚度（mm）	性能要求	
		屈服强度（MPa）	抗拉强度（MPa）
热镀锌钢板	≥0.6	≥250	≥330
镀铝锌钢板	≥0.6	≥350	≥420
铝合金板	≥0.9（AA3004基板）	≥170	≥220

4.6.2 有涂层的金属板，正面涂层不应低于两层，反面涂层应为一层或两层，涂层的主要性能应符合现行国家标准《彩色涂层钢板及钢带》GB/T 12754 的有关规定，涂层的耐久性应符合表 4.6.2 的规定。

表 4.6.2　金属板材涂层耐久性要求

涂层名称	紫外灯老化试验时间（h）		耐中性盐雾试验时间（h）
	UVA-340	UVA-313	
聚酯	600		≥480
硅改性聚酯	720		≥600
高耐久性聚酯		600	≥720
聚偏氟乙烯		1000	≥960

4.6.3 压型金属板的主要性能应符合现行国家标准《建筑用压型钢板》GB/T 12755、《铝及铝合金压型板》GB/T 6891 的有关规定，不锈钢压型金属板的主要性能应符合相关标准的有关规定。

4.6.4 金属面绝热夹芯板的主要性能应符合现行国家标准《建筑用金属面绝热夹芯板》GB/T 23932 的有关规定。

4.6.5 金属板材应外形规则、边缘整齐、色泽均匀、表面光洁，不得有扭曲、翘边和锈蚀等缺陷。

4.6.6 与屋面金属板直接连接的附件、配件的材质不得对金属板及其涂层造成腐蚀。

4.7　防 水 卷 材

4.7.1 聚氯乙烯（PVC）防水卷材主要性能应符合现行国家标准《聚氯乙烯防水卷材》GB 12952 的有关规定。采用机械固定法铺设时，应选用具有织物内增强的产品，主要性能应符合表 4.7.1 的规定。

表 4.7.1　聚氯乙烯（PVC）防水卷材主要性能

试验项目		性能要求
最大拉力（N/cm）		≥250
最大拉力时延伸率（%）		≥15
热处理尺寸变化率（%）		≤0.5
低温弯折性		−25℃，无裂纹
不透水性（0.3MPa，2h）		不透水
接缝剥离强度（N/mm）		≥3.0
钉杆撕裂强度（横向）（N）		≥600
人工气候加速老化（2500h）	最大拉力保持率（%）	≥85
	伸长率保持率（%）	≥80
	低温弯折性（−20℃）	无裂纹

4.7.2 三元乙丙橡胶（EPDM）防水卷材主要性能应符合表 4.7.2 的规定。采用机械固定法铺设时，应

选用具有织物内增强的产品。

表 4.7.2　三元乙丙橡胶（EPDM）防水卷材主要性能

试验项目		性能要求	
		无增强	内增强
最大拉力（N/10mm）		—	≥200
拉伸强度（MPa）		≥7.5	
最大拉力时延伸率（%）		—	≥15
断裂延伸率（%）		≥450	
不透水性（0.3MPa，30min）		无渗漏	
钉杆撕裂强度（横向）（N）		≥200	≥500
低温弯折性		−40℃，无裂纹	
臭氧老化（500pphm，50%，168h）		无裂纹	
热处理尺寸变化率（%）		≤1	
接缝剥离强度（N/mm）		≥2.0 或卷材破坏	
人工气候加速老化（2500h）	拉力（强度）保持率（%）	≥80	
	延伸率保持率（%）	≥70	
	低温弯折性（℃）	−35	

4.7.3 热塑性聚烯烃（TPO）防水卷材采用机械固定法铺设时，应选用具有织物内增强的产品，主要性能应符合表 4.7.3 的规定。

表 4.7.3　热塑性聚烯烃（TPO）防水卷材主要性能

试验项目		性能要求
最大拉力（N/cm）		≥250
最大拉力时延伸率（%）		≥15
热处理尺寸变化率（%）		≤0.5
低温弯折性		−40℃，无裂纹
不透水性（0.3MPa，2h）		不透水
臭氧老化（500pphm，168h）		无裂纹
接缝剥离强度（N/mm）		≥3.0
钉杆撕裂强度（横向）（N）		≥600
人工气候加速老化（2500h）	最大拉力保持率（%）	≥90
	伸长率保持率（%）	≥90
	低温弯折性（℃）	−40，无裂纹

4.7.4 弹性体（SBS）改性沥青防水卷材主要性能应符合现行国家标准《弹性体改性沥青防水卷材》GB 18242 的有关规定。采用机械固定法铺设时，应选用具有玻纤增强聚酯毡胎基的产品。外露卷材的表面应覆有页岩片、粗矿物颗粒等耐候性保护材料。

4.7.5 塑性体（APP）改性沥青防水卷材主要性能应符合现行国家标准《塑性体改性沥青防水卷材》GB 18243 的有关规定。采用机械固定法铺设时，应选用具有玻纤增强聚酯毡胎基的产品。外露卷材的表面应覆有页岩片、粗矿物颗粒等耐候性保护材料。

4.7.6 屋面防水层应采用耐候性防水卷材。选用的防水卷材人工气候老化试验辐照时间不应少于2500h。

4.7.7 三元乙丙橡胶防水卷材搭接胶带主要性能应符合表4.7.7的规定。

表4.7.7 搭接胶带主要性能

试验项目	性能要求
持粘性（min）	≥20
耐热性（80℃，2h）	无流淌、龟裂、变形
低温柔性	−40℃，无裂纹
剪切状态下粘合性（卷材）（N/mm）	≥2.0
剥离强度（卷材）（N/mm）	≥0.5
热处理剥离强度保持率（卷材，80℃，168h）（%）	≥80

4.8 装配式轻型坡屋面材料

4.8.1 装配式轻型坡屋面宜采用工业化生产的轻质构件。

4.8.2 冷弯薄壁型钢应采用热浸镀锌板（卷）直接进行冷弯成型。承重冷弯薄壁型钢采用的热浸镀锌板应符合相关标准规定，镀锌板的双面镀锌层重量不应小于180g/m²。

4.8.3 冷弯薄壁型钢采用的连接件应符合相关标准的规定。

4.8.4 用于装配式轻型坡屋面的承重木结构用材、木结构用胶及配件，应符合现行国家标准《木结构设计规范》GB 50005的有关规定。

4.8.5 新建屋面、平改坡屋面的屋面板宜采用定向刨花板（简称OSB板）、结构胶合板、普通木板及人造复合板等材料；采用波形瓦时，可不设屋面板。

4.8.6 木屋面板材的主要性能应符合现行国家标准《木结构工程施工质量验收规范》GB 50206的有关规定。木屋面板材的规格应符合表4.8.6的规定。

表4.8.6 木屋面板材规格（mm）

屋面板	厚度
定向刨花板（OSB板）	≥11.0
结构胶合板	≥9.5
普通木板	≥20

4.8.7 新建屋面、平改坡屋面的屋面瓦，宜采用沥青瓦、沥青波形瓦、树脂波形瓦等轻质瓦材。屋面瓦的材质应符合本规范第4.3节、第4.4节和第4.5节的规定和设计的要求。

4.9 泛水材料

4.9.1 坡屋面使用的泛水材料主要包括自粘泛水带、金属泛水板和防水涂料等。

4.9.2 自粘聚合物沥青泛水带应符合现行行业标准

《自粘聚合物沥青泛水带》JC/T 1070的有关规定。

4.9.3 自粘丁基胶带泛水应符合现行行业标准《丁基橡胶防水密封胶粘带》JC/T 942的有关规定。

4.9.4 防水涂料应符合相关标准的规定。

4.9.5 外露环境中使用的泛水材料应具有耐候性能。

4.10 机械固定件

4.10.1 机械固定件主要包括固定钉、垫片、套管和压条。

4.10.2 机械固定件应符合下列规定：

1 固定件、配件的规格和技术性能应符合相关标准的规定，并应满足屋面防水层设计使用年限和安全的要求；

2 固定件应具有抗腐蚀涂层；

3 固定件应选用具有抗松脱功能螺纹的螺钉；

4 应按设计要求提供固定件拉拔力性能的检测报告；

5 使用机械固定岩棉等纤维状保温隔热材料时，宜采用带套管的固定件。

4.10.3 机械固定件在高湿、高温、腐蚀等环境下使用时，应符合下列规定：

1 室内保持湿度大于70%时，应采用不锈钢螺钉；

2 在高温、化学腐蚀等环境下使用，应采用不锈钢螺钉。

4.10.4 保温板垫片的边长或直径不应小于70mm。

4.10.5 机械固定件宜作抗松脱测试。

4.10.6 固定钉宜进行现场拉拔试验。

4.11 顺水条和挂瓦条

4.11.1 木质顺水条和挂瓦条应采用等级为Ⅰ级或Ⅱ级的木材，含水率不应大于18%，并应作防腐防蛀处理。

4.11.2 金属材质顺水条、挂瓦条应作防锈处理。

4.11.3 顺水条断面尺寸宜为40mm×20mm；挂瓦条断面尺寸宜为30mm×30mm。

4.12 其他材料

4.12.1 隔汽层采用的材料应具有隔绝水蒸气、耐热老化、抗撕裂和抗拉伸等性能。

4.12.2 接缝密封防水应采用高弹性、低模量、耐老化的密封材料。

4.12.3 坡屋面工程材料的生产企业应提供配件，以及安装说明书或操作规程等文件。

5 防水垫层

5.1 一般规定

5.1.1 应根据坡屋面防水等级、屋面类型、屋面坡度和采用的瓦材或板材等选择防水垫层材料。

5.1.2 有空气间层隔热要求的屋面，应选择隔热防水垫层；瓦屋面采用纤维状材料作保温隔热层或湿度较大时，保温隔热层上宜增设透汽防水垫层。

5.1.3 防水垫层的性能应满足屋面防水层设计使用年限的要求。

5.1.4 防水垫层可空铺、满粘或机械固定。

5.1.5 屋面坡度大于50%，防水垫层宜采用机械固定或满粘法施工；防水垫层的搭接宽度不得小于100mm。

5.1.6 屋面防水等级为一级时，固定钉穿透非自粘防水垫层，钉孔部位应采取密封措施。

5.2 设 计 要 点

5.2.1 防水垫层在瓦屋面构造层次中的位置应符合下列规定：

　　1 防水垫层铺设在瓦材和屋面板之间（图 5.2.1-1）；屋面应为内保温隔热构造。

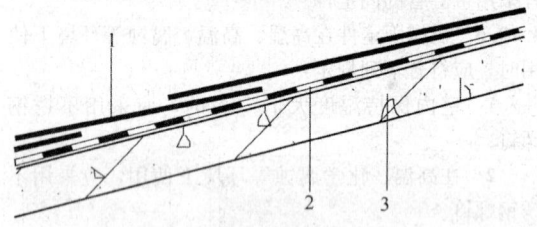

图 5.2.1-1　防水垫层位置（1）
1—瓦材；2—防水垫层；3—屋面板

　　2 防水垫层铺设在持钉层和保温隔热层之间（图 5.2.1-2），应在防水垫层上铺设配筋细石混凝土持钉层。

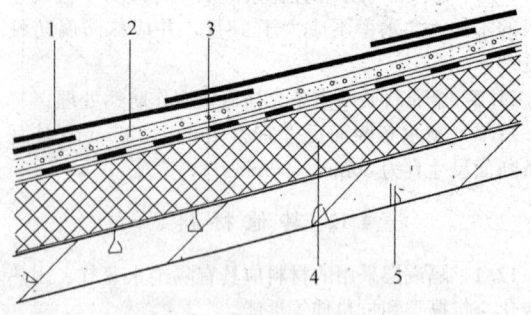

图 5.2.1-2　防水垫层位置（2）
1—瓦材；2—持钉层；3—防水垫层；
4—保温隔热层；5—屋面板

　　3 防水垫层铺设在保温隔热层和屋面板之间（图 5.2.1-3）；瓦材应固定在配筋细石混凝土持钉层上。

　　4 防水垫层或隔热防水垫层铺设在挂瓦条和顺水条之间（图 5.2.1-4），防水垫层宜呈下垂凹形。

　　5 波形沥青通风防水垫层，应铺设在挂瓦条和保温隔热层之间（图 5.2.1-5）。

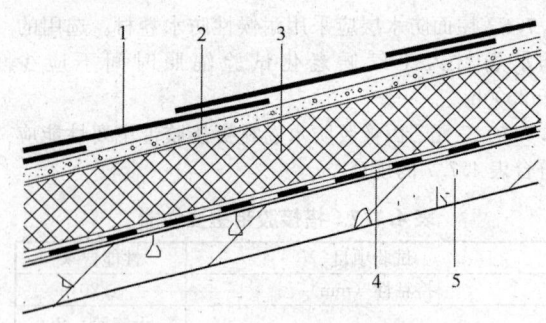

图 5.2.1-3　防水垫层位置（3）
1—瓦材；2—持钉层；3—保温隔热层；
4—防水垫层；5—屋面板

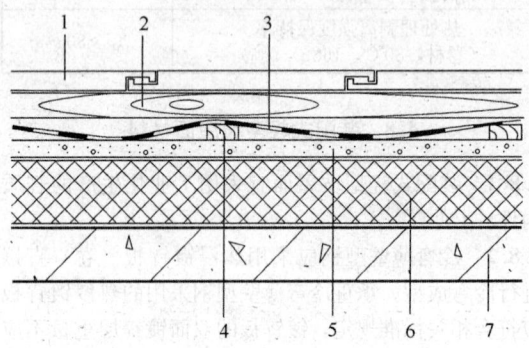

图 5.2.1-4　防水垫层位置（4）
1—瓦材；2—挂瓦条；3—防水垫层；4—顺水条；
5—持钉层；6—保温隔热层；7—屋面板

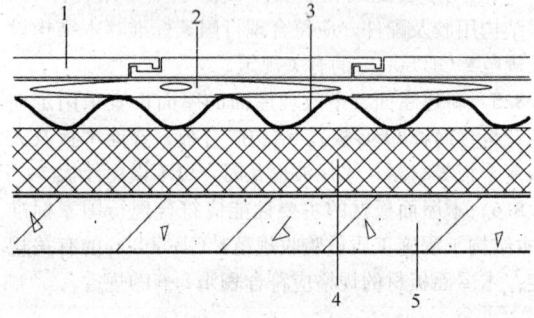

图 5.2.1-5　防水垫层位置（5）
1—瓦材；2—挂瓦条；3—波形沥青通风防水垫层；
4—保温隔热层；5—屋面板

5.2.2 坡屋面细部节点部位的防水垫层应增设附加层，宽度不宜小于 500mm。

5.3 细 部 构 造

5.3.1 屋脊部位构造（图 5.3.1）应符合下列规定：

　　1 屋脊部位应增设防水垫层附加层，宽度不应小于500mm；

　　2 防水垫层应顺流水方向铺设和搭接。

5.3.2 檐口部位构造（图 5.3.2）应符合下列规定：

　　1 檐口部位应增设防水垫层附加层。严寒地区或大风区域，应采用自粘聚合物沥青防水垫层加强，

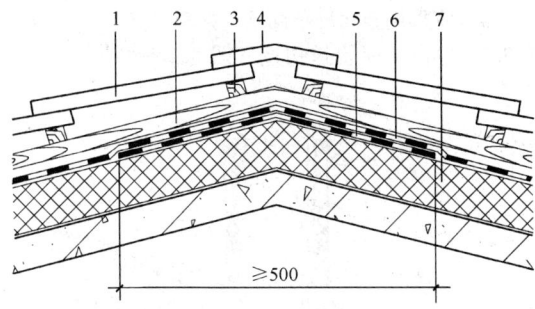

图 5.3.1 屋脊
1—瓦；2—顺水条；3—挂瓦条；4—脊瓦；
5—防水垫层附加层；6—防水垫层；7—保温隔热层

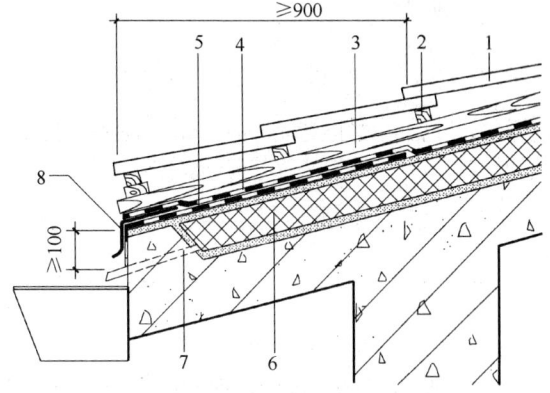

图 5.3.2 檐口
1—瓦；2—挂瓦条；3—顺水条；4—防水垫层；
5—防水垫层附加层；6—保温隔热层；
7—排水管；8—金属泛水板

下翻宽度不应小于 100mm，屋面铺设宽度不应小于 900mm；

　　2 金属泛水板应铺设在防水垫层的附加层上，并伸入檐口内；

　　3 在金属泛水板上应铺设防水垫层。

5.3.3 钢筋混凝土檐沟部位构造（图 5.3.3）应符合下列规定：

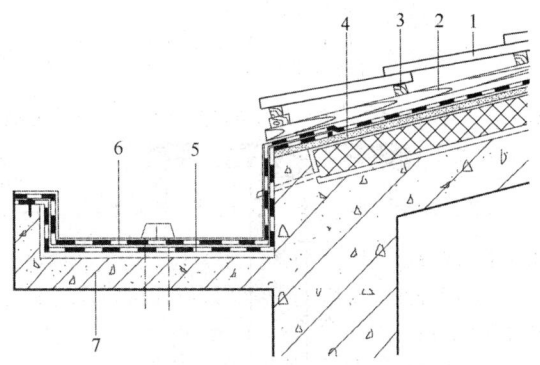

图 5.3.3 钢筋混凝土檐沟
1—瓦；2—顺水条；3—挂瓦条；4—保护层（持钉层）；
5—防水垫层附加层；6—防水垫层；7—钢筋混凝土檐沟

　　1 檐沟部位应增设防水垫层附加层；

　　2 檐口部位防水垫层的附加层应延展铺设到混凝土檐沟内。

5.3.4 天沟部位构造（图 5.3.4）应符合下列规定：

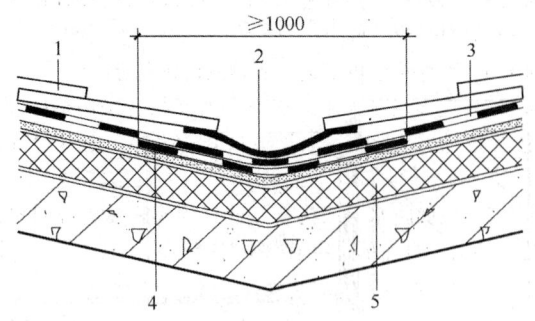

图 5.3.4 天沟
1—瓦；2—成品天沟；3—防水垫层；
4—防水垫层附加层；5—保温隔热层

　　1 天沟部位应沿天沟中心线增设防水垫层附加层，宽度不应小于 1000mm；

　　2 铺设防水垫层和瓦材应顺流水方向进行。

5.3.5 立墙部位构造（图 5.3.5）应符合下列规定：

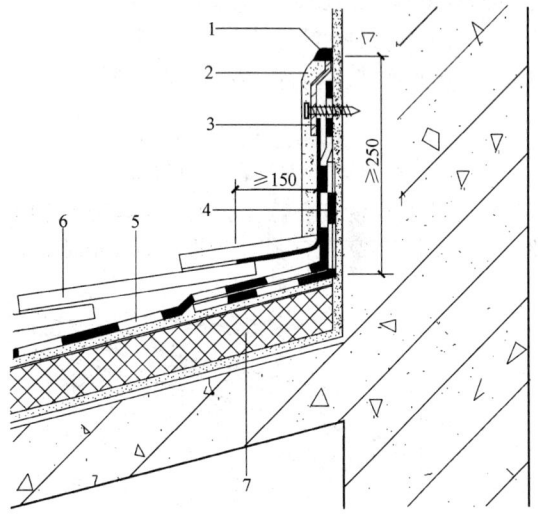

图 5.3.5 立墙
1—密封材料；2—保护层；3—金属压条；
4—防水垫层附加层；5—防水垫层；
6—瓦；7—保温隔热层

　　1 阴角部位应增设防水垫层附加层；

　　2 防水垫层应满粘铺设，沿立墙向上延伸不少于 250mm；

　　3 金属泛水板或耐候型泛水带覆盖在防水垫层上，泛水带与瓦之间应采用胶粘剂满粘；泛水带与瓦搭接应大于 150mm，并应粘结在下一排瓦的顶部；

　　4 非外露型泛水的立面防水垫层宜采用钢丝网聚合物水泥砂浆层保护，并用密封材料封边。

5.3.6 山墙部位构造（图5.3.6）应符合下列规定：

1 阴角部位应增设防水垫层附加层；

2 防水垫层应满粘铺设，沿立墙向上延伸不少于250mm；

3 金属泛水板或耐候型泛水带覆盖在瓦上，用密封材料封边，泛水带与瓦搭接应大于150mm。

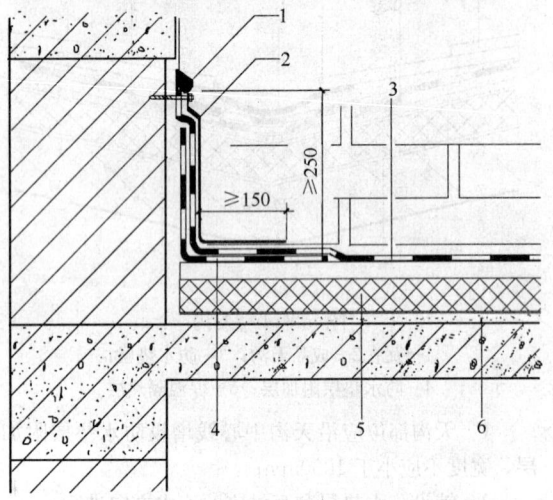

图5.3.6 山墙

1—密封材料；2—泛水；3—防水垫层；4—防水垫层附加层；5—保温隔热层；6—找平层

5.3.7 女儿墙部位构造（图5.3.7）应符合下列规定：

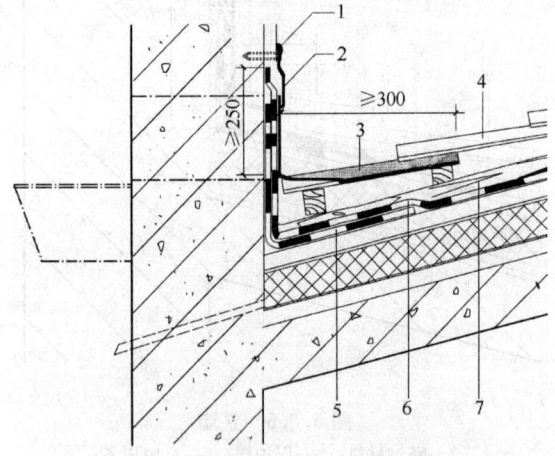

图5.3.7 女儿墙

1—耐候密封胶；2—金属压条；3—耐候型自粘柔性泛水带；4—瓦；5—防水垫层附加层；6—防水垫层；7—顺水条

1 阴角部位应增设防水垫层附加层；

2 防水垫层应满粘铺设，沿立墙向上延伸不少于250mm；

3 金属泛水板或耐候型自粘柔性泛水带覆盖在防水垫层或瓦上，泛水带与防水垫层或瓦搭接应大于300mm，并应压入上一排瓦的底部；

4 宜采用金属压条固定，并密封处理。

5.3.8 穿出屋面管道构造（图5.3.8）应符合下列规定：

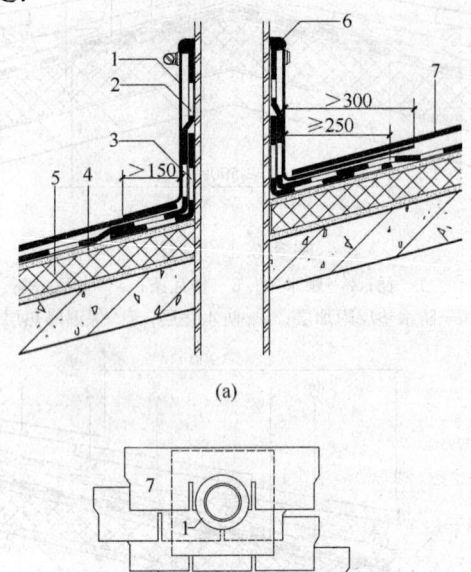

(a)

(b)

图5.3.8 穿出屋面管道

1—成品泛水件；2—防水垫层；3—防水垫层附加层；4—保护层（持钉层）；5—保温隔热层；6—密封材料；7—瓦

1 阴角处应满粘铺设防水垫层附加层，附加层沿立墙和屋面铺设，宽度均不应少于250mm；

2 防水垫层应满粘铺设，沿立墙向上延伸不应少于250mm；

3 金属泛水板、耐候型自粘柔性泛水带覆盖在防水垫层上，上部迎水面泛水带与瓦搭接应大于300mm，并应压入上一排瓦的底部；下部背水面泛水带与瓦搭接应大于150mm；

4 金属泛水板、耐候型自粘柔性泛水带表面可覆盖瓦材或其他装饰材料；

5 应用密封材料封边。

5.3.9 变形缝部位防水构造（图5.3.9）应符合下

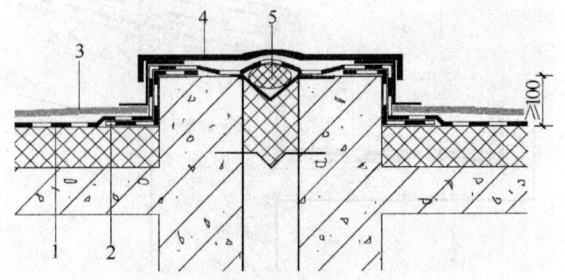

图5.3.9 变形缝

1—防水垫层；2—防水垫层附加层；3—瓦；4—金属盖板；5—聚乙烯泡沫棒

列规定：

    1 变形缝两侧墙高出防水垫层不应少于100mm；

    2 防水垫层应包过变形缝，变形缝上宜覆盖金属盖板。

5.4 施 工 要 点

5.4.1 铺设防水垫层的基层应平整、干净、干燥。

5.4.2 铺设防水垫层，应平行屋脊自下而上铺贴。平行屋脊方向的搭接应顺流水方向，垂直屋脊方向的搭接宜顺年最大频率风向；搭接缝应交错排列。

5.4.3 铺设防水垫层的最小搭接宽度应符合表5.4.3的规定。

表5.4.3 防水垫层最小搭接宽度

防水垫层	最小搭接宽度
自粘聚合物沥青防水垫层 自粘聚合物改性沥青防水卷材	75mm
聚合物改性沥青防水垫层（满粘） 高分子类防水垫层（满粘） SBS、APP改性沥青防水卷材（满粘）	100mm
聚合物改性沥青防水垫层（空铺） 高分子类防水垫层（空铺）	上下搭接：100mm 左右搭接：300mm
波形沥青通风防水垫层	上下搭接：100mm 左右搭接：至少一个波形且不小于100mm

5.4.4 铝箔复合隔热防水垫层宜设置在顺水条与挂瓦条之间，并在两条顺水条之间形成凹曲。

5.4.5 波形沥青通风防水垫层采用机械固定施工时，固定件应固定在压型钢板波峰或混凝土层上；固定钉与垫片应咬合紧密；固定件的分布应符合设计要求。

5.5 工 程 验 收

主 控 项 目

5.5.1 防水垫层及其配套材料的类型和质量应符合设计要求。

    检验方法：观察检查和检查出厂合格证、质量检验报告和进场抽样复验报告。

5.5.2 防水垫层在屋脊、天沟、檐沟、檐口、山墙、立墙和穿出屋面设施等细部做法应符合设计要求。

    检验方法：观察检查和尺量检查。

一 般 项 目

5.5.3 防水垫层应铺设平整，铺设顺序正确，搭接宽度不允许负偏差。

    检验方法：观察检查和尺量检查。

5.5.4 防水垫层采用满粘施工时，应与基层粘结牢固，搭接缝封口严密，无皱褶、翘边和鼓泡等缺陷。

    检验方法：观察检查。

5.5.5 进行下道工序时，不得破坏已施工完成的防水垫层。

    检验方法：观察检查。

6 沥青瓦屋面

6.1 一 般 规 定

6.1.1 沥青瓦分为平面沥青瓦（平瓦）和叠合沥青瓦（叠瓦）。

6.1.2 平面沥青瓦适用于防水等级为二级的坡屋面；叠合沥青瓦适用于防水等级为一级和二级的坡屋面。

6.1.3 沥青瓦屋面坡度不应小于20%。

6.1.4 沥青瓦屋面的保温隔热层设置在屋面板之上时，应采用压缩强度不小于150kPa的硬质保温隔热板材。

6.1.5 沥青瓦屋面的屋面板宜为钢筋混凝土屋面板或木屋面板，板面应坚实、平整、干燥、牢固。

6.1.6 铺设沥青瓦应采用固定钉固定，在屋面周边及泛水部位应满粘。

6.1.7 沥青瓦的施工环境温度宜为5℃～35℃。环境温度低于5℃时，应采取加强粘结措施。

6.2 设 计 要 点

6.2.1 沥青瓦屋面的构造设计应符合下列规定：

    1 沥青瓦的固定方式以钉为主、粘结为辅；

    2 细石混凝土持钉层可兼作找平层或防水垫层的保护层。

6.2.2 沥青瓦屋面应符合下列规定：

    1 沥青瓦屋面为外保温隔热构造时，保温隔热层上应铺设防水垫层，且防水垫层上应做35mm厚配筋细石混凝土持钉层。构造层依次宜为沥青瓦、持钉层、防水垫层、保温隔热层、屋面板（图5.2.1-2）；

    2 屋面为内保温隔热构造时，构造层依次宜为沥青瓦、防水垫层、屋面板（图5.2.1-1）；

    3 防水垫层铺设在保温隔热层之下时，构造层应依次为沥青瓦、持钉层、保温隔热层、防水垫层、屋面板，构造做法应按本规范第5.2.1条中第3款的规定执行（图5.2.1-3）。

6.2.3 木屋面板上铺设沥青瓦，每张瓦片不应少于4个固定钉；细石混凝土基层上铺设沥青瓦，每张瓦片不应少于6个固定钉。

6.2.4 屋面坡度大于100%或处于大风区，沥青瓦固定应采取下列加强措施：

    1 每张瓦片应增加固定钉数量；

    2 上下沥青瓦之间应采用全自粘结或沥青基

胶粘材料（图 6.2.4）加强。

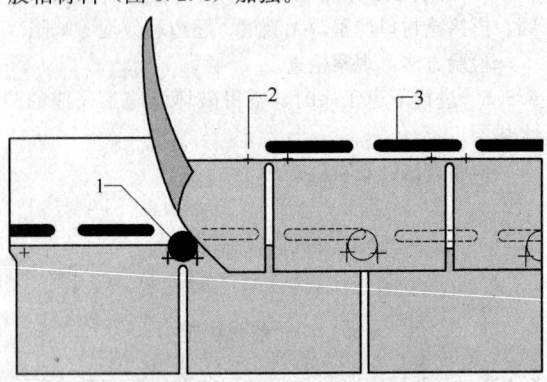

图 6.2.4 沥青基胶粘材料加强做法
1—沥青基胶粘材料；2—固定钉；3—沥青瓦自粘胶条

6.2.5 沥青瓦坡屋面可采用通风屋脊。

6.3 细 部 构 造

6.3.1 屋脊构造应符合下列规定：

1 防水垫层的做法应按本规范第 5.3.1 条的规定执行；

2 屋脊瓦可采用与主瓦相配套的专用脊瓦或采用平面沥青瓦裁制而成；

3 正脊脊瓦外露搭接边宜顺常年风向一侧；

4 每张屋脊瓦片的两侧应各采用一颗固定钉固定，固定钉距离侧边宜为 25mm；

5 外露的固定钉钉帽应采用沥青基胶粘材料涂盖。

6.3.2 搭接式天沟构造（图 6.3.2）应符合下列

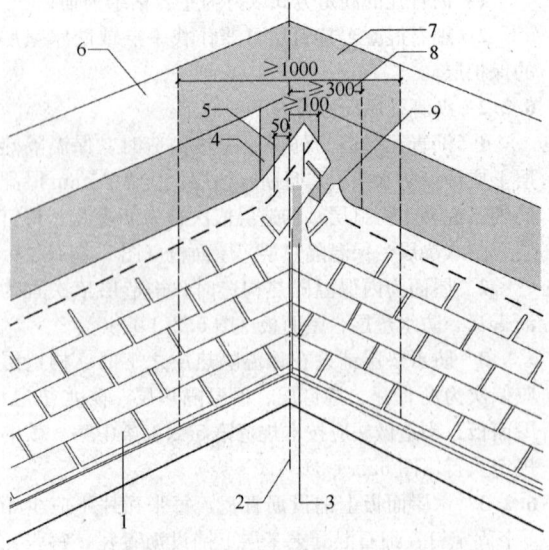

图 6.3.2 搭接式天沟
1—沥青瓦；2—天沟中心线；3—沥青胶粘结；
4—防水垫层搭接；5—施工辅助线；6—屋面板；
7—防水垫层附加层；8—沥青瓦伸过中心线；
9—剪 45°切角

规定：

1 沿天沟中心线铺设一层宽度不应小于 1000mm 的防水垫层附加层，将外边缘固定在天沟两侧；且防水垫层铺过中心线不应小于 100mm，相互搭接满粘在附加层上；

2 应从一侧铺设沥青瓦并跨过天沟中心线不小于 300mm，应在天沟两侧距离中心线不小于 150mm 处将沥青瓦用固定钉固定；

3 一侧沥青瓦铺设完后，应在屋面弹出一条平行天沟的中心线和一条距中心线 50mm 的施工辅助线，将另一侧屋面的沥青瓦铺设至施工辅助线处；

4 修剪沥青瓦上部的边角，并用沥青基胶粘材料固定。

6.3.3 编织式天沟构造（图 6.3.3）应符合下列规定：

1 沿天沟中心线铺设一层宽度不小于 1000mm 的防水垫层附加层，将外边缘固定在天沟两侧；防水垫层铺过中心线不应小于 100mm，相互搭接满粘在附加层上；

2 在两个相互衔接的屋面上同时向天沟方向铺设沥青瓦至距天沟中心线 75mm 处，再铺设天沟上的沥青瓦，交叉搭接。搭接的沥青瓦应延伸至相邻屋面 300mm，并在距天沟中心线 150mm 处用固定钉固定。

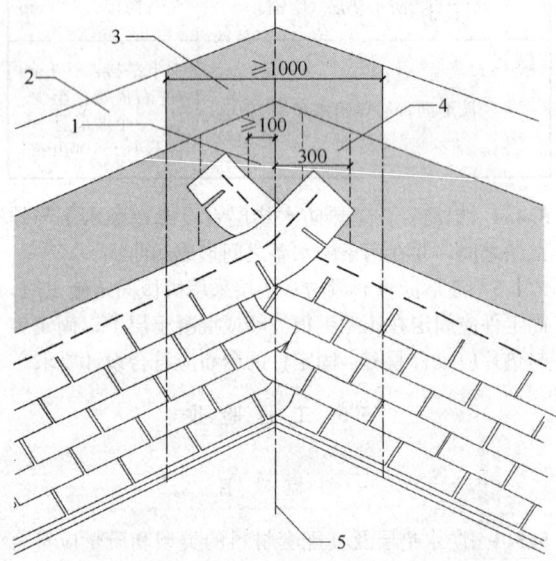

图 6.3.3 编织式天沟
1—防水垫层搭接；2—屋面板；3—防水垫层附加层；
4—沥青瓦延伸过中心线；5—天沟中心线

6.3.4 敞开式天沟构造（图 6.3.4）应符合下列规定：

1 防水垫层铺过中心线不应小于 100mm，相互搭接满粘在屋面板上；

2 铺设敞开式天沟部位的泛水材料，应采用不小于 0.45mm 厚的镀锌金属板或性能相近的防锈金属材料，铺设在防水垫层上；

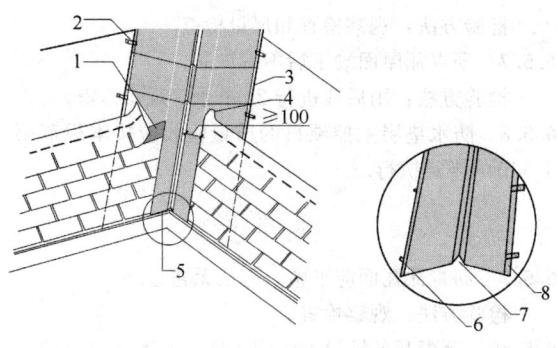

图 6.3.4　敞开式天沟
1—沥青胶结；2、6—金属天沟固定件；
3—金属泛水板搭接；4—剪45°切角；
5—金属泛水板；7—V形褶边引导水流；
8—可滑动卷边固定件

3　沥青瓦与金属泛水用沥青基胶粘材料粘结，搭接宽度不应小于100mm。沿天沟泛水处的固定钉应密封覆盖。

6.3.5　檐口部位构造应符合下列规定：

1　防水垫层和泛水板的做法应按本规范第5.3.2条的规定执行；

2　应将起始瓦覆盖在塑料泛水板或金属泛水板的上方，并在底边满涂沥青基胶粘材料；

3　檐口部位沥青瓦和起始瓦之间，应满涂沥青基胶粘材料。

6.3.6　钢筋混凝土檐沟部位构造应符合下列规定：

1　防水垫层的做法应按本规范第5.3.3条的规定执行；

2　铺设沥青瓦初始层，初始层沥青瓦宜采用裁减掉外露部分的平面沥青瓦，自粘胶条部位靠近檐口铺设，初始层沥青瓦应伸出檐口不小于10mm；

3　从檐口向上铺设沥青瓦，第一道沥青瓦与初始层沥青瓦边缘应对齐。

6.3.7　悬山部位构造（图6.3.7）应符合下列规定：

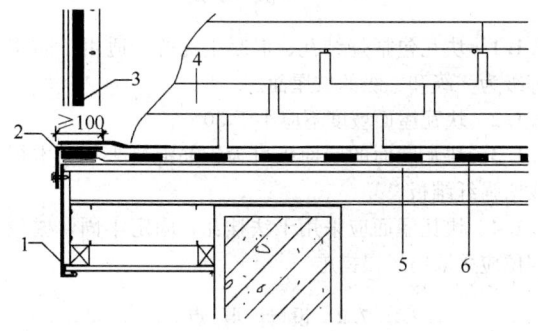

图 6.3.7　悬山
1—封檐板；2—金属泛水板；3—胶粘材料；
4—沥青瓦；5—屋面板；6—防水垫层

1　防水垫层应铺设至悬山边缘；

2　悬山部位宜采用泛水板，泛水板应固定在防

水垫层上，并向屋面伸进不少于100mm，端部应向下弯曲；

3　沥青瓦应覆盖在泛水板上方，悬山部位的沥青瓦应用沥青基胶粘材料满粘处理。

6.3.8　立墙部位构造应符合下列规定：

1　防水垫层的做法应按本规范第5.3.5条的规定执行；

2　沥青瓦应用沥青基胶粘材料满粘。

6.3.9　女儿墙部位构造应符合下列规定：

1　泛水板和防水垫层的做法应按本规范第5.3.7条的规定执行；

2　将瓦片翻至立面150mm高度，在平面和立面上用沥青基胶粘材料，满粘于下层沥青瓦和立面防水垫层上；

3　立面应铺设外露耐候性改性沥青防水卷材或自粘防水卷材；不具备外露耐候性能的防水卷材应采用钢丝网聚合物水泥砂浆保护层保护。

6.3.10　穿出屋面管道构造应符合下列规定：

1　泛水板和防水垫层的做法应按本规范第5.3.8条的规定执行；

2　穿出屋面管道泛水可采用防水卷材或成品泛水件；

3　管道穿过沥青瓦时，应在管道周边100mm范围内，用沥青基胶粘材料将沥青瓦满粘；

4　泛水卷材铺设完毕，应在其表面用沥青基胶粘材料满粘一层沥青瓦。

6.3.11　变形缝部位防水做法应按本规范第5.3.9条的规定执行。

6.4　施　工　要　点

6.4.1　防水垫层施工应符合本规范第5.4节的相关规定。

6.4.2　应在防水垫层铺设完成后进行沥青瓦的铺设。

6.4.3　铺设沥青瓦前应在屋面上弹出水平及垂直基准线，按线铺设。

6.4.4　沥青瓦外露尺寸应符合下列规定：

1　宽度规格为333mm的沥青瓦，每张瓦片的外露部分不应大于143mm；

2　其他沥青瓦应符合制造商规定的外露尺寸要求。

6.4.5　铺设屋面檐沟、斜天沟应保持顺直。

6.4.6　屋脊部位的施工应符合下列规定：

1　应在斜屋脊的屋檐处开始铺设并向上直到正脊；

2　斜屋脊铺设完成后再铺设正脊，从常年主导风向的下风侧开始铺设；

3　应在屋脊处弯折沥青瓦，并将沥青瓦的两侧固定，用沥青基胶粘材料涂盖暴露的钉帽。

6.4.7　固定钉钉入沥青瓦，钉帽应与沥青瓦表面

齐平。

6.4.8 固定钉穿入细石混凝土持钉层的深度不应小于20mm；固定钉可穿透木质持钉层。

6.4.9 板状保温隔热材料的施工应符合下列规定：

1 基层应平整、干燥、干净；

2 应紧贴基层铺设，铺平垫稳，固定牢固，拼缝严密；

3 保温板多层铺设时，上下层保温板应错缝铺设；

4 保温隔热层上覆或下衬的保护板及构件等，其品种、规格应符合设计要求和相关标准的规定；

5 保温隔热材料采用机械固定施工时，保温隔热板材的压缩强度和点荷载强度应符合设计要求；

6 机械固定施工时，固定件规格、布置方式和数量应符合设计要求。

6.4.10 喷涂硬泡聚氨酯保温隔热材料的施工应符合下列规定：

1 基层应平整、干燥、干净；

2 喷涂硬泡聚氨酯保温隔热层的厚度应符合设计要求，喷涂应平整；

3 应使用专用喷涂设备施工，施工环境温度宜为15℃～30℃，相对湿度小于85%，不宜在风力大于三级时施工；

4 穿出屋面的管道、设备、预埋件等，应在喷涂硬泡聚氨酯保温隔热层施工前安装完毕，并做密封处理。

6.5 工 程 验 收

主 控 项 目

6.5.1 沥青瓦、保温隔热材料及其配套材料的质量应符合设计要求。

检验方法：观察检查和检查出厂合格证、质量检验报告和进场抽样复验报告。

6.5.2 屋脊、天沟、檐沟、檐口、山墙、立墙和穿出屋面设施的细部构造，应符合设计要求。

检验方法：观察检查和尺量检查。

6.5.3 板状保温隔热材料的厚度应符合设计要求，负偏差不得大于4mm。

检验方法：用钢针插入和尺量检查。

6.5.4 喷涂硬泡聚氨酯保温隔热层的厚度应符合设计要求，负偏差不得大于3mm。

检验方法：用钢针插入和尺量检查。

6.5.5 沥青瓦所用固定钉数量、固定位置、牢固程度应符合产品安装要求，除屋脊部位，钉帽不得外露。屋脊外露钉帽应采用密封胶封严。

检验方法：观察检查和尺量检查。

6.5.6 沥青瓦的搭接尺寸应符合产品安装要求，外露面尺寸应符合本规范第6.4.4条的规定。

检验方法：观察检查和尺量检查。

6.5.7 沥青瓦屋面竣工后不得渗漏。

检验方法：雨后或进行2h淋水，观察检查。

6.5.8 防水垫层主控项目的质量验收应按本规范第5.5节的规定执行。

一 般 项 目

6.5.9 沥青瓦瓦面应平整，边角无翘起。

检验方法：观察检查。

6.5.10 沥青瓦的铺设方法应正确；沥青瓦之间的对缝上下层不得重合。

检验方法：观察检查。

6.5.11 持钉层应平整、干燥，细石混凝土持钉层不得有疏松、开裂、空鼓等现象。持钉层表面平整度误差不应大于5mm。

检验方法：观察检查和用2m靠尺检查。

6.5.12 板状保温隔热材料铺设应紧贴基层，铺平垫稳，固定牢固，拼缝严密。

检验方法：观察检查。

6.5.13 板状保温隔热材料的平整度允许偏差为5mm。

检验方法：用2m靠尺和楔形塞尺检查。

6.5.14 板状保温隔热材料接缝高差的允许偏差为2mm。

检验方法：用直尺和楔形塞尺检查。

6.5.15 喷涂硬泡聚氨酯保温隔热层的平整度允许偏差为5mm。

检验方法：用1m靠尺和楔形塞尺检查。

6.5.16 防水垫层一般项目的质量验收应按本规范第5.5节的规定执行。

7 块 瓦 屋 面

7.1 一 般 规 定

7.1.1 块瓦包括烧结瓦、混凝土瓦等，适用于防水等级为一级和二级的坡屋面。

7.1.2 块瓦屋面坡度不应小于30%。

7.1.3 块瓦屋面的屋面板可为钢筋混凝土板、木板或增强纤维板。

7.1.4 块瓦屋面应采用干法挂瓦，固定牢固，檐口部位应采取防风揭措施。

7.2 设 计 要 点

7.2.1 块瓦屋面应符合下列规定：

1 保温隔热层上铺设细石混凝土保护层做持钉层时，防水垫层应铺设在持钉层上，构造层依次为块瓦、挂瓦条、顺水条、防水垫层、持钉层、保温隔热层、屋面板（图7.2.1-1）。

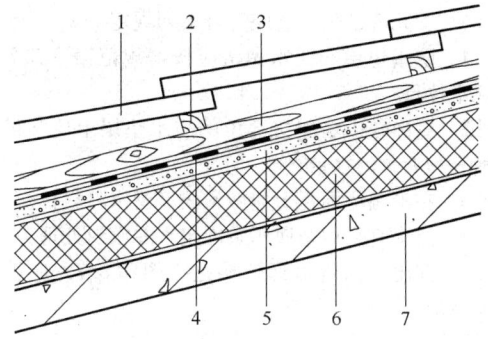

图 7.2.1-1　块瓦屋面构造（1）

1—瓦材；2—挂瓦条；3—顺水条；4—防水垫层；
5—持钉层；6—保温隔热层；7—屋面板

2　保温隔热层镶嵌在顺水条之间时，应在保温隔热层上铺设防水垫层，构造层依次为块瓦、挂瓦条、防水垫层或隔热防水垫层、保温隔热层、顺水条、屋面板（图 7.2.1-2）。

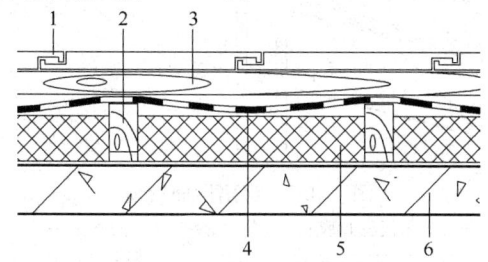

图 7.2.1-2　块瓦屋面构造（2）

1—块瓦；2—顺水条；3—挂瓦条；4—防水垫层或
隔热防水垫层；5—保温隔热层；6—屋面板

3　屋面为内保温隔热构造时，防水垫层应铺设在屋面板上，构造层依次为块瓦、挂瓦条、顺水条、防水垫层、屋面板（图 7.2.1-3）。

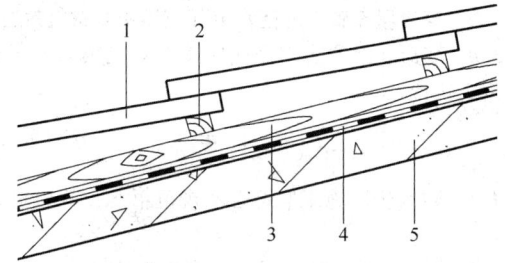

图 7.2.1-3　块瓦屋面构造（3）

1—块瓦；2—挂瓦条；3—顺水条；4—防水垫层；5—屋面板

4　采用具有挂瓦功能的保温隔热层时，在屋面板上做水泥砂浆找平层，防水垫层应铺设在找平层上，保温板应固定在防水垫层上，构造层依次为块瓦、有挂瓦功能的保温隔热层、防水垫层、找平层（兼作持钉层）、屋面板（图 7.2.1-4）。

5　采用波形沥青通风防水垫层时，通风防水垫层应铺设在挂瓦条和保温隔热层之间，构造层依次为块瓦、挂瓦条、波形沥青通风防水垫层、保温隔热

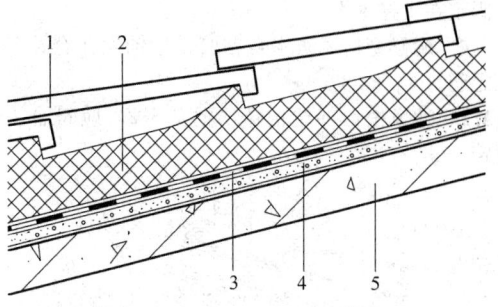

图 7.2.1-4　块瓦屋面构造（4）

1—块瓦；2—带挂瓦条的保温板；
3—防水垫层；4—找平层；5—屋面板

层、屋面板（图 5.2.1-5）。

7.2.2　通风屋面的檐口部位宜设置隔栅进气口，屋脊部位宜作通风构造设计。

7.2.3　屋面排水系统可采用混凝土檐沟、成品檐沟、成品天沟；斜天沟宜采用混凝土排水沟瓦或金属排水沟。

7.2.4　块瓦屋面挂瓦条、顺水条安装应符合下列规定：

1　木挂瓦条应钉在顺水条上，顺水条用固定钉钉入持钉层内；

2　钢挂瓦条与钢顺水条应焊接连接，钢顺水条用固定钉钉入持钉层内；

3　通风防水垫层可替代顺水条，挂瓦条应固定在通风防水垫层上，固定钉应钉在波峰上。

7.2.5　檐沟宽度应根据屋面集水区面积确定。

7.2.6　屋面坡度大于 100% 或处于大风区时，块瓦固定应采取下列加强措施：

1　檐口部位应有防风揭和防落瓦的安全措施；

2　每片瓦应采用螺钉和金属搭扣固定。

7.3　细部构造

7.3.1　通风屋脊构造（图 7.3.1）应符合下列规定：

1　防水垫层做法应按本规范第 5.3.1 条的规定执行；

2　屋脊瓦应采用与主瓦相配套的配件脊瓦；

3　托木支架和支撑木应固定在屋面板上，脊瓦

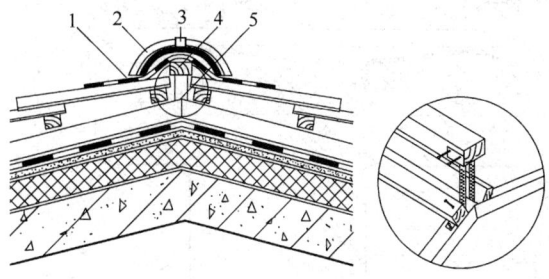

图 7.3.1　通风屋脊

1—通风防水自粘胶带；2—脊瓦；3—脊瓦搭扣；
4—支撑木；5—托木支架

応固定在支撑木上;

　　4 耐候型通风防水自粘胶带应铺设在脊瓦和块瓦之间。

7.3.2 通风檐口部位构造(图7.3.2)应符合下列规定:

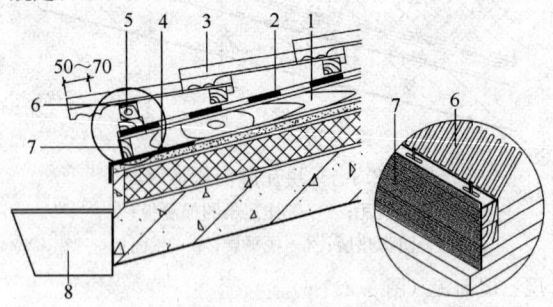

图 7.3.2　通风檐口

1—顺水条;2—防水垫层;3—瓦;4—金属泛水板;
5—托瓦木条;6—檐口挡箅;7—檐口通风条;8—檐沟

　　1 泛水板和防水垫层做法应按本规范第5.3.2条的规定执行;

　　2 块瓦挑入檐沟的长度宜为50mm～70mm;

　　3 在屋檐最下排的挂瓦条上应设置托瓦木条;

　　4 通风檐口处宜设置半封闭状的檐口挡箅。

7.3.3 钢筋混凝土檐沟部位构造做法应按本规范第5.3.3条的规定执行。

7.3.4 天沟部位构造应符合下列规定:

　　1 防水垫层的做法应按本规范第5.3.4条的规定执行;

　　2 混凝土屋面天沟采用防水卷材时,防水卷材应由沟底上翻,垂直高度不应小于150mm;

　　3 天沟宽度和深度应根据屋面集水区面积确定。

7.3.5 山墙部位构造(图7.3.5)应符合下列规定:

　　1 防水垫层做法应按本规范第5.3.6条的规定执行;

　　2 檐口封边瓦宜采用卧浆做法,并用水泥砂浆勾缝处理;

　　3 檐口封边瓦应用固定钉固定在木条或持钉层上。

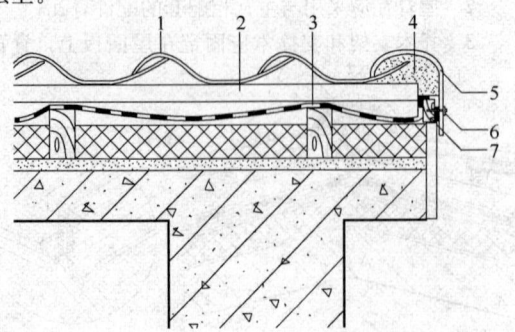

图 7.3.5　山墙

1—瓦;2—挂瓦条;3—防水垫层;4—水泥砂浆封边;
5—檐口封边瓦;6—镀锌钢钉;7—木条

7.3.6 女儿墙部位构造应符合下列规定:

　　1 防水垫层和泛水做法应按本规范第5.3.7条的规定执行;

　　2 屋面与山墙连接部位的防水垫层上应铺设自粘聚合物沥青泛水带;

　　3 在沿墙屋面瓦上应做耐候型泛水材料;

　　4 泛水宜采用金属压条固定,并密封处理。

7.3.7 穿出屋面管道部位构造(图7.3.7)应符合下列规定:

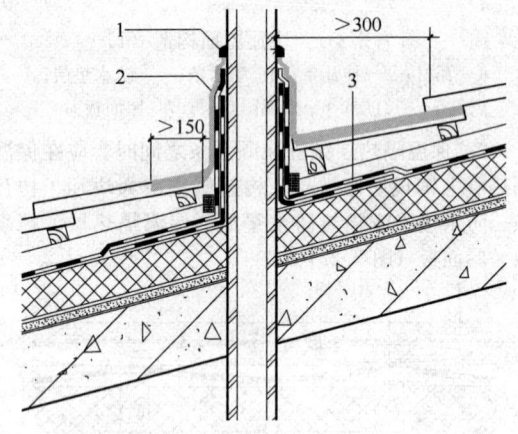

图 7.3.7　穿出屋面管道

1—耐候密封胶;2—柔性泛水;3—防水垫层

　　1 穿出屋面管道上坡方向:应采用耐候型自粘泛水与屋面瓦搭接,宽度应大于300mm,并应压入上一排瓦片的底部;

　　2 穿出屋面管道下坡方向:应采用耐候型自粘泛水与屋面瓦搭接,宽度应大于150mm,并应粘结在下一排瓦片的上部,与左右面的搭接宽度应大于150mm;

　　3 穿出屋面管道的泛水上部应用密封材料封边。

7.3.8 变形缝部位防水做法应按本规范第5.3.9条的规定执行。

7.4 施工要点

7.4.1 防水垫层施工应符合本规范第5.4节的相关规定。

7.4.2 屋面基层或持钉层应平整、牢固。

7.4.3 顺水条与持钉层连接、挂瓦条与顺水条连接、块瓦与挂瓦条连接应固定牢固。

7.4.4 铺设块瓦应排列整齐,瓦榫落槽,瓦脚挂牢,檐口成线。

7.4.5 正脊、斜脊应顺直,无起伏现象。脊瓦搭盖间距应均匀,脊瓦与块瓦的搭接缝应作泛水处理。

7.4.6 通风屋面屋脊和檐口的施工应符合构造设计的要求。

7.4.7 板状保温隔热材料的施工应按本规范第6.4.9条的规定执行;喷涂硬泡聚氨酯保温隔热材料

的施工应按本规范第 6.4.10 条的规定执行。

7.5 工程验收

主控项目

7.5.1 块瓦、保温隔热材料及其配套材料的质量应符合设计要求。

检验方法：观察检查和检查出厂合格证、质量检验报告和进场抽样复验报告。

7.5.2 屋脊、天沟、檐沟、檐口、山墙、立墙和穿出屋面设施的细部构造，应符合设计要求。

检验方法：观察检查和尺量检查。

7.5.3 板状保温隔热材料的厚度应符合设计要求，负偏差不得大于 4mm。

检验方法：用钢针插入和尺量检查。

7.5.4 喷涂硬泡聚氨酯保温隔热层的厚度应符合设计要求，负偏差不得大于 3mm。

检验方法：用钢针插入和尺量检查。

7.5.5 主瓦及配件瓦的固定、搭接方式及搭接尺寸应符合产品安装要求。

检验方法：观察检查和尺量检查。

7.5.6 块瓦屋面竣工后不得渗漏。

检验方法：雨后或进行 2h 淋水，观察检查。

7.5.7 防水垫层主控项目的质量验收应按本规范第 5.5 节的规定执行。

一般项目

7.5.8 持钉层应平整、干燥，细石混凝土持钉层不得有疏松、开裂、空鼓等现象。表面平整度误差不应大于 5mm。

检验方法：观察检查和用 2m 靠尺检测。

7.5.9 顺水条、挂瓦条应连接牢固。

检验方法：观察检查。

7.5.10 通风屋面的檐口和屋脊应通畅透气。

检验方法：观察检查。

7.5.11 屋面瓦材不得有破损现象。

检验方法：观察检查。

7.5.12 板状保温隔热材料铺设应紧贴基层，铺平垫稳，固定牢固，拼缝严密。

检验方法：观察检查。

7.5.13 板状保温隔热材料平整度的允许偏差为 5mm。

检验方法：用 2m 靠尺和楔形塞尺检查。

7.5.14 板状保温隔热材料接缝高差的允许偏差为 2mm。

检验方法：用直尺和楔形塞尺检查。

7.5.15 喷涂硬泡聚氨酯保温隔热层的平整度允许偏差为 5mm。

检验方法：用 1m 靠尺和楔形塞尺检查。

7.5.16 防水垫层一般项目的质量验收应按本规范第 5.5 节的规定执行。

8 波形瓦屋面

8.1 一般规定

8.1.1 波形瓦包括沥青波形瓦、树脂波形瓦等，适用于防水等级为二级的坡屋面。

8.1.2 波形瓦屋面坡度不应小于 20%。

8.1.3 波形瓦屋面承重层为混凝土屋面板和木屋面板时，宜设置外保温隔热层；不设屋面板的屋面，可设置内保温隔热层。

8.2 设计要点

8.2.1 波形瓦屋面应符合下列规定：

1 屋面板上铺设保温隔热层，保温隔热层上做细石混凝土持钉层时，防水垫层应铺设在持钉层上，波形瓦应固定在持钉层上，构造层依次为波形瓦、防水垫层、持钉层、保温隔热层、屋面板（图 8.2.1-1）。

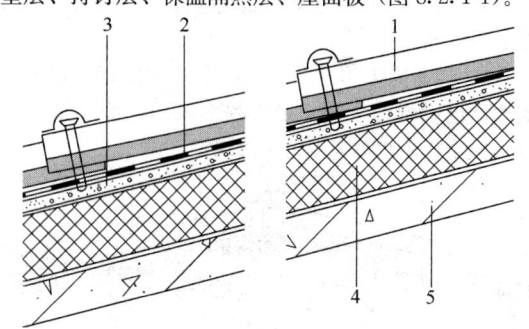

图 8.2.1-1　波形瓦屋面构造（1）
1—波形瓦；2—防水垫层；3—持钉层；
4—保温隔热层；5—屋面板

2 采用有屋面板的内保温隔热时，屋面板铺设在木檩条上，防水垫层应铺设在屋面板上，木檩条固定在钢屋架上，角钢固定件长应为 100mm～150mm，波形瓦固定在屋面板上，构造层依次为波形瓦、防水垫层、屋面板、木檩条、屋架（图 8.2.1-2）。

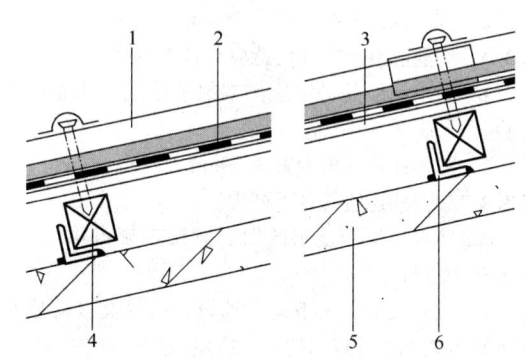

图 8.2.1-2　波形瓦屋面构造（2）
1—波形瓦；2—防水垫层；3—屋面板；4—檩条；
5—屋架；6—角钢固定件

8.2.2 波形瓦的固定间距应按瓦材规格、尺寸确定。

8.2.3 波形瓦可固定在檩条和屋面板上。

8.2.4 沥青波形瓦和树脂波形瓦的搭接宽（长）度和固定点数量应符合表 8.2.4 的规定。

表 8.2.4　波形瓦搭接宽（长）和固定点数量

屋面坡度 (%)	20～30			>30		
类型	上下搭接长度 (mm)	水平搭接宽度	固定点数 (个/㎡)	上下搭接长度 (mm)	水平搭接宽度	固定点数 (个/㎡)
沥青波形瓦	150	至少一个波形且不小于100mm	9	100	至少一个波形且不小于100mm	9～12
树脂波形瓦			10			≥12

8.3　细部构造

8.3.1 屋脊构造（图 8.3.1）应符合下列规定：

1 防水垫层和泛水的做法应按本规范第 5.3.1 条的规定执行；

2 屋脊宜采用成品脊瓦，脊瓦下部宜设置木质支撑。铺设脊瓦应顺年最大频率风向铺设，搭接宽度不应小于本规范表 8.2.4 的规定。

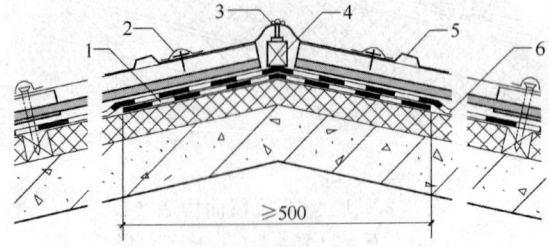

图 8.3.1　屋脊

1—防水垫层附加层；2—固定钉；3—密封胶；
4—支撑木；5—成品脊瓦；6—防水垫层

8.3.2 檐口部位构造应符合下列规定：

1 防水垫层和泛水的做法应按本规范第 5.3.2 条的规定执行；

2 波形瓦挑出檐口宜为 50mm～70mm。

8.3.3 钢筋混凝土檐沟构造应符合下列规定：

1 防水垫层的做法应按本规范第 5.3.3 条的规定执行；

2 波形瓦挑入檐沟宜为 50mm～70mm。

8.3.4 天沟构造应符合下列规定：

1 防水垫层和泛水的做法应按本规范第 5.3.4 条的规定执行；

2 成品天沟应由下向上铺设，搭接宽度不应小于本规范表 8.2.4 规定的上下搭接长度；

3 主瓦伸入成品天沟的宽度不应小于 100mm。

8.3.5 山墙部位构造（图 8.3.5）应符合下列规定：

1 阴角部位应增设防水垫层附加层；

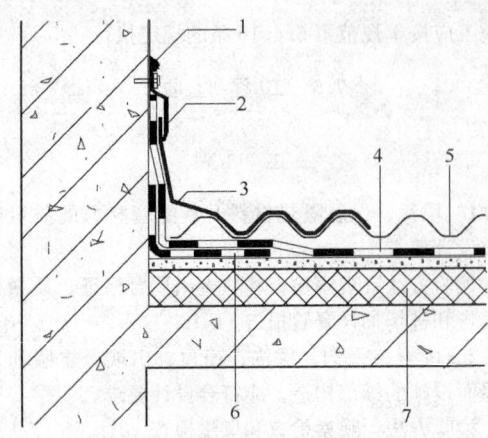

图 8.3.5　山墙

1—密封胶；2—金属压条；3—泛水；4—防水垫层；
5—波形瓦；6—防水垫层附加层；7—保温隔热层

2 瓦材与墙体连接处应铺设耐候型自粘泛水胶带或金属泛水板，泛水上翻山墙高度不应小于 250mm，水平方向与波形瓦搭接不应少于两个波峰且不小于 150mm；

3 上翻山墙的耐候型自粘泛水胶带顶端应用金属压条固定，并作密封处理。

8.3.6 穿出屋面设施构造（图 8.3.6）应符合下列规定：

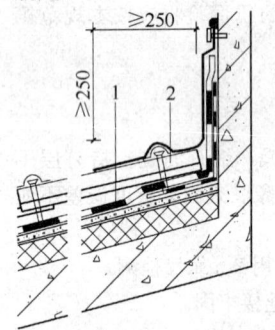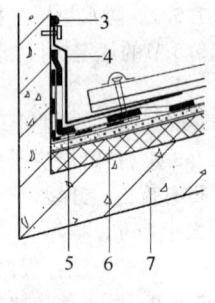

图 8.3.6　穿出屋面设施

1—防水垫层；2—波形瓦；3—密封材料；4—耐候型自粘泛水胶带；5—防水垫层附加层；6—保温隔热层；7—屋面板

1 瓦材与穿出屋面设施构造连接处应铺设 500mm 宽耐候型自粘泛水胶带，上翻高度不应小于 250mm，与波形瓦搭接宽度不应小于 250mm；

2 上翻泛水顶端应采用密封胶封严并用金属泛水板遮盖。

8.3.7 变形缝部位防水做法应按本规范第 5.3.9 条的规定执行。

8.4　施工要点

8.4.1 防水垫层施工应符合本规范第 5.4 节的相关规定。

8.4.2 带挂瓦条的基层应平整、牢固。

8.4.3 铺设波形瓦应在屋面上弹出水平及垂直基准线，按线铺设。

8.4.4 波形瓦的固定应符合下列规定：

1 瓦钉应沿弹线固定在波峰上；

2 檐口部位的瓦材应增加固定钉数量。

8.4.5 波形瓦与山墙、天沟、天窗、烟囱等节点连接部位，应采用密封材料、耐候型自粘泛水带等进行密封处理。

8.4.6 板状保温隔热材料的施工应按本规范第6.4.9条的规定执行；喷涂硬泡聚氨酯保温隔热材料的施工应按本规范第6.4.10条的规定执行。

8.5 工程验收

主控项目

8.5.1 波形瓦、保温隔热材料及其配套材料的质量应符合设计要求。

检验方法：观察检查和检查出厂合格证、质量检验报告和进场抽样复验报告。

8.5.2 屋脊、天沟、檐沟、檐口、山墙、立墙和穿出屋面设施的细部构造，应符合设计要求。

检验方法：观察检查和尺量检查。

8.5.3 板状保温隔热材料的厚度应符合设计要求，负偏差不得大于4mm。

检验方法：用钢针插入和尺量检查。

8.5.4 喷涂硬泡聚氨酯保温隔热层的厚度应符合设计要求，负偏差不得大于3mm。

检验方法：用钢针插入或尺量检查。

8.5.5 主瓦及配件瓦的固定、搭接方式及搭接尺寸应符合设计要求。

检验方法：观察和尺量检查。

8.5.6 波形瓦屋面竣工后不得渗漏。

检验方法：雨后或进行2h淋水，观察检查。

8.5.7 防水垫层主控项目的质量验收应按本规范第5.5节的规定执行。

一般项目

8.5.8 屋面的檐口线、泛水等应顺直，无起伏现象。

检验方法：观察检查。

8.5.9 持钉层应平整、干燥，细石混凝土持钉层不得有疏松、开裂、空鼓等现象，表面平整度误差不应大于5mm。

检验方法：观察检查和用2m靠尺检测。

8.5.10 固定钉位置应在波形瓦波峰上，固定钉上应有密封帽。

检验方法：观察检查。

8.5.11 板状保温隔热材料铺设应紧贴基层，铺平垫稳，固定牢固，拼缝严密。

检验方法：观察检查。

8.5.12 板状保温材料的平整度允许偏差为5mm。

检验方法：用2m靠尺和楔形塞尺检查。

8.5.13 板状保温隔热材料接缝高差的允许偏差为2mm。

检验方法：用直尺和楔形塞尺检查。

8.5.14 喷涂硬泡聚氨酯保温隔热层的平整度允许偏差为5mm。

检验方法：用1m靠尺和楔形塞尺检查。

8.5.15 防水垫层一般项目的质量验收应按本规范第5.5节的规定执行。

9 金属板屋面

9.1 一般规定

9.1.1 金属板屋面的板材主要包括压型金属板和金属面绝热夹芯板。

9.1.2 金属板屋面坡度不宜小于5%。

9.1.3 压型金属板屋面适用于防水等级为一级和二级的坡屋面。金属面绝热夹芯板屋面适用于防水等级为二级的坡屋面。

9.1.4 防水等级为一级的压型金属板屋面不应采用明钉固定方式，应采用大于180°咬边连接的固定方式；防水等级为二级的压型金属板屋面采用明钉或金属螺钉固定方式时，钉帽应有防水密封措施。

9.1.5 金属面绝热夹芯板的四周接缝均应采用耐候丁基橡胶防水密封胶带密封。

9.1.6 防水等级为一级的压型金属板屋面应采用防水垫层，防水等级为二级的压型金属板屋面宜采用防水垫层。

9.1.7 金属板与屋面承重构件的固定应根据风荷载确定。

9.1.8 金属板屋面吸声材料和隔声材料的施工应符合相关标准的规定。

9.1.9 金属板屋面防水垫层的设计和细部构造可按本规范第5.2节和第5.3节的规定执行。

9.1.10 金属板屋面防水垫层的施工可按本规范第5.4节的规定执行。

9.2 设计要点

9.2.1 金属板屋面应由具有相应资质的设计单位进行设计。

9.2.2 金属板屋面工程设计应根据建筑物性质和功能要求确定防水等级，选用金属板材。

9.2.3 金属板屋面的风荷载设计应按工程所在地区的最大风力、建筑物高度、屋面坡度、基层状况、建筑环境和建筑形式等因素，按照现行国家标准《建筑结构荷载规范》GB 50009 的有关规定计算风荷载，并按设计要求提供抗风揭试验检测报告。

9.2.4 压型金属板屋面变形较大时，应进行变形计算，并宜设置屋面板滑动连接构造。

9.2.5 金属板屋面的排水坡度，应根据屋面结构形式和当地气候条件等因素确定。

9.2.6 屋面天沟、檐沟设计应符合下列规定：

　　1 天沟、檐沟应设置溢流孔；

　　2 金属天沟、内檐沟下面宜设置保温隔热层；

　　3 金属天沟、檐沟应有防腐措施；

　　4 天沟、檐沟与金属屋面板材的连接应采用密封的节点设计。

9.2.7 金属天沟、檐沟应设置伸缩缝，伸缩缝间隔不宜大于30m。

9.2.8 压型金属板屋面的支架宜为钢、铝合金或不锈钢材质，支架与金属屋面板连接处应密封。

9.2.9 有保温隔热要求的压型金属板屋面，保温隔热层应设在金属屋面板的下方。

9.2.10 当室内湿度较大或采用纤维状保温材料时，压型金属板屋面设计应符合下列规定：

　　1 保温隔热层下面应设置隔汽层；

　　2 防水等级为一级时，保温隔热层上面应设置透汽防水垫层；

　　3 防水等级为二级时，保温隔热层上面宜设置透汽防水垫层。

9.2.11 金属面绝热夹芯板屋面设计应符合下列规定：

　　1 夹芯板顺坡长向搭接，坡度小于10%时，搭接长度不应小于300mm；坡度大于等于10%时，搭接长度不应小于250mm；

　　2 包边钢板、泛水板搭接长度不应小于60mm，铆钉中距不应大于300mm；

　　3 夹芯板横向相连应为拼接式或搭接式，连接处应密封；

　　4 夹芯板纵横向的接缝、外露铆钉钉头，以及细部构造应采用密封材料封严。

9.3 细 部 构 造

9.3.1 压型金属板屋面构造应符合下列规定：

　　1 金属屋面构造层次（图9.3.1-1）包括：金属

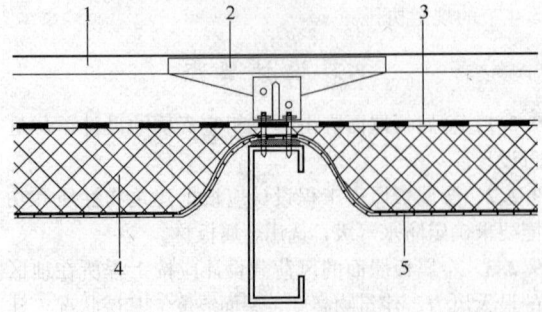

图 9.3.1-1 金属屋面
1—金属屋面板；2—固定支架；3—透汽防水垫层；
4—保温隔热层；5—承托网

屋面板、固定支架、透汽防水垫层、保温隔热层和承托网。

　　2 屋脊构造（图9.3.1-2）应符合下列规定：

　　　　1） 屋脊部位应采用屋脊盖板，并作防水处理；

　　　　2） 屋脊盖板应依据屋面的热胀冷缩设计；

　　　　3） 屋脊盖板应设置保温隔热层。

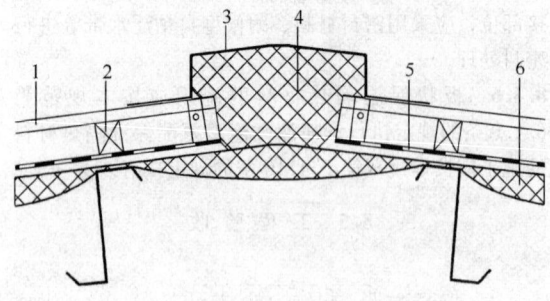

图 9.3.1-2 屋脊
1—金属屋面板；2—屋面板连接；3—屋脊盖板；
4—填充保温棉；5—防水垫层；6—保温隔热层

　　3 檐口部位构造（图9.3.1-3）应符合下列规定：

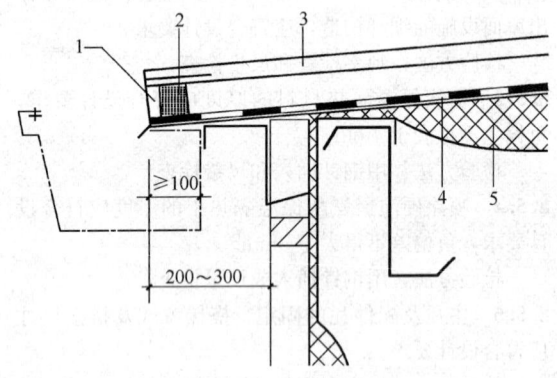

图 9.3.1-3 檐口
1—封边板；2—防水堵头；3—金属屋面板；
4—防水垫层；5—保温隔热层

　　　　1） 屋面金属板的挑檐长度宜为200mm～300mm，或根据设计要求，按工程所在地风荷载计算确定；金属板与檐沟之间应设置防水密封堵头和金属封边板；

　　　　2） 屋面金属板挑入檐沟内的长度不宜小于100mm；

　　　　3） 墙面宜在相应位置设置檐口堵头；

　　　　4） 屋面和墙面保温隔热层应连接。

　　4 山墙部位构造（图9.3.1-4）应符合下列规定：

　　　　1） 山墙部位构造应按建筑物热胀冷缩因素设计；

　　　　2） 屋面和墙面的保温隔热层应连接。

　　5 出屋面山墙部位构造（图9.3.1-5）中，金属板屋面与墙相交处泛水的高度不应小于250mm。

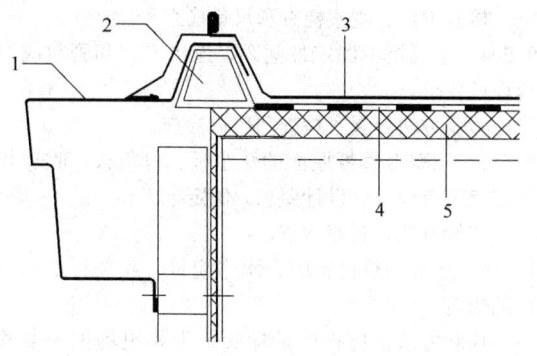

图 9.3.1-4　山墙
1—山墙饰边；2—温度应力隔离组件；
3—金属屋面板；4—防水垫层；5—保温隔热层

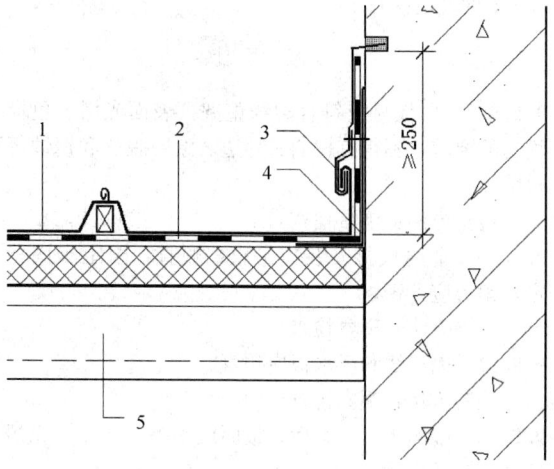

图 9.3.1-5　出屋面山墙
1—金属屋面板；2—防水垫层；3—泛水
及温度应力组件；4—支撑角钢；5—檩条

9.3.2 金属面绝热夹芯板屋面构造应符合下列规定：

1 金属夹芯板屋面屋脊构造（图9.3.2-1）应包括：屋脊盖板、屋脊盖板支架、夹芯屋面板等。屋脊处应设置屋脊盖板支架，屋脊板与屋脊盖板支架连接，连接处和固定部位应采用密封胶封严。

2 拼接式屋面板防水扣槽构造（图9.3.2-2）应

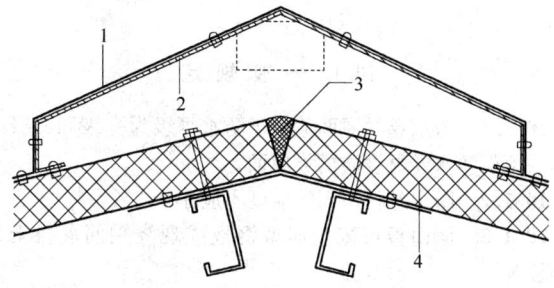

图 9.3.2-1　屋脊
1—屋脊盖板；2—屋脊盖板支架；
3—聚苯乙烯泡沫条；4—夹芯屋面板

包括：防水扣槽、夹芯板翻边、夹芯屋面板和螺钉。

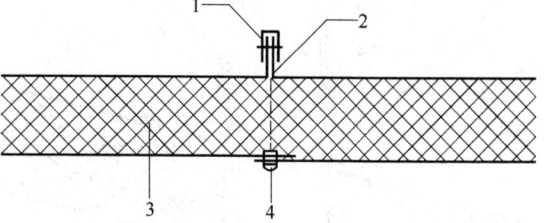

图 9.3.2-2　拼接式屋面板防水扣槽
1—防水扣槽；2—夹芯板翻边；
3—夹芯屋面板；4—螺钉

3 檐口宜挑出外墙150mm～500mm，檐口部位应采用封檐板封堵，固定螺栓的螺帽应采用密封胶封严（图9.3.2-3）。

4 山墙应采用槽形泛水板封盖，并固定牢固，固定钉处应采用密封胶封严（图9.3.2-4）。

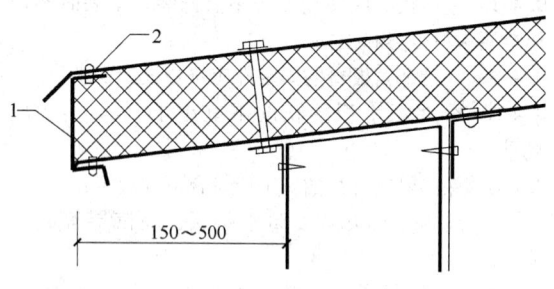

图 9.3.2-3　檐口
1—封檐板；2—密封胶

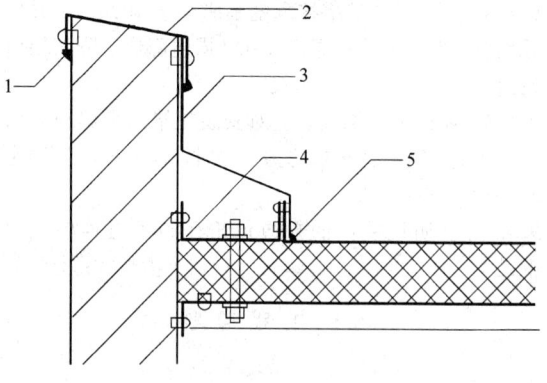

图 9.3.2-4　山墙
1、5—密封胶；2—槽型泛水板；
3—金属泛水板；4—金属U形件

5 采用法兰盘固定屋面排气管，并与屋面板连接，法兰盘上应设置金属泛水板，连接处用密封材料封严（图9.3.2-5）。

9.3.3 金属屋面板与采光天窗四周连接时，应进行密封处理。

9.3.4 金属板天沟伸入屋面金属板下面的宽度不应小于100mm。

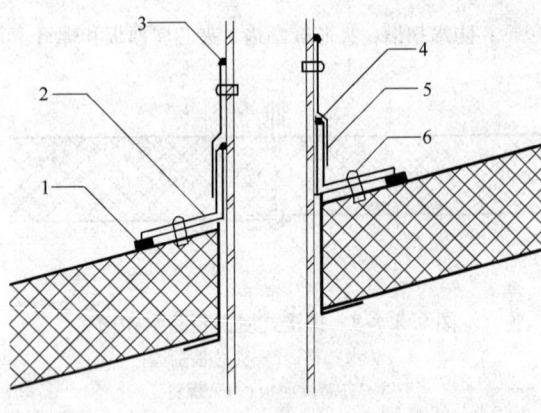

图 9.3.2-5 排气管
1、3—密封胶；2—法兰盘；4—密封胶条；
5—金属泛水板；6—铆钉

9.4 施工要点

9.4.1 金属板材应使用专用吊具吊装，吊装时不得使金属板材变形和损伤。

9.4.2 铺设金属板材的固定件应符合设计要求。

9.4.3 金属泛水板的长度不宜小于 2m，安装应顺直。

9.4.4 保温隔热材料的施工应符合下列规定：

　　1 应与金属板材、防水垫层、隔汽层等同步铺设；

　　2 铺设应顺直、平整、紧密；

　　3 屋脊、檐口、山墙等部位的保温隔热层应与屋面保温隔热层连为一体。

9.4.5 隔汽材料的搭接宽度不应小于 100mm，并应采用密封胶带连接；屋面开孔及周边部位的隔汽层应密封。

9.4.6 屋面施工期间，应对安装完毕的金属板采取保护措施；遇有大风或恶劣气候时，应采取临时固定和保护措施。

9.4.7 金属板屋面的封边包角在施工过程中不得踩踏。

9.5 工程验收

主控项目

9.5.1 金属板材、保温隔热材料、吸声材料、隔声材料及其配套材料的质量应符合设计要求。

　　检验方法：观察检查和检查出厂合格证、质量检验报告和进场抽样复验报告。

9.5.2 压型金属板材表面的涂层厚度、硬度及延展性等应符合设计要求。

　　检验方法：漆膜测厚仪和 T 弯检查。

9.5.3 屋脊、天沟、檐沟、檐口、山墙、立墙和穿出屋面设施的细部构造，应符合设计要求。

　　检验方法：观察检查和尺量检查。

9.5.4 金属板材固定件间距、连接方式和密封应符合设计要求。

　　检验方法：观察检查和尺量检查。

9.5.5 压型金属板屋面的泛水板、包角板、收边板等连接节点应符合设计要求，固定牢固。

　　检验方法：观察检查。

9.5.6 保温隔热材料的含水率应符合相关标准和设计的规定。

　　检验方法：检查质量检验报告和现场抽样复验报告。

9.5.7 金属板屋面竣工后，不得渗漏。

　　检验方法：雨后或进行 2h 淋水检验，观察检查。

9.5.8 防水垫层主控项目的质量验收应按本规范第 5.5 节的规定执行。

一般项目

9.5.9 金属板材应符合边缘整齐、表面光滑、色泽均匀的要求，不得有扭曲、翘边、涂层脱落和锈蚀等缺陷。

　　检验方法：观察检查。

9.5.10 金属板材安装应平整、顺直，固定牢固稳定，锁边应严密。

　　检验方法：观察检查。

9.5.11 檐口线和泛水板应顺直。

　　检验方法：观察检查。

9.5.12 金属板材竣工后，板面应平整、干净、无污迹及施工残留物。

　　检验方法：观察检查。

9.5.13 板状保温隔热材料铺设应紧贴基层，铺平垫稳，固定牢固，拼缝严密。

　　检验方法：观察检查。

9.5.14 毡状保温隔热材料铺设应连续、平整。

　　检验方法：观察检查。

9.5.15 防水垫层一般项目的质量验收应按本规范第 5.5 节的规定执行。

10 防水卷材屋面

10.1 一般规定

10.1.1 防水卷材屋面适用于防水等级为一级和二级的单层防水卷材设防的坡屋面。

10.1.2 防水卷材屋面的坡度不应小于 3%。

10.1.3 屋面板可采用压型钢板或现浇钢筋混凝土板等。

10.1.4 防水卷材屋面采用的防水卷材主要包括：聚氯乙烯（PVC）防水卷材、三元乙丙橡胶（EPDM）防水卷材、热塑性聚烯烃（TPO）防水卷材、弹性体

（SBS）改性沥青防水卷材、塑性体（APP）改性沥青防水卷材等。

10.1.5 保温隔热材料可采用硬质岩棉板、硬质矿渣棉板、硬质玻璃棉板、硬质泡沫聚氨酯保温板及硬质泡沫聚苯乙烯保温板等板材，并应符合防火设计规范的相关要求。

10.1.6 保温隔热层应设置在屋面板上。

10.1.7 单层防水卷材和保温隔热材料构成的屋面系统，可采用机械固定法、满粘法或空铺压顶法铺设。

10.1.8 屋面应严格控制明火施工，并采取相应的安全措施。

10.2 设计要点

10.2.1 单层防水卷材的厚度和搭接宽度应符合表10.2.1-1和表10.2.1-2的规定：

表 10.2.1-1 单层防水卷材厚度（mm）

防水卷材名称	一级防水厚度	二级防水厚度
高分子防水卷材	≥1.5	≥1.2
弹性体、塑性体改性沥青防水卷材	≥5	

表 10.2.1-2 单层防水卷材搭接宽度（mm）

防水卷材名称	满粘法	机械固定法			
		热风焊接		搭接胶带	
		无覆盖机械固定垫片	有覆盖机械固定垫片	无覆盖机械固定垫片	有覆盖机械固定垫片
高分子防水卷材	≥80	≥80 且有效焊缝宽度≥25	≥120 且有效焊缝宽度≥25	≥120 且有效粘结宽度≥75	≥200 且有效粘结宽度≥150
弹性体、塑性体改性沥青防水卷材	≥100	≥80 且有效焊缝宽度≥40	≥120 且有效焊缝宽度≥40	—	

10.2.2 选用的防水卷材性能除应符合相关的材料标准外，还应具有适用于工程所在区域的环境条件、耐紫外线和环保等特性。

10.2.3 机械固定屋面系统的风荷载设计应符合下列规定：

1 按工程所在地区的最大风力、建筑物高度、屋面坡度、基层状况、卷材性能、建筑环境、建筑形式等因素，按照现行国家标准《建筑结构荷载规范》GB 50009 的有关规定进行风荷载计算；

2 应对设计选定的防水卷材、保温隔热材料、隔汽材料和机械固定件等组成的屋面系统进行抗风揭试验，试验结果应满足风荷载设计要求；

3 应根据风荷载设计计算和试验数据，确定屋面檐角区、檐边区、中间区固定件的布置间距。

10.2.4 采用机械固定法时，屋面持钉层的厚度应符合下列规定：

1 压型钢板基板的厚度不宜小于0.75mm，基板最小厚度不得小于0.63mm，当基板厚度在0.63mm～0.75mm时应通过拉拔试验验证钢板强度；

2 钢筋混凝土板的厚度不应小于40mm。

10.2.5 防水卷材的搭接宜采用热风焊接、热熔粘结、胶粘剂及胶粘带等方式。

10.2.6 屋面保温隔热材料设计应符合下列规定：

1 保温隔热材料的厚度应根据建筑设计计算确定；

2 应具有良好的物理性能、尺寸稳定性；

3 防火等级应符合国家的相关规定；

4 屋面设置内檐沟时，内檐沟处不得降低保温隔热效果。

10.2.7 采用机械固定施工方法时，保温隔热材料的主要性能应符合下列规定：

1 在60kPa的压缩强度下，压缩比不得大于10%；

2 在500N的点荷载作用下，变形不得大于5mm；

3 当采用单层岩棉、矿渣棉铺设时，压缩强度不得低于60kPa；多层岩棉、矿渣棉铺设时，每层压缩强度不得低于40kPa，与防水层直接接触的岩棉、矿渣棉，压缩强度不得低于60kPa。

10.2.8 板状保温隔热材料采用机械固定时，固定件数量和位置应符合表10.2.8的规定。

表 10.2.8 保温隔热材料固定件数量和位置

保温隔热材料	每块板机械固定件最少数量		固定位置
挤塑聚苯板（XPS）模塑聚苯板（EPS）硬泡聚氨酯板	各边长均≤1.2m	4个	四个角及沿长向中线均匀布置，固定垫片距离板材边缘≤150mm
	任一边长>1.2m	6个	
岩棉、矿渣棉板、玻璃棉板	—	2个	沿长向中线均匀布置

注：其他类型的保温隔热板材机械固定件的布置设计由系统供应商提供。

10.2.9 屋面保温隔热层干燥有困难时，宜采用排汽屋面。

10.2.10 屋面系统构造层次中相邻的不同产品应具有相容性。不相容时，应设置隔离层，隔离层应与相邻的材料相容。

10.2.11 含有增塑剂的高分子防水卷材与泡沫保温材料之间应增设隔离层。

10.3 细部构造

10.3.1 内檐沟构造宜增设附加防水层，防水层应铺设至内檐沟的外沿。

10.3.2 山墙顶部泛水卷材应铺设至外墙边沿（图10.3.2）。

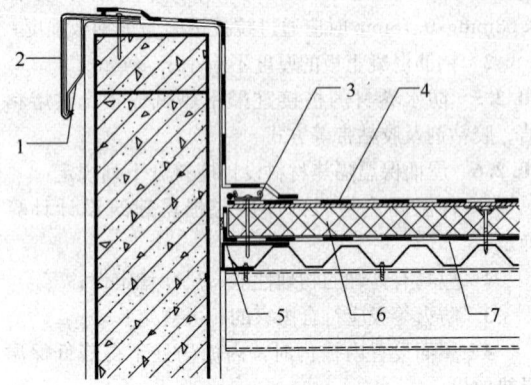

图 10.3.2 山墙顶
1—钢板连接件；2—复合钢板；3—固定件；
4—防水卷材；5—收边加强钢板；6—保温
隔热层；7—隔汽层

10.3.3 檐口部位构造（图10.3.3）应符合下列规定：

1 檐口部位应设置外包泛水；

2 外包泛水应包至隔汽层下不应小于50mm。

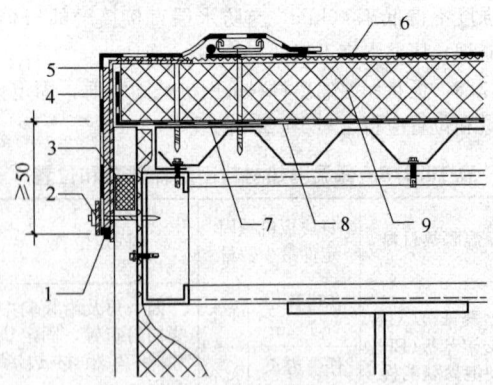

图 10.3.3 檐口
1—外墙填缝；2—收口压条及螺钉；3—泡沫堵头；
4—外包泛水；5—钢板封边；6—防水卷材；
7—收边加强钢板；8—隔汽层；
9—保温隔热层

10.3.4 女儿墙部位构造（图10.3.4）应符合下列规定：

1 女儿墙部位泛水高度不应小于250mm，并采用金属压条收口与密封；

2 女儿墙顶部应采用盖板覆盖。

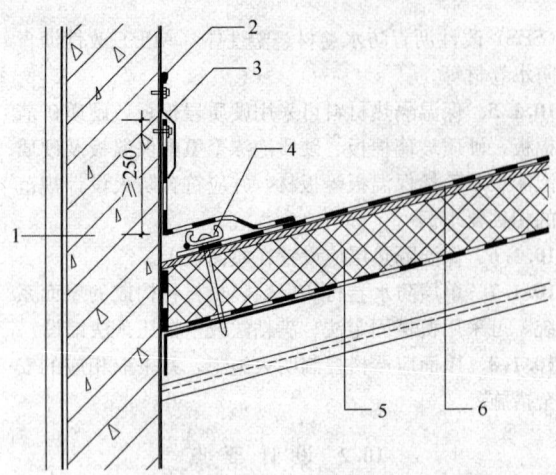

图 10.3.4 女儿墙
1—墙体；2—密封胶；3—收口压条及螺钉；
4—金属压条；5—保温隔热层；6—防水卷材

10.3.5 穿出屋面设施构造（图10.3.5-1、图10.3.5-2）应符合下列规定：

1 当穿出屋面设施开口尺寸小于500mm时，泛水应直接与屋面防水卷材焊接或粘结，泛水高度应大于250mm；

2 当穿出屋面设施开口尺寸大于500mm时，穿出屋面设施开口四周的防水卷材应采用金属压条固定，每条金属压条的固定钉不应少于2个，泛水应直接与屋面防水卷材焊接或粘结，泛水高度应大于250mm。

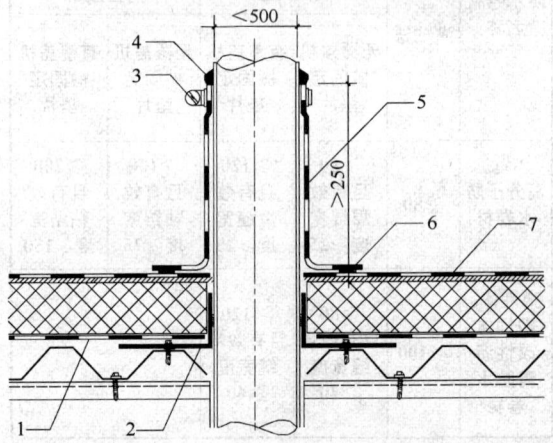

图 10.3.5-1 穿出屋面管道（1）
1—隔汽层；2—隔汽层连接胶带；3—不锈钢金属箍（密封）；
4—密封胶；5—防水卷材；6—热熔焊接；7—保温隔热层

10.3.6 变形缝构造应符合下列规定：

1 变形缝（图10.3.6-1）内应填充泡沫塑料，缝口放置聚乙烯或聚氨酯泡沫棒材，并应设置盖缝防水卷材。

2 当变形缝（图10.3.6-2）两侧为墙体时，墙体应伸出保温隔热层不小于100mm，阴角处抹水泥

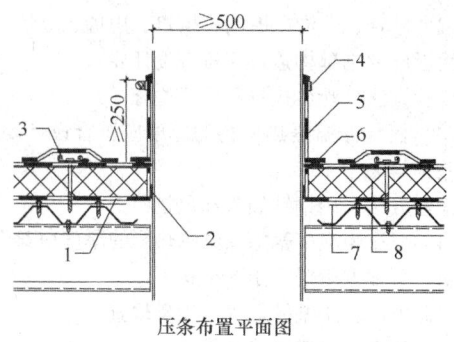

压条布置平面图

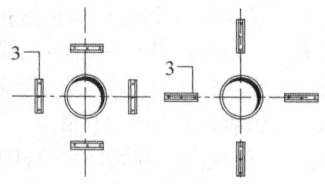

图 10.3.5-2 穿出屋面管道 (2)

1—隔汽层；2—隔汽层连接胶带；3—金属压条；
4—不锈钢金属箍或金属压条（密封）；5—防水卷材；
6—热熔焊接；7—收边加强钢板；8—保温隔热层

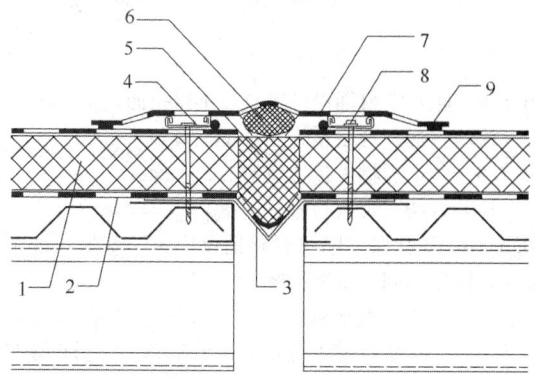

图 10.3.6-1 变形缝 (1)

1—保温隔热层；2—隔汽层；3—V 形底板；
4—金属压条；5—发泡聚氨酯；6—聚乙烯或
聚氨酯棒材；7—盖缝防水卷材；8—固定件；
9—热风焊接

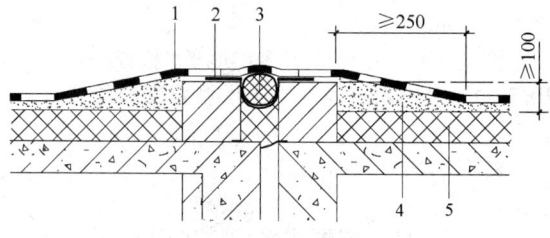

图 10.3.6-2 变形缝 (2)

1—防水层；2—U 形金属板；3—聚乙烯或聚氨酯棒材；
4—保护层；5—保温隔热层

砂浆作缓坡，坡长大于 250mm。

10.3.7 水落口卷材覆盖条应与水落口和卷材粘结牢固（图 10.3.7-1、图 10.3.7-2）。

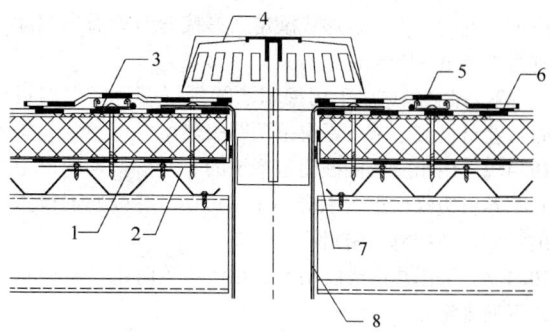

图 10.3.7-1 水落口 (1)

1—隔汽层；2—收边加强钢板；3—金属压条；
4—雨水口挡叶器；5—覆盖条；6—热风焊接；
7—隔汽层连接胶带；8—预制水落口

横向水落口应伸出墙体，覆盖条与卷材和水落口连接处应粘结牢固。

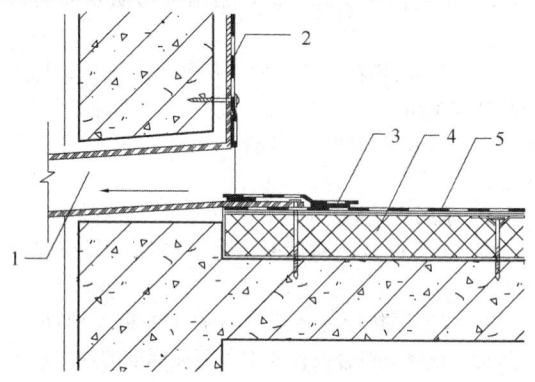

图 10.3.7-2 水落口 (2)

1—水落口；2—胶粘剂；3—焊接接缝；
4—保温隔热层；5—防水卷材

10.4 施 工 要 点

10.4.1 采用机械固定法施工防水卷材应符合下列规定：

1 固定件数量和间距应符合设计要求；螺钉固定件必须固定在压型钢板的波峰上，并应垂直于屋面板，与防水卷材结合紧密；在屋面收边和开口部位，当固定钉不能固定在波峰上时，应增设收边加强钢板，固定钉固定在收边加强钢板上；

2 螺钉穿出钢屋面板的有效长度不得小于 20mm，当底板为混凝土屋面板时，嵌入混凝土屋面板的有效长度不得小于 30mm；

3 铺贴和固定卷材应平整、顺直、松弛，不得褶皱；

4 卷材铺贴和固定的方向宜垂直于屋面压型钢板波峰；坡度大于 25% 时，宜垂直屋脊铺贴；

5 高分子防水卷材搭接边采用焊接法施工，接缝不得漏焊或过焊；

6 改性沥青防水卷材搭接边采用热熔法施工，

应加热均匀,不得过熔或漏熔。搭接缝沥青溢出宽度宜为 10mm～15mm;

7 保温隔热层采用聚苯乙烯等可燃材料保温板时,卷材搭接边施工不得采用明火热熔。

10.4.2 用于屋面机械固定系统的卷材搭接,螺栓中心距卷材边缘的距离不应小于 30mm,搭接处不得露出钉帽,搭接缝应密封。

10.4.3 采用热熔或胶粘剂满粘法施工防水卷材应符合下列规定:

1 基层应坚实、平整、干净、干燥。细石混凝土基层不得有疏松、开裂、空鼓等现象,并应涂刷基层处理剂,基层处理剂应与卷材材性相容;

2 不得直接在保温隔热层表面采用明火热熔法和热沥青粘贴沥青基防水卷材;不得直接在保温隔热层材料表面采用胶粘剂粘贴防水卷材;

3 采用满粘法施工时,粘结剂与防水卷材应相容;

4 保温隔热材料覆有保护层时,可在保护层上用胶粘剂粘贴防水卷材。

10.4.4 机械固定的保温隔热层施工应符合下列规定:

1 基层应平整、干燥;

2 保温板多层铺设时,上下层保温板应错缝铺设;

3 保温隔热层上覆或下衬的保护板及构件等,其品种、规格应符合设计要求和相关标准的规定;

4 机械固定施工时,保温板材的压缩强度和点荷载强度应符合设计要求和本规范第 10.2.7 条的规定;

5 固定件规格、布置方式和数量应符合设计要求和本规范表 10.2.8 的规定。

10.4.5 隔离层施工应符合下列规定:

1 保温隔热层与防水层材性不相容时,其间应设隔离层;

2 隔离层搭接宽度不应小于 100mm。

10.4.6 隔汽层施工应符合下列规定:

1 隔汽层可空铺于压型钢板或装配式屋面板上,采用机械固定法施工时应与保温隔热层同时固定;

2 隔汽材料的搭接宽度不应小于 100mm,并应采用密封胶带连接,屋面开孔及周边部位的隔汽层应采用密封措施。

10.5 工 程 验 收

主 控 项 目

10.5.1 防水卷材、保温隔热材料及其配套材料的质量应符合设计要求。

检验方法:观察检查和检查出厂合格证、质量检验报告和进场抽样复验报告。

10.5.2 屋脊、天沟、檐沟、檐口、山墙、立墙和穿出屋面设施的细部构造,应符合设计要求。

检验方法:观察检查和尺量检查。

10.5.3 板状保温隔热材料的厚度应符合设计要求,负偏差不得大于 4mm。

检验方法:用钢针插入和尺量检查。

10.5.4 喷涂硬泡聚氨酯保温隔热层的厚度应符合设计要求,负偏差不得大于 3mm。

检验方法:用钢针插入或尺量检查。

10.5.5 防水卷材搭接缝必须严密。

检验方法:热熔搭接和热风焊接搭接可通过目测。焊缝应有熔浆挤出,用平头螺丝刀顺焊缝边缘挑试,无漏焊为合格。胶粘带搭接可通过目测和淋水试验方法测试,无剥离、无水印为合格。

10.5.6 采用机械固定法施工的防水卷材和保温板固定件的规格、布置方式、位置和数量应符合设计要求。

检验方法:观察检查和尺量检查。

10.5.7 防水卷材屋面竣工后不得渗漏。

检验方法:雨后或进行 2h 淋水,观察检查。

一 般 项 目

10.5.8 防水卷材铺设应顺直,不得扭曲。

检验方法:观察检查和尺量检查。

10.5.9 防水卷材搭接边应清洁、干燥。

检验方法:观察检查。

10.5.10 板状保温隔热材料铺设应紧贴基层,铺平垫稳,固定牢固,拼缝严密。

检验方法:观察检查。

10.5.11 板状保温隔热材料平整度的允许偏差为 5mm。

检验方法:用 2m 靠尺和楔形塞尺检查。

10.5.12 板状保温隔热材料接缝高差的允许偏差为 2mm。

检验方法:用直尺和楔形塞尺检查。

10.5.13 喷涂硬泡聚氨酯保温隔热层的平整度允许偏差为 5mm。

检验方法:用 1m 靠尺和楔形塞尺检查。

10.5.14 隔离层、隔汽层的搭接宽度应符合设计要求。

检验方法:尺量检查。

11 装配式轻型坡屋面

11.1 一 般 规 定

11.1.1 装配式轻型坡屋面适用于防水等级为一级和二级的新建屋面和平改坡屋面。

11.1.2 装配式轻型坡屋面的坡度不应小于 20%。

11.1.3 平改坡屋面应根据既有建筑的进深、承载能力确定承重结构和选择屋面材料。

11.2 设计要点

11.2.1 装配式轻型坡屋面结构构件和连接件的荷载计算应符合现行国家标准《建筑结构荷载规范》GB 50009 的有关规定；抗震设计应符合现行国家标准《建筑抗震设计规范》GB 50011 的有关规定。

11.2.2 装配式轻型坡屋面采用的瓦材和金属板应满足屋面设计要求，并应符合本规范相关章节的规定。

11.2.3 平改坡屋面的结构设计应符合下列规定：

  1 屋架上弦支撑在原屋面板上时，应做结构验算；

  2 增加圈梁和卧梁时应与既有建筑墙体连接牢固；

  3 屋面宜设檐沟；

  4 烟道、排汽道穿出坡屋面不应小于 600mm，交接处应作防水密封处理；

  5 屋面宜设置上人孔。

11.2.4 装配式轻型坡屋面保温隔热层和通风层设计应符合下列规定：

  1 保温隔热层宜做内保温设计；

  2 通风口面积不宜小于屋顶投影面积的 1/150，通风间层的高度不应小于 50mm，屋面通风口处应设置格栅或防护网；

  3 穿过顶棚板的设施应进行密封处理。

11.2.5 装配式轻型坡屋面宜在保温隔热层下设置隔汽层。

11.2.6 装配式轻型坡屋面防水垫层应符合本规范第 5 章的规定。

11.3 细部构造

11.3.1 檐沟部位构造（图 11.3.1）应符合下列规定：

  1 新建装配式轻型坡屋面宜采用成品轻型檐沟；

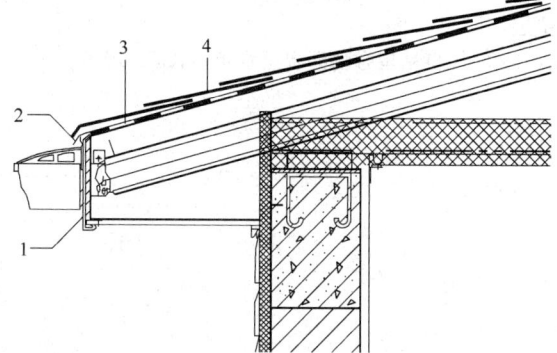

图 11.3.1 新建房屋装配式轻型坡屋面檐口
1—封檐板；2—金属泛水板；
3—防水垫层；4—轻质瓦

  2 檐口部位构造应按本规范第 6.3.5 条的规定执行。

11.3.2 平改坡屋面构造层次宜为瓦材、防水垫层和屋面板（图 11.3.2）。防水垫层应铺设在屋面板上，瓦材应铺设在防水垫层上并固定在屋面板上。

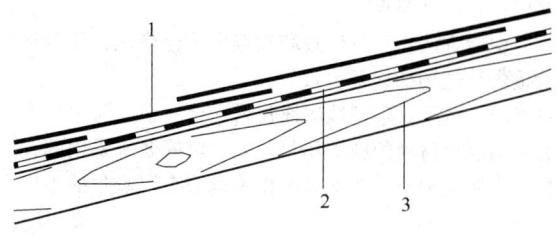

图 11.3.2 平改坡屋面构造
1—瓦材；2—防水垫层；3—屋面板

11.3.3 既有屋面新增的钢筋混凝土或钢结构构件的两端，应搁置在原有承重结构位置上。平改坡屋面檐沟可利用既有建筑的檐沟，或新设置檐沟（图 11.3.3）。

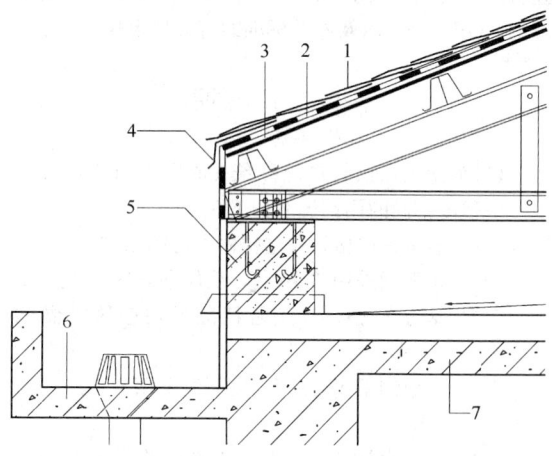

图 11.3.3 平改坡屋面檐沟
1—轻质瓦；2—防水垫层；3—屋面板；4—金属泛水板；
5—现浇钢筋混凝土卧梁；6—原有檐沟；7—原有屋面

11.3.4 装配式轻型坡屋面的山墙宜采用轻质外挂板材封堵。

11.4 施工要点

11.4.1 屋面板铺装宜错缝对接，采用定向刨花板或结构胶合板时，板缝不应小于 3mm，不宜大于 6.5mm。

11.4.2 平改坡屋面安装屋架和构件不得破坏既有建筑防水层和保温隔热层。

11.4.3 瓦材和金属板材的施工应按本规范第 6 章、第 8 章和第 9 章的规定执行。

11.4.4 防水垫层的施工应按本规范第 5.4 节的规定执行。

11.4.5 保温隔热材料的施工可按本规范第 6.4.9

条、第 6.4.10 条和其他有关规定执行。

11.5 工程验收

11.5.1 装配式轻型坡屋面采用的瓦材、金属板、防水垫层、防水卷材、保温隔热材料及其配套材料的质量应符合设计要求。

检验方法：观察检查和检查出厂合格证、质量检验报告和进场抽样复验报告。

11.5.2 装配式轻型坡屋面瓦材、金属板、防水垫层和保温隔热材料的施工质量验收，应依据所采用的瓦材或金属板种类，按本规范相关章节工程验收的规定执行。

11.5.3 以薄壁型钢为承重结构的装配式轻型坡屋面的结构材料及构件进场验收、构件加工验收和现场安装验收，应符合现行国家标准《钢结构工程施工质量验收规范》GB 50205 的有关规定。

11.5.4 以木构件为承重结构的装配式轻型坡屋面的结构材料及构件进场验收、构件加工验收和现场安装验收，应按现行国家标准《木结构工程施工质量验收规范》GB 50206 以及相关标准的有关规定执行。

本规范用词说明

1 为便于在执行本规程条文时区别对待，对要求严格程度不同的用词说明如下：

  1）表示很严格，非这样做不可的用词：
    正面词采用"必须"，反面词采用"严禁"。
  2）表示严格，在正常情况下均应这样做的用词：
    正面词采用"应"，反面词采用"不应"或"不得"。
  3）表示允许稍有选择，在条件许可时首先应这样做的用词：
    正面词采用"宜"，反面词采用"不宜"；
    表示有选择，在一定条件下可以这样做的用词采用"可"。

2 本规范中指定按其他有关标准、规范的规定执行时，写法为"应符合……的规定"或"应按……执行"。

引用标准名录

1 《木结构设计规范》GB 50005
2 《建筑结构荷载规范》GB 50009
3 《建筑抗震设计规范》GB 50011
4 《建筑给水排水设计规范》GB 50015
5 《民用建筑热工设计规范》GB 50176
6 《钢结构工程施工质量验收规范》GB 50205
7 《木结构工程施工质量验收规范》GB 50206
8 《硬泡聚氨酯保温防水工程技术规范》GB 50404
9 《铝及铝合金压型板》GB/T 6891
10 《绝热用模塑聚苯乙烯泡沫塑料》GB/T 10801.1
11 《绝热用挤塑聚苯乙烯泡沫塑料（XPS）》GB/T 10801.2
12 《彩色涂层钢板及钢带》GB/T 12754
13 《建筑用压型钢板》GB/T 12755
14 《聚氯乙烯防水卷材》GB 12952
15 《建筑绝热用玻璃棉制品》GB/T 17795
16 《弹性体改性沥青防水卷材》GB 18242
17 《塑性体改性沥青防水卷材》GB 18243
18 《建筑用岩棉、矿渣棉绝热制品》GB/T 19686
19 《玻纤胎沥青瓦》GB/T 20474
20 《烧结瓦》GB/T 21149
21 《建筑绝热用硬质聚氨酯泡沫塑料》GB/T 21558
22 《建筑用金属面绝热夹芯板》GB/T 23932
23 《种植屋面工程技术规程》JGJ 155
24 《混凝土瓦》JC/T 746
25 《丁基橡胶防水密封胶粘带》JC/T 942
26 《坡屋面用防水材料　聚合物改性沥青防水垫层》JC/T 1067
27 《坡屋面用防水材料　自粘聚合物沥青防水垫层》JC/T 1068
28 《自粘聚合物沥青泛水带》JC/T 1070

中华人民共和国国家标准

坡屋面工程技术规范

GB 50693—2011

条 文 说 明

制 定 说 明

《坡屋面工程技术规范》GB 50693-2011 经住房和城乡建设部 2011 年 5 月 12 日以第 1029 号公告批准、发布。

本规范制定过程中，编制组进行了坡屋面工程技术的相关研究，总结了我国坡屋面工程建设的实践经验，同时参考了国外先进技术法规、技术标准，通过试验取得了坡屋面材料的重要技术参数。

为便于广大设计、施工、科研、学校等单位有关人员在使用本标准时能正确理解和执行条文规定，《坡屋面工程技术规范》编制组按章、节、条顺序编制了本规范的条文说明，对条文规定的目的、依据以及执行中需要注意的有关事项进行了说明。但是，本条文说明不具备与规范正文同等的法律效力，仅供使用者作为理解和把握规范规定的参考。

目 次

1 总 则

1.0.1 坡屋面使用的屋面材料、保温隔热材料、配件材料种类多种多样，设计复杂，构造变化大，施工难度大。我国有些省市编制了坡屋面构造做法或图集，但目前没有比较全面、统一的坡屋面工程技术规范。本规范是在总结国内坡屋面工程的设计、施工和验收经验的基础上，并参考国内外先进技术而制定的。

1.0.2 本规范的实施将对坡屋面工程的设计、施工提供技术指导，确保坡屋面工程质量。为便于专业性屋面工程质量验收，将质量验收条文附在每章的后面，不再另成文本。

本规范不适用于膜结构、玻璃采光、小青瓦和古建筑琉璃瓦等屋面构造形式。

2 术 语

2.0.1 本规范所指的坡屋面，是与平屋面相对而言的，坡度低于3%的屋面一般称为平屋面，坡度不小于3%的屋面称为坡屋面。

弧形屋顶的拱顶坡度小于3%，但也属于坡屋面。

2.0.2 一般把平屋面的屋顶承重板称为屋面板，而将坡屋面的承重板称为望板，也有称为斜铺屋面板的，本规范统一称为屋面板。

2.0.3 本规范中的防水垫层是作为辅助防水材料和次防水层，专指用于坡屋面的防水材料，可视为次防水层的构造层次，置于保温层下时可视为隔汽层。防水垫层是传统做法，对于坡屋面防水隔热起到重要作用。同时，防水垫层还可以使瓦材铺设平整、稳定，并起隔离、隔潮、隔热、通风和施工早期保护等作用。

2.0.5 屋面板采用整体现浇钢筋混凝土板，可以阻止水蒸气透过，不必设置隔汽层。内保温隔热屋面，采用纤维状保温隔热材料，需要在保温隔热层下设置隔汽层。当采用装配式屋面板外保温隔热时也需要做隔汽层。

2.0.13 本规范中的块瓦不含小青瓦、琉璃瓦、竹木瓦和石板瓦。

2.0.14 沥青波形瓦除了作为屋面防水材料外，还可以用作防水垫层，作防水垫层时称为波形沥青板通风防水垫层。外露使用的沥青波形瓦应有较好的耐候性。

2.0.20 装配式轻型坡屋面是指屋面采用的屋架、檩条、屋面板、保温隔热层等所有材料都是轻质的，而不是单指保温隔热材料和防水材料是轻质的。

装配式轻型坡屋面适于工厂化生产，可节省人力、加快施工速度，在北美和欧洲是一种较普遍采用的屋顶建造方式。我国在20世纪90年代后，随着现代钢结构体系的迅速发展，装配式轻型坡屋面开始在一般住宅建筑和商业建筑屋面中得到应用。

装配式轻型坡屋面可以应用在传统的新建建筑结构主体上或既有建筑结构主体上，具有防水、保温隔热及发挥建筑造型等作用。相比钢筋混凝土屋面，装配式轻型坡屋面是一种节约能源、节约材料、缩短工期、改善建筑施工环境的新型屋面做法，符合国家节能节材的要求。

2.0.21 屋面风荷载影响因素包括气候、地形、环境、建筑物高度、坡度、粗糙度等，采取的措施主要有机械固定、满粘、压顶等。风揭会造成坡屋面系统破坏，危害建筑安全，影响使用功能，因此必须引起重视。为安全起见，应根据设计要求进行屋面系统的抗风揭试验，验证是否符合屋面风荷载设计要求。

2.0.22 依据发达国家相关建筑规范的规定，在冬季最冷月平均温度等于或低于−4℃或在檐口有可能结冰并形成冰坝返水的区域或部位，应采取防冰坝措施。防冰坝措施可以是在檐口部位增设一道自粘性改性沥青防水垫层，以防止形成冰坝时，汇集在冰坝处的返水倒流进瓦片搭接部位，造成屋面渗漏。

3 基 本 规 定

3.1 材 料

3.1.1 我国的坡屋面建筑配套材料不齐备，在工程应用中往往东拼西凑，从而影响工程质量。本条强调的配置合理是指防水材料（瓦材、防水卷材）和防水垫层、保温隔热材料、泛水材料、密封材料、固定件及配件等应相互配套，符合设计、施工要求。

在施工中，施工可操作性容易被忽视。工程采用的材料性能很好，但施工操作困难，如在岩棉保温隔热材料上抹砂浆找平层，即便厚度达到30mm，施工瓦材时也会被踩踏龟裂。

3.1.4 随着建筑构造形式，新型材料越来越多，必须重视屋面系统的防火安全。

3.2 设 计

3.2.3 本规范把坡屋面防水等级分为两级，不再沿用传统的四级分级方法。因为Ⅳ级建筑是临时性的，不必定级，Ⅰ级建筑较少，一般采取特殊防水设计满足使用年限的要求。

坡屋面的防水等级分为两级，较为重要的建筑屋面防水等级为一级，如大型公共建筑、博物馆、医院、学校等的建筑屋面。一般工业民用建筑屋面为二级，可根据业主要求增强防水功能及设计使用年限。

3.2.4 屋面材料品种是按照坡屋面的主要类型分列

的。坡度是根据屋面的构造特点和排水能力确定的。防水垫层的选择是考虑了屋面构造和屋面材料自身的防水能力。本条不适用于装饰性屋面材料。

3.2.5 因为瓦材是不封闭连续铺设的，属搭接构造，依靠物理排水满足防水功能，但会因风雨或毛细等情况引起屋面渗漏，因此必须有辅助防水层，以达到防水效果。

3.2.8 装配式屋面板包括混凝土预制屋面板、压型钢板、木屋面板等。

当屋面为装配式屋面板时，室内水汽会通过屋面板缝隙进入保温隔热层，从而影响保温隔热效果，故宜设置隔汽层，且隔汽层应是连续的、封闭的。

3.2.9 目前，现行国家标准《建筑结构荷载规范》GB 50009 中有屋面风荷载设计和计算要求，但没有要求通过抗风揭试验验证设计结果，无法确定其安全性。所以应要求进行抗风揭试验，通过抗风揭试验，来验证设计选用的保温隔热、隔汽、防水材料和机械固定件组成的屋面系统的抗风荷载的能力。目前，沥青瓦屋面、金属板屋面和防水卷材屋面已有相应的抗风揭试验标准。

3.2.10 由于瓦材在此环境下容易脱落，产生安全隐患，必须采取加固措施。块瓦和波形瓦一般用金属件锁固，沥青瓦一般用满粘和增加固定钉的措施。

3.2.14 当屋面坡度大于100%时，保温隔热材料很难固定，易发生滑动而造成安全事故，故宜采用内保温隔热方式。

3.2.16 严寒地区的房屋檐口部位容易产生冰坝积水，冰坝是在屋面檐口形成的阻水冰体，它阻止融化的雪水顺利沿屋面坡度方向流走。滞留的屋面积水倒流，造成屋面渗漏，墙面、吊顶、保温层或其他部位潮湿。

防冰坝部位增设满粘防水垫层可避免冰坝积水返流。

3.2.17 严寒和寒冷地区冬季屋顶积雪较大，当气温升高时，屋顶的冰雪下部融化，大片的冰雪会沿屋顶坡度方向下坠，易造成安全事故。因此应采取相应的安全措施，如在临近檐口的屋面上增设挡雪栅栏或加宽檐沟等措施。

3.2.19、3.2.20 坡屋面有组织排水系统汇水面积可参照表1。

表 1　坡屋面汇水面积

汇水面积 (m²)		坡度（%）		备 注
		3～30	≥30	
年降水量	>500	200	100	采用虹吸排水，汇水面积增加100m²
	≤500	300	200	不宜采用虹吸排水

3.2.23 光伏瓦和光伏防水卷材是国家倡导发展的新型屋面材料。光伏瓦主要指太阳能光伏电池与瓦材的复合体，光伏防水卷材主要指太阳能光伏薄膜电池与防水卷材的复合体，光伏瓦和光伏防水卷材与本规范中的块瓦和防水卷材的形状类似，其细部构造的设计施工可参考本规范第7章和第10章的相关规定。

3.3 施　工

3.3.1 施工前对图纸会审和重点审查是很有必要的，如发现设计有不合理部分可以修改设计或重新设计。通常需要对保温和防水进行细化设计。细化设计亦称二次设计。

3.3.4 由于防水垫层通常不宜长期暴露于阳光下，因此需要尽早铺设屋面面层材料。根据材料的不同，可承受的暴露的时间从一周到一个月不等，应参照防水垫层制造商的产品说明。

3.3.5 瓦材堆垛过高容易产生位移、滑落等安全隐患；对称作业可避免屋面荷载不均和引起轻质屋面结构产生破坏和变形。

3.3.6 内保温隔热材料应符合以下规定：

5 内保温隔热屋面，要求保温隔热材料吸湿率低，防火等级高，承托保温隔热材料的构造复杂，故本规范未提供细部构造说明和示意图。

3.3.12 坡屋面施工时，由于屋面具有一定坡度，易发生施工人员安全事故，所以本条作为强制性条文。

2 当坡度大于30%时，人和物易滑落，故应采取防滑措施。

4　坡屋面工程材料

4.1　防水垫层

4.1.1 坡屋面由于坡度较大，特别是表面潮湿时，存在安全隐患。为了保证施工人员安全，防水垫层表面应有防滑性能，或采用防滑措施。

4.1.2 防水垫层应采用柔性材料，目前主要采用的是沥青类和高分子类防水垫层。本规范所列的防水垫层是目前常见的类型。

此外，现有的具有国家和行业标准的防水卷材和防水涂料，也可以作为防水垫层使用。

4.1.3 表4.1.3中所列的防水垫层具有较高的防水能力和耐用年限，主要用于防水等级为一级设防的瓦屋面，也可用于防水等级为二级设防的瓦屋面。表4.1.3中未列出的防水垫层可用于防水等级为二级设防的瓦屋面。

4.1.4～4.1.10 防水垫层已有国家或行业标准的按标准执行，对没有国家或行业标准的防水垫层，本规范提供了其主要物理性能指标，若以后颁布了相关防水垫层的国家和行业标准，应按相关标准的规定执行。

4.1.6 波形沥青通风防水垫层目前没有相关的国家标准或行业标准，表4.1.6中主要性能依据欧洲标准《波形沥青瓦——产品规格及检测方法》（Corrugated bitumen sheets——Product specification and test methods）EN 534—2006中S类产品的指标。标称厚度是指生产商明示的产品厚度值。用于一级设防的波形沥青通风防水垫层最小厚度应符合本规范表4.1.3的规定。

4.1.8 聚乙烯丙纶防水垫层用于一级设防瓦屋面时，应采用复合做法。复合防水垫层厚度不应小于2.0mm，其中聚乙烯丙纶防水垫层厚度不应小于0.7mm，聚合物水泥胶粘材料厚度不应小于1.3mm。聚乙烯丙纶防水垫层用于二级设防的瓦屋面时，聚乙烯丙纶防水垫层厚度不应小于0.7mm，可采用空铺或满粘做法。

4.2 保温隔热材料

4.2.1 坡屋面采用的保温隔热材料种类很多，标准中仅列出了常用的板状保温隔热材料。由于是坡屋面，散状保温隔热材料会滑动，不能保证厚度的均匀性，故不宜采用。

保温隔热板材也可以选用酚醛泡沫板、聚异氰脲酸酯泡沫板（PIR）等。这些板材是发达国家普遍使用的阻燃性较好的保温隔热材料，目前国内已开始使用此类材料，但没有相关的产品标准。

4.2.2 保温隔热材料的种类、型号、规格繁多，但厚度都必须达到传热系数要求，传热系数应符合《公共建筑节能设计标准》GB 50189等的规定。

4.2.3 大跨度屋面都是轻型结构，为了保证保温隔热效果和满足荷载要求，保温隔热材料的表观密度不宜太高。

岩棉、矿渣棉表观密度较大，本规范规定为不应大于250kg/m³。

对于装配式轻型坡屋面和平改坡屋面，采用内保温时，保温隔热材料不受压，可以采用较低的密度，以降低屋面的荷载。

4.2.4～4.2.8 保温隔热材料的规格和物理性能应按相应的国家标准或行业标准的规定，标准被修订时，应按最新标准执行。

4.4 块 瓦

4.4.3 各种瓦配件的规格是系统配套使用的，应避免混用。配件瓦系指脊瓦、山墙"L"形瓦、檐口瓦等瓦材。

4.5 波 形 瓦

4.5.1 沥青波形瓦目前没有相关的国家标准或行业标准，表4.5.1中主要性能依据欧洲标准《波形沥青瓦——产品规格及检测方法》（Corrugated bitumen sheets——Product specification and test methods）EN 534—2006中R类产品的指标。标称厚度是指生产商明示的产品厚度值。

4.6 金 属 板

4.6.1 压型金属板材的基板包括：热镀锌钢板、镀铝锌钢板、铝合金板、不锈钢板等。选用金属板的材质要考虑当地环境的腐蚀程度及使用者对建筑物的具体要求。本规范编制时，单层压型金属板材没有相应的产品标准，故对常用的板材材质提出了主要性能。

4.7 防水卷材

4.7.1～4.7.6 本章涉及的防水卷材均为单层使用，因此对防水卷材的物理性能指标提出了更高的要求，特别是耐老化性和耐久性，所以将防水卷材人工气候老化试验的辐照时间定为2500h，辐照强度约为5250MJ/m²。采用机械固定的单层防水卷材应选用具有内增强的产品。

4.8 装配式轻型坡屋面材料

4.8.1 装配式轻型坡屋面的特点是工业化程度高，施工速度快，所选择材料应便于工厂化生产，并满足国家节能环保的政策法规。在选择材料的同时，应注意各种材料之间的相容性，防止附属材料对主体钢结构或木结构的腐蚀。

4.8.2 镀锌层重量（双面）不小于180g/m²的热浸镀锌板可满足一般使用年限屋顶的需要。但在近海海岸建筑、海岛建筑或其他腐蚀性环境中应用时，设计人员应确认构件的防腐性能是否满足要求。

4.8.3 装配式轻型坡屋面冷弯薄壁型钢通常采用的连接件（连接材料）的相关标准如下：

1 普通螺栓的相关标准有《六角头螺栓C级》GB/T 5780、《紧固件机械性能、螺栓、螺钉和螺柱》GB/T 3098.1等；

2 高强度螺栓的相关标准有《钢结构用高强度大六角头螺栓》GB/T 1228、《钢结构用高强度大六角螺母》GB/T 1229、《钢结构用高强度垫圈》GB/T 1230、《钢结构用高强度大六角头螺栓、大六角螺母、垫圈技术条件》GB/T 1231、《钢结构用扭剪型高强度螺栓连接副》GB/T 3632等；

3 连接薄钢板、其他金属板或其他板材采用的自攻、自钻螺钉相关标准有《十字槽盘头自钻自攻螺钉》GB/T 15856.1、《十字槽沉头自钻自攻螺钉》GB/T 15856.2、《十字槽半沉头自钻自攻螺钉》GB/T 15856.3、《六角法兰面自攻螺钉》GB/T 15856.4、《开槽盘头自攻螺钉》GB/T 5282、《开槽沉头自攻螺钉》GB/T 5283、《开槽半沉头自攻螺钉》GB/T 5284、《六角头自攻螺钉》GB/T 5285等；

4 抽芯铆钉相关标准有以下几种：

《封闭型平圆头抽芯铆钉 11 级》GB/T 12615.1;

《封闭型平圆头抽芯铆钉 30 级》GB/T 12615.2;

《封闭型平圆头抽芯铆钉 06 级》GB/T 12615.3;

《封闭型平圆头抽芯铆钉 51 级》GB/T 12615.4;

《封闭型沉头抽芯铆钉 11 级》GB/T 12616.1;

《开口型沉头抽芯铆钉 10、11 级》GB/T 12617.1;

《开口型沉头抽芯铆钉 30 级》GB/T 12617.2;

《开口型沉头抽芯铆钉 12 级》GB/T 12617.3;

《开口型沉头抽芯铆钉 51 级》GB/T 12617.4;

《开口型平圆头抽芯铆钉 10、11 级》GB/T 12618.1;

《开口型平圆头抽芯铆钉 30 级》GB/T 12618.2;

《开口型平圆头抽芯铆钉 12 级》GB/T 12618.3;

《开口型平圆头抽芯铆钉 51 级》GB/T 12618.4;

《开口型平圆头抽芯铆钉 20、21、22 级》GB/T 12618.5;

《开口型平圆头抽芯铆钉 40、41 级》GB/T 12618.6;

5 射钉相关标准有《射钉》GB/T 18981;

6 锚栓相关标准有《碳素结构钢》GB/T 700、《低合金高强度结构钢》GB/T 1591 规定的 Q345 等。

4.8.5 结构用定向刨花板规格和性能的相关标准有《定向刨花板》LY/T 1580,定向刨花板宜采用 3 级以上的板材;结构胶合板的相关标准有《胶合板 第 3 部分:普通胶合板通用技术条件》GB/T 9846.3。

4.8.6 装配式轻型坡屋面宜采用轻质瓦材,以降低屋面荷载,并增强屋面在地震、强风等灾害性事件下的安全性。

4.9 泛水材料

4.9.2～4.9.4 目前,与泛水材料相关的国家标准和行业标准只有《自粘聚合物沥青泛水带》JC/T 1070。此外,丁基橡胶防水密封胶粘带和一些防水卷材、防水涂料、密封胶等也可作为泛水材料。外露的泛水材料应具有耐候性能。

4.10 机械固定件

4.10.1 机械固定件主要包括固定钉、垫片、套管和压条等,材质有金属和树脂两大类。

4.10.2 机械固定件应符合以下规定:

2 在干燥或低湿度环境下可选用碳钢固定件,

但应通过不少于 15 个周期(每个周期 24h)的抗酸雨试验(360h 后,表面腐蚀面积不超过 15%)或不少于 1000h 的抗盐雾试验(1000h 固定件表面不出现红锈)。

4 在机械固定单层防水卷材屋面系统中,固定件的拉拔力至关重要。因为,在风荷载的作用下,屋面的抗风揭的能力是由屋面防水卷材、保温隔热材料、隔汽材料机械固定件和压型钢板等组成的屋面系统共同承担的,其他屋面材料承担的抗风揭力要通过固定件传递给屋面结构。因此,屋面系统抗风荷载设计计算可以用固定件的拉拔力来表示,但应通过屋面系统抗风揭试验最终验证所选用的防水卷材、保温隔热材料和机械固定件是否满足风荷载设计要求。

5 当采用纤维状保温隔热材料时,采用有套管的固定钉可防止踩踏在固定钉上破坏防水卷材。

4.10.3 金属固定件的防腐性能、树脂固定件的耐候性对使用寿命和安全至关重要,应根据屋面等级采用适合的产品。

不锈钢固定件的成分不同,其使用寿命有很大差异,应谨慎选用。

4.10.5 固定件在长期使用中会产生松脱或螺钉反旋,松脱或螺钉反旋与固定件的螺纹设计和材质相关,因此有必要对固定件进行抗松脱测试。

国外对固定件的抗松脱性能的要求见表 2。

表 2 机械固定件抗松脱性能

测试内容	测试要求
抗松脱性	钉头旋转 500 圈,位移不超过 $\frac{1}{4}$ 圈
	钉头旋转 900 圈(测试结束),位移不超过 $\frac{1}{2}$ 圈
	钉头垂直运动 900 圈,垂直位移不应大于 1mm,允许钉头稍微倾斜

4.12 其他材料

4.12.1 隔汽材料主要有塑料、沥青、复合铝箔等类型。

4.12.3 大部分瓦材有配件产品,为了保证屋面的完整功能,应当采用其配件。为了正确安装,需要相应的安装说明或操作规程。

5 防水垫层

5.1 一般规定

5.1.2 铝箔隔热防水垫层,具有热反射隔热作用,应使用在有空气间层的通风构造屋面中。

透汽防水垫层具有透汽的作用,在瓦屋面中,宜使用在潮湿环境和纤维状保温隔热材料之上，宜与其他防水垫层同时使用。在金属屋面中，可单独作为防水垫层使用。

5.1.4 防水垫层可采取空铺、满粘和机械固定方式。厚度在 2mm 以下的聚合物改性沥青防水垫层，不可采用明火热融施工。

5.1.5 当屋面坡度大于 50% 时，防水垫层宜采用机械固定或满粘，防止重力产生滑动。

5.1.6 对于屋面防水等级为一级的瓦屋面，通常选用自粘防水垫层，由于自粘防水垫层对钉子有握裹力。若固定钉穿透非自粘防水垫层，钉孔部位应采取密封措施。

波形沥青板通风防水垫层，钉孔位于波峰时，可不进行密封处理。

5.2 设计要点

5.2.1 本条列出了防水垫层的常见做法，在设计防水垫层的位置和构造时，应考虑当地气候条件等因素，防水垫层应保证其防水功能。

    3 铺设在保温隔热层下的防水垫层可兼作隔汽层。

5.2.2 细部节点部位是屋面防水的重点，需要做防水垫层附加层，通常采用自粘防水垫层以降低施工复杂性，同时保证固定件的密封。

5.3 细部构造

5.3.1～5.3.9 本节列出了屋脊、檐口、檐沟、天沟、立墙、山墙、女儿墙、穿出屋面管道、变形缝等典型细部构造的一般做法，如材料供应商有特殊施工要求，可按照其要求对细部构造的处理作适当调整。

5.3.2 为了避免强风、雨水和冰坝的影响，檐口部位需要使用满粘防水垫层加强，通常采用自粘沥青防水垫层，可同时保证固定件的密封质量。

5.3.7 沥青瓦屋面的泛水一般覆盖在防水垫层上；块瓦屋面的泛水一般覆盖在瓦上。

5.3.9 变形缝的传统作法是承重墙高出屋面 800mm 左右，由于瓦材不能沿墙向上铺设，所以在瓦与墙的交接部位做砂浆或金属泛水，由于瓦的热胀冷缩易使泛水开缝造成渗漏水。

为防止诸多渗漏水隐患，将变形缝墙高缩至 100mm，防水垫层铺过变形缝，使之达到全封闭。同时变形缝上封盖金属盖板，缝中填保温隔热材料，既满足了防水保温要求，又方便了施工。

5.4 施工要点

5.4.1 防水垫层的厚度一般较防水卷材薄，因此需要基层平整、干净、干燥。只有基层质量符合规定，才能保证整个防水垫层达到平整和防水的效果。

5.4.2 由于很多防水垫层是空铺搭接，所以要求防

水垫层铺设必须考虑排水及风向的影响。

5.4.3 满粘防水垫层搭接部位密封较好，因此相比机械固定或空铺施工，可以适当降低搭接宽度要求。

对于机械固定或空铺防水垫层，当屋面坡度较小时，需要根据厂家指导，适当增加搭接宽度或采取密封措施。

5.4.4 在挂瓦条和顺水条之间铺设隔热防水垫层，形成的凹曲形状有利于排水，同时利用空气间层和热反射的效果，可起到降低建筑的能耗作用。

有需要时，有时隔热垫层和防水垫层可合而为一。

5.5 工程验收

主 控 项 目

5.5.1 为了保证坡屋面防水的设计使用年限，必须采用与坡屋面防水等级相适应的防水垫层，防水垫层必须符合质量标准和设计要求。

5.5.2 节点部位是防水工程最易渗漏的地方，屋面上有各种节点，均应按照设计要求和本规范的规定进行施工与验收，以确保节点的质量。

一 般 项 目

5.5.3 防水垫层的铺设顺序涉及排水效果，因此必须检查，同时搭接宽度也要满足要求。

5.5.5 防水垫层施工完成后，还有后续其他施工。因此在后续工序中，应注意防水垫层的保护，不得破坏防水垫层，如有损坏应及时修补。

6 沥青瓦屋面

6.1 一般规定

6.1.1 根据《玻纤胎沥青瓦》GB/T 20474 标准，沥青瓦按产品形式分为平面沥青瓦（平瓦）和叠合沥青瓦（叠瓦）两个种类。

6.1.2 沥青瓦主要适用于坡屋面，与一般防水卷材不同，瓦屋面防水原则是构造防水，以排为主，以防为辅。屋面坡度、表面耐候层和泛水节点处理，是影响屋面耐久性与防水性的三大主要因素。

沥青瓦的耐久性与瓦材的厚度有很大关系，单层沥青瓦较薄，常用于防水等级为二级的坡屋面，叠合沥青瓦可适用于防水等级为一级的坡屋面。

6.1.3 沥青瓦屋面的最小坡度是根据相关规范、实践经验确定的，作为沥青瓦搭接垫高较低，同时沥青瓦表面有彩砂，排水不畅，坡度低于 20% 时，易积水返灌，故坡度不应小于 20%。

6.1.4 沥青瓦屋面的保温隔热材料用于屋面基层上部时，由于沥青瓦是脆性材料，为防止施工或维护修

理时踩踏破坏，规定了最小的压缩强度限值。而钢结构或木结构建筑，其屋面板轻薄，在屋面板上铺设保温隔热材料比较困难，因而可利用屋顶内部结构空间填充玻璃棉等轻质保温隔热材料，作内保温屋面。

6.1.5 因为沥青瓦比较轻薄，是半柔性材料，如基层不平整，则会影响屋面外观的平整度和美观，还会引起沥青瓦的断裂。

木质屋面板在沥青瓦铺装前应确保干燥，以防止屋面板翘曲变形或发霉腐烂，影响屋面的耐久性能。

6.1.6 为满足抗风揭，屋面周边应采用满粘增强，并增加固定钉数量。其次，周边区域由于风的影响容易产生渗水，也需要满粘防漏，满粘可采用沥青胶粘材料或自粘沥青瓦。

6.1.7 环境温度低于5℃时，沥青瓦上的自粘胶条不易自行粘结，需要采取手工涂抹胶粘剂或加热等措施，才能确保其低温下的粘结性能，满足抗风揭要求。

6.2 设计要点

6.2.1 在混凝土屋面上铺设沥青瓦时，一般需要在瓦材下部做细石混凝土持钉层兼做找平层。

细石混凝土持钉层可兼做防水垫层的保护层，以防止防水垫层被钉穿而降低防水性能。在这种情况下，应采用在细石混凝土下铺设防水垫层的做法。

6.2.2 本条列出了常见的沥青瓦屋面构造做法。保温隔热材料置于木屋面板或其他屋面板上方时，可以随屋面板铺设。此外还有在吊顶上方铺设等多种方式。

6.2.3 沥青瓦采用粘和钉相结合的固定方式，每张瓦片不应少于规定的固定钉个数。由于混凝土屋面的持钉性能低于木屋面板，在混凝土屋面上固定沥青瓦需要更多的固定钉。

6.2.4 由于在强风作用下沥青瓦屋面的破坏主要发生于屋面檐口等周边部位或屋脊等突起部位，故需要在这些部位采用沥青胶粘或增加固定钉数量等加固措施。沥青瓦抗风揭性能试验应参照国家标准《玻纤胎沥青瓦》GB/T 20474 中所规定的抗风揭试验方法进行。

6.2.5 沥青瓦用于木质结构或装配式屋面，屋面屋脊采用成品通风脊瓦，可起到降低屋顶温度和湿度的作用。

6.3 细部构造

6.3.2～6.3.4 沥青瓦屋面天沟的铺设方法有三种：搭接式、编织式和敞开式。

天沟是屋面排水的集中部位，为确保其防水性能，规定天沟部位应增铺防水垫层附加层。金属泛水做法应设置适应金属变形的构造，防止金属泛水变形破坏。

6.3.5 檐口部位是屋面排水的部位，易受强风或融雪损坏，发生渗漏现象。为确保其防水性能，规定屋面周边的檐口部位沥青瓦应采用满粘加固措施。

檐口泛水和防水垫层的设置顺序要考虑排水线路，形成层层设防的构造。

6.3.8、6.3.9 立墙或女儿墙与屋面的交接处易发生渗漏现象，应重点采取泛水构造做法。女儿墙或立墙与屋面的交界处须采用防水卷材或金属泛水做附加层，防水卷材或金属泛水应满足材料性能要求并具有相应的耐候性。

6.3.10 穿出屋面管道的泛水有现场加工或采用成品套管两种方法。

6.4 施工要点

6.4.2 檐沟、屋面周边、屋面与立墙及穿出屋面设施节点以及屋面避雷带等处的附加防水构造应在屋面瓦施工前完成，在屋面瓦施工后，这些部位的细部处理将难以完成。目前有许多屋面瓦施工方与防水垫层施工方不是同一单位，易造成屋面施工顺序的颠倒和防水节点施工不良，互相推诿责任。

6.4.3 沥青瓦施工应设置基准线施工，以防止随意安装，降低瓦材防水性能和影响外观。

6.4.4 沥青瓦是依靠瓦材的搭接构造防水，为防止增大外露面积引起搭接渗漏，规定外露部位的宽度非常重要。

对于宽度规格为 333mm 的沥青瓦，依据《玻纤胎沥青瓦》GB 20474，沥青瓦切口深度为［沥青瓦宽度（333）－43］/2＝145mm。为了确保沥青瓦切口处搭接不产生渗漏，故要求外露部位不大于143mm。

对于其他宽度规格的沥青瓦应按照沥青瓦制造商规定的外露尺寸要求。

6.4.6 在安装屋脊部位时，由于没有上片沥青瓦覆盖固定钉，故屋脊部位外露的固定钉钉帽应涂盖沥青基胶粘材料，防止暴露锈蚀。

6.4.7 应确保固定钉的贯入深度，以保证固定钉的持钉性能、整体性能和美观性，并不得损伤沥青瓦。

6.4.9 板状保温隔热材料的铺设应符合以下规定：

2 铺设保温隔热材料，对缝严密、固定牢固，防止后续施工导致保温隔热材料滑动。

6.5 工程验收

主控项目

6.5.5 钉帽突出沥青瓦，瓦片互相不贴合，将严重影响持钉效果和自粘胶条的粘结效果，影响沥青瓦的防水性能和抗风性能。钉帽亦不该嵌入沥青瓦，以防止破坏沥青瓦降低固定效果。固定钉应采用薄平型钉帽，不应采用不易贴合的沉头钉或厚钉帽。

除屋脊部位外，沥青瓦屋面的固定钉不得外露。

屋脊部位外露的固定钉应用密封膏封严。

6.5.6 沥青瓦是依靠瓦材的搭接构造防水，瓦材的搭接尺寸应满足设计和生产商的要求，不应过大。拉大外露面宽度，将产生搭接渗漏，严重影响沥青瓦的整体粘结性能和防水性能，造成屋面渗漏和瓦片脱落。

一 般 项 目

6.5.10 沥青瓦应错缝安装，以确保达到防水效果。

6.5.11 持钉层的质量是影响瓦材固定效果和整体外观的重要前道工序，应在验收时予以注意。

7 块瓦屋面

7.1 一般规定

7.1.1 有防水设计（如搭接边设计）的瓦材方可应用在防水等级为一级的屋面。

本规范的块瓦不含各类不防水的装饰瓦及木瓦。

本规范不适用于石板瓦、琉璃瓦、小青瓦屋面等。

7.1.2 考虑到块瓦相互搭接的特性，搭接部位垫高较大，实际减缓了10%的坡度，为了保证瓦材的构造防水性能，所以坡度不应小于30%。

7.1.4 采用干挂铺瓦方式施工方便安全，可避免水泥砂浆卧瓦安装方式的缺陷：产生冷桥、污染瓦片、冬季砂浆收缩拉裂瓦片、粘结不牢引起脱落、不利于通风隔热节能。

檐口部位是受风压较集中的部位，故应在此部位采取加固措施。

7.2 设计要点

7.2.1 本条列出了多种常用的适用于块瓦的坡屋面构造，可以根据设计要求选择。

7.2.2 在檐口和屋脊处安装通风隔热节能设施，可使木质顺水条和挂瓦条干燥并带走保温隔热层中的湿气，增强保温隔热性能。夏季可通过通风构造降低室内温度，节约能源。

7.2.3 为了消除融雪冰坠和檐口排水湿墙的现象，檐口宜设置檐沟，进行有组织排水。为了施工便捷宜采用成品檐沟。

7.2.5 檐沟的宽度可以根据不同地区雨量、屋面坡度和汇水面积确定。

7.2.6 加强措施是指每片瓦应使用带螺纹的钉固定在挂瓦条上，瓦片下部应使用不锈钢扣件固定在挂瓦条上。配件瓦应使用金属扣件固定在支撑木上。

7.3 细部构造

7.3.1 通风屋脊是屋面防水的薄弱环节，构造多种

多样，应视瓦材品种采用相应的构造作法，宜使用干铺法施工。

7.3.2 对块瓦的通风檐口挑入檐沟的长度作了规定，主要目的为防止末块瓦返水。檐口挡算可以防止虫鸟进入。

7.3.5 山墙部位的檐口封边瓦宜采用卧浆做法。

2 水泥砂浆的勾缝表面宜涂刷与瓦片同色的涂料。

7.3.7 穿出屋面的管道，除了使用成品通气管瓦之外，使用耐候性自粘泛水代替传统水泥砂浆抹面，可以确保管根部位的防水效果。

7.4 施工要点

7.4.2 为了保证块瓦屋面的平整度、利于排水和美观等，首先应控制挂瓦条的平整度。混凝土找平层的平整度一般在±5mm，顺水条和挂瓦条尺寸偏差一般在±2mm。

7.4.4 本条主要是为了保证防水效果和屋顶外观美观。

8 波形瓦屋面

8.1 一般规定

8.1.1 根据波形瓦的材质和构造特点，波形瓦宜用于防水等级为二级的坡屋面工程。

8.1.2 波形瓦一般较大，但不可因搭接宽度而降低屋面坡度，所以屋面坡度定为不应小于20%。

8.1.3 波形瓦本身强度较高，单片瓦面积较大，可以不需要屋面板承托，常用于无望板屋面系统，此时屋面作内保温，保温隔热材料宜选用不燃材料，并设置承托保温隔热材料的构造。

8.2 设计要点

8.2.1 本条列出常用波形瓦的坡屋面构造，可以根据设计要求选择。

8.2.4 波形瓦上下搭接宽度和屋面坡度有关，当屋面坡度越缓，在风的作用下雨水倒灌的可能性也越大，故而其搭接宽度越宽。表8.2.4中所示数据均为最小值。波形瓦用于沿海等强风地区应根据当地气候条件进行加固。

屋面坡度越大，瓦材滑动可能性增加，当坡度大于30%时应适当增加固定钉数量。

8.3 细部构造

8.3.4 对于无屋面板承托的波形瓦屋面天沟，应根据情况设置必要的承托构件，以防止天沟下垂变形。

8.4 施工要点

8.4.4 波形瓦固定件穿过波形瓦固定在混凝土板、

木屋面板或挂瓦条等上面，为保证防水，固定件的安装位置应设在波峰处，并均匀布置，必要时还要采取密封措施。

8.5 工程验收

主控项目

8.5.2 各工序间的交接检验应由专职人员检查，有完整的质量记录，经监理或建设单位再次进行检查验收后方可进行下一工序的施工作业。波形瓦屋面细部构造处理是屋面系统成败的关键，屋面细部构造处理应全部进行检查。

一般项目

8.5.9 细石混凝土持钉层施工完毕后应采取覆盖、淋水或洒水等手段充分养护，保证持钉层质量。

9 金属板屋面

9.1 一般规定

9.1.2 依据相关钢结构技术规范的规定，金属板屋面坡度不宜小于5%。但拱形、球冠形屋面顶部的局部坡度可以小于5%。

9.1.3 单层压型金属板材的材质、板型、涂层、连接形式和接缝等因素都可影响屋面使用寿命，根据单层压型金属板材特性的不同，适用于防水等级为一级、二级的坡屋面。

9.1.6 单层压型金属板屋面采用的防水垫层不分级，根据设计选择。

9.2 设计要点

9.2.3 在金属板屋面系统中，风荷载设计至关重要。而抗风揭试验是验证风荷载设计的重要手段。金属屋面的抗风揭试验按相关的规定执行。

9.2.4 压型金属板变形计算公式：

$$\Delta L = \alpha \cdot L \cdot \Delta T$$

式中：ΔL——变形长度；

α——线膨胀系数；

L——板材长度；

ΔT——温差。

铝合金板线膨胀系数约为：23.6×10^{-6}（℃）$^{-1}$；

钢板线膨胀系数约为：12×10^{-6}（℃）$^{-1}$；

聚碳酸酯板线膨胀系数约为：67×10^{-6}（℃）$^{-1}$；

玻璃纤维增强聚酯板线膨胀系数约为：26.8×10^{-6}（℃）$^{-1}$；

安全玻璃线膨胀系数约为：5×10^{-6}（℃）$^{-1}$；

伸缩变形计算温差 ΔT 可取安装时温度分别与夏天（65℃）和冬天（-15℃）温度差的较大值。

9.2.5 屋面形式繁多，为防止雨雪在金属板屋面上堆积而造成渗水现象及在金属板材搭接处的渗漏现象，不同的排水坡度应采用不同的金属板材连接形式。

9.2.6 天沟设置在建筑物内部时，必须考虑结构安全和保温隔热要求等因素。金属檐沟不作结构起坡，天沟如需要起坡，要视实际设计、制造和安装情况而定。

9.2.8 屋面开口是屋面防水的重要部位。对于一般支撑屋面设备的开口，建议使用屋面支架，但必须考虑支架的原材料与金属屋面板是否会发生电化学反应，以及支架和屋面板之间的密封效果。若是一般管道伸出金属屋面板，则可使用高耐候橡胶密封带进行密封。

9.2.9 纤维状保温材料包括岩棉、矿渣棉和玻璃棉等构成的保温隔热材料。因为纤维状保温材料吸湿性大应设置隔汽层。

9.3 细部构造

9.3.1 本条是金属板屋面在建筑物屋脊部分的构造内容。

2 不同的板型，屋脊盖板的形式是不一样的。在搭接型和扣合型屋面板中，经常使用与板型一致的屋脊板。屋脊板和屋面板的连接必须作好泛水处理；咬口型屋面板使用特制的屋脊盖板，利用板端挡水板作泛水处理。

9.4 施工要点

9.4.1 金属板材施工采用专用吊具吊装，可防止金属板材在吊装中的变形或将金属板面的涂层破坏。

9.4.6 保护措施包括清理安装产生的金属屑，避免金属屑的锈蚀对金属板材的破坏。

10 防水卷材屋面

10.1 一般规定

10.1.1 本章内容适用于单层防水卷材坡屋面。

所谓单层防水卷材，顾名思义是指一层防水卷材。这一层防水卷材的性能必须达到相应防水层设计使用年限的要求。

10.1.2 防水卷材的使用对屋面坡度没有要求，从0°到90°都可以使用防水卷材。由于本规范是针对坡屋面的，屋面坡度小于3%的视为平屋面，故本章规定使用的坡度为3%以上。

10.1.4 本章采用的聚氯乙烯（PVC）防水卷材、三元乙丙橡胶（EPDM）防水卷材、热塑性聚烯烃（TPO）防水卷材、弹性体（SBS）改性沥青防水卷材、塑性体（APP）改性沥青防水卷材等五种防水卷材，是经过工程实践检验质量可靠的防水材料。

10.1.5 保温隔热板材也可选用酚醛泡沫板、聚异氰脲酸酯泡沫板（PIR）等。上述板材是发达国家普遍使用的阻燃性较好的保温隔热材料，目前国内已开始使用此类材料，但还没有相关的产品标准。

10.2 设计要点

10.2.1 单层防水卷材的屋面对防水卷材的材料要求高于平屋面用防水卷材，特别是对其耐候性、机械强度和尺寸稳定性等指标有较高要求。并非所有防水卷材都能单层使用。单层防水卷材应满足使用年限的要求，还应达到表 10.2.1-1 要求的厚度，不得折减。尤其是改性沥青防水卷材，不管是一级还是二级都要达到 5mm 的厚度。

单层防水卷材搭接宽度既与搭接处防水质量有关，也与抗风揭有关。采用满粘法施工时，由于防水卷材全面积粘结在基层上，可起到抗风揭作用，此时高分子防水卷材长短边搭接宽度不应小于 80mm、改性沥青防水卷材长短边搭接宽度不应小于 100mm。

采用机械固定法施工热风焊接防水卷材时，大面积是空铺的，为起到抗风揭作用和确保防水质量，高分子防水卷材长短边搭接宽度不应小于 80mm，有效焊缝不应小于 25mm；改性沥青防水卷材长短边搭接宽度不应小于 80mm，有效焊缝不应小于 40mm。当搭接部位需要覆盖机械固定垫片时，搭接宽度应按表 10.2.1-2 的要求增加搭接宽度。

一般情况下，PVC、TPO 等高分子防水卷材既采用热风焊接搭接，也可以采用双面自粘搭接胶带搭接；三元乙丙橡胶（EPDM）防水卷材不能采用热风焊接方式搭接，只能采用双面自粘搭接胶带搭接，搭接宽度应按表 10.2.1-2 中的规定执行。

10.2.3 在机械固定单层防水卷材屋面系统中，风荷载设计至关重要。而抗风揭试验是验证风荷载设计的重要手段。屋面的抗风揭的能力是由屋面防水卷材、保温隔热材料、隔汽材料机械固定件和压型钢板等组成的屋面系统共同承担的。因此，要考虑整个屋面系统的抗风揭能力，即不仅要考虑选用具有内增强的防水卷材，而且还要考虑选用符合设计强度要求的保温隔热材料、机械固定件和压型钢板等，根据屋面风荷载的分布，设计屋面檐角、边檐及屋面中间区机械固定钉的分布和数量、钉距等；然后，还要通过屋面系统抗风揭试验来验证选用的屋面系统材料是否满足风荷载设计要求。

目前，单层防水卷材屋面系统抗风揭性能试验应参照《聚氯乙烯防水卷材》GB 12952 中所规定的抗风揭试验方法执行。抗风揭试验目前有静态法和动态法，国外静态法一般取安全系数为 2，动态法一般取安全系数为 1.5。抗风揭模拟试验得到的抗风揭结果不应小于风荷载设计值乘以安全系数的积。

10.2.6 屋面保温隔热材料设计应符合下列规定：

4 不是成品的天沟或内檐沟，往往会减薄保温隔热层厚度，削弱了保温隔热层的功能，造成排水沟底部和室内结露现象。

10.2.7 为抵抗风荷载，采用机械固定件将保温隔热层和防水层固定在屋面板上，因此对保温隔热材料的抗压强度、点荷载变形提出了要求。如不能满足抗压强度、点荷载要求，保温隔热层上应增设水泥加压板、石膏板或防火板等增强层。

10.2.8 固定保温隔热材料的固定件数量除了与保温隔热材料的材质有关，也和屋面坡度大小有关，当屋面坡度大于 50% 时，可适当增加固定件数量。

10.2.9 炎热地区或保温隔热材料湿度大时，宜设计排汽屋面，屋脊部位设排汽孔。对于有特殊要求的建筑可设计通风屋面。

10.2.10 必须重视材料的相容性问题，包括卷材与保温材料、卷材与粘接材料和保温材料与粘接材料等之间的相容性。

10.2.11 含有增塑剂的高分子防水卷材，如聚氯乙烯防水卷材、氯化聚乙烯防水卷材等，与挤塑聚苯乙烯泡沫塑料（XPS）、模塑聚苯乙烯泡沫塑料（EPS）、聚氨酯泡沫保温材料和聚异氰脲酸酯保温材料等泡沫保温材料之间应增设隔离层。隔离层材料一般可采用聚酯无纺布覆盖泡沫保温材料，推荐选用不小于 80g/m² 的长丝纺粘法聚酯无纺布或不小于 120g/m² 的短丝针刺法聚酯无纺布，也可选用经防水卷材生产商根据隔离效果确认的隔离层材料。

10.3 细部构造

10.3.6 变形缝处的防水层，伸缩变形较大。

10.4 施工要点

10.4.3 满粘防水卷材很难百分之百粘结在基层上。卷材与基层的满粘施工是为了抗风揭的要求，在工程中不宜理解为卷材百分之百粘结在基层上，但搭接缝应是百分之百粘结的。

2 通常胶粘剂会与合成高分子泡沫保温材料发生反应，因此不能直接粘贴。

3 有些胶粘剂与高分子防水卷材会发生反应，应选用与防水卷材相容的胶粘剂施工。

10.5 工程验收

主控项目

10.5.5 要求焊缝有熔浆挤出，是为了对防水卷材边缘部位的胎基封闭，避免其吸水导致分层剥离。对于焊接的搭接缝采用目测检测；对于胶粘带搭接，可通过淋水后检查，如有粘结不实或有孔隙，则其搭接部位经淋水后会有水印。

11 装配式轻型坡屋面

11.1 一般规定

11.1.1 平改坡屋面因其原有屋面已有防水层，后加的屋面防水层可按二级防水设计。

11.1.2 装配式轻型坡屋面采用的屋面材料以沥青瓦和波形瓦为主，故其坡度不应小于20%。

11.1.3 鉴于原有建筑物的情况多种多样，为了保证平改坡屋面工程的安全，应对原有建筑物的承载能力和结构安全性作审核或验算。

11.2 设计要点

11.2.1 装配式轻型坡屋面结构，必须注意安全。因此，应对结构构件和连接件进行荷载计算，并按抗震要求设计。

11.2.3 既有建筑原已设置的保温隔热材料如符合国家相关建筑节能要求时，平改坡屋面可不增加保温隔热层，如既有建筑保温隔热性能与现行国家建筑节能标准相差很大，可考虑在平改坡的同时增设保温隔热材料。为防止屋面构件的腐蚀，增强屋面的耐久性，平改坡屋面可采取通风设计方法。平改坡屋面宜预留上人孔，上人孔或通风口可结合老虎窗综合设计。

11.2.4 装配式轻型坡屋面保温隔热层设计应符合以下规定：

1 装配式轻型坡屋面的保温隔热形式以在屋面内部铺设玻璃棉等轻质保温隔热材料为主，保温隔热材料可在吊顶上方水平铺设，施工便捷，节省材料。为确保保温隔热材料和屋面板的干燥、防止水汽凝结和增加屋顶隔热性能，宜对屋面板（或屋面面层）和保温隔热材料之间的空腔采取通风措施。通风的方法包括设置通风口、通风器、通风屋脊或开设老虎窗等。通风间层高度不宜小于50mm，否则实际通风效果较差。

11.2.5 为减少冷凝水的可能性和降低室内能耗，要确保室内外的空气气密性，合理设置隔汽层，应注意屋顶各种穿出构件的处理，例如装修和灯饰处，应确保各种孔洞缝隙的密封，以减少不良空气流动和水蒸气扩散。

在装配式轻型坡屋面设计中要确保屋顶保温隔热层和外墙保温隔热层的连续性，防止屋顶和外墙连接处产生冷桥，导致墙面或屋顶水汽冷凝，影响正常使用。

屋顶的隔汽层，一般应放置于保温隔热材料内侧。屋面构造、隔汽层的采用和部位应由设计确定。考虑到在湿热地区夏季空调的广泛使用，部分屋顶采用对外封闭，内部不采用隔汽层的设计方法。屋顶的构造设计，宜因地制宜，考虑建筑的具体情况和当地气候的特点而确定。

在下列情况不宜设置隔汽层：

1 温凉区（IVA、IVB）或全年月平均温度超过7.0℃，或年降水量超过500mm的湿热地区；

2 已采取其他措施防止屋面出现冷凝水的屋面。

11.3 细部构造

11.3.3 为确保整个屋面系统的结构安全性，所有桁架或屋面梁都应被牢固固定。平改坡屋面增加的卧梁（可根据结构需要采用部分架空梁）均应坐于原结构的承重墙上。而且卧梁应互相连接，从而形成一体以抵抗因风荷载引起的整体倾覆。必要时，还可将部分卧梁通过植筋的方式与原结构联为一体。

平改坡屋面新增的钢筋混凝土承重架空梁，梁的两端均应搁置在原有承重墙的位置上。圈（卧）梁、架空梁两端及屋架支承处须直接立在原屋面结构层上，其余梁底均用20mm厚聚苯乙烯泡沫塑料垫起，不与原屋面直接接触。卧梁的数量应适中，从而在保证整体抗倾覆的前提下使附加荷载均匀有效地传至原结构系统。

11.4 施工要点

11.4.2 既有建筑防水层可作为屋面的第二道防水层，尽量保留。既有建筑防水层和保温层如有渗漏和破损应先修补。

中华人民共和国行业标准

种植屋面工程技术规程

Technical specification for green roof

JGJ 155—2013

批准部门：中华人民共和国住房和城乡建设部
施行日期：２０１３年１２月１日

中华人民共和国住房和城乡建设部
公　　告

第 47 号

住房城乡建设部关于发布行业标准
《种植屋面工程技术规程》的公告

现批准《种植屋面工程技术规程》为行业标准，编号为 JGJ 155-2013，自 2013 年 12 月 1 日起实施。其中，第 3.2.3、5.1.7 条为强制性条文，必须严格执行。原《种植屋面工程技术规程》JGJ 155-2007 同时废止。

本规程由我部标准定额研究所组织中国建筑工业出版社出版发行。

中华人民共和国住房和城乡建设部

2013 年 6 月 9 日

前　　言

根据住房和城乡建设部《关于印发〈2011 年工程建设标准规范制订、修订计划〉的通知》（建标〔2011〕17 号）的要求，规程编制组经广泛调查研究，认真总结实践经验，参考有关国际标准和国外先进标准，并在广泛征求意见的基础上，修订了《种植屋面工程技术规程》JGJ 155-2007。

本规程的主要技术内容是：1 总则；2 术语；3 基本规定；4 种植屋面工程材料；5 种植屋面工程设计；6 种植屋面工程施工；7 质量验收；8 维护管理。

本规程修订的主要技术内容是：

1. 增加了屋面植被层设计、施工和质量验收的内容；

2. 增加了容器种植和附属设施的设计、施工和质量验收的内容；

3. 调整了种植屋面用耐根穿刺防水材料种类；

4. 增加了"养护管理"的内容；

5. 调整了常用植物表。

本规程中以黑体字标志的条文为强制性条文，必须严格执行。

本规程由住房和城乡建设部负责管理和对强制性条文的解释，由中国建筑防水协会负责具体技术内容的解释。执行过程中如有意见或建议，请寄送中国建筑防水协会（地址：北京市海淀区三里河路 11 号；邮编：100831）。

本 规 程 主 编 单 位：中国建筑防水协会
　　　　　　　　　　　天津天一建设集团有限公司

本 规 程 参 编 单 位：北京市园林科学研究所

天津市农业科学院园艺工程研究所

中国建筑材料科学研究总院苏州防水研究院

北京东方雨虹防水技术股份有限公司

索普瑞玛（上海）建材贸易有限公司

深圳市卓宝科技股份有限公司

上海中卉生态科技有限公司

天津奇才防水材料工程有限公司

唐山德生防水股份有限公司

徐州卧牛山新型防水材料有限公司

北京世纪洪雨科技有限公司

盘锦禹王防水建材集团有限公司

青岛大洋灯塔防水有限公司

北京圣洁防水材料有限公司

辽宁大禹防水科技发展有限公司

潍坊市宏源防水材料有限公司

广东科顺化工实业有限公司

胜利油田大明新型建筑防水材料有限责任公司

广州秀珀化工股份有限公司

北京宇阳泽丽防水材料有限责任公司

威达吉润（扬州）建筑材料有限公司

深圳市蓝盾防水工程有限公司

江苏欧西建材科技发展有限公司

坚倍斯顿防水材料（上海）有限公司

北京市建国伟业防水材料有限公司

山东鑫达鲁鑫防水材料有限公司

秦皇岛市松岩建材有限公司

本规程主要起草人员：朱冬青　李承刚　王　天
　　　　　　　　　　韩丽莉　朱志远　马丽亚
　　　　　　　　　　郭蔚飞　尚华胜　孔祥武
　　　　　　　　　　王月宾　柯思征　朱卫如
　　　　　　　　　　李冠中　李　玲　杜　昕
　　　　　　　　　　邹先华　张伶俐　罗玉娟
　　　　　　　　　　李　勇　杨　光　李国干
　　　　　　　　　　陈玉山　张广彬　王　颖
　　　　　　　　　　王洪波　弭明新　陈宝忠
　　　　　　　　　　孙　哲　王书苓　陈伟忠
　　　　　　　　　　孟凡城

本规程主要审查人员：方展和　古润泽　王自福
　　　　　　　　　　羡永彪　张道真　马　跃
　　　　　　　　　　霍瑞琴　曲　慧　费毕刚
　　　　　　　　　　张玉玲　张　勇

目 次

Contents

1 总　则

1.0.1　为贯彻国家保护环境及节约能源和资源的政策，规范种植屋面工程技术要求，做到技术先进、安全可靠、经济合理，制定本规程。

1.0.2　本规程适用于新建、既有建筑屋面和地下建筑顶板种植工程的设计、施工、质量验收和维护管理。

1.0.3　种植屋面工程的设计、施工、质量验收和维护管理除应符合本规程外，尚应符合国家现行有关标准的规定。

2 术　语

2.0.1　种植屋面　green roof

铺以种植土或设置容器种植植物的建筑屋面或地下建筑顶板。

2.0.2　地下建筑顶板　underground structure plaza

地下建筑物、构筑物的顶部承重板。

2.0.3　简单式种植屋面　extensive green roof

仅种植地被植物、低矮灌木的屋面。

2.0.4　花园式种植屋面　intensive green roof

种植乔灌木和地被植物，并设置园路、坐凳等休憩设施的屋面。

2.0.5　容器种植　containered planting

在可移动组合的容器、模块中种植植物。

2.0.6　耐根穿刺防水层　root penetration resistant waterproof layer

具有防水和阻止植物根系穿刺功能的构造层。

2.0.7　排（蓄）水层　water drainage/retain layer

能排出种植土中多余水分（或具有一定蓄水功能）的构造层。

2.0.8　过滤层　filter layer

防止种植土流失，且便于水渗透的构造层。

2.0.9　种植土　growing soil

具有一定渗透性、蓄水能力和空间稳定性，可提供屋面植物生长所需养分的田园土、改良土和无机种植土的总称。

2.0.10　田园土　natural soil

田园土或农耕土。

2.0.11　改良土（有机种植土）improved soil（organic soil）

由田园土、轻质骨料和有机或无机肥料等混合而成的种植土。

2.0.12　无机种植土　inorganic soil

由多种非金属矿物质、无机肥料等混合而成的种植土。

2.0.13　植被层　plant layer

种植草本植物、木本植物的构造层。

2.0.14　地被植物　ground cover plant

用以覆盖地面的、株丛密集的低矮植物的统称。

2.0.15　种植池　planting container

用以种植植物的不可移动的构筑物，也称树池。

2.0.16　园林小品　garden ornaments

园林中供休憩、装饰、展示和为园林管理及方便游人使用的小型设施。

2.0.17　园路　garden path

种植屋面上供人行走的道路。

2.0.18　缓冲带　buffering stripes

种植土与女儿墙、屋面凸起结构、周边泛水及檐口、排水口等部位之间，起缓冲、隔离、滤水、排水等作用的地带（沟），一般由卵石构成。

3 基本规定

3.1 材　料

3.1.1　种植屋面应按构造层次、种植要求选择材料。材料应配置合理、安全可靠。

3.1.2　种植屋面选用材料的品种、规格、性能等应符合国家现行有关标准和设计要求，并应提供产品合格证书和检验报告。

3.1.3　普通防水材料和找坡材料的选用应符合现行国家标准《屋面工程技术规范》GB 50345、《坡屋面工程技术规范》GB 50693 和《地下工程防水技术规范》GB 50108 的有关规定。

3.1.4　耐根穿刺防水材料的选用应通过耐根穿刺性能试验，试验方法应符合现行行业标准《种植屋面用耐根穿刺防水卷材》JC/T 1075 的规定，并由具有资质的检测机构出具合格检验报告。

3.1.5　种植屋面使用的材料应符合有关建筑防火规范的规定。

3.2 设　计

3.2.1　种植屋面工程设计应遵循"防、排、蓄、植"并重和"安全、环保、节能、经济，因地制宜"的原则。

3.2.2　种植屋面不宜设计为倒置式屋面。

3.2.3　**种植屋面工程结构设计时应计算种植荷载。既有建筑屋面改造为种植屋面前，应对原结构进行鉴定。**

3.2.4　种植屋面荷载取值应符合现行国家标准《建筑结构荷载规范》GB 50009 的规定。屋顶花园有特殊要求时，应单独计算结构荷载。

3.2.5　种植屋面绝热层、找坡（找平）层、普通防水层和保护层设计应符合现行国家标准《屋面工程技术规范》GB 50345、《地下工程防水技术规范》GB 50108 的有关规定。

3.2.6 屋面基层为压型金属板，采用单层防水卷材的种植屋面设计应符合国家现行有关标准的规定。

3.2.7 当屋面坡度大于20%时，绝热层、防水层、排（蓄）水层、种植土层等均应采取防滑措施。

3.2.8 种植屋面应根据不同地区的风力因素和植物高度，采取植物抗风固定措施。

3.2.9 地下建筑顶板种植设计应符合现行国家标准《地下工程防水技术规范》GB 50108 的规定。

3.2.10 种植屋面工程设计应符合现行国家标准《建筑设计防火规范》GB 50016 的规定，大型种植屋面应设置消防设施。

3.2.11 避雷装置设计应符合现行国家标准《建筑物防雷设计规范》GB 50057 的规定。

3.3 施 工

3.3.1 种植屋面防水工程和园林绿化工程的施工单位应有专业施工资质，主要作业人员应持证上岗，按照总体设计作业程序施工。

3.3.2 种植屋面施工应符合现行国家标准《建设工程施工现场消防安全技术规范》GB 50720 的规定。

3.3.3 屋面施工现场应采取下列安全防护措施：

　　1 屋面周边和预留孔洞部位必须设置安全护栏和安全网或其他防止人员和物体坠落的防护措施；

　　2 屋面坡度大于20%时，应采取人员保护和防滑措施；

　　3 施工人员应戴安全帽，系安全带和穿防滑鞋；

　　4 雨天、雪天和五级风及以上时不得施工；

　　5 应设置消防设施，加强火源管理。

3.4 质 量 验 收

3.4.1 种植屋面工程质量验收应符合国家现行标准《建筑工程施工质量验收统一标准》GB 50300、《屋面工程质量验收规范》GB 50207、《地下防水工程质量验收规范》GB 50208、《园林绿化工程施工及验收规范》CJJ 82 的有关规定。

3.4.2 种植屋面工程施工过程中应按分部（子分部）、分项工程和检验批的规定验收，并应做好记录。

3.4.3 种植屋面防水工程竣工后，平屋面应进行48h蓄水检验，坡屋面应进行3h持续淋水检验。

3.4.4 种植屋面各分项工程质量验收的主控项目应符合设计要求。

4 种植屋面工程材料

4.1 一 般 规 定

4.1.1 种植屋面绝热层应选用密度小、压缩强度大、导热系数小、吸水率低的材料。

4.1.2 找坡材料应符合下列规定：

　　1 找坡材料应选用密度小并具有一定抗压强度的材料；

　　2 当坡长小于4m时，宜采用水泥砂浆找坡；

　　3 当坡长为4m～9m时，可采用加气混凝土、轻质陶粒混凝土、水泥膨胀珍珠岩和水泥蛭石等材料找坡，也可采用结构找坡；

　　4 当坡长大于9m时，应采用结构找坡。

4.1.3 耐根穿刺防水材料应具有耐霉菌腐蚀性能。

4.1.4 改性沥青类耐根穿刺防水材料应含有化学阻根剂。

4.1.5 种植屋面排（蓄）水层应选用抗压强度大、耐久性好的轻质材料。

4.1.6 种植土应具有质量轻、养分适度、清洁无毒和安全环保等特性。

4.1.7 改良土有机材料体积掺入量不宜大于30%；有机质材料应充分腐熟灭菌。

4.2 绝 热 材 料

4.2.1 种植屋面绝热材料可采用喷涂硬泡聚氨酯、硬泡聚氨酯板、挤塑聚苯乙烯泡沫塑料保温板、硬质聚异氰脲酸酯泡沫保温板、酚醛硬泡保温板等轻质绝热材料。不得采用散状绝热材料。

4.2.2 喷涂硬泡聚氨酯和硬泡聚氨酯板的主要性能应符合现行国家标准《硬泡聚氨酯保温防水工程技术规范》GB 50404 的有关规定。

4.2.3 挤塑聚苯乙烯泡沫塑料保温板的主要性能应符合现行国家标准《绝热用挤塑聚苯乙烯泡沫塑料（XPS）》GB/T 10801.2 的有关规定。

4.2.4 硬质聚异氰脲酸酯泡沫保温板的主要性能应符合现行国家标准《绝热用聚异氰脲酸酯制品》GB/T 25997 的规定。

4.2.5 酚醛硬泡保温板的主要性能应符合现行国家标准《绝热用硬质酚醛泡沫制品（PF）》GB/T 20974 的规定。

4.2.6 种植屋面保温隔热材料的密度不宜大于100kg/m³，压缩强度不得低于100kPa。100kPa压缩强度下，压缩比不得大于10%。

4.3 耐根穿刺防水材料

4.3.1 弹性体改性沥青防水卷材的厚度不应小于4.0mm，产品包括复合铜胎基、聚酯胎基的卷材，应含有化学阻根剂，其主要性能应符合现行国家标准《弹性体改性沥青防水卷材》GB 18242 及表 4.3.1 的规定。

表 4.3.1 弹性体改性沥青防水卷材主要性能

项目	耐根穿刺性能试验	可溶物含量（g/m²）	拉力（N/50mm）	延伸率（%）	耐热性（℃）	低温柔性（℃）
性能要求	通过	≥2900	≥800	≥40	105	-25

4.3.2 塑性体改性沥青防水卷材的厚度不应小于 4.0mm，产品包括复合铜胎基、聚酯胎基的卷材，应含有化学阻根剂，其主要性能应符合现行国家标准《塑性体改性沥青防水卷材》GB 18243 及表 4.3.2 的规定。

表 4.3.2 塑性体改性沥青防水卷材主要性能

项目	耐根穿刺性能试验	可溶物含量（g/m²）	拉力（N/50mm）	延伸率（%）	耐热性（℃）	低温柔性（℃）
性能要求	通过	≥2900	≥800	≥40	130	−15

4.3.3 聚氯乙烯防水卷材的厚度不应小于 1.2mm，其主要性能应符合现行国家标准《聚氯乙烯（PVC）防水卷材》GB 12952 及表 4.3.3 的规定。

表 4.3.3 聚氯乙烯防水卷材主要性能

类型	耐根穿刺性能试验	拉伸强度	断裂伸长率（%）	低温弯折性（℃）	热处理尺寸变化率（%）
匀质	通过	≥10MPa	≥200	−25	≤2.0
玻纤内增强	通过	≥10MPa	≥200	−25	≤0.1
织物内增强	通过	≥250 N/cm	≥15（最大拉力时）	−25	≤0.5

4.3.4 热塑性聚烯烃防水卷材的厚度不应小于 1.2mm，其主要性能应符合现行国家标准《热塑性聚烯烃（TPO）防水卷材》GB 27789 及表 4.3.4 的规定。

表 4.3.4 热塑性聚烯烃防水卷材主要性能

类型	耐根穿刺性能试验	拉伸强度	断裂伸长率（%）	低温弯折性（℃）	热处理尺寸变化率（%）
匀质	通过	≥12MPa	≥500	−40	≤2.0
织物内增强	通过	≥250 N/cm	≥15（最大拉力时）	−40	≤0.5

4.3.5 高密度聚乙烯土工膜的厚度不应小于 1.2mm，其主要性能应符合现行国家标准《土工合成材料 聚乙烯土工膜》GB/T 17643 和表 4.3.5 的规定。

表 4.3.5 高密度聚乙烯土工膜主要性能

项目	耐根穿刺性能试验	拉伸强度（MPa）	断裂伸长率（%）	低温弯折性（℃）	尺寸变化率（%，100℃，15min）
性能要求	通过	≥25	≥500	−30	≤1.5

4.3.6 三元乙丙橡胶防水卷材的厚度不应小于 1.2mm，其主要性能应符合现行国家标准《高分子防水材料 第 1 部分：片材》GB 18173.1 中 JL1 及表 4.3.6-1 的规定；三元乙丙橡胶防水卷材搭接胶带的主要性能应符合表 4.3.6-2 的规定。

表 4.3.6-1 三元乙丙橡胶防水卷材主要性能

项目	耐根穿刺性能试验	断裂拉伸强度（MPa）	扯断伸长率（%）	低温弯折性（℃）	加热伸缩量（mm）
性能要求	通过	≥7.5	≥450	−40	+2，−4

表 4.3.6-2 三元乙丙橡胶防水卷材搭接胶带主要性能

项目	持粘性（min）	耐热性（80℃，2h）	低温柔性（−40℃）	剪切状态下粘合性（卷材）（N/mm）	剥离强度（卷材）（N/mm）	热处理剥离强度保持率（卷材，80℃，168h）（%）
性能要求	≥20	无流淌、龟裂、变形	无裂纹	≥2.0	≥0.5	≥80

4.3.7 聚乙烯丙纶防水卷材和聚合物水泥胶结料复合耐根穿刺防水材料，其中聚乙烯丙纶防水卷材的聚乙烯膜层厚度不应小于 0.6mm，其主要性能应符合表 4.3.7-1 的规定；聚合物水泥胶结料的厚度不应小于 1.3mm，其主要性能应符合表 4.3.7-2 的规定。

表 4.3.7-1 聚乙烯丙纶防水卷材主要性能

项目	耐根穿刺性能试验	断裂拉伸强度（N/cm）	扯断伸长率（%）	低温弯折性（℃）	加热伸缩量（mm）
性能要求	通过	≥60	≥400	−20	+2，−4

表 4.3.7-2 聚合物水泥胶结料主要性能

项目	与水泥基层粘结强度（MPa）	剪切状态下的粘合性（N/mm）		抗渗性能（MPa，7d）	抗压强度（MPa，7d）
		卷材—基层	卷材—卷材		
性能要求	≥0.4	≥1.8	≥2.0	≥1.0	≥9.0

4.3.8 喷涂聚脲防水涂料的厚度不应小于2.0mm，其主要性能应符合现行国家标准《喷涂聚脲防水涂料》GB/T 23446的规定及表4.3.8的规定。喷涂聚脲防水涂料的配套底涂料、涂层修补材料和层间搭接剂的性能应符合现行行业标准《喷涂聚脲防水工程技术规程》JGJ/T 200的相关规定。

表4.3.8 喷涂聚脲防水涂料主要性能

项目	耐根穿刺性能试验	拉伸强度（MPa）	断裂伸长率（%）	低温弯折性（℃）	加热伸缩率（%）
性能要求	通过	≥16	≥450	-40	+1.0，-1.0

4.4 排（蓄）水材料和过滤材料

4.4.1 排（蓄）水材料应符合下列规定：

1 凹凸型排（蓄）水板的主要性能应符合表4.4.1-1的规定；

表4.4.1-1 凹凸型排（蓄）水板主要性能

项目	伸长率10%时拉力（N/100mm）	最大拉力（N/100mm）	断裂伸长率（%）	撕裂性能（N）	压缩性能		低温柔度	纵向通水量（侧压力150kPa）（cm³/s）
					压缩率为20%时最大强度（kPa）	极限压缩现象		
性能要求	≥350	≥600	≥25	≥100	≥150	无破裂	-10℃无裂纹	≥10

2 网状交织排水板主要性能应符合表4.4.1-2的规定；

表4.4.1-2 网状交织排水板主要性能

项目	抗压强度（kN/m²）	表面开孔率（%）	空隙率（%）	通水量（cm³/s）	耐酸碱性
性能要求	≥50	≥95	85～90	≥380	稳定

3 级配碎石的粒径宜为10mm～25mm，卵石的粒径宜为25mm～40mm，铺设厚度均不宜小于100mm；

4 陶粒的粒径宜为10mm～25mm，堆积密度不宜大于500kg/m³，铺设厚度不宜小于100mm。

4.4.2 过滤材料宜选用聚酯无纺布，单位面积质量不小于200g/m²。

4.5 种 植 土

4.5.1 常用种植土主要性能应符合表4.5.1的规定。

表4.5.1 常用种植土性能

种植土类型	饱和水密度（kg/m³）	有机质含量（%）	总孔隙率（%）	有效水分（%）	排水速率（mm/h）
田园土	1500～1800	≥5	45～50	20～25	≥42
改良土	750～1300	20～30	65～70	30～35	≥58
无机种植土	450～650	≤2	80～90	40～45	≥200

4.5.2 常用改良土的配制宜符合表4.5.2的规定。

表4.5.2 常用改良土配制

主要配比材料	配制比例	饱和水密度（kg/m³）
田园土：轻质骨料	1:1	≤1200
腐叶土：蛭石：沙土	7:2:1	780～1000
田园土：草炭：（蛭石和肥料）	4:3:1	1100～1300
田园土：草炭：松针土：珍珠岩	1:1:1:1	780～1100
田园土：草炭：松针土	3:4:3	780～950
轻沙壤土：腐殖土：珍珠岩：蛭石	2.5:5:2:0.5	≤1100
轻沙壤土：腐殖土：蛭石	5:3:2	1100～1300

4.5.3 地下建筑顶板种植宜采用田园土为主，土壤质地要求疏松、不板结、土块易打碎，主要性能宜符合表4.5.3的规定。

表4.5.3 田园土主要性能

项目	渗透系数（cm/s）	饱和水密度（kg/m³）	有机质含量（%）	全盐含量（%）	pH值
性能要求	≥10⁻⁴	≤1100	≥5	<0.3	6.5～8.2

4.6 种 植 植 物

4.6.1 乔灌木应符合下列规定：

1 胸径、株高、冠径、主枝长度和分枝点高度应符合现行行业标准《城市绿化和园林绿地用植物材料 木本苗》CJ/T 24的规定；

2 植株生长健壮、株形完整；

3 枝干无机械损伤、无冻伤、无毒无害、少污染；

　　4　禁止使用入侵物种。

4.6.2　绿篱、色块植物宜株形丰满、耐修剪。

4.6.3　藤本植物宜覆盖、攀爬能力强。

4.6.4　草坪块、草坪卷应符合下列规定：

　　1　规格一致，边缘平直，杂草数量不得多于1%；

　　2　草坪块土层厚度宜为30mm，草坪卷土层厚度宜为18mm～25mm。

4.7　种 植 容 器

4.7.1　容器的外观质量、物理机械性能、承载能力、排水能力、耐久性能等应符合产品标准的要求，并由专业生产企业提供产品合格证书。

4.7.2　容器材质的使用年限不应低于10年。

4.7.3　容器应具有排水、蓄水、阻根和过滤功能。

4.7.4　容器高度不应小于100mm。

4.8　设 施 材 料

4.8.1　种植屋面宜选用滴灌、喷灌和微灌设施。喷灌工程相关材料应符合现行国家标准《喷灌工程技术规范》GB/T 50085的规定；微灌工程相关材料应符合现行国家标准《微灌工程技术规范》GB/T 50485的规定。

4.8.2　电气和照明材料应符合国家现行标准《低压电气装置　第7-705部分：特殊装置或场所的要求农业和园艺设施》GB 16895.27和《民用建筑电气设计规范》JGJ 16的规定。

5　种植屋面工程设计

5.1　一 般 规 定

5.1.1　种植屋面设计应包括下列内容：

　　1　计算屋面结构荷载；

　　2　确定屋面构造层次；

　　3　绝热层设计，确定绝热材料的品种规格和性能；

　　4　防水层设计，确定耐根穿刺防水材料和普通防水材料的品种规格和性能；

　　5　保护层；

　　6　种植设计，确定种植土类型、种植形式和植物种类；

　　7　灌溉及排水系统；

　　8　电气照明系统；

　　9　园林小品；

　　10　细部构造。

5.1.2　种植屋面植被层设计应根据建筑高度、屋面荷载、屋面大小、坡度、风荷载、光照、功能要求和

养护管理等因素确定。

5.1.3　种植屋面绿化指标宜符合表5.1.3的规定。

表5.1.3　种植屋面绿化指标

种植屋面类型	项　　目	指标（%）
简单式	绿化屋顶面积占屋顶总面积	≥80
	绿化种植面积占绿化屋顶面积	≥90
花园式	绿化屋顶面积占屋顶总面积	≥60
	绿化种植面积占绿化屋顶面积	≥85
	铺装园路面积占绿化屋顶面积	≤12
	园林小品面积占绿化屋顶面积	≤3

5.1.4　种植屋面的设计荷载除应满足屋面结构荷载外，尚应符合下列规定：

　　1　简单式种植屋面荷载不应小于1.0kN/m²，花园式种植屋面荷载不应小于3.0kN/m²，均应纳入屋面结构永久荷载；

　　2　种植土的荷重应按饱和水密度计算；

　　3　植物荷载应包括初栽植物荷重和植物生长期增加的可变荷载。初栽植物荷重应符合表5.1.4的规定。

表5.1.4　初栽植物荷重

项　　目	小乔木（带土球）	大灌木	小灌木	地被植物
植物高度或面积	2.0m～2.5m	1.5m～2.0m	1.0m～1.5m	1.0m²
植物荷重	0.8kN/株～1.2kN/株	0.6kN/株～0.8kN/株	0.3kN/株～0.6kN/株	0.15kN/m²～0.3kN/m²

5.1.5　花园式屋面种植的布局应与屋面结构相适应，乔木类植物和亭台、水池、假山等荷载较大的设施，应设在柱或墙的位置。

5.1.6　种植屋面的结构层宜采用现浇钢筋混凝土。

5.1.7　种植屋面防水层应满足一级防水等级设防要求，且必须至少设置一道具有耐根穿刺性能的防水材料。

5.1.8　种植屋面防水层应采用不少于两道防水设防，上道应为耐根穿刺防水材料；两道防水层应相邻铺设且防水层的材料应相容。

5.1.9　普通防水层一道防水设防的最小厚度应符合表5.1.9的规定。

表5.1.9　普通防水层一道防水设防的最小厚度

材料名称	最小厚度（mm）
改性沥青防水卷材	4.0
高分子防水卷材	1.5

续表5.1.9

材料名称	最小厚度（mm）
自粘聚合物改性沥青防水卷材	3.0
高分子防水涂料	2.0
喷涂聚脲防水涂料	2.0

5.1.10 耐根穿刺防水层设计应符合下列规定：

1 耐根穿刺防水材料应符合本规程第4.3节的规定；

2 排（蓄）水材料不得作为耐根穿刺防水材料使用；

3 聚乙烯丙纶防水卷材和聚合物水泥胶结料复合耐根穿刺防水材料应采用双层卷材复合作为一道耐根穿刺防水层。

5.1.11 防水卷材搭接缝应采用与卷材相容的密封材料封严。内增强高分子耐根穿刺防水卷材搭接缝应用密封胶封闭。

5.1.12 耐根穿刺防水层上应设置保护层，保护层应符合下列规定：

1 简单式种植屋面和容器种植宜采用体积比为1：3、厚度为15mm～20mm的水泥砂浆作保护层；

2 花园式种植屋面宜采用厚度不小于40mm的细石混凝土作保护层；

3 地下建筑顶板种植应采用厚度不小于70mm的细石混凝土作保护层；

4 采用水泥砂浆和细石混凝土作保护层时，保护层下面应铺设隔离层；

5 采用土工布或聚酯无纺布作保护层时，单位面积质量不应小于300g/m²；

6 采用聚乙烯丙纶复合防水卷材作保护层时，芯材厚度不应小于0.4mm；

7 采用高密度聚乙烯土工膜作保护层时，厚度不应小于0.4mm。

5.1.13 排（蓄）水层的设计应符合下列规定：

1 排（蓄）水层的材料应符合本规程第4.4.1条的规定；

2 排（蓄）水系统应结合找坡泛水设计；

3 年蒸发量大于降水量的地区，宜选用蓄水功能强的排（蓄）水材料；

4 排（蓄）水层应结合排水沟分区设置。

5.1.14 种植屋面应根据种植形式和汇水面积，确定水落口数量和水落管直径，并应设置雨水收集系统。

5.1.15 过滤层的设计应符合下列规定：

1 过滤层的材料应符合本规程第4.4.2条的规定；

2 过滤层材料的搭接宽度不应小于150mm；

3 过滤层应沿种植挡墙向上铺设，与种植土高度一致。

5.1.16 种植屋面宜根据屋面面积大小和植物配置，结合园路、排水沟、变形缝、绿篱等划分种植区。

5.1.17 屋面种植植物宜符合下列规定：

1 屋面种植植物宜按本规程附录A选用；

2 地下建筑顶板种植宜按地面绿化要求，种植植物不宜选用速生树种；

3 种植植物宜选用健康苗木，乡土植物不宜小于70%；

4 绿篱、色块、藤本植物宜选用三年生以上苗木；

5 地被植物宜选用多年生草本植物和覆盖能力强的木本植物。

5.1.18 伸出屋面的管道和预埋件等应在防水工程施工前安装完成。后装的设备基座下应增加一道防水增强层，施工时应避免破坏防水层和保护层。

5.2 平 屋 面

5.2.1 种植平屋面的基本构造层次包括：基层、绝热层、找坡（找平）层、普通防水层、耐根穿刺防水层、保护层、排（蓄）水层、过滤层、种植土层和植被层等（图5.2.1）。根据各地区气候特点、屋面形式、植物种类等情况，可增减屋面构造层次。

5.2.2 种植平屋面的排水坡度不宜小于2%；天沟、檐沟的排水坡度不宜小于1%。

5.2.3 屋面采用种植池种植高大植物时（图5.2.3），种植池设计应符合下列规定：

1 池内应设置耐根穿刺防水层、排（蓄）水层和过滤层；

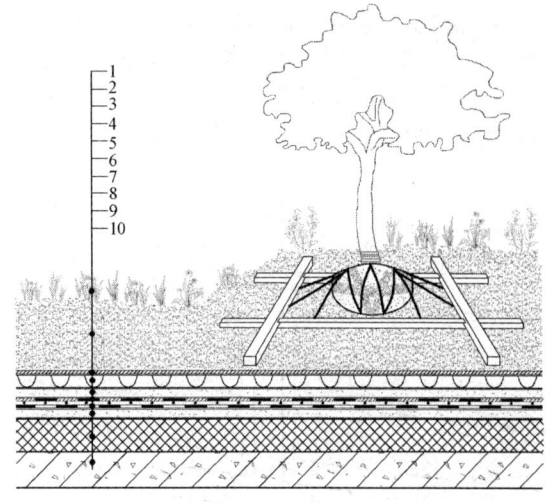

图5.2.1 种植平屋面基本构造层次
1—植被层；2—种植土层；3—过滤层；4—排（蓄）水层；5—保护层；6—耐根穿刺防水层；7—普通防水层；8—找坡（找平）层；9—绝热层；10—基层

2 池壁应设置排水口，并应设计有组织排水；

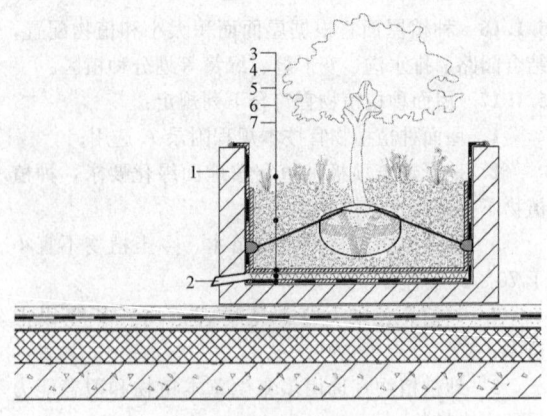

图 5.2.3 种植池

1—种植池；2—排水管（孔）；3—植被层；
4—种植土层；5—过滤层；6—排（蓄）
水层；7—耐根穿刺防水层

3 根据种植植物高度在池内设置固定植物用的预埋件。

5.3 坡 屋 面

5.3.1 种植坡屋面的基本构造层次应包括：基层、绝热层、普通防水层、耐根穿刺防水层、保护层、排（蓄）水层、过滤层、种植土层和植被层等。根据各地区气候特点、屋面形式和植物种类等情况，可增减屋面构造层次。

5.3.2 屋面坡度小于10％的种植坡屋面设计可按本规程第5.2节的规定执行。

5.3.3 屋面坡度大于等于20％的种植坡屋面设计应设置防滑构造，并应符合下列规定：

1 满覆盖种植时可采取挡墙或挡板等防滑措施（图5.3.3-1、图5.3.3-2）。当设置防滑挡墙时，防水层应满包挡墙，挡墙应设置排水通道；当设置防滑挡板时，防水层和过滤层应在挡板下连续铺设。

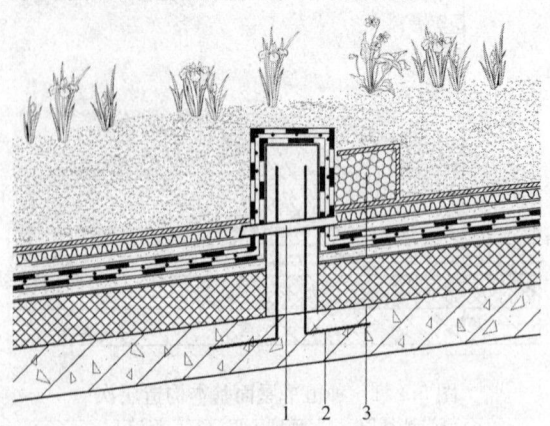

图 5.3.3-1 坡屋面防滑挡墙

1—排水管（孔）；2—预埋钢筋；3—卵石缓冲带

2 非满覆盖种植时可采用阶梯式或台地式种植。阶梯式种植设置防滑挡墙时，防水层应满包挡墙（图

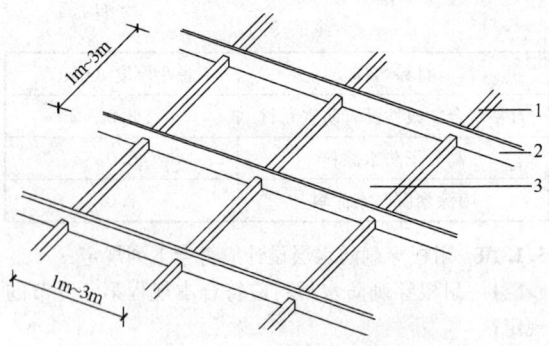

图 5.3.3-2 种植土防滑挡板

1—竖向支撑；2—横向挡板；3—种植土区域

5.3.3-3）。台地式种植屋面应采用现浇钢筋混凝土结构，并应设置排水沟（图5.3.3-4）。

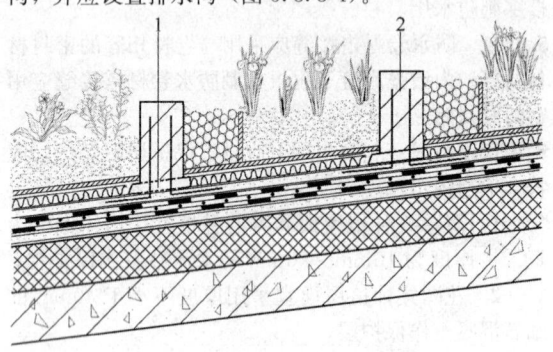

图 5.3.3-3 阶梯式种植

1—排水管（孔）；2—防滑挡墙

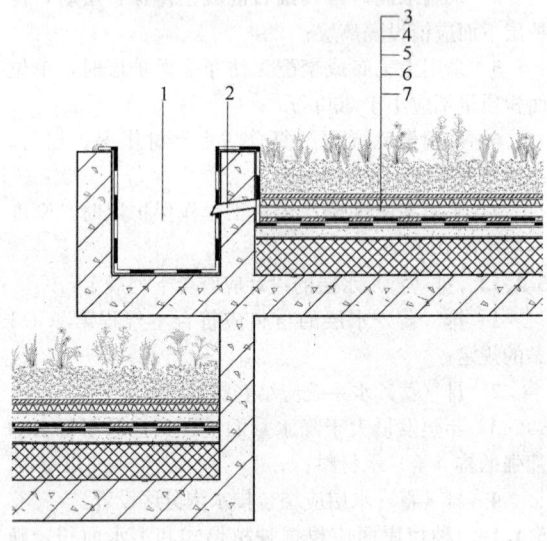

图 5.3.3-4 台地式种植

1—排水沟；2—排水管；3—植被层；4—种植土层；
5—过滤层；6—排（蓄）水层；7—细石混凝土保护层

5.3.4 屋面坡度大于50％时，不宜做种植屋面。

5.3.5 坡屋面满覆盖种植宜采用草坪地被植物。

5.3.6 种植坡屋面不宜采用土工布等软质保护层，屋面坡度大于20％时，保护层应采用细石钢筋混凝土。

5.3.7 坡屋面种植在沿山墙和檐沟部位应设置安全防护栏杆。

5.4 地下建筑顶板

5.4.1 地下建筑顶板的种植设计应符合下列规定：

 1 顶板应为现浇防水混凝土，并应符合现行国家标准《地下工程防水技术规范》GB 50108 的规定；

 2 顶板种植应按永久性绿化设计；

 3 种植土与周界地面相连时，宜设置盲沟排水；

 4 应设置过滤层和排水层；

 5 采用下沉式种植时，应设自流排水系统；

 6 顶板采用反梁结构或坡度不足时，应设置渗排水管或采用陶粒、级配碎石等渗排水措施。

5.4.2 顶板面积较大放坡困难时，应分区设置水落口、盲沟、渗排水管等内排水及雨水收集系统。

5.4.3 种植土高于周边地坪土时，应按屋面种植设计要求执行。

5.4.4 地下建筑顶板的耐根穿刺防水层、保护层、排（蓄）水层和过滤层的设计应按本规程第 5.1 节的规定执行。

5.5 既有建筑屋面

5.5.1 屋面改造前必须检测鉴定结构安全性，应以结构鉴定报告作为设计依据，确定种植形式。

5.5.2 既有建筑屋面改造为种植屋面宜选用轻质种植土、地被植物。

5.5.3 既有建筑屋面改造为种植屋面宜采用容器种植，当采用覆土种植时，设计应符合下列规定：

 1 有檐沟的屋面应砌筑种植土挡墙。挡墙应高出种植土 50mm，挡墙距离檐沟边沿不宜小于 300mm（图 5.5.3）；

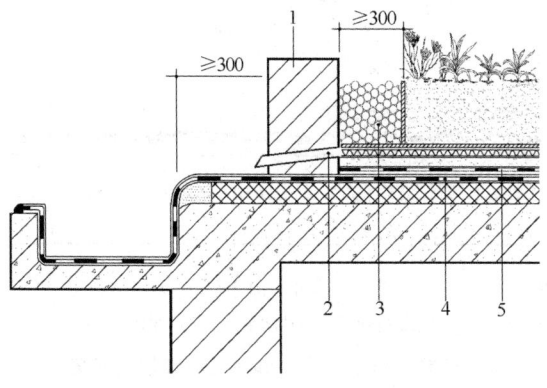

图 5.5.3 种植土挡墙构造
1—檐口种植挡墙；2—排水管（孔）；3—卵石缓冲带；
4—普通防水层；5—耐根穿刺防水层

 2 挡墙应设排水孔；

 3 种植土与挡墙之间应设置卵石缓冲带，带宽度宜大于 300mm。

5.5.4 采用覆土种植的防水层设计应符合下列规定：

 1 原有防水层仍具有防水能力的，应在其上增加一道耐根穿刺防水层；

 2 原有防水层已无防水能力的，应拆除，并按本规程第 5.1 节的规定重做防水层。

5.5.5 既有建筑屋面的耐根穿刺防水层、保护层、排（蓄）水层和过滤层的设计应按本规程第 5.1 节的规定执行。

5.6 容器种植

5.6.1 根据功能要求和植物种类确定种植容器的形式、规格和荷重（图 5.6.1）。

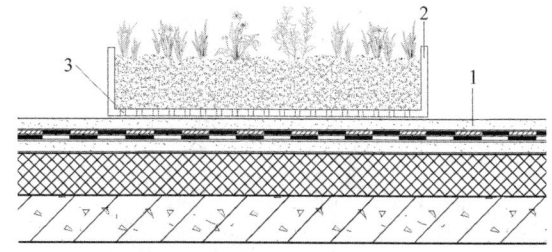

图 5.6.1 容器种植
1—保护层；2—种植容器；3—排水孔

5.6.2 容器种植设计应符合下列规定：

 1 种植容器应轻便，易搬移，连接点稳固便于组装、维护；

 2 种植容器宜设计有组织排水；

 3 宜采用滴灌系统；

 4 种植容器下应设置保护层。

5.6.3 容器种植的土层厚度应满足植物生存的营养需求，不宜小于 100mm。

5.7 植被层

5.7.1 根据建筑荷载和功能要求确定种植屋面形式，根据植物种类确定种植土厚度，并应符合表 5.7.1 的规定。

表 5.7.1 种植土厚度

植物种类	种植土厚度（mm）				
	草坪地被	小灌木	大灌木	小乔木	大乔木
种植土厚度	≥100	≥300	≥500	≥600	≥900

5.7.2 根据气候特点、建筑类型及区域文化特点，宜选择适应当地气候条件的耐旱和滞尘能力强的植物。

5.7.3 屋面种植植物应符合下列规定：

1 不宜种植高大乔木、速生乔木；

　2 不宜种植根系发达的植物和根状茎植物；

　3 高层建筑屋面和坡屋面宜种植草坪和地被植物；

　4 树木定植点与边墙的安全距离应大于树高。

5.7.4 屋面种植乔灌木高于2.0m、地下建筑顶板种植乔灌木高于4.0m时，应采取固定措施，并应符合下列规定：

　1 树木固定可选择地上支撑固定法（图5.7.4-1）、地上牵引固定法（图5.7.4-2）、预埋索固法（图5.7.4-3）和地下锚固法（图5.7.4-4）；

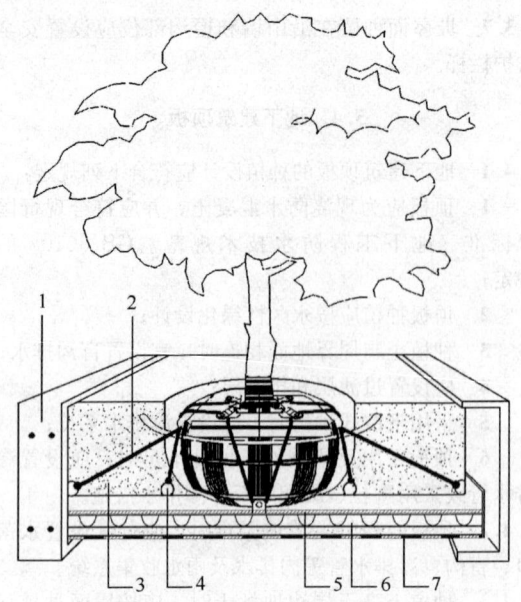

图 5.7.4-3　预埋索固法

1—种植池；2—绳索牵引；3—种植土；
4—螺栓固定；5—过滤层；6—排（蓄）
水层；7—耐根穿刺防水层

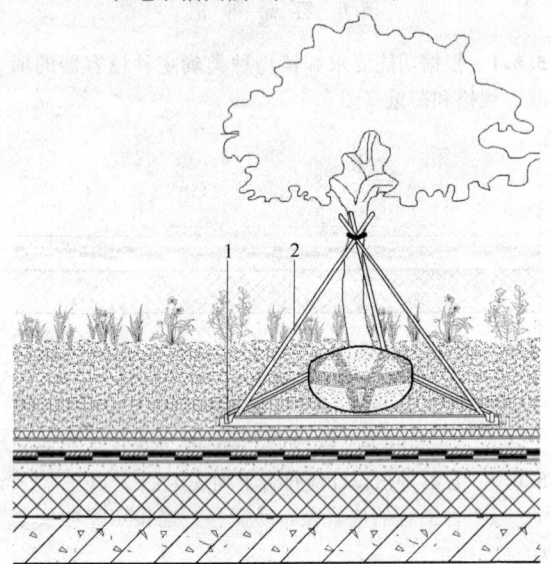

图 5.7.4-1　地上支撑固定法

1—稳固支架；2—支撑杆

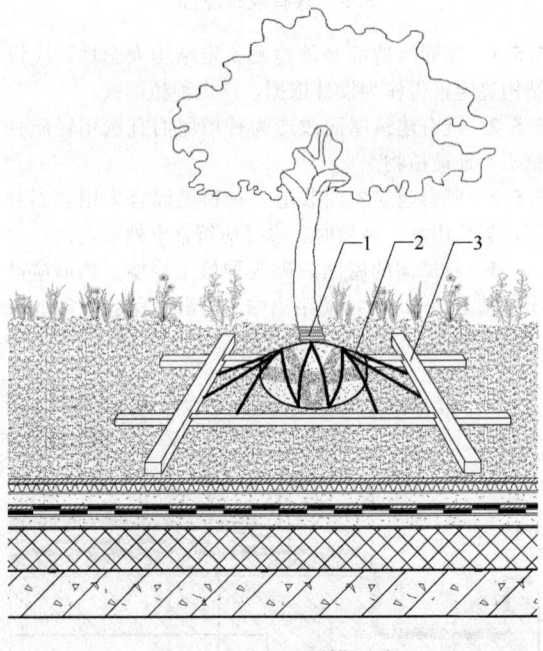

图 5.7.4-4　地下锚固法

1—软质衬垫；2—绳索牵引；3—固定支架

　2 树木应固定牢固，绑扎处应加软质衬垫。

5.8　细部构造

5.8.1 种植屋面的女儿墙、周边泛水部位和屋面檐口部位，应设置缓冲带，其宽度不应小于300mm。缓冲带可结合卵石带、园路或排水沟等设置。

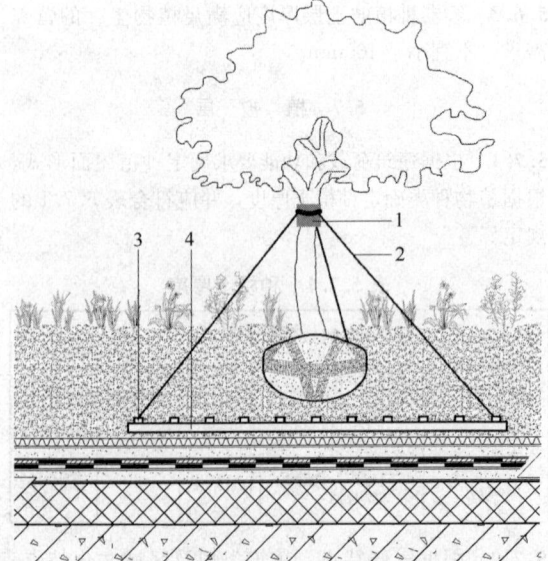

图 5.7.4-2　地上牵引固定法

1—软质衬垫；2—绳索牵引；
3—螺栓铆固；4—固定网架

5.8.2 防水层的泛水高度应符合下列规定：

1 屋面防水层的泛水高度高出种植土不应小于250mm；

2 地下建筑顶板防水层的泛水高度高出种植土不应小于500mm。

5.8.3 竖向穿过屋面的管道，应在结构层内预埋套管，套管高出种植土不应小于250mm。

5.8.4 坡屋面种植檐口构造（图5.8.4）应符合下列规定：

1 檐口顶部应设种植土挡墙；

2 挡墙应埋设排水管（孔）；

3 挡墙应铺设防水层，并与檐沟防水层连成一体。

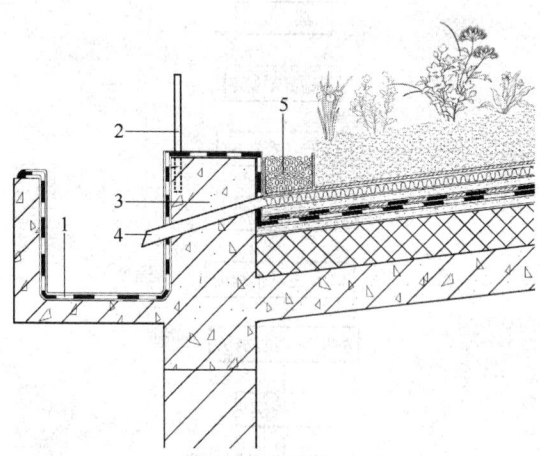

图5.8.4 檐口构造
1—防水层；2—防护栏杆；3—挡墙；
4—排水管；5—卵石缓冲带

5.8.5 变形缝的设计应符合现行国家标准《屋面工程技术规范》GB 50345的规定。变形缝上不应种植，变形缝墙应高于种植土，可铺设盖板作为园路（图5.8.5）。

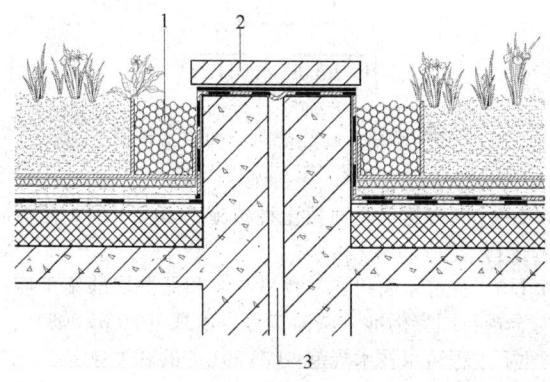

图5.8.5 变形缝铺设盖板
1—卵石缓冲带；2—盖板；3—变形缝

5.8.6 种植屋面宜采用外排水方式，水落口宜结合缓冲带设置（图5.8.6）。

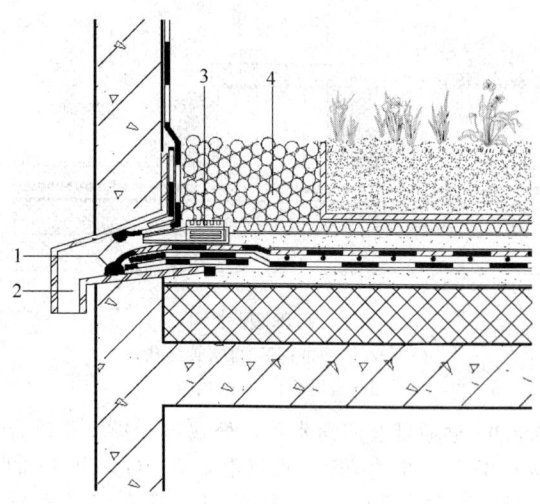

图5.8.6 外排水
1—密封胶；2—水落口；3—雨箅子；
4—卵石缓冲带

5.8.7 排水系统细部设计应符合下列规定：

1 水落口位于绿地内时，水落口上方应设置雨水观察井，并应在周边设置不小于300mm的卵石缓冲带（图5.8.7-1）；

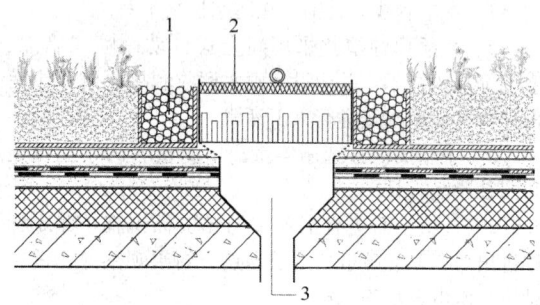

图5.8.7-1 绿地内水落口
1—卵石缓冲带；2—井盖；
3—雨水观察井

2 水落口位于铺装层上时，基层应满铺排水板，上设雨箅子（图5.8.7-2）。

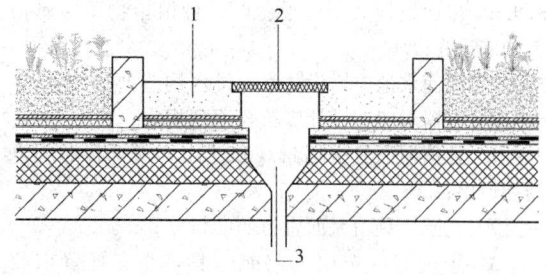

图5.8.7-2 铺装层上水落口
1—铺装层；2—雨箅子；3—水落口

5.8.8 屋面排水沟上可铺设盖板作为园路，侧墙应设置排水孔（图5.8.8）。

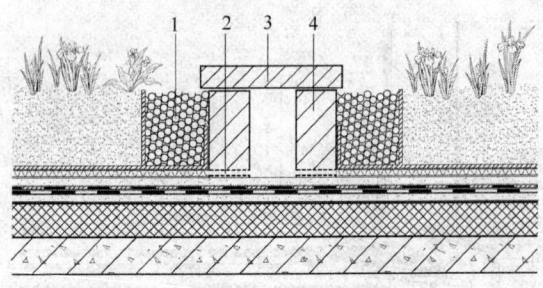

图 5.8.8 排水沟
1—卵石缓冲带；2—排水管（孔）；
3—盖板；4—种植挡墙

5.8.9 硬质铺装应向水落口处找坡，找坡应符合现行国家标准《屋面工程技术规范》GB 50345 的规定。当种植挡墙高于铺装时，挡墙应设置排水孔。

5.8.10 根据植物种类、种植土厚度，可采用地形起伏处理。

5.9 设 施

5.9.1 种植屋面设施的设计除应符合园林设计要求外，尚应符合下列规定：

1 水电管线等宜铺设在防水层之上；

2 大面积种植宜采用固定式自动微喷或滴灌、渗灌等节水技术，并应设计雨水回收利用系统；小面积种植可设取水点进行人工灌溉；

3 小型设施宜选用体量小、质量轻的小型设施和园林小品。

5.9.2 种植屋面上宜配置布局导引标识牌，并应标注进出口、紧急疏散口、取水点、雨水观察井、消防设施、水电警示等。

5.9.3 种植屋面的透气孔高出种植土不应小于250mm，并宜做装饰性保护。

5.9.4 种植屋面在通风口或其他设备周围应设置装饰性遮挡。

5.9.5 屋面设置花架、园亭等休闲设施时，应采取防风固定措施。

5.9.6 屋面设置太阳能设施时，种植植物不应遮挡太阳能采光设施。

5.9.7 屋面水池应增设防水、排水构造。

5.9.8 电器和照明设计应符合下列规定：

1 种植屋面宜根据景观和使用要求选择照明电器和设施；

2 花园式种植屋面宜有照明设施；

3 景观灯宜选用太阳能灯具，并宜配置市政电路；

4 电缆线等设施应符合相关安全标准要求。

6 种植屋面工程施工

6.1 一 般 规 定

6.1.1 施工前应通过图纸会审，明确细部构造和技术要求，并编制施工方案，进行技术交底和安全技术交底。

6.1.2 进场的防水材料、排（蓄）水板、绝热材料和种植土等材料应按规定抽样复验，并提供检验报告。非本地植物应提供病虫害检疫报告。

6.1.3 新建建筑屋面覆土种植施工宜按下列工艺流程进行（图6.1.3）。

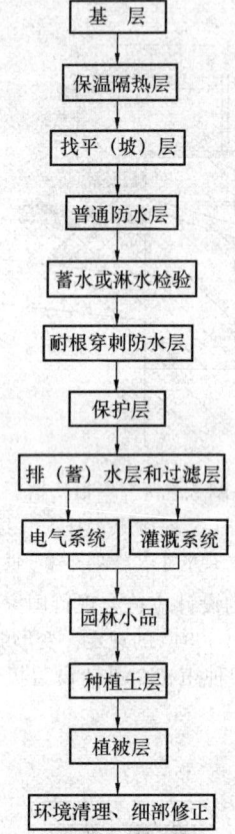

图 6.1.3 新建建筑屋面覆土种植
施工工艺流程图

6.1.4 既有建筑屋面覆土种植施工宜按下列工艺流程进行（图6.1.4）。

6.1.5 种植屋面找坡（找平）层和保护层的施工应符合现行国家标准《屋面工程技术规范》GB 50345、《地下工程防水技术规范》GB 50108 的有关规定。

6.1.6 种植屋面用防水卷材长边和短边的最小搭接宽度均不应小于100mm。

6.1.7 卷材收头部位宜采用金属压条钉压固定和密封材料封严。

6.1.8 喷涂聚脲防水涂料的施工应符合现行行业标

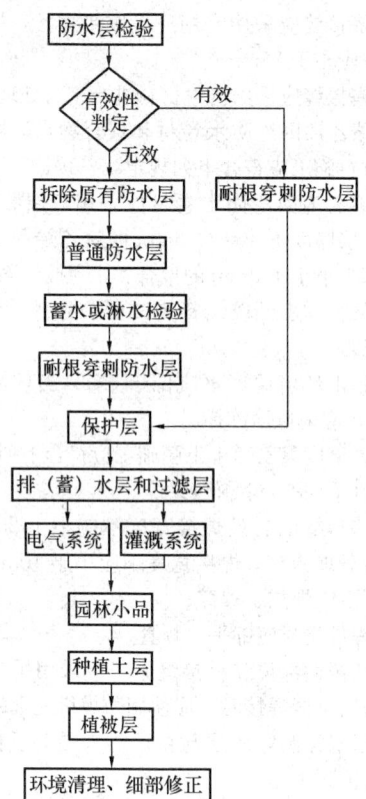

图 6.1.4 既有建筑屋面覆土种植
施工工艺流程图

注：容器种植时，耐根穿刺防水层可为普
通防水层。

准《喷涂聚脲防水工程技术规程》JGJ/T 200 的
规定。

6.1.9 防水材料的施工环境应符合下列规定：

1 合成高分子防水卷材冷粘法施工，环境温度
不宜低于5℃；采用焊接法施工时，环境温度不宜低
于-10℃；

2 高聚物改性沥青防水卷材热熔法施工环境温
度不宜低于-10℃；

3 反应型合成高分子涂料施工环境温度宜为
5℃～35℃。

6.1.10 种植容器排水方向应与屋面排水方向相同，
并由种植容器排水口内直接引向排水沟排出。

6.1.11 种植土进场后应避免雨淋，散装种植土应有
防止扬尘的措施。

6.1.12 进场的植物宜在6h之内栽植完毕，未栽植
完毕的植物应及时喷水保湿，或采取假植措施。

6.2 绝 热 层

6.2.1 种植坡屋面的绝热层应采用粘贴法或机械固
定法施工。

6.2.2 保温板施工应符合下列规定：

1 基层应平整、干燥和洁净；

2 应紧贴基层，并铺平垫稳；

3 铺设保温板接缝应相互错开，并用同类材料
嵌填密实；

4 粘贴保温板时，胶粘剂应与保温板的材性
相容。

6.2.3 喷涂硬泡聚氨酯保温材料施工应符合下列
规定：

1 基层应平整、干燥和洁净；

2 伸出屋面的管道应在施工前安装牢固；

3 喷涂硬泡聚氨酯的配比应准确计量，发泡厚
度应均匀一致；

4 施工环境温度宜为15℃～30℃，风力不宜大
于三级，空气相对湿度宜小于85%。

6.3 普通防水层

6.3.1 普通防水层的施工应符合下列规定：

1 卷材与基层宜满粘施工，坡度大于3%时，
不得空铺施工；

2 采用热熔法满粘或胶粘剂满粘防水卷材防水
层的基层应干燥、洁净；

3 防水层施工前，应在阴阳角、水落口、突出
屋面管道根部、泛水、天沟、檐沟、变形缝等细部构
造部位设防水增强层，增强层材料应与大面积防水层
的材料同质或相容；

4 当屋面坡度小于等于15%时，卷材应平行屋
脊铺贴；大于15%时，卷材应垂直屋脊铺贴；上下
两层卷材不得互相垂直铺贴。

6.3.2 高聚物改性沥青防水卷材热熔法施工应符合
下列规定：

1 铺贴卷材应平整顺直，不得扭曲；

2 火焰加热应均匀，以卷材表面沥青熔融至光
亮黑色为宜，不得欠火或过火；

3 卷材表面热熔后应立即滚铺，并应排除卷材
下面的空气，辊压粘贴牢固；

4 卷材搭接缝应以溢出热熔的改性沥青为宜，
将溢出的5mm～10mm沥青胶封边，均匀顺直；

5 采用条粘法施工时，每幅卷材与基层粘结面
不应少于两条，每条宽度不应小于150mm。

6.3.3 自粘类防水卷材施工应符合下列规定：

1 铺贴卷材前，基层表面应均匀涂刷基层处理
剂，干燥后及时铺贴卷材；

2 铺贴卷材时应排除自粘卷材下面的空气，辊
压粘贴牢固；

3 铺贴的卷材应平整顺直，不得扭曲、皱折；
低温施工时，立面、大坡面及搭接部位宜采用热风机
加热，粘贴牢固；

4 采用湿铺法施工自粘类防水卷材应符合配套
技术规定。

6.3.4 合成高分子防水卷材冷粘法施工应符合下列

规定：

1 基层胶粘剂应涂刷在基层及卷材底面，涂刷应均匀、不露底、不堆积；

2 铺贴卷材应平整顺直，不得皱折、扭曲、拉伸卷材；应辊压排除卷材下的空气，粘贴牢固；

3 搭接缝口应采用材性相容的密封材料封严；

4 冷粘法施工环境温度不应低于 5℃。

6.3.5 合成高分子防水涂料施工应符合下列规定：

1 合成高分子防水涂料可采用涂刮法或喷涂法施工；当采用涂刮法施工时，两遍涂刮的方向宜相互垂直；

2 涂覆厚度应均匀，不露底、不堆积；

3 第一遍涂层干燥后，方可进行下一遍涂覆；

4 屋面坡度大于 15％时，宜选用反应固化型高分子防水涂料。

6.4 耐根穿刺防水层

6.4.1 耐根穿刺防水卷材施工方式应与其耐根穿刺防水材料检测报告相符。

6.4.2 耐根穿刺防水卷材施工应符合下列规定：

1 改性沥青类耐根穿刺防水卷材搭接缝应一次性焊接完成，并溢出 5mm～10mm 沥青胶封边，不得过火或欠火；

2 塑料类耐根穿刺防水卷材施工前应试焊，检查搭接强度，调整工艺参数，必要时应进行表面处理；

3 高分子耐根穿刺防水卷材暴露内增强织物的边缘应密封处理，密封材料与防水卷材应相容；

4 高分子耐根穿刺防水卷材"T"形搭接处应作附加层，附加层直径（尺寸）不应小于 200mm，附加层应为匀质的同材质高分子防水卷材，矩形附加层的角应为光滑的圆角；

5 不应采用溶剂型胶粘剂搭接。

6.4.3 改性沥青类耐根穿刺防水卷材施工应采用热熔法铺贴，并应符合本规程第 6.3 节的规定。

6.4.4 聚氯乙烯（PVC）防水卷材和热塑性聚烯烃（TPO）防水卷材施工应符合下列规定：

1 卷材与基层宜采用冷粘法铺贴；

2 大面积采用空铺法施工时，距屋面周边800mm 内的卷材应与基层满粘，或沿屋面周边对卷材进行机械固定；

3 搭接缝应采用热风焊接施工，单焊缝的有效焊接宽度不应小于 25mm，双焊缝的每条焊缝有效焊接宽度不应小于 10mm。

6.4.5 三元乙丙橡胶（EPDM）防水卷材施工应符合下列规定：

1 卷材与基层宜采用冷粘法铺贴；

2 采用空铺法施工时，屋面周边 800mm 内卷材应与基层满粘，或沿屋面周边对卷材进行机械固定；

3 搭接缝应采用专用搭接胶带搭接，搭接胶带的宽度不应小于 75mm；

4 搭接缝应采用密封材料进行密封处理。

6.4.6 聚乙烯丙纶防水卷材和聚合物水泥胶结料复合防水材料施工应符合下列规定：

1 聚乙烯丙纶防水卷材应采用双层叠合铺设，每层由芯层厚度不小于 0.6mm 的聚乙烯丙纶防水卷材和厚度不小于 1.3mm 的聚合物水泥胶结料组成；

2 聚合物水泥胶结料应按要求配制，宜采用刮涂法施工；

3 施工环境温度不应低于 5℃；当环境温度低于 5℃时，应采取防冻措施。

6.4.7 高密度聚乙烯土工膜施工应符合下列规定：

1 宜采用空铺法施工；

2 单焊缝的有效焊接宽度不应小于 25mm，双焊缝的每条焊缝有效焊接宽度不应小于 10mm，焊接应严密，不应焊焦、焊穿；

3 焊接卷材应铺平、顺直；

4 变截面部位卷材接缝施工应采用手工或机械焊接；采用机械焊接时，应使用与焊机配套的焊条。

6.4.8 耐根穿刺防水层与普通防水层上下相邻，施工应符合下列规定：

1 耐根穿刺防水层的高分子防水卷材与普通防水层的高分子防水卷材复合时，宜采用冷粘法施工；

2 耐根穿刺防水层的沥青基防水卷材与普通防水层的沥青基防水卷材复合时，应采用热熔法施工。

6.4.9 喷涂聚脲防水涂料施工应符合下列规定：

1 基层表面应坚固、密实、平整和干燥；基层表面正拉粘结强度不宜小于 2.0MPa；

2 喷涂聚脲防水工程所采用的材料之间应具有相容性；

3 采用专用喷涂设备，并由经过培训的人员操作；

4 两次喷涂作业面的搭接宽度不应小于150mm，间隔 6h 以上应进行表面处理；

5 喷涂聚脲作业的环境温度应大于 5℃、相对湿度应小于 85％，且在基层表面温度比露点温度至少高 3℃的条件下进行。

6.5 排（蓄）水层和过滤层

6.5.1 排（蓄）水层施工应符合下列规定：

1 排（蓄）水层应与排水系统连通；

2 排（蓄）水设施工前应根据屋面坡向确定整体排水方向；

3 排（蓄）水层应铺设至排水沟边缘或水落口周边；

4 铺设排（蓄）水材料时，不应破坏耐根穿刺防水层；

5 凹凸塑料排（蓄）水板宜采用搭接法施工，搭接宽度不应小于100mm；

6 网状交织、块状塑料排水板宜采用对接法施工，并应接茬齐整；

7 排水层采用卵石、陶粒等材料铺设时，粒径应大小均匀，铺设厚度应符合设计要求。

6.5.2 无纺布过滤层施工应符合下列规定：

1 空铺于排（蓄）水层之上，铺设应平整、无皱折；

2 搭接宜采用粘合或缝合固定，搭接宽度不应小于150mm；

3 边缘沿种植挡墙上翻时应与种植土高度一致。

6.6 种植土层

6.6.1 种植土进场后不得集中码放，应及时摊平铺设、分层踏实，平整度和坡度应符合竖向设计要求。

6.6.2 厚度500mm以下的种植土不得采取机械回填。

6.6.3 摊铺后的种植土表面应采取覆盖或洒水措施防止扬尘。

6.7 植被层

6.7.1 乔灌木、地被植物的栽植宜根据植物的习性在冬季休眠期或春季萌芽前进行。

6.7.2 乔灌木种植施工应符合下列规定：

1 移植带土球的树木入穴前，穴底松土应踏实，土球放稳后，应拆除不易腐烂的包装物；

2 树木根系应舒展，填土应分层踏实；

3 常绿树栽植时土球宜高出地面50mm，乔灌木种植深度应与原种植线持平，易生不定根的树种栽深宜为50mm～100mm。

6.7.3 草本植物种植应符合下列规定：

1 根据植株高低、分蘖多少、冠丛大小确定栽植的株行距；

2 种植深度应为原苗种植深度，并保持根系完整，不得损伤茎叶和根系；

3 高矮不同品种混植，应按先高后矮的顺序种植。

6.7.4 草坪块、草坪卷铺设应符合下列规定：

1 周边应平直整齐，高度一致，并与种植土紧密衔接，不留空隙；

2 铺设后应及时浇水，并应碾压、拍打、踏实，并保持土壤湿润。

6.7.5 植被层灌溉应符合下列规定：

1 根据植物种类确定灌溉方式、频率和用水量；

2 乔灌木种植穴周围应做灌水围堰，直径应大于种植穴直径200mm，高度宜为150mm～200mm；

3 新植植物宜在当日浇透第一遍水，三日内浇透第二遍水，以后依气候情况适时灌溉。

6.7.6 树木的防风固定宜符合下列规定：

1 根据设计要求可采用地上固定法或地下固定法；

2 树木绑扎处宜加软质保护衬垫，不得损伤树干。

6.7.7 应根据设计和当地气候条件，对植物采取防冻、防晒、降温和保湿等措施。

6.8 容器种植

6.8.1 容器种植的基层应按现行国家标准《屋面工程技术规范》GB 50345中一级防水等级要求施工。

6.8.2 种植容器置于防水层上应设置保护层。

6.8.3 容器种植施工前，应按设计要求铺设灌溉系统。

6.8.4 种植容器应按要求组装，放置平稳、固定牢固，与屋面排水系统连通。

6.8.5 种植容器应避开水落口、檐沟等部位，不得放置在女儿墙上和檐口部位。

6.9 设 施

6.9.1 铺装施工应符合下列规定：

1 基层应坚实、平整，结合层应粘结牢固，无空鼓现象；

2 木铺装所用的面材及垫木等应选用防腐、防蛀材料；固定用螺钉、螺栓等配件应做防锈处理；安装应紧固、无松动，螺钉顶部不得高出铺装表面；

3 透水砖的规格、尺寸应符合设计要求，边角整齐，铺设后应采用细砂扫缝；

4 嵌草砖铺设应以砂土、砂壤土为结合层，其厚度不应低于30mm；湿铺砂浆应饱满严实；干铺应采用细砂扫缝；

5 卵石面层应无明显坑注、隆起和积水等现象；石子与基层应结合牢固，石子宜采用立铺方式，镶嵌深度应大于粒径的1/2；带状卵石铺装长度大于6m时，应设伸缩缝；

6 铺装踏步高度不应大于160mm，宽度不应小于300mm。

6.9.2 路缘石底部应设基层，应砌筑稳固，直线段顺直，曲线段顺滑，衔接不折角；顶面应平整，无明显错牙，勾缝严密。

6.9.3 园林小品施工应符合下列规定：

1 花架应做防腐防锈处理，立柱垂直偏差应小于5mm；

2 园亭整体应安装稳固，顶部应采取防风揭措施；

3 景观桥表面应做防滑和排水处理；

4 水景应设置水循环系统，并定期消毒；池壁类型应配置合理、砌筑牢固，并单独做防排水处理。

6.9.4 护栏应做防腐防锈处理，安装应紧实牢固，整体垂直平顺。

6.9.5 灌溉用水不应喷洒至防水层泛水部位，不应超过绿地种植区域；灌溉设施管道的套箍接口应牢固紧密、对口严密，并应设置泄水设施。

6.9.6 电线、电缆应采用暗埋式铺设；连接应紧密、牢固，接头不应在套管内，接头连接处应做绝缘处理。

6.10 既有建筑屋面

6.10.1 既有建筑屋面防水层完整连续仍有防水能力时，施工应符合下列规定：

　　1 覆土种植时，应增铺一道耐根穿刺防水层，施工做法应按本规程第 6.4 节的规定执行；

　　2 容器种植时，应在原防水层上增设保护层。

6.10.2 既有建筑屋面丧失防水能力时，应拆除原防水层及上部构造，增做的普通防水层、耐根穿刺防水层及其他构造层次的施工应按本章的有关规定执行。

7 质量验收

7.1 一般规定

7.1.1 种植屋面工程施工验收前，施工单位应提交并归档下列文件：

　　1 工程设计图纸及会审记录，设计变更通知单，工程施工合同等；

　　2 防水和园林绿化施工单位的资质证书及主要操作人员的上岗证；

　　3 施工组织设计或施工方案，技术交底、安全技术交底文件；

　　4 既有建筑屋面的结构安全鉴定报告；

　　5 主要材料的出厂合格证、质量检验报告和现场抽样复验报告；

　　6 各分项工程的施工质量验收记录；

　　7 隐蔽工程检查验收记录；

　　8 防水层蓄水或淋水检验记录；

　　9 给水管道通水试验记录；

　　10 排水管道通球试验和闭水试验记录；

　　11 电气照明系统检验记录；

　　12 其他重要检查验收记录。

7.1.2 种植屋面工程完工后，施工单位应整理施工过程中的有关文件和记录，确认合格后报建设单位或监理单位，由建设单位按有关规定组织验收。工程验收的文件和记录应真实、准确，不得有涂改伪造，并经各级技术负责人签字后方为有效。

7.1.3 种植屋面工程施工应建立各道工序自检、交接检和专职人员检查的"三检"制度，并有完整的检查记录。每道工序完成后，应经监理单位（或建设单位）检查验收，合格后方可进行下道工序的施工。

7.1.4 种植工程竣工验收前，施工单位应向建设单位或监理单位提供下列文件：

　　1 工程项目开工报告，竣工报告，相关指标及完成工作量；

　　2 竣工图和工程决算；

　　3 设计变更、技术变更文件；

　　4 土壤和水质化验报告；

　　5 外地购进植物检验、检疫报告；

　　6 附属设施用材合格证、质量检验报告。

7.1.5 种植屋面工程的子分部、分项工程的划分应符合表 7.1.5 的规定。

表 7.1.5　种植屋面工程的子分部、分项工程

子分部工程	分项工程
种植屋面	找坡（找平）层、绝热层、普通防水层、耐根穿刺防水层、保护层、排水系统、排（蓄）水层、过滤层、种植土层、植被层、园路铺装、护栏、灌溉系统、电气照明系统、园林小品、避雷设施、细部构造

7.1.6 分项工程的施工质量验收检验批的划分应符合下列规定：

　　1 找坡（找平）层、绝热层、保护层、排（蓄）水层和防水层应按屋面面积每 100m² 抽查一处，每处 10m²，且不应少于 3 处；

　　2 接缝密封防水部位，每 50m 抽查一处，每处 5.0m，且不应少于 3 处；

　　3 乔灌木应全数检验，草坪地被类植物每 100m² 检查 3 处，且不应少于 2 处；

　　4 细部构造部位应全部进行检查。

7.1.7 种植屋面找坡（找平）层、保护层和细部构造的质量验收应符合现行国家标准《屋面工程质量验收规范》GB 50207、《地下防水工程质量验收规范》GB 50208 的有关规定。

7.2 绝 热 层

Ⅰ 主控项目

7.2.1 保温板的厚度应符合设计要求，允许偏差为 −4mm。

　　检验方法：用钢针插入和尺量检查。

7.2.2 喷涂硬泡聚氨酯绝热层的厚度应符合设计要求，不应有负偏差。

　　检验方法：用钢针插入和尺量检查。

Ⅱ 一般项目

7.2.3 保温板铺设应紧贴基层，铺平垫稳，固定牢固，拼缝严密。

　　检验方法：观察检查。

7.2.4 保温板的平整度允许偏差应为 5mm。

检验方法：用2m靠尺和楔形塞尺检查。

7.2.5 保温板接缝高差的允许偏差应为2mm。

检验方法：用直尺和楔形塞尺检查。

7.2.6 喷涂硬泡聚氨酯绝热层的平整度允许偏差应为5mm。

检验方法：用1m靠尺和楔形塞尺检查。

7.3 普通防水层

Ⅰ 主控项目

7.3.1 防水材料及其配套材料的质量应符合设计要求。

检验方法：检查出厂合格证、质量检验报告和进场检验报告。

7.3.2 防水层不应有渗漏或积水现象。

检验方法：雨后观察或淋水、蓄水试验。

7.3.3 防水层在檐口、檐沟、天沟、水落口、泛水、变形缝和伸出屋面管道的防水构造，应符合设计要求。

检验方法：观察检查。

7.3.4 涂膜防水层的平均厚度应符合设计要求，最小厚度不应小于设计厚度的80%。

检验方法：针测法或取样量测。

Ⅱ 一般项目

7.3.5 卷材的搭接缝应粘结或焊接牢固，密封严密，不应扭曲、皱折或起泡。

检验方法：观察检查。

7.3.6 卷材防水层的收头应与基层粘结并钉压牢固，密封严密，不应翘边。

检验方法：观察检查。

7.3.7 卷材防水层的铺贴方向应正确，卷材搭接宽度的允许偏差应为−10mm。

检验方法：观察和尺量检查。

7.3.8 涂膜防水层与基层应粘结牢固，表面平整，涂布均匀，不应有流淌、皱折、鼓泡、露胎体和翘边等缺陷。

检验方法：观察检查。

7.3.9 涂膜防水层的收头应用防水涂料多遍涂刷。

检验方法：观察检查。

7.3.10 铺贴胎体增强材料应平整顺直，搭接尺寸准确，排除气泡，并与涂料粘结牢固；胎体增强材料搭接宽度的允许偏差应为−10mm。

检验方法：观察和检查隐蔽工程验收记录。

7.4 耐根穿刺防水层

Ⅰ 主控项目

7.4.1 耐根穿刺防水材料及其配套材料的质量应符合设计要求。

检验方法：检查出厂合格证、质量检验报告、耐根穿刺检验报告和进场检验报告。

7.4.2 耐根穿刺防水层施工方式应与耐根穿刺检验报告一致。

检验方法：观察检查。

7.4.3 防水层不应有渗漏或积水现象。

检验方法：雨后观察或淋水、蓄水试验。

7.4.4 防水层在檐口、檐沟、天沟、水落口、泛水、变形缝和伸出屋面管道的防水构造，应符合设计要求。

检验方法：观察检查。

7.4.5 喷涂聚脲防水层的平均厚度应符合设计要求，最小厚度不应小于设计厚度的80%。

检验方法：超声波法检查或取样量测。

Ⅱ 一般项目

7.4.6 喷涂聚脲涂层颜色应均匀，涂层应连续、无漏喷和流坠，无气泡、无针孔、无剥落、无划伤、无折皱、无龟裂、无异物。

检验方法：观察检查。

7.4.7 其他项目应按本规程第7.3节的规定执行。

7.5 排水系统、排（蓄）水层和过滤层

Ⅰ 主控项目

7.5.1 排水系统应符合设计要求。

检验方法：观察检查。

7.5.2 排水管道应畅通，水落口、观察井不得堵塞。

检验方法：通球试验、闭水试验和观察检查。

7.5.3 排（蓄）水层和过滤层材料的质量应符合设计要求。

检验方法：检查出厂合格证、质量检验报告和进场检验报告。

7.5.4 排（蓄）水层和过滤层材料的厚度、单位面积质量和搭接宽度应符合设计要求。

检验方法：尺量检查和称量检查。

Ⅱ 一般项目

7.5.5 排水层应与排水系统连通，保证排水畅通。

检验方法：观察检查。

7.5.6 过滤层应铺设平整、接缝严密，其搭接宽度的允许偏差应为±30mm。

检验方法：观察和尺量检查。

7.6 种 植 土 层

7.6.1 种植土层和植被层均应按其规格、质量进行检测、验收。

7.6.2 地形整理应符合竖向设计要求。

检验方法：观察检查。

7.6.3 种植土的质量应符合设计要求。

检验方法：检查出厂合格证、质量检验报告和进场检验报告。

7.6.4 种植土的厚度、密度应符合设计要求。

检验方法：尺量检查、环刀和称量检查。

7.6.5 种植土的 pH 值应符合设计要求。

检验方法：用便携式 pH 计检查。

7.6.6 有机肥料应充分腐熟。

检验方法：检查出厂合格证、质量检验报告和进场检验报告。

7.7 植 被 层

7.7.1 建设单位或监理单位应对植被层施工的每道工序全过程进行检查验收。

7.7.2 乔灌木的成活率应达到 95% 以上，无病残枝。

检验方法：观察统计。

7.7.3 乔灌木应固定牢固，符合设计要求。

检验方法：观察检查。

7.7.4 地被植物种植区域应均匀满覆盖，无杂草、无病虫害、无枯枝落叶。

检验方法：观察统计。

7.7.5 草坪覆盖率应达到 100%，表面整洁、无杂物。

检验方法：观察统计。

7.7.6 植物的整形修剪应符合设计要求。

检验方法：观察检查。

7.7.7 缓冲带的设置和宽度应符合设计要求。

检验方法：观察和尺量检查。

7.7.8 植被层竣工后，场地应整洁、无杂物。

检验方法：观察检查。

7.8 园路铺装和护栏

7.8.1 铺装层应符合下列规定：

1 铺装面层应与基层粘结牢固，无空鼓现象。

检验方法：叩击和观察检查。

2 表面平整、无积水。

检验方法：用 2m 靠尺和楔形塞尺检查、观察检查。

3 铺贴面层接缝应均匀，周边应顺滑。

检验方法：观察检查。

7.8.2 路缘石符合下列规定：

1 路缘石的基层应砌筑稳固、顺滑，衔接无折角。

检验方法：观察检查。

2 路缘石标高应符合设计要求。

检验方法：用水准仪测量检查。

7.8.3 护栏应符合下列规定：

1 护栏材料、高度、形式、色彩应符合设计要求。

检验方法：观察检查。

2 护栏栏杆安装应坚实牢固，整体垂直平顺，无毛刺、锐角。

检验方法：观察和尺量检查。

7.9 灌 溉 系 统

7.9.1 灌溉系统的材料质量应符合设计要求。

检验方法：检查出厂合格证、质量检验报告和进场检验报告。

7.9.2 给水系统应进行水压实验，实验压力为工作压力的 1.5 倍，且不应小于 0.6MPa。

检验方法：测量检查。

7.9.3 分钟压力降不应大于 0.05MPa。

检验方法：观察检查。

7.9.4 点喷范围不得超过绿地边缘。

检验方法：观察检查。

7.10 电气和照明系统

7.10.1 电气照明系统的材料质量应符合设计要求。

检验方法：检查出厂合格证、质量检验报告和进场检验报告。

7.10.2 电气照明系统连接应紧密、牢固。

检验方法：观察检查。

7.10.3 电气接头连接处应做绝缘处理，漏电保护器应反应灵敏、可靠。

检验方法：用万用电表遥测和观察检查。

7.10.4 景观照明安装完成后应进行全负荷试验和接地阻值试验。

检验方法：用仪表测试和观察检查。

7.10.5 夜景灯光安装完成后应进行效果试验。

检验方法：观察检查。

7.11 园 林 小 品

7.11.1 园林小品的材料、质量应符合设计要求。

检验方法：检查出厂合格证、质量检验报告和进场检验报告。

7.11.2 园林小品的布局、规格尺寸应符合设计要求。

检验方法：尺量检查和观察检查。

7.11.3 花架、园亭应符合设计要求，安装稳固、立柱垂直，外观无明显缺陷。

检验方法：观察检查。

7.11.4 景观桥应符合设计要求，安装稳固，桥面平整。

检验方法：尺量检查和观察检查。

7.12 避雷设施

7.12.1 避雷设施及其配套材料的质量应符合设计要求。

检验方法：检查出厂合格证、质量检验报告和进场检验报告。

7.12.2 避雷设施应接地可靠，并应满足设计要求。

检验方法：观察检查。

7.12.3 浪涌保护器应反应灵敏、可靠。

检验方法：观察检查。

8 维护管理

8.1 植物养护

8.1.1 种植屋面绿化养护管理应符合下列规定：

1 种植屋面工程应建立绿化养护管理制度；

2 定期观察、测定土壤含水量，并根据墒情灌溉补水；

3 根据季节和植物生长周期测定土壤肥力，可适当补充环保、长效的有机肥或复合肥；

4 定期检查并及时补充种植土。

8.1.2 种植屋面可通过控制施肥和定期修剪控制植物生长。

8.1.3 根据设计要求、不同植物的生长习性，适时或定期对植物进行修剪。

8.1.4 及时清理死株，更换或补植老化及生长不良的植株。

8.1.5 在植物生长季节应及时除草，并及时清运。

8.1.6 植物病虫害防治应采用物理或生物防治措施，也可采用环保型农药防治。

8.1.7 根据植物种类、季节和天气情况实施灌溉。

8.1.8 根据植物种类、地域和季节不同，应采取防寒、防晒、防风、防火措施。

8.2 设施维护

8.2.1 定期检查排水沟、水落口和检查井等排水设施，及时疏通排水管道。

8.2.2 园林小品应保持外观整洁，构件和各项设施完好无损。

8.2.3 应保持园路、铺装、路缘石和护栏等的安全稳固、平整完好。

8.2.4 应定期检查、清理水景设施的水循环系统。应保持水质清洁，池壁安全稳固，无缺损。

8.2.5 应保持外露的给排水设施清洁、完整，冬季应采取防冻裂措施。

8.2.6 应定期检查电气照明系统，保持照明设施正常工作，无带电裸露。

8.2.7 应保持导引牌、标识牌外观整洁、构件完整；应急避险标识应清晰醒目。

8.2.8 设施损坏后应及时修复。

附录 A 种植屋面常用植物

A.0.1 北方地区屋面种植的植物可按表 A.0.1 选用。

表 A.0.1 北方地区选用植物

类别	中名	学名	科目	生物学习性
乔木类	侧柏	*Platycladus orientalis*	柏科	阳性，耐寒，耐干旱，瘠薄，抗污染
	洒金柏	*Platycladus orientalis cv. aurea. nana*		阳性，耐寒，耐干旱，瘠薄，抗污染
	铅笔柏	*Sabina chinensis var. pyramidalis*		中性，耐寒
	圆柏	*Sabina chinensis*		中性，耐寒，耐修剪
	龙柏	*Sabina chinensis cv. kaizuka*		中性，耐寒，耐修剪
	油松	*Pinus tabulaeformis*	松科	强阳性，耐寒，耐干旱、瘠薄和碱土
	白皮松	*Pinus bungeana*		阳性，适应干冷气候，抗污染
	白杆	*Picea meyeri*		耐阴，喜湿润冷凉
	柿子树	*Diospyros kaki*	柿树科	阳性，耐寒，耐干旱
	枣树	*Ziziphus jujuba*	鼠李科	阳性，耐寒，耐干旱
	龙爪枣	*Ziziphus jujuba var. tortuosa*		阳性，耐干旱，瘠薄，耐寒
	龙爪槐	*Sophora japonica cv. pendula*	蝶形花科	阳性，耐寒
	金枝槐	*Sophora japonica "Golden Stem"*		阳性，浅根性，喜湿润肥沃土壤
	白玉兰	*Magnolia denudata*	木兰科	阳性，耐寒，稍耐阴
	紫玉兰	*Magnolia liliflora*		阳性，稍耐寒
	山桃	*Prunus davidiana*	蔷薇科	喜光，耐寒，耐干旱、瘠薄，怕涝

类别	中 名	学 名	科 目	生物学习性
灌木类	小叶黄杨	*Buxus sinica var. parvifolia*	黄杨科	阳性，稍耐寒
	大叶黄杨	*Buxus megistophylla*	卫矛科	中性，耐修剪，抗污染
	凤尾丝兰	*Yucca gloriosa*	龙舌兰科	阳性，稍耐严寒
	丁香	*Syringa oblata*	木樨科	喜光，耐半阴，耐寒，耐旱，耐瘠薄
	黄栌	*Cotinus coggygria*	漆树科	喜光，耐寒，耐干旱、瘠薄
	红枫	*Acer palmatum* "Atropurpureum"	槭树科	弱阳性，喜湿凉，喜肥沃土壤，不耐寒
	鸡爪槭	*Acer palmatum*		弱阳性，喜湿凉，喜肥沃土壤，稍耐寒
	紫薇	*Lagerstroemia indica*	千屈菜科	耐旱，怕涝，喜温暖潮润，喜光，喜肥
	紫叶李	*Prunus cerasifera* "Atropurpurea"	蔷薇科	弱阳性，耐寒，耐干旱、瘠薄和盐碱
	紫叶矮樱	*Prunus cistena*		弱阳性，喜肥沃土壤，不耐寒
	海棠	*Malus. spectabilis*		阳性，耐寒，喜肥沃土壤
	樱花	*Prunus serrulata*		喜光，喜温暖湿润，不耐盐碱，忌积水
	榆叶梅	*Prunus triloba*		弱阳性，耐寒，耐干旱
	碧桃	*Prunus. persica* "Duplex"		喜光、耐旱、耐高温、较耐寒、畏涝怕碱
	紫荆	*Cercis chinensis*	豆科	阳性，耐寒，耐干旱、瘠薄
	锦鸡儿	*Caragana sinica*		中性，耐寒，耐干旱、瘠薄
	沙枣	*Elaeagnus angustifolia*	胡颓子科	阳性，耐干旱、水湿和盐碱
	木槿	*Hiriscus sytiacus*	锦葵科	阳性，稍耐寒
	蜡梅	*Chimonanthus praecox*	蜡梅科	阳性，耐寒
	迎春	*Jasminum nudiflorum*	木樨科	阳性，不耐寒
	金叶女贞	*Ligustrum vicaryi*		弱阳性，耐干旱、瘠薄和盐碱
	连翘	*Forsythia suspensa*		阳性，耐寒，耐干旱
	绣线菊	*Spiraea spp.*		中性，较耐寒
	珍珠梅	*Sorbaria kirilowii*		耐阴，耐寒，耐瘠薄
	月季	*Rosa chinensis*	蔷薇科	阳性，较耐寒
	黄刺玫	*Rosa xanthina*		阳性，耐寒，耐干旱
	寿星桃	*Prunus spp.*		阳性，耐寒，耐干旱
	棣棠	*Kerria japonica*		中性，较耐寒
	郁李	*Prunus japonica*		阳性，耐寒，耐干旱
	平枝栒子	*Cotoneaster horizontalis*		阳性，耐寒，耐干旱
	金银木	*Lonicera maackii*	忍冬科	耐阴，耐寒，耐干旱
	天目琼花	*Viburnum sargentii*		阳性，耐寒
	锦带花	*Weigcla florida*		阳性，耐寒，耐干旱
	猬实	*Kolkwitzia amabilis*		阳性，耐寒，耐干旱、瘠薄
	荚蒾	*Viburmum farreri*		中性，耐寒，耐干旱
	红瑞木	*Cornus alba*	山茱萸科	中性，耐寒，耐干旱
	石榴	*Punica granatum*	石榴科	中性，耐寒，耐干旱、瘠薄
	紫叶小檗	*Berberis thunberggii* "Atroputpurea"	小檗科	中性，耐寒，耐修剪
	花椒	*Zanthoxylum bungeanum*	芸香科	阳性，耐寒，耐干旱、瘠薄
	枸杞	*Pocirus tirfoliata*	茄科	阳性，耐寒，耐干旱、瘠薄和盐碱

続表 A.0.1

类别	中 名	学 名	科 目	生物学习性
	沙地柏	*Sabina vulgaris*	柏科	阳性，耐寒，耐干旱、瘠薄
	萱草	*Hemerocallis fulva*	百合科	耐寒，喜湿润，耐旱，喜光，耐半阴
	玉簪	*Hosta plantaginea*		耐寒冷，性喜阴湿环境，不耐强烈日光照射
	麦冬	*Ophiopogon japonicus*		耐阴，耐寒
	假龙头	*Physostegia virginiana*	唇形科	喜肥沃、排水良好的沙壤，夏季干燥生长不良
	鼠尾草	*Salvia farinacea*		喜日光充足，通风良好
	百里香	*Thymus mongolicus*		喜光，耐干旱
	薄荷	*Mentha haplocalyx*		喜湿润环境
	藿香	*Wrinkled Gianthyssop*		喜温暖湿润气候，稍耐寒
	白三叶	*Trifolium repens*	豆科	阳性，耐寒
	苜蓿	*Medicago sativa*		耐干旱，耐冷热
	小冠花	*Coronilla varia*		喜光，不耐阴，喜温暖湿润气候，耐寒
	高羊茅	*Festuca arundinacea*	禾本科	耐热，耐践踏
	结缕草	*Zoysia japonica*		阳性，耐旱
	狼尾草	*Pennisetum alopecuroides*		耐寒，耐旱，耐砂土贫瘠土壤
	蓝羊茅	*Festuca glauca*		喜光，耐寒，耐旱，耐贫瘠
地	斑叶芒	*Miscanthus sinensis Andress*		喜光，耐半阴，性强健，抗性强
被	落新妇	*Astilbe chinensis*	虎耳草科	喜半阴，湿润环境，性强健，耐寒
	八宝景天	*Sedum spectabile*	景天科	极耐旱，耐寒
	三七景天	*sedum spetabiles*		极耐旱，耐寒，耐瘠薄
	胭脂红景天	*Sedum spurium* "Coccineum"		耐旱，稍耐瘠薄，稍耐寒
	反曲景天	*Sedum reflexum*		耐旱，稍耐瘠薄，稍耐寒
	佛甲草	*Sedum lineare*		极耐旱，耐瘠薄，稍耐寒
	垂盆草	*Sedum sarmentosum*		耐旱，耐瘠薄，稍耐寒
	风铃草	*Campanula punctata*	桔梗科	耐寒，忌酷暑
	桔梗	*Platycodon grandiflorum*		喜阳光，怕积水，抗干旱，耐严寒，怕风害
	蓍草	*Achillea sibirca*	菊科	耐寒，喜温暖，湿润，耐半阴
	荷兰菊	*Aster novi-belgii*		喜温暖湿润，喜光、耐寒、耐炎热
	金鸡菊	*Coreopsis basalis*		耐寒耐旱，喜光，耐半阴
	黑心菊	*Rudbeckia hirta*		耐寒，耐旱，喜向阳通风的环境
	松果菊	*Echinacea purpurea*		稍耐寒，喜生于温暖向阳处
	亚菊	*Ajania trilobata*		阳性，耐干旱、瘠薄
	耧斗菜	*Aquilegia vulgaris*	毛茛科	炎夏宜半阴，耐寒
	委陵菜	*Potentilla aiscolor*	蔷薇科	喜光，耐干旱
	芍药	*Paeonia lactiflora*	芍药科	喜温耐寒，喜光照充足、喜干燥土壤环境
	常夏石竹	*Dianthus plumarius*	石竹科	阳性，耐半阴，耐寒，喜肥
	婆婆纳	*Veronica spicata*	玄参科	喜光，耐半阴，耐寒
	紫露草	*Tradescantia reflexa*	鸭跖草科	喜日照充足，耐半阴，紫露草生性强健，耐寒

类别	中 名	学 名	科 目	生物学习性
地被	马蔺	*Iris lactea var. chinensis*	鸢尾科	阳性，耐寒，耐干旱，耐重盐碱
	鸢尾	*Iris tenctorum*		喜阳光充足，耐寒，亦耐半阴
	紫藤	*Weateria sinensis*	豆科	阳性，耐寒
	葡萄	*Vitis vinifera*	葡萄科	阳性，耐旱
	爬山虎	*Parthenocissus tricuspidata*		耐阴，耐寒
	五叶地锦	*Parthenocissus quinquefolia*		耐阴，耐寒
	蔷薇	*Rosa multiflora*	蔷薇科	阳性，耐寒
	金银花	*Lonicera orbiculatus*	忍冬科	喜光，耐阴，耐寒
	台尔曼忍冬	*Lonicerra tellmanniana*		喜光，喜温湿环境，耐半阴
藤本植物	小叶扶芳藤	*Euonymus fortunei var. radicans*	卫矛科	喜阴湿环境，较耐寒
	常春藤	*Hedera helix*	五加科	阴性，不耐旱，常绿
	凌霄	*Campsis grandiflora*	紫葳科	中性，耐寒

A.0.2 南方地区屋面种植的植物可按表 A.0.2 选用。

表 A.0.2 南方地区选用植物

类别	中 名	学 名	科 目	生物学习性
乔木类	云片柏	*Chamaecyparis obtusa* "Breviramea"	柏科	中性
	日本花柏	*Chamaecyparis pisifera*		中性
	圆柏	*Sabina chinensis*		中性，耐寒，耐修剪
	龙柏	*Sabina chinensis* "Kaizuka"		阳性，耐寒，耐干旱、瘠薄
	南洋杉	*Araucaria cunninghamii*	南洋杉科	阳性，喜暖热气候，不耐寒
	白皮松	*Pinus bungeana*	松科	阳性，适应干冷气候，抗污染
	苏铁	*Cycas revoluta*	苏铁科	中性，喜温湿气候，喜酸性土
	红背桂	*Excoecaria bicolor*	大戟科	喜光，喜肥沃沙壤
	刺桐	*Erythrina variegana*	蝶形科	喜光，喜暖热气候，喜酸性土
	枫香	*Liquidanbar fromosana*	金缕梅科	喜光，耐旱，瘠薄
	罗汉松	*Podocarpus macrophyllus*	罗汉松科	半阴性，喜温暖湿润
	广玉兰	*Magnolia grandiflora*	木兰科	喜光，颇耐阴，抗烟尘
	白玉兰	*Magnolia denudata*		喜光，耐寒，耐旱
	紫玉兰	*M. liliflora*		喜光，喜湿润肥沃土壤
	含笑	*Michelia figo*		喜弱阴，喜酸性土，不耐暴晒和干旱
	雪柳	*Fontanesia fortunei*	木樨科	稍耐阴，较耐寒
	桂花	*Osmanthus fragrans*		稍耐阴，喜肥沃沙壤土，抗有毒气体
	芒果	*Mangifera persiciformis*	漆树科	阳性，喜暖湿肥沃土壤
	红枫	*Acer palmatum* "Atropurpureum"	槭树科	弱阳性，喜湿凉、肥沃土壤，耐寒差
	元宝枫	*Acer truncatum*		弱阳性，喜湿凉、肥沃土壤
	紫薇	*Lagerstroemia indica*	千屈菜科	稍耐阴，耐寒性差，喜排水良好石灰性土
	沙梨	*Pyrus pyrifolia*	蔷薇科	喜光，较耐寒，耐干旱
	枇杷	*Eriobotrya japonica*		稍耐阴，喜温暖湿润，宜微酸、肥沃土壤
	海棠	*Malus spectabilis*		喜光，较耐寒，耐干旱
	樱花	*Prunus serrulata*		喜光，较耐寒
	梅	*Prunus mume*		喜光，耐寒，喜温暖潮湿环境

类别	中 名	学 名	科 目	生物学习性
乔木类	碧桃	*Prunus persica* "Duplex"	蔷薇科	喜光，耐寒，耐旱
	榆叶梅	*Prunus triloba*		喜光，耐寒，耐旱，耐轻盐碱
	麦李	*Prunus glandulosa*		喜光，耐寒，耐旱
	紫叶李	*Prunus cerasifera* "Atropurpurea"		弱阳性，耐寒、干旱、瘠薄和盐碱
	石楠	*Photinia serrulata*		稍耐阴，较耐寒，耐干旱、瘠薄
	荔枝	*Litchi chinensis*	无患子科	喜光，喜肥沃深厚、酸性土
	龙眼	*Dimocarpus longan*		稍耐阴，喜肥沃深厚、酸性土
	金叶刺槐	*Robinia pseudoacacia* "Aurea"	云实科	耐干旱、瘠薄，生长快
	紫荆	*Cercis chinensis*		喜光，耐寒，耐修剪
	羊蹄甲	*Bauhinia variegata*		喜光，喜温暖气候、酸性土
	无忧花	*Saraca indica*		喜光，喜温暖气候、酸性土
	柚	*Citrus grandis*	芸香科	喜温暖湿润，宜微酸、肥沃土壤
	柠檬	*Citrus limon*		喜温暖湿润，宜微酸、肥沃土壤
灌木类	百里香	*Thymus mogolicus*	唇形科	喜光，耐旱
	变叶木	*Codiaeum variegatum*	大戟科	喜光，喜湿润环境
	杜鹃	*Rhododendron simsii*	杜鹃花科	喜光，耐寒，耐修剪
	番木瓜	*Carica papaya*	番木科	喜光，喜暖热多雨气候
	海桐	*Pittosporum tobira*	海桐花科	中性，抗海潮风
	山梅花	*Philadelphus coronarius*	虎耳草科	喜光，较耐寒，耐旱
	溲疏	*Deutzia scabra*		半耐阴，耐寒，耐旱，耐修剪，喜微酸土
	八仙花	*Hydrangea macrophylla*		喜阴，喜温暖气候、酸性土
	黄杨	*Buxus sinia*	黄杨科	中性，抗污染，耐修剪
	雀舌黄杨	*Buxus bodinieri*		中性，喜暖湿气候
	夹竹桃	*Nerium indicum*	夹竹桃科	喜光，耐旱，耐修剪，抗烟尘及有害气体
	红檵木	*Loropetalum chinense*	金缕梅科	耐半阴，喜酸性土，耐修剪
	木芙蓉	*Hibiscus mutabilis*	锦葵科	喜光，适应酸性肥沃土壤
	木槿	*Hiriscus sytiacus*		喜光，耐寒，耐旱、瘠薄，耐修剪
	扶桑	*Hibiscus rosa-sinensis*		喜光，适应酸性肥沃土壤
	米兰	*Aglaria odorata*	楝科	喜光，半耐阴
	海州常山	*Clerodendrum trichotomum*	马鞭草科	喜光，喜温暖气候，喜酸性土
	紫珠	*Callicarpa japonica*		喜光，半耐阴
	流苏树	*Chionanthus*	木樨科	喜光，耐旱，耐寒
	云南黄馨	*Jasminum mesnyi*		喜光，喜湿润，不耐寒
	迎春	*Jasminum nudiflorum*		喜光，耐旱，较耐寒
	金叶女贞	*Ligustrum vicaryi*		弱阳性，耐干旱、瘠薄和盐碱
	女贞	*Ligustrun lucidum*		稍耐阴，抗污染，耐修剪
	小蜡	*Ligustrun sinense*		稍耐阴，耐寒，耐修剪
	小叶女贞	*Ligustrun quihoui*		稍耐阴，抗污染，耐修剪
	茉莉	*Jasminum sambac*		稍耐阴，喜肥沃沙壤土

类别	中名	学名	科目	生物学习性
灌木类	栀子	*Gardenia jasminoides*	茜草科	喜光也耐阴，耐干旱、瘠薄，耐修剪，抗SO₂
	白鹃梅	*Exochorda racemosa*	蔷薇科	耐半阴，耐寒，喜肥沃土壤
	月季	*Rosa chinensis*		喜光，适应酸性肥沃土壤
	棣棠	*Kerria japonica*		喜半阴，喜略湿土壤
	郁李	*Prunus japonica*		喜光，耐寒，耐旱
	绣线菊	*Spiraea thunbergii*		喜光，喜温暖
	悬钩子	*Rubus chingii*		喜肥沃、湿润土壤
	平枝枸子	*Cotoneaster horizontalis*		喜光，耐寒，耐干旱、瘠薄
	火棘	*Puracantha*		喜光不耐寒，要求土壤排水良好
	猬实	*Kolkwitzia amabilis*	忍冬科	喜光，耐旱、瘠薄，颇耐寒
	海仙花	*Weigela coraeensis*		稍耐阴，喜湿润、肥沃土壤
	木本绣球	*Viburnum macrocephalum*		稍耐阴，喜湿润、肥沃土壤
	珊瑚树	*Viburnum awabuki*		稍耐阴，喜湿润、肥沃土壤
	天目琼花	*Viburnum sargentii*		喜光充足，半耐阴
	金银木	*Lonicera maackii*		喜光充足，半耐阴
	山茶花	*Camellia japonica*	山茶科	喜半阴，喜温暖湿润环境
	四照花	*Dentrobenthamia japonica*	山茱萸科	喜光，耐半阴，喜暖热湿润气候
	山茱萸	*Cornus officinalis*		喜光，耐旱，耐寒
	石榴	*Punica granatum*	石榴科	喜光，稍耐寒，土壤需排水良好石灰质土
	晚香玉	*Polianthes tuberose*	石蒜科	喜光，耐旱
	鹅掌柴	*Schefflera octophylla*	五加科	喜光，喜暖热湿润气候
	八角金盘	*Fatsia jiaponica*		喜阴，喜暖热湿润气候
	紫叶小檗	*Berberis thunberggii* "Atroputpurea"	小檗科	中性，耐寒，耐修剪
	佛手	*Citrus medica*	芸香科	喜光，喜暖热多雨气候
	胡椒木	*Zanthoxylum* "Odorum"		喜光，喜砂质壤土
	九里香	*Murraya paniculata*		较耐阴，耐旱
	叶子花	*Bougainvillea spectabilis*	紫茉莉科	喜光，耐旱、瘠薄，耐修剪
地被	沙地柏	Sabina vulgaris	柏科	阳性，耐寒，耐干旱、瘠薄
	萱草	*Hemerocallis fulva*	百合科	阳性，耐寒
	麦冬	*Ophiopogon japonicus*		喜阴湿温暖，常绿，耐阴，耐寒
	火炬花	*Kniphofia unavia*		半耐阴，较耐寒
	玉簪	*Hosta plantaginea*		耐阴，耐寒
	紫萼	*Hosta ventricosa*		耐阴，耐寒
	葡萄风信子	*Muscari botryoides*		半耐阴
	麦冬	*Ophiopogon japonicus*		耐阴，耐寒
	金叶过路黄	*Lysimachia nummlaria*	报春花科	阳性，耐寒
	薰衣草	*Lawandula officinalis*	唇形科	喜光，耐旱
	白三叶	*Trifolium repens*	蝶形花科	阳性，耐寒
	结缕草	*Zoysia japonica*	禾本科	阳性，耐旱
	狼尾草	*Pennisetum alopecuroides*		耐寒，耐旱，耐砂土贫瘠土壤
	蓝羊茅	*Festuca glauca*		喜光，耐寒，耐旱，耐贫瘠
	斑叶芒	*Miscanthus sinensis* "Andress"		喜光，耐半阴，性强健，抗性强

类别	中名	学名	科目	生物学习性
地被	蜀葵	*Althaea rosea*	锦葵科	阳性，耐寒
	秋葵	*Hibiscus palustris*		阳性，耐寒
	罂粟葵	*Callirhoe involucrata*		阳性，较耐寒
	胭脂红景天	*Sedum spurium* "Coccineum"	景天科	耐旱，稍耐瘠薄，稍耐寒
	反曲景天	*Sedum reflexum*		耐旱，耐瘠薄，稍耐寒
	佛甲草	*Sedum lineare*		极耐旱，耐瘠薄，稍耐寒
	垂盆草	*Sedum sarmentosum*		耐旱，瘠薄，稍耐寒
	蓍草	*Achillea sibirica*	菊科	阳性，半耐阴，耐寒
	荷兰菊	*Aster novi—belgii*		阳性，喜温暖湿润，较耐寒
	金鸡菊	*Coreopsis lanceolata*		阳性，耐寒，耐瘠薄
	蛇鞭菊	*Liatris specata*		阳性，喜温暖湿润，较耐寒
	黑心菊	*Rudbeckia hybrida*		阳性，喜温暖湿润，较耐寒
	天人菊	*Gaillardia aristata*		阳性，喜温暖湿润，较耐寒
	亚菊	*Ajania pacifica*		阳性，喜温暖湿润，较耐寒
	月见草	*Oenothera biennis*	柳叶菜科	喜光，耐旱
	楼斗菜	*Aquilegia vulgaria*	毛茛科	半耐阴，耐寒
	美人蕉	*Canna indica*	美人蕉科	阳性，喜温暖湿润
	翻白草	*Potentilla discola*	蔷薇科	阳性，耐寒
	蛇莓	*Duchesnea indica*		阳性，耐寒
	石蒜	*Lycoris radiata*	石蒜科	阳性，喜温暖湿润
	百莲	*Agapanthus africanus*		阳性，喜温暖湿润
	葱兰	*Zephyranthes candida*		阳性，喜温暖湿润
	婆婆纳	*Veronica spicata*	玄参科	阳性，耐寒
	鸭跖草	*Setcreasea pallida*	鸭跖草科	半耐阴，较耐寒
	鸢尾	*Iris tectorum*	鸢尾科	半耐阴，耐寒
	蝴蝶花	*Iris japonica*		半耐阴，耐寒
	有髯鸢尾	*Iris Barbata*		半耐阴，耐寒
	射干	*Belamcanda chinensis*		阳性，较耐寒
藤本植物	紫藤	*Weateria sinensis*	蝶形花科	阳性，耐寒，落叶
	络石	*Trachelospermum jasminordes*	夹竹桃科	耐阴，不耐寒，常绿
	铁线莲	*Clematis florida*	毛茛科	中性，不耐寒，半常绿
	猕猴桃	*Actinidiaceae chinensis*	猕猴桃科	中性，落叶，耐寒弱
	木通	*Akebia quinata*	木通科	中性
	葡萄	*Vitis vinifera*	葡萄科	阳性，耐干旱
	爬山虎	*Parthenocissus tricuspidata*		耐阴，耐寒、干旱
	五叶地锦	*P. quinquefolia*		耐阴，耐寒
	蔷薇	*Rosa multiflora*	蔷薇科	阳性，较耐寒
	十姊妹	*Rosa multifolra* "Platyphylla"		阳性，较耐寒
	木香	*Rosa banksiana*		阳性，较耐寒，半常绿

续表 A.0.2

类别	中名	学名	科目	生物学习性
藤本植物	金银花	*Lonicera orbiculatus*	忍冬科	喜光，耐阴，耐寒，半常绿
	扶芳藤	*Euonymus fortunei*	卫矛科	耐阴，不耐寒，常绿
	胶东卫矛	*Euonymus kiautshovicus*		耐阴，稍耐寒，半常绿
	常春藤	*Hedera helix*	五加科	阳性，不耐寒，常绿
	凌霄	*Campsis grandiflora*	紫葳科	中性，耐寒
竹类与棕榈类	孝顺竹	*Bambusa multiplex*	禾本科	喜向阳凉爽，能耐阴
	凤尾竹	*Bambusa multiplex var. nana*		喜温暖湿润，耐寒稍差，不耐强光，怕渍水
	黄金间碧玉竹	*Bambusa vulgalis*		喜温暖湿润，耐寒稍差，怕渍水
	小琴丝竹	*Bambusa multiplex*	禾本科	喜光，稍耐阴，喜温暖湿润
	罗汉竹	*Phyllostachys aures*		喜光，喜温暖湿润，不耐寒
	紫竹	*Phyllostachys nigra*		喜向阳凉爽的地方，喜温暖湿润，稍耐寒
	箬竹	*Indocalamun latifolius*		喜光，稍耐阴，不耐寒
	蒲葵	*Livistona chinensisi*	棕榈科	阳性，喜温暖湿润，不耐阴，较耐旱
	棕竹	*Rhapis excelsa*		喜温暖湿润，极耐阴，不耐积水
	加纳利海枣	*Phoenix canariensis*		阳性，喜温暖湿润，不耐阴
	鱼尾葵	*Caryota monostachya*		阳性，喜温暖湿润，较耐寒，较耐旱
	散尾葵	*Chrysalidocarpus lutescens*		阳性，喜温暖湿润，不耐寒，较耐阴
	狐尾棕	*Wodyetia bifurcata*		阳性，喜温暖湿润，耐寒，耐旱，抗风

本规程用词说明

1　为便于在执行本规程条文时区别对待，对于要求严格程度不同的用词说明如下：

1）表示很严格，非这样做不可的：
正面词采用"必须"，反面词采用"严禁"；

2）表示严格，在正常情况下均应这样做的：
正面词采用"应"，反面词采用"不应"或"不得"；

3）表示允许稍有选择，在条件许可时首先应这样做的：
正面词采用"宜"，反面词采用"不宜"；

4）表示有选择，在一定条件下可以这样做的，采用"可"。

2　条文中指明应按其他标准执行的写法为："应符合……的规定"或"应按……执行"。

引用标准名录

1　《建筑结构荷载规范》GB 50009
2　《建筑设计防火规范》GB 50016
3　《建筑物防雷设计规范》GB 50057
4　《喷灌工程技术规范》GB/T 50085
5　《地下工程防水技术规范》GB 50108
6　《屋面工程质量验收规范》GB 50207
7　《地下防水工程质量验收规范》GB 50208
8　《建筑工程施工质量验收统一标准》GB 50300
9　《屋面工程技术规范》GB 50345
10　《硬泡聚氨酯保温防水工程技术规范》GB 50404
11　《微灌工程技术规范》GB/T 50485
12　《坡屋面工程技术规范》GB 50693
13　《建设工程施工现场消防安全技术规范》GB 50720
14　《绝热用挤塑聚苯乙烯泡沫塑料(XPS)》GB/T 10801.2
15　《聚氯乙烯(PVC)防水卷材》GB 12952
16　《低压电气装置　第7-705部分：特殊装置或场所的要求　农业和园艺设施》GB 16895.27
17　《土工合成材料　聚乙烯土工膜》GB/T 17643
18　《高分子防水材料　第1部分：片材》GB 18173.1
19　《弹性体改性沥青防水卷材》GB 18242
20　《塑性体改性沥青防水卷材》GB 18243
21　《绝热用硬质酚醛泡沫制品(PF)》GB/T 20974

22 《喷涂聚脲防水涂料》GB/T 23446

23 《绝热用聚异氰脲酸酯制品》GB/T 25997

24 《热塑性聚烯烃(TPO)防水卷材》GB 27789

25 《园林绿化工程施工及验收规范》CJJ 82

26 《民用建筑电气设计规范》JGJ 16

27 《喷涂聚脲防水工程技术规程》JGJ/T 200

28 《城市绿化和园林绿地用植物材料　木本苗》CJ/T 24

29 《种植屋面用耐根穿刺防水卷材》JC/T 1075

中华人民共和国行业标准

种植屋面工程技术规程

JGJ 155—2013

条 文 说 明

修 订 说 明

《种植屋面工程技术规程》JGJ 155－2013，经住房和城乡建设部 2013 年 6 月 9 日以第 47 号公告批准、发布。

本规程是在《种植屋面工程技术规程》JGJ 155－2007 的基础上修订而成，上一版的主编单位是中国建筑防水材料工业协会，参编单位是北京市园林科学研究所、中国化建公司苏州防水研究设计所、深圳大学建筑设计院、德尉达（上海）贸易有限公司、盘锦禹王防水建材集团、沈阳蓝光新型防水材料有限公司、北京华盾雪花塑料集团有限责任公司、北京圣洁防水材料有限公司、渗耐防水系统（上海）有限公司、德高瓦国际贸易（北京）有限公司、中防佳缘防水材料有限公司、浙江骏宁特种防漏有限公司。主要起草人员是：王天、朱冬青、李承刚、孙庆祥、张道真、颉朝华、韩丽莉、周文琴、李翔、朱志远、杜昕、尚华胜。本次修订的主要技术内容是：1. 增加了屋面植被层设计、施工和质量验收的内容；2. 增加了容器种植和附属设施的设计、施工和质量验收的内容；3. 调整了种植屋面用耐根穿刺防水材料种类；4. 增加了"养护管理"的内容；5. 调整了常用植物表。

本规程修订过程中，编制组对国内外种植屋面的设计和施工应用情况进行了广泛的调查研究，总结了我国近年来工程建设中种植屋面设计、施工领域的实践经验，同时参考了国外先进技术法规、技术标准，并通过耐根穿刺试验确定了一批可用于种植屋面的耐根穿刺防水材料。

为便于广大设计、施工、检测、科研、学校等单位有关人员正确理解和执行条文内容，《种植屋面工程技术规程》编制组按章、节、条顺序编制了本规程的条文说明，对条文规定的目的、依据以及执行中需要注意的有关事项进行了说明。但是，本条文说明不具备与规程正文同等法律效力，仅供使用者作为正确理解和把握规程规定的参考。

目　　次

1 总　　则

1.0.1 对于建筑节能来讲，种植屋面（屋顶绿化）可以在一定程度上起到保温隔热、节能减排、节约淡水资源，对建筑结构及防水起到保护作用，滞尘效果显著，同时也是有效缓解城市热岛效应的重要途径。

种植屋面工程由种植、防水、排水、绝热等多项技术构成。随着我国城市化建设的推进，技术不断进步，种植屋面已在一些城市大力推广。因此，修订种植屋面工程技术规程十分必要，有利于进一步规范种植屋面工程的材料、设计、施工和验收，确保工程质量，促进种植屋面工程的发展。

1.0.3 种植屋面工程涉及方方面面，除应按本规程执行外，尚应符合相关标准的规定，具体见本规程引用标准目录。

2 术　　语

本规程从种植屋面工程设计、施工和质量验收的角度列出了 18 条术语。术语中包括以下 2 种情况。

1 对尚未出现在国家标准、行业标准中的术语，在这次修订时予以增加，如"地下建筑顶板"、"园林小品"等。

2 对过去国家标准、行业标准不统一的术语，在这次修订时予以统一，如"种植池"、"缓冲带"等。

2.0.3 简单式种植屋面一般仅种植地被植物、低矮灌木，除必要维护通道外，不设置园路、坐凳等休憩设施。

2.0.6 防止植物根系刺穿的防水层，又称隔根层、阻根层、抗根层等。为统一名词称谓，本规程定为耐根穿刺防水层。

2.0.9 种植土一般要求理化性能好，结构疏松，通气保水保肥能力强，适宜于植物生长。

2.0.18 缓冲带具有滤水、排水、防火、养护通道、隔离等功能，也可降低土的侧压力，一般使用卵石、陶粒等材料构成。

在寒冷地区，缓冲带可以起到消除冻胀作用。

3 基 本 规 定

3.1 材　　料

3.1.3 普通防水材料和找坡材料应按现行的国家标准或行业标准选用，本规程不再摘录各种防水材料和找坡材料的主要物理性能指标。

3.1.4 因为植物根系容易穿透防水层，造成屋面渗漏，为此必须设置一道耐根穿刺防水层，使其具有长期的防水和耐根穿刺性能。对防水材料耐根穿刺性能

的验证，应经过种植试验。我国已制定颁布《种植屋面用耐根穿刺防水卷材》JC/T 1075 标准。

耐根穿刺防水材料应提供包含耐根穿刺性能和防水性能的全项检测报告。

3.2 设　　计

3.2.1 我国地域辽阔，各地气候差异很大，种植屋面工程设计应掌握因地制宜原则，确定构造层次、种植形式、种植土厚度和植物种类。

3.2.2 倒置式屋面是将绝热层设置在防水层之上的一种屋面类型。由于有些绝热材料耐水性较差、不耐根穿刺，易导致绝热层性能降低或失效，故不宜种植，但可采用容器种植。

3.2.3 建筑荷载涉及建筑结构安全，新建种植屋面工程的设计应首先确定种植屋面基本构造层次，根据各层次的荷载进行结构计算。既有建筑屋面改造成种植屋面，应首先对其原结构安全性进行检测鉴定，必要时还应进行检测，以确定是否适宜种植及种植形式。种植荷载主要包括植物荷重和饱和水状态下种植土荷重。

3.2.7 屋面坡度大于 20％时，绝热层、排水层、排（蓄）水层、种植土层等易出现滑移，为防止发生滑坡等安全事故，应采取相应的防滑措施。

3.2.8 地被植物可采取张网方式，乔灌木可采取地上支撑固定法、地上牵引固定法、预埋索固法和地下锚固法等抗风揭措施。

3.3 施　　工

3.3.1 为确保种植屋面工程质量，防水工程施工单位和园林绿化单位应取得国家或相关主管部门规定的设计和施工资质；防水施工和绿化种植作业人员应取得上岗资质。

3.3.3 种植屋面施工时，易发生安全事故，施工现场要采取一系列安全防护措施。

3.4 质 量 验 收

3.4.3 防水工程完工进行淋水或蓄水检验是种植屋面的一道关键检查项目，要从严执行，符合要求后方可验收。

3.4.4 种植屋面各分项工程的质量验收，主控项目必须验收。

4 种植屋面工程材料

4.1 一 般 规 定

4.1.1 散状绝热材料由于抗压强度低、吸水率大，不宜选用。

4.1.2 坡长越长所用找坡材料越多越厚，屋面荷载也就越大。应根据屋面荷载及坡长大小选择合适的找

坡材料。

4.1.4 沥青基防水卷材如不含化学阻根剂，植物根易穿透防水卷材，破坏防水层。

4.1.5 目前，国内使用较多的是塑料排（蓄）水板，与传统的卵石、砾石材料相比，具有厚度薄、质量轻，降低建筑荷载、施工简便等优势。

4.2 绝 热 材 料

4.2.6 为减轻种植屋面荷载，本规程建议选用密度不大于 100 kg/m³ 的绝热材料。

4.3 耐根穿刺防水材料

4.3.1~4.3.8 设计选用的耐根穿刺防水材料应符合《种植屋面用耐根穿刺防水卷材》JC/T 1075 及相关标准的规定。

4.4 排（蓄）水材料和过滤材料

4.4.1 为减轻屋面荷载，排（蓄）水层应选择轻质材料，建议优先选用聚乙烯塑料类凹凸型排（蓄）水板和聚丙烯类网状交织排水板，满足抗压强度的要求。

4.4.2 过滤层太薄易导致种植土流失，太厚则滤水过慢，不利排水，且成本过高。

4.5 种 植 土

4.5.2 改良土的种类很多，本条文所列配比仅供参考。

4.6 种 植 植 物

4.6.1~4.6.4 考虑到种植屋面的特殊性和安全要求，应选用耐旱、耐瘠薄、生长缓慢、方便养护的植物。宜种植低矮花灌木、地被植物。

4.7 种 植 容 器

4.7.2 普通塑料种植容器材质易老化破损，从安全、经济和使用寿命等方面考虑，建议使用耐久性较好的工程塑料或玻璃钢制品。

4.7.3 目前，具有排水、蓄水、阻根和过滤功能的种植容器如图 1 所示。

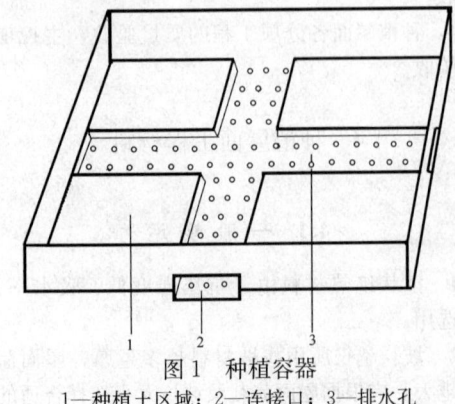

图 1　种植容器
1—种植土区域；2—连接口；3—排水孔

5　种植屋面工程设计

5.1　一 般 规 定

5.1.5 出于安全和节材的考虑，荷载较大的设施不应设置在受弯构件梁、板上面。

5.1.6 现浇钢筋混凝土屋面板具有整体性好、结构变形小、承载力大，隔绝室内水汽作用好等特点。

5.1.7 鉴于种植屋面工程一次性投资大，维修费用高，若发生渗漏则不易查找与修缮，国外一般要求种植屋面防水层的使用寿命至少 20 年，因此本规程规定屋面防水层应满足《屋面工程技术规范》GB 50345 中一级防水等级要求。为防止植物根系对防水层的穿刺破坏，因此必须设置一道耐根穿刺防水层。

5.1.8 《屋面工程技术规范》GB 50345 规定一级防水应采用不少于两道防水设防。种植屋面为一级防水等级，采用两道防水设防，上层必须为耐根穿刺防水层。为确保防水效果，两道防水层应相邻铺设，形成整体。

5.1.10 第 1 款　本规程第 4.3 节列出了常用的耐根穿刺防水材料。

在德国等国外发达国家的实践中，花园式种植更多适用于现浇钢筋混凝土屋面，一般较多采用含阻根剂的改性沥青防水卷材特别是复合铜胎基改性沥青卷材作为耐根穿刺防水材料，以满粘法施工为主；而装配式结构、压型金属板等大跨度屋面更多采用简式种植，较多采用高分子类防水卷材作为耐根穿刺防水材料，以机械固定法施工为主。

第 3 款　聚乙烯丙纶防水卷材＋聚合物水泥胶结料复合耐根穿刺防水材料采用双层做法，即（0.6mm＋1.3mm）×2 的做法。

5.1.13 第 3 款　采用板状排（蓄）水材料的优点是荷重较轻，并可有效蓄积雨水，过滤土壤微粒，减少市政管井淤泥隐患，同时其良好的绝热功能可减少植物根部冻害，更加适合架空屋面或廊桥绿化。

5.1.16 种植屋面划分种植区是为便于管理和设计排灌系统。

5.1.18 管道、预埋件等应先进行施工，然后做防水层。避免防水层施工完毕后打眼凿洞，留下渗漏隐患。如必须后安装设备基座，应在适当部位增铺一道防水增强层。

5.2　平 屋 面

5.2.1 图 5.2.1 的屋面基本构造层次为标准的覆土种植构造。可根据地区或种植形式不同，减少某一层次。例如干旱少雨地区可不设排水层。

5.2.2 屋面应具有一定的坡度，便于排水。

5.3 坡 屋 面

5.3.2 坡度小于10％的坡屋面的植被层和种植土层不易滑坡，可按平屋面种植设计要求执行。

5.3.3 第2款 非满覆土种植的坡屋面采用阶梯式、台地式种植，可以防止种植土滑动，也便于管理，不仅可种植地被植物，也可局部种植小乔木或灌木。

5.4 地下建筑顶板

5.4.1 第4款 覆土厚度大于2.0m时，可不设过滤层和排（蓄）水层；覆土厚度小于2.0m时，宜设置内排水系统；

第5款 下沉式顶板种植因有封闭的周界墙，为防止积水，应设自流排水系统；

第6款 采取排水措施，是为避免排水层积水，避免植物沤根。

5.4.2 面积较大一般指1万平方米以上的地下建筑顶板。

5.5 既有建筑屋面

5.5.1 既有建筑屋面的结构布局业已固定，为安全起见，在屋面种植设计前，必须对其结构承载力进行检测鉴定，并根据承载力确定种植形式和构造层次。

既有建筑屋面改造成种植屋面是一项很复杂的设计、施工过程，原有防水层是否保留、如何设置构造层次和耐根穿刺防水层、周边如何设挡墙和其他安全设施，以及作满覆土种植还是容器种植等都是应周密考虑的问题。

5.6 容器种植

5.6.2 第4款 种植容器下设保护层是为避免对基层造成破坏。

5.7 植 被 层

5.7.1 种植土中的水分和养分是植物赖以生存的条件。种植土厚度过薄，肥力及保水能力差，植物难以存活。干旱少雨、冬季偏长等地区，屋顶绿化种植土厚度建议在150mm以上。寒冷地区最小土深应适当加厚至200mm～300mm。

5.7.3 第1款 高大乔木荷重和风荷载大，速生乔、灌木类植物长势过快，也会导致荷重和风荷载大，从安全性考虑，不宜选择；

第2款 根状茎发达的植物主要有部分竹类、芦苇、偃麦草等。

第4款 为防止大风将树木刮落，考虑到安全性，栽植的树木与边墙应保持一定的距离。

5.7.4 对于较高的乔木、灌木可采用地上支撑或地下锚固的方式增强其抗风能力。

第2款 树木绑扎时，绑扎处应采用衬垫以避免

损伤树干。

5.8 细 部 构 造

5.8.4 第3款 为确保整体防水效果，种植屋面檐口挡墙的防水层应与檐沟防水层连续铺设。

5.8.9 种植挡墙高于铺装时应尽可能引导铺装面向种植区内排水（图2）。

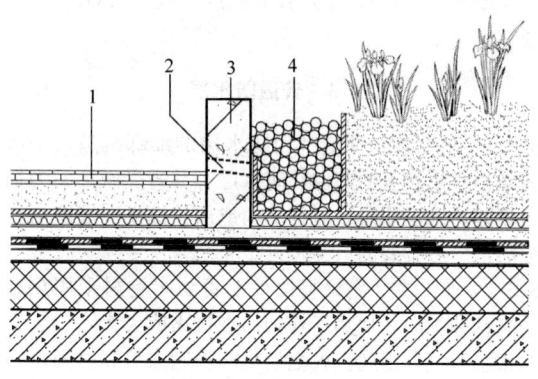

图2 硬质铺装排水
1—硬质铺装；2—排水孔；3—种植挡墙；
4—卵石缓冲带

5.8.10 可采用微地形处理方式（图3），满足不同植物对种植土层厚度的要求。

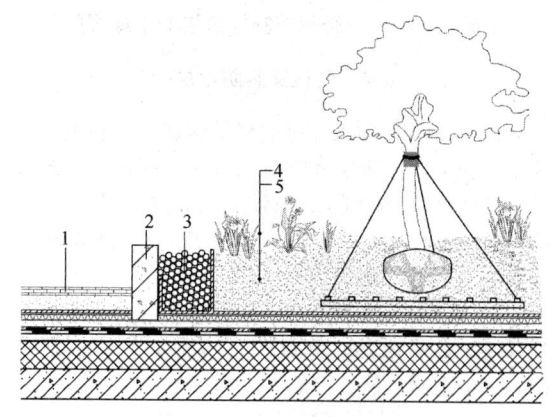

图3 植被层微地形处理
1—渗水铺装；2—种植挡墙；3—卵石缓冲带；
4—植被层；5—种植土

5.9 设 施

5.9.3 种植屋面的透气孔高出种植土可以保证透气孔处有足够的泛水高度。

5.9.4 风口周围设置封闭式遮挡是为了防止植物被干热风吹死。

5.9.6 太阳能采光板高于植物高度，可发挥最大的采光功能。

5.9.8 第3款 景灯配置市政电路可保证双路供电，以备遇有阴天等特殊气候条件时应急使用。

6 种植屋面工程施工

6.2 绝 热 层

6.2.3 喷涂硬泡聚氨酯绝热材料对施工环境和场地要求较高，为保证绝热、防水的功能和工程质量，应按《硬泡聚氨酯保温防水工程技术规范》GB 50404的规定施工。

6.3 普通防水层

6.3.1 第 3 款 种植屋面防水层的细部构造，是屋面结构变形较大的部位，防水层容易遭受破坏。为加强整体防水层质量，在细部构造部位铺设一层防水增强层是十分必要的。

6.3.2 第 2 款 高聚物改性沥青防水卷材采用热熔法满粘施工时，加热不均匀出现过火或欠火，均会影响粘结质量。因此，火焰加热应控制火势和时间。

6.3.4 第 1 款 基层上满涂基层胶粘剂，涂刷量过少露底或过多堆积，都会影响防水层粘结质量。为保证防水卷材与基层具有良好的粘结性，卷材底面和基层均应满涂基层胶粘剂。

6.3.5 涂刷防水涂料实干才能成膜，如果第一遍涂料未实干，就涂刷第二遍，极易造成涂膜起鼓、脱层等质量问题。因此，必须控制好涂层的干燥程度。

6.4 耐根穿刺防水层

6.4.1 耐根穿刺防水卷材的耐根穿刺性能和施工方式密切相关，包括卷材的施工方法、配件、工艺参数、搭接宽度、附加层、加强层和节点处理等内容，耐根穿刺防水卷材的现场施工方式应与检测报告中列明的施工方式一致。

6.4.2 第 2 款 塑料类材料储存期间会出现增塑剂迁移现象、表面熟化和施工环境都会影响搭接性能，故应在施工前进行试焊。

第 3 款 卷材搭接缝可采用焊条熔出物封边或采用密封胶封边，防止芯吸效应。

6.4.6 第 3 款 聚乙烯丙纶防水卷材＋聚合物水泥胶结料复合防水层应尽量避免冬季施工。当施工环境温度低于 5℃时，聚合物水泥胶结料无法可靠成膜，可采用特种水泥、添加防冻剂或采用保温被覆盖等防冻措施。

6.6 种 植 土 层

6.6.1 竖向设计是对项目平面进行高程确定的设计，形成的竖向空间。比如园路的上下起伏、绿地内的缓坡内地面的高低落差、台阶、观景平台、花池、水侧灯就是竖向设计。应根据图纸竖向设计要求合理堆放种植土或者相关轻质填充材料。

6.7 植 被 层

6.7.1 植物宜在休眠季节或营养生长期移栽，成活率较高。如反季节移栽会影响植物成活，尤其不宜在开花结果期移栽。

6.7.3 第 1 款 株的行距以成苗后能覆盖地面为宜。

第 2 款 球茎植物种植深度宜为球茎的（1~2）倍。块根、块茎、根茎类植物可覆土 30mm。

6.7.7 本条主要针对乔灌木，根据当地情况，防冻可采用无纺布、草绳、麻袋片等包缠干径或设防寒风障；防晒可采用草席、遮光网等材料搭建遮阳棚，并适时喷淋保湿。

6.9 设 施

6.9.1~6.9.4 屋面风大，为防止风揭应安装铺设牢固。木质材料日晒雨淋为防止腐烂要采取防腐措施，通常采用防腐木。

6.10 既有建筑屋面

6.10.1、6.10.2 既有建筑屋面改造做种植屋面的施工必须按照屋面设计构造层次的要求，有步骤地分项实施，重点作好防水层、排水层施工，严格按本规程的施工规定执行。

7 质 量 验 收

7.1 一 般 规 定

7.1.1 技术文件资料对日后检查、检验工程质量，工程修缮、改造，以及一旦发生工程质量事故纠纷进行民事、刑事诉讼时，都是十分重要的档案证件。

7.1.2 种植屋面工程的施工单位在办理工程质量验收时，应按规定的程序与手续做好各项准备工作。

需要指出：种植屋面工程施工涉及土建、防水、保温、种植等多项专业，工程开工前应签订专业分包或直接承包合同。建设单位应进行协调，明确工程合同签订的各方义务、责任和必须执行的相关规定。这样才能顺利完成验收。

7.1.3 为保证防水工程质量，应对相关的分项工程及各道工序，在完工后进行外观检验或取样检测，以便及时发现并纠正施工中出现的质量问题。

7.1.5 在《建筑工程施工质量验收统一标准》GB 50300 中将"种植屋面"作为"隔热屋面"的分项工程，由于种植屋面涉及保温、防水、种植、排水等诸多分项工程，故本规程将其作为子分部工程。

7.1.6 第 4 款 细部构造部位是屋面工程中最容易出现渗漏的薄弱环节。据调查表明，在渗漏的屋面工程中，70%以上是节点渗漏。因此，明确规定，对细部构造必须全部进行检查，以确保种植屋面工程质量。

7.1.7 细部构造内容很多，在《屋面工程质量验收规范》GB 50207 和《地下防水工程质量验收规范》GB 50208 中有详细描述，本规程不再赘述。

7.8 园路铺装和护栏

7.8.1 铺装层的验收可参考下列验收项目要求：

1 木铺装面层的允许偏差可按下表验收；

表 1　木铺装面层的允许偏差

项　目	允许偏差（mm）	检验方法
表面平整度	3	用 2m 靠尺和楔形塞尺检查
板面拼缝平直度	3	拉 5m 线，不足 5m 拉通线和尺量检查
缝隙宽度	2	用塞尺和目测检查
相邻板材高低差	1	尺量检查

检查数量：每 200m² 检查 3 处。不足 200m² 的不少于 1 处

2 砖面层的允许偏差可按下表验收；

表 2　砖面层允许偏差

项目	允许偏差（mm）				检验方法
	水泥砖	透水砖	青砖	嵌草砖	
表面平整度	3	3	2	3	用 2m 靠尺和楔形塞尺检查
缝格平直	3	3	2	3	拉 5m 线和钢尺检查
接槎高低差	2	2	2	3	用钢尺和楔形塞尺检查
板块间隙宽度	2	2	2	3	用钢尺检查

检查数量：每 200m² 检查 3 处。不足 200m² 的，不少于 1 处

3 混凝土面层的允许偏差可按下表验收。

表 3　混凝土面层允许偏差

项目	允许偏差（mm）	检查方法
表面平整度	±5	用 2m 靠尺和楔形塞尺检查
分格缝平直度	±3	拉 5m 线尺量检查

续表 3

项目	允许偏差（mm）	检查方法
标高	±10	用水准仪检查
宽度	−20	用钢尺
横坡	±10	用坡度尺或水准仪测量
蜂窝麻面	≤2%	用尺量蜂窝总面积

检查数量：每 500m² 检查 3 处。不足 500m² 的，不少于 2 处

7.8.2 路缘石的允许偏差可按下表验收。

表 4　路缘石允许偏差

项目	允许偏差（mm）	检查方法
直顺度	±3	拉 10m 小线尺量最大值
相邻块高低差	±2	尺量
缝宽	2	尺量
路缘石（道牙）顶面高程	±3	用水准仪测量

检查数量：每 100m 检查 1 处。不足 100m 不少于 1 处

8　维护管理

8.1　植物养护

8.1.1 种植屋面的绿化养护非常重要，养护不当会造成植物死亡、扬尘、引起屋面渗漏。本条强调了对种植屋面的后期养护管理。

第 1 款　种植屋面工程交付使用后，应定期修剪、除草、病虫害防治、施肥、补植；重点检查水落口、天沟、檐沟等部位不被堵塞，以保证种植屋面效果处于良好状态。

第 4 款　定期检查并及时补充种植土可以防止种植土厚度不够而影响植物正常生长。

8.1.2 不宜过量施肥，以避免植物生长过快，导致荷重增加，影响建筑安全。

8.1.3 乔木和灌木及时修剪是非常必要的，即可控制高度，又能保持根冠比平衡。修剪一般在休眠期和生长期进行；有伤流和易流胶液树种的修剪，要避开生长旺季和伤流盛期；抗寒性差、易抽条的树种适宜在早春修剪；一般可根据不同草种的习性、观赏效果、季节、环境等因素定期进行修剪。

树木修剪分为休眠期修剪和生长期修剪。更新修剪只能在休眠期进行；有严重伤流和易流胶的树种要在休眠期进行修剪；常绿树的修剪要避开生长旺盛期。

藤本植物落叶后要疏剪过密枝条，清除枯死枝；吸附类的植物要在生长期剪去未能吸附墙体而下垂的枝条；钩刺类的植物可按灌木修剪方法疏枝。

多年生植物萌芽前要剪除上年残留枯枝、枯叶，生长期及时剪除多余萌蘖。

佛甲草等景天类植物在植株出现徒长现象时，要在秋季进行修剪，修剪量一般保持在1/3～1/2。

草坪修剪高度因草坪草的种类、生长的立地条件、季节、自身的生长状况及绿地的使用要求而异。常用草坪植物的剪留高度可参照表5执行。

表5 常用草坪植物剪留高度

草 种	全光照剪留高度 （mm）	树荫下剪留高度 （mm）
野牛草	40～60	—
结缕草	30～50	60～70
高羊茅	50～70	80～100
黑麦草	40～60	70～90
匍匐翦股颖	30～50	80～100
草地早熟禾	40～50（3、4、5、9、10、11月） 80～100 （6、7、8月）	80～100

8.1.6 病虫害生物防治主要指微生物治虫、虫治虫、鸟治虫、螨治虫、激素治虫、菌治病虫等方法；植物生长期的病虫害防治以预防为主，要定期喷洒高效、低毒、低残留生物药剂。佛甲草、垂盆草等常用景天类植物常见的虫害有蜗牛、鼠妇、蛞蝓、马陆、蟋蟀、蛴螬、窄胸金针虫、蚜虫和红蜘蛛等。蜗牛、蛞蝓等可在其活动范围内撒生石灰或喷洒灭蜗灵颗粒。其他防治措施可适时喷洒低毒杀虫剂。佛甲草的主要病害是霉污病，由蚜虫、粉虱类诱发，防治方法是及早消灭蚜虫、粉虱，宜在发病初期用广谱杀菌剂防治。

8.1.7 花园式种植屋面的灌溉频次一般为10d～15d。在特殊干热气候条件下，或土层较薄宜2d～3d灌溉一次；夏季高温，注意在早晚时间进行浇水。冬季浇上冻水适当延后；春季浇解冻水比地面应提前20d～30d；小气候条件好的屋顶，冬季应适当补水。

简单式种植屋面可以根据植物种类和季节不同，适当增加灌溉次数。

佛甲草、垂盆草等常用景天类植物需适时适量补水，尤其应做好春季返青水、越冬前防冻水和干旱时节的补水灌溉。

8.2 设施维护

8.2.3 由于种植屋面日晒雨淋，为了安全应定期检查腐烂腐蚀现象。

8.2.4 定期检查清理水循环系统，采取过滤和杀菌措施，及时清理树叶等杂物，避免水体富氧化，确保水景水体水质清洁。

8.2.6 定期检查配电系统，确保无老化、毁坏或漏电现象。

中华人民共和国行业标准

倒置式屋面工程技术规程

Technical specification for inversion type roof

JGJ 230—2010

批准部门：中华人民共和国住房和城乡建设部
施行日期：２０１１年１０月１日

中华人民共和国住房和城乡建设部
公　告

第 805 号

关于发布行业标准
《倒置式屋面工程技术规程》的公告

现批准《倒置式屋面工程技术规程》为行业标准，编号为 JGJ 230 - 2010，自 2011 年 10 月 1 日起实施。其中，第 3.0.1、4.3.1、5.2.5、7.2.1 条为强制性条文，必须严格执行。

本规程由我部标准定额研究所组织中国建筑工业出版社出版发行。

中华人民共和国住房和城乡建设部
2010 年 11 月 17 日

前　　言

根据住房和城乡建设部《关于印发〈2009 年工程建设标准规范制订、修订计划〉的通知》（建标[2009] 88 号）的要求，标准编制组经过广泛调查研究，认真总结实践经验，参考有关国际标准和国外先进标准，并在广泛征求意见的基础上，制订本规程。

本规程的主要内容有：1. 总则；2. 术语；3. 基本规定；4. 材料；5. 设计；6. 施工；7. 既有建筑倒置式屋面改造；8. 质量验收。

本规程中以黑体字标志的条文为强制性条文，必须严格执行。

本规程由住房和城乡建设部负责管理和对强制性条文的解释，由中达建设集团股份有限公司负责具体技术内容的解释。执行过程中如有意见或建议，请寄中达建设集团股份有限公司（地址：上海市吴中路 1050 号，邮编：201103）。

本 规 程 主 编 单 位：中达建设集团股份有限公司
　　　　　　　　　　广东金辉华集团有限公司

本 规 程 参 编 单 位：中国建筑科学研究院
　　　　　　　　　　中国工程建设标准化协会
　　　　　　　　　　同济大学
　　　　　　　　　　浙江省建筑设计研究院
　　　　　　　　　　山西建筑工程（集团）总公司
　　　　　　　　　　江苏久久防水保温隔热工程有限公司
　　　　　　　　　　欧文斯科宁（中国）投资有限公司
　　　　　　　　　　浙江科达新型建材有限公司
　　　　　　　　　　苏州市新型建筑防水工程有限责任公司

本规程主要起草人员：庞堂喜　李福清　李　甫
　　　　　　　　　　史志远　周锡全　吴松勤
　　　　　　　　　　高本礼　赵霄龙　余绍锋
　　　　　　　　　　刘屠梅　林　鹤　胡　斌
　　　　　　　　　　李振宁　南建林　许世文
　　　　　　　　　　卢文权　姜静波　杨铜兴
　　　　　　　　　　徐凯讯　姚　军

本规程主要审查人员：金德钧　潘延平　马伟民
　　　　　　　　　　郑祥斌　陈思清　叶林标
　　　　　　　　　　张文华　郭德友　薛绍祖
　　　　　　　　　　邱锡宏　袁　燕

目　　次

Contents

1 总　则

1.0.1 为规范倒置式屋面工程的设计、施工和质量验收，做到技术先进、经济合理、安全适用、保证质量，制定本规程。

1.0.2 本规程适用于新建、扩建、改建和节能改造房屋建筑倒置式屋面工程的设计、施工和质量验收。

1.0.3 倒置式屋面工程的设计和施工应符合国家有关环境保护及建筑节能的规定。

1.0.4 倒置式屋面工程的设计、施工和质量验收，除应符合本规程外，尚应符合国家现行有关标准的规定。

2 术　语

2.0.1 倒置式屋面　inversion type roof
将保温层设置在防水层之上的屋面。

2.0.2 挤塑聚苯乙烯泡沫塑料板（XPS）　extruded polystyrene foam board
以聚苯乙烯树脂或其共聚物为主要成分，添加少量添加剂，通过加热挤塑成型的具有闭孔结构的硬质泡沫塑料板。

2.0.3 模塑聚苯乙烯泡沫塑料板（EPS）　molded polystyrene foam board
采用可发性聚苯乙烯珠粒经加热预发泡后，在模具中加热成型的具有闭孔结构的泡沫塑料板。

2.0.4 喷涂硬泡聚氨酯　polyurethane spray foam
现场使用专用喷涂设备连续多遍喷涂发泡聚氨酯形成的硬质泡沫体。

2.0.5 硬泡聚氨酯板　prefabricated rigid polyurethane foam board
工厂生产的硬泡聚氨酯制品。通常分为不带面层的硬泡聚氨酯板和双面复合增强材料的硬泡聚氨酯复合板。

2.0.6 硬泡聚氨酯防水保温复合板　composite waterproof and insulation prefabricated rigid polyurethane foam board
工厂生产的以硬泡聚氨酯为芯材，底层为易粘贴界面衬材，面层覆以防水卷材或涂膜，具有防水保温一体化功能的复合板。

2.0.7 泡沫玻璃　foam glass
由碎玻璃、发泡剂、改性添加剂和发泡促进剂等，经过细粉碎和均匀混合、高温熔化、发泡、退火而制成的无机非金属玻璃材料。

3 基本规定

3.0.1 倒置式屋面工程的防水等级应为Ⅰ级，防水

层合理使用年限不得少于20年。

3.0.2 倒置式屋面工程的保温层使用年限不宜低于防水层使用年限。

3.0.3 倒置式屋面应保持屋面排水畅通。

3.0.4 倒置式屋面工程应根据工程特点、地区自然及气候条件等要求，进行防水、保温等构造设计，重要部位应有节点详图。

3.0.5 倒置式屋面防水工程应由有相应资质的专业施工单位承担，作业人员应经培训持证上岗。

3.0.6 倒置式屋面工程施工应编制专项施工方案，并应经施工单位技术负责人批准、监理单位总监理工程师或建设单位项目技术负责人审查认可后实施。

3.0.7 倒置式屋面防水层完成后，平屋面应进行24h蓄水检验，坡屋面应进行持续2h淋水检验，并应在检验合格后再进行保温层施工。

3.0.8 采用倒置式屋面的建筑应建立管理、保养、维修制度。

4 材　料

4.1 一般规定

4.1.1 倒置式屋面的防水层材料耐久性应符合设计要求；保温层应选用表观密度小、压缩强度大、导热系数小、吸水率低的保温材料，不得使用松散保温材料。

4.1.2 防水、保温材料应具有出厂合格证、质量检验报告和现场见证取样复验报告。

4.1.3 防水、保温材料检验应符合本规程附录A和附录B的规定。

4.1.4 防水、保温材料应符合国家现行相关标准对有害物质限量的规定，不得对周围环境造成污染。

4.2 防水材料

4.2.1 防水材料的物理性能和外观质量应符合现行国家标准《屋面工程技术规范》GB 50345的规定。

4.2.2 防水层的厚度应符合设计要求。

4.3 保温材料

4.3.1 保温材料的性能应符合下列规定：

　1　导热系数不应大于0.080W/(m·K)；

　2　使用寿命应满足设计要求；

　3　压缩强度或抗压强度不应小于150kPa；

　4　体积吸水率不应大于3%；

　5　对于屋顶基层采用耐火极限不小于1.00h的不燃烧体的建筑，其屋顶保温材料的燃烧性能不应低于B_2级；其他情况，保温材料的燃烧性能不应低于B_1级。

4.3.2 倒置式屋面的保温材料可选用挤塑聚苯乙

泡沫塑料板、硬泡聚氨酯板、硬泡聚氨酯防水保温复合板、喷涂硬泡聚氨酯及泡沫玻璃保温板等。模塑聚苯乙烯泡沫塑料板的吸水率应符合设计要求。

4.3.3 挤塑聚苯乙烯泡沫塑料板的主要物理性能应符合表4.3.3的规定。

表4.3.3 挤塑聚苯乙烯泡沫塑料板主要物理性能

试验项目	性能指标				试验方法
	X150	X250	X350	X600	
压缩强度，kPa	≥150	≥250	≥350	≥600	现行国家标准《硬质泡沫塑料 压缩性能的测定》GB/T 8813
导热系数(25℃)，W/(m·K)	≤0.030	≤0.030	≤0.030	≤0.030	现行国家标准《绝热材料稳态热阻及有关特性的测定 防护热板法》GB/T 10294
吸水率(V/V)，%	≤1.5	≤1.0	≤1.0	≤1.0	现行国家标准《硬质泡沫塑料 吸水率的测定》GB/T 8810
表观密度，kg/m³	≥20	≥25	≥30	≥40	现行国家标准《泡沫塑料及橡胶 表观密度的测定》GB/T 6343
尺寸稳定性(70℃，48h)，%	≤1.5	≤1.5	≤1.5	≤1.5	现行国家标准《硬质泡沫塑料 尺寸稳定性试验方法》GB/T 8811
水蒸气渗透系数(23℃，RH50%)，ng/(m·s·Pa)	≤3.5	≤3	≤3	≤2	现行行业标准《硬质泡沫塑料 水蒸气透过性能的测定》QB/T 2411
燃烧性能等级	不低于B₂级				现行国家标准《建筑材料及制品燃烧性能分级》GB 8624

4.3.4 模塑聚苯乙烯泡沫塑料板的主要物理性能应符合表4.3.4的规定。

表4.3.4 模塑聚苯乙烯泡沫塑料板主要物理性能

试验项目	性能指标				试验方法
	Ⅲ型	Ⅳ型	Ⅴ型	Ⅵ型	
压缩强度，kPa	≥150	≥200	≥300	≥400	现行国家标准《硬质泡沫塑料 压缩性能的测定》GB/T 8813
导热系数(25℃)，W/(m·K)	≤0.039	≤0.039	≤0.039	≤0.039	现行国家标准《绝热材料稳态热阻及有关特性的测定 防护热板法》GB/T 10294
吸水率(V/V)，%	≤2.0	≤2.0	≤2.0	≤2.0	现行国家标准《硬质泡沫塑料 吸水率的测定》GB/T 8810

续表4.3.4

试验项目	性能指标				试验方法
	Ⅲ型	Ⅳ型	Ⅴ型	Ⅵ型	
表观密度，kg/m³	≥30	≥40	≥50	≥60	现行国家标准《泡沫塑料及橡胶 表观密度的测定》GB/T 6343
尺寸稳定性(70℃，48h)，%	≤1.5	≤1.5	≤1.5	≤1.5	现行国家标准《硬质泡沫塑料 尺寸稳定性试验方法》GB/T 8811
水蒸气渗透系数(23℃，RH50%)，ng/(m·s·Pa)	4.5	4	3	2	现行行业标准《硬质泡沫塑料 水蒸气透过性能的测定》QB/T 2411
燃烧性能等级	不低于B₂级				现行国家标准《建筑材料及制品燃烧性能分级》GB 8624

4.3.5 喷涂硬泡聚氨酯的主要物理性能应符合表4.3.5-1的规定，硬泡聚氨酯板的主要物理性能应符合表4.3.5-2的规定。

表4.3.5-1 喷涂硬泡聚氨酯主要物理性能

试验项目	性能指标			试验方法
	Ⅰ型	Ⅱ型	Ⅲ型	
表观密度，kg/m³	≥35	≥45	≥55	现行国家标准《泡沫塑料及橡胶 表观密度的测定》GB/T 6343
导热系数，W/(m·K)	≤0.024	≤0.024	≤0.024	现行国家标准《绝热材料稳态热阻及有关特性的测定 防护热板法》GB/T 10294
压缩强度，kPa	≥150	≥200	≥300	现行国家标准《硬质泡沫塑料 压缩性能的测定》GB/T 8813
断裂延伸率，%	≥7.0			现行国家标准《硬质泡沫塑料 拉伸性能试验方法》GB/T 9641
不透水性(无结皮，0.2MPa，30min)	—	不透水	不透水	现行国家标准《硬泡聚氨酯保温防水工程技术规范》GB 50404
尺寸稳定性(70℃，48h)，%	≤1.5	≤1.5	≤1.0	现行国家标准《硬质泡沫塑料 尺寸稳定性试验方法》GB/T 8811
吸水率(V/V)，%	≤3.0	≤2.0	≤1.0	现行国家标准《硬质泡沫塑料 吸水率的测定》GB/T 8810
燃烧性能等级	不低于B₂级			现行国家标准《建筑材料及制品燃烧性能分级》GB 8624

表 4.3.5-2　硬泡聚氨酯板主要物理性能

试验项目	性能指标		试 验 方 法
	A型	B型	
表观密度，kg/m³	≥35	≥35	现行国家标准《泡沫塑料及橡胶　表观密度的测定》GB/T 6343
导热系数，W/(m·K)	≤0.024	≤0.024	现行国家标准《绝热材料稳态热阻及有关特性的测定　防护热板法》GB/T 10294
压缩强度，kPa	≥150	≥200	现行国家标准《硬质泡沫塑料压缩性能的测定》GB/T 8813
不透水性（无结皮，0.2MPa，30min）	不透水	不透水	现行国家标准《硬泡聚氨酯保温防水工程技术规范》GB 50404
尺寸稳定性（70℃，48h），%	≤1.5	≤1.0	现行国家标准《硬质泡沫塑料尺寸稳定性试验方法》GB/T 8811
芯材吸水率(V/V)，%	≤3.0	≤1.0	现行国家标准《硬质泡沫塑料吸水率的测定》GB/T 8810
燃烧性能等级	不低于B₂级		现行国家标准《建筑材料及制品燃烧性能分级》GB 8624

4.3.6 硬泡聚氨酯防水保温复合板的主要物理性能应符合表4.3.6的规定。

表 4.3.6　硬泡聚氨酯防水保温复合板主要物理性能

试验项目	性能指标	试 验 方 法
表观密度，kg/m³	≥35	现行国家标准《泡沫塑料及橡胶　表观密度的测定》GB/T 6343
导热系数，W/(m·K)	≤0.024	现行国家标准《绝热材料稳态热阻及有关特性的测定　防护热板法》GB/T 10294
压缩强度，kPa	≥200	现行国家标准《硬质泡沫塑料压缩性能的测定》GB/T 8813
不透水性（无结皮，0.2MPa，30min）	不透水	现行国家标准《硬泡聚氨酯保温防水工程技术规范》GB 50404
尺寸稳定性（70℃，48h），%	≤1.0	现行国家标准《硬质泡沫塑料尺寸稳定性试验方法》GB/T 8811
芯材吸水率（V/V），%	≤1.0	现行国家标准《硬质泡沫塑料吸水率的测定》GB/T 8810
燃烧性能等级	不低于B₂级	现行国家标准《建筑材料及制品燃烧性能分级》GB 8624
卷材或涂膜性能		满足现行国家标准《屋面工程技术规范》GB 50345对防水材料的要求

4.3.7 泡沫玻璃保温板的主要物理性能应符合表4.3.7的规定。

表 4.3.7　泡沫玻璃保温板主要物理性能

试验项目	性能指标	试 验 方 法
表观密度，kg/m³	≥150	现行国家标准《无机硬质绝热制品试验方法》GB/T 5486
导热系数，W/(m·K)	≤0.062	现行国家标准《绝热材料稳态热阻及有关特性的测定　防护热板法》GB/T 10294
抗压强度，kPa	≥400	现行国家标准《无机硬质绝热制品试验方法》GB/T 5486
吸水率（V/V），%	≤0.5	现行国家标准《无机硬质绝热制品试验方法》GB/T 5486

4.3.8 屋面复合保温板的主要物理性能应符合表4.3.8的规定。

表 4.3.8　屋面复合保温板主要物理性能

试验项目	性能指标	试 验 方 法
表观密度，kg/m³	≥180	现行国家标准《无机硬质绝热制品试验方法》GB/T 5486
导热系数，W/(m·K)	≤0.070	现行国家标准《绝热材料稳态热阻及有关特性的测定　防护热板法》GB/T 10294
抗压强度，kPa	≥200	现行国家标准《无机硬质绝热制品试验方法》GB/T 5486
吸水率（V/V），%	≤3.0	现行国家标准《无机硬质绝热制品试验方法》GB/T 5486

4.3.9 保温材料胶粘剂应与保温材料和防水材料相容，其粘结强度应符合设计要求。

4.3.10 有机泡沫保温材料在运输和贮存中应远离火源和化学溶剂，避免日光暴晒、风吹雨淋，并应避免长期受压和其他机械损伤。

4.3.11 现场喷涂硬泡聚氨酯的原材料应密封包装，在贮运过程中严禁烟火，应通风、干燥，并防止暴晒、雨淋；不得接近热源、接触强氧化和腐蚀性化学品；进场后应分类存放。

4.3.12 泡沫玻璃板在运输中应有防振、防潮措施，进场后应在室内存放，堆放场地应坚实、平整、干燥。

4.3.13 屋面复合保温板在运输和贮存过程中，应将屋面复合保温板的保护层面相向侧立堆放、靠紧挤实、堆码整齐，堆放高度不得超过 1.8m，不得碰撞损坏和品种混杂。

5 设 计

5.1 一般规定

5.1.1 倒置式屋面设计应包括下列内容：

1 屋面防水等级、设防要求和保温要求；

2 屋面构造；

3 屋面节能；

4 防水层材料的选用；

5 保温层材料的选用；

6 屋面保护层及排水系统；

7 细部构造。

5.1.2 倒置式屋面基本构造宜由结构层、找坡层、找平层、防水层、保温层及保护层组成（图 5.1.2）。

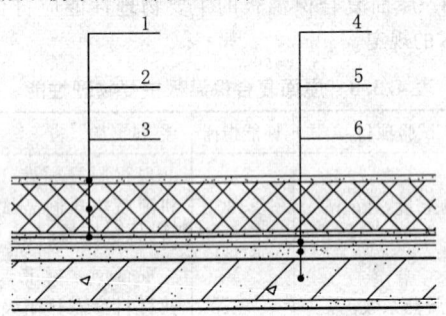

图 5.1.2 倒置式屋面基本构造
1—保护层；2—保温层；3—防水层；
4—找平层；5—找坡层；6—结构层

5.1.3 倒置式屋面坡度不宜小于 3%。

5.1.4 当倒置式屋面坡度大于 3% 时，应在结构层采取防止防水层、保温层及保护层下滑的措施。坡度大于 10% 时，应沿垂直于坡度的方向设置防滑条，防滑条应与结构层可靠连接。

5.1.5 保护层的设计应根据倒置式屋面的使用功能、自然条件、屋面坡度合理确定。

5.1.6 倒置式屋面可不设置透气孔或排气槽。

5.1.7 天沟、檐沟的纵向坡度不应小于 1%，沟底水落差不应超过 200mm，檐沟排水不得流经变形缝和防火墙。

5.1.8 倒置式屋面水落管的数量，应按现行国家标准《建筑给水排水设计规范》GB 50015 的有关规定，通过计算确定。

5.1.9 当采用二道防水设防时，宜选用防水涂料作为其中一道防水层。

5.1.10 硬泡聚氨酯防水保温复合板可作为次防水层用于两道防水设防屋面。

5.1.11 屋顶与外墙交界处、屋顶开口部位四周的保温层，应采用宽度不小于 500mm 的 A 级保温材料设置水平防火隔离带。

5.1.12 当采用屋面复合保温板做保温层时，可不另设保护层。

5.2 设计要求

5.2.1 倒置式屋面找坡层设计应符合下列规定：

1 屋面宜结构找坡；

2 当屋面单向坡长大于 9m 时，应采用结构找坡；

3 当屋面采用材料找坡时，坡度宜为 3%，最薄处找坡层厚度不得小于 30mm。找坡宜采用轻质材料或保温材料。

5.2.2 倒置式屋面找平层设计应符合下列规定：

1 防水层下应设找平层；

2 结构找坡的屋面可采用原浆表面抹平、压光；

3 找平层可采用水泥砂浆或细石混凝土，厚度宜为 15mm～40mm；

4 找平层应设分格缝，缝宽宜为 10mm～20mm，纵横缝的间距不宜大于 6m；纵横缝应用密封材料嵌填；

5 在突出屋面结构的交接处以及基层的转角处均应做成圆弧形，圆弧半径不宜小于 130mm。

5.2.3 防水材料的选用应符合下列规定：

1 选用的材料应符合现行国家标准《屋面工程技术规范》GB 50345 的规定；

2 应选用耐腐蚀、耐霉烂、适应基层变形能力的防水材料。

5.2.4 倒置式屋面保温层的厚度确定应根据现行国家标准《民用建筑热工设计规范》GB 50176 进行热工计算。

5.2.5 倒置式屋面保温层的设计厚度应按计算厚度增加 25% 取值，且最小厚度不得小于 25mm。

5.2.6 倒置式屋面保护层设计应符合下列规定：

1 保护层可选用卵石、混凝土板块、地砖、瓦材、水泥砂浆、细石混凝土、金属板材、人造草皮、种植植物等材料；

2 保护层的质量应保证当地 30 年一遇最大风力时保温板不被刮起和保温层在积水状态下不浮起；

3 当采用板块材料、卵石作保护层时，在保温层与保护层之间应设置隔离层；

4 当采用卵石保护层时，其粒径宜为 40mm～80mm；

5 当采用板块材料作上人屋面保护层时，板块材料应采用水泥砂浆坐浆平铺，板缝应采用砂浆勾缝处理；当屋面为非功能性上人屋面时，板块材料可干铺，厚度不应小于 30mm；

6 当采用种植植物作保护层时，应符合现行行业标准《种植屋面工程技术规程》JGJ 155 的规定；

7 当采用水泥砂浆保护层时，应设表面分格缝，分格面积宜为 1m²；

8 当采用板块材料、细石混凝土作保护层时，应设分格缝，板块材料分格面积不宜大于 100m²；细石混凝土分格面积不宜大于 36m²；分格缝宽度不宜小于 20mm；分格缝应用密封材料嵌填。

9 细石混凝土保护层与山墙、凸出屋面墙体、女儿墙之间应预留宽度为 30mm 的缝隙。

5.3 细部构造

5.3.1 屋面细部构造的设计应符合下列规定：

1 檐口、檐沟和天沟、女儿墙和山墙、水落口、变形缝、伸出屋面管道、屋面出入口、设施基座等细部节点部位应增设防水附加层，平面与立面交接处的卷材应空铺；

2 细部节点应采用高弹性、高延伸性防水和密封材料；

3 细部节点的密封防水构造应使密封部位不渗水，并应满足防水层合理使用年限的要求；

4 在与室内空间有关联的细部节点处，应铺设保温层。

5.3.2 天沟、檐沟的防水保温构造（图 5.3.2）应符合下列规定：

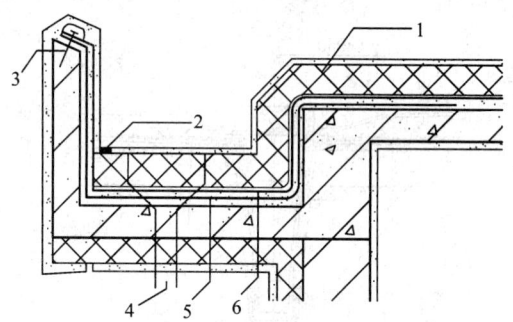

图 5.3.2 天沟、檐沟的防水保温构造
1—保温层；2—密封材料；3—压条钉压；4—水落口；
5—防水附加层；6—防水层

1 檐沟、天沟及其与屋面板交接处应增设防水附加层；

2 防水层应由沟底翻上至沟外侧顶部。卷材收头应用金属压条钉压，并应用密封材料封严；涂膜收头应用防水涂料涂刷 2～3 遍或用密封材料封严；

3 檐沟外侧顶部及侧面均应抹保温砂浆，其下端应做成鹰嘴或滴水槽；

4 保温层在天沟、檐沟的上下两面应满铺或连续喷涂。

5.3.3 女儿墙、山墙防水保温构造应符合下列规定：

1 女儿墙和山墙泛水处的防水卷材应满粘，墙体和屋面转角处的卷材宜空铺，空铺宽度不应小于 200mm；

2 低女儿墙和山墙，防水材料可直接铺至压顶下，泛水收头应采用水泥钉配垫片钉压固定和密封膏封严；涂膜应直接涂刷至压顶下，泛水收头应用防水涂料多遍涂刷，压顶应做防水处理（图 5.3.3-1）；

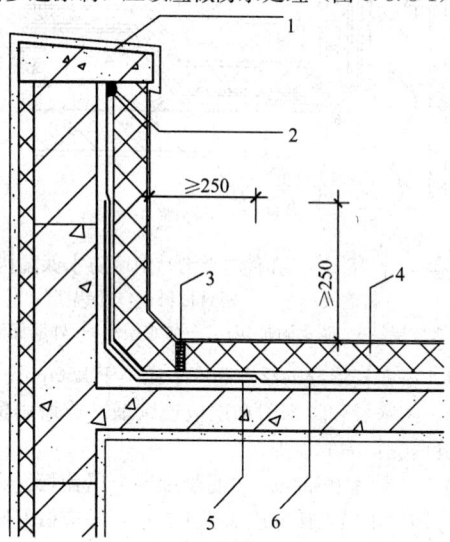

图 5.3.3-1 低女儿墙、山墙防水保温构造
1—压顶；2、3—密封材料；4—保温层；
5—防水附加层；6—防水层

3 高女儿墙和山墙，防水材料应连续铺至泛水高度，泛水收头应采用水泥钉配垫片钉压固定和密封膏封严，墙体顶部应做防水处理（图 5.3.3-2、图 5.3.3-3）；

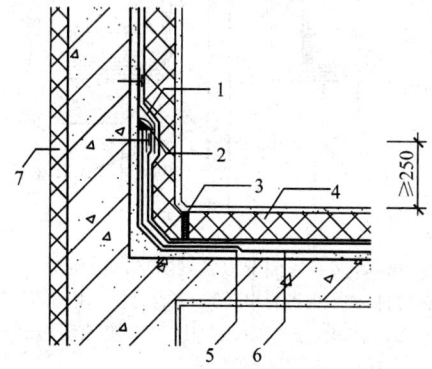

图 5.3.3-2 高女儿墙（无内天沟）、
山墙防水保温构造
1—金属盖板；2、3—密封材料；4—保温层；
5—防水附加层；6—防水层；7—外墙保温

4 低女儿墙和山墙的保温层应铺至压顶下；高女儿墙和山墙内侧的保温层应铺至女儿墙和山墙的顶部；

5 墙体根部与保温层间应设置温度缝，缝宽宜为 15mm～20mm，并应用密封材料封严。

5.3.4 屋面变形缝处防水保温构造（图 5.3.4）应符合下列规定：

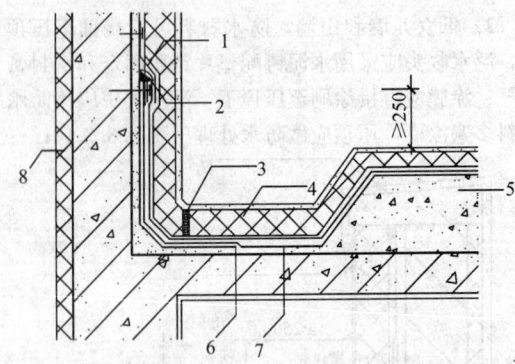

图 5.3.3-3　高女儿墙(有内天沟)、山墙防水保温构造

1—金属盖板；2、3—密封材料；4—保温层；
5—找坡层；6—防水附加层；7—防水层；8—外墙保温

1　屋面变形缝的泛水高度不应小于 250mm；

2　防水层和防水附加层应连续铺贴或涂刷覆盖变形缝两侧挡墙的顶部；

3　变形缝顶部应加扣混凝土或金属盖板，金属盖板应铺钉牢固，接缝应顺流水方向，并应做好防锈处理；变形缝内应填充泡沫塑料，上部应放置衬垫材料，并应采用卷材封盖；

4　保温材料应覆盖变形缝挡墙的两侧。

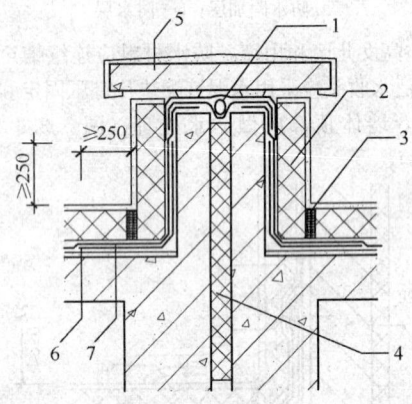

图 5.3.4　屋面变形缝处防水保温构造

1—衬垫材料；2—保温材料；3—密封材料；4—泡沫塑料；
5—盖板；6—防水附加层；7—防水层

5.3.5　屋面高低跨变形缝处防水保温构造（图 5.3.5）应符合下列规定：

1　高低跨变形缝的泛水高度不应小于 250mm；

2　变形缝挡墙顶部水平段防水层和附加层不宜粘牢；

3　变形缝内应填充泡沫塑料，并应与墙体粘牢；

4　变形缝应采用金属盖板和卷材覆盖，金属盖板水平段宜采取泛水处理，接缝应用密封材料嵌填；

5　变形缝挡墙侧面和顶部以及高跨墙面应覆盖保温材料。

5.3.6　屋面水落口处防水保温构造应符合下列规定：

1　水落口距女儿墙、山墙端部不宜小于

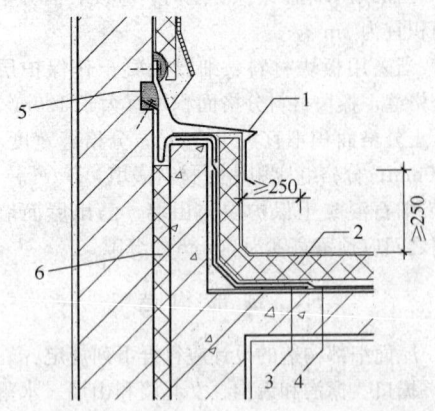

图 5.3.5　屋面高低跨变形缝处防水保温构造

1—金属盖板；2—保温层；3—防水附加层；
4—防水层；5—密封材料；6—泡沫塑料

500mm，水落口杯上口的标高应设置在沟底的最低处；

2　以水落口为中心、直径 500mm 范围内，应增铺防水附加层，防水层贴入水落口杯内不应小于 50mm，并应用防水涂料涂刷；

3　水落口杯与基层接触部位应留宽 20mm、深 20mm 凹槽，并应用密封材料封严（图 5.3.6-1、图 5.3.6-2）；

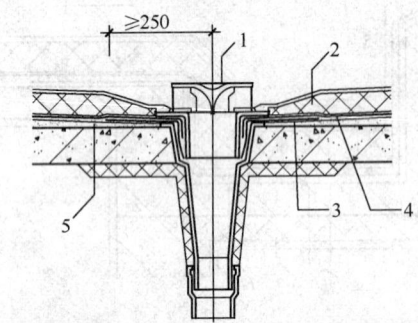

图 5.3.6-1　直排水落口处防水保温构造

1—水落口；2—保温层；3—防水附加层；
4—防水层；5—找坡层

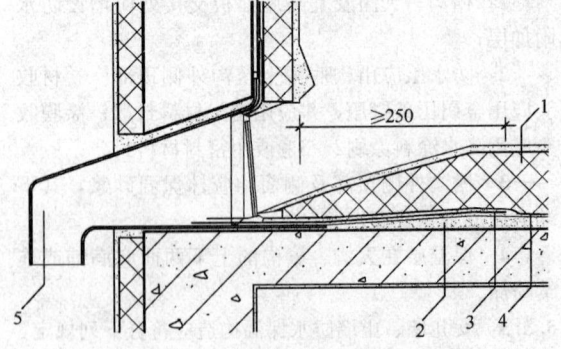

图 5.3.6-2　侧水落口处防水保温构造

1—保温层；2—找坡层；3—防水附加层；
4—防水层；5—水落口

4 保温层应铺至水落口边，距水落口周围直径500mm的范围内均匀减薄，并应形成不小于5%的坡度。

5.3.7 屋面出入口处防水保温构造应符合下列规定：

1 屋面出入口泛水距屋面高度不应小于250mm；

2 屋面水平出入口防水层和附加层收头应压在混凝土踏步下，屋面踏步与屋面保护层接缝处应采用密封材料封严（图5.3.7-1）；

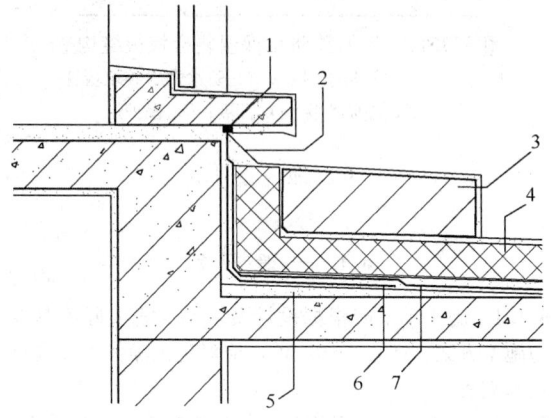

图 5.3.7-1 屋面水平出入口处防水保温构造

1—密封材料；2—保护层；3—踏步；4—保温层；
5—找坡层；6—防水附加层；7—防水层

3 屋面垂直出入口防水层和附加层收头应钉压固定在混凝土压顶圈梁下（图5.3.7-2）；

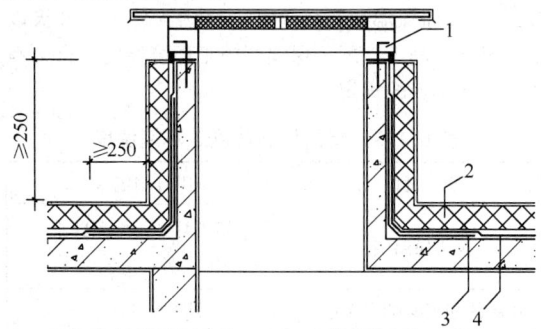

图 5.3.7-2 屋面垂直出入口处防水保温构造

1—上人孔盖及压顶圈梁；2—保温层；
3—防水附加层；4—防水层

4 屋面水平出入口保温层应连续铺设或喷涂至混凝土踏步处，立面处应粘牢；

5 屋面垂直出入口保温层应连续铺设或喷涂至混凝土压顶圈梁下。

5.3.8 伸出屋面管道防水保温构造（图5.3.8）应符合下列规定：

1 伸出屋面管道泛水距屋面高度不应小于250mm；

2 在管道根部外径不小于100mm范围内，保护层应形成高度不小于30mm的排水坡；

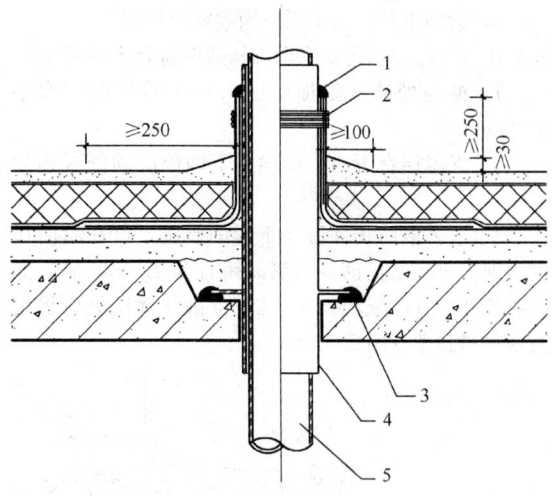

图 5.3.8 伸出屋面管道防水保温构造

1、3—密封材料；2—金属箍；
4—套管；5—伸出屋面管道

3 管道根部四周防水附加层的宽度和高度均不应小于300mm，管道上防水层收头处应用金属箍紧固，并应采用密封材料封严；

4 板状保温层应铺至管道根部，现喷保温层应连续喷涂至管道泛水高度处，收头应采用金属箍将现喷保温层箍紧。

5.3.9 屋面设施基座的防水保温构造应符合下列规定：

1 设施基座与结构层相连时，防水层和保温层应包裹设施基座的上部，在地脚螺栓周围应做密封处理（图5.3.9）；

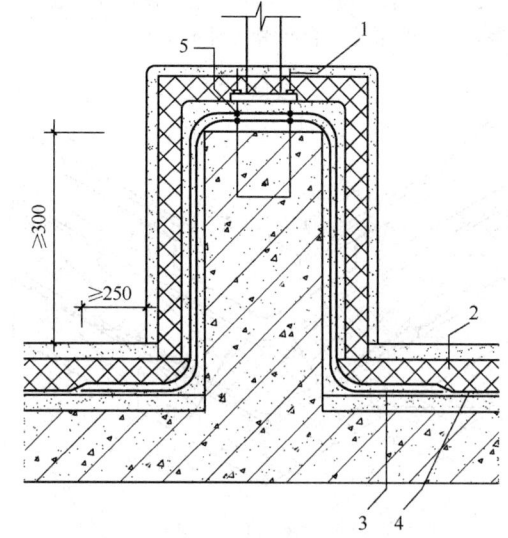

图 5.3.9 屋面设施基座的防水保温构造

1—预埋螺栓；2—保温层；3—防水附加层；
4—防水层；5—密封材料

2 在屋面保护层上放置设施时，设施基座区域保护层应采用细石混凝土覆盖，其厚度不应小于

50mm，设施下部的防水层应做卷材附加层。

5.3.10 瓦屋面檐沟防水保温构造应符合下列规定：

　　1 檐沟处防水附加层深入屋面的长度不宜小于200mm；

　　2 保温层在天沟、檐沟上下两侧应满铺或连续喷涂；

　　3 应采取防止保温层下滑的措施，可在屋面板内预埋多排φ12锚筋，锚筋间距宜为1.5m，伸出保温层长度不宜小于25mm，锚筋穿破防水层处应采用密封材料封严（图5.3.10）。

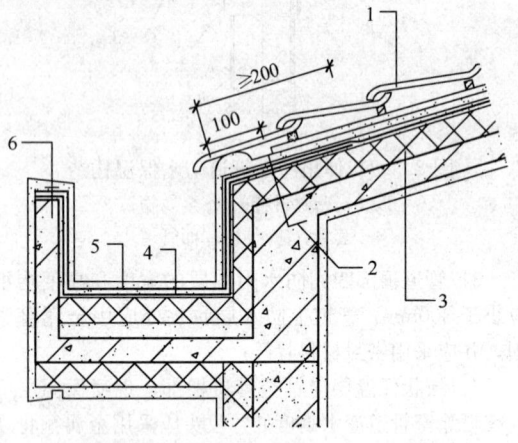

图5.3.10　瓦屋面檐沟防水保温构造
1—屋面瓦；2—锚筋；3—保温层；4—防水附加层；
5—防水层；6—压条钉压

5.3.11 瓦屋面天沟防水保温构造应符合下列规定：

　　1 天沟底部沿天沟中心线应铺设附加防水层，每边宽度不应小于450mm，并应深入平瓦下；

　　2 天沟部位应设置金属板瓦覆盖，在平瓦下应上翻，并应和平瓦结合严密（图5.3.11）。

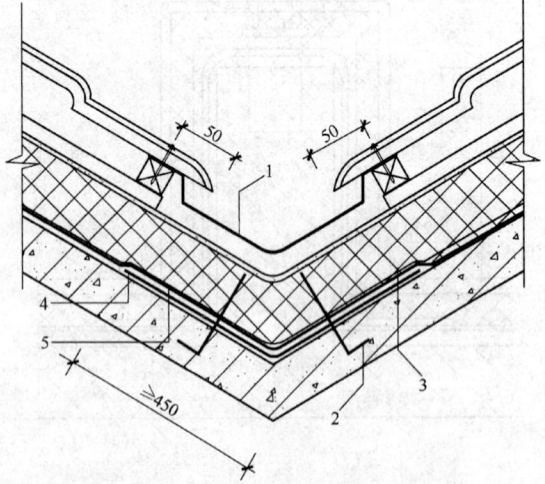

图5.3.11　瓦屋面天沟防水保温构造
1—防水金属板瓦；2—预埋锚筋；3—保温层；
4—防水附加层；5—防水层

5.3.12 硬泡聚氨酯防水保温复合板间的板缝构造应符合下列规定：

　　1 在接缝底部应附加一层宽度不小于300mm的防水衬布，防水衬布上应满涂粘结密封胶（图5.3.12）；

　　2 接缝应采用专用防水密封胶填缝。

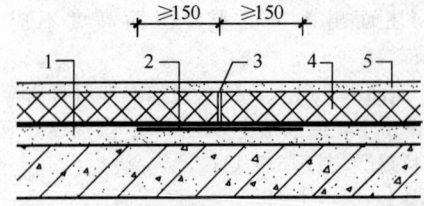

图5.3.12　聚氨酯防水保温复合板板缝构造
1—找平层；2—防水衬布；3—防水密封胶填板缝；
4—聚氨酯防水保温复合板；5—保护层

6　施　工

6.1　一般规定

6.1.1 施工单位应根据设计要求和工程实际编制专项施工方案。在施工作业前，应对施工操作人员进行技术交底。

6.1.2 施工单位应对施工进行过程控制和质量检查，并应有完整的检查记录。

6.1.3 屋面防水层、保温层的厚度应符合设计要求。

6.1.4 伸出屋面的管道、烟道、设备、设施或预埋件等，应在结构层固定，防水层和保温层应紧密包裹，并应做密封处理。

6.1.5 屋面保温层不宜在雨天、雪天施工；五级以上大风不得施工；屋面保温层施工环境温度应符合本规程表6.1.5的规定。

表6.1.5　屋面保温层施工环境温度

项　目	施工环境温度
板块保温层	采用胶粘剂或水泥砂浆粘结施工时，不低于5℃
喷涂硬泡聚氨酯保温层	15℃～35℃

6.1.6 施工中应设置安全防护设施，当坡度大于15%的坡屋面施工时，应设有防滑梯、安全带和护身栏杆等安全设施。

6.1.7 在倒置式屋面工程施工完成后，应进行成品保护，不得随意打孔、明火作业、运输或堆放重物等。

6.2　找坡层、找平层施工

6.2.1 屋面的找坡层、找平层应在结构层验收合格后再进行施工。

6.2.2 找坡层、找平层的材料及配合比应符合设计要求。

6.2.3 当找坡层、找平层采用水泥拌合的轻质材料，施工环境温度低于5℃时，应采取冬期施工措施。

6.2.4 找坡层、找平层施工前应将基层表面清理干净，并应进行浇水湿润、涂刷水泥浆或其他界面材料。

6.2.5 找坡层、找平层施工应保证设计要求的平整度及坡度。

6.2.6 找坡层、找平层的分格缝设置应符合设计要求。

6.2.7 基层与女儿墙、变形缝、管道、山墙等突出屋面结构的交接处应做成圆弧形，并应满足设计要求的圆弧半径。水落口周边应做成凹坑，并应采用密封材料密封。

6.2.8 水泥砂浆或细石混凝土找平层完工后，应进行覆盖湿润养护。

6.3 防水层施工

6.3.1 铺设防水层前，应对基层进行验收，基层应平整、干净。

6.3.2 屋面防水层施工应符合现行国家标准《屋面工程技术规范》GB 50345 的规定。

6.3.3 防水层在女儿墙、变形缝、管道、山墙等突出屋面结构处施工时，防水层的泛水高度在保温层和保护层施工后不应小于 250mm。

6.4 保温层施工

6.4.1 保温层施工前，防水层应验收合格。

6.4.2 保温层施工时应铺设临时保护层，对防水层进行保护。

6.4.3 坡屋面保温层应固定牢固，应有防止滑动、脱落的措施。

6.4.4 当采用保温板材时，坡度不大于3%的不上人屋面可采取干铺法，上人屋面宜采用粘结法；坡度大于3%的屋面应采用粘结法，并应采取固定防滑措施。

6.4.5 保温板材铺设应紧密、拼缝处应严密。

6.4.6 保温板材应采用专用工具裁切，裁切边应垂直、平整。在出屋面管道、设备基座周围铺设保温板时，切割应准确。

6.4.7 在水落口位置处，保温板材的铺设应保证水流畅通。

6.4.8 当保温板材采用干铺法时，应符合下列规定：

　　1 铺设保温板材的基层应平整、干净；

　　2 相邻板材应错缝拼接，板边厚度一致，分层铺设的板材上下层接缝应相互错开，板间缝隙应采用同类材料填嵌密实；

　　3 保温层与基层连接的节点收口部位，应按表面形状修整保温板材；对保温层周边与垂直面交汇处，应做过渡处理；

　　4 施工中应有防止板材被大风刮走、飘落的措

施，并应保证板材的完整，防止损伤、断裂、缺棱。

6.4.9 当保温板材采用粘贴法时，应符合下列规定：

　　1 当采用专用胶粘剂粘贴保温板材时，保温板材与基层在天沟、檐沟、边角处应满涂胶结材料，其他部位可采用点粘或条粘，并应使其互相贴严、粘牢，缺角处应用碎屑加胶粘剂拌匀填补严密；

　　2 当采用有机胶粘剂粘贴保温板材时，施工环境温度应符合本规范表 6.1.5 的规定；

　　3 胶粘剂厚度不应小于 5mm；

　　4 保温板材铺设后，在胶粘剂凝固前不得上人踩踏；

　　5 保温层胶粘剂凝固后宜尽快施工保护层，当不能及时进行保护层施工时，应在保温板材上铺设压重材料。

6.4.10 喷涂硬泡聚氨酯保温层施工应符合下列规定：

　　1 喷涂硬泡聚氨酯屋面保温施工应使用专用喷涂设备；

　　2 喷涂硬泡聚氨酯的配合比应准确计量，发泡厚度应均匀一致；

　　3 施工前应对喷涂设备进行调试及材料性能检测，并宜喷涂三块 500mm×500mm、厚度不小于 50mm 的试块试验；

　　4 喷嘴与施工基层的间距宜为 200mm～400mm；

　　5 根据设计厚度，一个作业面应分层喷涂完成，每层厚度不宜大于 20mm，当日的施工作业面应于当日连续喷涂完毕；

　　6 在天沟、檐沟的连接处应连续喷涂，屋面与女儿墙、变形缝、管道、山墙等突出屋面结构处应连续喷涂至泛水高度；

　　7 风力不宜大于三级，空气相对湿度宜小于85%；

　　8 硬泡聚氨酯喷涂后不得将喷涂设备工具置于已喷涂层上，且 30min 内不得上人。

6.4.11 硬泡聚氨酯防水保温复合板施工应符合下列规定：

　　1 施工前应对基层质量进行验收，基层排水坡度应符合设计要求，表面应做到平整、坚实、干净；

　　2 硬泡聚氨酯防水保温复合板应采用专用粘结砂浆点粘法或条粘法施工；

　　3 施工环境温度应符合本规程表 6.1.5 规定；

　　4 夏季粘贴保温板材前，施工基层应用清水润湿；

　　5 保温板材粘贴就位 24h 后，应对接缝进行防水处理。

6.4.12 坡屋面保温板材施工应符合下列规定：

　　1 保温板材施工应自屋盖的檐口向上铺贴，阴角和阳角处的板块接槎时应割成角度，接槎应紧密，并应用钢丝网连接，钢丝网宽度宜为 300mm；

2 屋面及檐口处的保温板材应采用预埋件固定牢固，固定点应采用密封材料密封；

3 泡沫玻璃作为保温层时，应对泡沫玻璃表面加设玻纤布或聚酯毡保护膜。

6.5 保护层施工

6.5.1 保护层的施工应在屋面保温层验收合格后进行。

6.5.2 保护层施工应符合下列规定：

1 保护层施工不得损坏保温层；

2 保护层与保温层之间的隔离层应满铺，不得漏底，搭接宽度不应小于 100mm；

3 天沟、檐沟、出屋面管道和水落口处防水层外露部分应采取有效的保护措施；

4 保护层的分格缝宜与找平层的分格缝对齐。

6.5.3 卵石保护层施工应符合下列规定：

1 卵石直径应符合规定，卵石应满铺、铺设均匀；

2 卵石质（重）量应符合设计要求；

3 卵石下宜铺设带支点的塑料排水板，通过空腔层排水；

4 卵石铺设前，应先铺设聚酯纤维无纺布等隔离材料，并应保持水落口和天沟等处的排水畅通。

6.5.4 板块材料保护层施工应符合下列规定：

1 板块材料保护层的结合层可采用砂或水泥砂浆；

2 在板块铺砌时应根据排水坡度挂线，铺砌的板块应横平竖直，板块的接缝应对齐；

3 在砂结合层上铺砌板块时，砂结合层应洒水压实，并用刮尺刮平，板块对接铺砌、铺设平整，缝隙宽度宜为 10mm；

4 在板块铺砌完成后，宜洒水压平；

5 板缝宜用水泥砂浆勾缝；

6 在砂结合层四周 500mm 范围内，应采用水泥砂浆作结合层；

7 板块材料保护层宜留设分格缝，其纵横间距不宜大于 10m，分格缝宽度不宜小于 20mm。

6.5.5 细石混凝土保护层施工应符合下列规定：

1 混凝土的强度等级和厚度应符合设计要求，混凝土收水后应进行收浆压光；

2 混凝土应密实，表面应平整；

3 分格缝应按规定设置，一个分格内的混凝土应连续浇筑；

4 当采用钢筋网细石混凝土作保护层时，钢筋网片保护层厚度不应小于 10mm，钢筋网片在分格缝处应断开；

5 混凝土保护层浇筑完后应及时湿润养护，养护期不得少于 7d，养护完后应将分格缝清理干净。

6.5.6 分格缝的施工应符合下列规定：

1 分格缝应设置在屋面板的端头、凸出屋面交接处的根部和现浇屋面的转折处；

2 分格缝纵横向交接处应相互贯通，不宜形成 T 字形或 L 字形缝；

3 屋脊处应设置纵向分格缝；

4 分格缝纵横向间距均不应大于 6m；

5 分格缝宜与板缝位置一致，并应位于开间处，分格缝应延伸至挑檐、天沟内。

7 既有建筑倒置式屋面改造

7.1 一般规定

7.1.1 既有建筑屋面改造前，应对屋面的结构、防水性能等情况进行勘查，并宜进行现场检测和采取加固措施。

7.1.2 既有建筑屋面勘查、鉴定、设计和施工，应由具有该资质的单位和专业技术人员承担。

7.1.3 既有建筑屋面改造工程宜选用对居民干扰小、工艺便捷、工期短，有利排水防水、节能减排、环境保护的技术。

7.1.4 既有建筑屋面勘查时应具备下列资料：

1 房屋原设计资料及相关竣工资料；

2 房屋装修及改造资料；

3 历年屋面修缮资料；

4 城市建设规划和市容要求。

7.1.5 既有建筑屋面改造应重点勘查下列内容：

1 屋面荷载及使用条件的变化；

2 房屋地基基础、结构类型及重要结构构件的安全性状况；

3 屋面材料和基本构造做法；

4 屋面保温及热工缺陷状况；

5 屋面防水状况。

7.1.6 既有建筑屋面改造应核验防水层的有效性和保温层的完好程度，并宜根据工程实际需要进行结构可靠性鉴定。

7.1.7 既有建筑屋面改造应有安全防护措施，并应保护环境、文明施工。

7.2 设 计

7.2.1 既有建筑倒置式屋面改造工程设计，应由原设计单位或具备相应资质的设计单位承担。当增加屋面荷载或改变使用功能时，应先做设计方案或评估报告。

7.2.2 既有建筑倒置式屋面改造设计应符合下列规定：

1 屋面改造设计应根据勘查报告或鉴定结论和建筑节能标准要求进行；

2 当原有屋面防水层有效或经修补可达到设计

使用要求时，可作为一道防水层，并应再增设一道防水层；

3 当原有屋面防水层渗漏或保温层含水率较大时，应彻底拆除并清理干净，再按正常倒置式屋面设计；

4 保温层宜选用聚苯乙烯泡沫塑料或硬泡聚氨酯等保温材料；

5 屋面改造设计与既有建筑外立面的装饰效果应具有统一性。

7.2.3 既有建筑倒置式屋面改造设计文件应经审查合格。

7.3 施 工

7.3.1 既有建筑倒置式屋面改造施工前，施工单位应编制专项施工方案，对施工人员进行技术交底和专业技术培训，并应做好安全防护措施，对施工过程实行质量控制。

7.3.2 既有建筑倒置式屋面改造施工准备工作应包括下列内容：

1 对原屋面保护层进行清理；

2 对原防水层的损害部位修复或拆除；

3 屋面上的设备、管道等应提前安装完毕，并预留出保温层的厚度；

4 安全防护设施应安装到位。

7.3.3 在原屋面上增加保温层的倒置式屋面应符合下列规定：

1 当不拆除屋面原有排汽管时，施工中应采取保护措施；

2 当拆除屋面原有排汽管时，拆除后原有防水层在排汽管洞口处应采取封口措施；

3 屋面应清理干净，表面应用水泥砂浆或聚合物砂浆找平；

4 当屋面坡度不符合要求时，应加设找坡层。

7.3.4 原屋面彻底拆除防水保温层时，屋面改造应符合设计要求，并应按本规程第6.2节～第6.5节的规定施工。

8 质量验收

8.1 一般规定

8.1.1 倒置式屋面工程施工单位应建立各道工序自检、交接检和专职人员检查的质量控制制度，并应有完整的检查记录；每道工序完成后，应经检查合格后再进行下道工序的施工；检验批、分项工程应自检并经监理单位或建设单位验收合格。

8.1.2 倒置式屋面施工的各种材料，应按规定进行进场验收，并应按规定进行见证取样复验。

8.1.3 倒置式屋面子分部工程和分项工程划分应符合表8.1.3的规定。

表8.1.3 倒置式屋面子分部工程和分项工程划分

子分部工程	分 项 工 程
倒置式屋面	基层工程：找平层和找坡层、隔离层
	防水与密封工程：卷材防水层、涂膜防水层、复合防水层、接缝防水密封
	保温工程：板状材料保温层、喷涂硬泡聚氨酯保温层
	细部构造工程：檐口、檐沟和天沟、女儿墙和山墙、水落口、变形缝、伸出屋面管道、屋面出入口、反梁过水孔、设施基座
	保护工程：现浇保护层、板块保护层、瓦材保护层

8.1.4 倒置式屋面各分项工程宜按屋面面积每500m²～1000m²划分为一个检验批，不足500m²应作为一个检验批。

8.1.5 倒置式屋面每个检验批的抽样数量应符合下列规定：

1 防水密封各分项工程，应按每50m抽查一处，每处应为5m，且不得少于3处；

2 细部构造各分项工程，应全部进行检查；

3 其他分项工程应按屋面面积每100m²抽查一处，每处应为10m²，且不得少于3处。

8.1.6 倒置式屋面检验批质量验收应符合下列规定：

1 主控项目抽查质量应符合本规程规定；

2 一般项目抽查质量应符合本规程规定，有允许偏差的项目，80%允许偏差应符合本规程规定，其余20%不得大于允许偏差值的1.5倍；

3 质量控制资料应完整。

8.1.7 倒置式屋面分项工程质量验收应符合下列规定：

1 分项工程所含检验批均应验收合格；

2 质量控制资料应完整。

8.1.8 倒置式屋面子分部工程质量验收应符合下列规定：

1 子分部工程所含分项工程应验收合格；

2 子分部工程验收时，应提交下列文件和记录：

1）防水和保温工程施工单位专业资质证书，作业人员上岗证书；

2）工程设计图纸及会审记录、审图记录、设计变更通知单、技术核定单等；

3）施工组织设计，防水、保温施工专项方案；

4）防水、保温材料产品合格证、质量检验报告和现场抽样复检报告；

5）分项工程质量验收记录；

6）隐蔽工程验收记录；

7）施工检测记录：屋面蓄水和淋水检验记录；

8）其他质量记录或文件。

3　防水及保温功能检测应符合设计要求；

4　观感质量应符合本规程规定。

8.2　基层工程

8.2.1　倒置式屋面基层的施工质量验收可包括找坡层、找平层、隔离层等分项工程。

8.2.2　倒置式屋面基层的质量验收应符合现行国家标准《屋面工程质量验收规范》GB 50207 的规定。

8.2.3　既有建筑倒置式屋面改造工程基层的坡度不宜小于 3%。

主 控 项 目

8.2.4　找平层、找坡层所用材料的质量及配合比应符合设计要求。

检验方法：检查出厂合格证、质量检验报告和计量措施。

8.2.5　屋面排水坡度应符合设计要求。

检验方法：用水平仪（水平尺）、拉线和尺量检查。

8.2.6　隔离层所用材料质量应符合设计要求，并不得有破损和漏铺。

检验方法：检查隐蔽工程验收记录和观察检查。

一 般 项 目

8.2.7　找平层表面应压实平整，不得有酥松、起砂、起皮现象，表面平整度允许偏差应为 5mm。

检验方法：观察检查、用 2m 靠尺和楔形塞尺检查。

8.2.8　找平层分格缝位置、间距、缝宽应符合设计要求。

检验方法：观察和尺量检查。

8.2.9　基层与突出屋面结构的交接处和基层的转角处，找平层均应做成圆弧形，且应整齐平顺，圆弧半径应符合设计要求。

检验方法：观察和尺量检查。

8.2.10　找平层和找坡层表面平整度的允许偏差应分别为 5mm 和 7mm。

检验方法：用 2m 靠尺、楔形塞尺和钢尺检查。

8.2.11　隔离层的搭接缝应粘结牢固，搭接宽度不应小于 100mm。

检验方法：观察和尺量检查。

8.3　防水与密封工程

8.3.1　屋面防水与密封工程的验收应符合现行国家标准《屋面工程质量验收规范》GB 50207 的规定。

8.3.2　倒置式屋面保温层施工前屋面防水层应经蓄水或淋水检验，且不应积水和渗漏。

8.3.3　既有建筑倒置式屋面改造防水层的道数应符合改造设计要求。

8.3.4　硬泡聚氨酯防水保温复合板施工应检查板缝防水密封性能。

8.4　保 温 工 程

8.4.1　倒置式屋面保温工程的施工质量验收可包括板材和喷涂硬泡聚氨酯保温层等分项工程。

主 控 项 目

8.4.2　保温材料的导热系数、吸水率、密度、压缩强度、燃烧性能应符合设计和本规程规定。

检验方法：检查出厂合格证、检验报告和现场见证取样复验报告。

8.4.3　保温层的厚度应符合设计要求，平均厚度应大于设计厚度，厚度负偏差不应大于 5% 且不得大于 3mm。

检验方法：用钢针插入和钢尺检查。

8.4.4　保温层的铺设方式、板材缝隙填充质量及屋面热桥部位的保温做法，应符合设计和本规程的规定。

检验方法：观察检查。

8.4.5　细部构造处的保温层应铺设严密、粘结牢固，高出屋面部分应保证保温层的高度、厚度。

检验方法：观察和尺量检查。

8.4.6　坡屋面板材保温层应固定牢固。

检验方法：手扳检查。

一 般 项 目

8.4.7　保温层的铺设应符合下列规定：

1　保温层应按专项施工方案施工；

2　板材保温层应紧贴基层、铺砌平稳、拼缝严密；

3　喷涂施工的保温层，喷涂材料应配合比计量准确、搅拌均匀，喷涂应分层连续施工、表面平整、坡度正确。

检验方法：观察检查。

8.4.8　保温层表面平整度允许偏差应符合表 8.4.8 的规定：

表 8.4.8　保温层表面平整度允许偏差

项次	项　　目		允许偏差（mm）
1	喷涂硬泡聚氨酯	无找平层	7
		有找平层	5
2	保温板材		5
3	保温板材相邻接缝		3

检验方法：用 2m 靠尺、楔形塞尺和钢尺检查。

8.5　细部构造工程

8.5.1　屋面细部构造的施工质量验收可包括檐口、

檐沟和天沟、女儿墙和山墙、水落口、变形缝、伸出屋面管道、屋面出入口、反梁过水孔、设施基座等分项工程。

主控项目

8.5.2 细部构造的保温层厚度、高度应符合设计要求。

检验方法：观察和尺量检查。

8.5.3 屋面细部构造的防水构造应符合设计要求。

检验方法：观察检查和检查隐蔽工程验收记录。

8.5.4 檐口、檐沟和天沟的排水坡度应符合设计要求。

检验方法：用水平仪（水平尺）、拉线和尺量检查。

一般项目

8.5.5 用于细部构造的防水材料和密封材料应分别检查防水性能和密封可靠性。

检验方法：检查出厂合格证、检验报告和蓄水或淋水检验。

8.5.6 防水附加层的设置位置和要求应符合设计要求。

检验方法：观察和尺量检查。

8.6 保护层工程

8.6.1 保护层工程的施工质量验收可包括现浇、板块、瓦材等分项工程。

主控项目

8.6.2 保护层材料的质量应符合相关标准要求。

检验方法：检查出厂合格证、质量检验报告。

8.6.3 保护层表面的排水坡度应符合设计要求，不得有倒坡或积水现象。

检验方法：用坡度尺检查及雨后或淋水检验。

8.6.4 水泥砂浆、细石混凝土应符合材料性能要求。

检验方法：检查配合比及抗压强度试验报告。

8.6.5 卵石保护层质（重）量应符合设计要求。

检验方法：按堆积密度计算其质（重）量。

8.6.6 坡屋面保护层应固定牢固。

检验方法：手扳检查。

一般项目

8.6.7 现浇保护层厚度应符合设计要求，表面不得有裂缝、起壳、起砂等缺陷。

检验方法：观察检查。

8.6.8 板块材料保护层应接缝平整、周边顺直、表面洁净，不得有裂缝、掉角和缺棱等缺陷。

检验方法：观察检查。

8.6.9 卵石保护层的卵石铺设应分布均匀，粒径应满足要求。

检验方法：观察和尺量检查。

8.6.10 保护层施工允许偏差应符合表 8.6.10 的规定：

表 8.6.10 保护层施工允许偏差

项次	项 目		允许偏差（mm）
1	表面平整度	现浇保护层	4
		块体材料保护层	3
2	分格缝平直度		3
3	板块材料保护层板块接缝高低差		1
4	板块材料保护层板块间隙宽度		2
5	保护层厚度		±10%厚度，且绝对值不大于5

检验方法：用靠尺、楔形塞尺、钢针插入和尺量检查。

附录 A 倒置式屋面工程防水、保温材料标准和试验方法标准

A.0.1 倒置式屋面保温材料标准和试验方法标准应按表 A.0.1 的规定选用。

表 A.0.1 倒置式屋面保温材料标准和试验方法标准

类别	标准名称	标准号
保温材料	绝热用挤塑聚苯乙烯泡沫塑料	GB/T 10801.2
	绝热用模塑聚苯乙烯泡沫塑料	GB/T 10801.1
	喷涂聚氨酯硬泡体保温材料	JC/T 998
	建筑绝热用硬质聚氨酯泡沫塑料	GB/T 21558
	泡沫玻璃绝热制品	JC/T 647
试验方法	硬质泡沫塑料 压缩性能的测定	GB/T 8813
	绝热材料稳态热阻及有关特性的测定 防护热板法	GB/T 10294
	硬质泡沫塑料 吸水率的测定	GB/T 8810
	泡沫塑料及橡胶 表观密度的测定	GB/T 6343
	硬质泡沫塑料 尺寸稳定性试验方法	GB/T 8811
	建筑材料及制品燃烧性能分级	GB 8624
	无机硬质绝热制品试验方法	GB/T 5486
	硬质泡沫塑料 拉伸性能试验方法	GB/T 9641
	硬质泡沫塑料 水蒸气透过性能的测定	QB/T 2411

A.0.2 倒置式屋面防水材料和试验方法应符合现行国家标准《屋面工程技术规范》GB 50345 的相关规定。

附录 B 倒置式屋面工程防水、保温材料现场抽样检验要求

B.0.1 保温材料现场抽样检验应符合表 B.0.1 的规定。

表 B.0.1 保温材料现场抽样检验

序号	材料名称	现场抽样数量	外观质量检验	物理性能检验
1	挤塑型聚苯乙烯泡沫塑料板	同一生产厂家、同一品种、同一批号且不超过 200m³ 的产品为一批，每批抽样不少于一次	外形基本平整，无严重凹凸不平；厚度允许偏差为 5%，且不大于 4mm	导热系数、表观密度、压缩强度、燃烧性能、吸水率、尺寸稳定性
2	模塑型聚苯乙烯泡沫塑料板	同一生产厂家、同一品种、同一批号且不超过 200m³ 的产品为一批，每批抽样不少于一次	外形基本平整，无严重凹凸不平；厚度允许偏差为 5%，且不大于 4mm	导热系数、表观密度、压缩强度、燃烧性能、吸水率、尺寸稳定性
3	喷涂硬泡聚氨酯	按喷涂面积，500m² 以下取一组，500m² ～ 1000m² 取两组，1000m² 以上每 1000m² 取一组	表面平整，无破损、脱层、起鼓、孔洞及缝隙，厚度均匀一致	导热系数、表观密度、压缩强度、燃烧性能、吸水率、尺寸稳定性
4	硬泡聚氨酯板	同一生产厂家、同一品种、同一批号且不超过 200m³ 的产品为一批，每批抽样不少于一次	外形基本平整，无严重凹凸不平；厚度允许偏差为 5%，且不大于 4mm	导热系数、表观密度、压缩强度、燃烧性能、吸水率、尺寸稳定性
5	泡沫玻璃	同一生产厂家、同一品种、同一批号且不超过 200m³ 的产品为一批，每批抽样不少于一次	外形基本平整，无严重凹凸不平；厚度允许偏差为 5%，且不大于 4mm	导热系数、表观密度、压缩强度、燃烧性能、吸水率、尺寸稳定性

续表 B.0.1

序号	材料名称	现场抽样数量	外观质量检验	物理性能检验
6	屋面复合保温板	同一生产厂家、同一品种、同一批号且不超过 200m³ 的产品为一批，每批抽样不少于一次	表面洁净光滑、色彩一致、无松散颗粒，尺寸准确、缺棱掉角不超过 1 个、平面弯曲不得大于 3mm、无裂纹	导热系数、表观密度、压缩强度、燃烧性能、吸水率、尺寸稳定性

B.0.2 防水材料现场抽样检验应按现行国家标准《屋面工程质量验收规范》GB 50207 的相关规定执行。

本规程用词说明

1 为便于在执行本规程条文时区别对待，对要求严格程度不同的用词说明如下：

1） 表示很严格，非这样做不可的：
正面词采用"必须"，反面词采用"严禁"；

2） 表示严格，在正常情况下均应这样做的：
正面词采用"应"，反面词采用"不应"或"不得"；

3） 表示允许稍有选择，在条件许可时首先应这样做的：
正面词采用"宜"，反面词采用"不宜"；

4） 表示有选择，在一定条件下可以这样做的，采用"可"。

2 条文中指明应按其他有关标准执行时的写法为："应符合……的规定"或"应按……执行"。

引用标准名录

1 《建筑给水排水设计规范》GB 50015
2 《民用建筑热工设计规范》GB 50176
3 《屋面工程质量验收规范》GB 50207
4 《屋面工程技术规范》GB 50345
5 《硬泡聚氨酯保温防水工程技术规范》GB 50404
6 《无机硬质绝热制品试验方法》GB/T 5486
7 《泡沫塑料及橡胶 表观密度的测定》GB/T 6343
8 《建筑材料及制品燃烧性能分级》GB 8624
9 《硬质泡沫塑料 吸水率的测定》GB/T 8810
10 《硬质泡沫塑料 尺寸稳定性试验方法》GB/T 8811
11 《硬质泡沫塑料 压缩性能的测定》GB/T 8813
12 《硬质泡沫塑料 拉伸性能试验方法》GB/T 9641
13 《绝热材料稳态热阻及有关特性的测定 防护热

板法》GB/T 1 0294

14 《绝热用模塑聚苯乙烯泡沫塑料》GB/T 10801.1

15 《绝热用挤塑聚苯乙烯泡沫塑料》GB/T 10801.2

16 《建筑绝热用硬质聚氨酯泡沫塑料》GB/T 21558

17 《种植屋面工程技术规程》JGJ 155

18 《泡沫玻璃绝热制品》JC/T 647

19 《喷涂聚氨酯硬泡体保温材料》JC/T 998

20 《硬质泡沫塑料　水蒸气透过性能的测定》QB/T 2411

中华人民共和国行业标准

倒置式屋面工程技术规程

JGJ 230—2010

条 文 说 明

制 定 说 明

《倒置式屋面工程技术规程》JGJ 230-2010，经住房和城乡建设部 2010 年 11 月 17 日以第 805 号公告批准、发布。

本规程制订过程中，编制组进行了广泛的调查研究，总结了我国倒置式屋面工程的实践经验，同时参考了国外先进技术法规、技术标准，并通过试验取得了设计、施工重要技术参数。

为便于广大设计、施工、科研、学校等单位有关人员在使用本规程时能正确理解和执行条文规定，《倒置式屋面工程技术规程》编制组按章、节、条顺序编制了本规程的条文说明，对条文规定的目的、依据以及执行中需注意的有关事项进行了说明，还着重对强制性条文的强制性理由做了解释。但是，本条文说明不具备与标准正文同等的法律效力，仅供使用者作为理解和把握标准规定的参考。

目 次

1 总　则

1.0.1 围护结构的保温隔热（主要包括外墙、屋面、门窗等）是建筑节能设计的重要环节，是降低建筑物能耗的必要措施。倒置式屋面工程采用高绝热系数、低吸水率材料作为保温层，并将保温层设置在防水层之上，具有节能、保温隔热、延长防水层使用寿命、施工方便、劳动效率高、综合造价经济等优点。倒置式保温防水屋面的应用在国内，特别是在经济发达地区发展得很快，因此制订一部主要针对倒置式屋面工程的技术规程十分必要，有利于提高我国房屋建筑的节能技术水平，确保屋面防水和保温质量，促进倒置式屋面工程的发展及推广应用。

1.0.2 本条中房屋建筑工程是指工业、民用与公共建筑工程，此类工程的新建、扩建、改建和节能改造倒置式屋面工程的设计、施工和质量验收均适用于本规程。

1.0.3 为了贯彻落实国家有关环境保护和节约能源的政策，倒置式屋面工程的设计和施工应从材料选择、施工方法等方面着手，改变了传统的屋面做法，更有利于环境保护，建筑节能效果明显。有条件的项目还可将建筑节能与环境保护有机结合起来，以促进建筑的可持续发展，因此在总则中强调环境保护和建筑节能。

2 术　语

住房和城乡建设部建标〔2008〕182号《工程建设标准编写规定》第二十三条规定：标准中采用的术语和符号，当现行标准中尚无统一规定，且需要给出定义或涵义时，可独立成章，集中列出。

本规程术语共有17条，分两种情况：

1 在现行国家标准、行业标准中无规定，是本规程首次提出的。如：硬泡聚氨酯防水保温复合板、泡沫玻璃等。

2 虽在现行国家标准、行业标准中出现过这一术语，但比较生疏的。如：倒置式屋面、挤塑型聚苯乙烯泡沫塑料板、模塑型聚苯乙烯泡沫塑料板等。

3 基本规定

3.0.1 现行国家标准《屋面工程技术规范》GB 50345中，将倒置式屋面定义为"将保温层设置在防水层上的屋面"，随着挤塑型聚苯乙烯泡沫塑料板（XPS）等憎水性保温材料的大量应用，由于防水层得到保护，避免拉应力、紫外线以及其他因素对防水层的破坏，从而延长了防水层使用寿命和加强了屋面的实际防水效果。新的《屋面工程质量验收规范》

（征求意见稿）将屋面防水等级划分为两级，一级屋面防水层合理使用年限为20年，根据国内外大量的工程实践证明，倒置式屋面能够达到这一要求，并且符合新的国家标准《屋面工程技术规范》GB 50345（征求意见稿）对防水等级所作的调整。

为充分发挥倒置式屋面防水、保温耐久性的优势，维护公共利益和经济效益，有必要将本条作出强制性规定。

3.0.2 屋面保温层使用年限不宜低于防水层使用年限，是从屋面经济适用的角度出发，尽量使保温层和防水层使用年限相当，防水层达到使用年限需要更新时一并更换保温层，从而降低屋面的维修费用。另一方面是因为保温层上置，有利于更换和维修。因此不必作更强的规定。

3.0.3 保持屋面排水畅通是屋面设计与施工的基本要求，故纳入到基本规定。

3.0.4 参照《屋面工程技术规范》GB 50345－2004第3.0.2条。

3.0.5 参照《屋面工程技术规范》GB 50345－2004。

3.0.6 参照国务院第393号令《建设工程安全生产管理条例》。

3.0.7 按现行国家标准《建筑工程施工质量验收统一标准》GB 50300的规定，建筑工程施工质量验收时，对涉及结构安全和使用功能的重要分部工程应进行抽样检测。因此，屋面工程验收时，应检查屋面有无渗漏、积水和排水系统是否畅通，可在雨后或持续淋水2h后进行。有可能作蓄水检验的屋面，其蓄水时间不应少于24h。检验后应填写安全和功能检验（检测）报告，作为屋面工程验收的文件和记录之一。

3.0.8 目前部分屋面的渗漏以致返修，管理维护不善是原因之一。不少工程交付使用后，又在屋面上增设电视天线，太阳能热水器等设施，尤其是高层建筑中增设广告招牌，对屋面防水层造成局部损坏，导致屋面发生渗漏现象。排水系统不但交工时要畅通，在使用过程中仍要经常检查，防止由于堵塞而造成屋面长期积水和大雨时溢水。为此，要求建筑物使用者加强管理和维护使之经常化、制度化，以利及时发现问题及时进行维修，延长使用寿命。

4 材　料

4.1 一般规定

4.1.1 本规程对倒置式屋面防水材料和保温材料的选用，要求除遵守现行国家标准《屋面工程技术规范》GB 50345中相关规定外，根据倒置式屋面的特点，作出相应的规定。

由于倒置式屋面防水层设置在保温层下面，且保温层上采用刚性面层或卵石等覆压，保温层内长期或间歇积水，因此要求防水材料耐霉烂性能好、适应变形能力强和接缝密封保证率高；同时要求防水材料拉伸强度高，有相应的延伸性能。例如选用聚合物改性沥青防水卷材胎体应为聚酯胎，氯化聚乙烯防水卷材为增强型等。

倒置式屋面选用密度小、压缩强度大、导热系数小、吸水率低的保温材料，是根据倒置式屋面的特点，确保屋面的保温性能而规定的；松散保温材料不仅含水率过高，而且保温层铺压不实或过分压实均会影响使用功能，所以不能满足倒置式屋面的要求。

4.1.2 为了控制工程中所用的防水材料、保温材料的质量，保证使用的材料符合设计要求，要求出厂时必须提供"出厂合格证"和"质量检验报告"，做到工程中使用的材料质量从源头把关；"现场见证取样复验报告"是指材料进场后，使用前在施工现场由见证员见证下随机抽样检验的报告，严格做到工程施工过程中对防水、保温材料的质量把关。

4.1.3 为保证倒置式屋面工程所用材料的质量，要求生产厂家提供的"质量检验报告"和"现场抽样复验报告"均应符合国家现行产品标准和本规程要求。防水材料、保温材料进场后，应按要求现场抽样，送有资质的检测机构复验，产品合格后方可施工。已施工的防水工程，出现防水材料抽样复验不合格，判定该分部工程不合格。《屋面工程质量验收规范》GB 50207中把此条作为主控项目之一。对材料标准、试验方法和现场检验，根据国家现行标准的相关规定和要求，用附录A和附录B进行归纳汇总，并提出相应要求。

4.1.4 倒置式屋面工程的技术进步既要考虑屋面防水保温工程的耐久性和可靠性，又要考虑到环境保护要求，要求防水材料和保温材料不能造成环境污染。如住房和城乡建设部明确禁止使用下列产品：

1 S型氯乙烯防水卷材；
2 焦油型聚氨酯防水涂料；
3 水性聚氯乙烯焦油防水涂料；
4 焦油型聚氯乙烯建筑防水接缝材料。

4.2 防 水 材 料

4.2.1、4.2.2 现行国家标准《屋面工程技术规范》GB 50345对防水材料的要求作了比较详细的规定，本规程对防水材料的性能要求执行《屋面工程技术规范》GB 50345，仅对防水材料的厚度要求满足设计要求。

4.3 保 温 材 料

4.3.1 保温材料要有较低的导热系数，是为了保证屋面系统具有良好的保温性能，在目前的各种保温材料中，适用于倒置式屋面工程的保温材料其导热系数不应大于0.080W/（m·K），否则屋面保温层将过

厚，从而影响屋面系统的整体性能。保温材料要求具有较高的强度，主要是为了运输、搬运、施工时及保护层压置后不易损坏，保证屋面工程质量。材料的含水率对导热系数的影响较大，特别是负温度下更使导热系数增大，因此根据倒置式屋面的特点规定应当采用低吸水率的材料。

倒置式屋面将保温材料置于屋面系统的上层，所以保温材料相对于防水材料受到的自然侵蚀更直接更严重，所以对保温材料应有使用寿命的要求。目前已有的国内外工程实践证明，本规程中采用的倒置式屋面保温材料及系统构造是能够满足不低于20年使用寿命，保温材料可以做到不低于防水材料使用寿命的最低要求。

根据公安部公通字［2009］46号文发布的《民用建筑外保温系统及外墙装饰防火暂行规定》对屋面用保温材料的燃烧性能要求：对于屋顶基层采用耐火极限不小于1.00h的不燃烧体的建筑，其屋顶的保温材料不应低于B_2级；其他情况，保温材料的燃烧性能不应低于B_1级。

与普通正置式屋面相比，倒置式屋面对保温材料的性能要求很高，为充分体现倒置式屋面节能保温和耐久性好的优点，提高屋面的经济和社会效益，有必要将保温材料的性能作强制性规定。

4.3.2 目前适用于倒置式屋面效果较好的保温材料主要有挤塑型聚苯乙烯泡沫塑料板、硬泡聚氨酯保温板、硬泡聚氨酯防水保温复合板、喷涂硬泡聚氨酯及泡沫玻璃保温板等。模塑型聚苯乙烯泡沫塑料板、屋面复合保温板一般吸水率较大，当用于倒置式屋面时，应根据设计要求，优选低吸水率的材料。选用的硬泡聚氨酯保温材料耐久性能应满足防水层合理使用年限要求。

4.3.3 挤塑聚苯乙烯泡沫塑料（XPS）的表观密度一般随压缩强度的增高而增大，但不是简单的线性关系，由于这类保温材料的其他性能与表观密度没有直接关系，而是由其独特的分子构造所决定的，而不像其他两种保温材料（EPS、PU）的性能与表观密度那么直接，因此本表只给出一个较宽泛的密度指标。

此处对XPS尺寸稳定性均要求不大于1.5%，该指标对于低强度的XPS板（X150）来说严于《绝热用挤塑聚苯乙烯泡沫塑料（XPS）》GB/T 10801.2-2002要求的2.0%，对于X600的XPS来说则宽于该标准要求的1.0%。由于倒置式屋面构造或者采用细石混凝土保护层，且增设钢丝网加强，对XPS的尺寸稳定性要求不高，或者是采用块材或卵石保护层，采用的是松铺方式，对尺寸稳定性的要求也可以放宽；对于高强XPS主要用于重型荷载，这种场合下的保护层一般都是钢筋混凝土板，XPS板的尺寸稳定性已不重要。因此，从实际应用角度，本表的尺寸稳定性要求不大于1.5%已经足够。

此处采用《建筑材料燃烧性能分级方法》GB 8624-1997的分级标准和相应的检测方法，主要是公安部公通字〔2009〕46号文件：关于印发《民用建筑外保温系统及外墙装饰防火暂行规定》的通知及暂行规定中对于屋面保温材料的燃烧性能仍采用GB 8624-1997的分级标准，这个暂行规定没有采纳已经颁布实施的最新版本《建筑材料及制品燃烧性能分级》GB 8624-2006的分级标准。作为应用型标准，本规程与相关最新的工程标准或规定相协调，随后章节的其他保温材料亦然。

根据不同使用条件，挤塑型聚苯乙烯泡沫塑料板按照压缩强度分为若干等级。但对于屋面工程，挤塑型聚苯乙烯泡沫塑料板的压缩强度，一般不上人和上人屋面采用X150级，中型荷载屋面可通过荷载计算采用X250或X350级，重型荷载如行车屋面采用X600级或通过荷载计算确定，所以本规范没有罗列挤塑型聚苯乙烯泡沫塑料板的全部产品类型。

4.3.4 在性能满足设计要求前提下，模塑聚苯乙烯泡沫塑料板也可用于倒置屋面工程，但要严格控制其吸水率。

根据使用条件和工程需要，按照压缩强度来确定，Ⅲ型～Ⅵ型的模塑型聚苯乙烯泡沫塑料板可用于倒置式屋面工程，Ⅰ型和Ⅱ型模塑型聚苯乙烯泡沫塑料板由于压缩强度太低而不适于屋面工程。

4.3.5 硬泡聚氨酯由于具有较低的导热系数，保温性能优异，适合用于屋面保温工程。尤其是聚氨酯硬泡具有很高的闭孔率（一般都可大于90%），所以具有良好的防水性能和不透水性，非常适合用于倒置式屋面工程。喷涂硬泡聚氨酯还具有保温层整体性好，可以形成整体保温防水层，有助于提高倒置式屋面工程的整体保温防水性能。

鉴于屋面工程的使用特点，用于屋面工程的硬泡聚氨酯保温材料的力学性能主要是压缩强度，而拉伸强度、拉伸粘结强度等力学性能对屋面工程用保温材料并不是主要力学指标，所以本规程对硬泡聚氨酯保温材料不列出拉伸强度、拉伸粘结强度等力学性能指标要求。对于喷涂硬泡聚氨酯，由于其形成整体保温层，为了保证其整体性，还要规定其断裂延伸率指标。

4.3.6 硬泡聚氨酯防水保温复合板由于在硬泡聚氨酯板材上附加了一层防水卷材或防水涂膜，板材防水性能更加优良。如果复合板表层的防水卷材或防水涂膜厚度满足屋面防水设防要求，只要施工时做好板缝的防水处理，则硬泡聚氨酯防水保温复合板可直接用于倒置式屋面，实现倒置式屋面保温防水材料均可在工厂预制、现场安装施工，提高施工效率。

4.3.7 泡沫玻璃板具有密度小、化学稳定性好、不燃烧、不吸水、不透湿、耐热抗冻、导热系数低、抗老化、使用寿命长等优点，近年来也逐步在建筑保温工程中得以推广应用。泡沫玻璃板的上述优点也决定了其适合应用于倒置式屋面工程。泡沫玻璃有一个建材行业标准《泡沫玻璃绝热制品》JC/T 647-2005，本规程对泡沫玻璃的性能指标要求即依据该标准中的相关内容执行。

4.3.8 屋面复合保温板具有导热系数较低、不易燃等优点，只要严格控制好其吸水率，用于倒置式屋面也是一种性能良好的保温材料。河南省地方标准《CCP保温复合板倒置式屋面技术规程》DBJ41/T 039-2000中规定屋面复合保温板吸水率不大于6%，但是考虑到吸水率过高会显著影响保温板的保温等性能，所以，本规程从严规定用于倒置式屋面的屋面复合保温板其吸水率不大于3.0%。

4.3.9 保温材料胶粘剂应采用与之相适应的专用胶粘剂。

4.3.10 挤塑型聚苯乙烯泡沫塑料板、模塑聚苯乙烯泡沫塑料板、硬泡聚氨酯板等有机聚合物泡沫保温板材一般都具有一定的燃烧性，耐溶剂腐蚀性能及耐紫外线老化性能也弱于无机材料，所以应远离火源和化学溶剂，应避免日光暴晒。

4.3.11 喷涂聚氨酯的原材料包括黑料和白料，具有一定的可燃性和挥发性，所以黑料和白料在施工现场应注意防火和密封保存。

4.3.12 泡沫玻璃板具有一定的易碎性，所以应注意防振。

4.3.13 屋面复合保温板由于具有较厚的无机面层，根据这一构造特点规定了在贮运过程中的保证措施。

5 设　计

5.1　一般规定

5.1.1 根据具体工程的屋面形式、建筑功能、环境、气候条件、屋面构造和经济条件不同，进行具体设计。防水材料、隔离层材料和保温层材料的选用要防止假冒伪劣产品，并要选择合理的、经济的材料，要体现倒置性屋面保温层对防水层的保护作用。屋面排水系统要求高，保温层不能有积水，因此要求设计出设计详图。

5.1.2 倒置式屋面基本构造是大量实际工程的常规做法。隔离层的设置应根据选择的防水材料和保温层的材料相容性和保护层材料的种类来决定的。倒置式屋面一般不需设隔汽层。

5.1.3 为防止倒置式屋面保温层长期积水，使积水能够顺畅排走，需适当加大倒置式屋面的坡度，因此作出此项规定。

5.1.4 防滑措施主要是防止防水层、保温层和保护层的向下滑动；防滑条的材料和形式由设计具体确定，其间距根据屋面坡度和保温材料种类确定；防滑

条设计应避免采用断开保温层的导热性材料；并应避免保温层形成冷热桥。

5.1.5 寒冷地区的采暖建筑，宜采用卵石排水保护层或种植排水保护层；严寒地区的采暖建筑，宜采用松铺混凝土板块排水保护层；炎热地区或冬季较冷夏天较热需要空调降温的建筑，宜采用卵石排水保护层或松铺混凝土板块排水保护层。硬泡聚氨酯保温层宜采用封闭式保护层，多雨地区不宜采用封闭式保护层。

5.1.6 倒置式屋面不会产生水汽积聚，所以可不设置透气孔式排气槽。

5.1.7 防止天沟积水，参照了《屋面工程技术规范》GB 50345－2004 第 4.2.4 条的规定。

5.1.8 参照了《屋面工程技术规范》GB 50345－2004 第 4.2.12 条的规定，并强调了通过计算确定。

5.1.9 倒置式屋面中的防水材料耐用年限可以适当延长，从节材和经济的角度考虑，可选用质量较好的防水涂料，防水性能好、有弹性且强度较高的防水卷材价格较高。

5.1.10 硬泡聚氨酯防水保温复合板上覆有一层防水材料，可作为一道防水层，但其构造特点决定了只可作为两道防水的次防水层。

5.1.11 本条源自《民用建筑外保温系统及外墙装饰防火暂行规定》（公通字［2009］46 号）的要求。

5.1.12 当屋面复合保温板面层已做保护层时，可不另设保护层。

5.2 设计要求

5.2.1 倒置式屋面对基层要求高，要求基层结构不开裂、平整，优选采用结构找坡；对单向坡长较大的屋面，如采用材料找坡，势必增加屋面荷载，也不经济。

5.2.2 水泥砂浆、细石混凝土在施工时，因砂浆水灰比、含泥量、细骨料比例等因素，会导致开裂，因此需设置分格缝。转角处弧形以确保防水层粘贴牢固。

5.2.3 防水层可能长期处于潮湿的环境中，必须选用长期在潮湿环境中抗腐蚀性能好、不变质、耐老化、各项物理性能要符合现行国家标准《屋面工程技术规范》GB 50345 规定的材料。防水层宜选用两种防水材料复合使用，耐老化、耐穿刺的防水材料应设在防水层的上层。

5.2.5 对于开敞式保护层的倒置式屋面，当有雨水进入保温材料下部时，一般情况可完全蒸发掉，而进入封闭式保护层屋面保温层中的雨水可能蒸发不完全；当室外气温低，会在保护层与保温材料交界面及保温材料内部，出现结露；保温材料的长期使用老化，吸水率增大。因此，应考虑 10～20 年后，保温层的导热系数会比初期增大。所以，实际应用中应控

制保温层湿度，并适当增大保温层厚度作为补偿；另外保温层受保护层压置后厚度也会减小。故本规程规定保温层的设计厚度按计算厚度增加不低于 25％取值。保温层的厚度如果太薄，不能对防水层形成有效的保护作用，失去了倒置式屋面最根本的意义，而且在施工中和保护层压置后保温层容易损坏，故保温层应保证一定的厚度，本规程规定不得小于 25mm。

为确保倒置式屋面的保温性能在保温层积水、吸水、结露、长期使用老化、保护层压置等复杂条件下持续满足屋面节能的要求，有必要将此条列为强制性条文。

5.2.6 倒置式屋面为了防止紫外线的直接照射、人为损害以及防止保温层泡雨水后上浮，应在保温层上做保护层。保护层多为开敞式，即在保温层上做板块材料、卵石保护层。倒置式屋面分上人、非上人和功能性屋面。上人屋面宜采用混凝土板块、地砖、种植等做保护层；非上人屋面宜采用卵石做保护层；功能性屋面宜采用现浇细石混凝土保护层或板块材料保护层。

5.3 细部构造

5.3.1 屋面防水工程的节点细部构造是防水工程的重要部分，在施工的过程中，种种变形都集中于节点，所以在进行屋面防水节点设计时，要全面考虑材料自身老化、结构变形、温差变形、干缩变形、振动诸因素，节点设防上应增设附加层，以适应基层的变形。在构造防水层的铺设上以空铺法为宜，在选材上可用高弹性、高延伸材料做相应处理，如水落口、地漏、穿过防水层管道部位及其周围要采取密封材料嵌缝、涂料密封和增加附加层等方法处理，也可采用柔性密封、防排结合，材料防水与结构防水相结合的做法。防水工程首先要将水流迅速排走，不使水滞留或积水，然后采取柔性材料严密封闭。屋面防水节点应以卷材、涂料、密封、刚性防水材料等互补的多道设防进行技术设计，同时为了考虑到屋面的防水耐用年限，节点上使用的材料的性能指标均应高于其他部位，特别是耐老化性能要好。此外，由于每栋建筑不一定完全相同，尚需进行个别设计，这时节点的设计应有灵活性，即参考设计原则与标准大样并结合具体情况而设计，不宜统一套用标准图。

5.3.2 天沟、檐沟是排水最集中的部位，也是容易产生热桥的结构部位。为确保防水质量，需增铺附加层部位宜设置涂膜和卷材复合的防水层。为避免产生热桥，保温材料应覆盖整个天沟、檐沟的上下两侧，并采用适当方式固定，以免坠落。

5.3.3 女儿墙内侧的保温材料应固定牢固，宜采用机械固定法，也可采用外墙外保温相同的固定方法，固定点应采用密封材料密封。保温材料表面应抹聚合物水泥砂浆等保护层。

5.3.4 为避免变形缝处产生热桥效应，变形缝挡墙两侧和上部均应铺设保温材料，挡墙中间用衬垫材料和聚乙烯泡沫塑料棒填嵌。

5.3.5 建筑物高低跨两侧差异沉降和变形较大，为避免防水层撕断，将防水层在低跨屋面挡墙上部断开，上部采用金属板泛水封盖。

5.3.6 保温材料在距水落口 500mm 的范围内应采用切割等方式逐渐减薄，铺设至水落口处，防止产生热桥效应。水落口周边和基层接触处，混凝土易出现裂缝，故在水落口和基层接触的周围嵌填柔性密封材料，避免渗漏发生。女儿墙上侧水落口应设置一定坡度，防止倒泛水。

5.3.7 出入口有水平式和垂直式出入口。水平式出入口多为开门的水平出入，对出入口防水层收头应压在混凝土踏步下，保温材料也应连续铺至混凝土踏步下，混凝土踏步铺设时应设置向外流水坡度，并做滴水，以防止下雨时，出现爬水现象，向室内流水。屋面垂直式出入口防水层和保温材料收头应压在混凝土压顶下的凹槽内，防止人员出入时踩坏防水和保温材料。应对卷材收头边处采用配套密封胶密封。

5.3.8 伸出屋面穿过防水层管道多种多样，包括伸出屋面排气管道、换气管道等等。应采用套管防水处理，即浇捣混凝土时先预埋套管，并焊有一道或多道止水片，当管道通过套管后，两端采用密封材料填嵌。为防止混凝土干缩与套管周边脱开裂缝而导致渗漏，设计时须在套管四周与混凝土找平层间留有凹槽，一般为 20mm×20mm，填嵌密封材料，并将管根部垫高，做成 1/10 排水坡，以利排水，然后做防水层。防水层与管道套管用金属箍配橡胶垫绑扎牢固，再以密封膏密封，保温材料铺至套管周围。

5.3.9 保温层应覆盖包裹整个设施基础，防止此部位产生热桥效应。搁置在保护层上的设备，为防止压坏保护层、保温层和防水层。

5.3.10 坡屋面坡度较大，为有效防止保温层和防水层下滑，应在屋面结构层内预埋锚筋，锚筋直径宜为 10mm，间距 1500mm，伸出保温层 25mm，锚筋在伸出防水层和保温层时四周均应做密封处理，防止渗漏。

5.3.11 平瓦坡屋面天沟是排水最集中的部位，也是积水和雨水冲刷严重的部位，该节点应以柔性防水材料和刚性防水材料互补的多道设防进行技术设计，故在天沟底部设置钢板，既可以防水，又可以抵抗雨水冲刷。

5.3.12 因聚氨酯防水保温复合板可以作为一道防水层，板缝的处理极为关键。粘贴卷材的胶粘剂应为卷材配套专用，满粘卷材，卷材覆盖板缝的宽度严格控制，不得小于 150mm，卷材应铺贴牢固，尺寸准确，不应有空鼓、扭曲褶皱情况，卷材边缘用防水密封胶密封严密。

6 施　工

6.1 一般规定

6.1.1 施工前应进行图纸会审及设计交底，施工单位应编制专项施工方案，作业前的技术交底是为了保证倒置式屋面的构造做法与细部构造等符合设计意图，并做到质量的预控。

6.1.2 各构造层次的过程控制和质量检查及完整记录备案为了保证各构造层次的质量，从而保证了整个屋面分部工程的质量。

6.1.3 屋面防水层、保温层的厚度是屋面防水、保温效果最重要的技术要求，施工时应符合设计要求。

6.1.4 伸出屋面的管道、烟道、设备、零星设施或预埋件等，均应在防水层施工前固定、安装完毕，并采用防水附加层对其节点加强，顶部密封严密等。

6.1.5 屋面工程均为露天施工，且防水层和保温层施工对基层含水率、气温等要求较严格，若环境气温不适合防水层和保温层施工，将无法保证其工程质量，所以在防水层和保温层施工时，有雨雪、大风天气禁止施工，环境气温应符合要求。

6.1.6 在坡度大于 15% 的坡屋面进行屋面工程施工时，因倾角较大，易发生危险，所以必须设置可靠的防滑和其他防护设施。

6.1.7 对倒置式屋面工程的成品保护是一个非常重要的环节。防水层开始施工直到屋面施工完成，均不得在屋面上进行动火作业，动火作业极易导致防水层损坏，还会引燃保温材料导致火灾事故。屋面工程完工后，上人进行其他作业操作，极易造成防水层、保温层局部破坏出现渗漏或保温层局部失效，确需进行其他工序施工时，应采取有效的保护措施，以防止损坏。

6.2 找坡层、找平层施工

6.2.1 上一道工序完工后，应经验收合格，方可进行一下道工序施工。

6.2.2 找坡层、找平层施工应选用设计要求的材料和按照相应的配合比。

6.2.3 冬期施工时，根据不同的材料应采取相应的防冻措施。

6.2.4 基层表面处理是保证施工质量的重要环节，是不可缺少的一道工序。

6.2.5 屋面每一个构造层的坡度或平整偏差较大，均会对上一个构造层造成影响，特别是如果保护层坡度、平整度达不到设计要求，会引起屋面排水不畅或积水，给屋面防水造成隐患，还会影响屋面保温效果。

6.2.6 分格缝的设置在设计一章中有明确规定，施工时应符合设计要求。

6.2.7 根据长期的工程实践，交接处均应做成圆弧形。落水口周边做成凹坑便于排水，采取相应密封措施防止渗漏。

6.3 防水层施工

6.3.1 基层是卷材防水层的依附层，其质量好坏将直接影响到防水层的质量，应对基层进行质量验收。基层不干净，将使防水层难以粘结牢固，会产生空鼓现象。如在潮湿的基层上施工防水层，防水层与基层粘结困难，也易产生空鼓现象，立面防水层还会下坠，因此基层干燥也是保证防水层质量的重要环节。

6.3.2 现行国家标准《屋面工程技术规范》GB 50345 对防水层的施工作了比较详细的规定，本规程防水层的施工不作进一步规定，执行现行国家标准。

6.3.3 强调泛水高度是保温层、保护层施工完成后的高度。

6.4 保温层施工

6.4.1 防水层施工完成后，应进行质量检验。在倒置式屋面工程中，防水层属于隐蔽项目，所以在保温层施工前应对防水层进行蓄水或淋水检验，确认无质量问题后方可进行保温层施工。

6.4.2 保温层施工时，上人作业或堆放材料、机具易对防水层造成破坏、损坏，所以在施工保温层时，视情况可在防水层上铺设临时保护层。

6.4.4 板状保温材料与屋面防水层之间摩擦系数较小，为防止上人走动导致板状保温材料移位而造成屋面工程质量问题，所以对于坡度不大于 3% 的上人屋面的板状保温材料宜采用粘结法施工；坡度大于 3% 的屋面应采用粘结法施工，并采取固定防滑措施。

6.4.5 为防止保温层后序工序的其他材料填充入保温板间的缝隙中形成冷桥，在铺设保温板时应边靠边地紧密铺设。

6.4.6 在非整张板和有出屋面管道等铺设保温板时，需对保温板进行裁切。裁切应使用专用工具，保证裁切边垂直、平整，保证板与板、板与出屋面管道拼缝严密，防止拼缝过大，缝隙中填充入其他材料形成冷桥。

6.4.7 为防止落水口被杂物堵塞，在落水口位置预留的洞口内应放入钢板网滤水盆；为防止屋面防水层上积水，还应保证保温层中水流畅通。

6.4.8 板状保温材料采用干铺时的技术要求。

1、2 对基层以及铺设时的技术要求。

3 强调了屋面保温层施工时各节点收口部位的处理，屋面工程的质量问题多存在于节点收口处，严格对节点收口处进行处理能有效保证屋面工程质量。

4 板状保温材料质轻、面大且强度较低，所以在施工时应将材料压紧，防止大风时刮走、飘落，施工中还应注意保证板块的完整。

6.4.9 板状保温材料采用粘贴法时的技术要求。

1 粘结板状保温材料时，应采用与保温材料相对应的专用胶粘剂，并且要满涂，保证保温层与防水层粘结牢固，板缝间和缺角处应用碎屑加胶拌合填补。

2 粘贴法铺设板状保温材料对环境气温的要求。

3 基层防水层若采用卷材防水时，因搭接处有高低差，为保证保温层粘结效果，对胶粘剂的涂抹厚度作了相应规定，其胶粘剂厚度应不小于 5mm，以消除因卷材搭接造成的基层高低差。

4 在保温材料粘贴完成后，胶粘剂未凝固前不得上人踩踏，以保证保温材料的粘结质量。

5 为防止保温层粘结完成后，因温度变形造成松滑起拱，在保温层施工完成后应尽快施工保护层，若工序难以紧密衔接时，必须在粘结好的保温板上均匀铺设压重材料临时保护。

6.4.10 采用喷涂硬泡聚氨酯保温层时的施工要求。

1~4 为保证喷涂硬泡聚氨酯保温层质量及保温性能和其他技术参数，喷涂硬泡聚氨酯保温层施工应采用专用设备，配比应准确计量，发泡厚度均匀，并且在正式施工前应对设备进行调试并喷涂样板进行性能检测，检测合格后方可正式施工。喷涂施工时，喷嘴与施工基层间距宜为 200mm～400mm。

5 为保证成品质量，喷涂作业应分几层完成，每遍喷涂厚度不宜大于 20mm，且当日施工的作业面必须在当时连续喷涂完成。

6 因为环境气温、风力、空气相对湿度等因素均会影响喷涂硬泡聚氨酯保温层施工质量，所以对施工环境（风力、湿度）作了相应规定。

7 硬泡聚氨酯喷涂完后不能立即达到其最终强度，为防止影响其保温性能，作出规定。

6.4.11 硬泡聚氨酯防水保温复合板的施工要求。

1 为保证屋面工程质量和排水坡度等，应在硬泡聚氨酯防水保温复合板施工前对基层进行质量验收。对既有的建筑屋面基层进行检查，清除影响防水保温层与基层粘结质量的油污等不利因素，并对局部缺陷进行修补、找平。

2 基层与硬泡聚氨酯防水保温复合板会因外界气温影响均会产生小量形变，且膨胀系数差异较大，若采用满粘法施工，因温度变形的因形变量不同，容易对硬泡聚氨酯防水保温复合板造成破坏，所以在硬泡聚氨酯防水保温复合板施工时应采用专用粘结砂浆采用点粘或条粘法施工。

3 夏季温度较高，水分蒸发快，粘结砂浆易干，再施工前在基层上适当用清水润湿，能有效保证砂浆强度。

4 板材粘贴后 24h 内还未达到设计强度，粘结力差，若这时进行接缝处理易造成因踩踏而影响硬泡聚氨酯防水保温复合板粘结强度，从而也影响屋面工程质量。

接缝防水处理方法：用防水密封胶刮入接缝并抹至宽度150mm～180mm，贴压合成高分子防水卷材，再用防水密封胶进行边缘修饰；板材粘贴完毕后，对天沟、檐沟、檐口、水落口、泛水、变形缝和伸出屋面管道的防水构造等特殊部位进行防水处理；对施工中可能发生碰撞的入口、通道等部位，应采取临时保护措施。

6.4.12 板状保温材料在坡屋面上施工时的要求。

1 为防止板材在铺设时下滑和拼缝不严密，在坡屋面上铺设板材时应遵循自下向上的原则，在阴阳角处的接槎面也应切割成相应的拼接角度。并在接缝处设钢丝网或满铺钢丝网，以防止后道工序的防水砂浆出现裂缝。

2 为防止板材下滑，坡屋面上要留设预埋件用以固定保温板材，并在固定点用密封材料密封，防止出现防水层薄弱点。

3 设置玻纤布或聚酯毡保护膜保护泡沫玻璃保温层，用来防止施工过程中对保温层的破坏和提高保温层整体性，还能提高保温层耐久性。

6.5 保护层施工

6.5.1 保护层施工后，保温层也属于隐蔽项目，为保证屋面工程质量，在保护层施工前要对保温层进行质量验收，验收合格后方可进行保护层施工，并填写相应的质量管理资料。

6.5.2 保护层的施工要求。

1 加强成品（半成品）保护，施工保护层时应避免损坏保温层。

2 为防止保护层施工时灰浆渗入保温层，影响保温层保温性能或与保温材料发生不良化学反应，在保护层与保温层之间应满铺隔离层，且不能漏底，隔离层铺设应搭接，搭接宽度不应小于100mm。

3 为有效保护各细部节点处的防水层外露部分，应采取有效的保护措施。

4 上下各构造层间因温度产生变形，为了减小各构造层相对变形，避免出现裂缝，保护层的分格缝应尽量与找平层的分格缝上下对齐。

6.5.3 采用卵石作为保护层时的施工要求。

1 为保证保护层能有效起到对下部工序的保护作用，卵石直径应在20mm～60mm，满铺均匀。

2 铺设卵石过薄难以起到保护作用，而过厚过重会给屋面结构层加大荷载，为保证屋面工程质量，其重量也应符合设计要求。

4 卵石铺设时，为保证屋面排水顺畅，应保持雨水口、天沟等部位排水畅通。

6.5.4 板块材料作保护层时的施工要求。

1 为保证板块材料保护层铺设后均匀着力于下部构造，可设置结合层，可选用砂或水泥砂浆，禁止干摆干铺。

2 为保证屋面工程排水顺畅、不积水，在铺设板状材料保护层时也应按设计坡度挂线、抄平，防止在铺设时出现反坡、倒流水等现象。还应保证铺砌的块体横平竖直，板块接缝对齐，以保证保护层的保护作用以及屋面工程美观。

3 为保证铺设质量，采用砂结合层时，砂应适当洒水（最佳含水率）压实，并用刮尺刮平，以防止板块松动及保证平整度。板块拼缝宽度宜控制为10mm，以方便勾缝处理和保证美观。

4 为保证平整度和排水坡度，在板块铺设完成后，还应洒水并轻拍压平，同样也保证块材不会翘角、空鼓。

5 板缝处理时应先用砂将缝填至一半高度，然后用1∶2水泥砂浆勾成凹缝，保证缝内无空隙，保证勾缝质量。

6 采用砂结合层时，在使用过程中，因雨水等冲刷，会造成结合层砂流失而导致保护层破坏，为防止上述情况发生，应在保护层四周500mm范围内用低强度等级水泥砂浆作为结合层。

7 为防止温度应力造成块材保护层接缝处开裂，板块保护层宜留设纵横间距不大于10m的分格缝，缝宽不宜小于20mm。

6.5.5 采用整体现浇混凝土保护层时的施工要求。

1 混凝土收水后应进行二次压光，以切断和封闭混凝土中的毛细管，提高其密实性和抗渗性。抹压面层时，在表面洒水、加水泥浆或撒干水泥，会造成表面龟裂脱皮，降低防水效果。

3 为防止温度应力造成混凝土保护层裂缝，应按规定留设分格缝；为保证每个分格内的混凝土（砂浆）不出现冷缝、分层，每格内的混凝土（砂浆）应连续浇筑。

4 为保证每个分格内的保护层可自由变形，防止产生温度应力裂缝，若保护层配筋时，钢筋网片应在分格缝处断开。

5 养护是保证混凝土保护层质量的关键因素之一，为保证保护层质量，在保护层浇筑完成后应及时养护并不少于7d，最后清理分格缝。

6.5.6 分格缝的设置及施工要求。

1 分格缝设置在屋面板的端头、凸出屋面交接处、转折处，因纵横向的形变量不一致，保护层易出现裂缝，所以在此部位应设置分格缝。

2 为保证屋面美观以及各分格之间相对变形小，分格缝设置在交接处必须相通，不宜成为T字形或L字形缝。

3 在坡屋面的屋脊处或平屋面分水线处应留设分格缝。

4 分格越大，每个分格受温度影响变形越大，为保证保护层质量，分格缝纵横间距均不应大于6m。

5 为防止因结构屋面板变形而影响保护层质量，分格缝应与结构板缝位置一致，位于开间处，并延伸至挑檐、天沟内。

7 既有建筑倒置式屋面改造

7.1 一般规定

7.1.1 已建成使用的建筑屋面在改造前，对屋面的结构、防水性能和热工性能等情况进行勘查、判定或检测，然后再进行针对性设计和施工，有利于屋面达到预期效果和避免浪费。

7.1.2 既有建筑屋面改造较新的屋面施工更为复杂，为确保勘察和判定结果科学、准确，设计、施工严格按照勘察、判定结果进行，要求从事既有建筑屋面改造的参与各方应具备相应资质。

7.1.3 既有建筑屋面改造工程多处于闹市区、居住区，应将噪声、空气等污染控制到最小限度，并应尽可能采用新技术、新材料，以达到节能、节材、保护环境的目的。

7.1.5 进行屋面改造必须清楚掌握既有建筑的基本状况、结构特点、构造做法以及使用情况。

7.1.6 对既有建筑的屋面防水保温效果和完好程度，应重点勘察、检验，为完成设计方案和再利用奠定基础，没有必要对所有需改造的既有建筑进行全面的结构可靠性鉴定。

7.1.7 屋面改造工程应采取必要的安全施工措施，对作业人员应有安全防护。采取有效措施保护环境，减少扰民，文明施工。

7.2 设　计

7.2.1 在勘查的基础上，应尽量由原设计单位做屋面改造工程设计，以便更好地掌握既有建筑的基本情况。当需要增加屋面荷载或改变使用功能时，会对原有结构体系和受力状况产生影响，设计单位应先做方案，进行可行性研究，必要时进行结构可靠性鉴定。

既有建筑情况各异，而且进行倒置式屋面改造涉及既有建筑物的结构安全性问题，特别是增加屋面荷载或改变屋面使用功能的情况下，因此有必要对本条作出强制性规定。

7.2.2 为节约成本，经重新勘查、判定，原有防水层有效时，可直接增加倒置式保温做法。原有防水与新增倒置式屋面设计使用年限不尽相同，为保证屋面防水达到改造后的屋面设计使用年限和防水效果，在施工倒置式屋面时虽原有屋面防水有效，也应新增一道防水层。

7.3 施　工

7.3.1 为保证屋面改造施工质量，施工前应编制切实可行的专项施工方案，并由专业施工人员施工。

7.3.4 当需拆除原有屋面的保温层和防水层时，为保证屋面工程施工质量，各层次应严格按照本规程第6.2节～6.5节规定施工。为保证新做屋面工程与基层结合牢靠，保证屋面工程质量，对于原有屋面结构层存在的结合不牢固、面层污染、空鼓、开裂等部位应彻底清除，再用适宜强度的水泥砂浆或聚合物砂浆找平。

8 质量验收

8.1 一般规定

8.1.1 倒置式屋面工程施工应建立施工班组自检，合格后报质量员验收，质量员检查验收合格后，报送监理单位（或建设单位）检查验收，合格后方可进行下道工序施工，并有完整的检查记录，严格控制各工序质量，确保屋面工程检验批、分项、分部工程质量的合格。

8.1.2 材料质量直接关系到工程质量，所以在施工过程中应严把材料质量关，现场材料抽样复验过程往往需要一段时间，在施工过程中先施工后有检验报告现象较多，因此材料外观质量，质量证明文件，检验报告等经监理单位（或建设单位）检查验收合格后，材料方可用到工程中去，使屋面工程所用材料全部合格。

8.1.3 倒置式屋面工程为一个子分部工程，分项工程按照屋面各构造层和使用功能进行划分。

8.1.4 按《屋面工程质量验收规范》GB 50207的要求。分项工程划分成检验批进行验收有助于及时纠正施工中出现的质量问题，确保工程质量，也符合施工实际需要。

8.1.8 屋面防水和保温分项工程是屋面重要的分项工程，直接关系到屋面工程质量，防水保温工程施工实际上是对防水、保温材料的一次再加工，必须由专业队伍进行施工，才能确保防水保温工程的质量。专业资质单位应是由当地建设行政主管部门对防水、保温施工企业的规模、技术水平、业绩等综合考核后颁发资质证书的防水、保温专业队伍。作业人员应经过防水、保温施工技术专业培训，并达到符合要求的操作技术水平，由当地建设行政主管部门颁发上岗证书。对非专业队伍和非专业人员施工，当地质量监督部门应责令其停止施工。屋面工程验收的文件和记录体现了施工全过程控制，必须做到真实、准确，不得有涂改和伪造，各相关人员签字盖章后方可有效。施工组织设计应体现防水、保温的内容，并要编制防水、保温施工方案，由施工单位，监理单位（或建设单位）共同审批后，严格按施工方案施工。隐蔽工程的后续工序和分项工程覆盖、包裹、遮挡的前一工序的各项工程，应经过检验符合质量标准，避免因质量问题造成渗漏，或不易修复而直接影响工程质量。按现行国家标准《建筑工程施工质量验收统一标准》GB 50300 的规定，建筑工程质量验收时对涉及结构安全和使用功能的重要分部工程进行抽样检测，因此屋面工程验收时，应检查屋面有无渗漏、积水和排水系统是否畅通，可在雨后持续淋水 2h 后进行。有可能做蓄水检验的屋面，其蓄水时间应不少于 24h。检验后应填写记录、相关人员签字盖章，作为验收文件。

8.2 基层工程

8.2.1 目前倒置式屋面主要采用轻质和保温材料找坡以及采用水泥砂浆和细石混凝土找平，故本节的验收内容主要针对采用上述材料的找坡和找平层质量验收。

8.2.3 既有建筑屋面改造，基层坡度同样不宜小于 3%。

8.2.4 水泥砂浆找平层采用 1：2.5～1：3（水泥：砂）体积比，水泥强度等级不得低于 32.5 级，细石混凝土找平层采用强度等级不低于 C20；沥青砂浆找平层采用 1：8（沥青：砂）质量比，沥青可采用 10 号、30 号的建筑石油，沥青或其熔合物，其材质和配合比必须符合设计要求。

8.2.5 屋面找平层是防水层的基层，在调研中发现平屋面（坡度 3%～5%）天沟、檐沟，由于排水坡度过小或找坡不正确，会造成屋面排水不畅或积水现象。基层找坡正确，能将屋面上的雨水迅速排走，延长了防水层、保温层的寿命，其排水坡度须符合设计要求。

8.2.6 隔离层所用材料的质量应符合设计要求，当设计无要求时，隔离层所用的材料应能经得起保护层的施工荷载，故建议塑料膜的厚度不应小于 0.4mm，土工布应采用聚酯土工布，单位面积质量不应小于 200g/m²，卷材厚度不应小于 2mm。为了消除保护层与防水层之间的粘结力及机械咬合力，隔离层必须完全隔离，对隔离层破损或漏铺部位应及时修复。

8.2.7 由于目前一些施工单位对找平层的施工质量不重视，致使水泥砂浆、细石混凝土找平层的表面有酥松、起砂、起皮和破裂现象，直接影响防水层和基层的粘结质量或导致防水层开裂。沥青砂浆找平层表面不密实会产生蜂窝现象，使卷材胶结材料或涂膜的厚度不均匀，影响防水质量。对找平层的质量要求、表面应坚固密实、平整，水泥砂浆，细石混凝土找平层应充分进行养护，使其水泥充分水化，以确保找平质量。经调研，表面平整度，其允许偏差 5mm，提

高平整度的要求，可使其卷材胶结材料或涂膜的厚度均匀一致，保证工程质量。

8.2.8 经调查分析认为，卷材、涂膜防水层的不规则拉裂，是由于找平层的开裂造成的，水泥砂浆找平层面积大开裂是难免的，找平层合理分格后，可将变形集中到分格缝处。规范规定其纵横缝的最大间距不宜大于 6m，因此找平层分格缝的位置和间距应符合设计要求。

8.2.9 基层与突出屋面结构（女儿墙、山墙、天窗壁、变形缝、烟囱等）的交接处以及基层的转角处，根据卷材的特性，应按《屋面工程技术规范》GB 50345 的规定做成圆弧形，以保证卷材、涂膜防水层的质量。

8.2.10 找平层的表面平整度是根据抹灰质量标准规定的，其允许偏差为 5mm。提高对基层平整度的要求，可使卷材胶结材料或涂膜的厚度均匀一致，保证屋面工程的质量。

8.3 防水与密封工程

8.3.1 现行国家标准《屋面工程质量验收规范》GB 50207 对防水工程的验收作了比较详细的规定，本规程防水工程的验收执行现行国家标准。

8.3.3 既有建筑原防水层能否作为一道防水层由屋面改造设计确定，施工时应符合设计要求。

8.3.4 硬泡聚氨酯防水保温复合板可以作为一道防水设防，板缝的防水处理极为关键，要按设计要求密封防水，确保不会渗漏。

8.4 保温工程

8.4.1 目前倒置式屋面主要采用的保温材料有挤塑型聚苯乙烯泡沫塑料板、硬泡聚氨酯板、硬泡聚氨酯防水保温复合板、泡沫玻璃保温板等板状材料，以及喷涂硬泡聚氨酯等，验收内容主要针对采用上述材料施工的质量验收。

8.4.2 保温材料的导热系数，密度或干密度指标直接影响到屋面保温效果。抗压强度或压缩强度影响到屋面的施工质量，燃烧性能是防止火灾隐患的重要条件，因此，在选择保温材料时，应对保温的导热系数、密度、干密度、抗压强度或压缩强度及燃烧性能严格控制，必须符合设计要求及相关施工规范要求，材料的导热系数，密度抗压强度或压缩强度应进场复验。不同厂家，不同品种的保温材料进行不少于 3 次复验，复验报告齐全，复验样品应由监理人员现场见证取样，样品检验单位应取得相应的资质。燃烧性能可不必进场复验，但需核其相关质量证明文件。

8.4.3、8.4.4 保温材料的厚度、铺设方式以及热桥部位的处理等是影响屋面保温效果的主要因素。在一般情况下，如果保温材料的热工性能和厚度、敷设方式均达到设计标准要求，其保温效果也基本上达到设

计要求。因此对保温材料的厚度、敷设方式以及热桥部位应重点控制。

8.4.5 细部构造处的做法和施工质量，是施工质量控制的薄弱环节，因此验收时应作为主控项目。

8.4.6 坡屋面保温材料的下滑力较大，如不固定牢固，会造成整体下滑，严重的会引起重大质量事故和人身伤亡安全事故，应高度重视。

8.4.7 屋面保温层施工应事先制定专项施工方案，施工方案应科学合理，保温层的施工质量应保证表面平整，坡向正确，铺设牢固、缝隙严密，对现场配料还应检查配料记录。

8.5 细部构造工程

8.5.1 屋面的檐口、檐沟和天沟、女儿墙和山墙、水落口、变形缝、伸出屋面管道、屋面出入口、反梁过水孔、设施基座等部位，是屋面工程中最容易出现渗漏的薄弱环节。据调查表明有 70%的屋面渗漏是由于细部构造的防水处理不当引起的，所以，对这些部位均应进行防水增强处理，并作重点质量检查验收。

8.5.4 天沟、檐沟的排水坡度和排水方向应能保证雨水及时排走，充分体现防排结合的屋面工程设计思想。如果屋面长期积水或干湿交替，在天沟等低洼处滋生青苔、杂草或发生霉烂，最后导致屋面渗漏。

8.6 保护层工程

8.6.1 验收内容主要针对倒置式屋面大量采用的各种材料不同形式保护层施工的质量验收。

8.6.2 保护层用原材料质量，是确保其质量的基本条件。如果原材料质量不好，配合比不准确就难以达到对防水层、保温层保护的目的。

8.6.3 保护层的铺设不应改变原有的排水坡度，导致排水不畅而造成积水，给屋面防水带来隐患。

8.6.4 明确提出了设计强度要求，水泥砂浆强度等级不低于 M15，细石混凝土强度等级不低于 C20。

8.6.5 卵石铺压应防止过量，以免加大屋面荷载，致使结构开裂或变形过大，甚至造成结构破坏，故应严格控制，符合设计要求。

8.6.6 板材在坡屋面上有下滑的趋势，而且在遇到大风或地震时，板材易被掀起或脱落，提出固定措施要符合设计要求，并且铺置牢固。

8.6.7 目前，一些施工单位对现浇保护层的质量重视不够，致使水泥砂浆、细石混凝土保护层表面出现裂缝、起壳、起砂现象，这样的保护层极易开裂破损，因此对水泥砂浆，水泥混凝土保护层的质量要求，除满足强度、排水坡度的设计要求外，还要规定其外观质量要求。

中华人民共和国行业标准

建筑遮阳工程技术规范

Technical code for solar shading engineering of buildings

JGJ 237—2011

批准部门：中华人民共和国住房和城乡建设部
施行日期：2 0 1 1 年 1 2 月 1 日

中华人民共和国住房和城乡建设部
公　告

第 912 号

关于发布行业标准
《建筑遮阳工程技术规范》的公告

现批准《建筑遮阳工程技术规范》为行业标准，编号为 JGJ 237‑2011，自 2011 年 12 月 1 日起实施。其中，第 3.0.7、7.3.4、8.2.4、8.2.5 条为强制性条文，必须严格执行。

本规范由我部标准定额研究所组织中国建筑工业出版社出版发行。

中华人民共和国住房和城乡建设部

2011 年 2 月 11 日

前　言

根据原建设部《关于印发〈2007 年工程建设标准规范制订、修订计划（第一批）〉的通知》（建标〔2007〕125 号）的要求，标准编制组经广泛调查研究，认真总结实践经验，参考有关国际标准和国外先进标准，并在广泛征求意见的基础上，制订本规范。

本规范的主要技术内容是：1 总则；2 术语；3 基本规定；4 建筑遮阳设计；5 结构设计；6 机械与电气设计；7 施工安装；8 工程验收；9 保养和维护。

本规范中以黑体字标志的条文为强制性条文，必须严格执行。

本规范由住房和城乡建设部负责管理和对强制性条文的解释，由北京中建建筑科学研究院有限公司负责具体技术内容的解释。执行过程中如有意见或建议，请寄送北京中建建筑科学研究院有限公司（地址：北京市南苑新华路一号，邮编：100076）。

本 规 范 主 编 单 位：北京中建建筑科学研究院有限公司
　　　　　　　　　　　中国建筑业协会建筑节能分会

本 规 范 参 编 单 位：中国建筑标准设计研究院
　　　　　　　　　　　福建省建筑科学研究院
　　　　　　　　　　　广东省建筑科学研究院
　　　　　　　　　　　中国建筑西南设计研究院
　　　　　　　　　　　江苏省建筑科学研究院有限公司
　　　　　　　　　　　广西建筑科学研究设计院
　　　　　　　　　　　中国建筑科学研究院
　　　　　　　　　　　上海市建筑科学研究院（集团）有限公司
　　　　　　　　　　　广州市建筑科学研究院
　　　　　　　　　　　北京五合国际建筑设计咨询有限公司
　　　　　　　　　　　华南理工大学
　　　　　　　　　　　中国建筑材料检验认证中心有限公司
　　　　　　　　　　　上海青鹰实业股份有限公司
　　　　　　　　　　　尚飞帘闸门窗设备（上海）有限公司
　　　　　　　　　　　上海名成智能遮阳技术有限公司
　　　　　　　　　　　宁波万汇休闲用品有限公司
　　　　　　　　　　　缔纷特诺发（上海）遮阳制品有限公司
　　　　　　　　　　　南京金星宇节能技术有限公司
　　　　　　　　　　　广州创明窗饰有限公司
　　　　　　　　　　　江阴岳亚窗饰有限公司
　　　　　　　　　　　宁波先锋新材料股份有限公司
　　　　　　　　　　　大盛节能卷帘窗建材（上海）有限公司

本规范主要起草人员：涂逢祥　白胜芳　杨仕超
　　　　　　　　　　　冯　雅　许锦峰　刘　强

目　　次

Contents

1 总　则

1.0.1 为规范建筑遮阳工程的设计、施工及验收，做到技术先进、安全适用、经济合理、确保质量，制定本规范。

1.0.2 本规范适用于新建、扩建和改建的民用建筑遮阳工程的设计、施工安装、验收与维护。

1.0.3 建筑遮阳工程的设计、施工安装、验收与维护，除应符合本规范的规定外，尚应符合国家现行有关标准的规定。

2 术　语

2.0.1 建筑遮阳 solar shading of buildings
采用建筑构件或安置设施以遮挡或调节进入室内的太阳辐射的措施。

2.0.2 固定遮阳装置 fixed solar shading device
固定在建筑物上，不能调节尺寸、形状或遮光状态的遮阳装置。

2.0.3 活动遮阳装置 active solar shading device
固定在建筑物上，能够调节尺寸、形状或遮光状态的遮阳装置。

2.0.4 外遮阳装置 external solar shading device
安设在建筑物室外侧的遮阳装置。

2.0.5 内遮阳装置 internal solar shading device
安设在建筑物室内侧的遮阳装置。

2.0.6 中间遮阳装置 middle solar shading device
位于两层透明围护结构之间的遮阳装置。

2.0.7 太阳能总透射比 total solar energy transmittance
通过窗户传入室内的太阳辐射与入射太阳辐射的比值。

2.0.8 遮阳系数 shading coefficient（SC）
在给定条件下，玻璃、外窗或玻璃幕墙的太阳能总透射比，与相同条件下相同面积的标准玻璃（3mm厚透明玻璃）的太阳能总透射比的比值。

2.0.9 外遮阳系数 outside solar shading coefficient of window（SD）
建筑物透明外围护结构相同，有外遮阳时进入室内的太阳辐射热量与无外遮阳时进入室内太阳辐射热量的比值。

2.0.10 外窗综合遮阳系数 overall shading coefficient of window（SC_w）
考虑窗本身和窗口的建筑外遮阳装置综合遮阳效果的一个系数，其值为窗本身的遮阳系数（SC）与窗口的建筑外遮阳系数（SD）的乘积。

3 基本规定

3.0.1 建筑物的东向、西向和南向外窗或透明幕墙、屋顶天窗或采光顶，应采取遮阳措施。

3.0.2 新建建筑应做到遮阳装置与建筑同步设计、同步施工，与建筑物同步验收。

3.0.3 应根据地区气候特征、经济技术条件、房间使用功能等因素确定建筑遮阳的形式和措施，并应满足建筑夏季遮阳、冬季阳光入射、冬季夜间保温以及自然通风、采光、视野等要求。

3.0.4 外窗综合遮阳系数应符合下列规定：

1　对于夏热冬暖地区、夏热冬冷地区和寒冷地区的居住建筑，外窗综合遮阳系数应分别符合现行行业标准《夏热冬暖地区居住建筑节能设计标准》JGJ 75、《夏热冬冷地区居住建筑节能设计标准》JGJ 134和《严寒和寒冷地区居住建筑节能设计标准》JGJ 26的相关规定；

2　对于公共建筑，外窗综合遮阳系数应符合现行国家标准《公共建筑节能设计标准》GB 50189的相关规定。

3.0.5 遮阳装置的类型、尺寸、调节范围、调节角度、太阳辐射反射比、透射比等材料光学性能要求应通过建筑设计和节能计算确定。

3.0.6 遮阳产品的性能指标应符合设计要求，并应符合国家现行相关标准的规定。

3.0.7 **遮阳装置及其与主体建筑结构的连接应进行结构设计。**

3.0.8 遮阳装置应具有防火性能。当发生紧急事态时，遮阳装置不应影响人员从建筑中安全撤离。

3.0.9 活动遮阳装置应做到控制灵活，操作方便，便于维护。

3.0.10 建筑遮阳工程的施工应编制专项施工方案，并应由专业人员进行安装。

4 建筑遮阳设计

4.1 遮阳设计

4.1.1 建筑遮阳设计，应根据当地的地理位置、气候特征、建筑类型、建筑功能、建筑造型、透明围护结构朝向等因素，选择适宜的遮阳形式，并宜选择外遮阳。

4.1.2 遮阳设计应兼顾采光、视野、通风、隔热和散热功能，严寒、寒冷地区应不影响建筑冬季的阳光入射。

4.1.3 建筑不同部位、不同朝向遮阳设计的优先次序可根据其所受太阳辐射照度，依次选择屋顶水平天窗（采光顶），西向、东向、南向窗；北回归线以南地区必要时还宜对北向窗进行遮阳。

4.1.4 遮阳设计应进行夏季和冬季的阳光阴影分析，以确定遮阳装置的类型。建筑外遮阳的类型可按下列原则选用：

1 南向、北向宜采用水平式遮阳或综合式遮阳；

2 东西向宜采用垂直或挡板式遮阳；

3 东南向、西南向宜采用综合式遮阳。

4.1.5 采用内遮阳和中间遮阳时，遮阳装置面向室外侧宜采用能反射太阳辐射的材料，并可根据太阳辐射情况调节其角度和位置。

4.1.6 外遮阳设计应与建筑立面设计相结合，进行一体化设计。遮阳装置应构造简洁、经济实用、耐久美观，便于维修和清洁，并应与建筑物整体及周围环境相协调。

4.1.7 遮阳设计宜与太阳能热水系统和太阳能光伏系统结合，进行太阳能利用与建筑一体化设计。

4.1.8 建筑遮阳构件宜呈百叶或网格状。实体遮阳构件宜与建筑窗口、墙面和屋面之间留有间隙。

4.2 遮阳系数计算

4.2.1 整窗和玻璃幕墙自身的遮阳系数、可见光透射比应按现行行业标准《建筑门窗玻璃幕墙热工计算规程》JGJ/T 151 的有关规定进行计算。

4.2.2 不同气候区民用建筑的外遮阳系数应按国家现行标准《公共建筑节能设计标准》GB 50189、《严寒和寒冷地区居住建筑节能设计标准》JGJ 26、《夏热冬暖地区居住建筑节能设计标准》JGJ 75 和《夏热冬冷地区居住建筑节能设计标准》JGJ 134 的有关规定进行计算，中间遮阳装置的遮阳系数可根据现行行业标准《建筑门窗玻璃幕墙热工计算规程》JGJ/T 151 的有关规定进行计算。

温和地区外遮阳系数宜按下列公式计算：

$$SD = ax^2 + bx + 1 \qquad (4.2.2\text{-}1)$$

$$x = \frac{A}{B} \qquad (4.2.2\text{-}2)$$

式中：SD ——外遮阳系数；

x ——外遮阳特征值；$x > 1$ 时，取 $x = 1$；

A、B ——外遮阳的构造定性尺寸，按表 4.2.2-1 确定；

a、b ——拟合系数，按表 4.2.2-2 选取。

表 4.2.2-1 外遮阳的构造定性尺寸 *A*、*B*

外遮阳基本类型	剖　面　图	示　意　图
水平式		

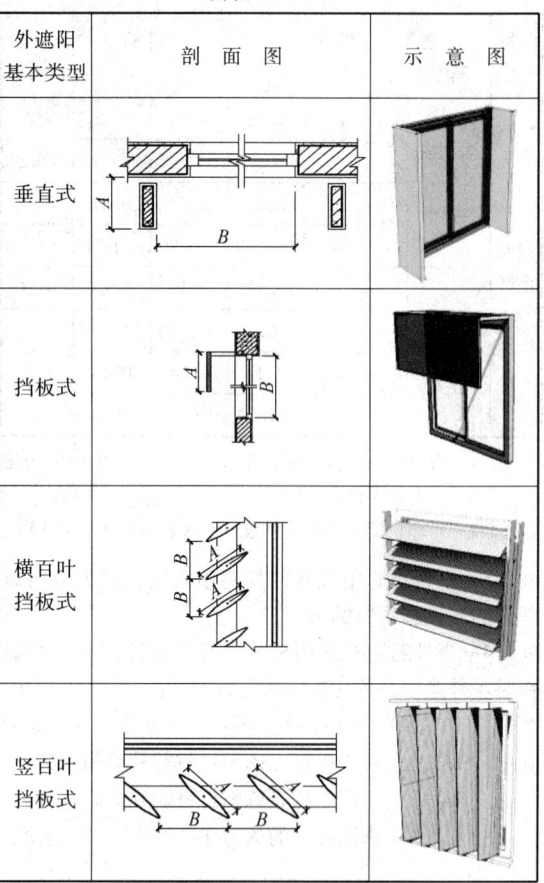

续表 4.2.2-1

外遮阳基本类型	剖　面　图	示　意　图
垂直式		
挡板式		
横百叶挡板式		
竖百叶挡板式		

表 4.2.2-2　温和地区外遮阳系数计算用的拟合系数 *a*、*b*

气候区	外遮阳基本类型		拟合系数	东	南	西	北
温和地区	水平式	冬	a	0.30	0.10	0.20	0.00
			b	−0.75	−0.45	−0.45	0.00
		夏	a	0.35	0.35	0.20	0.20
			b	−0.65	−0.65	−0.40	−0.40
	垂直式	冬	a	0.30	0.25	0.25	0.05
			b	−0.75	−0.60	−0.60	−0.15
		夏	a	0.25	0.40	0.30	0.30
			b	−0.60	−0.75	−0.60	−0.60
	挡板式		a	0.00	0.35	0.00	0.13
			b	−0.96	−1.00	−0.96	−0.93
	固定横百叶挡板式		a	0.53	0.44	0.54	0.40
			b	−1.30	−1.10	−1.30	−0.93
	固定竖百叶挡板式		a	0.02	0.10	0.17	0.54
			b	−0.70	−0.82	−0.70	−1.15

气候区	外遮阳基本类型	拟合系数		东	南	西	北
温和地区	活动横百叶挡板式	冬	a	0.26	0.05	0.28	0.20
			b	−0.73	−0.61	−0.74	−0.62
		夏	a	0.56	0.42	0.57	0.68
			b	−1.30	−0.99	−1.30	−1.30
	活动竖百叶挡板式	冬	a	0.23	0.17	0.25	0.20
			b	−0.77	−0.70	−0.77	−0.62
		夏	a	0.14	0.27	0.15	0.81
			b	−0.81	−0.85	−0.81	−1.44

注：1 拟合系数应按本规范第 4.1.3 条有关朝向的规定在本表中选取；

2 对非正朝向的拟合系数，可取表中数据的插入值。

4.2.3 组合式遮阳装置的外遮阳系数，应为各组成部分的外遮阳系数的乘积。

4.2.4 当外遮阳的遮阳板采用有透光性能的材料制作时，外遮阳系数应按下式进行修正：

$$SD' = 1 - (1 - SD)(1 - \eta^*) \qquad (4.2.4)$$

式中：SD' ——采用可透光遮阳材料的外遮阳系数；

SD ——采用不透光遮阳材料的外遮阳系数；

η^* ——遮阳材料的透射比，按表 4.2.4 选取。

表 4.2.4 遮阳材料的透射比

遮阳用材料	规 格	η^*
织物面料	浅色	0.4
玻璃钢类板	浅色	0.43
玻璃、有机玻璃类板	深色：$0 < S_e \leqslant 0.6$	0.6
	浅色：$0.6 < S_e \leqslant 0.8$	0.8
金属穿孔板	开孔率：$0 < \varphi \leqslant 0.2$	0.1
	开孔率：$0.2 < \varphi \leqslant 0.4$	0.3
	开孔率：$0.4 < \varphi \leqslant 0.6$	0.5
	开孔率：$0.6 < \varphi \leqslant 0.8$	0.7
铝合金百叶板		0.2
木质百叶板		0.25
混凝土花格		0.5
木质花格		0.45

注：S_e 是透过玻璃窗的太阳光透射比，与 3mm 平板玻璃的太阳透射比的比值。

4.2.5 外窗综合遮阳系数可按下列公式计算：

1 无外遮阳时：

$$SC_W = SC \qquad (4.2.5-1)$$

2 有外遮阳时：

$$SC_W = SC \times SD \qquad (4.2.5-2)$$

式中：SC_W ——外窗综合遮阳系数；

SC ——遮阳系数；

SD ——外遮阳系数。

4.2.6 与外窗（玻璃幕墙）面平行，且与外窗（玻璃幕墙）面紧贴的帘式外遮阳、中间遮阳装置，其与外窗（玻璃幕墙）组合后的综合遮阳系数、传热系数应按现行行业标准《建筑门窗玻璃幕墙热工计算规程》JGJ/T 151 的有关规定计算。

5 结 构 设 计

5.1 一 般 规 定

5.1.1 建筑遮阳工程应根据遮阳装置的形式、所在地域气候条件、建筑部件等具体情况进行结构设计，并应符合现行国家标准《建筑抗震设计规范》GB 50011 的相关规定。

5.1.2 活动外遮阳装置及后置式固定外遮阳装置应分别按系统自重、风荷载、正常使用荷载、施工阶段及检修中的荷载等验算其静态承载能力。同时应在结构主体计算时考虑遮阳装置对主体结构的作用。当采用长度尺寸在 3m 及以上或系统自重大于 100kg 及以上大型外遮阳装置时，应做抗风振、抗地震承载力验算，并应考虑以上荷载的组合效应。

5.1.3 对于长度尺寸在 4m 以上的特大型外遮阳装置，且系统复杂难以通过计算判断其安全性能时，应通过风压试验或结构试验，用实体试验检验其系统安全性能。遮阳装置的风压试验、结构试验的实体试验应按本规范附录 A 的规定进行。

5.1.4 活动外遮阳装置及后置式固定外遮阳装置应有详细的构件、组装和与主体结构连接的构造设计，并应符合下列规定：

1 长度尺寸不大于 3m 的外遮阳装置的结构构造可直接在建筑施工图中表达；

2 3m 以上大型外遮阳装置应编制专门的遮阳结构施工图；

3 节点、细部构造应明确与主体结构构件的连接方式、锚固件种类与个数；

4 外遮阳装置连接节点与保温、防水等相关建筑构造的关系；

5 遮阳装置安装施工说明应明确主要安装材料的材质、防腐、锚固件拉拔力等要求。

5.2 荷 载

5.2.1 外遮阳装置的风荷载应按下列规定计算：

1 垂直于遮阳装置的风荷载标准值应按下式计算：

$$w_{ks} = \beta_1 \beta_2 \beta_3 \beta_4 w_k \qquad (5.2.1)$$

式中：w_{ks} ——风荷载标准值（kN/m²）；

w_k——遮阳装置安装部位的建筑主体围护结构风荷载标准值（kN/m²），应按现行国家标准《建筑结构荷载规范》GB 50009取值；有风感应的遮阳装置，可根据感应控制范围，确定风荷载；

β_1——重现期修正系数，可取0.7；当遮阳装置设计寿命与主体围护结构一致时，可取1.0；

β_2——偶遇及重要性修正系数，可取0.8；当遮阳装置凸出于主体建筑时，可取1.0；

β_3——遮阳装置兜风系数：柔软织物类可取1.4，卷帘类可取1.0，百叶类可取0.4，单根构件可取0.8；

β_4——遮阳装置行为失误概率修正系数：固定外遮阳可取1.0，活动外遮阳可取0.6；

2 建筑遮阳装置风荷载修正系数应按表5.2.1取值：

表5.2.1　遮阳装置风荷载修正系数

种　类		β_1	β_2	β_3	β_4
外遮阳百叶帘		0.7	0.8	0.4	0.6
遮阳硬卷帘		0.7	0.8	1.0	0.6
外遮阳软卷帘		0.7	0.8	1.4	0.6
曲臂遮阳篷		0.7	1.0	1.4	0.6
后置式遮阳板（翼）	设计寿命15年	0.7	0.8	1.0	1.0
	与建筑主体同寿命	1.0	1.0	1.0	1.0

3 单项验算遮阳装置的抗风性能时，风荷载的荷载分项系数可取1.2～1.4；当与其他荷载组合验算时，荷载分项系数可取1.0～1.2；

4 当需要验算风振效应时，风振系数可按结构设计规范取值。

5.2.2 遮阳装置的自重荷载应按下列规定计算：

1 遮阳装置的自重荷载标准值应按系统实际情况计算；

2 遮阳装置的自重荷载分项系数可取1.2。

5.2.3 积雪荷载应按下列规定计算：

1 遮阳装置的积雪荷载标准值应按现行国家标准《建筑结构荷载规范》GB 50009取值与重现期修正系数β_1的乘积计算；

2 遮阳装置的积雪荷载分项系数可取1.0，当与其他荷载组合验算时可取0.7。

5.2.4 遮阳装置的积水荷载标准值应按实际蓄水情况确定，积水荷载分项系数可取1.0，当与其他荷载组合验算时可取0.7。

5.2.5 检修荷载应按下列规定计算：

1 荷载标准值应按实际情况计算；

2 检修荷载分项系数应按1.4取值，并应与积雪荷载组合验算。

5.2.6 各类遮阳装置荷载组合的取值应符合表5.2.6的规定。

表5.2.6　各类遮阳装置荷载组合的取值规定

种　类		荷载组合与荷载分项系数
外遮阳百叶帘		风荷载，1.2
遮阳硬卷帘		风荷载，1.2
外遮阳软卷帘		风荷载，1.2
曲臂遮阳篷		风荷载，1.2； 积雪（或积水）荷载，1.0； 自重，1.2＋风荷载，1.0＋积雪（或积水）荷载，0.7； 自重，1.2＋检修荷载，1.4＋积雪（或积水）荷载，0.7
后置式遮阳板（翼）	设计寿命15年	风荷载，1.2； 自重，1.2＋风荷载，1.0； 自重，1.2＋积雪荷载，1.0； 自重，1.2＋风荷载，1.0＋积雪荷载，0.7； 自重，1.2＋检修荷载，1.4＋积雪荷载，0.7
	与建筑主体同寿命	风荷载，1.4； 自重，1.2＋风荷载，1.2； 自重，1.2＋积雪荷载，1.4； 自重，1.2＋风荷载，1.0＋积雪荷载，1.0； 自重，1.2＋检修荷载，1.4＋积雪荷载，1.0

5.3　遮 阳 装 置

5.3.1 产品类遮阳装置的抗风等结构性能应符合具体建筑的设计要求。

5.3.2 组装类遮阳装置的设计要求应符合表5.3.2的规定。

表5.3.2　组装类遮阳装置的设计要求

种　类		正常使用极限		极限状态	
		变形	功能	最大变形	强度
外遮阳百叶帘		—	正常	≤1/25，可恢复	≥荷载效应
遮阳硬卷帘		—	正常	≤1/50	
外遮阳软卷帘		—	正常	≤1/10（织物，相对于骨架），可恢复	
曲臂遮阳篷		—	正常	≤1/50（曲臂机构） ≤1/10（织物，相对于骨架），可恢复	
后置式遮阳板（翼）	设计寿命15年	≤1/100	正常	≤1/50	
	与建筑主体同寿命	≤1/200	正常	≤1/50	

5.3.3 当采用风压试验或风荷载实体试验方法判断安全性时，遮阳系统在试验过程中不得出现断裂、脱落等破坏现象；试验完成后，有恢复要求的遮阳装置（指外遮阳百叶帘、篷织物面料）残余变形不应大于 1/200。

5.3.4 遮阳装置的抗震计算与构造应符合下列规定：

    1 对长度尺寸超过 3m 的大型外遮阳装置，设计寿命与主体结构一致或接近时，应进行抗震计算。抗震构造应符合现行国家标准《建筑抗震设计规范》GB 50011 的规定。

    2 当遮阳装置设计寿命不大于主体结构设计寿命的 50% 时，无论尺寸长度如何，可不进行抗震计算，但应有防止发生地震次生灾害的构造设防措施。

5.4 遮阳装置与主体结构的连接

5.4.1 遮阳装置与主体结构的各个连接节点的锚固力设计取值不应小于按不利荷载组合计算得到的锚固力值的 2 倍，且不应小于 30kN。

5.4.2 遮阳装置应采用锚固件直接锚固在主体结构上，不得锚固在保温层上。

5.4.3 遮阳装置与主体结构的连接方式应按锚固力设计取值和实际情况确定，并应符合表 5.4.3 的要求。当遮阳装置长度尺寸大于或等于 3m 时，所有锚固件均应采用预埋方式。

表 5.4.3 各类遮阳装置与主体结构连接的锚固要求

种 类		锚 固 件			
		锚固件个数	锚固位置	锚固方式	锚固件材质
外遮阳百叶帘		通过计算确定，且每边不少于 3 个	基层墙体	预埋或后置	膨胀螺栓或钢筋，防腐处理
遮阳硬卷帘					
外遮阳软卷帘		通过计算确定，且每边不少于 2 个	基层墙体	预埋或后置	膨胀螺栓或钢筋，防腐处理
曲臂遮阳篷					
后置式遮阳板（翼）	设计寿命 15 年	通过计算确定，且每边不少于 2 个	基层墙体	预埋或后置	膨胀螺栓或钢筋，防腐处理
	与建筑主体同寿命	通过计算确定，且每边不少于 4 个	基层混凝土（钢）结构	预埋（焊接、螺栓接）	钢筋，防腐处理；不锈钢

5.4.4 锚固件不得直接设置在加气混凝土、混凝土空心砌块等墙体材料的基层墙体上。当基层墙体为该类不宜锚固件的墙体材料时，应在需要设置锚固件的位置预埋混凝土实心砌块。

5.4.5 预埋或后置锚固件及其安装应按照现行行业标准《玻璃幕墙工程技术规范》JGJ 102 和《混凝土结构后锚固技术规程》JGJ 145 的规定执行，并应按照一定比例抽样进行拉拔试验。

6 机械与电气设计

6.1 驱动系统

6.1.1 遮阳装置所用电机的尺寸、扭矩、转速、最大有效圈数或最大行程，以及正常工作时功率、电流、电压应与所驱动的遮阳装置完全匹配。

6.1.2 遮阳装置用电机内部应有过热保护装置。

6.1.3 电机的防水、防尘等级应符合现行国家标准《外壳防护等级（IP 代码）》GB 4208 中 IP44 等级的规定。

6.1.4 外遮阳装置使用的驱动装置的防护等级和技术要求应符合现行行业标准《建筑遮阳产品电力驱动装置技术要求》JG/T 276 和《建筑遮阳产品用电机》JG/T 278 的规定。

6.2 控制系统

6.2.1 大于 3m 的大型外遮阳装置应采用电机驱动。建筑遮阳装置的控制系统，应根据使用要求或建筑环境的要求选择。对于集中控制的遮阳系统，系统应可显示遮阳装置的状态。

6.2.2 遮阳装置使用的驱动装置，应设有限位装置且可在任意位置停止。

6.2.3 机械驱动装置的操作系统及电机驱动装置的控制开关应标识清楚，明确操作方位。

6.2.4 电机驱动外遮阳装置，在加装风速和雨水的传感器时，传感器应置于被控制区域的凸出且无遮蔽处，传感器所处位置应能充分反映该区域内遮阳产品所处的有关气象情况，必要时也可增加阳光自动控制功能。

6.2.5 建筑遮阳控制系统应与消防控制系统联动。

6.3 机械系统

6.3.1 立面安装的垂直运行的遮阳帘体的底杆应平直，并应有保持自垂所需的足够的重量。

6.3.2 导向系统应保证遮阳装置在预定的运行范围内平顺运行。

6.3.3 机械系统应采取相应的润滑措施，并应在系统使用寿命内，具体规定保养周期。

6.4 安全措施

6.4.1 遮阳的防雷设计应符合国家现行标准《建筑防雷设计规范》GB 50057 和《民用建筑电气设计规范》JGJ 16 的有关规定。遮阳装置的金属构架应与主体结构的防雷体系可靠连接，连接部位应清除非导电保护层。

6.4.2 电机驱动遮阳装置应采取防漏电措施，并应确保电机的接地线与建筑供电系统的接地可靠连接。

6.4.3 线路接头的绝缘保护应符合现行行业标准《民用建筑电气设计规范》JGJ 16 的规定。

6.4.4 所有可操控构件的电力驱动装置均应设置过载保护装置。

6.4.5 机械驱动装置应有阻止误操作造成操作人员伤害及产品损坏的防护设施。

7 施工安装

7.1 一般规定

7.1.1 建筑遮阳装置的安装应在其前道工序施工结束并达到质量要求时方可进行。

7.1.2 建筑遮阳工程专项施工方案应与主体工程施工组织设计相配合，并应包括下列内容：

  1 工程进度计划；

  2 进场材料和产品的复验；

  3 与主体结构施工、设备安装、装饰装修的协调配合方案；

  4 进场材料和产品的堆放与保护；

  5 建筑遮阳产品及其附件的搬运、吊装方案；

  6 遮阳设施的安装和组装步骤及要求；

  7 遮阳装置安装后的调试方案；

  8 施工安装过程的安全措施；

  9 遮阳产品及其附件的现场保护方法；

  10 检查验收。

7.1.3 建筑遮阳工程施工不得降低建筑保温效能。

7.2 遮阳工程施工准备

7.2.1 遮阳工程施工前，施工单位应会同土建施工单位检查现场条件、施工临时电源、脚手架、通道栏杆、安全网和起重运输设备情况，测量定位，确认是否具备遮阳工程施工条件。

7.2.2 建筑遮阳产品及其附件的品种、规格、性能和色泽应符合设计规定。

7.2.3 堆放场地应防雨、防火，地面坚实并保持干燥。存储架应有足够的承载能力和防雷措施。储存遮阳产品宜按安装顺序排列，并应有必要的防护措施。

7.2.4 应按照设计方案和设计图纸，检查预埋件、预留孔洞与管线等是否符合要求。如预埋件位置偏差过大或未设预埋件时，应制订补救措施与可靠的连接方案。

7.2.5 预埋件、安装座等隐蔽工程完成并验收合格后方可进行后续工序的施工。

7.2.6 大型遮阳板构件安装前应对产品的外观质量进行检查。

7.3 遮阳组件安装

7.3.1 遮阳组件的吊装机具应符合下列要求：

  1 应根据遮阳组件选择吊装机具；

  2 吊装机具使用前，应进行全面质量、安全检验；

  3 吊具运行速度应可控制，并应有安全保护措施；

  4 吊装机具应采取防止遮阳件摆动的措施。

7.3.2 遮阳组件运输应符合下列要求：

  1 运输前遮阳组件应按吊装顺序编号，并应做好成品保护。

  2 装卸和运输过程中，应保证遮阳组件相互隔开并相对固定，不得相互挤压和串动。

  3 遮阳组件应按编号顺序摆放妥当，不应造成遮阳组件变形。

7.3.3 起吊和就位符合下列要求：

  1 吊点和挂点应符合设计要求，起吊过程应保持遮阳组件平稳，不撞击其他物体；

  2 吊装过程中应采取保证装饰面不受磨损和挤压的措施；

  3 遮阳组件就位未固定前，吊具不得拆除。

7.3.4 在遮阳装置安装前，后置锚固件应在同条件的主体结构上进行现场见证拉拔试验，并应符合设计要求。

7.3.5 现场组装的遮阳装置应按照产品的组装、安装工艺流程进行组装。

7.3.6 遮阳组件安装就位后应及时校正；校正后应及时与连接部位固定。

7.3.7 遮阳组件安装的允许偏差应符合表 7.3.7 的要求。

表 7.3.7 遮阳组件安装允许偏差

项　　目	与设计位置偏离	遮阳组件实际间隔相对误差距离
允许偏差（mm）	5	5

7.3.8 电气安装应按设计进行，并应检查线路连接以及传感器位置是否正确。所采用的电机以及遮阳金属组件应有接地保护，线路接头应有绝缘保护。

7.3.9 遮阳装置各项安装工作完成后，均应分别单独调试，再进行整体运行调试和试运转。调试应达到遮阳产品伸展收回顺畅，开启关闭到位，限位准确，系统无异响，整体运作协调，达到安装要求，并应记录调试结果。

7.3.10 遮阳安装施工安全应符合现行行业标准《建筑施工高处作业安全技术规范》JGJ 80、《建筑机械使用安全技术规程》JGJ 33 和《施工现场临时用电安全技术规范》JGJ 46 的有关规定。

8 工 程 验 收

8.1 一 般 规 定

8.1.1 与建筑结构同时施工的遮阳建筑构件应与结构工程同时验收。

8.1.2 建筑遮阳工程的质量验收应检查下列文件和记录：

    1 建筑遮阳工程设计图纸和变更文件；

    2 原材料出厂检验报告和质量证明文件、材料构件设备进场检验报告和验收文件；

    3 现场隐蔽工程检查记录及其他有关验收文件；

    4 施工现场安装记录；

    5 遮阳装置调试和试运行记录；

    6 现场试验和检验报告；

    7 其他必要的资料。

8.1.3 建筑遮阳工程应对下列隐蔽项目进行验收：

    1 预埋件或后置锚固件；

    2 埋件与主体结构的连接节点。

8.1.4 检验批应按下列规定划分：

    1 每个单位工程，同一品种、同一厂家、类型和规格的遮阳装置每 500 副应划分为一个检验批，不足 500 副也应划分为一个检验批；

    2 异型或有特殊要求的外遮阳装置，应根据其特点和数量，由监理（建设）单位和施工单位协商确定。

8.1.5 建筑外遮阳工程采用的材料、构件等应符合设计要求，主要材料、部品进入施工现场时，应具有中文标识的出厂质量合格证、产品出厂检验报告、有效期内的型式检验报告等质量证明文件；进场时应做检查验收，并应经监理工程师核查确认。

8.2 主 控 项 目

8.2.1 进场安装的建筑遮阳产品及其附件的材料、品种、规格和性能应符合设计要求和相关标准规定。

    检验数量：每个检验批抽查不应少于 10%。

    检验方法：观察、尺量检查；检查产品合格证书、性能检测报告、材料进场验收记录和复检报告。

8.2.2 遮阳装置的遮阳系数、抗风安全荷载、耐积雪安全荷载、耐积水荷载、机械耐久性应符合相关标准的规定和设计要求。

    检验数量：全数检查。

    检验方法：检查质量证明文件和复验报告。

    1 遮阳装置遮阳系数应按现行行业标准《建筑遮阳热舒适、视觉舒适性能与分级》JG/T 277 进行检测。

    2 遮阳装置抗风安全荷载应按现行行业标准《建筑外遮阳产品抗风性能试验方法》JG/T 239 进行检测。

    3 遮阳装置耐积雪安全荷载应按现行行业标准《建筑遮阳通用要求》JG/T 274 - 2010 附录 B 进行检测。

    4 遮阳装置（篷）耐积水荷载应按现行行业标准《建筑遮阳篷耐积水荷载试验方法》JG/T 240 进行检测，荷载等级应根据设计确定。

    5 遮阳装置的机械耐久性应按现行行业标准《建筑遮阳产品机械耐久性能试验方法》JG/T 241 进行检测，性能等级应根据设计确定。

8.2.3 外遮阳装置使用的遮阳产品等进入施工现场时，应对遮阳系数、抗风荷载进行检验。

    检验数量：同一生产厂家的同种类产品抽查不应少于一副。

    检验方法：见证取样送检，检查复验报告。

8.2.4 遮阳装置与主体结构的锚固连接应符合设计要求。

    检验数量：全数检查验收记录。

    检验方法：检查预埋件或后置锚固件与主体结构的连接等隐蔽工程施工验收记录和试验报告。

8.2.5 电力驱动装置应有接地措施。

    检验数量：全数检查。

    检验方法：观察检查电力驱动装置的接地措施，进行接地电阻测试。

8.2.6 遮阳装置的启闭、调节等功能应符合相应产品要求。

    检验数量：每个检验批抽查 5%，并不应少于 10 副。

    检验方法：按产品说明书做启闭调节试验，并应记录结果。

8.2.7 设置风感应控制系统的遮阳装置，风感应控制系统的品种、规格应符合设计要求和相关标准规定；风速测量的精度应符合设计要求，在危险风速下遮阳装置应能按设计要求收回。

    检验数量：全数检查风感应系统。

    检验方法：观察检查；核查质量证明文件和检验报告；现场应按本规范附录 B 进行风感试验。

8.3 一 般 项 目

8.3.1 遮阳装置的外观质量应洁净、平整，无大面积划痕、碰伤等外观缺陷；织物应无褪色、污渍、撕裂；型材应无焊缝缺陷，表面涂层应无脱落。

    检验数量：全数检查。

    检验方法：观察检查。

8.3.2 遮阳装置的调节应灵活，能调节到位。

    检验数量：每个检验批应抽查 5%，并不应少于 10 副。

    检验方法：施工现场应按说明书做调节试验，并应记录试验结果。

9 保养和维护

9.0.1 遮阳工程竣工验收时,遮阳产品供应商应向业主提供《遮阳产品使用维护说明书》,且《遮阳产品使用维护说明书》应包括下列内容:

1 遮阳装置的主要性能参数以及保用年限;

2 遮阳装置使用方法及注意事项;

3 日常与定期的维护、保养要求;

4 遮阳装置易损零部件的更换方法;

5 供应商的保修责任。

9.0.2 必要时,供应商在遮阳装置交付使用前可为业主培训遮阳装置维护、保养人员。

9.0.3 遮阳装置交付使用后,业主应根据《遮阳产品使用维护说明书》的相关要求及时制定遮阳装置的维护计划,并应定期进行保养维护。

9.0.4 遮阳装置的定期检查、清洗、保养、润滑与维修作业,宜按照供应商提供的使用维护说明书执行。

9.0.5 灾害天气前应对遮阳装置进行防护,灾害天气前后应对遮阳装置进行检查。

9.0.6 遮阳装置的使用维护人员应定期检查遮阳装置的机械性能和遮阳装置连接部位的腐蚀情况,发现问题应及时维修、保养。

9.0.7 大风天气、阴天、夜晚应收起外伸的活动外遮阳装置。

附录 A 遮阳装置的风荷载实体试验

A.0.1 当遮阳装置进行风压、实体模型试验时,其试验荷载 f_s 应按下式计算:

$$f_s = \lambda \times f \qquad (A.0.1)$$

式中:f——本规范第 5.2 节中规定的荷载设计值(kN);

λ——荷载检验系数,可取 1.10,当遮阳装置设计寿命与主体建筑一致时可取 1.55。

A.0.2 试件应选取所设计工程中荷载相同的较大典型构件单元,试验的试件应包含与主体结构的连接部分。

A.0.3 风荷载实体试验可采用结构静力试验的方法进行,也可采用风压试验的方法进行。

A.0.4 结构静力试验应按下列步骤进行:

1 应按照工程设计的连接方式在试验台上固定构件;

2 应按照风荷载的分布,采用静力加载的方法施加风荷载,先按照风荷载设计值的 75% 进行分级加载,然后按照试验荷载进行加载;

3 加载前应先测量构件的原始挠度和连接部位

的初始位置,每级加载时均需测量构件的挠度和连接部位的位置;试验荷载较大而可能发生试件损坏或损坏测量仪器时可不测量试验荷载加载时的挠度和构件位置;

4 试验荷载加载、卸载后应观察试件的损坏情况,卸载后测试试件的残余挠度和残余变形,并记录。

A.0.5 当采用风压试验进行荷载试验时,试验风压 P_s 应按下式计算:

$$P_s = \frac{f_s}{A} \qquad (A.0.5)$$

式中:f_s——风荷载试验值(kN);

A——遮阳构件在荷载方向的投影面积(m)。

A.0.6 风压试验应按下列步骤进行:

1 应按照工程设计的连接方式在风压试验箱体上固定构件;

2 应将遮阳构件周边与静压箱体进行柔性密封,柔性密封不能阻碍遮阳构件的移动和对变形产生影响;

3 应采用分段加压的方法施加风荷载,先按照风荷载设计值的 75% 进行分级加载,然后按照试验荷载进行加载。

风荷载设计值至少分 5 级加载至 75% 风荷载设计值,每级至少维持 10s,试验荷载加载应从卸载状态一次升至目标值并重复 3 次;

4 加载前应先测量构件的原始挠度和连接部位的初始位置,每级加载时均需测量构件的挠度和连接部位的位置;试验荷载较大而可能发生试件损坏或损坏测量仪器时可不测量试验荷载加载时的挠度和构件位置;

5 试验荷载加载、卸载后应观察试件的损坏情况,卸载后测试试件的残余挠度和连接部位的残余变形,并记录。

A.0.7 结构静力试验或风压试验中,试验荷载下的遮阳构件的相对挠度不应超过 1/100 和设计挠度值,试验后遮阳构件及连接件均不应损坏。

附录 B 遮阳装置的风感系统现场试验方法

B.0.1 当遮阳工程采用带有风速感应系统的遮阳装置时,工程验收时应对风速感应系统进行现场试验。

B.0.2 试验设备应符合下列规定:

1 轴流风机应在 1m 的距离产生平稳的风速能通过变频或无级调速的方式,在 1m 的距离产生遮阳装置风速感应系统的设计风速,风速应平稳;

2 全方位风速传感器的精度不应小于 5%。

B.0.3 遮阳装置的风感系统现场试验应按下列规定

进行：

1 试验时室外风速应小于 1.5m/s，否则应采取相应的遮蔽措施；

2 应将风速传感器固定在风速感应系统附近，距离不得超过 10cm；

3 应将轴流风机正对风速感应系统，距离应为 1m±0.5m；

4 应将遮阳装置完全伸展或闭合；

5 开启轴流风机，应按 1m/s 为一个台阶进行阶梯状加载，每次增加风速后应在此风速下平稳运行 3min~5min，记录遮阳装置收回或开启时的风速。

B.0.4 遮阳装置的风感系统现场应按下列要求进行判定：

1 同一遮阳装置应进行三次试验，以三次试验中遮阳装置收回或开启时的最大风速作为试验结果；

2 将试验结果换算成蒲福风力，该风力不应大于遮阳装置技术资料中所规定的收回或开启的感应风力。

本规范用词说明

1 为便于在执行本规范条文时区别对待，对要求严格程度不同的用词说明如下：

　　1）表示很严格，非这样做不可的用词：
　　　　正面词采用"必须"，反面词采用"严禁"；

　　2）表示严格，在正常情况下均应这样做的用词：
　　　　正面词采用"应"，反面词采用"不应"或"不得"；

　　3）表示允许稍有选择，在条件许可时首先应这样做的用词：
　　　　正面词采用"宜"，反面词采用"不宜"；

　　4）表示有选择，在一定条件下可以这样做的用词，采用"可"。

2 条文中指明应按其他有关标准执行的写法为："应符合……的规定"或"应按……执行"。

引用标准名录

1 《建筑结构荷载规范》GB 50009

2 《建筑抗震设计规范》GB 50011

3 《建筑防雷设计规范》GB 50057

4 《公共建筑节能设计标准》GB 50189

5 《外壳防护等级（IP 代码）》GB 4208

6 《民用建筑电气设计规范》JGJ 16

7 《严寒和寒冷地区居住建筑节能设计标准》JGJ 26

8 《建筑机械使用安全技术规程》JGJ 33

9 《施工现场临时用电安全技术规范》JGJ 46

10 《夏热冬暖地区居住建筑节能设计标准》JGJ 75

11 《建筑施工高处作业安全技术规范》JGJ 80

12 《玻璃幕墙工程技术规范》JGJ 102

13 《夏热冬冷地区居住建筑节能设计标准》JGJ 134

14 《混凝土结构后锚固技术规程》JGJ 145

15 《建筑门窗玻璃幕墙热工计算规程》JGJ/T 151

16 《建筑外遮阳产品抗风性能试验方法》JG/T 239

17 《建筑遮阳篷耐积水荷载试验方法》JG/T 240

18 《建筑遮阳产品机械耐久性能试验方法》JG/T 241

19 《建筑遮阳通用要求》JG/T 274-2010

20 《建筑遮阳产品电力驱动装置技术要求》JG/T 276

21 《建筑遮阳热舒适、视觉舒适性能与分级》JG/T 277

22 《建筑遮阳产品用电机》JG/T 278

中华人民共和国行业标准

建筑遮阳工程技术规范

JGJ 237—2011

条 文 说 明

制　定　说　明

《建筑遮阳工程技术规范》JGJ 237－2011，经住房和城乡建设部2011年2月11日以第912号公告批准、发布。

本规范制订过程中，编制组进行了广泛的调查研究，总结了我国建筑遮阳工程建设的实践经验，同时参考了国外先进技术法规、技术标准，通过科学研究取得了有关重要技术参数。

为便于广大设计、施工、科研、学校等单位有关人员在使用本规范时能正确理解和执行条文规定，《建筑遮阳工程技术规范》编制组按章、节、条顺序编制了本规范的条文说明，对条文规定的目的、依据以及执行中需注意的有关事项进行了说明，还着重对强制性条文的强制性理由作了解释。但是，本条文说明不具备与规范正文同等的法律效力，仅供使用者作为理解和把握规范规定的参考。

目　次

1 总 则

1.0.1 本条明确了制定规范的目的。目前我国的建筑物窗户越开越大、玻璃幕墙建筑越来越多，致使室内温度夏季过高、冬季过低，极大地增加了夏季空调的供冷量和冬季采暖的供热量。采用大面积透明玻璃的建筑与全球节能减排、控制窗墙面积比的要求背道而驰。夏季，大量太阳辐射热从玻璃窗进入室内，使室温增高，不得不加大空调功率；冬季，室内大量热量从保温较差的玻璃窗户逸出，使室温下降，又不得不增加采暖供热量。因此，大面积的玻璃窗和玻璃幕墙已成为建筑物能源消耗的主要部位，更加突出说明建筑遮阳的必要性。

本规范所指的建筑遮阳包括设置在建筑物不同部位的活动遮阳和固定遮阳。

设置良好遮阳的建筑，可大大改善窗户隔热性能，节约建筑制冷用能 25％以上；并使窗户保温性能提高约一倍，节约建筑采暖用能 10％以上。在欧美发达国家，建筑遮阳已经成为节能与热舒适的一项基本需要。不少欧洲国家，不仅公共建筑普遍配备有遮阳装置，一般住宅也几乎家家安装窗外遮阳。"欧洲遮阳组织"在 2005 年 12 月发表的研究报告《欧盟 25 国遮阳装置节能及二氧化碳减排》介绍：欧盟 25 国 4.53 亿人口，住房面积 242.6 亿 m^2，其中平均有一半采用遮阳，因此每年减少制冷能耗 3100 万 t 油当量，CO_2 减排 8000 万 t；每年还减少采暖能耗 1200 万 t 油当量，CO_2 减排 3100 万 t。如果经过努力，到 2020 年我国能发展到也有一半左右建筑采用遮阳，每年可因此减少采暖与空调能耗当超过 1 亿 t 标准煤，减排 CO_2 当超过 3 亿 t。由此可见，推广建筑遮阳，对于节能减排、提高建筑舒适性的作用十分巨大。

建筑遮阳正在我国大范围推广应用，为了使遮阳工程的设计、施工、验收与维护，做到安全适用、经济合理、确保质量，必须有标准可依，而过去的建筑工程技术标准中，缺乏这方面的内容，因此编制本规范，是一项重要而紧迫的任务。

2 术 语

2.0.1 建筑遮阳是为防止阳光过分照射入建筑物内，达到降低室内温度和空调能耗、营造室内舒适的热环境和光环境的目的，所采取的遮蔽措施。

3 基 本 规 定

3.0.1 夏热冬暖地区、夏热冬冷地区和寒冷地区建筑的东向、西向和南向外窗（包括透明幕墙）、屋顶天窗（包括采光顶），在夏季受到强烈的日照时，大量太阳辐射热进入室内，造成建筑物内过热和能耗增加，降低室内舒适度。采用有效的建筑遮阳措施，将会降低建筑物运行能耗，并减少太阳辐射对室内热舒适度和视觉舒适度的不利影响。

有效的遮阳措施可概括为：绿化遮阳、结合建筑构件的遮阳和专门设置的遮阳。建筑的绿化遮阳不属于建筑工程技术范围，本规范不予涉及。结合建筑构件的遮阳手法，常见的有：加宽挑檐、外廊、凹廊、阳台、旋窗等。专门设置的遮阳包括水平遮阳、垂直遮阳、综合遮阳、挡板遮阳、百叶内遮阳、活动百叶外遮阳等，可根据不同气候和地域特点，采取适宜的遮阳措施。

3.0.2 建筑遮阳装置与新建建筑要做到"三同"，即同步设计、同步施工、同步验收，这样做有利于保证遮阳装置与建筑较好的结合，保证工程质量，并在新建建筑投入使用时即可发挥作用。

3.0.3 本条文提出建筑遮阳设计时应合理选择遮阳形式和技术措施，是由于我国地域辽阔，建筑物所在地区气候特征各有不同，建筑物的使用性质，适宜的遮阳形式也不尽相同。门窗（透明玻璃幕墙）本身的遮阳设计比较简单，其重点在于选取可见光透射比高、遮阳系数低的玻璃产品。建筑外、内遮阳设计相对比较复杂，可做成固定的遮阳装置（设置各种形式的遮阳板），也可做成活动的遮阳装置（布帘、各种金属或塑料百叶等）。活动式的遮阳可视季节的变化、时间的变化和天气阴晴的变化，任意调节遮阳装置的遮蔽状态；在寒冷季节，可避免遮挡阳光，争取日照；这种遮阳装置灵活性大，还可以更换和拆除。夏热冬暖地区的建筑，尤其是南区的建筑，在"必须充分满足夏季防热要求，可不考虑冬季保温"的条件下，优先采用固定式遮阳装置，其他地区在充分考虑夏季遮阳、冬季阳光入射、自然通风、采光、视野等因素后，采用固定式或活动式遮阳装置。当遮阳装置闭合时，窗与遮阳装置之间的空气层会起到保温作用，因而遮阳装置有冬季夜间保温的功能。

3.0.4 综合遮阳系数是建筑节能设计中需要控制的一个重要指标，在进行建筑遮阳设计时，应严格按照建筑节能标准的要求，不能突破各地区建筑节能设计标准中规定的限值，以确保建筑节能目标的实现。

3.0.5 遮阳装置的类型、尺寸、调节范围、调节角度，以及遮阳材料光学性能（太阳辐射反射比、透射比等）的选择十分重要，选出适用的遮阳装置将增加遮阳的效果，改善建筑外观，降低造价；遮阳装置的选择确定是比较复杂的过程，应进行周密的设计和节能计算。

3.0.6 本条文强调了遮阳产品的性能除符合设计要求外，还应符合现行行业标准《建筑遮阳通用要求》JG/T 274 以及相应产品和试验方法标准的规定，确保遮阳装置使用性能满足要求、安全可靠。

3.0.7 遮阳装置除了保证遮阳效果和外观效果外，其关键是必须满足在使用过程中的安全性能，应综合考虑装置承受的各种荷载、与结构连接的整体牢固性、耐久安全性等，并进行结构设计。

3.0.8 本条文提出了遮阳装置火灾安全方面的基本规定，体现了"安全第一"、建设和谐社会的要求。

3.0.9 为使活动遮阳装置满足不同使用者的要求，其应控制灵活，操作方便，误操作时不会对人员、遮阳装置和建筑环境等造成损害。

3.0.10 为了保证遮阳装置施工质量，施工前要编制施工方案，并应由经过培训的专业人员进行安装和安全检查。具体施工安装要求见本规范第7章有关条文。

4 建筑遮阳设计

4.1 遮 阳 设 计

4.1.1 建筑遮阳的目的在于防止直射阳光透过玻璃进入室内，减少阳光过分照射加热建筑围护结构，减少直射阳光造成的眩光。根据建筑遮阳装置与建筑外窗的位置关系，建筑遮阳分为外遮阳、内遮阳和中间遮阳三种形式。外遮阳是将遮阳装置布置在室外，挡住太阳辐射。内遮阳是将遮阳装置布置在室内，将入射室内的直射光分散为漫反射，以改善室内热环境和避免眩光。中间遮阳是将遮阳装置设于玻璃内部、两层玻璃窗或幕墙之间，此种遮阳易于调节，不易被污染，但造价高，维护成本也较高。

采用外遮阳时，可将 $60\%\sim80\%$ 的太阳辐射直接反射出去或吸收，使辐射热散发到室外，减少了室内的太阳得热，节能效果较好。而采用内遮阳时，遮阳装置反射部分阳光，吸收部分阳光，透过部分阳光，由于所吸收的太阳能仍留在室内，虽可以改善热环境，但节能效果却不理想。为此，应优先选择外遮阳。

遮阳措施能阻断直射阳光透过玻璃进入室内，为室内营造舒适的热环境，降低室温和空调能耗。我国地域辽阔，建筑物所在地气候特征各不相同，同时由于建筑物的使用性质不同，建筑类型、建筑功能、建筑朝向、建筑造型不同，适宜的遮阳形式也不尽相同。因此，本条文提出了建筑遮阳设计时应合理选择遮阳形式的要求。

4.1.2 遮阳装置的设计固然要达到遮挡太阳辐射热的目的，但多数遮阳装置是与窗设置在一起，因此，窗原来的采光和通风功能仍然需要得到满足。

遮阳板在遮阳的同时也会影响窗子原有的自然采光和通风。遮阳板不仅遮挡了阳光，也会使建筑周围的局部风压发生变化。在许多情况下，设计不当的实体遮阳板会显著降低建筑表面的空气流速，影响建筑内部自然通风效果。另一方面，根据当地夏季主导风

向，可以利用遮阳板进行引风，增加建筑进风口的风压，对通风量进行调节，以达到自然通风散热的目的。但是寒冷地区冬季对建筑吸收太阳热量要求较高，选择的建筑遮阳形式必须能保证阳光入射。

4.1.3 由于太阳的高度角和方位角不同，投射到建筑物水平面、西向、东向、南向和北向立面的太阳辐射强度各不相同。夏季，太阳辐射强度随朝向不同有较大差别，一般以水平面最高，东、西向次之，南向较低，北向最低。为此，建筑遮阳设计的优先顺序应根据投射到的太阳辐射强度确定。

4.1.4 由于太阳高度角和方位角在一年四季循环往复变化，遮阳装置产生的阴影区也随之变化。可按以下原则确定建筑外遮阳的形式：

1 水平式遮阳：在太阳高度角较大时，能有效遮挡从窗口上前方投射下来的直射阳光，北回归线以北地区一般布置在南向及接近南向的窗口，北回归线以南地区一般布置在南向及北向窗口。

2 垂直式遮阳：在太阳高度角较小时，能有效遮挡从窗侧面斜射入的直射阳光，一般布置在北向、东北向、西北向的窗口；北回归线以北地区一般布置在南向及接近南向的窗口。

3 综合式遮阳：为有效遮挡从窗前侧向斜射下来的直射阳光，一般布置在从东南向、南向到西南向范围内的窗口，北回归线以南地区一般布置在北向窗口。综合式遮阳兼有水平遮阳和垂直遮阳的优点，对于遮挡各种朝向和高度角低的太阳光都比较有效。

4 挡板式遮阳：为有效遮挡从窗口正前方投射下来的直射阳光，一般布置在东向、西向及其附近方向的窗口。

4.1.5 内遮阳为在窗的内侧安装百叶、帘布或卷帘，或在采光顶下部采用帘布或折叠挡板等措施。由于太阳辐射已进入室内，内遮阳没有外遮阳节能效果好。但内遮阳装置便于安装、操作、清洁、维修，如果帘片采用与镀铝薄膜复合技术，或采用在织物上直接镀铝技术，可反射太阳辐射。采用中间遮阳或天窗（采光顶）采用内遮阳时，为了取得更好的遮阳效果，将遮阳装置的可调性增强，可根据气候或天气情况调节遮阳角度，自动开启和关闭，以控制室内光线和热环境。

4.1.6 建筑遮阳丰富了建筑造型，创造了不同的视觉形象，精心设计的遮阳装置可创造舒适的室内光环境。建筑师应与建筑设计同时进行遮阳设计，也可直接选用遮阳产品，或与生产商合作设计特制的遮阳产品，实现遮阳设计的最优化。

由于建筑遮阳装置有着非常直接的视觉效果，直接影响或改变着建筑的外观，因此遮阳装置的设计和选择应与建筑的整体设计相配合，应使建筑遮阳装置成为建筑功能与建筑艺术和技术的结合体，成为现代技术和精致美学的完美体现。良好的建筑遮阳设计不

仅有助于建筑节能，而且遮阳装置也成为影响建筑形体和美感的重要元素，特别是遮阳装置及其构造方式往往成为凸显建筑技术和现代美感的重要组成部分。况且，其结构的整体性与构造的便易性也会影响成本。为此，遮阳装置宜构造简单、经济实用、耐久美观，并宜与建筑物整体及周围环境相协调。

遮阳装置的造价随其产品的材料类型、性能差异和功能组合而有差别。产品的功能越多，一般造价也会越高。遮阳装置主要功能是遮阳，固定遮阳装置如能满足要求可以优先采用。活动遮阳装置则比较灵活，虽然造价稍高，但因能随需要而调节，应该是很好的选择。

4.1.7 以新技术为手段的遮阳方式不断得到发展，充分利用新技术、新材料、充分体现多功能的建筑遮阳装置是未来发展的趋势。太阳能集热板和太阳能电池板除能进行光热和光伏转换外，还能遮挡阳光，起到遮阳隔热的作用，但应该做到一体化设计，并应符合国家现行标准《民用建筑太阳能热水系统应用技术规范》GB 50364 和《民用建筑太阳能光伏系统应用技术规范》JGJ 203 的规定。

4.1.8 若将遮阳板设计呈百叶或网状，或在遮阳板和墙面之间留有空隙，可避免遮阳装置对自然通风造成阻碍。百叶状遮阳板可以在遮阳的同时，不妨碍通风，其热工性能可优于实体遮阳板。

4.2 遮阳系数计算

4.2.1 外窗和透明幕墙的遮阳系数、可见光透射比是建筑节能设计工作中重要的热工指标。在进行建筑遮阳系数、可见光透射比计算时，应严格按照现行行业标准《建筑门窗玻璃幕墙热工计算规程》JGJ/T 151 的规定进行计算。

4.2.2 本条款与现行国家标准《公共建筑节能设计标准》GB 50189、行业标准《严寒和寒冷地区居住建筑节能设计标准》JGJ 26、《夏热冬暖地区居住建筑节能设计标准》JGJ 75、《夏热冬冷地区居住建筑节能设计标准》JGJ 134、《建筑门窗玻璃幕墙热工计算规程》JGJ/T 151 的遮阳系数计算方法协调一致。只对温和地区的遮阳系数计算方法作出规定。

用于建筑的外遮阳有四种基本类型，即水平式、垂直式、综合式（水平和垂直的组合）和挡板式，而用在基本遮阳类型上的板，除了用金属或非金属材料做成以外，还有用百叶片、穿孔板、花格板、半透明或吸热的玻璃板或纤维织物制成。

4.2.3 建筑遮阳中，最基本方式有窗口的水平遮阳板、垂直遮阳板、挡板遮阳三种遮阳方式，其他任何复杂的组合的外遮阳方式都可以通过这三种方式的组合构成。因此，它的建筑外遮阳系数为两者的综合效果，一般是与水平遮阳板或与垂直遮阳板或与综合遮阳板的组合形成挡板遮阳构造，组合后的建筑外遮阳系数也是相应的建筑外遮阳系数的乘积。

因此，现行国家标准《公共建筑节能设计标准》GB 50189 中只给定了水平遮阳和垂直遮阳两种基本方式的 SC 与遮阳构造特征系数 PF 之间的关系，通过最基本的建筑外遮阳形式计算组合形式的遮阳系数。

幕墙有多层横向平行遮阳板或多层竖向平行遮阳板时，可将多层横向平行遮阳板转换成多层水平遮阳板加挡板遮阳，将多层竖向平行遮阳板转换成多层垂直遮阳板加挡板遮阳，并采用转换后的两种遮阳板的遮阳系数的乘积为其遮阳系数。

4.2.4 当窗口前方设置有与窗面平行的挡板（包括花格、漏花、百叶或具有透光材料等）遮阳时，遮阳板要透过一定的光线，挡板的材料和构造形式对外遮阳系数有影响，其外遮阳系数应按本规范第 4.2.4 条中的公式进行计算。

由于建筑材料类型和遮阳构造措施多种多样，如果建筑设计时均要求按太阳位置角度逐时计算透过挡板的能量比例，显然是不现实的。但作为挡板构造形式的建筑花格、漏花、百叶或具有透光材料等形成的遮阳构件，挡板的轮廓形状和与窗面的相对位置，以及挡板本身构造的透过太阳能的特性对外窗的遮阳影响是较大的。因此，应按照不同的遮阳措施修正计算结果。

4.2.5 本条款与现行行业标准《建筑门窗玻璃幕墙热工计算规程》JGJ/T 151 协调一致。外窗综合遮阳系数（SC_w）考虑到窗本身（玻璃和窗框）的遮阳以及窗口建筑外遮阳措施对外窗的综合影响。

由于外窗综合遮阳系数 SC_w 是标准中一个强制性控制指标，并且是计算能耗过程中必须使用的重要参数，故确定各种建筑遮阳构造形式的 SC_w 是一件相当重要的工作。

4.2.6 本条款与现行行业标准《建筑门窗玻璃幕墙热工计算规程》JGJ/T 151 协调一致。

5 结构设计

5.1 一般规定

5.1.1 遮阳装置尤其是大型遮阳系统的使用，通常涉及的自身结构安全问题，应通过专项结构设计、构造措施予以保障。即使小型遮阳系统也应有相应的基本节点构造要求，以保证安全使用。与主体结构一体的固定式外遮阳构件（如混凝土挑板等）应与主体结构一并设计。后装固定式或活动式外遮阳装置应验算自身的结构性能并符合具体的安装构造要求。大型内遮阳装置宜根据情况考虑结构性能验算项目，并应有具体的安装构造要求。遮阳装置的使用对主体结构产生的影响，应通过荷载的方式反映到主体结构设计中，由主体结构设计考虑。

5.1.2 一般建筑常用外遮阳装置尺寸在 3m×3m 范围内，受到的荷载主要为风荷载，应作抗风验算；成品系统的自重荷载通常应由产品自身性能来保证而无需验算，但采用非成品系统时则需进行验算；当遮阳装置可能存在积雪、积灰或需要承受安装、检修荷载时（如遮阳装置处于水平或倾斜位置时），则应对积雪、积灰或施工荷载效应进行验算。由于以上荷载在正常使用条件下同时出现的概率很低，故一般情况下不必考虑组合效应；但对大型遮阳装置（尺寸范围超出 3m×3m 时），遮阳构件的结构安全要求凸显，应进行有关静态、动态验算及组合效应验算。如果遮阳装置设计寿命与主体结构一致或接近且单副质量在 100kg 以上，应做抗地震承载力验算。除验算其强度外尚应进行变形验算。

5.1.3 对于大型体育馆、空港航站楼等采用的外置大型遮阳工程，如果遮阳装置的构件断面复杂，系统变化大，不易通过计算确定其安全性能时，可以通过试验，在证明系统安全后进行相关设计。

5.1.4 本条款规定了外遮阳设计的施工图设计要求和深度要求。

5.2 荷　载

5.2.1 风荷载是常用外遮阳装置最常见的荷载形式，也是工程界最为关心的问题。现行国家标准《建筑结构荷载规范》GB 50009 计算风压理论成熟，因而使用方便。装有风感应的遮阳装置，根据感应控制范围，如控制 6 级风时遮阳装置收起，风荷载标准值即可按 6 级风时的风压取用。

修正系数 β_1 是考虑遮阳系数的设计寿命与主体结构不一致而对荷载进行的折减。与主体结构不同的是，遮阳装置通常只当主体建筑遮风效果偶然缺失（如居住建筑外窗未关又正好出现大风）时才出现风压，故受风概率降低，且受风破坏后果的严重程度较主体结果要低得多，故以 β_2 修正。兜风系数 β_3 考虑遮阳装置在风中的形态引起风压的变化。主体建筑遮风效果偶然缺失的失误概率由修正系数 β_4 表达。

外遮阳装置应通过构造设计（如构件的最小尺寸、大型遮阳装置设置阻尼器等），避免风振效应的产生。当风振效应难以避免时，应考虑风振效应对风荷载的放大作用。

5.2.2 遮阳装置的自重荷载与主体结构计算方法一致。

5.2.3 遮阳装置的积雪荷载计算原理同第 5.2.1 条，偏于安全考虑。

5.2.5 对于小型遮阳装置，检修时通常不承担额外荷载。对于大型遮阳装置，检修荷载根据实际情况，考虑检修时可能的设备、人员的重力荷载，同时应考虑最不利的荷载位置，如大跨度遮阳构件的跨中位置、悬挑式构件的悬挑顶点等。

5.3 遮阳装置

5.3.2 构件变形指遮阳装置在荷载作用下，遮阳装置中变形最大的构件所产生的相对变形。通常百叶式、卷闸式遮阳装置的遮阳叶片为变形最大的构件，而篷式遮阳装置则指除布篷以外的变形最大的构件。

组装类遮阳装置正常使用极限状态的要求通常情况下可以通过构造措施如金属类构件的高跨比、膜结构控制张拉应力等保证，一般情况下不必验算。但当采用大跨度薄壁类金属构件、低弹性模量材料（塑料、橡胶等）时应予验算。验算时仅考虑遮阳装置的自重荷载，变形小于或等于 1/200 是外形感官要求。

组装类遮阳装置应按承载能力极限状态（最不利荷载组合下）设计，遮阳装置的强度和变形应保证自身安全，并不致产生次生灾害。

5.3.3 遮阳系统的安全性包括两个方面：系统自身的安全及连接安全。安全性判断由计算分析或试验确定均可。

5.3.4 通常遮阳装置的设计寿命大概在 15 年左右，遇震概率下降很多，只要不致出现严重次生灾害性破坏即可。但当遮阳装置设计寿命与主体结构一致或接近时，地震风险与主体结构接近，虽然由地震所产生的灾难性后果相对主体结构为低，但仍然要予以防范，因而要进行抗震计算。

5.4 遮阳装置与主体结构的连接

5.4.2 遮阳装置与主体结构的连接，应能保证遮阳装置荷载的正常传递和结构的耐久性，并不影响建筑的其他功能，如保温、防水和美观。

6 机械与电气设计

6.1 驱动系统

6.1.2 在电机正常转矩范围内，如果卷帘操作动作过频会引起电机过热——电机温度达到 150℃时，热保护装置应自动关闭内部控制线路，避免发生电机烧毁等严重后果；待电机冷却后内部线路能自动复位，可以继续运转。

6.1.3 "IP44"代码中第一位数字 4 表示防止大于或等于 1.0mm 的异物进入；第二位数字 4 表示防止溅水造成有害影响。

6.3 机械系统

6.3.1 遮阳帘体的底杆要确保帘体平直和更换方便。

6.3.3 遮阳装置机械系统应按供货方提供的《遮阳产品使用维护说明书》定期进行润滑保养，并做好保养记录。遮阳装置的润滑保养是其保持正常使用与做好维护工作的重要环节。正确、合理的润滑保养能减少零部件的摩擦和磨损，延长零部件的使用寿命。润滑保养应在设备停机断电期间实施，并定期进行。保养时宜先清除旧的油脂，然后补充相同型号的新鲜油脂，油脂不得随便代用。所使用润滑油脂应符合相关标准的要求。

6.4 安全措施

6.4.1 金属遮阳构件或遮阳装置必须保证防雷安全，遮阳装置的金属构架应与主体结构的防雷体系可靠连接，连接部位应清除非导电保护层，并且防雷设计应符合相关标准的要求。

6.4.5 遮阳驱动系统应具有防止误操作产生伤害的功能，是为了预防对遮阳装置本身或操作人员可能造成的伤害。

7 施工安装

7.1 一般规定

7.1.1 为了保证遮阳装置的安装质量，要求主体结构应满足遮阳安装的基本条件，特别是结构尺寸的允许偏差与外表面平整度。

7.1.2 遮阳安装施工往往要与其他工序交叉作业，编制遮阳工程施工组织设计有利于整个工程的联系配合。

7.2 遮阳工程施工准备

7.2.3 遮阳产品在储存过程中，应特别注意防止碰撞、污染、潮湿等；在室外储存时更要采取有效的保护措施。

7.2.4 为了保证遮阳装置与主体结构连接的可靠性，预埋件应在主体结构施工时按设计要求的位置与方法埋设；如预埋件位置偏差过大或未设预埋件时，应协商解决，并有有关人员签字的书面记录。

7.2.6 因为大型遮阳板构件在运输、堆放、吊装过程中有可能产生变形或损坏，不合格的大型遮阳板构件应予更换，不得安装使用。

7.3 遮阳组件安装

7.3.1 选择适当的吊装机具将遮阳组件可靠地安放到主体结构上，是保证顺利吊装的前提条件。尽管在施工准备中已经过安全检查，但每次安装前还应再次认真检查。

7.3.2 不规范的运输会造成遮阳组件变形损坏，因此在运输过程中，应采取必要的保护措施。

7.3.4 后置锚固件的安全可靠是保证遮阳装置安全使用的关键。为避免破坏主体结构，拉拔试验应在同条件的主体结构上进行，并必须见证，且符合设计要求。

7.3.7 与设计位置偏离：是指安装后的遮阳产品位置与设计图纸规定的位置偏离。通常画线安装，误差控制在 1mm～3mm；当误差大于 5mm 以上时，业内人员观感明显。若帘布与窗玻璃等宽，当帘布向左偏10mm，则右边会留出 10mm 亮光，客户通常都能察觉。遮阳组件实际间隔相关误差距离，是指遮阳组件的间隔与设计时的间隔之间的误差。设计间隔一般都设计成等距离安装遮阳组件，如安装时与设计位置偏离 5mm，虽然符合要求了，但如果左一幅往左偏，右一幅往右偏，中间的实际间隔就会有 10mm，观感明显。为此规定为实际间隔与设计间隔的偏差为 5mm。

7.3.9 调试和试运转是安装工作最后的重要环节。要经过反复试运行，并排除各种故障，做到顺利灵活操作。但由于建筑遮阳用电机是不定时工作制，有的伸展一次就处于热保护状态，无法立刻进行收回调试，在夏天可能需要半小时以后才能恢复，但调试必须至少一个循环，必要时需要做 3 个循环。

8 工程验收

8.1 一般规定

8.1.2 设计图纸和变更文件、出厂检验报告和质量证明文件、材料构件设备进场检验报告和验收文件等都是保证遮阳工程质量和遮阳效果的重要基础，验收时必须具备。

8.1.3 预埋件或后置锚固件是影响遮阳装置安装质量和后期寿命的重要安全因素，必须进行验收。

8.1.4 检验批的划分是根据工程的实际特点，一般20000m² 以内的工程，遮阳装置的数量为 500 副以内，因此以 500 副为一个检验批；异型或有特殊要求的外遮阳工程，由监理（建设）单位和施工单位根据需要协商确定。

8.1.5 目前市场上有些遮阳产品或部件是进口产品，应具有中文标识的质量证明文件和标识等，检验报告应由具有计量认证和相应资质的单位提供才属有效。

8.2 主控项目

8.2.2 本条规定的检测项目是影响遮阳工程质量安全的重点，因此特别强调应符合设计和相关标准的规定。因此遮阳成品进场后应全数核查质量证明文件。质量证明文件所涉及的检测项目和相关标准见表1。

8.2.4 遮阳装置与主体部位的锚固连接是影响工程安全的关键所在，因此应重点检查。

8.2.5 电力驱动装置是影响工程安全的重要内容和关键所在，因此应重点检查。

8.2.7 风感应系统若失效，遮阳装置在额定风荷载或超过额定风荷载不能自动收回，极易发生安全事故，因此风感应系统的灵敏度应作为主控项目重点检查。

表 1 建筑遮阳材料和产品复检性能

检测项目	产品标准	检验依据
抗风性能	《建筑用遮阳金属百叶帘》JG/T 251《建筑用遮阳天篷帘》JG/T 252《建筑用曲臂遮阳篷》JG/T 253《建筑用遮阳软卷帘》JG/T 254《内置遮阳中空玻璃制品》JG/T 255	《建筑遮阳通用要求》JG/T 274
耐积雪		《建筑外遮阳产品抗风性能试验方法》JG/T 239
耐积水（有要求时）		《建筑遮阳篷耐积水荷载试验方法》JG/T 240
热舒适与视觉舒适性（有要求时）		《建筑遮阳热舒适、视觉舒适性能与分级》JG/T 277
操作力和误操作（有要求时）		《建筑遮阳产品电力驱动装置技术要求》JG/T 276
驱动装置的安全性（有要求时）		《建筑遮阳产品机械耐久性能试验方法》JG/T 241
机械耐久性		《建筑遮阳产品操作力试验方法》JG/T 242、《建筑遮阳产品误操作试验法》JG/T 275
遮阳系数	—	《建筑遮阳热舒适、视觉舒适性能与分级》JG/T 277

注：上述性能指标在有关标准中仅为等级划分时，需通过检测判定其性能等级是否符合设计要求或合同约定。

9 保养和维护

9.0.1 为了使遮阳装置在使用过程中达到和保持设计要求的预定功能，确保不发生安全事故，规定供应商应提供给业主《遮阳产品使用维护说明书》，以指导遮阳装置的使用和维护。

9.0.2 我国遮阳技术有了很大发展，遮阳产品越来越多，遮阳构造形式也越来越复杂，对维护保养人员的要求也越来越高，需要进行认真培训。

9.0.3 在遮阳装置投入使用后，其材料、设备、构造及施工上的一些问题可能会逐渐暴露出来，因此，日常和定期保养和维护不可缺少。

附录 A 遮阳装置的风荷载实体试验

A.0.7 风荷载试验对遮阳构件的安全性评价，之前的其他标准没有规定。玻璃幕墙规范规定杆件的相对挠度不超过 1/180，门窗的要求则比较低。遮阳装置的构件一般只保证自身安全即可，不考虑对其他性能的影响。所以，遮阳装置的挠度应该可以放宽，只要保证结构安全即可，这里提出 1/100 的相对挠度是合适的。

中华人民共和国行业标准

采光顶与金属屋面技术规程

Technical specification for skylight and metal roof

JGJ 255—2012

批准部门：中华人民共和国住房和城乡建设部
施行日期：２０１２年１０月１日

中华人民共和国住房和城乡建设部
公　　告

第 1348 号

关于发布行业标准《采光顶与
金属屋面技术规程》的公告

现批准《采光顶与金属屋面技术规程》为行业标准，编号为 JGJ 255－2012，自 2012 年 10 月 1 日起实施。其中，第 3.1.6、4.5.1、4.6.4 条为强制性条文，必须严格执行。

本规程由我部标准定额研究所组织中国建筑工业出版社出版发行。

中华人民共和国住房和城乡建设部

2012 年 4 月 5 日

前　　言

根据原建设部《关于印发〈2005 年工程建设标准规范制订、修订计划（第一批）〉的通知》（建标〔2005〕84 号）的要求，规程编制组经广泛调查研究，认真总结实践经验，参考有关国际标准和国外先进标准，并在广泛征求意见的基础上，编制本规程。

本规程的主要技术内容是：1. 总则；2. 术语和符号；3. 材料；4. 建筑设计；5. 结构设计基本规定；6. 面板及支承构件设计；7. 构造及连接设计；8. 加工制作；9. 安装施工；10. 工程验收；11. 保养和维修。

本规程中以黑体字标志的条文为强制性条文，必须严格执行。

本规程由住房和城乡建设部负责管理和对强制性条文的解释，由中国建筑科学研究院负责具体技术内容的解释。执行过程中如果有意见或建议，请寄送中国建筑科学研究院（地址：北京市北三环东路 30 号院物理所；邮政编码：100013）。

本规程主编单位：中国建筑科学研究院
　　　　　　　　　中国新兴建设开发总公司
本规程参编单位：武汉凌云建筑装饰工程有限公司
　　　　　　　　　北京江河幕墙装饰工程有限公司
　　　　　　　　　广东金刚幕墙工程有限公司
　　　　　　　　　深圳市新山幕墙技术咨询有限公司
　　　　　　　　　成都硅宝科技实业有限责任公司
　　　　　　　　　上海精锐金属建筑系统有限公司
　　　　　　　　　广东坚朗五金制品股份有限公司
　　　　　　　　　渤海铝幕墙装饰工程有限公司
　　　　　　　　　深圳金粤幕墙装饰工程有限公司
　　　　　　　　　广东省建筑科学研究院
　　　　　　　　　郑州中原应用技术研究开发有限公司
　　　　　　　　　上海亚泽金属屋面装饰工程有限公司
　　　　　　　　　中山市珀丽优板材有限公司
　　　　　　　　　深圳中航幕墙工程有限公司
　　　　　　　　　中邦韦伯（北京）建设工程有限公司
　　　　　　　　　江苏龙升幕墙工程有限公司
　　　　　　　　　北京德宏幕墙工程技术有限公司
　　　　　　　　　北京中新方建筑科技研究中心
本规程参加单位：沈阳远大铝业工程有限公司

珠海兴业幕墙工程有限公司			田延中	厉 敏	鲁冬瑞	
廊坊新奥光伏集成有限公司			韩志勇	邱 铭	闭思廉	
山东金晶科技股份有限公司			徐其功	王有治	胡全成	
			张德恒	张晓彬	付军勇	
			王 春	孙 悦		

本规程主要起草人员： 姜　仁　蒋旭二　赵西安
　　　　　　　　　　黄小坤　胡忠明　杜继予
　　　　　　　　　　王德勤　黄庆文　魏东海
　　　　　　　　　　徐国军　王洪涛　刘忠伟

本规程主要审查人员： 徐金泉　李少甫　廖学权
　　　　　　　　　　黄 圻　张 芹　姜成爱
　　　　　　　　　　莫英光　王双军　张桂先
　　　　　　　　　　刘 明　徐 征　方 征
　　　　　　　　　　席时葭

目　次

Contents

1 总　则

1.0.1 为贯彻执行国家的技术经济政策，使采光顶与金属屋面工程做到安全适用、技术先进、经济合理，制定本规程。

1.0.2 本规程适用于民用建筑采光顶与金属屋面工程的材料选用、设计、制作、安装施工、工程验收以及维修和保养，适用于非抗震设计采光顶与金属屋面工程、抗震设防烈度为6、7、8度的采光顶工程和抗震设防烈度为6、7、8和9度的金属屋面工程。

1.0.3 采光顶与金属屋面应具有规定的工作性能。抗震设计的采光顶与金属屋面，在多遇地震作用下应能正常使用；在设防烈度地震作用下经修理后应仍可使用；在罕遇地震作用下支承构件等不得脱落。

1.0.4 采光顶与金属屋面工程设计、制作、安装和施工应实行全过程的质量控制。应从工程实际情况出发，合理选用材料、结构方案和构造措施，结构构件在运输、安装和使用过程中应满足承载力、刚度和稳定性要求，并符合防火、防腐蚀要求。

1.0.5 采光顶与金属屋面工程除应符合本规程外，尚应符合国家现行有关标准的规定。

2　术语和符号

2.1　术　语

2.1.1 采光顶　transparent roof, skylight
由透光面板与支承体系组成，不分担主体结构所受作用且与水平方向夹角小于75°的建筑围护结构。

2.1.2 金属屋面　metal roof
由金属面板与支承体系组成，不分担主体结构所受作用且与水平方向夹角小于75°的建筑围护结构。

2.1.3 光伏采光顶　skylight with PV system
与光伏系统具有结合关系的采光顶。

2.1.4 光伏金属屋面　metal roof with PV system
与光伏系统具有结合关系的金属屋面。

2.1.5 框支承采光顶　stick framed skylight, stick framed transparent roof
在主体结构上安装框架和透光面板所组成的采光顶。

2.1.6 点支承采光顶　point-supported glass roof
由面板、点支承装置或支承结构构成的采光顶。

2.1.7 平顶　horizontal roof
坡度小于3%的采光顶或金属屋面。

2.1.8 框支承金属屋面　stick framed metal roof
在主体结构上安装框架和金属面板所组成的金属屋面。

2.1.9 直立锁边金属屋面　standing seam metal roof
采用直立锁边板和T形支座咬合并连接到屋面支承结构的金属屋面系统。

2.1.10 正弦波纹板金属屋面　sinusoidal corrugated roof
采用正弦波纹板连接到屋面支承结构的金属屋面系统。

2.1.11 梯形板金属屋面　trapezoidal corrugated roof
采用梯形板连接到屋面支承结构的金属屋面系统。

2.1.12 直立锁边板　U-shape sheet for lock standing seam roof
截面为U形，能够通过专用设备或手工工艺将其相邻面板立边咬合而形成连续金属屋面的一种金属压型板。

2.1.13 T形支座　T fixing clip
用于直立锁边板和屋面支承体系之间，截面形状为T形的连接构件。

2.1.14 双层金属屋面系统　double-skin metal roof
在直立锁边金属屋面系统外侧附有屋面装饰层的金属屋面系统。

2.1.15 聚碳酸酯板　Polycarbonate sheet
以聚碳酸酯为原材料制成的实心或空心的板材或罩体，俗称为阳光板，实心板又称为PC板。

2.1.16 雨篷　canopy
建筑物外门顶部具有遮阳、挡雨和保护门扇作用的建筑结构。

2.1.17 抗风掀　wind uplift resistance
金属屋面抵抗由于风荷载产生的向上作用的能力。

2.2　符　号

2.2.1 材料力学性能
E ——材料弹性模量；
f ——材料强度设计值；
f_g ——玻璃强度设计值；
f_v ——钢材剪切强度设计值；
f_1 ——硅酮结构密封胶短期荷载作用下强度设计值；
f_2 ——硅酮结构密封胶永久荷载作用下强度设计值。

2.2.2 作用和作用效应
d_f ——在均布荷载标准值作用下构件挠度最大值；
G_k ——重力荷载标准值；
M ——弯矩设计值；
N ——轴力设计值；
P_{Ek} ——水平地震作用标准值；
q, q_k ——均布荷载、荷载标准组合值；
q_G ——单位面积重力荷载设计值；

R ——构件承载力设计值，支座反力；

S ——作用效应组合的设计值；

S_{Ek} ——地震作用效应标准值；

S_{Gk} ——永久重力荷载效应标准值；

S_{wk} ——风荷载效应标准值；

S_{Qk} ——可变重力荷载效应标准值；

V ——剪力设计值；

w_0 ——基本风压；

σ ——在均布荷载作用下面板最大应力。

2.2.3 几何参数

A ——构件截面面积或毛截面面积；采光顶与金属屋面平面面积；

a ——矩形面板短边边长；

b ——矩形面板长边边长；

c_s ——硅酮结构密封胶的粘结宽度；

D ——弯曲刚度；

D_e ——等效弯曲刚度；

l ——跨度；

t ——面板厚度；型材截面厚度；

t_s ——硅酮结构密封胶粘结厚度；

t_e ——等效厚度；

W ——毛截面模量；

W_e ——等效截面模量；

ν ——材料泊松比。

2.2.4 系数

α ——材料线膨胀系数；

α_{max} ——水平地震影响系数最大值；

β_E ——地震作用动力放大系数；

δ ——硅酮结构密封胶的位移承受能力；

φ ——稳定系数；

γ ——塑性发展系数；

γ_0 ——结构构件重要性系数；

γ_g ——材料自重标准值；

γ_E ——地震作用分项系数；

γ_G ——永久重力荷载分项系数；

γ_Q ——可变重力荷载分项系数；

γ_w ——风荷载分项系数；

η ——折减系数；

m、m_x、m_y ——弯矩系数；

μ ——挠度系数；支座计算长度系数；

μ_{sl} ——局部风荷载体型系数；

μ_z ——风压高度变化系数；

ψ_Q ——可变重力荷载的组合值系数；

ψ_w ——风荷载作用效应的组合值系数。

2.2.5 其他

$d_{f,lim}$ ——构件挠度限值。

3 材 料

3.1 一般规定

3.1.1 采光顶与金属屋面用材料应符合国家现行标准的有关规定。

3.1.2 采光顶与金属屋面应选用耐候性好的材料。耐候性差的材料应采取适当的防护措施，并应满足设计要求。

3.1.3 面板材料应采用不燃性材料或难燃性材料；防火密封构造应采用防火密封材料。

3.1.4 硅酮类、聚氨酯类密封胶与所接触材料、被粘结材料的相容性和剥离粘结性能应符合相关规定和设计要求。

3.1.5 硅酮结构密封胶和硅酮建筑密封胶必须在有效期内使用。

3.1.6 采光顶与金属屋面工程的隔热、保温材料，应采用不燃性或难燃性材料。

3.2 铝合金材料

3.2.1 铝合金材料的牌号、状态应符合现行国家标准《变形铝及铝合金化学成分》GB/T 3190 的有关规定，铝合金型材应符合现行国家标准《铝合金建筑型材》GB 5237 的规定，型材尺寸允许偏差应满足高精级或超高精级的要求。

3.2.2 铝合金型材采用阳极氧化、电泳涂漆、粉末喷涂、氟碳漆喷涂进行表面处理时，应符合现行国家标准《铝合金建筑型材》GB 5237的规定，表面处理层的厚度应满足表 3.2.2 的要求。

表 3.2.2 铝合金型材表面处理层厚度

表面处理方法		膜厚级别（涂层种类）	厚度 t（μm）	
			平均膜厚	局部膜厚
阳极氧化		不低于 AA15	$t \geq 15$	$t \geq 12$
电泳涂漆	阳极氧化膜	B	—	$t \geq 9$
	漆膜	B	—	$t \geq 7$
	复合膜	B	—	$t \geq 16$
粉末喷涂		—	—	$t \geq 40$
氟碳喷涂	二涂	—	$t \geq 30$	$t \geq 25$
	三涂	—	$t \geq 40$	$t \geq 34$
	四涂	—	$t \geq 65$	$t \geq 55$

注：由于挤压型材横截面形状的复杂性，在型材某些表面（如内角、横沟等）的漆膜厚度允许低于本表的规定，但不允许出现露底现象。

3.3 钢材及五金材料

3.3.1 碳素结构钢和低合金高强度结构钢的种类、

牌号和质量等级应符合现行国家标准《碳素结构钢》GB/T 700、《低合金高强度结构钢》GB/T 1591 等的规定。

3.3.2 碳素结构钢和低合金高强度结构钢应采取有效的防腐处理。采用热浸镀锌防腐蚀处理时，锌膜厚度应符合现行国家标准《金属覆盖层 钢铁制件热浸镀锌层 技术要求及试验方法》GB/T 13912 的规定；采用防腐涂料时，涂层厚度应满足防腐设计要求，且应完全覆盖钢材表面和无端部封板的闭口型材的内侧，闭口型材宜进行端部封口处理；采用氟碳漆喷涂或聚氨酯漆喷涂时，涂膜的厚度不宜小于 35μm，在空气污染严重及海滨地区，涂膜厚度不宜小于 45μm。

3.3.3 耐候钢应符合现行国家标准《耐候结构钢》GB/T 4171 的规定。

3.3.4 焊接材料应与被焊接金属的性能匹配，并应符合现行国家标准《碳钢焊条》GB/T 5117、《低合金钢焊条》GB/T 5118 以及现行行业标准《建筑钢结构焊接技术规程》JGJ 81 的规定。

3.3.5 主要受力构件和连接件宜采用壁厚不小于 4mm 的钢板、壁厚不小于 2.5mm 的热轧钢管、尺寸不小于 L45×4 和 L56×36×4 的角钢以及壁厚不小于 2mm 的冷成型薄壁型钢。

3.3.6 采光顶与金属屋面用不锈钢应采用奥氏体型不锈钢，其化学成分应符合现行国家标准《不锈钢和耐热钢 牌号及化学成分》GB/T 20878 等的规定。

3.3.7 与采光顶、金属屋面配套使用的附件及紧固件应符合设计要求，并应符合现行国家标准《建筑用不锈钢绞线》JG/T 200、《建筑幕墙用钢索压管接头》JG/T 201、《铝合金窗锁》QB/T 3890 和《紧固件机械性能 不锈钢螺栓、螺钉和螺柱》GB/T 3098.6 等的规定。

3.4 玻　璃

3.4.1 采光顶玻璃应符合国家现行相关产品标准的规定。

3.4.2 采光顶用中空玻璃除应符合现行国家标准《中空玻璃》GB/T 11944 的有关规定外，尚应符合下列规定：

　　1 中空玻璃气体层厚度应依据节能要求计算确定，且不宜小于 12mm。

　　2 中空玻璃应采用双道密封。一道密封胶宜采用丁基热熔密封胶。隐框、半隐框及点支式采光顶用中空玻璃二道密封胶应采用硅酮结构密封胶，其性能应符合现行国家标准《建筑用硅酮结构密封胶》GB 16776 的规定。

3.4.3 夹层玻璃应符合现行国家标准《建筑用安全玻璃 第 3 部分：夹层玻璃》GB 15763.3 中规定的Ⅱ-1 和Ⅱ-2 产品要求。夹层玻璃用聚乙烯醇缩丁醛（PVB）胶片的厚度不应小于 0.76mm。有特殊要求

时可采用聚乙烯甲基丙烯酸酯胶片（离子性胶片），其性能应符合设计要求。

3.4.4 采光顶钢化玻璃应采用均质钢化玻璃。

3.4.5 当采光顶玻璃最高点到地面或楼面距离大于 3m 时，应采用夹层玻璃或夹层中空玻璃，且夹胶层位于下侧。

3.4.6 玻璃面板面积不宜大于 2.5m²，长边边长不宜大于 2m。

3.5 聚碳酸酯板

3.5.1 聚碳酸酯板中空板应符合现行行业标准《聚碳酸酯（PC）中空板》JG/T 116 的要求，实心板应符合现行行业标准《聚碳酸酯（PC）实心板》JG/T 347 的要求。

3.5.2 采光顶用聚碳酸酯板宜采用直立式 U 形板、梯形飞翼板，可采用聚碳酸酯平板。

3.5.3 聚碳酸酯板黄色指数变化不应大于 1。

3.5.4 聚碳酸酯板燃烧性能等级不应低于现行国家标准《建筑材料及制品燃烧性能分级》GB 8624 中规定的 B-s2, d1, t1 级。

3.6 金 属 面 板

3.6.1 根据建筑设计要求，金属屋面平板材料可选用铝合金板、铝塑复合板、铝蜂窝复合铝板、彩色钢板、不锈钢板、锌合金板、钛合金板、铜合金板等；金属屋面压型板材料可选用铝合金板、彩色钢板、不锈钢板、锌合金板、钛合金板、铜合金板等。

3.6.2 铝合金面板宜选用铝镁锰合金板材为基板，材料性能应符合现行行业标准《铝幕墙板 板基》YS/T 429.1 的要求；辊涂用的铝卷材材料性能应符合现行行业标准《铝及铝合金彩色涂层板、带材》YS/T 431 的规定。铝合金屋面板材的表面宜采用氟碳喷涂处理，且应符合现行行业标准《铝幕墙板 氟碳喷漆铝单板》YS/T 429.2 的规定。

3.6.3 铝塑复合板应符合现行国家标准《建筑幕墙用铝塑复合板》GB/T 17748 的规定，铝塑复合板用铝带还应符合现行行业标准《铝塑复合板用铝带》YS/T 432 的规定，并优先选用 3××× 系合金及 5×××系铝合金板材或耐腐蚀性及力学性能更好的其他系列铝合金。铝塑复合板用芯材应采用难燃材料。

3.6.4 铝蜂窝复合铝板应符合国家现行相关产品标准的规定。铝蜂窝芯应为近似正六边形结构，其边长不宜大于 9.53mm，壁厚不宜小于 0.07mm。

3.6.5 金属屋面采用的钢板应符合下列规定：

　　1 彩色涂层钢板应符合现行国家标准《彩色涂层钢板及钢带》GB/T 12754 的规定；

　　2 镀锌钢板应符合现行国家标准《连续热镀锌钢板及钢带》GB/T 2518 的规定。

3.6.6 锌合金板表面应光滑、无水泡、无裂纹，其

化学成分应符合表 3.6.6 的规定。

表 3.6.6 锌合金板化学成分（m/m）（％）

铜（Cu）	钛（Ti）	铝（Al）	锌（Zn）
0.08～1.0	0.06～0.2	≤0.015	余留部分含锌量不低于 99.995

3.6.7 钛合金板应符合现行国家标准《钛及钛合金板材》GB/T 3621 的规定。

3.6.8 铜合金板应符合现行国家标准《铜及铜合金板材》GB/T 2040 的规定，宜选用 TU1，TU2 牌号的无氧铜。

3.6.9 铝合金压型板应符合现行国家标准《铝及铝合金压型板》GB/T 6891 的规定，压型钢板应符合现行国家标准《建筑用压型钢板》GB/T 12755 的规定，其他金属压型板材的品种、规格和色泽应符合设计要求；金属板材表面处理层厚度应符合设计要求。

3.6.10 压型金属屋面板的材料应具备良好的折弯性能，其折弯半径和表面处理层延伸率应满足板型冷辊压成型的规定。

3.6.11 屋面泛水板、包角等配件宜选用与屋面板相同材质、使用寿命相近的金属材料。

3.7 光伏系统用材料及光伏组件

3.7.1 连接用电线、电缆应符合现行国家标准《光伏（PV）组件安全鉴定 第一部分：结构要求》GB/T 20047.1 的相关规定。

3.7.2 薄膜光伏组件应满足现行国家标准《地面用薄膜光伏组件 设定鉴定和定型》GB/T 18911 相关规定。

3.7.3 晶体硅光伏组件应满足现行国家标准《地面用晶体硅光伏组件 设计鉴定和定型》GB/T 9535 的相关规定。

3.7.4 光伏组件的外观质量除应符合玻璃产品标准要求外，尚应满足下列要求：

1 薄膜类电池玻璃不应有直径大于 3mm 的斑点、明显的彩虹和色差；

2 光伏组件上应标有电极标识。

3.7.5 光伏组件接线盒、快速接头、逆变器、集线箱、传感器、并网设备、数据采集器和通信监控系统应符合现行行业标准《民用建筑太阳能光伏系统应用技术规范》JGJ 203 的规定，并满足设计要求。

3.8 建筑密封材料和粘结材料

3.8.1 采光顶与金属屋面工程的接缝用密封胶应采用中性硅酮密封胶，其物理力学性能应符合现行行业标准《幕墙玻璃接缝用密封胶》JC/T 882 中密封胶 20 级或 25 级的要求，并符合现行国家标准《建筑密封胶分级和要求》GB/T 22083 的规定。

3.8.2 中性硅酮密封胶的位移能力应满足工程接缝的变形要求，应选用位移能力较高的中性硅酮建筑密封胶。

3.8.3 采光顶与金属屋面的橡胶制品宜采用硅橡胶、三元乙丙橡胶或氯丁橡胶。

3.8.4 密封胶条应符合现行行业标准《建筑门窗用密封胶条》JG/T 187、《建筑橡胶密封垫——预成型实心硫化的结构密封垫用材料规范》HG/T 3099 和现行标准《工业用橡胶板》GB/T 5574 的规定。

3.8.5 接缝用密封胶应与面板材料相容，与夹层玻璃胶片不相容时应采取措施避免与其相接触。

3.9 硅酮结构密封胶

3.9.1 采光顶与金属屋面应采用中性硅酮结构密封胶，性能应符合现行国家标准《建筑用硅酮结构密封胶》GB 16776 的规定，生产商应提供结构密封胶的位移承受能力数据和质量保证书。

3.9.2 硅酮结构密封胶使用前，应经国家认可实验室进行与其接触材料、被粘结材料的相容性和粘结性试验，并应对结构密封胶的邵氏硬度、标准状态下的拉伸粘结性进行确认，试验不合格的产品不得使用。

3.10 其他材料

3.10.1 采光顶与金属屋面工程接缝部位采用的聚乙烯泡沫棒填充衬垫材料的密度不应大于 $37kg/m^3$。

3.10.2 防水卷材应符合现行国家标准《屋面工程技术规范》GB 50345 的规定，宜采用聚氯乙烯、氯化聚乙烯、氯丁橡胶或三元乙丙橡胶等卷材，其厚度一般不宜小于 1.2mm。

3.10.3 采光顶用天篷帘、软卷帘应分别符合现行行业标准《建筑用遮阳天篷帘》JG/T 252 和《建筑用遮阳软卷帘》JG/T 254 的规定。

4 建 筑 设 计

4.1 一 般 规 定

4.1.1 采光顶与金属屋面应根据建筑物的使用功能、外观设计、使用年限等要求，经过综合技术经济分析，选择其造型、结构形式、面板材料和五金附件，并能方便制作、安装、维修和保养。

4.1.2 采光顶与金属屋面应与建筑物整体及周围环境相协调。

4.1.3 光伏采光顶与光伏金属屋面的设计应考虑工程所在地的地理位置、气候及太阳能资源条件，合理确定光伏系统的布局、朝向、间距、群体组合和空间环境，应满足光伏系统设计、安装和正常运行要求。

4.1.4 光伏组件面板坡度宜按光伏系统全年日照最多的倾角设计，宜满足光伏组件冬至日全天有 3h 以上建筑日照时数的要求，并应避免景观环境或建筑自身对光伏组件的遮挡。

4.1.5 采光顶分格宜与整体结构相协调。玻璃面板的尺寸选择宜有利于提高玻璃的出材率。光伏玻璃面板的尺寸应尽可能与光伏组件、光伏电池的模数相协调，并综合考虑透光性能、发电效率、电气安全和结构安全。

4.1.6 严寒和寒冷地区的采光顶宜采取冷凝水排放措施，可设置融雪和除冰装置。

4.1.7 采光顶、金属屋面的透光部分以及开启窗的设置应满足使用功能和建筑效果的要求。有消防要求的开启窗应实现与消防系统联动。

4.1.8 采光顶的设计应考虑维护和清洗的要求，可按需要设置清洗装置或清洗用安全通道，并应便于维护和清洗操作。

4.1.9 金属屋面应设置上人爬梯或设置屋面上人孔，对于屋面四周没有女儿墙或女儿墙（或屋面上翻檐口）低于500mm的屋面，宜设置防坠落装置。

4.1.10 光伏采光顶与光伏金属屋面宜针对晶体硅光伏电池采取降温措施。

4.2 性能和检测要求

4.2.1 采光顶与金属屋面的物理性能等级应根据建筑物的类别、高度、体形、功能以及建筑物所在的地理、气候和环境条件进行设计。

4.2.2 采光顶、金属屋面承载力应符合下列规定：

1 采光顶、金属屋面的所受荷载与作用应符合本规程第5.3和5.4节的相关规定。

2 在自重作用下，面板支承构件的挠度宜小于其跨距的1/500，玻璃面板挠度不超过长边的1/120。

3 采光顶与金属屋面支承构件、面板的最大相对挠度应符合表4.2.2的规定。

表 4.2.2 采光顶与金属屋面支承构件、面板最大相对挠度

支承构件或面板			最大相对挠度（L为跨距）
支承构件	单根金属构件	铝合金型材	L/180
		钢型材	L/250
玻璃面板（包括光伏玻璃）	简支矩形		短边/60
	简支三角形		长边对应的高/60
	点支承矩形		长边支承点跨距/60
	点支承三角形		长边对应的高/60
独立安装的光伏玻璃	简支矩形		短边/40
	点支承矩形		长边/40

续表 4.2.2

支承构件或面板		最大相对挠度（L为跨距）
金属面板	金属压型板	铝合金板	L/180
	钢板，坡度≤1/20	L/250
	钢板，坡度>1/20	L/200
	金属平板	L/60
	金属平板中肋	L/120

注：悬臂构件的跨距 L 可取其悬挑长度的2倍。

4.2.3 采光顶与金属屋面的抗风压、水密、气密、热工、空气声隔声和采光等性能分级应符合现行国家标准《建筑幕墙》GB/T 21086 的规定。采光顶性能试验应符合现行国家标准《建筑幕墙气密、水密、抗风压性能检测方法》GB/T 15227 的规定，金属屋面的性能试验应符合本规程附录A的规定。

4.2.4 有采暖、空气调节和通风要求的建筑物，其采光顶与金属屋面气密性能应符合《公共建筑节能设计标准》GB 50189 和现行国家标准《建筑幕墙》GB/T 21086 的相关规定。

4.2.5 采光顶与金属屋面的水密性能可按下列方法确定：

1 易受热带风暴和台风袭击的地区，水密性能设计取值应按下式计算，且取值不应小于200Pa：

$$P = 1000\mu_z\mu_s w_0 \qquad (4.2.5)$$

式中：P——水密性能设计取值（Pa）；

w_0——基本风压（kN/m²）；

μ_z——风压高度变化系数，应按现行国家标准《建筑结构荷载规范》GB 50009 的规定采用，当高度小于10m时，应按10m高度处的数值采用；

μ_s——体型系数，应按照现行国家标准《建筑结构荷载规范》GB 50009 的规定采用。

2 其他地区，水密性能可按第1款计算值的75%进行设计，且取值不宜低于150Pa。

3 开启部分水密性按与固定部分相同等级采用。

4.2.6 采光顶采光设计应符合现行国家标准《建筑采光设计标准》GB/T 50033 的规定，并应满足建筑设计要求。

4.2.7 采光顶与金属屋面的空气声隔声性能应符合现行国家标准《民用建筑隔声设计规范》GB 50118 的规定，并应满足建筑物的隔声设计要求。对声环境要求高的屋面宜采取构造措施，宜进行雨噪声测试，测试结果应满足设计要求。

4.2.8 采光顶、金属屋面的光伏系统各项性能和检测应符合现行行业标准《民用建筑太阳能光伏系统应用技术规范》JGJ 203 的相关规定。

4.2.9 采光顶面板不宜跨越主体结构的变形缝；当必须跨越时，应采取可靠的构造措施适应主体结构的变形。

4.2.10 沿海地区或承受较大负风压的金属屋面，应进行抗风掀检测，其性能应符合设计要求。试验应符合本规程附录 B 的规定。

4.2.11 采光顶与金属屋面的物理性能检测应包括抗风压性能、气密性能和水密性能，对于有建筑节能要求的建筑，尚应进行热工性能检测。

4.2.12 采光顶与金属屋面的性能检测应由国家认可的检测机构实施。检测试件的结构、材质、构造、安装施工方法应与实际工程相符。

4.2.13 采光顶与金属屋面性能检测过程中，由于非设计原因致使某项性能未能达到设计要求时，可进行适当修补和改进后重新进行检测；由于设计或材料原因致使某项性能未能达到设计要求时，应停止本次检测，在对设计或材料进行更改后另行检测。在检测报告中应注明修补或更改的内容。

4.3 排 水 设 计

4.3.1 采光顶与金属屋面的防水等级、防水设防要求应符合现行国家标准《屋面工程质量验收规范》GB 50207 的规定。屋面排水系统应能及时地将雨水排至雨水管道或室外。

4.3.2 排水系统总排水能力采用的设计重现期，应根据建筑物的重要程度、汇水区域性质、气象特征等因素确定。对于一般建筑物屋面，其设计重现期宜为10年；对于重要的公共建筑物屋面，其设计重现期应根据建筑的重要性和溢流造成的危害程度确定，不宜小于 50 年。

4.3.3 排水系统设计所采用的降雨历时、降雨强度、屋面汇水面积和雨水流量应符合现行国家标准《建筑给水排水设计规范》GB 50015 的有关规定。

4.3.4 对于汇水面积大于 $5000m^2$ 的大型屋面，宜设置不少于 2 组独立的屋面雨水排水系统。必要时采用虹吸式屋面雨水排水系统。

4.3.5 排水设计应综合考虑排水坡度、排水组织、防水等因素，尽可能减少屋面的积水和积雪，必要时应设置防封堵设施，并方便进行清除、维护。

4.3.6 排水坡度应根据工程实际情况确定采光顶、金属平板屋面和直立锁边金属屋面的坡度不应小于 3%。

4.3.7 排水系统可选择有组织排水或无组织排水系统，要求较高时应选择有组织排水系统。排水系统设计尚应符合下列规定：

    1 排水方向应顺直、无转折，宜采用内排水或外排水落水排放系统。

    2 在建筑物人流密集处和对落水噪声有限制的屋面，应避免采用无组织排水系统。

    3 在严寒地区金属屋面和采光顶檐口和集水、排水天沟处宜设置冰雪融化装置。在严寒和寒冷地区应采取措施防止积雪融化后在屋面檐口处产生冰凌现象。

4.3.8 天沟底板排水坡度宜大于 1%。天沟设计尚应符合下列规定：

    1 天沟断面宽、高应根据建筑物当地雨水量和汇水面积进行计算。排水天沟材料宜采用不锈钢板，厚度不应小于 2mm。

    2 天沟室内侧宜设置柔性防水层，宜布设在两侧板 1/3 高度以下处和底板下部。

    3 较长天沟应考虑设置伸缩缝，顺直天沟连续长度不宜大于 30m，非顺直天沟应根据计算确定，但连续长度不宜大于 20m。

    4 较长天沟采用分段排水时其间隔处宜设置溢流口。

4.3.9 当采光顶与金属屋面采取无组织排水时，应在屋檐设置滴水构造。

4.3.10 当直立锁边金属屋面坡度较大且下水坡长度大于 50m 时，宜选用咬合部位具有密封功能的金属屋面系统。

4.4 防雷、防火与通风

4.4.1 防雷设计应符合现行国家标准《建筑物防雷设计规范》GB 50057 和现行行业标准《民用建筑电气设计规范》JGJ 16 的有关规定。

4.4.2 金属框架与主体结构的防雷系统应可靠连接。当采光顶未处于主体结构防雷保护范围时，应在采光顶的尖顶部位、屋脊部位、檐口部位设避雷带，并与其金属框架形成可靠连接；金属屋面可按要求设置接闪器，可采用面板作为接闪器，并与金属框架、主体结构可靠连接。连接部位应清除非导电保护层。

4.4.3 防火设计应符合现行国家标准《建筑设计防火规范》GB 50016 的有关规定和有关法规的规定。

4.4.4 采光顶或金属屋面与外墙交界处、屋顶开口部位四周的保温层，应采用宽度不小于 500mm 的燃烧性能为 A 级保温材料设置水平防火隔离带。采光顶或金属屋面与防火分隔构件间的缝隙，应进行防火封堵。

4.4.5 防烟、防火封堵构造系统的填充材料及其保护性面层材料，应采用耐火极限符合设计要求的不燃烧材料或难燃烧材料。在正常使用条件下，封堵构造系统应具有密封性和耐久性，并应满足伸缩变形的要求；在遇火状态下，应在规定的耐火时限内，不发生开裂或脱落，保持相对稳定性。

4.4.6 采光顶的同一玻璃面板不宜跨越两个防火分区。防火分区间设置通透隔断时，应采用防火玻璃或防火玻璃制品，其耐火极限应符合设计要求。

4.4.7 对于有通风、排烟设计功能的金属屋面和采光顶，其通风和排烟有效面积应满足建筑设计要求。通风设计可采用自然通风或机械通风，自然通风可采用气动、电动和手动的可开启窗形式，机械通风应与建筑主体通风一并考虑。

4.5 节 能 设 计

4.5.1 有热工性能要求时，公共建筑金属屋面的传热系数和采光顶的传热系数、遮阳系数应符合表4.5.1-1的规定，居住建筑金属屋面的传热系数应符合表4.5.1-2的规定。

表 4.5.1-1 公共建筑金属屋面传热系数和
采光顶的传热系数、遮阳系数限值

围护结构	区域	传热系数[W/(m²·K)]		遮阳系数 SC
		体型系数 ≤0.3	0.3≤体型系数 ≤0.4	
金属屋面	严寒地区 A 区	≤0.35	≤0.30	—
	严寒地区 B 区	≤0.45	≤0.35	—
	寒冷地区	≤0.55	≤0.45	—
	夏热冬冷	≤0.7		—
	夏热冬暖	≤0.9		—
采光顶	严寒地区 A 区	≤2.5		—
	严寒地区 B 区	≤2.6		—
	寒冷地区	≤2.7		≤0.50
	夏热冬冷	≤3.0		≤0.40
	夏热冬暖	≤3.5		≤0.35

表 4.5.1-2 居住建筑金属屋面传热系数限值

区域	传热系数[W/(m²·K)]					
	3层及3层以下	3层以上	体型系数 ≤0.4		体型系数 >0.4	
			D≤2.5	D>2.5	D≤2.5	D>2.5
严寒地区 A 区	0.20	0.25	—	—	—	—
严寒地区 B 区	0.25	0.30	—	—	—	—
严寒地区 C 区	0.30	0.40	—	—	—	—
寒冷地区 A 区 寒冷地区 B 区	0.35	0.45	—	—	—	—

续表 4.5.1-2

区域	传热系数[W/(m²·K)]					
	3层及3层以下	3层以上	体型系数 ≤0.4		体型系数 >0.4	D<2.5	D≥2.5
			D≤2.5	D>2.5	D≤2.5	D>2.5		
夏热冬冷	—	—	≤0.8	≤1.0	≤0.5	≤0.6	—	—
夏热冬暖	—	—	—	—	—	—	≤0.5	≤1.0

注：D 为热惰性系数。

4.5.2 采光顶宜采用夹层中空玻璃或夹层低辐射镀膜中空玻璃。明框支承采光顶宜采用隔热铝合金型材或隔热钢型材。金属屋面应设置保温、隔热层，其厚度应经计算确定。

4.5.3 采光顶与金属屋面的热桥部位应进行隔热处理，在严寒和寒冷地区，热桥部位不应出现结露现象。

4.5.4 采光顶传热系数、遮阳系数和可见光透射比可按现行行业标准《建筑门窗玻璃幕墙热工计算规程》JGJ/T 151 的规定进行计算，金属屋面应按现行国家标准《民用建筑热工设计规范》GB 50176 的规定进行热工计算。

4.5.5 寒冷及严寒地区的采光顶与金属屋面应进行防结露设计。封闭式金属屋面保温层下部应设置隔汽层。

4.5.6 采光顶宜进行遮阳设计。有遮阳要求的采光顶，可采用遮阳型低辐射镀膜夹层中空玻璃，必要时也可设置遮阳系统。

4.6 光伏系统设计

4.6.1 光伏系统设计应符合现行行业标准《民用建筑太阳能光伏系统应用技术规范》JGJ 203 的相关规定。

4.6.2 应根据建筑物使用功能、电网条件、负荷性质和系统运行方式等因素，确定光伏系统类型，可选择并网光伏系统或独立光伏系统。

4.6.3 光伏系统宜由光伏方阵、光伏接线箱、逆变器、蓄电池及其充电控制装置（限于带有储能装置系统）、电能表和显示电能相关参数仪表等组成。

4.6.4 光伏组件应具有带电警告标识及相应的电气安全防护措施，在人员有可能接触或接近光伏系统的位置，应设置防触电警示标识。

4.6.5 单晶硅光伏组件有效面积的光电转换效率应大于15%，多晶硅光伏组件有效面积的光电转换效率应大于14%，薄膜电池光伏组件有效面积的光电转换效率应大于5%。光伏组件有效面积光电转换效率 η 可按下式规定计算：

$$\eta = 0.97\eta_1\eta_2 \qquad (4.6.5)$$

式中：η——光伏组件有效面积光电转换效率；

η_1——电池片转化效率最低值，其最低值宜符合表4.6.5的规定；

η_2——超白玻璃太阳光透射率。

表 4.6.5　电池片转化效率最低值 η_1

	单晶硅	多晶硅	薄膜
电池片转化效率最低值	17%	16%	6%

4.6.6　在标准测试条件下，光伏组件盐雾腐蚀试验、紫外试验后其最大输出功率衰减不应大于试验前测试值的5%。

5　结构设计基本规定

5.1　一　般　规　定

5.1.1　采光顶和金属屋面应按围护结构进行设计，并应具有规定的承载能力、刚度、稳定性和变形协调能力，应满足承载能力极限状态和正常使用极限状态的要求。

5.1.2　采光顶、金属屋面的面板和直接连接面板的支承结构的结构设计使用年限不应低于25年；间接支承屋面板的主要支承结构的设计使用年限宜与主体结构的设计使用年限相同。

5.1.3　直接连接面板的支承结构，其结构设计应符合现行国家标准《钢结构设计规范》GB 50017、《冷弯薄壁型钢结构技术规范》GB 50018 和《铝合金结构设计规范》GB 50429 的规定。

5.1.4　采光顶和金属屋面应进行重力荷载、风荷载作用计算分析；抗震设计时，应考虑地震作用的影响，并采取适宜的构造措施。当温度作用不可忽略时，结构设计应考虑温度效应的影响。

5.1.5　结构设计时应分别考虑施工阶段和正常使用阶段的作用和作用效应，可按弹性方法进行结构计算分析；当构件挠度较大时，结构分析应考虑几何非线性的影响。应按本规程第5.4节的规定进行作用或作用效应组合，并应按最不利组合进行结构设计。

5.1.6　结构构件应按下列规定验算承载力和挠度：

　　1　承载力应符合下式要求：

$$\gamma_0 S \leqslant R \qquad (5.1.6-1)$$

式中：S——作用效应组合的设计值；

R——构件承载力设计值；

γ_0——结构构件重要性系数，可取1.0。

　　2　在荷载作用方向上，挠度应符合下式要求：

$$d_f \leqslant d_{f,lim} \qquad (5.1.6-2)$$

式中：d_f——作用标准组合下构件的挠度值；

$d_{f,lim}$——构件挠度限值。

5.2　材料力学性能

5.2.1　热轧钢材、冷成型薄壁型钢材料强度设计值及连接强度设计值应按照现行国家标准《钢结构设计规范》GB 50017 和《冷弯薄壁型钢结构技术规范》GB 50018 的规定采用。

5.2.2　不锈钢抗拉强度标准值 f_{sk1} 可取其屈服强度 $\sigma_{0.2}$。不锈钢抗拉强度设计值 f_{s1} 可按其抗拉强度标准值 f_{sk1} 除以 1.15 后采用；其抗剪强度设计值 f_{s1}^v 可按其抗拉强度标准值 f_{sk1} 的一半采用。

5.2.3　彩钢板抗拉强度设计值可按其屈服强度 $\sigma_{0.2}$ 除以系数 1.15 采用。

5.2.4　铝合金型材、铝合金板材的强度设计值及连接强度设计值应按现行国家标准《铝合金结构设计规范》GB 50429 的相关规定采用。

5.2.5　铝塑复合板的等效截面模量和等效刚度应根据实际情况通过计算或试验确定。当铝塑复合板的面板和背板厚度符合本规程第 3.6.3 条规定时，其等效截面模量 W_e 可参考表 5.2.5-1 采用，其等效弯曲刚度 D_e 可参考表 5.2.5-2 采用。

表 5.2.5-1　铝塑复合板的等效截面模量 W_e

厚度（mm）	4	5	6
W_e（mm³）	1.6	2.0	2.7

表 5.2.5-2　铝塑复合板的等效弯曲刚度 D_e

厚度（mm）	4	5	6
D_e（N·mm）	$2.4×10^5$	$4.0×10^5$	$5.9×10^5$

5.2.6　铝蜂窝复合板的等效截面模量和等效刚度应根据实际情况通过计算或试验确定。当铝蜂窝复合板的面板和背板厚度符合本规程第 3.6.4 条规定时，其等效截面模量 W_e 可参考表5.2.6-1采用，其等效弯曲刚度 D_e 可参考表5.2.6-2采用。

表 5.2.6-1　铝蜂窝复合板的等效截面模量 W_e

厚度（mm）	10	15	20	25
W_e（mm³）	4.5	14.0	19.0	24.0

表 5.2.6-2　铝蜂窝复合板的等效弯曲刚度 D_e

厚度（mm）	10	15	20	25
D_e（N·mm）	$0.2×10^7$	$0.7×10^7$	$1.3×10^7$	$2.2×10^7$

5.2.7　采光顶用玻璃的强度设计值应按表 5.2.7 的有关规定采用。夹层玻璃和中空玻璃的各片玻璃强度设计值可分别按所采用的玻璃类型确定。当钢化玻璃强度设计值达不到平板玻璃强度设计值的3倍、半钢化玻璃强度设计值达不到平板玻璃强度设计值的2倍时，表中数值应按照现行行业标准《建筑玻璃应用技术规程》JGJ 113 的规定进行调整。

表 5.2.7 采光顶玻璃的强度设计
值 f_g 和 f_{g2}（N/mm²）

种 类	厚 度（mm）	中部强度，f_g	边缘强度	端面强度，f_{g2}
平板玻璃	5～12	9	7	6
	15～19	7	6	5
	≥20	6	5	4
半钢化玻璃	5～12	28	22	20
	15～19	24	19	17
	≥20	20	16	14
钢化玻璃	5～12	42	34	30
	15～19	36	29	26
	≥20	30	24	21

5.2.8 聚碳酸酯板的强度设计值可按表 5.2.8 的规定采用。

表 5.2.8 聚碳酸酯板强度设计值（N/mm²）

板材种类	抗拉强度	抗压强度	抗弯强度
中空板	30	40	40
实心板	60	—	90

5.2.9 材料的弹性模量可按表 5.2.9 采用。

表 5.2.9 材料的弹性模量 E（N/mm²）

材 料		E
铝合金型材、单层铝板		$0.70×10^5$
钢、不锈钢		$2.06×10^5$
铝塑复合板	厚度 4mm	$0.20×10^5$
	厚度 6mm	$0.30×10^5$
铝蜂窝复合板	厚度 10mm	$0.35×10^5$
	厚度 15mm	$0.27×10^5$
	厚度 20mm	$0.21×10^5$
玻璃		$0.72×10^5$
消除应力的高强钢丝		$2.05×10^5$
不锈钢绞线		$1.20×10^5～1.50×10^5$
高强钢绞线		$1.95×10^5$
钢丝绳		$0.80×10^5～1.00×10^5$
聚酯酸酯板		1370

5.2.10 材料的泊松比可按表 5.2.10 采用。

表 5.2.10 材料的泊松比 ν

材 料	ν
铝合金型材、单层铝板	0.30
钢、不锈钢	0.30

续表 5.2.10

材 料	ν
铝塑复合板	0.25
玻 璃	0.20
高强钢丝、钢绞线	0.30
铝蜂窝复合板	0.25
聚碳酸酯板	0.28

5.2.11 材料的线膨胀系数可按表 5.2.11 采用。

表 5.2.11 材料的线膨胀系数 α（1/℃）

材 料	α
铝合金型材、单层铝板	$2.3×10^{-5}$
铝塑复合板	$2.40×10^{-5}～4.00×10^{-5}$
铝蜂窝复合板	$2.40×10^{-5}$
钢材	$1.20×10^{-5}$
不锈钢板	$1.80×10^{-5}$
混凝土	$1.00×10^{-5}$
玻 璃	$0.80×10^{-5}～1.00×10^{-5}$
砖砌体	$0.50×10^{-5}$
聚碳酸酯中空板	$6.5×10^{-5}$
聚碳酸酯实心板	$7.0×10^{-5}$

5.2.12 材料的自重标准值可按表 5.2.12-1 的规定采用。铝塑复合板和铝蜂窝复合板的自重标准值可按表 5.2.12-2 采用。聚碳酸酯中空板的自重标准值可按表 5.2.12-3 采用，聚碳酸酯实心板的自重标准值可按表 5.2.12-4 采用。

表 5.2.12-1 材料的自重标准值 γ_{gk}（kN/m³）

材 料	γ_{gk}	材 料	γ_{gk}
钢材，不锈钢	78.5	玻璃棉	0.5～1.0
铝合金	27.0	岩棉	0.5～2.5
玻 璃	25.6	矿渣棉	1.2～1.5

表 5.2.12-2 铝塑复合板和铝蜂窝复合板
的自重标准值 q_k（kN/m²）

类 型	铝塑复合板			铝蜂窝复合板			
厚度（mm）	4	5	6	10	15	20	25
q_k	0.055	0.065	0.073	0.052	0.070	0.073	0.077

表 5.2.12-3 聚碳酸酯中空板的
自重标准值 q_k（N/m²）

类 型	双 层					三 层
厚度（mm）	4	5	6	8	10	10
q_k	9.5	11.5	13.5	16.0	18.0	21.0

表 5.2.12-4 聚碳酸酯实心板的
自重标准值 q_k （N/m²）

厚度 （mm）	2	3	4	5	6	8	9.5	12
q_k	24	36	48	60	72	96	114	144

5.3 作　用

5.3.1 采光顶和金属屋面风荷载应按下列规定确定：

1 面板、直接连接面板的屋面支承构件的风荷载标准值应按现行国家标准《建筑结构荷载规范》GB 50009 的有关规定计算确定。

2 跨度大、形状或风荷载环境复杂的采光顶、金属屋面，宜通过风洞试验确定风荷载。

3 风荷载负压标准值不应小于 1.0kN/m²，正压标准值不应小于 0.5kN/m²。

5.3.2 采光顶和金属屋面的雪荷载、施工检修荷载应按现行国家标准《建筑结构荷载规范》GB 50009 的规定采用。

5.3.3 雨水荷载可按本规程第 4.3.3 条规定的最大雨量扣除排水量后确定。重要建筑宜按排水系统出现障碍时的最不利情况进行设计。

5.3.4 采光顶玻璃能够承受的活荷载应符合现行行业标准《建筑玻璃应用技术规程》JGJ 113 的规定，金属屋面应能在 300mm×300mm 的区域内承受 1.0kN 的活荷载，并不得出现任何缝隙、永久屈曲变形等破坏现象。

5.3.5 面板及与其直接相连接的支承结构构件，作用于水平方向的水平地震作用标准值可按下式计算：

$$P_{EK} = \beta_E \alpha_{max} G_k \qquad (5.3.5)$$

式中：P_{EK}——水平地震作用标准值（kN）；

β_E——地震作用动力放大系数，可取不小于 5.0；

α_{max}——水平地震影响系数最大值，应符合本规程第 5.3.6 条的规定；

G_k——构件（包括面板和框架）的重力荷载标准值（kN）。

5.3.6 水平地震影响系数最大值应按表 5.3.6 采用。

表 5.3.6 水平地震影响系数最大值 α_{max}

抗震设防烈度	6 度	7 度	8 度
α_{max}	0.04	0.08 (0.12)	0.16 (0.24)

注：7、8 度时括号内数值分别用于设计基本地震加速度为 0.15g 和 0.30g 的地区。

5.3.7 计算竖向地震作用时，地震影响系数最大值可按水平地震作用的 65% 采用。

5.3.8 支承结构构件以及连接件、锚固件所承受的地震作用，应包括依附于其上的构件传递的地震作用和其结构自重产生的地震作用。

5.4 作 用 组 合

5.4.1 面板及与其直接相连接的结构构件按极限状态设计时，当作用和作用效应按线性关系考虑时，其作用效应组合的设计值应符合下列规定：

1 无地震作用组合效应时，应按下式进行计算：

$$S = \gamma_G S_{Gk} + \psi_Q \gamma_Q S_{Qk} + \psi_w \gamma_w S_{wk} \qquad (5.4.1-1)$$

2 有地震作用效应组合时，应按下式进行计算：

$$S = \gamma_G S_{GE} + \gamma_E S_{Ek} + \psi_w \gamma_w S_{wk} \qquad (5.4.1-2)$$

式中：S——作用效应组合的设计值；

S_{Gk}——永久重力荷载效应标准值；

S_{GE}——重力荷载代表值的效应，重力荷载代表值的取值应符合现行国家标准《建筑抗震设计规范》GB 50011 的规定；

S_{Qk}——可变重力荷载效应标准值；

S_{wk}——风荷载效应标准值；

S_{Ek}——地震作用效应标准值；

γ_G——永久重力荷载分项系数；

γ_Q——可变重力荷载分项系数；

γ_w——风荷载分项系数；

γ_E——地震作用分项系数；

ψ_w——风荷载作用效应的组合值系数；

ψ_Q——可变重力荷载的组合值系数。

5.4.2 进行构件的承载力设计时，作用分项系数应按下列规定取值：

1 一般情况下，永久重力荷载、可变重力荷载、风荷载和地震作用的分项系数 γ_G、γ_Q、γ_w、γ_E 应分别取 1.2、1.4、1.4 和 1.3；

2 当永久重力荷载的效应起控制作用时，其分项系数 γ_G 应取 1.35；

3 当永久重力荷载的效应对构件有利时，其分项系数 γ_G 应取 1.0。

5.4.3 可变作用的组合值系数应按下列规定采用：

1 无地震作用组合时，当风荷载为第一可变作用时，其组合值系数 ψ_w 应取 1.0，此时可变重力荷载组合值系数 ψ_Q 应取 0.7；当可变重力荷载为第一可变作用时，其组合值系数 ψ_Q 应取 1.0，此时风荷载组合值系数 ψ_w 应取 0.6；当永久重力荷载起控制作用时，风荷载组合值系数 ψ_w 和可变重力荷载组合值系数 ψ_Q 应分别取 0.6 和 0.7。

2 有地震作用组合时，一般情况下风荷载组合值系数 ψ_w 可取 0；当风荷载起控制作用时，风荷载组合值系数 ψ_w 应取为 0.2。

5.4.4 进行构件的挠度验算时应采用荷载标准组合，本规程第 5.4.1 条各项作用的分项系数均应取 1.0。

5.4.5 作用在倾斜面板上的作用，应分解成垂直面板和平行于面板的分量，并应按分量方向分别进行作用或作用效应组合。

6 面板及支承构件设计

6.1 框支承玻璃面板

6.1.1 采光顶用框支承玻璃面板单片玻璃厚度和中空玻璃的单片厚度不应小于 6mm，夹层玻璃的单片厚度不宜小于 5mm。夹层玻璃和中空玻璃的各片玻璃厚度相差不宜大于 3mm。

6.1.2 框支承用夹层玻璃可采用平板玻璃、半钢化玻璃或钢化玻璃。

6.1.3 框支承玻璃面板的边缘应进行精磨处理。边缘倒棱不宜小于 0.5mm。

6.1.4 玻璃面板应按照现行行业标准《建筑玻璃应用技术规程》JGJ 113 进行热应力、热变形设计计算。

6.1.5 板边支承的单片玻璃，在垂直于面板方向的均布荷载作用下，最大应力应符合下列规定：

1 最大应力可按考虑几何非线性的有限元法计算。规则面板可按下列公式计算：

$$\sigma = \frac{6mqa^2}{t^2}\eta \qquad (6.1.5\text{-}1)$$

$$\theta = \frac{qa^4}{Et^4} \qquad (6.1.5\text{-}2)$$

式中：σ——在均布荷载作用下面板最大应力（N/mm²）；

q——垂直于面板的均布荷载（N/mm²）；

a——面板的特征长度，矩形面板四边支承时为短边边长，对边支承时为其跨度，三角形面板为长边（mm）；

t——面板厚度（mm）；

θ——参数；

E——面板弹性模量（N/mm²）；

m——弯矩系数，可按面板的材质、形状和荷载形式由本规程附录 C 查取；

η——折减系数，可由参数 θ 按表 6.1.5 采用。

表 6.1.5 折减系数 η

θ	≤5.0	10.0	20.0	40.0	60.0	80.0	100.0
η	1.00	0.95	0.90	0.82	0.74	0.68	0.62
θ	120.0	150.0	200.0	250.0	300.0	350.0	≥400.0
η	0.57	0.50	0.44	0.40	0.38	0.36	0.35

2 玻璃面板荷载基本组合最大应力设计值不应超过玻璃中部强度设计值 f_g。

6.1.6 单片玻璃在垂直于面板的均布荷载作用下，其跨中最大挠度应符合下列规定：

1 面板的弯曲刚度 D 可按下式计算：

$$D = \frac{Et^3}{12(1-\nu^2)} \qquad (6.1.6\text{-}1)$$

式中：D——面板弯曲刚度（N·mm）；

t——面板厚度（mm）；

ν——泊松比。

2 在荷载标准组合值作用下，面板跨中最大挠度宜采用考虑几何非线性的有限元法计算。规则面板可按下式计算：

$$d_f = \frac{\mu q_k a^4}{D}\eta \qquad (6.1.6\text{-}2)$$

式中：d_f——在荷载标准组合值作用下的最大挠度值（mm）；

q_k——垂直于面板的荷载标准组合值（N/mm²）；

a——面板特征长度，矩形面板为短边的长度，三角形面板为长边（mm）；

μ——挠度系数，可按面板的材质、形状及荷载类型由本规程附录 C 查取；

η——折减系数，可按本规程表 6.1.5 采用，q 值采用 q_k 计算。

6.1.7 采用 PVB 的夹层玻璃可按下列规定进行计算：

1 作用在夹层玻璃上的均布荷载可按下式分配到各片玻璃上：

$$q_i = q\frac{t_i^3}{t_e^3} \qquad (6.1.7\text{-}1)$$

式中：q——作用于夹层玻璃上的均布荷载（N/mm²）；

q_i——为分配到第 i 片玻璃的均布荷载（N/mm²）；

t_i——第 i 片玻璃的厚度（mm）；

t_e——夹层玻璃的等效厚度（mm）。

2 PVB 夹层玻璃的等效厚度可按下式计算：

$$t_e = \sqrt[3]{t_1^3 + t_2^3 + \cdots + t_n^3} \qquad (6.1.7\text{-}2)$$

式中：t_e——夹层玻璃的等效厚度（mm）；

$t_1, t_2 \cdots t_n$——各片玻璃的厚度（mm）；

n——夹层玻璃的玻璃层数。

3 各片玻璃可分别按本规程第 6.1.5 条的规定进行应力计算。

4 PVB 夹层玻璃可按本规程第 6.1.6 条的规定进行挠度计算，在计算玻璃刚度 D 时应采用等效厚度 t_e。

6.1.8 中空玻璃可按下列规定进行计算：

1 作用于中空玻璃上均布荷载可按下列公式分配到各片玻璃上：

1）直接承受荷载的单片玻璃：

$$q_1 = 1.1q\frac{t_1^3}{t_e^3} \qquad (6.1.8\text{-}1)$$

2）不直接承受荷载的单片玻璃：

$$q_i = q\frac{t_i^3}{t_e^3} \qquad (6.1.8\text{-}2)$$

2 中空玻璃的等效厚度可按下式计算：

$$t_e = 0.95 \sqrt[3]{t_1^3 + t_2^3 + \cdots + t_n^3} \quad (6.1.8\text{-}3)$$

式中： t_e——中空玻璃的等效厚度（mm）；

t_1、t_2…t_n——各片玻璃的厚度（mm）。

3 各片玻璃可分别按本规程第 6.1.5 条的规定进行应力计算。

4 中空玻璃可按本规程第 6.1.6 条的规定进行挠度计算，在计算玻璃的刚度 D 时，应采用按式（6.1.8-3）计算的等效厚度 t_e。

6.2 点支承玻璃面板

6.2.1 矩形玻璃面板宜采用四点支承，三角形玻璃面板宜采用三点支承。相邻支承点间的板边距离，不宜大于 1.5m。点支承玻璃可采用钢爪支承装置或夹板支承装置。采用钢爪支承时，孔边至板边的距离不宜小于 70mm。

6.2.2 点支承玻璃面板采用浮头式连接件支承时，其厚度不应小于 6mm；采用沉头式连接件支承时，其厚度不应小于 8mm。夹层玻璃和中空玻璃中，安装连接件的单片玻璃厚度也应符合本条规定。钢板夹持的点支承玻璃，单片厚度不应小于 6mm。

6.2.3 点支承中空玻璃孔洞周边应采取多道密封。

6.2.4 在垂直于玻璃面板的均布荷载作用下，点支承面板的应力和挠度应符合下列规定：

1 单片玻璃面板最大应力和最大挠度可按照考虑几何非线性的有限元方法进行计算。规则形状面板也可按下列公式计算：

$$\sigma = \frac{6mqb^2}{t^2}\eta \quad (6.2.4\text{-}1)$$

$$d_f = \frac{\mu q_k b^4}{D}\eta \quad (6.2.4\text{-}2)$$

$$\theta = \frac{qb^4}{Et^4} \text{ 或 } \theta = \frac{q_k b^4}{Et^4} \quad (6.2.4\text{-}3)$$

式中： σ——在均布荷载作用下面板的最大应力（N/mm²）；

d_f——在荷载标准组合值作用下面板的最大挠度（mm）；

q、q_k——分别为垂直于面板的均布荷载、荷载标准组合值（N/mm²）；

D——面板弯曲刚度（N·mm），可按本规程公式（6.1.6-1）计算；

b——点支承面板特征长度，矩形面板为长边边长（mm）；

t——面板厚度（mm）；

θ——参数；

m——弯矩系数，四角点支承板可按本规程附录 C 中跨中弯矩系数 m_x、m_y 和自由边中点弯矩系数 m_{0x}、m_{0y} 分别采用；四点跨中支承板可按本规程附录 C 中弯矩系数 m 采用；

μ——挠度系数，可按本规程附录 C 采用；

η——折减系数，可由参数 θ 按本规程表 6.1.5 取用。

2 夹层玻璃和中空玻璃点支承面板的均布荷载的分配，可按本规程第 6.1.7 条、第 6.1.8 条的规定计算。

3 玻璃面板荷载基本组合最大应力设计值不应超过玻璃中部强度设计值 f_g。

6.3 聚碳酸酯板

6.3.1 聚碳酸酯板最大应力和挠度可按照考虑几何非线性的有限元方法进行计算。

6.3.2 聚碳酸酯板可冷弯成型，中空平板的弯曲半径不宜小于板材厚度的 175 倍，U 形中空板的最小弯曲半径不宜小于厚度的 200 倍，实心板的弯曲半径不宜小于板材厚度的 100 倍。

6.4 金属平板

6.4.1 单层金属板和铝塑复合板宜四周折边或设置边肋；折边高度不宜小于 20mm。铝蜂窝复合板可折边或将面板弯折后包封板边。铝塑复合板开槽时不得触及铝板，开槽后剩余的板芯厚度不应小于 0.3mm；铝蜂窝复合板背板刻槽后剩余的铝板厚度不应小于 0.5mm。铝蜂窝复合板和铝塑复合板的芯材不宜直接暴露于室外，不折边的铝塑复合板和铝蜂窝复合板宜在其周边采用铝型材镶嵌固定。

6.4.2 金属平板可根据受力要求设置加强肋。铝塑复合板折边处应设边肋。加强肋可采用金属方管、槽形或角形型材，加强肋的截面厚度不应小于 1.5mm。

加强肋应与面板可靠连接，并应有防腐措施。金属平板中起支承边作用的中肋应与边肋或单层铝板的折边可靠连接。支承金属面板区格的中肋与其他相交中肋的连接应满足传力要求。

6.4.3 金属平板的应力和挠度计算应符合下列规定：

1 边和肋所形成的面板区格，四周边缘可按简支边考虑，中肋支撑线可按固定边考虑。

2 在垂直于面板的均布荷载作用下，面板最大应力宜采用考虑几何非线性的有限元方法计算，规则面板可分别按下列公式计算：

1） 单层金属屋面板：

$$\sigma = \frac{6mql_x^2}{t^2}\eta \quad (6.4.3\text{-}1)$$

$$\theta = \frac{ql_x^4}{Et^4} \quad (6.4.3\text{-}2)$$

2） 铝塑复合板和铝蜂窝复合板：

$$\sigma = \frac{ql_x^2}{W_e}\eta \quad (6.4.3\text{-}3)$$

$$\theta = \frac{ql_x^4}{11.2D_e t_e} \quad (6.4.3\text{-}4)$$

式中： σ——在均布荷载作用下面板中最大应力（N/

mm^2);

q——垂直于面板的均布荷载（N/mm^2）；

l_x——金属平板区格的计算边长（mm），可按本规程附录C的规定采用；

E——面板弹性模量（N/mm^2），可按本规程表5.2.9采用；

t——面板厚度（mm）；

t_e——面板折算厚度，铝塑复合板可取 $0.8t$，铝蜂窝复合板可取 $0.6t$；

W_e——铝塑复合板或铝蜂窝复合板的等效截面模量（mm^3），可分别按本规程表5.2.5-1、表5.2.6-1采用；

D_e——铝塑复合板或铝蜂窝复合板的等效弯曲刚度（N·mm），可分别按本规程表5.2.5-2、表5.2.6-2采用；

θ——参数；

m——弯矩系数，根据面板的边界条件和计算位置，可按本规程附录C分别按 m、m_x^0、m_y^0 查取；

η——折减系数，可由参数 θ 按表6.4.3采用。

3 中肋支撑线上的弯曲应力可取两侧板格固端弯矩计算结果的平均值。

4 金属面板荷载基本组合的最大应力设计值不应超过金属面板强度设计值。

表 6.4.3 折减系数 η

θ	$\leqslant 5$	10	20	40	60	80	100
η	1.00	0.95	0.90	0.81	0.74	0.69	0.64
θ	120	150	200	250	300	350	$\geqslant 400$
η	0.61	0.54	0.50	0.46	0.43	0.41	0.40

6.4.4 在均布荷载作用下，金属平板屋面的挠度应符合下列规定：

1 单层金属平板每区格的跨中挠度可采用考虑几何非线性的有限元方法计算，可按下列公式计算：

$$d_f = \frac{\mu q_k l_x^4}{D} \eta \qquad (6.4.4-1)$$

$$D = \frac{Et^3}{12(1-\nu^2)} \qquad (6.4.4-2)$$

式中：d_f——在荷载标准组合值作用下挠度最大值（mm）；

q_k——垂直于面板荷载标准组合值（N/mm^2）；

l_x——板区格的计算边长（mm），可按本规程附录C的规定采用；

t——板的厚度（mm）；

D——板的弯曲刚度（N·mm）；

ν——泊松比，可按本规程第5.2.10条采用；

E——弹性模量（N/mm^2），可按本规程第5.2.9条采用；

η——折减系数，可按本规程表6.4.3采用，q 值采用 q_k 值计算。

2 铝塑复合板和铝蜂窝复合板的跨中挠度可按有限元方法计算，可按下式计算：

$$d_f = \frac{\mu q_k l_x^4}{D_e} \eta \qquad (6.4.4-3)$$

式中：D_e——等效弯曲刚度（N·mm），可分别按本规程表5.2.5-2、表5.2.6-2采用。

6.4.5 方形或矩形金属面板上作用的荷载可按三角形或梯形分布传递到板肋上，其他多边形可按角分线原则划分荷载（图6.4.5），板肋上作用的荷载可按等弯矩原则简化为等效均布荷载。

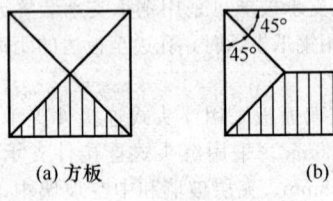

(a) 方板　　　　　　　　(b) 矩形板

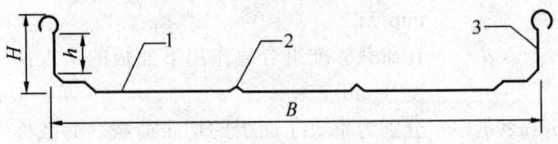

(c) 任意四边形

图 6.4.5　面板荷载向肋的传递

6.4.6 金属屋面板材的边肋截面尺寸可按构造要求设计。单跨中肋可按简支梁设计。多跨交叉肋可采用梁系进行计算。

6.5　压型金属板

6.5.1 压型金属屋面板可根据设计要求选用直立锁边板（图6.5.1）、卷边板或暗扣板。

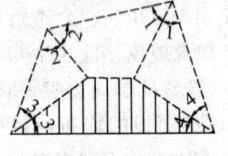

图 6.5.1　直立锁边板
1—中间加筋件；2—中间加筋肋；3—腹板

6.5.2 铝合金面板中腹板和受压翼缘的有效厚度应按现行国家标准《铝合金结构设计规范》GB 50429的规定计算。钢面板中腹板和受压翼缘的有效厚度应按现行国家标准《冷弯薄壁型钢结构技术规范》GB 50018的规定计算。

6.5.3 在一个波距的面板上作用集中荷载 F 时（图6.5.3a），可按下式将集中荷载 F 折算成沿板宽方向的均布荷载 q_{re}（图6.5.3b），并按 q_{re} 进行单个波距的有效截面的受弯计算。

$$q_{\text{re}} = \eta \frac{F}{B} \qquad (6.5.3)$$

式中：F——集中荷载（N）；

B——波距（mm）；

η——折算系数，由试验确定；无试验依据时，可取 0.5。

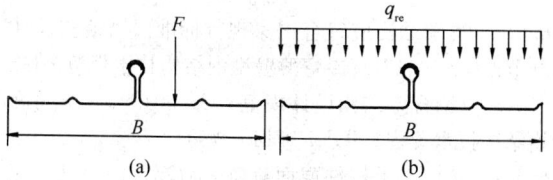

图 6.5.3　集中荷载下屋面面板的
简化计算模型

6.5.4　金属屋面板的强度可取一个波距的有效截面，以檩条或 T 形支座为梁的支座，按受弯构件进行计算。

$$M/M_{\text{u}} \leqslant 1 \qquad (6.5.4\text{-}1)$$
$$M_{\text{u}} = W_{\text{e}} f \qquad (6.5.4\text{-}2)$$

式中：M——截面所承受的最大弯矩（N·mm），可按图 6.5.4 的面板计算模型求得；

M_{u}——截面的受弯承载力设计值（N·mm）；

W_{e}——有效截面模量，应按现行国家标准《铝合金结构设计规范》GB 50429 或《冷弯薄壁型钢结构技术规范》GB 50018 的规定计算。

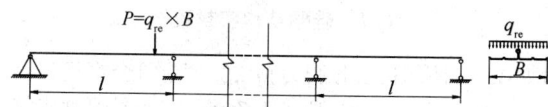

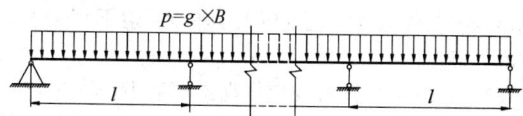

图 6.5.4　屋面面板的强度计算模型
P—集中荷载产生的作用于面板计算模型上的集中力；
B—波距（mm）；g—板面均布荷载（N/mm²）；
p—由 g 产生的作用于面板计算模型上的线
均布力（N/mm）；l—跨距（mm）

6.5.5　压型金属板和 T 形支座的受压和受拉连接强度应进行验算，必要时可按试验确定。T 形支座的间距应经计算确定，并不宜超过 1600mm。

6.5.6　压型金属板中腹板的剪切屈曲应按下列公式计算：

1　铝合金面板应符合下列规定：

当 $h/t \leqslant \dfrac{875}{\sqrt{f_{0.2}}}$ 时：$\begin{cases} \tau \leqslant \tau_{\text{cr}} = \dfrac{320}{h/t}\sqrt{f_{0.2}} \\ \tau \leqslant f_{\text{v}} \end{cases}$

$$(6.5.6\text{-}1)$$

当 $h/t \geqslant \dfrac{875}{\sqrt{f_{0.2}}}$ 时：$\tau \leqslant \tau_{\text{cr}} = \dfrac{280000}{(h/t)^2}$　(6.5.6-2)

式中：τ——腹板平均剪应力（N/mm²）；

τ_{cr}——腹板的剪切屈曲临界应力（N/mm²）；

f_{v}——抗剪强度设计值（N/mm²），应按现行国家标准《铝合金结构设计规范》GB 50429 取用；

$f_{0.2}$——名义屈服强度（N/mm²），应按现行国家标准《铝合金结构设计规范》GB 50429 取用；

h/t——腹板高厚比。

2　钢面板应符合下列规定：

当 $h/t < 100$ 时：$\begin{cases} \tau \leqslant \tau_{\text{cr}} = \dfrac{8550}{h/t} \\ \tau \leqslant f_{\text{v}} \end{cases}$　(6.5.6-3)

当 $h/t \geqslant 100$ 时：$\tau \leqslant \tau_{\text{cr}} = \dfrac{855000}{(h/t)^2}$　(6.5.6-4)

式中：τ——腹板平均剪应力（N/mm²）；

τ_{cr}——腹板的剪切屈曲临界应力（N/mm²）；

h/t——腹板高厚比。

6.5.7　铝合金面板和钢面板支座处腹板的局部受压承载力，应按下列公式验算：

$$R/R_{\text{w}} \leqslant 1 \qquad (6.5.7\text{-}1)$$
$$R_{\text{w}} = at^2\sqrt{fE}\,(0.5 + \sqrt{0.02l_{\text{c}}/t}\,)[2.4 + (\theta/90)^2]$$
$$(6.5.7\text{-}2)$$

式中：R——支座反力（N）；

R_{w}——一块腹板的局部受压承载力设计值（N）；

a——系数，中间支座取 0.12；端部支座取 0.06；

t——腹板厚度（mm）；

l_{c}——支座处的支承长度（mm），$10\text{mm} < l_{\text{c}} < 200\text{mm}$，端部支座可取 $l_{\text{c}} = 10\text{mm}$；

θ——腹板倾角（$45° \leqslant \theta \leqslant 90°$）；

f——面板材料的抗压强度设计值（N/mm²）。

6.5.8　屋面板同时承受弯矩 M 和支座反力 R 的截面，应满足下列要求：

1　铝合金面板应符合下式规定：

$$\begin{cases} M/M_{\text{u}} \leqslant 1 \\ R/R_{\text{w}} \leqslant 1 \\ 0.94(M/M_{\text{u}})^2 + (R/R_{\text{w}})^2 \leqslant 1 \end{cases} \qquad (6.5.8\text{-}1)$$

2　钢面板应符合下式规定：

$$\begin{cases} M/M_{\text{u}} \leqslant 1 \\ R/R_{\text{w}} \leqslant 1 \\ (M/M_{\text{u}}) + (R/R_{\text{w}}) \leqslant 1.25 \end{cases} \qquad (6.5.8\text{-}2)$$

式中：M_{u}——截面的弯曲承载力设计值（N·mm），$M_{\text{u}} = W_{\text{e}} f$；

W_{e}——有效截面模量，按现行国家标准《铝合金结构设计规范》GB 50429 或《冷

弯薄壁型钢结构技术规范》GB 50018
的规定计算；

R_w——腹板的局部受压承载力设计值（N），
应按本规程公式（6.5.7-2）计算。

6.5.9 金属屋面板同时承受弯矩 M 和剪力 V 的截面，应满足下列要求：

$$(M/M_u)^2 + (V/V_u)^2 \leqslant 1 \qquad (6.5.9)$$

式中：V_u——腹板的受剪承载力设计值（N/mm²），
铝合金面板取 $(ht \cdot sin\theta) \ \tau_{cr}$ 和 $(ht \cdot sin\theta) \ f_v$ 中较小值，钢面板取 $(ht \cdot sin\theta) \ \tau_{cr}$，$\tau_{cr}$ 应按本规程 6.5.6 条分别计算。

6.5.10 屋面板 T 形支座的强度应按下列公式计算：

$$\sigma = \frac{R}{A_{en}} \leqslant f \qquad (6.5.10\text{-}1)$$

$$A_{en} = t_1 L_s \qquad (6.5.10\text{-}2)$$

式中：σ——正应力设计值（N/mm²）；
f——支座材料的抗拉和抗压强度设计值（N/mm²）；
R——支座反力（N）；
A_{en}——有效净截面面积（mm²）；
t_1——支座腹板最小厚度（mm）；
L_s——支座长度（mm）。

6.5.11 屋面板 T 形支座的稳定性可简化为等截面柱模型（图 6.5.11）按下式计算：

$$\frac{R}{\varphi A} \leqslant f \qquad (6.5.11)$$

式中：R——支座反力（N）；
φ——轴心受压构件的稳定系数，应根据构件的长细比、铝合金材料的强度标准值 $f_{0.2}$ 按现行国家标准《铝合金结构设计规范》GB 50429 取用；
A——毛截面面积（mm²），$A = tL_s$；
t——T 形支座等效厚度（mm），按 $(t_1 + t_2)/2$ 取值；
t_1——支座腹板最小厚度（mm）；
t_2——支座腹板最大厚度（mm）。

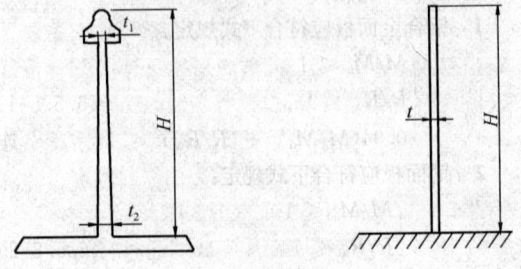

图 6.5.11 支座的简化模型
H—T 形支座高度

6.5.12 计算屋面板 T 形支座的稳定系数时，其计算长度应按下式计算：

$$l_0 = \mu H \qquad (6.5.12)$$

式中：μ——支座计算长度系数，可取 1.0 或由试验确定；
l_0——支座计算长度（mm）。

6.6 支承结构设计

6.6.1 支承结构应符合国家现行标准《钢结构设计规范》GB 50017、《冷弯薄壁型钢结构技术规范》GB 50018、《铝合金结构设计规范》GB 50429、《空间网格结构技术规程》JGJ 7 等相关规定。

6.6.2 单根支承构件截面有效受力部位的厚度，应符合下列要求：

1 截面自由挑出的板件和双侧加肋的板件的宽厚应符合设计要求；

2 铝合金型材有效截面部位厚度不应小于 2.5mm，型材孔壁与螺钉之间由螺纹直接受拉、压连接时型材局部加厚，局部壁厚不应小于螺钉的公称直径，宽度不应小于螺钉公称直径的 1.6 倍；

3 热轧钢型材有效截面部位的壁厚不应小于 2.5mm，冷成型薄壁型钢截面厚度不应小于 2.0mm。型材孔壁与螺钉之间由螺纹直接受拉、压连接时，应验算螺纹强度。

6.6.3 根据面板在构件上的支承情况决定其荷载和地震作用，并计算构件的双向弯矩、剪力、扭矩。大跨度开口截面宜考虑约束扭转产生的双力矩。

6.7 硅酮结构密封胶

6.7.1 硅酮结构密封胶的粘结宽度应符合本规程第 6.7.3 条的规定，且不应小于 7mm，其粘结厚度应符合本规程第 6.7.4 条的规定，且不应小于 6mm。硅酮结构密封胶的粘结宽度应大于厚度，但不宜大于厚度的 2 倍。

6.7.2 硅酮结构密封胶应根据不同受力情况进行承载力验算。在风荷载、雪荷载、积灰荷载、活荷载和地震作用下，其拉应力或剪应力不应大于其强度设计值 f_1；在永久荷载作用下，其拉应力或剪应力不应大于其强度设计值 f_2。

拉伸粘结强度标准值应符合现行国家标准《建筑用硅酮结构密封胶》GB 16776 的规定，f_1 可取为 0.2N/mm²，f_2 可取为 0.01N/mm²。

6.7.3 隐框玻璃面板与副框间硅酮结构密封胶的粘结宽度 C_s 应符合下列规定：

1 当玻璃面板为刚性板时应按下式计算：

$$C_s = \frac{q_k A}{S f_1} \qquad (6.7.3\text{-}1)$$

2 当玻璃面板为柔性板时应按下式计算：

$$C_s = \frac{q_k a}{2 f_1} \qquad (6.7.3\text{-}2)$$

式中：C_s——硅酮结构胶粘结宽度（mm）；

q_k——作用于面板的均布荷载标准值（N/mm²）；

S——玻璃面板周长，即硅酮结构密封胶缝的总长度（mm）；

A——面板面积（mm²）；

a——面板特征长度（mm）；矩形为短边长，狭长梯形为高，圆形为半径，三角形为内心到边的距离的2倍。

3 粘结宽度 C_s 尚应符合下式要求：

$$C_s \geqslant \frac{G_2}{S f_2} \qquad (6.7.3-3)$$

式中：G_2——平行于玻璃板面的重力荷载设计值（N）。

6.7.4 隐框玻璃面板与副框间硅酮结构密封胶的粘结厚度 t_s 应符合下式要求：

$$t_s \geqslant \frac{\mu_s}{\sqrt{\delta(2+\delta)}} \qquad (6.7.4)$$

式中：μ_s——玻璃与铝合金框的相对位移（mm），主要考虑玻璃与铝合金框之间因温度变化产生的相对位移，必要时还须考虑结构变形产生的相对位移；

δ——硅酮结构密封胶在拉应力为 $0.7f_1$ 时的伸长率。

6.7.5 隐框、半隐框采光顶用中空玻璃二道密封胶应采用符合现行国家标准《建筑用硅酮结构密封胶》GB 16776 的结构密封胶，其粘结宽度 C_{s1} 应按下式计算，且不应小于6mm：

$$C_{s1} \geqslant \beta C_s \qquad (6.7.5)$$

式中：C_{s1}——中空玻璃二道密封胶粘结宽度（mm）；

C_s——玻璃面板与副框间硅酮结构密封胶的粘结宽度（mm），可按本规程6.7.3条进行计算；

β——外层玻璃荷载系数，当外层玻璃厚度大于内层玻璃厚度时 $\beta=1.0$，否则 $\beta=0.5$。

7 构造及连接设计

7.1 一般规定

7.1.1 采光顶、金属屋面与主体结构之间的连接应能够承受并可靠传递其受到的荷载或作用，并应适应主体结构变形。

7.1.2 采光顶、金属屋面与主体结构可采用螺栓连接或焊接。采用螺栓连接、挂接或插接的结构构件，应采取可靠的防松动、防滑移、防脱离措施。

7.1.3 当连接件与所接触材料可能产生双金属接触腐蚀时，应采用绝缘垫片分隔或采取其他有效措施防止腐蚀。

7.1.4 与主体结构相对应的变形缝应能够适应主体结构的变形，并不得降低采光顶、金属屋面该部位的主要性能要求。

7.1.5 连接构造应采取措施防止因结构变形、风力、温度变化等产生噪声。杆件间的连接处可设置柔性垫片或采取其他有效构造措施。

7.1.6 配套使用的铝合金窗、塑料窗、玻璃钢窗等应分别符合国家现行标准《铝合金门窗》GB/T 8478、《未增塑聚氯乙烯（PVC-U）塑料窗》JG/T 140 和《玻璃纤维增强塑料（玻璃钢）窗》JG/T 186 等的规定，并应符合设计要求。

7.1.7 连接光伏系统的支架、双层金属屋面系统中用于支承装饰层或其他辅助层的连接构件不宜穿透金属面板。如果确有必要穿透时，应采取柔性防水构造措施进行防水。

7.1.8 清洗装置或维护装置用穿过采光顶、金属屋面的金属构件宜选用不锈钢，且在穿透面板部位应采取可靠防水措施。

7.1.9 排烟窗应进行外排水设计，其顶面可高出采光顶或金属屋面，且宜设置排水构造。

7.1.10 连接光伏系统的支架承载力应满足设计和使用要求，应易于实现光伏电池的拆装。

7.2 玻璃采光顶

7.2.1 支承玻璃或光伏玻璃组件的金属构件应按照现行行业标准《玻璃幕墙工程技术规范》JGJ 102 的有关规定进行设计；点支承爪件应按照现行行业标准《建筑玻璃点支承装置》JG/T 138 的有关规定进行承载力验算。

7.2.2 严寒和寒冷地区采用半隐框或明框采光顶构造时，宜根据建筑物功能需要，在室内侧支承构件上设置冷凝水收集和排放系统。

7.2.3 框支承玻璃面板可采用注胶板缝或嵌条板缝。明框采光顶面板应有足够的排水坡度或设置外部排水构造，半隐框采光顶的明框部分宜顺排水方向布置。

7.2.4 隐框玻璃采光顶的玻璃悬挑尺寸应符合设计要求，且不宜超过200mm。

7.2.5 点支承玻璃采用穿孔式连接时宜采用浮头连接件，连接件与面板贯穿部位宜采用密封胶密封。点支式玻璃平顶宜采用采光顶专用爪件。

7.2.6 点式支承装置应能适应玻璃面板在支承点处的转动变形要求。钢爪支承头与玻璃之间宜设置具有弹性的衬垫或衬套，其厚度不宜小于1mm，且应有足够的抗老化能力。夹板式点支承装置应设置衬垫承受玻璃重量。

7.2.7 除承受玻璃面板所传递的荷载或作用外，点支承装置不应兼作其他用途的支承构件。

7.2.8 采光顶倒挂隐框玻璃、倾斜隐框玻璃应设置金属承重构件，承重构件与玻璃之间应采用硬质橡胶垫片有效隔离。倒挂点支玻璃不宜采用沉头式连接件。

7.2.9 采光顶玻璃与屋面连接部位应进行可靠密封。连接处采光顶面板宜高出屋面。

7.2.10 支承采光顶的自平衡索结构、大跨度桁架与主体结构的连接部位应具备适应结构变形的能力。

7.2.11 玻璃采光顶板缝构造应符合下列规定：

　　1 注胶式板缝应采用中性硅酮建筑密封胶密封，且应满足接缝处位移变化的要求。板缝宽度不宜小于10mm。在接缝变形较大时，应采用位移能力较高的中性硅酮密封胶。

　　2 嵌条式板缝可采用密封条密封，且密封条交叉处应可靠封接。连接构造上宜进行多腔设计，并宜设置导水、排水系统。

　　3 开放式板缝宜在面板的背部空间设置防水层，并应设置可靠的导水、排水系统和有效的通风除湿构造措施。内部支承金属结构应采取防腐措施。

7.3　金属平板屋面

7.3.1 金属平板屋面的构造与连接宜符合现行行业标准《金属与石材幕墙工程技术规范》JGJ 133 的相关规定。

7.3.2 面板周边可采用螺栓或挂钩与支承构件连接，且螺栓直径不宜小于4mm，螺栓的数量应根据板材所承受的荷载或作用计算确定，铆钉或锚栓孔中心至板边缘的距离不应小于2倍的孔径；孔中心距不应小于3倍的孔径。挂钩宜设置防噪声垫片。

7.3.3 金属平板屋面系统板缝构造应符合下列规定：

　　1 注胶式板缝应符合下列要求：

　　　1）板缝底部宜采用泡沫条充填，宜采用中性硅酮密封胶密封，胶缝厚度不宜小于6mm，宽度不宜小于厚度的2倍；应采取措施避免密封胶三面粘结；

　　　2）用于氟碳涂层表面的硅酮密封胶应进行粘结性试验，必要时可加涂底胶。

　　2 封闭嵌条式板缝宜采用密封胶条密封，且密封条交叉处应可靠封接，宜采用压敏粘结材料进行粘结。板缝宜采用多道密封的防水措施。

7.3.4 开放式板缝构造应符合下列规定：

　　1 背部空间应防止积水，并采取措施顺畅排水；

　　2 保温材料外表应有可靠防水措施，可采用镀锌钢板、铝板为防水衬板；

　　3 背部空间应保持通风；

　　4 支承构件和金属连接件应采取有效的防腐措施。

7.4　压型金属板屋面

7.4.1 压型屋面板用铝合金板、钢板的厚度宜为0.6mm～1.2mm，且宜采用长尺寸板材，应减少板长方向的搭接接头数量。直立锁边铝合金板的基板厚度不应小于0.9mm。

7.4.2 金属屋面板长度方向的搭接端不得与支承构件固定连接，搭接处可采用焊接或泛水板，非焊接处理时搭接部位应设置防水堵头，搭接部分长度方向中心宜与支承构件中心一致，搭接长度应符合设计要求，且不宜小于表7.4.2规定的限值：

表 7.4.2　金属屋面板长度方向
最小搭接长度（mm）

项　目		搭接长度 a
波高＞70		375
波高≤70	屋面坡度＜1/10	250
	屋面坡度≥1/10	200
面板过渡到立面墙面后		120

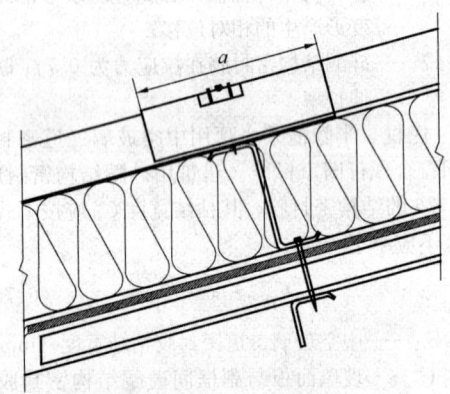

图 7.4.2　金属屋面板搭接图

7.4.3 压型金属屋面板侧向可采用搭接、扣合或咬合等方式进行连接，并应符合下列规定：

　　1 当侧向采用搭接式连接时，连接件宜采用带有防水密封胶垫的自攻螺钉，宜搭接一波，特殊要求时可搭接两波。搭接处应用连接件紧固，连接件应设置在波峰上。对于高波铝合金板，连接件间距宜为700mm～800mm；对于低波屋面板，连接件间距宜为300mm～400mm。

　　2 采用扣合式或咬合式连接时，应在檩条上设置与屋面板波形板相配套的固定支座，固定支座和檩条宜采用机制自攻螺钉或螺栓连接，且在边缘区域数量不应少于4个，相邻两金属面板应与固定支座可靠扣合或咬合连接。

7.4.4 压型金属屋面胶缝的连接应采用中性硅酮密

封胶。

7.4.5 金属屋面与立墙及突出屋面结构等交接处，应作泛水处理。屋面板与突出构件间预留伸缩缝隙或具备伸缩能力。

7.4.6 压型金属屋面板采用带防水垫圈的镀锌螺栓固定时，固定点应设在波峰上。外露螺栓均应密封。

7.4.7 梯形板、正弦波纹板连接应符合下列要求：

    1 横向搭接不应小于一个波，纵向搭接不应小于200mm。

    2 挑出墙面的长度不应小于200mm。

    3 压型板伸入檐沟内的长度不应小于150mm。

    4 压型板与泛水的搭接宽度不应小于200mm。

7.5 聚碳酸酯板采光顶

7.5.1 U形聚碳酸酯板应通过奥氏体型不锈钢连接件与支承构件连接，并宜采用聚碳酸酯扣盖勾接，U形聚碳酸酯板与扣盖间的空隙宜采用发泡胶条密封（图7.5.1）。采光顶较长时U形聚碳酸酯板可采用错台搭接方法搭接。

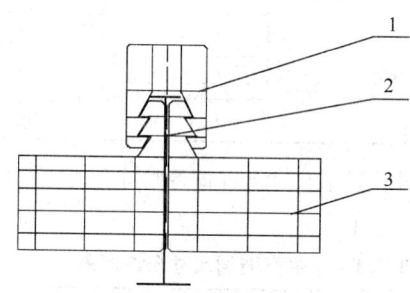

图7.5.1 U形聚碳酸酯板的连接
1—扣盖；2—连接件；3—U形聚碳酸酯板

7.5.2 聚碳酸酯板支承结构宜以横檩为主，间距应经计算确定，其间距范围宜为700mm～1500mm。

7.5.3 采用硅酮密封胶作为密封材料时，应进行粘结性试验，发生化学反应的密封胶不得使用。

7.5.4 U形聚碳酸酯板采光顶的收边构件宜采用聚碳酸酯型材配件。

7.6 预埋件与后置锚固件

7.6.1 支承构件与主体结构应通过预埋件连接；当没有条件采用预埋件连接时，应采用其他可靠的连接措施，并宜通过试验验证其可靠性。

7.6.2 屋面与主体结构采用后加锚栓连接时，应采取措施保证连接的可靠性，应满足现行行业标准《混凝土结构后锚固技术规程》JGJ 145 的规定，并应符合下列规定：

    1 碳素钢锚栓应经过防腐处理；

    2 应进行承载力现场检验；

    3 锚栓直径应通过承载力计算确定，并且不应小于10mm；

    4 与化学锚栓接触的连接件，在其热影响区范围内不宜进行连续焊缝的焊接操作。

7.7 光伏组件及光伏系统

7.7.1 点支承光伏组件的电池片（电池板）至孔边的距离不宜小于50mm；框支承光伏组件电池片（电池板）至玻璃边的距离不宜小于30mm。

7.7.2 光伏采光顶电线（缆）、电气设备的连接设计应统筹安排，安全、隐蔽、集中布置，应满足安装维护要求。型材断面结构和支承构件设计应考虑光伏系统导线的隐蔽走线。

8 加工制作

8.1 一般规定

8.1.1 采光顶、金属屋面在加工制作前，应按建筑设计和结构设计施工图要求对已建主体结构进行复测，在实测结果满足相关验收规范的前提下对采光顶、金属屋面的设计进行必要调整。

8.1.2 硅酮结构密封胶应在洁净、通风的室内进行注胶，且环境温度、湿度条件应符合结构胶产品的规定；注胶宽度和厚度应符合设计要求；不应在现场打注硅酮结构密封胶。

8.1.3 低辐射镀膜玻璃应根据其镀膜材料的粘结性能和其他技术要求，确定加工制作工艺。离线低辐射镀膜玻璃边部应进行除膜处理。

8.1.4 钢构件加工应符合现行国家标准《钢结构工程施工质量验收规范》GB 50205 和《冷弯薄壁型钢结构技术规范》GB 50018 的有关规定。钢构件表面处理应符合现行国家标准《钢结构工程施工质量验收规范》GB 50205 的有关规定。

8.1.5 钢构件焊接、螺栓连接应符合国家现行标准《钢结构设计规范》GB 50017、《冷弯薄壁型钢结构技术规范》GB 50018 及《建筑钢结构焊接技术规程》JGJ 81 的有关规定。

8.2 铝合金构件

8.2.1 采光顶的铝合金构件的加工应符合下列要求：

    1 型材构件尺寸允许偏差应符合表8.2.1的规定；

表8.2.1 型材构件尺寸允许偏差（mm）

部 位	主支承构件长度	次支承构件长度	端头斜度
允许偏差	±1.0	±0.5	−15′

    2 截料端头不应有加工变形，并应去除毛刺；

3 孔位的允许偏差为 0.5mm，孔距的允许偏差为±0.5mm，孔距累计偏差为±1.0mm；

4 铆钉的通孔尺寸偏差应符合现行国家标准《紧固件 铆钉用通孔》GB 152.1 的规定；

5 沉头螺钉的沉孔尺寸偏差应符合现行国家标准《紧固件 沉头用沉孔》GB 152.2 的规定；

6 圆柱头、螺栓的沉孔尺寸应符合现行国家标准《紧固件 圆柱头用沉孔》GB 152.3 的规定。

8.2.2 铝合金构件中槽、豁、榫的加工应符合现行行业标准《玻璃幕墙工程技术规范》JGJ 102 的有关规定。

8.2.3 铝合金构件弯加工应符合下列要求：

1 铝合金构件宜采用拉弯设备进行弯加工；

2 弯加工后的构件表面应光滑，不得有皱折、凹凸、裂纹。

8.3 钢结构构件

8.3.1 平板型预埋件、槽型预埋件加工精度及表面要求应符合现行行业标准《玻璃幕墙工程技术规范》JGJ 102 的有关规定。

8.3.2 钢型材主支承构件及次支承构件的加工应符合现行国家标准《钢结构工程施工质量验收规范》GB 50205 的有关规定。

8.4 玻璃、聚碳酸酯板

8.4.1 采光顶用单片玻璃、夹层玻璃、中空玻璃的加工精度除应符合国家现行相关标准的规定外还应符合下列要求：

1 玻璃边长尺寸允许偏差应符合表 8.4.1-1 的要求。

表 8.4.1-1 玻璃尺寸允许偏差（mm）

项目	玻璃厚度（mm）	长度 $L\leqslant2000$	长度 $L>2000$
边长	5、6、8、10、12	±1.5	±2.0
	15、19	±2.0	±3.0
对角线差（矩形、等腰梯形）	5、6、8、10、12	2.0	3.0
	15、19	3.0	3.5
三角形、梯形的高	5、6、8、10、12	±1.5	±2.0
	15、19	±2.0	±3.0
菱形、平行四边形、任意梯形对角线	5、6、8、10、12	±1.5	±2.0
	15、19	±2.0	±3.0

2 钢化玻璃与半钢化玻璃的弯曲度应符合表8.4.1-2 的要求。

表 8.4.1-2 钢化玻璃与半钢化玻璃的弯曲度

项目	最大值	
	水平法	垂直法
弓形变形（mm/mm）	0.3%	0.5%
波形变形（mm/300mm）	0.2%	0.3%

3 夹层玻璃尺寸允许偏差应符合表 8.4.1-3 的要求。

表 8.4.1-3 夹层玻璃尺寸允许偏差（mm）

项目	允许偏差（L 为测量长度）	
边长	$L\leqslant2000$	±2.0
	$L>2000$	±2.5
对角线差（矩形、等腰梯形）	$L\leqslant2000$	2.5
	$L>2000$	3.5
三角形、梯形的高	$L\leqslant2000$	±2.5
	$L>2000$	±3.5
菱形、平行四边形、任意梯形对角线	$L\leqslant2000$	±2.5
	$L>2000$	±3.5
叠差	$L<1000$	2.0
	$1000\leqslant L<2000$	3.0
	$L\geqslant2000$	4.0

4 中空玻璃尺寸允许偏差应符合表 8.4.1-4 的要求。

表 8.4.1-4 中空玻璃尺寸允许偏差（mm）

项目	允许偏差（L 为测量长度）	
边长	$L<1000$	±2.0
	$1000\leqslant L<2000$	+2.0，−3.0
	$L\geqslant2000$	±3.0
对角线差（矩形、等腰梯形）	$L\leqslant2000$	2.5
	$L>2000$	3.5
三角形、梯形的高	$L\leqslant2000$	±2.5
	$L>2000$	±3.5
菱形、平行四边形、任意梯形对角线	$L\leqslant2000$	±2.5
	$L>2000$	±3.5
厚度 t	$t<17$	±1.0
	$17\leqslant t<22$	±1.5
	$t\geqslant22$	±2.0
叠差	$L<1000$	2.0
	$1000\leqslant L<2000$	3.0
	$L\geqslant2000$	4.0

8.4.2 热弯玻璃尺寸允许偏差、弧面扭曲允许偏差应分别符合表8.4.2-1和表8.4.2-2的要求。

表8.4.2-1 热弯玻璃尺寸允许偏差（mm）

项 目	允 许 偏 差	
高度 H	$H \leqslant 2000$	±3.0
	$H > 2000$	±5.0
弧长	弧长 $D \leqslant 1500$	±3.0
	弧长 $D > 1500$	±5.0
弧长吻合度	弧长 $D \leqslant 2400$	3.0
	弧长 $D > 2400$	5.0
弧面弯曲	弧长 $D \leqslant 1200$	2.0
	$1200 <$ 弧长 $D \leqslant 2400$	3.0
	弧长 $D > 2400$	5.0

表8.4.2-2 热弯玻璃弧面扭曲允许偏差（mm）

高度 H	弧长（D）	
	$D \leqslant 2400$	$D > 2400$
$H \leqslant 1800$	3.0	5.0
$1800 < H \leqslant 2400$	5.0	5.0
$H > 2400$	5.0	6.0

8.4.3 点支承玻璃加工应符合下列要求：

1 面板及其孔洞边缘应倒棱和磨边，倒棱宽度不应小于1mm，边缘应进行细磨或精磨；

2 裁切、钻孔、磨边应在钢化前进行；

3 加工允许偏差除应符合本规程第8.4.1条外，还应符合表8.4.3的规定；

表8.4.3 点支承玻璃加工允许偏差

项 目	孔 位	孔中心距	孔轴与玻璃平面垂直度
允许偏差	0.5mm	±1.0mm	12′

4 孔边处第二道密封胶应为硅酮结构密封胶；

5 夹层玻璃、中空玻璃的钻孔可采用大、小孔相配的方式。

8.4.4 中空玻璃合片加工时，应考虑制作地点和安装地点不同气压的影响，应采取措施防止玻璃大面变形。

8.4.5 聚碳酸酯板的加工应符合下列规定：

1 加工允许偏差应符合表8.4.5的规定；

表8.4.5 聚碳酸酯板加工允许偏差（mm）

项 目	边长 $L \leqslant 2000$	边长 $L > 2000$
边长	±1.5	±2.0
对角线差（矩形、等腰梯形）	2.0	3.0

续表8.4.5

项 目	边长 $L \leqslant 2000$	边长 $L > 2000$
菱形、平行四边形、任意梯形的对角线	±2.0	±3.0
边直度	1.5	2.0
钻孔位置	0.5	0.5
孔的中心距	±1.0	±1.0
三角形、菱形、平行四边形、梯形的高	±2.5	±3.5

2 板材可冷弯成型，也可采用真空成型，不得采用板材胶粘成型。

8.4.6 聚碳酸酯板加工表面不得出现灼伤，直接暴露的加工表面宜采取抗紫外线老化的防护措施。

8.5 明框采光顶组件

8.5.1 夹层玻璃、聚碳酸酯板与槽口的配合尺寸（图8.5.1）应符合表8.5.1的要求。

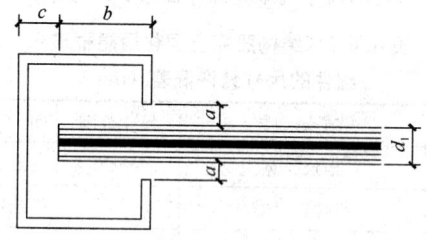

图8.5.1 夹层玻璃、聚碳酸酯板
与槽口的配合示意

a、c—间隙；b—嵌入深度；d_1—夹层玻璃或
聚碳酸酯板厚度

**表8.5.1 夹层玻璃、聚碳酸酯板
与槽口的配合尺寸（mm）**

总厚度 d_1（mm）		a	b	c
玻璃	10～12	≥4.5	≥22	≥5
	大于12	≥5.5	≥24	≥5
聚碳酸酯板（实心板）	≤10	≥4.5	≥25	≥22
	>10	≥5.5	≥25	≥24

8.5.2 夹层中空玻璃与槽口的配合尺寸（图8.5.2）

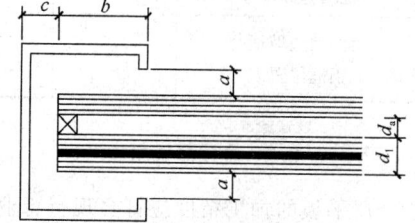

图8.5.2 夹层中空玻璃与槽口的配合示意

a、c—间隙；b—嵌入深度；

d_1—夹层中空玻璃厚度；d_a—空气层厚度

宜符合表8.5.2的要求。

表8.5.2　夹层中空玻璃与槽口的配合尺寸（mm）

夹层中空玻璃总厚度	d_1	a	b	c		
				下边	上边	侧边
$6+d_a+d_1$	5+PVB+5	≥5	≥19	≥7	≥5	≥5
$8+d_a+d_1$ 及以上	6+PVB+6	≥6	≥22	≥7	≥5	≥5

8.5.3　明框玻璃采光顶组件导气孔及排水通道的形状、位置应符合设计要求，组装时应保证通道畅通。

8.6　隐框采光顶组件

8.6.1　硅酮结构密封胶固化期间，不应使结构胶处于单独受力状态。组件在硅酮结构密封胶固化并达到足够承载力前不应搬运。

8.6.2　硅酮结构密封胶完全固化后，隐框玻璃采光顶装配组件的尺寸偏差应符合表8.6.2的规定。

表8.6.2　结构胶完全固化后隐框玻璃组件的尺寸允许偏差（mm）

序号	项　目	尺寸范围	允许偏差
1	框长、宽	—	±1.0
2	组件长、宽	—	±2.5
3	框内侧对角线差及组件对角线差（矩形和等腰梯形）	长度≤2000	2.5
		长度＞2000	3.5
4	三角形、菱形、平行四边形、梯形的高	—	±3.5
5	菱形、平行四边形、任意梯形对角线	—	±3.0
6	组件平面度	—	3.0
7	组件厚度	—	±1.5
8	胶缝宽度	—	+2.0，0
9	胶缝厚度	—	+0.5，0
10	框组装间隙	—	0.5
11	框接缝高度差	—	0.5
12	组件周边玻璃与铝框位置差	—	±1.0

8.7　金属屋面板

8.7.1　金属平板的加工精度应符合现行行业标准《金属与石材幕墙工程技术规范》JGJ 133的规定。

8.7.2　金属压型板的基板尺寸允许偏差应符合表8.7.2的规定。

表8.7.2　基板尺寸允许偏差（mm）

项　目	允许偏差（mm）		检测要求
	钢卷板	铝卷板	
镰刀弯	25	75	测量标距为10m
波高	8	15	波峰与波谷平面的竖向距离

8.7.3　对于有弧度的屋面板应根据板型和弯弧半径选择自然成弧或机械预弯成弧，外观应平整、顺滑。

8.7.4　屋面板可采用工厂加工或工地现场加工。对于板长超过10m的板件宜采用现场压型加工。

8.7.5　压型金属板材和泛水板加工成型后应符合下列规定：

　　1　不得出现基板开裂现象；

　　2　无大面积明显的凹凸和皱褶，表面应清洁；

　　3　涂层或镀层应无肉眼可见裂纹、剥落和擦痕等缺陷。

8.7.6　压型金属板材加工（图8.7.6）允许偏差应符合表8.7.6的规定。

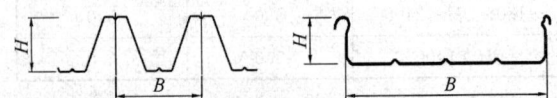

图8.7.6　压型金属板材加工图

表8.7.6　屋面压型金属板材加工允许偏差（mm）

项　目　内　容		允许偏差
波距	≤200	±1.0
	＞200	±1.5
波高	钢板、钛锌板　$H≤70$	±1.5
	钢板、钛锌板　$H＞70$	±2.0
	铝合金板	±2.0
侧向弯曲（在长度范围内）	铝合金板钢板	20.0
	铝、钛锌等合金板	25.0
覆盖宽度	钢板、钛锌板　$H≤70$	+8.0，-2.0
	钢板、钛锌板　$H＞70$	+5.0，-2.0
	铝合金板　$H≤70$	+10.0，-2.0
	铝合金板　$H＞70$	+7.0，-2.0
横向剪切偏差	+板长　0	

8.7.7　泛水板、包角板、排水沟几何尺寸的允许偏差应符合表8.7.7的规定。

表 8.7.7　泛水板、包角板、排水沟几何尺寸加工允许偏差

项　目	下料长度（mm）	下料宽度（mm）	弯折面宽度（mm）	弯折面夹角（°）
允许偏差	±5.0	±2.0	±2.0	2

注：表中的允许偏差适用于弯板机成型的产品。用其他方法成型的产品也可参照执行。

8.8　光伏系统

8.8.1　电池板的正负电极应与接线盒可靠连接。接线盒安装牢固，无松动现象，并用专用密封胶密封。

8.8.2　汇流条、互联条应焊接牢固、平直、无突出、毛刺等缺陷。

8.8.3　电池板封装过程中，应严格控制各项加工参数，并在出厂前贴标签，注明电池板的各项性能参数。

9　安装施工

9.1　一般规定

9.1.1　采光顶与金属屋面安装前，应对主体结构进行测量，经验收合格后方可进行安装施工。

9.1.2　采光顶与金属屋面的安装施工应编制施工组织设计，应包括下列内容：

　　1　工程概况、组织机构、责任和权利、施工进度计划和施工程序安排（包括技术规划、现场施工准备、施工队伍及有关组织机构等）；

　　2　材料质量标准及技术要求；

　　3　与主体结构施工、设备安装、装饰装修的协调配合方案；

　　4　搬运、吊装方法、测量方法及注意事项；

　　5　试验样品设计、制作要求和物理性能检验要求；

　　6　安装顺序、安装方法及允许偏差要求，关键部位、重点难点部位施工要求，嵌缝收口要求；

　　7　构件、组件和成品的现场保护方法；

　　8　质量要求及检查验收计划；

　　9　安全措施及劳动保护计划；

　　10　光伏系统安装、调试、运行和验收方案；

　　11　相关各方交叉配合方案。

9.1.3　采光顶与金属屋面工程的施工测量放线应符合下列要求：

　　1　分格轴线的测量应与主体结构测量相配合，及时调整、分配、消化测量偏差，不得累积；放线时应进行多次校正；

　　2　应定期对安装定位基准进行校核；

　　3　测量应在风力不大于 4 级时进行。

9.1.4　安装过程中，应及时对采光顶与金属屋面半成品、成品进行保护；在构件存放、搬运、吊装时不得碰撞、损坏和污染构件。

9.2　安装施工准备

9.2.1　安装施工之前，应检查现场清洁情况，脚手架和起重运输设备等应具备安装施工条件。

9.2.2　构件储存时应依照采光顶与金属屋面安装顺序排列放置，储存架应有足够的承载力和刚度。在室外储存时应采取保护措施。

9.2.3　采光顶、金属屋面与主体结构连接的预埋件，应在主体结构施工时按设计要求埋设，预埋件的位置偏差不应大于 20mm。采用后置埋件时，其方案应经确认后方可实施。

9.2.4　采光顶与金属屋面的支承构件安装前应进行检验与校正。

9.3　支承结构

9.3.1　采光顶、金属屋面支承结构的施工应符合国家现行相关标准的规定。钢结构安装过程中，制孔、组装、焊接和涂装等工序应符合现行国家标准《钢结构工程施工质量验收规范》GB 50205 的有关规定。

9.3.2　大型钢结构构件应进行吊装设计，并宜进行试吊。

9.3.3　钢结构安装就位、调整后应及时紧固，并应进行隐蔽工程验收。

9.3.4　钢构件在运输、存放和安装过程中损坏的涂层及未涂装的安装连接部位，应按现行国家标准《钢结构工程施工质量验收规范》GB 50205 的有关规定补涂。

9.4　采光顶

9.4.1　采光顶的安装施工应按下列要求进行：

　　1　根据采光顶的形状确定施工放线的基点，找出定位基准线，以基准线为定位点确定采光顶各分格点的空间定位，支座安装应定位准确；

　　2　支承结构的安装应按预定安装顺序安装；

　　3　采光顶框架构件、点支承装置安装调整就位后应及时紧固；

　　4　装饰压板应顺水流方向设置，表面应平整，接缝符合设计要求；

　　5　采光顶的周边封堵收口、屋脊处压边收口、支座处封口处理应铺设平整且可靠固定，并应符合设计要求；

　　6　采光顶防雷体系的设置应符合设计要求；

　　7　采光顶天沟、排水槽及隐蔽节点施工应符合设计要求；

　　8　保温材料应铺设平整且可靠固定，拼接处不应留缝隙；

    9 通气槽及雨水排出口等应按设计要求施工；

    10 安装用的临时紧固件应在构件紧固后及时拆除；

    11 采用现场焊接或高强度螺栓紧固的构件，在安装就位后应及时进行防锈处理。

9.4.2 采光顶玻璃安装应按下列要求进行：

    1 安装前应对玻璃进行表面清洁；

    2 采用橡胶条密封时，胶条长度宜比边框内槽口长1.5%~2.0%；橡胶条斜面断开后应拼成预定的设计角度，并应粘结牢固、镶嵌平整；

    3 球形或椭球形采光顶玻璃安装宜按从中心向四周辐射的方法施工。

9.4.3 硅酮建筑密封胶施工环境温度应符合产品要求和设计要求，打注前应保证打胶面清洁、干燥，不宜在夜晚、雨天打注。

9.4.4 采光顶玻璃较厚时，可采用上下两面分别注胶。

9.4.5 框支承采光顶构件安装允许偏差应符合表9.4.5的规定。

表9.4.5 **框支承采光顶构件安装允许偏差**

序号	项　目	尺寸范围	允许偏差（mm）
1	水平通长构件吻合度	构件总长度≤30m	10.0
		30m<构件总长度≤60m	15.0
		60m<构件总长度≤90m	20.0
		构件总长度>90m	25.0
2	采光顶坡度	坡起长度≤30m	+10
		30m<坡起长度≤60m	+15
		60m<坡起长度≤90m	+20
		坡起长度>90m	+25
3	单一纵向、横向构件直线度	构件长度≤2000mm	2.0
		构件长度>2000mm	3.0
4	横向、纵向构件直线度	采光顶长度或宽度≤35m	5.0
		采光顶长度或宽度>35m	7.0
5	分格框对角线差	对角线长度≤2000mm	3.0
		对角线长度>2000mm	3.5
6	檐口位置差	相邻两组件	2.0
		长度≤10m	3.0
		长度>10m	6.0
		全长方向	10.0

续表9.4.5

序号	项　目	尺寸范围	允许偏差（mm）
7	组件上缘接缝的位置差	相邻两组件	2.0
		长度≤15m	3.0
		长度>30m	6.0
		全长方向	10.0
8	屋脊位置差	相邻两组件	3.0
		长度≤10m	4.0
		长度>10m	8.0
		全长方向	12.0
9	同一缝隙宽度差	与设计值比	±2.0

9.4.6 点支承的采光顶安装应符合表9.4.6的规定。

表9.4.6 **点支承采光顶安装允许偏差**

序号	项　目	尺寸范围	允许偏差（mm）
1	脊（顶）水平高差	—	±3.0
2	脊（顶）水平错位	—	±2.0
3	檐口水平高差	—	±3.0
4	檐口水平错位	—	±2.0
5	跨度（对角线或角到对边垂高）差	≤3000mm	3.0
		≤4000mm	4.0
		≤5000mm	6.0
		>5000mm	9.0
6	胶缝宽度	与设计值相比	0，+2.0
7	胶缝厚度	同一胶缝	0，+0.5
8	采光顶接缝及大面玻璃水平度	采光顶长度≤30m	±10.0
		30m<采光顶长度≤60m	±15.0
9	采光顶接缝直线度	采光顶长度或宽度≤35m	±5.0
		采光顶长度或宽度>35m	±7.0
10	相邻面板平面高低差		2.5

9.5 金属平板、直立锁边板屋面

9.5.1 金属平板屋面的安装和运输应符合现行行业标准《金属与石材幕墙工程技术规范》JGJ 133的相关规定。

9.5.2 直立锁边板应根据板型和设计的配板图铺设；铺设时应先在檩条上安装固定支座，板材和支座的连接应按所采用板材的要求确定。

9.5.3 直立锁边板的肋高和板宽应符合设计要求，顺水流方向设置；沿坡度方向（纵向）宜为一整体，无接口，无螺钉连接；压型面板长度不宜大于25m，且应设置相应变形导向控制点。

9.5.4 直立锁边屋面板与立面墙体及突出屋面结构等交接处应作泛水处理，固定就位后搭接口处应采用密封材料密封。

9.5.5 直立锁边板咬合应符合设计要求，平行咬口间距应准确、立边高度应一致。咬口顶部不得有裂纹，咬口连接处直径（或高度）应满足系统供应商技术要求，偏差不得超过2mm。

9.5.6 直立锁边屋面的檐口线、泛水段应顺直，无起伏现象。檐口与屋脊局部起伏5m长度内不大于10mm。

9.5.7 相邻两块直立锁边板宜顺年最大频率风向搭接；上下两排板的搭接长度应根据板型和屋面坡长确定，并应符合本规程表7.4.2的要求，搭接部位应采用密封材料密封；对接拼缝与外露螺钉应作密封处理。

9.5.8 在天沟与金属面板搭接部位，金属面板伸入天沟长度应根据施工季节等因素计算确定，且不宜小于150mm；当有檐沟时，金属面板应伸入檐沟内，其长度不宜小于50mm；檐口端部应采用专用封檐板封堵；山墙应采用专用包角板封严。无檐沟屋面金属面板挑出长度不宜小于120mm，无组织排水屋面且无檐沟时金属面板挑出长度不宜小于200mm。

9.5.9 泛水板单体长度不宜大于2m，泛水板的安装应顺直；泛水板与直立锁边板的搭接宽度应符合不同板型的设计要求。

9.5.10 直立锁边系统板缝咬合方向应符合设计要求，平行流水方向板缝宜采用立咬口，咬口折边方向应按顺水流方向或主导风向设置。垂直流水方向的板缝可采用平咬口。

9.5.11 金属面板与突出屋面结构的连接处，金属面板应向上弯起固定后做成泛水，其弯起高度不宜小于200mm。

9.5.12 底泛水与面泛水安装位置及工艺应满足设计要求，接口应紧密。面泛水板与面板之间、收口板与面板之间应采用泡沫塑料封条密封，底泛水板与面板搭接处应采用硅酮密封胶粘结牢靠。

9.5.13 直立锁边金属屋面构件安装允许偏差（图9.5.13）应符合表9.5.13的规定。

表9.5.13　直立锁边金属屋面构件安装允许偏差

序号	项　目	允许偏差
1	支座直线度	$\pm L/200$mm

续表9.5.13

序号	项　目	允许偏差
2	支座与连接表面垂直度	$\pm 1.0°$
3	横向相邻支座位置差	± 5.0mm

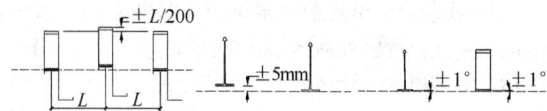

图9.5.13　直立锁边金属屋面构件安装允许偏差

9.6　梯形、正弦波纹压型金属屋面

9.6.1 采用压板固定式金属板材时应采用带防水垫圈的螺栓固定，固定点应设在波峰上。外露螺栓应采用密封胶密封。螺栓数量在波瓦四周的每一搭接边上，均不应少于3个，波中央不少于6个。

9.6.2 压型板挑出部分应符合设计规定，且无檐沟时，挑出墙面不应小于200mm；有檐沟时伸入檐沟长度不应小于150mm，檐口应采用专用堵头封檐板封堵，山墙应采用专用包角板封严。

9.6.3 铺设压型板宜从檐口开始，相邻两块应顺主导风向搭接，搭接宽度横向不应少于一个波，纵向搭接长度不应小于200mm。搭接部位应采用密封材料密封，对接拼缝与外露螺钉应作密封处理。

9.6.4 屋脊、斜脊、天沟和突出屋面结构等与屋面的连接处应采用泛水板连接，每块泛水板的长度不宜大于2m，泛水板的安装应顺直，其与压型板的搭接宽度不少于200mm，泛水高度不应小于150mm。

9.6.5 金属屋面的收边、收口和变形缝安装应符合设计要求。

9.7　聚碳酸酯板

9.7.1 聚碳酸酯板的安装宜采用干法施工，可采用湿法进行施工。

9.7.2 聚碳酸酯U形板的安装应符合下列规定：

　　1 板材边缘应去毛刺，孔内应保持干净；

　　2 可采用型材盖板、金属盖板、端部U形保护盖对U形板进行密封，U形板边部不得外露；

　　3 预安装件与支承结构安装之前应检查胶带有无损坏，检查合格后加盖板材端口板；

　　4 中空板材不宜进行横向弯曲。

9.7.3 聚碳酸酯中空平板边缘安装应符合下列规定：

　　1 板材与型材或镶嵌框的槽口应留出有效间隙，板材受热膨胀或在荷载作用下发生位移时不应有卡死现象；

　　2 板材边部被夹持部分至少含有一条筋肋。

9.8　光　伏　系　统

9.8.1 安装施工准备应包括下列内容：

1 应对设备进行开箱检查，合格证、说明书、测试记录、附件备件均应齐全；

2 按设计要求检查太阳能电池组件的型号、规格、数量和完好程度，应无漏气、漏水、裂缝等缺陷；

3 安装光伏组件前应根据组件参数对每个太阳能电池组件进行检查测试，其参数值应符合产品出厂指标；测试项目除开路电压、短路电流外，还应包括安全检测；

4 应将工作参数接近的组件装在同一子方阵中。

9.8.2 光伏组件安装应符合下列规定：

1 安装时组件表面应铺遮光板，遮挡阳光，防止电击危险；

2 光伏组件在存放、搬运、吊装等过程中不得碰撞受损；光伏组件吊装时，其底部应衬垫木，背面不得受到任何碰撞和重压；

3 组件在支承构件上的安装位置和排列方式应符合设计要求；

4 光伏组件的输出电缆不得非正常短路。

9.8.3 布线应符合下列规定：

1 电缆宜隐藏在支承构件中，并应便于维修；

2 布线施工应符合现行国家标准《电气装置安装工程电缆线路施工及验收规范》GB 50168 的相关规定；

3 组件方阵的布线应有支撑、紧固、防护等措施，导线应留有适当余量；

4 方阵的输出端应有明显的极性标志和子方阵的编号标志；

5 电缆线穿过屋面处应预埋防水套管，并作防水密封处理；防水套管应在屋面防水层施工前埋设。

9.8.4 辅助系统、电气设备安装应符合下列规定：

1 电气设备安装应符合现行国家标准《建筑电气工程施工质量验收规范》GB 50303 的相关规定；

2 电气系统接地应符合现行国家标准《电气装置安装工程接地装置施工及验收规范》GB 50169 的相关规定；

3 带蓄能装置的光伏系统，蓄电池安装应符合现行国家标准《电气装置安装工程蓄电池施工及验收规范》GB 50172 的相关规定；

4 在逆变器、控制器的表面，不得设置其他电气设备和堆放杂物，保证设备的通风环境；

5 光伏系统并网的电气连接方式应采用与电网相同的方式，并应符合现行国家标准《光伏系统并网技术要求》GB/T 19939 的相关规定；

6 光伏系统和电网的专用开关柜应有醒目标识；标识应标明"警告"、"双电源"等提示性文字和符号。

9.8.5 系统调试应符合下列要求：

1 系统调试前应检查下列项目：

1) 接线应无碰地、短路、虚焊等，设备及布线对地绝缘电阻应符合产品设计要求；

2) 接地保护安全可靠；

3) 光伏组件表面应清洁。

2 光伏系统调试和检测应符合国家现行标准的相关规定。

3 光伏系统应按设计要求进行调试，内容包括方阵、配电系统、数据采集系统及整体系统调试。

9.9 安 全 规 定

9.9.1 采光顶与金属屋面的安装施工除应符合现行行业标准《建筑施工高处作业安全技术规范》JGJ 80、《建筑机械使用安全技术规程》JGJ 33、《施工现场临时用电安全技术规范》JGJ 46 的有关规定外，还应符合施工组织设计中规定的各项要求。

9.9.2 安装施工机具在使用前，应进行安全检查。电动工具应进行绝缘电压试验。手持玻璃吸盘及玻璃吸盘机应进行吸附重量和吸附持续时间试验。

9.9.3 采用脚手架施工时，脚手架应经过设计，并应与主体结构可靠连接。

9.9.4 与主体结构施工交叉作业时，在采光顶与金属屋面的施工层下方应设置防护网。

9.9.5 现场焊接作业时，应采取可靠的防火措施。

9.9.6 采用吊篮、马道施工时，应符合下列要求：

1 施工吊篮、马道应进行设计，使用前应进行严格的安全检查，符合要求方可使用；马道两侧的护栏高度不得小于 1100mm，底部应铺厚度不小于 3mm 的防滑钢板，并连接可靠；

2 施工吊篮、马道不宜作为垂直运输工具，并不得超载；

3 不宜在空中进行施工吊篮、马道检修；

4 不宜在施工马道内放置带电设备，不得利用施工马道构件作为焊接地线；

5 施工工人应戴安全帽、配带安全带。

10 工 程 验 收

10.1 一 般 规 定

10.1.1 采光顶与金属屋面工程在验收前应将其表面清洗干净。

10.1.2 验收时应提交下列资料：

1 竣工图、结构计算书、热工计算书、设计变更文件及其他设计文件；

2 工程所用各种材料、附件及紧固件，构件及组件的产品合格证书、性能检测报告，进场验收报告记录和主要材料复试报告；

3 工程中使用的硅酮结构胶应提供国家认可实验室出具的硅酮结构胶相容性和剥离粘结性试验报

告；进口硅酮结构胶提供商检证；

    4 硅酮结构胶的注胶及养护时环境的温度、湿度记录，注胶过程记录；双组分硅酮结构胶的混匀性试验记录及拉断试验记录；

    5 构件的加工制作记录；现场安装过程记录；

    6 后置锚固件的现场拉拔检测报告；

    7 设计要求进行气密性、水密性、抗风压、热工和抗风掀试验时，应提供其检验报告；

    8 现场淋水试验记录，天沟或排水槽等关键部位的蓄水试验记录；

    9 防雷装置测试记录；

    10 隐蔽工程验收文件；

    11 拉杆和拉索的张拉记录；

    12 其他质量保证资料。

10.1.3 采光顶工程验收前，应在安装施工过程中完成下列隐蔽项目的现场验收：

    1 预埋件或后置锚固件质量；

    2 构件与主体结构的连接节点安装，构件之间连接节点安装；

    3 排水槽和落水管的安装，排水槽与落水管之间的连接安装；

    4 排水槽的防水层施工，采光顶与周边防水层的连接节点安装；

    5 采光顶的四周，内表面与其他装饰面相接触部位的封堵，以及保温材料的安装；

    6 屋脊处、穿顶的圆心点、不同面的转弯处等节点的安装，变形缝处构造节点安装；

    7 防雷装置的安装；

    8 冷凝结水收集排放装置的安装。

10.1.4 金属屋面工程验收前，应在安装施工过程完成下列隐蔽项目的现场验收：

    1 预埋件或后置锚固质量；

    2 支撑结构的安装及支撑结构与主体结构的连接节点安装；

    3 屋面底衬板的铺装；

    4 支架的安装；

    5 保温层及隔声层的安装；

    6 屋面面板铺装，搭接处咬合处理；

    7 屋面防水层或泛水板的安装；

    8 金属屋面封口收边的安装，变形缝处构造节点安装；

    9 天沟或排水槽的安装节点，排水槽板之间的焊接节点，落水管与排水槽之间的连接；

    10 检修口及排烟窗口的安装；

    11 金属屋面防雷装置的安装。

10.1.5 采光顶与金属屋面工程质量验收应分别进行观感检验和抽样检验，并应按下列规定划分检验批：

    1 安装节点设计相同，使用材料，安装工艺和施工条件基本相同的采光顶工程每 $500m^2 \sim 1000m^2$

为一个检验批，不足 $500m^2$ 应划分为一个检验批；每个检验批每 $100m^2$ 应至少抽查一处，每处不得少于 $10m^2$；金属屋面工程每 $3000m^2 \sim 5000m^2$ 为一个检验批，不足 $3000m^2$ 应划分为一个检验批；每个检验批每 $1000m^2$ 应至少抽查一处，每处不得少于 $100m^2$；

    2 天沟或排水槽应单独划分检验批，每个检验批每 $20m$ 应至少抽查一处，每处不得小于 $2m$；

    3 同一个工程的不连续采光顶、金属屋面工程应单独划分检验批；

    4 对于异形或有特殊要求的采光顶与金属屋面工程，检验批的划分应根据结构、工艺特点及工程规模，由监理单位、建设单位和施工单位共同协商确定。

10.1.6 采光顶与金属屋面工程的构件或接缝应进行抽样检查，每个采光顶的构件或接缝应各抽查 5%，并均不得少于 3 根（处）；采光顶的分格应抽查 5%，并不得少于 10 个。抽检质量应符合本规程第 10.2 节的规定。每个金属屋面的构件或接缝应各抽查 5%，并均不得少于 3 根（处），抽检质量应符合本规程第 10.3 节的规定。

10.2 采 光 顶

10.2.1 采光顶观感检验应符合下列要求：

    1 采光顶框架、支承结构及面板安装应准确并符合设计要求；

    2 装饰压板应顺水流方向设置，表面应平整，不应有肉眼可察觉的变形、波纹或局部压砸等缺陷；装饰压板应按照设计要求接缝；

    3 铝合金型材不应有脱膜，严重面坑，严重划痕等现象；钢材表面氟碳涂层厚度基本一致，色泽均匀，不应有掉漆返锈、焊缝未打磨等现象；玻璃的品种、规格与颜色应与设计相符合，色泽应均匀一致，并不应有析碱、发霉、漏气和镀膜脱落等现象；

    4 采光顶的周边封堵收口，屋脊处压边收口，支座处封口处理以及防雷体系均应符合设计要求；

    5 采光顶的隐蔽节点应进行遮封修整，遮封板安装应整齐美观；变形缝、排烟窗等节点做法应符合设计要求；

    6 天沟或排水槽的节点做法应符合设计要求；

    7 现场淋水试验和天沟或排水槽的蓄水试验不应有渗漏；

    8 采光顶的电动或手动开启窗以及电动遮阳帘，其抽样检验的工程验收应符合现行国家标准《建筑装饰装修工程质量验收规范》GB 50210 的有关规定。

10.2.2 框支承采光顶抽样检验应符合下列要求：

    1 铝型材、钢材和玻璃表面不应有明显的电焊灼伤伤痕、油斑或其他污垢；铝型材锯口不应有铝屑或毛刺；钢材焊接处应打磨平滑；

2 玻璃安装应牢固，密封胶条应镶嵌密实，密封胶应填充饱满平整；

3 每平方米玻璃的表面质量应符合表10.2.2-1的规定；

表 10.2.2-1　每平方米玻璃表面质量要求

项　目	质　量　要　求
0.1mm～0.3mm 宽划伤痕	长度小于100mm；不超过 8 条
擦伤总面积	不大于 500mm²

4 一个分格铝合金框架或钢框架表面质量应符合表10.2.2-2的规定；

表 10.2.2-2　一个分格铝合金框架或钢框架表面质量要求

项　目	质　量　要　求	
	铝合金框架	钢框架
擦伤，划伤深度	不大于膜层厚度	不大于氟碳喷涂层的厚度
擦伤总面积 (mm²)	不大于 500	不大于 250
划伤总长度 (mm)	不大于 150	不大于 75
擦伤划伤处	不大于 4	不大于 2

5 框支承采光顶框架构件安装质量应符合表10.2.2-3的规定。

表 10.2.2-3　框支承采光顶框架构件安装质量要求

	项　目		允许偏差 (mm)	检查方法
1	水平通长构件吻合度	构件总长度≤30m	10.0	水准仪、经纬仪或激光经纬仪
		30m<构件总长度≤60m	15.0	
		60m<构件总长度≤90m	20.0	
		构件总长度>90m	25.0	
2	采光顶坡度	坡起长度≤30m	+10.0	水准仪、经纬仪或激光经纬仪
		30m<坡起长度≤60m	+15.0	
		60m<坡起长度≤90m	+20.0	
		坡起长度>90m	+25.0	
3	单一纵向或横向构件直线度	长度≤2000mm	2.0	水平尺
		长度>2000mm	3.0	
4	相邻构件的位置差	—	1.0	钢板尺塞尺

续表 10.2.2-3

	项　目		允许偏差 (mm)	检查方法
5	纵向通长或横向通长构件直线度	构件长度≤35m	5.0	经纬仪或激光经纬仪
		构件长度>35m	7.0	
6	分格框对角线差	对角线长≤2000mm	3.0	对角线尺或钢卷尺
		对角线长>2000mm	3.5	

注：纵向构件或接缝是指垂直于坡度方向的构件或接缝；横向构件或接缝是指平行于坡度方向的构件或接缝。

10.2.3 框支承隐框采光顶的安装质量除应符合表10.2.2-3中的规定外，还应符合表10.2.3的规定。

表 10.2.3　框支承隐框采光顶安装质量要求

	项　目		允许偏差 (mm)	检查方法
1	相邻面板的接缝直线度		2.5	2m靠尺，钢板尺
2	纵向通长或横向通长接缝直线度	接缝长度≤35m	5.0	经纬仪或激光经纬仪
		接缝长度>35m	7.0	
3	玻璃间接缝宽度（与设计值比）		±2.0	卡尺

10.2.4 点支承采光顶钢结构验收应符合现行国家标准《钢结构工程施工质量验收规范》GB 50205 的规定。

10.2.5 拉杆和拉索需预应力张拉时，应有预应力张拉值要求，并应符合设计要求。

10.2.6 点支承采光顶安装允许偏差应符合表10.2.6的规定。

表 10.2.6　点支承采光顶安装质量要求

	项　目		允许偏差 (mm)	检查方法
1	水平通长接缝吻合度	接缝长度≤30m	10.0	水准仪、经纬仪或激光经纬仪
		30m<接缝长度≤60m	15.0	
		接缝长度>60m	20.0	
2	采光顶坡度	接缝长度≤30m	+10.0	经纬仪或激光经纬仪
		30m<接缝长度≤60m	+20.0	
		接缝长度>60m	+30.0	
3	相邻面板的平面高低差		±2.5	2m靠尺，钢板尺

续表 10.2.6

	项　　目	允许偏差（mm）	检查方法
4	相邻面板的接缝直线度	2.5	2m靠尺，钢板尺
5	玻璃间接缝宽度（与设计值比）	±2.0	卡尺

10.2.7 钢爪安装偏差应符合下列要求：

　　1 相邻钢爪距离偏差不应大于1.5mm；

　　2 同一平面钢爪的高度允许偏差应符合表10.2.7的规定；

　　3 同一平面相邻面板钢爪的高度允许偏差不应大于1.0mm。

表 10.2.7　同一平面钢爪的高度允许偏差

	项　　目	允许偏差（mm）	检查方法
1	单元长度≤30m	5.0	水准仪、经纬仪或激光经纬仪
2	30m<单元长度≤60m	7.5	
3	单元长度>60m	10.0	

10.2.8 聚碳酸酯U形板采光顶工程除应符合采光顶的质量验收要求外，还应符合下列规定：

　　1 板面固定牢固，收边整洁，保护膜应清理干净；

　　2 板材表面应扩口后再采用自攻螺钉固定；

　　3 检查板材的安装方向，板材UV面应朝向阳光方向且不得横方向弯曲。

10.3　金属平板屋面

10.3.1 金属平板屋面观感检验应符合下列要求：

　　1 金属屋面的收边、收口应整齐美观，节点做法符合设计要求；

　　2 天沟或排水槽的节点做法、天沟与金属屋面板的接缝应符合设计要求；焊缝宽度适中，光滑流畅，无焊瘤，无咬边，无夹渣，无裂纹，无气孔；

　　3 天窗、排烟窗、排气窗、屋面检修口、防雷装置等部位节点做法应符合设计要求，安装牢固，安装位置正确，搭接顺序准确；

　　4 伸缩缝、沉降缝、防震缝等变形缝的节点做法应符合设计要求，安装牢固，安装位置正确，搭接顺序准确，并保持外观效果的一致性；

　　5 出金属屋面构造物应设有支撑结构，并自成体系，不应直接固定在金属屋面板上；

　　6 现场淋水试验和水槽的蓄水试验不应有渗漏；

　　7 胶缝应平直，表面应光滑，无污染、无漏胶、无起泡、无开裂；

　　8 框架及面板安装应准确并符合设计要求；

　　9 金属板材表面应无脱膜现象，颜色均匀，表面平整，不应有可觉察的变形、波纹或局部压砸等缺陷。

10.3.2 金属屋面工程抽样检验的一般要求应符合下列规定：

　　1 金属板面层不应有明显的电焊灼伤伤痕、油斑和其他污垢；截口应齐平，无毛刺；

　　2 每平方米金属面板的表面质量应符合表10.3.2的规定。

表 10.3.2　每平方米金属面板的表面质量

项　　目	质量要求
0.1mm～0.3mm宽划伤	长度小于100mm；不超过8条
擦伤	不大于500mm²

注：1　露出金属基体的为划伤；
　　2　没有露出金属基体的为擦伤。

10.3.3 金属平板屋面的安装质量应符合表10.3.3的规定。

表 10.3.3　金属平板屋面安装质量要求

	项　　目		允许偏差（mm）	检查方法
1	水平通长接缝的吻合度	接缝长度≤30m	10	水准仪、经纬仪或激光经纬仪
		30m<接缝长度≤60m	15	
		60m<接缝长度≤90m	20	
		90m<接缝长度≤150m	25	
		接缝长度>150m	30	
2	金属屋面坡度	起坡长度≤30m	+10	水准仪、经纬仪或激光经纬仪
		30m<起坡长度≤60m	+15	
		60m<起坡长度≤90m	+20	
		起坡长度>90m	+25	
3	通长纵缝或横缝直线度	纵向、横向长度≤35m	5	经纬仪或激光经纬仪
		纵向、横向长度>35m	7	

10.4　压型金属屋面

10.4.1 金属屋面观感检验除应符合本规程10.3.1

条1~6款外还应符合下列要求：

　　1 金属屋面板的肋高和板宽应符合设计要求，且顺水流方向设置；沿坡度方向（横向）应为一整体，无接口，无螺钉连接处；

　　2 面层屋面卷板伸入天沟或排水槽的长度应符合设计要求，其伸入长度不应小于50mm；面板之间搭接应顺茬搭接，且搭接严密；

　　3 面层屋面卷板搭接处咬合方向应符合设计要求，咬合紧密，且连续平整，不应出现扭曲和裂口现象；

　　4 底泛水和面泛水安装位置及工艺应满足设计要求，接合应紧密；

　　5 檐口收边与山墙收边应安装牢固，包封严密，棱角顺直，并应符合设计要求。

10.4.2 金属屋面工程抽样检验除应符合本规程10.3.2条相关规定外还应符合下列要求：

　　1 面泛水板与面板之间，收口板与面板之间宜采用泡沫塑料封条密封，底泛水板与面板搭接处应采用硅酮密封胶粘结牢靠；

　　2 直立锁边式金属屋面板安装质量应符合表10.4.2的规定。

表10.4.2　直立锁边式金属屋面板安装质量要求

项　　目		允许偏差（mm）	检查方法
1	纵向通长构件的吻合度	构件长度≤35m	5	水准仪、经纬仪或激光经纬仪
		构件长度>35m	7	
2	金属屋面坡度	起坡长度≤50m	+20	水准仪、经纬仪或激光经纬仪
		起坡长度>50m	+30	
3	横向通长构件直线度	横向构件长度≤35m	5	经纬仪或激光经纬仪
		横向构件长度>35m	7	

10.5　光 伏 系 统

10.5.1 工程验收时应对光伏采光顶、光伏金属屋面工程的光伏系统进行专项验收。

10.5.2 光伏采光顶、光伏金属屋面工程的光伏系统验收项目宜包括下列内容：

　　1 电气设备应按现行国家标准《建筑电气工程施工质量验收规范》GB 50303的相关规定验收；

　　2 电气线缆线路应按现行国家标准《电气装置安装工程电缆线路施工及验收规范》GB 50168的相关规定验收。电气系统接地应按现行国家标准《电气装置安装工程接地装置施工及验收规范》GB 50169的相关规定验收；

　　3 逆变器应按现行国家标准《离网型风能、太阳能发电系统用逆变器　第1部分：技术条件》GB/T 20321.1的规定验收；

　　4 带蓄能装置的光伏系统，蓄电池应按现行国家标准《电气装置安装工程蓄电池施工及验收规范》GB 50172的规定验收；

　　5 并网系统应按现行国家标准《光伏系统并网技术要求》GB/T 19939的相关规定验收。

10.5.3 竣工验收时尚应提交下列资料：

　　1 竣工图、设计变更文件及光伏系统计算书，计算内容应包括结构设计、发电量和阴影分析等。

　　2 光伏组件玻璃的产品合格证、性能检验报告和进场验收记录。性能检验项目应包括：光伏玻璃的耐潮湿性、耐紫外线辐照性以及相关光学性能指标。

　　3 光伏组件各项性能检测报告，检验项目包括开路电压、短路电流、峰值功率和温度系数等。

　　4 逆变器和配电成套设备的检测报告，产品合格证书和产品认证证书。

　　5 光伏防雷系统工程验收记录。

　　6 系统调试和试运行记录。

　　7 系统运行、监控、显示、计量等功能的检验记录。

　　8 工程使用、运行管理及维护说明书。

10.5.4 光伏系统验收前，应在安装施工中完成下列隐蔽项目的现场验收：

　　1 光伏组件之间、光伏组件与支承构件之间的结构安全性、电气连接及建筑封堵；

　　2 系统防雷与接地保护的连接节点；

　　3 隐蔽安装的电气管线工程。

10.5.5 对于影响工程安全和系统性能的验收项目，应在本项目验收合格后才能进入下一道工序的施工。这些验收项目至少包括下列内容：

　　1 在光伏系统验收前，进行防水工程的验收；

　　2 在光伏组件就位前，进行光伏系统支承结构的验收；

　　3 光伏系统电气预留管线的验收；

　　4 既有建筑增设或改造的光伏系统工程施工前，进行建筑结构和建筑电气安全检查。

10.5.6 竣工验收应在光伏系统工程分项工程验收或检验合格后，交付用户前进行。所有验收应做好记录，签署文件，立卷归档。

11　保养和维修

11.1　一 般 规 定

11.1.1 采光顶、金属屋面工程竣工验收时，承包商应向业主提供使用维护说明书，应包括下列内容：

　　1 采光顶或金属屋面的设计依据、主要性能参数及结构的设计使用年限；

2 使用注意事项、光伏系统电气安全注意事项；

3 日常与定期的维护、保养要求；

4 主要结构特点及易损零部件更换方法；

5 备品、备件清单及主要易损件的名称、规格；

6 承包商的保修责任。

11.1.2 在采光顶或金属屋面交付使用前，在业主有要求时，工程承包商应为业主培训维修、维护人员。

11.1.3 采光顶或金属屋面交付使用后，业主应根据使用维护说明书的相关要求及时制定采光顶或金属屋面的维修、保养计划与制度。

11.1.4 外表面的检查、清洗、保养与维修应符合现行行业标准《建筑外墙清洗维护技术规程》JGJ 168 的相关规定。凡属高空作业者，应符合现行行业标准《建筑施工高处作业安全技术规范》JGJ 80 的有关规定。

11.1.5 光伏系统的运行、维护和保养应由相关专业公司进行，并配备专人进行系统的操作、维护和保养管理工作。禁止调整控制器参数。蓄电池充放电状态失常时，应由有关生产厂家进行检查和调整。

11.2 检查与维修

11.2.1 采光顶、金属屋面日常维护和保养应符合下列规定：

1 表面应整洁，避免锐器及腐蚀性气体、液体与其接触；

2 排水系统应畅通，导水通道不得堵塞；

3 在使用过程中如发现窗启闭不灵或附件、电路系统损坏等现象时，应及时修理或更换；

4 密封胶或密封胶条不得脱落或损坏；

5 构件或附件的螺栓不得松动或锈蚀；

6 对锈蚀的构件应及时除锈补漆或采取其他防锈措施。

11.2.2 光伏系统日常维护和保养应符合下列规定：

1 光伏电池列阵表面不得有局部污物、不得破损；

2 在运行过程中，应加强对各系统硬件、软件工作状态、运行情况等方面的日常检查，发现有异常情况应及时处理，并做好维修记录；

3 线路及电缆接插件连接检查；接线箱等外壳不得有锈蚀现象；

4 定期填写每旬（或月）的供电量统计记录、系统的运行、维护和检查记录；

5 机房环境湿度、温度应符合要求，保持机房空气清洁，定期通风换气。

11.2.3 定期检查和维护应符合下列规定：

1 在采光顶或金属屋面工程竣工验收后一年时，应对工程进行一次全面的检查；此后每五年应检查一次；检查项目应包括：

　　1）整体有无变形、错位、松动，如有，则应对该部位对应的隐蔽结构进行进一步检查；主要承力构件、连接构件和连接螺栓等是否损坏、连接是否可靠、有无锈蚀等；

　　2）采光顶或金属屋面的面板有无松动、损坏；

　　3）密封胶有无脱胶、开裂、起泡，密封胶条有无脱落、老化等损坏现象；

　　4）开启部分是否启闭灵活，五金附件是否有功能障碍或损坏，电路是否畅通，安装螺栓或螺钉是否松动和失效；

　　5）排水系统是否通畅；检查和清理排水天沟内的垃圾和灰尘不应超过 6 个月，并应在雨季尤其是雷、暴雨季节增加检查频率。

2 金属屋面磨损、破坏后修复部位应每年检查一次。

3 施加预拉力的拉杆或拉索结构的采光顶工程在工程竣工验收后六个月时，应对该工程进行一次全面的预拉力检查和调整，此后每三年应检查一次。

4 采光顶工程使用十年后应对该工程不同部位的结构硅酮密封胶进行粘结性能的抽样检查；此后每三年宜检查一次。

11.2.4 光伏系统定期检查和维护应符合下列规定：

1 所有部位接线检查。

2 光伏组件的封装及接线接头，不得有封装开胶进水、电池变色及接头松动、脱线、腐蚀等现象。

3 应每季度检查一次太阳能电池列阵，内容包括：

　　1）绝缘电阻测量检查；

　　2）开路电压测量检查。

4 应每季度进行一次接线箱的绝缘电阻测量检查。

5 应每季度检查一次逆变器、蓄电池、并网系统保护装置，内容包括：

　　1）显示功能；

　　2）绝缘电阻测量检查；

　　3）逆变器保护功能试验；

　　4）蓄电池的接线端子的连接、保护性外套、通风孔和引线等。"免维护"蓄电池还需要检查容器、接线端子、引线和通风措施。

6 应每季度进行一次接地检查。

7 应定期检测蓄电池荷电状态，当蓄电池电解液液面下降时，需向蓄电池内添加去离子水或蒸馏水。

8 应定期检查新生长的植物是否遮挡了太阳光照射通道。

11.2.5 灾后检查和修复应符合下列规定：

1 当采光顶或金属屋面遭遇强风袭击后，应及时对采光顶或金属屋面进行全面的检查，修复或更换损坏的构件；对张拉杆索结构的采光顶工程，应进行一次全面的预拉力检查和调整；

2 当采光顶或金属屋面遭遇地震、火灾等灾害后，应由专业技术人员对采光顶或金属屋面进行全面的检查，并根据损坏程度制定处理方案，及时处理。

11.3 清 洗

11.3.1 应根据采光顶或金属屋面表面的积灰污染程度，确定其清洗次数，但每年不应少于一次。

11.3.2 清洗采光顶或金属屋面应按采光顶、金属屋面使用维护说明书要求选用清洗液。

11.3.3 清洗过程中不得撞击和损伤采光顶或金属屋面的表面。

11.3.4 光伏采光顶、光伏屋面宜由专业人员指导进行清洗。

附录 A 金属屋面物理性能试验方法

A.0.1 试验设备应符合下列规定：

1 压力箱体应能将试件水平或按指定的角度安装，并应使试件周围得到可靠的密封（图 A.0.1）；

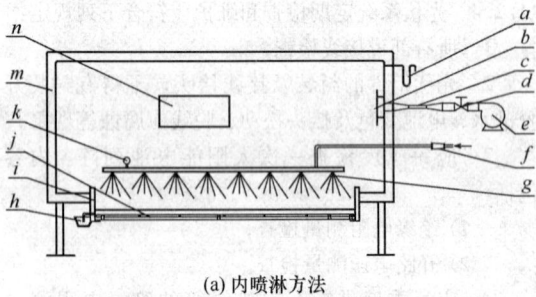

(a) 内喷淋方法

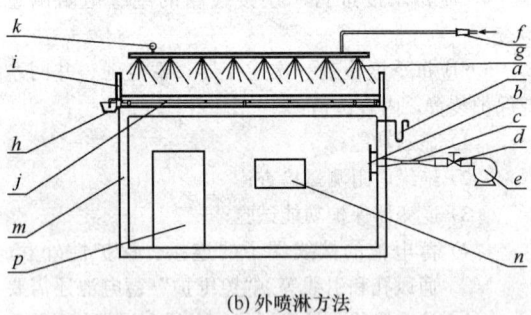

(b) 外喷淋方法

图 A.0.1 金属屋面物理性能检测设备示意图

a—压力计；b—挡板；c—风速测量装置；d—阀门；
e—风压提供装置；f—水流计量；g—喷淋装置；
h—排水装置；i—样品安装架；j—试验样品；
k—水压计；m—压力箱；n—视窗；p—通行门

2 风压提供装置应能按照现行国家标准《建筑幕墙》GB/T 21086、《建筑幕墙气密、水密、抗风压性能检测方法》GB/T 15227 的规定提供指定的风压；

3 淋水装置应满足现行国家标准《建筑幕墙》GB/T 21086、《建筑幕墙气密、水密、抗风压性能检测方法》GB/T 15227 和设计者提出的淋水量和淋水

方向要求；

4 空气流量测量装置应满足现行国家标准《建筑幕墙》GB/T 21086、《建筑幕墙气密、水密、抗风压性能检测方法》GB/T 15227 的规定；

5 位移测量装置应满足面板、檩条位移测量的需要，测试精度应达到现行国家标准《建筑幕墙气密、水密、抗风压性能检测方法》GB/T 15227 的规定；

6 压力测量装置应能实时检测并反馈压力箱体内外空气压力差值。

A.0.2 金属屋面试件安装应符合下列规定：

1 至少应有一个面板与实际工程的受力状态相符合，至少应有一个完整波距，且密封状态相符合；

2 T 形支座的制作、安装应与实际工程相符合，T 形支座间距应能反映实际工程情况；

3 金属屋面各功能层的安装应与实际工程相符合；

4 屋面板端头可采用适当方法进行密封，但不应影响气密性的测量结果。

A.0.3 金属屋面试件在检验设备上宜按水平方向安装，必要时可按屋面工程的实际角度进行安装。

A.0.4 气密性能、水密性能和抗风压性能试验过程可按现行国家标准《建筑幕墙气密、水密、抗风压性能检测方法》GB/T 15227 的规定进行。

A.0.5 试验结果可按现行国家标准《建筑幕墙》GB/T 21086 进行定级。检测报告应符合现行国家标准《建筑幕墙气密、水密、抗风压性能检测方法》GB/T 15227 的规定。

附录 B 金属屋面抗风掀试验方法

B.0.1 试验设备应符合下列规定：

1 试验设备应由试验箱体、风压提供装置、位移测量装置和压力测量装置组成，其性能应满足本附录测试的过程需要。

2 试验箱体应由三部分组成：底部压力箱、中部安装架和上部压力箱（图 B.0.1）。压力箱应具有足够的刚度，确保试验过程中不影响试验结果。

3 试验装置压力箱内部最小尺寸应为 3050mm×3050mm。

4 试验设备底部压力箱应密闭，应具有独立的压力施加装置，应为正压腔体。试验时应施加静压。空气压力测量点应为五个点，可采用外径为 φ6.4mm 的铜管，从压力箱平面四个角部底部伸入到内部，应与水平面成 45°，四个角部的铜管口到角部距离应为 1067mm，第五根铜管应距风管道入口中心 457mm。五个测点管口距压力箱底部距离应为 178mm，应通过外径为 φ6.4mm 的铜管连接到一起，并与压力测量

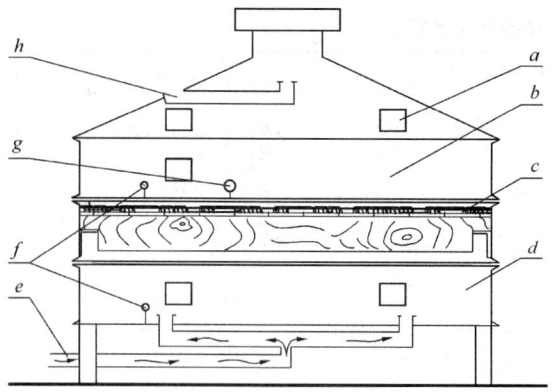

图 B.0.1　抗风掀试验设备示意图

a—观察孔；b—上部压力箱；c—试件；
d—底部压力箱；e—下进气口；f—压力
测点；g—位移测量装置；h—上进气口

装置进行连接。

5　试验设备上部压力箱应密闭，应具有独立的压力施加装置，应为负压腔体。试验时应进行波动加压。空气压力测量点应为五个点，可采用外径为$\phi 6.4mm$的铜管，从压力箱平面四个角部底部伸入到内部，应与水平面成$45°$，四个角部的铜管口到角部距离应为457mm。第五根铜管应距风管道入口中心305mm，五个测点管口距压力箱底部距离应为203mm，应通过外径为$\phi 6.4mm$的铜管连接到一起，并与压力测量装置进行连接。

6　风压提供装置应由两套独立的装置组成，分别为上下压力箱提供风压。

7　记录仪应能记录测试时的压力情况。

B.0.2　试件安装应符合下列规定：

1　金属屋面试件应具有代表性，应和实际工程安装的构造相符合；

2　试件与上下两个压力箱体之间应安装牢固，并进行可靠的密封；

3　测试设备和试件应在室温状态下保持一段时间，直到其温度达到室温后方可进行测试。

B.0.3　试验过程及方法应符合下列规定：

1　上部箱体应施加负压，下部箱体应施加正压。具体施加的压力数值和时间应符合本规程表 B.0.4 的规定。其中每个级别的第 3 阶段的波动周期为$(10\pm2)s$。

2　在第 15 级测量时，测试压力与设定压力值误差不宜超过 49.8Pa，平均压力与设定压力值的误差不宜超过 37.3Pa，在第 30、60 和 90 级测量时，各级测试压力与设定压力值误差不宜超过 77.2Pa，平均压力与设定压力值误差不宜超过 62.2Pa。

3　每级 60min 波动加压结束、定级检测项目完成后，应检查试件并对观察结果进行记录。

4　测试过程中应对试件的垂直位移进行记录。

5　在测试阶段，除非设备发生渗漏，否则不得

对试件进行修理或修复。

B.0.4　试验分级应符合下列规定：

1　测试结果分为四级：15 级、30 级、60 级和 90 级，其测试要求应符合表 B.0.4 的规定；

表 B.0.4　金属屋面抗风掀性能分级

性能分级	检测阶段	持续时间(min)	负压(kPa)	正压(kPa)
15 级	1	5	0.45	0.00
	2	5	0.45	0.25
	3	60	0.27～0.78	0.25
	4	5	0.70	0.00
	5	5	0.70	0.40
30 级	1	5	0.79	0.00
	2	5	0.79	0.66
	3	60	0.39～1.33	0.66
	4	5	1.16	0.00
	5	5	1.16	1.00
60 级	1	5	1.55	0.00
	2	5	1.55	1.33
	3	60	0.79～2.66	1.33
	4	5	1.94	0.00
	5	5	1.94	1.66
90 级	1	5	2.33	0.00
	2	5	2.33	1.99
	3	60	1.16～2.33	1.99
	4	5	2.71	0.00
	5	5	2.71	2.33

2　如果需要达到 90 级，试件应通过 30 级和 60 级，并能达到 90 级；如果需要达到 60 级，试件应通过 30 级和 15 级，并能达到 60 级；如果需要达到 30 级，可直接检测，不必进行 15 级检测。

附录 C　弹性板的弯矩系数和挠度系数

C.1　均布荷载作用下四边简支板和四边支承板

C.1.1　不同加肋方式面板类型可分为四边简支板和四边支承板（图 C.1.1）。

C.1.2　不同区格均应承受垂直于板面的均布荷载 q 作用。不同区格的边界条件和计算边长应按表 C.1.2 采用。

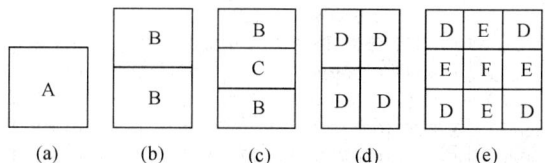

图 C.1.1　板块不同边界条件类型

(a) 四边简支板；(b)、(c)、(d)、(e) 为
不同加肋方式的四边支承板；
A、B、C、D、E、F—不同边界条件的区格

表 C.1.2　不同区格的边界条件和计算边长

区格类型	A	B	C
边界条件	M_x, M_y, q, l_x, l_y	M_x^0, M_x, q, l_x, l_y	M_x^0, M_x, q, l_x, l_y
边长定义	l_x 为短边边长	l_y 为固定边边长	l_y 为固定边边长
边界条件	M_x^0, M_x, M_y, M_y^0, q, l_x, l_y	M_x^0, M_x, M_y, M_y^0, q, l_x, l_y	M_y^0, M_x^0, M_x, M_y, q, l_x, l_y
边长定义	l_x 为短边边长	l_y 为简支边的邻边边长	l_x 为短边边长

C.1.3　不同区格挠度系数 μ 的跨中弯矩系数 m 和固端弯矩系数 m_x^0 或 m_y^0 可依据其边支承类型和泊松比 ν，分别按照表 C.1.3-1～表 C.1.3-6 采用。

表 C.1.3-1　区格 A 挠度系数 μ 和弯矩系数 m 表

l_x/l_y 或 a/b	μ	m	
		$\nu=0.20$	$\nu=0.30$
0.50	0.01013	0.09998	0.10172
0.55	0.00940	0.09340	0.09550
0.60	0.00867	0.08684	0.08926
0.65	0.00796	0.08042	0.08313
0.70	0.00727	0.07422	0.07718
0.75	0.00663	0.06834	0.07151
0.80	0.00603	0.06278	0.06612
0.85	0.00547	0.05756	0.06104
0.90	0.00496	0.05276	0.05634
0.95	0.00449	0.04828	0.05192
1.00	0.00406	0.04416	0.04784

表 C.1.3-2　区格 B 挠度系数 μ 和弯矩系数 m、m_x^0 表

l_x/l_y	μ	m			m_x^0
		$\nu=0.20$	$\nu=0.25$	$\nu=0.30$	
0.50	0.00504	0.08292	0.08351	0.08411	−0.01212
0.55	0.00492	0.07847	0.07921	0.07996	−0.01187
0.60	0.00472	0.07398	0.07486	0.07575	−0.01158
0.65	0.00448	0.06949	0.07050	0.07151	−0.01124
0.70	0.00422	0.06510	0.06623	0.06735	−0.01087
0.75	0.00399	0.06071	0.06194	0.06317	−0.01048
0.80	0.00376	0.05647	0.05779	0.05911	−0.01007
0.85	0.00352	0.05244	0.05384	0.05524	−0.00965
0.90	0.00329	0.04864	0.05010	0.05156	−0.00922
0.95	0.00306	0.04498	0.04649	0.04800	−0.00880
1.00	0.00285	0.04157	0.04311	0.04466	−0.00839

续表 C.1.3-2

l_x/l_y	μ	m			m_x^0
l_y/l_x	μ	$\nu=0.20$	$\nu=0.25$	$\nu=0.30$	m_x^0
1.00	0.00285	0.04157	0.04311	0.04466	−0.0839
0.95	0.00324	0.04426	0.04589	0.04752	−0.0882
0.90	0.00368	0.04703	0.04875	0.05047	−0.0926
0.85	0.00417	0.04991	0.05173	0.05354	−0.0907
0.80	0.00473	0.05287	0.05479	0.05671	−0.1014
0.75	0.00536	0.05586	0.05789	0.05992	−0.1056
0.70	0.00605	0.05888	0.06103	0.06317	−0.1096
0.65	0.00680	0.06188	0.06415	0.06642	−0.1133
0.60	0.00762	0.06504	0.06744	0.06984	−0.1166
0.55	0.00848	0.06826	0.07079	0.07332	−0.1193
0.50	0.00935	0.07132	0.07398	0.07663	−0.1215

表 C.1.3-3　区格 C 挠度系数 μ 和弯矩系数 m、m_x^0 表

l_x/l_y	μ	m			m_x^0
		$\nu=0.20$	$\nu=0.25$	$\nu=0.30$	
0.50	0.00261	0.07096	0.07144	0.07192	−0.0843
0.55	0.00259	0.06748	0.06808	0.06867	−0.0840
0.60	0.00255	0.06394	0.06465	0.06563	−0.0834
0.65	0.00250	0.06083	0.06120	0.06202	−0.0826
0.70	0.00243	0.05678	0.05770	0.05862	−0.0814
0.75	0.00236	0.05335	0.05463	0.05583	−0.0799
0.80	0.00228	0.04997	0.05106	0.05216	−0.0782
0.85	0.00220	0.04671	0.04788	0.04094	−0.0763
0.90	0.00211	0.04366	0.04489	0.04612	−0.0743
0.95	0.00201	0.04070	0.04198	0.04325	−0.0721
1.00	0.00192	0.03791	0.03923	0.04054	−0.0698

l_y/l_x	μ	m			m_x^0
1.00	0.00912	0.03791	0.03932	0.04054	−0.0698
0.95	0.00223	0.04083	0.04221	0.04360	−0.0746
0.90	0.00260	0.04392	0.04583	0.04683	−0.0797
0.85	0.00303	0.04714	0.04868	0.05021	−0.0850
0.80	0.00354	0.05050	0.05213	0.05375	−0.0904
0.75	0.00413	0.05396	0.05569	0.05742	−0.0959
0.70	0.00482	0.05742	0.05926	0.06111	−0.1013
0.65	0.00560	0.06079	0.06276	0.06474	−0.1066
0.60	0.00647	0.06406	0.06618	0.06829	−0.1114
0.55	0.00743	0.06703	0.06930	0.07157	−0.1156
0.50	0.00844	0.06967	0.07210	0.07453	−0.1191

表 C.1.3-4　区格 D 挠度系数 μ 和弯矩系数 m、m_x^0、m_y^0 表

l_x/l_y	μ	m			m_x^0	m_y^0
		$\nu=0.20$	$\nu=0.25$	$\nu=0.30$		
0.50	0.00471	0.07944	0.08021	0.08099	−0.1179	−0.0786
0.55	0.00454	0.07473	0.07564	0.07655	−0.1140	−0.0785
0.60	0.00429	0.07001	0.07104	0.07027	−0.1095	−0.0782
0.65	0.00399	0.06529	0.06643	0.06756	−0.1045	−0.0777
0.70	0.00368	0.06066	0.06189	0.06312	−0.0992	−0.0770
0.75	0.00340	0.05603	0.05734	0.05865	−0.0938	−0.0760
0.80	0.00313	0.05162	0.05300	0.05438	−0.0883	−0.0748
0.85	0.00286	0.04747	0.04891	0.05036	−0.0829	−0.0733
0.90	0.00261	0.04361	0.04510	0.04659	−0.0776	−0.0716
0.95	0.00237	0.03993	0.04145	0.04297	−0.0726	−0.0698
1.00	0.00215	0.03657	0.03811	0.03966	−0.0677	−0.0677

表 C.1.3-5　区格 E 挠度系数 μ 和弯矩系数 m、m_x^0、m_y^0 表

l_x/l_y	μ	m			m_x^0	m_y^0
		$\nu=0.20$	$\nu=0.25$	$\nu=0.30$		
0.50	0.0258	0.07133	0.07199	0.07265	−0.0836	−0.0569
0.55	0.0255	0.06758	0.06834	0.06910	−0.0827	−0.0570
0.60	0.0249	0.06377	0.06464	0.06551	−0.0814	−0.0571
0.65	0.0240	0.05992	0.06089	0.06186	−0.0796	−0.0572
0.70	0.0229	0.05608	0.05714	0.05820	−0.0774	−0.0572
0.75	0.0219	0.05229	0.05343	0.05456	−0.0750	−0.0572
0.80	0.0208	0.04856	0.04976	0.05097	−0.0722	−0.0570
0.85	0.0196	0.04498	0.04624	0.04750	−0.0693	−0.0567
0.90	0.0184	0.04166	0.04296	0.04427	−0.0663	−0.0563
0.95	0.0172	0.03846	0.03980	0.04114	−0.0631	−0.0558
1.00	0.0160	0.03543	0.03680	0.03817	−0.0600	−0.0550

l_x/l_y	μ	m			m_x^0	m_y^0
		$\nu=0.20$	$\nu=0.25$	$\nu=0.30$		
l_y/l_x	μ	m			m_x^0	m_y^0
1.00	0.00160	0.03543	0.03680	0.03817	−0.0600	−0.0550
0.95	0.00182	0.03791	0.03934	0.04077	−0.0629	−0.0599
0.90	0.00206	0.04046	0.04195	0.04344	−0.0656	−0.0653
0.85	0.00233	0.04306	0.04461	0.04617	−0.0683	−0.0711
0.80	0.00262	0.04570	0.04731	0.04893	−0.0707	−0.0772
0.75	0.00294	0.04841	0.05009	0.05177	−0.0729	−0.0837
0.70	0.00327	0.05111	0.05285	0.05459	−0.0748	−0.0903
0.65	0.00365	0.05377	0.05556	0.05736	−0.0762	−0.0970
0.60	0.00403	0.05635	0.05891	0.06003	−0.0773	−0.1033
0.55	0.00437	0.05876	0.06064	0.06252	−0.0780	−0.1093
0.50	0.00463	0.06102	0.06293	0.06483	−0.0784	−0.1146

表 C.1.3-6　区格 F 挠度系数 μ 和弯矩系数 m、m_x^0、m_y^0 表

l_x/l_y	μ	m			m_x^0	m_y^0
		$\nu=0.20$	$\nu=0.25$	$\nu=0.30$		
0.50	0.00253	0.07073	0.07090	0.07143	−0.0829	−0.0570
0.55	0.00246	0.06651	0.06718	0.06784	−0.0814	−0.0571
0.60	0.00236	0.06253	0.06333	0.06412	−0.0793	−0.0571
0.65	0.00224	0.05841	0.05933	0.06024	−0.0766	−0.0571
0.70	0.00211	0.05429	0.05531	0.05634	−0.0735	−0.0569
0.75	0.00197	0.05027	0.05139	0.05251	−0.0701	−0.0565
0.80	0.00182	0.04638	0.04758	0.04877	−0.0664	−0.0559
0.85	0.00168	0.04264	0.04390	0.04516	−0.0626	−0.0551
0.90	0.00153	0.03908	0.04039	0.04170	−0.0588	−0.0541
0.95	0.00140	0.03576	0.03710	0.03844	−0.0550	−0.0528
1.00	0.00127	0.03264	0.03400	0.03536	−0.0513	−0.0513

C.2　均布荷载作用下四角点支承板

C.2.1　四角点支承板的计算简图中计算跨度应取长边边长（图 C.2.1）。

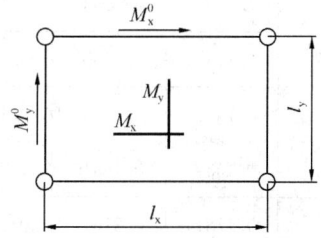

图 C.2.1　四角点支承板的计算简图

C.2.2　四角点支承板的跨中挠度系数 μ、跨中弯矩系数 m_x、m_y 以及自由边中点弯矩系数 m_{0x}、m_{0y}，可依据其泊松比 ν，按照表 C.2.2 采用。

表 C. 2. 2　四角点支承板的挠度系数 μ、跨中弯矩系数 m_x、m_y 和自由边中点弯矩系数 m_{0x}、m_{0y}

l_x/l_y	μ	m_x		m_y	
		$\nu=0.20$	$\nu=0.30$	$\nu=0.20$	$\nu=0.30$
0.50	0.01417	0.0196	0.0214	0.1221	0.1223
0.55	0.01451	0.0252	0.0271	0.1213	0.1216
0.60	0.01496	0.0317	0.0337	0.1204	0.1208
0.65	0.01555	0.0389	0.0410	0.1193	0.1199
0.70	0.01630	0.0469	0.0490	0.1181	0.1189
0.75	0.01725	0.0556	0.0577	0.1169	0.1178
0.80	0.01842	0.0650	0.0671	0.1156	0.1167
0.85	0.01984	0.0752	0.0772	0.1142	0.1155
0.90	0.02157	0.0861	0.0881	0.1128	0.1143
0.95	0.02363	0.0976	0.0996	0.1113	0.1130
1.00	0.02603	0.1098	0.1117	0.1098	0.1117

l_x/l_y	μ	m_{0x}		m_{0y}	
		$\nu=0.20$	$\nu=0.30$	$\nu=0.20$	$\nu=0.30$
0.50	—	0.0580	0.0544	0.1304	0.1301
0.55	—	0.0654	0.0618	0.1318	0.1314
0.60	—	0.0732	0.0695	0.1336	0.1330
0.65	—	0.0814	0.0778	0.1356	0.1347
0.70	—	0.0901	0.0865	0.1377	0.1365

续表 C. 2. 2

l_x/l_y	μ	m_{0x}		m_{0y}	
		$\nu=0.20$	$\nu=0.30$	$\nu=0.20$	$\nu=0.30$
0.75	—	0.0994	0.0958	0.1399	0.1385
0.80	—	0.1091	0.1056	0.1424	0.1407
0.85	—	0.1195	0.1160	0.1450	0.1429
0.90	—	0.1303	0.1269	0.1477	0.1453
0.95	—	0.1416	0.1384	0.1506	0.1479
1.00	—	0.1537	0.1505	0.1537	0.1505

C.3　均布荷载作用下四点跨中支承矩形板

C.3.1　四孔点支承板可按均布荷载作用下四点跨中支承矩形板进行计算（图 C.3.1）。

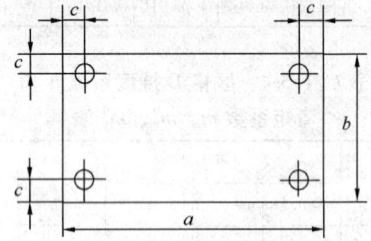

图 C. 3. 1　均布荷载作用下四点
跨中支承矩形板计算示意图

C.3.2　均布荷载作用下四点跨中支承矩形板弯矩系数 m 和挠度系数 μ 应符合表 C.3.2 的规定。

表 C. 3. 2　均布荷载作用下四点跨中支承矩形板
弯矩系数 m 和挠度系数 μ（$\nu=0.20$）

	b/a	b/c							
		8	10	12	14	16	18	20	22
	1.00	0.07219	0.08774	0.09846	0.10613	0.11188	0.11637	0.11995	0.12289
	0.95	0.07853	0.09581	0.10718	0.11550	0.12169	0.12660	0.13046	0.13364
	0.90	0.08607	0.10493	0.11745	0.12648	0.13324	0.13852	0.14275	0.14621
	0.85	0.09470	0.11544	0.12938	0.13933	0.14679	0.15258	0.15723	0.16104
	0.80	0.10558	0.12830	0.14372	0.15470	0.16305	0.16937	0.17453	0.17872
m	0.75	0.11817	0.14375	0.16100	0.17342	0.18255	0.18968	0.19543	0.20012
	0.70	0.13397	0.16290	0.18227	0.19609	0.20647	0.21452	0.22100	0.22623
	0.65	0.15340	0.18649	0.20852	0.22437	0.23617	0.24534	0.25268	0.25870
	0.60	0.17819	0.21641	0.24188	0.26011	0.27371	0.28433	0.29281	0.29975
	0.55	0.21030	0.25508	0.28494	0.30622	0.32221	0.33460	0.34453	0.35265
	0.50	0.25291	0.30627	0.34186	0.36724	0.38623	0.40105	0.41285	0.42249

					b/c			
	b/a	8	10	12	14	16	18	20	22
μ	1.00	0.00638	0.00887	0.01084	0.01241	0.01370	0.01476	0.01566	0.01642
	0.95	0.00683	0.00961	0.01181	0.01358	0.01503	0.01622	0.01723	0.01809
	0.90	0.00751	0.01066	0.01317	0.01519	0.01684	0.01821	0.01937	0.02035
	0.85	0.00853	0.01217	0.01508	0.01742	0.01933	0.02092	0.02227	0.02341
	0.80	0.01004	0.01434	0.01777	0.02054	0.02280	0.02468	0.02628	0.02763
	0.75	0.01225	0.01745	0.02160	0.02495	0.02769	0.02997	0.03188	0.03353
	0.70	0.01573	0.02200	0.02714	0.03129	0.03469	0.03751	0.03990	0.04193
	0.65	0.02163	0.02916	0.03532	0.04061	0.04495	0.04854	0.05156	0.05413
	0.60	0.03021	0.04057	0.04889	0.05560	0.06109	0.06566	0.06952	0.07281
	0.55	0.04310	0.05784	0.06952	0.07889	0.08653	0.09287	0.09821	0.10275
	0.50	0.06325	0.08494	0.10199	0.11557	0.12660	0.13572	0.14336	0.14986

C.4 均布荷载作用下任意三角形板

C.4.1 简支三角形板可按均布荷载作用下任意三角形板进行计算（图 C.4.1）。

C.4.2 简支任意三角形板在均布荷载作用下的弯矩系数 m_x、m_y 可按表 C.4.2-1 的规定计算。挠度系数可按表 C.4.2-2 的规定计算。

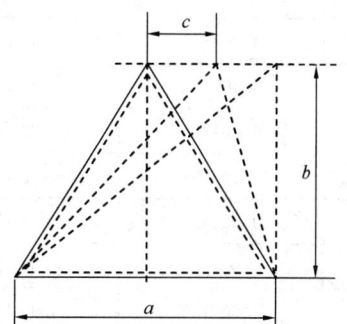

图 C.4.1 均布荷载作用下
任意三角形板计算示意图

表 C.4.2-1 简支任意三角形板在均布荷载作用下的弯矩系数 m_x、m_y（$\nu=0.20$）

c/a	0		1/8		1/4		3/8		1/2	
a/b	m_x	m_y	m_x	m_y	m_x	m_y	m_x	m_y	m_x	m_y
0.50	0.04313	0.02759	0.04295	0.02761	0.04243	0.02767	0.04163	0.02775	0.04055	0.02783
0.55	0.04007	0.02665	0.03989	0.02667	0.03934	0.02673	0.03845	0.02680	0.03728	0.02687
0.60	0.03716	0.02573	0.03697	0.02575	0.03641	0.02581	0.03553	0.02588	0.03438	0.02594
0.65	0.03458	0.02485	0.03439	0.02487	0.03384	0.02492	0.03295	0.02499	0.03178	0.02502
0.70	0.03230	0.02399	0.03211	0.02401	0.03154	0.02407	0.03063	0.02413	0.02944	0.02412
0.75	0.03023	0.02317	0.03004	0.02320	0.02946	0.02325	0.02853	0.02329	0.02733	0.02325
0.80	0.02835	0.02239	0.02815	0.02241	0.02756	0.02245	0.02663	0.02248	0.02542	0.02243
0.85	0.02663	0.02162	0.02642	0.02164	0.02584	0.02169	0.02490	0.02171	0.02370	0.02163
0.90	0.02505	0.02089	0.02485	0.02092	0.02425	0.02096	0.02333	0.02096	0.02213	0.02085
0.95	0.02360	0.02020	0.02340	0.02022	0.02281	0.02025	0.02189	0.02025	0.02070	0.02011
1.00	0.02227	0.01952	0.02207	0.01954	0.02149	0.01958	0.02057	0.01956	0.01940	0.01940
1.10	0.01990	0.01826	0.01970	0.01828	0.01913	0.01832	0.01825	0.01826	0.01712	0.01807
1.20	0.01787	0.01710	0.01768	0.01712	0.01713	0.01715	0.01628	0.01708	0.01520	0.01684

续表 C.4.2-1

c/a	0		1/8		1/4		3/8		1/2	
a/b	m_x	m_y	m_x	m_y	m_x	m_y	m_x	m_y	m_x	m_y
1.30	0.01611	0.01603	0.01593	0.01606	0.01541	0.01608	0.01459	0.01599	0.01357	0.01573
1.40	0.01459	0.01506	0.01442	0.01508	0.01392	0.01510	0.01315	0.01499	0.01218	0.01470
1.50	0.01326	0.01416	0.01309	0.01418	0.01262	0.01419	0.01189	0.01407	0.01098	0.01377
1.60	0.01209	0.01334	0.01193	0.01336	0.01149	0.01336	0.01081	0.01323	0.00995	0.01291
1.70	0.01106	0.01263	0.01091	0.01264	0.01050	0.01262	0.00985	0.01247	0.00905	0.01212
1.80	0.01015	0.01195	0.01001	0.01196	0.00962	0.01195	0.00902	0.01178	0.00826	0.01140
1.90	0.00934	0.01131	0.00921	0.01133	0.00884	0.01131	0.00828	0.01113	0.00757	0.01075
2.00	0.00862	0.01071	0.00850	0.01073	0.00815	0.01070	0.00762	0.01051	0.00696	0.01014
2.50	0.01375	0.00826	0.01156	0.00827	0.00645	0.00823	0.00525	0.00804	0.00475	0.00773
3.00	0.01662	0.00651	0.01426	0.00652	0.00897	0.00652	0.00379	0.00633	0.00346	0.00606

表 C.4.2-2 简支任意三角形板在均布荷载作用下的挠度系数 μ（$\nu=0.20$）

a/b	0	1/8	1/4	3/8	1/2
0.50	0.002204	0.002195	0.002169	0.002126	0.002069
0.55	0.001952	0.001943	0.001917	0.001873	0.001816
0.60	0.001737	0.001727	0.001701	0.001658	0.001601
0.65	0.001551	0.001541	0.001515	0.001473	0.001416
0.70	0.001389	0.001381	0.001355	0.001313	0.001258
0.75	0.001249	0.001241	0.001215	0.001174	0.001121
0.80	0.001126	0.001118	0.001093	0.001053	0.001002
0.85	0.001018	0.001010	0.000986	0.000948	0.000898
0.90	0.000923	0.000915	0.000892	0.000855	0.000808
0.95	0.000838	0.000831	0.000809	0.000774	0.000728
1.00	0.000763	0.000756	0.000735	0.000701	0.000658
1.10	0.000637	0.000630	0.000611	0.000581	0.000541
1.20	0.000535	0.000529	0.000512	0.000484	0.000449
1.30	0.000453	0.000448	0.000432	0.000408	0.000376
1.40	0.000386	0.000381	0.000367	0.000345	0.000317
1.50	0.000331	0.000326	0.000314	0.000294	0.000269
1.60	0.000285	0.000281	0.000270	0.000252	0.000230
1.70	0.000247	0.000243	0.000234	0.000218	0.000197
1.80	0.000215	0.000212	0.000203	0.000189	0.000171
1.90	0.000187	0.000185	0.000177	0.000165	0.000148
2.00	0.000164	0.000162	0.000155	0.000144	0.000129
2.50	0.000090	0.000089	0.000085	0.000078	0.000069
3.00	0.000053	0.000053	0.000050	0.000046	0.000041

4—8—44

本规程用词说明

1 为了便于在执行本规程条文时区别对待，对要求严格程度不同的用词说明如下：

　1）表示很严格，非这样做不可的：

　　　正面词采用"必须"，反面词采用"严禁"。

　2）表示严格，在正常情况下均应这样做的：

　　　正面词采用"应"，反面词采用"不应"或"不得"。

　3）表示允许稍有选择，在条件许可时首先这样做的：

　　　正面词采用"宜"，反面词采用"不宜"；

　4）表示有选择，在一定条件下可以这样做的，采用"可"。

2 条文中指明应按其他有关标准执行的写法为："应符合……的规定"或"应按……执行"。

引用标准名录

1 《建筑结构荷载规范》GB 50009

2 《建筑抗震设计规范》GB 50011

3 《建筑给水排水设计规范》GB 50015

4 《建筑设计防火规范》GB 50016

5 《钢结构设计规范》GB 50017

6 《冷弯薄壁型钢结构技术规范》GB 50018

7 《建筑采光设计标准》GB/T 50033

8 《建筑物防雷设计规范》GB 50057

9 《民用建筑隔声设计规范》GB 50118

10 《电气装置安装工程电缆线路施工及验收规范》GB 50168

11 《电气装置安装工程接地装置施工及验收规范》GB 50169

12 《电气装置安装工程蓄电池施工及验收规范》GB 50172

13 《民用建筑热工设计规范》GB 50176

14 《公共建筑节能设计标准》GB 50189

15 《钢结构工程施工质量验收规范》GB 50205

16 《屋面工程质量验收规范》GB 50207

17 《建筑装饰装修工程质量验收规范》GB 50210

18 《建筑电气工程施工质量验收规范》GB 50303

19 《屋面工程技术规范》GB 50345

20 《铝合金结构设计规范》GB 50429

21 《紧固件 铆钉用通孔》GB/T 152.1

22 《紧固件 沉头用沉孔》GB/T 152.2

23 《紧固件 圆柱头用沉孔》GB/T 152.3

24 《碳素结构钢》GB/T 700

25 《低合金高强度结构钢》GB/T 1591

26 《铜及铜合金板材》GB/T 2040

27 《连续热镀锌钢板及钢带》GB/T 2518

28 《紧固件机械性能 不锈钢螺栓、螺钉和螺柱》GB/T 3098.6

29 《变形铝及铝合金化学成分》GB/T 3190

30 《钛及钛合金板材》GB/T 3621

31 《耐候结构钢》GB/T 4171

32 《碳钢焊条》GB/T 5117

33 《低合金钢焊条》GB/T 5118

34 《铝合金建筑型材》GB 5237

35 《工业用橡胶板》GB/T 5574

36 《铝及铝合金压型板》GB/T 6891

37 《铝合金门窗》GB/T 8478

38 《建筑材料及制品燃烧性能分级》GB 8624

39 《地面用晶体硅光伏组件 设计鉴定和定型》GB/T 9535

40 《中空玻璃》GB/T 11944

41 《彩色涂层钢板及钢带》GB/T 12754

42 《建筑用压型钢板》GB/T 12755

43 《金属覆盖层 钢铁制件热浸镀锌层 技术要求及试验方法》GB/T 13912

44 《建筑幕墙气密、水密、抗风压性能检测方法》GB/T 15227

45 《建筑用安全玻璃 第3部分：夹层玻璃》GB 15763.3

46 《建筑用硅酮结构密封胶》GB 16776

47 《建筑幕墙用铝塑复合板》GB/T 17748

48 《地面用薄膜光伏组件 设定鉴定和定型》GB/T 18911

49 《光伏系统并网技术要求》GB/T 19939

50 《光伏(PV)组件安全鉴定 第一部分：结构要求》GB/T 20047.1

51 《离网型风能、太阳能发电系统用逆变器 第1部分：技术条件》GB/T 20321.1

52 《不锈钢和耐热钢 牌号及化学成分》GB/T 20878

53 《建筑幕墙》GB/T 21086

54 《建筑密封胶分级和要求》GB/T 22083

55 《空间网格结构技术规程》JGJ 7

56 《民用建筑电气设计规范》JGJ 16

57 《建筑机械使用安全技术规程》JGJ 33

58 《施工现场临时用电安全技术规范》JGJ 46

59 《建筑施工高处作业安全技术规范》JGJ 80

60 《建筑钢结构焊接技术规程》JGJ 81

61 《玻璃幕墙工程技术规范》JGJ 102

62 《建筑玻璃应用技术规程》JGJ 113

63 《金属与石材幕墙工程技术规范》JGJ 133

64 《混凝土结构后锚固技术规程》JGJ 145

中华人民共和国行业标准

采光顶与金属屋面技术规程

JGJ 255—2012

条 文 说 明

修 订 说 明

《采光顶与金属屋面技术规程》JGJ 255-2012 经住房和城乡建设部 2012 年 4 月 5 日以第 1348 号公告批准、发布。

本规程制订过程中，编制组进行了广泛、深入的调查、研究，总结了国内主要的采光顶和金属屋面优秀工程以及国外有代表性的采光顶和金属屋面工程的实践经验，同时参考了美国、英国和欧盟等国家或地区的标准。

为了便于广大设计、施工、科研、学校等单位有关人员在使用本规程时能正确理解和执行条文规定，《采光顶与金属屋面技术规程》编制组按章、节、条的顺序编制了本规程的条文说明，对条文规定的目的、依据以及执行中需注意的有关事项进行了说明，还着重对强制性条文的强制性理由作了解释。但是，本条文说明不具备与规程正文同等的法律效力，仅供使用者作为理解和把握规程规定的参考。

目 次

1 总　则

1.0.1 建筑幕墙、采光顶与金属屋面是重要的建筑围护结构，在我国获得蓬勃发展，其使用量已位居世界前列。在我国，建筑幕墙标准化已经形成相对独立、比较完善的体系，一系列标准已经陆续完成了制定或修订，但采光顶与金属屋面标准化体系还不够完善，不能满足工程的需要，因此为了使采光顶与金属屋面的设计、加工制作、安装施工和维修保养做到安全适用、经济合理，编制本规程。

采光顶常用的面板材料有玻璃、聚碳酸酯板等。面板支承方式也多种多样，主要包括框架支承和点支承，其中框架支承包括三边、四边、多边支承，与玻璃幕墙类似，框架支承还可分为明框、半隐框和隐框方式；点支承包括三点、四点、六点等支承方式，通过钢爪或夹板固定玻璃。聚碳酸酯板可采用平板、多层中空板等，其中 U 形中空板结构设计合理，防水性能好。采光顶的支承结构也千变万化，通常采用钢结构、铝合金结构或玻璃结构等，钢结构包括：刚性结构（梁、拱、树状支柱、桁架和网架、单层和双层网壳等）、柔性结构（张拉索杆体系、自平衡索杆体系、索网和整体张拉索穹顶等）和混合结构（同时采用刚性结构和柔性结构的支承体系）等。

金属屋面是 20 世纪 60～70 年代开始使用，近几年才大量应用的屋面系统，从发展阶段上看，由开始的金属平板类建筑幕墙系统发展到专业压型板（连续板材）类系统，在技术方面实现很大的飞跃。采用建筑幕墙构造的金属屋面可以参考幕墙类规范执行，技术方面相对成熟。采用压型板的金属屋面构造设计方面比较成熟，但在计算理论方面尚需进一步研究。通常压型板金属屋面可以分为四类：直立锁边屋面系统、直立卷边屋面系统、转角立边双咬合屋面系统和古典式扣盖屋面系统。

直立锁边点支承屋面系统是通过专用设备或手工咬合工艺，将直立锁边板和 T 形支座咬合并连接到屋面支承结构的金属屋面系统，主要用于大跨度建筑屋面。其特点是：T 形支座通过咬合方式连接，屋面板不设置穿孔，防水性能好；U 形直立锁边板自身形成相互独立的排水槽，使屋面能够有效地进行排水，排水性能高；在面板和支座之间能够实现滑动，有效吸收屋面板因热胀冷缩等产生的温差变形，使得该系统在纵向超长尺寸面板的应用中有明显优势。

直立卷边咬合系统采用压型板三维弯弧，并进行立边卷边咬合，能够满足特异造型的需要，通常用于倾斜小于 25°的屋面、球面及弧形屋面，在建筑外观要求比较时尚的建筑中应用较为广泛。该系统还具有立边高度小、板材损耗少、重量轻、安装方便等优点。

转角立边双咬合和古典式扣盖屋面系统应用较少，可参考本规程采用。

太阳能光伏系统作为一种新型的绿色的能源技术，是国家重点支持的新能源领域。光伏建筑一体化是光伏系统应用的重要形式，为了更好地获得太阳能资源，通常将光伏系统与采光顶、金属屋面结合设计。因此为促进光伏系统在建筑中的应用，确保工程质量，本规程编制组在大量工程实例调查分析基础上，编制了光伏系统在采光顶、金属屋面工程中应用的要求。

雨棚结构设计形式多样，与开放式采光顶、金属屋面具有相似性，可参照本规程的相关规定执行。

1.0.2 本规程适用范围未包含工业采光顶与金属屋面工程，主要考虑到工业建筑范围很广，往往有不同于民用建筑的特殊要求，如可能存在腐蚀、辐射、高温、高湿、振动、爆炸等特殊条件，本规程难以全部涵盖。当然，一般用途的工业建筑，其玻璃与金属面板的设计、制作等可参照本规程的有关规定，有特殊要求的，应专门研究，并采取相应的措施。

9 度抗震设计的玻璃采光顶，工程经验不多。9 度时地震作用较大，主体结构的变形很大，甚至可能发生比较严重的破坏，采光顶的设计、制作、安装施工需要采取更有效的措施，才能保证在 9 度抗震设防时达到本规程第 1.0.3 条的要求。因此，本规程尚未将 9 度抗震设计的采光顶列入适用范围。对因特殊需要，必须在 9 度抗震设防区建造采光顶工程时，应专门研究，并采取更有效的抗震措施。

1.0.3 采光顶与金属屋面应具有良好的抗风压、气密、水密、热工和隔声等性能。面板本身应具有足够的承载能力，避免在风荷载和其他荷载组合作用下破坏。我国沿海地区经常受到台风的袭击，设计中应考虑有足够的抗风能力。在风荷载作用下，采光顶与金属屋面和主体结构之间的连接件发生拔出、拉断等严重破坏的情况比较少见，主要问题是保证其足够的活动能力，使采光顶与金属屋面构件避免受主体结构过大位移的影响。

在地震作用下，采光顶与金属屋面构件和连接件会受到动力作用，防止或减轻地震震害的主要途径是加强构造措施。

在多遇地震作用下，采光顶与金属屋面不允许破坏，应保持完好；在设防烈度地震作用下，采光顶与金属屋面不应有严重破损，一般只允许部分面板破碎，经修理后仍然可以使用；在罕遇地震作用下（相当于比设防烈度约高 1.0 度，重现期大约 1500～2000 年，50 年超越概率约 2%～3%），可能会严重破坏（比如面板破碎），但支承结构、构件不应脱落、倒塌。这种规定与我国现行国家标准《建筑抗震设计规范》GB 50011 的指导思想是一致的。

1.0.4 采光顶与金属屋面在建筑物中既是建筑的外

装饰，同时又是建筑物的外围护结构，是跨行业的综合性技术，从设计、材料选用、加工制作和安装施工等方面，都应从严控制，精心操作。因此，应进行采光顶与金属屋面生产全过程的质量控制，有效保证采光顶与金属屋面工程质量和安全。

虽然采光顶与金属屋面自身不分担主体建筑的荷载和作用，但它要承受自身受到的荷载、地震作用和温度变化等，因此，必须满足风荷载、雪荷载、积灰荷载、地震作用和温度变化对它的影响，使采光顶与金属屋面具有足够的安全性。

1.0.5 构成采光顶与金属屋面的主要材料有：钢材、铝材、玻璃、金属面板和粘结密封材料等，大多数材料均有国家标准、行业标准，在选择材料时应符合这些标准的要求。

在采光顶与金属屋面的设计、制作和施工中，密切相关的还有下列现行国家标准或行业标准：《建筑幕墙》GB/T 21086、《玻璃幕墙工程技术规范》JGJ 102、《建筑玻璃应用技术规程》JGJ 113、《建筑结构荷载规范》GB 50009、《建筑装饰装修工程质量验收规范》GB 50210、《钢结构设计规范》GB 50017、《冷弯薄壁型钢结构技术规范》GB 50018、《铝合金结构设计规范》GB 50429、《公共建筑节能设计标准》GB 50189、《民用建筑太阳能光伏系统应用技术规范》JGJ 203、《高层民用建筑设计防火规范》GB 50045、《建筑设计防火规范》GB 50016、《建筑物防雷设计规范》GB 50057、《钢结构工程施工质量验收规范》GB 50205、《屋面工程技术规范》GB 50345 和《屋面工程质量验收规范》GB 50207 等以及有关建筑幕墙物理性能方面的标准等，其相关的规定也应参照执行。

3 材 料

3.1 一般规定

3.1.1 材料是保证采光顶与金属屋面质量和安全的物质基础。采光顶与金属屋面所使用的材料概括起来，基本上可分为五大类：支承框架、面板、密封填缝、结构粘结和其他辅助材料（保温材料、隔声材料和隔汽材料等）。对于光伏采光顶和金属屋面，除了上述材料外，还包含大量的电气材料、设备和附件。这些材料和设备由于生产厂家不同，质量差别较大。因此为确保采光顶与金属屋面安全可靠，就要求所使用的材料应符合国家或行业标准规定的要求；对其中少量暂时还没有国家标准的材料，应符合设计要求，或参考国外同类产品标准要求；生产企业制定的企业标准经备案后可作为产品质量控制的依据。

3.1.2 采光顶与金属屋面处于建筑物的外面，经常受自然环境不利因素的影响，如日晒、雨淋、积雪、

积灰、风沙等。因此要求采光顶与金属屋面材料要有足够的耐候性和耐久性，除不锈钢和轻金属材料外，其他金属材料应进行热镀锌或其他有效的防腐处理，并满足设计要求。

3.1.3 无论是在加工制作、安装施工中，还是交付使用后，采光顶与金属屋面的防火都十分重要，面板材料应采用不燃材料和难燃材料。

3.1.4 硅酮类胶、聚氨酯类密封胶应有与接触材料相容性试验报告和剥离粘结性试验报告。这些密封胶在建筑上已被广泛采用，而且已有了比较成熟的经验。

3.1.5 硅酮结构密封胶是结构性粘结的主要传力材料，如使用过期产品，会因结构胶性能下降导致粘结强度降低，造成安全隐患。硅酮建筑密封胶是幕墙、采光顶与金属屋面系统密封性能的有效保证，过期产品的耐候性能和伸缩性能下降，且表面易产生裂纹。因此硅酮结构密封胶和硅酮建筑密封胶必须在有效期内使用。

3.1.6 近些年，由于对节能性能有较高要求，使得保温、隔热材料在建筑上获得普遍应用。但一些采用易燃或可燃隔热、保温材料的工程，发生严重的火灾，造成很大损失。因此考虑到采光顶与金属屋面的重要性，对隔热、保温材料应提高防火性能要求，应采用岩棉、矿棉、玻璃棉、防火板等不燃或难燃材料。岩棉、矿棉应符合现行国家标准《建筑用岩棉、矿渣棉绝热制品》GB/T 19686 的规定，玻璃棉应符合现行国家标准《建筑绝热用玻璃棉制品》GB/T 17795 的规定。根据公安部、住房和城乡建设部联合发布的《民用建筑外保温系统及外墙装饰防火暂行规定》（公通字〔2009〕46 号）的文件精神："对于屋顶基层采用耐火极限不小于 1.00h 的不燃烧体的建筑，其屋顶的保温材料不应低于 B_2 级；其他情况，保温材料的燃烧性能不应低于 B_1 级。"制定本条文。

3.2 铝合金材料

3.2.1 铝合金型材精度有普通级、高精级和超高精级之分。采光顶与金属屋面对材料的要求较高，为保证其承载力、变形和美观要求，应采用高精级或超高精级的铝合金型材。

3.3 钢材及五金材料

3.3.1 碳素结构钢和低合金高强度结构钢的种类、牌号和质量等级应符合现行国家标准《优质碳素结构钢》GB/T 699、《碳素结构钢》GB/T 700、《低合金高强度结构钢》GB/T 1591、《合金结构钢》GB/T 3077、《碳素结构钢和低合金结构钢热轧薄钢板和钢带》GB 912、《碳素结构钢和低合金结构钢热轧厚钢板和钢带》GB/T 3274、《结构用无缝钢管》GB/T 8162 等相关产品标准的规定。

3.3.5 采光顶与金属屋面支承钢结构的最小截面尺寸，要综合考虑其最小承载能力、截面局部稳定和耐腐蚀性能要求。本条根据现行国家标准《钢结构设计规范》GB 50017 和《冷弯薄壁型钢结构技术规范》GB 50018 的规定制定。

3.3.6 不锈钢材的防锈能力与其铬和镍含量有关。目前常用的不锈钢型材有 304 系列：S30408（06Cr19Ni10）、S30458（06Cr19Ni10N）、S30403（022Cr19Ni10），含镍铬总量为 27%～29%，镍含量 9%～10%；316 系列：S31608（06Cr17Ni12Mo2）、S31658（06Cr17Ni12Mo2N）、S31603（022Cr17Ni12Mo2），含镍铬总量 29%～31%，含镍量 12%～14%。316 系列型材防锈性能优于 304 系列，更适用于耐腐蚀性能要求较高的环境。采光顶与金属屋面采用的奥氏体不锈钢尚应符合现行国家标准《不锈钢棒》GB/T 1220、《不锈钢冷加工钢棒》GB/T 4226、《不锈钢冷轧钢板和钢带》GB/T 3280、《不锈钢热轧钢带》YB/T 5090、《不锈钢热轧钢板和钢带》GB/T 4237 的规定。

3.3.7 当前国内标准五金配件的品种尚不齐全，且无幕墙、采光顶专用的产品标准，因此所用附件、紧固件应首先符合设计要求，并应符合国家现行标准《建筑用不锈钢绞线》JG/T 200、《建筑幕墙用钢索压管接头》JG/T 201、《建筑门窗五金件 旋压执手》JG/T 213、《建筑门窗五金件 传动机构用执手》JG/T 124、《建筑门窗五金件 滑撑》JG/T 127、《建筑门窗五金件 多点锁闭器》JG/T 215、《铝合金窗锁》QB/T 3890、《紧固件 螺栓和螺钉通孔》GB/T 5277、《十字槽盘头螺钉》GB/T 818、《不锈钢自攻螺钉》GB 3098.21、《紧固件机械性能 螺栓、螺钉和螺柱》GB/T 3098.1、《紧固件机械性能 螺母 粗牙螺纹》GB/T 3098.2、《紧固件机械性能 螺母 细牙螺纹》GB/T 3098.4、《紧固件机械性能 自攻螺钉》GB/T 3098.5、《紧固件机械性能 不锈钢螺栓、螺钉和螺柱》GB/T 3098.6、《紧固件机械性能 不锈钢螺母》GB/T 3098.15 的规定。

3.4 玻 璃

3.4.1 国家现行相关产品标准包括《平板玻璃》GB 11614、《半钢化玻璃》GB/T 17841、《建筑用安全玻璃 第 1 部分：防火玻璃》GB 15763.1、《建筑用安全玻璃 第 2 部分：钢化玻璃》GB 15763.2、《建筑用安全玻璃 第 3 部分：夹层玻璃》GB 15763.3、《建筑用安全玻璃 第 4 部分：均质钢化玻璃》GB 15763.4、《镀膜玻璃 第 1 部分 阳光控制镀膜玻璃》GB/T 18915.1、《镀膜玻璃 第 2 部分 低辐射镀膜玻璃》GB/T 18915.2 等标准。

3.4.2 中空玻璃第一道密封胶应用丁基热熔密封胶，符合现行行业标准《中空玻璃用丁基热熔密封胶》

JC/T 914 的规定。不直接承受紫外线照射且不承受荷载的中空玻璃第二道密封胶符合现行行业标准《中空玻璃用弹性密封胶》JC/T 486 的规定；隐框、半隐框及点支承式采光顶用中空玻璃直接承受紫外线照射且承受荷载，因此其第二道密封胶应采用硅酮结构密封胶，其性能符合现行国家标准《建筑用硅酮结构密封胶》GB 16776 的规定。需要注意点支式玻璃孔边处二道密封胶应采用硅酮结构密封胶。

3.4.3 在现行国家标准《建筑用安全玻璃 第 3 部分：夹层玻璃》GB 15763.3 中对夹层玻璃的霰弹冲击性能提出要求，采光顶应采用Ⅱ-1 和Ⅱ-2 级别的产品。聚乙烯醇缩丁醛（PVB）胶片仍然是幕墙、采光顶夹层玻璃胶片应用的主流产品，工程应用经验较多，可靠性好，但厚度不应小于 0.76mm。由于结构、节能设计要求，已经有许多高强型、复合型、功能型胶片在工程中得到应用。本规程允许这些新材料和新工艺，但其力学性能（胶片与玻璃的粘结强度）必须保证，且符合设计要求。

3.4.4 单片钢化玻璃、钢化中空玻璃存在自爆的危险，近年来采光顶钢化玻璃自爆事件频发，有些造成一定损失，因此采光顶用钢化玻璃须经过均质处理，即为均质钢化玻璃，降低玻璃的自爆率，提高采光顶的安全性。

3.4.5 本条为安全规定，与现行行业标准《建筑玻璃应用技术规程》JGJ 113 基本一致。一些重点工程，在人流比较密集的采光顶下侧采取构造措施（如不锈钢丝网），防止玻璃破裂后整体脱落。

3.4.6 采光顶玻璃面积过大，在重力作用下玻璃变形可能形成"锅底"导致积水；工程应用经验还表明，玻璃面积过大，还会使玻璃的破裂率升高，降低了采光顶的安全性。因此玻璃面板面积不宜大于 2.5m²。如果确有可靠技术措施，玻璃面积可适当加大。

3.5 聚碳酸酯板

3.5.2 直立式 U 形板、梯形飞翼板，采用结构化防水原理，在模具设计时将两侧直立收边，并采用具有双层结构倒钩的 U 形多层中空结构，与 U 形倒钩卡件相卡接，能较好地解决防水问题。聚碳酸酯平板厚度较薄时容易产生较大弯曲变形，在温度变化较大时也会产生较大变形，应用过程中可能会出现漏水现象，因此工程中可采用聚碳酸酯平板，但需要做好防水设计。

3.5.3 作为采光顶的面板材料，聚碳酸酯板应具有良好的耐候性和抗老化性。常见的失效形式是板材黄化，因此应控制黄色指数变化指标，提高对聚碳酸酯板的要求。在生产板材时，紫外线稳定剂（uv）的线性分布最低点小于 80 时可保证聚碳酸酯板黄色指数变化不大于 1。

3.5.4 根据现行国家标准《公共场所阻燃制品及组件燃烧性能要求和标识》GB 20286 的规定，作为采光顶面板使用的聚碳酸酯板，其燃烧性能等级不应低于 GB 8624 规定的 B 级，且产烟等级不低于 s2 级、燃烧滴落物/微粒的附加等级不低于 d1 级、产烟毒性等级不低于 t1 级。

3.6 金属面板

3.6.1 金属屋面的面板，通常可按建筑设计的要求，选用平板或压型板制作。材料选用通常为铝合金板、铝塑复合板、铝蜂窝复合铝板、彩色钢板、不锈钢板、锌合金板、钛合金板和铜合金板。在我国，目前较常用的面板材料为铝合金板、铝塑复合板、彩色钢板。随着建筑发展的需要，近年来锌合金板、钛合金板在屋面上也有较多的应用，取得较好的建筑装饰效果，但由于单片实心板一般厚度较薄，平整度较差，所以较多的采用复合材料。金属面板使用的金属和金属复合板的产品标准，目前在我国还不健全，有些产品尚未有国家或行业标准，所以在选用屋面金属面板材料时，也可参照国外同类产品标准的性能指标及要求。

3.6.2 由于 3×××、5××× 系合金的铝锰、铝镁合金板具有强度高、延伸率大、塑性变形范围大等优点，在建筑屋面板中得到广泛的应用。

3.6.3 金属屋面与建筑幕墙的环境条件基本相同，因此屋面用铝塑复合板应符合现行国家标准《建筑幕墙用铝塑复合板》GB/T 17748 的规定。为提高屋面的防火性能，铝塑复合板用芯材应采用难燃材料。

3.6.4 铝蜂窝复合板具有较好的表面平整度和刚度，当面板面积较大时，通常考虑选用铝蜂窝复合板作为屋面面板。铝蜂窝复合板的表面平整度和刚度主要依靠铝蜂窝芯的结构。通常铝蜂窝芯应为近似正六边形结构，其边长不宜大于 9.53mm，壁厚不宜小于 0.07mm。

3.6.6 由于我国目前暂无锌合金板的国家和行业产品标准，表 3.6.6 中所提出的锌合金板的化学成分要求是参照 EN 988《锌和锌合金—扁平轧制建材的规范》（Zinc and zinc alloys-Specification for rolled flat products for building）的要求所制定。

3.6.7 钛合金板具有强度高、耐腐蚀好、热膨胀系数低，且耐高低温性能好、抗疲劳强度高等优点，在许多尖端行业都得到应用。近几年来，钛合金板在建筑行业中也得到应用。由于钛合金板的价格较昂贵，所以通常选用钛合金复合板，复合板面层的钛板厚度为 0.3mm，底层面板可用不锈钢板或铝板。

3.6.8 铜具有高抗腐蚀性能，且易于加工，有独特、自然的外观效果，非常适合作为屋面材料。铜种类很多，可满足各种需要，SF-Cu 即无磷去氧还原铜适用于建筑业，通常也称为太古铜。

3.8 建筑密封材料和粘结材料

3.8.2 采光顶支承结构等所使用的基材一般具有较大的线膨胀系数，由此造成面板之间接缝的位移变化较大，因此密封胶应能适应板缝的变形要求。通常采光顶的接缝变化比普通玻璃幕墙大些，因此应优先选用位移能力较高的中性硅酮建筑密封胶。

4 建筑设计

4.1 一般规定

4.1.1 采光顶与金属屋面的建筑设计由建筑师和屋面（幕墙）专业设计师共同完成。建筑设计的主要任务是确定采光顶与金属屋面的线条、色调、构图、虚实组合和协调围护结构与建筑整体以及与环境的关系，并对采光顶与金属屋面的性能、材料和制作工艺提出设计要求，要根据建筑的使用功能、造价、环境、能耗、施工技术条件进行设计，并能方便制作、安装、维修和保养。

4.1.2 采光顶、金属屋面与建筑物整体的协调是建筑造型的需要，是建筑师非常关注的问题。采光顶、金属屋面还应与周围环境相协调，尤其是外观造型和颜色方面的协调。

4.1.4 集成型采光顶、金属屋面的光伏系统具有整体性，因此需要考虑坡度设计，以便获得最佳日照效果。独立安装型采光顶、金属屋面的光伏系统可根据设计需要进行布置，能够通过安装支架进行调整。

4.1.5 采光顶的分格是建筑设计的重要内容，设计者除了考虑外观效果外，必须综合考虑室内空间组合、功能、视觉以及加工条件等多方面的要求。玻璃分格设计合理有利于提高玻璃的出材率，能够减低工程总体成本。采光顶用光伏玻璃不但需考虑外观效果、玻璃的出材率，还需考虑太阳能电池片数量的组合和光伏玻璃整体的透光率、发电效率、电气安全和结构安全。金属屋面外设光伏组件一般均采用厂家的标准光伏组件。

4.1.6 工程经验表明，严寒和寒冷地区采光顶如果出现冷凝水，往往很难处理，给采光顶的使用带来不便，常用的解决办法是设置冷凝水的排放系统。为满足冬季除冰雪需要，可设置电热式融雪和除冰设备。

4.1.7 采光顶与金属屋面作为建筑的外围护结构，本身要求具有良好的密封性。如果透光部分的开启窗设置过多、开启面积过大，既增加了采暖空调的能耗、影响整体效果，又增加了雨水渗漏的可能性。实际工程中，开启扇的设置数量，应兼顾建筑使用功能、美观和节能环保的要求。

采光顶与金属屋面的开启设置通常还具有消防和排烟作用，因此有消防功能的开启窗应实现与消防系统联动。

4.1.8 采光顶的设计应满足维护和清洗的需要。采光顶位于建筑顶面，空气中的灰尘及油污会落到表面上，需要清洗。因此建筑物要具备维护清洗的条件。

4.1.10 在周围温度较高时，光伏电池的发电效率降低较快。通过降温的方法，可避免环境温度过高，确保光伏电池能够正常工作。

4.2 性能和检测要求

4.2.1 建筑物的物理性能和建筑物的功能、重要性等有关，采光顶、金属屋面的性能应根据建筑物的高度、体形、建筑物所在的地理、气候、环境等条件以及建筑物的使用功能要求进行设计。如沿海或经常有台风地区，采光顶、金属屋面的抗风压性能和水密性能要求高些，而风沙较大地区则要求采光顶、金属屋面的抗风压性能和气密性能高些，对于严寒、寒冷地区和炎热地区则要求采光顶、金属屋面的保温、隔热性能良好。

4.2.2 单根构件的挠度控制是正常使用状态下的功能要求，不涉及结构的安全，加之所采用的风荷载又是 50 年一遇的最大值，发生的机会较少，所以不宜控制过严，避免由于挠度控制要求而使材料用量增加太多。隐框玻璃板的副框，一般采用金属件多点连接在支承梁上；明框玻璃板与支承梁间有弹性嵌缝条或密封胶。因此支承梁变形后对玻璃的支承状况改变不大。试验表明，支承梁挠度达到跨度 1/180 时，玻璃的工作仍是正常的。因此，对铝型材的挠度控制值定为 1/180。钢型材强度较高，其挠度控制则可以稍严一些。

铝合金面板挠度限值与现行国家标准《铝合金结构设计规范》GB 50429 取值一致，钢面板挠度限值与现行国家标准《冷弯薄壁型钢结构技术规范》GB 50018 取值一致。

简支矩形和点支承矩形玻璃面板的挠度限值与现行行业标准《玻璃幕墙工程技术规范》JGJ 102 基本一致。简支三角形和点支承三角形的挠度限值是在近些年工程经验和实验室检测的基础上总结提出的结果。

本规程仅对相对挠度提出指标要求，对绝对挠度量未进行规定。

4.2.3 在现行国家标准《建筑幕墙》GB/T 21086 中对采光顶与金属屋面水密、气密、热工、空气声隔声等性能要求及分级有规定，但针对金属屋面的检测没有给出明确的规定，因此金属屋面的性能试验应按照本规程附录 A 的规定执行。附录 A 中的方法结合我国的实际情况，按照现行国家标准《建筑幕墙》GB/T 21086 的分级要求，主要采用《建筑幕墙气密、水密、抗风压性能检测方法》GB/T 15227 的试验方法和试验步骤进行编制。本方法还参考了美国标准《室外金属屋面板系统气密性检测标准方法》ASTM E 1680-95（2003 版）、《均匀静压下室外金属屋面板系统水密性检测标准方法》ASTM E 1646-95（2003 版）和《均匀静压下薄金属屋面板系统和边板系统结构性检测标准方法》ASTM E 1592-01 等先进标准。在美国标准《室外金属屋面板系统气密性检测标准方法》ASTM E 1680 中规定，淋水量为 3.4L/（m² · min），是不变的定值，在国家标准《建筑幕墙气密、水密、抗风压性能检测方法》GB/T 15227 中，规定沿海地区为 4L/（m² · min），其他地区为 3L/（m² · min）。可见美国标准和我国标准规定的淋水量数值差别不大，因此本条继续沿用 GB/T 15227 关于淋水量数值的规定。

4.2.4 气密性直接影响采光顶与金属屋面的热工性能，因此在有采暖、空气调节和通风要求的建筑物中，应对气密性提出要求，应符合现行国家标准《公共建筑节能设计标准》GB 50189 和《建筑幕墙》GB/T 21086 的相关规定。试验表明，金属屋面普遍存在气密性较差的问题，与国外的构造相比，在气密设计上存在差距。

4.2.5 水密性关系到采光顶、金属屋面的使用功能和寿命。水密性要求与建筑物的重要性、使用功能以及所在地的气候条件有关。本条的规定与《建筑幕墙》GB/T 21086-2007、《玻璃幕墙工程技术规范》JGJ 102-2003 略有差别。本条公式中的系数 1000 为"kN/m²"和"Pa"的换算系数。

根据现行国家标准《建筑结构荷载规范》GB 50009 的规定，屋面所受风压会比建筑幕墙小许多，并且背风面为负压区。例如，封闭式双坡屋面，与水平面夹角不大于 15°时迎风屋面 $\mu_s = -0.6$，背风屋面 $\mu_s = -0.5$，而对于落地双坡屋面，迎风屋面 $\mu_s = 0.1$，背风屋面 $\mu_s = -0.5$，这样水密性指标值（绝对值）要比幕墙取 $\mu_s = 1.2$ 小很多。由于屋面在正风压和负风压下均会发生雨水渗漏，但正风压可能更不利一些。正是因为这些原因，使得屋面水密性指标的确定变得相当复杂，尤其对于复杂曲面、波浪形屋面这一指标将无法准确确定。

美国标准《均匀静压下室外金属屋面板系统水密性检测标准方法》ASTM E 1646-95（2003 版）规定：对与水平面夹角不大于 30°的屋面，其水密性测试压力差为 137Pa，对于与水平面夹角大于 30°的屋面按屋面设计风压的 20%确定压力差值，并不得超过 575Pa。经过综合分析并参考 ASTM E 1646 的相关规定，本规程规定采光顶、金属屋面的水密性能指标至少达到 150Pa，易受热带风暴和台风袭击的地区，水密性能指标不应小于 200Pa。

在沿海受热带风暴和台风袭击的地区，大风多同时伴有大雨。而其他地区刮大风时很少下雨，下雨时风又不是最大。所以本规程提出其他地区可按本条公式计算值的 75% 进行设计。由于采光顶、金属屋面面积大，一旦漏雨后不易处理。

采光顶、金属屋面设计时，透光部分开启窗的水密性等级与其他部分的要求相同。

热带风暴和台风多发地区，是指《建筑气候区划标准》GB 50178－1993 中的 ⅢA 和 ⅣA 地区。

4.2.7 采光顶与金属屋面的隔声性能应根据建筑的使用功能和环境条件进行设计。不同功能的建筑所允许的噪声等级可根据现行国家标准《民用建筑隔声设计规范》GB 50118 的规定确定。聚碳酸酯属轻质材料，在雨水撞击情况下，会产生较大的噪声，因此对声环境要求较高的建筑须经过雨噪声测试，满足设计要求后方可采用。清华大学对中国国家游泳馆进行过雨噪声的测试，较好地解决了声环境的设计问题。

4.2.9 采光顶为外围护结构，不分担主体结构所受荷载与作用。当其面板跨越主体结构的伸缩缝、沉降缝及抗震缝等变形缝时，容易出现破坏、漏水等现象，因此尽量避免跨越主体结构变形缝。如必须跨越时，应在采光顶上采取构造措施，以适应主体结构的变形，避免发生不必要的破坏或渗漏。

4.2.10 金属屋面风掀破坏比较常见，为验证金属屋面的设计，本规程引入抗风掀试验方法。中国建筑科学研究院已经采用本方法对多项金属屋面工程实施了检验，效果比较好。由于我国在抗风掀试验方面的研究比较少，因此本规程附录 B 主要参考美国标准《Tests for Uplift Resistance of Roof Assemblies》UL580－2006 进行制定。

4.2.11 抗风压性能、气密性能和水密性能是采光顶与金属屋面的物理性能的重要指标，需要通过检测进行验证，因此应进行检测。对于有建筑节能要求的建筑，尚应进行热工性能检测。

4.2.12 按照规定，采光顶与金属屋面性能的检测应该由经过国家实验室认可委员会认可的检测机构实施。由于性能检测是工程设计验证性检测，因此检测试件的结构、材质、构造、安装工艺等均应与实际工程相符。但考虑到在有些情况下，由于试件尺度太大，或者有些安装方法在试验室没有办法实现，试件不能完全符合实际情况，此时应由建设单位、建筑设计人员、监理人员和行业有关专家共同确定。

4.2.13 采光顶与金属屋面性能检测中，由于非设计原因如安装施工的缺陷，使某项性能未达到规定要求的情况时有发生。这些缺陷通过改进施工安装工艺是有可能弥补的，故允许对安装施工工艺进行改进，修补缺陷后重新检测，以节省人力、物力。在设计或材料缺陷造成采光顶与金属屋面性能达不到要求时，应修改设计或更换材料，重新制作试件，另行检测。检测报告中说明有关修补或更改的内容。

4.3 排 水 设 计

4.3.2 屋面雨水排水系统的设计重现期，应根据建筑物的重要程度、汇水区域性质、气象特征等因素确定。由于系统的水力计算中充分利用了雨水水头，系统的流量负荷有预留排除超设计重现期雨水的能力，对重要公共建筑物屋面、生产工艺不允许渗漏的工业厂房屋面采用的设计重现期取值不宜小。本条规定与现行国家标准《建筑给水排水设计规范》GB 50015 的规定基本一致。

4.3.4 对于大型屋面，宜设 2 组独立排水系统，以提高安全度。

4.3.6 为提高采光顶、直立锁边金属屋面和金属平板金属屋面排水的可靠性，本规程规定其排水坡度不应小于 3%。当采光顶玻璃面板在自重作用下形成"锅底"，可能导致积水、积灰时，可适当加大采光顶排水坡度；当金属屋面系统的排水设计能力较差或搭接处容易渗漏时，可适当加大金属屋面的排水坡度；在沿海等降雨强度较大地区，可能导致采光顶与金属屋面漏水时，可适当加大其排水坡度。

4.3.8 在排水天沟内侧设柔性防水层的主要作用是防止天沟金属板材料在焊接或搭接时产生孔隙而出现漏水现象，同时也可以防止水流噪声，提高防腐性能，有效地提高天沟的使用寿命。

4.4 防雷、防火与通风

4.4.2 采光顶和金属屋面是附属于主体建筑的围护结构，其金属框架一般不单独作防雷接地，而是利用主体结构的防雷体系，与建筑本身的防雷设计相结合，因此要求应与主体结构的防雷体系可靠连接，并保持导电通畅。压顶板体系（避雷带）应与主体结构屋顶的防雷系统有效的连通。金属屋面可按要求设置接闪器，也可以利用其面板作为接闪器。

4.4.4 根据公安部、住房和城乡建设部联合发布的《民用建筑外保温系统及外墙装饰防火暂行规定》（公通字［2009］46 号）的文件精神："屋顶与外墙交界处、屋顶开口部位四周的保温层，应采用宽度不小于 500mm 的 A 级保温材料设置水平防火隔离带。"制定本条文。

4.4.6 为了避免两个防火分区因玻璃破碎而相通，造成火势迅速蔓延，因此同一玻璃面板不宜跨越两个防火分区。采光顶用防火玻璃主要包括单片防火玻璃，以及由单片防火玻璃加工成的中空、夹层玻璃等制品。

4.5 节 能 设 计

4.5.1 现行国家标准《公共建筑节能设计标准》GB 50189 针对公共建筑围护结构包括屋面、屋面透明部分提出强制规定，因此公共建筑采光顶与金属屋面的热工设计必须符合其要求。

居住建筑较少采用采光顶、金属屋面，因此在现行行业标准《严寒和寒冷地区居住建筑节能设计标准》JGJ 26、《夏热冬冷地区居住建筑节能设计标准》JGJ 134、《夏热冬暖地区居住建筑节能设计标准》JGJ 75 尚未对透明屋面（采光顶）作出具体规定，但针对屋面提出较高要求。金属屋面是比较理想的屋面维护结构，性能优异，应满足不同地区居住建筑节能设计标准的要求。

4.5.5 在冬季采暖的地区，采光顶、金属屋面的室内外温差会比较大。如果在设计中不注意热桥的处理，就很容易出现结露现象。采光顶的防结露设计应根据现行国家标准《民用建筑热工设计规范》GB 50176 进行。其他地区相对而言对结露的要求不高，暂未提出要求。

金属屋面通常被设计成面板部分开放式构造，容许水蒸气排出，但如果未设计隔汽层，则水蒸气会进入室内，或者室内的水蒸气也会进入屋面系统内部，对系统材料（如保温棉）进行破坏，从而影响金属屋面的正常使用，因此应设置隔汽层，一般应铺设于保温层下方。

4.6 光伏系统设计

4.6.4 人员有可能接触或接近的、高于直流 50V 或 240W 以上的系统属于应用等级 A，适用于应用等级 A 的设备被认为是满足安全等级 Ⅱ 要求的设备，即 Ⅱ 类设备。当光伏系统从交流侧断开后，直流侧的设备仍有可能带电，因此，光伏系统直流侧应设置必要的触电警示和防止触电的安全措施。

4.6.5 光伏组件的光电转换效率是光伏系统发电量的关键影响因素。因此本条对建筑上应用的光伏组件的转换效率提出要求。为了便于建筑工程中对光伏组件进行复检，采用电池片有效面积即实际上电池片的总面积来进行计算。超白玻璃太阳光透射率与玻璃类型、厚度相关，可按超白玻璃产品标准确定。系数 0.97 是考虑光伏组件封装过程的效率损失。

4.6.6 现行国家标准《光伏（PV）组件紫外试验》GB/T 19394 和《光伏组件盐雾腐蚀试验》GB/T 18912 对光伏组件的耐久性试验提出明确要求，本规程的试验指标就是根据这两个试验标准制定的。

根据工程的数据统计，建筑上应用的光伏组件在 20 年内输出功率衰减一般不超过初始测试值的 20%。

5 结构设计基本规定

5.1 一般规定

5.1.1 采光顶和金属屋面是建筑物的外围护结构的一部分，主要承受直接作用其上的风荷载、重力荷载（积灰荷载、雪荷载、活荷载和自重）、地震作用、温度作用等，不分担主体结构承受的荷载和地震作用。采光顶和金属屋面结构体系应满足承载能力极限状态和正常使用极限状态的基本要求。

面板与支承结构之间、支承结构与主体结构之间，应有足够的变形能力，以适应主体结构的变形；当主体结构在外荷载作用下产生变形时，不应使构件产生强度破坏和不能允许的变形。

采光顶和金属屋面的主体结构（如大梁、屋架、桁架、板架、网架、索结构等）设计应符合国家现行有关标准的要求，本规程不作具体要求。

5.1.2 面板以及与面板直接连接的支承结构（主梁、次梁等）的受载面积小、影响面小，可按维护结构考虑，属于现行国家标准《建筑结构可靠度设计统一标准》GB 50068 中所说的"易于替换的结构构件"，因此其结构设计使用年限不应低于 25 年。间接支承面板的支承结构是大跨度、重载的屋面主要结构（如支承檩条的大梁、屋架、网架、索结构等），基本属于主体结构的范畴，其结构设计使用年限应与主体结构相同。

5.1.3 直接与面板连接的支承结构，一般是钢结构构件、铝合金结构构件，其结构设计应符合国家本条相关标准的规定。

5.1.4 重力荷载和风荷载是屋面结构承受的最主要荷载，结构设计应考虑这些荷载的组合及效应计算；在抗震设防地区，由于采光顶和金属屋面的面板和直接连接的支承结构一般尺度较小、重量较轻，地震作用相对风荷载一般较小，承载力和挠度验算时可忽略其作用。但在构造设计上适当加以考虑，以保证其抗震性能；温度等非荷载作用涉及温度场及适宜的分析方法，本规程没有给出明确的设计方法，当需要考虑时，应按国家有关标准的规定进行结构计算分析和设计。

5.1.5 对非抗震设防的地区，只需考虑风荷载以及积灰荷载、雪荷载、屋面活荷载、结构自重等重力荷载，必要时应考虑温度作用；对抗震设防的地区，尚应考虑地震作用影响。目前，结构抗震设计的标准是小震下保持弹性，基本不产生损坏。在这种情况下，构件也基本处于弹性工作状态。因此，本规程中有关构件的内力和挠度计算均可采用弹性方法进行。对变形较大的场合（如尺度较大的金属面板、玻璃面板等），宜考虑几何非线性的影响。

在采光顶和金属屋面工程中，温度变化引起的对面板、胶缝和支承结构的作用效应是存在的。温度作用的影响一般可通过建筑或结构构造措施解决，而不一一进行计算，实践证明是简单、可行的办法。对温度变化比较敏感的工程，在设计计算和构造处理上应采取必要的措施，避免因温度应力造成构件破坏。

5.1.6 采光顶和金属屋面结构构件类型较多，主要承受重力荷载（活荷载、雪荷载、自重荷载等）、风荷载和温度作用，应分别进行承载力和挠度分析和设计。

承载力极限状态设计时，应考虑作用或作用效应组合；正常使用极限状态设计时，应考虑作用或作用效应的标准组合或频遇组合，此时，作用的分项系数均取 1.0。本条给出的承载力设计表达式具有通用意义，作用效应设计值 S 可以是内力或应力，承载力设计值 R 可以是构件的承载力设计值或材料强度设计值。

结构或结构构件的重要性系数 γ_0，主要考虑因素是结构或结构构件破坏后果的严重程度，应按结构构件的安全等级和不同结构的工程经验确定。采光顶和金属屋面属于建筑的外围护结构，其重要程度和破坏后果的严重程度通常低于主体结构。除预埋件之外，其余构件的安全等级一般不超过二级，按现行国家标准《建筑结构可靠度设计统一标准》GB 50068 的有关规定可取为 0.95；但是，采光顶和金属屋面大多用于大型公共建筑，正常使用中不允许发生破坏，而且对于玻璃面板而言，其破坏后坠落的后果还是比较严重的，因此，本条规定采光顶和金属屋面结构的重要性系数 γ_0 取 1.0，是比较妥当的。

采光顶和金属屋面面板及金属构件（如主梁、次梁）习惯上不采用内力设计表达式，所以在本规程的相关条文中直接采用与钢结构、铝合金结构设计相似的应力表达形式；预埋件设计时，则采用内力表达形式。采用应力设计表达式时，计算应力所采用的内力（如弯矩、轴力、剪力等），应采用作用效应的基本组合，并取最不利组合进行设计。

和一般幕墙结构不同，采光顶和金属屋面的重力荷载、风荷载、竖向地震作用或作用分量往往不在同一方向上，所以在变形（挠度）控制时，应考虑不同作用的标准组合，以最不利组合效应进行变形控制。

5.2 材料力学性能

5.2.12 聚碳酸酯中空板形式多样，自重也各不相同，本规程根据聚碳酸酯板材供应企业公布的数据进行整理，取各家重量较大的列入表 5.2.12-3，因此采用该表进行计算时，偏于保守，较为安全。

5.3 作 用

5.3.4 采光顶玻璃活荷载按现行行业标准《建筑玻璃应用技术规程》JGJ 113 的规定执行。本条金属屋面的活荷载参照采用美国标准《结构直立锁边铝屋面板系统规范》ASTM E1637 的规定确定。

6 面板及支承构件设计

6.1 框支承玻璃面板

6.1.1 采光顶玻璃承受屋面荷载的作用，其厚度不宜过小，以保证安全。从近几年采光顶工程设计和施工经验来看，单片玻璃 6mm 的最小厚度是合适的。夹层玻璃的各片玻璃是共同受力的，厚度可以略小。如果夹层玻璃和中空玻璃的各片玻璃厚度相差过大，则玻璃受力大小会过于悬殊，容易因受力不均匀而发生破裂。

6.1.2 采光顶用单片钢化玻璃和夹层钢化玻璃都不是绝对安全的。钢化玻璃（包括钢化中空玻璃）存在自爆的危险，近年来采光顶钢化玻璃自爆事件频发，有些还产生对人身和财物的伤害。夹层钢化玻璃自爆后虽然不会飞溅伤人，但如果设计、施工不当，也会整片向下弯曲后从胶缝处破断或从框架中拔出，整体落下，形成更严重的威胁。

当采光顶高度不大时，例如 3m 以下，可以采用单片钢化玻璃。

半钢化夹层玻璃或平板夹层玻璃破裂机会少，而且一旦破裂，形成玻璃碎块较大，可以由边框夹持或胶缝粘结，不会变形下垂，避免了整片落下的危险。

夹丝玻璃在民用建筑采光顶中一般不采用，主要是由于不美观、金属丝在边缘处易生锈污染玻璃。

6.1.3 玻璃切割后边缘留下许多微小裂纹和缺陷会产生应力集中现象，这是采光顶玻璃热炸裂和自爆的诱发因素，因此玻璃应进行细磨和倒棱，消除这些微裂缝和缺陷。

6.1.4 为防止玻璃面板受温度影响而破坏，玻璃面板应进行热应力、热变形设计计算，玻璃面板的缝宽应满足面板温度变形和主体结构位移的要求，并在嵌缝材料的受力和变形的承受范围之内。根据现行行业标准《建筑玻璃应用技术规程》JGJ 113 的规定，半钢化玻璃和钢化玻璃可不进行热应力计算。

6.1.5 框支承玻璃在垂直于面板的荷载作用下，受力状态与周边支承板类似，可按周边简支边界条件计算其跨中最大弯矩、最大应力和最大挠度。

玻璃面板的应力和挠度应采用弹性力学方法计算较为合适，精确计算宜采用考虑几何非线性的有限元法进行，目前有较多的有限元计算软件可供选择。但为了方便使用，本规程也提供了简单易行且计算精度可满足工程设计要求的简化设计方法，即周边支承面板弹性小挠度应力、挠度计算公式，为考虑与大挠度分析方法计算结果的差异，采用折减系数的方法将应力、挠度计算值予以折减。本规程附录 C 中表 C.3.2、表 C.4.2-1 和表 C.4.2-2 采用小挠度有限元法计算。在实际应用时，表中数据可内插或外插进行。《点支式玻璃幕墙工程技术规程》CECS127-2001有与本规程附录 C 中表 C.3.2 接近的计算数据。《Tables for the Analysis of Plates, Slabs and Diaphragms based on the Elastic Theory》（R. Bares, 1979）有与本规程附录 C 中表 C.4.2-1 和表 C.4.2-2 接近的计算数据。

在进行构件承载力计算时，采用相同方向荷载组合设计值计算构件的最大应力设计值。

玻璃是脆性材料，表面存在着大量的微观裂纹，在永久荷载作用下，微观裂缝会不断扩展，使其承载力明显下降。采光顶玻璃长期受重力作用，因此计算时强度设计值应采用玻璃中部强度设计值。

6.1.7 夹层玻璃用胶片的力学性能较玻璃相差很远。一般认为，当 $G \geqslant 20$ N/mm² 时，夹层玻璃的承载力与等厚的整片玻璃相同。因此，由 PVB 夹层玻璃按各片玻璃承载力之和计算，不考虑其整体工作。离子型胶片（SGP）夹层的玻璃在 40℃ 以下，承受短期荷载时，是可以考虑其整截面工作的。但由于离子型胶片在国内刚开始应用，经验很少，所以本条中未列入 SGP 的夹层玻璃计算方法。

本条规定与 JGJ 102 - 2003 基本一致，美国 ASTM E1300 标准有相同的规定。

6.1.8 中空玻璃的各片玻璃之间有气体层，直接承受荷载的正面玻璃的挠度一般略大于间接承受荷载的其他玻璃的挠度，分配的荷载也略大一些。为保证安全和简化设计，将正面玻璃分配的荷载加大 10%，这与本规程编制组关于中空玻璃的试验结果相近，也与美国 ASTM E1300 标准的计算原则相接近。

考虑到直接承受荷载的玻璃挠度大于按各片玻璃等挠度原则计算的挠度值，所以中空玻璃的等效厚度 t_e 考虑折减系数 0.95。

6.2 点支承玻璃面板

6.2.1 四点支承板为比较常见的连接形式，优势比较明显，工程应用经验比较丰富。而对六点支承板，支承点的增加使承载力没有显著提高，但跨中挠度可大大减小。所以，一般情况下宜采用单块四点支承玻璃；当挠度过大时，可采用六点支承板。

点支承面板采用开孔支承装置时，玻璃板在孔边会产生较高的应力集中。为防止破坏，孔洞距板边不宜太近。此距离应视面板尺寸、板厚和荷载大小而定，一般情况下孔边到板边的距离有两种限制方法：一种是板边距离法，即是本条的规定，另一种是按板厚的倍数规定。这两种方法的限值是大致相当的。孔边距为 70mm 时，可以采用爪长较小的 200 系列钢爪支承装置。

6.2.2 点支承玻璃在支承部位应力集中明显，受力复杂。因此点支承玻璃的厚度应具有比框支承玻璃更严格的要求。

6.2.3 中空玻璃的干燥气体层要求更严格的密封条件，防止漏气后中空内壁结露，为此常采用多道密封措施。工程中通常采用金属夹板夹持中空玻璃的方法，避免在中空玻璃上穿孔。

6.2.4 点支承玻璃可按多点支承弹性薄板进行应力计算，计算时宜考虑大挠度变形的影响。其计算公式与框支承面板类似（参见本规程 6.1.5～6.1.8 条的条文说明），只是采用的计算系数值不同。

本规程附录 C 中给出相应的弯矩系数和挠度系数数值，针对四孔支承面板给出相同孔边距时的数据，同时保留对应四角点支承板的数据，可在进行夹板式支承面板设计时使用。

6.4 金属平板

6.4.1 单层铝板和铝塑复合板一般通过四周折边增大板的刚度，而且可以避免铝塑复合板的芯材在大气中外露。一般情况下，采用螺钉或不锈钢抽芯铆钉连接，在折边中心线开孔，折边高度 20mm 能够满足 JGJ/T 139 - 2001 中"连接件孔距不应小于开孔宽度的 1.5 倍"和本规程的规定。目前，一些工程中也采用铝塑复合板不折边而附加铝型材的办法，此时，铝塑复合板应镶入铝内。铝蜂窝复合板可以采用折边、将面板弯折后包封板边、采用密封胶封边的做法。采用开缝构造设计时尤其注意采取措施防止板芯直接外露。

6.4.2 金属平板较薄，必要时应设置加强肋增加其刚度并保持板面平整。作为面板的支承边时，加强肋是面板区格的不动支座，所以应保证中肋与边肋、中肋与中肋的可靠连接，满足传力要求。一些工程中，中肋只考虑用作保证面板平整，不作为面板支承边，此时，中肋只与面板连接，不与边肋或单层铝板的板边连接，中肋两端处于无支座的浮动状态，无法作为区格面板的支承边，此时，面板计算时不宜考虑中肋的支承边作用。

6.4.3 金属板材的周边，无论有无边肋，均可以产生转动，所以计算时，可以作为简支边考虑；通常荷载或作用是均匀分布的，中肋两侧的板区格同时受力，当跨度相等或接近时，基本上不发生明显的板面转动，计算时可作为固定边考虑。当采用非线性有限元方法计算带肋面板时，边肋的约束条件可以考虑为垂直于板面方向的线位移为零。

弹性薄板的计算公式为：

$$\sigma = \frac{6mqa^2}{t^2} \tag{1}$$

$$d_f = \frac{\mu qa^4}{D} \tag{2}$$

上述公式是假定板的变形为小挠度，板只承受弯曲作用，只产生弯曲应力而面内薄膜应力可忽略不计。因此，公式的适用范围是挠度不大于板厚（即 $d_f \leqslant t$）。

当面板的挠度大于板厚时，该计算公式将会产生显著的误差，即计算得到的应力 σ 和挠度 d_f 比实际情况大，而且随着挠度与板厚之比加大，计算的应力和挠度会偏大到工程不可接受的程度，失去了计算的意义。按偏大的计算结果设计板材，不仅会使材料用量大大增多，而且规定的应力和挠度控制条件也失去了意义。

通常金属面板的挠度都允许到边长的 1/60，对于区格边长为 500mm、厚度为 3mm 的铝板，挠度允许值 8mm 已超过板厚的 2 倍，此时应力、挠度的计算值比实际值大 50%～80%。用计算挠度 d_f 小于边长的 1/60 来控制，与预期的控制值相比严了许多。承载力计算也有类似情况。

为此，对于金属面板计算，应对现行小挠度条件下的应力和挠度计算结果考虑适当折减（参照本规程第6.1.6 条、6.1.7 条条文说明）。

英国 B. Aalami 和 D. G. Williams 对不同边界的矩形薄板进行了系统计算，详见本规程第 6.1.5 条条文说明，据此编制了本规程正文表 6.4.3。具体数值对比见本规程第 6.1.5 条条文说明。

由本规程第 6.1.5 条条文说明可知，修正系数 η 随 θ 下降很快，即按小挠度公式计算的应力量挠度可以折减很多。为安全稳妥，在编制表 6.4.3 时，取了较计算结果偏大的数值，留有充分的余地。同样在计算板的挠度 d_f 时，也宜考虑类似的折减系数 η，见本规程第 6.1.5 条条文说明。

由于板的应力与挠度计算中，泊松比 ν 的影响很有限，折减系数 η 原则上也近似适用于不同金属板的应力和挠度计算。

铝塑复合板和铝蜂窝复合板为三层夹芯板，各层材料的力学性能不同，进行应力和挠度计算时，板的力学特性由等效截面模量 W_e 和等效刚度 D_e 表达。W_e 和 D_e 由夹层板的弯曲试验得出。在计算其参数 θ 值时，公式（6.4.3-4）的分母应采用 Et^3，也可近似用 $11.2D_e t_e$ 代替，此处 ν 采用 0.25。

6.5 压型金属板

6.5.1 金属屋面用压型板通常采用铝合金板、不锈钢板、钛锌板等，目前比较成熟的压型板有：直立锁边系统（适用于板宽 600mm 以内、厚度 1.0mm 以内的各种金属板）、有立边叠合系统（适用于宽度 1000mm 以内的各种金属板，板厚 0.8mm～1.0mm）、扣盖系统（适用于板厚 0.8mm～1.0mm、板宽 600mm 以内）、平锁扣系统（适用于板厚 0.8mm～1.2mm、板宽 600mm 以内）等。

6.5.2 现行国家标准《铝合金结构设计规范》GB 50429 对铝合金面板作出了专门的设计规定，《冷弯薄壁型钢结构技术规范》GB 50018 对钢面板作出了专门的设计规定，本条直接予以引用。

6.5.3 集中荷载 F 作用下的屋面面板计算与板型、尺寸等有关，目前尚无精确的计算方法，一般根据试验结果确定。规程给出的将集中荷载 F 沿板宽方向折算成均布线荷载 q_{re}（公式 6.5.3）是一个近似的简化公式，式中折算系数 η 由试验确定，若无试验资料，可取 $\eta=0.5$，即近似假定集中荷载 F 由两个槽口承受，这对于多数板型是偏于安全的。

屋面板上的集中荷载主要是施工或使用期间的检修荷载。按我国荷载规范规定，屋面板施工或检修荷载 $F=1.0\text{kN}$；验算时，荷载 F 不乘以荷载分项系数，除自重外，不与其他荷载组合。但如果集中荷载超过 1.0kN，则应按实际情况取用。

6.5.5 T 形支座和面板的连接强度受材料性质及连接构造等许多因素影响，目前尚无精确的计算理论，需根据试验分别确定面板在受面外拉力和压力作用下的连接强度。T 形支座的间距应经计算确定，满足屋面所受作用的要求，且不宜超过 1600mm。

6.5.6 公式（6.5.6-1）和（6.5.6-2）分别为腹板弹塑性和弹性剪切屈曲临界应力设计值，与现行国家标准《铝合金结构设计规范》GB 50429 的规定一致。公式（6.5.6-3）和（6.5.6-4）与现行国家标准《冷弯薄壁型钢结构技术规范》GB 50018 的规定一致。

6.5.7 腹板局部承压涉及因素较多，很难精确分析。本公式取自现行国家标准《铝合金结构设计规范》GB 50429 和《冷弯薄壁型钢结构技术规范》GB 50018，并和欧洲规范相同。

6.5.8 本公式取自现行国家标准《铝合金结构设计规范》GB 50429 和《冷弯薄壁型钢结构技术规范》GB 50018，并和欧洲规范相同。

6.5.10 公式（6.5.10-1）和（6.5.10-2）取自现行国家标准《铝合金结构设计规范》GB 50429。

6.5.12 屋面板 T 形支座的稳定性可按等截面模型进行简化计算。支座端部受到板面的侧向支撑，根据面板侧向支撑情况，支座的计算长度系数的理论值范围为 0.7～2.0。同济大学进行的 0.9mm 厚 65mm 高 400mm 宽的铝合金面板试验中，量测了 T 形支座破坏时的支座反力值，表 1 为按本规程公式计算得到的承载力标准值（取 μ 为 1.0，f 为 $f_{0.2}$）和试验值。考虑到试验得到的支座破坏数据有限，而板厚、板型对支座侧向支撑的影响又比较复杂，本规程建议根据试验确定计算长度值。

表 1　T 形支座承载力标准值和试验值的比较（kN）

	承载力标准值 μ 取 1.0	试 验 值					
		1	2	3	4	5	6
承载力	6.38	6.585	5.819	6.154	6.341	5.15	5.29
状态	—	破坏	未破坏	未破坏	未破坏	未破坏	未破坏

6.6 支承结构设计

6.6.2 单根支承构件指梁、斜柱、拱等简单的支承结构，受弯薄壁金属梁的截面存在局部稳定问题，为防止产生压应力区的局部屈曲，通常可按下列方法之一加以限制：

1 规定最小壁厚 t_{min} 和规定最大宽厚比；

2 对抗压强度设计值或允许应力予以降低。

钢型材最小壁厚的限值均小于现行国家标准《六角螺母 C 级》GB/T 41 和《六角薄螺母》GB/T 6172.1 中螺纹规格 D 为 M5 的螺母厚度尺寸，应验算螺纹强度，保证连接强度。

6.7 硅酮结构密封胶

6.7.1 硅酮结构密封胶承受荷载和作用产生的应力大小，关系到构件的安全，对结构胶必须进行承载力验算，而且保证最小的粘结宽度和厚度。隐框玻璃板材的结构胶粘结宽度一般应大于其厚度。

6.7.2 硅酮结构密封胶缝应进行受拉和受剪承载能力极限状态验算，习惯上采用应力表达式。计算应力设计值时，应根据受力状态，考虑作用效应的基本组合。具体的计算方法应符合本规程有关条文的规定。采光顶、金属屋面与幕墙的荷载方式略有不同，考虑强度计算的适用性，本规程取值尽量与现行行业标准《玻璃幕墙工程技术规范》JGJ 102 保持一致。

现行国家标准《建筑用硅酮结构密封胶》GB 16776 中，规定了硅酮结构密封胶的拉伸强度值不低于 0.6N/mm²。在风荷载或地震作用下，硅酮结构密封胶的总安全系数不小于 4，套用概率极限状态设计方法，风荷载分项系数取 1.4，地震作用分项系数取 1.3，则其强度设计值 f_1 约为 0.21N/m² ~ 0.195N/m²，本规程取为 0.2N/m²，此时材料分项系数约为 3.0。在永久荷载（重力荷载）作用下，硅酮结构密封胶的强度设计值 f_2 取为风荷载作用下强度设计值的 1/20，即 0.01N/mm²。

目前生产厂家已生产了强度大于 1.2N/mm² 的高强度结构胶，并在高层建筑、9 度设防地区建筑、索网采光顶中应用。有依据时所采用的高强度结构胶的强度设计值可适当提高。

6.7.3 隐框玻璃面板与副框间硅酮结构密封胶的粘结宽度应根据玻璃面板的厚度、规格等因素综合考虑，具体方法是：

1 在玻璃面板较小或厚度较厚，玻璃发生弯曲变形很小时，可近似认为玻璃面板为刚性板，则胶缝受力比较均匀，共同受力，可以直接用周长进行计算。

2 当玻璃有较大变形时，胶缝的受力不均匀，目前被普遍认可的理论是梯形荷载分配理论。

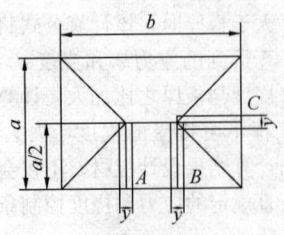

图 1 矩形面板胶缝宽度计算简图

以矩形为例，a、b 分别为矩形的高和宽，以四个顶点作角平分线，见图 1。则 A、B 和 C 处的胶缝所承受的荷载基本相等，如果取相当小的长度 y，则荷载可表示为 $\frac{qya}{2}$，此处胶缝的承载能力为 $f_1 y C_s$。

因此 $f_1 y C_s = qya/2$。即 $C_s = \dfrac{qa}{2f_1}$。

采用类似的理论，分别可以推导出圆形、梯形和三角形的胶缝宽度计算公式（见图 2）。

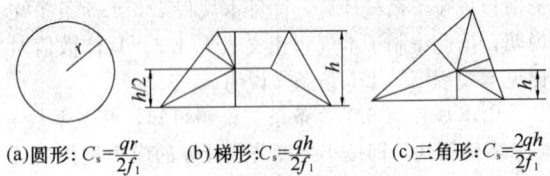

(a)圆形：$C_s = \dfrac{qr}{2f_1}$ (b)梯形：$C_s = \dfrac{qh}{2f_1}$ (c)三角形：$C_s = \dfrac{2qh}{2f_1}$

图 2 圆形、梯形和三角形面板
胶缝宽度计算简图

任意四边性可补足成三角形，并按三角形的方法进行计算。

本条规定与美国标准《Standard Guide for Structural Sealant Glazing》ASTM C1401-09a 的规定基本一致。

3 沿面板平面内方向，重力荷载会产生切向分力，应进行验算。

6.7.4 结构胶所承受应力的标准值不应大于 $0.7f_1$，此时对应的伸长率为 δ，在此伸长率下，结构胶沿厚度产生的最大位移应能满足胶缝变形的要求。本条规定与现行行业标准《玻璃幕墙工程技术规范》JGJ 102 一致。

硅酮结构密封胶承受永久荷载的能力较低，而且会有明显的变形，所以工程中一般在长期受力部位应设金属件支承，倒挂的玻璃也采用类似的金属安全件。

6.7.5 本条参考《Guideline For European Technical Approval For Structural Sealant Glazing Systems（SSGS）Part 1：Supported And Unsupported Systems》ETAG E002：2001 附录 2 的规定制定，对于较小的单元或非矩形尚应考虑气候的影响。

7 构造及连接设计

7.1 一般规定

7.1.1 采光顶与金属屋面的连接节点种类很多,如中部节点、边部节点、交叉面节点、檐口节点等。各种连接节点的功能不同,其连接方式和构造都有很大的差异。但不论采用何种形式的连接,都必须保证采光顶与金属屋面在使用过程中能够承受并可靠传递屋面的荷载或作用。

7.1.4 构造缝设计应能够适应主体结构的变形要求,并不得降低该部位的气密性、水密性、抗风压性能和保温性能等要求。

7.1.6 采光顶和金属屋面配套使用的铝合金窗、塑料窗、玻璃钢窗应比建筑幕墙用窗要求更高,因此应符合设计要求,且应分别符合国家现行标准《铝合金门窗》GB/T 8478、《未增塑聚氯乙烯(PVC-U)塑料窗》JG/T 140、《玻璃纤维增强塑料(玻璃钢)窗》JG/T 186 等的规定。

7.1.8 由于清洗和维护或特殊功能的需要,在屋面支承结构上安装支承构件并穿过采光顶或金属屋面的面板实现使用功能。为有效防止节点处产生漏水现象,在穿透面板的节点部位应采用可靠防水措施。应根据每个项目的实际情况采用构造性防水或封堵式防水。

7.2 玻璃采光顶

7.2.2 为防止在玻璃室内侧产生冷凝水向下流淌,宜设置冷凝水收集和排放系统。通常排放槽有两种形式:(1)冷凝水较多的环境(如泳池、浴室和多水的房间等)主支承构件与次支承构件的排放槽要连通,并应设置排水道(孔),将水引入排水道;(2)在冷凝水较少的环境或结露现象不严重的采光顶,主次龙骨的排放槽可以不连通,如有结露现象时,可在排放槽内自然蒸发。

7.2.3 采光顶玻璃面板属于柔性板,本身还有自重下的挠度,形成"锅底",如果锅底积水、积灰会影响采光顶外观。考虑玻璃变形后排水要求,排水坡度不宜小于3%。防止在每一个玻璃分格内出现积水现象,排水通道可以采用排水槽或排水孔的形式。半隐框采光顶的明框部分宜顺排水方向布置。

7.2.5 点支式玻璃穿孔式连接件主要分为浮头式和沉头式两种。沉头式连接件外观虽然美观,但承载力稍差,且防水性能不易保证,因此采光顶如采用穿孔式连接时,宜采用浮头式连接件。为便于装配和安装时调整位置,玻璃板开孔的直径通常稍大于爪件的金属轴,因此除轴上加封套管外,还应采用密封胶将空隙密封,以便可靠传递荷载,并防止漏水。

为了有效降低玻璃应力集中,应增大施工中玻璃平面位置的可调量。点支式玻璃平顶宜采用全部大圆孔的爪件。

7.2.6 点支式面板受弯后,板的角部产生转动,如果转动被约束,则会在支承处产生较大的弯矩。因此支承装置应能适应板支承部位的转动变形。当面板尺寸较小、荷载较小、支承部位转动较小时,可以采用夹板式或固定式支承装置;当面板尺寸较大、荷载较大、支承部位转动较大时,则宜采用带球铰的活动式支承装置。

根据清华大学的试验资料,垫片厚度超过 1mm 后,加厚垫片并不能明显减少支承头处玻璃的应力集中;而垫片厚度小于 1mm 时,垫片厚度减薄会使支承处玻璃应力迅速增大。所以垫片最小厚度取为 1mm。

夹板式点支承装置应设置衬垫承受玻璃重量,避免玻璃与夹板刚性接触,造成玻璃破裂。

7.2.7 支承装置只用来支承玻璃和玻璃承受的风荷载、雪荷载、积灰荷载或地震作用,不应在支承装置上附加其他设备和重物。

7.2.8 采光顶倒挂隐框玻璃、倾斜隐框玻璃通过结构胶传递重力,使结构胶处于长期受拉或受剪状态,因此设计时应尽量避免倒挂隐框玻璃构造,通过设置承重构件可改善结构胶的工作状态,延长结构胶的使用寿命,提高采光顶的安全性。

7.2.9 采光顶的边缘与屋面之间应有过渡连接。为保证采光顶在使用过程中的各项物理性能,采光顶面板宜高出屋面,一般不少于80mm。

7.2.10 一般情况下自平衡索结构、轮辐式结构、张悬梁结构、马鞍形索结构采光顶等均由主体结构支承,相互间会有较大相对位移,因此其连接部位需要能够适应结构变形的能力,一般可设置成连杆机构。

7.2.11 本条对玻璃采光顶板缝构造作出规定:

1 注胶式板缝应采用中性硅酮建筑密封胶密封,且能满足接缝处位移变化的要求。在工程材料的线膨胀系数较大或结构及环境因素造成接缝形变较大时,应选用位移能力较高的硅酮密封胶。尤其在点支式玻璃采光顶中,玻璃面板采用的是点支承方式固定的,当玻璃在受到垂直于玻璃平面的荷载时,将产生较大的平面外变形(最大可达边长的1/60),这将在受力玻璃的边缘与相邻的面板边缘出现较大的剪切和拉伸作用。所以在使用密封胶进行面板之间密封时应优先选用低模量高弹性的硅酮密封胶。密封胶不得腐蚀玻璃镀膜和夹层胶片。

2 嵌条式板缝可采用密封条密封,且密封条交叉处应可靠封接。尽管如此,仍有可能导致漏水,因此连接构造上宜进行多腔设计,并应设置导水、排水系统。

3 开放式板缝在采光顶中应用较少，通常作为装饰层，不需要实现功能层的作用。因此宜在面板的背部空间设置防水层，并应设置可靠的导排水系统和采取必要的通风除湿构造措施。其内部支承金属结构应采取防腐措施。

7.3 金属平板屋面

7.3.1 金属平板的连接方式与金属板幕墙的面板的连接方法基本相似，连接设计时可参照现行行业标准《金属与石材幕墙工程技术规范》JGJ 133 的相关规定。

7.3.3 金属平板屋面的渗漏现象比较普遍，在考虑板间的连接密封时，宜优先选用密封胶进行密封。

7.3.4 在采用开放式连接结构时，应充分考虑金属平板与支承结构间的密封和设立完整的排水系统。

7.4 压型金属板屋面

7.4.2 金属屋面板长度方向搭接时，其下部应有可靠的硬质支撑，由于屋面板热胀冷缩，因此不得与下部结构固定连接；搭接部位应采用可靠连接，保证搭接部位的结构性能和防水性能。

7.4.5 泛水与屋面板两板间应放置通长密封条，螺栓拧紧后，两板的搭接口处应用密封材料封严。

7.5 聚碳酸酯板采光顶

7.5.1 U 形聚碳酸酯板通过奥氏体型不锈钢连接件与支承构件连接，采用聚碳酸酯扣盖勾接，不锈钢连接件与聚碳酸酯板可以相对滑动，以便吸收温度变形。为达到良好的密封效果，U 形聚碳酸酯板与扣盖间的空隙宜用发泡胶条密封。如采光顶较长时，可采用错台搭接的方法，在设计板材铺檩结构时，在板材对接处设计错台，低处板材安装时在错台下方，高处板材安装时探出，形成搭接。

7.5.2 一般情况下，U 形聚碳酸酯板的铺檩分隔在横檩方向，且应根据板材厚度、建筑高度以及所受荷载等因素计算确定铺檩间距，通常在 700mm～1500mm 之间。必要时可根据板材的宽度，设计纵向铺檩，加强承载能力。

7.5.3 硅酮密封胶和聚碳酸酯板粘结性受很多因素的影响，使用时必须进行粘结试验，确认不发生化学反应后方可使用。

7.5.4 U 形聚碳酸酯板的收边型材宜为聚碳酸酯材质。

8 加工制作

8.1 一般规定

8.1.1 采光顶、金属屋面属于围护结构，在施工前对主体结构进行复测，当其误差超过采光顶、金属屋面设计图纸中的允许值时，一般宜首先调整采光顶、金属屋面设计图纸。原则上应避免对原主体结构进行破坏性修理。

8.1.2 硅酮结构密封胶加工场所应在室内，并要求清洁、通风良好，温度也应满足要求，如北方的冬季应有采暖，南方的夏季应有降温措施等。对于硅酮结构密封胶的施工场所要求较严格，除要求清洁、无尘外，室内温度不宜低于 15℃，也不宜高于 30℃，相对湿度不宜低于 50%。硅酮结构胶的注胶厚度及宽度应符合设计要求，一般宽度不得小于 7mm，厚度不得小于 6mm。硅酮结构密封胶应在洁净、通风的室内进行注胶，不应在现场打注硅酮结构密封胶，以保证注胶质量。收胶缝的余胶一般不得重新使用。

8.1.3 低辐射镀膜玻璃是一种特殊的玻璃，近来在采光顶中的应用越来越多。但根据试验，其镀膜层在空气中非常容易氧化，且其膜层易与硅酮结构胶发生化学反应，相容性较差。因此，加工制作时应按相容性和其他技术要求，制定加工工艺，应采取除膜等必要的处理措施。

8.2 铝合金构件

8.2.1 铝型材的加工精度是影响构件质量的关键问题。本条对构件的加工误差要求与现行行业标准《玻璃幕墙工程技术规范》JGJ 102 的规定相当。

8.2.3 采用拉弯设备进行铝合金构件的弯加工，是比较常见的加工方法，能够确保构件的加工质量。

8.4 玻璃、聚碳酸酯板

8.4.1 单片玻璃、中空玻璃、夹层玻璃应满足相关产品标准的规定。由于工程的需要，本规程对玻璃的外观尺寸、允许偏差要求更为严格，加工时应以此为准。本规程关于矩形玻璃的规定与现行国家标准《建筑幕墙》GB/T 21086、行业标准《玻璃幕墙工程技术规范》JGJ 102 的规定基本相同。

其他形状玻璃的尺寸偏差要求可根据供需双方的要求确定。

8.4.2 对玻璃进行弯曲加工后，反射的影像会发生扭曲变形，特别是镀膜玻璃的这种变形会很明显。因此对弧形玻璃的加工除几何尺寸要求外，特别规定了其拱高及弯曲度的允许偏差。

8.4.3 玻璃钢化后不能再进行机械加工，因此玻璃的裁切、磨边、钻孔等应在钢化前完成。玻璃面板钻孔的允许偏差是根据机械加工原理、公差理论、玻璃钻孔设备及刀具的加工精密度而定的。

中空玻璃开孔处胶层至少应采取双道密封，内层密封可采用丁基密封胶，外层密封应采用硅酮结构密封胶，打胶应均匀、饱满、无空隙。

当玻璃面板由两片单层玻璃组合而成时，在制作过程中应单片分别加工后再合片。如果两片玻璃孔径大小一致，则所有的孔都要对位准确，实际操作比较困难，主要是因为单片玻璃制作时存在形状、尺寸、孔位、孔径等允许偏差。常用的方法是两片单层玻璃钻大小不同的孔，以使多孔容易对位。

8.4.4 采用立式注胶法进行中空玻璃加工时，玻璃内的气压与大气压是平衡的，但当安装所在地与加工所在地的气压相差较大时，中空玻璃受到气压差的影响会产生不可恢复的变形，因此应采取适当措施来消除气压差的影响。常用的方法是采用均压管调节法。

8.4.6 聚碳酸酯板加工时，所用刀具和切削速度应适当，防止加工表面出现灼伤；加工后，板材表面的抗紫外线涂层被破坏，应进行防护处理，防止局部加速老化。

8.5　明框采光顶组件

8.5.1、8.5.2 明框玻璃采光顶的玻璃与槽口之间的间隙除应达到嵌固玻璃要求外，还要能适应热胀冷缩的变形及主体结构层间移位或其他荷载作用下导致的框架变形，以避免玻璃直接碰到金属槽口，造成玻璃破碎或漏水现象。

8.5.3 明框玻璃采光顶一般设置导气孔及排水通道，加工制作时应按设计要求进行，组装时应保持通道顺畅、不泄漏。

8.6　隐框采光顶组件

8.6.1 硅酮结构密封胶在长期重力荷载作用下承载力很低，固化前强度更低，而且硅酮结构密封胶在重力作用下会产生明显的变形。若使硅酮结构密封胶在固化期间处于受力较大的状态，会造成粘结失效等安全隐患。因此在加工组装过程中应采取措施减小结构胶所承受的应力。注胶后的隐框组件可采用周转架分块安置；如直接叠放时，要求放置垫块直接传力，并且叠放层数不宜过多。

8.7　金属屋面板

8.7.2 控制加工金属压型板的卷板的几何形状，是确保金属压型板成型质量的要素之一。

8.7.5 压型金属板是一种典型的薄壁钢结构，板件的裂纹、褶皱损伤对其承载力影响较大，且不易修复，因此应无裂纹、褶皱损伤等现象。

8.7.6 压型金属板的波高、侧向弯曲、覆盖宽度、板长、横向剪切偏差，均需满足一定的精度要求，才

能确保屋面系统的安装及安装质量。

9　安装施工

9.1　一般规定

9.1.1 采光顶与金属屋面属于外围护结构，为保证安装施工质量，要求主体结构应满足采光顶与金属屋面安装的基本条件，并符合有关结构施工质量验收规范的规定。

9.1.2 安装施工是保证采光顶与金属屋面工程质量的关键，又是多工种的联合施工，和其他分项工程施工难免有交叉和衔接的工序。因此，为保证采光顶与金属屋面的安装施工质量，要求安装施工承包单位单独编制采光顶与金属屋面的施工组织设计方案。

9.1.3 采光顶与金属屋面的施工测量，主要强调：

1 采光顶与金属屋面分格轴线的测量应与主体结构测量相配合，主体结构出现偏差时，采光顶与金属屋面的分格线应根据主体结构偏差及时调整、分配、消化，不得积累。采光顶与金属屋面的形状大多不规则，而且主体结构的施工难免出现偏差，所以在测量时应绘制精确的设计放样详图，对曲面结构的采光顶与金属屋面，要严格控制中心点和纵横控制轴线，并进行复核定位。采光顶与金属屋面为空间定位，测量放线时使用高精度定位仪器能保证测量放线的准确性。

2 定期对采光顶与金属屋面的安装定位基准进行校核，以保证安装基准的正确性，避免因此产生安装误差。

3 对采光顶与金属屋面的测量，如果风力大于4级，容易产生不安全因素或测量不准确等问题。

9.1.4 对加工好的半成品、成品构件进行保护，在构件存放、搬运、吊装时，应防止碰撞、损坏、污染构件。在室外储存时更应采取有效保护措施。

9.2　安装施工准备

9.2.3 采光顶与金属屋面多为空间异形结构，为保证其安装准确性，在安装前应检查采光顶与金属屋面各部件的加工精度和配合性，并确认预埋件的位置偏差不应大于20mm。因预埋件偏差过大或其他原因采用后置埋件时，其方案应经业主、监理、建筑设计单位共同认可后再进行安装施工。

9.3　支承结构

9.3.2 大型钢结构的吊装设计包括吊装受力计算、吊点设计、附件设计、就位和固定方案、就位后的位置调整等。对支承钢结构本身即是主体结构的情况，吊装时一般应设置支撑平台作为临时支撑，并设置千斤顶等调整位置的设备，以便准确安装。

9.3.3 钢结构安装就位、调整后应及时紧固，防止产生变形，并应进行隐蔽工程验收。

9.3.4 钢构件在空气中容易产生锈蚀，作为采光顶支承结构的钢构件，应按现行国家标准的有关规定进行防腐处理。

9.4 采 光 顶

9.4.2 本条对采光顶玻璃安装提出要求：

1 采光顶玻璃安装采用机械或人工吸盘，所以要求玻璃表面保持清洁，以避免发生漏气，保证施工安全。

2 在玻璃周边安装橡胶条，保证玻璃周边的嵌入量及空隙一致并符合设计要求，使面板在建筑变形及温度变形时，可以在胶条的约束下滑动，消除变形对玻璃的影响。

3 球形或椭球形采光顶玻璃安装顺序宜按从中间向四周辐射的方法施工较为合适，便于吸收各类误差。

9.4.3 硅酮建筑密封胶的施工必须严格遵照施工工艺进行。夜晚光照不足，雨天缝内潮湿，均不宜打胶。打胶温度应在指定的温度范围内，打胶前应使打胶面清洁、干燥。

9.4.4 为保证采光顶的水密性能及外观质量，采光顶玻璃内外密封胶注胶宜分别进行。

9.4.5 采光顶框架安装的准确性和安装质量，影响整个采光顶的安装质量，是采光顶安装施工的关键之一，其安装允许偏差应控制在合理的范围内。特别是弧形、球形及椭球形等采光顶，其内外轴线的距离影响到采光顶的周长，影响玻璃面板的封闭，应认真对待。

对弧形、球形及椭球形等不规则形状的采光顶，其支承结构的安装顺序对采光顶框架的安装很重要，可能影响采光顶结构的封闭，应严格按施工组织设计的要求顺序安装。

采光顶处于建筑物的外表面，其受热胀冷缩的影响最大，在框架安装时应留有一定的缝隙，以适应和消除温差变形的影响。

采光顶处于建筑物的外表面，对水密性能的要求比幕墙要高，因此对采光顶的装饰压板、周边封堵收口、屋脊处压边收口、支座处封口、天沟、排水槽、通气槽、雨水排出口及隐蔽节点处理应按设计要求铺设平整且可靠固定，防止出现渗漏现象。

9.5 金属平板、直立锁边板屋面

9.5.1 现行行业标准《金属与石材幕墙工程技术规范》JGJ 133 对框支承围护结构有较明确的规定，金属平板屋面与其相似，因此相关的一些规定可以直接执行 JGJ 133，本规程不再重复。

9.5.2 直立锁边板材为薄壁长条、多种规格的型材，

本条强调板材应根据设计的配板图铺设和连接固定。

9.5.3 金属板面顺水流方向设置，沿坡度方向（纵向）应为一整体，无接口，无螺钉连接，是为了保证金属屋面排水顺畅。由于金属面板材料的特性，热胀冷缩引起面板的摩擦会影响其使用寿命，同时面板过长可能导致面板起拱或脱离支座连接件；设置位移控制点是为控制面板的伸缩方向，确保按设计要求的方向伸缩。

9.5.4 屋面板与立面墙体及突出屋面结构等交接处应作泛水处理，防止漏水。

9.5.5 直立锁边板之间是通过咬口连接的，咬口施工质量直接影响屋面防水功能，本条对于金属板材的咬口质量提出要求。

9.5.6 金属板材屋面的檐口线、泛水段应顺直，无起伏现象，檐口与屋脊局部起伏 5m 长度内不大于 10mm，使屋面整齐、美观。

9.5.7 铺设金属板材屋面时，相邻两块板应顺年最大频率风向搭接，可避免刮风时冷空气灌入屋面内部；上下两排板的搭接长度应根据板型和屋面坡长确定，由于压型钢板屋面的坡度一般较小，所以上下两块板的搭接长度宜稍长一些，最短不宜小于 200mm。所有搭接缝内应用密封材料密封，防止渗漏。

9.5.8 用金属板材制作的天沟，屋面金属板材应伸入沟帮两侧，长度不宜小于 150mm，以便固定密封。屋面金属板材伸入檐沟的长度不宜小于 50mm，以防爬水。金属板材的类型不一，屋面的檐口和山墙应采用与板型配套的堵头封檐板和包角板封严。

9.5.12 底泛水与面泛水安装位置及工艺应满足设计要求，接口应紧密。面泛水板与面板之间、收口板与面板之间应采用泡沫塑料封条密封，底泛水板与面板搭接处应采用硅酮密封胶粘结牢靠。

9.6 梯形、正弦波纹压型金属屋面

9.6.1 为保证金属屋面的水密性能达到设计要求，对固定及搭接提出具体要求。

9.6.4 为便于泛水板的安装和密封，每块泛水板的长度不宜大于 2m。

9.6.5 本条对金属屋面的收边、收口提出要求，同时也对沉降缝、伸缩缝、防震缝等变形缝的安装处理提出要求。

9.7 聚碳酸酯板

9.7.1 干法施工采用金属压条和密封胶条实现密封，板材在热膨胀和受载变形时可以相对自由地伸缩，是比较理想的解决雨水渗漏的方法。湿式装配法一般使用硅酮密封胶进行聚碳酸酯 U 形板的湿式装配，密封系统只能承受板材有限的移动，即允许一定量的热膨胀，否则可能导致屋面渗漏。

9.7.3 在聚碳酸酯中空平板安装工程中，边部安装

非常重要。为有效吸收变形，板材与型材或镶嵌框的槽口应留出有效间隙，板材被夹持的部分至少含有一条筋肋，且被夹持长度一般不宜小于25mm。

9.8 光伏系统

9.8.1 针对太阳能电池组件应按照现行国家标准《汽车安全玻璃试验方法 第3部分：耐辐照、高温、潮湿、燃烧和耐模拟气候试验》GB/T 5137.3进行安全性检测。

9.9 安全规定

9.9.1 采光顶与金属屋面的安装施工应根据相关技术标准的规定，结合工程实际情况，制定详细的安全操作规程，确保施工安全。

9.9.2 施工机具在使用前，应进行安全检查，确保机具及人员的安全。

9.9.3 采用脚手架施工时，脚手架应经过设计和必要的计算，在适当的部位与主体结构应可靠连接，保证其足够的承载力、刚度和稳定性。

9.9.4 采光顶与金属屋面安装，经常与主体结构施工、设备安装或室内装饰交叉作业，为保证施工人员安全，应在采光顶与金属屋面的施工层下方设置防护网进行防护。

9.9.5 本条对现场焊接作业提出要求，防止施工现场发生火灾。

10 工程验收

10.1 一般规定

10.1.2 采光顶与金属屋面工程验收，包括资料检查和工程实体检查两部分。工程资料是施工过程质量控制和材料质量控制的重要依据。对资料进行检查是工程验收的一个重要组成部分。

作为起粘结作用的硅酮结构密封胶，是保证采光顶与金属屋面工程结构安全的重要环节，使用前应对其邵氏硬度、拉伸粘结强度、相容性进行复试；对张拉索体系采光顶工程，应采用大变形硅酮结构密封胶，并应对其拉伸变形进行复试。

按照现行国家标准《建筑幕墙》GB/T 21086的要求，采用新材料新工艺的采光顶与金属屋面工程，应按设计要求进行相关的性能检测，并提交相应的检测报告。

采光顶和金属屋面的防雷装置应和主体工程的防雷装置同时测试，以保证防雷效果的完整性。

天沟或排水槽是采光顶和金属屋面工程一个重要的子分部工程，也是施工的难点，因此对排水槽应作48h蓄水试验，并做好相应记录。

10.1.3 对隐蔽部分的节点进行验收是关系到整个采光顶与金属屋面工程结构安全和使用性能的关键环节，应在装饰材料封闭前完成验收。工程验收时，应对隐蔽工程验收文件和设计文件进行认真比较并审查，当发现两者不符时，应拆除装饰面板，对隐蔽工程中不符合设计要求的内容进行抽样复查。

当采光顶中设计有冷凝结水收集装置时，应对其排水坡度、坡向、收集槽布置以及收集槽之间的连接节点进行隐蔽工程验收并做好记录；当设计为暗装排水槽时，其隐蔽工程验收和蓄水试验均应在装饰材料封闭前完成。

10.1.5 采光顶与金属屋面对外观质量要求都比较高，因此采光顶与金属屋面工程的实体验收应分别进行观感检验和抽样检验。

考虑到规程的相互连续性，本标准的采光顶工程检验批的设定与《玻璃幕墙工程技术规范》JGJ 102 - 2003第11.1.4条的规定基本一致，也便于工程技术人员的掌握和操作，而金属屋面工程一般体量较大，同一工程的做法比较单一，因此其检验批的设定相对放大一些。由于天沟或排水槽是采光顶与金属屋面工程的防水薄弱环节，应作为重点检验对象，因此本条对此单独设立检验批。

由于目前国内采光顶与金属屋面的种类、结构形式、造型等层出不穷，本条不能完全包含其中，因此对于特殊的采光顶与金属屋面工程，其检验批的划分可由监理单位、建设单位和施工单位根据工艺特点、工程规模等因素共同协商确定。

10.1.6 本条规定采光顶与金属屋面工程抽样检查的数量。每个采光顶与金属屋面的纵向（环向）构件或纵向（环向）接缝，横向（径向）构件或横向（径向）接缝应各检查5%，并不得少于3根，其中不同平面相交、不同装饰板相接的构件或接缝为必查内容。采光顶的分格是指由纵向和横向框架或接缝形成的网格，应抽查5%，并不得少于10个。

10.2 采 光 顶

10.2.1 本条规定了采光顶工程的观感检验质量要求，重点检查其整体美观性和水密性能。

1 明框或隐框采光顶的框架和采光面板是否安装正确是影响采光顶安装质量和美观性的重要因素，应重点检查；

2 装饰压板应顺着水流方向设置，便于排水通畅，且不易积灰；

3 对检查单元的框架、玻璃、装饰盖板等内容的表面色泽、接缝、平整度、焊缝等提出要求；

4 对隐蔽节点的封口处理要求整齐美观；

5 重点检查天沟或排水槽的坡度、坡向以及与排水管的连接节点是否符合设计要求，钢板或不锈钢板焊接是否有漏焊、针眼等缺陷；

6 采光顶的电动或手动开启以及电动遮阳帘

是影响到采光顶的水密性、气密性、遮阳效果等使用功能的重要因素，因此，应作为采光顶工程的子分项工程进行单独验收，重点检查开启位置及方向，开启的灵活性，开启扇的安装节点，遮阳帘的安装节点，电动控制装置的安装等内容。

10.2.2 本条是对框支承采光顶工程的抽样检验质量要求。

1 对支撑框架及玻璃表面的外观和清洁程度提出要求。

2 对玻璃安装及密封胶条施工提出要求。采光顶的玻璃应安装牢固，当发现玻璃松动时，应割去密封胶，检查玻璃固定压块的数量和位置是否符合设计要求，并对该检验单元的玻璃进行加倍抽查。

3 对玻璃表面的质量要求。本条规定与 GB/T 21086-2007 和 JGJ 102-2003 的有关规定基本一致。对于中空玻璃、夹层玻璃而言其划伤痕的数量和擦伤面积是指每平方米玻璃内各层玻璃划伤痕数量和擦伤面积的累积。另外，关于玻璃加工尺寸的偏差、玻璃面板弯曲度等检查应在材料进场前完成。工程验收时，应检查材料进场检验记录，并对其外观进行复查。

4 对铝合金框架和钢框架表面的质量要求。对铝合金框架和钢框架的要求加以区分，是由于钢框架在加工厂或现场进行表面处理，其成品保护相对简单，且对表面的缺陷修复也比较容易，同时钢框架表面缺陷对基体的性能影响比铝框架大，因此本条对钢框架表面的质量提出了更高的要求。

5 由于玻璃依附在框架上，框架的安装质量直接影响到整个采光顶的安装质量，因此本条对框架的安装质量提出了要求。为了便于与 JGJ 102-2003 的规定作比较，可以将采光顶比作"躺倒"的幕墙，玻璃幕墙的垂直度即为采光顶的纵向或环向水平度。由于采光顶工程一般设有坡度，且各部分通常不在同一水平面上，因此可以将一个采光顶分解为若干等高直线或等高曲线（一般与框架重合），验收时只需检查等高线上各等高直线或等高曲线与设计值的吻合度。

一个采光顶根据坡起点和最高点的位置可分成若干个检查单元，其检查单元的长度和宽度与通常意义的长度和宽度一般有所区别。对于单坡平面采光顶，其检查单元的长度和宽度即为采光顶的长度和宽度；对于双坡平面采光顶，其检查单元的长度即为采光顶的长度，而宽度分别为两个坡起点到最高点投影距离；对于圆形或椭圆形采光顶，其检查单元的长度是指与坡度方向垂直的最大周长，其宽度指坡起点与最高点之间的投影距离；对于双曲面、花瓣形等异形采光顶，其检查单元的长度和宽度应由设计单位、监理单位、施工单位共同商定。

采光顶的坡度是衡量采光顶或天沟排水是否通畅的重要指标，在验收时应给与特别注意。采光顶坡度

偏差是指坡起点和最高点两者的标高差与设计值之间的偏差值。考虑到坡度对排水和结构挠度存在有利影响，因此本条规定只允许有正差。相邻构件的位置偏差是指相邻构件的进出、高低或空间位置的偏差，此条规定与 JGJ 102-2003 所规定的内容不完全一致。

10.2.3 本条是对框支承隐框采光顶的安装质量要求。

1 由于隐框采光顶的玻璃完全外露，为防止同一平面内的各玻璃拼接在一起，出现影像畸变的现象，同时还保证采光顶排水的顺畅性，因此要求检查时抽检同一平面相邻两玻璃表面的平面度。

2 隐框采光顶的玻璃之间，玻璃与其他装饰板之间的拼缝整齐与否与采光顶的外观质量关系较大，与采光顶吸收变形的能力也有关系，因此，增加第 3 项拼缝宽度偏差（与设计值比较）检查的内容。

10.2.4 点支承采光顶一般位于大堂，出入口等人流密集的部位，一般采用钢结构支撑体系，其钢结构施工质量是影响采光顶结构安全可靠的重要因素，因此应严格按照现行国家标准《钢结构工程施工质量验收规范》GB 50205 的要求进行检查。

10.2.5 拉杆和拉索的预应力张拉对点支承采光顶的支承结构起着至关重要的作用，其预应力张拉值必须符合设计要求，并进行现场检验和隐蔽检验，同时还应有预应力张拉记录。

10.2.6 对点支承采光顶安装质量的要求。点支承采光顶与隐框采光顶的安装质量标准基本一致，重点检查接缝的水平度、垂直度，相邻面板的平面度等。

10.2.7 由于钢爪的安装质量直接影响到点支承采光顶玻璃的安装和外观质量，因此，施工时应进行重点控制。

1 本条参照 JGJ 102-2003 的第 11.4.5 条第 1 款，并根据玻璃开孔加工的允许偏差为 1mm 的要求，规定相邻钢爪纵向和横向距离偏差不大于 1.5mm。

2 钢爪的安装高度偏差有可能引起玻璃安装的水平偏差，为避免累积偏差过大，对钢爪安装高度偏差应从严控制，因此其允许偏差值为采光顶水平度允许偏差值的一半。相邻钢爪的安装高度允许偏差为 1.0mm，与同一平面的相邻玻璃面板高低允许偏差是一致的。

10.2.8 本条对聚碳酸酯 U 形板采光顶的质量验收作出另外规定。重点检查聚碳酸酯板的收边和收口处理。由于聚碳酸酯板材的安装方向影响到采光顶的使用年限，故也是检查重点之一。

10.3 金属平板屋面

10.3.1 本条是对框支承金属屋面观感检验的质量要求。

1 天沟或排水槽的坡度和坡向应符合设计要求，以保证排水通畅，防止过多积水；天沟或排水槽应采

用钢板或不锈钢板，并焊接成一个整体，钢板的厚度、支承构件的布置应符合设计要求，以防止因积水过多造成天沟或排水槽发生变形，甚至坍塌的现象；板材间焊缝光滑流畅，不应有焊接缺陷，以防止出现雨水渗漏现象；金属屋面整体应做淋水试验，天沟或水槽应做蓄水试验，并且不应出现渗漏现象。

在验收时应重点检查变形缝、天窗、排气窗、屋面检修口、防雷装置以及出屋面构造物等部位，检查其节点做法是否合理，安装是否牢固，搭接顺序是否正确。

2 金属平板屋面采用硅酮密封胶进行密封，而且密封胶完全外露，其打胶质量既影响屋面防水性能，又影响屋面的整体外观效果，因此，验收时应重点检查胶缝是否平直，是否无污染、无漏胶处、无起泡、无开裂。

3 框架和金属平板是否安装正确是影响金属屋面工程安装质量和美观性的重要因素，应重点检查。

4 金属平板表面缺陷直接影响外观质量，因此，对其表面质量的要求较直立锁边金属屋面板严格。

10.3.3 本条是对框支承金属屋面板安装质量的要求。与直立锁边金属屋面相比，框支承金属屋面更像是"躺倒"的金属幕墙。因此表 10.3.3 的第 1 项关于水平通长接缝的吻合度的规定，参考 JGJ 133 - 2001 的有关规定制定，分为五个档次；第 3 项关于通长纵缝、横缝的直线度则分为两个档次。

10.4 压型金属屋面

10.4.1 本条规定了压型金属屋面工程的观感检验质量要求。重点检查面板铺设的整体性，细部构造的合理性以及雨水渗透性能。

1 为防止金属屋面出现雨水渗漏、倒排水等现象，屋面卷板应顺水流方向设置，顺茬搭接，沿坡度方向尽量为一块整板。

2 直立锁边处是金属屋面的薄弱环节，也是验收的重点检查内容。咬边应紧密，且连续平整，不应出现扭曲和裂口的现象。

3 为了保证排水的通畅性，并防止出现倒排水现象，在金属板与天沟或檐口交界处，金属板与山墙交界处均应按设计要求安装泛水板。泛水板接合应紧密，收边牢固，包封严密，棱角顺直。

10.4.2 本条对金属屋面工程抽样检验提出要求。

1 底泛水板和面板之间的密封是金属屋面防水的关键环节，因此应采用耐久性较好的硅酮密封胶粘结；而面泛水板与面板之间、收口板与面板之间，考虑到美观性和抗污染性，宜采用泡沫塑料封条粘结密封。

2 本款是对直立锁边金属屋面板安装质量的要求。由于直立锁边金属屋面工程一般体量较大，而且

面板整体较好，为便于操作，纵向构件的吻合度以及横向构件的直线度的允许偏差均以 35m 为界，分为5mm 和 7mm 两个档次；而金属屋面坡度的坡度则以50m 为界，分为＋20mm 和＋30mm 两个档次。

10.5 光伏系统

10.5.1 光伏系统是建筑电气工程的一部分，与采光顶、金属屋面差别较大，专业性强，且存在一定安全问题，因此需要进行专项验收。

11 保养和维修

11.1 一般规定

11.1.1 为了使采光顶或金属屋面在使用过程中达到和保持设计要求的功能，确保不发生安全事故，本规程规定承包商应提供给业主使用维护说明书，作为工程竣工交付内容的组成部分，指导采光顶或金属屋面的使用和维护。

11.1.2 随着我国幕墙和金属屋面行业的发展，新产品越来越多，结构形式也越来越复杂，技术含量越来越高，对维修、维护人员的要求也越来越高。本条要求工程承包商在工程交付使用前应为业主培训合格的维修、维护人员。

11.1.3 采光顶或金属屋面在正常使用时，业主应根据使用维护说明书及本规程的相关要求，制定维修保养计划与制度，保证其安全性与功能性要求。主要包括：日常维护与保养；定期检查和维修；地震、台风、火灾后的全面检查与修复。

11.2 检查与维修

11.2.3 根据实际工程经验，在采光顶或金属屋面工程竣工验收后一年内，工程加工和施工工艺及材料、附件的一些缺陷均有不同程度的暴露。所以在工程竣工验收后一年时，应对工程进行一次全面的检查。

定期检查项目中，面板包括玻璃和金属面板。对玻璃面板，应检查有无剥落、裂纹等；对金属面板，应检查有无起鼓、凹陷等变形。

对于使用结构硅酮密封胶的采光顶或金属屋面工程，本规程规定使用十年后进行首次粘结性能的检查，此后每五年检查一次。首次检查规定与《玻璃幕墙工程技术规范》JGJ 102 - 2003 的规定基本一致。

关于抽样比例及抽样部位，本规程未作出具体规定。实际工程的检查应由检查部门制定检查方案，由相应设计资质部门审核后实施。

"每三年检查一次"是建立在检查结果良好的基础上，如果粘结性能有下降趋势的话，应根据检查结果制定检查间隔时间，增加检查频次。

中华人民共和国国家标准

环氧树脂自流平地面工程技术规范

Technical code of construction for epoxy resins
self-leveling flooring

GB/T 50589—2010

主编部门：中国工程建设标准化协会化工分会
批准部门：中华人民共和国住房和城乡建设部
施行日期：２０１０年１２月１日

中华人民共和国住房和城乡建设部
公　告

第 627 号

关于发布国家标准《环氧树脂
自流平地面工程技术规范》的公告

现批准《环氧树脂自流平地面工程技术规范》为国家标准，编号为 GB/T 50589—2010，自 2010 年 12 月 1 日起实施。

本规范由我部标准定额研究所组织中国计划出版社出版发行。

中华人民共和国住房和城乡建设部
二○一○年五月三十一日

前　言

本规范根据原建设部《关于印发〈二○○○至二○○一年度工程建设国家标准制订、修订计划〉的通知》（建标〔2001〕87 号）的要求，由全国化工施工标准化管理中心站会同有关单位共同编制完成的。

本规范在编制过程中，编制组进行了广泛的调查研究，认真总结了我国在环氧树脂自流平地面工程结构设计、施工工艺、质量控制、工程质量验收工作的实践经验，同时参考了国内外环氧树脂自流平地面工程技术应用方面的大量资料，广泛征求了国内医药、食品、轻工、电子、化工、石油化工、石油天然气、电力、冶金等行业的工程设计、施工、材料生产、质量检测等单位的意见，经编制组反复讨论、修改，最后经审查定稿。

本规范共分 6 章和 1 个附录，主要内容包括总则、术语、质量要求、设计规定、施工规定和质量检验与验收等。

本规范由住房和城乡建设部负责管理，中国工程建设标准化协会化工分会负责日常管理，全国化工施工标准化管理中心站负责具体技术内容的解释。在执行过程中，请各单位结合工程实践，认真总结经验，注意积累资料，如发现本规范有需要修改和补充之处，请将意见或建议寄至全国化工施工标准化管理中心站（地址：河北省石家庄市槐安东路 28 号仁和商务 1-1-1107 室，邮政编码：050020），以供今后修订时参考。

本规范主编单位、参编单位、主要起草人和主要审查人：

主 编 单 位：全国化工施工标准化管理中心站

参 编 单 位：华东理工大学华昌聚合物有限公司
上海富晨化工有限公司
广州秀珀化工股份有限公司
深圳市景江化工有限公司
上海共巍建材厂
北京景江地坪装饰工程有限公司

主要起草人：侯锐钢　芦　天　陆士平　王晓东
龚　巍　王天堂　叶　亮　刘汉杰
黄　辰

主要审查人：何进源　王东林　王永飞　杜葆光
吴　刚　刘德甫　陈京　黄　涛
马敏生　徐　风　黄金亮

目 次

Contents

1 总 则

1.0.1 为提高环氧树脂自流平地面工程的设计及施工水平,加强工程施工过程的质量控制,保证环氧树脂自流平地面工程的质量,制定本规范。

1.0.2 本规范适用于新建、改建、扩建工程中环氧树脂自流平地面工程的设计、施工及质量验收。

1.0.3 环氧树脂自流平地面工程的原材料应具有产品质量证明文件。其质量不得低于国家现行有关标准的规定,并应符合本规范的规定。

1.0.4 产品质量证明文件应包括下列内容:

 1 原材料质量合格证及材料检测报告。

 2 质量技术指标及检测方法。

 3 技术鉴定文件。

 4 材料使用方法说明。

1.0.5 需要现场自行配制的材料,其配合比应经试验确定,经试验确定的配合比不得任意改变。

1.0.6 环氧树脂自流平地面工程应按设计文件规定进行施工。当施工过程中需要变更设计、更换材料或采用新材料时,应征得设计部门的同意。

1.0.7 环氧树脂自流平地面工程的设计、施工及质量验收,除应符合本规范的规定外,尚应符合国家现行有关标准的规定。

2 术 语

2.0.1 环氧树脂自流平地面涂料 epoxy resin self-leveling flooring coating

 以环氧树脂和固化剂为主要成膜物,包括特殊助剂、活性稀释剂、颜填料,经车间加工而成。

2.0.2 环氧树脂自流平砂浆地面材料 epoxy resin self-leveling mortar flooring material

 指环氧树脂自流平涂料在生产过程或施工现场中加入适当比例的级配砂、粉等填充料,并配制均匀,可直接采用手工或机械涂装,且固化后涂膜平整光滑,防护及耐冲击效果良好的地面材料。

2.0.3 流平等级 leveling flooring grade

 环氧树脂自流平地面面层涂料在摊铺、固化前成平坦而光滑表面的能力等级。

2.0.4 干式环氧树脂砂浆 drying epoxy resin motar material

 以环氧树脂和固化剂为胶粘剂,合理级配的粗、细骨料为填充料,采用机械或手工摊铺、压实、抹平的材料组合。

3 质 量 要 求

3.1 涂料与涂层的质量要求

3.1.1 环氧树脂自流平地面底层涂料与涂层、中层涂料与涂层、面层涂料与涂层的质量应符合表3.1.1-1～表3.1.1-3的规定,其试验方法应符合本规范附录A.0.1和附录A.0.2的规定。

表3.1.1-1 环氧树脂自流平地面底层涂料与涂层的质量

项 目	技术指标
容器中状态	透明液体、无机械杂质
混合后固体含量(%)	≥50
干燥时间(h)	表干≤3
	实干≤24
涂层表面	均匀、平整、光滑,无起泡、无发白、无软化
附着力(MPa)	≥1.5

表3.1.1-2 环氧树脂自流平地面中层涂料与涂层的质量

项 目	技术指标
容器中状态	搅拌后色泽均匀、无结块
混合后固体含量(%)	≥70
干燥时间(h)	表干≤8
	实干≤48
涂层表面	密实、平整、均匀,无开裂、无起壳、无渗出物
附着力(MPa)	≥2.5
抗冲击(1kg钢球自由落体) 1m	胶泥构造:无裂纹、剥落、起壳
2m	砂浆构造:无裂纹、剥落、起壳
抗压强度(MPa)	≥80
打磨性	易打磨

表3.1.1-3 环氧树脂自流平地面面层涂料与涂层的质量

项 目	技术指标
容器中的状态	各色黏稠液,搅拌后均匀无结块
干燥时间(h)	表干≤8
	实干≤24
涂层表面	平整光滑、色泽均匀、无针孔、气泡
附着力(MPa)	≥2.5
相对硬度 (任选) D型邵氏硬度	≥75
铅笔硬度	≥3H
抗冲击(1kg钢球自由落体) 1m	无裂纹、剥落、起壳
抗压强度(MPa)	≥80
磨耗量(750r/500g)	≤60mg
容器中涂料的贮存期	密闭容器,阴凉干燥通风处,5℃～25℃,6个月

3.1.2 环氧树脂砂浆构造的自流平地面材料的质量应符合下列规定:

    1 胶结料应采用环氧树脂。

    2 填充材料应采用不同粒径组合而成的级配砂和粉。

    3 环氧树脂砂浆的密度宜为 $2.2g/cm^3 \sim 2.4g/cm^3$。

    4 现场配制的环氧树脂砂浆的颜色应均匀,并应无树脂析出现象。

    5 环氧树脂砂浆构造的自流平地面涂层的质量应符合表3.1.2的规定。

表 3.1.2 环氧树脂砂浆构造的自流平地面涂层的质量

项　目		技术指标
干燥时间(h)	表干≤12	
	实干≤72	
涂层表面	密实、平整、均匀,无开裂、无起壳、无渗出物	
附着力(MPa)	≥2.5	
抗冲击(1kg钢球自由落体)2m	涂层无裂纹、剥落、起壳	
抗压强度(MPa)	≥80	

3.1.3 环氧树脂自流平砂浆地面材料的质量应符合下列规定:

    1 填充材料应采用不同粒径组合而成的级配砂和粉。

    2 级配砂和粉应保存在密闭容器中,并应清洁、干燥、无杂质,含水率不应大于0.5%。

    3 环氧树脂自流平砂浆地面涂层的质量应符合表3.1.3的规定。

表 3.1.3 环氧树脂自流平砂浆地面涂层的质量

项　目		技术指标
干燥时间(h,25℃)	表干≤8	
	实干为48~72	
涂层表面	密实、平整、均匀,无开裂、无起壳、无渗出物	
附着力(MPa)	≥2.5	
抗冲击(1kg钢球自由落体)2m	涂层无裂纹、剥落、起壳	
抗压强度(MPa)	≥75	

3.2 涂层耐化学品性能

3.2.1 在室温条件下,环氧树脂自流平地面涂层的耐化学品性能应符合表3.2.1的规定。

表 3.2.1 环氧树脂自流平地面涂层的耐化学品性能

化学品名	性能	化学品名	性能	化学品名	性能
大豆油	耐	5%苯酚	不耐	酒精	尚耐
润滑油	耐	20%硫酸	耐(略变色)	汽油	耐
5%醋酸	尚耐	15%氨水	耐	洗涤剂	耐
1%盐酸	耐	5%氢氧化钠	耐	丙酮	尚耐
15%盐酸	耐(略变色)	10%氢氧化钠	耐	饱和食盐水	尚耐
草酸	耐	氢氧化钙	耐	甲醇	尚耐
1%甲酸	不耐	10%磷酸	耐	混合二甲苯	耐
10%乙酸	尚耐	30%磷酸	耐	甲苯	不耐
10%乳酸	尚耐	机油	耐	柴油	耐
10%柠檬酸	耐	5%硝酸	不耐	导热油	耐

注: 1 评定方法采用目测;

    2 当涂层出现浸润膨胀、粉化、凹陷、裂缝、颜色完全变化时,可判为不耐;

    3 仅仅出现表面发花、颜色轻微变化且涂层表面平整光洁时,可判为耐;

    4 当涂层出现浸润、表面发花变毛、颜色变化等现象时,可判为尚耐。

3.2.2 当环氧树脂自流平地面涂层需要在特种化学品介质中使用或使用条件超出规定范围时,应经试验确定。

3.2.3 环氧树脂自流平地面涂料原材料和制成品的试验方法应符合本规范附录A的规定。

4 设 计 规 定

4.1 一 般 规 定

4.1.1 环氧树脂自流平地面工程应根据工艺、重载要求、介质的作用条件和环境状况等因素进行设计。

4.1.2 环氧树脂自流平地面不宜用于室外。

4.1.3 环氧树脂自流平地面涂层可用于有耐磨、洁净要求的室内环境。当室内地面有重载、抗冲击要求时,宜采用环氧树脂自流平砂浆地面材料、环氧树脂砂浆或干式环氧树脂砂浆构造地面。

4.1.4 当环氧树脂自流平地面构造用于复杂介质环境时,应采用玻璃纤维增强材料作为隔离层。当玻璃纤维增强材料不能满足介质环境要求时,可根据试验情况采用有机纤维等其他增强材料。

4.2 构 造 要 求

4.2.1 当环氧树脂自流平地面工程应用于混凝土基层表面时,混凝土基层宜一次浇注成型,且强度等级不宜小于C25。当混凝土基层用作地面时,可同时用 $\phi \geqslant 6@150$ 双向钢筋网处理。

4.2.2 环氧树脂自流平地面构造应符合下列规定:

    1 环氧树脂自流平地面涂层应包括底涂层、中涂层和面涂层。

    2 环氧树脂砂浆构造的自流平地面涂层应包括

底涂层、中涂层和面涂层。

3 环氧树脂自流平砂浆地面涂层应包括底涂层、自流平砂浆面层。

4.2.3 环氧树脂自流平地面构造各层厚度宜符合表4.2.3的规定。

表4.2.3 环氧树脂自流平地面构造各层厚度（mm）

构 造	底涂层	中涂层	面涂层	总厚度
自流平地面	连续成膜 无漏涂	0.5～1.5	0.5～1.5	1.0～3.0
树脂砂浆构造		3.0～5.0		4.0～7.0
自流平砂浆构造		3.0～5.0		3.0～5.0
玻璃纤维增强层	1.0（或毡布复合≥2层）	—	—	—

4.2.4 当用于有重载或抗冲击环境时，混凝土基层应做配筋处理。

4.2.5 混凝土底层地面应设置防潮或防水层。

5 施 工 规 定

5.1 一 般 规 定

5.1.1 施工环境温度宜为15℃～30℃，相对湿度不宜大于85%。

5.1.2 施工前，应编制施工组织设计文件。施工组织设计文件应包括下列内容：

1 材料配制与施工工艺过程。

2 质量要求及检验方法。

3 人员配备及进度安排。

4 劳动保护及施工安全作业措施。

5 材料的安全储运。

5.1.3 施工人员应经过专业技能培训和安全教育。

5.1.4 施工现场应封闭，不得进行交叉作业。

5.2 基层处理与要求

5.2.1 混凝土基层应坚固、密实，强度不应低于C25，厚度不应小于150mm。

5.2.2 混凝土基层平整度应采用2m直尺检查，允许空隙不应大于2mm。

5.2.3 混凝土基层应干燥，在深度为20mm的厚度层内，含水率不应大于6%。

5.2.4 混凝土基层表面宜采用喷砂、机械研磨、酸洗等方法处理。

5.3 涂层的施工

5.3.1 施工材料的使用应符合下列规定：

1 施工前应先进行试配，试配合格后再大面积使用。

2 使用前，材料应混合均匀。

3 混合后的材料应在规定的时间内用完，已经初凝的材料不得使用。

5.3.2 底涂层的施工应符合下列规定：

1 配制好的底涂层材料应均匀涂装在基面上，涂层施工应连续，并不得漏涂。

2 固化完全的底涂层应进行打磨和修补，并应清除浮灰。

5.3.3 中涂层的施工应符合下列规定：

1 中涂层材料配制好后，应均匀刮涂或喷涂在底涂层上，厚度应符合设计要求。

2 固化完全的中涂层应进行机械打磨，并应清除表面浮灰。

3 当采用溶剂型环氧树脂自流平砂浆地面材料时，应分次施工。

5.3.4 面涂层的施工应符合下列规定：

1 面涂层材料充分搅拌均匀后，应均匀涂装在中间涂层上，并应进行脱泡处理。厚度应符合设计要求。

2 施工完成的面层，在固化过程中应采取防治污染的措施。

3 对面层易损坏或易被污染的局部区域，应采取贴防护胶带等措施。

5.3.5 环氧树脂自流平地面工程面层施工结束24h后，宜在面层表面进行封蜡处理。

5.3.6 玻璃纤维增强隔离层的施工应符合下列规定：

1 玻璃纤维增强层应铺设平整，树脂含量应饱满。

2 玻璃纤维增强层厚度或层数应符合设计要求。

3 玻璃纤维增强层的施工可采用手糊成型工艺或喷射成型工艺。

5.3.7 当进行其他增强材料施工时，其施工要求应符合本规范第5.3.6条的规定。

5.4 养 护

5.4.1 养护环境温度宜为23℃±2℃，养护天数不应少于7d。

5.4.2 固化和养护期间应采取防水、防污染等措施。

5.4.3 在养护期间人员不宜踩踏养护中的环氧树脂自流平地面。

6 质量检验与验收

6.1 质 量 检 验

6.1.1 工程质量检验的数量应符合下列规定：

1 应以自然间或标准间为基本检查单位。当单间面积小于或等于30m²时，应抽查4处；当单间面积大于30m²时，每增加10m²应多抽查1处，不足30m²时，应按30m²计；每处测点不得少于3个。

2 应在环氧树脂自流平地面施工结束后再分割单间的工程，应以施工面积为基本检查单位，当面积小于或等于 30m² 时，应抽查 4 处；当面积大于 30m² 时，每增加 10m² 应多抽查 1 处，不足 30m² 时，应按 30m² 计；每处测点不得少于 3 个。

3 重要部位、难维修部位应按面积抽查超过 50%，每处测点不得少于 5 个；当单间少于 5 间或施工总面积少于 200m² 时，应进行全数检查。

4 对质量有严重影响的部位，可进行破坏性检查。

Ⅰ 主控项目

6.1.2 环氧树脂自流平地面涂料与涂层的质量应符合设计要求，当设计无要求时，应符合本规范表 3.1.1-1~表 3.1.1-3、表 3.1.2 和表 3.1.3 的规定。

检验方法：检查材料检测报告或复验报告。

6.1.3 底涂层的质量应符合下列规定：

1 涂层表面应均匀、连续，并应无泛白、漏涂、起壳、脱落等现象。

检验方法：观察检查。

2 与基面的粘结强度不应小于 1.5MPa。

检验方法：附着力检测仪检查。

6.1.4 面涂层的质量应符合下列规定：

1 涂层表面应平整光滑、色泽均匀。

检验方法：观察检查。

2 冲击强度应符合设计要求，表面不得有裂纹、起壳、剥落等现象。

检验方法：采用 1kg 的钢球距离自流平地面层高度为 0.5m，距离砂浆层高度 1m，自然落体冲击。

Ⅱ 一般项目

6.1.5 中涂层表面应密实、平整、均匀，不得有开裂、起壳等现象。

检验方法：观察检查。

6.1.6 玻璃纤维增强隔离层的厚度应大于 1mm 或毡布复合结构增强材料不应少于 2 层。

检验方法：尺量检查和观察检查。

6.1.7 面涂层的硬度应符合设计要求。

检验方法：采用仪器检测和检查检测报告。

6.1.8 坡度应符合设计要求。

检验方法：做泼水试验时，水应能顺利排除。

6.2 验 收

6.2.1 环氧树脂自流平地面工程验收应包括中间交接、隐蔽工程交接和交工验收。工程未经交工验收，不得投入生产使用。

6.2.2 环氧树脂自流平地面工程质量检查验收应在自检合格的基础上，确认达到验收条件后再进行。

6.2.3 环氧树脂自流平地面工程施工前，应对基层进行检查，并应办理中间交接手续，基层检查交接记录应纳入交工验收文件。

6.2.4 环氧树脂自流平地面工程验收合格应符合下列规定：

1 主控项目的检验应全部合格。

2 一般项目检测点的合格率不应小于 80%，且不合格点不得影响使用。

6.2.5 施工质量不符合本规范和设计要求的环氧树脂自流平地面工程，应修补或返工。返修记录应纳入交工验收文件中。

6.2.6 环氧树脂自流平地面工程验收时，应提交下列文件：

1 原材料的出厂合格证或复验报告。

2 基层交工记录。

3 中间交接或隐蔽工程记录。

4 修补或返工记录。

附录 A 原材料和制成品的试验方法

A.0.1 环氧树脂自流平涂料的试验方法应符合下列规定：

1 环氧树脂自流平涂料干燥时间的测定，应按现行国家标准《漆膜、腻子膜干燥时间测定法》GB/T 1728 的有关规定执行。

2 环氧树脂自流平涂料贮存期的测定，应按现行国家标准《涂料贮存稳定性试验方法》GB/T 6753.3 的有关规定执行。

A.0.2 环氧树脂自流平涂料制成品的试验方法应符合下列规定：

1 环氧树脂自流平涂料制成品附着力的测定，应按现行国家标准《色漆和清漆拉开法附着力试验》GB/T 5210 的有关规定执行。

2 环氧树脂自流平涂料制成品抗压强度的测定，应按现行国家标准《建筑防腐蚀工程施工及验收规范》GB 50212 的有关规定执行。

3 环氧树脂自流平涂料制成品硬度的测定，应按现行国家标准《塑料和硬橡胶 使用硬度计测定压痕硬度（邵氏硬度）》GB/T 2411 或《色漆和清漆 铅笔法测定漆膜硬度》GB/T 6739 的有关规定执行。

4 环氧树脂自流平涂料制成品耐磨耗量的测定，应按现行国家标准《色漆和清漆 耐磨性的测定 旋转橡胶砂轮法》GB/T 1768 的有关规定执行。

5 环氧树脂自流平涂料制成品抗冲击性能的测定，应符合下列规定：

　　1) 预制尺寸为 450mm×450mm×60mm 内加 φ6@120 双向钢筋的细石混凝土底板，在 23℃±2℃下，养护 10d。

　　2) 按本规范表 4.2.3 的构造要求，依次在混凝土预制件上涂刷底层涂料，再衬贴0.4mm厚度玻璃纤维布2层，待玻璃纤维增强层固化后，再施工砂浆层或自流平地面层。

3）砂浆层厚度为5mm，自流平地面层厚度为2mm，在23℃±2℃下，养护7d。

4）用1kg的钢球做高度为1m、2m的自然落体冲击，观察其表面是否存在裂纹、起壳、剥落现象。

A.0.3 环氧树脂自流平涂料制成品耐化学品性能的测定，应按现行国家标准《色漆和清漆 耐液体介质的测定》GB/T 9274的有关规定执行。

本规范用词说明

1 为便于在执行本规范条文时区别对待，对要求严格程度不同的用词说明如下：

1）表示很严格，非这样做不可的：
正面词采用"必须"，反面词采用"严禁"；

2）表示严格，在正常情况下均应这样做的：
正面词采用"应"，反面词采用"不应"或"不得"；

3）表示允许稍有选择，在条件许可时首先应这样做的：
正面词采用"宜"，反面词采用"不宜"；

4）表示有选择，在一定条件下可以这样做的，采用"可"。

2 条文中指明应按其他有关标准执行的写法为："应符合……的规定"或"应按……执行"。

引用标准名录

《建筑防腐蚀工程施工及验收规范》GB 50212
《漆膜、腻子膜干燥时间测定法》GB/T 1728
《色漆和清漆 耐磨性的测定 旋转橡胶砂轮法》GB/T 1768
《塑料和硬橡胶 使用硬度计测定压痕硬度（邵氏硬度）》GB/T 2411
《色漆和清漆拉开法附着力试验》GB/T 5210
《色漆和清漆 铅笔法测定漆膜硬度》GB/T 6739
《涂料贮存稳定性试验方法》GB/T 6753.3
《色漆和清漆 耐液体介质的测定》GB/T 9274

中华人民共和国国家标准

环氧树脂自流平地面工程技术规范

GB/T 50589—2010

条 文 说 明

制　定　说　明

《环氧树脂自流平地面工程技术规范》GB/T 50589—2010，经住房和城乡建设部 2010 年 5 月 31 日以第 627 号公告批准发布。

本规范在制订过程中，编制组进行了广泛的调查研究，总结了我国环氧树脂自流平地面工程的实践经验，同时参考了国内外环氧树脂自流平地面工程技术应用方面的大量资料。

为了便于广大设计、施工、科研、学校等单位有关人员在使用本规范时能正确理解和执行条文规定，《环氧树脂自流平地面工程技术规范》编制组按章、节、条顺序编制了本规范的条文说明，对条文规定的目的、依据以及执行中需注意的有关事项进行了说明。但是，本条文说明不具备与标准正文同等的法律效力，仅供使用者作为理解和把握标准规定的参考。

目　次

1 总　　则

1.0.1 环氧树脂自流平地面涂层材料具有较高的耐磨耗性、较低的析尘量，满足了食品、烟草、电子、精密仪器、仪表、医药、医疗手术室、汽车和机场等行业生产制作场所的洁净、卫生、耐磨耗等诸多技术要求，是目前洁净厂房地面工程中最常用、最有效的防护材料与措施之一。二十多年前，对于有一般清洁度要求的地面，一般采用水泥石屑面层、石屑混凝土面层构造。对于有较高清洁度要求的地面，采用水磨石面层或涂刷涂料的水泥类面层、各类板材、块材面层；对于有较高清洁和弹性等使用要求的地面，采用菱苦土或聚氯乙烯板面层等。近年来，国内外相关企业研制开发了以环氧树脂为主要成膜物的自流平地面涂料与相关的施工技术，已广泛应用于医药、食品、电子、烟草、机械、精密仪器、仪表、医疗、汽车等行业的生产制作场所。工程实践表明，采用环氧树脂自流平地面技术较其他涂层综合效果更加优越。目前，我国每年药厂改建、扩建以及建设新厂，均有数百万平方米的车间地面需要做洁净防尘施工处理，以符合《药品生产质量管理规范》（GMP）认证要求。

目前，由于环氧树脂自流平地面涂层技术较新，环氧树脂自流平地面工程的设计规范、施工规范还未形成。同时由于各材料生产企业间材料性能、推荐的构造、施工工艺的差异，对工程质量具有较大影响。为了满足药品、食品等车间的洁净度要求，有效提高环氧树脂自流平地面工程的设计水平，规范施工操作，加强对工程施工过程的质量控制，保证环氧树脂自流平地面工程整体质量，制定本技术规范是十分必要的。这将有利于该项新技术的推广应用；有利于指导工程设计人员，优化结构设计；有利于施工人员规范施工工艺与过程；同时有利于监理人员有效控制工程质量。

1.0.3、1.0.4 环氧树脂自流平地面工程施工的原材料及其辅料、制成品质量的合格是保证工程最终效果的关键。环氧树脂类材料由于选用的固化剂不同，材料配制过程及工艺都存在着差异。同时，由于各材料生产企业原材料的选用、合成工艺、配制技术、推荐的施工工法等不同，很难规定统一的配合比，因此对材料供应方应提供的产品质量技术要求、检测方法、技术鉴定文件等提出了要求。

1.0.5 由于现场环境条件的变化、施工操作水平、掌握材料性能的程度等因素都会影响最终涂层的使用效果，因此应根据不同季节或施工环境温度，通过试验来确定主材与固化剂的最佳施工配合比，经试验确定的配合比不得任意改变。

1.0.7 环氧树脂自流平地面工程的设计与施工，应与现行国家标准《工业建筑防腐蚀设计规范》GB

50046—2008、《建筑地面设计规范》GB 50037—1996和《建筑防腐蚀工程施工及验收规范》GB 50212—2002配套使用。

3 质量要求

3.1 涂料与涂层的质量要求

3.1.1～3.1.3 表3.1.1-1、表3.1.1-2、表3.1.2和表3.1.3环氧树脂自流平地面材料的技术指标，主要根据行业标准《地坪涂料》HG/T 3829—2006和国内环氧树脂自流平涂料生产企业、环氧树脂自流平地面涂料施工企业提供的技术数据，进行分析、整理后制定的。

关于表3.1.1-3相对硬度的规定，因为涂膜硬度是涂料制造、涂料使用（涂装）行业进行质量认定的必测指标，其测试快速简便。本规范规定可从邵氏硬度与铅笔硬度中任选一种进行，并规定了指标的最低值。硬度是物质受压变形程度或抗刺穿能力的一种物理度量单位。硬度可分为相对硬度和绝对硬度，绝对硬度一般在科学界使用。通常使用的硬度体系为相对硬度，常用以下几种表示方法：邵氏（也叫肖氏、邵尔，英文 SHORE）、洛氏、布氏、韦氏、鲁氏、莫氏、铅笔硬度等几种，邵氏硬度一般用于橡胶类材料上。铅笔划痕法测试涂膜硬度是自20世纪80年代以来被国际普遍采用测试的方法。我国也已在涂料的发展研究和工业生产中推广这种测试方法。

3.2 涂层耐化学品性能

3.2.1 耐化学品性能根据相关试验数据定性制定。其评定结论均采用目测、实际效果等判定，当涂层出现浸润膨胀、粉化、凹陷、裂缝、颜色完全变化（尤其出现碳化倾向）时，可判为不耐。无上述现象出现，或仅仅出现表面发花、颜色轻微变化且涂层表面平整光洁时，可判为耐。当涂层出现浸润、表面发花变毛、颜色变化（但未出现碳化倾向）等现象时，可判为尚耐。表3.2.1中参数的测定是采用现行国家标准《色漆和清漆耐液体介质的测定》GB/T 9274—1988中的规定：室温条件下，在涂层样板上滴加试剂，用玻璃盖封闭，观察2天～7天，观察涂层表面是否变色、粉化、浸润膨胀、出现异样等现象。以此判断环氧树脂自流平地面在各种介质作用下保持稳定状态的性能。

4 设计规定

4.1 一般规定

4.1.1～4.1.4 环氧树脂自流平地面具有许多优点，

但也有一些局限性。环氧树脂耐候性较差，不宜用于室外，当用于室外环境时，应选用耐候性较好的树脂作封面成膜物，以确保使用寿命。环氧树脂自流平地面材料主要用于"轻"作业环境，如出现重载、冲击等情况时，结构应做加强处理（增加砂浆层构造等）。当作业环境中既有横向受力，又有较多化学介质存在渗透等影响时，应增加玻璃纤维增强层。

4.2 构造要求

4.2.1～4.2.5 环氧树脂自流平地面构造的设计应与现行国家标准《工业建筑防腐蚀设计规范》GB 50046—2008配合使用。在工况复杂，必须加强对垫层和混凝土基层的处理要求，提高设计构造等级时，应根据实际情况进行设计。环氧树脂自流平地面设计中，面层材料以下部位的构造，如垫层和混凝土基层，应采取措施加强。在现行国家标准《工业建筑防腐蚀设计规范》GB 50046—2008的构造无法满足特定环境使用要求时，应采取提高混凝土强度等级，如混凝土强度等级大于C25、双向配筋等措施。

构造层厚度的设计通常采用底涂层、中涂层、面涂层三层结构，也可以根据实践经验、使用效果及工艺需要，采取有针对性的特殊构造。

在底层地面设置防潮层或防水层的规定是根据工程使用情况确定的，因环氧树脂自流平地面面层出现的脱层、起鼓等很多质量事故均由于不设防潮层、防水层而引起。

5 施 工 规 定

5.1 一 般 规 定

5.1.1 施工环境温度和湿度的变化对环氧树脂自流平地面涂料和环氧树脂自流平砂浆等的固化质量有直接影响。根据国内施工经验，施工环境温度控制在15℃～30℃比较适宜。目前，各生产企业提供的配套固化剂品种较多，有的企业提供的固化剂分为冬季、夏季、春秋季节使用型等。由于相关企业产品的配方各不相同，所以用户应根据施工环境温度和湿度确定一个配套固化剂来保证工程质量。

5.1.2 由于各材料供应方供料时，总是将主料与辅料配套提供，其配方和施工工艺也有较大差异，因此，本规范对编制施工组织设计文件作出了规定，以保证环氧树脂自流平地面的施工质量。

5.1.3 目前，国家职业标准《防腐蚀工》，已经原劳动和社会保障部批准，自2001年8月3日起施行。因此本技术规范对安全施工、劳动保护、技术操作等方面提出了要求。

5.2 基层处理与要求

5.2.1 混凝土基层处理是保证环氧树脂自流平地面

质量的关键。为保证基层状况能够满足工艺要求，在施工前，对基层状况必须进行检查，即通过现场检测工具对工作面进行一次完整、全面、细致的检查，并做好详细记录。基层的尺寸要单独标注在图纸上，并判断混凝土是否坚固、密实，强度是否达到设计要求。如果基层强度不符合要求，环氧树脂涂膜固化后会造成涂层与基层剥离。强度的检测可用回弹仪做混凝土强度测试，或用小铁锤敲打基层来判定。

5.2.3 保持混凝土基面干燥并使含水率小于6%，是保证环氧树脂自流平地面工程质量的关键。在底层地面构造中，水分等小分子的挥发、集聚，对环氧树脂的固化具有十分有害的影响，控制基层含水率可以使涂层固化完全，以保证地面质量。

混凝土和水泥砂浆找平层施工过程中含有大量的水分，故地面涂层施工时含水率应符合要求。现场可根据基层施工后的养护时间来简单判定，即表面是否发白，如表1所示。或者现场测含水率，其方法包括塑料薄膜法或称重法。混凝土是否养护完全，也可通过测定pH值是否达到10左右来判断。

表1 混凝土干燥程度的简单判定法

项 目	混凝土基层施工完成后	水泥砂浆/找平层施工完成后
夏季施工	21d～28d	7d～14d
冬季施工	35d～42d	21d～28d

当测定的水分超标时，应采取通风、加热、脱水减湿剂、除湿器或引进室外空气降低空气露点温度来予以排除。

5.3 涂层的施工

5.3.1～5.3.4 环氧树脂自流平地面材料的施工过程是一项系统工程。优质的材料、优良的施工、良好的养护是保证自流平地面质量的三个要素。

涂层在施工过程中，应按施工工序进行。环氧树脂自流平主料和固化剂应按比例配制、采用电动搅拌机搅拌均匀；连续施工时，应按各个构造层间的养护、打磨、吸尘、修补缺陷、采用排泡辊消泡等工序来进行施工。

采用溶剂型环氧树脂自流平砂浆施工时，由于树脂固化过程会伴有小分子挥发，易使涂层表面形成针孔，影响抗渗透性能，应通过分次施工、控制每层施工厚度（如不超过4mm）的方法减少针孔，如果一次施工树脂砂浆太厚（如大于5mm），很容易引起砂浆层开裂。

从施工到涂膜完全硬化期间，把门、窗关闭，缝隙与透风处用护面胶带密封好，防止粉尘进入污染作业区；夏季因昆虫对色彩非常敏感，施工前要喷洒杀虫剂；在涂层未硬化前，施工边缘部分应贴好护面胶带。

5.3.6 玻璃纤维增强层的施工，一般采用人工手糊成型工艺，逐层铺贴玻璃纤维布。也可采用喷射机械，将玻璃纤维与树脂直接混合喷射在基层表面，具有施工速度快、效率高、喷射层均匀等特点。

玻璃纤维增强层的施工关键在于：控制有效厚度、控制树脂含量。采用不同的增强材料、不同施工工艺，施工厚度与树脂含量会有差异，根据复合材料基本原理，可参考表2的经验数据。

表2 玻璃纤维增强层材料厚度和树脂含量

增强材料类型	玻璃纤维布	玻璃纤维短切毡	玻璃纤维表面毡	喷射玻璃纤维
增强层厚度(mm)	>布厚度的1.2倍	≥1.2	≥1.0	≥1.0
树脂含量(%)	≥40	≥70	≥85	≥35

表2中玻璃纤维短切毡常用规格为 $450g/m^2$，玻璃纤维表面毡常用规格为 $50g/m^2$；当选用其他增强材料时，表2中数据可依试验情况作相应调整。

5.4 养 护

5.4.1 养护温度的高低和养护时间的长短，对制成品的固化程度有很大的影响。固化程度越高，其机械强度越高，综合性能也越好。环氧树脂自流平地面涂料和环氧树脂自流平砂浆面层的养护温度和养护时间，是根据施工经验在常温下获得的最好固化度情况规定的。

6 质量检验与验收

6.1 质量检验

Ⅰ 主控项目

6.1.2~6.1.4 影响环氧树脂自流平地面工程质量优劣的关键是：基层处理是否达到施工技术要求、涂层与基面的附着力（即底涂层的粘结强度）、面涂层质量（包括强度、平整度、表面装饰效果）三大因素。所以本规范把这些内容作为主控项目，提倡采用各种仪器进行定性、定量检测。

Ⅱ 一般项目

6.1.5~6.1.8 这些项目不直接影响地面功能，对于耐久性的影响比较有限，但是对表面装饰效果有一定的影响。

6.2 验 收

6.2.1 环氧树脂自流平地面工程的构造与施工特点是中间环节多、隐蔽多、需要过程控制的节点多。因此，验收工作虽然包括很多施工操作步骤，但其核心是隐蔽工程的交接和交工，只要每一个隐蔽工程均有明确的交接，那么大部分施工过程也基本有所体现。否则隐蔽工程交接不清楚，过程控制也就没有完全落实。每项工程的交接应以文字记录为准。

6.2.2 环氧树脂自流平地面工程质量检查验收工作，应在自检合格的基础上，确认整个工程基本合格、达到验收条件后方可进行。而且要注意现场保护，防止正式验收前出现表面污染、损坏等现象。

6.2.5、6.2.6 环氧树脂自流平地面的主要应用领域属于对洁净度要求非常高的环境，施工操作不规范、质量达不到设计要求时，容易出现起尘、纳垢、滋生细菌等现象，必须对工程质量不合格的部位进行修补或返工。同时，将返修记录纳入交工验收文件，以便于使用过程的维护和管理。

关于施工质量检查，本规范针对每一个环节均提出相应的技术指标、检验方法。指导思想就是：加强过程控制、加强量化检测、用数据管理。同时，提供的资料应齐全有效。

中华人民共和国行业标准

自流平地面工程技术规程

Technical specification of self-leveling flooring construction

JGJ/T 175—2009

批准部门：中华人民共和国住房和城乡建设部
施行日期：２００９年１２月１日

中华人民共和国住房和城乡建设部
公 告

第 312 号

关于发布行业标准
《自流平地面工程技术规程》的公告

现批准《自流平地面工程技术规程》为行业标准，编号为 JGJ/T 175-2009，自 2009 年 12 月 1 日起实施。

本规程由我部标准定额研究所组织中国建筑工业出版社出版发行。

中华人民共和国住房和城乡建设部
2009 年 5 月 19 日

前 言

根据原建设部《关于印发〈2007 年工程建设标准规范制订、修订计划（第一批）〉的通知》（建标 [2007] 125 号）的要求，标准编制组经广泛调查研究，认真总结实践经验，参考国内外相关标准，并在广泛征求意见的基础上制定了本规程。

本规程主要技术内容是：1. 总则；2. 术语；3. 基本规定；4. 自流平地面设计；5. 基层要求与处理；6. 材料质量要求；7. 水泥基或石膏基自流平砂浆地面施工；8. 环氧树脂或聚氨酯自流平地面施工；9. 水泥基自流平砂浆-环氧树脂或聚氨酯薄涂地面施工；10. 质量检验与验收。

本规程由住房和城乡建设部负责管理，由中国建筑材料检验认证中心负责具体技术内容的解释。

本规程主编单位：中国建筑材料检验认证中心
（北京市朝阳区管庄东里 1 号院南楼，邮政编码：100024）

本规程参编单位：中国建筑材料联合会地坪材料分会
上海阳森精细化工有限公司
富思特制漆（北京）有限公司
昆山允盛工程有限责任公司
中原工学院
汉高粘合剂有限公司
麦克斯特建筑材料（北京）有限公司
阿克苏诺贝尔特种化学（上海）有限公司
北京敬业达新型建筑材料有限公司

北京市市政工程研究院
苏州工业园区装和技研建材科技有限公司
北京市建筑材料质量监督检验站
中国建筑科学研究院
北京联合荣大工程材料有限责任公司
北京市金鼎业新型建材有限公司
纳尔特漆业（北京）有限公司
北京贝思达工贸有限责任公司
建筑材料工业技术情报研究所
厦门冠耀建材有限公司
北京航特表面技术工程有限责任公司
南宝树脂（中国）有限公司

本规程主要起草人员：刘元新　杨永起　马利洋
栾新刚　王卫国　冯金陵
乔亚玲　李　娅　吴为群
熊佑明　严兴李　王军民
王爱勤　薛　庆　郑德煜
韩全卫　陈　东　唐章仁
王全志　邱光耀　全　毅
金　森　王景娜　孙德聪

本规程主要审查人员：林　寿　杨嗣信　陈惠娟
陆建文　韦延年　李永鑫
蔡宏国　张烨炯　张晏清

目 次

Contents

1 总 则

1.0.1 为保证自流平地面工程的设计和施工质量，规范施工工艺流程，制定本规程。

1.0.2 本规程适用于新建、扩建和改建的各类建筑室内自流平地面工程的设计、施工、质量检验与验收。

1.0.3 自流平地面工程的设计、施工与质量检验与验收，除符合本规程外，尚应符合国家现行有关标准的规定。

2 术 语

2.0.1 自流平地面 self-leveling flooring

在基层上，采用具有自行流平性能或稍加辅助性摊铺即能流动找平的地面用材料，经搅拌后摊铺所形成的地面。

2.0.2 水泥基自流平砂浆地面 cementitious self-leveling mortar flooring

由基层、自流平界面剂、水泥基自流平砂浆构成的地面。

2.0.3 石膏基自流平砂浆地面 gypsum based self-leveling mortar flooring

由基层、自流平界面剂、石膏基自流平砂浆构成的地面。

2.0.4 环氧树脂自流平地面 self-leveling epoxy resin flooring

由基层、底涂、自流平环氧树脂地面涂层材料构成的地面。

2.0.5 聚氨酯自流平地面 self-leveling polyurethane resin flooring

由基层、底涂、自流平聚氨酯地面涂层材料构成的地面。

2.0.6 水泥基自流平砂浆-环氧树脂或聚氨酯薄涂地面 cementitious self-leveling mortar and epoxy resin or polyurethane resin coating flooring

由基层、自流平界面剂、水泥基自流平砂浆、底涂、环氧树脂或聚氨酯薄涂等构成的地面。

3 基 本 规 定

3.0.1 自流平地面工程应根据材料性能、使用功能、地面结构类型、环境条件、施工工艺和工程特点进行构造设计。当局部地段受到较严重的物理或化学作用时，应采取相应的技术措施。

3.0.2 自流平地面工程施工前应编制施工方案，并应按施工方案进行技术交底。

3.0.3 进场材料应提供产品合格证和有效的检验报告。

3.0.4 不同品种、不同规格的自流平材料不应混合使用，严禁使用国家明令淘汰的产品。

3.0.5 有机类材料应贮存在阴凉、干燥、通风、远离火和热源的场所，不得露天存放和曝晒，贮存温度应为5～35℃。无机类材料应贮存在干燥、通风、不受潮湿雨淋的场所。

3.0.6 施工单位应建立各道工序的自检、互检和专职人员检验制度，并应有完整的施工检查记录。

4 自流平地面设计

4.1 一 般 规 定

4.1.1 水泥基自流平砂浆可用于地面找平层，也可用于地面面层。当用于地面找平层时，其厚度不得小于2.0mm；当用于地面面层时，其厚度不得小于5.0mm。

4.1.2 石膏基自流平砂浆不得直接作为地面面层采用。当采用水泥基自流平砂浆作为地面面层时，石膏基自流平砂浆可用于找平层，且厚度不得小于2.0mm。

4.1.3 环氧树脂和聚氨酯自流平地面面层厚度不得小于0.8mm。

4.1.4 当采用水泥基自流平砂浆作为环氧树脂或聚氨酯地面的找平层时，水泥基自流平砂浆强度等级不得低于C20。当采用环氧树脂或聚氨酯作为地面面层时，不得采用石膏基自流平砂浆作为其找平层。

4.1.5 基层有坡度设计时，水泥基或石膏基自流平砂浆可用于坡度小于或等于1.5%的地面；对于坡度大于1.5%但不超过5%的地面，基层应采用环氧底涂撒砂处理，并应调整自流平砂浆流动度；坡度大于5%的基层不得使用自流平砂浆。

4.1.6 面层分格缝的设置应与基层的伸缩缝保持一致。

4.2 构 造 设 计

4.2.1 水泥基或石膏基自流平砂浆地面应由基层、自流平界面剂、水泥基或石膏基自流平砂浆层构成（图4.2.1）。

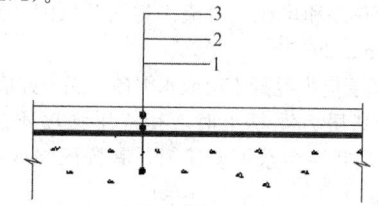

图4.2.1 水泥基或石膏基自流平砂浆地面构造图
1—基层；2—自流平界面剂；
3—水泥基或石膏基自流平砂浆层

4.2.2 环氧树脂或聚氨酯自流平地面应由基层、底涂层、中涂层、环氧树脂或聚氨酯自流平涂层构成（图4.2.2）。

4.2.3 水泥基自流平砂浆-环氧树脂或聚氨酯薄涂地面应由基层、自流平界面剂、水泥基自流平砂浆层、底涂层、环氧树脂或聚氨酯薄涂层构成（图4.2.3）。

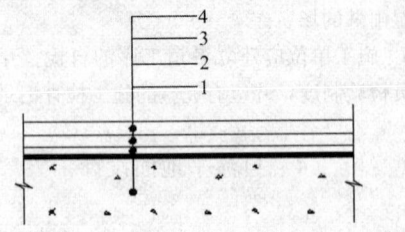

图4.2.2 环氧树脂或聚氨酯自流平地面构造图
1—基层；2—底涂层；3—中涂层；
4—环氧树脂或聚氨酯自流平涂层

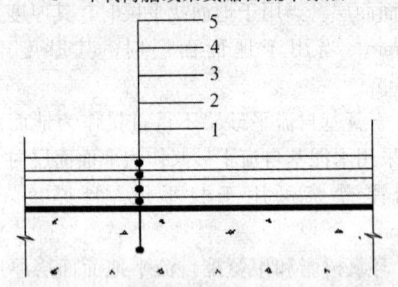

图4.2.3 水泥基自流平砂浆-环氧树脂
或聚氨酯薄涂地面构造图
1—基层；2—自流平界面剂；3—水泥基自流平砂浆层；4—底涂层；5—环氧树脂或聚氨酯薄涂层

5 基层要求与处理

5.1 基层要求

5.1.1 自流平地面工程施工前，应按现行国家标准《建筑地面工程施工质量验收规范》GB 50209进行基层检查，验收合格后方可施工。

5.1.2 基层表面不得有起砂、空鼓、起壳、脱皮、疏松、麻面、油脂、灰尘、裂纹等缺陷。

5.1.3 基层平整度应用2m靠尺检查。水泥基和石膏基自流平砂浆地面基层的平整度不应大于4mm/2m，环氧树脂和聚氨酯自流平地面基层的平整度不应大于3mm/2m。

5.1.4 基层应为混凝土层或水泥砂浆层，并应坚固、密实。当基层为混凝土时，其抗压强度不应小于20MPa；当基层为水泥砂浆时，其抗压强度不应小于15MPa。

5.1.5 基层含水率不应大于8%。

5.1.6 楼地面与墙面交接部位、穿楼（地）面的套管等细部构造处，应进行防护处理后再进行地面施工。

5.2 基层处理

5.2.1 当基层存在裂缝时，宜先采用机械切割的方式将裂缝切成20mm深、20mm宽的V形槽，然后采用无溶剂环氧树脂或无溶剂聚氨酯材料加强、灌注、找平、密封。

5.2.2 当混凝土基层的抗压强度小于20MPa或水泥砂浆基层的抗压强度小于15MPa时，应采取补强处理或重新施工。

5.2.3 当基层的空鼓面积小于或等于1m²时，可采用灌浆法处理；当基层的空鼓面积大于1m²时，应剔除，并重新施工。

6 材料质量要求

6.0.1 水泥基自流平砂浆性能应符合现行行业标准《地面用水泥基自流平砂浆》JC/T 985的规定。

6.0.2 石膏基自流平砂浆性能应符合现行行业标准《石膏基自流平砂浆》JC/T 1023的规定。

6.0.3 水泥基和石膏基自流平砂浆放射性核素限量应符合现行国家标准《建筑材料放射性核素限量》GB 6566的规定。

6.0.4 环氧树脂自流平材料性能应符合现行行业标准《环氧树脂地面涂层材料》JC/T 1015的规定。

6.0.5 聚氨酯自流平材料性能应符合现行国家标准《地坪涂装材料》GB/T 22374的规定。

6.0.6 环氧树脂和聚氨酯自流平材料的有害物质限量应符合现行国家标准《地坪涂装材料》GB/T 22374的规定。

6.0.7 拌合用水应符合现行行业标准《混凝土用水标准》JGJ 63的规定。

7 水泥基或石膏基自流平砂浆地面施工

7.1 施工条件

7.1.1 水泥基或石膏基自流平砂浆地面施工温度应为5~35℃，相对湿度不宜高于80%。

7.1.2 水泥基或石膏基自流平砂浆地面施工应在主体结构及地面基层施工验收完毕后进行。

7.1.3 水泥基或石膏基自流平砂浆地面施工应采用专用机具。

7.2 施工工艺

7.2.1 水泥基或石膏基自流平砂浆地面施工应按下列工序进行：

1 封闭现场；

2 基层检查；

3 基层处理；

4 涂刷自流平界面剂；

5 制备浆料；

6 摊铺自流平浆料；

7 放气；

8 养护；

9 成品保护。

7.2.2 水泥基或石膏基自流平砂浆地面施工工艺应符合下列规定：

1 现场应封闭，严禁交叉作业。

2 基层检查应包括基层平整度、强度、含水率、裂缝、空鼓等项目。

3 基层处理应根据基层检查的结果，按照本规程第5章的处理方法进行。

4 应在处理好的基层上涂刷自流平界面剂，不得漏涂和局部积液。

5 制备浆料可采用人工法或机械法，并应充分搅拌至均匀无结块为止。

6 摊铺浆料时应按施工方案要求，采用人工或机械方式将自流平浆料倾倒于施工面，使其自行流展找平，也可用专用锯齿刮板辅助浆料均匀展开。

7 浆料摊平后，宜采用自流平消泡滚筒放气。

8 施工完成后的自流平地面，应在施工环境条件下养护24h以上方可使用。

9 施工完成后的自流平地面应做好成品保护。

8 环氧树脂或聚氨酯自流平地面施工

8.1 施 工 条 件

8.1.1 环氧树脂或聚氨酯自流平地面施工区域严禁烟火，不得进行切割或电气焊等操作。

8.1.2 环氧树脂或聚氨酯自流平地面施工环境温度宜为15～25℃，相对湿度不宜高于80%，基层表面温度不宜低于5℃。

8.1.3 环氧树脂或聚氨酯自流平地面面层施工时，现场应避免灰尘、飞虫、杂物等玷污。

8.1.4 环氧树脂或聚氨酯自流平地面工程的施工人员施工前，应做好劳动防护。

8.1.5 环氧树脂或聚氨酯自流平地面施工应采用专用机具。

8.2 施 工 工 艺

8.2.1 环氧树脂或聚氨酯自流平地面工程应按下列工序进行施工：

1 封闭现场；

2 基层检查；

3 基层处理；

4 涂刷底涂；

5 批刮中涂；

6 修补打磨；

7 自流平面涂；

8 养护；

9 成品保护。

8.2.2 环氧树脂或聚氨酯自流平地面工程施工工艺应符合下列规定：

1 现场应封闭，严禁交叉作业。

2 基层检查应包括基层平整度、强度、含水率、裂缝、空鼓等项目。

3 基层处理应根据基层检查结果，按照本规程第5章的处理方法进行。

4 底层涂料应按比例称量配制，混合搅拌均匀后方可使用，并应在产品说明书规定的时间内使用。涂装应均匀、无漏涂和堆涂。

5 中涂材料应按产品说明书提供的比例称量配置，并应在混合搅拌均匀后进行批刮。

6 中涂固化后，宜用打磨机对中涂层进行打磨，局部凹陷处可采用树脂砂浆进行找平修补。

7 面涂材料应按规定比例混合搅拌均匀后再用镘刀刮涂，必要时，宜使用消泡滚筒进行消泡处理。

8 施工完成的自流平地面，应进行养护，且固化后方可使用。

9 施工完成的自流平地面，应做好成品保护。

9 水泥基自流平砂浆-环氧树脂 或聚氨酯薄涂地面施工

9.1 施 工 条 件

9.1.1 水泥基自流平砂浆材料施工条件应符合本规程第7.1节的规定。

9.1.2 环氧树脂或聚氨酯薄涂材料施工条件应符合本规程第8.1节的规定。

9.2 施 工 工 艺

9.2.1 水泥基自流平砂浆施工工艺应符合本规程第7.2节的规定。

9.2.2 环氧树脂或聚氨酯薄涂面层施工工艺应符合下列规定：

1 水泥基自流平砂浆施工完成后，应至少养护24h，再对局部凹陷处进行修补、打磨平整、除去浮灰，方可进行下道工序。

2 底层涂料应按比例称量配制，混合搅拌均匀后方可使用，并应在产品说明书规定的时间内使用。涂装应均匀、无漏涂和堆涂。

3 薄涂层应在底涂层干燥后进行。应将配制好的环氧树脂或聚氨酯薄涂材料搅拌均匀后涂刷2～3遍。

4 施工完成的自流平地面，应养护固化后方可使用。

5 施工完成的自流平地面，应做好成品保护。

10 质量检验与验收

10.1 一般规定

10.1.1 自流平地面工程质量检验与验收应符合现行国家标准《建筑地面工程施工质量验收规范》GB 50209 的规定。

10.1.2 自流平地面工程使用的材料和施工现场的室内空气质量应符合现行国家标准《民用建筑工程室内环境污染控制规范》GB 50325 的规定。

10.1.3 自流平地面工程质量检验与验收批次应符合下列规定：

1 基层和面层应按每一层次或每层施工段或变形缝作为一个检验批，高层建筑的标准层可按每3层作为一个检验批，不足3层时，应按3层计。

2 每个检验批应按自然间或标准间随机检验，抽查数量不应少于3间，不足3间时，应全数检查。走廊（过道）应以10延长米为1间，工业厂房（按单跨计）、礼堂、门厅应以两个轴线为1间计算。

3 对于有防水要求的建筑地面，每检验批应按自然间（或标准间）总数随机检验，抽查数量不应少于4间，不足4间时，应全数检查。

10.2 主控项目

10.2.1 自流平地面主控项目的验收应符合表10.2.1的规定。

表10.2.1 主控项目

项目	自流平地面				检查方法
	水泥基或石膏基自流平砂浆地面		环氧树脂或聚氨酯自流平地面	水泥基自流平砂浆-环氧树脂或聚氨酯薄涂地面	
	用于面层	用于找平			
外观	表面平整、密实，无明显裂纹、针孔等缺陷		平整、光滑，无气泡、泛花、裂纹、砂眼、镘刀纹，无色花、分色、油花、缩孔等缺陷。表面颜色及光泽度均匀一致，符合设计要求，无肉眼可见的明显差异	距表面1m处垂直观察，至少90%的表面无肉眼可见的差异	
面层厚度偏差（mm）	≤1.5	≤0.2	≤0.2		针刺法或超声波仪
表面平整度	≤3mm/2m		≤3mm/2m		用2m靠尺和楔形塞尺检查
粘接强度及空鼓	各层应粘结牢固；每20m²地面空鼓不得超过2处，每处空鼓面积不得大于400cm²				用小锤轻敲

10.3 一般项目

10.3.1 自流平地面一般项目的验收应符合表10.3.1的规定。

表10.3.1 一般项目

项目	自流平地面				检查方法
	水泥基或石膏基自流平砂浆地面		环氧树脂或聚氨酯自流平地面	水泥基自流平砂浆-环氧树脂或聚氨酯薄涂地面	
	用于面层	用于找平			
坡度	符合设计要求				泼水或坡度尺
缝格平直（mm）	≤5		≤2		拉5m线和用钢尺检查
接缝高低差（mm）	≤2.0		≤1.0		用钢尺和楔形塞尺检查
耐冲击性	无裂纹、无剥落	—	无裂纹、无剥落	—	直径50mm的钢球，距离面层500mm

10.4 验收

10.4.1 自流平地面工程的检验验收应在检验批质量检验合格的基础上，确认达到验收条件后方可进行。

10.4.2 自流平地面工程验收合格应符合下列规定：

1 检验批应按主控项目和一般项目验收。

2 主控项目应全部合格。

3 一般项目至少应有80%以上的检验点合格，且不合格点不得影响使用。

4 施工方案和质量验收记录应完整。

5 隐蔽工程施工质量记录应完整。

本规程用词说明

1 为便于在执行本规程条文时区别对待，对要求严格程度不同的用词说明如下：

1）表示很严格，非这样做不可的：

正面词采用"必须"，反面词采用"严禁"；

2）表示严格，在正常情况下均应这样做的：

正面词采用"应"，反面词采用"不应"或"不得"；

3）表示允许稍有选择，在条件许可时首先应这样做的：

正面词采用"宜"，反面词采用"不宜"；

表示有选择，在一定条件下可以这样做的，采用"可"。

2 条文中指明应按其他有关标准执行的写法为：
"应符合……的规定"或"应按……执行"。

引用标准名录

1 《建筑地面工程施工质量验收规范》
GB 50209

2 《民用建筑工程室内环境污染控制规范》
GB 50325

3 《建筑材料放射性核素限量》GB 6566

4 《地坪涂装材料》GB/T 22374

5 《混凝土用水标准》JGJ 63

6 《地面用水泥基自流平砂浆》JC/T 985

7 《环氧树脂地面涂层材料》JC/T 1015

8 《石膏基自流平砂浆》JC/T 1023

中华人民共和国行业标准

自流平地面工程技术规程

JGJ/T 175—2009

条 文 说 明

制 订 说 明

《自流平地面工程技术规程》JGJ/T 175—2009 经住房和城乡建设部 2009 年 5 月 19 日以第 312 号公告批准、发布。

为便于广大设计、施工、科研、院校等单位的有关人员在使用本规程时能正确理解和执行条文规定，《自流平地面工程技术规程》编制组按章、节、条的顺序编制了本规程的条文说明，供使用者参考。在使用中如发现本条文说明有不妥之处，请将意见函寄中国建筑材料检验认证中心。（地址：北京市朝阳区管庄东里 1 号院南楼，邮政编码：100024）

目　　次

1 总 则

1.0.1 目前，自流平地面工程施工是一种新的工法，尚不统一和完善，对施工质量影响较大，急需规范统一，故制定了本规程。

1.0.2 本规程主要规定了水泥基自流平砂浆地面、石膏基自流平砂浆地面、环氧树脂自流平地面、聚氨酯自流平地面、水泥基自流平砂浆-环氧树脂或聚氨酯薄涂地面的技术要求和施工与验收要求。

3 基 本 规 定

3.0.1 自流平地面工程具有平整度好，美观等特点，地面设计选用应根据工程具体条件进行设计，对于局部经受严酷条件的地段采用局部措施可降低造价。

3.0.2 鉴于地面功能复杂、种类繁多，因此施工承担单位需以施工方案的形式对施工工艺和方法、细节等予以落实。施工方案需要送建设或监理单位，进行技术交底。

3.0.3 本条是对材料进场验收的规定，保证进场验收形成相应的质量记录。

3.0.4 不同品种、不同规格的自流平材料性能差异很大，应用的环境及使用功能也有较大区别，如果混用可能会使原有性能丧失，还可能会出现质量问题。

3.0.5 因有机材料不仅易燃，且燃烧时有可能挥发出有毒有害气体，因此对有机材料特别作出远离火、热源的规定，而水泥等无机材料遇水后会发生水化反应等，使水泥结块而丧失强度，石膏等材料遇水后会水化从而影响质量，故对无机类材料强调储存于不受潮湿雨淋的场所。

4 自流平地面设计

4.1 一 般 规 定

4.1.1 水泥基自流平或石膏基自流平用于地面找平时，还可用橡胶、亚麻、PVC 板、实木地板、复合木地板、软木地板、地毯、石材、地面砖体等地面装饰材料作面层。

4.1.6 设计中对于伸缩缝、分格缝的设置，一般要考虑所选用材料的抗拉和抗弯强度、收缩性能、温度变形性能等因素，做到与基层混凝土变形缝设置一致，施工中也严格按设计要求设置。

5 基 层 要 求 与 处 理

5.1 基 层 要 求

5.1.1 基层状况的好坏对自流平地面施工质量起着很重要的作用，需要予以重视，并严格按国家标准规范进行验收。

5.1.2 此条是对基层表面质量的规定，基层表面如有缺陷，不仅影响基层的强度，而且直接影响地坪的抗压强度和粘结强度，同时影响面层的耐磨性、耐腐蚀性、耐久性等性能，故提出具体要求。

5.1.5 基层含水率过高，会导致自流平地面与基层不能牢固粘结，后期返潮起鼓，影响施工质量，因此对基层含水率应有所限制。

5.1.6 楼地面与墙面交接处，易出现渗水、裂缝等各种缺陷，若不进行处理，会留下质量隐患，影响建筑物的寿命。故施工前应先对地面与墙面交接部位进行防水及强化处理后再进行自流平地面施工。

5.2 基 层 处 理

5.2.1 裂缝是面层施工中所遇到的比较严重和常见的质量问题，一般根据裂缝的严重程度可选择强度较高的水泥修补砂浆、环氧砂浆、堵漏剂、渗透结晶型材料等对裂缝进行修补，必要时还需开槽、嵌缝、打孔、化学灌浆。

6 材 料 质 量 要 求

6.0.3 水泥基或石膏基自流平砂浆属无机非金属材料类，其放射性需符合现行国家标准《建筑材料放射性核素限量》GB 6566 的要求。环保性能是建筑工程最重要的性能之一，直接影响用户安全和生活质量，施工所用的材料和施工环境都应符合国家相关的标准和规定。

6.0.7 本条执行现行行业标准《混凝土用水标准》JGJ 63 的规定，不符合标准的水会影响产品性能和施工质量。

7 水泥基或石膏基自流平砂浆地面施工

7.1 施 工 条 件

7.1.1 施工温度包括环境温度及基层温度，由于水泥基或石膏基自流平中使用的聚合物和自流平界面剂在低于5℃的低温下无法成膜甚至会受冻，且各种组分在10～25℃效果最好，其流动性等性能更易发挥。采暖期间，采暖系统应关闭或调至较小档位，避免过高温度产生的开裂。施工环境湿度高于80％时，会影响自流平的表观效果。

7.1.2 基层对水泥基自流平的影响很大，如基层平整和表面强度、龄期等，因此规定水泥基自流平施工应在结构及地面基层施工验收完毕后进行。

7.1.3 水泥基或石膏基自流平砂浆施工的主要工具

有：打磨机、铣刨机、研磨机、抛丸机、吸尘器、泵送机、电动搅拌机、角磨机、镘刀、滚筒、消泡滚筒等；辅助工具为：靠尺、盒尺、钉鞋、搅拌桶、锯齿刮板等。石膏基自流平施工还需要使用专用针形滚筒或专用振动器。

7.2 施工工艺

7.2.1 水泥基或石膏基自流平砂浆地面施工中，上一道工序施工的规范和质量直接影响下一道工序，且大多属于隐蔽工程，每一道的工序都会影响到最终地面工程的质量。因此每道工序的独立性和整个系统的顺序性不得改变。

7.2.2 对水泥基或石膏基自流平砂浆地面施工工艺说明如下：

　　1 室内施工时，因室内通风会造成自流平地面开裂，因此要关闭门窗，封闭现场。施工要求基层和环境的清洁、无其他工种的干扰，不允许间断或停顿。

　　2 基层对自流平施工质量影响巨大，平整度、强度、含水率等项目是反映基层主要状况的量化数据，是自流平施工的外在条件和制定具体施工方案的依据。

　　3 在基层检测的基础上通过人工或机械对基层的平整度、强度、空鼓、裂缝等进行修补和处理，此阶段施工投入的时间、设备、人工等在整个自流平施工周期中占较大的比重，对于整个自流平施工质量起关键作用。

　　5 人工法制备浆料时，将准确称量好的拌合用水倒入干净的搅拌桶内，开动电动搅拌器，徐徐加入已精确称量的自流平材料，持续搅拌 3～5min，至均匀无结块为止，静置 2～3min，使自流平材料充分润湿，排除气泡后，再搅拌 2～3min，使料浆成为均匀的糊状；机械法制备浆料时，将拌合用水量预先设置好，再加入自流平材料，进行机械拌合，将拌合好的自流平砂浆泵送到施工作业面。自流平材料成分较多，在大型工程中建议使用机械搅拌，否则会影响分散效果。拌合时兑水量应准确，自流平材料发生反应所需水量比例是固定的，过多或过少都会降低材料的主要性能。

　　7 采用消泡滚筒放气时，需注意消泡滚筒的钉长与摊铺厚度的适应性，消泡滚筒主要辅助浆料流动并减少拌料和摊铺过程中所产生的气泡及接茬，操作人员需穿钉鞋作业。

　　8 养护期需避免强风气流，温度不能过高，当温度或其他条件不同于正常施工环境条件，需要视情况调整养护时间。水泥基自流平未达到规定龄期前，虽可上人，但易被污染，因具有一定的柔性，不耐刻画，需要进行成品保护。

　　9 成品保护期间，已做好的自流平地面上不能

堆放垃圾、杂物、涂料以及施工机械，避免造成玷污；不能用钝器、锐器击打或刻画自流平地面的面层，也不能在上面行走。

8 环氧树脂或聚氨酯自流平地面施工

8.1 施工条件

8.1.1 环氧树脂或聚氨酯材料是有机材料，可燃且有些属于易燃易爆品，所以施工过程中，仍然要严禁烟火。

8.1.2 环氧树脂或聚氨酯材料在 5℃以下黏度增大，流平性较差，且固化极慢，导致最终综合性能变差。在施工环境湿度 80% 以上时易引起环氧树脂或聚氨酯自流平材料产生油面、发白等现象。

8.1.5 环氧树脂或聚氨酯自流平地面施工的主要工具有：抛丸机、研磨机、吸尘器、滚筒、消泡滚筒、锯齿镘刀、镘刀、打磨机、计量器具等；辅助工具为：毛刷、铲刀、靠尺、手推车、大小装料桶、钢丝刷、搅拌器、温湿度测量仪等。

8.2 施工工艺

8.2.1 环氧树脂或聚氨酯自流平地面施工工序做以下说明：

　　1 由于自流平面层较薄，易失水，产生裂纹。故施工现场应封闭，减少空气流通和穿堂风。施工时要求基层和环境清洁、无其他工序的干扰，不允许间断和停顿。

　　2 基层对环氧树脂或聚氨酯自流平施工质量影响巨大，平整度、强度、含水率等项目是反映基层主要状况的量化数据，是自流平施工的外在条件和制定具体施工方案的依据。

　　3 在对基层检查的基础上通过人工或机械对基层的平整度、强度、空鼓、裂缝等进行修补和处理，此阶段施工投入的时间、设备、人工等在整个地坪的施工周期中占较大的比重，对于整个地坪施工质量起关键作用。

　　4 底涂的用量与基层的材质关系紧密，疏松与密实的基层其耗量相差甚多，以在施工现场实测为准。底涂涂刷完毕，应能够形成连续的漆膜。

　　5 中涂填料一般采用石英砂、石英粉或滑石粉等。

　　9 成品保护期间，已做好的自流平地面表面不能堆放垃圾、杂物、油漆涂料以及施工机械，避免造成玷污；不能用钝器、锐器击打或刻画自流平面层，有重物撞击或锐器刮磨的可能时，需要安置橡胶板等保护垫。搬运材料或推车要使用橡胶或 PU 轮胎，并派专人清理检查轮胎。80℃以上热水或热气的排放口

下方，用托盘架高承接，使热水冷却后再溢出，以避免高温直接喷溅。

9 水泥基自流平砂浆-环氧树脂或聚氨酯薄涂地面施工

9.2 施 工 工 艺

9.2.2 环氧树脂或聚氨酯薄涂面层施工工艺说明如下：

　1 环氧树脂或聚氨酯薄涂面层施工前对水泥基自流平进行打磨，可以确保薄涂层与水泥基自流平的粘结。

　2 底涂的用量与基层的材质关系紧密，疏松或密实的基层其耗量相差甚多。底涂涂刷完毕，应形成连续的漆膜。

10 质量检验与验收

10.1 一 般 规 定

10.1.2 一些地坪材料如溶剂型地坪材料因含有对环境和人体有危害的成分，在施工过程中，需对其室内环境的污染进行监控。

10.2 主 控 项 目

10.2.1 小锤敲击法是检查空鼓最简便的方法；面层厚度需根据环氧树脂或聚氨酯自流平材料的体积固含量换算出湿膜厚度，然后在面层固化前采用针刺法或湿膜测厚仪进行测试。

中华人民共和国行业标准

机械喷涂抹灰施工规程

Specification for construction of plastering
by mortar spraying

JGJ/T 105—2011

批准部门：中华人民共和国住房和城乡建设部
施行日期：２０１２年４月１日

中华人民共和国住房和城乡建设部
公 告

第 1132 号

关于发布行业标准
《机械喷涂抹灰施工规程》的公告

现批准《机械喷涂抹灰施工规程》为行业标准，编号为 JGJ/T 105-2011，自 2012 年 4 月 1 日起实施。原行业标准《机械喷涂抹灰施工规程》JGJ/T 105-96 同时废止。

本规程由我部标准定额研究所组织中国建筑工业出版社出版发行。

中华人民共和国住房和城乡建设部
2011 年 8 月 29 日

前 言

根据住房和城乡建设部《关于印发"2008 年工程建设标准规范制订、修订计划（第一批）"的通知》（建标〔2008〕102 号）的要求，编制组经广泛调查研究，认真总结实践经验，参考有关国际标准和国外先进标准，并在广泛征求意见的基础上，修订本规程。

本规程的主要技术内容是：1 总则；2 术语和符号；3 机械设备；4 喷涂施工；5 质量要求与检验；6 冬期施工；7 施工安全与环境保护。

本次修订的主要内容是：1 新增术语和符号章节；2 新增喷涂效率和喷涂系统压力计算公式；3 新增环境保护相关条文；4 提出了机喷用砂浆性能指标要求；5 在章节结构上，根据施工流程，将原已完工程与设施的防护、砂浆制备和喷涂工艺三章合并为一章；6 对原机械设备章节进行了全文修改，删去了原 2.3"设备维修与保养"一节，而将其中密切关联的内容融入施工要求中，原 2.4 节"管道"根据内容关联性，分别并入新的"设备选配"和"设备安装"节中；7 调整了喷涂施工技术要求，使之适应当前的喷涂技术和设备；8 取消原"已完工程与设施的防护"章节，将其关键内容并入相关条文；9 删除了原规程中关于灰浆联合机等不必要附录。

本规程由住房和城乡建设部负责管理，由中国建筑科学研究院负责具体技术内容的解释。执行过程中如有意见或建议请寄送中国建筑科学研究院（地址：北京市北三环东路 30 号；邮政编码：100013）。

本规程主编单位：中国建筑科学研究院
华丰建设股份有限公司
本规程参编单位：天津三建建筑工程有限公司
河北建设集团有限公司
中建六局二公司
中国水利水电第九工程局有限公司
武汉理工大学
建研建材有限公司
廊坊凯博建设机械科技有限公司
衡水润丰建筑安装工程有限责任公司
本规程主要起草人员：张声军 张从东 张志新
范良义 贺国利 李定忠
马保国 张秀芳 孟晓东
王 平 常纯纲
本规程主要审查人员：唐明贤 王瑞堂 龚 剑
何 穆 邵凯平 卓 新
李海波 吴月华 王桂玲
陈天民 何云军 秦兆文
胡裕新 王骁敏

目　次

Contents

1 总　　则

1.0.1 为规范机械喷涂抹灰的应用，做到技术先进、经济合理、安全适用、质量可靠，制定本规程。

1.0.2 本规程适用于建筑工程墙柱面、顶棚、屋面、楼地面以及一般构筑物表面的机械喷涂抹灰施工。

1.0.3 机械喷涂抹灰施工除应符合本规程外，尚应符合国家现行有关标准的规定。

2　术语和符号

2.1　术　　语

2.1.1 机械喷涂抹灰　plastering by mortar spraying
采用泵送方法将砂浆拌合物沿管道输送至喷枪出口端，再利用压缩空气将砂浆喷涂至作业面上的抹灰工艺。

2.1.2 机械喷涂工艺周期　working period of mortar spraying
从原材料投料完毕时起，直到砂浆从喷枪喷射出来为止的时间间隔，一般包括搅拌、运输、过滤、泵送、喷射等环节。

2.1.3 管道组件　hose assembly
由气管、输浆管及相应的管接头构成的组件。

2.1.4 喷射距离　spraying distance
喷嘴出口与作业面之间的距离。

2.1.5 喷射角　spraying angle
喷嘴中心线与作业面之间的夹角。

2.1.6 出机温度　mortar temperature when discharging from mixer
砂浆搅拌完成并从搅拌机中全部卸出时的砂浆拌合物平均温度。

2.1.7 预拌砂浆　ready-mixed mortar
专业生产厂生产的湿拌砂浆或干混砂浆。

2.1.8 湿拌砂浆　wet-mixed mortar
水泥、细骨料、矿物掺合料、外加剂和水以及根据性能确定的其他组分，按一定比例，在搅拌站经计量、拌制后，运至使用地点，并在规定时间内使用完毕的拌合物。

2.1.9 干混砂浆　dry-mixed mortar
水泥、干燥骨料或粉料、添加剂以及根据性能确定的其他组分，按一定比例，在专业生产厂经计量、混合而成的混合物，它需要在使用地点按规定比例加水或配套组分拌合使用。

2.1.10 现场拌制砂浆　mortar mixed at worksite
在施工现场对各种原材料进行配料、计量和搅拌而生产的可直接使用的砂浆拌合物。

2.2　符　　号

b——作业面平均喷涂厚度；

h——垂直输送高度；

K_m——压力波动系数；

L——输浆管累计长度；

N_c——管道快速接头套数；

N_e——弯头个数；

P_e——砂浆输送泵的额定工作压力；

Q——喷涂泵理论流量；

S_h——平均喷涂效率；

η_A——材料利用率；

η_V——喷涂泵容积效率；

η_W——作业率平均系数；

ΔP——泵头及喷枪压力损失；

λ——砂浆拌合物重度。

3　机械设备

3.1　设备选配

3.1.1 喷涂设备的选择应根据施工要求确定，其产品质量应符合本规程及国家现行相关产品标准的规定。

3.1.2 喷涂设备构成的系统应具备砂浆过滤、砂浆输送、空气压缩等功能，并应配备适宜的吸浆料斗、管道组件和喷枪；当抹灰材料为干混砂浆或现场拌制砂浆时，喷涂施工设备还应具备砂浆搅拌功能。

3.1.3 现场使用的砂浆搅拌机宜选用强制式砂浆搅拌机，并宜加盖防尘装置，其生产率应满足喷涂量的需求。

3.1.4 砂浆供料系统应设有过滤装置，以对砂浆原材料或砂浆拌合物进行过滤，过滤网筛孔边长不应大于4.75mm，并应有技术措施防止杂物再次混入过滤后的砂浆原材料或拌合物内。

3.1.5 吸浆料斗应具备砂浆搅拌功能。

3.1.6 砂浆输送泵的额定工作压力应满足下式规定：

$$P_e \geqslant K_m(0.015L + \lambda h + 0.1N_c + 0.1N_e + \Delta P)$$
$$(3.1.6)$$

式中：P_e——砂浆输送泵的额定工作压力（MPa）；

K_m——压力波动系数，活塞式可取 1.4，挤压式可取 1.2，螺杆式与气动式可取 1.0；

L——输浆管累计长度（m）；

λ——砂浆拌合物重度，可取 0.02（$\times 10^6$N/m^3）；

h——垂直输送高度（m）；

N_c——管道快速接头套数，尚未确定详细布置方案时，可按 $L/10$ 圆整估算；

N_e——弯头个数；

ΔP——泵头及喷枪压力损失（MPa），一般活塞式可取 0.6MPa，螺杆式、挤压式及气动式可取 0.5MPa。

3.1.7 砂浆输送泵宜配备手动卸料装置或具备反泵功能，并应具备安全保护功能，在输送系统超压时，设备应能自动卸料减压或自动停机。

3.1.8 空气压缩机的额定排气压力不宜小于 0.7MPa，其排量不宜小于 300L/min。

3.1.9 管道组件应符合下列规定：

1 气管内径不宜小于 8mm，其额定工作压力与空气压缩机额定排气压力之比值不应小于 2；

2 输浆管应耐压耐磨，其额定工作压力与砂浆输送泵额定工作压力之比值不应小于 2；

3 输浆管内径应根据流量和喷涂材料颗粒最大粒径确定，宜按本规程附录 A 选取；

4 输浆管接头应采用自锁快速接头，快速接头内孔与管道内孔应过渡平滑。

3.1.10 应根据装饰要求、喷涂流量和材料颗粒度选择喷枪及相匹配的喷嘴类型和口径，喷嘴口径宜为 10mm～20mm，喷枪上应设置空气流量调节阀。

3.1.11 远距离输送砂浆或高处喷涂作业时，应配备通信联络设备。

3.1.12 喷涂系统的平均喷涂效率，可根据砂浆输送泵流量、容积效率、作业率及材料利用率等因素按下式估算：

$$S_h = \frac{1000Q\eta_V \eta_W \eta_A}{b} \qquad (3.1.12)$$

式中：S_h——平均喷涂效率（m^2/h）；

Q——喷涂泵理论流量，可采用产品的标定流量（m^3/h）；

b——作业面平均喷涂厚度（mm）；

η_V——喷涂泵容积效率，应根据泵结构、泵送压力和材料流动性确定，活塞式结构可取 0.7～0.9，螺杆式及挤压式结构可取 0.6～0.8，气动式结构可取 0.95；

η_W——作业率平均系数，根据泵送过程中的设备准备、清洗、设备移位、故障处理、临时停机等非作业时间的情况确定，可取 0.7～0.8；

η_A——材料利用率，根据泵送喷涂过程中材料落地灰、粘附以及泵、管道中残留砂浆的情况确定，可取 0.90～0.98。

3.2 设备安装

3.2.1 设备的布置应根据施工总平面图确定，应使原材料供应距离和砂浆拌合物输送距离最短，减少设备的移动次数。

3.2.2 安装砂浆搅拌机和输送泵的场地应坚实平整，并宜为水泥地面。泵体应固定牢靠，安放应平稳。

3.2.3 砂浆搅拌机与过滤筛的安装应牢固，进料与出料应通畅；输送泵吸浆料斗安装高度应满足卸料要求。

3.2.4 输浆管布置宜平直，弯道半径不宜小于 0.5m，管路各段内径规格宜相同，布管应减少接头数量，并宜将接头设于操作方便处。

3.2.5 输浆管不得受压，当输浆管穿越交通或运输通道时，上部应设防护支撑。

3.2.6 水平输浆管和垂直输浆管之间的连接弯管夹角不得小于 90°，垂直输浆管必须可靠地固定在主体结构上，不得安装于脚手架上。

3.2.7 垂直输送距离超过 20m 时，输浆管垂直段宜选用钢管。

3.2.8 输浆管接头应密封良好，不得渗漏浆液。

3.2.9 输气管应采用耐压软胶管，气管阀门及各连接处应密封可靠，不得漏气。

4 喷涂施工

4.1 一般规定

4.1.1 应根据施工现场情况和进度要求，科学合理地确定施工程序、编制施工方案，明确分配作业人员的任务。

4.1.2 喷涂设备应由专人操作和管理，机械喷涂抹灰作业人员应接受上岗技能及安全培训。

4.2 施工准备

4.2.1 应预先按设计要求确定喷涂作业面，并采取措施对已完工程和设施进行防护。

4.2.2 对基层的处理应符合下列规定：

1 基层表面灰尘、污垢、油渍等应清除干净；

2 应做好踢脚板、墙裙、窗台板、柱子和门窗口等部位的水泥砂浆护角线；

3 有分格缝时，应先装好分格条；

4 根据基层材料特性提前进行润湿处理；

5 当抹灰总厚度大于或等于 35mm 时，应采取加强措施。在不同材料基体交接处，应采取防止开裂的加强措施。当采用加强网时，加强网与各基体的搭接宽度不应小于 100mm。

4.2.3 应根据基层平整度及装饰要求确定基准，宜设置标志、标筋，标筋表面应平整，并牢固附着于基层上。

4.3 砂浆制备

4.3.1 机械喷涂抹灰砂浆所用原材料除应符合现行国家标准《预拌砂浆》GB/T 25181 的有关规定外，尚应符合下列规定：

1 宜采用中砂，其最大颗粒公称粒径不宜大于

5mm，其通过 1.18mm 筛孔的颗粒不应少于 60%；

2 胶凝材料与砂的质量比，对预拌砂浆不宜小于 0.20；对现场拌制砂浆，不宜小于 0.25。

4.3.2 砂浆拌合物的性能指标应符合表 4.3.2 的要求。

表 4.3.2　机械喷涂抹灰砂浆技术要求

项　目	入泵砂浆稠度（mm）	保水率（%）	凝结时间与机喷工艺周期之比
性能指标	80～120	≥90	≥1.5

4.3.3 机械喷涂抹灰不得采用人工拌制砂浆，宜使用预拌砂浆。预拌砂浆除应符合本规程的要求外，尚应符合现行国家标准《预拌砂浆》GB/T 25181 的有关规定。

4.3.4 应保证砂浆搅拌均匀，搅拌时间应符合下列规定：

1 预拌砂浆搅拌时间应符合现行国家标准《预拌砂浆》GB/T 25181 的要求；

2 现场拌制砂浆的搅拌时间（从投料完毕计起）不应小于 120s，现场使用的搅拌机性能应符合本规程 3.1.3 条的要求。

4.3.5 湿拌砂浆应采用搅拌运输车运送，运输车性能应符合现行行业标准《混凝土搅拌运输车》JG/T 5094 的规定；运输时间应符合合同规定，当合同未作规定时，运输车内砂浆宜在 1.5h 内卸料施工。

4.4　泵　送

4.4.1 输送泵开机前应按产品说明书检查安全装置的可靠性、管道及接头密封性。

4.4.2 作业前应按操作要求对喷涂系统各组成设备进行试运转，连续试运转时间不应少于 2min，如有异常，不得作业。

4.4.3 砂浆泵送前，应先泵送浆液润滑输送泵及输浆管。润滑浆液宜采用体积比为 1∶1 的水泥或石灰膏净浆。

4.4.4 砂浆拌合物应在进入吸浆料斗前进行过滤，过滤装置应符合本规程 3.1.4 条的规定。

4.4.5 砂浆卸入吸浆斗后，宜连续不停地进行搅拌，并应保证斗内砂浆液面高于吸浆口上沿 20mm 以上。

4.4.6 泵送砂浆宜连续进行。如需长时间中断时，应间歇启动泵送设备，使管内砂浆流动，并且其启动间隔时间不宜超过 10min，否则应立即清洗设备和管道。

4.4.7 泵送过程中，当表压急剧升高并超过额定工作压力时，应立即停机卸压。故障排除前，输送泵不得再度启动。

4.5　喷　涂

4.5.1 喷涂顺序和路线宜先远后近、先上下后、先里后外。

4.5.2 当墙体材料不同时，应先喷涂吸水性弱的墙面，后喷涂吸水性强的墙面。

4.5.3 空气压缩机的工作压力宜设定为 0.5MPa～0.7MPa，并应根据砂浆流量、单次喷涂厚度及喷涂效果要求调节气流量，喷嘴部位形成的喷射压力宜为 0.3MPa～0.5MPa。

4.5.4 喷涂时，应稳定保持喷枪与作业面间的距离和夹角，喷射距离和喷射角的大小宜按本规程附录 B 选用。

4.5.5 喷枪移动轨迹应规则有序，不宜交叉重叠。

4.5.6 一次喷涂厚度不宜超过 10mm，表层砂浆宜超过标筋 1mm 左右。

4.5.7 室外墙面的喷涂，应自上而下进行。如无分格条，每片喷涂宽度宜为 1.5m～2.0m，高度宜为 1.2m～1.8m；如设计有分格条，则应根据分格条分块喷涂，每块内的喷涂应一次连续完成。

4.5.8 当喷涂结束或喷涂过程中需要停顿时，应先停泵，后关闭气管。当喷涂作业需要从一个区间向另一个区间转移时，应在关闭气管之后进行。

4.5.9 喷涂过程中应加强对成品的保护，对各部位喷溅粘附的砂浆应及时清除干净。

4.6　喷后处理

4.6.1 砂浆喷涂量不足时，应及时补平。

4.6.2 表层砂浆喷涂结束后，应及时进行面层处理，各工序应密切配合。

4.6.3 喷涂结束后，应及时将输送泵、输浆管和喷枪清洗干净，等候清洗时间不宜超过 1h；并应将作业区被污染部位及时清理干净。

4.6.4 喷涂产生的落地灰应及时清理。

4.6.5 砂浆凝结后应及时保湿养护，养护时间不应少于 7d。

5　质量要求与检验

5.1　质量要求

5.1.1 机械喷涂砂浆性能和质量应符合本规程及现行国家标准《预拌砂浆》GB/T 25181 的有关规定。

5.1.2 喷涂抹灰工程各抹灰层之间及抹灰层与基体之间应粘结牢固，不得有脱层、空鼓、爆灰和裂缝等缺陷。

5.1.3 喷涂抹灰分格条（缝）的宽度和深度应均匀一致，棱角整齐平直；孔洞、槽、盒的位置尺寸应正确，抹灰面边缘整齐；阴阳角方正光滑平顺。

5.1.4 喷涂抹灰面层表面应光滑、洁净，接缝平整，线角顺直清晰，毛面纹路均匀一致。

5.1.5 喷涂抹灰层质量的允许偏差，应符合表

5.1.5 的规定。

表 5.1.5 喷涂抹灰层质量的允许偏差

项次	项 目	允许偏差 (mm) 普通抹灰	允许偏差 (mm) 高级抹灰	检 验 方 法
1	立面垂直度	±4	±3	用2m垂直检测尺检查
2	表面平整度	±4	±3	用2m靠尺和塞尺检查
3	阴阳角方正	±4	±3	用直角检测尺检查
4	分格条(缝)直线度	±4	±3	拉5m线,不足5m拉通线用钢直尺检查

注:1 普通抹灰,本表第3项阴角方正可不检查;
　　2 顶棚抹灰,本表第2项表面平整度可不检查,但应平顺。

5.2 检 查 验 收

5.2.1 砂浆拌合物的稠度、凝结时间、保水率等性能指标应按现行行业标准《建筑砂浆基本性能试验方法标准》JGJ/T 70 的方法测定。

5.2.2 喷涂抹灰质量的检查方法,应符合现行国家标准《建筑装饰装修工程质量验收规范》GB 50210中一般抹灰工程的主控项目、一般项目所规定的检验方法。

5.2.3 喷涂抹灰工程应按现行国家标准《建筑工程施工质量验收统一标准》GB 50300 和《建筑装饰装修工程质量验收规范》GB 50210 的规定进行验收。

6 冬 期 施 工

6.1 一 般 规 定

6.1.1 冬期施工应符合现行行业标准《建筑工程冬期施工规程》JGJ/T 104 的有关规定。

6.1.2 冬期施工时,应对原材料、机械设备和喷涂作业面,采取保温防冻措施。

6.1.3 室外喷涂抹灰,不宜在冬期施工。如必须施工时,应采取保温防冻措施。

6.2 材 料

6.2.1 配制砂浆应优先选用硅酸盐水泥和普通硅酸盐水泥。

6.2.2 砂子应提前预热或放置正温环境下备用,不得使用含冰、雪的砂子。

6.2.3 冬期喷涂抹灰用砂浆应采取防冻措施。

6.2.4 砂浆中需加入防冻剂时,其可泵性应由试验确定。

6.3 机 械 设 备

6.3.1 砂浆搅拌机和输送喷涂设备应设置在暖棚内,输浆管道应采取保温措施。

6.3.2 机械润滑用油应采用冬期用油。

6.3.3 工作结束后,料斗、输浆管道和泵体内部的存水应及时清除干净。

6.4 施 工

6.4.1 砂浆搅拌时间应比常温条件延长 1min 以上,其出机温度不应低于10℃,砂浆搅拌与泵送应同步进行,不得积存砂浆。

6.4.2 喷涂前,作业面必须清理干净,不得积存冰、霜、雪等,不得用热水处理作业面或用热水消除作业面上的冰霜。

6.4.3 室内喷涂前,宜先做好门窗口等的封闭保温围护,必要时可采取供热措施。

6.4.4 喷涂砂浆上墙与养护温度不应低于5℃,养护期不应少于7d。

6.4.5 在施工过程中,每天应定时测量大气、原材料、出机砂浆、砂浆上墙温度和室温,并作好记录。

7 施工安全与环境保护

7.1 一 般 规 定

7.1.1 高处作业,应符合现行行业标准《建筑施工高处作业安全技术规范》JGJ 80 的有关规定。施工前,应进行安全检查,合格后方可施工。

7.1.2 施工前,应检查垂直输浆管的固定方式是否安全以及是否固定牢靠。

7.1.3 从事高处作业的施工人员,应经过体检,其健康状况应符合高处安全作业的有关要求。

7.1.4 在雷雨、暴风雨、风力大于六级等恶劣天气时,不得进行室外高处作业。

7.1.5 机械设备传动机构外露部分应有安全防护装置。

7.1.6 当采用电气方法在喷涂操作端控制设备启停时,其控制电压应低于36V,并满足防水要求。

7.1.7 电动机、电气控制箱及电气装置,应符合现行行业标准《施工现场临时用电安全技术规范》JGJ 46 的有关规定。

7.2 喷 涂 作 业

7.2.1 喷涂前作业人员应正确穿戴工作服、防滑鞋、安全帽、安全防护眼具等安全防护用品,高处作业时,必须系好安全带。

7.2.2 喷涂作业前,应试运转喷涂设备,检查喷嘴是否堵塞。检查时,应使枪口朝向空地。

7.2.3 喷涂作业时,严禁将喷枪口对人。当喷枪管道堵塞时,应先停机卸压,避开人群进行拆卸排除,卸压前严禁敲打或晃动管道。

7.2.4 在喷涂过程中,宜设专人协助喷枪手移动管道,并应定时检查输浆管道连接处是否松动。

7.2.5 润滑用浆液与落地灰应及时收集,并宜妥善利用,减少废弃物排放量,但落地灰不得再次用于喷涂抹灰。

7.2.6 清洗输浆管时,应先卸压,后进行清洗。

7.2.7 应设置回收池,对清理后的污物进行沉淀回收,冲洗用水宜循环利用,未经处理的废水不得排放。

7.3 机 械 操 作

7.3.1 喷涂设备和喷枪应按设备说明书要求由专人操作、管理与保养。工作前,应作好安全检查。

7.3.2 喷涂前应检查超载安全装置,喷涂时应监视压力表升降变化,以防止超载危及安全。

7.3.3 非专职检修人员不得拆卸或调整安全装置。

7.3.4 不得在设备使用的同时进行维修;设备出现故障时,不得继续运转。

7.3.5 设备检修清理时,应切断电源,并挂牌示意或设专人看护。

附录 A 输浆管内径

A.0.1 机械喷涂抹灰用输浆管内径宜按表 A.0.1 选取,且当砂浆用砂的细度模数较大或含纤维时,管径宜取较大值。

表 A.0.1 输浆管内径选择

喷涂流量(L/min)	输浆管内径(mm)
≤20	32
20~40	32~38
40~60	38~51

附录 B 喷射距离和喷射角

B.0.1 喷涂时,喷射距离和喷射角的大小宜按表 B.0.1 选用。

表 B.0.1 喷射距离和喷射角

工程部位	喷射距离(mm)	喷射角
吸水性强的墙面	100~350	85°~90°(喷嘴上仰)
吸水性弱的墙面	150~450	60°~70°(喷嘴上仰)
踢脚板以上较低部位墙面	100~300	60°~70°(喷嘴上仰)
顶棚	150~300	60°~70°
地面	200~300	85°~90°

本规程用词说明

1 为便于在执行本规程条文时区别对待,对要求严格程度不同的用词说明如下:

1)表示很严格,非这样做不可的:
正面词采用"必须",反面词采用"严禁";

2)表示严格,在正常情况均应这样做的:
正面词采用"应",反面词采用"不应"或"不得";

3)对表示允许稍有选择,在条件许可时首先应这样做的:
正面词采用"宜",反面词采用"不宜"。

4)表示有选择,在一定条件下可以这样做的,采用"可"。

2 条文中指明应按其他有关标准执行的写法为:"应符合……的规定"或"应按……执行"。

引用标准名录

1 《建筑装饰装修工程质量验收规范》GB 50210

2 《建筑工程施工质量验收统一标准》GB 50300

3 《预拌砂浆》GB/T 25181

4 《施工现场临时用电安全技术规范》JGJ 46

5 《建筑砂浆基本性能试验方法标准》JGJ/T 70

6 《建筑施工高处作业安全技术规范》JGJ 80

7 《建筑工程冬期施工规程》JGJ/T 104

8 《混凝土搅拌运输车》JG/T 5094

中华人民共和国行业标准

机械喷涂抹灰施工规程

JGJ/T 105—2011

条 文 说 明

修 订 说 明

《机械喷涂抹灰施工规程》JGJ/T 105-2011，经住房和城乡建设部 2011 年 08 月 29 日以第 1132 号公告批准、发布。

本规程是在《机械喷涂抹灰施工规程》JGJ/T 105-96 的基础上修订而成，上一版的主编单位是中国建筑科学研究院，参编单位是上海市第八建筑工程公司、唐山建设集团公司、天津市第三建筑工程公司、山东省工程建设监理公司、上海采矿机械厂、济南第四建筑工程公司，主要起草人员是陈传仁、何其富、刘志贵、李文强、王延泉、唐国梁、何同文。

本次修订增加了术语和符号章节，并新增环境保护条文以及喷涂效率和喷涂系统压力计算公式，提出了机喷用砂浆性能指标要求，删除了原规程中关于灰浆联合机等不必要附录。根据施工流程，本次修订将原已完工程与设施的防护、砂浆制备和喷涂工艺三章合并为一章，并对原机械设备章节进行了全文修改，

删去了原规程"设备维修与保养"、"管道"、"已完工程与设施的防护"章节，将其关键内容并入相关条文中；调整了喷涂施工技术要求，使之适应当前的喷涂技术和设备。

本规程修订过程中，编制组进行了广泛的调查研究，总结了我国工程建设机械喷涂抹灰施工的实践经验，同时参考了国外先进技术法规、技术标准，通过试验取得了多项重要技术参数。

为便于广大设计、施工、科研、学校等单位的有关人员在使用本规程时能正确理解和执行条文规定，《机械喷涂抹灰施工规程》编制组按章、节、条顺序编制了本规程的条文说明，对条文规定的目的、依据以及执行中需注意的有关事项进行了说明。但是，本条文说明不具备与规程正文同等的法律效力，仅供使用者作为理解和把握规程规定的参考。

目 次

1 总　则

1.0.1 机械喷涂抹灰与传统手工抹灰相比较，具有效率高、与基层粘结力强等显著优点，可缩短工期，减少用工，降低成本，并且在施工质量方面能够有效解决空鼓、开裂与脱皮等问题，所以本工艺日益受到施工单位的重视。1996年，我国首次制定并颁布了《机械喷涂抹灰施工规程》JGJ/T 105-96，该标准为促进我国机械喷涂抹灰施工技术的发展发挥了重要作用。但近年来，随着我国科技与经济的快速发展，建筑装修材料、施工技术及设备技术发生了巨大变化，因而在原规程基础上修订形成了本规程，修订过程中充分考虑了近十几年来机械喷涂抹灰施工领域发展的新材料、新设备和新技术，以保证本规程的适用性。

1.0.2 本条规定的是主要适用范围。对水利、冶金、市政等喷涂抹灰工程，也可参照使用。本规程所述砂浆，涵盖满足可泵性要求的各类抹灰砂浆。目前国内正在使用的或正在推广应用的抹灰材料种类非常多，作为机喷工艺使用的抹灰材料，除要满足施工质量要求外，还应满足可泵性要求，本次修订提出了具体技术指标要求，将大大有利于本技术的推广。

1.0.3 本规程融合了国内外几十年以来机械喷涂抹灰的技术经验，因此对机械喷涂抹灰工程的施工，凡本规程有具体规定的，施工中应按本规程执行；本规程未作规定的，在施工中尚应遵守其他相关标准的有关规定。

2 术语和符号

2.1 术　语

2.1.1 机械喷涂抹灰是一项复杂系统工程，其主要工艺流程如图1所示，采用干混砂浆或现场拌制砂浆时，其过筛工艺也可放在搅拌前进行。

机械喷涂抹灰典型设备组合方案如图2所示，机械喷涂抹灰施工涉及工艺环节多，某个环节的疏漏，尤其是砂浆的质量控制不到位可能导致整个施工无法进行，故其施工组织应严密，作业人员应具备良好专业素质，分工明确，才能顺利实施本工艺。成功经验表明，建立专业化机械喷涂抹灰施工公司将大大有利于推广和应用本技术。

2.1.4、2.1.5 喷射距离及喷射角度如图3所示。

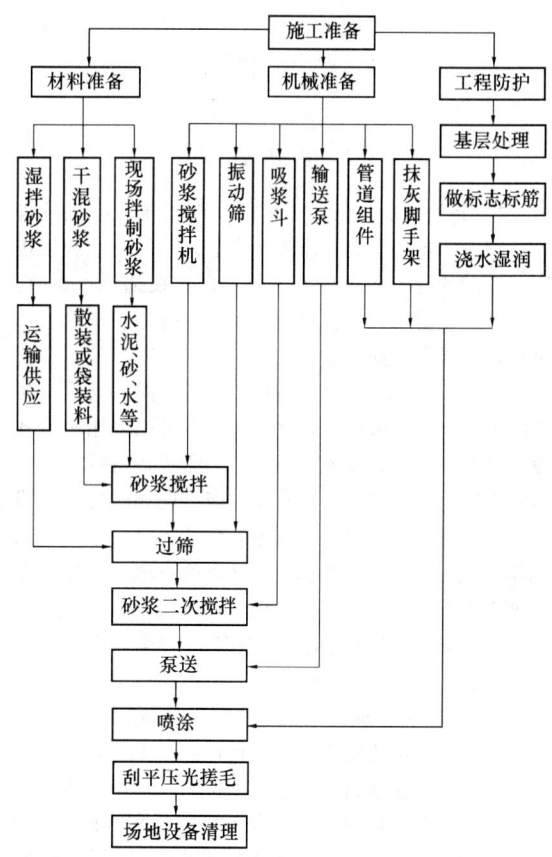

图1　机械喷涂抹灰施工工艺流程

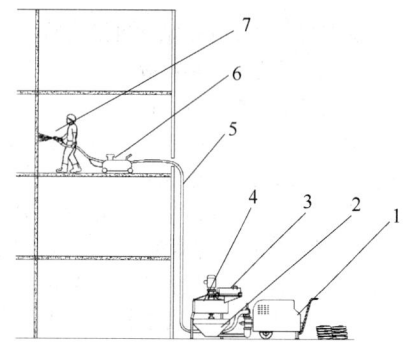

图2　机械喷涂抹灰设备组合方案

1—砂浆输送泵；2—吸浆料斗；3—过滤筛；4—搅拌机；
5—输浆管；6—空气压缩机；7—喷枪

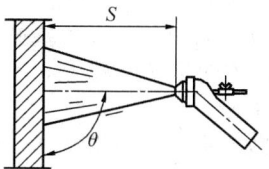

图3　喷涂参数示意图

S—喷射距离；θ—喷射角度

3 机械设备

3.1 设备选配

3.1.1 我国幅员辽阔，各地原材料资源、施工环境差异很大，各项工程的抹灰工作量大小不一，施工进度、工期和设计要求也是千差万别，在选择设备时，要兼顾施工要求和设备投资费用，进行经济核算，合理地选定设备和配套数量。

3.1.2 本条根据机械喷涂抹灰工艺流程提出了设备功能要求，可以采用一体化设备，也可以采用组合式设备。选择组合式设备时还应特别注意各组件技术参数的匹配性，曾经有为数不少的施工现场因使用的机械抹灰设备匹配不当，导致施工受到影响。本条从功能角度提出设备技术要求，设计单位或施工单位可以根据需要对喷涂系统进行合理组合或集成。

3.1.3 为减少环境污染，现场使用的搅拌机应加盖防尘装置。

3.1.4 为保证砂浆的顺利泵送，本条规定了筛网孔径，同时筛网的规格考虑了现行行业标准《普通混凝土用砂、石质量及检验方法标准》JGJ 52 的要求。喷涂过程中，管道和喷嘴堵塞是影响施工效率的主要因素，其故障原因大多是超径的石子或杂物混入砂浆中，严重者甚至会损坏喷涂设备，危及操作人员安全。

砂浆过滤工艺可以安排在原材料投料阶段，也可以在砂浆拌合好之后进行，具体应根据现场设备和砂浆供应方式情况确定。本条特别提出对过滤后的砂浆或原材料进行控制，主要是防止异物再次混入已符合要求的砂浆中，在前期施工中经常因为此类小问题而引发堵塞故障，导致施工无法进行，要特别注意。

3.1.5 此条要求砂浆存储容器对砂浆进行二次搅拌，目的是防止砂浆在储存周转过程中发生离析。

3.1.6 泵送阻力损失的影响因素较多，实际准确计算较为复杂，本公式是为解决现场之需，在总结大量实测数据基础上而提出的，其主要近似依据为：各种喷涂工况下，实际泵送砂浆流速较为接近，管径变化也不大，稠度限定在 8cm～12cm 中，所以，泵送阻力的几个主要因素变动范围较小，实际阻力可用统计值来近似。在满足本规程配管要求的条件下，砂浆沿程工作阻力一般不大于 0.015MPa/m，基于安全考虑，公式中取上限值。经过多项工程验证，本公式估算结果与实测值较为接近。

因快速接头存在变径，其阻力不容忽视，故宜尽量减少快速接头的使用数量。

弯头个数应包括软管拐弯处数及钢弯头个数。

3.1.7 当设备因堵塞等原因超压时，砂浆输送泵应立即停机或卸荷，以保护人员及设备安全；设备超载时，一般需要先主动卸压，而后才能进行故障处理，故宜具备手动卸压功能或反泵功能。

3.1.8 本条规定了空气压缩机选型的技术要求。当额定气压和气量过小时，无法喷射砂浆，故规定了最低限值；但应注意，对于工作压力和排量满足要求的空压机，施工过程中也还需根据材料特性、砂浆流量等因素调整气压和气量，尤其是气量不宜过大，否则容易产生飞溅。

3.1.9 本条对管道组件提出了技术要求。机械喷涂作业中，输浆管可能承受较高的工作压力，并且砂浆具有一定的腐蚀性和磨蚀性，因此要求输浆管耐压、耐磨、耐腐蚀，并在压力输送过程中不得发生爆裂，保证安全可靠。

由于施工时输送管经常需要拆和安装，其接头连接要简单快捷，不受砂浆及污垢的影响，拆卸要方便，而且要具备自锁特点，防止高压时接头崩开引发安全事故。

3.1.10 对不同的喷涂部位，应选择不同长度的喷枪，以方便作业。喷嘴口径过小容易导致堵塞，过大时喷涂效果不能保证，故在总结实践经验的基础上规定了它的范围。一般情况下，当喷涂砂浆颗粒较大时，应选择大口径喷枪，喷涂砂浆颗粒较小时且流量较小时，可选择小口径的喷枪；对于装饰性喷涂，喷枪口径宜为 10mm～14mm。

喷涂过程中经常需要调节空气流量，以适应喷涂材料和墙面的变化，故应在喷枪上设置空气流量调节阀。

3.1.11 设备运行过程中，泵机操作位置和终端作业位置之间经常需要联络信息，包括开机、停机、输送状况、异常情况或紧急情况等，为保障安全、方便施工，应配备可靠的通信联络设备。

3.1.12 本条是为估算喷涂作业效率而提出的，以方便制定施工计划、估算工期及作业成本等。每班作业时间较长（超过 8 小时）时，η_w 可取上限值；管道较长时，η_A 应取小值。

3.2 设备安装

3.2.2 砂浆搅拌机和砂浆输送泵应安装在坚实平整地面，最好是水泥地面上，以保证能够承受设备重量或泵送冲击，并方便清理落地的砂浆或灰浆，保持文明施工。

3.2.3 搅拌机出料口与输送泵吸浆料斗落差不宜过小，否则物料易堵，不便清理。

3.2.4 弯管输送阻力远大于直管道，故布管时应尽量减少弯道。管道弯曲半径过小时，不仅阻力大，而且可能使管道弯曲损坏。无论是胶管还是钢管布置，都应满足弯道半径要求，尤其是水平布置的拐弯胶管，在泵送过程中由于抖动存在逐步缩小弯道半径的趋势，应注意经常检查或适当固定，否则有可能产生扭曲憋死现象。

3.2.5 切忌在输浆胶管上压放物品，防止管道受压变形，增加输浆管道阻力，造成输浆管堵塞；受压过重时，甚至可能导致胶管发生塑性变形或挤裂。当输浆管穿越交通或运输通道时，应在其上设防护支撑，使其免受重物碾压。

3.2.6 水平输浆管和垂直输浆管之间的连接弯管夹角过小时，将大大增加输送阻力。垂直输浆管的支撑在工作中需承受自重及泵送冲击力，故必须安装牢固。禁止将管道安装于脚手架上，否则可能引发安全事故。

3.2.7 输送距离较短时，输浆管宜采用胶管，以使布管灵活，移动方便；但是在远距离垂直输送时，胶管过长则阻力大，并易晃动。使用钢管垂直输送砂浆，不仅布管稳定性好，而且阻力损耗小。

3.2.8 输浆管接头如出现漏浆现象，易导致砂浆离析、泵送困难或堵管，后果严重。

3.2.9 输气管接头漏气，可能导致气量不足，喷涂质量无法保证。

4 喷涂施工

4.1 一般规定

4.1.1 机械喷涂抹灰施工是一项需要连续进行的复杂系统工程，包括原材料供应、搅拌、输送、喷涂及喷后处理等多个环节，各个环节需要有序配合，任何一个环节出现问题，都将导致施工中断。因此，施工前制定明确的方案是极其重要的。

4.1.2 因机械喷涂抹灰施工的工艺非常复杂，需注意和控制的要点很多，非专业化人员往往难以顺利施工，故本规程要求其作业人员接受过专业培训。国内经验也表明，机械喷涂抹灰施工绝大部分的成功案例都是由专业型施工队伍完成的。

4.2 施工准备

4.2.1 为防止喷涂抹灰过程中污染和损坏已完的工程，应采用材料遮挡、包裹，主要注意事项如下：

　　1　各种门窗及其窗框应防护。

　　2　对给排水、采暖、煤气等各种管道，应采用适当材料包裹防护；密集的管道宜在喷涂抹灰后安装。

　　3　暗装的防火箱、电气开关箱、线盒以及就位的设备等应采取遮盖防护，防止粘污砂浆。

　　4　各种管道、线管应保持通畅，敞口处应临时封闭，防止进入砂浆。

　　5　已安装的各种扶手栏杆应包裹保护，防止粘污砂浆。

　　6　在已做好的楼地面、屋面防水层上铺设输浆管时，为防止接头金属件损坏楼、地面面层和防水层，应在接头下铺垫软材料。在顶棚、墙面喷涂前，

先做好的楼地面应予遮盖。水泥砂浆楼地面尚未硬化时，不得用砂子遮盖。清除落地灰时，应防止损坏楼地面面层，不得使用金属工具冲撞楼地面。

　　7　喷涂找平层砂浆时，雨水口处应先做好防护，避免砂浆堵塞雨水管道。

　　8　地漏及预留孔处应预先封闭，防止进入砂浆，并做出标志。

　　9　楼地面、墙面、顶棚设有的变形缝应做好挡护，防止砂浆喷入缝内。

4.2.2 决定喷涂抹灰质量的重要因素是基层的处理，为了做好基层处理，本条提出了几条规定。

经调研分析，抹灰层开裂、空鼓和脱落等质量问题产生的原因往往在于基体表面浮尘、疏松物、脱模剂和油渍等影响砂浆粘结的物质未彻底清除干净。

提前润湿时间以 30min～60min 为宜，对吸水性强的基层，润湿提前的时间宜短些，对吸水性弱的基层，润湿提前的时间宜长些。根据情况不同，基层也可能需要多次润湿。

不同材料基体交接处，由于吸水和收缩性不一致，接缝处表面的抹灰层容易开裂，应采取加强措施，以切实保证抹灰工程的质量。抹灰厚度过大时，容易产生起鼓、脱落等质量问题，可以用金属或纤维丝网等进行加强，并应绷紧，固定牢靠，丝网与基体的搭接宽度不宜小于 100mm。

4.2.3 标志、标筋是作业面的抹平基准，总结当前各地施工情况，机械喷涂抹灰的标筋、标志设置方法多样，但在设置标筋标志时宜充分发挥机械喷涂的技术优势，以提高效率，并保证施工质量。标筋可以为竖筋或横筋，标竖筋时，两端竖筋宜设在阴角；标横筋时，下筋宜设在踢脚板上口；也可设快速活动标筋，在喷完找平后撤除基准循环使用，并及时抹平标筋凹口。原规程中关于标筋、标志设置方法局限性太大，故取消其限定。

4.3 砂浆制备

4.3.1 本规程所述机械喷涂抹灰砂浆，兼指预拌砂浆和现场拌砂浆。在非城区，现场机械拌制砂浆还可能存在，但其性能必须符合本规程要求。本条对砂子提出了基本要求，并对砂子粒径作了具体规定，以满足可泵性要求和抹灰质量要求；当砂子颗粒粒径过大时，容易堵塞喷枪和管道，只有使用中砂才能保证砂浆的可泵性和质量。本条对 1.18mm 筛孔的通过量作了规定，但也不宜使用特细砂。

大量工程经验表明，砂浆中的胶凝材料含量过小时，可泵性得不到保证，堵管故障会频繁发生，无法正常施工。

4.3.2 砂浆稠度是砂浆流动性的主要指标，是保证可泵性和后期施工性的重要因素。喷涂砂浆稠度应略大于手工抹灰砂浆稠度，面层砂浆稠度宜比底层砂浆

稠度略大。当用于混凝土和混凝土砌块基层时，砂浆的稠度宜取 90mm～100mm；用于黏土砖墙面时，砂浆的稠度宜取 100mm～110mm；用于粉煤灰砖墙时，砂浆的稠度宜取 110mm～120mm。

砂浆保水率的要求，既是砂浆质量指标，也是喷涂抹灰施工的重要工艺指标。泵送喷涂过程中砂浆受到较大泵压作用，保水率低的砂浆非常容易发生离析，从而导致砂浆流动性降低乃至堵塞管道。

根据工程经验，本条量化规定了砂浆的凝结时间与机喷工艺周期的关系，其考虑的因素主要有：（1）保证工程质量；（2）保证砂浆的可泵性，因为初凝的砂浆可泵性极差，甚至无法泵送；（3）给后续抹平工作留出足够时间，抹平压光工作也应该在砂浆发生凝结之前完成。湿拌砂浆机喷工艺周期还受运输距离和交通状况等因素的影响，施工前应充分考虑。

4.3.3 人工拌制砂浆质量不稳定，不利于泵送，并且环保性差，故被禁止使用。预拌砂浆质量稳定，有利于机械化施工，也有利于环境保护，是我国当前大力推广应用的材料。

4.4 泵　　送

4.4.1 安全装置对保护人身及设备安全至关重要，应重视对超载安全装置的检查，保证其可靠工作。当安全装置为卸料阀时，应注意检查阀口是否存有残留物料以及锈蚀情况；当安全装置为电气保护系统时，应重点检查保护元件是否完好。压力表是设备状态指示的关键仪表，必须要能正常工作，并应置于方便观察的位置。

4.4.2 试运转时要注意检查电机旋向，部分输送泵、搅拌机的电机若反向旋转可能无法正常工作，正式工作前，必须确保电动机旋转方向与标志的箭头方向应相符。空运转时，部分设备可能需要加水，应先加水后运转，以免损坏设备。

4.4.3 本条规定了泵送前的预处理工作，这是减少堵塞、顺利泵送的保证。

4.4.4 实际应用中，可在搅拌前对原材料过滤，也可对砂浆拌合物过滤，关键是要在进入吸浆料斗前采取措施防止设备吸入超径骨料或异物，以免造成堵塞。

4.4.5 无论是正常泵送，还是泵送中断过程中，为防止吸料斗中砂浆在储存过程中发生离析，搅拌器应始终保持运行。同时，控制液面高度是为了防止空气进入泵送系统内造成气阻。

4.4.6 砂浆泵送中间停歇时，容易发生堵管现象，故宜连续作业。本条规定了泵送中断时应采取的措施，该措施可以减少堵管的发生几率，但也不能完全避免其发生的可能性，故施工时应尽量减少泵送中断的次数，如频繁中断，应考虑调整施工安排。

4.4.7 输送泵工作过程中，工作压力会随砂浆流动性、输送距离以及管道状况的变化而波动，操作人员应随时

注意观察压力表指示的压力变化情况，如果表压骤然升高至超过最大工作压力，安全装置又未动作，表明输送系统和安全装置都出现了故障，此时应立即打开卸载阀卸压，并停机检查安全装置、输送泵和管路。排除故障后，方可再恢复工作，否则易产生安全事故。

4.5 喷　　涂

4.5.1 喷涂顺序和路线的确定影响着整个喷涂过程。如其选择合理，不仅操作便利，而且可减少管道的拖移工作量，减少对已完工程的损伤或污染。对室内工程，宜按先顶棚后墙面，先房间后过道、楼梯间的顺序进行喷涂。

4.5.2 不同墙体材料（如混凝土、砌块、空心砖及实心砖等）吸水性能差别很大，当同一个房间内存在多种墙材时，按本条规定施工可以保证各处抹灰层在施工后干湿程度接近，便于后期作业或同时交工。

4.5.3 空气压缩机的工作压力可通过其调整装置设定。一般情况下，喷射效果决定于喷嘴部位形成的喷射压力。当空压机工作压力、砂浆流量、喷枪口径确定时，喷嘴部位形成的喷射压力又决定于空气流量，故可通过空气流量来调节喷射效果。需要注意的是，喷嘴部位形成的喷射压力不等同于空气压缩机的压力表显示气压，还应减去气流阀阻力和气管沿程阻力。

4.5.4 根据各地实践经验，人工持枪喷涂时，喷枪手的持枪姿势以侧身为宜，右手握枪在前，左手握管在后，两腿叉开，以便于左右往复喷浆，并保持喷枪与作业面间的距离和夹角；采用机械辅助装置喷涂时，比较容易保证喷涂距离和夹角的稳定性，故其作业效果往往较人工更好。

4.5.5 总结国内外施工经验，采用人工持枪喷涂时，宜采用"S"形喷涂线路（图4），能够方便人工移动喷枪，保证作业从容不迫、有条不紊；采用机械辅助装置喷涂时，宜采用"几"字形喷涂线路（图5），有利于机械装置上下升降喷涂作业。

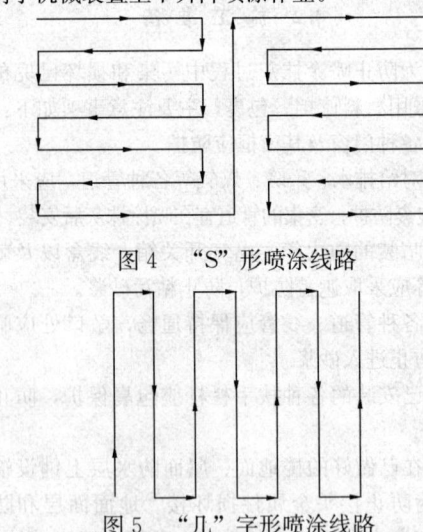

图 4　"S"形喷涂线路

图 5　"几"字形喷涂线路

4.5.6 当抹灰层厚度超过 10mm 时应分层进行喷涂，第二层喷涂宜在上一层砂浆凝结后进行。如上一层已表干，宜将上一层砂浆湿水，待表面晾干至无明水时再喷涂。

4.5.8 本条提出先停泵后停气的要求，其原因是防止砂浆挤入气体进入的通道，堵塞气管或气道。操作人员经常易犯"先停气后停泵"的错误，需要引起注意。其次，喷涂工作在转移房间时，若不关闭气管，即便停止了泵送，管内砂浆也可能被负压吸出继续喷射，在移动喷枪过程中不仅容易弄脏墙地面，也容易伤人。

4.6 喷后处理

4.6.3 喷涂结束后的清洗工作极其重要，这是保证设备后期能否正常使用的关键，现场经常发生用完不及时清理设备的情况，致使砂浆在设备或管道内凝固，导致后期清理极其困难或设备部件、管道等报废。

输浆管可使用清洗球进行清洗，方法是先将清洗球压入管口，而后泵送清水，直至海绵球从管道泵出。为节约用水，可在泵送一定量清水后，再加入一个清洗球，可以很方便地将输浆管道清洗干净；喷枪清洗时，可用压缩空气及清水混合吹洗枪内残余砂浆。

5 质量要求与检验

5.1 质量要求

5.1.1 我国多年的机喷施工实践表明：机喷工艺能否顺利应用，关键在于对机喷砂浆性能和质量的控制。机喷砂浆的性能和质量不仅要满足普通抹灰砂浆的要求，还要满足可泵性的要求。

绝大部分初期应用机械喷涂抹灰工艺的施工队伍，经常在材料控制方面出现问题（如保水性差、分层离析严重、杂物混入、配比不当、混入过大颗粒砂石等），导致频繁出现堵管、堵泵、堵枪等现象，清理工作量非常繁重，使作业人员对本工艺产生畏惧和反感心理，非常不利于机械喷涂抹灰工艺推广。

实际上，机喷工艺只要控制好砂浆质量和性能，施工将会非常顺利，本工艺所具备的效率高、粘结强度高的技术优势将会充分发挥，必将给使用单位带来可观的综合效益。所以作为必要的过程控制手段，本条规定应对机械喷涂抹灰砂浆质量进行严格控制。

5.1.5 表 5.1.5 是根据现行国家标准《建筑装饰装修工程质量验收规范》GB 50210 的相关要求而提出的。

5.2 检查验收

5.2.3 喷涂抹灰工程的验收，可按国家标准《建筑

工程施工质量验收统一标准》GB 50300 - 2001 第 5.0.1 条、5.0.2 条、5.0.3 条和《建筑装饰装修工程质量验收规范》GB 50210 - 2001 第 4.1 节、第 4.2 节的规定进行。

6 冬期施工

6.1 一般规定

6.1.3 室外喷涂不易保温，而且冬期施工增加施工成本，劳动效率低，工程质量不易保证，故室外喷涂抹灰不宜在冬期施工。

6.2 材料

6.2.4 掺入砂浆防冻剂时，应选择不起泡类型，以免影响抹灰工程质量。

6.3 机械设备

6.3.3 残存的水会在低温时冻结，可能导致设备被冻裂，故必须清除干净。

6.4 施工

6.4.1 积存的砂浆低温时容易发生冻结，影响材料施工性能、工程质量，也有可能损害设备。

6.4.4 本条提出了冬期喷涂砂浆上墙、养护温度以及养护时间的要求，以保证抹灰砂浆层质量。

6.4.5 在施工过程中，为保证抹灰工程质量，应掌握好几个关键过程的温度，因此应重点做好所要求的几个温度的测试和记录。

7 施工安全与环境保护

7.1 一般规定

7.1.2 垂直输浆管应固定在可靠的支撑结构上，不得固定在脚手架等设施上，并且如果垂直输浆管未能牢固地安装，可能导致管卡松动，垂直输送管晃动，进而导致输送管滑脱，造成人身安全事故，故使用前应重点检查垂直输送管道是否固定牢固，如发现问题，应立即采取措施。

7.1.4 本条由原规定"应立即停止室外高处作业"修订为"不得进行室外高处作业"，主要是贯彻"安全生产，预防为主"的方针。

7.1.6 由于砂浆是导电介质，并且喷枪经常可能沾上浆液或水，为保障操作者安全，远程控制电压必须使用 36V 以下安全电压，控制器还应防水，以防短路。

7.2 喷涂作业

7.2.2、7.2.3 规定枪口朝向，主要是防止高速气流

或喷出物喷射伤人，或损坏他物。全国各地早期喷涂作业中都发生过喷枪口对人、排除枪嘴及管道堵塞等伤人事故，为了防止类似事故发生，本规程特别针对喷涂作业前和作业过程中的注意要点作了明确规定。

7.2.4 在喷涂操作时，喷枪、管道及管内砂浆总重较大，喷枪手移位时单人拖动喷涂管道容易发生喷枪失控、砂浆飞射伤人事故，故宜设专人协助；并且在移动管道过程中，管道接头可能被周围物体钩住或挂住而打开，从而脱落，导致高压砂浆崩出伤人，故需定时检查。

7.2.6 输浆管在工作过后，即使输送泵停机，管道仍可能存在内压，未先卸压而清洗时，容易出现管内压力突然爆发而伤人的事故，全国各地也曾多次发生过此类事故。

7.3 机械操作

7.3.1 各地喷涂施工实践表明：只有由专人操作、管理与保养设备，才能保证设备状态良好，保障施工安全。

7.3.3 安全装置的安装和调整较为复杂，对操作者专业素质要求高，其调整往往需使用专用仪器，非专业的拆卸或调整可能导致设备和操作人员的安全性得不到保证。

7.3.4 设备使用过程中出现局部异常时，部分操作人员为省时省力，往往会在设备不停机的情况下对其进行维修，极易引发安全事故，必须严格禁止此类现象。

7.3.5 一般工地用电处较多，切断电源后，如无人看管或无警示，其他用电人员在不知情的情况下有可能去合闸通电，会导致正在检修的人员发生触电

事故。

附录 A 输浆管内径

A.0.1 表 A.0.1 根据砂浆喷涂流量提出了推荐管径值，主要是为了控制砂浆在管内的流速。根据流体运动规律，当砂浆流速增大时，阻力也随之急剧增长，故应控制输送管径下限，以使阻力控制在一定范围内。而当砂浆流速过低时，砂浆容易产生沉淀和离析，不利于泵送，故又应控制输送管径上限。本规定对降低堵管几率、减小泵送阻力以及提高机喷工艺的可靠性是很重要的。本表未列示更大排量的砂浆喷涂施工参数，主要是因为喷涂抹灰不宜使用过大的喷射量，否则喷射质量难以保证，并且易造成材料浪费和环境污染。

附录 B 喷射距离和喷射角

B.0.1 表 B.0.1 参数的选取原则是，当喷涂层较薄时，喷涂距离宜选大值，同时气量也宜适当加大；当喷涂层较厚（大于 8mm）时，喷涂距离宜选小值，同时气量也宜适当减小，其具体操作调整应以散射均匀、无明显喷涂落地灰为准则。根据现有技术水平，在垂直墙面上喷涂作业时，如喷溅产生的落地灰质量少于 1%喷涂砂浆总量，可视为无明显喷涂落地灰。施工经验表明，喷嘴适当上仰（即喷枪出口向上倾斜）有利于减少落地灰。

中华人民共和国行业标准

塑料门窗工程技术规程

Technical specification for PVC-U doors and windows engineering

JGJ 103—2008

J 811—2008

批准部门：中华人民共和国住房和城乡建设部
施行日期：２００８年１１月１日

中华人民共和国住房和城乡建设部
公 告

第 73 号

关于发布行业标准
《塑料门窗工程技术规程》的公告

现批准《塑料门窗工程技术规程》为行业标准，编号为 JGJ 103 - 2008，自 2008 年 11 月 1 日起实施。其中，第 3.1.2、6.2.8、6.2.19、6.2.23、7.1.2 条为强制性条文，必须严格执行。原行业标准《塑料门窗安装及验收规程》JGJ 103 - 96 同时废止。

本规程由我部标准定额研究所组织中国建筑工业出版社出版发行。

中华人民共和国住房和城乡建设部

2008 年 8 月 5 日

前 言

根据建设部关于印发《二〇〇四年度工程建设城建、建工行业标准制订、修订计划》的通知（建标〔2004〕66 号）的要求，标准编制组在广泛调查研究，认真总结实践经验，并广泛征求意见的基础上，对《塑料门窗安装及验收规程》JGJ 103 - 93 进行了全面修订。

本规程的主要技术内容是：1. 总则；2. 术语；3. 工程设计；4. 质量要求；5. 安装前要求；6. 门窗安装；7. 施工安全与安装后的门窗保护；8. 门窗工程的验收与保养维修。

修订的主要技术内容是：修改了规范的名称，将《塑料门窗安装及验收规程》更名为《塑料门窗工程技术规程》。新增了术语、工程设计及保养维修的相关内容，其中包括：1. 增加了术语一章，对安全玻璃、相容性、定位垫块、承重垫块、附框、遮蔽条等名词术语作了解释；2. 新增了工程设计一章，增加了安全玻璃的使用要求，并对抗风压性能、水密性能、气密性能、隔声性能、保温与隔热性能、采光性能等方面提出了设计要求；3. 第四章增加了对增强型钢、中空玻璃、密封胶、聚氨酯发泡胶、附框、拼樘料连接件等材料的质量要求，取消了安装五金配件时增设金属衬板及不宜使用工艺木衬的要求，取消了滑撑铰链不得使用铝合金材料的要求，将五金件的装配要求放入第六章；4. 第五章增加了门窗进场复验的要求及对塑料门窗扇及分格杆件作封闭型保护要求；5. 第六章新增了旧窗改造、直接固定法、附框安装、保温墙体洞口的安装、窗台板安装等新的安装方法及安装节点图，细化了固定片的使用及安装要求、拼樘料与墙体的连接、聚氨酯发泡胶及密封胶的打注等操作步骤，使门窗安装可操作性更强；6. 细化了施工安全及门窗成品保护的要求；7. 第八章取消了门窗验收的具体内容，工程验收按国家标准《建筑装饰装修工程质量验收规范》GB 50210 执行，新增了门窗保养与维修的相关内容。

本规程中以黑体字标志的条文为强制性条文，必须严格执行。

本规程由住房和城乡建设部负责管理及对强制性条文的解释，由中国建筑科学研究院负责具体技术内容的解释。

本规程主编单位：中国建筑科学研究院（地址：北京市北三环东路 30 号；邮政编码：100013）。

本规程参编单位：中国建筑金属结构协会塑料门窗委员会

深圳中航幕墙工程有限公司

哈尔滨中大化学建材有限公司

北新建塑有限公司

大庆奥维型材有限公司

目　　次

大连实德集团有限公司
芜湖海螺型材科技股份有限
公司

本规程主要起草人：龚万森　丛敬梅　刘晓烽
　　　　　　　　　　宗小丹　项旭东　李柏祥
　　　　　　　　　　程先胜　胡六平

1 总　　则

1.0.1 为保证塑料门窗工程的质量，做到技术先进、经济合理，安全可靠，制定本规程。

1.0.2 本规程适用于未增塑聚氯乙烯（PVC－U）塑料门窗的设计、施工、验收及保养维修。

1.0.3 塑料门窗的设计、施工、验收及保养维修，除应符合本规程外，尚应符合国家现行有关标准的规定。

2 术　　语

2.0.1 安全玻璃　safe glass
指应用和破坏时对人的伤害达到最小的玻璃。

2.0.2 相容性　compatibility
密封材料之间或密封材料与其他材料接触时，相互不产生有害的物理或化学反应的性能。

2.0.3 定位垫块　location blocks
位于玻璃边缘与槽之间，防止玻璃和槽产生相对运动的弹性材料块。

2.0.4 承重垫块　setting blocks
位于玻璃边缘与槽之间，起支承作用，并使玻璃位于槽内正中的弹性材料块。

2.0.5 附框　auxiliary frame
安装门窗前在墙体洞口预先安装的结构件，门窗通过该构件与墙体相连。

2.0.6 遮蔽条　masking tape
打密封胶时，为防止密封胶污染基材，而在基材表面粘贴的不干胶带或其他材料。

3 工程设计

3.1 一般规定

3.1.1 塑料门窗的性能指标及有关设计要求应根据建筑物所在地区的气候、环境等具体条件和建筑物的功能要求合理确定。

3.1.2 门窗工程有下列情况之一时，必须使用安全玻璃：

　　1 面积大于 1.5m² 的窗玻璃；

　　2 距离可踏面高度 900mm 以下的窗玻璃；

　　3 与水平面夹角不大于 75° 的倾斜窗，包括天窗、采光顶等在内的顶棚；

　　4 7 层及 7 层以上建筑外开窗。

3.1.3 门玻璃应在视线高度设置明显的警示标志。

3.1.4 塑料门窗的热工性能设计应符合国家居住建筑和公共建筑节能设计标准的有关规定。

3.1.5 门窗主要受力杆件内衬增强型钢的惯性矩应

满足受力要求，增强型钢应与型材内腔紧密吻合。

3.1.6 由单樘窗拼接而成的组合窗，拼接方式应符合设计要求，拼接处应考虑窗的伸缩变位。组合门窗洞口应在拼樘料的对应位置设置拼樘料连接件或预留洞。

3.1.7 轻质砌块或加气混凝土墙洞口应在门窗框与墙体的连接部位设置预埋件。

3.1.8 玻璃承重垫块应选用邵氏硬度为 70～90（A）的硬橡胶或塑料，不得使用硫化再生橡胶、木片或其他吸水性材料。垫块长度宜为 80～100mm，宽度应大于玻璃厚度 2mm 以上，厚度应按框、扇（梃）与玻璃的间隙确定，并不宜小于 3mm。定位垫块应能吸收温度变化产生的变形。

3.1.9 塑料门窗设计宜考虑防蚊蝇措施。门窗用窗纱应使用耐老化、耐锈蚀、耐燃的材料。

3.2 抗风压性能设计

3.2.1 塑料外门窗所承受的风荷载应按现行国家标准《建筑结构荷载规范》GB 50009 规定的围护结构风荷载标准值进行计算确定，且不应小于 1000Pa。

3.2.2 塑料门窗玻璃的抗风压设计及玻璃的厚度、最大许用面积、安装尺寸等，应按国家现行标准《建筑玻璃应用技术规程》JGJ 113 的规定执行。单片玻璃厚度不宜小于 4mm。

3.2.3 门窗构件在风荷载标准值作用下产生的最大挠度值应符合下式要求：

$$f_{max} \leqslant [f] \qquad (3.2.3)$$

式中　f_{max} ——构件弯曲最大挠度值；

　　　$[f]$ ——构件弯曲允许挠度值，门窗镶嵌单层玻璃挠度按 $L/120$ 计算，门窗镶嵌夹层玻璃、中空玻璃挠度按 $L/180$ 计算。

3.2.4 门窗构件的连接计算应符合下式要求：

$$\sigma_k \leqslant \frac{f_k}{K} \qquad (3.2.4)$$

式中　σ_k ——荷载（标准值）作用所产生的应力；

　　　f_k ——连接材料强度标准值；

　　　K ——安全系数。

3.2.5 门窗连接材料的强度标准值和安全系数应符合表 3.2.5 的规定。

表 3.2.5　门窗连接材料强度标准值和安全系数

连接件	材料强度标准值（f_k）	应力	安全系数
不锈钢连接螺栓、螺钉	A1-50、A2-50、A4-50 $\sigma_{P0.2}=210MPa$	抗拉	1.55
	A1-70、A2-70、A4-70 $\sigma_{P0.2}=450MPa$		
	A1-80、A2-80、A4-80 $\sigma_{P0.2}=600MPa$	抗剪	2.67

连接件	材料强度标准值(f_k)		应力	安全系数
碳钢连接件	Q235	$\sigma_s=235MPa$	抗拉(压)	1.55
	Q345	$\sigma_s=345MPa$	抗剪	2.67
			抗挤压	1.10
不锈钢连接件	0Cr18Ni9	$\sigma_{P0.2}=205MPa$	抗拉(压)	1.55
	0Cr17Ni12Mo2	$\sigma_{P0.2}=205MPa$	抗剪	2.67
			抗挤压	1.10
铝合金连接件	合金牌号 6061 状态 T4	$\sigma_{P0.2}=110MPa$	抗拉(压)	1.80
	合金牌号 6061 状态 T6	$\sigma_{P0.2}=245MPa$		
	合金牌号 6063 状态 T5	$\sigma_{P0.2}=110MPa$		
	合金牌号 6063 状态 T6	$\sigma_{P0.2}=180MPa$	抗剪	3.10
	合金牌号 6063A 状态 T5 壁厚小于 10mm	$\sigma_{P0.2}=160MPa$		
	合金牌号 6063A 状态 T6 壁厚小于 10mm	$\sigma_{P0.2}=190MPa$		
			抗挤压	1.10

3.2.6 用于门窗框、扇连接的配件，其设计承载力应小于承载力许用值。对于不能提供承载力许用值的配件，应进行试验确定其承载力，并根据安全使用的最小荷载值除以安全系数 K（取 1.65）来换算承载力许用值。

3.3 水密性能设计

3.3.1 塑料门窗的水密性能应符合现行国家标准《建筑外窗水密性能分级及检测方法》GB/T 7018 的有关规定。水密性设计值应按下式计算，且不得小于 100Pa。

$$P = 0.9\rho\mu_z V_0^2 \qquad (3.3.1\text{-}1)$$

式中　P——水密性设计值（Pa）；

　　　ρ——空气密度，按现行国家标准《建筑结构荷载规范》GB 50009 的规定采用；

　　　μ_z——风压高度变化系数，按现行国家标准《建筑结构荷载规范》GB 50009 的规定采用；

　　　V_0——根据气象资料和建筑物重要性确定的水密性能设计风速（m/s）。

　　当缺少气象资料无法确定水密性能设计风速时，水密性设计值也可按下式计算：

$$P \geqslant C\mu_z W_0 \qquad (3.3.1\text{-}2)$$

式中　C——水密性设计计算系数，受热带风暴和台风袭击的地区取值为 0.5，其他地区取值为 0.4；

　　　W_0——基本风压（Pa），按现行国家标准《建筑结构荷载规范》GB 50009 的规定采用。

3.3.2 门窗水密性能构造设计应符合下列要求：

1 在外门、外窗的框、扇下横边应设置排水孔，并应根据等压原理设置气压平衡孔槽；排水孔的位置、数量及开口尺寸应满足排水要求，内外侧排水槽应横向错开，避免直通；排水孔宜加盖排水孔帽；

2 拼樘料与窗框连接处应采取有效可靠的防水密封措施；

3 门窗框与洞口墙体安装间隙应有防水密封措施；

4 在带外墙外保温层的洞口安装塑料门窗时，宜安装室外披水窗台板，且窗台板的边缘与外墙间应妥善收口。

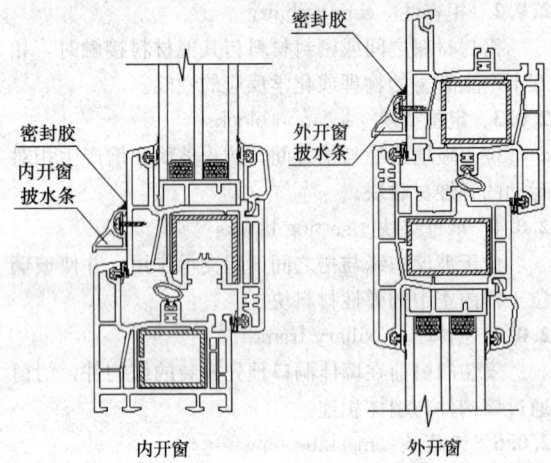

图 3.3.3　披水条安装位置示意图

3.3.3 外墙窗楣应做滴水线或滴水槽，外窗台流水坡度不应小于 2%。平开窗宜在开启部位安装披水条（图 3.3.3）。

3.4 气密性能设计

3.4.1 居住建筑和公共建筑的外窗、外门气密性能设计指标应根据使用要求确定，其外窗、外门气密性能必须满足国家相应的建筑节能设计标准。

3.4.2 门窗四周的密封应完整、连续，并应形成封闭的密封结构。

3.5 隔声性能设计

3.5.1 塑料门窗的隔声性能应符合现行国家标准《建筑外窗空气声隔声性能分级及检测方法》GB/T 8485 的有关规定，其隔声性能的级别应按照现行国家标准《民用建筑隔声设计规范》GBJ 118 的规定，根据使用要求和环境噪声情况确定。

3.5.2 对隔声性能要求高的塑料门窗宜采取以下措施：

1 采用密封性能好的门窗构造；

2 采用隔声性能好的中空玻璃或夹层玻璃；

3 采用双层窗构造。

3.6 保温与隔热性能设计

3.6.1 有保温要求的塑料门窗，其性能应符合现行国家标准《建筑外窗保温性能分级及检测方法》GB/T 8484 的有关规定。保温性能的级别应根据建筑所在地区的气候分区及建筑使用要求确定，并应符合现行相关节能标准中对建筑外窗的有关要求。

3.6.2 有隔热要求的塑料门窗遮阳系数应根据建筑所在地区的气候分区及建筑使用要求确定，并应符合现行相关节能标准中对建筑外窗的有关要求。

3.6.3 有保温和隔热要求的门窗工程应采用中空玻璃，中空玻璃气体层厚度不宜小于 9mm。严寒地区宜使用中空 Low-E 镀膜玻璃或单框三玻中空玻璃窗，不宜使用推拉窗；窗框与窗扇间宜采用三级密封；当采用附框法与墙体连接时，附框应采取隔热措施。

3.6.4 在墙体采取保温措施时，窗框与保温层构造应协调，不得形成热桥。

3.6.5 有遮阳要求的门窗可采用遮阳系数较低的玻璃或设计适宜的活动外遮阳装置。外遮阳装置应与建筑的整体外观相协调，且其开关操作应易于在室内进行。遮阳装置应安装牢固可靠。

3.7 采光性能设计

3.7.1 塑料门窗的采光性能应符合现行国家标准《建筑外窗采光性能分级及检测方法》GB/T 11976 的有关规定。其采光性能的级别应根据建筑使用要求确定。

3.7.2 建筑外窗采光面积设计应满足建筑热工要求及相关节能设计标准要求。

4 质量要求

4.1 门窗及其材料质量要求

4.1.1 塑料门窗质量应符合国家现行标准《未增塑聚氯乙烯（PVC-U）塑料门》JG/T 180、《未增塑聚氯乙烯（PVC-U）塑料窗》JG/T 140 的有关规定。门窗产品应有出厂合格证。

4.1.2 塑料门窗采用的型材应符合现行国家标准《门、窗用未增塑聚氯乙烯（PVC-U）型材》GB/T 8814 的有关规定，其老化性能应达到 S 类的技术指标要求。型材壁厚应符合国家现行标准《未增塑聚氯乙烯（PVC-U）塑料门》JG/T 180、《未增塑聚氯乙烯（PVC-U）塑料窗》JG/T 140 的有关规定。

4.1.3 塑料门窗采用的密封条、紧固件、五金配件等应符合国家现行标准的有关规定。

4.1.4 增强型钢的质量应符合国家现行标准《聚氯乙烯（PVC）门窗增强型钢》JG/T 131 的有关规定。增强型钢的装配应符合国家现行标准《未增塑聚氯乙烯（PVC-U）塑料门》JG/T 180、《未增塑聚氯乙烯（PVC-U）塑料窗》JG/T 140 的有关规定。

4.1.5 塑料门窗用钢化玻璃的质量应符合现行国家标准《钢化玻璃》GB 15763.2 的有关要求。

4.1.6 塑料门窗用中空玻璃除应符合现行国家标准《中空玻璃》GB/T 11944 的有关规定外，尚应符合下列规定：

1 中空玻璃用的间隔条可采用连续折弯型或插角型且内含干燥剂的铝框，也可使用热压复合式胶条；

2 用间隔铝框制备的中空玻璃应采用双道密封，第一道密封必须采用热熔性丁基密封胶。第二道密封应采用硅酮、聚硫类中空玻璃密封胶，并应采用专用打胶机进行混合、打胶。

4.1.7 用于中空玻璃第一道密封的热熔性丁基密封胶应符合国家现行标准《中空玻璃用丁基热熔密封胶》JC/T 914 的有关规定。第二道密封胶应符合国家现行标准《中空玻璃用弹性密封胶》JC/T 486 的有关规定。

4.1.8 塑料门窗用镀膜玻璃应符合现行国家标准《镀膜玻璃 第 1 部分：阳光控制镀膜玻璃》GB/T 18915.1 及《镀膜玻璃 第 2 部分：低辐射镀膜玻璃》GB/T 18915.2 的有关规定。

4.2 安装材料质量要求

4.2.1 安装塑料门窗用固定片应符合国家现行标准《聚氯乙烯（PVC）门窗固定片》JG/T 132 的有关规定。

4.2.2 塑料组合门窗使用的拼樘料截面尺寸及内衬增强型钢的形状、壁厚应符合设计要求。承受风荷载的拼樘料应采用与其内腔紧密吻合的增强型钢作为内衬，型钢两端应比拼樘料略长，其长度应符合设计要求。

4.2.3 用于组合门窗拼樘料与墙体连接的钢连接件，厚度应经计算确定，并不应小于 2.5mm。连接件表面应进行防锈处理。

4.2.4 钢附框应采用壁厚不小于 1.5mm 的碳素结构钢或低合金结构钢制成。附框的内、外表面均应进行防锈处理。

4.2.5 塑料门窗用密封条等原材料应符合国家现行标准的有关规定。密封胶应符合国家现行标准《硅酮建筑密封胶》GB/T 14683、《建筑窗用弹性密封剂》JC 485 及《混凝土建筑接缝用密封胶》JC/T 881 的有关规定。密封胶与聚氯乙烯型材应具有良好的粘结性。

4.2.6 门窗安装用聚氨酯发泡胶应符合国家现行标

准《单组分聚氨酯泡沫填缝剂》JC 936 的有关规定。

4.2.7 与聚氯乙烯型材直接接触的五金件、紧固件、密封条、玻璃垫块、密封胶等材料应与聚氯乙烯塑料相容。

5 安装前要求

5.1 墙体、洞口质量要求

5.1.1 门窗应采用预留洞口法安装，不得采用边安装边砌口或先安装后砌口的施工方法。

5.1.2 门窗及玻璃的安装应在墙体湿作业完工且硬化后进行；当需要在湿作业前进行时，应采取保护措施。门的安装应在地面工程施工前进行。

5.1.3 应测出各窗洞口中线，并应逐一作出标记。对多层建筑，可从最高层一次垂吊。对高层建筑，可用经纬仪找垂直线，并根据设计要求弹出水平线。对于同一类型的门窗洞口，上下、左右方向位置偏差应符合下列要求：

　　1 处于同一垂直位置的相邻洞口，中线左右位置相对偏差不应大于10mm；全楼高度内，所有处于同一垂直线位置的各楼层洞口，左右位置相对偏差不应大于15mm（全楼高度小于30m）或20mm（全楼高度大于或等于30m）；

　　2 处于同一水平位置的相邻洞口，中线上下位置相对偏差不应大于10mm；全楼长度内，所有处于同一水平线位置的各单元洞口，上下位置相对偏差不应大于15mm（全楼长度小于30m）或20mm（全楼长度大于或等于30m）。

5.1.4 门窗洞口宽度与高度尺寸的允许偏差应符合表5.1.4的规定。门窗的安装应在洞口尺寸检验合格，并办好工种间交接手续后方可进行。

5.1.5 门、窗的构造尺寸应考虑预留洞口与待安装门、窗框的伸缩缝间隙及墙体饰面材料的厚度。伸缩缝间隙应符合表5.1.5的规定。

5.1.6 门的构造尺寸除应符合本规程表5.1.5的规定外，还应符合下列要求：

　　1 无下框平开门，门框高度应比洞口高度大10~15mm；

　　2 带下框平开或推拉门，门框高度应比洞口高度小5~10mm。

表5.1.4　洞口宽度或高度尺寸的允许偏差（mm）

洞口类型	洞口宽度或高度	<2400	2400~4800	>4800
不带附框洞口	未粉刷墙面	±10	±15	±20
	已粉刷墙面	±5	±10	±15
已安装附框的洞口		±5	±10	±15

表5.1.5　洞口与门、窗框伸缩缝间隙（mm）

墙体饰面层材料	洞口与门、窗框的伸缩缝间隙
清水墙及附框	10
墙体外饰面抹水泥砂浆或贴陶瓷锦砖	15~20
墙体外饰面贴釉面瓷砖	20~25
墙体外饰面贴大理石或花岗石板	40~50
外保温墙体	保温层厚度+10

注：窗下框与洞口的间隙可根据设计要求选定。

5.1.7 安装前，应清除洞口周围松动的砂浆、浮渣及浮灰。必要时，可在洞口四周涂刷一层防水聚合物水泥胶浆。

5.2 其 他 要 求

5.2.1 门窗及所有材料进场时，均应按设计要求对其品种、规格、数量、外观和尺寸进行验收，材料包装应完好，并应有产品合格证、使用说明书及相关性能的检测报告。门窗成品包装应符合国家现行标准《未增塑聚氯乙烯（PVC-U）塑料门》JG/T 180、《未增塑聚氯乙烯（PVC-U）塑料窗》JG/T 140 的有关规定。

5.2.2 塑料门窗部件、配件、材料等在运输、保管和施工过程中，应采取防止其损坏或变形的措施。

5.2.3 门窗应放置在清洁、平整的地方，且应避免日晒雨淋。门窗不应直接接触地面，下部应放置垫木，且均应立放；门窗与地面所成角度不应小于70°，并应采取防倾倒措施。门窗放置时不得与腐蚀物质接触。

5.2.4 贮存门窗的环境温度应低于50℃；与热源的距离不应小于1m。当存放门窗的环境温度为5℃以下时，安装前应将门窗移至室内，在不低于15℃的环境下放置24h。门窗在安装现场放置的时间不宜超过2个月。

5.2.5 装运门窗的运输工具应设有防雨措施，并保持清洁。运输门窗时，应竖立排放并固定牢靠，防止颠震损坏。樘与樘之间应用非金属软质材料隔开；五金配件也应采取保护措施，以免相互磨损。

5.2.6 装卸门窗时，应轻拿、轻放；不得撬、甩、摔。吊运门窗时，其表面应采用非金属软质材料衬垫，并在门窗外缘选择牢靠平稳的着力点，不得在框扇内插入抬杠起吊。

5.2.7 安装用的主要机具和工具应完备；材料应齐全。量具应定期检验，当达不到要求时，应及时更换。

5.2.8 门窗安装前，应按设计图纸的要求检查门窗的品种、规格、开启方向、外形等；门窗五金件、密封条、紧固件等应齐全，不合格者应予以更换。

5.2.9 安装前，塑料门窗扇及分格杆件宜作封闭型保护。门、窗框应采用三面保护，框与墙体连接面不应有保护层。保护膜脱落的，应补贴保护膜。

5.2.10 当洞口需要设置预埋件时，应检查预埋件的种类、数量、规格及位置；预埋件的数量应和固定点的数量一致，其标高和坐标位置应准确。预埋件位置及数量不符合要求时，应补装后置埋件。

5.2.11 应将不同规格的塑料门、窗搬到相应的洞口旁竖放，门、窗框的上下边框应作中线标记。

5.2.12 安装门窗时，其环境温度不应低于5℃。

6 门窗安装

6.1 门窗安装工序

6.1.1 门窗安装的工序宜符合表6.1.1的规定。

表6.1.1 门窗的安装工序

序号	门窗类型 工序名称	单樘窗	组合门窗	普通门
1	洞口找中线	+	+	+
2	补贴保护膜	+	+	+
3	安装后置埋件	—	*	—
4	框上找中线	+	+	+
5	安装附框	*	*	*
6	抹灰找平	*	*	*
7	卸玻璃（或门、窗扇）	*	*	*
8	框进洞口	+	+	+
9	调整定位	+	+	+
10	门窗框固定	+	+	+
11	盖工艺孔帽及密封处理	+	+	+
12	装拼樘料	—	+	+
13	打聚氨酯发泡胶	+	+	+
14	装窗台板	*	*	—
15	洞口抹灰	+	+	+
16	清理砂浆	+	+	+
17	打密封胶	+	+	+
18	安装配件	+	+	+
19	装玻璃（或门、窗扇）	+	+	+
20	装纱窗（门）	*	*	*
21	表面清理	+	+	+
22	去掉保护膜	+	+	+

注：1 序号1～4为安装前准备工序；
　　2 表中"+"号表示应进行的工序；
　　3 表中"*"号表示可选择工序。

6.2 门窗安装要求

6.2.1 塑料门窗应采用固定片法安装。对于旧窗改造或构造尺寸较小的窗型，可采用直接固定法进行安装，窗下框应采用固定片法安装。

6.2.2 根据设计要求，可在门、窗框安装前预先安装附框。附框宜采用固定片法与墙体连接牢固。固定方法应符合本规程第6.2.9条的有关规定。附框安装后应用水泥砂浆将洞口抹至与附框内表面平齐。附框与门、窗框间应预留伸缩缝，门、窗框与附框的连接应采用直接固定法，但不得直接在窗框排水槽内进行钻孔。

6.2.3 安装门窗时，如果玻璃已装在门窗上，宜卸下玻璃（或门、窗扇），并作标记。

6.2.4 应根据设计图纸确定门窗框的安装位置及门扇的开启方向。当门窗框装入洞口时，其上下框中线应与洞口中线对齐；门窗的上下框四角及中横梃的对称位置应用木楔或垫块塞紧作临时固定；当下框长度大于0.9m时，其中央也应用木楔或垫块塞紧，临时固定；然后应按设计图纸确定门窗框在洞口墙体厚度方向的安装位置。

6.2.5 安装门时应采取防止门框变形的措施，无下框平开门应使两边框的下脚低于地面标高线，其高度差宜为30mm，带下框平开门或推拉门应使下框底面低于最终装修地面10mm。安装时，应先固定上框的一个点，然后调整门框的水平度、垂直度和直角度，并应用木楔临时定位。

6.2.6 门窗的安装允许偏差应符合表6.2.6的规定。

表6.2.6 门窗的安装允许偏差

项　　目		允许偏差（mm）	检验方法
门、窗框外形（高、宽）尺寸长度差	≤1500mm	2	用精度1mm钢卷尺，测量外框两相对外端面，测量部位距端部100mm
	>1500mm	3	
门、窗框两对角线长度差	≤2000mm	3	用精度1mm钢卷尺，测量内角
	>2000mm	5	
门、窗框（含拼樘料）正、侧面垂直度		3	用1m垂直检测尺检查
门、窗框（含拼樘料）水平度		3.0	用1m水平尺和精度0.5mm塞尺检查
门、窗下横框的标高		5	用精度1mm钢直尺检查，与基准线比较

续表 6.2.6

项　　目		允许偏差(mm)	检验方法
双层门、窗内外框间距		4.0	用精度 0.5mm 钢直尺检查
门、窗竖向偏离中心		5.0	用精度 0.5mm 钢直尺检查
平开门窗及上悬、下悬、中悬窗	门、窗扇与框搭接量	2.0	用深度尺或精度 0.5mm 钢直尺检查
	同樘门、窗相邻扇的水平高度差	2.0	用靠尺和精度 0.5mm 钢直尺检查
	门、窗框扇四周的配合间隙	1.0	用楔形塞尺检查
推拉门窗	门、窗扇与框搭接量	2.0	用深度尺或精度 0.5mm 钢直尺检查
	门、窗扇与框或相邻扇立边平行度	2.0	用精度 0.5mm 钢直尺检查
组合门窗	平面度	2.5	用 2m 靠尺和精度 0.5mm 钢直尺检查
	竖缝直线度	2.5	用 2m 靠尺和精度 0.5mm 钢直尺检查
	横缝直线度	2.5	用 2m 靠尺和精度 0.5mm 钢直尺检查

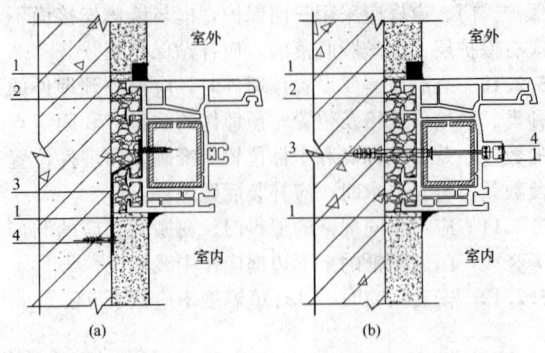

1—密封胶；2—聚氨酯发泡胶；　1—密封胶；2—聚氨酯发泡胶；
3—固定片；4—膨胀螺钉　　　　3—膨胀螺钉；4—工艺孔帽

图 6.2.7-1　窗安装节点图

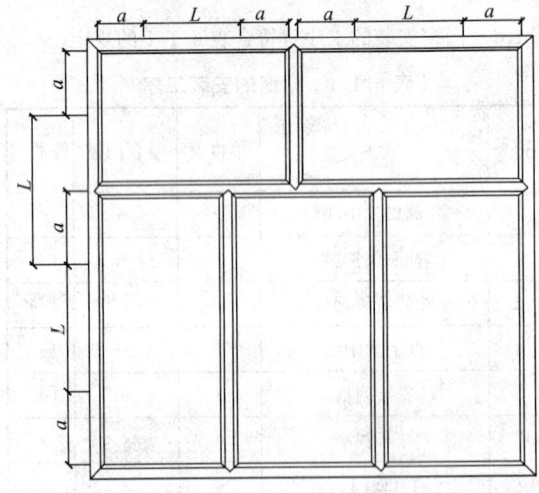

图 6.2.7-2　固定片或膨胀螺钉的安装位置

a—端头（或中框）至固定片（或膨胀螺钉）的距离；
L—固定片（或膨胀螺钉）之间的间距

6.2.7 门窗在安装时应确保门窗框上下边位置及内外朝向准确，安装应符合下列要求：

　　1 当门窗框与墙体间采用固定片固定时，应使用单向固定片，固定片应双向交叉安装。与外保温墙体固定的边框固定片宜朝向室内。固定片与窗框连接应采用十字槽盘头自钻自攻螺钉直接钻入固定，不得直接锤击钉入或仅靠卡紧方式固定。

　　2 当门窗框与墙体间采用膨胀螺钉直接固定时，应按膨胀螺钉规格先在窗框上打好基孔，安装膨胀螺钉时应在伸缩缝中膨胀螺钉位置两边加支撑块。膨胀螺钉端头应加盖工艺孔帽（图 6.2.7-1），并应用密封胶进行密封。

　　3 固定片或膨胀螺钉的位置应距门窗端角、中竖梃、中横梃 150～200mm，固定片或膨胀螺钉之间的间距应符合设计要求，并不得大于 600mm（见图 6.2.7-2）。不得将固定片直接装在中横梃、中竖梃的端头上。平开门安装铰链的相应位置宜安装固定片或采用直接固定法固定。

6.2.8 建筑外窗的安装必须牢固可靠，在砖砌体上安装时，严禁用射钉固定。

6.2.9 附框或门窗与墙体固定时，应先固定上框，后固定边框。固定片形状应预先弯曲至贴近洞口固定面，不得直接锤打固定片使其弯曲。固定片固定方法应符合下列要求：

　　1 混凝土墙洞口应采用射钉或膨胀螺钉固定；

　　2 砖墙洞口或空心砖洞口应用膨胀螺钉固定，并不得固定在砖缝处；

　　3 轻质砌块或加气混凝土洞口可在预埋混凝土块上用射钉或膨胀螺钉固定；

　　4 设有预埋铁件的洞口应采用焊接的方法固定，也可先在预埋件上按紧固件规格打基孔，然后用紧固件固定；

　　5 窗下框与墙体的固定可按照图 6.2.9 进行。

6.2.10 安装组合窗时，应从洞口的一端按顺序安装，拼樘料与洞口的连接应符合下列要求：

　　1 不带附框的组合窗洞口，拼樘料连接件与混凝土过梁或柱的连接应符合本规程第 6.2.9 条第 4 款的规定。拼樘料可与连接件搭接（图 6.2.10-1），也可与预埋件或连接件焊接（图 6.2.10-2）。拼樘料与连接件的搭接量不应小于 30mm。

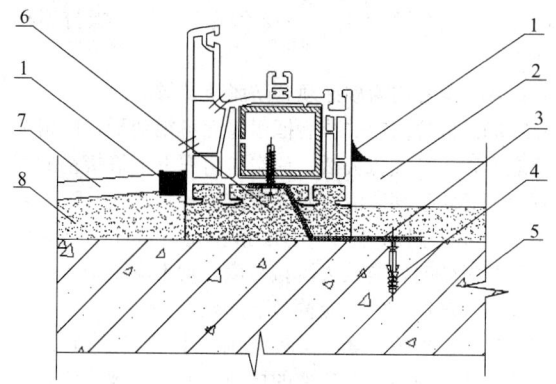

图 6.2.9　窗下框与墙体固定节点图

1—密封胶；2—内窗台板；3—固定片；4—膨胀螺钉；
5—墙体；6—防水砂浆；7—装饰面；8—抹灰层

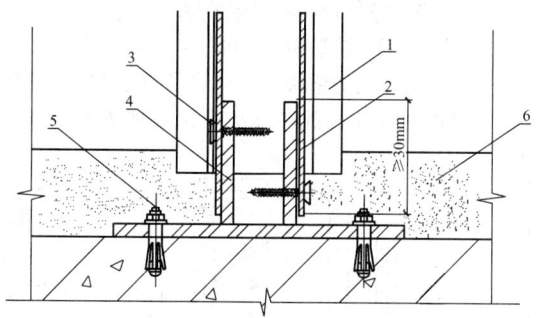

图 6.2.10-1　拼樘料安装节点图

1—拼樘料；2—增强型钢；3—自攻螺钉；4—连接件；
5—膨胀螺钉或射钉；6—伸缩缝填充物

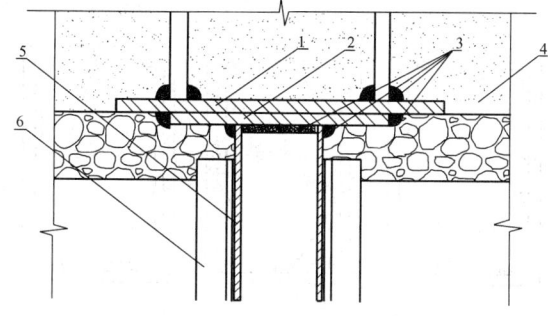

图 6.2.10-2　拼樘料安装节点图

1—预埋件；2—调整垫块；3—焊接点；
4—墙体；5—增强型钢；6—拼樘料

2 当拼樘料与砖墙连接时，应采用预留洞口法安装。拼樘料两端应插入预留洞中，插入深度不应小于30mm，插入后应用水泥砂浆填充固定（图6.2.10-3）。

6.2.11 当门窗与拼樘料连接时，应先将两窗框与拼樘料卡接，然后用自钻自攻螺钉拧紧，其间距应符合设计要求并不得大于600mm；紧固件端头应加盖工艺孔帽（图6.2.11），并用密封胶进行密封处理。拼樘料与窗框间的缝隙也应采用密封胶进行密封处理。

6.2.12 当门连窗的安装需要门与窗拼接时，应采用拼樘料，其安装方法应符合本规程第6.2.10条及6.2.11条的规定。拼樘料下端应固定在窗台上。

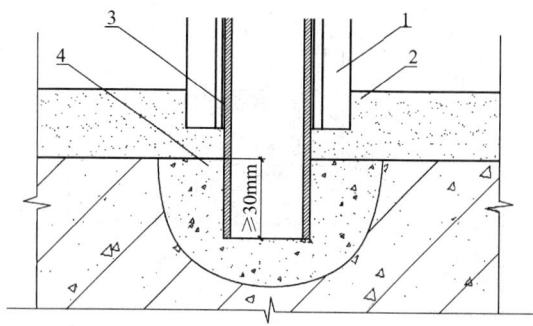

图 6.2.10-3　预留洞口法拼樘料与墙体的固定

1—拼樘料；2—伸缩缝填充物；3—增强型钢；4—水泥砂浆

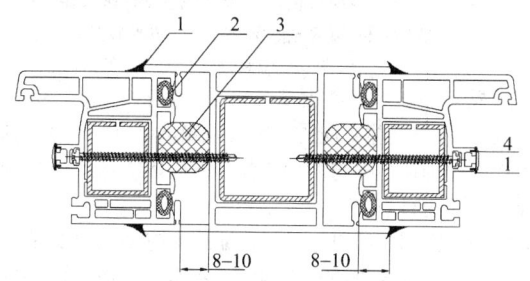

图 6.2.11　拼樘料连接节点图

1—密封胶；2—密封条；3—泡沫棒；4—工艺孔帽

6.2.13 窗下框与洞口缝隙的处理应符合下列规定：

1 普通墙体：应先将窗下框与洞口间缝隙用防水砂浆填实，填实后撤掉临时固定用木楔或垫块，其空隙也应用防水砂浆填实，并在窗框外侧做相应的防水处理。当外侧抹灰时，应做出披水坡度，并应采用片材将抹灰层与窗框临时隔开，留槽宽度及深度宜为5～8mm。抹灰面应超出窗框（图6.2.9），但厚度不应影响窗扇的开启，并不得盖住排水孔。待外侧抹灰层硬化后，应撤去片材，然后将密封胶挤入沟槽内填实抹平。打胶前应将窗框表面清理干净，打胶部位两侧的窗框及墙面均应用遮蔽条遮盖严密，密封胶的打注应饱满，表面应平整光滑，刮胶缝的余胶不得重复使用。密封胶抹平后，应立即揭去两侧的遮蔽条。内侧抹灰应略高于外侧，且内侧与窗框之间也应采用密封胶密封。

2 保温墙体：应将窗下框与洞口间缝隙全部用聚氨酯发泡胶填塞饱满。外侧防水密封处理应符合设计要求。外贴保温材料时，保温材料应略压住窗下框（图6.2.13），其缝隙应用密封胶进行密封处理。当外侧抹灰时，应做出披水坡度，并应采用片材将抹灰层与窗框临时隔开，留槽宽度及深度宜为5～8mm。抹灰及密封胶的打注应符合本条第1款的规定。

6.2.14 当需要安装窗台板时，其安装方法应符合下列规定：

1 普通墙体：应先按本规程第6.2.13条第1款的规定处理窗下框与洞口缝隙，然后将窗台板顶住窗下框下边缘5～10mm，不得影响窗扇的开启。

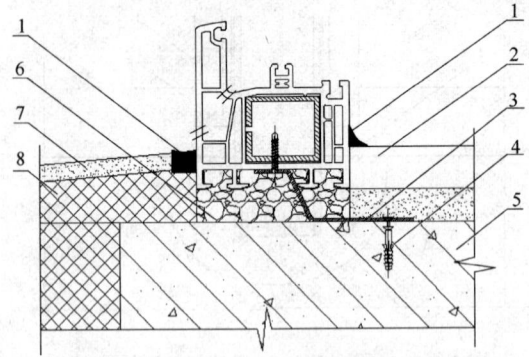

图 6.2.13　外保温墙体窗下框安装节点图
1—密封胶；2—内窗台板；3—固定片；4—膨胀螺钉；
5—墙体；6—聚氨酯发泡胶；7—防水砂浆；
8—保温材料

窗台板安装的水平精度应与窗框一致；

2 保温墙体：应先按本规程第 6.2.13 条第 2 款的规定处理窗下框与洞口缝隙，然后按本条第 1 款的规定安装窗台板。

6.2.15 窗框与洞口之间的伸缩缝内应采用聚氨酯发泡胶填充，发泡胶填充应均匀、密实。发泡胶成型后不宜切割。打胶前，框与墙体间伸缩缝外侧应用挡板盖住；打胶后，应及时拆下挡板，并在 10～15min 内将溢出泡沫向框内压平。对于保温、隔声等级要求较高的工程，应先按设计要求采用相应的隔热、隔声材料填塞，然后再采用聚氨酯发泡胶封堵。填塞后，撤掉临时固定用木楔或支撑垫块，其空隙也应用聚氨酯发泡胶填塞。

6.2.16 门、窗洞口内外侧与门、窗框之间缝隙的处理应在聚氨酯发泡胶固化后进行，处理过程应符合下列要求：

1 普通门窗工程：其洞口内外侧与窗框之间均应采用普通水泥砂浆填实抹平，抹灰及密封胶的打注应符合本规程第 6.2.13 条第 1 款的规定；

2 装修质量要求较高的门窗工程，室内侧窗框与抹灰层之间宜采用与门窗材料一致的塑料盖板掩盖接缝。外侧抹灰及密封胶的打注应符合本规程第 6.2.13 条第 1 款的规定。

6.2.17 门窗（框）扇表面及框槽内粘有水泥砂浆时，应在其硬化前，用湿布擦拭干净，不得使用硬质材料铲刮门窗（框）扇表面。

6.2.18 门窗扇应待水泥砂浆硬化后安装；安装平开门窗时，宜将门窗扇吊高 2～3mm，门扇的安装宜采用可调节门铰链，安装后门铰链的调节余量应放在最大位置。平开门窗固定合页（铰链）的螺钉宜采用自钻自攻螺钉。门窗安装后，框扇应无可视变形，门窗扇关闭应严密，搭接量应均匀，开关应灵活。铰链部位配合间隙的允许偏差及框、扇的搭接量、开关力等应符合国家现行标准《未增塑聚氯乙烯（PVC-U）塑料窗》JG/T 140、《未增塑聚氯乙烯（PVC-U）塑料

门》JG/T 180 的规定。门窗合页（铰链）螺钉不得外露。

6.2.19 推拉门窗扇必须有防脱落装置。

6.2.20 推拉门窗安装后框扇应无可视变形，门扇关闭应严密，开关应灵活。窗扇与窗框上下搭接量的实测值（导轨顶部装滑轨时，应减去滑轨高度）均不应小于 6mm。门扇与门框上下搭接量的实测值（导轨顶部装滑轨时，应减去滑轨高度）均不应小于 8mm。

6.2.21 玻璃的安装应符合下列规定：

1 玻璃应平整，安装牢固，不得有松动现象，内外表面均应洁净，玻璃的层数、品种及规格应符合设计要求。单片镀膜玻璃的镀膜层及磨砂玻璃的磨砂层应朝向室内；

2 镀膜中空玻璃的镀膜层应朝向中空气体层；

3 安装好的玻璃不得直接接触型材，应在玻璃四边垫上不同作用的垫块，中空玻璃的垫块宽度应与中空玻璃的厚度相匹配，其垫块位置宜按图 6.2.21 放置；

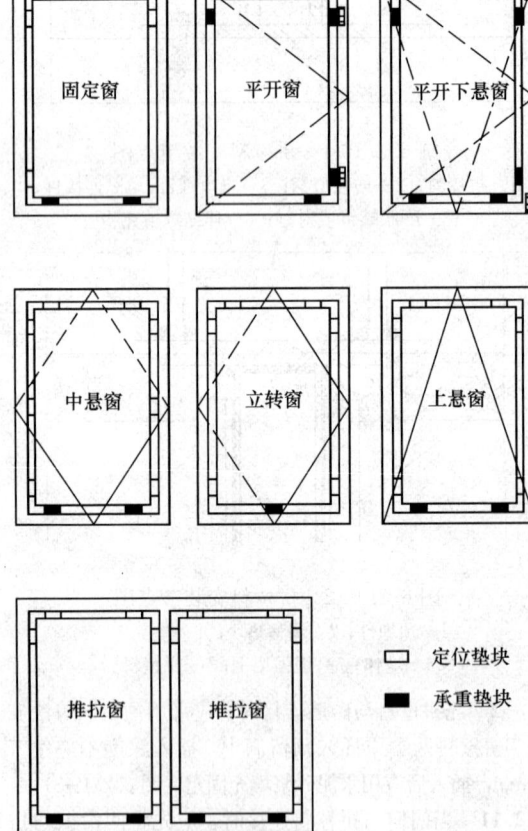

图 6.2.21　承重垫块和定位垫块位置示意图

4 竖框（扇）上的垫块，应用胶固定；

5 当安装玻璃密封条时，密封条应比压条略长，密封条与玻璃及玻璃槽口的接触应平整，不得卷边、脱槽，密封条断口接缝应粘接；

6 玻璃装入框、扇后，应用玻璃压条将其固定，

玻璃压条必须与玻璃全部贴紧，压条与型材的接缝处应无明显缝隙，压条角部对接缝隙应小于1mm，不得在一边使用2根（含2根）以上压条，且压条应在室内侧。

6.2.22 安装窗五金配件时，应将螺钉固定在内衬增强型钢或内衬局部加强钢板上，或使螺钉至少穿过塑料型材的两层壁厚。紧固件应采用自钻自攻螺钉一次钻入固定，不得采用预先打孔的固定方法。五金件应齐全，位置应正确，安装应牢固，使用应灵活，达到各自的使用功能。平开窗扇高度大于900mm时，窗扇锁闭点不应少于2个。

6.2.23 安装滑撑时，紧固螺钉必须使用不锈钢材质，并应与框扇增强型钢或内衬局部加强钢板可靠连接。螺钉与框扇连接处应进行防水密封处理。

6.2.24 安装门锁与执手等五金配件时，应将螺钉固定在内衬增强型钢或内衬局部加强钢板上。五金件应齐全，位置应正确，安装应牢固，使用应灵活，达到各自的使用功能。

6.2.25 窗纱应固定牢固，纱扇关闭应严密。安装五金件、纱窗铰链及锁扣后，应整理纱网和压实压条。

6.2.26 安装后的门窗关闭时，密封面上的密封条处于压缩状态，密封层数应符合设计要求。密封条是连续完整的，装配后应均匀、牢固，无脱槽、收缩、虚压等现象；密封条接口应严密，且应位于窗的上方。门窗表面应洁净、平整、光滑，颜色应均匀一致。可视面应无划痕、碰伤等影响外观质量的缺陷，门窗不得有焊角开裂、型材断裂等损坏现象。

6.2.27 应在所有工程完工后及装修工程验收前去掉保护膜。

7 施工安全与安装后的门窗保护

7.1 施 工 安 全

7.1.1 施工现场成品及辅助材料应堆放整齐、平稳，并应采取防火等安全措施。

7.1.2 安装门窗、玻璃或擦拭玻璃时，严禁手攀窗框、窗扇、窗樘和窗撑；操作时，应系好安全带，且安全带必须有坚固牢靠的挂点，严禁把安全带挂在窗体上。

7.1.3 应经常检查电动工具，不得有漏电现象，当使用射钉枪时应采取安全保护措施。

7.1.4 劳动保护、防火防毒等施工安全技术，应按国家现行标准《建筑施工高处作业安全技术规范》JGJ 80执行。

7.1.5 施工过程中，楼下应设警示区域，并应设专人看守，不得让行人进入。

7.1.6 施工中使用电、气焊等设备时，应做好木质品等易燃物的防火措施。

7.1.7 施工中使用的角磨机设备应设有防护罩。

7.2 安装后的门窗保护

7.2.1 塑料门窗在安装过程中及工程验收前，应采取防护措施，不得污损。门窗下框宜加盖防护板。边框宜使用胶带密封保护，不得损坏保护膜。

7.2.2 已装门窗框、扇的洞口，不得再作运料通道。

7.2.3 严禁在门窗框、扇上安装脚手架、悬挂重物；外脚手架不得顶压在门窗框、扇或窗撑上；严禁蹬踩窗框、窗扇或窗撑。

7.2.4 应防止利器划伤门窗表面，并应防止电、气焊火花烧伤或烫伤面层。

7.2.5 立体交叉作业时，严禁碰撞门窗。

7.2.6 安装窗台板或进行装修时严禁撞、挤门窗。

8 门窗工程的验收与保养维修

8.1 门窗工程的验收

8.1.1 塑料门窗工程的验收应按现行国家标准《建筑工程施工质量验收统一标准》GB 50300及《建筑装饰装修工程质量验收规范》GB 50210的有关规定执行。有特殊要求的门窗工程，可按合同约定的相关条款执行。

8.2 门窗工程的保养与维修

8.2.1 塑料门窗工程验收前，应为用户提供门窗使用、维修、维护说明，并应明确保修的责任范围。

8.2.2 塑料门窗工程验收交工后，使用单位应及时制定门窗保养、维修计划与制度。

8.2.3 应保持门窗玻璃及型材表面的整洁。根据积灰、污染程度确定门窗的清洗周期和次数。

8.2.4 门窗五金配件应避免腐蚀性介质的侵蚀。滑轮、传动机构、铰链、执手等要求开启灵活的部位应经常采取除灰、注油等保养措施，五金配件应清洁、润滑。当发现门窗开启不灵活或五金配件松动、损坏等现象时，应及时修理或更换。

8.2.5 门窗表面如有油污、积尘等，可用软布蘸洗涤剂清洗，不得使用腐蚀性溶剂清洗，不得用钢刷等利器擦拭型材、玻璃。

8.2.6 应定期检查门窗排水系统是否通畅，发现堵塞应及时疏通。

8.2.7 当发现密封胶和密封条有老化开裂、缩短、脱落等现象时，应及时进行修补或更换。

8.2.8 当发现玻璃松动、开裂、破损时，应及时修复或更换。

本规程用词说明

1 为了便于在执行本规程条文时区别对待，对要求严格程度不同的用词说明如下：

    1) 表示很严格，非这样做不可的：

      正面词采用"必须"，反面词采用"严禁"；

    2) 表示严格，在正常情况下均应这样做的：

      正面词采用"应"，反面词采用"不应"或"不得"；

    3) 表示允许稍有选择，在条件许可时首先应这样做的：

      正面词采用"宜"，反面词采用"不宜"；

      表示有选择，在一定条件下可以这样做的，采用"可"。

  2 条文中指定应按其他有关标准执行的写法为："应符合……的规定"或"应按……执行"。

中华人民共和国行业标准

塑料门窗工程技术规程

JGJ 103—2008

条 文 说 明

1 总 则

1.0.2 在塑料门窗的安装及使用中，塑料门窗的设计一直是人们较为关注的问题，但目前尚无可执行的相关标准、规范给予指导。根据这一情况，本规程在修订过程中新增了门窗设计的相应章节，对塑料门窗的抗风压、气密、水密、保温隔热、隔声、采光等性能从设计上提出了相关的要求。

1.0.3 与塑料门窗设计、施工与验收有关的国家现行标准、规范主要有：

《紧固件机械性能　螺母、细牙螺纹》GB/T 3098.4

《建筑外窗抗风压性能分级及检测方法》GB/T 7106

《建筑外窗水密性能分级及检测方法》GB/T 7108

《建筑外窗保温性能分级及检测方法》GB/T 8484

《建筑外窗空气声隔声性能分级及检测方法》GB/T 8485

《门、窗用未增塑聚氯乙烯（PVC-U）型材》GB/T 8814

《夹层玻璃》GB 9962

《中空玻璃》GB/T 11944

《建筑外窗采光性能分级及检测方法》GB/T 11976

《硅酮建筑密封胶》GB/T 14683

《建筑用安全玻璃　防火玻璃》GB 15763.1

《建筑用安全玻璃　第 2 部分：钢化玻璃》GB15763.2

《十字槽盘头自钻自攻螺钉》GB/T 15856.1

《十字槽沉头自钻自攻螺钉》GB/T 15856.2

《镀膜玻璃　第 1 部分：阳光控制镀膜玻璃》GB/T 18915.1

《镀膜玻璃　第 2 部分：低辐射镀膜玻璃》GB/T 18915.2

《建筑结构荷载规范》GB 50009

《公共建筑节能设计标准》GB 50189

《建筑装饰装修工程质量验收规范》GB 50210

《民用建筑设计通则》GB 50352

《民用建筑节能设计标准（采暖居住部分）》JGJ 26

《夏热冬暖地区居住建筑节能设计标准》JGJ 75

《建筑施工高处作业安全技术规范》JGJ 80

《玻璃幕墙工程技术规范》JGJ 102

《建筑玻璃应用技术规程》JGJ 113

《既有采暖居住建筑节能改造技术规程》JGJ 129

《夏热冬冷地区居住建筑节能设计标准》JGJ 134

《建筑门窗五金件　传动机构用执手》JG/T 124

《建筑门窗五金件　合页（铰链）》JG/T 125

《建筑门窗五金件　传动锁闭器》JG/T 126

《建筑门窗五金件　滑撑》JG/T 127

《建筑门窗五金件　撑挡》JG/T 128

《建筑门窗五金件　滑轮》JG/T 129

《建筑门窗五金件　单点锁闭器》JG/T 130

《聚氯乙烯（PVC）门窗增强型钢》JG/T 131

《聚氯乙烯（PVC）门窗固定片》JG/T 132

《未增塑聚氯乙烯（PVC-U）塑料窗》JG/T 140

《建筑门窗内平开下悬五金系统》JG/T 168

《未增塑聚氯乙烯（PVC-U）塑料门》JG/T 180

《建筑门窗用密封条》JG/T 187

《建筑窗用弹性密封剂》JC 485

《中空玻璃用弹性密封胶》JC/T 486

《建筑门窗密封毛条技术条件》JC/T 635

《混凝土建筑接缝用密封胶》JC/T 881

《中空玻璃用丁基热熔密封胶》JC/T 914

《单组分聚氨酯泡沫填缝剂》JC 936

2 术 语

2.0.1～2.0.6 在塑料门窗的自身发展过程中，出现了许多新的安装方法及新的安装材料，但人们对这些新方法和新材料所使用的名词概念却不是非常清楚，为了便于门窗安装及使用人员的理解，特增加本章内容。

3 工程设计

3.1 一般规定

3.1.1 塑料门窗的性能指标是以满足建筑物的功能为目标的，故塑料门窗的性能指标应根据实际需求合理确定。

3.1.2 由中华人民共和国国家发展和改革委员会、中华人民共和国建设部、中华人民共和国质量监督检验检疫总局和中华人民共和国国家工商行政管理总局四部委联合下发的"发改运行［2003］2116 号"文件"关于印发《建筑安全玻璃管理规定》的通知"明确规定：7 层及 7 层以上建筑外开窗、面积大于 1.5m² 的窗玻璃或玻璃底边离最终装修面小于 500mm 的落地窗及倾斜装配窗、各类顶棚（含天窗、采光顶）吊顶等部位必须使用安全玻璃。本条参照四部委规定，提出安全玻璃的使用要求，并将"离最终装修面小于 500mm 的落地窗"改为："距离可踏面高度 900mm 以下的窗玻璃"。这是因为可踏面比最终装修面更易理解，也更准确。依据国家标准《民用建筑设计通则》GB 50352—2005 第 6.6.3 条的注："栏杆高度应从楼地面或屋面至栏杆扶手顶面垂直高度计算，如底部有宽度大于或等于0.22m，且高度低于或等于0.45m的可踏部位，应从可踏部位顶面起计算"。依据国家标准《住宅设计规范》GB 50096—1999（2003年版）第3.9.1条，"外窗窗台距楼面、地面的高度低于0.90m时，应有防护设施，窗外有阳台或平台时可不受此限制。窗台的净高度或防护栏杆的高度均应从可踏面起算"。由此可以看出，从可踏面向上900mm的窗玻璃是非安全区域，900mm以上的窗玻璃与普通窗玻璃一样，可按其他3款的规定执行。

3.1.3 由于大部分玻璃是无色透明的，人们有时会忽略它的存在，特别是对于面积较大的门玻璃。这时极易发生人体对玻璃的冲击，对人体造成伤害。为了防止这种惨剧的发生，最有效的方法就是在玻璃上设置明显的标志，在人靠近它时起到警示作用。

3.1.5 为了保证增强型钢插入型材能够直接承受风荷载的压力，当增强型钢与型材内腔结合不紧密时，宜对增强型钢进行预弯处理，这种预弯曲的增强型钢插入聚氯乙稀型材中，可保证增强型钢有效承受荷载。

3.1.6 当组合窗总体尺寸较大时，不能忽略塑料型材因为温度变化或其他原因导致的伸缩和变位，因此，在单樘窗之间拼接时应采取相应的措施，解决由于型材胀缩导致的变形。

3.1.7 轻质砌块或加气混凝土的强度不够，无法直接采用射钉或膨胀螺栓连接固定，故应在门窗框与墙体的连接部位设置预埋件。空心砖根据其边缘厚度不同可选用不同的连接方法，如果其边缘厚度较大，可以直接用膨胀螺钉固定；若边缘厚度不够，则需设置预埋件。

3.1.8 为了避免塑料窗底边因承受玻璃重量而变形，并使玻璃不在框扇中发生位移且具有防震功能，应在玻璃四周塞入硬度适中的垫块加以支撑，若垫块过硬无法吸收玻璃因温度变化产生的变形，也起不到防震作用；过软或过窄则达不到支撑的目的。多片玻璃要保证其底边与垫块充分接触。但垫块不应阻滞排水槽中水的流出，必要时可在垫块下放置垫桥。垫块不得使用硫化再生橡胶、木片或其他吸水性材料，因为硫化再生橡胶会与PVC型材发生有害化学反应，使型材变色、降解。木片或其他吸水性材料会因受潮、吸水产生体积膨胀，使玻璃受到挤压而破裂。

3.2 抗风压性能设计

3.2.1 本条是根据现行国家标准《建筑结构荷载规范》GB 50009—2001（2006年版）规定，按围护结构风荷载计算方法，直接按该规范的公式7.1.1计算风荷载标准值。

建筑外窗抗风压性能分级的最低指标值是1000Pa，所以本条规定塑料门窗所承受的风荷载不低于1000Pa。

3.2.2 本条是按照《建筑玻璃应用技术规程》JGJ 113—2003第4章"玻璃抗风压设计"的内容执行。

3.2.3 门窗的主要受力构件应根据受荷情况和支撑条件，按照《未增塑聚氯乙烯（PVC-U）塑料窗》JG/T 140—2005附录D"建筑外窗抗风强度计算方法"进行计算。

本条根据《建筑外窗抗风压性能分级及其检测方法》GB/T 7106确定采用单层玻璃的门窗主受力构件在风荷载标准值作用下的挠度相对值应不大于$L/120$；考虑到中空玻璃及夹层玻璃等组合玻璃结构受力情况，确定当采用组合玻璃时，门窗主受力构件的相对挠度值应不大于$L/180$。

3.2.4～3.2.6 门、窗的框和扇之间通过合页（铰链）等连接配件传递荷载时，连接点应有足够的强度保证构件结构体系的受力和传力。框、扇自身采用机械连接的方法组装时，连接配件和紧固件也需要根据其所承受的荷载进行设计计算。

材料强度标准值f_k对于不锈钢和铝合金材料用材料变形0.2%的屈服强度$\sigma_{P0.2}$表示，对于碳素钢用材料的屈服强度σ_s表示。

连接计算采用许用应力法，以材料的强度标准值除以安全系数作为标准，评判连接强度是否满足要求。由于玻璃以及门窗杆件均采用风荷载标准值进行计算，所以连接计算也采用标准值进行计算。计算时采用单系数法，安全系数的确定规则如下：

1 抗拉（压）许用应力：铝合金材料连接件安全系数参照《玻璃幕墙工程技术规范》JGJ 102取1.8，钢及不锈钢材料连接件、螺栓、螺钉安全系数取1.55；

2 抗挤压（承重）许用应力：安全系数均为1.10。

抗剪切允许应力：均按抗拉（压）允许应力的0.58倍确定。

当连接配件许用承载值不易通过计算确定时，也可根据试验确定。可取试验中连接配件安全使用承载力有效测量限值中的最小荷载值，除以安全系数K（取1.65）来换算承载力许用值。

3.3 水密性能设计

3.3.1 门窗的水密性能是由建筑物自身的情况、用途及其重要性等因素决定的。可以根据在某一降雨强度时的设防风力等级来换算相应的水密性能设计风速，并依据设计风速来计算风压，确定门窗所需达到的水密性能指标。

在工程设计时可能会因为当地的气象资料不全而无法得到水密性能设计风速的数值，这样就不能通过上述的方法计算门窗的水密性能指标。考虑到受热带风暴和台风袭击的地区，暴雨多数由热带风暴和台风引起，所以也可以按照风荷载的频遇值作为水密性的定级依据，频遇值一般为标准值的40%。在风荷载标准值计算中的阵风系数主要是考虑脉动风压的瞬时增大因素，而门窗水密性能失效通常界定为稳定风荷载（静态压力）的持续作用，因而此项可以忽略不计；根据《建筑结构荷载规范》GB 50009—2001（2006年版），围护结构的体形系数取1.2（大面）；风荷载标准值中的高度系数不变化，仍然按照《建筑结构荷载规范》GB 50009—2001（2006年版）取值。则水密性设计计算系数=0.4×1.2=0.48，取整后将该系数简化为0.5，得出本条的水密性设计计算系数。

其他地区大风和下雨同时出现的概率很小，所以可按照本规范计算值的80%设计。

受热带风暴和台风袭击的地区是指《建筑气候区划标准》GB 50178中规定的ⅢA和ⅣA地区。

3.3.2～3.3.3 塑料门窗的水密性能是靠其具体的构造实现的。固定窗的窗框也应设置排水孔，防止框内积水。采用等压原理的设计思路是消除导致渗漏的压力差。导致渗漏的另外一个原因是毛细现象，这在拼樘料与窗框拼接的部位最容易发生。所以在构造设计上及连接工艺处理上应采取措施，以消除毛细现象。安装室外披水窗台板时，窗台板的边缘与外墙间妥善收口，亦可以有效防止渗漏。

减少和避免水与门窗接触也是提高水密性的好方法。窗楣设置滴水槽、开启扇上檐口安装披水条都能达到减少水与门窗接触的效果。而带有适当坡度的外窗台可以迅速排走积水，减少雨水对门窗的浸泡。

3.4 气密性能设计

3.4.1 门窗的气密性能是影响有采暖或空调建筑的热工性能的重要指标。在有节能要求的建筑中，由于门窗缝隙的空气渗透造成的能耗损失较大，所以不同地区的门窗气密性要求要满足相应的节能设计标准。居住建筑采暖地区、夏热冬冷地区、夏热冬暖地区及既有建筑和公共建筑应符合下列节能设计标准的有关规定：

《公共建筑节能设计标准》GB 50189

《民用建筑节能设计标准（采暖居住部分）》JGJ 26

《夏热冬暖地区居住建筑节能设计标准》JGJ 75

《既有采暖居住建筑节能改造技术规程》JGJ 129

《夏热冬冷地区居住建筑节能设计标准》JGJ 134

3.4.2 根据以往积累的经验，很多建筑外门（窗）在使用过程中由于使用了弹性差、耐久性能不好的密封胶条，在使用很短一段时间内即出现气密性能急剧下降，无法保证长期的密封节能效果。因此，密封条不宜采用性能低、易老化的改性PVC塑料，而应采用合成橡胶类的三元乙丙橡胶、氯丁橡胶、硅橡胶等耐久性好的材料。使用的密封条应连续完整，无断开，形成封闭的密封结构。

3.5 隔声性能设计

3.5.2 塑料门窗的隔声性能主要取决于门窗构造及面层玻璃材料的选用、门窗玻璃镶嵌缝隙以及框、扇开启缝隙的密封。

门窗面层玻璃对门窗隔声效果起控制作用。可以通过增加玻璃厚度、采用不等厚度的夹层玻璃或中空玻璃等途径来有效提高门窗的隔声性能。

门窗玻璃镶嵌缝隙以及框、扇开启缝隙的密封对隔声，尤其是低频率的噪声影响较大。所以采用耐久性及弹性好的密封材料对门窗进行密封，是保证隔声性能的有效措施。

3.6 保温与隔热性能设计

3.6.1 我国不同地区的气候条件对建筑的影响有很大不同，对塑料门窗热工性能设计的要求和指标也不相同。塑料门窗的热工性能设计可参照相关地区的建筑节能设计标准执行。

3.6.2 有隔热要求的建筑主要是需要阻挡夏季太阳辐射得热、室外高温辐射得热以及温差传热。由于一般情况下室内外的温差不大，所以阻挡辐射得热是主要环节。对于塑料门窗而言，根据不同地区的气候条件选择适当的遮阳系数是隔热设计的重点。

3.6.3～3.6.4 门窗的传热系数远高于建筑墙体，所以是采暖建筑热量损失的主要部位。门窗相对于外墙内凹越深，其室外表面的空气流速越低，越利于保温。一般窗框外侧面与外墙立面的距离不宜小于100mm；严寒地区窗框的安装位置宜靠近室内方向安装，窗框外侧面与外墙立面的距离不宜小于150mm。当外墙有外保温层时，保温层应盖住外窗台，且窗框应尽量靠近保温层，以避免在窗框和保温层之间形成热桥，影响保温性能。

塑料窗的保温性能主要取决于面层玻璃的传热系数、门窗的密闭性能以及它与墙体连接部位的传热性能。中空玻璃较单层玻璃具有更低的传热系数，若需要更进一步降低传热系数，可采用Low-E镀膜中空玻璃以及三玻中空玻璃等玻璃品种。

国内使用的中空玻璃气体层最小厚度为6mm，气体层过薄或过厚均会导致层内气体的流动而使中空玻璃的传热系数上升，从而降低中空玻璃的保温性能。试验证明，当中空玻璃气体层厚度小于15mm时，玻璃的传热系数与气体层厚度呈线性反比关系，气体层厚度在15～25mm之间时，传热系数下降趋势变缓；气体层厚度在25～30mm之间时，传热系数基本不随气体层厚度的增加而变化；当气体层厚度大于30mm时，传热系数反而上升。说明并不是气体层厚度越大越好。综合其他因素（生产成本及工艺等），气体层的最佳厚度以 12~18mm 为宜。考虑到目前国家提倡保温节能的大趋势及塑料门窗本身节能效果好的特点，同时结合我国国情，特规定与塑料门窗配套使用的中空玻璃最小气体层厚度不宜小于 9mm。

降低冷空气的渗透也是提高塑料门窗保温性能的重要途径。除了采用更好的密封材料外，增加密封级数可以取得进一步的密封效果。

塑料门窗的骨架具有良好的保温能力，但其与墙体连接的部位往往是保温的薄弱环节。当采用附框安装法时，由于附框一般具有很高的传热能力，非常不利于塑料门窗的保温，所以需要采取隔热措施以降低其传热系数。

3.6.5 采用外遮阳装置可以非常有效地提高塑料门窗的隔热能力。由于需要兼顾到室内的采光要求，所以遮阳装置宜设计成活动构造，且宜方便在室内进行操作。

3.7 采光性能设计

3.7.2 很多建筑为提高室内的采光性能及室内景观效果采用了较大面积的门窗。由于门窗的热工性能较建筑墙体差很多，所以过大面积的外墙门窗往往导致热损失。根据建筑所处的气候分区，窗墙比与塑料门窗的传热系数或遮阳系数存在对应关系，而且一般情况下应满足窗墙比小于 0.7；如果不能满足，应通过热工性能的权衡计算判断。

4 质量要求

4.1 门窗及其材料质量要求

4.1.3 塑料门窗采用的密封条、紧固件、五金配件等现行的国家标准和行业标准主要有：

《紧固件机械性能　螺母、细牙螺纹》GB/T 3098.4

《十字槽盘头自钻自攻螺钉》GB/T 15856.1

《十字槽沉头自钻自攻螺钉》GB/T 15856.2

《建筑门窗五金件　传动机构用执手》JG/T 124

《建筑门窗五金件　合页（铰链）》JG/T 125

《建筑门窗五金件　传动锁闭器》JG/T 126

《建筑门窗五金件　滑撑》JG/T 127

《建筑门窗五金件　撑挡》JG/T 128

《建筑门窗五金件　滑轮》JG/T 129

《建筑门窗五金件　单点锁闭器》JG/T 130

《建筑门窗内平开下悬五金系统》JG/T 168

《建筑门窗用密封条》JG/T 187

《建筑门窗五金件　通用要求》JG/T 212

《建筑门窗五金件　旋压执手》JG/T 213

《建筑门窗五金件　插销》JG/T 214

《建筑门窗五金件　多点锁闭器》JG/T 215

《建筑门窗密封毛条技术条件》JC/T 635

4.1.6 为了保证中空玻璃气体层干燥、清洁，同时为了保证中空玻璃的密封效果和使用寿命，特别规定用间隔铝框制备的中空玻璃应采用双道密封。第一道密封必须采用热熔性丁基密封胶，因为丁基胶的非硫化性状使其具有优异的密封性能，可以有效防止灰尘及水汽的进入。第二道密封则应采用硅酮、聚硫类中空玻璃密封胶。如果仅使用硅酮胶或聚硫胶进行单道密封，则中空玻璃的气密性较差，水汽易进入中空层。

4.1.8 生产低辐射镀膜玻璃分为在线法和离线法两种生产工艺，离线法生产的镀膜玻璃膜层不够稳定，暴露在空气中极易被氧化，故宜加工成中空玻璃使用，且镀膜层应朝向中空气体层。在线法生产的热喷涂镀膜玻璃性能较稳定，可以作为单片玻璃使用。

4.2 安装材料质量要求

4.2.2 拼樘料内衬增强型钢是组合门窗承受该地区风荷载的主要构件，其截面尺寸及壁厚直接影响到门窗的抗风压性能。型钢两端略长于拼樘料是为了型钢与连接件、预埋件或预留洞连接牢固。

4.2.3 拼樘料连接件是连接洞口与拼樘料内衬型钢的主要受力杆件，其壁厚也应经计算确定，为了保证连接件具有足够的连接强度，特规定其最小壁厚不得小于 2.5mm。当计算值小于 2.5mm 时，应按 2.5mm 的最小壁厚选择连接件。

4.2.4 钢附框是连接洞口与窗框的主要构件，连接时紧固件需直接固定在附框上，为了保证连接牢度，其最小壁厚应大于紧固件螺距的 1.5 倍。为了防止表面锈蚀造成的紧固件脱落，其表面应进行防锈处理。

4.2.5 为了保证密封胶与玻璃、墙体及窗框的粘结强度，并满足因温度变化导致的伸缩变形，密封胶在与粘结面具有良好粘结性的同时，还应满足位移能力的要求。故门窗玻璃用密封胶应满足《硅酮建筑密封胶》GB/T 14683 和《建筑窗用弹性密封剂》JC 485 的有关要求，窗框与墙体密封用密封胶应满足《混凝土建筑接缝用密封胶》JC/T 881 的有关要求。同时，密封胶还应与聚氯乙烯型材具有良好的粘结性。

4.2.7 与 PVC 型材直接紧接触的材料，若与 PVC 不相容，将会引起 PVC 的降解、变色、变脆、变软及开裂，影响门窗的外观及使用寿命。

5 施工前准备

5.1 墙体、洞口质量要求

5.1.1~5.1.2 塑料门窗安装后即为成品，无需进一步涂饰，为了保持其表面洁净，应在墙体湿作业完工后进行安装，如必须在湿作业前进行，则应采取好保护措施。因为若水泥砂浆粘到型材上，铲刮时极易损伤型材表面，影响外观。

安装门框时，门框的下脚或下框需埋入地下一定深度，即在地面标高线以下。如在地面工程完工后进行，则需重新凿开地面，既给施工带来不必要的麻烦，又会破坏地面的整体美观。故地面工程应在门安装后进行，但要注意对门的成品保护。

5.1.3 若相邻的上下左右洞口中线偏差过大，会影响建筑的整体美观性，故规定此条。

5.1.4 若洞口尺寸达不到要求，将会给门窗安装带来很大困难，有的门窗可能因为洞口尺寸太小放不进去或因无伸缩缝造成门窗使用过程中变形；有的门窗可能因为洞口太大，造成连接困难，使安装强度降低，且伸缩缝太宽会加大聚氨酯发泡胶的用量，使安装成本上升。

5.1.5 由于塑料门窗的线性膨胀系数较大，为 $(70 \sim 80) \times 10^{-6} [m/(m \cdot ℃)]$，受冬、夏日及室内、外温差影响，门窗框的长度会发生较大变化。以温差 50℃ 计算，长度 2m 的窗框，长度变化可达 8mm。因此，安装塑料门窗要在窗框及洞口间预留伸缩缝，调节门窗因温度变化导致的变形。对于一般的单樘窗，两边各留出 10mm 的缝隙即可满足要求。但对于带饰面的墙体材料，如陶瓷面砖、大理石、保温材料等，若仍留 10mm 的缝隙，必然给安装带来困难，也会影响到门窗的开启等使用功能。因此，当饰面材料厚度大于 5mm 时，窗框和洞口间的预留间隙也应相应增加。

5.1.6 门的构造尺寸除应考虑框与洞口的伸缩缝间隙外，还应考虑门框下部埋入地面的深度。一般无下框平开门侧框应埋入地面标高线约 25～30mm，门上框应与洞口预留 10～15mm 间隙，故无下框平开门门框高度应为洞口高度加 10～15mm。而对于带下框平开门及推拉门，其下框应埋入地面标高线约 10～15mm，门上框亦应与洞口预留 10～15mm 间隙，故带下框平开门或推拉门门框高度应为洞口高度减 5～10mm。

5.1.7 洞口周围松动的砂浆、浮渣及浮灰会影响聚氨酯发泡胶及密封胶与洞口的粘结性能，使其密封性下降，故安装前应及时清除。

5.2 其他要求

5.2.1 根据《建筑装饰装修工程质量验收规范》GB 50210，所有材料进场时均应对品种、规格、数量、外观和尺寸进行验收，塑料门窗还应对外窗的抗风压性能、气密性能和水密性能进行复验，其目的是为了保证门窗工程的安装质量。复验数量可参照《建筑装饰装修工程质量验收规范》GB 50210 的有关规定执行。

5.2.4 塑料门窗属于热塑性材料，当贮存门窗的环

境温度高于 50℃，或与热源的距离小于 1m 时，门窗极易受热变形，影响门窗的美观、物理性能及使用功能。反之，门窗在低温下材质较脆，若低温存放后直接安装，极易造成门窗开裂损坏。所以当存放门窗的环境温度为 5℃ 以下时，安装前应将门窗移至室内，在不低于 15℃ 的环境下放置 24h。另外，受施工环境及温度的影响，门窗在施工现场长期存放，极易造成门窗沾污、变形或损坏。根据施工经验，门窗在现场存放时间不宜超过 2 个月。

5.2.6 为了避免门窗在装卸时表面磨损，吊运门窗时，其表面应采用非金属软质材料衬垫。吊运门窗的着力点应在门窗竖框的下部，以防门窗受力变形，同时也可避免门窗焊角开裂及横框断裂。

5.2.9 为了保证门窗在施工交叉作业中不被污损，门窗框、扇及分格杆件均应作封闭型保护。但门、窗框应采用三面保护，框与墙体连接面不应有保护层，因为框与洞口连接面若用其他材料保护，在打注聚氨酯发泡胶时，胶与框之间不能有效粘结，保护层与窗框间产生的缝隙，可构成"热桥"通道，影响密封及保温效果。

6 门 窗 安 装

6.1 门窗安装工序

6.1.1 本节根据门窗的安装特点，重新调整了门窗类型，将平开窗和推拉窗合并成单樘窗，平开门和推拉门合并成普通门，将组合窗和连窗门合并成组合门窗。另外根据门窗安装工艺，新增了安装后置埋件、安装附框、抹灰找平、打聚氨酯发泡胶、打密封胶等工序。

6.2 门窗安装要求

6.2.1 塑料门窗采用固定片法安装属于弹性连接方式，可减少塑料门窗由于热胀冷缩而产生的弯曲变形。某些旧窗改造工程，无法使用固定片法安装时，可采用直接固定法安装。另外，对于构造尺寸较小的窗型，因其伸缩变形较小，也可采用直接固定法安装，但窗下框应采用固定片法安装。因为窗下框若采用直接固定法安装，当安装孔密封不严时，雨水会顺固定螺钉缝隙渗入型材内腔，腐蚀增强型钢。

6.2.2 当设计要求安装附框时，应按此规定执行。门窗框与附框间采用预留伸缩缝是为给门窗框安装及门窗框因热胀冷缩产生变形提供空间。预留伸缩缝尺寸可视门窗的大小、制作精度及附框安装精度而定，一般宜为 10mm。门窗框与附框的连接可采用直接固定法，安装时，应在固定点两侧加塞支撑块，以防止在紧固螺钉时使窗框产生变形。窗下框与附框连接时，自钻自攻螺钉不得打在排水槽内，以免螺钉遇水

锈蚀，降低连接强度。

6.2.3 为了安装方便，避免施工损坏玻璃，规定此条。

6.2.4 为了保证安装后的门窗整体美观性，并使门窗两侧伸缩缝均匀，门窗框装入洞口时，其上下框中线应与洞口中线对齐；作临时定位用的木楔或垫块应放在门窗上下框的四角和中横梃或中竖梃的档头上，让力的传递得到平衡，当下框长度大于 0.9m 时，其中央也应用木楔或垫块塞紧，避免因受力不均使窗框产生变形。

6.2.5 因为门的高度一般在 2m 左右，安装时门框中部易弯曲变形，影响门扇的启闭功能。安装时可在门框中部用若干与门同宽度的木撑临时撑住门框（注意不要划伤型材），也可在门框中部用螺钉直接与墙体固定。另外，根据施工经验，无下框平开门门侧框下脚应低于地面标高线 25～30mm，带下框平开门及推拉门下横框应低于地面标高线 10～15mm，在地面施工时，将门下框与地面固定成一体，以保证门框的安装牢度。同时，为使门窗开关灵活、美观、耐用，安装过程中，需保证一定的安装精度。门窗框安装应保证垂直度、水平度、直角度符合要求，否则将影响门窗扇的开启、门的密封性能、保温性能、使用功能及外观效果。

6.2.7 安装前确认窗框上下边位置及内外朝向准确非常重要。可以从以下几个方面进行检查，首先为了达到正常排水，排水孔应设在窗框外下方，另外，扇的开启方向及亮窗位置应符合设计要求，玻璃压条应在室内侧。

1 单向固定片可以更好地调节门窗胀缩带来的变形，并可有效防止雨水渗漏，故普通墙体应使用单向固定片双向固定，保温墙体固定片朝向室内是为了避免由于固定片与室外连接造成的热桥效应，影响密封及保温效果。安装时，应根据伸缩缝宽度先将固定片调整到所需角度，不得在安装时直接锤打固定片使其变形，因为直接锤打固定片使其弯曲，易导致框受冲击力和固定片的拉力变形，甚至造成角部焊缝开裂。另外，由于塑料型材特性，安装固定片时，如用螺钉直接钉入易造成型材开裂，采用自钻自攻螺钉直接钻入，可保证螺钉与型材及增强型钢的紧固力。

2 窗框与墙体间采用膨胀螺钉直接固定，主要适用于尺寸较小的单樘窗型。在膨胀螺钉固定位置两边加塞支撑块是为了保证在紧固螺钉时，不易使窗框在受力时弯曲变形。膨胀螺钉端头加盖工艺孔帽并作密封处理，是为了防止雨水顺螺钉孔进入型材腔内腐蚀增强型钢。

3 固定片或膨胀螺钉的安装位置应尽量靠近铰链位置，以便将窗扇通过铰链传至窗框的力直接传递给墙体，但绝不可将固定片或膨胀螺钉安装在中竖梃和中横梃的档头上，并且还要与其保持至少 150mm

的距离，以避免与紧固螺钉呈垂直方向的中梃或部分外框的膨胀受到阻碍，使塑料窗安装后不能自由胀缩。

根据塑料门窗的抗风压值，用内衬增强型钢的型材进行简支梁试验，可以得出，固定片与墙体连接时，其间距应不超过 600mm。在东南沿海地区，为了防止窗框变形导致的雨水渗漏，根据设计要求，可以适当缩小固定片间距，以不大于 400mm 为宜。

6.2.8 在砖墙等砌体上，若用射钉，极易把砌体击碎，起不到固定作用，使门窗达不到应有的安装强度，留下安全隐患。所以砖墙砌体只能用膨胀螺钉固定，严禁射钉。

6.2.9 根据施工经验，在窗与墙体连接时，为了便于定位，应先固定上边框，后固定两侧边框。对于不同材质的墙体，其固定方法亦不相同。在混凝土墙或预埋混凝土块上可以用膨胀螺钉或射钉固定；在砖墙等砌体上只能用膨胀螺钉固定，并不得固定在砖缝处，严禁射钉；设有预埋铁件的洞口，既可以采取焊接的方法固定，也可以先在预埋件上打基孔，然后用紧固件固定。

6.2.10 为了保证组合窗的抗风压强度及安装强度，安装组合窗时，拼樘料必须与建筑主体结构连接牢固。拼樘料与墙体可以选择不同的连接方式固定：既可采用预留洞埋入法，也可采用与预埋件焊接的方法，还可采用后置埋件的方法。安装时，先将连接件用膨胀螺栓与墙体固定，再将拼樘料与连接件搭接固定。为了保证拼樘料安装牢固，拼樘料与连接件的搭接长度或埋入预留洞的深度均应大于 30mm。

6.2.11 与洞口连接牢固的拼樘料将组合窗洞口分割成若干个单樘窗的独立窗口，拼樘料可视为洞口的一个边，故螺钉间距应与洞口安装固定片的间距一致。框与拼樘料卡接后，应用自钻自攻螺钉拧紧。为了防止雨水顺紧固件进入腔体内锈蚀增强型钢，紧固件端头应加盖工艺孔帽，并用密封胶进行密封处理。组合窗的安装亦应考虑窗框的伸缩变形，在窗框与拼樘料主型材（插入增强型钢的部分）间应预留伸缩缝。另外，为了保证整个组合窗的密封性能，拼樘料与窗框间的缝隙也应采用密封胶进行密封处理。

6.2.13 窗框与洞口缝隙处理在施工交叉作业中始终存在问题，由于密封不严，墙体渗水、结露、结霜等现象经常发生。特规定以下两条：

1 窗下框与普通墙体固定时，为避免窗框下垂变形以及雨水渗入室内，下框与洞口间的缝隙必须用防水水泥砂浆严密填实。另外，砂浆与塑料窗之间由于温度的变化极易产生裂缝，影响密封效果，所以外侧抹灰时，窗框与抹灰层之间应打注密封胶进行密封处理。室外不采用直接打胶而采用嵌缝的方法，一是为了防止密封胶伸缩变形时产生开裂，影响密封效果，二是为了建筑物的整体美观。密封胶的打注一般在湿作业完成后进行，室内侧打胶则宜在刷涂料前进行，以防涂层与基层开裂影响密封效果。采用遮蔽条遮盖，是为保证窗框和墙体外表面清洁干净。

2 窗下框与保温墙体固定时，由于水泥砂浆的导热性高，应考虑隔绝"热桥"措施。所以应采用聚氨酯发泡胶全面封闭，以满足严寒、寒冷地区窗下框保温性能要求。保温板与窗下框之间的缝隙应用密封胶进行密封处理，以防止雨水从保温板与墙体间的空隙内渗入。

6.2.14 内侧窗台板的安装方法有所改变，原方法是将窗台板插入窗框下方，若下框与墙体密封性不好，极易造成雨水渗漏。现改为将窗台板顶住窗下框边缘5~10mm，以不影响窗扇的开启为宜，这样可以有效防止雨水向室内侧渗漏。

6.2.15 塑料异型材具有热胀冷缩的性能，根据德国DIN7706标准，窗框用PVC型材的线膨胀系数 $K=(70\sim80)\times10^{-6}[m/(m\cdot°C)]$。在我国温差变化范围一般为40~50℃之间，但塑料门窗在温度变化下的胀缩值大小，除取决于塑料门窗型材自身的线膨胀系数、气温变化情况外，还与塑料门窗的色彩和尺寸有关，由此可以计算出塑料门窗的膨胀值最大可达10mm以上。所以，为了保证塑料门窗安装后可自由胀缩，门窗与墙体缝隙的内腔应填充弹性材料。为了防止填充材料吸水，弹性材料必须是闭孔结构。但单纯填塞闭孔弹性材料，因其不能与墙体及门窗框粘结密封，就不能完全阻断热桥效应，使塑料门窗达不到预期的保温效果。近年来聚氨酯发泡胶的应用，较好地解决了这一问题，它既属于闭孔弹性材料，可吸收塑料门窗胀缩产生的变形，又可与门窗框及洞口粘结密封。但如果打胶后切割发泡层，当外侧密封胶开裂失效后，其切断的气泡会吸收湿气或水分使固定片或紧固件产生锈蚀，所以打胶成型后，不宜切割面层。

6.2.16 聚氨酯发泡胶打注后不得直接暴露在空气中，其外部应用水泥砂浆掩盖，因为聚氨酯发泡胶耐候性较差，若暴露在空气中极易变色、粉化。另外，塑料门窗与墙体界面的密封是运动状态的密封，选择密封材料必须满足塑料门窗在温度变化条件下与墙体产生相对运动的要求，若单用水泥砂浆密封，则不能满足这一要求，而配合使用密封胶密封处理后，便可较好地解决上述问题。对于装修质量要求较高的门窗工程，为了达到整体美观，室内侧门窗框与抹灰层之间宜采用与门窗材料一致的塑料盖板掩盖接缝。

6.2.17 水泥砂浆硬化后，不易清除，若用硬质材料铲刮，易将门窗框表面损坏，所以应在其硬化前，清除干净。

6.2.18 因门扇较重，安装后，使用一段时间，有可能出现门扇下垂现象，使门开关困难。使用可调节铰链，可以在出现门扇下垂时，适当调节铰链，使门扇重新回到正确位置，以保证门的正常使用。另外，门

窗扇应保持足够的刚性，型材壁厚及内衬增强型钢必须满足产品标准的要求。从防腐和美观角度考虑，特规定外门窗铰链螺钉不得外露。

6.2.19 为了保证推拉窗安装后使用的安全性，特参照门窗产品标准规定此条。

6.2.20 塑料门窗的热膨胀系数较大，当门窗遇冷收缩时，若推拉门窗搭接量过小，会导致窗扇脱落。故规定此条。

6.2.21

1、2 根据建设部推广和禁用项目技术公告的规定，塑料门窗使用双层以上（含双层）玻璃的必须使用中空玻璃。为了防止镀膜玻璃被雨水浸蚀、磨砂玻璃被污染，特规定镀膜玻璃的镀膜层和磨砂玻璃的磨砂层应朝向室内。当使用Low-E中空玻璃时，对于以遮阳、隔热为主的南方，镀膜面宜放置在第二面（从室外侧算）；对于以保温为主的严寒地区，镀膜面宜放置在第三面。

3 不同作用的玻璃垫块在不同使用功能的门窗中起着承重、支撑、防倾斜、防掉角等作用。为了保证门窗的使用功能，根据施工及使用经验，承重、定位垫块宜按图6.2.21中所示位置安装。

4 为了防止竖框（扇）上的玻璃垫块脱落，垫块应用胶加以固定。

5 密封条质量与安装质量直接影响窗的密封性能，由于密封条老化后易收缩、开裂，所以安装时应使密封条略长于玻璃压条，使其在压力的作用下嵌入型材，这样可以减少由于密封条收缩产生的气密、水密性能下降现象。

6 为了保证安装后窗的密封性和美观性，玻璃压条必须与玻璃全部贴紧，压条与型材的接缝处无明显缝隙，压条角部对接缝隙应小于1mm，不得在一边使用2根（含2根）以上压条。从防盗及更换玻璃等安全性考虑，玻璃压条应在室内一侧。

6.2.22 为了保证五金件的安装强度，五金件应采用与增强型钢或内衬局部加强钢板相连接或使固定螺钉穿透二道以上型材内筋等可靠的连接措施。且紧固件应采用自钻自攻螺钉一次钻入，并应保证紧固件固定长度在2个以上螺纹间距，不允许采用自攻螺钉预先打孔固定。因在使用中，频繁开启受力易使自攻螺钉松动脱落，使五金件丧失使用功能。

平开窗扇高度大于900mm时，若锁闭点太少，窗框中间易弯曲变形，影响窗的密封功能。增加锁闭点可保证窗扇在关闭状态下受力均衡，达到应有的密封性能。

6.2.23 为了保证窗的安装强度，防止窗扇脱落，安装滑撑（摩擦铰链）时，紧固螺钉必须使用不锈钢材质，且螺钉应与框扇增强型钢可靠连接。使用不锈钢螺钉是因为普通螺钉与不锈钢的摩擦铰链由于材质不同产生的电位差会使螺钉锈蚀，最终导致窗扇脱落，

给安全带来隐患。

为了防止雨水顺螺钉进入框扇内腐蚀增强型钢，螺钉与框扇连接处应进行防水密封处理。

6.2.24 由于门扇较重，为了保证五金件的安装强度，五金件应与增强型钢或内衬局部加强钢板相连接，不能像窗扇一样采用螺钉穿透二道以上型材内筋的连接方式。

6.2.25 为保证窗纱的安装质量，达到防蚊、防蝇的目的，规定此条。

6.2.26 为了保证门窗的密封效果，安装后的门窗关闭时，密封面上的密封条均应处于压缩状态，且密封层数应符合设计要求。因为不同地区，对门窗保温性能的要求不同，对于东北等严寒地区，框与扇之间需采取三道密封。为保证门窗安装后的使用功能及外观质量，密封条应是连续完整的，装配后应均匀、牢固，无脱槽、收缩、虚压等现象；密封条接口应严密，且应位于窗的上方。门窗表面应洁净、平整、光滑，颜色均匀一致，可视面无划痕、碰伤等影响外观质量的缺陷，门窗不得有焊角开焊、型材断裂等损坏现象。

6.2.27 为了防止其他工序污染安装后的门窗，保证门窗的外观质量，特规定此条。

7 施工安全与安装后的门窗保护

7.1 施 工 安 全

7.1.1 塑料门窗属于热塑性材料，若不码放整齐、平稳，极易变形损坏。另外，塑料门窗遇火燃烧易释放出有毒有害气体，危害人体健康，并对环境造成污染。故规定此条。

7.1.2 由于塑料门窗窗角大部分是采用焊接的方法连接，当人体重量整个施于窗扇、窗框或窗撑上时，极易使焊角开裂、损坏，造成人身坠落。

7.1.3 当使用射钉枪时，若不采取防护措施，射钉时打出的火花及碎屑极易烫伤或溅伤施工人员脸部。

7.1.5 为防落下的物体砸伤他人，特规定此条。

7.2 安装后的门窗保护

7.2.1 塑料门窗安装后，若被水泥砂浆等污损，不易清除。若用铲刀等铲刮，易将窗框表面划伤，影响

外观质量，所以为了防止塑料门窗表面污损，门窗下框宜加盖防护板，边框宜使用胶带密封保护。

7.2.2 为了防止运料时污损门窗框扇，已装门窗框、扇的洞口，不得再作运料通道。

7.2.3 若在已安装门窗上安放脚手架，悬挂重物及在框扇内穿物起吊，或将外脚手顶压在门窗框扇及门撑上，均易造成门窗变形损坏。

8 门窗工程的验收与保养、维修

8.1 门窗工程的验收

8.1.1 塑料门窗工程验收时应检查的文件、记录，检验批的划分、检查数量及检查的主控项目、一般项目等均应按《建筑工程施工质量验收统一标准》GB 50300 及《建筑装饰装修工程质量验收规范》GB 50210 的有关规定执行。有特殊要求的门窗工程，可按合同约定的相关条款执行。

8.2 门窗工程的保养与维修

8.2.1～8.2.2 工程验收前，施工单位应就塑料门窗玻璃、密封条、执手、锁闭器、铰链、滑轮等易损件的维护、保养及更换方法对业主指定的门窗维修、维护人员进行培训。并明确承包方保修的责任范围。验收交工后，为了保证门窗的正常使用及建筑物的外观质量，使用单位应针对当地的气候条件及时制定门窗保养、维修计划与制度。

8.2.4 门窗五金配件应避免腐蚀性介质的侵蚀。滑轮、传动机构、铰链、执手等要求开启灵活的部位应经常采取除灰、注油等保养措施，保持五金配件的清洁、润滑。当发现门窗开启不灵活或五金配件松动、损坏等现象时，应及时修理或更换。

8.2.5 由于塑料门窗表面易吸附灰尘，应定期进行清洗，清洗周期和次数可根据各地区的环境及积灰、污染程度确定。清洗时不得使用腐蚀性溶剂，以防溶剂腐蚀五金件。不得使用利器铲刮玻璃及型材表面，以防划伤玻璃、型材。

8.2.6 排水系统堵塞将会导致排水不畅，当风雨较大时，容易使雨水沿型材渗入室内。

8.2.7～8.2.8 玻璃松动、破损及密封条老化开裂、缩短、脱落，会导致门窗密封效果降低，应及时进行修补或更换。

中华人民共和国行业标准

外墙饰面砖工程施工及验收规程

Specification for Construction and Acceptance
of Tapestry Brick Work for Exterior Wall

JGJ 126—2000

主编单位：中国建筑科学研究院
批准部门：中华人民共和国建设部
施行日期：2000年8月1日

关于发布行业标准《外墙饰面砖工程施工及验收规程》的通知

建标 [2000] 89 号

根据建设部《关于印发一九九七年工程建设城建、建工行业标准制订、修订（第一批）项目计划的通知》（建标 [1997] 71 号）的要求，由中国建筑科学研究院主编的《外墙饰面砖工程施工及验收规程》，经审查，批准为强制性行业标准，编号 JGJ126—2000，自 2000 年 8 月 1 日起施行。

本标准由建设部建筑工程标准技术归口单位中国建筑科学研究院负责管理，中国建筑科学研究院负责具体解释，建设部标准定额研究所组织中国建筑工业出版社出版。

中华人民共和国建设部

2000 年 4 月 25 日

前　言

根据建设部建标 [1997] 71 号文的要求，本规程编制组在广泛调查研究，认真总结实践经验，参考有关国际标准和国外先进标准，并广泛征求意见的基础上，制定了本规程。

本规程的主要技术内容是：根据我国的建筑气候区划，按不同气候区，对外墙饰面砖工程的材料、设计、施工及验收等作出规定。

本规程由建设部建筑工程标准技术归口单位中国建筑科学研究院归口管理，授权主编单位负责具体解释。

本规程主编单位是：中国建筑科学研究院

本规程参编单位是：长春星宇集团股份有限公司
珠海市建设工程质量监督检测站
北京市建设工程质量检测中心
哈尔滨市建筑工程研究设计院
豪盛（福建）股份有限公司

本规程主要起草人员是：刘建华　孟小平　陶乐然　曾庆渝　张元勃　杨向宁　林作军　曾献基

目　次

1 总 则

1.0.1 为保证外墙饰面砖工程的质量，做到技术先进，经济合理，安全可靠，制定本规程。

1.0.2 本规程适用于采用陶瓷砖、玻璃马赛克等材料作为外墙饰面材料，并采用满粘法施工的外墙饰面砖工程的设计、施工及验收。

1.0.3 本规程根据现行国家标准《建筑气候区划标准》GB50178 中一级区划的 I～Ⅶ区（附录 A，附录 B），对外墙饰面砖工程的材料、设计、施工及验收作出规定。

1.0.4 外墙饰面砖工程的材料、设计、施工及验收，除应符合本规程外，尚应符合国家现行有关强制性标准的规定。

2 术 语

2.0.1 水泥基粘结材料（Adhesive material based on cement）

以水泥为主要原料，配有改性成分，用于外墙饰面砖粘贴的材料。

2.0.2 结合层（Joint coat）

由聚合物水泥砂浆或其它界面处理剂构成的用于提高界面间粘结力的材料层。

3 材 料

3.1 外墙饰面砖

3.1.1 用于外墙饰面工程的陶瓷砖、玻璃马赛克等材料，统称外墙饰面砖。

干压陶瓷砖和陶瓷劈离砖简称面砖，据 GB/T 3810.2，面积小于 $4cm^2$ 的砖和玻璃马赛克简称锦砖。

3.1.2 外墙饰面砖产品的技术性能应符合下列现行标准的规定：

《陶瓷砖和卫生陶瓷分类及术语》GB/T9195。

《干压陶瓷砖》GB/T 4100.1、GB/T4100.2、GB/T4100.3、GB/T4100.4《陶瓷劈离砖》JC/T457《玻璃马赛克》GB/T 7697。

3.1.3 外墙饰面砖工程中采用的陶瓷砖，对不同气候区必须符合下列规定：

1. 在 I、Ⅵ、Ⅶ区，吸水率不应大于 3%；在 Ⅱ区，吸水率不应大于 6%。

在Ⅲ、Ⅳ、Ⅴ区，冰冻期一个月以上的地区吸水率不宜大于6%。

吸水率应按现行国家标准《陶瓷砖试验方法》GB/T 3810.3 进行试验。

2. 抗冻性应按现行国家标准《陶瓷砖试验方法》GB/T 3810.12进行试验，其中低温环境温度采用 $-30\pm2℃$，保持 2h 后放入不低于 10℃ 的清水中融化 2h 为一个循环。

在 I、Ⅵ、Ⅶ区，冻融循环应满足 50 次；在 Ⅱ区，冻融循环应满足 40 次。

3.1.4 外墙饰面砖宜采用背面有燕尾槽的产品。

3.2 找平、粘结、勾缝材料

3.2.1 在Ⅲ、Ⅵ、Ⅴ区应采用具有抗渗性的找平材料，其性能应符合现行行业标准《砂浆、混凝土防水剂》JC474 第 5.2 节的技术要求。

3.2.2 外墙饰面砖粘贴应采用水泥基粘结材料，其中包括现行行业标准《陶瓷墙地砖胶粘剂》JC/T547 规定的 A 类及 C 类产品。不得采用有机物作为主要粘结材料。

3.2.3 水泥基粘结材料应符合现行行业标准《陶瓷墙地砖胶粘剂》JC/T547 的技术要求，并应现行行业标准《建筑工程饰面砖粘结强度检验标准》JGJ110 的规定，在试验室进行制样、检验，粘结强度不应小于 0.6MPa。

3.2.4 水泥基粘结材料应采用普通硅酸盐水泥或硅酸盐水泥，其性能应符合现行国家标准《硅酸盐水泥、普通硅酸盐水泥》GB175 的技术要求，硅酸盐水泥强度等级不应低于 42.5，普通硅酸盐水泥强度等级不应低于 32.5。

水泥基粘结材料中采用的砂，应符合现行行业标准《普通混凝土用砂质量标准及检验方法》JGJ52 的技术要求，其含泥量不应大于 3%。

3.2.5 勾缝采用具有抗渗性的粘结材料，其性能应符合本规程第 3.2.1 条的要求。

4 设计基本规定

4.0.1 外墙饰面砖工程应进行专项设计，对以下内容提出明确要求：

1. 外墙饰面砖的品种、规格、颜色、图案和主要技术性能；

2. 找平层、结合层、粘结层、勾缝等所用材料的品种和技术性能；

3. 基体处理；

4. 外墙饰面砖的排列方式、分格和图案；

5. 外墙饰面砖粘贴的伸缩缝位置，接缝和凹凸处的墙面构造；

6. 墙面凹凸部位的防水、排水构造。

4.0.2 基体处理应符合下列规定：

1. 当基体的抗拉强度小于外墙饰面砖粘贴的粘结强度时，必须进行加固处理。加固后应对粘贴样板进行强度检测。

2. 对加气混凝土、轻质砌块和轻质墙板等基体，若采用外墙饰面砖，必须有可靠的粘结质量保证措施。否则，不宜采用外墙饰面砖饰面。

3. 对混凝土基体表面，应采用聚合物水泥砂浆或其他界面处理剂做结合层。

4.0.3 找平层材料的抗拉强度不应低于外墙饰面砖粘贴的粘结强度。

4.0.4 外墙饰面砖粘贴应设置伸缩缝。竖直向伸缩缝可设在洞口两侧或与横墙、柱对应的部位；水平向伸缩缝可设在洞口上、下或与楼层对应处。伸缩缝的宽度可根据当地的实际经验确定。当采用预粘贴外墙饰面砖施工时，伸缩缝应设在预制墙板的接缝处。

4.0.5 伸缩缝应采用柔性防水材料嵌缝。

4.0.6 墙体变形缝两侧粘贴的外墙饰面砖，其间的缝宽不应小于变形缝的宽度（图4.0.6）。

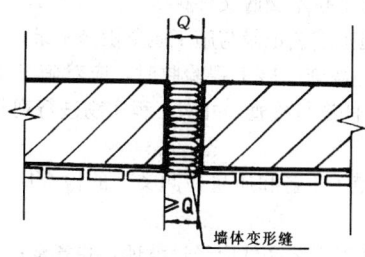

图 4.0.6 变形缝两侧排砖示意

4.0.7 面砖接缝的宽度不应小于5mm，不得采用密缝。缝深不宜大于3mm，也可采用平缝。

4.0.8 墙面阴阳角处宜采用异型角砖。阳角处也可采用边缘加工成45°角的面砖对接。

4.0.9 对窗台、檐口、装饰线、雨篷、阳台和落水口等墙面凹凸部位，应采用防水和排水构造。

4.0.10 在水平阳角处，顶面排水坡度不应小于3%；应采用顶面面砖压立面面砖，立面最低一排面砖压底平面面砖等作法，并应设置滴水构造。

5 施 工

5.1 一般规定

5.1.1 在外墙饰面砖工程施工前，应对各种原材料进行复验，并符合下列规定：

1. 外墙饰面砖应具有生产厂的出厂检验报告及产品合格证。进场后应按表5.1.1所列项目进行复检。复检抽样应按现行国家标准《陶瓷砖试验方法》GB/T3810.1进行，技术性能应符合本规程第3.1节的要求；

2. 粘贴外墙饰面砖所用的水泥、砂、胶粘剂等材料均应进行复检，合格后方可使用。

5.1.2 在外墙饰面砖工程施工前，应对找平层、结合层、粘结层及勾缝、嵌缝所用的材料进行试配，经检验合格后方可使用。

外墙饰面砖复检项目　表 5.1.1

饰面砖种类 气候区名	陶瓷砖	玻璃马赛克
I	(1) (2) (3) (4)	(1) (2)
II	(1) (2) (3) (4)	(1) (2)
III	(1) (2) (3)	(1) (2)
IV	(1) (2) (3)	(1) (2)
V	(1) (2) (3)	(1) (2)
VI	(1) (2) (3)	(1) (2)
VII	(1) (2) (3) (4)	(1) (2)

注：表中（1）尺寸；（2）表面质量；（3）吸水率；（4）抗冻性。

5.1.3 外墙饰面砖工程施工前应做出样板，经建设、设计和监理等单位根据有关标准确认后方可施工。

5.1.4 外墙饰面砖的粘贴施工尚应具备下列条件：

1. 基体按设计要求处理完毕；

2. 日最低气温在0℃以上。当低于0℃时，必须有可靠的防冻措施；当高于35℃时，应有遮阳设施；

3. 基层含水率宜为15%～25%；

4. 施工现场所需的水、电、机具和安全设施齐备；

5. 门窗洞、脚手眼、阳台和落水管预埋件等处理完毕。

5.1.5 应合理安排整个工程的施工程序，避免后续工程对饰面造成损坏或污染。

5.2 面砖粘贴

5.2.1 面砖粘贴可按下列工艺流程施工：

处理基体→抹找平层→刷结合层→排砖、分格、弹线→粘贴面砖→勾缝→清理表面。

5.2.2 抹找平层应符合下列要求：

1. 在基体处理完毕后，进行挂线、贴灰饼、冲筋，其间距不宜超过2m；

2. 抹找平层前应将基体表面润湿，并按设计要求在基体表面刷结合层；

3. 找平层应分层施工，严禁空鼓，每层厚度不应大于7mm，且应在前一层终凝后再抹一层；找平层厚度不应大于20mm，若超过此值必须采取加固措施；

4. 找平层的表面应刮平搓毛，并在终凝后浇水养护；

5. 找平层的表面平整度允许偏差为4mm，立面垂直度允许偏差为5mm。检验方法应符合本规程表5.4.3的规定。

5.2.3 宜在找平层上刷结合层。

5.2.4 排砖、分格、弹线应符合下列要求：

1. 应按设计要求和施工样板进行排砖、并确定接缝宽度、分格，排砖宜使用整砖。对必须使用非整砖的部位，非整砖宽度不宜小于整砖宽度的1/3。

2. 弹出控制线，作出标记。

5.2.5 粘贴面砖应符合下列要求：

1. 在粘贴前应对面砖进行挑选，浸水 2h 以上并清洗干净，待表面晾干后方可粘贴；

2. 粘贴面砖时基层的含水率宜符合本规程第5.1.4条的要求；

3. 面砖宜自上而下粘贴，粘结层厚度宜为 4~8mm；

4. 在粘结层初凝前或允许的时间内，可调整面砖的位置和接缝宽度，使之附线并敲实；在初凝后或超过允许的时间后，严禁振动或移动面砖。

5.2.6 勾缝应符合下列要求：

1. 勾缝应按设计要求的材料和深度进行。勾缝应连续、平直、光滑、无裂纹、无空鼓；

2. 勾缝宜按先水平后垂直的顺序进行。

5.2.7 面砖粘贴后应及时将表面清理干净。

5.2.8 与预制构件一次成型的外墙板饰面砖工程，应按设计要求铺砖、接缝。饰面砖不得开裂和残缺，接缝要横平竖直。

5.3 锦砖粘贴

5.3.1 锦砖粘贴可按下列工艺流程施工：

处理基体→抹找平层→刷结合层→排砖、分格、弹线→粘贴锦砖→揭纸、调缝→清理表面。

5.3.2 锦砖粘贴时，抹找平层、刷结合层、排砖、分格、弹线、清理表面等工艺均应符合本规程第5.2.2、5.2.3、5.2.4、5.2.7条的要求。

5.3.3 粘贴锦砖应符合下列要求：

1. 将锦砖背面的缝隙中刮满粘结材料后，再刮一层厚度为 2~5mm 的粘结材料；

2. 从下口粘贴线向上粘贴锦砖，并压实拍平；

3. 应在粘结材料初凝前，将锦砖纸板刷水润透，并轻轻揭去纸板。应及时修补表面缺陷，调整缝隙，并用粘结材料将未填实的缝隙嵌实。

5.4 质量检测

5.4.1 在外墙饰面砖工程的每个施工工艺流程中，均应按本规程第6章规定的验收要求进行质量检测，并做好施工质量检测记录。

5.5 成品保护

5.5.1 外墙饰面砖粘贴后，对因油漆、防水等后续工程而可能造成污染的部位，应采取临时保护措施。

5.5.2 对施工中可能发生碰损的入口、通道、阳角等部位，应采取临时保护措施。

5.5.3 应合理安排水、电、设备安装等工序，及时配合施工，不应在外墙饰面砖粘贴后开凿孔洞。

6 验 收

6.0.1 外墙饰面砖工程应在全部完成，并提交施工工艺和质量检测文件后进行验收。

6.0.2 施工工艺和质量检测文件应包括：

1. 外墙饰面砖工程的设计文件、设计变更文件、洽商记录等；

2. 外墙饰面砖的产品合格证、出厂检验报告和进场复检报告；

3. 找平、粘结、勾缝材料的产品合格证和说明书，出厂检验报告，进场复检报告，配合比文件；

4. 外墙饰面砖的粘结强度检验报告；

5. 施工技术交底文件；

6. 施工工艺记录与施工质量检测记录。

6.0.3 外墙饰面砖工程验收时，应对施工工艺和质量检测文件进行检查，并对工程实物进行观感检查和量测。

6.0.4 施工工艺和质量检测文件的检查应符合下列要求：

1. 施工工艺文件应经过整理，并齐全；

2. 外墙饰面砖和找平、粘结、勾缝等所用材料的出厂检验和进场复检结果均应符合本规程第3章及现行有关标准规定的合格要求；

3. 外墙饰面砖工程的施工工艺应符合本规程第4、5章的有关要求。

4. 外墙饰面砖粘结强度的检验结果应符合现行行业标准《建筑工程饰面砖粘结强度检验标准》JGJ110的规定。

5. 施工工艺文件中的复印件和抄件，应注明原件存放单位，签注复印或抄件人姓名并加盖出具单位的公章。

6.0.5 工程实物的观感检查应符合下列要求：

1. 外墙面以建筑物层高或4m左右高度为一个检查层，每20m长度应抽查一处，每处约长3m。每一检查层应至少检查3处。有梁、柱、垛、翻檐时应全数检查，并进行纵向和横向贯通检查；

2. 外墙饰面砖的品种、规格、颜色、图案和粘贴方式应符合设计要求；

3. 外墙饰面砖必须粘贴牢固，不得出现空鼓；

4. 外墙饰面砖墙面应平整、洁净，无歪斜、缺棱掉角和裂缝；

5. 外墙饰面砖墙面的色泽应均匀，无变色、泛碱、污痕和显著的光泽受损处；

6. 外墙饰面砖接缝应连续、平直、光滑、填嵌密实；宽度和深度应符合设计要求；阴阳角处搭接方向应正确，非整砖使用部位应适宜；

7. 在Ⅲ、Ⅳ、Ⅴ区，与外墙饰面砖工程对应的室内墙面应无渗漏现象；

8. 在外墙饰面砖墙面的腰线、窗口、阳台、女儿墙压顶等处，应有滴水线（槽）或排雨水措施。滴水线（槽）应顺直，流水坡向应正确，坡度应符合设计要求；

9. 在外墙饰面砖墙面的突出物周围，饰面砖的套割边缘应整齐，缝隙应符合要求；

10. 墙裙、贴脸等墙面突出物突出墙面的厚度应一致。

6.0.6 工程实物的量测应符合下列要求：

1. 外墙饰面砖工程实物量测点的数量，应符合本规程第6.0.5条第1款的规定；

2. 外墙饰面砖工程实物量测的项目、尺寸允许偏差值和检查方法，应符合表6.0.6的规定。

3. 外墙饰面砖工程，应进行饰面砖粘结强度检验。其取样数量、检验方法、检验结果判定应符合现行行业标准《建筑工程饰面砖粘结强度检验标准》JGJ110的规定。

外墙饰面砖工程的尺寸允许偏差及检验方法

表 6.0.6

序号	检验项目	允许偏差（mm）	检验方法
1	立面垂直	3	用2m托线板检查
2	表面平整	2	用2m靠尺、楔形塞尺检查
3	阳角方正	2	用方尺、楔形塞尺检查
4	墙裙上口平直	2	拉5m线，（不足5m时拉通线），用尺检查
5	接缝平直	3	
6	接缝深度	1	用尺量
7	接缝宽度	1	用尺量

附录 A 建筑气候区划指标

建筑气候区划指标

区名	主要指标	辅助指标	各区辖行政区范围
Ⅰ	1月平均气温≤−10℃ 7月平均气温≤25℃ 1月平均相对湿度≥50%	年降水量200～800mm 年日平均气温≤5℃的日数≥145d	黑龙江、吉林全境；辽宁大部；内蒙古中、北部及陕西、山西、河北、北京北部的部分地区
Ⅱ	1月平均气温−10～0℃ 7月平均气温18～28℃	年日平均气温≥25℃的日数<80d，年日平均气温≤5℃的日数145～90d	天津、山东、宁夏全境；北京、河北、山西、陕西大部；辽宁南部；甘肃中东部以及河南、安徽、江苏北部的部分地区
Ⅲ	1月平均气温0～10℃ 7月平均气温25～30℃	年日平均气温≥25℃的日数40～110d 年日平均气温≤5℃的日数90～0d	上海、浙江、江西、湖北、湖南全境；江苏、安徽、四川大部；陕西、河南南部；贵州东部；福建、广东、广西北部和甘肃南部的部分地区
Ⅳ	1月平均气温>10℃ 7月平均气温25～29℃	年日平均气温≥25℃的日数100～200d	海南、台湾全境；福建南部；广东、广西大部以及云南西南部和元江河谷地区
Ⅴ	7月平均气温18～25℃ 1月平均气温0～13℃	年日平均气温≤5℃的日数0～90d	云南大部；贵州、四川西南部；西藏南部一小部分地区
Ⅵ	7月平均气温<18℃ 1月平均气温0～−22℃	年日平均气温≤5℃的日数90～285d	青海全境；西藏大部；四川西部；甘肃西南部；新疆南部部分地区
Ⅶ	7月平均气温≥18℃ 1月平均气温−5～−20℃ 7月平均相对湿度<50%	年降水量10～600mm 年日平均气温≥25℃的日数<120d 年日平均气温≤5℃的日数110～180d	新疆大部；甘肃北部；内蒙古西部

附录 B　建筑气候区划图

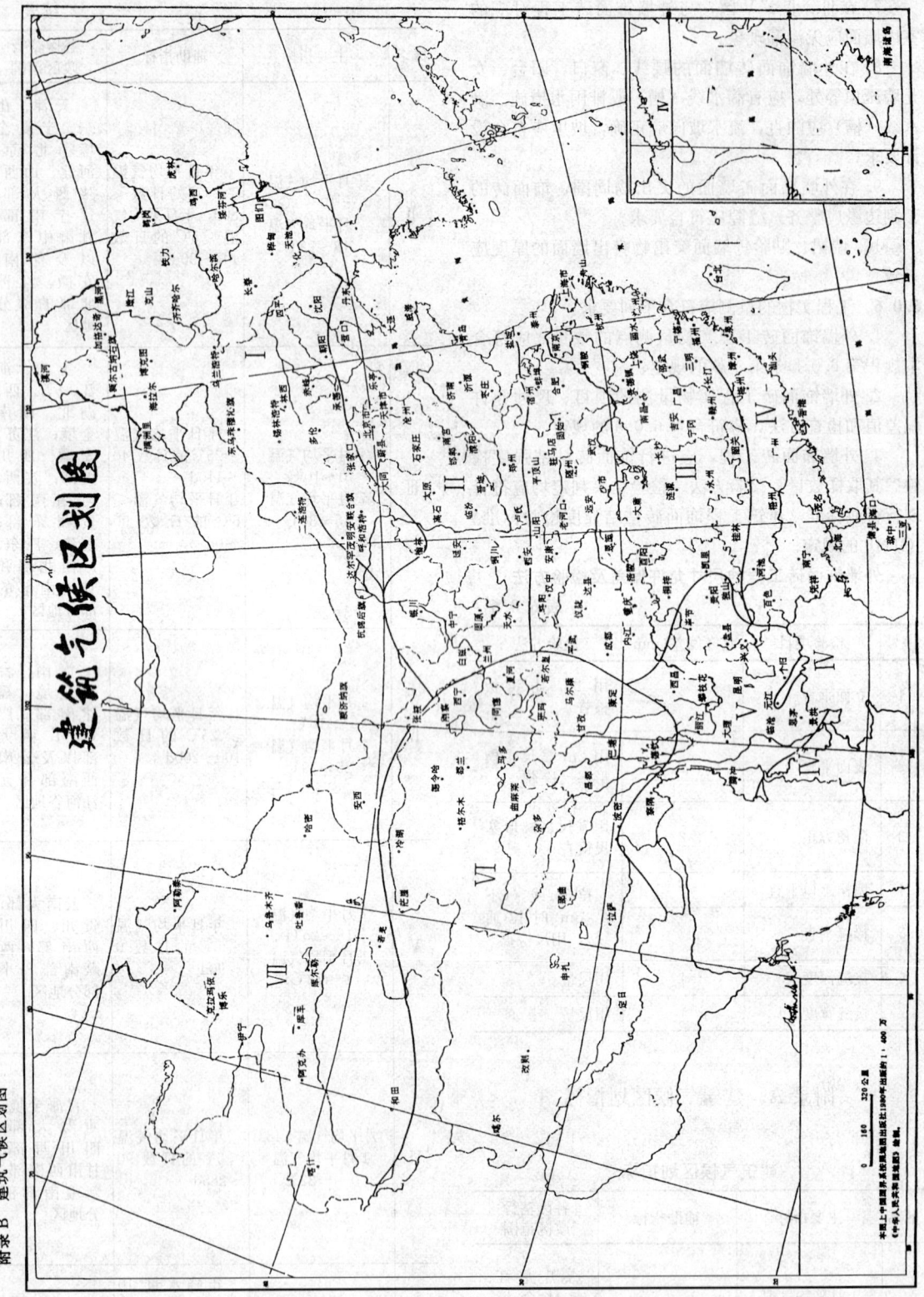

图 B

附录 B　建筑气候区划图

本规程用词说明

1. 为便于在执行本规程条文时区别对待，对于要求严格程度不同的用词说明如下：

   1）表示很严格，非这样做不可的；

      正面词采用"必须"；

      反面词采用"严禁"。

   2）表示严格，在正常情况下均应这样做的；

      正面词采用"应"；

      反应词采用"不应"或"不得"。

   3）表示允许稍有选择，在条件许可时首先应这样做的：

      正面词采用"宜"；

      反面词采用"不宜"。

      表示有选择，在一定条件下可以这样做的：采用"可"。

2. 条文中指明应按其他有关标准执行的写法为，"应按……执行"或"应符合……要求（或规定）。"

中华人民共和国行业标准

外墙饰面砖工程施工及验收规程

JGJ 126—2000

条 文 说 明

前　言

《外墙饰面砖工程施工及验收规程》（JGJ 126—2000），经建设部 2000 年 4 月 25 日以建标〔2000〕89 号文批准，业已发布。

为便于广大设计、施工、科研、学校等单位的有关人员在使用本规程时能正确理解和执行条文规定，《外墙饰面砖工程施工及验收规程》编制组按章、节、条顺序编制了本规程的条文说明，供国内使用者参考。在使用中如发现本条文说明有不妥之处，请将意见函寄中国建筑科学研究院。

目　次

1 总　则

1.0.1 从 80 年代后期开始,我国城乡各地采用饰面砖装修外墙的工程迅速增加。与此同时,饰面砖起鼓、脱落等质量事故也不断增多,许多耗巨资装修的建筑物变得面目全非。这不仅影响环境美观,而且威胁到人身安全;工程的维修和返工也造成了很大的经济损失。制定本规程的目的,是为外墙饰面砖工程的选材、设计、施工及验收提供一套科学实用的依据,以提高建筑物的工程质量,确保其安全可靠和经济合理。

1.0.2 本规程的适用范围从两个方面加以限定。一是外墙饰面砖为常用类型,其性能符合我国现行产品标准;二是施工方法必须采用满粘法施工。

1.0.3 按我国的建筑气候区划,针对不同气候环境对外墙饰面砖工程提出了不同的技术要求。这是建设部"八五"科技研究项目"建筑饰面质量通病治理技术研究",在进行系统全面试验研究的基础上取得的成果。

2 术　语

本标准给出的术语,在现行标准中没有出现过,本标准规定了定义。

3 材　料

3.1 外墙饰面砖

3.1.3 我国幅员辽阔,各地气候差异很大,不同地区所使用的外墙饰面砖经受的冻害程度有很大差别,因此应结合各地气候环境制定出不同的抗冻指标。外墙饰面砖系多孔材料,其抗冻性与材料内部孔结构有关,而不同的孔结构又反映出不同的吸水率,因此可通过控制吸水率来满足抗冻性要求。

Ⅰ、Ⅱ、Ⅵ、Ⅶ区属寒冷地区气候条件恶劣,外墙饰面砖发生起鼓、脱落的现象比较严重。根据大量的试验结果和工程实践,并参考陶瓷砖国际标准,规定了外墙饰面砖应满足的抗冻要求,并对其吸水率加以限制。

Ⅲ、Ⅳ、Ⅴ区中个别有冰冻期的地区,对外墙饰面砖的吸水率也应加以限制。

由于Ⅰ、Ⅱ、Ⅵ、Ⅶ区冬季时间较长,冬季温度可达−20～−40℃,因此《陶瓷砖试验方法》GB/T 3810.12 中规定的抗冻试验,温度在 5℃和−5℃之间不符合这些地区的使用要求。本规程将冻融循环的负温环境定为−30±2℃;且根据冰冻期长短不同将Ⅰ、Ⅵ、Ⅶ区冻融循环次数定为 50 次,Ⅱ区冻融循环次数定为 40 次。

3.1.4 外墙饰面砖背面带有燕尾槽的产品,其特征是背槽为梯形,底部宽度大于上口宽度。这样,粘结材料填充槽内可形成勾挂结构,提高了粘结质量。

3.2 找平、粘结、勾缝材料

3.2.1 Ⅲ、Ⅳ、Ⅴ区处于我国雨量较多的南方地区,普遍存在外墙饰面砖工程完成后雨水向内墙渗漏的现象。在其它区也不同程度存在这种现象。选用具有抗渗性的找平材料,在对墙体找平的同时,也对墙面进行了抗渗处理。一般可选用防水、抗渗性水泥砂浆。对其它地区亦可参照执行。

3.2.2 外墙饰面砖工程的使用寿命一般都要求在 20 年以上,选

用具有优异耐老化性能的饰面砖粘结材料是先决条件。对有机材料,长期受外界环境影响易发生分子结构改变,如化学键断裂、分子交联等,导致材料老化,性能下降。理论和实践都证明,有机材料普遍存在老化现象,任何以有机物为主要组分的粘结材料都无法保证外墙饰面砖工程能符合长期使用的要求。国内外大量的工程实践证明,外墙饰面砖工程采用的水泥基粘结材料,其具有优异的耐老化性能和综合性能,是其它材料无法替代的。

根据《陶瓷墙地砖胶粘剂》JC/T547 第 4.1.1 条和第 4.1.3 条的规定,由水泥等无机胶凝材料、矿物集料和有机外加剂组成的粉状产品,以及由聚合物分散液和水泥等无机胶凝材料、矿物集料等组成的双包装产品,均可使用。

3.2.3 根据《建筑工程饰面砖粘结强度检验标准》JGJ110 规定的试验方法进行检验,因为是在试验室内制样与检验,所以将合格判定指标由《建筑工程饰面砖粘结强度检验标准》JGJ110 的规定值 0.4MPa 提高到 0.6MPa。

3.2.4 新的国家标准《硅酸盐水泥、普通硅酸盐水泥》GB175—99 正式施行后,水泥基粘结材料中采用的水泥的强度等级不应低于 32.5。

4 设计基本规定

4.0.1 为保证外墙饰面砖工程的质量,本条对外墙饰面砖工程的设计深度做了规定。

4.0.2 基体处理是保证外墙饰面砖工程质量的重要工序,应针对不同的基体采取相应的处理措施。

1. 基体强度低易造成找平层与基体界面破坏。

2. 对加气混凝土、轻质砌块和轻质墙板等基体,不仅应有强度要求,而且要特别注意使用过程中因温度变化而引起的收缩变形。这往往是造成外墙饰面砖起鼓、脱落的主要因素之一。

4.0.3 外墙饰面砖工程会由于找平层起鼓、脱落而发生质量事故,特别是容易引起大面积脱落,为此而提出本条的规定。

找平层抗拉强度的检验可参照《建筑工程饰面砖粘结强度检验标准》JGJ110 的规定,在试验室进行制样和检验。

4.0.4 外墙饰面砖贴时设置伸缩缝,可防止墙体结构变形及外墙饰面砖本身温度变形导致的开裂和脱落。可根据各地区的气候条件确定伸缩缝尺寸。

4.0.5 采用柔性防水材料嵌缝,可吸收变形,增加饰面的抗渗性。

4.0.6 为防止因墙体变形缝宽度变化而导致外墙饰面砖脱落,提出了本条的规定。

4.0.7 若外墙饰面砖接缝过小,则在温度应力作用下易引起脱落。采用适当的接缝宽度和深度,便于勾缝,还能增加外墙饰面砖的粘结面积,有利于保证质量。

4.0.9 在窗台、檐口、装饰线、雨篷、阳台及落水口等部位受水浸,如处理不当而使雨水渗入墙内,会引起冻害、湿胀,造成外墙饰面砖开裂、脱落,并在内墙面形成渗漏痕迹、霉变,故本条规定应在这些部位采用防水和排水构造。

5 施　工

5.1 一般规定

5.1.1 要保证外墙饰面砖工程的质量,首先必须保证材料的质量。材料复检是保证材料质量的重要措施,故本条规定应按气候区划对关键项目进行复检。

表 5.1.1 规定陶瓷砖在Ⅲ、Ⅳ、Ⅴ区要求进行吸水率复检,是考虑到这些区域的局部地区存有不同程度的霜冻情况。釉面陶瓷

墙砖的质量差异较大,吸水率复检结果可供这些地区选材参考。

5.1.2 各种材料通过试配和检验,可保证其各项目指标达到设计要求。

5.1.3 外墙饰面砖工程的样板能真实地反映材料、设计、施工等方面的情况,通过样板取得经验可具体指导施工。

5.1.4 本条规定了外墙饰面砖工程施工的必备条件。具备这些条件才能保证外墙饰面砖工程的施工质量。

5.2 面砖粘贴

5.2.1 本条提出的是面砖粘贴的主要工艺流程,详细工序尚应根据工程实际情况具体确定。

5.2.2 找平层如过厚会导致脱落、开裂,故本条规定过厚的找平层应分层施工。找平层的厚度是参考了各地区的工程经验规定的。

5.2.3 结合层可以满足强度要求,提高粘结质量。

5.2.5 第1款规定面砖在粘贴前要浸水,目的是防止在粘贴时粘结材料失水过快影响粘结强度。若在面砖表面有浮水时粘贴,由于水膜的作用会影响粘结强度,故规定应在晾干后粘贴。

第4款规定在水泥基粘结材料初凝后,严禁振动或移动面砖,否则会严重影响其粘结性能,造成脱落。

5.3 锦砖粘贴

5.3.1 锦砖的类别不同,具体的工程设计也不同,粘贴工艺也有所差别。本条提出了一般情况下的工艺流程。施工时尚应根据实际情况制定详细的工艺流程。

5.3.3 在锦砖背后的缝隙中刮满粘结材料,可以增加锦砖的粘结表面积,保证粘结质量。

待纸板润透后再揭去纸板并及时修补,可避免锦砖受扰动而影响粘贴质量。

5.4 质量检测

5.4.1 对施工全过程中每道工序,均应对照本规程的要求记录实际操作情况和质量检测结果。在工程验收时须提交此项记录,作为验收文件之一。

5.5 成品保护

5.5.1 在实际施工过程中后续工程难免对外墙饰面砖造成污染,因而有必要采取临时保护措施。

5.5.3 外墙饰面砖贴后再开凿洞口,会对饰面砖造成破坏,且不易修补,故本条提出各工种要合理安排工序并及时配合施工。

6 验 收

6.0.1 外墙饰面砖工程全部完成,是指按设计要求或合同约定的工程量施工完毕。

本章的要求是参考我国的有关国家标准、地方标准和日本的有关资料提出的。

6.0.2 外墙饰面砖工程验收时提交的施工文件中,应包括本规程根据建筑气候区划所规定的各项技术指标的实测数据。

外墙饰面砖工程验收时提交的施工文件中,第6.0.2条第1～4款为主要技术文件,应齐全;5、6款为一般技术文件,应基本齐全。

6.0.4 第5款规定的目的,一是明确出具复印件或抄件单位和人员的责任;二是便于必要时查找原件进行核对。

6.0.5 在梁、柱、垛、翻檐等处粘贴饰面砖难度较大,易出现质量问题,故规定全数检查。当有3个以上同类的梁、柱、垛等时,为保持外墙饰面砖工程的协调和美观,应进行竖向和横向的贯通检查。

为了解外墙饰面砖墙面是否有渗漏,在工程验收时,应对与外墙饰面砖对应的室内墙面上是否有渗漏痕迹进行检查。

6.0.6 外墙饰面砖工程验收时,一般应按照本规程第6.0.5条第1款的规定随机抽样。如在检查中发现有明显不符合要求的点(处),则应将该点(处)列入检查范围。

中华人民共和国行业标准

玻璃幕墙工程技术规范

Technical code for glass curtain wall engineering

JGJ 102—2003

批准部门：中华人民共和国建设部
施行日期：２００４年１月１日

中华人民共和国建设部
公 告

第 193 号

建设部关于发布行业标准
《玻璃幕墙工程技术规范》的公告

现批准《玻璃幕墙工程技术规范》为行业标准，编号为JGJ 102—2003，自 2004 年 1 月 1 日起实施。其中，第 3.1.4、3.1.5、3.6.2、4.4.4、5.1.6、5.5.1、5.6.2、6.2.1、6.3.1、7.1.6、7.3.1、7.4.1、8.1.2、8.1.3、9.1.4、10.7.4 条为强制性条文，必须严格执行。原行业标准《玻璃幕墙工程技术规范》JGJ 102—96同时废止。

本规范由建设部标准定额研究所组织中国建筑工业出版社出版发行。

中华人民共和国建设部
2003 年 11 月 14 日

前 言

根据建设部建标〔2000〕284 号文的要求，规范编制组在广泛调查研究，认真总结工程实践经验，参考有关国外先进标准，并广泛征求意见的基础上，对《玻璃幕墙工程技术规范》JGJ102—96进行了修订。

本规范主要技术内容是：1. 总则；2. 术语、符号；3. 材料；4. 建筑设计；5. 结构设计的基本规定；6. 框支承玻璃幕墙结构设计；7. 全玻幕墙结构设计；8. 点支承玻璃幕墙结构设计；9. 加工制作；10. 安装施工；11. 工程验收；12. 保养和维修；13. 附录 A～附录 C。

修订的主要内容是：1. 取消了本规范玻璃幕墙最大适用高度的限制，同时增加了玻璃幕墙高度大于200m 或体型、风荷载环境复杂时，宜进行风洞试验确定风荷载的要求；2. 修订了玻璃幕墙风荷载计算、地震作用计算、作用效应组合等内容；3. 取消了有关温度作用效应计算的内容；4. 玻璃面板应力和挠度计算中，考虑了几何非线性的影响；5. 增加了中空玻璃和夹层玻璃面板的计算方法和有关规定；6. 增加了单元式幕墙设计、加工制作、安装施工的规定；7. 增加了点支承玻璃幕墙设计、制作、安装的规定；8. 修改、调整了正常使用极限状态下，玻璃幕墙构件的挠度验算和挠度控制条件；9. 修改了玻璃幕墙设计、安装、使用等环节的有关安全规定；

10. 修改、调整了玻璃幕墙的有关构造设计规定。

本规范由建设部负责管理和对强制性条文的解释，由主编单位负责具体技术内容的解释。

本规范主编单位：中国建筑科学研究院（邮政编码：100013，地址：北京北三环东路 30 号）

本规范参加单位：中山市盛兴幕墙有限公司
沈阳远大铝业工程有限公司
深圳方大装饰工程有限公司
武汉凌云建筑装饰工程有限公司
深圳三鑫特种玻璃技术股份有限公司
深圳北方国际实业股份有限公司
东南大学
上海建筑设计研究院有限公司
广州白云粘胶厂
广东金刚玻璃科技股份有限公司
中国建筑材料科学研究院

本规范主要起草人：黄小坤　赵西安　姜清海
　　　　　　　　　谈恒玉　龚万森　谢海状
　　　　　　　　　彭海龙　胡忠明　冯　健
　　　　　　　　　孙宝莲　王洪敏　黄庆文
　　　　　　　　　李　涛　黄拥军　杨建军

4—14—2

目 次

1 总 则

1.0.1 为使玻璃幕墙工程做到安全适用、技术先进、经济合理，制定本规范。

1.0.2 本规范适用于非抗震设计和抗震设防烈度为6、7、8度抗震设计的民用建筑玻璃幕墙工程的设计、制作、安装施工、工程验收，以及保养和维修。

1.0.3 在正常使用状态下，玻璃幕墙应具有良好的工作性能。抗震设计的幕墙，在多遇地震作用下应能正常使用；在设防烈度地震作用下经修理后应仍可使用；在罕遇地震作用下幕墙骨架不得脱落。

1.0.4 玻璃幕墙工程设计、制作和安装施工应实行全过程的质量控制。

1.0.5 玻璃幕墙工程的材料、设计、制作、安装施工及验收，除应符合本规范的规定外，尚应符合国家现行有关强制性标准的规定。

2 术语、符号

2.1 术 语

2.1.1 建筑幕墙 building curtain wall
由支承结构体系与面板组成的、可相对主体结构有一定位移能力、不分担主体结构所受作用的建筑外围护结构或装饰性结构。

2.1.2 组合幕墙 composite curtain wall
由不同材料的面板（如玻璃、金属、石材等）组成的建筑幕墙。

2.1.3 玻璃幕墙 glass curtain wall
面板材料为玻璃的建筑幕墙。

2.1.4 斜玻璃幕墙 inclined building curtain wall
与水平面夹角大于75°且小于90°的玻璃幕墙。

2.1.5 框支承玻璃幕墙 frame supported glass curtain wall
玻璃面板周边由金属框架支承的玻璃幕墙。主要包括下列类型：

1 按幕墙形式，可分为：
  1) 明框玻璃幕墙 exposed frame supported glass curtain wall
  金属框架的构件显露于面板外表面的框支承玻璃幕墙。
  2) 隐框玻璃幕墙 hidden frame supported glass curtain wall
  金属框架的构件完全不显露于面板外表面的框支承玻璃幕墙。
  3) 半隐框玻璃幕墙 semi-hidden frame supported glass curtain wall
  金属框架的竖向或横向构件显露于面板外

表面的框支承玻璃幕墙。

2 按幕墙安装施工方法，可分为：
  1) 单元式玻璃幕墙 frame supported glass curtain wall assembled in prefabricated u-nits
  将面板和金属框架（横梁、立柱）在工厂组装为幕墙单元，以幕墙单元形式在现场完成安装施工的框支承玻璃幕墙。
  2) 构件式玻璃幕墙 frame supported glass curtain wall assembled in elements
  在现场依次安装立柱、横梁和玻璃面板的框支承玻璃幕墙。

2.1.6 全玻幕墙 full glass curtain wall
由玻璃肋和玻璃面板构成的玻璃幕墙。

2.1.7 点支承玻璃幕墙 point-supported glass curtain wall
由玻璃面板、点支承装置和支承结构构成的玻璃幕墙。

2.1.8 支承装置 supporting device
玻璃面板与支承结构之间的连接装置。

2.1.9 支承结构 supporting structure
点支承玻璃幕墙中，通过支承装置支承玻璃面板的结构体系。

2.1.10 钢绞线 strand
由若干根钢丝绞捻而成的螺旋状钢丝束。

2.1.11 硅酮结构密封胶 structural silicone sealant
幕墙中用于板材与金属构架、板材与板材、板材与玻璃肋之间的结构用硅酮粘结材料，简称硅酮结构胶。

2.1.12 硅酮建筑密封胶 weather proofing silicone sealant
幕墙嵌缝用的硅酮密封材料，又称耐候胶。

2.1.13 双面胶带 double-faced adhesive tape
幕墙中用于控制结构胶位置和截面尺寸的双面涂胶的聚胺基甲酸乙酯或聚乙烯低泡材料。

2.1.14 双金属腐蚀 bimetallic corrosion
由不同的金属或其他电子导体作为电极而形成的电偶腐蚀。

2.1.15 相容性 compatibility
粘结密封材料之间或粘结密封材料与其他材料相互接触时，相互不产生有害物理、化学反应的性能。

2.2 符 号

2.2.1 材料力学性能
C20——表示立方体强度标准值为20N/mm² 的混凝土强度等级；
E——材料弹性模量；
f——材料强度设计值；

f_a——铝合金强度设计值；

f_c——混凝土轴心抗压强度设计值；

f_g——玻璃强度设计值；

f_s——钢材强度设计值；

f_t——混凝土轴心抗拉强度设计值；

f_y——钢筋受拉强度设计值。

2.2.2 作用和作用效应

d_f——作用标准值引起的幕墙构件挠度值；

G_k——重力荷载标准值；

M——弯矩设计值；

M_x——绕 x 轴的弯矩设计值；

M_y——绕 y 轴的弯矩设计值；

N——轴力设计值；

P_{Ek}——平行于幕墙平面的集中地震作用标准值；

q_{Ek}——垂直于幕墙平面的水平地震作用标准值；

q_E——垂直于幕墙平面的水平地震作用设计值；

q_G——幕墙玻璃单位面积重力荷载设计值；

R——构件截面承载力设计值；

S——作用效应组合的设计值；

S_{Ek}——地震作用效应标准值；

S_{Gk}——永久荷载效应标准值；

S_{wk}——风荷载效应标准值；

V——剪力设计值；

w——风荷载设计值；

w_0——基本风压；

w_k——风荷载标准值；

σ_{wk}——风荷载作用下幕墙玻璃最大应力标准值；

σ_{Ek}——地震作用下幕墙玻璃最大应力标准值。

2.2.3 几何参数

a——矩形玻璃板材短边边长；

A——构件截面面积或毛截面面积；玻璃幕墙平面面积；

A_n——立柱净截面面积；

A_s——锚固钢筋总截面面积；

b——矩形玻璃板材长边边长；

c_s——硅酮结构密封胶的粘结宽度；

d——锚固钢筋直径；

l——跨度；

t——玻璃面板厚度；型材截面厚度；

t_s——硅酮结构密封胶粘结厚度；

W——毛截面抵抗矩；

W_n——净截面抵抗矩；

W_{nx}——绕 x 轴的净截面抵抗矩；

W_{ny}——绕 y 轴的净截面抵抗矩；

z——外层锚固钢筋中心线之间的距离。

2.2.4 系数

α——材料线膨胀系数；

α_{max}——水平地震影响系数最大值；

β_E——地震作用动力放大系数；

β_{gz}——阵风系数；

δ——硅酮结构密封胶的变位承受能力；

φ——稳定系数；

γ——塑性发展系数；

γ_0——结构构件重要性系数；

γ_g——材料自重标准值；

γ_E——地震作用分项系数；

γ_G——永久荷载分项系数；

γ_{RE}——结构构件承载力抗震调整系数；

γ_w——风荷载分项系数；

η——折减系数；

μ_s——风荷载体型系数；

μ_z——风压高度变化系数；

ν——材料泊松比；

ψ_E——地震作用效应的组合值系数；

ψ_w——风荷载作用效应的组合值系数。

2.2.5 其他

$d_{f,lim}$——构件挠度限值；

λ——长细比。

3 材 料

3.1 一 般 规 定

3.1.1 玻璃幕墙用材料应符合国家现行标准的有关规定及设计要求。尚无相应标准的材料应符合设计要求，并应有出厂合格证。

3.1.2 玻璃幕墙应选用耐气候性的材料。金属材料和金属零配件除不锈钢及耐候钢外，钢材应进行表面热浸镀锌处理、无机富锌涂料处理或采取其他有效的防腐措施，铝合金材料应进行表面阳极氧化、电泳涂漆、粉末喷涂或氟碳漆喷涂处理。

3.1.3 玻璃幕墙材料宜采用不燃性材料或难燃性材料；防火密封构造应采用防火密封材料。

3.1.4 **隐框和半隐框玻璃幕墙，其玻璃与铝型材的粘结必须采用中性硅酮结构密封胶；全玻幕墙和点支承幕墙采用镀膜玻璃时，不应采用酸性硅酮结构密封胶粘结。**

3.1.5 **硅酮结构密封胶和硅酮建筑密封胶必须在有效期内使用。**

3.2 铝 合 金 材 料

3.2.1 玻璃幕墙采用铝合金材料的牌号所对应的化学成分应符合现行国家标准《变形铝及铝合金化学成分》GB/T 3190 的有关规定，铝合金型材质量应符合现行国家标准《铝合金建筑型材》GB/T 5237 的规定，型材尺寸允许偏差应达到高精级或超高精级。

3.2.2 铝合金型材采用阳极氧化、电泳涂漆、粉末喷涂、氟碳漆喷涂进行表面处理时，应符合现行国家标准《铝合金建筑型材》GB/T 5237 规定的质量要求，表面处理层的厚度应满足表 3.2.2 的要求。

表 3.2.2 铝合金型材表面处理层的厚度

表面处理方法		膜厚级别（涂层种类）	厚度 t（μm）	
			平均膜厚	局部膜厚
阳极氧化		不低于 AA15	$t \geqslant 15$	$t \geqslant 12$
电泳涂漆	阳极氧化膜	B	$t \geqslant 10$	$t \geqslant 8$
	漆膜	B		$t \geqslant 7$
	复合膜	B		$t \geqslant 16$
粉末喷涂		—	$40 \leqslant t \leqslant 120$	
氟碳喷涂		—	$t \geqslant 40$	$t \geqslant 34$

3.2.3 用穿条工艺生产的隔热铝型材，其隔热材料应使用 PA66GF25（聚酰胺 66＋25 玻璃纤维）材料，不得采用 PVC 材料。用浇注工艺生产的隔热铝型材，其隔热材料应使用 PUR（聚氨基甲酸乙酯）材料。连接部位的抗剪强度必须满足设计要求。

3.2.4 与玻璃幕墙配套用铝合金门窗应符合现行国家标准《铝合金门》GB/T 8478 和《铝合金窗》GB/T 8479 的规定。

3.2.5 与玻璃幕墙配套用附件及紧固件应符合下列现行国家标准的规定：

《地弹簧》GB/T 9296
《平开铝合金窗执手》GB/T 9298
《铝合金窗不锈钢滑撑》GB/T 9300
《铝合金门插销》GB/T 9297
《铝合金窗撑挡》GB/T 9299
《铝合金门窗拉手》GB/T 9301
《铝合金窗锁》GB/T 9302
《铝合金门锁》GB/T 9303
《闭门器》GB/T 9305
《推拉铝合金门窗用滑轮》GB/T 9304
《紧固件 螺栓和螺钉》GB/T 5277
《十字槽盘头螺钉》GB/T 818
《紧固件机械性能 螺栓 螺钉和螺柱》GB/T 3098.1
《紧固件机械性能 螺母 粗牙螺纹》GB/T 3098.2
《紧固件机械性能 螺母 细牙螺纹》GB/T 3098.4
《紧固件机械性能 螺栓 自攻螺钉》GB/T 3098.5
《紧固件机械性能 不锈钢螺栓 螺钉和螺柱》GB/T 3098.6
《紧固件机械性能 不锈钢螺母》GB/T 3098.15

3.3 钢 材

3.3.1 玻璃幕墙用碳素结构钢和低合金结构钢的钢种、牌号和质量等级应符合下列现行国家标准和行业标准的规定：

《碳素结构钢》GB/T 700
《优质碳素结构钢》GB/T 699
《合金结构钢》GB/T 3077
《低合金高强度结构钢》GB/T 1591
《碳素结构钢和低合金结构钢热轧薄钢板及钢带》GB/T 912
《碳素结构钢和低合金结构钢热轧厚钢板及钢带》GB/T 3274
《结构用无缝钢管》JBJ 102

3.3.2 玻璃幕墙用不锈钢材宜采用奥氏体不锈钢，且含镍量不应小于 8%。不锈钢材应符合下列现行国家标准、行业标准的规定：

《不锈钢棒》GB/T 1220
《不锈钢冷加工棒》GB/T 4226
《不锈钢冷轧钢板》GB/T 3280
《不锈钢热轧钢带》YB/T 5090
《不锈钢热轧钢板》GB/T 4237
《不锈钢和耐热钢冷轧钢带》GB/T 4239

3.3.3 玻璃幕墙用耐候钢应符合现行国家标准《高耐候结构钢》GB/T 4171 及《焊接结构用耐候钢》GB/T 4172 的规定。

3.3.4 玻璃幕墙用碳素结构钢和低合金高强度结构钢应采取有效的防腐处理，当采用热浸镀锌防腐蚀处理时，锌膜厚度应符合现行国家标准《金属覆盖层钢铁制品热镀锌层技术要求》GB/T 13912 的规定。

3.3.5 支承结构用碳素钢和低合金高强度结构钢采用氟碳漆喷涂或聚氨酯漆喷涂时，涂膜的厚度不宜小于 35μm；在空气污染严重及海滨地区，涂膜厚度不宜小于 45μm。

3.3.6 点支承玻璃幕墙用的不锈钢绞线应符合现行国家标准《冷顶锻用不锈钢丝》GB/T 4232、《不锈钢丝》GB/T 4240、《不锈钢丝绳》GB/T 9944 的规定。

3.3.7 点支承玻璃幕墙采用的锚具，其技术要求可按国家现行标准《预应力筋用锚具、夹具和连接器》GB/T 14370 及《预应力筋锚具、夹具和连接器应用技术规程》JGJ 85 的规定执行。

3.3.8 点支承玻璃幕墙的支承装置应符合现行行业标准《点支式玻璃幕墙支承装置》JG 138 的规定；全玻幕墙用的支承装置应符合现行行业标准《点支式玻璃幕墙支承装置》JG 138 和《吊挂式玻璃幕墙支承装置》JG 139 的规定。

3.3.9 钢材之间进行焊接时，应符合现行国家标准《建筑钢结构焊接规程》GB/T 8162、《碳钢焊条》

GB/T 5117、《低合金钢焊条》GB/T 5118 以及现行行业标准《建筑钢结构焊接技术规程》JGJ 81 的规定。

3.4 玻 璃

3.4.1 幕墙玻璃的外观质量和性能应符合下列现行国家标准、行业标准的规定:

《钢化玻璃》GB/T 9963

《幕墙用钢化玻璃与半钢化玻璃》GB/T 17841

《夹层玻璃》GB 9962

《中空玻璃》GB/T 11944

《浮法玻璃》GB 11614

《建筑用安全玻璃 防火玻璃》GB 15763.1

《着色玻璃》GB/T 18701

《镀膜玻璃 第一部分 阳光控制镀膜玻璃》GB/T 18915.1

《镀膜玻璃 第二部分 低辐射镀膜玻璃》GB/T 18915.2

3.4.2 玻璃幕墙采用阳光控制镀膜玻璃时,离线法生产的镀膜玻璃应采用真空磁控溅射法生产工艺;在线法生产的镀膜玻璃应采用热喷涂法生产工艺。

3.4.3 玻璃幕墙采用中空玻璃时,除应符合现行国家标准《中空玻璃》GB/T11944 的有关规定外,尚应符合下列规定:

  1 中空玻璃气体层厚度不应小于 9mm;

  2 中空玻璃应采用双道密封。一道密封应采用丁基热熔密封胶。隐框、半隐框及点支承玻璃幕墙用中空玻璃的二道密封应采用硅酮结构密封胶;明框玻璃幕墙用中空玻璃的二道密封宜采用聚硫类中空玻璃密封胶,也可采用硅酮密封胶。二道密封应采用专用打胶机进行混合、打胶;

  3 中空玻璃的间隔铝框可采用连续折弯型或插角型,不得使用热熔型间隔胶条。间隔铝框中的干燥剂宜采用专用设备装填;

  4 中空玻璃加工过程应采取措施,消除玻璃表面可能产生的凹、凸现象。

3.4.4 幕墙玻璃应进行机械磨边处理,磨轮的目数应在 180 目以上。点支承幕墙玻璃的孔、板边缘均应进行磨边和倒棱,磨边宜细磨,倒棱宽度不宜小于 1mm。

3.4.5 钢化玻璃宜经过二次热处理。

3.4.6 玻璃幕墙采用夹层玻璃时,应采用干法加工合成,其夹片宜采用聚乙烯醇缩丁醛(PVB)胶片;夹层玻璃合片时,应严格控制温、湿度。

3.4.7 玻璃幕墙采用单片低辐射镀膜玻璃时,应使用在线热喷涂低辐射镀膜玻璃;离线镀膜的低辐射镀膜玻璃宜加工成中空玻璃使用,且镀膜面应朝向中空气体层。

3.4.8 有防火要求的幕墙玻璃,应根据防火等级要求,采用单片防火玻璃或其制品。

3.4.9 玻璃幕墙的采光用彩釉玻璃,釉料宜采用丝网印刷。

3.5 建筑密封材料

3.5.1 玻璃幕墙的橡胶制品,宜采用三元乙丙橡胶、氯丁橡胶及硅橡胶。

3.5.2 密封胶条应符合国家现行标准《建筑橡胶密封垫预成型实心硫化的结构密封垫用材料规范》HB/T 3099 及《工业用橡胶板》GB/T 5574 的规定。

3.5.3 中空玻璃第一道密封用丁基热熔密封胶,应符合现行行业标准《中空玻璃用丁基热熔密封胶》JC/T 914 的规定。不承受荷载的第二道密封应符合现行行业标准《中空玻璃用弹性密封胶》JC/T 486 的规定;隐框或半隐框玻璃幕墙用中空玻璃的第二道密封胶除应符合《中空玻璃用弹性密封胶》JC/T 486 的规定外,尚应符合本规范第 3.6 节的有关规定。

3.5.4 玻璃幕墙的耐候密封应采用硅酮建筑密封胶;点支承幕墙和全玻幕墙使用非镀膜玻璃时,其耐候密封可采用酸性硅酮建筑密封胶,其性能应符合国家现行标准《幕墙玻璃接缝用密封胶》JC/T 882 的规定。夹层玻璃板缝间的密封,宜采用中性硅酮建筑密封胶。

3.6 硅酮结构密封胶

3.6.1 幕墙用中性硅酮结构密封胶及酸性硅酮结构密封胶的性能,应符合现行国家标准《建筑用硅酮结构密封胶》GB 16776 的规定。

3.6.2 硅酮结构密封胶使用前,应经国家认可的检测机构进行与其相接触材料的相容性和剥离粘结性试验,并应对邵氏硬度、标准状态拉伸粘结性能进行复验。检验不合格的产品不得使用。进口硅酮结构密封胶应具有商检报告。

3.6.3 硅酮结构密封胶生产商应提供其结构胶的变位承受能力数据和质量保证书。

3.7 其 他 材 料

3.7.1 与单组份硅酮结构密封胶配合使用的低发泡间隔双面胶带,应具有透气性。

3.7.2 玻璃幕墙宜采用聚乙烯泡沫棒作填充材料,其密度不应大于 $37kg/m^3$。

3.7.3 玻璃幕墙的隔热保温材料,宜采用岩棉、矿棉、玻璃棉、防火板等不燃或难燃材料。

4 建 筑 设 计

4.1 一 般 规 定

4.1.1 玻璃幕墙应根据建筑物的使用功能、立面设计，经综合技术经济分析，选择其型式、构造和材料。

4.1.2 玻璃幕墙应与建筑物整体及周围环境相协调。

4.1.3 玻璃幕墙立面的分格宜与室内空间组合相适应，不宜妨碍室内功能和视觉。在确定玻璃板块尺寸时，应有效提高玻璃原片的利用率，同时应适应钢化、镀膜、夹层等生产设备的加工能力。

4.1.4 幕墙中的玻璃板块应便于更换。

4.1.5 幕墙开启窗的设置，应满足使用功能和立面效果要求，并应启闭方便，避免设置在梁、柱、隔墙等位置。开启扇的开启角度不宜大于30°，开启距离不宜大于300mm。

4.1.6 玻璃幕墙应便于维护和清洁。高度超过40m的幕墙工程宜设置清洗设备。

4.2 性能和检测要求

4.2.1 玻璃幕墙的性能设计应根据建筑物的类别、高度、体型以及建筑物所在地的地理、气候、环境等条件进行。

4.2.2 玻璃幕墙的抗风压、气密、水密、保温、隔声等性能分级，应符合现行国家标准《建筑幕墙物理性能分级》GB/T 15225的规定。

4.2.3 幕墙抗风压性能应满足在风荷载标准值作用下，其变形不超过规定值，并且不发生任何损坏。

4.2.4 有采暖、通风、空气调节要求时，玻璃幕墙的气密性能不应低于3级。

4.2.5 玻璃幕墙的水密性能可按下列方法设计：

1 受热带风暴和台风袭击的地区，水密性设计取值可按下式计算，且固定部分取值不宜小于1000Pa；

$$P = 1000\mu_z\mu_s w_0 \qquad (4.2.5)$$

式中 P——水密性设计取值（Pa）；

w_0——基本风压（kN/m²）；

μ_z——风压高度变化系数；

μ_s——体型系数，可取1.2。

2 其他地区，水密性可按第1款计算值的75%进行设计，且固定部分取值不宜低于700Pa；

3 可开启部分水密性等级宜与固定部分相同。

4.2.6 玻璃幕墙平面内变形性能，非抗震设计时，应按主体结构弹性层间位移角限值进行设计；抗震设计时，应按主体结构弹性层间位移角限值的3倍进行设计。玻璃与铝框的配合尺寸尚应符合本规范第9.5.2条和9.5.3条的要求。

4.2.7 有保温要求的玻璃幕墙应采用中空玻璃，必要时采用隔热铝合金型材；有隔热要求的玻璃幕墙宜设计适宜的遮阳装置或采用遮阳型玻璃。

4.2.8 玻璃幕墙的隔声性能设计应根据建筑物的使用功能和环境条件进行。

4.2.9 玻璃幕墙应采用反射比不大于0.30的幕墙玻璃，对有采光功能要求的玻璃幕墙，其采光折减系数不宜低于0.20。

4.2.10 玻璃幕墙性能检测项目，应包括抗风压性能、气密性能和水密性能，必要时可增加平面内变形性能及其他性能检测。

4.2.11 玻璃幕墙的性能检测，应由国家认可的检测机构实施。检测试件的材质、构造、安装施工方法应与实际工程相同。

4.2.12 幕墙性能检测中，由于安装缺陷使某项性能未达到规定要求时，允许在改进安装工艺、修补缺陷后重新检测。检测报告中应叙述改进的内容，幕墙工程施工时应按改进后的安装工艺实施；由于设计或材料缺陷导致幕墙性能检测未达到规定值域时，应停止检测，修改设计或更换材料后，重新制作试件，另行检测。

4.3 构造设计

4.3.1 玻璃幕墙的构造设计，应满足安全、实用、美观的原则，并应便于制作、安装、维修保养和局部更换。

4.3.2 明框玻璃幕墙的接缝部位、单元式玻璃幕墙的组件对插部位以及幕墙开启部位，宜按雨幕原理进行构造设计。对可能渗入雨水和形成冷凝水的部位，应采取导排构造措施。

4.3.3 玻璃幕墙的非承重胶缝应采用硅酮建筑密封胶。开启扇的周边缝隙宜采用氯丁橡胶、三元乙丙橡胶或硅橡胶密封条制品密封。

4.3.4 有雨篷、压顶及其他突出玻璃幕墙墙面的建筑构造时，应完善其结合部位的防、排水构造设计。

4.3.5 玻璃幕墙应选用具有防潮性能的保温材料或采取隔汽、防潮构造措施。

4.3.6 单元式玻璃幕墙，单元间采用对插式组合构件时，纵横缝相交处应采取防渗漏封口构造措施。

4.3.7 幕墙的连接部位，应采取措施防止产生摩擦噪声。构件式幕墙的立柱与横梁连接处应避免刚性接触，可设置柔性垫片或预留1~2mm的间隙，间隙内填胶；隐框幕墙采用挂钩式连接固定玻璃组件时，挂钩接触面宜设置柔性垫片。

4.3.8 除不锈钢外，玻璃幕墙中不同金属材料接触处，应合理设置绝缘垫片或采取其他防腐蚀措施。

4.3.9 幕墙玻璃之间的拼接胶缝宽度应能满足玻璃和胶的变形要求，并不宜小于10mm。

4.3.10 幕墙玻璃表面周边与建筑内、外装饰物之间的缝隙不宜小于5mm，可采用柔性材料嵌缝。全玻幕墙玻璃尚应符合本规范第7.1.6条的规定。

4.3.11 明框幕墙玻璃下边缘与下边框槽底之间应采用硬橡胶垫块衬托，垫块数量应为2个，厚度不应小于5mm，每块长度不应小于100mm。

4.3.12 明框幕墙的玻璃边缘至边框槽底的间隙应符合下式要求：

$$2c_1\left(1+\frac{l_1}{l_2}\times\frac{c_2}{c_1}\right)\geqslant u_{\lim} \quad (4.3.12)$$

式中　$u_{\lim}$——由主体结构层间位移引起的分格框的变形限值（mm）；

　　　　l_1——矩形玻璃板块竖向边长（mm）；

　　　　l_2——矩形玻璃板块横向边长（mm）；

　　　　c_1——玻璃与左、右边框的平均间隙（mm），取值时应考虑1.5mm的施工偏差；

　　　　c_2——玻璃与上、下边框的平均间隙（mm），取值时应考虑1.5mm的施工偏差。

注：非抗震设计时，$u_{\lim}$应根据主体结构弹性层间位移角限值确定；抗震设计时，$u_{\lim}$应根据主体结构弹性层间位移角限值的3倍确定。

4.3.13 玻璃幕墙的单元板块不应跨越主体建筑的变形缝，其与主体建筑变形缝相对应的构造缝的设计，应能够适应主体建筑变形的要求。

4.4 安全规定

4.4.1 框支承玻璃幕墙，宜采用安全玻璃。

4.4.2 点支承玻璃幕墙的面板玻璃应采用钢化玻璃。

4.4.3 采用玻璃肋支承的点支承玻璃幕墙，其玻璃肋应采用钢化夹层玻璃。

4.4.4 人员流动密度大、青少年或幼儿活动的公共场所以及使用中容易受到撞击的部位，其玻璃幕墙应采用安全玻璃；对使用中容易受到撞击的部位，尚应设置明显的警示标志。

4.4.5 当与玻璃幕墙相邻的楼面外缘无实体墙时，应设置防撞设施。

4.4.6 玻璃幕墙的防火设计应符合现行国家标准《建筑设计防火规范》GB 50016的有关规定；高层建筑玻璃幕墙的防火设计尚应符合现行国家标准《高层民用建筑设计防火规范》GB 50045的有关规定。

4.4.7 玻璃幕墙与其周边防火分隔构件间的缝隙、与楼板或隔墙外沿间的缝隙、与实体墙面洞口边缘间的缝隙等，应进行防火封堵设计。

4.4.8 玻璃幕墙的防火封堵构造系统，在正常使用条件下，应具有伸缩变形能力、密封性和耐久性；在遇火状态下，应在规定的耐火时限内，不发生开裂或脱落，保持相对稳定性。

4.4.9 玻璃幕墙防火封堵构造系统的填充料及其保护性面层材料，应采用耐火极限符合设计要求的不燃烧材料或难燃烧材料。

4.4.10 无窗槛墙的玻璃幕墙，应在每层楼板外沿设置耐火极限不低于1.0h、高度不低于0.8m的不燃烧实体裙墙或防火玻璃裙墙。

4.4.11 玻璃幕墙与各层楼板、隔墙外沿间的缝隙，当采用岩棉或矿棉封堵时，其厚度不应小于100mm，并应填充密实；楼层间水平防烟带的岩棉或矿棉宜采用厚度不小于1.5mm的镀锌钢板承托；承托板与主体结构、幕墙结构及承托板之间的缝隙宜填充防火密封材料。当建筑要求防火分区间设置通透隔断时，可采用防火玻璃，其耐火极限应符合设计要求。

4.4.12 同一幕墙玻璃单元，不宜跨越建筑物的两个防火分区。

4.4.13 玻璃幕墙的防雷设计应符合国家现行标准《建筑防雷设计规范》GB 50057和《民用建筑电气设计规范》JGJ/T 16的有关规定。幕墙的金属框架应与主体结构的防雷体系可靠连接，连接部位应清除非导电保护层。

5 结构设计的基本规定

5.1 一般规定

5.1.1 玻璃幕墙应按围护结构设计。

5.1.2 玻璃幕墙应具有足够的承载能力、刚度、稳定性和相对于主体结构的位移能力。采用螺栓连接的幕墙构件，应有可靠的防松、防滑措施；采用挂接或插接的幕墙构件，应有可靠的防脱、防滑措施。

5.1.3 玻璃幕墙结构设计应计算下列作用效应：

　　1 非抗震设计时，应计算重力荷载和风荷载效应；

　　2 抗震设计时，应计算重力荷载、风荷载和地震作用效应。

5.1.4 玻璃幕墙结构，可按弹性方法分别计算施工阶段和正常使用阶段的作用效应，并应按本规范第5.4节的规定进行作用效应的组合。

5.1.5 玻璃幕墙构件应按各效应组合中的最不利组合进行设计。

5.1.6 幕墙结构构件应按下列规定验算承载力和挠度：

　　1 无地震作用效应组合时，承载力应符合下式要求：

$$\gamma_0 S \leqslant R \quad (5.1.6\text{-}1)$$

　　2 有地震作用效应组合时，承载力应符合下式要求：

$$S_E \leqslant R/\gamma_{RE} \quad (5.1.6\text{-}2)$$

式中　S——荷载效应按基本组合的设计值；

　　　　S_E——地震作用效应和其他荷载效应按基本组合的设计值；

　　　　R——构件抗力设计值；

　　　　γ_0——结构构件重要性系数，应取不小于1.0；

　　　　γ_{RE}——结构构件承载力抗震调整系数，应取1.0。

3 挠度应符合下式要求：

$$d_f \leqslant d_{f,\text{lim}} \qquad (5.1.6\text{-}3)$$

式中 d_f——构件在风荷载标准值或永久荷载标准值作用下产生的挠度值；

$d_{f,\text{lim}}$——构件挠度限值。

4 双向受弯的杆件，两个方向的挠度应分别符合本条第 3 款的规定。

5.1.7 框支承玻璃幕墙中，当面板相对于横梁有偏心时，框架设计时应考虑重力荷载偏心产生的不利影响。

5.2 材料力学性能

5.2.1 玻璃的强度设计值应按表 5.2.1 的规定采用。

表 5.2.1 玻璃的强度设计值 f_g（N/mm²）

种　类	厚度（mm）	大　面	侧　面
普通玻璃	5	28.0	19.5
浮法玻璃	5～12	28.0	19.5
	15～19	24.0	17.0
	≥20	20.0	14.0
钢化玻璃	5～12	84.0	58.8
	15～19	72.0	50.4
	≥20	59.0	41.3

注：1　夹层玻璃和中空玻璃的强度设计值可按所采用的玻璃类型确定；

2　当钢化玻璃的强度标准值达不到浮法玻璃强度标准值的 3 倍时，表中数值应根据实测结果予以调整；

3　半钢化玻璃强度设计值可取浮法玻璃强度设计值的 2 倍。当半钢化玻璃的强度标准值达不到浮法玻璃强度标准值的 2 倍时，其设计值应根据实测结果予以调整；

4　侧面指玻璃切割后的断面，其宽度为玻璃厚度。

5.2.2 铝合金型材的强度设计值应按表 5.2.2 的规定采用。

5.2.3 钢材的强度设计值应按现行国家标准《钢结构设计规范》GB 50017 的规定采用，也可按表 5.2.3 采用。

表 5.2.2 铝合金型材的强度设计值 f_a（N/mm²）

铝合金牌号	状态	壁厚（mm）	强度设计值 f_a		
			抗拉、抗压	抗剪	局部承压
6061	T4	不区分	85.5	49.6	133.0
	T6	不区分	190.5	110.5	199.0

续表

铝合金牌号	状态	壁厚（mm）	强度设计值 f_a		
			抗拉、抗压	抗剪	局部承压
6063	T5	不区分	85.5	49.6	120.0
	T6	不区分	140.0	81.2	161.0
6063A	T5	≤10	124.4	72.2	150.0
		>10	116.6	67.6	141.5
	T6	≤10	147.7	85.7	172.0
		>10	140.0	81.2	163.0

表 5.2.3 钢材的强度设计值 f_s（N/mm²）

钢材牌号	厚度或直径 d（mm）	抗拉、抗压、抗弯	抗剪	端面承压
Q235	$d \leqslant 16$	215	125	325
	$16 < d \leqslant 40$	205	120	
	$40 < d \leqslant 60$	200	115	
Q345	$d \leqslant 16$	310	180	400
	$16 < d \leqslant 35$	295	170	
	$35 < d \leqslant 50$	265	155	

注：表中厚度是指计算点的钢材厚度；对轴心受力构件是指截面中较厚板件的厚度。

5.2.4 不锈钢材料的抗拉、抗压强度设计值 f_s 应按其屈服强度标准值 $\sigma_{0.2}$ 除以系数 1.15 采用，其抗剪强度设计值可按其抗拉强度设计值的 0.58 倍采用。

5.2.5 点支承玻璃幕墙中，张拉杆、索的强度设计值应按下列规定采用：

1 不锈钢拉杆的抗拉强度设计值应按其屈服强度标准值 $\sigma_{0.2}$ 除以系数 1.4 采用；

2 高强钢绞线或不锈钢绞线的抗拉强度设计值应按其极限抗拉承载力标准值除以系数 1.8，并按其等效截面面积换算后采用。当已知钢绞线的极限抗拉承载力标准值时，其抗拉承载力设计值应取该值除以系数 1.8 采用；

3 拉杆和拉索的不锈钢锚固件、连接件的抗拉和抗压强度设计值可按本规范第 5.2.4 条的规定采用。

5.2.6 耐候钢强度设计值应按本规范附录 A 采用。

5.2.7 钢结构连接强度设计值应按本规范附录 B 采用。

5.2.8 玻璃幕墙材料的弹性模量可按表 5.2.8 的规定采用。

5.2.9 玻璃幕墙材料的泊松比可按表 5.2.9 的规定采用。

5.2.10 玻璃幕墙材料的线膨胀系数可按表 5.2.10 的规定采用。

表 5.2.8　材料的弹性模量 E（N/mm²）

材　料	E
玻　璃	0.72×10^5
铝合金	0.70×10^5
钢、不锈钢	2.06×10^5
消除应力的高强钢丝	2.05×10^5
不锈钢绞线	$1.20 \times 10^5 \sim 1.50 \times 10^5$
高强钢绞线	1.95×10^5
钢丝绳	$0.80 \times 10^5 \sim 1.00 \times 10^5$

注：钢绞线弹性模量可按实测值采用。

表 5.2.9　材料的泊松比 ν

材　料	ν
玻　璃	0.20
铝合金	0.33
钢、不锈钢	0.30
高强钢丝、钢绞线	0.30

表 5.2.10　材料的线膨胀系数 α（1/℃）

材　料	α
玻　璃	$0.80 \times 10^{-5} \sim 1.00 \times 10^{-5}$
铝合金	2.35×10^{-5}
钢材	1.20×10^{-5}
不锈钢板	1.80×10^{-5}
混凝土	1.00×10^{-5}
砖砌体	0.50×10^{-5}

5.3　荷载和地震作用

5.3.1　玻璃幕墙材料的重力密度标准值可按表 5.3.1 的规定采用。

表 5.3.1　材料的重力密度 γ_g（kN/m³）

材　料	γ_g
普通玻璃、夹层玻璃、钢化玻璃、半钢化玻璃	25.6
钢材	78.5
铝合金	28.0
矿棉	$1.2 \sim 1.5$
玻璃棉	$0.5 \sim 1.0$
岩棉	$0.5 \sim 2.5$

5.3.2　玻璃幕墙的风荷载标准值应按下式计算，并且不应小于 1.0kN/m²。

$$w_k = \beta_{gz}\mu_s\mu_z w_0 \qquad (5.3.2)$$

式中　w_k——风荷载标准值（kN/m²）；

β_{gz}——阵风系数，应按现行国家标准《建筑结构荷载规范》GB 50009 的规定采用；

μ_s——风荷载体型系数，应按现行国家标准《建筑结构荷载规范》GB 50009 的规定采用；

μ_z——风压高度变化系数，应按现行国家标准《建筑结构荷载规范》GB 50009 的规定采用；

w_0——基本风压（kN/m²），应按现行国家标准《建筑结构荷载规范》GB 50009 的规定采用。

5.3.3　玻璃幕墙的风荷载标准值可按风洞试验结果确定；玻璃幕墙高度大于 200m 或体型、风荷载环境复杂时，宜进行风洞试验确定风荷载。

5.3.4　垂直于玻璃幕墙平面的分布水平地震作用标准值可按下式计算：

$$q_{Ek} = \beta_E \alpha_{max} G_k / A \qquad (5.3.4)$$

式中　q_{Ek}——垂直于玻璃幕墙平面的分布水平地震作用标准值（kN/m²）；

β_E——动力放大系数，可取 5.0；

α_{max}——水平地震影响系数最大值，应按表 5.3.4 采用；

G_k——玻璃幕墙构件（包括玻璃面板和铝框）的重力荷载标准值（kN）；

A——玻璃幕墙平面面积（m²）。

表 5.3.4　水平地震影响系数最大值 α_{max}

抗震设防烈度	6　度	7　度	8　度
α_{max}	0.04	0.08（0.12）	0.16（0.24）

注：7、8 时括号内数值分别用于设计基本地震加速度为 0.15g 和 0.30g 的地区。

5.3.5　平行于玻璃幕墙平面的集中水平地震作用标准值可按下式计算：

$$P_{Ek} = \beta_E \alpha_{max} G_k \qquad (5.3.5)$$

式中　P_{Ek}——平行于玻璃幕墙平面的集中水平地震作用标准值（kN）。

5.3.6　幕墙的支承结构以及连接件、锚固件所承受的地震作用标准值，应包括玻璃幕墙构件传来的地震作用标准值和其自身重力荷载标准值产生的地震作用标准值。

5.4　作用效应组合

5.4.1　幕墙构件承载力极限状态设计时，其作用效应的组合应符合下列规定：

1　无地震作用效应组合时，应按下式进行：

$$S = \gamma_G S_{Gk} + \psi_w \gamma_w S_{wk} \qquad (5.4.1-1)$$

2　有地震作用效应组合时，应按下式进行：

$$S = \gamma_G S_{Gk} + \psi_w \gamma_w S_{wk} + \psi_E \gamma_E S_{Ek}$$

$$(5.4.1-2)$$

式中 S——作用效应组合的设计值；

S_{Gk}——永久荷载效应标准值；

S_{wk}——风荷载效应标准值；

S_{Ek}——地震作用效应标准值；

γ_G——永久荷载分项系数；

γ_w——风荷载分项系数；

γ_E——地震作用分项系数；

ψ_w——风荷载的组合值系数；

ψ_E——地震作用的组合值系数。

5.4.2 进行幕墙构件的承载力设计时，作用分项系数应按下列规定取值：

1 一般情况下，永久荷载、风荷载和地震作用的分项系数 γ_G、γ_w、γ_E 应分别取 1.2、1.4 和 1.3；

2 当永久荷载的效应起控制作用时，其分项系数 γ_G 应取 1.35；此时，参与组合的可变荷载效应仅限于竖向荷载效应；

3 当永久荷载的效应对构件有利时，其分项系数 γ_G 的取值不应大于 1.0。

5.4.3 可变作用的组合值系数应按下列规定采用：

1 一般情况下，风荷载的组合值系数 ψ_w 应取 1.0，地震作用的组合值系数 ψ_E 应取 0.5；

2 对水平倒挂玻璃及其框架，可不考虑地震作用效应的组合，风荷载的组合值系数 ψ_w 应取 1.0（永久荷载的效应不起控制作用时）或 0.6（永久荷载的效应起控制作用时）。

5.4.4 幕墙构件的挠度验算时，风荷载分项系数 γ_w 和永久荷载分项系数 γ_G 均应取 1.0，且可不考虑作用效应的组合。

5.5 连 接 设 计

5.5.1 主体结构或结构构件，应能够承受幕墙传递的荷载和作用。连接件与主体结构的锚固承载力设计值应大于连接件本身的承载力设计值。

5.5.2 玻璃幕墙构件连接处的连接件、焊缝、螺栓、铆钉设计，应符合国家现行标准《钢结构设计规范》GB 50017 和《高层民用建筑钢结构技术规程》JGJ 99 的有关规定。连接处的受力螺栓、铆钉不应少于 2 个。

5.5.3 框支承玻璃幕墙的立柱宜悬挂在主体结构上。

5.5.4 玻璃幕墙立柱与主体混凝土结构应通过预埋件连接，预埋件应在主体结构混凝土施工时埋入，预埋件的位置应准确；当没有条件采用预埋件连接时，应采用其他可靠的连接措施，并通过试验确定其承载力。

5.5.5 由锚板和对称配置的锚固钢筋所组成的受力预埋件，可按本规范附录 C 的规定进行设计。

5.5.6 槽式预埋件的预埋钢板及其他连接措施，应按照现行国家标准《钢结构设计规范》GB 50017 的有关规定进行设计，并宜通过试验确认其承载力。

5.5.7 玻璃幕墙构架与主体结构采用后加锚栓连接时，应符合下列规定：

1 产品应有出厂合格证；

2 碳素钢锚栓应经过防腐处理；

3 应进行承载力现场试验，必要时应进行极限拉拔试验；

4 每个连接节点不应少于 2 个锚栓；

5 锚栓直径应通过承载力计算确定，并不应小于 10mm；

6 不宜在与化学锚栓接触的连接件上进行焊接操作；

7 锚栓承载力设计值不应大于其极限承载力的 50%。

5.5.8 幕墙与砌体结构连接时，宜在连接部位的主体结构上增设钢筋混凝土或钢结构梁、柱。轻质填充墙不应作为幕墙的支承结构。

5.6 硅酮结构密封胶设计

5.6.1 硅酮结构密封胶的粘结宽度应符合本规范第 5.6.3 或 5.6.4 条的规定，且不应小于 7mm；其粘结厚度应符合本规范第 5.6.5 条的规定，且不应小于 6mm。硅酮结构密封胶的粘结宽度宜大于厚度，但不宜大于厚度的 2 倍。隐框玻璃幕墙的硅酮结构密封胶的粘结厚度不应大于 12mm。

5.6.2 硅酮结构密封胶应根据不同的受力情况进行承载力极限状态验算。在风荷载、水平地震作用下，硅酮结构密封胶的拉应力或剪应力设计值不应大于其强度设计值 f_1，f_1 应取 $0.2N/mm^2$；在永久荷载作用下，硅酮结构密封胶的拉应力或剪应力设计值不应大于其强度设计值 f_2，f_2 应取 $0.01N/mm^2$。

5.6.3 竖向隐框、半隐框玻璃幕墙中玻璃和铝框之间硅酮结构密封胶的粘结宽度 c_s，应按根据受力情况分别按下列规定计算。非抗震设计时，可取第 1、3 款计算的较大值；抗震设计时，可取第 2、3 款计算的较大值。

1 在风荷载作用下，粘结宽度 c_s 应按下式计算：

$$c_s = \frac{wa}{2000 f_1} \qquad (5.6.3-1)$$

式中 c_s——硅酮结构密封胶的粘结宽度（mm）；

w——作用在计算单元上的风荷载设计值（kN/m^2）；

a——矩形玻璃板的短边长度（mm）；

f_1——硅酮结构密封胶在风荷载或地震作用下的强度设计值，取 $0.2N/mm^2$。

2 在风荷载和水平地震作用下，粘结宽度 c_s 应按下式计算：

$$c_s = \frac{(w + 0.5q_E)a}{2000f_1} \qquad (5.6.3\text{-}2)$$

式中 q_E——作用在计算单元上的地震作用设计值（kN/m^2）。

3 在玻璃永久荷载作用下，粘结宽度 c_s 应按下式计算：

$$c_s = \frac{q_G ab}{2000(a+b)f_2} \qquad (5.6.3\text{-}3)$$

式中 q_G——幕墙玻璃单位面积重力荷载设计值（kN/m^2）；

a、b——分别为矩形玻璃板的短边和长边长度（mm）；

f_2——硅酮结构密封胶在永久荷载作用下的强度设计值，取 $0.01N/mm^2$。

5.6.4 水平倒挂的隐框、半隐框玻璃和铝框之间硅酮结构密封胶的粘结宽度 c_s 应按下式计算：

$$c_s = \frac{wa}{2000f_1} + \frac{q_G a}{2000f_2} \qquad (5.6.4)$$

5.6.5 硅酮结构密封胶的粘结厚度 t_s（图 5.6.5）

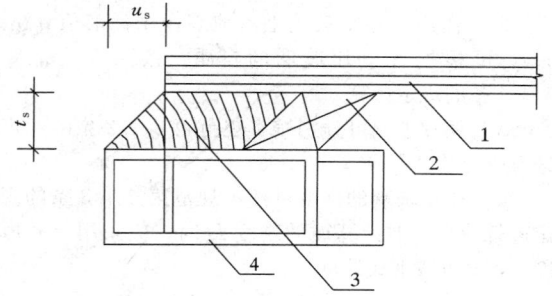

图 5.6.5 硅酮结构密封胶粘结厚度示意
1—玻璃；2—垫条；3—硅酮结构密封胶；4—铝合金框

应符合公式（5.6.5-1）的要求。

$$t_s \geqslant \frac{u_s}{\sqrt{\delta(2+\delta)}} \qquad (5.6.5\text{-}1)$$

$$u_s = \theta h_g \qquad (5.6.5\text{-}2)$$

式中 t_s——硅酮结构密封胶的粘结厚度（mm）；

u_s——幕墙玻璃的相对于铝合金框的位移（mm），由主体结构侧移产生的相对位移可按（5.6.5-2）式计算，必要时还应考虑温度变化产生的相对位移；

θ——风荷载标准值作用下主体结构的楼层弹性层间位移角限值（rad）；

h_g——玻璃面板高度（mm），取其边长 a 或 b；

δ——硅酮结构密封胶的变位承受能力，取对应于其受拉应力为 $0.14N/mm^2$ 时的伸长率。

5.6.6 隐框或横向半隐框玻璃幕墙，每块玻璃的下

端宜设置两个铝合金或不锈钢托条，托条应能承受该分格玻璃的重力荷载作用，且其长度不应小于100mm、厚度不应小于2mm、高度不应超出玻璃外表面。托条上应设置衬垫。

6 框支承玻璃幕墙结构设计

6.1 玻 璃

6.1.1 框支承玻璃幕墙单片玻璃的厚度不应小于6mm，夹层玻璃的单片厚度不宜小于5mm。夹层玻璃和中空玻璃的单片玻璃厚度相差不宜大于3mm。

6.1.2 单片玻璃在垂直于玻璃幕墙平面的风荷载和地震力作用下，玻璃截面最大应力应符合下列规定：

1 最大应力标准值可按考虑几何非线性的有限元方法计算，也可按下列公式计算：

$$\sigma_{wk} = \frac{6mw_k a^2}{t^2}\eta \qquad (6.1.2\text{-}1)$$

$$\sigma_{Ek} = \frac{6mq_{Ek} a^2}{t^2}\eta \qquad (6.1.2\text{-}2)$$

$$\theta = \frac{w_k a^4}{Et^4} \ \text{或}\ \theta = \frac{(w_k + 0.5q_{Ek})a^4}{Et^4}$$

$$(6.1.2\text{-}3)$$

式中 θ——参数；

σ_{wk}、σ_{Ek}——分别为风荷载、地震作用下玻璃截面的最大应力标准值（N/mm^2）；

w_k、q_{Ek}——分别为垂直于玻璃幕墙平面的风荷载、地震作用标准值（N/mm^2）；

a——矩形玻璃板材短边边长（mm）；

t——玻璃的厚度（mm）；

E——玻璃的弹性模量（N/mm^2）；

m——弯矩系数，可由玻璃板短边与长边边长之比 a/b 按表 6.1.2-1 采用；

η——折减系数，可由参数 θ 按表 6.1.2-2 采用。

表 6.1.2-1 四边支承玻璃板的弯矩系数 m

a/b	0.00	0.25	0.33	0.40	0.50	0.55	0.60	0.65
m	0.1250	0.1230	0.1180	0.1115	0.1000	0.0934	0.0868	0.0804
a/b	0.70	0.75	0.80	0.85	0.90	0.95	1.0	
m	0.0742	0.0683	0.0628	0.0576	0.0528	0.0483	0.0442	

表 6.1.2-2 折减系数 η

θ	≤5.0	10.0	20.0	40.0	60.0	80.0	100.0
η	1.00	0.96	0.92	0.84	0.78	0.73	0.68
θ	120.0	150.0	200.0	250.0	300.0	350.0	≥400.0
η	0.65	0.61	0.57	0.54	0.52	0.51	0.50

2 最大应力设计值应按本规范第 5.4.1 条的规定进行组合；

3 最大应力设计值不应超过玻璃大面强度设计值 f_g。

6.1.3 单片玻璃在风荷载作用下的跨中挠度，应符合下列规定：

1 单片玻璃的刚度 D 可按下式计算：

$$D = \frac{Et^3}{12(1-v^2)} \qquad (6.1.3-1)$$

式中 D——玻璃的刚度（Nmm）；

t——玻璃的厚度（mm）；

v——泊松比，可按本规范第 5.2.9 条采用。

2 玻璃跨中挠度可按考虑几何非线性的有限元方法计算，也可按下式计算：

$$d_f = \frac{\mu w_k a^4}{D} \eta \qquad (6.1.3-2)$$

式中 d_f——在风荷载标准值作用下挠度最大值(mm)；

w_k——垂直于玻璃幕墙平面的风荷载标准值（N/mm²）；

μ——挠度系数，可由玻璃板短边与长边边长之比 a/b 按表 6.1.3 采用；

η——折减系数，可按本规范表 6.1.2-2 采用。

表 6.1.3　四边支承板的挠度系数 μ

a/b	0.00	0.20	0.25	0.33	0.50
μ	0.01302	0.01297	0.01282	0.01223	0.01013
a/b	0.55	0.60	0.65	0.70	0.75
μ	0.00940	0.00867	0.00796	0.00727	0.00663
a/b	0.80	0.85	0.90	0.95	1.00
μ	0.00603	0.00547	0.00496	0.00449	0.00406

3 在风荷载标准值作用下，四边支承玻璃的挠度限值 $d_{f,lim}$ 宜按其短边边长的 1/60 采用。

6.1.4 夹层玻璃可按下列规定进行计算：

1 作用于夹层玻璃上的风荷载和地震作用可按下列公式分配到两片玻璃上：

$$w_{k1} = w_k \frac{t_1^3}{t_1^3 + t_2^3} \qquad (6.1.4-1)$$

$$w_{k2} = w_k \frac{t_2^3}{t_1^3 + t_2^3} \qquad (6.1.4-2)$$

$$q_{Ek1} = q_{Ek} \frac{t_1^3}{t_1^3 + t_2^3} \qquad (6.1.4-3)$$

$$q_{Ek2} = q_{Ek} \frac{t_2^3}{t_1^3 + t_2^3} \qquad (6.1.4-4)$$

式中 w_k——作用于夹层玻璃上的风荷载标准值（N/mm²）；

w_{k1}、w_{k2}——分别为分配到各单片玻璃的风荷载标准

值（N/mm²）；

q_{Ek}——作用于夹层玻璃上的地震作用标准值（N/mm²）；

q_{Ek1}、q_{Ek2}——分别为分配到各单片玻璃的地震作用标准值（N/mm²）；

t_1、t_2——分别为各单片玻璃的厚度（mm）。

2 两片玻璃可分别按本规范第 6.1.2 条的规定进行应力计算；

3 夹层玻璃的挠度可按本规范第 6.1.3 条的规定进行计算，但在计算玻璃刚度 D 时，应采用等效厚度 t_e，t_e 可按下式计算：

$$t_e = \sqrt[3]{t_1^3 + t_2^3} \qquad (6.1.4-5)$$

式中 t_e——夹层玻璃的等效厚度（mm）。

6.1.5 中空玻璃可按下列规定进行计算：

1 作用于中空玻璃上的风荷载标准值可按下列公式分配到两片玻璃上：

1）直接承受风荷载作用的单片玻璃：

$$w_{k1} = 1.1w_k \frac{t_1^3}{t_1^3 + t_2^3} \qquad (6.1.5-1)$$

2）不直接承受风荷载作用的单片玻璃：

$$w_{k2} = w_k \frac{t_2^3}{t_1^3 + t_2^3} \qquad (6.1.5-2)$$

2 作用于中空玻璃上的地震作用标准值 q_{Ek1}、q_{Ek2}，可根据各单片玻璃的自重，按照本规范第 5.3.4 条的规定计算；

3 两片玻璃可分别按本规范第 6.1.2 条的规定进行应力计算；

4 中空玻璃的挠度可按本规范第 6.1.3 条的规定进行计算，但计算玻璃刚度 D 时，应采用等效厚度 t_e，t_e 可按下式计算：

$$t_e = 0.95 \sqrt[3]{t_1^3 + t_2^3} \qquad (6.1.5-3)$$

式中 t_e——中空玻璃的等效厚度（mm）。

6.1.6 斜玻璃幕墙计算承载力时，应计入永久荷载、雪荷载、雨水荷载等重力荷载及施工荷载在垂直于玻璃平面方向作用所产生的弯曲应力。

施工荷载应根据施工情况决定，但不应小于 2.0kN 的集中荷载作用，施工荷载作用点应按最不利位置考虑。

6.2　横　梁

6.2.1 横梁截面主要受力部位的厚度，应符合下列要求：

1 截面自由挑出部位（图 6.2.1a）和双侧加劲部位（图 6.2.1b）的宽厚比 b_0/t 应符合表 6.2.1 的要求；

2 当横梁跨度不大于 1.2m 时，铝合金型材截面主要受力部位的厚度不应小于 2.0mm；当横梁跨度大于 1.2m 时，其截面主要受力部位的厚度不应小

于 2.5mm。型材孔壁与螺钉之间直接采用螺纹受力连接时，其局部截面厚度不应小于螺钉的公称直径；

表 6.2.1　横梁截面宽厚比 b_0/t 限值

截面部位	铝型材				钢型材	
	6063-T5 6061-T4	6063A-T5	6063-T6 6063A-T6	6061-T6	Q235	Q345
自由挑出	17	15	13	12	15	12
双侧加劲	50	45	40	35	40	33

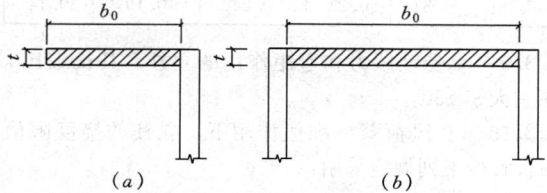

(a)　　　　　(b)

图 6.2.1　横梁的截面部位示意

3　钢型材截面主要受力部位的厚度不应小于 2.5mm。

6.2.2　横梁可采用铝合金型材或钢型材，铝合金型材的表面处理应符合本规范第 3.2.2 条的要求。钢型材宜采用高耐候钢，碳素钢型材应热浸锌或采取其他有效防腐措施，焊缝应涂防锈涂料；处于严重腐蚀条件下的钢型材，应预留腐蚀厚度。

6.2.3　应根据板材在横梁上的支承状况决定横梁的荷载，并计算横梁承受的弯矩和剪力。当采用大跨度开口截面横梁时，宜考虑约束扭转产生的双力矩。单元式幕墙采用组合横梁时，横梁上、下两部分应按各自承担的荷载和作用分别进行计算。

6.2.4　横梁截面受弯承载力应符合下式要求：

$$\frac{M_x}{\gamma W_{nx}} + \frac{M_y}{\gamma W_{ny}} \leqslant f \qquad (6.2.4)$$

式中　M_x——横梁绕截面 x 轴（平行于幕墙平面方向）的弯矩设计值（Nmm）；
　　　M_y——横梁绕截面 y 轴（垂直于幕墙平面方向）的弯矩设计值（Nmm）；
　　　W_{nx}——横梁截面绕截面 x 轴（幕墙平面内方向）的净截面抵抗矩（mm³）；
　　　W_{ny}——横梁截面绕截面 y 轴（垂直于幕墙平面方向）的净截面抵抗矩（mm³）；
　　　γ——塑性发展系数，可取 1.05；
　　　f——型材抗弯强度设计值 f_a 或 f_s（N/mm²）。

6.2.5　横梁截面受剪承载力应符合下式要求：

$$\frac{V_y S_x}{I_x t_x} \leqslant f \qquad (6.2.5-1)$$

$$\frac{V_x S_y}{I_y t_y} \leqslant f \qquad (6.2.5-2)$$

式中　V_x——横梁水平方向（x 轴）的剪力设计值（N）；
　　　V_y——横梁竖直方向（x 轴）的剪力设计值（N）；
　　　S_x——横梁截面绕 x 轴的毛截面面积矩（mm³）；
　　　S_y——横梁截面绕 y 轴的毛截面面积矩（mm³）；
　　　I_x——横梁截面绕 x 轴的毛截面惯性矩（mm⁴）；
　　　I_y——横梁截面绕 y 轴的毛截面惯性矩（mm⁴）；
　　　t_x——横梁截面垂直于 x 轴腹板的截面总宽度（mm）；
　　　t_y——横梁截面垂直于 y 轴腹板的截面总宽度（mm）；
　　　f——型材抗剪强度设计值 f_a 或 f_s（N/mm²）。

6.2.6　玻璃在横梁上偏置使横梁产生较大的扭矩时，应进行横梁抗扭承载力计算。

6.2.7　在风荷载或重力荷载标准值作用下，横梁的挠度限值 $d_{f,lim}$ 宜按下列规定采用：

铝合金型材：　$d_{f,lim} = l/180$ 　　(6.2.7-1)

钢型材：　$d_{f,lim} = l/250$ 　　(6.2.7-2)

式中　l——横梁的跨度（mm），悬臂构件可取挑出长度的 2 倍。

6.3　立　柱

6.3.1　立柱截面主要受力部位的厚度，应符合下列要求：

1　铝型材截面开口部位的厚度不应小于 3.0mm，闭口部位的厚度不应小于 2.5mm；型材孔壁与螺钉之间直接采用螺纹受力连接时，其局部厚度尚不应小于螺钉的公称直径；

2　钢型材截面主要受力部位的厚度不应小于 3.0mm；

3　对偏心受压立柱，其截面宽厚比应符合本规范第 6.2.1 条的相应规定。

6.3.2　立柱可采用铝合金型材或钢型材。铝合金型材的表面处理应符合本规范第 3.2.2 条的要求；钢型材宜采用高耐候钢，碳素钢型材应采用热浸锌或采取其他有效防腐措施。处于腐蚀严重环境下的钢型材，应预留腐蚀厚度。

6.3.3　上、下立柱之间应留有不小于 15mm 的缝隙，闭口型材可采用长度不小于 250mm 的芯柱连接，芯柱与立柱应紧密配合。芯柱与上柱或下柱之间应采用机械连接方法加以固定。开口型材上柱与下柱之间可采用等强型材机械连接。

6.3.4　多层或高层建筑中跨层通长布置立柱时，立柱与主体结构的连接支承点每层不宜少于一个；在混凝土实体墙面上，连接支承点宜加密。

每层设两个支承点时，上支承点宜采用圆孔，下支承点宜采用长圆孔。

6.3.5 在楼层内单独布置立柱时，其上、下端均宜与主体结构铰接，宜采用上端悬挂方式；当柱支承点可能产生较大位移时，应采用与位移相适应的支承装置。

6.3.6 应根据立柱的实际支承条件，分别按单跨梁、双跨梁或多跨铰接梁计算由风荷载或地震作用产生的弯矩，并按其支承条件计算轴向力。

6.3.7 承受轴力和弯矩作用的立柱，其承载力应符合下式要求：

$$\frac{N}{A_n} + \frac{M}{\gamma W_n} \leqslant f \qquad (6.3.7)$$

式中 N——立柱的轴力设计值（N）；
M——立柱的弯矩设计值（Nmm）；
A_n——立柱的净截面面积（mm^2）；
W_n——立柱在弯矩作用方向的净截面抵抗矩（mm^3）；
γ——截面塑性发展系数，可取 1.05；
f——型材的抗弯强度设计值 f_a 或 f_s（N/mm^2）。

6.3.8 承受轴压力和弯矩作用的立柱，其在弯矩作用方向的稳定性应符合下式要求：

$$\frac{N}{\varphi A} + \frac{M}{\gamma W(1 - 0.8N/N_E)} \leqslant f \quad (6.3.8\text{-}1)$$

$$N_E = \frac{\pi^2 EA}{1.1\lambda^2} \qquad (6.3.8\text{-}2)$$

式中 N——立柱的轴压力设计值（N）；
N_E——临界轴压力（N）；
M——立柱的最大弯矩设计值（Nmm）
φ——弯矩作用平面内的轴心受压的稳定系数，可按表 6.3.8 采用；
A——立柱的毛截面面积（mm^2）；
W——在弯矩作用方向上较大受压边的毛截面抵抗矩（mm^3）；
λ——长细比；
γ——截面塑性发展系数，可取 1.05；
f——型材的抗弯强度设计值 f_a 或 f_s（N/mm^2）。

表 6.3.8　轴心受压柱的稳定系数 φ

长细比 λ	钢型材		铝型材		
	Q235	Q345	6063-T5 6061-T4	6063-T6 6063A-T5 6063A-T6	6061-T6
20	0.97	0.96	0.98	0.96	0.92
40	0.90	0.88	0.88	0.84	0.80
60	0.81	0.73	0.81	0.75	0.71
80	0.69	0.58	0.70	0.58	0.48

续表

长细比 λ	钢型材		铝型材		
	Q235	Q345	6063-T5 6061-T4	6063-T6 6063A-T5 6063A-T6	6061-T6
90	0.62	0.50	0.63	0.48	0.40
100	0.56	0.43	0.56	0.38	0.32
110	0.49	0.37	0.49	0.34	0.26
120	0.44	0.32	0.41	0.30	0.22
130	0.39	0.28	0.33	0.26	0.19
140	0.35	0.25	0.29	0.22	0.16
150	0.31	0.21	0.24	0.19	0.14

6.3.9 承受轴压力和弯矩作用的立柱，其长细比 λ 不宜大于 150。

6.3.10 在风荷载标准值作用下，立柱的挠度限值 $d_{f,lim}$ 宜按下列规定采用：

铝合金型材：$d_{f,lim} = l/180$ （6.3.10-1）
钢型材：$d_{f,lim} = l/250$ （6.3.10-2）

式中 l——支点间的距离（mm），悬臂构件可取挑出长度的 2 倍。

6.3.11 横梁可通过角码、螺钉或螺栓与立柱连接。角码应能承受横梁的剪力，其厚度不应小于 3mm；角码与立柱之间的连接螺钉或螺栓应满足抗剪和抗扭承载力要求。

6.3.12 立柱与主体结构之间每个受力连接部位的连接螺栓不应少于 2 个，且连接螺栓直径不宜小于 10mm。

6.3.13 角码和立柱采用不同金属材料时，应采用绝缘垫片分隔或采取其他有效措施防止双金属腐蚀。

7　全玻幕墙结构设计

7.1　一般规定

7.1.1 玻璃高度大于表 7.1.1 限值的全玻幕墙应悬挂在主体结构上。

表 7.1.1　下端支承全玻幕墙的最大高度

玻璃厚度（mm）	10，12	15	19
最大高度（m）	4	5	6

7.1.2 全玻幕墙的周边收口槽壁与玻璃面板或玻璃肋的空隙均不宜小于 8mm，吊挂玻璃下端与下槽底的空隙尚应满足玻璃伸长变形的要求；玻璃与下槽底应采用弹性垫块支承或填塞，垫块长度不宜小于 100mm，厚度不宜小于 10mm；槽壁与玻璃间应采用硅酮建筑密封胶密封。

7.1.3 吊挂全玻幕墙的主体结构或结构构件应有足

够的刚度，采用钢桁架或钢梁作为受力构件时，其挠度限值 $d_{f,lim}$ 宜取其跨度的 1/250。

7.1.4 吊挂式全玻幕墙的吊夹与主体结构间应设置刚性水平传力结构。

7.1.5 玻璃自重不宜由结构胶缝单独承受。

7.1.6 全玻幕墙的板面不得与其他刚性材料直接接触。板面与装修面或结构面之间的空隙不应小于 8mm，且应采用密封胶密封。

7.1.7 吊夹应符合现行行业标准《吊挂式玻璃幕墙支承装置》JG139 的有关规定。

7.1.8 点支承全玻幕墙的玻璃应符合本规范第 4.4.2 条和 4.4.3 条的要求。

7.2 面 板

7.2.1 面板玻璃的厚度不宜小于 10mm；夹层玻璃单片厚度不应小于 8mm。

7.2.2 面板玻璃通过胶缝与玻璃肋相连结时，面板可作为支承于玻璃肋的单向简支板设计。其应力与挠度可分别按本规范第 6.1.2 条和第 6.1.3 条的规定计算，公式中的 a 值应取为玻璃面板的跨度，系数 m 和 μ 可分别取为 0.125 和 0.013；面板为夹层玻璃或中空玻璃时，可按本规范第 6.1.4 条或 6.1.5 条的规定计算；面板为点支承玻璃时，可按本规范第 8.1.5 条的规定计算，必要时可进行试验验证。

7.2.3 通过胶缝与玻璃肋连接的面板，在风荷载标准值作用下，其挠度限值 $d_{f,lim}$ 宜取其跨度的 1/60；点支承面板的挠度限值 $d_{f,lim}$ 宜取其支承点间较大边长的 1/60。

7.3 玻 璃 肋

7.3.1 全玻幕墙玻璃肋的截面厚度不应小于 12mm，截面高度不应小于 100mm。

7.3.2 全玻幕墙玻璃肋的截面高度 h_r（图 7.3.2）可按下列公式计算：

$$h_r = \sqrt{\frac{3wlh^2}{8f_g t}} \quad (双肋) \quad (7.3.2-1)$$

$$h_r = \sqrt{\frac{3wlh^2}{4f_g t}} \quad (单肋) \quad (7.3.2-2)$$

式中 h_r——玻璃肋截面高度（mm）；

　　w——风荷载设计值（N/mm²）；

　　l——两肋之间的玻璃面板跨度（mm）；

　　f_g——玻璃侧面强度设计值（N/mm²）；

　　t——玻璃肋截面厚度（mm）；

　　h——玻璃肋上、下支点的距离，即计算跨度（mm）。

7.3.3 全玻幕墙玻璃肋在风荷载标准值作用下的挠度 d_f 可按下式计算：

$$d_f = \frac{5}{32} \times \frac{w_k lh^4}{Eth_r^3} \quad (单肋) \quad (7.3.3-1)$$

$$d_f = \frac{5}{64} \times \frac{w_k lh^4}{Eth_r^3} \quad (双肋) \quad (7.3.3-2)$$

式中 w_k——风荷载标准值（N/mm²）；

　　E——玻璃弹性模量（N/mm²）。

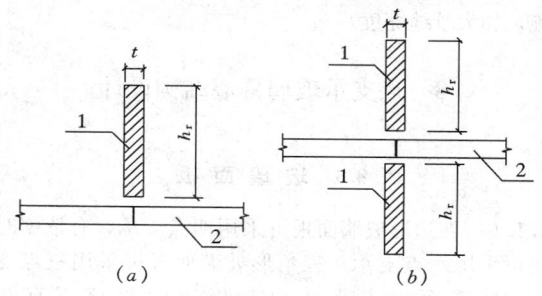

图 7.3.2 全玻幕墙玻璃肋截面尺寸示意

(a) 单肋；(b) 双肋

1—玻璃肋；2—玻璃面板

7.3.4 在风荷载标准值作用下，玻璃肋的挠度限值 $d_{f,lim}$ 宜取其计算跨度的 1/200。

7.3.5 采用金属件连接的玻璃肋，其连接金属件的厚度不应小于 6mm。连接螺栓宜采用不锈钢螺栓，其直径不应小于 8mm。

　　连接接头应能承受截面的弯矩设计值和剪力设计值。接头应进行螺栓受剪和玻璃孔壁承压计算，玻璃验算应取侧面强度设计值。

7.3.6 夹层玻璃肋的等效截面厚度可取两片玻璃厚度之和。

7.3.7 高度大于 8m 的玻璃肋宜考虑平面外的稳定验算；高度大于 12m 的玻璃肋，应进行平面外稳定验算，必要时应采取防止侧向失稳的构造措施。

7.4 胶 缝

7.4.1 采用胶缝传力的全玻幕墙，其胶缝必须采用硅酮结构密封胶。

7.4.2 全玻幕墙胶缝承载力应符合下列要求：

　　1 与玻璃面板平齐或突出的玻璃肋：

$$\frac{ql}{2t_1} \leqslant f_1 \quad (7.4.2-1)$$

　　2 后置或骑缝的玻璃肋：

$$\frac{ql}{t_2} \leqslant f_1 \quad (7.4.2-2)$$

式中 q——垂直于玻璃面板的分布荷载设计值（N/mm²），抗震设计时应包含地震作用计算的分布荷载设计值；

　　l——两肋之间的玻璃面板跨度（mm）；

　　t_1——胶缝宽度，取玻璃面板截面厚度（mm）；

　　t_2——胶缝宽度，取玻璃肋截面厚度（mm）；

　　f_1——硅酮结构密封胶在风荷载作用下的强度设计值，取 0.2N/mm²。

3 胶缝厚度应符合本规范第 5.6.5 条的要求，并不应小于 6mm。

7.4.3 当胶缝宽度不满足本规范第 7.4.2 条第 1、2 款的要求时，可采取附加玻璃板条或不锈钢条等措施，加大胶缝宽度。

8 点支承玻璃幕墙结构设计

8.1 玻璃面板

8.1.1 四边形玻璃面板可采用四点支承，有依据时也可采用六点支承；三角形玻璃面板可采用三点支承。玻璃面板支承孔边与板边的距离不宜小于 70mm。

8.1.2 采用浮头式连接件的幕墙玻璃厚度不应小于 6mm；采用沉头式连接件的幕墙玻璃厚度不应小于 8mm。

安装连接件的夹层玻璃和中空玻璃，其单片厚度也应符合上述要求。

8.1.3 玻璃之间的空隙宽度不应小于 10mm，且应采用硅酮建筑密封胶嵌缝。

8.1.4 点支承玻璃支承孔周边应进行可靠的密封。当点支承玻璃为中空玻璃时，其支承孔周边应采取多道密封措施。

8.1.5 在垂直于幕墙平面的风荷载和地震作用下，四点支承玻璃面板的应力和挠度应符合下列规定：

1 最大应力标准值和最大挠度可按考虑几何非线性的有限元方法计算，也可按下列公式计算：

$$\sigma_{wk} = \frac{6mw_k b^2}{t^2}\eta \qquad (8.1.5\text{-}1)$$

$$\sigma_{Ek} = \frac{6mq_{Ek} b^2}{t^2}\eta \qquad (8.1.5\text{-}2)$$

$$d_f = \frac{\mu w_k b^4}{D}\eta \qquad (8.1.5\text{-}3)$$

$$\theta = \frac{w_k b^4}{Et^4} \text{ 或 } \theta = \frac{(w_k + 0.5q_{Ek})b^4}{Et^4}$$

$$(8.1.5\text{-}4)$$

式中　θ——参数；

σ_{wk}、σ_{Ek}——分别为风荷载、地震作用下玻璃截面的最大应力标准值（N/mm²）；

d_f——在风荷载标准值作用下挠度最大值（mm）；

w_k、q_{Ek}——分别为垂直于玻璃幕墙平面的风荷载、地震作用标准值（N/mm²）；

b——支承点间玻璃面板长边边长（mm）；

t——玻璃的厚度（mm）；

m——弯矩系数，可由支承点间玻璃板短边与长边边长之比 a/b 按表 8.1.5-1 采用；

μ——挠度系数，可由支承点间玻璃板短边与长边边长之比 a/b 按表 8.1.5-2 采用；

η——折减系数，可由参数 θ 按本规范表 6.1.2-2 采用；

D——玻璃面板的刚度，可按本规范公式（6.1.3-1）计算（Nmm）；

表 8.1.5-1　四点支承玻璃板的弯矩系数 m

a/b	0.00	0.20	0.30	0.40	0.50	0.55	0.60	0.65
m	0.125	0.126	0.127	0.129	0.130	0.132	0.134	0.136
a/b	0.70	0.75	0.80	0.85	0.90	0.95	1.00	—
m	0.138	0.140	0.142	0.145	0.148	0.151	0.154	—

注：a 为支承点之间的短边长。

表 8.1.5-2　四点支承玻璃板的挠度系数 μ

a/b	0.00	0.20	0.30	0.40	0.50	0.55	0.60
μ	0.01302	0.01317	0.01335	0.01367	0.01417	0.01451	0.01496
a/b	0.65	0.70	0.75	0.80	0.85	0.90	0.95
μ	0.01555	0.01630	0.01725	0.01842	0.01984	0.02157	0.02363
a/b	1.00						
μ	0.02603						

注：a 为支承点之间的短边长。

2 玻璃面板最大应力设计值应按本规范第 5.4.1 条的规定计算，并不应超过玻璃大面强度设计值 f_g；

3 在风荷载标准值作用下，点支承玻璃面板的挠度限值 $d_{f,lim}$ 宜按其支承点间长边边长的 1/60 采用；

8.2 支承装置

8.2.1 支承装置应符合现行行业标准《点支式玻璃幕墙支承装置》JG 138 的规定。

8.2.2 支承头应能适应玻璃面板在支承点处的转动变形。

8.2.3 支承头的钢材与玻璃之间宜设置弹性材料的衬垫或衬套，衬垫和衬套的厚度不宜小于 1mm。

8.2.4 除承受玻璃面板所传递的荷载或作用外，支承装置不应兼做其他用途。

8.3 支承结构

8.3.1 点支承玻璃幕墙的支承结构宜单独进行计算，玻璃面板不宜兼做支承结构的一部分。

复杂的支承结构宜采用有限元方法进行计算分析。

8.3.2 玻璃肋可按本规范第 7.3 节的规定进行设计。

8.3.3 支承钢结构的设计应符合现行国家标准《钢结构设计规范》GB 50017 的有关规定。

8.3.4 单根型钢或钢管作为支承结构时，应符合下列规定：

1 端部与主体结构的连接构造应能适应主体结构的位移；

2 竖向构件宜按偏心受压构件或偏心受拉构件设计；水平构件宜按双向受弯构件设计，有扭矩作用时，应考虑扭矩的不利影响；

3 受压杆件的长细比 λ 不应大于150；

4 在风荷载标准值作用下，挠度限值 $d_{f,lim}$ 宜取其跨度的1/250。计算时，悬臂结构的跨度可取其悬挑长度的2倍。

8.3.5 桁架或空腹桁架设计应符合下列规定：

1 可采用型钢或钢管作为杆件。采用钢管时宜在节点处直接焊接，主管不宜开孔，支管不应穿入主管内；

2 钢管外直径不宜大于壁厚的50倍，支管外直径不宜小于主管外直径的0.3倍。钢管壁厚不宜小于4mm，主管壁厚不应小于支管壁厚；

3 桁架杆件不宜偏心连接。弦杆与腹件、腹杆与腹杆之间的夹角不宜小于30°；

4 焊接钢管桁架宜按刚接体系计算，焊接钢管空腹桁架应按刚接体系计算；

5 轴心受压或偏心受压的桁架杆件，长细比不应大于150；轴心受拉或偏心受拉的桁架杆件，长细比不应大于350；

6 当桁架或空腹桁架平面外的不动支承点相距较远时，应设置正交方向上的稳定支撑结构；

7 在风荷载标准值作用下，其挠度限值 $d_{f,lim}$ 宜取其跨度的1/250。计算时，悬臂桁架的跨度可取其悬挑长度的2倍。

8.3.6 张拉杆索体系设计应符合下列规定：

1 应在正、反两个方向上形成承受风荷载或地震作用的稳定结构体系。在主要受力方向的正交方向，必要时应设置稳定性拉杆、拉索或桁架；

2 连接件、受压杆和拉杆宜采用不锈钢材料，拉杆直径不宜小于10mm；自平衡体系的受压杆件可采用碳素结构钢。拉索宜采用不锈钢绞线、高强钢绞线，可采用铝包钢绞线。钢绞线的钢丝直径不宜小于1.2mm，钢绞线直径不宜小于8mm。采用高强钢绞线时，其表面应作防腐涂层；

3 结构力学分析时宜考虑几何非线性的影响；

4 与主体结构的连接部位应能适应主体结构的位移，主体结构应能承受拉杆体系或拉索体系的预拉力和荷载作用；

5 自平衡体系、杆索体系的受压杆件的长细比 λ 不应大于150；

6 拉杆不宜采用焊接；拉索可采用冷挤压锚具连接，拉索不应采用焊接；

7 在风荷载标准值作用下，其挠度限值 $d_{f,lim}$ 宜取其支承点距离的1/200。

8.3.7 张拉杆索体系的预拉力最小值，应使拉杆或拉索在荷载设计值作用下保持一定的预拉力储备。

9 加 工 制 作

9.1 一 般 规 定

9.1.1 玻璃幕墙在加工制作前应与土建设计施工图进行核对，对已建主体结构进行复测，并应按实测结果对幕墙设计进行必要调整。

9.1.2 加工幕墙构件所采用的设备、机具应满足幕墙构件加工精度要求，其量具应定期进行计量认证。

9.1.3 采用硅酮结构密封胶粘结固定隐框玻璃幕墙构件时，应在洁净、通风的室内进行注胶，且环境温度、湿度条件应符合结构胶产品的规定；注胶宽度和厚度应符合设计要求。

9.1.4 除全玻幕墙外，不应在现场打注硅酮结构密封胶。

9.1.5 单元式幕墙的单元组件、隐框幕墙的装配组件均应在工厂加工组装。

9.1.6 低辐射镀膜玻璃应根据其镀膜材料的粘结性能和其他技术要求，确定加工制作工艺；镀膜与硅酮结构密封胶不相容时，应除去镀膜层。

9.1.7 硅酮结构密封胶不宜作为硅酮建筑密封胶使用。

9.2 铝 型 材

9.2.1 玻璃幕墙的铝合金构件的加工应符合下列要求：

1 铝合金型材截料之前应进行校直调整；

2 横梁长度允许偏差为±0.5mm，立柱长度允许偏差为±1.0mm,端头斜度的允许偏差为−15′（图9.2.1-1、9.2.1-2）；

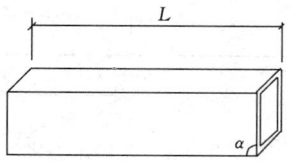

图 9.2.1-1 直角截料

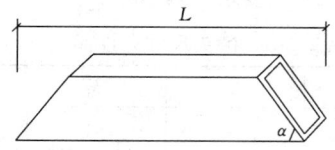

图 9.2.1-2 斜角截料

3 截料端头不应有加工变形，并应去除毛刺；

4 孔位的允许偏差为±0.5mm，孔距的允许偏差为±0.5mm，累计偏差为±1.0mm；

  5 铆钉的通孔尺寸偏差应符合现行国家标准《铆钉用通孔》GB 152.1的规定；

  6 沉头螺钉的沉孔尺寸偏差符合现行国家标准《沉头螺钉用沉孔》GB 152.2的规定；

  7 圆柱头、螺栓的沉孔尺寸应符合现行国家标准《圆柱头、螺栓用沉孔》GB 152.3的规定；

  8 螺丝孔的加工应符合设计要求。

9.2.2 玻璃幕墙铝合金构件中槽、豁、榫的加工应符合下列要求：

  1 铝合金构件槽口尺寸（图9.2.2-1）允许偏差应符合表9.2.2-1的要求；

表9.2.2-1 槽口尺寸允许偏差（mm）

项　目	a	b	c
允许偏差	+0.5 0.0	+0.5 0.0	±0.5

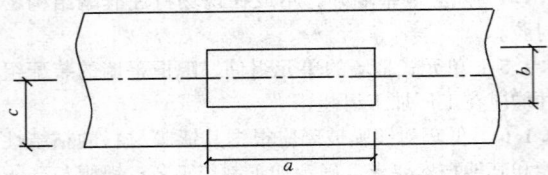

图9.2.2-1 槽口示意图

  2 铝合金构件豁口尺寸（图9.2.2-2）允许偏差应符合表9.2.2-2的要求；

表9.2.2-2 豁口尺寸允许偏差（mm）

项　目	a	b	c
允许偏差	+0.5 0.0	+0.5 0.0	±0.5

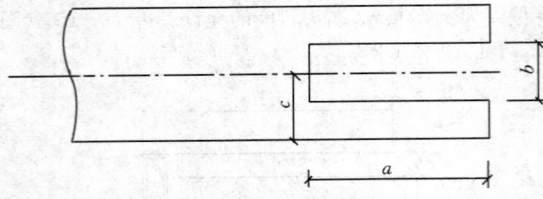

图9.2.2-2 豁口示意图

  3 铝合金构件榫头尺寸（图9.2.2-3）允许偏差应符合表9.2.2-3的要求。

表9.2.2-3 榫头尺寸允许偏差（mm）

项　目	a	b	c
允许偏差	0.0 −0.5	0.0 −0.5	±0.5

9.2.3 玻璃幕墙铝合金构件弯加工应符合下列要求：

  1 铝合金构件宜采用拉弯设备进行弯加工；

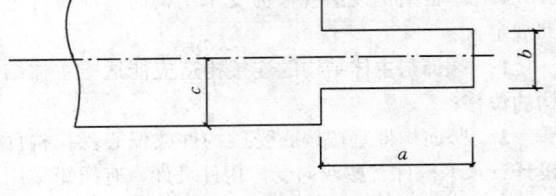

图9.2.2-3 榫头示意图

  2 弯加工后的构件表面应光滑，不得有皱折、凹凸、裂纹。

9.3 钢　构　件

9.3.1 平板型预埋件加工精度应符合下列要求：

  1 锚板边长允许偏差为±5mm；

  2 一般锚筋长度的允许偏差为+10mm，两面为整块锚板的穿透式预埋件的锚筋长度的允许偏差为+5mm，均不允许负偏差；

  3 圆锚筋的中心线允许偏差为±5mm；

  4 锚筋与锚板面的垂直度允许偏差为 $l_s/30$（l_s 为锚固钢筋长度，单位为mm）。

9.3.2 槽型预埋件表面及槽内应进行防腐处理，其加工精度应符合下列要求：

  1 预埋件长度、宽度和厚度允许偏差分别为+10mm、+5mm和+3mm，不允许负偏差；

  2 槽口的允许偏差为+1.5mm，不允许负偏差；

  3 锚筋长度允许偏差为+5mm，不允许负偏差；

  4 锚筋中心线允许偏差为±1.5mm；

  5 锚筋与槽板的垂直度允许偏差为 $l_s/30$（l_s 为锚固钢筋长度，单位为mm）。

9.3.3 玻璃幕墙的连接件、支承件的加工精度应符合下列要求：

  1 连接件、支承件外观应平整，不得有裂纹、毛刺、凹凸、翘曲、变形等缺陷；

  2 连接件、支承件加工尺寸（图9.3.3）允许偏差应符合表9.3.3的要求。

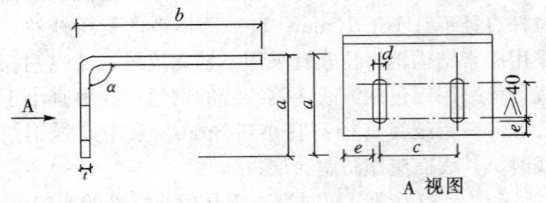

图9.3.3 连接件、支承件尺寸示意图

表9.3.3 连接件、支承件尺寸允许偏差（mm）

项　目	允许偏差
连接件高 a	+5，−2
连接件长 b	+5，−2
孔距 c	±1.0
孔宽 d	+1.0，0

项　目	允许偏差
边距 e	+1.0, 0
壁厚 t	+0.5, −0.2
弯曲角度 α	±2°

9.3.4 钢型材立柱及横梁的加工应符合现行国家标准《钢结构工程施工质量验收规范》GB 50205 的有关规定。

9.3.5 点支承玻璃幕墙的支承钢结构加工应符合下列要求：

1　应合理划分拼装单元；

2　管桁架应按计算的相贯线，采用数控机床切割加工；

3　钢构件拼装单元的节点位置允许偏差为±2.0mm；

4　构件长度、拼装单元长度的允许正、负偏差均可取长度的 1/2000；

5　管件连接焊缝应沿全长连续、均匀、饱满、平滑、无气泡和夹渣；支管壁厚小于 6mm 时可不切坡口；角焊缝的焊脚高度不宜大于支管壁厚的 2 倍；

6　钢结构的表面处理应符合本规范第 3.3 节的有关规定；

7　分单元组装的钢结构，宜进行预拼装。

9.3.6 杆索体系的加工尚应符合下列要求：

1　拉杆、拉索应进行拉断试验；

2　拉索下料前应进行调直预张拉，张拉力可取破断拉力的 50%，持续时间可取 2h；

3　截断后的钢索应采用挤压机进行套筒固定；

4　拉杆与端杆不宜采用焊接连接；

5　杆索结构应在工作台座上进行拼装，并应防止表面损伤。

9.3.7 钢构件焊接、螺栓连接应符合现行国家标准《钢结构设计规范》GB 50017 及行业标准《建筑钢结构焊接技术规程》JGJ 81 的有关规定。

9.3.8 钢构件表面涂装应符合现行国家标准《钢结构工程施工质量验收规范》GB 50205 的有关规定。

9.4 玻　璃

9.4.1 玻璃幕墙的单片玻璃、夹层玻璃、中空玻璃的加工精度应符合下列要求：

1　单片钢化玻璃，其尺寸的允许偏差应符合表 9.4.1-1 的要求；

表 9.4.1-1　钢化玻璃尺寸允许偏差（mm）

项　目	玻璃厚度（mm）	玻璃边长 L≤2000	玻璃边长 L>2000
边长	6，8，10，12	±1.5	±2.0
	15，19	±2.0	±3.0

项　目	玻璃厚度（mm）	玻璃边长 L≤2000	玻璃边长 L>2000
对角线差	6，8，10，12	≤2.0	≤3.0
	15，19	≤3.0	≤3.5

2　采用中空玻璃时，其尺寸的允许偏差应符合表 9.4.1-2 的要求；

表 9.4.1-2　中空玻璃尺寸允许偏差（mm）

项　目		允许偏差
边　长	L<1000	±2.0
	1000≤L<2000	+2.0, −3.0
	L≥2000	±3.0
对角线差	L≤2000	≤2.5
	L>2000	≤3.5
厚　度	t<17	±1.0
	17≤t<22	±1.5
	t≥22	±2.0
叠　差	L<1000	±2.0
	1000≤L<2000	±3.0
	2000≤L<4000	±4.0
	L≥4000	±6.0

3　采用夹层玻璃时，其尺寸允许偏差应符合表 9.4.1-3 的要求。

表 9.4.1-3　夹层玻璃尺寸允许偏差（mm）

项　目		允许偏差
边　长	L≤2000	±2.0
	L>2000	±2.5
对角线差	L≤2000	≤2.5
	L>2000	≤3.5
叠　差	L<1000	±2.0
	1000≤L<2000	±3.0
	2000≤L<4000	±4.0
	L≥4000	±6.0

9.4.2 玻璃弯加工后，其每米弦长内拱高的允许偏差为±3.0mm，且玻璃的曲边应顺滑一致；玻璃直边的弯曲度，拱形时不应超过 0.5%，波形时不应超过 0.3%。

9.4.3 全玻幕墙的玻璃加工应符合下列要求：

1　玻璃边缘应倒棱并细磨；外露玻璃的边缘应精磨；

2　采用钻孔安装时，孔边缘应进行倒角处理，并不应出现崩边。

9.4.4 点支承玻璃加工应符合下列要求：

1 玻璃面板及其孔洞边缘均应倒棱和磨边，倒棱宽度不宜小于1mm，磨边宜细磨；

2 玻璃切角、钻孔、磨边应在钢化前进行；

3 玻璃加工的允许偏差应符合表9.4.4的规定；

表9.4.4　点支承玻璃加工允许偏差

项　目	边长尺寸	对角线差	钻孔位置	孔距	孔轴与玻璃平面垂直度
允许偏差	±1.0mm	≤2.0mm	±0.8mm	±1.0mm	±12′

4 中空玻璃开孔后，开孔处应采取多道密封措施；

5 夹层玻璃、中空玻璃的钻孔可采用大、小孔相对的方式。

9.4.5 中空玻璃合片加工时，应考虑制作处和安装处不同气压的影响，采取防止玻璃大面变形的措施。

9.5　明框幕墙组件

9.5.1 明框幕墙组件加工尺寸允许偏差应符合下列要求：

1 组件装配尺寸允许偏差应符合表9.5.1-1的要求；

表9.5.1-1　组件装配尺寸允许偏差（mm）

项　目	构件长度	允许偏差
型材槽口尺寸	≤2000	±2.0
	>2000	±2.5
组件对边尺寸差	≤2000	≤2.0
	>2000	≤3.0
组件对角线尺寸差	≤2000	≤3.0
	>2000	≤3.5

2 相邻构件装配间隙及同一平面度的允许偏差应符合表9.5.1-2的要求。

表9.5.1-2　相邻构件装配间隙及同一平面度的允许偏差（mm）

项　目	允许偏差	项　目	允许偏差
装配间隙	≤0.5	同一平面度差	≤0.5

9.5.2 单层玻璃与槽口的配合尺寸（图9.5.2）应符合表9.5.2的要求。

表9.5.2　单层玻璃与槽口的配合尺寸（mm）

玻璃厚度（mm）	a	b	c
5～6	≥3.5	≥15	≥5
8～10	≥4.5	≥16	≥5
不小于12	≥5.5	≥18	≥5

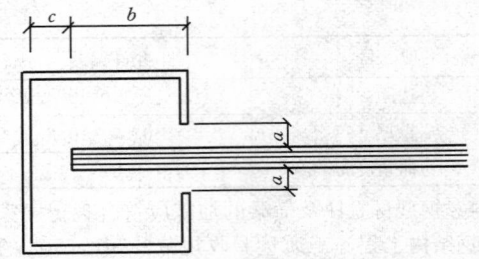

图9.5.2　单层玻璃与槽口的配合示意

9.5.3 中空玻璃与槽口的配合尺寸（图9.5.3）应符合表9.5.3的要求。

表9.5.3　中空玻璃与槽口的配合尺寸（mm）

中空玻璃厚度（mm）	a	b	c		
			下边	上边	侧边
6+d_a+6	≥5	≥17	≥7	≥5	≥5
8+d_a+8 及以上	≥6	≥18	≥7	≥5	≥5

注：d_a 为空气层厚度，不应小于9mm。

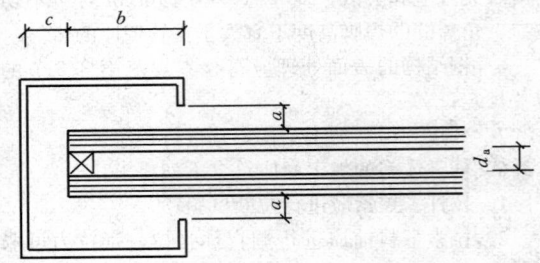

图9.5.3　中空玻璃与槽口的配合示意

9.5.4 明框幕墙组件的导气孔及排水孔设置应符合设计要求，组装时应保证导气孔及排水孔通畅。

9.5.5 明框幕墙组件应拼装严密。设计要求密封时，应采用硅酮建筑密封胶进行密封。

9.5.6 明框幕墙组装时，应采取措施控制玻璃与铝合金框料之间的间隙。玻璃的下边缘应采用两块压模成型的氯丁橡胶垫块支承，垫块的尺寸应符合本规范第4.3.11条的要求。

9.6　隐框幕墙组件

9.6.1 半隐框、隐框幕墙中，对玻璃面板及铝框的清洁应符合下列要求：

1 玻璃和铝框粘结表面的尘埃、油渍和其他污物，应分别使用带溶剂的擦布和干擦布清除干净；

2 应在清洁后一小时内进行注胶；注胶前再度污染时，应重新清洁；

3 每清洁一个构件或一块玻璃，应更换清洁的干擦布。

9.6.2 使用溶剂清洁时，应符合下列要求：

1 不应将擦布浸泡在溶剂里，应将溶剂倾倒在擦布上；

2 使用和贮存溶剂，应采用干净的容器；

3 使用溶剂的场所严禁烟火；

4 应遵守所用溶剂标签或包装上标明的注意事项。

9.6.3 硅酮结构密封胶注胶前必须取得合格的相容性检验报告，必要时应加涂底漆；双组份硅酮结构密封胶尚应进行混匀性蝴蝶试验和拉断试验。

9.6.4 采用硅酮结构密封胶粘结板块时，不应使结构胶长期处于单独受力状态。硅酮结构密封胶组件在固化并达到足够承载力前不应搬动。

9.6.5 隐框玻璃幕墙装配组件的注胶必须饱满，不得出现气泡，胶缝表面应平整光滑；收胶缝的余胶不得重复使用。

9.6.6 硅酮结构密封胶完全固化后，隐框玻璃幕墙装配组件的尺寸偏差应符合表9.6.6的规定。

表 9.6.6 结构胶完全固化后隐框
玻璃幕墙组件的尺寸允许偏差（mm）

序号	项 目	尺寸范围	允许偏差
1	框长宽尺寸		±1.0
2	组件长宽尺寸		±2.5
3	框接缝高度差		≤0.5
4	框内侧对角线差及组件对角线差	当长边≤2000时	≤2.5
		当长边>2000时	≤3.5
5	框组装间隙		≤0.5
6	胶缝宽度		+2.0 0
7	胶缝厚度		+0.5 0
8	组件周边玻璃与铝框位置差		±1.0
9	结构组件平面度		≤3.0
10	组件厚度		±1.5

9.6.7 当隐框玻璃幕墙采用悬挑玻璃时，玻璃的悬挑尺寸应符合计算要求，且不宜超过150mm。

9.7 单元式玻璃幕墙

9.7.1 单元式玻璃幕墙在加工前应对各板块编号，并应注明加工、运输、安装方向和顺序。

9.7.2 单元板块的构件连接应牢固，构件连接处的缝隙应采用硅酮建筑密封胶密封，胶缝的施工应符合本规范第10.3.7条的要求。

9.7.3 单元板块的吊挂件、支撑件应具备可调整范围，并应采用不锈钢螺栓将吊挂件与立柱固定牢固，固定螺栓不得少于2个。

9.7.4 单元板块的硅酮结构密封胶不宜外露。

9.7.5 明框单元板块在搬动、运输、吊装过程中，应采取措施防止玻璃滑动或变形。

9.7.6 单元板块组装完成后，工艺孔宜封堵，通气孔及排水孔应畅通。

9.7.7 当采用自攻螺钉连接单元组件框时，每处螺钉不应少于3个，螺钉直径不应小于4mm。螺钉孔最大内径、最小内径和拧入扭矩应符合表9.7.7的要求。

表 9.7.7 螺钉孔内径和扭矩要求

螺钉公称直径（mm）	孔径（mm）		扭矩（Nm）
	最 小	最 大	
4.2	3.430	3.480	4.4
4.6	4.015	4.065	6.3
5.5	4.735	4.785	10.0
6.3	5.475	5.525	13.6

9.7.8 单元组件框加工制作允许偏差应符合表9.7.8的规定。

表 9.7.8 单元组件框加工制作允许尺寸偏差

序号	项 目		允许偏差	检查方法
1	框长（宽）度（mm）	≤2000	±1.5mm	钢尺或板尺
		>2000	±2.0mm	
2	分格长（宽）度（mm）	≤2000	±1.5mm	钢尺或板尺
		>2000	±2.0mm	
3	对角线长度差（mm）	≤2000	≤2.5mm	钢尺或板尺
		>2000	≤3.5mm	
4	接缝高低差		≤0.5mm	游标深度尺
5	接缝间隙		≤0.5mm	塞片
6	框面划伤		≤3处且总长≤100mm	
7	框料擦伤		≤3处且总面积≤200mm²	

9.7.9 单元组件组装允许偏差应符合表9.7.9的规定。

表 9.7.9 单元组件组装允许偏差

序号	项 目		允许偏差（mm）	检查方法
1	组件长度、宽度（mm）	≤2000	±1.5	钢尺
		>2000	±2.0	
2	组件对角线长度差（mm）	≤2000	≤2.5	钢尺
		>2000	≤3.5	

序号	项　目	允许偏差（mm）	检查方法
3	胶缝宽度	+1.0 0	卡尺或钢板尺
4	胶缝厚度	+0.5 0	卡尺或钢板尺
5	各搭接量（与设计值比）	+1.0 0	钢板尺
6	组件平面度	≤1.5	1m靠尺
7	组件内镶板间接缝宽度（与设计值比）	±1.0	塞尺
8	连接构件竖向中轴线距组件外表面（与设计值比）	±1.0	钢尺
9	连接构件水平轴线距组件水平对插中心线	±1.0 （可上、下调节时±2.0）	钢尺
10	连接构件竖向轴线距组件竖向对插中心线	±1.0	钢尺
11	两连接构件中心线水平距离	±1.0	钢尺
12	两连接构件上、下端水平距离差	±0.5	钢尺
13	两连接件上、下端对角线差	±1.0	钢尺

9.8　玻璃幕墙构件检验

9.8.1　玻璃幕墙构件应按构件的5%进行随机抽样检查，且每种构件不得少于5件。当有一个构件不符合要求时，应加倍抽查，复检合格后方可出厂。

9.8.2　产品出厂时，应附有构件合格证书。

10　安　装　施　工

10.1　一　般　规　定

10.1.1　安装玻璃幕墙的主体结构，应符合有关结构施工质量验收规范的要求。

10.1.2　进场安装的玻璃幕墙构件及附件的材料品种、规格、色泽和性能，应符合设计要求。

10.1.3　玻璃幕墙的安装施工应单独编制施工组织设计，并应包括下列内容：

1　工程进度计划；

2　与主体结构施工、设备安装、装饰装修的协调配合方案；

3　搬运、吊装方法；

4　测量方法；

5　安装方法；

6　安装顺序；

7　构件、组件和成品的现场保护方法；

8　检查验收；

9　安全措施。

10.1.4　单元式玻璃幕墙的安装施工组织设计尚应包括以下内容：

1　吊具的类型和吊具的移动方法，单元组件起吊地点、垂直运输与楼层上水平运输方法和机具；

2　收口单元位置、收口闭合工艺及操作方法；

3　单元组件吊装顺序以及吊装、调整、定位固定等方法和措施；

4　幕墙施工组织设计应与主体工程施工组织设计的衔接，单元幕墙收口部位应与总施工平面图中施工机具的布置协调，如果采用吊车直接吊装单元组件时，应使吊车臂覆盖全部安装位置。

10.1.5　点支承玻璃幕墙的安装施工组织设计尚应包括以下内容：

1　支承钢结构的运输、现场拼装和吊装方案；

2　拉杆、拉索体系预拉力的施加、测量、调整方案以及索杆的定位、固定方法；

3　玻璃的运输、就位、调整和固定方法；

4　胶缝的充填及质量保证措施。

10.1.6　采用脚手架施工时，玻璃幕墙安装施工厂商应与土建施工单位协商幕墙施工所用脚手架方案。悬挂式脚手架宜为3层层高；落地式脚手架应为双排布置。

10.1.7　玻璃幕墙的施工测量应符合下列要求：

1　玻璃幕墙分格轴线的测量应与主体结构测量相配合，其偏差应及时调整，不得积累；

2　应定期对玻璃幕墙的安装定位基准进行校核；

3　对高层建筑的测量应在风力不大于4级时进行。

10.1.8　幕墙安装过程中，构件存放、搬运、吊装时不应碰撞和损坏；半成品应及时保护；对型材保护膜应采取保护措施。

10.1.9　安装镀膜玻璃时，镀膜面的朝向应符合设计要求。

10.1.10　焊接作业时，应采取保护措施防止烧伤型材或玻璃镀膜。

10.2　安装施工准备

10.2.1　安装施工之前，幕墙安装厂商应会同土建承包商检查现场清洁情况、脚手架和起重运输设备，确认是否具备幕墙施工条件。

10.2.2　构件储存时应依照安装顺序排列，储存架应有足够的承载能力和刚度。在室外储存时应采取保护措施。

10.2.3　玻璃幕墙与主体结构连接的预埋件，应在主体结构施工时按设计要求埋设；预埋件位置偏差不应大于20mm。

10.2.4　预埋件位置偏差过大或未设预埋件时，应制订补救措施或可靠连接方案，经与业主、土建设计单位洽商同意后，方可实施。

10.2.5 由于主体结构施工偏差而妨碍幕墙施工安装时，应会同业主和土建承建商采取相应措施，并在幕墙安装前实施。

10.2.6 采用新材料、新结构的幕墙，宜在现场制作样板，经业主、监理、土建设计单位共同认可后方可进行安装施工。

10.2.7 构件安装前均应进行检验与校正。不合格的构件不得安装使用。

10.3 构件式玻璃幕墙

10.3.1 玻璃幕墙立柱的安装应符合下列要求：

1 立柱安装轴线偏差不应大于 2mm；

2 相邻两根立柱安装标高偏差不应大于 3mm，同层立柱的最大标高偏差不应大于 5mm；相邻两根立柱固定点的距离偏差不应大于 2mm；

3 立柱安装就位、调整后应及时紧固。

10.3.2 玻璃幕墙横梁安装应符合下列要求：

1 横梁应安装牢固，设计中横梁和立柱间留有空隙时，空隙宽度应符合设计要求；

2 同一根横梁两端或相邻两根横梁的水平标高偏差不应大于 1mm。同层标高偏差：当一幅幕墙宽度不大于 35m 时，不应大于 5mm；当一幅幕墙宽度大于 35m 时，不应大于 7mm；

3 当安装完成一层高度时，应及时进行检查、校正和固定。

10.3.3 玻璃幕墙其他主要附件安装应符合下列要求：

1 防火、保温材料应铺设平整且可靠固定，拼接处不应留缝隙；

2 冷凝水排出管及其附件应与水平构件预留孔连接严密，与内衬板出水孔连接处应密封；

3 其他通气槽孔及雨水排出口等应按设计要求施工，不得遗漏；

4 封口应按设计要求进行封闭处理；

5 玻璃幕墙安装用的临时螺栓等，应在构件紧固后及时拆除；

6 采用现场焊接或高强螺栓紧固的构件，应在紧固后及时进行防锈处理。

10.3.4 幕墙玻璃安装应按下列要求进行：

1 玻璃安装前应进行表面清洁。除设计另有要求外，应将单片阳光控制镀膜玻璃的镀膜面朝向室内，非镀膜面朝向室外；

2 应按规定型号选用玻璃四周的橡胶条，其长度宜比边框内槽口长 1.5%～2%；橡胶条斜面断开后应拼成预定的设计角度，并应采用粘结剂粘结牢固；镶嵌应平整。

10.3.5 铝合金装饰压板的安装，应表面平整、色彩一致，接缝应均匀严密。

10.3.6 硅酮建筑密封胶不宜在夜晚、雨天打胶，打胶温度应符合设计要求和产品要求，打胶前应使打胶面清洁、干燥。

10.3.7 构件式玻璃幕墙中硅酮建筑密封胶的施工应符合下列要求：

1 硅酮建筑密封胶的施工厚度应大于 3.5mm，施工宽度不宜小于施工厚度的 2 倍；较深的密封槽口底部应采用聚乙烯发泡材料填塞；

2 硅酮建筑密封胶在接缝内应两对面粘结，不应三面粘结。

10.4 单元式玻璃幕墙

10.4.1 单元吊装机具准备应符合下列要求：

1 应根据单元板块选择适当的吊装机具，并与主体结构安装牢固；

2 吊装机具使用前，应进行全面质量、安全检验；

3 吊具设计应使其在吊装中与单元板块之间不产生水平方向分力；

4 吊具运行速度应可控制，并有安全保护措施；

5 吊装机具应采取防止单元板块摆动的措施。

10.4.2 单元构件运输应符合下列要求：

1 运输前单元板块应顺序编号，并做好成品保护；

2 装卸及运输过程中，应采用有足够承载力和刚度的周转架，衬垫弹性垫，保证板块相互隔开并相对固定，不得相互挤压和串动；

3 超过运输允许尺寸的单元板块，应采取特殊措施；

4 单元板块应按顺序摆放平衡，不应造成板块或型材变形；

5 运输过程中，应采取措施减小颠簸。

10.4.3 在场内堆放单元板块时，应符合下列要求：

1 宜设置专用堆放场地，并应有安全保护措施；

2 宜存放在周转架上；

3 应依照安装顺序先出后进的原则按编号排列放置；

4 不应直接叠层堆放；

5 不宜频繁装卸。

10.4.4 起吊和就位应符合下列要求：

1 吊点和挂点应符合设计要求，吊点不应少于 2 个。必要时可增设吊点加固措施并试吊；

2 起吊单元板块时，应使各吊点均匀受力，起吊过程应保持单元板块平稳；

3 吊装升降和平移应使单元板块不摆动、不撞击其他物体；

4 吊装过程应采取措施保证装饰面不受磨损和挤压；

5 单元板块就位时，应先将其挂到主体结构的挂点上，板块未固定前，吊具不得拆除。

10.4.5 连接件安装允许偏差应符合表 10.4.5 的规定。

10.4.6 校正及固定应按下列规定进行：

　　1 单元板块就位后，应及时校正；

　　2 单元板块校正后，应及时与连接部位固定，并应进行隐蔽工程验收；

表 10.4.5　连接件安装允许偏差

序号	项　　目	允许偏差（mm）	检查方法
1	标高	±1.0（可上下调节时±2.0)	水准仪
2	连接件两端点平行度	≤1.0	钢尺
3	距安装轴线水平距离	≤1.0	钢尺
4	垂直偏差（上、下两端点与垂线偏差）	±1.0	钢尺
5	两连接件连接点中心水平距离	±1.0	钢尺
6	两连接件上、下端对角线差	±1.0	钢尺
7	相邻三连接件（上下、左右）偏差	±1.0	钢尺

　　3 单元式幕墙安装固定后的偏差应符合表 10.4.6 的要求；

表 10.4.6　单元式幕墙安装允许偏差

序号	项　　目		允许偏差（mm）	检查方法
1	竖缝及墙面垂直度	幕墙高度 H（m）		激光经纬仪或经纬仪
		H≤30	≤10	
		30<H≤60	≤15	
		60<H≤90	≤20	
		H>90	≤25	
2	幕墙平面度		≤2.5	2m 靠尺、钢板尺
3	竖缝直线度		≤2.5	2m 靠尺、钢板尺
4	横缝直线度		≤2.5	2m 靠尺、钢板尺
5	缝宽度（与设计值比）		±2	卡尺
6	耐候胶缝直线度	L≤20m	1	钢尺
		20m<L≤60m	3	
		60m<L≤100m	6	
		L>100m	10	
7	两相邻面板之间接缝高低差		≤1.0	深度尺
8	同层单元组件标高	宽度不大于 35m	≤3.0	激光经纬仪或经纬仪
		宽度大于 35m	≤5.0	

续表

序号	项　　目	允许偏差（mm）	检查方法
9	相邻两组件面板表面高低差	≤1.0	深度尺
10	两组件对插件接缝搭接长度（与设计值比）	±1.0	卡尺
11	两组件对插件距槽底距离（与设计值比）	±1.0	卡尺

　　4 单元板块固定后，方可拆除吊具，并应及时清洁单元板块的型材槽口。

10.4.7 施工中如果暂停安装，应将对插槽口等部位进行保护；安装完毕的单元板块应及时进行成品保护。

10.5 全玻幕墙

10.5.1 全玻幕墙安装前，应清洁镶嵌槽；中途暂停施工时，应对槽口采取保护措施。

10.5.2 全玻幕墙安装过程中，应随时检测和调整面板、玻璃肋的水平度和垂直度，使墙面安装平整。

10.5.3 每块玻璃的吊夹应位于同一平面，吊夹的受力应均匀。

10.5.4 全玻幕墙玻璃两边嵌入槽口深度及预留空隙应符合设计要求，左右空隙尺寸宜相同。

10.5.5 全玻幕墙的玻璃宜采用机械吸盘安装，并应采取必要的安全措施。

10.5.6 全玻幕墙施工质量应符合表 10.5.6 的要求。

表 10.5.6　全玻幕墙施工质量要求

序号	项　　目		允许偏差	测量方法
1	幕墙平面的垂直度	幕墙高度 H（m）		激光仪或经纬仪
		H≤30	10mm	
		30<H≤60	15mm	
		60<H≤90	20mm	
		H>90	25mm	
2	幕墙的平面度		2.5mm	2m 靠尺，钢板尺
3	竖缝的直线度		2.5mm	2m 靠尺，钢板尺
4	横缝的直线度		2.5mm	2m 靠尺，钢板尺
5	线缝宽度（与设计值比较）		±2mm	卡尺
6	两相邻面板之间的高低差		1.0mm	深度尺
7	玻璃面板与肋板夹角与设计值偏差		≤1°	量角器

10.6 点支承玻璃幕墙

10.6.1 点支承玻璃幕墙支承结构的安装应符合下列要求：

　　1 钢结构安装过程中，制孔、组装、焊接和涂装等工序均应符合现行国家标准《钢结构工程施工质量验收规范》GB 50205 的有关规定；

2 大型钢结构构件应进行吊装设计，并应试吊；

3 钢结构安装就位、调整后应及时紧固，并应进行隐蔽工程验收；

4 钢构件在运输、存放和安装过程中损坏的涂层以及未涂装的安装连接部位，应按现行国家标准《钢结构工程施工质量验收规范》GB 50205 的有关规定补涂。

10.6.2 张拉杆、索体系中，拉杆和拉索预拉力的施加应符合下列要求：

1 钢拉杆和钢拉索安装时，必须按设计要求施加预拉力，并宜设置预拉力调节装置；预拉力宜采用测力计测定。采用扭力扳手施加预拉力时，应事先进行标定；

2 施加预拉力应以张拉力为控制量；拉杆、拉索的预拉力应分次、分批对称张拉；在张拉过程中，应对拉杆、拉索的预拉力随时调整；

3 张拉前必须对构件、锚具等进行全面检查，并应签发张拉通知单。张拉通知单应包括张拉日期、张拉分批次数、每次张拉控制力、张拉用机具、测力仪器及使用安全措施和注意事项；

4 应建立张拉记录；

5 拉杆、拉索实际施加的预拉力值应考虑施工温度的影响。

10.6.3 支承结构构件的安装偏差应符合表 10.6.3 的要求。

10.6.4 点支承玻璃幕墙爪件安装前，应精确定出其安装位置。爪座安装的允许偏差应符合本规范表 10.6.3 的规定。

10.6.5 点支承玻璃幕墙面板安装质量应符合本规范表 10.5.6 的相应规定。

表 10.6.3 支承结构安装技术要求

名　称	允许偏差（mm）
相邻两竖向构件间距	±2.5
竖向构件垂直度	$l/1000$ 或≤5,l 为跨度
相邻三竖向构件外表面平面度	5
相邻两爪座水平间距和竖向距离	±1.5
相邻两爪座水平高低差	1.5
爪座水平度	2
同层高度内爪座高低差： 间距不大于 35m 间距大于 35m	 5 7
相邻两爪座垂直间距	±2.0
单个分格爪座对角线差	4
爪座端面平面度	6.0

10.7 安 全 规 定

10.7.1 玻璃幕墙安装施工应符合现行行业标准《建筑施工高处作业安全技术规范》JGJ 80、《建筑机械使用安全技术规程》JGJ 33、《施工现场临时用电安全技术规范》JGJ 46 的有关规定。

10.7.2 安装施工机具在使用前，应进行严格检查。电动工具应进行绝缘电压试验；手持玻璃吸盘及玻璃吸盘机应进行吸附重量和吸附持续时间试验。

10.7.3 采用外脚手架施工时，脚手架应经过设计，并应与主体结构可靠连接。采用落地式钢管脚手架时，应双排布置。

10.7.4 当高层建筑的玻璃幕墙安装与主体结构施工交叉作业时，在主体结构的施工层下方应设置防护网；在距离地面约 3m 高度处，应设置挑出宽度不小于 6m 的水平防护网。

10.7.5 采用吊篮施工时，应符合下列要求：

1 吊篮应进行设计，使用前应进行安全检查；

2 吊篮不应作为竖向运输工具，并不得超载；

3 不应在空中进行吊篮检修；

4 吊篮上的施工人员必须配系安全带。

10.7.6 现场焊接作业时，应采取防火措施。

11 工 程 验 收

11.1 一 般 规 定

11.1.1 玻璃幕墙工程验收前应将其表面清洗干净。

11.1.2 玻璃幕墙验收时应提交下列资料：

1 幕墙工程的竣工图或施工图、结构计算书、设计变更文件及其他设计文件；

2 幕墙工程所用各种材料、附件及紧固件、构件及组件的产品合格证书、性能检测报告、进场验收记录和复验报告；

3 进口硅酮结构胶的商检证；国家指定检测机构出具的硅酮结构胶相容性和剥离粘结性试验报告；

4 后置埋件的现场拉拔检测报告；

5 幕墙的风压变形性能、气密性能、水密性能检测报告及其他设计要求的性能检测报告；

6 打胶、养护环境的温度、湿度记录；双组份硅酮结构胶的混匀性试验记录及拉断试验记录；

7 防雷装置测试记录；

8 隐蔽工程验收文件；

9 幕墙构件和组件的加工制作记录；幕墙安装施工记录；

10 张拉杆索体系预拉力张拉记录；

11 淋水试验记录；

12 其他质量保证资料。

11.1.3 玻璃幕墙工程验收前，应在安装施工中完成下列隐蔽项目的现场验收：

1 预埋件或后置螺栓连接件；

2 构件与主体结构的连接节点；

3 幕墙四周、幕墙内表面与主体结构之间的封堵；

4 幕墙伸缩缝、沉降缝、防震缝及墙面转角节点；

5 隐框玻璃板块的固定；

6 幕墙防雷连接节点；

7 幕墙防火、隔烟节点；

8 单元式幕墙的封口节点。

11.1.4 玻璃幕墙工程质量检验应进行观感检验和抽样检验，并应按下列规定划分检验批，每幅玻璃幕墙均应检验。

1 相同设计、材料、工艺和施工条件的玻璃幕墙工程每 500～1000m² 为一个检验批，不足 500m² 应划分为一个检验批。每个检验批每 100 m² 应至少抽查一处，每处不得少于 10 m²；

2 同一单位工程的不连续的幕墙工程应单独划分检验批；

3 对于异形或有特殊要求的幕墙，检验批的划分应根据幕墙的结构、工艺特点及幕墙工程的规模，宜由监理单位、建设单位和施工单位协商确定。

11.2 框支承玻璃幕墙

11.2.1 玻璃幕墙观感检验应符合下列要求：

1 明框幕墙框料应横平竖直；单元式幕墙的单元接缝或隐框幕墙分格玻璃接缝应横平竖直，缝宽应均匀，并符合设计要求；

2 铝合金材料不应有脱膜现象；玻璃的品种、规格与色彩应与设计相符，整幅幕墙玻璃的色泽应均匀；并不应有析碱、发霉和镀膜脱落等现象；

3 装饰压板表面应平整，不应有肉眼可察觉的变形、波纹或局部压砸等缺陷；

4 幕墙的上下边及侧边封口、沉降缝、伸缩缝、防震缝的处理及防雷体系应符合设计要求；

5 幕墙隐蔽节点的遮封装修应整齐美观；

6 淋水试验时，幕墙不应渗漏。

11.2.2 框支承玻璃幕墙工程抽样检验应符合下列要求：

1 铝合金料及玻璃表面不应有铝屑、毛刺、明显的电焊伤痕、油斑和其他污垢；

2 幕墙玻璃安装应牢固，橡胶条应镶嵌密实、密封胶胶填充平整；

3 每平方米玻璃的表面质量应符合表 11.2.2-1 的规定；

4 一个分格铝合金框料表面质量应符合表 11.2.2-2 的规定；

5 铝合金框架构件安装质量应符合表 11.2.2-3

的规定，测量检查应在风力小于 4 级时进行。

表 11.2.2-1 每平方米玻璃表面质量要求

项 目	质 量 要 求
0.1～0.3mm 宽划伤痕	长度小于 100mm；不超过 8 条
擦伤	不大于 500mm²

表 11.2.2-2 一个分格铝合金框料表面质量要求

项 目	质 量 要 求
擦伤、划伤深度	不大于氧化膜厚度的 2 倍
擦伤总面积（mm²）	不大于 500
划伤总长度（mm）	不大于 150
擦伤和划伤处数	不大于 4

注：一个分格铝合金框料指该分格的四周框架构件。

表 11.2.2-3 铝合金框架构件安装质量要求

	项 目		允许偏差（mm）	检查方法
1	幕墙垂直度	幕墙高度不大于 30m	10	激光仪或经纬仪
		幕墙高度大于 30m、不大于 60m	15	
		幕墙高度大于 60m、不大于 90m	20	
		幕墙高度大于 90m、不大于 150m	25	
		幕墙高度大于 150m	30	
2	竖向构件直线度		2.5	2m 靠尺、塞尺
3	横向构件水平度	长度不大于 2000mm	2	水平仪
		长度大于 2000mm	3	
4	同高度相邻两根横向构件高度差		1	钢板尺、塞尺
5	幕墙横向构件水平度	幅宽不大于 35m	5	水平仪
		幅宽大于 35m	7	
6	分格框对角线差	对角线长不大于 2000mm	3	对角线尺或钢卷尺
		对角线长大于 2000mm	3.5	

注：1 表中 1～5 项按抽样根数检查，第 6 项按抽样分格数检查；

2 垂直于地面的幕墙，竖向构件垂直度包括幕墙平面内及平面外的检查；

3 竖向直线度包括幕墙平面内及平面外的检查。

11.2.3 隐框玻璃幕墙的安装质量应符合表 11.2.3 的规定。

11.2.4 玻璃幕墙工程抽样检验数量，每幅幕墙的竖向构件或竖向接缝和横向构件或横向接缝应各抽查 5%，并均不得少于 3 根；每幅幕墙分格应各抽查 5%，并不得少于 10 个。抽检质量应符合本规范第

11.2.2 条或第 11.2.3 条的规定。

注：1 抽样的样品，1根竖向构件或竖向接缝指该幕墙全高的1根构件或接缝；1根横向构件或横向接缝指该幅幕墙全宽的1根构件或接缝；
　　2 凡幕墙上的开启部分，其抽样检验的工程验收应符合现行国家标准《建筑装饰装修工程质量验收规范》GB 50210 的有关规定。

表 11.2.3 隐框玻璃幕墙安装质量要求

项　目		允许偏差（mm）	检查方法
1	竖缝及墙面垂直度	幕墙高度不大于30m	10	激光仪或经纬仪
		幕墙高度大于30m，不大于60m	15	
		幕墙高度大于60m，不大于90m	20	
		幕墙高度大于90m，不大于150m	25	
		幕墙高度大于150m	30	
2	幕墙平面度		2.5	2m靠尺，钢板尺
3	竖缝直线度		2.5	2m靠尺，钢板尺
4	横缝直线度		2.5	2m靠尺，钢板尺
5	拼缝宽度（与设计值比）		2	卡尺

11.3 全玻幕墙

11.3.1 墙面外观应平整，胶缝应平整光滑、宽度均匀。胶缝宽度与设计值的偏差不应大于2mm。

11.3.2 玻璃面板与玻璃肋之间的垂直度偏差不应大于2mm；相邻玻璃面板的平面高低偏差不应大于1mm。

11.3.3 玻璃与镶嵌槽的间隙应符合设计要求，密封胶应灌注均匀、密实、连续。

11.3.4 玻璃与周边结构或装修的空隙不应小于8mm，密封胶填缝应均匀、密实、连续。

11.4 点支承玻璃幕墙

11.4.1 玻璃幕墙大面应平整，胶缝应横平竖直、缝宽均匀、表面平滑。钢结构焊缝应平滑，防腐涂层应均匀、无破损。不锈钢件的光泽度应与设计相符，且无锈斑。

11.4.2 钢结构验收应符合现行国家标准《钢结构工程施工质量验收规范》GB 50205 的要求。

11.4.3 拉杆和拉索的预拉力应符合设计要求。

11.4.4 点支承幕墙安装允许偏差应符合表 11.4.4 的规定。

11.4.5 钢爪安装偏差应符合下列要求：
　　1 相邻钢爪水平距离和竖向距离为±1.5mm；
　　2 同层钢爪高度允许偏差应符合表 11.4.5 的规定。

表 11.4.4 点支承幕墙安装允许偏差

项　目		允许偏差（mm）	检查方法
竖缝及墙面垂直度	高度不大于30m	10.0	激光仪或经纬仪
	高度大于30m但不大于50m	15.0	
平面度		2.5	2m靠尺、钢板尺
胶缝直线度		2.5	2m靠尺、钢板尺
拼缝宽度		2	卡尺
相邻玻璃平面高低差		1.0	塞尺

表 11.4.5 同层钢爪高度允许偏差

水平距离 L（m）	允许偏差（×1000mm）
L≤35	L/700
35<L≤50	L/600
50<L≤100	L/500

12 保养和维修

12.1 一般规定

12.1.1 幕墙工程竣工验收时，承包商应向业主提供《幕墙使用维护说明书》。《幕墙使用维护说明书》应包括下列内容：
　　1 幕墙的设计依据、主要性能参数及幕墙结构的设计使用年限；
　　2 使用注意事项；
　　3 环境条件变化对幕墙工程的影响；
　　4 日常与定期的维护、保养要求；
　　5 幕墙的主要结构特点及易损零部件更换方法；
　　6 备品、备件清单及主要易损件的名称、规格；
　　7 承包商的保修责任。

12.1.2 幕墙工程承包商在幕墙交付使用前应为业主培训幕墙维修、维护人员。

12.1.3 幕墙交付使用后，业主应根据《幕墙使用维护说明书》的相关要求及时制定幕墙的维修、保养计划与制度。

12.1.4 雨天或4级以上风力的天气情况下不宜使用开启窗；6级以上风力时，应全部关闭开启窗。

12.1.5 幕墙外表面的检查、清洗、保养与维修工作不得在4级以上风力和大雨（雪）天气下进行。

12.1.6 幕墙外表面的检查、清洗、保养与维修使用的作业机具设备（举升机、擦窗机、吊篮等）应保养良好、功能正常、操作方便、安全可靠；每次使用前都应进行安全装置的检查，确保设备与人员安全。

12.1.7 幕墙外表面的检查、清洗、保养与维修的作业中，凡属高空作业者，应符合现行行业标准《建筑

《施工高处作业安全技术规范》JGJ 80 的有关规定。

12.2 检查与维修

12.2.1 日常维护和保养应符合下列规定:

　　1 应保持幕墙表面整洁,避免锐器及腐蚀性气体和液体与幕墙表面接触;

　　2 应保持幕墙排水系统的畅通,发现堵塞应及时疏通;

　　3 在使用过程中如发现门、窗启闭不灵或附件损坏等现象时,应及时修理或更换;

　　4 当发现密封胶或密封胶条脱落或损坏时,应及时进行修补与更换;

　　5 当发现幕墙构件或附件的螺栓、螺钉松动或锈蚀时,应及时拧紧或更换;

　　6 当发现幕墙构件锈蚀时,应及时除锈补漆或采取其他防锈措施。

12.2.2 定期检查和维护应符合下列规定:

　　1 在幕墙工程竣工验收后一年时,应对幕墙工程进行一次全面的检查,此后每五年应检查一次。检查项目应包括:

　　　1) 幕墙整体有无变形、错位、松动,如有,则应对该部位对应的隐蔽结构进行进一步检查;幕墙的主要承力构件、连接构件和连接螺栓等是否损坏、连接是否可靠、有无锈蚀等;

　　　2) 玻璃面板有无松动和损坏;

　　　3) 密封胶有无脱胶、开裂、起泡,密封胶条有无脱落、老化等损坏现象;

　　　4) 开启部分是否启闭灵活,五金附件是否有功能障碍或损坏,安装螺栓或螺钉是否松动和失效;

　　　5) 幕墙排水系统是否通畅。

　　2 应对第1款检查项目中不符合要求者进行维修或更换;

　　3 施加预拉力的拉杆或拉索结构的幕墙工程在工程竣工验收后六个月时,必须对该工程进行一次全面的预拉力检查和调整,此后每三年应检查一次;

　　4 幕墙工程使用十年后应对该工程不同部位的结构硅酮密封胶进行粘结性能的抽样检查;此后每三年宜检查一次。

12.2.3 灾后检查和修复应符合下列规定:

　　1 当幕墙遭遇强风袭击后,应及时对幕墙进行全面的检查,修复或更换损坏的构件。对施加预拉力的拉杆或拉索结构的幕墙工程,应进行一次全面的预拉力检查和调整;

　　2 当幕墙遭遇地震、火灾等灾害后,应由专业技术人员对幕墙进行全面的检查,并根据损坏程度制定处理方案,及时处理。

12.3 清　洗

12.3.1 业主应根据幕墙表面的积灰污染程度,确定其清洗次数,但不应少于每年一次。

12.3.2 清洗幕墙应按《幕墙使用维护说明书》要求选用清洗液。

12.3.3 清洗幕墙过程中不得撞击和损伤幕墙。

附录 A　耐候钢强度设计值

A.0.1 耐候钢强度设计值可按表 A.0.1 采用。

表 A.0.1　耐候钢强度设计值（N/mm²）

钢号	厚度 t（mm）	屈服强度 σ_s	受拉强度 f_s	受剪强度 f_v	承压强度 f_{ce}
Q235NH	$t \leqslant 16$	235	216	125	295
	$16 < t \leqslant 40$	225	207	120	295
	$40 < t \leqslant 60$	215	198	115	295
	> 60	215	198	115	295
Q295NH	$\leqslant 16$	295	271	157	344
	$16 < t \leqslant 40$	285	262	152	344
	$40 < t \leqslant 60$	275	253	147	344
	$60 < t \leqslant 100$	255	235	136	344
Q355NH	$\leqslant 16$	355	327	189	402
	$16 < t \leqslant 40$	345	317	184	402
	$40 < t \leqslant 60$	335	308	179	402
	$60 < t \leqslant 100$	325	299	173	402
Q460NH	$\leqslant 16$	460	414	240	451
	$16 < t \leqslant 40$	450	405	235	451
	$40 < t \leqslant 60$	440	396	230	451
	$60 < t \leqslant 100$	430	387	224	451
Q295GNH （热轧）	$t \leqslant 6$	295	271	157	320
	$t > 6$	295	271	157	320
Q295GNHL （热轧）	$t \leqslant 6$	295	271	157	353
	$t > 6$	295	271	157	353
Q345GNH （热轧）	$t \leqslant 6$	345	317	184	361
	$t > 6$	345	317	184	361
Q345GNHL （热轧）	$t \leqslant 6$	345	317	184	394
	$t > 6$	345	317	184	394
Q390GNH （热轧）	$t \leqslant 6$	390	359	208	420
	$t > 6$	390	359	208	420
Q295GNH （冷轧）	$t \leqslant 2.5$	260	239	139	320
Q295GNHL （冷轧）	$t \leqslant 2.5$	260	239	139	320
Q345GNHL （冷轧）	$t \leqslant 2.5$	320	294	171	369

附录 B 钢结构连接强度设计值

B.0.1 钢结构连接的强度设计值应分别按表 B.0.1-1、B.0.1-2、B.0.1-3 采用。

表 B.0.1-1　螺栓连接的强度设计值（N/mm²）

螺栓的性能等级、锚栓和构件钢材的牌号		普通螺栓						锚栓	承压型连接高强度螺栓		
		C级螺栓			A级、B级螺栓						
		抗拉 f_t^b	抗剪 f_v^b	承压 f_c^b	抗拉 f_t^b	抗剪 f_v^b	承压 f_c^b	抗拉 f_t^a	抗拉 f_t^b	抗剪 f_v^b	承压 f_c^b
普通螺栓	4.6级 4.8级	170	140								
	5.6级				210	190					
	8.8级				400	320					
锚栓	Q235钢							140			
	Q345钢							180			
承压型连接高强度螺栓	8.8级								400	250	
	10.9级								500	310	
构件	Q235钢			305			405				470
	Q345钢			385			510				590
	Q390钢			400			530				615

注：1 A级螺栓用于公称直径 d 不大于 24mm、螺杆公称长度不大于 $10d$ 且不大于 150mm 的螺栓；
2 B级螺栓用于公称直径 d 大于 24mm、螺杆公称长度大于 $10d$ 或大于 150mm 的螺栓；
3 A、B级螺栓孔的精度和孔壁表面粗糙度，C级螺栓孔允许偏差和孔壁表面的表面粗糙度，均应符合现行国家标准《钢结构工程施工质量验收规范》GB 50205 的要求。

表 B.0.1-2　铆钉连接的强度设计值（N/mm²）

铆钉钢号或构件钢材牌号		抗拉（铆头拉脱）f_t^r	抗剪 f_v^r		承压 f_c^r	
			Ⅰ类孔	Ⅱ类孔	Ⅰ类孔	Ⅱ类孔
铆钉	BL2、BL3	120	185	155	—	—
构件	Q235钢				450	365
	Q345钢				565	460
	Q390钢				590	480

注：1 属于下列情况者为Ⅰ类孔：
　1）在装配好的构件上按设计孔径钻成的孔；
　2）在单个零件和构件上按设计孔径分别用钻模钻成的孔；
　3）在单个零件上先钻成或冲成较小的孔径，然后在装配好的构件上再扩成至设计孔径的孔。
2 在单个零件上一次冲成或不用钻模钻成设计孔径的孔属于Ⅱ类孔。

表 B.0.1-3　焊缝的强度设计值（N/mm²）

焊接方法和焊条型号	构件钢材		对接焊缝			角焊缝
	牌号	厚度或直径 d（mm）	抗压 f_c^w	抗拉和抗弯受拉 f_t^w		抗拉、抗压和抗剪 f_f^w
				一级二级	三级	
						抗剪 f_v^w
自动焊、半自动焊和E43型焊条的手工焊	Q235钢	$d \leqslant 16$	215	215	185	125	160
		$16 < d \leqslant 40$	205	205	175	120	160
		$40 < d \leqslant 60$	200	200	170	115	160
自动焊、半自动焊和E50型焊条的手工焊	Q345钢	$d \leqslant 16$	310	310	265	180	200
		$16 < d \leqslant 35$	295	295	250	170	200
		$35 < d \leqslant 50$	265	265	225	155	200
自动焊、半自动焊和E55型焊条的手工焊	Q390钢	$d \leqslant 16$	350	350	300	205	220
		$16 < d \leqslant 35$	335	335	285	190	220
		$35 < d \leqslant 50$	315	315	270	180	220
自动焊、半自动焊和E55型焊条的手工焊	Q420钢	$d \leqslant 16$	380	380	320	220	220
		$16 < d \leqslant 35$	360	360	305	210	220
		$35 < d \leqslant 50$	340	340	290	195	220

注：1 表中的一级、二级、三级是指焊缝质量等级，应符合现行国家标准《钢结构工程施工质量验收规范》GB 50205 的规定。厚度小于 8mm 钢材的对接焊缝，不应采用超声探伤确定焊缝质量等级；
2 自动焊和半自动焊所采用的焊丝和焊剂，应保证其熔敷金属力学性能不低于现行国家标准《碳素钢埋弧焊用焊剂》GB/T 5293 和《低合金钢埋弧焊用焊剂》GB/T 12470 的相关规定；
3 表中厚度是指计算点的钢材厚度，对轴心受力构件是指截面中较厚板件的厚度。

B.0.2 计算下列情况的构件或连接件时，本规范第 B.0.1 条规定的强度设计值应乘以相应的折减系数；当下列几种情况同时存在时，其折减系数应连乘。

　1 单面连接的单角钢按轴心受力计算强度和连接时，折减系数取 0.85；

　2 施工条件较差的高空安装焊缝和铆钉连接时，折减系数取 0.90；

　3 沉头或半沉头铆钉连接时，折减系数取 0.80。

B.0.3 不锈钢螺栓强度设计值应按表 B.0.3 采用。

表 B.0.3　不锈钢螺栓连接的强度设计值（N/mm²）

类别	组别	性能等级	σ_b	抗拉 f_s	抗剪 f_v
A（奥氏体）	A1、A2 A3、A4 A5	50	500	230	175
		70	700	320	245
		80	800	370	280

类别	组别	性能等级	σ_b	抗拉 f_s	抗剪 f_v
C（马氏体）	C1	50	500	230	175
		70	700	320	245
		100	1000	460	350
	C3	80	800	370	280
	C4	50	500	230	175
		70	700	320	245
F（铁素体）	F1	45	450	210	160
		60	600	275	210

附录 C 预埋件设计

C.0.1 由锚板和对称配置的直锚筋所组成的受力预埋件（图 C），其锚筋的总截面面积 A_s 应符合下列规定：

1 当有剪力、法向拉力和弯矩共同作用时，应分别按公式（C.0.1-1）和（C.0.1-2）计算，并取二者的较大值：

$$A_s \geqslant \frac{V}{a_r a_v f_v} + \frac{N}{0.8 a_b f_y} + \frac{M}{1.3 a_r a_b f_y z}$$

$$\text{（C.0.1-1）}$$

$$A_s \geqslant \frac{N}{0.8 a_b f_y} + \frac{M}{0.4 a_r a_b f_y z} \quad \text{（C.0.1-2）}$$

2 当有剪力、法向压力和弯矩共同作用时，应分别按公式（C.0.1-3）和（C.0.1-4）计算，并取二者的较大值：

$$A_s \geqslant \frac{V - 0.3N}{a_r a_v f_y} + \frac{M - 0.4Nz}{1.3 a_r a_b f_y z}$$

$$\text{（C.0.1-3）}$$

$$A_s \geqslant \frac{M - 0.4Nz}{0.4 a_r a_b f_y z} \quad \text{（C.0.1-4）}$$

$$a_v = (4.0 - 0.08d) \sqrt{\frac{f_c}{f_y}} \quad \text{（C.0.1-5）}$$

$$a_b = 0.6 + 0.25 \frac{t}{d} \quad \text{（C.0.1-6）}$$

式中 V——剪力设计值（N）；

N——法向拉力或法向压力设计值（N），法向压力设计值不应大于 $0.5 f_c A$，此处 A 为锚板的面积（mm^2）；

M——弯矩设计值（Nmm）。当 M 小于 $0.4Nz$ 时，取 M 等于 $0.4Nz$；

a_r——钢筋层数影响系数，当锚筋等间距配置时，二层取 1.0，三层取 0.9，四层

取 0.85；

a_v——锚筋受剪承载力系数。当 a_v 大于 0.7 时，取 a_v 等于 0.7；

d——钢筋直径（mm）；

t——锚板厚度（mm）；

a_b——锚板弯曲变形折减系数。当采取防止锚板弯曲变形的措施时，可取 a_b 等于 1.0；

z——沿剪力作用方向最外层锚筋中心线之间的距离（mm）；

f_c——混凝土轴心抗压强度设计值（N/mm^2），应按现行国家标准《混凝土结构设计规范》GB 50010 的规定采用；

f_y——钢筋抗拉强度设计值（N/mm^2），应按现行国家标准《混凝土结构设计规范》GB 50010 的规定采用，但不应大于 $300N/mm^2$；

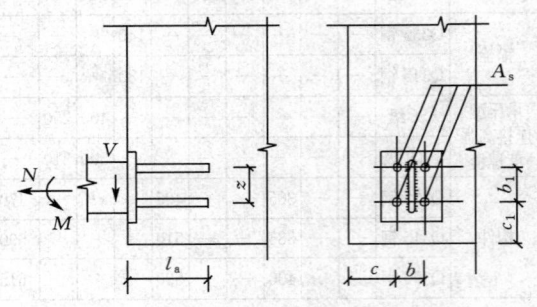

图 C 锚板和直锚筋组成的预埋件

C.0.2 预埋件的锚板宜采用 Q235 级钢。锚筋应采用 HPB235、HRB335 或 HRB400 级热轧钢筋，严禁采用冷加工钢筋。

C.0.3 预埋件的受力直锚筋不宜少于 4 根，且不宜多于 4 层；其直径不宜小于 8mm，且不宜大于 25mm。受剪预埋件的直锚筋可采用 2 根。预埋件的锚筋应放置在构件的外排主筋的内侧。

C.0.4 直锚筋与锚板应采用 T 型焊。当锚筋直径不大于 20mm 时，宜采用压力埋弧焊；当锚筋直径大于 20mm 时，宜采用穿孔塞焊。当采用手工焊时，焊缝高度不宜小于 6mm 及 $0.5d$（HPB235 级钢筋）或 $0.6d$（HRB335 或 HRB400 级钢筋），d 为锚筋直径。

C.0.5 受拉直锚筋和弯折锚筋的锚固长度应符合下列要求：

1 当计算中充分利用锚筋的抗拉强度时，其锚固长度应按下式计算：

$$l_a = \alpha \frac{f_y}{f_t} d \quad \text{（C.0.5）}$$

式中 l_a——受拉钢筋锚固长度（mm）；

f_t——混凝土轴心抗拉强度设计值，应按现行国家标准《混凝土结构设计规范》GB

50010 的规定取用；当混凝土强度等级高于 C40 时，按 C40 取值；

d——锚筋公称直径（mm）；

α——锚筋的外形系数，光圆钢筋取 0.16，带肋钢筋取 0.14。

2 抗震设计的幕墙，钢筋锚固长度应按本规范公式（C.0.5）计算值的 1.1 倍采用；

3 当锚筋的拉应力设计值小于钢筋抗拉强度设计值 f_y 时，其锚固长度可适当减小，但不应小于 15 倍锚固钢筋直径。

C.0.6 受剪和受压直锚筋的锚固长度不应小于 15 倍锚固钢筋直径。除受压直锚筋外，当采用 HPB235 级钢筋时，钢筋末端应作 180°弯钩，弯钩平直段长度不应小于 3 倍的锚筋直径。

C.0.7 锚板厚度应根据其受力情况按计算确定，且宜大于锚筋直径的 0.6 倍。锚筋中心至锚板边缘的距离 c 不应小于锚筋直径的 2 倍和 20mm 的较大值（图 C）。

对受拉和受弯预埋件，其钢筋的间距 b、b_1 和锚筋至构件边缘的距离 c、c_1 均不应小于锚筋直径的 3 倍和 45mm 的较大值（图 C）。

对受剪预埋件，其锚筋的间距 b、b_1 均不应大于 300mm，且 b_1 不应小于锚筋直径的 6 倍及 70mm 的较大值；锚筋至构件边缘的距离 c_1 不应小于锚筋直径的 6 倍及 70mm 的较大值，锚筋的间距 b、锚筋至构件边缘的距离 c 均不应小于锚筋直径的 3 倍和 45mm 的较大值（图 C）。

本规范用词说明

1 为便于在执行本规范条文时区别对待，对要求严格程度不同的用词说明如下：

1） 表示很严格，非这样做不可的：
正面词采用"必须"，反面词采用"严禁"；

2） 表示严格，在正常情况下均应这样做的：
正面词采用"应"，反面词采用"不应"或"不得"；

3） 表示允许稍有选择，在条件许可时首先应这样做的：
正面词采用"宜"，反面词采用"不宜"。
表示有选择，在一定条件下可以这样做的，采用"可"。

2 条文中指明应按其他有关标准、规范的规定执行时，写法为"应符合……的规定"或"应按……执行"。

中华人民共和国行业标准

玻璃幕墙工程技术规范

JGJ 102—2003

条 文 说 明

前　言

《玻璃幕墙工程技术规范》JGJ 102—2003 经建设部 2003 年 11 月 14 日以第 193 号公告批准，业已发布。

为便于广大设计、施工、科研、教学等单位的有关人员在使用本规范时能正确理解和执行条文规定，规范编制组按章、节、条的顺序，编制了本规范的条文说明，供使用者参考。在使用过程中，如发现本规范条文说明有不妥之处，请将意见函寄中国建筑科学研究院《玻璃幕墙工程技术规范》管理组（邮政编码：100013；地址：北京北三环东路 30 号；Email：huangxiaokun@cabrtech.com）。

目 次

1 总　则

1.0.1 由玻璃面板与支承结构体系组成的、相对主体结构有一定位移能力、不分担主体结构荷载和作用的建筑外围护结构或装饰性结构，通称为玻璃幕墙。早在 100 多年前幕墙已开始在建筑上应用，但由于种种原因，主要是材料和加工工艺的因素，也有思想意识和传统观念束缚的因素，使幕墙在 20 世纪中期以前，发展十分缓慢。随着科学技术和工业生产的发展，许多有利于幕墙发展的新原理、新技术、新材料和新工艺被开发出来，如雨幕原理的发现，并成功应用到幕墙设计和制造上，解决了长期妨碍幕墙发展的雨水渗漏难题；又如铝及铝合金型材、各种玻璃的研制和生产，特别是高性能粘接、密封材料（如硅酮结构密封胶和硅酮建筑密封胶），以及防火、隔热保温和隔声材料的研制和生产，使幕墙所要求的各项性能，如风压变形性能、水密性能、气密性能、隔热保温性能和隔声性能等，都有了比较可靠的解决办法。因而，幕墙在近数十年获得了飞速发展，在建筑上得到了比较广泛的应用。

应用大面积的玻璃装饰于建筑物的外表面，通过建筑师的构思和造型，并利用玻璃本身的特性，使建筑物显得别具一格，光亮、明快和挺拔，较之其他装饰材料，无论在色彩还是在光泽方面，都给人一种全新的视觉效果。

玻璃幕墙在国外已获得广泛的应用与发展。我国自 20 世纪 80 年代以来，在一些大中城市和沿海开放城市，开始使用玻璃幕墙作为公共建筑物的外装饰，如商场、宾馆、写字楼、展览中心、文化艺术交流中心、机场、车站和体育场馆等，取得了较好的社会经济效益，为美化城市做出了贡献。

为了使玻璃幕墙工程的设计、材料选用、性能要求、加工制作、安装施工和工程验收等有章可循，使玻璃幕墙工程做到安全可靠、实用美观和经济合理，我国于 1996 年颁布实施了《玻璃幕墙工程技术规范》JGJ 102—96，对玻璃幕墙的健康发展起到了重要作用。但是，近年来，我国建筑幕墙行业发展很快，建筑幕墙建造量已位居世界前列，玻璃幕墙不仅数量多而且形式多样化，一方面新材料、新工艺、新技术、新体系被不断采用，如点支承玻璃幕墙的大量应用；另一方面，一些相关的国家标准、行业标准已经陆续完成了制订或修订，并发布实施。因此，有必要对 96 版规范进行修订和完善。

本次修订是以原规范 JGJ 102—96 为基础，考虑了现行有关国家标准或行业标准的有关规定，调研、总结了我国近年来玻璃幕墙行业科研、设计、施工安装成果和经验，补充了部分试验研究和理论分析，同时参考了国际上有关玻璃幕墙的先进标准和规范而定成的。

1.0.2 本条规定了本规范的适用范围。本规范适用于非抗震设计和抗震设防烈度为 6、7、8 度抗震设防地区的民用建筑玻璃幕墙的设计、制作、安装施工、验收及维修保养。

本规范适用范围未包含工业建筑玻璃幕墙，主要考虑到工业建筑范围很广，往往有不同于民用建筑的特殊要求，如可能存在腐蚀、辐射、高温、高湿、振动、爆炸等特殊条件，本规范难以全部涵盖。当然，一般用途的工业建筑，其玻璃幕墙的设计、制作等可参照本规范的有关规定；有特别要求的，应专门研究处理，采取相应的措施。

9 度抗震设计的建筑物，尚无采用玻璃幕墙的可靠经验，并且 8 度时地震作用很大，主体结构的变形很大，甚至可能发生比较严重的破坏，而目前玻璃幕墙的设计、制作、安装水平难以保证幕墙在 9 度抗震设防时达到本规范第 1.0.3 条的要求。因此，本规范未将 9 度抗震设计列入适用范围。对因特殊需要，不得不在 9 度抗震设防区使用的玻璃幕墙工程，应专门研究，并采取更有效的抗震措施。

本规范仅考虑与水平面夹角大于 75 度、小于或等于 90 度的斜玻璃幕墙或竖向玻璃幕墙，且抗震设防烈度不大于 8 度。所以，对大跨度的玻璃雨篷、通廊、采光顶等结构设计，应符合国家现行有关标准的规定或进行专门研究。

原规范 JGJ 102—96 的适用范围是高度不超过 150m 的玻璃幕墙，本次修订扩大了本规范的适用范围。主要原因是：

1. 编制原规范 JGJ 102—96 时，超过 150m 的玻璃幕墙工程不多，经验还比较少；1996～2002 年间，国内超过 150m 的玻璃幕墙工程迅速增加，积累了丰富的工程经验，为本规范扩展其应用范围提供了技术依据和工程经验。另外，本规范扩大应用范围也跟主体结构适用的最大高度调整有关，行业标准《高层建筑混凝土结构技术规程》JGJ 3—2002 中增加了 B 级高度高层建筑的有关规定，使房屋最大适用高度有较大提高，非抗震设计时最高已达 300m。

2. 玻璃幕墙自身质量较轻，按目前的地震作用计算方法，其地震作用效应相对于风荷载作用是比较小的，且地震作用的计算与幕墙高度无直接相关关系。经验表明，玻璃幕墙的设计主要取决于风荷载作用，对于体形复杂的幕墙工程或房屋高度较高（比如超过 200m）的幕墙工程，应确保风荷载作用下的可靠性。本规范第 5.3.3 条已有相关的规定和要求。

3. 在保证重力荷载、风荷载、地震作用计算合理，并且幕墙构件的承载力和变形性能符合本规范有关要求的前提下，高度是否超过 150m 并不是主要的控制因素。

4. 国外相关标准一般也没有最大适用高度的

限制。

1.0.3 一般情况下，对建筑幕墙起控制作用的是风荷载。幕墙面板本身必须具有足够的承载能力，避免在风荷载作用下破碎。我国沿海地区经常受到台风的袭击，设计中应考虑有足够的抗风能力。

在风荷载作用下，幕墙与主体结构之间的连接件发生拔出、拉断等严重破坏的情况比较少见，主要问题是保证其足够的活动能力，使幕墙构件避免受主体结构过大位移的影响。

在地震作用下，幕墙构件和连接件会受到强烈的动力作用，相对更容易发生破坏。防止或减轻地震震害的主要途径是加强构造措施。

在多遇地震作用下（比设防烈度低约1.55度，50年超越概率约63.2%），幕墙不允许破坏，应保持完好；在中震作用下（对应于设防烈度，50年超越概率约10%），幕墙不应有严重破损，一般只允许部分面板破碎，经修理后仍然可以使用；在罕遇地震作用下（相当于比设防烈度约高1.0度，50年超越概率约2%～3%），必然会严重破坏，面板破碎，但骨架不应脱落、倒塌。幕墙的抗震构造措施，应保证上述设计目标的实现。

1.0.4 从玻璃幕墙在建筑物中的作用来说，它既是建筑的外装饰，同时又是建筑物的外围护结构。虽然玻璃幕墙不分担主体建筑物的荷载和作用，但它要承受自身受到的风荷载、地震作用和温度变化等，因此，必须满足风荷载、地震作用和温度变化对它的影响，使玻璃幕墙具有足够的安全性。另一方面，幕墙是跨行业的综合性技术，从设计、材料选用、加工制作和安装施工等方面，都应从严掌握，精心操作。因此，应进行幕墙生产全过程的质量控制，有效保证玻璃幕墙的工程质量和安全。

1.0.5 构成玻璃幕墙的主要材料有：钢材、铝材、玻璃和粘结密封材料等四大类，大多数材料均有国家和行业标准，在选择材料时应符合这些标准的要求。

另外，在幕墙的设计、制作和施工中，密切相关的还有下列现行国家标准或行业标准：《钢结构设计规范》、《高层民用建筑钢结构技术规程》、《高层建筑混凝土结构技术规程》、《高层民用建筑设计防火规范》、《建筑设计防火规范》、《建筑防雷设计规范》、《金属与石材幕墙工程技术规范》等，其相关的规定也应参照执行。

2 术语、符号

在规范中涉及玻璃幕墙工程方面的主要术语有两种情况：

1. 在现行国家标准、行业标准中无规定，是本规范首次提出并给予定义的，如明框玻璃幕墙、半隐框玻璃幕墙、隐框玻璃幕墙、斜玻璃幕墙、全玻幕墙、点支承玻璃幕墙等。

2. 虽在随后颁布的国家标准、行业标准中出现过这类术语，但为了方便理解和使用，本规范进行了引用，如双金属腐蚀、相容性等。

本章共列出术语15条以及在本规范中使用的主要符号。

玻璃幕墙是建筑幕墙的一种形式。根据幕墙面板材料的不同，建筑幕墙一般可分为玻璃幕墙、金属幕墙（不锈钢、铝合金等）、石材幕墙等。实际应用上，尤其是大型工程项目中，往往采用组合幕墙，即在同一工程中同时采用玻璃、金属板材、石材等作为幕墙的面板，形成更加灵活多变的建筑立面形式和效果。本规范适用于采用玻璃面板的建筑幕墙。

幕墙的分类形式较多，而且不完全统一。本规范按照下列方法分类：

1. 根据幕墙玻璃面板的支承形式可分为框支承幕墙、全玻幕墙和点支承幕墙。框支承幕墙的面板由横梁和立柱构成的框架支承，面板为周边支承板；立面表现形式可以是明框、隐框和半隐框。全玻幕墙的面板和支承结构全部为玻璃，玻璃面板通常为对边支承的单向板（整肋）或点支承面板（金属连接玻璃肋）。点支承幕墙的特点是支承面板的方式是点而不是线，一般应用较多的为四点支承，也有六点支承、三点支承等其他方式；面板承受的荷载和地震作用，通过点支承装置传递给其后面的支承结构（常为钢结构，也有玻璃肋），支承结构将面板的受到的作用传递到主体结构上。

2. 根据框支承幕墙安装方式可分为构件式和单元式两大类。构件式幕墙的面板、支承面板的框架构件（横梁、立柱）等均在工程现场顺序安装；单元式幕墙一般在工厂将面板、横梁和立柱组装为各种形式的幕墙单元，以单元形式在工程现场安装为整体幕墙。

3. 根据幕墙自身平面和水平面的夹角大小可分为垂直玻璃幕墙、斜玻璃幕墙和玻璃采光顶等。这种划分并无严格标准。根据与现行行业标准《建筑玻璃应用技术规程》JGJ 113的协调意见，本规范的应用范围主要是垂直玻璃幕墙以及与水平面夹角在75°和90°之间的斜玻璃幕墙，与水平面夹角在0°和75°之间的各种玻璃幕墙（包括一般意义上的采光顶）属于行业标准《建筑玻璃应用技术规程》JGJ 113的管理范围。

3 材 料

3.1 一 般 规 定

3.1.2 幕墙处于建筑物的表面，经常受自然环境不利因素的影响，如日晒、雨淋、风沙等不利因素的侵蚀。因此，要求幕墙材料要有足够的耐候性和耐久性，具备防风雨、防日晒、防盗、防撞击、保温、隔热等功能。除不锈钢和轻金属材料外，其他金属材料都应进行热镀锌或其他有效的防腐处理，保证幕墙的耐久性。

3.1.3 无论是在加工制作、安装施工中，还是交付使用后，幕墙的防火都十分重要，应尽量采用不燃材料和难燃材料。但是，目前国内外都有少量材料还是不防火的，如双面胶带、填充棒等都是易燃材料，因此，在安装施工中应引起注意，并要采取防火措施。

3.1.4 框支承幕墙的骨架主要是铝合金型材，铝合金属于金属材料，会与酸性硅酮结构密封胶发生化学反应，使结构胶与铝合金表面发生粘结破坏；镀膜玻璃表面的镀膜层也含有金属元素，也会与酸性硅酮结构密封胶反应，发生粘结破坏。因此，框支承幕墙工程中必须使用中性硅酮结构密封胶。

全玻幕墙、点支承幕墙采用非镀膜玻璃时，可采用酸性硅酮结构密封胶。

3.1.5 硅酮结构密封胶是隐框和半隐框幕墙的主要受力材料，如使用过期产品，会因结构胶性能下降导致粘结强度降低，产生很大的安全隐患。硅酮建筑密封胶是幕墙系统密封性能的有效保证，过期产品的耐候性能和伸缩性能下降，表面易产生裂纹，影响密封性能。因此，硅酮结构密封胶和硅酮建筑密封胶必须在有效期内使用。

3.2 铝合金材料

3.2.1 铝合金型材有普通级、高精级和超高精级之分。幕墙属于比较高级的建筑产品，为保证其承载力、变形和耐久性要求，应采用高精级或超高精级的铝合金型材。

3.2.2 漆膜厚度决定了型材的耐久性，过薄的漆膜不能起到持久的保护作用，容易使型材被大气中的酸性物质腐蚀，影响型材的外观及使用寿命。

3.2.3 PVC 材料的膨胀系数比铝型材高，在高温和机械荷载下会产生较大的蠕变，导致型材变形。而PA66GF25 膨胀系数与铝型材相近，机械强度高，耐高温、防腐性能好，是铝型材理想的隔热材料。

3.4 玻　璃

3.4.2 生产热反射镀膜玻璃有多种方法，如真空磁控阴极溅射镀膜法、在线热喷涂法、电浮化法、化学凝胶镀膜法等，其质量是有差异的。国内外幕墙使用热反射镀膜玻璃的情况表明，采用真空磁控溅射镀膜玻璃和在线热喷涂镀膜玻璃能够满足幕墙加工和使用的要求。

3.4.3 单道密封中空玻璃仅使用硅酮胶或聚硫胶时，气密性差，水气容易进入中空层，影响使用效果，不适用单独在幕墙上使用，但硅酮胶和聚硫胶的粘结强

度较高；以聚异丁烯为主要成分的丁基热熔胶的密封性优于硅酮胶和聚硫胶，但粘结强度较低，也不能单独使用。因此，幕墙用中空玻璃应采用双道密封。用丁基热熔胶做第一道密封，可弥补硅酮胶和聚硫胶的不足，用硅酮胶或聚硫胶做二道密封，可保证中空玻璃的粘结强度。

由于聚硫密封胶耐紫外线性能较差，并且与硅酮结构胶不相容，故隐框、半隐框及点支承玻璃幕墙等密封胶承受荷载作用的中空玻璃，其二道密封必须采用硅酮结构密封胶。

3.4.4 玻璃在裁切时，其刀口部位会产生很多大小不等的锯齿状凹凸，引起边缘应力分布不均匀，玻璃在运输、安装过程中，以及安装完成后，由于受各种作用的影响，容易产生应力集中，导致玻璃破碎。另一方面，半隐框幕墙的两个玻璃边缘和隐框幕墙的四个玻璃边缘都是显露在外部，如不进行倒棱处理，还会影响幕墙的整齐、美观。因此，幕墙玻璃裁割后，必须进行倒棱处理。

钢化和半钢化玻璃，应在钢化和半钢化处理前进行倒棱和倒角处理。

3.4.5 浮法玻璃由于存在着肉眼不易看见的硫化镍结石，在钢化后这种结石随着时间的推移会发生晶态变化而可能导致钢化玻璃自爆。为了减少这种自爆，宜对钢化玻璃进行二次热处理，通常称为引爆处理或均质处理。

进行钢化玻璃的二次热处理时，应分为三个阶段：升温、保温和降温过程。升温阶段为最后一块玻璃的表面温度从室温升至 280℃ 的过程；保温阶段为所有玻璃的表面温度均达到 290±10℃，且至少保持 2 小时的过程；降温阶段是从玻璃完成保温阶段后，温度降至 75℃ 时的过程。整个二次热处理过程应避免炉膛温度超过 320℃、玻璃表面温度超过 300℃，否则玻璃的钢化应力会由于过热而松弛，从而影响其安全性。

3.4.6 目前国内外加工夹层玻璃的方法大体有两种，即干法和湿法。干法生产的夹层玻璃质量稳定可靠，而湿法生产的夹层玻璃质量不如干法，用其作为外围护结构的幕墙玻璃，特别是作为隐框幕墙的安全玻璃还有不成熟之处。因此，本条特别指明，幕墙玻璃应采用 PVB 胶片干法加工合成的夹层玻璃。

3.4.7 在线法生产的低辐射镀膜玻璃，由于膜层牢固度、耐久性好，可以在幕墙上单片使用，但其低辐射率（e 值）比离线法要高；而离线法生产的低辐射镀膜玻璃，由于膜层牢固度、耐久性差，不能单片使用，必须加工成中空玻璃，且膜层应朝向中空气体层保护起来，但其低辐射率（e 值）比在线法要低，适用于对隔热要求比较高的场合。

当低辐射镀膜玻璃加工成夹层玻璃时，膜层不宜与胶片结合，以免导致传热系数升高，保温效果

变差。

3.4.8 根据现行国家标准《建筑用安全玻璃 防火玻璃》GB 15736.1，防火玻璃分为复合和单片防火玻璃。幕墙用防火玻璃宜采用单片防火玻璃或由其加工成的中空、夹层防火玻璃。灌浆法或用其他防火胶填充在玻璃之间而成的复合型防火玻璃，由于在高于60℃以上环境或长期受紫外线照射后容易失效，因此不宜应用在受阳光直接或间接照射的幕墙中。

3.5 建筑密封材料

3.5.1～3.5.2 当前国内明框幕墙的密封，主要采用橡胶密封条，依靠胶条自身的弹性在槽内起密封作用，要求胶条具有耐紫外线、耐老化、永久变形小、耐污染等特性。国内几个大型工程采用胶条密封，至今没有出现问题。但如果在材质方面控制不严，有的橡胶接口在一二年内就会出现质量问题，如发生老化开裂甚至脱落，使幕墙产生漏水、透气等严重问题，玻璃也有脱落的危险，给幕墙带来不安全的隐患。因此，不合格密封胶条绝对不允许在幕墙上使用。目前，国外正向以耐候硅酮密封胶代替橡胶密封条方向发展；用耐候性好、永久变形小的硅橡胶作密封胶条也是一个发展方向。

3.5.4 玻璃幕墙的耐候密封应采用中性硅酮类耐候密封胶，因为硅酮密封胶耐紫外线性能极好且与硅酮结构密封胶有良好的相容性，酸性硅酮密封胶固化时放出醋酸，对镀膜玻璃有腐蚀并可能与中性的硅酮结构胶中的碳酸钙起反应，使用时必须注意。

3.6 硅酮结构密封胶

3.6.1 硅酮结构密封胶是影响玻璃幕墙安全的重要因素，国家在 1997 年颁布了硅酮结构密封胶的国家标准 GB 16776—1997。GB 16776 是在 ASTM C1184 的基础上制定的，它规定了硅酮结构密封胶的最基本要求。2002 年，根据近几年硅酮结构密封胶的使用情况，对 GB 16776 进行了重新修订，增加了弹性模量和最大强度时伸长率的要求。

3.6.2 硅酮结构密封胶在使用前，应进行与玻璃、金属框架、间隔条、密封垫、定位块和其他密封胶的相容性试验，相容性试验合格后才能使用。如果使用了与结构胶不相容的材料，将会导致结构胶的粘结强度和其他粘结性能的下降或丧失，留下很大的安全隐患。

如果玻璃幕墙中使用的硅酮结构胶和与之接触的耐候胶生产工艺不同，相互接触后，有可能产生不相容，这将导致结构胶粘结性及粘结强度下降，也会导致耐候胶位移能力下降，使密封胶出现内聚或粘结破坏，影响密封效果。

一般情况下，同一厂家（牌号）的胶的相容性较好，因此使用硅酮结构胶和耐候胶时，可优先选用同

一厂家的产品。

为了保证结构胶的性能符合标准要求，防止假冒伪劣产品进入工地，本条还规定对结构胶的部分性能进行复验。复验在材料进场后就应进行，复验必须由有相应资质的检测机构进行，复验合格的产品方可使用。

4 建 筑 设 计

4.1 一 般 规 定

4.1.1～4.1.2 玻璃幕墙的建筑设计是由建筑设计单位和幕墙设计单位共同完成的。建筑设计单位的主要任务是确定幕墙立面的线条、色调、构图、玻璃类别、虚实组合和协调幕墙与建筑整体、与环境的关系，并对幕墙的材料和制作提供设计意图和要求。幕墙的具体设计工作往往由幕墙设计单位（一般是幕墙公司）完成。

玻璃幕墙的选型是建筑设计的重要内容，设计者不仅要考虑立面的新颖、美观，而且要考虑建筑的使用功能、造价、环境、能耗、施工条件等诸因素。

4.1.3 玻璃幕墙的分格是立面设计的重要内容，设计者除了考虑立面效果外，必须综合考虑室内空间组合、功能和视觉、玻璃尺度、加工条件等多方面的要求。

4.1.5 玻璃幕墙作为建筑的外围护结构，本身要求具有良好的密封性。如果开启窗设置过多、开启面积过大，既增加了采暖空调的能耗、影响立面整体效果，又增加了雨水渗漏的可能性。JGJ 102—96 中，曾规定开启面积不宜大于幕墙面积的 15%，即是这方面的考虑。但是，有些建筑，比如学校、会堂等，既要求采用幕墙装饰，又要求具有良好的通风条件，其开启面积可能超过幕墙面积的 15%。因此，本次修订对开启面积不再做定量规定。实际幕墙工程中，开启窗的设置数量，应兼顾建筑使用功能、美观和节能环保的要求。

开启窗的开启角度和开启距离过大，不仅开启扇本身不安全，而且增加了建筑使用中的不安全因素（如人员安全）。

4.1.6 高度超过 40m 的大型幕墙，其清洁和维护工作，已经难以借助消防升降梯和其他设施进行，因此要求尽可能设置清洗设备。

4.2 性能和检测要求

4.2.1 玻璃幕墙性能要求的高低和建筑物的性质、重要性等有关，故在本条中增加了建筑类别的提法。至于性能，应根据建筑物的高度、体型、建筑物所在地的地理、气候、环境等条件进行设计，与原标准 JGJ 102—96 相同。

4.2.2 玻璃幕墙的抗风压、气密、水密、保温、隔声性能分级，在现行国家标准《建筑幕墙物理性能分级》GB/T 15225 中已有规定。平面内变形性能分级在修订后的 GB/T 15225 中将作规定。

4.2.3 玻璃幕墙的抗风压性能根据现行国家标准《建筑幕墙风压变形性能检测方法》GB/T 15227 所规定的方法确定。幕墙的抗风压性能是指幕墙在与其相垂直的风荷载作用下，保持正常使用功能、不发生任何损坏的能力。幕墙抗风压性能的定级值是对应主要受力杆件或支承结构的相对挠度值达到规定值时的瞬时风压，即 3 秒钟瞬时风压。幕墙的抗风压性能应大于其所承受的风荷载标准值。

4.2.4 玻璃幕墙的气密性能，是根据现行国家标准《建筑幕墙空气渗透性能检测方法》GB/T 15226 的规定确定的。幕墙的气密性能是指在风压作用下，其开启部分为关闭状况时，阻止空气透过幕墙的性能。在有采暖、通风、空气调节要求的情况下，由玻璃幕墙空气渗透所形成的能耗不容忽视，应尽可能作到气密。为了适应正在修改的分级标准的情况，本标准中规定的是等级，不是限值。

4.2.5 玻璃幕墙的水密性关系到幕墙的使用功能和寿命。水密性要求与建筑物的重要性、使用功能以及所在地的气候条件有关。原规范 JGJ 102—96 中水密性的风压取值为标准风荷载除以 2.25。由于《建筑结构荷载规范》GB 50009 规定的阵风系数与高度、地面粗糙度有关，不再是单一系数 2.25，所以本规范中玻璃幕墙的水密性能设计也作了相应修改，但仍然不考虑阵风系数的影响，即水密性以 10 分钟平均风压（而不是 3 秒钟的瞬时风压）作为定级依据。

本条公式中的系数 1000 为 kN/m² 和 Pa 的换算系数。由于只有在正风压下才会发生雨水渗漏，所以体型系数取值为 1.2（大面的 1.0，再加上室内压 0.2）。边角的负压区不予考虑。

在沿海受热带风暴和台风袭击的地区，大风多同时伴有大雨。而其他地区刮大风时很少下雨，下雨时风又不是最大，因而原规范对一般地区的水密性取值偏大。所以本规范提出其他地区可按本条公式计算值的 75% 进行设计。由于幕墙面积大，一旦漏雨后不易处理，故要求幕墙的水密性能至少应达到高性能窗的要求，即达到 700Pa。

热带风暴和台风多发地区，是指《建筑气候区划标准》GB 50178 中的ⅢA 和ⅣA 地区。

4.2.6 玻璃幕墙平面内变形，是由于建筑物受风荷载或地震作用后，建筑物各层间发生相对位移时，产生的随动变形，这种平面内变形对玻璃幕墙造成的损害不容忽视。玻璃幕墙平面内变形性能，应区分是否抗震设计，给出不同要求。地震作用时，近似取主体结构在多遇地震作用下弹性层间位移限值的 3 倍为控制指标。

根据《建筑抗震设计规范》GB 50011 和《高层

建筑混凝土结构技术规程》JGJ 3—2002 的规定，在风荷载或多遇地震作用下，主体结构楼层最大弹性层间位移角限值如表 4.1。层间位移角即楼层层间位移与层高的比值。

表 4.1 楼层弹性层间位移角限值

结构类型	弹性层间位移角限值
钢筋混凝土框架	1/550
钢筋混凝土框架-剪力墙、框架-核心筒、板柱-剪力墙	1/800
钢筋混凝土筒中筒、剪力墙	1/1000
钢筋混凝土框支层	1/1000
多、高层钢结构	1/300

4.2.7 有保温要求的玻璃幕墙，如不采用中空玻璃是难以达到要求的，必要时还要采用隔热铝型材、Low-E 玻璃等以提高保温性能。有隔热要求的玻璃幕墙，主要应考虑遮挡太阳辐射，遮阳的形式很多，可根据实际情况进行选择。

4.2.8 玻璃幕墙的隔声性能应根据建筑物的使用功能和环境条件进行设计。不同功能的建筑所允许的噪声等级可根据《民用建筑隔声设计规范》GBJ 118 的规定确定。幕墙的隔声性能应为室外噪声级和室内允许噪声级之差。

4.2.9 本条规定引自现行国家标准《玻璃幕墙光学性能》GB/T 18091，该标准对玻璃幕墙的有害光反射及相关光学性能指标、技术要求、试验方法和检验规则进行了具体规定。

4.2.10 由于抗风压性能、气密性能和水密性能是所有玻璃幕墙应具备的基本性能，因此是必要检测项目。有抗震要求时，可增加平面内变形性能检测。有保温、隔声、采光等要求时，可增加相应的检测项目。

4.2.12 幕墙性能检测中，由于安装施工的缺陷，使某项性能未达到规定要求的情况时有发生，这种缺陷有可能弥补，故允许对安装施工工艺进行改进，修补缺陷后重新检测，以节省人力、物力，但要求检测报告中说明改进的内容，并在实际工程中，按改进后的安装施工工艺进行施工。由于材料或设计缺陷造成幕墙性能未达到规定值域时，必须修改设计或更换材料，所以应重新制作试件，另行检测。

4.3 构造设计

4.3.1 在安全、实用、美观的前提下，便于制作、安装、维修、保养及局部更换，是玻璃幕墙的构造设计应该满足的原则要求。

4.3.2 玻璃幕墙的水密性直接关系到幕墙的使用功能和耐久性。为提高玻璃幕墙的水密性能，要求其接缝部位尽可能按雨幕原理进行设计。由于缝隙腔内、外的气压差是雨水渗漏的主要动力，因此要求接缝空腔内的气压与室外气压相等，以防止内、外空气压力差将雨水压入腔内。

4.3.3 玻璃幕墙的墙面大、胶缝多，建筑室内装修对水密性和气密性要求较高，如果所用胶的质量不能保证，将产生严重后果，所以应采用密封性和耐久性都较好的硅酮建筑密封胶。同理，幕墙的开启缝隙亦应采用性能较好的橡胶密封条。

对全玻幕墙等依靠胶缝传力的情况，胶缝应采用硅酮结构密封胶。

4.3.4 玻璃幕墙的立面有雨篷、压顶及突出墙面的建筑构造时，如果这些部位的水密性设计不当，将容易发生渗漏，所以应注意完善其结合部位的防、排水构造设计。

4.3.5 保温材料受潮后保温性能会明显降低，所以保温材料应具有防潮性能，否则应采取有效的防潮措施。

4.3.6 为了适应单元间的伸缩位移和便于拆卸，目前单元式玻璃幕墙的单元间多采用对插式组合杆件，相邻单元板块纵横接缝处的十字形部位，容易出现内外直通的情况，所以应采用防渗漏封口构造措施。通常，对插构件的截面可设计成多腔形式，单元间的拼接缝隙采用橡胶密封条等封堵措施和必要的导排水措施。

4.3.7 为了适应热胀冷缩和防止产生噪声，构件式玻璃幕墙的立柱与横梁连接处应避免刚性接触；隐框幕墙采用挂钩式连接固定玻璃组件时，在挂钩接触面宜设置柔性垫片，以避免刚性接触产生噪声，并可利用垫片起弹性缓冲作用。

4.3.8 不同金属相互接触处，容易产生双金属腐蚀，所以要求设置绝缘垫片或采取其他防腐蚀措施。在正常使用条件下，不锈钢材料不易发生双金属腐蚀，一般可不要求设置绝缘垫片。

4.3.9 玻璃幕墙的拼接胶缝应有一定的宽度，以保证玻璃幕墙构件的正常变形要求。必要时玻璃幕墙的胶缝宽度可参照下式计算，但不宜小于本条规定的最小值。

$$w_s = \frac{\alpha \Delta T b}{\delta} + d_c + d_E \qquad (4.1)$$

式中　w_s——胶缝宽度（mm）；

　　α——面板材料的线膨胀系数（1/℃）；

　　ΔT——玻璃幕墙年温度变化（℃），可取 80℃；

　　δ——硅酮密封胶允许的变位承受能力；

　　b——计算方向玻璃面板的边长（mm）；

　　d_c——施工偏差（mm），可取为 3mm；

　　d_E——考虑地震作用等其他因素影响的预留量，可取 2mm。

4.3.10 玻璃幕墙表面与建筑物内、外装饰物之间是不允许直接接触的，否则由于玻璃变形和位移受阻，容易导致玻璃开裂。一般留缝宽度不宜小于 5mm，并应采用柔性材料嵌缝。

4.3.11 明框幕墙玻璃下边缘与槽底间采用 2 块硬橡胶垫块承托，比全长承托效果好，但承托面积不能太少，否则压应力太大会使橡胶垫块失效。垫块也不能太薄，否则可被压缩的量太小，玻璃位移将受到限制，也可使玻璃开裂。

4.3.12 本条文主要参考日本建筑学会制订的《建筑工程标准·幕墙工程》（JASS-14）。

利用公式（4.3.12）进行验算举例：

假定明框幕墙层高为 3000mm，每块玻璃高 1000mm、宽 1200mm；玻璃和铝框的配合间隙 c_1 和 c_2 均为 5mm，考虑到施工偏差，验算时 c_1 和 c_2 均取为 3.5mm；考虑抗震设计。则公式（4.3.12）的左端为：

$$2c_1\left(1 + \frac{l_1}{l_2} \times \frac{c_2}{c_1}\right) = 2 \times 3.5\left(1 + \frac{1000}{1200} \times \frac{3.5}{3.5}\right) = 12.6\text{mm}$$

如果该幕墙安装在钢结构上，主体结构层间位移限值为：

$$3000\text{mm} \times 3/300 = 30\text{mm}$$

由层间位移引起的分格框变形限值 $u_{\lim}$ 近似取为：

$$u_{\lim} = 30\text{mm}/3 = 10\text{mm}$$

计算表明，满足本条公式要求，幕墙玻璃不会被挤坏，可认为 c_1、c_2 取 5mm 是合适的。

玻璃边缘至边框、槽底的间隙，除应符合本条要求外，尚应符合本规范第 9.5.2 条、9.5.3 条的有关规定。

4.3.13 主体建筑在伸缩、沉降等变形缝两侧会发生相对位移，玻璃板块跨越变形缝时容易破坏，所以幕墙的玻璃板块不应跨越主体建筑的变形缝，而应采用与主体建筑的变形缝相适应的构造措施。

4.4 安 全 规 定

4.4.1 框支承玻璃幕墙包括明框和隐框两种形式，是目前玻璃幕墙工程中应用最多的，本条规定是为了幕墙玻璃在安装和使用中的安全。安全玻璃一般指钢化玻璃和夹层玻璃。

斜玻璃幕墙是指和水平面的交角小于 90 度、大于 75 度的幕墙，其玻璃破碎容易造成比一般垂直幕墙更严重的后果。即使采用钢化玻璃，其破碎后的颗粒也会影响安全。夹层玻璃是不飞散玻璃，可对人流等起到保护作用，宜优先采用。

4.4.2 点支承玻璃幕墙的面板玻璃应采用钢化玻璃及其制品，否则会因打孔部位应力集中而致使强度达不到要求。

4.4.3 采用玻璃肋支承的点支承玻璃幕墙，其肋玻璃属支承结构，打孔处应力集中明显，强度要求较高；另一方面，如果玻璃肋破碎，则整片幕墙会塌落。所以，应采用钢化夹层玻璃。

4.4.4 人员流动密度大、青少年或幼儿活动的公共场所的玻璃幕墙容易遭到挤压或撞击；其他建筑中，正常活动可能撞击到的幕墙部位亦容易造成玻璃破坏。为保证人员安全，这些情况下的玻璃幕墙应采用安全玻璃。对容易受到撞击的玻璃幕墙，还应设置明显的警示标志，以免因误撞造成危害。

4.4.7 虽然玻璃幕墙本身一般不具有防火性能，但是它作为建筑的外围护结构，是建筑整体中的一部分，在一些重要的部位应具有一定的耐火性，而且应与建筑的整体防火要求相适应。防火封堵是目前建筑设计中应用比较广泛的防火、隔烟方法，是通过在缝隙间填塞不燃或难燃材料或由此形成的系统，以达到防止火焰和高温烟气在建筑内部扩散的目的。

防火封堵材料或封堵系统应经过国家认可的专业机构进行测试，合格后方可应用于实际幕墙工程。

4.4.8 耐久性、变形能力、稳定性是防火封堵材料或系统的基本要求，应根据缝隙的宽度、缝隙的性质（如是否发生伸缩变形等）、相邻构件材质、周边其他环境因素以及设计要求，综合考虑，合理选用。一般而言，缝隙大、伸缩率大、防火等级高，则对防火封堵材料或系统的要求越高。

4.4.9 玻璃幕墙的防火封堵构造系统有许多有效的做法，但无论何种方法，构成系统的材料都应具备设计规定的耐火性能。

4.4.10 本条文内容参照现行国家标准《高层建筑设计防火规范》GB 50045，增加了有关防火玻璃裙墙的内容。计算实体裙墙的高度时，可计入钢筋混凝土楼板厚度或边梁高度。

4.4.11 本条内容参照现行国家标准《高层建筑设计防火规范》GB 50045，增加了一些具体的构造做法。幕墙用防火玻璃主要包括单片防火玻璃，以及由单片防火玻璃加工成的中空玻璃、夹层玻璃等。

4.4.12 为了避免两个防火分区因玻璃破碎而相通，造成火势迅速蔓延，规定同一玻璃板块不宜跨越两个防火分区。

4.4.13 玻璃幕墙是附属于主体建筑的围护结构，幕墙的金属框架一般不单独作防雷接地，而是利用主体结构的防雷体系，与建筑本身的防雷设计相结合，因此要求应与主体结构的防雷体系可靠连接，并保持导电通畅。

通常，玻璃幕墙的铝合金立柱，在不大于 10m 范围内宜有一根柱采用柔性导线上、下连通，铜质导线截面积不宜小于 25mm²，铝质导线截面积不宜小于 30mm²。

在主体建筑有水平均压环的楼层，对应导电通路立柱的预埋件或固定件应采用圆钢或扁钢与水平均压环焊接连通，形成防雷通路，焊缝和连线应涂防锈漆。扁钢截面不宜小于 5mm×40mm，圆钢直径不宜

小于 12mm。

兼有防雷功能的幕墙压顶板宜采用厚度不小于 3mm 的铝合金板制造，压顶板截面不宜小于 70mm²（幕墙高度不小于 150m 时）或 50mm²（幕墙高度小于 150m 时）。幕墙压顶板体系与主体结构屋顶的防雷系统应有效的连通。

5 结构设计的基本规定

5.1 一 般 规 定

5.1.1 幕墙是建筑物的外围护结构，主要承受自重以及直接作用于其上的风荷载、地震作用、温度作用等，不分担主体结构承受的荷载或地震作用。幕墙的支承结构、玻璃与框架之间，须有一定变形能力，以适应主体结构的位移；当主体结构在外荷载作用下产生位移时，不应使幕墙构件产生过大内力和不能承受的变形。

幕墙结构的安全系数 K 与作用的取值和材料强度的取值有关。因此，采用某一规范进行设计时，必须按该规范的规定计算各种作用，同时采用该规范的计算方法和材料强度指标。不允许荷载按某一规范计算，强度又采用另一规范的方法，以免产生设计安全度过低或过高的情况。

5.1.2 玻璃幕墙由面板和金属框架等组成，其变形能力是较小的。在水平地震或风荷载作用下，结构将会产生侧移。由于幕墙构件不能承受过大的位移，只能通过弹性连接件来避免主体结构过大侧移的影响。例如当层高为 3.5m，若弹塑性层间位移角限值 $\Delta u_p/h$ 为 1/70，则层间最大位移可达 50mm。显然，如果幕墙构件本身承受这样的大的剪切变形，则幕墙构件可能会破坏。

幕墙构件与立柱、横梁的连接要能可靠地传递风荷载作用、地震作用，能承受幕墙构件的自重。为防止主体结构水平位移使幕墙构件损坏，连接必须具有一定的适应位移能力，使幕墙构件与立柱、横梁之间有活动的余地。

5.1.3 幕墙设计应区分是否抗震。对非抗震设防的地区，只需考虑风荷载、重力荷载以及温度作用；对抗震设防的地区，尚应考虑地震作用。

经验表明，对于竖直的建筑幕墙，风荷载是主要的作用，其数值可达 $2.0 \sim 5.0 \mathrm{kN/m^2}$。因为建筑幕墙自重较轻，即使按最大地震作用系数考虑，一般也只有 $0.1 \sim 0.8 \mathrm{kN/m^2}$，远小于风荷载作用。因此，对幕墙构件本身而言，抗风设计是主要的考虑因素。但是，地震是动力作用，对连接节点会产生较大的影响，使连接发生震害甚至使建筑幕墙脱落、倒坍。所以，除计算地震作用外，还必须加强构造措施。

在幕墙工程中，温度变化引起的对玻璃面板、胶

缝和支承结构的作用效应是存在的，问题是如何计算或考虑其作用效应。幕墙设计中，温度作用的影响一般通过建筑或结构构造措施解决，而不一一进行计算，实践证明是简单、可行的办法。理论计算上，过去一般仅考虑对玻璃面板的影响，如原规范 JGJ 102—96 第 5.4.3 和 5.4.4 条，分别考虑了年温度变化下的玻璃挤压应力计算和玻璃边缘与中央温度差引起的应力计算。

当温度升高时，玻璃膨胀、尺寸增大，与金属边框的间隙减小。当膨胀变形大于预留间隙时，玻璃受到挤压，产生温度挤压应力。实际工程中，玻璃与铝合金框之间必须留有一定的空隙（本规范第 9 章第 9.5.2 条及第 9.5.3 条已规定），因此玻璃因温度变化膨胀后一般不会与金属边框发生挤压。例如对边长为 3000mm 的玻璃面板，在 80℃ 的年温差下，其膨胀量为：

$$\Delta b = 1.0 \times 10^{-5} \times 80 \times 3000 = 2.4 \text{mm}$$

而玻璃与边框的两侧空隙量之和一般不小于 10mm。由此可知，挤压温度应力的计算往往无实际意义，这在原规范 JGJ 102—96 的应用中已得到普遍反映。因此这次规范修订，不再列入有关挤压温度应力的计算内容。

另外，大面积玻璃在温度变化时，中央部分与边缘部分存在温度差，从而使玻璃产生温度应力，当玻璃中央部分与边缘部分温度差比较大时，有可能因温度应力超过玻璃的强度设计值而造成幕墙玻璃碎裂。原规范 JGJ 102—96 第 5.4.4 条关于温差应力的计算公式如下：

$$\sigma_{tk} = 0.74 E \alpha \mu_1 \mu_2 \mu_3 \mu_4 (T_c - T_s) \qquad (5.1)$$

式中 σ_{tk} ——温差应力标准值（N/mm²）；
  E ——玻璃的弹性模量（N/mm²）；
  α ——玻璃的线膨胀系数（1/℃）；
  μ_1 ——阴影系数；
  μ_2 ——窗帘系数；
  μ_3 ——玻璃面积系数；
  μ_4 ——嵌缝材料系数；
  T_c、T_s ——玻璃中央和边缘的温度（℃）。

公式（5.1）的计算方法是参考日本建筑学会《建筑工程标准·幕墙工程（JASS-14）》（1985）的规定编制的。在 JASS-14-96 版本中的 2.6 条，只列出了接头处耐温差性能要求，而没有再列出玻璃板中央与边缘温差应力的计算公式。目前，玻璃面板中央温度、边缘温度以及温差应力的计算尚处于研究阶段，还没有公认的方法，不同方法的计算结果有较大差异。

按照公式（5.1），假定在单块玻璃面积较大的玻璃幕墙中，浮法玻璃尺寸为 2m×3m，面积为 6m²，其余各系数分别按原规范 JGJ 102—96 第 5.4.4 条的规定取：$\mu_1 = 1.6$，$\mu_2 = 1.3$，$\mu_3 = 1.15$，$\mu_4 = 0.6$，

温差取 15℃。则温差应力标准值为：

$$\begin{aligned}
\sigma_{tk} &= 0.74 E \alpha \mu_1 \mu_2 \mu_3 \mu_4 (T_c - T_s) \\
&= 0.74 \times 0.7 \times 10^5 \times 1.0 \times 10^{-5} \\
&\quad \times 1.6 \times 1.3 \times 1.15 \times 0.6 \times 15 \\
&= 11.2 \text{N/mm}^2
\end{aligned}$$

考虑温度作用分项系数取为 1.2，则温度应力设计值为：

$$\sigma_t = 1.2 \sigma_{tk} = 13.4 \text{N/mm}^2 < f_g = 17 \text{N/mm}^2$$

因此，按照原规范 JGJ 102—96 的计算方法，当温差不超过 15℃ 时，温度作用不起控制作用。鉴于以上原因，本规范取消了温差应力的计算。

对于温度变化剧烈的玻璃幕墙工程，应在设计计算和构造处理上采取必要的措施，避免因温度应力造成玻璃幕墙破坏。

5.1.4 目前，结构抗震设计的标准是小震下保持弹性，基本不产生损坏。在这种情况下，幕墙也应基本处于弹性工作状态。因此，本规范中有关内力和变形计算均可采用弹性方法进行。对变形较大的场合（如索结构），宜考虑几何非线性的影响。

5.1.6 玻璃幕墙承受永久荷载（自重荷载）、风荷载、地震作用和温度作用，会产生多种内力（应力）和变形，情况比较复杂。本规范要求分别进行永久荷载、风荷载、地震作用效应计算；温度作用的影响通过构造设计考虑。承载能力极限状态设计时，应考虑作用效应的基本组合；正常使用极限状态设计时，作用的分项系数均取 1.0。本条给出的承载力设计表达式具有通用意义，作用效应设计值 S 或 S_E 可以是内力或应力，抗力设计值 R 可以是构件的承载力设计值或材料强度设计值。

幕墙构件的结构重要性系数 γ_0，与设计使用年限和安全等级有关。除预埋件之外，其余幕墙构件的安全等级一般不会超过二级，设计使用年限一般可考虑为不低于 25 年。同时，幕墙大多用于大型公共建筑，正常使用中不允许发生破坏。因此，结构重要性系数 γ_0 取不小于 1.0。

幕墙结构计算中，地震效应相对风荷载效应是比较小的，通常不会超过风荷载效应的 20%，如果采用小于 1.0 的系数 γ_{RE} 对构件抗力设计值予以放大，对幕墙结构设计是偏于不安全的。所以，幕墙构件承载力抗震调整系数 γ_{RE} 取 1.0。

幕墙面板玻璃及金属构件（如横梁、立柱）不便于采用内力设计表达式，在本规范的相关条文中直接采用与钢结构相似的应力表达形式；预埋件设计时，则采用内力表达形式。采用应力设计表达式时，计算应力所采用的内力设计值（如弯矩、轴力、剪力等）应采用作用效应的基本组合。

5.1.7 当玻璃面板偏离横梁截面形心时，面板的重力偏心会使横梁产生扭转变形。当采用中空玻璃、夹层玻璃等自重较大的面板和偏心距较大时，要考虑其

不利影响，必要时进行横梁的抗扭承载力验算。

5.2 材料力学性能

5.2.1 目前，国内有关玻璃强度试验的工作不多，强度取值的方法也不统一。玻璃是最有代表性的脆性材料，其破坏特征是：几乎所有的玻璃都是由于拉应力产生表面裂缝而破碎。一直到破坏为止，玻璃的应力、应变都几乎呈线性关系，其弹性模量约为 $7.2 \times 10^4 \text{N/mm}^2$。但是，其破坏强度有非常大的离散性。

如图 5.1（a）所示，同一批、同尺寸玻璃受弯试件测得的弯曲抗拉强度，其范围为 $70 \sim 160 \text{N/mm}^2$，十分分散。实测的强度值与构件尺寸、试验方法、玻璃的热处理和化学处理方式、测试条件（加载速度、持荷时间、周围环境等）都有关系，而且变化很大。图 5.1（b）为尺寸改变时玻璃强度的变化情况。

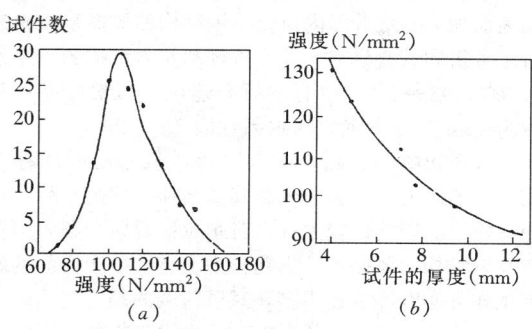

图 5.1 玻璃强度特性
（a）强度分布；（b）强度与尺寸关系

因此，玻璃的实际强度设计值一般由生产厂家根据试验资料提供给设计人员，作为幕墙玻璃的设计依据。

日本建筑学会提供的实用设计方法中，给出了玻璃的强度（相当于标准值），如表 5.1。日本是按容许应力方法设计的，荷载、强度均采用标准值，设计安全系数 $K = 2.5 \sim 3.0$。在国内缺乏足够试验数据的情况下，可参考日本的玻璃强度取值为基本数据，再根据国内的安全度要求和多系数表达方法予以调整。

在日本的玻璃承载力设计方法中，总安全系数 $K = K_1 K_2$，见表 5.2。其中，K_1 为作用分项安全系数，取 $1.2 \sim 1.3$；K_2 为玻璃材料分项系数，可由总安全系数进行换算。

表 5.1 玻璃的强度标准值 f_{gk}（N/mm²）

玻璃类型	厚度（mm）	f_{gk}
普通玻璃	2～6	50.0
浮法玻璃	3～8	50.0
	10	45.0
	12～19	35.0
磨砂玻璃	15	35.0
夹网玻璃	7～10	37.0
夹网吸热磨砂玻璃	7	30.0

表 5.2 玻璃安全系数 K

破坏概率	0.01	0.001	0.0001
K	2.0	2.5	3.0

由此可见，玻璃的安全系数 K 在 $2.5 \sim 3.0$ 之间。结合我国国情，玻璃的安全系数 K 取 2.5，由于起主要控制作用的风荷载分项系数采用 1.4，经换算可得出玻璃材料分项系数 $K_2 = 1.785$。

因此，本规范中，玻璃的强度设计值 f_g 取为标准值 f_{gk} 除以 K_2，即玻璃大面上的强度设计值。

玻璃的侧面经过切割、打磨打工，产生应力集中，强度有所降低。一般情况下，侧面强度可按大面强度的 70% 取用。侧面强度对玻璃受弯不起控制作用。在验算玻璃局部强度、连接强度以及玻璃肋的承载力时，会用到侧面强度设计值。

玻璃大部分是平面外受弯控制其承载力设计，受剪起控制作用的机会较少，因此目前没有再区分玻璃的抗拉、抗剪强度。

5.2.2 铝合金型材的强度设计值取决于其总安全系数，一般取为 $K = 1.8$。若 $K_1 = 1.4$，则 $K_2 = 1.286$。所以，相应的强度设计值为：

$$f_a = \frac{f_{ak}}{K_2} = \frac{f_{ak}}{1.286}$$

铝型材的强度标准值 f_{ak}，一般取为 $\sigma_{p0.2}$。$\sigma_{p0.2}$ 指铝材有 0.2% 残余变形时所对应的应力值，即铝型材的条件屈服强度。$\sigma_{p0.2}$ 可按现行国家标准《铝合金建筑型材》GB/T 5237 的规定取用。

各国铝合金结构设计的安全系数有所不同，一般为 $1.6 \sim 1.8$。

按意大利 D. M. Mazzolani《铝合金结构》一书所载：

英国 BSCP118 规范，容许应力为：

$[\sigma] = 0.44\sigma_{p0.2} + 0.09\sigma_u$（轴向荷载作用）

$[\sigma] = 0.44\sigma_{p0.2} + 0.14\sigma_u$（弯曲荷载作用）

若极限强度 $\sigma_u = 1.3\sigma_{p0.2}$，则安全系数 K 相当于 1.6（弯曲作用）～1.77（轴向作用）。

德国规范 DIN4113，对于主要荷载，安全系数为 $1.70 \sim 1.80$。

美国铝业协会规定建筑物的安全系数为 1.65，对于桥梁为 1.85。

鉴于幕墙构件以承受风荷载为主，铝型材强度离散性也较大，所以总安全系数取 1.8 是合适的。

5.2.3 幕墙中钢材主要用于连接件（如钢板、螺栓等）和支承钢结构，其计算和设计要求应按现行国家标准《钢结构设计规范》GB 50017 的规定进行。

5.2.4 不锈钢材料（管材、棒材、型材）主要用于幕墙的连接件和支承结构，其强度设计值比照钢结构的安全度略有增大，总安全系数约为 1.6。

5.2.5 点支承玻璃幕墙所用的张拉杆、索截面尺寸较小，对各种作用比较敏感，宜具有较高的安全度。按照目前国内工程的经验，张拉杆的安全系数可取为 2.0，拉索的安全系数可取为 2.5。本条的强度设计值换算系数就是按照这一要求得出的。

5.2.8 本条高强钢丝和高强钢绞线的弹性模量按《混凝土结构设计规范》GB 50010 取用。钢绞线和钢丝绳是由钢丝加工而成的，其弹性模量与普通钢丝相比会发生一定变化（实际上为等效变形模量），实际工程中宜通过具体试验确定。

5.3 荷载和地震作用

5.3.2 风荷载计算采用现行国家标准《建筑结构荷载规范》GB 50009 的规定。对于主要承重结构，风荷载标准值的表达可有两种形式，其一为平均风压加上由脉动风引起的结构风振等效风压；另一种为平均风压乘以风振系数。由于结构的风振动计算中，往往是受力方向基本振型起主要作用，因而我国与大多数国家相同，采用后一种表达形式，即采用风振系数 β_z。风振系数综合考虑了结构在风荷载作用下的动力响应，其中包括风速随时间、空间的变异性和结构自身的动力特性等。

基本风压 w_0 是根据全国各气象台站历年来的最大风速记录，统一换算为离地 10m 高、10min 平均年最大风速（m/s），根据该风速数据统计分析确定重现期为 50 年的最大风速，作为当地的基本风速 v_0，再按贝努利公式确定基本风压。

现行国家标准《建筑结构荷载规范》GB 50009 将基本风压的重现期由以往的 30 年改为 50 年，在标准上与国外大部分国家取得一致。经修改后，各地的基本风压并不全是在原有的基础上提高 10%，而是根据风速观测数据，进行统计分析后重新确定的。为了能适应不同的设计条件，风荷载计算时可采用与基本风压不同的重现期。

风荷载随高度的变化由风压高度变化系数描述，其值应按现行国家标准《建筑结构荷载规范》GB 50009 采用。对原规范的 A、B 两类，其有关参数保持不变；C 类系指有密集建筑群的城市市区，其粗糙度指数系数由 0.2 提高到 0.22，梯度风高度仍取 400m；新增加的 D 类系指有密集建筑群且有大量高层建筑的大城市市区，其粗糙度指数系数取 0.3，梯度风高度取 450m。

风荷载体型系数是指风荷载作用在幕墙表面上所引起的实际压力（或吸力）与来流风的速度压的比值，它描述的是建筑物表面在稳定风压作用下静态压力的分布规律，主要与建筑物的体型和尺度有关，也与周围环境和地面粗糙度有关。由于它涉及的是关于固体与流体相互作用的流体动力学问题，对于不规则形状的固体，问题尤为复杂，无法给出理论上的结果，一般均应由试验确定。鉴于原型实测的方法对一

般工程设计的不现实，目前只能采用相似原理，在边界层风洞内对拟建的建筑物模型进行测试。

风荷载在建筑物表面分布是不均匀的，在檐口附近、边角部位较大，根据风洞试验结果和国外的有关资料，在上述区域风吸力系数可取 -1.8，其余墙面可考虑 -1.0。由于围护结构有开启的可能，所以还应考虑室内压 -0.2。所以，幕墙风荷载体型系数可分别按 -2.0 和 -1.2 采用。

阵风系数 β_{gz} 是瞬时风压峰值与 10min 平均风压（基本风压 w_0）的比值，取决于场地粗糙度类别和建筑物高度。在计算幕墙面板、横梁、立柱的承载力和变形时应考虑阵风系数 β_{gz}，以保证幕墙构件的安全。对于跨度较大的支承结构，其承载面积较大，阵风的瞬时作用影响相对较小；但由于跨度大、刚度小、自振周期相对较长，风力振动的影响成为主要因素，可通过风振系数 β_z 加以考虑。风振动的影响一般随跨度加大而加大。最近国内对支承钢结构的风振系数 β_z 进行了分析和试验研究，提出拉杆和拉索结构的风振系数 β_z 为 1.8～2.2。也有些研究建议，当索杆体系跨度为 15m 至 40m 时，风振系数取 2.0～2.7。

阵风影响和风振影响在幕墙结构中是同时存在的。一般来说，幕墙面板及其横梁和立柱由于跨度较小，阵风的影响比较大；而对张拉杆索体系和大跨度支承钢结构，风振动的影响较为敏感。由于目前的研究工作和实践经验还不多，对风荷载的动力作用尚不能给出确切的表达方法。因此，本规范仍然采用阵风系数的表达方式。阵风系数 β_{gz} 的取值，除 D 类地面粗糙度、40m 以下的情况外，多在 1.4～2.0 之间，大体上与目前大跨度钢结构风振系数的研究成果相接近，不会过大或过小地估计风荷载的动力作用影响。

当有风洞试验数据或其他可靠的技术依据时，风荷载的动力影响可据此确定。

5.3.3 近年来，由于城市景观和建筑艺术的要求，建筑的平面形状和竖向体型日趋复杂，墙面线条、凹凸、开洞也采用较多，风荷载在这种复杂多变的墙面上的分布，往往与一般墙面有较大差别。这种墙面的风荷载体型系数难以统一给定。当主体结构通过风洞试验决定体型系数时，幕墙计算亦可采用该体型系数。

对高度大于 200m 或体形、风荷载环境比较复杂的幕墙工程，风荷载取值宜更加准确，因此在没有可靠参照依据时，宜采用风洞试验确定其风荷载取值。高度 200m 的要求与现行行业标准《高层建筑混凝土结构技术规程》JGJ 3—2002 的要求一致。

5.3.4～5.3.5 常遇地震（大约 50 年一遇）作用下，幕墙的地震作用采用简化的等效静力方法计算，地震影响系数最大值按照现行国家标准《建筑抗震设计规范》GB 50011—2001 的规定采用。

由于玻璃面板是不容易发展成塑性变形的脆性材

料，为使设防烈度下不产生破损伤人，考虑动力放大系数 β_E。按照《建筑抗震设计规范》GB 50011 的有关非结构构件的地震作用计算规定，玻璃幕墙结构的地震作用动力放大系数可表示为：

$$\beta_E = \gamma \eta \xi_1 \xi_2 \qquad (5.2)$$

式中　γ——非结构构件功能系数，可取 1.4；

η——非结构构件类别系数，可取 0.9；

ξ_1——体系或构件的状态系数，可取 2.0；

ξ_2——位置系数，可取 2.0。

按照 (5.2) 式计算，幕墙结构地震作用动力放大系数 β_E 约为 5.0。

5.3.6 幕墙的支承结构，如横梁、立柱、桁架、张拉索杆等，其自身重力荷载产生的地震作用标准值，可参照本规范第 5.3.4 和 5.3.5 条的原则进行计算。

5.4　作 用 效 应 组 合

5.4.1~5.4.3 作用在幕墙上的风荷载、地震作用都是可变作用，同时达到最大值的可能性很小。因此，在进行效应组合时，第一个可变作用的效应应按 100% 考虑（组合值系数取 1.0），第二个可变作用的效应可进行适当折减（乘以小于 1.0 的组合值系数）。

在重力荷载、风荷载、地震作用下，幕墙构件产生的内力（应力）应按基本组合进行承载力极限状态设计，求得内力（应力）的设计值，以最不利的组合作为设计的依据。作用效应组合时的分项系数按现行国家标准《建筑结构荷载规范》GB 50009—2001 和《建筑抗震设计规范》GB 50011—2001 的规定采用。

在现行国家标准《建筑抗震设计规范》GB 50011—2001 中规定，当地震作用与风荷载同时考虑时，风的组合值系数取为 0.2。由于幕墙暴露在室外，受风荷载影响较为显著，风荷载作用效应比地震作用效应大，应作为第一可变作用，其组合值系数一般取 1.0。地震作用作为第二个可变荷载时，现行国家标准《建筑结构荷载规范》GB 50009—2001 和《建筑抗震设计规范》GB 50011—2001，都没有规定确切的组合值系数；考虑到幕墙工程中地震作用效应一般不起控制作用，同时考虑到幕墙结构设计的安全性，本规范规定其组合值系数取 0.5。

结构的自重是经常作用的永久荷载，所有的基本组合工况中都必须包括这一项。当永久荷载（重力荷载）的效应起控制作用时，其分项系数 γ_G 应取 1.35，但参与组合的可变作用仅限于竖向荷载，且应考虑相应的组合值系数。对一般幕墙构件，当重力荷载的效应起控制作用时（γ_G 取 1.35），可不考虑风荷载和地震作用；对水平倒挂玻璃及其框架，风荷载是主要竖向可变荷载，此时，风荷载的组合值系数取 0.6，与《建筑结构荷载规范》GB 50009—2001 的规定一致。当永久荷载作用对结构设计有利时，其分项系数 γ_G 应取不大于 1.0。

我国是多地震国家，抗震设防烈度 6 度以上的地区占中国国土面积 70% 以上，绝大多数的大、中城市都考虑抗震设防。对于有抗震要求的幕墙，风荷载和地震作用都应考虑。

因为本规范仅考虑竖向幕墙和与水平面夹角大于 75 度、小于 90 度的斜玻璃幕墙，且抗震设防烈度不大于 8 度，所以，可不考虑竖向地震作用效应的计算和组合。对于大跨度的玻璃雨篷、通廊、采光顶等结构设计，应符合国家现行有关标准的规定或进行专门研究。

按照以上说明，幕墙结构构件承载力设计中，理论上可考虑下列典型组合工况：

1. $1.2G + 1.0 \times 1.4W$
2. $1.0G + 1.0 \times 1.4W$
3. $1.2G + 1.0 \times 1.4W + 0.5 \times 1.3E$
4. $1.0G + 1.0 \times 1.4W + 0.5 \times 1.3E$
5. $1.35G + 0.6 \times 1.4W$（风荷载向下）
6. $1.0G + 1.0 \times 1.4W$（风荷载向上）
7. $1.35G$

以上组合工况中，G、W、E 分别代表重力荷载、风荷载、地震作用标准值产生的应力或内力。对不同的幕墙构件应采用不同的组合工况，如第 5、6 项一般仅用于水平倒挂幕墙的设计。另外，作用效应组合时，应注意各种作用效应的方向性。

5.4.4 根据幕墙构件的受力和变形特征，正常使用状态下，其构件的变形或挠度验算时，一般不考虑不同作用效应的组合。因地震作用效应相对风荷载作用效应较小，一般不必单独进行地震作用下结构的变形验算。在风荷载或永久荷载作用下，幕墙构件的挠度应符合挠度限值要求，且计算挠度时，作用分项系数取 1.0。

5.5　连 接 设 计

5.5.1 幕墙的连接与锚固必须可靠，其承载力必须通过计算或实物试验予以确认，并要留有余地，防止偶然因素产生突然破坏。连接件与主体结构的锚固承载力应大于连接件本身的承载力，任何情况不允许发生锚固破坏。

安装幕墙的主体结构必须具备承受幕墙传递的各种作用的能力，主体结构设计时应充分加以考虑。

主体结构为混凝土结构时，其混凝土强度等级直接关系到锚固件的可靠工作，除加强混凝土施工的工程质量管理外，对混凝土的最低强度等级也应加以要求。为了保证与主体结构的连接可靠性，连接部位主体结构混凝土强度等级不应低于 C20。

5.5.2 幕墙横梁与立柱的连接，立柱与锚固件或主体结构钢梁、钢材的连接，通常通过螺栓、焊缝或铆钉实现。现行国家标准《钢结构设计规范》GB 50017

对上述连接均作了规定，应参照执行。同时受拉、受剪的螺栓应进行螺栓的抗拉、抗剪设计；螺纹连接的公差配合及构造，应符合有关标准的规定。

为防止偶然因素的影响而使连接破坏，每个连接部位的受力螺栓、铆钉等，至少需要布置 2 个。

5.5.3 框支承幕墙立柱截面较小，处于受压工作状态时受力不利，因此宜将其设计成轴心受拉或偏心受拉构件。立柱宜采用圆孔铰接接点在上端悬挂，采用长圆孔或椭圆孔与下端连接，形成吊挂受力状态。

5.5.4 幕墙构件与混凝土结构的连接，多数情况应通过预埋件实现，预埋件的锚固钢筋是锚固作用的主要来源，混凝土对锚固钢筋的粘结力是决定性的。因此预埋件必须在混凝土浇灌前埋入，施工时混凝土必须密实振捣。目前实际工程中，往往由于未采取有效措施来固定预埋件，混凝土浇注时使预埋件偏离设计位置，影响与立柱的准确连接，甚至无法使用。因此，幕墙预埋件的设计和施工应引起足够的重视。

5.5.5 附录 C 对幕墙预埋件设计作了一般规定。对于预埋件的要求，主要是根据有关研究成果和现行国家标准《混凝土结构设计规范》GB 50010。

1. 承受剪力的预埋件，其受剪承载力与混凝土强度等级、锚固面积、直径等有关。在保证锚固长度和锚筋到埋件边缘距离的前提下，根据试验提出了半理论、半经验的公式，并考虑锚筋排数、锚筋直径对受剪承载力的影响。

2. 承受法向拉力的预埋件，钢板弯曲变形时，锚筋不仅单独承受拉力，还承受钢板弯曲变形引起的内剪力，使锚筋处于复合应力状态，在计算公式中引入锚板弯曲变形的折减系数。

3. 承受弯矩的预埋件，试验表明其受压区合力点往往超过受压区边排筋以外，为方便和安全考虑，受弯力臂取外排锚筋中心线之间的距离，并在计算公式中引入锚筋排数对力臂的折减系数。

4. 承受拉力和剪力或拉力和弯矩的预埋件，根据试验结果，其承载力均取线性相关关系。

5. 承受剪力和弯矩的预埋件，根据试验结果，当 $V/V_{u0}>0.7$ 时，取剪弯承载力线性相关；当 $V/V_{u0}\leqslant 0.7$ 时，取受剪承载力与受弯承载力不相关。这里，V_{u0} 为预埋件单独承受剪力作用时的受剪承载力。

6. 当轴力 $N<0.5f_cA$ 时，可近似取 $M-0.4NZ=0$ 作为受压剪承载力与受压弯剪承载力计算的界限条件。本规范公式（C.0.1-3）中系数 0.3 是与压力有关的系数，与试验结果比较，其取值是偏于安全的。

承受法向拉力和弯矩的预埋件，其锚筋载面面积计算公式中拉力项的抗力均乘以系数 0.8，是考虑到预埋件的重要性、受力复杂性而采取提高其安全储备的折减系数。

直锚筋和弯折锚筋同时作用时，取总剪力中扣除直锚筋所能承担的剪力，作为弯折锚筋所承受的剪力，据此计算其截面面积：

$$A_{sb} \geqslant 1.4\frac{V}{f_y} - 1.25\alpha_r A_s \qquad (5.3)$$

根据国外有关规范和国内对钢与混凝土组合结构中弯折锚筋的试验研究表明，弯折锚筋的弯折角度对受剪承载力影响不大。同时，考虑构造等原因，控制弯折角度在 15°～45°之间。当不设置直锚筋或直锚筋仅按构造设置时，在计算中应不予以考虑，取 $A_s=0$。

这里规定的预埋件基本构造要求，是把满足常用的预埋件作为目标，计算公式也是根据这些基本构造要求建立的。

在进行锚筋面积 A_s 计算时，假定锚筋充分发挥了作用，应力达到其强度设计值 f_y。要使锚筋应力达到 f_y 而不滑移、拔出，就要有足够的锚固长度，锚固长度 l_a 与钢筋形式、混凝土强度、钢材品种有关，可按附录（C.0.5）式计算。有时由于 l_a 的数值过大，在幕墙预埋件中采用有困难，此时可采用低应力设计方法，即增加锚筋面积、降低锚筋实际应力，从而可减小锚固长度，但不应小于 15 倍钢筋直径。

5.5.7 当土建施工中未设预埋件、预埋件漏放、预埋件偏离设计位置太远、设计变更、旧建筑加装幕墙时，往往要使用后锚固螺栓进行连接。采用后锚固螺栓（机械膨胀螺栓或化学螺栓）时，应采取多种措施，保证连结的可靠性。

5.5.8 砌体结构平面外承载能力低，难以直接进行连接，所以宜增设混凝土结构或钢结构连接构件。轻质隔墙承载力和变形能力低，不应作为幕墙的支承结构考虑。

5.6 硅酮结构密封胶设计

5.6.1 硅酮结构密封胶承受荷载和作用产生的应力大小，关系到幕墙构件的安全，对结构胶必须进行承载力验算，而且保证最小的粘结宽度和厚度。

隐框幕墙玻璃板材的结构胶粘结宽度一般应大于其厚度；全玻幕墙结构胶的粘结厚度由计算确定，有可能大于其宽度。当满足结构计算要求时，允许在全玻幕墙的板缝中填入合格的发泡垫杆等材料后再进行前、后两面的打胶。

5.6.2 硅酮结构密封胶缝应进行受拉和受剪承载能力极限状态验算，习惯上采用应力表达式。计算应力设计值时，应根据受力状态，考虑作用效应的基本组合。具体的计算方法应符合本规范有关条文的规定。

现行国家标准《建筑用硅酮结构密封胶》GB 16776 中，规定了硅酮结构密封胶的拉伸强度值不低于 0.6N/mm²。在风荷载或地震作用下，硅酮结构密封胶的总安全系数取不小于 4，套用概率极限状态设计方法，风荷载分项系数取 1.4，地震作用分项系数取 1.3，则其强度设计值 f_1 约为 0.21～0.195N/mm²，

本规范取为 $0.2N/mm^2$，此时材料分项系数约为 3.0。在永久荷载（重力荷载）作用下，硅酮结构密封胶的强度设计值 f_2 取为风荷载作用下强度设计值的 1/20，即 $0.01N/mm^2$。

5.6.3 幕墙玻璃在风荷载作用下的受力状态相当于承受均布荷载的双向板（图 5.2），在支承边缘的最大线均布拉力为 $aw/2$，由结构胶的粘结力承受，即：

$$f_1 c_s = \frac{aw}{2} \qquad (5.4)$$

$$c_s = \frac{aw}{2f_1} \qquad (5.5)$$

式中　f_1——结构硅酮密封胶在风荷载或地震作用下的强度设计值（N/mm^2）；

　　　w——风荷载设计值（N/mm^2）。当采用 kN/m^2 为单位时，须除以 1000 予以换算。

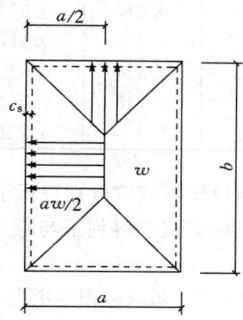

图 5.2　玻璃上的荷载传递示意

抗震设计时，上述公式中的 w 应替换为（$w+0.5q_E$），q_E 为作用在计算单元上的地震作用设计值（kN/m^2）。

在重力荷载设计值作用下，竖向玻璃幕墙的硅酮结构胶缝承受长期剪应力，平均剪应力 τ 可表示为：

$$\tau = \frac{q_G ab}{2(a+b)c_s} \qquad (5.6)$$

剪应力 τ 不应超过结构胶在永久荷载作用下的强度设计值 f_2。

5.6.4 倒挂玻璃的风吸力和自重均使胶缝处于受拉工作状态，但是风荷载为可变荷载，自重为永久荷载。因此，结构胶粘接宽度应分别采用其在风荷载和永久荷载作用下的强度设计值分别计算，并叠加。

5.6.5 结构胶的粘结厚度 t_s 由承受的相对位移 u_s 决定（图 5.3）。在发生相对位移时，结构胶和双面胶带的尺寸 t_s 变为 t'_s，伸长了（t'_s-t_s）。这一长度应在硅酮结构密封胶和双面胶带延伸率允许的范围之内。结构胶的变位承受能力 $\delta=(t'_s-t_s)/t_s$，取对应于其受拉应力为 $0.14N/mm^2$ 时的伸长率，不同牌号胶的取值会稍有不同，应由结构胶生产厂家提供。

由直角三角形关系，$t_s^2+u_s^2=t'^2_s$，$t'^2_s=(1+\delta)^2 t_s^2$，$(\delta^2+2\delta)t_s^2=u_s^2$，所以要求胶厚度 t_s 满足以下要求：

$t_s \geqslant \dfrac{u_s}{\sqrt{\delta(2+\delta)}}$。例如，若变位承受能力为 12%，相对位移 u_s 为 3mm，则 $t_s = \dfrac{3}{\sqrt{0.12(2+0.12)}} = 5.9mm$，可取为 6mm。

楼层弹性层间位移角的限值，见本规范第 4.2.6 条的条文说明。

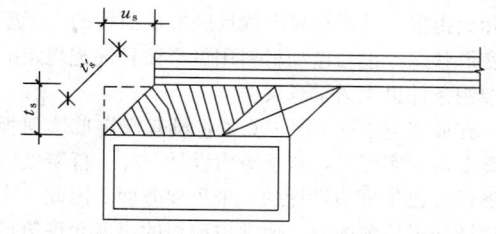

图 5.3　硅酮结构密封胶和
双面胶带的拉伸变形示意

5.6.6 硅酮结构密封胶承受永久荷载的能力很低，不仅强度设计值 f_2 仅为 $0.01N/mm^2$，而且有明显的变形，所以长期受力部位应设金属件支承。竖向幕墙玻璃应在玻璃底端设支托；倒挂玻璃顶应设金属安全件。

6　框支承玻璃幕墙结构设计

6.1　玻　　璃

6.1.1　幕墙玻璃面积较大，不仅承受较大的风荷载作用，且运输安装过程的工序较多，其厚度不宜过小，以保证安全。从近几年幕墙工程设计和施工经验来看，6mm 的最小厚度是合适的。夹层玻璃和中空玻璃的两片玻璃是共同受力的，如果厚度相差过大，则两片玻璃受力大小会过于悬殊，容易因受力不均匀而破裂。

6.1.2～6.1.3　框支承幕墙玻璃在风荷载作用下，受力状态类同四边支承板，可按四边支承板计算其跨中最大弯矩和最大应力。此应力与其他作用产生的应力考虑分项系数进行组合后，不应大于玻璃强度设计值 f_g。

玻璃板材的内力和变形采用弹性力学方法计算较为妥当，目前也有相应的有限元计算软件可供选择使用。但作为规范，为方便使用，也应提供简单、易行且计算精度可满足工程设计要求的简化设计方法。因此，本条对四边支承玻璃面板采用了弹性小挠度计算公式，并考虑与大挠度分析方法计算结果的差异，将应力与挠度计算值予以折减。

原规范 JGJ 102—96 中，在风荷载作用下玻璃面板的应力计算公式为：

$$\sigma_w = \frac{6m w a^2}{t^2} \qquad (6.1)$$

公式（6.1）是在弹性小挠度情况下推导出来的，它假定玻璃板只产生弯曲变形和弯曲应力，而面内薄膜应力则忽略不计。弹性小变形理论的适用范围是：挠度 d_f 不大于玻璃板厚度 t。

当玻璃板的挠度 d_f 大于板厚时，按（6.1）式计算的应力比实际的大，而且随着挠度与板厚之比加大，计算的应力和挠度偏大较多。由于计算的应力比实际大得多，计算结果不能反映玻璃面板的实际受力和变形状态，也会增加材料用量，而且规范规定的应力控制条件也失去了意义。

在原规范 JGJ 102—96 中，没有规定玻璃面板的挠度要求。实际上，与承载力设计一样，幕墙玻璃的变形设计也是幕墙设计的一个重要方面，因此，本次修订增加了该项内容。通常玻璃板的挠度允许值可达到跨度的 1/60，对于跨度为 1000mm、厚度为 8mm 的玻璃板，挠度允许值可达 16mm，已为玻璃厚度的 2 倍，此时，按弹性小变形薄板理论计算的应力、挠度值会比实际值约大 30%～50%。依此计算结果控制承载力和挠度，比实际情况偏严较多。

为此，对玻璃板进行计算时，应对原规范 JGJ 102—96 的弹性小变形理论的计算公式，考虑一个折减系数 η 予以修正，即本规范表 6.1.2-2。

大挠度玻璃板的计算是比较复杂的非线性弹性力学问题，难以用简单公式表达，一般要用到专门的计算软件，针对具体问题进行具体计算分析。显然这对于常规幕墙设计是不方便的。

英国 B. Aalami 和 D. G. Williams 对不同边界的矩形板进行了系统计算，发表于《Thin Plate Design For Transverse Loading》一书中。根据其大量计算结果，适当简化、归并以利于实际应用，选择了与挠度直接相关的参量 θ 为主要参数，编制了表 6.1。表中，参数 θ 的量纲就是挠度与厚度之比：

$$\theta = \frac{qa^4}{Et^4} \sim \frac{qa^4}{Et^3}\bigg/ t \sim \frac{qa^4}{D}\bigg/ t \sim d_f\big/ t$$

按计算结果，η 数值随 θ 下降很快，即按小挠度公式计算的应力和挠度可以折减较多，为安全稳妥，在编制规范表 6.1.2-2 时，取了较计算结果偏安全的数值，留有充分的余地。按表 6.1.2-2 对小挠度公式应力计算结果进行折减，不仅减小了板材厚度、节省了材料，而且还有一定的安全余地。同样在计算板的挠度 d_f 时，也应考虑此折减系数 η（表 6.2）。

表 6.1　弹性小变形应力 σ 计算结果的折减系数 η

$\theta=\dfrac{qa^4}{Et^4}$	B. Aalami D. G. Williams 的计算结果 边长比 b/a			表6.1.2-2 的取值
	1.0	1.5	2.0	
≤1	1.000	1.000	1.000	1.00
10	0.975	0.904	0.910	0.96
20	0.965	0.814	0.820	0.92

续表 6.1

$\theta=\dfrac{qa^4}{Et^4}$	B. Aalami D. G. Williams 的计算结果 边长比 b/a			表6.1.2-2 的取值
	1.0	1.5	2.0	
40	0.803	0.619	0.643	0.84
120	0.480	0.333	0.363	0.65
200	0.350	0.235	0.260	0.57
300	0.285	0.175	0.195	0.52
≥400	0.241	0.141	0.155	0.50

表 6.2　弹性小变形挠度 d_f 计算结果的折减系数 η

$\theta=\dfrac{qa^4}{Et^4}$	B. Aalami D. G Williams 的计算结果 边长比 b/a			表6.1.2-2 的取值
	1.0	1.5	2.0	
≤1	1.000	1.000	1.000	1.00
10	0.955	0.906	0.916	0.96
20	0.894	0.812	0.832	0.92
40	0.753	0.647	0.674	0.84
120	0.482	0.394	0.417	0.65
200	0.375	0.304	0.322	0.57
300	0.304	0.245	0.252	0.52
≥400	0.201	0.209	0.221	0.50

上海市建筑科学研究院分别进行了玻璃板在均布荷载作用下的试验研究，得到了与表 6.1.2-2 取值相似的结果。

从试验结果来看，玻璃破损是由强度控制的，钢化玻璃破坏时，其挠度甚至可达到跨度的 1/30～1/40。因此，在满足基本构造要求的前提下，玻璃挠度控制条件不宜过严，以免限制了其承载力的发挥。对于四边支承的玻璃板，采用其短边边长（挠度）的 1/60 作为控制条件是合适的。由于在计算挠度时，采用风荷载标准值，同时又考虑大挠度影响对计算值加以折减，所以只要合理选用玻璃种类和厚度，应当是可以满足挠度限值要求的。

6.1.4　夹层玻璃由两片玻璃夹胶合片而成，在垂直于板面的风荷载和地震作用下，两片玻璃的挠度是相等的，即：

$$d_{f1} = d_{f2} \tag{6.2}$$

所以，每片玻璃分担的荷载应按两片玻璃的弯曲刚度 D 的比例分配：

$$q_1 = q\frac{D_1}{D_1 + D_2} \tag{6.3}$$

$$q_2 = q\frac{D_2}{D_1 + D_2} \tag{6.4}$$

式中　q——夹层玻璃承受的荷载；

　　　q_1、q_2——分别为两片玻璃承受的荷载；

　　　D_1、D_2——分别为两片玻璃的弯曲刚度。

由于玻璃板的弯曲刚度 D 按下式计算：

$$D = \frac{Et^3}{12(1 - v^2)} \tag{6.5}$$

因此，两片玻璃分配的荷载按其厚度立方的比例分配。

由于夹层玻璃的等效刚度可近似表示为两片玻璃弯曲刚度之和：

$$D = D_1 + D_2 \qquad (6.6)$$

所以计算夹层玻璃的挠度时，其等效厚度 t_e 可按两片玻璃厚度的立方和的立方根取用。当然，也可分别按单片玻璃分配的荷载及相应的单片玻璃弯曲刚度计算挠度，所得结果是相同的。

本条规定与美国 ASTM E1300 标准有关规定相同，并和上海市建筑科学研究院的试验结果比较一致。

6.1.5 中空玻璃的两片玻璃之间有气体层，直接承受荷载的正面玻璃的挠度一般略大于间接承受荷载的背面玻璃的挠度，分配的荷载相应也略大一些。为保证安全和简化设计，将正面玻璃分配的荷载加大10%，这与本规范编制组关于中空玻璃的试验结果相近，也与美国 ASTM E1300 标准的计算原则相接近。

考虑到直接承受荷载的玻璃挠度大于按两片玻璃等挠度原则计算的挠度值，所以中空玻璃的等效厚度 t_e 考虑折减系数 0.95。

6.1.6 斜玻璃幕墙还受到面外重力荷载的作用（自重、雪荷载、雨水荷载、检修荷载等），这些荷载也在玻璃中产生弯曲应力。通常这些荷载可作为均布荷载作用在玻璃上，按板理论计算其跨中最大应力 σ_G。σ_G 与风荷载应力 σ_w 进行组合后，其设计值不应大于玻璃的强度设计值 f_g。

6.2 横　梁

6.2.1 受弯薄壁金属梁的截面存在局部稳定问题，为防止产生压应力区的局部屈曲，通常可用下列方法之一加以控制：

1) 规定最小壁厚 t_{min} 和规定最大宽厚比；

2) 对抗压强度设计值或允许应力予以降低。

本规范中，幕墙横梁与立柱设计，采用前一种控制方法。

1. 最小壁厚

我国现行国家标准《冷弯薄壁型钢结构技术规范》GB 50018 规定薄壁型钢受力构件壁厚不宜小于 2mm。我国现行国家标准《铝合金建筑型材》GB/T 5237 规定用于幕墙的铝型材最小壁厚为 3mm。

通常横梁跨度较小，相应的应力也较小，因此本条规定小跨度（跨度不大于 1.2m）的铝型材横梁截面最小厚度为 2.0mm，其余情况下截面受力部分厚度不小于 2.5mm。

为了保证直接受力螺纹连接的可靠性，防止自攻螺钉拉脱，受力连接时，在采用螺纹直接连接的局部，铝型材厚度不应小于螺钉的公称直径。

钢材防腐蚀能力较低，横梁型钢的壁厚不应小于

2.5mm，并且本规范明确必要时可以预留腐蚀厚度。

2. 最大宽厚比

型材杆件相邻两纵边之间的平板部分称为板件。一纵边与其他板件相连接，另一纵边为自由的板件，称为截面的自由挑出部位；两纵边均与其他板件相连接的板件，称为截面的双侧加劲部位。板件的宽厚比不应超过一定限值，以保证截面受压时保持局部稳定性。截面中不符合宽厚比限值的部分，在计算截面特性时不予考虑。

弹性薄板在均匀受压下的稳定临界应力可由下式计算：

$$\sigma_{cr} = \beta \frac{\pi^2 E t^2}{12(1-\nu^2) b_0^2} \qquad (6.7)$$

式中　E——弹性模量；

t——截面厚度；

ν——泊松比；

b_0——截面宽度；

β——弹性屈曲系数，自由挑出部位（边界条件视为三边简支、一边自由）取 0.425，双侧加劲部位（边界条件视为四边简支）取 4.0。

由上式可得到型材截面的宽厚比要求，即：

$$\frac{b_0}{t} \leqslant \pi \sqrt{\frac{\beta E}{12(1-\nu^2) f}} \qquad (6.8)$$

式中　f——型材强度设计值。

本条表 6.2.1 即由公式（6.8）计算得出。

6.2.4 横梁为双向受弯构件，竖向弯矩由面板自重和横梁自重产生；水平方向弯矩由风荷载和地震作用产生。由于横梁跨度小、刚度较大，一般情况不必进行整体稳定验算。

6.2.5 本条公式为材料力学中梁的抗剪计算公式。

6.2.7 横梁的挠度控制是正常使用状态下的功能要求，不涉及幕墙结构的安全，加之所采用的风荷载又是 50 年一遇的最大值，发生的机会较少，所以不宜控制过严，避免由于挠度控制要求而使材料用量增加太多。

隐框幕墙玻璃板的副框，一般采用金属件多点连接在横梁上；明框幕墙玻璃板与横梁间有弹性嵌缝条或密封胶。因此，横梁变形后对玻璃的支承状况改变不大。试验表明，横梁挠度达到跨度的 $l/180$ 时，幕墙玻璃的工作仍是正常的。因此，对铝型材的挠度控制值定为 $l/180$。钢型材强度较高，其挠度控制则可以稍严一些。原规范 JGJ 102—96 对挠度附加了不超过 20mm 的限值，这是针对当时采用幕墙的工程多为高层旅馆和办公楼，层高一般不大于 4m 的情况而制定的。目前，幕墙应用范围已大大扩展，情况多变，有时跨度超过 4m 较多，因此不宜、也不必要再规定挠度控制的绝对值，这与工程结构设计中挠度控制采用相对值的方法是一致的。

6.3 立 柱

6.3.1 立柱截面主要受力部分厚度的最小值，主要是参照现行国家标准《铝合金建筑型材》GB/T 5237中关于幕墙用型材最小厚度为 3mm 的规定。对于闭口箱形截面，由于有较好的抵抗局部失稳的性能，可以采用较小的壁厚，因此允许采用最小壁厚为 2.5mm 的型材。

钢型材的耐腐蚀性较弱，最小壁厚取为 3.0mm。

偏心受压的立柱很少，因其受力较为不利，立柱一般不设计成受压构件。当遇到立柱受压情况时，需要考虑局部稳定的要求，对截面的宽厚比加以控制，与本规范第 6.2.1 条的相应要求一致。

6.3.3 幕墙在平面内应有一定的活动能力，以适应主体结构的侧移。立柱每层设活动接头后，就可以使立柱有上、下活动的可能，从而使幕墙在自身平面内能有变形能力。此外，活动接头的间隙，还要满足以下的要求：

——立柱的温度变形；

——立柱安装施工的误差；

——主体结构承受竖向荷载后的轴向压缩变形。

综合以上考虑，上、下柱接头空隙不宜小于 15mm。

6.3.4～6.3.6 立柱自下而上是全长贯通的，每层之间通过滑动接头连接，这一接头可以承受水平剪力，但只有当芯柱的惯性矩与外柱相同或较大且插入足够深度时，才能认为是连续的，否则应按铰接考虑。

因此大多数实际工程，应按铰接多跨梁来进行立柱的计算。现在已有专门的计算软件，它可以考虑自下而上各层的层高、支承状况和水平荷载的不同数值，计算各截面的弯矩、剪力和挠度，作为选用铝型材的设计依据，比较准确。

对于某些幕墙承包商来说，目前设计还采用手算方式，这时可按有关结构设计手册查出弯矩和挠度系数。

每层两个支承点时，宜按铰接多跨梁计算，求得较准确的内力和挠度。但按铰接多跨梁计算需要相应的计算机软件，所以，手算时可以近似按双跨梁考虑。

6.3.7 一般情况下，立柱不宜设计成偏心受压构件，宜按偏心受拉构件进行截面设计。因此，在连接设计时，应使柱的上端挂在主体结构上。

本条计算公式引自现行国家标准《钢结构设计规范》GB 50017。

6.3.8 考虑到在某些情况下可能有偏心受压立柱，因此本条列出偏心受压柱的稳定验算公式。本公式引自现行国家标准《钢结构设计规范》GB 50017。

弯矩作用平面内的轴心受压稳定系数 φ，钢型材按现行国家标准《钢结构设计规范》GB 50017 采用；

铝型材的取值国内未见系统的研究报告，因此参照国外强度接近的铝型材 φ 值取用（表 6.3）。

表 6.3 国外一些铝型材的 φ 值

	俄罗斯			加拿大	意大利	
λ	$\sigma_{0.2}=$ 60～90 MPa	$\sigma_{0.2}=$ 100 MPa	$\sigma_{0.2}=$ 150～230 MPa	$[\sigma]=$ 105 MPa	$[\sigma]=$ 84 MPa	$[\sigma]=$ 138 MPa
20	0.947	0.945	0.998	0.927	1.00	0.96
40	0.895	0.870	0.880	0.757	0.90	0.86
60	0.730	0.685	0.690	0.587	0.83	0.75
80	0.585	0.580	0.525	0.417	0.73	0.58
90	0.521	0.465	0.457	0.332	0.67	0.48
100	0.463	0.415	0.395	0.272	0.60	0.38
110	0.415	0.365	0.335	0.225	0.53	0.34
120	0.375	0.327	0.283	0.189	0.46	0.30
140	0.300	0.265	0.208	0.138	0.34	0.22

6.3.9 本条规定依据现行国家标准《钢结构设计规范》GB 50017。

6.3.10 立柱挠度控制与横梁相同，见本规范第 6.2.7 条说明。

7 全玻幕墙结构设计

7.1 一 般 规 定

7.1.1 全玻幕墙的玻璃面板和玻璃肋的厚度较小，以 12～19mm 为多，如果采用下部支承，则在自重作用下，面板和肋都处于偏心受压状态，容易出现平面外的稳定问题，而且玻璃表面容易变形，影响美观。所以，较高的全玻幕墙应吊挂在上部水平结构上，使全玻幕墙的面板和肋所受的轴向力为拉力。

7.1.2 全玻幕墙的面板和肋均不得直接接触结构面和其他装饰面，以防玻璃挤压破坏。玻璃与下槽底的弹性垫块宜采用硬橡胶材料。

7.1.3 全玻幕墙悬挂在钢结构构件上时，支承钢结构应有足够的抗弯刚度和抗扭刚度，防止幕墙的下垂和转角过大，以免变形受限而使玻璃破损。当主体结构构件为其他材料时，也应具有足够的刚度和承载力。

7.1.4～7.1.5 全玻幕墙承受风荷载和地震作用后，上端吊夹会受到水平推力，该水平推力会使幕墙产生水平移动，因此要有水平约束，要设置刚性传力构件。

吊夹应能承受幕墙的自重，不宜考虑竖向胶缝单独承受面板自重。

7.1.6 全玻幕墙的玻璃表面均应与周围结构面和装饰面留有足够的空隙，以适应玻璃的温度变形和其他受力变形，防止因变形受限而使玻璃开裂。

7.1.8 玻璃肋采用金属件连接、面板采用点支承时，玻璃在开孔部位会产生较大的应力集中，因此对玻璃的强度有较高的要求，应采用钢化玻璃以及由钢化玻璃制成的夹层玻璃和中空玻璃。金属板连接的玻璃肋应采用钢化夹层玻璃，以防止幕墙整片塌落。

7.2 面 板

7.2.1 全玻幕墙面板的面积较大，面板通常是对边简支板，在相同尺寸下，风荷载和地震作用产生的弯矩和挠度都比框支承幕墙四边简支玻璃板大，所以面板厚度不宜太薄。目前国内全玻幕墙的面玻璃厚度多在 12mm 以上。

7.2.2 采用玻璃面板和玻璃肋的全玻幕墙，通常有对边简支和多点支承两种面板支承方式，应分别按对边简支板或多点支承板进行计算。对边支承简支板的弯矩和挠度分别为：

$$M = \frac{1}{8}ql^2 \qquad (7.1)$$

$$d_f = \frac{5}{384}\frac{ql^4}{EI} \qquad (7.2)$$

式中，q 和 l 分别为作用于面板上的荷载和支承跨度。所以，对边支承简支板的弯矩和挠度系数分别为 0.125 和 0.013。

带孔玻璃面板的孔边，应力分布复杂，应力集中现象明显，可采用适宜的有限元方法进行计算分析，必要时可通过试验进行验证。

7.2.3 试验表明，浮法玻璃的挠度可以达到边长的 1/40 而不破坏，因此规定玻璃肋支承面板挠度限值为跨度的 1/60 是留有一定余地的。点支承面板通常采用钢化玻璃，可承受更大的挠度而不破坏；有球铰的点支承装置允许板面有相对自由转动，所以其允许挠度可以适当放松。综合考虑，点支承面板的挠度限制可取支承点长边的 1/60，支承点的间距应沿板边采用，而不取对角线距离。

7.3 玻 璃 肋

7.3.1 全玻幕墙的玻璃肋类似楼盖结构的支承梁，玻璃面板将所承受的风荷载和地震作用传到玻璃肋上。因此玻璃肋截面尺寸不应过小，以保证其必要的刚度和承载能力。

7.3.2~7.3.3 在水平荷载作用下，全玻幕墙的工作状态如同竖直的楼盖，玻璃面板如同楼板，玻璃肋如同楼面梁，面板将所承受的风荷载和地震作用传递到玻璃肋上。玻璃肋受力状态类似简支梁，第 7.3.2 条和 7.3.3 条公式就是从简支梁的应力和挠度公式演化而来。

7.3.5 点支承面板的玻璃肋通常由金属件连接，并在金属板上设置支承点。连接金属板和螺栓宜采用不锈钢材料。玻璃肋受力状态如同简支梁，其连接部位的抗弯、抗剪能力应加以计算。由于玻璃肋是在玻璃平面内受弯、受剪和抵抗螺栓的压力，最大应力发生在玻璃的侧面，应按侧面强度设计值进行校核。

7.3.7 目前国内工程中，单片玻璃肋的跨度已达8m，钢板连接玻璃肋的跨度甚至达到 16m。由于玻璃肋在平面外的刚度较小，有发生横向屈曲的可能性。当正向风压作用使玻璃肋产生弯曲时，玻璃肋的受压部位有面板作为平面外的支撑；当反向风压作用时，受压部位在玻璃肋的自由边，就可能产生平面外屈曲。所以，跨度大的玻璃肋在设计时应考虑其侧向稳定性要求，必要时应进行稳定性验算，并采取横向支撑或拉结等措施。

7.4 胶 缝

7.4.1 由玻璃肋沿对边直接支承面板的全玻幕墙，其面板承受的荷载和作用要通过胶缝传递到玻璃肋上去，胶缝承受剪力或拉、压力，所以必须采用硅酮结构密封胶粘结。当被连结的玻璃不是镀膜玻璃或夹层玻璃时，可以采用酸性硅酮结构胶，否则，应采用中性硅酮结构胶。

8 点支承玻璃幕墙结构设计

8.1 玻 璃 面 板

8.1.1 相邻两块四点支承板改为一块六点支承板后，最大弯矩由四点支承板的跨中转移至六点支承板的支座且数值相近，承载力没有显著提高，但跨中挠度可大大减小。所以，一般情况下可采用单块四点支承玻璃；当挠度过大时，可将相邻两块四点支承板改为一块六点支承板。

点支承幕墙面板采用开孔支承装置时，玻璃板在孔边会产生较高的应力集中。为防止破坏，孔洞距板边不宜太近。此距离应视面板尺寸、板厚和荷载大小而定，一般情况下孔边到板边的距离有两种限制方法：一种即是本条的规定；另一种是按板厚的倍数规定，当板厚不大于 12mm 时，取 6 倍板厚，当板厚不小于 15mm 时，取 4 倍板厚。这两种方法的限值是大致相当的。孔边距为 70mm 时，可以采用爪长较小的 200 系列钢爪支承装置。

8.1.2 点支承玻璃幕墙一般情况下采用四点支承装置，玻璃在支承部位应力集中明显，受力复杂。因此，点支承玻璃的厚度应具有比普通幕墙玻璃更严格的基本要求。

8.1.3 玻璃之间的缝宽要满足幕墙在温度变化和主体结构侧移时玻璃互不相碰的要求；同时在胶缝受拉时，其自身拉伸变形也要满足温度变化和主体结构侧向位移使胶缝变宽的要求。因此胶缝宽度不宜过小。

有气密和水密要求的点支承幕墙的板缝，应采用硅酮建筑密封胶加以密封。无密封要求的装饰性点支承玻璃，可以不打密封胶。

8.1.4 为便于装配和安装时调整位置，玻璃板开孔的直径稍大于穿孔而过的金属轴，除轴上加封尼龙套管外，还应采用密封胶将空隙密封。

中空玻璃的干燥气体层要求更严格的密封条件，防止漏气后中空内壁结露，为此常采用多道密封措施。国外也有采用穿缝金属夹板夹持中空玻璃的方法，避免在中空玻璃上穿孔。

8.1.5 本条表 8.1.5-1 和表 8.1.5-2 是对应于四角点支承板的数据。实际点支承面板周边有外挑部分，设计时允许考虑其有利影响。

8.2 支 承 装 置

8.2.1 《点支式玻璃幕墙支承装置》JG 138 给出了钢爪式支承装置的技术条件，但点支承玻璃幕墙并不局限于采用钢爪式支承装置，还可以采用夹板式或其他形式的支承装置。

8.2.2 点支承面板受弯后，板的角部产生转动，如果转动被约束，则会在支承处产生较大的弯矩。因此支承装置应能适应板角部的转动变形。当面板尺寸较小、荷载较小、角部转动较小时，可以采用夹板式和固定式支承装置；当面板尺寸大、荷载大、面板转动变形较大时，则宜采用带转动球铰的活动式支承装置。

8.2.3 根据清华大学的试验资料，垫片厚度超过 1mm 后，加厚垫片并不能明显减少支承头处玻璃的应力集中；而垫片厚度小于 1mm 时，垫片厚度减薄会使支承处玻璃应力迅速增大。所以垫片最小厚度取为 1mm。

8.2.4 点支承幕墙的支承装置只用来支承幕墙玻璃和玻璃承受的风荷载或地震作用，不应在支承装置上附加其他设备和重物。

8.3 支 承 结 构

8.3.1 点支承幕墙的支承结构可有玻璃肋和各种钢结构。面板承受直接作用于其上的荷载作用，并通过支承装置传递给支承结构。幕墙设计时，支承结构单独进行结构分析，一般不考虑玻璃面板作为支承结构的一部分共同工作。这是因为玻璃面板带有胶缝，其平面内受力的结构性能还缺少足够的研究成果和工程经验，所以本规范暂不考虑其对支承结构的有利影响。

8.3.4 单根型钢或钢管作为竖向支承结构时，是偏心受拉或偏心受压杆件，上、下端宜铰支于主体结构上。当屋盖或楼盖有较大位移时，支承构造应能与之相适应，如采用长圆孔、设置双铰摆臂连接机构等。

构件的长细比 λ 可按下式计算：

$$\lambda = \frac{l}{i} \tag{8.1}$$

$$i = \sqrt{\frac{I}{A}} \tag{8.2}$$

式中 l —— 支承点之间的距离（mm）；

       i —— 截面回转半径（mm）；

       I —— 截面惯性矩（mm^4）；

       A —— 截面面积（mm^2）。

8.3.5 钢管桁架可采用圆管或方管，目前以圆管为多。本条有关钢管桁架节点的构造规定是参照《钢结构设计规范》GB 50017 和国内的工程经验制定的，以保证节点连接质量和承载力。在节点处主管应连续，支管端部应按相贯线加工成形后直接焊接在主管的外壁上，不得将支管穿入主管壁内。

美国 API 规范规定 d/t 大于 60 时，应进行局部稳定计算。结合目前国内实际采用的钢管规格，本规范要求 d/t 不宜大于 50。此处，d 为钢管外径，t 为钢管壁厚。

主管和支管或两支管轴线的夹角不宜小于 30°，以保证施焊条件和焊接质量。

钢管的连接应尽量对中，避免偏心。当管径较大时，连接处刚度也较大，如果偏心距不大于主管管径的 1/4，可不考虑偏心的影响。

钢管桁架由于采用直接焊接接头，实际上杆端都是刚性连接的。在采用计算机软件进行内力分析时，均可直接采用刚接杆件单元。铰接普通桁架是静定结构，可以采用手算方法计算。因此，对于管接普通桁架，也允许按铰接桁架采用近似的手算方法分析。

桁架杆件长细比 λ 的限值，按现行国家标准《钢结构设计规范》GB 50017 的规定采用。

钢管桁架在平面内有较大刚度，但在平面外刚度较差。当跨度较大时，杆件在平面外自由长度过大则有失稳的可能。因此，跨度较大的桁架应按长细比 λ 的要求设置平面外正交方向的稳定支撑或稳定桁架。作为估算，平面外支撑最大距离可取为 50D，D 为钢管直径。

8.3.6 张拉索杆体系的拉杆和拉索只承受拉力，不承受压力，而风荷载和地震作用是正反两个不同方向的。所以，张拉索杆系统应在两个正交方向都形成稳定的结构体系，除主要受力方向外，其正交方向亦应布置平衡或稳定拉索或拉杆，或者采用双向受力体系。

钢绞线是由若干根直径较大的光圆钢丝绞捻而成的螺旋钢丝束，通常由 7 根、19 根或 37 根直径大于 1mm 的钢丝绞成。钢绞线比采用细钢丝、多束再盘卷的钢丝绳拉伸变形量小，弹性模量高，钢丝受力均匀，不易断丝，更适合于拉索结构。

拉索常常采用不锈钢绞线，不必另行防腐处理，也比较美观。当拉索受力较大时，往往需要采用强度更高的高强钢绞线，高强钢丝不具备自身防腐能力，必须采取防腐措施，常采用聚氨酯漆喷涂等方法。热镀锌防腐层在施工过程中容易损坏，不推荐使用。铝包钢绞线是在高强钢丝外层被覆 0.2mm 厚的铝层，兼有高强和防腐双重功能，工程应用效果良好。

张拉索杆体系所用的拉索和拉杆截面较小、内力较大，这类结构的位移较大，在采用计算机软件进行内力位移分析时，宜考虑其几何非线性的影响。

张拉索杆体系只有施加预应力后，才能形成形状不变的受力体系。因此，一般张拉索杆体系都会使主体结构承受附加的作用力，在主体结构设计时必须加以考虑。索杆体系与主体结构的屋盖和楼盖连接时，既要保证索杆体系承受的荷载能可靠地传递到主体结构上，也要考虑主体结构变形时不会使幕墙产生破损。因而幕墙支承结构的上部支承点要视主体结构的位移方向和变形量，设置单向（通常为竖向）或多向（竖向和一个或两个水平方向）的可动铰支座。

拉索和拉杆都通过端部螺纹连接件与节点相连，螺纹连接件也用于施加预拉力。螺纹连接件通常在拉杆端部直接制作，或通过冷挤压锚具与钢绞线拉索连接。焊接会破坏拉杆和拉索的受力性能，而且焊接质量也难以保证，故不宜采用。

实际工程和三性试验表明，张拉索杆体系即使到 1/80 的位移量，也可以做到玻璃和支承结构完好，抗雨水渗漏和空气渗透性能正常，不妨碍安全和使用，因此，张拉索杆体系的位移控制值为跨度的 1/200 是留有余地的。

8.3.7 用于幕墙的索杆体系常常对称布置，施加预拉力主要是为了形成稳定不变的结构体系，预拉力大小对减少挠度的作用不大。所以，预拉力不必过大，只要保证在荷载、地震、温度作用下杆索还存在一定的拉力，不至于松弛即可。

张拉索杆体系在施加预拉力过程中和在使用阶段，预拉力会因为产生可能的损失而下降。但是，索杆体系不同于预应力混凝土，它的杆件全部外露，便于调整，而且无混凝土等外部材料的约束。所以，锚具滑动损失可通过在张拉过程中控制张拉力得到补偿；由支承结构的弹性位移造成的预拉力损失可以通过分批、多次张拉而抵消；由于预拉力水平较低，钢材的松弛影响可以不考虑。因此，只要在施工过程中做到分批、多次、对称张拉，并随时检查、调整预拉力数值，预拉力的损失是可以补偿的，最终达到控制拉力的数值。因此，幕墙结构中一般不专门计算预拉力的损失。

9 加工制作

9.1 一般规定

9.1.1 幕墙结构属于围护结构，在施工前对主体结构进行复测，当其误差超过幕墙设计图纸中的允许值时，一般应调整幕墙设计图纸，原则上不允许对原主体结构进行破坏性修整。

9.1.2 加工幕墙构件的设备和量具，都应符合有关要求，并定期进行检查和计量认证，以保证加工产品的质量。如设备的加工精度、光洁度，量具的精度等，均应及时进行检查、维护或计量认证。

9.1.3 玻璃幕墙构件加工场所应在室内，并要求清洁、干燥、通风良好，温度也应满足加工的需要，如北方的冬季应有采暖，南方的夏季应有降温措施等。对于硅酮结构密封胶的施工场所要求较严格，除要求清洁、无尘外，室内温度不宜低于 15℃，也不宜高于 27℃，相对湿度不宜低于 50％。硅酮结构胶的注胶厚度及宽度应符合设计要求，且宽度不得小于 7mm，厚度不得小于 6mm。

9.1.4 硅酮结构密封胶应在洁净、通风的室内进行注胶，以保证注胶质量。全玻幕墙的大玻璃板块，由于必须在现场装配，因此当玻璃与玻璃之间采用硅酮结构胶粘结固定时，允许在现场注胶，但现场应保持通风无尘，且注胶前要特别注意清洁注胶面，并避免二次污染；现场还应有防风措施，避免在结构胶固化过程中受到玻璃板块变形的影响。

9.1.5 单元式幕墙的组件及隐框幕墙的组件均应在车间加工组装，尤其是有硅酮结构胶固定的板块。单元式幕墙的隐框板块在安装后需更换时，也应在车间打注结构胶，不允许在现场直接注胶。

9.1.6 低辐射镀膜玻璃是一种特殊的玻璃，近来在幕墙中的应用越来越多。但根据试验，其镀膜层在空气中非常容易氧化，且其膜层易与结构胶发生化学反应，与硅酮结构胶的相容性较差。因此，加工制作时应按相容性和其他技术要求，制定加工工艺，必要时采取除膜、加底漆或其他措施。

9.1.7 因为耐候胶主要用于外部建筑密封，对耐候性有更高要求。硅酮结构密封胶与硅酮建筑密封胶的性能不同，二者不能换用。使用硅酮建筑密封胶的部分不宜采用硅酮结构密封胶代换，更不得将过期的硅酮结构密封胶当作建筑密封胶使用。

9.2 铝型材

9.2.1 铝型材的加工精度是影响幕墙质量的关键问题。由于运输、搬运等原因，玻璃幕墙铝合金构件在截料前应检查其弯曲度、扭拧度是否符合设计要求，超偏的须使用适当机械方法进行校直调整直到符合设计要求。型材长度允许正、负偏差。

9.2.2 槽口长度和宽度只允许正偏差不允许负偏差，以防出现装配受阻；中心离边部距离可以是正偏差或负偏差；齿口的长度、宽度只允许正偏差不允许负偏差；榫头的长度和宽度允许负偏差不允许正偏差。因为幕墙用型材的几何形状是热加工或冷加工或冲压成型，不是机械加工成型的，所以，配合尺寸难以十分准确地控制，只能控制主要方面，以便配合安装施工。

9.2.3 采用拉弯设备进行铝合金构件的弯加工，是防止构件产生皱折、凹凸、裂纹的有效方法。

9.3 钢 构 件

9.3.1~9.3.2 预埋件加工要求参照了现行国家标准《混凝土结构工程施工质量验收规范》GB 50204 的有关规定。

9.3.3 连接件与支承件的加工要求与现行行业推荐标准《玻璃幕墙工程质量检验标准》JGJ/T 139 一致。

9.3.5~9.3.6 点支承玻璃幕墙的支承钢结构一般有管桁架、拉索和杆索体系，往往因为建筑设计的需要，而比普通钢结构具有更高的加工制作要求。

对于不采用球节点连接的管桁架，杆件端部加工精度要求很高，一般要求采用专用软件和数控机床进行切割和加工，加工精度应符合本条的规定。分单元组装的钢结构，通过预拼装，可对其加工精度进行校核和修正，保证工程安装顺利进行。

钢管接头焊缝趾部存在应力集中，焊接时也难以避免存在咬边、夹渣等缺陷，加之断续焊接时由于焊接变形可能产生管壁的层状撕裂，所以主管与支管的焊接应沿接缝全长进行，而且要求焊缝的尺寸适中、形状合理、与母材平滑过渡，以保证节点强度，防止脆性破坏。当支管受拉时，为防止焊缝抗拉强度不足，根据国外规范和国内施工经验，允许将焊缝厚度放宽至壁厚的 2 倍。

杆索体系的拉杆、拉索，在加工制作前，应进行拉断试验，确定其破断拉力，为结构设计和张拉力控制提供依据。拉索下料前一般应在专用台座上进行调直张拉，张拉力一般不超过其破断拉力的 50%。

9.4 玻 璃

9.4.1 单片玻璃、中空玻璃、夹层玻璃应分别符合现行国家标准《钢化玻璃》GB/T 9963、《中空玻璃》GB/T 11944、《夹层玻璃》GB 9962 的要求。此外，对于玻璃的外观尺寸、允许偏差做了更严的要求，加工时应以此为准。

根据玻璃表面的应力可以确定玻璃钢化的程度。半钢化玻璃是针对钢化玻璃自爆而发展起来的一种增强玻璃，其强度比普通玻璃高 1~2 倍，耐热冲击性能显著提高，一旦破碎，其碎片状态与普通玻璃类似，所以半钢化玻璃不属于安全玻璃。半钢化玻璃的一个突出优点是不会自爆，它与钢化玻璃的主要区别在于玻璃的应力数值范围不同。我国国家标准《幕墙用钢化玻璃与半钢化玻璃》GB/T 17841，规定了用于玻璃幕墙的钢化玻璃其表面应力应大于 95MPa，主要是为了保证当玻璃破碎时，碎片状态满足钢化玻

璃标准规定的要求。

9.4.2 对玻璃进行弯曲加工后，反射的影像会变得扭曲、变形，特别是镀膜玻璃的这种变形会很明显。因此对弧形玻璃的加工除几何尺寸要求外，特别规定了其拱高及弯曲度的允许偏差。

9.4.3 全玻幕墙玻璃边缘外露，为了避免应力集中而导致玻璃破裂，也为了建筑美观要求，必须进行边缘处理。采用钻孔安装时，孔位处的应力集中明显，必须进行倒角处理并且不得出现崩边。

9.4.4 因为玻璃钢化后不能再进行机械加工，因此玻璃的裁切、磨边、钻孔等都必须在钢化前完成。玻璃板块钻孔的允许偏差是根据机械加工原理、公差理论、玻璃钻孔设备及刀具的加工精度而定的。

当玻璃板块由两片单层玻璃组合而成时，在制作过程中必须单片分别加工后再合片。如果两片玻璃孔径大小一致，则所有的孔都要对位准确，实际操作非常困难，主要是因为单片玻璃制作时存在形状、尺寸、孔位、孔径等允许偏差。常用的方法是两片单层玻璃钻大小不同的孔，以使多孔完全对位。

中空玻璃开孔后，开孔处胶层应双道密封，内层密封可采用丁基密封腻子，外层密封应采用硅酮结构密封胶，打胶应均匀、饱满、无空隙。

9.4.5 采用立式注胶法进行中空玻璃加工时，玻璃内的气压与大气压是平衡的，但当安装所在地与加工所在地的气压相差较大时，中空玻璃受到气压差的影响会产生不可恢复的变形，因此应采取适当措施来消除气压差。

9.5 明框幕墙组件

9.5.1 明框幕墙的组件，原则上包括型材、玻璃、连接件以及由此拼装而成的幕墙单元，型材、连接件、玻璃的加工制作在本规范第 9.2~9.4 节中已做了规定；由型材、玻璃等拼装成的框格（幕墙单元），可以在工程现场完成，也有在工厂拼装完成的，后者即所谓的"小单元幕墙"。本节主要规定了这种框格（幕墙单元）加工制作的要求。

9.5.4 明框幕墙的等压设计及排水系统最终是由组件中的导气孔及排水孔来实现的，若导气孔及排水孔堵塞，其功能就会失效，在组装时应特别注意保持孔道通畅。

9.5.5 硅酮建筑密封胶的主要成分是二氧化硅，由于紫外线不能破坏硅氧键，所以硅酮建筑密封胶具有良好的抗紫外线性能。有些生产厂家在幕墙构件制作过程中，对铝合金构件组装密封时，不采用中性硅酮密封胶，而采用一般的酸性密封胶，这种胶的耐老化性非常差，且对铝型材表面产生腐蚀，影响密封效果，甚至引起渗漏。

9.5.6 明框幕墙的玻璃与槽口之间的间隙除应达到嵌固玻璃要求外，还要能适应热胀冷缩的变形及主体

结构层间位移或其他荷载作用下导致的框架变形，以避免玻璃直接碰到金属槽口，造成玻璃破碎。通常，玻璃的下边缘应采用两块压模成型的氯丁橡胶垫块支承，垫块的宽度应与槽口宽度相同，长度不应小于100mm，厚度不应小于5mm。

9.6 隐框幕墙组件

9.6.1~9.6.2 半隐框、隐框幕墙制作中，对玻璃和支撑框的清洁工作，是关系到幕墙构件加工成败的关键步骤之一，要十分重视和认真按规范规定进行操作。如清洗不干净，将对构件的质量与安全留下隐患。一定要坚持二块布清洗的方法，一块布只用一次，不许重复使用；在溶剂完全挥发之前，用第二块干净的布将表面擦干；应将用过的布洗净晾干后再行使用；要坚持把用于清洗的溶剂倒在干净的布上，不允许将布浸入溶剂中；玻璃槽口可用干净的布包裹油灰刀进行清洗。清洗工作最好二人一组进行，一个用溶剂清洗玻璃及其支承构件，另一人用干净的布在溶剂未完全干燥前，将表面的溶剂、松散物、尘埃、油渍和其他污物清除干净。

9.6.3 硅酮结构密封胶的相容性要求同本规范第3.6.2条的解释。

9.6.4 硅酮结构密封胶在长期重力荷载作用下承载力很低（强度设计值仅为0.01MPa），固化前强度更低，而且硅酮结构密封胶在重力作用下会产生明显的变形。若使硅酮结构密封胶在固化期间处于受力较大的状态，会造成幕墙的安全隐患。因此，在加工组装过程中应采取措施减小结构胶所承受的应力。注胶后的隐框幕墙板块可采用周转架分块安置；如直接叠放时，要求放置垫块直接传力，并且叠放层数不宜过多。

9.7 单元式玻璃幕墙

9.7.1 由于单元幕墙板块在主体结构上的安装方式特殊，通常都采用插接方式，安装后不容易更换，所以必须在加工前对各板块编号。根据单元幕墙对安装次序要求严格的特点，宜将主体工程和幕墙工程作为一个系统工程考虑，对整个建筑工程施工机具设置的地点和时间，要进行总平面布置。比较合理的方案是每隔3~5层设一摆放层（即每隔3~5层移动一次上料平台），使摆放量不会占用太多楼面空间，有利于其他工种施工。

　　单元式幕墙组装时，为了减少运输工作量，往往要在工程所在地组装，还有一些元（部）件为外购件，要由供货厂商供货，这样单元组件的元（部）件的配送管理就显得十分重要。因为单元组件要按吊装顺序的要求组装，这样一个（一批）单元组件所需全部元、部件要全部送到组装厂后才能完成组装，并依照安装顺序的要求送往工地吊装、施工。

9.7.2 由于单元板块自重较大，且在工厂内组装，其连接构造应牢固可靠，以免在运输及吊装中存在安全隐患。单元式幕墙一般采用结构构造防水，其横梁、立柱常作为集水槽或排水道，且安装后不容易发现渗漏部位，因此构件连接处的缝隙应作好密封，以防渗漏。

9.7.3 单元式幕墙的连接件是指与单元式幕墙组件相配合、安装在主体结构上的连接件，它与单元组件上的连接构件对插（接）后，按定位位置将单元组件固定在主体结构上。由于它们是一组对插（接）构件，因此有严格的公差配合要求；同时单元组件上的连接构件与安装在主体结构上的连接件的对插（接）和单元组件对插同步进行，即使所有构件均达到允许偏差要求，但还是存在偏差，因此要求连接件具有X、Y向位移微调和绕X、Z轴转角微调能力。单元式幕墙的外表面平整度是完全靠连接件的位置准确和单元组件构造来保证的，在安装过程中无法调整，因此连接件要一次（或一个安装单元）全部调整到位，达到允许偏差要求。幕墙的连接与锚固必须可靠，其承载力必须通过计算或实物试验予以确认，并要留有余地，防止偶然因素产生突然破坏，连接用的螺栓需至少布置2个。

9.7.4 单元式玻璃采用构造防水时，板块间的缝隙一般为空缝，若结构胶处于板块外侧直接受到紫外线照射会影响其性能，因此应采取措施使结构胶不外露，而且结构胶也不能作为防水密封材料使用。

9.7.5 明框单元板块中玻璃是靠压条固定的，而且玻璃与槽口要按规定保留间隙，因此在搬运、吊装过程中应采取措施防止玻璃滑动或变形。

9.7.6 此条的目的，主要是考虑幕墙的美观性，并保证幕墙的气密性和水密性。

10　安　装　施　工

10.1　一　般　规　定

10.1.1 为了保证幕墙安装施工的质量，要求主体结构工程应满足幕墙安装的基本条件，特别是主体结构的垂直度和外表面平整度及结构的尺寸偏差，尤其是外立面很复杂的结构，必须同主体结构设计相符，并满足验收规范的要求。相关的主体结构验收规范主要包括：《建筑工程施工质量验收统一标准》GB 50300、《混凝土结构工程施工质量验收规范》GB 50204、《钢结构工程施工质量验收规范》GB 50205、《砌体结构工程施工质量验收规范》GB 50203等。

10.1.2 玻璃幕墙的构件及附件的材料品种、规格、色泽和性能，应在玻璃幕墙设计文件中明确规定，安装施工时应按设计要求执行。对进场构件、附件、玻璃、密封材料和胶垫等，应按质量要求进行检查和验收，不得使用不合格和过期的材料。对幕墙施工环境和分项工程施工顺序要认真研究，对会造成严重污染的分项工程应安排在幕墙安装前施工，否则应采取可靠的保护措施。

10.1.3 玻璃幕墙的安装施工质量，是直接影响玻璃幕墙能否满足其建筑物理及其他性能要求的关键之一，同时玻璃幕墙安装施工又是多工种的联合施工，和其他分项工程施工难免有交叉和衔接的工序。因此，为了保证玻璃幕墙安装施工质量，要求安装施工承包单位单独编制玻璃幕墙施工组织设计方案。

10.1.4 单元式幕墙的安装施工组织设计比构件式有明显区别。本条主要是针对单元式幕墙的自身特点而重点强调的。

10.1.5 点支承玻璃幕墙的安装施工的关键是支承钢结构，包括管桁架结构和索杆体系等。索杆的张拉方案包括锚具的选择和固定方法、张拉机具的要求、张拉顺序、张拉批次（包括张拉力分级和张拉时间）、张拉力或变形的测量和调整方法等，同时应做好张拉过程记录。

10.1.6 施工脚手架应根据工程和施工现场的情况确定，宜进行必要的计算和设计，连接固定必须牢固、可靠，确保安全。

10.1.7 玻璃幕墙的施工测量，主要强调：

　1　玻璃幕墙分格轴线的测量应与主体结构的测量配合，主体结构出现偏差时，玻璃幕墙分格线应根据主体结构偏差及时进行调整，不得积累；

　2　定期对玻璃幕墙安装定位基准进行校核，以保证安装基准的正确性，避免因此产生安装误差；

　3　对高层建筑，风力大于 4 级时容易产生不安全或测量不准确问题。

10.1.8 安装过程的半成品容易被损坏、污染，应引起重视，采取保护措施。

10.1.9 镀膜玻璃膜面有方向性，向内、向外效果不同；如果方向不正确，还会影响镀膜的寿命。

10.2　安装施工准备

10.2.2 对于已加工好的幕墙构件，在运输、储存过程中，应特别注意防止碰撞、污染、锈蚀、潮湿等，在室外储存时更要采取有效保护措施。

10.2.3 为了保证幕墙与主体结构连接牢固的可靠性，幕墙与主体结构连接的预埋件应在主体结构施工时按设计要求的位置和方法进行埋设；若幕墙承包商对幕墙的固定和连接件有特殊要求或与本规范的偏差要求不同时，承包商应提出书面要求或提供埋件图、样品等，反馈给建筑设计单位，并在主体结构施工图中注明。

10.2.7 不合格的幕墙构件应予更换，不得安装使用。因为幕墙构件在运输、堆放、吊装过程中有可能变形、损坏等，所以幕墙施工承包商，应根据具体情况，对易损坏和丢失的构件、配件、玻璃、密封材料、胶垫等，应有一定的更换贮备数量。

10.3　构件式玻璃幕墙

10.3.1 立柱安装的准确性和质量，影响整个幕墙的安装质量，是幕墙安装施工的关键之一。通过连接件的幕墙平面轴线与建筑物的外平面轴线距离的允许偏差应控制在 2mm 以内，特别是建筑平面呈弧形、圆形和四周封闭的幕墙，其内外轴线距离影响到幕墙的周长，影响玻璃板的封闭，应认真对待。

　立柱一般根据建筑要求、受力情况、施工及运输条件确定其长度，通常一层楼高为一整根，接头应有一定空隙，铝型材可以采用套筒连接方式，以适应和消除建筑受力变形及温差变形的影响。

10.3.2 横梁一般分段与立柱连接，横梁两端与立柱连接处可以留出空隙，也可以采用弹性橡胶垫，橡胶垫应有 20%～35% 的压缩变形能力，以适应和消除横向温度变形的影响。

10.3.3 防火、保温材料应可靠固定，铺设平整，拼接处不应留缝隙，应符合设计要求。如果冷凝水排出管及附件与水平构件预留孔连接不严密，与内衬板出水孔连接处不密封，冷凝水会进入幕墙内部，造成内部浸水，腐蚀材料，影响幕墙性能和使用寿命。

10.3.4 幕墙玻璃安装采用机械或人工吸盘，故要求玻璃表面擦拭干净，以避免发生漏气，保证施工安全。实际工程中，阳光控制镀膜玻璃曾发现有镀膜面安反的现象，这不仅影响装饰效果，而且影响其耐久性和使用寿命。因此，单片阳光控制镀膜玻璃的镀膜面一般应朝室内一侧；阳光控制镀膜中空玻璃镀膜面应在第二面；LowE 中空玻璃镀膜层位置应符合设计要求。

　安装玻璃的构件框槽底部应设两块定位橡胶块，玻璃四周的嵌入量及空隙应符合要求，左右空隙宜一致，使玻璃在建筑变形及温度变形时，在胶垫的夹持下竖向和水平向滑动，消除变形对玻璃的不利影响。

10.3.6 硅酮建筑密封胶的施工必须严格遵照施工工艺进行。夜晚光照不足，雨天缝内潮湿，均不宜打胶；打胶温度应在指定的温度范围，打胶前应使打胶面干燥、清洁无尘。

10.3.7 框支承玻璃幕墙玻璃板材间硅酮建筑密封胶的施工厚度，一般要控制在 3.5～4.5mm，太薄对保证密封质量和防止雨水渗漏不利，同时对承受铝合金框热胀冷缩产生的变形也不利。当胶承受拉应力时，太厚也容易被拉断或破坏，失去密封和防渗漏作用。硅酮建筑密封胶的施工宽度不宜小于厚度的 2 倍或根据实际接缝宽度决定。

　较深的密封槽口底部可用聚乙烯发泡垫杆填塞，以保证硅酮建筑密封胶的设计施工位置。

　硅酮建筑密封胶在接缝内要形成两面粘结，不要三面粘结，否则，胶在反复拉压时，容易被撕裂，失去密封和防渗漏作用。为防止形成三面粘结，可在硅酮建筑密封胶施工前，用无粘结胶带置于胶缝的底部（槽口底部），将缝底与胶分开。

10.4 单元式玻璃幕墙

10.4.1 选择适当吊装机具将板块可靠地安装到主体结构上，是保证单元吊装的前提条件；强调吊具与单元板块之间，在起吊中不应产生水平方向分力，是为防止产生过大挤压力或拉力，使单元内构件受损。

10.4.2 不规范的运输会造成单元板块变形、破碎，影响单元幕墙质量，因此单元板块运输时应采取必要的措施。

10.4.3 单元板块宜设置专用堆放场地，并应有安全保护措施。周转架方便运输、装卸和存放，对保证单元板块质量作用很大，单元板块存放时应依照安装顺序先出后进的原则排列放置，防止多次搬运对单元板块造成损坏、变形，保证幕墙质量；单元板块应避免直接叠层堆放，防止单元板块因重力作用造成变形或损坏。

10.4.4 起吊和就位时，检查吊具、吊点和主体结构上的挂点，是安全需要。对吊点数量、位置进行复核，保证单元吊装的准确性、可靠性。如果吊点处没有足够强度和刚度，单元板块容易损坏，产生危险，因此，必要时可对吊装点进行必要加固和试吊。采用吊具起吊单元板块时，应使各吊装点的受力均匀，起吊过程应保持单元板块平稳，以减小动能和冲量。吊装就位时，应先把单元板块挂到主体结构的挂点上；板块未固定前，吊具不得拆除，防止意外坠落。

10.4.7 施工中和安装完毕后，对单元板块进行保护处理，防止污染和损坏。

10.5 全玻幕墙

10.5.1 全玻幕墙的镶嵌槽口是否清洁，直接关系到结构胶的粘结质量，同时也影响其美观性，必须清理干净。

10.5.2 全玻幕墙安装过程中，面板和玻璃肋安装的水平度和垂直度，直接影响立面效果和安全，准确安装还可避免面板和玻璃肋因受力不均而破损。每次调整后应采取临时固定措施，并在完成注胶后进行拆除，对胶缝进行修补处理。

10.5.4 全玻幕墙玻璃两边嵌入槽口深度及预留空隙应符合设计要求，主要考虑到：

  1 玻璃发生弯曲变形后不会从槽内拔出；

  2 玻璃在平面内伸长时不致触及槽壁，以免变形受限；

  3 玻璃表面与槽口侧壁留有足够空隙，防止玻璃被嵌固，造成破损。

10.5.5 全玻幕墙玻璃的尺寸一般较大，自重也较

大，宜采用机械吸盘安装，并应采取必要的安全措施，防止玻璃倾覆、坠落或破碎。

10.6 点支承玻璃幕墙

10.6.1 支承结构是点支承幕墙的主要受力结构，其位置、形状、外观效果、承载能力和变形能力均有严格要求，安装施工必须加以保证。

大型钢结构的吊装设计包括吊装受力计算、吊点设计、必要的附件设计、就位和固定方案、就位后的位置调整等。对支承钢结构不附属于另外主体结构（即支承钢结构自身也是主体结构）的情况，吊装时，一般应设置支撑平台作为临时支撑，并设置千斤顶等调整位置的设备，以便准确安装。

10.6.2 拉杆、拉索体系的拉杆和拉索施加预拉力大小对支承结构的安全性及外形的准确性至关重要，因此在安装过程中必须严格控制。

10.6.4 爪件的安装精度，关系到点支承玻璃幕墙的美观性和安全性。通过爪件三维调整，使玻璃面板位置准确，保证爪件表面与玻璃面平行。

10.7 安全规定

10.7.1 玻璃幕墙安装施工应根据国家有关劳动安全、卫生法规和技术标准的规定，结合工程实际情况，制定详细的安全操作守则，确保施工安全。

10.7.3 采用外脚手架进行玻璃幕墙的安装施工时，脚手架应经过设计和必要的计算，在适当部位与主体结构应可靠连接，保证其足够的承载力、刚度和稳定性。

10.7.4 玻璃幕墙的安装施工，经常与主体结构施工、设备安装或室内装修交叉进行，为保证幕墙施工安全，应在主体结构施工层下方（即幕墙施工层的上方）设置安全防护网进行保护。在距离地面约3m高度处，设置挑出宽度不小于6m的水平防护网，用以保护地面行人、车辆等的安全性。

11 工 程 验 收

11.1 一 般 规 定

11.1.2 在进行玻璃幕墙工程验收时，检查应包括软件和硬件两部分。本条为对软件检查的要求，作为幕墙工程验收的依据及验收的一个重要组成部分。

材料是保证幕墙质量和安全的物质基础，尤其是作为结构粘结用的硅酮结构密封胶，使用前应对其邵氏硬度、拉伸粘结强度、相容性进行复验。

面积较大的幕墙、采用新材料新技术的幕墙，应按本规范第4.2.10条的规定进行幕墙性能检测，并提交相应的检测报告。

11.1.3 幕墙施工完毕后，不少部位或节点已被装饰

材料遮封隐蔽，在工程验收时无法观察和检测，但这些部位或节点的施工质量至关重要，必须在安装施工过程中完成隐蔽验收。工程验收时，应对隐蔽工程验收文件进行认真的审核与验收。

11.1.4 由于幕墙为建筑物的全部或部分外围护结构，凡设计幕墙的建筑一般对外观质量要求较高，抽样检验并不能代表幕墙整体的外侧观感质量。因此，对幕墙的硬件验收检验应包括观感和抽样两部分。

当一幢建筑有一幅以上的幕墙时，考虑到幕墙质量的重要性，要求以一幅幕墙作为独立检查单元，对每幅幕墙均要求进行检验验收。对异形或有特殊要求的幕墙，检验批的划分可由监理单位、建设单位和施工单位协商确定。

11.2 框支承玻璃幕墙

11.2.1 本条规定了玻璃幕墙观感检验质量要求，重点是幕墙的整体美观性和雨水渗漏性能。

1 对抽检单元表面色泽、接缝、平整度、封口构造、伸缩缝处理等提出要求；

2 对隐蔽节点的遮封装修质量，要求遮封装修应整齐美观。

11.2.2 本条规定了玻璃幕墙工程抽样检验质量要求。

1 对铝合金料及玻璃表面的清洁要求。

2 对玻璃安装及密封胶条施工的要求。玻璃必须安装牢固；橡胶条、密封胶应镶嵌密实、位置准确，密封胶表面应平整。

3 关于玻璃表面质量。有关玻璃表面缺陷的国家现行标准中将此分为三类：划伤或擦伤；划道或波筋；雾斑、斑点纹和针眼等。其中，第一类缺陷各种玻璃都存在，其他两类缺陷不是每种玻璃都有。在加工制作、安装施工中对玻璃可能造成的表面缺陷，一般为第一类缺陷。考虑到工程中所采用玻璃均为合格产品，后两类缺陷应在标准允许范围之内，施工中不会再增加这类缺陷。因此，本规范仅将划伤、擦伤作为玻璃表面质量的检验项目。相关国标规定，建筑用浮法玻璃允许 $1m^2$ 有 3 条宽为 0.5mm、长为 60mm 的划伤；钢化玻璃合格品允许每 $1m^2$ 有 4 条宽为 0.1~1mm、长不大于 100mm 的划伤；阳光控制镀膜玻璃合格品允许每 $1m^2$ 有 2 条宽不大于 0.8mm、长不大于 100mm 的划伤；夹层玻璃合格品的划伤和磨伤"不得影响使用"。本规范只能综合各种玻璃合格品的质量要求，制订了统一的规定。

4 关于铝合金型材表面质量。本规范以一个分格的框架构件作为检验单元。由于加工制作、运输、安装施工过程的许多环节，都可能造成对铝合金型材的表面损伤。因此，对幕墙用框料要求采用高精级铝合金型材，并加强各个环节的保护。

5 关于幕墙框料安装质量。本规范规定了各项

目的允许偏差。

1）竖向构件垂直度

本规范按幕墙高度分为 5 档，分别规定了垂直度允许偏差。在现行行业标准《高层建筑混凝土结构技术规程》JGJ 3 中，分别规定了测量放线的竖向偏差和结构施工的竖向偏差允许值。在决定幕墙的竖向偏差允许值时，考虑到作为建筑的外装饰，其竖向偏差允许值应比混凝土结构施工更严格，但同时又比测量放线的竖向偏差允许值稍宽松，以便既保证幕墙工程质量，又便于操作执行。

2）竖向构件直线度

现行国家标准《铝合金建筑型材》GB/T 5237 规定，对壁厚大于 2.4mm 的高精级型材的弯曲度允许偏差为 $1.0 \times l$（mm），其中 l 为型材长度，单位为 m。竖向构件可不考虑重力荷载引起的弯曲，但在运输、堆放、加工中可能会造成弯曲。因此，本规范仍以高精级型材弯曲度的规定作为竖向构件平面内及平面外直线度的允许偏差。规定采用 2m 靠尺或塞尺检查，允许偏差为 2.5mm。

3）横向构件水平度及同高度相邻两根横向构件高度差

根据工程经验，单根横向构件两端的水平度偏差一般不宜大于其跨度的 0.1%。因此规定，单根横向构件长度不大于 2000mm 时，允许偏差 2mm；大于 2000mm 时，允许偏差 3mm。横向构件总水平度偏差，当幕墙幅宽不大于 35m 时，允许偏差 5mm；当幅宽大于 35m 时，允许偏差 7mm。对同一高度相邻两根横向构件端部的安装允许高差为 1mm。

4）分格框对角线差

竖向构件的垂直度和直线度、横向构件水平度及其相邻两构件端部高度差等规定已基本上保证了分格框的方正。本规范将上述各允许偏差折算成分格框对角线允许偏差，并参照《建筑装饰装修工程质量验收规范》GB 50210 的规定。

关于明框幕墙的平面度，由于其玻璃嵌在槽口内，与框架料不在同一平面，因此不设此项要求。

11.2.3 隐框玻璃幕墙的安装质量要求基本上与明框幕墙相同，其区别是隐框幕墙框架不外露，而是以缝代替框架。因此，除下列两项与表 11.2.2-3 有区别外，其他各项的允许偏差及其依据基本与表 11.2.2-3 相同。

1 由于隐框幕墙玻璃外露，为防止墙面各玻璃拼在一起时不在一个平面而使墙面上的影像畸变，因此要求检查时抽检竖缝相邻两侧玻璃表面的平面度，并从严要求，用 2m 靠尺检查，允许偏差 2.5mm。

2 隐框幕墙玻璃拼缝整齐与否与幕墙的外观质量关系很大，除了表中第 1、3、4 项检查其垂直度、水平度和直线度之外，为防止各缝宽窄不一的疵病，增加第 5 项拼缝宽度与设计值比较的偏差检查，以保

证整幅隐框幕墙的整齐美观。

11.2.4 玻璃幕墙工程抽样检验数量，每幅幕墙的竖向构件或竖向接缝、横向构件或横向接缝应各抽查5%，并均不得少于3根；每幅幕墙分格应各抽查5%，并不得少于10个，抽检质量应符合本规范第11.2.2、11.2.3条的规定。

11.3 全玻幕墙

11.3.1 因全玻幕墙外表面只有玻璃和胶缝，且玻璃透明，因此对墙面的平整度及缝宽要求较严格，缝隙的宽窄直接影响幕墙外表面的美观。与隐框幕墙一样，要求胶缝宽度与设计值的偏差不大于2mm。

11.3.2 全玻幕墙的玻璃面板由玻璃肋支承，本条规定了玻璃面板与玻璃肋的垂直度偏差不应大于2mm；相邻玻璃面板的高低偏差不应大于1mm。

11.3.3 玻璃与镶嵌槽的间隙关系到缝隙的宽窄和玻璃的安全。本条规定了玻璃与钢槽的间隙质量要求，胶缝应灌注均匀、密实、连续。

11.4 点支承玻璃幕墙

11.4.1 点支承玻璃幕墙与全玻幕墙一样，均为通透墙体，且一般位于裙楼或建筑入口处，因此其安装质量的好坏尤为重要。本条规定了点支式幕墙大面应平整，胶缝应横平竖直，缝宽均匀，表面平滑。钢结构焊缝应平滑，防腐涂层应均匀，无破损。不锈钢件光泽度与设计相符，且无锈斑。

11.4.2 因点支承玻璃幕墙为透明墙体，处于里面的钢结构一目了然，钢结构的施工质量十分重要，应符合本规范的相关规定和国家现行标准《钢结构工程施工质量验收规范》GB50205的要求。

11.4.3 拉杆和拉索的预拉力对点支承玻璃幕墙的支承结构起着至关重要的作用，必须符合设计要求，应进行现场检验或隐蔽检验。

11.4.4 关于点支承玻璃幕墙安装质量要求，本规范确定了各项目的允许偏差。

1 竖缝及墙面垂直度

因点支承玻璃幕墙多处于裙楼，所以本条只规定了50m以下的竖缝及墙面垂直度，按两档分别为10mm和15mm。

2 由于点支承幕墙玻璃外露且面积较大，应检查幕墙表面平整度，防止墙面各玻璃拼在一起时不在一个平面而使墙面上的影像畸变。检查时，抽检竖缝相邻两侧玻璃表面的平面度，并从严要求，用2m靠尺检查，允许偏差2.5mm。

3 点支承幕墙各玻璃拼缝整齐与否与幕墙的美观关系很大，为防止各胶缝宽窄不一，增加拼缝宽度与设计值比较的偏差检查，以保证整幅点支承幕墙各玻璃拼缝的整齐美观。

11.4.5 关于钢爪安装质量要求。

1 钢爪的安装质量直接影响到点支承玻璃幕墙的外观质量，本条参照现行国家标准《钢结构工程施工质量验收规范》GB 50205对钢构件的允许偏差要求，规定了相邻钢爪水平距离和竖向距离为±1.5mm；

2 钢爪安装同层高度偏差参照框支承幕墙横向构件高度差分为四档。

12 保养和维修

12.1 一般规定

12.1.1 为了使幕墙在使用过程中达到和保持设计要求的预定功能，确保不发生安全事故，规定承包商应提供给业主《幕墙使用维护说明书》，作为工程竣工交付内容的组成部分，指导幕墙的使用和维护。

根据现行国家标准《建筑结构可靠度设计统一标准》GB 50068的有关规定，玻璃幕墙的结构构件一般属于易于替换的结构构件，其设计使用年限一般可取为不低于25年。

12.1.2 随着我国幕墙行业的发展，幕墙新产品越来越多，幕墙的结构形式也越来越复杂，技术含量越来越高，对维修、维护人员的要求也越来越高。本条要求幕墙工程承包商在幕墙交付使用前应为业主培训合格的幕墙维修、维护人员。

12.1.4 幕墙可开启部分的抗风压变形、雨水渗透、空气渗透等性能参数均为关闭状态的设计参数。在幕墙工程的实际维修工作中，开启部分维修频率最高，而非正常开启所造成的损坏是主要原因之一，因此本条的要求是必要的。

12.2 检查与维修

12.2.2 根据实际工程经验，在幕墙工程竣工验收后一年内，幕墙工程的加工和施工工艺及材料、附件的一些缺陷均有不同程度的暴露。所以在幕墙工程竣工验收后一年时，应对幕墙工程进行一次全面的检查，此后每五年检查一次。

由于存在不可避免的建筑物沉降、金属材料蠕变等现象，施加预拉力的拉杆或拉索结构的幕墙工程随时间推移会产生预拉力损失。为了保证这类幕墙的性能稳定和使用安全，本规范规定对预拉力幕墙结构全面检查和调整的时间从工程竣工验收后半年检查一次，此后每三年检查、调整一次。

对于使用结构硅酮密封胶的半隐框、隐框幕墙工程，本规范规定使用十年后进行首次粘结性能的检查，此后每五年检查一次。从世界各国以及我国的幕墙工程的实际情况来看，还未出现因硅酮结构密封胶粘结性能变化而造成的质量问题。考虑到对实际幕墙工程进行粘结性能的检查属破坏性检查，抽样比例小，则不能反映真实情况，抽样比例大，则费用高、时间长，而且有时可能对抽样附近幕墙的性能有影响。所以规定使用十年后进行首次粘结性能的检查是合适的。

关于抽样比例及抽样部位，本规范未做出具体规定。主要是考虑到不同的幕墙工程其环境条件不同，规定统一的抽样比例并不能反映不同的幕墙工程硅酮结构密封胶粘结性能的真实情况。实际幕墙工程的检查应由检查部门制定检查方案，由相应设计资质部门审核后实施。

"每五年检查一次"是建立在检查结果良好的基础上，如果粘结性能有下降趋势的话，应根据检查结果制定检查间隔时间、增加检查频次。

中华人民共和国行业标准

金属与石材幕墙工程技术规范

Technical Code for Metal and Stone Curtain
Walls Engineering

JGJ 133—2001

主编单位：中国建筑科学研究院
批准部门：中华人民共和国建设部
施行日期：2001年6月1日

关于发布行业标准
《金属与石材幕墙工程技术规范》的通知

建标〔2001〕108 号

根据建设部《关于印发 1997 年工程建设城建、建工行业标准制订、修订计划的通知》（建标〔1997〕71 号）的要求，由中国建筑科学研究院主编的《金属与石材幕墙工程技术规范》，经审查，批准为行业标准，其中 3.2.2，3.5.2，3.5.3，4.2.3，4.2.4，5.2.3，5.5.2，5.6.6，5.7.2，5.7.11，6.1.3，6.3.2，6.5.1，7.2.4，7.3.4，7.3.10 为强制性条文。该标准编号为 JGJ133—2001，自 2001 年 6 月 1

日起施行。

本标准由建设部建筑工程标准技术归口单位中国建筑科学研究院负责管理，中国建筑科学研究院负责具体解释，建设部标准定额研究所组织中国建筑工业出版社出版。

中华人民共和国建设部
2001 年 5 月 29 日

前 言

根据建设部建标〔1997〕71 号文件的要求，规范编制组在广泛调查研究、认真总结实践经验，并广泛征求意见的基础上，制订了本规范。

本规范主要技术内容是：1. 总则；2. 术语、符号；3. 材料；4. 性能与构造；5. 结构设计；6. 加工制作；7. 安装施工；8. 工程验收；9. 保养与维修。

本规范由建设部建筑工程标准技术归口单位中国建筑科学研究院归口管理，授权由主编单位负责具体解释。

本规范主编单位是：中国建筑科学研究院
　　　　（地址：北京市北三环东路

30 号　邮政编码：100013）

本规范参加单位是：广东省中山市盛兴幕墙有限公司
　　　　　　　　上海市东江建筑幕墙有限公司
　　　　　　　　武汉凌云建筑装饰工程总公司
　　　　　　　　中国地质科学院地质研究所

本规范主要起草人：侯茂盛　陈建东　赵西安
　　　　　　　　张汝成　龙文志　严克明
　　　　　　　　梁明华　姜清海

目　次

1 总 则

1.0.1 为了使金属与石材幕墙工程做到安全可靠、实用美观和经济合理，制定本规范。

1.0.2 本规范适用于下列民用建筑金属与天然石材幕墙（以下简称石材幕墙）工程的设计、制作、安装施工及验收：

　　1 建筑高度不大于 150m 的民用建筑金属幕墙工程；

　　2 建筑高度不大于 100m、设防烈度不大于 8 度的民用建筑石材幕墙工程。

1.0.3 金属与石材幕墙的设计、制作和安装施工的全过程应实行质量控制，金属与石材幕墙工程制作与安装施工企业，应制订内部质量控制标准。

1.0.4 金属与石材幕墙的材料、设计、制作、安装施工及验收，除应符合本规范外，尚应符合国家现行有关强制性标准的规定。

2 术语、符号

2.1 术 语

2.1.1 建筑幕墙 building curtain wall

由金属构架与板材组成的、不承担主体结构荷载与作用的建筑外围护结构。

2.1.2 金属幕墙 metal curtain wall

板材为金属板材的建筑幕墙。

2.1.3 石材幕墙 stone curtain wall

板材为建筑石板的建筑幕墙。

2.1.4 组合幕墙 composite curtain wall

板材为玻璃、金属、石材等不同板材组成的建筑幕墙。

2.1.5 斜建筑幕墙 inclined building curtain wall

与水平面成大于 75°小于 90°角的建筑幕墙。

2.1.6 单元建筑幕墙 unit building curtain wall

由金属构架、各种板材组装成一层楼高单元板块的建筑幕墙。

2.1.7 小单元建筑幕墙 small unit building curtain wall

由金属副框、各种单块板材，采用金属挂钩与立柱、横梁连接的可拆装的建筑幕墙。

2.1.8 结构胶 structural glazing sealant

幕墙中黏结各种板材与金属构架、板材与板材的受力用的黏结材料。

2.1.9 硅酮耐候胶 weather proofing silicone sealant

幕墙嵌缝用的低模数中性硅酮密封材料。

2.1.10 接触腐蚀 contact corrosion

两种不同的金属接触时发生的电化学腐蚀。

2.1.11 相容性 compatibility

黏结密封材料与其他材料接触时，不发生影响黏结密封材料黏结性的物理、化学变化的性能。

2.2 符 号

2.2.1 A——截面面积。

2.2.2 a——板材短边边长。

2.2.3 b——板材长边边长。

2.2.4 E——材料弹性模量。

2.2.5 f——材料强度设计值。

2.2.6 f_a——铝合金强度设计值。

2.2.7 f_c——混凝土轴心抗压强度设计值。

2.2.8 f_s——钢材强度设计值。

2.2.9 h——高度；钢销入孔长度。

2.2.10 I——截面惯性矩。

2.2.11 i——截面回转半径。

2.2.12 l——跨度。

2.2.13 m——弯矩系数。

2.2.14 M——弯矩设计值。

2.2.15 M_x——绕 x 轴的弯矩设计值。

2.2.16 M_y——绕 y 轴的弯矩设计值。

2.2.17 N——轴（压）力设计值。

2.2.18 p_{Ek}——集中水平地震作用标准值。

2.2.19 q_{Ek}——分布水平地震作用标准值。

2.2.20 R——截面承载力设计值。

2.2.21 S——截面内力设计值。

2.2.22 t——材料厚度。

2.2.23 ΔT——年温度变化值。

2.2.24 u——荷载或作用标准值产生的位移或挠度。

2.2.25 $[u]$——位移或挠度允许值。

2.2.26 V——剪力设计值。

2.2.27 W——净截面弹性抵抗矩。

2.2.28 W_x——绕 x 轴的净截面弹性抵抗矩。

2.2.29 W_y——绕 y 轴的净截面弹性抵抗矩。

2.2.30 w_k——风荷载标准值。

2.2.31 w——风荷载设计值。

2.2.32 w_0——基本风压。

2.2.33 Z——外层锚筋中心线之间距离。

2.2.34 α——材料线膨胀系数。

2.2.35 α_{max}——地震影响系数最大值。

2.2.36 β——应力调整系数。

2.2.37 β_E——动力放大系数。

2.2.38 β_{gz}——阵风系数。

2.2.39 ν——材料泊松比。

2.2.40 η——应力折减系数。

2.2.41 λ——长细比。

2.2.42 μ_S——风荷载体型系数。

2.2.43 μ_Z——风压高度变化系数。

2.2.44 σ——截面最大应力设计值。

2.2.45 σ_{Gk}、S_{Gk}——重力荷载产生的应力、内力标准值。

2.2.46 σ_{wk}、S_{wk}——风荷载产生的应力、内力标准值。

2.2.47 σ_{Ek}、S_{Ek}——地震作用产生的应力、内力标准值。

2.2.48 σ_{Tk}、S_{Tk}——温度作用产生的应力、内力标准值。

2.2.49 ν——截面塑性发展系数。

2.2.50 φ_1——稳定系数。

3 材　料

3.1 一般规定

3.1.1 金属与石材幕墙所选用的材料应符合国家现行产品标准的规定,同时应有出厂合格证。

3.1.2 金属与石材幕墙所选用材料的物理力学及耐候性能应符合设计要求。

3.1.3 硅酮结构密封胶、硅酮耐候密封胶必须有与所接触材料的相容性试验报告。橡胶条应有成分化验报告和保质年限证书。

3.1.4 当石材含放射物质时,应符合现行行业标准《天然石材产品放射性防护分类控制标准》(JC 518)的规定。

3.1.5 金属与石材幕墙所使用的低发泡间隔双面胶带,应符合现行行业标准《玻璃幕墙工程技术规范》(JGJ 102)的有关规定。

3.2 石　材

3.2.1 幕墙石材宜选用火成岩,石材吸水率应小于0.8%。

3.2.2 花岗石板材的弯曲强度应经法定检测机构检测确定,其弯曲强度不应小于8.0MPa。

3.2.3 石板的表面处理方法应根据环境和用途决定。

3.2.4 为满足等强度计算的要求,火烧石板的厚度应比抛光石板厚3mm。

3.2.5 幕墙石材的技术要求和性能试验方法应符合国家现行标准的规定:

　　1 石材的技术要求应符合下列现行行业标准的规定:

　　1)《天然花岗石荒料》(JC 204);

　　2)《天然花岗石建筑板材》(JC 205);

　　2 石材的主要性能试验方法应符合下列现行国家标准的规定:

　　1)《天然饰面石材试验方法　干燥、水饱和、冻融循环后压缩强度试验方法》(GB 9966.1);

　　2)《天然饰面石材试验方法　弯曲强度试验方法》(GB 9966.2);

　　3)《天然饰面石材试验方法　体积密度、真密度、真气孔率、吸水率试验方法》(GB 9966.3);

　　4)《天然饰面石材试验方法　耐磨性试验方法》(GB 9966.5);

　　5)《天然饰面石材试验方法　耐酸性试验方法》(GB 9966.6)。

3.2.6 石材表面应采用机械进行加工,加工后的表面应用高压水冲洗或用水和刷子清理,严禁用溶剂型的化学清洁剂清洗石材。

3.3 金属材料

3.3.1 幕墙采用的不锈钢宜采用奥氏体不锈钢材,其技术要求和性能试验方法应符合国家现行标准的规定:

　　1 不锈钢材的技术要求应符合下列现行国家标准的规定:

　　1)《不锈钢冷轧钢板》(GB/T 3280);

　　2)《不锈钢棒》(GB/T 1220);

　　3)《不锈钢冷加工钢棒》(GB/T 4226);

　　4)《不锈钢和耐热钢冷轧带钢》(GB 4239);

　　5)《不锈钢热轧钢板》(GB/T 4237);

　　6)《冷顶锻用不锈钢丝》(GB/T 4232);

　　7)《形状和位置公差　未注公差值》(GB/T 1184)。

　　2 不锈钢材主要性能试验方法应符合下列现行国家标准的规定:

　　1)《金属弯曲试验方法》(GB/T 232);

　　2)《金属拉伸试验方法》(GB/T 228)。

3.3.2 幕墙采用的非标准五金件应符合设计要求,并应有出厂合格证。同时应符合现行国家标准《紧固件机械性能　不锈钢螺栓、螺钉和螺柱》(GB/T 3098.6)和《紧固件机械性能　不锈钢螺母》(GB/T 3098.15)的规定。

3.3.3 幕墙采用的钢材的技术要求和性能试验方法应符合现行国家标准的规定:

　　1 钢材的技术要求应符合下列现行国家标准的规定:

　　1)《碳素结构钢》(GB/T 700);

　　2)《优质碳素结构钢》(GB/T 699);

　　3)《合金结构钢》(GB/T 3077);

　　4)《低合金高强度结构钢》(GB/T 1591);

　　5)《碳素结构钢和低合金结构钢热轧薄钢板及钢带》(GB/T 912);

　　6)《碳素结构和低合金结构钢热轧厚钢板及钢带》(GB/T 3274);

　　7)《结构用冷弯空心型钢尺寸、外型、重量及允许偏差》(GB/T 6728);

　　8)《冷拔无缝异型钢管》(GB/T 3094);

　　9)《高耐候结构钢》(GB/T 4171);

10)《焊接结构用耐候钢》(GB/T 4172)。

2 钢材主要性能试验方法应符合本规范第3.3.1条第2款的规定。

3.3.4 钢结构幕墙高度超过 40m 时，钢构件宜采用高耐候结构钢，并应在其表面涂刷防腐涂料。

3.3.5 钢构件采用冷弯薄壁型钢时，除应符合现行国家标准《冷弯薄壁型钢结构技术规范》(GBJ 18)的有关规定外，其壁厚不得小于 3.5mm，强度应按实际工程验算，表面处理应符合本规范第 6.2.4 条的规定。

3.3.6 幕墙采用的铝合金型材应符合现行国家标准《铝合金建筑型材》(GB/T 5237.1)中有关高精级的规定；铝合金的表面处理层厚度和材质应符合现行国家标准《铝合金建筑型材》(GB/T 5237.2～5237.5)的有关规定。

3.3.7 幕墙采用的铝合金板材的表面处理层厚度及材质应符合现行行业标准《建筑幕墙》(JG 3035)的有关规定。

3.3.8 铝合金幕墙应根据幕墙面积、使用年限及性能要求，分别选用铝合金单板（简称单层铝板）、铝塑复合板、铝合金蜂窝板（简称蜂窝铝板）；铝合金板材应达到国家相关标准及设计的要求，并应有出厂合格证。

3.3.9 根据防腐、装饰及建筑物的耐久年限的要求，对铝合金板材（单层铝板、铝塑复合板、蜂窝铝板）表面进行氟碳树脂处理时，应符合下列规定：

1 氟碳树脂含量不应低于 75%；海边及严重酸雨地区，可采用三道或四道氟碳树脂涂层，其厚度应大于 40μm；其他地区，可采用两道氟碳树脂涂层，其厚度应大于 25μm；

2 氟碳树脂涂层应无起泡、裂纹、剥落等现象。

3.3.10 单层铝板应符合下列现行国家标准的规定，幕墙用单层铝板厚度不应小于 2.5mm：

1)《铝及铝合金轧制板材》(GB/T 3880)；

2)《变形铝及铝合金牌号表示方法》(GB/T 16474)；

3)《变形铝及铝合金状态代号》(GB/T 16475)。

3.3.11 铝塑复合板应符合下列规定：

1 铝塑复合板的上下两层铝合金板的厚度均应为 0.5mm，其性能应符合现行国家标准《铝塑复合板》(GB/T 17748)规定的外墙板的技术要求；铝合金板与夹心层的剥离强度标准值应大于 7N/mm；

2 幕墙选用普通型聚乙烯铝塑复合板时，必须符合现行国家标准《建筑设计防火规范》(GBJ 16)和《高层民用建筑设计防火规范》(GB 50045)的规定。

3.3.12 蜂窝铝板应符合下列规定：

1 应根据幕墙的使用功能和耐久年限的要求，分别选用厚度为 10mm、12mm、15mm、20mm 和 25mm 的蜂窝铝板；

2 厚度为 10mm 的蜂窝铝板应由 1mm 厚的正面铝合金板、0.5～0.8mm 厚的背面铝合金板及铝蜂窝黏结而成；厚度在 10mm 以上的蜂窝铝板，其正背面铝合金板厚度均应为 1mm。

3.4 建筑密封材料

3.4.1 幕墙采用的橡胶制品宜采用三元乙丙橡胶、氯丁橡胶；密封胶条应为挤出成型，橡胶块应为压模成型。

3.4.2 密封胶条的技术要求和性能试验方法应符合国家现行标准的规定：

1 密封胶条的技术要求应符合下列现行国家标准的规定：

1)《橡胶与乳胶命名》(GB 5576)；

2)《建筑橡胶密封垫预成型实心硫化的结构密封垫用材料规范》(GB 10711)；

3)《工业用橡胶板》(GB/T 5574)；

4)《中空玻璃用弹性密封剂》(JC 486)；

5)《建筑窗用弹性密封剂》(JC 485)。

2 密封胶条主要性能试验方法应符合下列现行国家标准的规定：

1)《硫化橡胶或热塑橡胶撕裂强度的测定》(GB/T 529)；

2)《硫化橡胶邵尔 A 硬度试验方法》(GB/T 531)；

3)《硫化橡胶密度的测定》(GB/T 533)。

3.4.3 幕墙应采用中性硅酮耐候密封胶，其性能应符合表 3.4.3 的规定。

表 3.4.3 幕墙硅酮耐候密封胶的性能

项　　　目	性　　　能	
	金属幕墙用	石材幕墙用
表干时间	1～1.5h	
流淌性	无流淌	≤1.0mm
初期固化时间（≥25℃）	3d	4d
完全固化时间（相对湿度≥50%，温度 25±2℃）	7～14d	
邵氏硬度	20～30	15～25
极限拉伸强度	0.11～0.14MPa	≥1.79MPa
断裂延伸率	≥300%	
撕裂强度	3.8N/mm	—
施工温度	5～48℃	
污染性	无污染	
固化后的变位承受能力	25%≤δ≤50%	δ≥50%
有效期	9～12 个月	

3.5 硅酮结构密封胶

3.5.1 幕墙应采用中性硅酮结构密封胶；硅酮结构密封胶分单组分和双组分，其性能应符合现行国家标准《建筑用硅酮结构密封胶》（GB16776）的规定。

3.5.2 同一幕墙工程应采用同一品牌的单组分或双组分的硅酮结构密封胶，并应有保质年限的质量证书。用于石材幕墙的硅酮结构密封胶还应有证明无污染的试验报告。

3.5.3 同一幕墙工程应采用同一品牌的硅酮结构密封胶和硅酮耐候密封胶配套使用。

3.5.4 硅酮结构密封胶和硅酮耐候密封胶应在有效期内使用。

4 性能与构造

4.1 一般规定

4.1.1 金属与石材幕墙的设计应根据建筑物的使用功能、建筑设计立面要求和技术经济能力，选择金属或石材幕墙的立面构成、结构型式和材料品质。

4.1.2 金属与石材幕墙的色调、构图和线型等立面构成，应与建筑物立面其他部位协调。

4.1.3 石材幕墙中的单块石材板面面积不宜大于 $1.5m^2$。

4.1.4 金属与石材幕墙设计应保障幕墙维护和清洗的方便与安全。

4.2 幕墙性能

4.2.1 幕墙的性能应包括下列项目：

1 风压变形性能；

2 雨水渗漏性能；

3 空气渗透性能；

4 平面内变形性能；

5 保温性能；

6 隔声性能；

7 耐撞击性能。

4.2.2 幕墙的性能等级应根据建筑物所在地的地理位置、气候条件、建筑物的高度、体型及周围环境进行确定。

4.2.3 幕墙构架的立柱与横梁在风荷载标准值作用下，钢型材的相对挠度不应大于$l/300$（l为立柱或横梁两支点间的跨度），绝对挠度不应大于 15mm；铝合金型材的相对挠度不应大于$l/180$，绝对挠度不应大于 20mm。

4.2.4 幕墙在风荷载标准值除以阵风系数后的风荷载值作用下，不应发生雨水渗漏。其雨水渗漏性能应符合设计要求。

4.2.5 有热工性能要求时，幕墙的空气渗透性能应符合设计要求。

4.2.6 幕墙的平面内变形性能应符合下列规定：

1 平面内变形性能可用建筑物的层间相对位移值表示；在设计允许的相对位移范围内，幕墙不应损坏；

2 平面内变形性能应按主体结构弹性层间位移值的 3 倍进行设计。

4.3 幕墙构造

4.3.1 幕墙的防雨水渗漏设计应符合下列规定：

1 幕墙构架的立柱与横梁的截面形式宜按等压原理设计。

2 单元幕墙或明框幕墙应有泄水孔。有霜冻的地区，应采用室内排水装置；无霜冻地区，排水装置可设在室外，但应有防风装置。石材幕墙的外表面不宜有排水管。

3 采用无硅酮耐候密封胶设计时，必须有可靠的防风雨措施。

4.3.2 幕墙中不同的金属材料接触处，除不锈钢外均应设置耐热的环氧树脂玻璃纤维布或尼龙 12 垫片。

4.3.3 幕墙的钢框架结构应设温度变形缝。

4.3.4 幕墙的保温材料可与金属板、石板结合在一起，但应与主体结构外表面有 50mm 以上的空气层。

4.3.5 上下用钢销支撑的石材幕墙，应在石板的两个侧面或在石板背面的中心区另采取安全措施，并应考虑维修方便。

4.3.6 上下通槽式或上下短槽式的石材幕墙，均宜有安全措施，并应考虑维修方便。

4.3.7 小单元幕墙的每一块金属板构件、石板构件都应是独立的，且应安装和拆卸方便，同时不应影响上下、左右的构件。

4.3.8 单元幕墙的连接处、吊挂处，其铝合金型材的厚度均应通过计算确定并不得小于 5mm。

4.3.9 主体结构的抗震缝、伸缩缝、沉降缝等部位的幕墙设计应保证外墙面的功能性和完整性。

4.4 幕墙防火与防雷设计

4.4.1 金属与石材幕墙的防火除应符合现行国家标准《建筑设计防火规范》（GBJ 16）和《高层民用建筑设计防火规范》（GB 50045）的有关规定外，还应符合下列规定：

1 防火层应采取隔离措施，并应根据防火材料的耐火极限，决定防火层的厚度和宽度，且应在楼板处形成防火带；

2 幕墙的防火层必须采用经防腐处理且厚度不小于1.5mm的耐热钢板，不得采用铝板；

3 防火层的密封材料应采用防火密封胶；防火密封胶应有法定检测机构的防火检验报告。

4.4.2 金属与石材幕墙的防雷设计除应符合现行国

家标准《建筑物防雷设计规范》（GB 50057）的有关规定外，还应符合下列规定：

1 在幕墙结构中应自上而下地安装防雷装置，并应与主体结构的防雷装置可靠连接；

2 导线应在材料表面的保护膜除掉部位进行连接；

3 幕墙的防雷装置设计及安装应经建筑设计单位认可。

5 结 构 设 计

5.1 一 般 规 定

5.1.1 金属与石材幕墙应按围护结构进行设计。幕墙的主要构件应悬挂在主体结构上，幕墙在进行结构设计计算时，不应考虑分担主体结构所承受的荷载和作用，只应考虑承受直接施加于其上的荷载与作用。

5.1.2 幕墙及其连接件应具有足够的承载力、刚度和相对于主体结构的位移能力。幕墙构架立柱的连接金属角码与其他连接件应采用螺栓连接，螺栓垫板应有防滑措施。

5.1.3 抗震设计要求的幕墙，在设防烈度地震作用下经修理后幕墙应仍可使用；在罕遇地震作用下，幕墙骨架不得脱落。

5.1.4 幕墙构件的设计，在重力荷载、设计风荷载、设防烈度地震作用、温度作用和主体结构变形影响下，应具有安全性。

5.1.5 幕墙构件应采用弹性方法计算内力与位移，并应符合下列规定：

1 应力或承载力

$$\sigma \leqslant f$$

或 $$S \leqslant R \qquad (5.1.5-1)$$

2 位移或挠度

$$u \leqslant [u] \qquad (5.1.5-2)$$

式中 σ——荷载或作用产生的截面最大应力设计值；

f——材料强度设计值；

S——荷载或作用产生的截面内力设计值；

R——构件截面承载力设计值；

u——由荷载或作用标准值产生的位移或挠度；

$[u]$——位移或挠度允许值。

5.1.6 荷载或作用的分项系数应按下列规定采用：

1 进行幕墙构件、连接件和预埋件承载力计算时：

重力荷载分项系数 γ_G：1.2

风荷载分项系数 γ_w：1.4

地震作用分项系数 γ_E：1.3

温度作用分项系数 γ_T：1.2

2 进行位移和挠度计算时：

重力荷载分项系数 γ_G：1.0

风荷载分项系数 γ_w：1.0

地震作用分项系数 γ_E：1.0

温度作用分项系数 γ_T：1.0

5.1.7 当两个及以上的可变荷载或作用（风荷载、地震作用和温度作用）效应参加组合时，第一个可变荷载或作用效应的组合系数应按1.0采用；第二个可变荷载或作用效应的组合系数可按0.6采用；第三个可变荷载或作用效应的组合系数可按0.2采用。

5.1.8 结构设计时，应根据构件受力特点、荷载或作用的情况和产生的应力（内力）作用的方向，选用最不利的组合。荷载和作用效应组合设计值，应按下式采用：

$$\gamma_G S_G + \gamma_w \psi_w S_w + \gamma_E \psi_E S_E + \gamma_T \psi_T S_T \qquad (5.1.8)$$

式中 S_G——重力荷载作为永久荷载产生的效应；

S_w、S_E、S_T——分别为风荷载、地震作用和温度作用作为可变荷载和作用产生的效应。按不同的组合情况，三者可分别作为第一、第二和第三个可变荷载和作用产生的效应；

γ_G、γ_w、γ_E、γ_T——各效应的分项系数，应按本规范第5.1.6条的规定采用；

ψ_w、ψ_E、ψ_T——分别为风荷载、地震作用和温度作用效应的组合系数。应按本规范第5.1.7条的规定取值。

5.1.9 进行位移、变形和挠度计算时，均应采用荷载或作用的标准值并按下列方式进行组合：

$$u = u_{Gk} \qquad (5.1.9-1)$$

$$u = u_{Gk} + u_{wk} \quad 或 \quad u = u_{wk} \qquad (5.1.9-2)$$

$$u = u_{Gk} + u_{wk} + 0.6 u_{Ek} \quad 或$$

$$u = u_{wk} + 0.6 u_{Ek} \qquad (5.1.9-3)$$

式中 u——组合后的构件位移或变形；

u_{Gk}、u_{wk}、u_{Ek}——分别为重力荷载、风荷载和地震作用标准值产生的位移或变形。

5.1.10 当构件在两个方向均产生挠度时，应分别计算各方向的挠度 u_x、u_y，u_x 和 u_y 均不应超过挠度允许值 $[u]$：

$$u_x \leqslant [u] \qquad (5.1.10-1)$$

$$u_y \leqslant [u] \qquad (5.1.10-2)$$

5.1.11 组合幕墙采用硅酮结构密封胶时，其黏结宽度和厚度计算应按现行行业标准《玻璃幕墙工程技术规范》（JGJ 102）的有关规定进行。

5.2 荷载和作用

5.2.1 幕墙材料的自重标准值应按下列数值采用：

矿棉、玻璃棉、岩棉	$0.5\sim1.0kN/m^3$
钢材	$78.5kN/m^3$
花岗石	$28.0kN/m^3$
铝合金	$28.0kN/m^3$

5.2.2 幕墙用板材单位面积重力标准值应按表5.2.2采用。

表 5.2.2　　板材单位面积重力标准值（N/m²）

板　材	厚　度 (mm)	q_k (N/m²)
单层铝板	2.5 3.0 4.0	67.5 81.0 112.0
铝塑复合板	4.0 6.0	55.0 73.6
蜂窝铝板 （铝箔芯）	10.0 15.0 20.0	53.0 70.0 74.0
不锈钢板	1.5 2.0 2.5 3.0	117.8 157.0 196.3 235.5
花岗石板	20.0 25.0 30.0	500～560 625～700 750～840

5.2.3 作用于幕墙上的风荷载标准值应按下式计算，且不应小于 $1.0kN/m^2$：

$$w_k = \beta_{gz}\mu_z\mu_S w_0 \qquad (5.2.3)$$

式中　w_k——作用于幕墙上的风荷载标准值（kN/m²）；

β_{gz}——阵风系数，可取 2.25；

μ_S——风荷载体型系数。竖直幕墙外表面可按 ±1.5 采用，斜幕墙风荷载体型系数可根据实际情况，按现行国家标准《建筑结构荷载规范》（GBJ 9）的规定采用。当建筑物进行了风洞试验时，幕墙的风荷载体型系数可根据风洞试验结果确定；

μ_z——风压高度变化系数，应按现行国家标准《建筑结构荷载规范》（GBJ 9）的规定采用；

w_0——基本风压（kN/m²），应根据按现行国家标准《建筑结构荷载规范》（GBJ 9）的规定采用。

5.2.4 幕墙进行温度作用效应计算时，所采用的幕墙年温度变化值 ΔT 可取 80℃。

5.2.5 垂直于幕墙平面的分布水平地震作用标准值应按下式计算：

$$q_{Ek} = \frac{\beta_E \alpha_{max} G}{A} \qquad (5.2.5)$$

式中　q_{Ek}——垂直于幕墙平面的分布水平地震作用标准值（kN/m²）；

G——幕墙构件（包括板材和框架）的重量（kN）；

A——幕墙构件的面积（m²）；

α_{max}——水平地震影响系数最大值，6度抗震设计时可取 0.04；7度抗震设计时可取 0.08；8度抗震设计时可取 0.16；

β_E——动力放大系数，可取 5.0。

5.2.6 平行于幕墙平面的集中水平地震作用标准值应按下式计算：

$$P_{Ek} = \beta_E \alpha_{max} G \qquad (5.2.6)$$

式中　P_{Ek}——平行于幕墙平面的集中水平地震作用标准值（kN）；

G——幕墙构件（包括板材和框架）的重量（kN）；

α_{max}——地震影响系数最大值，可按本规范第5.2.5条的规定采用；

β_E——动力放大系数，可取 5.0。

5.2.7 幕墙的主要受力构件（横梁和立柱）及连接件、锚固件所受的地震作用，应包括由幕墙面板传来的地震作用和由于横梁、立柱自重产生的地震作用。

计算横梁和立柱自重所产生的地震作用时，地震影响系数最大值 α_{max} 可按本规范第5.2.5条的规定采用。

5.3 幕墙材料力学性能

5.3.1 铝合金型材的强度设计值应按表5.3.1采用。

表 5.3.1　　铝合金型材的强度设计值（MPa）

合金状态	合　金	壁　厚 (mm)	强度设计值 抗拉、抗压 强度 f_a	抗剪强度 f_a
6063	T5	所有	85.5	49.6
	T6	所有	140.0	81.2
6063A	T5	≤10	124.4	72.2
		>10	116.6	67.6
	T6	≤10	147.7	85.7
		>10	140.0	81.2
6061	T4	所有	85.5	49.6
	T6	所有	190.1	110.5

5.3.2 单层铝合金板的强度设计值应按表5.3.2采用。

表 5.3.2　单层铝合金板强度设计值（MPa）

牌号	试样状态	厚度（mm）	抗拉强度 f_{a1}	抗剪强度 f_{a1}^v
2A11	T42	0.5～2.9	129.5	75.1
		>2.9～10.0	136.5	79.2
2A12	T42	0.5～2.9	171.5	99.5
		>2.9～10.0	185.5	107.6
7A04	T62	0.5～2.9	273.0	158.4
		>2.9～10.0	287.0	166.5
7A09	T62	0.5～2.9	273.0	158.4
		>2.9～10.0	287.0	166.5

5.3.3 铝塑复合板的强度设计值应按表 5.3.3 采用。

表 5.3.3　铝塑复合板强度设计值（MPa）

板厚 t（mm）	抗拉强度 f_{a2}	抗剪强度 f_{a2}^v
4	70	20

5.3.4 蜂窝铝板的强度设计值应按表 5.3.4 采用。

表 5.3.4　蜂窝铝板强度设计值（MPa）

板厚 t（mm）	抗拉强度 f_{a3}	抗剪强度 f_{a3}^v
20	10.5	1.4

5.3.5 不锈钢板的强度设计值应按表 5.3.5 采用。

表 5.3.5　不锈钢板的强度设计值（MPa）

序号	屈服强度标准值 $\sigma_{0.2}$	抗弯、抗拉强度 f_{s1}	抗剪强度 f_{s1}^v
1	170	154	120
2	200	180	140
3	220	200	155
4	250	226	176

5.3.6 钢材的强度设计值应按表 5.3.6 采用。

表 5.3.6　钢材的强度设计值（MPa）

钢材	抗拉、抗压抗弯强度 f_s	抗剪强度 f_s^v	端面承压强度 f_s^c
Q235 钢，棒材直径小于 40mm，$t \leqslant 20$mm 板，型材厚度小于 15mm	215	125	320
Q345 钢，直径或厚度小于 16mm	315	185	445

5.3.7 花岗石板的抗弯强度设计值，应依据其弯曲强度试验的弯曲强度平均值 f_{gm} 决定，抗弯强度设计值、抗剪强度设计值应按下列公式计算：

$$f_{g1} = f_{gm}/2.15 \qquad (5.3.7\text{-}1)$$

$$f_{g2} = f_{gm}/4.30 \qquad (5.3.7\text{-}2)$$

式中　f_{g1}——花岗石板抗弯强度设计值（MPa）；

　　　f_{g2}——花岗石板抗剪强度设计值（MPa）；

　　　f_{gm}——花岗石板弯曲强度平均值（MPa）。

弯曲强度试验中任一试件的弯曲强度试验值低于 8MPa 时，该批花岗石板不得用于幕墙。

5.3.8 钢结构连接强度设计值应按本规范附录 A 的规定采用。

5.3.9 幕墙材料的弹性模量可按表 5.3.9 采用。

表 5.3.9　材料的弹性模量（MPa）

材　料		E
铝合金型材		0.7×10^5
钢，不锈钢		2.1×10^5
单层铝板		0.7×10^5
铝塑复合板	4mm	0.2×10^5
	6mm	0.3×10^5
蜂窝铝板	10mm	0.35×10^5
	15mm	0.27×10^5
	20mm	0.21×10^5
花岗石板		0.8×10^5

5.3.10 幕墙材料的泊松比应按表 5.3.10 采用。

表 5.3.10　材料的泊松比

材　料	ν
钢、不锈钢	0.30
铝合金	0.33
铝塑复合板	0.25
蜂窝铝板	0.25
花岗岩	0.125

5.3.11 幕墙材料的线膨胀系数应按表 5.3.11 采用。

表 5.3.11　材料的线膨胀系数（1/℃）

材　料	α
混凝土	1.0×10^{-5}
钢材	1.2×10^{-5}
铝合金	2.35×10^{-5}
单层铝板	2.35×10^{-5}
铝塑复合板	$\leqslant 4.0 \times 10^{-5}$
不锈钢板	1.8×10^{-5}
蜂窝铝板	2.4×10^{-5}
花岗石板	0.8×10^{-5}

5.4　金属板设计

5.4.1 单层铝板、蜂窝铝板、铝塑复合板和不锈钢板在制作构件时，应四周折边。铝塑复合板和蜂窝铝板折边时应采用机械刻槽，并应严格控制槽的深度，槽底不得触及面板。

5.4.2 金属板应按需要设置边肋和中肋等加劲肋，铝塑复合板折边处应设边肋。加劲肋可采用金属方管、槽形或角形型材。加劲肋应与金属板可靠连结，并应有防腐措施。

5.4.3 金属板的计算应符合下列规定：

1 金属板在风荷载或地震作用下的最大弯曲应力标准值应分别按下式计算。当板的挠度大于板厚时，应按本条第 4 款的规定考虑大挠度的影响。

$$\sigma_{wk} = \frac{6mw_k l^2}{t^2} \qquad (5.4.3\text{-}1)$$

$$\sigma_{Ek} = \frac{6mq_{Ek} l^2}{t^2} \qquad (5.4.3\text{-}2)$$

式中　σ_{wk}、σ_{Ek}——分别为风荷载或垂直于板面方向的地震作用产生的板中最大弯曲应力标准值（MPa）；

w_k——风荷载标准值（MPa）；

q_{Ek}——垂直于板面方向的地震作用标准值（MPa）；

l——金属板区格的边长（mm）；

m——板的弯矩系数，应按其边界条件由本规范附录 B 表 B.0.1 确定。各区格板边界条件，应按本规范第 5.4.4 条的规定采用；

t——金属板的厚度（mm）。

2 金属板中由各种荷载或作用产生的最大应力标准值，应按本规范第 5.1.8 条的规定进行组合，所得的最大应力设计值不应超过金属板强度设计值。单层铝板的强度设计值按本规范第 5.3.2 条的规定采用；不锈钢板的强度设计值按本规范第 5.3.5 条的规定采用。

3 铝塑复合板和蜂窝铝板计算时，厚度应取板的总厚度，其强度按表 5.3.3 和表 5.3.4 采用，其弹性模量按表 5.3.9 采用。

4 考虑金属板在外荷载和作用下大挠度变形的影响时，可将式 5.4.3-1 和式 5.4.3-2 计算的应力值乘以折减系数，折减系数可按表 5.4.3 采用。

表 5.4.3　折减系数

θ	5	10	20	40	60	80	100
η	1.00	0.95	0.90	0.81	0.74	0.69	0.64
θ	120	150	200	250	300	350	400
η	0.61	0.54	0.50	0.46	0.43	0.41	0.40

表中 θ 可按式 5.4.3-3 计算：

$$\theta = \frac{w_k a^4}{Et^4} \ \text{或} \ \frac{(w_k + 0.6q_{Ek})a^4}{Et^4} \qquad (5.4.3\text{-}3)$$

式中　w_k——风荷载标准值（MPa）；

q_{Ek}——垂直于板面方向地震作用标准值

（MPa）；

a——金属板区格短边边长（mm）；

t——金属板厚度（mm）；

E——金属板的弹性模量（MPa）。

5 当进行板的挠度计算时，也应考虑大挠度的影响，按小挠度公式计算的挠度值也应乘以折减系数。

5.4.4 由肋所形成的板区格，其四边支承型式应符合下列规定：

1 沿板材四周边缘：简支边；

2 中肋支承线：固定边。

5.4.5 金属板材应沿周边用螺栓固定于横梁或立柱上，螺栓直径不应小于 4mm，螺栓的数量应根据板材所承受的风荷载和地震作用经计算后确定。

5.4.6 金属板材的边肋截面尺寸应按构造要求设计。单跨中肋按简支梁设计，中肋应有足够的刚度，其挠度不应大于中肋跨度的 1/300。

5.4.7 金属板面作用的荷载应按三角形或梯形分布传递到肋上，进行肋的计算时应按等弯矩原则化为等效均布荷载。

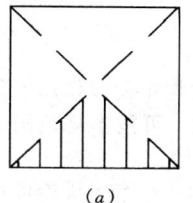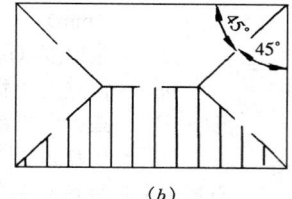

图 5.4.7　板面荷载向肋的传递

（a）方板；（b）矩形板

5.5　石板设计

5.5.1 用于石材幕墙的石板，厚度不应小于 25mm。

5.5.2 钢销式石材幕墙可在非抗震设计或 6 度、7 度抗震设计幕墙中应用，幕墙高度不宜大于 20m，石板面积不宜大于 1.0m²。钢销和连接板应采用不锈钢。连接板截面尺寸不宜小于 40mm×4mm。钢销与孔的要求应符合本规范第 6.3.2 条的规定。

5.5.3 每边两个钢销支承的石板，应按计算边长为 a_0、b_0 的四点支承板计算其应力。计算边长 a_0、b_0：

1 当为两侧连接时（图 5.5.3a），支承边的计算边长可取为钢销的距离，非支承边的计算长度取为边长。

2 当四侧连接时（图 5.5.3b），计算长度可取为边长减去钢销至板边的距离。

5.5.4 石板的抗弯设计应符合下列规定：

1 边长为 a_0、b_0 的四点支承板的最大弯曲应力标准值应分别按下列公式计算：

$$\sigma_{wk} = \frac{6mw_k b_0^2}{t^2} \qquad (5.5.4\text{-}1)$$

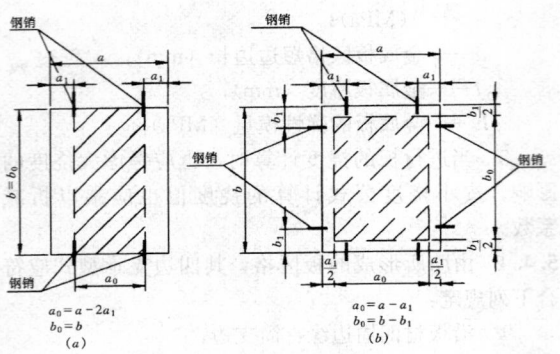

图 5.5.3　钢销连接石板的计算边长 a_0、b_0

(a) 两侧连接；(b) 四侧连接

$$\sigma_{Ek} = \frac{6mq_{Ek}b_0^2}{t^2} \qquad (5.5.4\text{-}2)$$

式中　σ_{wk}、σ_{Ek}——分别为风荷载或垂直于板面方向地震作用在板中产生的最大弯曲应力标准值（MPa）；

w_k、q_{Ek}——分别为风荷载或垂直于板面方向地震作用标准值（MPa）；

b_0——四点支承板的计算长边边长（mm）；

t——板厚度（mm）；

m——四点支承板在均布荷载作用下的最大弯矩系数，可按本规范附录 B 表 B.0.2 采用。

2　石板中由各种荷载和作用产生的最大弯曲应力标准值应按本规范第 5.1.8 条的规定进行组合，所得的最大弯曲应力设计值不应超过石板的抗弯强度设计值。

5.5.5　钢销的设计应符合下列规定：

1　在风荷载或垂直于板面方向地震作用下，钢销承受的剪应力标准值按下式计算：

两侧连接　　$\tau_{pk} = \frac{q_k ab}{2nA_p}\beta$ 　　(5.5.5-1)

四侧接连　　$\tau_{pk} = \frac{q_k(2b-a)a}{4nA_p}\beta$ 　　(5.5.5-2)

式中　τ_{pk}——钢销剪应力标准值（MPa）；

q_k——风荷载或垂直于板面方向地震作用标准值（MPa），即 q_k 分别代表 w_k 或 q_{Ek}；

b、a——石板的长边或短边边长（mm）；

A_p——钢销截面面积（mm²）；

n——一个连接边上的钢销数量；四侧连接时一个长边上的钢销数量；

β——应力调整系数，可按表 5.5.5 采用。

表 5.5.5　应力调整系数

每块板材钢销个数	4	8	12
β	1.25	1.30	1.32

2　由各种荷载和作用产生的剪应力标准值应按本规范第 5.1.8 条的规定进行组合。

3　钢销所承受的剪应力设计值应符合下列条件：

$$\tau_p \leqslant f_s \qquad (5.5.5\text{-}3)$$

式中　τ_p——钢销剪应力设计值（MPa）；

f_s——钢销抗剪强度设计值（MPa），按本规范表 5.3.5 采用。

5.5.6　由钢销在石板中产生的剪应力应按下列规定进行校核：

1　在风荷载或垂直于板面方向地震作用下，石板剪应力标准值可按下式计算：

两侧连接　　$\tau_k = \frac{q_k ab\beta}{2n(t-d)h}$ 　　(5.5.6-1)

四侧接连　　$\tau_k = \frac{q_k(2b-a)a\beta}{4n(t-d)h}$ 　　(5.5.6-2)

式中　τ_k——由于钢销在石板中产生的剪应力标准值（MPa）；

q_k——风荷载或垂直于板面方向地震作用标准值（MPa），即 q_k 分别代表 w_k 或 q_{Ek}；

t——石板厚度（mm）；

d——钢销孔直径（mm）；

h——钢销入孔长度（mm）。

2　由各种荷载和作用产生的剪应力标准值，应按本规范第 5.1.8 条的规定进行组合。

3　剪应力设计值应符合下列规定：

$$\tau \leqslant f \qquad (5.5.6\text{-}3)$$

式中　τ——由于钢销在石板中产生的剪应力设计值（MPa）；

f——花岗石板抗剪强度设计值（MPa），按本规范 5.3.7 条采用。

5.5.7　短槽支承的石板，其抗剪设计应符合下列规定：

1　短槽支承石板的不锈钢挂钩的厚度不应小于 3.0mm，铝合金挂钩的厚度不应小于 4.0mm，其承受的剪应力可按式 5.5.5-1、式 5.5.5-2 计算，并应符合式 5.5.5-3 的条件。

2　在风荷载或垂直于板面方向地震作用下，挂钩在槽口边产生的剪应力标准值 τ_k 按下式计算：

对边开槽　　$\tau_k = \frac{q_k ab\beta}{n(t-c)s}$ 　　(5.5.7-1)

四边开槽　　$\tau_k = \frac{q_k(2b-c)a\beta}{2n(t-c)s}$ 　　(5.5.7-2)

式中　q_k——风荷载或垂直于板面方向地震作用标准值（MPa），即 q_k 分别代表 w_k 或 q_{Ek}；

c——槽口宽度（mm）；

s——单个槽底总长度（mm）。矩形槽的槽底总长度 s 取为槽长加上槽深的 2 倍，弧形槽 s 取为圆弧总长度。

3　由各种荷载和作用产生的剪应力标准值，应按本规范第 5.1.8 条的规定进行组合。

4 槽口处石板的剪应力设计值 τ 应符合下式规定：

$$\tau \leqslant f \quad (5.5.7\text{-}3)$$

式中 τ——由于不锈钢挂钩在石板中产生的剪应力设计值（MPa）；

f——花岗石板抗剪强度设计值（MPa），按本规范第5.3.7条采用。

5.5.8 短槽支承石板的最大弯曲应力应按本规范第5.5.3条、第5.5.4条的规定进行设计。

5.5.9 通槽支承的石板抗弯设计应符合下列规定：

1 通槽支承石板的最大弯曲应力标准值 σ_k 应按下列公式计算：

$$\sigma_{wk} = 0.75\frac{w_k l^2}{t^2} \quad (5.5.9\text{-}1)$$

$$\sigma_{Ek} = 0.75\frac{q_{Ek} l^2}{t^2} \quad (5.5.9\text{-}2)$$

式中 σ_{wk}、σ_{Ek}——分别为风荷载或垂直于板面方向地震作用在板中产生的最大弯曲应力标准值（MPa）；

w_k、q_{Ek}——分别为风荷载或地震作用的标准值（MPa）；

l——石板的跨度，即支承边的距离（mm）；

t——石板厚度（mm）。

2 由各种荷载和作用在石板中产生的最大弯曲应力标准值应按本规范第5.1.8条的规定进行组合，所得的最大弯曲应力设计值不应超过石材抗弯强度设计值。

5.5.10 通槽支承石板的挂钩，其设计应符合下列规定：

1 通槽支承石板，铝合金挂钩的厚度不应小于4.0mm，不锈钢挂钩的厚度不应小于3.0mm。

2 在风荷载或垂直于板面方向地震作用下，挂钩承受的剪应力标准值应按下式计算：

$$\tau_k = \frac{q_k l}{2t_p} \quad (5.5.10)$$

式中 τ_k——挂板中剪应力标准值（MPa）；

l——石板的跨度，即支承边间的距离（mm）；

q_k——风荷载或垂直于板面方向地震作用标准值（MPa），即 q_k 分别代表 w_k 或 q_{Ek}；

t_p——挂钩厚度（mm）。

3 由各种荷载和作用产生的剪应力标准值，应按本规范第5.1.8条的规定进行组合。

5.5.11 通槽支承的石板槽口处抗剪设计应符合下列规定：

1 由风荷载或垂直于板面方向地震作用在槽口处产生的剪应力标准值应按下式计算：

$$\tau_k = \frac{q_k l}{t-c} \quad (5.5.11\text{-}1)$$

式中 q_k——风荷载或垂直于板面方向地震作用标准值（MPa），即 q_k 分别代表 w_k 或 q_{Ek}；

t——石板厚度（mm）；

l——支承边间距离（mm）；

c——槽口宽度（mm）。

2 由各种荷载和作用产生的剪应力标准值，应按本规范第5.1.8条的规定进行组合。

3 通槽支承的石板槽口处剪应力设计值 τ 应符合下式要求：

$$\tau \leqslant f \quad (5.5.11\text{-}2)$$

式中 τ——槽口处石板中的剪应力设计值（MPa）；

f——花岗石板抗剪强度设计值（MPa），按本规范第5.3.7条采用。

5.5.12 通槽支承的石板槽口处抗弯设计值应符合下列规定：

1 由风荷载或垂直于板面方向地震作用在槽口处产生的最大弯曲应力标准值 σ_k 应按下式计算。

$$\sigma_k = \frac{8q_k lh}{(t-c)^2} \quad (5.5.12\text{-}1)$$

式中 t——石板厚度（mm）；

c——槽口宽度（mm）；

h——槽口受力一侧深度（mm）；

l——石板的跨度，即支承边间的距离（mm）；

q_k——风荷载或垂直于板面方向地震作用标准值（MPa），即 q_k 分别代表 w_k 或 q_{Ek}。

2 由各种荷载和作用产生剪应力标准值，应按本规范第5.1.8条的规定进行组合。

3 通槽支承的石板槽口处最大弯曲应力设计值 σ 应符合下式的要求：

$$\sigma \leqslant 0.7f \quad (5.5.12\text{-}2)$$

式中 σ——槽口处石板中的最大弯曲应力设计值（MPa）；

f——石板抗弯强度设计值（MPa），按本规范第5.3.7条的规定采用。

5.5.13 石板中由各种荷载和作用产生的最大弯曲应力标准值应按本规范第5.1.8条的规定进行组合，所得的最大弯曲应力设计值不应超过石板抗弯强度设计值。有四边金属框的隐框式石板构件，应根据下列公式按四边简支板计算板中最大弯曲应力标准值：

$$\sigma_{wk} = \frac{6mw_k a^2}{t^2} \quad (5.5.13\text{-}1)$$

$$\sigma_{Ek} = \frac{6mq_{Ek} a^2}{t^2} \quad (5.5.13\text{-}2)$$

式中 σ_{wk}、σ_{Ek}——分别为风荷载或垂直于板面方向地震作用在板中产生的最大弯曲应力标准值（MPa）；

w_k、q_{Ek}——分别为风荷载或垂直板面方向地震作用的标准值（MPa）；

a——板的短边边长（mm）；

t——石板厚度（mm）；

m——板的跨中弯矩系数，应按表 5.5.13 查取。

表 5.5.13　四边简支石板的跨中弯矩系数（$\nu=0.125$）

a/b	0.50	0.55	0.60	0.65	0.70	0.75
m	0.0987	0.0918	0.0850	0.0784	0.0720	0.0660
a/b	0.80	0.85	0.90	0.95	1.00	
m	0.0603	0.0550	0.0501	0.0456	0.0414	

5.5.14　隐框式石板构件的金属框，其上、下边框应带有挂钩，挂钩厚度应符合本规范第 5.5.10 条的规定。

5.6　横 梁 设 计

5.6.1　横梁截面主要受力部分的厚度，应符合下列规定：

1　翼缘的宽厚比应符合下列规定（图 5.6.1）：

截面自由挑出部分（图 5.6.1a）：
$$b/t\leqslant 15$$

截面封闭部分（图 5.6.1b）：
$$b/t\leqslant 30$$

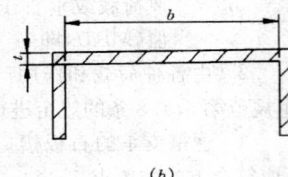

(a)　　　　　　(b)

图 5.6.1　截面的厚度

2　当跨度不大于 1.2m 时，铝合金型材横梁截面主要受力部分的厚度不应小于2.5mm；当横梁跨度大于 1.2m 时，其截面主要受力部分的厚度不应小于3mm，有螺钉连接的部分截面厚度不应小于螺钉公称直径。钢型材截面主要受力部分的厚度不应小于 3.5mm。

5.6.2　横梁的荷载应根据板材在横梁上的支承状况确定，并应计算横梁承受的弯矩和剪力。

5.6.3　幕墙的横梁截面抗弯承载力应符合下式要求：

$$\frac{M_x}{\nu W_x}+\frac{M_y}{\nu W_y}\leqslant f \qquad (5.6.3)$$

式中　M_x——横梁绕 x 轴（幕墙平面内方向）的弯矩设计值（N·mm）；

M_y——横梁绕 y 轴（垂直于幕墙平面方向）的弯矩设计值（N·mm）；

W_x——横梁截面绕 x 轴（幕墙平面内方向）的净截面弹性抵抗矩（mm³）；

W_y——横梁截面绕 y 轴（垂直于幕墙平面方

向）的净截面弹性抵抗矩（mm³）；

ν——截面塑性发展系数，可取 1.05；

f——型材抗弯强度设计值（MPa），应按本规范第 5.3.1 条或第 5.3.6 条规定采用。

5.6.4　横梁截面抗剪承载力，应符合下式要求：

$$\frac{1.5V_h}{A_{wh}}\leqslant f \qquad (5.6.4\text{-}1)$$

$$\frac{1.5V_y}{A_{wy}}\leqslant f \qquad (5.6.4\text{-}2)$$

式中　V_h——横梁水平方向的剪力设计值（N）；

V_y——横梁竖直方向的剪力设计值（N）；

A_{wh}——横梁截面水平方向腹板截面面积（mm²）；

A_{wy}——横梁截面竖直方向腹板截面面积（mm²）；

f——型材抗剪强度设计值，按本规范第 5.3.1 条或第 5.3.6 条规定采用。

5.6.5　横梁的挠度值，应符合下式要求：

1　当跨度不大于 7.5m 的横梁：

1) 铝型材：$u\leqslant l/180$ 　　(5.6.5-1)

$u\leqslant 20mm$

2) 钢型材：$u\leqslant l/300$ 　　(5.6.5-2)

$u\leqslant 15mm$

2　当跨度大于 7.5m 的钢横梁：

$$u\leqslant l/500 \qquad (5.6.5\text{-}3)$$

式中　u——横梁的挠度（mm）；

l——横梁的跨度（mm）。

5.6.6　横梁应通过角码、螺钉或螺栓与立柱连接，角码应能承受横梁的剪力。螺钉直径不得小于 4mm，每处连接螺钉数量不应少于 3 个，螺栓不应少于 2 个。横梁与立柱之间应有一定的相对位移能力。

5.7　立 柱 设 计

5.7.1　立柱截面的主要受力部分的厚度，应符合下列规定：

1　铝合金型材截面主要受力部分的厚度不应小于 3mm，采用螺纹受力连接时螺纹连接部位截面的厚度不应小于螺钉的公称直径；

2　钢型材截面主要受力部分的厚度不应小于 3.5mm；

3　偏心受压的立柱，截面宽厚比应符合本规范第 5.6.1 条的规定。

5.7.2　上下立柱之间应有不小于 15mm 的缝隙，并应采用芯柱连结。芯柱总长度不应小于 400mm。芯柱与立柱应紧密接触。芯柱与下柱之间应采用不锈钢螺栓固定。

5.7.3　立柱与主体结构的连接可每层设一个支承点，也可设两个支承点；在实体墙面上，支承点可加密。

5.7.4　每层设一个支承点时，立柱应按简支单跨梁或铰接多跨梁计算；每层设两个支承点时，立柱应按双跨梁或双支点铰接多跨梁计算。

5.7.5 立柱上端应悬挂在主体结构上，宜设计成偏心受拉构件，其轴力应考虑幕墙板材、横梁以及立柱的重力荷载值。

5.7.6 偏心受拉的幕墙立柱截面承载力应符合下式要求：

$$\frac{N}{A_0}+\frac{M}{\nu W}\leq f \qquad (5.7.6)$$

式中　N——立柱轴力设计值（N）；
　　　M——立柱弯矩设计值（N·mm）；
　　　A_0——立柱的净截面面积（mm²）；
　　　W——在弯矩作用方向的净截面弹性抵抗矩（mm³）；
　　　ν——截面塑性发展系数，可取 1.05；
　　　f——型材的抗弯强度设计值（MPa），应按本规范第 5.3.1 或第 5.3.6 条规定采用。

5.7.7 偏心受压的幕墙立柱截面承载力应符合下式要求：

$$\frac{N}{\varphi_1 A_0}+\frac{M}{\gamma W}\leq f \qquad (5.7.7)$$

式中　N——立柱的压力设计值（N）；
　　　M——立柱的弯矩设计值（N·mm）；
　　　A_0——立柱的净截面面积（mm²）；
　　　W——在弯矩作用方向的净截面弹性抵抗矩（mm³）；
　　　γ——截面塑性发展系数，可取为 1.05；
　　　f——型材抗弯强度设计值（MPa），应按本规范第 5.3.1 条或第 5.3.6 条的规定采用；
　　　φ_1——轴心受压柱的稳定系数，应按本规范表 5.7.8 查取。

5.7.8 轴心受压柱的稳定系数应按表 5.7.8 采用。

表 5.7.8　　　轴心受压柱的稳定系数（φ_1）

λ	钢型材		铝合金型材		
	Q235 钢	Q345 钢	6063-T5 6061-T4	6063-T6 6063A-T5 6063A-T6	6061-T6
20	0.97	0.96	0.98	0.96	0.92
40	0.90	0.88	0.88	0.84	0.80
60	0.81	0.73	0.81	0.75	0.71
80	0.69	0.58	0.70	0.58	0.48
90	0.62	0.50	0.63	0.48	0.40
100	0.56	0.43	0.56	0.38	0.32
110	0.49	0.37	0.49	0.34	0.26
120	0.44	0.32	0.41	0.30	0.22
140	0.35	0.25	0.29	0.22	0.16

5.7.9 偏心受压的幕墙立柱，其长细比可按下式计算：

$$\lambda=\frac{L}{i} \qquad (5.7.9)$$

式中　λ——立柱长细比；
　　　L——构件侧向支承点之间的距离（mm）；
　　　i——截面回转半径（mm）。
立柱长细比不应大于150。

5.7.10 立柱由风荷载标准值和地震作用标准值产生的挠度 u 应按本规范第 5.7.4 条的规定计算，并应符合下列要求：

　1　当跨度不大于 7.5m 的立柱：
　1）铝合金型材：　　$u\leq l/180$ 　(5.7.10-1)
　　　　　　　　　　　$u\leq20\text{mm}$
　2）钢型材：　　　　$u\leq l/300$ 　(5.7.10-2)
　　　　　　　　　　　$u\leq15\text{mm}$
　2　当跨度大于 7.5m 的钢立柱：
　　　　　　　　　　　$u\leq l/500$ 　(5.7.10-3)

式中　u——挠度；
　　　l——支承点间的距离（mm）。

5.7.11 立柱应采用螺栓与角码连接，并再通过角码与预埋件或钢构件连接。螺栓直径不应小于 10mm，连接螺栓应按现行国家标准《钢结构设计规范》（GBJ 17）进行承载力计算。立柱与角码采用不同金属材料时应采用绝缘垫片分隔。

5.8　幕墙与主体结构连接

5.8.1 连接件应进行承载力计算。受力的铆钉或螺栓，每处不得少于 2 个。

5.8.2 连接件与主体结构的锚固强度应大于连接件本身承载力设计值。

5.8.3 与连接件直接相连的主体结构件，其承载力应大于连接件承载力；与幕墙立柱相连的主体混凝土构件的混凝土强度等级不宜低于 C30。

5.8.4 连接件的螺栓、焊缝强度和局部承压计算，应符合现行国家标准《钢结构设计规范》（GBJ 17）的有关规定。

5.8.5 当立柱与主体结构间留有较大间距时，可在幕墙与主体结构之间设置过渡钢桁架或钢伸臂，钢桁架或钢伸臂与主体结构应可靠连接，幕墙与钢桁架或钢伸臂也应可靠连接。

铝合金立柱与钢桁架连接，应计入温度变化时两者变形差异产生的影响。

5.8.6 幕墙构件与钢结构的连接，应按现行国家标准《钢结构设计规范》（GBJ 17）的规定进行设计。

5.8.7 幕墙立柱与混凝土结构宜通过预埋件连接，预埋件应在主体结构混凝土施工时埋入，预埋件的位置应准确。

当没有条件采用预埋件连接时，应采用其他可靠的连接措施，并应通过试验确定其承载力。

5.8.8 预埋件设计应按本规范附录C的规定进行。

6 加工制作

6.1 一般规定

6.1.1 幕墙在制作前，应对建筑物的设计施工图进行核对，并应对已建的建筑物进行复测，按实测结果调整幕墙图纸中的偏差，经设计单位同意后方可加工组装。

6.1.2 加工幕墙构件所采用的设备、机具应保证幕墙构件加工精度的要求，量具应定期进行计量检定。

6.1.3 用硅酮结构密封胶黏结固定构件时，注胶应在温度15℃以上30℃以下、相对湿度50%以上、且洁净、通风的室内进行，胶的宽度、厚度应符合设计要求。

6.1.4 用硅酮结构密封胶黏结石材时，结构胶不应长期处于受力状态。

6.1.5 当石材幕墙使用硅酮结构密封胶和硅酮耐候密封胶时，应待石材清洗干净并完全干燥后方可施工。

6.2 幕墙构件加工制作

6.2.1 幕墙的金属构件加工制作应符合下列规定：

1 幕墙结构杆件截料前应进行校直调整；

2 幕墙横梁长度的允许偏差应为±0.5mm，立柱长度的允许偏差应为±1.0mm，端头斜度的允许偏差应为−15′；

3 截料端头不得因加工而变形，并不应有毛刺；

4 孔位的允许偏差应为±0.5mm，孔距的允许偏差应为±0.5mm，累计偏差不得大于±1.0mm；

5 铆钉的通孔尺寸偏差应符合现行国家标准《铆钉用通孔》（GB 152.1）的规定；

6 沉头螺钉的沉孔尺寸偏差应符合现行国家标准《沉头螺钉用沉孔》（GB 152.2）的规定；

7 圆柱头、螺栓的沉孔尺寸应符合现行国家标准《圆柱头、螺栓用沉孔》（GB 152.3）的规定；螺丝孔的加工应符合设计要求。

6.2.2 幕墙构件中，槽、豁、榫的加工应符合下列规定：

1 构件铣槽尺寸允许偏差应符合表6.2.2-1的规定。

表6.2.2-1　铣槽尺寸允许偏差（mm）

项　　目	a	b	c
允许偏差	+0.5 0.0	+0.5 0.0	±0.5

2 构件铣豁尺寸允许偏差应符合表6.2.2-2的

规定。

表6.2.2-2　铣豁尺寸允许偏差（mm）

项　　目	a	b	c
允许偏差	+0.5 0.0	+0.5 0.0	±0.5

3 构件铣榫尺寸允许偏差应符合表6.2.2-3的规定。

表6.2.2-3　铣榫尺寸允许偏差（mm）

项　　目	a	b	c
偏　差	0.0 −0.5	0.0 −0.5	±0.5

6.2.3 幕墙构件装配尺寸允许偏差应符合表6.2.3的规定。

表6.2.3　构件装配尺寸允许偏差（mm）

项　　目	构件长度	允许偏差
槽口尺寸	≤2000	±2.0
	>2000	±2.5
构件对边尺寸差	≤2000	≤2.0
	>2000	≤3.0
构件对角尺寸差	≤2000	≤3.0
	>2000	≤3.5

6.2.4 钢构件应符合现行国家标准《钢结构工程质量检验标准》（GB 50221）的有关规定。钢构件表面防锈处理应符合现行国家标准《钢结构工程施工及验收规范》（GB 50205）的有关规定。

6.2.5 钢构件焊接、螺栓连接应符合国家现行标准《钢结构设计规范》（GBJ 17）及《钢结构焊接技术规程》（JGJ 81）的有关规定。

6.3 石板加工制作

6.3.1 加工石板应符合下列规定：

1 石板连接部位应无崩坏、暗裂等缺陷；其他部位崩边不大于5mm×20mm，或缺角不大于20mm时可修补后使用，但每层修补的石板块数不应大于2%，且宜用于立面不明显部位；

2 石板的长度、宽度、厚度、直角、异型角、半圆弧形状、异型材及花纹图案造型、石板的外形尺寸均应符合设计要求；

3 石板外表面的色泽应符合设计要求，花纹图案应按样板检查。石板四周围不得有明显的色差；

4 火烧石应按样板检查火烧后的均匀程度，火烧石不得有暗裂、崩裂情况；

5 石板的编号应同设计一致，不得因加工造成混乱；

6 石板应结合其组合形式，并应确定工程中使用的基本形式后进行加工；

7 石板加工尺寸允许偏差应符合现行行业标准

《天然花岗石建筑板材》（JC 205）的有关规定中一等品要求。

6.3.2 钢销式安装的石板加工应符合下列规定：

1 钢销的孔位应根据石板的大小而定。孔位距离边端不得小于石板厚度的 3 倍，也不得大于180mm；钢销间距不宜大于 600mm；边长不大于1.0m 时每边宜设两个钢销，边长大于 1.0m 时应采用复合连接；

2 石板的钢销孔的深度宜为 22～33mm，孔的直径宜为 7mm 或 8mm，钢销直径宜为 5mm 或 6mm，钢销长度宜为 20～30mm；

3 石板的钢销孔处不得有损坏或崩裂现象，孔径内应光滑、洁净。

6.3.3 通槽式安装的石板加工应符合下列规定：

1 石板的通槽宽度宜为 6mm 或 7mm，不锈钢支撑板厚度不宜小于 3.0mm，铝合金支撑板厚度不宜小于 4.0mm；

2 石板开槽后不得有损坏或崩裂现象，槽口应打磨成 45°倒角；槽内应光滑、洁净。

6.3.4 短槽式安装的石板加工应符合下列规定：

1 每块石板上下边应各开两个短平槽，短平槽长度不应小于 100mm，在有效长度内槽深度不宜小于 15mm；开槽宽度宜为 6mm 或 7mm；不锈钢支撑板厚度不宜小于 3.0mm，铝合金支撑板厚度不宜小于 4.0mm。弧形槽的有效长度不应小于 80mm。

2 两短槽边距离石板两端部的距离不应小于石板厚度的 3 倍且不应小于 85mm，也不应大于 180mm。

3 石板开槽后不得有损坏或崩裂现象，槽口应打磨成 45°倒角，槽内应光滑、洁净。

6.3.5 石板的转角宜采用不锈钢支撑件或铝合金型材专用件组装，并应符合下列规定：

1 当采用不锈钢支撑件组装时，不锈钢支撑件的厚度不应小于 3mm；

2 当采用铝合金型材专用件组装时，铝合金型材壁厚不应小于 4.5mm，连接部位的壁厚不应小于 5mm。

6.3.6 单元石板幕墙的加工组装应符合下列规定：

1 有防火要求的全石板幕墙单元，应将石板、防火板、防火材料按设计要求组装在铝合金框架上；

2 有可视部分的混合幕墙单元，应将玻璃板、石板、防火板及防火材料按设计要求组装在铝合金框架上；

3 幕墙单元内石板之间可采用铝合金 T 形连接件连接；T 形连接件的厚度应根据石板的尺寸及重量经计算后确定，且其最小厚度不应小于 4.0mm；

4 幕墙单元内，边部石板与金属框架的连接，可采用铝合金 L 形连接件，其厚度应根据石板尺寸及重量经计算后确定，且其最小厚度不应小于 4.0mm。

6.3.7 石板经切割或开槽等工序后均应将石屑用水冲干净，石板与不锈钢挂件间应采用环氧树脂型石材专用结构胶黏结。

6.3.8 已加工好的石板应立存放于通风良好的仓库内，其角度不应小于 85°。

6.4 金属板加工制作

6.4.1 金属板材的品种、规格及色泽应符合设计要求；铝合金板材表面氟碳树脂涂层厚度应符合设计要求。

6.4.2 金属板材加工允许偏差应符合表 6.4.2 的规定。

表 6.4.2　　金属板材加工允许偏差（mm）

项　　目		允　许　偏　差
边　　长	≤2000	±2.0
	>2000	±2.5
对边尺寸	≤2000	≤2.5
	>2000	≤3.0
对角线长度	≤2000	2.5
	>2000	3.0
折弯高度		≤1.0
平面度		≤2/1000
孔的中心距		±1.5

6.4.3 单层铝板的加工应符合下列规定：

1 单层铝板折弯加工时，折弯外圆弧半径不应小于板厚的 1.5 倍；

2 单层铝板加劲肋的固定可采用电栓钉，但应确保铝板外表面不应变形、褪色，固定应牢固；

3 单层铝板的固定耳子应符合设计要求。固定耳子可采用焊接、铆接或在铝板上直接冲压而成，并应位置准确，调整方便，固定牢固；

4 单层铝板构件四周边应采用铆接、螺栓或胶黏与机械连接相结合的形式固定，并应做到构件刚性好，固定牢固。

6.4.4 铝塑复合板的加工应符合下列规定：

1 在切割铝塑复合板内层铝板和聚乙烯塑料时，应保留不小于 0.3mm 厚的聚乙烯塑料，并不得划伤外层铝板的内表面；

2 打孔、切口等外露的聚乙烯塑料及角缝，应采用中性硅酮耐候密封胶密封；

3 在加工过程中铝塑复合板严禁与水接触。

6.4.5 蜂窝铝板的加工应符合下列规定：

1 应根据组装要求决定切口的尺寸和形状，在切除铝芯时不得划伤蜂窝铝板外层铝板的内表面；各部位外层铝板上，应保留 0.3～0.5mm 的铝芯；

2 直角构件的加工，折角应弯成圆弧状，角缝应采用硅酮耐候密封胶密封；

3 大圆弧角构件的加工，圆弧部位应填充防火材料；

　　4　边缘的加工，应将外层铝板折合 180°，并将铝芯包封。

6.4.6　金属幕墙的女儿墙部分，应用单层铝板或不锈钢板加工成向内倾斜的盖顶。

6.4.7　金属幕墙的吊挂件、安装件应符合下列规定：

　　1　单元金属幕墙使用的吊挂件、支撑件，宜采用铝合金件或不锈钢件，并应具备可调整范围；

　　2　单元幕墙的吊挂件与预埋件的连接应采用穿透螺栓；

　　3　铝合金立柱的连接部位的局部壁厚不得小于 5mm。

6.5　幕墙构件检验

6.5.1　金属与石材幕墙构件应按同一种类构件的 5%进行抽样检查，且每种构件不得少于 5件。当有一个构件抽检不符合上述规定时，应加倍抽样复验，全部合格后方可出厂。

6.5.2　构件出厂时，应附有构件合格证书。

7　安 装 施 工

7.1　一 般 规 定

7.1.1　安装金属与石材幕墙应在主体工程验收后进行。

7.1.2　金属与石材幕墙的构件和附件的材料品种、规格、色泽和性能应符合设计要求。

7.1.3　金属与石材幕墙的安装施工应编制施工组织设计，其中应包括以下内容：

　　1　工程进度计划；

　　2　搬运、起重方法；

　　3　测量方法；

　　4　安装方法；

　　5　安装顺序；

　　6　检查验收；

　　7　安全措施。

7.2　安装施工准备

7.2.1　搬运、吊装构件时不得碰撞、损坏和污染构件。

7.2.2　构件储存时应依照安装顺序排列放置，放置架应有足够的承载力和刚度。在室外储存时应采取保护措施。

7.2.3　构件安装前应检查制造合格证，不合格的构件不得安装。

7.2.4　金属、石材幕墙与主体结构连接的预埋件，应在主体结构施工时按设计要求埋设。预埋件应牢固，位置准确，预埋件的位置误差应按设计要求进行复查。当设计无明确要求时，预埋件的标高偏差不应大于 10mm，预埋件位置差不应大于 20mm。

7.3　幕墙安装施工

7.3.1　安装施工测量应与主体结构的测量配合，其误差应及时调整。

7.3.2　金属与石材幕墙立柱的安装应符合下列规定：

　　1　立柱安装标高偏差不应大于 3mm，轴线前后偏差不应大于 2mm，左右偏差不应大于 3mm；

　　2　相邻两根立柱安装标高偏差不应大于 3mm，同层立柱的最大标高偏差不应大于 5mm，相邻两根立柱的距离偏差不应大于 2mm。

7.3.3　金属与石材幕墙横梁安装应符合下列规定：

　　1　应将横梁两端的连接件及垫片安装在立柱的预定位置，并应安装牢固，其接缝应严密；

　　2　相邻两根横梁的水平标高偏差不应大于 1mm。同层标高偏差：当一幅幕墙宽度小于或等于 35m 时，不应大于 5mm；当一幅幕墙宽度大于 35m 时，不应大于 7mm。

7.3.4　金属板与石板安装应符合下列规定：

　　1　应对横竖连接件进行检查、测量、调整；

　　2　金属板、石板安装时，左右、上下的偏差不应大于 1.5mm；

　　3　金属板、石板空缝安装时，必须有防水措施，并应有符合设计要求的排水出口；

　　4　填充硅酮耐候密封胶时，金属板、石板缝的宽度、厚度应根据硅酮耐候密封胶的技术参数，经计算后确定。

7.3.5　幕墙钢构件施焊后，其表面应采取有效的防腐措施。

7.3.6　幕墙的竖向和横向板材的组装允许偏差应符合表 7.3.6 的规定。

7.3.7　幕墙安装允许偏差应符合表 7.3.7 规定。

7.3.8　单元幕墙安装允许偏差除应符合本规范表 7.3.7 的规定外，尚应符合表 7.3.8 规定。

表 7.3.6　**幕墙竖向和横向板材的组装允许偏差（mm）**

项　　　目	尺寸范围	允许偏差	检查方法
相邻两竖向板材间距尺寸（固定端头）	—	±2.0	钢卷尺
两块相邻的石板、金属板	—	±1.5	靠尺
相邻两横向板材的间距尺寸	间距小于或等于 2000 时间距大于 2000 时	±1.5 ±2.0	钢卷尺
分格对角线差	对角线长小于或等于 2000 时对角线长大于 2000 时	≤3.0 ≤3.5	钢卷尺或伸缩尺

项　目	尺寸范围	允许偏差	检查方法
相邻两横向板材的水平标高差	—	≤2	钢板尺或水平仪
横向板材水平度	构件长小于或等于2000时	≤2	水平仪或水平尺
	构件长大于2000时	≤3	
竖向板材直线度		2.5	2.0m靠尺、钢板尺
石板下连接托板水平夹角允许向上倾斜,不准向下倾斜	—	+2.0度 0	塞　规
石板上连接托板水平夹角允许向下倾斜		0 -2.0度	

表 7.3.7　幕墙安装允许偏差

项　　目		允许偏差(mm)	检查方法
竖缝及墙面垂直度	幕墙高度(H)(m)		
	H≤30	≤10	激光经纬仪或经纬仪
	60≤H>30	≤15	
	90≤H>60	≤20	
	H>90	≤25	
幕墙平面度		≤2.5	2m靠尺、钢板尺
竖缝直线度		≤2.5	2m靠尺、钢板尺
横缝直线度		≤2.5	2m靠尺、钢板尺
缝宽度(与设计值比较)		±2	卡　尺
两相邻面板之间接缝高低差		≤1.0	深度尺

表 7.3.8　单元幕墙安装允许偏差(mm)

项　　目		允许偏差	检查方法
同层单元组件标高	宽度小于或等于35m	≤3.0	激光经纬仪或经纬仪
相邻两组件面板表面高低差		≤1.0	深度尺
两组件对插件接缝搭接长度(与设计值比)		±1.0	卡　尺
两组件对插件距槽底距离(与设计值比)		±1.0	卡　尺

7.3.9 幕墙安装过程中宜进行接缝部位的雨水渗漏检验。

7.3.10 幕墙安装施工应对下列项目进行验收:

1 主体结构与立柱、立柱与横梁连接节点安装及防腐处理;

2 幕墙的防火、保温安装;

3 幕墙的伸缩缝、沉降缝、防震缝及阴阳角的安装;

4 幕墙的防雷节点的安装;

5 幕墙的封口安装。

7.4　幕墙保护和清洗

7.4.1 对幕墙的构件、面板等。应采取保护措施,不得发生变形、变色、污染等现象。

7.4.2 幕墙施工中其表面的粘附物应及时清除。

7.4.3 幕墙工程安装完成后,应制定清洁方案,清扫时应避免损伤表面。

7.4.4 清洗幕墙时,清洁剂应符合要求,不得产生腐蚀和污染。

7.5　幕墙安装施工安全

7.5.1 幕墙安装施工的安全措施除应符合现行行业标准《建筑施工高处作业安全技术规范》(JGJ 80)的规定外,还应遵守施工组织设计确定的各项要求。

7.5.2 安装幕墙用的施工机具和吊篮在使用前应进行严格检查,符合规定后方可使用。

7.5.3 施工人员作业时必须戴安全帽,系安全带,并配备工具袋。

7.5.4 工程的上下部交叉作业时,结构施工层下方应采取可靠的安全防护措施。

7.5.5 现场焊接时,在焊接下方应设防火斗。

7.5.6 脚手板上的废弃杂物应及时清理,不得在窗台、栏杆上放置施工工具。

8　工程验收

8.0.1 金属与石材幕墙工程验收前应将其表面擦拭干净。

8.0.2 金属与石材幕墙工程验收时应提交下列资料:

1 设计图纸、计算书、文件、设计更改的文件等;

2 材料、零部件、构件出厂质量合格证书,硅酮结构胶相容性试验报告及幕墙的物理性能检验报告;

3 石材的冻融性试验报告;

4 金属板材表面氟碳树脂涂层的物理性能试验报告;

5 隐蔽工程验收文件;

6 施工安装自检记录;

7 预制构件出厂质量合格证书;

8 其他质量保证资料。

8.0.3 幕墙工程观感检验应符合下列规定:

1 幕墙外露框应横平竖直，造型应符合设计要求；

2 幕墙的胶缝应横平竖直，表面应光滑无污染；

3 铝合金板应无脱膜现象，颜色应均匀，其色差可同色板相差一级；

4 石材颜色应均匀，色泽应同样板相符，花纹图案应符合设计要求；

5 沉降缝、伸缩缝、防震缝的处理，应保持外观效果的一致性，并应符合设计要求；

6 金属板材表面应平整，站在距幕墙表面 3m 处肉眼观察时不应有可觉察的变形、波纹或局部压砸等缺陷；

7 石材表面不得有凹坑、缺角、裂缝、斑痕。

8.0.4 幕墙抽样检查应符合下列规定：

1 渗漏检验应按每 100m² 幕墙面积抽查一处，并应在易发生漏雨的部位如阴阳角等处进行淋水检查；

2 每平方米金属板的表面质量应符合表 8.0.4-1 的规定；

表 8.0.4-1　金属板的表面质量

项　　目	质　量　要　求
0.1～0.3mm 宽划伤痕	长度小于 100mm 不多于 8 条
擦伤	不大于 500mm²

注：1. 露出金属基体的为划伤。
　　2. 没有露出金属基体的为擦伤。

3 一个分格铝合金型材表面质量应符合表 8.0.4-2 的规定；

表 8.0.4-2　一个分格铝合金型材表面质量

项　　目	质　量　要　求
0.1～0.3mm 宽划伤痕	长度小于 100mm 不多于 2 条
擦伤总面积	不大于 500mm²
划伤在同一个分格内	不多于 4 处
擦伤在同一个分格内	不多于 4 处

注：1. 一个分格铝合金型材指该分格的四周框架构件。
　　2. 露出铝基体的为划伤。
　　3. 没有露出铝基体的为擦伤。

4 每平方米石材的表面质量应符合表 8.0.4-3 的规定；

表 8.0.4-3　石材的表面质量

项　　目	质　量　要　求
0.1～0.3mm 划伤	长度小于 100mm 不多于 2 条
擦伤	不大于 500mm²

注：1. 石材花纹出现损坏的为划伤。
　　2. 石材花纹出现模糊现象的为擦伤。

5 金属幕墙立柱、横梁的安装质量应符合表 8.0.4-4 的规定；

表 8.0.4-4　金属幕墙立柱、横梁的安装质量

项　　目		允许偏差(mm)	检查方法
金属幕墙立柱、横梁安装偏差	宽度高度不大于 30m	≤10	激光经纬仪或经纬仪
	宽度高度大于 30m，不大于 60m	≤15	
	宽度高度大于 60m，不大于 90m	≤20	
	宽度高度大于 90m	≤25	

6 石板的安装质量应符合 8.0.4-5 的规定；

表 8.0.4-5　石板的安装质量

项　　目		允许偏差(mm)	检查方法
竖缝及墙面垂直缝	幕墙层高不大于 3m	≤2	激光经纬仪或经纬仪
	幕墙层高大于 3m	≤3	
幕墙水平度（层高）		≤2	2m 靠尺、钢板尺
竖缝直线度（层高）		≤2	2m 靠尺、钢板尺
横缝直线度（层高）		≤2	2m 靠尺、钢板尺
拼缝宽度（与设计值比）		≤1	卡尺

7 金属与石材幕墙的安装质量应符合表 8.0.4-6 的规定；

表 8.0.4-6　金属、石材幕墙安装质量

项　　目		允许偏差(mm)	检查方法
幕墙垂直度	幕墙高度不大于 30m	≤10	激光经纬仪或经纬仪
	幕墙高度大于 30m，不大于 60m	≤15	
	幕墙高度大于 60m，不大于 90m	≤20	
	幕墙高度大于 90m	≤25	
竖向板材直线度		≤3	2m 靠尺、塞尺
横向板材水平度不大于 2000mm		≤2	水平仪
同高度相邻两根横向构件高度差		≤1	钢板尺、塞尺

项目		允许偏差(mm)	检查方法
幕墙横向水平度	不大于3m的层高	≤3	水平仪
	大于3m的层高	≤5	
分格框对角线差	对角线长不大于2000mm	≤3	3m钢卷尺
	对角线长大于2000mm	≤3.5	

8.0.5 幕墙工程抽样检验数量应按现行行业标准《玻璃幕墙工程技术规范》（JGJ 102）的有关规定执行。

9 保养与维修

9.0.1 金属与石材幕墙工程竣工验收后，应制定幕墙的保养、维修计划与制度，定期进行幕墙的保养与维修。

9.0.2 幕墙的保养应根据幕墙墙面积灰污染程度，确定清洗幕墙的次数与周期，每年至少应清洗一次。

9.0.3 幕墙在正常使用时，使用单位应每隔5年进行一次全面检查。应对板材、密封条、密封胶、硅酮结构密封胶等进行检查。

9.0.4 幕墙的检查与维修应按下列规定进行：

1 当发现螺栓松动，应及时拧紧，当发现连接件锈蚀应除锈补漆或更换；

2 发现板材松动、破损时，应及时修补与更换；

3 发现密封胶或密封条脱落或损坏时，应及时修补与更换；

4 发现幕墙构件和连接件损坏，或连接件与主体结构的锚固松动或脱落时，应及时更换或采取措施加固修复；

5 应定期检查幕墙排水系统，当发现堵塞时，应及时疏通；

6 当五金件有脱落、损坏或功能障碍时，应进行更换和修复；

7 当遇到台风、地震、火灾等自然灾害时，灾后应对幕墙进行全面检查，并视损坏程度进行维修加固。

9.0.5 对幕墙进行保养与维修中应符合下列安全规定：

1 不得在4级以上风力或大雨天气进行幕墙外侧检查、保养与维修作业；

2 检查、清洗、保养维修幕墙时，所采用的机具设备必须操作方便、安全可靠；

3 在幕墙的保养与维修作业中，凡属高处作业者必须遵守现行行业标准《建筑施工高处作业安全技术规范》（JGJ 80）的有关规定。

附录 A 钢结构连接强度设计值

A.0.1 钢结构连接强度设计值可按表 A.0.1-1、表 A.0.1-2、表 A.0.1-3 采用。

表 A.0.1-1 螺栓连接的强度设计值（MPa）

螺栓的钢号（或性能等级）和构件的钢号	构件钢材 组别	厚度(mm)	普通螺栓 C级螺栓 抗拉强度 f_t^b	C级螺栓 抗剪强度 f_v^b	C级螺栓 承压强度 f_c^b	A级、B级螺栓 抗拉强度 f_t^b	A级、B级螺栓 抗剪强度 f_v^b	A级、B级螺栓 承压强度(I类孔) f_c^b	锚栓 抗拉强度(I类孔) f_t^a	承压型高强度螺栓 抗拉强度 f_t^b	承压型高强度螺栓 抗剪强度 f_v^b	承压型高强度螺栓 承压强度 f_c^b
普通螺栓 Q235钢	—	—	170	130	—	170	170	—	—	—	—	—
锚栓 Q235钢	—	—	—	—	—	—	—	—	140	—	—	—
锚栓 Q345钢	—	—	—	—	—	—	—	—	180	—	—	—
承压型高强度螺栓 8.8级	—	—	—	—	—	—	—	—	—	—	—	250
10.9级	—	—	—	—	—	—	—	—	—	—	—	310
构件 Q235钢	第1~3组	—	—	—	305	—	—	400	—	—	—	465
构件 Q345钢		≤16	—	—	420	—	—	550	—	—	—	640
		17~25	—	—	400	—	—	530	—	—	—	615
		26~36	—	—	385	—	—	510	—	—	—	590
构件 Q390钢		≤16	—	—	435	—	—	570	—	—	—	665
		17~25	—	—	420	—	—	550	—	—	—	640
		26~36	—	—	400	—	—	530	—	—	—	615

注：孔壁质量属于下列情况者为Ⅰ类孔：

1. 在装配好的构件上按设计孔径钻成的孔；

2. 在单个零件和构件上按设计孔径用钻模钻成的孔；

3. 在单个零件上先钻成或冲成较小的孔径，然后在装配好的构件上再扩钻至设计孔径的孔。

表 A.0.1-2 焊接的强度设计值（MPa）

焊接方法和焊条型号	构件钢材 钢号	组别	厚度或直径(mm)	对接焊缝 抗压强度 f_c^w	对接焊缝 抗拉和抗弯强度 f_t^w 一级二级	对接焊缝 抗拉和抗弯强度 f_t^w 三级	对接焊缝 抗剪强度 f_v^w	角焊缝 抗拉、抗压和抗剪强度 f_f^w
自动焊、半自动焊和E43××型焊条的手工焊	Q235钢	第1组	—	215	215	185	125	160
		第2组		200	200	170	115	160
		第3组		190	190	160	110	160
自动焊、半自动焊和E50××型焊条的手工焊	Q345钢	—	≤16	315	315	270	185	200
			17~25	300	300	255	175	200
			26~36	290	290	245	170	200
自动焊、半自动焊和E55××型焊条的手工焊	Q390钢	—	≤16	350	350	300	205	220
			17~25	335	335	285	195	220
			26~36	320	320	270	185	220

注：自动焊和半自动焊所采用的焊丝和焊剂，应保证其熔敷金属抗拉强度不低于相应手工焊焊条的数值。

表 A.0.1-3 铆钉连接的强度设计值（MPa）

铆钉和构件的钢号	构件钢材 组别	厚度(mm)	抗拉强度（铆钉头拉脱）f_t^r	抗剪强度 f_v^r I类孔	抗剪强度 f_v^r II类孔	承压强度 f_c^r I类孔	承压强度 f_c^r II类孔
铆钉 ML2或ML3	—	—	120	185	155		

续表

铆钉和构件的钢号	构件钢材		抗拉强度（铆钉头拉脱）f_t^r	抗剪强度 f_v^r		承压强度 f_c^r	
	组别	厚度(mm)		I 类孔	II 类孔	I 类孔	II 类孔
构件 Q235 钢	第 1~3 组	—	—	—	—	445	360
构件 Q345 钢		16	—	—	—	610	500
		17~25	—	—	—	590	480
		26~36	—	—	—	565	460

注：1. 孔壁质量属于下列情况者为 I 类孔：

　　1）在装配好构件上按设计孔径钻成的孔；

　　2）在单个零件和构件上按设计孔径用钻模钻成的孔；

　　3）在单个零件上先钻成或冲成较小的孔径，然后在装配好的构件上再扩钻至设计孔径的孔。

2. 在单个零件上一次冲成或不用钻模钻成设计孔径的孔属于 II 类孔。

A.0.2 计算下列情况的构件或连接件时，本规范 A.0.1 条和第 5.3.6 条规定的强度设计值应乘以相应的折减系数，当几种情况同时存在时，其折减系数应连乘。

　　1. 单面连接的单角钢按轴心受力计算强度和连接　　　　　　　　　　　　　　　　　0.85；

　　2. 施工条件较差的高空安装焊缝和铆钉连接　　　　　　　　　　　　　　　　　0.90；

　　3. 沉头或半沉头铆钉连接　　　　0.80。

附录 B　板弯矩系数

B.0.1 金属板的最大弯矩系数可按表 B.0.1 采用。

表 B.0.1　板的最大弯矩系数 (m) $M=mql^2$

l_x/l_y	四边简支	三边简支 l_y 固定	l_x 对边简支 l_y 对边固定
0.50	0.1022	−0.1212	−0.0843
0.55	0.0961	−0.1187	−0.0840
0.60	0.0900	−0.1158	−0.0834
0.65	0.0839	−0.1124	−0.0826
0.70	0.0781	−0.1087	−0.0814
0.75	0.0725	−0.1048	−0.0799
0.80	0.0671	−0.1007	−0.0782
0.85	0.0621	−0.0965	−0.0763
0.90	0.0574	−0.0922	−0.0743
0.95	0.0530	−0.0880	−0.0721
1.00	0.0489	−0.0839	−0.0698

l_y/l_x	三边简支 l_y 固定	l_x 对边简支 l_y 对边固定
0.50	−0.1215	−0.1191
0.55	−0.1193	−0.1156
0.60	−0.1166	−0.1114
0.65	−0.1133	−0.1066
0.70	−0.1096	−0.1013
0.75	−0.1056	−0.0959
0.80	−0.1014	−0.0904
0.85	−0.0970	−0.0850

续表

l_y/l_x	三边简支 l_y 固定	l_x 对边简支 l_y 对边固定
0.90	−0.0926	−0.0797
0.95	−0.0882	−0.0746
1.00	−0.0839	−0.0698

注：1. 系数前的负号，表示最大弯矩在固定边。

2. 计算时 l 值取 l_x 和 l_y 值的较小值。

3. 此表适用于泊松比为 0.25~0.33。

B.0.2 四点支承矩形石板弯矩系数可按表 B.0.2 采用。

表 B.0.2　四点支承矩形石板弯矩系数（$\mu=0.125$）

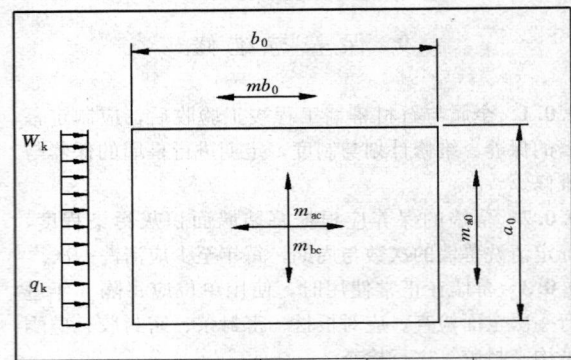

计算边长比 $\dfrac{a_0}{b_0}$	m_{ac}	m_{bc}	m_{a0}	m_{b0}
0.50	0.0180	0.1221	0.0608	0.1303
0.55	0.0236	0.1212	0.0682	0.1320
0.60	0.0301	0.1202	0.0759	0.1338
0.65	0.0373	0.1189	0.0841	0.1360
0.70	0.0453	0.1177	0.0928	0.1383
0.75	0.0540	0.1163	0.1020	0.1408
0.80	0.0634	0.1149	0.1117	0.1435
0.85	0.0735	0.1133	0.1220	0.1463
0.90	0.0845	0.1117	0.1327	0.1494
0.95	0.0961	0.1100	0.1440	0.1526
1.00	0.1083	0.1083	0.1559	0.1559

附录 C　预埋件设计

C.0.1 由锚板和对称配置的直锚筋所组成的受力预埋件，其锚筋的总截面面积应按下列公式计算：

　　1. 当有剪力、法向拉力和弯矩共同作用时，应按下列两个公式计算，并取其中的较大值：

$$A_s \geqslant \frac{V}{\alpha_\gamma \alpha_v f_s} + \frac{N}{0.8\alpha_b f_s} + \frac{M}{1.3\alpha_\gamma \alpha_b f_s Z}$$

$$(C.0.1\text{-}1)$$

$$A_s \geqslant \frac{N}{0.8\alpha_b f_s} + \frac{M}{0.4\alpha_\gamma \alpha_b f_s z}$$
$$(C.0.1\text{-}2)$$

2. 当有剪力、法向压力和弯矩共同作用时，应按下列两个公式计算，并取其中的较大值：

$$A_s \geq \frac{V-0.3N}{\alpha_\gamma \alpha_v f_s} + \frac{M-0.4NZ}{1.3\alpha_\gamma \alpha_b f_s Z} \quad (C.0.1-3)$$

$$A_s \geq \frac{M-0.4NZ}{0.4\alpha_\gamma \alpha_b f_s Z} \quad (C.0.1-4)$$

当 $M < 0.4NZ$ 时，取 $M-0.4NZ=0$

3. 上述公式中的系数，应按下列公式计算：

$$\alpha_v = (4.0-0.08d)\sqrt{\frac{f_c}{f_s}} \quad (C.0.1-5)$$

$$\alpha_b = 0.6 + 0.25\frac{t}{d} \quad (C.0.1-6)$$

上述各式中：

A_s——锚筋的截面面积（mm^2）；

V——剪力设计值（N）；

N——法向拉力或法向压力设计值（N）。法向压力设计值不应大于 $0.5f_cA$，此处 A 为锚板的面积（mm^2）；

M——弯矩设计值（N·mm）；

α_γ——钢筋层数影响系数，当等间距配置时，二层取 1.0，三层取 0.9；

α_v——锚筋受剪承载力系数，按公式（C.0.1-5）计算，当 α_v 大于 0.7 时，取 $\alpha_v=0.7$；

d——锚筋直径（mm）；

t——锚板厚度（mm）；

α_b——锚板弯曲变形折减系数，按公式（C.0.1-6）计算，当采取措施防止锚板弯曲变形时，可取 $\alpha_b=1.0$；

Z——外层锚筋中心线之间的距离（mm）；

f_c——混凝土轴心受压强度设计值，可按现行国家标准《混凝土结构设计规范》（GBJ 10）采用。

f_s——钢筋抗拉强度设计值（MPa）Ⅰ级钢筋取210MPa；Ⅱ级钢筋取 310MPa。

C.0.2 受力预埋件的锚板宜采用 Q235 等级 B 的钢材。锚筋应采用Ⅰ级或Ⅱ级钢筋，并不得采用冷加工钢筋。

C.0.3 预埋件受力直锚筋不宜少于 4 根，直径不宜小于 8mm。受剪预埋件的直锚筋可用 2 根。预埋件

的锚筋应放在构件的外排主筋的内侧。

C.0.4 直锚筋与锚板应采用 T 型焊，锚筋直径不大于 20mm 时宜采用压力埋弧焊。手工焊缝高度不宜小于 6mm 及 $0.5d$（Ⅰ级钢筋）或 $0.6d$（Ⅱ级钢筋）。

C.0.5 充分利用锚筋的受拉强度时，锚固长度应符合现行国家标准《混凝土结构设计规范》（GBJ 10）的规定，锚筋最小锚固长度在任何情况下不应小于 250mm。当锚筋配置较多，锚筋总截面面积超过按本规范 C.0.1 条计算的截面面积的 1.4 倍时，锚固长度可适当减少，但不应小于 180mm。光圆钢筋端部应作弯钩。

C.0.6 锚板的厚度应大于锚筋直径的 0.6 倍；受拉和受弯预埋件的锚板的厚度尚应大于 $b/12$（b 为锚筋的间距），且锚板厚度不应小于 8mm。锚筋中心至锚板边缘的距离不应小于 $2d$ 及 20mm。

对于受拉和受弯预埋件，其钢筋的间距和锚筋至构件边缘的距离均不应小于 $3d$ 及 45mm。

对受剪预埋件，其锚筋的间距不应大于 300mm，锚筋至构件边缘的距离不应小于 $6d$ 及 70mm。

本规范用词说明

1 为便于在执行本规范条文时区别对待，对要求严格程度不同的用词说明如下：

1）表示很严格，非这样做不可的：
正面词采用"必须"；
反面词采用"严禁"。

2）表示严格，在正常情况下均应这样做的：
正面词采用"应"；
反面词采用"不应"或"不得"。

3）表示允许稍有选择，在条件许可时首先应这样做的：
正面词采用"宜"；
反面词采用"不宜"。

表示有选择，在一定条件下可以这样做的，采用"可"。

2 条文中指明应按其他标准执行的写法为"应按……执行"或"应符合……的规定（或要求）"

中华人民共和国行业标准

金属与石材幕墙工程技术规范

JGJ 133—2001

条 文 说 明

前　言

根据建设部建标〔1997〕71 号文的要求，中国建筑科学研究院会同广东省中山市盛兴幕墙有限公司、上海市东江建筑幕墙有限公司、武汉凌云建筑装饰工程总公司、中国地质科学院地质研究所，共同编制的《金属与石材幕墙工程技术规范》（JGJ133—2001）经建设部 2001 年 5 月 29 日以建标〔2001〕108 号文批准，业已发布。

为便于广大设计、施工、监理、科研、学校等有关人员在使用本标准时能正确理解和执行条文规定，《金属与石材幕墙工程技术规范》编制组按章、节、条顺序编制了本规范的条文说明，供使用者参考。如发现欠妥之处，请将意见函寄中国建筑科学研究院（地址：北京市北三环东路 30 号　邮政编码：100013）。

本条文说明由建设部标准定额研究所组织出版，不得翻印。

目　次

1 总 则

1.0.1 凡由金属构件与各种板材组成的悬挂在主体结构上、不承担主体结构荷载与作用的建筑物外围护结构，称为建筑幕墙。按建筑幕墙的面材可将其分为玻璃幕墙、金属幕墙、石材幕墙、混凝土幕墙及组合幕墙。近几年来，随着我国经济的发展，在一些大中城市中采用金属与石材幕墙作为公用建筑物外围护结构的越来越多。但在金属与石材幕墙的设计、加工制作和安装施工中，由于缺乏统一的技术规范，也曾发生过一些质量问题。

为了使金属与石材幕墙工程的设计、材料选用、性能要求、加工制作、安装施工和工程验收等有章可循，使金属与石材幕墙工程做到安全可靠、实用美观和经济合理，金属与石材幕墙工程技术规范的制订，具有重要的现实意义。

本规范是依照国家和行业标准、规范的有关规定，并在对我国近些年来使用金属与石材幕墙进行调研的基础上，结合金属与石材幕墙的特性和技术要求，同时参考了一些先进国家有关金属与石材幕墙的有关标准、规范而编制的。

1.0.2 本条对金属与石材幕墙的适用范围分别予以规定，对有抗震设防地区的石材幕墙适用建筑高度不大于100m，设防烈度不大于8度。这是由于石材为天然材料，其材质均匀性较差，弯曲强度离散性大，属于脆性材料，在生成、开采、加工过程中难免产生一些轻微的内伤，很难被发现；作为石材幕墙，虽然不承担主体结构的荷载，但它要承受自重、风、地震和温度等荷载和作用对它的影响。我国是多地震国家，设防烈度6度以上地区占国土面积70%以上，绝大多数的大、中城市都要考虑抗震设防。其次，为了满足强度计算的要求，石板厚度最薄不得小于25mm，因此，每平方米石板的重量均在70kg以上，这对抗震是不利的。因此，对石材幕墙适用范围的规定较金属幕墙的适用范围严些，是必要的和合适的。

金属板材的材质均匀、轻质高强、延展性好、加工连接方便，因此，金属幕墙的适用范围较石材幕墙适当放宽些是可行的。

3 材 料

3.1 一般规定

3.1.1 材料是保证幕墙质量和安全的物质基础。幕墙所使用的材料概括起来，基本上可有四大类型材料。即：骨架材料、板材、密封填缝材料、结构黏结材料。这些材料由于生产厂家不同，质量差别还是较大的。因此，为确保幕墙安全可靠，就要求幕墙所使用的材料都必须符合国家或行业标准规定的质量指标；对其中少量暂时还没有国家或行业标准的材料，可按国外先进国家同类产品标准要求；生产企业制订企业标准只作为产品质量控制的依据。总之，不合格的材料严禁使用，出厂时，必须有出厂合格证。

3.1.2 幕墙处于建筑物的外表面，经常会受到自然环境不利因素的影响，如日晒、雨淋、冰冻、风沙等不利因素的侵蚀。因此，要求幕墙材料要有足够的耐候性和耐久性。

3.1.3 硅酮结构密封胶、耐候硅酮密封胶必须有与接触材料相容性的试验和报告，橡胶条应有保证年限及组分化验单。两种胶目前在玻璃幕墙上已被广泛采用，而且已有了比较成熟的经验，应十分重视对石材的黏接和密封，因石材是多孔的材料，不论是硅酮结构胶还是耐候硅酮密封胶都应采用石材专用的，以确保石材长久不被污染，否则不能使用。

3.1.4 石材中所含的放射性物质现行行业标准《天然石材产品放射性防护分类控制标准》(JG518)的规定共分为三类：

A类产品：石质建筑材料中放射性比活度同时满足式(1)和式(2)的为A类产品，其使用范围不受限制。

$$C_{Ra}^{e} \leqslant 350 Bq \cdot kg^{-1} \quad (1)$$
$$C_{Ra}^{e} \leqslant 200 Bq \cdot kg^{-1} \quad (2)$$

B类产品：不符合A类石质建筑材料而其放射性比活度同时满足式(3)和式(4)的为B类产品，不可用于居室内饰面，可用于其他建筑物的内外饰面。

$$C_{Ra}^{e} \leqslant 700 Bq \cdot kg^{-1} \quad (3)$$
$$C_{Ra}^{e} \leqslant 250 Bq \cdot kg^{-1} \quad (4)$$

C类产品：不符合A、B类的石质建筑材料而其放射性比活度满足式(5)的为C类产品，可用于一切建筑物的外饰面。

$$C_{Ra}^{e} \leqslant 1000 Bq \cdot kg^{-1} \quad (5)$$

上述A、B、C三种产品的放射性可选A和B作为石材幕墙的材料。

3.2 石 材

3.2.1 用于室外的石材宜选用火成岩即花岗石。因花岗石主要结构物质是长石和石英，其质地坚硬、耐酸碱、耐腐蚀、耐高温、耐日晒雨淋、耐冰雪冻、耐磨性好等特点，故其耐用年限长。

3.2.4~3.2.5 石板火烧后，在板材的表面出现了细小的不均匀麻坑，因而影响了厚度，也影响强度，在一般情况下按减薄3mm计算强度。

3.2.6 石材是多孔的天然材料，一旦使用溶剂型的化学清洁剂就会有残余的化学成分留在微孔内，它与密封材料、黏结材料起化学反应，会造成石材被污染的后果。

3.3 金属材料

3.3.1 国家现行标准GB 4239的8、9奥氏体不锈钢材的屈服强度、抗拉强度、伸长率、硬度等物理力学性能，都优于铁素体、马氏体等不锈钢材的物理力学性能。

3.3.2 当前国内五金配件存在着试样不齐全，当采用非标准五金件应符合设计要求，要有出厂合格证，否则不应使用。

3.3.4 这一条明确了钢构件尽量采用耐候结构钢，耐候结构钢的氧化膜比较致密、比较稳定，在同样渗水(包括"酸雨"中的酸性水)条件下，氧化膜不易发生反应生成铁锈[Fe(OH)$_3$]，从而外层涂料也不易脱落，保护钢的基体不受腐蚀。表面处理可采用热喷复合涂层，表面为氯化橡胶涂料。

3.3.11 铝塑复合板按国际惯例分为普通型铝塑复合板和防火型铝塑复合板。

普通型铝塑复合板系由两层0.5mm的铝板中间夹一层2~5mm的PE(即聚乙烯塑料)热加工或冷加工而成。防火型铝塑复合板系由两层0.5mm的铝板中间夹一层难燃或不燃材料而成。

3.3.12 本条对蜂窝铝板的使用进行了规定，但由于国内还没有有关的标准，也未查到美国、德国和日本相关的标准，只能参考复合铝板的数据确定，当然只能高不能低。

3.5 硅酮结构密封胶

目前国内生产的硅酮结构密封胶，通过幕墙工程实际应用以及法定检测机构的检测说明，国产硅酮结构密封胶的质量，已基本达到进口硅酮结构密封胶的质量水平。为保证幕墙工程的质量，保证隐框、半隐框幕墙的安全，同一幕墙工程应采用同一品牌的单组分或双组分的硅酮结构密封胶，不能在同一幕墙工程中，同时采用不同厂家、不同品牌的硅酮结构密封胶，更不能在同一幕墙工程中，同时既使用国产硅酮结构密封胶又使用进口硅酮结构密封胶。因为这样做一旦出现质量问题，难以判别是谁的责任；其次，这样做也无法进行统一的相容性试验。

4 性能与构造

4.1 一般规定

4.1.1 金属与石材幕墙的选型是建筑设计的内容，建筑师不仅要考虑立面的新颖、美观，而且要根据建筑的功能、造价及所具备的施工技术条件进行造型设计。在选用石材幕墙时应考虑到地理条件、工程的位置、当地在历史上发生过地震状况等，并且在设计时考虑能否拆装、维护修理，对雨水的排出的方向等方面的问题在选用时要从严掌握，要充分考虑条件是否具备。

4.1.2 金属与石材幕墙，设计师都愿意增加凸出或凹进去的线条，石材也会组合成各种图案同周围环境相协调，但首先应考虑安全，同时也要考虑除尘、流水的问题。

4.1.3 石材幕墙立面划分时，单块板面积不宜大于 $1.5m^2$。因石材是天然性材料，对于内伤或微小的裂纹有时间肉眼很难看清，在使用时会埋下安全隐患。如果只注意强度计算，没有考虑到天然材料的不可预见性，单板块越大出现问题的概率越高，因此提出了 $1.5m^2$ 以内要求。

4.1.4 金属与石材幕墙的设计，应满足幕墙维护和清洗的需要，因金属板材和石材均是多孔的材料，表面有光度，但有时也会有粗毛面，空气中的灰尘及油污会落到表面上，需要清洗，天长日久也会出现破损，需要更换。因此建筑物要具备维护清洗的条件。

4.2 幕墙性能

4.2.2 幕墙的性能与建筑物所在地区的地理位置、气候条件、建筑物的高度、体型及周围环境等有关。如沿海或经常有台风地区，幕墙的风压变形性能和雨水渗漏性能要求高些，而风沙较大地区则要求幕墙的风压变形性能和空气渗透性能高些，对于寒冷地区和炎热地区则要求幕墙的保温隔热性能良好。

4.3 幕墙构造

4.3.1 在本条当中阐述的主要是防水渗漏的设计方案应采取的措施。首先考虑等压原理设计，所谓等压原理是通过各种渠道使水能进能出，只要有水、缝、压力差的存在，就会出现水的渗漏问题。目前好多单位所采取的双道密封胶条同密封胶结合的防水措施是可行的，对型材的要求放松了些。对于开扇等压原理仍然要应用准确，否则会渗漏，另外五金配件的质量及开关型式也是造成渗漏原因之一，应予以足够重视。

4.3.3~4.3.4 幕墙钢骨架系统，应设热胀冷缩缝。幕墙的保温材料可与金属板、石板结合在一起，但应与主体结构外表面有50mm以上的空气层。因金属与石材幕墙大部分都采用钢骨架，设伸缩缝也应该是两层一个接头，接头的布置可以根据需要而定，处在合理的受力状态，另外隐蔽工程接头条是看不到的，因此也就不存在美观和规律性的问题。在4.3.4条当中提到幕墙同主体结构保持50mm空气层也可叫通气层，由于这两种材料都是冷热导体，在背面会产生冷凝水或水蒸气，从主体结构的幕墙内侧层间排出室外；在霜冻地区不宜往室外，防止结冻时将有关的系统冻坏。在一般情况下，蒸气在层间中游动，逐步的消失或生成凝结水，集中排入下水管。

4.3.5 上下用钢销支撑的石材幕墙，应在石板的两个侧面或者在石板背面的中间另设安全措施，并应利于维修方便。钢销安全度比较低，但它是国内外干挂石材传统的安装方法，因此，为增加钢销安装石材的安全性，可在石材的背面增加螺栓、挂钩等类或者是铜丝、不锈钢丝用环氧树脂锚固起来，起到生根作用，同

主体捆扎在一起，保证石材的安全，同时尽量便于维修和拆装的方便。

4.3.7 每一块金属板构件、石板都应是独立单元，且应便于安装和拆卸，同时也应不影响上下、左右构件。因为石材幕墙应用越来越多，建筑物越高，造型就越复杂，所以维护修理更换是个大问题，好多工程全部安装完成后，才发现因多种原因造成石板有伤痕、裂纹、色差、图案不符，如果不具备拆装功能，就会很被动，费工、费力、费钱，还影响左右四邻，会造成不安全的因素。因此要求设计时考虑以上的不利因素，要做到能拆能装。

4.3.8 本条所提到单元式幕墙连接处和吊挂处的壁厚，是按照板块的大小、自重及材质、连接型式严格计算其壁厚，如果大于5mm可按计算值，如果小于5mm按5mm计算。

4.4 幕墙防火与防雷设计

4.4.1 本条所提到的对防火层的处理，首先要将保温材料和防火材料严格区分开来。凡是石板后面或者是铝板的后面均为保温材料；所谓填充系指楼层之间有一道防火隔层，隔层的隔板必须用经防腐处理厚度不小于1.5mm的铁板包起来，不得用铝板，更不允许用铝塑复合板，因以上两种材料的耐火极限太低，起不到防火作用。

4.4.2 在现行国家标准《建筑物防雷设计规范》（GB 50057）中没有很具体、很明确地提出对幕墙防雷的规定。结合日本、德国幕墙防雷装置做法提出3条要求。

5 结构设计

5.1 一般规定

5.1.1 幕墙是建筑物的外围护构件，主要承受自重、直接作用于其上的风荷载和地震作用，以及温度作用。其支承条件须有一定变形能力以适应主体结构的位移；当主体结构在外力作用下产生位移时，不应使幕墙产生过大内力。

对于竖直的建筑幕墙，风荷载是主要的作用，其数值可达 $2.0\sim5.0kN/m^2$，使面板产生很大的弯曲应力。而建筑幕墙自重较轻，即使按最大地震作用系数考虑，也不过是 $0.1\sim0.8kN/m^2$，远小于风力，因此，对幕墙构件本身而言，抗风压是主要的考虑因素。但是，地震是动力作用，对连接节点会产生较大的影响，使连接发生震害甚至使建筑幕墙脱落、倒坍，所以，除计算地震作用力外，构造上还必须予以加强。

5.1.2 建筑幕墙构件由面板和金属框架等组成，其变形能力是很小的。在地震作用和风力作用下，结果将会产生侧移。

由于幕墙构件不能承受过大的位移，只能通过弹性连接件来避免主体结构过大侧移的影响。例如当层高为3.5m，$\Delta u_p/h$ 为1/70时，层间最大位移可达50mm。显然，如果幕墙构件承受这样的大的剪切变形，幕墙构件必然会破坏。

幕墙构件与立柱、横梁的连接要能可靠地传递地震力、风力，能承受幕墙构件的自重。但是，为防止主体结构水平力产生的位移使幕墙构件损坏，连接又必须有一定的适用位移能力，使得幕墙构件与立柱、横梁之间有活动的余地。

5.1.3 非抗震设计的建筑幕墙，风荷载起控制作用。幕墙面板本身必须具有足够的承载力，避免在风压下破碎。我国沿海地区城市经常受到台风的袭击，玻璃破碎常有发生。铝板和石板在台风下破碎的事例虽未见报告，但设计中仍应考虑有足够的抗风能力。

在风力作用下，幕墙与主体结构之间的连接件发生拔出、拉断等严重破坏比较少见，主要问题是保证其足够的活动余地，使幕墙构件避免受主体结构过大位移的影响。

在地震作用下，幕墙构件和连接件会受到猛烈的动力作用，

其破坏很容易发生。防止震害的主要途径是加强构造措施。

在常遇地震作用下（比设防烈度低1.5度，大约50年一遇），幕墙不能破坏，应保持完好，在中震作用下（相当于设防烈度，大约200年的一遇），幕墙不应有严重破损，一般只允许部分面板破碎，经修理后仍然可以使用。在罕遇地震作用下（相当于比设防烈度高1.5度，大约1500～2000年一遇），必然会严重破坏，面板破碎，但骨架不应脱落、倒塌。幕墙的抗震构造措施，应保证上述设计目标能实现。

幕墙构件及横梁、立柱之间的支承条件，视具体的连接构造决定。铝板通常为四边支承受弯构件（支承边可为简支或连续），石板的支承条件则取决于其连接构造。

幕墙构件（面板、铝框）与横梁、立柱之间的支承条件，可按线支承或点支承等不同支承的组合，可得到幕墙构件的不同支承方式。

横梁和立柱，可根据其实际连接情况，按简支连续或铰接多跨支承条件考虑。构件的实际尺寸与设计尺寸相比，会有一定的偏差，对截面承载力计算会有一定的影响。但是材料出厂的尺寸公差都在一定的允许范围内；施工安装的偏差也要满足规范的要求，所以这种影响是不大的。另一方面，在设计时也无法预计可能产生的偏差。因此，可以采用设计尺寸进行设计。

5.1.5 目前，结构设计的标准是小震下保持弹性，不产生损害。在这种情况下，幕墙也应处于弹性状态。因此，本规范中有关的内力计算均采用弹性计算方法进行。

由于幕墙承受各种荷载、地震作用和温度作用，会产生多种内力，情况相当复杂，面板不便于采用承载力表达式，所以直接采用应力表达式；横梁、立柱和预埋件计算，则采用内力表达式计算出应力后，由应力表达式控制。承载力表达式为：

$$S \leqslant R \tag{1}$$

式中 S——外荷载和效应产生的内力设计值；
R——构件截面承载力设计值。

由于外荷载、温度作用或地震作用产生的内力各不相同，有轴向力、弯矩等，采用承载力表达式不很方便。为便于设计人员应用，用应力表达式较为合适：

$$\sigma \leqslant f \tag{2}$$

式中 σ——各种荷载及作用产生应力的设计值；
f——材料强度的设计值。

我国现行国家标准《钢结构设计规范》也采用应力表达式进行承载力计算。承载力计算中，结构的安全系数可以有两种方式来表达：

一种采用允许应力方法，即要求：

$$\sigma_k \leqslant [f] = \frac{f_k}{k}$$

式中 σ_k 为外荷载产生的应力标准值（未附加任何安全系数）；$[f]$ 为允许应力值（强度的允许值），为材料标准强度 f_k（由试验得到）除以安全系数 k，这样结构的安全系数为 k。结构胶的计算便采用这种方法，结构胶短期强度允许值为0.14MPa，为实验值的1/5，即安全系数为5。

另一种方法是我国结构设计规范中采用的多系数方法，其基本表达式为：

$$(\sigma = k_1\sigma_k) \leqslant \left(\frac{f_k}{k_2} = f\right)$$

即本规范中式5.1.5-1。其中，σ 为应力设计值，为标准值乘以大于1的系数 k_1，通过效应组合计算得到。f 为强度设计值，由强度标准值 f_k 除以大于1的系数 k_2 得到，这样结构安全

度为 $k = k_2 k_1$。在本规范中，铝板的安全度 k 为2.0；铝合金型材的安全度为1.8；石板的安全度为3.0。

所以在进行结构设计时，必须注意公式中的数值（σ，f，S 等）是标准值还是设计值，不能混淆。

在进行变形、挠度、位移验算时，均采用1.0的分项系数，即 $k_1 = 1.0$，所以可以说采用标准值。

幕墙结构的安全度 k 取决于荷载的取值和材料强度的比值，即：

$$k \sim \frac{P}{f}$$

因此采用某一规范进行设计时，必须按该规范的规定计算荷载 P，同时采用该规范的计算方法和强度 f。不允许荷载按某一规范计算，强度计算又采用另一规范的方法，这样会产生设计安全度过低的情况。

5.1.7 作用在幕墙的风力、地震作用和温度变化都是可变的，同时达到最大值的可能性很小。例如最大风力按30年一遇最大峰值考虑；地震按500年一遇的设防烈度考虑。因此，在进行效应组合时，第一个可变荷载或作用的效应组合值系数 ψ 按1.0考虑，其余则分别按0.6、0.2考虑。

在现行国家标准《建筑抗震设计规范》（GBJ 11）中规定，当地震作用与风同时考虑时，风的组合值系数取为0.2。

由于幕墙暴露在室外，受大风、温度变化的影响较为显著，所以第二、第三个可变效应的组合值系数分别取为0.6、0.2，较《建筑抗震设计规范》的取值高。

5.1.8 在荷载及地震作用和温度作用下产生的应力应进行组合，求得应力的设计值。荷载、地震作用产生的应力组合时分项系数按现行国家标准《建筑结构荷载规范》（GBJ 9）采用。

在《荷载规范》中，没有列出温度应力的分项系数，在幕墙设计时，暂按1.2采用。

5.1.9 荷载和作用产生的效应（应力、内力、位移和挠度等）应按结构的设计条件和要求进行组合，以最不利的组合作为设计的依据。

结构的自重是重力荷载，是经常作用的不变荷载，因此必须考虑。所有的组合工况中都必须包括这一项。

幕墙考虑的可变荷载作用有三项，即风荷载、地震作用和温度作用。一般情况下风荷载产生的效应最大，起控制作用。三项可变值是否同时考虑，由设计人员根据幕墙的设计条件和要求决定（例如非抗震设计的幕墙可不考虑地震作用产生的效应等）。我国是多地震国家，6度以上地区占中国国土面积70%以上，绝大多数的大、中城市都考虑抗震设防。对于有抗震要求的幕墙，三种可变值都应考虑。

由于三种可变效应都达到最大值的概率是很小的，所以当可变效应顺序不同时，应按顺序分别采用不同的组合值系数。设计中、风、地震、温度分别为第一顺序的情况都应考虑。即是说，可考虑以下的典型组合：

1. $1.2G + 1.0 \times 1.4W + 0.6 \times 1.3E + 0.2 \times 1.2T$
2. $1.2G + 1.0 \times 1.4W + 0.6 \times 1.2T + 0.2 \times 1.3E$
3. $1.2G + 1.0 \times 1.3E + 0.6 \times 1.4W + 0.2 \times 1.2T$
4. $1.2G + 1.0 \times 1.3E + 0.6 \times 1.2T + 0.2 \times 1.4W$
5. $1.2G + 1.0 \times 1.2T + 0.6 \times 1.4W + 0.2 \times 1.3E$
6. $1.2G + 1.0 \times 1.2T + 0.6 \times 1.3E + 0.2 \times 1.4W$

式中：G、W、E、T 分别代表重力荷载、风荷载、地震作用和温度作用产生的应力或内力。

当然，在有经验的情况下，能判断出起控制作用的组合时，可以不计算不起控制作用的组合；或者在组合中略去不起控制作用的因素，如只考虑风力或温度作用等。目前设计中常采用的组

合参见表 5.1。

表 5.1　荷载和作用所产生的应力或内力设计值的常用组合

组合内容	应力表达式	内力表达式
重力	$\sigma = 1.2\sigma_{Gk}$	$S = 1.2S_{Gk}$
重力 + 风	$\sigma = 1.2\sigma_{Gk} + 1.4\sigma_{wk}$	$S = 1.2S_{Gk} + 1.4S_{wk}$
重力 + 风 + 地震	$\sigma = 1.2\sigma_{Gk} + 1.4\sigma_{wk} + 0.78\sigma_{Ek}$	$S = 1.2S_{Gk} + 1.4S_{wk} + 0.78S_{Ek}$
风	$\sigma = 1.4\sigma_{wk}$	$S = 1.4S_{wk}$
风 + 地震	$\sigma = 1.4\sigma_{wk} + 0.78\sigma_{Ek}$	$S = 1.4S_{wk} + 0.78S_{Ek}$
温度	$\sigma = 1.2\sigma_{Tk}$	$S = 1.2S_{Tk}$

表中　　σ——荷载和作用产生的截面最大应力设计值；

　　　　S——荷载和作用产生的截面内力设计值；

　　　　σ_{Gk}、σ_{wk}、σ_{Ek}、σ_{Tk}——分别为重力荷载、风荷载、地震作用和温度作用产生的应力标准值；

　　　　S_{Gk}、S_{wk}、S_{Ek}、S_{Tk}——分别为重力荷载、风荷载、地震作用和温度作用产生的内力标准值。

5.2　荷载和作用

5.2.3　现行国家标准《建筑结构荷载规范》(GBJ 9) 适用于主体结构设计，其附图《全国基本风压分布图》中的基本风压值是 30 年一遇，10min 平均风压值。进行幕墙设计时，应采用阵风最大风压。由气象部门统计，并根据国际上 ISO 的建议，10min 平均风速转换为 3s 的阵风风速，可采用变换系数 1.5。风压与风速平方成正比，因此本规范的阵风系数 β_{gz} 值，取为 $1.5^2 = 2.25$。

幕墙设计时采用的风荷载体型系数 μ_s，应考虑风力在建筑物表面分布的不均匀性。由风洞试验表明：建筑物表面的最大风压和风吸系数可达 ±1.5。挑檐向上的风吸系数可达 -2.0。建筑物垂直表面最大局部风压系数最大值 $\mu_s = \pm 1.5$，主要分布在角部和近屋顶边缘，其宽度为建筑物宽度的 0.1 倍，且不小于 1.5m。大面上的体型系数可考虑为 $\mu_s = \pm 1.0$。目前，多数幕墙按整个墙面 $\mu_s = \pm 1.5$ 进行设计是偏于安全的。

风力是随时间变动的荷载，对于这种脉动性变化的外力，可以通过两种方式之一来考虑：

1. 通过风振系数 β_z 考虑，多用于周期较长、振动效应较大的主体结构设计；

2. 通过最大瞬时风压考虑，对于刚度大、周期极短、变形很小的幕墙构件，采用这种方式较为合适。

不论采用何种方式，都是一个考虑多种因素影响的综合性调整系数，用来考虑变动风力对结构的不利影响。表达形式虽然不同，其目的是大体相同的。

在施工过程中，由于楼层尚未封闭，在幕墙的室内表面会产生风压力或风吸力；此外，在建成的建筑物中，也会由于窗户开启或玻璃破碎使室内压力变化，从而在幕墙室内侧产生附加风力。这风力的大小与开启面积大小有关，国外各规范的取值相差较大。

美国规范：

幕墙的开启率超过其墙面的 10% 以上，但不超过 20%，室内内压系数为 +0.75，-0.25；其他情况为 +0.25，-0.25。

英国规范：

根据墙面开启情况内压系数为 +0.6 至 -0.9；一般情况可取 +0.2，-0.3。

日本规范：

内压系数原则上按 +0.2，-0.2 采用。

加拿大规范：

按开启情况内压系数为 -0.3～-0.5，+0.7。

所以设计者应根据实际开启情况，酌情考虑室内表面的风力

作用。一般情况下可考虑为 ±0.2。

对于高层建筑，风荷载是主要的外力作用，在建筑物的生存期内，幕墙不应由于风荷载而损坏。因此可采用 50 年一遇的最大风力。由于《荷载规范》中的风压值是 30 年一遇最大风力，转换为 50 年一遇的最大风力应乘以放大系数 1.1。上述增大，由设计人员自行决定。为保证幕墙的抗风安全性，风荷载标准值至少应为 1.0kN/m^2。

近年来，由于城市景观和建筑艺术的要求，建筑的平面形状和竖向体型日趋复杂，墙面线条、凹凸、开洞也采用较多，风力在这种复杂多变的墙面上的分布，往往与一般墙面有较大差别。这种墙面的风荷载体型系数难以统一给定。当主体结构通过风洞试验决定体型系数时，幕墙亦采用该体型系数。

5.2.4　计算幕墙玻璃的温度应力时，要考虑幕墙的最大温度变化 ΔT。决定 ΔT 有两个因素。

1. 当地每年的最大温差，夏天的最高温度与冬天最低温度之差。这由当地气象条件决定。一般在长江以南可取为 40℃；长江以北可取为 60℃。

2. 幕墙的反射和吸热性质。这与幕墙本身材料性能有关。通常具有较强反射能力的浅色幕墙夏天表面温度低，相应冬季温度也低；反之，深色幕墙夏天表面温度高，但冬季表面温度也较高。浅色和深色幕墙温差差别不是很大。

我国部分城市的年极端温差见表 5.2。

表 5.2　我国部分城市年极端温差 ΔT（℃）

城 市	ΔT	城 市	ΔT	城 市	ΔT
漠 河	89	北 京	68	福 州	41
哈尔滨	75	济 南	62	广 州	39
长 春	74	兰 州	61	香 港	34
沈 阳	70	上 海	49	南 宁	42
大 连	56	武 汉	58	昆 明	43
乌鲁木齐	82	成 都	43	拉 萨	46
喀 什	64	西 安	62		

考虑到南方地区夏天幕墙表面温升较高（例如广州可以达到 70℃ 以上），所以在本条中规定，一般情况下幕墙年温差可按 80℃ 考虑。

某些气温变化较特殊的地区，可以根据实际情况对温度差适当调整。

5.2.5　按我国现行国家标准《建筑抗震设计规范》(GBJ 11)，在建筑物使用期间（大约 50 年一遇）的常遇地震，其地震影响系数见表 5.3。

表 5.3　地震影响系数

地震烈度	6 度	7 度	8 度
地震影响系数	0.04	0.08	0.16

由于玻璃、石板是不容易发展成塑性变形的脆性材料，为使设防烈度下不产生破损伤人，考虑了动力放大系数 β_E 取为 5.0。这与目前习惯取值相近。经放大后的地震力，大体相当于在设防地震下的地震力。日本规范中（大体上相当于 8 度设防），地震影响系数为 0.5，与本规范接近。

5.3　幕墙材料力学性能

5.3.1　铝合金型材的强度设计值取决于其总安全系数 $K = 1.8$。其中 $K_1 = 1.4$，$K_2 = 1.286$，所以相应的设计强度为：

$$f_a = \frac{f_{ak}}{K_2} = \frac{f_{ak}}{1.286}$$

铝型材的 f_{ak}，即强度标准值取为 $\sigma_{p0.2}$，$\sigma_{p0.2}$ 指铝型材有 0.2% 残余变形时，所对应的应力，即铝型材的条件屈服强度。$\sigma_{p0.2}$ 按现

行国家标准 GB/T 5237 规定取用。

各国铝合金结构设计的安全系数有所不同，一般为 1.6～1.8。

按意大利 F.M.Mazzolani《铝合金结构》一书所载：

英国 BSCP118 规范，许可应力为：

$$[\sigma] = 0.44\sigma_{p0.2} + 0.09\sigma_\mu \quad (轴向荷载)$$

$$[\sigma] = 0.44\sigma_{p0.2} + 0.14\sigma_\mu \quad (弯曲荷载)$$

若极限强度 $\sigma_\mu = 1.3\sigma_{p0.2}$，则安全系数 K 相当于1.6(受弯)～1.77(轴向力)。

德国规范 DIN4113，对于主要荷载，安全系数为 1.70～1.80。

美国铝业协会规范，对于建筑物的安全系数为 1.65，对于桥梁为 1.85。

鉴于幕墙构件以风荷载为主，变动较大，铝型材强度离散性也较大，所以取 1.8 是合适的。

5.3.2 铝板的总安全系数 K 取为 2.0。考虑到风荷载分项系数取为 1.4，所以材料强度系数 $K_2 = 2.0/1.4 = 1.428$。本条表 5.3.2 中的强度设计值是按我国现行国家标准《铝及铝合金轧制板材》（GB/T 3880）中的强度标准值除以 1.428 后给出。

考虑到铝板在幕墙中受力较大，对变形和强度有较高要求，故表中最小板厚取为 2.5mm。常用单层铝板厚度为 3.0mm。

5.3.3～5.3.4 目前铝塑复合板、蜂窝铝板的强度标准值数据不完整，表 5.3.3 只给出了最常用的 4mm 厚铝塑复合板的强度设计值；表 5.3.4 只给出了 20mm 厚蜂窝板的强度设计值。其他厚度的铝板，可根据厂家提供的强度试验平均值（目前暂作为标准值），除以 1.428 后作为强度设计值。

5.3.5 钢材（包括不锈钢材）的总安全系数 K 取为 1.55，即材料强度系数 $K_2 = 1.55/1.4 = 1.107$。表 5.3.6 是按不同组别不锈钢的 $\sigma_{p0.2}$ 屈服强度标准值除以 1.107 得到。抗剪强度取为抗拉强度的 78%。

5.3.6 和 5.3.8 钢板、钢棒、钢型材、连接的强度值，按现行国家标准《钢结构设计规范》（GBJ 17）。

5.3.7 花岗岩板是天然材料，材性不均匀，强度较分散，又是脆性材料。所以一般情况下总安全系数按 $K = 3.0$ 考虑，相应材料强度系数 $K_2 = 3.0/1.4 = 2.15$。

用于幕墙的花岗岩板材，均应经过材性试验，按其弯曲强度试验的平均值（暂作为标准值）来决定其强度的设计值。石材剪切强度取为弯曲强度的 50%。

当石材幕墙特别重要时，总安全度 K 提高至 3.5，所以相应地 5.3.7 条的数据应乘以折减系数 0.85。

5.4 金属板设计

5.4.1 铝塑复合板和蜂窝铝板刻槽折过后，只剩下 0.5mm 或 1mm 厚的单层面板，角部形成薄弱点，影响强度和耐久性。如果刻槽时伤及此层面板，后果更为严重。因此必须采用机械刻槽，而且严格控制刻槽深度，不得损伤面板。

5.4.3 目前采用的簿板计算公式：

$$\sigma = \frac{6mqa^2}{t^2} \quad (应力)$$

和

$$u = \frac{\mu qa^4}{D} \quad (挠度)$$

是在小挠度情况下推导出来的，它假定板只受到弯曲，只有弯曲应力而面内薄膜应力则忽略不计。因此它的适用范围是：

$$u \leqslant t, \quad t \text{ 为板厚}。$$

当板的挠度 u 大于板厚以后，这个公式计算就产生显著的误差，即计算得到的应力 σ 和挠度 u 比实际大，而且随着挠度与板厚之比加大，计算出来的应力和挠度偏大到不可接受，失去

了计算的意义。由于计算出来的应力 σ 和挠度 u 比实际大得多，计算结果不代表实际数值（图 5.1）。

按此计算结果设计板材，不仅会使材料用量大大增多，而且应力控制和挠度控制条件也失去了意义。

通常玻璃板和铝板的挠度都允许到边长的 1/100，对于边长为 1000mm 的玻璃板，挠度允许值可达 10mm，已为厚度 6mm 的 1.6 倍；对于边长为 500mm 的铝板，挠度允许值 5mm 也达到板厚的 1.6 倍，此时应力、挠度的计算值会比实际值大 30%～50%。用计算挠度 u 小于边长的 1/100 与预期的控制值偏严太多，强度条件也偏严太多。

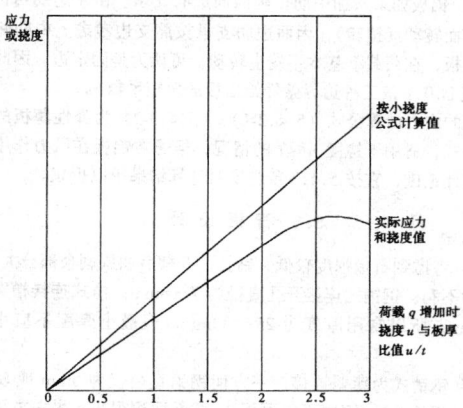

图 5.1 大挠度状态下理论计算结果与实际结果

为此，对玻璃板和铝板计算，应对现行小挠度应力和挠度计算公式，考虑一个系数 η 予以修正（表 5.4）。

大挠度板的计算是非常复杂的非线性弹性力学问题，难以用简单公式计算，而要用到专门的计算方法和专门的软件，对具体问题进行具体计算，显然这对于幕墙设计是不适用的。

英国 B.Aalami 和 D.G.Williams 对不同边界的矩形板进行了系统计算，发表于《Thin Plate Design For Transverse Loading》一书中，根据其大量计算结果，适当简化、归并以利于实际应用，选择了与挠度直接相关的变量 θ 为主要参数，编制了表 5.4.3。参数 θ 的量纲就是挠度与厚度之比：

$$\theta = \frac{qa^4}{Et^4} \sim \frac{qa^4}{Et^3}\bigg/t \sim \frac{qa^4}{D}\bigg/t \sim u/t$$

表 5.4　考虑大挠度影响应力 σ 计算结果的折减系数 η

$\theta = \dfrac{qa^4}{Et^4}$	B.Aalami D.C Williams 的计算结果，边长比 b/a 为			表 5.4.3 的取值
	1.0	1.5	2.0	
≤1	1.000	1.000	1.000	1.00
10	0.975	0.904	0.910	0.95
20	0.965	0.814	0.820	0.90
40	0.803	0.619	0.643	0.81
120	0.480	0.333	0.363	0.61
200	0.350	0.235	0.260	0.50
300	0.285	0.185	0.195	0.43
≥400	0.241	0.141	0.155	0.40

按原计算结果，η 数值随 θ 下降很快，即按小挠度公式计算的应力和挠度可以折减很多，为安全稳妥，在编制表 5.4.3 时，取了较厚计算结果偏大的数值，留有充分的余地。按表 5.4.3 η 取值对小挠度公式应力计算结果进行折减，不仅是合理地减小了板材厚度，也节省了材料，而且还有较大的安全余地。同样在计算板的挠度 u 时，也宜考虑此折减系数 η（表 5.5）。

由于板的应力与挠度计算中，泊松比 ν 的影响很有限，这一系数 η 原则上也适用于玻璃板的应力与挠度计算。

表 5.5　考虑大挠度影响的挠度 u 计算结果的折减系数 η

$\theta = \dfrac{qa^4}{Et^4}$	B. Aalami 和 D.C Williams 的计算结果，当长比 b/a 为			表5.4.3的取值
	1.0	1.5	2.0	
$\leqslant 1$	1.000	1.000	1.000	1.00
10	0.955	0.906	0.916	0.95
20	0.894	0.812	0.832	0.90
40	0.753	0.647	0.674	0.81
120	0.482	0.394	0.417	0.61
200	0.375	0.304	0.322	0.50
300	0.304	0.245	0.252	0.43
$\geqslant 400$	0.201	0.209	0.221	0.40

5.4.4 铝板如果未加中肋，则四周边简支承。由于边肋可因板面挠曲而转动（扭转），因而边肋支承按简支边考虑。中肋两侧均为铝板，在荷载下基本不发生转动，可认为是固定边。因此附录 B 表 B.0.1 按三种边界条件给出板的弯矩系数 m。

板的应力计算公式（5.4.3-1）、（5.4.3-2）为弹性薄板的小挠度公式，适用于挠度 $u \leqslant t$ 的情况，但通常铝板在风力作用下已远超此范围，宜按 5.4.3 条规定对计算结果予以折减。

5.5　石板设计

5.5.1 考虑到石板强度较低，钻孔、开槽后如果剩余部分太薄，对受力不利，钢销式连接开孔直径为 $7\sim 8$mm；槽式连接槽宽为 $7\sim 8$mm，所以常用厚度为 $25\sim 30$mm，但最小厚度不应小于25mm。

5.5.2 钢销式为薄弱连接，一方面钢销直径仅为 5mm 或 6mm（目前常用的 4mm 钢销不应再用），截面面积很小；另一方面钢销将荷载集中传递到孔洞边缘的石材上，受力很不利，对这种连接方式的应用范围应加以限制。控制应用的范围是 7 度及 7 度以下，20m 高度以下，因此裙房部分仍可采用。

5.5.3 钢销式连接是四点支承，目前计算用表只限于支承点在角上，而钢销支承点距边缘有一定距离 a_1、b_1 与角点支承有一定差别。因此本条规定了计算时的板边长度 a、b 的取值方法。

5.5.4 石板厚度很大（$25\sim 30$mm），其挠度 u 远小于板厚，所以可以直接采用四角支承板的计算公式和系数表。

5.5.5 钢销受到的剪力，当两端支承时，可平均分配到钢销上；当四侧支承时，短边按三角形荷载面积分配，长边按梯形荷载面积分配，此处只验算长边。

系数 β 是考虑各钢销受力不均匀，有些钢销的剪力可能超出理论数值而设的一个放大系数。

5.5.6 钢销的剪力作用于孔洞的石材，石材的受剪面有两个，每个的面积为 $(t-d)\,h/2$，h 为孔深。

5.5.7 槽口的抗剪面为槽底长度 s 乘以石材剩余厚度的一半 $s\,(t-d)\,/2$。

5.5.9 对边通槽支承的石板如同对边简支板，可直接计算跨中最大弯曲应力。

5.5.13 隐框式结构装配石板，按四边简支板进行结构计算，其跨中最大弯矩系数按 $\nu = 0.125$ 的情况给出。

5.6　横梁设计

5.6.1 受弯薄壁金属梁的截面存在局部稳定的问题，为防止产生压力区的局部屈曲，通常可用下列方法之一加以控制：

规定最小壁厚 t_{min} 和规定最大宽厚比 b/t；

对抗压强度设计值或允许应力予以降低。

幕墙横梁与立柱设计，采用前一种控制方法。

与稳定问题相关的主要参数是 E/f，E 为材料的弹性模量，f 为材料的强度设计值。E/f 越高，其稳定性越高，失稳的机会越小，相应地对稳定问题的控制条件可以放松，碳素钢材 $E/f = 2.1 \times 10^5/235$，而 6063T5 铝型材 $E/f = 0.72 \times 10^5/110$

两者比值相近，因此铝型材的一些规定可以参照钢型材的规定予以调整后采用。

1. 最小壁厚

我国现行国家标准《冷弯薄壁型钢结构技术规范》（GBJ18）第 3.3.1 条规定薄壁型钢受力构件壁厚不宜小于 2mm。

我国现行国家标准《铝合金建筑型材》（GB/T5237）规定用于幕墙的铝型材最小壁厚为 3mm。

因此本条规定小跨度的横梁（L 不大于 1.2m）截面最小厚度为 2.5mm，其余情况下截面受力部分厚度不小于 3.0mm。

为了保证螺纹连接的可靠，防止自攻螺钉拉脱，在有螺纹连接的局部，厚度不应小于螺钉的公称直径。

钢材防腐蚀能力较低，型钢的壁厚不宜小于 3.5mm。

2. 最大宽厚比

我国现行国家标准《钢结构设计规范》（GBJ17）规定：I 形梁处挑翼缘的最大宽厚比为：

$$b/t \leqslant 15\sqrt{\frac{235}{f_y}}$$

箱形截面梁的腹板：

$$b/t \leqslant 40\sqrt{\frac{235}{f_y}}$$

对于 Q235 钢材（3 号钢）b/t 最大值分别为 15 和 40，如果按 E/f 换算到 6063T5 铝型材，则两种支承条件下的最大宽厚比 b/t 分别为 13 和 34。

因此本条规定在一边支承一边自由条件下最大宽厚比为 15，箱形截面腹板最大宽厚比为 35。

5.6.3 横梁为双向受弯构件，竖向弯矩由面板自重和横梁自重产生；水平方向弯矩由风荷载和地震作用产生。由于横梁跨度小；刚度较大，整体稳定计算不必进行。

5.6.4 梁在受剪时，翼缘的剪应力很小，可以不考虑翼缘的抗剪作用；平行于剪力作用方向的腹板，剪应力为抛物线分布，最大剪应力可达平均剪应力的 1.5 倍。

5.7　立柱设计

5.7.1 立柱截面主要受力部分厚度的最小值，主要是参照我国现行国家标准《铝合金建筑型材》（GB/T5237）中关于幕墙用型材最小厚度为 3mm 的规定。

钢型材的耐腐蚀性较弱，最小壁厚取为 3.5mm。

偏心受压的立柱很少，因其受力较为不利，一般不设计成受压构件，有时遇到这种构件，需考虑局部稳定的要求，对截面板件的宽厚比加以控制。

5.7.2 幕墙在平面内应有一定的活动能力，以适应主体结构的侧移。立柱每层设置活动接头，就可以使立柱上下有活动的可能，从而使幕墙在自身平面内能有变形能力。此外，活动接头的间隙，还要满足以下的要求：

立柱的温度变形；

立柱安装施工的误差；

主体结构柱承受竖向荷载后的轴向压缩。

综合以上考虑，上、下柱接头空隙不宜小于 15mm。

5.7.4 立柱自下而上是全长贯通，每层之间通过滑动接头连接，这一接头可以承受水平剪力，但只有当芯柱的惯性矩与外柱相同或较大且插入足够深度时，才能认为是连续的，否则应按铰接考虑。

因此大多数实际工程，应按铰接多跨梁来计算立柱的弯矩，现在已有专门的计算软件来计算，它可以考虑自下而上各层的层高、支承状况和水平荷载的不同数值，准确计算各截面的弯矩、剪力和挠度，作为选用铝型材的设计依据，比较准确，应推广应用。

对于多数幕墙承包商来说，目前设计主要还是采用手算方式，精确进行多跨梁计算有困难，这时可按结构设计手册查找弯矩和挠度系数。

每层两个支承点时，宜按铰接多跨梁计算而求得较准确的内力和挠度。但按铰接多跨梁计算需要相应的计算机软件，所以，手算时可以近似按双跨梁进行计算。

5.7.6 立柱按偏心受拉柱进行截面设计，采用现行国家标准《钢结构设计规范》（GBJ17）中相应的计算公式。因此在连接设计时，应使柱的上端挂在主体结构上，一般情况下，不宜设计成偏心受压的立柱。

5.7.7 考虑到在某些情况下可能有偏心受压立柱，因此本条给出偏心受压柱的承载力验算公式。本公式来自现行国家标准《钢结构设计规范》（GBJ17）第5.2.3条：

$$\frac{N}{\psi_k A} + \frac{\beta_{mx} M_x}{W_{1x}\left(1 - 0.8\frac{N}{N_{Ex}}\right)} \leq f \quad (5.7.7)$$

其中，β_{mx} 为等效弯矩系数，$\beta_{mx} \leq 1.0$，最不利情况为1.0，为简化计算，本条公式5.7.7取为1.0，N_{Ex} 为欧拉临界荷载，由于立柱支承点间距较小，轴力 N 仅由幕墙自重产生，N 远小于 N_{Ex}，所以本条公式5.7.7予以简化。需准确计算时，可参照现行国家标准《钢结构设计规范》（GBJ17）第5.2.3条进行。

钢型材的 ψ 值按现行国家标准《钢结构设计规范》（GBJ17）采用。铝型材的 ψ 值国内未见系统的研究报告，因此参照国外强度接近的铝型材 ψ 值取用（表5.6）。

表5.6　国外一些铝型材的 ψ 值

λ	俄罗斯 AMц-M	俄罗斯 AMг-M Ад31-T	俄罗斯 AB-T AMг-Д	加拿大 65S-T	意大利	意大利
	$\sigma_{0.2}=60\sim90$ (MPa)	$\sigma_{0.2}=100$ (MPa)	$\sigma_{0.2}=150\sim230$ (MPa)	$[\sigma]=105$ (MPa)	$[\sigma]=84$ (MPa)	$[\sigma]=138$ (MPa)
20	0.947	0.945	0.998	0.927	1.00	0.96
40	0.895	0.870	0.880	0.757	0.90	0.86
60	0.730	0.685	0.690	0.587	0.83	0.75
80	0.585	0.580	0.525	0.417	0.73	0.58
90	0.521	0.465	0.457	0.332	0.67	0.48
100	0.463	0.415	0.395	0.272	0.60	0.38
110	0.415	0.365	0.335	0.225	0.53	0.34
120	0.375	0.327	0.283	0.189	0.46	0.30
140	0.300	0.265	0.208	0.138	0.34	0.22

5.8 幕墙与主体结构连接

5.8.1 幕墙的连接与锚固必须可靠，其承载力必须通过计算或实物试验予以确认，并要留有余地。为防止偶然因素产生突然破坏，连接用的螺栓、铆钉等主要部件，至少需布置2个。

5.8.3 主体结构的混凝土强度等级也直接关系到锚固件的可靠工作，除加强混凝土施工的工程质量管理外，对混凝土的最低的强度等级也相应作出规定。采用幕墙的建筑一般要求较高，多数是较大规模的建筑，混凝土强度等级宜不低于C30。

5.8.5 通常幕墙的立柱应直接与主体结构连接，以保持幕墙的承载力和侧向稳定性。有时由于主体结构平面的复杂性，使某些立柱与主体结构有较大的距离，难以直接在其上连接，这时，要在幕墙立柱和主体结构之间设置连接桁架或钢伸臂（图5.2）。

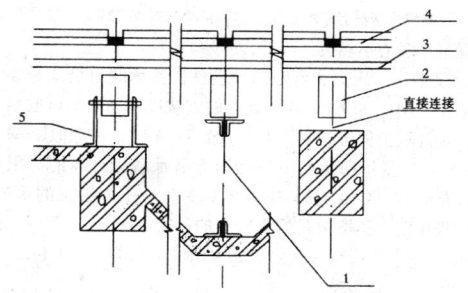

图5.2　立柱与主体结构连接方式
1—连接钢桁架；2—横梁；3—面板；4—立柱；5—连接钢伸臂

当幕墙的立柱是铝合金时，铝合金与钢材的热胀系数不同，温度变形有差异。铝合金立柱与钢桁架、钢伸臂连接后会产生温度应力。设计中应考虑温度应力的影响，或者使连接有相对位移能力，减少温度应力。

5.8.6 幕墙横梁与立柱的连接，立柱与锚固件或主体结构钢梁、钢材的连接，通常通过螺栓、焊缝或铆钉实现。现行国家标准《钢结构设计规范》对上述连接均作了详细的规定，可参照上述规定进行连接设计。

5.8.7 幕墙构件与混凝土结构的连接一般是通过预埋件实现的，预埋件的锚固钢筋是锚固作用的主要来源。因此混凝土对锚固钢筋的黏结力是决定性的。因此预埋件必须在混凝土浇灌前埋入，施工时混凝土必须密实捣搞。目前实际施工中，往往由于放入预埋件时，未采取有效措施来固定预埋件，混凝土浇铸时往往使预埋件大大偏离设计位置，影响立柱的连接，甚至无法使用。因此应将预埋件可靠地固定在模板上或钢筋上。

当施工未设预埋件、预埋件漏放、预埋件偏离设计位置太远、设计变更、旧建筑加装幕墙时，往往要使用后锚固螺栓。采用后锚固螺栓（膨胀螺栓或化学螺栓）时，应注意满足下列要求：

1. 采用质量可靠的品牌，有检验证书、出厂合格证和质量保证书。

2. 用于立柱与主体结构连接的后加螺栓，每处不少于2个，直径不小于10mm，长度不小于110mm。螺栓应采用不锈钢或热镀锌碳素钢。

3. 必须进行现场拉拔试验，有试验合格报告书。

4. 优先设计成螺栓受剪的节点形式。

5. 螺栓承载力不得超过厂家规定的承载力。并按厂家规定的方法进行计算。

5.8.8 附录C为幕墙的预埋件设计，对于预埋件的要求，主要是根据有关研究成果和冶金部《预埋件设计规程》（YS11-79）。

1. 承受剪力的预埋件，其受剪承载力与混凝土强度等级、锚固面积、直径等有关。在保证锚固长度和锚筋到构件边缘距离的前提下，根据试验提出了半理论、半经验的公式，并考虑锚筋排数、锚筋直径对受剪承载力的影响。

2. 承受法向拉力的预埋件，钢板弯曲变形时，锚筋不仅单独承受拉力，还承受钢板弯曲变形引起的内剪力，使锚筋处于复合应力，参考冶规 YS11-79 的规定，在计算公式中引入锚板弯曲变形的折减系数。

3. 承受弯矩的预埋件，试验表明其受压区合力点往往超过受压区边排锚筋以外，为方便和安全考虑，受弯力臂按以外排锚筋中心线之间的距离为基础，在计算公式中引入锚筋排数对力臂的折减系数。

4. 承受拉力和剪力或拉力和弯矩的预埋件，根据试验结果，其承载力均取线性相关关系。

5. 承受剪力和弯矩的预埋件，根据试验结果，当 $V/V_{u0} >$

0.7 时，取剪弯承载力线性相关，当 $V/V_{u0} \leqslant 0.7$ 时，取受剪承载力与受弯承载力不相关。

6. 承受剪力、压力和弯矩的预埋件，其承载力公式是参考冶规（YS11—79）和苏联 84 年规范的方法以及国内的试验结果提出的，设计取值偏于安全。当 $N < 0.5f_cA$ 时，可近似取 $M - 0.4NZ = 0$ 作为受压剪承载力与受压弯剪承载力计算的界限条件。本规范公式（C.0.1-3）中系数 0.3 是与压力有关的系数，与试验结果比较，其取值是偏于安全的。当 $M < 0.4NZ$ 时，公式（C.0.1-3）即为冶规公式。当 $N = 0$ 时，公式（C.0.1-1）与公式（C.0.1-3）相衔接。

在承受法向拉力和弯矩的公式中均乘以 0.8，这是考虑到预埋件的重要性、受力复杂性而采取提高其安全储备的系数。

直锚筋和弯折锚筋同时作用时，取总剪力中扣除直锚筋所能承担的剪力，即为弯折锚筋承拉剪力的面积：

$$A_{sb} \geqslant (1.1V - \alpha_v f_s A_s)/0.8f_s$$

根据国外有关规范和国内对钢与混凝土组合结构中弯折锚筋的试验表明：弯折锚筋的角度对受剪承载力影响不大。同时，考虑构造等原因，控制弯折角度在 15°～45° 之间，此时锚筋强度可不折减。上述公式中的 1.1 是考虑两种形式的钢筋同时受力时的不均匀系数 0.9 的倒数。当不设置直锚筋或直锚筋仅按构造设置时，在计算中应不予以考虑，取 $A_s = 0$。

这里预埋件基本构造要求，应满足常用的预埋件作为目标，计算公式是根据这些基本构造要求建立的。

在进行锚筋面积 A_s 计算时，假定锚筋充分发挥了作用，应力达到其强度设计值 f_s。要使锚筋应力达到 f_s 而不滑移、拔出，就要有足够的锚固长度，锚固长度 L_a 与钢筋型式、混凝土强度、钢材品种有关，在现行国家标准《混凝土结构设计规范》（GBJ10）中有相应规定。由于 L_a 的数值过大，在幕墙预埋件中采用有困难，所以可以采用低应力设计方法，增加锚筋面积，降低锚筋实际应力，从而减小锚固长度。当锚筋实用面积达到计算面积的 1.4 倍时，可以将锚筋长度减小至 180mm。

6 加 工 制 作

6.1 一 般 规 定

6.1.4 硅酮结构密封胶长期荷载承载力很低，不仅允许应力仅为 0.007MPa，而且硅酮结构密封胶在重力作用下（特别是石材其使用厚度远大于玻璃）会产生明显的变形，使硅酮结构密封胶长期处于受力状态下工作，造成幕墙的安全隐患。所以，应在石材底部设置安全支托，使硅酮结构密封胶避免长期处于受力状态。

6.2 幕墙构件加工制作

加工精度的高低、准确程度，偏差的控制是影响幕墙质量的关键问题；在这一节中对杆件的长度公差、铣槽、铣豁、铣榫的公差都进行了规定。

如长度允许正负值，铣槽长和宽度只允许正偏差不允许负偏差，以防止出现装配时受阻，中心块边部可以正偏差也可以负偏差；铣豁时也是豁的长度宽度只允许正偏差不允许负偏差，铣榫时榫的长度和宽度允许负偏差不允许正偏差。因幕墙的几何形状不是机加工成型的，是热加工或冷加工或冲压成型，配合尺寸难以十分准确的掌握，只能一个方面控制，以便配合安装。

6.3 石板加工制作

6.3.1 在石板的规格尺寸、形状都已符合设计要求的前提下，只是固定形式（长槽、短槽、针孔等）还没有加工，应先严格的检查。石板作为天然性材料，有时有内暗裂，不认真的挑选很难被发现，所以每块均应检查，另外对于缺角的大小，数量也进行了规定。如要修补其黏结强度不应小于石板的强度。

6.3.2 本条主要提出对钢销式固定的有关规定，如果石板短尺寸太小，钢销的数量不能少于 2 个，并且对于钢销的离石板边部距离应大于石板厚度的 3 倍，中间距离应在石板厚度的 3 倍以上，如上述条件不能满足时，是不能采用钢销安装，采用其他安装形式。

6.3.3 本条对开通槽提出了 2 条要求：一是对石板槽与支撑的不锈钢和铝型材提出相应要求，目的在于为石板黏结专用胶的厚度及石板的厚度在计算时供参考；二是对加工质量提出要求，否则就不能进行下一道工序。

6.3.4 本条对于槽的长度、离边部的距离及加工后的质量提出了具体要求，如不这样要求可能出现局部应力集中，对石板的安装造成不利影响，因此应进行核算后方可加工。

6.3.6 本条文对单元幕墙的防火安装形式和安装顺序提出了要求，因单元幕墙上下高度及预理件形式比较多，不论哪种形式都必须做到层层防火，而且符合设计要求。另外单元幕墙的石板固定形式，可采用 T 形或者 L 形挂件，但对黏结材料应采用环氧树脂型的专用胶，对支撑板的厚度应通过计算确定。

6.3.7 由于石板的挂件要同石材专用胶黏结，必须相当的洁净，因此，石板经切豁或开槽等工序后，应将石屑用水冲干净，干燥后，方可黏结。

6.3.8 已加工好的石板应直立存放在通风良好的仓库内，其角度不应小于 85°。石板的存放是十分重要的，一方面可保证石板安装后的色差变化不大，石板是多孔的材料，一但造成深层的污染，变色无法处理掉。另一方面存放角度是保证石板存放过程的安全，防止挤压破碎及变形。

6.4 金属板加工制作

6.4.3 1. 这主要为了折弯处铝板的强度不受影响，铝板外表色泽一致；

2. 单层铝板固定加劲肋时，可以采用焊接种植螺栓的办法，但在焊接的部位正面不准出现焊接的痕迹，更不能发生变形、褪色等现象，并应焊接牢固。

3. 单层铝板的固定耳子应符合设计要求，固定耳子可采用焊接、铆接、冲压成型；

4. 构件的角部开口部位凡是没有焊接成型的必须用硅酮密封胶密封。

6.4.4 关于铝塑复合铝板加工中有 3 个要求，首要的问题是外面层的 0.5mm 铝板绝对不允许被碰伤，而且保证保留 0.3mm 聚乙烯塑料，其次角部应用硅酮密封胶密封，保证水不能渗漏进聚乙烯塑料内。最后在加工过程中防止水淋湿板材，确保质量。

6.4.5 本条除对蜂窝铝板提出了 4 条要求外，还应按照材料供应商提的要求进行加工。

7 安 装 施 工

7.1 一 般 规 定

7.1.1 这主要是为了保证幕墙安装施工的质量，要求主体结构工程应满足幕墙安装的基本条件，特别是主体结构的垂直度和外表面平整度及结构的尺寸偏差，尤其外立面是很复杂的结构，必须同设计相符。必须达到有关钢结构、钢筋混凝土结构和砖混结构施工及验收规范的要求。否则，应采取适当的措施后，才能进行幕墙的安装施工。

7.1.2 幕墙安装时应对现场挂件、附件、金属板、石材、密封材料等，按质量要求、按材料图案颜色及保护层的好坏进行检查和验收。对幕墙施工环境和分项工程施工顺序要认真研究，对幕墙安装会造成严重污染的分项工程应安排在幕墙安装前施工，否则应采取可靠的保护措施后，才能进行幕墙安装施工。

7.1.3 幕墙的安装施工质量，是直接影响幕墙安装后能否满足幕墙的建筑物理及其他性能要求的关键之一，同时幕墙安装施工又是多工种的联合施工，和其他分项施工难免会有交叉和衔接的工序，因此，为了保证幕墙安装施工质量，要求安装施工承包单位单独编制幕墙施工组织设计方案。

7.2 安装施工准备

7.2.1~7.2.2 对于已加工好的金属板块和石材板块，在运输过程中、储存过程中，应高度注意防碰撞、防污染、防锈蚀、防潮湿，在室外储存时更要采取有效措施。

7.2.3 构件在安装前应检查合格，不合格的挂件应予以更换。幕墙构件在运输、堆放、吊装过程中有可能发生变形、损坏等，所以，幕墙安装施工承包商，应根据具体情况，对易损坏和丢失的挂件、配件、密封材料、垫材等，应有一定的更换、贮备数量，一般构配件贮备量应为总量的 1%~5%。

特殊规格的石材，应有一定的贮备量，以确保安装的顺利进行。

7.2.4 为了保证幕墙与主体结构连接牢固的可靠性，幕墙与主体结构连接的预埋件应在主体结构施工时，按设计要求的位置和方法进行埋设；若幕墙承包商对幕墙的固定和连接件，有特殊要求或与本规定的偏差要求不同时，承包商应提出书面要求或提供埋件图、样品等，反馈给建筑师，并在主体结构施工图中注明要求。一定要保证三位调整，以确保幕墙的质量。

7.3 幕墙安装施工

7.3.1 幕墙的安装应与主体工程施工测量轴线配合，如主体结构轴线误差大于规定的允许偏差时，包括垂直偏差值，应在得到监理、设计人员的同意后，适当调整幕墙的轴线，使其符合幕墙的构造需要。

对于高层建筑物，由于建筑水平位移的关系，竖向轴线测设不易掌握，风力和风向均有较大的影响，从已施工的经验来看，在测量时应在仪器稳定的状态下进行测量。如果每日定时测量会有较好的效果，同时，也要与主体轴线相互校核，并对误差进行控制、分配、消化，不使其积累，以保证幕墙的垂直及立柱位置的正确。

7.3.3 立柱一般为竖向构件，立柱安装的准确和质量，影响整个幕墙的安装质量，是幕墙安装施工的关键之一。通过连接件，可使幕墙的平面轴线与建筑物的外平面轴线距离的允许偏差应控制在 2mm 以内，特别是建筑平面呈弧形、圆形和四周封闭的幕墙，其内外轴线距离影响幕墙的周长，应认真对待。

立柱一般根据施工及运输条件，可以是一层楼高为一根，也可用长度达 7.5~10m 左右一根，接头应有一定空隙，采用套筒连接法，这样可适应和消除建筑挠度变形的影响。

7.3.4 横梁一般为水平构件，是分段在立柱中嵌入连接，横梁两端与立柱连接尽量采用螺栓连接，连接处应用弹性橡胶垫，橡胶垫应有 10%~20% 的压缩性，以适应和消除横向温度变形的影响。

7.3.8 幕墙安装过程中，宜进行接缝部位渗漏检验，根据 JG3035 有关规定，在一般情况下，在幕墙装两个层高，以 20m 长度作为一个试验段，要在进行镶嵌密封后，并在接缝上按设计要求先进行防水处理后，再进行渗漏性检测。

喷射水头应垂直于墙面，沿接缝前后缓缓移动，每处喷射时间约 5min（水压应根据条件而定），在实验时在幕墙内侧检查是否漏水。经渗漏检查无问题后方可砌筑内墙。

7.4 幕墙保护和清洗

幕墙的保护在幕墙安装施工过程中是一个十分值得注意而往往又易被忽视的问题，应采取必要的保护措施，使其不发生碰撞变形、变色、污染和排水管堵塞等现象。将加工过程中的标志、号码等有关标记，应全部清洗掉。施工中给幕墙及构件表面造成影响的黏附物，应及时清理干净，以免凝固后再清理时划伤表面的装饰层。

对于清洗剂应得到材料供应商的书面认可，还要保证不污染环境，否则不能应用，在清洗过程中也应再一次检查幕墙的质量，发现问题及时处理。

7.5 幕墙安装施工安全

幕墙安装施工应根据国家有关劳动安全、卫生法规和现行行业标准《建筑施工高处作业安全技术规范》（JGJ80），结合工程实际情况，制定详细的安全操作规程，并获得有关部门批准后方可施工。

8 工 程 验 收

8.0.2 幕墙施工完毕后，不少节点与部位已被装饰材料遮封隐蔽，在工程验收时无法观察和检测，但这些节点和部位的施工质量至关重要，故强调对隐蔽工程验收文件进行认真的审查与验收。尤其是更改的设计资料、临时洽商的记录应整理归档。

由于幕墙为建筑物全部或部分外围护结构，凡设计幕墙的建筑一般对外观质量要求较高，个别的抽样检验并不能代表幕墙整体的外侧观感质量。因此对幕墙的验收检验应进行观感检验和抽样检验两部分。

当一栋建筑或一个大工程有一幅以上幕墙时，考虑到幕墙质量的重要性，要求以一幅幕墙作为独立检查单元，对每幅幕墙均要求进行检验验收。

9 保 养 与 维 修

9.0.1 为了使幕墙在使用过程达到和保持设计要求的功能，达到预期使用年限和确保不发生安全事故，本规范规定使用单位应及时制订幕墙的保养、维护计划与制度。

9.0.4 幕墙在正常使用时，除了正常的定期和不定期的检查和维修外，还应每隔几年进行一次全面检查，以确保幕墙的使用安全。对铝板、石材、密封条、硅酮结构密封胶进行检查。

关于全面检查时间问题，国外一般为 8~10 年对幕墙的使用情况进行一次全面检查，特别是硅酮耐候密封胶和硅酮结构密封胶，要在不利的位置进行切片检查，观察耐候胶和结构胶有无变化，若没有变化或是在正常变化范围内，则可继续使用。本规范规定为 5 年全面检查一次。主要考虑两个方面：一方面考虑 10 年时间太长，幕墙在正常使用情况下，质量问题应及时发现及时处理；另一方面幕墙在竣工交付使用时，施工单位对硅酮胶、金属板材、石材都提出 10 年的质量保证书，通过两次的幕墙检查，对幕墙的安全使用，已有了足够的保证。另外凡是有条件的工程均应在楼顶处专门设有样板观察点，每种材料应超过 5 块进行比较观察。

中华人民共和国行业标准

铝合金门窗工程技术规范

Technical code for aluminum alloy window and door engineering

JGJ 214—2010

批准部门：中华人民共和国住房和城乡建设部
施行日期：２０１１年３月１日

中华人民共和国住房和城乡建设部
公 告

第 696 号

关于发布行业标准
《铝合金门窗工程技术规范》的公告

现批准《铝合金门窗工程技术规范》为行业标准，编号为 JGJ 214-2010，自 2011 年 3 月 1 日起实施。其中，第 3.1.2、4.12.1、4.12.2、4.12.4 条为强制性条文，必须严格执行。

本规范由我部标准定额研究所组织中国建筑工业出版社出版发行。

中华人民共和国住房和城乡建设部

2010 年 7 月 20 日

前 言

根据原建设部《关于印发〈二〇〇一～二〇〇二年度工程建设城建、建工行业标准制订、修订计划〉的通知》（建标［2002］84 号）的要求，规范编制组经广泛调查研究，认真总结实践经验，参考有关国际标准和国外先进标准，并在广泛征求意见的基础上，制定本规范。

本规范主要技术内容是：总则、术语和符号、材料、建筑设计、结构设计、加工制作、安装施工、工程验收及保养与维修。

本规范中以黑体字标志的条文为强制性条文，必须严格执行。

本规范由住房和城乡建设部负责管理和对强制性条文的解释，由中国建筑金属结构协会负责具体技术内容的解释。执行过程中如果有意见或建议，请寄送中国建筑金属结构协会（地址：北京市三里河路 9 号，邮政编码：100835）。

本 规 范 主 编 单 位：中国建筑金属结构协会

本 规 范 参 编 单 位：中国建筑标准设计研究院
广东省建筑科学研究院
深圳金粤幕墙装饰工程有限公司
沈阳远大铝业工程有限公司
武汉特凌节能门窗有限公司

北京鸿恒基幕墙装饰工程有限公司
广东坚美铝型材厂有限公司
北京金易格幕墙装饰工程有限公司
福建省南平铝业有限公司
广州市白云化工实业有限公司
中国南玻集团股份有限公司
北京嘉寓门窗幕墙股份有限公司
北京诺托建筑材料有限公司

本规范主要起草人员：黄 圻　曹颖奇　石民祥
王 春　王双军　尹昌波
王立英　卢继延　班广生
谢光宇　王洪敏　许武毅
张国峰　河 红

本规范主要审查人员：黄小坤　王洪涛　姜 仁
刘忠伟　施伯年　顾泰昌
谢海状　杜继予　胡忠明
刘 明　杜万明　郑金峰
姜成爱

目　次

Contents

1 总 则

1.0.1 为使铝合金门窗工程做到安全适用、技术先进、经济合理、确保质量，制定本规范。

1.0.2 本规范适用于一般工业与民用建筑的铝合金门窗工程设计、制作、安装、验收和维护。

1.0.3 铝合金门窗工程的设计、制作、安装、验收和维护，除应符合本规范的规定外，尚应符合国家现行有关标准的规定。

2 术语和符号

2.1 术 语

2.1.1 主型材 main profiles

用于制作铝合金门窗框、扇和组合门窗的拼接型材。

2.1.2 辅型材 accessorial profiles

铝合金门窗构件体系中，镶嵌或固定在主型材上的辅助构件，起到传力或某种功能作用的附加型材。

2.1.3 主要受力杆件 main force-bearing components

铝合金门窗立面内承受并传递门窗自重力和水平风荷载等作用力的框、扇和组合门窗拼樘框型材。

2.1.4 型材截面主要受力部位 main force-bearing area of profile section

铝合金门窗主型材横截面中承受垂直和水平方向荷载作用力的腹板、翼缘或固定其他构件的连接受力部位。

2.1.5 遮阳性能 solar shading performance

建筑门窗在夏季阻隔太阳辐射热的能力，遮阳性能用遮阳系数 SC 表示。

2.1.6 干法安装 installation with additional frame for fixing

墙体门窗洞口预先安置附加金属外框并对墙体缝隙进行填充、防水密封处理，在墙体洞口表面装饰湿作业完成后，将门窗固定在金属附框上的安装方法。

2.1.7 湿法安装 installation without additional frame for fixing

将铝合金门窗直接安装在未经表面装饰的墙体门窗洞口上，在墙体表面湿作业装饰时对门窗洞口间隙进行填充和防水密封处理。

2.2 符 号

2.2.1 结构设计

M_x——绕 x 轴的弯矩设计值；

M_y——绕 y 轴的弯矩设计值；

P_3——抗风压性能指标值；

R——承载力设计值；

S——荷载设计值；

W_0——基本风压；

W_k——风荷载标准值；

W_x——绕 x 轴的弹性截面模量；

W_y——绕 y 轴的弹性截面模量；

μ_z——风压高度变化系数；

γ_G——重力载荷分项系数；

γ_w——风载荷作用分项系数。

2.2.2 物理性能

C——水密性能设计计算系数；

ΔP——水密性能压力差值；

T_r——透光折减系数；

V_0——水密性能设计风速；

ρ——空气密度。

2.2.3 材料

E——材料弹性模量；

l——杆件长度；

u——杆件弯曲挠度值；

α——材料线膨胀系数；

f_a——铝合金型材强度设计值；

f_s——钢材强度设计值；

σ——应力设计值；

γ——塑性发展系数；

γ_g——材料重力密度标准值；

γ_R——抗力分项系数；

γ_f——材料性能分项系数。

3 材 料

3.1 铝合金型材

3.1.1 铝合金门窗工程用铝合金型材的合金牌号、供应状态、化学成分、力学性能、尺寸允许偏差应符合现行国家标准《铝合金建筑型材 第 1 部分：基材》GB 5237.1 的规定。型材横截面尺寸允许偏差可选用普通级，有配合要求时应选用高精级或超高精级。

3.1.2 铝合金门窗主型材的壁厚应经计算或试验确定，除压条、扣板等需要弹性装配的型材外，门用主型材主要受力部位基材截面最小实测壁厚不应小于 2.0mm，窗用主型材主要受力部位基材截面最小实测壁厚不应小于 1.4mm。

3.1.3 铝合金型材表面处理除应符合现行国家标准《铝合金建筑型材 第 2 部分：阳极氧化型材》GB 5237.2《铝合金建筑型材 第 3 部分：电泳涂漆型材》GB 5237.3《铝合金建筑型材 第 4 部分：粉末喷涂型材》GB 5237.4《铝合金建筑型材 第 5 部分：氟碳漆喷涂型材》GB 5237.5 的规定外，尚应符合下列规定：

1 阳极氧化型材：阳极氧化膜膜厚应符合 AA15 级要求，氧化膜平均膜厚不应小于 $15\mu m$，局部膜厚不应小于 $12\mu m$；

2 电泳涂漆型材：阳极氧化复合膜，表面漆膜采用透明漆应符合 B 级要求，复合膜局部膜厚不应小于 $16\mu m$；表面漆膜采用有色漆应符合 S 级要求，复合膜局部膜厚不应小于 $21\mu m$；

3 粉末喷涂型材：装饰面上涂层最小局部厚度应大于 $40\mu m$；

4 氟碳漆喷涂型材：二涂层氟碳漆膜，装饰面平均漆膜厚度不应小于 $30\mu m$；三涂层氟碳漆膜，装饰面平均漆膜厚度不应小于 $40\mu m$。

3.1.4 铝合金隔热型材除应符合现行行业标准《建筑用隔热铝合金型材　穿条式》JG/T 175、《建筑用硬质塑料隔热条》JG/T 174 的规定外，尚应符合下列规定：

1 穿条工艺的复合铝型材其隔热材料应使用聚酰胺 66 加 25% 玻璃纤维，不得使用 PVC 材料；

2 浇注工艺的复合铝型材其隔热材料应使用高密度聚氨基甲酸乙酯材料。

3.2　玻　璃

3.2.1 铝合金门窗工程可根据功能要求选用浮法玻璃、着色玻璃、镀膜玻璃、中空玻璃、真空玻璃、钢化玻璃、夹层玻璃、夹丝玻璃等。

3.2.2 中空玻璃除应符合现行国家标准《中空玻璃》GB/T 11944 的有关规定外，尚应符合下列规定：

1 中空玻璃的单片玻璃厚度相差不宜大于 3mm；

2 中空玻璃应使用加入干燥剂的金属间隔框，亦可使用塑性密封胶制成的含有干燥剂和波浪形铝带胶条；

3 中空玻璃产地与使用地海拔高度相差超过 800m 时，宜加装金属毛细管，毛细管应在安装地调整压差后密封。

3.2.3 采用低辐射镀膜玻璃的铝合金门窗，所用玻璃应符合下列规定：

1 真空磁控溅射法（离线法）生产的 Low-E 玻璃，应合成中空玻璃使用；中空玻璃合片时，应去除玻璃边部与密封胶粘接部位的镀膜，Low-E 膜层应位于中空气体层内；

2 热喷涂法（在线法）生产的 Low-E 玻璃可单片使用，Low-E 膜层宜面向室内。

3.2.4 夹层玻璃应符合现行国家标准《建筑用安全玻璃　第 3 部分：夹层玻璃》GB 15763.3 要求，且夹层玻璃的单片玻璃厚度相差不宜大于 3mm。

3.3　密封材料

3.3.1 铝合金门窗用密封胶条应符合现行行业标准《建筑门窗用密封胶条》JG/T 187 的规定，密封胶条宜使用硫化橡胶类材料或热塑性弹性体类材料。

3.3.2 铝合金窗用密封毛条应符合现行行业标准《建筑门窗密封毛条技术条件》JC/T 635 规定，毛条的毛束应经过硅化处理，宜使用加片型密封毛条。

3.3.3 铝合金门窗用密封胶应符合下列规定：

1 玻璃与门框之间的密封胶应符合现行行业标准《建筑窗用弹性密封胶》JC/T 485 的规定；

2 窗框与洞口之间的密封胶应符合国家现行标准《硅酮建筑密封胶》GB/T 14683 和《丙烯酸酯建筑密封胶》JC/T 484 的规定。

3.4　五金件、紧固件

3.4.1 铝合金门窗工程用五金件应满足门窗功能要求和耐久性要求，合页、滑撑、滑轮等五金件的选用应满足门窗承载力要求，五金件应符合现行行业标准《建筑门窗五金件　通用要求》JG/T 212 的规定。

3.4.2 铝合金门窗工程连接用螺钉、螺栓宜使用不锈钢紧固件。铝合金门窗受力构件之间的连接不得采用铝合金抽芯铆钉。

3.4.3 铝合金门窗五金件、紧固件用钢材宜采用奥氏体不锈钢材料，黑色金属材料根据使用要求应选用热浸镀锌、电镀锌、防锈涂料等有效防腐处理。

3.5　其　他

3.5.1 铝合金门窗框与洞口间采用泡沫填缝剂做填充时，宜采用聚氨酯泡沫填缝胶。固化后的聚氨酯泡沫胶缝表面应做密封处理。

3.5.2 铝合金门窗工程用纱门、纱窗，宜使用径向不低于 18 目的窗纱。

4　建筑设计

4.1　一般规定

4.1.1 铝合金门窗工程设计应符合建筑物所在地的气候、环境和建筑物的功能及装饰等要求。

4.1.2 铝合金门窗的热工性能应根据不同建筑气候分区对建筑的基本要求确定，并应符合相关建筑节能设计标准的有关规定。

4.1.3 铝合金门窗的性能、等级应由建筑设计确定，并应符合现行国家标准《铝合金门窗》GB/T 8478 的有关规定。

4.1.4 铝合金门窗应满足设计规定的耐久性要求。

4.2　铝合金门窗立面设计

4.2.1 铝合金门窗的宽、高构造尺寸，应根据天然采光设计确定的房间有效采光面积和建筑节能要求的窗墙面积比等因素综合确定。

4.2.2 铝合金门窗的立面分格尺寸，应根据开启扇允许最大宽、高尺寸，并考虑玻璃原片的成材率等综合确定。

4.2.3 铝合金门窗开启形式和开启面积比例，可根据各类用房的使用特点确定，并应满足房间自然通风，以及启闭、清洁、维修的方便性和安全性的要求。

4.2.4 铝合金门窗的立面造型、质感、色彩等应与建筑外立面及周围环境和室内环境协调。

4.3 反复启闭性能

4.3.1 铝合金门窗的反复启闭性能应根据设计使用年限确定，且铝合金门的反复启闭次数不应少于 10 万次，窗的反复启闭次数不应少于 1 万次。

4.3.2 经反复启闭性能检测试验后的门窗，应启闭无异常、使用无障碍，并应能保持正常使用功能。

4.3.3 启闭频繁或设计使用年限要求高的铝合金门窗，其反复启闭性能可根据实际需要，适当提高反复启闭的设计次数。

4.4 抗风压性能

4.4.1 建筑外门窗的抗风压性能指标值（P_3）应不低于门窗所受的风荷载标准值（W_k）确定，且不应小于 1.0kN/m²。

4.4.2 铝合金门窗主要受力杆件在风荷载标准值作用下的挠度限值应符合本规范第 5.4.1 条的规定。

4.5 水密性能

4.5.1 铝合金门窗水密性能设计指标即门窗不发生雨水渗漏的最高风压力差值（ΔP）的计算应符合下列规定：

 1 应根据建筑物所在地的气象观测数据和建筑设计需要，确定门窗设防雨水渗漏的最高风力等级；

 2 应按照风力等级与风速的对应关系，确定水密性能设计风速（V_0）值；

 3 铝合金门窗水密性能设计指标（ΔP）应按下式计算：

$$\Delta P = 0.9 \rho \mu_z V_0^2 \qquad (4.5.1)$$

式中：ΔP——任意高度 Z 处门窗的瞬时风速风压力差值（Pa）；

  ρ——空气密度（t/m³），按现行国家标准《建筑结构荷载规范》GB 50009 的规定进行计算；

  μ_z——风压高度变化系数，按现行国家标准《建筑结构荷载规范》GB 50009 确定；

  V_0——水密性能设计用 10min 平均风速（m/s）。

4.5.2 铝合金门窗的水密性能设计指标可按下式计算：

$$\Delta P \geqslant C \mu_z W_0 \qquad (4.5.2)$$

式中：ΔP——任意高度 Z 处门窗的瞬时风速风压力差值（Pa）；

  C——水密性能设计计算系数：对于热带风暴和台风地区取值为 0.5，其他非热带风暴和台风地区取值为 0.4；

  μ_z——风压高度变化系数；

  W_0——基本风压（Pa）。

4.5.3 铝合金门窗水密性能构造设计宜采取下列措施：

 1 在门窗水平缝隙上方设置一定宽度的披水条；

 2 下框室内侧翼缘设计有足够高度的挡水槽；

 3 合理设置门窗排水孔，保证排水系统的通畅；

 4 对门窗型材构件连接缝隙、附件装配缝隙、螺栓、螺钉孔采取密封防水措施；

 5 提高门窗杆件刚度，采用多道密封和多点锁紧装置，加强门窗可开启部分密封防水性能；

 6 门窗框与洞口墙体的安装间隙进行防水密封处理，窗下框与洞口墙体之间设置披水板。

4.5.4 铝合金门窗洞口墙体外表面应有排水措施，外墙窗楣应做滴水线或滴水槽，窗台面应做成流水坡度，滴水槽的宽度和深度均不应小于 10mm。建筑外窗宜与外墙外表面有一定距离。

4.6 气 密 性 能

4.6.1 居住建筑外窗（包括阳台门）气密性能设计指标应符合现行行业标准《严寒和寒冷地区居住建筑节能设计标准》JGJ 26、《夏热冬冷地区居住建筑节能设计标准》JGJ 134 和《夏热冬暖地区居住建筑节能设计标准》JGJ 75 的有关规定。

4.6.2 公共建筑外窗气密性能设计指标应符合现行国家标准《公共建筑节能设计标准》GB 50189 的有关规定。

4.6.3 铝合金门窗气密性能构造设计宜采取下列措施：

 1 合理设计铝合金门窗的构造形式，提高门窗缝隙空气渗透阻力；

 2 采用耐久性好并具有良好弹性的密封胶或密封胶条进行玻璃镶嵌密封和框扇之间的密封；

 3 铝合金推拉门窗用密封毛条宜选用毛束致密的加片型毛条；

 4 密封胶条、密封毛条的设计应连续，形成四周封闭的密封结构；

 5 铝合金门窗构件连接部位和五金件装配部位，应采用密封材料进行妥善的密封处理。

4.7 热 工 性 能

4.7.1 铝合金门窗的传热系数应符合下列规定：

 1 居住建筑门窗传热系数，应符合现行行业标准《严寒和寒冷地区居住建筑节能设计标准》JGJ 26、《夏热冬冷地区居住建筑节能设计标准》JGJ 134和《夏热冬暖地区居住建筑节能设计标准》JGJ 75的有关规定；

2 公共建筑外窗传热系数，应符合现行国家标准《公共建筑节能设计标准》GB 50189的有关规定。

4.7.2 窗的遮阳系数应符合下列规定：

1 夏热冬暖地区居住建筑外窗遮阳系数应符合现行行业标准《夏热冬暖地区居住建筑节能设计标准》JGJ 75的有关规定；

2 公共建筑外窗遮阳系数应符合现行国家标准《公共建筑节能设计标准》GB 50189的有关规定。

4.7.3 有保温隔热性能要求的铝合金门窗宜采取下列措施进行构造设计降低门窗传热系数：

1 采用有断桥结构的隔热铝合金型材；

2 采用中空玻璃、低辐射镀膜玻璃、真空玻璃；

3 提高铝合金门窗的气密性能；

4 采用双重门窗设计；

5 门窗框与洞口墙体之间的安装缝隙进行保温处理。

4.7.4 有遮阳性能要求的外窗（无建筑外遮阳）宜采取下列措施进行构造设计降低外窗遮阳系数：

1 设置窗户系统本身的外遮阳；

2 采用窗户系统本身的内置遮阳；

3 采用遮阳系数低的玻璃。

4.8 隔 声 性 能

4.8.1 建筑外门窗空气声隔声性能指标计权隔声量（$R_w + C_{tr}$）值应符合下列规定：

1 临街的外窗、阳台门和住宅建筑外窗及阳台门不应低于30dB；

2 其他门窗不应低于25dB。

4.8.2 建筑门窗空气声隔声性能设计指标，应根据建筑物各种用房的允许噪声级标准和室外噪声环境（外门窗）或相邻房间噪声环境（内门窗）情况，以及外围护墙体（外门窗）或隔墙（内门窗）的隔声性能确定。

4.8.3 铝合金门窗隔声性能构造设计宜采用下列措施：

1 采用中空玻璃或夹层玻璃；

2 铝合金门窗玻璃镶嵌缝隙及框与扇开启缝隙，采用耐久性好的弹性密封材料密封；

3 采用双重门窗；

4 铝合金门窗框与洞口墙体之间的安装缝隙进行密封处理。

4.9 采 光 性 能

4.9.1 建筑外窗的透光折减系数（T_r）应根据现行国家标准《建筑采光设计标准》GB/T 50033的规定

确定。有天然采光要求的，其透光折减系数（T_r）应大于0.45。

4.9.2 铝合金外窗采光性能设计应满足建筑节能设计标准对外窗综合遮阳系数的要求。

4.9.3 外窗采光性能构造设计宜采取下列措施：

1 窗的立面设计尽可能减少窗的框架与整窗的面积比；

2 按窗的采光性能要求合理选配玻璃；

3 窗立面分格的开启形式满足窗户日常清洗的方便性。

4.10 防 雷 设 计

4.10.1 铝合金门窗的防雷设计，应符合现行国家标准《建筑物防雷设计规范》GB 50057的有关规定。铝合金门窗的框架应与主体结构的防雷装置可靠连接。

4.10.2 铝合金门窗的防雷构造设计宜采取下列措施：

1 门窗框与建筑主体结构防雷装置连接导体宜采用直径不小于 ϕ8mm 的圆钢或截面积不小于48mm²、厚度不小于4mm的扁钢；

2 门窗框与防雷连接件连接处，宜去除型材表面的非导电防护层，并与防雷连接件连接；

3 防雷连接导体宜分别与门窗框防雷连接件和建筑主体结构防雷装置焊接连接，焊接长度不小于100mm，焊接处应涂防腐漆。

4.11 玻璃防热炸裂

4.11.1 铝合金门窗采用普通退火玻璃时，应按照现行行业标准《建筑玻璃应用技术规程》JGJ 113的有关规定，进行玻璃防热炸裂设计计算，并应采取必要的防玻璃热炸裂措施。

4.11.2 玻璃构造设计时宜采用下列减少热炸裂的措施：

1 防止或减少玻璃局部升温；

2 对玻璃边部进行倒角磨边等加工处理，安装玻璃时不应造成边部缺陷；

3 玻璃的镶嵌应采用弹性良好的密封衬垫材料；

4 玻璃室内侧的卷帘、百叶及隔热窗帘等内遮阳设施，与窗玻璃之间的距离不宜小于50mm。

4.12 安 全 规 定

4.12.1 人员流动性大的公共场所，易于受到人员和物体碰撞的铝合金门窗应采用安全玻璃。

4.12.2 建筑物中下列部位的铝合金门窗应使用安全玻璃：

1 七层及七层以上建筑物外开窗；

2 面积大于1.5m²的窗玻璃或玻璃底边离最终装修面小于500mm的落地窗；

3 倾斜安装的铝合金窗。

4.12.3 开启门扇、固定门和落地窗玻璃设计，应符合现行行业标准《建筑玻璃应用技术规程》JGJ 113 中的人体冲击安全规定。

4.12.4 铝合金推拉门、推拉窗的扇应有防止从室外侧拆卸的装置。推拉窗用于外墙时，应设置防止窗扇向室外脱落的装置。

4.12.5 有防盗要求的建筑外门窗应采用夹层玻璃和牢固的门窗锁具。

4.12.6 有锁闭要求的铝合金窗开启扇，宜采用带钥匙的窗锁、执手等锁闭器具。

4.12.7 双向开启的铝合金地弹簧门应在可视高度部分安装透明安全玻璃。

5 结 构 设 计

5.1 一 般 规 定

5.1.1 铝合金门窗应按围护结构设计。

5.1.2 铝合金门窗应具有足够的刚度、承载能力和一定的变位能力。

5.1.3 铝合金门窗构件应根据受载情况和支承条件采用结构力学方法进行设计计算。

5.1.4 铝合金门窗受力杆件的挠度计算，应采用荷载标准值；铝合金门窗受力杆件和连接件的承载力计算，应采用荷载设计值（荷载标准值乘以荷载分项系数）；铝合金门窗玻璃的设计计算可按现行行业标准《建筑玻璃应用技术规程》JGJ 113 规定的计算方法执行。

5.1.5 铝合金门窗构件的承载力计算时，重力荷载和风荷载作用的分项系数（γ_G、γ_w）应分别取 1.2 和 1.4；当重力荷载对铝合金门窗构件的承载能力有利时，（γ_G、γ_w）应分别取 1.0 和 1.4。

5.1.6 铝合金门窗风荷载标准值应按现行国家标准《建筑结构荷载规范》GB 50009 中的围护结构风荷载计算的相关内容确定，且风荷载标准值不应小于 1.0kN/m²。

5.1.7 铝合金门窗的结构设计应考虑温度变化的影响。

5.2 材料力学性能

5.2.1 铝合金型材强度设计值可按表 5.2.1 的规定采用。

表 5.2.1 铝合金型材强度设计值 f_a（N/mm²）

铝合金牌号	状态	壁厚（mm）	强度设计值 f_a		
			抗拉、抗压强度	抗剪强度	局部承压强度
6061	T4	所有	90	55	210
	T6	所有	200	115	305

续表 5.2.1

铝合金牌号	状态	壁厚（mm）	强度设计值 f_a		
			抗拉、抗压强度	抗剪强度	局部承压强度
6063	T5	所有	90	55	185
	T6	所有	150	85	240
6063A	T5	≤10	135	75	220
	T6	≤10	160	90	255

5.2.2 钢材强度设计值可按表 5.2.2 的规定采用。

表 5.2.2 钢材强度设计值 f_s（N/mm²）

钢材牌号	厚度或直径 d（mm）	抗拉、抗压、抗弯强度	抗剪强度	端面承压强度
Q235	$d \leq 16$	215	125	325
	$16 < d \leq 40$	205	120	
Q345	$d \leq 16$	310	180	400
	$16 < d \leq 35$	295	170	

注：表中厚度是指计算点的钢材厚度，对轴心受力构件是指截面中较厚板件的厚度。

5.2.3 不锈钢材料抗拉、抗压强度设计值（f_s）应按其屈服强度标准值（$\sigma_{0.2}$）除以材料性能分项系数 1.15 采用，抗剪强度设计值可按其抗拉强度设计值的 0.58 倍采用。

5.2.4 铝合金门窗五金件、连接构件承载力设计值应按其产品标准或产品检测报告提供的承载力标准值除以相应的抗力分项系数（γ_R）或材料性能分项系数（γ_f）确定。

5.2.5 常用紧固件强度设计值可按本规范附录 A 的规定采用。

5.2.6 铝合金门窗材料的弹性模量可按表 5.2.6 的规定采用。

表 5.2.6 材料弹性模量 E（N/mm²）

材 料	E
玻 璃	0.72×10^5
铝合金	0.70×10^5
钢、不锈钢	2.06×10^5

5.2.7 铝合金门窗材料的线膨胀系数可按表 5.2.7 的规定采用。

表 5.2.7 材料线膨胀系数 α（1/℃）

材 料	α
玻 璃	1.00×10^{-5}
铝合金	2.35×10^{-5}
钢 材	1.20×10^{-5}

续表5.2.7

材　料	α
不锈钢材	1.80×10^{-5}
混凝土	1.00×10^{-5}
砖　混	0.50×10^{-5}

5.2.8 铝合金门窗材料的重力密度标准值可按表5.2.8的规定采用。

表5.2.8　材料重力密度标准值γ_g（kN/m³）

材　　料	γ_g
普通玻璃、夹层玻璃、钢化玻璃、半钢化玻璃	25.6
夹丝玻璃	26.5
钢　材	78.5
铝合金	28.0

5.3　铝合金门窗玻璃设计

5.3.1 铝合金门窗玻璃设计计算可按现行行业标准《建筑玻璃应用技术规程》JGJ 113规定的计算方法执行。

5.3.2 铝型材玻璃镶嵌构造设计应符合下列规定：

1 单片玻璃、夹层玻璃、真空玻璃最小安装尺寸（图5.3.2-1）应符合表5.3.2-1的规定。

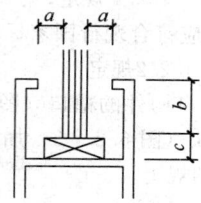

图 5.3.2-1　单片玻璃、夹层玻璃、真空
玻璃最小安装尺寸
a—前、后余隙；b—嵌入深度；
c—边缘余隙

**表5.3.2-1　单片玻璃、夹层玻璃和真空
玻璃最小安装尺寸（mm）**

玻璃厚度	前、后余隙a		嵌入深度	边缘余隙
	密封胶装配	胶条装配	b	c
≤6	3	3	8	4
≥8	3	3	10	5

注：夹层玻璃、真空玻璃可按玻璃叠加厚度之和在表中选取。

2 中空玻璃最小安装尺寸（图5.3.2-2）应符合表5.3.2-2的规定。

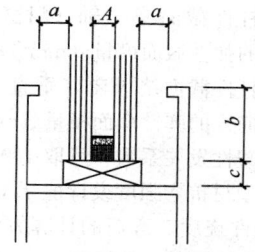

图 5.3.2-2　中空玻璃最小安装尺寸
a—前、后余隙；b—嵌入深度；
c—边缘余隙；A—空气层

表5.3.2-2　中空玻璃最小安装尺寸（mm）

玻璃厚度	前、后余隙a		嵌入深度	边缘余隙
	密封胶装配	胶条装配	b	c
4+A+4				
5+A+5	5	3	15	5
6+A+6				
8+A+8	7	5	17	7
10+A+10				

5.4　铝合金门窗主要受力杆件计算

5.4.1 铝合金门窗主要受力杆件在风荷载或重力荷载标准值作用下其挠度限值应符合下列规定：

1 铝合金门窗主要受力杆件在风荷载标准值作用下产生的最大挠度应符合下列公式规定，并应同时满足绝对挠度值不大于20mm；

门窗镶嵌单层玻璃、夹层玻璃时：

$$u \leqslant l/100 \qquad (5.4.1\text{-}1)$$

门窗镶嵌中空玻璃时：

$$u \leqslant l/150 \qquad (5.4.1\text{-}2)$$

式中：u——在荷载标准值作用下杆件弯曲挠度值（mm）；

l——杆件的跨度（mm），悬臂杆件可取悬臂长度的2倍。

2 承受玻璃重量的中横框型材在重力荷载标准值作用下，其平行于玻璃平面方向的挠度不应影响玻璃的正常镶嵌和使用；

3 铝合金门窗受力杆件在同一方向有分布荷载和集中荷载同时作用时，其挠度应为它们各自产生挠度的代数和。

5.4.2 受力杆件截面抗弯承载力应符合下式规定：

$$\frac{M_x}{\gamma W_x} + \frac{M_y}{\gamma W_y} \leqslant f \qquad (5.4.2)$$

式中：M_x——杆件绕 x 轴（门窗平面内方向）的弯矩设计值（N·mm）；

M_y——杆件绕 y 轴（垂直于门窗平面方向）的弯矩设计值（N·mm）；

W_x——杆件截面绕 x 轴（门窗平面内方向）的弹性截面模量（mm³）；

W_y——杆件截面绕 y 轴（垂直于门窗平面方向）的弹性截面模量（mm³）；

γ——塑性发展系数，可取 1.00；

f——型材抗弯强度设计值 f（N/mm²）。

5.4.3 门窗杆件挠度、弯矩的计算方法也可按本规范附录 B 的简化计算方法进行。

5.5 连 接 设 计

5.5.1 铝合金门窗受力五金件和连接件应进行承载力计算。

5.5.2 铝合金门窗五金件和连接件的承载力计算应符合下列公式规定：

$$\sigma \leqslant f \qquad (5.5.2-1)$$
$$S \leqslant R \qquad (5.5.2-2)$$

式中：σ——五金件和连接件截面在荷载作用下产生的最大应力设计值（N/mm²）；

f——五金件和连接件材料强度设计值（N/mm²）；

S——五金件和连接件荷载设计值（N）；

R——五金件和连接件承载力设计值（N）。

5.5.3 铝合金门窗与洞口连接应牢固可靠，铝合金门窗与金属附框的连接应通过计算或试验确定承载能力。

5.5.4 铝合金门窗五金件应可靠连接，并应通过计算或试验确定承载能力。

5.5.5 门窗五金件应便于调整和更换，常用五金件设计应符合本规范附录 C 的规定。

5.5.6 铝合金门窗构件应采用角码、插接件进行连接，连接件应能承受构件的剪力。

5.5.7 铝合金门窗构件连接处的连接件、螺栓、螺钉和铆钉设计，应符合现行国家标准《铝合金结构设计规范》GB 50429 的相关规定。

5.5.8 铝合金型材与其他材料的五金件、连接件接触，易产生双金属腐蚀时，应采取能够有效防止双金属腐蚀的措施。

5.5.9 连接螺栓、螺钉直径、数量及螺栓的中心距、边距，应满足构件承载能力的需要。螺钉直接通过型材孔壁螺纹受力连接时，应验算螺纹承载力，必要时应采取加强措施。

5.6 隐框窗硅酮结构密封胶设计

5.6.1 铝合金隐框窗应采用硅酮结构密封胶进行结构粘结。

5.6.2 硅酮结构密封胶的粘结宽度、厚度的设计计算，应符合现行行业标准《玻璃幕墙工程技术规范》JGJ 102 的有关规定。

6 加 工 制 作

6.1 一 般 规 定

6.1.1 铝合金门窗构件加工应依据设计加工图纸进行。

6.1.2 铝合金型材牌号、截面尺寸、五金件、插接件应符合门窗设计要求。

6.1.3 门窗开启扇玻璃装配宜在工厂内完成，固定部位玻璃可在现场装配。

6.1.4 加工铝合金门窗构件的设备、专用模具和器具应满足产品加工精度要求，检验工具、量具应定期进行计量检测和校正。

6.2 铝合金门窗构件加工

6.2.1 铝合金门窗构件加工精度除符合图纸设计要求外，尚应符合下列规定：

　　1 杆件直角截料时长度尺寸允许偏差应为 ±0.5mm，杆件斜角截料时端头角度允许偏差应小于 -15′；

　　2 截料端头不应有加工变形，毛刺应小于 0.2mm；

　　3 构件上孔位加工应采用钻模、多轴钻床或画线样板等进行，孔中心允许偏差应为 ±0.5mm，孔距允许偏差应为 ±0.5mm，累积偏差应为 ±1.0mm；

　　4 铆钉用通孔应符合现行国家标准《紧固件 铆钉用通孔》GB/T 152.1 规定；

　　5 螺钉沉孔应符合现行国家标准《紧固件 沉头用沉孔》GB/T 152.2规定。

6.2.2 铝合金门窗构件的槽口（图 6.2.2-1）、豁口（图 6.2.2-2）、榫头（图 6.2.2-3）加工尺寸允许偏差应符合表 6.2.2 的规定。

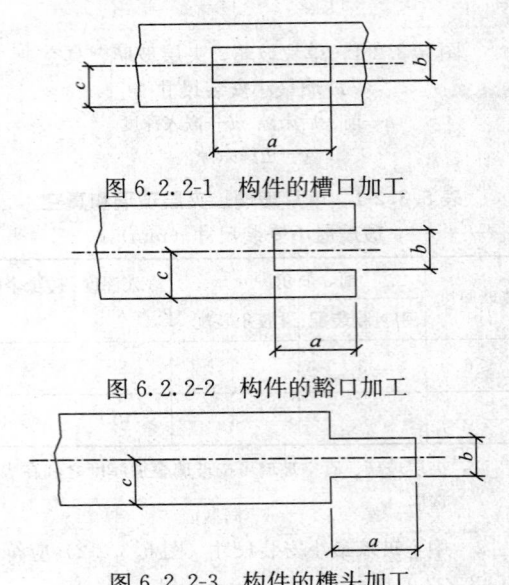

图 6.2.2-1　构件的槽口加工

图 6.2.2-2　构件的豁口加工

图 6.2.2-3　构件的榫头加工

表 6.2.2　构件槽口、豁口、榫头尺寸允许偏差（mm）

项　目	a	b	c
槽口、豁口允许偏差	+0.5 0.0	+0.5 0.0	±0.5
榫头允许偏差	0.0 −0.5	0.0 −0.5	±0.5

6.3　玻璃组装

6.3.1　玻璃支承块、定位块安装除应符合现行行业标准《建筑玻璃应用技术规程》JGJ 113 规定外，尚应符合下列规定：

　　1　玻璃支承块长度不应小于 50mm，厚度根据槽底间隙设计尺寸确定，宜为（5～7）mm；定位块长度不应小于 25mm；

　　2　支承块安装不得阻塞泄水孔及排水通道。

6.3.2　玻璃安装的内、外片配置、镀膜面朝向应符合设计要求。组装前应将玻璃槽口内的杂物清理干净。

6.3.3　玻璃采用密封胶条密封时，密封胶条宜使用连续条，接口不应设置在转角处，装配后的胶条应整齐均匀，无凸起。

6.3.4　玻璃采用密封胶密封时，注胶厚度不应小于3mm，粘接面应无灰尘、无油污、干燥，注胶应密实、不间断、表面光滑整洁。

6.3.5　玻璃压条应扣紧、平整不得翘曲，必要时可配装加工。

6.4　铝合金门窗组装

6.4.1　铝合金门窗组装尺寸允许偏差应符合表6.4.1的规定。

表 6.4.1　门窗组装尺寸允许偏差（mm）

项　目	尺寸范围	允许偏差 门	允许偏差 窗
门窗宽度、高度构造 内侧尺寸	L<2000	±1.5	
	2000≤L<3500	±2.0	
	L≥3500	±2.5	
门窗宽度、高度构造 内侧对边尺寸差	L<2000	+2.0 0.0	
	2000≤L<3500	+3.0 0.0	
	L≥3500	+4.0 0.0	
门窗框、扇搭接宽度	—	±2.0	±1.0
型材框、扇杆件接缝 表面高低差	相同截面型材	±0.3	
	不同截面型材	±0.5	
型材框、扇杆件装配间隙		+0.3 0.0	

6.4.2　铝合金构件间连接应牢固，紧固件不应直接固定在隔热材料上。当承重（承载）五金件与门窗连接采用机制螺钉时，啮合宽度应大于所用螺钉的两个螺距。不宜用自攻螺钉或铝抽芯铆钉固定。

6.4.3　构件间的接缝应做密封处理。

6.4.4　开启五金件位置安装应准确，牢固可靠，装配后应动作灵活。多锁点五金件的各锁闭点动作应协调一致。在锁闭状态下五金件锁点和锁座中心位置偏差不应大于 3mm。

6.4.5　铝合金门窗框、扇搭接宽度应均匀，密封条、毛条压合均匀；扇装配后启闭灵活，无卡滞、噪声，启闭力小于 50N（无启闭装置）。

6.4.6　平开窗开启限位装置安装应正确，开启量应符合设计要求。

6.4.7　窗纱位置安装应正确，不应阻碍门窗的正常开启。

7　安 装 施 工

7.1　一 般 规 定

7.1.1　铝合金门窗工程不得采用边砌口边安装或先安装后砌口的施工方法。

7.1.2　铝合金门窗安装宜采用干法施工方式。

7.1.3　铝合金门窗的安装施工宜在室内侧或洞口内进行。

7.1.4　门窗应启闭灵活、无卡滞。

7.2　施 工 准 备

7.2.1　复核建筑门窗洞口尺寸，洞口宽、高尺寸允许偏差应为 ±10mm，对角线尺寸允许偏差应为 ±10mm。

7.2.2　铝合金门窗的品种、规格、开启形式等，应符合设计要求。

7.2.3　检查门窗五金件、附件，应完整、配套齐备、开启灵活。

7.2.4　检查铝合金门窗的装配质量及外观质量，当有变形、松动或表面损伤时，应进行整修。

7.2.5　安装所需的机具、辅助材料和安全设施，应齐全可靠。

7.3　铝合金门窗安装

7.3.1　铝合金门窗采用干法施工安装时，应符合下列规定：

　　1　金属附框安装应在洞口及墙体抹灰湿作业前完成，铝合金门窗安装应在洞口及墙体抹灰湿作业后进行；

　　2　金属附框宽度应大于 30mm；

　　3　金属附框的内、外两侧宜采用固定片与洞口墙体连接固定；固定片宜用 Q235 钢材，厚度不应小于 1.5mm，宽度不应小于 20mm，表面应做防腐处理；

4 金属附框固定片安装位置应满足：角部的距离不应大于 150mm，其余部位的固定片中心距不应大于 500mm（图 7.3.1-1）；固定片与墙体固定点的中心位置至墙体边缘距离不应小于 50mm（图 7.3.1-2）；

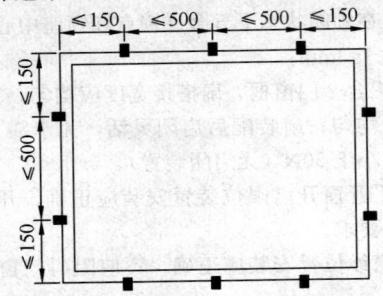

图 7.3.1-1 固定片安装位置

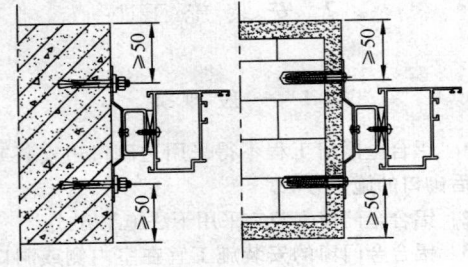

图 7.3.1-2 固定片与墙体位置

5 相邻洞口金属附框平面内位置偏差应小于 10mm。金属附框内缘应与抹灰后的洞口装饰面齐平，金属附框宽度和高度允许尺寸偏差及对角线允许尺寸偏差应符合表 7.3.1 规定；

表 7.3.1 金属附框尺寸允许偏差（mm）

项　　目	允许偏差值	检测方法
金属附框高、宽偏差	±3	钢卷尺
对角线尺寸偏差	±4	钢卷尺

6 铝合金门窗框与金属附框连接固定应牢固可靠。连接固定点设置应符合（图 7.3.1-1）要求。

7.3.2 铝合金门窗采用湿法安装时，应符合下列规定：

1 铝合金门窗框安装应在洞口及墙体抹灰湿作业前完成；

2 铝合金门窗框采用固定片连接洞口时，应符合本规范第 7.3.1 条的要求；

3 铝合金门窗框与墙体连接固定点的设置应符合本规范第 7.3.1 条的要求；

4 固定片与铝合金门窗框连接宜采用卡槽连接方式（图 7.3.2-1）。与无槽口铝门窗框连接时，可采用自攻螺钉或抽芯铆钉，钉头处应密封（图 7.3.2-2）；

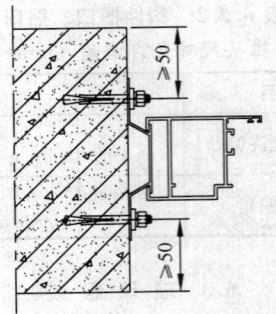

图 7.3.2-1 卡槽连接方式

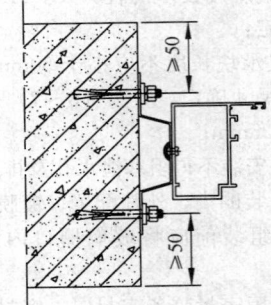

图 7.3.2-2 自攻螺钉连接方式

5 铝合金门窗安装固定时，其临时固定物不得导致门窗变形或损坏，不得使用坚硬物体。安装完成后，应及时移除临时固定物体；

6 铝合金门窗框与洞口缝隙，应采用保温、防潮且无腐蚀性的软质材料填塞密实；亦可使用防水砂浆填塞，但不宜使用海砂成分的砂浆。使用聚氨酯泡沫填缝胶，施工前应清除粘接面的灰尘，墙体粘接面应进行淋水处理，固化后的聚氨酯泡沫胶缝表面应作密封处理；

7 与水泥砂浆接触的铝合金框应进行防腐处理。湿法抹灰施工前，应对外露铝型材表面进行可靠保护。

7.3.3 砌体墙不得使用射钉直接固定门窗。

7.3.4 铝合金门窗框安装后，允许偏差应符合表 7.3.4 规定。

表 7.3.4 门窗框安装允许偏差（mm）

项　　目		允许偏差	检查方法
门窗框进出方向位置		±5.0	经纬仪
门窗框标高		±3.0	水平仪
门窗框左右方向相对位置偏差（无对线要求时）	相邻两层处于同一垂直位置	+10 0.0	经纬仪
	全楼高度内处于同一垂直位置（30m 以下）	+15 0.0	
	全楼高度内处于同一垂直位置（30m 以上）	+20 0.0	

续表7.3.4

项　　目		允许偏差	检查方法
门窗框左右方向相对位置偏差（有对线要求时）	相邻两层处于同一垂直位置	+2 0.0	经纬仪
	全楼高度内处于同一垂直位置（30m以下）	+10 0.0	
	全楼高度内处于同一垂直位置（30m以上）	+15 0.0	
门窗竖边框及中竖框自身进出方向和左右方向的垂直度		±1.5	铅垂仪或经纬仪
门窗上、下框及中横框水平		±1.0	水平仪
相邻两横向框的高度相对位置偏差		+1.5 0.0	水平仪
门窗宽度、高度构造内侧对边尺寸差	$L<2000$	+2.0 0.0	钢卷尺
	$2000{\leqslant}L<3500$	+3.0 0.0	钢卷尺
	$L{\geqslant}3500$	+4.0 0.0	钢卷尺

7.3.5 铝合金门窗安装就位后，边框与墙体之间应作好密封防水处理，并应符合下列要求：

1 应采用粘接性能良好并相容的耐候密封胶；

2 打胶前应清洁粘接表面，去除灰尘、油污，粘接面应保持干燥，墙体部位应平整洁净；

3 胶缝采用矩形截面胶缝时，密封胶有效厚度应大于6mm，采用三角形截面胶缝时，密封胶截面宽度应大于8mm；

4 注胶应平整密实，胶缝宽度均匀、表面光滑、整洁美观。

7.4 玻 璃 安 装

7.4.1 铝合金门窗固定部位玻璃安装应符合本规范6.3节的有关规定。

7.5 开启扇及开启五金件安装

7.5.1 铝合金门窗开启扇及开启五金件的装配宜在工厂内组装完成。当在施工现场安装时，应符合本规范第6.4节的规定。

7.5.2 铝门窗开启扇、五金件安装完成后应进行全面调整检查，并应符合下列规定：

1 五金件应配置齐备、有效，且应符合设计要求；

2 开启扇应启闭灵活、无卡滞、无噪声，开启量应符合设计要求。

7.6 清理和成品保护

7.6.1 铝合金门窗框安装完成后，其洞口不得作为物料运输及人员进出的通道，且铝合金门窗框严禁搭

压、坠挂重物。对于易发生踩踏和刮碰的部位，应加设木板或围挡等有效的保护措施。

7.6.2 铝合金门窗安装后，应清除铝型材表面和玻璃表面的残胶。

7.6.3 所有外露铝型材应进行贴膜保护，宜采用可降解的塑料薄膜。

7.6.4 铝合金门窗工程竣工前，应去除所有成品保护，全面清洗外露铝型材和玻璃。不得使用有腐蚀性的清洗剂，不得使用尖锐工具刨刮铝型材、玻璃表面。

7.7 安全技术措施

7.7.1 在洞口或有坠落危险处施工时，应佩戴安全带。

7.7.2 高处作业时应符合现行行业标准《建筑施工高处作业安全技术规范》JGJ 80的规定，施工作业面下部应设置水平安全网。

7.7.3 现场使用的电动工具应选用Ⅱ类手持式电动工具。现场用电应符合现行行业标准《施工现场临时用电安全技术规范》JGJ 46的规定。

7.7.4 玻璃搬运与安装应符合下列安全操作规定：

1 搬运与安装前应确认玻璃无裂纹或暗裂；

2 搬运与安装时应戴手套，且玻璃应保持竖向；

3 风力五级以上或楼内风力较大部位，难以控制玻璃时，不应进行玻璃搬运与安装；

4 采用吸盘搬运和安装玻璃时，应仔细检查，确认吸盘安全可靠，吸附牢固后方可使用。

7.7.5 施工现场玻璃存放应符合下列规定：

1 玻璃存放地应离开施工作业面及人员活动频繁区域，且不应存放于风力较大区域；

2 玻璃应竖向存放，玻璃面与地面倾斜夹角应为70°～80°，顶部应靠在牢固物体上，并应垫有软质隔离物。底部应用木方或其他软质材料垫离地面100mm以上；

3 单层玻璃叠片数量不应超过20片，中空玻璃叠片数量不应超过15片。

7.7.6 使用有易燃性或挥发性清洗溶剂时，作业面内不得有明火。

7.7.7 现场焊接作业时，应采取有效防火措施。

8 工 程 验 收

8.1 一 般 规 定

8.1.1 铝合金门窗工程验收应符合现行国家标准《建筑工程施工质量验收统一标准》GB 50300、《建筑装饰装修工程质量验收规范》GB 50210及《建筑节能工程施工质量验收规范》GB 50411的有关规定。

8.1.2 铝合金门窗隐蔽工程验收应在作业面封闭前

进行并形成验收记录。

8.1.3 铝合金门窗工程验收时应检查下列文件和记录：

1 铝合金门窗工程的施工图、设计说明及其他设计文件；

2 根据工程需要出具的铝合金门窗的抗风压性能、水密性能以及气密性能、保温性能、遮阳性能、采光性能、可见光透射比等检验报告；或抗风压性能、水密性能检验以及建筑门窗节能性能标识证书等；

3 铝合金型材、玻璃、密封材料及五金件等材料的产品质量合格证书、性能检测报告和进场验收记录；

4 隐框窗应提供硅酮结构胶相容性试验报告；

5 铝合金门窗框与洞口墙体连接固定、防腐、缝隙填塞及密封处理、防雷连接等隐蔽工程验收记录；

6 铝合金门窗产品合格证书；

7 铝合金门窗安装施工自检记录；

8 进口商品应提供报关单和商检证明。

8.1.4 铝合金门窗工程验收检验批划分、检查数量及合格判定，应按现行国家标准《建筑装饰装修工程质量验收规范》GB 50210的规定执行，门窗节能工程验收应按现行国家标准《建筑节能工程施工质量验收规范》GB 50411的规定执行。

8.2 主 控 项 目

8.2.1 铝合金门窗的物理性能应符合设计要求。

　　检验方法：检查门窗性能检测报告或建筑门窗节能性能标识证书，必要时可对外窗进行现场淋水试验。

8.2.2 铝合金门窗所用铝合金型材的合金牌号、供应状态、化学成分、力学性能、尺寸偏差、表面处理及外观质量应符合现行国家标准的规定。

　　检验方法：观察、尺量、膜厚仪、硬度钳等，检查型材产品质量合格证书。

8.2.3 铝合金门窗型材主要受力杆件材料壁厚应符合设计要求，其中门用型材主要受力部位基材截面最小实测壁厚不应小于2.0mm，窗用型材主要受力部位基材截面最小实测壁厚不应小于1.4mm。

　　检验方法：观察、游标卡尺、千分尺检查，进场验收记录。

8.2.4 铝合金门窗框及金属附框与洞口的连接安装应牢固可靠，预埋件及锚固件的数量、位置与框的连接应符合设计要求。

　　检验方法：观察、手扳检查、检查隐蔽工程验收记录。

8.2.5 铝合金门窗扇应安装牢固、开关灵活、关闭严密。推拉门窗扇应安装防脱落装置。

　　检验方法：观察、开启和关闭检查、手扳检查。

8.2.6 铝合金门窗五金件的型号、规格、数量应符合设计要求，安装应牢固，位置应正确，功能满足使用要求。

　　检验方法：观察、开启和关闭检查、手扳检查。

8.3 一 般 项 目

8.3.1 铝合金门窗外观表面应洁净，无明显色差、划痕、擦伤及碰伤。密封胶无间断，表面应平整光滑、厚度均匀。

　　检验方法：观察。

8.3.2 除带有关闭装置的门（地弹簧、闭门器）和提升推拉门、折叠推拉窗、无平衡装置的提拉窗外，铝合金门窗扇启闭力应小于50N。

　　检验方法：用测力计检查。每个检验批应至少抽查5%，并不得少于3樘。

8.3.3 门窗框与墙体之间的安装缝隙应填塞饱满，填塞材料和方法应符合设计要求，密封胶表面应光滑、顺直、无断裂。

　　检验方法：观察；轻敲门窗框检查；检查隐蔽工程验收记录。

8.3.4 密封胶条和密封毛条装配应完好、平整、不得脱出槽口外，交角处平顺、可靠。

　　检验方法：观察；开启和关闭检查。

8.3.5 铝合金门窗排水孔应通畅，其尺寸、位置和数量应符合设计要求。

　　检验方法：观察，测量。

8.3.6 铝合金门窗安装的允许偏差和检验方法应按本规范7.3.4条的规定执行。

9 保养与维修

9.1 一 般 规 定

9.1.1 铝合金门窗工程竣工验收时，应提供门窗产品维护说明书。

9.1.2 铝合金门窗维修人员应进行培训。

9.2 检查、维修及维护

9.2.1 日常维护和保养应符合下列规定：

1 铝合金门窗应在通风、干燥的环境中使用，保持门窗表面整洁，不得与酸、碱、盐等有腐蚀性的物质接触；

2 铝合金门窗宜用中性的水溶洗涤剂清洗，不得使用有腐蚀性的化学剂；

3 门窗的排水系统应定期检查，清除堵塞物，保持畅通；

4 门窗滑槽、传动机构、合页、滑撑、执手等部位应保持清洁，去除灰尘；

5 门窗铰链、滑轮、执手等门窗五金件应定期进行检查和润滑，保持开启灵活，无卡滞，五金件损坏应及时更换，启闭不灵活应及时维修；

6 铝合金门窗密封条、密封毛条出现破损、老化或缩短时应及时修补或更换。

9.2.2 回访及维护应符合下列规定：

1 铝合金门窗工程竣工验收后一年，应对门窗工程进行一次全面检查，并应作回访检查维修记录；

2 出现问题应立即进行维修、更换，发现门窗安全隐患问题，应紧急处理；

3 铝合金门窗保养和维修作业时严禁使用门窗的任何部件作为安全带的固定物；高空作业，必须遵守现行行业标准《建筑施工高处作业安全技术规范》JGJ 80 的有关规定。

附录 A 铝合金门窗设计常用紧固件及焊缝强度设计值

A.0.1 不锈钢螺栓、螺钉的强度设计值可按表 A.0.1 采用。

表 A.0.1 不锈钢螺栓、螺钉的强度设计值（N/mm²）

类别	组别	性能等级	σ_b	抗拉强度 f_t	抗剪强度 f_v
(A) 奥氏体	A1、A2、A3、A4、A5	50	500	230	175
		70	700	320	245
		80	800	370	280
(C) 马氏体	C1	50	500	230	175
		70	700	320	245
		110	1100	510	385
	C3	80	800	370	280
	C4	50	500	230	175
		70	700	320	245
(F) 铁素体	F1	45	450	210	160
		60	600	275	210

A.0.2 抽芯铆钉的承载力设计值可按表 A.0.2 采用。

表 A.0.2 抽芯铆钉承载力设计值（N）

性能等级	铆钉铆体材料种类	荷载	铆钉体直径（mm）				
			3	(3.2)	4	5	6
10	铝合金	抗剪	370	410	660	995	1455
		抗拉	460	520	790	1185	1580
11		抗剪	525	590	900	1440	2200
		抗拉	675	760	1210	1920	2890

续表 A.0.2

性能等级	铆钉铆体材料种类	荷载	铆钉体直径（mm）				
			3	(3.2)	4	5	6
30	碳素钢	抗剪	790	900	1280	2075	3140
		抗拉	950	1070	1625	2610	3900
50	不锈钢	抗剪	930	1450	2245	3300	5050
		抗拉	1050	1835	2835	4315	6865

A.0.3 焊缝的强度设计值可按表 A.0.3 采用。

表 A.0.3 焊缝的强度设计值（N/mm²）

焊接方法和焊条型号	构件钢材		对接焊缝				角焊缝
	牌号	厚度或直径 d(mm)	抗压 f_c^w	抗拉和抗弯受拉 f_t^w		抗剪 f_v^w	抗拉、抗压和抗剪 f_f^w
				一级、二级	三级		
自动焊、半自动焊和E43型焊条的手工焊	Q235	$d\leqslant16$	215	215	185	125	160
		$16<d\leqslant40$	205	205	175	120	160
自动焊、半自动焊和E50型焊条的手工焊	Q345	$d\leqslant16$	310	310	265	180	200
		$16<d\leqslant35$	295	295	250	170	200
自动焊、半自动焊和E55型焊条的手工焊	Q390	$d\leqslant16$	350	350	300	205	220
		$16<d\leqslant35$	335	335	285	190	220

注：1 表中的一级、二级、三级是指焊缝质量等级，应符合现行国家标准《钢结构工程施工质量验收规范》GB 50205 的规定。厚度小于 8mm 钢材的对接焊缝，不宜采用超声波探伤确定焊缝质量等级。

2 自动焊和半自动焊所采用的焊丝和焊剂，应保证其熔敷金属的力学性能不低于现行国家标准《埋弧焊用碳钢焊丝和焊剂》GB 5293 和《埋弧焊用低合金钢焊丝和焊剂》GB/T 12470 的相关规定。

3 表中厚度是指计算点的钢材厚度，对轴心受力构件是指截面中较厚板件的厚度。

附录 B 铝合金门窗杆件设计计算方法

B.0.1 铝合金门窗杆件风荷载计算应符合下列规定：

1 铝合金门窗受风荷载作用时，其荷载应按三角形或梯形分布传递到门窗杆件上，并应按等弯矩原则化为等效线荷载（图 B.0.1-1～B.0.1-5（a）荷载传递）；

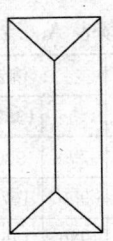

图 B.0.1-1 单扇门窗荷载传递

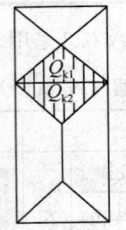 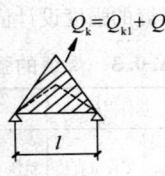

（a）荷载传递　　（b）计算示意

图 B.0.1-2 带上亮门窗荷载传递

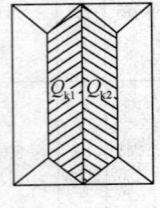 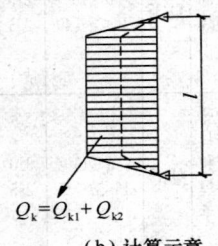

（a）荷载传递　　　　（b）计算示意

图 B.0.1-3 双扇门窗荷载传递

2 门窗受力杆件所受荷载应为其承担的各部分分布荷载和集中荷载的叠加代数和（图 B.0.1-4（b）、图 B.0.1-5（b）荷载分布）；

3 铝合金门窗受风荷载作用时，其受力杆件一般情况下可简化为受矩形、梯形、三角形分布荷载和集中荷载的简支梁（图 B.0.1-1～图 B.0.1-5（c）计算示意）；

4 其他类型的组合门窗其杆件受风荷载作用时的荷载传递和计算可参照上述方法建立力学模型；

5 受力杆件所受风荷载（Q_k）可按下式计算：

$$Q_k = AW_k \qquad (B.0.1)$$

式中：A——受力杆件承受风荷载的受荷面积（m²）；

Q_k——受力杆件所承受的风荷载标准值（kN）；

W_k——风荷载标准值（kN/m²）。

6 当铝合金门窗的开启扇受风压作用时，其门窗框的锁固配件安装边框受荷情况可按锁固配件处有集中荷载作用的简支梁计算；门窗扇边框受荷情况按锁固配件处为固端的悬臂梁上承受矩形分布荷载计算（图 B.0.1-6）。

B.0.2 铝合金门窗杆件设计计算应符合下列规定：

1 铝合金门窗受力杆件在风荷载和玻璃重力荷载共同作用下，其所受荷载经简化可分为下列形式：

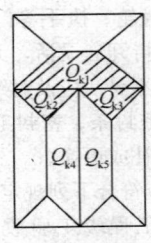

（a）荷载传递

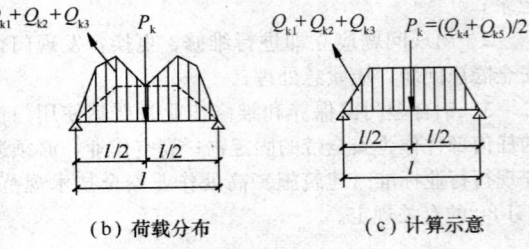

（b）荷载分布　　　　　（c）计算示意

图 B.0.1-4 带上亮双扇门窗荷载传递

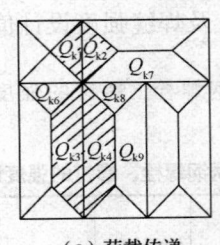

（a）荷载传递

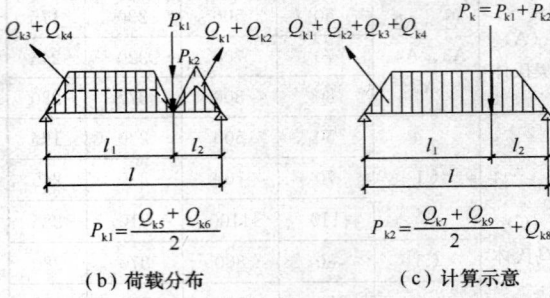

（b）荷载分布　　　　　（c）计算示意

图 B.0.1-5 带上亮多扇门窗荷载传递

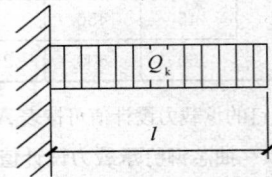

图 B.0.1-6 悬臂梁矩形分布荷载

1）简支梁上呈矩形、梯形或三角形的分布荷载（图 B.0.2-1）。

2）简支梁上承受集中荷载（图 B.0.2-2）。

3）悬臂梁上承受矩形分布荷载（图 B.0.2-3）；

2 简支梁受力杆件承受矩形、梯形或三角形的分布荷载和集中荷载时，其挠度（u）和弯矩（M）

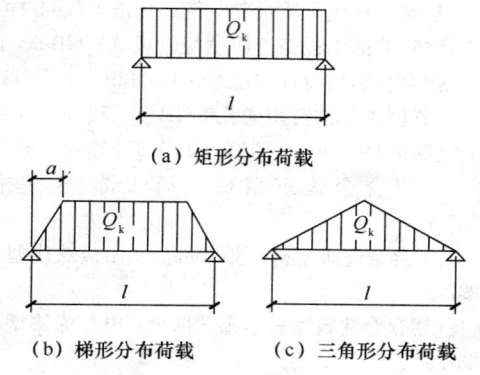

（a）矩形分布荷载

（b）梯形分布荷载　　（c）三角形分布荷载

图 B.0.2-1　荷载分布

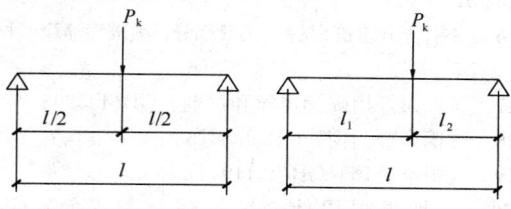

（a）集中荷载作用于跨中　（b）集中荷载作用于任意点

图 B.0.2-2　荷载分布

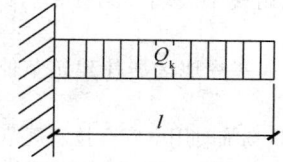

图 B.0.2-3　悬臂梁矩形分布荷载

的计算公式可按表 B.0.2-1 选用；

表 B.0.2-1　简支梁挠度 u 和弯矩 M 的计算公式

荷载形式	挠度 u	弯矩 M
矩形荷载	$u=\dfrac{5Q_k \cdot l^3}{384E \cdot I}$	$M=\dfrac{Q \cdot l}{8}$
梯形荷载	$u=\dfrac{(1.25-a^2)^2 Q_k \cdot l^3}{120(1-a)E \cdot I}$	$M=\dfrac{(3-4a^2)Q \cdot l}{24(1-a)}$
三角形荷载	$u=\dfrac{Q_k \cdot l^3}{60E \cdot I}$	$M=\dfrac{Q \cdot l}{6}$
集中荷载（作用于跨中时）	$u=\dfrac{P_k \cdot l^3}{48E \cdot I}$	$M=\dfrac{P \cdot l}{4}$
集中荷载（作用于任意点时）	$u=\dfrac{P_k \cdot l_1 \cdot l_2 \cdot (l+l_2)\sqrt{3l_1(l+l_2)}}{27E \cdot I \cdot l}$	$M=\dfrac{P \cdot l_1 \cdot l_2}{l}$

注：表中所列公式中，E——材料的弹性模量 E（N/mm²）；I——截面的惯性矩（mm⁴）；M——受力杆件承受的最大弯矩（N·mm）；Q、P——受力杆件所承受的荷载设计值（kN）；Q_k、P_k——受力杆件所承受的荷载标准值（kN）；a——梯形荷载系数 $a=a/l$；l——杆件长度（mm）；u——受力杆件弯曲挠度值（mm）。

3　悬臂梁受力杆件承受矩形分布荷载作用时，

其挠度（u）和弯矩（M）的计算公式可按表 B.0.2-2 选用；

表 B.0.2-2　悬臂梁挠度 u 和弯矩 M 的计算公式

荷载形式	挠度 u	弯矩 M
矩形荷载	$u=\dfrac{Q_k l^3}{8E \cdot I}$	$M=-\dfrac{Q \cdot l}{2}$

4　铝合金门窗受力杆件上有分布荷载和集中荷载同时作用时，其挠度和弯矩应为它们各自产生的挠度和弯矩的代数和。

附录 C　铝合金门窗五金件设计选用

C.0.1　铝合金门窗工程内平开下悬五金件系统的设计选用应符合下列规定：

1　铝合金门窗内平开下悬五金件系统设计应符合表 C.0.1 的规定：

表 C.0.1　内平开下悬五金件系统设计

产品	附件承载重量（kg）	扇宽（mm）	扇宽高比
窗	≤130	≤1300	小于 1.08（1300∶1200）
窗	≥130	≤1550	小于 1.11（1550∶1400）
门	—	≤900	小于 0.39（900∶2300）

2　锁点个数的选择及分布可根据门窗所需达到的物理性能进行确定。

C.0.2　平开、推拉、上（下）悬门窗五金附件选择应符合下列规定：

1　单个旋压执手应用于扇对角线不大于 700mm 的窗；

2　合页（铰链）适用于内平开窗、平开门，合页设计选用时应符合表 C.0.2 的规定；

表 C.0.2　合页（铰链）设计

产品	附件承载重量（mm）	扇宽（mm）	扇宽高比
窗	≤130	≤1300	小于 1.08（1300∶1200）
窗	≥130	≤1550	小于 1.11（1550∶1400）
门	—	≤900	小于 0.39（900∶2300）

3　外平开窗使用滑撑时，窗扇宽应小于 750mm；

4　外开上悬窗使用的滑撑，当窗扇的高大于 700mm 时，应使用摩擦式撑挡；扇开启距离极限值大于 300mm 时，扇高应小于 1200mm；

5 单组锁闭部件的承载力设计值应为 800N。

C. 0. 3 门控五金应符合下列规定:

1 地弹簧在高使用频率场所地弹簧开启次数不应小于 100 万次,中使用频率场所不应小于 50 万次,低使用频率场所不应小于 20 万次;

2 公共场所及风压较大的地方宜使用可调力度地弹簧或带缓冲的延时地弹簧;

3 铝合金门的开、关需要受到控制时,可以安装闭门器,闭门器应符合《闭门器》QB/T 2698 的规定,高使用频率场所闭门器的使用次数不应少于 100 万次,中使用频率场所的使用次数不应少于 50 万次,低使用频率场所的使用次数不应少于 20 万次;

4 在公共建筑宜使用可调力度的闭门器及带缓冲功能的延时闭门器;

5 残障人通道使用的门,宜使用带延时闭门功能的闭门器。

本规范用词说明

1 为便于在执行本规范条文时区别对待,对要求严格程度不同的用词说明如下:

1) 表示很严格,非这样做不可的:
    正面词采用"必须",反面词采用"严禁";

2) 表示严格,在正常情况下均应这样做的:
    正面词采用"应",反面词采用"不应"或"不得";

3) 表示允许稍有选择,在条件许可时首先应这样做的:
    正面词采用"宜",反面词采用"不宜";

4) 表示有选择,在一定条件下可以这样做的,采用"可"。

2 条文中指明应按其他有关标准执行的写法为:"应符合……的规定"或"应按……执行"。

引用标准名录

1 《建筑结构荷载规范》GB 50009
2 《建筑采光设计标准》GB/T 50033
3 《建筑物防雷设计规范》GB 50057
4 《公共建筑节能设计标准》GB 50189
5 《钢结构工程施工质量验收规范》GB 50205
6 《建筑装饰装修工程质量验收规范》GB 50210

7 《建筑工程施工质量验收统一标准》GB 50300
8 《建筑节能工程施工质量验收规范》GB 50411
9 《铝合金结构设计规范》GB 50429
10 《紧固件 铆钉用通孔》GB/T 152.1
11 《紧固件 沉头用沉孔》GB/T 152.2
12 《铝合金建筑型材 第 1 部分:基材》GB 5237.1
13 《铝合金建筑型材 第 2 部分:阳极氧化型材》GB 5237.2
14 《铝合金建筑型材 第 3 部分:电泳涂漆型材》GB 5237.3
15 《铝合金建筑型材 第 4 部分:粉末喷涂型材》GB 5237.4
16 《铝合金建筑型材 第 5 部分:氟碳漆喷涂型材》GB 5237.5
17 《埋弧焊用碳钢焊丝和焊剂》GB/T 5293
18 《铝合金门窗》GB/T 8478
19 《中空玻璃》GB/T 11944
20 《埋弧焊用低合金钢焊丝和焊剂》GB/T 12470
21 《硅酮建筑密封胶》GB/T 14683
22 《建筑用安全玻璃 第 3 部分:夹层玻璃》GB 15763.3
23 《严寒和寒冷地区居住建筑节能设计标准》JGJ 26
24 《施工现场临时用电安全技术规范》JGJ 46
25 《夏热冬暖地区居住建筑节能设计标准》JGJ 75
26 《建筑施工高处作业安全技术规范》JGJ 80
27 《玻璃幕墙工程技术规范》JGJ 102
28 《建筑玻璃应用技术规程》JGJ 113
29 《夏热冬冷地区居住建筑节能设计标准》JGJ 134
30 《建筑用硬质塑料隔热条》JG/T 174
31 《建筑用隔热铝合金型材 穿条式》JG/T 175
32 《建筑门窗用密封胶条》JG/T 187
33 《建筑门窗五金件 通用要求》JG/T 212
34 《丙烯酸酯建筑密封胶》JC/T 484
35 《建筑窗用弹性密封胶》JC/T 485
36 《建筑门窗密封毛条技术条件》JC/T 635
37 《闭门器》QB/T 2698

中华人民共和国行业标准

铝合金门窗工程技术规范

JGJ 214—2010

条 文 说 明

制 定 说 明

《铝合金门窗工程技术规范》JGJ 214－2010 经住房和城乡建设部 2010 年 7 月 20 日以第 696 号公告批准、发布。

本规范制订过程中，编制组对我国铝合金门窗产品进行了大量的调查研究，总结了我国工程建设中铝合金门窗设计、制造、安装领域近些年来的实践经验，同时参考了日本、德国、美国等国外先进的门窗技术法规、技术标准（JIS A4702《门》、JIS A4706《窗》、EN 14351-1《门窗—产品标准》、ANSI/AA-MA/NWWDA101/I. S. 2《铝合金、聚氯乙烯塑料和木窗及玻璃门规范》）。编制组与建筑门窗检测机构结合，总结我国建筑门窗多年来的门窗检测试验数据，取得铝合金门窗相关各项重要技术参数。

为便于广大设计、制造、施工、科研、院校等单位有关人员在使用本标准时能正确理解和执行条文规定，《铝合金门窗工程技术规范》编制组按其章、节、条顺序编制了本标准的条文说明，对条文规定的目的、依据以及执行中需注意的有关事项进行了说明，还着重对本规范强制性条文的强制性理由做了解释。但是，本条文说明不具备与标准正文同等的法律效力，仅供使用者作为理解和把握标准规定的参考。

目　　次

1 总　则

1.0.1　铝合金门窗在我国生产加工已经有 40 多年的历史。20 世纪 70 年代铝合金门窗开始传入我国，1978 年北京、广州、上海、深圳等地参照国外铝合金门窗工程产品，陆续开发试制铝合金门窗工程产品。同时，小批量试生产并开始用于少部分外国驻华使馆和涉外饭店的建筑工程中。

进入 21 世纪我国铝合金门窗行业进入了新的蓬勃发展时期，我国国民经济迅速发展，人民生活水平大大提高，高档次的铝合金门窗逐步让人们接受。近几年国务院提出，重点抓好节能工作，特别是抓建筑领域的节能工作。性能优良的节能型隔热铝合金门窗被社会认可并开始在北京、广州等城市广泛使用，节能铝合金门窗推广取得了显著成效。

此次编写的《铝合金门窗工程技术规范》是为了进一步推进我国铝合金门窗产业的技术进步，规范门窗生产和施工，扩大节能门窗的适用范围。

1.0.2　本规范适用于铝合金门窗工程的设计、制作、安装、验收、维护，不适用于电磁屏蔽门窗、防火门、防爆、防化学腐蚀等有特殊功能要求的铝合金门窗工程。

1.0.3　本规范增加了铝合金门窗工程的设计计算内容，以往的门窗标准中都没有铝合金门窗工程设计计算，因此很多的门窗设计者只能采用玻璃幕墙的设计值，设计依据不足。

3 材　料

3.1　铝合金型材

3.1.1　铝合金门窗工程所用材料应符合现行国家标准，铝合金门窗是长期暴露在外的建筑配套产品，中国地域辽阔、气候复杂，有些地区常年处在气候恶劣条件下，门窗要长期处在自然环境不利的条件下，如：太阳暴晒、酸雨侵蚀、风沙等等，因此，要求铝合金门窗工程产品所使用的铝型材、玻璃、密封材料等要有良好的耐候性，较长时间的耐久性。

3.1.2　规定铝型材基材的最小实测壁厚要求，是 20 多年来我国门窗行业的实际情况所需。我国多年来铝型材销售是按重量计量，铝门窗工程量是按面积计算，因此，出于经济利益，部分铝型材越做越薄。铝合金门窗属轻质、薄壁杆件结构，部分构件经常启闭，是建筑外围护结构的薄弱部分，直接影响到使用者和社会公众的人身安全。我国南方沿海地区曾发生的在台风袭击下铝门窗严重破坏的原因之一，就是铝型材壁厚过小，门窗框和扇梃主型材构件抗弯变形能力差，外框与墙体锚固点变形或破坏。门窗框扇构件

型材的壁厚要求，也是门窗杆件结构必要的构造要求，不论门窗立面及分格尺寸的大小，都应该统一要求。因为，除了门窗立面的中横框、中竖框及扇梃等主型材构件直接承受风荷载、需要足够的抗变形刚度外，框扇杆件的连接牢固、开启扇与框的铰接和锁点等五金配件的装配紧固，也需要型材壁厚作为构造的可靠保证。

3.1.4　随着我国建筑节能要求的需要，近几年铝合金节能门窗使用量快速增加，隔热铝合金型材产量大幅度增长。从国外几十年的实践经验来看，铝合金隔热型材的生产主要采用两种形式，穿条式和浇注式。采用穿条工艺加工的复合铝型材，其隔热材料应使用 PA66GF25（聚酰胺 66＋25％玻璃纤维）的材料。如有特殊需要，玻璃纤维的用量可以在 25％以上，可根据不同用途的使用情况而定。用 PVC 材料制成的隔热条，因其材料的膨胀系数比 PA66GF25 大，抗拉强度低，特别是在高温、低温环境下隔热铝型材的抗拉性能检测不能满足标准的要求。铝合金门窗工程长期暴露在大气环境下，隔热条的产品质量直接影响隔热铝型材的产品质量，因此，不得使用 PVC 材料。PT 材料虽然性能与 PA66GF25 十分接近，但是其高温抗拉伸指标仍然不能满足标准要求，因此也不建议使用。采用浇注工艺加工的复合铝材其隔热材料应使用聚氨基甲酸乙酯材料。复合后的隔热型材应截取整条铝型材中的多段位置，进行横向抗拉强度和抗剪强度的测试。

3.2　玻　璃

3.2.2　中空玻璃在节能门窗中起到关键的作用，提高门窗的节能性能指标必须设计使用性能良好的中空玻璃。目前我国的中空玻璃密封主要使用热熔性密封胶加弹性密封胶，热熔性密封胶主要有：聚异丁烯胶、热熔丁基胶。弹性密封胶主要使用：聚硫胶、硅酮胶。聚硫密封胶是传统的中空玻璃密封材料，密封性能良好，空气渗漏率低，成本较低，是良好的密封材料。加了矿物油的硅酮密封胶会溶解丁基胶，不应在中空玻璃中使用。

中空玻璃的寿命问题是门窗节能的关键，中空玻璃的失效主要有几方面因素：玻璃清洗不好；丁基胶不均匀或有间断；间隔铝框的接缝处理不当；玻璃压片不实。因此在中空玻璃制作过程中要注意以下几点：

1　玻璃的清洗应使用机械清洗设备，避免污染，清洗后的玻璃要尽快合片；

2　丁基胶的涂抹要均匀，胶面宽度(4～5)mm，胶面不得间断，要注意四角铝框连接处的密封，打胶温度控制在(125±5)℃。打胶后应尽快合片处理；

3　干燥剂灌注后应尽快进行密封操作，干燥剂长时间暴露在潮湿空气中会吸收水分，对中空玻璃寿

命影响很大，建议在一个小时内完成注胶操作；

4 中空玻璃合片时要注意两片玻璃均匀压实，避免干基胶虚粘或玻璃的翘曲，对大板块的中空玻璃制作尤为重要；

5 中空玻璃产地与使用地海拔高度相差超过800m时（两地大气压差约10%），应加装金属毛细管。毛细管一般选用内孔径（0.25～0.5）mm 的不锈钢管，在安装地调整压差后做好密封。

3.3 密封材料

3.3.1 铝合金门窗工程用密封胶条关系到门窗密闭性能，密封胶条材料宜使用硫化橡胶类或热塑性弹性体类材料，如：三元乙丙（EPDM）、氯丁胶（CR）、硅橡胶（MVQ）、增塑聚氯乙烯（PPVC）等，要注意密封材料的耐久性和耐候性。密封胶条的选择要根据门窗的使用类型、当地气候特点选择胶条的硬度、几何形状和压缩范围。

3.3.2 铝合金门窗工程用密封毛条应使用经过硅化处理过的防水型毛条，以防止毛束吸水后倒伏，失去密封作用，加片型毛条的密闭性能更好一些。毛条的毛束应整齐、致密、牢固，较长时间的施压后仍能恢复正常状态。

4 建 筑 设 计

4.1 一 般 规 定

4.1.1 铝合金门窗的工程设计首先是门窗性能的建筑设计，以满足不同气候及环境条件下的建筑物使用功能要求为目标，合理确定铝合金门窗的性能指标及有关设计要求，而不是将各项性能指标定得越高越好。门窗同时又兼有建筑室内、外装饰二重性，还应符合建筑装饰要求。

4.1.2 建筑热工在建筑功能中具有重要的地位。国家标准《民用建筑设计通则》GB 50352 综合《建筑气候区划标准》GB 50178 和《民用建筑热工设计规范》GB 50176 的有关规定，制定了第 3.3 节"建筑气候分区对建筑基本要求"。门窗作为建筑外围护结构的一部分，应按照建筑气候分区对建筑基本要求确定其热工性能。同时，门窗又是薄壁的轻质构件，其使用能耗约占建筑空调降温能耗的一半以上，是建筑节能的重中之重。我国《严寒和寒冷地区居住建筑节能设计标准》JGJ 26、《夏热冬冷地区居住建筑节能设计标准》JGJ 134、《夏热冬暖地区居住建筑节能设计标准》JGJ 75 和《公共建筑节能设计标准》GB 50189 都对建筑外门窗的热工性能提出了要求，应认真执行。

4.1.3 根据原建设部《建筑工程设计文件编制深度规定》要求，在施工图设计阶段，建筑专业设计文件的施工图设计说明中应有"门窗表及门窗性能（防火、隔声、防护、抗风压、保温、气密性、水密性等）、用料、颜色、玻璃、五金件等的设计要求"。门窗是实现建筑物理性能的极其重要的功能性构件，其性能设计要求是门窗的建筑设计的首要内容，根据具体工程的门窗性能要求，应按铝合金门窗产品的国家标准要求确定其具体的性能等级。

4.1.4 我国《住宅性能评定技术标准》GB/T 50362-2005 第 8 章"耐久性能的评定"中提出门窗的设计使用年限为不低于 20 年、25 年和 30 年三个档次。公共建筑门窗的设计使用年限一般会比居住建筑门窗的设计使用年限更高。因此，应按门窗的不同设计使用年限确定与其相一致的门窗耐久性能指标，门窗应符合设计规定的耐久性要求。

4.2 铝合金门窗立面设计

4.2.1 近年来，为满足人们采光、观景、装饰和立面设计要求，建筑门窗洞口尺寸越来越大，不少住宅建筑甚至安装了玻璃幕墙。人们在追求通透、明亮的大立面、大分格、大开启窗的时候，不能忽视室内热环境舒适和节能的可持续发展要求。必须在门窗的建筑设计时协调解决好大立面窗与保温、隔热节能的矛盾。国家标准《民用建筑设计通则》GB 50352 规定，建筑物各类用房采光设计应计算采光系数标准值，并计算有效采光面积。《民用建筑热工设计规范》GB 50176 规定，空调建筑外窗的窗墙面积比，当采用单层窗时不宜超过 0.3；当采用双层窗或双层玻璃窗时不宜超过 0.4。我国居住建筑和公共建筑节能设计标准均对窗墙面积比有相应的规定。本条要求合理确定门窗立面尺寸，不宜过大。

4.2.2 门窗的立面分格尺寸大小，要受其最大开启扇尺寸和固定部分玻璃面板尺寸的制约；而开启扇允许最大高、宽尺寸，由具体的门窗产品特点和玻璃的许用面积决定。门窗立面设计时应了解拟采用的同类门窗产品的最大单扇尺寸，并考虑玻璃板的材料利用率，不能盲目确定。

4.2.3 《民用建筑设计通则》GB 50352 规定，窗扇的开启形式应方便使用、安全和易于维修、清洁；《建筑采光设计标准》GB/T 50033 要求，在建筑设计中应为擦窗和维修创造便利条件；我国居住建筑和公共建筑节能设计标准中对外窗的可开启面积占窗总面积比例有相关的规定。本条将以上有关规定加以细化而制订。

4.2.4 门窗是建筑外围护结构的开口部位，是沟通室内、外环境的渠道，同时起到建筑外墙立面及室内环境两重装饰效果，其立面效果应满足建筑设计总体要求。

4.3 反复启闭性能

4.3.1 反复启闭性能是表征门窗耐久性的主要标志，

是建筑门窗重要的基本性能之一。目前我国建筑门窗质量和性能不高的主要问题是耐久性太差，不少门窗投入使用时间很短就出现问题，远远达不到产品使用寿命要求。因此，应根据门窗的设计使用年限和所预计的使用频率确定其反复启闭性能要求，并按照行业标准《建筑门窗反复启闭性能检测方法》JG/T 192，对门窗进行反复启闭性能形式检验，以确保门窗较长周期使用的安全可靠性。

4.3.2 门窗的反复启闭性能检测试验后，以是否发生影响正常使用的变形、故障和损坏判断其是否能保持正常使用功能。

4.3.3 铝合金门窗的反复启闭性能可参照一般建筑门窗日常启闭使用的最低要求即：门每天启、闭 30 次，窗每天启、闭 3 次，使用 10 年计算。对于具体工程中不同建筑用房的门窗，可根据其更高的使用频率或使用年限要求，合理确定反复启闭总次数要求。

4.4 抗风压性能

4.4.1 铝合金门窗的抗风压性能指标值 P_3 应大于或等于门窗所受的风荷载标准值 W_k，该风荷载标准值是门窗在其设计基准期内可能出现的最大风荷载值，按现行国家标准《建筑结构荷载规范》GB 50009 - 2001 第 7.1.1 强制性条文规定的围护结构风荷载标准值公式计算。风荷载体型系数应按《建筑结构荷载规范》GB 50009 - 2001 第 7.3.3 条验算围护构件的局部风压体型系数的规定采用。

4.5 水密性能

4.5.1 铝合金门窗水密性能设计时，首先应确定建筑物所需设防的降雨强度时的风力等级，再按风力等级与风速的对应关系确定水密性能设计用风速 V_0（10min 平均风速），最后将 V_0 代入公式（4.5.1），计算得到水密性能设计所需的风压力差值 ΔP，最后再将此值与国家标准建筑外窗水密性能分级值相对应，确定门窗的水密性能等级。风力等级与风速的对应关系见表 1，风速一般取中数。

表 1 风力等级与风速的对应关系

风力等级	4	5	6	7	8	9	10	11	12
风速范围（m/s）	5.5~7.9	8.0~10.7	10.8~13.8	13.9~17.1	17.2~20.7	20.8~24.4	24.5~28.4	28.5~32.6	32.7~36.9
中数（m/s）	7	9	12	16	19	23	26	31	>33

公式（4.5.1）的推导如下：

根据风速与风压的关系式 $P = 1/2\rho V^2$，水密性能风压力差值计算的定义式为：

$$\Delta P = \mu_s\mu_z 1/2\rho(1.5V_0)^2 \qquad (1)$$

式中：ΔP——任意高度 Z 处的水密性能压力差值（Pa）；

μ_s——水密性能风压体型系数，降雨时建筑迎风外表面正压系数最大为 1.0，而内表面压力系数取－0.2，则 μ_s 的取值为 0.8；

μ_z——风压高度变化系数，按现行国家标准《建筑结构荷载规范》GB 50009 采用；

ρ——空气密度（t/m³），可按国家标准《建筑结构荷载规范》GB 50009 附录 D 的规定进行计算；

V_0——水密性能设计风速（m/s）；

1.5——瞬时风速与 10min 平均风速之平均比值（$1.5V_0$ 是考虑降雨时的瞬时最大风速即阵风风速）。

将以上各参数代入公式（1）中并将系数取整，则得到水密性能风压力差值的计算公式 $\Delta P = 0.9\rho\mu_z V_0^2$。

4.5.2 在不方便得到或无水密性能设计风速的情况下，也可按本条所给出的公式 $\Delta P \geqslant C\mu_z W_0$（以基本风压为基础的简化计算式）计算铝合金门窗水密性能设计指标。这是考虑到目前气象部门的风雨气象资料的信息化程度，如工程设计时得不到建筑物当地的气象资料而无法确定门窗水密性能设计风速，则无法使用公式（4.5.1）进行设计计算。因此，根据热带风暴和台风暴雨的 IIIA 地区的广东省沿海地区基本风压具有风雨同时性的特点，将广东省标准《建筑结构荷载规定》DBJ 15 - 2 - 90 的 $1/2\rho$ 取值 1/1.7 代入公式（1）中得到公式 $\Delta P = 1.06\mu_z V_0^2$，再令 $1.06\mu_z V_0^2 = C_z\mu_z W_0$，得 $C_2 = 1.06V_0^2/W_0$。将广东省部分典型地区的基本风压值 W_0 和台风暴雨时的风速 V_0 代入上式，得到水密性能风压力差值与当地基本风压的相关系数 C_2 值为 0.5 左右。考虑到我国非热带风暴和台风的其他地区，风雨同时性差，因而取 C_2 值为 0.4。从而给出可以简便实用的水密性能风压力差值计算公式 $\Delta P \geqslant C\mu_z W_0$。其中 0.50 的系数是比较可靠的，例如，广东省内陆低风压区粤北的连县、粤东的梅县等地，基本风压为 0.30kN/m²，按降雨时 6 级强风中数 12m/s 与基本风压计算得系数 0.51；同样，广东省内陆高风压区的广州、高要等地，基本风压为 0.50kN/m²，按降雨时 7 级风速 16m/s 计算得到的相关系数为 0.50；广东省沿海最高风压区的深圳、惠来等地，基本风压为 0.75kN/m²，按降雨时 8 级风速 19m/s 计算得到的相关系数为 0.51。本公式中的大于等于号，是指按基本风压为基础采用 0.5 或 0.4 的相关系数计算水密性能风压力差值，应作为最低要求，具体的工程要求如何取值，应由设计人员决定。

4.5.3 水密性能构造设计是门窗产品设计对工程水密性能设计指标的具体实现。应根据门窗工程实际需要，综合采用防水、挡水、排水等措施，合理进行铝合金门窗水密性能设计。一般采用雨幕原理进行压力平衡的门窗细部设计,即通常所谓的"等压原理"设计,对于平开门窗和固定门窗,固定部分门窗玻璃的镶嵌槽空间以及开启扇的框与扇配合空间,可进行压力平衡的防水设计。而对于不宜采用雨幕原理的门窗,如有的固定门窗,只能采用密封胶阻止水进入的密封防水措施;有的采用密封毛条的推拉门窗,也不宜采用雨幕原理,应采用提高门窗下框室内侧翼缘挡水高度的结构防水措施。据一般经验,水密性能风压力差值 10Pa,约需下框翼缘挡水高度 1mm 以上。排水孔的开口尺寸最小应在 6mm 以上,以防止排水孔被水封住。

铝门窗框、扇杆件连接采用机械连接装配,在型材组装部位和五金附件装配部位均会有装配缝隙,应采取涂密封胶和防水密封型螺钉等密封防水措施。

铝合金门窗在强风暴雨时所承受的风压比较大,提高门窗杆件的刚度,采用多点锁紧装置,以减少框、扇杆件之间的相对变形;采用多道密封以实现多腔减压和挡水,这些都是提高可开启部分水密性能的有效措施。

门窗框与洞口墙体安装间隙的防水密封处理至关重要,如处理不当,将容易发生渗漏,所以应注意完善其结合部位的防、排水构造设计。门窗下框与洞口墙体之间的防水构造,可采用底部带有止水板的一体化下框型材,或采用与窗框型材配合连接的披水板,这些措施均是有效的防水措施。但这样的做法需相应的窗台构造配合,并会提高工程的造价,应全面考虑。

4.5.4 本条主要根据国家标准《建筑装饰装修工程质量验收规范》GB 50210 的规定制订。门窗洞口墙体表面应有排水措施,并且要使门窗在洞口中的位置尽可能与外墙表面有一定的距离,以防止大量的雨水直接流淌到门窗表面。

4.6 气 密 性 能

4.6.1、4.6.2 门窗的气密性能是直接影响建筑节能效果的重要性能之一,《民用建筑热工设计规范》GB 50176 - 93 对居住建筑和公共建筑窗户的气密性能已有规定,但在其后新制定的各项居住建筑和公共建筑节能设计标准中,对窗户的气密性能又有了具体的规定和更高的要求,应贯彻执行。

4.6.3 门窗气密性能构造设计的关键之一是要合理设计门窗缝隙断面尺寸与几何形状,以提高门窗缝隙的空气渗漏阻力。妥善处理好门窗玻璃镶嵌以及框扇开启缝隙的密封,是提高门窗气密性能的重要环节。因此,应采用耐久性好并具有良好弹性的密封胶或密封胶条进行玻璃镶嵌密封和框扇之间的密封,以保证良好、长期的密封效果。不宜采用性能低、弹性差、易老化的改性 PVC 塑料密封条,而应采用合成橡胶类的三元乙丙橡胶、氯丁橡胶、硅橡胶等热塑性弹性

密封条。门窗杆件间的装配缝隙以及五金件的装配间隙也应进行妥善密封处理。

4.7 热 工 性 能

4.7.1 铝合金门窗的传热系数是门窗保温性能指标,是影响建筑冬季保温和节能的重要因素,必须严格执行我国民用建筑和公共建筑节能设计标准的有关规定。夏热冬暖地区居住建筑中,北区需要考虑窗的传热系数,南区没有窗的传热系数要求。在公共建筑节能设计标准中,对各建筑气候分区外窗的传热系数都有要求。在三项居住建筑节能设计标准和一项公共建筑节能设计标准中,关于外窗传热系数的规定都是强制性条文。

4.7.2 外窗的遮阳系数是窗的遮阳性能指标,是指在给定条件下,太阳辐射透过外窗所形成的室内得热量与相同条件下相同面积的标准玻璃(3mm 透明玻璃)所形成的太阳辐射得热量之比。窗户的遮阳系数越小,透过窗户进入室内的太阳辐射热就越少,对降低夏季空调负荷有利,但对降低冬季采暖负荷却是不利的。因此,在我国居住建筑节能设计标准中,严寒地区和寒冷(A)区居住建筑外窗遮阳系数没有限值要求,寒冷(B)区、夏热冬冷地区和夏热冬暖地区居住建筑外窗则有遮阳系数限值要求,并且是强制性条文。在《公共建筑节能设计标准》GB 50189 中对严寒地区建筑外窗遮阳系数没有限值要求,寒冷地区、夏热冬冷地区和夏热冬暖地区外窗的遮阳系数都有强制性条文要求,必须严格执行。

4.7.3 采用断热铝合金型材可以有效降低门窗框的传热系数;采用普通中空玻璃、低辐射镀膜(Low-E)中空玻璃可以大大降低门窗玻璃的传热系数;提高门窗的气密性能可减少因冷风渗透而产生的热量损失;采用带有风雨门窗的双重门窗可以更加有效地提高门窗的保温性能。以上这些措施,应根据不同地区建筑气候的差别和保温性能的不同具体要求,综合考虑,合理采用。门窗框与洞口之间的安装缝隙也应进行妥善的密封保温处理,以防止由此造成热量损失。

4.7.4 在无窗口建筑外遮阳的情况下,降低外窗遮阳系数应优先采用窗户系统本身的外遮阳装置如外卷帘窗、外百叶窗等;采用窗户系统本身的内置遮阳如中空玻璃内置百叶、卷帘等,可以同时起到外装美观和保护内遮阳装置的双重效果。单层着色玻璃(吸热玻璃)和阳光控制镀膜玻璃(热反射玻璃)有一定的隔热效果;阳光控制镀膜玻璃或着色玻璃与透明玻璃组成的中空玻璃隔热效果好;阳光控制低辐射镀膜玻璃(遮阳型 Low-E 玻璃)与透明玻璃组成的中空玻璃隔热效果很好。以上各种措施应根据外窗遮阳隔热和建筑装饰要求,并考虑经济成本而适当采用。

4.8 隔 声 性 能

4.8.1 建筑门窗是轻质薄壁构件,是围护结构隔声

的薄弱环节。近年来，随着城市化进程的加快和城市交通建设的发展，市区内环路、高架路的增多，汽车流量的加大，对建筑隔声的要求越来越高。国家标准《住宅建筑规范》GB 50368－2005 第 7.1.3 条中规定：外窗隔声量 R_w 不应小于 30dB，户门隔声量 R_w 不应小于 25dB。隔声性能好的门窗对保证室内良好的声环境至关重要，特别是对临街的门窗和保证人们休息、睡眠的住宅建筑门窗。本条第 2 款规定的其他门窗隔声量不应小于 25dB，是指对除第 1 款规定的门窗以外的其他一般建筑用铝门窗隔声性能的最低要求，而有些公共建筑门窗隔声性能要求可能更高。目前质量较差、无专门密封措施的普通推拉窗是达不到此要求的，而近年来的新型中高档的推拉窗和质量好的平开窗均可以达到(25～35)dB。

4.8.2 现行国家标准《建筑门窗空气声隔声性能分级及检测方法》GB/T 8485－2008 规定，外门、外窗以"计权隔声量和交通噪声频谱修正量之和（$R_w + C_{tr}$）"作为分级指标；内门、内窗以"计权隔声量和粉红噪声频谱修正量之和（$R_w + C$）"作为分级指标。工程中具体门窗隔声性能设计，应根据建筑物各种用房的允许噪声级标准和室外噪声环境情况或相邻房间噪声环境，按照外围护墙体或内围护隔墙的隔声要求具体确定外门窗或内门窗隔声性能指标。国家标准《民用建筑隔声设计规范》GB 50118 和《民用建筑设计通则》GB 50352 都对民用建筑各类主要用房允许噪声级指标作出规定，应贯彻执行。

4.8.3 门窗的隔声性能主要取决于占门窗面积约 80% 的玻璃的隔声效果。单层玻璃的隔声效果有限，通常采用单层玻璃时门窗的隔声性能只能达到 29dB 以下，提高门窗隔声性能最直接有效的方法就是采用隔声性能良好的中空玻璃或夹层玻璃。如需进一步提高隔声性能，可采用不同厚度的玻璃组合，以避免共振，得到更好的隔声效果。门窗玻璃镶嵌缝隙及框、扇开启缝隙，也是影响门窗隔声性能的重要环节。采用耐久性好的密封胶和弹性密封胶条进行门窗密封，是保证隔声效果的必要措施。对于有很高隔声性能要求的门窗也可采用双重门窗系统。门窗框与洞口墙体之间的安装缝隙是另一个不可忽视的隔声环节，也应妥善做好隔声处理。

4.9　采光性能

4.9.1 根据《建筑采光设计标准》GB/T 50033－2001，按照各类建筑侧面采光系数最低值 C_{min} 的要求，用该标准第 5.0.2 条侧面采光系数最低值 C_{min} 的计算公式，可得到侧面采光的总透射比 K'_r，即是窗的透光折减系数 T_r 值的要求。窗的首要功能是采光，其采光效率是影响采光效果的重要因素。GB/T 50033－2001 第 3.1.6 条规定：在采光设计中应选择采光性能好的窗作为建筑采光外窗，其透光折减系数

T_r 应大于 0.45。根据该标准条文说明提供的各类窗的采光性能检测数据，铝合金窗透光折减系数 T_r 大于 0.45 的比例为 82.6%。因此，本条将透光折减系数 T_r 大于 0.45 作为铝合金窗采光性能的最低要求。

4.9.2 建筑外窗天然采光性能影响到建筑节能。既有建筑中大量使用的热反射镀膜玻璃，虽然有很好的遮阳效果，能将大部分太阳辐射热反射回去，但其可见光透射率太低（8%～40%），会严重影响室内采光，导致室内人工照明能耗增加。《公共建筑节能设计标准》GB 50189－2005 第 4.2.4 强制性条文中规定："当窗（包括透明幕墙）墙面积比小于 0.40 时，玻璃的可见光透射比不应小于 0.4"。窗户首先要满足遮阳系数要求，同时还要考虑采光要求，要满足综合节能效果。

4.9.3 减少窗的框、扇构架与整窗的面积比就是减小了窗结构的挡光折减系数；窗玻璃的可见光透射比应满足整窗的透光折减系数要求，选用容易清洁的玻璃，有利于减小窗玻璃污染折减系数。窗立面分格的开启形式设计，应使整樘窗的可开启部分和固定部分都方便人们对窗户的日常清洗，不应有无法操作的"死角"。

4.10　防雷设计

4.10.1 根据国家标准《建筑物防雷设计规范》GB 50057－94 的规定，第一、二、三类防雷建筑物，其建筑高度分别在 30m、45m、60m 及以上的外墙金属门窗，应采取防侧击雷和等电位保护措施，与建筑物防雷装置连接；第一类防雷建筑物和该规范第 2.0.3 条四、五、六款所规定的第二类防雷建筑物尚应采取防雷电感应的措施，即建筑物内的金属门窗应与防雷电感应的接地装置连接或就近接至防直击雷接地装置或电气设备的保护接地装置上。提出建筑外窗防侧击雷和等电位保护的要求。

4.10.2 门窗框与建筑主体结构防雷装置连接导体采用直径不小于 8mm 的圆钢或截面积不小于 48mm²、厚度不小于 4mm 的扁钢，是采用《建筑物防雷设计规范》GB 50057－94 第 4 章防雷装置中第 2 节引下线的规定。铝合金门窗框扇杆件所用的铝合金建筑型材，有电泳涂漆、粉末喷涂、氟碳漆喷涂等非导电性的表面处理层，应将其除去后再安装防雷连接件。与铝合金不同的金属防雷连接件则应采取相应措施，防止双金属接触产生电化学腐蚀。防雷连接导体分别与门窗框防雷连接件和建筑主体结构防雷装置连接的具体做法，可参照国家建筑标准设计图集《防雷与接地装置》中的有关内容。

4.11　玻璃防热炸裂

4.11.1 窗玻璃的热炸裂是由于玻璃在太阳光照射下受热不均匀，面板中部温度升高，与边部的冷端之间

形成温度梯度，造成非均匀膨胀或受到边部镶嵌的约束，形成热应力，使薄弱部位发生裂纹扩展，热应力超过玻璃边部的抗拉强度而产生的。普通退火玻璃边缘强度比较低，容易在其内部产生的热应力比较大时发生热炸裂。因此，应按照《建筑玻璃应用技术规程》JGJ113的有关规定，进行玻璃防热炸裂设计计算，并采取必要的防玻璃热炸裂措施。

门窗设计选用普通退火玻璃（主要是大板面玻璃和着色玻璃）时，应考虑玻璃品种（吸热率、边缘强度）、使用环境（玻璃朝向、遮挡阴影、环境温度、墙体导热）、玻璃边部装配约束（明框镶嵌、隐框胶结）等各种因素可能造成的玻璃热应力问题，以防止玻璃热炸裂产生。钢化和半钢化玻璃则不必进行防热炸裂的热应力计算。

4.11.2 门窗的立面分格框架设计和窗口室内、外的遮阳设计应防止或减少玻璃局部升温造成的玻璃不同区域之间的温度差。玻璃的周边不应有易造成裂纹的缺陷，对于易发生热炸裂的玻璃（如面积大于 $1m^2$ 的大板面玻璃、颜色较深的玻璃和着色玻璃等），应对其边部进行倒角磨边等加工处理，安装玻璃时也不应对玻璃周边造成人为的缺陷。玻璃的镶嵌采用弹性良好的密封衬垫材料有利于减少玻璃的热应力。

4.12 安 全 规 定

4.12.2 本条内容是国家发改委签发的"发改运行［2003］2116号文《建筑安全玻璃管理规定》"第六条中的有关条款的规定。

4.12.3 本条是根据行业标准《建筑玻璃应用技术规程》JGJ 113 - 2009 第 6.2.1 条和第 6.2.3 条的规定制订的，门和落地窗应执行其中有框玻璃的有关规定，全玻璃门应执行其中无框玻璃的有关规定。

4.12.4 本条为强制性要求，国家标准《住宅装饰装修工程施工规范》GB 50327 - 2001 第 10.1.6 条强制性条文规定"推拉门窗扇必须有防脱落措施，扇与框的搭接量应符合设计要求"，这属于关系到社会公众的安全性问题，确有必要规定。考虑到推拉门主要用于阳台门，因此本条只规定了推拉窗的要求。

4.12.5、4.12.6 为防止室内儿童或人员从窗户跌落室外，或者公共建筑管理需要，窗的开启扇应采用带钥匙的窗锁、执手等锁闭器具，以防止人随意开启窗扇。

4.12.7 本条是参照《民用建筑设计通则》GB 50352 - 2005 第 6.10.4 条的规定"双面弹簧门应在可视高度部分装透明安全玻璃"。铝合金地弹簧门一般都是采用玻璃，但要防止采用非透视的玻璃或其他镶板而无可透视的玻璃面，因为这种双向弹簧门来回开启，推门的人看不到门的另一侧是否有人，

则容易碰撞人。

5 结 构 设 计

5.1 一 般 规 定

5.1.1 铝合金门窗为建筑物外围护结构的重要组成部分，一般情况下属于易于替换的结构构件。承受自重以及直接作用于其上的风荷载、地震作用和温度作用等，不分担主体结构承受的各种荷载和作用。

5.1.2 铝合金门窗是建筑外围护结构的组成部分，除必须具备足够的刚度和承载能力外，铝合金门窗自身结构、铝合金门窗与建筑洞口连接之间，须有一定的变形能力，以适应主体结构的变位。当主体结构在外荷载作用下产生变形时，不应使门窗构件产生过大的内力和不能承受的变形。

5.1.4 铝合金门窗面板玻璃为脆性材料，为了不致由于门窗受力后产生过大挠度导致玻璃破损，同时也避免因杆件变形过大而影响门窗的使用性能——开关困难、水密性能、气密性能降低或玻璃发生严重畸变等，故对铝合金门窗受力杆件，需同时验算其挠度和承载力。

铝合金门窗连接件根据不同受荷情况，需进行抗拉（压）、抗剪和抗承压强度验算。

根据《建筑结构可靠度设计统一标准》GB 50068 规定，对于承载能力极限状态，应采用下列设计表达式进行设计：

$$\gamma_0 S \leqslant R \qquad (2)$$

式中：R——结构构件抗力的设计值；

S——荷载效应组合的设计值；

γ_0——结构重要性系数。

门窗构件的结构重要性系数（γ_0），与门窗的设计使用年限和安全等级有关。考虑门窗为重要的持久性非结构构件，因此，门窗的安全等级一般可定为二级或三级，其结构重要性系数（γ_0）可取 1.0。因此，本规范设计表达式简化表示为 $S \leqslant R$。本承载力设计表达式具有通用意义，作用效应设计值 S 可以是内力或应力，抗力设计值 R 可以是构件的承载力设计值或材料强度设计值。

铝合金门窗玻璃的设计计算方法按现行行业标准《建筑玻璃应用技术规程》JGJ 113 的规定执行。按此计算方法，门窗玻璃的安全系数 $K=2.50$，此时对应的玻璃失效概率为 1‰。

5.1.5 铝合金门窗构件在实际使用中，将承受自重以及直接作用于其上的风荷载、地震作用、温度作用等。在其所承受的这些荷载和作用中，风荷载是主要的作用，其数值可达 $(1.0 \sim 5.0)kN/m^2$。地震荷载方面，根据《建筑抗震设计规范》GB 50011 规定，非结构构件的地震作用只考虑由自身重力产生的水平方向

地震作用和支座间相对位移产生的附加作用，采用等效侧力方法计算。因为门窗自重较轻，即使按最大地震作用系数考虑，门窗的水平地震荷载在各种常用玻璃配置情况下的水平方向地震作用力一般处于（0.04～0.4）kN/m² 的范围内，其相应的组合效应值仅为 0.26kN/m²，远小于风压值。温度作用方面，对于温度变化引起的门窗杆件和玻璃的热胀冷缩，在构造上可以采取相应措施有效解决，避免因门窗构件间挤压产生温度应力造成门窗构件破坏，如门窗框、扇连接装配间隙，玻璃镶嵌预留间隙（本规范第 5 章第 5.3.2 条已规定）等。同时，多年的工程设计计算经验也表明，在正常的使用环境下，由玻璃中央部分与边缘部分存在温度差而产生的温度应力亦不致使玻璃发生破损。因此，本规范规定在进行铝门窗结构设计时仅计算主要作用效应重力荷载和风荷载，地震作用和温度作用效应不作计算，仅要求在设计构造上采取相应措施避免因地震作用和温度作用效应引起门窗构件破坏。

进行铝合金门窗构件的承载力计算时，当重力荷载对铝合金门窗构件的承载能力不利时，重力荷载和风荷载作用的分项系数（γ_G、γ_w）应分别取 1.2 和 1.4；当重力荷载对铝合金门窗构件的承载能力有利时（γ_G、γ_w）应分别取 1.0 和 1.4。

5.1.7 铝合金门窗年温度变化 ΔT 应按实际情况确定，当不能取得实际数据时可取 80℃。

5.2 材料力学性能

5.2.1 铝合金型材的抗拉、压强度设计值是根据材料的强度标准值除以材料性能分项系数取得的，本规范按《铝合金结构设计规范》GB 50429 规定材料性能分项系数（γ_f）取 1.2，所以，相应的铝合金型材抗拉、压强度设计值为：

$$f_a = \frac{f_{ak}}{k_2} = \frac{f_{ak}}{1.286} \qquad (3)$$

铝合金型材强度标准值（f_{ak}）一般取铝合金型材的规定非比例延伸强度 $R_{p0.2}$，$R_{p0.2}$ 可按现行国家标准《铝合金建筑型材》GB 5237 的规定取用。为便于设计应用，将上式计算得到的数值取 5 的整数倍，表 5.2.1 中的铝合金抗拉、压强度设计值即为按照这一要求计算得出的。

因风荷载分项系数 $\gamma_w=1.4$，材料性能分项系数 $\gamma_f=1.2$，本规范铝合金型材总安全系数为 $K=\gamma_w\gamma_f=1.68$。

5.2.2 铝合金门窗中钢材主要用于连接件（如连接钢板、螺栓等），其计算和设计要求应按现行国家标准《钢结构设计规范》GB 50017 的规定进行。其常用钢材的强度设计值亦按现行国家标准《钢结构设计规范》GB 50017 的规定采用。

5.2.4 在铝合金门窗的实际使用中，失效概率最大的即为门窗的五金件、连接构件，如门窗锁紧装置、连接铰链和合页等。因此，本规范要求，受力的门窗五金件、连接构件其承载力须满足其产品标准的要求，对尚无产品标准的受力五金件、连接件须提供由专业检测机构出具的产品承载力的检测报告。

铝合金门窗五金件、连接构件主要用于门窗窗扇与窗框的连接、锁固和门窗的连接，一旦出现失效，将影响窗扇的正常启闭，甚至导致窗扇的坠落，宜具有较高的安全度。根据目前国内工程的经验，一般情况下，门窗五金件、连接构件的总安全系数可取 2.0，故抗力分项系数 γ_R（或材料性能分项系数 γ_f）可取为 1.4。所以，当门窗五金件产品标准或检测报告提供了产品承载力标准值（产品正常使用极限状态所对应的承载力）时，其承载力设计值可按承载力标准值除以相应的抗力分项系数 γ_R（或材料性能分项系数 γ_f）1.4 确定。特殊情况下可按总安全系数不小于 2.0 的原则通过分析确定相应的承载力设计值。

5.2.5 为方便使用，本规范在附录 A 中收录了门窗常用紧固件和焊缝的强度设计值或承载力设计值。本规范计算门窗常用紧固件材料强度设计值时所取的抗力分项系数 γ_R（或材料性能分项系数 γ_f）分别为：

  1 不锈钢螺栓、螺钉：总安全系数 $K=3$，抗拉：$\gamma_f=2.15$；抗剪：$\gamma_f=2.857$；

  2 抽芯铆钉：总安全系数 $K=1.8$，$\gamma_R=1.286$；

  3 焊缝材料强度设计值按现行国家标准《钢结构设计规范》GB 50017 的规定采用。

5.4 铝合金门窗主要受力杆件计算

5.4.1 对于铝合金门窗杆件这类细长构件来说，受荷后起控制作用的往往是杆件的挠度，因此进行门窗工程计算时，可先按门窗杆件挠度计算选取合适的杆件，然后进行杆件强度的复核。门窗中横框型材受力形式是双弯杆件，当门窗垂直安装时，中横框型材水平方向承受风荷载作用力，垂直方向承受玻璃的重力。为使中横框型材下面框架内的玻璃镶嵌安装和使用不受影响，本规范要求验算在承受重力荷载作用下中横框型材平行于玻璃平面方向的挠度值。

5.4.2 门窗型材细长杆件受弯后其最大弯曲正应力远大于最大弯曲剪应力，所以在对门窗杆件进行强度复核时可仅进行最大弯曲正应力的验算。同时，因铝合金门窗自重较轻，其在竖框杆件中产生的轴力通常情况下都很小，可忽略不计。

在进行受力杆件截面抗弯承载力验算时，铝型材的抗弯强度设计值（f）可按本规范 5.2.1 条的规定采用（f_a）；当铝型材中加有钢芯时，其钢芯的抗弯强度设计值 f 可按本规范 5.2.2 条的规定采用（f_s）。

按《铝合金结构设计规范》GB 50429 规定，铝合金型材截面塑性发展系数（γ）当采用强硬化

（T4、T5状态）型材时取1.00；当采用弱硬化（T6状态）型材时根据不同的截面形状分别可取1.00或1.05，而对于铝合金门窗常用截面形状，大部分都应取γ=1.00。为方便实际计算应用，本规范规定在进行铝合金门窗受力杆件截面抗弯承载力验算时统一取γ=1.00。

5.4.3 铝合金门窗框、扇主要受力杆件的力学模型，应根据门窗的立面分格情况、开启形式、框扇连接锁固方式等，按照《建筑结构静力学计算手册》计算方法，分别简化为承受各类分布荷载或集中荷载的简支梁和悬臂梁等来进行计算。为方便使用，本规范在附录B中，规定了门窗杆件挠度、弯矩的简化计算方法，可参照执行。

5.5 连接设计

5.5.1 铝合金门窗构件的端部连接节点、窗扇连接铰链、合页和锁紧装置等门窗五金件和连接件的连接点，在门窗结构受力体系中相当于受力杆件简支梁和悬臂梁的支座，应有足够的连接强度和承载力，以保证门窗结构体系的受力和传力。在我国多年的铝合金门窗实际工程经验中，实际使用中损坏和在风压作用下发生的损毁，很多情况都是由于五金件和连接件本身承载力不足或连接螺钉、铆钉拉脱而导致连接失效而引起。因此，在铝合金门窗工程设计中，应高度注意门窗五金件和连接件承载力校核和连接可靠性设计，应按荷载和作用的分布和传递，正确设计、计算门窗连接节点，根据连接形式和承载情况，进行五金件、连接件及紧固件的抗拉（压）、抗剪切和抗挤压等强度校核计算。

5.5.2 在进行铝合金门窗五金件和连接件强度计算时，根据不同连接件情况，可分别采用应力表达式：$\sigma \leqslant f$ 或承载力表达式：$S \leqslant R$ 进行计算。

通常情况下，进行连接件强度计算时，一般可采用应力表达式进行计算；而门窗五金件产品标准或产品检测报告所提供的一般为产品承载力，在此情况下，采用承载力表达式进行计算将较为直观、简单。

5.5.8 不同金属相互接触处，容易产生双金属腐蚀，所以要求设置绝缘垫片或采取其他防腐蚀措施。在正常使用条件下，铝合金与不锈钢材料接触不易发生双金属腐蚀，一般可不设置绝缘垫片。

5.5.9 连接螺栓、螺钉或铆钉的中心距和中心至构件边缘的距离，应按《铝合金结构设计规范》GB 50429规定执行，同时应满足构件受剪面承载能力的需要。如果连接确有困难不能满足上述要求时，则应对构件受剪面进行验算。同时，当螺钉直接通过型材孔壁螺纹受力连接时，应验算螺纹承载力。必要时，应采取相应的补强措施，如采用加衬板等，或改变连接方式。

5.6 隐框窗硅酮结构密封胶设计

5.6.1 硅酮结构密封胶在施工前，应进行与玻璃、型材的剥离试验，以及相接触的有机材料的相容性试验，合格后方能使用。如果硅酮结构密封胶与接触材料不相容，会导致结构胶粘结力下降或丧失。

5.6.2 硅酮结构密封胶的粘结宽度、厚度的设计计算，《玻璃幕墙工程技术规范》JGJ 102均作了详细规定。在进行隐框窗结构胶粘结宽度、厚度的设计计算时，应考虑风荷载效应和玻璃自重效应，按照非抗震设计计算公式进行设计计算。

8 工 程 验 收

8.2 主 控 项 目

8.2.5 推拉门窗扇意外脱落容易造成安全方面的伤害，对高层建筑情况更为严重，故规定推拉门窗扇必须设有防脱落措施。

8.3 一 般 项 目

8.3.6 铝合金门窗安装工程质量验收实测内容分别是：门窗槽口宽度、高度；门窗槽口对角线长度差；门窗框的正、侧面垂直度；门窗横框的水平度；门窗横框标高；门窗竖向偏离中心；双层门窗内外框间距；推拉门窗扇与框搭接量。检查时，按照上述实测内容，使用相关测量工具，参照下列测量位置和数量，对铝合金门窗实测内容进行检查并全数记录。

1 检查门窗槽口宽度时，使用钢尺等测量工具，距门窗槽口上下300mm位置，水平测量各1点（计算基准值）；

2 检查门窗槽口高度时，使用钢尺等测量工具，距门窗槽口左右200mm位置，竖向测量各1点（计算基准值）；

3 检查门窗槽口对角线长度差时，使用钢尺等测量工具，在门窗槽口的企口面，分别量取槽口对角线长度，两个方向长度分别记录；

4 检查门窗框的正、侧面垂直度时，使用1000mm垂直检测尺等测量工具，在一侧门窗竖框中部的正、侧面，各测量1点；

5 检查门窗横框的水平度时，使用1000mm水平尺和塞尺等测量工具，在上横框下口测量1点；

6 检查门窗横框标高时，使用钢尺等测量工具，测量上横框下口距1000mm线高度尺寸，测量1点（计算基准值）；

7 检查门窗竖向偏离中心时，使用钢尺等测量工具，在一侧门窗竖框中部，测量门窗框两侧宽度各1点；

8 检查双层门窗内外框间距时，使用钢尺等测量工具，在每侧门窗竖框中部，测量框间距各 1 点；

9 检查铝合金推拉门窗扇与框搭接量时，使用钢直尺等测量工具，在门窗框扇搭接处，测量 1 点。

9 保养与维修

9.1 一般规定

9.1.1 为了使铝合金门窗在使用过程中达到和保持设计要求的预定功能，铝合金门窗工程竣工后提供《铝合金门窗使用维护说明书》，说明书主要内容：

1 门窗产品名称、特点、主要性能参数；

2 门窗使用注意事项，开启和关闭操作方法，易出现的误操作和防范措施；

3 日常清洁、维护，定期保养要求；

4 备品、备件清单，门窗易损零配件的名称、规格及更换方法。

9.1.2 随着我国铝合金门窗行业的发展，铝合金门窗新产品越来越多，铝合金门窗的结构也越趋复杂，技术含量高，对维修人员的要求也相应提高。本条要求铝合金门窗工程承包商在铝合金门窗交付使用前向业主维修人员培训。

9.2 检查、维修及维护

9.2.2 铝合金门窗工程竣工验收后一年内，铝合金门窗工程的加工和施工工艺及材料、五金件、密封材料的一些缺陷均有不同程度的暴露。所以在铝合金门窗工程竣工验收后一年时，应对铝合金门窗工程进行一次全面的检查。

中华人民共和国行业标准

外墙外保温工程技术规程

Technical specification for
external thermal insulation on walls

JGJ 144—2004

批准部门：中华人民共和国建设部
施行日期：２００５年３月１日

中华人民共和国建设部
公　告

第 305 号

建设部关于发布行业标准
《外墙外保温工程技术规程》的公告

现批准《外墙外保温工程技术规程》为行业标准，编号为 JGJ 144—2004，自 2005 年 3 月 1 日起实施。其中，第 4.0.2、4.0.5、4.0.8、4.0.10、5.0.11、6.2.7、6.3.2、6.4.3、6.5.6、6.5.9 条为强制性条文，必须严格执行。

本规程由建设部标准定额研究所组织中国建筑工业出版社出版发行。

中华人民共和国建设部
2005 年 1 月 13 日

前　言

根据建设部建标［1999］309 号文的要求，标准编制组经广泛调查研究，认真总结实践经验，参考有关国际标准和国外先进标准，并在广泛征求意见基础上，制定了本规程。

本规程的主要技术内容是：

1　总则
2　术语
3　基本规定
4　性能要求
5　设计与施工
6　外墙外保温系统构造和技术要求
7　工程验收
附录 A　外墙外保温系统及其组成材料性能试验方法
附录 B　现场试验方法

本规程由建设部负责管理和对强制性条文的解释，由主编单位负责具体技术内容的解释。

本规程主编单位：建设部科技发展促进中心
（地址：北京市三里河路 9 号
邮政编码：100835）

本规程参编单位：中国建筑科学研究院
中国建筑标准设计研究所
北京中建建筑科学技术研究院
北京振利高新技术公司
山东龙新建材股份有限公司
北京亿丰豪斯沃尔公司
广州市建筑科学研究院
北京润适达建筑化学品有限公司
冀东水泥集团唐山盾石干粉建材有限责任公司
上海永成建筑创艺有限公司
江苏九鼎集团新型建材公司
（德国）上海申得欧有限公司
北京市建兴新建材开发中心

本规程主要起草人员：张庆风　杨西伟　冯金秋
李晓明　张树君　黄振利
邸占英　张仁常　耿大纯
王庆生　任　俊　于承安
李　冰

目　次

1 总　则

1.0.1 为规范外墙外保温工程技术要求,保证工程质量,做到技术先进、安全可靠、经济合理,制定本规程。

1.0.2 本规程适用于新建居住建筑的混凝土和砌体结构外墙外保温工程。

1.0.3 外墙外保温工程除应符合本规程外,尚应符合国家现行有关强制性标准的规定。

2 术　语

2.0.1 外墙外保温系统　external thermal insulation system

由保温层、保护层和固定材料(胶粘剂、锚固件等)构成并且适用于安装在外墙外表面的非承重保温构造总称。

2.0.2 外墙外保温工程　external thermal insulation on walls

将外墙外保温系统通过组合、组装、施工或安装固定在外墙外表面上所形成的建筑物实体。

2.0.3 外保温复合墙体　wall composed with external thermal insulation

由基层和外保温系统组合而成的墙体。

2.0.4 基层　substrate

外保温系统所依附的外墙。

2.0.5 保温层　thermal insulation layer

由保温材料组成,在外保温系统中起保温作用的构造层。

2.0.6 抹面层　rendering coat

抹在保温层上,中间夹有增强网,保护保温层,并起防裂、防水和抗冲击作用的构造层。抹面层可分为薄抹面层和厚抹面层。用于 EPS 板和胶粉 EPS 颗粒保温浆料时为薄抹面层,用于 EPS 钢丝网架板时为厚抹面层。

2.0.7 饰面层　finish coat

外保温系统外装饰层。

2.0.8 保护层　protecting coat

抹面层和饰面层的总称。

2.0.9 EPS 板　expanded polystyrene board

由可发性聚苯乙烯珠粒经加热预发泡后在模中加热成型而制得的具有闭孔结构的聚苯乙烯泡沫塑料板材。

2.0.10 胶粉 EPS 颗粒保温浆料　insulating mortar consisting of gelatinous powder and expanded polystyrene pellets

由胶粉料和 EPS 颗粒集料组成,并且 EPS 颗粒体积比不小于 80% 的保温灰浆。

2.0.11 EPS 钢丝网架板　EPS board with metal network

由 EPS 板内插腹丝,外侧焊接钢丝往构成的三维空间网架芯板。

2.0.12 胶粘剂　adhesive

用于 EPS 板与基层以及 EPS 板之间粘结的材料。

2.0.13 抹面胶浆　rendering coat mortar

在 EPS 板薄抹灰外墙外保温系统中用于做薄抹面层的材料。

2.0.14 抗裂砂浆　anti-crack mortar

以由聚合物乳液和外加剂制成的抗裂剂、水泥和砂按一定比例制成的能满足一定变形而保持不开裂的砂浆。

2.0.15 界面砂浆　interface treating mortar

用以改善基层或保温层表面粘结性能的聚合物砂浆。

2.0.16 机械固定件　mechanical fastener

用于将系统固定于基层上的专用固定件。

3 基 本 规 定

3.0.1 外墙外保温工程应能适应基层的正常变形而不产生裂缝或空鼓。

3.0.2 外墙外保温工程应能长期承受自重而不产生有害的变形。

3.0.3 外墙外保温工程应能承受风荷载的作用而不产生破坏。

3.0.4 外墙外保温工程应能耐受室外气候的长期反复作用而不产生破坏。

3.0.5 外墙外保温工程在罕遇地震发生时不应从基层上脱落。

3.0.6 高层建筑外墙外保温工程应采取防火构造措施。

3.0.7 外墙外保温工程应具有防水渗透性能。

3.0.8 外保温复合墙体的保温、隔热和防潮性能应符合国家现行标准《民用建筑热工设计规范》GB 50176、《民用建筑节能设计标准(采暖居住建筑部分)》JGJ 26、《夏热冬冷地区居住建筑节能设计标准》JGJ 134 和《夏热冬暖地区居住建筑节能设计标准》JGJ 75 的有关规定。

3.0.9 外墙外保温工程各组成部分应具有物理-化学稳定性。所有组成材料应彼此相容并应具有防腐性。在可能受到生物侵害(鼠害、虫害等)时,外墙外保温工程还应具有防生物侵害性能。

3.0.10 在正确使用和正常维护的条件下,外墙外保温工程的使用年限不应少于 25 年。

4 性 能 要 求

4.0.1 应按本规程附录 A 第 A.2 节规定对外墙外保

温系统进行耐候性检验。

4.0.2 外墙外保温系统经耐候性试验后，不得出现饰面层起泡或剥落、保护层空鼓或脱落等破坏，不得产生渗水裂缝。具有薄抹面层的外保温系统，抹面层与保温层的拉伸粘结强度不小于 0.1MPa，并且破坏部位应位于保温层内。

4.0.3 应按本规程附录 A 第 A.7 节规定对胶粉 EPS 颗粒保温浆料外墙外保温系统进行抗拉强度检验，抗拉强度不小于 0.1MPa，并且破坏部位不得位于各层界面。

4.0.4 EPS 板现浇混凝土外墙外保温系统应按本规程附录 B 第 B.2 节规定做现场粘结强度检验。

4.0.5 EPS 板现浇混凝土外墙外保温系统现场粘结强度不得小于 0.1MPa，并且破坏部位应位于 EPS 板内。

4.0.6 外墙外保温系统其他性能应符合表 4.0.6 规定。

表 4.0.6　外墙外保温系统性能要求

检验项目	性能要求	试验方法
抗风荷载性能	系统抗风压值 R_d 不小于风荷载设计值　EPS 板薄抹灰外墙外保温系统、胶粉 EPS 颗粒保温浆料外墙外保温系统、EPS 板现浇混凝土外墙外保温系统和 EPS 钢丝网架板现浇混凝土外墙外保温系统安全系数 K 应不小于 1.5，机械固定 EPS 钢丝网架板外墙外保温系统安全系数 K 应不小于 2	附录 A 第 A.3 节；由设计要求值降低 1kPa 作为试验起始点
抗冲击性	建筑物首层墙面以及门窗口等易受碰撞部位：10J 级；建筑物二层以上墙面等不易受碰撞部位：3J 级	附录 A 第 A.5 节
吸水量	水中浸泡 1h，只带有抹面层和带有全部保护层的系统的吸水量均不得大于或等于 1.0kg/m²	附录 A 第 A.6 节
耐冻融性能	30 次冻融循环后保护层无空鼓、脱落，无渗水裂缝；保护层与保温层的拉伸粘结强度不小于 0.1MPa，破坏部位应位于保温层	附录 A 第 A.4 节
热阻	复合墙体热阻符合设计要求	附录 A 第 A.9 节
抹面层不透水性	2h 不透水	附录 A 第 A.10 节
保护层水蒸气渗透阻	符合设计要求	附录 A 第 A.11 节

注：水中浸泡 24h，只带有抹面层和带有全部保护层的系统的吸水量均小于 0.5kg/m² 时，不检验耐冻融性能。

4.0.7 应按本规程附录 A 第 A.8 节规定对胶粘剂进行拉伸粘结强度检验。

4.0.8 胶粘剂与水泥砂浆的拉伸粘结强度在干燥状态下不得小于 0.6MPa，浸水 48h 后不得小于 0.4MPa；与 EPS 板的拉伸粘结强度在干燥状态和浸水 48h 后均不得小于 0.1MPa，并且破坏部位应位于 EPS 板内。

4.0.9 应按本规程附录 A 第 A12.2 条规定对玻纤网进行耐碱拉伸断裂强力检验。

4.0.10 玻纤网经向和纬向耐碱拉伸断裂强力均不得小于 750N/50mm，耐碱拉伸断裂强力保留率均不得小于 50%。

4.0.11 外保温系统其他主要组成材料性能应符合表 4.0.11 规定。

表 4.0.11　外墙外保温系统组成材料性能要求

检验项目		性能要求		试验方法
		EPS 板	胶粉 EPS 颗粒保温浆料	
保温材料	密度（kg/m³）	18～22	—	GB/T 6343—1995
	干密度（kg/m³）	—	180～250	GB/T 6343—1995（70℃恒重）
	导热系数［W/(m·K)］	≤0.041	≤0.060	GB 10294—88
	水蒸气渗透系数［ng/(Pa·m·s)］	符合设计要求	符合设计要求	附录 A 第 A.11 节
	压缩性能（MPa）（形变 10%）	≥0.10	≥0.25（养护 28d）	GB 8813—88
	抗拉强度（MPa） 干燥状态	≥0.10		附录 A 第 A.7 节
	浸水 48h，取出后干燥 7d	≥0.10		
	线性收缩率（%）	≤0.3		GBJ 82—85
	尺寸稳定性（%）	≤0.3		GB 8811—88
	软化系数	≥0.5（养护 28d）		JGJ 51—2002
	燃烧性能	阻燃型		GB/T 10801.1—2002
	燃烧性能级别	—	B₁	GB 8624—1997
EPS 钢丝网架板	热阻（m²·K/W）腹丝穿透型	≥0.73（50mm 厚 EPS 板）≥1.5（100mm 厚 EPS 板）		附录 A 第 A.9 节
	腹丝非穿透型	≥1.0（50mm 厚 EPS 板）≥1.6（80mm 厚 EPS 板）		
	腹丝镀锌层	符合 QB/T 3897—1999 规定		

续表

检验项目	性能要求		试验方法
	EPS 板	胶粉 EPS 颗粒保温浆料	
抹面胶浆、抗裂砂浆、界面砂浆	与 EPS 板或胶粉 EPS 颗粒保温浆料拉伸粘结强度（MPa）	干燥状态和浸水 48h 后≥0.10，破坏界面应位于 EPS 板或胶粉 EPS 颗粒保温浆料	附录 A 第 A.8 节
饰面材料	必须与其他系统组成材料相容，应符合设计要求和相关标准规定		
锚栓	符合设计要求和相关标准规定		

4.0.12 本章所规定的检验项目应为型式检验项目，型式检验报告有效期为 2 年。

5 设计与施工

5.0.1 设计选用外保温系统时，不得更改系统构造和组成材料。

5.0.2 外保温复合墙体的热工和节能设计应符合下列规定：

1 保温层内表面温度应高于 0℃；

2 外保温系统应包覆门窗框外侧洞口、女儿墙以及封闭阳台等热桥部位；

3 对于机械固定 EPS 钢丝网架板外墙外保温系统，应考虑固定件、承托件的热桥影响。

5.0.3 对于具有薄抹面层的系统，保护层厚度应不小于 3mm 并且不宜大于 6mm。对于具有厚抹面层的系统，厚抹面层厚度应为 25～30mm。

5.0.4 应做好外保温工程的密封和防水构造设计，确保水不会渗入保温层及基层，重要部位应有详图。水平或倾斜的出挑部位以及延伸至地面以下的部位应做防水处理。在外墙外保温系统上安装的设备或管道应固定于基层上，并应做密封和防水设计。

5.0.5 除采用现浇混凝土外墙外保温系统外，外保温工程的施工应在基层施工质量验收合格后进行。

5.0.6 除采用现浇混凝土外墙外保温系统外，外保温工程施工前，外门窗洞口应通过验收，洞口尺寸、位置应符合设计要求和质量要求，门窗框或辅框应安装完毕。伸出墙面的消防梯、水落管、各种进户管线和空调器等的预埋件、连接件应安装完毕，并按外保温系统厚度留出间隙。

5.0.7 外保温工程的施工应具备施工方案，施工人员应经过培训并经考核合格。

5.0.8 基层应坚实、平整。保温层施工前，应进行基层处理。

5.0.9 EPS 板表面不得长期裸露，EPS 板安装上墙

后应及时做抹面层。

5.0.10 薄抹面层施工时，玻纤网不得直接铺在保温层表面，不得干搭接，不得外露。

5.0.11 外保温工程施工期间以及完工后 24h 内，基层及环境空气温度不应低于 5℃。夏季应避免阳光暴晒。在 5 级以上大风天气和雨天不得施工。

5.0.12 外保温施工各分项工程和子分部工程完工后应做好成品保护。

6 外墙外保温系统构造和技术要求

6.1 EPS 板薄抹灰外墙外保温系统

6.1.1 EPS 板薄抹灰外墙外保温系统（以下简称 EPS 板薄抹灰系统）由 EPS 板保温层、薄抹面层和饰面涂层构成，EPS 板用胶粘剂固定在基层上，薄抹面层中满铺玻纤网（图 6.1.1）。

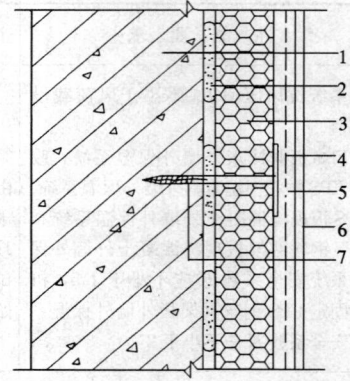

图 6.1.1 EPS 板薄抹灰系统
1—基层；2—胶粘剂；3—EPS 板；4—玻纤网；
5—薄抹面层；6—饰面涂层；7—锚栓

6.1.2 建筑物高度在 20m 以上时，在受负风压作用较大的部位宜使用锚栓辅助固定。

6.1.3 EPS 板宽度不宜大于 1200mm，高度不宜大于 600mm。

6.1.4 必要时应设置抗裂分隔缝。

6.1.5 EPS 板薄抹灰系统的基层表面应清洁，无油污、脱模剂等妨碍粘结的附着物。凸起、空鼓和疏松部位应剔除并找平。找平层应与墙体粘结牢固，不得有脱层、空鼓、裂缝，面层不得有粉化、起皮、爆灰等现象。

6.1.6 应按本规程附录 B 第 B.1 节规定做基层与胶粘剂的拉伸粘结强度检验，粘结强度不应低于 0.3MPa，并且粘结界面脱开面积不应大于 50%。

6.1.7 粘贴 EPS 板时，应将胶粘剂涂在 EPS 板背面，涂胶粘剂面积不得小于 EPS 板面积的 40%。

6.1.8 EPS 板应按顺砌方式粘贴，竖缝应逐行错缝。EPS 板应粘贴牢固，不得有松动和空鼓。

6.1.9 墙角处 EPS 板应交错互锁（图 6.1.9a）。门窗洞口四角处 EPS 板不得拼接，应采用整块 EPS 板切割成形，EPS 板接缝应离开角部至少 200mm（图 6.1.9b）。

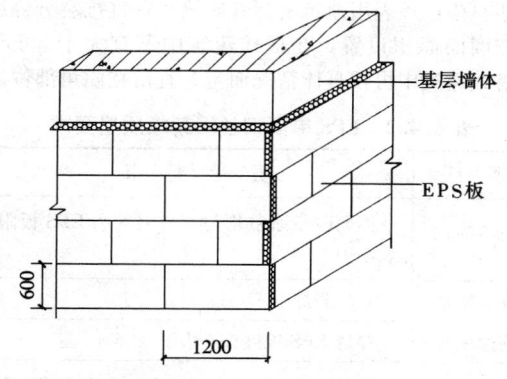

图 6.1.9（a） EPS 板排板图

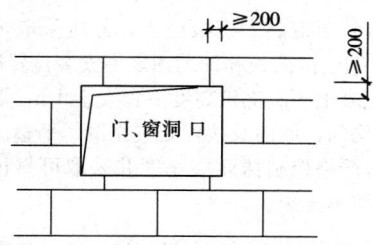

图 6.1.9（b） 门窗洞口 EPS 板排列

6.1.10 应做好系统在檐口、勒脚处的包边处理。装饰缝、门窗四角和阴阳角等处应做好局部加强网施工。变形缝处应做好防水和保温构造处理。

6.2 胶粉 EPS 颗粒保温浆料外墙外保温系统

6.2.1 胶粉 EPS 颗粒保温浆料外墙外保温系统（以下简称保温浆料系统）应由界面层、胶粉 EPS 颗粒保温浆料保温层、抗裂砂浆薄抹面层和饰面层组成（图 6.2.1）。胶粉 EPS 颗粒保温浆料经现场拌合后喷涂或抹在基层上形成保温层。薄抹面层中应满铺玻纤网。

6.2.2 胶粉 EPS 颗粒保温浆料保温层设计厚度不宜超过 100mm。

6.2.3 必要时应设置抗裂分隔缝。

6.2.4 基层表面应清洁，无油污和脱模剂等妨碍粘结的附着物，空鼓、疏松部位应剔除。

6.2.5 胶粉 EPS 颗粒保温浆料宜分遍抹灰，每遍间隔时间应在 24h 以上，每遍厚度不宜超过 20mm。第一遍抹灰应压实，最后一遍应找平，并用大杠搓平。

6.2.6 保温层硬化后，应现场检验保温层厚度并现场取样检验胶粉 EPS 颗粒保温浆料干密度。

6.2.7 **现场取样胶粉 EPS 颗粒保温浆料干密度不应大于 250 kg/m³，并且不应小于 180kg/m³。现场检验**

保温层厚度应符合设计要求，不得有负偏差。

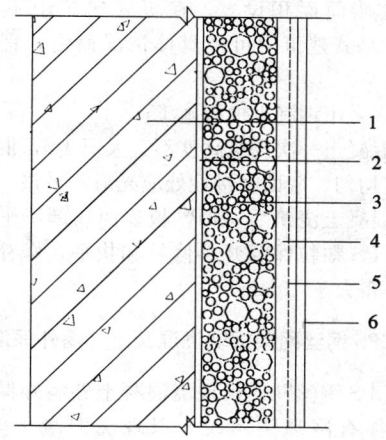

图 6.2.1 保温浆料系统
1—基层；2—界面砂浆；3—胶粉 EPS 颗粒保温浆料；4—抗裂砂浆薄抹面层；
5—玻纤网；6—饰面层

6.3 EPS 板现浇混凝土外墙外保温系统

6.3.1 EPS 板现浇混凝土外墙外保温系统（以下简称无网现浇系统）以现浇混凝土外墙作为基层，EPS 板为保温层。EPS 板内表面（与现浇混凝土接触的表面）沿水平方向开有矩形齿槽，内、外表面均满涂界面砂浆。在施工时将 EPS 板置于外模板内侧，并安装锚栓作为辅助固定件。浇灌混凝土后，墙体与 EPS 板以及锚栓结合为一体。EPS 板表面抹抗裂砂浆薄抹面层，外表以涂料为饰面层（图 6.3.1），薄抹面层中满铺玻纤网。

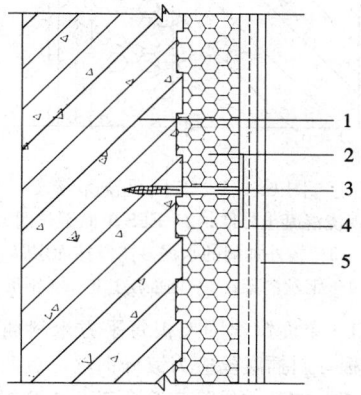

图 6.3.1 无网现浇系统
1—现浇混凝土外墙；2—EPS 板；3—锚栓；
4—抗裂砂浆薄抹面层；5—饰面层

6.3.2 **无网现浇系统 EPS 板两面必须预喷刷界面砂浆。**

6.3.3 EPS 板宽度宜为 1.2m，高度宜为建筑物层高。

6.3.4 锚栓每平方米宜设 2～3 个。

6.3.5 水平抗裂分隔缝宜按楼层设置。垂直抗裂分隔缝宜按墙面面积设置，在板式建筑中不宜大于30m²，在塔式建筑中可视具体情况而定，宜留在阴角部位。

6.3.6 应采用钢制大模板施工。

6.3.7 混凝土一次浇筑高度不宜大于1m，混凝土需振捣密实均匀，墙面及接茬处应光滑、平整。

6.3.8 混凝土浇筑后，EPS板表面局部不平整处宜抹胶粉EPS颗粒保温浆料修补和找平，修补和找平处厚度不得大于10mm。

6.4 EPS钢丝网架板现浇混凝土外墙外保温系统

6.4.1 EPS钢丝网架板现浇混凝土外墙外保温系统（以下简称有网现浇系统）以现浇混凝土为基层，EPS单面钢丝网架板置于外墙外模板内侧，并安装φ6钢筋作为辅助固定件。浇灌混凝土后，EPS单面钢丝网架板挑头钢丝和φ6钢筋与混凝土结合为一体，EPS单面钢丝网架板表面抹掺外加剂的水泥砂浆形成厚抹面层，外表做饰面层（图6.4.1）。以涂料做饰面层时，应加抹玻纤网抗裂砂浆薄抹面层。

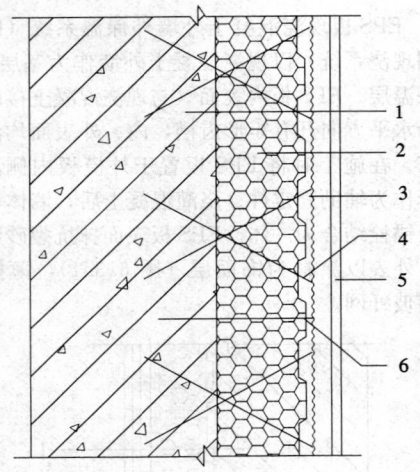

图 6.4.1 有网现浇系统
1—现浇混凝土外墙；2—EPS单面钢丝网架板；
3—掺外加剂的水泥砂浆厚抹面层；
4—钢丝网架；5—饰面层；6—φ6钢筋

6.4.2 EPS单面钢丝网架板每平方米斜插腹丝不得超过200根，斜插腹丝应为镀锌钢丝，板两面应预喷刷界面砂浆。加工质量除应符合表6.4.2规定外，尚应符合现行行业标准《钢丝网架水泥聚苯乙烯夹心板》JC 623有关规定。

6.4.3 有网现浇系统EPS钢丝网架板厚度、每平方米腹丝数量和表面荷载值应通过试验确定。EPS钢丝网架板构造设计和施工安装应考虑现浇混凝土侧压力影响，抹面层厚度应均匀，钢丝网应完全包覆于抹面层中。

6.4.4 φ6钢筋每平方米宜设4根，锚固深度不得小于100mm。

6.4.5 在每层层间宜留水平抗裂分隔缝，层间保温板外钢丝网应断开，抹灰时嵌入层间塑料分隔条或泡沫塑料棒，外表用建筑密封膏嵌缝。垂直抗裂分隔缝宜按墙面面积设置，在板式建筑中不宜大于30m²，在塔式建筑中可视具体情况而定，宜留在阴角部位。

表 6.4.2 EPS单面钢丝网架板质量要求

项　目	质　量　要　求
外　观	界面砂浆涂敷均匀，与钢丝和EPS板附着牢固
焊点质量	斜丝脱焊点不超过3%
钢丝挑头	穿透EPS板挑头不小于30mm
EPS板对接	板长3000mm范围内EPS板对接不得多于两处，且对接处需用胶粘剂粘牢

6.4.6 应采用钢制大模板施工，并应采取可靠措施保证EPS钢丝网架板和辅助固定件安装位置准确。

6.4.7 混凝土一次浇筑高度不宜大于1m，混凝土需振捣密实均匀，墙面及接茬处应光滑、平整。

6.4.8 应严格控制抹面层厚度并采取可靠抗裂措施确保抹面层不开裂。

6.5 机械固定EPS钢丝网架板外墙外保温系统

6.5.1 机械固定EPS钢丝网架板外墙外保温系统（以下简称机械固定系统）由机械固定装置、腹丝非穿透型EPS钢丝网架板、掺外加剂的水泥砂浆厚抹面层和饰面层构成（图6.5.1）。以涂料做饰面层时，应加抹玻纤网抗裂砂浆薄抹面层。

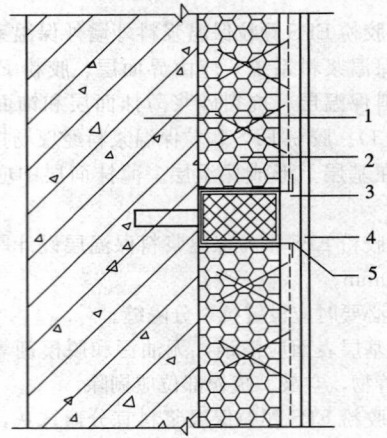

图 6.5.1 机械固定系统
1—基层；2—EPS钢丝网架板；3—掺外加剂的水泥砂浆厚抹面层；4—饰面层；5—机械固定装置

6.5.2 机械固定系统不适用于加气混凝土和轻集料混凝土基层。

6.5.3 腹丝非穿透型 EPS 钢丝网架板腹丝插入 EPS 板中深度不应小于 35mm，未穿透厚度不应小于 15mm。腹丝插入角度应保持一致，误差不应大于 3°。板两面应预喷刷界面砂浆。钢丝网与 EPS 板表面净距不应小于 10mm。

6.5.4 腹丝非穿透型 EPS 钢丝网架板除应符合本节规定外，尚应符合现行行业标准《钢丝网架水泥聚苯乙烯夹芯板》JC 623 有关规定。

6.5.5 应根据保温要求，通过计算或试验确定 EPS 钢丝网架板厚度。

6.5.6 机械固定系统锚栓、预埋金属固定件数量应通过试验确定，并且每平方米不应小于 7 个。单个锚栓拔出力和基层力学性能应符合设计要求。

6.5.7 用于砌体外墙时，宜采用预埋钢筋网片固定 EPS 钢丝网架板。

6.5.8 机械固定系统固定 EPS 钢丝网架板时应逐层设置承托件，承托件应固定在结构构件上。

6.5.9 机械固定系统金属固定件、钢筋网片、金属锚栓和承托件应做防锈处理。

6.5.10 应按设计要求设置抗裂分隔缝。

6.5.11 应严格控制抹灰层厚度并采取可靠措施确保抹灰层不开裂。

7 工程验收

7.0.1 外墙外保温工程应按现行国家标准《建筑工程施工质量验收统一标准》GB 50300 规定进行施工质量验收。

7.0.2 外保温工程分部工程、子分部工程和分项工程应按表 7.0.2 进行划分。

表 7.0.2 外保温工程分部工程、子分部工程和分项工程划分

分部工程	子分部工程	分 项 工 程
外保温	EPS 板薄抹灰系统	基层处理，粘贴 EPS 板，抹面层，变形缝，饰面层
	保温浆料系统	基层处理，抹胶粉 EPS 颗粒保温浆料，抹面层，变形缝，饰面层
	无网现浇系统	固定 EPS 板，现浇混凝土，EPS 局部找平，抹面层，变形缝，饰面层
	有网现浇系统	固定 EPS 钢丝网架板，现浇混凝土，抹面层，变形缝，饰面层
	机械固定系统	基层处理，安装固定件，固定 EPS 钢丝网架板，抹面层，变形缝，饰面层

7.0.3 分项工程应以每 500～1000m² 划分为一个检验批，不足 500m² 也应划分为一个检验批；每个检验批每 100m² 应至少抽查一处，每处不得小于 10m²。

7.0.4 主控项目的验收应符合下列规定：

　1　外保温系统及主要组成材料性能应符合本规程要求。

　　检查方法：检查型式检验报告和进场复检报告。

　2　保温层厚度应符合设计要求。

　　检查方法：插针法检查。

　3　EPS 板薄抹灰系统 EPS 板粘结面积应符合本规程要求。

　　检查方法：现场测量。

　4　无网现浇系统粘结强度应符合本规程要求。

　　检查方法：本规程附录 B 第 B.2 节。

7.0.5 一般项目的验收应符合下列规定：

　1　EPS 板薄抹灰系统和保温浆料系统保温层垂直度和尺寸允许偏差应符合现行国家标准《建筑装饰装修工程质量验收规范》GB 50210 规定。

　2　现浇混凝土分项工程施工质量应符合现行国家标准《混凝土结构工程施工质量验收规范》GB 50204 规定。

　3　无网现浇系统 EPS 板表面局部不平整处的修补和找平应符合本规程要求。找平后保温层垂直度和尺寸允许偏差应符合现行国家标准《建筑装饰装修工程质量验收规范》GB 50210 规定。

　　厚度检查方法：插针法检查。

　4　有网现浇系统和机械固定系统抹面层厚度应符合本规程要求。

　　检查方法：插针法检查。

　5　抹面层和饰面层分项工程施工质量应符合现行国家标准《建筑装饰装修工程质量验收规范》GB 50210 规定。

　6　系统抗冲击性应符合本规程要求。

　　检查方法：本规程附录 B 第 B.3 节。

7.0.6 外墙外保温工程竣工验收应提交下列文件：

　1　外保温系统的设计文件、图纸会审、设计变更和洽商记录；

　2　施工方案和施工工艺；

　3　外保温系统的型式检验报告及其主要组成材料的产品合格证、出厂检验报告、进场复检报告和现场验收记录；

　4　施工技术交底；

　5　施工工艺记录及施工质量检验记录；

　6　其他必须提供的资料。

7.0.7 外保温系统主要组成材料复检项目应符合表 7.0.7 规定。

表 7.0.7 外保温系统主要组成材料复检项目

组 成 材 料	复 检 项 目
EPS 板	密度，抗拉强度，尺寸稳定性。用于无网现浇系统时，加验界面砂浆喷刷质量

组成材料	复检项目
胶粉 EPS 颗粒保温浆料	湿密度，干密度，压缩性能
EPS 钢丝网架板	EPS 板密度，EPS 钢丝网架板外观质量
胶粘剂、抹面胶浆、抗裂砂浆、界面砂浆	干燥状态和浸水 48h 拉伸粘结强度
玻纤网	耐碱拉伸断裂强力，耐碱拉伸断裂强力保留率
腹丝	镀锌层厚度

注：1. 胶粘剂、抹面胶浆、抗裂砂浆、界面砂浆制样后养护 7d 进行拉伸粘结强度检验。发生争议时，以养护 28d 为准。
2. 玻纤网按附录 A 第 A.12.3 条检验。发生争议时，以第 A.12.2 条方法为准。

附录 A 外墙外保温系统及其组成材料性能试验方法

A.1 试样制备、养护和状态调节

A.1.1 外保温系统试样应按照生产厂家说明书规定的系统构造和施工方法进行制备。材料试样应按产品说明书规定进行配制。

A.1.2 试样养护和状态调节环境条件应为：温度 10～25℃，相对湿度不应低于 50%。

A.1.3 试样养护时间应为 28d。

A.2 系统耐候性试验方法

A.2.1 试样由混凝土墙和被测外保温系统构成，混凝土墙用作基层墙体。试样宽度不应小于 2.5m，高度不应小于 2.0m，面积不应小于 6m²。混凝土墙上角处应预留一个宽 0.4m，高 0.6m 的洞口，洞口距离边缘 0.4m(图 A.2.1)。外保温系统应包住混凝土墙的侧边。侧边保温板最大厚度为 20mm。预留洞口处应安装窗框。如有必要，可对洞口四角做特殊加强处理。

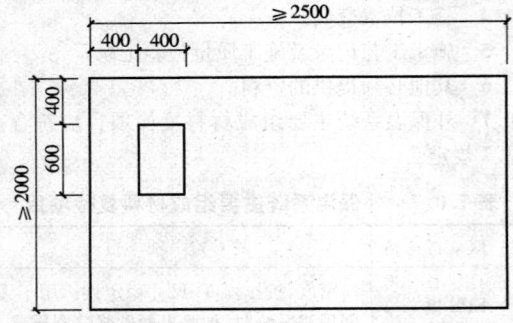

图 A.2.1 试样

A.2.2 试验步骤应符合以下规定：

1 EPS 板薄抹灰系统和无网现浇系统试验步骤如下：

1）高温—淋水循环 80 次，每次 6h。

①升温 3h

使试样表面升温至 70℃，并恒温在（70±5）℃（其中升温时间为 1h）。

②淋水 1h

向试样表面淋水，水温为（15±5）℃，水量为 1.0～1.5L／（m²·min）。

③静置 2h

2）状态调节至少 48h。

3）加热—冷冻循环 5 次，每次 24h。

①升温 8h

使试样表面升温至 50℃，并恒温在（50±5）℃（其中升温时间为 1h）。

②降温 16h

使试样表面降温至 −20℃，并恒温在（−20±5）℃（其中降温时间为 2h）。

2 保温浆料系统、有网现浇系统和机械固定系统试验步骤如下：

1）高温—淋水循环 80 次，每次 6h。

①升温 3h

使试样表面升温至 70℃，并恒温在（70±5）℃，恒温时间不应小于 1h。

②淋水 1h

向试样表面淋水，水温为（15±5）℃，水量为 1.0～1.5L／（m²·min）。

③静置 2h

2）状态调节至少 48h。

3）加热—冷冻循环 5 次，每次 24h。

①升温 8h

使试样表面升温至 50℃，并恒温在（50±5）℃，恒温时间不应小于 5h。

②降温 16h

使试样表面降温至 −20℃，并恒温在（−20±5）℃，恒温时间不应小于 12h。

A.2.3 观察、记录和检验时，应符合下列规定：

1 每 4 次高温—淋水循环和每次加热—冷冻循环后观察试样是否出现裂缝、空鼓、脱落等情况并做记录。

2 试验结束后，状态调节 7d，按现行行业标准《建筑工程饰面砖粘结强度检验标准》JGJ 110 规定检验抹面层与保温层的拉伸粘结强度，断缝应切割至保温层表面。并按本规程附录 B 第 B.3 节规定检验系统抗冲击性。

A.3 系统抗风荷载性能试验方法

A.3.1 试样应由基层墙体和被测外保温系统组成，

试样尺寸应不小于 2.0m×2.5m。

基层墙体可为混凝土墙或砖墙。为了模拟空气渗漏，在基层墙体上每平方米应预留一个直径 15mm 的孔洞，并应位于保温板接缝处。

A.3.2 试验设备是一个负压箱。负压箱应有足够的深度，以保证在外保温系统可能的变形范围内能使施加在系统上的压力保持恒定。试样安装在负压箱开口中并沿基层墙体周边进行固定和密封。

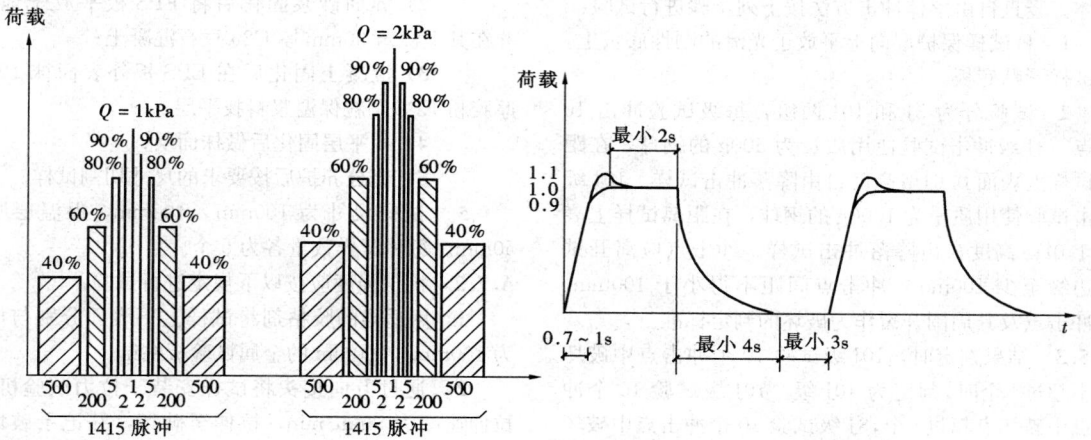

图 A.3.3　加压步骤及压力脉冲图形

3 保护层本身脱开；

4 保温板被从固定件上拉出；

5 机械固定件从基底上拔出；

6 保温板从支撑结构上脱离。

A.3.4 系统抗风压值 R_d 应按下式进行计算：

$$R_d = \frac{Q_1 C_s C_a}{K} \qquad (A.3.4)$$

式中　R_d——系统抗风压值，kPa；

Q_1——试样破坏前一级的试验风荷载值，kPa；

K——安全系数，按本规程第 4.0.6 条表 4.0.6 选取；

C_a——几何因数，$C_a = 1$；

C_s——统计修正因数，按表 A.3.4 选取。

表 A.3.4　保温板为粘结固定时的 C_s 值

粘结面积 B（%）	C_s
$50 \leqslant B \leqslant 100$	1
$10 < B < 50$	0.9
$B \leqslant 10$	0.8

A.4　系统耐冻融性能试验方法

A.4.1 当采用以纯聚合物为粘结基料的材料做饰面涂层时，应对以下两种试样进行试验：

1 由保温层和抹面层构成（不包含饰面层）的试样；

2 由保温层和保护层构成（包含饰面层）的试样。

A.3.3 试验步骤中的加压程序及压力脉冲图形见图 A.3.3。

每级试验包含 1415 个负风压脉冲，加压图形以试验风荷载 Q 的百分数表示。试验以 1kPa 的级差由低向高逐级进行，直至试样破坏。

有下列现象之一时，可视为试样破坏：

1 保温板断裂；

2 保温板中或保温板与其保护层之间出现分层；

当饰面层材料不是以纯聚合物为粘结基料的材料时，试样应包含饰面层。如果不只使用一种饰面材料，应按不同种类的饰面材料分别制样。如果仅颗粒大小不同，可视为同种类材料。

试样尺寸为 500mm×500mm，试样数量是 3 件。

试样周边涂密封材料密封。

A.4.2 试验步骤应符合下列规定：

1 冻融循环 30 次，每次 24h。

1） 在（20±2）℃自来水中浸泡 8h。试样浸入水中时，应使抹面层或保护层朝下，使抹面层浸入水中，并排除试样表面气泡。

2） 在（−20±2）℃冰箱中冷冻 16h。

试验期间如需中断试验，试样应置于冰箱中在（−20±2）℃下存放。

2 每 3 次循环后观察试样是否出现裂缝、空鼓、脱落等情况，并做记录。

3 试验结束后，状态调节 7d，按本规程第 A.8.2 条规定检验拉伸粘结强度。

A.5　系统抗冲击性试验方法

A.5.1 试样由保温层和保护层构成。

试样尺寸不应小于 1200mm×600mm，保温层厚度不应小于 50mm，玻纤网不得有搭接缝。试样分为单层网试样和双层网试样。单层网试样抹面层中应铺一层玻纤网，双层网试样抹面层中应铺一层玻纤网和一层加强网。

试样数量：

1 单层网试样：2件，每件分别用于3J级和10J级冲击试验。

2 双层网试样：2件，每件分别用于3J级和10J级冲击试验。

A.5.2 试验可采用摆动冲击或竖直自由落体冲击方法。摆动冲击方法可直接冲击经过耐候性试验的试验墙体。竖直自由落体冲击方法按下列步骤进行试验：

1 将试样保护层向上平放于光滑的刚性底板上，使试样紧贴底板。

2 试验分为3J和10J两级，每级试验冲击10个点。3J级冲击试验使用质量为500g的钢球，在距离试样上表面0.61m高度自由降落冲击试样。10J级冲击试验使用质量为1000g的钢球，在距离试样上表面1.02m高度自由降落冲击试样。冲击点应离开试样边缘至少100mm，冲击点间距不得小于100mm。以冲击点及其周围开裂作为破坏的判定标准。

A.5.3 结果判定时，10J级试验10个冲击点中破坏点不超过4个时，判定为10J级。10J级试验10个冲击点中破坏点超过4个，3J级试验10个冲击点中破坏点不超过4个时，判定为3J级。

A.6 系统吸水量试验方法

A.6.1 试样制备应符合下列规定：

试样分为两种，一种由保温层和抹面层构成，另一种由保温层和保护层构成。

试样尺寸为200mm×200mm，保温层厚度为50mm，抹面层和饰面层厚度应符合受检外保温系统构造规定。每种试样数量各为3件。

试样周边涂密封材料密封。

A.6.2 试验步骤应符合下列规定：

1 测量试样面积A。

2 称量试样初始重量 m_0。

3 使试样抹面层或保护层朝下浸入水中并使表面完全湿润。分别浸泡1h和24h后取出，在1min内擦去表面水分，称量吸水后的重量m。

A.6.3 系统吸水量应按下式进行计算：

$$M = \frac{m - m_0}{A} \qquad (A.6.3)$$

式中 M——系统吸水量，kg/m²；

m——试样吸水后的重量，kg；

m_0——试样初始重量，kg；

A——试样面积，m²。

试验结果以3个试验数据的算术平均值表示。

A.7 抗拉强度试验方法

A.7.1 试样制备应符合下列规定：

1 EPS板试样在EPS板上切割而成。

2 胶粉EPS颗粒保温浆料试样在预制成型的胶粉EPS颗粒保温浆料板上切割而成。

3 胶粉EPS颗粒保温浆料外保温系统试样由混凝土底板（作为基层墙体）、界面砂浆层、保温层和抹面层组成并切割成要求的尺寸。

4 EPS板现浇混凝土外保温系统试样应按以下方法制备：

1）在EPS板两表面喷刷界面砂浆；

2）界面砂浆固化后将EPS板平放于地面，并在其上浇筑30mm厚C20豆石混凝土；

3）混凝土固化后在EPS板外表面抹10mm厚胶粉EPS颗粒保温浆料找平层；

4）找平层固化后做抹面层；

5）充分养护后按要求的尺寸切割试样。

5 试样尺寸为100mm×100mm，保温层厚度50mm。每种试样数量各为5个。

A.7.2 抗拉强度应按以下规定进行试验：

1 用适当的胶粘剂将试样上下表面分别与尺寸为100mm×100mm的金属试验板粘结。

2 通过万向接头将试样安装于拉力试验机上，拉伸速度为5mm/min，拉伸至破坏，并记录破坏时的拉力及破坏部位。破坏部位在试验板粘结界面时试验数据无效。

3 试验应在以下两种试样状态下进行：

1）干燥状态；

2）水中浸泡48h，取出后干燥7d。

注：EPS板只做干燥状态试验。

A.7.3 抗拉强度应按下式进行计算：

$$\sigma_t = \frac{P_t}{A} \qquad (A.7.3)$$

式中 σ_t——抗拉强度，MPa；

P_t——破坏荷载，N；

A——试样面积，mm²。

试验结果以5个试验数据的算术平均值表示。

A.8 拉伸粘结强度试验方法

A.8.1 胶粘剂拉伸粘结强度应按以下方法进行试验：

1 水泥砂浆底板尺寸为80mm×40mm×40mm。底板的抗拉强度应不小于1.5MPa。

2 EPS板密度应为18～22kg/m³，抗拉强度应不小于0.1MPa。

3 与水泥砂浆粘结的试样数量为5个，制备方法如下：

在水泥砂浆底板中部涂胶粘剂，尺寸为40mm×40mm，厚度为（3±1）mm。经过养护后，用适当的胶粘剂（如环氧树脂）按十字搭接方式在胶粘剂上粘结砂浆底板。

4 与EPS板粘结的试样数量为5个，制备方法如下：

将 EPS 板切割成 100mm×100mm×50mm，在 EPS 板一个表面上涂胶粘剂，厚度为（3±1）mm。经过养护后，两面用适当的胶粘剂（如环氧树脂）粘结尺寸为 100mm×100mm 的钢底板。

    5 试验应在以下两种试样状态下进行：

      1）干燥状态；

      2）水中浸泡48h，取出后2h。

    6 将试样安装于拉力试验机上，拉伸速度为 5mm/min，拉伸至破坏，并记录破坏时的拉力及破坏部位。

A.8.2 抹面材料与保温材料拉伸粘结强度应按以下方法进行试验：

    1 试样尺寸为 100mm×100mm，保温板厚度为 50mm。试样数量为5件。

    2 保温材料为 EPS 保温板时，将抹面材料抹在 EPS 板一个表面上，厚度为（3±1）mm。经过养护后，两面用适当的胶粘剂（如环氧树脂）粘结尺寸为 100mm×100mm 的钢底板。

    3 保温材料为胶粉 EPS 颗粒保温浆料板时，将抗裂砂浆抹在胶粉 EPS 颗粒保温浆料板一个表面上，厚度为（3±1）mm。经过养护后，两面用适当的胶粘剂（如环氧树脂）粘结尺寸为 100mm×100mm 的钢底板。

    4 试验应在以下3种试样状态下进行：

      1）干燥状态；

      2）经过耐候性试验后；

      3）经过冻融试验后。

    5 将试样安装于拉力试验机上，拉伸速度为 5mm/min，拉伸至破坏并记录破坏时的拉力及破坏部位。

A.8.3 拉伸粘结强度应按下式进行计算：

$$\sigma_b = \frac{P_b}{A} \qquad (A.8.3)$$

式中 σ_b——拉伸粘结强度，MPa；

      P_b——破坏荷载，N；

      A——试样面积，mm^2。

试验结果以5个试验数据的算术平均值表示。

A.9 系统热阻试验方法

A.9.1 系统热阻应按现行国家标准《建筑构件稳态热传递性质的测定 标定和防护热箱法》GB/T 13475 规定进行试验。制样时 EPS 板拼缝缝隙宽度、单位面积内锚栓和金属固定件的数量应符合受检外保温系统构造规定。

A.10 抹面层不透水性试验方法

A.10.1 试样制备应符合下列规定：

试样由 EPS 板和抹面层组成，试样尺寸为

200mm×200mm，EPS 板厚度 60mm，试样数量2个。将试样中心部位的 EPS 板除去并刮干净，一直刮到抹面层的背面，刮除部分的尺寸为 100mm×100mm。将试样周边密封，抹面层朝下浸入水槽中，使试样浮在水槽中，底面所受压强为 500Pa。浸水时间达到2h时，观察是否有水透过抹面层（为便于观察，可在水中添加颜色指示剂）。

A.10.2 2个试样浸水2h时均不透水时，判定为不透水。

A.11 水蒸气渗透性能试验方法

A.11.1 试样制备应符合下列规定：

    1 EPS 板试样在 EPS 板上切割而成。

    2 胶粉 EPS 颗粒保温浆料试样在预制成型的胶粉 EPS 颗粒保温浆料板上切割而成。

    3 保护层试样是将保护层做在保温板上，经过养护后除去保温材料，并切割成规定的尺寸。

当采用以纯聚合物为粘结基料的材料作饰面涂层时，应按不同种类的饰面材料分别制样。如果仅颗粒大小不同，可视为同类材料。当采用其他材料作饰面涂层时，应对具有最厚饰面涂层的保护层进行试验。

A.11.2 保护层和保温材料的水蒸气渗透性能应按现行国家标准《建筑材料水蒸气透过性能试验方法》GB/T 17146 中的干燥剂法规定进行试验。试验箱内温度应为（23±2）℃，相对湿度可为 50%±2%（23℃下含有大量未溶解重铬酸钠或磷酸氢铵（$NH_4H_2PO_4$）的过饱和溶液）或 85%±2%（23℃下含有大量未溶解硝酸钾的过饱和溶液）。

A.12 玻纤网耐碱拉伸断裂强力试验方法

A.12.1 试样制备应符合下列规定：

    1 试样尺寸：试样宽度为 50mm，长度为 300mm。

    2 试样数量：纬向、经向各20片。

A.12.2 标准方法应符合下列规定：

    1 首先对10片纬向试样和10片经向试样测定初始拉伸断裂强力。其余试样放入（23±2）℃、浓度为 5% 的 NaOH 水溶液中浸泡（10片纬向和10片经向试样，浸入 4L 溶液中）。

    2 浸泡 28d 后，取出试样，放入水中漂洗 5min，接着用流动水冲洗 5min，然后在（60±5）℃烘箱中烘 1h 后取出，在 10～25℃ 环境条件下放置至少 24h 后测定耐碱拉伸断裂强力，并计算耐碱拉伸断裂强力保留率。

拉伸试验机夹具应夹住试样整个宽度。卡头间距为 200mm。加载速度为（100±5）mm/min，拉伸至断裂并记录断裂时的拉力。试样在卡头中有移动或在卡头处断裂时，其试验值应被剔除。

A.12.3 应用快速法时，使用混合碱溶液。碱溶液配比如下：0.88g NaOH，3.45g KOH，0.48g

$Ca(OH)_2$，1L 蒸馏水（PH 值 12.5）。

80℃下浸泡 6h。其他步骤同 A.12.2。

A.12.4 耐碱拉伸断裂强力保留率应按下式进行计算：

$$B = \frac{F_1}{F_0} \times 100\% \qquad (A.12.4)$$

式中　B——耐碱拉伸断裂强力保留率，%；

　　　F_1——耐碱拉伸断裂强力，N/50mm；

　　　F_0——初始拉伸断裂强力，N/50mm。

试验结果分别以经向和纬向 5 个试样测定值的算术平均值表示。

附录 B　现场试验方法

B.1　基层与胶粘剂的拉伸粘结强度检验方法

B.1.1　在每种类型的基层墙体表面上取 5 处有代表性的部位分别涂胶粘剂或界面砂浆，面积为 3～4dm²，厚度为 5～8mm。干燥后应按现行行业标准《建筑工程饰面砖粘结强度检验标准》JGJ 110 规定进行试验，断缝应从胶粘剂或界面砂浆表面切割至基层表面。

B.2　无网现浇系统粘结强度试验方法

B.2.1　混凝土浇筑后应养护 28d。

B.2.2　测点选取如图 B.2.1 所示，共测 9 点。

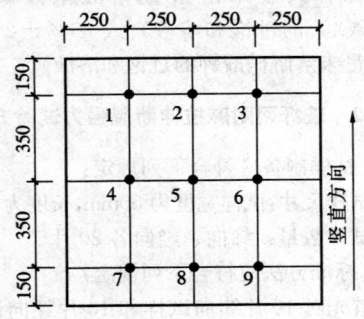

图 B.2.1　测点位置

B.2.3　试验方法应按现行行业标准《建筑工程饰面砖粘结强度检验标准》JGJ 110 规定进行试验，试样尺寸为 100mm×100mm，断缝应从 EPS 板表面切割至基层表面。

B.3　系统抗冲击性检验方法

B.3.1　系统抗冲击性检验应在保护层施工完成 28d 后进行。应根据抹面层和饰面层性能的不同而选取冲击点，且不要选在局部增强区域和玻纤网搭接部位。

B.3.2　采用摆动冲击，摆动中心固定在冲击点的垂线上，摆长至少为 1.50m。取钢球从静止开始下落的位置与冲击点之间的高差等于规定的落差。10J 级钢球质量为 1000g（直径 6.25cm），落差为 1.02m。3J 级钢球质量为 500g，落差为 0.61m。

B.3.3　应按本规程第 A.5.3 条规定对试验结果进行判定。

本规程用词说明

1　为便于在执行本规程条文时区别对待，对要求严格程度不同的用词说明如下：

1) 表示很严格，非这样做不可的：

正面词采用"必须"，反面词采用"严禁"。

2) 表示严格，在正常情况下均应这样做的：

正面词采用"应"，反面词采用"不应"或"不得"。

3) 表示允许稍有选择，在条件许可时首先应这样做的：

正面词采用"宜"，反面词采用"不宜"。

表示允许有选择，在一定条件下可以这样做的，采用"可"。

2　条文中指明应按其他有关标准的规定执行时，写法为"应符合……规定"或"应符合……要求"。

中华人民共和国行业标准

外墙外保温工程技术规程

JGJ 144—2004

条 文 说 明

前　言

《外墙外保温工程技术规程》JGJ 144—2004，经建设部 2005 年 1 月 13 日以第 305 号公告批准，业已发布。

为便于广大设计、施工、科研、学校等单位的有关人员在使用本规程时能正确理解和执行条文规定，《外墙外保温工程技术规程》编制组按章、节、条顺序编制了本规程的条文说明，供国内使用者参考。在使用中如发现本条文说明有不妥之处，请将意见函寄建设部科技发展促进中心（地址：北京市三里河路 9 号邮政编码：100835）。

目　次

1 总　则

1.0.1　外保温工程在欧洲已有 35 年以上的历史，使用最多的是 EPS 板薄抹面外保温系统。欧洲是世界上最早开展技术认定的地区，早在 1979 年，欧洲建筑技术鉴定联合会（UEAtc）就已发布了 EPS 板薄抹面外保温系统鉴定指南，并于 1988 年发布了新版。1992 年又发布了具有无机抹面层的外保温系统鉴定指南。在 1988 年和 1992 年指南的基础上，欧洲技术认定组织（EOTA）于 2000 年发布了《有抹面复合外保温系统欧洲技术认定指南》EOTA ETAG 004。该指南对外保温系统的技术性能、试验方法以及技术认定要求做了全面规定，是对外保温系统进行技术认定的依据。欧洲是把外保温系统作为一个整体进行认定的，其中包括外保温系统的构造和设计、施工要点，系统和组成材料性能及生产过程质量控制等诸多方面。我国 20 世纪 80 年代中期开始进行外保温工程试点，首先用于工程的也是 EPS 板薄抹面外保温系统。随着北美、欧洲和韩国公司的进入，尤其是第一套外墙外保温国家标准图的出版发行，对外保温的发展起了很大的促进作用。由于外保温在建筑节能和室内环境舒适等方面的诸多优点，建设部已把外保温作为重点发展项目。目前，我国外保温工程虽然工程量不大，竣工年限不长，但质量问题不少。主要问题是保护层开裂和瓷砖空鼓脱落，也有个别工程出现被大风刮掉，雨水通过裂缝渗至外墙内表面等严重问题。这些问题若不及时加以控制，将会对在我国刚刚起步的外保温市场造成不良影响，并给外保温工程留下安全隐患。

制定本规程的目的，一是借鉴先进国家的成熟经验指导我国外保温技术的开发；二是控制外保温工程质量，促进外保温行业健康发展。

本规程给出了对外墙外保温系统的性能要求，用于检查各项性能的检验方法以及对于设计和施工的相应规定。

本规程收入了 5 种外保温系统。岩棉外保温系统和其他系统待工程应用成熟后再行增补。

1.0.2　本条规定包含 2 项内容。一是适用于新建居住建筑，二是适用于混凝土和砌体结构基层。

新建工业建筑、公共建筑和既有建筑可参照执行，执行中需注意以下几点：

1　本规程关于建筑节能设计方面的要求是针对新建居住建筑的，建筑热工设计方面的要求是针对民用建筑的。

2　本规程第 6.3 节和第 6.4 节所涉及的系统构造只能用于新建建筑。

3　既有建筑节能改造情况比较复杂，技术上主要涉及构造设计和基层处理等方面。既有建筑基层处理主要应注意墙体是否坚实，墙面抹灰层是否空鼓以及饰面砖、涂料饰面层处理等问题。

1.0.3　国家现行强制性标准包括建筑防火、建筑工程抗震等方面的标准和规范。

2 术　语

2.0.1　从设计观点来看，外保温系统可按固定方法划分如下：

1　单纯粘结系统　系统可采用满粘（铺满整个表面）、条式粘结或点式粘结。

2　附加以机械固定的粘结系统　荷载完全由粘结层承受。机械固定在胶粘剂干燥之前起稳定作用，并作为临时连接以防止脱开。它们在火灾情况下也可起稳定作用。

3　以粘结为辅助的机械固定系统　荷载完全由机械固定装置承受。粘结是用于保证系统安装时的平整度。

4　单纯机械固定系统　系统仅用机械固定装置固定于墙上。

2.0.4　适合于外保温系统的外墙一般由砖石（砖、砌块、石材……）或混凝土（现浇或预制板）构成。外保温系统是非承重建筑构件，不用于保证主体结构的气密性。外墙本身应符合必要的结构性能要求（抵抗静荷载和动荷载）和气密性要求。

2.0.6～2.0.8　一般来说，保护层包括以下几层：

1　抹面层　直接抹在保温材料上的涂层。增强网埋在其中，保护层的大部分力学性能都由它提供。

2　增强层　埋在抹面层中用于提高其机械强度的玻纤网、金属网或塑料网增强层。

3　界面层　非常薄的涂层。有可能涂在抹面层上，作为涂饰面层的准备层。

4　饰面层　最外层。其作用是保护系统免受气候破坏并起装饰作用。它是涂在抹面层上，可以涂界面层，也可不涂界面层。

2.0.11　本规程中涉及的 EPS 钢丝网架板包括以下两种：

腹丝穿透型钢丝网架板　用于有网现浇系统。
腹丝非穿透型钢丝网架板　用于机械固定系统。

3 基 本 规 定

3.0.1～3.0.8　这几条涉及对于外保温工程或工程各部分的基本规定，编制时主要参考了欧洲技术认定组织（EOTA）《有抹面复合外保温系统欧洲技术认定指南》EOTA ETAG 004，同时考虑了我国的实际情况。

在 EOTA ETAG 004 中，依据建筑产品条令（CPD），将外保温工程理解为"组合、组装、施用或安装于工程中的"产品，并应"具有能保证工程符合基本要求的特性"。因此，在得到正常维护的情况下，在一个经济上合理的使用寿命期内，外保温工程必须满足以下6项基本要求：

1 基本要求1：耐力学作用和稳定性

工程非承重部分的耐力学作用和稳定性不在基本要求之内。但在基本要求——使用安全性中将涉及此问题。

2 基本要求2：火灾情况下的安全性

对复合外保温系统的防火要求将依据法律、法规和适用于建筑物整体的行政规定而定，并将由CEN分级文件（prEN 13501—1）作出规定。

3 基本要求3：卫生、健康和环境

1）室内环境，潮湿

因外墙与潮湿有关，以下两点要求应该加以考虑。对此，复合外保温系统有着有利的影响。

——防止室外水分进入。

外墙应不会被雨、雪所损坏，还应防止雨、雪渗入建筑物内部，并且不应将水分迁移至任何可能造成损坏的部位。

——防止内表面和间层结露。表面结露问题通常会因附加复合外保温系统而得到缓解。

在正常使用条件下，有害的间层结露不会出现在系统中。在室内水蒸气产生率高的情况下，必须采取适当措施防止系统受潮，如适当的产品设计和材料选取等。

要保证上述第一点要求得到满足，应考虑正常使用条件下的耐机械应力性能。即：

——系统应设计成在由交通往来和正常使用造成的冲击作用下仍能保持其特性。系统在一般事故或故意造成的意外冲击的作用下应不会导致任何损坏。

——系统应能允许标准维修设备在其上支靠而不致造成抹面层的任何破裂或穿孔。

这就是说，对于基本要求3，对系统及其部件来说应评估下列产品特性：

——吸水性；

——不透水性；

——抗冲击性；

——水蒸气渗透性；

——热工性能（包含于基本要求6）。

2）室外环境

施工和工程建设中不得向周围环境（空气、土壤和水）释放污染物。

用于外墙的建筑材料向室外空气、土壤和水中释放的污染物比率应符合法律、法规和该地区行政管理条款的规定。

4 基本要求4：使用安全性

虽然复合外保温系统不作为承重结构使用，但对其力学性能和稳定性仍然提出了要求。

复合外保温系统在由正常荷载，如自重、温度、湿度和收缩以及主体结构位移和风力（吸力）等引起的联合应力的作用下应能保持稳定。

这就是说，对于基本要求4，对系统及其部件来说应评估下列产品特性：

——自重的作用

系统应能承受自重而不产生有害变形。

——抵抗主体结构变形的能力

主体结构的正常变形应不致造成系统中裂缝的形成或脱胶。复合外保温系统应能抵抗由于温度和应力变化而产生的变形（结构连接处除外，此处应采取专门措施）。

——负风压吸力的作用

系统应具有足够的力学性能，使其能够抵抗由风力造成的压力、吸力和振动。而且应有足够的安全系数。

5 基本要求5：隔声

隔声要求并未提出，因为这些要求应由包括复合外保温系统在内的整个墙体以及窗和其他孔洞来满足。

6 基本要求6：节能和保温

整个墙体应满足此项要求。复合外保温系统改善了保温性能并使减少采暖（冬季）和空调（夏季）能耗成为可能。因此，应评估由复合外保温系统而附加的热阻，使其可被引入国家能耗规范所要求的热工计算中。

机械固定钉或锚栓可造成局部温差。必须保证这种影响足够小，小到不致影响保温性能。

为了确定复合外保温系统对于墙体的保温效能，应对有关部件的以下特性作出规定：

——导热系数/热阻；

——水蒸气渗透性能（包含于基本要求3）；

——吸水性（包含于基本要求3）。

3.0.9 本条涉及工程的预期耐久性和使用性能。在EOTA ETAG 004中，除提出6项基本要求外，还对外保温工程耐久性和使用性能作了以下规定：

系统在所经受的各种作用下，在系统寿命期内，以上6项基本要求均应满足。

1 系统耐久性

复合外保温系统在温度、湿度和收缩的作用下应是稳定的。

无论高温还是低温都将产生一种破坏性的或不可逆的变形作用。表面温度的变化，例如在经受长时间太阳照射之后突然降雨所造成的温度急剧下降或阳光照射部位与阴影部位之间的温差，不应引起任何破坏。

此外，应采取措施防止在结构变形缝和立面构件由不同材料构成的部位（例如与窗的连接处）有裂缝形成。

2 部件耐久性

在正常使用条件和为保持系统质量而进行的正常维修下，所有部件在系统整个使用寿命期内均应保持其特性。这就要求符合以下几点：

——所有部件都应表现出化学-物理稳定性。如果并不是完全知道，至少也应是有理由可预见的。在相互接触的材料之间出现反应的情况下，这些反应应该是缓慢进行的。

——所有材料应是天然耐腐蚀或者是被处理成耐腐蚀的。这涉及玻纤网耐碱性、金属网、金属固定件镀锌或涂防锈漆等防锈处理。

——所有材料应是彼此相容的。

彼此相容是要求外保温系统中任何一种组成材料应与其他所有组成材料相容。这就是说，胶粘剂、抹面材料、饰面材料、密封材料和附件等应与 EPS 板、胶粉 EPS 颗粒保温浆料等保温材料相容并且各种材料之间都应相容。

鼠类、昆虫（如白蚁），甚至菜园中的肉虫都会咬食 EPS 板。在有白蚁等虫害的地区，应做好防虫害构造设计。

3.0.10 使用年限的含义是，当预期使用年限到期后，外保温工程性能仍能符合本规程规定。

正常维护包括局部修补和饰面层维修两部分。对局部破坏应及时修补。对于不可触及的墙面，饰面层正常维修周期应不小于 5 年。

使用年限不少于 25 年的规定是依据 EOTA ETAG 004 作出的。EOTA ETAG 004 中所涉及的规定是建立在当前技术状况及现有知识和经验的基础之上的，是在试验室试验以及与试验性建筑对比分析的基础上提出的。欧洲使用最久的 EPS 板薄抹面外保温系统实际工程将近 40 年。大量工程实践证实，EPS 板薄抹面外保温系统使用年限可超过 25 年。

保温浆料系统在欧洲也早有应用，在德国也有相应的产品标准。在我国已进行了大量的多种试验研究并有大量的工程应用。

4 性 能 要 求

4.0.1、4.0.2 本章涉及为满足第 3 章对外保温工程的基本规定而需要对外保温系统及其组成材料进行检验的项目及性能要求，编制时主要参考了 EOTA ETAG 004。

EOTA ETAG 004 中所涉及的规定、试验和评审方法是在假定复合外保温系统的使用寿命至少为 25 年的基础上制定出的。这些规定是建立在当前技术状况及现有知识和经验的基础之上的。这些规定不能被看作为生产者或批准机构对 25 年使用寿命给予的担保。

这些表述只能被看作一种方法，使规定者按预期的、经济合理的工程使用寿命来为复合外保温系统选择适当的技术指标。

外保温工程在实际使用中会受到相当大的热应力作用，这种热应力主要表现在保护层上。由于聚苯板的隔热性能特别好，其保护层温度在夏季可高达 80℃。夏季持续晴天后突降暴雨所引起的表面温度变化可达 50℃之多。夏季的高温还会加速保护层的老化。保护层中的某些有机粘结材料会由于紫外线辐射、空气中的氧气和水分的作用而遭到破坏。

外保温工程至少应在 25 年内保持完好，这就要求它能够经受住周期性热湿和热冷气候条件的长期作用。耐候性试验模拟夏季墙面经高温日晒后突降暴雨和冬季昼夜温度的反复作用，是对大尺寸的外保温墙体进行的加速气候老化试验，是检验和评价外保温系统质量的最重要的试验项目。耐候性试验与实际工程有着很好的相关性，能很好地反映实际外保温工程的耐候性能。根据法国 CSTB 的试验，从在严酷气候条件下经过了几年考验的外保温系统的实际性能变化与试验室耐候性试验的对比来看，为了确保外保温系统在规定使用年限内的可靠性，耐候性试验是十分必要的。

耐候性试验条件的组合是十分严格的。通过该试验，不仅可检验外保温系统的长期耐候性能，而且还可对设计、施工和材料性能进行综合检验。如果材料质量不符合要求，设计不合理或施工质量不好，都不可能经受住这样的考验。

以前，对于一种新材料或新构造系统，往往是通过搞试点建筑的方法进行考验。一般认为经过一个冬季和夏季不出现问题，即可通过鉴定。外保温系统至少应在 25 年使用期内保持完好。这就要求系统能够经受住周期性热湿和热冷气候条件的长期作用。通过搞试点建筑的方法难以在短期内判断外保温系统是否满足长期使用要求。

4.0.3～4.0.5 通过检验保温浆料系统和无网现浇系统的抗拉强度，可检验系统各构造层之间的粘结强度以及保温层的抗拉强度，这样就不必单独对每层材料进行检验。

4.0.6 对于性能要求，根据不同情况分别以数值、特性等形式进行规定。有些性能如复合墙体热阻、保护层水蒸气渗透阻和保温材料水蒸气渗透系数等，外保温系统供应商应提供检测数据，由设计人员分别按照《民用建筑节能设计标准（采暖居住建筑部分）》JGJ 26—95、《夏热冬冷地区居住建筑节能设计标准》JGJ 134—2001、《夏热冬暖地区居住建筑节能设计标准》JGJ 75—2003 和《民用建筑热工设计规范》GB 50176—93 等相关标准计算确定是否符合设计要求。

外保温系统抗风荷载性能　EOTA ETAG 004 规定以 1.0kPa 为试验起始点，并按 0.5kPa 的级差逐级升压，直至系统破坏。考虑到我国地域辽阔，有的地区风荷载设计值很高，而且高层建筑较多，为了简化试验，规定由设计要求值降低 1kPa 作为试验起始点，并按 1kPa 的级差逐级升压。

外保温复合墙体热阻 规定用《建筑构件稳态热传递性质的测定 标定和防护热箱法》GB/T 13475—92 检验外保温系统热阻，可以检验系统包括热桥在内的平均热阻。EPS 板薄抹灰系统和无网现浇系统热桥影响主要来自 EPS 板拼缝，对于螺钉为镀锌碳素钢或不锈钢，螺钉直径不大于 6mm，套筒为塑料的锚栓，当每平方米数量不超过 10 个时可不计热桥影响。保温浆料系统、有网现浇系统和机械固定系统热桥影响主要来自金属拉结件、金属网和钢丝网架。无网现浇系统若预埋金属锚栓或钢筋拉结件时，热桥影响也很明显。

外保温系统抗冲击性、外保温系统吸水量、抹面层不透水性和保护层水蒸气渗透阻几项性能都与抹面层有关。厚的抹面层抗冲击性和不透水性好，薄的抹面层水蒸气渗透阻小，但抹面层过薄又会导致不透水性差。

门窗洞口周边和四角增铺加强网可提高抗冲击性。门窗洞口四角为应力集中部位，增铺加强网还可提高抗裂性。为达到 10J 抗冲击要求，建筑物首层以及门窗口等易受撞击部位一般需增铺加强网。

外保温系统耐冻融性能 耐冻融性能与系统吸水量有关。不是以纯聚合物为粘结基料的饰面层有一定的吸水量。因此规定当饰面层材料不是以纯聚合物为粘结基料的材料时，试样应包含饰面层。当采用以纯聚合物为粘结基料的材料做饰面涂层时，应对含饰面层和不含饰面层的两种试样分别进行试验。一些外保温厂家在做饰面涂层前，先在抹面层上刮腻子。耐冻融试验表明，饰面涂层起鼓、脱落，大都由腻子层破坏而引起。

4.0.7、4.0.8 胶粘剂的性能关键是与 EPS 板的附着力，因此规定破坏部位应位于 EPS 板内。胶粘剂的粘结强度并不是越高越好，指标过高只会造成浪费。许多厂家同时用胶粘剂作为抹面胶浆使用，粘结强度指标过高还会增大抹面层的水蒸气渗透阻，不利于墙体中水分的排出。

4.0.10 本条只规定了玻纤网耐碱拉伸断裂强力和断裂强力保留率，对玻纤网的材料成分未作规定。本条规定主要参考了欧洲、德国和美国的相关标准。

4.0.11 本条规定了外保温系统其他主要组成材料的性能要求。

5 设 计 与 施 工

5.0.1 本规程中将外保温系统作为一个整体来考虑。外保温系统的设计和安装是遵照系统供应商的设计和安装说明进行的。整套组成材料都由系统供应商提供，系统供应商最终对整套材料负责。系统供应商应对外保温系统的所有组成部分作出规定。

本规程规定的 5 种外保温构造系统，保温材料均为 EPS，保护层均为现场抹面做法，饰面层均未涉及面砖饰面。每种构造系统都是一个完整的整体，都有其特定的组成材料和系统构造。目前，建筑市场上有各种各样的外保温做法，有使用挤塑板（XPS）的，有贴饰面砖的，有装配式的。以后还会有更多的构造形式出现。这些做法大多处在试验阶段，都存在需要解决的独特问题，而且需要进一步的试验检验和工程实践检验。

5.0.2 要求基层外表面温度高于 0℃，目的是保证基层和胶粘剂不受冻融破坏。

用三维温度场分析程序（STDA）计算表明，门窗框外侧洞口不做保温与做保温相比，外保温墙体平均传热系数增加最多可达 70% 以上。空调器托板、女儿墙以及阳台等热桥部位的传热损失也是相当大的。

本规程第 4.0.11 条表 4.0.11 中规定的 EPS 钢丝网架板热阻为不含机械固定件情况下的热阻，机械固定系统存在金属固定件和承托件的热桥影响，需做修正。

5.0.3 薄抹面层主要起防水和抗冲击作用，同时又应具有较小的水蒸气渗透阻。厚度过薄则不能达到足够的防水和抗冲击性能，过厚则会因横向拉应力超过玻纤网抗拉强度而导致抹面层开裂，过厚还会使水蒸气渗透阻超过设计要求。有的厂家薄抹面层厚度不足 2mm，但采用类似于干拌砂浆的厚饰面层，保护层厚度大都在 3~6mm 之内。保护层厚度还与系统防火性能有关，就防火性能而言，保护层也应有一定厚度。

厚抹面层过薄会导致金属网锈蚀，过厚会增加裂缝可能性，还会使重量超过抗震荷载限值。

5.0.4 密封和防水构造设计包括变形缝的设置、变形缝的构造设计以及系统的起端和终端的包边等。

　　1 需设置变形缝的部位有：

　　　　1） 基层结构设有伸缩缝、沉降缝和防震缝处；

　　　　2） 预制墙板相接处；

　　　　3） 外保温系统与不同材料相接处；

　　　　4） 基层材料改变处；

　　　　5） 结构可能产生较大位移的部位，例如建筑体形突变或结构体系变化处；

　　　　6） 经计算需设置变形缝处。

　　2 系统的起端和终端包括以下部位：

　　　　1） 门窗周边；

　　　　2） 穿墙管线洞口；

　　　　3） 檐口、女儿墙、勒脚、阳台、雨篷等尽端；

　　　　4） 变形缝及基层不同构造、不同材料结合处；

　　　　5） EPS 板装饰造型。

外墙外保温系统构造做法是针对竖直墙面和不受雨淋的水平或倾斜的表面的。对于水平或倾斜的出挑部位，表面应增设防水层。水平或倾斜的出挑部位包括窗台、女儿墙、阳台、雨篷等，这些部位有可能出现积水、积雪情况。

5.0.5 外保温工程（尤其对于薄抹面层外保温系统）抹面层和饰面层尺寸偏差很大程度上取决于基层。因此，基层的尺寸偏差必须合格。

5.0.7 《建筑工程施工质量验收统一标准》GB 50300—2001 第 3.0.1 条规定，施工现场质量管理应有相应的施工技术标准。第 3.0.2 条规定，各工序应按施工技术标准进行质量控制，每道工序完成后，应进行检查。

施工方案中一般包含以下内容：

1 施工工序及施工间隔时间；

为使材料有时间充分硬化，需规定保温层、抹面层和饰面层各层施工的间隔时间。

2 施工机具；

3 基层处理；

4 环境温度和养护条件要求；

5 施工方法；

6 材料用量；

7 各工序施工质量要求；

8 成品保护。

5.0.9 EPS 板在表面裸露的情况下极易因直射阳光和风化作用而损坏。

5.0.10 EPS 板外墙外保温系统抹面层可按以下步骤施工：

1 EPS 板粘结牢固后（至少 24h）方可进行抹面层施工。

2 抹抹面层前应检查 EPS 板是否粘结牢固，松动的 EPS 板应取下重贴，并应待粘结牢固后再进行下面的施工。应将大于 2mm 的板间缝隙用 EPS 板条填实，不得用胶粘剂填塞缝隙。填缝板条不得涂胶粘剂。有表皮的板面应磨去表皮。应将板间高差大于 1mm 的部位打磨平整。阳角应弹墨线并打磨至与墨线齐平。

3 抹面胶浆应随用随拌，已搅拌好的抹面胶浆应在 2h 内用完。

4 抹面层宜采用两道抹灰法施工。用不锈钢抹子在 EPS 板表面均匀涂抹一层面积略大于一块玻纤网的抹面胶浆，厚度约为 2mm。立即将网格布压入湿的抹面胶浆中，待抹面胶浆稍干硬至可以碰触时抹第二道，使网格布被全部覆盖。

5.0.11 在高湿度和低温天气下，保护层和保温浆料干燥过程可能需要几天的时间。新抹涂层表面看似硬化和干燥，但往往仍需要采取保护措施使其在整个厚度内充分养护，特别是在冻结温度、雨、雪或其他有害气候条件很有可能出现的情况下。

5℃以下的温度可能由于减缓或停止丙烯酸聚物成膜而妨碍涂层的适当养护。由寒冷气候造成的伤害短期内往往不易被发现，但是长久以后就会出现涂层开裂、破碎或分离。

像过分寒冷一样，突然降温可影响涂层的养护，其影响很快就会表现出来。突然降雨可将未经养护的新抹涂料直接从墙上冲掉。在情况允许时，可采取遮阳、防雨和防风措施。例如搭帐篷和用防雨帆布遮盖。为保持适当的养护温度，可能不得不采取辅助采暖措施。

5.0.12 外保温施工各分项工程和子分部工程完工后的成品保护包含以下内容：

1 防晒、防风雨、防冻；

2 防止施工污染；

3 吊运物品或拆脚手架时防止撞击墙面；

4 防止踩踏窗口；

5 对碰撞坏的墙面及时修补。

6 外墙外保温系统构造和技术要求

6.1 EPS 板薄抹灰外墙外保温系统

6.1.1 本条规定了 EPS 板薄抹灰系统的构造。本条中规定保温层为 EPS 板，固定方式为粘结固定，饰面层为涂层。欧洲使用最久的 EPS 板薄抹面外保温系统实际工程将近 40 年，并且在试验室试验与试验性建筑对比分析的基础上制定了标准和规定了成套的检验方法。大量工程实践证实，EPS 板薄抹面外保温系统使用年限可超过 25 年。

目前，工程上有在 EPS 板表面加镀锌钢丝网贴面砖的，有使用挤塑板（XPS）做保温层并做面砖饰面的，而且由于担心挤塑板粘贴不牢而采用粘钉结合方式固定。这些构造方式都不在本条规定的范围之内，其耐久性尚需通过长期工程实践的检验。

6.1.2 锚栓主要用于在不可预见的情况下对确保系统的安全性起一定的辅助作用。因此胶粘剂应承受系统全部荷载，不能因使用锚栓就放宽对粘结固定性能的要求。

本规程编制过程中，注意到部分供应商的外保温系统构造中不使用锚栓的情况。在供应商能够自行担保系统安全性的情况下，也可不使用锚栓。

6.1.3 EPS 板尺寸过大时，可能因基层和板材的不平整而导致虚粘以及表面平整度不易调整等施工问题。

6.1.4 是否需要设分隔缝与外保温系统所使用的材料性能、基层墙体构造以及外保温系统设计等因素有关，一般由系统供应商根据所提供产品的性能来确定是否设分隔缝。

6.1.7 胶粘剂涂在 EPS 板表面可保证可靠粘结。规定涂胶粘剂面积不得小于 40%，主要考虑了风荷载、安全系数以及现场施工的不确定性。

6.1.9 门窗四角是应力集中部位，规定门窗洞口四角处 EPS 板不得拼接，应采用整块 EPS 板切割成形，是为了避免因板缝而产生裂缝。

6.2 胶粉EPS颗粒保温浆料外墙外保温系统

6.2.1 胶粉EPS颗粒保温浆料外墙外保温系统以涂料做饰面层时由界面层、胶粉EPS颗粒保温浆料保温层、抗裂砂浆薄抹面层和涂料饰面层组成。

界面层由界面砂浆构成，可增强胶粉EPS颗粒保温浆料与基层墙体的粘结力。

胶粉EPS颗粒保温浆料由胶粉料和EPS颗粒组成，胶粉料由无机胶凝材料与各种外加剂在工厂采用预混合干拌技术制成。施工时加水搅拌均匀，抹或喷在基层墙面上形成保温层。

抗裂砂浆薄抹面层由抗裂砂浆和玻纤网构成，用以提高保护层的机械强度和抗裂性。

涂料饰面层能够满足一定变形而保持不开裂。

6.2.3 同6.1.4条文说明。

6.2.6、6.2.7 胶粉EPS颗粒保温浆料的保温性能和力学性能都与干密度密切相关，只要控制了干密度和厚度，就可基本上控制住它的保温性能和力学性能。使用保温浆料做保温层与使用EPS板的重要区别在于，保温浆料保温层的厚度掌握在施工工人的手中。工程现场检验保温层厚度达不到设计要求的情况并不鲜见，现场检验保温层厚度十分必要。

6.3 EPS板现浇混凝土外墙外保温系统

6.3.2 要求EPS板两面必须预涂界面砂浆，是为了确保EPS板与现浇混凝土和面层局部修补、找平材料能够牢固地粘结以及保护EPS板不受阳光和风化作用破坏。

6.3.3、6.3.4 EPS板和锚栓可按以下方法安装：

1 绑扎完墙体钢筋后在外墙钢筋外侧绑扎水泥垫块（不能使用塑料卡）。每块EPS板不少于6块。

2 安装EPS板时，先安装阴阳角，然后顺两侧进行安装。如施工段较大可在两处或两处以上同时安装。首先在安装上墙的板高低槽口立面及高低槽口平面处均匀涂刷一层胶粘剂，接着将待安装的EPS板在对应部位涂刷胶粘剂，然后进行拼装，使相邻EPS板相互紧密粘结。

3 在拼装好的EPS板表面上按设计尺寸弹线，标出锚栓位置。使锚栓呈梅花状分布。每块EPS板上锚栓数量不少于5个。

4 EPS板拼缝处需布置锚栓，门窗洞口过梁上设一个或多个锚栓。

5 安装锚栓前，在EPS板上预先穿孔，然后用火烧丝将锚栓绑扎在墙体钢筋上。

6.3.6 该条是为了保证混凝土浇筑后EPS板的表面平整和接茬高差等符合规定。

6.3.8 规定使用胶粉EPS颗粒保温浆料进行修补和找平，主要考虑防裂和减轻自重，这种做法已经在工程中使用。

6.4 EPS钢丝网架板现浇混凝土外墙外保温系统

6.4.2 限制每平方米腹丝数量是基于保温要求。在保证力学性能要求的前提下减少腹丝密度可减小腹丝热桥影响。

6.4.8 厚抹面层水泥砂浆可掺加3‰～5‰抗裂剂。抗裂砂浆薄抹面层做法与其他薄抹灰系统相同。

6.5 机械固定EPS钢丝网架板外墙外保温系统

6.5.7 混凝土空心砌块墙体采用预埋钢筋网片作为固定件时，钢筋网片在墙体高度方向上的间距宜为600mm。钢筋网片分布筋宜为 $\phi6$ 钢筋，间距500mm，伸出墙面长度宜超出EPS钢丝网架板外表面100mm。安装EPS钢丝网架板时，使钢筋穿过网架板并向上弯转90°压紧网架板。

6.5.11 EPS钢丝网架板安装完毕后进行检查、校正、补强，然后进行面层抹灰。网架板抹灰可采用1:4水泥砂浆，内掺3‰～5‰抗裂剂。完成水泥砂浆抹面层后，在外表抹2～3mm的抗裂砂浆薄抹面层并嵌埋玻纤网。

7 工程验收

7.0.5 薄抹面层外保温系统抹面层和饰面层尺寸偏差取决于基层和EPS板粘贴的尺寸偏差。由于薄抹面层和饰面层厚度很薄，只有当保温层尺寸偏差符合《建筑装饰装修工程质量验收规范》GB 50210—2001规定时，才能做到抹面层和饰面层尺寸偏差符合规定。保温层的尺寸偏差又与基层有关，本规程第5.0.5条已规定，除采用现浇混凝土外墙外保温系统外，外保温工程的施工应在基层施工质量验收合格后进行。

7.0.7 保温材料的导热系数和力学性能与密度密切相关，EPS板抗拉强度与熔化质量有关。控制了保温材料的密度范围，基本上就可控制其导热系数和力学性能。

EPS板的尺寸变化可分为热效应和后收缩两种变化。温度变化引起的变形是可逆的。EPS板在加热成型后会产生收缩，这就是后收缩。后收缩的收缩率起初较快，以后逐渐变慢。收缩到某一极限值后不收缩。EPS板成形后需要进行养护或陈化，以保证EPS板的尺寸稳定。检验EPS板的尺寸稳定性可保证EPS板上墙后不会产生大的后收缩。

附录A 外墙外保温系统及其组成材料性能试验方法

A.1 试样制备、养护和状态调节

A.1.1 试样性能与试样制备以及试样尺寸有一定关

系。例如，不同生产厂家对抹面层厚度有不同的规定，而抹面层不透水性、保护层水蒸气渗透阻、系统吸水量和抗冲击性等又与抹面层厚度有关。因此，不宜做统一规定。

A.1.2 考虑到外保温系统对环境条件有很强的适应能力，试样养护和状态调节环境条件不必作严格规定。本条规定的条件，一般试验室均不难做到。在 EOTA ETAG 004《有抹面复合外保温系统欧洲技术认定指南》中，对于耐候性试验的养护条件也是这样规定的。

A.1.3 在没有特殊规定的情况下，试样养护时间为 28d。

A.2 系统耐候性试验方法

A.2.2 EPS 板薄抹灰系统、无网现浇系统与保温浆料系统、有网现浇系统、机械固定系统由于蓄热性能不同，升温、降温性能也有所不同。本条根据验证试验结果，对不同的系统分别作了规定。

A.3 系统抗风荷载性能试验方法

A.3.3 试验起始风荷载 Q_1 可按下式选取：

$$Q_1 = \frac{mW_d}{C_s C_a} - 2$$

分析计算举例：

风荷载设计值 $W_d = 3.2$kPa，安全系数 $m = 1.5$，$C_a = 1$，对于 EPS 板外保温系统，EPS 板粘结面积为 40%，$C_s = 0.9$。

计算得 $Q_1 = 1.5 \times 3.2/(0.9 \times 1) - 2 = 3.3$kPa，取整数后 $Q_1 = 3$kPa。

试验应从 $Q_1 = 3$kPa 级做起，并按 $Q_1 = 3$kPa、4kPa、5kPa、6kPa、7kPa、……逐级进行。假如在 6kPa 级试验中试样破坏，则应取 $Q_1 = 5$kPa。按式（A.3.4）计算，$R_d = 3.0$kPa，小于风荷载设计值 3.2kPa，该系统不合格。

A.4 系统耐冻融性能试验方法

A.4.1 试样

不同材料的饰面层具有不同的吸水性能，这对耐冻融性能影响很大。本条规定是考虑到应在最不利的条件下进行检验。

A.12 玻纤网耐碱拉伸断裂强力试验方法

A.12.2 欧洲《UEAtc 聚苯板复合外墙外保温认定指南》中以 5% 的 NaOH 水溶液作为碱溶液，《有抹面复合外保温系统欧洲技术认定指南》EOTA ETAG 004 中改用混合碱作为碱溶液。美国外保温相关标准中也以 5% 的 NaOH 水溶液作为碱溶液。国内以 5% 的 NaOH 水溶液作为碱溶液做了大量试验验证，并积累了大量试验数据。因此，本规程规定以 5% 的 NaOH 水溶液作为碱溶液。

A.12.3 为了适应材料进场复检的需要，本条规定了快速法。本条规定的方法来源于《UEAtc 面层为无机涂层的外墙外保温系统认定指南》。

附录 B 现场试验方法

B.2 无网现浇系统粘结强度试验方法

B.2.2 关于测点布置的规定是考虑到现浇混凝土侧压力对粘结性能的影响。按一次浇筑高度为 1m 考虑，分别测量不同高度处的粘结性能。

中华人民共和国行业标准

建筑外墙外保温防火隔离带技术规程

Technical specification for fire barrier zone of external
thermal insulation composite system on walls

JGJ 289—2012

批准部门：中华人民共和国住房和城乡建设部
施行日期：２０１３ 年 ３ 月 １ 日

中华人民共和国住房和城乡建设部
公　告

第 1517 号

住房城乡建设部关于发布行业标准
《建筑外墙外保温防火隔离带
技术规程》的公告

现批准《建筑外墙外保温防火隔离带技术规程》为行业标准，编号为 JGJ 289 - 2012，自 2013 年 3 月 1 日起实施。其中，第 3.0.4、3.0.6、4.0.1 条为强制性条文，必须严格执行。

本规程由我部标准定额研究所组织中国建筑工业

出版社出版发行。

中华人民共和国住房和城乡建设部

2012 年 11 月 1 日

前　言

根据住房和城乡建设部《关于印发〈2011 年工程建设标准规范制订、修订计划〉的通知》（建标〔2011〕17 号）的要求，规程编制组经广泛调查研究，认真总结实践经验，参考有关国际标准和国外先进标准，并在广泛征求意见的基础上，编制本规程。

本规程的主要技术内容是：1. 总则；2. 术语；3. 基本规定；4. 性能要求；5. 设计；6. 施工；7. 工程验收。

本规程以黑体字标志的条文为强制性条文，必须严格执行。

本规程由住房和城乡建设部负责管理和对强制性条文的解释，由中国建筑科学研究院负责具体技术内容的解释。本规程在执行过程中，如有意见或建议，请寄送中国建筑科学研究院（地址：北京市北三环东路 30 号；邮政编码：100013）。

本规程主编单位：中国建筑科学研究院

江苏省建筑科学研究院有限公司

本规程参编单位：北京住总集团有限责任公司

公安部天津消防研究所

富思特制漆（北京）有限公司

济南圣泉集团股份有限公司

万华节能建材股份有限公司

北京振利节能环保科技股份有限公司

南京恒翔保温材料制造有限公司

洛科威防火保温材料（广州）有限公司

绍兴市中基建筑节能科技有限公司

国家建筑节能质量监督检验中心

中国建筑标准设计研究院

哈尔滨鸿盛房屋节能体系研发中心

国家建筑材料质量监督检验中心

北京仟世达节能保温工程有限公司

一方科技发展有限公司

江苏康斯维信建筑节能技术有限公司

青岛科瑞新型环保材料有限公司

山东秦恒科技有限公司

江苏久久防水保温隔热工程有限公司

山东创智新材料科技有限公司

安徽罗宝节能科技有限
公司

庞贝捷漆油贸易（上海）
有限公司

拜耳（中国）有限公司上
海聚合物科研开发中心

上海新型建材矿棉厂

北新集团建材股份有限
公司

苏州大乘环保建材有限
公司

重庆振邦防腐保温工程有
限公司

河北华宇新型建材有限
公司

上海永丽节能墙体材料有
限公司

淄博晶能玻璃有限公司

浙江振申绝热科技有限
公司

河南省建筑科学研究院有
限公司

本规程主要起草人员： 宋　波　许锦峰　王新民
　　　　　　　　　　　鲍宇清　田　亮　季广其
　　　　　　　　　　　冯金秋　钱选青　卓　萍
　　　　　　　　　　　朱春玲　张思思　李晓明
　　　　　　　　　　　刘东华　李枝芳　刘　钢
　　　　　　　　　　　黄振利　林国海　陈　伟
　　　　　　　　　　　郑松青　马恒忠　刘海波
　　　　　　　　　　　李月明　翟传伟　李　冰
　　　　　　　　　　　姚　勇　王家星　姜　涛
　　　　　　　　　　　刘伟华　张大为　方　铭
　　　　　　　　　　　薛彦民　张尊杰　崔利平
　　　　　　　　　　　马安龙　王玉梅　苏念胜
　　　　　　　　　　　张春华　杨泉芳　吴志敏
　　　　　　　　　　　田　野

本规程主要审查人员： 张元勃　潘延平　李引擎
　　　　　　　　　　　王庆生　杨仕超　杨西伟
　　　　　　　　　　　李德荣　高汉民　阮　华

目　　次

Contents

1 总　则

1.0.1 为保证民用建筑外墙外保温工程的防火安全，规范民用建筑外墙外保温工程中防火隔离带的工程技术要求，保证工程质量，做到技术先进、安全可靠、经济合理，制定本规程。

1.0.2 本规程适用于民用建筑外墙外保温工程防火隔离带的设计、施工及验收。

1.0.3 民用建筑外墙外保温工程防火隔离带的设计、施工及验收，除应符合本规程外，尚应符合国家现行有关标准的规定。

2 术　语

2.0.1 防火隔离带　fire barrier zone

设置在可燃、难燃保温材料外墙外保温工程中，按水平方向分布，采用不燃保温材料制成、以阻止火灾沿外墙面或在外墙外保温系统内蔓延的防火构造。

3 基本规定

3.0.1 采用防火隔离带构造的外墙外保温工程，其基层墙体耐火极限应符合国家现行建筑防火标准的有关规定。

3.0.2 防火隔离带设计应满足国家现行建筑节能设计标准和建筑防火设计标准的要求。选用防火隔离带时，应综合考虑其安全性、保温性能及耐久性能，并应与外墙外保温系统相适应。

3.0.3 防火隔离带组成材料应与外墙外保温系统组成材料配套使用。防火隔离带宜采用工厂预制的制品现场安装。防火隔离带抹面胶浆、玻璃纤维网布应采用与外墙外保温系统相同的材料。

3.0.4 防火隔离带应与基层墙体可靠连接，应能适应外保温系统的正常变形而不产生渗透、裂缝和空鼓；应能承受自重、风荷载和室外气候的反复作用而不产生破坏。

3.0.5 采用防火隔离带构造的外墙外保温工程施工前，应编制施工技术方案，并应采用与施工技术方案相同的材料和工艺制作样板墙。

3.0.6 建筑外墙外保温防火隔离带保温材料的燃烧性能等级应为 A 级。

3.0.7 设置在薄抹灰外墙外保温系统中的粘贴保温板防火隔离带做法宜按表3.0.7执行，并宜选用岩棉带防火隔离带。当防火隔离带做法与表3.0.7不一致时，除应按国家现行有关标准进行系统防火性能试验外，还应符合国家现行建筑防火设计标准的规定。

表 3.0.7　粘贴保温板防火隔离带做法

序号	防火隔离带保温板及宽度	外墙外保温系统保温材料及厚度	系统抹面层平均厚度
1	岩棉带，宽度≥300mm	EPS板，厚度≤120mm	≥4.0mm
2	岩棉带，宽度≥300mm	XPS板，厚度≤90mm	≥4.0mm
3	发泡水泥板，宽度≥300mm	EPS板，厚度≤120mm	≥4.0mm
4	泡沫玻璃板，宽度≥300mm	EPS板，厚度≤120mm	≥4.0mm

3.0.8 岩棉带应进行表面处理，可采用界面剂或界面砂浆进行涂覆处理，也可采用玻璃纤维网布聚合物砂浆进行包覆处理。

3.0.9 在正常使用和维护的条件下，防火隔离带应满足外墙外保温系统使用年限要求。

4 性能要求

4.0.1 防火隔离带应进行耐候性能试验，且耐候性能指标应符合表4.0.1的规定。

表 4.0.1　防火隔离带耐候性能指标

项　目	性　能　指　标
外观	无裂缝、无粉化、空鼓、剥落现象
抗风压性	无断裂、分层、脱开、拉出现象
防护层与保温层拉伸粘结强度（kPa）	≥80

4.0.2 除耐候性能外，防火隔离带其他性能指标应符合表4.0.2规定。

表 4.0.2　防火隔离带其他性能指标

项　目		性　能　指　标
抗冲击性		二层及以上部位3.0J级冲击合格首层部位10.0J级冲击合格
吸水量（g/m²）		≤500
耐冻融	外观	无可见裂缝，无粉化、空鼓、剥落现象
	拉伸粘结强度（kPa）	≥80
水蒸气透过湿流密度[g/(m²·h)]		≥0.85

4.0.3 防火隔离带保温板的主要性能指标应符合表4.0.3的规定。

表4.0.3　防火隔离带保温板的主要性能指标

项　目	性能指标		
	岩棉带	发泡水泥板	泡沫玻璃板
密度(kg/m³)	≥100	≤250	≤160
导热系数[W/(m·K)]	≤0.048	≤0.070	≤0.052
垂直于表面的抗拉强度(kPa)	≥80	≥80	≥80
短期吸水量(kg/m²)	≤1.0	—	—
体积吸水率(%)	—	≤10	—
软化系数	—	≥0.8	—
酸度系数	≥1.6	—	—
匀温灼烧性能(750℃, 0.5h)　线收缩率(%)	≤8	≤8	≤8
匀温灼烧性能(750℃, 0.5h)　质量损失率(%)	≤10	≤25	≤5
燃烧性能等级	A	A	A

4.0.4　胶粘剂的主要性能指标应符合表4.0.4的规定。

表4.0.4　胶粘剂的主要性能指标

项　目		性能指标
拉伸粘结强度(kPa)(与水泥砂浆板)	原强度	≥600
	耐水强度(浸水2d,干燥7d)	≥600
拉伸粘结强度(kPa)(与防火隔离带保温板)	原强度	≥80
	耐水强度(浸水2d,干燥7d)	≥80
可操作时间(h)		1.5～4.0

4.0.5　抹面胶浆的主要性能指标应符合表4.0.5的规定。

表4.0.5　抹面胶浆的主要性能指标

项　目		性能指标
拉伸粘结强度(kPa)(与防火隔离带保温板)	原强度	≥80
	耐水强度(浸水2d,干燥7d)	≥80
	耐冻融强度(循环30次,干燥7d)	≥80
压折比		≤3.0
可操作时间(h)		1.5～4.0
抗冲击性		3.0J级
吸水量(g/m²)		≤500
不透水性		试样抹面层内侧无水渗透

4.0.6　防火隔离带性能试验方法应符合本规程附录A的规定。

5　设　计

5.0.1　防火隔离带的基本构造应与外墙外保温系统相同,并宜包括胶粘剂、防火隔离带保温板、锚栓、抹面胶浆、玻璃纤维网布、饰面层等(图5.0.1)。

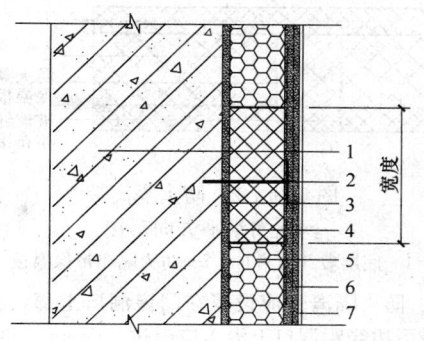

图5.0.1　防火隔离带基本构造
1—基层墙体; 2—锚栓; 3—胶粘剂; 4—防火隔离带保温板; 5—外保温系统的保温材料; 6—抹面胶浆＋玻璃纤维网布; 7—饰面材料

5.0.2　防火隔离带的宽度不应小于300mm。

5.0.3　防火隔离带的厚度宜与外墙外保温系统厚度相同。

5.0.4　防火隔离带保温板应与基层墙体全面积粘贴。

5.0.5　防火隔离带保温板应使用锚栓辅助连接,锚栓应压住底层玻璃纤维网布。锚栓间距不应大于600mm,锚栓距离保温板端部不应小于100mm,每块保温板上的锚栓数量不应少于1个。当采用岩棉带时,锚栓的扩压盘直径不应小于100mm。

5.0.6　防火隔离带和外墙外保温系统应使用相同的抹面胶浆,且抹面胶浆应将保温材料和锚栓完全覆盖。

5.0.7　防火隔离带部位的抹面层应加底层玻璃纤维网布,底层玻璃纤维网布垂直方向超出防火隔离带边缘不应小于100mm(图5.0.7-1),水平方向可对接,对接位置离防火隔离带保温板端部接缝位置不应小于100mm(图5.0.7-2)。当面层玻璃纤维网布上下有搭接时,搭接位置距离隔离带边缘不应小于200mm。

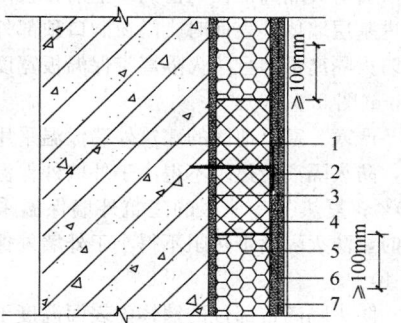

图5.0.7-1　防火隔离带网格布垂直方向搭接
1—基层墙体; 2—锚栓; 3—胶粘剂; 4—防火隔离带保温板; 5—外保温系统的保温材料; 6—抹面胶浆＋玻璃纤维网布; 7—饰面材料

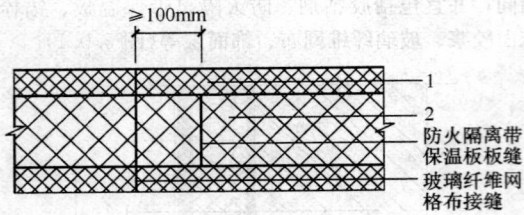

图 5.0.7-2　防火隔离带
网格布水平方向对接
1—底层玻纤网格布；2—防火隔离带保温板

5.0.8　防火隔离带应设置在门窗洞口上部，且防火隔离带下边缘距洞口上沿不应超过 500mm。

5.0.9　当防火隔离带在门窗洞口上沿时，门窗洞口上部防火隔离带在粘贴时应做玻璃纤维网布翻包处理，翻包的玻璃纤维网布应超出防火隔离带保温板上沿 100mm(图 5.0.9)。翻包、底层及面层的玻璃纤维网布不得在门窗洞口顶部搭接或对接，抹面层平均厚度不宜小于 6mm。

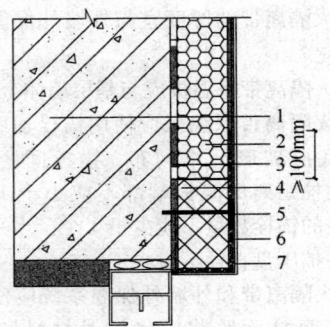

图 5.0.9　门窗洞口上部
防火隔离带做法(一)
1—基层墙体；2—外保温系统的保温
材料；3—胶粘剂；4—防火隔离带保
温板；5—锚栓；6—抹面胶浆＋玻璃
纤维网布；7—饰面材料

5.0.10　当防火隔离带在门窗洞口上沿，且门窗框外表面缩进基层墙体外表面时，门窗洞口顶部外露部分应设置防火隔离带，且防火隔离带保温板宽度不应小于 300mm(图 5.0.10)。

5.0.11　严寒、寒冷地区的建筑外墙保温采用防火隔离带时，防火隔离带热阻不得小于外墙外保温系统热阻的 50%；夏热冬冷地区的建筑外墙保温采用防火隔离带时，防火隔离带热阻不得小于外墙外保温系统热阻的 40%。

5.0.12　防火隔离带部位的墙体内表面温度不得低于室内空气设计温湿度条件下的露点温度。

5.0.13　防火隔离带部位应按现行国家标准《民用建筑热工设计规范》GB 50176 的规定进行防潮验算。

5.0.14　采用防火隔离带外墙外保温系统的墙体平均

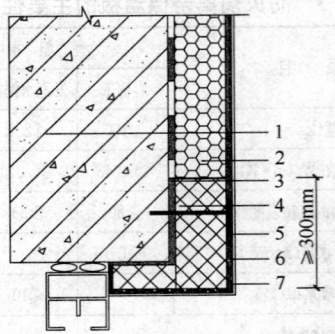

图 5.0.10　门窗洞口上部防火
隔离带做法(二)
1—基层墙体；2—外保温系统的保
温材料；3—胶粘剂；4—防火隔离
带保温板；5—锚栓；6—抹面胶浆
＋玻璃纤维网布；7—饰面材料

传热系数、热惰性指标应符合国家现行有关建筑节能设计标准的规定。

6　施　　工

6.0.1　防火隔离带的施工组织设计应纳入外墙外保温工程的施工组织设计中，并应与外墙外保温工程同步施工。

6.0.2　防火隔离带的施工应按设计要求和施工方案进行，不得擅自改动。施工方案应包括防火隔离带构造、样板墙要求、组成材料及主要指标、施工准备、施工流程、施工要点、主要节点做法、质量控制措施等。

6.0.3　防火隔离带保温层施工应与外墙外保温系统保温层同步进行，不得先在外墙外保温系统保温层中预留位置，然后再粘贴防火隔离带保温板。

6.0.4　防火隔离带保温板与外墙外保温系统保温板之间应拼接严密，宽度超过 2mm 的缝隙应用外墙外保温系统用保温材料填塞。

6.0.5　在门窗洞口，应先做洞口周边的保温层，再做大面保温板和防火隔离带，最后做抹面胶浆抹面层。抹面层应连续施工，并应完全覆盖隔离带和保温层。在门窗角处应连续施工，不应留槎。

7　工程验收

7.1　一般规定

7.1.1　防火隔离带的位置和宽度应符合本规程第3.0.7条、第5.0.2条、第5.0.8条的规定。

7.1.2　防火隔离带的性能指标及所用材料应符合本规程的规定，并应提供防火隔离带外墙外保温系统的耐候性能检验合格报告。

7.1.3 防火隔离带主要组成材料进场后应按表7.1.3的规定进行复验，复验应为见证取样检验，同工程、同材料、同施工单位的防火隔离带主要组成材料应至少复验一次。其他相关要求应按现行国家标准《建筑节能工程施工质量验收规范》GB 50411的相关规定进行。

表7.1.3 材料进场复验项目

材 料	复 验 项 目
防火隔离带保温板	密度、导热系数、垂直于表面的抗拉强度、燃烧性能
胶粘剂	与防火隔离带保温板拉伸粘结强度
抹面胶浆	与防火隔离带保温板拉伸粘结强度
玻璃纤维网布	耐碱断裂强力及保留率
锚栓	抗拉承载力

7.1.4 防火隔离带工程应作为建筑节能工程的分项工程进行验收，且主要验收工序应符合表7.1.4的规定。

表7.1.4 防火隔离带工程主要验收工序

分 项 工 程	主 要 验 收 工 序
粘结保温板防火隔离带	基层处理、粘钉保温板、抹面层、饰面层

7.2 主 控 项 目

7.2.1 防火隔离带及主要组成材料性能应符合本规程的规定。

检查方法：检查产品质量证明文件、出厂检验报告和进场复验报告。

检查数量：全数检查。

7.2.2 防火隔离带保温板与基层墙体拉伸粘结强度不应小于80kPa。

检测方法：按现行行业标准《外墙外保温工程技术规程》JGJ 144的规定进行现场检验。

检查数量：同工程、同材料、同施工单位不少于3处。

7.2.3 防火隔离带保温层宽度与厚度应符合设计要求。

检查方法：测量、插针法检查。

检查数量：同工程、同材料、同施工单位不少于10处。

7.2.4 防火隔离带与基层应全面积粘结。

检查方法：破损法检查。

检查数量：同工程、同材料、同施工单位不少于3处。

7.2.5 防火隔离带抹面层厚度应符合设计要求。

检查方法：同工程、同材料、同施工单位破损法

检查。

检查数量：同工程、同材料、同施工单位不少于3处。

7.3 一 般 项 目

7.3.1 锚栓数量、位置、锚固深度应符合本规程和设计要求。

检查方法：观察、测量。

检查数量：同工程、同材料、同施工单位不少于5处。

7.3.2 防火隔离带部位底层玻璃纤维网布及搭接宽度应符合本规程和设计要求。

检查方法：观察、测量。

检查数量：同工程、同材料、同施工单位不少于5处。

附录A 性能试验方法

A.0.1 耐候性试样应由防火隔离带和薄抹灰外墙外保温系统组成，试样试验部分宽度不应小于3m，高度不应小于2m，在距离左侧0.4m处应预留一个宽0.4m、高0.6m的洞口，防火隔离带应位于洞口上方，防火隔离带上边缘距离顶部应为0.4m（图A.0.1）。耐候性试验应按下列步骤进行：

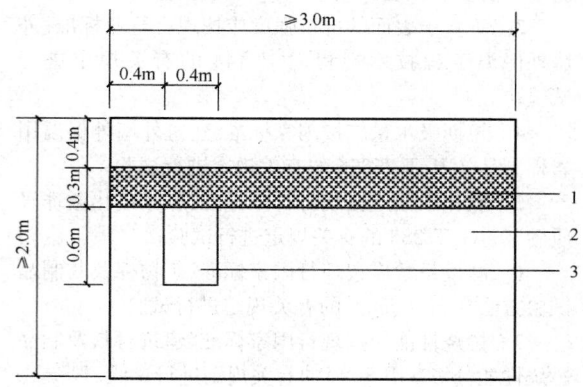

**图A.0.1 防火隔离带外墙
外保温系统耐候性试样**
1—防火隔离带；2—外墙外保温系统；3—洞口

1 按现行行业标准《外墙外保温工程技术规程》JGJ 144规定的方法进行高温淋水循环和加热冷冻循环。完成所有循环后应先放置7d，再检查防火隔离带部位及防火隔离带与外墙外保温系统接缝处的外观。

2 当外观符合本规程要求时，再按现行行业标准《外墙外保温工程技术规程》JGJ 144规定的方法进行抗风压试验，抗风压值应为8kPa。当工程项目风荷载设计值超过8kPa时，应按实际要求确定抗风

压值。

　　3 抗风压试验完成后,检查防火隔离带部位及防火隔离带与外墙外保温系统接缝处的外观,测定防护层与保温层拉伸粘结强度。

　　4 拉伸粘结强度试样尺寸应为 100mm×100mm。

A.0.2 防火隔离带抗冲击性、吸水量、耐冻融、水蒸气湿流密度应按现行行业标准《外墙外保温工程技术规程》JGJ 144 的试验方法进行试验,并应符合下列规定:

　　1 试样应由保温层和防护层组成;

　　2 抗冲击性试样应养护 14d 后,再浸水 7d,然后干燥养护 7d。

A.0.3 防火隔离带保温板的主要性能试验方法应符合下列规定:

　　1 密度、吸水率、匀温灼烧性能应按现行国家标准《无机硬质绝热制品试验方法》GB/T 5486 的有关规定进行试验,匀温灼烧性能试验的试样应在 750℃下恒温 0.5h;

　　2 导热系数应按现行国家标准《绝热材料稳态热阻及有关特性的测定　防护热板法》GB/T 10294、《绝热材料稳态热阻及有关特性的测定　热流计法》GB/T 10295 中的有关规定进行试验,当发生争议时应按现行国家标准《绝热材料稳态热阻及有关特性的测定　防护热板法》GB/T 10294 执行;

　　3 垂直于表面的抗拉强度应按现行行业标准《外墙外保温工程技术规程》JGJ 144 的有关规定进行试验;

　　4 短期吸水量应按国家标准《建筑外墙外保温用岩棉制品》GB/T 25975 的有关规定进行试验;

　　5 软化系数应按现行行业标准《膨胀玻化微珠轻质砂浆》JG/T 283 的有关规定进行试验;

　　6 酸度系数应按现行国家标准《矿物棉及其制品试验方法》GB/T 5480 的有关规定进行试验。

　　7 燃烧性能应按现行国家标准《建筑材料及制品燃烧性能分级》GB 8624 的有关规定进行试验。

A.0.4 胶粘剂拉伸粘结强度、可操作时间应按现行行业标准《外墙外保温工程技术规程》JGJ 144 的有关规定进行试验,耐水拉伸粘结强度试样应先浸水 2d,再干燥 7d。

A.0.5 抹面胶浆拉伸粘结强度、压折比、可操作时间、抗冲击性、不透水性应按现行行业标准《外墙外保温工程技术规程》JGJ 144 的有关规定进行试验,并应符合下列规定:

　　1 耐水拉伸粘结强度试样应先浸水 2d,再干燥 7d;

　　2 耐冻融拉伸粘结强度试样应先冻融循环 30次,再干燥 7d;

　　3 抗冲击性、吸水量、不透水性试样应由保温层和抹面层组成;

　　4 抗冲击性试样应先养护 14d 后,再浸水 7d,然后干燥养护 7d;

　　5 吸水量应按现行行业标准《外墙外保温用膨胀聚苯乙烯板抹面胶浆》JC/T 993 的有关规定进行试验。

本规程用词说明

　　1 为便于在执行本规程条文时区别对待,对要求严格程度不同的用词说明如下:

　　1)表示很严格,非这样做不可的:

　　　正面词采用"必须",反面词采用"严禁";

　　2)表示严格,在正常情况下均应这样做的:

　　　正面词采用"应",反面词采用"不应"或"不得";

　　3)表示允许稍有选择,在条件许可时首先应这样做的:

　　　正面词采用"宜",反面词采用"不宜";

　　4)表示有选择,在一定条件下可以这样做的,采用"可"。

　　2 条文中指明应按其他有关标准的规定执行的写法为:"应符合……的规定"或"应按……执行"。

引用标准名录

　　1 《民用建筑热工设计规范》GB 50176

　　2 《建筑节能工程施工质量验收规范》GB 50411

　　3 《矿物棉及其制品试验方法》GB/T 5480

　　4 《无机硬质绝热制品试验方法》GB/T 5486

　　5 《建筑材料及制品燃烧性能分级》GB 8624

　　6 《绝热材料稳态热阻及有关特性的测定　防护热板法》GB/T 10294

　　7 《绝热材料稳态热阻及有关特性的测定　热流计法》GB/T 10295

　　8 《建筑外墙外保温用岩棉制品》GB/T 25975

　　9 《外墙外保温工程技术规程》JGJ 144

　　10 《膨胀玻化微珠轻质砂浆》JG/T 283

　　11 《外墙外保温用膨胀聚苯乙烯板抹面胶浆》JC/T 993

中华人民共和国行业标准

建筑外墙外保温防火隔离带技术规程

JGJ 289—2012

条 文 说 明

制 订 说 明

《建筑外墙外保温防火隔离带技术规程》JGJ 289-2012，经住房和城乡建设部 2012 年 11 月 1 日以第 1517 号公告批准、发布。

本规程编制过程中，编制组进行了对国家标准、政策文件、外保温行业现状的调查研究，总结了我国外墙外保温行业的工程实践经验，同时参考了国外先进技术法规、技术标准，通过岩棉防火隔离带 EPS 外保温系统、岩棉防火隔离带 XPS 外保温系统、泡沫水泥防火隔离带 EPS 系统、泡沫玻璃防火隔离带 EPS 系统等试验，提出了防火隔离带的使用材料、设置方法等技术要求。

为便于广大设计、施工、科研、学校等单位有关人员在使用本规程时能正确理解和执行条文规定，《建筑外墙外保温防火隔离带技术规程》编制组按章、节、条顺序编制了本规程的条文说明，对条文规定的目的、依据以及执行中需注意的有关事项进行了说明，还着重对强制性条文的强制性理由作了解释。但是，本条文说明不具备与规程正文同等的法律效力，仅供使用者作为理解和把握规程规定的参考。

目　次

1 总　　则

1.0.1 制定本规程的目的，是为了规范外墙外保温系统中应用防火隔离带的工程技术要求，统一各地区和各企业制定的外墙外保温防火隔离带的技术规范，缓解设计、施工单位与质量验收机构的矛盾冲突；规范全国范围内外墙外保温防火隔离带工程的施工过程；全面提高防火隔离带工程的施工质量。

1.0.2 本规程的适用范围。

1.0.3 阐述本规程与其他相关标准、法规的关系。遵守协调一致、互相补充的原则，即无论是本规程还是其他相应规范、规程，在建筑外墙外保温系统设置防火隔离带时，都应遵守，不得违反。

2 术　　语

术语通常为在本规程中出现的对其含义需要加以界定、说明或解释的重要词汇。尽管在确定和解释术语时尽可能考虑了习惯和通用性，但是理论上术语只在本规程中有效，列出的目的主要是防止出现错误理解。当本规程列出的术语在本规程以外使用时，应注意其可能含有与本规程不同的含义。

3 基 本 规 定

3.0.1 采用防火隔离带构造做法的建筑，其基层墙体耐火极限应满足现行国家标准《建筑设计防火规范》GB 50016、《高层民用建筑设计防火规范》GB 50045 相应条款的规定。同时还应满足现行国家标准《汽车库、修车库、停车场设计防火规范》GB 50067、《人民防空工程设计防火规范》GB 50098 等的相关规定。

3.0.3 外墙外保温防火隔离带系统对防火隔离带的性能和安装要求很高，防火隔离带宽度较小而制作隔离带的不燃保温材料往往强度较低，为了保证隔离带质量稳定可靠、减少破损、安装便捷、节省施工工时，推荐采用工厂预制的构件，在现场安装。

3.0.4 外保温系统的安全性能、抗渗防水等使用功能、外观等均不能因为防火隔离带的设置而降低要求。

3.0.6 建筑外墙外保温系统存在火灾危险性的根本原因在于所使用材料的可燃性，因此本规程中强调要正确处理建筑工程保温效果与防火安全的关系，强调防火隔离带应选用不燃保温材料。

3.0.7 岩棉带是将岩棉板切成一定的宽度使其纤维层垂直排列并粘贴在适宜的贴面上的制品，本规程提出的四种防火隔离带做法，均已经过系统防火性能试验。编制组在室内共进行 7 次系统防火性能试验，从

所进行的试验结果来看，岩棉带防火隔离带防火效果最好，发泡水泥板和泡沫玻璃防火隔离带虽然试验过程中垮塌区域内均出现池火现象，但整体防火效果也可达到要求，因此建议优先选用岩棉带防火隔离带。

3.0.8 本项措施可提高抹面胶浆与岩棉带的拉伸粘结强度，利于施工操作和劳动保护。

3.0.9 现行行业标准《外墙外保温工程技术规程》JGJ 144 规定，在正确使用和正常维护的条件下，外墙外保温工程的使用年限不应少于 25 年。

4 性 能 要 求

4.0.1 防火隔离带是外保温系统保温层的重要组成部分，但是隔离带材料与大面保温材料的性能有较大差别，在它们的拼接界面部位，表面容易产生裂缝。因此，需要对包括了防火隔离带在内的外保温系统进行耐候性检验和抗风压性检验，检验的取样位置既包括主体保温材料与隔离带接缝部位，也包括隔离带部位。

4.0.2 防火隔离带抗冲击性、吸水量、耐冻融、水蒸气透过湿流密度也是反映其性能的重要技术参数，其性能指标与外墙外保温系统性能要求一致。

4.0.3 防火隔离带保温板主要性能指标在验证试验的基础上，根据外墙外保温要求和相关标准制定，如《建筑外墙外保温用岩棉制品》GB/T 25975、《泡沫玻璃绝热制品》JC/T 647、《无机硬质绝热制品试验方法》GB/T 5486 等。垂直于表面的抗拉强度比点框粘系统所要求强度值有所下降，但在全面积粘贴的条件下，实际上是提高了粘结强度。匀温灼烧性能是反映材料高温状态下是否还能保持一定稳定性的指标。

5 设　　计

5.0.1 本条中规定了粘贴保温板防火隔离带的基本构造，粘贴保温板防火隔离带主要由保温板、胶粘剂、抹面胶浆、玻璃纤维网布、锚栓、饰面材料组成。

5.0.2 防火隔离带的高度方向尺寸与《民用建筑外保温系统及外墙装饰防火暂行规定》（公通字 46 号）关于防火隔离带的规定一致，防火隔离带保温板墙施工后，其宽度实际上就是防火隔离带的高度尺寸。其他尺寸的防火隔离带目前也有一定的应用。

5.0.3 为保证外墙平整美观、方便施工及安全，防火隔离带应与外墙外保温系统厚度相同。通常情况下，粘贴保温板后，防火隔离带保温板外表面应与外墙外保温系统保温材料外表面齐平。当建筑风格或立面要求外墙表面允许或需要凹凸线条时，防火隔离带与外墙外保温系统厚度可以不同。

5.0.4 防火隔离带与墙面进行全面积粘贴是与《民

用建筑外保温系统及外墙装饰防火暂行规定》（公通字46号）的规定一致的。因为当发生火灾时为阻挡火势向上蔓延，需要靠防火隔离带阻隔火焰传播通道，并阻断氧气供应，隔离带与墙体基面的粘结层不允许留有空隙。防火隔离带与基层全面积粘结也有利于隔离带与墙体基面的连接安全。

5.0.5 锚栓是防火隔离带的重要组成部分，锚栓的用法与数量直接涉及防火隔离带的连接安全，特别是火灾情况下的连接安全性，在抗风荷载中起主要的作用，有利于有效阻止火势蔓延。锚栓压住底层玻璃纤维网布有利于增加其固定能力，提高系统锚固力。当采用岩棉带时，锚固件更加重要，由于岩棉带压缩强度较低，因此需用直径较大的压盘，压盘起到紧压岩棉带达到共同工作的作用，故对锚固件的压盘直径也作了要求。

5.0.6 整个设置防火隔离带的外墙外保温系统抹面时，使用同一抹面胶浆更方便施工，为防止混用，本规程对此进行了规定。由于EPS、XPS为受热后熔化为液体，对抹面层会造成更大的危害，容易出现破损，建议EPS、XPS外墙外保温系统设置防火隔离带时，抹面层厚度增加至4.0mm。

5.0.7 防火隔离带部位加设底层玻璃纤维网布，应采用抹面胶浆铺设，砂浆不宜太厚。由于还需安装锚栓，因此铺设底层玻璃纤维网布时，应标出防火隔离带保温板的接缝位置。玻璃纤维网布的搭接方法与外保温系统的做法基本一致，只是搭接宽度有适当增加。使用玻璃纤维网布是外保温的普遍做法，也有利于提高防火隔离带位置抗冲击强度，防止表面开裂。

5.0.9 门窗洞口上部设置防火隔离带时，玻璃纤维网布翻包处理是常规做法，由于火灾情况下，该部位是直接接触到火的主要部位，因此玻璃纤维网布不能在此处搭接，本条强调预裁的翻包网要加宽。门窗洞口上部的防火隔离带通常情况下会有三层玻璃纤维网布，因此该部位抹面层厚度会比大面抹面层厚度大。

5.0.10 门窗洞口顶面外露部分也采用防火隔离带，主要是为了保障保温效果。

5.0.14 采用防火隔离带外墙外保温系统的墙体的热工性能，需要符合国家现行标准《民用建筑热工设计规范》GB 50176、《严寒和寒冷地区居住建筑节能设计标准》JGJ 26、《夏热冬冷地区居住建筑节能设计标准》JGJ 134和《夏热冬暖地区居住建筑节能设计标准》JGJ 75等的有关规定。

6 施 工

6.0.3 将防火隔离带加到外保温系统中应保持系统的整体性不受影响，预留位置再粘贴保温板的做法往往难以保证满粘，也会影响到系统的整体性，与两者同步施工相比施工难度更大。防火隔离带施工方法与外墙外保温系统施工方法基本相同，按本条要求施工，有助于更好地保证采用防火隔离带的外墙外保温系统整体施工质量。

6.0.4 大面保温材料与隔离带材料性能存在差异，为防止界面部位出现裂缝等质量问题，希望不同材料的拼接尽量严密。同时也会最大限度减少热桥，并防止拼缝处开裂。

6.0.5 "大面压小面"，有利于提高立面平整度和垂直度，也可防止沿可能产生的裂缝往里渗水。保护层完全覆盖保温材料有利于提高系统防火性能。统一制作砂浆保护层有利于外观整齐，防止表面开裂。

7 工 程 验 收

7.1 一 般 规 定

7.1.1 防火隔离带位置是设计师在立面设计中结合突出构件、装饰线条等综合考虑决定的，不能随意更改。隔离带宽度和数量关系到系统的防火效果，必须认真执行。

7.1.3 主要组成材料的进场复验是必不可少的。如果外保温系统提供的玻璃纤维网布、锚栓性能同时满足本规程要求，可不必重复复验。

7.1.4 因为正确安装防火隔离带工序对外保温整体性能影响重大，所以在安装后、做抹面砂浆前要加强验收。

附录A 性能试验方法

A.0.1 为统一试样制备要求，给出了耐候性试样的具体尺寸及防火隔离带的位置。为与防火隔离带实际使用情况尽可能一致，同时兼顾耐候性试验的有效性，试样的洞口部位下移了0.3m。一般情况下，耐候性试样面积不得小于本规程规定的试样尺寸。如耐候性试验后，试样出现不符合本规程规定的外观要求时，可终止试验，不再查验抗风压及拉伸粘结强度。由于防火隔离带外墙外保温系统使用了不同的保温材料，耐候性试验后再进行抗风压试验实际上提高了对构造做法的安全性要求，同时对高温淋水循环和加热冷冻循环后试样的开裂情况对系统的影响进行了进一步验证，有助于保证防火隔离带外墙外保温系统的可靠性。试验抗风压值8kPa基本上能满足我国风荷载设计标准，个别地区和项目要求较高时，可按更高要求进行，但应考虑试验仪器设备的承受能力。

A.0.2 在防火隔离带其他性能试验时，要求试样均包含饰面层，如涂料等，其主要目的是试验条件应尽可能与实际使用条件一致，不带饰面的技术性能试验也已在抹面胶浆做了规定。抗冲击性要求试样进行浸水处理后进行,是按照目前的外保温系统性能试验方法制定的,实际上是提高了要求。

A.0.3 考虑到实际火灾情况及系统防火性能试验条件,《无机硬质绝热制品试验方法》GB/T 5486 中匀温灼烧性能试验要求在高温下恒温 24h,通常情况下,系统防火性能试验可持续 30min~60min,因此试验规定在高温下恒温 0.5h,即使如此,加上升温和降温时间,试样所承受的高温时间也是比较长的,可以满足试验需要。

A.0.5 耐水、耐冻融试样干燥时间与强度值有较大关系,明确干燥时间有利于统一试验方法,便于实验室数据比对,干燥时间是按照目前的外保温系统性能试验方法制定的。

中华人民共和国行业标准

建筑涂饰工程施工及验收规程

Specification for construction and acceptance
of building surface decoration

JGJ/T 29—2003

批准部门：中华人民共和国建设部
施行日期：2003年4月1日

中华人民共和国建设部
公　告

第 107 号

建设部关于发布行业标准
《建筑涂饰工程施工及验收规程》的公告

现批准《建筑涂饰工程施工及验收规程》为行业标准，编号为 JGJ/T 29—2003，自 2003 年 4 月 1 日起实施。

本规程由建设部标准定额研究所组织中国建筑工业出版社出版发行。

2003 年 1 月 13 日

前　言

根据建设部建标〔2000〕284 号文的要求，标准编制组经广泛调查研究，认真总结实践经验，参考有关国际标准和国外先进标准，并在广泛征求意见基础上，制定了本规程。

本规程主要技术内容是：1 总则；2 术语；3 基本规定；4 基层；5 材料；6 施工准备；7 施工；8 验收。

本规程由建设部负责管理，由主编单位负责具体技术内容的解释。

本规程主编单位：北京中建建筑科学技术研究院（北京南苑新华路 1 号，100076）、建设部住宅产业化促进中心

本规程参编单位：北京市建筑材料科学研究院、建设部建筑制品与构配件产品标准化技术委员会、海虹老人牌涂料（深圳）有限公司、卜内门太古漆油（中国）有限公司、顺德市华润涂料厂有限公司、立邦涂料（中国）有限公司、上海埃尔伊建筑装饰工程有限公司、广东神洲化学工业有限公司、山西摩天实业有限公司、富思特制漆（北京）有限公司、上海迪诺瓦有限公司、广东巴德士化工有限公司、云南红塔化学有限公司

本规程主要起草人：刘敬疆　杨旭红　彭洪均　刘敬　顾泰昌　林辅填　杨向宏　段质美　温晋嵩　胡海　周伟雄　罗晓京　吴飞　林宣益　方学平　刘旭东

目　　次

1 总 则

1.0.1 为确保建筑涂饰工程施工及验收的质量，制定本规程。

1.0.2 本规程适用于在水泥砂浆抹灰基层、混合砂浆抹灰基层、混凝土基层、石膏板基层、装饰砂浆基层、粘土砖基层和旧涂层等基层上的涂饰工程施工及验收。

1.0.3 建筑涂饰工程的施工及验收，除应符合本规程外，尚应符合国家现行有关强制性标准的规定。

2 术 语

2.0.1 建筑涂饰 building surface decoration
用涂饰材料对建筑物进行装饰和保护的工序。

2.0.2 基层 substrate
涂饰对象的表层，如混凝土、水泥砂浆、混合砂浆、石膏板、粘土砖等材料。

2.0.3 底涂层 priming-coat
在基层上涂饰第一道涂料形成的涂层。

2.0.4 面涂层 finishing-coat
涂饰工程最后一道涂层。

2.0.5 中涂层 intermidiate-coat
介于面涂层和底涂层之间的涂层。

2.0.6 使用寿命 service-life
涂饰材料在满足装饰和保护建筑物要求的前提下所能达到的使用年限。

3 基 本 规 定

3.0.1 根据使用的涂饰材料和建筑物的特点，对建筑物的涂饰面应做必要的设计及建筑技术处理。

3.0.2 涂饰施工温度，应遵守产品说明书要求的温度范围；施工时空气相对湿度宜小于85％；当遇大雾、大风、下雨时，应停止户外工程施工。

3.0.3 涂饰施工应符合现行国家标准《涂装作业安全规程 涂漆工艺安全及其通风净化》GB 6514及《涂装作业安全规程 劳动卫生和劳动卫生管理》GB 7691中的有关规定。对于有涂饰材料飞散或溶剂挥发对人体产生有害影响时，操作人员应有劳动保护。

3.0.4 涂饰材料除应满足国家相关标准外，对于内墙涂饰材料还应执行（现行国家标准《室内装饰装修材料 内墙涂料中有害物质限量》GB 18582和《民用建筑工程室内环境污染控制规范》GB 50325的环保要求。

3.0.5 为达到建筑涂饰工程的质量要求，必须保证基层的养护期、施工工期及涂层养护期。

4 基 层

4.0.1 基层质量应符合下列要求：

1 基层应牢固，不开裂、不掉粉、不起砂、不空鼓、无剥离、无石灰爆裂点和无附着力不良的旧涂层等；

2 基层应表面平整，立面垂直、阴阳角垂直、方正和无缺棱掉角，分格缝深浅一致且横平竖直。允许偏差应符合表4.0.1的要求且表面应平而不光；

表 4.0.1 抹灰质量的允许偏差（mm）

平整内容	普通级	中级	高级
表面平整	≤5	≤4	≤2
阴阳角垂直	—	≤4	≤2
阴阳角方正	—	≤4	≤2
立面垂直	—	≤5	≤3
分格缝深浅一致和横平竖直	—	≤3	≤1

3 基层应清洁，表面无灰尘、无浮浆、无油迹、无锈斑、无霉点、无盐类折出物和无青苔等杂物；

4 基层应干燥，涂刷溶剂型涂料时，基层含水率不得大于8％；涂刷乳液型涂料时，基层含水率不得大于10％；

5 基层的pH值不得大于10。

4.0.2 涂饰前，应对基层进行验收；合格后，方可进行涂饰施工。

5 材 料

5.0.1 本规程适用的涂饰材料系指合成树脂乳液内墙涂料、合成树脂乳液外墙涂料、合成树脂乳液砂壁状建筑涂料、溶剂型外墙涂料、复层建筑涂料、外墙无机建筑涂料。

5.0.2 合成树脂乳液内墙涂料的主要技术指标应符合现行国家标准《合成树脂乳液内墙涂料》GB/T 9756的规定和《室内装饰装修材料 内墙涂料中有害物质限量》GB 18582以及《民用建筑工程室内环境污染控制规范》GB 50325的环保要求。

5.0.3 合成树脂乳液外墙涂料的主要技术指标应符合现行国家标准《合成树脂乳液外墙涂料》GB/T 9755的规定。

5.0.4 合成树脂乳液砂壁状建筑涂料的主要技术指标应符合现行行业标准《合成树脂乳液砂壁状建筑涂料》JG/T 24的规定。

5.0.5 溶剂型外墙涂料的主要技术指标应符合现行国家标准《溶剂型外墙涂料》GB/T 9757的规定。

5.0.6 复层建筑涂料的主要技术指标应符合现行国家标准《复层建筑涂料》GB 9779的规定。

5.0.7 外墙无机建筑涂料的主要技术指标应符合现行行业标准《外墙无机建筑涂料》JG/T 26 的规定。

5.0.8 建筑涂饰所用的涂料和半成品包括涂饰现场配制的材料，均应有产品名称、执行标准、种类、颜色、生产日期、保质期、生产企业地址、使用说明和产品合格证，并具有生产企业的质量保证书，且必须经施工单位验收合格后方可使用，其外墙涂料使用寿命不得少于 5 年。

5.0.9 建筑涂饰中配套使用的腻子和封底材料必须与选用饰面涂料性能相适应，内墙腻子的主要技术指标应符合现行行业标准《建筑室内用腻子》JG/T 3049 的规定，外墙腻子的强度应符合现行国家标准《复层建筑涂料》GB 9779 的规定，且不易开裂。

6 施 工 准 备

6.0.1 施工单位应根据设计选定式样、色彩、光泽、材料种类、涂饰遍数、单位用量以及涂饰等级，同时应根据建筑工程情况、涂饰要求、基层条件、施工平台及涂装机械等编制涂饰工程施工方案。

6.0.2 涂饰作业平台应符合下列要求：

1 涂饰作业用的施工平台应符合现行行业标准《建筑施工高处作业安全技术规范》JGJ 80 的规定。

2 施工面与施工平台间的距离，应充分考虑涂料的种类、式样，便于操作。

6.0.3 施工单位对涂饰材料的备料和存放应符合下列要求：

1 选定的涂饰材料应是已通过法定质检机构检验并出具有效质检报告的合格产品。

2 应根据选定的品种、工艺要求，结合实际面积及材料单耗和损耗，确定备料量。

3 应根据设计选定的颜色，以色卡定货。超越色卡范围时，应由设计者提供颜色样板，并取得建设方认可，不得任意更改或代替。

4 涂饰材料运进现场后，应由有关工程管理人员根据本规程 5.0.8 条的规定进行复验，合格后备用。

5 涂饰材料应存放在指定的专用库房内。溶剂型涂饰材料存放地点必须防火，并应满足国家有关的消防要求。材料应存放于阴凉干燥且通风的环境内，其贮存温度应介于 5～40℃之间。

6 工程所用涂饰材料应按品种、批号、颜色分别堆放。

7 大面积施工前应由施工人员按工序要求做好"样板"或"样板间"，并保留到竣工。

6.0.4 涂饰施工前应有选择地准备下列涂饰机具和工具：

1 涂刷、排笔、盛料桶、天平、磅秤等刷涂及计量工具；

2 羊毛辊筒、海绵辊筒、配套专用辊筒及匀料

板等滚涂工具；

3 塑料辊筒、铁制压板滚压工具；

4 无气喷涂设备、空气压缩机、手持喷枪、喷斗、各种规格口径的喷嘴、高压胶管等喷涂机具；

5 对空气压缩机、毛辊、涂刷等应按涂饰材料种类、式样、涂饰部位等选择适用的型号。

7 施 工

7.0.1 涂饰工程施工应按"底涂层、中间涂层、面涂层"的要求进行施工，后一遍涂饰材料的施工必须在前一遍涂饰材料表面干燥后进行；涂饰溶剂型涂料时，后一遍涂料必须在前一遍涂料实干后进行。每一遍涂饰材料应涂饰均匀，各层涂饰材料必须结合牢固，对有特殊要求的工程可增加面涂层次数。

7.0.2 涂饰材料使用前应满足下列要求：

1 在整个施工过程中，涂饰材料的施工黏度应根据施工方法、施工季节、温度、湿度等条件严格控制，应有专人按说明书负责调配，不得随意加稀释剂或水。

2 双组分涂饰材料的施工，应严格按产品说明书规定的比例配制，根据实际使用量分批混合，并按说明书要求静置一段时间，并在规定的时间内用完。

3 外墙涂饰，同一墙面同一颜色应用相同批号的涂饰材料。当同一颜色批号不同时，应预先混匀，以保证同一墙面不产生色差。

7.0.3 配料及操作地点的环境条件应符合下列要求：

1 配料及操作地点应经常清理保持整洁，保持良好的通风条件。

2 使用可燃性溶剂时严禁明火。

7.0.4 未用完的涂饰材料应密封保存，不得泄漏或溢出。

7.0.5 施工过程中应采取措施防止对周围环境的污染。

7.0.6 采用传统的施工辊筒和毛刷进行涂饰时，每次蘸料后宜在匀料板上来回滚匀或在桶边舔料。涂饰时涂膜不应过厚或过薄，应充分盖底，不透虚影，表面均匀。采用喷涂时应控制涂料黏度和喷枪的压力，保持涂层厚薄均匀，不露底、不流坠、色泽均匀，确保涂层的厚度。

7.0.7 对于干燥较快的涂饰材料，大面积涂饰时，应由多人配合操作，流水作业，顺同一方向涂饰，应处理好接茬部位。

7.0.8 外墙涂饰施工应由建筑物自上而下进行；材料的涂饰施工分段应以墙面分格缝、墙面阴阳角或落水管为分界线。

7.0.9 施工时的养护应符合下列规定：

1 室外饰面在涂饰前为避免风雨及烈日应作适

当的遮盖保护。

　　2　冬期与夏期的涂饰施工应按本规程3.0.2条进行。

7.0.10　合成树脂乳液内墙涂料的施工工序应符合表7.0.10的规定。

7.0.11　合成树脂乳液型外墙涂料、溶剂型外墙涂料、外墙无机建筑涂料施工工序应符合表7.0.11的规定。

7.0.12　合成树脂乳液砂壁状建筑涂料的施工工序应符合表7.0.12的规定。

7.0.13　复层涂料的施工工序应符合表7.0.13的规定。

表7.0.10　合成树脂乳液内墙涂料的施工工序

工　序　名　称	次　　序
清理基层	1
填补缝隙、局部刮腻子	2
磨　平	3
第一遍满刮腻子	4
磨　平	5
第二遍满刮腻子	6
磨　平	7
涂饰底层涂料	8
复补腻子	9
磨　平	10
局部涂饰底层涂料	11
第一遍面层涂料	12
第二遍面层涂料	13

　　注：对石膏板内墙，顶棚表面除板缝处理外，与合成
　　　　树脂乳液型内墙涂料的施工工序相同。

7.0.14　旧墙面需重新复涂涂饰材料时，应视不同基层进行不同处理。旧涂层墙面应清除粉化的涂层，并铲除疏松起壳部分，用钢丝刷除去残留的涂膜后，将墙面清洗干净再作修补，并应待干燥后按选定的涂饰材料施工工序施工。

7.0.15　施工后应根据产品特点或双方事先约定，采取必要的成品保护措施。

7.0.16　对被污染的部位，应在涂饰材料未干时及时清除。

7.0.17　施工工具使用完毕应及时清洗或浸泡在相应的溶剂中。

表7.0.11　合成树脂乳液外墙涂料、溶剂型涂料、无机建筑涂料的施工工序

工　序　名　称	次　序
清理基层	1
填补缝隙、局部刮腻子，磨平	2
涂饰底层涂料	3
第一遍面层涂料	4
第二遍面层涂料	5

表7.0.12　合成树脂乳液砂壁状建筑涂料的施工工序

工　序　名　称	项　　次
清理基层	1
填补缝隙、局部刮腻子，磨平	2
涂饰底层涂料	3
根据设计进行分格	4
喷涂主层涂料	5
涂饰第一遍面层涂料	6
涂饰第二遍面层涂料	7

　　注：1　大墙面喷涂施工宜按1.5m²左右分格，然后逐
　　　　　格喷涂。
　　　　2　底层涂料可用辊涂、刷涂或喷涂工艺进行。喷
　　　　　涂主层材料时应按装饰设计要求，通过试喷确
　　　　　定涂料黏度、喷嘴口径、空气压力及喷涂管
　　　　　尺寸。
　　　　3　主层涂料喷涂和套色喷涂时操作人员宜以二人
　　　　　一组，施工时一人操作喷涂，一人在相应位置
　　　　　配合，确保喷涂均匀。

表7.0.13　复层建筑涂料的施工工序

工　序　名　称	次　　序
清理基层	1
填补缝隙、局部刮腻子，磨平	2
涂饰底层涂料	4
涂饰中间层涂料	5
（滚压）	(6)
第一遍面层涂料	7
第二遍面层涂料	8

　　注：1　底涂层涂料可用辊涂或喷涂工艺进行。喷涂中
　　　　　间层涂料时，应控制涂料的粘度，并根据凹凸
　　　　　程度不同要求选用喷枪嘴口径及喷枪工作压
　　　　　力，喷射距离宜控制在40～60cm，喷枪运行
　　　　　中喷嘴中心线垂直于墙面，喷枪应沿被涂墙面
　　　　　平行移动，运行速度保持一致，连续作业。
　　　　2　压平型的中间层，应在中间层涂料喷涂表干
　　　　　后，用塑料辊筒将隆起的部分表面压平。
　　　　3　水泥系的中间涂层，应采取遮盖养护，必要时
　　　　　浇水养护。干燥后，采用抗碱封底涂饰材料，
　　　　　再涂饰罩面层涂料二遍。

8 验 收

8.0.1 涂饰工程应待涂层养护期满后进行质量验收。验收时应检查下列资料：

    1 涂饰工程的施工图、设计说明及其他设计文件；

    2 涂饰工程所用材料的产品合格证书、性能检测报告及进场验收记录；

    3 基体（或基层）的检验记录；

    4 施工自检记录及施工过程记录。

8.0.2 涂饰工程的检验批应按下列规定划分：

    1 室外涂饰工程每一栋楼的同类涂料涂饰的墙面每 $1000m^2$ 划分为一个检验批，不足 $1000m^2$ 也划分为一个检验批；

    2 室内涂饰工程每 50 间同类涂料涂饰的墙面划分为一个检验批，不足 50 间也划分为一个检验批。

8.0.3 涂饰工程每个检验批的检查数量应符合下列规定：

    1 室外每 $100m^2$ 应检查一处（每处 $10m^2$）；

    2 室内按有代表性的自然间（大面积房间和走廊按 10 延长米为一间）抽查 10%，但不应少于 5 间。

8.0.4 合成树脂乳液内墙涂饰材料的涂饰工程的质量，应符合表 8.0.4 的规定。

表 8.0.4 合成树脂乳液内墙涂料的涂饰工程的质量要求

项次	项 目	普通级涂饰工程	中级涂饰工程	高级涂饰工程
1	掉粉、起皮	不允许	不允许	不允许
2	漏刷、透底	不允许	不允许	不允许
3	泛碱、咬色	不允许	不允许	不允许
4	流坠、疙瘩	允许少量	允许少量	不允许
5	光泽和质感	光泽较均匀	手感较细腻，光泽较均匀	手感细腻，光泽均匀
6	颜色、刷纹	颜色一致	颜色一致	颜色一致，无刷纹
7	分色线平直（拉5m线检查，不足5m拉通线检查）	偏差不大于3mm	偏差不大于2mm	偏差不大于1mm
8	门窗、灯具等	洁净	洁净	洁净

8.0.5 溶剂型外墙涂料涂饰工程的质量，应符合表 8.0.5 的规定。

表 8.0.5 溶剂型外墙涂料涂饰工程的质量要求

项次	项 目	普通级涂饰工程	中级涂饰工程	高级涂饰工程
1	脱皮、漏刷、反锈	不允许	不允许	不允许
2	咬色、流坠、起皮	明显处不允许	明显处不允许	不允许
3	光泽	—	光泽较均匀	光泽均匀一致
4	疙瘩	—	允许少量	不允许
5	分色、裹棱	明显处不允许	明显处不允许	不允许
6	开裂	不允许	不允许	不允许
7	针孔、砂眼	—	允许少量	不允许
8	装饰线、分色线平直（拉5m线检查，不足5m拉通线检查）	偏差不大于5mm	偏差不大于3mm	偏差不大于1mm
9	颜色、刷纹	颜色一致	颜色一致	颜色一致，无刷纹
10	五金、玻璃等	洁净	洁净	洁净

注：开裂是指涂料开裂，不包括因结构开裂引起的涂料开裂。

8.0.6 合成树脂乳液砂壁状涂料涂饰工程的质量，应符合表 8.0.6 所列的各项规定。

表 8.0.6 合成树脂乳液砂壁状涂料涂饰工程的质量要求

项次	项 目	合成树脂乳液砂壁状涂料涂饰工程
1	漏涂、透底	不允许
2	反锈、掉粉、起皮	不允许
3	反白	不允许
4	五金、玻璃等	洁净

8.0.7 合成树脂乳液外墙涂料、无机外墙涂料的涂饰工程的质量，应符合表 8.0.7 规定。

表 8.0.7 合成树脂乳液外墙涂料、无机外墙涂料的涂饰工程的质量要求

项次	项目	普通级涂饰工程	中级涂饰工程	高级涂饰工程
1	反锈、掉粉、起皮	不允许	不允许	不允许
2	漏刷、透底	不允许	不允许	不允许
3	泛碱、咬色	不允许	不允许	不允许
4	流坠、疙瘩	—	允许少量	不允许
5	颜色、刷纹	颜色一致	颜色一致	颜色一致，无刷纹
6	光泽	—	较一致	均匀一致
7	开裂	不允许	不允许	不允许
8	针孔、砂眼	—	允许少量	不允许
9	分色线平直（拉 5m 线检查，不足 5m 拉通线检查）	偏差不大于 5mm	偏差不大于 3mm	偏差不大于 1mm
10	五金、玻璃等	洁净	洁净	洁净

注：开裂是指涂料开裂，不包括因结构开裂引起的涂料开裂。

8.0.8 复层建筑涂料涂饰工程的质量，应符合表 8.0.8 规定。

表 8.0.8 复层建筑涂料涂饰工程的质量要求

项次	项目	水泥系复层涂料	硅溶胶类复层涂料	合成树脂乳液类复层涂料	反应固化型复层涂料
1	漏涂、透底	不允许	不允许		
2	反锈、掉粉、起皮	不允许	不允许		
3	泛碱、咬色	不允许	不允许		
4	喷点疏密程度、厚度	疏密均匀厚度一致	疏密度均匀，不允许有连片现象，厚度一致		
5	针孔、砂眼	允许轻微少量	允许轻微少量		
6	光泽	均匀	均匀		
7	开裂	不允许	不允许		
8	颜色	颜色一致	颜色一致		
9	五金、玻璃等	洁净	洁净		

注：开裂是指涂料开裂，不包括因结构开裂引起的涂料开裂。

本规程用词说明

1 为便于在执行本规程条文时区别对待，对要求严格程度不同的用词说明如下：

1）表示很严格，非这样作不可的；
正面词采用"必须"，反面词采用"严禁"；

2）表示严格，在正常情况下均应这样作的：
正面词采用"应"，反面词采用"不应"或"不得"；

3）表示允许稍有选择，在条件许可时首先应这样作的；
正面词采用"宜"，反面词采用"不宜"

表示有选择，在一定条件下可以这样做的：
采用"可"。

2 规程中指明应按其他有关标准执行时，写法为："应符合……的规定（或要求）"或"应按……执行"。

中华人民共和国行业标准

建筑涂饰工程施工及验收规程

JGJ/T 29—2003

条 文 说 明

前　言

《建筑涂饰工程施工及验收规程》JGJ/T 29—2003，经建设部 2003 年 1 月 13 日以第 107 号公告发布。

为便于广大勘察、设计、施工、管理及科研院校等单位的有关人员在使用本规程时能正确理解和执行条文规定，《建筑涂饰工程施工及验收规程》编制组按章、节、条顺序编制了本规程的条文说明，供使用者参考。在使用中如发现本条文说明有不妥之处，请将意见函寄北京中建建筑科学技术研究院（北京南苑新华路 1 号，邮编：100076）。

目　次

1 总 则

1.0.1 建筑物采用涂料涂饰具有色彩丰富、重量轻、施工方便等特点。近年来建筑涂料工业发展迅速，新品种、新的施工方法不断涌现。为进一步提高建筑涂饰工程质量，使施工验收有据可依，制定本规程。

1.0.2 目前国内应用建筑涂饰材料的基层主要有：水泥砂浆抹灰基层、混合砂浆抹灰基层、混凝土基层、装饰砂浆基层、石膏板基层、粘土砖基层和旧涂层基层等。所有在上述基层上进行建筑涂饰的施工和验收都可参照本规程执行。

1.0.3 建筑涂饰工程施工时常采用高空作业，其安全技术应遵守国家有关规定。溶剂型涂料施工时有易燃、散发有毒溶剂等弊病，施工时的劳动保护、防火等必须按国家有关规定执行。

3 基 本 规 定

3.0.1 为使涂层在饰面工程规定的使用年限内能保持洁净少污染，规定墙面做必要的建筑技术处理及墙面设计，是指凡外窗盘粉刷层两端应粉出挡水坡端、檐口、窗盘底部都必须按技术标准完成滴水线构造措施；女儿墙及阳台的压顶，其粉刷面应有指向内侧的泛水坡度；对坡屋面建筑物的檐口，应超出墙面，防止初雨水玷污墙面。对于涂刷面积较大的墙面，应作墙面装饰性分格设计，具体分格构成及尺寸由设计给定。

对于墙管道与设备（如空调室外机组、脱排机等）应作合理的建筑处理，以减少对外墙饰面的污染。

3.0.2 由于各个生产厂家的产品不同，其适用的环境状况不尽相同，因而涂料在使用时，必须按厂家的产品说明书要求进行施工。对于施工温度是指施工环境温度和涂饰基层温度。根据我们的经验和JASS18第二节2.6a的规定，我们将施工环境相对湿度定为小于85%，由于大风、大雾、下雨施工，将妨碍涂膜的养护，因而此时户外工程应停止施工。

3.0.3 涂料在使用时，应遵循《涂装作业安全规程》。在涂饰易燃性的涂料时，注意防火，通风良好，工人应配戴口罩及防护眼镜。

3.0.4 内墙涂料的选用以安全、健康、环保为原则，VOC含量、重金属含量、甲醛含量以及室内环境状况等应满足有关国家标准的技术要求。

3.0.5 基层的养护期是指基层在达到涂料施工条件下所必须的养护时间，其施工条件是：基层的pH值小于10，含水率达到溶剂型或水性涂料的要求，否则，造成泛碱、起皮等弊病；正常施工工期是指根据涂料的特点，保证涂料头道工序完成可进行下一道工

序所必须保证的时间；涂层的养护期是指涂层完全干燥，可正常经受日晒雨淋等环境条件的时间。

4 基 层

1 是否牢固，可以通过敲打和刻划检查。

2 表面是否平整，可用2m直尺和楔形尺检查。

阴阳角是否垂直，可用2m托线板和尺检查。

阴阳角是否方正，可用200mm方尺检查。

立面是否垂直，可用质量检查尺检查。

分格缝深浅一致和横平竖直，可用小线和量尺检查。

3 是否清洁，可目测检查。

4 基层含水率的要求参照《建筑装饰装修工程质量验收规范》GB 50210。根据经验，抹灰基层养护14～21d，混凝土基层养护21～28d，一般能达此要求。含水率可用砂浆表面水分测定仪测定，也可用塑料薄膜覆盖法粗略判断。

5 酸碱度可用pH试纸或pH试笔通过湿棉测定，也可直接测定。

5 材 料

5.0.1 目前国内市场上供应和应用较广泛的涂料主要有：合成树脂乳液内墙涂料、合成树脂乳液外墙涂料、合成树脂乳液砂壁状建筑涂料、复层建筑涂料、外墙无机建筑涂料、溶剂型外墙涂料等。

5.0.2～5.0.3 合成树脂乳液内外墙涂料是指由合成树脂乳液为基料，与颜料、体质颜料及各种助剂配制而成的建筑内外墙涂料。主要品种有苯—丙乳液、丙烯酸酯乳液、硅—丙乳液、醋—丙乳液等配制的内外·墙涂料。主要技术指标目前参照《合成树脂乳液内墙涂料》GB/T 9756 和《合成树脂乳液外墙涂料》GB/T 9755 要求。对于内墙涂料还应满足《室内装饰装修材料 内墙涂料中有害物质限量》GB 18582—2001和《民用建筑工程室内环境污染控制规范》GB 50325—2001的要求。

5.0.4 合成树脂乳液砂壁状建筑涂料是指以合成树脂乳液为主要粘结料，以砂料和天然石粉为骨料，在建筑物上形成具有仿石质感涂层的涂料。主要技术指标参照《合成树脂乳液砂壁状建筑涂料》JG/T 24。

5.0.5 溶剂型涂料是指由合成树脂溶液为基料配制的薄质涂料。主要品种有：丙烯酸酯树脂（包括固态丙烯酸树脂）、氯化橡胶树脂、硅—丙树脂、聚氨酯树脂等，主要技术指标目前参照《溶剂型外墙涂料》GB/T 9757。

5.0.6 复层涂料一般由底涂层、中间涂层（主涂层）、面涂层组成。底涂层：用于封闭基层和增强主涂层（中间）涂料的附着力。中间涂层（主涂层）：

用于形成凹凸或平状装饰面，厚度（如为凹凸状，指凸部厚度）为 1～5mm。面涂层：用于装饰面着色，提高耐候性、耐沾污性和防水性等。主涂层（中间涂层）可采用聚合物水泥、合成树脂乳液、反应固化型合成树脂乳液等作为粘结料配制的厚质涂料。底涂层和面涂层可采用乳液型或溶剂型涂料，底、中、面三层涂料必须严格按说明书选用，相互匹配。主要技术指标参照《复层建筑涂料》GB 9779。

5.0.7 外墙无机建筑涂料是以碱金属硅酸盐及硅溶胶等无机高分子为主要成膜物质，加入适量固化剂、填料、颜料及助剂配制而成的涂料。过去为双组分涂料，现已发展成为单组分涂料。其主要技术指标参照《外墙无机建筑涂料》JG/T 26。

5.0.8 根据上海、北京以及国外对外墙涂料的质量要求，在建设工程中使用的建筑外墙涂料产品，其使用寿命应达到 5 年以上（含 5 年）。

5.0.9 目前涂装工程中所用的封底材料没有统一的技术指标，但必须使用由生产厂提供的与基层、腻子和面层材料相匹配的封底材料。内墙腻子材料的主要技术指标应符合 JG/T 3049 的要求，外墙腻子的耐碱性和粘结强度可参照《复层建筑涂料》GB 9779 的技术指标，应配套供给使用。

6 施 工 准 备

6.0.1 施工单位在施工前必须根据涂饰标准式样等作出施工计划，并按施工计划准备材料、设备以及协调各关联工序，按计划组织施工。

6.0.2 涂饰施工平台必须符合国家有关规定。施工平台包括活动式及移动式平台，活动式平台包括脚手架及吊蓝等。

6.0.3

1 选用的材料需有资质检测部门出具的检测报告。

2 为保证涂料色泽一致，本条文强调涂料的备料应按设计选定的品种、颜色（色卡号）、工艺要求，结合施工面积和材料单耗准确计算用料，施工时应根据单耗及时自检，控制用料。

3 因为涂料的颜色用文字表达较困难，故用色卡及其编号作为选定采购依据，如超越色卡范围时，以颜色实样作为采购涂料的标准。

4 工程管理人员应对原包装开封后的涂料进行验收。工程管理人员验收时，应验证相关的准用证明。如：颜色、品牌、出厂质量保证书等。

5 溶剂型涂料应按易燃易爆品的储存方法，注意防火，满足消防要求，其库房建筑必须满足国家消防要求，必须有消防设施；对水性涂料按常规产品储存，但需防冻和曝晒。

6 为避免混淆，不同品种、不同颜色、不同批号的涂料应分别堆放。

7 工程涂饰前做好样板或样板间的目的：一是使操作人员预先掌握所用材料的特性、配制比例、操作关键等；二是是否符合设计要求；三是作为涂饰工程质量标准的参照物（标准）。对砂壁状、复层涂料在喷涂施工之前，应在现场试喷小样，正常后再上墙正式施工。

6.0.4 根据不同的涂饰工艺，列出几种较常用的施工工具，对特殊工程，所需的施工工具可根据实际需要作相应的配备。

7 施 工

7.0.1 目前国内涂料品种较多，涂料除按“底涂层、中间涂层（主涂层）、面涂层（罩面涂层）”常规施工外，根据设计要求还可按涂层装饰质感划分为薄质、砂壁状、复层等几种涂料，因而可以按具体工程质量标准增加面涂层次数。后一遍涂刷必须待前一遍材料表面干燥（或实干）后进行，以确保各层材料间牢固结合。“表干”是指涂层表面成膜的时间，“实干”是指涂层全部形成固体涂膜的时间，具体应按产品说明书要求。

7.0.2 对同一厂家供应的同一色卡、同一品种的涂料，如不同批号，则必须在使用时倒入大容器内混和均匀后才能使用；为避免浪费，对双组分涂料应根据实际使用量，分批混合，并在规定时间内用完；另外，应根据不同施工方法、季节、温度、湿度，控制材料的施工粘度，并确保其粘度一致，以免影响涂饰质量和涂饰效果。

7.0.5 施工过程中为防止涂料飞溅，污染已完工墙面或其他构件，应采取遮挡措施进行保护。

7.0.6 为避免辊筒和漆刷所蘸的材料太多，滴在地面或沾污不应涂刷之处，故应在齿状木板上滚匀或在桶边舔料，避免用料浪费。如采用喷涂工艺，应根据所用涂料的特性，按要求调配粘度，控制气压，保证涂饰工程的质量。

7.0.8 涂料施工由建筑物自上而下施工，可避免涂饰时可能发生的涂料液滴沾污在下面已刷涂完毕的墙面上。对要求较高的涂饰工程，建议自上而下边拆脚手架边完成最后一遍涂饰或采用吊蓝施工。分界线作规定可尽量减少接痕保证质量。大面积墙面根据设计要求规格作业，划格条必须选用质硬挺拔材料完成。因划格条的质量直接会影响墙面的涂饰质量，故不允许抹灰完成后用图钉划格的简陋作法。

7.0.9 涂料在涂饰后要根据季节、温度、湿度、环境条件进行遮挡等养护。任何涂层在成膜前不能受潮、不被沾污。由于各类涂料的可施工温度不尽相同，故不作统一规定，但应按产品说明书要求进行施工。根据涂料的品种特性，注意施工气温、空气湿度、风力大小，如遇反常情况严禁施工。一旦被沾污，应随时用溶剂（或清水）清除被沾污部位，如不及进时清除，清理工作量将大大增加，并影响涂膜整体装饰效果。

7.0.12 砂壁状涂料工程的开发和研制可满足建筑外墙装饰多样化的要求，具有天然花岗石瓷面砖的装饰效果。目前仿石型、真石型涂料产品日趋增多。

1 涂料的施工中除常规工序外，墙面必须按设计分成小格，（大面积喷涂根据已施工经验得出1.5m² 左右为佳）然后逐格顺序进行。

2 砂壁状涂料施工可按装饰质感或涂料性能的要求，采用辊涂、抹涂或喷涂。凡需喷涂的需事先作试喷，以便掌握涂料的稀稠度，及确定喷嘴口径的规格、空气压力的大小。

7.0.13 复层建筑涂料有水泥系、合成树脂乳液系、反应固化型等，涂层一般由底、中、面层组成。

1 复层涂料的施工工序应注意腻子、底涂料与中、面层涂料的匹配。根据装饰质量要求可增加人工滚压工序。

2 为确保设计要求的质感，中层涂料宜采用喷涂工艺，喷涂中应熟练喷枪使用方法，必须连续作业，使墙面质感保持均匀。

3 需压平的中涂层，不同季节应严格掌握表干时间，过早或过迟压平，均影响质感。

4 水泥系的中涂层，应有洒水养护的周期，如不洒水养护，在水泥凝结过程中如遇迎风面或冬期温

度偏低，则会引起水泥水化作用停止或减慢，导致粉化、剥落而影响工程质量。

7.0.14 本规程所指的旧墙面是原墙面已涂刷涂料的工程，经大气侵蚀出现粉刷层裂纹、起壳或涂层粉化状况，如需重涂，必须按本规程要求进行基面处理，铲除浮灰及已粉化涂层，需对旧墙面清洗，防止旧漆膜成为隔离层，影响新涂膜的粘结力。

7.0.15 涂料工程施工完毕应注意产品保护，这是保证产品竣工和以后正常使用的必要措施，不容忽视。

7.0.16 涂料工程施工工具应随时注意清洗干净，清除料筒内的积余物，做好清洗工作是每个施工操作人员的职责。

8 验　收

8.0.1 涂饰工程的验收应待养护期满后验收，验收时应检查涂饰工程图、设计说明、所用材料的产品合格证、性能检测报告等。

8.0.4～8.0.8 本规程由于采用了抗碱封底涂料，因而不允许有泛碱、咬色现象。涂层颜色是否准确，应核对标准色卡编号、不属编号范围者与原样本或样板核对。针对目前建筑涂料中常出现疙瘩、针孔，内墙光泽质感不匀等弊病，本规程的检验标准中增加了上述几项内容。

中华人民共和国国家标准

建筑防腐蚀工程施工及验收规范

Specification for construction and acceptance
of anticorrosive engineering of buildings

GB 50212—2002

主编部门：中国石油和化学工业协会
批准部门：中华人民共和国建设部
施行日期：2003 年 3 月 1 日

中华人民共和国建设部
公 告

第 93 号

建设部关于发布国家标准《建筑防腐蚀
工程施工及验收规范》的公告

现批准《建筑防腐蚀工程施工及验收规范》为国家标准，编号为 GB 50212—2002，自 2003 年 3 月 1 日起实施。其中，第 1.0.3、1.0.4、1.0.5、1.0.6、3.1.1、3.1.3、3.1.4、3.1.8、3.1.13、4.2.3、5.1.3、5.1.4、5.2.6、5.2.8、5.3.6、5.6.2、6.2.15、6.2.16、6.7.1、8.2.7、9.1.3、9.1.4、9.1.7、9.1.8、9.1.9、9.1.12、10.1.7、11.0.2、11.0.3、11.0.4、11.0.5、11.0.6、11.0.7、11.0.8、11.0.9、11.0.10 条为强制性条文，必须严格执行。原《建筑防腐蚀工程施工及验收规范》GB 50212—91同时废止。

本规范由建设部标准定额研究所组织中国计划出版社出版发行。

中华人民共和国建设部
二○○二年十一月二十六日

前 言

本规范是根据建设部（建标〔1997〕108 号文）《关于印发"一九九七年工程建设国家标准制定、修订计划的"通知》的要求，由原化学工业部为主编部门，会同有关科研、生产、设计、施工和高等院校等单位对原国家标准《建筑防腐蚀工程施工及验收规范》GB 50212—91进行修订而成。

本规范共分 12 章和 2 个附录，主要内容包括总则、术语、基层处理及要求、块材防腐蚀工程、水玻璃类防腐蚀工程、树脂类防腐蚀工程、沥青类防腐蚀工程、聚合物水泥砂浆防腐蚀工程、涂料类防腐蚀工程、聚氯乙烯塑料板防腐蚀工程、安全技术要求、工程验收等。

本次修订增加了术语、聚氯乙烯塑料板防腐蚀工程 2 章和钾水玻璃类材料、乙烯基酯树脂、高聚物改性沥青卷材、聚丙烯酸酯乳液水泥砂浆及高氯化聚乙烯、聚氨酯聚取代乙烯互穿网络、聚氯乙烯、玻璃鳞片、环氧树脂自流平等 12 种涂料；删去了硫磺类防腐蚀工程和耐酸陶管工程 2 章。对原规范部分章节的内容进行了调整。

在修订过程中，修订组进行了广泛的调查研究，认真总结了我国近 10 年来建筑防腐蚀工程施工、工程应用和科研等方面的经验，同时参考了国内外建筑防腐蚀工程的大量标准和资料，广泛征求了国内化工、石油化工、石油天然气、冶金、机械、电力、水利等行业的工程施工、工程设计、建筑防腐蚀材料生产、质量监督检测等单位对规范修订稿的意见，修订组对所征求的意见进行了整理讨论，最后经审查定稿。

在规范执行过程中，希望各单位结合工程实践，认真总结经验，注意积累资料，如发现对本规范中需要修改和补充之处，请将意见和有关资料寄往中国工程建设标准化协会化工工程委员会秘书处（邮编：100723，地址：北京市亚运村安慧里四区 16 号楼，电话：84885096），以供今后修订时参考。具体解释等工作由全国化工施工标准化管理中心站负责〔电话（传真）：03115886241，网址：www.hgsgbiaozhun.com，E-mail：webmaster@hgsgbiaozhun.com〕。

本规范主编单位、参编单位和主要起草人：

主 编 单 位：全国化工施工标准化管理中心站

参 编 单 位：华东理工大学
上海富晨化工有限公司
东华工程科技股份有限公司
大连化工研究设计院
南京水利科学研究院
浙江星岛防腐工程有限公司
江苏富丽化工集团公司
河南太华防腐材料厂
上海华谊集团建设有限公司隔热防腐分公司
上海大通高科技材料有限公司
湖北黄石颐丰防腐公司
中国化学工程第二建设公司

主要起草人：张同兴 芦 天 侯锐钢 陆士平
刘德甫 李昌木 林宝玉 林松新
翟继业 杨南方 邵振德 李成章
张育生 邝维平

目　　次

1 总　则

1.0.1 为了提高建筑防腐蚀工程的施工水平,加强对防腐蚀工程施工过程的质量验收控制,保证建筑物和构筑物防腐蚀工程质量,制定本规范。

1.0.2 本规范适用于新建、改建、扩建的建筑物和构筑物防腐蚀工程的施工及验收。

1.0.3 用于建筑防腐蚀工程施工的材料,必须具有产品质量证明文件,其质量不得低于国家现行标准的规定;当材料没有国家现行标准时,应符合本规范的规定。

1.0.4 产品质量证明文件,应包括下列内容:

　　1　产品质量合格证及材料检测报告。

　　2　质量技术指标及检测方法。

　　3　复验报告或技术鉴定文件。

1.0.5 需要现场配制使用的材料,必须经试验确定,其配合比尚应符合本规范附录 A 的规定。经试验确定的配合比不得任意改变。

1.0.6 建筑防腐蚀工程的施工,必须按设计文件规定进行。当需要变更设计、材料代用或采用新材料时,必须征得设计部门的同意。

1.0.7 建筑防腐蚀工程的施工,除应执行本规范的规定外,尚应执行国家有关标准规范的规定。

2 术　语

2.0.1 钾水玻璃材料　potassium silicate material

以硅酸钾的水溶液为胶结剂,缩合磷酸铝为固化剂,硅铝氧化物为粉料和骨料,添加少量辅助材料配制而成的硅酸盐型耐酸耐热材料。

2.0.2 涂层配套　aset of matched coating

能相容的各类涂层间在材料选用、结构搭配、涂装工艺等方面合理组合形成的复合涂层。

2.0.3 锈面涂料　tolerant coating

可直接涂装于锈蚀等级为 A 或 B 的钢基层表面,同时仍具有一定防锈功能的底层涂料。

2.0.4 自流平涂料　self-leveling coating

涂装施工过程中,材料呈现一定的流展性,每层涂层干膜厚度不少于 300μm,干燥后没有施工痕迹,并有装饰效果的厚膜型涂料。

2.0.5 厚膜型涂料　high build coating

一次形成干膜厚度不少于 60μm 的溶剂挥发类涂料或不少于 100μm 的化学反应类(交联型)涂料。

2.0.6 玻璃鳞片涂料　glass flake coating

以耐腐蚀合成树脂为主要成膜物,经过特殊处理的鳞片状玻璃、颜填料及助剂等加工而成的厚膜型涂料。

3 基层处理及要求

3.1 混凝土基层

3.1.1 基层必须坚固、密实;强度必须进行检测并应符合设计要求。严禁有地下水渗漏、不均匀沉陷。不得有起砂、脱壳、裂缝、蜂窝麻面等现象。

3.1.2 基层表面应平整,其平整度应采用 2m 直尺检查,并应符合下列规定:

　　1　当防腐蚀面层厚度不小于 5mm 时,允许空隙不应大于 4mm。

　　2　当防腐蚀面层厚度小于 5mm 时,允许空隙不应大于 2mm。

3.1.3 基层必须干燥,在深度为 20mm 的厚度层内,含水率不应大于 6%;当采用湿固化型材料时,含水率可不受上述限制,但表面不得有渗水、浮水及积水;当设计对湿度有特殊要求时,应按设计要求进行施工。

3.1.4 基层坡度必须进行检测并应符合设计要求,其允许偏差应为坡长的±0.2%,最大偏差值不得大于 30mm。

3.1.5 承重及结构件等重要混凝土浇筑宜采用大型清水模板一次制成。当采用钢模板时,选用的脱模剂不应污染基层。

3.1.6 当在基层表面进行块材铺设施工时,基层的阴阳角应做成直角;进行其他种类防腐蚀施工时,基层的阴阳角应做成斜面或圆角。

3.1.7 经过养护的基层表面,不得有白色析出物。

3.1.8 基层表面必须洁净。施工前,基层表面处理方法应符合下列规定:

　　1　当采用手工或动力工具打磨时,表面应无水泥渣及疏松的附着物。

　　2　当采用喷砂或抛丸时,应使基层表面形成均匀粗糙面。

　　3　当采用研磨机械打磨时,表面应清洁、平整。

　　当正式施工时,必须用干净的软毛刷、压缩空气或工业吸尘器,将基层表面清理干净。

3.1.9 已被油脂、化学药品污染的基层表面或改建、扩建工程中已被侵蚀的疏松基层,应进行表面预处理,处理方法应符合下列规定:

　　1　当基层表面被介质侵蚀,呈疏松状,并存在高度差时,应采用凿毛机械处理或喷砂处理。

　　2　当基层表面被介质侵蚀又呈疏松状时,应采用喷砂处理。

　　3　被腐蚀介质侵蚀的疏松基层,必须凿除干净,采用对混凝土无潜在危险的相应化学品予以中和,再用清水反复洗涤。

　　4　被油脂、化学药品污染的表面,可使用洗涤剂、碱液或溶剂等洗涤,也可用火烤、蒸气吹洗等方法处理,但不得损坏基层。

　　5　不平整及缺陷部分,可采用细石混凝土或聚合物水泥砂浆修补,养护后按新的基层进行处理。

3.1.10 凡穿过防腐蚀层的管道、套管、预留孔、预埋件,均应预先埋置或留设。

3.1.11 整体防腐蚀构造基层表面不宜做找平处理。当必须进行找平时,处理方法应符合下列规定:

　　1　当采用细石混凝土找平时,强度等级不应小于 C20,厚度不应小于 30mm。

　　2　当基层必须用水泥砂浆找平时,应先涂一层混凝土界面处理剂,再按设计厚度找平。

　　3　当施工过程不宜进行上述操作时,可采用树脂砂浆或聚合物水泥砂浆找平。

3.1.12 当采用水泥砂浆找平时,表面应压实、抹平,不得拍打,并应进行粗糙化处理。

3.1.13 经过养护的找平层表面严禁出现开裂、起砂、脱层、蜂窝麻面等缺陷。

3.1.14 当水泥砂浆用于砌体结构抹面层时,表面必须平整,不得有起砂、脱壳、蜂窝麻面等现象。

3.2 钢结构基层

3.2.1 钢结构表面应平整,施工前应把焊渣、毛刺、铁锈、油污等清除干净。

3.2.2 钢结构表面的处理方法,可采用喷射或抛射除锈,手工和动力工具除锈,火焰除锈或化学除锈。

3.2.3 喷射或抛射除锈的等级,应符合下列规定:

1 Sa1级:钢材表面应无可见的油脂和污垢,并且没有附着不牢的氧化皮、铁锈和油漆涂层等。

2 Sa2级:钢材表面应无可见的油脂和污垢,并且氧化皮、铁锈和油漆涂层等附着物已基本清除,其残留物应是牢固可靠的。

3 Sa2$\frac{1}{2}$级:钢材表面应无可见的油脂、污垢、氧化皮、铁锈和油漆涂层等附着物,任何残留的痕迹仅是点状或条纹状的轻微色斑。

3.2.4 手工和动力工具除锈的等级,应符合下列规定:

1 St2级:钢材表面应无可见的油脂和污垢,并且没有附着不牢的氧化皮、铁锈和油漆涂层等。

2 St3级:钢材表面应无可见的油脂和污垢,并且没有附着不牢的氧化皮、铁锈和油漆涂层等附着物。除锈等级应比St2更为彻底,底材显露部分的表面应具有金属光泽。

3.2.5 化学除锈的等级应为Pi级:钢材表面应无可见的油脂和污垢,酸洗未尽的氧化皮、铁锈和油漆涂层的个别残留点允许用手工或机械方法除去,最终该表面应显露金属原貌,无明度锈蚀。

3.2.6 已经处理的钢结构表面,不得再次污染,当受到二次污染时,应再次进行表面处理。

3.2.7 对污染严重的钢结构和改建、扩建工程中腐蚀严重的钢结构,应进行表面预处理,处理方法应符合下列规定:

1 被油脂污染的钢结构表面,可采用有机溶剂、热碱液或乳化剂以及烘烤等方法去除油脂。

2 被氧化物污染或附着有旧漆层的钢结构表面,可采用铲除、烘烤等方法清理。

3.2.8 经处理的钢结构基层,应及时涂刷底层涂料,间隔时间不应超过5h。

3.3 木质基层

3.3.1 木质基层表面应平整、光滑、无油脂、无尘、无树脂,并将表面的浮灰清除干净。

3.3.2 木质基层应干燥,其含水率不应大于15%。

3.3.3 基层表面被油脂污染时,可先用砂纸磨光,再用汽油等溶剂洗净。

4 块材防腐蚀工程

4.1 原材料和制成品的质量要求

4.1.1 块材的品种、规格和等级,应符合设计要求;当设计无要求时,应符合下列规定:

1 耐酸砖、耐酸耐温砖的耐酸度、吸水率和耐急冷急热性应符合表4.1.1的规定。

表4.1.1 耐酸砖、耐酸耐温砖的质量

项 目		耐酸度(%)	吸水率 A(%)	耐急冷急热性(℃)	
耐酸砖	一类	≥99.8	0.2≤A<0.5	温差 100	试验一次后,试样不得有裂纹、剥落或破损现象
	二类	≥99.8	0.5≤A<2.0	温差 100	
	三类	≥99.8	2.0≤A<4.0	温差 130	
	四类	≥99.7	4.0≤A<5.0	温差 150	
耐酸耐温砖	一类	≥99.7	≤5.0	200	试验一次后,试样不得有新生裂纹和破损剥落现象
	二类	≥99.7	5.0~8.0	250	

2 天然石材应组织均匀,结构致密,无风化。不得有裂纹或不耐酸的夹层,其耐酸度不应小于95%;抗压强度:花岗石、石英石不小于100MPa;石灰石不应小于60MPa。表面平整度的允许偏差:机械切割表面应为2mm;人工加工或机械刨光的表面应为3mm。不得有缺棱掉角等现象。

4.1.2 胶泥、砂浆的质量要求及配制,铺砌块材的要求,应符合本规范有关章节的规定。

4.2 块材面层的施工及质量检查

4.2.1 块材使用前应经挑选,并应洗净,干燥后备用。

4.2.2 块材铺砌前,宜先试排;铺砌时,铺砌顺序应由低往高,先地坑、地沟,后地面、踢脚板或墙裙。阴角处立面块材应压住平面块材,阳角处平面块材应盖住立面块材,块材铺砌不应出现十字通缝,多层块材不得出现重叠缝。

4.2.3 块材的结合层及灰缝应饱满密实,粘结牢固,不得有疏松、裂缝和起鼓现象。灰缝的表面应平整,结合层和灰缝的尺寸应符合本规范有关章节的规定。

4.2.4 采用树脂胶泥灌缝或勾缝的块材面层,铺砌时,应随时刮除缝内多余的胶泥或砂浆;勾缝前,应将灰缝清理干净。

4.2.5 块材面层的平整度和坡度等,应符合下列规定:

1 块材的面层应平整,采用2m直尺检查,其允许空隙不应大于下列数值:

耐酸砖、耐酸耐温砖的面层:4mm;

机械切割天然石材的面层(厚度≤30mm):4mm;

人工加工或机械刨光天然石材的面层(厚度>30mm):6mm;

2 块材面层相邻块材之间的高差,不应大于下列数值:

耐酸砖、耐酸耐温砖的面层:1mm;

机械切割天然石材的面层(厚度≤30mm):2mm;

人工加工或机械刨光天然石材的面层(厚度>30mm):3mm。

3 坡度应符合本规范第3.1.4条的规定。做泼水试验时,水应能顺利排除。

5 水玻璃类防腐蚀工程

5.1 一般规定

5.1.1 本章所列的水玻璃应采用钠水玻璃和钾水玻璃。水玻璃类防腐蚀工程包括下列内容:

1 钠水玻璃胶泥、砂浆和钾水玻璃胶泥、砂浆铺砌的块材面层。

2 钾水玻璃砂浆抹压的整体面层。

3 钠水玻璃混凝土和钾水玻璃混凝土浇筑的整体面层、设备基础和构筑物。

5.1.2 水玻璃类防腐蚀工程施工的环境温度宜为15~30℃,相对湿度不宜大于80%;当施工的环境温度,钠水玻璃材料低于10℃,钾水玻璃材料低于15℃时,应采取加热保温措施;原材料使用时的温度,钠水玻璃不应低于15℃,钾水玻璃不应低于

20℃。

5.1.3 水玻璃应防止受冻。受冻的水玻璃必须加热并充分搅拌均匀后方可使用。

5.1.4 水玻璃类防腐蚀工程在施工及养护期间,严禁与水或水蒸汽接触,并应防止早期过快脱水。

5.1.5 钾水玻璃材料可直接与细石混凝土、粘土砖砌体或钢铁基层接触。细石混凝土、粘土砌体基层不宜用水泥砂浆找平。

5.2 原材料和制成品的质量要求

5.2.1 钠水玻璃的质量,应符合现行国家标准《工业硅酸钠》GB/T 4209—1996及表 5.2.1 的规定,其外观应为无色或略带色的透明或半透明粘稠液体。

表 5.2.1 钠水玻璃的质量

项 目	指标	项 目	指标
密度(20℃,g/cm³)	1.44~1.47	二氧化硅(%)	≥25.70
氧化钠(%)	≥10.20	模数	2.60~2.90

施工用钠水玻璃的密度(20℃,g/cm³),应符合下列规定:

用于胶泥:1.40~1.43;

用于砂浆:1.40~1.42;

用于混凝土:1.38~1.42。

5.2.2 钾水玻璃的质量,符合表 5.2.2 的规定,其外观应为白色或灰白色粘稠液体。

表 5.2.2 钾水玻璃的质量

项 目	指标
密度(g/cm³)	1.40~1.46
模数	2.60~2.90
二氧化硅(%)	25.00~29.00

注:采用密实型钾水玻璃材料时,其质量采用表中上限。

5.2.3 钠水玻璃固化剂为氟硅酸钠,其纯度不应小于98%,含水率不应大于1%,细度要求全部通过孔径0.15mm的筛。当受潮结块时,应在不高于100℃的温度下烘干并研细过筛后方可使用。

5.2.4 钾水玻璃的固化剂应为缩合磷酸铝,宜掺入钾水玻璃胶泥、砂浆、混凝土混合料内。

5.2.5 钠水玻璃材料的粉料、粗细骨料的质量应符合下列规定:

1 粉料的耐酸度不应小于95%,含水率不应大于0.5%,细度要求0.15mm 筛孔筛余量不应大于5%,0.088mm 筛孔筛余量应为10%~30%。

2 细骨料的耐酸度不应小于95%,含水率不应大于0.5%,并不得含有泥土。当细骨料采用天然砂时,含泥量不应大于1%。水玻璃砂浆采用细骨料时,粒径不应大于1.25mm。钠水玻璃混凝土用的细骨料的颗粒级配,应符合表5.2.5-1的规定。

表 5.2.5-1 细骨料的颗粒级配

筛孔(mm)	5	1.25	0.315	0.16
累计筛余量(%)	0~10	20~55	70~95	95~100

3 粗骨料的耐酸度不应小于95%,浸酸稳定性应合格,含水率不应大于0.5%,吸水率不应大于1.5%,并不得含有泥土。

粗骨料的最大粒径,不应大于结构最小尺寸的1/4,粗骨料的颗粒级配,应符合表5.2.5-2的规定。

表 5.2.5-2 粗骨料的颗粒级配

筛孔(mm)	最大粒径	1/2 最大粒径	5
累计筛余量(%)	0~5	30~60	90~100

5.2.6 钠水玻璃制成品的质量应符合下列规定:

1 钠水玻璃胶泥的质量,应符合表 5.2.6 的规定,其浸酸稳定性应符合附录 B 中合格的规定。

表 5.2.6 钠水玻璃胶泥的质量

项 目	指标	项 目	指标
初凝时间(min)	≥45	与耐酸砖粘结强度(MPa)	≥1.0
终凝时间(h)	≤12	吸水率(%)	≤15
抗拉强度(MPa)	≥2.5		

2 普通型钠水玻璃砂浆的抗压强度,不应小于 15MPa;普通型钠水玻璃混凝土的抗压强度,不应小于 20MPa。密实型钠水玻璃砂浆的抗压强度,不应小于 20MPa;密实型钠水玻璃混凝土的抗压强度,不应小于 25MPa;抗渗标号不应小于 1.2MPa。浸酸安定性均应合格。

5.2.7 钾水玻璃胶泥、砂浆、混凝土混合料的质量应符合下列规定:

1 钾水玻璃胶泥混合料的含水率不应大于0.5%,细度要求0.45mm 筛孔筛余量不应大于5%,0.16mm 筛孔筛余量宜为30%~50%。

2 钾水玻璃砂浆混合料的含水率不应大于0.5%,细度宜符合表5.2.7的规定。

表 5.2.7 钾水玻璃砂浆混合料的细度

最大粒径(mm)	筛余量(%)	
	最大粒径的筛	0.16mm 的筛
1.25	0~5	60~65
2.50	0~5	63~68
5.00	0~5	67~72

3 钾水玻璃混凝土混合料的含水率不应大于0.5%。粗骨料的最大粒径不应大于结构截面最小尺寸的1/4;用作整体地面面层时,不应大于面层厚度的1/3。

5.2.8 钾水玻璃制成品的质量,应符合表 5.2.8 的规定。

表 5.2.8 钾水玻璃制成品的质量

项 目	密实型			普通型		
	胶泥	砂浆	混凝土	胶泥	砂浆	混凝土
初凝时间(min)	≥45	—	—	≥45	—	—
终凝时间(h)	≤15	—	—	≤15	—	—
抗压强度(MPa)	—	≥25	≥25	—	≥20	≥20
抗拉强度(MPa)	≥3	≥3	—	≥2.5	≥2.5	—
与耐酸砖粘结强度(MPa)	≥1.2	≥1.2	—	≥1.2	—	—
抗渗等级(MPa)	—	≥1.2	≥1.2	—	—	—
吸水率(%)	—	—	—	—	≤10	—
浸酸安定性	合 格			合 格		
耐热极限温度 (℃)	100~300			合 格		
	300~900			合 格		

注:1 表中砂浆抗拉强度和粘结强度,仅用于最大粒径1.25mm的钾水玻璃砂浆。
2 表中耐热极限温度,仅用于有耐热要求的防腐蚀工程。

5.3 水玻璃制成品的配制

5.3.1 钠水玻璃类材料的施工配合比,可按本规范附录 A 表 A.0.1 选用,并应符合下列规定:

1 钠水玻璃胶泥稠度为30~36mm,施工前,应有一定的流动性及稠度。

2 水玻璃砂浆圆锥沉入度,当用于铺贴块材时,宜为30~40mm;当用于抹压平面时,宜为30~35mm;当用于抹压立面时,宜为40~60mm。

3 钠水玻璃混凝土的塌落度,当机械捣实时,不应大于25mm;当人工捣实时,不应大于30mm。

4 氟硅酸钠的用量,应按下式计算:

$$G = 1.5 \times \frac{N_1}{N_2} \times 100 \qquad (5.3.1)$$

式中 G——氟硅酸钠用量占钠水玻璃用量的百分率(%);

N_1——钠水玻璃中含氧化钠的百分率(%);

N_2——氟硅酸钠的纯度(%)。

5 混合料的空隙率，应符合下列规定：
　1）钠水玻璃砂浆的混合料，不应大于25%。
　2）钠水玻璃混凝土的混合料，不应大于22%。

5.3.2 钠水玻璃胶泥、钠水玻璃砂浆的配制，应符合下列规定：

　1 机械搅拌：先将粉料、细骨料与固化剂加入搅拌机内，干拌均匀，然后加入钠水玻璃湿拌，湿拌时间不应少于2min；当配制钠水玻璃胶泥时，不加入细骨料。

　2 人工搅拌：先将粉料和固化剂混合，过筛2遍后，加入细骨料干拌均匀，然后逐渐加入钠水玻璃湿拌，直至均匀；当配制钠水玻璃胶泥时，不加骨料。

　3 当配制密实型钠水玻璃胶泥或砂浆时，可将钠水玻璃与外加剂糠醇单体一起加入，湿拌直至均匀。

5.3.3 钠水玻璃混凝土的配制，应符合下列规定：

　1 机械搅拌：应采用强制式混凝土搅拌机，将细骨料、已混匀的粉料和固化剂、粗骨料加入搅拌机内干拌均匀，然后加入水玻璃湿拌，直至均匀。

　2 人工搅拌：应先将粉料和固化剂混合，过筛后，加入细骨料、粗骨料干拌均匀，最后加入水玻璃，湿拌不宜少于3次，直至均匀。

　3 当配制密实型钠水玻璃混凝土时，可将钠水玻璃与外加剂糠醇单体一起加入，湿拌直至均匀。

5.3.4 钾水玻璃材料的施工配合比可按本规范附录A表A.0.2选用，并应符合下列规定：

　1 钾水玻璃胶泥的稠度宜为30～35mm。施工时应有一定的流动性和稠度。

　2 钾水玻璃砂浆的圆锥沉入度，当用于铺砌块材时，宜为30～40mm；当用于抹压平面时，宜为30～35mm；当用于抹压立面时，宜为40～45mm。

　3 钾水玻璃混凝土的塌落度宜为25～30mm。

5.3.5 配制钾水玻璃材料时，应先将钾水玻璃混合料干拌均匀，然后加入钾水玻璃搅拌，直至均匀。

5.3.6 拌制好的水玻璃胶泥、水玻璃砂浆、水玻璃混凝土内严禁加入任何物料，并必须在初凝前用完。

5.4 水玻璃胶泥、水玻璃砂浆铺砌块材的施工

5.4.1 施工前应将块材和基层表面清理干净。

5.4.2 施工时，块材的结合层厚度和灰缝宽度，应符合表5.4.2的规定。

表5.4.2 结合层厚度和灰缝宽度

块材种类		结合层厚度(mm)		灰缝宽度(mm)	
		水玻璃胶泥	水玻璃砂浆	水玻璃胶泥	水玻璃砂浆
耐酸砖、耐酸耐温砖	厚度≤30mm	3～5	—	2～3	—
	厚度>30mm	—	5～7（最大粒径1.25mm）	—	4～6（最大粒径1.25mm）
天然石材	厚度≤30mm	5～7（最大粒径1.25mm）	—	3～5	—
	厚度>30mm	—	10～15（最大粒径2.5mm）	—	8～12（最大粒径2.5mm）
钾水玻璃混凝土预制块		—	8～12（最大粒径2.5mm）	—	8～12（最大粒径2.5mm）

5.4.3 铺砌耐酸砖、耐酸耐温砖和厚度不大于30mm的天然石材时，宜采用揉压法；铺砌厚度大于30mm的天然石材和钾水玻璃混凝土预制块时，宜采用座浆灌缝法。

5.4.4 当在立面铺砌块材时，应防止变形。在水玻璃胶泥或水玻

璃砂浆终凝前，一次铺砌的高度应以不变形为限，待凝固后再继续施工。当平面铺砌块材时，应防止滑动。

5.5 密实型钾水玻璃砂浆整体面层的施工

5.5.1 钾水玻璃砂浆整体面层宜分格或分段施工。受液态介质作用的部位应选用密实型钾水玻璃砂浆。

5.5.2 平面的钾水玻璃砂浆整体面层，宜一次抹压完成；面层厚度不大于30mm时，宜选用混合料最大粒径为2.5mm的钾水玻璃砂浆；面层厚度大于30mm时，宜选用混合料最大粒径为5mm的钾水玻璃砂浆。

5.5.3 立面的钾水玻璃砂浆整体面层，应分层抹压，每层厚度不宜大于5mm，总厚度应符合设计要求，混合料的最大粒径应为1.25mm。

5.5.4 抹压钾水玻璃砂浆时，不宜往返进行。平面应按同一方向抹压平整；立面应由下往上抹压平整。每层抹压后，当表面不粘抹具时，可轻拍轻压，但不得出现褶皱和裂纹。

5.6 水玻璃混凝土的施工

5.6.1 模板应支撑牢固，拼缝应严密，表面应平整，并应涂脱模剂。

5.6.2 钠水玻璃混凝土内的铁件必须除锈，并应涂刷防腐蚀涂料。

5.6.3 水玻璃混凝土的浇筑，应符合下列规定：

　1 水玻璃混凝土应在初凝前振捣至泛浆排除气泡为止。

　2 当采用插入式振动器时，每层浇筑厚度不宜大于200mm，插点间距不应大于作用半径的1.5倍，振动器应缓慢拔出，不得留有孔洞。当采用平板振动器和人工捣实时，每层浇筑的厚度不宜大于100mm。当浇筑厚度大于上述规定时，应分层连续浇筑。分层浇筑时，上一层应在下一层初凝以前完成。耐酸贮槽的浇筑必须一次完成，严禁留设施工缝。

　3 最上层捣实后，表面应在初凝前压实抹平。

　4 浇筑地面时，应随时控制平整度和坡度；平整度应采用2m直尺检查，其允许空隙不应大于4mm；其坡度应符合本规范第3.1.4条的规定。

　5 水玻璃混凝土整体地面应分格施工。分格缝间距不宜大于3m，缝宽宜为12～16mm。用于有隔离层地面时，分格缝可用同型号水玻璃砂浆填实；用于无隔离层密实地面时，分格缝应用弹性防腐蚀胶泥填实。

5.6.4 当需要留施工缝时，在继续浇筑前应将该处打毛清理干净，薄涂一层水玻璃胶泥，稍干后再继续灌筑。地面施工缝应留成斜楼。

5.6.5 水玻璃混凝土在不同环境温度下的立面拆模时间应符合表5.6.5的规定。

表5.6.5 水玻璃混凝土的立面拆模时间

材料名称		拆模时间(d)不少于			
		10～15℃	16～20℃	21～30℃	31～35℃
钠水玻璃混凝土		5	3	2	1
钾水玻璃混凝土	普通型		5	4	3
	密实型		7	6	5

5.6.6 承重模板的拆除，应在混凝土的抗压强度达到设计强度的70%时方可进行。拆模后不得有蜂窝麻面、裂纹等缺陷。当有上述大量缺陷时应返工；少量缺陷时应将该处的混凝土凿去，清理干净，待稍干后用同型号的水玻璃胶泥或水玻璃砂浆进行修补。

5.7 水玻璃类材料的养护和酸化处理

5.7.1 水玻璃类材料的养护期，应符合表5.7.1的规定。

表 5.7.1　水玻璃类材料的养护期

材料名称		养护期(d)不少于			
		10~15℃	16~20℃	21~30℃	31~35℃
钠水玻璃材料		12	9	6	3
钾水玻璃材料	普通型	—	14	8	4
	密实型	—	28	15	8

5.7.2 水玻璃类材料防腐蚀工程养护后,应采用浓度为30%~40%硫酸做表面酸化处理,酸化处理至无白色结晶盐析出时为止。酸化处理次数不宜少于4次。每次间隔时间:钠水玻璃材料不应少于8h;钾水玻璃材料不应少于4h。每次处理前应清除表面的白色析出物。

5.8　质量检查

5.8.1 水玻璃材料的面层,应平整光洁,无裂缝和起皱现象。面层应与基层结合牢固,无脱层、起壳等缺陷。块材结合层和灰缝的质量,应符合本规范第4.2.3条的规定。

5.8.2 对于金属基层,应使用测厚仪测定水玻璃防腐蚀面层的厚度,对于不合格处必须进行修补。

5.8.3 水玻璃材料整体面层的平整度应采用2m直尺检查,其允许空隙不应大于4mm,其坡度应符合本规范第3.1.4条的规定。

5.8.4 块材面层的平整度和坡度,应符合本规范第4.2.5条的规定。

6　树脂类防腐蚀工程

6.1　一般规定

6.1.1 本章所列的树脂包括环氧树脂、乙烯基酯树脂、不饱和聚酯树脂、呋喃树脂和酚醛树脂。树脂类防腐蚀工程包括下列内容:

　　1　树脂胶料铺衬的玻璃钢整体面层和隔离层。

　　2　树脂胶泥、砂浆铺砌的块材面层和树脂胶泥灌缝与勾缝的块材面层。

　　3　采用树脂砂浆、稀胶泥、玻璃鳞片胶泥制作的整体面层。

6.1.2 施工环境温度宜为15~30℃,相对湿度不宜大于80%。施工环境温度低于10℃时,应采取加热保温措施,并严禁用明火或蒸气直接加热。原材料使用时的温度,不应低于允许的施工环境温度。

　　注:酚醛树脂采用苯磺酰氯固化剂时,施工环境温度不应低于17℃。

6.1.3 当采用呋喃树脂或酚醛树脂进行防腐蚀施工时,在基层表面应采用环氧树脂胶料、乙烯基酯树脂胶料、不饱和聚酯树脂胶料或玻璃钢做隔离层。

6.1.4 树脂类防腐蚀工程施工前,应根据施工环境温度、湿度、原材料及工作特点,通过试验选定适宜的施工配比和施工操作方法后,方可进行大面积施工。

6.1.5 树脂类防腐蚀工程施工现场应防风尘。在施工及养护期间,应采取防水、防火、防曝晒等措施。

6.1.6 当进行树脂类防腐蚀工程施工时,不得与其他工种进行交叉施工。

6.1.7 树脂、固化剂、稀释剂等材料应密闭贮存在阴凉、干燥的通风处,并应防火。玻璃纤维布(毡)、粉料等材料均应防潮贮存。

6.2　原材料和制成品的质量要求

6.2.1 环氧树脂的质量,应符合现行国家标准《双酚-A型环氧树脂》GB/T 13657—1992及表6.2.1的规定,其外观应无明显的机械杂质。

表 6.2.1　双酚-A型环氧树脂的质量

项　目	EP01441—310	EP01451—310
环氧当量(g/Eq)	184~200	210~240
软化点(℃)		12~20

6.2.2 乙烯基酯树脂的品种包括:环氧甲基丙烯酸型、异氰酸酯改性环氧丙烯酸型、酚醛环氧甲基丙烯酸型。乙烯基酯树脂的质量,应符合表6.2.2的规定。

表 6.2.2　液体乙烯基酯树脂的质量

项　目	允　许　范　围
外观	应无异状
粘度(25℃,Pa·s)	±30%
固体含量(%)	±3.0
凝胶时间(25℃,min)	指定值　±30%
酸值(KOH mg/g)	±4.0
储存期	阴凉避光处,25℃以下不少于90d

注:一种牌号树脂的相关质量指标只允许有一个指定值。

6.2.3 不饱和聚酯树脂的品种包括:双酚A型、间苯型、二甲苯型和邻苯型。用于树脂类防腐蚀工程的不饱和聚酯树脂的质量,应符合表6.2.3的规定。

表 6.2.3　耐腐蚀液体不饱和聚酯树脂的质量

项　目	允　许　范　围
外观	应无异状
粘度(25℃,Pa·s)	±30%
固体含量(%)	±3.0
凝胶时间(25℃,min)	指定值　±30%
酸值(KOH mg/g)	±4.0
储存期	阴凉避光处,20℃以下不少于180d,30℃以下不少于90d

注:一种牌号树脂的相关质量指标只允许有一个指定值。

6.2.4 呋喃树脂的质量,应符合表6.2.4的规定,其外观应为棕黑色液体。

表 6.2.4　呋喃树脂的质量

项　目	指　标	
	糠醇糠醛型	糠酮糠醛型
固体含量(%)	—	≥42
粘度(涂-4粘度计,25℃,s)	20~30	50~80
储存期	常温下1年	

6.2.5 酚醛树脂的质量,应符合表6.2.5的规定,其外观宜为淡黄或棕红色粘稠液体。

表 6.2.5　酚醛树脂的质量

项　目	指标	项　目	指标
游离酚含量(%)	<10	储存期	常温下不超过1个月;当采用冷藏法或加入10%的苯甲醇时,不宜超过3个月
游离醛含量(%)	<2		
含水率(%)	<12		
粘度(落球粘度计,25℃,s)	45~65		

6.2.6 环氧树脂的固化剂应优先选用低毒固化剂,也可采用乙二胺等各种胺类固化剂。对潮湿基层可采用湿固化型环氧树脂固化剂。采用环氧树脂低毒固化剂或湿固化型环氧树脂固化剂的环氧树脂制成品,其质量应符合本规范表6.2.15的规定。

6.2.7 乙烯基酯树脂和不饱和聚酯树脂常温固化使用的固化剂应包括引发剂和促进剂,质量指标应符合表6.2.7的规定。乙烯基酯树脂和不饱和聚酯树脂固化后的制成品质量应符合表6.2.15的规定。

表 6.2.7　固化剂的质量

名　　称		指　　标
引发剂	过氧化甲乙酮二甲酯溶液	活性氧含量为 8.9%~9.1%；常温下为无色透明液体；过氧化甲乙酮与邻苯二甲酸二甲酯之比为 1:1
	过氧化环己酮二丁酯糊	活性氧含量为 5.5%；过氧化环己酮与邻苯二甲酸二丁酯之比为 1:1；常温下为白色糊状物
	过氧化二苯甲酰二丁酯糊	活性氧含量为 3.2%~3.3%；过氧化二苯甲酰与邻苯二甲酸二丁酯之比为 1:1；常温下为白色糊状物
促进剂	钴盐的苯乙烯液	钴含量≥0.6%；常温下为紫色液体
	N,N-二甲苯胺苯乙烯液	N,N-二甲苯胺与苯乙烯之比为 1:9；常温下为棕色透明液体

6.2.8　呋喃树脂的固化剂应为酸性固化剂。糠醇糠醛型树脂采用的是已混入粉料内的氨基磺酸类固化剂。糠酮糠醛树脂使用苯磺酸型固化剂。其制成品的质量应符合表 6.2.15 的规定。

6.2.9　酚醛树脂的固化剂应优先选用低毒的萘磺酸类固化剂，也可选用苯磺酰氯等固化剂。其制成品的质量应符合表 6.2.15 的规定。

6.2.10　环氧树脂稀释剂宜采用丙酮、无水乙醇、二甲苯等非活性稀释剂，也可采用正丁基缩水甘油醚、苯基缩水甘油醚等活性稀释剂。乙烯基酯树脂和不饱和聚酯树脂的稀释剂应为苯乙烯。酚醛树脂的稀释剂应为无水乙醇。

6.2.11　树脂玻璃钢使用的纤维增强材料，应符合下列规定：

　　1　当采用无碱或中碱玻璃纤维增强材料时，其化学成分应符合国家现行标准《无碱玻璃球》JC 557—1994 和《中碱玻璃球》JC 583—1995中的规定。严禁使用陶土坩埚生产的玻璃纤维布。

　　2　当采用非石蜡乳液型的无捻粗纱玻璃纤维方格平纹布时，厚度宜为 0.2~0.4mm，经纬密度应为每平方厘米 4×4~8×8 纱根数。

　　3　当采用玻璃纤维短切毡时，玻璃纤维短切毡的单位质量宜为 300~450g/m²。

　　4　当采用玻璃纤维表面毡时，玻璃纤维表面毡的单位质量宜为 30~50g/m²。

　　5　当用于含氢氟酸类介质的防腐蚀工程时，应采用涤纶晶格布或涤纶毡。绦纶晶格布的经纬密度，应为每平方厘米 8×8 纱根数；绦纶毡单位质量宜为 30g/m²。

6.2.12　粉料应洁净干燥，其耐酸度不应小于 95%。当使用酸性固化剂时，不应小于 98%，并不得含有铁质、碳酸盐等杂质。其体积安定性应合格，含水率不应大于 0.5%。细度要求 0.15mm 筛孔筛余量不应大于 5%，0.088mm 筛孔筛余量为 10%~30%。当用于含氢氟酸类介质的防腐蚀工程时，应选用硫酸钡粉或石墨粉；当用于含碱类介质的防腐蚀工程时，不宜选用石英粉。

6.2.13　树脂砂浆用的细骨料耐酸度不应小于 95%，当使用酸性固化剂时，不应小于 98%。其含水率不应大于 0.5%，粒径不应大于 2mm。当用于含氢氟酸类介质的防腐蚀工程时，应选用重晶石砂。

6.2.14　玻璃鳞片胶泥用树脂宜选用乙烯基酯树脂、环氧树脂和不饱和聚酯树脂。树脂的质量应符合表 6.2.1～表 6.2.3 的规定。玻璃鳞片宜选用中碱型，片径筛分合格率应大于 92%，其质量应符合表 6.2.14 的规定。

表 6.2.14　中碱玻璃鳞片的质量

项　　目	指　　标
外观	无色透明的薄片，没有结块和混有其他杂质
厚度(μm)	<40
片径(mm)	0.63~2.00
含水率(%)	<0.05
耐酸度(%)	>98

6.2.15　树脂类材料制成品的质量，应符合表 6.2.15 的规定。

表 6.2.15　树脂类材料制成品的质量

项　目		环氧树脂	乙烯基酯树脂	不饱和聚酯树脂				呋喃树脂	酚醛树脂
				双酚A型	二甲苯型	间苯型	邻苯型		
抗压强度(MPa)	胶泥	≥80	≥80	≥70	≥80	≥70	≥80	≥70	≥70
	砂浆	≥70	≥70	≥70	≥70	≥70	≥70	≥60	—
抗拉强度(MPa)	胶泥	≥9	≥9	≥9	≥9	≥9	≥9	≥6	≥6
	砂浆	≥7	≥7	≥7	≥7	≥7	≥7	≥6	—
	玻璃钢	≥100	≥100	≥100	≥100	≥90	≥90	≥80	≥60
胶泥粘结强度(MPa)	与耐酸砖	≥3	≥2.5	≥2.5	≥3	≥1.5	≥1.5	≥1.5	≥1

6.2.16　玻璃鳞片胶泥制成品的质量，应符合表 6.2.16 的规定。

表 6.2.16　树脂玻璃鳞片胶泥制成品的质量

项　　　目		乙烯基酯树脂	环氧树脂	不饱和聚酯树脂
粘结强度(MPa)	水泥基层	≥1.5	≥2.0	≥1.5
	钢材基层	≥2.0	≥1.0	≥2.0
抗渗性(MPa)		≥1.5	≥1.5	≥1.5

6.3　树脂类材料的配制

6.3.1　树脂类材料的施工配合比，可按本规范附录 A 表 A.0.3～表 A.0.6 选用。

6.3.2　配料用的容器及工具，应保持清洁、干燥、无油污、无固化残渣等。

6.3.3　环氧树脂胶料、胶泥或砂浆的配制，应符合下列规定：

　　1　将环氧树脂用非明火预热至 40℃左右，与稀释剂按比例加入容器中，搅拌均匀并冷却至室温，配制成环氧树脂液备用。

　　2　使用时，取定量的树脂液，按比例加入固化剂搅拌均匀，配制成树脂胶料。

　　3　在配制成的树脂胶料中加入粉料，搅拌均匀，制成胶泥料。

　　4　在配制成的树脂胶料中加入粉料和细骨料，搅拌均匀，制成砂浆料。

　　5　当有颜色要求时，应将色浆或用稀释剂调匀的矿物颜料浆加入到环氧树脂液中，混合均匀。

6.3.4　乙烯基酯树脂或不饱和聚酯树脂胶料、胶泥或砂浆的配制，应符合下列规定：

　　1　按施工配合比先将乙烯基酯树脂或不饱和聚酯树脂与促进剂调匀，再加入引发剂混匀，配制成树脂胶料。

　　2　在配制成的树脂胶料中加入粉料，搅拌均匀，制成胶泥料。

　　3　在配制成的树脂胶料中加入粉料和细骨料，搅拌均匀，制成砂浆料。

　　4　当有颜色要求时，应将色浆或用稀释剂调匀的矿物颜料浆加入到乙烯基酯树脂或不饱和聚酯树脂中，混合均匀。

　　5　当采用乙烯基酯树脂或不饱和聚酯树脂胶料封面时，最后一遍的封面树脂胶料中应加入苯乙烯石蜡液。

6.3.5　呋喃树脂胶料、胶泥或砂浆的配制，应符合下列规定：

　　1　将糠醇糠醛树脂按比例与糠醇糠醛树脂的玻璃钢粉混合，搅拌均匀，制成玻璃钢胶料。

　　2　将糠醇糠醛树脂按比例与糠醇糠醛树脂的胶泥粉混合，搅拌均匀，制成胶泥料。

　　3　将糠醇糠醛树脂按比例与糠醇糠醛树脂的胶泥粉和细骨料混合，搅拌均匀，制成砂浆料。

　　4　将糠酮糠醛树脂与苯磺酸类固化剂混合，搅拌均匀，制成树脂胶料。

　　5　在配制成的糠酮糠醛树脂胶料中加入粉料，搅拌均匀，制成胶泥料。

　　6　在配制成的糠酮糠醛树脂胶料中加入粉料和细骨料，搅拌均匀,制成砂浆料。

6.3.6 酚醛树脂胶料、胶泥的配制,应符合下列规定:

1 称取定量的酚醛树脂,加入稀释剂搅拌均匀,再加入固化剂搅拌均匀,制成树脂胶料。

2 在配制成的树脂胶料中,加入粉料搅拌均匀,制成胶泥料。

3 配制胶泥时不宜加入稀释剂。

6.3.7 树脂玻璃鳞片胶泥的配制,应符合下列规定:

1 树脂玻璃鳞片胶泥的封底胶料和面层胶料,应采用与该树脂玻璃鳞片胶泥相同的树脂配制。

2 称取定量环氧树脂玻璃鳞片胶泥料,按配比加入环氧树脂固化剂,宜放入真空搅拌机中,在真空度不低于 0.08MPa 的条件下搅拌均匀。

3 称取定量的乙烯基酯树脂或不饱和聚酯树脂玻璃鳞片胶泥料,按配比先加入配套的促进剂搅拌均匀,再加入配套的引发剂,宜放入真空搅拌机中,在真空度不低于 0.08MPa 的条件下搅拌均匀。

4 当采用已含预促进剂的乙烯基酯树脂或不饱和聚酯树脂玻璃鳞片胶泥料时,应加入配套的引发剂,宜放入真空搅拌机中,在真空度不低于 0.08MPa 的条件下搅拌均匀。

6.3.8 配制好的树脂胶料、胶泥料或砂浆料应在初凝前用完。当树脂胶料、胶泥料或砂浆料有凝固、结块等现象时,严禁使用。

6.4 树脂玻璃钢的施工

6.4.1 树脂玻璃钢的施工宜采用手糊法。手糊法分间歇法和连续法。酚醛玻璃钢应采用间歇法施工。

6.4.2 树脂玻璃钢铺衬前的施工,应符合下列规定:

1 封底层:在经过处理的基层表面,应均匀地涂刷封底料,不得有漏涂、流挂等缺陷,自然固化不宜少于 24h。

2 修补层:在基层的凹陷不平处,应采用树脂胶泥料修补填平,自然固化不宜少于 24h。酚醛玻璃钢或呋喃玻璃钢可用环氧树脂或乙烯基酯树脂、不饱和聚酯树脂的胶泥料修补刮平基层。

6.4.3 间歇法树脂玻璃钢铺衬层的施工,应符合下列规定:

1 玻璃纤维布应剪边。涤纶布应进行防收缩的前处理。

2 先均匀涂刷一层铺衬胶料,随即衬上一层纤维增强材料,必须贴实,赶净气泡,其上再涂一层胶料,胶料应饱满。

3 应固化 24h,修整表面后,再按上述程序铺衬以下各层,直至达到设计要求的层数或厚度。

4 每铺衬一层,均应检查前一铺衬层的质量,当有毛刺、脱层和气泡等缺陷时,应进行修补。

5 铺衬时,同层纤维增强材料的搭接宽度不应小于 50mm;上下两层纤维增强材料的接缝应错开,错开距离不得小于 50mm;阴阳角处应增加 1~2 层纤维增强材料。

6.4.4 连续法树脂玻璃钢铺衬层的施工,应符合下列规定:

1 平面一次连续铺衬的层数或厚度,不应产生滑移,固化后不应起壳或脱层。

2 立面一次连续铺衬的层数或厚度,不应产生流垂,固化后不应起壳或脱层。

3 铺衬时,上下两层纤维增强材料的接缝应错开,错开距离不得小于 50mm;阴阳角处应增加 1~2 层纤维增强材料。

4 应在前一次连续铺衬层固化后,再进行下一次连续铺衬层的施工。

5 连续铺衬到设计要求的层数或厚度后,应自然固化 24h,即可进行封面层施工。

6.4.5 树脂玻璃钢封面层的施工,应均匀涂刷面层胶料。当涂刷两遍以上时,待第一遍固化后,再涂刷下一遍。

6.4.6 当树脂玻璃钢用作树脂稀胶泥、树脂砂浆、水玻璃混凝土的整体面层或块材面层的隔离层时,在衬完最后一层布后,应涂刷一层面层胶料,同时应均匀稀撒一层粒径为 0.7~1.2mm 的

细骨料。

6.5 树脂胶泥、树脂砂浆铺砌块材和树脂胶泥灌缝与勾缝的施工

6.5.1 在水泥砂浆、混凝土或金属基层上用树脂胶泥、树脂砂浆铺砌块材时,基层的表面应均匀涂刷封底料。待固化后再进行块材的铺砌。

当基层上有玻璃钢隔离层时,宜涂刷一遍与衬砌用树脂相同的胶料,然后进行块材的铺砌。

6.5.2 块材结合层厚度、灰缝宽度和灌缝或勾缝的尺寸,均应符合表 6.5.2 的规定。

表 6.5.2 结合层厚度、灰缝宽度和灌缝或勾缝的尺寸(mm)

材料种类		铺砌		灌缝		勾缝	
		结合层厚度	灰缝宽度	缝宽	缝深	缝宽	缝深
耐酸砖、耐酸耐温砖	厚度≤30mm	4~6	2~3	—	—	6~8	10~15
	厚度>30mm	4~6	2~4	—	—	6~8	15~20
天然石材	厚度≤30mm	6~8	3~6	8~12	15~20	8~12	15~20
	厚度>30mm	10~15	6~12	8~15	满灌	—	—

6.5.3 块材的铺砌,除应符合本规范第 4.2.2 条的要求外,尚应符合下列规定:

1 耐酸砖和厚度不大于 30mm 的石材的铺砌,宜采用树脂胶泥揉挤法施工;平面上铺砌厚度大于 30mm 的石材,宜采用树脂砂浆座浆、树脂胶泥灌缝法施工;立面上铺砌厚度大于 30mm 的石材,宜采用树脂胶泥或砂浆砌筑定位,其结合层应采用树脂胶泥灌缝法施工。

2 结合层和灰缝的胶泥或砂浆应饱满密实,块材不得滑移。

3 立面块材的连续铺砌高度,应与树脂胶泥的固化时间相适应,砌体不得变形。

4 当铺砌块材时,应在胶泥或砂浆初凝前,将缝填满压实,灰缝的表面应平整光滑。

6.5.4 块材的灌缝与勾缝,应符合下列规定:

1 树脂胶泥的灌缝与勾缝,应在铺砌块材用的胶泥、砂浆固化后进行。

2 灌缝或勾缝前,灰缝应清洁、干燥。

3 灌缝时,宜分次进行,缝应密实,表面应平整光滑。

4 勾缝时,缝应填满压实,灰缝的表面应平整光滑。

6.6 树脂稀胶泥、树脂砂浆、树脂玻璃鳞片胶泥整体面层的施工

6.6.1 树脂稀胶泥整体面层的施工,应符合下列规定:

1 当基层上无玻璃钢隔离层时,在基层上应均匀涂刷封底料;用树脂胶泥修补基层的凹陷不平处。

2 当基层上有玻璃钢隔离层时,在玻璃钢隔离层上应均匀涂刷一遍树脂胶料。

3 将树脂稀胶泥摊铺在基层表面,并按设计要求厚度刮平。

4 当采用乙烯基酯树脂或不饱和聚酯树脂稀胶泥面层时,应采用相同的树脂胶料封面。

6.6.2 树脂玻璃鳞片胶泥整体面层的施工,应符合下列规定:

1 在基层上应均匀涂刷封底料,并用树脂胶泥修补基层的凹陷不平处。

2 将树脂玻璃鳞片胶泥摊铺在基层表面,并用抹刀单向均匀地涂抹,每层厚度不宜大于 1mm。层间涂抹间隔时间宜为 12h。

3 树脂玻璃鳞片胶泥料涂抹后,在初凝前,应及时滚压至光滑均匀为止。

4 施工过程中,表面应保持洁净,若有流淌痕迹、滴料或凸物,应打磨平整。

5 同一层面涂抹的端部界面连接,不得采用对接方式,应采

用斜槎搭接方式。

6 当采用乙烯基酯树脂或不饱和聚酯树脂玻璃鳞片胶泥面层时，应采用相同的树脂胶料封面。

6.6.3 树脂砂浆整体面层的施工，应符合下列规定：

1 当基层上无玻璃钢隔离层时，在经表面处理的基层上应均匀涂刷封底料；固化后，用树脂胶泥修补基层的凹陷不平处。然后宜再涂刷一遍封底料，并均匀稀撒一层粒径为 0.7~1.2mm 的细骨料。待固化后进行树脂砂浆的施工。

2 当基层上有玻璃钢隔离层时，可直接进行树脂砂浆的施工。

3 在树脂砂浆摊铺前，应在施工面上涂刷一遍树脂胶料。摊铺时应控制厚度。铺好的树脂砂浆，应立即压实抹平。

4 树脂砂浆整体面层不宜留施工缝，必须留施工缝时，应留斜槎。当继续施工时，应将留槎处清理干净，边涂刷树脂胶料、边进行摊铺的施工。

5 对要求做面层胶料的工程，应均匀涂刷面层胶料或刮涂一层稀胶泥。当进行两层胶料的施工时，第一层胶料固化后，再进行第二层胶料的施工。

6.7 树脂类防腐蚀工程的养护和质量检查

6.7.1 常温下，树脂类防腐蚀工程的养护期，应符合表 6.7.1 的规定。

表 6.7.1 树脂类防腐蚀工程的养护天数

树脂类别	养护期(d)	
	胶泥或砂浆	玻璃钢
环氧树脂	≥10	≥15
乙烯基酯树脂	≥10	≥15
不饱和聚酯树脂	≥10	≥15
呋喃树脂	≥15	≥20
酚醛树脂	≥20	≥25
树脂玻璃鳞片胶泥	≥10	

6.7.2 树脂类防腐蚀工程的各类面层，均应平整、色泽均匀，与基层结合牢固，无脱层、起壳和固化不完全等缺陷；其制成品的质量检查，宜符合下列规定：

1 玻璃钢、玻璃鳞片胶泥表面固化程度的检查，可采用丙酮擦玻璃钢或玻璃鳞片胶泥表面，如无发粘现象，即认为表面树脂已固化。

2 胶泥、砂浆可检查其抗压强度。试样不应少于 3 个，抗压强度值不宜低于表 6.2.15 的规定，或应符合设计的规定值。

3 块材结合层及灰缝的质量，应符合本规范第 4.2.3 条的规定。

6.7.3 对金属基层，应使用磁性测厚仪测定树脂类防腐蚀面层的厚度。使用电火花探测器检查针孔，对不合格处必须进行修补。对于混凝土和水泥砂浆基层，在其上进行树脂类防腐蚀面层的施工时，应同时做出试板，测定厚度。

6.7.4 树脂类防腐蚀整体面层的平整度应采用 2m 直尺检查，并应符合下列规定：

1 当防腐蚀面层厚度不小于 5mm 时，允许空隙不应大于 4mm。

2 当防腐蚀面层厚度小于 5mm 时，允许空隙不应大于 2mm。

6.7.5 块材面层的平整度和树脂类防腐蚀面层的坡度，应符合本规范第 4.2.5 条的规定。

7 沥青类防腐蚀工程

7.1 一般规定

7.1.1 沥青类防腐蚀工程包括下列内容：

1 沥青稀胶泥铺贴的沥青卷材隔离层、涂覆的隔离层。

2 铺贴的沥青防水卷材隔离层。

3 沥青胶泥铺砌的块材面层。

4 沥青砂浆或沥青混凝土铺筑的整体面层或垫层。

5 碎石灌沥青垫层。

7.1.2 施工的环境温度，不宜低于 5℃；施工时的工作面，应保持清洁干燥。

7.1.3 沥青应按不同品种和标号分别堆放，不宜曝晒和沾染杂物。

7.2 原材料和制成品的质量要求

7.2.1 道路石油沥青、建筑石油沥青应符合国家现行标准《道路石油沥青》SH 0522—2000、《建筑石油沥青》GB/T 494—1998 以及表 7.2.1 的规定。

表 7.2.1 道路、建筑石油沥青的质量

项　目	道路石油沥青		建筑石油沥青		
	60 号甲	60 号乙	40 号	30 号	10 号
针入度(25℃,100g,5s,1/10mm)	51~80	41~80	36~50	26~35	10~25
延度(25℃,5cm/min,cm)	≥70	≥40	≥3.5	≥2.5	≥1.5
软化点(环球法)(℃)	45~55	45~55	≥60	≥75	≥95

注：针入度中的"5s"和延度中的"5cm/min"是指建筑石油沥青。

7.2.2 沥青玻璃布防水卷材和高聚物改性沥青防水卷材，应符合国家现行有关标准以及表 7.2.2-1 和表 7.2.2-2 的规定。

表 7.2.2-1 沥青玻璃布防水卷材的质量

项　目		指　标		
		15 号	25 号	35 号
可溶物含量(g/m²)		≥700	≥1200	≥2000
不透水性	压力(MPa)	0.1	0.15	0.2
	保持时间(min)		30	
耐热度(℃)		85±2 受热 2h，涂盖层应无滑动		
拉力(N)	纵向	≥200	≥250	≥270
	横向	≥130	≥180	≥200
柔度	温度(℃)	≤10	≤10	≤10
	弯曲半径	绕 r=15mm，弯板无裂纹		绕 r=25mm，弯板无裂纹

表 7.2.2-2 高聚物改性沥青防水卷材的质量

项　目		指　标			
		Ⅰ类	Ⅱ类	Ⅲ类	Ⅳ类
拉伸性能	拉力(N)	≥400	≥400	≥50	≥200
	延伸率(%)	≥30	≥5	≥200	≥3
耐热性(85±2℃,2h)		不流淌，无集中性气泡			
柔性(-5~-25℃)		绕规定直径圆棒无裂纹			
不透水性	压力(MPa)	≥0.2			
	保持时间(min)	≥30			

7.2.3 纤维状填料宜采用温石棉；温石棉应符合现行国家标准《温石棉》GB/T 8071—2001 的规定。

7.2.4 粉料的耐酸度不应小于 95%；其细度要求为 0.15mm 筛孔筛余量不应大于 5%，0.088mm 筛孔筛余量应为 10%~30%；亲水系数不应大于 1.1。

7.2.5 细骨料的耐酸度不应小于 95%，含泥量不应大于 1%，其颗粒级配应符合表 7.2.5 的规定。

表 7.2.5 细骨料颗粒级配

筛孔(mm)	5.0	1.25	0.315	0.16
累计筛余量(%)	0~10	35~65	80~95	90~100

7.2.6 粗骨料的耐酸度不应小于 95%，浸酸安定性应合格，空隙率不应大于 45%，含泥量不应大于 1%。

7.2.7 粗、细骨料和粉料宜选用石英石、石英砂、石英粉。

7.2.8 沥青胶泥的质量，应符合表7.2.8的规定。

表7.2.8 沥青胶泥的质量

项　目	使用部位的最高温度（℃）			
	≤30	31~40	41~50	51~60
耐热稳定性（℃）	≥40	≥50	≥60	≥70
浸酸后质量变化率（%）	≤1			

7.2.9 沥青砂浆和沥青混凝土的抗压强度，20℃时不应小于3MPa，50℃时不应小于1MPa。饱和吸水率（体积计）不应大于1.5%，浸酸安定性应合格。

7.3 沥青胶泥、沥青砂浆和沥青混凝土的配制

7.3.1 沥青胶泥的施工配合比，应根据工程部位、使用温度和施工方法等因素确定。施工配合比可按本规范附录A表A.0.7选用。

7.3.2 沥青胶泥的配制，应符合下列规定：

1 沥青应破成碎块，均匀加热至160~180℃，不断搅拌、脱水，直至不再起泡沫，并除去杂物。

2 当建筑石油沥青升温至200~230℃时，按施工配合比，将预热至120~140℃的干燥粉料（或同时加入纤维状填料）逐步加入，并不断搅拌，直至均匀。当施工环境温度低于5℃时，应取最高值。

配好的沥青胶泥，可按附录A表A.0.7的要求取样做软化点试验。

3 配制好的沥青胶泥应一次用完，在未用完前，不得再加入沥青或填料。取用沥青胶泥时，应先搅匀，以防填料沉底。

7.3.3 沥青砂浆、沥青混凝土的施工配合比，应符合下列规定：

1 粉料和骨料之间颗粒级配，应符合表7.3.3的规定。

表7.3.3 粉料和骨料混合物的颗粒级配

种　类	混合物累计筛余量（%）								
	25	15	5	2.5	1.25	0.63	0.315	0.16	0.08
沥青砂浆			0	20~38	33~57	45~71	55~80	63~86	70~90
细粒式沥青混凝土		0	22~37	37~60	47~70	55~78	65~88	70~88	75~90
中粒式沥青混凝土	0	10~20	30~50	43~67	52~75	60~82	68~87	72~92	77~92

2 采用平板振动器振实时，沥青用量占粉料和骨料混合物质量的百分率（%）为：

沥青砂浆　　　　　　11~14
细粒式沥青混凝土　　8~10
中粒式沥青混凝土　　7~9

注：涂抹立面的沥青砂浆，沥青用量可达25%。

3 当采用平板振动器或辊滚筒压实时，沥青标号宜采用30号；当采用辗压机压实时，宜采用60号。

7.3.4 沥青砂浆、沥青混凝土的配制，应符合下列规定：

1 沥青的加热，应符合本规范第7.3.2条第一款的规定。

2 按施工配合比，将预热至140℃左右的干燥粉料和骨料混合均匀，随即将加热至200~230℃的沥青逐渐加入，不断翻拌至全部粉料和骨料被沥青覆盖为止。拌制温度宜为180~210℃。

7.4 沥青玻璃布卷材隔离层的施工

7.4.1 基层的表面，应先均匀涂刷冷底子油两遍。涂刷冷底子油的表面，应保持清洁，待干燥后，方可进行隔离层的施工。冷底子油的质量配比，应符合下列规定：

1 第一遍，建筑石油沥青与汽油之比为30：70；第二遍，建筑石油沥青与汽油之比为50：50。

2 建筑石油沥青与煤油或轻柴油之比为40：60。

7.4.2 沥青稀胶泥的浇铺温度，不应低于190℃。当环境温度低于5℃时，应采取措施提高温度后方可施工。

7.4.3 卷材隔离层的铺贴，应符合下列规定：

1 卷材使用前，表面撒布物应清除干净，并保持干燥。

2 卷材铺贴顺序，应由低往高，先平面后立面，地面隔离层应延续铺至墙面的高度为100~150mm，贮槽等构筑物的隔离层应延续铺至顶部。转角处应增加卷材一层。

3 卷材隔离层的施工应随浇随贴，必须满浇，每层沥青稀胶泥的厚度不应大于2mm，卷材必须压平压实，接缝处应粘牢；卷材的搭接宽度，短边和长边均不应小于100mm，上下两层卷材的搭接缝、同一层卷材的短边搭接缝均应错开。

4 隔离层上采用水玻璃类材料施工时，应在铺完的卷材上浇铺一层沥青胶泥，并随即均匀稀撒预热的粒径为2.5~5mm的耐酸粗粒料；砂粒嵌入沥青胶泥的深度宜为1.5~2.5mm。

7.4.4 涂覆隔离层的层数，当设计无要求时，宜采用两层，其总厚度宜为2~3mm。当隔离层上采用水玻璃类材料施工时，应随即均匀稀撒干净预热的粒径为1.2~2.5mm的耐酸砂粒。

7.5 高聚物改性沥青卷材隔离层的施工

7.5.1 铺贴卷材前，应先在基层上满涂一层底涂料，底涂料宜选用与卷材材性相容的高聚物改性沥青粘结剂。底涂料干燥后，方可进行卷材铺贴。

7.5.2 施工环境温度不宜低于0℃；热熔法施工环境温度不宜低于-10℃；最高施工环境温度不宜大于35℃。不应在雨、雪和大风天气进行室外施工。

7.5.3 卷材铺贴顺序，应符合本规范第7.4.3条的有关规定。铺贴卷材应采用搭接法，上下层及相邻两幅卷材的搭接缝应错开，不得互相垂直铺贴，搭接宽度宜为100mm。

7.5.4 冷粘法铺贴卷材应符合下列规定：

1 粘结剂涂刷应均匀，不得漏涂。粘结剂涂刷和铺贴的间隔时间，应按产品说明书。

2 铺贴卷材时，应排除卷材下面的空气，并辊压粘贴牢固。

3 铺贴卷材时，应平整顺直，搭接尺寸应准确，不得扭曲、皱褶。搭接接缝应满涂粘结剂。

4 接缝处应用密封材料封严，宽度不应小于10mm。

7.5.5 自粘法铺贴卷材应符合下列规定：

1 铺贴卷材前，基层表面应均匀涂刷与卷材相配套的基层处理剂，干燥后应及时铺贴卷材。

2 铺贴卷材时，应将自粘胶底面隔离纸完全撕净，并应排除卷材下面的空气，辊压粘结牢固。

3 铺贴的卷材应平整顺直，搭接尺寸应准确，不得扭曲、皱褶。搭接部位宜采用热风焊枪加热，加热后随即粘贴牢固，溢出的自粘胶随即刮平封口。

4 接缝处应用密封材料封严，宽度不应小于10mm。

7.5.6 热熔法铺贴卷材应符合下列规定：

1 火焰加热器的喷嘴与卷材的加热距离，以卷材表面熔融光亮黑色为宜，加热应均匀，不得烧穿卷材。

2 卷材表面热熔后应立即滚铺卷材，并应排除卷材下面的空气，使之平展，不得出现皱褶，并应辊压粘结牢固。

3 在搭接缝部位应有热熔的改性沥青溢出，并应随即刮封接口。

4 铺贴卷材时应平整顺直，搭接尺寸应准确，不得扭曲。

7.6 沥青胶泥铺砌块材

7.6.1 基层表面若未设置隔离层，应按本规范第7.4.1条规定，预先涂刷冷底子油。

7.6.2 块材铺砌前宜进行预热，当环境温度低于5℃时，必须预热，预热温度不应低于40℃。

7.6.3 沥青胶泥的浇铺温度不应低于180℃。当环境温度低于5℃时，应采取措施提高温度后方可施工。

7.6.4 块材结合层的厚度和灰缝的宽度，应符合表7.6.4的规定。

表 7.6.4 块材结合层厚度和灰缝宽度(mm)

块材种类	结合层厚度		灰缝宽度	
	挤缝法 灌缝法	刮浆铺砌法 分段浇灌法	挤缝法 刮浆铺砌法 分段浇灌法	灌缝法
耐酸砖、耐酸耐温砖	3～5	5～7	3～5	6～8
天然石材	—	—	—	8～15

注:当天然石材的结合层采用沥青砂浆时,其厚度应为10～15mm,沥青用量可达25%。

7.6.5 平面块材的铺砌，可采用挤缝法或灌缝法。

1 挤缝法:应随浇沥青胶泥，随铺砌块材。沥青胶泥的浇铺厚度，应按结合层要求增厚2～3mm;铺砌时，灰缝应挤严灌满，表面平整。

2 灌缝法:沥青胶泥应浇铺刮平，块材应粘结牢固，不得浮铺。灌缝前，灰缝处宜预热。

7.6.6 立面块材的铺砌，可采用刮浆铺砌法或分段浇灌法。

1 刮浆铺砌法:应随刮随铺，趁热挤压平。

2 分段浇灌法(图7.6.6):结合层应饱满，表面应平整。

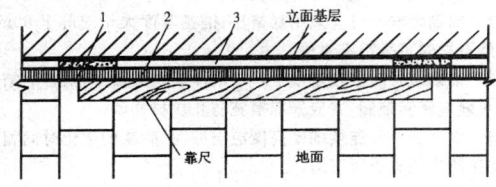

图 7.6.6 分段浇灌法
1—先用刮浆铺砌法粘贴块材1～2块;2—浮贴块材约5～6块;
3—留出结合层5～7mm,然后浇灌沥青胶泥

7.7 沥青砂浆和沥青混凝土的施工

7.7.1 沥青砂浆和沥青混凝土，应采用平板振动器或辗压机和热滚筒压实。墙脚等处应采用热烙铁拍实。

7.7.2 沥青砂浆和沥青混凝土摊铺前，应在已涂有沥青冷底子油的水泥砂浆或混凝土基层上，先涂一层沥青稀胶泥，沥青与粉料的质量配比为100:30。

7.7.3 沥青砂浆和沥青混凝土摊铺后，应随即刮平进行压实。每层的压实厚度，沥青砂浆和细粒式沥青混凝土不宜超过30mm;中粒式沥青混凝土不应超过60mm。虚铺的厚度应经试压确定，用平板振动器振实时，宜为压实厚度的1.3倍。

7.7.4 沥青砂浆和沥青混凝土用平板振动器振实时，开始压实温度应为150～160℃，压实完毕的温度不应低于110℃。当施工环境温度低于5℃时，开始压实温度应取最高值。

7.7.5 垂直的施工缝应留成斜槎，用热烙铁拍实。继续施工时，应将斜槎清理干净，并预热。预热后，涂一层热沥青，然后连续摊铺沥青砂浆或沥青混凝土。接缝处应用热烙铁仔细拍实，并拍平至不露痕迹。

当分层铺砌时，上下层的垂直施工缝应相互错开;水平的施工缝应涂一层热沥青。

7.7.6 立面涂抹沥青砂浆应分层进行，最后一层抹完后，应用烙铁烫平。当采用沥青砂浆预制块铺砌时，应按本规范第7.6.6条的规定施工。

7.7.7 铺压完的沥青砂浆和沥青混凝土，应与基层结合牢固。其面层应密实、平整，并不得做表面处理，不得有裂纹、起鼓和

脱层等现象。当有上述缺陷时，应先将缺陷处挖除，清理干净，预热后，涂上一层热沥青，然后用沥青砂浆或沥青混凝土进行填铺、压实。

地面面层的平整度，应采用2m直尺检查，其允许空隙不应大于6mm。其坡度应符合本规范第3.1.4条的规定。

7.8 碎石灌沥青

7.8.1 碎石灌沥青的垫层，不得在有明水或冻结的基土上进行施工。

7.8.2 沥青软化点不低于90℃;石料应干燥，材质应符合设计要求。

7.8.3 碎石灌沥青的垫层施工时，应先在基土上铺一层粒径为30～60mm的碎石，夯实后，再铺一层粒径为10～30mm的碎石，找平、拍实，随后浇灌热沥青。

8 聚合物水泥砂浆防腐蚀工程

8.1 一般规定

8.1.1 聚合物水泥砂浆防腐蚀工程包括下列内容:

1 聚合物水泥砂浆铺抹的整体面层。

2 聚合物水泥砂浆铺砌的块材面层。

8.1.2 聚合物水泥砂浆施工环境温度宜为10～35℃，当施工环境温度低于5℃时，应采取加热保温措施。不宜在大风、雨天或阳光直射的高温环境中施工。

8.1.3 聚合物水泥砂浆的乳液及助剂的存放应避免阳光直射，冬季应防止冻结。

8.1.4 聚合物水泥砂浆不应在养护期少于3d的水泥砂浆或混凝土基层上施工。

8.1.5 聚合物水泥砂浆在水泥砂浆或混凝土基层上进行施工时，基层表面应平整、粗糙、清洁，无油污、起砂、空鼓、裂缝等现象。施工前应用高压水冲洗并保持潮湿状态，施工时不得有积水。

8.1.6 聚合物水泥砂浆在钢基层上施工时，基层表面应无油污、浮锈，除锈等级宜为St3。焊缝和搭接部位，应用聚合物水泥砂浆或聚合物水泥浆找平后，再进行施工。

8.1.7 施工前，应根据施工环境温度、工作条件等因素，通过试验确定适宜的施工配合比和操作方法后，方可进行正式施工。

8.1.8 施工用的机械和工具必须及时清洗。

8.2 原材料和制成品的质量要求

8.2.1 阳离子氯丁胶乳和聚丙烯酸酯乳液的质量应符合表8.2.1的规定。

表 8.2.1 胶乳和乳液的质量

项 目	阳离子氯丁胶乳	聚丙烯酸酯乳液
外 观	乳白色无沉淀的均匀乳液	
粘 度	10～55(25℃,Pa·s)	11.5～12.5(涂4杯,25℃,s)
总固体含量(%)	≥47	39～41
密度(g/cm³)	≥1.080	≥1.056
贮存稳定性	5～40℃,3个月无明显沉淀	

8.2.2 阳离子氯丁胶乳与硅酸盐水泥拌和时，加入稳定剂、消泡剂及pH值调节剂等助剂。稳定剂宜采用月桂醇与环氧乙烷缩合物、烷基酚与环氧乙烷缩合物或十六烷基三甲基氯化铵等乳化剂;消泡剂宜采用有机硅类等产品;pH值调节剂宜采用氨水、氢氧化钠或氢氧化镁等。

8.2.3 阳离子氯丁胶乳助剂的质量应符合下列规定:

1 拌制好的水泥砂浆应具有良好的和易性，并不应有大量气

泡。

　　2　助剂应使胶乳由酸性变为碱性,在拌制砂浆时不应出现胶乳破乳现象。

8.2.4　用聚丙烯酸酯乳液配制的砂浆不需另加助剂。

8.2.5　拌制氯丁胶乳水泥砂浆应采用强度等级不低于 32.5MPa 的硅酸盐水泥或普通硅酸盐水泥,拌制聚丙烯酸酯乳液水泥砂浆宜采用强度等级不低于 42.5MPa 的硅酸盐水泥或普通硅酸盐水泥。

8.2.6　拌制聚合物水泥砂浆的细骨料应采用石英砂或河砂。砂子应满足国家建筑用砂标准的规定,细骨料的质量与颗粒级配应符合表 8.2.6-1 和表 8.2.6-2 的规定。

表 8.2.6-1　细骨料的质量

项目	含泥量（%）	云母含量（%）	硫化物含量（%）	有机物含量
指标	≤3	≤1	≤1	浅于标准色（如深于标准色,应配成砂浆进行强度对比试验,抗压强度比不应低于 0.95）

表 8.2.6-2　细骨料的颗粒级配

筛孔（mm）	5.0	2.5	1.25	0.63	0.315	0.16
筛余量（%）	0	0～25	10～50	41～70	70～92	90～100

注:细骨料的最大粒径不应超过涂层厚度或灰缝宽度的 1/3。

8.2.7　聚合物水泥砂浆制成品经过养护后的质量应符合表 8.2.7 的规定。

表 8.2.7　聚合物水泥砂浆制成品的质量

项　目	氯丁胶乳水泥砂浆	聚丙烯酸酯乳液水泥砂浆
抗压强度（MPa）	≥30	≥30
抗折强度（MPa）	≥3.0	≥4.5
与水泥砂浆粘结强度（MPa）	≥1.2	≥1.2
抗渗等级（MPa）	≥1.6	≥1.5
吸水率（%）	≤4.0	≤5.5
初凝时间（min）	>45	
终凝时间（h）	<12	

8.3　聚合物水泥砂浆的配制

8.3.1　聚合物水泥砂浆的配合比,可按本规范附录 A 表 A.0.8 选用。

8.3.2　聚合物水泥砂浆宜采用人工拌和,当采用机械拌和时,应使用立式复式搅拌机。

8.3.3　氯丁胶乳水泥砂浆配制时应按确定的施工配合比称取定量的氯丁胶乳,加入稳定剂、消泡剂及 pH 值调节剂,并加入适量的水,充分搅拌均匀后,倒入预先拌和均匀的水泥和砂子的混合物中,搅拌均匀。拌制时,不宜剧烈搅动;拌匀后,不应再反复搅拌和加水。配制好的氯丁胶乳水泥砂浆应在 1h 内用完。

8.3.4　聚丙烯酸酯乳液水泥砂浆配制时,应先将水泥与砂子干拌均匀,再倒入聚丙烯酸酯乳液和试拌时确定的水量充分搅拌均匀。

8.3.5　拌制好的聚合物水泥砂浆应在初凝前用完,如发现有凝胶、结块现象,不得使用。拌制好的水泥砂浆应有良好的和易性,水灰比宜根据现场试验最后确定。

8.4　整体面层的施工

8.4.1　铺抹聚合物水泥砂浆前应先涂刷聚合物水泥净浆一遍,应薄而均匀,边涂刷边摊铺聚合物水泥砂浆。

8.4.2　聚合物水泥砂浆一次施工面积不宜过大,应分条或分块错开施工,每块面积不宜大于 12m²,条宽不宜大于 1.5m,补缝或分段错开的施工间隔时间不应小于 24h。坡面的接缝木条或聚氯乙烯条应预先固定在基层上,待砂浆抹面后可抽出留缝条并在 24h 后进行补缝。分层施工时,留缝位置应相互错开。

8.4.3　聚合物水泥砂浆摊铺完毕后应立即压抹,并宜一次抹平,

不宜反复抹压。遇有气泡时应刺破压紧,表面应密实。

8.4.4　在立面或仰面上施工时,当面层厚度大于 10mm 时,应分层施工,分层抹面厚度宜为 5～10mm。待前一层干至不粘手时可进行下一层施工。

　　聚丙烯酸酯乳液水泥砂浆整体面层施工时,也可采用挤压式灰浆泵或混凝土潮喷机进行喷涂施工。

8.4.5　聚合物水泥砂浆施工 12～24h 后,宜在面层上再涂刷一层水泥净浆。

8.4.6　聚合物水泥砂浆抹面后,表面干至不粘手时即进行喷雾或覆盖塑料薄膜、麻袋进行养护。塑料薄膜四周应封严,潮湿养护7d,再自然养护 21d 后方可使用。

8.5　铺砌块材的施工

8.5.1　聚合物水泥砂浆铺砌耐酸砖块材面层时,应预先用水将块材浸泡 2h 后,擦干水迹即可铺砌。

8.5.2　块材结合层厚度和灰缝宽度应符合表 8.5.2 的规定。

表 8.5.2　结合层厚度和灰缝宽度（mm）

块　材　种　类		结合层厚度	灰缝宽度
耐酸砖 耐酸耐温砖		4～6	4～6
天然石材	厚度≤30	6～8	6～8
	厚度>30	10～15	8～15

8.5.3　块材的铺砌应符合下列规定:

　　1　铺砌耐酸砖时应采用揉挤法;铺砌厚度大于或等于 60mm 的天然石材时可采用座浆法。

　　2　铺砌块材时应在基层上边涂刷净浆料边铺砌,块材的结合层及灰缝应密实饱满,并应采取措施防止块材移动。

　　3　立面块材的连续铺砌高度应与胶泥、砂浆的硬化时间相适应,并应防止块材受压变形。

　　4　铺砌块材时,灰缝应填满压实,灰缝的表面应平整光滑,并应将块材上多余的砂浆清理干净。

8.6　质　量　检　查

8.6.1　聚合物水泥砂浆整体面层应与基层粘结牢固,表面应平整,无裂缝、起壳等缺陷。

8.6.2　对于金属基层,应使用测厚仪测定聚合物水泥砂浆面层的厚度。对于水泥砂浆和混凝土基层,每 50m² 抽查一处,进行破坏性凿取检查测定厚度。对不合格处及在检查中破坏的部位,必须全部修补好后,重新进行检验直至合格。

8.6.3　整体面层的平整度,采用 2m 直尺检查,其允许空隙不应大于 5mm。

8.6.4　整体面层的坡度应符合本规范第 3.1.4 条的规定。

8.6.5　块材面层平整度和坡度应符合本规范第 4.2.5 条的规定。

9　涂料类防腐蚀工程

9.1　一　般　规　定

9.1.1　本章所列防腐蚀涂料包括下列品种:

　　1　氯化橡胶涂料、环氧树脂涂料、聚氨酯树脂涂料、高氯化聚乙烯涂料、聚氨酯聚取代乙烯互穿网络涂料、丙烯酸树脂及其改性涂料、氯乙烯-醋酸乙烯共聚涂料、聚苯乙烯涂料、醇酸树脂耐酸涂料、过氯乙烯涂料、聚乙烯涂料、氯磺化聚乙烯涂料、沥青类涂料等。

　　2　玻璃鳞片涂料、环氧树脂自流平涂料、有机硅树脂耐高温涂料。

3 乙烯磷化底层涂料、富锌涂料、锈面涂料等品种。

9.1.2 防腐蚀涂料的基本技术指标,应符合国家有关标准规范的规定。

9.1.3 涂料供应方必须提供符合国家现行标准的涂料施工使用指南。当没有国家现行标准时,应符合本规范的规定。

9.1.4 涂料施工使用指南,应包括下列内容:

1 防腐蚀涂装的基层处理要求及处理工艺。

2 防腐蚀涂层的施工工艺。

3 防腐蚀涂层的检测手段。

9.1.5 涂料施工环境温度宜为 10～30℃,相对湿度不宜大于85%。

9.1.6 在大风、雨、雾、雪天及强烈阳光照射下,不宜进行室外施工。

9.1.7 当施工环境通风较差时,必须采取强制通风。

9.1.8 钢结构涂装时,钢材表面温度必须高于露点温度3℃方可施工。

9.1.9 防腐蚀涂料和稀释剂在运输、贮存、施工及养护过程中,不得与酸、碱等化学介质接触。严禁明火,并应防尘、防曝晒。

9.1.10 涂装结束,涂层应自然养护后方可使用。其中化学反应类涂料形成的涂层,养护时间不应少于 7d。

9.1.11 施工中,宜采用耐腐蚀树脂配制胶泥修补凹凸不平处;不得自行将涂料掺加粉料,配制胶泥,也不得在现场用树脂等自配涂料。

9.1.12 当涂料中挥发性有机化合物含量大于40%时,不得用作建筑防腐蚀涂装。

9.1.13 涂料的施工,可采用刷涂、滚涂、喷涂或高压无气喷涂。但涂层厚度必须均匀,不得漏涂或误涂。

9.1.14 施工工具应保持干燥、清洁。

9.2 涂料的配制及施工

9.2.1 氯化橡胶涂料的施工,应符合下列规定:

1 氯化橡胶涂料应为单组分,分普通型和厚膜型。

2 钢铁基层除锈要求不得低于 St3、Sa2 级。

3 每次涂装应在前一层涂膜实干后进行,施工的间隔时间应符合表9.2.1的规定。

表 9.2.1 施工的间隔时间

气温(℃)	0～14	15～30	>30
间隔时间(h)	>18	>10	>6

4 涂料的施工环境温度应大于0℃。

5 涂料的贮存期在25℃以下,不应超过12个月。

9.2.2 环氧树脂涂料包括单组分环氧酯底层涂料和双组分环氧树脂涂料。其配制及施工,应符合下列规定:

1 钢铁基层除锈要求不得低于 St2 级。

2 双组分涂料必须按质量比配制,并搅拌均匀。配制好的涂料宜熟化后使用。

3 每次涂装应在前一层涂膜表干后进行,施工的间隔时间应符合表9.2.2的规定。

表 9.2.2 施工的间隔时间

气温(℃)	10～20	21～30	>31
间隔时间(h)	≥24	≥8	≥4

4 水泥砂浆、混凝土或木质基层,应采用稀释的环氧树脂进行封底处理。

5 涂料的贮存期在25℃以下,不应超过12个月。

9.2.3 聚氨酯树脂涂料包括单组分涂料和双组分涂料。其配制及施工,应符合下列规定:

1 钢铁基层除锈要求不得低于 St2 级。

2 双组分涂料必须按质量比配制,并搅拌均匀。

3 每次涂装应在前一层涂膜实干后进行,施工间隔时间宜大于20h。

4 涂料的施工环境温度不应低于5℃。

5 在水泥砂浆、混凝土或木质基层上,可选用稀释的环氧树脂进行封底处理。

6 涂料的贮存期在25℃以下,不超过6个月。

9.2.4 高氯化聚乙烯涂料的施工,应符合下列规定:

1 高氯化聚乙烯涂料应为单组分,分普通型和厚膜型。

2 钢铁基层除锈要求不得低于 St3 级或 Sa2 级。

3 每次涂装应在前一层涂膜表干后进行,施工的间隔时间应符合表9.2.4的规定。

表 9.2.4 施工的间隔时间

气温(℃)	0～14	15～30	>30
间隔时间(h)	≥24	≥10	≥6

4 高氯化聚乙烯涂料的施工环境温度应大于0℃。

5 涂料的贮存期在25℃以下,不宜超过10个月。

9.2.5 聚氨酯聚取代乙烯互穿网络涂料为双组分。其配制及施工,应符合下列规定:

1 钢铁基层除锈要求宜为 St2 级。

2 必须按规定的质量比配制,并搅拌均匀。

3 每次涂装应在前一层涂膜实干后涂刷,间隔时间应大于8h,但不宜超过48h。

4 涂料的贮存期在25℃以下,不宜超过3个月。

9.2.6 丙烯酸树脂及其改性涂料包括单组分丙烯酸树脂面层涂料、丙烯酸树脂改性氯化橡胶面层涂料和丙烯酸树脂改性聚氨酯双组分面层涂料。其配制及施工,应符合下列规定:

1 当涂刷丙烯酸树脂及其改性涂料时,宜采用环氧树脂类涂料作底层涂料。

2 钢铁基层除锈要求不得低于 St2 级。

3 丙烯酸树脂改性聚氨酯双组分涂料必须按规定的质量比配制,并搅拌均匀。

4 每次涂装应在前一层涂膜实干后进行,施工间隔时间应大于3h,但不宜超过48h。

5 涂料的施工环境温度应大于5℃。

6 涂料的贮存期在25℃以下,单组分不宜超过10个月,双组分不宜超过3个月。

9.2.7 氯乙烯-醋酸乙烯共聚涂料包括单组分和环氧改性的双组分涂料。其配制及施工,应符合下列规定:

1 钢铁基层除锈要求不得低于 St3 级或 Sa2 级。

2 双组分涂料必须按规定的质量比配制,并搅拌均匀。

3 每层涂装必须在前一层涂膜实干后进行。

4 水泥砂浆、混凝土表面宜采用稀释的环氧树脂进行封底处理。

5 涂料的贮存期在25℃以下,不宜超过6个月。

9.2.8 聚苯乙烯涂料的施工,应符合下列规定:

1 钢铁基层除锈要求不得低于 Sa2 级。

2 每次涂装必须在前一层涂膜表干后进行,并不得反复涂刷,涂装间隔时间应为4～8h。

3 涂层养护时间不宜少于 7d。

4 涂料的贮存期在25℃以下,不宜超过3个月。

9.2.9 醇酸树脂耐酸涂料的施工,应符合下列规定:

1 醇酸树脂耐酸涂料应为单组分。

2 钢铁基层除锈要求不得低于 St3 级或 Sa2 级。

3 每次涂装应在前一层涂膜实干后进行,施工的间隔时间应符合表9.2.9的规定。

表 9.2.9　施工的间隔时间

气温(℃)	0~14	15~30	>30
间隔时间(h)	≥10	≥6	≥4

4　涂料的施工环境温度不得低于 0℃。

5　涂料的贮存期在 25℃以下,不应超过 12 个月。

9.2.10　过氯乙烯涂料的施工,应符合下列规定:

1　过氯乙烯涂料应为单组分。

2　钢铁基层除锈要求不得低于 St3 级或 Sa2 级。

3　每次涂装应在前一层涂膜表干后进行,施工的间隔时间应符合表 9.2.10 的规定。

表 9.2.10　施工的间隔时间

气温(℃)	0~14	15~30	>30
间隔时间(min)	<60	<30	<15

4　涂料的施工环境温度不得低于 0℃。

5　涂料的贮存期在 25℃以下,不应超过 6 个月。

9.2.11　聚氯乙烯涂料包括双组分底层涂料和单组分或双组分面层涂料。其配制及施工,应符合下列规定:

1　钢铁基层除锈要求不得低于 St3 级或 Sa2 级。

2　底层涂料必须按质量比配制,并搅拌均匀。

3　每次涂装应在前一层涂膜表干后进行,施工的间隔时间应为 4~8h。

4　涂层养护时间不宜少于 3d。

5　涂料的贮存期在 25℃以下,不宜超过 12 个月。

9.2.12　氯磺化聚乙烯涂料包括单组分和环氧改性的双组分涂料。其配制及施工,应符合下列规定:

1　钢铁基层除锈要求不得低于 St3 级。

2　涂料应按比例配制,并搅拌均匀。

3　每次涂装应在前一层涂膜表干后进行,施工的间隔时间宜为 40min。

4　涂料的贮存期在 25℃以下,不宜超过 10 个月。

9.2.13　沥青类涂料包括单组分沥青耐酸涂料、沥青涂料、双组分环氧沥青和聚氨酯沥青涂料。其配制及施工,应符合下列规定:

1　钢铁基层除锈要求不得低于 St2 级。

2　双组分沥青涂料必须按规定的质量比配制,并搅拌均匀。

3　每次涂装必须在前一层涂膜实干后进行,间隔时间应大于 8h。

4　沥青涂料用于混凝土、水泥及木材表面涂装前,必须先用稀释的环氧树脂进行封底处理。

5　涂料的贮存期在 25℃以下,不宜超过 10 个月。

9.2.14　玻璃鳞片涂料包括环氧树脂型双组分涂料和乙烯基酯树脂型三组分涂料。其配制及施工,应符合下列规定:

1　钢铁基层除锈要求不得低于 St2 级。

2　涂料必须按规定的质量比配制,并搅拌均匀。

3　每次涂装应在前一层涂膜表干后进行,施工的间隔时间应符合表 9.2.14 的规定。

表 9.2.14　施工的间隔时间

气温(℃)	5~10	11~15	16~25	26~30	>31
间隔时间(h)	≥30	≥24	≥12	≥8	不宜施工

4　涂料的施工环境温度不应低于 5℃。

5　在水泥砂浆、混凝土或木质基层上,宜用稀释的环氧树脂、乙烯基酯树脂进行封底处理。

6　玻璃鳞片涂料可采用刷涂、滚涂施工。

7　涂料的贮存期在 25℃以下,环氧树脂型不宜超过 6 个月,乙烯基酯树脂型不宜超过 3 个月。

9.2.15　环氧树脂自流平涂料为双组分。其配制及施工,应符合下列规定:

1　涂料应按比例配制,并搅拌均匀。配制好的涂料宜熟化后使用。

2　基层宜采用 C20 及以上混凝土浇筑或采用 C25 细石混凝土找平。

3　混凝土基层平整度,用 2m 直尺检测,空隙不应大于 2mm。当平整度达不到要求时,可采用打磨机械处理。

4　底层涂料宜采用刷涂、喷涂或滚涂法施工;面层涂料宜采用刮涂、抹涂或辊涂法施工,并进行消泡处理。

5　涂层的养护时间应符合表 9.2.15 的规定。

表 9.2.15　涂层的养护时间

气温(℃)	10~30	20~30	>30
养护时间(d)	≥10	≥7	≥5

6　涂料的贮存期在 25℃以下,不宜超过 10 个月。

9.2.16　有机硅树脂耐高温涂料包括无机硅酸锌底层涂料和有机硅树脂耐高温涂料。其配制及施工,应符合下列规定:

1　钢铁基层除锈要求不得低于 Sa2 $\frac{1}{2}$ 级。

2　涂料应按比例配制,并搅拌均匀。

3　底层涂料干燥 24h 后,进行面层涂料施工,面层涂料施工间隔时间宜为 1h。

4　施工环境温度不宜低于 5℃,相对湿度不大于 70%。

5　不得用乙烯磷化底层涂料打底。

6　涂料的贮存期在 25℃以下,不宜超过 6 个月。

9.2.17　乙烯磷化底层涂料的配制及施工,应符合下列规定:

1　乙烯磷化底层涂料,可用于钢材表面的磷化处理,但不得代替防腐蚀涂料中的底涂料使用。

2　钢铁基层除锈要求不得低于 Sa2 级。

3　涂料与磷化液的质量配合比应为 4:1。配制时,应先将搅拌均匀的涂料放入非金属容器中,边搅拌边慢慢加入磷化液,混合均匀放置 30min 后方可使用。

4　乙烯磷化底层涂料宜涂覆一层,厚度为 8~12μm。

5　宜采用喷涂法施工,当采用刷涂时,不宜往复操作。

6　涂覆乙烯磷化底层涂料 2h 后,应涂覆配套防腐蚀涂料,涂覆时间不宜超过 20h。

7　涂料的贮存期在 25℃以下,不宜超过 10 个月。

9.2.18　富锌涂料包括有机富锌涂料和无机富锌涂料等。其配制及施工,应符合下列规定:

1　钢铁基层除锈要求不得低于 Sa2 $\frac{1}{2}$ 级。

2　富锌涂料宜采用喷涂法施工。

3　富锌涂料施工后应用配套涂料封闭。

4　富锌涂层不得长期暴露在空气中。

5　富锌涂层表面出现白色析出物时,应打磨除去析出物后再重新涂装。

6　涂料的贮存期在 25℃以下,不宜超过 10 个月。

9.2.19　锈面涂料俗称"带锈涂料",其配制及施工,应符合下列规定:

1　钢结构表面应无油、无尘或成块松动的锈层。固定锈层的厚度应符合涂料的产品技术要求。

2　锈面涂料为双组分,应在非金属容器内按比例配制,搅拌均匀后方可使用。

3　施工应采用刷涂法,以一层为宜。

4　施工环境温度应大于 5℃。

5　当锈面涂料实干后,应采用耐酸性的配套底层涂料涂装,施工间隔时间不得大于 4h。

6　涂料的贮存期在 25℃以下,不宜超过 6 个月。

9.3 质量检查

9.3.1 涂层的外观：涂膜应光滑平整、颜色均匀一致，无泛锈、无气泡、流挂及开裂、剥落等缺陷。

9.3.2 涂层表面应采用电火花检测，无针孔。

9.3.3 涂层厚度应均匀。金属基面可用测厚仪检测；水泥基层及混凝土表面可用无损探测仪器直接检测，也可对同步样板进行检测。

9.3.4 涂层附着力应符合设计要求。混凝土基层可采用划格法；金属基层可采用划圈法。

9.3.5 涂层应无漏涂、误涂现象。

9.3.6 涂层经柔韧性试验器检测，应无裂纹等现象。

10 聚氯乙烯塑料板防腐蚀工程

10.1 一般规定

10.1.1 本章所列聚氯乙烯塑料板防腐蚀工程包括：

  1 硬聚氯乙烯塑料板制作的池槽衬里。

  2 软聚氯乙烯塑料板制作的池槽衬里或地面面层。

  3 硬聚氯乙烯塑料板构配件的焊接。

10.1.2 施工环境温度宜为 15～30℃，相对湿度不宜大于70%。

10.1.3 聚氯乙烯塑料板应贮存在干燥、通风、洁净的仓库内，并距热源1m以外，贮存温度不宜大于30℃。贮存期至生产日期起为2年。

10.1.4 软聚氯乙烯塑料板在使用前24h，应解除包装压力，放到施工地点。

10.1.5 施工时基层阴阳角应做成圆角，圆角半径宜为30～50mm。基层表面平整度用2m直尺检查，允许空隙不应大于2mm，混凝土基层强度应大于C20。

10.1.6 聚氯乙烯塑料板宜采用焊条焊接法、胶粘剂粘贴法、空铺法或压条螺钉固定法成型。

10.1.7 从事聚氯乙烯塑料板焊接作业的焊工，必须经考核合格，并持有上岗证件。

10.1.8 施工前，焊工应焊接试件、试样，接受过程测试，并通过试件、试样检测及过程测试鉴定。

10.2 原材料的质量要求

10.2.1 硬聚氯乙烯板的质量应符合表10.2.1的规定。

表10.2.1　**硬聚氯乙烯板的质量**

项　　　　目	指　　标	
	A　类	B　类
相对密度（g/cm³）	1.38～1.60	
拉伸强度（纵、横向，MPa）	≥49.0	≥45.0
冲击强度（缺口、平面、侧面，kJ/m²）	≥3.2	≥3.0
热变形温度（℃）	≥73.0	≥65.0
加热尺寸变化率（纵、横向，%）	±3.0	
整体性	无　裂　缝	
燃烧性能	1	

10.2.2 软聚氯乙烯板的质量应符合表10.2.2的规定。

表10.2.2　**软聚氯乙烯板的质量**

项　　　　目	指　　标
相对密度（g/cm³）	1.38～1.60
拉伸强度（纵、横向，MPa）	≥14
断裂伸长率（纵、横向，%）	≥200
邵氏硬度	75～85
加热损失率（%）	≤10
腐蚀度（g/m²）40±1%氢氧化钠	±1.0之间

10.2.3 聚氯乙烯板的表面应平整、光洁、无裂纹、色泽均匀、厚薄一致；板内应无气泡或杂物。硬聚氯乙烯板不得出现分层现象。塑料板边缘不得有深度大于3mm的缺口。

10.2.4 氯丁胶粘剂、聚异氰酸酯的质量应符合表10.2.4-1和表10.2.4-2的规定。超过生产期3个月或保质期的产品应取样检验，合格后方可使用。其配比为氯丁胶粘剂比聚异氰酸酯为100：7～10。

表10.2.4-1　**氯丁胶粘剂质量指标**

项　　　　目	指　　标
外观	米黄色粘稠液体
固体含量（%）	≥25
粘度（25℃，Pa·s）	2～3
使用温度（℃）	≤110

表10.2.4-2　**聚异氰酸酯质量指标**

项　　　　目	指　　标
外观	紫红色或红色液体
NCO含量（%）	20±1
不溶物含量（%）	≤0.1

10.2.5 过氯乙烯胶粘剂的配合比为过氯乙烯比二氯乙烷为1：4。

10.2.6 聚氯乙烯焊条应与焊件材质相同，焊条表面应平整光洁、无节瘤、折痕、气泡和杂质，颜色均匀一致。

10.3 施　　工

10.3.1 硬聚氯乙烯塑料板防腐蚀工程的划线、下料应准确；在焊接或粘贴前应进行预拼。

10.3.2 硬聚氯乙烯塑料板接缝处应进行坡口处理。焊接时应做成V形坡口，坡口角β：当板厚为10～20mm时，β为80°～75°；当板厚为2～8mm时，β为90°～85°。软聚氯乙烯板粘贴时坡口应做成同向顺坡，搭接宽度应为25～30mm。

10.3.3 聚氯乙烯板材的焊接应符合下列规定：

  1 硬聚氯乙烯焊条直径与板厚的关系应符合表10.3.3的规定。

表10.3.3　**焊条直径与板厚的关系（mm）**

焊件厚度	2～5	5.5～15	16以上
焊条直径	2.0或2.5	2.5	2.5或3.0

  2 焊接施工时，焊条与焊件的夹角应为90°；焊枪嘴与焊件的夹角宜为45°；焊接温度宜为210～250℃；焊接速度宜为150～250mm/min；焊缝应高出母材表面2～3mm。

  3 软聚氯乙烯板接缝处应用热熔法焊接。焊接时，在上、下两板搭接内缝处每200mm先点焊固定，再采用热风枪本体熔融加压焊接，不宜采用烙铁烫焊和焊条焊接。搭接外缝处应用焊条满焊封缝。

10.3.4 软聚氯乙烯塑料板空铺法和压条螺钉固定法的施工，应符合下列规定：

  1 池槽的内表面应平整，无凸瘤、起砂、裂缝、蜂窝麻面等现象。

　2 施工时接缝应采用搭接，搭接宽度宜为 20～25mm。应先铺衬立面，后铺衬底部。

　3 支撑扁钢或压条下料应准确。棱角应打磨掉，焊接接头应磨平，支撑扁钢与池槽内壁应撑紧，压条应用螺钉拧紧，固定牢靠。支撑扁钢或压条外应覆盖软板并焊牢。

　4 用压条螺钉固定时，螺钉应成三角形布置，行距约为 400～500mm。

10.3.5 软聚氯乙烯板的粘贴应符合下列规定：

　1 软聚氯乙烯板粘贴前应用酒精或丙酮进行去污脱脂处理，粘贴面应打毛至无反光。

　2 用电火花探测器进行测漏检查。

　3 软板表面不应有划伤。

　4 软聚氯乙烯板的粘贴可采用满涂胶粘剂法或局部涂胶粘剂法。

　5 采用局部涂胶粘剂法时，应在接头的两侧或场地周边涂刷胶粘剂，软板中间胶粘带的间距宜为 500mm，其宽度宜为 100～200mm。

　6 粘贴时应在软板和基层面上各涂刷胶粘剂两遍，应纵横交错进行。涂刷应均匀，不应漏涂。第二遍的涂刷应在第一遍胶粘剂干至不粘手时进行。待第二遍胶粘剂干至微粘手时，再进行塑料板的粘贴。

　7 粘贴时，应顺次将粘贴面间的气体排净，并应用辊子进行压合，接缝处必须压合紧密，不得出现剥离或翘角等缺陷。

　8 当胶粘剂不能满足耐腐蚀要求时，在接头处应用焊条封焊。

　9 粘贴完成后应进行养护，养护时间应按所用胶粘剂的固化时间确定。在固化前不应使用或扰动。

10.4 质量检查

10.4.1 塑料板防腐蚀面层应平整、光滑、色泽一致，无皱纹、孔眼，不得有翘曲或鼓泡等缺陷。

10.4.2 塑料板面层的表面平整度应用 2m 直尺或楔形塞尺检查，允许空隙不应大于 2mm。相邻板块的拼缝高差应不大于 0.5mm。

10.4.3 用锤击法检查满涂胶粘剂法的粘结情况，3mm 厚板材脱胶处不得大于 20cm²；0.5～1mm 厚板材脱胶处不得大于 9cm²；各脱胶处间距不得小于 50cm。

10.4.4 用 5 倍放大镜检查，焊缝表面应饱满、平整、光滑、呈淡黄色，两侧挤出焊浆无焦化、无焊瘤，凹凸不得大于±0.6mm。焊缝应牢固，焊缝的抗拉强度不得小于塑料板强度的 60%。

10.4.5 焊条排列紧密，无波纹形，每根焊条接头处应错开 100mm。

10.4.6 空铺法衬里和压条螺钉固定法衬里应进行 24h 的注水试验，检漏孔内应无水渗出。若发现渗漏，应进行修补。修补后应重新试验，直至不渗漏为合格。

10.4.7 用电火花检测仪进行针孔检查。探头电火花长度应为 25mm。

11 安全技术要求

11.0.1 防腐蚀工程的安全技术和劳动保护，除应符合本规范的规定外，尚应符合国家现行有关标准的规定。

11.0.2 参加防腐蚀工程的施工操作和管理人员，施工前必须进行安全技术教育，制订安全操作规程。

11.0.3 易燃、易爆和有毒材料不得堆放在施工现场，应存放在专用库房内，并设有专人管理。施工现场和库房，必须设置消防器材。

11.0.4 施工现场应有通风排气设备。现场有害气体、粉尘不得超过最高允许浓度，其值应符合表 11.0.4 的规定。

表 11.0.4 施工现场有害气体、粉尘的最高允许浓度

物质名称	最高允许浓度（mg/m³）	物质名称	最高允许浓度（mg/m³）
二甲苯	100	丙酮	400
甲苯	100	溶剂汽油	300
苯乙烯	40	含 50%～80% 游离二氧化硅粉尘	1.5
乙醇	1500	含 80% 以上游离二氧化硅粉尘	1
环己酮	50		

11.0.5 在易燃、易爆区域内动火时，必须采取防范措施，办理动火证后，方可动火。

11.0.6 进入油库、易燃、易爆区域和地沟阴井等密闭处时，严禁携带火种及其他易产生火花、静电的物品，不得穿带钉鞋和化纤工作服。

11.0.7 临时用电线路、设备，必须经认真检查，符合安全使用要求后，方可使用。用电设备必须进行接地；在防爆区域内施工，必须采用防爆电器开关，其照明灯具必须采用防爆灯。

11.0.8 高处作业时，使用的脚手架、吊架、靠梯和安全带等，必须认真检查合格后，方可使用。

11.0.9 加热沥青的锅灶应设置在通风处，上方不得有架空电线，并必须采取防雨水、防火措施。

11.0.10 当进行防腐蚀施工时，操作人员必须穿戴防护用品，并应按规定佩戴防毒面具。

12 工程验收

12.0.1 建筑防腐蚀工程的验收，应包括中间交接、隐蔽工程交接和交工验收。工程未经交工验收，不得投入生产使用。

12.0.2 建筑防腐蚀工程施工前，必须对基层进行检查交接。基层检查交接记录应纳入交工验收文件中。对基层的交接宜包括下列内容：

　1 水泥砂浆或混凝土基层：密实度、强度等级、含水率、坡度、平整度、阴阳角处理、穿过防腐层的套管、预留孔、预埋件是否符合设计要求，基层表面有无起砂、起壳、裂缝、麻面、油污等缺陷。

　2 钢结构表面：有无焊渣、毛刺、油污、除锈等级是否符合设计要求。

12.0.3 建筑防腐蚀工程面层以下各层，以及其他将为以后工序所覆盖的工程部位和部件，在覆盖前应进行中间交接、隐蔽工程记录交接。防腐蚀工程的中间交接、隐蔽工程记录，宜包括下列内容：

　1 封底和修补：封底胶料有无漏涂、流挂；修补料填平凹陷处的质量。

　2 隔离层：层数或厚度；玻璃布浸透、接缝、脱层、气泡、毛刺、阴阳角处增加的玻璃纤维布层数。

　3 砂浆整体面层：坡度、平整度、裂缝、起壳、脱层、固化程度。

　4 块材结合层：饱满密度程度、粘结强度。

　5 钢结构：达到的除锈等级；底层涂料、中间层涂料的厚度测定。

12.0.4 当建筑防腐蚀工程施工质量不符合本规范要求和设计要

求时，必须修补或返工。返修记录应纳入交工验收文件中。

12.0.5 建筑防腐蚀工程的交工验收，应提交下列资料：

1 原材料的出厂合格证、质量检验报告(质量保证书)或复验报告。

2 耐腐蚀胶泥、砂浆、混凝土、玻璃钢胶料和涂料的配合比及主要技术性能的试验报告。各类试验项目用的试件，在现场随施工一起制作，每一试验项目应各取试件一组，工程量较大时，应适当增加试件。

3 设计变更单、材料代用单。

4 基层检查交接记录。

5 中间交接或隐蔽工程记录。

6 修补或返工记录。

7 交工验收记录。

12.0.6 建筑防腐蚀工程的施工及交接验收记录，可按表12.0.6-1填写。耐腐蚀胶泥、砂浆、混凝土和胶料试验报告，可按表12.0.6-2填写。

表 12.0.6-1 建筑防腐蚀工程施工及交接验收记录表

工程编号或名称：

防腐部位	基层的表面处理		隔离层			防腐面层		
	处理方法	检验结果(等级)	名称	层数或厚度	检验结果	名称	层数或厚度	检验结果
年、月、日								
施工班(组)								

技术负责人： 质检员：

表 12.0.6-2 耐腐蚀胶泥、砂浆、混凝土和胶料的试验报告

工程编号或名称： 年 月 日

制品名称：

使用部位及用途：

原材料技术指标：

名 称	牌 号	指 标	检验结果

施工配合比：

养护条件：

试验项目及结果：

项 目	指 标		检验结果
	规范要求值	实际试验值	

主管： 审核： 试验者：

附录 A 施工配合比

表 A.0.1 钠水玻璃类材料的施工配合比

材料名称		配 合 比(质量比)							
		钠水玻璃	氟硅酸钠	粉料		骨料			糠醇单体
				铸石粉	铸石粉：石英粉=1：1	细骨料	粗骨料		
钠水玻璃胶泥	普通型 1	100	15～18	250～270	—	—	—		—
	2	100	15～18	—	220～240	—	—		—
	密实型	100	15～18	250～270	—	—	—		3～5
钠水玻璃砂浆	普通型 1	100	15～17	200～220	—	250～270	—		—
	2	100	15～17	—	200～220	250～260	—		—
	密实型	100	15～17	200～220	—	250～270	—		3～5
钠水玻璃混凝土	普通型 1	100	15～16	200～220	—	230	320		—
	2	100	15～16	—	180～200	240～250	320～330		—
	密实型	100	15～16	180	—	250	320		3～5

表 A.0.2 钾水玻璃材料的施工配合比

材料名称	混合料最大粒径(mm)	配 合 比(质量比)			
		钾水玻璃	钾水玻璃胶泥混合料	钾水玻璃砂浆混合料	钾水玻璃混凝土混合料
钾水玻璃胶泥	0.45	100	220～270	—	—
钾水玻璃砂浆	1.25	100	—	300～390	—
	2.50	100	—	330～420	—
	5.00	100	—	390～500	—
钾水玻璃混凝土	12.50	100	—	—	450～600
	25.00	100	—	—	560～750
	40.00	100	—	—	680～810

注：1 混合料已含有钾水玻璃的固化剂和其他外加剂。

2 普通型钾水玻璃材料应采用普通型的混合料；密实型钾水玻璃材料应采用密实型的混合料。

表 A.0.3 环氧类材料的施工配合比(质量比)

材料名称		环氧树脂	稀释剂	固化剂		矿物颜料	耐酸粉料	石英粉
				低毒固化剂	乙二胺			
封底料		100	40～60	15～20	(6～8)	—	—	—
修补料		100	10～20	15～20	(6～8)	—	150～200	—
树脂胶料	铺衬与面层胶料	100	10～20	15～20	(6～8)	0～2	—	—
	胶料					—		
胶泥	砌筑或勾缝料	100	10～20	15～20	(6～8)	—	150～200	—
稀胶泥	灌缝或地面面层料	100	10～20	15～20	(6～8)	—	100～150	—
砂浆	面层或砌筑料	100	10～20	15～20	(6～8)	—	150～200	300～400
	石材灌浆料	100	10～20	15～20	(6～8)	—	100～150	150～200

注：1 除低毒固化剂和乙二胺外，还可用其他胺类固化剂，应优先选用低毒固化剂；用量应按供货商提供的比例或经试验确定。

2 当采用乙二胺时，为降低毒性可将配合比所用乙二胺预先配制成乙二胺丙酮溶液(1：1)。

3 当使用活性稀释剂时，固化剂的用量应适当增加，其配合比应按供货商提供的比例或经试验确定。

4 本表以环氧树脂 EP01451—310 举例。

表 A.0.4 乙烯基酯树脂和不饱和聚酯树脂材料的施工配合比(质量比)

材料名称		树脂	引发剂	促进剂	苯乙烯	矿物颜料	苯乙烯石蜡液	粉		细骨料	
								耐酸粉	硫酸钡粉	石英砂	重晶石砂
封底料					0～15	—	—				
修补料		100	2～4	0.5～4				200～350	(400～500)		
树脂胶料	铺衬与面层胶料	100	2～4	0.5～4	0～2	0～15	—				
	封面料				0～2	3～5					
	胶料										

续表 A.0.4

材料名称		树脂	引发剂	促进剂	苯乙烯	矿物颜料	苯乙烯石蜡液	粉料		细骨料	
								耐酸粉	硫酸钡粉	石英砂	重晶石砂
胶泥	砌筑或勾缝料	100	2~4	0.5~4	—	—	—	200~300	(250~350)		
稀胶泥	灌缝或地面面层料	100	2~4	0.5~4	—	0~2	—	120~200			
砂浆	面层或砌筑料	100	—	—	—	0~2	—	150~200	(350~400)	300~450	(600~750)
	石材灌缝料	100	—	—	—	—	—	120~150		150~180	

注：1 表中括号内的数据用于耐酸氟类介质工程。
2 过氧化苯甲酰二丁酯糊引发剂与 N,N-二甲基苯胺苯乙烯液促进剂配套；过氧化环己酮二丁酯糊、过氧化甲乙酮引发剂与钴盐(含钴 0.6%)的苯乙烯液促进剂配套。
3 苯乙烯石蜡液的配合比为苯乙烯：石蜡=100：5；配制时，先将石蜡削成碎片，加入苯乙烯中，用水浴法加至 60℃，待石蜡完全溶解后冷却至常温。苯乙烯石蜡液使用在最后一遍封面料。

表 A.0.5 呋喃树脂类材料的施工配合比(质量比)

材料名称		糠醇糠醛树脂	糠醛糠酮树脂	糠酮糠醛树脂玻璃钢粉	糠醇糠醛树脂胶泥粉	苯磺酸型固化剂	耐酸粉料	石英砂
封底料		同环氧树脂、乙烯基酯树脂或不饱和聚酯树脂封底料						
修补料		同环氧树脂、乙烯基酯树脂或不饱和聚酯树脂修补料						
树脂胶料	铺衬与面层胶料	100	—	40~50	—	—	—	—
		—	100	—	—	12~18	—	—
胶泥	灌缝料	100	—	—	250~300	—	—	—
		—	100	—	—	12~18	—	—
	砌筑或勾缝料	100	—	—	—	—	200~400	—
		—	100	—	—	12~18	200~400	—
砂浆		100	—	—	—	250	150~200	350~450

注：糠酮糠醛树脂玻璃钢粉和胶泥粉内已含有酸性固化剂。

表 A.0.6 酚醛类材料的施工配合比(质量比)

材料名称		酚醛树脂	稀释剂	低毒酸性固化剂	苯磺酰氯	耐酸粉料
封底料		同环氧树脂、乙烯基酯树脂或不饱和聚酯树脂封底料				
修补料		同环氧树脂、乙烯基酯树脂或不饱和聚酯树脂修补料				
树脂胶料	铺衬与面层胶料	100	0~15	6~10	(8~10)	—
胶泥	砌筑与勾缝料	100	0~15	6~10	(8~10)	150~200
稀胶泥	灌缝料	100	0~15	6~10	(8~10)	100~150

表 A.0.7 沥青胶泥的施工配合比和耐热性能

沥青软化点(℃)	配合比(质量比)			胶泥耐热性能(℃)		用途
	沥青	石英粉	6级石棉	软化点	耐热稳定性	
≥75	100	30	5	≥75	40	隔离层用
≥90				≥90	50	
≥100				≥100	60	
≥75	100	80	5	≥95	40	灌缝用
≥90				≥110	50	
≥100				≥115	60	
≥75	100	100	5	≥95	40	铺砌平面块材用
≥90			10	≥120	60	
≥100			15	≥120	70	
≥65	100	150	5	≥105	40	铺砌立面块材用
≥75			5	≥110	50	
≥90			10	≥125	60	
≥110			15	≥135	70	
≥65	100	200	5	≥120	40	灌缝法施工时，铺砌平面结合层用
≥75			5	≥145	50	
≥90			10	≥145	60	
≥110			15	≥145	70	

表 A.0.8 聚合物水泥砂浆配合比(质量比)

项 目	氯丁胶乳水泥砂浆	氯丁胶乳水泥净浆	聚丙烯酸酯乳液水泥砂浆	聚丙烯酸酯乳液水泥净浆
水泥	100	100~200	100	100~200
砂子	100~200	—	100~200	—
氯丁胶乳	38~50	38~50	—	—
聚丙烯酸酯乳液	—	—	25~38	50~100
稳定剂	0.6~1.0	0.6~2.0	—	—
消泡剂	0.6~0.8	0.3~1.2	—	—
pH值调节剂	适量	适量	—	—
水	适量	适量	适量	—

注：1 表中聚丙烯酸酯乳液的固体含量按 40%计，在乳液中应含有消泡剂、稳定剂。凡不符合以上条件时，应经过试验论证后确定配合比。
2 氯丁胶乳的固体含量按 50%计，当采用其他含量的氯丁胶乳时，可按含量比例换算。

附录 B 原材料和制成品的试验方法

B.1 一般规定

B.1.1 本规范所列试验方法凡现行国家标准有规定者按现行国家标准执行，无现行国家标准者按本规范试验执行。

B.1.2 原材料经试验结果不合格者，应加倍取样，进行重复试验；如仍不合格者，则不得使用。

B.2 主要原材料的取样法

B.2.1 耐酸砖和耐酸耐温砖的取样，应按现行国家标准《耐酸砖》GB/T 8488—2001 或《耐酸耐温砖》JC 424—96 执行。

B.2.2 天然石材应从每批中抽取 3 块，加工成 3 个 5cm×5cm×5cm 的试块，供测定抗压强度；浸酸安定性和吸水率的测定，可采用块长约 5cm 的碎块各 4 块；耐酸度的测定，亦可采用碎块。

B.2.3 粉料应从每批中的不同点(不少于 5 处)共取 5kg，经拌匀后取样 1kg。

B.2.4 骨料应从每批中的不同点(不少于 5 处)取样，各取砂子 5kg，各取石子 20~30kg。然后以四分法取样，取砂子 5kg，取石子 20~35kg。

B.2.5 块状沥青从每批中的不同点(不少于 10 处)各凿取 2~3 块，混熔后，取其平均试样。

膏状桶装沥青的取样桶数，应为总桶数的 10%。将取样器旋入桶中，直插入桶底为止，取出取样器，铲下螺旋上的沥青。取样的数量应按需要确定。

B.2.6 水玻璃取样时，应用直径 1cm 的玻璃管以管内外液面相平的速度插入铁桶或塑料桶的底部取样。桶装时每批取样的桶数，不得少于 50%，且不得少于 3 桶。取不得少于 500g 的平均试样，装入清洁、干燥带有盖子的塑料瓶中以供检验。

B.2.7 树脂分桶取样时，试样不应少于 500g。桶内树脂表面若有析出水分，应在取样前倒去。

B.3 原材料的试验方法

B.3.1 耐酸砖、耐酸耐温砖、天然石材、骨料和粉料的耐酸度测定，应按现行国家标准《耐酸砖》GB/T 8488—2001 执行。

B.3.2 耐酸砖、耐酸耐温砖和天然石材的吸水率测定，应符合下列规定：

1 耐酸砖和耐酸耐温砖吸水率的测定，应按《耐酸砖》GB/T 8488—2001 执行。

2 天然石材的吸水率测定：

应取试块 2 块,每块体积 30～80cm³。若为砖板,应取中间部位,并应保持原有的厚度;异形制品则不受形状限制。

试块表面如有严重裂纹,不得采用。选好的试块应刷去灰尘碎屑,在 105～110℃烘干至恒重。冷却、称重后(准确至 0.01g),置于盛水容器内,加热至沸腾。经 1h 后,将盛试块的容器放在水中完全冷却至室温。从水中取出试块,用拧干的湿毛巾擦去表面多余水分,迅速称量,准确至 0.01g。

吸水率应按下式计算:

$$吸水率(\%)=\frac{m_1-m}{m}\times100 \qquad (B.3.2)$$

式中 m_1——煮沸后试块的质量(g);

m——烘干后试块的质量(g)。

取两次平行试验的平均值作为试验结果,平行试验的误差应在 0.5% 以内。

B.3.3 耐酸砖、耐酸耐温砖热稳定性的测定,应按《耐酸砖》GB/T 8488—2001 执行。

B.3.4 天然石材抗压强度及浸酸安全性的测定,应符合下列规定:

1 抗压强度的测定:将已加工成 5cm×5cm×5cm 的试块,每组 3 块,做抗压强度测定。试块在试验前应用放大镜仔细检查,无裂纹才可选用。测定方法,应按现行国家标准《普通混凝土力学性能试验方法》GBJ 81—85 执行。

2 浸酸安定性的测定:

应取块径约 5cm 的碎块 4 块(在试验前用放大镜仔细检查,无裂纹者才可选用),在 20±5℃的温度下放入盛有 95%～98%化学纯硫酸的带盖容器中,试块底面应架空,侧面应隔开,酸液应高出试块表面。在浸泡期内,应经常检查试块外观变化,并保持酸液浓度。

浸泡 45d 后,取出试块,用水冲洗,然后用纱布擦干,检查试块有无裂纹、剥落和膨胀现象。若试块完整,试块表面和浸泡酸液亦无显著变色,则为合格。

B.3.5 粉料的含水率、细度和耐酸粉料体积安定性的测定法,应符合下列规定:

1 含水率的测定:应用 1% 天平称取试样 100g,在 105～110℃烘干至恒重,冷却后称重。

含水率应按下式计算:

$$含水率(\%)=\frac{m-m_1}{m}\times100 \qquad (B.3.5)$$

式中 m——烘干前试样的质量(g);

m_1——烘干后试样的质量(g)。

2 细度的测定:应用 1% 天平称取已烘干至恒重的试样 50g,倒入规定筛孔的筛内。过筛时,应往复摇动、拍打,并使试样均匀分布在筛布上,摇动速度为每分钟 125 次。将近筛完时,除去筛底,改在纸上筛动,至每分钟通过筛孔的质量不超过 0.05g 为止。称量筛余物,以其克数乘 2,即得筛余百分数。

当用两种筛孔的筛子控制细度时,通过上一级筛孔的试样,应全部倒入下一级筛孔的筛内,进行过筛,不得散失。

3 耐酸粉料的体积安定性测定:应将酚醛树脂与比例量的酸性固化剂混合均匀,然后加入适量耐酸粉料,搅拌均匀;若为糠醇糠醛型,加入比例量的糠醇糠醛型玻璃钢粉,再加入适量耐酸粉料,搅拌均匀。将拌制好的酚醛树脂胶泥或呋喃树脂胶泥装入 30mm×30mm×30mm 的试模内,振实并刮平表面,试件硬化后表面无起鼓现象即为安定性合格。

B.3.6 粉料的亲水系数测定,应符合下列规定:

1 应用 1% 天平称取经烘干至恒重再冷却至室温的粉料 5g 各两份,分别置于两个瓷皿内。在一个瓷皿内加入蒸馏水 15～30mL,用橡皮杆仔细研磨 5min,然后将试样冲洗到 100mL 的量筒内(量筒刻度为 0.5mL,该刻度应用滴管以校正),使量筒的水面读数为 50mL。在另一个瓷皿内,以脱水煤油代替蒸馏水,按

上述同样方法进行处理。

2 当两个量筒内的沉积粉料膨胀停止后,读其体积数。

3 粉料的亲水系数,应按下式计算:

$$亲水系数=\frac{V_1}{V_2} \qquad (B.3.6)$$

式中 V_1——水中沉积物的体积(mL);

V_2——煤油中沉积物的体积(mL)。

4 取两次试验的平均值作为试验结果。两次试验的差值,在用同样液体时的读数不超过 ±0.2mL,而亲水系数不得超过 ±3%。

B.3.7 粗骨料的浸酸安定性测定,应符合下列规定:

1 碎石应取实际选用的最大粒径,数量不少于 20 颗,在 20±5℃时放入盛有 95%～98%的化学纯硫酸的带盖容器中,酸液应高出试样表面。浸酸 5d 后,取出试样,检查外观和酸液的变化。

2 试样无裂纹、剥落和破碎等现象,试样表面和浸泡的酸液亦无显著变色,则为合格。

3 选用卵石时,需测定不耐酸颗粒含量。不耐酸颗粒含量不超过试样总质量的 3%,方为合格。测定方法如下:

将不少于 25kg 的试样洗净、晾干、称量,然后仔细挑选出不耐酸可疑颗粒,在 20±5℃时称量后放入盛有 95%～98%化学纯硫酸的带盖容器中。试样浸泡 1 个月后取出,仔细检查表面有无开裂、剥落、膨胀的颗粒。将上述不耐酸颗粒去掉,把剩余的试样洗净擦干并称量。

卵石不耐酸颗粒含量应按下式计算:

$$不耐酸颗粒含量(\%)=\frac{m_1-m_2}{m}\times100 \qquad (B.3.7)$$

式中 m_1——不耐酸可疑颗粒的质量(kg);

m_2——浸酸后,试样中耐酸颗粒的质量(kg);

m——试样的质量(kg)。

B.3.8 粗、细骨料的颗粒级配、空隙率、含水率和含泥量的测定,应按普通混凝土集料的试验方法进行测定。

B.3.9 填料混合料的空隙率测定,应符合下列规定:

1 应将填料混合料充分拌和均匀后,装入金属量筒内,然后放置在振动台上,振动至体积不变为止。

2 填料混合料的空隙率应按下式计算:

$$空隙率(\%)=\frac{\rho-\rho'}{\rho}\times100 \qquad (B.3.9)$$

$$\rho=\frac{\rho_1 n_1+\rho_2 n_2+\rho_3 n_3}{100}$$

式中 ρ——混合料的混合密度(kg/m³);

ρ'——混合料振实后的密度(kg/m³);

ρ_1、ρ_2、ρ_3——石、砂、粉的密度(kg/m³);

n_1、n_2、n_3——石、砂、粉分别占混合集料的百分数。

B.3.10 钠水玻璃的模数测定:对氧化钠含量的测定、二氧化硅含量的测定、模数的计算,均应按现行国家标准《工业硅酸钠》GB/T 4209—1996 执行。

B.3.11 钠水玻璃的密度测定:应将试样置于 250mL 的量筒内,温度调节至 20℃,并应把四位读数的标准比重计轻轻浸入试液内,待其停止下沉。平视液面,应读出比重计数值,加上单位 g/cm³ 即为密度。

B.3.12 氟硅酸钠的纯度、含水率和细度的测定,应按《工业氟硅酸钠》HG/T 3252—1989 执行。

B.3.13 耐酸水泥中氟硅酸钠含量的测定,应符合下列规定:

1 应从混有氟硅酸钠的耐酸水泥中精确称取试样 1g,置于 300mL 烧杯中,加入 150mL 热蒸馏水,搅拌后煮沸 15min,然后趁热过滤,用热水洗净,洗净次数至少 10 次,保存滤液,滤液中加入 4～5 滴酚酞,用氢氧化钠标准溶液[C(NaOH)=0.1mol/L]滴定

至微红色。

2 氟硅酸钠的质量百分含量(X)应按下式计算：

$$X = \frac{C \times V \times 0.4848}{m} \times 100 \qquad (B.3.13)$$

式中 C——氢氧化钠标准溶液的物质的量浓度(mol/L)；

V——氢氧化钠标准溶液的用量(mL)；

m——试样的质量(g)。

0.4848——每毫摩尔滴定液相当的氟硅酸钠的克数。

B.3.14 钾水玻璃的二氧化硅含量测定，应符合下列规定：

1 用1‰天平秤取 2.5g 钾水玻璃以热蒸馏水冲洗到瓷蒸发皿内，用玻璃棒仔细搅拌均匀。搅拌时，用滴管或小量筒加入 25mL 盐酸(密度为 1.19g/cm³)。然后用洁净的表面皿盖好蒸发皿，放在水浴锅上煮至沸腾后，取下表面皿，并用蒸馏水冲洗表面皿和蒸发皿边缘。

2 将所得溶液析出的硅酸凝胶，在沸腾的水浴锅上蒸发至干涸，用玻璃棒捣碎残渣(此玻璃棒一直放在蒸发皿内)。在水浴锅上加热残渣至无氯化氢气味时，再继续加热 2h，使硅酸凝胶完全脱水。

3 残渣冷却后，滴加盐酸(密度 1.19g/cm³)到湿润状态。此后在瓷蒸发皿内注入最小容积的热蒸馏水，用玻璃棒搅拌皿内的溶液和沉淀物，然后静置数分钟。再用无灰细密滤纸过滤，并用热蒸馏水冲洗滤纸上的沉淀物至无氯离子反应为止(用硝酸银测试)，所得的沉淀物置于已称量的坩埚内，干燥灰化，最后在 1000～1100℃的高温下灼烧至恒重，灼烧后的物料质量即二氧化硅的质量。

4 钾水玻璃的二氧化硅质量百分含量(S)应按下式计算：

$$S = \frac{m_1}{m} \times 100 \qquad (B.3.14)$$

式中 m_1——灼烧后的二氧化硅的质量(g)；

m——钾水玻璃的质量(g)。

B.3.15 钾水玻璃的模数测定，应符合下列规定：

1 测定钾水玻璃的氧化钾含量时，在表面皿上用1‰天平取钾水玻璃 2g，以热蒸馏水将其冲洗到容积为 300mL 的烧杯内。用玻璃棒搅拌后，用表面皿将烧杯盖好，加热蒸沸 10min，然后冷却到 50～60℃，加甲橙或酚酞指示剂 2～3 滴，用盐酸标准溶液[$C(HCl)=0.2mol/L$]滴定到微红色为止。氧化钾质量百分含量(K)应按下式计算：

$$K = \frac{V \times C \times 0.0471}{G} \times 100 \qquad (B.3.15-1)$$

式中 V——滴定所耗用的盐酸标准溶液的体积(mL)；

C——盐酸标准溶液的物质的量浓度(mol/L)；

G——钾水玻璃的样品质量(g)；

0.0471——每毫摩尔滴定液相当的氧化钾的克数。

2 钾水玻璃的二氧化硅含量测定，应符合本规范 B.3.14 的规定。

3 钾水玻璃模数应按下式计算：

$$M = \frac{S}{K} \times 1.570 \qquad (B.3.15-2)$$

式中 M——钾水玻璃模数；

S——钾水玻璃的二氧化硅质量百分含量(%)；

K——钾水玻璃的氧化钾质量百分含量(%)；

1.570——氧化钾的分子量和二氧化硅的分子量之比。

4 若钾水玻璃模数不符合本规范的规定时，应按下列方法进行调整：

1)加入硅胶粉将低模数调成高模数。调整时先将磨细的硅胶粉以水调成糊状，加入钾水玻璃中，然后逐渐加热溶解。硅胶粉的加入量应按下式计算：

$$G = \frac{M_x - M}{M \times P} \times A \times G_1 \times 100 \qquad (B.3.15-3)$$

式中 G——低模数钾水玻璃中应加入硅胶粉的质量(kg)；

M_x——调整后的钾水玻璃模数；

M——低模数钾水玻璃的模数；

P——硅胶粉的纯度(%)；

A——低模数钾水玻璃中的二氧化硅含量(%)；

G_1——低模数钾水玻璃的质量(kg)。

2)加入氧化钾，将高模数调整为低模数。调整时，先将氧化钾配成氢氧化钾溶液，加入到高模数的水玻璃中，搅拌均匀可。氧化钾的加入量可按下式计算：

$$G = \frac{M_1 - M_x}{M_x \times P} \times B \times G \times 1.19 \times 100 \qquad (B.3.15-4)$$

式中 G——高模数钾水玻璃中应加入氧化钾的质量(kg)；

M_1——高模数钾水玻璃的模数；

M_x——调整后的钾水玻璃的模数；

B——高模数钾水玻璃中氧化钾的含量(%)；

G_1——高模数钾水玻璃的质量(kg)；

P——氧化钾的纯度(%)；

1.19——氧化钾换算成氢氧化钾的换算系数。

3)采用高低模数的钾水玻璃相互调整。调整时将两种不同模数的钾水玻璃混合，配制成所需的模数。调整时应按下式计算：

$$G_h = \frac{M_R - M_L}{M_h - M_R} \times \frac{N_L}{N_h} \times GL \qquad (B.3.15-5)$$

式中 G_h——应加入高模数钾水玻璃的质量(kg)；

G_L——低模数钾水玻璃的质量(kg)；

M_h——高模数钾水玻璃的模数；

M_L——低模数钾水玻璃的模数；

N_h——高模数钾水玻璃的氧化钾含量(%)；

N_L——低模数钾水玻璃的氧化钾含量(%)；

M_R——需要调整的钾水玻璃模数。

B.3.16 钾水玻璃的密度测定，应符合下列规定：

1 应将钾水玻璃试样置于 300mL 的量筒内，温度调节至 20℃。把四位读数的标准比重计轻轻的浸入试液内，待其停止下沉，平视液面，读出比重计数值，加上单位 g/cm³，即为密度。

2 当密度太大时，可采用加水稀释的方法降低密度，再按本规范 B.3.16 第一款的方法进行多次测定，直至符合时为止。加水量可按下式计算：

$$加水量(kg) = \frac{D_0 - D}{D - 1} \times G_0 \qquad (B.3.16)$$

式中 D_0——稀释前钾水玻璃的密度(g/cm³)；

D——稀释后钾水玻璃的密度(g/cm³)；

G_0——稀释前钾水玻璃的质量(kg)。

当密度太小时，可采用加热蒸发的方法提高密度，再按本规范 B.3.16 第一款的方法进行多次测定，直到符合时为止。

B.3.17 钾水玻璃材料混合料的含水率测定，应符合下列规定：

1 钾水玻璃材料混合料的试样，应在三个不同部位分别取样，混合均匀后备用。

2 用1‰天平秤取试样，钾水玻璃胶泥或钾水玻璃砂浆混合料称取 100g，钾水玻璃混凝土混合料称取 1000g。在 105～110℃烘干至恒重，冷却后称重。

3 钾水玻璃混合料的含水率应按下式计算：

$$含水率(\%) = \frac{m - m_1}{m} \times 100 \qquad (B.3.17)$$

式中 m——烘干前试样的质量(g)；

m_1——烘干后试样的质量(g)。

B.3.18 钾水玻璃材料混合料的细度测定：应用1‰天平称取烘干至恒重的试样 100g，倒入电动筛机内，振动 15min 后，称取各阶段筛余物的质量，为各阶段的筛余量，即每阶段筛余物的质量为筛余量。

B. 3. 19 双酚-A 型环氧树脂的环氧当量和软化点测定,应按现行国家标准《双酚-A 型环氧树脂》GB/T 13657—1992 执行。

B. 3. 20 不饱和聚酯树脂和乙烯基酯树脂的酸值,粘度,固体含量和 25℃凝胶时间的测定,应符合下列规定:

1 酸值的测定,应按现行国家标准《不饱和聚酯树脂酸值的测定》GB/T 2895—1982 执行。

2 粘度的测定,应按现行国家标准《不饱和聚酯树脂 粘度测定方法》GB/T 7193.1—1987 执行。

3 固体含量的测定,应按现行国家标准《不饱和聚酯树脂 固体含量测定方法》GB/T 7193.3—1987 执行。

4 25℃凝胶时间的测定,应按现行国家标准《不饱和聚酯树脂 25℃凝胶时间测定方法》GB/T 7193.6—1987 执行。

B. 3. 21 呋喃树脂的固体含量和粘度的测定,应符合下列规定:

1 固体含量的测定:应先将表面皿在 105～110℃烘干至恒重。并应在干燥器内冷却至室温。应用万分之一天平在表面皿中称取试样 10g,在 170℃的温度下烘干至恒重。固体的含量应按下式计算:

$$固体的含量(\%) = \frac{m_1}{m} \times 100 \qquad (B.3.21)$$

式中 m_1——试样烘干后的质量(g);

  m——试样烘干前的质量(g)。

2 粘度的测定,应按现行国家标准《涂料粘度测定法》GB/T 1723—1993 执行。

B. 3. 22 酚醛树脂的游离酚含量、游离醛含量、含水率和粘度的测定,应符合下列规定:

1 游离酚含量的测定:

应用万分之一天平称取试样 1g,置于 1000mL 的圆底烧瓶内,加入乙醇 20mL 使其溶解。加入蒸馏水 50mL,然后用蒸汽馏出游离酚,馏出物收集在 1000mL 的容量瓶内,控制蒸馏速度为 40～50min 内蒸出蒸馏水约 500mL。当以饱和溴水滴入蒸馏物内无白色沉淀时停止蒸馏。将馏分用水稀释至 1000mL 刻度,充分摇匀。

应用移液管吸取馏出物 100mL,移入容积为 500mL 带塞的锥形瓶内。加入溴溶液[$C(Br_2)=0.1mol/L$]25mL,再加入试剂级的盐酸 5mL,在室温下放在暗处 15min。加入 10%碘化钾溶液 20mL,在暗处放置 10min。然后加入碘仿 1mL。用硫代硫酸钠标准溶液[$C(Na_2S_2O_3)=0.1mol/L$]滴定至碘色将近消失时再加入淀粉指示剂约 1mL,继续滴定至蓝色恰好退尽为止。

同时进行空白试验。应把 20mL 乙醇用蒸馏水稀释至 1000mL,然后取其 100mL,并应按上述步骤进行试验。

游离酚的质量百分含量(X)应按下式计算:

$$X = \frac{(V_1-V_2) \times C \times 0.01568}{m} \times 100 \qquad (B.3.22-1)$$

式中 V_1——空白试验用硫代硫酸钠标准溶液的体积(mL);

  V_2——试样试验耗用硫代硫酸钠标准溶液的体积(mL);

  C——硫代硫酸钠标准溶液的物质的量浓度(mol/L);

  m——试样的质量(g);

  0.01568——每毫摩尔滴定液相当的苯酚克数。

2 游离醛含量的测定:应用万分之一天平称取试样 3g,置于 300mL 的烧瓶内。加入无水乙醇 100mL,用玻璃棒搅拌均匀,制成试样溶液,盖好备用。在烧杯内加入无水乙醇 50mL,加入 1%酚溴蓝指示剂 3 滴,再加入试样溶液 10mL,然后用稀盐酸中和至黄色。加入 10%羟基胺盐酸 10mL,摇动 10～15min,用氢氧化钠标准溶液[$C(NaOH)=0.1mol/L$]滴定至绿色。

不加入试样溶液应按上述同样方法做空白试验。

游离醛的质量百分含量(X)应按下式计算:

$$X = \frac{(V_1-V_2) \times C \times 0.03}{m} \times 100 \qquad (B.3.22-2)$$

式中 V_1——试样试验耗用氢氧化钠标准溶液的用量(mL);

  V_2——空白试验耗用氢氧化钠标准溶液的用量(mL);

  C——氢氧化钠标准溶液的物质的量浓度(mol/L);

  m——试样的质量(g);

  0.03——每毫摩尔滴定液相当的甲醛的克数。

3 含水率的测定:应用万分之一天平称取试样 10g,置于 250mL 的圆底烧瓶内,并应加入三混甲酚 50mL,再加入水饱和苯 80mL。装上蒸馏接收器和回流冷凝器,应控制温度使溶剂回流速度每分钟 2～5 滴,回流 1h 以上,至无水分馏出为止。含水率(X)应按下式计算:

$$X = \frac{m_1}{m} \times 100 \qquad (B.3.22-3)$$

式中 m_1——蒸馏水分的质量(g);

  m——试样的质量(g)。

4 粘度的测定,应按现行国家标准《涂料粘度测定法》GB/T 1723—1993 执行。

B. 3. 23 乙二胺的含量测定,应符合下列规定:

1 应预先将 30mL 乙醇放入 200mL 烧杯中,加 0.2～0.25g 试样,再加约 5mL95%的水杨酸,摇匀使其成结晶状。再加 40mL 蒸馏水,应在 10℃以下放置 1h。

2 用 3 号砂芯吸滤管,其一端与抽吸管连接,另一端插入溶液中进行抽气过滤,除去滤液。并应将沉淀物每次用 10mL 清水洗涤两次,仍用抽气管除去洗液。应将洗净的沉淀物用 30mL 左右盐酸标准溶液[$C(HCl)=0.5mol/L$]溶解,加甲基橙指示剂 1～2 滴,再以氢氧化钠标准溶液[$C(NaOH)=0.5mol/L$]滴定过量的酸。

3 乙二胺的质量百分含量(X)应按下式计算:

$$X = \frac{(CV-C_1V_1) \times 0.03005}{m} \times 100 \qquad (B.3.23)$$

式中 C——盐酸标准溶液的物质的量浓度(mol/L);

  V——盐酸标准溶液的用量(mL);

  C_1——氢氧化钠标准溶液的物质的量浓度(mol/L);

  V_1——氢氧化钠的标准溶液用量(mL);

  m——试样的质量(g);

  0.03005——每毫摩尔滴定液相当的乙二胺的克数。

B. 3. 24 乙烯基酯树脂和不饱和聚酯树脂引发剂、促进剂相关含量的测定,应符合下列规定:

1 过氧化甲乙酮二甲酯溶液和过氧化环己酮二丁酯糊活性氧含量的测定:用减量法精确称出 0.2g 试样(精确至 0.0002g),放入 250mL 碘量瓶中,加 50mL 异丙醇溶解试样,用移液管吸取 5mL 冰醋酸(使试样酸化),再加 5mL 饱和碘化钾溶液,振荡后盖塞并加少许水封口,放在暗处静置 30min。用硫代硫酸钠标准溶液[$C(Na_2S_2O_3)=0.1mol/L$]滴定至浅黄色,加 0.5%淀粉指示剂 1mL,继续用硫代硫酸钠标准溶液滴定至蓝色消失即为终点。同时做一空白试验。以质量百分数表示的活性氧含量(X)应按下式计算:

$$X = \frac{C(V-V_0) \times 0.008}{m} \times 100 \qquad (B.3.24-1)$$

式中 C——硫代硫酸钠标准溶液的物质的量浓度(mol/L);

  V——滴定消耗硫代硫酸钠标准溶液的量(mL);

  V_0——空白试样消耗硫代硫酸钠标准溶液的量(mL);

  m——试样的质量(g);

  0.008——与 1.00mL 硫代硫酸钠标准溶液[$C(Na_2S_2O_3)=1.000mol/L$]相当的以克表示的活性氧的质量。

2 过氧化二苯甲酰含量的测定:称取在 40℃以下干燥至恒重的样品 0.2g(精确至 0.0002g),置于干燥的 250mL 碘量瓶中,加入 15mL 纯苯,溶解后,再加入 15mL 无水乙醇、5mL 冰醋酸、3mL 新鲜制备的碘化钾饱和溶液,摇匀,在暗处静置 15min。用硫代硫酸钠标准溶液[$C(\mathrm{Na_2S_2O_3})=0.1\mathrm{mol/L}$]滴定至淡黄色,加0.5%淀粉指示剂1mL,继续用硫代硫酸钠标准溶液滴定至无色止。同时做空白试验。

过氧化二苯甲酰的质量百分含量(X)应按下式计算:

$$X=\frac{C(V-V_0)\times0.1211}{m}\times100 \qquad (\text{B.3.24-2})$$

式中 C——硫代硫酸钠标准溶液的物质的量浓度(mol/L);

V——滴定消耗硫代硫酸钠标准溶液的量(mL);

V_0——空白试样消耗硫代硫酸钠标准溶液的量(mL);

m——试样的质量(g);

0.1211——与1.00mL硫代硫酸钠标准溶液[$C(\mathrm{Na_2S_2O_3})=1.000\mathrm{mol/L}$]相当的以克表示的过氧化二苯甲酰的质量。

3 钴盐液的钴含量的测定:称取0.3~0.5g样品(精确到0.0001g),置于250mL锥形瓶中,用10mL200号溶剂油溶解,加入2mL95%工业乙醇摇匀,再用滴定管添加EDTA标准溶液[$C(\mathrm{EDTA})=0.05\mathrm{mol/L}$]约20mL摇匀,再加入10mLpH=10的氨-氯化铵缓冲液和5滴酸性铬蓝K指示剂,用氯化锌标准溶液[$C(\mathrm{ZnCl_2})=0.05\mathrm{mol/L}$]滴定,当溶液由蓝紫色突然变成红色即为终点。

钴盐液的钴的质量百分含量(X)按下式计算:

$$X=\frac{(C_1V_1-C_2V_2)\times0.05894}{m}\times100 \qquad (\text{B.3.24-3})$$

式中 C_1——EDTA标准溶液的物质的量浓度(mol/L);

V_1——加入的EDTA标准溶液的用量(mL);

C_2——氯化锌标准溶液的物质的量浓度(mol/L);

V_2——滴定所消耗的氯化锌标准溶液的用量(mL);

m——试样的质量(g);

0.05894——与1.00mL EDTA标准溶液[$C(\mathrm{EDTA})=1.000\mathrm{mol/L}$]相当的以克表示的钴的质量。

4 N,N-二甲基苯胺含量的测定,应按国家现行标准《N,N-二甲基苯胺》HG/T 3396—2001规定执行。

B.3.25 苯磺酰氯的含量测定,应符合下列规定:

1 应用万分之一天平称取试样1.5g,置于300mL锥形瓶内,用100mL移液管准确吸取100mL氢氧化钠标准溶液[$C(\mathrm{NaOH})=0.25\mathrm{mol/L}$]加入锥形瓶内,装上冷凝器,回流1h后,冷却至室温。并应加酚酞指示剂3滴,以盐酸标准溶液[$C(\mathrm{HCl})=0.5\mathrm{mol/L}$]滴定红色消失为止。

2 苯磺酰氯的质量百分含量(X)应按下式计算:

$$X=\frac{(CV-C_1V_1)\times0.08825}{m}\times100 \qquad (\text{B.3.25})$$

式中 C——氢氧化钠标准溶液的物质的量浓度(mol/L);

V——氢氧化钠标准溶液的用量(mL);

C_1——盐酸标准溶液的物质的量浓度(mol/L);

V_1——盐酸标准溶液的用量(mL);

m——试样的质量(g);

0.08825——每毫摩尔滴定液相当的苯磺酰氯的克数。

B.3.26 生产玻璃鳞片的中碱玻璃原料的成分和玻璃鳞片的外观、厚度、片径、含水率、耐酸度的测定,应符合下列规定:

1 中碱玻璃原料的化学成分测定应按国家现行标准《中碱玻璃球》JC 583—1995执行。

2 玻璃鳞片外观采用目测方法检验。

3 玻璃鳞片厚度的测定:抽取未粉碎的鳞片5片,将其平整地放在专业检测平面上,用涂层测厚仪分别测量其厚度。

4 玻璃鳞片片径的测定:将抽取的试样用蒸馏水冲洗干净放在烘箱内,在105~110℃温度下,烘干至恒重,取出置于干燥器内冷却至室温。

称取干燥试样100g(精确到0.01g),将其放在振动筛内,连续

筛分3min,从小孔径筛上取出筛分好的试样,用天平称量(精确到0.01g),以筛分后试样占筛分试样的质量百分比计算。

片径质量百分比(X)应按下式计算:

$$X=\frac{m_2}{m_1}\times100 \qquad (\text{B.3.26})$$

式中 m_1——原试样质量(g);

m_2——小孔径筛上取出的试样质量(g)。

5 玻璃鳞片含水率的测定,应按《颜料在105℃挥发物的测定》GB/T 5211.3—1985执行。

6 玻璃鳞片耐酸度的测定,应按《耐酸陶瓷性能试验方法》HG/T 3210—2002执行。

B.3.27 石油沥青的针入度、延度和软化点的测定,应符合下列规定:

1 针入度的测定,应按现行国家标准《沥青针入度测定法》GB/T 4509—1998执行。

2 延度的测定,应按现行国家标准《沥青延度测定法》GB/T 4508—1999执行。

3 软化点的测定,应按现行国家标准《沥青软化点测定法》GB/T 4507—1999执行。

B.3.28 聚合物水泥砂浆中细骨料质量的测定:

细骨料的含泥量、云母含量、硫化物含量及有机物含量的测定方法,均应按国家现行标准《普通混凝土用砂质量标准及检验方法》JGJ 52—92执行。

B.3.29 聚合物胶乳的质量测定,应符合下列规定:

1 总固体含量的测定,应按国家现行标准《合成橡胶胶乳总固物含量的测定》SH/T 1154—1999执行。

2 粘度的测定,应按国家现行标准《合成胶乳粘度的测定》SH/T 1152—1998执行。

3 表面张力的测定,应按国家现行标准《合成橡胶胶乳表面张力的测定》SH/T 1156—1999执行。

4 密度的测定,应按国家现行标准《合成橡胶胶乳密度的测定》SH/T 1155—1999执行。

5 聚合物水泥砂浆的建筑用砂,应按现行国家标准《建筑用砂》GB/T 14684—2001执行。

B.4 制成品的试验方法

B.4.1 水泥砂浆或混凝土基层含水率的测定,应符合下列规定:

1 称重法:应在基层表面3~4处用长钻钻取或凿取表层20mm的厚度层内的试样。用天平称量。然后将所取试样混合在一起磨碎,应在100~105℃的温度下烘至恒重,称取烘干后的质量。

含水率应按下式计算:

$$含水率(\%)=\frac{m-m_1}{m}\times100 \qquad (\text{B.4.1})$$

式中 m——烘干前试样的质量(g);

m_1——烘干后试样的质量(g)。

2 塑料薄膜覆盖法:应将尺寸为45cm×45cm的透明聚乙烯薄膜周边用胶带纸牢固地粘贴密封在基层表面上,避免阳光照射或损坏薄膜。并应在16h后观察塑料薄膜,无水珠或湿气存在即为合格。每40m²宜做一试样。

B.4.2 水玻璃类制成品的性能测定,应符合下列规定:

1 水玻璃胶泥稠度的测定:试验所用的锥形稠度仪,应符合国家现行标准《水泥物理检验仪器 净浆标准稠度与凝结时间测定仪》JC/T 727—1996的规定。

将粉料按配合比放入拌和器(机)内混合均匀,然后加入水玻璃,湿拌2min左右,同时记录时间,将拌和均匀的水玻璃胶泥一起装入圆锥模内,振动25次,亦可用人工捣实法,然后将多余胶泥刮去,整平表面。

将盛胶泥的圆锥模移至锥形稠度仪的下面，应放松制动螺丝。将锥尖降至胶泥的表面，刚接触时应拧紧制动螺丝，同时应调整标尺指针在"0"位，加入水玻璃湿拌 10min 时进行测定。然后突然放松制动螺丝，同时启动秒表，让锥自由沉入胶泥中，待 5s 时应拧紧制动螺丝，此时标尺读数即为胶泥稠度。

测定时，圆锥模不应受任何震动，并应保持温度为 20～25℃，相对湿度小于 80% 的空气环境中。

应取两次测定的平均值为最后结果。

2 水玻璃胶泥凝结时间的测定：可将拌和均匀的水玻璃胶泥，一次装入圆锥模内，连同底板振动 25 次，亦可用人工捣实方法，然后用湿布擦过的抹刀将多余胶泥刮平，整平表面。

将盛胶泥的圆锥模移至净浆标准稠度与凝结时间测定仪的试针下面，试针的直径为 1.1 ± 0.04mm，质量为 300 ± 2g。放松制动螺丝，将试针下端降至与胶泥的表面接触时，应拧紧制动螺丝，然后，突然放松制动螺丝，让试针自由沉入胶泥中。在刚开始测定期间，应轻轻扶住试针上端的活动杆，以防试针猛击底板而弯曲，但初凝时间仍应以自由降落测定的结果为准。初凝前，应每 5min 测定一次；初凝后，应每 15min 测定一次。每次测定后，应将试针擦拭干净。每次测定须将圆锥模连同底板稍稍移动，不使试针再针入原针孔内。

由加入水玻璃时起，至试针沉入胶泥深度为 39.0～39.5mm 而不再沉入时，所需的时间为初凝时间；由加入水玻璃时起，至试针沉入胶泥中不得超过 1mm 时，所需时间为终凝时间。

测定时，圆锥模不应受任何震动，并应保持温度为 20～25℃、相对湿度小于 80% 的空气环境中。

3 水玻璃胶泥的抗拉强度和浸酸安定性测定：可将搅拌均匀的水玻璃胶泥装入 12 个"8"字形试模内，连同底板置于跳桌上，用手稍扶住，跳动 25 次，亦可用人工捣实方法，刮去多余胶泥并整平表面，将试模连同底板置于跳桌上，用手扶住，跳动 25 次。应在温度为 20～25℃、相对湿度小于 80% 的空气中养护 2d（其密实型钾水玻璃胶泥养护 3d）后脱模，并应继续在上述环境中养护 14d（其密实型钾水玻璃胶泥养护 28d）。取出 6 个试块，并应按现行国家标准《水泥胶砂强度检验方法》GB/T 177—1985 进行抗拉强度测定；另 6 块应置于浓度为 40% 的工业硫酸中煮沸 1h，并应在该酸液中缓慢冷却至常温，取出试块后，应用水冲洗，并应用毛巾或滤纸擦干。1d 后，应检查试块有无裂纹、掉角、疏松和膨胀等现象。若试块完整，表面和酸液亦无显著变色，则为合格。

4 水玻璃胶泥的吸水率测定：应将配制好的水玻璃胶泥装满预先涂过黄油的、衬村厚度不小于 0.05mm 聚乙烯薄膜的 30mm×30mm×30mm 的试模内，每组 4 块，连同底板振动 25 次，然后用湿布擦过的刮刀将多余的胶泥刮去，整平表面。

试块应在温度为 20～25℃、相对湿度小于 80% 的空气中养护 2d（其密实型钾水玻璃胶泥养护 3d）后脱模，并应继续在上述环境中养护至 14d（其密实型钾水玻璃胶泥养护 28d），然后在 105～110℃烘至恒重。应从 4 个试块中选取气孔及其他缺陷最少的 2 个试块，经称重后精确至 0.01g，放在玻璃容器内，并在 1h 内分 3 次注入密度为 0.81～0.84g/cm³ 的煤油，液面高出试块 1cm。浸泡 7d，取出试块，用拧干的湿毛巾擦去试块表面多余的煤油，立即进行称重，精确到 0.01g。

吸水率应按下式计算：

$$吸水率(\%)=\frac{m_1-m}{m\times\rho} \qquad (B.4.2-1)$$

式中　m_1——浸泡后试块的质量（g）；

　　　m——浸泡前试块的质量（g）；

　　　ρ——煤油的密度（g/cm³）。

5 水玻璃砂浆和水玻璃混凝土的抗压强度测定：水玻璃砂浆和水玻璃混凝土应用人工捣实振动排出气泡成型。水玻璃砂浆以 7.07cm×7.07cm×7.07cm 的试块为准，水玻璃混凝土为 15cm×

15cm×15cm 试块时，其结果应乘以系数 1.05；若为 20cm×20cm×20cm 的试块时，其结果应乘以系数 1.00；若为 10cm×10cm×10cm 的试块时，其结果应乘以系数 0.95。

混凝土若用振动器捣实时，将混凝土装入试模内，并稍有余量，然后将试模放在振动台上，用手稍扶住，开动振动台，振至混凝土表面排除气泡呈现浆状为止。振动结束后，应用金属直尺沿试模边缘将多余的混凝土刮去，并随即用抹刀将表面抹平。若用人工捣实混凝土时，应将混凝土分两次装入试模内，每次装入的高度相等。每次捣固的次数：试模为 20cm×20cm×20cm 时，约 50 次；试模为 15cm×15cm×15cm 时，约 25 次；试模为 10cm×10cm×10cm 时，约 12 次；捣固应按螺旋方向从边缘向中心均匀进行。

捣实后，应在温度为 20～25℃、湿度小于 80% 的空气中养护 2d（其密实型钾水玻璃材料养护 3d）后脱模。脱模后，应继续在上述环境中养护 14d（其密实型钾水玻璃材料养护 28d），然后在压力机上进行试压。

每组试块为 3 块，试压结果取 3 块的平均值。当 3 个试块中的过大或过小的强度值与中间值相比超过 15% 时，应以中间值代表该组的混凝土试块的强度。

6 水玻璃砂浆和水玻璃混凝土的浸酸安定性测定：试块应按水玻璃砂浆和水玻璃混凝土的抗压强度测定法成型和养护。然后把试块浸入盛有 40% 工业硫酸的带盖容器中，试块底面应架空，侧面应隔开，酸液应高出试块的表面，并应保持浸泡温度为 20～25℃。浸泡 28d 后，应取出试块，用水冲洗，阴干 24h，检查试块有无裂纹、起鼓、发酥和掉角等现象。若试块完整，试块表面和浸泡酸液亦无显著变色，则为合格。

7 水玻璃胶泥与耐酸砖的粘结强度测定（又称十字交叉试验方法）：砖板的粘结力试验均应采用 230mm×110mm×65mm 的标形耐酸砖，用水洗净烘干，冷却至室温备用。

将配制好的胶泥，抹在两块标形耐酸砖粘结面的中部，应用挤浆法使两块砖十字交叉粘牢，胶泥层厚度为 3mm。挤出的多余胶泥用刮刀刮除。在温度 20～25℃、相对湿度小于 80% 的空气环境中养护 14d（其密实型钾水玻璃胶泥养护 28d）后测定粘结强度。

应将粘结力支座放在压力机上固定住，对正位置，调节好距离，将试块放好。开动压力机均匀加载，压力机运行速度为 6mm/min，加载至试件拉开。记录压力机表盘读数。

粘结强度应按下式计算：

$$R_粘=\frac{P}{A} \qquad (B.4.2-2)$$

式中　$R_粘$——胶泥的粘结强度（MPa）；

　　　P——破坏荷载（N）；

　　　A——受拉面积（mm²）。

粘结强度应取 3 个试件的平均值为最后结果。精确度为 0.1MPa。若其中 1 件试验结果超出平均值 15% 时，应取其余 2 件的平均值作为最后结果。

8 钠水玻璃混凝土的抗渗性测定：按配合比称量物料，先将粉料与氟硅酸钠混合均匀，再放至铁板上与砂石混合均匀，然后加入钠水玻璃搅拌均匀，宜翻拌 3 次。

应将拌好的混凝土装入涂有机油的抗渗试模中，并稍有余量，试模尺寸为底面直径 185mm，顶面直径 175mm，高 150mm，然后将试模放在振动台上，振至表面泛浆为止，并用抹刀抹平表面，每组 3 块。混凝土试块在 20～25℃温度下养护 1d 后脱模，养护 14d 后，方可进行抗渗性测定。

应在养护好的试件表面上涂刷一层熔化的黄蜡或石蜡，试件的顶面和底面不涂蜡，稍冷后将试件装入有一定热度的抗渗套模中。

应将上述试件连同套模装到混凝土渗透仪上，垫好橡胶垫圈，上紧螺丝。

如预计抗渗压力小于或等于0.8MPa时，开始试验时的水压应为0.1MPa，以后每隔8h增加水压0.1MPa。如预计抗渗压力大于0.8MPa时，开始试验时的水压应为0.2MPa，以后每隔8h增加水压0.2MPa，并且要随时注意试件端面情况。在试件端面呈现有渗水现象时，则记下当时的水压。

混凝土的抗渗性，应按6个试件中4个试件在未发现有渗水现象时的最大水压计算。

9 钾水玻璃材料的抗渗性测定：试块养护时，环境温度应保持在20～25℃，相对湿度应小于80%且大于50%，密实型钾水玻璃材料试块拆模时间为3d，普通型钾水玻璃材料试块拆模时间为2d。养护时间为28d。

1)钾水玻璃混凝土抗渗等级的测定：将拌和好的水玻璃混凝土装入涂有机油的抗渗试模中，并稍有余量，试模尺寸为底面直径185mm，顶面直径175mm，高150mm，将试模放在振动台上，振至表面泛浆排出气泡为止，并用抹刀抹平表面，每组6块。

在养护好的试件表面上涂刷一层熔化的黄蜡或石蜡，试件的顶面和底面不涂蜡，稍冷后将试件装入有一定热度的抗渗套模中。

将上述试件连同套模装到混凝土渗透仪上，垫好橡胶圈，上紧螺丝。

如预计抗渗压力小于等于0.8MPa时，开始试验时的水压应为0.1MPa，以后每隔8h增加0.1MPa；如预计抗渗压力大于0.8MPa时，开始试验时的水压应为0.2MPa，以后每隔8h增加水压0.2MPa，并且要随时注意试件端面情况，在试件端面呈现有渗水现象时，则记下当时的水压。

混凝土的抗渗性，应按6个试件中4个试件在未发现有渗水现象时的最大水压计算。

2)钾水玻璃胶泥和砂浆抗渗等级的测定：将拌和好的水玻璃胶泥或砂浆装入涂有机油的抗渗试模中，并稍有余量，试模尺寸为底面直径80mm，顶面直径70mm，高30mm，将试模放在振动台上，振至泛浆排除气泡为止，并用抹刀抹平表面，每组6块。

在养护好的试件表面上涂刷一层熔化的黄蜡或石蜡，试件的顶面和底面不涂蜡，稍冷后将试件装入有一定热度的抗渗套模中。

将上述试件连同套模装到水泥渗透仪上，垫好橡胶圈，上紧螺丝。

如预计抗渗压力小于0.8MPa时，开始试验时的水压应为0.1MPa，以后每隔1h增加0.1MPa；如预计抗渗压力大于0.8MPa时，以后每隔1h增加0.2MPa。并且随时注意试件表面情况，在试件端面呈现有渗水现象时，应记下当时的水压。

钾水玻璃胶泥或砂浆的抗渗性，应按6个试件中4个试件在未发现有渗水现象时的最大水压计算。

10 钾水玻璃材料的耐热极限测定：钾水玻璃胶泥取抗拉强度试件3块，钾水玻璃砂浆和混凝土取抗压强度试件3块。

当耐热极限温度为100～300℃时，先将试件于110±5℃烘干8h，然后将试件放入加热炉以升温速度不大于150℃/h，升温到300℃，恒温4h后，随炉冷却至室温。经过加热的试件外观无裂纹且强度不低于原始强度时，则为合格。

当耐热极限温度为300～900℃时，试件的耐热性测定按耐火混凝土的物理检验方法进行试验。

B.4.3 树脂类材料制成品的性能测定，应符合下列规定：

1 树脂胶泥、砂浆的抗压强度测定：应将"8"字形试模擦拭干净，薄涂一层脱膜剂，并将树脂胶泥或树脂砂浆装入模内，在跳桌上振动25次，刮去多余的胶泥或砂浆，整平表面，在20～25℃养

护14d后，应测定抗拉强度。以3个试块为一组，抗拉强度的测定方法，应按现行国家标准《水泥胶砂强度检验方法》GB/T 177—1985执行。

2 树脂胶泥、砂浆的抗压强度测定：将胶泥、砂浆装入30mm×30mm×30mm的立方试模内捣实，在跳桌上振动25次并刮平表面。经24h成型后脱模。在20～30℃温度下养护，养护天数应按本规范表6.7.1的规定执行。取3块试块的平均值为抗压强度，若其中1件试验结果超出或降低平均值的15%时，应取其余2块平均值作为最后结果。

3 树脂胶泥、树脂玻璃鳞片胶泥与耐酸砖、水泥砂浆、钢板的粘结强度测定：

1)树酯胶泥与耐酸砖的粘结强度测定：将耐酸砖加工成尺寸为70mm×30mm×25～30mm，洗净晾干，用树脂胶泥呈十字交叉粘结在一起，刮除多余胶泥。结合层的厚度应为2～3mm。在20～25℃养护14d后，应进行粘结强度测定。将十字交叉的试件放在夹具(图B.4.3)内，应开动拉力机均匀加载，至试件拉开，记录拉力机读数，粘结强度以MPa表示。

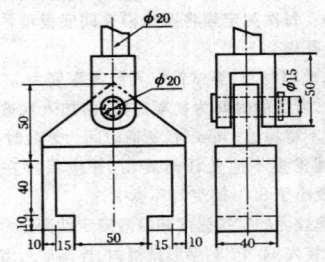

图 B.4.3　粘结强度试验夹具

粘结强度应按下式计算：

$$R_{粘} = \frac{P}{F} \tag{B.4.3}$$

式中　$R_{粘}$——胶泥的粘结强度(MPa)；

　　　　P——破坏荷载(N)；

　　　　F——受力面积(mm^2)。

试验结果的取值，应按本规范B.4.2条第5款的规定执行。

2)树脂玻璃磷片与水泥砂浆的粘结强度测定：用强度等级为32.5MPa的矿渣硅酸盐水泥与标准砂配制成水泥砂浆，底模尺寸为70mm×30mm×25～30mm，养护28d后，用树脂玻璃鳞片胶泥呈十字交叉粘结在一起，刮除多余胶泥，粘结层厚度应为3mm，在20～25℃养护14d后，应进行粘结强度测定。试验用的夹具和测定方法，应按上述"树脂胶泥与耐酸砖的粘结强度测定"的规定执行。

3)树脂玻璃鳞片胶泥与钢板的粘结强度测定：将2块已经除锈处理尺寸为80mm×40mm×10mm的钢板，用树脂玻璃鳞片胶泥呈十字交叉粘结在一起，刮除多余胶泥，粘结层厚度应为3mm，在20～25℃养护14d后，应进行粘结强度测定。试验用夹具和测定方法，应按上述"树脂胶泥与耐酸砖的粘结强度测定"的规定执行。

4 玻璃钢的抗拉强度试验，应按现行国家标准《玻璃纤维增强塑料拉伸性能试验方法》GB/T 1447—1983执行。

5 树脂玻璃鳞片胶泥的抗渗透性测定：采用强度等级为32.5MPa的矿渣硅酸盐水泥与标准砂配制试件底模，底模尺寸为底面直径80mm，顶面直径70mm，高30mm，每组3块，养护28d后，在底模底面上分别涂抹玻璃鳞片胶泥，厚度为1mm。在室温下养护完全固化后即可做抗渗透试验。水压从0.2MPa起保持2h，然后增至0.3MPa。以后每隔1h增加水压0.1MPa，直至所有试件顶面渗水为止。记录每个试件的最大水压力和保持最大水压

的时间 t(以 h 计)。如果水压增至 1.5MPa,而试件仍未透水,则不再升压,保持 6h 后停止试验。

B.4.4 沥青类制成品的性能测定,应符合下列规定:

1 沥青胶泥的耐热稳定性测定:应根据烘箱尺寸,预制成 1∶3 水泥砂浆底板,养护 7d,干燥至含水率不大于 6%,然后在底板上涂刷沥青冷底子油两遍,待干后用沥青胶泥铺贴 150mm×150mm×20mm 的耐酸砖 3 块。耐酸砖应相互分开铺贴,沥青胶泥的结合层厚度为 3mm,挤出的沥青胶泥应刮除干净。

耐酸砖贴完后应在温室下放置 1d,然后连同底板垂直放入烘箱内。烘箱的起始温度应比估计的沥青胶泥的耐热稳定性低 10℃,以后每升温 10℃,应保持 5h,并观察耐酸砖有无下滑。

耐酸砖开始下滑的温度减去 10℃,即为该沥青胶泥的耐热稳定性。

2 沥青胶泥的浸酸后质量变化率测定:应将加热好的沥青胶泥注入预先涂过黄油的 2cm×2cm×2cm 的试模内,每组 6 块,并高出 1~2mm。待冷却至室温后用热刮刀将高出试模的沥青胶泥切去、修平。并应在脱模后常温下养护 2h,用纱布擦拭干净,然后用 1‰天平称重。

将试块浸入盛有 55% 硫酸的带盖容器中,试块底面应架空,侧面应隔开,酸液应高出试块表面;浸泡 30d 后,取出试块,用水冲洗,再用纱布擦拭干净,然后在空气中干燥 10h。检查试块的表面,不得出现裂纹、掉角、起鼓和酥松等缺陷,试块的表面和浸泡的酸液应无显著变色。检查合格后,称量试块。

浸酸后质量变化率应按下式计算:

$$浸酸后质量变化率(\%) = \frac{m_1 - m}{m} \times 100 \quad (B.4.4-1)$$

式中 m_1——浸酸后试块的质量(g);
m——浸酸前试块的质量(g)。

3 沥青砂浆和沥青混凝土抗压强度的测定:沥青砂浆应用直径和高度均为 50.5mm 的圆柱形试模,沥青混凝土应用直径和高度均为 71.4mm 的圆柱形试模;试模应擦净、烘热。

应将拌制好的沥青砂浆或沥青混凝土装满试模,每组 3 块,用热刮刀均匀插捣 10 次,然后加上成型压力恒压 3min。当施工采用平板振动器压实时,沥青砂浆的成型压力应为 0.25MPa,沥青混凝土的成型压力应为 5MPa。恒压后即可脱模。

试块应完整、平滑、无缺角,高差不大于 1mm,上下两面应平行。

试块在室温下养护 1d 后,应放入规定温度的水中 2h,测定 20℃的抗压强度时,水的温度应为 20℃;测定 50℃的抗压强度时,水的温度应为 50℃。取出试块后应用布擦干,并在试块的上下两面,各垫一张纸,然后进行试压。试压时,压力机活塞上升的速度应为每分钟 3cm,极限荷载由测力计在指针不再转动时读出。

抗压强度应按下式计算:

$$R = \frac{P}{F} \quad (B.4.4-2)$$

式中 R——抗压强度(MPa);
P——极限荷载(N);
F——试块的受压面积(mm²)。

应取 3 块试块的平均值为最后结果。每块测定的偏差,当 R_{20} 时不得大于 10%,当 R_{50} 时不得大于 5%。

4 沥青砂浆和沥青混凝土的饱和吸水率测定:在制备抗压强度试块的同时,应制备供测定饱和吸水率用的试块,每组 3 块。试块脱模后,应在常温下养护 1d,并用纱布擦拭干净。

试块在空气中称重后,再置于水中称重,精确至 0.01g。称重

后,把试块放入盛水的容器中,试块应全部被水淹没,水温为 22±2℃。然后将容器连同试块放入真空干燥器或真空罩内,进行抽真空剩余压力为 10~15mm 水银柱,保持 1h 以上。恢复正常气压后,试块仍在水中保持 1h。然后取出试块,用纱布擦去表面的水分,在空气中称重精确至 0.01g。

饱和吸水率应按下式计算:

$$饱和吸水率(\%) = \frac{m_3 - m_1}{m_1 - m_2} \times 100 \quad (B.4.4-3)$$

式中 m_1——抽真空前,试块在空气中的质量(g);
m_2——抽真空前,试块在水中的质量(g);
m_3——抽真空后,试块在空气中的质量(g)。

取 3 块试块平行试验的平均值为最后结果。平行试验的误差不应大于 0.2%。

5 沥青砂浆和沥青混凝土的浸酸安定性测定:在制备抗压强度试块的同时,应制备浸酸用的试块,每组为 6 块。试块脱模后,应在常温下养护 2h,并用纱布擦拭干净。

将试块浸入盛有 55% 硫酸的带盖容器中,试块底面应架空,侧面应隔开,酸液应高出试块的表面。浸泡 30d 后,应取出试块,用水冲洗,然后用纱布擦拭干净,并应检查试块有无裂纹、掉角、起鼓和酥松等现象,若试块完整,试块表面和浸泡酸液亦无显著变色,则为合格。

B.4.5 聚合物水泥砂浆的性能测定,应符合下列规定:

1 聚合物水泥砂浆的强度测定,应按现行国家标准《水泥胶砂强度检验方法》GB/T 177—1985 执行。

2 聚合物水泥砂浆的粘结强度的测定,应按国家现行标准《水运工程混凝土试验规程》JTJ 270—98 附录 A 中"水泥砂浆粘结强度检测"的规定执行。

3 聚合物水泥砂浆的凝结时间测定,应按现行国家标准《水泥标准稠度用水量、凝结时间、安定性检验方法》GB/T 1346—2001 执行。

B.4.6 涂料的粘度、干燥时间和附着力测定,应符合下列规定:

1 粘度的测定,应按现行国家标准《涂料粘度测定法》GB/T 1723—1993 执行。

2 干燥时间的测定,应按现行国家标准《漆膜、腻子膜干燥时间测定法》GB/T 1728—1979 执行。

3 附着力的测定,应按现行国家标准《漆膜附着力测定法》(画圈法)GB/T 1720—1979 执行。

本规范用词说明

1 本规范中对要求严格程度不同的用词说明如下:

1)表示很严格,非这样做不可的用词:
正面词采用"必须",反面词采用"严禁";

2)表示严格,在正常情况下均应这样做的用词:
正面词采用"应";反面词采用"不应"或"不得";

3)表示允许稍有选择,在条件许可时首先应这样做的用词:
正面词采用"宜";反面词采用"不宜";

表示有选择,在一定条件下可以这样做的用词,采用"可"。

2 规范中指定应按其他有关标准、规范执行时,写法为"应符合……的规定"或"应按……执行"。

中华人民共和国国家标准

建筑防腐蚀工程施工及验收规范

GB 50212—2002

条 文 说 明

目 次

1 总 则

1.0.1 腐蚀现象发生在国民经济的各个部门中,如石油、天然气对矿井及开采设施的腐蚀,土壤对管网及建筑物基础的腐蚀,大气对桥梁、构筑物、钢结构的腐蚀,海水对船舶及码头的腐蚀,化学介质对金属、非金属及其建筑材料的腐蚀等等。在腐蚀性介质作用下,建筑物和构筑物虽然已采取了防腐蚀措施,但达不到应有的使用年限,并遭到不同程度的腐蚀破坏。据统计,我国每年因腐蚀造成的损失或由于采取防腐蚀措施发生的费用,约占国民生产总值GDP的4%左右,其中大部分是由于防腐蚀方法及材料选择不当或施工质量低劣造成的。因此,只有做到正确选材、精心设计、规范施工、科学管理才能确保防腐蚀工程的质量,减少腐蚀带来的损失,并使建筑物和构筑物达到应有的使用年限。

我国现行国家标准《工业建筑防腐蚀设计规范》GB 50046—95(以下简称"设计规范")于1995年颁布实施,国家标准《建筑防腐蚀工程施工及验收规范》GB 50212—91(以下简称"施工规范")是1991年颁布执行的,至今已有十余年。这期间涌现了不少成熟的新材料和新的施工工艺,由于"设计规范"与"施工规范"的修订工作不同步,因此急需将两本规范涉及的内容协调一致,故对《建筑防腐蚀工程施工及验收规范》GB 50212—91进行了本次修订。

制定本规范的目的是从施工及验收的角度,在正确设计的指导下,按设计要求,对建筑物和构筑物从表面处理到防腐层的施工进行控制,从而保证工程使用效果。本次修订不仅为防腐蚀质量事故判定、工程质量验收确定依据,更重要的是对施工过程的控制提出了具体要求。大量工程实践表明:加强对施工过程的控制,可以有效减少损失及资源浪费,有利提高防腐蚀水平,从而对整个防腐蚀工程的安全性、耐久性提供可靠保障。加强对施工过程进行控制,是本次修订增加的一项重要内容。

1.0.2 强调了本规范的适用范围。按工程建设项目来划分:一般新建、改建、扩建工程其设计审查、施工组织、项目管理较为严格。而维修工程绝大多数由企业审查确定,应急因素较多,系统管理较欠缺,因此本规范不适用于维修工程。主要原因在于:首先是维修工程情况比较复杂、工期较短,无法满足本规范规定的各项施工与技术要求;其次是维修工程中,通常以设备检修为主要内容,建筑防腐蚀往往为非主要矛盾,施工现场交叉作业严重,而且维修工程的组织形式与新建、改建、扩建工程不尽相同,操作程序差异很大;第三是施工现场环境、工期等难以完全符合规范要求。

本规范是建筑防腐蚀工程专业规范,由于许多耐腐蚀材料都具有一定毒性,故在食品、医药及其他有特殊要求的部门如环保、核工业等使用时,除应遵守本规范的规定外,还应符合有关卫生、环保等要求。

1.0.3、1.0.4 防腐蚀工程采用原材料的优劣是工程质量好坏的决定因素之一。现在国内防腐蚀材料的生产单位,除了国营企业以外,有不少是乡镇企业。有的产品质量得不到保证,因产品质量不合格而导致的质量事故时有发生。建筑防腐蚀工程所用的材料种类很多,同一种类的产品各生产企业又有众多的商品牌号,其性能也各有差异,由于新产品、新材料不断出现,很多品种目前尚无国家标准。为防止不合格材料或不符合设计要求的材料用于工程施工,本条规定了建筑防腐蚀工程所用的材料必须具有"产品质量证明文件"。这是对原条文进行了较大的修改。"产品质量证明文件"的提出,主要参照了国际通用的"质量管理和质量保证标准"ISO 9000的相关内容,各企业在ISO质量体系认证中都涉及这方面的内容。其遵循的基本原则是,对于产品质量的控制及检验通常采用自查自检,互查互检,他方质检。在实施过程中应注意:

  1 有国家现行标准规定的,执行现行的国家标准和行业标准。材料供应者必须提供材料质量检验报告单和产品合格证,作为自查自检资料。同时对施工现场提供技术保障。

  2 当没有国家现行标准规定时,材料供应商必须提供材料的质量技术指标与相应的检测方法。对进入施工现场的材料每一批均提供质量检验报告单和产品合格证,材料应用方以此作为互查互检的根据。

  3 对进入施工现场的材料均应有复验合格的报告或提供省部级以上技术鉴定报告,以此作为第三方质检的根据。

这样对原材料的质量管理,不仅有供应商提供的检验报告,又经过业主检验来证明材料的有效性,同时技术鉴定报告可证明材料的科学性和合理性,从而有利于保证优质材料的使用。

1.0.5 建筑防腐蚀工程使用的材料,不少是化学反应型的,各反应组分加入量的不同,对材料的耐蚀效果有明显的影响;有些耐蚀材料,其制成品是多种材料混配的,当级配不恰当时,不仅影响耐蚀效果,也影响施工工艺性及物理力学性能,因此所有材料在进入现场施工时,首先必须计量准确,有配制要求的应进行试配,确定的配合比应符合本规范附录A的范围规定。

配制施工材料时,须注意以下几点:

  1 出厂时生产企业已经明确施工配合比的,如双组分涂料,现场施工时只需按要求将两组分直接混合均匀即可,不需调整配合比。

  2 虽然施工配合比有一定的范围,但由于加入量相对较大,对整个系统影响不显著的材料,如环氧树脂、树脂胶泥等施工时固化剂的加入,按本规范附录A试验确定至一个相对稳定的配合比,不宜经常调整。

  3 不饱和聚酯树脂、乙烯基酯树脂等,其固化体系中加入的品种较多,且每一个品种加入量随施工环境条件的影响变化较大,因此施工时,其配合比除应符合本规范附录A规定的范围外,还应通过试验确定一个固定值,当环境条件发生较大变化时,必须重新确定。

1.0.6 随着科学技术的发展,新材料应用日益增多,由于规范的制定往往滞后于材料与产品技术,尤其是我国目前一些材料的生产尚不能满足建设项目需要,还需从国外引进技术、设备和材料。为保证新材料得到应用,确实反映当今科技成果,在通过试验获得可靠数据或有实践证明的前提下,征得设计部门同意,是可以采用的。就施工过程而言,应明确按设计文件规定施工。

1.0.7 本规范与现行国家标准《工业建筑防腐蚀设计规范》GB 50046—95及《建筑防腐蚀工程质量检验评定标准》GB 50224—95配套使用。与其他建筑结构规范配套使用时,凡处于腐蚀条件下,应遵守本规范的施工规定。当与现行的国家有关施工安全、卫生、环保、质量、公共利益等标准规范配套使用时,防腐蚀工程除符合本规范的规定外,尚应符合国家现行的有关规范及相应标准的规定。

2 术 语

本章是根据《工程建设标准编写规定》(建标[1996]626号)的要求,针对建筑防腐蚀工程施工环节与验收过程的实际情况新增加的内容。

随着科学技术的进步,很多新用语、名词和概念不断出现,并反映在施工过程中。若不进行统一而明确的定义,来规范其正确应用,势必对施工及管理产生不良影响。特别是耐蚀涂料新品种的大量出现,不少具有特定涵义的用语急需定义;而一些陈旧、过时的用语,甚至模糊或错误的概念又急需修正、重新定义,使其符合工程实际。在旧标准修订后,新标准需与国际相关标准逐步接轨,也是增加本章的主要原因之一。

3 基层处理及要求

本章对原规范"第二章 基层处理及要求"进行了几处重要的修订:首先将原"第一节 水泥砂浆或混凝土基层"修订为"3.1 混凝土基层",其相应的内容也进行了调整;其次将原"第二节 钢结构基层"中表面处理的等级规定调整为与现行国家标准《涂装前钢材表面锈蚀等级和除锈等级》GB/T 8923—1988 的规定相一致。

进行上述调整,主要根据《工业建筑防腐蚀设计规范》GB 50046—95 中"4 结构"的内容规定。因为,钢筋混凝土及混凝土、钢结构是工业建筑的主体,也是需要进行耐蚀层保护的直接对象。而"水泥砂浆"仅作为找平层、找平兼找坡层或墙体抹面层处理,它不属于被保护的直接对象,只是间接对混凝土、钢筋混凝土主体起保护作用,也就是在保护层和需要直接保护的主体构造之间增加了一层过渡。如果将水泥砂浆作为基层,则有不少对混凝土基层的要求就失去针对性或失去意义,甚至误导施工队伍不加分析统统采用水泥砂浆抹面。对工程带来消极影响,形成事故隐患。如果水泥砂浆层出现问题,依附其上的耐蚀保护层就失去作用,需要保护的混凝土主体立刻就会遭到破坏。采用水泥砂浆还有一弊端是:因其自身需要养护、固化完全,从而延长了施工周期。国际上,一些发达国家在工程中严禁使用水泥砂浆面层,原因是80%的这类构造均存在开裂、脱壳等弊端。目前,国内一些超高层建筑、重要建筑,特别是涉外项目也不采用水泥砂浆面层。而直接通过混凝土找平、找坡后开始装修。这样一来不仅有利于保证工程质量,而且可以缩短工期。

本次修订的指导思想是:突出量化概念和过程控制。因此在"3.1 混凝土基层"一节中,条文从原规范6条增加为14条,能够定量的,全部量化处理,并根据工程实践的总结,把需进行"过程"检验的内容大幅增加,做到准确度高、可操作性强。不少基面处理的措施,采用了国际上较为常用的机械、装备,以减少工作强度,有利于环境保护,同时提高施工质量和效率。混凝土(包括钢筋混凝土)基层确定后,对混凝土的要求就更加明确了,水泥砂浆不再作为基层,而作为一个过渡层来处理。本节把原规范的内容进行归纳分类。将坡度、强度、平整度等不同概念分别详列出,对每一项内容逐条作出规定。使条文更有针对性。

在"3.2 钢结构基层"一节中,条文从原规范5条增加为8条。在内容编排上进行了较大地调整,对于容易引起质量事故的除锈后二次污染的处理作了规定,对除锈等级进行了补充与调整。

3.1 混凝土基层

3.1.1 本条主要是对基层增加了必须进行强度检测的内容,并严格检查地下水渗漏及不均匀沉陷。近年来通过对防腐蚀地面工程的调查发现,由于基层强度低、地下水渗漏、不均匀沉陷等造成的事故很多。本条规定可定性及定量确认基层状态,从而有效控制工程质量。目前,对基层强度的检测常见的可采用强度测定仪、回弹仪等。定量给出实测指标,来判断基层是否可以做防腐蚀构造层。对地下水渗漏、不均匀沉陷、裂缝、蜂窝麻面等,通过目测可以判断是否存在问题。经过养护的基层表面用钢丝刷轻拉表面,可以判断是否存在起砂,用小榔头敲打可以判断是否起壳、存在空鼓等现象。通过上述方法可以直观而准确地检验基层强度。

3.1.2 平整度作为基层的检验项目,较之原规范有了更严格的规定。主要是近年来由于技术进步,大量厚膜型涂料,特别是楼、地面专用涂料发展迅速,且防腐效果好,受到用户的广泛欢迎。这类防护构造大多比较薄。比如,环氧自流平涂层厚度从 $300\mu m \sim 3mm$,每年有相当大的工程施工量。如果执行原规范平整度5mm

的规定,会造成施工难度高使用效果差,而且易造成材料大量浪费,故参照《建筑地面工程施工质量验收规范》GB 50209—2002 的规定和工程实际情况,将基层允许空隙修改为当防腐蚀面层厚度不小于 5mm 时,允许空隙不应大于4mm;当防腐蚀面层厚度小于5mm 时,允许空隙不应大于2mm。就目前的施工技术、手段及操作人员的素质和水平而言,完全可以达到此标准。以上测试均统一采用 2m 直尺。

3.1.3 基层含水率基本保持原规范的规定,但对湿固化型材料,规定表面不得有渗水、浮水或积水。当渗水出现时,应检查基层强度是否符合要求,是否有质量隐患。浮水如为外来水分,表面擦干即可施工。如积水情况较复杂,须弄清原因,方可施工。采用湿固化型材料时,应注意严格掌握,由于该技术在解决具体问题、现场施工应急方面确实发挥了很大的作用,因此发展较快,出现的产品品种较多。湿固化型材料,在工程应用中绝大多数为环氧树脂及其固化体系,其固化剂的化学结构多为聚酰胺树脂类、多元胺的加成物、多异氰酸酯或几种材料复合的产物。它们能在基层表面无浮水、渗水或积水的条件下,使树脂固化,并具有良好的物理力学性能、耐腐蚀性能。近年来出现的不少新品种,如 T31、C20 等,在防腐蚀工程中得到了广泛的应用,取得了良好的使用效果。但就目前总体水平而言,湿固化技术还有很多问题需要解决,湿固化型材料也有待提高技术及应用性能。比如:在有积水存在时,材料与基层粘结力低;当有渗水出现时,涂层附着力、抗渗透力差;制成品物理力学性能下降等。这些问题的存在说明在工程上,特别是重点工程中应当慎重选用湿固化型材料。同时,应加大科技开发的力度,进一步发掘综合性能好的湿固化型材料。包括非环氧类材料。

当工程项目必须选用湿固化型材料施工时,根据经验应当注意以下几点:

1 基层表面不得存在积水、渗水,使用前应通过小试,确认材料与基层粘结牢固。

2 防腐蚀层的力学性能能满足防腐蚀要求,至少能达到相同构造同种材料正常条件下物理力学性能指标的2/3,若下降太多则不宜使用。

3 同步做小样,并测试耐蚀效果,确定是否能保证工程正常使用。

目前有多种手段测定基层的含水率。常用的方法除薄膜覆盖法和取样称重法外,也可采用仪器检测法。现国内有国产或进口的各种含水率测定仪,大多计量准确,可随时随地任意选择测试点进行定量分析。

3.1.4 原规范对基层坡度未作定量规定。本条将其作为必检项目,应采用相关仪器进行定量检测。首先,坡度应符合设计规定;其次,偏差应在允许值范围之内。实际操作过程应注意:

1 基层坡度必须在基面清理前及清理好以后分别进行检测,使坡度成为控制表面清理工作的有效参数。

2 具体检测手段有很多种,使用的仪器也比较多,简单的有水平仪、水平尺,精度高一些的激光测试仪等。

3 当地面进行自流平涂层施工时,坡度不宜过大,一般小于 $\pm 0.2\%$,否则影响流平效果和地面防腐蚀层的均一性。

3.1.5 本条为新增内容。以往对浇筑混凝土构筑物的模具未进行严格规定,使得混凝土表面常常被脱模剂、油渍污染,导致防腐蚀构造层粘结力下降而脱落,故增加了这部分内容。

混凝土浇筑常用的模板有:大型(木质)胶合板、塑料板、液压滑动模板、钢模板等。模板与混凝土的接触面常涂有隔离剂,以利脱模。但同时混凝土表面也被隔离剂污染,由于拼缝不严密或变形等问题,导致两块模板之间平整度有高低差,出现漏浆而产生缝隙及孔洞缺陷。为避免此类情况出现,根据工程实践可采取如下措施:

1 选用木质大型模板,减少模板拼缝。

2 两模板搭接处用胶带粘贴，避免漏浆。

3 采用水溶性材料作隔离剂，以利脱模和脱模后的清理。

3.1.6 该条保留了原规范的规定，但实际操作时，通常取圆角 $R=30\sim50mm$，或45°斜角。

3.1.7 混凝土基层属水泥类材料，常呈现碱性。伴随着材料凝固过程，会有碱性物析出，这些碱性粉末状物质会对防腐蚀材料的粘结产生不良影响，因此工程中必须在充分养护的基层上除去这些附着物，再选用耐碱性良好的材料做防腐蚀层。

3.1.8 基层表面的洁净度对防腐蚀层，尤其是较薄型整体构造，如树脂砂浆、胶泥、自流平涂层等至关重要。它不但直接关系到防腐蚀层的粘结性、耐久性、装饰性等，对使用效果影响也很大。

原规范仅对砂轮、钢丝刷打磨作了规定。对轻度喷砂法规定要求较宽。本次修订对上述两种方法作了较为严格而明确的规定，主要是通过这些方法处理的基层表面既能满足强度又能保证粗糙度；同时增加采用研磨机械打磨的施工方法，此法目前在自流平涂层施工过程应用较多，可以说是整个施工过程最具特色之处。正是有此工法，每年全国医药、化工、食品等行业都有数百万平方米的工程。在工程上使用此类施工机械效率高、质量好、劳动强度低、环境污染小。

3.1.9 基本保留原规范的规定，考虑到施工现场基层表面被污染是经常发生的，而且用传统的处理方法存在下列弊端：

1 工序比较复杂，可操作性差。

2 施工过程存在化学污染、动用明火等危险因素。

3 传统工艺过程可能危及整个基层。

因此本次修订增加了采用机械打毛的方法。这种方法可操作性较好、效率高，且污染及副作用较少，受到普遍欢迎。但缺点是机械价格较贵，专业化程度高，适合于专业化公司使用。

将污染层清理后，基层表面须清洗并进行找平处理。此次明确规定，应采用细石混凝土或聚合物水泥砂浆找平。这样可以保证基层强度，不推荐采用水泥砂浆找平。

3.1.10 完全保留原规范的规定，目前在不少工程中，仍存在一种错误做法，即该预留的孔洞未事先留好，而在防腐蚀层构造上重开，严重地破坏了防腐蚀构造的整体性。尤其在一些"三边"项目（边设计、边施工、边审批）中更为严重，所以这条规定在执行中一定要注意：

1 凡在水平面上的孔洞一旦出现失误，未预先设置和预留，则应在垂直面上采取补救措施。

2 当在垂直面上无法补救时，重新开孔施工。但开孔必须先设好防护构造，进行防腐蚀处理；布好管道或其他构件后，再采用防腐蚀材料设置第二层防护构造。

3 凡在垂直面上的孔洞一旦出现失误，重新开孔施工。但开孔处必须先设好防护构造，进行防腐蚀处理。

3.1.11 建筑防腐蚀工程尤其在楼、地面防腐蚀上，由于采用找平构造（通常为水泥砂浆），导致防腐蚀层失败的实例很多。特别是采用轻型防腐蚀整体构造时，出现的问题就更多。根据《工业建筑防腐蚀设计规范》GB 50046—95，工业建筑中采用非金属结构时绝大多数为混凝土或钢筋混凝土，木结构现已较少采用，因此为避免质量事故的出现，本规范对水泥砂浆找平作了限制，即使必须找平也推荐细石混凝土材料，而不推荐直接采用水泥砂浆。

采用树脂砂浆或聚合物水泥砂浆找平，其与基层的粘结力和强度均高于水泥砂浆，故可以采用。

3.1.12 本条是新增内容。施工时只要注意使用木抹子等抹平、压实即可，不得用铁抹子压光。尤其不得拍打，使水泥浆浮在表面，而产生水泥浆。现场调查发现，不少工程由于防腐蚀层产生的应力与水泥皮的强度不符而脱层，影响整个防腐蚀构造。水泥皮还有一个缺点是不利于封底料的渗透而影响粘结力。故施工在抹面后还应及时拉毛表面，便于下道工序的施工。

3.2 钢结构基层

3.2.1 保留原规范的内容。施工过程中应注意：

1 对焊渣、毛刺的清理不得破坏基层平整性。

2 对铁锈、油污的清理及药剂选用不得损坏基层强度。

3.2.2～3.2.5 这部分内容作了较大幅度的修改。作为施工常识，钢结构表面处理质量的好坏及其对防腐蚀层使用效果的影响，已越来越引起人们的重视。各国均有相应的实施标准。原规范主要是为文字表述的方便，并使各级别加以区别，所以在参照现行国家标准《涂装前钢材表面锈蚀等级和除锈等级》GB/T 8923—1988时，选用了 Sa$2\frac{1}{2}$ 及 Sa1 级，确定为一、二级除锈标准。对于其他方法未作文字表述，这样在实际操作过程中，对于质量控制客观性不够。本次在调研基础上，对这部分内容作了较大改动。在国内大多数企业均对现行国家标准《涂装前钢材表面锈蚀等级和除锈等级》GB/T 8923—1988 比较了解、使用较多的前提下，根据常用建筑防腐蚀钢结构处理的实际情况，作了选择性规定，即：喷射或抛射除锈选用 Sa1 级、Sa2 级和 Sa$2\frac{1}{2}$ 级；手工和动力工具除锈等级选用 St2 级和 St3 级。Sa3 级也叫"出白级"，是一种较为理想的状态。除对化工设备内表面防腐蚀需要有此规定外，建筑防腐蚀钢结构的处理没有必要如此严格，故去掉了 Sa3 级的规定。为方便使用，在条文中对《涂装前钢材表面锈蚀等级和除锈等级》GB/T 8923—1988的文字作了表述。文字表述方式上将"旧漆"、"油漆"等统一表达为"有机涂层"、"涂料"，以便与现行国家标准《涂料产品分类、命名和型号》GB/T 2705—1992 一致。

化学除锈 Pi 等级规定的表述出自"国家建筑标准设计图集《建筑防腐蚀构造》98J333(二)"。在瑞典标准《涂装前钢材表面除锈标准》SIS 055900—1967 中的表述为："全部除净涂层残余氧化皮和锈"。国家现行标准《工业设备、管道防腐蚀工程施工及验收规范》HGJ 229—91 对化学除锈质量的描述为经酸洗、中和、钝化和干燥后的金属表面应完全除去油脂、氧化皮、锈蚀产物等一切杂物。附着于金属表面的电介质应用水洗净，使金属表面呈现均一的色泽，并不得出现黄色斑锈。

本规范增加化学除锈的主要目的是针对一些薄型构造，不宜采用喷砂等机械除锈或人工打磨时，作为表面处理的手段，以避免影响结构本身的强度等性质。化学除锈方法很多，除酸洗法使用较普遍外，其他如化学转化锈膜等措施也经常用到。为此施工时应注意：

1 当不宜采用喷砂及人工打磨等方法时，可采用传统的酸洗方法对钢结构表面进行处理，以避免损坏强度。

2 普通或一般构件，可以采用新型有效的、具有科学性的其他化学方法进行基层处理。

3 一般情况几种除锈方法可相互配合、补充：现场施工的新构配件采用手工、动力工具或喷射除锈；工厂加工的构配件可采用喷射或化学除锈；旧构配件可采用手工、动力工具或局部火焰除锈。

3.2.6 本条是新增内容，主要针对施工现场，特别是大面积施工时，由于管理不善而导致已处理的钢结构表面再度锈蚀或污染。特作此规定。凡此种情况，表面必须进行再次处理，以防新生的锈蚀层带入防腐蚀构造内而影响效果。

3.2.7 本规定保留了原规范的内容。根据现在的实际情况，施工时对钢结构进行表面预处理的方法很多，除本条规定的两种方法外，还有许多新的、符合环保要求的方法，施工企业也在尝试或推广使用。我们认为这些方法有待不断总结、提高，将来列入规范。

3.2.8 已经处理的钢构件，应及时涂上底层涂料。在调研中发现仍有一些工程因间隔时间控制不当而引起工程质量事故。为此将原规范间隔时间从 8h 调整为不超过 5h。执行这条规范时，应注意两点：

1 5h的计算是指基层处理的开始时间而不是处理完毕后的时间。这个时间对我国绝大多数地区的环境条件是可以满足的,至于极个别情况可酌情对待。

2 施工组织中应注意工作任务安排恰当,不得将已处理的表面放置过夜,从而有效控制除锈效果。

3.3 木质基层

本节基本保留原规范内容。主要考虑建筑防腐蚀工程中采用木结构较少,再加之国家对林业政策的调整,除极少数特殊情况外,不宜随意采用木质结构。故本次修订这部分内容时不做调整,予以保留。

4 块材防腐蚀工程

4.1 原材料和制成品的质量要求

4.1.1 根据现行国家标准《工业建筑防腐蚀设计规范》GB 50046—95,增加了耐酸耐温砖,删去了缸砖、耐酸陶板、聚合物浸渍混凝土和沥青浸渍砖。其原因是缸砖、耐酸陶板的吸水率大、抗渗性差,而且生产厂家少,使用已不多,聚合物浸渍混凝土预浸工艺较繁琐,10多年来仅有个别工程试点应用;沥青浸渍砖现在工程上已没有使用。

耐酸砖、耐酸耐温砖的质量指标是为了与现行国家标准《耐酸砖》GB/T 8488—2001和行业标准《耐酸耐温砖》JC 424—96的有关规定取得一致而修订的。

国标《耐酸砖》中规定,根据耐酸砖的尺寸公差和外观质量分为优等品和合格品。在建筑防腐蚀工程中,优等品和合格品都可使用,只是在使用前应按尺寸误差的大小进行挑选分类,以便分别使用。所以施工单位在做材料验收时,可按该标准的级别规定进行,故本条没有将外观尺寸公差列出。

天然石材主要包括花岗石、石英石、石灰石等。根据设计规范将抗压强度修改为60MPa,删去了吸水率和浸酸安定性。

现用于防腐蚀工程上的天然石材,有一部分是手工加工的,加工的尺寸偏差较大。由于国内尚无供防腐蚀工程使用的统一标准,所以为保证工程质量,规范石材加工的尺寸偏差,根据现场施工情况和《建筑防腐蚀构造》98J333(二),这次修订时增加了机械切割、人工加工或机械刨光的天然石材表面平整度的允许偏差。

4.2 块材面层的施工及质量检查

4.2.1 块材表面如沾有油污,其他杂质或潮湿都会导致铺砌后的块材粘结不牢,使用后局部会产生脱落现象。故施工前应认真挑选,并对块材表面进行处理,保持块材表面干净、干燥,从而保证施工质量。

4.2.2 此条是保证质量的具体施工措施。

4.2.3 块材防腐蚀层的质量主要取决于灰缝的质量。灰缝尺寸的大小是由块材种类及灰缝用的材料决定的。灰缝过小,施工时不易做到饱满密实,影响使用年限。灰缝过大,则胶泥或砂浆用量多,造价高,灰缝中胶泥或砂浆收缩亦大,易出现裂纹。本规范各章节对灰缝尺寸都有具体规定,施工时施工人员应遵照执行。

5 水玻璃类防腐蚀工程

5.1 一 般 规 定

5.1.1 增加了钾水玻璃材料铺砌的块材面层、抹压的整体面层、浇筑的整体面层或配筋的构筑物等。钾水玻璃材料是20世纪80年代研制成功的,由于具有良好的耐酸、耐热、抗渗透性和粘结强度高等性能,经十几年的应用,现已广泛用于地面、地沟、储槽、酸洗槽、设备衬里、配筋的密实型钾水玻璃混凝土储槽等防腐蚀工程,并取得了良好的效果。

5.1.2 水玻璃类防腐蚀工程施工的环境温度宜为15~30℃,高于30℃时,水玻璃的粘稠度显著增加,不易于施工,配制的水玻璃材料易过早脱水硬化反应不完全,易造成质量指标降低。钠水玻璃材料施工的环境温度低于10℃,钾水玻璃材料施工的环境温度低于15℃时,水玻璃的粘度增大不利于施工,也易造成质量指标降低。低于施工环境温度时,虽然养护期达到28d或更长时间,但浸水28d或更长时间实验,均会有溶解溃裂,这是水玻璃类材料的通性。采取防曝晒、防止过早脱水措施,在保证原配合比的质量情况下水玻璃比重降低,是可以满足大于30℃以上施工的;低于施工环境温度,采取加热保温措施,亦是可以满足施工的要求。所以本条采用"宜为15~30℃"。

原材料使用时的温度控制是为了保证水玻璃粘稠度适合于施工和质量要求。

5.1.3 水玻璃受冻后,冻结部分无法与混合料混合,在使用前将冻结的水玻璃加热搅拌熔化,即能得到与冻结前相同的溶液。

5.1.4 水玻璃类材料施工后,在养护期间,水玻璃与固化剂发生水解化合反应,尚未充分反应形成稳定的Si—O键时,尚未反应的部分或反应不完全的部分,如遇到水或水蒸汽,都会被溶解析出而遭到破坏,因此在施工的养护期间严禁与水和水蒸汽接触。过早脱水,材料来不及反应而硬化,制成品质量指标差,遇水亦会溶解析出。

5.1.5 实践证明,钾水玻璃材料与细石混凝土、粘土砖砌体和钢铁基层的结合是可靠的,粘结强度大于1MPa时,结合更牢固。

5.2 原材料和制成品的质量要求

5.2.1 钠水玻璃的质量指标是根据现行国家标准《工业硅酸钠》GB/T 4209—1996制定的。

5.2.2 钾水玻璃的质量是根据钾水玻璃材料质量指标的要求而确定的。密实型钾水玻璃材料比普通型钾水玻璃材料所采用的钾水玻璃的质量要求高,其普通型钾水玻璃材料抗渗等级要求亦低,相反密实型钾水玻璃材料对其质量指标要求严格,因而对钾水玻璃的质量要求也应严格。所以配制密实型钾水玻璃材料时,钾水玻璃的质量应采用表5.2.2的中上限。

5.2.4 钾水玻璃固化剂为磷酸盐,主要是缩合磷酸铝$[Al_n(PO_3)_{3n}]$。

5.2.8 密实型钾水玻璃制成品的抗压强度一般为25~42MPa,抗拉强度一般为3~5MPa,抗渗等级一般为1.2~3.0MPa。耐热极限温度大于100℃的骨料,也可配制耐热极限不小于150℃的制成品,设计单位和用户可根据工程特点,要求供应混合料厂家供应一定指标的产品。

5.3 水玻璃制成品的配制

5.3.2、5.3.3 在搅拌方法上应尽可能采用机械搅拌,一则可以大大减轻劳动强度,搅拌均匀;二则可以降低水玻璃用量。

因水玻璃粘度大,用一般的普通混凝土拌和机拌制时,自由落料不易落下,容易粘在拌和机滚筒的内壁和叶片上,成团不均匀。因此,最好采用强制式搅拌机,搅拌时间以净拌时间为准,不包括加料和出料的时间。

5.3.6 对水玻璃类材料的配合比要求比较严格,稍有变动,则直接影响物理化学性能,因此配料时必须严格控制。拌和好的水玻璃类材料更不允许随便加入任何物料,包括水和水玻璃,以免改变原计算的组成比例。

5.4 水玻璃胶泥、水玻璃砂浆铺砌块材的施工

5.4.3 块材铺砌方法有两种:一种是揉挤法,一种是用木槌敲打

法。后一种容易使铺砌的相邻部分在凝固阶段的灰缝受到震动，产生微小裂缝或松动，垂直面也易成中空，因此推荐采用揉挤法。为了保证钾水玻璃材料的防腐蚀工程的可靠性，在铺砌块材时，应保证结合层和灰缝的密实程度，密实程度良好的，强度高、抗渗性能优良，特别是不设隔离层的密实型钾水玻璃材料更应注意。在灌缝中严禁采用勾缝施工方法。勾缝既不牢固，也不抗渗，某工程就证明了此问题。铺砌立面块材时，应用直尺靠紧块材面，待水玻璃胶泥或水玻璃砂浆初凝不变形时取下。

5.5 密实型钾水玻璃砂浆整体面层的施工

5.5.2 在施工允许的情况下，钾水玻璃胶泥或砂浆混合料的最大粒径尽量选用粗一些的，以减少收缩率。

5.6 水玻璃混凝土的施工

5.6.1 对模板的要求与普通混凝土对模板要求相同，只是脱模剂不能采用碱性材料，如肥皂水等，以防碱性物质破坏水玻璃混凝土。

5.6.2 由于水玻璃混凝土渗透性大，腐蚀介质易渗透到铁件部位，产生钢筋的锈蚀或电化腐蚀，因此对水玻璃混凝土内的铁件必须除锈，并涂刷防腐蚀涂料。密实型钾水玻璃材料可不受此限，因该材料抗渗性好。

5.6.3 捣实方法与普通混凝土相同，由于水玻璃粘度大，用插入式振动器振捣时，拔出稍快时极易留下孔洞，造成不密实，因此振动后特别强调要慢慢拔出，振动器的振动头宜采用较小的规格。

5.6.4 此条是为了保证施工缝处的粘结质量，根据现场调研的有效施工方法制定的。

5.6.5 水玻璃混凝土的固化需要一定的时间，过早拆模强度达不到要求，容易使制品因重力的作用而发生变形。

5.6.6 修补水玻璃混凝土的缺陷时，采用的水玻璃胶泥或水玻璃砂浆应是与水玻璃混凝土同型号的；如修补密实型水玻璃混凝土时，应采用密实型水玻璃胶泥或密实型水玻璃砂浆。

5.7 水玻璃类材料的养护和酸化处理

5.7.1 根据调查研究和试验资料证实，养护温度对水玻璃类材料的各项性能指标有较大的影响，特别是耐水、耐稀酸性能。在工程实践中，产生不耐水、不耐稀酸的情况有两种，一是原材料质量、配合比选择不合适，施工后不管在早期或后期遇水或稀酸都遭到破坏；二是当水玻璃与固化剂正在水解反应期间，尚未充分反应形成稳定的Si—O键时，正在反应和硬化的水玻璃类材料中尚未反应的部分，遇水被溶解析出而遭到损坏。因此，合理的配合比和适当提高养护温度，特别是早期固化阶段，能为水玻璃和固化剂充分反应创造有利条件，这样就可以大大提高其机械强度和抗水、抗稀酸破坏的能力。

5.7.2 酸化处理的实质是用酸溶液将水玻璃工程中未参加反应的水玻璃分解成耐酸、耐水的硅酸凝胶[$Si(OH)_4$]，从而提高耐蚀性、抗水性能。处理方式可采用浸泡或涂刷，特别是钠水玻璃材料施工养护温度 10～15℃，钾水玻璃材料施工养护温度 15～20℃达到养护期时，采用浓度 40%硫酸浸泡 2d 去液后，养护 3～5d，可以达到长期抗水作用。超过上述养护温度，采用酸化处理法，亦可达到抗水作用。

6 树脂类防腐蚀工程

6.1 一般规定

6.1.1 根据《工业建筑防腐蚀设计规范》GB 50046—95 和工程实际应用结果，增加了性能良好的乙烯基酯树脂和间苯型不饱和聚酯树脂类材料品种；删去了环氧酚醛、环氧呋喃、环氧煤焦油类材料，其原因是：①三种复合树脂的配制、施工都较复杂；②煤焦油中含有大量苯、萘、蒽等致癌物质，其脱气处理工艺不符合环保要求；③近年来在工程应用中，因可选的树脂品种很多，已很少采用这三种复合树脂，且复合后的树脂综合性能均不如环氧树脂；④在价格上，前两类复合树脂与纯环氧树脂差不多。

乙烯基酯树脂又叫环氧(甲基)丙烯酸树脂，由一种环氧树脂和一种含烯键的不饱和一元羧酸加成反应而得的产物，是一类综合性能优良的高度耐酸树脂。国外已普遍应用于防腐蚀工程。国内已规模生产和应用，如大型 PTA 污水池玻璃钢衬里，电镀、酸洗厂房建(构)筑的防腐蚀工程等，工程应用情况良好。

不饱和聚酯树脂品种非常多，但基本可分为：双酚 A 型、间苯型、二甲苯型、邻苯型。国外间苯型树脂因其耐热、耐腐蚀性和力学性能优于邻苯型树脂，且价格相差不大，因此，普遍应用间苯型树脂；而国内由于间苯二甲酸原料的生产规模、价格等因素，使间苯型树脂的价格明显高于邻苯型树脂，但采用间苯型树脂取代邻苯型树脂是一个发展趋势。目前双酚 A 型、二甲苯型树脂工程应用较多，积累的经验也多。

在原规范第三款基础上增加了"树脂玻璃鳞片胶泥制作的整体面层"内容。树脂玻璃鳞片胶泥是 20 世纪 80 年代中期开始在国内许多设备衬里中应用，后来应用于建(构)筑中的池槽衬里、尿素造粒塔、排气筒等，常用的基体树脂是乙烯基酯树脂、环氧树脂和不饱和聚酯树脂。

6.1.2 施工环境温度、湿度及其变化对树脂玻璃钢、胶泥、砂浆的固化质量有直接影响。环境温度太低，树脂固化速度较慢，甚至不固化；环境温度太高，树脂固化速度太快，施工不易控制。根据国内施工经验，一般在 15～30℃施工环境温度范围内，施工质量能保证。

相对湿度大于 80%时，会减缓树脂胶料的固化速度，影响制成品质量。

随着树脂材料品质的不断提高，新型功能性固化剂的不断开发应用，出现了许多适合低温环境施工的材料，如使用环氧低毒固化剂即可在相对湿度大于 80%或 0℃以上的低温环境下施工；高反应活性的乙烯基酯树脂，采用低温固化体系，可在 5℃以上施工等等。与此相反，对反应活性低的树脂，如二甲苯型不饱和聚酯树脂、呋喃树脂等，若无加热保温措施，在低温下施工，制成品的质量很难保证。

由于树脂及配套的固化剂品种多，只能确定一个最能保证质量的施工环境温度和相对湿度的指标范围。特殊情况下施工(如低温、高湿、高温等)应及时同材料供应方联系，以取得支持，并应经试验确定。

6.1.3 因酚醛树脂和呋喃树脂的固化剂均为强酸性物质，所以不能把含有酸性固化剂的树脂胶料直接同呈碱性的混凝土、水泥砂浆基层或金属接触，而采用条文所列材料，先对基层进行封底。否则酸性强的树脂胶料与基层发生化学反应而造成粘结不好，甚至脱层等现象。

6.1.4 树脂及制品固化性能的好坏，是决定树脂类防腐蚀工程施工质量的关键。施工前应进行简单而便捷的材料固化试验。固化正常的标志是优良的固化质量和适当的固化速度，而影响固化的主要因素是施工环境状况和材料的施工配合比。当上述因素变化时，施工中必须随时进行固化试验，以调整施工配合比或改进施工环境状况。

6.1.5、6.1.6 为保证工程质量和安全施工，采取封闭式施工法，不得同其他工种交叉施工。树脂类防腐蚀工程施工和养护的过程，实际上是树脂及制成品不断从液态向固态转化的过程，水的存在会影响未固化完全的树脂及制成品的质量；而阳光的曝晒会使树脂及制成品的固化速度加快，温差变化大，收缩应力集中释放，容易产生开裂、起壳现象。

6.1.7 玻璃纤维布（毡）、粉料等在现场储存堆放过程中，若不注意防潮，则含水率过高对树脂的固化和制成品质量带来影响，严重的甚至造成树脂不固化。

6.2 原材料和制成品的质量要求

6.2.1 本条所列两个牌号的双酚-A型氧环树脂：EP 01441—310（E-51）、EP 01451—310（E-44）是目前国内防腐蚀工程中常用的品种。新增的EP 01441—310（E-51），主要是考虑到在国内的外企使用较多，同国内的牌号可以对应，性能比后一种树脂高。考虑到质量和同原规范指标基本对应等因素，两种树脂的技术指标直接引用现行国家标准《双酚-A型环氧树脂》GB/T 13657—92中的一级品有关规定。原规范E-42环氧树脂目前已很少在防腐蚀工程中使用，故本规范不再列入。

环氧当量是含有1g当量环氧基的环氧树脂的质量克数；环氧值是100g环氧树脂中环氧基的克数。二者关系为：环氧当量＝100/环氧值。

6.2.2 乙烯基酯树脂是一种甲基丙烯酸或丙烯酸和环氧树脂加成反应的产物，易溶于苯乙烯（交链剂）中。一元不饱和羧酸形成了树脂分子末端的不饱和键和酯基，这类树脂由于分子结构中易被水解破坏的酯基含量比双酚A型和通用型不饱和聚酯树脂少，而且都处于邻近交联双键的空间位阻保护之下，因此它具有更好的耐水和耐酸、碱性能。

乙烯基酯树脂品种很多，国内外供应商在国内均有销售和工程应用，但尚无国家统一标准。应用于工程的主要是环氧甲基丙烯酸型、异酸酯改性的环氧丙烯酸型和酚醛环氧甲基丙烯酸型。前两种类型的环氧树脂原料一般采用双酚A型环氧，如E51、E44等等；也有采用异氰酸酯、富马酸等改性方法合成乙烯基酯树脂。由此而来，形成了许多品种、牌号的乙烯基酯树脂，国内外厂商的液体树脂质量指标很难统一。因此，本规范参照GB/T 8237—1987标准及国内外厂商目前树脂生产技术水准，提出了一个允许范围值，并规定一种牌号树脂的相关质量指标只允许有一个指定值。

6.2.3 不饱和聚酯树脂品种非常多，目前市场上用于树脂防腐蚀工程的耐腐蚀不饱和聚酯树脂主要是双酚A型、间苯型、二甲苯型和邻苯型等品种。

1 由于生产规模的扩大，化工合成及生产过程控制技术现代化水平的提高，国内企业对双酚A型、间苯型、邻苯型三类树脂已普遍采用大容量的反应釜生产，一个批次产量可达50～100t，树脂质量更加稳定。

2 双酚A型树脂品种较多，一般以环氧封端嵌段共聚物和丙氧基双酚A富马酸型树脂的耐蚀性能为佳。

3 用于防腐蚀工程的二甲苯型不饱和聚酯树脂系二甲苯甲醛树脂为原料，部分取代常用的二元醇，经与不饱和二元酸缩聚反应而得。采用一步法生产的树脂的活性比较低，表面固化性能及耐热、耐腐蚀性能有局限性。采用二步法合成的产品，树脂活性比较高，且耐热性、耐腐蚀性能均有提高，工程应用性能良好。

4 间苯型、邻苯型树脂不宜用于较强腐蚀环境。由于国内外生产厂家众多，液体树脂质量指标很难统一，故本规范依据GB/T 8237—1987标准直接引用了指标的允许范围。

6.2.4 由于设计规范中取消了环氧呋喃复合树脂类材料，则原条文中用于同环氧树脂复合的糠酮型呋喃树脂不再列入。目前市场上应用较多的是糠醇糠醛型等树脂。对其他类型的呋喃树脂只要经过工程应用证明是成功和成熟的，并符合本规范规定的制成品质量指标，经设计认可，也可使用。本条保留原条文粘度指标，固体含量引用了《呋喃树脂防腐蚀工程技术规程》CECS 01：1988内的指标。

6.2.5 在建筑防腐蚀工程中，主要采用热固性酚醛树脂，常温施工中通过加入酸性固化剂，使其产生交联反应而成为热固性材料。

酚醛树脂固化物的分子结构中，由于含有大量的苯环结构，因此它有较好的耐热性和耐腐蚀性（耐酸性更突出）；又由于分子中含有一定量的酸性酚羟基，能与碱发生反应生成可溶性的酚钠，因此，酚醛树脂不宜用于碱性介质中。

本条延用了原规范指标。若含水率过高，固化物气孔率增多，致密性差；含游离酚量过高，树脂与固化剂反应速度会大大加快。常温下酚醛树脂不能久存，加入苯甲醇作为缓聚剂，会延长存放期。

6.2.6 环氧树脂固化剂品种非常多，过去主要采用乙二胺，其特点是防腐蚀性能好，取材容易，但毒性大（LD_{50}＝620mg/kg）。目前工程上普遍应用的是以T_{31}（LD_{50}＝7850±1122mg/kg）等为代表的低毒固化剂。本规范中不可能列出所有固化剂的牌号及施工配合比，但这并不影响其他环氧树脂固化剂的推广使用，其使用方法、配合比等应参照供应方提供的产品技术文件要求，在使用前，应经过检测和验证。

在低温下使用T_{31}固化剂时，为使环氧树脂在低温下能固化，会加大T_{31}使用量，由于过量的胺未同环氧作用，可能浮在固化物表面（有一层棕色粘稠液），如果在其上面采用乙烯基酯、不饱和聚酯树脂等材料，则两种材料的界面粘结力差。因此我们应注意环氧与T_{31}的配合比。

对潮湿基层，采用湿固化型环氧树脂固化剂固化的树脂制成品与基层之间粘结力符合设计要求。

6.2.7 乙烯基酯树脂和不饱和聚酯树脂的固化是通过聚酯分子链中的不饱和双键与活性单体（如苯乙烯）的双键进行共聚反应发生交联而得以实现的。在常温下，引发剂依靠促进剂的作用发生分解产生自由基，引起上述交联共聚反应，变成不熔的体型结构的固化物。纯粹的过氧化物引发剂极不稳定，易分解、爆炸，因此一般选用过氧化二苯甲酰与邻苯二甲酸二丁酯糊（简称过氧化苯甲二丁酯糊）、过氧化环己酮与邻苯二甲酸二丁酯糊（简称过氧化环己酮二丁酯糊）、过氧化甲乙酮与邻苯二甲酸二甲酯溶液（简称过氧化甲乙酮液）作为引发剂；与过氧化苯甲酰二丁酯糊配套的促进剂是N,N-二甲基胺苯乙烯液（简称二甲基苯胺液），与过氧化环己酮二丁酯糊或过氧化甲乙酮液配套的促进剂是钴盐（环烷酸钴、异辛酸钴、萘酸钴）的苯乙烯液（简称钴液）。

引发剂量对树脂固化速度影响很大。用量过多，固化速度太快，不易控制，并且会影响分子链的长度，使树脂固化物的平均分子量降低，力学性能变坏；用量过少，则不能使固化反应充分进行，树脂的固化度下降，力学性能和耐腐蚀性能达不到要求。实践应用证明，常温下，通常按纯引发剂计，过氧化甲乙酮液加入量为树脂重量的1%左右为宜，若用50%的过氧化甲乙酮液，则引发剂用量为树脂重量的2%；过氧化二苯甲酰或过氧化环己酮引发剂的分解只有其中一半形成了自由基，而另一半则被还原剂还原成负离子，故引发剂的用量为树脂重量的2%，若用50%的过氧化苯甲二丁酯糊或50%的过氧化环己酮二丁酯糊，则引发剂用量为树脂重量的4%。在工程施工中，一般当引发剂用量一定时（如上述所确定的加入量），通过加入促进剂的量来控制树脂凝胶时间。施工时应通过试验确定引发剂、促进剂的用量。

过氧化环己酮或过氧化甲乙酮与钴液的引发体系是树脂玻璃钢广泛使用的室温固化体系。但应注意少量水分（如玻璃纤维布及粉料含水率过高）、醇类或其他金属盐类可与钴盐形成络合物，降低钴的作用，严重的甚至会使树脂不固化。如树脂已配成含钴的预促进体系，则使用时只需加入引发剂即可。

过氧化苯甲酰与N,N-二甲基苯胺的引发体系在有少量水分存在时，并不影响树脂的固化性能；低温时，亦能引起固化，缺点是固化后的树脂表面会发粘，耐光性差，会变色泛黄。

6.2.8 呋喃树脂及第6.2.9条中酚醛树脂所用的固化剂同属酸性物质，使用时注意事项见第6.1.3条。

6.2.9 目前酚醛树脂固化剂采用的是以萘磺酸型为代表的低毒

酸性固化剂,固化物有良好的物理力学性能和耐腐蚀性能,但在施工温度超过30℃时,加入量较难掌握。使用苯磺酰氯的固化反应稳定,固化物的性能较好,但苯磺酰氯在空气中会冒烟、有刺激性、毒性较大。

6.2.10 本规范所列环氧树脂在常温下粘度相当大,不能满足成型工艺要求,应加入一定量稀释剂达到降低环氧树脂粘度,满足工艺施工要求。丙酮等非活性稀释剂加入到环氧树脂中,只起降低粘度作用,并不参加环氧树脂的固化反应,因此非活性稀释剂在环氧树脂固化过程中大部分发挥,残留一小部分在树脂中使环氧固化物强度、模量、抗渗性等下降。活性稀释剂主要是指含有环氧基团的低分子环氧化合物,它们可参加环氧树脂的固化反应,成为环氧固化物交联网络的一部分,而树脂性能稳定。正丁基缩水甘油醚、苯基缩水甘油醚等单环氧基活性稀释剂,对于胺类固化剂反应活性较大,但是价格比非活性稀释剂高。目前主要还用丙酮等非活性稀释剂,但今后活性稀释剂用量会不断增加,故将其列入规范。

6.2.11 1984年国家有关部门已下令严禁生产使用陶土坩埚玻璃纤维布。

本条增加了采用玻璃纤维短切毡和表面毡作为树脂玻璃钢增强材料。采用纤维毡的目的,在于提高玻璃钢的树脂含量,形成富树脂层,提高耐蚀性和抗介质渗透性。如在混凝土结构的污水池、废水池等长期有腐蚀性介质作用的场合,常采用玻璃纤维布和玻璃纤维毡的复合结构,工程应用证明其效果是明显的。玻璃纤维短切毡含胶量在70%左右,玻璃纤维表面毡的含胶量在90%左右。两种玻璃纤维毡的单位质量规格是目前工程上常用的。涤纶晶格布和涤纶毡主要用于耐氢氟酸工程。

6.2.12、6.2.13 由于呋喃树脂、酚醛树脂的固化剂酸性强,如果粉料中含有铁质、碳酸盐等杂质,它们会同酸性固化剂发生化学反应,使胶泥产生气泡,强度和抗渗性能降低。辉绿岩含铁质较多,不宜配制呋喃、酚醛类材料。粉料中所含不耐酸杂质最低量控制,可用下列简易方法之一检验,合格后方可使用。①在粉料中加入盐酸,如没有气泡逸出则为合格,否则必须进行酸洗处理。②做3cm×3cm×3cm胶泥块,刮平待凝固后,如有起鼓现象,则为不合格,必须进行酸洗处理。

粉料含水量大,树脂类材料制成品强度、粘结力等性能均受影响,严重的会造成树脂不固化。在生产、包装、运输、储存过程中应注意控制。

这两条增加了硫酸钡粉、重晶石砂、石墨粉材料用于含氟类介质工程。硫酸钡粉应呈中性,但在生产过程中,当采用过量碱中和未反应的硫酸而又未水洗干净,则工程施工中采用了偏碱性的硫酸钡粉后,会使弱酸性的钴液失去作用,会影响不饱和聚酯树脂和乙烯基酯树脂的固化。石墨粉采用钴促进剂的不饱和聚酯树脂、乙烯基酯树脂有阻聚作用。

石英粉的耐碱性差,因此在含碱类介质工程中,一般采用辉绿岩粉和石墨粉做填充料。

6.2.14 玻璃鳞片胶泥用于防腐蚀面层,国外早已成功应用,国内近年来已成功应用于火力发电厂脱硫装置内壁、制(硫)酸系统烟道内壁、与玻璃钢进行复合使用的混凝土表面防腐蚀层等。由于胶泥中的玻璃鳞片上下交错排列,形成了独特的屏蔽结构,具有下列特点:①优良的抗介质渗透性和耐磨损性。②硬化时收缩率小,热膨胀系数小,耐温度急变性好。目前玻璃鳞片胶泥的基体树脂常用乙烯基酯树脂、环氧树脂、双酚A型不饱和聚酯树脂等,其选用应主要根据介质、介质相态、介质作用量、使用温度等工艺条件和施工条件来确定。

中碱型玻璃鳞片耐酸性较好。本条是根据某研究院提供的指标和国内工程实际应用情况而制定的。

6.2.15 表中数据是根据现行国家标准《工业建筑防腐蚀设计规范》GB 50046—95列入的。需要说明的是,由于施工现场环境条

件的变化和限制,原材料质量的差异,材料施工配合比的不同,施工技术水平的不同,养护条件的差异,现场取样后的制成品质量实测指标会同该表有一些差异。

6.2.16 同6.2.14条说明。

6.3 树脂类材料的配制

6.3.1 本规范中树脂类材料的施工配合比,是总结了工程实际应用经验,对原规范内容进行了补充、修订而确定的。因材料质量差异,施工环境条件等因素时有变化,施工单位在选用时,应通过现场固化试验来确定合适的施工配合比。

6.3.3 根据施工经验,环氧树脂液与T₃₁固化剂搅拌均匀后,宜放置5～10min(俗称"熟化")左右再进行使用,以保证良好的固化性能。

6.3.4 乙烯基酯树脂和不饱和聚酯类材料,一般初凝时间定在30～60min。配料一次不宜过多,应根据施工现场进度、工人的操作熟练程度、树脂胶料初凝时间等综合考虑,以"少量多次"为原则。最后一遍含有苯乙烯石蜡液的树脂胶料封面,可使表面有良好的固化性能和耐腐蚀性能。

6.3.7 玻璃鳞片胶泥预混料一般由供应方提供,采用真空搅拌主要是防止空气混入胶泥中而影响质量。

6.3.8 一般情况下材料的初凝时间以30～60min为宜,如果固化太快则来不及施工;固化太慢,会影响制成品质量。

6.4 树脂玻璃钢的施工

6.4.1 玻璃钢现场施工一般采用手糊法。由于酚醛树脂粘度大,粘结性较差,固化过程中,会产生小分子和溶剂要挥发,因此酚醛玻璃钢应采用间歇法施工。

6.4.2 一般铺衬前的施工程序是:先打第一遍封底料(胶料中掺入适量稀释剂,以便胶液渗入到基层中去)。固化后刮修补胶泥,修平基层表面的麻面、凹陷不平处,待修补胶泥固化后,再打第二遍封底料,然后贴布。

6.4.3 铺衬工序应强调树脂胶料要浸入到纤维增强材料中去,保证每一层纤维增强材料贴实,不产生气泡等缺陷。

在施工时,往往忽略对基层阴阳角的处理,该处树脂纤维增强材料固化后的应力较集中,稍一受力,易被破坏。因此,应将阴阳角处理成圆角(如上面采用块材铺砌,可处理成直角),使纤维增强材料与基层形成平稳的过渡面,同时在转角处增加1～2层纤维增强材料。在阴阳角处铺衬时,由于不处于同一平面上,铺衬纤维增强材料在树脂未固化前有回缩作用而造成气泡,因此可在衬布树脂胶料中加入适量粉料,以增加树脂粘性,起到压住纤维增强材料,消除气泡的作用。

6.4.4 在立面铺衬纤维增强材料时,由于树脂自重及粘度小,往往造成树脂胶料流挂现象,因此工程上可在胶料中加入适量的耐蚀粉料或轻质二氧化硅(俗称气相白炭黑),以使胶料具有良好的触变性能。一次连续铺衬层数太多或厚度太厚,树脂初凝前可能会造成立面铺衬层下滑、平面铺衬层滑移;且因树脂固化放热中,其产生的收缩内应力也大,容易造成玻璃钢脱层、起壳等质量事故,故作本规定。

6.4.6 在玻璃钢隔离层表面稀撒细骨料,以增加同下一层防腐蚀材料的接触面和粘结力。

6.5 树脂胶泥、树脂砂浆铺砌块材和树脂胶泥灌缝与勾缝的施工

6.5.1 在玻璃钢隔离层上铺砌块材前,涂刷胶料是为充分保证玻璃钢与块材铺砌结合层之间的良好粘结。

6.5.2 根据现行国家标准《工业建筑防腐蚀设计规范》GB 50046—95有关耐腐蚀块材章节,本规范保留了耐腐蚀砖,增加了耐酸耐温砖,主要用于受高温作用的排气筒内衬。删去了缸砖、陶板、

和铸石板。耐蚀石材主要包括花岗石、石英石等耐酸石材和石灰石等耐碱石材两大类。

6.5.3 本条对原条文进行了修改。一般耐酸砖和薄型石材，易用揉挤法施工；平面厚型石材分量重，不易移动，采用座浆法施工；立面石材砌筑一般先用胶泥采用揉挤法砌筑和定位，待胶泥达到一定强度后，再在结合层灌浆。灌浆时以每层石材一次连续浇灌为宜，浇灌高度以板材高度的2/3处比较好，可把浇灌缝与石材的板缝错开。

6.5.4 分次灌缝有利于提高灌缝质量，减少树脂胶泥固化收缩，避免产生裂纹。

6.6 树脂稀胶泥、树脂砂浆、树脂玻璃鳞片胶泥整体面层的施工

6.6.1 树脂稀胶泥整体面层，在国内外的药厂、电子工厂、食品及加工厂一般应用较多，尤其以环氧树脂稀胶泥面层为主。它能耐一定浓度的化学介质腐蚀，并且具有耐磨、洁净、美观之功效。近年来国内工程应用非常普遍。

当采用乙烯基酯树脂或不饱和聚酯树脂稀胶泥面层时，稀胶泥面层固化后，为防止表面产生发粘现象，在最后一道封面料中，应采用加入苯乙烯石蜡溶液的树脂胶料进行封面。

6.6.2 树脂玻璃鳞片胶泥面层适合于各种类型的池槽、罐表面和地面防腐蚀工程，亦可同玻璃钢复合使用。涂抹树脂玻璃鳞片胶泥后，一般采用沾有溶剂的羊毛长辊来滚压表面。

6.6.3 树脂砂浆整体面层的施工方法是成熟的。近些年来出现的砂浆整体面层质量问题，主要归结为：施工环境温度过低、湿度过大，在没有采取措施的情况下施工；树脂砂浆中的树脂含量过低、填料多，致使砂浆的力学性能下降，使用寿命缩短；粗细粉骨料含水率过高，导致砂浆固化程度不完全，其耐腐蚀和力学性能达不到设计所规定的要求等。

当采用乙烯基酯树脂或不饱和聚酯树脂砂浆整体面层时，须注意下列事项：

1 隔离层的设置：工程实践表明，在乙烯基酯、不饱和聚酯树脂砂浆整体面层下设置1～2层玻璃钢隔离层的实际使用效果比没有设计隔离层的效果要好。玻璃钢隔离层能起到防渗漏的第二道防线的作用。

2 涂刷树脂胶料的操作工序：在玻璃钢隔离层（或基层）上摊铺树脂砂浆前，应涂刷树脂胶料，它是保证树脂砂浆与玻璃钢（或基层）粘结良好，防止砂浆与玻璃钢隔离层（或基层）之间脱壳的主要措施之一。

3 树脂砂浆的凝胶时间：凝胶时间太快，往往造成来不及施工而浪费材料，或造成树脂砂浆收缩应力集中而产生裂缝、起壳等现象。凝胶时间太慢，往往延长施工工期和养护期，同时树脂砂浆的强度偏低。施工前，应做试样的凝胶试验。

4 树脂砂浆骨料和粉料的级配：有两种不合理的级配须防止，第一种是采用大量粗骨料，而细骨料、粉料用量少，这种级配虽可起到防止树脂砂浆开裂的作用，但由于其空隙率大、密实性差，易造成树脂胶料向底部沉降，使树脂砂浆强度下降，抗渗性能降低；第二种情况是细骨料、粉料用量太大，这种级配可使树脂砂浆的密实性提高，但随之带来的问题是会出现裂缝或不规则的短小微裂纹。因此要根据所选树脂的凝胶、固化、放热、收缩等特性，来确定粗细骨料及粉料的合理级配。

5 树脂砂浆局部固化不良：主要原因有：①糊状固化剂未能在树脂中混合均匀；②局部位置受水分影响；③该批配料固化剂、促进剂加入量不准确；④粗细骨料和粉料含水率过大。

6 树脂砂浆面层上用树脂稀胶泥罩面后有时会产生短小微裂纹的原因：试验表明，树脂砂浆整体面层施工养护2～3d后，树脂砂浆的收缩率基本趋于稳定，如急于在树脂砂浆上进行稀胶泥罩面，树脂稀胶泥固化产生的收缩应力使砂浆面层产生短小微

裂纹。另外树脂稀胶泥罩面不宜太厚或厚薄不均，如设计要求超过1mm时，则应分2～3次刮抹。可选用降低收缩应力明显的粉料（如辉绿岩粉等）来配制面层稀胶泥。

7 树脂砂浆的立面施工：立面用的树脂砂浆如采用平面用的树脂砂浆配合比，常常发生砂浆下滑现象，因此立面用的树脂砂浆应调整粗细骨料的比例，以细骨料（40～70目）和粉料为主，不用或少用粗骨料，使砂浆容重下降。由于细骨料和粉料的比表面积比粗骨料大，拌和在树脂中其相互间接触面增大，粘性也增大，可以防止立面砂浆的下滑。当立面的树脂砂浆厚度超过3mm时，宜分次压抹。另外，立面用的树脂砂浆应适当增加固化剂用量。采用上述措施后，立面砂浆可能会产生短小的微裂纹（不是裂缝），为了防止微裂纹的产生，可以在树脂砂浆料中加入适量的热塑性树脂（如聚氯乙烯、聚丙烯、聚乙烯等）。热固性树脂固化时能使热塑性树脂受热膨胀，后来因受冷使热塑性树脂周围产生空穴；正是这些空穴抵消了热固性树脂固化时产生的收缩。

6.7 树脂类防腐蚀工程的养护和质量检查

6.7.1 由于树脂品种、同种树脂制成品形式、施工环境条件等存在不同，因此所需养护时间亦不同，同时养护温度的高低，对制成品最终性能均有影响。一般以常温（15～30℃）养护为宜，养护环境温度低于15℃，应采取措施，提高养护温度，延长养护时间。根据施工实际经验和树脂在常温下最完善的固化度情况提出了现在的养护时间。

6.7.2 树脂固化程度越高，其机械强度越高，耐腐蚀性能好。有些工程施工及应用的失败，在很大程度上同树脂固化度低有关，而影响树脂固化度的因素诸多，如施工环境温度低，湿度大，填充料含水率高，树脂及固化剂的活性太低；配合比不正确等等。

检测树脂固化度方法有三种：外观法、硬度法、化学萃取法。硬度法其值与测点位置有关，不同种树脂数值也不尽相同，无法统一提出一个标准值；化学萃取法测定较精确，但需要实验设备。目前检查玻璃钢、玻璃鳞片胶泥表面固化情况最简便易行的方法是外观法。

由于胶泥、砂浆中树脂含量相对于玻璃钢和玻璃鳞片胶泥来得低，为避免有太大误差，因此，采用检测其抗压强度的办法来检验其树脂固化程度。

7 沥青类防腐蚀工程

7.1 一般规定

7.1.1 沥青材料有独特的优点，如防水性好，耐稀酸能力和抗渗性都较突出，价格低廉，施工配料较简单，施工后也不要采取措施进行养护，1～2h即可投入使用。它的缺点是使用温度较低，温度较高即软化；抗寒性差，低温时会发生脆裂现象；不耐溶剂油类、不耐浓酸，在大气中易老化。对于其优缺点，在施工中应加以注意。

我国近几年来迅速发展的高聚物改性沥青防水卷材，已在部分防腐蚀工程中应用，效果良好，故这次修订时，增加了高聚物改性沥青防水卷材隔离层。

7.1.3 沥青在较高温度或阳光曝晒下易发生老化、变形、强度降低等现象，故不宜曝晒。沥青沾染杂物后会影响制成品的质量，故宜保持清洁。

7.2 原材料和制成品的质量要求

7.2.1 沥青在高温下的性质接近于液体，而在低温下具有固体的性质。一般常用粘性、塑性及温度稳定性来衡量沥青的性能，这三

种性能分别以针入度、延度、软化点来表示,故规范对沥青的这三种指标作了要求。

普通石油沥青含蜡量高,常温时韧性较好,但温度变化对其性能的影响较大,粘结性也较差,故删去了普通石油沥青。

7.2.2 沥青玻璃布防水卷材的质量是引自现行国家标准《石油沥青玻璃纤维胎油毡》GB/T 14686—1993。

高聚物改性沥青防水卷材由于品种繁多,性能各异,其质量指标是根据国家现行有关标准的内容制定的。

规范中其性能根据胎体品种和拉伸性能划分为Ⅰ~Ⅳ类。Ⅰ类为聚酯胎,属高拉力,较高延伸率;Ⅱ类为麻胎,属高拉力,低延伸率;Ⅲ类为聚乙烯胎,属低拉力,高延伸率;Ⅳ类为玻纤胎,属中等拉力,低延伸率,且质地较脆。

7.2.3 角闪石棉虽耐酸效果很好,但产地少、产量小、不易购买。而温石棉能够保证质量,因此条款中取消了角闪石棉。

7.2.4~7.2.6 粉料、细骨料、粗骨料的耐酸度不应小于95%,经调查可满足使用,故原规范规定的耐酸度保持不变。

7.2.8 沥青胶泥是热塑性材料,当温度升高时,即产生软化变形现象,强度随之急剧降低。因此,在不同的使用温度下,必须具有一定的耐热稳定性,经调查,原规范所列数据仍然可行,故保留原规范的规定。

7.3 沥青胶泥、沥青砂浆和沥青混凝土的配制

7.3.1 关于沥青胶泥施工配合比,原规范中根据沥青胶泥耐热性能、使用部位和施工方法的不同,提供的五种配合比分别用于隔离层灌缝、铺砌平面块材、铺砌立面块材和灌缝法施工时铺砌平面结合层。经调查,原配比能满足使用要求。

7.3.3 颗粒级配是沥青砂浆、沥青混凝土所用粉料和骨料混合物的主要技术指标。实践证明,满足了颗粒级配的要求,空隙率也会合适,并能保证砂浆、混凝土良好的和易性。

7.4 沥青玻璃布卷材隔离层的施工

7.4.2 沥青稀胶泥也是一种热塑性材料,温度降低流动性降低,影响施工质量,故本条规定了最低浇铺温度。另外,环境温度过低,工程面温度也低,热沥青温度下降过快,也不易保证施工质量。故当环境温度低于5℃时,应采取加温措施。

7.4.3、7.4.4 均匀稀撒预热的耐酸砂粒,是为了提高防腐蚀层间的结合力。

7.5 高聚物改性沥青卷材隔离层的施工

7.5.2 气温低于0℃时,由于改性沥青卷材较厚,质地变硬,施工时不易保证质量;热熔法施工时,对卷材和基层均能烤热,可以施工;若温度低于-10℃时,冷却过快,消耗能源过多,成本加大,且施工也较困难,故规定"不宜"在此温度以下进行施工。雨天、雪天基层和卷材潮湿,卷材不能粘结或发生起鼓现象,故雨天、雪天严禁施工。大风天气灰尘落在基层上,卷材与基层粘结不牢。

7.5.4 粘结剂的涂刷质量对保证卷材施工质量关系极大,涂刷不均匀,有堆积现象或漏涂不但影响卷材粘结力,还会造成材料浪费。

各种粘结剂对施工环境有不同的要求,有的可以在涂刷后立即粘贴,有的需待溶剂挥发一部分后粘贴,间隔时间还与温度、风力等因素有关。因此本规范规定粘结剂与卷材铺贴的间隔时间,应按产品说明书。

卷材要粘贴牢固,在铺贴时应将卷材下面空气排净,并适当加压。空气的存在还会随着温度升高、气体膨胀,使卷材发生起鼓现象。

搭接缝的粘结质量关键在搭接宽度和粘结力,因此要求搭接缝平直,不扭曲,保证搭接宽度。涂满粘结剂,使粘结剂溢出才能保证搭接缝处粘结牢固。为保证搭接尺寸,一般在已铺卷材上量好搭接宽度弹出粉线作为标记。

卷材铺贴后,为防止缝口翘边开缝,要求接缝口用宽10mm的密封材料封口,以进一步提高密封效果。

7.5.5 本条为自粘法铺贴卷材的要求。自粘法铺贴卷材较冷粘法、热熔法的初期粘结强度差,尤其在搭接缝部位。为了提高卷材与基层粘结性能,基层必须涂刷处理剂,并及时铺贴卷材。

隔离纸应撕净,否则不能实现完全粘结。

为保护接缝的粘结性能,搭接部位建议采用热风焊枪加热,尤其是温度较低时,这一措施就更为必要。

为防止缝口边开缝,要求接缝口要用密封材料封口,以提高密封效果。

7.5.6 热熔法铺贴卷材时,加热应均匀,即要求火焰加热器喷嘴距卷材面适当,加热至卷材表面有光亮时方可以结合。如熔化不够,会影响粘结强度;但加热过高,会使改性沥青老化变焦,不但失去粘结力,且易把卷材烧穿。铺贴卷材时,应将空气排出,才能粘贴牢固,滚铺卷材时缝边必须溢出沥青胶使接缝粘贴严密。

7.6 沥青胶泥铺砌块材

7.6.2 经现场调查,发现块材加热的粘结力较不加热的要高,故规定块材在铺砌前宜进行预热,而冬季施工必须加热。

7.6.3 沥青胶泥的铺砌温度,比用于铺贴油毡的温度要低,这是因为块材有相当的自重,在铺砌过程中会有一定数量的下沉;为了便于控制面层的平整度,胶泥的稠度不能过稀;另外,要求块材预热后使用,对于沥青胶泥的加热温度也不宜要求过高。

7.6.4 块材地面中,绝大多数的破坏都是由灰缝或结合层的质量而引起的,所以,确保灰缝尺寸很关键。石材的表面加工尺寸偏差会直接影响灰缝尺寸,加工的表面平整度好,可确保灰缝宽度,从而保证施工质量。

7.7 沥青砂浆和沥青混凝土的施工

7.7.1 沥青砂浆和沥青混凝土的压实是结构形式的重要因素之一,只有通过必要的压实,才能使松散的结构变成性能良好的密实结构,压实过程的实质在于被压实的混合料,在机械力的作用下,矿物颗粒相互靠近,空隙率随着下降,挤出空气,并使自由沥青和矿物颗粒发生相对移动,达到最佳位置。

7.7.2 先涂沥青稀胶泥的目的是为了增加基层和防腐层的粘结力。

7.7.3、7.7.4 用平板振动器压实沥青砂浆和沥青混凝土的最大问题是地面平整度较难控制,远不如碾压机或滚筒那样容易保证地面的平整度,所以必须注意平板振动器的平稳移动,在沥青砂浆或沥青混凝土失去塑性以前随时检查,随时压平或用热墩锤等辅助工具随时修整。

7.7.5 施工缝经预热后应涂刷一层热沥青胶泥,目的是增加施工缝处的结合力,因为该处一般来说施工压实条件要差一些,加一层热沥青胶泥,可以起到承上启下的作用。

7.7.6 立面涂抹沥青砂浆,一次不能抹得太厚,宜为7mm,而且沥青用量宜多些。另外,在调查中,踢脚采用沥青砂浆预制块粘贴的方法,比较成功。

7.8 碎石灌沥青

7.8.1 因为沥青施工一般都是在加热状态下进行,如果基土上有明水或冻结,遇热后则变成蒸汽,影响沥青层和基层的粘结,不易保证质量。

7.8.3 碎石灌沥青垫层,先铺一层30~60mm粒径的碎石,再铺一层粒径为10~30mm的碎石,比直接在30~60mm粒径的碎石上灌沥青要节约大量沥青,也没有必要完全灌满。灌热沥青一般只灌一次。

蚀的则是氯丁胶乳水泥砂浆和聚丙烯酸酯乳液水泥砂浆较多。故这次修订时又将聚丙烯酸酯乳液水泥砂浆纳入了规范。

8 聚合物水泥砂浆防腐蚀工程

远古时代人们就用糯米汁及榆树叶汁拌和石灰制成胶泥做砖、石等建筑材料的胶结料,使用至今仍完好无损,它是世界上最早的天然聚合物砂浆。近代较早的聚合物砂浆是20世纪20年代初用天然橡胶乳液改性水泥砂浆或混凝土。30年代初开始用合成橡胶乳液改性水泥砂浆或混凝土获得专利。随着石油化学工业的发展,许多聚合物乳液相继合成,人们利用这些乳液改性水泥砂浆或混凝土,在桥面、船舶甲板、道路及地坪表面,作为防腐蚀、防水、防滑及抗磨损材料,并取得了满意的效果。

随着聚合物砂浆应用的日益广泛,人们投入更多的资金进行开发研究和机理探讨,每年都有大量文献发表,美国混凝土学会于1971年成立了"584聚合物委员会",并每三年召开一次聚合物混凝土国际学术研讨会,每次会议上都有大量文献发表,可见人们对此的重视。

试验研究的发展,应用范围的扩大及施工技术的成熟,使许多国家都制定了相应的技术标准,英国早在20世纪50年代初的英国标准《施工规程》中即有"橡胶水泥地面"一章,规程中规定了橡胶水泥砂浆的设计、施工方法、养护及注意事项等。美国和日本也都制定了聚合物水泥砂浆标准。如美国的ACI 584《使用聚合物混凝土的指南》,日本的JISA 1171—1174、A 6203等都有聚合物水泥砂浆的试件成型、强度及容重测定等。我国于1982年实施的《建筑防腐蚀设计规范》中首次列入了聚合物浸渍混凝土,1991年实施的本规范中也纳入了氯丁胶乳水泥砂浆的施工方法,使我国聚合物水泥砂浆的使用开始了规范化管理。

聚合物水泥砂浆有较大的发展,主要得益于它优良的性能,与普通水泥砂浆相比有许多独特的优点:

1 防渗性、密实性好。聚合物水泥砂浆中加入表面活性剂,减少了用水量,从而增加了密实性;另外内部的聚合物成膜后,阻塞了内部孔隙,大大提高了防水性能,使抗渗性能提高数倍,吸水率降低2~4倍。

2 抗裂性。由于内部聚合物粘合,使聚合物砂浆的抗裂性大大提高,有人试验丙乳砂浆抗裂性较普通砂浆提高10倍以上。

3 粘结力。聚合物砂浆中的乳液在施工时,与被粘附物表面会有一层乳液薄膜,干燥后形成一层胶结层,粘附力很大,较普通砂浆一般可提高2倍以上。高者可达数倍。

4 弹性模量降低,抗变形能力增加。

国外聚合物水泥砂浆最早应用在70年前,研究及应用较多的是20世纪60年代。最早采用橡胶水泥砂浆用于桥面覆盖,以防止冰冻及氯盐引起的混凝土的腐蚀。80年代初统计美国有184个桥面使用聚合物砂浆防护,当时已使用20余年。美国某水坝70年代初建成,船闸墙面破坏严重,后采用聚合物水泥砂浆修补,使原需几年时间才能修补完工的工程在3周内完成,经冬季冻融及船舶碰撞考验完好无损。

法国用聚合物水泥净浆做预应力混凝土结构灌浆孔的特殊粘结剂,还用于分段桥梁的灌浆。日本非常重视聚合物水泥砂浆开发利用,推荐将聚合物砂浆用于普通住宅、仓库、车间、体育馆地面面层,公路、通道、楼梯等路面材料;水池、游泳池、岸壁等防水材料;化工防腐地面、耐酸砖填缝材料及船舶内外舱及甲板敷料等。瑞典曾采用丙烯酸酯砂浆制作工业地坪,其耐腐蚀、耐磨及与旧混凝土结合性能都很好。

聚合物水泥砂浆国内起步较晚,但近年发展较快,氯丁、丙乳、氯—偏、丁苯、乳化石蜡及聚醋酸乙烯等都有报道。实际用于防腐

8.1 一般规定

8.1.1 本规范列人的聚合物水泥砂浆为阳离子氯丁胶乳水泥砂浆和聚丙烯酸酯乳液水泥砂浆。

氯丁橡胶乳液是美国杜邦公司于20世纪30年代初开发并实现工业化生产的,随后即有氯丁胶乳水泥砂浆专利申请。我国氯丁橡胶是于1975年研制成功并于1983年通过国家鉴定。氯丁胶乳水泥砂浆的研制开始于80年代初期,最早由上海某大学研制,随后大连某研究设计院也进行了开发性研究并应用于实践。近20年来氯丁胶乳水泥砂浆已大面积用于化肥、纯碱、氯碱、印染、制药等化工行业以及海港、船舶、桥梁等许多部门,上海某穿越黄浦江隧道工程采用氯丁胶乳混凝土防水,取得了很好的效果。氯丁胶乳水泥砂浆在我国较早应用于化工防腐的工程是联碱厂的地面防护,1982年竣工,10年后检查仍完好,随后在碱厂、化工厂、制氮厂等几十家单位采用氯丁胶乳水泥砂浆做防腐蚀地面,及在污水、地下水的防水工程都获得了满意的效果。做船甲板的敷料早已有应用,现在出口船舶甲板大多数都采用氯丁胶乳水泥砂浆做防腐蚀、防滑面层。许多单位还用氯丁胶乳水泥砌筑耐酸砖,比采用其他有机树脂材料要节省大量资金。除此之外,采用氯丁胶乳水泥砂浆还可以大大降低混凝土的碳化速度。

聚丙烯酸酯乳液水泥砂浆在我国最早由南京某研究院开发,并于20世纪80年代初开始在全国10多个省市100多项工程中应用,最早主要用于修补防水工程,防腐蚀工程中主要用于厂区地坪和道路防腐,防氯盐腐蚀钢筋及已碳化钢筋混凝土处理等。如氯碱总厂盐库表面防腐、海水循环池表面防腐、老码头修补等,都是防腐蚀应用实例。防止混凝土碳化最早于80年代用于钢筋混凝土防护处理获得成功后,全国在水库、水电站、公路桥梁等工程都相继使用此法来防止钢筋混凝土碳化,如某溢洪公路桥大梁有1700多条裂缝,采用聚丙烯酸酯乳液水泥砂浆防碳化保护涂层,大裂缝灌浆密封处理取得了很好的效果。

聚合物水泥砂浆工程以整体面层为主,用于建筑物抹面、地面、道路面层、钢结构、木结构的表面防腐蚀层等。也可用于砌筑块材及用胶泥净浆作涂料。

8.1.2 使用温度不宜低于5℃[美国标准为4.4℃(45°F)以下时不能施工]。温度过低凝固太慢。原规范规定最高施工温度为30℃,美国标准为29.4℃(85°F)。考虑到南方夏季气温常超过30℃,对施工质量有一定影响,因此必须采取防热防蒸措施。美国标准要求蒸发量大于0.045kg/m²·h(美国混凝土协会ACI 306规程)时不得施工。大风、高温天气或阳光直射的工程,表面水分迅速蒸发,在未等胶层形成时即出现微裂缝,这类裂缝不可修补,因此一定要加强防护,如喷雾、覆盖、遮挡等可有效防止裂缝的产生。

8.1.3 胶乳为乳液制品,反复高温或低温变化,可引起破乳而失效。

8.1.4 聚合物水泥砂浆凝固时有较大收缩性,与底层混凝土结合时会产生一定应力,使两者容易脱层。底层强度不够会影响两者的结合力。

8.1.7 由于砂子等骨料含水量的不同及施工温度的差异,应在现场试验确定合适的配合比。

8.1.8 施工用机具在聚合物水泥砂浆凝固前可用水清洗干净,凝固不久的砂浆可以铲除或用砂子擦净。对于干固的聚合物水泥砂浆,可用松节油、溶剂石脑油或甲苯混合物软化后清理,如已太硬,可用喷砂清除。

8.2 原材料和制成品的质量要求

8.2.2 氯丁胶乳水泥砂浆所使用的阳离子氯丁胶乳目前有两种,

一种为不含助剂的胶乳,使用时需加入相应的助剂。所使用的助剂通常是:稳定剂宜采用月桂醇与环氧乙烷缩合物(平平加 O—20),烷基酚与环氧乙烷缩合物(OP—10)或十六烷基三甲氯化铵(1631)等乳化剂;消泡剂宜采用有机硅类消泡剂;pH 值调节剂一般采用氨水,氢氧化钠或氢氧化镁等。

8.2.3 阳离子氯丁胶乳在合成时 pH 值为中性,存放过程中会有部分氯化氢析出而使乳液呈酸性,其 pH 值为 2～4,乳液聚合时采用阳离子表面活性剂,与水泥砂浆拌和时,水泥水化会产生大量钙离子而且呈较强碱性,胶乳遇到大量金属离子且 pH 值由酸性而剧变为较强碱性而破乳,使水泥砂浆絮凝而不能施工。施工时也有稳定剂使用不够而引起破乳,造成水泥砂浆不能使用。因此加入稳定剂及 pH 值调节剂是必须的。由于胶乳中的阳离子表面活性剂的存在,拌和水泥时会产生大量气泡,降低水泥砂浆的密实性,某研究单位试验表明,加消泡剂与否及加何种消泡剂,对砂浆的容重影响很大,不同的消泡剂对产品的质量影响很大。因此所加助剂必须满足要求。另外不同的 pH 值调节剂及稳定剂都对产品质量有所影响。

8.2.4 聚丙烯酸酯乳液由生产厂家购来使用时也需要加入稳定剂及消泡剂等,这里列出的聚丙烯酸酯乳液已经加入相应的助剂,因此不需另外加助剂。购买时应了解清楚。助剂的加入应由试验确定。

8.2.5 聚丙烯酸酯乳液水泥砂浆使用强度等级不低于 42.5MPa 的水泥,因此各项指标都相应提高一些。

8.2.6 配制聚合物水泥砂浆所使用的细骨料、砂子应优先使用石英砂,尤其是作为防腐蚀材料,使用河砂应严格控制含泥量及杂质的含量,不得使用风化砂及含细颗粒太多的砂子。

当用聚合物水泥砂浆砌筑块材时,砂子中不得含有大于 2.5mm 的颗粒。

8.2.7 原规范中氯丁胶乳水泥砂浆抗压强度为 20MPa,某研究设计院在先湿后干条件下养护后可达 39MPa,当时考虑到不少单位达不到此要求而采用 20MPa,经过近 10 年的发展,同时又有聚丙烯酸酯乳液水泥砂浆参照,将此值改为 30MPa。聚合物水泥砂浆中加入稳定剂时,有缓凝作用,主要为延长初凝时间,这样便于施工,但终凝时仍可满足需要。

8.3　聚合物水泥砂浆的配制

8.3.1 聚丙烯酸酯乳液水泥砂浆的聚灰比一般控制在 0.12 为宜,氯丁胶乳砂浆的聚灰比一般控制在 0.15。聚灰比太小,发挥不了聚合物水泥砂浆的优越性;聚灰比过大,一方面增加成本,另外并不能显著增加其优越性,同时强度还会有所降低。

8.3.2 人工拌和的机具易于清理,采用机械拌和机械内部不易清理,时间长了会损坏机具。且机械搅拌易于产生大量气泡而影响质量。

8.3.3 氯丁胶乳水泥砂浆的助剂在实际应用时一般都按比例配好,施工时按比例一次倒入胶乳拌和均匀即可使用。

胶乳砂浆拌和会产生有害的气泡,拌和好的砂浆稍静置几分钟再使用,以利气泡消失。拌和好的砂浆应尽快用完,如要加水很难拌和均匀,将影响制品质量。

8.3.4 使用加有助剂的聚丙烯酸酯乳液时,可按比例称取聚丙烯酸酯乳液及由试验确定的定量水混合均匀,倒入灰砂混合物中拌匀即可施工,施工中不宜反复加水和剧烈搅拌。

8.3.5 配比合适的聚合物水泥砂浆应有良好的和易性及粘性,较普通砂浆易于施工,砂浆中不应有絮凝物存在,一般在 2h 内都有较好的施工性能,但要求在初凝前使用完。

聚合物水泥砂浆和易性极好,因此砂浆调制的稠度可较普通砂浆稍大一些,应由现场试验确定。

聚合物乳液可按比例大量配制,使用时倒入直接拌和灰砂混合物,不必每批物料单独调配乳液。

8.4　整体面层的施工

8.4.2 聚合物水泥砂浆在终凝前收缩性较大,一次施工面积过大,内部会产生较大应力,长时间施工及温度的变化,宜产生裂缝,因此一次施工面积不宜过大,一般应控制在 10～15m² 之间。为使施工方便,条宽控制在 1m 以内。最好采用分条施工,中间留缝宽约 15mm,用木条或聚氯乙烯等塑料条分开,木条应先固定在基层上再施工。木条两面应杜绝使用脱模剂;在砂浆稍变硬后用抹刀尖端沿板条边缘切开再抽出板条。

补缝应在 24h 后进行,但不迟于 48h,应清理缝内杂物后用聚合物水泥砂浆补齐;并应仔细抹平接缝表面。补缝时应在地面铺板,以免直接踩在砂浆表面。

8.4.3 聚合物水泥砂浆抹平后,在气温较高时,约 25min 表面即生成一层薄膜,此时反复抹压就会使薄膜破裂而难以修复,影响表面的完整性,因此不宜反复抹压。

聚合物水泥砂浆的平面抹压与普通水泥砂浆相同,倒上砂浆用木板刮平再用抹刀抹平即可。

8.4.4 立面或仰面施工,一次抹压厚度不应超过 10mm,否则很快脱落,由于加入较多稳定剂,砂浆看似粘稠,实际内聚力较小,厚度过大脱落下来后很难修复,只有等表面干燥后才可抹上,对于钢材表面更应一次少抹,等表面稍干,一般等 24h 后方可抹下一层。

8.4.5 在聚合物砂浆表面涂刷聚合物水泥净浆,可修复部分表面缺陷,同时可在表面形成一层富含胶乳的薄膜,提高防腐、防水性能。

8.4.6 聚合物水泥砂浆的养护,一般工程项目如道路、桥梁面层及防水面层,先湿养护 24h,再干养护 72h,可以低负荷运行使用。防腐蚀及一些重要工程,应湿养护 7d,再干养护 21d 后方可正式使用。

聚合物水泥砂浆的湿养护很重要。一般在施工后 1h,高温大风天气时施工后 0.5h 即应养护,方法是喷雾、用遮盖物覆盖等。遮盖物可用塑料薄膜、麻袋及草袋等,遮盖物四周应压实。多孔性覆盖物在 8h 内应淋水,保持聚合物砂浆表面潮湿。

聚合物水泥砂浆的干养护是必须的,作用是使聚合物砂浆内水分蒸发干,使聚合物析出并在内部形成网状结构,不经干养护的聚合物水泥砂浆不能使用。

8.5　铺砌块材的施工

8.5.1 浸泡块材的目的是使其内部吸满水分,同时洗去表面灰尘。

8.5.2 块材施工的聚合物水泥砂浆与整体面层相同,但砂子中不应含有直径大于 2.5mm 的颗粒。砂浆的稠度应比整体面层稍大。

8.5.3 厚度大于 60mm 的块材采用座浆法施工时,为保证底层结合层的厚度,应在底部先垫上相应粒度的耐蚀小块料,每块材下面不应少于 3 块,以保证砌筑时平整不倾斜。

立面块材施工缝可稍小于平面块材。施工时应防止下部块材的缝隙受压变形。

块材施工时应及时清理块材上的聚合物水泥砂浆,应在 4h 内擦净,也可用锯末擦净,时间长了很难清理,尤其是石材的表面不平整,清理起来更困难。

铺完块材后的表面在 48h 内不得行人。

8.6　质量检查

8.6.1 检查聚合物水泥砂浆起壳的方法是用小锤或铁棒,轻轻在其表面敲打,发出咚咚声音的即为起壳部位。

9 涂料类防腐蚀工程

9.1 一般规定

9.1.1 涂料(俗称"油漆"),是一种涂覆在物体表面,并能形成牢固附着的连续薄膜的配套性工程材料。随着科技产品开发、施工技术及应用方法的迅速发展,防腐蚀涂料与涂装过程本身已经成为门类繁多、品种齐全、装备复杂的专门技术,有力地推动着涂料工业的进步。近10余年来,涂料类防腐蚀工程变化较大,新产品新技术新工艺不断出现,同时一些陈旧的涂料产品因生产工艺、施工技术日渐落后而被淘汰出防腐领域。经过长期工程应用,新型耐蚀涂料品种的确行之有效,为缓解工业建筑物、构筑物腐蚀起了重要作用,这为本次规范修订提供了重要的技术依据。因此在修订过程中,涉及到涂料类防腐蚀工程的内容是最多的,变化也是最大的。涂料品种及内容上的增删主要有:

1 保留了原规范中的氯乙烯漆、沥青漆、环氧树脂漆、聚氨基甲酸酯漆(聚氨酯涂料)、氯化橡胶和氯磺化聚乙烯漆,删除了漆酚树脂漆、酚醛树脂漆。在名称上将"漆"统一修改为"涂料"。

2 根据《工业建筑防腐蚀设计规范》GB 50046—95增加了玻璃鳞片涂料、聚氯乙烯含氟涂料(因其成膜物中没有氟,故本次将名称改为"聚氯乙烯涂料",内容见本规范9.2.11条)、氯乙烯—醋酸乙烯共聚料、醇酸树脂耐酸涂料、聚苯乙烯涂料、环氧沥青涂料、聚氨酯沥青涂料等。其中环氧沥青涂料、聚氨酯沥青涂料合并,归入"沥青涂料"(内容见本规范9.2.13条),玻璃鳞片涂料,不是按成膜物分类,而是作为具有特殊功能的涂料品种列出。

3 在调研的基础上,增加了经工程实际应用确有良好效果的涂料,如:高氯化聚乙烯涂料、聚氨酯聚脲代乙烯互穿网络涂料、丙烯酸树脂及其改性涂料等品种。

4 除增加了耐蚀性外,还具备了特殊功能,而且使用量大、面广,如:环氧树脂自流平涂料、有机硅耐高温涂料等品种。

5 增加了专门用作钢结构底层的涂装,综合性能良好并对解决现场问题具有特殊意义的富锌涂料、锈面涂料等品种。

9.1.3、9.1.4 主要是针对涂料供应商的。即供应商必须针对自己的产品提供符合国家现行标准的涂料施工使用指南。其主要目的是对涂料的涂装过程、质量检验过程提供指导与帮助。这些内容既是设计选材的主要参考依据,同时也是正确施工的有效保证。防腐蚀涂料的涂装,在工程施工中由于受传统操作方式的影响,往往许多新的工法、严格的操作步骤被忽视。从而增加了引起质量事故的可能性。为了确保工程质量,严格涂层配套,在修订本规范时,涂料的涂装过程、质量与检验过程的控制环节,参照了"质量管理体系文件"的相关内容,进行了规定。涂料供应商首先应提供完整的产品质量证明文件,其内容严格执行本规范"第一章 总则"的有关规定。供应商供货时确认产品质量,提供产品说明书、合格证、质量检验报告、涂料的使用方法、注意事项;建设方应及时对涂料和涂膜进行现场检验、检测;当新涂料品种用于建筑工程时,还必须有技术鉴定资料等他方鉴定资料。也可以由第三方权威部门进行抽检检验。

9.1.5~9.1.10 是施工过程必须遵守的一般规定。由于涂料品种比较多,既有溶剂挥发型的,又有化学反应(交联)型的。在施工过程中,有许多要求是共同的。除保留原规范规定的几条外,本次修订时还增加及调整了一些内容。

1 环境温度、相对湿度或露点温度的控制,在施工现场应首先保证钢材表面温度高于露点3℃。露点的测定方法,现在有测试仪器可以直接测出。因此本次修订时取消了原规范"第9.1.10条"及"图9.1.10 露点温度"。

2 防腐蚀涂料在贮存过程中,也应当注意防明火、防尘、防曝晒。现在有些涂料成膜树脂贮存期较短,而且反应活性较高,不采取适当措施,有可能在运输过程中发生结料。

3 涂层必须经过适当养护后再投入使用,特别是化学反应型涂料,反应进行完全而形成坚固涂层的时间,在25℃条件下一般为7d左右。

9.1.11 根据目前涂料工业发展的总体水平,绝大多数厂商均可以根据工程的实际应用及要求,生产各种规格、性能的配套涂装材料。过去有一些不严格的做法,如在涂料中加稀释剂,再自行加入粉料制作腻子,用于现场修补,引发了不少质量事故。因为目前涂料品种繁多,许多涂料是化学反应(交联)型的,不能随意加溶剂稀释,更有一些无溶剂型涂料,其加入的是较独特的活性稀释剂,专用性很强,随意加入有机溶剂,会破坏整个涂层的抗渗、强度等物理力学性能。而且由于将成膜物稀释后降低了有效树脂在涂料中的含量,会导致耐蚀性、韧性等下降。反之若树脂加颜填料现场配制涂料也不可取。因为涂料的生产工艺是有一定要求的,只有经过严格的加工过程,涂料的分散性、机械性能才可得以体现。

目前涂料工业的发展已有很丰富的品种能满足各种施工要求,故本次修订删去了原规范中9.1.3条关于腻子、磁漆、清漆等的规定。

9.1.12 挥发性有机化合物(VOC, Volatile Organic Compounds)系指任何参加气相光化学反应的有机化合物。其中包括碳氢化合物、有机卤化物、有机硫化物、羰基化合物、有机酸和有机过氧化物等,在 NO_x 存在下,还可能导致光化学烟雾的产生和污染。对挥发性有机化合物量实施控制,是本次修订新增加的一项内容。

作为有机非金属材料,其VOC的作用和影响不可忽视。首先,防腐蚀涂料在生产过程中会产生大量有毒有害废气、废水、粉尘,从而构成对大气和水资源的污染;其次,涂料施工现场会有近50%的挥发性有机化合物直接排放到大气中,造成二次环境污染;同时,VOC多为易燃易爆有毒物质,对施工人员的身体健康乃至安全构成巨大威胁。由于历史原因,目前耐蚀涂料环保型的品种尚缺,溶剂产品占有主导地位,施工中大量挥发性有机化合物难以避免。

国际上,对于挥发性有机化合物的含量已经非常重视,产生了许多相关法律、技术规定、标准规范等。关于涂料中挥发性有机化合物的技术标准,主要包括两大内容:一个是控制标准,另一个是检测标准。

1 控制标准:早在1966年美国洛杉矶有关机构就提出限制溶剂排放量的著名的"66法规",并于1967年1月1日起实施。随之,世界各国也有类似法规出台。纷纷制定相应标准,限制VOC量,如墨西哥政府规定所有产品中的VOC含量不得超过490g/L,随着经济进一步发展,人类生活质量的提高,人们要求保护自我生存空间的呼声越来越高,环保法规也越来越严格,美国已从"66法规"发展到现在的"1113法规"。该法规规定:工业涂料,VOC已从1990年的420g/L降到1993年的340g/L,2000年继续降至250g/L以下。同时,对于VOC量采取逐年降低指标,严格控制,据CEPE(欧洲涂料、印墨、颜料工业协会联合会)报道,CEPE与荷兰拟用三年时间使21类化学物质总排放量降低23%,六年内降低44%;瑞典的环保目标已包含在国家的法律文件中,到2020年环境中的合成物质浓度必须接近零。我国国家质量监督检验检疫总局2001年颁布了《室内装饰装修材料内墙涂料中有害物质限量》GB 18582—2001等10项标准,对产品中的挥发性有机化合物VOC含量作了规定。美国、澳大利亚对建筑涂料VOC指标的最新控制参数(排放标准)如表1。虽然民用建筑涂料VOC含量各国控制比较严格,但是防腐蚀涂料由于大多数品种是溶剂型,即油性的品种多,水性的少。因此工业用涂料品种,尤其是防腐蚀涂料中VOC的控制指标尚未被具体规定。

表 1 美国、澳大利亚对建筑涂料 VOC 指标的最新控制参数(g/L)

国别	时间	平光内用	平光外用	有光内用	有光外用
美国	1999 年	260	250	380	380
澳大利亚	1996 年	100	150	175	150
	1999 年	100	125	125	125
	2000 年	100	100	100	100

2 检测标准:

方法一:目前国际较通用的方法是:ASTM D3960—98 标准"涂料中挥发性有机化合物 VOC 含量的检验方法"。该方法是将试样在特定条件下烘焙使其挥发出大量的气体物质,然后除去非挥发性物质及可能存在的水蒸汽含量,得出所求。

非挥发性物质的存在,主要是某些有机物可以在特定的烘焙条件下挥发。但是,并不参与气相光化学反应,故不能将其视为 VOC 的范畴。本章所列耐腐蚀涂料品种均可执行 ASTM D 3960—98 标准或国家质量监督检验检疫总局 2001 年发布的《室内装饰装修材料内墙涂料中有害物质限量》GB 18582—2001 等 10 项标准的有关内容作为检测方法。

方法二:根据耐腐蚀涂料品种情况,因不包含水性品种,故通过测定涂料中挥发物与不挥发物含量,即可以确定 VOC 含量。

执行现行国家标准《漆料挥发物和不挥发物的测定》GB/T 6740—1986。加热前所得试样重量 m_1,在规定的条件下加热后称得试样重量 m_2,则挥发物 V 可计算得到:

$$V = (m_1 - m_2)/m_1 \times 100\%$$

所得到的含量 V 也可以作为 VOC 含量。

存在的问题是非挥发性物质及可能存在的微量水蒸汽被忽略,导致结果偏差。

方法三:针对耐腐蚀涂料品种的特性,对 VOC 含量的测定,也可以采用现行国家标准《涂料固体含量测定法》GB/T 1725—1979 进行。首先测定涂料固体含量 X。

$$\text{VOC 含量} = (100 - X) \times 100\%$$

存在的问题是固体含量以外的非挥发性物质及可能存在的微量水蒸汽被忽略,导致结果发生偏差。

3 技术立法:综上所述,防腐蚀施工中采用的涂料应尽量选低 VOC 的品种,世界各国尤其是经济发达国家均十分重视 VOC 的控制问题,并且提出了明确目标,甚至以法律的形式予以确立。参照国际上对 VOC 的控制与检测以及我国对于民用建筑涂料的控制指标,本次修订规范确定我国建筑防腐蚀工程施工中 VOC 的控制指标就是小于 400g/L 或 40%(质量比)。

这一点可作为国家标准第一步控制目标,并逐年降低,直至接近 0 含量(具体控制目标参见表 2)。根据调查,表 2 所列数据还比较宽松。根据目前国内总体水平还可以适度严格控制并且首先在建筑防腐蚀工程施工中加以执行。

表 2 我国建筑防腐蚀工程施工中 VOC 逐年控制指标

年 份	2005 年	2006 年	2007 年	2008 年
VOC 含量(g/L)	<350	<300	<250	<200
VOC 相当量(%)	<30	<25	<20	<15

这样一来,就可以有条不紊地淘汰技术落后、固体含量低(比如:固体含量小于 25%)、成膜较薄(比如:一层干膜厚度小于 20μm)的涂料品种。目前能够替代这类涂料的品种很多。作为涂料生产单位应当大力发展高固体含量、无溶剂型品种。

9.1.13 涂料施工可采用的工具很多,但本次修订强调两点施工时须注意:涂层厚度必须均匀,尤其采用机械喷涂时更应注意。

涂装过程除不能漏涂外,还不得误涂。漏涂一般可以随时检查、发现,而误涂则一般不易被人们察觉。原施工规范对此未作要求。在总结以往经验教训的基础上,本次增加了此条。为此在涂装检查时,还必须查一查有否误涂。

9.1.14 施工工具保持干燥、清洁,不仅是文明施工的要求,也是对后续涂层有力的保证。有一些杂质的带入常由于涂装工具不清洁而引起的。

9.2 涂料的配制及施工

9.2.1 氯化橡胶涂料用于耐腐蚀领域历史较长,由于工艺较成熟,因此涂膜性能良好,尤其在抗紫外线、耐候性方面更加突出。在使用氯化橡胶涂料时应注意:

1 优先选用固含量较高、干膜厚度大、溶剂含量较低的产品。也就是通常所说的厚膜型涂料,俗称"厚浆型涂料"。这类产品较之传统涂料具有固体含量高、使用溶剂少、一次成膜较厚、耐蚀效果好、在垂直面施工不流挂、不易出现针孔缺陷等特点,对节省工程综合费用大有好处。尤其是降低有机溶剂使用量后,VOC 量也大大减少。对施工安全及环境保护带来诸多好处,不仅降低了污染,而且节约了能源,减少了资源浪费,是目前耐蚀涂料的一个新方向。现在无论是溶剂挥发型,还是树脂交联(化学反应)型涂料均在提高固体含量、降低或减少溶剂(采用活性或非活性稀释剂)用量来加厚成膜效果,或生产无溶剂型涂料。根据目前国内防腐蚀涂料研究、生产的现状,以及各种不同类型成膜物的性质,溶剂挥发类涂料通常每道干膜厚度为 20～30μm,而树脂交联(化学反应)型涂料通常每道干膜厚度≥60μm。因此,本次修订,将固体含量高,一层干膜厚度大于通常涂料 1 倍以上的涂料确定为厚膜型涂料。使用这类涂料时,应特别注意不得任意加入稀释剂。

2 用于混凝土表面时,底层涂料的选用应慎重,不宜采用将氯化橡胶涂料加稀释剂的办法。

3 与钢铁基层配套时,应慎重选用配套良好的底层涂料或专用涂料。

9.2.2 环氧树脂涂料的基本特点是与基层粘结良好,具有较广泛的适用性。但在施工时应注意下几点:

1 涂料配制以后,大多数需经过一段熟化期方可涂装。

2 因为涂膜固化过程需发生化学反应,因此施工间隔与温度等关系密切,应注意涂膜干燥充分再进行下一层涂装,不可连续作业,以防涂层出现开裂等问题。

9.2.3 聚氨酯树脂涂料是一类应用前景良好的涂料品种。目前产品品牌较多,功能差异较大,因此使用时应注意以下几点:

1 单组分聚氨酯涂料固化过程是吸附空气或表面的水分后成膜,因此特别干燥的表面或环境不宜施工。

2 聚氨酯涂料涂装的时间间隔一般以前层涂料实干为依据,未干透时,使用效果不良。

3 涂料不得擅自用稀释剂稀释。

9.2.4 高氯化聚乙烯涂料是近几年开发的涂料新品种,其涂膜性能略优于氯化橡胶及氯磺化聚乙烯。其特点是施工工艺较简单,同时涂膜较厚,质感好,因此在工程上得到了广泛的应用。

9.2.5 聚氨酯聚取代乙烯互穿网络涂料(Polyurethane-polylene interpenetrating polymer networks coatings)是互为基体和催化剂的双组分涂料。甲组分的异氰基预聚体、羟基在乙组分催化下,迅速生成聚氨酯网络;同时乙组分的乙烯基单体在甲组分引发下,生成聚取代乙烯网络,从而形成互穿聚合物网络(IPN)结构。目前国内工程尤以引水、化肥、湿法冶炼等使用此类材料较多,已有近 10 年历史。

目前,对于该产品化学结构分析、反应机理研究还不够,尤其定量分析还有大量工作需要完成。判断与中间层涂料、面层涂料配套性如何时,必须经过试验确定。

9.2.6 丙烯酸及其改性涂料主要用于防腐蚀面层涂装。其突出特点是耐酸性好、耐候性好。由于丙烯酸突出的性能，在涂料工业开发出的品种比较多，特别在民用建筑中使用效果突出。本次修订增加这一品种符合当今涂料工业的发展，但使用过程中应注意：

　　1 用于防腐蚀涂装的丙烯酸涂料应是溶剂型。非溶剂型或水性的品种暂不推荐。

　　2 丙烯酸改性涂料品种目前使用较广泛，并且工程应用较成功的是：丙烯酸改性聚氨酯涂料及丙烯酸改性氯化橡胶涂料两个品种，其他种类的改性涂料暂不推荐。丙烯酸酯树脂包含甲基丙烯酸酯树脂。

9.2.9 醇酸树脂涂料是历史悠久的品种，因为具有良好的装饰效果，同时施工操作较方便，因此应用较普遍。但由于醇酸树脂涂料耐蚀效果较差，不宜用作防腐蚀涂装。本规范推荐使用的是醇酸树脂耐酸涂料，应用时须注意正确选用。

9.2.10 过氯乙烯涂料，应用时间很长，但由于该品种中树脂含量很低，因此在工程中已很少应用，在使用中应注意：

　　1 由于固含量低，因此每道涂膜厚度小于 $20\mu m$。溶剂挥发较大。

　　2 该涂料成膜很快，一般涂装后不超过 30min，即可进行下一层涂装，故其施工方法是采用"湿碰湿"，若涂膜太干，则容易"咬底"。

　　3 由于溶剂含量高，施工过程必须通风良好。

9.2.11 聚氯乙烯涂料，在国家标准《工业建筑防腐蚀设计规范》GB 50046—95 中称为"聚氯乙烯(含氟)涂料"，该名称不符合涂料命名原则，因为在聚氯乙烯(含氟)涂料中，既未加入氟树脂，也未加入氟橡胶，只是在其配套底层涂料中加入"氟磷铁"(俗称"萤丹")。为此，本次修订时将其名称规定为聚氯乙烯涂料。此类涂料在施工过程中应注意：

　　1 固含量较低，一般为 20%左右，因此在腐蚀情况较严重时，应注意增加涂膜厚度，减少针孔。

　　2 由于溶剂含量较高，因此施工现场应充分注意通风、防毒。

9.2.12 氯磺化聚乙烯涂料。就其成膜树脂而言是一类很好的耐蚀材料。但该涂料同时存在着针孔多、与钢材附着力差等问题，因此使用过程中应注意：

　　1 工程中推荐用于混凝土表面，以减少因附着力差而产生的剥落。

　　2 因涂膜较薄，施工中应有充分的保障，并减少针孔。

　　3 施工现场必须注意通风，减少溶剂污染。

9.2.14 玻璃鳞片涂料是近几年兴起的长效防腐蚀材料。涂料中通常采用粒径为 $50\sim300\mu m$，厚度为 $2\sim10\mu m$ 的玻璃鳞片作为填充料。由于鳞片的加入有利于提高涂层抗渗能力和耐腐效果，故目前有不少涂料品种均采用加入鳞片的方法来改善整个涂膜的性能。玻璃鳞片的加入对树脂结合力有很大的影响，必须经过偶联剂，如硅烷等处理，否则水分渗入涂膜后会降低耐腐蚀性能。从大量工程施工现场来看，目前国内应用效果比较好的是环氧树脂玻璃鳞片涂料和乙烯基酯树脂玻璃鳞片涂料。当然也有一些其他的成膜物。但是国外市场，现在使用不饱和聚酯树脂作为耐蚀成膜物来生产玻璃鳞片涂料，已经应用在许多工程中，它代表了国际防腐蚀领域的发展方向。

　　使用玻璃鳞片涂料时应特别注意：涂料应由生产厂家提供，并严格按配合比配制，充分搅拌均匀后再进行施工。此类涂料的特点是在比较苛刻的环境下也可以使用，耐蚀性能根据成膜树脂性能确定。

9.2.15 自流平涂料在防腐蚀领域的应用，主要针对具有一定程度腐蚀并有洁净耐磨损要求的楼、地面防护。近几年发展非常迅速。用自流平涂料制作的楼、地面防护层，具有耐腐蚀、耐磨损、不积灰尘、易清洁和整体无缝等特点。一些发达国家，如美、日、德已编制了相关技术标准、工艺规程。形成较完整的体系。主要使用

在作业环境轻度腐蚀的场所，尤以医药、电子、食品业为主。这些行业生产过程的特殊性主要是把生产车间的空气含尘量、细菌数量控制在一定范围内(由洁净级别决定)。这不仅仅是改善劳动条件的需要，更大程度上是保证产品质量的需要，为此 WHO(世界卫生组织)顾问组织根据第二十届世界卫生大会的要求，于 1967 年制定了 WHO 的 GMP 规范(Good Manufacturing Practice)，旨在保证药品质量达到稳定性、安全性和有效性。目前 GMP 已扩大到许多领域，如化妆品、精密仪器、纸张、包装材料等行业，并被各国参照执行。目前从国外引进的材料、技术、工艺较多，国内也有不少单位开发这类材料与技术。据《洁净技术建筑设计》介绍，聚氨酯涂料应用较早。但目前国内使用范围广、工程业绩成熟的是环氧树脂自流平技术。由于医药生产厂家纷纷参加 GMP 认证工作，每年技术改造工作任务繁重，全国有数百万平方米面积的地面需要进行耐磨、洁净、防腐蚀施工。因此，自流平涂层在这一领域的应用十分活跃。早期人们采用聚氨酯自流平涂层，的确解决了不少问题。但聚氨酯涂料本身存在的缺陷导致该技术发展缓慢。比如，聚氨酯涂料遇潮湿会产生二氧化碳，使涂膜起泡或产生小针孔；聚氨酯涂料贮存期短等。而环氧树脂自流平技术则不存在这些问题，且施工工艺性好。因此在工程中得到了广泛应用。

　　在施工过程中应控制基层表面坡度，坡度过大将影响施工工艺，更影响自流平涂层地面平整度及使用效果。

9.2.16 有机硅耐高温涂料在除尘、烟道脱硫等高温条件下使用较多，通常施工过程应注意：

　　1 涂层宜薄不宜厚，太厚会产生开裂、起皮等现象。

　　2 当使用无机硅酸锌底层涂料时，涂层应薄而均匀，并采用有机硅面层涂料封闭。

　　3 有机硅面层涂料也可以直接作为底层涂料，用于封底再涂装面层涂料。

9.2.17 根据磷化底层涂料与金属反应的原理，涂刷乙烯磷化底层涂料实际相当于金属的磷化处理，使金属表面产生钝化层，但它只在短时间内不易被外界腐蚀，故乙烯磷化底层涂料不能作为正式底层涂料使用。

　　磷化底层涂料对金属有腐蚀作用，所以配制磷化底层涂料的容器要求为非金属耐蚀材料，否则在未使用前就有可能使其磷化性能消失或减退，失去或降低了磷化底层涂料的使用效果。由于磷化底层涂料基料组成部分有填料，易沉底，故在使用前必须搅匀，然后加入磷化液搅匀，放置 30min 使反应完全，并应在 12h 内用完，否则将降低磷化质量。

　　磷化底层涂料的涂覆厚度，不宜过厚，因为此底层涂料具有酸性，太厚了势必对金属底材产生腐蚀作用，但太薄又达不到磷化效果。所以需做得薄而均匀，一般为 $8\sim12\mu m$，漆的使用量约为 $80g/m^2$。

　　磷化底层涂料，由于使用的溶剂极易挥发，且涂层薄，所以一般施工 2h 后即可涂覆其他防腐底层涂料。磷化底层涂料不能在空气中放置过久，如超过 24h，则涂层变黄变质，失去或降低磷化效果，所以规定在 24h 内涂完防腐蚀配套底层涂料。

9.2.18 富锌涂料，多用作底层涂料，无机富锌涂料也可用作中间层涂料。施工过程中应注意：

　　1 有机富锌与无机富锌性能上有较大差异。

　　2 有机富锌表面必须及时用环氧云铁等中间层涂料封闭，以作为过渡层。

　　3 富锌涂料多用于较重要的难维修的构配件表面防腐蚀。因此对施工工艺要求较高。

9.2.19 锈面涂料俗称"带锈涂料"或"带锈底漆"，国外称其为"容忍涂料"。该涂料是围绕现场施工的实际情况研制开发的。它可以在未充分除锈清理干净的钢材基面涂刷。根据现行国家标准《涂装前钢材表面锈蚀等级和除锈等级》GB/T 8923--1988 关于"锈蚀等级 A、锈蚀等级 B"的规定："A 全面地覆盖着氧化皮而几乎没有铁锈的钢材表面；B 已发生锈蚀，并且部分氧化皮已经

剥落的钢材表面。"及对国内目前生产、使用的锈面涂料品种及应用情况调查、分析与比较,有些工程应用较成功,但也存在不少实际问题。因此,对该类品种的使用应注意以下几点:

1 基层表面必须有适度的坚硬锈层。不得有浮锈或疏松的附着物,因为锈面涂料多呈一定的酸性,会与氧化铁发生化学反应。当锈层超过一定厚度时(根据工程经验大于 $60\mu m$),反应即不完全,影响使用效果。

2 在重大工程使用时,应特别谨慎,因为许多重大工程的钢构件均采用新钢材制作,表面锈迹较少,或有些已涂有防锈油等,如在其上直接涂装锈面涂料,由于与铁锈很少接触、反应,导致附着力很差,最终影响整个涂层的防护效果。

3 必须与后道涂层有效连续,形成良好的层间附着力,故应选用环氧类材料过渡或与环氧配套的涂料。

9.3 质量检查

9.3.1 检验涂层外观是质量检查的直接方法。外观检查时,重点控制无泛锈,保证对底层有良好的遮盖力。气泡、开裂、剥落等缺陷,直接危害构件安全,因此绝对不允许存在。其他指标仅对装饰性有影响,因此在实际操作中应注意轻重之分,严把质量关。

9.3.2 涂层针孔是质量的隐患,原条文中规定用放大镜法,本次修订时增加了电火花法,在操作中应注意:

1 对钢基层表面测量时,选用的测试仪器不同其相关参数的调整也不同。

2 对测试过的表面应将发现的针孔及其他缺陷及时进行修补。

9.3.3 涂层表面测厚仪器品种较多,应用较为普遍。金属结构表面可以采用测厚仪检测,目前实用型的测厚仪有许多类型如磁性、超声波等。可及时进行无损探测。对混凝土表面也可以采用超声波等仪器探测。对于树脂材料的表面亦可采用此方法测试,应用这类方法较之传统的"样板对比法"更准确、更实用、操作更简便。测试过程应注意:

1 测试干膜厚度主要是对涂层最终结果检查,也可采取湿膜测厚仪对涂装过程检查。每层涂装都能准确控制。

2 测厚仪使用过程应及时调整"零点",检测时应科学选择检测点。

9.3.4 涂层附着力是质量控制的重要指标,本次修订增加此条规定,在实际操作过程中可以对总的涂层进行附着力检查,也可以采用划格法对各涂层间附着力进行检查,使其大于二级。

9.3.5 漏涂是涂装过程中存在的质量问题,而且应在目测检查中即可很直观地发现,但误涂现象以往规范未涉及,而实际应用中由于误涂也导致了不少质量事故。为此本次修订增加了不得误涂的规定,以防止因误涂而导致整个涂层遭到破坏。

9.3.6 涂层中存在的裂缝一般情况目测其外观即可以发现,但有时是否有裂纹及桔皮现象则须通过仪器测得。

10 聚氯乙烯塑料板防腐蚀工程

10.1 一般规定

10.1.1 塑料板防腐蚀工程在工业生产中用到的材料,包括:聚氯乙烯板、聚丙烯板、聚乙烯板和聚四氟乙烯板等。就材料的耐蚀性而言:聚四氟乙烯板、聚丙烯板、聚乙烯板均很突出,但聚氯乙烯板在建筑防腐蚀领域应用较多,历史较久。其特点是:施工工艺性好、容易加工、制作成型方便、价格便宜。因此,本规范仅涉及聚氯乙烯板的内容,尤其是软聚氯乙烯板。大量工程实践充分证明:软

聚氯乙烯板在建筑防腐蚀方面应用广泛,既可以制作池槽衬里,也可用作地面防腐蚀面层。而硬聚氯乙烯板则多用于制作耐腐蚀结构件,或用于制作较小型池槽衬里。

10.1.2 软聚氯乙烯板施工采用粘结工艺时,环境温度、湿度对其影响比较大。当采用焊接方法进行施工时,由于工艺本身处于一定的温度下作业,因此,可以放宽对环境温度及湿度的要求。

10.1.6 聚氯乙烯板的施工:当铺设硬聚氯乙烯板时,通常采用焊接工艺成型。采用软聚氯乙烯板制作时,由于板太薄,应通过热熔法焊接成型或胶粘剂粘结成型。

10.3 施 工

10.3.2 硬聚氯乙烯塑料板接缝,应采用 X 形坡口,实施双面焊接效果更好。但是,当进行内衬焊接时均应做成 V 形坡口,否则无法进行施工操作。软聚氯乙烯板采用粘贴法施工时,坡口的搭接主要采用热熔法焊接,根据这个成型工艺及无数工程质量检测证明,搭接宽度 25~30mm 焊接质量最好、使用最可靠。

10.3.3 聚氯乙烯塑料板的焊接,对于经验丰富的焊工而言,其焊枪温度一般选择 250℃ 高温,焊接速度选择接近 250mm/min,允许焊缝表面呈微黄色,但不允许焊焦,此时焊接强度最高;焊缝高于母材表面 2~3mm,在检查面层平整度时,不应包含焊缝。

11 安全技术要求

11.0.2 在防腐蚀工程施工过程中,常因操作、管理人员不懂安全技术而发生事故。为避免和减少这类情况,故作此规定。

11.0.4 本条所列施工现场有害气体,粉尘的最高允许浓度是从国家标准《车间空气中溶剂汽油卫生标准》GB 11719—1989、《车间空气中含 50%~80% 游离二氧化硅粉尘卫生标准》GB 11724—1989、《车间空气中含 80% 以上游离二氧化硅粉尘卫生标准》GB 11725—1989 和行业标准《工业设备、管道防腐蚀工程施工及验收规范》HGJ 229—91 的有关规定中直接引用的。

防腐蚀工程中使用的大多数材料,都要使用有机溶剂进行稀释。如汽油、丙酮、乙醇、二甲苯、苯乙烯等。这些有机溶剂都具有挥发性,当其达到一定浓度时,即对操作人员的身体产生危害,如遇明火,还会引起火灾和爆炸。为使这类溶剂在厂房空间内不易达到易燃易爆的浓度极限,故应保证施工现场要有良好的通风。

11.0.5 在易燃易爆区域内进行动火焊接时,必须办理动火证后,方可动火。

11.0.6 参加施工操作的人员都应熟悉所用易燃易爆物质的种类和特征,掌握产生爆炸燃烧的客观规律。进入易燃易爆区域工作时,要严格遵守安全规程,以防事故发生。

11.0.7 施工现场的照明灯具必须系牢,并带有灯罩和钢保护圈。在贮槽内施工时,安全照明灯的电源电压应在 36V 以下。

用电设备采用 220V 电源时,一定要接好地线,启用前应由电工检查,以防触电。

11.0.9 临时加热锅灶的搭建一定要选择在远离易燃易爆的场所,通风良好,上方没有电气线路的地方搭设,以防事故发生。

11.0.10 防腐蚀工程使用的原料大都具有毒性,对施工操作人员有直接或间接的危害,为保证防腐施工正常进行,保障施工人员的身体健康,操作人员必须配备劳动保护用品,如工作服、乳胶手套、滤毒口罩、防护眼镜、防毒面具等。

在配制乙二胺丙醇溶液等毒性较强的物料或涂刷溶剂型涂料时,一定要戴上防毒面具或滤毒口罩,以防中毒事故发生。

附录 A 施工配合比

表 A.0.2 现场施工配合比，应根据气温、湿度和供应混合料厂家提供的配合比，进行调试后，确定其最佳的配合比（质量比），为现场施工提供法定依据，供监理考核。

使用混合料的单位应与供应混合料的厂家签订适用于本单位防腐蚀工程特点的混合料合同。供应混合料厂家须出据混合料在特定条件下，钾水玻璃材料的施工配合比（质量比）的技术指标证明。

表 A.0.3～表 A.0.6 主要依据《工业建筑防腐蚀设计规范》GB 50046—95、《建筑防蚀构造》图集[96J333(一)、98J333(二)]和有关资料编入的。由于材料的质量、施工现场环境等条件的变化，施工单位在选用时，应通过验证来确定施工配合比。

中华人民共和国国家标准

民用建筑工程室内环境污染控制规范

Code for indoor environmental pollution control
of civil building engineering

GB 50325—2010

（2013 年版）

主编部门：河 南 省 住 房 和 城 乡 建 设 厅
批准部门：中华人民共和国住房和城乡建设部
施行日期：２ ０ １ １ 年 ６ 月 １ 日

中华人民共和国住房和城乡建设部
公 告

第 64 号

住房城乡建设部关于发布国家标准《民用建筑工程室内环境污染控制规范》局部修订的公告

现批准《民用建筑工程室内环境污染控制规范》GB 50325—2010 局部修订条文，自发布之日起实施。其中，第 5.2.1 条为强制性条文，必须严格执行。经此次修改的原条文同时作废。

局部修订的条文及具体内容，将刊登在我部有关

网站和近期出版的《工程建设标准化》刊物上。

中华人民共和国住房和城乡建设部
2013 年 6 月 24 日

中华人民共和国住房和城乡建设部
公 告

第 756 号

关于发布国家标准《民用建筑工程室内环境污染控制规范》的公告

现批准《民用建筑工程室内环境污染控制规范》为国家标准，编号为 GB 50325—2010，自 2011 年 6 月 1 日起实施。其中，第 1.0.5、3.1.1、3.1.2、3.2.1、 3.6.1、 4.1.1、 4.2.4、 4.2.5、 4.2.6、4.3.1、 4.3.2、 4.3.4、 4.3.9、 5.1.2、 5.2.1、5.2.3、 5.2.5、 5.2.6、5.3.3、5.3.6、6.0.3、6.0.4、6.0.19、6.0.21 条为强制性条文，必须严格

执行。原《民用建筑工程室内环境污染控制规范》GB 50325—2001 同时废止。

本规范由我部标准定额研究所组织中国计划出版社出版发行。

中华人民共和国住房和城乡建设部
二〇一〇年八月十八日

前 言

本规范是根据住房和城乡建设部《关于印发〈2008 年工程建设标准制订、修订计划（第一批）的通知》（建标〔2008〕102 号）的要求，河南省建筑科学研究院有限公司和泰宏建设发展有限公司会同有关单位，在原《民用建筑工程室内环境污染控制规范》GB 50325—2001（2006 年版）基础上修订完成的。

本"规范"在修订过程中，编制组在调研国内外

大量标准规范和研究成果的基础上，结合我国情况，进行了有针对性的专题研究，经广泛征求意见和多次讨论修改，最后经审查定稿。

本规范编制及修订过程中，考虑了我国建筑业目前发展的水平，建筑材料和装修材料工业发展现状，结合我国新世纪产业结构调整方向，并参照了国内外有关标准规范。

本规范共分 6 章和 7 个附录。主要技术内容包

括：总则、术语和符号、材料、工程勘察设计、工程施工、验收等。

在执行本规范过程中，希望各地、各单位在工作实践中注意积累资料，总结经验。如发现需要修必和补充之处，请将意见和有关资料寄交郑州市丰乐路4号河南省建筑科学研究院有限公司《民用建筑工程室内环境污染控制规范》国家标准管理组（邮政编码：450053，电话：0371—63934128，传真：0371—63929453，E-mail：mtrwang@vip.sina.com），以供今后修订时参考。

本规范主编单位、参编单位、主要起草人和主要审查人：

主 编 单 位：河南省建筑科学研究院有限公司
　　　　　　泰宏建设发展有限公司
参 编 单 位：南开大学环境科学与工程学院
　　　　　　国家建筑工程质量监督检验中心
　　　　　　上海浦东新区建设工程技术监督有限公司
　　　　　　清华大学工程物理系
　　　　　　深圳市建筑科学研究院有限公司
　　　　　　浙江省建筑科学设计研究院有限公司
　　　　　　昆山市建设工程质量检测中心
　　　　　　山东省建筑科学研究院
主要起草人：王喜元　刘宏奎　潘　红
　　　　　　白志鹏　熊　伟　朱　军
　　　　　　黄晓天　朱　立　陈泽广
　　　　　　张继文　金　元　巴松涛
　　　　　　邓淑娟　陈松华　王自福
　　　　　　李水才
主要审查人：王有为　崔九思　高丹盈
　　　　　　马振珠　王国华　顾孝同
　　　　　　冯广平　胡　玢　周泽义
　　　　　　汪世龙　刘　斐

目　次

Contents

1 总　则

1.0.1 为了预防和控制民用建筑工程中建筑材料和装修材料产生的室内环境污染，保障公众健康，维护公共利益，做到技术先进、经济合理，制定本规范。

1.0.2 本规范适用于新建、扩建和改建的民用建筑工程室内环境污染控制，不适用于工业生产建筑工程、仓储性建筑工程、构筑物和有特殊净化卫生要求的室内环境污染控制，也不适用于民用建筑工程交付使用后，非建筑装修产生的室内环境污染控制。

1.0.3 本规范控制的室内环境污染物有氡（简称 Rn-222）、甲醛、氨、苯和总挥发性有机化合物（简称 TVOC）。

1.0.4 民用建筑工程根据控制室内环境污染的不同要求，划分为以下两类：

　　1　Ⅰ类民用建筑工程：住宅、医院、老年建筑、幼儿园、学校教室等民用建筑工程；

　　2　Ⅱ类民用建筑工程：办公楼、商店、旅馆、文化娱乐场所、书店、图书馆、展览馆、体育馆、公共交通等候室、餐厅、理发店等民用建筑工程。

1.0.5 民用建筑工程所选用的建筑材料和装修材料必须符合本规范的有关规定。

1.0.6 民用建筑工程室内环境污染控制除应符合本规范的规定外，尚应符合国家现行的有关标准的规定。

2　术语和符号

2.1　术　语

2.1.1 民用建筑工程　civil building engineering

民用建筑工程指新建、扩建和改建的民用建筑结构工程和装修工程的统称。

2.1.2 环境测试舱　environmental test chamber

模拟室内环境测试建筑材料和装修材料的污染物释放量的设备。

2.1.3 表面氡析出率　radon exhalation rate from the surface

单位面积、单位时间土壤或材料表面析出的氡的放射性活度。

2.1.4 内照射指数（I_{Ra}）　internal exposure index

建筑材料中天然放射性核素镭-226 的放射性比活度，除以比活度限量值 200 而得的商。

2.1.5 外照射指数（I_γ）　external exposure index

建筑材料中天然放射性核素镭-226、钍-232 和钾-40 的放射性比活度，分别除以比活度限量值 370、260、4200 而得的商之和。

2.1.6 氡浓度　radon concentration

单位体积空气中氡的放射性活度。

2.1.7 人造木板　wood-based panels

以植物纤维为原料，经机械加工分离成各种形状的单元材料，再经组合并加入胶粘剂压制而成的板材，包括胶合板、纤维板、刨花板等。

2.1.8 饰面人造木板　decorated wood-based panels

以人造木板为基材，经涂饰或复合装饰材料面层后的板材。

2.1.9 水性涂料　water-based coatings

以水为稀释剂的涂料。

2.1.10 水性胶粘剂　water-based adhesives

以水为稀释剂的胶粘剂。

2.1.11 水性处理剂　water-based treatment agents

以水作为稀释剂，能浸入建筑材料和装修材料内部，提高其阻燃、防水、防腐等性能的液体。

2.1.12 溶剂型涂料　solvent-thinned coatings

以有机溶剂作为稀释剂的涂料。

2.1.13 溶剂型胶粘剂　solvent-thinned adhesives

以有机溶剂作为稀释剂的胶粘剂。

2.1.14 游离甲醛释放量　content of released formaldehyde

在环境测试舱法或干燥器法的测试条件下，材料释放游离甲醛的量。

2.1.15 游离甲醛含量　content of free formaldehyde

在穿孔法的测试条件下，材料单位质量中含有游离甲醛的量。

2.1.16 总挥发性有机化合物　total volatile organic compounds

在本规范规定的检测条件下，所测得空气中挥发性有机化合物的总量。简称 TVOC。

2.1.17 挥发性有机化合物　volatile organic compound

在本规范规定的检测条件下，所测得材料中挥发性有机化合物的总量。简称 VOC。

2.2　符　号

I_{Ra}——内照射指数；

I_γ——外照射指数；

C_{Ra}——建筑材料中天然放射性核素镭-226 的放射性比活度；

C_{Th}——建筑材料中天然放射性核素钍-232 的放射性比活度；

C_K——建筑材料中天然放射性核素钾-40 的放射性比活度，贝可/千克（Bq/kg）；

f_i——第 i 种材料在材料总用量中所占的质量百分比（%）；

I_{Rai}——第 i 种材料的内照射指数；

$I_{\gamma i}$——第 i 种材料的外照射指数。

3　材　料

3.1　无机非金属建筑主体材料和装修材料

3.1.1 民用建筑工程所使用的砂、石、砖、砌块、水泥、混凝土、混凝土预制构件等无机非金属建筑主体材料的放射性限量，应符合表 3.1.1 的规定。

表 3.1.1　无机非金属建筑主体材料的放射性限量

测定项目	限　量
内照射指数 I_{Ra}	≤1.0
外照射指数 I_γ	≤1.0

3.1.2 民用建筑工程所使用的无机非金属装修材料，包括石材、建筑卫生陶瓷、石膏板、吊顶材料、无机瓷质砖粘结材料等，进行分类时，其放射性限量应符合表 3.1.2 的规定。

表 3.1.2　无机非金属装修材料放射性限量

测定项目	限　量	
	A	B
内照射指数 I_{Ra}	≤1.0	≤1.3
外照射指数 I_γ	≤1.3	≤1.9

3.1.3 民用建筑工程所使用的加气混凝土和空心率（孔洞率）大于 25% 的空心砖、空心砌块等建筑主体材料，其放射性限量应符合表 3.1.3 的规定。

表 3.1.3　加气混凝土和空心率（孔洞率）大于 25%
的建筑主体材料放射性限量

测定项目	限　量
表面氡析出率[Bq/(m²·s)]	≤0.015
内照射指数 I_{Ra}	≤1.0
外照射指数 I_γ	≤1.3

3.1.4 建筑主体材料和装修材料放射性核素的检测方法应符合现行国家标准《建筑材料放射性核素限量》GB 6566 的有关规定，表面氡析出率的检测方法应符合本规范附录 A 的规定。

3.2 人造木板及饰面人造木板

3.2.1 民用建筑工程室内用人造木板及饰面人造木板，必须测定游离甲醛含量或游离甲醛释放量。

3.2.2 当采用环境测试舱法测定游离甲醛释放量，并依此对人造木板进行分级时，其限量应符合现行国家标准《室内装饰装修材料 人造板及其制品中甲醛释放限量》GB 18580 的规定，见表 3.2.2。

表 3.2.2 环境测试舱法测定游离甲醛释放量限量

级 别	限量（mg/m³）
E_1	≤0.12

3.2.3 当采用穿孔法测定游离甲醛含量，并依此对人造木板进行分级时，其限量应符合现行国家标准《室内装饰装修材料 人造板及其制品中甲醛释放限量》GB 18580 的规定。

3.2.4 当采用干燥器法测定游离甲醛释放量，并依此对人造木板进行分级时，其限量应符合现行国家标准《室内装饰装修材料 人造板及其制品中甲醛释放限量》GB 18580 的规定。

3.2.5 饰面人造木板可采用环境测试舱法或干燥器法测定游离甲醛释放量，当发生争议时应以环境测试舱法的测定结果为准；胶合板、细木工板宜采用干燥器法测定游离甲醛释放量；刨花板、纤维板等宜采用穿孔法测定游离甲醛含量。

3.2.6 环境测试舱法测定游离甲醛释放量，宜按本规范附录 B 进行。

3.2.7 采用穿孔法及干燥器法进行检测时，应符合现行国家标准《室内装饰装修材料 人造板及其制品中甲醛释放限量》GB 18580 的规定。

3.3 涂 料

3.3.1 民用建筑工程室内用水性涂料和水性腻子，应测定游离甲醛的含量，其限量应符合表 3.3.1 的规定。

表 3.3.1 室内用水性涂料和水性腻子中游离甲醛限量

测定项目	限 量	
	水性涂料	水性腻子
游离甲醛（mg/kg）	≤100	

3.3.2 民用建筑工程室内用溶剂型涂料和木器用溶剂型腻子，应按其规定的最大稀释比例混合后，测定 VOC 和苯、甲苯＋二甲苯＋乙苯的含量，其限量应符合表 3.3.2 的规定。

表 3.3.2 室内用溶剂型涂料和木器用溶剂型腻子中
VOC、苯、甲苯＋二甲苯＋乙苯限量

涂料类别	VOC（g/L）	苯（%）	甲苯＋二甲苯＋乙苯（%）
醇酸类涂料	≤500	≤0.3	≤5
硝基类涂料	≤720	≤0.3	≤30
聚氨酯类涂料	≤670	≤0.3	≤30
酚醛防锈漆	≤270	≤0.3	—
其他溶剂型涂料	≤600	≤0.3	≤30
木器用溶剂型腻子	≤550	≤0.3	≤30

3.3.3 聚氨酯漆测定固化剂中游离二异氰酸酯（TDI、HDI）的含量后，应按其规定的最小稀释比例计算出聚氨酯漆中游离二异氰酸酯（TDI、HDI）含量，且不应大于 4g/kg。测定方法宜符合现行国家标准《色漆和清漆用漆基 异氰酸酯树脂中二异氰酸酯（TDI）单体的测定》GB/T 18446 的有关规定。

3.3.4 水性涂料和水性腻子中游离甲醛含量的测定方法，宜符合现行国家标准《室内装饰装修材料 内墙涂料中有害物质限量》GB 18582 有关的规定。

3.3.5 溶剂型涂料中挥发性有机化合物（VOC）、苯、甲苯＋二甲苯＋乙苯含量测定方法，宜符合本规范附录 C 的规定。

3.4 胶 粘 剂

3.4.1 民用建筑工程室内用水性胶粘剂，应测定挥发性有机化合物（VOC）和游离甲醛的含量，其限量应符合表 3.4.1 的规定。

表 3.4.1 室内用水性胶粘剂中 VOC 和游离甲醛限量

测定项目	限 量			
	聚乙酸乙烯酯胶粘剂	橡胶类胶粘剂	聚氨酯类胶粘剂	其他胶粘剂
挥发性有机化合物（VOC）（g/L）	≤110	≤250	≤100	≤350
游离甲醛（g/kg）	≤1.0	≤1.0	—	≤1.0

3.4.2 民用建筑工程室内用溶剂型胶粘剂，应测定挥发性有机化合物（VOC）、苯、甲苯＋二甲苯的含量，其限量应符合表 3.4.2 的规定。

表 3.4.2 室内用溶剂型胶粘剂中 VOC、
苯、甲苯＋二甲苯限量

项 目	限 量			
	氯-丁橡胶胶粘剂	SBS胶粘剂	聚氨酯类胶粘剂	其他胶粘剂
苯（g/kg）	≤5.0			
甲苯＋二甲苯（g/kg）	≤200	≤150	≤150	≤150
挥发性有机物（VOC）（g/L）	≤700	≤650	≤700	≤700

3.4.3 聚氨酯胶粘剂应测定游离甲苯二异氰酸酯（TDI）的含量，按产品推荐的最小稀释量计算出聚氨酯漆中游离甲苯二异氰酸酯（TDI）含量，且不应大于 4g/kg。测定方法宜符合现行国家标准《室内装饰装修材料 胶粘剂中有害物质限量》GB 18583 的规定。

3.4.4 水性胶粘剂中游离甲醛、挥发性有机化合物（VOC）含量的测定方法，宜符合现行国家标准《室内装饰装修材料 胶粘剂中有害物质限量》GB 18583 的规定。

3.4.5 溶剂型胶粘剂中挥发性有机化合物（VOC）、苯、甲苯＋二甲苯含量测定方法，宜符合本规范附录 C 的规定。

3.5 水性处理剂

3.5.1 民用建筑工程室内用水性阻燃剂（包括防火涂料）、防水剂、防腐剂等水性处理剂，应测定游离甲醛的含量，其限量应符合表 3.5.1 的规定。

表 3.5.1 室内用水性处理剂中游离甲醛限量

测定项目	限 量
游离甲醛（mg/kg）	≤100

3.5.2 水性处理剂中游离甲醛含量的测定方法，宜按现行国家标准《室内装饰装修材料 内墙涂料中有害物质限量》GB 18582 的方法进行。

3.6 其 他 材 料

3.6.1 民用建筑工程中所使用的能释放氨的阻燃剂、混凝土外加剂，氨的释放量不应大于 0.10%，测定方法应符合现行国家标准《混凝土外加剂中释放氨的限量》GB 18588 的有关规定。

3.6.2 能释放甲醛的混凝土外加剂，其游离甲醛含量不应大于 500mg/kg，测定方法应符合现行国家标准《室内装饰装修材料 内墙涂料中有害物质限量》GB 18582 的有关规定。

3.6.3 民用建筑工程中使用的粘合木结构材料，游离甲醛释放量不应大于 0.12mg/m³，其测定方法应符合本规范附录 B 的有关规定。

3.6.4 民用建筑工程室内装修时，所使用的壁布、帷幕等游离甲醛释放量不应大于 0.12mg/m³，其测定方法应符合本规范附录 B 的有关规定。

3.6.5 民用建筑工程室内用壁纸中甲醛含量不应大于 120mg/kg,测定方法应符合现行国家标准《室内装饰装修材料 壁纸中有害物质限量》GB 18585 的有关规定。

3.6.6 民用建筑工程室内用聚氯乙烯卷材地板中挥发物含量测定方法应符合现行国家标准《室内装饰装修材料 聚氯乙烯卷材地板中有害物质限量》GB 18586 的规定,其限量应符合表 3.6.6 的有关规定。

表 3.6.6 聚氯乙烯卷材地板中挥发物限量

名 称		限量(g/m²)
发泡类卷材地板	玻璃纤维基材	≤75
	其他基材	≤35
非发泡类卷材地板	玻璃纤维基材	≤40
	其他基材	≤10

3.6.7 民用建筑工程室内用地毯、地毯衬垫中总挥发性有机化合物和游离甲醛的释放量测定方法应符合本规范附录 B 的规定,其限量应符合表 3.6.7 的有关规定。

表 3.6.7 地毯、地毯衬垫中有害物质释放限量

名 称	有害物质项目	限量(mg/m²·h)	
		A 级	B 级
地毯	总挥发性有机化合物	≤0.500	≤0.600
	游离甲醛	≤0.050	≤0.050
地毯衬垫	总挥发性有机化合物	≤1.000	≤1.200
	游离甲醛	≤0.050	≤0.050

4 工程勘察设计

4.1 一般规定

4.1.1 新建、扩建的民用建筑工程设计前,应进行建筑工程所在城市区域土壤中氡浓度或土壤表面氡析出率调查,并提交相应的调查报告。未进行过区域土壤中氡浓度或土壤表面氡析出率测定的,应进行建筑场地土壤氡浓度或土壤氡析出率测定,并提供相应的检测报告。

4.1.2 民用建筑工程设计应根据建筑物的类型和用途控制装修材料的使用量。

4.1.3 民用建筑工程的室内通风设计,应符合现行国家标准《民用建筑设计通则》GB 50352 的有关规定,对于采用中央空调的民用建筑工程,新风量应符合现行国家标准《公共建筑节能设计标准》GB 50189 的有关规定。

4.1.4 采用自然通风的民用建筑工程,自然间的通风开口有效面积不应小于该房间地板面积的 1/20。夏热冬冷地区、寒冷地区、严寒地区等 I 类民用建筑工程需要长时间关闭门窗使用时,房间应采取通风换气措施。

4.2 工程地点土壤中氡浓度调查及防氡

4.2.1 新建、扩建的民用建筑工程的工程地质勘察资料,应包括工程所在城市区域土壤氡浓度或土壤表面氡析出率测定历史资料及土壤氡浓度或土壤表面氡析出率平均值数据。

4.2.2 已进行过土壤中氡浓度或土壤表面氡析出率区域性测定的民用建筑工程,当土壤氡浓度测定结果平均值不大于 10000Bq/m³ 或土壤表面氡析出率测定结果平均值不大于 0.02Bq/(m²·s),且工程场所所在地点不存在地质断裂构造时,可不再进行土壤氡浓度测定;其他情况均应进行工程场地土壤氡浓度或土壤表面氡析出率测定。

4.2.3 当民用建筑工程场地土壤氡浓度不大于 20000Bq/m³ 或土壤表面氡析出率不大于 0.05Bq/(m²·s)时,可不采取防氡工程

措施。

4.2.4 当民用建筑工程场地土壤氡浓度测定结果大于 20000Bq/m³,且小于 30000Bq/m³,或土壤表面氡析出率大于 0.05Bq/(m²·s)且小于 0.1Bq/(m²·s)时,应采取建筑物底层地面抗开裂措施。

4.2.5 当民用建筑工程场地土壤氡浓度测定结果大于或等于 30000Bq/m³,且小于 50000Bq/m³,或土壤表面氡析出率大于或等于 0.1Bq/(m²·s)且小于 0.3Bq/(m²·s)时,除采取建筑物底层地面抗开裂措施外,还必须按现行国家标准《地下工程防水技术规范》GB 50108 中的一级防水要求,对基础进行处理。

4.2.6 当民用建筑工程场地土壤氡浓度大于或等于 50000Bq/m³ 或土壤表面氡析出率平均值大于或等于 0.3Bq/(m²·s)时,应采取建筑物综合防氡措施。

4.2.7 当 I 类民用建筑工程场地土壤中氡浓度大于或等于 50000Bq/m³,或土壤表面氡析出率大于或等于 0.3Bq/(m²·s)时,应进行工程场地土壤中的镭-226、钍-232、钾-40 比活度测定。当内照射指数(I_{Ra})大于 1:0 或外照射指数($I_γ$)大于 1.3 时,工程场地土壤不得作为工程回填土使用。

4.2.8 民用建筑工程场地土壤中氡浓度测定方法及土壤表面氡析出率测定方法应符合本规范附录 E 的规定。

4.3 材料选择

4.3.1 民用建筑工程室内不得使用国家禁止使用、限制使用的建筑材料。

4.3.2 I 类民用建筑工程室内装修采用的无机非金属装修材料必须为 A 类。

4.3.3 II 类民用建筑工程宜采用 A 类无机非金属装修材料;当 A 类和 B 类无机非金属装修材料混合使用时,每种材料的使用量应按下式计算:

$$\sum f_i \cdot I_{Rai} \leqslant 1.0 \quad (4.3.3-1)$$

$$\sum f_i \cdot I_{γi} \leqslant 1.3 \quad (4.3.3-2)$$

式中:f_i——第 i 种材料在材料总用量中所占的质量百分比(%);

I_{Rai}——第 i 种材料的内照射指数;

$I_{γi}$——第 i 种材料的外照射指数。

4.3.4 I 类民用建筑工程的室内装修,采用的人造木板及饰面人造木板必须达到 E_1 级要求。

4.3.5 II 类民用建筑工程的室内装修,采用的人造木板及饰面人造木板宜达到 E_1 级要求;当采用 E_2 级人造木板时,直接暴露于空气的部位应进行表面涂覆密封处理。

4.3.6 民用建筑工程的室内装修,所采用的涂料、胶粘剂、水性处理剂,其苯、甲苯和二甲苯、游离甲醛、游离甲苯二异氰酸酯(TDI)、挥发性有机化合物(VOC)的含量,应符合本规范的规定。

4.3.7 民用建筑工程室内装修时,不应采用聚乙烯醇水玻璃内墙涂料、聚乙烯醇缩甲醛内墙涂料和树脂以硝化纤维素为主,溶剂以二甲苯为主的水包油型(O/W)多彩内墙涂料。

4.3.8 民用建筑工程室内装修时,不应采用聚乙烯醇缩甲醛类胶粘剂。

4.3.9 民用建筑工程室内装修中所使用的木地板及其他木质材料,严禁采用沥青、煤焦油类防腐、防潮处理剂。

4.3.10 I 类民用建筑工程室内装修粘贴塑料地板时,不应采用溶剂型胶粘剂。

4.3.11 II 类民用建筑工程中地下室及不与室外直接自然通风的房间粘贴塑料地板时,不宜采用溶剂型胶粘剂。

4.3.12 民用建筑工程中,不应在室内采用脲醛树脂泡沫塑料作为保温、隔热和吸声材料。

5 工程施工

5.1 一般规定

5.1.1 建设、施工单位应按设计要求及本规范的有关规定,对所用建筑材料和装修材料进行进场抽查复验。

5.1.2 当建筑材料和装修材料进场检验,发现不符合设计要求及本规范的有关规定时,严禁使用。

5.1.3 施工单位应按设计要求及本规范的有关规定进行施工,不得擅自更改设计文件要求。当需要更改时,应按规定程序进行设计变更。

5.1.4 民用建筑工程室内装修,当多次重复使用同一设计时,宜先做样板间,并对其室内环境污染物浓度进行检测。

5.1.5 样板间室内环境污染物浓度的检测方法,应符合本规范第6章的有关规定。当检测结果不符合本规范的规定时,应查找原因并采取相应措施进行处理。

5.2 材料进场检验

5.2.1 民用建筑工程中,建筑主体采用的无机非金属材料和建筑装修采用的花岗岩、瓷质砖、磷石膏制品必须有放射性指标检测报告,并应符合本规范第3章、第4章要求。

5.2.2 民用建筑工程室内饰面采用的天然花岗岩石材或瓷质砖使用面积大于200m²时,应对不同产品、不同批次材料分别进行放射性指标的抽查复验。

5.2.3 民用建筑工程室内装修中所采用的人造木板及饰面人造木板,必须有游离甲醛含量或游离甲醛释放量检测报告,并应符合设计要求和本规范的有关规定。

5.2.4 民用建筑工程室内装修中采用的人造木板或饰面人造木板面积大于500m²时,应对不同产品、不同批次材料的游离甲醛含量或游离甲醛释放量分别进行抽查复验。

5.2.5 民用建筑工程室内装修中所采用的水性涂料、水性胶粘剂、水性处理剂必须有同批次产品的挥发性有机化合物(VOC)和游离甲醛含量检测报告;溶剂型涂料、溶剂型胶粘剂必须有同批次产品的挥发性有机化合物(VOC)、苯、甲苯十二甲苯、游离甲苯二异氰酸酯(TDI)含量检测报告,并应符合设计要求和本规范的有关规定。

5.2.6 建筑材料和装修材料的检测项目不全或对检测结果有疑问时,必须将材料送有资格的检测机构进行检验,检验合格后方可使用。

5.3 施工要求

5.3.1 采取防氡设计措施的民用建筑工程,其地下工程的变形缝、施工缝、穿墙管(盒)、埋设件、预留孔洞等特殊部位的施工工艺,应符合现行国家标准《地下工程防水技术规范》GB 50108的有关规定。

5.3.2 Ⅰ类民用建筑工程当采用异地土作为回填土时,该回填土应进行镭-226、钍-232、钾-40的比活度测定。当内照射指数(I_{Ra})不大于1.0和外照射指数(I_r)不大于1.3时,方可使用。

5.3.3 民用建筑工程室内装修时,严禁使用苯、工业苯、石油苯、重质苯及混苯作为稀释剂和溶剂。

5.3.4 民用建筑工程室内装修施工时,不应使用苯、甲苯、二甲苯和汽油进行除油和清除旧油漆作业。

5.3.5 涂料、胶粘剂、水性处理剂、稀释剂和溶剂等使用后,应及时封闭存放,废料应及时清出。

5.3.6 民用建筑工程室内严禁使用有机溶剂清洗施工用具。

5.3.7 采暖地区的民用建筑工程,室内装修施工不宜在采暖期内进行。

5.3.8 民用建筑工程室内装修中,进行饰面人造木板拼接施工时,对达不到E₁级的芯板,应对其断面及无饰面部位进行密封处理。

5.3.9 壁纸(布)、地毯、装饰板、吊顶等施工时,应注意防潮,避免覆盖局部潮湿区域。空调冷凝水导排应符合现行国家标准《采暖通风与空气调节设计规范》GB 50019的有关规定。

6 验收

6.0.1 民用建筑工程及室内装修工程的室内环境质量验收,应在工程完工至少7d以后、工程交付使用前进行。

6.0.2 民用建筑工程及其室内装修工程验收时,应检查下列资料:

1 工程地质勘察报告、工程地点土壤中氡浓度或氡析出率检测报告、工程地点土壤天然放射性核素镭-226、钍-232、钾-40含量检测报告;

2 涉及室内新风量的设计、施工文件,以及新风量的检测报告;

3 涉及室内环境污染控制的施工图设计文件及工程设计变更文件;

4 建筑材料和装修材料的污染物检测报告、材料进场检验记录、复验报告;

5 与室内环境污染控制有关的隐蔽工程验收记录、施工记录;

6 样板间室内环境污染物浓度检测报告(不做样板间的除外)。

6.0.3 民用建筑工程所用建筑材料和装修材料的类别、数量和施工工艺等,应符合设计要求和本规范的有关规定。

6.0.4 民用建筑工程验收时,必须进行室内环境污染物浓度检测,其限量应符合表6.0.4的规定。

表6.0.4 民用建筑工程室内环境污染物浓度限量

污染物	Ⅰ类民用建筑工程	Ⅱ类民用建筑工程
氡(Bq/m³)	≤200	≤400
甲醛(mg/m³)	≤0.08	≤0.1
苯(mg/m³)	≤0.09	≤0.09
氨(mg/m³)	≤0.2	≤0.2
TVOC(mg/m³)	≤0.5	≤0.6

注:1 表中污染物浓度测量值,除氡外均指室内测量值扣除同步测定的室外上风向空气测量值(本底值)后的测量值。

2 表中污染物浓度测量值的极限值判定,采用全数值比较法。

6.0.5 民用建筑工程验收时,采用集中中央空调的工程,应进行室内新风量的检测,检测结果应符合设计要求和现行国家标准《公共建筑节能设计标准》GB 50189的有关规定。

6.0.6 民用建筑工程室内空气中氡的检测,所选用方法的测量结果不确定度不应大于25%,方法的探测下限不应大于10Bq/m³。

6.0.7 民用建筑工程室内空气中甲醛的检测方法,应符合现行国家标准《公共场所空气中甲醛测定方法》GB/T 18204.26中酚试剂分光光度法的规定。

6.0.8 民用建筑工程室内空气中甲醛检测,也可采用简便取样仪器检测方法,甲醛简便取样仪器应定期进行校准,测量结果在0.01mg/m³~0.60mg/m³测量范围内的不确定度应小于20%。当发生争议时,应以现行国家标准《公共场所空气中甲醛测定方法》GB/T 18204.26中酚试剂分光光度法的测定结果为准。

6.0.9 民用建筑工程室内空气中苯的检测方法,应符合本规范附录F的规定。

6.0.10 民用建筑工程室内空气中氨的检测方法,应符合现行国家标准《公共场所空气中氨测定方法》GB/T 18204.25中靛酚蓝分光光度法的规定。

6.0.11 民用建筑工程室内空气中总挥发性有机化合物（TVOC）的检测方法，应符合本规范附录 G 的规定。

6.0.12 民用建筑工程验收时，应抽检每个建筑单体有代表性的房间室内环境污染物浓度，氡、甲醛、氨、苯、TVOC 的抽检量不得少于房间总数的 5%，每个建筑单体不得少于 3 间，当房间总数少于 3 间时，应全数检测。

6.0.13 民用建筑工程验收时，凡进行了样板间室内环境污染物浓度检测且检测结果合格的，抽检量减半，并不得少于 3 间。

6.0.14 民用建筑工程验收时，室内环境污染物浓度检测点数应按表 6.0.14 设置。

表 6.0.14 室内环境污染物浓度检测点数设置

房间使用面积（m²）	检测点数（个）
<50	1
≥50,<100	2
≥100,<500	不少于 3
≥500,<1000	不少于 5
≥1000,<3000	不少于 6
≥3000	每 1000m² 不少于 3

6.0.15 当房间内有 2 个及以上检测点时，应采用对角线、斜线、梅花状均衡布点，并取各点检测结果的平均值作为该房间的检测值。

6.0.16 民用建筑工程验收时，环境污染物浓度现场检测点应距内墙面不小于 0.5m，距楼地面高度 0.8m～1.5m。检测点应均匀分布，避开通风道和通风口。

6.0.17 民用建筑工程室内环境中甲醛、苯、氨、总挥发性有机化合物（TVOC）浓度检测时，对采用集中空调的民用建筑工程，应在空调正常运转的条件下进行；对采用自然通风的民用建筑工程，检测应在对外门窗关闭 1h 后进行。对甲醛、氨、苯、TVOC 取样检测时，装饰装修工程中完成的固定式家具，应保持正常使用状态。

6.0.18 民用建筑工程室内环境中氡浓度检测时，对采用集中空调的民用建筑工程，应在空调正常运转的条件下进行；对采用自然通风的民用建筑工程，应在房间的对外门窗关闭 24h 以后进行。

6.0.19 当室内环境污染物浓度的全部检测结果符合本规范表 6.0.4 的规定时，应判定该工程室内环境质量合格。

6.0.20 当室内环境污染物浓度检测结果不符合本规范的规定时，应查找原因并采取措施进行处理。采取措施进行处理后的工程，可对不合格项进行再次检测。再次检测时，抽检量应增加 1 倍，并应包含同类型房间及原不合格房间。再次检测结果全部符合本规范的规定时，应判定为室内环境质量合格。

6.0.21 室内环境质量验收不合格的民用建筑工程，严禁投入使用。

附录 A　材料表面氡析出率测定

A.1　仪器直接测定建筑材料表面氡析出率

A.1.1 建筑材料表面氡析出率的测定仪器包括取样与测量两部分，工作原理分为被动收集型和主动抽气采集型两种。测量装置应符合下列规定：

1　连续 10h 测量探测下限不应大于 0.001Bq/(m²·s)；

2　不确定度不应大于 20%；

3　仪器应在刻度有效期内；

4　测量温度应为 25℃±5℃；相对湿度应为 45%±15%。

A.1.2 被动收集型测定仪器表面氡析出率测定步骤应包括：

1　清理被测材料表面，将采气容器平扣在平整表面上，使收集器端面与被测材料表面间密封，被测表面积（m²）与测定仪器的

采气容器容积（m³）之比为 2:1。

2　测量时间 1h 以上，根据氡析出率大小决定是否延长测量时间。

3　仪器表面氡析出率测量值乘以仪器刻度系数后的结果，为材料表面氡析出率测量值。

A.1.3 主动抽气采集型测定建筑材料表面氡析出率步骤应包括：

1　被测试块准备：使被测样品表面积（m²）与抽气采集容器（抽气采集容器或盛装被测试块容器）内净空间（即抽气采集容器内容积，或盛装被测试块容器内容积减去被测试块的外形体积后的净空间）容积（m³）之比为 2:1；清理被测试块表面，准备测量。

2　测量装置准备：抽气采集容器（或盛装被测试块容器）与测量仪器气路连接到位。试块测试前，测量气路系统内干净空气氡浓度本底值并记录。

3　将被测试块及测量装置摆放到位，使抽气采集容器（抽气采集容器或盛装被测试块容器）密封，直至测量结束。

4　准备就绪后即开始测量并计时，试块测量时间在 2h 以上、10h 以内。

5　试块的表面氡析出率 ε 应按照下式进行计算：

$$\varepsilon = \frac{c \cdot V}{S \cdot T} \qquad (A.1.3)$$

式中　ε——试块表面氡析出率[Bq/(m²·s)]；

　　　c——测量装置系统内的空气氡浓度（Bq/m³）；

　　　V——测量系统内净空间容积（抽气采集容器内容积，或盛装被测试块容器内容积减去被测试块的外形体积后的净空间）（m³）；

　　　S——被测试块的外表面积（m²）；

　　　T——从开始测量到测量结束经历的时间（s）。

A.2　活性炭盒法测定建筑材料表面氡析出率

A.2.1 建筑材料表面氡析出率活性炭测量方法应符合现行国家标准《建筑物表面氡析出率的活性炭测量方法》GB/T 16143 的有关规定。

附录 B　环境测试舱法测定材料中游离甲醛、TVOC 释放量

B.0.1 环境测试舱的容积应为 1m³～40m³。

B.0.2 环境测试舱的内壁材料应采用不锈钢、玻璃等惰性材料建造。

B.0.3 环境测试舱的运行条件应符合下列规定：

1　温度：23℃±1℃；

2　相对湿度：45%±5%；

3　空气交换率：(1±0.05) 次/h；

4　被测样品表面附近空气流速：0.1m/s～0.3m/s；

5　人造木板、粘合木结构材料、壁布、帷幕的表面积与环境测试舱容积之比应为 1:1，地毯、地毯衬垫的面积与环境测试舱容积之比应为 0.4:1；

6　测定材料的 TVOC 和游离甲醛释放量前，环境测试舱内洁净空气中 TVOC 含量不应大于 0.01mg/m³、游离甲醛含量不应大于 0.01mg/m³。

B.0.4 测试应符合下列规定：

1　测定饰面人造木板时，用于测试的板材均应用不含甲醛的胶带进行边沿密封处理；

2　人造木板、粘合木结构材料、壁布、帷幕应垂直放在环境测试舱内的中心位置，材料之间距离不应小于 200mm，并与气流方向平行；

3 地毯、地毯衬垫应正面向上平铺在环境测试舱底,使空气气流均匀地从试样表面通过;

4 环境测试舱法测试人造木板或粘合木结构材料的游离甲醛释放量,应每天测试 1 次。当连续 2d 测试浓度下降不大于 5% 时,可认为达到了平衡状态。以最后 2 次测试值的平均值作为材料游离甲醛释放量测定值;如果测试第 28d 仍然达不到平衡状态,可结束测试,以第 28d 的测试结果作为游离甲醛释放量测定值;

5 环境测试舱法测试地毯、地毯衬垫、壁布、帷幕的 TVOC 或游离甲醛释放量,试样在试验条件下,在测试舱内持续放置时间应为 24h。

B.0.5 环境测试舱内的气体取样分析时,应将气体抽样系统与环境测试舱的气体出口相连后再进行采样。

B.0.6 材料中 TVOC 释放量测定的采样体积应为 10L,测试方法应符合本规范附录 G 的规定,同时应扣除环境测试舱的本底值。

B.0.7 材料中游离甲醛释放量测定的采样体积为 10L~20L,测试方法应符合现行国家标准《公共场所空气中甲醛测定方法》GB/T 18204.26 中酚试剂分光光度法的规定,同时应扣除环境测试舱的本底值。

B.0.8 地毯、地毯衬垫的 TVOC 或游离甲醛释放量应按下式进行计算:

$$EF=C_s(N/L) \qquad (B.0.8)$$

式中:EF——舱释放量[mg/(m² · h)];

C_s——舱浓度(mg/m³);

N——舱空气交换率(h⁻¹);

L——材料/舱负荷比(m²/m³)。

附录 C 溶剂型涂料、溶剂型胶粘剂中挥发性有机化合物(VOC)、苯系物含量测定

C.1 溶剂型涂料、溶剂型胶粘剂中挥发性有机化合物(VOC)含量测定

C.1.1 溶剂型涂料、溶剂型胶粘剂应分别测定其密度及不挥发物的含量,并计算挥发性有机化合物(VOC)的含量。

C.1.2 不挥发物的含量应按现行国家标准《色漆、清漆和塑料 不挥发物含量的测定》GB/T 1725 的方法进行测定。

C.1.3 密度应按现行国家标准《色漆和清漆 密度的测定-比重瓶法》GB/T 6750 提供的方法进行测定。

C.1.4 样品中 VOC 的含量,应按下式进行计算:

$$C_{VOC}=\frac{\omega_1-\omega_2}{\omega_1}\rho_s\times1000 \qquad (C.1.4)$$

式中:C_{VOC}——样品中挥发性有机化合物含量(g/L);

ω_1——样品质量(g);

ω_2——不挥发物质量(g);

ρ_s——样品在 23℃时的密度(g/mL)。

C.2 溶剂型涂料中苯、甲苯+二甲苯+乙苯含量测定

C.2.1 仪器及设备应包括:

1 带有氢火焰离子化检测器的气相色谱仪;

2 长度 30m~50m,内径 0.32mm 或 0.53mm 石英柱、内涂覆二甲基聚硅氧烷、膜厚 1μm~5μm 的毛细管柱;柱操作条件为程序升温,初始温度为 50℃,保持 10min,升温速率 10℃/min~20℃/min,温度升至 250℃,保持 2min;

3 容积为 10mL、20mL 或 60mL 的顶空瓶;

4 恒温箱;

5 1μL、10μL、1mL 注射器若干个。

C.2.2 试剂及材料应包括:

1 含苯为 20.00mg/mL 的标准溶液,以及浓度均为 500.00mg/mL 的甲苯、二甲苯、乙苯(单组分)标准溶液(或色谱纯苯、甲苯、二甲苯、乙苯);

2 20mm×70mm 的定量滤纸条;

3 载气为氮气(纯度不应小于 99.99%)。

C.2.3 样品测定应包括下列步骤:

1 标准系列制备:取 5 只顶空瓶,将滤纸条放入顶空瓶后密封;用微量注射器准确吸取适量的标准溶液,注射在瓶内的滤纸条上,使苯的含量分别为 0.300mg、0.600mg、0.900mg、1.200mg、1.800mg;使甲苯、二甲苯、乙苯(单组分)的含量均分别为 2.00mg、5.00mg、10.00mg、25.00mg、50.00mg。

2 样品制备:取装有滤纸条的顶空瓶称重,精确到 0.0001g,应将样品(约 0.2g)涂在滤纸条上,密封后称重,精确到 0.0001g,两次称重的差值为样品质量。

3 将上述标准品系列及样品,置于 40℃恒温箱中平衡 4h,并取 0.20mL 顶空气作气相色谱分析,记录峰面积。

4 应以峰面积为纵坐标,分别以苯、甲苯、二甲苯、乙苯质量为横坐标,绘制标准曲线图。

5 应从标准曲线上查得样品中苯、甲苯、二甲苯、乙苯的质量。

C.2.4 计算方法应符合下列规定:

1 样品中苯的质量分数应按下式计算:

$$C_1=\frac{m_1}{W}\times100 \qquad (C.2.4-1)$$

式中:C_1——样品中苯的质量分数(%);

m_1——被测样品中苯的质量(g);

W——样品的质量(g)。

2 样品中甲苯+二甲苯+乙苯的质量分数应按下式计算:

$$C_2=\frac{m_2+m_3+m_4}{W}\times100 \qquad (C.2.4-2)$$

式中:C_2——样品中甲苯+二甲苯+乙苯的质量分数(%);

m_2——被测样品中甲苯的质量(g);

m_3——被测样品中二甲苯的质量(g);

m_4——被测样品中乙苯的质量(g);

W——样品的质量(g)。

C.3 溶剂型胶粘剂中苯、甲苯+二甲苯含量测定

C.3.1 仪器及设备应包括:

1 带有氢火焰离子化检测器的气相色谱仪;

2 长度 30m~50m,内径 0.32mm 或 0.53mm 石英柱、内涂覆二甲基聚硅氧烷、膜厚 1μm~5μm 的毛细管柱;柱操作条件为程序升温,初始温度为 50℃,保持 10min,升温速率 10℃/min~20℃/min,温度升至 250℃,保持 2min;

3 容积为 10mL、20mL 或 60mL 的顶空瓶;

4 恒温箱;

5 1μL、10μL、1mL 注射器若干个。

C.3.2 试剂及材料应包括:

1 含苯为 20.00mg/mL 的标准溶液,以及浓度均为 500.00mg/mL 的甲苯、二甲苯(单组分)标准溶液;

2 20mm×70mm 的定量滤纸条;

3 载气为氮气(纯度不应小于 99.99%)。

C.3.3 样品测定应包括下列步骤:

1 标准系列制备:取 5 只顶空瓶,将滤纸条放入顶空瓶后密封;用微量注射器准确吸取适量的标准溶液,注射在瓶内的滤纸条上,使苯的含量分别为 0.300mg、0.600mg、0.900mg、1.200mg、1.800mg;使甲苯、二甲苯(单组分)的含量均分别为 2.00mg、5.00mg、10.00mg、25.00mg、50.00mg。

2 样品制备:取装有滤纸条的顶空瓶称重,精确到 0.0001g,应将样品(约 0.2g)涂在滤纸条上,密封后称重,精确到 0.0001g,

两次称重的差值为样品质量。

3 将上述标准品系列及样品，置于40℃恒温箱中平衡4h，并取0.20mL顶空气作气相色谱分析，记录峰面积。

4 应以峰面积为纵坐标，分别以苯、甲苯、二甲苯质量为横坐标，绘制标准曲线图。

5 应从标准曲线上查得样品中苯、甲苯、二甲苯的质量。

C.3.4 计算方法如下：

1 样品中苯的质量分数应按下式计算：

$$C_1 = \frac{m_1}{W} \times 100 \qquad (C.3.4-1)$$

式中：C_1——样品中苯的质量分数（%）；
m_1——被测样品中苯的质量（g）；
W——样品的质量（g）。

2 样品中甲苯＋二甲苯的质量分数应按下式计算：

$$C_2 = \frac{m_2 + m_3}{W} \times 100 \qquad (C.3.4-2)$$

式中：C_2——样品中甲苯＋二甲苯的质量分数（%）；
m_2——被测样品中甲苯的质量（g）；
m_3——被测样品中二甲苯的质量（g）；
W——样品的质量（g）。

附录D 新建住宅建筑设计与施工中氡控制要求

D.0.1 建筑物底层宜设计为架空层，隔绝土壤氡进入室内。

D.0.2 当民用建筑工程有地下室设计时，应利用地下室采取防氡措施，隔绝土壤氡进入室内。

D.0.3 架空层底板或地下室的地板应采取以下措施减少开裂：

1 在地板（底板）里预埋钢筋编织网；

2 添加纤维类材料增强抗开裂性能；

3 加强养护以确保浇筑混凝土的质量。

D.0.4 架空层底板或地下室的地板所有管孔及开口结合部应选用密封剂进行堵塞。

D.0.5 架空层底板或地下室的地板下宜配合采用土壤降压处理法进行防氡（图D.0.5），设计施工注意事项应包括下列内容：

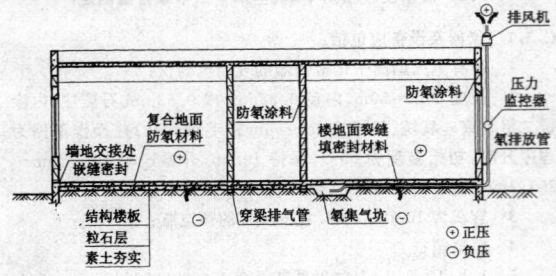

图 D.0.5 土壤降压法系统图

1 在底板下连续铺设一层 100mm～150mm 高的卵石或粒石，其粒径在 12mm～25mm 之间；

2 底板下空间被地梁或地垄墙分隔成若干空间时，在地梁或地垄墙上要预留洞口或穿梁排气管来打断这种分隔，消除对气流的阻碍，保证底板下气流通畅；

3 在排氡分区中央设置 1200mm×1200mm×200mm 的集气坑；

4 安装直径为 100mm～150mm 的 PVC 排氡管，从集气坑引至室外并延伸到屋面以上，排气口周边 7.5m 范围内不得设置进风口；

5 在排氡管末端安装排风机；

6 设置报警装置：当系统非正常运行、底板空间的负压不能

满足系统需求时，系统会发出警报，提示工作人员对系统的运行进行检查。

D.0.6 采用集中中央空调的民用建筑，宜加大室内新风量供应。

D.0.7 采用自然通风的民用建筑，宜加强自然通风，必要时采取机械通风。

D.0.8 民用建筑工程中所采用的防氡复合地面材料宜具有高弹性、高强度、耐老化、耐酸、耐碱、抗渗透等性能。

D.0.9 民用建筑工程所采用的墙面防氡涂料及腻子宜具有较好的耐久性、耐潮湿性、粘结力、延伸性。

附录E 土壤中氡浓度及土壤表面氡析出率测定

E.1 土壤中氡浓度测定

E.1.1 土壤中氡气的浓度可采用电离室法、静电收集法、闪烁瓶法、金硅面垒型探测器等方法进行测量。

E.1.2 测试仪器性能指标应包括：

1 工作温度应为：－10℃～40℃之间；

2 相对湿度不应大于 90%；

3 不确定度不应大于 20%；

4 探测下限不应大于 400Bq/m³。

E.1.3 测量区域范围应与工程地质勘察范围相同。

E.1.4 在工程地质勘察范围内布点时，应以间距 10m 作网格，各网格点即为测试点，当遇较大石块时，可偏离±2m，但布点数不应少于 16 个。布点位置应覆盖基础工程范围。

E.1.5 在每个测试点，应采用专用钢钎打孔。孔的直径宜为 20mm～40mm，孔的深度宜为 500mm～800mm。

E.1.6 成孔后，应使用头部有气孔的特制的取样器，插入打好的孔中，取样器在靠近地表处应进行密闭，避免大气渗入孔中，然后进行抽气。宜根据抽气阻力大小抽气 3 次～5 次。

E.1.7 所采集土壤间隙中的空气样品，宜采用静电扩散法、电离室法或闪烁瓶法、高压收集金硅面垒型探测器测量法等方法测定现场土壤氡浓度。

E.1.8 取样测试时间宜在 8：00～18：00 之间，现场取样测试工作不应在雨天进行，如遇雨天，应在雨后 24h 后进行。

E.1.9 现场测试应有记录，记录内容应包括：测试点布设图，成孔点土壤类别，现场地表状况描述，测试前 24h 以内工程地点的气象状况等。

E.1.10 地表土壤氡浓度测试报告的内容应包括：取样测试过程描述、测试方法、土壤氡浓度测试结果等。

E.2 土壤表面氡析出率测定

E.2.1 土壤表面氡析出率测量所需仪器设备应包括取样设备、测量设备。取样设备的形状应为盆状，工作原理分为被动收集型和主动抽气采集型两种。现场测量设备应满足以下工作条件要求：

1 工作温度范围应为：－10℃～40℃；

2 相对湿度不应大于 90%；

3 不确定度不应大于 20%；

4 探测下限不应大于 0.01Bq/（m²·s）。

E.2.2 测量步骤应符合下列规定：

1 按照"E.1 土壤中氡浓度测定"的要求，首先在建筑场地按 20m×20m 网格布点，网格点交叉处进行土壤氡析出率测量。

2 测量时，需清扫采样点地面，去除腐殖质、杂草及石块，把取样器扣在平整后的地面上，并用泥土对取样器周围进行密封，防止漏气，准备就绪后，开始测量并开始计时（t）。

3 土壤表面氡析出率测量过程中，应注意控制下列几个环

节：

1）使用聚集罩时，罩口与介质表面的接缝处当封堵，避免罩内氡向外扩散（一般情况下，可在罩沿周边培一圈泥土，即可满足要求）。对于从罩内抽取空气测量的仪器类型来说，必须更加注意。

2）被测介质表面应平整，保证各个测量点过程中罩内空间的体积不出现明显变化。

3）测量的聚集时间等参数应与仪器测量灵敏度相适应，以保证足够的测量准确度。

4）测量应在无风或微风条件下进行。

E.2.3 被测地面的氡析出率应按下式进行计算：

$$R = \frac{N_t \cdot V}{S \cdot T} \qquad (E.2.3)$$

式中：R——土壤表面氡析出率[Bq/(m²·s)]；

N_t——t 时刻得到的罩内氡浓度(Bq/m³)；

S——聚集罩所罩住的介质表面的面积(m²)；

V——聚集罩所罩住的罩内容积(m³)；

T——测量经历的时间(s)。

E.3 城市区域性土壤氡水平调查方法

E.3.1 测点布置应符合下列规定：

1 在城市区域应按 2km×2km 网格布置测点，部分中小城市可按 1km×1km 网格布置测点。因地形、建筑等原因测点位置可偏移，但最好不超过 200m。

2 每个城市测点数量应在 100 个左右。

3 应尽量使用 1：50000～1：100000（或更大比例尺）地形（地质）图和全球卫星定位仪(GPS)，确定测点位置并在图上标注。

E.3.2 调查方法应满足下列要求：

1 调查前应制订方案，准备好测量仪器和其他工具。仪器在使用前应进行标定，如使用两台或两台以上仪器进行调查，最好所用仪器同时进行标定，以保证仪器量值的一致性。

2 测点定位：调查测点位置应用 GPS 定位，同时应对地理位置进行简要描述。

3 测量深度：调查打孔深度统一定为 500mm～800mm，孔径 20mm～40mm。

4 测量次数：每一测点应重复测量 3 次，以算术平均值作为该点氡浓度（或每一测点在 3m² 范围内打三个孔，每孔测一次求平均值）。

5 其他测量要求（如天气）和测量过程中需要记录的事项应按本规范附录 E.1 的规定执行。

E.3.3 调查的质量保证应符合下列规定：

1 仪器使用前应按仪器说明书检查仪器稳定性（如测量标准 α 源、电路自检等方法）。

2 使用两台以上的仪器工作时应检查仪器的一致性，一般两台仪器测量结果的相对标准偏差应小于 25%。

应挑选 10% 左右测点进行复查测量，复查测量结果应一并反映在测量原始数据表中。

E.3.4 城市区域土壤氡调查报告的主要内容应包括以下内容：

1 城市地质概况、放射性本底概况、土壤概况；

2 测点布置说明及测点分布图；

3 测量仪器、方法介绍；

4 测量过程描述；

5 测量结果，包括原始数据、平均值、标准偏差等，如有可能绘制城市土壤浓度等值线图；

6 测量结果的质量评价包括仪器的日常稳定性检查、仪器的标定和比对工作、仪器的质量监控图制作。

附录 F 室内空气中苯的测定

F.0.1 空气中苯应用活性炭管进行采集，然后经热解吸，用气相色谱法分析，以保留时间定性，峰面积定量。

F.0.2 仪器及设备应符合下列规定：

1 恒流采样器：在采样过程中流量应稳定，流量范围应包含 0.5L/min，并且当流量为 0.5L/min 时，应能克服 5kPa～10kPa 的阻力，此时用皂膜流量计校准系统流量，相对偏差不应大于 ±5%。

2 热解吸装置：能对吸附管进行热解吸，解吸温度、载气流速可调。

3 配备有氢火焰离子化检测器的气相色谱仪。

4 毛细管柱或填充柱：毛细管柱长为 30m～50m 的石英柱，内径为 0.53mm 或 0.32mm，内涂覆二甲基聚硅氧烷或其他非极性材料。填充柱长 2m、内径 4mm 不锈钢柱，内填充聚乙二醇 6000－6201 担体(5：100)固定相。

5 容量为 1μL、10μL 的注射器若干个。

F.0.3 试剂和材料应符合下列规定：

1 活性炭吸附管应为内装 100mg 椰子壳活性炭吸附剂的玻璃管或内壁光滑的不锈钢管。使用前应通氮气加热活化，活化温度为 300℃～350℃，活化时间不应少于 10min，活化至无杂质峰为止；当流量为 0.5L/min 时，阻力应在 5kPa～10kPa 之间。

2 苯标准溶液或苯标准气体。

3 载气应为氮气，纯度不应小于 99.99%。

F.0.4 采样注意事项应包括下列内容：

1 应在采样地点打开吸附管，与空气采样器入气口垂直连接，调节流量在 0.5L/min 的范围内，应用皂膜流量计校准采样系统的流量，采集约 10L 空气，应记录采样时间、采样流量、温度和大气压。

2 采样后，取下吸附管，应密封吸附管的两端，做好标识，放入可密封的金属或玻璃容器中。样品可保存 5d。

3 采集室外空气空白样时，应与采集室内空气样品同步进行，地点宜选择在室外上风向处。

F.0.5 气相色谱分析条件可选用以下推荐值，也可根据实验室条件选定其他最佳分析条件：

1 填充柱温度为 90℃ 或毛细管柱温度为 60℃；

2 检测室温度为 150℃；

3 汽化室温度为 150℃；

4 载气为氮气。

F.0.6 气相色谱分析配制标准系列方法应包括下列内容：

1 气体外标法配制标准系列方法：应分别准确抽取浓度约 1mg/m³ 的标准气体 100mL、200mL、400mL、1L 、2L 通过吸附管，然后用热解吸气相色谱法分析吸附管标准系列样品。

2 液体外标法配制标准系列方法：应抽取标准溶液 1μL～5μL 注入活性炭吸附管，分别制备苯含量为 0.05μg、0.1μg、0.5μg、1.0μg、2.0μg 的标准吸附管，同时用 100mL/min 的氮气通过吸附管，5min 后取下并密封，作为吸附管标准系列样品。

F.0.7 气相色谱分析步骤：

采用热解吸直接进样的气相色谱法。将标准吸附管和样品吸附管分别置于热解吸直接进样装置中，经过 300℃～350℃ 解吸后，将解吸气体经由进样阀直接进入气相色谱仪进行色谱分析，应以保留时间定性、以峰面积定量。

F.0.8 所采空气样品中苯的浓度，应按下式进行计算：

$$C = \frac{m - m_0}{V} \qquad (F.0.8-1)$$

式中：C——所采空气样品中苯浓度(mg/m^3)；

m——样品管中苯的量(μg)；

m_o——未采样管中苯的量(μg)；

V——空气采样体积(L)。

所采空气样品中苯的浓度，还应按下式换算成标准状态下的浓度：

$$C_c = C \times \frac{101.3}{P} \times \frac{t+273}{273} \qquad (F.0.8-2)$$

式中：C_c——标准状态下所采空气样品中苯的浓度(mg/m^3)；

P——采样时采样点的大气压力(kPa)；

t——采样时采样点的温度(℃)。

注：当与挥发性有机化合物有相同或几乎相同的保留时间的组分干扰测定时，宜通过选择适当的色谱条件，将干扰减少到最低。

附录 G 室内空气中总挥发性有机化合物(TVOC)的测定

G.0.1 室内空气中总挥发性有机化合物(TVOC)应按以下步骤进行测定：

1 应用 Tenax-TA 吸附管采集一定体积的空气样品；

2 通过热解吸装置加热吸附管，并得到 TVOC 的解吸气体；

3 将 TVOC 的解吸气体注入气相色谱仪进行色谱分析，以保留时间定性、以峰面积定量。

G.0.2 室内空气中总挥发性有机化合物(TVOC)测定所需仪器及设备应符合下列规定：

1 恒流采样器：在采样过程中流量应稳定，流量范围应包含 0.5 L/min，并且当流量为 0.5L/min 时，应能克服 5kPa～10kPa 之间的阻力，此时用皂膜流量计校准系统流量时，相对偏差不应大于±5%；

2 热解吸装置：能对吸附管进行热解吸，其解吸温度及载气流速应可调。

3 配备带有氢火焰离子化检测器的气相色谱仪。

4 石英毛细管柱：长度应为 30m～50m，内径应为 0.32mm 或 0.53mm，柱内涂覆二甲基聚硅氧烷的膜厚应为 1μm～5μm；柱操作条件应为程序升温，初始温度应为 50℃，保持 10min，升温速率 5℃/min，温度升至 250℃，保持 2min。

5 1μL、10μL 注射器若干个。

G.0.3 试剂和材料应符合下列规定：

1 Tenax-TA 吸附管可为玻璃管或内壁光滑的不锈钢管，管内装有 200mg 粒径为 0.18mm～0.25mm(60 目～80 目)的 Tenax-TA 吸附剂。使用前应通氮气加热活化，活化温度应高于解吸温度，活化时间不应少于 30min，活化至无杂质峰为止，当流量为 0.5L/min 时，阻力应在 5kPa～10kPa 之间；

2 苯、甲苯、对(间)二甲苯、邻二甲苯、苯乙烯、乙苯、乙酸丁酯、十一烷的标准溶液或标准气体；

3 载气应为氮气，纯度不应小于 99.99%。

G.0.4 采样要求应符合下列规定：

1 应在采样地点打开吸附管，然后与空气采样器入气口垂直连接，应调节流量在 0.5L/min 的范围内，然后用皂膜流量计校准采样系统的流量，采样约 10L 空气，应记录采样时间及采样流量、采样温度和大气压。

2 采样后取下吸附管，应密封吸附管的两端并做好标记，然后放入可密封的金属或玻璃容器中，并应尽快分析，样品最长可保存 14d。

3 采集室外空气空白样品应与采集室内空气样品同步进行，地点宜选择在室外上风向处。

G.0.5 标准系列制备注意事项：

1 根据实际情况可选用气体外标法或液体外标法。

2 当选用气体外标法时，应分别准确抽取气体组分浓度约为 1mg/m³ 的标准气体 100mL、200mL、400mL、1L、2L，使标准气体通过吸附管，以完成标准系列制备。

3 当选用液体外标法时，首先应抽取标准溶液 1μL～5μL，在有 100mL/min 的氮气通过吸附管情况下，将各组分含量为 0.05μg、0.1μg、0.5μg、1.0μg、2.0μg 的标准溶液分别注入 Tenax-TA 吸附管，5min 后应将吸附管取下并密封，以完成标准系列制备。

G.0.6 采用热解吸直接进样的气相色谱法。将吸附管置于热解吸直接进样装置中，经温度范围为 280℃～300℃ 充分解吸后，使解吸气体直接由进样阀快速进入气相色谱仪进行色谱分析，以保留时间定性、以峰面积定量。

G.0.7 用热解吸气相色谱法分析吸附管标准系列时，应以各组分的含量(μg)为横坐标，以峰面积为纵坐标，分别绘制标准曲线，并计算回归方程。

G.0.8 样品分析时，每支样品吸附管应按与标准系列相同的热解吸气相色谱分析方法进行分析，以保留时间定性、以峰面积定量。

G.0.9 所采空气样品中的浓度计算应符合下列规定：

1 所采空气样品中各组分的浓度应按下式进行计算：

$$C_m = \frac{m_i - m_o}{V} \qquad (G.0.9-1)$$

式中：C_m——所采空气样品中 i 组分的浓度(mg/m^3)；

m_i——样品管中 i 组分的质量(μg)；

m_o——未采样管中 i 组分的量(μg)；

V——空气采样体积(L)。

空气样品中各组分的浓度还应按下式换算成标准状态下的浓度：

$$C_c = C_m \times \frac{101.3}{P} \times \frac{t+273}{273} \qquad (G.0.9-2)$$

式中：C_c——标准状态下所采空气样品中 i 组分的浓度(mg/m^3)；

P——采样时采样点的大气压力(kPa)；

t——采样时采样点的温度(℃)。

2 所采空气样品中总挥发性有机化合物(TVOC)的浓度应按下式进行计算：

$$C_{TVOC} = \sum_{i=1}^{i=n} C_c \qquad (G.0.9-3)$$

式中：C_{TVOC}——标准状态下所采空气样品中总挥发性有机化合物(TVOC)的浓度(mg/m^3)。

注：1 对未识别的峰，应以甲苯的响应系数来定量计算。

2 当与挥发性有机化合物有相同或几乎相同的保留时间的组分干扰测定时，宜通过选择适当的气相色谱柱，或通过使用更严格地选择吸收管和调节分析系统的条件，将干扰减少到最低。

3 依据实验室条件，可等同采用国际标准《Indoor air-Part 6：Determination of volatile organic compounds in indoor and test chamber air by active sampling on Tenax TA® sorbent, thermal desorption and gas chromatography using MS/FID》ISO 16000—6：2004，《Indoor, ambient and workplace air-Sampling and analysis of volatile organic compounds by sorbent tube/thermal desorption/capillary gas chromatography-Part 1：Pumped sampling》ISO 16017-1：2000 等先进方法分析室内空气中的 TVOC。

本规范用词说明

1 为便于在执行本规范条文时区别对待，对要求严格程度不同的用词说明如下：

1)表示很严格，非这样做不可的：

正面词采用"必须"，反面词采用"严禁"；

2）表示严格，在正常情况下均应这样做的：
　　正面词采用"应"，反面词采用"不应"或"不得"；
3）表示允许稍有选择，在条件许可时首先应这样做的：
　　正面词采用"宜"，反面词采用"不宜"；
4）表示有选择，在一定条件下可以这样做的，采用"可"。
　2　条文中指明应按其他有关标准执行的写法为："应符合……的规定"或"应按……执行"。

引用标准名录

《采暖通风与空气调节设计规范》GB 50019
《地下工程防水技术规范》GB 50108

《公共建筑节能设计标准》GB 50189
《民用建筑设计通则》GB 50352
《色漆、清漆和塑料　不挥发物含量的测定》GB/T 1725
《建筑材料放射性核素限量》GB 6566
《色漆和清漆　密度的测定-比重瓶法》GB/T 6750
《建筑物表面氡析出率的活性炭测量方法》GB/T 16143
《公共场所空气中氨测定方法》GB/T 18204.25
《公共场所空气中甲醛测定方法》GB/T 18204.26
《色漆和清漆用漆基　异氰酸酯树脂中二异氰酸酯（TDI）单体的规定》GB/T 18446
《室内装饰装修材料　人造板及其制品中甲醛释放限量》GB 18580
《室内装饰装修材料　内墙涂料中有害物质限量》GB 18582
《室内装饰装修材料　胶粘剂中有害物质限量》GB 18583
《混凝土外加剂中释放氨的限量》GB 18588

民用建筑工程室内环境污染控制规范

GB 50325—2010

条 文 说 明

修 订 说 明

《民用建筑工程室内环境污染控制规范》GB 50325—2010 经住房和城乡建设部 2010 年 8 月 18 日以第 756 号公告批准发布。

修订后的"规范"新增内容有：

1. 提出了建筑物通风的新风量要求，这将对防止一味追求建筑节能而忽视室内空气质量的倾向发挥积极作用；

2. 提出了无机孔隙建筑材料（装修材料）测量氡析出率的要求，这将对降低室内氡浓度、保障人民群众身体健康发挥作用；

3. 对涂料、胶粘剂等建筑装修材料增加提出了甲苯、二甲苯等含量限量要求，加强了室内有机污染防治；

4. 细化了室内空气取样测量过程，并提出了更为严格、具体的技术要求，这将有利于提高取样测量的可操作性和测量结果的准确性等。

总之，修订后的"规范"将提升我国民用建筑工程室内环境污染控制与改善的技术水平。

虽然"规范"本次修订已经完成，但还有不少问题需要进一步研究解决，例如：①如何解决在保证检测质量的前提下，合理简化室内环境污染物检测，使室内环境污染检测易于进入千家万户的问题（目前 TVOC 等污染物取样测量过程复杂、周期长、成本过高）；②如何解决建筑节能与室内空所质量改善协调发展，以及如何科学地进行新风量测定等问题；③如何解决既推动室内环境污染治理技术发展、又科学评定污染治理效果的问题；④如何加强高氡地区规划管理、防氡降氡设计施工规范化管理及建筑材料氡析出测量技术研究，切实提高我国室内氡污染防治控制水平等。我们希望几年后再一次对"规范"进行修订时，多数问题能够得到解决，以适应我国不断发展的社会经济和人民生活水平提高的需要。

为了广大设计、施工、科研、学校等单位有关人员在使用本规范时能理解和执行条文规定，《民用建筑工程室内环境污染控制规范》编制组按章、节、条顺序编制了本标准的条文说明，对条文规定的目的、依据以及执行中需注意的有关事项进行了说明，还着重对强制性条文的强制性理由作了解释。但是，本条文说明不具备与标准正文同等的法律效力，仅供使用者作为理解和把握标准规定的参考。

目　次

1 总　则

1.0.1 本规范对建筑材料和装修材料用于民用建筑工程时，为控制由其产生的室内环境污染，从工程勘察设计、工程施工、工程检测及工程验收等各阶段提出了规范性要求。

1.0.2 规范适用于民用建筑工程（无论是土建或是装修）的室内环境污染控制，不适用于室外，也不适用于诸如墙体、水塔、蓄水池等构筑物，及医院手术室等有特殊卫生净化要求的房间。

关于建筑装修，目前有几种习惯说法，如建筑装饰、建筑装饰装修、建筑装潢等，唯建筑装修与实际工程内容更为符合。另外，国务院发布的《建筑工程质量管理条例》所采用的词语为"装修"，因此，本规范决定采用"装修"一词，即本规范中所说的建筑装修，既包括建筑装饰，也包括建筑装潢。

本规范所称室内环境污染系指由建筑材料和装修材料产生的室内环境污染。至于工程交付使用后的生活环境、工作环境等室内环境污染问题，如由燃烧、烹调和吸烟等所造成的污染，不属本规范控制之列。

1.0.3 近年来，国内外对室内环境污染进行了大量研究，已经检测到的有毒有害物质达数百种，常见的也有 10 种以上，其中绝大部分为有机物，另还有氨、氡气等。非放射性污染主要来源于各种人造板材、涂料、胶粘剂、处理剂等化学建材类建筑材料产品，这些材料会在常温下释放出许多种有毒有害物质，从而造成空气污染；放射性污染（氡）主要来自无机建筑材料，还与工程地点的地质情况有关系。

在拟订本"规范"过程中，我们在参考国内外大量研究成果的基础上，进行了大量验证性测试。测试结果表明，在我国目前发展水平下，对氡、甲醛、氨、苯及总挥发性有机化合物（TVOC）、游离甲苯二异氰酸酯（TDI，在固化剂中）等环境污染物进行控制是适宜的。理由是：①这几种污染物对身体危害较大，如甲醛、氨对人有强烈刺激性，对人的肺功能、肝功能及免疫功能等都会产生一定的影响；游离甲苯二异氰酸酯会引起肺损伤；氡、苯、甲醛及挥发性有机物中的多种成分都具有一定的致癌性等；②由于挥发性较强，空气中挥发量较多，在我们组织的验证性调查中也时常检出，且社会上各方面反响比较大。作为我国第一部民用建筑室内环境污染控制规范，将这几种污染物首先列为控制对象，与国内已开展此类研究的专家学者的意见相一致。

规范主要通过限制材料中长寿命天然放射性同位素镭-226、钍-232、钾-40 的比活度，来实现对室内放射性污染物氡的控制。

自然界中任何天然的岩石、砂子、土壤以及各种矿石，无不含有天然放射性核素，主要是铀、钍、镭、钾等长寿命放射性同位素。一般来讲，室内的放射性污染主要是来自这些长寿命的放射性核素。

居室内对人体危害最大的，是这些长寿命的放射性核素放射的 γ 射线和氡。人类每年所受到的天然放射性的照射剂量大约 2.5mS，～3mS，其中氡的内照射危害大约占了一半，因此控制氡对人的危害，对于控制天然放射性照射具有很大的意义。

氡主要有 4 个放射性同位素：氡-222、氡-220、氡-219、氡-218，因为氡-220、氡-219、氡-218 三个同位素在自然界中的含量比氡-222 少得多（低 3 个量级），所以氡-222 对人体的危害最大。

氡对人的危害主要是氡衰变过程中产生的半衰期比较短的，具有 α、β 放射性的子体产物：钋-218、铅-214、铋-214、钋-214，这些子体粒子吸附在空气中飘尘上形成气溶胶，被人体吸入后，沉积于体内，它们放射出的 α、β 粒子对人体，尤其是上呼吸道、肺部产生很强的内照射。

根据放射理论计算和国内外大量实际测试研究结果，表明只

要控制了镭-226、钍-232、钾-40 这三种放射性同位素，也就可以控制放射性同位素对室内环境带来的内、外照射危害。

只要建筑物所使用的建筑材料和装修材料符合有关国家限值要求及本规范的要求，由建筑材料和装修材料释放出来的氡，就不会使室内的氡含量超过规定限值。

1.0.4 本条是将建筑物本身的功能与现行国家标准中已有的化学指标综合考虑后作出的分类。一方面，根据甲醛指标形成自然分类见表 1。另一方面，根据人们在其中停留时间的长短，同时考虑到建筑物内污染物积累的可能性（与空间大小有关），将民用建筑分为两类，分别提出不同要求。住宅、老年建筑、医院病房、幼儿园和学校教室等，人们在其中停留的时间较长，且老幼体弱者居多，是我们首先应当关注的，一定要严格要求，定为 I 类。其他如旅馆、办公楼、文化娱乐场所、商场、公共交通等候室、餐厅、理发店等，要么一般人们在其中停留的时间较少，要么在其中停留（工作）的以健康人群居多，因此，定为 II 类。分类既有利于减少污染物对人体健康影响，又有利于建筑材料的合理利用，降低工程成本，促进建筑材料工业的健康发展。

本条所说民用建筑的分类均指单体建筑，对于一个建筑物中出现不同功能分区的情况，例如，许多住宅楼（I 类）的下层作为商店设计使用（II 类）的情况，或者办公楼（II 类）的上层作为住宅设计使用（I 类）的情况等，其室内环境污染控制应有所区别，即按照实际使用功能提出不同要求。

表 1　根据甲醛指标形成的自然分类

标准名称	标准号	甲醛指标	适用的民用建筑	类别
《旅店业卫生标准》	GB 9663	≤0.12mg/m³	各类旅店客房	II
《文化娱乐场所卫生标准》	GB 9664	≤0.12mg/m³	影剧院(俱乐部)、音乐厅、录像厅、游艺厅、舞厅(包括卡拉 OK 歌厅)、酒吧、茶座、咖啡厅及多功能文化娱乐场所等	II
《理发店、美容店卫生标准》	GB 9666	≤0.12mg/m³	理发店、美容店	II
《体育馆卫生标准》	GB 9668	≤0.12mg/m³	观众座位在 1000 个以上的体育馆	II
《图书馆、博物馆、美术馆和展览馆卫生标准》	GB 9669	≤0.12mg/m³	图书馆、博物馆、美术馆和展览馆	II
《商场、书店卫生标准》	GB 9670	≤0.12mg/m³	城市营业面积在 300m² 以上和县、乡、镇营业面积在 200m² 以上的室内场所、书店	II
《医院候诊室卫生标准》	GB 9671	≤0.12mg/m³	区、县级以上的候诊室(包括挂号、取药等候室)	II
《公共交通等候室卫生标准》	GB 9672	≤0.12mg/m³	特等和一、二等站的火车候车室，二等以上的候船室，机场候机室和二等以上的长途汽车站候车室	II
《饭馆(餐厅)卫生标准》	GB 16153	≤0.12mg/m³	有空调装置的饭馆(餐厅)	II
《居室空气中甲醛的卫生标准》	GB/1627	≤0.08mg/m³	各类城乡住宅	I

1.0.5 本条为强制性条文。规范控制的室内环境污染主要来自建筑材料和装修材料中污染物的释放，因此，建筑材料和装修材料必须符合本规范的要求成为执行的关键。"规范"发布近 10 年来，虽然"规范"在全国的贯彻执行工作已取得了很大进展，但由于种种原因，目前在许多地方仍未全面执行，因此，本次规范修订中，原强制性条文基本全部保留。

1.0.6 本条属一般规定。

2　术语和符号

2.1.2 环境测试舱是目前欧美国家普遍采用的一种测试设备，主要用于建筑材料有害物释放量测试，例如木制板材、地毯、壁纸等的甲醛释放量测试，可以直接提供甲醛释放量数据。舱容积有

$1m^3 \sim 40m^3$ 不等。大舱的舱体接近于房间大小,可进行整块板材的测试,模拟程度高,测试结果接近实际,但造价较高,运行成本也较高;小舱只能进行小样品测试,代表性差,但造价较低,运行成本也较低。

3 材 料

3.1 无机非金属建筑主体材料和装修材料

3.1.1 本条为强制性条文,必须严格执行。建筑材料中所含的长寿命天然放射性核素,会放射 γ 射线,直接对室内构成外照射危害。γ 射线外照射危害的大小与建筑材料中所含的放射性同位素的比活度直接相关,还与建筑物空间大小、几何形状、放射性同位素在建筑材料中的分布均匀性等相关。

目前,国内外普遍认同的意见是:将建筑材料的内、外照射问题一并考虑,经过理论推导、简化计算,提出了一个控制内、外照射的统一数学模式,即:

$$I_{Ra} \leqslant 1 \qquad (1)$$
$$I_\gamma \leqslant 1 \qquad (2)$$

本条文说明参考了如下文献:

[1] OECD, NEA, Exposure to Radiation from the Natural Radioactivity in Building Materials. Report by an NEA, Group of Experts. 1979, 1-34.

[2] Karpov V1, et al, Estimation of Indoor Gamma Dose Rate. Healthphys. 1980, 38 (5).

[3] Krisiuk ZM, et al. Study and Standardization of the Radioactivity of Building Materials. In ERDA-tr 250, 1976, 1-62.

民用建筑工程中使用的无机非金属建筑主体材料制品(如商品混凝土、预制构件等),如所使用的原材料(水泥、沙石等)的放射性指标合格,制品可不再进行放射性指标检验。

凡能同时满足公式(1)、(2)要求的建筑材料,即为控制氡-222的内照射危害及 γ 外照射危害达到了"可以合理达到的尽可能低水平",即在长期连续的照射中,公众个人所受到的电离辐射照射的年有效剂量当量不超过1mSv。我国早在1986年已经接受了这一概念,并依此形成了我国的《建筑材料放射性核素限量》GB 6566等国家标准。

3.1.2 本条为强制性条文,必须严格执行。无机非金属建筑装修材料制品(包括石材),连同无机粘接材料一起,主要用于贴面材料,由于材料使用总量(以质量计)比较少,因而适当放宽了对该类材料的放射性环境指标的限制。不满足 A 类装修材料要求,而同时满足内照射指数(I_{Ra})不大于1.3和外照射指数(I_γ)不大于1.9要求的为 B 类装修材料。

3.1.3 加气混凝土和空心率(孔洞率)大于25%的空心砖、空心砌块等建筑主体材料,氡的析出率比外形相同的实心材料大许多倍,有必要增加氡的析出率限量要求[不大于0.015Bq/(m² • s)]。另外,同体积的这些材料中,由于放射性物质减少25%以上,因此,内照射指数(I_{Ra})不大于1.0和外照射指数(I_γ)不大于1.3时,使用范围不受限制。

3.1.4 材料表面氡析出率检测方法有多种,目前,我国无建筑材料表面氡析出率检测方法的全面标准,因此,在专项研究的基础上,编制了附录 A。

3.2 人造木板及饰面人造木板

3.2.1 本条为强制性条文,必须严格执行。民用建筑工程使用的人造木板及饰面人造木板是造成室内环境中甲醛污染的主要来源之一。目前国内生产的板材大多采用廉价的脲醛树脂胶粘剂,这类胶粘剂粘接强度较低,加入过量的甲醛可提高粘接强度。以往,

由于胶合板、细木工板等人造木板国家标准没有甲醛释放量限制,许多人造木板生产厂就是采用多加甲醛这种低成本方法使粘接强度达标的。有关部门对市场销售的人造木板抽查发现甲醛释放量超过欧洲 EMB 工业标准 A 级品几十倍。由于人造木板中甲醛释放持续时间长、释放量大,对室内环境中甲醛超标起着决定作用,如果不从材料上严加控制,要使室内甲醛浓度达标是不可能的。因此,必须测定游离甲醛含量或释放量,便于控制和选用。

3.2.2 ~ 3.2.8 环境测试舱法可以直接测得各类板材释放到空气中的游离甲醛浓度,"穿孔法"可以测试板材中所含的游离甲醛的总量,"干燥器"法可以测试板材释放到空气中游离甲醛浓度。在实际应用中,三者各有优缺点。从工程需要而言,环境测试舱法提供的数据可能更接近实际一些,因而,美国规定采用环境测试舱法,已不再采用"穿孔法",但环境测试舱法的测试周期长、运行费用高,目前在板材生产过程中,各类板材均采用环境测试舱法进行分类难以做到。故本规范优先在进口量很大的饰面人造木板上采用环境测试舱法测定游离甲醛释放量,有利于和国际接轨。

"穿孔法"测定人造木板中的游离甲醛含量是国内外传统方法,考虑到我国生产厂家较普遍采用"穿孔法"的实际情况,本规范保留刨花板、中密度纤维板采用"穿孔法"测定游离甲醛含量,并依此进行分类的做法。"穿孔法"按现行国家标准《室内装饰装修材料 人造板及其制品中甲醛释放限量》GB 18580 的规定进行。

饰面人造木板是预先在工厂对人造木板表面进行涂饰或复合面层,不但可避免现场涂饰产生大量有害气体,而且可有效地封闭人造木板中的甲醛向外释放,是欧美国家鼓励采用的材料。但是如果用"穿孔法"测定饰面人造木板中的游离甲醛含量,则封闭甲醛向外释放的作用体现不出来,不利于能有效降低室内环境污染的饰面人造木板发展。而环境测试舱法可以接近实际地测得饰面人造木板的甲醛释放量,故规定饰面人造木板用环境测试舱法测定游离甲醛释放量。环境测试舱法测定人造板材的 A 类限值,取自德国标准的 E_1 级和中国环境标志产品技术要求《人造木质板材》HJBZ 37—1999 规定的木地板甲醛释放量,为不大于0.12mg/ m³。由于饰面人造木板在施工时除断面外不再会采取降低甲醛释放量的措施,所以不设 E_2 类饰面人造木板。

胶合板、细木工板采用"穿孔法"测定游离甲醛含量时,因在溶剂中浸泡不完全,而影响测试结果。采用"干燥器"法可以解决这个问题,且该方法操作简单易行,测试时间短,所得数据为游离甲醛释放量。E_1 类和 E_2 类限值系参考国家人造板检测中心提供的数据制定。"干燥器"法按现行国家标准《室内装饰装修材料 人造板及其制品中甲醛释放限量》GB 18580 的规定进行,试样四边不含甲醛的铝胶带密封。

3.3 涂 料

3.3.1 水性涂料挥发性有害物质较少,尤其是住房和城乡建设部等部门淘汰以聚乙烯醇缩甲醛为胶结材料的水性涂料后,污染室内环境的游离甲醛有可能大幅度降低。

欧共体生态标准(1999/10/EC)规定:光泽值≤45($\alpha=60°$)的涂料,VOC≤30g/L;光泽值≥45($\alpha=60°$)的涂料,VOC≤200g/L(涂布量大于15m²/L的,VOC≤250g/L)。

重金属属于接触污染,与本规范这次要控制的五种有害气体污染没有直接的关系,故在产品标准中规定控制指标比较合适。水性墙面涂料和水性墙面腻子中 VOC 含量不要求在工程过程中复验。

因此,本规范规定室内用水性墙面涂料和水性墙面腻子中游离甲醛限量不大于100mg/kg,与有关标准基本一致。

3.3.2 室内用溶剂型涂料和木器用溶剂型腻子含有大量挥发性有机化合物,现场施工时对室内环境污染很大,但数小时即可挥发90%以上,1周后就很少挥发了。因此,在避免居民休息时间进行涂饰施工、增加与室外通风换气、加强施工防护措施的前提下,

目前仍可使用符合国家现行标准的室内用溶剂型涂料。随着新材料、新技术的发展，将逐步采用低毒性、低挥发量的涂料。现行溶剂型涂料标准大多有固含量指标，本规范在考虑稀释和密度的因素后，换算成 VOC 指标，与有关标准一致，便于生产质量管理。

室内溶剂涂料和木器用溶剂型腻子中苯质量分数指标不得超过 0.3%。

3.3.3 聚氨酯漆中含有毒性较大的二异氰酸酯（TDI、HDI），本规范与《室内装饰装修材料 溶剂型木器涂料中有害物质限量》GB 18581—2009 的规定一致，要求游离 TDI 含量应不大于 4g/kg，测定方法应符合现行国家标准《色漆和清漆用漆基 异氰酸酯树脂中二异氰酸酯（TDI）单体的测定》GB/T 18446 的规定。

3.3.4 水性墙面涂料和水性墙面腻子中 VOC 含量不要求在工程过程中复验。

3.5 水性处理剂

3.5.1、3.5.2 水性阻燃剂主要有溴系有机化合物阻燃整理剂（固含量不小于 55%）、聚磷酸铵阻燃整理剂（固含量不小于 55%）、聚磷酸铵阻燃剂和氨基树脂木材防火浸渍剂等，其中氨基树脂木材防火浸渍剂含有大量甲醛和氨水，不适合室内用。防水剂、防腐剂、防虫剂等处理中也有可能出现甲醛过量的情况，要对室内用水性处理剂加以控制。

水性处理剂中 VOC 含量不要求在工程过程中复验。

由于水性处理剂与水性涂料接近，故游离甲醛含量定为不大于 0.1g/kg。测定方法与水性涂料相同。

3.6 其他材料

3.6.1 本条为强制性条文，必须严格执行。混凝土外加剂中的防冻剂采用能挥发氨气的氨水、尿素、硝铵等后，建筑物内氨气严重污染的情况将会发生，有关部门已规定不允许使用这类防冻剂。但同样可能释放出氨气的织物和木材用阻燃剂却未引起大家的足够重视，随着室内建筑装修防火水平的提高，有必要预防可能出现的室内阻燃剂挥发氨气造成的污染。

3.6.2 在市场调查中发现，许多混凝土外加剂（减水剂）的主要成分是芳香族磺酸盐与甲醛的缩合物，若合成工艺控制不当，产品很容易大量释放甲醛，造成室内空气中甲醛的污染。因此，能释放甲醛的混凝土外加剂（减水剂）应对其游离甲醛含量进行控制。

3.6.3 粘合木结构所采用的胶粘剂可能会释放出甲醛，游离甲醛释放量不应大于 0.12mg/m³，其测定方法应按本规范附录 B 环境测试舱法进行测定。

3.6.4 壁布、帷幕等经粘合、定形、阻燃处理后，可能会释放出甲醛，游离甲醛释放量不应大于 0.12mg/m³，其测定方法应按本规范附录 B 环境测试舱法进行测定。

4 工程勘察设计

4.1 一般规定

4.1.1 本条为强制性条文，必须严格执行。"国家级氡监测与防治领导小组"的调查和国内外进行的住宅内氡浓度水平调查结果表明：建筑物室内氡主要源于地下土壤、岩石和建筑材料，有地质构造断层的区域也会出现土壤氡浓度高的情况，因此，民用建筑在设计前应了解土壤氡水平。通过工程开始前的调查，可以知道建筑工程所在城市区域是否进行过壤氡测定，及测定的结果如何。目前已初步完成了全国 18 个城市的土壤氡浓度测定，并算出了土壤氡浓度平均值。其他绝大多数城市未进行过壤氡测定，当地的土壤氡实际情况不清楚，因此，工程设计勘察阶段应进行土壤氡现场测定。

4.1.2 本规范中对不同类型的民用建筑物，所选用的建筑材料及装修材料有不同规定，有强调必要。同时，应注意控制装修材料的使用量。

4.1.3 "对于采用中央空调的民用建筑工程，新风量应符合现行国家标准《公共建筑节能设计标准》GB 50189 的有关规定"，明确了新风量要求。

4.1.4 近年来，随着建筑节能的要求越来越高，民用建筑的门窗密封性也越来越好；检测发现，许多采用自然通风的建筑物，由于缺少通风而造成室内环境污染超标，因此，自然通风的建筑物增加室内通风很有必要。

4.2 工程地点土壤中氡浓度调查及防氡

4.2.1 目前我国尚未在全国范围内进行地表土壤中氡水平的普查。据部分地区的调查报告称，不同地方的地表土壤氡水平相差悬殊。就同一个城市而言，在有地下地质构造断层的区域，其地表土壤氡水平往往要比非地质构造断层的区域高出几倍，因此，设计前的工程地质勘察报告，应提供工程地点的地质构造断裂情况资料。

全国国土面积内 25km×25km 网格布点的土壤天然放射性本底调查工作（其中包括土壤天然放射性本底数值），已于 20 世纪 80 年代末完成（该项工作由国家环保局出面组织），数据较为齐全，相当一部分城市已做到 2km×2km 网格布点取样，并建有数据库，这些数据可以作为区域性土壤天然放射性背景资料。

4.2.2～4.2.8 第 4.2.4、4.2.5、4.2.6 条皆为强制性条文，必须严格执行。

2003 年至 2004 年原建设部出面组织了全国土壤氡概况调查，利用国内几十年积累的放射性航空遥测资料，进行了约 500 万平方公里的国土面积的土壤氡浓度推算，得出全国土壤氡浓度的平均值为 7300Bq/m³。并粗略推算出全国 144 个重点城市的平均土壤氡浓度（注：由于多方面原因，这些推算结果不可作为工程勘察设计阶段在决定是否进行工地土壤氡浓度测定时判定该城市土壤氡浓度平均值的依据），首次编制了中国土壤氡浓度背景概略图（1:8000000）。与此同时，在统一方案下，运用了多种检测方法，严格质量保证措施，开展了 18 个城市的土壤氡实地调查（连同过去的共 20 个城市），所取得的数据具有较高的可信度，并与航测研究结果进行了比较研究，两方面结果大体一致。全国土壤氡水平调查结果表明，大于 10000Bq/m³ 的城市约占被调查城市总数的 20%。

民用建筑工程在工程勘察设计阶段可根据建筑工程所在城市区域土壤氡调查资料，结合本规范的要求，确定是否采取防氡措施。当地土壤氡浓度实测平均值较低（不大于 10000Bq/m³）且工程地点无地质断裂构造时，土壤氡对工程的影响不大，工程可不进行土壤氡浓度测定。当已知当地土壤氡浓度实测平均值较高（大于 10000Bq/m³）或工程地点有地质断裂构造时，工程仍需要进行土壤氡浓度测定。土壤氡浓度不大于 20000Bq/m³ 时或土壤表面氡析出率不大于 0.05Bq/m²·s 时，工程设计中可不采取防氡工程措施。

一般情况下，民用建筑工程地点的土壤氡调查目的在于发现土壤氡浓度的异常点。本规范中所提出的几个档次土壤氡浓度限量值（10000Bq/m³、20000Bq/m³、30000Bq/m³、50000Bq/m³）考虑了以下因素：

1 从郑州市 1996 年所做的土壤氡调查中，发现土壤氡浓度达到 15000Bq/m³ 上下时，该地点地面建筑物室内氡浓度接近国家标准限量值；土壤氡浓度达到 25000Bq/m³ 上下时，该地点地面建筑物室内氡浓度明显超过国家标准限量值。我国部分地方的调查资料显示，当土壤氡浓度达到 50000Bq/m³ 上下时，室内氡超标问题已经突出。从这些材料出发，考虑到不同防氡措施的不同难度，将采取不同防氡措施的土壤氡浓度极限值分别定在 20000

Bq/m³、30000Bq/m³、50000Bq/m³。

2 在一般数理统计中，可以认为偏离平均值（7300Bq/m³）2倍（即 14600Bq/m³，取整数 10000Bq/m³）为超常，3 倍（即 21900Bq/m³，取整数 20000Bq/m³）为更超常，作为确认土壤氡明显高出的临界点，符合数据处理的惯例。

3 参考了美国对土壤氡潜在危害性的分级：1 级为小于 9250Bq/m³，2 级为 9250Bq/m³～18500Bq/m³，3 级为 18500Bq/m³～27750Bq/m³，4 级为大于 27750Bq/m³。

4 参考了瑞典的经验：高于 50000Bq/m³ 的地区定为"高危险地区"，并要求加厚加固混凝土地基和地基下通风结构。本规范将必须采取严格防氡措施的土壤氡浓度极限值定为 50000Bq/m³。

5 参考了俄罗斯的经验：他们将 45 年内积累的 1 亿 8 千万个氡测量原始数据，以 50000Bq/m³ 为基线，圈出全国氡危害草图。经比例尺逐步放大后发现，几乎所有大范围的室内高氡均落在 50000Bq/m³ 等值线内，说明 50000Bq/m³ 应是土壤（岩石）气氡可能造成室内超标氡的限量值。

大量资料表明，土壤氡来自土壤本身和深层的地质断裂构造两方面，因此，当土壤氡浓度高到一定程度时，需分清两者的作用大小，此时进行土壤天然放射性核素测定是必要的。对于 I 类民用建筑工程而言，当土壤的放射性内照射指数（I_{Ra}）大于 1.0 或外照射指数（I_γ）大于 1.3 时，原土再作为回填土已不合适，也没有必要继续使用，而采取更换回填土的办法，简便易行，有利于降低工程成本。也就是说，I 类民用建筑工程要求采用放射性内照射指数（I_{Ra}）不大于 1.0、外照射指数（I_γ）不大于 1.3 的土壤作为回填土使用。

土壤氡水平高时，为阻止氡气通道，可以采取多种工程措施，但比较起来，采取地下防水工程的处理方式最好，因为这样既可以防氡，又可以防止地下水，事半功倍，降低成本。况且，地下防水工程措施有成熟的经验，可以做得很好。只是土壤氡浓度特别高时，才要求采取综合的防氡工程措施。在实施防氡基础工程措施时，要加强土壤氡泄露监督，保证工程质量。

我国南方部分地区地下水位浅（特别是多雨季节），难以进行土壤氡浓度测量。有些地方土壤层很薄，基层全为石头，同样难以进行土壤氡浓度测量。这种情况下，可以使用测量氡析出率的办法了解地下氡的析出情况。实际上，对室内影响的大小决定于土壤氡的析出率。

我国目前缺少土壤表面氡析出率方面的深入研究，本规范中所列氡析出率方面的限量值及与土壤氡浓度值的对应关系均是粗略研究结果。待今后积累更多资料后，将进一步修改完善。

本规范第 4.2.2 条所说"区域性测定"，系指某城市、某开发区等城市区域性土壤氡水平实测调查，由于这项工作涉及建设、规划、国土等部门，是一项基础性科研工作，因此，宜专门立项，组织相关技术人员参加，最后调查成果应经过科技鉴定并发表，以保证其权威性。

本规范所说"民用建筑工程场地土壤氡调查"系指建筑物单体所在建筑场地的土壤氡浓度调查。

4.3 材料选择

4.3.1 本条为强制性条文，必须严格执行。民用建筑工程室内不得使用国家禁止使用、限制使用的建筑材料，包括政府管理部门及国家标准（包括行业标准）明确禁止使用的建筑材料，属原则性要求。

4.3.2 本条为强制性条文，必须严格执行。按照本规范第 3.1.1 条的规定，无论是 I 类或 II 类民用建筑工程，使用的无机非金属建筑主体材料均必须符合表 3.1.1 的要求。对 I 类民用建筑工程严格要求是必要的，因此，I 类民用建筑只允许采用 A 类无机非金属建筑装修材料。

4.3.3 提倡 II 类民用建筑也使用 A 类材料。当 A 类材料和 B 类材料混合使用时（实际中很可能发生），应按公式计算的 B 类材料用量掌握使用，不要超过，以便保证总体效果等同于全部使用 A 类材料。

4.3.4 本条为强制性条文，必须严格执行。I 类民用建筑室内装修工程中只能使用达到 E_1 要求的人造木板及饰面人造木板，否则室内甲醛将难以达到验收要求。当使用细木工板数量较大时，应按照现行国家标准《细木工板》GB/T 5849—2006 的要求，使用 E_0 级细木工板。

4.3.5 II 类民用建筑室内装修工程中提倡使用达到 E_1 级要求的人造木板及饰面人造木板，当使用 E_2 级人造木板时，直接暴露于空气的部位要用涂饰等表面覆盖处理的方法进行处理，以减缓甲醛释放。

4.3.7 聚乙烯醇水玻璃内墙涂料、聚乙烯醇缩甲醛内墙涂料或以硝化纤维素为主的树脂，以二甲苯为主溶剂的 O/W 多彩内墙涂料，施工时挥发大量甲醛和苯等有害物，对室内环境造成严重污染。我国部分地区已将其列为淘汰产品，可以用低污染的水性内墙涂料替代。

4.3.8 聚乙烯醇缩甲醛胶粘剂甲醛含量较高，若用于粘贴壁纸等材料，释放出大量的甲醛迟迟不能散尽，市场上已经有低污染的胶可以替代。

4.3.9 本条为强制性条文，必须严格执行。沥青类防腐、防潮处理剂会持续释放出污染严重的有害气体，故严禁用于室内木地板及其他木质材料的处理。

4.3.10、4.3.11 溶剂型胶粘剂粘贴塑料地板时，胶粘剂中的有机溶剂会被封在塑料地板与楼（地）面之间，有害气体迟迟散不尽。I 类民用建筑工程室内地面承受负荷不大，粘贴塑料地板时可选用水性胶粘剂。II 类民用建筑工程中地下室及不与室外直接自然通风的房间，难以排放溶剂型胶粘剂中的有害溶剂，故在能保证塑料地板粘结强度的条件下，尽可能采用水性胶粘剂。

4.3.12 脲醛树脂泡沫塑料价格低廉，但作为室内保温、隔热、吸声材料时会持续释放出甲醛气体，故应尽量采用其他类型的材料。

5 工程施工

5.1 一般规定

5.1.2 本条为强制性条文，必须严格执行。为了控制室内环境污染必须在工程建设的全过程严格把关，其中，施工过程中把好材料关十分关键。因此，当建筑材料和装修材料进场检验抽查，发现不符合设计要求及本规范的有关规定时，严禁使用。

5.1.4 民用建筑工程室内装修，多次重复使用同一设计，为避免由于设计不适当造成大批量装修工程超标，因此，宜先做样板间，并对其室内环境污染物浓度进行检测。

5.2 材料进场检验

5.2.1 本条为强制性条文，必须严格执行。为保证民用建筑工程的室内环境质量，落实本规范第 3 章、第 4 章的规定，本条要求建筑工程主体中所采用的无机非金属材料必须有放射性指标检测报告：十多年来，国家有关部门曾对无机非金属装修材料多次抽样检测，发现花岗岩石材、瓷质砖、磷石膏制品放射性超标情况突出，因此，要求建筑工程装修材料花岗岩、瓷质砖、磷石膏制品必须有放射性指标检测报告。

5.2.2 目前，从全国调查的情况看，天然花岗岩石材和瓷质砖的放射性含量较高，而且不同产地、不同花色的产品放射性含量各不相同，民用建筑工程室内饰面采用的天然花岗岩石材和瓷质砖，应对放射性指标加强监督，当同种材料使用总面积大于 200m²

应进行复检抽查。

5.2.3、5.2.4 第5.2.3条为强制性条文，必须严格执行。

每种人造木板及饰面人造木板均应有能代表该批产品甲醛释放量的检验报告。当同种板材使用总面积大于500m²时，应进行复检抽查。具体复检用样品数量，由检测方法的需要决定。不同的方法需不同的用量，具体数量可从各种检测方法得知。

5.2.5、5.2.6 此两条均为强制性条文，必须严格执行。建筑材料或装修材料的环境检验报告中项目不全或有疑问时，应送有资质的检测机构进行检验，检验合格后方可使用。这是不言而喻的。至于材料进场复验，因带有仲裁性质，应由有一定资质、有能力承担的检测单位承担此项任务。

5.3 施工要求

5.3.1 地下工程的变形缝、施工缝、穿墙管(盒)、埋设件、预留孔洞等特殊部位是氡气进入室内的通道，因此严格要求。

5.3.2 当异地土壤的内照射指数(I_{Ra})不大于1.0，外照射指数(I_γ)不大于1.3时，可以使用。此种回填土虽比A类建筑材料有所放松，但毕竟是天然的土壤，因此，回填土指标未按A类材料标准要求。

5.3.3 本条为强制性条文，必须严格执行。民用建筑室内装修工程中采用稀释剂和溶剂按现行国家标准《涂装作业安全规程安全管理通则》GB 7691—2003第2.1节的规定"禁止使用含苯(包括工业苯、石油苯、重质苯，不包括甲苯、二甲苯)的涂料、稀释剂和溶剂"，混苯中含有大量苯，故也严禁使用。

5.3.4 本条根据现行国家标准《涂装作业安全规程涂漆前处理工艺安全及其通风净化》GB 7692—1999第5.2.8条"涂漆前处理作业中严禁使用苯"、第5.2.9条"大面积除油和清除旧漆作业中，禁止使用甲苯、二甲苯和汽油"制定。

5.3.5、5.3.6 第5.3.6条为强制性条文，必须严格执行。涂料、胶粘剂、处理剂、稀释剂和溶剂用后及时封闭存放，不但可减轻有害气体对室内环境的污染，而且可保证材料的品质。用剩余的废料及时清出室内，不在室内用溶剂清洗施工用具，是施工人员必须具备的保护室内环境起码的素质。

5.3.7 采暖地区的民用建筑工程在采暖期施工时，难以保证通风换气，不利于室内有害气体的向外排放，对邻居或同楼的用户污染危害大，也危害施工人员的健康，因此，以避开采暖期施工为好。

5.3.8 民用建筑室内装修工程进行饰面人造木板拼接施工时，为防止E_1级以外的芯板向外释放过量甲醛，要对断面和边缘进行封闭处理，防止甲醛释放量大的芯板污染室内环境。

5.3.9 壁纸(布)、地毯、装饰板、吊顶等施工时，注意防潮，避免覆盖局部潮湿区域。空调冷凝水导排应符合现行国家标准《采暖通风与空气调节设计规范》GB 50019等有关规定，是为了防止在施工过程中孳生微生物等的产生，以避免产生表面及空气中微生物污染。

6 验 收

6.0.1 因油漆的保养期至少为7天，所以强调在工程完工7天以后，对室内环境质量进行验收。

6.0.3 本条为强制性条文，必须严格执行。民用建筑工程所用建筑材料和装修材料的类别、数量和施工工艺等对室内环境质量有决定性影响，因此，要求应符合设计要求和本规范的有关规定。

6.0.4 本条为强制性条文，必须严格执行。

表6.0.4中室内环境指标(除氡外)均为在扣除室外空气空白值的基础上制定的，是工程建设阶段必须实实在在进行有效控制的范围，室外空气污染程度不是工程建设单位能够控制的。扣除室外空气空白值可以突出控制建筑材料和装修材料所产生的污

染。

表6.0.4中的氡浓度，系指现场检测的实测氡浓度值，不再进行平衡氡子体换算，与国际接轨。

Ⅰ类民用建筑工程室内氡指标根据现行国家标准《住房内氡浓度控制标准》GB/T 16146—1995实测值定为不大于200 Bq/m³；Ⅱ类民用建筑工程室内氡指标参考现行国家标准《住房内氡浓度控制标准》GB/T 16146—1995，并参考了现行国家标准《人防工程平时使用环境卫生标准》GB/T 17216—1998确定的，实测值不大于400Bq/m³。以往《住房内氡浓度控制标准》等均采用实测氡浓度后，再换算成平衡氡子体浓度，再进行评价的做法，这样做，需进行平衡因子换算。根据联合国原子辐射效应科学委员会1994年出版的报告《电离辐射辐射源与生物效应报告》(UNSCEAR1994REPORT)介绍，在正常通风使用情况下，室内空气中氡平衡因子的平均值一般不会超过0.5，因此，在计算室内空气平衡等效氡浓度时，平衡因子一般选取0.5。在本规范中，不再进行平衡因子换算，而是以氡浓度的实测值作为标准值进行评价。

Ⅰ类民用建筑工程室内甲醛浓度指标，系根据现行国家标准《居室空气中甲醛卫生标准》GB/T 16127—1995的确定值，定为不大于0.08mg/m³。

Ⅱ类民用建筑工程室内甲醛浓度指标，本次修订中采用了《室内空气质量标准》GB/T 18883—2002中的限量值0.1mg/m³。

由于民用建筑工程禁止在室内使用以苯为溶剂的涂料、胶粘剂、处理剂、稀释剂及溶剂，因此，室内空气中苯污染将得到相应控制。空气中苯污染现场测试结果在扣除室外本底值后，限值定为不大于0.09mg/m³。

Ⅰ类民用建筑工程室内氨指标，系根据现行行业标准《工业企业设计卫生标准》TJ 36—79和现场测试结果定为不大于0.2mg/m³；Ⅱ类民用建筑工程室内氨指标本次修订中采用了现行国家标准《室内空气质量标准》GB/T 18883—2002中的限量值0.20mg/m³。

Ⅱ类民用建筑工程室内总挥发性有机化合物(TVOC)指标定为不大于0.6mg/m³。Ⅰ类定为不大于0.5mg/m³。

表6.0.4的注1中明确：要扣除室外空气空白值，这样可以突出控制建筑材料和装修材料所产生的污染。室外空气空白样品的采集应注意选择在上风向，选取适当地点的适当高度进行(注意避免地面附近污染源，如窨井等)，并与室内样品同步采集。至于具体采样位置选取，由于工程现场实际情况多种多样，难以具体要求。

表6.0.4的注2中明确，污染物浓度测量值的极限值判定，采用全数值比较法，根据的是现行国家标准《数值修约规则与极限数值的表示和判定》GB/T 8170，在该标准中提出有两种极限值的判定方法：修约值比较法和全数值比较法，并进一步明确：各种极限数值(包括带有极限偏差值的数值)未加说明时，均指采用全数值比较法；如规定采用修约值比较法，应在标准中加以说明。考虑到许多检测人员对GB/T 8170标准不熟悉，因此，在表6.0.4的注2中进一步进行了明确。

目前，毛坯房验收较为普遍，而"毛坯房"只是一个通俗的称谓，并没有一个准确的定义，其包含的污染源也有所差异，例如，墙面的粉刷情况就有水泥砂浆无饰面、罩白、使用水性涂料饰面等多种情况。一般情况下，毛坯房的污染源主要是墙面粉刷涂料、房内门油漆、墙体外加剂、厨房卫生间使用的防水涂料等，带来的污染物仍然包括甲醛、苯、氨、TVOC和氡，因此，简单的规定毛坯房验收只检测某些指标是不合适的。

在"规范"执行中，可以根据工程实际情况分析可能产生的污染源种类，然后确定相应的检测项目。

另外需要指出的是：厨房卫生间使用的防水涂料往往污染严重，如果在未进行装饰或无保护层的情况下进行验收检测，往往易超标(毛坯房交工时的情况和住户使用时的情况不同，住户使用时已经进行了饰面施工，防水涂料被覆盖密封)。从发展趋势看，

我国的住宅竣工验收将逐渐从毛坯房验收过渡到装修完成后的验收。

6.0.5 新风量设计是依据现行国家标准《公共建筑节能设计标准》GB 50189 的规定，因此，在确定新风量检测方法时，原则上应按设计标准要求的方法进行室内新风量检测。

6.0.6 对于民用建筑工程的氡验收检测来说，目的在于发现室内氡浓度的异常值，即发现是否有超标情况，因此，当发现检测值接近或超过国家规定的限量值时，有必要进一步确认，以便准确地作出结论。例如，在实际验收检测工作中，出于方法灵敏度原因，现行国家标准《环境空气中氡的标准测量方法》GB/T 14582—1993 要求，径迹刻蚀法的布放时间应不少于 30d，活性炭盒法的样品布放时间 2d～7d，并应进行湿度修正等。对于使用连续氡检测仪的情况，在被测房间对外门窗已关闭 24h 后，取样检测时间保证大于仪器的读数响应时间是需要的（一般连续氡检测仪的读数响应时间在 45min 左右）。如发现检测值接近或超过国家规定的限量值时，为进一步确认，保证测量结果的不确定度不应大于 25%，检测时间可根据情况延长，例如，设定为断续或连续 24h、48h 或更长。其他瞬时检测方法（如闪烁瓶法、双滤膜法、气球法等）在进行确认时，检测时间也可根据情况设定为断续 24h、48h 或更长。人员进出房间取样时，开关门的时间要尽可能短，取样点离开门窗的距离要适当远一点。

6.0.8 本规范要求，民用建筑工程室内空气中甲醛检测，可采用简便取样仪器检测方法（例如电化学分析方法、简便采样仪器比色分析方法、被动采样器仪器分析方法等），测量结果在 0.01mg/m³～0.60mg/m³ 测量范围内的不确定度应小于 20%。这里所说的"不确定度应小于 20%"指仪器的测定值与标准值（标准气体定值或标准方法测定值）相比较，总不确定度<20%。

6.0.9 本条参照现行国家标准《居住区大气中苯、甲苯和二甲苯卫生检验标准方法 气相色谱法》GB/T 11737—1989 的规定，并进行了改进，制定了附录 F。

6.0.12、6.0.13 民用建筑工程及装修工程现场检测点的数量、位置，应参照现行国家标准《环境空气中氡的标准测量方法》GB/T 14582—1993 中附录 A"室内标准采样条件"、《公共场所卫生监测技术规范》GB 17220—1998，结合建筑工程特点确定。条文中的房间指"自然间"，在概念上可以理解为建筑物内形成的独立封闭、使用中人们会在其中停留的空间单元。计算抽检房间数量时，指对一个单体建筑而言。一般住宅建筑的有门卧室、有门厨房、有门卫生间及厅等均可理解为"自然间"，作为基数参与比抽检例计算。条文中"抽检每个建筑单体有代表性的房间"指不同的楼层和不同的房间类型（如住宅中的卧室、厅、厨房、卫生间等）。对于室内氡浓度测量来说，考虑到土壤氡对建筑物低层室内产生的影响较大，因此，一般情况下，建筑物的低层应增加抽检数量，向上层可以减少。按照本规范第 1.0.2 条，在计算抽检房间数量时，底层停车场不列入范围。

对于虽然进行了样板间检测，检测结果也合格，但整个单体建筑装修设计已发生变更的，抽检数量不应减半处理。

6.0.14 本规范修改前，房间使用面积大于 100m² 时，笼统要求设 3 个～5 个测量点，可操作性差。随着房间面积增加，测量点数适当增加是必要的，但不宜无限增加，据此对条文进行了修改，增加了可操作性。

6.0.17 室内通风换气是建筑正常使用的必要条件，欧洲、美国标准和本规范均规定模拟室内环境测试舱测定人造木板等挥发有机化合物时标准舱内换气次数为 1.0 次/h，现行行业标准《夏热冬冷地区居住建筑节能设计标准》JGJ 134—2001 规定居住建筑冬季采暖和夏季空调室内换气次数为 1.0 次/h，并以此来设计确定室内温度和其他指标。由于采用自然通风换气的民用建筑工程受门窗开闭大小、天气等影响变化很大，换气率难以确定，因此本规范要求在充分换气、敞开门窗，且关闭 1h 尽快进行检测，1h 甲醛

等挥发性有机化合物的累积浓度接近每小时换气 1 次的平衡浓度，而且在关闭门窗的条件下检测可避免室外环境变化的影响（墙壁上有空调机、排风扇等预留孔的应予封闭）。采用集中空调的民用建筑工程，其通风换气设计有相应的规定，通风换气在空调正常运转的条件下才能实现（空调系统的温度设置应符合节能要求），在此条件下检测，测得的室内氡浓度及甲醛等挥发性有机化合物浓度的数据与真实使用情况接近。

门窗的关闭指自然关闭状态，不是指刻意采取的严格密封措施。当发生争议时，对外门窗关闭时间以 1h 为准。在对甲醛、氨、苯、TVOC 取样检测时，装饰装修工程中完成的固定式家具（如固定壁柜、台、床等），应保持正常使用状态（如家具门正常关闭等）。

6.0.18 采用自然通风的民用建筑工程室内进行氡浓度检测时，不能采用甲醛等挥发性有机化合物检测时门窗关闭 1h 后进行检测的方法，原因是氡浓度在室内累积过程较慢，且氡释放到室内空气中后一部分会衰减，因此，条文规定应在房间对外门窗关闭 24h 以后进行检测。对采用自然通风的民用建筑工程，累积式测氡仪器可以从对外门窗关闭开始测量，24h 以后读取结果。

6.0.19 本条为强制性条文，必须严格执行。

"当室内环境污染物浓度的全部检测结果符合本规范表6.0.4 的规定时，应判定该工程室内环境质量合格。"系指各种污染物检测结果要全部符合本规范的规定，各房间检测点检测值的平均值也要全部符合本规范的规定，否则，不能判定为室内环境质量合格。

6.0.20 在进行工程竣工验收时，一次检测不合格的，可再次进行抽样检测，但检测数量要加倍。这里所说的"抽检量应增加 1 倍"指：不合格检测项目（不管超标房间数量多少）按原抽检房间数量的 2 倍重新检测，例如，第一次检测时抽检 6 个房间，发现有 1 个房间甲醛超标，那么，将对甲醛重新抽检 12 个房间进行检测。

6.0.21 本条为强制性条文，必须严格执行。室内环境质量是民用建筑工程的一项重要指标，工程竣工验收时必须合格。本条与第 6.0.4 条相呼应并保持一致。

附录 B 环境测试舱法测定材料中游离甲醛、TVOC 释放量

环境测试舱法测试板材游离甲醛释放量，舱容积可以有大有小。从理论上讲，容积小于 1m³ 的测试舱也可以使用，但考虑到测试舱进行测试的具体条件，即小舱使用的板材量太少，代表性差，所以，本规范附录 B 中规定的舱容积应为 1m³～40m³，最好使用大舱。欧盟国家称 12m³ 以上容积的舱为大舱，美国称 5m³ 以上为大舱。

正常情况下，板材释放游离甲醛的数量随时间呈指数衰减趋势，开始时释放量较大，后逐渐减少。因此，理论上讲，在有限的测试时间内，板材中的游离甲醛不可能达到平衡释放。实际上，从工程实践角度看，相邻几天内甲醛释放量相差不大时，即可认为已进入平衡释放状态。这样做，对室内环境污染评价影响不大。这就是文中所规定的，在任意连续 2d 测试时间内，浓度下降不大于 5% 时，可认为达到了平衡状态。

如果测试进行 28d 仍然达不到平衡，继续测试下去所用的时间太长，因此，不必继续进行测试，此时，严格来讲，可通过公式计算确定甲醛平衡释放量。在欧盟标准中，列出了所使用的计算公式 $C=A/(1+Bt^D)$，式中，A、B、D 均为正的常数。C 是实测值，不同板材的 A 值不同。经验表明，B 值取 0.1，D 值取回 0.5，较为适宜，这样取值后，给 A 值带来的误差在 20% 以内。虽然做出简化，计算甲醛平衡释放浓度值仍然比较麻烦，因为要使用最小二乘法进行反复计算。因此，为进一步简化起见，在本规范附录 B 中，未再提出进行公式计算的要求，仅以第 28d 的测试结果作为最后的

平衡测试值。

附录C 溶剂型涂料、溶剂型胶粘剂中挥发性有机化合物（VOC）、苯系物含量测定

C.1 溶剂型涂料、溶剂型胶粘剂中挥发性有机化合物（VOC）含量测定

本附录参考了《Paints and varnishes — Determination of volatile organic compound（VOC）content — Part 1：Difference method》ISO11890—1 的原理及方法。

原理是：当样品准备后，先测定不挥发物质含量及密度，再通过公式计算出样品中 VOC 的含量。

不挥发物质含量测定，采用了现行国家标准《色漆和清漆 挥发物和不挥发物的测定》GB/T 6751 的规定，该标准所采用的方法与 ISO 11890—1 所推荐的方法相一致。

密度测定是采用现行国家标准《色漆和清漆 密度的测定比重瓶法》GB 6750—2007 的规定，与 ISO 11890—1 推荐的方法相一致。

C.2 溶剂型涂料中苯、甲苯＋二甲苯＋乙苯含量测定

溶剂型涂料中苯、甲苯＋二甲苯＋乙苯含量测定采用顶空气相色谱法，此法样品前处理简便易行。

C.3 溶剂型胶粘剂中苯、甲苯＋二甲苯含量测定

溶剂型胶粘剂中苯、甲苯＋二甲苯含量测定采用顶空气相色谱法，此法样品前处理简便易行。

附录E 土壤中氡浓度及土壤表面氡析出率测定

本附录参照了原核工业部地质探矿时的有关规定。

通过测量土壤中的氡气探知地下矿床，是一种经典的探矿方法。土壤中氡测量仪器，需在野外作业，对温、湿度环境条件要求较高。

由于土壤中氡含量一般较高，数量级一般在数百 Bq/m³ 水平，因此对仪器灵敏度不必提出过高要求（实际上不大于 400Bq/m³ 的灵敏度已经够了）。

取样器深入建筑场地地表土壤的深度太深，将加大测试工作的难度，也不太必要；太浅，土壤中氡含量易受大气环境影响，不足以反映深部情况。参照地质探矿的经验，一般情况下，取 600mm～800mm 较为适宜。考虑到采样气体体积的需要，采样孔径的直径也不宜太大，以 20mm～40mm 较为适宜。

土壤表面氡析出率的测量方法，通常采用聚集罩积累被测介质析出的氡，然后进行氡浓度测量。将聚集罩罩在地面上，土壤中析出的氡即在罩内积累，氡的半衰期较长（3.82d），在数小时内氡的衰减量很少，因而在较短的时间段内，罩内氡积累量与时间成正比。

氡积累的时间段内的任意两个时刻测定罩内的氡量（即氡析出量），可用下述公式计算：

$$R = \frac{(N_{t2} - N_{t1})}{A \cdot \Delta t} \cdot V \quad (1)$$

式中：R——氡析出率（Bq/m²·s）；

N_{t1}、N_{t2}——分别为 t_1、t_2 时刻测得的罩内氡浓度（Bq/m³）；

V——聚集罩与介质表面所围住的空气体积（m³）；

A——聚集罩所罩住的介质表面的面积（m²）；

Δt——两个测量时刻之间的时间间隔，即 $t_1 - t_2$（s）。

对土壤表面氡析出率测量来说，在聚集罩开始罩着被测地面时，罩内空气的氡浓度可忽略不计（可视为零），这是因为野外空气中的氡浓度一般为几个 Bq/m³，因此，可以将上面的公式中的 N_{t1} 设为零，不会给测量结果带来明显影响。

这样，公式可简化为：

$$R = \frac{N_{t2}}{A \cdot \Delta t} \cdot V \quad (2)$$

关于本规范中提出的氡析出率限值［即 0.05Bq/（m²·s）、0.1Bq/（m²·s）、0.3Bq/（m²·s）等］，主要基于以下因素和推算：

1 根据有关资料，不同土壤的地表氡析出率平均值约为 0.016Bq/（m²·s），它是地面以上空气中氡的主要来源。

2 100m 以下的低空空气中的氡浓度变化范围在 1Bq/m³～10Bq/m³ 之间，约为 6Bq/m³ 左右。

3 在建筑物中，土壤的地表析出的氡主要影响建筑物内的低层（如 1 层～3 层，即 10m 以下）。

据此可以估计出，在无建筑物地基阻挡的情况下，当土壤表面氡析出率为 0.016Bq/m²·s 时，室内氡浓度可能达到 60Bq/m³。

本规范对 I 类民用建筑工程规定的室内氡浓度限量为 200Bq/m³，也就是说，当土壤表面氡析出率大于 0.05Bq/m²·s 时（即 0.016Bq/m²·s 的 3 倍以上），可能发生室内氡超标。

其他土壤表面氡析出率限量值（0.1Bq/m²·s、0.3Bq/m²·s）基本参照土壤氡浓度限量值，成比例扩大。

附录F 室内空气中苯的测定

本附录参考了现行国家标准《居住区大气中苯、甲苯和二甲苯卫生检验标准方法 气相色谱法》GB/T 11737—1989，但有所修改：

1 可以使用毛细柱或填充柱。

2 热解吸后直接进样。与热解吸后手工进样的气相色谱法和二硫化碳提取气相色谱法相比，直接进样简化了操作步骤，大大提高了方法的精密度和灵敏度，同时可以减少操作过程中空气污染对实验人员的危害。

3 所做标准曲线（标准系列）涵盖的苯浓度范围适中（标准曲线范围相当于取样 10L 所对应的空气中苯浓度范围：0.01mg/m³～0.20mg/m³，"规范"规定的空气中苯浓度限量为 0.09mg/m³）。

附录G 室内空气中总挥发性有机化合物（TVOC）的测定

本附录参考了 ISO 16017-1 的原理和方法，还参考了 ISO 16000—6：2004 的原理和方法，并结合了几年来开展 TVOC 检测的实际情况。

在 G.0.3 中明确对 Tenax-TA 吸附剂用量、颗粒粗细及活化吸附管的具体要求，以保证吸附剂本身对空气中 TVOC 的吸附能力的一致性，提高检测结果的准确度。考虑到空气中挥发性有机化合物种类繁多，不可能一一定性，在国内调查资料的基础上，仅就目前我国建筑材料和装修材料中时常出现的部分有机化合物作为应识别组分（其他未识别组分均以甲苯计）我们选择了标准品苯、甲苯、对（间）二甲苯、邻二甲苯、苯乙烯、乙苯、乙酸丁酯、十一烷作为计量溯源依据。

在 G.0.6 中规定使用热解吸直接进样的气相色谱法，与热解吸后手工进样的气相色谱法相比，简化了操作步骤，大大提高了方法的精密度和灵敏度。

5

专 业 工 程

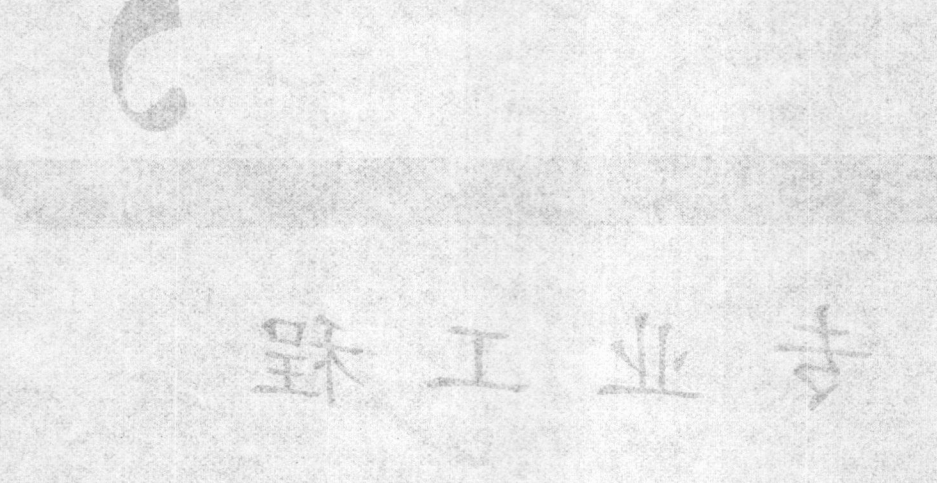

中华人民共和国国家标准

自动化仪表工程施工及验收规范

Code for construction and acceptance
of automation instrumentation engineering

GB 50093—2002

主编部门：中国石油和化学工业协会
批准部门：中华人民共和国建设部
施行日期：2003 年 3 月 1 日

中华人民共和国建设部
公　告

第 99 号

建设部关于发布国家标准
《自动化仪表工程施工及验收规范》的公告

现批准《自动化仪表工程施工及验收规范》为国家标准，编号为 GB 50093—2002，自 2003 年 3 月 1 日起实施。其中，第 1.0.3、4.1.3、4.5.6、5.2.11、5.5.1(3)(4)、5.5.2、6.1.7、6.1.15、6.1.17、7.1.3、7.2.4、7.6.5、8.1.1、8.1.4、8.1.5、8.1.6、8.1.7、8.1.9、8.1.10、8.1.11、8.2.5、8.3.1、9.1.2、9.1.6(12)、9.1.7、9.1.8(2)(4)、9.1.9、9.1.11、9.2.1、10.1.2、11.1.5、11.1.10

条（款）为强制性条文，必须严格执行。原《自动化仪表工程施工及验收规范》GBJ 93—86 同时废止。

本规范由建设部标准定额研究所组织中国计划出版社出版发行。

中华人民共和国建设部
二〇〇三年一月十日

前　言

本规范是根据建设部建标〔1997〕108 号文《关于印发一九九七年工程建设国家标准制订、修订计划的通知》的要求，由原化工部为主编部门，会同冶金、机械、中石化部门的所属单位，对原国家标准《工业自动化仪表工程施工及验收规范》GBJ 93—86 进行修订而成。本规范包括总则、术语、施工准备、取源部件的安装、仪表设备的安装、仪表线路的安装、仪表管道的安装、脱脂、电气防爆和接地、防护、仪表试验以及工程验收等十二章。

新规范名称中将工业自动化仪表工程修改为自动化仪表工程，扩大了适用范围。新编写了术语、施工准备两章和机械量检测仪表、其他检测仪表、控制仪表和综合控制系统、综合控制系统的试验等四节。对原规范的部分章节进行了调整。

在修订本规范的过程中，规范修订组进行了广泛的调查研究，总结了我国自动化仪表工程施工方面的实践经验，同时参考了国内外自动化仪表工程的大量文献和工程资料，以及仪表产品、管道施工、电气施工、电气防爆等相关的国家标准的修订情况，广泛征求了国内化工、石油化工、冶金、机械、电力等行业的工程施工、工程设计、石油化工产品生产、仪表设备和材料制造、

质量监督检测等单位对规范修订稿的意见，修订组对所征求的意见进行了整理讨论，经审查定稿。

在规范执行过程中，希望各单位结合工程实践，认真总结经验，注意积累资料。如发现对本规范中需要修改和补充之处，请将意见和有关资料寄往：北京市亚运村安慧里四区 16 号楼中国工程建设标准化协会化工工程委员会秘书处（邮编 100723，电话：84885096），以供今后修订时参考。具体解释等工作由全国化工施工标准化管理中心站负责，电话（传真）：0311－5886241。

网址：http：//www. hgsgbiaozhun. com
E-mail：webmaster@hgsgbiaozhun. com
本规范主编单位、参编单位和主要起草人：

主 编 单 位： 全国化工施工标准化管理中心站
参 编 单 位： 中国化学工程第四建设公司
中国石化集团第十建设公司
中国第二十二冶金建设公司
中国化学工程第九建设公司
南阳防爆电气研究所
主要起草人： 张同兴　毛仲德　颜祖清　闫长森
高秋克　侯志文　张　刚

目　　次

1 总 则

1.0.1 为了提高自动化仪表(以下简称仪表)工程施工技术和管理水平,确保工程质量,制订本规范。

1.0.2 本规范适用于工业和民用仪表工程的施工及验收。

本规范不适用于制造、贮存、使用爆炸物质的场所以及交通工具、矿井井下、气象等仪表安装工程。

1.0.3 仪表工程施工应符合设计文件及本规范的规定,并应符合产品安装使用说明书的要求。对设计的修改必须有原设计单位的文件确认。

1.0.4 对直接安装在设备和管道上的仪表和仪表取源部件,应按设计文件对专业分界的规定施工。

1.0.5 仪表工程所采用的设备及材料应符合国家现行的有关强制性标准的规定。

1.0.6 仪表工程中的焊接工作,应符合现行国家标准《现场设备、工业管道焊接工程施工及验收规范》GB 50236—98 中的有关规定。

1.0.7 仪表工程的施工除应按本规范执行外,尚应符合国家现行的有关强制性标准的规定。

2 术 语

2.0.1 自动化仪表 automation instrumentation

对被测变量和被控变量进行测量和控制的仪表装置和仪表系统的总称。

2.0.2 测量 measurement

以确定量值为目的的一组操作。

2.0.3 控制 control

为达到规定的目标,在系统上或系统内的有目的的活动。

2.0.4 现场 site

工程项目施工的场所。

2.0.5 就地仪表 local instrument

安装在现场控制室外的仪表,一般在被测对象和被控对象附近。

2.0.6 检测仪表 detecting and measuring instrument

用以确定被测变量的量值或量的特性、状态的仪表。

2.0.7 传感器 transducer

接受输入变量的信息,并按一定规律将其转换为同种或别种性质输出变量的装置。

2.0.8 转换器 converter

接受一种形式的信号并按一定规律转换为另一信号形式输出的装置。

2.0.9 变送器 transmitter

输出为标准化信号的传感器。

2.0.10 显示仪表 display instrument

显示被测量值的仪表。

2.0.11 控制仪表 control instrument

用以对被控变量进行控制的仪表。

2.0.12 执行器 actuator

在控制系统中通过其机构动作直接改变被控变量的装置。

2.0.13 检测元件 sensor 传感元件 sensor

测量链中的一次元件,它将输入变量转换成宜于测量的信号。

2.0.14 取源部件 tap

在被测对象上为安装连接检测元件所设置的专用管件、引出口和连接阀门等元件。

2.0.15 检测点 measuring point

对被测变量进行检测的具体位置,即检测元件和取源部件的现场安装位置。

2.0.16 测温点 temperature measuring point

温度检测点。

2.0.17 取压点 pressure measuring point

压力检测点。

2.0.18 系统 system

由若干相互联系和相互作用的要素组成的具有特定功能的整体。

2.0.19 控制系统 control system

通过精密诱导或操纵若干变量以达到既定状态的系统。仪表控制系统由仪表设备装置、仪表管线、仪表动力和辅助设施等硬件,以及相关的软件所构成。

2.0.20 综合控制系统 comprehensive control system

采用数字技术、计算机技术和网络通信技术,具有综合控制功能的仪表控制系统。

2.0.21 管道 piping

用于输送、分配、混合、分离、排放、计量、控制或截止流体的管子、管件、法兰、紧固件、垫片、阀门和其他组成件及支承件的总成。

2.0.22 仪表管道 instrumentation piping

仪表测量管道、气动和液动信号管道、气源管道和液压管道的总称。

2.0.23 测量管道 measuring piping

从检测点向仪表传送被测介质的管道。

2.0.24 信号管道 signal piping

用于传送气动或液动控制信号的管道。

2.0.25 气源管道 air piping

为气动仪表提供气源的管道。

2.0.26 仪表线路 instrumentation line

仪表电线、电缆、补偿导线、光缆和电缆槽、保护管等附件的总称。

2.0.27 电缆槽 cable tray

敷设和保护电线电缆的槽形制成品,包括槽体、盖板和各种组成件。

2.0.28 保护管 protective tube

敷设和保护电线电缆的管子及其连接件。

2.0.29 回路 loop

在控制系统中,一个或多个相关仪表与功能的组合。

2.0.30 伴热 heat tracing

为使生产装置和仪表设备、管道中的物料保持规定的温度,在设备、管道旁敷设加热源,进行跟踪加热的措施。

2.0.31 脱脂 degreasing

除去物体表面油污等有机物的作业。

2.0.32 检验 inspection

对产品或过程等实体,进行度量、测量、检查或试验并将结果与规定要求进行比较以确定每项特性合格情况所进行的活动。

2.0.33 试验 testing

对产品或过程等实体的额定值(或极限值)或特性、指标、质量进行验证。

2.0.34 检定 verification

由法制计量部门或法定授权组织按照检定规程,通过试验,提供证明来确认测量器具的示值误差满足规定要求的活动。

2.0.35 校准 calibration

在规定条件下,为确定测量仪器仪表或测量系统的示值、实物量具或标准物质所代表的值与相对应的由参考标准确定的量值之间关系的一组操作。

2.0.36 调整 adjustment

为使测量器具达到性能正常、偏差符合规定值而适于使用的状态所进行的操作。

2.0.37 防爆电气设备 explosion-protected electrical apparatus

在规定条件下不会引起周围爆炸性环境点燃的电气设备。

2.0.38 爆炸性环境 explosive atmosphere

在大气条件下,气体、蒸汽、薄雾、粉尘或纤维状的可燃物质与空气形成混合物,点燃后,燃烧传至全部未燃混合物的环境。

2.0.39 危险区域 hazardous area

爆炸性环境大量出现或预期可能大量出现,以致要求对电气设备的结构、安装和使用采取专门措施的区域。

2.0.40 本质安全电路 intrinsically-safe circuit

在规定的试验条件下,正常工作或规定的故障状态下产生的电火花和热效应均不能点燃规定的爆炸性气体或蒸汽的电路。

2.0.41 本质安全型设备 intrinsically-safe apparatus

全部电路均为本质安全电路的电气设备。

2.0.42 关联设备 associated apparatus

设备内的电路或部分电路并非全是本质安全电路,但有可能影响本质安全电路安全性能的电气设备。

3 施工准备

3.1 施工技术准备

3.1.1 仪表工程施工应根据施工组织设计和施工方案进行组织。对复杂、关键的安装和试验工作应编制施工技术方案。

3.1.2 仪表工程施工前,建设单位或监理单位应组织施工图设计文件会审,施工单位应参加会审。

3.1.3 仪表工程施工前,应对施工人员进行技术交底。

3.2 仪表设备及材料的检验和保管

3.2.1 仪表设备及材料到达现场后,应进行检验或验证。

3.2.2 对仪表设备及材料的开箱检查和外观检查应符合下列要求:

1 包装及密封良好;

2 型号、规格和数量与装箱单及设计文件的要求一致,且无残损和短缺;

3 铭牌标志、附件、备件齐全;

4 产品的技术文件和质量证明书齐全;

5 本规范有关条文中对外观检查的规定。

3.2.3 对仪表盘、柜、箱的开箱检查还应符合下列要求:

1 表面平整,内外表面漆层完好;

2 外形尺寸和安装孔尺寸、盘、柜、箱内的所有仪表、电源设备及其所有部件的型号、规格均与设计文件相符合。

3.2.4 仪表设备的性能试验应按本规范第 10 章的规定执行。

3.2.5 仪表设备及材料验收后,应按其要求的保管条件分区保管。主要的仪表材料应按照其材质、型号及规格分类保管。

3.2.6 仪表设备及材料在安装前的保管期限,不应超过一年。当超期保管时,应符合设备及材料保管的专门规定。

3.2.7 工程施工过程中,应对已安装的仪表设备及材料进行保护。

4 取源部件的安装

4.1 一般规定

4.1.1 取源部件的结构尺寸、材质和安装位置应符合设计文件要求。

4.1.2 设备上的取源部件应在设备制造的同时安装。管道上的取源部件应在管道预制、安装的同时安装。

4.1.3 在设备或管道上安装取源部件的开孔和焊接工作,必须在设备或管道的防腐、衬里和压力试验前进行。

4.1.4 在高压、合金钢、有色金属设备和管道上开孔时,应采用机械加工的方法。

4.1.5 在砌体和混凝土浇注体上安装的取源部件,应在砌筑或浇注的同时埋入,当无法做到时,应预留安装孔。

4.1.6 安装取源部件时,不宜在焊缝及其边缘上开孔及焊接。

4.1.7 取源阀门与设备或管道的连接不宜采用卡套式接头。

4.1.8 取源部件安装完毕后,应随同设备和管道进行压力试验。

4.2 温度取源部件

4.2.1 温度取源部件在管道上的安装,应符合下列规定:

1 与管道相互垂直安装时,取源部件轴线应与管道轴线垂直相交;

2 在管道的拐弯处安装时,宜逆着物料流向,取源部件轴线应与工艺管道轴线相重合;

3 与管道呈倾斜角度安装时,宜逆着物料流向,取源部件轴线应与管道轴线相交。

4.2.2 设计文件规定取源部件需要安装在扩大管上时,异径管的安装方式应符合设计文件规定。

4.3 压力取源部件

4.3.1 压力取源部件的安装位置应选在被测物料流束稳定的地方。

4.3.2 压力取源部件与温度取源部件在同一管段上时,应安装在温度取源部件的上游侧。

4.3.3 压力取源部件的端部不应超出设备或管道的内壁。

4.3.4 当检测带有灰尘、固体颗粒或沉淀物等混浊物料的压力时,在垂直和倾斜的设备和管道上,取源部件应倾斜向上安装,在水平管道上宜顺物料流束成锐角安装。

4.3.5 当检测温度高于 60℃ 的液体、蒸汽和可凝性气体的压力时,就地安装的压力表的取源部件应带有环型或 U 型冷凝弯。

4.3.6 在水平和倾斜的管道上安装压力取源部件时,取压点的方位应符合下列规定:

1 测量气体压力时,在管道的上半部;

2 测量液体压力时,在管道的下半部与管道的水平中心线成 0～45° 夹角的范围内;

3 测量蒸汽压力时,在管道的上半部,以及下半部与管道水平中心线成 0～45° 夹角的范围内。

4.3.7 在砌筑体上安装取压部件时,取压管周围应用耐火纤维填塞严密,然后用耐火泥浆封堵。

4.4 流量取源部件

4.4.1 流量取源部件上、下游直管段的最小长度,应按设计文件规定,并符合产品技术文件的有关要求。

4.4.2 孔板、喷嘴和文丘里管上、下游直管段的最小长度,当设计文件无规定时,应符合本规范附录 A 的规定。

4.4.3 在规定的直管段最小长度范围内,不得设置其他取源部件或检测元件,直管段管子内表面应清洁,无凹坑和凸出物。

4.4.4 在节流件的上游安装温度计时,温度计与节流件间的直管距离应符合附录 A 的规定。

4.4.5 在节流件的下游安装温度计时,温度计与节流件间的直管距离不应小于 5 倍管道内径。

4.4.6 节流装置在水平和倾斜的管道上安装时,取压口的方位应符合下列规定:

　　1 测量气体流量时,在管道的上半部;

　　2 测量液体流量时,在管道的下半部与管道的水平中心线成 0~45°夹角的范围内;

　　3 测量蒸汽流量时,在管道的上半部与管道水平中心线成 0~45°夹角的范围内。

4.4.7 孔板或喷嘴采用单独钻孔的角接取压时,应符合下列规定:

　　1 上、下游侧取压孔轴线,分别与孔板或喷嘴上、下游侧端面间的距离应等于取压孔直径的 1/2。

　　2 取压孔的直径宜在 4~10mm 之间,上、下游侧取压孔的直径应相等。

　　3 取压孔的轴线,应与管道的轴线垂直相交。

4.4.8 孔板采用法兰取压时,应符合下列规定:

　　1 上、下游侧取压孔的轴线分别与上、下游侧端面间的距离,当 $\beta > 0.6$ 和 $D < 150mm$ 时,为 $25.4 \pm 0.5mm$;当 $\beta \leqslant 0.6$ 或 $\beta > 0.6$,但 $150mm \leqslant D \leqslant 1000mm$ 时,为 $25.4 \pm 1mm$。

　　2 取压孔的直径宜在 6~12mm 之间,上、下游侧取压孔的直径应相等。

　　3 取压孔的轴线,应与管道的轴线垂直相交。

4.4.9 孔板采用 D 或 $D/2$ 取压时,应符合下列规定:

　　1 上游侧取压孔的轴线与孔板上游侧端面间的距离应等于 $D \pm 0.1D$;下游侧取压孔的轴线与孔板上游侧端面间的距离,当 $\beta \leqslant 0.6$ 时,等于 $0.5D \pm 0.02D$;当 $\beta > 0.6$ 时,等于 $0.5D \pm 0.01D$。

　　2 取压孔的轴线应与管道轴线垂直相交。

　　3 上、下游侧取压孔的直径应相等。

4.4.10 用均压环取压时,取压孔应在同一截面上均匀设置,且上、下游侧取压孔的数量必须相等。

4.4.11 皮托管、文丘里式皮托管和均速管等流量检测元件的取源部件的轴线,必须与管道轴线垂直相交。

4.5 物位取源部件

4.5.1 物位取源部件的安装位置,应选在物位变化灵敏,且不使检测元件受到物料冲击的地方。

4.5.2 内浮筒液面计和浮球液位计采用导向管或其他导向装置时,导向管或导向装置必须垂直安装,并应保证导向管内液流畅通。

4.5.3 双室平衡容器的安装应符合下列规定:

　　1 安装前应复核制造尺寸,检查内部管道的严密性;

　　2 应垂直安装,其中心点应与正常液位相重合。

4.5.4 单室平衡容器宜垂直安装,其安装标高应符合设计文件规定。

4.5.5 补偿式平衡容器安装固定时,应有防止因被测容器的热膨胀而被损坏的措施。

4.5.6 安装浮球式液位仪表的法兰短管必须保证浮球能在全量程范围内自由活动。

4.5.7 电接点水位计的测量筒应垂直安装,筒体零水位电极的中轴线与被测容器正常工作时的零水位线应处于同一高度。

4.5.8 静压液位计取源部件的安装位置应远离液体进出口。

4.6 分析取源部件

4.6.1 分析取源部件的安装位置,应选在压力稳定、能灵敏反映真实成分变化和取得具有代表性的分析样品的地方。取样点的周围不应有层流、涡流、空气渗入、死角、物料堵塞或非生产过程的化学反应。

4.6.2 在水平或倾斜的管道上安装分析取源部件,其安装方位应符合本规范第 4.3.6 条的规定。

4.6.3 被分析的气体内含有固体或液体杂质时,取源部件的轴线与水平线之间的仰角应大于 15°。

5 仪表设备的安装

5.1 一般规定

5.1.1 就地仪表的安装位置应按设计文件规定施工,当设计文件未具体明确时,应符合下列要求:

　　1 光线充足,操作和维护方便;

　　2 仪表的中心距操作地面的高度宜为 1.2~1.5m;

　　3 显示仪表应安装在便于观察示值的位置;

　　4 仪表不应安装在有振动、潮湿、易受机械损伤、有强电磁场干扰、高温、温度变化剧烈和有腐蚀性气体的位置;

　　5 检测元件应安装在能真实反映输入变量的位置。

5.1.2 在设备和管道上安装的仪表应按设计文件确定的位置安装。

5.1.3 仪表安装前应按设计数据核对其位号、型号、规格、材质和附件。随包装附带的技术文件、非安装附件和备件应妥善保存。

5.1.4 安装过程中不应敲击、震动仪表。仪表安装后应牢固、平正。仪表与设备、管道或构件的连接及固定部位应受力均匀,不应承受非正常的外力。

5.1.5 设计文件规定需要脱脂的仪表,应经脱脂检查合格后安装。

5.1.6 直接安装在管道上的仪表,宜在管道吹扫和压力试验前安装,当必须与管道同时安装时,在管道吹扫前应将仪表拆下。

5.1.7 直接安装在设备或管道上的仪表在安装完毕后,应随同设备或管道系统进行压力试验。

5.1.8 仪表上接线盒的引入口不应朝上,当不可避免时,应采取密封措施。施工过程中应及时封闭接线盒盖及引入口。

5.1.9 对仪表和仪表电源设备进行绝缘电阻测量时,应有防止弱电设备及电子元件被损坏的措施。

5.1.10 仪表设备的产品铭牌和仪表位号标志应齐全、牢固、清晰。

5.2 仪表盘、柜、箱

5.2.1 仪表盘、柜、操作台的安装位置和平面布置,应按设计文件施工。就地仪表箱、保温箱和保护箱的位置,应符合设计文件要求,且应选在光线充足、通风良好和操作维修方便的地方。

5.2.2 仪表盘、柜、操作台的型钢底座的制作尺寸,应与盘、柜、操作台相符,其直线度允许偏差为 1mm/m,当型钢底座长度大于 5m 时,全长允许偏差为 5mm。

5.2.3 仪表盘、柜、操作台的型钢底座安装时,上表面应保持水平,其水平度允许偏差为 1mm/m,当型钢底座长度大于 5m 时,全长允许偏差为 5mm。

5.2.4 仪表盘、柜、操作台的型钢底座宜在地面施工完成前安装找正。其上表面宜高出地面。型钢底座应进行防腐处理。

5.2.5 仪表盘、柜、操作台安装在振动场所,应按设计文件要求采取防振措施。

5.2.6 仪表盘、柜、箱安装在多尘、潮湿、有腐蚀性气体或爆炸和火灾危险环境,应按设计文件要求选型并采取密封措施。

5.2.7 仪表盘、柜、操作台之间及盘、柜、操作台内各设备构件之间的连接应牢固,安装用的紧固件应为防锈材料。安装固定不应采用焊接方式。

5.2.8 单独的仪表盘、柜、操作台的安装应符合下列规定:

　　1 固定牢固;

　　2 垂直度允许偏差为 1.5mm/m;

　　3 水平度允许偏差为 1mm/m。

5.2.9 成排的仪表盘、柜、操作台的安装,除应符合本规范第 5.2.8 条的规定外,还应符合下列规定:

　　1 同一系列规格相邻两盘、柜、台的顶部高度允许偏差为 2mm;

　　2 当同一系列规格盘、柜、台间的连接处超过 2 处时,顶部高度允许偏差为 5mm;

　　3 相邻两盘、柜、台接缝处正面的平面度允许偏差为 1mm;

　　4 当盘、柜、台间的连接处超过 5 处时,正面的平面度允许偏差为 5mm;

　　5 相邻两盘、柜、台之间的接缝的间隙,不大于 2mm。

5.2.10 仪表箱、保温箱、保护箱的安装应符合下列规定:

　　1 固定牢固;

　　2 垂直度允许偏差为 3mm,当箱的高度大于 1.2m 时,垂直度允许偏差为 4mm;

　　3 水平度的允许偏差为 3mm;

　　4 成排安装时整齐美观。

5.2.11 仪表盘、柜、台、箱在搬运和安装过程中,应防止变形和表面油漆损伤。安装及加工中严禁使用气焊方法。

5.2.12 就地接线箱的安装应符合下列规定:

　　1 周围环境温度不宜高于 45℃;

　　2 到各检测点的距离应适当,箱体中心距操作地面的高度宜为 1.2～1.5m;

　　3 不应影响操作、通行和设备维修;

　　4 接线箱应密封并标明编号,箱内接线应标明线号。

5.3 温度检测仪表

5.3.1 接触式温度检测仪表(水银温度计、双金属温度计、压力式温度计、热电阻、热电偶等)的测温元件应安装在能准确反映被测对象温度的地方。

5.3.2 在多粉尘的部位安装测温元件,应采取防止磨损的保护措施。

5.3.3 测温元件安装在易受被测物料强烈冲击的位置,以及当水平安装时其插入深度大于 1m 或被测温度大于 700℃时,应采取防弯曲措施。

5.3.4 表面温度计的感温面应与被测对象表面紧密接触,固定牢固。

5.3.5 压力式温度计的温包必须全部浸入被测对象中,毛细管的敷设应有保护措施,其弯曲半径不应小于 50mm,周围温度变化剧烈时应采取隔热措施。

5.4 压力检测仪表

5.4.1 就地安装的压力表不应固定在有强烈振动的设备或管道上。

5.4.2 测量低压的压力表或变送器的安装高度,宜与取压点的高度一致。

5.4.3 测量高压的压力表安装在操作岗位附近时,宜距地面 1.8m 以上,或在仪表正面加保护罩。

5.5 流量检测仪表

5.5.1 节流件的安装应符合下列规定:

　　1 安装前应进行外观检查,孔板的入口和喷嘴的出口边缘应无毛刺、圆角和可见损伤,并按设计数据和制造标准规定测量验证其制造尺寸。

　　2 安装前进行清洗时不应损伤节流件。

　　3 节流件必须在管道吹洗后安装。

　　4 节流件的安装方向,必须使流体从节流件的上游端面流向节流件的下游端面。孔板的锐边或喷嘴的曲面侧应迎着被测流体的流向。

　　5 在水平和倾斜的管道上安装的孔板或喷嘴,若有排泄孔时,排泄孔的位置为:当流体为液体时应在管道的正上方,当流体为气体或蒸汽时应在管道的正下方。

　　6 环室上有"+"号的一侧应在被测流体流向的上游侧。当用箭头标明流向时,箭头的指向应与被测流体的流向一致。

　　7 节流件的端面应垂直于管道轴线,其允许偏差为 1°。

　　8 安装节流件的密封垫片的内径不应小于管道的内径,夹紧后不得突入管道内壁。

　　9 节流件应与管道或夹持件同轴,其轴线与上、下游管道轴线之间的不同轴线误差 e_x 应符合下式的要求:

$$e_x \leqslant \frac{0.0025D}{0.1+2.3\beta^4} \qquad (5.5.1)$$

式中　D——管道内径;

　　　　β——工作状态下节流件的内径与管道内径之比。

5.5.2 差压计或差压变送器正负压室与测量管道的连接必须正确,引压管倾斜方向和坡度以及隔离器、冷凝器、沉降器、集气器的安装均应符合设计文件的规定。

5.5.3 转子流量计应安装在无振动的管道上,其中心线与铅垂线间的夹角不应超过 2°,被测流体流向必须自下而上,上游直管段长度不宜小于 2 倍管子直径。

5.5.4 靶式流量计靶的中心应与管道轴线同心,靶面应迎着流向且与管道轴线垂直,上下游直管段长度应符合设计文件要求。

5.5.5 涡轮流量计信号线应使用屏蔽线,上、下游直管段的长度应符合设计文件要求,前置放大器与变送器间的距离不宜大于 3m。

5.5.6 涡街流量计信号线应使用屏蔽线,上下游直管段的长度应符合设计文件要求,放大器与流量计分开安装时,两者之间的距离不应超过 20m。

5.5.7 电磁流量计的安装应符合下列规定:

　　1 流量计外壳、被测流体和管道连接法兰三者之间应做等电位连接,并应接地;

　　2 在垂直的管道上安装时,被测流体的流向应自下而上,在水平的管道上安装时,两个测量电极不应在管道的正上方和正下方位置;

　　3 流量计上游直管段长度和安装支撑方式应符合设计文件要求。

5.5.8 椭圆齿轮流量计的刻度盘面应处于垂直平面内。椭圆齿轮流量计和腰轮流量计在垂直管道上安装时,管道内流体流向应自下而上。

5.5.9 超声波流量计上、下游直管段长度应符合设计文件要求。对于水平管道,换能器的位置应在与水平直径成 45°夹角的范围内。被测管道内壁不应有影响测量精度的结垢层或涂层。

5.5.10 均速管流量计的安装应符合下列规定:

　　1 总压测孔应迎着流向,其角度允许偏差不应大于 3°;

　　2 检测杆通过并垂直于管道中心线,其偏离中心和轴线不垂直的误差均不应大于 3°;

　　3 流量计上、下游直管段的长度应符合设计文件要求。

5.6 物位检测仪表

5.6.1 浮力式液位计的安装高度应符合设计文件规定。

5.6.2 浮筒液位计的安装应使浮筒呈垂直状态,处于浮筒中心正常操作液位或分界液位的高度。

5.6.3 钢带液位计的导管应垂直安装,钢带应处于导管的中心并滑动自如。

5.6.4 用差压计或差压变送器测量液位时,仪表安装高度不应高于下部取压口。

注:吹气法及利用低沸点液体汽化传递压力的方法测量液位时,不受此规定限制。

5.6.5 双法兰差压变送器毛细管的敷设应有保护措施,其弯曲半径不应小于50mm,周围温度变化剧烈时应采取隔热措施。

5.6.6 核辐射式物位计安装前应编制具体的安装方案,安装中的安全防护措施必须符合有关放射性同位素工作卫生防护的国家标准的规定。在安装现场应有明显的警戒标志。

5.6.7 称重式物位计的安装应符合本规范第5.7.1条的规定。

5.7 机械量检测仪表

5.7.1 电阻应变式称重仪表的安装应符合下列规定:

1 负荷传感器的安装和承载应在称重容器及其所有部件和连接件的安装完成后进行。

2 负荷传感器的安装应呈垂直状态,保证传感器的主轴线与加荷轴线相重合,使倾斜负荷和偏心负荷的影响减至最小。各个传感器的受力应均匀。

3 当有冲击性负荷时应按设计文件要求采取缓冲措施。

4 称重容器与外部的连接应为软连接。

5 水平限制器的安装应符合设计要求。

6 传感器的支承面及底面均应平滑,不得有锈蚀、擦伤及杂物。

5.7.2 测力仪表的安装应使被测力均匀作用到传感器受力面上。

5.7.3 测量位移、振动、速度等机械量的仪表安装应符合下列规定:

1 测量探头的安装应在机械安装完毕、被测机械部件处于工作位置时进行,探头的定位应按照产品说明书和机械设备制造厂技术文件的要求确定和固定。

2 涡流传感器测量探头与前置放大器之间的连接应使用专用同轴电缆,该电缆的阻抗应与探头和前置放大器相匹配。

3 安装中应注意保护探头和专用电缆不受损伤。

5.7.4 电子皮带秤的安装地点距落料点的距离应符合产品技术文件的规定,秤架应安装在皮带张力稳定、无负荷冲击的位置。

5.8 成分分析和物性检测仪表

5.8.1 分析取样系统应按设计文件的要求安装,应有完整的取样预处理装置,预处理装置应单独安装,并宜靠近传送器。

5.8.2 被分析样品的排放管应直接与排放总管连接,总管应引至室外安全场所,其集液处应有排液装置。

5.8.3 湿度计测湿元件的安装地点应避开热辐射、剧烈振动、油污和水滴,或采取相应的防护措施。

5.8.4 可燃气体检测器和有毒气体检测器的安装位置应根据所检测气体的密度确定。其密度大于空气时,检测器应安装在距地面200~300mm的位置;其密度小于空气时,检测器应安装在泄漏域的上方位置。

5.9 其他检测仪表

5.9.1 核辐射式密度计的安装应符合本规范第5.6.6条的安装要求。

5.9.2 噪声测量仪表的传声器的安装位置应有防止外部磁场、机械冲击和风力干扰的措施。

5.9.3 安装辐射式火焰探测器时,其探头上的小孔应对准火焰,防止炽热空气和炽热材料的辐射进入探头。

5.10 执 行 器

5.10.1 控制阀的安装位置应便于观察、操作和维护。

5.10.2 执行机构应固定牢固,操作手轮应处在便于操作的位置。

5.10.3 安装用螺纹连接的小口径控制阀时,必须装有可拆卸的活动连接件。

5.10.4 执行机构的机械传动应灵活,无松动和卡涩现象。

5.10.5 执行机构连杆的长度应能调节,并应保证调节机构在全开到全关的范围内动作灵活、平稳。

5.10.6 当调节机构能随同工艺管道产生热位移时,执行机构的安装方式应能保证其和调节机构的相对位置保持不变。

5.10.7 气动及液动执行机构的信号管应有足够的伸缩余度,不应妨碍执行机构的动作。

5.10.8 液动执行机构的安装位置应低于控制器。当必须高于控制器时,两者间最大的高度差不应超过10m,且管道的集气处应有排气阀,靠近控制器处有逆止阀或自动切断阀。

5.10.9 电磁阀的进出口方位应安装正确。安装前应按产品说明书的规定检查线圈与阀体间的绝缘电阻。

5.11 控制仪表和综合控制系统

5.11.1 在控制室内安装的各类控制、显示、记录仪表和辅助单元,以及综合控制系统设备均应在室内开箱,开箱和搬运中应防止剧烈振动和避免灰尘、潮气进入设备。

5.11.2 综合控制系统设备安装前应具备下列条件:

1 基础底座安装完毕;

2 地板、顶棚、内墙、门窗施工完毕;

3 空调系统已投入运行;

4 供电系统及室内照明施工完毕并已投入运行;

5 接地系统施工完毕,接地电阻符合设计规定。

5.11.3 综合控制系统设备安装就位后应保证产品规定的供电条件、温度、湿度和室内清洁。

5.11.4 在插件的检查、安装、试验过程中应采取防止静电的措施。

5.12 仪表电源设备

5.12.1 安装电源设备前应检查其外观及技术性能并应符合下列规定:

1 继电器、接触器和开关的触点,接触应紧密可靠,动作应灵活,无锈蚀、损坏;

2 固定和接线用的紧固件、接线端子应完好无损,且无污物和锈蚀;

3 防爆电气设备及附件的密封垫、填料函,应完整、密封;

4 设备的电气绝缘性能、输出电压值、熔断器的容量应符合产品说明书的规定;

5 设备的附件齐全。

5.12.2 就地仪表供电箱的规格型号和安装位置应符合设计文件要求。不宜将设备安装在高温、潮湿、多尘、有爆炸及火灾危险、有腐蚀作用、有振动及可能干扰其附近仪表等位置。当不可避免时,应采用适合环境的特定型号供电箱,或采取防护措施。

5.12.3 就地仪表供电箱的箱体中心距操作地面的高度宜为1.2~1.5m,成排安装时应排列整齐、美观。

5.12.4 电源设备的安装应牢固、整齐、美观,设备位号、端子标号、用途标志、操作标志等应完整无缺。

5.12.5 检查、清洗或安装电源设备时,不应损伤设备的绝缘、内部接线和触点部分。不应将设备上已密封的可调部位启封,因特殊原因必须启封时,启封后应重新密封并做好记录。

5.12.6 盘柜内安装的电源设备及配电线路,两带电导体间,导电体与裸露的不带电导体间,电气间隙和爬电距离应符合下列要求:

1 对于额定电压不大于60V的线路,电气间隙和爬电距离均为3mm;

2 对于额定电压大于60V且不大于300V的线路,电气间隙为5mm,爬电距离为6mm;

3 对于额定电压大于300V且不大于500V的线路,电气间隙为8mm,爬电距为10mm。

5.12.7 强、弱电的端子应分开布置。

5.12.8 金属供电箱应有明显的接地标志,接地线连接应牢固可靠。

5.12.9 供电系统送电前,系统内所有的开关均应置于断开位置,并应检查熔断器的容量。在仪表工程安装和试验期间,所有供电开关和仪表的通电断电状态都应有显示或警示标识。

6 仪表线路的安装

6.1 一般规定

6.1.1 仪表电气线路的敷设,在本规范内未作规定的部分,应符合现行国家标准《电气装置安装工程电气线路施工及验收规范》GB 50168—92及《电气装置安装工程1kV及以下配线工程施工及验收规范》GB 50258—96的有关规定。

6.1.2 电缆电线敷设前,应进行外观检查和导通检查,并用直流500V兆欧表测量绝缘电阻,100V以下的线路采用直流250V兆欧表测量绝缘电阻,其电阻值不应小于5MΩ;当设计文件有特殊规定时,应符合其规定。

6.1.3 光缆敷设应符合下列要求:

1 光缆敷设前应进行外观检查和光纤导通检查;

2 光缆的弯曲半径不应小于光缆外径的15倍。

6.1.4 线路应按最短路径集中敷设,横平竖直、整齐美观,不宜交叉。敷设线路时,应使线路不受损伤。

6.1.5 线路不应敷设在易受机械损伤、有腐蚀性物质排放、潮湿以及有强磁场和强静电场干扰的位置,当无法避免时,应采取防护或屏蔽措施。

6.1.6 线路不应敷设在影响操作和妨碍设备、管道检修的位置,应避开运输、人行通道和吊装孔。

6.1.7 当线路周围环境温度超过65℃时,应采取隔热措施。当线路附近有火源时,应采取防火措施。

6.1.8 线路不宜敷设在高温设备和管道的上方,也不宜敷设在具有腐蚀性液体的设备和管道的下方。

6.1.9 线路与绝热的设备和管道绝热层之间的距离应大于200mm,与其他设备和管道表面之间的距离应大于150mm。

6.1.10 线路从室外进入室内时,应有防水和封堵措施。

6.1.11 线路进入室外的盘、柜、箱时,宜从底部进入,并应有防水密封措施。

6.1.12 线路的终端接线以及经过建筑物的伸缩缝和沉降缝处,应留有余度。

6.1.13 电缆不应有中间接头,当无法避免时,应在接线箱或拉线盒内接线,接头宜采用压接;当采用焊接时应用无腐蚀性的焊药,补偿导线应采用压接。同轴电缆和高频电缆应采用专用接头。

6.1.14 线路敷设完毕,应进行校线和标号,并应按本规范第6.1.2条的规定测量电缆电线的绝缘电阻。

6.1.15 测量电缆电线的绝缘电阻时,必须将已连接上的仪表设备及部件断开。

6.1.16 光缆光纤的连接方法和测试要求应符合产品说明书的规定。光纤连接应按照制造厂规定的工艺方法进行操作,采用专用设备进行熔接。连接操作中应防止损伤或折断光纤。在光纤连接

前和光纤连接后均应对光纤进行测试。

6.1.17 在线路的终端处,应加标志牌。地下埋设的线路,应有明显标识。

6.1.18 敷设线路时,不宜在混凝土梁、柱上凿安装孔。在有防腐蚀层的建筑物和构筑物上不应损坏防腐蚀层。

6.2 支架的制作与安装

6.2.1 制作支架时,应将材料矫正、平直,切口处不应有卷边和毛刺。制作好的支架应牢固、平正。

6.2.2 安装支架时,应符合下列规定:

1 在允许焊接的金属结构上和混凝土构筑物的预埋件上,应采用焊接固定。

2 在混凝土上,宜采用膨胀螺栓固定。

3 在不允许焊接支架的管道上,应采用U型螺栓或卡子固定。

4 在允许焊接支架的金属设备和管道上,可采用焊接固定。当设备、管道与支架不是同一种材质或需要增加强度时,应预先焊接一块与设备、管道材质相同的加强板后,再在其上面焊接支架。

5 支架不应与高温和低温管道直接接触。

6 支架应固定牢固、横平竖直、整齐美观。在同一直线段上的支架间距应均匀。

7 支架安装在有坡度的电缆沟内或建筑结构上时,其安装度应与电缆沟或建筑结构的坡度相同。支架安装在有弧度的设备或结构上时,其安装弧度应与设备或结构的弧度相同。

6.2.3 电缆槽及保护管安装时,金属支架之间的间距宜为2m;在拐弯处、终端处及其他需要的位置应设置支架。

6.2.4 直接敷设电缆的支架间距宜为:当水平敷设时为0.8m;当垂直敷设时为1.0m。

6.3 电缆槽的安装

6.3.1 电缆槽安装前,应进行外观检查。电缆槽内、外应平整,槽内部应光洁,无毛刺,尺寸应准确,配件应齐全。

6.3.2 电缆槽不宜采用焊接连接。当必须焊接时,应焊接牢固,且不应有明显的焊接变形。

6.3.3 电缆槽采用螺栓连接和固定时,宜用光滑的半圆头螺栓,螺母应在电缆槽的外侧,固定应牢固。

6.3.4 电缆槽的安装应横平竖直,排列整齐。电缆槽的上部与建筑物和构筑物之间应留有便于操作的空间。垂直排列的电缆槽拐弯时,其弯曲弧度应一致。

6.3.5 槽与槽之间、槽与仪表盘柜和仪表箱之间、槽与盖之间、盖与盖之间的连接处,应对合严密。槽的端口宜封闭。

6.3.6 电缆槽安装在工艺管架上时,宜在管道的侧面或上方。对于高温管道,不应平行安装在其上方。

6.3.7 电缆槽的开孔,应采用机械加工方法。

6.3.8 电缆槽应有排水孔。

6.3.9 电缆槽垂直段大于2m时,应在垂直段上、下端槽内增设固定电缆用的支架。当垂直段大于4m时,还应在其中部增设支架。

6.3.10 电缆槽的直线长度超过50m时,宜采取热膨胀补偿措施。

6.4 保护管的安装

6.4.1 保护管不应有变形和裂缝,其内部应清洁、无毛刺,管口应光滑、无锐边。

6.4.2 钢管的内壁、外壁均应做防腐处理。当埋设于混凝土内时,钢管外壁不应涂漆。

6.4.3 加工制作保护管弯管时,应符合下列规定:

1 保护管弯曲后的角度不应小于90°;

2 保护管的弯曲半径，不应小于所穿入电缆的最小允许弯曲半径；

3 保护管弯曲处不应有凹陷、裂缝和明显的弯扁；

4 单根保护管的直角弯不宜超过 2 个。

6.4.4 当保护管的直线长度超过 30m 或弯曲角度的总和超过 270°时，应在其中间加装拉线盒。

6.4.5 当保护管的直线长度超过 30m，或沿炉体敷设，以及过建筑物伸缩缝时，应采取下列热膨胀措施之一：

1 根据现场情况，弯管形成自然补偿；

2 增加一段软管；

3 在两管连接处预留适当的间距，外套管单端固定。

6.4.6 保护管的两端管口应带护线箍或打成喇叭形。

6.4.7 金属保护管的连接应符合下列规定：

1 采用螺纹连接时，管端螺纹长度不应小于管接头长度的 1/2。

2 埋设时宜采用套管焊接，管子的对口处应处于套管的中心位置；焊接应牢固，焊口应严密，并做防腐处理。

3 镀锌管及薄壁管采用螺纹连接或套管紧定螺栓连接，不应采用熔焊连接。

4 在可能有粉尘、液体、蒸汽、腐蚀性或潮湿气体进入管内的位置敷设的保护管，其两端管口应密封。

6.4.8 保护管与检测元件或就地仪表之间，应用金属挠性管连接，并应设有防水弯。与就地仪表箱、接线箱、拉线盒等连接时应密封，并将管固定牢固。

6.4.9 埋设的保护管应选最短途径敷设，埋入墙或混凝土内时，离表面的净距离不应小于 15mm。

6.4.10 保护管应排列整齐、固定牢固。用管卡或 U 型螺栓固定时，固定点间距应均匀。

6.4.11 保护管有可能受到雨水或潮湿气体浸入时，应在其最低点采取排水措施。

6.4.12 穿墙保护套管或保护罩两端延伸出墙面的长度，不应大于 30mm。

6.4.13 保护管穿过楼板时应有预埋件，当需在楼板或钢平台开孔时，应符合下列要求：

1 孔的位置适当，大小适宜；

2 开孔时不得切断楼板内的钢筋或平台钢梁。

6.4.14 埋设的保护管引出地面时，管口宜高出地面 200mm；当从地下引入落地式仪表盘、柜、箱时，宜高出盘、柜、箱内地面 50mm。

6.5 电缆、电线的敷设

6.5.1 敷设仪表电缆时的环境温度不应低于下列温度值：

1 塑料绝缘电缆 0℃；

2 橡皮绝缘电缆 -15℃。

6.5.2 敷设电缆应合理安排，不宜交叉；敷设时应避免电缆之间及电缆与其他硬物体之间的摩擦；固定时，松紧应适当。

6.5.3 塑料绝缘、橡皮绝缘多芯控制电缆的弯曲半径，不应小于其外径的 10 倍。电力电缆的弯曲半径应符合现行国家标准《电气装置安装工程电缆线路施工及验收规范》GB 50168—92 的有关规定。

6.5.4 仪表电缆与电力电缆交叉敷设时，宜成直角；当平行敷设时，其相互间的距离应符合设计文件规定。

6.5.5 在电缆槽内，交流电源线路和仪表信号线路，应用金属隔板隔开敷设。

6.5.6 电缆沿支架敷设时，应绑扎固定，防止电缆松脱。

6.5.7 明敷设的仪表信号线路与具有强磁场和强静电场的电气设备之间的净距离，宜大于 1.50m；当采用屏蔽电缆或穿金属保护管以及在带盖的金属电缆槽内敷设时，宜大于 0.80m。

6.5.8 电缆在隧道或沟道内敷设时，应敷设在支架上或电缆槽内。

6.5.9 电缆敷设后，两端应做电缆头。

6.5.10 制作电缆头时，绝缘带应干燥、清洁、无折皱、层间无空隙；抽出屏蔽接地线时，不应损坏绝缘；在潮湿或有油污的位置，应有相应的防潮、防油措施。

6.5.11 综合控制系统和数字通信线路的电缆敷设应符合设计文件和产品技术文件要求。

6.5.12 设备附带的专用电缆，应按产品技术文件的说明敷设。

6.5.13 补偿导线应穿保护管或在电缆槽内敷设，不应直接埋地敷设。

6.5.14 当补偿导线与测量仪表之间不采用切换开关或冷端温度补偿器时，宜将补偿导线和仪表直接连接。

6.5.15 对补偿导线进行中间或终端接线时，不得接错极性。

6.5.16 仪表信号线路、仪表供电线路、安全联锁线路、补偿导线及本质安全型仪表线路和其他特殊仪表线路，应分别采用各自的保护管。

6.6 仪表线路的配线

6.6.1 从外部进入仪表盘、柜、箱内的电缆电线应在其导通检查及绝缘电阻检查合格后再进行配线。

6.6.2 仪表盘、柜、箱内的线路宜敷设在汇线槽内，在小型接线箱内也可明线敷设。当明线敷设时，电缆电线束应采用由绝缘材料制成的扎带扎牢，扎带间距宜为 100~200mm。

6.6.3 仪表的接线应符合下列规定：

1 接线前应校线，线端应有标号；

2 剥绝缘层时不应损伤线芯；

3 电缆与端子的连接应均匀牢固、导电良好；

4 多股线芯端头宜采用接线片，电线与接线片的连接应压接。

6.6.4 仪表盘、柜、箱内的线路不应有接头，其绝缘保护层不应有损伤。

6.6.5 仪表盘、柜、箱接线端子两端的线路，均应按设计图纸标号。标号应正确、字迹清晰且不易褪色。

6.6.6 接线端子板的安装应牢固。当端子板在仪表盘、柜、箱底部时，距离基础面的高度不宜小于 250mm。当端子板在顶部或侧面时，与盘、柜、箱边缘的距离不宜小于 100mm。多组接线端子板并排安装时，其间隔净距离不宜小于 200mm。

6.6.7 剥去外部护套的橡皮绝缘芯线及屏蔽线，应加设绝缘护套。

6.6.8 导线与接线端子板、仪表、电气设备等连接时，应留有余度。

6.6.9 备用芯线应接在备用端子上，或按可能使用的最大长度预留，并应按设计文件要求标注备用线号。

7 仪表管道的安装

7.1 一般规定

7.1.1 仪表工程中的金属管道的施工，除应按本规范执行外，还应符合现行国家标准《工业金属管道工程施工及验收规范》GB 50235—97 中的有关规定。

7.1.2 仪表管道的安装位置应符合测量要求，不宜安装在有碍检修、易受机械损伤、有腐蚀和振动的位置。

7.1.3 仪表管道埋地敷设时，应经试压合格和防腐处理后方可埋入。直接埋地的管道连接时必须采用焊接，在穿过道路及进出地面处应加保护套管。

7.1.4 金属管道的弯制宜采用冷弯，并宜一次弯成。

7.1.5 高压钢管的弯曲半径宜大于管子外径的5倍,其他金属管的弯曲半径宜大于管子外径的3.5倍,塑料管的弯曲半径宜大于管子外径的4.5倍。

7.1.6 管子弯制后,应无裂纹和凹陷。

7.1.7 仪表管道安装前应将内部清扫干净。需要脱脂的管道应经脱脂检查合格后再安装。

7.1.8 高压管道分支时应采用三通连接,三通的材质应与管道相同。

7.1.9 管道连接时,其轴线应一致。

7.1.10 直径小于13mm的铜管和不锈钢管,宜采用卡套式接头连接,也可采用承插法或套管法焊接。承插法焊接时,其插入方向应顺着流体流向。

7.1.11 当管道成排安装时,应排列整齐,间距应均匀一致。

7.1.12 仪表管道应采用管卡固定在支架上。当管子与支架间有经常性的相对运动时,应在管道与支架间加木块或软垫。

7.1.13 仪表管道支架的制作与安装,应符合本规范第6.2节的规定,同时还应满足仪表管道坡度的要求。支架的间距宜符合下列规定:

　　1 钢管:
　　水平安装　1.00～1.50m;
　　垂直安装　1.50～2.00m。
　　2 铜管、铝管、塑料管及管缆:
　　水平安装　0.50～0.70m;
　　垂直安装　0.70～1.00m。

7.1.14 不锈钢管固定时,不应与碳钢材料直接接触。

7.2　测量管道

7.2.1 测量管道在满足测量要求的前提下,应按最短路径敷设。

7.2.2 测量管道水平敷设时,应根据不同的物料及测量要求,有1:10～1:100的坡度,其倾斜方向应保证能排除气体或冷凝液。当不能满足时,应在管道的集气处安装排气装置,在集液处安装排液装置。

7.2.3 测量管道在穿墙或过楼板处,应加保护套管或保护罩,管道的接头不应在保护套管或保护罩内,管道穿过不同等级的爆炸危险区域、火灾危险区域和有毒场所的分隔间壁时,保护套管或保护罩应密封。

7.2.4 测量管道与高温设备、管道连接时,应采取热膨胀补偿措施。

7.2.5 测量差压的正压管和负压管,应安装在环境温度相同的地方。

7.2.6 测量管道与玻璃管微压计连接时,应采用软管,管道与软管的连接处,应高出仪表接头150～200mm。

7.2.7 测量管道与设备、管道或建筑物表面之间的距离不宜小于50mm,测量油类及易燃物爆物质的管道与热表面之间的距离不宜小于150mm,且不应平行敷设在其上方。

7.3　气动信号管道

7.3.1 气动信号管道应采用紫铜管、不锈钢管或聚乙烯、尼龙管缆。管道安装时应避免中间接头。当无法避免时,应采用卡套式中间接头连接。管道终端应配装可拆卸的活动连接件。

7.3.2 气动信号管道宜汇集成排敷设。

7.3.3 管缆的敷设应符合下列规定:
　　1 外观不应有明显的变形和损伤;
　　2 敷设管缆时的环境温度不应低于产品技术文件所规定的最低环境温度;
　　3 敷设时,应防止管缆受机械损伤及交叉摩擦;
　　4 敷设后的管缆应留有余度。

7.4　气源管道

7.4.1 气源管道采用镀锌钢管时,应用螺纹连接,拐弯处应采用弯头,连接处必须密封。缠绕密封带或涂抹密封胶时,不应使其进入管内。采用无缝钢管时,应焊接连接,焊接时焊渣不应落入管内。

7.4.2 控制室内的气源总管应有不小于1:500的坡度,并在其集液处安装排污阀,排污管口应远离仪表、电气设备和线路。装在过滤器下面的排污阀与地面间,应留有便于操作的空间。

7.4.3 气源系统的配管应整齐美观,其末端和集液处应有排污阀。水平干管上的支管引出口,应在干管的上方。

7.4.4 气源系统安装完毕后应进行吹扫,并应符合下列规定:
　　1 吹扫前,应将控制室气源入口、各分气源总入口和接至各仪表气源入口处的过滤减压阀断开并敞口,先吹总管,然后依次吹干管、支管及接至各仪表的管道;
　　2 吹扫气应使用合格的仪表空气;
　　3 排出的吹扫气应用涂白漆的木制靶板检验,1min内板上无铁锈、尘土、水分及其他杂物时,即为吹扫合格。

7.4.5 气源系统吹扫完毕后,控制室气源、就地气源总管的入口阀和干燥器及空气贮罐的入口、出口阀,均应有"未经许可不得关闭"的标志。

7.4.6 气源装置使用前,应按设计文件规定整定气源压力值。

7.5　液压管道

7.5.1 本节适用于压力不大于1.6MPa的液压控制供液系统的安装。

7.5.2 贮液箱的安装位置应低于回液集管,回液集管与贮液箱上回液接头间的最小高差,宜为0.3～0.5m。

7.5.3 油压管道不应平行敷设在高温设备和管道的上方,与热表面绝缘层的距离应大于150mm。

7.5.4 液压泵的自然流动回液管的坡度不应小于1:10,否则应将回液管的管径加大。当回液落差较大时,为减少泡沫,应在集液箱之前安装一个水平段或U型弯管。

7.5.5 回液管道的各分支管与总管连接时,支管应顺介质流动方向与总管成锐角连接。

7.5.6 贮液箱及液压管道的集气处应设有放空阀;放空管的上端应向下弯曲180°。

7.5.7 供液系统用的过滤器安装前,应检查其滤网是否符合产品技术文件的规定,并应清洗干净。进口与出口方向不得装错,排污阀与地面间应留有便于操作的空间。

7.5.8 接至液压控制器的液压管道,不应有环形弯和曲折弯。

7.5.9 液压控制器与供液管和回流管连接时,应采用耐压挠性管。

7.5.10 供液系统内的逆止阀或闭锁阀,在安装前应进行清洗、检查和试验。

7.5.11 供液系统的压力试验,应符合本规范第7.7节的规定。

7.5.12 供液系统应进行清洗,应按设计文件及产品技术文件的规定进行检查、调整和试验。

7.5.13 供液系统清洗完毕,液压装置的供液阀、回流阀及执行器与总管之间的切断阀,均应有"未经许可不得关闭"的标志。

7.6　盘、柜、箱内的仪表管道

7.6.1 仪表管道应敷设在不妨碍操作和维修的位置。

7.6.2 仪表管道应汇集成排敷设,做到整齐、美观,固定牢固。

7.6.3 仪表管道与仪表线路应分开。

7.6.4 仪表管道与仪表连接时,不应使仪表承受机械应力。

7.6.5 当仪表管道引入安装在有爆炸和火灾危险,有毒及有腐蚀性物质环境的仪表盘、柜、箱时,其引入孔处应密封。

7.7 管道试验

7.7.1 安装完毕的仪表管道,在试验前应进行检查,不得有漏焊、堵塞和错接的现象。

7.7.2 仪表管道的压力试验应以液体为试验介质。仪表气源管道和气动信号管道以及设计压力小于或等于 0.6MPa 的仪表管道,可采用气体为试验介质。

7.7.3 液压试验压力应为 1.5 倍的设计压力,当达到试验压力后,稳压 10min,再将试验压力降至设计压力,停压 10min,以压力不降、无渗漏为合格。

7.7.4 气压试验压力应为 1.15 倍的设计压力,试验时应逐步缓慢升压,达到试验压力后,稳压 10min,再将试验压力降至设计压力,停压 5min,以发泡剂检验不泄漏为合格。

7.7.5 当工艺系统规定进行真空度或泄漏性试验时,其内的仪表管道系统应随同工艺系统一起进行试验。

7.7.6 液压试验介质应使用洁净水,当对奥氏体不锈钢管道进行试验时,水中氯离子含量不得超过 25mg/L。试验后应将液体排净。在环境温度 5℃ 以下进行试验时,应采取防冻措施。

7.7.7 气压试验介质应使用空气或氮气。

7.7.8 压力试验用的压力表应经检定合格,其准确度不得低于 1.5 级,刻度满度值应为试验压力的 1.5～2.0 倍。

7.7.9 压力试验过程中,若发现泄漏现象,应泄压后再修理。修复后,应重新试验。

7.7.10 压力试验合格后,宜在管道的另一端泄压,检查管道是否堵塞,并应拆除压力试验用的临时堵头或盲板。

8 脱 脂

8.1 一般规定

8.1.1 需要脱脂的仪表、控制阀、管子和其他管道组成件,必须按照设计文件规定脱脂。

8.1.2 用于脱脂的有机溶剂含油量不应大于 50mg/L。含油量 50～500mg/L 的溶剂可用于粗脱脂。

8.1.3 设计文件未规定时,可按下列适用范围原则选用脱脂溶剂:

1 工业用四氯化碳,适用于黑色金属、铜和非金属件的脱脂;

2 工业用二氯乙烷,适用于金属件的脱脂;

3 工业用三氯乙烯,适用于黑色金属和有色金属件的脱脂;

4 10% 的 NaOH 溶液,适用于铝制品的脱脂;

5 65% 的浓硝酸,适用于工作物为浓硝酸的仪表、控制阀、管子和其他管道组成件的脱脂。

8.1.4 脱脂溶剂不得混合使用,且不得与浓酸、浓碱接触。

8.1.5 用四氯化碳、二氯乙烷和三氯乙烯脱脂时,脱脂件应干燥、无水分。

8.1.6 接触脱脂件的工具、量具及仪器必须经脱脂合格后方可使用。

8.1.7 脱脂合格的仪表、控制阀、管子和其他管道组成件必须封闭保存,并加标志;安装时严禁被油污染。

8.1.8 制造厂脱脂合格并封闭的仪表及附件,安装时可不再脱脂,但应进行外观检查,如发现有油迹及有机杂质时,必须重新脱脂。

8.1.9 脱脂合格后的仪表和仪表管道,在压力试验及仪表校准、试验时,必须使用不含油脂的介质。

8.1.10 脱脂溶剂必须妥善保管,脱脂后的废液应妥善处理。

8.1.11 脱脂应在室外通风处或有通风装置的室内进行。工作中应采取穿戴防护用品等安全措施。

8.2 脱脂方法

8.2.1 有明显锈蚀的管道部位,应先除锈再脱脂。

8.2.2 易拆卸的仪表、控制阀和管道组成件在脱脂时,应将需脱脂的部件、附件及填料拆下放入脱脂溶剂中浸泡,浸泡时间应为 1～2h。

8.2.3 不易拆卸的仪表脱脂时,可采用灌注脱脂溶剂的方法,灌注后浸泡时间不应少于 2h。

8.2.4 管子脱脂可采用在脱脂槽内浸泡的方法,浸泡时间应为 1～1.5h。

8.2.5 采用擦洗法脱脂时,应使用不易脱落纤维的布或丝绸。不应使用棉纱,脱脂后严禁纤维附着在脱脂件上。

8.2.6 用 NaOH 溶液脱脂时,应将溶液加热至 60～90℃,浸泡脱脂件 30min,用水冲洗后再将脱脂件放入 15% HNO_3 溶液中和,然后用清水洗净风干。

8.2.7 经脱脂的仪表、控制阀、管子和其他管道组成件应进行自然通风或用清洁无油、干燥的空气或氮气吹干。当允许用蒸汽吹洗时,可用蒸汽吹洗。

8.3 脱脂检验

8.3.1 仪表、管子、控制阀和管道组成件脱脂后,必须经检验合格。

8.3.2 符合下列规定之一的应视为检验合格:

1 用清洁干燥的白滤纸擦拭脱脂件表面,纸上应无油迹;

2 用紫外线灯照射脱脂表面,应无紫蓝荧光;

3 用蒸汽吹洗脱脂件,将颗粒度小于 1mm 的数粒纯樟脑放入蒸汽冷凝液内,樟脑在冷凝液表面不停旋转;

4 用浓硝酸脱脂时,分析其酸中所含有机物的总量,不应超过 0.03%。

9 电气防爆和接地

9.1 爆炸和火灾危险环境的仪表装置施工

9.1.1 爆炸和火灾危险环境的仪表装置施工,除应符合本规范规定外,还应符合国家现行的有关标准、规范的规定。

9.1.2 安装在爆炸危险环境的仪表、仪表线路、电气设备及材料,其规格型号必须符合设计文件规定。防爆设备应有铭牌和防爆标志,并在铭牌上标明国家授权的部门所发给的防爆合格证编号。

9.1.3 防爆仪表和电气设备引入电缆时,应采用防爆密封挤紧或用密封填料进行封固,外壳上多余的孔应做防爆密封,弹性密封圈的一个孔应密封一根电缆。

9.1.4 防爆仪表和电气设备,除本质安全型外,应有"电源未切断不得打开"的标志。

9.1.5 采用正压通风的防爆仪表箱的通风管必须保持畅通,且不宜安装切断阀;安装后应保证箱内能维持不低于设计文件规定的压力;当设有低压力联锁或报警装置时,其动作应准确、可靠。

9.1.6 本质安全型仪表的安装和线路敷设,除应按本规范 9.1.2、9.1.7 和 9.1.8 第 2 款的规定外,还应符合下列规定:

1 本质安全电路和非本质安全电路不应共用一根电缆或穿同一根保护管;

2 当采用芯线无分别屏蔽的电缆或无屏蔽的导线时,两个或其以上不同回路的本质安全电路,不应共用同一根电缆或穿同一根保护管;

3 本质安全电路及其附件,应有蓝色标志。

4 本质安全电路与非本质安全电路在同一电缆槽或同一电缆沟道内敷设时，应用接地的金属隔板或具有足够耐压强度的绝缘板隔离，或分开排列敷设，其间距应大于50mm，并分别固定牢固。

5 本质安全电路与非本质安全电路共用一个接线箱时，本质安全电路与非本质安全电路接线端子之间，应用接地的金属板隔开。

6 仪表盘、柜、箱内的本质安全电路与关联电路或其他电路的接线端子之间的间距不应小于50mm，当间距不能满足要求时，应采用高于端子的绝缘板隔离。

7 仪表盘、柜、箱内的本质安全电路敷设配线时，应与非本质安全电路分开，采用有盖汇线槽或绑扎固定，配线从接线端到线束固定点的距离应尽可能短。

8 本质安全电路中的安全栅、隔离器等关联设备的安装位置，应在安全区域一侧或置于另一与环境相适应的防爆设备防护内，需接地的关联设备，应可靠接地。

9 采用屏蔽电缆电线时，屏蔽层不应接到安全栅的接地端子上。

10 本质安全电路内的接地线和屏蔽连接线，应有绝缘层。

11 本质安全电路不应受到其他线路的强电磁感应和强静电感应，线路的长度和敷设方式应符合设计文件规定。

12 本质安全型仪表及本质安全关联设备，必须有国家授权的机构发给的产品防爆合格证，其型号、规格的替代，必须经原设计单位确认。

9.1.7 当电缆槽或电缆沟道通过不同等级的爆炸危险区域的分隔间壁时，在分隔间壁处必须做充填密封。

9.1.8 安装在爆炸危险区域的电缆电线保护管，应符合下列规定：

1 保护管之间及保护管与接线箱、拉线盒之间，应采用圆柱管螺纹连接，螺纹有效啮合部分不应少于5扣，螺纹处应涂导电性防锈脂，并用锁紧螺母锁紧，连接处应保证良好的电气连续性；

2 保护管穿过不同等级爆炸危险区域的分隔间壁时，分界处必须用防爆阻火器件和密封组件隔离，并做好充填密封；

3 保护管与仪表、检测元件、电气设备、接线箱、拉线盒连接时，或进入仪表盘、柜、箱时，应安装防爆密封管件，并做好充填密封。密封管件与仪表箱、接线箱、拉线盒之间的距离不应超过0.45m。密封管件与仪表、检测元件、电气设备之间可采用挠性管连接；

4 全部保护管系统必须密封。

9.1.9 对爆炸危险区域的线路进行接线时，必须在设计文件规定采用的防爆接线箱内接线。接线必须牢固可靠，接触良好，并应加防松和防拔脱装置。

9.1.10 火灾危险环境所采用的仪表及电气设备，应符合设计文件的要求。

9.1.11 用于火灾危险环境的装有仪表及电气设备的箱、盒等，应采用金属制品。

9.2 接 地

9.2.1 用电仪表的外壳、仪表盘、柜、箱、盒和电缆槽、保护管、支架、底座等正常不带电的金属部分，由于绝缘破坏而有可能带危险电压者，均应做保护接地。对于供电电压不高于36V的就地仪表、开关等，当设计文件无特殊要求时，可不做保护接地。

9.2.2 在非爆炸危险区域的金属盘、板上安装的按钮、信号灯、继电器等小型低压电器的金属外壳，当与已接地的金属盘、板接触良好时，可不做保护接地。

9.2.3 仪表保护接地系统应接到电气工程低压电气设备的保护接地网上，连接应牢固可靠，不应串联接地。

9.2.4 保护接地的接地电阻值，应符合设计文件规定。

9.2.5 在建筑物上安装的电缆槽及电缆保护管，可重复接地。

9.2.6 仪表及控制系统应做工作接地，工作接地包括信号回路接地和屏蔽接地，以及特殊要求的本质安全电路接地，接地系统的连接方式和接地电阻值应符合设计文件规定。

9.2.7 仪表及控制系统的信号回路接地、屏蔽接地应共用接地装置。

9.2.8 各仪表回路只应有一个信号回路接地点，除非使用隔离器将两个接地点之间的直流信号回路隔离开。

9.2.9 信号回路的接地点应在显示仪表侧，当采用接地型热电偶和检测元件已接地的仪表时，不应再在显示仪表侧接地。

9.2.10 仪表电缆电线的屏蔽层，应在控制室仪表盘柜侧接地，同一回路的屏蔽层应具有可靠的电气连续性，不应浮空或重复接地。

9.2.11 当有防干扰要求时，多芯电缆中的备用芯线应在一点接地，屏蔽电缆的备用芯线与电缆屏蔽层，应在同一侧接地。

9.2.12 仪表盘、柜、箱内各回路的各类接地，应分别由各自的接地支线引至接地汇流排或接地端子板，由接地汇流排或接地端子板引出接地干线，再与接地总干线和接地极相连。各接地支线、汇流排或端子板之间在非连接处应彼此绝缘。

9.2.13 接地系统的连线应使用铜芯绝缘电线或电缆，采用镀锌螺栓紧固，仪表盘、柜、箱内的接地汇流排应使用铜材，并有绝缘支架固定。接地总干线与接地体之间应采用焊接。

9.2.14 本质安全电路本身除设计文件有特殊规定外，不应接地。当采用二极管安全栅时，其接地应与直流电源的公共端相连。

9.2.15 接地线的颜色应符合设计文件规定，并设置绿、黄色标志。

9.2.16 防静电接地应符合设计文件规定，可与设备、管道和电气等的防静电工程同时进行。

10 防 护

10.1 隔离与吹洗

10.1.1 采用膜片隔离时，膜片式隔离器的安装位置，宜紧靠检测点。

10.1.2 采用隔离容器充注隔离液隔离时，隔离容器应垂直安装，成对隔离容器的安装标高，必须一致。

10.1.3 采用隔离管充注隔离液隔离时，测量管和隔离管的配管应适当，使隔离液充注方便，贮存可靠。

10.1.4 隔离液的选用应符合下列要求：

1 与被测物质不发生化学反应；

2 与被测物质不相互混合和溶解；

3 与被测物质的密度相差尽可能大，分层明显；

4 在工作环境温度变化时，挥发和蒸发小，不粘稠，不凝结；

5 对仪表和测量管道无腐蚀。

10.1.5 采用吹洗法隔离时，吹洗介质的入口应接近检测点。吹洗和冲液介质应符合下列要求：

1 与被测物质不发生化学反应；

2 清洁，不污染被测物质；

3 冲液介质无腐蚀性，在节流减压之后不发生相变；

4 吹洗流体的压力高于被测物质的压力，以保证吹洗流量的稳定和连续。

10.2 防腐与绝热

10.2.1 碳钢仪表管道、支架、仪表设备底座、电缆槽、保护管、固定卡等需要防腐的结构和部位，当其外壁无防腐层时，均应涂防锈漆和面漆。

10.2.2 涂漆应符合下列规定：

    1 涂漆前应清除被涂表面的铁锈、焊渣、毛刺和污物；

    2 涂漆施工的环境温度宜为 5～40℃；

    3 多层涂刷时，应在漆膜完全干燥后再涂下一层；

    4 涂层应均匀，无漏涂；

    5 面漆颜色应符合设计文件要求。

10.2.3 仪表管道焊接部位的涂漆，应在管道系统压力试验后进行。

10.2.4 仪表绝热工程可随同设备和管道的绝热工程一起施工，并应符合设计文件要求和现行国家标准《工业设备和管道绝热工程施工及验收规范》GBJ 126 的要求。

10.2.5 仪表绝热工程的施工应在测量管道、伴热管道压力试验合格及防腐工程完工后进行。

10.3 伴　　热

10.3.1 当伴热方式为重伴热时，伴热管线应与仪表及仪表测量管道直接接触。当伴热方式为轻伴热时，伴热管线与仪表及仪表管道不应直接接触，可用一层石棉板加以间隔。碳钢伴管与不锈钢管道不应直接接触。

10.3.2 伴管通过被伴热的液位计、仪表管道阀门、隔离器等附件时，宜设置活接头。

10.3.3 当采用蒸汽伴热时，应符合下列规定：

    1 蒸汽伴管应单独供气，伴热系统之间不应串联连接；

    2 伴管的集液处应有排液装置；

    3 伴管的连接宜焊接，固定不应过紧，应能自由伸缩。接汽点应在蒸汽管的顶部。

10.3.4 当采用热水伴热时，应符合下列规定：

    1 热水伴管应单独供水，伴热系统之间不应串联连接；

    2 伴管的集气处，应有排气装置；

    3 伴管的连接宜焊接，应能自由伸缩，固定不应过紧。接水点应在热水管的底部。

10.3.5 当采用电伴热时，应符合下列规定：

    1 电热线在敷设前，应进行外观和绝缘检查，其绝缘电阻值不应小于 1MΩ。

    2 电热线应均匀敷设，固定牢固；

    3 敷设电热线时不应损坏绝缘层；

    4 仪表箱内的电热管、板应安装在仪表箱的底部或后壁上。

11　仪表试验

11.1 一般规定

11.1.1 仪表在安装和使用前，应进行检查、校准和试验，确认符合设计文件要求及产品技术文件所规定的技术性能。

11.1.2 仪表安装前的校准和试验应在室内进行。试验室应具备下列条件：

    1 室内清洁、安静、光线充足，无振动，无对仪表及线路的电磁场干扰；

    2 室内温度保持在 10～35℃；

    3 有上下水设施。

11.1.3 仪表试验的电源电压应稳定。交流电源及 60V 以上的直流电源电压波动不应超过±10%。60V 以下的直流电源电压波动不应超过±5%。

11.1.4 仪表试验的气源应清洁、干燥，露点比最低环境温度低10℃以上。气源压力应稳定。

11.1.5 仪表工程在系统投用前应进行回路试验。

11.1.6 仪表回路试验的电源和气源宜由正式电源和气源供给。

11.1.7 仪表校准和试验用的标准仪器仪表应具备有效的计量检定合格证明，其基本误差的绝对值不宜超过被校准仪表基本误差绝对值的1/3。

11.1.8 仪表校准和试验的条件、项目、方法应符合产品技术文件的规定和设计文件要求，并应使用制造厂已提供的专用工具和试验设备。

11.1.9 对于施工现场不具备校准条件的仪表，可对检定合格证明的有效性进行验证。

11.1.10 设计文件规定禁油和脱脂的仪表在校准和试验时，必须按其规定进行。

11.1.11 单台仪表的校准点应在仪表全量程范围内均匀选取，一般不应少于 5 点。回路试验时，仪表校准点不应少于 3 点。

11.2 单台仪表的校准和试验

11.2.1 指针式显示仪表的校准和试验，应符合下列要求：

    1 面板清洁，刻度和字迹清晰；

    2 指针在全标度范围内移动应平稳、灵活。其示值误差、回程误差应符合仪表准确度的规定；

    3 在规定的工作条件下倾斜或轻敲表壳后，指针位移应符合仪表准确度的规定。

11.2.2 数字式显示仪表的示值应清晰、稳定，在测量范围内其示值误差应符合仪表准确度的规定。

11.2.3 指针式记录仪表的校准和试验应符合下列要求：

    1 指针在全标度范围内的示值误差和回程误差应符合仪表准确度的规定；

    2 记录机构的划线或打印点应清晰，打印纸移动正常；

    3 记录纸上打印的号码或颜色应与切换开关及接线端子上标示的编号一致。

11.2.4 积算仪表的准确度应符合产品技术性能要求。

11.2.5 变送器、转换器应进行输入输出特性试验和校准，其准确度应符合产品技术性能要求，输入输出信号范围和类型应与铭牌标志、设计文件要求一致，并与显示仪表配套。

11.2.6 温度检测仪表的校准试验点不应少于 2 点。直接显示温度计的示值误差应符合仪表准确度的规定。热电偶和热电阻可在常温下对元件进行检测，不进行热电性能试验。

11.2.7 压力、差压变送器的校准和试验除应符合本规范第10.2.5条要求外，还应按设计文件和使用要求进行零点、量程调整和零点迁移量调整。

11.2.8 对于流量检测仪表，应对制造厂的产品合格证和有效的检定证明进行验证。

11.2.9 浮筒式液位计可采用干校法或湿校法校准。干校挂重质量的确定，以及湿校试验介质密度的换算，均应符合产品设计使用状态的要求。

11.2.10 贮罐液位计、料面计可在安装完成后直接模拟物位进行就地校准。

11.2.11 称重仪表及其传感器可在安装完成后直接均匀加载标准重量进行就地校准。

11.2.12 测量位移、振动等机械量的仪表，可使用专用试验设备进行校准和试验。

11.2.13 分析仪表的显示仪表部分应按照本节对显示仪表的要求进行校准。其检测、传感、转换等性能的试验和校准，包括对试验用标准样品的要求，均应符合产品技术文件和设计文件的规定。

11.2.14 单元组合仪表、组装式仪表等应对各单元分别进行试验和校准，其性能要求和准确度应符合产品技术文件的规定。

11.2.15 控制仪表的显示部分应按照本节对显示仪表的要求进行校准，仪表的控制点误差，比例、积分、微分作用，信号处理及各项控制、操作性能,均应按照产品技术文件的规定和设计文件要求进行检查、试验、校准和调整,并进行有关组态模式设置和调节参数预整定。

11.2.16 控制阀和执行机构的试验应符合下列要求:

　　1 阀体压力试验和阀座密封试验等项目,可对制造厂出具的产品合格证明和试验报告进行验证,对事故切断阀应进行阀座密封试验,其结果应符合产品技术文件的规定;

　　2 膜头、缸体泄漏性试验合格,行程试验合格;

　　3 事故切断阀和设计规定了全行程时间的阀门,必须进行全行程时间试验;

　　4 执行机构在试验时应调整到设计文件规定的工作状态。

11.2.17 单台仪表校准和试验合格后,应及时填写校准和试验记录;仪表上应有合格标志和位号标志;仪表需加封印和漆封的部位应加封印和漆封。

11.3 仪表电源设备的试验

11.3.1 电源设备的带电部分与金属外壳之间的绝缘电阻,用500V兆欧表测量时不应小于5MΩ。当产品说明书另有规定时,应符合其规定。

11.3.2 电源的整流和稳压性能试验,应符合产品技术文件的规定。

11.3.3 不间断电源应进行自动切换性能试验,切换时间和切换电压值应符合产品技术文件的规定。

11.4 综合控制系统的试验

11.4.1 综合控制系统应在回路试验和系统试验前对装置本身进行试验。

11.4.2 综合控制系统的试验应在本系统安装完毕,供电、照明、空调等有关设施均已投入运行的条件下进行。

11.4.3 综合控制系统的硬件试验项目应包括:

　　1 盘柜和仪表装置的绝缘电阻测量;

　　2 接地系统检查和接地电阻测量;

　　3 电源设备和电源插卡各种输出电压的测量和调整;

　　4 系统中全部设备和全部插卡的通电状态检查;

　　5 系统中单独的显示、记录、控制、报警等仪表设备的单台校准和试验;

　　6 通过直接信号显示和软件诊断程序对装置内的插卡、控制和通信设备、操作站、计算机及其外部设备等进行状态检查;

　　7 输入、输出插卡的校准和试验。

11.4.4 综合控制系统的软件试验项目应包括:

　　1 系统显示、处理、操作、控制、报警、诊断、通信、冗余、打印、拷贝等基本功能的检查试验;

　　2 控制方案、控制和联锁程序的检查。

11.4.5 综合控制系统的试验可按产品的技术文件和设计文件的规定安排进行。

11.5 回路试验和系统试验

11.5.1 回路试验应在系统投入运行前进行,试验前应具备下列条件:

　　1 回路中的仪表设备、装置和仪表线路、仪表管道安装完毕;

　　2 组成回路的各仪表的单台试验和校准已经完成;

　　3 仪表配线和配管经检查确认正确完整,配件附件齐全;

　　4 回路的电源、气源和液压源已能正常供给并符合仪表运行的要求。

11.5.2 回路试验应根据现场情况和回路的复杂程度,按回路位号和信号类型合理安排。回路试验应做试验记录。

11.5.3 综合控制系统可先在控制室内以与就地线路相连的输入输出端为界进行回路试验,然后再与就地仪表连接进行整个回路

的试验。

11.5.4 检测回路的试验应符合下列要求:

　　1 在检测回路的信号输入端输入模拟被测变量的标准信号,回路的显示仪表部分的示值误差,不应超过回路内各单台仪表允许基本误差平方和的平方根值。

　　2 温度检测回路可在检测元件的输出端向回路输入电阻值或mV值模拟信号。

　　3 现场不具备模拟被测变量信号的回路,应在其可模拟输入信号的最前端输入信号进行回路试验。

11.5.5 控制回路的试验应符合下列要求:

　　1 控制器和执行器的作用方向应符合设计规定。

　　2 通过控制器或操作站的输出向执行器发送控制信号,检查执行器执行机构的全行程动作方向和位置应正确,执行器带有定位器时应同时试验。

　　3 当控制器或操作站上有执行器的开度和起点、终点信号显示时,应同时进行检查和试验。

11.5.6 报警系统的试验应符合下列要求:

　　1 系统中有报警信号的仪表设备,如各种检测报警开关、仪表的报警输出部件和接点,应根据设计文件规定的设定值进行整定。

　　2 在报警回路的信号发生端模拟输入信号,检查报警灯光、音响和屏幕显示应正确。报警点整定后宜在调整器件上加封记。

　　3 报警的消音、复位和记录功能应正确。

11.5.7 程序控制系统和联锁系统的试验应符合下列要求:

　　1 程序控制系统和联锁系统有关装置的硬件和软件功能试验已经完成,系统相关的回路试验已经完成。

　　2 系统中的各有关仪表和部件的动作设定值,应根据设计文件规定进行整定。

　　3 联锁点多、程序复杂的系统,可分项和分段进行试验后,再进行整体检查试验。

　　4 程序控制系统的试验应按程序设计的步骤逐步检查试验,其条件判定、逻辑关系、动作时间和输出状态等均应符合设计文件规定。

　　5 在进行系统功能试验时,可采用已试验整定合格的仪表和检测报警开关的报警输出接点直接发出模拟条件信号。

　　6 系统试验中应与相关的专业配合,共同确认程序运行和联锁保护条件及功能的正确性,并对试验过程中相关设备和装置的运行状态和安全防护采取必要措施。

12 工程验收

12.1 交接验收条件

12.1.1 设计文件范围内仪表工程的取源部件,仪表设备和装置,仪表管道,仪表线路,仪表供电、供气、供液系统,均已按设计文件和本规范的规定安装完毕,仪表单台设备的校准和试验合格后,即可进行仪表工程的回路试验和系统试验。

12.1.2 仪表工程的回路试验和系统试验进行完毕,并符合设计文件和本规范的规定时,即可开通投入运行。

12.1.3 仪表工程连续48h开通投入运行正常后,即具备交接验收条件。

12.2 交接验收

12.2.1 仪表工程具备交接验收条件后,应办理交接验收手续。

12.2.2 交接验收时,应提交下列文件:

　　1 工程竣工图;

2 设计修改文件和材料代用文件；

3 隐蔽工程记录；

4 安装和质量检查记录；

5 绝缘电阻测量记录；

6 接地电阻测量记录；

7 仪表管道脱脂、压力试验记录；

8 仪表设备和材料的产品质量合格证明；

9 仪表校准和试验记录；

10 回路试验和系统试验记录；

11 仪表设备交接清单。

12.2.3 因客观条件限制未能全部完成的工程,可办理工程交接验收手续,并提交未完工程项目明细表。未完工程的施工安排,应按合同的规定进行。

附录 A 节流装置所要求的最小直管段长度

表 A.0.1 孔板、喷嘴和文丘里喷嘴所要求的最小直管段长度(mm)

直径比 β ≤	节流件上游侧阻流件形式和最小直管段长度							节流件下游最小直管段长度(包括在本表中的所有阻流件)
	单个90°弯头或三通(流体仅从一个支管流出)	在同一平面上的两个或多个90°弯头	在不同平面上的两个或多个90°弯头	渐缩管(在1.5D至3D长度内由2D变为D)	渐扩管(在1D至2D的长度由0.5D变为D)	球型阀全开	全孔球阀或闸阀全开	
0.20	10(6)	14(7)	34(17)	5	16(8)	18(9)	12(6)	4(2)
0.25	10(6)	14(7)	34(17)	5	16(8)	18(9)	12(6)	4(2)
0.30	10(6)	16(8)	34(17)	5	16(8)	18(9)	12(6)	5(2.5)
0.35	12(6)	16(8)	36(18)	5	16(8)	18(9)	12(6)	5(2.5)
0.40	14(7)	18(9)	36(18)	5	16(8)	20(10)	12(6)	6(3)
0.45	14(7)	18(9)	38(19)	5	17(9)	20(10)	12(6)	6(3)
0.50	14(7)	20(10)	40(20)	6(5)	18(9)	22(11)	12(6)	6(3)
0.55	16(8)	22(11)	44(22)	8(5)	20(10)	24(12)	14(7)	6(3)
0.60	18(9)	26(13)	48(24)	9(5)	22(11)	26(13)	14(7)	7(3.5)
0.65	22(11)	32(16)	54(27)	11(6)	25(13)	28(14)	16(8)	7(3.5)
0.70	28(14)	36(18)	62(31)	14(7)	30(15)	32(16)	20(10)	7(3.5)
0.75	36(18)	42(21)	70(35)	22(11)	38(19)	36(18)	24(12)	8(4)
0.80	46(23)	50(25)	80(40)	30(15)	54(27)	44(22)	30(15)	8(4)
对于所有的直径比 β	阻流件							上游侧最小直管段长度
	直径比大于或等于 0.5 的对称骤缩异径管							30(15)
	直径小于或等于 0.03D 的温度计套管和插孔							5(3)
	直径在 0.03D 和 0.13D 之间的温度计套管和插孔							20(10)

注:1 本表直管段长度均以直径 D 的倍数表示。
　　2 不带括号的值为"零附加不确定度"的值;带括号的值为"0.5%附加不确定度"的值。

表 A.0.2 经典文丘里管所要求的最小直管段长度(mm)

直径比 β	单个90° 短半径弯头	在同一平面上的两个或多个90°弯头	在不同平面上的两个或多个90°弯头	在3.5D长度范围内由3D变为D的渐缩管	在D长度范围内由0.75D变为D的渐扩管	全开球阀或闸阀
0.30	0.5	1.5(0.5)	(0.5)	0.5	1.5(0.5)	1.5(0.5)
0.35	0.5	1.5(0.5)	(0.5)	1.5(0.5)	1.5(0.5)	2.5(0.5)
0.40	0.5	1.5(0.5)	(0.5)	2.5(0.5)	1.5(0.5)	2.5(1.5)
0.45	1.0(0.5)	1.5(0.5)	(0.5)	4.5(0.5)	2.5(1.0)	3.5(1.5)
0.50	1.5(0.5)	2.5(1.5)	(8.5)	4.5(0.5)	2.5(1.5)	4.5(1.5)
0.55	2.5(0.5)	2.5(1.5)	(12.5)	4.5(1.5)	2.5(1.5)	4.5(2.5)
0.60	3.0(1.0)	3.5(2.5)	(17.5)	8.5(1.5)	2.5(1.5)	4.5(2.5)
0.65	4.0(1.5)	4.5(2.5)	(23.5)	9.5(1.5)	3.5(2.5)	4.5(2.5)
0.70	4.0(2.0)	4.5(2.5)	(27.5)	10.5(2.5)	3.5(2.5)	5.5(3.5)
0.75	4.5(3.0)	4.5(3.5)	(29.5)	11.5(3.5)	6.5(4.5)	5.5(3.5)

注:1 直管段均以直径 D 的倍数表示,从经典文丘里管上游取压口平面量起。
　　2 不带括号的值为"零附加不确定度"的值;带括号的值为"0.5%附加不确定度"的值。
　　3 下游直管段长度为 4 倍喉径的长度。

本规范用词说明

1 为便于在执行本规范条文时区别对待,对要求严格程度不同的用词说明如下:

1)表示很严格,非这样做不可的用词:

正面词采用"必须";反面词采用"严禁"。

2)表示严格,在正常情况下均应这样做的用词:

正面词采用"应";反面词采用"不应"或"不得"。

3)表示允许稍有选择,在条件许可时首先应这样做的用词:

正面词采用"宜"或"可";反面词采用"不宜"。

表示有选择,在一定条件下可以这样做的用词,采用"可"。

2 规范中指明应按其他有关标准和规范执行的,写法为"应符合……的要求(或规定)"或"应按……执行"。

中华人民共和国国家标准

自动化仪表工程施工及验收规范

GB 50093—2002

条 文 说 明

目　次

1 总　则

1.0.1 制定本规范的目的,根据标准编写规定增加此条。本规范部分条文中对施工技术的要求涉及到施工管理内容。

1.0.2 规定了本规范的适用范围和不适用范围。本规范在原规范的基础上,归纳总结了工业和民用自动化仪表工程施工及验收的经验,对共同适用的部分作了统一的规定,同时也兼顾了有关行业的特点和习惯。

1.0.3 施工的依据是经过批准的设计文件和已会审的施工图纸。工程施工将设计意图转化为实际,但施工单位无权任意修改设计图纸。

　　由于工程在工艺设计、操作、现场条件等方面出现的特殊问题,以及仪表设备材料新产品的出现,有可能使设计文件的要求与本规范的规定不尽一致。此时,经设计单位确认后,施工单位应按设计文件要求施工。

1.0.4 在设备、管道上安装仪表和取源部件,由设计文件对专业分界作出明确规定,便于处理有关专业的分工和配合问题。

1.0.6 仪表工程中的取源部件、仪表管道及直接与设备或管道连接的仪表,都直接接触物料,与设备或管道的要求一致。因此,本规范在焊接方面未作另外的规定。焊接工作应符合现行国家标准《现场设备、工业管道焊接工程施工及验收规范》GB 50236—98的规定。

2 术　语

　　本章部分术语参照了有关现行国家标准中的术语,以尽量保持一致。对本章中未列出的术语和定义,可查阅有关国家标准,例如《仪器仪表基本术语》GB/T 13983—1992和《工业过程测量和控制　术语和定义》GB/T 17212—1998(idt IEC 902∶1987)。

2.0.1 自动化仪表通常简称为仪表,如仪表工程、仪表专业等。仪表也经常指单独的用于检测和控制的仪表设备和装置。

2.0.3 除控制作用本身外,控制可包括监视和安全保护。

2.0.5 就地仪表安装在就地仪表盘上时,称为就地盘仪表。

2.0.6 检测仪表可以具有检出、传感、测量、变送、信号转换、显示等功能。用于测量的仪表也称为测量仪表(measuring instrument)。用于确定量的存在但不需提供量值的仪表也称为检出器(detector)。

2.0.10 显示仪表的显示方式可以采用指针、数字和文字、符号、图形等,显示仪表有时也称为指示仪表(indicating instrument)。

2.0.11 控制仪表可以具有信号转换、运算、记录、显示、操作、控制、执行、监视和保护等功能。控制器(controller)有时也称为调节器。

2.0.12 执行器有控制器、执行机构和电磁阀等。控制阀(control valve)有时也被称作调节阀,是自动操作控制物流的阀门,区别于手动阀、自力止回阀等普通阀门。

2.0.15 检测点有时也称为取源点。它在设备图、管道图或布置图上有尺寸、方位或坐标等标注。

2.0.19 仪表控制系统有检测系统、控制和调节系统、报警系统、联锁系统和综合控制系统等。

2.0.20 综合控制系统是一个总称,它包括计算机控制系统、分散控制系统(Distributed Control System, DCS)、可编程序控制器(Programmable Logic Controller, PLC)、现场控制系统(Field Control System,FCS)和计算机集成制造系统等。

2.0.21 Piping有时可称为tubing。pipe和tube指管子。

2.0.23 由产品整体制造成直接与仪表相连的毛细管等密封管道,不称为测量管道。

2.0.24 信号管道有时也称为控制管道(control piping)。

2.0.26 仪表线路可分别称为仪表电气线路、信号线路、控制线路、通信线路等。

　　仪表管道和仪表线路可以合称为仪表管线。

2.0.27 在仪表盘、柜、箱内敷设配线用的小型线槽称为汇线槽。

2.0.28 保护管也称为导管(conduct)。

2.0.30 伴热可采用蒸汽伴热管道、热水伴热管道和电伴热管、板、线等。伴热管道通常简称为伴管。

　　伴热方式有轻伴热和重伴热。

2.0.33～2.0.36 试验与调整一起进行时也称为调试。试验与校准一起进行时也称为调校。为统一和明确用语,并且与有关国际标准和国家标准的术语定义一致,本规范给出了"试验"、"检定"、"校准"、"调整"等术语定义。本规范未采用原规范中的"调校"和习惯使用的"调试"这两个用语,一般情况下可以通用"试验"这一术语。

2.0.37～2.0.42 这几条有关电气防爆的术语参照了国家标准《电工术语　爆炸性环境用电气设备》GB/T 2900.35—1998的有关条文。

2.0.37 防爆电气设备也称为爆炸性环境用电气设备。国家标准《爆炸性气体环境用电气设备》GB 3836.1—2000将电气设备定义为"一切利用电能的设备的整体或部分",因此包括用电的仪表设备和仪表箱、柜、接线盒等,但在本规范中为清晰起见,仍以"防爆仪表和电气设备"来表述。爆炸性气体环境中的防爆电气设备划分为不同的防爆型式和不同的类别。

2.0.38 爆炸性环境包括爆炸性气体环境和爆炸性粉尘环境。

2.0.39 危险区域也称为危险场所。本条文是对爆炸性环境危险区域的定义。根据国家标准《爆炸和火灾危险环境电力装置设计规范》GB 50058—92,爆炸性气体环境按照爆炸性气体混合物出现的频繁程度和持续时间,将危险区域划分为0区、1区和2区;爆炸性粉尘环境按照爆炸性粉尘混合物出现的频繁程度和持续时间,将危险区域划分为10区、11区;火灾危险环境按照火灾事故发生的可能性和后果,以及危险程度与物质状态的不同,将危险区域划分为21区、22区、23区。

3 施 工 准 备

　　施工准备工作包括施工技术准备、培训、劳动力动员、施工机具设备动员、临时设施准备、物资采购、设备及材料运输、验收保管等内容,本规范仅就施工技术准备、设备及材料的检验和保管作出规定。

3.1 施工技术准备

3.1.1 施工组织设计和施工方案的编制和实施对控制工程进度、质量、安全、成本起着重要作用。施工组织设计中通常都包括了仪表工程的内容,仪表工程可编制施工方案。仪表工程施工方案可包括下列内容:

　　1 工程概况和工程特点;

　　2 工程进度计划;

　　3 劳动力计划;

　　4 施工机具设备计划;

　　5 临时设施计划;

　　6 施工技术措施和需编制的技术方案目录;

　　7 施工质量计划和安全措施;

8 施工中应执行的标准、规范、规程目录。

3.1.2 工程设计交底和设计会审一般由建设单位、设计单位、监理单位和施工单位共同参加，施工单位技术人员应预先熟悉图纸。设计质量是保证工程质量的前提，而进行施工图设计会审有利于提高施工准备工作的质量，提前发现和解决问题，减少返工和设计修改造成的损失。

设计会审包括下列内容：

1 检查设计文件的完整情况和设计深度；

2 核查控制流程图、系统图、回路图、平面布置图、设备一览表、安装图等在相应仪表的位号、型号、规格、材质、位置等设计中的一致性；

3 核查系统原理图与接线图的一致性；

4 核查仪表专业提出的盘柜基础、预埋件、预留孔等条件在土建设计图中的相应位置、尺寸、数量上的符合性；

5 核查仪表设备和取源部件在设备图、管道图中相应位号的型号、规格、材质、位置上的符合性；

6 核查仪表设备、仪表管线、仪表电缆槽的安装位置与有关专业设施在空间布置上的合理性；

7 核查仪表控制系统相互之间，仪表专业与电气专业相互之间在供电、接地、联锁、信号等相关设计中的要求的一致性及连接的正确性；

8 核对仪表材料数量；

9 检查设计漏项。

3.1.3 技术交底包括工程施工任务的具体内容和安排，以及有关施工工艺、方法、质量、安全、工作程序和记录表格方面的要求。工程需要时，还应进行技术培训。

3.2 仪表设备及材料的检验和保管

3.2.1 施工前对设备、材料的检验和验证属于施工准备工作范围，不同于对供应商提供货物的商品检验。设备、材料作为商品的检验，应按照专门的标准和有关合同、协议进行。施工前对设备、材料的检验或验证要求全部进行，有关规定在关于质量体系的ISO 9000族标准中有详细描述，并应由建设单位、监理单位和施工单位对检验和验证的程序、职责分工等达成一致。

3.2.2～3.2.4 设备及材料的制造质量反映在外观、结构尺寸和性能等方面，均应符合设计文件和产品技术文件的要求，它直接影响着工程质量。不符合国家法规、标准，不符合设计文件和产品技术文件要求，以及不能保证安装后工程质量的产品不得使用。

3.2.5 不妥善的保管可能造成设备材料的损伤和短缺。

3.2.6 超期贮存可能造成某些仪表设备、材料或其中某些元部件的性能变化、失效和超过质量保证期。

3.2.7 在整个施工过程中，应对现场已安装的仪表设备及材料加以保护，通过文明施工和采取有效措施，防止损坏、脏污、丢失等现象发生。

4 取源部件的安装

4.1 一般规定

4.1.2 设备和管道上取源部件的安装位置和安装要求由仪表工程专业设计提出条件，由设备和管道工程专业设计文件予以规定，并由设备和管道专业安装，仪表专业配合施工。这样有利于保证工程安装质量，符合设备和管道施工过程控制的要求。

4.1.3 当设备和管道防腐、衬里完毕后，在其上开孔及焊接取源部件，必然会破坏防腐或衬里层。在压力试验后再开孔或焊接必然将铁屑、焊渣溅落到设备或管道内，焊缝也可能不合格。

4.1.4 为了避免材质发生变化，保证合金钢及有色金属管道和设备不受损坏和保证开孔质量。

4.1.6 根据现行国家标准《工业金属管道工程施工及验收规范》GB 50235—97 的规定：不宜在管道焊缝及其边缘上开孔。

4.1.7 取源阀门与设备或管道之间的连接处，是一个关键的部位，在此不使用卡套式接头，有利于保证连接质量，便于维护和检修。

4.2 温度取源部件

4.2.1 保证测温元件能插入到管道内物料流束的中心区域，测量到物料的真实温度。

4.2.2 当管道直径不能满足温度计测温深度时，设计文件应规定安装扩大管。

4.3 压力取源部件

4.3.1～4.3.3 被测物料流束脉动时，会造成测量压力不稳定和不准确，同时容易损坏仪表。

4.3.4 防止灰尘等杂质进入到测量管道或仪表内，造成堵塞管道或仪表，影响仪表正常工作。

4.3.5 防止热物料的温度直接作用测量元件。

4.3.6 对于气体物料应使气体内的少量凝结液能顺利流回管道，而不致流入测量管道及仪表而造成测量误差。

对于液体物料应使液体内析出的少量气体能顺利流回管道，而不致进入测量管道及仪表而导致测量不稳定；同时还应防止管道底部的固体杂质进入测量管道及仪表。

对于蒸汽物料，应保持测量管道内有稳定的冷凝液，同时也要防止管道底部的固体杂质进入测量管道和仪表。

4.4 流量取源部件

4.4.2～4.4.5 测量流量时，要保持物料流束平稳，不受到阻力部件的扰乱。节流件前后的直管段及其内壁要求及节流件前后温度计与节流件的距离均引自现行国家标准《流量测量节流装置用孔板、喷嘴和文丘里管测量充满圆管的流体流量》GB/T 2624—1993。

"D"为管道内径，计算节流件直径比的管道 D 值应为上游取压口的上游 $0.5D$ 长度范围内的内径平均值。

4.4.6 当流体为蒸汽时，测量管道中实际上是液相物质。为了保证冷凝器内的液面高度稳定，多余的冷凝液应能流回管道，取压口安装在管道上半部是合理的。

4.4.7～4.4.9 角接取压、法兰取压、D 和 $D/2$ 取压三种取压方式及其规定均引自现行国家标准《流量测量节流装置用孔板、喷嘴和文丘里管测量充满圆管的流体流量》GB/T 2624—1993。

4.4.10 在测量大直径管道内的流量时，特别是液体物料，管内壁四周的压力可能分布不均匀，此时必须取管内同一截面上四周的平均压力，才能保证测量的准确度。

4.4.11 这几种流量检测元件的检测原理，都是利用测量管道内流体流动时所造成的动压力与静压力之差来测得管道内流体流量大小。为了得到准确的动压力和静压力，检测元件的安装必须与流束呈垂直状态，即与管道轴线垂直并通过其中心，为此首先应从取源部件的安装质量上来得到保证。

4.5 物位取源部件

4.5.1 对某些易受物料冲击的取源部件，可以设置防护件。

4.5.2 导向管或导向装置垂直安装能保证浮筒或浮球上、下移动时不与导向管或导向装置发生摩擦，能在其内部自由活动。

4.5.3 双室平衡容器是用差压法的原理来测量液位的，其制造尺寸必须与差压仪表相配套，而且必须保证其两个室之间的严密性，否则就不能产生差压。

4.5.4 用差压法测量密闭容器内易蒸发液体的液位时，为避免在仪表负压侧测量管道内积聚被测液体的冷凝液而造成测量误差，因此利用单室平衡容器预先在其内灌满被测液体，然后再用调整差压仪表内的迁移机构的方法将此预加的液柱补偿掉,这样以后的测量就不会再受到被测液体冷凝液的影响了。所以单室平衡容器的安装标高应使容器内预先加入的被测液体的液柱产生的压力与设计文件规定的差压仪表测量范围相符合。同时,为了便于灌注液体和美观,单室平衡容器宜垂直安装。

4.5.5 补偿式平衡容器一般用于测量高温高压设备的液位。高温设备在运行时,会受热膨胀。而补偿式平衡容器较重,不能以取源管作为支撑件,需要做支架固定。此时,应考虑到设备膨胀时,不致损坏平衡容器。

4.6 分析取源部件

4.6.3 为了防止对烟气等取样时带有水分和固体杂质。

5 仪表设备的安装

5.1 一般规定

本章规定了各类仪表、仪表盘柜和仪表电源设备的安装要求。由于新型仪表和专用仪表的种类繁多,发展快,本规范仅对常用的仪表设备的安装作出规定。本规范中未列出的仪表设备的安装可按照产品技术文件的规定和参照本章中类似仪表的安装规定。对用于爆炸和火灾危险环境的仪表的特殊安装要求见第9章。

5.1.1 仪表工程设计中对仪表的安装位置常用平面布置图表示,管道、设备专业工程设计和有关制造厂图纸对仪表或仪表取源部件的安装位置也有相应的规定,但有些仪表的具体安装方位、坐标需在施工中现场确定。

5.1.2 设备和管道上的仪表或仪表取源部件的位置,一般都表示在设备制造安装图和管道单线图上,并且有明确的专业分界限。仪表专业应与其他专业共同会审图纸,并在施工中相互配合。

5.1.4 无论仪表专业还是其他专业,都应将仪表设备作为重点保护,防止在搬运和安装工作中因强烈振动和强行组装使仪表受到损坏或仪表性能受到影响。

5.1.6 为避免吹扫管道时损坏仪表元件,在无旁路管道时,可先拆下仪表,或用一短管按照仪表配管尺寸代替仪表配管,管道吹扫完成后再正式安装仪表。

5.1.8 防止油、水、灰尘和杂物进入盒内。

5.1.9 测量绝缘电阻应符合产品说明书的要求。弱电设备及电子元件不能承受绝缘测试仪器所施加的电压,在测试绝缘时应有相应的安全措施,例如将强弱电路分开,拔下插件,短接部分线路等,测试绝缘后予以恢复。

5.1.10 仪表位号由工程设计规定,当制造厂未在铭牌上标注仪表位号时,应在安装前加上位号标志。

5.2 仪表盘、柜、箱

5.2.1 仪表盘柜的位置应由设计图纸确定,就地仪表箱的位置取决于就地仪表的安装位置,一般需在现场根据仪表特点及周围设备管线等空间和环境情况具体确定。

5.2.2~5.2.4 规定基础型钢的安装要求是为了保证盘柜的安装牢固、美观,设计会审和施工中均应与土建结构专业配合。具体的施工方法应与不同的地面设计方案相协调。型钢上表面高出地面的尺寸通常做法为0~20mm,可由现场决定,本规范未做具体规定。

5.2.7 装置的改造可能需要移动和更换盘柜,因此不应采用焊接方法固定。

5.2.8、5.2.9 保留原规范中关于仪表盘柜安装质量的规定,这些规定在本规范与现行国家标准《电气装置安装工程盘、柜及二次回路结线施工及验收规范》GB 50171—92和《自动化仪表安装工程质

量检验评定标准》GBJ 131—90中是一致的。为了保证仪表盘柜的安装质量,首先应保证仪表盘柜的制造质量,同时要防止安装中的变形。成排的仪表盘柜是指同一制造厂同一规格的系列盘柜。

5.2.10 仪表箱、板的安装要求主要是牢固和美观,其底部标高、支托和固定方式需根据现场情况确定。

5.2.11 在盘柜箱上进行焊接,特别是气焊气割会造成变形和油漆损坏,同时也可能对仪表设备及线路造成损坏。因修改等原因必须在盘柜箱上加工时,可采用手工或轻便的机械加工。

5.3 温度检测仪表

5.3.2 粉尘的冲刷会对测温元件保护套管造成磨损和损坏,应采取加装角铁等保护措施,防止粉尘直接冲刷套管。

5.3.3 测温元件在高温部位应先考虑垂直安装。水平安装较长的测温元件或在高温区安装测温元件时易发生弯曲现象,应采取支撑固定等防弯措施。

5.3.5 压力式温度计根据测温元件温包内所充填介质的热膨胀来测量温度,温包如不全部浸入被测对象,则会因受热面积减小产生测量误差。毛细管内的介质也会因热胀冷缩影响测量系统内的压力,因此要保持其恒温。同时,毛细管容易被机械外力损伤,故规定了最小弯曲半径,以及采取保护措施。

5.4 压力检测仪表

5.4.1 强烈振动会影响压力仪表的正常检测功能,造成损坏和失灵,可将表适当移动或采取减振措施。

5.4.2 测量低压时,对于压力表或变送器与取压点之间的高度差所造成的测量管道内的液柱压力,应考虑其对测量数值的影响。

5.4.3 高压的范围可按照有关压力容器和压力管道监察的现行国家标准中的规定来确定。保护罩的结构和制作固定方法可由设计单位和建设单位确定。

5.5 流量检测仪表

5.5.1 将原规范中对夹紧节流件用的法兰的安装规定改为对节流件进行安装的规定。并根据现行国家标准《流量测量节流装置用孔板、喷嘴和文丘里管测量充满圆管的流体流量》GB/T 2624—1993进行修改。

5.5.2 差压计或差压变送器的安装方式,应由设计明确规定。

5.5.3~5.5.10 转子流量计上游直管段的长度对测量影响不大。各类流量计的上下游直管段长度应在产品技术文件中说明,由设计文件作出规定,按设计文件施工。安装位置和流体流向的规定是为了符合仪表使用要求和保证测量精度。对流量计上下游直管段的通常要求如下:

——转子流量计,上游不小于0~5倍管径,下游无要求;

——靶式流量计,上游不小于5倍管径,下游不小于3倍管径;

——涡轮流量计,上游不小于5~20倍管径,下游不小于3~10倍管径;

——涡街流量计,上游不小于10~40倍管径,下游不小于5倍管径;

——电磁流量计,上游不小于5~10倍管径,下游不小于0~5倍管径;

——超声波流量计,上游不小于10~50倍管径,下游不小于5倍管径;

——容积式流量计,无要求;

——孔板,上游不小于5~80倍管径,下游不小于2~8倍管径;

——喷嘴,上游不小于5~80倍管径,下游不小于4倍管径;

——文丘里管、弯管、楔形管,上游不小于5~30倍管径,下游不小于4倍管径;

——均速管,上游不小于3~25倍管径,下游不小于2~4倍

管径。

孔板、喷嘴和文丘里管的上下游直管段要求详见本规范附录A。

5.6 物位检测仪表

5.6.2 浮筒垂直度的要求未作规定,但要求呈垂直状态,使浮筒不与浮筒室相碰。浮筒安装高度应由设计文件确定。

5.6.5 见5.3.5条关于毛细管的说明。

5.6.6 核辐射式仪表的安装特别要注意安全防护工作,因此要求编制具体的安装方案,包括对运输、安装人员、特殊工具、方法的要求和采取相应的防护措施。

5.7 机械量检测仪表

5.7.1 为了保证负荷传感器不因安装中的过载和撞击造成损坏,对安装程序和要求做了规定。安装中可以使用千斤顶和临时垫块支撑容器就位,调整好位置后再安置负荷传感器。传感器就位前应完成底座的焊接工作。为了保证测量准确,称重过程中不应有容器及被称重物料重量以外的附加力的作用,因此,称重对象以外的管线或结构等与容器之间的连接应采用挠性连接件等软连接方法。

5.7.3 这类仪表中典型的有旋转机械的轴位移、振动和转速监测系统,仪表的安装、试验应与机械的安装、试验密切配合。有的测量探头需测试其性能曲线,以保证探头测量范围在性能曲线的直线段内,此工作应在安装固定探头前做好。

5.8 成分分析和物性检测仪表

5.8.1、5.8.2 本规范仅对一般分析仪表取样预处理和样品排放做了规定,分析仪表的具体安装方法和要求应遵照产品技术文件的说明。

5.8.3 湿度是气体水蒸汽的含量。本条规定是为了保证测湿元件的正常测量条件。

5.9 其他检测仪表

其他检测仪表是指不属于通常所说的温度、压力、流量、物位、机械量、成分分析和物性检测仪表范围内的仪表。

5.10 执行器

5.10.1、5.10.2 控制阀的安装位置一般都在管道专业的施工图上标注并由管道专业安装,仪表专业予以配合。

5.10.6 本条规定是为了保证当工艺管道产生热位移时,不损坏控制机构和执行机构。

5.10.8 为保证控制系统管道内充满液体和液体内的气体能够顺利排出,液动执行机构的安装位置应低于控制器。

5.11 控制仪表和综合控制系统

综合控制系统的制造厂家一般都有关于安装要求的技术文件,应按照安装说明施工。

5.11.1～5.11.3 综合控制系统中普遍采用了电子、通信和计算机等技术领域中的元件、线路和设备。这些规定是为了保证综合控制系统对贮存和工作环境的要求,并有利于仪表装置的安全和防护,有利于保证安装及试验质量,便于施工管理。当正式空调、消防设备不能投用时,可以设置临时设施。

5.11.4 人体或物体所带静电可能损坏被触及到的某些电子元器件,应避免这种情况发生。可采用防静电包装和使用防护用具进行操作。

5.12 仪表电源设备

仪表电源设备包括电气对仪表的供电系统及仪表装置本身的电源系统,例如电源盘柜、电源箱、供配电线路及相应的开关、变压器、稳压器、整流器、保护和监测设备等,有的由电气专业安装。除本节的规定外,一般的电气安装和试验工作还应执行现行国家标准《电气装置安装工程施工及验收规范》GB 50254—96中有关低压电器、蓄电池等部分的规定。

5.12.2 供电箱的规格型号和安装位置应由设计文件确定,在施工中仍应注意现场特殊的环境条件。

5.12.6 本条文引自现行国家标准《电气装置安装工程盘、柜及二次回路结线施工及验收规范》GB 50171—92中对二次回路的电气间隙和爬电距离的规定,以保持一致。

5.12.7 强弱电的端子排应分别设置,如需共用端子排,相互之间应用空端子隔开。

5.12.9 本条规定是为了保证在安装、试验和运行过程中的人身安全及设备安全。

6 仪表线路的安装

6.1 一般规定

6.1.2 仪表用电缆、电线虽然其绝大部分的工作电压值不高,但工作中的检测、控制信号大多数为毫伏、毫安级的,为了使信号在通过线路时,只有极小的漏电量,以保证其准确度,所以对电缆电线绝缘性能的要求是比较高的。即使是在多雨潮湿的区域,虽然气候对电缆、电线的绝缘有较大的影响,但只要不破坏绝缘层,其各芯线之间以及芯线对护套间的绝缘电阻值,一般都可以高于5MΩ。至于特殊要求的电缆、电线,其绝缘电阻值的要求不一,此时应按产品说明书的规定值进行检查。

6.1.7、6.1.8 为保证线路在运行过程中的安全,避免因环境影响而损坏线路所作的规定。橡皮和塑料绝缘电缆的有关产品标准中规定当电缆长期工作温度超过65℃时,应采取隔热措施。

6.1.9 规定线路与绝热的设备、管道之间的距离是为了维修方便。

6.1.12 终端余度是为了便于施工和维修。建筑物的伸缩缝和沉降缝处留出的补偿余度,是为了避免线路受损伤。

6.1.13 线路的中间接头太多,会影响线路工作的可靠性,因此一般不应有中间接头。但是有时线路太长或在中间分支,不可避免要有中间接头。遇到这种情况时,应该将接头放在接线盒内,以便于维修。为了避免酸性等焊药腐蚀线路,因而在焊接时应采用无腐蚀性焊药。

6.1.15 防止在测量绝缘电阻时仪表及部件受到伤害。

6.1.18 为了不破坏混凝土构件的强度,本条中规定不宜在混凝土梁柱上凿安装孔。但安装较小的膨胀螺栓除外。

6.2 支架的制作与安装

6.2.2 本条文规定了固定支架的一些具体方法和原则,其目的是为了既保证安装质量又便于施工。在设备或管道上安装支架时要考虑到保证运行安全,又不能破坏设备和管道原有强度和材质的性能。

6.2.3 安装电缆槽及保护管时,其支架之间的距离主要决定于电缆槽和保护管本身的强度。这方面的因素很多,如电缆槽和保护管的规格,以及槽内电缆的多少等都要考虑。本条中规定电缆槽及保护管的支架间距宜为2m,施工时可以根据现场具体情况适当增大和减小支架间距离。

6.2.4 电缆直接敷设在支架上的做法在生产装置中很少采用。电缆用支架间的距离,主要是考虑电缆敷设后没有明显的弯曲变形来决定的。本条文参考了现行国家标准《电气装置安装工程电缆线路施工及验收规范》GB 50168—92中的有关规定。

6.3 电缆槽的安装

6.3.2 电缆槽具有镀锌或其他防腐保护层,一般情况下都采用螺栓连接,以利于美观、防护和保证安装质量。

6.3.8 为了防止水或其他液体积聚在电缆槽内,损坏电缆绝缘层或进入仪表盘,因此在电缆槽底部应有排水孔。

6.4 保护管的安装

6.4.3 为了保证顺利地将电缆或电线穿入保护管内,不会损伤电缆或电线而规定本条。

6.4.4 加装拉线盒有利于穿线、维修和防止导线受到损伤。

6.4.7 对保护管连接的方法和要求作出规定,是为了使保护管起到保护电缆和减少干扰的作用。

6.4.8 为了防止水或其他液体进入检测元件、仪表和仪表箱、接线箱、拉线盒的内部,与保护管连接时,应密封并有防水措施。与检测元件及仪表连接时,为了维修和拆卸方便,规定用金属挠性管连接。

6.4.12 当电缆穿过墙壁时,为保护电缆,应在墙内埋入一段保护套管或保护罩。为土建施工的方便,保护套管或保护罩伸出墙面的长度不应大于30mm。

6.4.14 为了防止地面的水或其他液体进入保护管内,在保护管引出地面时,管口应高出地面,条文中的数据采用现行国家标准《电气装置安装工程1kV及以下配线工程施工及验收规范》GB 50258—96中的有关规定。

6.5 电缆、电线的敷设

6.5.1、6.5.3 参照现行国家标准《电气装置安装工程电缆线路施工及验收规范》GB 50168—92,对原规范的规定做了修改。

6.5.5 分类、分隔都是为了减少各种不同信号、不同电压等级线路的相互干扰。

6.5.8 为了电缆的运行安全和便于维修。

6.5.9 制作电缆头的作用,主要是通过密封电缆头保护电缆不被潮气等有害气体侵入而损坏芯线绝缘。

6.5.13 补偿导线与电缆不同,它的外包绝缘层较电缆要简单得多,因此容易遭受机械损伤。将补偿导线穿在保护管内或敷设在电缆槽内,可以起到保护作用。

6.5.14 防止补偿导线和电线在连接处产生热电势,造成测量误差。

6.5.15 正负极性接错,将在回路中引入附加电势,造成测量误差增大。

6.5.16 保护管分开可防止线路之间的相互干扰及不同线路的互相混触,保证线路正常运行。

6.6 仪表线路的配线

6.6.2 为避免金属扎带与接线端子等碰触造成危险,故规定扎带应采用绝缘材料。

6.6.3~6.6.9 为了保证接线质量和便于安装维修所作的规定。

备用芯线的编号应标注设计文件所编的线号,当设计文件未对备用芯线编号时,应在现场编号并记录在施工图上。

7 仪表管道的安装

7.1 一般规定

7.1.3 为防止管道的腐蚀、泄漏及损坏而作的规定。

7.1.4 冷弯并一次弯成有利于保证材质和弯管的质量。

7.1.5 本条文参照了现行国家标准《工业金属管道工程施工及验

收规范》GB 50235—97中对金属管弯曲半径的规定。

7.1.9 轴线一致是为了避免产生附加的机械应力,保证管道的连接质量。

7.1.10 卡套连接既可靠又方便,应推广采用。但当没有卡套接头时,或不允许使用这种连接形式时,就必须用焊接。

7.1.11、7.1.12 为了保持管道的整齐美观、运行可靠及便于维修、防止损坏所作的规定。

7.1.13 本条文对支架间距作了指导性的规定。

7.1.14 防止碳离子渗透到不锈钢内而使不锈钢材质性能发生变化。

7.2 测量管道

7.2.1 为了保证仪表的测量准确度,减少滞后,测量管道应尽可能短地敷设,兼顾整齐。

7.2.5 测量差压的正、负压管在环境温度不同时会产生附加误差。

7.2.6 连接处高于仪表接头可防止压力波动时仪表内的液体冲入测量管道内。

7.2.7 对这些距离的规定是为了施工和维修的方便及安全。

7.3 气动信号管道

7.3.1 本条文的规定是为了保证管道清洁,减少泄漏点,便于仪表拆卸维修。

7.3.3 管缆敷设时应保护管缆的内外层不受损伤,并便于维修。

7.4 气源管道

7.4.1 为了保证仪表空气的清洁和气动仪表的正常工作而作的规定。

7.4.4 对气源系统的吹扫及检验是为了保证整个气源系统管道的清洁。

7.4.5 设置标志有利于保证连续安全供气,防止误操作。

7.5 液压管道

7.5.2 保证高差是为了使液体顺利流回贮液箱。

7.5.3 本条规定是为了避免引起火灾。

7.5.9 在有振动及经常移动位置的接头上采用挠性管,要比刚性连接安全可靠。

7.5.13 设置标志有利于保证连续安全供液,防止误操作。

7.6 盘、柜、箱内的仪表管道

7.6.3 考虑到仪表管道与线路的维修方便作出规定。

7.6.4 为了保证仪表管道的连接质量,避免渗漏和损坏仪表。

7.7 管道试验

7.7.2~7.7.4 对仪表管道压力试验的规定是参照现行国家标准《工业金属管道工程施工及验收规范》GB 50235—97,并结合仪表管道的特点制定的。

7.7.6、7.7.7 选用压力试验介质,既要考虑成本和方便,也要保证压力试验的质量,并防止压力试验介质对系统的设备及管道起腐蚀作用。

7.7.8~7.7.10 参照了现行国家标准《工业金属管道工程施工及验收规范》GB 50235—97的有关规定。

8 脱 脂

本章内容主要参照了化工、制氧等行业的经验和有关标准的规定。

8.1 一般规定

8.1.1 有些物料（如氧气、浓硝酸等）遇到油脂易燃烧或爆炸，为了生产安全，凡是与这些物料接触的仪表、控制阀和管道组成件都必须把油污清洗干净，并经检验合格后，方可安装使用。

8.1.3 选用脱脂溶剂应考虑的因素有：脱脂要求的严格程度和脱脂剂的去油能力，不腐蚀脱脂件，脱脂后的副产物容易从脱脂件上清除，脱脂溶剂的毒性、可燃性、挥发性及成本等。

8.1.4 脱脂溶剂混合产生的复杂反应可能导致火灾或爆炸事故发生。

8.1.5 在有水的情况下，四氯化碳、二氯乙烷和三氯乙烯能分解出盐酸，有腐蚀作用。

8.1.10、8.1.11 为保证安全作出规定。

8.2 脱脂方法

8.2.2～8.2.4 对易拆卸的仪表、控制阀、管道组成件和不易拆卸的仪表，以及仪表用管子内表面的脱脂，规定了一般的方法。目的是要将油污清洗干净，保证脱脂的质量。

8.3 脱脂检验

8.3.2 在现场可根据脱脂对象构造特点、操作难易程度和检验效果，选用检验方法。

9 电气防爆和接地

9.1 爆炸和火灾危险环境的仪表装置施工

9.1.1 本规范对爆炸危险环境的仪表装置的设备安装和线路安装的规定，与相应防爆电气设备和线路安装在电气施工规范中的要求一致。

9.1.2 本条强调了对用在防爆工程上的仪表、电气设备和材料的质量要求。

9.1.3 爆炸危险环境的气体可顺着未密封的电缆芯线周围的空隙进入仪表箱、接线箱及仪表、电气设备的内部，从而发生爆炸或火灾事故。

9.1.4 防止误操作的安全措施。

9.1.6 在操作或运行的过程中，本质安全与非本质安全电路系统的导电部分互相接触，会造成能量混触，为了避免这种现象的发生，本条文在1、4、5、6、7款中作了规定。

安全栅、隔离器等是本质安全关联设备，用以将本质安全系统与非本质安全系统隔离，因此第8款中规定它们应安装在安全区域。

本条第10款是为了防止短路火花和多点接地而作的规定。

9.1.7、9.1.8 关于隔离密封的规定，其目的是使爆炸性混合物或火焰隔离断开，以防止其扩散到其他部分和其他区域。

9.1.11 金属制品不会着火燃烧。

9.2 接地

9.2.4 保护接地的接地极和接地网一般都由电气专业设计和施工，并提供接地电阻测试值。

9.2.6、9.2.7 由于计算机控制系统、分散控制系统的制造厂家和工程设计单位对接地系统的接地方式和接地电阻规定不相同，对接地极的独立设置或共用的规定也不相同。因此，对于接地系统，施工单位应按工程设计文件的规定施工。按照电气等电位联结原则，仪表与控制系统，包括综合控制系统的接地，最终应与电气系统的接地装置连接，这与电子计算机系统、信息装置的接地要求类似，有关国家标准和国外标准对此作出的规定可作为参考。

9.2.8 当信号回路多点接地时，由于地电位的不同，会在信号传输中引起误差，但也有一些信号回路不接地的"浮动工作地"系统。

9.2.11 由于曾有过因雷击而损坏仪表的情况，将电缆备用芯线都在一点接地，就可以不使它们起到天线的作用，从而减少干扰与雷击的可能性。

9.2.12 由于接地电阻的存在，各种接地系统就有可能在接地母线上产生不同的对地电位，形成接地线之间的电位差，这个电位差产生一个电流信号流过接地线，就会在系统中产生干扰。为了避免这种干扰，规定了在各接地支线、各汇流排或各接地端子板之间彼此绝缘。

9.2.14 参见条文9.2.6、9.2.7的说明。一般情况下，本质安全电路本身不接地，二极管安全栅属于接地型安全栅。

10 防　护

10.1 隔离与吹洗

10.1.2 成对安装的隔离器标高不一致会造成测量误差。

10.1.4 因为隔离液直接与被测物料相接触，必须根据被测物料的物理及化学性质来选用合适的隔离液。

10.2 防腐与绝热

10.2.1 本条规定包括对原有防腐层的材料因施工中加工、焊接等原因失去防腐层后所进行的补防腐工作。

10.2.3 焊接部位是主要泄漏部位之一，所以本条文规定焊接部位在压力试验前不应涂漆，以便于发现焊接部位的泄漏。

10.3 伴　热

10.3.1 重伴热还是轻伴热是由设计文件规定的。将轻伴热误作为重伴热，会使有些沸点较低的物料由于测量管道过热而蒸发成气体，造成测量误差。

10.3.2 设置活接头便于被伴热仪表、仪表管道的阀门、隔离器等附件的拆卸。

10.3.3.1、10.3.4.1 单独供汽、供水是为了保证热源供应可靠。

11 仪表试验

11.1 一般规定

11.1.1 对仪表在安装和使用前检查、校准和试验，目的在于发现仪表产品质量问题和运输、贮存中产生的损坏和缺陷。

11.1.2 较重的执行器等可在室内库房等场地试验。一般仪表的试验室应根据现场条件设备，可以利用永久建筑设施。本条文规定了试验室的基本条件。综合控制系统的试验环境要求见本规范第11.4.2条。

11.1.5 回路试验是对仪表性能、仪表管线连接正确性的全面试验，其目的在于对仪表和控制系统的设计质量、设备材料质量和安装质量进行全面的检查，确认仪表工程质量符合运行使用要求。

11.1.7 本条文保留了原规范的规定，对标准仪器仪表的基本误差提出的要求是比较高的。由于目前工程选用的一些仪表准确度较高，在选择试验用的标准仪器仪表时，至少应保证其准确度比被校准仪表高一个等级。

11.1.9 施工现场也包括控制室和试验室。

11.2 单台仪表的校准和试验

本节对典型仪表的单台校准和试验要求作了一般性的规定。

单台仪表的性能、质量取决于制造质量。根据多年来工程项目的通常做法和实际条件，对现场不具备校准和试验条件的项目，可对制造厂出具的产品合格证、试验报告和检定证明进行验证。

11.2.6 热电阻、热电偶的热电性能主要依靠其材质来保证，在常温下可采用普通电测仪表检测出正常或损坏状态。

11.3 仪表电源设备的试验

本节指独立的仪表用电源的试验。盘柜内的仪表电源单元只需对其输出电压进行测量和调整。

11.4 综合控制系统的试验

本节根据综合控制系统的特点，以及多年来在分散控制系统和各类计算机控制系统施工中的实际经验和一般施工程序，提出了对综合控制系统进行试验的一般性要求。由于综合控制系统的产品种类多，系统结构不同，工程规模也有差别，施工中应根据设计文件、产品技术文件要求和项目特点编制技术方案，安排检验和试验工作。

11.5 回路试验和系统试验

11.5.1、11.5.2 仪表系统可由简单回路和复杂回路组成，在设计文件中，回路和回路中的仪表设备均标有由代号、符号和编号组成的位号，并有各回路的回路图。根据回路图并结合工程项目现场特点，可以合理安排仪表回路试验和系统试验计划，对试验进度和试验质量可以按照试验记录进行检查和控制。

12 工 程 验 收

12.1 交接验收条件

12.1.1 由于仪表的负荷与生产装置的负荷概念不同，本规范未采用仪表无负荷试运行和负荷试运行的表述，而是分别表述为仪表工程的回路试验和系统试验及仪表工程的开通投入运行。

12.1.2 仪表系统在安装完成后，即可按设计文件的要求进行回路试验和系统试验。经系统检查线路管道连接无误，质量符合规范要求，系统内各个仪表及回路的工作性能、功能和动作程序方面均未发现问题，表明仪表系统可以开通投入运行，或配合装置工程进行运行试验。

12.1.3 仪表开通投入运行后，仪表设备和仪表系统已经对检测和控制对象起到了应有的作用。连续48h的正常运行指仪表工程本身。

12.2 交 接 验 收

12.2.2 工程交工文件和记录表格的格式，可根据各行业的有关规定，以及合同要求来选定。

中华人民共和国国家标准

火灾自动报警系统施工及验收规范

Code for installation and acceptance of fire alarm system

GB 50166—2007

主编部门：中华人民共和国公安部
批准部门：中华人民共和国建设部
施行日期：2008 年 3 月 1 日

中华人民共和国建设部
公 告

第 733 号

建设部关于发布国家标准
《火灾自动报警系统施工及验收规范》的公告

现批准《火灾自动报警系统施工及验收规范》为国家标准，编号为 GB 50166—2007，自 2008 年 3 月 1 日起实施。其中，第 1.0.3、2.1.5、2.1.8、2.2.1、2.2.2、3.2.4、5.1.1、5.1.3、5.1.4、5.1.5、5.1.7 条为强制性条文，必须严格执行。原《火灾自动报警系统施工及验收规范》GB 50166—92 同时废止。

本规范由建设部标准定额研究所组织中国计划出版社出版发行。

中华人民共和国建设部
二〇〇七年十月二十三日

前 言

本规范是根据建设部建标〔1999〕15 号文的要求，由公安部沈阳消防研究所会同有关单位对原国家标准《火灾自动报警系统施工及验收规范》GB 50166—92 进行全面修订的基础上编制而成。

在规范修订过程中，编制组遵循国家有关法律、法规和技术标准，进行了广泛深入的调查研究，认真总结了我国火灾自动报警系统工程施工验收的实践经验，征求了设计、监理、施工、产品制造、消防监督等各有关单位的意见，参考了国内外相关标准规范，最后经专家审查由有关部门定稿。

本次规范修订主要是结合实际应用反映的问题，补充完善了系统设备部件的安装、调试、验收等有关技术内容，增加了通过管路采样的吸气式感烟火灾探测器的施工及验收要求，修订了与《火灾自动报警系统设计规范》GB 50116—98 不一致、不协调的技术内容，将《火灾自动报警系统施工及验收规范》GB 50166—92 中系统运行一节改写为系统使用和维护，以强化系统的维护使用，并对规范从格式到内容的编写进行了全面修改，进一步明确了建设、施工、监理单位在施工及验收中的工作职责、工作程序，补充修改了施工及验收工作中需要填写的各类表格。

本规范以黑体字标志的条文为强制性条文，必须严格执行。

本规范由建设部负责管理和对强制性条文的解释，由公安部消防局负责日常管理工作，由公安部沈阳消防研究所负责具体技术内容的解释。在本规范执行过程中，希望各单位结合工程实践认真总结经验，注意积累资料，随时将有关意见和建议反馈给公安部沈阳消防研究所（地址：辽宁省沈阳市皇姑区文大路218—20 号甲，邮政编码：110034），以供今后修订时参考。

本规范主编单位、参编单位和主要起草人：

主 编 单 位：公安部沈阳消防研究所
参 编 单 位：辽宁省消防局
　　　　　　　北京市消防局
　　　　　　　上海市消防局
　　　　　　　北京市建筑设计研究院
　　　　　　　西安盛赛尔电子有限公司
　　　　　　　上海市松江电子仪器厂
　　　　　　　深圳赋安安全设备有限公司
　　　　　　　北京狮岛消防电子有限公司
　　　　　　　北京利达华信电子有限公司
　　　　　　　中国中安消防安全工程有限公司
　　　　　　　北京利华消防工程公司
主要起草人：丁宏军　徐宝林　刘阿芳　张颖琮
　　　　　　　沈希文　沈　纹　郭树林　王世斌
　　　　　　　朱　鸣　宇　平　赵冀生　李　宁
　　　　　　　李少军　涂燕平　孙　宇　罗崇嵩

目　次

1 总　　则

1.0.1 为了保障火灾自动报警系统的施工质量和使用功能，预防和减少火灾危害，保护人身和财产安全，制定本规范。

1.0.2 本规范适用于工业与民用建筑中设置的火灾自动报警系统的施工及验收。不适用于火药、炸药、弹药、火工品等生产和贮存场所设置的火灾自动报警系统的施工及验收。

1.0.3 火灾自动报警系统在交付使用前必须经过验收。

1.0.4 火灾自动报警系统的施工及验收除执行本规范外，尚应符合国家现行的有关标准的规定。

2　基本规定

2.1　质量管理

2.1.1 火灾自动报警系统的分部、子分部、分项工程应按本规范附录 A 划分。

2.1.2 火灾自动报警系统的施工必须由具有相应资质等级的施工单位承担。

2.1.3 火灾自动报警系统的施工应按设计要求编写施工方案。施工现场应具有必要的施工技术标准、健全的施工质量管理体系和工程质量检验制度，并应按本规范附录 B 的要求填写有关记录。

2.1.4 火灾自动报警系统施工前应具备下列条件：

　　1　设计单位应向施工、建设、监理单位明确相应技术要求。

　　2　系统设备、材料及配件齐全并能保证正常施工。

　　3　施工现场及施工中使用的水、电、气应满足正常施工要求。

2.1.5 火灾自动报警系统的施工，应按照批准的工程设计文件和施工技术标准进行。不得随意变更。确需变更设计时，应由原设计单位负责更改。

2.1.6 火灾自动报警系统的施工过程质量控制应符合下列规定：

　　1　各工序应按施工技术标准进行质量控制，每道工序完成后，应进行检查，检查合格后方可进入下道工序。

　　2　相关各专业工种之间交接时，应进行检验，并经监理工程师签证后方可进入下道工序。

　　3　系统安装完成后，施工单位应按相关专业调试规定进行调试。

　　4　系统调试完成后，施工单位应向建设单位提交质量控制资料和各类施工过程质量检查记录。

　　5　施工过程质量检查应由监理工程师组织施工

单位人员完成。

　　6　施工过程质量检查记录应按本规范附录 C 的要求填写。

2.1.7 火灾自动报警系统质量控制资料应按本规范附录 D 的要求填写。

2.1.8 火灾自动报警系统施工前，应对设备、材料及配件进行现场检查，检查不合格者不得使用。

2.1.9 分部工程质量验收应由建设单位项目负责人组织施工单位项目负责人、监理工程师和设计单位项目负责人等进行，并按本规范附录 E 的要求填写火灾自动报警系统工程验收记录。

2.2　设备、材料进场检验

2.2.1 设备、材料及配件进入施工现场应有清单、使用说明书、质量合格证明文件、国家法定质检机构的检验报告等文件。火灾自动报警系统中的强制认证（认可）产品还应有认证（认可）证书和认证（认可）标识。

　　检查数量：全数检查。

　　检验方法：查验相关材料。

2.2.2 火灾自动报警系统的主要设备应是通过国家认证（认可）的产品。产品名称、型号、规格应与检验报告一致。

　　检查数量：全数检查。

　　检验方法：核对认证（认可）证书、检验报告与产品。

2.2.3 火灾自动报警系统中非国家强制认证（认可）的产品名称、型号、规格应与检验报告一致。

　　检查数量：全数检查。

　　检验方法：核对检验报告与产品。

2.2.4 火灾自动报警系统设备及配件表面应无明显划痕、毛刺等机械损伤，紧固部位应无松动。

　　检查数量：全数检查。

　　检验方法：观察检查。

2.2.5 火灾自动报警系统设备及配件的规格、型号应符合设计要求。

　　检查数量：全数检查。

　　检验方法：核对相关资料。

3　系统施工

3.1　一般规定

3.1.1 火灾自动报警系统施工前，应具备系统图、设备布置平面图、接线图、安装图以及消防设备联动逻辑说明等必要的技术文件。

3.1.2 火灾自动报警系统施工过程中，施工单位应做好施工（包括隐蔽工程验收）、检验（包括绝缘电阻、接地电阻）、调试、设计变更等相关记录。

3.1.3 火灾自动报警系统施工过程结束后，施工方应对系统的安装质量进行全数检查。

3.1.4 火灾自动报警系统竣工时，施工单位应完成竣工图及竣工报告。

3.2 布 线

3.2.1 火灾自动报警系统的布线，应符合现行国家标准《建筑电气工程施工质量验收规范》GB 50303 的规定。

检查数量：全数检查。

检验方法：观察检查。

3.2.2 火灾自动报警系统布线时，应根据现行国家标准《火灾自动报警系统设计规范》GB 50116 的规定，对导线的种类、电压等级进行检查。

检查数量：全数检查。

检验方法：观察检查、核对相关资料。

3.2.3 在管内或线槽内的布线，应在建筑抹灰及地面工程结束后进行，管内或线槽内不应有积水及杂物。

检查数量：全数检查。

检验方法：观察检查。

3.2.4 火灾自动报警系统应单独布线，系统内不同电压等级、不同电流类别的线路，不应布在同一管内或线槽的同一槽孔内。

检查数量：全数检查。

检验方法：观察检查。

3.2.5 导线在管内或线槽内，不应有接头或扭结。导线的接头，应在接线盒内焊接或用端子连接。

检查数量：全数检查。

检验方法：观察检查。

3.2.6 从接线盒、线槽等处引到探测器底座、控制设备、扬声器的线路，当采用金属软管保护时，其长度不应大于 2m。

检查数量：全数检查。

检验方法：尺量、观察检查。

3.2.7 敷设在多尘或潮湿场所管路的管口和管子连接处，均应做密封处理。

检查数量：全数检查。

检验方法：观察检查。

3.2.8 管路超过下列长度时，应在便于接线处装设接线盒：

1 管子长度每超过 30m，无弯曲时；

2 管子长度每超过 20m，有 1 个弯曲时；

3 管子长度每超过 10m，有 2 个弯曲时；

4 管子长度每超过 8m，有 3 个弯曲时。

检查数量：全数检查。

检验方法：尺量、观察检查。

3.2.9 金属管子入盒，盒外侧应套锁母，内侧应装护口；在吊顶内敷设时，盒的内、外侧均应套锁母。塑料

管入盒应采取相应固定措施。

检查数量：全数检查。

检验方法：观察检查。

3.2.10 明敷设备类管路和线槽时，应采用单独的卡具吊装或支撑物固定。吊装线槽或管路的吊杆直径不应小于 6mm。

检查数量：全数检查。

检验方法：尺量、观察检查。

3.2.11 线槽敷设时，应在下列部位设置吊点或支点：

1 线槽始端、终端及接头处；

2 距接线盒 0.2m 处；

3 线槽转角或分支处；

4 直线段不大于 3m 处。

检查数量：全数检查。

检验方法：尺量、观察检查。

3.2.12 线槽接口应平直、严密，槽盖应齐全、平整、无翘角。并列安装时，槽盖应便于开启。

检查数量：全数检查。

检验方法：观察检查。

3.2.13 管线经过建筑物的变形缝（包括沉降缝、伸缩缝、抗震缝等）处，应采取补偿措施，导线跨越变形缝的两侧应固定，并留有适当余量。

检查数量：全数检查。

检验方法：观察检查。

3.2.14 火灾自动报警系统导线敷设后，应用 500V 兆欧表测量每个回路导线对地的绝缘电阻，且绝缘电阻值不应小于 20MΩ。

检查数量：全数检查。

检验方法：兆欧表测量。

3.2.15 同一工程中的导线，应根据不同用途选择不同颜色加以区分，相同用途的导线颜色应一致。电源线正极应为红色，负极应为蓝色或黑色。

检查数量：全数检查。

检验方法：观察检查。

3.3 控制器类设备安装

3.3.1 火灾报警控制器、可燃气体报警控制器、区域显示器、消防联动控制器等控制器类设备（以下称控制器）在墙上安装时，其底边距地（楼）面高度宜为 1.3～1.5m，其靠近门轴的侧面距墙不应小于 0.5m，正面操作距离不应小于 1.2m；落地安装时，其底边宜高出地（楼）面 0.1～0.2m。

检查数量：全数检查。

检验方法：尺量、观察检查。

3.3.2 控制器应安装牢固，不应倾斜；安装在轻质墙上时，应采取加固措施。

检查数量：全数检查。

检验方法：观察检查。

3.3.3 引入控制器的电缆或导线，应符合下列要求：

    1 配线应整齐，不宜交叉，并应固定牢靠。

    2 电缆芯线和所配导线的端部，均应标明编号，并与图纸一致，字迹应清晰且不易退色。

    3 端子板的每个接线端，接线不得超过 2 根。

    4 电缆芯和导线，应留有不小于 200mm 的余量。

    5 导线应绑扎成束。

    6 导线穿管、线槽后，应将管口、槽口封堵。

    检查数量：全数检查。

    检验方法：尺量、观察检查。

3.3.4 控制器的主电源应有明显的永久性标志，并应直接与消防电源连接，严禁使用电源插头。控制器与其外接备用电源之间应直接连接。

    检查数量：全数检查。

    检验方法：观察检查。

3.3.5 控制器的接地应牢固，并有明显的永久性标志。

    检查数量：全数检查。

    检验方法：观察检查。

3.4 火灾探测器安装

3.4.1 点型感烟、感温火灾探测器的安装，应符合下列要求：

    1 探测器至墙壁、梁边的水平距离，不应小于 0.5m。

    2 探测器周围水平距离 0.5m 内，不应有遮挡物。

    3 探测器至空调送风口最近边的水平距离，不应小于 1.5m；至多孔送风顶棚孔口的水平距离，不应小于 0.5m。

    4 在宽度小于 3m 的内走道顶棚上安装探测器时，宜居中安装。点型感温火灾探测器的安装间距，不应超过 10m；点型感烟火灾探测器的安装间距，不应超过 15m。探测器至端墙的距离，不应大于安装间距的一半。

    5 探测器宜水平安装，当确需倾斜安装时，倾斜角不应大于 45°。

    检查数量：全数检查。

    检验方法：尺量、观察检查。

3.4.2 线型红外光束感烟火灾探测器的安装，应符合下列要求：

    1 当探测区域的高度不大于 20m 时，光束轴线至顶棚的垂直距离宜为 0.3～1.0m；当探测区域的高度大于 20m 时，光束轴线距探测区域的地（楼）面高度不宜超过 20m。

    2 发射器和接收器之间的探测区域长度不宜超过 100m。

    3 相邻两组探测器光束轴线的水平距离不应大于 14m。探测器光束轴线至侧墙水平距离不应大于 7m，且不应小于 0.5m。

    4 发射器和接收器之间的光路上应无遮挡物或干扰源。

    5 发射器和接收器应安装牢固，并不应产生位移。

    检查数量：全数检查。

    检验方法：尺量、观察检查。

3.4.3 缆式线型感温火灾探测器在电缆桥架、变压器等设备上安装时，宜采用接触式布置；在各种皮带输送装置上敷设时，宜敷设在装置的过热点附近。

    检查数量：全数检查。

    检验方法：观察检查。

3.4.4 敷设在顶棚下方的线型差温火灾探测器，至顶棚距离宜为 0.1m，相邻探测器之间水平距离不宜大于 5m；探测器至墙壁距离宜为 1～1.5m。

    检查数量：全数检查。

    检验方法：尺量、观察检查。

3.4.5 可燃气体探测器的安装应符合下列要求：

    1 安装位置应根据探测气体密度确定。若其密度小于空气密度，探测器应位于可能出现泄漏点的上方或探测气体的最高可能聚集点上方；若其密度大于或等于空气密度，探测器应位于可能出现泄漏点的下方。

    2 在探测器周围应适当留出更换和标定的空间。

    3 在有防爆要求的场所，应按防爆要求施工。

    4 线型可燃气体探测器在安装时，应使发射器和接收器的窗口避免日光直射，且在发射器与接收器之间不应有遮挡物，两组探测器之间的距离不应大于 14m。

    检查数量：全数检查。

    检验方法：尺量、观察检查。

3.4.6 通过管路采样的吸气式感烟火灾探测器的安装应符合下列要求：

    1 采样管应固定牢固。

    2 采样管（含支管）的长度和采样孔应符合产品说明书的要求。

    3 非高灵敏度的吸气式感烟火灾探测器不宜安装在天棚高度大于 16m 的场所。

    4 高灵敏度吸气式感烟火灾探测器在设为高灵敏度时可安装在天棚高度大于 16m 的场所，并保证至少有 2 个采样孔低于 16m。

    5 安装在大空间时，每个采样孔的保护面积应符合点型感烟火灾探测器的保护面积要求。

    检查数量：全数检查。

    检验方法：尺量、观察检查。

3.4.7 点型火焰探测器和图像型火灾探测器的安装应符合下列要求：

    1 安装位置应保证其视场角覆盖探测区域。

2 与保护目标之间不应有遮挡物。

3 安装在室外时应有防尘、防雨措施。

　　检查数量：全数检查。

　　检验方法：尺量、观察检查。

3.4.8 探测器的底座应安装牢固，与导线连接必须可靠压接或焊接。当采用焊接时，不应使用带腐蚀性的助焊剂。

　　检查数量：全数检查。

　　检验方法：观察检查。

3.4.9 探测器底座的连接导线应留有不小于150mm的余量，且在其端部应有明显标志。

　　检查数量：全数检查。

　　检验方法：尺量、观察检查。

3.4.10 探测器底座的穿线孔宜封堵，安装完毕的探测器底座应采取保护措施。

　　检查数量：全数检查。

　　检验方法：观察检查。

3.4.11 探测器报警确认灯应朝向便于人员观察的主要入口方向。

　　检查数量：全数检查。

　　检验方法：观察检查。

3.4.12 探测器在即将调试时方可安装，在调试前应妥善保管并应采取防尘、防潮、防腐蚀措施。

　　检查数量：全数检查。

　　检验方法：观察检查。

3.5　手动火灾报警按钮安装

3.5.1 手动火灾报警按钮应安装在明显和便于操作的部位。当安装在墙上时，其底边距地（楼）面高度宜为1.3～1.5m。

　　检查数量：全数检查。

　　检验方法：尺量、观察检查。

3.5.2 手动火灾报警按钮应安装牢固，不应倾斜。

　　检查数量：全数检查。

　　检验方法：观察检查。

3.5.3 手动火灾报警按钮的连接导线应留有不小于150mm的余量，且在其端部应有明显标志。

　　检查数量：全数检查。

　　检验方法：尺量、观察检查。

3.6　消防电气控制装置安装

3.6.1 消防电气控制装置在安装前，应进行功能检查，检查结果不合格的装置严禁安装。

　　检查数量：全数检查。

　　检验方法：观察检查。

3.6.2 消防电气控制装置外接导线的端部应有明显的永久性标志。

　　检查数量：全数检查。

　　检验方法：观察检查。

3.6.3 消防电气控制装置箱体内不同电压等级、不同电流类别的端子应分开布置，并应有明显的永久性标志。

　　检查数量：全数检查。

　　检验方法：观察检查。

3.6.4 消防电气控制装置应安装牢固，不应倾斜；安装在轻质墙上时，应采取加固措施。消防电气控制装置在消防控制室内安装时，还应符合本规范第3.3.1条要求。

　　检查数量：全数检查。

　　检验方法：观察检查。

3.7　模块安装

3.7.1 同一报警区域内的模块宜集中安装在金属箱内。

　　检查数量：全数检查。

　　检验方法：观察检查。

3.7.2 模块（或金属箱）应独立支撑或固定，安装牢固，并应采取防潮、防腐蚀等措施。

　　检查数量：全数检查。

　　检验方法：观察检查。

3.7.3 模块的连接导线应留有不小于150mm的余量，其端部应有明显标志。

　　检查数量：全数检查。

　　检验方法：尺量、观察检查。

3.7.4 隐蔽安装时，在安装处应有明显的部位显示和检修孔。

　　检查数量：全数检查。

　　检验方法：观察检查。

3.8　火灾应急广播扬声器和火灾警报装置安装

3.8.1 火灾应急广播扬声器和火灾警报装置安装应牢固可靠，表面不应有破损。

　　检查数量：全数检查。

　　检验方法：观察检查。

3.8.2 火灾光警报装置应安装在安全出口附近明显处，距地面1.8m以上。光警报器与消防应急疏散指示标志不宜在同一面墙上，安装在同一面墙上时，距离应大于1m。

　　检查数量：全数检查。

　　检验方法：尺量、观察检查。

3.8.3 扬声器和火灾声警报装置宜在报警区域内均匀安装。

3.9　消防电话安装

3.9.1 消防电话、电话插孔、带电话插孔的手动报警按钮宜安装在明显、便于操作的位置；当在墙面上安装时，其底边距地（楼）面高度宜为1.3～1.5m。

　　检查数量：全数检查。

检验方法：尺量、观察检查。

3.9.2 消防电话和电话插孔应有明显的永久性标志。

检查数量：全数检查。

检验方法：观察检查。

3.10 消防设备应急电源安装

3.10.1 消防设备应急电源的电池应安装在通风良好地方，当安装在密封环境中时应有通风措施。

检查数量：全数检查。

检验方法：观察检查。

3.10.2 酸性电池不得安装在带有碱性介质的场所，碱性电池不得安装在带酸性介质的场所。

检查数量：全数检查。

检验方法：观察检查。

3.10.3 消防设备应急电源不应安装在靠近带有可燃气体的管道、仓库、操作间等场所。

检查数量：全数检查。

检验方法：观察检查。

3.10.4 单相供电额定功率大于 30kW、三相供电额定功率大于 120kW 的消防设备应安装独立的消防应急电源。

检查数量：全数检查。

检验方法：观察检查。

3.11 系 统 接 地

3.11.1 交流供电和 36V 以上直流供电的消防用电设备的金属外壳应有接地保护，其接地线应与电气保护接地干线（PE）相连接。

检查数量：全数检查。

检验方法：观察检查。

3.11.2 接地装置施工完毕后，应按规定测量接地电阻，并做记录。

检查数量：全数检查。

检验方法：仪表测量。

4 系 统 调 试

4.1 一 般 规 定

4.1.1 火灾自动报警系统的调试，应在系统施工结束后进行。

4.1.2 火灾自动报警系统调试前应具备本规范第 3.1.1～3.1.4 条所列文件及调试必需的其他文件。

4.1.3 调试单位在调试前应编制调试程序，并应按照调试程序工作。

4.1.4 调试负责人必须由专业技术人员担任。

4.2 调 试 准 备

4.2.1 设备的规格、型号、数量、备品备件等应按设计要求查验。

4.2.2 系统的施工质量应按本规范第 3 章的要求检查，对属于施工中出现的问题，应会同有关单位协商解决，并应有文字记录。

4.2.3 系统线路应按本规范第 3 章的要求检查，对于错线、开路、虚焊、短路、绝缘电阻小于 20MΩ 等问题，应采取相应的处理措施。

4.2.4 对系统中的火灾报警控制器、可燃气体报警控制器、消防联动控制器、气体灭火控制器、消防电气控制装置、消防设备应急电源、消防应急广播设备、消防电话、传输设备、消防控制中心图形显示装置、消防电动装置、防火卷帘控制器、区域显示器（火灾显示盘）、消防应急灯具控制装置、火灾警报装置等设备应分别进行单机通电检查。

4.3 火灾报警控制器调试

4.3.1 调试前应切断火灾报警控制器的所有外部控制连线，并将任一个总线回路的火灾探测器以及该总线回路上的手动火灾报警按钮等部件连接后，方可接通电源。

检查数量：全数检查。

检验方法：观察检查。

4.3.2 按现行国家标准《火灾报警控制器》GB 4717 的有关要求对控制器进行下列功能检查并记录：

1 检查自检功能和操作级别。

2 使控制器与探测器之间的连线断路和短路，控制器应在 100s 内发出故障信号（短路时发出火灾报警信号除外）；在故障状态下，使任一非故障部位的探测器发出火灾报警信号，控制器应在 1min 内发出火灾报警信号，并应记录火灾报警时间；再使其他探测器发出火灾报警信号，检查控制器的再次报警功能。

3 检查消音和复位功能。

4 使控制器与备用电源之间的连线断路和短路，控制器应在 100s 内发出故障信号。

5 检查屏蔽功能。

6 使总线隔离器保护范围内的任一点短路，检查总线隔离器的隔离保护功能。

7 使任一总线回路上不少于 10 只的火灾探测器同时处于火灾报警状态，检查控制器的负载功能。

8 检查主、备电源的自动转换功能，并在备电工作状态下重复本条第 7 款检查。

9 检查控制器特有的其他功能。

检查数量：全数检查。

检验方法：观察检查、仪表测量。

4.3.3 依次将其他回路与火灾报警控制器相连接，重复本规范第 4.3.2 条中第 2、6、7 款检查。

检查数量：全数检查。

检验方法：观察检查、仪表测量。

4.4 点型感烟、感温火灾探测器调试

4.4.1 采用专用的检测仪器或模拟火灾的方法，逐个检查每只火灾探测器的报警功能，探测器应能发出火灾报警信号。

　　检查数量：全数检查。

　　检验方法：观察检查。

4.4.2 对于不可恢复的火灾探测器应采取模拟报警方法逐个检查其报警功能，探测器应能发出火灾报警信号。当有备品时，可抽样检查其报警功能。

　　检查数量：全数检查。

　　检验方法：观察检查。

4.5 线型感温火灾探测器调试

4.5.1 在不可恢复的探测器上模拟火警和故障，探测器应能分别发出火灾报警和故障信号。

　　检查数量：全数检查。

　　检验方法：观察检查。

4.5.2 可恢复的探测器可采用专用检测仪器或模拟火灾的办法使其发出火灾报警信号，并在终端盒上模拟故障，探测器应能分别发出火灾报警和故障信号。

　　检查数量：全数检查。

　　检验方法：观察检查。

4.6 红外光束感烟火灾探测器调试

4.6.1 调整探测器的光路调节装置，使探测器处于正常监视状态。

　　检查数量：全数检查。

　　检验方法：观察检查。

4.6.2 用减光率为 0.9dB 的减光片遮挡光路，探测器不应发出火灾报警信号。

　　检查数量：全数检查。

　　检验方法：观察检查。

4.6.3 用产品生产企业设定减光率（1.0～10.0dB）的减光片遮挡光路，探测器应发出火灾报警信号。

　　检查数量：全数检查。

　　检验方法：观察检查。

4.6.4 用减光率为 11.5dB 的减光片遮挡光路，探测器应发出故障信号或火灾报警信号。

　　检查数量：全数检查。

　　检验方法：观察检查。

4.7 通过管路采样的吸气式火灾探测器调试

4.7.1 在采样管最末端（最不利处）采样孔加入试验烟，探测器或其控制装置应在 120s 内发出火灾报警信号。

　　检查数量：全数检查。

检验方法：秒表测量，观察检查。

4.7.2 根据产品说明书，改变探测器的采样管路气流，使探测器处于故障状态，探测器或其控制装置应在 100s 内发出故障信号。

　　检查数量：全数检查。

　　检验方法：秒表测量，观察检查。

4.8 点型火焰探测器和图像型火灾探测器调试

4.8.1 采用专用检测仪器或模拟火灾的方法在探测器监视区域内最不利处检查探测器的报警功能，探测器应能正确响应。

　　检查数量：全数检查。

　　检验方法：观察检查。

4.9 手动火灾报警按钮调试

4.9.1 对可恢复的手动火灾报警按钮，施加适当的推力使报警按钮动作，报警按钮应发出火灾报警信号。

　　检查数量：全数检查。

　　检验方法：观察检查。

4.9.2 对不可恢复的手动火灾报警按钮应采用模拟动作的方法使报警按钮发出火灾报警信号（当有备用启动零件时，可抽样进行动作试验），报警按钮应发出火灾报警信号。

　　检查数量：全数检查。

　　检验方法：观察检查。

4.10 消防联动控制器调试

4.10.1 将消防联动控制器与火灾报警控制器、任一回路的输入/输出模块及该回路模块控制的受控设备相连接，切断所有受控现场设备的控制连线，接通电源。

4.10.2 按现行国家标准《消防联动控制系统》GB 16806 的有关规定检查消防联动控制系统内各类用电设备的各项控制、接收反馈信号（可模拟现场设备启动信号）和显示功能。

　　检查数量：全数检查。

　　检验方法：观察检查。

4.10.3 使消防联动控制器分别处于自动工作和手动工作状态，检查其状态显示，并按现行国家标准《消防联动控制系统》GB 16806 的有关规定进行下列功能检查并记录，控制器应满足相应要求：

　　1 自检功能和操作级别。

　　2 消防联动控制器与各模块之间的连线断路和短路时，消防联动控制器应能在 100s 秒内发出故障信号。

　　3 消防联动控制器与备用电源之间的连线断路和短路时，消防联动控制器应能在 100s 内发出故障信号。

4 检查消音、复位功能。

5 检查屏蔽功能。

6 使总线隔离器保护范围内的任一点短路，检查总线隔离器的隔离保护功能。

7 使至少 50 个输入/输出模块同时处于动作状态（模块总数少于 50 个时，使所有模块动作），检查消防联动控制器的最大负载功能。

8 检查主、备电源的自动转换功能，并在备电工作状态下重复本条第 7 款检查。

检查数量：全数检查。

检验方法：观察检查。

4.10.4 接通所有启动后可以恢复的受控现场设备。

检查数量：全数检查。

检验方法：观察检查。

4.10.5 使消防联动控制器的工作状态处于自动状态，按现行国家标准《消防联动控制系统》GB 16806 的有关规定和设计的联动逻辑关系进行下列功能检查并记录：

1 按设计的联动逻辑关系，使相应的火灾探测器发出火灾报警信号，检查消防联动控制器接收火灾报警信号情况、发出联动信号情况、模块动作情况、受控设备的动作情况、受控现场设备动作情况、接收反馈信号（对于启动后不能恢复的受控现场设备，可模拟现场设备启动反馈信号）及各种显示情况。

2 检查手动插入优先功能。

检查数量：全数检查。

检验方法：观察检查。

4.10.6 使消防联动控制器的工作状态处于手动状态，按现行国家标准《消防联动控制系统》GB 16806 的有关规定和设计的联动逻辑关系依次手动启动相应的受控设备，检查消防联动控制器发出联动信号情况、模块动作情况、受控设备的动作情况、受控现场设备动作情况、接收反馈信号（对于启动后不能恢复的受控现场设备，可模拟现场设备启动反馈信号）及各种显示情况。

检查数量：全数检查。

检验方法：观察检查。

4.10.7 对于直接用火灾探测器作为触发器件的自动灭火控制系统除符合本节有关规定外，尚应按现行国家标准《火灾自动报警系统设计规范》GB 50116 的规定进行功能检查。

检查数量：全数检查。

检验方法：观察检查。

4.10.8 依次将其他回路的输入/输出模块及该回路模块控制的受控设备相连接，切断所有受控现场设备的控制连线，接通电源，重复第 4.10.3～4.10.7 条的各项检查。

检查数量：全数检查。

检验方法：观察检查、仪表测量。

4.11 区域显示器（火灾显示盘）调试

4.11.1 将区域显示器（火灾显示盘）与火灾报警控制器相连接，按现行国家标准《火灾显示盘通用技术条件》GB 17429 的有关要求检查其下列功能并记录，区域显示器应满足相应要求：

1 区域显示器（火灾显示盘）应在 3s 内正确接收和显示火灾报警控制器发出的火灾报警信号。

2 消音、复位功能。

3 操作级别。

4 对于非火灾报警控制器供电的区域显示器（火灾显示盘），应检查主、备电源的自动转换功能和故障报警功能。

检查数量：全数检查。

检验方法：观察检查。

4.12 可燃气体报警控制器调试

4.12.1 切断可燃气体报警控制器的所有外部控制连线，将任一回路与控制器相连接后，接通电源。

4.12.2 控制器应按现行国家标准《可燃气体报警控制器技术要求和试验方法》GB 16808 的有关要求进行下列功能试验，并应满足相应要求：

1 自检功能和操作级别。

2 控制器与探测器之间的连线断路和短路时，控制器应在 100s 内发出故障信号。

3 在故障状态下，使任一非故障探测器发出报警信号，控制器应在 1min 内发出报警信号，并应记录报警时间；再使其他探测器发出报警信号，检查控制器的再次报警功能。

4 消音和复位功能。

5 控制器与备用电源之间的连线断路和短路时，控制器应在 100s 内发出故障信号。

6 高限报警或低、高两段报警功能。

7 报警设定值的显示功能。

8 控制器最大负载功能，使至少 4 只可燃气体探测器同时处于报警状态（探测器总数少于 4 只时，使所有探测器均处于报警状态）。

9 主、备电源的自动转换功能，并在备电工作状态下重复本条第 8 款的检查。

检查数量：全数检查

检验方法：观察检查、仪表测量。

4.12.3 依次将其他回路与可燃气体报警控制器相连接，重复本规范第 4.12.2 条的检查。

检查数量：全数检查。

检验方法：观察检查、仪表测量。

4.13 可燃气体探测器调试

4.13.1 依次逐个将可燃气体探测器按产品生产企业

提供的调试方法使其正常动作，探测器应发出报警信号。

　　检查数量：全数检查。

　　检验方法：观察检查。

4.13.2 对探测器施加达到响应浓度值的可燃气体标准样气，探测器应在 30s 内响应。撤去可燃气体，探测器应在 60s 内恢复到正常监视状态。

　　检查数量：全数检查。

　　检验方法：观察检查、仪表测量。

4.13.3 对于线型可燃气体探测器除符合本节规定外，尚应将发射器发出的光全部遮挡，探测器相应的控制装置应在 100s 内发出故障信号。

　　检查数量：全数检查。

　　检验方法：观察检查、仪表测量。

4.14 消防电话调试

4.14.1 在消防控制室与所有消防电话、电话插孔之间互相呼叫与通话，总机应能显示每部分机或电话插孔的位置，呼叫铃声和通话语音应清晰。

　　检查数量：全数检查。

　　检验方法：观察检查。

4.14.2 消防控制室的外线电话与另外一部外线电话模拟报警电话通话，语音应清晰。

　　检查数量：全数检查。

　　检验方法：观察检查。

4.14.3 检查群呼、录音等功能，各项功能均应符合要求。

　　检查数量：全数检查。

　　检验方法：观察检查。

4.15 消防应急广播设备调试

4.15.1 以手动方式在消防控制室对所有广播分区进行选区广播，对所有共用扬声器进行强行切换；应急广播应以最大功率输出。

　　检查数量：全数检查。

　　检验方法：观察检查。

4.15.2 对扩音机和备用扩音机进行全负荷试验，应急广播的语音应清晰。

　　检查数量：全数检查。

　　检验方法：观察检查。

4.15.3 对接入联动系统的消防应急广播设备系统，使其处于自动工作状态，然后按设计的逻辑关系，检查应急广播的工作情况，系统应按设计的逻辑广播。

　　检查数量：全数检查。

　　检验方法：观察检查。

4.15.4 使任意一个扬声器断路，其他扬声器的工作状态不应受影响。

　　检查数量：每一回路抽查一个。

　　检验方法：观察检查。

4.16 系统备用电源调试

4.16.1 检查系统中各种控制装置使用的备用电源容量，电源容量应与设计容量相符。

　　检查数量：全数检查。

　　检验方法：观察检查。

4.16.2 使各备用电源放电终止，再充电 48h 后断开设备主电源，备用电源至少应保证设备工作 8h，且应满足相应的标准及设计要求。

　　检查数量：全数检查。

　　检验方法：观察检查。

4.17 消防设备应急电源调试

4.17.1 切断应急电源应急输出时直接启动设备的连线，接通应急电源的主电源。

4.17.2 按下列要求检查应急电源的控制功能和转换功能，并观察其输入电压、输出电压、输出电流、主电工作状态、应急工作状态、电池组及各单节电池电压的显示情况，做好记录，显示情况应与产品使用说明书规定相符，并满足要求。

　　1 手动启动应急电源输出，应急电源的主电和备用电源应不能同时输出，且应在 5s 内完成应急转换。

　　2 手动停止应急电源的输出，应急电源应恢复到启动前的工作状态。

　　3 断开应急电源的主电源，应急电源应能发声提示信号，声信号应能手动消除；接通主电源，应急电源应恢复到主电工作状态。

　　4 给具有联动自动控制功能的应急电源输入联动启动信号，应急电源应在 5s 内转入到应急工作状态，且主电源和备用电源应不能同时输出；输入联动停止信号，应急电源应恢复到主电工作状态。

　　5 具有手动和自动控制功能的应急电源处于自动控制状态，然后手动插入操作，应急电源应有手动插入优先功能，且应有自动控制状态和手动控制状态指示。

　　检查数量：全数检查。

　　检验方法：观察检查。

4.17.3 断开应急电源的负载，按下列要求检查应急电源的保护功能，并做好记录：

　　1 使任一输出回路保护动作，其他回路输出电压应正常。

　　2 使配接三相交流负载输出的应急电源的三相负载回路中的任一相停止输出，应急电源应能自动停止该回路的其他两相输出，并应发出声、光故障信号。

　　3 使配接单相交流负载的交流三相输出应急电源输出的任一相停止输出，其他两相应能正常工作，并应发出声、光故障信号。

检查数量：全数检查。

检验方法：观察检查。

4.17.4 将应急电源接上等效于满负载的模拟负载，使其处于应急工作状态，应急工作时间应大于设计应急工作时间的 1.5 倍，且不小于产品标称的应急工作时间。

检查数量：全数检查。

检验方法：观察检查、仪表测量。

4.17.5 使应急电源充电回路与电池之间、电池与电池之间连线断线，应急电源应在 100s 内发出声、光故障信号，声故障信号应能手动消除。

检查数量：全数检查。

检验方法：观察检查。

4.18 消防控制中心图形显示装置调试

4.18.1 将消防控制中心图形显示装置与火灾报警控制器和消防联动控制器相连，接通电源。

4.18.2 操作显示装置使其显示完整系统区域覆盖模拟图和各层平面图，图中应明确指示出报警区域、主要部位和各消防设备的名称和物理位置，显示界面应为中文界面。

检查数量：全数检查。

检验方法：观察检查。

4.18.3 使火灾报警控制器和消防联动控制器分别发出火灾报警信号和联动控制信号，显示装置应在 3s 内接收，准确显示相应信号的物理位置，并能优先显示火灾报警信号相对应的界面。

检查数量：全数检查。

检验方法：观察检查。

4.18.4 使具有多个报警平面图的显示装置处于多报警平面显示状态，各报警平面应能自动和手动查询，并应有总数显示，且应能手动插入使其立即显示首次火警相应的报警平面图。

检查数量：全数检查。

检验方法：观察检查。

4.18.5 使显示装置显示故障或联动平面，输入火灾报警信号，显示装置应能立即转入火灾报警平面的显示。

检查数量：全数检查。

检验方法：观察检查。

4.19 气体灭火控制器调试

4.19.1 切断气体灭火控制器的所有外部控制连线，接通电源。

4.19.2 给气体灭火控制器输入设定的启动控制信号，控制器应有启动输出，并发出声、光启动信号。

检查数量：全数检查。

检验方法：观察检查。

4.19.3 输入启动设备启动的模拟反馈信号，控制器

应在 10s 内接收并显示。

检查数量：全数检查。

检验方法：观察检查。

4.19.4 检查控制器的延时功能，延时时间应在 0～30s 内可调。

检查数量：全数检查。

检验方法：观察检查。

4.19.5 使控制器处于自动控制状态，再手动插入操作，手动插入操作应优先。

检查数量：全数检查。

检验方法：观察检查。

4.19.6 按设计控制逻辑操作控制器，检查是否满足设计的逻辑功能。

检查数量：全数检查。

检验方法：观察检查。

4.19.7 检查控制器向消防联动控制器发送的反馈信号正误。

检查数量：全数检查。

检验方法：观察检查。

4.20 防火卷帘控制器调试

4.20.1 防火卷帘控制器应与消防联动控制器、火灾探测器、卷门机连接并通电，防火卷帘控制器应处于正常监视状态。

4.20.2 手动操作防火卷帘控制器的按钮，防火卷帘控制器应能向消防联动控制器发出防火卷帘启、闭和停止的反馈信号。

检查数量：全数检查。

检验方法：观察检查。

4.20.3 用于疏散通道的防火卷帘控制器应具有两步关闭的功能，并应向消防联动控制器发出反馈信号。防火卷帘控制器接收到首次火灾报警信号后，应能控制防火卷帘自动关闭到中位处停止；接收到二次报警信号后，应能控制防火卷帘继续关闭至全闭状态。

检查数量：全数检查。

检验方法：观察检查、仪表测量。

4.20.4 用于分隔防火分区的防火卷帘控制器在接收到防火分区内任一火灾报警信号后，应能控制防火卷帘到全关闭状态，并应向消防联动控制器发出反馈信号。

检查数量：全数检查。

检验方法：观察检查。

4.21 其他受控部件调试

4.21.1 对系统内其他受控部件的调试应按相应的产品标准进行，在无相应国家标准或行业标准时，宜按产品生产企业提供的调试方法分别进行。

检查数量：全数检查。

检验方法：观察检查。

4.22 火灾自动报警系统性能调试

4.22.1 将所有经调试合格的各项设备、系统按设计连接组成完整的火灾自动报警系统，按现行国家标准《火灾自动报警系统设计规范》GB 50116 的有关规定和设计的联动逻辑关系检查系统的各项功能。

检查数量：全数检查。

检验方法：观察检查。

4.22.2 火灾自动报警系统在连续运行 120h 无故障后，按本规范附录 C 的规定填写调试记录表。

5 系 统 验 收

5.1 一 般 规 定

5.1.1 火灾自动报警系统竣工后，建设单位应负责组织施工、设计、监理等单位进行验收。验收不合格不得投入使用。

5.1.2 火灾自动报警系统工程验收时应按本规范附录 E 的要求填写相应的记录。

5.1.3 对系统中下列装置的安装位置、施工质量和功能等应进行验收。

  1 火灾报警系统装置（包括各种火灾探测器、手动火灾报警按钮、火灾报警控制器和区域显示器等）；

  2 消防联动控制系统（含消防联动控制器、气体灭火控制器、消防电气控制装置、消防设备应急电源、消防应急广播设备、消防电话、传输设备、消防控制中心图形显示装置、模块、消防电动装置、消火栓按钮等设备）；

  3 自动灭火系统控制装置（包括自动喷水、气体、干粉、泡沫等固定灭火系统的控制装置）；

  4 消火栓系统的控制装置；

  5 通风空调、防烟排烟及电动防火阀等控制装置；

  6 电动防火门控制装置、防火卷帘控制器；

  7 消防电梯和非消防电梯的回降控制装置；

  8 火灾警报装置；

  9 火灾应急照明和疏散指示控制装置；

  10 切断非消防电源的控制装置；

  11 电动阀控制装置；

  12 消防联网通信；

  13 系统内的其他消防控制装置。

5.1.4 按现行国家标准《火灾自动报警系统设计规范》GB 50116 设计的各项系统功能进行验收。

5.1.5 系统中各装置的安装位置、施工质量和功能等的验收数量应满足下列要求。

  1 各类消防用电设备主、备电源的自动转换装

置，应进行 3 次转换试验，每次试验均应正常。

  2 火灾报警控制器（含可燃气体报警控制器）和消防联动控制器应按实际安装数量全部进行功能检验。消防联动控制系统中其他各种用电设备、区域显示器应按下列要求进行功能检验：

    1）实际安装数量在 5 台以下者，全部检验；

    2）实际安装数量在 6～10 台者，抽验 5 台；

    3）实际安装数量超过 10 台者，按实际安装数量30%～50%的比例抽验，但抽验总数不应少于 5 台；

    4）各装置的安装位置、型号、数量、类别及安装质量应符合设计要求。

  3 火灾探测器（含可燃气体探测器）和手动火灾报警按钮，应按下列要求进行模拟火灾响应（可燃气体报警）和故障信号检验：

    1）实际安装数量在 100 只以下者，抽验 20 只（每个回路都应抽验）；

    2）实际安装数量超过 100 只，每个回路按实际安装数量10%～20%的比例抽验，但抽验总数不应少于 20 只；

    3）被检查的火灾探测器的类别、型号、适用场所、安装高度、保护半径、保护面积和探测器的间距等均应符合设计要求。

  4 室内消火栓的功能验收应在出水压力符合现行国家有关建筑设计防火规范的条件下，抽验下列控制功能：

    1）在消防控制室内操作启、停泵1～3次；

    2）消火栓处操作启泵按钮，按实际安装数量5%～10%的比例抽验。

  5 自动喷水灭火系统，应在符合现行国家标准《自动喷水灭火系统设计规范》GB 50084 的条件下，抽验下列控制功能：

    1）在消防控制室内操作启、停泵1～3次；

    2）水流指示器、信号阀等按实际安装数量的30%～50%的比例抽验；

    3）压力开关、电动阀、电磁阀等按实际安装数量全部进行检验。

  6 气体、泡沫、干粉等灭火系统，应在符合国家现行有关系统设计规范的条件下按实际安装数量的20%～30%的比例抽验下列控制功能：

    1）自动、手动启动和紧急切断试验1～3次；

    2）与固定灭火设备联动控制的其他设备动作（包括关闭防火门窗、停止空调风机、关闭防火阀等）试验1～3次。

  7 电动防火门、防火卷帘，5 樘以下的应全部检验，超过 5 樘的应按实际安装数量20%的比例抽验，但抽验总数不应小于 5 樘，并抽验联动控制功能。

  8 防烟排烟风机应全部检验，通风空调和防排

烟设备的阀门，应按实际安装数量10%～20%的比例抽验，并抽验联动功能，且应符合下列要求：

1) 报警联动启动、消防控制室直接启停、现场手动启动联动防烟排烟风机1～3次；

2) 报警联动停、消防控制室远程停通风空调送风1～3次；

3) 报警联动开启、消防控制室开启、现场手动开启防排烟阀门1～3次。

9 消防电梯应进行1～2次手动控制和联动控制功能检验，非消防电梯应进行1～2次联动返回首层功能检验，其控制功能、信号均应正常。

10 火灾应急广播设备，应按实际安装数量的10%～20%的比例进行下列功能检验。

1) 对所有广播分区进行选区广播，对共用扬声器进行强行切换；

2) 对扩音机和备用扩音机进行全负荷试验；

3) 检查应急广播的逻辑工作和联动功能。

11 消防专用电话的检验，应符合下列要求：

1) 消防控制室与所设的对讲电话分机进行1～3次通话试验；

2) 电话插孔按实际安装数量10%～20%的比例进行通话试验；

3) 消防控制室的外线电话与另一部外线电话模拟报警电话进行1～3次通话试验。

12 消防应急照明和疏散指示系统控制装置应进行1～3次使系统转入应急状态检验，系统中各消防应急照明灯具均应能转入应急状态。

5.1.6 本节各项检验项目中，当有不合格时，应修复或更换，并进行复验。复验时，对有抽验比例要求的，应加倍检验。

5.1.7 系统工程质量验收判定标准应符合下列要求：

1 系统内的设备及配件规格型号与设计不符、无国家相关证书和检验报告的，系统内的任一控制器和火灾探测器无法发出报警信号，无法实现要求的联动功能的，定为A类不合格。

2 验收前提供资料不符合本规范第5.2.1条要求的定为B类不合格。

3 除1、2款规定的A、B类不合格外，其余不合格项均为C类不合格。

4 系统验收合格判定应为：A＝0，且B≤2，且B+C≤检查项的5%为合格，否则为不合格。

5.2 验 收 准 备

5.2.1 系统验收时，施工单位应提供下列资料：

1 竣工验收申请报告、设计变更通知书、竣工图；

2 工程质量事故处理报告；

3 施工现场质量管理检查记录；

4 火灾自动报警系统施工过程质量管理检查

记录；

5 火灾自动报警系统的检验报告、合格证及相关材料。

5.2.2 火灾自动报警系统验收前，建设和使用单位应进行施工质量检查，同时确定安装设备的位置、型号、数量，抽样时应选择有代表性、作用不同、位置不同的设备。

5.3 验 收

5.3.1 按现行国家标准《建筑电气工程施工质量验收规范》GB 50303的规定和本规范第3.2节的要求对系统的布线进行检验。

检查数量：全数检查。

检验方法：尺量、观察检查。

5.3.2 按本规范第5.2.1条的要求验收技术资料。

检查数量：全数检查。

检验方法：观察检查。

5.3.3 火灾报警控制器的验收应符合下列要求：

1 火灾报警控制器的安装应满足本规范第3.3节的要求。

检验方法：尺量、观察检查。

2 火灾报警控制器的规格、型号、容量、数量应符合设计要求。

检验方法：对照图纸观察检查。

3 火灾报警控制器的功能验收应按本规范第4.3节要求进行检查，检查结果应符合现行国家标准《火灾报警控制器》GB 4717和产品使用说明书的有关要求。

5.3.4 点型火灾探测器的验收应符合下列要求：

1 点型火灾探测器的安装应满足本规范第3.4节的要求。

检验方法：尺量、观察检查。

2 点型火灾探测器的规格、型号、数量应符合设计要求。

检验方法：对照图纸观察检查。

3 点型火灾探测器的功能验收应按本规范第4.4节的要求进行检查，检查结果应符合要求。

5.3.5 线型感温火灾探测器的验收应符合下列要求：

1 线型感温火灾探测器的安装应满足本规范第3.4节的要求。

检验方法：尺量、观察检查。

2 线型感温火灾探测器的规格、型号、数量应符合设计要求。

检验方法：对照图纸观察检查。

3 线型感温火灾探测器的功能验收应按本规范第4.5节的要求进行检查，检查结果应符合要求。

5.3.6 红外光束感烟火灾探测器的验收应符合下列要求：

1 红外光束感烟火灾探测器的安装应满足本规

范第 3.4 节的要求。

检验方法：尺量、观察检查。

2 红外光束感烟火灾探测器的规格、型号、数量应符合设计要求。

检验方法：对照图纸观察检查。

3 红外光束感烟火灾探测器的功能验收应按本规范第 4.6 节的要求进行检查，结果应符合要求。

5.3.7 通过管路采样的吸气式火灾探测器的验收应符合下列要求：

1 通过管路采样的吸气式火灾探测器的安装应满足本规范第 3.4 节的要求。

检验方法：尺量、观察检查。

2 通过管路采样的吸气式火灾探测器的规格、型号、数量应符合设计要求。

检验方法：对照图纸观察检查。

3 采样孔加入试验烟，空气吸气式火灾探测器在 120s 内应发出火灾报警信号。

检验方法：秒表测量，观察检查。

4 依据说明书使采样管气路处于故障时，通过管路采样的吸气式火灾探测器在 100s 内应发出故障信号。

检验方法：秒表测量，观察检查。

5.3.8 点型火焰探测器和图像型火灾探测器的验收应符合下列要求：

1 点型火焰探测器和图像型火灾探测器的安装应满足本规范第 3.4 节的要求。

检验方法：尺量、观察检查。

2 点型火焰探测器和图像型火灾探测器的规格、型号、数量应符合设计要求。

检验方法：对照图纸观察检查。

3 在探测区域最不利处模拟火灾，探测器应能正确响应。

检验方法：观察检查。

5.3.9 手动火灾报警按钮的验收应符合下列要求：

1 手动火灾报警按钮的安装应满足本规范第 3.5 节的要求。

检验方法：尺量、观察检查。

2 手动火灾报警按钮的规格、型号、数量应符合设计要求。

检验方法：对照图纸观察检查。

3 施加适当推力或模拟动作时，手动火灾报警按钮应能发出火灾报警信号。

检验方法：观察检查。

5.3.10 消防联动控制器的验收应符合下列要求：

1 消防联动控制器的安装应满足本规范第 3.3 节和第 3.6 节的要求。

检验方法：尺量、观察检查。

2 消防联动控制器的规格、型号、数量应符合

设计要求。

检验方法：对照图纸观察检查。

3 消防联动控制器的功能验收应按本规范第 4.10.1～4.10.6 条逐项检查，检查结果应符合要求。

4 消防联动控制器处于自动状态时，其功能应满足现行国家标准《火灾自动报警系统设计规范》GB 50116 和设计的联动逻辑关系要求。

检验方法：按设计的联动逻辑关系，使相应的火灾探测器发出火灾报警信号，检查消防联动控制器接收火灾报警信号情况、发出联动信号情况、模块动作情况、消防电气控制装置的动作情况、现场设备动作情况、接收反馈信号（对于启动后不能恢复的受控现场设备，可模拟现场设备启动反馈信号）及各种显示情况；检查手动插入优先功能。

5 消防联动控制器处于手动状态时，其功能应满足现行国家标准《火灾自动报警系统设计规范》GB 50116 和设计的联动逻辑关系要求。

检验方法：使消防联动控制器的工作状态处于手动状态，按现行国家标准《消防联动控制系统》GB 16806 和设计的联动逻辑关系依次启动相应的受控设备，检查消防联动控制器发出联动信号情况、模块动作情况、消防电气控制装置的动作情况、现场设备动作情况、接收反馈信号（对于启动后不能恢复的受控现场设备，可模拟现场设备启动反馈信号）及各种显示情况。

5.3.11 消防电气控制装置的验收应符合下列要求：

1 消防电气控制装置的安装应满足本规范第 3.3 节和第 3.6 节的要求。

检验方法：尺量、观察检查。

2 消防电气控制装置的规格、型号、数量应符合设计要求。

检验方法：对照图纸观察检查。

3 消防电气控制装置的控制、显示功能应满足现行国家标准《消防联动控制系统》GB 16806 的有关要求。

检验方法：依据现行国家标准《消防联动控制系统》GB 16806 的有关要求进行检查。

5.3.12 区域显示器（火灾显示盘）的验收应符合下列要求：

1 区域显示器（火灾显示盘）的安装应满足本规范第 3.3 节的要求。

检验方法：尺量、观察检查。

2 区域显示器（火灾显示盘）的规格、型号、数量应符合设计要求。

检验方法：对照图纸观察检查。

3 区域显示器（火灾显示盘）的功能验收应按本规范第 4.11 节的要求进行检查，检查结果应符合要求。

5.3.13 可燃气体报警控制器的验收应符合下列

要求：

1 可燃气体报警控制器的安装应满足本规范第3.3节的要求。

检验方法：尺量、观察检查。

2 可燃气体报警控制器的规格、型号、容量、数量应符合设计要求。

检验方法：对照图纸观察检查。

3 可燃气体报警控制器的功能验收应按本规范第4.12节的要求进行检查，检查结果应符合要求。

5.3.14 可燃气体探测器的验收应符合下列要求：

1 可燃气体探测器的安装应满足本规范第3.4节的要求。

检验方法：尺量、观察检查。

2 可燃气体探测器的规格、型号、数量应符合设计要求。

检验方法：对照图纸观察检查。

3 可燃气体探测器的功能验收应按本规范第4.13节的要求进行检查，检查结果应符合要求。

5.3.15 消防电话的验收应符合下列要求：

1 消防电话的安装应满足本规范第3.9节的要求。

检验方法：尺量、观察检查。

2 消防电话的规格、型号、数量应符合设计要求。

检验方法：对照图纸观察检查。

3 消防电话的功能验收应按本规范第4.14节的要求进行检查，检查结果应符合要求。

5.3.16 消防应急广播设备的验收应符合下列要求：

1 消防应急广播设备的安装应满足本规范第3.3节和第3.8节的要求。

检验方法：尺量、观察检查。

2 消防应急广播设备的规格、型号、数量应符合设计要求。

检验方法：对照图纸观察检查。

3 消防应急广播设备的功能验收应按本规范第4.15节的要求进行检查，检查结果应符合要求。

5.3.17 系统备用电源的验收应符合下列要求：

1 系统备用电源的容量应满足相关标准和设计要求。

检验方法：尺量、观察检查。

2 系统备用电源的工作时间应满足相关标准和设计要求。

检验方法：充电48h后，断开设备主电源，测量持续工作时间。

5.3.18 消防设备应急电源的验收应满足下列要求：

1 消防设备应急电源的安装应满足本规范第3.10节的要求。

检验方法：尺量、观察检查。

2 消防设备应急电源的功能验收应按本规范第

4.17节的要求进行检查，检查结果应符合要求。

5.3.19 消防控制中心图形显示装置的验收应符合下列要求：

1 消防控制中心图形显示装置的规格、型号、数量应符合设计要求。

检验方法：对照图纸观察检查。

2 消防控制中心图形显示装置的功能验收应按本规范第4.18节的要求进行检查，检查结果应符合要求。

5.3.20 气体灭火控制器的验收应符合下列要求：

1 气体灭火控制器的安装应满足本规范第3.3节的要求。

检验方法：尺量、观察检查。

2 气体灭火控制器的规格、型号、数量应符合设计要求。

检验方法：对照图纸观察检查。

3 气体灭火控制器的功能验收应按本规范第4.19节的要求进行检查，检查结果应符合要求。

5.3.21 防火卷帘控制器的验收应符合下列要求：

1 防火卷帘控制器的安装应满足本规范第3.3节的要求。

检验方法：尺量、观察检查。

2 防火卷帘控制器的规格、型号、数量应符合设计要求。

检验方法：对照图纸观察检查。

3 防火卷帘控制器的功能验收应按本规范第4.20节的要求进行检查，检查结果应符合要求。

5.3.22 系统性能的要求应符合现行国家标准《火灾自动报警系统设计规范》GB 50116和设计的联动逻辑关系要求。

检验方法：依据现行国家标准《火灾自动报警系统设计规范》GB 50116和设计的联动逻辑关系进行检查。

5.3.23 消火栓的控制功能验收应符合现行国家标准《火灾自动报警系统设计规范》GB 50116和设计的有关要求。

检查方法：在消防控制室内操作启、停泵1～3次。

5.3.24 自动喷水灭火系统的控制功能验收应符合现行国家标准《火灾自动报警系统设计规范》GB 50116和设计的有关要求。

检查方法：在消防控制室内操作启、停泵1～3次。

5.3.25 泡沫、干粉等灭火系统的控制功能验收应符合现行国家标准《火灾自动报警系统设计规范》GB 50116和设计的有关要求。

检查方法：自动、手动启动和紧急切断试验1～3次；与固定灭火设备联动控制的其他设备动作（包括关闭防火门窗、停止空调风机、关闭防火阀等）试验 1～3 次。

5.3.26 电动防火门、防火卷帘、挡烟垂壁的功能验收应符合现行国家标准《火灾自动报警系统设计规范》GB 50116 和设计的有关要求。

检查方法：依据现行国家标准《火灾自动报警系统设计规范》GB 50116 和设计的有关要求进行检查。

5.3.27 防烟排烟风机、防火阀和防排烟系统阀门的功能验收应符合现行国家标准《火灾自动报警系统设计规范》GB 50116 和设计的有关要求。

检查方法：报警联动启动、消防控制室直接启停、现场手动启动防烟排烟风机 1～3 次；报警联动停、消防控制室直接停通风空调送风 1～3 次；报警联动开启、消防控制室开启、现场手动开启防排烟阀门 1～3 次。

5.3.28 消防电梯的功能验收应符合现行国家标准《火灾自动报警系统设计规范》GB 50116 和设计的有关要求。

检查方法：消防电梯应进行 1～2 次手动控制和联动控制功能检验，非消防电梯应进行 1～2 次联动返回首层功能检验。

6 系统使用和维护

6.1 使用前准备

6.1.1 火灾自动报警系统的使用单位应由经过专门培训的人员负责系统的管理操作和维护。

6.1.2 火灾自动报警系统正式启用时，应具有下列文件资料：

1 系统竣工图及设备的技术资料；
2 公安消防机构出具的有关法律文书；
3 系统的操作规程及维护保养管理制度；
4 系统操作员名册及相应的工作职责；
5 值班记录和使用图表。

6.1.3 火灾自动报警系统的使用单位应建立包括本规范第 6.1.2 条规定的技术档案，并应有电子备份档案。

6.2 使用和维护

6.2.1 火灾自动报警系统应保持连续正常运行，不得随意中断。

6.2.2 每日应检查火灾报警控制器的功能，并按本规范附录 F 的要求填写相应的记录。

6.2.3 每季度应检查和试验火灾自动报警系统的下列功能，并按本规范附录 F 的要求填写相应的记录。

1 采用专用检测仪器分期分批试验探测器的动作及确认灯显示。

2 试验火灾警报装置的声光显示。

3 试验水流指示器、压力开关等报警功能、信号显示。

4 对主电源和备用电源进行 1～3 次自动切换试验。

5 用自动或手动检查下列消防控制设备的控制显示功能：

1）室内消火栓、自动喷水、泡沫、气体、干粉等灭火系统的控制设备；
2）抽验电动防火门、防火卷帘门，数量不小于总数的 25%；
3）选层试验消防应急广播设备，并试验公共广播强制转入火灾应急广播的功能，抽检数量不小于总数的 25%；
4）火灾应急照明与疏散指示标志的控制装置；
5）送风机、排烟机和自动挡烟垂壁的控制设备。

6 检查消防电梯迫降功能。

7 应抽取不少于总数 25% 的消防电话和电话插孔在消防控制室进行对讲通话试验。

6.2.4 每年应检查和试验火灾自动报警系统下列功能，并按本规范附录 F 的要求填写相应的记录。

1 应用专用检测仪器对所安装的全部探测器和手动报警装置试验至少 1 次。

2 自动和手动打开排烟阀，关闭电动防火阀和空调系统。

3 对全部电动防火门、防火卷帘的试验至少 1 次。

4 强制切断非消防电源功能试验。

5 对其他有关的消防控制装置进行功能试验。

6.2.5 点型感烟火灾探测器投入运行 2 年后，应每隔 3 年至少全部清洗一遍；通过采样管采样的吸气式感烟火灾探测器根据使用环境的不同，需要对采样管道进行定期吹洗，最长的时间间隔不应超过 1 年；探测器的清洗应由有相关资质的机构根据产品生产企业的要求进行。探测器清洗后应做响应阈值及其他必要的功能试验，合格方可继续使用。不合格探测器严禁重新安装使用，并应将该不合格品返回产品生产企业集中处理，严禁将离子感烟火灾探测器随意丢弃。可燃气体探测器的气敏元件超过生产企业规定的寿命年限后应及时更换，气敏元件的更换应由有相关资质的机构根据产品生产企业的要求进行。

6.2.6 不同类型的探测器应有 10% 但不少于 50 只的备品。

附录 A 火灾自动报警系统分部、子分部、分项工程划分

表 A 火灾自动报警系统分部、子分部、分项工程划分表

分部工程	序号	子分部工程		分项工程
火灾自动报警系统	1	设备、材料进场检验	材料类	电缆电线、管材
			探测器类设备	点型火灾探测器、线型感温火灾探测器、红外光束感烟火灾探测器、空气采样式火灾探测器、点型火焰探测器、图像型火灾探测器、可燃气体探测器等
			控制器类设备	火灾报警控制器、消防联动控制器、区域显示器、气体灭火控制器、可燃气体报警控制器等
			其他设备	手动报警按钮、消防电话、消防应急广播、消防设备应急电源、系统备用电源、消防控制中心图形显示装置等
	2	安装与施工	材料类	电缆电线、管材
			探测器类设备	点型火灾探测器、线型感温火灾探测器、红外光束感烟火灾探测器、空气采样式火灾探测器、点型火焰探测器、图像型火灾探测器、可燃气体探测器等
			控制器类设备	火灾报警控制器、消防联动控制器、区域显示器、气体灭火控制器、可燃气体报警控制器等
			其他设备	手动报警按钮、消防电气控制装置、火灾应急广播扬声器和火灾警报装置、模块、消防专用电话、消防设备应急电源、系统接地等
	3	系统调试	探测器类设备	点型火灾探测器、线型感温火灾探测器、红外光束感烟火灾探测器、空气采样式火灾探测器、点型火焰探测器、图像型火灾探测器、可燃气体探测器等
			控制器类设备	火灾报警控制器、消防联动控制器、区域显示器、气体灭火控制器、可燃气体报警控制器等
			其他设备	手动报警按钮、消防电话、消防应急广播、消防设备应急电源、系统备用电源、消防控制中心图形显示装置等
			整体系统	系统性能
	4	系统验收	探测器类设备	点型火灾探测器、线型感温火灾探测器、红外光束感烟火灾探测器、空气采样式火灾探测器、点型火焰探测器、图像型火灾探测器、可燃气体探测器等
			控制器类设备	火灾报警控制器、消防联动控制器、区域显示器、气体灭火控制器、可燃气体报警控制器等
			其他设备	手动报警按钮、消防电话、消防应急广播、消防设备应急电源、系统备用电源、消防控制中心图形显示装置等
			整体系统	系统性能

附录 B 施工现场质量管理检查记录

表 B 施工现场质量管理检查记录

工程名称				
建设单位			监理单位	
设计单位			项目负责人	
施工单位			施工许可证	
序号	项 目		内 容	
1	现场质量管理制度			
2	质量责任制			
3	主要专业工种人员操作上岗证书			
4	施工图审查情况			
5	施工组织设计、施工方案及审批			
6	施工技术标准			
7	工程质量检验制度			
8	现场材料、设备管理			
9	其他项目			
结论	施工单位项目负责人： （签章） 年 月 日	监理工程师： （签章） 年 月 日	建设单位项目负责人： （签章） 年 月 日	

附录 C 火灾自动报警系统施工过程检查记录

C.0.1 火灾自动报警系统施工过程质量检查记录应

由施工单位质量检查员填写，监理工程师进行检查，并作出检查结论。

C.0.2 设备、材料进场按照表 C.0.2 填写。

表 C.0.2 火灾自动报警系统施工过程检查记录

工程名称		施工单位	
施工执行规范名称及编号		监理单位	
子分部工程名称		设备、材料进场	
项 目	《规范》章节条款	施工单位检查评定记录	监理单位检查（验收）记录
检查文件及标识	2.2.1		
核对产品与检验报告	2.2.2、2.2.3		
检查产品外观	2.2.4		
检查产品规格、型号	2.2.5		
结论	施工单位项目经理：（签章） 年 月 日	监理工程师（建设单位项目负责人）： （签章） 年 月 日	

注：施工过程若用到其他表格，则应作为附件一并归档。

C.0.3 安装按照表 C.0.3 填写。

表 C.0.3 火灾自动报警系统施工过程检查记录

工程名称		施工单位		
施工执行规范名称及编号		监理单位		
子分部工程名称		安 装		
项 目	《规范》章节条款	施工单位检查评定记录	监理单位检查（验收）记录	
电缆电线	3.2.1			
	3.2.2			
	3.2.3			
	3.2.4			
	3.2.5			
	3.2.6			
	3.2.7			
	3.2.8			
	3.2.9			
	3.2.10			
	3.2.11			
	3.2.12			
	3.2.13			
	3.2.14			
	3.2.15			
控制器类设备	3.3.1			
	3.3.2			
	3.3.3			
	3.3.4			
	3.3.5			
火灾探测器	3.4.1			
	3.4.2			
	3.4.3			
	3.4.4			
	3.4.5			
	3.4.6			
	3.4.7			
	3.4.8			
	3.4.9			
	3.4.10			
	3.4.11			
	3.4.12			

工程名称		施工单位	
施工执行规范名称及编号		监理单位	
子分部工程名称		安　装	
项　　目	《规范》章节条款	施工单位检查评定记录	监理单位检查（验收）记录
手动火灾报警按钮	3.5.1		
	3.5.2		
	3.5.3		
消防电气控制装置	3.6.1		
	3.6.2		
	3.6.3		
	3.6.4		
模　　块	3.7.1		
	3.7.2		
	3.7.3		
	3.7.4		
火灾应急广播扬声器和火灾警报装置	3.8.1		
	3.8.2		
	3.8.3		
消　防　电　话	3.9.1		
	3.9.2		
消防设备应急电源	3.10.1		
	3.10.2		
	3.10.3		
	3.10.4		
系　统　接　地	3.11.1		
	3.11.2		
结论	施工单位项目经理：（签章） 年　月　日	监理工程师（建设单位项目负责人）： （签章） 年　月　日	

注：施工过程若用到其他表格，则应作为附件一并归档。

C.0.4 调试按照表 C.0.4 填写。

表 C.0.4 火灾自动报警系统施工过程检查记录

工程名称			施工单位	
施工执行规范名称及编号			监理单位	
子分部工程名称			调 试	
项 目	调 试 内 容		施工单位检查 评定记录	监理单位检查 （验收）记录
调试前检查	查验设备规格、型号、数量、备品			
	检查系统施工质量			
	检查系统线路			
火灾报警控制器	自检功能及操作级别			
	与探测器连线断路、短路，控制器故障信号发出时间			
	故障状态下的再次报警功能			
	火灾报警时间的记录			
	控制器的二次报警功能			
	消音和复位功能			
	与备用电源连线断路、短路，控制器故障信号发出时间			
	屏蔽和隔离功能			
	负载功能			
	主备电源的自动转换功能			
	控制器特有的其他功能			
	连接其他回路时的功能			
点型感烟、感温 火灾探测器	检查数量			
	报警数量			
线型感温火灾探测器	检查数量			
	报警数量			
	故障功能			
红外光束感烟 火灾探测器	减光率 0.9dB 的光路遮挡条件，检查数量和未响应 数量			
	1.0~10.0dB 的光路遮挡条件，检查数量和响应数量			
	11.5dB 的光路遮挡条件，检查数量和响应数量			
吸气式火灾探测器	报警时间			
	故障发出时间			
点型火焰探测器和图 像型火灾探测器	报警功能			
	故障功能			
手动火灾报警按钮	检查数量			
	报警数量			
消防联动控制器	自检功能及操作级别			
	与模块连线断路、短路故障信号发出时间			
	与备用电源连线断路、短路故障信号发出时间			
	消音和复位功能			
	屏蔽和隔离功能			
	负载功能			
	主备电源的自动转换功能			
	自动联动、联动逻辑及手动插入优先功能			
	手动启动功能			
	自动灭火控制系统功能			

工程名称		施工单位		
施工执行规范名称及编号		监理单位		
子分部工程名称		调 试		

项　目	调 试 内 容	施工单位检查评定记录	监理单位检查（验收）记录
区域显示器（火灾显示盘）	接收火灾报警信号的时间		
	消音和复位功能		
	操作级别		
	火灾报警时间的记录		
	控制器的二次报警功能		
	主备电源的自动转换功能和故障报警功能		
可燃气体报警控制器	自检功能及操作级别		
	与探测器连线断路、短路故障信号发出时间		
	故障状态下的再次报警时间及功能		
	消音和复位功能		
	与备用电源连线断路、短路故障信号发出时间		
	高、低限报警功能		
	设定值显示功能		
	负载功能		
	主备电源的自动转换功能		
	连接其他回路时的功能		
可燃气体探测器	探测器响应时间		
	探测器恢复时间		
	发射器光路全部遮挡时，线性可燃气体探测器的故障信号发出时间		
消防电话	检查数量		
	功能正常、语音清晰的数量		
消防应急广播设备	手动强行切换功能		
	全负荷试验，广播语音清晰的数量		
	联动功能		
	任一扬声器断路条件下其他扬声器工作状态		
系统备用电源	电源容量		
	断开主电源，备用电源工作时间		
消防设备应急电源	控制功能和转换功能		
	显示状态		
	保护功能		
	应急工作时间		
	故障功能		
消防控制中心图形显示装置	显示功能		
	查询功能		
	手动插入及自动切换		
气体灭火控制器	启动及反馈功能		
	延时功能		
	自动及手动控制功能		
	信号发送功能		
防火卷帘控制器	手动控制功能		
	两步关闭功能		
	分隔防火分区功能		
其他受控部件	检查数量		
	合格数量		
系统性能	系统功能		

结论	施工单位项目经理： （签章） 年　月　日	监理工程师（建设单位项目负责人）： （签章） 年　月　日

注：施工过程若用到其他表格，则应作为附件一并归档。

附录 D 火灾自动报警系统工程质量控制资料核查记录

表 D 火灾自动报警系统工程质量控制资料核查记录

工程名称			分部工程名称		
施工单位			项目经理		
监理单位			总监理工程师		
序号	资料名称	数量	核查人	核查结果	
1	系统竣工图				
2	施工过程检查记录				
3	调试记录				
4	产品检验报告、合格证及相关材料				
结论	施工单位项目负责人： （签章） 年 月 日	监理工程师： （签章） 年 月 日		建设单位项目负责人： （签章） 年 月 日	

附录 E 火灾自动报警系统工程验收记录

表 E 火灾自动报警系统工程验收记录

工程名称		分部工程名称		
施工单位		项目经理		
监理单位		总监理工程师		
序号	验收项目名称	条款	验收内容记录	验收评定结果
1	布线	5.3.1		
2	技术文件	5.3.2		
3	火灾报警控制器	5.3.3		
4	点型火灾探测器	5.3.4		
5	线型感温火灾探测器	5.3.5		
6	红外光束感烟火灾探测器	5.3.6		
7	空气吸气式火灾探测器	5.3.7		
8	点型火焰探测器和图像型火灾探测器	5.3.8		
9	手动火灾报警按钮	5.3.9		
10	消防联动控制器	5.3.10		
11	消防电气控制装置	5.3.11		
12	区域显示器（火灾显示盘）	5.3.12		
13	可燃气体报警控制器	5.3.13		
14	可燃气体探测器	5.3.14		
15	消防电话	5.3.15		
16	消防应急广播设备	5.3.16		

续表 E

工程名称			分部工程名称		
施工单位			项目经理		
监理单位			总监理工程师		
序号	验收项目名称		条款	验收内容记录	验收评定结果
17	系统备用电源		5.3.17		
18	消防设备应急电源		5.3.18		
19	消防控制中心图形显示装置		5.3.19		
20	气体灭火控制器		5.3.20		
21	防火卷帘控制器		5.3.21		
22	系统性能		5.3.22		
23	室内消火栓系统的控制功能		5.3.23		
24	自动喷水灭火系统的控制功能		5.3.24		
25	泡沫、干粉等灭火系统的控制功能		5.3.25		
26	电动防火门、防火卷帘门、挡烟垂壁的联动控制功能		5.3.26		
27	防烟排烟系统的联动控制功能		5.3.27		
28	消防电梯的联动控制功能		5.3.28		
29	消防应急照明和疏散指示系统		5.1.5第12款		
分部工程验收结论					
验收单位	施工单位：（单位印章）		项目经理：（签章） 年　月　日		
	监理单位：（单位印章）		总监理工程师：（签章） 年　月　日		
	设计单位：（单位印章）		项目负责人：（签章） 年　月　日		
	建设单位：（单位印章）		建设单位项目负责人： （签章） 年　月　日		

注：分部工程质量验收由建设单位项目负责人组织施工单位项目经理、总监理工程师和设计单位项目负责人等进行。

附录 F　火灾自动报警系统日常维护检查记录

表 F　火灾自动报警系统日常维护检查记录表

使用单位				
维护检查执行的规范名称及编号				
检查类别（日检、季检、年检）				
检查日期	检查项目	检查结论	处理结果	检查人员签字

5—2—25

本规范用词说明

1 为便于在执行本规范条文时区别对待，对要求严格程度不同的用词说明如下：

1）表示很严格，非这样做不可的用词：

正面词采用"必须"，反面词采用"严禁"。

2）表示严格，在正常情况下均应这样做的用词：

正面词采用"应"，反面词采用"不应"或"不得"。

3）表示允许稍有选择，在条件许可时首先应这样做的用词：

正面词采用"宜"，反面词采用"不宜"；

表示有选择，在一定条件下可以这样做的用词，采用"可"。

2 本规范中指明应按其他有关标准、规范执行的写法为"应符合……的规定"或"应按……执行"。

中华人民共和国国家标准

火灾自动报警系统施工及验收规范

GB 50166—2007

条 文 说 明

目　次

1 总 则

1.0.1 本条说明制定本规范的目的：即为了提高火灾自动报警系统的施工质量，确保系统正常运行，防止和减少火灾危害，保护人身和财产安全。

火灾自动报警系统是人们为了及早发现和通报火灾，并及时采取有效措施控制和扑灭火灾而设置在建筑物内或其他场所的一种自动消防系统，它是一种应用相当广泛的现代消防设施，是人们同火灾作斗争的一种有力工具。随着我国社会主义现代化建设事业的深入发展和消防保卫工作的不断加强，特别是近年来，随着现行国家标准《高层民用建筑设计防火规范》GB 50045、《建筑设计防火规范》GB 50016、《火灾自动报警系统设计规范》GB 50116 等一系列消防技术法规的贯彻实施，我国火灾自动报警系统的推广应用有了很大发展，火灾自动报警系统在安全防火工作中已经并将继续发挥出日益显著的作用。

本规范的制定，不仅为有关安装、使用等部门和单位提供了一个全国统一的较为科学合理的技术标准，也为验收机构提供了一个监督管理的技术依据。这对于更好地发挥火灾自动报警系统在安全防火工作中的重要作用，防止和减少火灾危害，保护人身和财产安全，保卫社会主义现代化建设，将具有十分重要的意义。

1.0.2 本条规定了本规范的适用范围和不适用范围。本规范是现行国家标准《火灾自动报警系统设计规范》GB 50116 的配套规范，适用范围和不适用范围与该规范是一致的。

1.0.3 火灾自动报警系统的安装、调试，是专业性很强的技术工作，需要具有一定专业技术水平的人员完成。此外，火灾自动报警系统在交付使用前必须经过建设部门组织的验收，以确保系统完好、无误，正常可靠。

1.0.4 本条规定了本规范与其他有关规范的关系。本规范是一本专业技术规范，其内容涉及范围较广。在执行中，除执行本规范外，还应符合国家现行的有关标准、规范的规定，以保证标准、规范的协调一致性。

2 基 本 规 定

2.1 质 量 管 理

2.1.1 本条按照火灾自动报警系统的特点对分部、分项工程进行划分。

2.1.2 本条对施工企业的资质要求作出了规定。施工队伍的素质是确保工程施工质量的关键。本条强调施工企业的资质等级应与工程的等级相对应，资质等

级低的施工企业因其管理水平不高、施工专业技术人员素质等问题，无法完成等级高的施工项目。

2.1.3 施工方案对指导工程施工和提高施工质量，明确质量验收标准很有效，同时有利于监理或建设单位审查并互相遵守。

2.1.4 本条规定了系统施工前应具备的技术、物质条件。这些规定是施工前应具备的基本条件。

2.1.5 为保证工程质量，强调施工单位无权任意修改设计图纸，应按批准的工程设计文件和施工技术标准施工。有必要进行修改时，需经原设计单位负责修改。

2.1.6 本条具体规定了系统施工过程质量控制的主要方面。一是按施工技术标准控制每道工序的质量，二是施工单位每道工序完成后除了自检、专职质量检查员检查外，还强调了工序交接检查，上道工序还应满足下道工序的施工条件和要求；同样相关专业工序之间也应进行中间交接检验，使各工序和各相关专业之间形成一个有机的整体。三是工程完工后应进行调试，调试应按火灾自动报警系统的调试规定进行。

2.1.7 本条要求火灾自动报警系统质量控制资料填写格式应满足本规范附录 D 的要求。

2.1.8 本条强调在施工前应对设备、材料及配件进行检查，检查不合格的产品不得安装使用。

2.1.9 本条强调分部工程质量验收的责任人及填写记录表的格式要求。

2.2 设备、材料进场检验

2.2.1 本条规定了设备、材料及配件进入施工现场前文件检查的内容。其中检验报告及认证（认可）证书是国家法定机构颁发的，在火灾自动报警系统中，有许多产品是国家强制认证（认可）和型式检验的，进场前必须具备与产品对应的检验报告和证书；另外国家相关法规规定认证（认可）产品应贴有相应国家机构颁发的认证（认可）标识。因此检验报告、证书和标识是证明产品满足国家相关标准和法规要求的法定证据。

2.2.2 本条强调应重点检查产品名称、型号、规格是否与认证（认可）证书的内容一致。从近年来火灾自动报警系统的使用情况来看，个别企业存在送检产品与实际工程应用产品质量不一致或因考虑经济原因更改已通过检验的产品等现象，造成产品质量存在先天缺陷，使系统容易产生无法开通、误报率高、误动作等问题，严重影响系统的稳定性和可靠性。因此，在设备、材料及配件进场前，施工单位与建设单位应组织人员认真检查、核对。

2.2.3 本条强调应重点检查产品名称、型号、规格是否与检验报告的内容一致。对于非国家强制认证的产品，应通过核对检验报告来确保该产品是通过国家相关检验机构检验的产品。

2.2.4 通过目测检验主要设备、材料和配件的外观及结构完好性。

2.2.5 本条强调设备、材料及配件的规格、型号应与设计方案一致，符合设计要求，且应检查其产品合格证及安装使用说明书。

3 系统施工

3.1 一般规定

3.1.1 本规定考虑到在设计单位尚未最后选定设备、完成设计图纸的情况下，为了不影响施工单位与土建配合，故制定这条最低要求。

3.1.2 主要目的是强调在施工过程中做好相关记录，为竣工验收及资料归档做准备。

3.1.3 目的是强调施工方应全数检查系统的安装质量。

3.1.4 施工完毕后，可能有的图纸已经修改，有的产品已经变更。如果进行系统调试时缺乏必需的资料和文件，调试困难将很大。规定此条将便于调试能够顺利进行。

3.2 布　　线

3.2.1 火灾自动报警系统的布线要求与现行国家标准《建筑电气工程施工质量验收规范》GB 50303 的规定是一致的，所以必须遵守此条规定。

3.2.2 参见现行国家标准《火灾自动报警系统设计规范》GB 50116—98 中第 10.1.1 条要求。火灾自动报警系统的传输线路和 50V 以下的供电线路，应采用电压等级不低于交流 250V 的铜芯绝缘导线或铜芯电缆。采用交流 220/380V 的供电和控制线路应采用电压等级不低于交流 500V 的铜芯导线或铜芯电缆。

3.2.3 在穿线前必须将管槽中积水及杂物清除干净，因为有些暗敷线路若不清除杂物势必影响穿线。内有积水影响线路的绝缘。有些施工单位对此条很不注意，有些工程在穿线时发生堵管现象，造成返工。有些备用管在急用时也有此类情况发生。此条规定，目的在于确保穿线顺利进行，提高系统运行的可靠性。

3.2.4 此条规定是为了确保系统的正常运行。

3.2.5 实践证明，因管内或槽内有接头将影响线路的机械强度，另外有接头也是故障的隐患点，不容易进行检查，所以必须在接线盒内进行连接，以便于检查。

3.2.6 此条主要是为了提高系统正常运行的可靠性。

3.2.7 在多尘和潮湿的场所，为防止灰尘和水汽进入管内引起导电，影响工程质量，所以规定管子的连接处、出线口均应做密封处理。

3.2.8 因管子太长和弯头太多，会使穿线时发生困难，故作本条规定。

3.2.9 为了保证管子与盒子不脱落，导线不致于穿在管子与盒子外面，确保工程质量，故作本条规定。

3.2.10 为了确保穿线顺利。若不做固定，在施工过程中将发生跑管现象。最好用单独的卡具，防止受其他设备检修的影响。

3.2.11 为了增加机械强度，防止弧垂很大，确保工程质量，设置吊点和支点。设置吊点和支点时，线槽重量大的间距 1.0m，重量轻的间距 1.5m。

3.2.12 本条规定目的是确保系统的可靠运行及便于维护。

3.2.13 本条规定是使线路不致断裂，从而提高系统运行的可靠性。

3.2.14 根据现行国家标准《建筑电气工程施工质量验收规范》GB 50303 的要求相应提出。

3.2.15 有些施工使用导线的颜色五花八门，有时接错，有时找不到线，影响调试与运行，为了避免上述问题，最低要求是把正极与负极区分开来，其他线路不作统一规定，但同一工程中相同用途的绝缘导线颜色应一致。

3.3 控制器类设备安装

3.3.1 按现行国家标准《火灾自动报警系统设计规范》GB 50116—98 的规定编写。落地安装时，为了防潮，规定距地面应有一定距离。

3.3.2 控制器要求安装牢固，不得倾斜，其目的是为了美观，并避免运行时因墙不坚固而脱落，影响使用。

3.3.3 从一些竣工工程的情况看，有不少工程控制器外接线很乱，无章法，随意接线。端子上的线并接太多，又无端子号，很不规范。故制定此条，以便于维修。

3.3.4 按消防设备通常要求，控制器的主电源应与消防电源连接，严禁用插头连接，这有利于消防设备安全运行。也为了防止用户经常拔掉插头做其他用。

3.3.5 控制器的接地是系统正常与安全可靠运行的保证，由于接地不牢固往往造成系统误报或其他不正常现象发生。所以控制器的接地必须牢固。

3.4 火灾探测器安装

3.4.1 按现行国家标准《火灾自动报警系统设计规范》GB 50116—98 的规定编写。

3.4.2 本条目的是规范线型红外光束感烟探测器的安装，确保系统的可靠运行。

3.4.3 本条目的是规范缆式线型感温探测器在某些场所的安装，确保其能可靠探测初期火灾。

3.4.4 本条目的是规范线型差温火灾探测器的安装，确保其能可靠运行。

3.4.5 可燃气体探测器的安装位置很重要，为确保其能有效探测，作此条规定。

3.4.6 本条目的是规范通过管路采样的吸气式火灾探测器的安装，确保其性能可靠。

3.4.7 本条目的是规范点型火焰探测器和图像型火灾探测器的安装，确保其性能可靠。

3.4.8 探测器底座安装应牢靠固定，以免工程完工后出现脱落现象，影响使用。焊接必须用无腐蚀的助焊剂，否则接头处腐蚀脱开或增加线路电阻，影响正常报警。

3.4.9 此条规定是为了便于维修。

3.4.10 封堵的目的是为了防止潮气、灰尘进管，影响绝缘。底座安装完毕后采取保护措施的目的是避免因施工时各工种交叉进行而损坏底座。为满足这条要求，有些制造厂的产品中自备保护部件，在无自备保护部件时，尤其要强调满足此条要求。

3.4.11 探测器报警确认灯面向便于人员观察的主要入口，是为了让值班人员能迅速找到哪只探测器报警，便于及时处理事故。

3.4.12 探测器在调试时方可安装的理由是，因为提前安装上，易在别的工种施工时被破坏；另一方面，施工现场未完工，灰尘及潮湿易使探测器误报或损坏，故一定要调试时再安装。探测器在安装前应妥善保管。从一些工程中发现，由于保管不善，造成探测器的不合格现象发生已有多起，故制定本条。

3.5 手动火灾报警按钮安装

3.5.1 按现行国家标准《火灾自动报警系统设计规范》GB 50116—98 的规定编写。

3.5.2 从一些施工完毕的工程中发现手动火灾报警按钮安装不牢固，有脱落现象，有的工程手动火灾报警按钮倾斜很多，既不美观，也不便操作，故规定此条。

3.5.3 此条规定为了便于调试、维修，确保正常工作。

3.6 消防电气控制装置安装

3.6.1 本条为一般原则要求，功能不合格的产品不能安装使用。

3.6.2 加端子号的目的是便于检查及校核接线是否正确。

3.6.3 消防控制设备盘（柜）内不同电压等级、不同电流类别的端子应严格分开并有标志，否则工程中由于安装疏忽，很容易造成设备烧毁，这样的现象在以往的调试中发现很多。为确保设备的正常运行与维修要求，必须严格执行此条。

3.6.4 为保证系统运行的可靠作此规定。

3.7 模 块 安 装

3.7.1 模块安装在金属模块箱内，主要是考虑其运行的可靠性和检修的方便。

3.7.2 本条是用于保障模块安装的牢固并防潮、防腐蚀。

3.7.3 本条主要是为了便于调试和维修。

3.7.4 本条主要是为了便于调试和维修。

3.8 火灾应急广播扬声器和火灾警报装置安装

3.8.1 本条为一般原则要求。

3.8.2 本条主要是考虑发生火灾时，便于人员疏散。

3.8.3 本条主要是保障扬声器和火灾声警报装置能更好地发挥作用。

3.9 消防电话安装

3.9.1 本条主要是考虑使用方便。

3.9.2 消防电话和电话插孔安装处应有明显标志，主要是为了在火灾时能及时找到。

3.10 消防设备应急电源安装

3.10.1 本条主要考虑电池工作的安全性。

3.10.2 本条主要考虑电池的特性。

3.10.3 本条为安全性要求。

3.10.4 主要考虑到应急电源运行的可靠性和供电系统安全的冗余性，因为应急电源的容量加大，应急启动和运行的可靠性会下降；且容量过大时一旦应急电源发生故障，会导致所有负载均无法应急工作，因此有必要提高应急供电系统安全的冗余性。

3.11 系 统 接 地

3.11.1 本条规定主要是为了保证使用人员及设备的安全。

3.11.2 按隐蔽工程要求，应及时测量，并做好记录。目的是为了确保隐蔽工程的质量，保证系统的正常运行。

4 系 统 调 试

4.1 一 般 规 定

4.1.1 本条规定的依据是世界各先进国家的安装规范都有类似的规定。同时我国多年来火灾报警系统的调试工作也表明，只有当系统全部安装结束后再进行系统调试工作，才能做到系统调试程序化、合理化。那种边进行安装，边进行调试的做法，会给日后的系统运行造成很多隐患。

4.1.2 典型调查表明，近年来由于文件资料不全给火灾自动报警系统的安装、调试和正常运行都带来很大困难。因此本条明确规定了火灾自动报警系统调试开通前必须具备的文件，这些文件包括：

1 火灾自动报警系统图。

2 设置火灾自动报警系统的建筑平面图。

3　消防设备联动逻辑说明或设计要求。

　4　设备安装技术文件：

　1)　安装尺寸图(包括控制设备、联动设备的安装图，探测器预埋件，端子箱安装尺寸等)；

　2)　设备的外部接线图(包括设备尾线编号、端子板出线等)。

　5　变更设计部分的实际施工图。

　6　变更设计的证明文件(包括消防设备联动逻辑设计要求变更)；

　7　安装验收单：

　1)　安装技术记录(包括隐蔽工程检验记录)；

　2)　安装检验记录(包括绝缘电阻、接地电阻的测试记录)。

　8　设备的使用说明书(包括电路图以及备用电源的充放电说明)。

4.1.3　调试单位在火灾自动报警系统调试前，应针对不同的工程项目制定调试程序，尤其对重大工程调试前一定要编写调试方案(建议实行工程项目责任工程师制)，如根据消防设备联动逻辑说明，在调试前作出"联动逻辑关系表"等。这样不仅可以保证调试工作顺利进行，还可以使调试工作最大限度地满足规范的各项要求，故本条对调试前编制调试程序作明确规定。

4.1.4　火灾自动报警系统调试工作是一项专业技术非常强的工作，国内外不同生产厂家的火灾自动报警产品不仅型号不同，外观各异，而且从报警概念、传输技术和系统组成上都有区别，特别是近年来国内外产品广泛采用了计算机、多路传输和智能化等多种高新技术，因此，对火灾自动报警系统的调试需要熟悉此专业技术的专门人员才能完成。所以本条明确规定了调试负责人必须由有资格的专业技术人员担任。一般应由生产厂的工程师(或相当于工程师水平的人员)或生产厂委托的经过训练的人员担任。

4.2　调试准备

4.2.1　本条规定了调试前应对火灾自动报警设备的规格、型号、数量和备品备件等进行查验。

　　从实际应用情况看，有的企业管理素质差，发货差错时有发生，特别是备品备件和技术资料不齐全，给调试和正常运行都带来了困难，甚至影响到火灾自动报警系统的可靠性。所以，按本条规定，备品备件和技术资料应齐备。

4.2.2　本条规定进行调试的人员，按本规范第3章的要求检查火灾自动报警系统的安装工作。这是一个交接程序。

　　从目前国内情况看，很多工程由于交接不清互相扯皮，耽误工期，从质量管理和质量控制的角度讲这是下道工序对上道工序的互检工作，对火灾自动报警系统的可靠运行会起到很好的保证作用。

4.2.3　本条规定了火灾自动报警系统外部线路的检查工作，它的必要性在于几乎没有一个工程不出现接线错误，这种错误往往会造成严重后果。另外，有很多工程由于施工中对外部线路接头未按规定进行操作，或导线划伤等原因造成绝缘电阻小于$20M\Omega$，本条也规定了应对其进行处理。应该注意的是，在查线过程中一定要按厂家的说明，使用合适的工具，合理的方法检查线路，避免底座或探测器等设备元器件的损坏。

4.2.4　现行国家标准《火灾自动报警系统设计规范》GB 50116—98第5.2.1条对火灾自动报警系统形式的选择作了具体规定。不论选用哪一种系统都应按照消防设备产品说明书要求，单机通电后才能接入系统。这样做可以避免单机工作不正常时，影响系统中其他设备的运行。

4.3　火灾报警控制器调试

　　本节按现行国家标准《火灾报警控制器》GB 4717的要求列出了基本功能。这些功能是必备的，在调试开通过程中必须逐项检查，应全部满足要求并记录。对产品说明书的其他功能，如产品说明书有规定，在调试时就应逐一检查。

4.4　点型感烟、感温火灾探测器调试

　　本节规定系统正常后，应使用专用的检测仪器或模拟火灾的方法对每只探测器进行试验。特别要注意的是：当采用模拟火灾的方法对探测器进行试验时，不应使探测器受污染或使塑料外壳变色而影响使用效果。对不可恢复的火灾探测器应采用联动模拟报警方法检查其报警功能。

4.5　线型感温火灾探测器调试

　　本节规定系统正常后，对不可恢复的线型感温火灾探测器及可恢复的线型感温火灾探测器应分别进行模拟火警或模拟火灾的办法使其发出报警信号，并均应在其各自的终端盒上模拟故障。

4.6　红外光束感烟火灾探测器调试

　　本节规定系统正常后，应首先对红外光束感烟火灾探测器的光路调节装置进行调整，使探测器处于正常监视状态，然后再用产品生产企业设定的各种减光率的减光片遮挡光路对探测器进行各项功能试验。

4.7　通过管路采样的吸气式火灾探测器调试

　　本节规定强调两点，第一，对空气采样式火灾探测器进行调试时应在采样管的末端(最不利处)采样孔加入试验烟对其进行试验；第二，依据产品说明书，使探测器的采样管气路发生变化，探测器或其控制器应在100s内发出故障信号。

4.8　点型火焰探测器和图像型火灾探测器调试

本节强调在探测器监视区域最不利处采用专用检测仪器或模拟火灾的方法检查探测器的报警功能。

4.9　手动火灾报警按钮调试

本节规定在系统正常后，对每只可恢复或不可恢复的手动火灾报警按钮均应进行火灾报警试验。

4.10　消防联动控制器调试

本节按现行国家标准《消防联动控制系统》GB 16806的要求列出了基本功能，这些功能是必备的，在调试时必须逐项检查，全部满足要求。在调试开通过程中，应先将消防联动控制器与火灾报警控制器一个回路的输入/输出模块及该回路模块控制的消防电器控制设备相连接。此时应注意：一定要将所有现场受控设备的控制连线断开（如消防泵电机连线等），方可接通电源进行本节第4.10.2～4.10.6条的各项检查，这样做的目的是避免在做上述各项检查时使现场受控设备误启动或造成不必要的其他损失，当第4.10.2～4.10.6条所规定的在一个回路上的各项检查全部满足后，最后进行本节第4.10.8条规定的各项检查。

消防联动控制器和消防电气控制设备的调试是一项复杂而细致的工作，调试单位应严格按照第4.10.1～4.10.7条的步骤进行调试，这样既可以满足规范要求，又可以减少不必要的损失。

4.11　区域显示器（火灾显示盘）调试

本节按现行国家标准《火灾显示盘通用技术条件》GB 17429—1998的要求列出了基本功能，这些功能是必备的，在调试开通过程中必须逐项检查，应全部满足要求并对各功能检查进行记录。

如果区域显示器的显示方式是数码管或数字液晶显示时，调试单位应将区域显示的回路号地址号与实际显示的部位编制成对照表提供给用户。

4.12　可燃气体报警控制器调试

本节按现行国家标准《可燃气体报警控制器技术要求和试验方法》GB 16808—1997列出了基本功能，在调试开通过程中必须逐项检查，全部满足要求并做记录。

4.13　可燃气体探测器调试

目前，可燃气体探测器一般是按生产企业提供的调试方法进行检查。调试时应逐项检查，并全部满足要求。如采用加入标准气样法进行调试，可参照现行国家标准《可燃气体探测器》GB 15322的规定进行。

4.14　消防电话调试

本节规定了消防电话的调试内容。消防电话线路的可靠性关系到火灾时消防通信指挥系统是否灵活畅通，所以调试过程中应检查其线路是否为独立布线，且应使消防电话分机和电话插孔的功能正常，语音清晰。同时应对消防控制室的外线电话与另一部外线电话模拟"119"台通话进行检查。

4.15　消防应急广播设备调试

本节规定了火灾应急广播的调试内容及要求，火灾应急广播属于火灾警报装置类，对人员疏散起着至关重要的作用，因此建筑中火灾应急广播是非常重要的，所以本节中规定的调试内容应逐一检查并全部满足要求。

4.16　系统备用电源调试

本节规定强调了对系统备用电源的调试。国内近年来不少消防工程的火灾自动报警系统的备用电源存在容量不够或充电装置不符合要求的情况，当主电源断电后备用电源不能及时切换，或者虽能切换但因备用电源容量不够或电压过低使整个系统不能正常工作，故本节规定了检查系统中各种控制装置使用的备用电源容量，并进行放电、充电试验，且均应满足要求。

4.17　消防设备应急电源调试

本节规定强调了对消防设备用的应急电源的调试。国内近年来不少消防工程中使用的消防设备应急电源，当主电源断电后应急电源能及时切换保障消防设备的正常工作状态。消防设备应急电源的调试是一项复杂而细致的工作，调试单位应严格按照本节第4.17.1～4.17.5条的步骤进行调试，这样就可以满足规范要求。特别是对应急工作时间的调试，要在应急电源接上满负载后进行，才能保障应急电源的容量。

4.18　消防控制中心图形显示装置调试

调试单位应严格按照本节第4.18.1～4.18.5条的步骤进行调试，以满足规范要求。

4.19　气体灭火控制器调试

调试单位应严格按照本节第4.19.1～4.19.7条的步骤进行调试，以满足规范要求。

4.20　防火卷帘控制器调试

调试单位应严格按照本节第4.20.1～4.20.4条的步骤进行调试，以满足规范要求。

4.21 其他受控部件调试

本节规定是指火灾自动报警系统内的其他受控部件，也应按产品生产企业提供的调试方法分别对其进行调试。

4.22 火灾自动报警系统性能调试

本节规定指的是对火灾自动报警系统的联调，也就是说在系统联调之前各项设备、系统均经过调试并已合格后，将这些设备及系统连接组成完整的火灾自动报警系统对其进行联调，进行联调的目的是检查整个系统的关系功能是否符合现行国家标准《火灾自动报警系统设计规范》GB 50116 和设计的联动逻辑关系要求，全面调试系统的各项功能。

整个火灾自动报警系统调试正常后，应连续运行 120h 无故障，按本规范附录 C 的规定填写调试报告后，才能进行验收工作。

这是根据我国的实际情况，考虑到元器件的早期失效和各安装调试单位调试程序和方法所作的规定，时间过长，往往影响验收和建筑物的使用；时间太短，系统存在的问题未充分暴露，也会影响系统的可靠性。120h 是基于二者的折中。

5 系 统 验 收

5.1 一 般 规 定

5.1.1 系统竣工验收是对系统设计和施工质量的全面检查。消防验收，主要是针对消防设计内容进行检查和必要的系统性能测试。对于设有自动消防设施工程验收机构的，要求建设和施工单位必须委托相关机构进行技术检测，取得技术测试报告，由建设单位组织验收。

5.1.2 本条规定了验收记录的格式。

5.1.3 本条规定了进行验收的设备。设备验收和系统功能的验收是根据现行国家标准《建筑设计防火规范》GB 50016、《高层民用建筑设计防火规范》GB 50045、《人民防空工程设计防火规范》GB 50098、《汽车库设计防火规范》GBJ 67 和《火灾自动报警系统设计规范》GB 50116、《自动喷水灭火系统设计规范》GB 50084 等规范中的有关规定综合制定的。将火灾自动报警设备有关的自动灭火设备及其他联动控制设备列入验收内容，这对保证整个消防设备施工安装的质量是十分必要的。

5.1.4 本条强调应验收系统功能是否满足设计要求。

5.1.5 本条具体规定了验收内容和抽验数量。这些抽验的比例是参照一些发达国家的技术规范并结合我国的经验而定。这次修订时对个别条款作了完善和补充。如本条第 3 款规定：火灾探测器应按实际安装数

量分不同情况抽验。实际安装数量在 100 只以下者，抽验 20 只；实际安装数量超过 100 只，按每个回路的 10%～20%的比例进行抽验，但抽验总数应不少于 20 只；被抽验的探测器的功能均应正常。又如本条第 2 款，对火灾报警控制器抽验的数量，条文中规定应按实际安装数量全部进行功能检验。检验时，每个功能应重复 1～2 次，被检验的控制器、联动控制设备和区域显示器的基本功能均应符合相应的现行国家标准的要求。本条第 5 款对自动喷水灭火系统，要求在符合国家现行标准《自动喷水灭火系统设计规范》GB 50084 的条件下，在消防控制室操作启、停泵 1～3 次；水流指示器、信号阀等按实际安装数量的 30%～50%的比例进行抽验；压力开关、电动阀、电磁阀等按实际安装数量全部进行检验。本条第 6 款对气体泡沫、干粉等灭火系统，要求在符合国家现行设计规范的条件下，按实际安装数量的 20%～30%的比例抽验下列功能：自动、手动启动和紧急切断试验 1～3 次，与固定灭火设备联动控制的其他设备动作（包括关闭防火门窗、停止空调风机、关闭防火阀等）试验 1～3 次；上述试验控制功能、信号均应正常。此外，对电动防火门、防火卷帘、防排烟设备、火灾应急广播、消防电梯、消防电话等设备抽验比例也作了相应的规定。为了提高竣工验收的质量，验收机构要注意抽样试验的普遍性和代表性，尤其是系统的整体功能方面的要求，防止验收工作出现不符合实际的问题。

5.1.6 验收过程中若发现不合格，应立即进行整改，整改结束后应重新进行验收。重新验收时，抽验比例应加倍。

5.1.7 在系统验收中，被抽验的装置应该是全部合格的，但是，由于多方面的原因，可能出现一些差错。为了既保证工程质量，又能及时投入使用，本条提出了一个验收判定条件。如果抽验中的结果不满足判定条件，则判为不合格。如第一次验收不合格，验收机构应在限期修复后，进行第二次验收。第二次验收时，对有抽验比例要求的，应按条文规定的比例加倍抽验，且不得有差错；第二次验收不合格，不能通过验收。

5.2 验 收 准 备

5.2.1 本条规定了系统验收前，建设单位应准备的技术文件。施工过程记录应由施工单位提交，其内容应包括如本规范第 3.1.2 条规定的隐蔽工程验收记录、系统回路绝缘电阻测试记录、接地电阻记录等；调试记录及施工图纸资料均应由施工单位和参与调试的产品厂家提供，调试报告内容除按本规范附录规定填写记录表外，还应包括调试、检验记录和消防联动逻辑关系表等；为了使当地验收机构通过验收了解掌握工程中使用产品的类别、数量、生产厂家等情况，

建设和使用单位应提供产品检验报告、合格证及其他相关材料。

为了加强消防设备的维修和管理，在验收时，建设和使用单位就应确定管理和维修人员，同时，施工单位应向建设单位和验收机构提交验收文件资料。

5.2.2 本条规定了系统验收前，建设和使用单位应进行施工质量的复查。主要是进行系统功能性检查，及时发现和解决质量问题，抓紧整改，以便提高一次验收的合格率。在过去的验收中发现，有的建设和使用单位急于开业或投入使用，往往是在施工未完或是调试未完的情况下就要求验收，验收机构进行验收时，因施工质量不好，验收进行不下去或验收不合格。这样既浪费了时间，又不能保证验收工作的质量，所以必须要求，没有经过复查或复查时消防机构指出的质量问题没有整改的工程，不得进行验收。

5.3 验 收

5.3.1 布线和施工质量对整个系统工作的可靠性和稳定性都极为重要，因此其验收是非常必要的。火灾自动报警系统的施工与其他电气系统的施工都是相同的，在施工和验收时均应执行现行国家标准《建筑电气工程施工质量验收规范》GB 50303 的有关规定。

5.3.2 本条要求的技术文件对验收部门在验收前全面掌握该消防系统的情况及用户对该系统的使用和维护都是必要的，验收部门在验收时对这些文件要进行验收，且应抽查这些文件与现场具体情况的对应性。

5.3.3～5.3.28 这 26 条对整个火灾自动报警系统和消防联动控制、灭火设备的功能进行功能抽验的内容和方法作了规定。由于这些设备功能在现行国家标准《火灾自动报警系统设计规范》GB 50116—98 中已有明确规定，本节不再赘述。

6 系统使用和维护

6.1 使用前准备

6.1.1 使用单位应由经过专门培训，并经考试合格的专人负责系统的管理、操作和维护。管理主要是落实人员加强日常管理，系统投入运行后，操作维护至关重要。尽管设备先进，设计安装合理，如管理不善，操作维护不当，同样不能充分发挥设备的作用。管理、操作、维护人员上岗必须进行专门培训，掌握有关业务知识和操作规程，以免由于知识缺乏操作不当或误操作造成设备损坏。培训和考核的方式可以根据各地具体的情况而定。

6.1.2 系统正式启用时，使用单位必备的文件资料，其格式不作统一规定。各地可根据实际需要自行确定。使用单位应建立系统的技术档案，将所有的有关文件资料整理存档，由于火灾自动报警系统使用时间

较长，资料的保存有利于系统的使用、维护、修理。一般存档的资料有：

    1 有关消防设备的施工图纸和技术资料；

    2 变更设计部分的实际施工图；

    3 变更设计的证明文件；

    4 安装技术记录（包括隐蔽工程检验记录）；

    5 检验记录（包括绝缘电阻、接地电阻的测试记录）；

    6 系统竣工情况表；

    7 安装竣工报告；

    8 调试开通报告；

    9 竣工验收情况表；

    10 管理操作人员登记表；

    11 操作使用规程；

    12 值班记录和使用图表；

    13 值班员职责；

    14 设备维修记录等。

6.1.3 应建立技术档案，便于使用后的维护和保养。

6.2 使用和维护

6.2.1 系统正式启用后不得因误报等原因随意切断电源，使系统中断运行。

6.2.2 本条规定了每日应做的主要工作。火灾报警控制器及相关设备，如区域显示器、火灾显示盘是系统中的核心组成部分，一旦出现问题，会影响整个系统的工作。因此，必须做到及时发现问题，随时处理，以保证系统正常运行。检查的方法可以根据报警控制器的功能特点进行。

6.2.3 本条对每季度应做的检查和试验作了具体规定。

6.2.4 此条是对每年应做的检查作了具体规定。其中对影响建筑内其他系统使用的项目在具体操作时，应做好妥善安排，防止造成意外损失。

6.2.5 此条专门对探测器的清洗作了规定。

探测器投入运行后容易受污染，积聚灰尘，使可靠性降低，引起误报或漏报，因此必须进行清洗。我国地域辽阔，南、北方差别很大，南方多雨潮湿，水汽大，容易凝结水珠，北方干燥多风，容易积聚灰尘，这些都是影响探测器功能的不利因素。同时，同一建筑内，因安装场所不同，受污染的程度也不尽相同。总之，使用环境不同，受污染的程度不同，需要清洗的时间长短也不尽一致。因此，在应用此条文时应灵活掌握。如工厂、仓库、饭店（如厨房）容易受到污染，清洗周期宜短。办公楼环境较好，污染少，清洗时间可适当长些。但不管什么场合，投入运行 2 年后都应每隔 3 年进行一次清洗。在清洗中可分期分批进行，也可进行一次性清洗。通过管路采样的吸气式感烟火灾探测器的关键组成部分——采样管路如果不能被定期进行吹洗，将导致严重后果，探测器的灵

敏度将严重降低，并可能产生不报警的情况。

探测器的清洗要由该探测器的生产企业或专门的清洗单位进行，使用单位（有清洗能力并获得消防监督机构批准的除外）不要自行清洗，以免损伤探测器部件和降低灵敏度。

清洗后要逐个做响应阈值试验，只有响应阈值合格的探测器才可重新安装使用。因为只有响应阈值合格才能表明探测器的火灾探测灵敏度符合标准要求，能够正常探测火灾的发生。若不合格则表明探测器无法正常探测火灾的发生，故无法使用，必须将该探测器统一交由探测器的生产企业集中进行处理。特别是离子感烟火灾探测器，由于其有放射性探测源，处理不当容易造成一定的环境污染，因此，必须由生产企业集中处理。

6.2.6 本条规定使用单位应有一定数量的备品探测器，以保障系统的完整性和可靠性。

中华人民共和国国家标准

自动喷水灭火系统施工及验收规范

Code for installation and commissioning of sprinkler systems

GB 50261—2005

主编部门：中华人民共和国公安部
批准部门：中华人民共和国建设部
施行日期：２００５年７月１日

中华人民共和国建设部
公 告

第 340 号

建设部关于发布国家标准
《自动喷水灭火系统施工及验收规范》的公告

现批准《自动喷水灭火系统施工及验收规范》为国家标准，编号为 GB 50261—2005，自 2005 年 7 月 1 日起实施。其中，第 3.1.2、3.2.3、5.2.1、5.2.2、5.2.3、6.1.1、8.0.1、8.0.13 条为强制性条文，必须严格执行，原《自动喷水灭火系统施工及验收规范》GB 50261—96 同时废止。

本规范由建设部标准定额研究所组织中国计划出版社出版发行。

中华人民共和国建设部
二〇〇五年五月十六日

前　言

根据建设部建标〔2003〕102 号文件的要求，由公安部四川消防研究所会同天津市公安消防总队、四川省公安消防总队、上海市公安消防总队、中国消防安全工程公司、北京利华消防工程公司、上海瑞孚管路系统有限公司、成都天府消防科技开发工程公司等单位对 1996 年国家标准《自动喷水灭火系统施工及验收规范》GB 50261 进行了全面修订。

本规范的修订，遵照国家有关基本建设方针和"预防为主、防消结合"的消防工作方针，在总结我国自动喷水灭火技术科研、工程应用现状及经验教训的基础上，广泛征求了国内有关科研、设计、产品生产、消防监督和工程施工、应用单位的意见，同时参考了美国、英国等发达国家的相关标准，最后经有关部门共同审查定稿。

本次修订的主要内容包括：

1. 在编写格式、技术内容要求及各种记录表格上与国家标准《建筑工程施工质量验收统一标准》GB 50300 协调一致：如工程项目划分为分部、子分部、分项；施工项目划分为主控项目、一般项目，项目检验方法，建设、施工、监理单位在施工质量验收工作中的职责和组织程序等；

2. 增加了自动喷水灭火系统工程质量合格判定标准和工程质量缺陷划分等级的规定。

3. 拟定了本规范强制性条文。

4. 采用新技术、推广新产品，增加了多功能水泵控制阀、倒流防止器的安装、调试和维护要求。

5. 对一些在实施中反映不符合国情和工程实际的个别条款进行了修订。

本规范以黑体字标志的条文为强制性条文，必须严格执行。

本规范由建设部负责管理和对强制性条文的解释，由公安部负责日常管理工作，由公安部四川消防研究所负责具体技术内容的解释（地址：四川省都江堰市外北街 266 号，邮编：611830，电话：028－87123797，87123801）。

本规范修订主编单位、参编单位和主要起草人：

主 编 单 位： 公安部四川消防研究所

参 编 单 位： 天津市公安消防总队
四川省公安消防总队
上海市公安消防总队
中国消防安全工程公司
北京利华消防工程公司
上海瑞孚管路系统有限公司
成都天府消防科技开发工程公司

主要起草人： 魏名选　钱建民　张文华　冯小军
马　恒　南江林　郭　欢　杨　庆
徐志宏　刘　方　黄　琦　陶松岳
杨泽安　王　炯

目　次

1 总　则

1.0.1 为保障自动喷水灭火系统(或简称系统)的施工质量和使用功能,减少火灾危害,保护人身和财产安全,制定本规范。

1.0.2 本规范适用于工业与民用建筑中设置的自动喷水灭火系统的施工、验收及维护管理。

1.0.3 自动喷水灭火系统的施工、验收及维护管理,除执行本规范的规定外,尚应符合国家现行的有关标准、规范的规定。

2 术　语

2.0.1 准工作状态　condition of standing by

自动喷水灭火系统性能及使用条件符合有关技术要求,发生火灾时能立即动作、喷水灭火的状态。

2.0.2 系统组件　system components

组成自动喷水灭火系统的喷头、报警阀组、压力开关、水流指示器、消防水泵、稳压装置等专用产品的统称。

2.0.3 监测及报警控制装置　equipments for supervisery and alarm control services

对自动喷水灭火系统的压力、水位、水流、阀门开闭状态进行监控,并能发出控制信号和报警信号的装置。

2.0.4 稳压泵　pressure maintenance pumps

能使自动喷水灭火系统在准工作状态的压力保持在设计工作压力范围内的一种专用水泵。

2.0.5 喷头防护罩　sprinkler guards and shields

保护喷头在使用中免遭机械性损伤,但不影响喷头动作、喷水灭火性能的一种专用罩。

2.0.6 末端试水装置　end water-test equipments

安装在系统管网或分区管网的末端,检验系统启动、报警及联动等功能的装置。

2.0.7 消防水泵　fire pump

是指专用消防水泵或达到国家标准《消防泵性能要求和试验方法》GB 6245 的普通清水泵。

3 基本规定

3.1 质量管理

3.1.1 自动喷水灭火系统的分部、分项工程应按本规范附录 A 划分。

3.1.2 自动喷水灭火系统的施工必须由具有相应等级资质的施工队伍承担。

3.1.3 系统施工应按设计要求编写施工方案。施工应具有必要的施工技术标准、健全的施工质量管理体系和工程质量检验制度,并应按本规范附录 B 的要求填写有关记录。

3.1.4 自动喷水灭火系统施工前应具备下列条件:

1 平面图、系统图(展开系统原理图)、施工详图等图纸及说明书、设备表、材料表等技术文件应齐全;

2 设计单位应向施工、建设、监理单位进行技术交底;

3 系统组件、管件及其他设备、材料,应能保证正常施工;

4 施工现场及施工中使用的水、电、气应满足施工要求,并应保证连续施工。

3.1.5 自动喷水灭火系统工程的施工,应按照批准的工程设计文件和施工技术标准进行施工。

3.1.6 自动喷水灭火系统工程的施工过程质量控制,应按下列规定进行:

1 各工序应按施工技术标准进行质量控制,每道工序完成后,应进行检查,检查合格后方可进行下道工序;

2 相关各专业工种之间应进行交接检验,并经监理工程师签证后方可进行下道工序;

3 安装工程完工后,施工单位应按相关专业调试规定进行调试;

4 调试完工后,施工单位应向建设单位提供质量控制资料和各类施工过程质量检查记录;

5 施工过程质量检查组织应由监理工程师组织施工单位人员组成;

6 施工过程质量检查记录按本规范附录 C 的要求填写。

3.1.7 自动喷水灭火系统质量控制资料按本规范附录 D 的要求填写。

3.1.8 自动喷水灭火系统施工前,应对系统组件、管件及其他设备、材料进行现场检查,检查不合格者不得使用。

3.1.9 分部工程质量验收应由建设单位项目负责人组织施工单位项目负责人、监理工程师和设计单位项目负责人等进行,并按本规范附录 E 的要求填写自动喷水灭火系统工程验收记录。

3.2 材料、设备管理

3.2.1 自动喷水灭火系统施工前应对采用的系统组件、管件及其他设备、材料进行现场检查,并应符合下列要求:

1 系统组件、管件及其他设备、材料,应符合设计要求和国家现行有关标准的规定,并应具有出厂合格证或质量认证书。

检查数量:全数检查。

检查方法:检查相关资料。

2 喷头、报警阀组、压力开关、水流指示器、消防水泵、水泵接合器等系统主要组件,应经国家消防产品质量监督检验中心检测合格;稳压泵、自动排气阀、信号阀、多功能水泵控制阀、止回阀、泄压阀、减压阀、蝶阀、闸阀、压力表等,应经相应国家产品质量监督检验中心检测合格。

检查数量:全数检查。

检查方法:检查相关资料。

3.2.2 管材、管件应进行现场外观检查,并应符合下列要求:

1 镀锌钢管应为内外壁热镀锌钢管,钢管内外表面的镀锌层不得有脱落、锈蚀等现象;钢管的内外径应符合现行国家标准《低压流体输送用焊接钢管》GB/T 3091 或现行国家标准《输送液体用无缝钢管》GB/T 8163 的规定;

2 表面应无裂纹、缩孔、夹渣、折叠和重皮;

3 螺纹密封面应完整、无损伤、无毛刺;

4 非金属密封垫片应质地柔韧,无老化变质或分层现象,表面应无折损、皱纹等缺陷;

5 法兰密封面应完整光洁,不得有毛刺及径向沟槽;螺纹法兰的螺纹应完整、无损伤。

检查数量:全数检查。

检查方法:观察和尺量检查。

3.2.3 喷头的现场检验应符合下列要求:

1 喷头的商标、型号、公称动作温度、响应时间指数(RTI)、制造厂及生产日期等标志应齐全;

2 喷头的型号、规格等应符合设计要求;

3 喷头外观应无加工缺陷和机械损伤;

4 喷头螺纹密封面应无伤痕、毛刺、缺丝或断丝现象;

5 闭式喷头应进行密封性能试验,以无渗漏、无损伤为合格。

试验数量宜从每批中抽查 1%,但不得少于 5 只,试验压力应为

3.0MPa;保压时间不得少于3min。当两只及两只以上不合格时，不得使用该批喷头。当仅有一只不合格时，应再抽查2%，但不得少于10只，并重新进行密封性能试验；当仍有不合格时，亦不得使用该批喷头。

检查数量：抽查符合本条第5款的规定。

检查方法：观察检查及在专用试验装置上测试，主要测试设备有试压泵、压力表、秒表。

3.2.4 阀门及其附件的现场检验应符合下列要求：

1 阀门的商标、型号、规格等标志应齐全，阀门的型号、规格应符合设计要求；

2 阀门及其附件应配备齐全，不得有加工缺陷和机械损伤；

3 报警阀除应有商标、型号、规格等标志外，尚应有水流方向的永久性标志；

4 报警阀和控制阀的阀瓣及操作机构应动作灵活、无卡涩现象，阀体内应清洁、无异物堵塞；

5 水力警铃的铃锤应转动灵活、无阻滞现象；传动轴密封性能好，不得有渗漏水现象。

6 报警阀应进行渗漏试验。试验压力应为额定工作压力的2倍，保压时间不应小于5min。阀瓣处应无渗漏。

检查数量：全数检查。

检查方法：观察检查及在专用试验装置上测试，主要测试设备有试压泵、压力表、秒表。

3.2.5 压力开关、水流指示器、自动排气阀、减压阀、泄压阀、多功能水泵控制阀、止回阀、信号阀、水泵接合器及水位、气压、阀门限位等自动监测装置应有清晰的铭牌、安全操作指示标志和产品说明书；水流指示器、水泵接合器、减压阀、止回阀、过滤器、泄压阀、多功能水泵控制阀尚应有水流方向的永久性标志；安装前应进行主要功能检查。

检查数量：全数检查。

检查方法：观察检查及在专用试验装置上测试，主要测试设备有试压泵、压力表、秒表。

4 供水设施安装与施工

4.1 一般规定

4.1.1 消防水泵、消防水箱、消防水池、消防气压给水设备、消防水泵接合器等供水设施及其附属管道的安装，应清除其内部污垢和杂物。安装中断时，其敞口处应封闭。

4.1.2 消防供水设施应采取安全可靠的防护措施，其安装位置应便于日常操作和维护管理。

4.1.3 消防供水管直接与市政供水管、生活供水管连接时，连接处应安装倒流防止器。

4.1.4 供水设施安装时，环境温度不应低于5℃；当环境温度低于5℃时，应采取防冻措施。

4.2 消防水泵安装

主 控 项 目

4.2.1 消防水泵的规格、型号应符合设计要求，并应有产品合格证和安装使用说明书。

检查数量：全数检查。

检查方法：对照图纸观察检查。

4.2.2 消防水泵的安装，应符合现行国家标准《机械设备安装工程施工及验收通用规范》GB 50231、《压缩机、风机、泵安装工程施工及验收规范》GB 50275的有关规定。

检查数量：全数检查。

检查方法：尺量和观察检查。

4.2.3 吸水管及其附件的安装应符合下列要求：

1 吸水管上应设过滤器，并应安装在控制阀后。

2 吸水管上的控制阀应在消防水泵固定在基础上之后再进行安装，其直径不应小于消防水泵吸水口直径，且不应采用没有可靠锁定装置的蝶阀，蝶阀应采用沟槽式或法兰式蝶阀。

检查数量：全数检查。

检查方法：观察检查。

3 当消防水泵和消防水池位于独立的两个基础上且相互为刚性连接时，吸水管上应加设柔性连接管。

检查数量：全数检查。

检查方法：观察检查。

4 吸水管水平管段上不应有气囊和漏气现象。变径连接时，应采用偏心异径管件并应采用管顶平接。

检查数量：全数检查。

检查方法：观察检查。

4.2.4 消防水泵的出水管上应安装止回阀、控制阀和压力表，或安装控制阀、多功能水泵控制阀和压力表；系统的总出水管上还应安装压力表和泄压阀；安装压力表时应加设缓冲装置。压力表和缓冲装置之间应安装旋塞；压力表量程应为工作压力的2~2.5倍。

检查数量：全数检查。

检查方法：观察检查。

4.3 消防水箱安装和消防水池施工

主 控 项 目

4.3.1 消防水池、消防水箱的施工和安装，应符合现行国家标准《给水排水构筑物施工及验收规范》GBJ 141、《建筑给水排水及采暖工程施工质量验收规范》GB 50242的有关规定。

检查数量：全数检查。

检查方法：尺量和观察检查。

4.3.2 钢筋混凝土消防水池或消防水箱的进水管、出水管应加设防水套管，对有振动的管道应加设柔性接头。组合式消防水池或消防水箱的进水管、出水管接头宜采用法兰连接，采用其他连接时应做防锈处理。

检查数量：全数检查。

检查方法：观察检查。

一 般 项 目

4.3.3 消防水箱、消防水池的容积、安装位置应符合设计要求。安装时，池(箱)外壁与建筑本体结构墙面或其他池壁之间的净距，应满足施工或装配的需要。无管道的侧面，净距不宜小于0.7m；安装有管道的侧面，净距不宜小于1.0m，且管道外壁与建筑本体墙面之间的通道宽度不宜小于0.6m；设有人孔的池顶，顶板面与上面建筑本体板底的净空不应小于0.8m。

检查数量：全数检查。

检查方法：对照图纸，尺量检查。

4.3.4 消防水池、消防水箱的溢流管、泄水管不得与生产或生活用水的排水系统直接相连，应采用间接排水方式。

检查数量：全数检查。

检查方法：观察检查。

4.4 消防气压给水设备和稳压泵安装

主 控 项 目

4.4.1 消防气压给水设备的气压罐，其容积、气压、水位及工作压力应符合设计要求。

检查数量：全数检查。

检查方法：对照图纸，观察检查。

4.4.2 消防气压给水设备安装位置、进水管及出水管方向应符合设计要求；出水管上应设止回阀，安装时其四周应设检修通道，其宽度不宜小于0.7m,消防气压给水设备顶部至楼板或梁底的距离不宜小于0.6m。

检查数量:全数检查。

检查方法:对照图纸,尺量和观察检查。

一般项目

4.4.3 消防气压给水设备上的安全阀、压力表、泄水管、水位指示器、压力控制仪表等的安装应符合产品使用说明书的要求。

检查数量:全数检查。

检查方法:对照图纸,观察检查。

4.4.4 稳压泵的规格、型号应符合设计要求,并应有产品合格证和安装使用说明书。

检查数量:全数检查。

检查方法:对照图纸,观察检查。

4.4.5 稳压泵的安装,应符合现行国家标准《机械设备安装工程施工及验收通用规范》GB 50231、《压缩机、风机、泵安装工程施工及验收规范》GB 50275的有关规定。

检查数量:全数检查。

检查方法:尺量和观察检查。

4.5 消防水泵接合器安装

主控项目

4.5.1 组装式消防水泵接合器的安装,应按接口、本体、联接管、止回阀、安全阀、放空管、控制阀的顺序进行,止回阀的安装方向应使消防用水能从消防水泵接合器进入系统;整体式消防水泵接合器的安装,按其使用安装说明书进行。

检查数量:全数检查。

检查方法:观察检查。

4.5.2 消防水泵接合器的安装应符合下列规定:

1 应安装在便于消防车接近的人行道或非机动车行驶地段,距室外消火栓或消防水池的距离宜为15~40m。

检查数量:全数检查。

检查方法:观察检查。

2 自动喷水灭火系统的消防水泵接合器应设置与消火栓系统的消防水泵接合器区别的永久性固定标志,并有分区标志。

检查数量:全数检查。

检查方法:观察检查。

3 地下消防水泵接合器应采用铸有"消防水泵接合器"标志的铸铁井盖,并在附近设置指示其位置的永久性固定标志。

检查数量:全数检查。

检查方法:观察检查。

4 墙壁消防水泵接合器的安装应符合设计要求。设计无要求时,其安装高度距地面宜为0.7m;与墙面上的门、窗、孔、洞的净距离不应小于2.0m,且不应安装在玻璃幕墙下方。

检查数量:全数检查。

检查方法:观察检查和尺量检查。

4.5.3 地下消防水泵接合器的安装,应使进水口与井盖底面的距离不大于0.4m,且不应小于井盖的半径。

检查数量:全数检查。

检查方法:尺量检查。

一般项目

4.5.4 地下消防水泵接合器井的砌筑应有防水和排水措施。

检查数量:全数检查。

检查方法:观察检查。

5 管网及系统组件安装

5.1 管网安装

主控项目

5.1.1 管网采用钢管时,其材质应符合现行国家标准《输送流体用无缝钢管》GB/T 8163、《低压流体输送用焊接钢管》GB/T 3091的要求。当使用铜管、不锈钢管等其他管材时,应符合相应技术标准的要求。

检查数量:全数检查。

检查方法:查验材料质量合格证明文件、性能检测报告,尺量、观察检查。

5.1.2 热镀锌钢管安装应采用螺纹、沟槽式管件或法兰连接。管道连接后不应减小过水横断面积。

检查数量:抽查20%,且不得少于5处。

检查方法:观察检查。

5.1.3 管网安装前应校直管道,并清除管道内部的杂物;在具有腐蚀性的场所,安装前应按设计要求对管道、管件等进行防腐处理;安装时应随时清除管道内部的杂物。

检查数量:抽查20%,且不得少于5处。

检查方法:观察检查和用水平尺检查。

5.1.4 沟槽式管件连接应符合下列要求:

1 选用的沟槽式管件应符合《沟槽式管接头》CJ/T 156的要求,其材质应为球墨铸铁,并符合现行国家标准《球墨铸铁件》GB/T 1348的要求;橡胶密封圈的材质应为EPDN(三元乙丙胶),并符合《金属管道系统快速管接头的性能要求和试验方法》ISO 6182-12的要求。

2 沟槽式管件连接时,其管道连接沟槽和开孔应用专用滚槽机和开孔机加工,并应做防腐处理;连接前应检查沟槽和孔洞尺寸,加工质量应符合技术要求;沟槽、孔洞处不得有毛刺、破损性裂纹和脏物。

检查数量:抽查20%,且不得少于5处。

检查方法:观察和尺量检查。

3 橡胶密封圈应无破损和变形。

检查数量:抽查20%,且不得少于5处。

检查方法:观察检查。

4 沟槽式管件的凸边应卡进沟槽后再紧固螺栓,两边应同时紧固,紧固时发现橡胶圈起皱应更换新橡胶圈。

检查数量:抽查20%,且不得少于5处。

检查方法:观察检查。

5 机械三通连接时,应检查机械三通与孔洞的间隙,各部位应均匀,然后再紧固到位;机械三通开孔间距不应小于500mm,机械四通开孔间距不应小于1000mm;机械三通、机械四通连接时支管的口径应满足表5.1.4的规定。

表5.1.4 采用支管接头(机械三通、机械四通)时支管的最大允许管径(mm)

主管直径 DN		50	65	80	100	125	150	200	250
支管直径 DN	机械三通	25	40	40	65	80	100	100	100
	机械四通	—	32	40	50	65	80	100	100

检查数量:抽查20%,且不得少于5处。

检查方法:观察检查和尺量检查。

6 配水干管(立管)与配水管(水平管)连接,应采用沟槽式管件,不应采用机械三通。

检查数量:抽查20%,且不得少于5处。

检查方法:观察检查。

7 埋地的沟槽式管件的螺栓、螺帽应做防腐处理。水泵房内的埋地管道连接应采用挠性接头。

检查数量:全数检查。

检查方法:观察检查或局部解剖检查。

5.1.5 螺纹连接应符合下列要求:

1 管道宜采用机械切割,切割面不得有飞边、毛刺;管道螺纹密封面应符合现行国家标准《普通螺纹 基本尺寸要求》GB 196、《普通螺纹 公差与配合》GB 197、《管路旋入端用普通螺纹尺寸系列》GB/T 1414 的有关规定。

2 当管道变径时,宜采用异径接头;在管道弯头处不宜采用补芯,当需要采用补芯时,三通上可用 1 个,四通上不应超过 2 个;公称直径大于 50mm 的管道不宜采用活接头。

检查数量:全数检查。

检查方法:观察检查。

3 螺纹连接的密封填料应均匀附着在管道的螺纹部分;拧紧螺纹时,不得将填料挤入管道内;连接后,应将连接处外部清理干净。

检查数量:抽查 20%,且不得少于 5 处。

检查方法:观察检查。

5.1.6 法兰连接可采用焊接法兰或螺纹法兰。焊接法兰焊接处应做防腐处理,并宜重新镀锌后再连接。焊接应符合现行国家标准《工业金属管道工程施工及验收规范》GB 50235、《现场设备、工业管道焊接工程施工及验收规范》GB 50236 的有关规定。螺纹法兰连接应预测对接位置,清除外露密封填料后再紧固、连接。

检查数量:抽查 20%,且不得少于 5 处。

检查方法:观察检查。

一般项目

5.1.7 管道的安装位置应符合设计要求。当设计无要求时,管道的中心线与梁、柱、楼板等的最小距离应符合表 5.1.7 的规定。

表 5.1.7 管道的中心线与梁、柱、楼板的最小距离

公称直径(mm)	25	32	40	50	70	80	100	125	150	200
距离(mm)	40	40	50	60	70	80	100	125	150	200

检查数量:抽查 20%,且不得少于 5 处。

检查方法:尺量检查。

5.1.8 管道支架、吊架、防晃支架的安装应符合下列要求:

1 管道应固定牢固;管道支架或吊架之间的距离不应大于表 5.1.8 的规定。

表 5.1.8 管道支架或吊架之间的距离

公称直径(mm)	25	32	40	50	70	80	100	125	150	200	250	300
距离(m)	3.5	4.0	4.5	5.0	6.0	6.0	6.5	7.0	8.0	9.5	11.0	12.0

检查数量:抽查 20%,且不得少于 5 处。

检查方法:尺量检查。

2 管道支架、吊架、防晃支架的型式、材质、加工尺寸及焊接质量等,应符合设计要求和国家现行有关标准的规定。

3 管道支架、吊架的安装位置不应妨碍喷头的喷水效果;管道支架、吊架与喷头之间的距离不宜小于 300mm;与末端喷头之间的距离不宜大于 750mm。

检查数量:抽查 20%,且不得少于 5 处。

检查方法:尺量检查。

4 配水支管上每一直管段、相邻两喷头之间的管段设置的吊架均不宜少于 1 个,吊架的间距不宜大于 3.6m。

检查数量:抽查 20%,且不得少于 5 处。

检查方法:观察检查和尺量检查。

5 当管道的公称直径等于或大于 50mm 时,每段配水干管

或配水管设置防晃支架不应少于 1 个,且防晃支架的间距不宜大于 15m;当管道改变方向时,应增设防晃支架。

检查数量:全数检查。

检查方法:观察检查和尺量检查。

6 竖直安装的配水干管除中间用管卡固定外,还应在其始端和终端设防晃支架或采用管卡固定,其安装位置距地面或楼面的距离宜为 1.5~1.8m。

检查数量:全数检查。

检查方法:观察检查和尺量检查。

5.1.9 管道穿过建筑物的变形缝时,应采取抗变形措施。穿过墙体或楼板时应加设套管,套管长度不得小于墙体厚度;穿过楼板的套管其顶部应高出装饰地面 20mm;穿过卫生间或厨房楼板的套管,其顶部应高出装饰地面 50mm,且套管底部应与楼板底面相平。套管与管道的间隙应采用不燃材料填塞密实。

检查数量:抽查 20%,且不得少于 5 处。

检查方法:观察检查和尺量检查。

5.1.10 管道横向安装宜设 0.002~0.005 的坡度,且坡向应向排水管;当局部区域难以利用排水管将水排除时,应采取相应的排水措施。当喷头数量小于或等于 5 只时,可在管道低凹处加设堵头;当喷头数量大于 5 只时,宜装设带阀门的排水管。

检查数量:全数检查。

检查方法:观察检查,水平尺和尺量检查。

5.1.11 配水干管、配水管应做红色或红色环圈标志。红色环圈标志,宽度不应小于 20mm,间隔不宜大于 4m,在一个独立的单元内环圈不宜少于 2 处。

检查数量:抽查 20%,且不得少于 5 处。

检查方法:观察检查和尺量检查。

5.1.12 管网在安装中断时,应将管道的敞口封闭。

检查数量:全数检查。

检查方法:观察检查。

5.2 喷头安装

主控项目

5.2.1 喷头安装应在系统试压、冲洗合格后进行。

检查数量:全数检查。

检查方法:检查系统试压、冲洗记录表。

5.2.2 喷头安装时,不得对喷头进行拆装、改动,并严禁给喷头附加任何装饰性涂层。

检查数量:全数检查。

检查方法:观察检查。

5.2.3 喷头安装应使用专用扳手,严禁利用喷头的框架施拧;喷头的框架、溅水盘产生变形或释放原件损伤时,应采用规格、型号相同的喷头更换。

检查数量:全数检查。

检查方法:观察检查。

5.2.4 安装在易受机械损伤处的喷头,应加设喷头防护罩。

检查数量:全数检查。

检查方法:观察检查。

5.2.5 喷头安装时,溅水盘与吊顶、门、窗、洞口或障碍物的距离应符合设计要求。

检查数量:抽查 20%,且不得少于 5 处。

检查方法:对照图纸,尺量检查。

5.2.6 安装前检查喷头的型号、规格、使用场所应符合设计要求。

检查数量:全数检查。

检查方法:对照图纸,观察检查。

一般项目

5.2.7 当喷头的公称直径小于 10mm 时,应在配水干管或配水

管上安装过滤器。

检查数量：全数检查。

检查方法：观察检查。

5.2.8 当喷头溅水盘高于附近梁底或高于宽度小于 1.2m 的通风管道、排管、桥架腹面时，喷头溅水盘高于梁底、通风管道、排管、桥架腹面的最大垂直距离应符合表 5.2.8-1～表 5.2.8-7 的规定（见图 5.2.8）。

检查数量：全数检查。

检查方法：尺量检查。

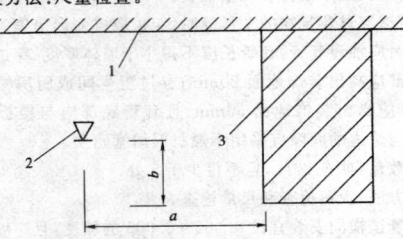

图 5.2.8 喷头与梁等障碍物的距离
1—天花板或屋顶；2—喷头；3—障碍物

表 5.2.8-1 喷头溅水盘高于梁底、通风管道腹面的
最大垂直距离（直立与下垂喷头）

喷头与梁、通风管道、排管、桥架的水平距离 a(mm)	喷头溅水盘高于梁底、通风管道、排管、桥架腹面的最大垂直距离 b(mm)
$a<300$	0
$300{\leq}a<600$	90
$600{\leq}a<900$	190
$900{\leq}a<1200$	300
$1200{\leq}a<1500$	420
$a{\geq}1500$	460

表 5.2.8-2 喷头溅水盘高于梁底、通风管道腹面的
最大垂直距离（边墙型喷头，与障碍物平行）

喷头与梁、通风管道、排管、桥架的水平距离 a(mm)	喷头溅水盘高于梁底、通风管道、排管、桥架腹面的最大垂直距离 b(mm)
$a<150$	25
$150{\leq}a<450$	80
$450{\leq}a<750$	150
$750{\leq}a<1050$	200
$1050{\leq}a<1350$	250
$1350{\leq}a<1650$	320
$1650{\leq}a<1950$	380
$1950{\leq}a<2250$	440

表 5.2.8-3 喷头溅水盘高于梁底、通风管道腹面的
最大垂直距离（边墙型喷头，与障碍物垂直）

喷头与梁、通风管道、排管、桥架的水平距离 a(mm)	喷头溅水盘高于梁底、通风管道、排管、桥架腹面的最大垂直距离 b(mm)
$a<1200$	不允许
$1200{\leq}a<1500$	25
$1500{\leq}a<1800$	80
$1800{\leq}a<2100$	150
$2100{\leq}a<2400$	230
$a{\geq}2400$	360

表 5.2.8-4 喷头溅水盘高于梁底、通风管道腹面的
最大垂直距离（扩大覆盖面直立与下垂喷头）

喷头与梁、通风管道、排管、桥架的水平距离 a(mm)	喷头溅水盘高于梁底、通风管道、排管、桥架腹面的最大垂直距离 b(mm)
$a<450$	0
$450{\leq}a<900$	25
$900{\leq}a<1350$	125
$1350{\leq}a<1800$	180
$1800{\leq}a<2250$	280
$a{\geq}2250$	360

表 5.2.8-5 喷头溅水盘高于梁底、通风管道腹面的
最大垂直距离（扩大覆盖面边墙型喷头）

喷头与梁、通风管道、排管、桥架的水平距离 a(mm)	喷头溅水盘高于梁底、通风管道、排管、桥架腹面的最大垂直距离 b(mm)
$a<2440$	不允许
$2440{\leq}a<3050$	25
$3050{\leq}a<3350$	50
$3350{\leq}a<3660$	75
$3660{\leq}a<3960$	100
$3960{\leq}a<4270$	150
$4270{\leq}a<4570$	180
$4570{\leq}a<4880$	230
$4880{\leq}a<5180$	280
$a{\geq}5180$	360

表 5.2.8-6 喷头溅水盘高于梁底、通风管道腹面的
最大垂直距离（大水滴喷头）

喷头与梁、通风管道、排管、桥架的水平距离 a(mm)	喷头溅水盘高于梁底、通风管道、排管、桥架腹面的最大垂直距离 b(mm)
$a<300$	0
$300{\leq}a<600$	80
$600{\leq}a<900$	200
$900{\leq}a<1200$	300
$1200{\leq}a<1500$	460
$1500{\leq}a<1800$	660
$a{\geq}1800$	790

表 5.2.8-7 喷头溅水盘高于梁底、通风管道腹面的
最大垂直距离（ESFR 喷头）

喷头与梁、通风管道、排管、桥架的水平距离 a(mm)	喷头溅水盘高于梁底、通风管道、排管、桥架腹面的最大垂直距离 b(mm)
$a<300$	0
$300{\leq}a<600$	80
$600{\leq}a<900$	200
$900{\leq}a<1200$	300
$1200{\leq}a<1500$	460
$1500{\leq}a<1800$	660
$a{\geq}1800$	790

5.2.9 当梁、通风管道、排管、桥架宽度大于 1.2m 时，增设的喷头应安装在其腹面以下部位。

检查数量：全数检查。

检查方法：观察检查。

5.2.10 当喷头安装在不到顶的隔断附近时，喷头与隔断的水平距离和最小垂直距离应符合表 5.2.10-1～表 5.2.10-3 的规定（见图 5.2.10）。

检查数量：全数检查。

检查方法：尺量检查。

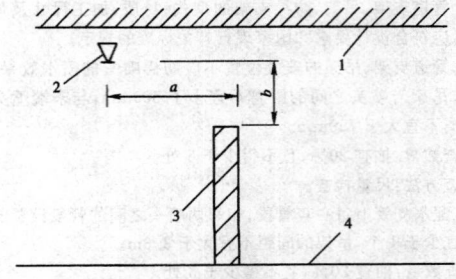

图 5.2.10 喷头与隔断障碍物的距离
1—天花板或屋顶；2—喷头；3—障碍物；4—地板

表 5.2.10-1　喷头与隔断的水平距离和
最小垂直距离(直立与下垂喷头)

喷头与隔断的水平距离 a(mm)	喷头与隔断的最小垂直距离 b(mm)
a<150	75
150≤a<300	150
300≤a<450	240
450≤a<600	320
600≤a<750	390
a≥750	460

表 5.2.10-2　喷头与隔断的水平距离和
最小垂直距离(扩大覆盖面喷头)

喷头与隔断的水平距离 a(mm)	喷头与隔断的最小垂直距离 b(mm)
a<150	80
150≤a<300	150
300≤a<450	240
450≤a<600	320
600≤a<750	390
a≥750	460

表 5.2.10-3　喷头与隔断的水平距离和
最小垂直距离(大水滴喷头)

喷头与隔断的水平距离 a(mm)	喷头与隔断的最小垂直距离 b(mm)
a<150	40
150≤a<300	80
300≤a<450	100
450≤a<600	130
600≤a<750	140
750≤a<900	150

5.3　报警阀组安装

主控项目

5.3.1　报警阀组的安装应在供水管网试压、冲洗合格后进行。安装时应先安装水源控制阀、报警阀,然后进行报警阀辅助管道的连接。水源控制阀、报警阀与配水干管的连接,应使水流方向一致。报警阀组安装的位置应符合设计要求;当设计无要求时,报警阀组应安装在便于操作的明显位置,距室内地面高度宜为 1.2m;两侧与墙的距离不应小于 0.5m;正面与墙的距离不应小于 1.2m;报警阀组凸出部位之间的距离不应小于 0.5m。安装报警阀组的室内地面应有排水设施。

检查数量:全数检查。

检查方法:检查系统试压、冲洗记录表,观察检查和尺量检查。

5.3.2　报警阀组附件的安装应符合下列要求:

1　压力表应安装在报警阀上便于观测的位置。

检查数量:全数检查。

检查方法:观察检查。

2　排水管和试验阀应安装在便于操作的位置。

检查数量:全数检查。

检查方法:观察检查。

3　水源控制阀安装应便于操作,且应有明显开闭标志和可靠的锁定设施。

检查数量:全数检查。

检查方法:观察检查。

4　在报警阀与管网之间的供水干管上,应安装由控制阀、检测供水压力、流量用的仪表及排水管道组成的系统流量压力检测装置,其过水能力应与系统出水能力一致;干式报警阀组、雨淋报警阀组安装检测时水流不进入系统管网的信号控制阀门。

检查数量:全数检查。

检查方法:观察检查。

5.3.3　湿式报警阀组的安装应符合下列要求:

1　应使报警阀前后的管道中能顺利充满水;压力波动时,水力警铃不应发生误报警。

检查数量:全数检查。

检查方法:观察检查和开启阀门以小于一个喷头的流量放水。

2　报警水流通路上的过滤器应安装在延迟器前,且便于排渣操作的位置。

检查数量:全数检查。

检查方法:观察检查。

5.3.4　干式报警阀组的安装应符合下列要求:

1　应安装在不发生冰冻的场所。

2　安装完成后,应向报警阀气室注入高度为 50～100mm 的清水。

3　充气连接管接口应在报警阀气室充注水位以上部位,且充气连接管的直径不应小于 15mm;止回阀、截止阀应安装在充气连接管上。

检查数量:全数检查。

检查方法:观察检查和尺量检查。

4　气源设备的安装应符合设计要求和国家现行有关标准的规定。

5　安全排气阀应安装在气源与报警阀之间,且应靠近报警阀。

检查数量:全数检查。

检查方法:观察检查。

6　加速器应安装在靠近报警阀的位置,且应有防止水进入加速器的措施。

检查数量:全数检查。

检查方法:观察检查。

7　低气压预报警装置应安装在配水干管一侧。

检查数量:全数检查。

检查方法:观察检查。

8　下列部位应安装压力表:

1)报警阀充水一侧和充气一侧;

2)空气压缩机的气泵和储气罐上;

3)加速器上。

检查数量:全数检查。

检查方法:观察检查。

9　管网充气压力应符合设计要求。

5.3.5　雨淋阀组的安装应符合下列要求:

1　雨淋阀组可采用电动开启、传动管开启或手动开启,开启控制装置的安装应安全可靠。水传动管的安装应符合湿式系统有关要求。

2　预作用系统雨淋阀组后的管道若需充气,其安装应按干式报警阀组有关要求进行。

3　雨淋阀组的观测仪表和操作阀门的安装位置应符合设计要求,并应便于观测和操作。

检查数量:全数检查。

检查方法:观察检查。

4　雨淋阀组手动开启装置的安装位置应符合设计要求,且在发生火灾时能安全开启和便于操作。

检查数量:全数检查。

检查方法:对照图纸观察检查和开启阀门检查。

5　压力表应安装在雨淋阀的水源一侧。

检查数量:全数检查。

检查方法:观察检查。

5.4 其他组件安装

主 控 项 目

5.4.1 水流指示器的安装应符合下列要求:

1 水流指示器的安装应在管道试压和冲洗合格后进行,水流指示器的规格、型号应符合设计要求。

检查数量:全数检查。

检查方法:对照图纸观察检查和检查管道试压和冲洗记录。

2 水流指示器应使电器元件部位竖直安装在水平管道上侧,其动作方向应和水流方向一致;安装后的水流指示器浆片、膜片应动作灵活,不应与管壁发生碰擦。

检查数量:全数检查。

检查方法:观察检查和开启阀门放水检查。

5.4.2 控制阀的规格、型号和安装位置均应符合设计要求;安装方向应正确,控制阀内应清洁、无堵塞、无渗漏;主要控制阀应加设启闭标志;隐蔽处的控制阀应在明显处设有指示其位置的标志。

检查数量:全数检查。

检查方法:观察检查。

5.4.3 压力开关应竖直安装在通往水力警铃的管道上,且不应在安装中拆装改动。管网上的压力控制装置的安装应符合设计要求。

检查数量:全数检查。

检查方法:观察检查。

5.4.4 水力警铃应安装在公共通道或值班室附近的外墙上,且应安装检修、测试用的阀门。水力警铃和报警阀的连接应采用热镀锌钢管,当镀锌钢管的公称直径为 20mm 时,其长度不宜大于20m;安装后的水力警铃启动时,警铃声强度应不小于 70dB。

检查数量:全数检查。

检查方法:观察检查、尺量检查和开启阀门放水,水力警铃启动后检查压力表的数值。

5.4.5 末端试水装置和试水阀的安装位置应便于检查、试验,并应有相应排水能力的排水设施。

检查数量:全数检查。

检查方法:观察检查。

一 般 项 目

5.4.6 信号阀安装在水流指示器前的管道上,与水流指示器之间的距离不宜小于 300mm。

检查数量:全数检查。

检查方法:观察检查和尺量检查。

5.4.7 排气阀的安装应在系统管网试压和冲洗合格后进行;排气阀应安装在配水干管顶部、配水管的末端,且应确保无渗漏。

检查数量:全数检查。

检查方法:观察检查和检查管道试压及冲洗记录。

5.4.8 节流管和减压孔板的安装应符合设计要求。

检查数量:全数检查。

检查方法:对照图纸观察检查和尺量检查。

5.4.9 压力开关、信号阀、水流指示器的引出线应用防水套管锁定。

检查数量:全数检查。

检查方法:观察检查。

5.4.10 减压阀的安装应符合下列要求:

1 减压阀安装应在供水管网试压、冲洗合格后进行。

检查数量:全数检查。

检查方法:检查管道试压和冲洗记录。

2 减压阀安装前应检查:其规格型号应与设计相符;阀外控制管路及导向阀各连接件不应有松动;外观应无机械损伤,并应清除阀内异物。

3 减压阀水流方向应与供水管网水流方向一致。

检查数量:全数检查。

检查方法:观察检查。

4 应在进水侧安装过滤器,并宜在其前后安装控制阀。

检查数量:全数检查。

检查方法:观察检查。

5 可调式减压阀宜水平安装,阀盖应向上。

检查数量:全数检查。

检查方法:观察检查。

6 比例式减压阀宜垂直安装,当水平安装时,单呼吸孔减压阀其孔应向下,双呼吸孔减压阀其孔口应呈水平位置。

检查数量:全数检查。

检查方法:观察检查。

7 安装自身不带压力表的减压阀时,应在其前后相邻部位安装压力表。

检查数量:全数检查。

检查方法:观察检查。

5.4.11 多功能水泵控制阀的安装应符合下列要求:

1 安装应在供水管网试压、冲洗合格后进行。

检查数量:全数检查。

检查方法:检查管道试压和冲洗记录。

2 在安装前应检查:其规格型号应与设计相符;主阀各部件应完好;紧固件应齐全,无松动;各连接管路应完好,接头紧固;外观应无机械损伤,并应清除阀内异物。

检查数量:全数检查。

检查方法:对照图纸观察检查和手扳检查。

3 水流方向应与供水管网水流方向一致。

检查数量:全数检查。

检查方法:观察检查。

4 出口安装其他控制阀时应保持一定间距,以便于维修和管理。

检查数量:全数检查。

检查方法:观察检查。

5 宜水平安装,且阀盖向上。

检查数量:全数检查。

检查方法:观察检查。

6 安装自身不带压力表的多功能水泵控制阀时,应在其前后相邻部位安装压力表。

检查数量:全数检查。

检查方法:观察检查。

7 进口端不宜安装柔性接头。

检查数量:全数检查。

检查方法:观察检查。

5.4.12 倒流防止器的安装应符合下列要求:

1 应在管道冲洗合格以后进行。

检查数量:全数检查。

检查方法:检查管道试压和冲洗记录。

2 不应在倒流防止器的进口前安装过滤器或者使用带过滤器的倒流防止器。

检查数量:全数检查。

检查方法:观察检查。

3 宜安装在水平位置,当竖直安装时,排水口应配备专用弯头。倒流防止器宜安装在便于调试和维护的位置。

检查数量:全数检查。

检查方法:观察检查。

4 倒流防止器两端应分别安装闸阀,而且至少有一端应安装挠性接头。

    检查数量:全数检查。

    检查方法:观察检查。

    5 倒流防止器上的泄水阀不宜反向安装,泄水阀应采取间接排水方式,其排水管不应直接与排水管(沟)连接。

    检查数量:全数检查。

    检查方法:观察检查。

    6 安装完毕后,首次启动使用时,应关闭出水闸阀,缓慢打开进水闸阀,待阀腔充满水后,缓慢打开出水闸阀。

    检查数量:全数检查。

    检查方法:观察检查。

6 系统试压和冲洗

6.1 一般规定

6.1.1 管网安装完毕后,应对其进行强度试验、严密性试验和冲洗。

    检查数量:全数检查。

    检查方法:检查强度试验、严密性试验、冲洗记录表。

6.1.2 强度试验和严密性试验宜用水进行。干式喷水灭火系统、预作用喷水灭火系统应做水压试验和气压试验。

    检查数量:全数检查。

    检查方法:检查水压试验和气压试验记录表。

6.1.3 系统试压完成后,应及时拆除所有临时盲板及试验用的管道,并应与记录核对无误,且应按本规范附录C表C.0.2的格式填写记录。

    检查数量:全数检查。

    检查方法:观察检查。

6.1.4 管网冲洗应在试压合格后分段进行。冲洗顺序应先室外、后室内;先地下,后地上;室内部分的冲洗应按配水干管、配水管、配水支管的顺序进行。

    检查数量:全数检查。

    检查方法:观察检查。

6.1.5 系统试压前应具备下列条件:

    1 埋地管道的位置及管道基础、支墩等经复查应符合设计要求。

    检查数量:全数检查。

    检查方法:对照图纸,观察、尺量检查。

    2 试压用的压力表不应少于2只,精度不应低于1.5级,量程应为试验压力值的1.5~2倍。

    检查数量:全数检查。

    检查方法:观察检查。

    3 试压冲洗方案已经批准。

    4 对不能参与试压的设备、仪表、阀门及附件应加以隔离或拆除;加设的临时盲板应具有突出于法兰的边耳,且应做明显标志,并记录临时盲板的数量。

    检查数量:全数检查。

    检查方法:观察检查。

6.1.6 系统试压过程中,当出现泄漏时,应停止试压,并应放空管网中的试验介质;消除缺陷后,重新再试。

6.1.7 管网冲洗宜用水进行。冲洗前,应对系统的仪表采取保护措施。

    检查数量:全数检查。

    检查方法:观察检查。

6.1.8 冲洗前,应对管道支架、吊架进行检查,必要时应采取加固

措施。

    检查数量:全数检查。

    检查方法:观察检查。

6.1.8 冲洗前,应对管道支架、吊架进行检查,必要时应采取加固措施。

    检查数量:全数检查。

    检查方法:观察、手扳检查。

6.1.9 对不能经受冲洗的设备和冲洗后可能存留脏物、杂物的管段,应进行清理。

    检查数量:全数检查。

    检查方法:观察检查。

6.1.10 冲洗直径大于100mm的管道时,应对其死角和底部进行敲打,但不得损伤管道。

6.1.11 管网冲洗合格后,应按本规范附录C表C.0.3的要求填写记录。

6.1.12 水压试验和水冲洗宜采用生活用水进行,不得使用海水或含有腐蚀性化学物质的水。

    检查数量:全数检查。

    检查方法:观察检查。

6.2 水压试验

主控项目

6.2.1 当系统设计工作压力等于或小于1.0MPa时,水压强度试验压力应为设计工作压力的1.5倍,并不应低于1.4MPa;当系统设计工作压力大于1.0MPa时,水压强度试验压力应为该工作压力加0.4MPa。

    检查数量:全数检查。

    检查方法:观察检查。

6.2.2 水压强度试验的测试点应设在系统管网的最低点。对管网注水时,应将管网内的空气排净,并应缓慢升压;达到试验压力后,稳压30min后,管网应无泄漏、无变形,且压力降不应大于0.05MPa。

    检查数量:全数检查。

    检查方法:观察检查。

6.2.3 水压严密性试验应在水压强度试验和管网冲洗合格后进行。试验压力应为设计工作压力,稳压24h应无泄漏。

    检查数量:全数检查。

    检查方法:观察检查。

一般项目

6.2.4 水压试验时环境温度不宜低于5℃,当低于5℃时,水压试验应采取防冻措施。

    检查数量:全数检查。

    检查方法:用温度计检查。

6.2.5 自动喷水灭火系统的水源干管、进户管和室内埋地管道,应在回填前单独或与系统一起进行水压强度试验和水压严密性试验。

    检查数量:全数检查。

    检查方法:观察和检查水压强度试验及水压严密性试验记录。

6.3 气压试验

主控项目

6.3.1 气压严密性试验压力应为0.28MPa,且稳压24h,压力降不应大于0.01MPa。

    检查数量:全数检查。

    检查方法:观察检查。

一般项目

6.3.2 气压试验的介质宜采用空气或氮气。

检查方法:观察检查。

6.4 冲 洗

主控项目

6.4.1 管网冲洗的水流流速、流量不应小于系统设计的水流流速、流量;管网冲洗宜分区、分段进行;水平管网冲洗时,其排水管位置应低于配水支管。

检查数量:全数检查。

检查方法:使用流量计和观察检查。

6.4.2 管网冲洗的水流方向应与灭火时管网的水流方向一致。

检查数量:全数检查。

检查方法:观察检查。

6.4.3 管网冲洗应连续进行。当出口处水的颜色、透明度与入口处水的颜色、透明度基本一致时,冲洗方可结束。

检查数量:全数检查。

检查方法:观察检查。

一般项目

6.4.4 管网冲洗宜设临时专用排水管道,其排放应畅通和安全。排水管道的截面积不得小于被冲洗管道截面积的60%。

检查数量:全数检查。

检查方法:观察和尺量、试水检查。

6.4.5 管网的地上管道与地下管道连接前,应在配水干管底部加设堵头后,对地下管道进行冲洗。

检查数量:全数检查。

检查方法:观察检查。

6.4.6 管网冲洗结束后,应将管网内的水排除干净,必要时可采用压缩空气吹干。

检查数量:全数检查。

检查方法:观察检查。

7 系 统 调 试

7.1 一 般 规 定

7.1.1 系统调试应在系统施工完成后进行。

7.1.2 系统调试应具备下列条件:

1 消防水池、消防水箱已储存设计要求的水量;

2 系统供电正常;

3 消防气压给水设备的水位、气压符合设计要求;

4 湿式喷水灭火系统管网内已充满水;干式、预作用喷水灭火系统管网内的气压符合设计要求;阀门均无泄漏;

5 与系统配套的火灾自动报警系统处于工作状态。

7.2 调试内容和要求

主控项目

7.2.1 系统调试应包括下列内容:

1 水源测试;

2 消防水泵调试;

3 稳压泵调试;

4 报警阀调试;

5 排水设施调试;

6 联动试验。

7.2.2 水源测试应符合下列要求:

1 按设计要求核实消防水箱、消防水池的容积,消防水箱设置高度应符合设计要求;消防储水应有不作它用的技术措施。

检查数量:全数检查。

检查方法:对照图纸观察和尺量检查。

2 按设计要求核实消防水泵接合器的数量和供水能力,并通过移动式消防水泵做供水试验进行验证。

检查数量:全数检查。

检查方法:观察检查和进行通水试验。

7.2.3 消防水泵调试应符合下列要求:

1 以自动或手动方式启动消防水泵时,消防水泵应在30s内投入正常运行。

检查数量:全数检查。

检查方法:用秒表检查。

2 以备用电源切换方式或备用泵切换启动消防水泵时,消防水泵应在30s内投入正常运行。

检查数量:全数检查。

检查方法:用秒表检查。

7.2.4 稳压泵应按设计要求进行调试。当达到设计启动条件时,稳压泵应立即启动;当达到系统设计压力时,稳压泵应自动停止运行;当消防主泵启动时,稳压泵应停止运行。

检查数量:全数检查。

检查方法:观察检查。

7.2.5 报警阀调试应符合下列要求:

1 湿式报警阀调试时,在试水装置处放水,当湿式报警阀进口水压大于0.14MPa、放水流量大于1L/s时,报警阀应及时启动;带延迟器的水力警铃应在5~90s内发出报警铃声,不带延迟器的水力警铃应在15s内发出报警铃声;压力开关应及时动作,并反馈信号。

检查数量:全数检查。

检查方法:使用压力表、流量计、秒表和观察检查。

2 干式报警阀调试时,开启系统试验阀,报警阀的启动时间、启动点压力、水流到试验装置出口所需时间,均应符合设计要求。

检查数量:全数检查。

检查方法:使用压力表、流量计、秒表、声强计和观察检查。

3 雨淋阀调试宜利用检测、试验管道进行。自动和手动方式启动的雨淋阀,应在15s之内启动;公称直径大于200mm的雨淋阀调试时,应在60s之内启动。雨淋阀调试时,当报警水压为0.05MPa,水力警铃应发出报警铃声。

检查数量:全数检查。

检查方法:使用压力表、流量计、秒表、声强计和观察检查。

一般项目

7.2.6 调试过程中,系统排出的水应通过排水设施全部排走。

检查数量:全数检查。

检查方法:观察检查。

7.2.7 联动试验应符合下列要求,并按本规范附录C表C.0.4的要求进行记录。

1 湿式系统的联动试验,启动1只喷头或以0.94~1.5L/s的流量从末端试水装置处放水时,水流指示器、报警阀、压力开关、水力警铃和消防水泵等应及时动作,并发出相应的信号。

检查数量:全数检查。

检查方法:打开阀门放水,使用流量计和观察检查。

2 预作用系统、雨淋系统、水幕系统的联动试验,可采用专用测试仪表或其他方式,对火灾自动报警系统的各种探测器输入模拟火灾信号,火灾自动报警控制器应发出声光报警信号并启动自动喷水灭火系统;采用传动管启动的雨淋系统、水幕系统联动试验时,启动1只喷头,雨淋阀打开,压力开关动作,水泵启动。

检查数量:全数检查。

检查方法:观察检查。

3 干式系统的联动试验,启动1只喷头或模拟1只喷头的排气量排气,报警阀应及时启动,压力开关、水力警铃动作并发出相应信号。

检查数量:全数检查。

检查方法:观察检查。

8 系 统 验 收

8.0.1 系统竣工后,必须进行工程验收,验收不合格不得投入使用。

8.0.2 自动喷水灭火系统工程验收应按本规范附录 E 的要求填写。

8.0.3 系统验收时,施工单位应提供下列资料:

1 竣工验收申请报告、设计变更通知书、竣工图;

2 工程质量事故处理报告;

3 施工现场质量管理检查记录;

4 自动喷水灭火系统施工过程质量管理检查记录;

5 自动喷水灭火系统质量控制检查资料。

8.0.4 系统供水水源的检查验收应符合下列要求:

1 应检查室外给水管网的进水管管径及供水能力,并应检查消防水箱和消防水池容量,均应符合设计要求。

2 当采用天然水源作系统的供水水源时,其水量、水质应符合设计要求,并应检查枯水期最低水位时确保消防用水的技术措施。

检查数量:全数检查。

检查方法:对照设计资料观察检查。

8.0.5 消防泵房的验收应符合下列要求:

1 消防泵房的建筑防火要求应符合相应的建筑设计防火规范的规定。

2 消防泵房设置的应急照明、安全出口应符合设计要求。

3 备用电源、自动切换装置的设置应符合设计要求。

检查数量:全数检查。

检查方法:对照图纸观察检查。

8.0.6 消防水泵验应符合下列要求:

1 工作泵、备用泵、吸水管、出水管及出水管上的泄压阀、水锤消除设施、止回阀、信号阀等的规格、型号、数量,应符合设计要求;吸水管、出水管上的控制阀应锁定在常开位置,并有明显标记。

检查数量:全数检查。

检查方法:对照图纸观察检查。

2 消防水泵应采用自灌式引水或其他可靠的引水措施。

检查数量:全数检查。

检查方法:观察和尺量检查。

3 分别开启系统中的每一个末端试水装置和试水阀,水流指示器、压力开关等信号装置的功能均应符合设计要求。

4 打开消防水泵出水管上试水阀,当采用主电源启动消防水泵时,消防水泵应启动正常;关掉主电源,主、备电源应能正常切换。

检查数量:全数检查。

检查方法:观察检查。

5 消防水泵停泵时,水锤消除设施后的压力不应超过水泵出口额定压力的 1.3～1.5 倍。

检查数量:全数检查。

检查方法:在阀门出口用压力表检查。

6 对消防气压给水设备,当系统气压下降到设计最低压力时,通过压力变化信号应启动稳压泵。

检查数量:全数检查。

检查方法:使用压力表,观察检查。

7 消防水泵启动控制装置于自动启动档。

检查数量:全数检查。

检查方法:观察检查。

8.0.7 报警阀组的验收应符合下列要求:

1 报警阀组的各组件应符合产品标准要求。

检查数量:全数检查。

检查方法:观察检查。

2 打开系统流量压力检测装置放水阀,测试的流量、压力应符合设计要求。

检查数量:全数检查。

检查方法:使用流量计、压力表观察检查。

3 水力警铃的设置位置应正确。测试时,水力警铃喷嘴处压力不应小于 0.05MPa,且距水力警铃 3m 远处警铃声声强不应小于 70dB;

检查数量:全数检查。

检查方法:打开阀门放水,使用压力表、声级计和尺量检查。

4 打开手动试水阀或电磁阀时,雨淋阀组动作应可靠。

5 控制阀均应锁定在常开位置。

检查数量:全数检查。

检查方法:观察检查。

6 与空气压缩机或火灾自动报警系统的联动控制,应符合设计要求。

8.0.8 管网验收应符合下列要求:

1 管道的材质、管径、接头、连接方式及采取的防腐、防冻措施,应符合设计规范及设计要求。

2 管网排水坡度及辅助排水设施,应符合本规范第 5.1.10 条的规定。

检查方法:水平尺和尺量检查。

3 系统中的末端试水装置、试水阀、排气阀应符合设计要求。

4 管网不同部位安装的报警阀组、闸阀、止回阀、电磁阀、信号阀、水流指示器、减压孔板、节流管、减压阀、柔性接头、排水管、排气阀、泄压阀等,均应符合设计要求;

检查数量:报警阀组、压力开关、止回阀、减压阀、泄压阀、电磁阀全数检查,合格率应为 100%;闸阀、信号阀、水流指示器、减压孔板、节流管、柔性接头、排气阀等抽查设计数量的 30%,且均不少于 5 个,合格率应为 100%。

检查方法:对照图纸观察检查。

5 干式喷水灭火系统管网容积不大于 2900L 时,系统允许的最大充水时间不应大于 3min;如干式喷水灭火系统管道充水时间不大于 1min,系统管网容积允许大于 2900L。

预作用喷水灭火系统的管道充水时间不应大于 1min。

检查数量:全数检查。

检查方法:通水试验,用秒表检查。

6 报警阀后的管道上不应安装其他用途的支管或水龙头。

检查数量:全数检查。

检查方法:观察检查。

7 配水支管、配水管、配水干管设置的支架、吊架和防晃支架,应符合本规范第 5.1.8 条的规定。

检查数量:抽查 20%,且不得少于 5 处。

检查方法:观察检查,尺量检查。

8.0.9 喷头验收应符合下列要求:

1 喷头设置场所、规格、型号、公称动作温度、响应时间指数(RTI)应符合设计要求。

检查数量:抽查设计喷头数量 10%,总数不少于 40 个,合格率应为 100%。

检查方法:对照图纸尺量检查。

2 喷头安装间距,喷头与楼板、墙、梁等障碍物的距离应符合设计要求。

检查数量:抽查设计喷头数量 5%,总数不少于 20 个,距离偏差±15mm,合格率不小于 95%时为合格。

检验方法:对照图纸尺量检查。

3 有腐蚀性气体的环境和有冰冻危险场所安装的喷头,应采取防护措施。

检查数量:全数检查。

检查方法:观察检查。

4 有碰撞危险场所安装的喷头应加设防护罩。

检查数量:全数检查。

检查方法:观察检查。

5 各种不同规格的喷头均应有一定数量的备用品,其数量不应小于安装总数的1%,且每种备用喷头不应少于10个。

8.0.10 水泵接合器数量及进水管位置应符合设计要求,消防水泵接合器应进行充水试验,且系统最不利点的压力、流量应符合设计要求。

检查数量:全数检查。

检查方法:使用流量计、压力表和观察检查。

8.0.11 系统流量、压力的验收,应通过系统流量压力检测装置进行放水试验,系统流量、压力应符合设计要求。

检查数量:全数检查。

检查方法:观察检查。

8.0.12 系统应进行模拟灭火功能试验,且应符合下列要求:

1 报警阀动作,水力警铃应鸣响。

检查数量:全数检查。

检查方法:观察检查。

2 水流指示器动作,应有反馈信号显示。

检查数量:全数检查。

检查方法:观察检查。

3 压力开关动作,应启动消防水泵及与其联动的相关设备,并应有反馈信号显示。

检查数量:全数检查。

检查方法:观察检查。

4 电磁阀打开,雨淋阀应开启,并应有反馈信号显示。

检查数量:全数检查。

检查方法:观察检查。

5 消防水泵启动后,应有反馈信号显示。

检查数量:全数检查。

检查方法:观察检查。

6 加速器动作后,应有反馈信号显示。

检查数量:全数检查。

检查方法:观察检查。

7 其他消防联动控制设备启动后,应有反馈信号显示。

检查数量:全数检查。

检查方法:观察检查。

8.0.13 系统工程质量验收判定条件:

1 系统工程质量缺陷应按本规范附录F要求划分为:严重缺陷项(A),重缺陷项(B),轻缺陷项(C)。

2 系统验收合格判定应为:A=0,且B≤2,且B+C≤6为合格,否则为不合格。

9 维护管理

9.0.1 自动喷水灭火系统应具有管理、检测、维护规程,并应保证系统处于准工作状态。维护管理工作,应按本规范附录G的要求进行。

9.0.2 维护管理人员应经过消防专业培训,应熟悉自动喷水灭火系统的原理、性能和操作维护规程。

9.0.3 每年应对水源的供水能力进行一次测定。

9.0.4 消防水泵或内燃机驱动的消防水泵应每月启动运转一次。当消防水泵为自动控制启动时,应每月模拟自动控制的条件启动运转一次。

9.0.5 电磁阀应每月检查并应作启动试验,动作失常时应及时更换。

9.0.6 每个季度应对系统所有的末端试水阀和报警阀旁的放水试验阀进行一次放水试验,检查系统启动、报警功能以及出水情况是否正常。

9.0.7 系统上所有的控制阀门均应采用铅封或锁链固定在开启或规定的状态。每月应对铅封、锁链进行一次检查,当有破坏或损坏时应及时修理更换。

9.0.8 室外阀门井中,进水管上的控制阀门应每个季度检查一次,核实其处于全开启状态。

9.0.9 自动喷水灭火系统发生故障,需停水进行修理前,应向主管值班人员报告,取得维护负责人的同意,并临场监督,加强防范措施后方能动工。

9.0.10 维护管理人员每天应对水源控制阀、报警阀组进行外观检查,并应保证系统处于无故障状态。

9.0.11 消防水池、消防水箱及消防气压给水设备应每月检查一次,并应检查其消防储备水位及消防气压给水设备的气体压力。同时,应采取措施保证消防用水不作它用,并应每月对该措施进行检查,发现故障应及时进行处理。

9.0.12 消防水池、消防水箱、消防气压给水设备内的水,应根据当地环境、气候条件不定期更换。

9.0.13 寒冷季节,消防储水设备的任何部位均不得结冰。每天应检查设置储水设备的房间,保持室温不低于5℃。

9.0.14 每年应对消防储水设备进行检查,修补缺损和重新油漆。

9.0.15 钢板消防水箱和消防气压给水设备的玻璃水位计,两端的角阀在不进行水位观察时应关闭。

9.0.16 消防水泵接合器的接口及附件应每月检查一次,并应保证接口完好、无渗漏、闷盖齐全。

9.0.17 每月应利用末端试水装置对水流指示器进行试验。

9.0.18 每月应对喷头进行一次外观及备用数量检查,发现有不正常的喷头应及时更换;当喷头上有异物时应及时清除。更换或安装喷头均应使用专用扳手。

9.0.19 建筑物、构筑物的使用性质或贮存物存放位置、堆存高度的改变,影响到系统功能而需要进行修改时,应重新进行设计。

附录A 自动喷水灭火系统分部、分项工程划分

自动喷水灭火系统的分部、分项工程可按表A划分。

表A 自动喷水灭火系统分部、分项工程划分

分部工程	序号	子分部工程	分项工程
自动喷水灭火系统	1	供水设施安装与施工	消防水泵和稳压泵安装、消防水箱安装和消防水池施工、消防气压给水设备安装、消防水泵接合器安装
	2	管网及系统组件安装	管网安装、喷头安装、报警阀组安装、其他组件安装
	3	系统试压和冲洗	水压试验、气压试验、冲洗
	4	系统调试	水源测试、消防水泵调试、稳压泵调试、报警阀组调试、排水装置调试、联动试验

附录 B　施工现场质量管理检查记录

施工现场质量管理检查记录应由施工单位质量检查员按表 B 填写，监理工程师进行检查，并作出检查结论。

表 B　施工现场质量管理检查记录

工程名称		
建设单位	监理单位	
设计单位	项目负责人	
施工单位	施工许可证	
序号	项　目	内　容
1	现场质量管理制度	
2	质量责任制	
3	主要专业工种人员操作上岗证书	
4	施工图审查情况	
5	施工组织设计、施工方案及审批	
6	施工技术标准	
7	工程质量检验制度	
8	现场材料、设备管理	
9	其他	
10		
结论	施工单位项目负责人： (签章) 　　　　年 月日	监理工程师： (签章) 　　　　年 月日　　建设单位项目负责人： (签章) 　　　　年 月日

附录 C　自动喷水灭火系统施工过程质量检查记录

C.0.1　自动喷水灭火系统施工过程质量检查记录应由施工单位质量检查员按表 C.0.1 填写，监理工程师进行检查，并作出检查结论。

表 C.0.1　自动喷水灭火系统施工过程质量检查记录

工程名称		施工单位	
施工执行规范名称及编号		监理单位	
子分部工程名称		分项工程名称	
项目	《规范》章节条款	施工单位检查评定记录	监理单位验收记录
结论	施工单位项目负责人： (签章) 　　　　　年 月日	监理工程师(建设单位项目负责人)： (签章) 　　　　　年 月日	

C.0.2　自动喷水灭火系统试压记录应由施工单位质量检查员填写，监理工程师(建设单位项目负责人)组织施工单位项目负责人等进行验收，并按表 C.0.2 填写。

表 C.0.2　自动喷水灭火系统试压记录

工程名称											
施工单位				建设单位							
				监理单位							
管段号	材质	设计工作压力(MPa)	温度(℃)	强度试验				严密性试验			
				介质	压力(MPa)	时间(min)	结论意见	介质	压力(MPa)	时间(min)	结论意见
参加单位	施工单位项目负责人： (签章) 　　年 月 日			监理工程师： (签章) 　　年 月 日				建设单位项目负责人： (签章) 　　年 月 日			

C.0.3　自动喷水灭火系统管网冲洗记录应由施工单位质量检查员填写，监理工程师(建设单位项目负责人)组织施工单位项目负责人等进行验收，并按表 C.0.3 填写。

表 C.0.3　自动喷水灭火系统管网冲洗记录

工程名称							
施工单位		建设单位					
		监理单位					
管段号	材质	冲洗					结论意见
		介质	压力(MPa)	流速(m/s)	流量(L/s)	冲洗次数	
参加单位	施工单位(项目)负责人： (签章) 　年 月 日	监理工程师： (签章) 　年 月 日			建设单位(项目)负责人： (签章) 　年 月 日		

C.0.4 自动喷水灭火系统联动试验记录应由施工单位质量检查员填写，监理工程师(建设单位项目负责人)组织施工单位项目负责人等进行验收，并按表 C.0.4 填写。

表 C.0.4　自动喷水灭火系统联动试验记录

工程名称			建设单位		
施工单位			监理单位		
系统类型	启动信号(部位)	联动组件动作			
		名称	是否开启	要求动作时间	实际动作时间
湿式系统	末端试水装置	水流指示器			
		湿式报警阀			
		水力警铃			
		压力开关			
		水泵			
水幕、雨淋系统	温与烟信号	雨淋阀			
		水泵			
	传动管启动	雨淋阀			
		压力开关			
		水泵			
干式系统	模拟喷头动作	干式阀			
		水力警铃			
		压力开关			
		充水时间			
		水泵			
预作用系统	模拟喷头动作	预作用阀			
		水力警铃			
		压力开关			
		充水时间			
		水泵			
参加单位	施工单位项目负责人：(签章) 年 月 日		监理工程师：(签章) 年 月 日		建设单位项目负责人：(签章) 年 月 日

附录 D　自动喷水灭火系统工程质量控制资料检查记录

自动喷水灭火系统工程质量控制资料检查记录应由监理工程师(建设单位项目负责人)组织施工单位项目负责人进行验收，并按表 D 填写。

表 D　自动喷水灭火系统工程质量控制资料检查记录

工程名称		施工单位		
分部工程名称	资料名称	数量	核查意见	核查人
自动喷水灭火系统	1. 施工图、设计说明书、设计变更通知书和设计审核意见书、竣工图			
	2. 主要设备、组件的国家质量监督检验测试中心的检测报告和产品出厂合格证			
	3. 与系统相关的电源、备用动力、电气设备以及联动控制设备等验收合格证明			
	4. 施工记录表，系统试压记录表，系统管道冲洗记录表，隐蔽工程验收记录表，系统联动控制试验记录表，系统调试记录表			
	5. 系统及设备使用说明书			
结论	施工单位项目负责人：(签章) 年 月 日	监理工程师：(签章) 年 月 日	建设单位项目负责人：(签章) 年 月 日	

附录 E　自动喷水灭火系统工程验收记录

自动喷水灭火系统工程验收记录应由建设单位填写，综合验收结论由参加验收的各方共同商定并签章。

表 E　自动喷水灭火系统工程验收记录

工程名称		分部工程名称	
施工单位		项目负责人	
监理单位		监理工程师	
序号	检查项目名称	检查内容记录	检查评定结果
1			
2			
3			
4			
5			
综合验收结论			
验收单位	施工单位：(单位印章) 项目负责人：(签章) 年 月 日		
	监理单位：(单位印章) 监理工程师：(签章) 年 月 日		
	设计单位：(单位印章) 项目负责人：(签章) 年 月 日		
	建设单位：(单位印章) 项目负责人：(签章) 年 月 日		

附录 F　自动喷水灭火系统验收缺陷项目划分

自动喷水灭火系统验收缺陷项目划分应按表 F 进行。

表 F　自动喷水灭火系统验收缺陷项目划分

缺陷分类	严重缺陷(A)	重缺陷(B)	轻缺陷(C)
包含条款	—	—	8.0.3 条第 1~5 款
	8.0.4 条第 1、2 款	—	—
	—	8.0.5 条第 1~3 款	—
	8.0.6 条第 4 款	8.0.6 条第 1、2、3、5、6 款	8.0.6 条第 7 款
	—	8.0.7 条第 1、2、3、4、6 款	8.0.7 条第 5 款
	8.0.8 条第 1 款	8.0.8 条第 4、5 款	8.0.8 条第 2、3、6、7 款
	8.0.9 条第 1 款	8.0.9 条第 2 款	8.0.9 条第 3~5 款
	—	8.0.10 条	—
	8.0.11 条	—	—
	8.0.12 条第 3、4 款	8.0.12 条第 5~7 款	8.0.12 条第 1、2 款

附录 G　自动喷水灭火系统维护管理工作检查项目

自动喷水灭火系统的维护管理工作应按表 G 进行。

表 G 自动喷水灭火系统维护管理工作检查项目

部 位	工 作 内 容	周期
水源控制阀、报警控制装置	目测巡检完好状况及开闭状态	每日
电源	接通状态,电压	每日
内燃机驱动消防水泵	启动试运转	每月
喷头	检查完好状况、清除异物、备用量	每月
系统所有控制阀门	检查铅封、锁链完好状况	每月
电动消防水泵	启动试运转	每月
消防气压给水设备	检查气压、水位	每月
蓄水池、高位水箱	检测水位及消防储备水不被他用的措施	每月
电磁阀	启动试验	每月
水泵接合器	检查完好状况	每月
水流指示器	试验报警	每季
室外阀门井中控制阀门	检查开启状况	每季
报警阀、试水阀	放水试验,启动性能	每季
水源	测试供水能力	每年
水泵接合器	通水试验	每年
过滤器	排渣、完好状态	每年
储水设备	检查结构材料	每年
系统联动试验	系统运行功能	每年
设置储水设备的房间	检查室温	每天(寒冷季节)

本规范用词说明

1 为便于在执行本规范条文时区别对待,对要求严格程度不同的用词说明如下:

1)表示很严格,非这样做不可的用词:

正面词采用"必须",反面词采用"严禁"。

2)表示严格,在正常情况下均应这样做的用词:

正面词采用"应",反面词采用"不应"或"不得"。

3)表示允许稍有选择,在条件许可时首先应这样做的用词:

正面词采用"宜",反面词采用"不宜";

表示有选择,在一定条件下可以这样做的用词,采用"可"。

2 本规范中指明应按其他有关标准、规范执行的写法为"应符合……的规定"或"应按……执行"。

中华人民共和国国家标准

自动喷水灭火系统施工及验收规范

GB 50261—2005

条 文 说 明

目　次

1 总　则

1.0.1 本条为制定本规范的目的。

自动喷水灭火系统是目前人们在生产、生活和社会活动的各个主要场所中最普遍采用的一种固定灭火设备。国内外应用实践证明，自动喷水灭火系统具有灭火效率高、不污染环境、寿命长、经济适用、维护简便等优点。尤其是当今世界，环境污染日趋严重，自动喷水灭火就更加突出了它的优点。所以自动喷水灭火系统问世近 200 年来，至今仍处于兴盛发展状态，是人们同火灾作斗争的主要手段之一。近 200 年来，世界各国尤其是一些经济发达的国家，在自动喷水灭火系统产品开发、标准制定、应用技术及规范方面做了大量的研究试验工作，积累了丰富的技术资料和成功的经验，为该项技术的发展和应用提供了有利的条件；目前许多国家仍把该项技术研究作为消防技术方面重要的研究项目，集中了较大的财力和技术力量从事研究工作，为使该项技术尽快达到"高效、经济、可靠、智能化"的目标而努力。不少国家，如美、英、日、德等，制定了设计安装规范，对系统的设计、安装、维护管理等方面的技术要求和工作程序做了较详细的规定，并根据研究成果和应用中的经验及提出的问题随时进行修订，一般一、二年就修订一次。不少宝贵经验值得我们借鉴。

近 20 年来，我国自动喷水灭火技术发展很快，尤其是国家标准《自动喷水灭火系统》GB 5135 和《自动喷水灭火系统设计规范》GB 50084 发布实施以后，技术研究和推广应用出现了突飞猛进的新局面。在自动喷水灭火系统产品开发、制定技术标准、应用技术研究诸方面，取得了不少适合国情、具有应用价值的成果；生产厂家已近百家，仅洒水喷头年产量就达 1000 万只以上，且系统产品已形成配套，产品结构及质量接近国际先进水平，基本上可满足国内市场需要。应用方面，从初期主要集中在一些新建高层涉外宾馆中使用，到如今在一些火灾危险性较大的生产厂房、仓库、汽车库、商场、文化娱乐场所、医院、办公楼等地上、地下场所都较普遍选用自动喷水灭火系统，应用日趋广泛。

已安装的自动喷水灭火系统在人们同火灾作斗争中已发挥了重要作用，及时扑灭了火灾，有效地保护了人民生命和财产安全。像辽宁科技中心、深圳国贸大厦等多处发生在高层建筑物内的火灾，如没有自动喷水灭火系统及时启动扑灭，其后果是不堪设想的。人们永远不会忘记天鹅饭店、大连饭店、唐山林西商场、阜新艺苑歌舞厅、克拉玛依友谊宾馆、珠海前山纺织城等火灾造成的惨剧。可以说：在凡是能用水进行灭火的场所，都普遍地采用自动喷水灭火系统，一些群死群伤的惨剧是完全可以避免的。

在自动喷水灭火系统的推广应用中，还存在一些亟待解决的问题，如工程施工、竣工验收、维护管理等影响自动喷水灭火系统功能的关键环节，目前还无章可循，致使一些已安装的系统不能处于正常的准工作状态，个别系统发生误动、火灾发生后灭火效果不佳，有的系统甚至未起作用，造成一些不必要的损失。从首次调查收集的国内 1985 年以来安装的自动喷水灭火系统建筑火灾案例看，23 起中，成功的 14 起，占 61%；不成功的 9 起，其中水源阀被关的 3 起，维护管理不善的 3 起，未设专用水源的 1 起，设计不符合规范要求和安装错误的 2 起。从灭火效果来看，与它本身应达到目标距离还很大。国内已安装的自动喷水灭火系统的现状更令人担忧，从调查情况看，存在的问题还是相当严重的。某省对 394 幢高层建筑消防设施检查结果：23 幢合格，占 7.6%；42 幢基本合格，占 13.8%；水消防系统合格率约为 20%。某市对 83 幢高层建筑消防设施检查结果：全面符合消防要求的占 20%；其中消火栓系统合格率为 31.75%，自动喷水灭火系统合格率为 27.78%。此种状态，其他地区也较普遍存在，只是程度不同而已。火灾案例

和调查发现的问题，究其原因，除一些属于产品质量和设计不符合规范要求外，大都属于系统工程施工质量不佳、竣工验收不严、维护管理差所致。主要表现在：

一是施工队伍素质差。工程质量难以确保系统功能，在施工中造成系统关键部件损伤的现象也时有发生。

二是竣工验收无统一的、科学的程序和标准。大多数工程验收是采用参观、听汇报、评议等一般做法，缺乏技术依据，故难以把好验收关。

三是维护管理差。大多数工程交付使用后，无维护管理制度，更谈不上日常维护管理，有的虽有管理人员，但大多数不懂专业，既发现不了隐患，更谈不上排除隐患和故障。

本规范的编制，为施工、使用单位和消防机构提供了一本科学的、统一的技术标准；为解决自动喷水灭火系统应用中存在的问题，以确保系统功能，使其在保护人身和财产安全中发挥更大作用，具有重要的意义。

1.0.2 本条规定了本规范的适用范围。其适用范围与国家标准《自动喷水灭火系统设计规范》GB 50084 规定基本一致，不同的是，本规范未强调不适用范围，主要考虑了以下几方面的因素。

本规范是一本专业技术规范，主要对自动喷水灭火系统工程施工、竣工验收、维护管理三个主要环节中的技术要求和工作程序做了规定，不涉及使用场所等问题。

自动喷水灭火系统是一门较成熟的技术，用于不同场所的主要系统类型，其结构、性能特点、使用要求已经定型，短期内不会有大的变化；规范编制中根据目前应用的系统类型的结构特点、工作原理归纳分类，既掌握了其共同点又突出了个性，就工程施工、竣工验收、维护管理中对系统功能影响较大的主要技术问题都做了明确规定，实施时，对同一类型系统来讲，不同应用场所对其效果没有多大影响，只要按本规范执行，就能确保系统功能，达到预期目的。就目前掌握的资料，尚无必要和依据对其不适用范围做明确规定。

1.0.3 本条阐明本规范是与国家标准《自动喷水灭火系统设计规范》GB 50084 配套的一本专业技术法规，在建筑物或构筑物设置自动喷水灭火系统，其系统工程施工、竣工验收、维护管理应按本规范执行。至于系统设计应按国家标准《自动喷水灭火系统设计规范》GB 50084 执行；相关问题还应按国家标准《建筑设计防火规范》GBJ 16、《高层民用建筑设计防火规范》GB 50045、《汽车库、修车库、停车场设计防火规范》GB 50067、《人民防空工程设计防火规范》GB 50098 等有关规范执行。另外，由于自动喷水灭火系统组件中应用其他定型产品较多，如消防水泵、报警控制装置等，在本规范制定中是针对整个系统的功能而统一考虑的，与专业规范相比，只是原则性要求，因而在执行中，遇到问题，还应按国家现行标准及规范，如国家标准《工业金属管道工程施工及验收规范》GB 50235、《火灾自动报警系统施工验收规范》GB 50166、《机械设备安装工程施工及验收通用规范》GB 50231、《压缩机、风机、泵安装工程施工及验收规范》GB 50275 等专业规范执行。

2 术　语

本章内容是根据 1991 年国家技术监督局、建设部关于"工程建设国家标准发布程序问题的商谈纪要"的精神和"工程建设技术标准编写暂定办法"中的有关规定编写的。

主要拟定原则是：列入本规范的术语是本规范专用的，在其他规范标准中未出现过的；对于在本规范中出现较多，其定义不统一或不全面，执行中容易造成误解，有必要列出的，也择重考虑列出。在具体定义中，根据"确定术语的一般原则与方法"、"标准化基本术语"的有关规定，全面分析、抓住实质、突出特性，尽量做到定义准确、简明、易懂，同时考虑国内长期以来工程技术人员的习惯性和术语的通用性，避免重复与矛盾。

3 基本规定

3.1 质量管理

3.1.1 按自动喷水灭火系统的特点,对分部、分项工程进行划分。

3.1.2 本条对施工企业的资质要求作出了规定。

近年来,随着自动喷水灭火系统的应用日渐广泛,消防工程施工企业发展很快,近20年来,我们调查了解的情况是:由于施工企业的管理水平较差,施工专业技术人员的素质不高,以及大多数施工企业根本不重视技术,造成工程质量差的问题较多。已安装的系统不能开通;有的因安装工人不懂产品结构和技术性能,安装中造成关键性部件损伤,致使系统发生误动;有的因安装质量差而发生水害,有的又未能及时修理、排除故障,而被迫关闭整个系统,等等。根据消防工程的特殊性,对系统施工队伍的资质要求及其管理问题作统一的规定是必要的,因此在总结各方面实践经验和参考相关规范的基础上,拟定了本条规定。

施工队伍的素质是确保工程施工质量的关键,这是不言而喻的。强调专业培训、考核合格是资质审查的基本条件,要求从事自动喷水灭火系统工程施工的技术人员、上岗技术工人必须经过培训,掌握系统的结构、作用原理、关键组件的性能和结构特点、施工程序及施工中应注意的问题等专业知识,确保系统的安装、调试质量,保证系统正常可靠地运行。

3.1.3 施工方案对指导工程施工和提高施工质量,明确质量验收标准很有效,同时监理或建设单位审查利于互相遵守,故对此提出要求。

按照《建设工程质量管理条例》的精神,结合《建筑工程施工质量验收统一标准》GB 50300,抓好施工企业对项目质量的管理,所以施工单位应有技术标准和工程质量检测仪器、设备,实现过程控制。

3.1.4 本条规定了系统施工前应具备的技术、物质条件。

拟定本条时,参考了国家标准《建筑给水排水及采暖工程施工质量验收规范》GB 50242和《工业金属管道工程施工及验收规范》GB 50235的相关内容,总结了国内近年来一些消防工程公司在施工过程中的一些实际做法和经验教训,进行了全面的综合分析。这些规定是施工前应具备的基本条件。还规定了施工图及其他技术文件应齐全,这是施工前必备的首要条件。条文中其他有关技术文件没有列出相关名称,主要考虑到目前各地做法和要求尚难以统一,这些文件包括:产品明细表、施工程序、施工技术要求、工程质量检验制度等,现在作原则性的规定有利于执行。技术交底过去未引起足够的重视,有的做了也不太严格、仔细,施工质量得不到保证,本条规定向监理(建设)单位技术交底,便于对施工过程进行监督,保证施工质量。施工的物质准备充分、场地条件具备,与其他工程协调得好,可以避免一些影响工程质量的问题发生。

3.1.5 为保证工程质量,强调施工单位无权任意修改设计图纸,应按批准的工程设计文件和施工技术标准施工。

3.1.6 本条较具体的规定了系统施工过程质量控制的主要方面。

一是按施工技术标准控制每道工序的质量;二是施工单位每道工序完成后除了自检、专职质量检查员检查外,还强调了工序交接检查,上道工序还应满足下道工序的施工条件和要求;同样相关专业工序之间也应进行中间交接检验,使各工序和各相关专业之间形成一个有机的整体;三是工程完后应进行调试,调试应按自动喷水灭火系统的调试规定进行。

3.1.8 对系统组件、管件及其他设备、材料进行现场检查,对提高工程质量是非常必要的,检查不合格者不得使用是确保工程质量的重要环节,故在此加以要求。

3.1.9 对分部工程质量验收的人员加以明确,便于操作。同时提

出了填写工程验收记录的要求。

3.2 材料、设备管理

3.2.1 本条规定了施工前应对自动喷水灭火系统采用的喷头、阀门、管材、供水设施及监测报警设备等进行现场检查。

从近十年系统应用的实际情况看,自动喷水灭火系统产品生产厂家存在送检取证的质量与实际生产销售的产品质量不一致、劣质产品流行,个别厂家甚至买合格产品去送检,以及个别用户因考虑经济或其他原因而随意更换设计选用产品等现象屡有发生,因产品质量问题而造成系统误喷、误动作,影响到系统的可靠性和灭火效果。因此,系统选用的各种组件和材料到达施工现场后,施工单位和建设单位还应主动认真地进行检查验收,把隐患消灭在安装前,这样做对确保系统功能是至关重要的。

对系统选用的一般组件和材料,如各种阀门、压力表、加速器、空气压缩机、管材管件及稳压泵、消防气压给水设备等供水设施提出了一般性的质量保证要求和规定,现场应检查其产品是否与设计选用的规格、型号与生产厂家相符,各种技术资料、出厂合格证等是否齐全。

把消防水泵、稳压泵、水泵接合器列入系统组件,并把近年来在不少系统工程中设计采用的自动排气阀、信号阀、多功能水泵控制阀、止回阀、减压阀、泄压阀等配件也列入了质量监督的内容。主要是根据应用中的自动喷水灭火系统的总体、合理的结构,并根据这些产品在系统中的作用两方面因素来确定的。

消防水泵、水泵接合器是给自动喷水灭火系统提供灭火剂——水的设备,稳压泵是保持系统在准工作状态下符合设计水压要求的专用设备,把它们列为系统组件并规定相应要求是合理的。这里应特别强调的是,消防水泵一是指专用消防水泵,二是指达到国家标准《消防泵性能要求和试验方法》GB 6245要求的普通清水泵。过去没有引起消防界的重视,一贯的认为和做法是普通清水泵就可以作消防水泵,错误认识必须纠正。消防水泵在性能上特别强调的是它的可靠性和稳定性及启动的灵敏性。消防水泵一般是平时备而不用,一旦使用场所发生火灾,它就应灵敏启动,并快速达到额定工作压力和流量要求的工作状态。国内外的自动喷水灭火系统工程,因为供水不能达到要求而致使系统在火灾时不起作用或灭火效果不佳的教训很多。

3.2.2 本条对自动喷水灭火系统采用的管材、管件安装前应进行现场外观检查进行了规定,系参考国家标准《工业金属管道工程施工及验收规范》GB 50235有关条文改写。该规范中的管材及管件的检验一章,涉及的是高、中、低压及各种材质的管材、管件的检验,而自动喷水灭火系统涉及的只是低压,且大多是镀锌钢管,故根据自动喷水灭火系统的基本要求,结合国家标准《工业金属管道工程施工及验收规范》GB 50235的有关规定,对系统选用的管材、管件提出了一般性的现场检查要求。本条规定镀锌钢管应使用热镀锌钢管是为了与设计规范一致;同时也提醒有关单位的工程技术人员,系统中采用冷镀锌管是不允许的。目前市场上销售的一些管材,尺寸不能满足要求,因此本条对钢管的内外径提出了要求。

3.2.3 本条对喷头在施工现场的检查提出了要求。总的原则是既能保证系统采用喷头的质量,又便于施工单位实施的基本检查项目。国家标准《自动喷水灭火系统 第1部分:洒水喷头》GB 5135.1,对喷头的检验提出了19条性能要求,23项性能试验,包括喷头的外观检查、密封性能、布水性能、流量特性系数、功能试验、水冲击试验、振动试验、高低温试验、静态动作温度试验、SO_2腐蚀、应力腐蚀、盐雾腐蚀、工作荷载、框架强度、热敏感元件强度、溅水盘强度、疲劳强度、热稳定性能、机械冲击、环境温度试验以及灭火试验等。尽管本规范第3.2.1条中对喷头提出了严格的质量要求,要求采用经国家消防产品质量监督检验中心检测合格的喷头,但这仅仅是对生产厂家按国家标准《自动喷水灭火系统 第1

部分:洒水喷头》GB 5135.1 的规定所做的型式试验的送检产品而言,多年来喷头的实际生产、应用表明,由于生产厂家在喷头出厂前未严格进行密封性能等基本项目的检测试验或因运输过程的振动碰撞等原因造成的隐患,致使喷头安装后漏水或系统充水后热敏元件破裂造成误喷等不良后果,为避免这类现象发生,本条要求施工单位除对喷头进行外观检查外,还应对喷头做一项最重要最基本的密封性能试验。这条规定是必要而且可行的。其试验方法按国家标准《自动喷水灭火系统　第 1 部分:洒水喷头》GB 5135.1 的规定,喷头在一定的升压速率条件下,能承受 3.0MPa 静水压 3min,无渗漏。为便于施工单位执行,本条未对升压速率作规定,仅要求喷头能承受 3.0MPa 静水压 3min,在喷头密封处无渗漏即为合格。条文中"每批"是指同制造厂、同规格、同型号、同时到货的同批产品。

3.2.4　本条主要是与相应的产品国家标准《自动喷水灭火系统　第 1 部分:洒水喷头》GB 5135.1、《自动喷水灭火系统　第 2 部分:湿式报警阀、延迟器、水力警铃》GB 5135.2 和《自动喷水灭火系统　第 5 部分:雨淋报警阀》GB 5135.5 保持一致,更便于执行。本条对阀门及其附件,尤其是报警阀门及其附件在施工现场的检验作出了规定。阀门及其附件系指报警阀、水源控制阀、止回阀、信号阀、排气阀、闸阀、电磁阀、泄压阀以及水力警铃、延迟器、水流指示器、压力开关、压力表等,为了保证这些零配件的安装质量,施工前必须按标准逐一检查,对其中的重要组件报警阀及其附件,因为由厂家配套供应,且零配件很多,施工单位安装前除检查其配套齐全和合格证明材料外,还应逐个进行渗漏试验,以保证报警阀安装后的基本性能。试验方法按照国家标准《自动喷水灭火系统　第 2 部分:湿式报警阀、延迟器、水力警铃》GB 5135.2 的规定,除阀门进、出水口外,堵住阀门其余各开口,阀瓣关闭,充水排除空气后,在阀瓣系统侧加 2 倍额定工作压力的静水压,保持 5min,根据置于阀下面的纸是否有湿痕来判断是否渗漏,无渗漏为合格。

3.2.5　本条是根据近年来在系统工程中进一步完善了系统的结构,采用了不少有利于确保系统功能的新产品、新技术;认真分析了收集到的技术资料和各地公安消防部门、工程设计和工程建设应用单位的意见,对系统使用的自动监测装置和电动报警装置提出了现场的检查要求。这些装置包括自动监测水池水箱的水位,干式喷水灭火系统的最高、最低气压,预作用喷水灭火系统的最低气压,水源控制阀门的开闭状况以及系统动作后压力开关、水流指示器、自动排气阀、减压阀、多功能水泵控制阀、止回阀、信号阀、水泵接合器的动作信号等,所有监测及报警信号均汇集在建筑物的消防控制室内,为了安装后不致发生故障或者发生故障时便于查找,施工前应检查水流指示器、水泵接合器、多功能水泵控制阀、减压阀、止回阀这些装置的各种标志,并进行主要功能检查,不合格者不得安装使用。

4　供水设施安装与施工

此次修订依据国家标准《建筑工程施工质量验收统一标准》GB 50300,对施工项目划分为主控项目和一般项目。主控项目指建筑工程中对安全、卫生、环境保护和公众利益起决定性作用的检验项目,本规范的主控项目是指对自动喷水灭火系统功能起决定性作用的项目。一般项目指除主控项目以外的检验项目。

4.1　一般规定

4.1.1　本条主要对消防水泵、水箱、水池、气压给水设备、水泵接

合器等几类供水设施的安装作出了具体的要求和规定,目前自动喷水灭火系统主要采用这几类供水方式。

由于施工现场的复杂性,浮土、麻絮、水泥块、铁块等杂物非常容易进入管道和设备中。因此自动喷水灭火系统的施工要求更高,更应注意清洁施工,杜绝杂物进入系统。例如 1985 年,某设计研究院曾在某厂做雨淋系统灭火强度试验,试验现场管道发生严重堵塞,使用了 150t 水冲洗,都冲洗不净。最后只好重新拆装,发现石块、焊渣等物卡在管道拐弯处、变径处,造成水流明显不畅。因此本条强调安装中断时敞口处应做临时封闭,以防杂物进入未安装完毕的管道与设备中。

4.1.2　本条对消防供水设施的防护措施和安装位置提出了要求。在实际工程中存在消防泵泵轴不加防护罩等不安全因素;水泵房没有排水设施或排水设施排水能力有限、通风条件不好等因素,这些因素对于供水设施的操作和维护都有影响。

4.1.3　本条规定消防用水直接与市政或生活供水连接时,为了防止消防用水污染生活用水,应安装倒流防止器。

倒流防止器分为不带过滤器的倒流防止器和带过滤器的倒流防止器,前者由进水止回阀、出水止回阀和泄水阀三部分组成,后者由带过滤装置的进水止回阀、出水止回阀和泄水阀三部分组成。倒流防止器上有特定的弹簧锁定机构,泄水阀的"进气—排水"结构可以预防背压倒流和虹吸倒流污染。

4.1.4　本条对供水设施安装时的环境温度作了规定,其目的是为了确保安装质量、防止意外损伤。供水设施安装一般要进行焊接和试水,若环境温度低于 5℃,又未采取保护措施,由于温度剧变、物质体态变化而产生的应力极易造成设备损伤。

4.2　消防水泵安装

4.2.1　本条对消防水泵安装前的要求作出了规定。为确保施工单位和建设单位正确选用设计中选用的产品,避免不合格产品进入自动喷水灭火系统,设备安装和验收时注意检验产品合格证和安装使用说明书及其产品质量是非常必要的。

4.2.2　本条规定的消防水泵安装要求,是直接采用现行国家标准《机械设备安装工程施工及验收通用规范》GB 50231、《压缩机、风机、泵安装工程施工及验收规范》GB 50275 的有关规定。

4.2.3　本条对吸水管及其附件安装提出了要求。不应采用没有可靠锁定装置的蝶阀,其理由是一般蝶阀的结构,阀瓣开、关是用涡杆传动,在使用中受振动时,阀瓣容易变位,改变其规定位置,带来不良后果。美国 NFPA13 也有相关规定。本次修订,考虑到蝶阀在国内工程中应用较多,且有诸如体积小、占用空间位置小、美观等特点,只要克服其原结构不能锁定的问题,有可靠锁定装置的蝶阀,用于自动喷水灭火系统应允许。本条修订是符合国情的。关于蝶阀的选用,从目前已做好的工程反馈回来的情况看,对夹式蝶阀在管道充满水后存在很难开闭甚至无法开闭的情况,这与对夹式蝶阀的构造有关,可能给系统造成隐患,故不允许使用对夹式蝶阀。

消防水泵吸水管的正确安装是消防水泵正常运行的根本保证。吸水管上应安装过滤器,避免杂物进入水泵。同时该过滤器应便于清洗,确保消防水泵的正常供水。

吸水管上安装控制阀是便于消防水泵的维修。先固定消防水泵,然后再安装控制阀门,以避免消防水泵承受应力。

当消防水泵和消防水池位于独立基础上时,由于沉降不均匀,可能造成消防水泵吸水管受内应力,最终应力加在消防水泵上,将会造成消防水泵损坏。最简单的解决方法是加一段柔性连接管(见图1)。

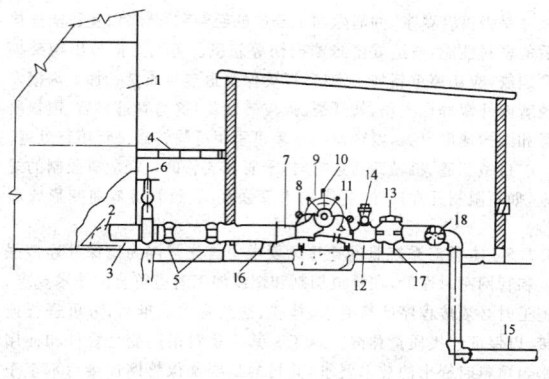

图 1 消防水泵消除应力的安装示意图(摘自NFPA20)
1—消防水池;2—进水弯头;1.2m×1.2m的方形防涡流板,高出水池底部距离为吸水管径的1.5倍,但最小为152mm;3—吸水管;4—防冻盖板;5—消除应力的柔性连接管;6—闸阀;7—偏心异径管头;8—吸水压力表;9—卧式泵体可分式消防泵;10—自动排气装置;11—出水压力表;12—渐缩的出水三通;13—多功能水泵控制阀或止回阀;14—泄压阀;15—出水管;16—泄水阀或球形滴水器;17—管道支座;18—指示性闸阀或指示性蝶阀

消防水泵吸水管安装若有倒坡现象则会产生气囊,采用大小头与消防水泵吸水口连接,如果是同心大小头,则在吸水管上部有倒坡现象存在。异径管的大小头上部会存留从水中析出的气体,因此应采用偏心异径管,且要求吸水管的上部保持平接(见图2)。

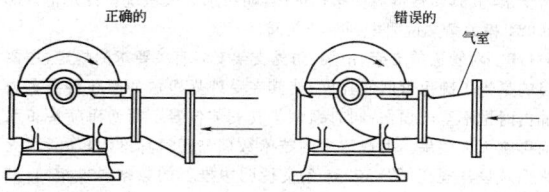

正确的　　　　　　　　错误的　　气室

图 2　正确和错误的水泵吸水管安装示意图

美国NFPA20第2.9.6条也明确规定:吸水管应当精心敷设,以免出现漏气和气囊现象,其中任何一种现象均可严重影响消防水泵的运转。

4.2.4　本条对消防水泵出水管的安装要求作了规定。消防水泵组的总出水管上强调安装泄压阀,主要考虑了自动喷水灭火系统在日常维护管理中,消防水泵启停和系统试验较频繁,经常发生非正常承压,没有泄压阀很容易造成管道崩裂现象。例如某高层建筑,高压自动喷水灭火系统的消防水泵扬程达125m,在安装调试阶段开泵前没有将回水阀打开,结果造成系统底部的钢制管件崩裂。

压力表的缓冲装置可以是缓冲弯管,或者是微孔缓冲水囊等方式,既可保护压力表,也可使压力表指针稳定。

多功能水泵控制阀由阀体、阀盖、膜片座、膜片、主阀板、缓闭阀板、衬套、阀杆、主阀板座、缓闭阀板座和控制管系统等零部件组成。具有水力自动控制、启泵时缓开、停泵时先快闭后缓闭的特点,兼有水泵出口处水锤消除器、闸(蝶)阀、止回阀三种产品的功能,有利于消防水泵自动启动和供水系统安全;多功能水泵控制阀结构性能符合《多功能水泵控制阀》CJ/T 167的规定,它是一种新型两阶段关闭的阀门,现实际工程中应用很多,故增加该阀的安装要求。

4.3　消防水箱安装和消防水池施工

4.3.1　本条规定的消防水池、消防水箱的施工和安装,是直接采用现行国家标准《给水排水构筑物施工及验收规范》GBJ 141、《建筑给水排水及采暖工程施工质量验收规范》GB 50242的有关规定。

4.3.2　消防水备而不用,尤其是消防专用水箱,水存的时间长了,水质会慢慢变坏,增加杂质。除锈、防腐做得不好,会加速水中的电化学反应,最终造成水箱锈损,因此本条作了相应的规定。

4.3.3　消防水池、消防水箱安装完毕后应有供检修用的通道,通道的宽度与现行国家标准《建筑给水排水设计规范》GB 50015一致。日常的维护管理需要有良好的工作环境。本条提出的水池(箱)间的主要通道、四周的检修通道是保证维护管理工作顺利进行的基本要求。

4.3.4　本条规定的目的要确保储水不被污染。消防水池、消防水箱的溢流管、泄水管排出的水应间接流入排水系统。规范组调研时曾发现有的施工单位将溢流管、泄水管汇集后,没有采取任何隔离措施直接与排水管连接。正确施工是将溢流管、泄水管排出的水先直接排至水池间地面,再通过地面的地漏将水排走。而使用单位为使地面不湿,用软管一端连接溢流管、泄水管,另一端直接插入地漏,这种不正确的使用现象屡见不鲜。所以本条单独列出,以引起施工单位及使用单位的重视。

4.4　消防气压给水设备和稳压泵安装

本节对消防气压给水设备和稳压泵的安装要求作了规定。消防气压给水设备作为一种提供压力水的设备在我国经历了数十年的发展和使用,特别是近十年来经过研究和改进,日趋成熟和完善。产品标准已制定、发布、实施,一般生产类设备的厂家都是整体装配完毕,调试合格后再出厂,因此在设备的安装过程中,只要不发生碰撞且进水管、出水管、充气管的标高、管径等符合设计要求,其安装质量是能够保证的。

对稳压泵安装前的要求作出了规定,主要为确保施工单位和建设单位正确选用设计中选用的产品,避免不合格产品进入自动喷水灭火系统,设备安装和验收时注意检验产品合格证和安装使用说明书及其产品质量是非常必要的。而且要求稳压泵安装直接采用现行国家标准《机械设备安装工程施工及验收通用规范》GB 50231、《压缩机、风机、泵安装工程施工及验收规范》GB 50275的有关规定。

4.5　消防水泵接合器安装

4.5.1　本条规定主要强调消防水泵接合器的安装顺序,尤其重要的是止回阀的安装方向一定要保证水通过接合器进入系统。

规范编制组曾在北京地区调研,据北京市消防局火调处、战训处介绍,发现数例将消防水泵接合器中的止回阀装反,造成无法向系统内补水的事例。主要原因是安装人员和基层的管理人员不清楚消防水泵接合器的作用造成的。因此强调安装顺序和方向是很有必要的。

随着消防水泵接合器新产品的不断涌现且被采纳,此条文不完全适用于现阶段各种产品的使用,增加"整体结构的消防水泵接合器"的安装要求。

4.5.2　消防水泵接合器主要是消防队在火灾发生时向系统补充水用的。火灾发生后,十万火急,由于没有明显的类别和区域标志,关键时刻找不到或消防车无法靠近消防水泵接合器,不能及时准确补水,造成不必要的损失,这种实际教训是很多的,失去了设置消防水泵接合器的作用。

墙壁消防水泵接合器安装位置不宜低于0.7m是考虑消防队员将水龙带对接消防水泵接合器口时便于操作提出的,位置过低,不利于紧急情况下的对接。国家标准图集《消防水泵接合器安装》99S203中,墙壁式消防水泵接合器离地距离为0.7m,设计中多按此预留孔洞,本次修订将原来规定的1.1m改为0.7m是为了协调统一。

为与国家标准《建筑设计防火规范》GBJ 16相关条文适应,消防水泵接合器与门、窗、孔、洞保持不小于2.0m的距离。主要从两点考虑:一是火灾发生时消防队员能靠近对接,避免火舌从洞孔处燎伤队员；二是避免消防水龙带被烧坏而失去作用。

4.5.3 地下消防水泵接合器井口在井内，太低不利于对接，太高不利于防冻。0.4m 的距离适合 1.65m 身高的队员俯身后单臂操作对接。太低了则要到井下对接，不利于火场抢时间的要求。冰冻线低于 0.4m 的地区可由设计人员选用双层防冻室外阀门井井盖。

4.5.4 本条规定阀门井应有防水和排水设施是为了防止井内长期灌满水，阀体锈蚀严重，无法使用。

5 管网及系统组件安装

5.1 管网安装

5.1.1 本条对系统管网选用的钢管材质作了明确的规定，是根据国内在工程施工时因管材随意选用，造成质量问题而提出的。

随着人民生活水平的提高，有的自动喷水灭火系统工程中使用了铜管、不锈钢管等其他管材，它们的性能指标、安装使用要求应符合相应技术标准的要求，在注中加以说明。

5.1.2 本条规定主要研究了国内外自动喷水灭火系统管网连接技术的现状及发展趋势、规范实施后各地反映出的系统施工管网安装中出现的问题、国内新管件开发应用情况等，同时考虑了与设计规范内容保持一致。管网安装是自动喷水灭火系统工程施工中，工作量最大，也是工程质量最容易出现问题和存在隐患的环节。管网安装质量的好坏，将直接影响系统功能和系统使用寿命。对管道连接方法的规定，是从确保管网安装质量、延长使用寿命出发，在充分考虑国内施工队伍素质、国内管件质量、货源状况的基础上，尽量提高要求。

取消焊接，不仅是因为焊接直接破坏了镀锌管的镀锌层，加速了管道锈蚀；而且是不少工程采用焊接，不能保证安装质量要求，隐患不少，为确保系统施工质量必须取消焊接连接方法。本规定增加了沟槽式管件连接方法，沟槽式管件是我国 1998 年开发成功并及时投放市场的新型管件，它具有强度高、安装维护方便等特点，适合用于自动喷水灭火系统管道连接。

5.1.3 本条对管网安装前应对其主要材料管道进行校直和净化处理作了规定。

管网是自动喷水灭火系统的重要组成部分，同时管网安装也是整个系统安装工程中工作量最大、较容易出问题的环节，返修也是较繁杂的部分。因而在安装时应采取行之有效的技术措施，确保安装质量，这是施工中非常重要的环节。本条规定的目的是要确保管网安装质量。未经校直的管道，既不能保证加工质量和连接强度，同时连成管网后也会影响其他组件的安装质量，管网造型布局既困难也不美观，所以管道在安装前应校直。在自动喷水灭火系统安装工程中因未做净化处理而致使管网堵塞的事例是很多的，因此规定在管网安装前应清除管材、管件内的杂物。

管道的防腐工作，一般工程是在管网安装完毕且试压冲洗合格后进行，但在具有腐蚀性物质的场所，对管道的抗腐蚀能力要求较高，安装前应按设计要求对管材、管件进行防腐处理，增强管网的防腐蚀能力，确保系统寿命。

5.1.4 沟槽式管件连接是管道连接的一种新型连接技术，过去在外资企业的自动喷水灭火工程中引进国外产品已开始应用。我国 1998 年开发成功沟槽式管件，很快在工程中被采用。把该种连接技术写入规范，是因为该种连接方式具有施工、维修方便，强度密封性能好、美观等优点；工程造价与法兰连接相当。

沟槽式管件连接施工时的技术要求，主要是参考生产厂家提供的技术资料和总结工程施工操作中的经验教训的基础上提出的。沟槽式管件连接施工时，管道的沟槽和开孔应用专用的滚槽机、开孔机进行加工，应按生产厂家提供的数据，检查沟槽和孔口

尺寸是否符合要求，并清除加工部位的毛刺和异物，以免影响连接后的密封性能，或造成密封圈损伤等隐患。若加工部位出现破损性裂纹，应切掉重新加工沟槽，以确保管道连接质量。加工沟槽发现管内外镀锌层损伤，如开裂、掉皮等现象，这与管道材质、镀锌质量和滚槽速度有关，发现此类现象可采用冷喷锌罐进行喷锌处理。

机械三通、机械四通连接时，干管和支管的口径应有限制的规定，如不限制开孔尺寸，会影响干管强度，导致管道弯曲变形或离位。

5.1.5 本条对系统管网连接的要求中首先强调为确保其连接强度和管网密封性能，在管道切割和螺纹加工时应符合的技术要求。施工时必须按程序严格要求、检验，达到有关标准后，方可进行连接，以保证连接质量和减少返工。其次是对采用变径管件和使用密封填料时提出的技术要求，其目的是要确保管网连接后不至于增大系统管网阻力和造成堵塞。

5.1.6 本条修订特别强调的是焊接法兰连接。焊接法兰连接，焊接后要求必须重新镀锌或采用其他有效防锈蚀的措施，法兰连接推荐采用螺纹法兰；焊接后应重新镀锌再连接，因焊接时破坏了镀锌钢管的镀锌层，如不再镀锌或采取其他有效防腐措施进行处理，必然会造成加速焊接处的腐蚀进程，影响连接强度和寿命。螺纹法兰连接，要求预测对接位置，是因为螺纹紧固后，工程施工经验证明，一旦改变其紧固状态，其密封处，密封性将受到影响，大都在连接后，因密封性能达不到要求而返工。

5.1.7 本条规定是为了便于系统管道安装、维修方便而提出的基本要求，其具体数据与国家标准《自动喷水灭火系统设计规范》GB 50084 相关条文说明中列举的相同。

5.1.8 对管道的支架、吊架、防晃支架安装有关要求的规定，主要目的是为了确保管网的强度，使其在受外界机械冲撞和自身水力冲击时也不至于损伤；同时强调了其安装位置不得妨碍喷头布水而影响灭火效果。本规定中的技术数据与国家标准《自动喷水灭火系统设计规范》GB 50084 条文说明中推荐的数据要求相同，其他的一些规定参考了 NFPA13 等有关技术资料。

第 5 款管道设置防晃支架的距离是参考现行国家标准《通风与空调工程施工质量验收规范》GB 50243 的有关规定。

5.1.9 本条规定主要是为了防止在使用中管网不至于因建筑物结构的正常变化而遭到破坏，同时为了检修方便，参考了国家标准《工业金属管道工程施工及验收规范》GB 50235 相关条文的规定。

5.1.10 本条规定考虑了干式、雨淋等系统动作后尽量排净管中的余水，以防冰冻致使管网遭到破坏。对其他系统来说日久需检修或更换组件时，也需排净管网中余水，以利于工作。

5.1.11 本条规定的目的是为了便于识别自动喷水灭火系统的供水管道，着红色与消防器材色标规定相一致。在安装自动喷水灭火系统的场所，往往是各种用途的管道排在一起，且多而复杂，为便于检查、维护，作出易于辩识的规定是必要的。规定红圈的最小间距和环圈宽度是防止个别工地仅做极少的红圈，达不到标识效果。

5.1.12 本条规定主要目的是为了防止安装时异物进入管道、堵塞管网的情况发生。

5.2 喷头安装

5.2.1 本条对喷头安装的前提条件作了规定。其目的一是为了保护喷头，二是为了防止异物堵塞喷头，影响喷头喷水灭火效果。根据国外资料和国内调研情况，自动喷水灭火系统失败的原因中，管网输水不畅和喷头被堵塞占有一定比例，主要是由于施工中管网冲洗不净或是冲洗管网时杂物进入已安装喷头的管件部位造成的。为防止上述情况发生，喷头的安装应在管网试压、冲洗合格后进行。

5.2.2、5.2.3 此两条对喷头安装时应注意的几个问题提出了要求，目的是为了防止在安装过程中对喷头造成损伤，影响其性能。

喷头是自动喷水灭火系统的关键组件,生产厂家按照国标要求经过严格的检验合格后方可出厂供用户使用,因此安装时不得随意拆装、改动。编制组在调研中发现,不少使用单位为了装修方便,给喷头刷漆和喷涂料,这是绝对不允许的。这样做一方面是被覆物影响喷头的感温动作性能,使其灵敏度降低,另一方面如被覆物属油漆之类,干后牢固地附在释放机构部位还影响喷头的开启,其后果是相当严重的。上海某饭店曾对被覆后的喷头进行过动作温度试验,结果喷头的动作温度比额定的高20℃左右,个别喷头还不能启动。同时发现有的喷头易熔元件熔掉后,喷头却不能开启,因此严禁喷头附加任何涂层。

安装喷头应使用厂家提供的专用扳手,可避免喷头安装时遭受损伤,既方便又可靠。国内工程中曾多次发现安装喷头利用其框架拧紧和把喷头框架做支撑架,悬挂其他物品,造成喷头损伤,发生误喷,本规范严禁这样做是非常必要的。安装中发现框架或溅水盘变形、释放元件损伤的,必须更换同规格、同型号的新喷头,因为这些元件是喷头的关键性支撑件和功能件,变形、损伤后,尽管其表面检查发现不了大问题,但实际上喷头总体结构已造成了损伤,留下了隐患。

5.2.4 本条规定是为了防止在某些使用场所因正常的运行操作而造成喷头的机械性损伤,在这些场所安装的喷头应加设防护罩。喷头防护罩是由厂家生产的专用产品,而不是施工单位或用户随意制作的。喷头防护罩应符合既保护喷头不遭受机械损伤,又不能影响喷头感温动作和喷水灭火效果的技术要求。

5.2.5 本条规定的目的是安装喷头要确保其设计要求的保护功能。

5.2.6 本条规定的目的是要保证喷头的型号、规格、安装场所满足设计要求。

5.2.7 本条规定的目的是为了防止水中的杂物堵塞喷头,影响喷头喷水灭火效果。目前小口径喷头在我国还用得很少,小口径低水压的产品很有开发和推广应用价值,有关方面将积极开展这方面的研究工作。

5.2.8～5.2.10 表中数据采用了 NFPA13(2002 年版)相关条文的规定,分别适用于不同类型的喷头。当喷头靠近梁、通风管道、排管、桥架、不到顶的隔断安装时,应尽量减小这些障碍物对其喷水灭火效果的影响。这些情况是近年来工程上经常遇到的较普遍的问题,过去解决这些问题的方式也是五花八门,实际上是施工单位各行其便,其后果是不好的,将影响喷水灭火效果,造成不必要的损失。

5.3 报警阀组安装

5.3.1 本条对报警阀组的安装程序、安装条件和安装位置提出了要求,作了明确规定。

报警阀组是自动喷水灭火系统的关键组件之一,它在系统中起着启动系统、确保灭火用水畅通、发出报警信号的关键作用。过去不少工程在施工时出现报警阀与水源控制阀位置随意调换、报警阀方向与水源水流方向装反、辅助管道紊乱等情况,其结果使报警阀组不能工作、系统调试困难,使系统不能发挥作用。对安装位置的要求,主要是根据报警阀组的工作特点,便于操作和便于维修的原则而作出的规定。因为常用的自动喷水灭火系统在启动喷水灭火后,一般都由保卫人员在确认火灾被扑灭后关闭水源控制阀,以防止后继水害发生。有的工程为了施工方便而不择位置,将报警阀组安装在不易寻找和操作不便的位置,发生火灾后既不易及时得到报警信号,灭火后又不利于断水和维修检查,其教训是深刻的。本条规定还强调了在安装报警阀组的室内应采取相应的排水措施,主要是因为系统功能检查、检修需较大量放水而提出的。放水能及时排走既便于工作,也可保护报警阀组的电器或其他组件因环境潮湿而造成不必要的损害。

5.3.2 本条对报警阀组的附件安装要求作了规定,这里所指的附

件是各种报警阀均需的通用附件。压力表是报警阀组必须安装的测试仪表,它的作用是监测水源和系统水压,安装时除要确保密封外,主要要求其安装位置应便于观测,系统管理维护人员能随时方便地观测水源和系统的工作压力是否符合要求。排水管和试验阀是自动喷水灭火系统检修、检测系统主要报警装置功能是否正常的两种常用附件,其安装位置应便于操作,以保证日常检修、试验工作的正常进行。水源控制阀是控制喷水灭火系统供水的开、关阀,安装时既要确保操作方便,又要有开、闭位置的明显标志,它的开启位置是决定系统在喷水灭火时消防用水能否畅通,从而满足要求的关键。在系统调试合格后,系统处于准工作状态时,水源控制阀应处于全开的常开状态,为防止意外和人为关闭控制阀的情况发生,水源控制阀必须设置可靠的锁定装置将其锁定在常开位置;同时还宜设置指示信号设施与消防控制中心或保卫值班室连通,一旦水源控制阀被关闭应及时发出报警信号,值班人员应及时检查原因并使其处于正常状态。在实际应用中,各地曾多次发生因水源控制阀被关闭,当火灾发生时,系统的喷头和控制设备全部正常启动,但管网无水,系统不能发挥灭火功能而造成较大损失,此类事故是应当杜绝的。本规范实施几年来,各地反映较多的问题是,不少工程由于没有设计和安装调试、检测用的阀门和管路,系统调试和检测无法进行。遇到此类工程,一般都是利用末端试水装置进行试验,利用试验结果进行推理式判断,无法测得科学实际的技术数据。这里应指出的是,消防界人士十余年来对末端试水装置存在着夸大其功能的认识误区,普遍认为通过末端试水装置可以检测系统动作功能、系统供水能力、最不利点喷头的压力等,这是造成一般不设计调试、检测试验管道及阀门的一个主要原因。末端试水装置,至今没有统一的标准结构和设计技术要求,设计、安装单位的习惯经验做法是其结构由阀门、压力表、流量测试仪表(标准放水口或流量计)和管道组成(见图3),管道一般是用管径为 25mm、32mm、40mm 的镀锌钢管。开启末端试水装置进行试验时,测试得到的压力和流量数据,只是在测试位置处的流量和压力数据,并没有经验公式能利用此数据科学推算出系统供水能力(压力、流量),更不能判断系统的最不利点压力是否符合设计要求。末端试水装置的真正功能是检验系统启动、报警和利用系统启动后的特性参数组成联动控制装置等的功能是否正常。为使系统调试、检测、消防水泵启动运行试验按规范要求进行,必须在系统中安装检测试验装置,检测试验装置的结构及安装如图4。当自动喷水灭火系统为湿式系统时,检测试验装置后的系统主干管上的控制阀不需要安装,即图4中紧接 FS 的控制阀。

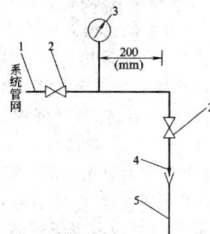

图 3 末端试水装置示意图
1—与系统连接管道;2—控制阀;3—压力表;4—标准放水口;5—排水管道

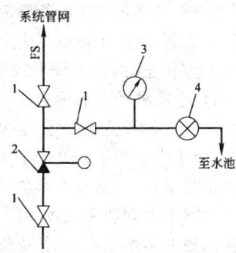

图 4 系统调试、检测消防水泵启动运行试验装置示意图
1—控制阀(信号阀);2—报警阀组;3—压力表;4—流量计

5.3.3 本条对湿式报警阀组的安装要求作了规定。

湿式报警阀组是自动喷水湿式灭火系统两大关键组件之一。湿式灭火系统因为结构简单、灭火成功率高、成本低、维护简便等优点，是应用最广泛的一种。国外资料报道，湿式系统的应用约占所有自动喷水灭火系统的85%以上；据调查，我国近年来湿式系统的应用约在95%以上。湿式系统应用如此广泛，确保其安装质量就更加重要。湿式系统在准工作状态时，其报警阀前台管道中均应充满设计要求的压力水，能否顺利充满水，而且在水源压力波动时不发生误报警，是湿式报警阀安装的最基本的要求。湿式报警阀的内部结构特点可以说是一个止回阀和一个在阀瓣开启时能报警的两种作用合为一体的阀门。工程中曾多次发现把报警阀方向装反，辅助功能管件乱装，安装位置及安装时操作不当，致使阀瓣在工作条件下不能正常开启和严密关闭等情况，调试时既不能顺利充满水，使用中压力波动时又经常发生误报警。遇到这类情况，必须经过重装、调整，使其达到要求。报警水流通路上的过滤器是为防止水源中的杂质流入水力警铃堵塞报警进水口，其位置应装在延迟器前，且便于排渣操作。其目的是为了使用中能随时方便地排出沉积渣子，以减小水流阻力，有利于水力警铃报警达到迅速、准确和规定的声响要求。

5.3.4 本条对干式报警阀组的安装要求作了规定。这些规定主要参考了NFPA13自动喷水灭火系统的相关要求，并结合国内实际制定的。

对干式报警阀组安装场所的要求。干式报警阀组是自动喷水干式灭火系统的主要组件，干式灭火系统适用环境温度低于4℃和高于70℃的场所，低温时系统使用场所可能发生冰冻，因此干式报警阀组应安装在不发生冰冻的场所。主要是因为干式报警阀组处于伺服状态时，水源侧的管网内是充满水的，另外干式阀系统侧即气室，为确保其气密性一般也充有设计要求的密封水。如干式阀的安装场所发生冰冻，干式阀充水部位就可能发生冰冻，尤其是干式阀气室一侧的密封用水较易发生冰冻，轻者影响阀门的开启，严重的则可能使干式阀遭到破坏。

为了确保干式阀的密封性，也可防止因水压波动，水源一侧的压力水进入气室。规定最低高度，主要是确保密封性的下限，其最高水位线不得影响干式阀（差压式）的动作灵敏度。

本条还对干式系统管网内充气的气源、气源设备、充气连接管道等的安装提出了要求。充气管应在充注水位以上部位接人，其目的是要尽量减少充入管网中气体的湿度，另外也是为了防止充入管网中的气体所含水分凝聚后，堵住充气口。充气管直径和止回阀、截止阀安装位置要求的目的是在尽量减小充气阻力、满足充气速度要求的前提下，尽可能采用较小管径以便于安装。阀门位置要求，主要是为了便于调节控制充气速度和充气压力，防止意外。安装止回阀的目的是稳定、保持管网内的气压，减小充气冲击。

加速器的作用，是火灾发生时干式系统喷头动作后，应尽快排出管网中的气体，使干式阀尽快动作，水源水顺利、快速地进入供水管网喷水灭火。其安装位置应靠近干式阀，可加快干式阀的启动速度，并应注意防止水进入加速器，以免影响其功能。

低气压预报警装置的作用是在充气管网内气压接近最低压力值时发出报警信号，提醒管理人员及时给管网充气，否则管网空气气压再下降将有可能使干式阀开启，水源的压力水进入管网，这种情况在干式系统处于准工作状态时，保护场所未发生火灾的情况下是绝不允许发生的，如发生此种情况必须采取有效的排水措施，将管网内水排出至干式阀气室侧预充密封水位，否则就可能发生冰冻和不能给管网充气，使干式系统不能处于正常的准工作状态，发生火灾时不能及时动作喷水灭火，造成不必要的损失。

本条还对干式报警阀组上安装压力表的部位作了规定。这些规定是根据干式报警阀组的结构特点，工作条件要求，应对其水源水压、管网内气压、气源气压等进行观测而提出的。各部位压力值符合设计要求与否，是检查判定干式报警阀组是否处于准工作状

态和正常的工作状态的主要技术参数。

5.3.5 本条对雨淋阀组的安装作了规定。雨淋阀组是雨淋系统、喷雾系统、水幕系统、预作用系统的重要组件。雨淋阀组的安装质量，是这些系统在发生火灾时能否正常启动发挥作用的关键，施工中应极其重视。

本条规定主要是针对组成预作用系统的雨淋报警阀组。预作用系统平时在雨淋阀以后的系统管网中可以充一定压力的压缩空气或其他惰性气体，也可以是空管，这主要由设计和使用部门根据使用现场条件来确定。对要求充气的，雨淋阀组的准工作状态条件和启动原理与干式报警阀组基本相同，其安装要求按干式报警阀组要求即可保证质量。

雨淋阀组组成的雨淋系统、喷雾系统等一般都是用在火灾危险较大、发生火灾后蔓延速度快及其他有特殊要求的场所。一旦使用场所发生火灾则要求启动速度愈快愈好，因此传导管网的安装质量是确保雨淋阀安全可靠开启的关键。雨淋阀的开启方式一般采用电动、传导启动、手动几种。电动启动一般是用电磁阀或电动阀作启动执行元件，由火灾报警控制器控制自动启动或手动直接控制启动；传导管启动是用闭式喷头或其他可探测火警的简易结构装置作执行元件启动阀门；手动控制可用电磁阀、电动阀和快开阀作启动执行元件，由操作者控制启动。利用何种执行元件，根据保护场所情况由设计决定。上述几种启动方式的执行元件与雨淋阀门启动室连接，均是用内充设计要求压力水的传导管，尤其是传导管启动方式和机械式的手动启动，其传导管一般较长，布置也较复杂，其准工作状态近似于湿式系统管网状态，安装要求按湿式系统要求是可行的。

本条规定还考虑在使用场所发生火灾后，雨淋阀应操作方便、开启顺利并保障操作者安全。过去有些场所安装手动装置时，对安装位置的问题未引起重视，随意安装。当使用场所发生火灾后，由于操作不便或人员无法接近而不能及时顺利开启雨淋阀启动系统扑救火灾，结果造成不必要的财产损失和人员伤亡。因此本规范规定雨淋阀组手动装置安装应达到操作方便和火灾操作人员能安全操作的要求。

5.4 其他组件安装

5.4.1 本条对水流指示器的安装程序、安装位置、安装技术要求等作了明确规定。

水流指示器是一种由管网内水流作用启动、能发出电讯号的组件，常用于湿式灭火系统中，作电报警设施和区域报警用。

本条规定水流指示器安装应在管道试压、冲洗合格后进行，是为避免试压和冲洗对水流指示器动作机构造成损伤，影响功能。其规格应与安装管道匹配，因为水流指示器安装在系统的供水管网内的管道上，避免水流管道出现通道水面积突变而增大阻力和出现气囊等不利现象发生。

水流指示器的作用原理目前主要是采用桨片或膜片感知水流的作用力而带动传动轴向动作，开启信号机构发出讯号。为提高灵敏度，其动作机构的传动部位设计制作要求较高。所以在安装要求电器元件部位水平向上安装在水平管段上，防止管道凝结水滴入电器部位，造成损坏。

5.4.2 本条对自动喷水灭火系统中所使用的各种控制阀门的安装要求作了规定。

控制阀门的规格、型号和安装位置应严格按设计要求，安装方向正确，安装后的阀门应处于要求的正常工作位置状态。特别强调了主控制阀应设置启闭标志，便于随时检查控制阀是否处于要求的启闭位置，以防意外。对安装在隐蔽处的控制阀，应在外部做指示其位置的标志，以便需要开、关此阀时，能及时准确地找出其位置，做应急操作。在以往的工程中，忽视了这个问题，尤其是有些要求较高和系统控制面积又较大的场所，为了美观，系统安装后，装修时将阀门封闭在隐蔽处，发生火灾或其他事故后，需及时

关闭阀门,因未做标志,花很多时间也找不到阀门位置,结果造成不必要的损失。今后在施工中,必须对此引起高度重视。

5.4.3 本条对压力开关和压力控制装置的安装位置作了规定。

压力开关是自动喷水灭火系统中常采用的一种较简便的能发出电信号的组件。常与水力警铃配合使用,互为补充,在感知喷水灭火系统启动后,水力报警的水流压力启动发出报警信号。系统除利用它发出电讯号报警外,也可利用它与时间继电器组成消防泵自动启动装置。安装时除严格按使用说明书要求外,应防止随意拆装,以免影响其性能。其安装形式无论现场情况如何都应竖直安装在水力报警水流通路的管道上,应尽量靠近报警阀,以利于启动。

同时,压力开关控制稳压泵、电接点压力表控制消防气压给水设备时,这些压力控制装置的安装应符合设计的要求。

5.4.4 本条对水力警铃的安装位置、辅助设施的设置、传导管道的材质、公称直径、长度等作了规定。

水力警铃是各种类型的自动喷水灭火系统均需配备的通用组件。它是一种在使用中不受外界条件限制和影响,当使用场所发生火灾、自动喷水灭火系统启动后,能及时发出声响报警的安全可靠的报警装置。水力警铃安装总的要求是:保证系统启动后能及时发出设计要求的声强强度的声响报警,其报警能及时被值班人员或保护场所内其他人员发现,平时能够检测水力报警装置功能是否正常。本条规定内容和要求与设计规范是一致的,考虑到水力警铃的重要作用和通用性,本规范再作明确规定,利于执行和保证安装质量。

5.4.5 末端试水装置是自动喷水灭火系统使用中可检测系统总体功能的一种简易可行的检测试验装置。在湿式、预作用系统中均要求设置。末端试水装置一般由连接管、压力表、控制阀及排水管组成,有条件的也可采用远传压力、流量测试装置和电磁阀组成。总的安装要求是便于检查、试验,检测结果可靠。

关于末端试水装置处应安装排水装置的规定,是根据目前国内相当部分工程施工时,因没安装排水装置,使用时无法操作,有的甚至连位置都找不到,形同虚设。因此作出此规定。

5.4.6 本条规定主要是针对自动喷水灭火系统区域控制中同时使用信号阀和水流指示器而言的,这些要求是为了便于检查两种组件的工作情况和便于维修与更换。

5.4.7 本条对自动排气阀的安装要求作了规定。

自动排气阀是湿式系统上设置的能自动排出管网内气体的专用产品。在湿式系统调试充水过程中,管网内的气体将被自然驱压到最高点,自动排气阀能自动将这些气体排出,当充满水后,该阀会自动关闭。因其排气孔较小、阀座等零件较精密,为防止损坏和堵塞,自动排气阀应在系统管网冲洗、试验合格后安装,其安装位置应是管网内气体最后集聚处。

5.4.8 减压孔板和节流装置是使自动喷水灭火系统某一局部水压符合规范要求而常采用的压力调节设施。目前国内外已开发了应用方便、性能可靠的自动减压阀,其作用与减压孔板和节流装置相同,安装设置要求与设计规范规定是一致的。

5.4.9 本条规定是为了防止压力开关、信号阀、水流指示器的引出线进水,影响其性能。

5.4.10 本条对可调式减压阀、比例式减压阀的安装程序和安装技术要求作了具体规定。改革开放以来,我国基本建设发展很快,近年来,各种高层、多功能式的建筑愈来愈多,为满足这些建筑对给排水系统的需求,给排水领域的新产品开发速度很快,尤其是专用阀门,如减压阀、新型泄压阀和止回阀等。这些新产品开发成功后,很快在工程中得到推广应用。在自动喷水灭火系统工程中也已采用,纳入规范是适应国内技术发展和工程需要的。

本条规定,减压阀安装应在系统供水管网试压、冲洗合格后进行,主要是为防止冲洗时对减压阀内部结构造成损伤,同时避免管道中杂物堵塞阀门,影响其功能。对减压阀在安装前应作的主要

技术准备工作提出了要求。其目的是防止把不符合设计要求和自身存在质量隐患的阀门安装在系统中,避免工程返工,消除隐患。

减压阀的性能要求水流方向是不能变的。比例式减压阀,如果水流方向改变了,则把减压阀变成了升压;可调式减压阀如果水流方向反了,则不能工作,减压阀变成了止回阀。因此安装时,应严格按减压阀指示的方向安装。并要求在减压阀进水侧安装过滤网,防止管网中杂物流进减压阀内,堵塞减压阀先导阀通路,或者沉积于减压阀内活动件上,影响其动作,造成减压阀失灵。减压阀前后安装控制阀,主要是便于维修和更换减压阀,在维修、更换减压阀时,减少系统排水时间和停水影响范围。

可调式减压阀的导阀,阀门前后压力表均在阀门阀盖一侧,为便于调试、检修和观察压力情况,安装时阀盖应向上。

比例式减压阀的阀芯为柱体活塞结构,工作时定位密封是靠阀芯外套的橡胶密封圈与阀体密封。垂直安装时,阀芯与阀体密封接触面和受力较均匀,有利于确保其工作性能的可靠性和延长使用寿命。如水平安装,其阀芯与阀体由于重力的原因,易造成下部接触较紧,增加摩擦阻力,影响其减压效果和使用寿命。当水平安装时,单呼吸孔应向下,双呼吸孔应成水平,主要是防止外界杂物堵塞呼吸孔,影响其性能。

安装压力表,主要为了调试时能检查减压阀的减压效果,使用中可随时检查供水压力,减压阀减压后的压力是否符合设计要求,即减压阀工作状态是否正常。

5.4.11 本条对多功能水泵控制阀的安装程序和安装技术要求作了具体规定。

本条规定多功能水泵控制阀安装应在系统供水管网试压、冲洗合格后进行,主要是为防止冲洗时对多功能水泵控制阀内部结构造成损伤,同时避免管道中杂物堵塞阀门,影响其功能。对多功能水泵控制阀在安装前应作的主要技术准备工作提出了要求。其目的是防止把不符合设计要求和自身存在质量隐患的阀门安装在系统中,避免工程返工,消除隐患。

多功能水泵控制阀的性能要求水流方向是不能变的,因此安装时,应严格按多功能水泵控制阀指示的方向安装。

为便于调试、检修和观察压力情况,多功能水泵控制阀在安装时阀盖宜向上。

5.4.12 本条对倒流防止器的安装作了规定。管道冲洗以后安装可以减少不必要的麻烦。用在消防管网上的倒流防止器进口前不允许使用过滤器或者使用带过滤器的倒流防止器,是因为过滤器的网眼可能被水中的杂质堵塞而引起紧急情况下的供水中断。安装在水平位置,以便于泄放水顺利排干,必要时也允许竖直安装,但要求排水口配备专用弯头。倒流防止器上的泄水阀一般不允许反向安装,如果需要,应由有资质的技术工人完成,而且还应该保证合适的调试、维修的空间。安装完毕初步启动使用时,为了防止剧烈动作时的O形圈移位和内部组件的损伤,应按一定的步骤进行。

6 系统试压和冲洗

6.1 一般规定

6.1.1 强度试验实际是对系统管网的整体结构、所有接口、管架等进行的一种超负荷考验。而严密性试验则是对系统管网渗漏程度的测试。实践表明,这两种试验都是必不可少的,也是评定其工程质量和系统功能的重要依据。管网冲洗,是防止系统投入使用后发生堵塞的重要技术措施之一。

6.1.2 水压试验简单易行,效果稳定可靠。对于干式、干湿式和预作用系统来讲,投入运行后,既要长期承受带压气体的作用,火灾期间又要转换成临时高压水系统,由于水与空气或氮气的特性

差异很大，所以只做一种介质的试验，不能代表另一种试验的结果。

在冰冻季节期间，对水压试验应慎重处理，这是为了防止水在管网内结冰而引起爆管事故。

6.1.3 无遗漏地拆除所有临时盲板，是确保系统能正常投入使用所必须做到的。但当前不少施工单位往往忽视这项工作，结果带来严重后患，故强调必须与原来记录的盲板数量核对无误。按附录表 C.0.2 填写自动喷水灭火系统试压记录表，这是必须具备的交工验收资料内容之一。

6.1.4 系统管网的冲洗工作如能按照此合理的程序进行，即可保证已被冲洗合格的管段，不致因对后面管段的冲洗而再次被弄脏或堵塞。室内部分的冲洗顺序，实际上是使冲洗水流方向与系统灭火时水流方向一致，可确保其冲洗的可靠性。

6.1.5 如果在试压合格后又发现埋地管道的坐标、标高、坡度及管道基础、支墩不符合设计要求而需要返工，势必造成返修完成后的再次试验，这是应该避免也是可以避免的。在整个试压过程中，管道改变方向、分出支管部位和末端处所承受的推力约为其正常工作状况时的 1.5 倍，故必须达到设计要求才行。

对试压用压力表的精度、量程和数量的要求，系根据国家标准《工业金属管道工程施工及验收规范》GB 50235 的有关规定而定。

先编制出考虑周到、切实可行的试压冲洗方案，并经施工单位技术负责人审批，可以避免试压过程中的盲目性和随意性。试压包括分段试验和系统试验，后者应在系统冲洗合格后进行。系统的冲洗应分段进行，事前的准备工作和事后的收尾工作，都必须有条不紊地进行，以防止任何疏忽大意而留下隐患。对不能参与试压的设备、仪表、阀门及附件应加以隔离或拆除，使其免遭损伤。要求在试压前记录下所加设的临时盲板数量，是为了避免在系统复位时，因遗忘而留下少数临时盲板，从而给系统的冲洗带来麻烦，一旦投入使用，其灭火效果更是无法保证。

6.1.6 带压进行修理，既无法保证返修质量，又可能造成部件损坏或发生人身安全事故及造成水害，这在任何管道工程的施工中都是绝对禁止的。

6.1.7 水冲洗简单易行，费用低、效果好。系统的仪表若参与冲洗，往往会使其密封性遭到破坏或杂物沉积影响其性能。

6.1.8 水冲洗时，冲洗水流速度可高达 3m/s，对管网改变方向、引出分支管部位、管道末端等处，将会产生较大的推力，若支架、吊架的牢固性欠佳，即会使管道产生较大的位移、变形，甚至断裂。

6.1.9 若不对这些设备和管段采取有效的方法清洗，系统复位后，该部分所残存的污物便会污染整个管网，并可能在局部造成堵塞，使系统部分或完全丧失灭火功能。

6.1.10 冲洗大直径管道时，对死角和底部应进行敲打，目的是震松死角处和管道底部的杂质及沉淀物，使它们在高速水流的冲刷下呈漂浮状态而被带出管道。

6.1.11 这是对系统管网的冲洗质量进行复查，检验评定其工程质量，也是工程交工验收所必须具备的资料之一，同时应避免冲洗合格后的管道再造成污染。

6.1.12 规定采用符合生活用水标准的水进行冲洗，可以保证被冲洗管道的内壁不致遭受污染和腐蚀。

6.2 水压试验

6.2.1 参照美国标准 NFPA13 相关条文，并结合现行国家规范的有关条文，规定出对系统水压强度试验压力值和试验时间的要求，以保证系统在实际灭火过程中能承受国家标准《自动喷水灭火系统设计规范》GB 50084 中规定的 10m/s 最大流速和 1.20MPa 最大工作压力。

6.2.2 测试点选在系统管网的低点，可客观地验证其承压能力；若设在系统高点，则无形中提高了试验压力值，这样往往会使系统管网局部受损，造成试压失败。检查判定方法采用目测，简单易行，也是其他国家现行规范常用的方法。

6.2.3 参照国家标准《工业金属管道工程施工及验收规范》GB 50235 有关条文和美国标准 NFPA13 中的有关条文。已投入工作的一些系统表明，绝对无泄漏的系统是不存在的，但只要室内安装喷头的管网不出现任何明显渗漏，其他部位不超过正常漏水率，即可保证其正常的运行功能。

6.2.4 环境温度低于 5℃ 时，试压效果不好，如果没有防冻措施，便有可能在试压过程中发生冰冻，试验介质就会因固体积膨胀而造成爆管事故。

6.2.5 参照美国标准 NFPA13 相关条文改写而成。系统的水源干管、进户管和室内地下管道，均为系统的重要组成部分，其承压能力、严密性均应与系统的地上管网等同，而此项工作常被忽视或遗忘，故需作出明确规定。

6.3 气压试验

6.3.1 本条参照美国标准 NFPA13 的相关规定。要求系统经历 24h 的气压考验，因漏气而出现的压力下降不超过 0.01MPa，这样才能使系统为保持正常气压而不需要频繁地启动空气压缩机组。

6.3.2 空气或氮气作试验介质，既经济、方便，又安全可靠，且不会产生不良后果。实际施工现场大都采用压缩空气作试验介质。因氮气价格便宜，对金属管道内壁可起到保护作用，故对湿度较大的地区来说，采用氮气作试验介质，也是防止管道内壁锈蚀的有效措施。

6.4 冲 洗

6.4.1 水冲洗是自动喷水灭火系统工程施工中的一个重要工序，是防止系统堵塞、确保系统灭火效率的措施之一。本规范制定和实施过程对水冲洗的方法和技术条件曾多次组织专题研讨、论证。原条文参照美国 NFPA13 标准规定的水冲洗的水流流速不宜小于 3m/s 及相应流量。据调查，在规范实施中，实际工程基本上没有按此要求操作，其主要原因是现场条件不允许，搞专门的冲洗供水系统难度较大；一般工程均按系统设计流量进行冲洗，按此条件冲洗清出杂物合格后的系统，是能确保系统在应用中供水管网畅通，不发生堵塞。水压气动冲洗法因专用设备未上市，也未采用。本次修订该条规定应按系统的设计流量进行冲洗，是科学的，符合国内实际且便于实施。

6.4.2 明确水冲洗的水流方向，有利于确保整个系统的冲洗效果和质量，同时对安排被冲洗管段的顺序也较为方便。

6.4.3 与现行国家标准《工业金属管道工程施工及验收规范》GB 50235 中对管道水冲洗的结果要求和检验方法完全相同。

6.4.4 从系统中排出的冲洗用水，应该及时顺畅地进入临时专用排水管道，而不应造成任何水害。临时专用排水管道可以现场临时安装，也可采用消火栓水龙带作为临时专用排水管道。本条还对排放管道的截面面积有一定的要求，这种要求与目前我国工业管道冲洗的相应要求是一致的。

6.4.6 系统冲洗合格后，及时将存水排净，有利于保护冲洗成果。如系统需经长时间才能投入使用，则应用压缩空气将其管壁吹干，并加以封闭，这样可以避免管内生锈或再次遭受污染。

7 系统调试

7.1 一般规定

7.1.1 只有在系统已按照设计要求全部安装完毕、工序检验合格后，才可能全面、有效地进行各项调试工作。

7.1.2 系统调试的基本条件，要求系统的水源、电源、气源均按设计要求投入运行，这样才能使系统真正进入准工作状态，在此条件下，对系统进行调试所取得的结果，才是真正有代表性和可信的。

7.2 调试内容和要求

7.2.1 系统调试内容是根据系统正常工作条件、关键组件性能、系统性能等来确定的。本条规定系统调试的内容：水源的充足可靠与否，直接影响系统灭火功能；消防水泵对临时高压管网来讲，是扑灭火灾时的主要供水设施；报警阀为系统的关键组成部件，其动作的准确、灵敏与否，直接关系到灭火的成功率；排水装置是保证系统运行和进行试验时不致产生水害的设施；联动试验实为系统与火灾自动报警系统的联锁动作试验，它可反映出系统各组成部件之间是否协调和配套。

7.2.2 本条对水源测试要求作了规定。

第1款 消防水箱、消防水池为系统常备供水设施。消防水箱始终保持系统投入灭火初期10min的用水量，消防水池储存系统总的用水量，二者都是十分关键和重要的。对消防水箱还应考虑到它的容积、高度和保证消防储水量的技术措施等，故应做全面核实。

第2款 消防水泵接合器是系统在火灾时供水设备发生故障，不能保证供给消防用水时的临时供水设施。特别是在室内消防水泵的电源遭到破坏或被保护建筑物已形成大面积火灾，灭火用水不足时，其作用更显突出，故应通过试验来验证消防水泵接合器的供水能力。

7.2.3 本条是参照国家标准《消防泵性能要求和试验方法》GB 6245中5.10条消防泵组的性能要求拟定的。电动机启动的消防泵系指电源接通后的时间；柴油机启动系指柴油机运行后的时间。主要技术参数为消防水泵投入正常运行的时间，试验装置比产品标准延长了10s，投入正常运行时间延长10s，主要是考虑实际工程中，消防水泵接入系统的状态与标准试验装置存在一定差距，如连接管路较长和安装设备较多；其次是调试时操作人员的熟练程度等因素都可能对泵的启动时间造成延时的具体情况。本着既考虑工程实际可适当延时，又应尽可能缩短延时时间的宗旨拟定的。对消防泵投入正常运行的时间严格要求，是出于确保系统的灭火效率。

消防泵启动时间是指从电源接通到消防泵达到额定工况的时间，应为30s。通过试验研究，30s启动消防水泵的时间是可行的。

7.2.4 稳压泵的功能是使系统能保持准工作状态时的正常水压。美国标准NFPA20相关条文规定：稳压泵的额定流量，应当大于系统正常的漏水率，泵的出口压力应当是维护系统所需的压力，故它应随着系统压力变化而自动开启和停车。本条规定是根据稳压泵的基本功能提出的要求。

7.2.5 本条是对报警阀调试提出的要求。

第1、2款报警阀的功能是接通水源、启动水力警铃报警、防止系统管网的水倒流。按照本条具体规定进行试验，即可分别有效地验证湿式、干式报警阀及其附件的功能是否符合设计和施工规范要求。

第3款主要对雨淋阀作出规定，雨淋阀的调试要求是参照产品标准《自动喷水灭火系统 第5部分：雨淋报警阀》GB 5135的规定拟定的。本规范制定时，用雨淋阀组成的雨淋系统、预作用系统、水喷雾和水幕系统应用还较少，加之没有产品标准，雨淋阀产品也比较单一，拟定要求依据不足。规范发布实施几年来，雨淋阀的发展和应用迅速增加，在工程中也积累了不少经验和教训。

7.2.6 对西南地区成渝两地及全国其他地区的调查结果表明，在设计、安装和维护管理上，忽视系统排水装置的情况较为普遍。已投入使用的系统，有的试水装置被封闭在天棚内，根本未与排水装置接通，有的报警阀处的放水阀也未与排水系统相接，因而根本无法开展对系统的常规试验或放空。现作出明确规定，以引起有关部门充分重视。

7.2.7 本条是对自动喷水灭火系统联动试验的要求。

第1款是对湿式自动喷水灭火系统联动试验时，各相关部分动作情况的基本要求。当1只喷头启动或从末端试水装置处放水

时，水流指示器应有信号返回消防控制中心，湿式报警阀应打开，水力警铃发出报警铃声，压力开关动作，启动消防水泵并向消防控制中心发出火警信号。

第2款是对预作用、雨淋、水幕自动喷水灭火系统联动试验时，各相关部分动作情况的基本要求。当采用专用测试仪表或其他方式，对火灾探测器输入模拟信号，火灾报警控制器应能发出信号，并打开雨淋阀，水力警铃发出报警铃声，压力开关动作，启动消防水泵。

当雨淋、水幕自动喷水灭火系统采用传动管启动时，打开末端试水装置（湿式控制）或开启1只喷头（干式控制）后，雨淋阀开启，水力警铃发出报警铃声，压力开关动作，启动消防水泵。

第3款是对干式自动喷水灭火系统联动试验时，各相关部分动作情况的基本要求。当1只喷头启动或从末端试水装置处排气时，干式报警阀应打开，水力警铃发出报警铃声，压力开关动作，启动消防水泵并向消防控制中心发出火警信号。

通过上述试验，可验证火灾自动报警系统与本系统投入灭火时的联锁功能，并可较直观地显示两个系统的部件和整体的灵敏度与可靠性是否达到设计要求。

8 系统验收

8.0.1 本条对自动喷水灭火系统工程验收及要求作了明确规定。

竣工验收是自动喷水灭火系统工程交付使用前的一项重要技术工作。近年来，不少地区已制定了工程竣工验收暂行办法或规定，但各自做法不一，标准更不统一，验收的具体要求不明确，验收工作应如何进行、依据什么评定工程质量等问题较为突出，对验收的工程是否达到了设计功能要求，能否投入正常使用等重大问题心中无数，失去了验收的作用。鉴于上述情况，为确保系统功能，把好竣工验收关，强调工程竣工后必须进行竣工验收，验收不合格不得投入使用。切实做到投资建设的系统能充分起到扑灭火灾、保护人身和财产安全的作用。自动喷水灭火系统施工安装完毕后，应对系统的供水、水源、管网、喷头布置及功能等进行检查和试验，以保证喷水灭火系统正式投入使用后安全可靠，达到减少火灾危害、保护人身和财产安全的目的。我国已安装的自动喷水灭火系统中，或多或少地存在问题。如：有些系统水源不可靠，电源只有一个，管网管径不合理，无末端试水装置，向下安装的喷头带短管很长，备用电源切换不可靠等。这些问题的存在，如不及时采取措施，一旦发生火灾，灭火系统又不能起到及时灭火、灭火的作用，反而贻误战机，造成损失，而且将使人们对这一灭火系统产生疑问。所以，自动喷水灭火系统施工安装后，必须进行检查试验，验收合格后才能投入使用。

8.0.2 本条对自动喷水灭火系统工程施工及验收所需的各种表格及其使用作了基本规定。

8.0.3 本条规定的系统竣工验收应提供的文件也是系统投入使用后的存档材料，以便今后对系统进行检修、改造等用，并要求有专人负责维护管理。

8.0.4 本条对系统供水水源进行检查验收的要求作了规定。因为自动喷水灭火系统灭火不成功的因素中，供水中断是主要因素之一，所以这一条对三种水源情况既提出了要求，又要实际检查是否符合设计和施工验收规范中关于水源的规定，特别是利用天然水源作为系统水源时，除水量应符合设计要求外，水质必须无杂质、无腐蚀性，以防堵塞管道、喷头，腐蚀管道，即水质应符合工业用水的要求。对于个别地方，用露天水池或河水作临时水源时，为防止杂质进入消防水泵和管网，影响喷头布水，需在水源进入消防水泵前的吸水口处，设有自动除渣功能的固液分离装置，而不能用格栅除渣，因格栅被杂质堵塞后，易造成水源中断。如成都某宾馆的消防水池是露天水池，池中有水草及杂质，消防水泵启动后，因

水泵吸水量大,杂质很快将格栅堵死,消防水泵因进水口无水,达不到灭火目的。

8.0.5 在自动喷水灭火系统工程竣工验收中,有不少系统消防泵房设在地下室,且出口不便,又未设放水阀和排水措施,一旦安全阀损坏,泵房有被水淹没的危险。另外,对泵进行启动试验时,有些系统未设放水阀,不好进行试验,有些将试水阀和出水口均设在地下泵房内,无法进行试验。本条规定的主要目的是防止以上情况出现。

8.0.6 本条验收的目的是检验消防水泵的动力可靠程度。即通过系统动作信号装置,如压力开关按键等能否启动消防泵,主、备电源切换及启动是否安全可靠。对消火栓箱启动按钮能否直接启动消防水泵的问题,应以确保安全为前提。一般情况下,消火栓按钮24V电源。通过消火栓箱按钮直接启动消防水泵。无控制中心的系统用220V电源。通过消火栓箱按钮直接启动消防水泵时,应有防水、保护罩等安全措施。

对设有气压给水设备稳压的系统,要设定一个压力下限,即在下限压力下,喷水灭火系统最不利点的压力、流量达到设计要求,当气压给水设备压力下降到设计最低压力时,应能及时启动消防水泵。

8.0.7 报警阀组是自动喷水灭火系统的关键组件,验收中常见的问题是控制阀安装位置不符合设计要求,不便操作,有些控制阀无试水口和试水排水措施,无法检测报警阀处压力、流量及警铃动作情况。对于使用闸阀又无锁定装置,有些闸阀处于半关闭状态,这是很危险的。所以要求使用闸阀时需有锁定装置,否则应使用信号阀代替闸阀。另外,干式系统和预作用系统等,还需检验空气压缩机与控制阀、报警系统与控制阀的联动是否可靠。

警铃设置位置,应靠近报警阀,使人们容易听到铃声。距警铃3m处,水力警铃喷嘴处压力不小于0.05 MPa时,其警铃声强度应不小于70dB。

8.0.8 系统管网检查验收内容,是针对已安装的喷水灭火系统通常存在的问题而提出的。如有些系统用的管径、接头不合规定,甚至管网未支撑固定等;有的系统处于有腐蚀气体的环境中而无防腐措施;有的系统冬天最低气温低于4℃也无保温防冻措施,致使喷头爆裂;有的系统没有排水坡度,或有坡度而坡向不合理;有的系统末端排水管用φ15的管子;比较多的系统每层末端没有设试水装置;有的系统分区配水干管上没有设信号阀,而有的闸阀处于关闭或半关闭状态;有些系统最末端最上部没有设排气阀,往往在试水时产生强烈晃动甚至拉坏管网支架,充水调试难以达到要求;有些系统的支架、吊架、防晃支架设置不合理、不牢固,试水时易被损坏;有的系统上接消火栓或接洗手水龙头等。这些问题,看起来不是什么严重问题,但会影响系统控火、灭火功能,严重的可能造成系统在关键时不能发挥作用,形同虚设。本条作出的7款验收内容,主要是防止以上问题发生,而特别强调要进行逐项验收。

第5款是根据美国标准《自动喷水灭火系统安装标准》NFPA 13(2002版)的相关内容进行修订的。其7.2.3.1条规定"一个干式阀控制的系统容积应不超过750gal(2839L)"。7.2.3.2条规定"凡从系统维持常气压,并完全开启测试点起,输水到达系统测试点的时间不超过60s时,管道体积允许超过7.2.3.1的要求。"在条文说明中有"当750gal(2839L)的体积限制不超过时,就不要求60s的输水时间限制。容积小于750gal(2839L)的某些干式系统,到测试点的输水时间达3min被认为是可接受的。"根据上述内容,我们规定了干式系统的验收要求。

预作用系统的验收要求同样是参考了《自动喷水灭火系统安装标准》NFPA 13(2002年版)7.3.2.2条的规定。

8.0.9 自动喷水灭火系统最常见的违规问题是喷头布水被挡,特别是进行施工设计时,没有考虑喷头布置和装修的协调,致使不少喷头在装修施工后被遮挡或影响喷头布水,所以验收时必须检查喷头布置情况。对有吊顶的房间,因配水支管在闷顶内,三通以下

接喷头时中间要加短管,如短管不超过15cm,则系统试验和换水时,短管中水也不能更换。但当短管太长时,不仅会使杂质在短管中沉积,而且形成较多死水,所以三通以下接短管时要求不宜大于15cm,最好三通以下直接接喷头。实在不能满足要求时,支管靠近房棚布置,三通下接15cm短管,喷头可安装在顶棚贴近处。有些支管布置离顶棚较远,短管超过15cm,可采用带短管的专用喷头,即干式喷头,使水不能进入短管,喷头动作后,短管才充水,这样,就不会形成死水和杂质沉积。有腐蚀介质的场所应采用经防腐处理的喷头或玻璃球喷头;有装饰要求的地方,可选用半隐蔽或隐蔽型装饰效果好的喷头;有碰撞危险场所的喷头,加设防护罩。

喷头的动作温度以喷头公称动作温度来表示,该温度一般高于喷头使用环境的最高温度30℃左右,这是多年实际使用和试验研究得出的经验数据。

本规定采用与国家标准《自动喷水灭火系统设计规范》GB 50084相同的备品数量。再强调要求,是要突出此点的重要性,系统投入运行后一定要这样做。

本条强调了喷头验收时的检验数量,是参考了现行国家标准《计数抽样检验程序》GB/T 2828的相关规定。

8.0.10 凡设有消防水泵接合器的地方均应进行充水试验,以防止回阀方向装错。另外,通过试验,检验通过水泵接合器供水的具体技术参数,使末端试水装置测出的流量、压力达到设计要求,以确保系统在发生火灾时,需利用消防水泵接合器供水时,能达到控火、灭火目的。验收时,还应检验消防水泵接合器数量及位置是否正确,使用是否方便。

8.0.11 本条对系统的检测试验装置进行了规定。从末端试水装置的结构和功能来分析,通过末端试水装置进行放水试验,只能检验系统启动功能、报警功能及相应联动装置是否处于正常状态,而不能测试和判断系统的流量、压力是否符合要求,此目的只有通过检测试验装置才能达到。

8.0.12 本条是对全系统进行实测,以验证系统各部分功能。

8.0.13 本条是根据本规范实施多年来,消防监督部门、消防工程公司、建设方在实践中总结出的经验,为满足消防监督、消防工程质量验收的需要而制定的。参照建筑工程质量验收标准、产品标准,把工程中不符合相关标准规定的项目,依据对自动喷水灭火系统的主要功能"喷水灭火"影响程度划分为严重缺陷项、重缺陷项、轻缺陷项三类;根据各类缺陷项统计数量,对系统主要功能影响程度,以及国内自动喷水灭火系统施工过程中的实际情况等,综合考虑几方面因素来确定工程合格判定条件。

合格判定条件的确定是根据《钢结构防火涂料》GB 14907、《电缆防火涂料通用技术条件》GA 181等产品标准的判定原则而确定的。严重缺陷不合格项不允许出现,重缺陷不合格项允许出现10%,轻缺陷不合格项允许出现20%,据此得到自动喷水灭火系统合格判定条件。

9 维护管理

9.0.1 维护管理是自动喷水灭火系统能否正常发挥作用的关键环节。灭火设施必须在平时的精心维护管理下才能发挥良好的作用。我国已有多起特大火灾事故发生在安装有自动喷水灭火系统的建筑物内,由于系统不符合要求或施工安装完毕投入使用后,没有进行日常维护管理和试验,以致发生火灾时,事故扩大,人员伤亡,损失严重。

9.0.2 自动喷水灭火系统组成的部件较多,系统比较复杂,每个部件的作用和应处的状态及如何检验、测试都需要有对系统作用原理了解和熟悉的专业人员来操作、管理。因此为提高维护管理人员的素质,承担这项工作的维护管理人员应当经专业培训,持证上岗。

9.0.3　水源的水量、水压有无保证，是自动喷水灭火系统能否起到应有作用的关键。由于市政建设的发展，单位建筑的增加，用水量变化等等，水源的供水能力也会有变化。因此，每年应对水源的供水能力测定一次，以便不能达到要求时，及时采取必要的补救措施。

9.0.4　消防水泵是供给消防用水的关键设备，必须定期进行试运转，保证发生火灾时启动灵活、不卡壳，电源或内燃机驱动正常，自动启动或电源切换时无故障。本条试运转间隔时间系参考英、美规范和喜来登集团旅馆系统消防管理指南规定的。

9.0.5　本条是为保证系统启动的可靠性。电磁阀是启动系统的执行元件，所以每月对电磁阀进行检查、试验，必要时及时更换。

9.0.6～9.0.8　消防给水管路必须保持畅通，报警控制阀在发生火灾时必须及时打开，系统中所配置的阀门都必须处于规定状态。对阀门编号和用标牌标注可以方便检查管理。

9.0.9　自动喷水灭火系统的水源供水不应间断。关闭总阀断水后忘记再打开，以致发生火灾时无水，而造成重大损失，在国内外火灾事故中均已发生过。因此，停水修理时，必须向主管人员报告，并应有应急措施和有人临场监督，修理完毕应立即恢复供水。在修理过程中，万一发生火灾，也能及时采取紧急措施。

9.0.10　在发生火灾时，自动喷水灭火系统能否及时发挥应有的作用和它的每个部件是否处于正确状态有关，任何应处于开启状态的阀门被关闭，给水水源的压力达不到所需压力等等，都会使系统失效，造成重大损失，由于这种情况在自动喷水灭火系统失效的事故中最多，因此应当每天进行巡视。

9.0.11　对消防储备水应保证充足、可靠，应有平时不被它用的措施，应每月进行检查。

9.0.12　消防专用蓄水池或水箱中的水，由于未发生火灾或不进行消防演习试验而长期不动用，成为"死水"，特别在南方气温高、湿度大的地区，微生物和细菌容易繁殖，需要不定期换水。换水时应通知当地消防监督部门，做好此期间万一发生火灾而水箱、水池无水，需要采用其他灭火措施的准备。

9.0.13　本条规定的目的，是要确保消防储水设备的任何部位在寒冷季节均不得结冰，以保证灭火时用水，维护管理人员每天应进行检查。

9.0.14　本条规定是为了保证消防储水设备经常处于正常完好状态。

9.0.15　消防水箱、消防气压给水设备所配置的玻璃水位计，由于受外力易于碰碎，造成消防储水流失或形成水害，因此在观察过水位后，应将水位计两端的角阀关闭。

9.0.18　洒水喷头是系统喷水灭火的功能件，应使每个喷头随时都处于正常状态，所以应当每月检查，更换发现问题的喷头。由于喷头的轭臂宽于底座，在安装、拆卸、拧紧或拧下喷头时，利用轭臂的力矩大于利用底座，安装维修人员会误认为这样省力，但喷头设计是不允许利用底座、轭臂来作扭拧支点的，应当利用方形底座作为拆卸的支点，生产喷头的厂家应提供专用配套的扳手，不至于拧坏喷头轭臂。

9.0.19　建筑物、构筑物使用性质的改变是常有的事，而且多层、高层综合性大楼的修建，也为各租赁使用单位提供方便。因此，必须强调因建、构筑物使用性质改变而影响到自动喷水灭火系统功能时，如需要提高等级或修改，应重新进行设计。

中华人民共和国国家标准

气体灭火系统施工及验收规范

Code for installation and acceptance of gas extinguishing systems

GB 50263 — 2007

主编部门：中华人民共和国公安部
批准部门：中华人民共和国建设部
施行日期：２００７年７月１日

中华人民共和国建设部
公　告

第 565 号

建设部关于发布国家标准
《气体灭火系统施工及验收规范》的公告

　　现批准《气体灭火系统施工及验收规范》为国家标准，编号为 GB 50263—2007，自 2007 年 7 月 1 日起实施。其中，第 3.0.8（3）、4.2.1、4.2.4、4.3.2、5.2.2、5.2.7、5.4.6、5.5.4、6.1.5、7.1.2、8.0.3 条（款）为强制性条文，必须严格执行。原《气体灭火系统施工及验收规范》GB 50263—97 同时废止。

　　本规范由建设部标准定额研究所组织中国计划出版社出版发行。

中华人民共和国建设部
二〇〇七年一月二十四日

前　　言

　　本规范是根据建设部建标［2003］102 号文的要求，由公安部消防局组织公安部天津消防研究所会同有关参编单位，共同对《气体灭火系统施工及验收规范》GB 50263—97 进行全面修订而成。

　　在修订过程中，修订组遵照国家有关基本建设的方针政策，以及"预防为主、防消结合"的消防工作方针，对我国气体灭火系统施工及验收的现状，进行了广泛的调查研究，在总结国内实践经验的基础上，参考了 ISO 和美国、英国、德国、日本等国外相关标准，对 GB 50263—97 做了补充和修改。增加了 IG 541 混合气体灭火系统、七氟丙烷灭火系统、热气溶胶灭火装置等内容，补充了低压二氧化碳灭火系统，删除了卤代烷 1211 灭火系统。本规范的修订以多种方式广泛征求了有关单位和专家的意见，对主要问题，进行了反复论证研究、多次修改，最后经专家审查，由有关部门定稿。

　　本规范共分 8 章和 6 个附录，内容包括：总则、术语、基本规定、进场检验、系统安装、系统调试、系统验收、维护管理及附录等。

　　本规范中以黑体字标志的条文为强制性条文，必须严格执行。

　　本规范由建设部负责管理和对强制性条文的解释，公安部负责日常管理，公安部天津消防研究所负责具体技术内容的解释。请有关单位在执行本规范过程中，注意总结经验、积累资料，并及时把意见和有关资料寄公安部天津消防研究所《气体灭火系统施工及验收规范》管理组（地址：天津市南开区卫津南路 110 号，邮编：300381），以供今后修订时参考。

　　本规范主编单位、参编单位和主要起草人：

　　主 编 单 位：公安部天津消防研究所

　　参 编 单 位：广东胜捷消防企业集团
　　　　　　　　　云南天宵消防安全技术有限公司
　　　　　　　　　四川威龙消防设备有限公司
　　　　　　　　　昆明市公安消防支队
　　　　　　　　　广东卫保消防工程有限公司
　　　　　　　　　西安坚瑞化工有限责任公司

　　主要起草人：东靖飞　宋旭东　马　恒　沈　纹
　　　　　　　　　石守文　田　野　伍建许　汪映标
　　　　　　　　　林凯前　陈雪峰　高振锡　岳大可
　　　　　　　　　陆　曦　刘庭全

目　　次

1 总 则

1.0.1 为统一气体灭火系统（或简称系统）工程施工及验收要求，保障气体灭火系统工程质量，制定本规范。

1.0.2 本规范适用于新建、扩建、改建工程中设置的气体灭火系统工程施工及验收、维护管理。

1.0.3 气体灭火系统工程施工中采用的工程技术文件、承包合同文件对施工及质量验收的要求不得低于本规范的规定。

1.0.4 气体灭火系统工程施工及验收、维护管理，除应符合本规范的规定外，尚应符合国家现行的有关标准的规定。

2 术 语

2.0.1 气体灭火系统 gas extinguishing systems

以气体为主要灭火介质的灭火系统。

2.0.2 惰性气体灭火系统 inert gas extinguishing systems

灭火剂为惰性气体的气体灭火系统。

2.0.3 卤代烷灭火系统 halocarbon extinguishing systems

灭火剂为卤代烷的气体灭火系统。

2.0.4 高压二氧化碳灭火系统 high-pressure carbon dioxide extinguishing systems

灭火剂在常温下储存的二氧化碳灭火系统。

2.0.5 低压二氧化碳灭火系统 low-pressure carbon dioxide extinguishing systems

灭火剂在 $-18 \sim -20 ℃$ 低温下储存的二氧化碳灭火系统。

2.0.6 组合分配系统 combined distribution systems

用一套灭火剂储存装置，保护两个及以上防护区或保护对象的灭火系统。

2.0.7 单元独立系统 unit independent system

用一套灭火剂储存装置，保护一个防护区或保护对象的灭火系统。

2.0.8 预制灭火系统 pre-engineered systems

按一定的应用条件，将灭火剂储存装置和喷放组件等预先设计、组装成套且具有联动控制功能的灭火系统。

2.0.9 柜式气体灭火装置 cabinet gas extinguishing equipment

由气体灭火剂瓶组、管路、喷嘴、信号反馈部件、检漏部件、驱动部件、减压部件、火灾探测部件、控制器组成的能自动探测并实施灭火的柜式灭火装置。

2.0.10 热气溶胶灭火装置 condensed aerosol fire extinguishing device

使气溶胶发生剂通过燃烧反应产生气溶胶灭火剂的装置。通常由引燃器、气溶胶发生剂和发生器、冷却装置（剂）、反馈元件、外壳及与之配套的火灾探测装置和控制装置组成。

2.0.11 全淹没灭火系统 total flooding extinguishing systems

在规定时间内，向防护区喷放设计规定用量的灭火剂，并使其均匀地充满整个防护区的灭火系统。

2.0.12 局部应用灭火系统 local application extinguishing systems

向保护对象以设计喷射率直接喷射灭火剂，并持续一定时间的灭火系统。

2.0.13 防护区 protected area

满足全淹没灭火系统要求的有限封闭空间。

2.0.14 保护对象 protected object

被局部应用灭火系统保护的目的物。

3 基 本 规 定

3.0.1 气体灭火系统工程的施工单位应符合下列规定：

1 承担气体灭火系统工程的施工单位必须具有相应等级的资质。

2 施工现场管理应有相应的施工技术标准、工艺规程及实施方案、健全的质量管理体系、施工质量控制及检验制度。

施工现场质量管理应按本规范附录 A 的要求进行检查记录。

3.0.2 气体灭火系统工程施工前应具备下列条件：

1 经批准的施工图、设计说明书及其设计变更通知单等设计文件应齐全。

2 成套装置与灭火剂储存容器及容器阀、单向阀、连接管、集流管、安全泄放装置、选择阀、阀驱动装置、喷嘴、信号反馈装置、检漏装置、减压装置等系统组件，灭火剂输送管道及管道连接件的产品出厂合格证和市场准入制度要求的有效证明文件应符合规定。

3 系统中采用的不能复验的产品，应具有生产厂出具的同批产品检验报告与合格证。

4 系统及其主要组件的使用、维护说明书应齐全。

5 给水、供电、供气等条件满足连续施工作业要求。

6 设计单位已向施工单位进行了技术交底。

7 系统组件与主要材料齐全，其品种、规格、型号符合设计要求。

8 防护区、保护对象及灭火剂储存容器间的设置条件与设计相符。

9 系统所需的预埋件及预留孔洞等工程建设条件符合设计要求。

3.0.3 气体灭火系统的分部工程、子分部工程、分项工程划分可按本规范附录 B 执行。

3.0.4 气体灭火系统工程应按下列规定进行施工过程质量控制：

1 采用的材料及组件应进行进场检验，并应经监理工程师签证；进场检验合格后方可安装使用；涉及抽样复验时，应由监理工程师抽样，送市场准入制度要求的法定机构复验。

2 施工应按批准的施工图、设计说明书及其设计变更通知单等设计文件的要求进行。

3 各工序应按施工技术标准进行质量控制，每道工序完成后，应进行检查；检查合格后方可进行下道工序。

4 相关各专业工种之间，应进行交接认可，并经监理工程师签证后方可进行下道工序。

5 施工过程检查应由监理工程师组织施工单位人员进行。

6 施工过程检查记录应按本规范附录 C 的要求填写。

7 安装工程完工后，施工单位应进行调试，并应合格。

3.0.5 气体灭火系统工程验收应符合下列规定：

1 系统工程验收应在施工单位自行检查评定合格的基础上，由建设单位组织施工、设计、监理等单位人员共同进行。

2 验收检测采用的计量器具应精度适宜，经法定机构计量检定、校准合格并在有效期内。

3 工程外观质量应由验收人员通过现场检查，并应共同确认。

4 隐蔽工程在隐蔽前应由施工单位通知有关单位进行验收，并按本规范附录 C 进行验收记录。

5 资料核查记录和工程质量验收记录应按本规范附录 D 的要求填写。

6 系统工程验收合格后，建设单位应在规定时间内将系统工程验收报告和有关文件，报有关行政管理部门备案。

3.0.6 检查、验收合格应符合下列规定：

1 施工现场质量管理检查结果应全部合格。

2 施工过程检查结果应全部合格。

3 隐蔽工程验收结果应全部合格。

4 资料核查结果应全部合格。

5 工程质量验收结果应全部合格。

3.0.7 系统工程验收合格后，应提供下列文件、资料：

1 施工现场质量管理检查记录。

2 气体灭火系统工程施工过程检查记录。

3 隐蔽工程验收记录。

4 气体灭火系统工程质量控制资料核查记录。

5 气体灭火系统工程质量验收记录。

6 相关文件、记录、资料清单等。

3.0.8 气体灭火系统工程施工质量不符合要求时，应按下列规定处理：

1 返工或更换设备，并应重新进行验收。

2 经返修处理改变了组件外形但能满足相关标准规定和使用要求，可按经批准的处理技术方案和协议文件进行验收。

3 经返工或更换系统组件、成套装置的工程，仍不符合要求时，严禁验收。

3.0.9 未经验收或验收不合格的气体灭火系统工程不得投入使用，投入使用的气体灭火系统应进行维护管理。

4 进 场 检 验

4.1 一 般 规 定

4.1.1 进场检验应按本规范表 C-1 填写施工过程检查记录。

4.1.2 进场检验抽样检查有 1 处不合格时，应加倍抽样；加倍抽样仍有 1 处不合格，判定该批为不合格。

4.2 材 料

4.2.1 管材、管道连接件的品种、规格、性能等应符合相应产品标准和设计要求。

检查数量：全数检查。

检查方法：核查出厂合格证与质量检验报告。

4.2.2 管材、管道连接件的外观质量除应符合设计规定外，尚应符合下列规定：

1 镀锌层不得有脱落、破损等缺陷。

2 螺纹连接管道连接件不得有缺纹、断纹等现象。

3 法兰盘密封面不得有缺损、裂痕。

4 密封垫片应完好无划痕。

检查数量：全数检查。

检查方法：观察检查。

4.2.3 管材、管道连接件的规格尺寸、厚度及允许偏差应符合其产品标准和设计要求。

检查数量：每一品种、规格产品按 20％计算。

检查方法：用钢尺和游标卡尺测量。

4.2.4 对属于下列情况之一的灭火剂、管材及管道连接件，应抽样复验，其复验结果应符合国家现行产品标准和设计要求。

1 设计有复验要求的。

2 对质量有疑义的。

检查数量：按送检需要量。

检查方法：核查复验报告。

4.3 系 统 组 件

4.3.1 灭火剂储存容器及容器阀、单向阀、连接管、集流管、安全泄放装置、选择阀、阀驱动装置、喷嘴、信号反馈装置、检漏装置、减压装置等系统组件的外观质量应符合下列规定：

1 系统组件无碰撞变形及其他机械性损伤。

2 组件外露非机械加工表面保护涂层完好。

3 组件所有外露接口均设有防护堵、盖，且封闭良好，接口螺纹和法兰密封面无损伤。

4 铭牌清晰、牢固、方向正确。

5 同一规格的灭火剂储存容器，其高度差不宜超过20mm。

6 同一规格的驱动气体储存容器，其高度差不宜超过10mm。

　　检查数量：全数检查。

　　检查方法：观察检查或用尺测量。

4.3.2 灭火剂储存容器及容器阀、单向阀、连接管、集流管、安全泄放装置、选择阀、阀驱动装置、喷嘴、信号反馈装置、检漏装置、减压装置等系统组件应符合下列规定：

1 品种、规格、性能等应符合国家现行产品标准和设计要求。

　　检查数量：全数检查。

　　检查方法：核查产品出厂合格证和市场准入制度要求的法定机构出具的有效证明文件。

2 设计有复验要求或对质量有疑义时，应抽样复验，复验结果应符合国家现行产品标准和设计要求。

　　检查数量：按送检需要量。

　　检查方法：核查复验报告。

4.3.3 灭火剂储存容器内的充装量、充装压力及充装系数、装量系数，应符合下列规定：

1 灭火剂储存容器的充装量、充装压力应符合设计要求，充装系数或装量系数应符合设计规范规定。

2 不同温度下灭火剂的储存压力应按相应标准确定。

　　检查数量：全数检查。

　　检查方法：称重、液位计或压力计测量。

4.3.4 阀驱动装置应符合下列规定：

1 电磁驱动器的电源电压应符合系统设计要求。通电检查电磁铁芯，其行程应能满足系统启动要求，且动作灵活，无卡阻现象。

2 气动驱动装置储存容器内气体压力不应低于设计压力，且不得超过设计压力的5%。气体驱动管道上的单向阀应启闭灵活，无卡阻现象。

3 机械驱动装置应传动灵活，无卡阻现象。

　　检查数量：全数检查。

　　检查方法：观察检查和用压力计测量。

4.3.5 低压二氧化碳灭火系统储存装置、柜式气体灭火装置、热气溶胶灭火装置等预制灭火系统产品应进行检查。

　　检查数量：全数检查。

　　检查方法：观察外观、核查出厂合格证。

5 系统安装

5.1 一般规定

5.1.1 气体灭火系统的安装应按本规范表C-2填写施工过程检查记录。防护区地板下、吊顶上或其他隐蔽区域内管网应按本规范表C-3填写隐蔽工程验收记录。

5.1.2 阀门、管道及支、吊架的安装除应符合本规范的规定外，尚应符合现行国家标准《工业金属管道工程施工及验收规范》GB 50235中的有关规定。

5.2 灭火剂储存装置的安装

5.2.1 储存装置的安装位置应符合设计文件的要求。

　　检查数量：全数检查。

　　检查方法：观察检查、用尺测量。

5.2.2 灭火剂储存装置安装后，泄压装置的泄压方向不应朝向操作面。低压二氧化碳灭火系统的安全阀应通过专用的泄压管接到室外。

　　检查数量：全数检查。

　　检查方法：观察检查。

5.2.3 储存装置上压力计、液位计、称重显示装置的安装位置应便于人员观察和操作。

　　检查数量：全数检查。

　　检查方法：观察检查。

5.2.4 储存容器的支、框架应固定牢靠，并应做防腐处理。

　　检查数量：全数检查。

　　检查方法：观察检查。

5.2.5 储存容器宜涂红色油漆，正面应标明设计规定的灭火剂名称和储存容器的编号。

　　检查数量：全数检查。

　　检查方法：观察检查。

5.2.6 安装集流管前应检查内腔，确保清洁。

　　检查数量：全数检查。

　　检查方法：观察检查。

5.2.7 集流管上的泄压装置的泄压方向不应朝向操作面。

　　检查数量：全数检查。

　　检查方法：观察检查。

5.2.8 连接储存容器与集流管间的单向阀的流向指示箭头应指向介质流动方向。

　　检查数量：全数检查。

　　检查方法：观察检查。

5.2.9 集流管应固定在支、框架上。支、框架应固定牢靠，并做防腐处理。

　　检查数量：全数检查。

　　检查方法：观察检查。

5.2.10 集流管外表面宜涂红色油漆。

检查数量：全数检查。

检查方法：观察检查。

5.3 选择阀及信号反馈装置的安装

5.3.1 选择阀操作手柄应安装在操作面一侧，当安装高度超过 1.7m 时应采取便于操作的措施。

检查数量：全数检查。

检查方法：观察检查。

5.3.2 采用螺纹连接的选择阀，其与管网连接处宜采用活接。

检查数量：全数检查。

检查方法：观察检查。

5.3.3 选择阀的流向指示箭头应指向介质流动方向。

检查数量：全数检查。

检查方法：观察检查。

5.3.4 选择阀上应设置标明防护区或保护对象名称或编号的永久性标志牌，并应便于观察。

检查数量：全数检查。

检查方法：观察检查。

5.3.5 信号反馈装置的安装应符合设计要求。

检查数量：全数检查。

检查方法：观察检查。

5.4 阀驱动装置的安装

5.4.1 拉索式机械驱动装置的安装应符合下列规定：

1 拉索除必要外露部分外，应采用经内外防腐处理的钢管防护。

2 拉索转弯处应采用专用导向滑轮。

3 拉索末端拉手应设在专用的保护盒内。

4 拉索套管和保护盒应固定牢靠。

检查数量：全数检查。

检查方法：观察检查。

5.4.2 安装以重力式机械驱动装置时，应保证重物在下落行程中无阻挡，其下落行程应保证驱动所需距离，且不得小于 25mm。

检查数量：全数检查。

检查方法：观察检查和用尺测量。

5.4.3 电磁驱动装置驱动器的电气连接线应沿固定灭火剂储存容器的支、框架或墙面固定。

检查数量：全数检查。

检查方法：观察检查。

5.4.4 气动驱动装置的安装应符合下列规定：

1 驱动气瓶的支、框架或箱体应固定牢靠，并做防腐处理。

2 驱动气瓶上应有标明驱动介质名称、对应防护区或保护对象名称或编号的永久性标志，并应便于观察。

检查数量：全数检查。

检查方法：观察检查。

5.4.5 气动驱动装置的管道安装应符合下列规定：

1 管道布置应符合设计要求。

2 竖直管道应在其始端和终端设防晃支架或采用管卡固定。

3 水平管道应采用管卡固定。管卡的间距不宜大于 0.6m。转弯处应增设 1 个管卡。

检查数量：全数检查。

检查方法：观察检查和用尺测量。

5.4.6 气动驱动装置的管道安装后应做气压严密性试验，并合格。

检查数量：全数检查。

检查方法：按本规范第 E.1 节的规定执行。

5.5 灭火剂输送管道的安装

5.5.1 灭火剂输送管道连接应符合下列规定：

1 采用螺纹连接时，管材宜采用机械切割；螺纹不得有缺纹、断纹等现象；螺纹连接的密封材料应均匀附着在管道的螺纹部分，拧紧螺纹时，不得将填料挤入管道内；安装后的螺纹根部应有 2～3 扣外露螺纹；连接后，应将连接处外部清理干净并做防腐处理。

2 采用法兰连接时，衬垫不得凸入管内，其外边缘宜接近螺栓，不得放双垫或偏垫。连接法兰的螺栓，直径和长度应符合标准，拧紧后，凸出螺母的长度不应大于螺杆直径的 1/2 且保证有不少于 2 条外露螺纹。

3 已经防腐处理的无缝钢管不宜采用焊接连接，与选择阀等个别连接部位需采用法兰焊接连接时，应对被焊接损坏的防腐层进行二次防腐处理。

检查数量：外观全数检查，隐蔽处抽查。

检查方法：观察检查。

5.5.2 管道穿过墙壁、楼板处应安装套管。套管公称直径比管道公称直径至少应大 2 级，穿墙套管长度应与墙厚相等，穿楼板套管长度应高出地板 50mm。管道与套管间的空隙应采用防火封堵材料填塞密实。当管道穿越建筑物的变形缝时，应设置柔性管段。

检查数量：全数检查。

检查方法：观察检查和用尺测量。

5.5.3 管道支、吊架的安装应符合下列规定：

1 管道应固定牢靠，管道支、吊架的最大间距应符合表5.5.3的规定。

表 5.5.3 支、吊架之间最大间距

DN（mm）	15	20	25	32	40	50	65	80	100	150
最大间距（m）	1.5	1.8	2.1	2.4	2.7	3.0	3.4	3.7	4.3	5.2

2 管道末端应采用防晃支架固定，支架与末端喷嘴间的距离不应大于 500mm。

3 公称直径大于或等于 50mm 的主干管道，垂直方向和水平方向至少应各安装 1 个防晃支架，当穿过建筑物楼层时，每层应设 1 个防晃支架。当水平管道改变方向时，应增设防晃支架。

　　检查数量：全数检查。

　　检查方法：观察检查和用尺测量。

5.5.4　灭火剂输送管道安装完毕后，应进行强度试验和气压严密性试验，并合格。

　　检查数量：全数检查。

　　检查方法：按本规范第 E.1 节的规定执行。

5.5.5　灭火剂输送管道的外表面宜涂红色油漆。

　　在吊顶内、活动地板下等隐蔽场所内的管道，可涂红色油漆色环，色环宽度不应小于 50mm。每个防护区或保护对象的色环宽度应一致，间距应均匀。

　　检查数量：全数检查。

　　检查方法：观察检查。

5.6　喷嘴的安装

5.6.1　安装喷嘴时，应按设计要求逐个核对其型号、规格及喷孔方向。

　　检查数量：全数检查。

　　检查方法：观察检查。

5.6.2　安装在吊顶下的不带装饰罩的喷嘴，其连接管管端螺纹不应露出吊顶；安装在吊顶下的带装饰罩的喷嘴，其装饰罩应紧贴吊顶。

　　检查数量：全数检查。

　　检查方法：观察检查。

5.7　预制灭火系统的安装

5.7.1　柜式气体灭火装置、热气溶胶灭火装置等预制灭火系统及其控制器、声光报警器的安装位置应符合设计要求，并固定牢靠。

　　检查数量：全数检查。

　　检查方法：观察检查。

5.7.2　柜式气体灭火装置、热气溶胶灭火装置等预制灭火系统装置周围空间环境应符合设计要求。

　　检查数量：全数检查。

　　检查方法：观察检查。

5.8　控制组件的安装

5.8.1　灭火控制装置的安装应符合设计要求，防护区内火灾探测器的安装应符合现行国家标准《火灾自动报警系统施工及验收规范》GB 50166 的规定。

　　检查数量：全数检查。

　　检查方法：观察检查。

5.8.2　设置在防护区处的手动、自动转换开关应安装在防护区入口便于操作的部位，安装高度为中心点距地（楼）面 1.5m。

　　检查数量：全数检查。

　　检查方法：观察检查。

5.8.3　手动启动、停止按钮应安装在防护区入口便于操作的部位，安装高度为中心点距地（楼）面

1.5m；防护区的声光报警装置安装应符合设计要求，并应安装牢固，不得倾斜。

　　检查数量：全数检查。

　　检查方法：观察检查。

5.8.4　气体喷放指示灯宜安装在防护区入口的正上方。

　　检查数量：全数检查。

　　检查方法：观察检查。

6　系统调试

6.1　一般规定

6.1.1　气体灭火系统的调试应在系统安装完毕，并宜在相关的火灾报警系统和开口自动关闭装置、通风机械和防火阀等联动设备的调试完成后进行。

6.1.2　气体灭火系统调试前应具备完整的技术资料，并应符合本规范第 3.0.2 条和第 5.1.2 条的规定。

6.1.3　调试前应按本规范第 4 章和第 5 章的规定检查系统组件和材料的型号、规格、数量以及系统安装质量，并应及时处理所发现的问题。

6.1.4　进行调试试验时，应采取可靠措施，确保人员和财产安全。

6.1.5　调试项目应包括模拟启动试验、模拟喷气试验和模拟切换操作试验，并应按本规范表 C-4 填写施工过程检查记录。

6.1.6　调试完成后应将系统各部件及联动设备恢复正常状态。

6.2　调试

6.2.1　调试时，应对所有防护区或保护对象按本规范第 E.2 节的规定进行系统手动、自动模拟启动试验，并应合格。

6.2.2　调试时，应对所有防护区或保护对象按本规范第 E.3 节的规定进行模拟喷气试验，并应合格。

　　柜式气体灭火装置、热气溶胶灭火装置等预制灭火系统的模拟喷气试验，宜各取 1 套分别按产品标准中有关联动试验的规定进行试验。

6.2.3　设有灭火剂备用量且储存容器连接在同一集流管上的系统应按本规范第 E.4 节的规定进行模拟切换操作试验，并应合格。

7　系统验收

7.1　一般规定

7.1.1　系统验收时，应具备下列文件：

　　1　系统验收申请报告。

2 本规范第 3.0.1 条列出的施工现场质量管理检查记录。

3 本规范第 3.0.2 条列出的技术资料。

4 竣工文件。

5 施工过程检查记录。

6 隐蔽工程验收记录。

7.1.2 系统工程验收应按本规范表 D-1 进行资料核查；并按本规范表 D-2 进行工程质量验收，验收项目有 1 项为不合格时判定系统为不合格。

7.1.3 系统验收合格后，应将系统恢复到正常工作状态。

7.1.4 验收合格后，应向建设单位移交本规范第 3.0.7 条列出的资料。

7.2 防护区或保护对象与储存装置间验收

7.2.1 防护区或保护对象的位置、用途、划分、几何尺寸、开口、通风、环境温度、可燃物的种类、防护区围护结构的耐压、耐火极限及门、窗可自行关闭装置应符合设计要求。

检查数量：全数检查。

检查方法：观察检查、测量检查。

7.2.2 防护区下列安全设施的设置应符合设计要求。

1 防护区的疏散通道、疏散指示标志和应急照明装置。

2 防护区内和入口处的声光报警装置、气体喷放指示灯、入口处的安全标志。

3 无窗或固定窗扇的地上防护区和地下防护区的排气装置。

4 门窗设有密封条的防护区的泄压装置。

5 专用的空气呼吸器或氧气呼吸器。

检查数量：全数检查。

检查方法：观察检查。

7.2.3 储存装置间的位置、通道、耐火等级、应急照明装置、火灾报警控制装置及地下储存装置间机械排风装置应符合设计要求。

检查数量：全数检查。

检查方法：观察检查、功能检查。

7.2.4 火灾报警控制装置及联动设备应符合设计要求。

检查数量：全数检查。

检查方法：观察检查、功能检查。

7.3 设备和灭火剂输送管道验收

7.3.1 灭火剂储存容器的数量、型号和规格，位置与固定方式，油漆和标志，以及灭火剂储存容器的安装质量应符合设计要求。

检查数量：全数检查。

检查方法：观察检查、测量检查。

7.3.2 储存容器内的灭火剂充装量和储存压力应符合设计要求。

检查数量：称重检查按储存容器全数（不足 5 个的按 5 个计）的 20% 检查；储存压力检查按储存容器全数检查；低压二氧化碳储存容器按全数检查。

检查方法：称重、液位计或压力计测量。

7.3.3 集流管的材料、规格、连接方式、布置及其泄压装置的泄压方向应符合设计要求和本规范第 5.2 节的有关规定。

检查数量：全数检查。

检查方法：观察检查、测量检查。

7.3.4 选择阀及信号反馈装置的数量、型号、规格、位置、标志及其安装质量，应符合设计要求和本规范第 5.3 节的有关规定。

检查数量：全数检查。

检查方法：观察检查、测量检查。

7.3.5 阀驱动装置的数量、型号、规格和标志，安装位置，气动驱动装置中驱动气瓶的介质名称和充装压力，以及气动驱动装置管道的规格、布置和连接方式，应符合设计要求和本规范第 5.4 节的有关规定。

检查数量：全数检查。

检查方法：观察检查、测量检查。

7.3.6 驱动气瓶和选择阀的机械应急手动操作处，均应有标明对应防护区或保护对象名称的永久标志。

驱动气瓶的机械应急操作装置均应设安全销并加铅封，现场手动启动按钮应有防护罩。

检查数量：全数检查。

检查方法：观察检查、测量检查。

7.3.7 灭火剂输送管道的布置与连接方式、支架和吊架的位置及间距、穿过建筑构件及其变形缝的处理、各管段和附件的型号规格以及防腐处理和涂刷油漆颜色，应符合设计要求和本规范第 5.5 节的有关规定。

检查数量：全数检查。

检查方法：观察检查、测量检查。

7.3.8 喷嘴的数量、型号、规格、安装位置和方向，应符合设计要求和本规范第 5.6 节的有关规定。

检查数量：全数检查。

检查方法：观察检查、测量检查。

7.4 系统功能验收

7.4.1 系统功能验收时，应进行模拟启动试验，并合格。

检查数量：按防护区或保护对象总数（不足 5 个按 5 个计）的 20% 检查。

检查方法：按本规范第 E.2 节的规定执行。

7.4.2 系统功能验收时，应进行模拟喷气试验，并合格。

检查数量：组合分配系统不应少于 1 个防护区或

保护对象，柜式气体灭火装置、热气溶胶灭火装置等预制灭火系统应各取1套。

检查方法：按本规范第E.3节或按产品标准中有关联动试验的规定执行。

7.4.3 系统功能验收时，应对设有灭火剂备用量的系统进行模拟切换操作试验，并合格。

检查数量：全数检查。

检查方法：按本规范第E.4节的规定执行。

7.4.4 系统功能验收时，应对主用、备用电源进行切换试验，并合格。

检查方法：将系统切换到备用电源，按本规范第E.2节的规定执行。

8 维护管理

8.0.1 气体灭火系统投入使用时，应具备下列文件，并应有电子备份档案，永久储存。

　　1 系统及其主要组件的使用、维护说明书。

　　2 系统工作流程图和操作规程。

　　3 系统维护检查记录表。

　　4 值班员守则和运行日志。

8.0.2 气体灭火系统应由经过专门培训，并经考试合格的专职人员负责定期检查和维护。

8.0.3 应按检查类别规定对气体灭火系统进行检查，并按本规范表F做好检查记录。检查中发现的问题应及时处理。

8.0.4 与气体灭火系统配套的火灾自动报警系统的维护管理应按现行国家标准《火灾自动报警系统施工及验收规范》GB 50116执行。

8.0.5 每日应对低压二氧化碳储存装置的运行情况、储存装置间的设备状态进行检查并记录。

8.0.6 每月检查应符合下列要求：

　　1 低压二氧化碳灭火系统储存装置的液位计检查，灭火剂损失10%时应及时补充。

　　2 高压二氧化碳灭火系统、七氟丙烷管网灭火系统及IG 541灭火系统等系统的检查内容及要求应符合下列规定：

　　　1）灭火剂储存容器及容器阀、单向阀、连接管、集流管、安全泄放装置、选择阀、阀驱动装置、喷嘴、信号反馈装置、检漏装置、减压装置等全部系统组件应无碰撞变形及其他机械性损伤，表面应无锈蚀，保护涂层应完好，铭牌和标志牌应清晰，手动操作装置的防护罩、铅封和安全标志应完整。

　　　2）灭火剂和驱动气体储存容器内的压力，不得小于设计储存压力的90%。

　　3 预制灭火系统的设备状态和运行状况应正常。

8.0.7 每季度应对气体灭火系统进行1次全面检查，并应符合下列规定：

　　1 可燃物的种类、分布情况，防护区的开口情况，应符合设计规定。

　　2 储存装置间的设备、灭火剂输送管道和支、吊架的固定，应无松动。

　　3 连接管应无变形、裂纹及老化。必要时，送法定质量检验机构进行检测或更换。

　　4 各喷嘴孔口应无堵塞。

　　5 对高压二氧化碳储存容器逐个进行称重检查，灭火剂净重不得小于设计储存量的90%。

　　6 灭火剂输送管道有损伤与堵塞现象时，应按本规范第E.1节的规定进行严密性试验和吹扫。

8.0.8 每年应按本规范第E.2节的规定，对每个防护区进行1次模拟启动试验，并应按本规范第7.4.2条规定进行1次模拟喷气试验。

8.0.9 低压二氧化碳灭火剂储存容器的维护管理应按《压力容器安全技术监察规程》执行；钢瓶的维护管理应按《气瓶安全监察规程》执行。灭火剂输送管道耐压试验周期应按《压力管道安全管理与监察规定》执行。

附录A 施工现场质量管理检查记录

施工现场质量管理检查记录应由施工单位质量检查员按表A填写，监理工程师进行检查，并做出检查结论。

表A 施工现场质量管理检查记录

工程名称		施工许可证	
建设单位		项目负责人	
设计单位		项目负责人	
监理单位		项目负责人	
施工单位		项目负责人	
序号	项　　目	内　　容	
1	现场质量管理制度		
2	质量责任制		
3	主要专业工种人员操作上岗证书		
4	施工图审查情况		
5	施工组织设计、施工方案及审批		
6	施工技术标准		
7	工程质量检验制度		
8	现场材料、设备管理		
9 ⋮	其他		
施工单位项目负责人： （签章） 年 月 日	监理工程师： （签章） 年 月 日	建设单位项目负责人：（签章） 年 月 日	

附录 B　气体灭火系统工程划分

表 B　气体灭火系统子分部工程、分项工程划分

分部工程	子分部工程	分项工程
系统工程	进场检验	材料进场检验
		系统组件进场检验
	系统安装	灭火剂储存装置的安装
		选择阀及信号反馈装置的安装
		阀驱动装置的安装
		灭火剂输送管道的安装
		喷嘴的安装
		预制灭火系统的安装
		控制组件的安装
	系统调试	模拟启动试验
		模拟喷气试验
		模拟切换操作试验
	系统验收	防护区或保护对象与储存装置间验收
		设备和灭火剂输送管道验收
		系统功能验收

附录 C　气体灭火系统施工记录

施工过程检查记录应由施工单位质量检查员按表C-1～表C-4填写，监理工程师进行检查，并做出检查结论。

表 C-1　气体灭火系统工程施工过程检查记录

工程名称				
施工单位		监理单位		
施工执行规范名称及编号			子分部工程名称	进场检验
分项工程名称	质量规定（规范条款）	施工单位检查记录	监理单位检查记录	
管材、管道连接件	4.2.1			
	4.2.2			
	4.2.3			
	4.2.4			
灭火剂储存容器及容器阀、单向阀、连接管、集流营、安全泄放装置、选择阀、阀驱动装置、喷嘴、信号反馈装置、检漏装置、减压装置等系统组件	4.3.1			
	4.3.2			
	4.3.4			
灭火剂储存容器内的充装量与充装压力	4.3.3			
低压二氧化碳灭火系统储存装置，柜式气体灭火装置、热气溶胶灭火装置等预制灭火系统	4.3.5			
施工单位项目负责人：（签章）			监理工程师：（签章）	
年　月　日			年　月　日	

注：施工过程若用到其他表格，则应作为附件一并归档。

表C-2　气体灭火系统工程施工过程检查记录

工程名称			
施工单位		监理单位	
施工执行规范名称及编号		子分部工程名称	系统安装
分项工程名称	质量规定（规范条款）	施工单位检查记录	监理单位检查记录
灭火剂储存装置	5.2.1		
	5.2.2		
	5.2.3		
	5.2.4		
	5.2.5		
	5.2.6		
	5.2.7		
	5.2.8		
	5.2.9		
	5.2.10		
选择阀及信号反馈装置	5.3.1		
	5.3.2		
	5.3.3		
	5.3.4		
	5.3.5		
阀驱动装置	5.4.1		
	5.4.2		
	5.4.3		
	5.4.4		
	5.4.5		
	5.4.6		
灭火剂输送管道	5.5.1		
	5.5.2		
	5.5.3		
	5.5.4		
	5.5.5		
喷嘴	5.6.1		
	5.6.2		
预制灭火系统	5.7.1		
	5.7.2		
控制组件	5.8.1		
	5.8.2		
	5.8.3		
	5.8.4		
施工单位项目负责人：（签章）		监理工程师：（签章）	
年　月　日		年　月　日	

注：施工过程若用到其他表格，则应作为附件一并归档。

表C-3　隐蔽工程验收记录

工程名称		建设单位	
设计单位		施工单位	
防护区/保护对象名称		隐蔽区域	
验收项目		验收结果	
管道、管道连接件品种、规格、尺寸及偏差、性能和质量			
管道的安装质量和涂漆			
支、吊架规格、数量和安装质量			
喷嘴的型号、规格、数量和安装质量			
施工过程检查记录			

验收结论：

验收单位	设计单位：（公章）	项目负责人：（签章） 年　月　日
	施工单位：（公章）	项目负责人：（签章） 年　月　日
	监理单位：（公章）	监理工程师：（签章） 年　月　日

表C-4　气体灭火系统工程施工过程检查记录

工程名称			
施工单位		监理单位	
施工执行规范名称及编号		子分部工程名称	系统调试
分项工程名称	质量规定（规范条款）	施工单位检查记录	监理单位检查记录
模拟启动试验	6.2.1		
模拟喷气试验	6.2.2		
备用灭火剂储存容器模拟切换操作试验	6.2.3		
调试人员：（签字）			年　月　日
施工单位项目负责人：（签章）		监理工程师：（签章）	
年　月　日		年　月　日	

注：施工过程若用到其他表格，则应作为附件一并归档。

附录 D 气体灭火系统验收记录

气体灭火系统验收应由建设单位项目负责人组织监理工程师、施工单位项目负责人和设计单位项目负责人等进行，并按表D-1、表D-2记录。

表 D-1 气体灭火系统工程质量控制资料核查记录

工程名称		施工单位		
序号	资料名称	资料数量	核查结果	核查人
1	经批准的施工图、设计说明书及设计变更通知书			
	竣工图等其他文件			
2	成套装置与灭火剂储存容器及容器阀、单向阀、连接管、集流管、安全泄放装置、选择阀、阀驱动装置、喷嘴、信号反馈装置、检漏装置、减压装置等系统组件，灭火剂输送管道及管道连接件的产品出厂合格证和市场准入制度要求的有效证明文件			
	系统及其主要组件的使用、维护说明书			
3	施工过程检查记录，隐蔽工程验收记录			

核查结论：

验收单位	设计单位	施工单位	监理单位	建设单位
	（公章）	（公章）	（公章）	（公章）
	项目负责人：（签章）	项目负责人：（签章）	监理工程师：（签章）	项目负责人：（签章）
	年 月 日	年 月 日	年 月 日	年 月 日

表 D-2 气体灭火系统工程质量验收记录

工程名称			
施工单位		监理单位	
施工执行规范名称及编号		子分部工程名称	系统验收
分项工程名称	质量规定（规范条款）	验收内容记录	验收评定结果
防护区或保护对象与储存装置间验收	7.2.1		
	7.2.2		
	7.2.3		
	7.2.4		
设备和灭火剂输送管道验收	7.3.1		
	7.3.2		
	7.3.3		
	7.3.4		
	7.3.5		
	7.3.6		
	7.3.7		
	7.3.8		
系统功能验收	7.4.1		
	7.4.2		
	7.4.3		
	7.4.4		

验收结论：

验收单位	设计单位	施工单位	监理单位	建设单位
	（公章）	（公章）	（公章）	（公章）
	项目负责人：（签章）	项目负责人：（签章）	监理工程师：（签章）	项目负责人：（签章）
	年 月 日	年 月 日	年 月 日	年 月 日

附录 E 试 验 方 法

E.1 管道强度试验和气密性试验方法

E.1.1 水压强度试验压力应按下列规定取值:

1 对高压二氧化碳灭火系统,应取 15.0MPa;对低压二氧化碳灭火系统,应取 4.0 MPa。

2 对 IG 541 混合气体灭火系统,应取 13.0MPa。

3 对卤代烷 1301 灭火系统和七氟丙烷灭火系统,应取 1.5 倍系统最大工作压力,系统最大工作压力可按表 E 取值。

E.1.2 进行水压强度试验时,以不大于 0.5 MPa/s 的升压速率缓慢升压至试验压力,保压 5min,检查管道各处无渗漏、无变形为合格。

E.1.3 当水压强度试验条件不具备时,可采用气压强度试验代替。气压强度试验压力取值:二氧化碳灭火系统取 80% 水压强度试验压力,IG 541 混合气体灭火系统取 10.5 MPa,卤代烷 1301 灭火系统和七氟丙烷灭火系统取 1.15 倍最大工作压力。

E.1.4 气压强度试验应遵守下列规定:

试验前,必须用加压介质进行预试验,预试验压力宜为 0.2 MPa。

试验时,应逐步缓慢增加压力,当压力升至试验压力的 50% 时,如未发现异状或泄漏,继续按试验压力的 10% 逐级升压,每级稳压 3min,直至试验压力。保压检查管道各处无变形、无泄漏为合格。

E.1.5 灭火剂输送管道经水压强度试验合格后还应进行气密性试验,经气压强度试验合格且在试验后未拆卸过的管道可不进行气密性试验。

E.1.6 灭火剂输送管道在水压强度试验合格后,或气密性试验前,应进行吹扫。吹扫管道可采用压缩空气或氮气,吹扫时,管道末端的气体流速不应小于 20m/s,采用白布检查,直至无铁锈、尘土、水渍及其他异物出现。

E.1.7 气密性试验压力应按下列规定取值:

1 对灭火剂输送管道,应取水压强度试验压力的 2/3。

2 对气动管道,应取驱动气体储存压力。

E.1.8 进行气密性试验时,应以不大于 0.5 MPa/s 的升压速率缓慢升压至试验压力,关断试验气源 3min 内压力降不超过试验压力的 10% 为合格。

E.1.9 气压强度试验和气密性试验必须采取有效的安全措施。加压介质可采用空气或氮气。气动管道试验时应采取防止误喷射的措施。

表 E 系统储存压力、最大工作压力

系统类别	最大充装密度 (kg/m³)	储存压力 (MPa)	最大工作压力 (MPa)(50℃时)
混合气体 (IG 541) 灭火系统	—	15.0	17.2
	—	20.0	23.2
卤代烷 1301 灭火系统	1125	2.50	3.93
		4.20	5.80
七氟丙烷 灭火系统	1150	2.5	4.2
	1120	4.2	6.7
	1000	5.6	7.2

E.2 模拟启动试验方法

E.2.1 手动模拟启动试验可按下述方法进行:

按下手动启动按钮,观察相关动作信号及联动设备动作是否正常(如发出声、光报警,启动输出端的负载响应,关闭通风空调、防火阀等)。

人工使压力信号反馈装置动作,观察相关防护区门外的气体喷放指示灯是否正常。

E.2.2 自动模拟启动试验可按下述方法进行:

1 将灭火控制器的启动输出端与灭火系统相应防护区驱动装置连接。驱动装置应与阀门的动作机构脱离。也可以用一个启动电压、电流与驱动装置的启动电压、电流相同的负载代替。

2 人工模拟火警使防护区内任意一个火灾探测器动作,观察单一火警信号输出后,相关报警设备动作是否正常(如警铃、蜂鸣器发出报警声等)。

3 人工模拟火警使该防护区内另一个火灾探测器动作,观察复合火警信号输出后,相关动作信号及联动设备动作是否正常(如发出声、光报警,启动输出端的负载,关闭通风空调、防火阀等)。

E.2.3 模拟启动试验结果应符合下列规定:

1 延迟时间与设定时间相符,响应时间满足要求。

2 有关声、光报警信号正确。

3 联动设备动作正确。

4 驱动装置动作可靠。

E.3 模拟喷气试验方法

E.3.1 模拟喷气试验的条件应符合下列规定:

1 IG 541 混合气体灭火系统及高压二氧化碳灭火系统应采用其充装的灭火剂进行模拟喷气试验。试验采用的储存容器数应为选定试验的防护区

或保护对象设计用量所需容器总数的 5%，且不得少于 1 个。

2 低压二氧化碳灭火系统应采用二氧化碳灭火剂进行模拟喷气试验。

试验应选定输送管道最长的防护区或保护对象进行，喷放量不应小于设计用量的 10%。

3 卤代烷灭火系统模拟喷气试验不应采用卤代烷灭火剂，宜采用氮气，也可采用压缩空气。氮气或压缩空气储存容器与被试验的防护区或保护对象用的灭火剂储存容器的结构、型号、规格应相同，连接与控制方式应一致，氮气或压缩空气的充装压力按设计要求执行。氮气或压缩空气储存容器数不应少于灭火剂储存容器数的 20%，且不得少于 1 个。

4 模拟喷气试验宜采用自动启动方式。

E.3.2 模拟喷气试验结果应符合下列规定：

1 延迟时间与设定时间相符，响应时间满足要求。

2 有关声、光报警信号正确。

3 有关控制阀门工作正常。

4 信号反馈装置动作后，气体防护区门外的气体喷放指示灯应工作正常。

5 储存容器间内的设备和对应防护区或保护对象的灭火剂输送管道无明显晃动和机械性损坏。

6 试验气体能喷入被试防护区内或保护对象上，且应能从每个喷嘴喷出。

E.4 模拟切换操作试验方法

E.4.1 按使用说明书的操作方法，将系统使用状态从主用量灭火剂储存容器切换为备用量灭火剂储存容器的使用状态。

E.4.2 按本规范第 E.3.1 条的方法进行模拟喷气试验。

E.4.3 试验结果应符合本规范第 E.3.2 条的规定。

附录 F　气体灭火系统维护检查记录

表 F　气体灭火系统维护检查记录

使用单位				
防护区/保护对象				
维护检查执行的规范名称及编号				
检查类别（日检、季检、年检）				
检查日期	检查项目	检查情况	故障原因及处理情况	检查人员签字
备注				

本规范用词说明

1 为便于在执行本规范条文时区别对待，对要求严格程度不同的用词说明如下：

1）表示很严格，非这样做不可的用词：
正面词采用"必须"，反面词采用"严禁"。

2）表示严格，在正常情况下均应这样做的用词：
正面词采用"应"，反面词采用"不应"或"不得"。

3）表示允许稍有选择，在条件许可时首先应这样做的用词：
正面词采用"宜"，反面词采用"不宜"。

表示有选择，在一定条件下可以这样做的用词，采用"可"。

2 本规范中指明应按其他有关标准，规范执行的写法为"应符合……的规定"或"应按……执行"。

中华人民共和国国家标准

气体灭火系统施工及验收规范

GB 50263—2007

条 文 说 明

目　次

3 基 本 规 定

3.0.1 新增条文。为贯彻《建设工程质量管理条例》和实施"市场准入制度",故规定了从事气体灭火系统工程施工及验收应具备的条件和质量管理应具备的标准、规章制度。

3.0.2 是对原规范第 2.1.1 条、第 2.1.2 条的进一步完善,并增加了新内容。本条符合《消防法》和《建设工程质量管理条例》精神,多年实践证明可行。

其中,成套装置指低压二氧化碳灭火系统储存装置及柜式气体灭火装置、热气溶胶灭火装置等预制灭火系统,不能复验的产品指安全膜片等。

给水、供电、供气条件是施工作业的起码条件;技术交底是保证正确施工的关键;系统组件和材料是系统的组成;防护区等设置条件是设计的依据;基建条件还包括基础、泄压孔、防护区严密性,等等。

3.0.4 新增条文。本条规定了气体灭火系统工程施工质量控制的基本要求,其中施工过程检查包括材料及系统组件进场检验、包括隐蔽工程验收在内的设备安装各工序检查、系统调试试验,特别强调了工序检查和工种交接认可。这些要求是保证工程质量所必需的。

3.0.5 新增条文。本条规定了系统工程验收程序、组织及合格评定,验收检测采用的计量器具要求,以及验收合格后应做的工作。

3.0.6 新增条文。本条规定了气体灭火系统工程施工质量合格的标准,其中包括施工过程各工序质量、质量控制资料、工程质量、系统工程验收,这些涵盖了施工全过程。

3.0.7 新增条文。本条规定了系统工程验收合格后应提供的文件、资料,这是确保工程质量和建立工程档案所必需的。为日后查对提供方便。

3.0.8 新增条文。本条规定了气体灭火系统工程施工质量不符合要求时的处理办法,这是施工过程中会遇到的问题。其中返工针对工序工艺,更换系统组件、成套装置针对系统组成硬件,从这两方面着手能把问题解决、通过验收;否则不予验收,以保证工程质量。

4 进 场 检 验

4.1 一 般 规 定

4.1.1 新增条文。此条明确规定了气体灭火系统安装施工过程中需要填写的施工质量检查记录,以便建立统一格式的完整档案。

4.1.2 新增条文。加倍抽样是产品抽样的例行做法。

4.2 材 料

4.2.1 新增条文。本条规定了材料进入市场时应具备的质量有效证明文件,灭火剂输送管道应提供相应规格的质量合格证、力学性能及材质检验报告。管道连接件则应提供相应制造单位出具的检验合格报告,其中应包括水压强度试验、气压严密性试验等内容。

4.2.2 新增条文。本条规定了材料进场时的外观质量检查要求。气体灭火系统喷放时,管道及管道连接件承受的压力较高,这些要求是保证管网的耐压强度、严密性能和耐腐蚀性能所必需的。

4.2.3 新增条文。本条规定了材料进场时的验收检测要求。条文中给出了检测时的抽查数量,使条文具有可操作性,且通过实践证明能达到检测的需要和目的。

4.2.4 新增条文。本条规定了材料需要复检的具体情况,并给出处理办法。具体检测内容视设计要求和质疑点而定。

4.3 系 统 组 件

4.3.1 对原规范第 2.2.1 条的进一步完善。本条规定了系统组件进场时的外观质量检查要求及方法。

铭牌及其内容是由生产厂封贴标注的,它真实地反映了产品的规格、型号、生产日期、主要物理参数等,是施工单位和消防监督机构进行核查、用户进行日常维护检查的依据,应清晰明白。

对规格相同的灭火剂储存容器和驱动气体储存容器的高度偏差规定,除考虑到安装美观外,更重要的是选用高度一致的容器可以减小容器容积和灭火剂充装率的误差。

4.3.2 新增条文。本条第 1 款规定了系统组件进场时应核查其产品的出厂合格证和由相应市场准入制度要求的法定机构——目前是国家质量监督检验中心——出具的有效证明文件。鉴于目前施工单位很少做试验检验,现场做组件水压试验确实也有一定困难,这里不要求试验检验,只要求核查书面证明。本条第 2 款是第 1 款的补充。

4.3.3 对原规范第 2.2.2 条的进一步完善。本条规定了对灭火剂储存容器的充装量、充装压力、充装系数或装量系数的要求。气体灭火剂的充装量和充装压力是通过管道流体计算后确定的。这两者的变化将直接影响到管道的计算结果,如喷嘴的孔径和管道的管径。通常充装压力和充装量小于设计值则会影响灭火效果,会降低喷嘴入口的工作压力,延长喷射时间;反之,也会因扩容压力损失太快,影响喷射强度和时间。另外,灭火剂充装压力、充装系数或装量系数还涉及安全问题。

IG 541 和七氟丙烷系统储存压力随温度变化参考值见表 1。二氧化碳灭火剂的泄漏从储存压力上反映不出来，故没在表中给出。高压二氧化碳系统可借助称重检查泄漏，低压二氧化碳系统可借助液位计或称重检查泄漏。

表 1　IG 541 和七氟丙烷系统储存压力随温度变化参考值

储存温度（℃）		0	10	20	30	40	50
储存压力（MPa）	IG 541	15.0	13.5	14.3	15.0	15.7	16.5	17.2
	七氟丙烷	2.5	1.88	1.93	2.16	2.45	3.02	4.2
		4.2	3.74	3.86	4.30	4.93	5.94	6.7
		5.6	4.73	4.81	5.33	6.04	7.06	8.25

注：1　IG 541 为计算值。
　　2　七氟丙烷为实测值，由国家固定灭火系统和耐火构件质量监督检验中心提供。

测试方法为：在 23℃ 环境温度下，取容积为 4L 的储瓶。首先，对 2.5、4.2 和 5.6MPa 储存压力分别以 1150、1120kg/m³ 和 1040kg/m³ 充装密度充装灭火剂，充压到预定压力。然后，使储瓶温度降到 0℃，再逐步升温，每升 10℃ 测一次压力值，分别得出表中数值。这里，由于增压气体溶解于灭火剂，储存压力值有变化。

4.3.4　原规范第 2.2.4 条。本条规定了对阀驱动装置的要求，根据设计规范，气体灭火系统灭火剂储存容器的容器阀可采用气动型驱动装置、电磁型驱动装置和机械型驱动装置控制。

鉴于引爆型驱动装置以火药作驱动力，其瞬间压力大，不易计算，易发生事故，固定式灭火系统用得不多，故本规范不予考虑。

4.3.5　新增条文。目前的产品标准有《低压二氧化碳灭火系统及部件》GB 19572、《柜式气体灭火装置》GB 16670、《气溶胶灭火系统　第 1 部分：热气溶胶灭火装置》GA 499.1 等。外观质量可参照本规范第 4.3.1 条进行检查。

5　系统安装

5.1　一般规定

5.1.1　新增条文。施工过程中的各种检查记录，特别是隐蔽工程的质量检查记录，是保证施工质量的重要环节，是工程质量档案的重要组成部分。此条明确规定了气体灭火系统安装施工过程中需要填写的施工质量检查记录。

5.1.2　对原规范第 3.1.3 条的修改。删除集流管制作，因其是组件，不能现场制作，连带也删除了原规范第 3.3.2 条和原规范第 3.3.3 条。删除了高压软管安装、支架制作、管道吹扫和试验，因本规范对此有规定。对《工业金属管道工程施工及验收规范》

GB 50235 的引用包括不同材料的加工方法、切口质量、垫片质量、涂漆工艺等。

5.2　灭火剂储存装置的安装

5.2.2　新增条文。气体灭火系统由于储存高压气体，特别是 IG 541 混合气体灭火系统等，为人员安全，故作此规定。

5.2.3　对原规范第 3.2.3 条的进一步完善。此条规定是为了方便灭火系统的日常检查和维护保养。

5.2.4　原规范第 3.2.4 条。储存容器在释放时会受到高速流体冲击而发生振动、摇晃等，因此，在安装时应将储存容器固定牢靠。

5.2.5　原规范第 3.2.5 条。储存容器的表面涂层习惯为红色。此条规定为检查、复位、维护记录提供方便。

5.2.6　原规范第 3.3.4 条。保持内腔清洁是为防止异物进入管网堵塞喷嘴。

5.2.7　原规范第 3.3.7 条。防止泄压时气流冲向操作人员或现场工作人员，保证操作人员或现场工作人员的安全。

5.2.9　原规范第 3.3.5 条。集流管在灭火剂喷放时也会发生冲击、振动、摇晃等，因此，在安装时应将集流管固定牢靠。

5.2.10　原规范第 3.3.6 条。气体灭火系统管道的表面涂层习惯为红色。

5.3　选择阀及信号反馈装置的安装

5.3.1　原规范第 3.4.1 条。气体灭火系统的选择阀都带有机械应急操作手柄。将操作手柄安装在操作面一侧，且安装高度不超过 1.7m，是为了保证在系统采用机械应急操作启动时，方便快捷。

5.3.2　原规范第 3.4.2 条。本条规定是为了方便选择阀的安装以及以后的维护检修。

5.3.4　原规范第 3.4.3 条。每个选择阀对应一个防护区或保护对象，灭火操作时，将打开发生火灾的防护区或保护对象对应的选择阀实施灭火，为防止机械应急操作时误操作，故作此规定。

5.4　阀驱动装置的安装

5.4.1　原规范第 3.5.2 条。拉索式机械驱动装置是通过拉索控制灭火剂释放的远程手动装置。拉索式机械驱动装置通常安装在防护区外，一般是在防护区门口，与电气启动/停止按钮设于同一处。此条规定是为了提高灭火系统的可靠性，防止误动作。

5.4.2　原规范第 3.5.3 条。本条规定与产品标准《气体灭火系统及零部件性能要求和试验方法》GA 400—2002 第 5.11.4.2 条要求相同，以保证其动作的可靠性。

5.4.3　原规范第 3.5.1 条。本条的要求可使布线整齐美观，不易损坏。

5.4.4 原规范第3.5.4条。驱动气瓶在释放时会受到高速气流的冲击而发生振动、摇晃等，因此，在安装时应将驱动气瓶固定牢靠。通常每个驱动气瓶对应启动一个防护区的选择阀及容器阀，正确、清晰的标志可避免操作人员误操作。

5.4.6 原规范第3.5.6条。通常气动驱动装置的出口与灭火剂储存容器的容器阀及防护区或保护对象的选择阀直接相连，若有泄漏，驱动气体的压力有可能低于打开选择阀和容器阀所需的压力，导致打不开选择阀和容器阀。故需要在安装后做气压严密性试验。

5.5 灭火剂输送管道的安装

5.5.1 对原规范第3.6.1条的扩充。本条要求依据征求意见结果并参照《建筑给水排水及采暖工程施工质量验收规范》GB 50242—2002第3.3.15条制定。在实际工程中，经常需要在现场进行焊接，特别是带法兰的弯头，如不对其进行防腐处理，则以后焊接处将最先被腐蚀，故本条要求安装前应对焊接部位进行防腐处理。

5.5.2 对原规范第3.6.2条的进一步完善。气体灭火系统的管道直接与墙壁或楼板接触，容易发生腐蚀，影响气体灭火系统的安全，同时也不便于维修。故本条要求管道穿过墙壁、楼板处应安装套管。本条参照《工业金属管道工程施工及验收规范》GB 50235—97第6.3.19条制定。并依据征求意见结果取套管公称直径比管道公称直径至少大2级。

5.5.3 对原规范第3.6.3条的修改。表5.5.3参照英国标准《室内灭火装置和设备·pt4·二氧化碳灭火系统规范》BS 5306: pt4: 1986第41.3条制定。由于气体灭火系统在喷放时有冲击、振动和摇晃，加上自身的重量较大，故管道应该用支吊架进行固定。

5.5.4 原规范第3.7.1条。对试验方法第E.1节说明如下：

第E.1.1条，第1款依据《二氧化碳灭火系统设计规范》GB 50193—93（1999年版）第5.3.1条；第2款依据水压强度试验压力取气压强度试验压力的1.25倍得出；第3款依据产品标准《气体灭火系统及零部件性能要求和试验方法》GA 400—2002第5.15.3条。

第E.1.2条依据《气体灭火系统及零部件性能要求和试验方法》GA 400—2002第6.2条。

第E.1.3条，用气压强度试验代替水压强度试验依据原规范第3.7.3条。二氧化碳灭火系统试验压力取值依据原规范第3.7.3条；IG 541混合气体灭火系统气压试验压力取值依据目前对储存压力为15MPa的系统取10.5 MPa的实践；卤代烷1301灭火系统和七氟丙烷灭火系统气压强度试验压力取值系数依据《工业金属管道工程施工及验收规范》

GB 50235—97第7.5.4条。

第E.1.4条依据《工业金属管道工程施工及验收规范》GB 50235—97第7.5.4条和原规范第3.7.4条。

第E.1.5条依据《工业金属管道工程施工及验收规范》GB 50235—97第7.5.5条。

第E.1.6条依据原规范第3.7.6条。

第E.1.7条，第1款依据原规范第3.7.5条；第2款依据原规范第3.5.6条。

第E.1.8条依据《气体灭火系统及零部件性能要求和试验方法》GA 400—2002第6.3条和原规范第3.7.5条。

第E.1.9条依据原规范第3.7.3条、第3.7.5条和《气体灭火系统及零部件性能要求和试验方法》GA 400—2002第6.3条。

气压强度试验或气密性试验时，选择阀上、下游可同时试验，从而可查出选择阀连接处泄漏问题。

5.5.5 对原规范第3.7.7条的进一步完善，依据征求意见结果增加色环规定。气体灭火系统管道的表面涂层习惯为红色，以区别于其他管道。

5.6 喷嘴的安装

5.6.1 原规范第3.8.2条。喷嘴是气体灭火系统中控制灭火剂流速并保证灭火剂均匀分布的重要部件，由于喷头的结构形式相似，规格较多，安装时应核对清楚。

5.7 预制灭火系统的安装

5.7.1 新增条文。预制灭火系统在喷放时，要产生冲击和震动，所以应将其固定牢靠；另外，为防止这些灭火装置被任意移动也应固定牢靠。

5.7.2 新增条文。满足设备周围空间环境要求是保证系统性能和可靠灭火的条件，同时也方便维护工作。

5.8 控制组件的安装

5.8.2～5.8.4 新增条文。由于《火灾自动报警系统施工及验收规范》GB 50166—92对手动与自动转换开关、手动启动与停止按钮、防护区的声光报警装置、气体喷放指示灯等安装技术要求未作出规定，为便于这些组件的安装，故本规范提出安装技术要求。

6 系 统 调 试

6.1 一 般 规 定

6.1.1 原规范第4.1.1条。本条明确了调试程序，有利于调试工作顺利进行。

6.1.2 原规范第4.1.2条。气体灭火系统调试是保证系统能正常工作的重要步骤。技术资料的完整、准确是完成该项工作的必要条件。

6.1.3 原规范第 4.1.4 条。为了确保气体灭火系统调试工作顺利进行，本条规定调试前应再一次对系统组件、材料以及安装质量进行检查，并应及时处理发现的问题。

6.1.5 新增条文。本条规定了调试内容和记录格式。

6.2 调 试

6.2.1 新增条文。模拟启动试验的目的在于检测控制系统的动作正确性和可靠性，从而保证控制系统能起到预期作用。

第 E.2 节是对原规范第 5.4.2 条的完善，是控制系统应满足的功能。

6.2.2 对原规范第 4.2.1 条的扩充。模拟喷气试验的目的在于检测灭火系统的动作可靠性和管道连接正确性，也是一次实战演习，从而保证灭火系统能起到预期作用。

第 E.3 节是对原规范第 4.2.3 条和第 4.2.4 条的完善，规定的试验容器数量是根据目前工程实践确定的。

柜式气体灭火装置、热气溶胶灭火装置等预制灭火系统有合格证，没做现场组装，可不做检查；但从灭火可靠性考虑，建议做联动试验。

6.2.3 原规范第 4.2.1 条。第 E.4 节是对原规范第 4.2.5 条的改写。进行模拟切换操作试验的目的在于检查备用量灭火剂储存容器管道连接和系统操作装置的正确性、可靠性，从而保证该系统能起到预期作用。

7 系 统 验 收

7.1 一 般 规 定

7.1.1 对原规范第 5.1.2 条的进一步完善。本条规定了工程竣工后验收前所应具备的全部技术资料。

7.1.2 对原规范第 5.1.3 条的改写，增加了资料核查内容。资料核查是实施《建设工程质量管理条例》第 17 条，建立完善的技术档案的基本条件；工程质量验收是对施工质量的全面考核。

7.2 防护区或保护对象与储存装置间验收

7.2.1 原规范第 5.2.1 条，根据征求意见结果，补充对防护区维护结构的耐压、耐火极限及门窗可自行关闭装置的检查。

本条规定了对防护区或保护对象验收的内容、方法及数量。

7.2.2 原规范第 5.2.2 条。本条规定了防护区安全设施验收的内容、方法及数量；关系到人员安全。

7.2.3 原规范第 5.2.3 条。本条规定了对储存装置间验收的内容、方法及数量，是根据我国现行的气体灭火系统设计规范制定的。储存装置间的位置将影响系统的结构，我国目前一些工程设计中已确定好储存装置间的位置，但施工时往往变动，使得灭火剂输送管道也随之变化，因此在系统工程验收时，应进行检查。

通道、耐火等级、应急照明及地下储存装置间机械排风装置等要求，关系到人员安全，应予重视，故列入系统工程验收内容。需要指出，火灾报警控制装置包括设在防护区门口的手动控制器、设在储存装置间的灭火控制盘和设在消防中心的显示控制器等。

7.2.4 新增条文。本条规定了与灭火系统配套的火灾报警、灭火控制装置、其他联动设备的验收要求、方法和数量。火灾报警控制装置能否正常工作关系到系统能否启动，空调、送风、防排烟系统等联动设备直接影响灭火效能。

7.3 设备和灭火剂输送管道验收

7.3.1 原规范第 5.3.1 条。本条规定了对灭火剂储存容器的相关技术参数及安装质量进行验收的方法、数量。

7.3.2 对原规范第 5.3.2 条的补充。本条规定了对灭火剂充装量和储存压力检查的方法、数量；储存容器内灭火剂充装量及误差应符合设计要求。

高压二氧化碳灭火系统的泄漏反映为失重，可称重检查；低压二氧化碳灭火系统的泄漏反映为液位下降，可液位检查；IG 541 等惰性气体灭火系统泄漏反映为压力下降，可压力计检查；七氟丙烷等卤代烷灭火系统泄漏反映为压力下降和失重，可压力计检查和称重检查。

7.3.3 原规范第 5.3.3 条。本条规定了对集流管验收检查的有关项目。

7.3.4 原规范第 5.3.5 条。本条规定了检查与选择阀及信号反馈装置有关的技术参数的方法；需特别注意选择阀的安装位置不宜过高，其手动操作点距地面的高度不宜超过 1.7m。

7.3.5 原规范第 5.3.4 条。本条规定了检查与驱动装置有关的技术参数的方法。在执行本条规定时注意的事项有：一是阀驱动装置包括系统中选择阀和容器阀的驱动装置；二是阀驱动装置有机械驱动、电磁驱动和气动驱动，其检查和安装要求在本规范第 4、5 章中已作出规定。

7.3.7 原规范第 5.3.7 条。本条规定了对管道安装质量检查的方法及数量。确定以上项目是否合格，是确定管道施工质量是否合格的重要内容。管道施工质量将影响气体灭火系统使用效果和使用寿命。

7.3.8 原规范第 5.3.8 条。本条规定了检查与喷嘴有关的技术参数的方法。气体灭火系统的喷嘴是系统中较为重要和技术要求较高的组件，其主要功能是控制灭火剂的喷射速率及分布状况。因此，喷嘴的数量、型号、规格、安装位置和方向等均对灭火剂的喷射性能甚至能否扑灭火灾有重要作用，在系统工程验收时，应对这些项目重新检查确认，以防产生差错。

7.4 系统功能验收

7.4.1 原规范第 5.4.1 条第 1 款。本规范第 6.2.1 条已按防护区或保护对象全数进行了模拟启动试验，这里采取抽样方法检查。

7.4.2 对原规范第 5.4.1 条第 2 款的扩充。本规范第 6.2.2 条已按防护区或保护对象全数进行了模拟喷气试验，这里采取抽样方法检查。

8 维护管理

8.0.1 对原规范第 5.5.2 条的改写。本条规定了系统维护管理应具备的文件资料；为了搞好检查、维护工作，管理人员应熟悉系统的性能、构造和检查维护方法，才能完成所承担的工作。

为了保持系统的正常工作状态，在需要灭火时能合理、有效地进行各种操作，应预先制定系统的操作规程。

8.0.2 原规范第 5.5.1 条。本条规定了专职消防人员上岗制度；检查、维护是气体灭火系统能否发挥正常作用的关键，因此，应不断维护。气体灭火系统结构较为复杂，又属中、高压系统，其检查维护人员应具有一定的基本技术和专业知识，并经专门培训才能胜任。

8.0.3 原规范第 5.5.3 条。本条规定是根据气体灭火系统的结构特点、产品维护使用要求确定的；该项检查宜由专业厂商进行。

8.0.5 新增条文。本条参照美国标准《二氧化碳灭火系统标准》NFPA 12-2000 §1-11.3.3 制定。

8.0.6 对原规范第 5.5.4 条的进一步完善。本条规定了月检应进行的内容及达到的标准，主要是用目测法对系统外观进行检查。

8.0.7 对原规范第 5.5.5 条的进一步完善。本条规定了季度检应对系统进行除模拟喷气试验外的全面检查，参照国外标准并结合工程实践制定。

8.0.8 新增条文。本条参照美国标准《二氧化碳灭火系统标准》NFPA 12-2000 §1-11.3.2 制定。规定了年检时应进行的工作。

8.0.9 新增条文。依据征求意见结果增加。

中华人民共和国国家标准

泡沫灭火系统施工及验收规范

Code for installation and acceptance of
foam extinguishing systems

GB 50281—2006

主编部门：中华人民共和国公安部
批准部门：中华人民共和国建设部
施行日期：２００６年１１月１日

中华人民共和国建设部
公　告

第 439 号

建设部关于发布国家标准
《泡沫灭火系统施工及验收规范》的公告

现批准《泡沫灭火系统施工及验收规范》为国家标准，编号为 GB 50281—2006，自 2006 年 11 月 1 日起施行。其中，第 4.2.1、4.2.6、4.3.3、5.2.6、5.3.4、5.5.1（3、7 款）、5.5.6（2 款）、6.2.6、7.1.3、8.1.4 条（款）为强制性条文，必须严格执行。原《泡沫灭火系统施工及验收规范》GB 50281—98 同时废止。

本规范由建设部标准定额研究所组织中国计划出版社出版发行。

中华人民共和国建设部
2006 年 6 月 19 日

前　言

根据建设部《关于印发"二〇〇二～二〇〇三年度工程建设国家标准制定、修订计划"的通知》（建标［2003］102 号文）的要求，本规范由公安部负责主编，具体由公安部天津消防研究所会同深圳捷星工程实业有限公司、杭州新纪元消防科技有限公司、广东平安消防设备有限公司、西安核设备有限公司卫士消防设备分公司、广东胜捷消防企业集团等单位共同修订而成。

在修订过程中，编制组遵照国家有关基本建设的方针、政策，以及"预防为主、防消结合"的消防工作方针，对我国泡沫灭火系统施工、验收和维护管理的现状进行了调查研究，在总结多年来我国泡沫灭火系统施工及验收实践经验的基础上，参考了美国、英国等发达国家和国内相关标准、规范，对《泡沫灭火系统施工及验收规范》GB 50281—98 进行了全面修订，同时广泛征求了有关科研、设计、施工、院校、制造、消防监督、应用等单位的意见，最后经专家审查，由有关部门定稿。

本规范共分 8 章和 4 个附录，内容包括：总则、术语、基本规定、进场检验、系统施工、系统调试、系统验收、维护管理及附录等。

本规范以黑体字标志的条文为强制性条文，必须严格执行。

本规范由建设部负责管理和强制性条文的解释，公安部负责日常管理，公安部天津消防研究所负责具体技术内容的解释。请各单位在执行本规范过程中，注意总结经验、积累资料，如发现需要修改和补充之处，请及时将意见和有关资料寄规范管理组（公安部天津消防研究所，地址：天津市南开区卫津南路 110 号，邮编 300381），以供今后修订时参考。

本规范主编单位、参编单位和主要起草人：

主 编 单 位：公安部天津消防研究所
参 编 单 位：深圳捷星工程实业有限公司
　　　　　　　杭州新纪元消防科技有限公司
　　　　　　　广东平安消防设备有限公司
　　　　　　　西安核设备有限公司卫士消防设备分公司
　　　　　　　广东胜捷消防企业集团
主要起草人：东靖飞　石守文　沈　纹　宋旭东
　　　　　　　刘国祝　李深梁　冯　松　杜增虎
　　　　　　　伍建许　杨丙杰

目 次

1 总 则

1.0.1 为保障泡沫灭火系统(或简称系统)的施工质量,规范验收和维护管理,制定本规范。

1.0.2 本规范适用于新建、扩建、改建工程中设置的低倍数、中倍数和高倍数泡沫灭火系统的施工及验收、维护管理。

1.0.3 泡沫灭火系统施工中采用的工程技术文件、承包合同文件对施工及验收的要求不得低于本规范的规定。

1.0.4 泡沫灭火系统的施工及验收、维护管理,除执行本规范的规定外,尚应符合国家现行有关标准的规定。

2 术 语

2.0.1 泡沫比例混合器(装置) foam proportioner(device)

使水与泡沫液按比例形成泡沫混合液的设备(相关设备和附件组成)。

2.0.2 泡沫产生装置 foam generating device

使泡沫混合液产生泡沫的设备的统称。

2.0.3 泡沫液储罐 foam concentrate storage tank

能为泡沫灭火系统提供泡沫液的容器设备。

2.0.4 泡沫导流罩 foam guiding cover

安装在外浮顶储罐罐壁顶部,能使泡沫沿罐壁向下流动和防止泡沫流失的装置。

2.0.5 泡沫降落槽 foam descending groove

安装在固定顶储罐内,使抗溶性泡沫顺其向下流动的阶梯形装置。

2.0.6 泡沫溜槽 foam flowing groove

安装在固定顶储罐内壁上,使抗溶性泡沫沿其向下流动的槽型装置。

3 基 本 规 定

3.0.1 泡沫灭火系统分部工程、子分部工程、分项工程应按本规范附录A划分。

3.0.2 泡沫灭火系统的施工必须由具有相应资质等级的施工单位承担。

3.0.3 泡沫灭火系统的施工现场应具有相应的施工技术标准,健全的质量管理体系和施工质量检验制度,实现施工全过程质量控制。

施工现场质量管理应按本规范表B.0.1的要求检查记录。

3.0.4 泡沫灭火系统的施工应按批准的设计施工图、技术文件和相关技术标准的规定进行,不得随意更改,确需改动时,应由原设计单位修改。

3.0.5 泡沫灭火系统施工前应具备下列技术资料:

1 经批准的设计施工图、设计说明书。

2 主要组件的安装使用说明书。

3 泡沫产生装置、泡沫比例混合器(装置)、泡沫液压力储罐、消防泵、泡沫消火栓、阀门、压力表、管道过滤器、金属软管、泡沫液、管材及管件等系统组件和材料应具备符合市场准入制度要求的有效证明文件和产品出厂合格证。

3.0.6 泡沫灭火系统的施工应具备下列条件:

1 设计单位向施工单位进行技术交底,并有记录;

2 系统组件、管材及管件的规格、型号符合设计要求,并保证连续施工;

3 与施工有关的基础、预埋件和预留孔,经检查符合设计要求;

4 场地、道路、水、电等临时设施满足施工要求。

3.0.7 泡沫灭火系统应按下列规定进行施工过程质量控制:

1 采用的系统组件和材料应按本规范的规定进行进场检验,合格后经监理工程师签证方可安装使用。

2 各工序应按施工技术标准进行质量控制,每道工序完成后,应进行检查,合格后方可进行下道工序施工。

3 相关各专业工种之间,应进行交接认可,并经监理工程师签证后,方可进行下道工序施工。

4 应对施工过程进行检查,并由监理工程师组织施工单位人员进行。

5 隐蔽工程在隐蔽前应由施工单位通知有关单位进行验收。

6 安装完毕,施工单位应按本规范的规定进行系统调试;调试合格后,施工单位应向建设单位提交验收申请报告申请验收。

3.0.8 泡沫灭火系统的检查、验收应符合下列规定:

1 施工现场质量管理按本规范表B.0.1检查,结果应合格。

2 施工过程检查应全部合格,并按本规范表B.0.2-1～B.0.2-6记录。

3 隐蔽工程在隐蔽前的验收应合格,并按本规范表B.0.3记录。

4 质量控制资料核查应全部合格,并按本规范表B.0.4记录。

5 系统施工质量验收和系统功能验收应合格,并按本规范表B.0.5记录。

3.0.9 泡沫灭火系统验收合格后,应提供下列文件资料:

1 施工现场质量管理检查记录。

2 泡沫灭火系统施工过程检查记录。

3 隐蔽工程验收记录。

4 泡沫灭火系统质量控制资料核查记录。

5 泡沫灭火系统验收记录。

6 相关文件、记录、资料清单等。

3.0.10 泡沫灭火系统施工质量不符合本规范要求时,应按下列规定进行处理:

1 经返工重做或更换系统组件和材料的工程,应重新进行验收。

2 经返工重做或更换系统组件和材料的工程,仍不符合本规范的要求时,严禁验收。

4 进 场 检 验

4.1 一 般 规 定

4.1.1 材料和系统组件进场检验应按本规范表B.0.2-1填写施工过程检查记录。

4.1.2 材料和系统组件的进场抽样检查时有一件不合格,应加倍抽查;若仍有不合格,则判定此批产品不合格。

4.2 材料进场检验

4.2.1 泡沫液进场应由监理工程师组织,现场取样留存。

检查数量:按全项检测需要量。

检查方法:观察检查和检查市场准入制度要求的有效证明文件及产品出厂合格证。

4.2.2 对属于下列情况之一的泡沫液,应由监理工程师组织现场取样,送至具备相应资质的检测单位进行检测,其结果应符合国家现行有关产品标准和设计要求。

    1 6%型低倍数泡沫液设计用量大于或等于7.0t；

    2 3%型低倍数泡沫液设计用量大于或等于3.5t；

    3 6%蛋白型中倍数泡沫液最小储备量大于或等于2.5t；

    4 6%合成型中倍数泡沫液最小储备量大于或等于2.0t；

    5 高倍数泡沫液最小储备量大于或等于1.0t；

    6 合同文件规定现场取样送检的泡沫液。

    检查数量：按送检需要量。

    检查方法：检查现场取样按现行国家标准《泡沫灭火剂通用技术条件》GB 15308 的规定对发泡性能（发泡倍数、析液时间）和灭火性能（灭火时间、抗烧时间）的检验报告。

4.2.3 管材及管件的材质、规格、型号、质量等应符合国家现行有关产品标准和设计要求。

    检查数量：全数检查。

    检查方法：检查出厂检验报告与合格证。

4.2.4 管材及管件的外观质量除应符合其产品标准的规定外，尚应符合下列规定：

    1 表面无裂纹、缩孔、夹渣、折叠、重皮和不超过壁厚负偏差的锈蚀或凹陷等缺陷；

    2 螺纹表面完整无损伤，法兰密封面平整、光洁、无毛刺及径向沟槽；

    3 垫片无老化变质或分层现象，表面无折皱等缺陷。

    检查数量：全数检查。

    检查方法：观察检查。

4.2.5 管材及管件的规格尺寸和壁厚及允许偏差应符合其产品标准和设计的要求。

    检查数量：每一规格、型号的产品按件数抽查20%，且不得少于1件。

    检查方法：用钢尺和游标卡尺测量。

4.2.6 对属于下列情况之一的管材及管件，应由监理工程师抽样，并由具备相应资质的检测单位进行检测复验，其复验结果应符合国家现行有关产品标准和设计要求。

    1 设计上有复验要求的。

    2 对质量有疑义的。

    检查数量：按设计要求数量或送检需要量。

    检查方法：检查复验报告。

4.3 系统组件进场检验

4.3.1 泡沫产生装置、泡沫比例混合器（装置）、泡沫液储罐、消防泵、泡沫消火栓、阀门、压力表、管道过滤器、金属软管等系统组件的外观质量，应符合下列规定：

    1 无变形及其他机械性损伤；

    2 外露非机械加工表面保护涂层完好；

    3 无保护层的机械加工面无锈蚀；

    4 所有外露接口无损伤，堵、盖等保护物包封良好；

    5 铭牌标记清晰、牢固。

    检查数量：全数检查。

    检查方法：观察检查。

4.3.2 消防泵盘车应灵活，无阻滞，无异常声音；高倍数泡沫产生器用手转动叶轮应灵活；固定式泡沫炮的手动机构应无卡阻现象。

    检查数量：全数检查。

    检查方法：手动检查。

4.3.3 泡沫产生装置、泡沫比例混合器（装置）、泡沫液压力储罐、消防泵、泡沫消火栓、阀门、压力表、管道过滤器、金属软管等系统组件应符合下列规定：

    1 其规格、型号、性能应符合国家现行产品标准和设计要求。

    检查方法：检查市场准入制度要求的有效证明文件和产品出厂合格证。

    2 设计上有复验要求或对质量有疑义时，应由监理工程师抽样，并由具有相应资质的检测单位进行检测复验，其复验结果应符合国家现行产品标准和设计要求。

    检查数量：按设计要求数量或送检需要量。

    检查方法：检查复验报告。

4.3.4 阀门的强度和严密性试验应符合下列规定：

    1 强度和严密性试验应采用清水进行，强度试验压力为公称压力的1.5倍；严密性试验压力为公称压力的1.1倍；

    2 试验压力在试验持续时间内应保持不变，且壳体填料和阀瓣密封面无渗漏；

    3 阀门试压的试验持续时间不应少于表 4.3.4 的规定；

    4 试验合格的阀门，应排尽内部积水，并吹干。密封面涂防锈油，关闭阀门，封闭进出入口，作出明显的标记，并应按本规范表 B.0.2-2 记录。

    检查数量：每批（同牌号、同型号、同规格）按数量抽查10%，且不得少于1个；主管道上的隔断阀门，应全部试验。

    检查方法：将阀门安装在试验管道上，有液流方向要求的阀门试验管道应安装在阀门的进口，然后管道充满水，排净空气，用试压装置缓慢升压，当达到严密性试验压力后，在最短试验持续时间内，阀瓣密封面不渗漏为合格；最后将压力升至强度试验压力，在最短试验持续时间内，壳体填料无渗漏为合格。

表 4.3.4 阀门试验持续时间

公称直径 DN（mm）	最短试验持续时间(s)		
	严密性试验		强度试验
	金属密封	非金属密封	
≤50	15	15	15
65~200	30	15	60
200~450	60	30	180

5 系 统 施 工

5.1 一 般 规 定

5.1.1 消防泵的安装除应符合本规范的规定外，尚应符合现行国家标准《压缩机、风机、泵安装工程施工及验收规范》GB 50275 中的有关规定。

5.1.2 泡沫灭火系统的下列施工，除应符合本规范的规定外，尚应符合现行国家标准《工业金属管道工程施工及验收规范》GB 50235、《现场设备、工业管道焊接工程施工及验收规范》GB 50236 和《钢制焊接常压容器》JB/T 4735 标准中的有关规定。

    1 常压钢质泡沫液储罐现场制作、焊接、防腐。

    2 管道的加工、焊接、安装。

    3 管道的检验、试压、冲洗、防腐。

    4 支、吊架的焊接、安装。

    5 阀门的安装。

5.1.3 泡沫喷淋系统的安装，除应符合本规范的规定外，尚应符合现行国家标准《自动喷水灭火系统施工及验收规范》GB 50261 中的有关规定。

5.1.4 火灾自动报警系统与泡沫灭火系统联动部分的施工，应现行国家标准《火灾自动报警系统施工及验收规范》GB 50166 执行。

5.1.5 泡沫灭火系统的施工应按本规范表 B.0.2-3～表 B.0.2-6 及表 B.0.3 记录。

5.2 消防泵的安装

5.2.1 消防泵应整体安装在基础上，安装时对组件不得随意拆卸,确需拆卸时,应由制造厂进行。

检查数量:全数检查。

5.2.2 消防泵应以底座水平面为基准进行找平、找正。

检查数量:全数检查。

检查方法:用水平尺和塞尺检查。

5.2.3 消防泵与相关管道连接时,应以消防泵的法兰端面为基准进行测量和安装。

检查数量:全数检查。

检查方法:尺量和观察检查。

5.2.4 消防泵进水管吸水口处设置滤网时,滤网架的安装应牢固;滤网应便于清洗。

检查数量:全数检查。

检查方法:观察检查。

5.2.5 当消防泵采用内燃机驱动时,内燃机冷却器的泄水管应通向排水设施。

检查数量:全数检查。

检查方法:观察检查。

5.2.6 内燃机驱动的消防泵,其内燃机排气管的安装应符合设计要求,当设计无规定时,应采用直径相同的钢管连接后通向室外。

检查数量:全数检查。

检查方法:观察检查。

5.3 泡沫液储罐的安装

5.3.1 泡沫液储罐的安装位置和高度应符合设计要求。当设计无要求时,泡沫液储罐周围应留有满足检修需要的通道,其宽度不宜小于0.7m,且操作面不宜小于1.5m;当泡沫液储罐上的控制阀距地面高度大于1.8m时,应在操作处设置操作平台或操作凳。

检查数量:全数检查。

检查方法:用尺测量。

5.3.2 常压泡沫液储罐的现场制作、安装和防腐应符合下列规定:

1 现场制作的常压钢质泡沫液储罐,泡沫液管道出液口不应高于泡沫液储罐最低液面1m,泡沫液管道吸液口距泡沫液储罐底面不应小于0.15m,且宜做成喇叭口形。

检查数量:全数检查。

检查方法:用尺测量。

2 现场制作的常压钢质泡沫液储罐应进行严密性试验,试验压力应为储罐装满水后的静压力,试验时间不应小于30min,目测应无渗漏。

检查数量:全数检查。

检查方法:观察检查,检查全部焊缝、焊接接头和连接部位,以无渗漏为合格。

3 现场制作的常压钢质泡沫液储罐内、外表面应按设计要求防腐,并应在严密性试验合格后进行。

检查数量:全数检查。

检查方法:观察检查,当对泡沫液储罐内表面防腐涂料有疑义时,可取样送至具有相应资质的检测单位进行检验。

4 常压泡沫液储罐的安装方式应符合设计要求,当设计无要求时,应根据其形状按立式或卧式安装在支架或支座上,支架应与基础固定,安装时不得损坏其储罐上的配管和附件。

检查数量:全数检查。

检查方法:观察检查。

5 常压钢质泡沫液储罐罐体与支座接触部位的防腐,应符合设计要求,当设计无规定时,应按加强防腐层的做法施工。

检查数量:全数检查。

检查方法:观察检查,必要时可切开防腐层检查。

5.3.3 泡沫液压力储罐安装时,支架应与基础牢固固定,且不应

拆卸和损坏配管、附件;储罐的安全阀出口不应朝向操作面。

检查数量:全数检查。

5.3.4 设在泡沫泵站外的泡沫液压力储罐的安装应符合设计要求,并应根据环境条件采取防晒、防冻和防腐等措施。

检查数量:全数检查。

检查方法:观察检查。

5.4 泡沫比例混合器(装置)的安装

5.4.1 泡沫比例混合器(装置)的安装应符合下列规定:

1 泡沫比例混合器(装置)的标注方向应与液流方向一致。

检查数量:全数检查。

检查方法:观察检查。

2 泡沫比例混合器(装置)与管道连接处的安装应严密。

检查数量:全数检查。

检查方法:调试时观察检查。

5.4.2 环泵式比例混合器的安装应符合下列规定:

1 环泵式比例混合器安装标高的允许偏差为±10mm。

检查数量:全数检查。

检查方法:用拉线、尺量检查。

2 备用的环泵式比例混合器应并联安装在系统上,并应有明显的标志。

检查数量:全数检查。

检查方法:观察检查。

5.4.3 压力式比例混合装置应整体安装,并应与基础牢固固定。

检查数量:全数检查。

检查方法:观察检查。

5.4.4 平衡式比例混合装置的安装应符合下列规定:

1 整体平衡式比例混合装置应竖直安装在压力水的水平管道上,并应在水和泡沫液进口的水平管道上分别安装压力表,且与平衡式比例混合装置进口处的距离不宜大于0.3m。

检查数量:全数检查。

检查方法:尺量和观察检查。

2 分体平衡式比例混合装置的平衡压力流量控制阀应竖直安装。

检查数量:全数检查。

检查方法:观察检查。

3 水力驱动平衡式比例混合装置的泡沫液泵应水平安装,安装尺寸和管道的连接方式应符合设计要求。

检查数量:全数检查。

检查方法:尺量和观察检查。

5.4.5 管线式比例混合器应安装在压力水的水平管道上或串接在消防水带上,并应靠近储罐或防护区,其吸液口与泡沫液储罐或泡沫液桶最低液面的高度不得大于1.0m。

检查数量:全数检查。

检查方法:尺量和观察检查。

5.5 管道、阀门和泡沫消火栓的安装

5.5.1 管道的安装应符合下列规定:

1 水平管道安装时,其坡度坡向应符合设计要求,且坡度不应小于设计值,当出现U形管时应有放空措施。

检查数量:干管抽查1条;支管抽查2条;分支管抽查10%,且不得少于1条;泡沫喷淋分支管抽查5%,且不得少于1条。

检查方法:用水平仪检查。

2 立管应用管卡固定在支架上,其间距不应大于设计值。

检查数量:全数检查。

检查方法:尺量和观察检查。

3 埋地管道安装应符合下列规定:

1）埋地管道的基础应符合设计要求；

2）埋地管道安装前应做好防腐，安装时不应损坏防腐层；

3）埋地管道采用焊接时，焊缝部位应在试压合格后进行防腐处理；

4）埋地管道在回填前应进行隐蔽工程验收，合格后及时回填，分层夯实，并应按本规范表B.0.3进行记录。

检查数量：全数检查。

检查方法：观察检查。

4 管道安装的允许偏差应符合表5.5.1的要求。

表5.5.1 管道安装的允许偏差

项 目			允许偏差(mm)
坐标	地上、架空及地沟	室外	25
		室内	15
	泡沫喷淋	室外	15
		室内	10
	埋地		60
标高	地上、架空及地沟	室外	±20
		室内	±15
	泡沫喷淋	室外	±15
		室内	±10
	埋地		±25
水平管道平直度	DN≤100		2L‰，最大50
	DN>100		3L‰，最大80
立管垂直度			5L‰，最大30
与其他管道成排布置间距			15
与其他管道交叉时外壁或绝热层间距			20

注：L——管段有效长度；DN——管子公称直径。

检查数量：干管抽查1条；支管抽查2条；分支管抽查10%，且不得少于1条；泡沫喷淋分支管抽查5%，且不得少于1条。

检查方法：坐标用经纬仪或拉线和尺量检查；标高用水准仪或拉线和尺量检查；水平管道平直度用水平仪、直尺、拉线和尺量检查；立管垂直度用吊线和尺量检查；与其他管道成排布置间距及与其他管道交叉时外壁或绝热层间距用尺量检查。

5 管道支、吊架安装应平整牢固，管墩的砌筑应规整，其间距应符合设计要求。

检查数量：按安装总数的5%抽查，且不得少于5个。

检查方法：观察和尺量检查。

6 当管道穿过防火堤、防火墙、楼板时，应安装套管。穿防火堤和防火墙套管的长度不应小于防火堤和防火墙的厚度，穿楼板套管长度应高出楼板50mm，底部应与楼板底面相平；管道与套管间的空隙应采用防火材料封堵；管道穿过建筑物的变形缝时，应采取保护措施。

检查数量：全数检查。

检查方法：观察和尺量检查。

7 管道安装完毕应进行水压试验，并应符合下列规定：

1）试验应采用清水进行，试验时，环境温度不应低于5℃；当环境温度低于5℃时，应采取防冻措施；

2）试验压力应为设计压力的1.5倍；

3）试验前应将泡沫产生装置、泡沫比例混合器（装置）隔离；

4）试验合格后，应按本规范表B.0.2-4记录。

检查数量：全数检查。

检查方法：管道充满水，排净空气，用试压装置缓慢升压，当压力升至试验压力后，稳压10min，管道无损坏、变形，再将试验压力降至设计压力，稳压30min，以压力不降、无渗漏为合格。

8 管道试压合格后，应用清水冲洗，冲洗合格后，不得再进行影响管内清洁的其他施工，并应按本规范表B.0.2-5记录。

检查数量：全数检查。

检查方法：宜采用最大设计流量，流速不低于1.5m/s，以排出水色和透明度与入口水目测一致为合格。

9 地上管道应在试压、冲洗合格后进行涂漆防腐。

检查数量：全数检查。

检查方法：观察检查。

5.5.2 泡沫混合液管道的安装除应符合本规范第5.5.1条的规定外，尚应符合下列规定：

1 当储罐上的泡沫混合液立管与防火堤内地上水平管道或埋地管道用金属软管连接时，不得损坏其编织网，并应在金属软管与地上水平管道的连接处设置管道支架或管墩。

检查数量：全数检查。

检查方法：观察检查。

2 储罐上泡沫混合液管下端设置的锈渣清扫口与储罐基础或地面的距离宜为0.3~0.5m；锈渣清扫口可采用闸阀或盲板封堵；当采用闸阀时，应竖直安装。

检查数量：全数检查。

检查方法：观察和尺量检查。

3 当外浮顶储罐的泡沫喷射口设置在浮顶上，且泡沫混合液管道采用的耐压软管从储罐内通过时，耐压软管安装后的运动轨迹不得与浮顶的支撑结构相碰，且与储罐底部伴热管的距离应大于0.5m。

检查数量：全数检查。

检查方法：观察和尺量检查。

4 外浮顶储罐梯子平台上设置的带闷盖的管牙接口，应靠近平台栏杆安装，并宜高出平台1.0m；其接口应朝向储罐；引至防火堤外设置的相应管牙接口，应面向道路或朝下。

检查数量：全数检查。

检查方法：观察和尺量检查。

5 连接泡沫产生装置的泡沫混合液管道上设置的压力表接口宜靠近防火堤外侧，并应竖直安装。

检查数量：全数检查。

检查方法：观察检查。

6 泡沫产生装置入口处的管道应用管卡固定在支架上，其出口管道在储罐上的开口位置和尺寸应符合设计及产品要求。

检查数量：按安装总数的10%抽查，且不得少于1处。

检查方法：观察和尺量检查。

7 泡沫混合液主管道上留出的流量检测仪器安装位置应符合设计要求。

检查数量：全数检查。

检查方法：观察检查。

8 泡沫混合液管道上试验检测口的设置位置和数量应符合设计要求。

检查数量：全数检查。

检查方法：观察检查。

5.5.3 液下喷射和半液下喷射泡沫管道的安装除应符合本规范第5.5.1条的规定外，尚应符合下列规定：

1 液下喷射泡沫喷射管的长度和泡沫喷射口的安装高度，应符合设计要求。当液下喷射1个喷射口设在储罐中心时，其泡沫喷射管应固定在支架上；当液下喷射和半液下喷射设有2个及以上喷射口，且沿罐周均匀设置时，其间距偏差不宜大于100mm。

检查数量：按安装总数的10%抽查，且不得少于1个储罐的安装数量。

检查方法：观察和尺量检查。

2 半固定式系统的泡沫管道，在防火堤外设置的高背压泡沫产生器快装接口应水平安装。

检查数量：全数检查。

检查方法：观察检查。

3 液下喷射泡沫管道上的防油品渗漏设施宜安装在止回阀出口或泡沫喷射口处；半液下喷射泡沫管道上防油品渗漏的密封

膜应安装在泡沫喷射装置的出口;安装应按设计要求进行,且不应损坏密封膜。

检查数量:全数检查。

检查方法:观察检查。

5.5.4 泡沫液管道的安装除应符合本规范第5.5.1条的规定外,其冲洗及放空管道的设置尚应符合设计要求,当设计无要求时,应设置在泡沫液管道的最低处。

检查数量:全数检查。

检查方法:观察检查。

5.5.5 泡沫喷淋管道的安装除应符合本规范第5.5.1条的规定外,尚应符合下列规定:

1 泡沫喷淋管道支、吊架与泡沫喷头之间的距离不应小于0.3m;与末端泡沫喷头之间的距离不宜大于0.5m。

检查数量:按安装总数的10%抽查,且不得少于5个。

检查方法:尺量检查。

2 泡沫喷淋分支管上每一直管段、相邻两泡沫喷头之间的管段设置的支、吊架均不宜少于1个,且支、吊架的间距不宜大于3.6m;当泡沫喷头的设置高度大于10m时,支、吊架的间距不宜大于3.2m。

检查数量:按安装总数的10%抽查,且不得少于5个。

检查方法:尺量检查。

5.5.6 阀门的安装应符合下列规定:

1 泡沫混合液管道采用的阀门应按相关标准进行安装,并应有明显的启闭标志。

检查数量:全数检查。

检查方法:按相关标准的要求检查。

2 具有遥控、自动控制功能的阀门安装,应符合设计要求;当设置在有爆炸和火灾危险的环境时,应按相关标准安装。

检查数量:全数检查。

检查方法:按相关标准的要求观察检查。

3 液下喷射和半液下喷射泡沫灭火系统泡沫管道进储罐处设置的钢质明杆闸阀和止回阀应水平安装,其止回阀上标注的方向应与泡沫的流动方向一致。

检查数量:全数检查。

检查方法:观察检查。

4 高倍数泡沫产生器进口端泡沫混合液管道上设置的压力表、管道过滤器、控制阀宜安装在水平支管上。

检查数量:全数检查。

检查方法:观察检查。

5 泡沫混合液管道上设置的自动排气阀应在系统试压、冲洗合格后立式安装。

检查数量:全数检查。

检查方法:观察检查。

6 连接泡沫产生装置的泡沫混合液管道上控制阀的安装应符合下列规定:

1)控制阀应安装在防火堤外压力表接口的外侧,并应有明显的启闭标志;

2)泡沫混合液管道设置在地上时,控制阀的安装高度宜为1.1～1.5m;

3)当环境温度为0℃及以下的地区采用铸铁控制阀时,若管道设置在地上,铸铁控制阀应安装在立管上;若管道埋地或地沟内设置,铸铁控制阀应安装在阀门井内或地沟内,并采取防冻措施。

检查数量:全数检查。

检查方法:观察和尺量检查。

7 当储罐区固定式泡沫灭火系统同时又具备半固定系统功能时,应在防火堤外泡沫混合液管道上安装带控制阀和带闷盖的管牙接口,并应符合本条第6款的有关规定。

检查数量:全数检查。

检查方法:观察检查。

8 泡沫混合液管上设置的控制阀,其安装高度宜为1.1～1.5m,并应有明显的启闭标志;当控制阀的安装高度大于1.8m时,应设置操作平台或操作凳。

检查数量:全数检查。

检查方法:观察和尺量检查。

9 消防泵的出液管上设置的带控制阀的回流管,应符合设计要求,控制阀的安装高度距地面宜为0.6～1.2m。

检查数量:全数检查。

检查方法:尺量检查。

10 管道上的放空阀应安装在最低处。

检查数量:全数检查。

检查方法:观察检查。

5.5.7 泡沫消火栓的安装应符合下列规定:

1 泡沫混合液管道上设置泡沫消火栓的规格、型号、数量、位置、安装方式、间距应符合设计要求。

检查数量:按安装总数的10%抽查,且不得少于1个储罐区的数量。

检查方法:观察和尺量检查。

2 地上式泡沫消火栓应垂直安装,地下式泡沫消火栓应安装在消火栓井内泡沫混合液管道上。

检查数量:按安装总数的10%抽查,且不得少于1个。

检查方法:吊线和尺量检查。

3 地上式泡沫消火栓的大口径出液口应朝向消防车道。

检查数量:按安装总数的10%抽查,且不得少于1个。

检查方法:观察检查。

4 地下式泡沫消火栓应有永久性明显标志,其顶部与井盖底面的距离不得大于0.4m,且不小于井盖半径。

检查数量:按安装总数的10%抽查,且不得少于1个。

检查方法:观察和尺量检查。

5 室内泡沫消火栓的栓口方向宜向下或与设置泡沫消火栓的墙面成90°,栓口离地面或操作基面的高度宜为1.1m,允许偏差为±20mm,坐标的允许偏差为20mm。

检查数量:按安装总数的10%抽查,且不得少于1个。

检查方法:观察和尺量检查。

6 泡沫泵站内或站外附近泡沫混合液管道上设置的泡沫消火栓,应符合设计要求,其安装按本条相关规定执行。

检查数量:全数检查。

检查方法:观察和尺量检查。

5.6 泡沫产生装置的安装

5.6.1 低倍数泡沫产生器的安装应符合下列规定:

1 液上喷射的泡沫产生器应根据产生器类型安装,并应符合设计要求。

检查数量:全数检查。

检查方法:观察检查。

2 水溶性液体储罐内泡沫溜槽的安装应沿罐壁内侧螺旋下降到距罐底1.0～1.5m处,溜槽与罐底平面夹角宜为30°～45°;泡沫降落槽应垂直安装,其垂直度允许偏差为降落槽高度的5‰,且不得超过30mm,坐标允许偏差为25mm,标高允许偏差为±20mm。

检查数量:按安装总数的10%抽查,且不得少于1个。

检查方法:用拉线、吊线、量角器和尺量检查。

3 液下及半液下喷射的高背压泡沫产生器应水平安装在防火堤外的泡沫混合液管道上。

检查数量:全数检查。

检查方法:观察检查。

4 在高背压泡沫产生器进口侧设置的压力表接口应竖直安装;其出口侧设置的压力表、背压调节阀和泡沫取样口的安装尺寸应符合设计要求,环境温度为0℃及以下的地区,背压调节阀和泡沫取样口上的控制阀应选用钢质阀门。

检查数量:按安装总数的10%抽查,且不得少于1个储罐的安装数量。

检查方法:尺量和观察检查。

5 液上喷射泡沫产生器或泡沫导流罩沿罐周均匀布置时,其间距偏差不宜大于100mm。

检查数量:按间距总数的10%抽查,且不得少于1个储罐的数量。

检查方法:用拉线和尺量检查。

6 外浮顶储罐泡沫喷射口设置在浮顶上时,泡沫混合液支管应固定在支架上,泡沫喷射口T型管的横管应水平安装,伸入泡沫堰板后向下倾斜角度应符合设计要求。

检查数量:按安装总数的10%抽查,且不得少于1个储罐的安装数量。

检查方法:用水平尺、量角器和尺量检查。

7 外浮顶储罐泡沫喷射口设置在罐壁顶部、密封或挡雨板上方或金属挡雨板的下部时,泡沫堰板的高度及与罐壁的间距应符合设计要求。

检查数量:按储罐总数的10%抽查,且不得少于1个储罐。

检查方法:尺量检查。

8 泡沫堰板的最低部位设置排水孔的数量和尺寸应符合设计要求,并应沿泡沫堰板周长布均,其间距偏差不宜大于20mm。

检查数量:按排水孔总数的5%抽查,且不得少于4个孔。

检查方法:尺量检查。

9 单、双盘式内浮顶储罐泡沫堰板的高度及与罐壁的间距应符合设计要求。

检查数量:按储罐总数的10%抽查,且不得少于1个储罐。

检查方法:尺量检查。

10 当一个储罐所需的高背压泡沫产生器并联安装时,应将其并列固定在支架上,且应符合本条第3款和第4款的有关规定。

检查数量:按储罐总数的10%抽查,且不得少于1个储罐。

检查方法:观察和尺量检查。

11 半液下泡沫喷射装置应整体安装在泡沫管道进入储罐处设置的钢质明杆闸阀与止回阀之间的水平管道上,并应采用扩张器(伸缩器)或金属软管与止回阀连接,安装时不应拆卸和损坏密封膜及其附件。

检查数量:全数检查。

检查方法:观察检查。

5.6.2 中倍数泡沫产生器的安装应符合设计要求,安装时不得损坏或随意拆卸附件。

检查数量:按安装总数的10%抽查,且不得少于1个储罐或保护区的安装数量。

检查方法:用拉线和尺量、观察检查。

5.6.3 高倍数泡沫产生器的安装应符合下列规定:

1 高倍数泡沫产生器的安装应符合设计要求。

检查数量:全数检查。

检查方法:用拉线和尺量检查。

2 距高倍数泡沫产生器的进气端小于或等于0.3m处不应有遮挡物。

检查数量:全数检查。

检查方法:尺量和观察检查。

3 在高倍数泡沫产生器的发泡网前小于或等于1.0m处,不应有影响泡沫喷放的障碍物。

检查数量:全数检查。

检查方法:尺量和观察检查。

4 高倍数泡沫产生器应整体安装,不得拆卸,并应牢固固定。

检查数量:全数检查。

检查方法:观察检查。

5.6.4 泡沫喷头的安装应符合下列规定:

1 泡沫喷头的规格、型号应符合设计要求,并应在系统试压、冲洗合格后安装。

检查数量:全数检查。

检查方法:观察和检查系统试压、冲洗记录。

2 泡沫喷头的安装应牢固、规整,安装时不得拆卸或损坏其喷头上的附件。

检查数量:全数检查。

检查方法:观察检查。

3 顶部安装的泡沫喷头应安装在被保护物的上部,其坐标的允许偏差,室外安装为15mm,室内安装为10mm;标高的允许偏差,室外安装为±15mm,室内安装为±10mm。

检查数量:按安装总数的10%抽查,且不得少于4只,即支管两侧的分支管的始端及末端各1只。

检查方法:尺量检查。

4 侧向安装的泡沫喷头应安装在被保护物的侧面并应对准被保护物体,其距离允许偏差为20mm。

检查数量:按安装总数的10%抽查,且不得少于4只。

检查方法:尺量检查。

5 地下安装的泡沫喷头应安装在被保护物的下方,并应在地面以下;在未喷射泡沫时,其顶部应低于地面10~15mm。

检查数量:按安装总数的10%抽查,且不得少于4只。

检查方法:尺量检查。

5.6.5 固定式泡沫炮的安装应符合下列规定:

1 固定式泡沫炮的立管应垂直安装,炮口应朝向防护区,不应有影响泡沫喷射的障碍物。

检查数量:全数检查。

检查方法:观察检查。

2 安装在炮塔或支架上的泡沫炮应牢固固定。

检查数量:全数检查。

检查方法:观察检查。

3 电动泡沫炮的控制设备、电源线、控制线的规格、型号及设置位置、敷设方式、接线等应符合设计要求。

检查数量:按安装总数10%抽查,且不得少于1个。

检查方法:观察检查。

6 系 统 调 试

6.1 一 般 规 定

6.1.1 泡沫灭火系统调试应在系统施工结束和与系统有关的火灾自动报警装置及联动控制设备调试合格后进行。

6.1.2 调试前应具备本规范第3.0.5条所列技术资料和表A.0.1、表B.0.1和表B.0.2-1~表B.0.2-5、表B.0.3等施工记录及调试必须的其他资料。

6.1.3 调试前施工单位应制订调试方案,并经监理单位批准。调试人员应根据批准的方案,按程序进行。

6.1.4 调试前应对系统进行检查,并应及时处理发现的问题。

6.1.5 调试前应将需要临时安装在系统上经校验合格的仪器、仪表安装完毕,调试时所需的检查设备应准备齐全。

6.1.6 水源、动力源和泡沫液应满足系统调试要求,电气设备应具备与系统联动调试的条件。

6.1.7 系统调试合格后,应按本规范表B.0.2-6填写施工过程检查记录,并应用清水冲洗后放空,复原系统。

6.2 系统调试

6.2.1 泡沫灭火系统的动力源和备用动力应进行切换试验,动力源和备用动力及电气设备运行应正常。

检查数量:全数检查。

检查方法:当为手动控制时,以手动的方式进行1~2次试验;当为自动控制时,以自动和手动的方式各进行1~2次试验。

6.2.2 消防泵应进行试验,并应符合下列规定:

1 消防泵应进行运行试验,其性能应符合设计和产品标准的要求。

检查数量:全数检查。

检查方法:按现行国家标准《压缩机、风机、泵安装工程施工及验收规范》GB 50275中的有关规定执行,并用压力表、流量计、秒表、温度计、量杯进行计量。

2 消防泵与备用泵应在设计负荷下进行转换运行试验,其主要性能应符合设计要求。

检查数量:全数检查。

检查方法:当为手动启动时,以手动的方式进行1~2次试验;当为自动启动时,以自动和手动的方式各进行1~2次试验,并用压力表、流量计、秒表计量。

6.2.3 泡沫比例混合器(装置)调试时,应与系统喷泡沫试验同时进行,其混合比应符合设计要求。

检查数量:全数检查。

检查方法:用流量计测量;蛋白、氟蛋白等折射指数高的泡沫液可用手持折射仪测量,水成膜、抗溶水成膜等折射指数低的泡沫液可用手持导电度测量仪测量。

6.2.4 泡沫产生装置的调试应符合下列规定:

1 低倍数(含高背压)泡沫产生器、中倍数泡沫产生器应进行喷水试验,其进口压力应符合设计要求。

检查数量:全数检查。

检查方法:用压力表检查。对储罐或不允许进行喷水试验的防护区,喷水口可设在靠近储罐或防护区的水平管道上。关闭非试验储罐或防护区的阀门,调节压力使之符合设计要求。

2 泡沫喷头应进行喷水试验,其防护区内任意四个相邻喷头组成的四边形保护面积内的平均供给强度不应小于设计值。

检查数量:全数检查。

检查方法:选择最不利防护区的最不利点4个相邻喷头,用压力表测量后进行计算。

3 固定式泡沫炮应进行喷水试验,其进口压力、射程、射高、仰俯角度、水平回转角度等指标应符合设计要求。

检查数量:全数检查。

检查方法:用手动或电动实际操作,并用压力表、尺量和观察检查。

4 泡沫枪应进行喷水试验,其进口压力和射程应符合设计要求。

检查数量:全数检查。

检查方法:用压力表、尺量检查。

5 高倍数泡沫产生器应进行喷水试验,其进口压力的平均值不应小于设计值,每台高倍数泡沫产生器发泡网的喷水状态应正常。

检查数量:全数检查。

检查方法:关闭非试验防护区的阀门,用压力表测量后进行计算和观察检查。

6.2.5 泡沫消火栓应进行喷水试验,其出口压力应符合设计要求。

检查数量:全数检查。

检查方法:用压力表测量。

6.2.6 泡沫灭火系统的调试应符合下列规定:

1 当为手动灭火系统时,应以手动控制的方式进行一次喷水试验;当为自动灭火系统时,应以手动和自动控制的方式各进行一次喷水试验,其各项性能指标均应达到设计要求。

检查数量:当为手动灭火系统时,选择最远的防护区或储罐;当为自动灭火系统时,选择最大和最远两个防护区或储罐分别以手动和自动的方式进行试验。

检查方法:用压力表、流量计、秒表测量。

2 低、中倍数泡沫灭火系统按本条第1款的规定喷水试验完毕,将水放空后,进行喷泡沫试验;当为自动灭火系统时,应以自动控制的方式进行;喷射泡沫的时间不应小于1min;实测泡沫混合液的混合比和泡沫混合液的发泡倍数及到达最不利点防护区或储罐的时间和湿式联用系统自喷水至喷泡沫的转换时间应符合设计要求。

检查数量:选择最不利点的防护区或储罐,进行一次试验。

检查方法:泡沫混合液的混合比按本规范第6.2.3条的检查方法测量;泡沫混合液的发泡倍数按本规范附录C的方法测量;喷射泡沫的时间和泡沫混合液或泡沫到达最不利点防护区或储罐的时间及湿式联用系统自喷水至喷泡沫的转换时间,用秒表测量。

3 高倍数泡沫灭火系统按本条第1款的规定喷水试验完毕,将水放空后,应以手动或自动控制的方式对防护区进行喷泡沫试验,喷射泡沫的时间不应小于30s,实测泡沫混合液的混合比和泡沫供给速率及自接到火灾模拟信号至开始喷泡沫的时间应符合设计要求。

检查数量:全数检查。

检查方法:泡沫混合液的混合比按本规范第6.2.3条的检查方法测量;泡沫供给速率的检查方法,应记录各高倍数泡沫产生器进口端压力表读数,用秒表测量喷射泡沫的时间,然后按制造厂给出的曲线算出对应的发泡量,经计算得出的泡沫供给速率,不应小于设计要求的最小供给速率;喷射泡沫的时间和自接到火灾模拟信号至开始喷泡沫的时间,用秒表测量。

7 系统验收

7.1 一般规定

7.1.1 泡沫灭火系统验收应由建设单位组织监理、设计、施工等单位共同进行。

7.1.2 泡沫灭火系统验收时,应提供下列文件资料,并按本规范表B.0.4填写质量控制资料核查记录。

1 经批准的设计施工图、设计说明书。

2 设计变更通知书、竣工图。

3 系统组件和泡沫液的市场准入制度要求的有效证明文件和产品出厂合格证;泡沫液现场取样由具有资质的单位出具检验报告;材料的出厂检验报告与合格证;材料和系统组件进场检验的复验报告。

4 系统组件的安装使用说明书。

5 施工许可证(开工证)和施工现场质量管理检查记录。

6 泡沫灭火系统施工过程检查记录及阀门的强度和严密性试验记录、管道试压和管道冲洗记录、隐蔽工程验收记录。

7 系统验收申请报告。

7.1.3 泡沫灭火系统验收应按本规范表B.0.5记录;系统功能验收不合格则判定为系统不合格,不得通过验收。

7.1.4 泡沫灭火系统验收合格后,应用清水冲洗放空,复原系统,并应向建设单位移交本规范第3.0.9条列出的文件资料。

7.2 系统验收

7.2.1 泡沫灭火系统应对施工质量进行验收,并应包括下列内

容:

    1 泡沫液储罐、泡沫比例混合器(装置)、泡沫产生装置、消防泵、泡沫消火栓、阀门、压力表、管道过滤器、金属软管等系统组件的规格、型号、数量、安装位置及安装质量;

    2 管道及管件的规格、型号、位置、坡向、坡度、连接方式及安装质量;

    3 固定管道的支、吊架,管墩的位置、间距及牢固程度;

    4 管道穿防火堤、楼板、防火墙及变形缝的处理;

    5 管道和系统组件的防腐;

    6 消防泵房、水源及水位指示装置;

    7 动力源、备用动力及电气设备。

    检查数量:全数检查。

    检查方法:观察和量测及试验检查。

7.2.2 泡沫灭火系统应对系统功能进行验收,并应符合下列规定:

    1 低、中倍数泡沫灭火系统喷泡沫试验应合格。

    检查数量:任选一个防护区或储罐,进行一次试验。

    检查方法:按本规范第6.2.6条第2款的相关规定执行。

    2 高倍数泡沫灭火系统喷泡沫试验应合格。

    检查数量:任选一个防护区,进行一次试验。

    检查方法:按本规范第6.2.6条第3款的相关规定执行。

8 维护管理

8.1 一般规定

8.1.1 泡沫灭火系统验收合格方可投入运行。

8.1.2 泡沫灭火系统投入运行前,应符合下列规定:

    1 建设单位应配齐经过专门培训,并通过考试合格的人员负责系统的维护、管理、操作和定期检查。

    2 已建立泡沫灭火系统的技术档案,并应具备本规范第3.0.9条所规定的文件资料和第8.1.3条有关资料。

8.1.3 泡沫灭火系统投入运行时,维护、管理应具备下列资料:

    1 系统组件的安装使用说明书。

    2 操作规程和系统流程图。

    3 值班员职责。

    4 本规范附录D泡沫灭火系统维护管理记录。

8.1.4 对检查和试验中发现的问题应及时解决,对损坏或不合格者应立即更换,并应复原系统。

8.2 系统的定期检查和试验

8.2.1 每周应对消防泵和备用动力进行一次启动试验,并应按本规范表D.0.1记录。

8.2.2 每月应对系统进行检查,并应按本规范表D.0.2记录,检查内容和要求应符合下列规定:

    1 对低、中、高倍数泡沫产生器,泡沫喷头,固定式泡沫炮,泡沫比例混合器(装置),泡沫液储罐进行外观检查,应完好无损。

    2 对固定式泡沫炮的回转机构、仰俯机构或电动操作机构进行检查,性能应达到标准的要求。

    3 泡沫消火栓和阀门的开启与关闭应自如,不应锈蚀。

    4 压力表、管道过滤器、金属软管、管道及管件不应有损伤。

    5 对遥控功能或自动控制设施及操纵机构进行检查,性能应符合设计要求。

    6 对储罐上的低、中倍数泡沫混合液立管应清除锈渣。

    7 动力源和电气设备工作状况应良好。

    8 水源及水位指示装置应正常。

8.2.3 每半年除储罐上泡沫混合液立管和液下喷射防火堤内泡

沫管道及高倍数泡沫产生器进口端控制阀后的管道外,其余管道应全部冲洗,清除锈渣,并应按本规范表D.0.2记录。

8.2.4 每两年应对系统进行检查和试验,并应按本规范表D.0.2记录;检查和试验的内容及要求应符合下列规定:

    1 对于低倍数泡沫灭火系统中的液上、液下及半液下喷射、泡沫喷淋、固定式泡沫炮和中倍数泡沫灭火系统进行喷泡沫试验,并对系统所有组件、设施、管道及管件进行全面检查。

    2 对于高倍数泡沫灭火系统,可在防护区内进行喷泡沫试验,并对系统所有组件、设施、管道及管件进行全面检查。

    3 系统检查和试验完毕,应对泡沫液泵或泡沫混合液泵、泡沫液管道、泡沫混合液管道、泡沫管道、泡沫比例混合器(装置)、泡沫消火栓、管道过滤器或喷过泡沫的泡沫产生装置等用清水冲洗后放空,复原系统。

附录A 泡沫灭火系统分部工程、子分部工程、分项工程划分

A.0.1 泡沫灭火系统分部工程、子分部工程、分项工程应按表A.0.1划分。

表A.0.1 泡沫灭火系统分部工程、子分部工程、分项工程划分

分部工程	序号	子分部工程	分项工程
泡沫灭火系统	1	进场检验	材料进场检验
			系统组件进场检验
	2	系统施工	消防泵的安装
			泡沫液储罐的安装
			泡沫比例混合器(装置)的安装
			管道、阀门和泡沫消火栓的安装
			泡沫产生装置的安装
	3	系统调试	动力源和备用动力源切换试验
			消防泵试验
			泡沫比例混合器(装置)调试
			泡沫产生装置的调试
			泡沫消火栓喷水试验
			泡沫灭火系统的调试
	4	系统验收	泡沫灭火系统施工质量验收
			泡沫灭火系统功能验收

附录B 泡沫灭火系统施工、验收记录

B.0.1 施工现场质量管理检查记录应由施工单位按表B.0.1填写,监理工程师和建设单位项目负责人进行检查,并作出检查结论。

表B.0.1 施工现场质量管理检查记录

工程名称			
建设单位		项目负责人	
设计单位		项目负责人	
监理单位		监理工程师	
施工单位		项目负责人	
施工许可证		开工日期	
序号	项 目	内 容	
1	现场质量管理制度		
2	质量责任制		
3	操作上岗证书		
4	施工图审查情况		
5	施工组织设计、施工方案及审批		
6	施工技术标准		
7	工程质量检验制度		
8	现场材料、系统组件存放及管理		
9	其他		
检查结论	施工单位项目负责人: (签章) 年 月 日	监理工程师: (签章) 年 月 日	建设单位项目负责人: (签章) 年 月 日

B.0.2 泡沫灭火系统施工过程检查记录、阀门的强度和严密性试验、管道试压、冲洗等记录，应由施工单位填写，监理工程师进行检查，并作出检查结论。

表 B.0.2-1 泡沫灭火系统施工过程检查记录

工程名称			
施工单位		监理单位	
子分部工程名称	进场检验(第4章)	施工执行规范名称及编号	
分项工程名称	质量规定《规范》章节条款	施工单位检查记录	监理单位检查记录
材料进场检验	4.2.1		
	4.2.2		
	4.2.3		
	4.2.4		
	4.2.5		
	4.2.6		
系统组件进场检验	4.3.1		
	4.3.2		
	4.3.3		
	4.3.4		
结论	施工单位项目负责人： (签章) 年 月 日		监理工程师： (签章) 年 月 日

表 B.0.2-2 阀门的强度和严密性试验记录

工程名称									
施工单位					监理单位				
规格型号	数量	公称压力(MPa)	强度试验				严密性试验		
			介质	压力(MPa)	时间(min)	结果	介质	压力(MPa)	时间(min)	结果
结论										
参加单位及人员	施工单位项目负责人： (签章) 年 月 日				监理工程师： (签章) 年 月 日					

表 B.0.2-3 泡沫灭火系统施工过程检查记录

工程名称			
施工单位		监理单位	
子分部工程名称	系统施工(第5章)	施工执行规范名称及编号	
分项工程名称	质量规定《规范》章节条款	施工单位检查记录	监理单位检查记录
消防泵的安装	5.2.1		
	5.2.2		
	5.2.3		
	5.2.4		
	5.2.5		
	5.2.6		
泡沫液储罐的安装	5.3.1		
	5.3.2		
	5.3.3		
泡沫比例混合器(装置)的安装	5.4.1		
	5.4.2		
	5.4.3		
	5.4.4		
	5.4.5		
管道、阀门和泡沫消火栓的安装	5.5.1		
	5.5.2		
	5.5.3		
	5.5.4		
	5.5.5		
	5.5.6		
	5.5.7		
泡沫产生装置的安装	5.6.1		
	5.6.2		
	5.6.3		
	5.6.4		
	5.6.5		
结论	施工单位项目负责人： (签章) 年 月 日		监理工程师： (签章) 年 月 日

表 B.0.2-4 管道试压记录

工程名称												
施工单位						监理单位						
管道编号	设计参数				强度试验				严密性试验			
	管径	材质	介质	压力(MPa)	介质	压力(MPa)	时间(min)	结果	介质	压力(MPa)	时间(min)	结果
结论												
参加单位及人员												
	施工单位项目负责人： (签章) 年 月 日					监理工程师： (签章) 年 月 日						

表 B.0.2-5　管道冲洗记录

工程名称									
施工单位				监理单位					
管道编号	设计参数				冲洗				
	管径	材质	介质	压力(MPa)	介质	压力(MPa)	流量(L/s)	流速(m/s)	冲洗时间或次数	结果
结论									
参加单位及人员									
	施工单位项目负责人： （签章） 　　　　　年　月　日				监理工程师： （签章） 　　　　　年　月　日					

表 B.0.2-6　泡沫灭火系统施工过程检查记录

工程名称		
施工单位		监理单位	
子分部工程名称	系统调试（第6章）	施工执行规范名称及编号	
分项工程名称	质量规定《规范》章节条款	施工单位检查记录	监理单位检查记录
动力源和备用动力切换试验	6.2.1		
消防泵试验	6.2.2		
	1		
	2		
泡沫比例混合器（装置）调试	6.2.3		
泡沫产生装置调试	6.2.4		
	1		
	2		
	3		
	4		
	5		
泡沫消火栓喷水试验	6.2.5		
泡沫灭火系统调试	6.2.6		
	1		
	2		
	3		
结论	施工单位项目负责人： （签章） 　　　　　年　月　日	监理工程师： （签章） 　　　　　年　月　日	

B.0.3　隐蔽工程验收应由施工单位按表 B.0.3 填写,隐蔽前应由施工单位通知建设、监理等单位进行验收,并作出验收结论,由监理工程师填写。

表 B.0.3　隐蔽工程验收记录

工程名称												
建设单位						设计单位						
监理单位						施工单位						
管道编号	设计参数				强度试验				严密性试验				防腐
	管径	材料	介质	压力(MPa)	介质	压力(MPa)	时间(min)	结果	介质	压力(MPa)	时间(min)	结果	等级	结果
隐蔽前的检查														
隐蔽方法														
简图或说明														
验收结论														
验收单位	施工单位			监理单位			建设单位							
	（公章） 项目负责人： （签章） 　　年　月　日			（公章） 监理工程师： （签章） 　　年　月　日			（公章） 项目负责人： （签章） 　　年　月　日							

B.0.4　泡沫灭火系统质量控制资料核查记录应由施工单位按表 B.0.4 填写,建设单位项目负责人组织监理工程师、施工单位项目负责人等进行核查,并作出核查结论,由监理单位填写。

表 B.0.4　泡沫灭火系统质量控制资料核查记录

工程名称					
建设单位			设计单位		
监理单位			施工单位		
序号	资料名称		资料数量	核查结果	核查人
1	经批准的设计施工图、设计说明书				
2	设计变更通知书、竣工图				
3	系统组件和泡沫液的市场准入制度要求的有效证明文件和产品出厂合格证;泡沫液现场取样由具有资质的单位出具的检验报告;材料的出厂检验报告与合格证;材料和系统组件进场检验的复验报告				
4	系统组件的安装使用说明书				
5	施工许可证(开工证)和施工现场质量管理检查记录				
6	泡沫灭火系统施工过程检查记录及阀门的强度和严密性试验记录、管道试压和管道冲洗记录、隐蔽工程验收记录				
7	系统验收申请报告				
核查结论					
核查单位	建设单位		施工单位		监理单位
	（公章） 项目负责人： （签章） 　　年　月　日		（公章） 项目负责人： （签章） 　　年　月　日		（公章） 监理工程师： （签章） 　　年　月　日

B.0.5 泡沫灭火系统验收应由施工单位按表 B.0.5 填写,建设单位项目负责人组织监理工程师、设计单位项目负责人、施工单位项目负责人进行验收,并作出验收结论,由监理单位填写。

表 B.0.5　泡沫灭火系统验收记录

工程名称					
建设单位			设计单位		
监理单位			施工单位		
子分部工程名称		系统验收(第 7 章)	施工执行规范名称及编号		
分项工程名称	条款	验收项目名称	验收内容记录		验收评定结果
系统施工质量验收	7.2.1	泡沫液储罐	规格、型号、数量、安装位置及安装质量		
		泡沫比例混合器(装置)			
		泡沫产生装置			
	1	消防泵			
		泡沫消火栓			
		阀门、压力表、管道过滤器			
		金属软管			
	2	管道及管件	规格、型号、位置、坡向、坡度、连接方式及安装质量		
	3	管道支、吊架、管墩	位置、间距及牢固程度		
	4	管道穿防火堤、楼板、防火墙、变形缝的处理	套管尺寸和空隙的填充材料及穿变形缝时采取的保护措施		
	5	管道和设备的防腐	涂料种类、颜色、涂层质量及防腐层的层数、厚度		
	6	消防泵房、水源及水位指示装置	消防泵房的位置和耐火等级;水池或水罐的容量及补给水设施;天然水源水量和枯水期最低水位时确保用水量的措施;水位指示标志应应明显		
	7.2.1				
	7	动力设备、备用动力及电气设备	电源负荷级别;备用动力的容量;电气设备的规格、型号、数量及安装质量;动力源与备用动力的切换试验		
系统功能验收	7.2.2	1 低、中倍数泡沫灭火系统喷泡沫试验	混合比、发泡倍数、到最远防护区或储罐的时间和湿式联用系统水与泡沫的转换时间		
		2 高倍数泡沫灭火系统喷泡沫试验	混合比、泡沫供给速率和自接到火灾模拟信号至开始喷泡沫的时间		
验收结论					

验收单位	建设单位	施工单位	监理单位	设计单位
	(公章)	(公章)	(公章)	(公章)
	项目负责人:	项目负责人:	监理工程师:	项目负责人:
	(签章)	(签章)	(签章)	(签章)
	年 月 日	年 月 日	年 月 日	年 月 日

附录 C　发泡倍数的测量方法

C.0.1 测量设备:

　　1 台秤 1 台(或电子秤):量程 50kg,精度 20g。

　　2 泡沫产生装置:

　　　1)PQ4 或 PQ8 型泡沫枪 1 支。

　　　2)中倍数泡沫枪(手提式中倍数泡沫产生器)1 支。

　　3 量桶 1 个:容积大于或等于 20L(dm³)。

　　4 刮板 1 个(由量筒尺寸确定)。

C.0.2 测量步骤:

　　1 用台秤测空桶的重量 W_1(kg)。

　　2 将量桶注满水后称得重量 W_2(kg)。

　　3 计算量桶的容积 $V = W_2 - W_1$。

　　注:水的密度按 1 考虑,即 1kg/dm³;1dm³=1L。

　　4 从泡沫混合液管道上的泡沫消火栓接出水带和 PQ4 或 PQ8 型或中倍数泡沫枪,系统喷泡沫试验时打开泡沫消火栓,待泡沫枪的进口压力达到额定值,喷出泡沫 10s 后,用量桶接满立即用刮板刮平,擦干外壁,此时称得重量为 W(kg)(有条件可从低、中倍数泡沫产生器处接取泡沫)。

　　5 液下喷射泡沫,从高背压泡沫产生器出口侧的泡沫取样口处,用量桶接满泡沫后,用刮板刮平,擦干外壁,称得重量为 W(kg)。

　　6 泡沫喷淋系统可从最不利防护区的最不利点喷头处接取泡沫;固定式泡沫炮可从最不利点处的泡沫炮接取泡沫,操作方法按本条第 4 款执行。

C.0.3 计算公式:

$$N = \frac{V}{W - W_1} \times \rho$$

式中　N——发泡倍数;

　　　W_1——空桶的重量(kg);

　　　W——接满泡沫后量桶的重量(kg);

　　　V——量桶的容积(L 或 dm³);

　　　ρ——泡沫混合液的密度,按 1kg/L 或 1kg/dm³。

C.0.4 重复一次测量,取两次测量的平均值作为测量结果。

C.0.5 测量结果应符合下列要求:

　　1 低倍数泡沫混合液的发泡倍数宜大于或等于 5 倍,对于液下喷射泡沫灭火系统的发泡倍数不应小于 2 倍,且不应大于 4 倍。

　　2 中倍数泡沫混合液的发泡倍数宜大于或等于 21 倍。

　　注:高倍数泡沫灭火系统测量泡沫供给速率,不应小于设计要求的最小供给速率。

附录 D　泡沫灭火系统维护管理记录

表 D.0.1　系统周检记录

工程名称						
检查项目 时间	消防泵启动试验	备用动力启动试验	存在问题及处理情况	检查人(签字)	负责人(签字)	备注

　　注:1　检查项目栏内应根据系统选择的具体设备进行填写。

　　　　2　检查项目若正常划√。

表 D.0.2　系统月(年)检记录

工程名称							
日期	检查项目	检查、试验内容	结果	存在问题及处理情况	检查人(签字)	负责人(签字)	备注

注：1　检查项目栏内应根据系统选择的具体设备进行填写。
　　2　表格不够可加页。
　　3　结果栏内填写合格、部分合格、不合格。

本规范用词说明

1　为便于在执行本规范条文时区别对待,对要求严格程度不同的用词说明如下:
　1)表示很严格,非这样做不可的用词:
　　正面词采用"必须",反面词采用"严禁"。
　2)表示严格,在正常情况下均应这样做的用词:
　　正面词采用"应",反面词采用"不应"或"不得"。
　3)表示允许稍有选择,在条件许可时首先应这样做的用词:
　　正面词采用"宜",反面词采用"不宜";
　　表示有选择,在一定条件下可以这样做的用词,采用"可"。

2　本规范中指明应按其他有关标准、规范执行的写法为"应符合……的规定"或"应按……执行"。

中华人民共和国国家标准

泡沫灭火系统施工及验收规范

GB 50281—2006

条 文 说 明

目　次

1 总　则

1.0.1 是对原规范第 1.0.1 条的修改与补充。本条主要说明制定本规范的意义和目的，即为了保障泡沫灭火系统的施工质量，规范验收和维护管理。

泡沫灭火系统是目前世界上应用于石油化工、地下工程、矿井、仓库、飞机库、码头、电缆通道等场所的火灾防护。这些场所一旦发生火灾，如果设置的灭火系统不能起到预期的防护作用，将会造成重大的经济损失乃至人员的伤亡。要使建成的泡沫灭火系统能够正常运行，并能在发生火灾时发挥预期的灭火效果，正确、合理的设计是前提条件；而符合设计要求的高质量施工、精心调试、严格验收以及平时的维护管理，则是最后的决定条件。

世界上工业发达的国家，应用泡沫灭火系统已将近一个世纪，在设计、施工和应用等方面积累了丰富的经验，应用技术也相当成熟。在国际标准化组织（ISO）和美国、英国、日本、德国等国家有关泡沫灭火系统的标准、规范中，都不同程度地对系统的设计、施工、验收及维护管理作出了具体的规定。我国泡沫灭火系统的应用也比较早，目前已达到或接近世界上工业发达国家的先进水平。20 世纪 90 年代初我国已颁布了泡沫灭火系统的设计规范，但未涉及到施工、验收、维护管理的内容。当时在泡沫灭火系统工程建设中，施工队伍复杂，技术水平参差不齐，对材料和系统组件进场检验，系统的施工、调试、验收及运行后的维护管理等关键环节都没有统一的要求，出现了无章可循的局面。因此，制定泡沫灭火系统施工及验收规范是非常必要的。

本规范的编制，是在吸收国外标准、规范的先进经验和国内工程施工、调试、验收及维护管理实践经验的基础上，广泛征求了国内有关单位的意见完成的。它对泡沫灭火系统的施工、调试、验收及维护管理提出了统一的技术标准，为施工单位提供了安装依据，也为监理单位、消防监督机构和工程建设单位提供了对系统施工质量的监督审查依据。这对保证系统正常运行，更好地发挥泡沫灭火系统的作用，减少火灾危害，保护人身和财产安全，具有十分重要的意义。

随着科学技术的发展，新产品、新技术不断涌现，世界上比较发达的国家对标准、规范不断地修改。我国也不例外，国家现行标准也不断地修改，这样才能适应新的发展，与世界同步。

本规范的修订，是经过调查研究，在总结近年来我国泡沫灭火系统施工及验收和维护管理方面实践经验的基础上，参考了国际标准化组织（ISO）、美国、英国等发达国家和国内相关标准、规范的修改内容，补充了《低倍数泡沫灭火系统设计规范》《高倍数、中倍数泡沫灭火系统设计规范》修改后增加的内容，在征得有关单位和专家的意见后修订而成，更加充实和完善。

1.0.2 原规范第 1.0.2 条。本条规定了本规范的使用范围。

本规范是现行国家标准《低倍数泡沫灭火系统设计规范》GB 50151—92（2000 年版）和《高倍数、中倍数泡沫灭火系统设计规范》GB 50196—93（2002 年版）的配套规范，适用范围与两个规范是一致的。

1.0.3 新增条文。随着我国建设市场中法律、法规的不断完善，目前在建设工程中，包括设计、施工和设备材料的供应，无论国际还是国内都采取招标、投标的方式来决定中标单位。标书一般由建设单位或中介机构撰写，其内容大致分为两部分，即技术标书和商务标书，由投标单位根据技术文件和商务方面的要求，提出技术和质量保证，并作出使用年限、服务等承诺，最后由建设单位与中标单位签订承包合同文件。本规范提出无论是工程技术文件还是承包合同文件对施工及验收的要求，均不得低于本规范的规定，其目的是为了保证泡沫灭火系统的施工质量和系统的使用功能。

1.0.4 原规范第 1.0.3 条。本条规定了本规范与其他有关标准的关系。

本规范是一本专业技术规范，其内容涉及范围较广。在制定中主要把本系统的组件、管材及管件的施工、验收及维护管理等特殊性的要求作了规定，而国家现行的有关标准已经作了规定的，在修订时没有写入，这是符合标准编写原则的。但这些相关规定在本规范中没有反映出来，因此本条规定："……除执行本规范的规定外，尚应符合国家现行有关标准的规定"。这样既保证了本规范的完整性，又保证了与其他标准的协调一致，避免矛盾、重复。

本条所指的"国家现行有关标准"除本规范中已指明的以外，还包括以下几个方面的标准，如泡沫灭火系统及部件通用技术条件、泡沫灭火剂通用技术条件、消防泵性能要求和试验方法、电气装置安装施工及验收规范等。

2 术　语

2.0.1 泡沫比例混合器（装置）。

新增条文。这里指的是能够使水与泡沫液按比例形成泡沫混合液的设备，称为泡沫比例混合器，而由泡沫比例混合器及相关设备和附件组成的称之为泡沫比例混合装置。种类有环泵式比例混合器、管线式比例混合器、压力式比例混合装置（由压力式比例混合器和泡沫液压力储罐及附件组成，其中分无胶囊和有胶囊两种，无胶囊式又分有隔板和无隔板两种）、平衡式比例混合装置（分整体式和分体式两种，其中泡沫液泵又分电动和水力驱动式两种）。每种泡沫比例混合器（装置）都有型号，设计者根据系统的具体情况进行选择。

2.0.2 泡沫产生装置。

原规范第 2.0.1 条。这里指的是能够产生低倍数、中倍数、高倍数泡沫的设备，统称泡沫产生装置。低倍数泡沫灭火系统有横式、立式泡沫产生器、高背压泡沫产生器、泡沫喷头、固定式泡沫炮（包括手动、电动），还有泡沫枪、泡沫钩枪，这两种是用在移动系统上，本规范未作规定。中倍数泡沫灭火系统有中倍数泡沫产生器。还有用在移动系统上的中倍数泡沫枪（也称手提式中倍数泡沫产生器），本规范也未作规定。高倍数泡沫灭火系统有高倍数泡沫产生器。每种泡沫产生器、泡沫喷头、固定式泡沫炮都有型号，设计者根据系统的具体情况进行选择。

2.0.3 泡沫液储罐。

新增条文。它是泡沫液的储存设备，分常压储罐和压力储罐两种。常压储罐用钢质或耐腐蚀材料制作；压力储罐为钢质，由具备资质的制造厂家制作。容量大小和储罐的形式由设计者设计或根据产品的系列选定。

2.0.4 泡沫导流罩。

原规范第 2.0.3 条。泡沫导流罩是应用在外浮顶储罐上的一种装置，因为外浮顶储罐的浮顶是随储存介质液位的高低浮动，为了不减少介质的储存数量，泡沫产生器出口的泡沫管道，应安装在外浮顶储罐罐壁的顶部，因此，必须设置专用装置，既能使泡沫沿罐壁向下流动，又能防止泡沫被风吹走而流失，这个装置就是泡沫导流罩。以前，因为没有封闭称作泡沫防护板。目前我国没有泡沫导流罩的定型产品，都是由设计单位出图加工，形状和尺寸都不统一。而国外某些公司都有定型图纸和系列产品，如英国的安格斯公司，称为泡沫倾注器，见图 1；日本千化学消防公司的浮顶油罐抗震 J 型泡沫出口安装图，见图 2。它们都与泡沫产生器配套使用，参考时要注意型号。

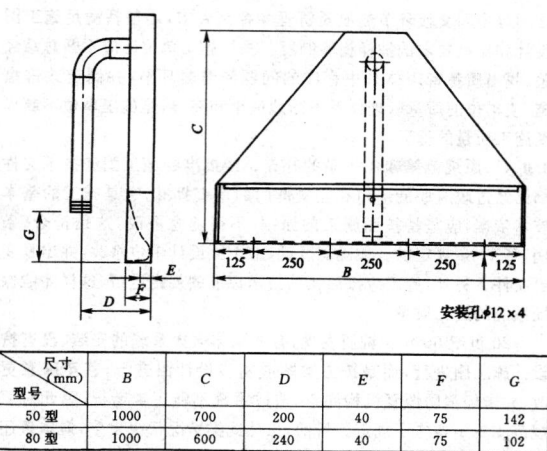

尺寸 (mm) 型号	B	C	D	E	F	G
50 型	1000	700	200	40	75	142
80 型	1000	600	240	40	75	102

图 1 泡沫倾注器

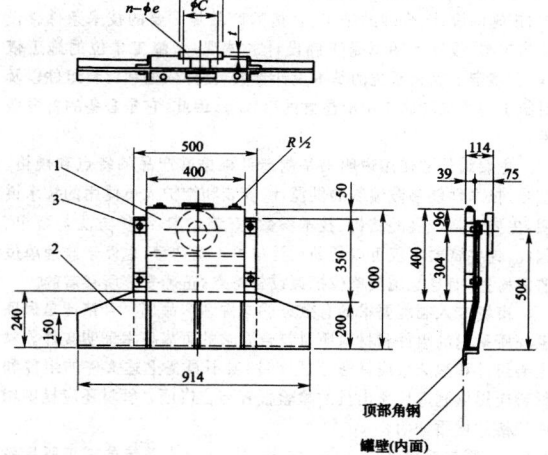

型式	法兰尺寸(JIS 10k)				重量(kg)
	D	C	t	$n-\phi e$	
J-65A	175	140	18	4-19	约 36
J-80A	185	150	18	8-19	约 37
J-100A	210	175	18	8-19	约 39

图 2 浮顶油罐抗震 J 型泡沫出口安装图

注: 1   泡沫出口,材料 SS41;
      2   泡沫出口固定板,材料 SS41;
      3   固定螺栓螺母,材料 SS41,4 组 M10×30;
      4   适用泡沫产生器容量 200L/min、350L/min。

2.0.5 泡沫降落槽。

原规范第 2.0.4 条。泡沫降落槽是水溶性液体储罐内安装的泡沫缓冲装置中的一种。因为水溶性液体都是极性溶剂,如:醇、酯、醚、酮类等,它们的分子排列有序,能夺取泡沫中的 OH^-、H^+ 离子,而使泡沫破坏,故必须用抗溶性泡沫液才能灭火,同时又要求泡沫平缓地布满整个液面,并具有一定的厚度,所以要求设置缓冲装置以避免泡沫自高处跌入溶剂内,由于重力和冲击力造成的泡沫破裂,影响灭火。常用的泡沫降落槽,其尺寸是与泡沫产生器配套设计的。我国常用的如图 3~图 5 所示。在设计未规定时可参照此图。图中没有的 PC24 型(或更大型号)泡沫产生器降落槽可按比例放大。

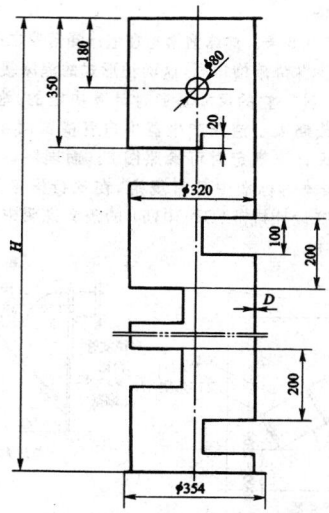

图 3 PC4 型泡沫产生器降落槽
注:图中的 H 和 D 是根据储罐的高度和储存介质的具体情况决定的。

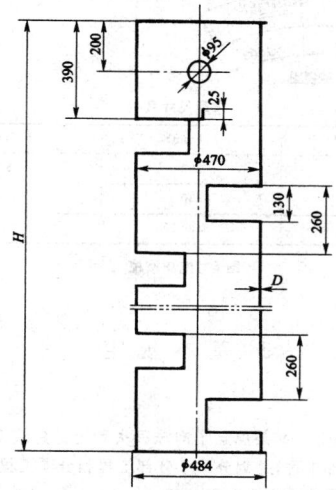

图 4 PC8 型泡沫产生器降落槽
注:图中的 H 和 D 是根据储罐的高度和储存介质的具体情况决定的。

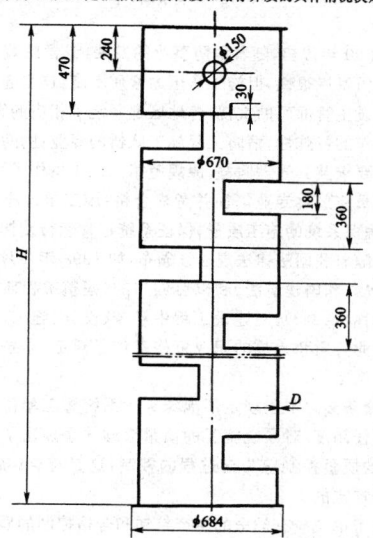

图 5 PC16 型泡沫产生器降落槽
注:图中的 H 和 D 是根据储罐的高度和储存介质的具体情况决定的。

2.0.6 泡沫溜槽。

原规范第 2.0.5 条。泡沫溜槽是在泡沫降落槽之后发展起来的,它的作用与泡沫降落槽相同,这两种形式的泡沫缓冲装置,在设计时可任选一种。它的尺寸是通过计算决定的,泡沫溜槽的横截面积等于或略大于泡沫产生器出口管横截面积与发泡倍数的乘积。在设计未规定时可参照图 6。而国际标准 ISO、美国 NFPA11 和日本等标准中都有规定,在现行国家标准《低倍数泡沫灭火系统设计规范》GB 50151 的条文说明中已有说明,本规范不再叙述。

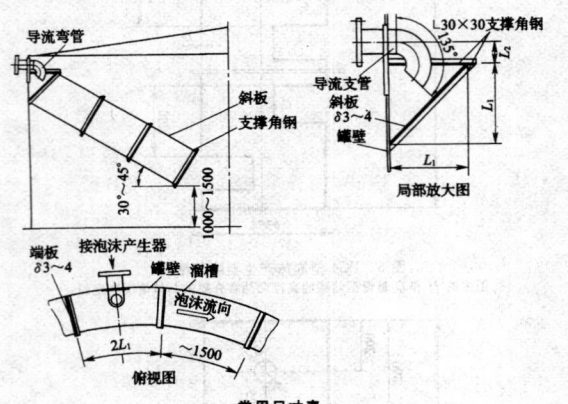

常用尺寸表

储罐容积(m³)	L_1(mm)	L_2(mm)
200	280	65
500	350	100
1000	460	150

图 6 泡沫溜槽

3 基 本 规 定

3.0.1 新增条文。本条规定了泡沫灭火系统是建筑工程消防设施中的一个分部工程,并划分了子分部工程和分项工程,这样为施工过程检查和验收提供了方便。

3.0.2 本条是依据我国法律法规的规定,取代原规范第 3.1.1 条。

20 世纪 90 年代初,随着消防事业的发展,专营或兼营的消防工程施工队伍发展很快,但施工队伍的素质不高,这引起了消防监督机构和建设主管部门的重视,各地区都制定了相应的管理办法。根据消防工作的特殊性,消防工程施工队伍的专业性,对系统施工队伍的资质要求及其管理问题,原规范第 3.1.1 条作了统一规定。要求施工人员应经过专业培训并考核合格;施工单位应经过审核批准,这对确保系统的施工质量,保证系统正常运行发挥了积极良好的作用。随着我国法律法规陆续颁布,如 1998 年 3 月 1 日施行的《中华人民共和国建筑法》和以后颁布的《建筑工程质量管理条例》(以下简称《条例》),对建设工程中勘查、设计、施工、工程监理等单位的从业资质和人员的职业资格作了规定,本条就是在这样的基础上制定的。

3.0.3 新增条文。本条规定了泡沫灭火系统施工单位应建立必要的质量责任制度,对系统施工的质量管理体系提出了较全面的要求,系统的质量控制应为全过程的控制,这是符合《条例》第 26 条、第 30 条规定的。

系统施工单位应有健全的生产控制和合格控制的质量管理体系,这里不仅包括材料和系统组件的控制、工艺流程控制、施工操作控制,每道工序质量检查、各道工序间的交接检验以及专业工种之间等中间交接环节的质量管理和控制要求,还包括满足施工图设计和功能要求的抽样检验制度。系统施工单位还应不断总结经验,找出质量管理体系中存在的问题和薄弱环节,并制定改进措施,使单位的质量管理体系不断地健全和完善,是施工单位不断提高施工质量的保证。

3.0.4 原规范第 4.1.1 条的补充。经批准的施工图和技术文件都已经过政府职能部门和监督部门的审查批准,它是施工的基本技术依据,应坚持按图施工的原则,不得随意更改,这是符合《条例》第 11 条规定的。如确需改动,应由原设计单位修改,并出具变更文件。另外,施工应按照相关技术标准的规定进行,这样才能保证系统的施工质量。

20 世纪 90 年代调研发现,有的泡沫灭火系统的安装、没有按设计施工图进行,而是按方案图或初步设计图进行,甚至随意更改,并未经消防监督机构同意,造成系统不能正常运行,因此对原规范 4.1.1 条作了规定。目前,虽然此类情况很少发生,但本条还要强调。

3.0.5 原规范第 3.1.2 条的修改。本条规定了系统施工前应具备的技术资料。

要保证泡沫灭火系统的施工质量,使系统能正确安装、可靠运行,正确的设计、合理的施工、合格的产品是必要的技术条件。设计施工图、设计说明书是正确设计的体现,是施工单位的施工依据,它规定了灭火系统的基本设计参数、设计依据和材料组件以及对施工的要求和施工中应注意的事项等,因此,它是必备的首要条件。

主要组件的使用说明书是制造厂根据其产品的特点和规格、型号、技术性能参数编制的供设计、安装和维护人员使用的技术说明,主要包括产品的结构、技术参数、安装要求、维护方法与要求。因此,这些资料不仅可以帮助设计单位正确选型,也便于监理单位监督检查,而且是施工单位把握设备特点,正确安装所必需的。

市场准入制度要求的有效证明文件和产品出厂合格证是保证系统所采用的组件和材料质量符合要求的可靠技术证明文件。对主要组件和泡沫液应具备上述文件,对不具备上述文件的组件和材料应提供制造厂出具的检验报告与合格证。管材还应提供相应规格的材质证明。

3.0.6 原规范第 3.1.3 条。本条对泡沫灭火系统的施工所具备的基本条件作了规定,以保证系统的施工质量和进度。

设计单位向施工单位进行技术交底,使施工单位更深刻地了解设计意图,尤其是关键部位,施工难度比较大的部位,隐蔽工程以及施工程序、技术要求、做法、检查标准等都应向施工单位交代清楚,这样才能保证施工质量。这是符合《条例》第 23 条规定的。

施工前对系统组件、管材及管件的规格、型号数量进行查验,看其是否符合设计要求,这样才能满足施工及施工进度的要求。

泡沫灭火系统的施工与土建密切相关,有些组件要求打基础,管道的支、吊架需要下预埋件,管道若穿过防火堤、楼板、防火墙需要预留孔,这些部位施工质量的好坏直接影响系统的施工质量,因此,在系统的组件、管道安装前,必须检查基础、预埋件和预留孔是否符合设计要求。

场地、道路、水、电也是施工的前提保证,以前称三通一平,即水通、电通、道路通,场地平整,它直接影响施工进度,因此,施工队伍进场前应能满足施工要求。此项任务过去一般都由建设单位完成,目前也有由施工单位实施,建设单位协助。总之,不管由谁做,应满足此条件。

3.0.7 新增条文。本条规定了泡沫灭火系统施工过程中质量控制的主要方面。

一是用于系统的组件和材料的进场检验和重要材料的复检;二是控制每道工序的质量,按照施工标准进行控制;三是施工单位每道工序完成后除了自检、专职质量检查员检查外,还强调了工序交接检查,上道工序应满足下道工序的施工条件和要求;同样,相关专业工序之间也应进行中间交接检验,使各工序间和各相关专业工程之间形成一个有机的整体;四是施工单位和监理单位对施工过程质量进行检查;五是施工单位、监理单位、建设单位对隐蔽工程在隐蔽前进行验收;六是安装完毕,施工单位和监理单位按照相关标准、规范的规定进行系统调试。调试合格后,施工单位向建设单位申请验收。这是泡沫灭火系统进行施工质量控制的全过程。

3.0.8 新增条文。本条规定了泡沫灭火系统检查、验收合格标准,其中包括施工过程各工种、工序的质量、隐蔽工程施工质量、质量控制资料、工程验收,这些涵盖了施工全过程。另外,规范了编制本规范表格的基本格式、内容和方式。

3.0.9 新增条文。本条规定了验收合格后应提供的文件资料,以便建立建设项目档案向建设行政主管部门或其他有关部门移交,这是符合《条例》第17条规定的。

3.0.10 新增条文。本条规定了当系统施工质量不符合要求时的处理办法。一般情况下,不合格现象在施工过程当中就应发现并及时处理,否则将影响下道工序的施工。因此,所有质量隐患必须尽快消灭在萌芽状态,这也是本规范强调施工过程质量控制原则的体现。非正常情况的处理分以下两种情况:

一是指缺陷不太严重,经过返工重做进行处理的项目或有严重缺陷经推倒重来或更换系统组件和材料的工程,应允许验收。如能够符合本规范的规定,则认为合格。

二是存在严重缺陷的工程,经返工重做或更换系统组件和材料仍不符合本规范的要求,严禁验收。

4 进场检验

4.1 一般规定

4.1.1 新增条文。材料和系统组件进场检验是施工过程检查的一部分,也是质量控制的内容,检验结果应按本规范表 B.0.2-1 记录。泡沫灭火系统验收时,作为质量控制核查资料之一提供给验收单位审查,也是存档资料之一,为日后备查提供了方便。

4.1.2 新增条文。本条规定了材料和系统组件进场抽样检查合格与不合格的判定条件。即有一件不合格时,应加倍抽查;若仍有不合格时,则判定此批产品不合格。这是产品抽样的例行做法。

4.2 材料进场检验

4.2.1 新增条文。本条作了泡沫液进场应现场取样留存的规定,而且作为强制性条文执行,其目的待以后需要时送检,从而促使生产企业提供合格产品。留存泡沫液的储存条件应符合《泡沫灭火剂通用技术条件》GB 15308 的相关规定。

4.2.2 原规范第 6.1.4 条第 8 款的修改。泡沫液虽然在进场时已经检查了市场准入制度要求的有效证明文件和产品出厂合格证,也进行了取样留存,但是还应按本条的规定由监理工程师现场取样,送至具备相应资质的检测单位进行检测。其原因就是因为泡沫液是泡沫灭火系统的关键材料,直接影响系统的灭火效果,所以把好泡沫液的质量关是至关重要的环节。

从市场调查的情况看,泡沫液的质量不太理想,个别泡沫液生产企业为了降低成本,提高市场竞争力,改变配方选用代用材料;有的配方中少加某种原料;甚至缺少某种原料,在系统调试和验收时检查不出来,只有通过理化性能和泡沫性能试验才能发现问题。实质上这是偷工减料,属于假冒伪劣产品。另据了解,企业送检产品质量与销售产品质量不同,送检产品一般都合格,销售产品就不尽如人意了,这给使用单位造成最大隐患,同时也搅乱了销售市场的正常秩序,也影响了好企业的声誉。为了公平、公正,本条根据

较大型储罐或防护区对不同品种的泡沫液按设计用量或最小储备量测后,进一步作出了现场取样送检的规定,以确保泡沫液的质量。检测按现行国家标准《泡沫灭火剂通用技术条件》GB 15308 的规定进行。主要检测泡沫性能:

1 发泡性能:
1)发泡倍数;
2)析液时间。
2 灭火性能:
1)灭火时间;
2)抗烧时间。
其余项目不检测。

4.2.3 新增条文。本条规定了管材及管件进场时应具备的有效证明文件。管材应提供相应规格的质量合格证、性能及材质检验报告。管件则应提供相应制造单位出具的合格证、检验报告,其中包括材质和水压强度试验等内容。

4.2.4 原规范第 3.2.2 条。本条规定了管材及管件进场时外观检查的要求。因为管材及管件(即弯头、三通、异径接头、法兰、盲板、补偿器、紧固件、垫片等)也是系统的组成部分,它的质量好坏直接影响系统的施工质量。目前制造厂家很多,质量不尽相同,为避免劣质产品应用到系统上,所以进场时要进行外观检查,以保证材料质量。其检查内容和要求,应符合本条各款的规定。

4.2.5 新增条文。本条规定了管材及管件进场检验时检测内容及要求,并给出了检测时的抽查数量,其目的是保证材料的质量。

4.2.6 新增条文。本条规定了管材及管件需要复验的条件及要求,并作为强制性条文执行。复验时,具体检测内容按设计要求和疑点而定。

4.3 系统组件进场检验

4.3.1 原规范第 3.2.1 条第 1～5 款。在泡沫灭火系统上应用的这些组件,在从制造厂搬运到施工现场过程中,要经过装车、运输、卸车和搬运、储存等环节,有的露天存放,受环境的影响,在这期间,就有可能会因意外原因对这些组件造成损伤和锈蚀。为了保证施工质量,需要对这些组件进行外观检查,并应符合本条各款的要求。

4.3.2 原规范第 3.2.1 条第 6 款。规定此条的目的是对这些组件的活动部件,用手动的方法进行检查,看其是否灵活。检查的原因同第 4.3.1 条。

4.3.3 新增条文。本条规定了对泡沫灭火系统的组件进场检验和复验的要求,并作为强制性条文执行。

1 在泡沫灭火系统上应用这些组件,如泡沫产生装置、泡沫比例混合器(装置)、泡沫液压力储罐、消防泵、泡沫消火栓、阀门、压力表、管道过滤器、金属软管等都是系统的关键组件。它们的合格与否,直接影响系统的功能和使用效果,因此,进场时对系统组件一定要检查市场准入制度要求的有效证明文件和产品出厂合格证,看其规格、型号、性能是否符合国家现行产品标准和设计要求。

2 本款规定了系统组件需要复验的条件及要求。复验时,具体检测内容按设计要求和疑点而定。

4.3.4 原规范第 3.3.2 条的修改。本条对阀门的强度和严密性试验提出了具体要求。

泡沫灭火系统对阀门的质量要求较高,如阀门渗漏影响系统的压力,使系统不能正常运行。从目前情况看,由于种种原因,阀门渗漏现象较为普遍,为保证系统的施工质量,需要对阀门进行进场检验。其内容和要求按本条各款执行,并应按本规范表 B.0.2-2 记录,且作为资料移交存档。

5 系 统 施 工

5.1 一 般 规 定

5.1.1 原规范第 4.1.3 条。泡沫灭火系统应用的消防泵一般都

是采用离心泵,特殊的地方也有采用深井泵或潜水泵的。它的安装在现行国家标准《压缩机、风机、泵安装工程施工及验收规范》GB 50275中都作了具体规定,而本章5.2节只对消防泵的安装作了原则性的规定,其余本规范不再规定。

5.1.2 原规范第4.1.4条的修订和补充。常压钢质泡沫液储罐现场制作、焊接、防腐,管道的加工、焊接、安装和管道的检验、试压、冲洗、防腐及支吊架的焊接、安装,阀门的安装等,在现行国家标准《工业金属管道工程施工及验收规范》GB 50235、《现场设备、工业管道焊接工程施工及验收规范》GB 50236和《钢制焊接常压容器》JB/T 4735标准中都作了具体规定,而本章5.3节和5.5节只对常压泡沫液储罐现场制作及泡沫混合液管道、泡沫液管道和泡沫管道及阀门等安装的特殊要求作了规定,其余本规范不再规定。

5.1.3 原规范第4.6.1条第5款的修订和补充。原款只提到泡沫喷淋管道,其余未涉及,修订后的《低倍数泡沫灭火系统设计规范》GB 50151—92(2000年版)增加了与自动喷水联用系统,这样就涉及雨淋阀、湿式阀等阀组,水力警铃、压力开关、水流指示器等组件,本规范就没有必要再重复编写,因此作了本条规定。

5.1.4 原规范第4.1.6条。泡沫灭火系统与火灾自动报警系统及联动部分的施工,在现行国家标准《火灾自动报警系统施工及验收规范》GB 50166中已有规定,本规范不再规定。

5.1.5 新增条文。本条强调在施工过程中要做好检查记录,其目的在本规范第4.1.1条的条文说明中已有叙述,本条不再重复。

5.2 消防泵的安装

5.2.1 原规范第4.5.1、4.5.2条。本条规定了消防泵应整体安装在基础上。消防泵的基础尺寸、位置、标高等均应符合设计规定,以保证合理安装及满足系统的工艺要求。

消防泵都是整机出厂,产品出厂前均已按标准的要求进行组装和试验,并且该产品已经过具有相应资质的检测单位检测合格。随意拆卸整机将会使泵组难以达到原产品设计要求,确需拆卸时应由制造厂家进行,拆卸和复装应按设备技术文件的规定进行。

5.2.2 原规范第4.5.3条的修订。由于消防泵与电动机或小型内燃机驱动的消防泵都是以整体形式固定在底座上,因此找平、找正应以底座水平面为基准。较大型内燃机或其他动力驱动的消防泵,一般都是分体安装,找平、找正应以消防泵底座水平面为基准。

5.2.3 原规范第4.5.4条。本条规定了消防泵与相关管道的安装要求。由于消防泵与动力源是以整体或分体的形式固定在底座上,且以底座水平面找平,那么与消防泵相关的管道安装,则应以消防泵的法兰端面为基准进行安装,这样才能保证安装质量。

5.2.4 原规范第4.5.5条的修订。本条规定了消防泵进水管吸水口处设置滤网时的要求。当泡沫灭火系统的供水设施(水池或水罐)不是封闭的或采用天然水源时,为避免固体杂物吸入进水管,堵塞底阀或进入泵体,吸水口处应设置滤网。滤网架应坚固可靠,并且滤网应便于清洗。这与国外的有关标准,如日本的消防法规的规定是一致的。

5.2.5 原规范第4.5.6条。本条规定了内燃机驱动的消防泵附加冷却器的泄水管应通向排水管、排水沟、地漏等设施。其目的是将废水排到室外的排水设施,而不能直接排至泵房室内地面。

5.2.6 原规范第4.5.7条。本条规定了内燃机驱动的消防泵排气管应通向室外,其目的是将烟气排出室外,以免污染泵房造成人员中毒事故,并作为强制性条文执行。当设计无规定时,应采用和排气管直径相同的钢管连接后通向室外,排气口应朝天设置,让烟气向上流动,为了防雨,应加伞形罩,必要时应加防火帽。

5.3 泡沫液储罐的安装

5.3.1 原规范第4.2.1条的完善。本条规定了泡沫液储罐的安

装位置和高度应符合设计要求。

泡沫液储罐是泡沫灭火系统的主要组件之一,它的安装质量好坏直接影响系统的正常运行。尤其是采用环泵式比例混合器时显得更为重要,因此,施工时必须严格按照设计要求进行。环泵式比例混合器的吸液率是根据文丘里管原理,依靠泵出口压力的大小,造成负真空度的高低来吸泡沫液,如果泡沫液储罐位置过高,吸液率高,泡沫液与水的混合比就大,浪费泡沫液,不符合设计要求。

泡沫液储罐的最低液面也不能低于环泵式比例混合器吸液口中心线1.0m,因为泡沫液有一定的粘度,环泵式比例混合器吸液口的真空度有限,再低泡沫液就吸不上来或吸泡沫液少,泡沫液与水的混合比就小,这样也不符合设计要求。美国标准NFPA11规定,环泵式比例混合器的吸液口不应高出泡沫液储罐最低液位6ft(1.83m),我们规定严格一些。

此外,泡沫液储罐的安装位置与周围建筑物、构筑物及其楼板或梁底的距离及对储罐上控制阀的高度都有一定的要求,其目的是为了安装、操作、更换和维修泡沫液储罐以及罐装泡沫液提供方便条件。

5.3.2 本条是对常压泡沫液储罐的现场制作、安装和防腐作了规定。

1 新增条文。本款主要规定了现场制作的常压钢质泡沫液储罐关键部位的制作要求。泡沫液出口管道不应高于储罐最低液面1m,在本规范第5.3.1条已有说明,不再叙述。泡沫液管道吸液口距储罐底面不应小于0.15m,其目的是防止将储罐内的锈渣和沉淀物吸入管内堵塞管道,做成喇叭口形是为了减小吸液阻力。

2 原规范第3.3.1条第4、5款的修改。本款规定了现场制作的泡沫液储罐严密性试验压力、时间和判定合格的条件。

3 原规范第4.7.3条第1、2款的合并。本款是对现场制作的常压钢质泡沫液储罐内外表面提出应按设计要求防腐的规定。

常压钢质泡沫液储罐的容量,是根据灭火系统泡沫液用量决定的,不是定型产品,一般都在现场制作,因此,防腐也在现场进行。泡沫液储罐内外表面防腐的种类、层数、颜色等应按设计要求进行,尤其是内表面防腐的种类是根据泡沫液的性质决定的,一定要符合设计要求,否则不但起不到防腐的作用,而且对泡沫液的质量有影响。目前,我国泡沫液储罐内表面防腐采用的方法和涂料的种类很多,有的不断改进,新产品也在出现,有待于进一步做防腐试验,因此,本条没有作具体规定,由设计者选用,这样更有利于执行。

常压钢质泡沫液储罐的防腐应在严密性试验合格后进行,否则影响对焊缝的检查,影响试漏。若渗漏,必须补焊,试验合格后再防腐,这样浪费涂料,因此作了本款规定。

4 原规范第4.2.2条的补充。本款对泡沫液储罐的安装方式作了规定。常压泡沫液储罐的形式很多,安装方式也不尽相同,按照设计要求进行即可。无论哪种安装方式,支架应与基础固定,或者直接安装在混凝土或砖砌的支座上,并不得损坏配管和附件。

5 原规范第4.7.3条第3款。常压钢质泡沫液储罐的安装,在本条第4款的条文说明中已经叙述,但不管哪种安装方式储罐罐体与支座的接触部分,均应按设计要求进行防腐处理,当设计无要求时,应按加强防腐层的做法施工,这样才能防止腐蚀,增加使用年限。

5.3.3 原规范第4.2.3条的补充。本条对泡沫液压力储罐的安装方式和安装时不应拆卸和损坏其储罐上的配管、附件及安全阀出口朝向都作了规定。

泡沫液压力储罐上设有槽钢或角钢焊接的固定支架,而地面上设有混凝土浇筑的基础,采用地脚螺栓将支架与基础固定。因为压力泡沫液储罐进水管有0.6~1.2MPa的压力,而且通过压力式比例混合装置的流量也较大,有一定的冲击力,所以,固定支架必须牢固可靠。另外,泡沫液压力储罐是制造厂家的定型设备,其上设有安全阀、进料孔、排气孔、排渣孔、人孔和取样孔等附件,出

厂时都已安装好,并进行了试验,因此,在安装时不得随意拆卸或损坏,尤其是安全阀更不能随便拆动,安装时出口不应朝向操作面,否则影响安全使用。

5.3.4 原规范第4.2.4条的修改和补充。本条是对设在泡沫泵站外的泡沫液压力储罐作了规定,并作为强制性条文执行。一般泡沫泵站与消防水泵房合建,但为了满足5min内将泡沫混合液或泡沫输送到最近的保护对象,现行国家标准《低倍数泡沫灭火系统设计规范》GB 50151允许将泡沫泵站设置在防火堤或防护区外,并与保护对象的间距大于20m,且具备遥控功能。调研中发现,南方许多单位都将泡沫液压力储罐露天安装在保护对象外,因此,必然受环境、温度和气候的影响,所以应采取防晒设施;当环境温度低于0℃时,应采取防冻设施;当环境温度高于40℃时,应有降温措施;当安装在有腐蚀性的地区,如海边等还应采取防腐措施。因为温度过低,妨碍泡沫液的流动,温度过高各种泡沫液的发泡倍数均下降,析液时间短,灭火性能降低,为此作了本条规定。

5.4 泡沫比例混合器(装置)的安装

5.4.1 本条对泡沫比例混合器(装置)的安装方向及与管道的连接作了规定。

1 原规范第4.3.1条。各种泡沫比例混合器(装置)都有安装方向,在其上有标注,因此安装时不能装反,否则吸不进泡沫液或泵打不进去泡沫液,使系统不能灭火,所以安装时要特别注意标注方向与液流方向必须一致。其原因是每种泡沫比例混合器(装置)都有它的工作原理:环泵式比例混合器是根据文丘里原理;压力式比例混合装置上的比例混合器与管线式比例混合器一般都是由喷嘴、扩散管、孔板等关键零件组成,是根据伯努力方程进行设计的;平衡式比例混合装置比压力式比例混合装置只加了一个平衡压力流量控制阀,比例混合器部分的原理与其他比例混合器基本一致,因为关键零件安装时是有方向的,所以不能反装。

2 原规范第4.3.2条第2款的补充。对于环泵式比例混合器若不严密,影响真空度,达不到设计所需要的泡沫液与水的混合比,形不成良好的泡沫,影响灭火效果,严重甚至不能灭火。对于压力式和平衡式比例混合器(装置)若不严密,容易渗漏,浪费泡沫液,影响灭火。

5.4.2 原规范第4.3.2条第1、3款。本条规定了环泵式比例混合器的安装要求。

环泵式比例混合器的安装标高是很重要的,本条给出了允许偏差范围,安装时应看施工图和产品使用说明书,不得接错。正确的安装应该是环泵式比例混合器的进口应与水泵的出口管段连接;环泵式比例混合器的出口应与水泵的进口管段连接;环泵式比例混合器的进泡沫液口应与泡沫液储罐上的出液口管段连接。

备用的环泵式比例混合器应并联安装在系统上,并且有明显的标志。调研时发现有的备用环泵式比例混合器放在仓库里,若发生火灾时,安装在系统上的环泵式比例混合器出现堵塞或腐蚀损坏时再来更换,时间来不及,且延误灭火时机,造成更大的损失。

5.4.3 原规范第4.3.3条的补充,原规范第4.3.4条删除。本条规定了压力式比例混合装置的安装要求。

压力式比例混合装置的压力储罐和比例混合器出厂前已经安装固定在一起,因此必须整体安装,储罐应与基础牢固固定,其理由在本规范第5.3.3条的条文说明中已有叙述。

5.4.4 原规范第4.3.5条的补充。本条规定了平衡式比例混合装置的安装要求。原规范第4.3.5条只规定整体平衡式比例混合装置的安装,本条又补充了分体平衡式和水力驱动平衡式两种比例混合装置的安装要求。

整体平衡式比例混合装置是由平衡压力流量控制阀和比例混合器两大部分装在一起,产品出厂前已进行了强度试验和混合比的标定,故安装时应整体竖直安装在压力水的水平管道上。为了便于观察和准确测量压力值,所以压力表与平衡式比例混合装置的进口处的距离不宜大于0.3m。

分体平衡式比例混合装置,它的平衡压力流量控制阀和比例混合器是分开设置的,流量调节范围相对要大一些,控制阀的结构要求竖直安装。

水力驱动平衡式比例混合装置,在国外应用较多,目前我国也开始开发水力驱动泵,但应用不多。它是由水力驱动泡沫液泵和平衡式比例混合装置组成,水力驱动泡沫液泵要求水平安装是由它的结构决定的,安装尺寸和管道的连接方式应符合设计要求。

5.4.5 原规范第4.3.6条的修改和补充。本条规定了管线式比例混合器的安装要求。

管线式比例混合器(又称负压式比例混合器),应安装在压力水的水平管道上,目前作为移动式和消防水带连接使用的较多。因压力损失较大,所以在串接水带时尽量靠近储罐或防护区。压力水通过该比例混合器的孔板,造成负压吸入泡沫液,与水混合形成泡沫混合液,输送到泡沫产生装置。因其孔板后形成真空度有限,所以,吸液口与泡沫液储罐或泡沫液桶最低液面的距离不得大于1.0m,以保证正常的混合比。

5.5 管道、阀门和泡沫消火栓的安装

5.5.1 本条对管道的安装要求作了规定。

1 原规范第4.6.1条第3款的修改和补充。设计规范规定,水平管道在防火堤内应以3‰的坡度坡向防火堤,在防火堤外应以2‰的坡度坡向放空阀,其目的是为了使管道放空,防止积水,避免在冬季冻裂阀门及管道。所以本条规定了坡度、坡向应符合设计要求,且坡度不应小于设计值。在实际工程中消防管道经常给工艺管道让路,或隐蔽工程不可预见,因此出现U形管,所以应有放空措施。

2 新增条文。立管的安装应用管卡固定在与储罐或防护区预埋件焊接的支架上,其间距不应大于设计值。其目的是为了确保立管的牢固性,使其在受外力作用和自身泡沫混合液冲击时不至于损坏。实践表明,油罐发生着火爆炸或基础下沉,往往由于立管固定不牢或立管与水平管道之间未采用柔性连接,导致立管发生拉裂破坏,不能正常灭火。

3 原规范第4.6.4条的补充。本款对埋地管道安装的要求作了规定,并作为强制性条文执行。

埋地管道不应铺设在冻土、瓦砾、松软的土质上,因此基础进行处理,方法按设计要求。管道安装前按照设计的规定事先做好防腐,安装时不要损坏防腐层,以保证安装质量。

埋地管道采用焊接时,一般在钢管的两端留出焊缝部位,入沟后进行焊接,焊缝部位应在试压合格后,按照设计要求进行防腐处理,并严格检查,防止遗漏,避免管道因焊缝腐蚀造成管道的损坏。

埋地管道在回填前应进行工程验收,这是施工过程质量控制的重要部分,可避免不必要的返工。合格后及时回填可使已验收合格的管道免遭不必要的损坏,分层夯实则为了保证运行后管道的施工质量,并按本规范表B.0.3记录,且作为质量核查资料提供验收,后移交归档,为以后检查维修提供便利条件。

4 原规范第4.6.1条的全面修改。本款对管道安装的允许偏差作了规定,见表5.5.1。

5 新增条文。本款对管道支、吊架安装和管墩的砌筑作了规定。

管道支、吊架应平整牢固,管墩的砌筑应整齐,其间距不应大于设计值。其目的是为了确保管道的牢固性,使其在外力和自身水力冲击时也不至于损伤。

6 新增条文。本款对管道当穿过防火堤、防火墙、楼板和建筑物的变形缝时的处理作了规定,以保证工程质量。但管道尽量不要穿过以上结构,否则应加以保护。本款指出的防火材料可采用防火堵料或防火包带等;管道穿变形缝采取下列保护措施,且空隙用防火材料封堵:

1)在墙体两侧采用柔性连接。

2)在管道上、下部留有不小于 150mm 的净空。

3)在穿墙处做成方形补偿器,水平安装。

7 原规范第 4.7.1 条的补充。本款对管道的试压作了规定,并作为强制性条文执行。

管道安装完毕按本款的规定和试验的方法步骤进行。

试验合格后,按本规范表 B.0.2-4 记录,且作为资料移交存档。

8 原规范第 4.7.2 条。本款对管道的冲洗作了规定。

管道试压合格后应用清水进行冲洗,并按照冲洗的方法步骤进行。

冲洗合格后,将隔离的泡沫产生装置、泡沫比例混合器(装置)与管道连接处安装好,不得再进行影响管内清洁的其他施工,且按本规范表 B.0.2-5 记录,后移交存档。

9 新增条文。本款对地上管道的涂漆防腐作了规定。地上管道应在试压、冲洗合格后进行涂漆防腐,要求按现行国家标准《工业金属管道工程施工及验收规范》GB 50235 中的有关规定执行。

5.5.2 原规范第 4.6.1 条的修改补充。本条对泡沫混合液管道的安装要求作了规定。

1 原规范第 4.6.1 条第 2 款的补充。本款规定了金属软管在安装时不得损坏其不锈钢编织网,因为编网是保护金属软管的,一旦损坏,金属软管将有可能也受到损坏,导致渗漏,致使送到泡沫产生装置的泡沫混合液达不到设计压力,影响发泡倍数和泡沫混合液的供给强度,对灭火不利。另外,在软管与地上水平管道的连接处设支架或管墩(见图 7),避免软管受拉伸损坏。

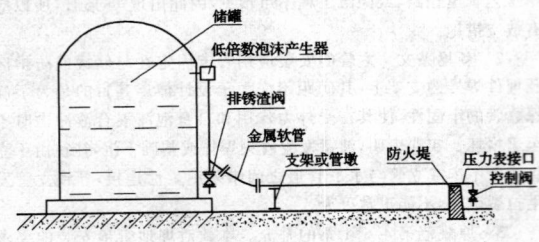

图 7 支架或管墩安装示意图

2 新增条文。本款对锈渣清扫口及与基础或地面的距离作了规定,泡沫混合液立管下端设置的锈渣清扫口,可采用闸阀或盲板,闸阀应竖直安装。其目的是在满足功能用途前提下,清扫方便。

3 新增条文。本款对外浮顶储罐泡沫喷射口设置在浮顶上,且泡沫混合液管道采用的耐压软管从储罐内通过作了规定。其目的是确保泡沫混合液耐压软管活动不受阻碍和损伤。且与储罐底部伴随管的距离应大于 0.5m,是为了防止耐压软管受热老化。

4 新增条文。本款对外浮顶储罐梯子平台上设置的带罔盖的管牙接口作了规定。

外浮顶储罐着火时,火势小,人可以站在梯子平台上,用泡沫管枪扑救火灾。此外,还会由于罐体保温不好或密封不好,罐储存含蜡较多的原油,罐壁会出现残油。当温度升高时,残油融化,流淌至罐壁,偶尔也会发生火灾,这时,也需要从梯子顶部平台接出泡沫管枪进行扑救。所以管牙接口要考虑到使用时操作方便。

5 新增条文。本款是对在防火堤外侧处的水平管道上,设置压力表接口的规定。设置压力表接口的目的在于泡沫灭火系统安装完毕后,调节泡沫产生装置进口的压力,使之符合规范和设计要求。

6 新增条文。本款对泡沫产生装置即横式或立式泡沫产生器和中倍数泡沫产生器入口处管道的安装作了规定,其出口管道在储罐上开口位置和尺寸,应符合设计及产品规格、型号的要求。

7、8 新增条文。这二款规定是为验证安装后的泡沫灭火系统是否满足规范和设计要求,要对安装的系统按有关规范的要求进行检测,为此对检测仪器安装的预留位置和试验检测口的设置位置和数量都作了规定。

5.5.3 原规范第 4.6.2 条的修改和补充。本条对液下喷射和半液下喷射泡沫管道的安装作了规定。

1 原规范第 4.6.2 条第 3 款的补充。本款对液下喷射泡沫喷射口与喷射管的安装与固定作了规定,并给出了偏差值。

2 新增条文。本款对半固定式系统的泡沫管道在防火堤外设置的高背压泡沫产生器快装接口的安装作了规定,要求水平安装。其目的是为了高背压泡沫产生器与快装接口连接操作时方便快捷。

3 新增条文。本款对液下喷射和半液下喷射泡沫管道上采用防油品渗漏设施的安装作了规定。一般防渗漏设施采用铝膜制作,既能承受储罐介质的静压,又能在供泡沫时冲破薄膜,不影响泡沫喷射。该产品已有制造厂家。半液下喷射泡沫管道上防油品渗漏的密封膜和泡沫喷射装置,目前我国还没有开发此产品。

5.5.4 新增条文。本条对泡沫液管道上的冲洗及放空管道的设置要求作了规定。

该管道设置应符合设计要求,当设计无要求时,应设置在泡沫液泵进口和出口管道的最低处,主要是为了泡沫灭火系统工作后,排净管道内的泡沫液及冲洗管道后的污水,以免腐蚀,使阀门和管道遭损坏。

5.5.5 原规范第 4.6.1 条第 5 款的修改补充。本条对泡沫喷淋管道的支架、吊架安装的有关要求作了规定。主要目的是为了确保管道安装的牢固性,使其在受外力和自身水力冲击时不至于损伤;另外,其安装位置不得妨碍喷头喷射泡沫的效果。

5.5.6 原规范第 4.6.1 条第 4 款、第 4.6.2 条第 2 款的修改和补充。本条对阀门的安装要求作了规定。

1 新增条文。本款对泡沫混合液管道采用的阀门的安装要求作了规定。因为泡沫混合液管道采用的阀门有手动,还有电动、气动和液动阀门,后三种多用在大口径管道,或遥控和自动控制上,它们各自都有标准,所以作了本款规定。

2 新增条文,并作为强制性条文执行。本款是对具有遥控、自动控制功能阀门的安装要求和设置在有爆炸和火灾危险环境时的安装要求,应按现行国家标准《电气装置安装工程爆炸和火灾危险环境电气装置施工及验收规范》GB 50257 执行。

3 原规范第 4.6.2 条第 2 款的补充。本款规定泡沫管道进储罐处设置的钢质明杆闸阀和止回阀应水平安装,其原因是由半液下喷射装置和止回阀产品结构决定的,另外,受泡沫管道进储罐处标高的限制,所以只能水平安装。再有止回阀不能装反,泡沫的流动方向应与止回阀标注的箭头方向一致,否则泡沫不能进入储罐内,反而储罐内的介质倒流入管道内,造成更大事故。调研中发现,有的单位将泡沫管道从罐壁顶部进入储罐内,这种安装方式是错误的,没有发挥液下喷射的优点。这样做的目的是防止泄漏,其实目前研究出很多防止泄漏的方法,技术已经成熟,可以采用。

4 原规范第 4.6.1 条第 6 款的修改。本款规定了高倍数泡沫产生器进口端泡沫混合液管道上设置的压力表、管道过滤器、控制阀宜安装在水平支管上。这主要是由管道过滤器的结构决定的,目前已研究出可立式安装的管道过滤器,因此,原规范的"应"改为"宜"。但压力表仍需竖直安装在管道上。

5 原规范第 4.6.1 条第 4 款。本款规定了自动排气阀的安装要求。

泡沫混合液管道上设置的自动排气阀,是一种能自动排出管道内气体的专用产品。管道在充泡沫混合液(或调试时充水)的过程中,管道内的气体将被自然驱压到最高点或管道内气体最后集聚处,自动排气阀能自动将这些气体排出,当管道充满液体后该阀会自动关闭。排气阀立式安装是产品结构的要求,在系统试压、冲洗合格后进行安装,是为了防止堵塞,影响排气。

6、8、9 新增条文。这三款是对常用的控制阀门的安装作了规定。主要考虑对安装高度的要求，应便于操作。另外，提出了在环境温度为0℃及以下的地区在阀门的安装和选择上应注意的问题。

7 新增条文。本款对储罐区固定式泡沫灭火系统同时又具备半固定系统功能时管外接口的安装作了规定。目的是便于消防车或其他移动式的消防设备与储罐区固定式泡沫灭火系统相连。

10 原规范第4.6.1条第4款。本款规定放空阀安装在低处。主要是为了泡沫灭火系统工作后，排净管道内的泡沫混合液或泡沫液及冲洗管道后的污水。其目的是避免腐蚀，北方地区还为防止冰冻，使阀门和管道免遭损坏。另外，对于管道的维修或更换组件也需排净管道内的液体，以便工作。

5.5.7 原规范第4.6.5条的补充。本条对泡沫消火栓（以下简称消火栓）的安装作了规定。

泡沫消火栓和消火栓实质上就是一种设备，本质上没有区别。安装在泡沫混合液管道上，出流泡沫混合液就是泡沫消火栓；安装在水管管道上，出流的是水就是消火栓，它们必须符合国家标准《室外消火栓通用技术条件》GB 4452、《室内消火栓》GB 3445 和《消火栓箱》GB 14561 的要求。

1 原规范第4.6.5条第1款的补充。泡沫混合液管道上设置的消火栓是根据防护区或储罐的具体情况，按照规范的要求和总体布置等综合因素选择消火栓的规格、型号、数量、位置、安装方式、间距，有的还要根据泡沫混合液的用量、保护半径、压力等综合计算确定。泡沫混合液管道按安装位置可分为室外管道和室内管道，按安装方式可分为地上安装（包括架空）、埋地安装或地沟安装。一般情况室外管道选用地上式消火栓或地下式消火栓；室内管道选用室内消火栓或消火栓箱。从调研情况看，目前国内室外管道（干管）大部分采用埋地安装，多数选择地上式或地下式消火栓，部分南方地区采用地上安装，选用地上消火栓（去掉弯管）、消火栓箱或带冈盖的室内消火栓，而室内管道（干管）采用架空安装或地沟安装，消火栓选用室内消火栓或消火栓箱。综上所述，泡沫混合液管道上消火栓的选型、安装方式、数量、安装位置和间距等都是由设计者确定的，所以本条规定应符合设计要求。

2 原规范第4.6.5条第2款的补充。本款规定了地上式消火栓应垂直安装，补充了地下式消火栓应安装在消火栓井内泡沫混合液管道上。

3 原规范第4.6.5条第3款。当采用地上式消火栓时，其大口径出液口应朝向消防车道，这是便于消防车或其他移动式的消防设备吸液口的安装。地上式消火栓上的大口径出液口，在一般情况下不用，而是利用其小口径出液口即KWS65型接口，接上消防水带和泡沫枪进行灭火，当需要利用消防车或其他移动式设备灭火，而且需要从泡沫混合液管道上设置的消火栓上取用泡沫混合液时，才使用大口径出液口。

4 原规范第4.6.5条第4款的补充。当采用地下式消火栓时，应有明显的标志。一般在井盖上都有标志，但由于锈蚀或被灰尘覆盖，甚至违反规定堆放物资，这是不允许的，为了安全宜在明显处设置标志，如墙上。另外，还规定了顶部出口与井盖底面的距离要求，这是为了消防人员操作快捷方便，以免下井操作，也避免井盖轧坏损坏消火栓。

5 原规范第4.6.5条第5款。当采用室内消火栓或消火栓箱时，规定了栓口的安装方向和高度，其目的是避免消防水带折叠影响压力和流量，另外，使消防人员操作方便，同时也规定了安装时坐标及标高允许偏差的范围。

6 新增条文。本款对泡沫泵站内或站外附近泡沫混合液管道上设置消火栓作了规定，设置数量和位置按设计要求。其目的是为了检测系统的性能和扑救泡沫泵站附近的火灾。

5.6 泡沫产生装置的安装

5.6.1 原规范第4.4.1条的修改和补充。本条对低倍数泡沫产生器的安装作了规定。

1 原规范第4.4.1条第1、2款的合并。液上喷射泡沫产生器，有横式和立式两种类型。横式泡沫产生器应水平安装在固定顶储罐罐壁的顶部或外浮顶储罐罐壁顶部的泡沫导流罩上。立式泡沫产生器应垂直安装在固定顶储罐罐壁顶部或外浮顶储罐罐壁顶部的泡沫导流罩上。因为水平或垂直安装是由泡沫产生器的结构决定的，泡沫导流罩的作用在本规范第2.0.4条的条文说明中已有叙述。

2 原规范第4.4.1条第3款的补充。本款规定了泡沫溜槽或泡沫降落槽在水溶性液体储罐内安装时的要求。为了使泡沫溜槽接近液面和泡沫平缓向下流动，本款规定了泡沫溜槽距罐底1.0～1.5m和溜槽与罐底平面夹角为30°～45°。泡沫降落槽应垂直安装，并给出了垂直度的允许偏差和坐标及标高允许偏差，其目的是要求严格一些，与有关标准的要求也是一致的。安装缓冲装置的意义，在本规范第2.0.5、2.0.6条的条文说明中已分别作了叙述。

3 原规范第4.4.1条第4款的补充。本款规定液下和半液下的高背压泡沫产生器应设在防火堤外，并应水平安装在泡沫混合液管道上，这是由产品的结构决定的，其安装位置和高度及与其他阀门的前后顺序，应按设计要求进行。半液下泡沫喷射装置在我国还没有产品，国外已有采用。

4 新增条文。本款对高背压泡沫产生器进、出口压力表接口，背压调节阀和泡沫取样口的安装要求及对阀门的要求作了规定。

5 新增条文。本款规定了液上喷射泡沫产生器或泡沫导流罩沿罐周均匀布置时，其间距偏差不宜大于100mm。目的是让泡沫产生器等距离喷射，使泡沫均匀分布在液面上，并以最短的时间合拢，缩短灭火时间。

6 新增条文。本款对外浮顶储罐泡沫喷射口设在浮顶上时的安装要求，目的是使泡沫分布均匀、封闭液面快、泡沫流失少、灭火速度快。

7～9 新增条文。此三款是对外浮顶储罐和单、双盘内浮顶储罐泡沫堰板的高度及与罐壁的间距、排水孔的数量和尺寸要求作了规定。因为它直接影响泡沫液的需要量和灭火速度。

10 新增条文。本款对高背压泡沫产生器并联安装作了规定。

11 新增条文。本款对半液下泡沫喷射装置的安装作了规定。

5.6.2 原规范第4.4.2条。本条对中倍数泡沫产生器的安装作了规定。

中倍数泡沫产生器也是安装在固定顶储罐罐壁的顶部，其安装位置及尺寸正确与否直接影响系统的施工质量，所以应按设计要求进行。另外，它的体积和重量也较大，安装时容易损坏附件，如百叶窗式的盖，这样会影响进空气，所以本条作了规定。

5.6.3 原规范第4.4.3条的补充。本条对高倍数泡沫产生器的安装作了规定。

1 新增条文。本款对高倍数泡沫产生器的安装作了应符合设计要求的规定。实际上主要体现在安装位置和高度上，因为安装位置影响泡沫分布，安装高度影响泡沫的推进速度，直接影响灭火。

2～4 原规范第4.4.3条第1～3款。高倍数泡沫产生器是由动力驱动风叶转动鼓风，使大量的气流由进气端进入产生器，故在距进气端的一定范围内不应有影响气流进入的遮挡物。进入喷嘴的泡沫混合液以雾状形式喷向发泡网，在其内表面形成一层液膜，被大量气流吹脱的泡沫群从发泡网喷出，故要求在发泡网前的一定范围内不应有影响泡沫喷放的障碍物。由于风叶由动力源驱动高速旋转，高倍数泡沫产生器固定不牢会产生振动和移位，故要求牢固地安装在建筑物、构筑物上。

另外，高倍数产生器体积和重量较大，安装时往往被拆开，易损坏零部件,所以本条要求不得拆卸。

5.6.4 原规范第 4.4.4 条第 1~6 款的修改。本条对泡沫喷头的安装要求作了规定。

1 原规范第 4.4.4 条第 1、2 款的合并。泡沫喷头的规格、型号与选用的泡沫液的种类、泡沫混合液的供给强度和保护面积息息相关,切不可误装,一定要符合设计要求,而且泡沫喷头的安装应在系统试压、冲洗合格后进行,因为泡沫喷头的孔径较小,系统管道冲洗不干净,异物容易堵塞喷头,影响泡沫灭火效果。

2 原规范第 4.4.4 条第 3 款。泡沫喷头在安装时应牢固、规整,不得拆卸或损坏喷头上的附件,否则影响使用。

3 原规范第 4.4.4 条第 4 款。顶部安装的泡沫喷头一定安装在被保护的上部垂直向下,其安装高度应严格按设计要求进行。国际标准化组织(ISO)和美国标准 NFPA11 中,均对泡沫喷头的安装高度及泡沫混合液的供给强度作了规定。本款给出了坐标及标高的允许偏差。

4 原规范第 4.4.4 条第 5 款。侧向安装的泡沫喷头应安装在被保护物的侧面对准保护物体,水平喷洒泡沫,并给出了距离允许偏差的范围,因为水平喷洒泡沫要考虑泡沫的射程,尤其是正偏差不要太大。

5 原规范第 4.4.4 条第 6 款。地下安装的泡沫喷头应安装在被保护物的下方,地面以下,水平或垂直喷洒泡沫,如飞机库或汽车库。在未喷射泡沫时,其顶部应低于地面 10~15mm,若顶部高出地面,影响作业;若顶部低于地面很多,易积藏一些尘土和杂物,影响泡沫喷头喷洒泡沫。

5.6.5 原规范第 4.4.5 条。本条对固定式泡沫炮的安装作了规定。

1 原规范第 4.4.5 条第 1 款。规定此款的目的是避免泡沫无法到达防护区。安装位置和高度一定按设计要求进行。当设计无规定时,一般考虑到人的身高,便于操作和维护。

2 原规范第 4.4.5 条第 2 款。固定式泡沫炮的进口压力一般在 1.0MPa 以上,流量也较大,其反作用力很大,所以安装在炮塔或支架上的固定式泡沫炮应牢固固定。

3 原规范第 4.4.5 条第 3 款。电动泡沫炮可远距离操作,所以必须有控制设备,电源线和控制线,它们的规格、型号及设置位置、敷设方式、接线等应严格按设计要求进行,否则影响电动泡沫炮的正常操作。

6 系 统 调 试

6.1 一 般 规 定

6.1.1 原规范第 5.1.1 条。本条规定了泡沫灭火系统调试的前提条件与系统有关的火灾自动报警装置及联动控制设备调试的前后顺序。

泡沫灭火系统的调试只有在整个系统已按照设计要求全部施工结束后,才可能全面、有效地进行各项调试工作。与系统有关的火灾自动报警装置及联动控制设备是否合格,是泡沫灭火系统能否正常运行的重要条件。对于泡沫喷淋系统、高倍数泡沫灭火系统绝大部分是采用自动报警、自动灭火的形式,因此,必须先把火灾自动报警和联动控制设备调试合格,才能与泡沫灭火系统进行连锁试验,以验证系统的可靠程度和系统各部分是否协调。另外,泡沫灭火系统与火灾自动报警装置的施工、调试单位有可能不是同一个单位,即使是同一个单位也是不同专业的人员,明确调试前后顺序有利于协调工作,也有利于调试工作的顺利进行,因此作了本条规定。

执行本条规定应注意的是:与系统有关的火灾自动报警装置和联动控制设备的调试应按现行国家标准《火灾自动报警系统施

工及验收规范》的有关规定执行。

6.1.2 原规范第 5.1.2 条。本条规定了调试前应具备的技术资料。

泡沫灭火系统的调试是保证系统能正常工作的重要步骤,完成该项工作的重要条件是调试所必需的技术资料应完整,方能使调试人员确认所采用的设备、材料是否符合国家有关标准的合格产品;是否按设计施工图和设计要求施工;安装质量如何,便于及时发现存在的问题,以保证调试工作的顺利进行。

6.1.3 原规范第 5.1.3 条的补充。本条规定了调试工作应具有经批准的方案和调试应遵守的原则。

系统的调试工作,是一项专业技术非常强的工作,因此,要求调试前应制订调试方案,并经监理单位批准。另外,要做好调试人员的组织工作,做到职责明确,并应按照预先制订的调试方案和调试程序进行,这是保证系统调试成功的关键条件之一,因此本条作了规定。

6.1.4 原规范第 5.1.4 条的修改和补充。本条规定了调试前应对系统施工质量进行检查,并应及时处理所发现的问题,其目的是为了确保系统调试工作的顺利进行。

6.1.5 原规范第 5.1.5 条。由于本章规定了调试时需要测定介质的工作压力,实测泡沫混合液的混合比及发泡倍数,因此,本条规定了调试前应将需要临时安装在系统上经校验合格的仪器、仪表安装完毕,如压力表、流量计等;调试时所需的检验设备应准备齐全,如手持折射仪;手持导电度测量仪;台秤(或天平、电子秤)、秒表、量杯和量桶等设备。

6.1.6 新增条文。水源、动力源和泡沫液是调试的基本保证,三者缺一不可。水源由水池、水罐或天然水源提供,无论哪种方式供水,其容量都应符合设计要求,调试时应先满足调试需要的用量。动力源主要是电源和备用动力,备用动力一般由内燃机泵和内燃发电机,它们都应满足设计要求,并应运转正常。与之配套的电气设备已具备联动条件。泡沫液的调试用量是根据最不利点的储罐或保护区和调试方法,经计算得出,调试时应先满足,因此作了本条规定。

6.1.7 原规范第 5.3.3 条的修改。泡沫灭火系统的调试是属于施工过程检查的一部分,也是质量控制的内容,调试合格后应按本规范表 B.0.2-6 记录,其目的在本规范第 4.1.1 条的条文说明中已有叙述。然后用清水冲洗放空,防止设备和管道的腐蚀,最后将系统复原,申请验收。

6.2 系 统 调 试

6.2.1 原规范第 6.2.1 条第 1 款的修改。本条对泡沫灭火系统的动力源和备用动力的切换试验作了规定,因为动力源是泡沫灭火系统的重要组成部分之一,没有可靠的动力源,灭火系统就不能正常工作。当动力源停止或故障,备用动力应能启用。为此,本条规定的目的就是保证系统动力源的可靠性和稳定性。

6.2.2 本条规定了消防泵应进行运行试验和转换运行试验。

1 原规范第 5.2.2 条。消防泵是泡沫灭火系统的主要设备之一,它运行的正常与否,直接影响系统的效能,因此,本条作了运行试验的规定,以保证泡沫灭火系统的正常运行。试验结果应符合设计要求和产品标准的要求。

2 原规范第 6.2.1 条第 2 款的修改。本款对消防泵的转换运行试验作了规定。消防泵按本条第 1 款进行运行试验,合格后还应进行转换运行试验,以保证在任何不利情况下都能有泵工作,使系统正常运行。

6.2.3 原规范第 5.2.3 条的修改。本条对泡沫比例混合器(装置)的调试作了规定。

泡沫比例混合器(装置)是保证泡沫混合液按预定比例混合的重要设备,是泡沫灭火系统的核心设备之一,所以本条规定了对泡沫比例混合器(装置)应进行调试,并与系统喷泡沫试验同时进行,这样才能实测混合比，且应符合设计要求。

测量方法有三种：

第一种，流量计测量：《低倍数泡沫灭火系统设计规范》GB 50151(2000 年版)第 3.1.6 条中规定："在固定式泡沫灭火系统的泡沫混合液主管道上应留出泡沫混合液流量检测仪器安装位置"。但在泡沫液管道上没有规定，要想测量精确，在出泡沫液的管道上也应安装流量计。对于平衡式比例混合装置、环泵式比例混合器，由施工单位在现场就可以完成，但对压力式比例混合装置应由制造厂家预留安装位置(加可拆装短管)。这样测出的流量经计算就可得出混合比。另外，有一种超声波流量计使用简单，但价格较高，测量流量时有误差(产品说明书上称误差为 1%)，目前还没有普遍使用。

第二种，折射指数法测量：对于折射指数比例高的泡沫液，如蛋白泡沫液、氟蛋白泡沫液等，可用手持折射仪进行测量。依据的原理是折射指数与泡沫液的浓度成正比，折射指数越大，浓度越大，以此可绘制出标准浓度曲线，然后再测量系统喷泡沫时取出的混合液试样的折射指数，并与之比较，就可以确定实际混合比。详细测量方法见产品使用说明书。

第三种，导电度法测量：对于折射指数比较小的泡沫液，如水成膜泡沫液、抗溶水成膜泡沫液等，就得采用手持导电度测量仪进行测量。其原理是泡沫液加入水中后，水的导电度发生变化，且导电度的大小与所加的泡沫液量有关，以此可绘制出标准浓度曲线。一般取三点连接，最好接近直线，然后再测量系统喷泡沫时取出的混合液试样的导电度，并与之比较，就可以确定实际混合比。但当水源为咸水时，导电度非常大，加入泡沫液后导电度变化较小，这时此方法要慎用。详细测量方法见产品使用说明书。

实测泡沫混合液的混合比不小于额定值，也不得大于额定值的 30%，且 6% 型泡沫液应在 6%～7% 范围内，3% 型泡沫液应在 3%～4% 范围内。

6.2.4 原规范第 5.2.4 条的修改和补充，并把原规范第 5.2.1 条、第 5.3.2 条第 1 款和第 2 款的内容纳入检查方法之中，增加了泡沫枪内容。本条对泡沫产生装置的调试作了规定。

1 原规范第 5.2.4 条第 1 款。低倍数泡沫产生器分液上、液下两种形式，中倍数泡沫产生器只能液上喷射，他们都是泡沫混合液吸入空气生成泡沫的设备。不同型号的产生器，在一定的进口工作压力下，通过一定量的泡沫混合液，生成泡沫。只有泡沫产生器实测进口压力满足标准的要求，才能保证产生的泡沫量符合设计要求。所以本款规定，低、中倍数泡沫产生器的调试应进行喷水试验，其进口压力应符合设计要求，这样才能保证整个泡沫灭火系统的正常运行。检查方法按本款执行。

2 原规范第 5.2.4 条第 2 款。本款要求对泡沫喷头应全部进行喷水试验，但检查是选择最不利防护区的最不利点 4 个相邻喷头用压力表测量后，经计算保护面积内平均供给强度符合设计要求。

3 原规范第 5.2.4 条第 3 款。

4 新增条文。

第 3、4 两款规定了固定式泡沫炮和泡沫枪应全部进行喷水试验，其进口压力和射程选择最不利点测量，固定式泡沫炮的射高、仰俯角度、水平回转角度应全部符合设计要求。

5 原规范第 5.2.4 条第 4 款。高倍数泡沫产生器的调试是分别对每个防护区内的全部产生器同时进行喷水试验，记录每台产生器进口端压力表的读数，计算其平均值不应小于系统的设计值，调试中还需观察每台产生器发泡网的喷水状态应正常，如出现异常现象应由专业人员处理，一般不应拆卸产生器。

6.2.5 原规范第 5.2.5 条。本条对泡沫消火栓的调试作了规定。

在泡沫灭火系统中，泡沫消火栓是安装在泡沫混合液的管道上，接上水带和泡沫枪，用于扑救离散着火点。而泡沫枪额定工作压力是有要求的，这样才能保证流量和射程，因此，本条规定泡沫消

火栓全部进行喷水试验。测压时可选择最不利点，其出口压力应符合设计要求。

6.2.6 原规范第 5.3.2 条第 3～5 款。本条对泡沫灭火系统的调试作了规定，并作为强制性条文执行。

1 原规范第 5.3.2 条第 3 款。用手动控制或自动控制的方式进行喷水试验，其目的是检查泵能否及时准确启动，阀门的启闭是否灵活、准确，管道是否通畅无阻，到达泡沫产生装置处的管道压力是否满足设计要求，泡沫比例混合器(装置)的进、出口压力是否符合设计要求。

2 原规范第 5.3.2 条第 4 款。本款规定的目的是验证低、中倍数泡沫灭火系统运行是否正常。不管是哪种控制方式只进行一次喷泡沫试验，是为了节省泡沫液，当为自动灭火系统时，应以自动控制的方式进行，并要求喷射泡沫的时间不应小于 1min，是为了真实地测出泡沫混合液中的泡沫液与水的混合比和泡沫混合液的发泡倍数，并应符合设计要求。

这里应该说明的是，本款所指的最不利点为设计混合液量最大或地处最远、最高、所需泵的扬程最大的防护区或储罐，该点需经计算比较后确定。

泡沫混合液的混合比的测量方法及合格标准，在本规范第 6.2.3 条的条文说明中已有叙述。其余项目检查方法在本款中已有规定，其检查结果应符合设计要求。

3 原规范第 5.3.2 条第 5 款。高倍数泡沫灭火系统喷泡沫时，应将水放空，然后分别对每个防护区以自动或手动控制的方式进行一次喷泡沫试验，喷射泡沫的时间不应小于 30s。如防护区内已安装设备不宜长时间喷泡沫时，可缩短时间，但每台产生器必须都已喷泡沫，方可停止试验，喷泡沫时应由专业人员观察每台产生器的喷泡沫情况且都应正常。

根据选用的高倍数泡沫产生器的规格、型号，查出厂时给出的压力与发泡量、压力与混合液流量的关系曲线，可由产生器的进口压力查出对应的发泡量及混合液流量，计算出防护区系统的混合液流量和泡沫供给速率，其值应达到设计要求的最小供给速率。其余项目检查方法在本款及有关条款中已有规定和叙述，其检查结果应符合设计要求。

7 系 统 验 收

7.1 一 般 规 定

7.1.1 原规范第 6.1.1 条的修改。本条规定了验收的组织单位及应到现场参加验收的相关单位，便于全面核查、客观评价。这是符合《条例》第 16 条规定的。

7.1.2 原规范第 6.1.3 条的修改。本条规定了验收时所必须提供的全部技术资料，这些资料是从工程开始到系统调试，施工全过程质量控制等各个重要环节的文字记录。同时也是验收时质量控制资料核查的内容，这是验收时应做的两项工作之一，软件验收。这是实施《条例》第 17 条，建立完善的技术档案的基本条件。

7.1.3 原规范第 6.2.2 条的改写。本条规定了泡沫灭火系统验收合格与否的判定标准，并作为强制性条文执行。系统功能是泡沫灭火系统能否成功灭火的关键项目，因此应全部合格，验收时不合格，不得通过验收。验收后应按本规范表 B.0.5 记录，并作为资料移交存档。

7.1.4 原规范第 6.2.3 条的补充。本条规定了泡沫灭火系统验收合格后，施工单位应用清水把系统冲洗干净并放空，将系统复原，以便投入使用。同时按《条例》第 17 条的规定，应向建设单位移交全部的技术资料，以便建立、健全建设项目档案，并向建设行政主管部门或其他有关部门移交。

7.2 系统验收

7.2.1 原规范第 6.1.2 条第 1、2 款和第 6.1.4 条的修改和补充。本条规定了泡沫灭火系统验收时,应按本条的内容对系统施工质量进行验收,这是验收时应做的两项工作之一,硬件验收第 1 项内容,是对施工质量的全面考核。

为了使泡沫灭火系统的验收能够顺利进行,尽管监理和施工单位已对系统的组件、材料进行了进场检验和复验,对施工过程进行了全面检查并进行了调试,但验收时还应按照本条规定的内容对系统的各个组成部分进行验收,以保证系统的施工质量和系统功能验收时能正常运行,符合设计要求。

7.2.2 原规范第 6.1.2 条第 3 款和第 6.2.1 条第 3、4 款的缩写。本条规定了对泡沫灭火系统功能验收试验的项目及要求,这是硬件验收第 2 项内容。

泡沫灭火系统功能验收是整个系统验收的核心,以前所做的一切都是为系统功能的验收服务的,按照本条规定的项目进行试验,来验证泡沫灭火系统技术性能指标是否达到了设计要求,为以后的正常运行提供了可靠的保障。

8 维护管理

8.1 一般规定

8.1.1 原规范第 7.1.1 条。本条规定了泡沫灭火系统验收合格后方可投入运行。这是根据《中华人民共和国消防法》的规定,必须执行。其目的是保障系统可靠运行。

8.1.2 原规范第 7.1.2 条和第 7.1.3 条第 5 款的修改和补充。本条规定了泡沫灭火系统投入运行前,建设单位应配齐经过专门培训,并通过考试合格的人员负责系统的维护、管理、操作和定期检查。

严格的管理、正确的操作、精心的维护和仔细认真的检查是泡沫灭火系统能否发挥正常作用的关键之一,实践证明没有任何一种灭火系统在没有平时的精心维护下,就能发挥良好作用的。泡沫灭火系统使用的时间较长(泡沫液除外),有的设备和绝大部分管道在室外,有的管道埋地,这样长期受环境的影响极易生锈、腐蚀,有的部件可能老化。因此,加强日常的检查和维护管理,对系统保持正常运行至关重要。为此,要求检查、维护、管理和操作的人员必须具备一定的消防专业知识和基本技能才能胜任此项工作。从目前国内现状来看,大型石化企业都设专职消防队即企业消防队,他们训练有素,但一般企业没有专职消防队,也不设专职操作人员,而是由工艺岗位上的操作人员兼职。他们对泡沫灭火系统不是十分了解,所以上岗前必须对他们进行专门培训,掌握系统的专业知识和操作规程,并通过考试合格才能承担此项任务,否则会影响泡沫灭火系统的正常运行,达不到灭火的目的,给国家造成重大损失。

建设单位应建立系统的技术档案,并将所有的文件、技术资料整理存档,以便日后查对提供方便。

8.1.3 原规范第 7.1.3 条的修改和补充。本条规定了泡沫灭火系统投入运行时,维护、管理应具备的资料。

系统投入运行时,应具备本条所规定的资料,这是保证系统正常运行和检查维护所必需的。管理人员要搞好检查、维护工作,必须对系统有全面的了解,熟悉系统的性能、构造及设备的安装使用说明和检查维护方法,才能完成所担当的工作。

为了保持系统的正常状态,在需要灭火时能合理、有效地进行各种操作,必须预先制订系统的操作规程和系统流程图。另外,值班员的职责要明确,分工要明确,这样在系统灭火时才不至于慌乱,平时的检查维护也要有分工。

泡沫灭火系统的检查维护是一项长期延续的工作,做好系统的检查、维护记录便于判断系统运行是否正常,检查、维护工作是否按要求进行,为今后的维修管理积累必要的档案资料。

8.1.4 原规范第 7.2.5 条。本条对检查和试验的结果作了规定,并作为强制性条文执行。

对检查和试验中发现的问题,应及时处理或修复,对损坏或不合格者应立即更换,使系统复原,这样才能保证系统的正常运行。

这里还应指出:各建设单位在未经消防监督机构批准的情况下,不得擅自关停系统,如有需要报停或废止要拆除的系统,要征求消防监督机构的意见,同意后按规定程序,由专门施工单位负责拆除。

8.2 系统的定期检查和试验

8.2.1 原规范第 7.2.1 条。本条规定了每周对消防泵和备用动力进行一次启动试验。

消防泵是指水泵、泡沫液泵和泡沫混合液泵。泡沫液泵只能输送泡沫液,目前只有在选择平衡式比例混合装置时采用;泡沫混合液泵只有在采用环泵式比例混合器时,才输送泡沫混合液。备用动力是指内燃发电机组和内燃机拖动的泵,统称为备用动力。它们是泡沫灭火系统关键设备之一,直接影响系统的运行。因此,本条规定每周应对消防泵和备用动力以手动或自动控制的方式进行一次启动试验,看其是否运转正常,试验时泵可以打回流,也空转,但空转时运转时间不应大于 5s。试验后应将泵和备用动力及有关设备恢复原状。试验应由经过专门培训合格的人员操作,试验结果应按本规范表 D.0.1 填写系统周检记录。

8.2.2 原规范第 7.2.2 条的修改。本条规定了泡沫灭火系统每月检查的内容和要求。

每月应按本条所规定的内容和要求进行外观检查,应完好无损,无锈蚀,一切均应正常,若发现问题应及时处理,以保证系统能正常运行。并应按本规范表 D.0.2 填写系统月(年)检记录。

8.2.3 原规范第 7.2.3 条第 1 款的修改。将每年对系统的检查改为半年。本条规定了泡沫灭火系统每半年检查的内容和要求。

每半年应按本条所规定的内容和要求进行检查。对系统的外观检查按月检的规定进行。半年检时,系统的管道应全部冲洗,清除锈渣,防止管道堵塞,但考虑到储罐上泡沫混合液立管冲洗时,容易损坏密封玻璃,甚至把水打入罐内,影响介质的质量,若拆卸较困难,易损坏附件,因此可不冲洗,但要清除锈渣,在本规范8.2.2 条月检时已规定。清渣时,用木锤敲打,从锈渣清扫口排出。对液下喷射防火堤内泡沫管道冲洗时,必然把水打入罐内,影响介质的质量,若拆卸回阀或密封膜也较困难,因此可不冲洗,也可不清除锈渣,因为泡沫喷射管的截面积比泡沫混合液管道的截面积大,不易堵塞。对高倍数泡沫产生器进口端控制阀后的管道不用冲洗和清除锈渣,因为这段管道设计时一般都是不锈钢的。检查完毕后按本规范表 D.0.2 填写系统月(年)检记录。

8.2.4 原规范第 7.2.4 条的补充。本条规定了每两年对系统进行检查和试验的内容及要求。

系统运行 2 年泡沫液就应该更换,利用这个机会对泡沫灭火系统进行喷射泡沫试验,并对系统所有的组件、设施(包括配电和供水设施)、管道及管件进行全面检查是个绝好的时机。与系统有关的火灾自动报警系统及联动设备的检验,应按有关规定执行,这里不再说明。

泡沫灭火系统喷射泡沫试验,原则上应按本规范第 7.2.2 条第 1、2 款的要求进行。但考虑到低、中倍数泡沫灭火系统喷射泡沫试验涉及的问题较多,又不能直接向防护区或储罐内喷射泡沫,为了避免拆卸有关管道和泡沫产生器,建设单位可结合本单位的实际情况进行试验。例如,利用泡沫混合液管道上的泡沫消火栓,接上水带、泡沫枪(中倍数也称手提式中倍数泡沫产生器)进行试验。利用防护区或储罐检修的机会,经批准可选择某个防护区或储罐进行试验。

对于高倍数泡沫灭火系统可在防护区内进行喷泡沫试验,在系统试验的过程中,检查组件、设施、管道及管件和喷射泡沫的情况,看其各项性能指标是否还符合设计要求。检查和试验应由经过专门培训合格人员担任,并按预定的方案进行。

系统检查和试验完毕,应对试验时所用过的组件、管道及管件,用清水冲洗放空,系统复原,并应按本规范表 D.0.2 填写系统月(年)检记录。

中华人民共和国国家标准

建筑物电子信息系统防雷技术规范

Technical code for protection of building
electronic information system against lightning

GB 50343—2012

主编部门：四川省住房和城乡建设厅
批准部门：中华人民共和国住房和城乡建设部
施行日期：２０１２年１２月１日

中华人民共和国住房和城乡建设部
公　告

第 1425 号

关于发布国家标准《建筑物
电子信息系统防雷技术规范》的公告

现批准《建筑物电子信息系统防雷技术规范》为国家标准，编号为 GB 50343-2012，自 2012 年 12 月 1 日起实施。其中，第 5.1.2、5.2.5、5.4.2、7.3.3 条为强制性条文，必须严格执行。原《建筑物电子信息系统防雷技术规范》GB 50343-2004 同时废止。

本规范由我部标准定额研究所组织中国建筑工业出版社出版发行。

2012 年 6 月 11 日

前　言

本规范是根据原建设部《关于印发〈2007 年工程建设标准规范制订、修订计划（第一批）〉的通知》（建标[2007]125 号）的要求，由中国建筑标准设计研究院和四川中光高科产业发展集团在《建筑物电子信息系统防雷技术规范》GB 50343-2004 的基础上修订完成的。

本规范共分 8 章和 6 个附录。主要技术内容包括：总则、术语、雷电防护分区、雷电防护等级划分和雷击风险评估、防雷设计、防雷施工、检测与验收、维护与管理。

本规范修订的主要内容为：

1. 删除了原规范中未使用的个别术语，增加了正确理解本规范所需的术语解释。此外，保留的原术语解释内容也进行了调整。

2. 增加了按风险管理要求进行雷击风险评估的内容。同时，在附录部分增加了按风险管理要求进行雷击风险评估的具体评估计算方法。

3. 对表 4.3.1 中各种建筑物电子信息系统雷电防护等级的划分进行了调整。

4. 对第 5 章"防雷设计"的内容进行了修改补充。

5. 第 7 章名称修改为"检测与验收"，内容进行了调整。

6. 增加三个附录，即附录 B"按风险管理要求进行的雷击风险评估"，附录 D"雷击磁场强度的计算方法"，附录 E"信号线路浪涌保护器冲击试验波形和参数"。附录 F"全国主要城市年平均雷暴日数统计表"按可获得的最新数据进行了修改，仅列出直辖市、省会城市及部分二级城市的年平均雷暴日。取消了原附

录"验收检测表"。

7. 规范中第 5.2.6 条和 5.5.7 条第 2 款（原规范第 5.4.10 条第 2 款）不再作为强制性条文。

本规范中以黑体字标志的条文为强制性条文，必须严格执行。

本规范由住房和城乡建设部负责管理和对强制性条文的解释。四川省住房和城乡建设厅负责日常管理，中国建筑标准设计研究院和四川中光防雷科技股份有限公司负责具体技术内容的解释。在执行过程中，如发现需要修改或补充之处，请将意见和建议寄往中国建筑标准设计研究院（地址：北京市海淀区首体南路 9 号主语国际 2 号楼，邮政编码：100048）；四川中光防雷科技股份有限公司（地址：四川省成都市高新西区天宇路 19 号，邮政编码：611731）。

本 规 范 主 编 单 位：中国建筑标准设计研究院
四川中光防雷科技股份有限公司

本 规 范 参 编 单 位：中南建筑设计院股份有限公司
中国建筑设计研究院
北京市建筑设计研究院
现代设计集团华东建筑设计研究院有限公司
四川省防雷中心
上海市防雷中心
北京爱劳高科技有限公司
武汉岱嘉电气技术有限公司

浙江雷泰电气有限公司

本规范主要起草人：王德言　李雪佩　刘寿先
孙成群　张文才　邵民杰
汪　隽　陈　勇　孙　兰
徐志敏　黄晓虹　蔡振新
王维国　张红文　杨国华

本规范主要审查人员：张祥贵　汪海涛　王守奎
田有连　周璧华　张　宜
王金元　杨德才　杜毅威
陈众励　张钛仁　赵　军
张力欣

目　次

Contents

1 总 则

1.0.1 为防止和减少雷电对建筑物电子信息系统造成的危害，保护人民的生命和财产安全，制定本规范。

1.0.2 本规范适用于新建、改建和扩建的建筑物电子信息系统防雷的设计、施工、验收、维护和管理。本规范不适用于爆炸和火灾危险场所的建筑物电子信息系统防雷。

1.0.3 建筑物电子信息系统的防雷应坚持预防为主、安全第一的原则。

1.0.4 在进行建筑物电子信息系统防雷设计时，应根据建筑物电子信息系统的特点，按工程整体要求，进行全面规划，协调统一外部防雷措施和内部防雷措施，做到安全可靠、技术先进、经济合理。

1.0.5 建筑物电子信息系统应采用外部防雷和内部防雷措施进行综合防护。

1.0.6 建筑物电子信息系统应根据环境因素、雷电活动规律、设备所在雷电防护区和系统对雷电电磁脉冲的抗扰度、雷击事故受损程度以及系统设备的重要性，采取相应的防护措施。

1.0.7 建筑物电子信息系统防雷除应符合本规范外，尚应符合国家现行有关标准的规定。

2 术 语

2.0.1 电子信息系统 electronic information system

由计算机、通信设备、处理设备、控制设备、电力电子装置及其相关的配套设备、设施(含网络)等的电子设备构成的，按照一定应用目的和规则对信息进行采集、加工、存储、传输、检索等处理的人机系统。

2.0.2 雷电防护区(LPZ) lightning protection zone

规定雷电电磁环境的区域，又称防雷区。

2.0.3 雷电电磁脉冲(LEMP) lightning electromagnetic impulse

雷电流的电磁效应。

2.0.4 雷电电磁脉冲防护系统(LPMS) LEMP protection measures system

用于防御雷电电磁脉冲的措施构成的整个系统。

2.0.5 综合防雷系统 synthetic lightning protection system

外部和内部雷电防护系统的总称。外部防雷由接闪器、引下线和接地装置等组成，用于直击雷的防护。内部防雷由等电位连接、共用接地装置、屏蔽、合理布线、浪涌保护器等组成，用于减小和防止雷电流在需防护空间内所产生的电磁效应。

2.0.6 共用接地系统 common earthing system

将防雷系统的接地装置、建筑物金属构件、低压配电保护线(PE)、等电位连接端子板或连接带、设备保护地、屏蔽体接地、防静电接地、功能性接地等连接在一起构成共用的接地系统。

2.0.7 自然接地体 natural earthing electrode

兼有接地功能、但不是为此目的而专门设置的与大地有良好接触的各种金属构件、金属井管、混凝土中的钢筋等的统称。

2.0.8 接地端子 earthing terminal

将保护导体、等电位连接导体和工作接地导体与接地装置连接的端子或接地排。

2.0.9 总等电位接地端子板 main equipotential earthing terminal board

将多个接地端子连接在一起并直接与接地装置连接的金属板。

2.0.10 楼层等电位接地端子板 floor equipotential earthing terminal board

建筑物内楼层设置的接地端子板，供局部等电位接地端子板作等电位连接用。

2.0.11 局部等电位接地端子板(排) local equipotential earthing terminal board

电子信息系统机房内局部等电位连接网络接地的端子板。

2.0.12 等电位连接 equipotential bonding

直接用连接导体或通过浪涌保护器将分离的金属部件、外来导电物、电力线路、通信线路及其他电缆连接起来以减小雷电流在它们之间产生电位差的措施。

2.0.13 等电位连接带 equipotential bonding bar

用作等电位连接的金属导体。

2.0.14 等电位连接网络 equipotential bonding network

建筑物内用作等电位连接的所有导体和浪涌保护器组成的网络。

2.0.15 电磁屏蔽 electromagnetic shielding

用导电材料减少交变电磁场向指定区域穿透的措施。

2.0.16 浪涌保护器(SPD) surge protective device

用于限制瞬态过电压和泄放浪涌电流的电器，它至少包含一个非线性元件，又称电涌保护器。

2.0.17 电压开关型浪涌保护器 voltage switching type SPD

这种浪涌保护器在无浪涌时呈现高阻抗，当出现电压浪涌时突变为低阻抗。通常采用放电间隙、气体放电管、晶闸管和三端双向可控硅元件作这类浪涌保护器的组件。

2.0.18 电压限制型浪涌保护器 voltage limiting type SPD

这种浪涌保护器在无浪涌时呈现高阻抗，但随浪涌电流和电压的增加其阻抗会不断减小，又称限压型浪涌保护器。用作这类非线性装置的常见器件有压敏电阻和抑制二极管。

2.0.19 标称放电电流　nominal discharge current（I_n）

流过浪涌保护器，具有 $8/20\mu s$ 波形的电流峰值，用于浪涌保护器的Ⅱ类试验以及Ⅰ类、Ⅱ类试验的预处理试验。

2.0.20 最大放电电流　maximum discharge current（I_{max}）

流过浪涌保护器，具有 $8/20\mu s$ 波形的电流峰值，其值按Ⅱ类动作负载试验的程序确定。I_{max} 大于 I_n。

2.0.21 冲击电流　impulse current（I_{imp}）

由电流峰值 I_{peak}、电荷量 Q 和比能量 W/R 三个参数定义的电流，用于浪涌保护器的Ⅰ类试验，典型波形为 $10/350\mu s$。

2.0.22 最大持续工作电压　maximum continuous operating voltage（U_c）

可连续施加在浪涌保护器上的最大交流电压有效值或直流电压。

2.0.23 残压　residual voltage（U_{res}）

放电电流流过浪涌保护器时，在其端子间的电压峰值。

2.0.24 限制电压　measured limiting voltage

施加规定波形和幅值的冲击时，在浪涌保护器接线端子间测得的最大电压峰值。

2.0.25 电压保护水平　voltage protection level（U_p）

表征浪涌保护器限制接线端子间电压的性能参数，该值应大于限制电压的最高值。

2.0.26 有效保护水平　effective protection level（$U_{p/f}$）

浪涌保护器连接导线的感应电压降与浪涌保护器电压保护水平 U_p 之和。

2.0.27 $1.2/50\mu s$ 冲击电压　$1.2/50\mu s$ voltage impulse

视在波前时间为 $1.2\mu s$，半峰值时间为 $50\mu s$ 的冲击电压。

2.0.28 $8/20\mu s$ 冲击电流　$8/20\mu s$ current impulse

视在波前时间为 $8\mu s$，半峰值时间为 $20\mu s$ 的冲击电流。

2.0.29 复合波　combination wave

复合波由冲击发生器产生，开路时输出 $1.2/50\mu s$ 冲击电压，短路时输出 $8/20\mu s$ 冲击电流。提供给浪涌保护器的电压、电流幅值及其波形由冲击发生器和受冲击作用的浪涌保护器的阻抗而定。开路电压峰值和短路电流峰值之比为 2Ω，该比值定义为虚拟输出阻抗 Z_f。短路电流用符号 I_{sc} 表示，开路电压用符号 U_{oc} 表示。

2.0.30 Ⅰ类试验　class Ⅰ test

按本规范第 2.0.19 条定义的标称放电电流 I_n，第 2.0.27 条定义的 $1.2/50\mu s$ 冲击电压和第 2.0.21 条定义的冲击电流 I_{imp} 进行的试验。Ⅰ类试验也可用 T1 外加方框表示，即 T1。

2.0.31 Ⅱ类试验　class Ⅱ test

按本规范第 2.0.19 条定义的标称放电电流 I_n，第 2.0.27 条定义的 $1.2/50\mu s$ 冲击电压和第 2.0.20 条定义的最大放电电流 I_{max} 进行的试验。Ⅱ类试验也可用 T2 外加方框表示，即 T2。

2.0.32 Ⅲ类试验　class Ⅲ test

按本规范第 2.0.29 条定义的复合波进行的试验。Ⅲ类试验也可用 T3 外加方框表示，即 T3。

2.0.33 插入损耗　insertion loss

传输系统中插入一个浪涌保护器所引起的损耗，其值等于浪涌保护器插入前后的功率比。插入损耗常用分贝（dB）来表示。

2.0.34 劣化　degradation

由于浪涌、使用或不利环境的影响造成浪涌保护器原始性能参数的变化。

2.0.35 热熔焊　exothermic welding

利用放热化学反应时快速产生超高热量，使两导体熔化成一体的连接方法。

2.0.36 雷击损害风险　risk of lightning damage（R）

雷击导致的年平均可能损失（人和物）与受保护对象的总价值（人和物）之比。

3　雷电防护分区

3.1　地区雷暴日等级划分

3.1.1 地区雷暴日等级应根据年平均雷暴日数划分。

3.1.2 地区雷暴日数应以国家公布的当地年平均雷暴日数为准。

3.1.3 按年平均雷暴日数，地区雷暴日等级宜划分为少雷区、中雷区、多雷区、强雷区：

　　1 少雷区：年平均雷暴日在 25d 及以下的地区；

　　2 中雷区：年平均雷暴日大于 25d，不超过 40d 的地区；

　　3 多雷区：年平均雷暴日大于 40d，不超过 90d 的地区；

　　4 强雷区：年平均雷暴日超过 90d 的地区。

3.2　雷电防护区划分

3.2.1 需要保护和控制雷电电磁脉冲环境的建筑物应按本规范第 3.2.2 条的规定划分为不同的雷电防护区。

3.2.2 雷电防护区应符合下列规定：

1 LPZ0_A 区：受直接雷击和全部雷电电磁场威胁的区域。该区域的内部系统可能受到全部或部分雷电浪涌电流的影响；

2 LPZ0_B 区：直接雷击的防护区域，但该区域的威胁仍是全部雷电电磁场。该区域的内部系统可能受到部分雷电浪涌电流的影响；

3 LPZ1 区：由于边界处分流和浪涌保护器的作用使浪涌电流受到限制的区域。该区域的空间屏蔽可以衰减雷电电磁场；

4 LPZ2～n 后续防雷区：由于边界处分流和浪涌保护器的作用使浪涌电流受到进一步限制的区域。该区域的空间屏蔽可以进一步衰减雷电电磁场。

3.2.3 保护对象应置于电磁特性与该对象耐受能力相兼容的雷电防护区内。

4 雷电防护等级划分和雷击风险评估

4.1 一般规定

4.1.1 建筑物电子信息系统可按本规范第 4.2 节、第 4.3 节或第 4.4 节规定的方法进行雷击风险评估。

4.1.2 建筑物电子信息系统可按本规范第 4.2 节防雷装置的拦截效率或本规范第 4.3 节电子信息系统的重要性、使用性质和价值确定雷电防护等级。

4.1.3 对于重要的建筑物电子信息系统，宜分别采用本规范第 4.2 节和 4.3 节规定的两种方法进行评估，按其中较高防护等级确定。

4.1.4 重点工程或用户提出要求时，可按本规范第 4.4 节雷电防护风险管理方法确定雷电防护措施。

4.2 按防雷装置的拦截效率确定雷电防护等级

4.2.1 建筑物及入户设施年预计雷击次数 N 值可按下式确定：

$$N = N_1 + N_2 \qquad (4.2.1)$$

式中：N_1——建筑物年预计雷击次数（次/a），按本规范附录 A 的规定计算；

N_2——建筑物入户设施年预计雷击次数（次/a），按本规范附录 A 的规定计算。

4.2.2 建筑物电子信息系统设备因直接雷击和雷电电磁脉冲可能造成损坏，可接受的年平均最大雷击次数 N_c 可按下式计算：

$$N_c = 5.8 \times 10^{-1}/C \qquad (4.2.2)$$

式中：C——各类因子，按本规范附录 A 的规定取值。

4.2.3 确定电子信息系统设备是否需要安装雷电防护装置时，应将 N 和 N_c 进行比较：

1 当 N 小于或等于 N_c 时，可不安装雷电防护装置；

2 当 N 大于 N_c 时，应安装雷电防护装置。

4.2.4 安装雷电防护装置时，可按下式计算防雷装置拦截效率 E：

$$E = 1 - N_c/N \qquad (4.2.4)$$

4.2.5 电子信息系统雷电防护等级应按防雷装置拦截效率 E 确定，并应符合下列规定：

1 当 E 大于 0.98 时，定为 A 级；

2 当 E 大于 0.90 小于或等于 0.98 时，定为 B 级；

3 当 E 大于 0.80 小于或等于 0.90 时，定为 C 级；

4 当 E 小于或等于 0.80 时，定为 D 级。

4.3 按电子信息系统的重要性、使用性质和价值确定雷电防护等级

4.3.1 建筑物电子信息系统可根据其重要性、使用性质和价值，按表 4.3.1 选择确定雷电防护等级。

表 4.3.1 建筑物电子信息系统雷电防护等级

雷电防护等级	建筑物电子信息系统
A 级	1. 国家级计算中心、国家级通信枢纽、特级和一级金融设施、大中型机场、国家级和省级广播电视中心、枢纽港口、火车枢纽站、省级城市水、电、气、热等城市重要公用设施的电子信息系统； 2. 一级安全防范单位，如国家文物、档案库的闭路电视监控和报警系统； 3. 三级医院电子医疗设备
B 级	1. 中型计算中心、二级金融设施、中型通信枢纽、移动通信基站、大型体育场（馆）、小型机场、大型港口、大型火车站的电子信息系统； 2. 二级安全防范单位，如省级文物、档案库的闭路电视监控和报警系统； 3. 雷达站、微波站电子信息系统，高速公路监控和收费系统； 4. 二级医院电子医疗设备； 5. 五星及更高星级宾馆电子信息系统
C 级	1. 三级金融设施、小型通信枢纽电子信息系统； 2. 大中型有线电视系统； 3. 四星及以下级宾馆电子信息系统
D 级	除上述 A、B、C 级以外的一般用途的需防护电子信息设备

注：表中未列举的电子信息系统也可参照本表选择防护等级。

4.4 按风险管理要求进行雷击风险评估

4.4.1 因雷击导致建筑物的各种损失对应的风险分量 R_X 可按下式估算：

$$R_X = N_X \times P_X \times L_X \quad (4.4.1)$$

式中：N_X——年平均雷击危险事件次数；

P_X——每次雷击损害概率；

L_X——每次雷击损失率。

4.4.2 建筑物的雷击损害风险 R 可按下式估算：

$$R = \sum R_X \quad (4.4.2)$$

式中：R_X——建筑物的雷击损害风险涉及的风险分量 $R_A \sim R_Z$，按本规范附录 B 表 B.2.6 的规定确定。

4.4.3 根据风险管理的要求，应计算建筑物雷击损害风险 R，并与风险容许值比较。当所有风险均小于或等于风险容许值，可不增加防雷措施；当某风险大于风险容许值，应增加防雷措施减小该风险，使其小于或等于风险容许值，并宜评估雷电防护措施的经济合理性。详细评估和计算方法应符合本规范附录 B 的规定。

5 防雷设计

5.1 一般规定

5.1.1 建筑物电子信息系统宜进行雷击风险评估并采取相应的防护措施。

5.1.2 **需要保护的电子信息系统必须采取等电位连接与接地保护措施。**

5.1.3 建筑物电子信息系统应根据需要保护的设备数量、类型、重要性、耐冲击电压额定值及所要求的电磁场环境等情况选择下列雷电电磁脉冲的防护措施：

1 等电位连接和接地；

2 电磁屏蔽；

3 合理布线；

4 能量配合的浪涌保护器防护。

5.1.4 新建工程的防雷设计应收集以下相关资料：

1 建筑物所在地区的地形、地物状况、气象条件和地质条件；

2 建筑物或建筑物群的长、宽、高度及位置分布，相邻建筑物的高度、接地等情况；

3 建筑物内各楼层及楼顶需保护的电子信息系统设备的分布状况；

4 配置于各楼层工作间或设备机房内需保护设备的类型、功能及性能参数；

5 电子信息系统的网络结构；

6 电源线路、信号线路进入建筑物的方式；

7 供、配电情况及其配电系统接地方式等。

5.1.5 扩、改建工程除应具备上述资料外，还应收集下列相关资料：

1 防直击雷接闪装置的现状；

2 引下线的现状及其与电子信息系统设备接地引入线间的距离；

3 高层建筑物防侧击雷的措施；

4 电气竖井内线路敷设情况；

5 电子信息系统设备的安装情况及耐受冲击电压水平；

6 总等电位连接及各局部等电位连接状况，共用接地装置状况；

7 电子信息系统的功能性接地导体与等电位连接网络互连情况；

8 地下管线、隐蔽工程分布情况；

9 曾经遭受过的雷击灾害的记录等资料。

5.2 等电位连接与共用接地系统设计

5.2.1 机房内电子信息设备应作等电位连接。等电位连接的结构形式应采用 S 型、M 型或它们的组合（图 5.2.1）。电气和电子设备的金属外壳、机柜、机架、金属管、槽、屏蔽线缆金属外层、电子设备防静电接地、安全保护接地、功能性接地、浪涌保护器接地端等均应以最短的距离与 S 型结构的接地基准点或 M 型结构的网格连接。机房等电位连接网络应与共用接地系统连接。

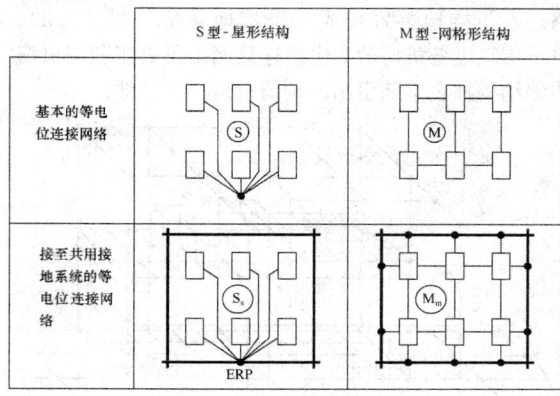

图 5.2.1 电子信息系统等电位连接网络的基本方法
—— 共用接地系统；—— 等电位连接导体；
☐ 设备；● 等电位连接网络的连接点；
ERP 接地基准点；S_s 单点等电位连接的星形结构；
M_m 网状等电位连接的网格形结构

5.2.2 在 LPZ0$_A$ 或 LPZ0$_B$ 区与 LPZ1 区交界处应设置总等电位接地端子板，总等电位接地端子板与接地装置的连接不应少于两处；每层楼宜设置楼层等电位接地端子板；电子信息系统设备机房应设置局部等电位接地端子板。各类等电位接地端子板之间的连接导体宜采用多股铜芯导线或铜带。连接导体最小截面积应符合表 5.2.2-1 的规定。各类等电位接地端子板宜采用铜带，其导体最小截面积应符合表 5.2.2-2 的规定。

表 5.2.2-1　各类等电位连接导体最小截面积

名　称	材　料	最小截面积（mm²）
垂直接地干线	多股铜芯导线或铜带	50
楼层端子板与机房局部端子板之间的连接导体	多股铜芯导线或铜带	25
机房局部端子板之间的连接导体	多股铜芯导线	16
设备与机房等电位连接网络之间的连接导体	多股铜芯导线	6
机房网格	铜箔或多股铜芯导体	25

表 5.2.2-2　各类等电位接地端子板最小截面积

名　称	材　料	最小截面积（mm²）
总等电位接地端子板	铜带	150
楼层等电位接地端子板	铜带	100
机房局部等电位接地端子板（排）	铜带	50

5.2.3　等电位连接网络应利用建筑物内部或其上的金属部件多重互连，组成网格状低阻抗等电位连接网络，并与接地装置构成一个接地系统（图 5.2.3）。电子信息设备机房的等电位连接网络可直接利用机房内墙结构柱主钢筋引出的预留接地端子接地。

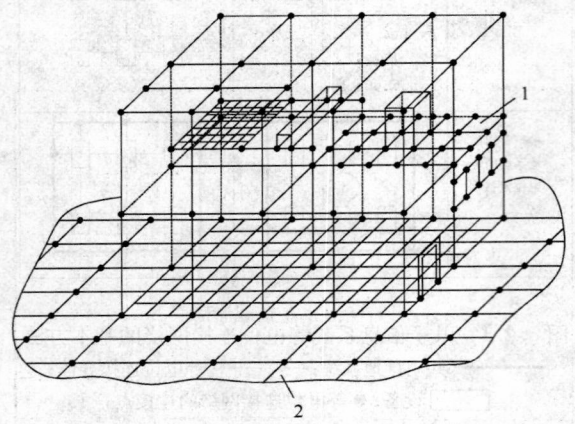

图 5.2.3　由等电位连接网络与接地装置
组合构成的三维接地系统示例
1—等电位连接网络；2—接地装置

5.2.4　某些特殊重要的建筑物电子信息系统可设专用垂直接地干线。垂直接地干线由总等电位接地端子板引出，同时与建筑物各层钢筋或均压带连通。各楼层设置的接地端子板应与垂直接地干线连接。垂直

地干线宜在竖井内敷设，通过连接导体引入设备机房与机房局部等电位接地端子板连接。音、视频等专用设备工艺接地干线应通过专用等电位接地端子板独立引至设备机房。

5.2.5　防雷接地与交流工作接地、直流工作接地、安全保护接地共用一组接地装置时，接地装置的接地电阻值必须按接入设备中要求的最小值确定。

5.2.6　接地装置应优先利用建筑物的自然接地体，当自然接地体的接地电阻达不到要求时应增加人工接地体。

5.2.7　机房设备接地线不应从接闪带、铁塔、防雷引下线直接引入。

5.2.8　进入建筑物的金属管线（含金属管、电力线、信号线）应在入口处就近连接到等电位连接端子板上。在 LPZ1 入口处应分别设置适配的电源和信号浪涌保护器，使电子信息系统的带电导体实现等电位连接。

5.2.9　电子信息系统涉及多个相邻建筑物时，宜采用两根水平接地体将各建筑物的接地装置相互连通。

5.2.10　新建建筑物的电子信息系统在设计、施工时，宜在各楼层、机房内墙结构柱主钢筋处引出和预留等电位接地端子。

5.3　屏蔽及布线

5.3.1　为减小雷电电磁脉冲在电子信息系统内产生的浪涌，宜采用建筑物屏蔽、机房屏蔽、设备屏蔽、线缆屏蔽和线缆合理布设措施，这些措施应综合使用。

5.3.2　电子信息系统设备机房的屏蔽应符合下列规定：

1　建筑物的屏蔽宜利用建筑物的金属框架、混凝土中的钢筋、金属墙面、金属屋顶等自然金属部件与防雷装置连接构成格栅型大空间屏蔽；

2　当建筑物自然金属部件构成的大空间屏蔽不能满足机房内电子信息系统电磁环境要求时，应增加机房屏蔽措施；

3　电子信息系统设备主机房宜选择在建筑物低层中心部位，其设备应配置在 LPZ1 区之后的后续防雷区内，并与相应的雷电防护区屏蔽体及结构柱留有一定的安全距离（图 5.3.2）。

4　屏蔽效果及安全距离可按本规范附录 D 规定的计算方法确定。

5.3.3　线缆屏蔽应符合下列规定：

1　与电子信息系统连接的金属信号线缆采用屏蔽电缆时，应在屏蔽层两端并宜在雷电防护区交界处做等电位连接并接地。当系统要求单端接地时，宜采用两层屏蔽或穿钢管敷设，外层屏蔽或钢管按前述要求处理；

2　当户外采用非屏蔽电缆时，从人孔井或手孔

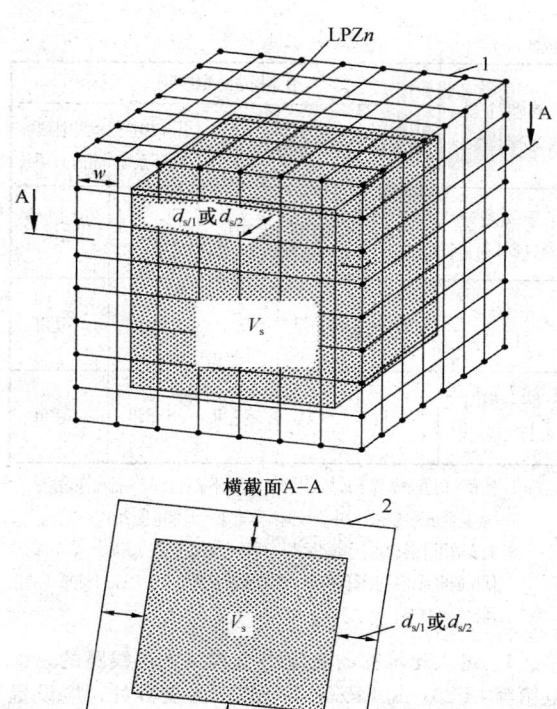

横截面A—A

图 5.3.2 LPZn 内用于安装电子信息系统的空间
1—屏蔽网格；2—屏蔽体；V_s—安装电子信息系统的空间；
$d_{s/1}$、$d_{s/2}$—空间 V_s 与 LPZn 的屏蔽体间应保持的安全距离；
w—空间屏蔽网格宽度

井到机房的引入线应穿钢管埋地引入，埋地长度 l 可按公式（5.3.3）计算，但不宜小于 15m；电缆屏蔽槽或金属管道应在入户处进行等电位连接；

$$l \geqslant 2\sqrt{\rho} \quad \text{(m)} \qquad (5.3.3)$$

式中：ρ——埋地电缆处的土壤电阻率（$\Omega \cdot m$）。

　　3　当相邻建筑物的电子信息系统之间采用电缆互联时，宜采用屏蔽电缆，非屏蔽电缆应敷设在金属电缆管道内；屏蔽电缆屏蔽层两端或金属管道两端应分别连接到独立建筑物各自的等电位连接带上。采用屏蔽电缆互联时，电缆屏蔽层应能承载可预见的雷电流；

　　4　光缆的所有金属接头、金属护层、金属挡潮层、金属加强芯等，应在进入建筑物处直接接地。

5.3.4 线缆敷设应符合下列规定：

　　1　电子信息系统线缆宜敷设在金属线槽或金属管道内。电子信息系统线路宜靠近等电位连接网络的金属部件敷设，不宜贴近雷电防护区的屏蔽层。

　　2　布置电子信息系统线缆路由走向时，应尽量减小由线缆自身形成的电磁感应环路面积（图5.3.4）。

　　3　电子信息系统线缆与其他管线的间距应符合表 5.3.4-1 的规定。

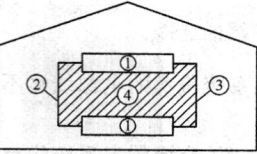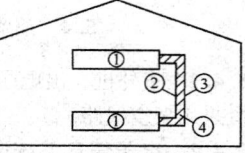

(a)不合理布线系统　　　　(b)合理布线系统

图 5.3.4　合理布线减少感应环路面积
①—设备；②—a 线（电源线）；③—b 线（信号线）；
④—感应环路面积

表 5.3.4-1　电子信息系统线缆与其他管线的间距

其他管线类别	电子信息系统线缆与其他管线的净距	
	最小平行净距（mm）	最小交叉净距（mm）
防雷引下线	1000	300
保护地线	50	20
给水管	150	20
压缩空气管	150	20
热力管（不包封）	500	500
热力管（包封）	300	300
燃气管	300	20

注：当线缆敷设高度超过 6000mm 时，与防雷引下线的交叉净距应大于或等于 $0.05H$（H 为交叉处防雷引下线距地面的高度）。

　　4　电子信息系统信号电缆与电力电缆的间距应符合表 5.3.4-2 的规定。

表 5.3.4-2　电子信息系统信号电缆与
电力电缆的间距

类别	与电子信息系统信号线缆接近状况	最小间距（mm）
380V 电力电缆容量小于 2kV·A	与信号线缆平行敷设	130
	有一方在接地的金属线槽或钢管中	70
	双方都在接地的金属线槽或钢管中	10
380V 电力电缆容量（2~5）kV·A	与信号线缆平行敷设	300
	有一方在接地的金属线槽或钢管中	150
	双方都在接地的金属线槽或钢管中	80
380V 电力电缆容量大于 5kV·A	与信号线缆平行敷设	600
	有一方在接地的金属线槽或钢管中	300
	双方都在接地的金属线槽或钢管中	150

注：1　当 380V 电力电缆的容量小于 2kV·A，双方都在接地的线槽中，且平行长度小于或等于 10m 时，最小间距可为 10mm。

　　2　双方都在接地的线槽中，系指两个不同的线槽，也可在同一线槽中用金属板隔开。

5.4 浪涌保护器的选择

5.4.1 室外进、出电子信息系统机房的电源线路不宜采用架空线路。

5.4.2 电子信息系统设备由 **TN** 交流配电系统供电时，从建筑物内总配电柜（箱）开始引出的配电线路必须采用 **TN-S** 系统的接地形式。

5.4.3 电源线路浪涌保护器的选择应符合下列规定：

1 配电系统中设备的耐冲击电压额定值 U_w 可按表 5.4.3-1 规定选用。

表 5.4.3-1 220V/380V 三相配电系统中各种设备耐冲击电压额定值 U_w

设备位置	电源进线端设备	配电分支线路设备	用电设备	需要保护的电子信息设备
耐冲击电压类别	Ⅳ类	Ⅲ类	Ⅱ类	Ⅰ类
U_w（kV）	6	4	2.5	1.5

2 浪涌保护器的最大持续工作电压 U_c 不应低于表 5.4.3-2 规定的值。

表 5.4.3-2 浪涌保护器的最小 U_c 值

浪涌保护器安装位置	配电网络的系统特征				
	TT 系统	TN-C 系统	TN-S 系统	引出中性线的 IT 系统	无中性线引出的 IT 系统
每一相线与中性线间	$1.15U_0$	不适用	$1.15U_0$	$1.15U_0$	不适用

续表 5.4.3-2

浪涌保护器安装位置	配电网络的系统特征				
	TT 系统	TN-C 系统	TN-S 系统	引出中性线的 IT 系统	无中性线引出的 IT 系统
每一相线与 PE 线间	$1.15U_0$	不适用	$1.15U_0$	$\sqrt{3}U_0^*$	线电压*
中性线与 PE 线间	U_0^*	不适用	U_0^*	U_0^*	不适用
每一相线与 PEN 线间	不适用	$1.15U_0$	不适用	不适用	不适用

注：1 标有 * 的值是故障下最坏的情况，所以不需计及 15% 的允许误差；

　　2 U_0 是低压系统相线对中性线的标称电压，即相电压 220V；

　　3 此表适用于符合现行国家标准《低压电涌保护器（SPD）第 1 部分：低压配电系统的电涌保护器　性能要求和试验方法》GB 18802.1 的浪涌保护器产品。

3 进入建筑物的交流供电线路，在线路的总配电箱等 LPZ0$_A$ 或 LPZ0$_B$ 与 LPZ1 区交界处，应设置Ⅰ类试验的浪涌保护器或Ⅱ类试验的浪涌保护器作为第一级保护；在配电线路分配电箱、电子设备机房配电箱等后续防护区交界处，可设置Ⅱ类或Ⅲ类试验的浪涌保护器作为后级保护；特殊重要的电子信息设备电源端口可安装Ⅱ类或Ⅲ类试验的浪涌保护器作为精细保护（图 5.4.3-1）。使用直流电源的信息设备，视其工作电压要求，宜安装适配的直流电源线路浪涌保护器。

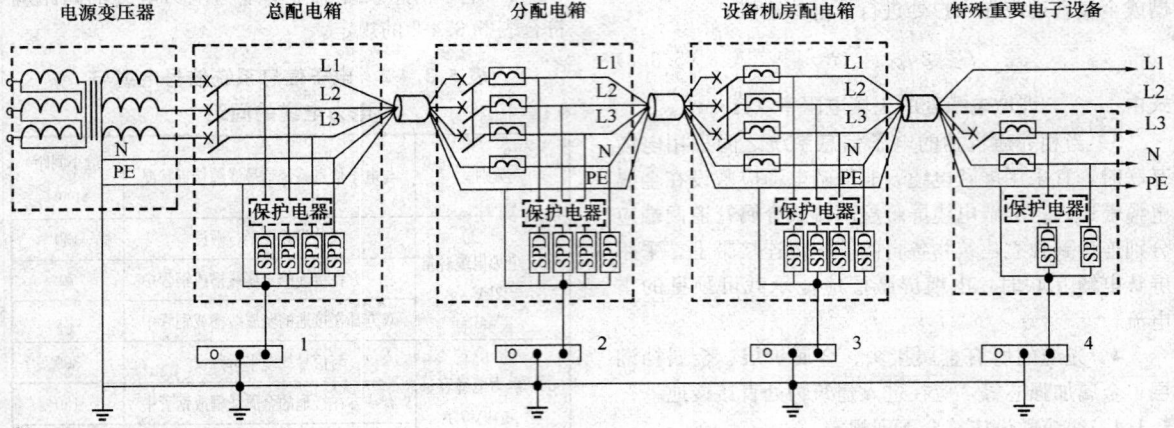

图 5.4.3-1 TN-S 系统的配电线路浪涌保护器安装位置示意图

╳—空气断路器；SPD—浪涌保护器；～—退耦器件；○•—等电位接地端子板；

1—总等电位接地端子板；2—楼层等电位接地端子板；3、4—局部等电位接地端子板

4 浪涌保护器设置级数应综合考虑保护距离、浪涌保护器连接导线长度、被保护设备耐冲击电压额定值 U_w 等因素。各级浪涌保护器应能承受在安装点上预计的放电电流，其有效保护水平 $U_{p/f}$ 应小于相应类别设备的 U_w。

5 LPZ0 和 LPZ1 界面处每条电源线路的浪涌保护器的冲击电流 I_{imp}，当采用非屏蔽线缆时按公式（5.4.3-1）估算确定；当采用屏蔽线缆时按公式

(5.4.3-2)估算确定；当无法计算确定时应取 I_{imp} 大于或等于 12.5kA。

$$I_{imp} = \frac{0.5I}{(n_1 + n_2)m} \text{(kA)} \quad (5.4.3-1)$$

$$I_{imp} = \frac{0.5IR_s}{(n_1 + n_2) \times (mR_s + R_c)} \text{(kA)}$$
$$(5.4.3-2)$$

式中：I——雷电流，按本规范附录 C 确定（kA）；

n_1——埋地金属管、电源及信号线缆的总数目；

n_2——架空金属管、电源及信号线缆的总数目；

m——每一线缆内导线的总数目；

R_s——屏蔽层每千米的电阻（Ω/km）；

R_c——芯线每千米的电阻（Ω/km）。

6 当电压开关型浪涌保护器至限压型浪涌保护器之间的线路长度小于 10m、限压型浪涌保护器之间的线路长度小于 5m 时，在两级浪涌保护器之间应加装退耦装置。当浪涌保护器具有能量自动配合功能时，浪涌保护器之间的线路长度不受限制。浪涌保护器应有过电流保护装置和劣化显示功能。

7 按本规范第 4.2 节或 4.3 节确定雷电防护等级时，用于电源线路的浪涌保护器的冲击电流和标称放电电流参数推荐值宜符合表 5.4.3-3 规定。

表 5.4.3-3 电源线路浪涌保护器冲击电流和标称放电电流参数推荐值

雷电防护等级	总配电箱		分配电箱	设备机房配电箱和需要特殊保护的电子信息设备端口处	
	LPZ0 与 LPZ1 边界		LPZ1 与 LPZ2 边界	后续防护区的边界	
	$10/350\mu s$ I 类试验	$8/20\mu s$ II 类试验	$8/20\mu s$ II 类试验	$8/20\mu s$ II 类试验	$1.2/50\mu s$ 和 $8/20\mu s$ 复合波 III 类试验
	I_{imp} (kA)	I_n (kA)	I_n (kA)	I_n (kA)	U_{oc}(kV)/I_{sc}(kA)
A	≥20	≥80	≥40	≥5	≥10/≥5
B	≥15	≥60	≥30	≥5	≥10/≥5
C	≥12.5	≥50	≥20	≥3	≥6/≥3
D	≥12.5	≥50	≥10	≥3	≥6/≥3

注：SPD 分级应根据保护距离、SPD 连接导线长度、被保护设备耐冲击电压额定值 U_w 等因素确定。

8 电源线路浪涌保护器在各个位置安装时，浪涌保护器的连接导线应短直，其总长度不宜大于 0.5m。有效保护水平 $U_{p/f}$ 应小于设备耐冲击电压额定值 U_w（图 5.4.3-2）。

9 电源线路浪涌保护器安装位置与被保护设备间的线路长度大于 10m 且有效保护水平大于 $U_w/2$

时，应按公式(5.4.3-3)和公式(5.4.3-4)估算振荡保护距离 L_{po}；当建筑物位于多雷区或强雷区且没有线路屏蔽措施时，应按公式(5.4.3-5)和公式(5.4.3-6)估算感应保护距离 L_{pi}：

$$L_{po} = (U_w - U_{P/f})/k \text{（m）} \quad (5.4.3-3)$$

$$k = 25 \text{（V/m）} \quad (5.4.3-4)$$

$$L_{pi} = (U_w - U_{p/f})/h \text{（m）} \quad (5.4.3-5)$$

$$h = 30000 \times K_{s1} \times K_{s2} \times K_{s3} \text{（V/m）}$$
$$(5.4.3-6)$$

式中：U_w——设备耐冲击电压额定值；

$U_{p/f}$——有效保护水平，即连接导线的感应电压降与浪涌保护器的 U_p 之和；

K_{s1}、K_{s2}、K_{s3}——本规范附录 B 第 B.5.14 条中给出的因子。

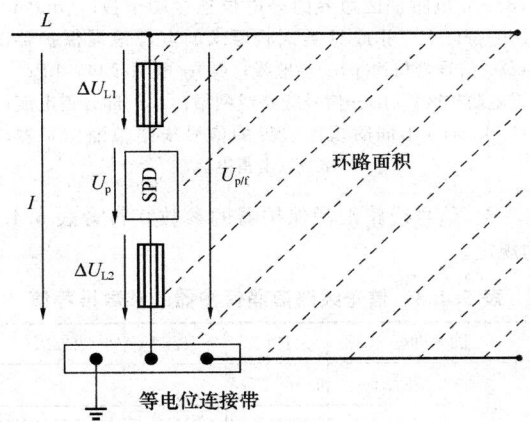

图 5.4.3-2 相线与等电位连接带之间的电压
I—局部雷电流；$U_{p/f} = U_p + \Delta U$—有效保护水平；
U_p—SPD 的电压保护水平；
$\Delta U = \Delta U_{L1} + \Delta U_{L2}$—连接导线上的感应电压

10 入户处第一级电源浪涌保护器与被保护设备间的线路长度大于 L_{po} 或 L_{pi} 值时，应在配电线路的分配电箱处或在被保护设备处增设浪涌保护器。当分配电箱处电源浪涌保护器与被保护设备间的线路长度大于 L_{po} 或 L_{pi} 值时，应在被保护设备处增设浪涌保护器。被保护的电子信息设备处增设浪涌保护器时，U_p 应小于设备耐冲击电压额定值 U_w，宜留有 20% 裕量。在一条线路上设置多级浪涌保护器时应考虑他们之间的能量协调配合。

5.4.4 信号线路浪涌保护器的选择应符合下列规定：

1 电子信息系统信号线路浪涌保护器应根据线路的工作频率、传输速率、传输带宽、工作电压、接口形式和特性阻抗等参数，选择插入损耗小、分布电容小、并与纵向平衡、近端串扰指标适配的浪涌保护器。U_c 应大于线路上的最大工作电压 1.2 倍，U_p 应低于被保护设备的耐冲击电压额定值 U_w。

2 电子信息系统信号线路浪涌保护器宜设置在雷电防护区界面处（图 5.4.4）。根据雷电过电压、过电流幅值和设备端口耐冲击电压额定值，可设单级浪涌保护器，也可设能量配合的多级浪涌保护器。

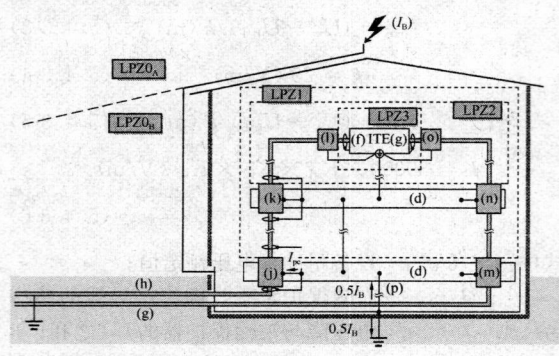

图 5.4.4 信号线路浪涌保护器的设置

(d)—雷电防护区边界的等电位连接端子板；(m、n、o)—符合Ⅰ、Ⅱ或Ⅲ类试验要求的电源浪涌保护器；(f)—信号接口；(p)—接地线；(g)—电源接口；LPZ—雷电防护区；(h)—信号线路或网络；I_{pc}—部分雷电流；(j、k、l)—不同防护区边界的信号线路浪涌保护器；I_B—直击雷电流

3 信号线路浪涌保护器的参数宜符合表 5.4.4 的规定。

表 5.4.4 信号线路浪涌保护器的参数推荐值

雷电防护区		LPZ0/1	LPZ1/2	LPZ2/3
浪涌范围	10/350μs	0.5kA~2.5kA	—	—
	1.2/50μs、8/20μs	—	0.5kV~10kV 0.25kA~5kA	0.5kV~1kV 0.25kA~0.5kA
	10/700μs、5/300μs	4kV 100A	0.5kV~4kV 25A~100A	—
浪涌保护器的要求	SPD(j)	D_1、B_2		
	SPD(k)		C_2、B_2	
	SPD(l)			C_1

注：1 SPD(j、k、l)见本规范图 5.4.4；

2 浪涌范围为最小的耐受要求，可能设备本身具备 LPZ2/3 栏标注的耐受能力；

3 B_2、C_1、C_2、D_1 等是本规范附录 E 规定的信号线路浪涌保护器冲击试验类型。

5.4.5 天馈线路浪涌保护器的选择应符合下列规定：

1 天线应置于直击雷防护区（LPZ0$_B$）内。

2 应根据被保护设备的工作频率、平均输出功率、连接器形式及特性阻抗等参数选用插入损耗小，电压驻波比小，适配的天馈线路浪涌保护器。

3 天馈线路浪涌保护器应安装在收/发通信设备的射频出、入端口处。其参数应符合表 5.4.5 规定。

表 5.4.5 天馈线路浪涌保护器的主要技术参数推荐表

工作频率(MHz)	传输功率(W)	电压驻波比	插入损耗(dB)	接口方式	特性阻抗(Ω)	U_c(V)	I_{imp}(kA)	U_p(V)
1.5~6000	≥1.5倍系统平均功率	≤1.3	≤0.3	应满足系统接口要求	50/75	大于线路上最大运行电压	≥2 kA或按用户要求确定	小于设备端口 U_w

4 具有多副天线的天馈传输系统，每副天线应安装适配的天馈线路浪涌保护器。当天馈传输系统采用波导管传输时，波导管的金属外壁应与天线架、波导管支撑架及天线反射器电气连通，其接地端应就近接在等电位接地端子板上。

5 天馈线路浪涌保护器接地端应采用能承载预期雷电流的多股绝缘铜导线连接到 LPZ0$_A$ 或 LPZ0$_B$ 与 LPZ1 边界处的等电位接地端子板上，导线截面积不应小于 6mm²。同轴电缆的前、后端及进机房前应将金属屏蔽层就近接地。

5.5 电子信息系统的防雷与接地

5.5.1 通信接入网和电话交换系统的防雷与接地应符合下列规定：

1 有线电话通信用户交换机设备金属芯信号线路，应根据总配线架所连接的中继线及用户线的接口形式选择适配的信号线路浪涌保护器；

2 浪涌保护器的接地端应与配线架接地端相连，配线架的接地线应采用截面积不小于 16mm² 的多股铜线接至等电位接地端子板上；

3 通信设备机柜、机房电源配电箱等的接地线应就近接至机房的局部等电位接地端子板上；

4 引入建筑物的室外铜缆宜穿钢管敷设，钢管两端应接地。

5.5.2 信息网络系统的防雷与接地应符合下列规定：

1 进、出建筑物的传输线路上，在 LPZ0$_A$ 或 LPZ0$_B$ 与 LPZ1 的边界处应设置适配的信号线路浪涌保护器。被保护设备的端口处宜设置适配的信号浪涌保护器。网络交换机、集线器、光电端机的配电箱内，应加装电源浪涌保护器。

2 入户处浪涌保护器的接地线应就近接至等电位接地端子板；设备处信号浪涌保护器的接地线宜采用截面积不小于 1.5mm² 的多股绝缘铜导线连接到机架或机房等电位连接网络上。计算机网络的安全保护接地、信号工作地、屏蔽接地、防静电接地和浪涌保护器的接地等均应与局部等电位连接网络连接。

5.5.3 安全防范系统的防雷与接地应符合下列规定：

1 置于户外摄像机的输出视频接口应设置视频

信号线路浪涌保护器。摄像机控制信号线接口处（如RS485、RS424等）应设置信号线路浪涌保护器。解码箱处供电线路应设置电源线路浪涌保护器。

2 主控机、分控机的信号控制线、通信线、各监控器的报警信号线，宜在线路进出建筑物 LPZ0$_A$ 或 LPZ0$_B$ 与 LPZ1 边界处设置适配的线路浪涌保护器。

3 系统视频、控制信号线路及供电线路的浪涌保护器，应分别根据视频信号线路、解码控制信号线路及摄像机供电线路的性能参数来选择，信号浪涌保护器应满足设备传输速率、带宽要求，并与被保护设备接口兼容。

4 系统的户外供电线路、视频信号线路、控制信号线路应有金属屏蔽层并穿钢管埋地敷设，屏蔽层及钢管两端应接地。视频信号线屏蔽层应单端接地，钢管应两端接地。信号线与供电线路应分开敷设。

5 系统的接地宜采用共用接地系统。主机房宜设置等电位连接网络，系统接地干线宜采用多股铜芯绝缘导线，其截面积应符合表 5.2.2-1 的规定。

5.5.4 火灾自动报警及消防联动控制系统的防雷与接地应符合下列规定：

1 火灾报警控制系统的报警主机、联动控制盘、火警广播、对讲通信等系统的信号传输线缆宜在线路进出建筑物 LPZ0$_A$ 或 LPZ0$_B$ 与 LPZ1 边界处设置适配的信号线路浪涌保护器。

2 消防控制中心与本地区或城市"119"报警指挥中心之间联网的进出线路端口应装设适配的信号线路浪涌保护器。

3 消防控制室内所有的机架（壳）、金属线槽、安全保护接地、浪涌保护器接地端均应就近接至等电位连接网络。

4 区域报警控制器的金属机架（壳）、金属线槽（或钢管）、电气竖井内的接地干线、接线箱的保护接地端等，应就近接至等电位接地端子板。

5 火灾自动报警及联动控制系统的接地应采用共用接地系统。接地干线应采用铜芯绝缘线，并宜穿管敷设接至本楼层或就近的等电位接地端子板。

5.5.5 建筑设备管理系统的防雷与接地应符合下列规定：

1 系统的各种线路在建筑物 LPZ0$_A$ 或 LPZ0$_B$ 与 LPZ1 边界处应安装适配的浪涌保护器。

2 系统中央控制室宜在机柜附近设等电位连接网络。室内所有设备金属机架（壳）、金属线槽、保护接地和浪涌保护器的接地端等均应做等电位连接并接地。

3 系统的接地应采用共用接地系统，其接地干线宜采用铜芯绝缘导线穿管敷设，并就近接至等电位接地端子板，其截面积应符合表 5.2.2-1 的规定。

5.5.6 有线电视系统的防雷与接地应符合下列规定：

1 进、出有线电视系统前端机房的金属芯信号传输线宜在入、出口处安装适配的浪涌保护器。

2 有线电视网络前端机房内应设置局部等电位接地端子板，并采用截面积不小于 25mm² 的铜芯导线与楼层接地端子板相连。机房内电子设备的金属外壳、线缆金属屏蔽层、浪涌保护器的接地以及 PE 线都应接至局部等电位接地端子板上。

3 有线电视信号传输线路宜根据其干线放大器的工作频率范围、接口形式以及是否需要供电电源等要求，选用电压驻波比和插入损耗小的适配的浪涌保护器。地处多雷区、强雷区的用户端的终端放大器应设置浪涌保护器。

4 有线电视信号传输网络的光缆、同轴电缆的承重钢绞线在建筑物入户处应进行等电位连接并接地。光缆内的金属加强芯及金属护层均应良好接地。

5.5.7 移动通信基站的防雷与接地应符合下列规定：

1 移动通信基站的雷电防护宜进行雷电风险评估后采取防护措施。

2 基站的天线应设置于直击雷防护区（LPZ0$_B$）内。

3 基站天馈线应从铁塔中心部位引下，同轴电缆在其上部、下部和经走线桥架进入机房前，屏蔽层应就近接地。当铁塔高度大于或等于 60m 时，同轴电缆金属屏蔽层还应在铁塔中间部位增加一处接地。

4 机房天馈线入户处应设室外接地端子板作为馈线和走线桥架入户处的接地点，室外接地端子板应直接与地网连接。馈线入户下端接地点不应接在室内设备接地端子板上，亦不应在铁塔一角上或接闪带上。

5 当采用光缆传输信号时，应符合本规范第 5.3.3 条第 4 款的规定。

6 移动基站的地网应由机房地网、铁塔地网和变压器地网相互连接组成。机房地网由机房建筑基础和周围环形接地体组成，环形接地体应与机房建筑物四角主钢筋焊接连通。

5.5.8 卫星通信系统防雷与接地应符合下列规定：

1 在卫星通信系统的接地装置设计中，应将卫星天线基础接地体、电力变压器接地装置及站内各建筑物接地装置互相连通组成共用接地装置。

2 设备通信和信号端口应设置浪涌保护器保护，并采用等电位连接和电磁屏蔽措施，必要时可改用光纤连接。站外引入的信号电缆屏蔽层应在入户处接地。

3 卫星天线的波导管应在天线架和机房入口外侧接地。

4 卫星天线伺服控制系统的控制线及电源线，应采用屏蔽电缆，屏蔽层应在天线处和机房入口外接地，并应设置适配的浪涌保护器保护。

5 卫星通信天线应设置防直击雷的接闪装置，

使天线处于 LPZ0$_B$ 防护区内。

6 当卫星通信系统具有双向（收/发）通信功能且天线架设在高层建筑物的屋面时，天线架应通过专引接地线（截面积大于或等于 25mm² 绝缘铜芯导线）与卫星通信机房等电位接地端子板连接，不应与接闪器直接连接。

6 防雷施工

6.1 一般规定

6.1.1 建筑物电子信息系统防雷工程施工应按本规范的规定和已批准的设计施工文件进行。

6.1.2 建筑物电子信息系统防雷工程中采用的器材应符合国家现行有关标准的规定，并应有合格证书。

6.1.3 防雷工程施工人员应持证上岗。

6.1.4 测试仪表、量具应鉴定合格，并在有效期内使用。

6.2 接地装置

6.2.1 人工接地体宜在建筑物四周散水坡外大于 1m 处埋设，在土壤中的埋设深度不应小于 0.5m。冻土地带人工接地体应埋设在冻土层以下。水平接地体应挖沟埋设，钢质垂直接地体宜直接打入地沟内，其间距不宜小于其长度的 2 倍并均匀布置。铜质材料、石墨或其他非金属导电材料接地体宜挖坑埋设或参照生产厂家的安装要求埋设。

6.2.2 垂直接地体坑内、水平接地体沟内宜用低电阻率土壤回填并分层夯实。

6.2.3 接地装置宜采用热镀锌钢质材料。在高土壤电阻率地区，宜采用换土法、长效降阻剂法或其他新技术、新材料降低接地装置的接地电阻。

6.2.4 钢质接地体应采用焊接连接。其搭接长度应符合下列规定：

1 扁钢与扁钢（角钢）搭接长度为扁钢宽度的 2 倍，不少于三面施焊；

2 圆钢与圆钢搭接长度为圆钢直径的 6 倍，双面施焊；

3 圆钢与扁钢搭接长度为圆钢直径的 6 倍，双面施焊；

4 扁钢和圆钢与钢管、角钢互相焊接时，除应在接触部位双面施焊外，还应增加圆钢搭接件；圆钢搭接件在水平、垂直方向的焊接长度各为圆钢直径的 6 倍，双面施焊；

5 焊接部位应除去焊渣后作防腐处理。

6.2.5 铜质接地装置应采用焊接或热熔焊，钢质和铜质接地装置之间连接应采用热熔焊，连接部位应作防腐处理。

6.2.6 接地装置连接应可靠，连接处不应松动、脱焊、接触不良。

6.2.7 接地装置施工结束后，接地电阻值必须符合设计要求，隐蔽工程部分应有随工检查验收合格的文字记录档案。

6.3 接 地 线

6.3.1 接地装置应在不同位置至少引出两根连接导体与室内总等电位接地端子板相连接。接地引出线与接地装置连接处应焊接或热熔焊。连接点应有防腐措施。

6.3.2 接地装置与室内总等电位接地端子板的连接导体截面积，铜质接地线不应小于 50mm²，当采用扁铜时，厚度不应小于 2mm；钢质接地线不应小于 100mm²，当采用扁钢时，厚度不小于 4mm。

6.3.3 等电位接地端子板之间应采用截面积符合表 5.2.2-1 要求的多股铜芯导线连接，等电位接地端子板与连接导线之间宜采用螺栓连接或压接。当有抗电磁干扰要求时，连接导线宜穿钢管敷设。

6.3.4 接地线采用螺栓连接时，应连接可靠，连接处应有防松动和防腐蚀措施。接地线穿过有机械应力的地方时，应采取防机械损伤措施。

6.3.5 接地线与金属管道等自然接地体的连接应根据其工艺特点采用可靠的电气连接方法。

6.4 等电位接地端子板（等电位连接带）

6.4.1 在雷电防护区的界面处应安装等电位接地端子板，材料规格应符合设计要求，并应与接地装置连接。

6.4.2 钢筋混凝土建筑物宜在电子信息系统机房内预埋与房屋内墙结构柱主钢筋相连的等电位接地端子板，并宜符合下列规定：

1 机房采用 S 型等电位连接时，宜使用不小于 25mm×3mm 的铜排作为单点连接的等电位接地基准点；

2 机房采用 M 型等电位连接时，宜使用截面积不小于 25mm² 的铜箔或多股铜芯导体在防静电活动地板下做成等电位接地网格。

6.4.3 砖木结构建筑物宜在其四周埋设环形接地装置。电子信息设备机房宜采用截面积不小于 50mm² 铜带安装局部等电位连接带，并采用截面积不小于 25mm² 的绝缘铜芯导线穿管与环形接地装置相连。

6.4.4 等电位连接网格的连接宜采用焊接、熔接或压接。连接导体与等电位接地端子板之间应采用螺栓连接，连接处进行热搪锡处理。

6.4.5 等电位连接导线应使用具有黄绿相间色标的铜质绝缘导线。

6.4.6 对于暗敷的等电位连接线及其连接处，应做隐蔽工程记录，并在竣工图上注明其实际部位、走向。

6.4.7 等电位连接带表面应无毛刺、明显伤痕、残余焊渣，安装平整、连接牢固，绝缘导线的绝缘层无老化龟裂现象。

6.5 浪涌保护器

6.5.1 电源线路浪涌保护器的安装应符合下列规定：

1 电源线路的各级浪涌保护器应分别安装在线路进入建筑物的入口、防雷区的界面和靠近被保护设备处。各级浪涌保护器连接导线应短直，其长度不宜超过0.5m，并固定牢靠。浪涌保护器各接线端应在本级开关、熔断器的下桩头分别与配电箱内线路的同名端相线连接，浪涌保护器的接地端应以最短距离与所处防雷区的等电位接地端子板连接。配电箱的保护接地线（PE）应与等电位接地端子板直接连接。

2 带有接线端子的电源线路浪涌保护器应采用压接；带有接线柱的浪涌保护器宜采用接线端子与接线柱连接。

3 浪涌保护器的连接导线最小截面积宜符合表6.5.1的规定。

表 6.5.1 浪涌保护器连接导线最小截面积

SPD 级数	SPD 的类型	导线截面积（mm²）	
		SPD 连接相线铜导线	SPD 接地端连接铜导线
第一级	开关型或限压型	6	10
第二级	限压型	4	6
第三级	限压型	2.5	4
第四级	限压型	2.5	4

注：组合型SPD参照相应级数的截面积选择。

6.5.2 天馈线路浪涌保护器的安装应符合下列规定：

1 天馈线路浪涌保护器应安装在天馈线与被保护设备之间，宜安装在机房内设备附近或机架上，也可以直接安装在设备射频端口上；

2 天馈线路浪涌保护器的接地端应采用截面积不小于6mm²的铜芯导线就近连接到LPZ0$_A$或LPZ0$_B$与LPZ1交界处的等电位接地端子板上，接地线应短直。

6.5.3 信号线路浪涌保护器的安装应符合下列规定：

1 信号线路浪涌保护器应连接在被保护设备的信号端口上。浪涌保护器可以安装在机柜内，也可以固定在设备机架或附近的支撑物上。

2 信号线路浪涌保护器接地端宜采用截面积不小于1.5mm²的铜芯导线与设备机房等电位连接网络连接，接地线应短直。

6.6 线缆敷设

6.6.1 接地线在穿越墙壁、楼板和地坪处宜套钢管或其他非金属的保护套管，钢管应与接地线做电气连通。

6.6.2 线槽或线架上的线缆绑扎间距应均匀合理，绑扎线扣应整齐，松紧适宜；绑扎线头宜隐藏不外露。

6.6.3 接地线、浪涌保护器连接线的敷设宜短直、整齐。

6.6.4 接地线、浪涌保护器连接线转弯时弯角应大于90度，弯曲半径应大于导线直径的10倍。

7 检测与验收

7.1 检 测

7.1.1 防雷装置检测应按现行有关标准执行。

7.1.2 检测仪表、量具应鉴定合格，并在有效期内使用。

7.2 验收项目

7.2.1 接地装置验收应包括下列项目：

1 接地装置的结构和安装位置；

2 接地体的埋设间距、深度、安装方法；

3 接地装置的接地电阻；

4 接地装置的材质、连接方法、防腐处理；

5 随工检测及隐蔽工程记录。

7.2.2 接地线验收应包括下列项目：

1 接地装置与总等电位接地端子板连接导体规格和连接方法；

2 接地干线的规格、敷设方式、与楼层等电位接地端子板的连接方法；

3 楼层等电位接地端子板与机房局部等电位接地端子板连线的规格、敷设方式、连接方法；

4 接地线与接地体、金属管道之间的连接方法；

5 接地线在穿越墙体、伸缩缝、楼板和地坪时加装的保护管是否满足设计要求。

7.2.3 等电位接地端子板（等电位连接带）验收应包括下列项目：

1 等电位接地端子板（等电位连接带）的安装位置、材料规格和连接方法；

2 等电位连接网络的安装位置、材料规格和连接方法；

3 电子信息系统的外露导电物体、各种线路、金属管道以及信息设备等电位连接的材料规格和连接方法。

7.2.4 屏蔽设施验收应包括下列项目：

1 电子信息系统机房和设备屏蔽设施的安装方法；

2 进出建筑物线缆的路由布置、屏蔽方式；

3 进出建筑物线缆屏蔽设施的等电位连接。

7.2.5 浪涌保护器验收应包括下列项目：

1 浪涌保护器的安装位置、连接方法、工作状态指示；

2 浪涌保护器连接导线的长度、截面积；

3 电源线路各级浪涌保护器的参数选择及能量配合。

7.2.6 线缆敷设验收应包括下列项目：

1 电源线缆、信号线缆的敷设路由；

2 电源线缆、信号线缆的敷设间距；

3 电子信息系统线缆与电气设备的间距。

7.3 竣 工 验 收

7.3.1 防雷工程竣工后，应由相关单位代表进行验收。

7.3.2 防雷工程竣工验收时，凡经随工检测验收合格的项目，不再重复检验。如果验收组认为有必要时，可进行复检。

7.3.3 检验不合格的项目不得交付使用。

7.3.4 防雷工程竣工后，应由施工单位提出竣工验收报告，并由工程监理单位对施工安装质量作出评价。竣工验收报告宜包括以下内容：

1 项目概述；

2 施工与安装；

3 防雷装置的性能、被保护对象及范围；

4 接地装置的形式和敷设；

5 防雷装置的防腐蚀措施；

6 接地电阻以及有关参数的测试数据和测试仪器；

7 等电位连接带及屏蔽设施；

8 其他应予说明的事项；

9 结论和评价。

7.3.5 防雷工程竣工，应由施工单位提供下列技术文件和资料：

1 竣工图：

　1)防雷装置安装竣工图；

　2)接地线敷设竣工图；

　3)接地装置安装竣工图；

　4)等电位连接带安装竣工图；

　5)屏蔽设施安装竣工图。

2 被保护设备一览表。

3 变更设计的说明书或施工洽谈单。

4 安装工程记录(包括隐蔽工程记录)。

5 重要会议及相关事宜记录。

8 维护与管理

8.1 维 护

8.1.1 防雷装置的维护应分为定期维护和日常维护两类。

8.1.2 每年在雷雨季节到来之前，应进行一次定期全面检测维护。

8.1.3 日常维护应在每次雷击之后进行。在雷电活动强烈的地区，对防雷装置应随时进行目测检查。

8.1.4 检测外部防雷装置的电气连续性，若发现有脱焊、松动和锈蚀等，应进行相应的处理，特别是在断接卡或接地测试点处，应经常进行电气连续性测量。

8.1.5 检查接闪器、杆塔和引下线的腐蚀情况及机械损伤，包括由雷击放电所造成的损伤情况。若有损伤，应及时修复；当锈蚀部位超过截面的三分之一时，应更换。

8.1.6 测试接地装置的接地电阻值，若测试值大于规定值，应检查接地装置和土壤条件，找出变化原因，采取有效的整改措施。

8.1.7 检测内部防雷装置和设备金属外壳、机架等电位连接的电气连续性，若发现连接处松动或断路，应及时更换或修复。

8.1.8 检查各类浪涌保护器的运行情况：有无接触不良、漏电流是否过大、发热、绝缘是否良好、积尘是否过多等。出现故障，应及时排除或更换。

8.2 管 理

8.2.1 防雷装置应由熟悉雷电防护技术的专职或兼职人员负责维护管理。

8.2.2 防雷装置投入使用后，应建立管理制度。对防雷装置的设计、安装、隐蔽工程图纸资料、年检测试记录等，均应及时归档，妥善保管。

8.2.3 雷击事故发生后，应及时调查雷害损失，分析致害原因，提出改进措施，并上报主管部门。

附录 A 用于建筑物电子信息系统雷击风险评估的 N 和 N_c 的计算方法

A.1 建筑物及入户服务设施年预计雷击次数 N 的计算

A.1.1 建筑物年预计雷击次数 N_1 可按下式确定：

$$N_1 = K \times N_g \times A_e \quad (\text{次}/a) \quad (A.1.1)$$

式中：K——校正系数，在一般情况下取 1，在下列情况下取相应数值：位于旷野孤立的建筑物取 2；金属屋面的砖木结构的建筑物取 1.7；位于河边、湖边、山坡下或山地中土壤电阻率较小处，地下水露头处、土山顶部、山谷风口等处的建筑物，以及特别潮湿地带的建筑物取 1.5；

　　N_g——建筑物所处地区雷击大地密度(次/$km^2 \cdot a$)；

A_e——建筑物截收相同雷击次数的等效面积（km^2）。

A.1.2 建筑物所处地区雷击大地密度 N_g 可按下式确定：

$$N_g \approx 0.1 \times T_d \quad （次/km^2 \cdot a） \quad (A.1.2)$$

式中：T_d——年平均雷暴日（d/a），根据当地气象台、站资料确定。

A.1.3 建筑物的等效面积 A_e 的计算方法应符合下列规定：

1 当建筑物的高度 H 小于 100m 时，其每边的扩大宽度 D 和等效面积 A_e 应按下列公式计算确定：

$$D = \sqrt{H(200-H)} \quad （m） \quad (A.1.3-1)$$

$$A_e = [LW + 2(L+W) \\ \times \sqrt{H(200-H)} \\ + \pi H(200-H)] \times 10^{-6} \quad （km^2）$$

$$(A.1.3-2)$$

式中：L、W、H——分别为建筑物的长、宽、高（m）。

2 当建筑物的高 H 大于或等于 100m 时，其每边的扩大宽度应按等于建筑物的高 H 计算。建筑物的等效面积应按下式确定：

$$A_e = [LW + 2H(L+W) + \pi H^2] \times 10^{-6} \quad （km^2）$$

$$(A.1.3-3)$$

3 当建筑物各部位的高不同时，应沿建筑物周边逐点计算出最大的扩大宽度，其等效面积 A_e 应按各最大扩大宽度外端的连线所包围的面积计算。建筑物扩大后的面积见图 A.1.3 中周边虚线所包围的面积。

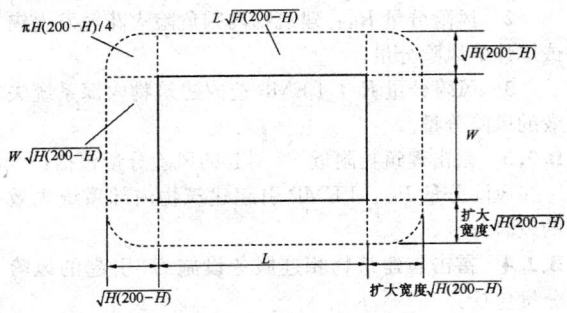

图 A.1.3　建筑物的等效面积

A.1.4 入户设施年预计雷击次数 N_2 按下式确定：

$$N_2 = N_g \times A'_e = (0.1 \times T_d) \times (A'_{e1} + A'_{e2}) \quad （次/a）$$

$$(A.1.4)$$

式中：N_g——建筑物所处地区雷击大地密度（次/$km^2 \cdot a$）；

T_d——年平均雷暴日（d/a），根据当地气象台、站资料确定；

A'_{e1}——电源线缆入户设施的截收面积（km^2），按表 A.1.4 的规定确定；

A'_{e2}——信号线缆入户设施的截收面积（km^2），按表 A.1.4 的规定确定。

表 A.1.4　入户设施的截收面积

线 路 类 型	有效截收面积 A'_e（km^2）
低压架空电源电缆	$2000 \times L \times 10^{-6}$
高压架空电源电缆（至现场变电所）	$500 \times L \times 10^{-6}$
低压埋地电源电缆	$2 \times d_s \times L \times 10^{-6}$
高压埋地电源电缆（至现场变电所）	$0.1 \times d_s \times L \times 10^{-6}$
架空信号线	$2000 \times L \times 10^{-6}$
埋地信号线	$2 \times d_s \times L \times 10^{-6}$
无金属铠装和金属芯线的光纤电缆	0

注：1　L 是线路从所考虑建筑物至网络的第一个分支点或相邻建筑物的长度，单位为 m，最大值为 1000m，当 L 未知时，应取 $L=1000$m。

2　d_s 表示埋地引入线缆计算截收面积时的等效宽度，单位为 m，其数值等于土壤电阻率的值，最大值取 500。

A.1.5 建筑物及入户设施年预计雷击次数 N 按下式确定：

$$N = N_1 + N_2 \quad （次/a） \quad (A.1.5)$$

A.2　可接受的最大年平均雷击次数 N_c 的计算

A.2.1 因直击雷和雷电电磁脉冲引起电子信息系统设备损坏的可接受的最大年平均雷击次数 N_c 按下式确定：

$$N_c = 5.8 \times 10^{-1}/C \quad （次/a） \quad (A.2.1)$$

式中：C——各类因子 C_1、C_2、C_3、C_4、C_5、C_6 之和；

C_1——为信息系统所在建筑物材料结构因子，当建筑物屋顶和主体结构均为金属材料时，C_1 取 0.5；当建筑物屋顶和主体结构均为钢筋混凝土材料时，C_1 取 1.0；当建筑物为砖混结构时，C_1 取 1.5；当建筑物为砖木结构时，C_1 取 2.0；当建筑物为木结构时，C_1 取 2.5；

C_2——信息系统重要程度因子，表 4.3.1 中的 C、D 类电子信息系统 C_2 取 1；B 类电子信息系统 C_2 取 2.5；A 类电子信息系统 C_2 取 3.0；

C_3——电子信息系统设备耐冲击类型和抗冲击过电压能力因子，一般，C_3 取 0.5；较弱，C_3 取 1.0；相当弱，C_3 取 3.0；

注："一般"指现行国家标准《低压系统内设备的绝缘配合 第1部分：原理、要求和试验》GB/T 16935.1中所指的Ⅰ类安装位置的设备，且采取了较完善的等电位连接、接地、线缆屏蔽措施；"较弱"指现行国家标准《低压系统内设备的绝缘配合 第1部分：原理、要求和试验》GB/T 16935.1中所指的Ⅰ类安装位置的设备，但使用架空线缆，因而风险大；"相当弱"指集成化程度很高的计算机、通信或控制等设备。

C_4——电子信息系统设备所在雷电防护区（LPZ）的因子，设备在LPZ2等后续雷电防护区内时，C_4取0.5；设备在LPZ1区内时，C_4取1.0；设备在LPZ0$_B$区内时，C_4取1.5～2.0；

C_5——为电子信息系统发生雷击事故的后果因子，信息系统业务中断不会产生不良后果时，C_5取0.5；信息系统业务原则上不允许中断，但在中断后无严重后果时，C_5取1.0；信息系统业务不允许中断，中断后会产生严重后果时，C_5取1.5～2.0；

C_6——表示区域雷暴等级因子，少雷区C_6取0.8；中雷区C_6取1；多雷区C_6取1.2；强雷区C_6取1.4。

附录B 按风险管理要求进行的雷击风险评估

B.1 雷击致损原因、损害类型、损失类型

B.1.1 根据雷击点的不同位置，雷击致损原因应分为四种：

1 致损原因S1：雷击建筑物；
2 致损原因S2：雷击建筑物附近；
3 致损原因S3：雷击服务设施；
4 致损原因S4：雷击服务设施附近。

B.1.2 雷击损害类型应分为三类，一次雷击产生的损害可能是其中之一或其组合：

1 损害类型D1：建筑物内外人畜伤害；
2 损害类型D2：物理损害；
3 损害类型D3：建筑物电气、电子系统失效。

B.1.3 雷击引起的损失类型应分为四种：

1 损失类型L1：人身伤亡损失；
2 损失类型L2：公众服务损失；
3 损失类型L3：文化遗产损失；
4 损失类型L4：经济损失。

B.1.4 雷击致损原因S、雷击损害类型D以及损失类型L之间的关系应符合表B.1.4的规定。

表 B.1.4 S、D、L 的关系

雷击点	雷击致损原因 S	建筑物	
		损害类型 D	损失类型 L
	雷击建筑物 S1	D1	L1、L4注2
		D2	L1、L2、L3、L4
		D3	L1注1、L2、L4
	雷击建筑物附近 S2	D3	L1注1、L2、L4
	雷击连接到建筑物的服务设施 S3	D1	L1、L4注2
		D2	L1、L2、L3、L4
		D3	L1注1、L2、L4
	雷击连接到建筑物的服务设施附近 S4	D3	L1注1、L2、L4

注：1 仅对有爆炸危险的建筑物和那些因内部系统失效立即危及人身生命的医院或其他建筑物。
　　2 仅对可能有牲畜损失的地方。

B.2 雷击损害风险和风险分量

B.2.1 对应于损失类型，雷击损害风险应分为以下四类：

1 风险R_1：人身伤亡损失风险；
2 风险R_2：公众服务损失风险；
3 风险R_3：文化遗产损失风险；
4 风险R_4：经济损失风险。

B.2.2 雷击建筑物S1引起的风险分量包括：

1 风险分量R_A：离建筑物户外3m以内的区域内，因接触和跨步电压造成人畜伤害的风险分量；
2 风险分量R_B：建筑物内因危险火花触发火灾或爆炸的风险分量；
3 风险分量R_C：LEMP造成建筑物内部系统失效的风险分量。

B.2.3 雷击建筑物附近S2引起的风险分量包括：

风险分量R_M：LEMP引起建筑物内部系统失效的风险分量。

B.2.4 雷击与建筑物相连服务设施S3引起的风险分量包括：

1 风险分量R_U：雷电流从入户线路流入产生的接触电压造成人畜伤害的风险分量；
2 风险分量R_V：雷电流沿入户设施侵入建筑物，入口处入户设施与其他金属部件间产生危险火花而引发火灾或爆炸造成物理损害的风险分量；
3 风险分量R_W：入户线路上感应并传导进入建筑物内的过电压引起内部系统失效的风险分量。

B.2.5 雷击入户服务设施附近S4引起的风险分量包括：

风险分量 R_Z：入户线路上感应并传导进入建筑物内的过电压引起内部系统失效的风险分量。

B.2.6 建筑物所考虑的各种损失相应的风险分量应符合表 B.2.6 的规定。

表 B.2.6　涉及建筑物的雷击损害风险分量

各类损失的风险	风险分量							
	雷击建筑物(S1)			雷击建筑物附近(S2)	雷击连接到建筑物的线路(S3)			雷击连接到建筑物的线路附近(S4)
人身伤亡损失风险 R_1	R_A	R_B	$R_C^{注1}$	$R_M^{注1}$	R_U	R_V	$R_W^{注1}$	$R_Z^{注1}$
公众服务损失风险 R_2		R_B	R_C	R_M	R_U	R_V	R_W	R_Z
文化遗产损失风险 R_3		R_B				R_V		
经济损失风险 R_4	$R_A^{注2}$	R_B	R_C	R_M	$R_U^{注2}$	R_V	R_W	R_Z
总风险 $R=R_D+R_I$	直接雷击风险 $R_D=R_A+R_B+R_C$			间接雷击风险 $R_I=R_M+R_U+R_V+R_W+R_Z$				

注：1 仅指具有爆炸危险的建筑物及因内部系统故障立即危及性命的医院或其他建筑物。

2 仅指可能出现牲畜损失的建筑物。

3 各类损失相应的风险（$R_1 \sim R_4$）由对应行的分量（$R_A \sim R_Z$）之和组成。例如，$R_2 = R_B + R_C + R_M + R_V + R_W + R_Z$。

B.2.7 影响建筑物雷击损害风险分量的因子应符合表 B.2.7 的规定。表中，"★"表示有影响的因子。可根据影响风险分量的因子采取针对性措施降低雷击损害风险。

表 B.2.7　建筑物风险分量的影响因子

建筑物或内部系统的特性和保护措施	R_A	R_B	R_C	R_M	R_U	R_V	R_W	R_Z
截收面积	★	★	★	★	★	★	★	★
地表土壤电阻率	★							
楼板电阻率					★			
人员活动范围限制措施，绝缘措施，警示牌，大地等电位	★							
减小物理损害的防雷装置(LPS)	★注1	★	★注2	★注2	★注3			
配合的SPD保护			★	★			★	★
空间屏蔽				★	★			
外部屏蔽线路					★	★	★	
内部屏蔽线路				★	★			
合理布线				★				
等电位连接网络				★				
火灾预防措施		★				★		
火灾敏感度		★				★		
特殊危险		★				★		
冲击耐压			★	★	★	★	★	★

注：1 如果LPS的引下线间隔小于 10m，或采取人员活动范围限制措施时，由于接触和跨步电压造成人畜伤害的风险可以忽略不计。

2 仅对于减小物理损害的格栅形外部LPS。

3 等电位连接引起。

B.3　风险管理

B.3.1 建筑物防雷保护的决策以及保护措施的选择应按以下程序进行：

1　确定需评估对象及其特性；

2　确定评估对象中可能的各类损失以及相应的风险 $R_1 \sim R_4$；

3　计算风险 $R_1 \sim R_4$，各类损失相应的风险（$R_1 \sim R_4$）由表 B.2.6 中对应行的分量（$R_A \sim R_Z$）之和组成；

4　将建筑物风险 R_1、R_2 和 R_3 与风险容许值 R_T 作比较来确定是否需要防雷；

5　通过比较采用或不采用防护措施时造成的损失代价以及防护措施年均费用，评估采用防护措施的成本效益。为此需对建筑物的风险分量 R_4 进行评估。

B.3.2 风险评估需考虑下列建筑物特性，考虑对建筑物的防护时不包括与建筑物相连的户外服务设施的防护：

1　建筑物本身；

2　建筑物内的装置；

3　建筑物的内存物；

4　建筑物内或建筑物外 3m 范围内的人员数量；

5　建筑物受损对环境的影响。

注：所考虑的建筑物可能会划分为几个区。

B.3.3 风险容许值 R_T 应由相关职能部门确定。表 B.3.3 给出涉及人身伤亡损失、社会价值损失以及文化价值损失的典型 R_T 值。

表 B.3.3　风险容许值 R_T 的典型值

损失类型	R_T
人身伤亡损失	10^{-5}
公众服务损失	10^{-3}
文化遗产损失	10^{-3}

B.3.4 评估一个对象是否需要防雷时，应考虑建筑物的风险 R_1、R_2 和 R_3。对于上述每一种风险，应当采取以下步骤（图 B.3.4）：

1　识别构成该风险的各分量 R_X；

2　计算各风险分量 R_X；

3　计算出 $R_1 \sim R_3$；

4　确定风险容许值 R_T；

5　与风险容许值 R_T 比较。如对所有的风险 R 均小于或等于 R_T，不需要防雷；如果某风险 R 大于 R_T，应采取保护措施减小该风险，使 R 小于或等于 R_T。

B.3.5 除了建筑物防雷必要性的评估外，为了减少经济损失 L_4，宜评估采取防雷措施的成本效益。保护措施成本效益的评估步骤（图 B.3.5）包括下列内容：

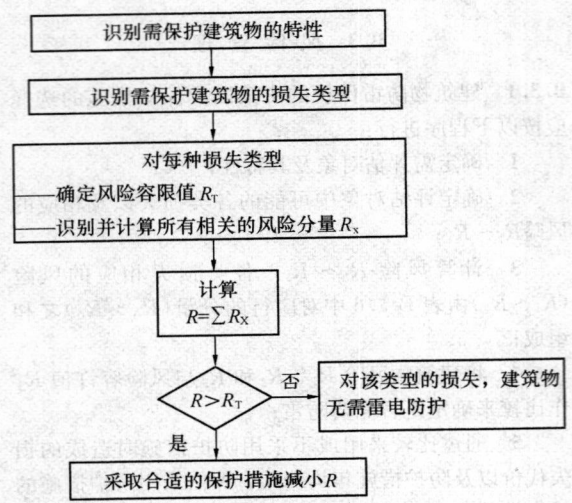

图 B.3.4　防雷必要性的决策流程

1　识别建筑物风险 R_4 的各个风险分量 R_X；

2　计算未采取防护措施时各风险分量 R_X；

3　计算每年总损失 C_L；

4　选择保护措施；

5　计算采取保护措施后的各风险分量 R_X；

6　计算采取防护措施后仍造成的每年损失 C_{RL}；

7　计算保护措施的每年费用 C_{PM}；

8　费用比较。如果 C_L 小于 C_{RL} 与 C_{PM} 之和，则防雷是不经济的。如果 C_L 大于或等于 C_{RL} 与 C_{PM} 之和，则采取防雷措施在建筑物的使用寿命期内可节约开支。

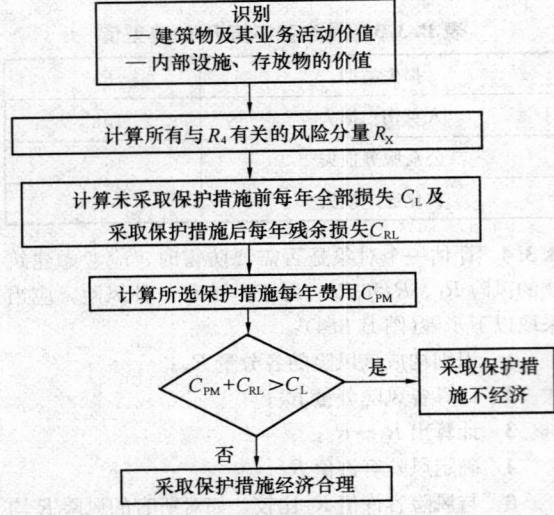

图 B.3.5　评价保护措施成本效益的流程

B.3.6　应根据每一风险分量在总风险中所占比例并考虑各种不同保护措施的技术可行性及造价，选择最合适的防护措施。应找出最关键的若干参数以决定减小风险的最有效防护措施。对于每一类损失，可单独或组合采用有效的防护措施，从而使 R 小于或等于 R_T（图 B.3.6）。

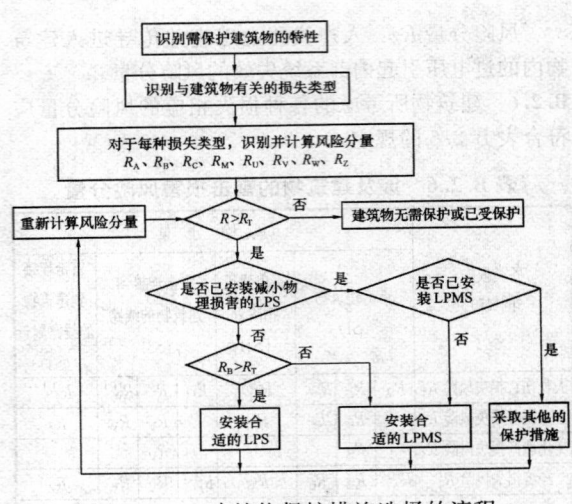

图 B.3.6　建筑物保护措施选择的流程

B.4　雷击损害风险评估方法

B.4.1　雷击损害风险评估应按本规范第 4.4.1 条和 4.4.2 条计算风险 R。

B.4.2　各致损原因产生的不同损害类型对应的建筑物风险分量应符合表 B.4.2 的规定。

表 B.4.2　各致损原因产生的不同损害类型对应的建筑物风险分量

损害类型 \ 致损原因	S1 雷击建筑物	S2 雷击建筑物附近	S3 雷击入户服务设施	S4 雷击服务设施附近	根据损害类型 D 划分的风险
$D1$ 人畜伤害	$R_A = N_D \times P_A \times r_a \times L_t$		$R_U = (N_L + N_{Da}) \times P_U \times r_u \times L_t$		$R_S = R_A + R_U$
$D2$ 物理损害	$R_B = N_D \times P_B \times r_p \times h_z \times r_f \times L_f$		$R_V = (N_L + N_{Da}) \times P_V \times r_p \times h_z \times r_f \times L_f$		$R_F = R_B + R_V$
$D3$ 电气和电子系统的失效	$R_C = N_D \times P_C \times L_o$	$R_M = N_M \times P_M \times L_o$	$R_W = (N_L + N_{Da}) \times P_W \times L_o$	$R_Z = (N_I - N_L) \times P_Z \times L_o$	$R_O = R_C + R_M + R_W + R_Z$
根据致损原因划分的风险	直接损害 $R_D = R_A + R_B + R_C$	间接损害 $R_I = R_M + R_U + R_V + R_W + R_Z$			

注：R_Z 公式中，如果 $(N_I - N_L) < 0$，则假设 $(N_I - N_L) = 0$。

B.4.3　雷击损害评估所用的参数应符合表 B.4.3 的规定，N_X、P_X 和 L_X 等各种参数具体计算方法应符合本规范第 B.5 节的规定。

表 B.4.3 建筑物雷击损害风险
分量评估涉及的参数

建筑物			
	符 号		名 称
年平均雷击次数 N_X	N_D		雷击建筑物的年平均次数
	N_M		雷击建筑物附近的年平均次数
	N_L		雷击入户线路的年平均次数
	N_I		雷击入户线路附近的年平均次数
	N_{Da}		雷击线路"a"端建筑物(图 B.5.5)的年平均次数
一次雷击的损害概率 P_X	S1	P_A	雷击建筑物造成人畜伤害的概率
		P_B	雷击建筑物造成物理损害的概率
		P_C	雷击建筑物造成内部系统故障的概率
	S2	P_M	雷击建筑物附近引起内部系统故障的概率
	S3	P_U	雷击入户线路引起人畜伤害的概率
		P_V	雷击入户线路引起物理损害的概率
		P_W	雷击入户线路引起内部系统故障的概率
	S4	P_Z	雷击入户线路附近引起内部系统故障的概率
一次雷击造成的损失 L_X	$L_A = r_a \times L_t$ $L_U = r_u \times L_t$		人畜伤害的损失率
	$L_B = L_V =$ $r_p \times r_f \times h_z \times L_f$		物理损害的损失率
	$L_C = L_M =$ $L_W = L_Z = L_o$		内部系统失效的损失率

B.4.4 为了对各个风险分量进行评估,可以将建筑物划分为多个分区 Z_s,每个区具有均匀的特性。这时应对各个区域 Z_s 进行风险分量的计算,建筑物的总风险是构成该建筑物的各个区域 Z_s 的风险分量的总和。一幢建筑物可以是或可以假定为一个单独的区域。建筑物的分区应当考虑到实现最适当雷电防御措施的可行性。

B.4.5 建筑物区域划分应主要根据:

1 土壤或地板的类型;

2 防火隔间;

3 空间屏蔽。

还可以根据以下情况进一步细分:

1 内部系统的布局;

2 已有的或将采取的保护措施;

3 损失 L_X 的值。

B.4.6 分区的建筑物风险分量评估应符合下列规定:

1 对于风险分量 R_A、R_B、R_U、R_V、R_W 和 R_Z,每个所涉参数只能有一个确定值。当参数的可选值多于一个时,应当选择其中的最大值。

2 对于风险分量 R_C 和 R_M,如果区域中涉及的内部系统多于一个,P_C 和 P_M 的值应按下列公式

计算:

$$P_C = 1 - \prod_{i=1}^{n} (1 - P_{Ci}) \quad (B.4.6-1)$$

$$P_M = 1 - \prod_{i=1}^{n} (1 - P_{Mi}) \quad (B.4.6-2)$$

式中:P_{Ci}、P_{Mi}——内部系统 i 的损害概率,$i = 1$、2、3、……、n。

3 除了 P_C 和 P_M 以外,如果一个区域中的参数有一个以上的可选值,应当采用导致最大风险结果的参数值。

4 单区域建筑物情况下,整座建筑物内只有一个区域,即建筑物本身。风险 R 是建筑物内对应风险分量 R_X 的总和。

5 多区域建筑物的风险是建筑物各个区域相应风险的总和。各区域中风险是该区域中各个相关风险分量的和。

B.4.7 在选取保护措施时,为减小经济损失风险 R_4,宜评估其经济合理性。单个区域内损失的价值应按本规范第 B.5.25 条的规定计算,建筑物损失的全部价值是建筑物各个区域的损失价值的和。

B.4.8 风险 R_4 评估的对象包括:

1 整个建筑物;

2 建筑物的一部分;

3 内部装置;

4 内部装置的一部分;

5 一台设备;

6 建筑物的内存物。

B.5 雷击损害风险评估参数的计算

B.5.1 需保护对象年平均雷击危险事件次数 N_x 取决于该对象所处区域雷暴活动情况和该对象的物理特性。N_x 的计算方法为:将雷击大地密度 N_g 乘以需保护对象的等效截收面积 A_d,再乘以需保护对象物理特性所对应的修正因子。

B.5.2 雷击大地密度 N_g 是平均每年每平方公里雷击大地的次数,可按下式估算:

$$N_g \approx 0.1 \times T_d \quad (\text{次}/\text{km}^2 \cdot \text{a}) \quad (B.5.2)$$

式中:T_d——年平均雷暴日(d)。

B.5.3 雷击建筑物的年平均次数 N_D 以及雷击连接到线路"a"端建筑物的年平均次数 N_{Da} 的计算应符合下列规定:

1 对于平地上的孤立建筑物,截收面积 A_d 是与建筑物上缘接触,按斜率为 1/3 的直线沿建筑物旋转一周在地面上画出的面积。可以通过作图法或计算法来确定 A_d 的值。长、宽、高分别为 L、W、H 的平地上孤立长方体建筑物的截收面积(图 B.5.3-1)可按下式计算:

$$A_d = L \times W + 6 \times H \times (L + W) + 9\pi \times H^2 \quad (\text{m}^2)$$

$$(B.5.3)$$

式中：L、W、H——分别为建筑物长、宽、高
（m）。

注：如需更精确的计算结果，要考虑建筑物四周 $3H$ 距离内的其他物体或地面的相对高度等因素。

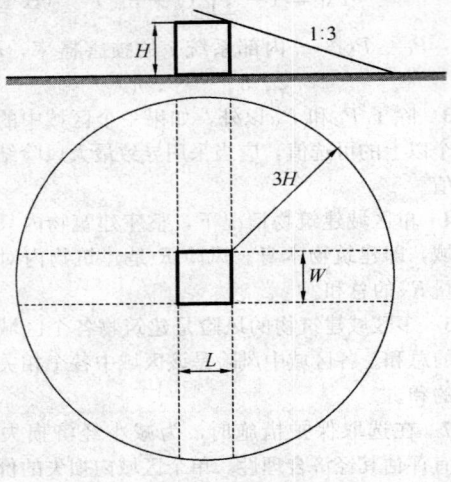

图 B.5.3-1　孤立建筑物的截收面积 A_d

2　当仅考虑建筑物的一部分时，如果满足以下条件，该部分的尺寸可以用于计算 A_d（图 B.5.3-2）：

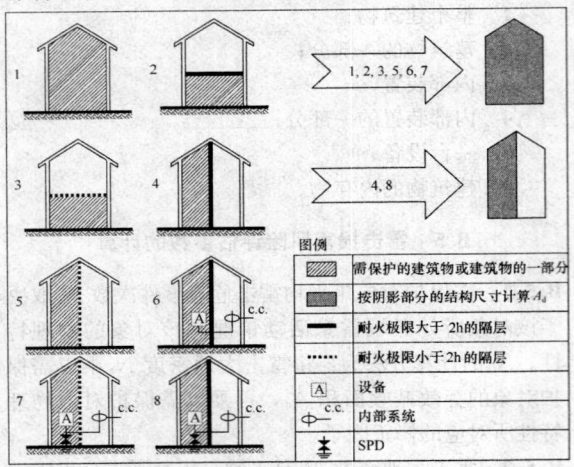

图 例

▨	需保护的建筑物或建筑物的一部分
▧	按阴影部分的结构尺寸计算 A_d
━	耐火极限大于 2h 的隔层
⋯	耐火极限小于 2h 的隔层
Ⓐ	设备
c.c.	内部系统
SPD	SPD

图 B.5.3-2　计算截收面积 A_d 所考虑的建筑物

1）该部分是建筑物的一个可分离的垂直部分；

2）建筑物没有爆炸的风险；

3）该部分与建筑物的其他部分之间通过耐火极限不小于 2h 的墙体或者其他等效保护措施来避免火灾的蔓延；

4）公共线路进入该部分时，在入口处安装有 SPD 或其他等效防护措施，以避免过电压传入。

注：耐火极限的定义和资料参见《建筑设计防火规范》GB 50016。

3　如果不能满足上述条件，应按整个建筑物的尺寸计算 A_d。

B.5.4　雷击建筑物的年平均次数 N_D 可按下式计算：

$$N_D = N_g \times A_d \times C_d \times 10^{-6} \quad （次/a）$$
$$\text{(B.5.4)}$$

式中：N_g——雷击大地密度（次/km^2·a）；

　　　A_d——孤立建筑物的截收面积（m^2）；

　　　C_d——建筑物的位置因子，按表 B.5.4 的规定确定。

表 B.5.4　位置因子 C_d

建筑物暴露程度及周围物体的相对位置	C_d
被更高的建筑物或树木所包围	0.25
周围有相同高度的或更矮的建筑物或树木	0.5
孤立建筑物（附近无其他的建筑物或树木）	1
小山顶或山丘上的孤立的建筑物	2

B.5.5　雷击位于服务设施"a"端的邻近建筑物（图 B.5.5）的年平均次数 N_{Da} 可按下式计算：

$$N_{Da} = N_g \times A_d \times C_d \times C_t \times 10^{-6} \quad （次/a）$$
$$\text{(B.5.5)}$$

式中：N_g——雷击大地密度（次/km^2·a）；

　　　A_d——"a"端孤立建筑物的截收面积（m^2）；

　　　C_d——"a"端建筑物的位置因子，按表 B.5.4 的规定确定；

　　　C_t——在雷击点与需保护建筑物之间安装有 HV/LV 变压器时的修正因子，按表 B.5.5 的规定确定。

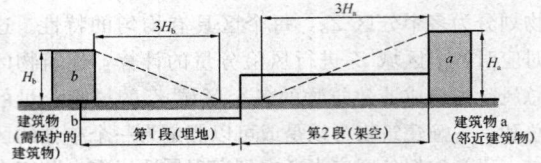

图 B.5.5　线路两端的建筑物

表 B.5.5　变压器因子 C_t

变　压　器	C_t
服务设施带有双绕组变压器	0.2
仅有服务设施	1

B.5.6　雷击建筑物附近的年平均次数 N_M 可按下式计算，如果 $N_M < 0$，则假定 $N_M = 0$：

$$N_M = N_g \times (A_m - A_d C_d) \times 10^{-6} \quad （次/a）$$
$$\text{(B.5.6)}$$

式中：N_g——雷击大地密度（次/km^2·a）；

　　　A_m——雷击建筑物附近的截收面积（m^2）；截收面积 A_m 延伸到距离建筑物周边 250m 远的地方（图 B.5.6）；

　　　A_d——孤立建筑物的截收面积（m^2）（图

C_d——建筑物的位置因子,按表 B.5.4 的规定确定。

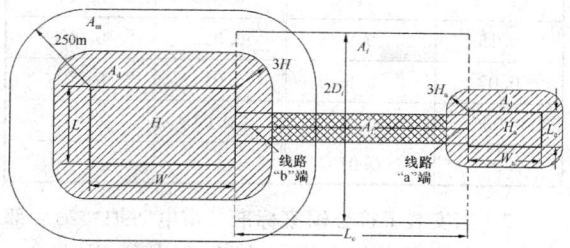

图 B.5.6 截收面积(A_d、A_m、A_i、A_l)

B.5.7 雷击服务设施的年平均次数 N_L 可按下式计算:

$$N_L = N_g \times A_l \times C_d \times C_t \times 10^{-6} \quad (次/a)$$
(B.5.7)

式中:N_g——雷击大地密度(次/km²·a);

A_l——雷击服务设施的截收面积(图 B.5.6)(m²),按表 B.5.8 的规定确定;

C_d——服务设施的位置因子,按表 B.5.4 的规定确定;

C_t——当雷击点与建筑物之间有 HV/LV 变压器时的修正因子,按表 B.5.5 的规定确定。

B.5.8 服务设施的截收面积 A_l 和 A_i 按表 B.5.8 的规定确定。计算时应符合下列规定:

1 当不知道 L_c 的值时,可假定 L_c 为 1000m;

2 当不知道土壤电阻率的值时,可假定 ρ 为 500Ω·m;

3 对于全部穿行在高密度网格形接地装置中的埋地电缆,可假定等效截收面积 A_i 和 A_l 为零;

4 需保护的建筑物应当假定为连接到服务设施的"b"端。

表 B.5.8 服务设施的截收面积 A_l 和 A_i

	架 空	埋 地
A_l	$6H_c[L_c - 3(H_a + H_b)]$	$[L_c - 3(H_a + H_b)]\sqrt{\rho}$
A_i	$1000L_c$	$25L_c\sqrt{\rho}$

A_l——雷击服务设施的截收面积(m²);

A_i——雷击服务设施附近大地的截收面积(m²);

H_c——服务设施导线的离地高度(m);

L_c——从建筑物到第一个节点之间的服务设施线路段长度(m),最大值取 1000m;

H_a——连接到服务设施"a"端的建筑物的高度(m);

H_b——连接服务设施"b"端的建筑物高度(m);

ρ——线路埋设处的土壤电阻率(Ω·m),最大值取 500Ω·m。

B.5.9 雷击服务设施附近的年平均次数 N_i 可按下式计算:

$$N_i = N_g \times A_i \times C_e \times C_t \times 10^{-6} \quad (次/a)$$
(B.5.9)

式中:N_g——雷击大地密度(次/km²·a);

A_i——雷击服务设施附近大地的截收面积(图 B.5.6)(m²),按表 B.5.8 的规定确定;

C_e——环境因子,按表 B.5.9 的规定确定;

C_t——当雷击点与建筑物之间有 HV/LV 变压器时的修正因子,按表 B.5.5 的规定确定。

注:服务设施的截收面积 A_i 由其长度 L_c 和横向距离 D_i 来确定(图 B.5.6),雷击该横向距离 D_i 之间范围内时会产生不小于 1.5kV 的感应过电压。

表 B.5.9 环境因子 C_e

环 境	C_e
建筑物高度大于 20m 的市区	0
建筑物高度在 10m 和 20m 之间的市区	0.1
建筑物高度小于 10m 的郊区	0.5
农村	1

B.5.10 按本规范第 B.5 节的规定确定建筑物雷击损害风险分量 R_X 对应的损害概率 P_X 时,建筑物防雷措施应符合国家标准《雷电防护 第 3 部分:建筑物的物理损坏和生命危险》GB/T 21714.3-2008 和《雷电防护 第 4 部分:建筑物内电气和电子系统》GB/T 21714.4-2008 的规定。当能够证明是合理的时,也可以选择其他的 P_X 值。

B.5.11 雷击建筑物(S1)导致人畜伤害的概率 P_A 可按表 B.5.11 的规定确定。当采取了一项以上的措施时,P_A 的值应是各个相应 P_A 值的乘积。

表 B.5.11 雷击产生的接触和跨步电压导致人畜触电的概率 P_A

保护措施	P_A
无保护措施	1
外露引下线作电气绝缘	10^{-2}
有效的地面等电位连接	10^{-2}
警示牌	10^{-1}

注:当利用了建筑物的钢筋构件或框架作为引下线时,或者防雷装置周围安装了遮拦物时,概率 P_A 的数值可以忽略不计。

B.5.12 雷击建筑物(S1)导致物理损害的概率 P_B 可按表 B.5.12 的规定确定。

表 B. 5. 12 P_B 与建筑物雷电防护水平
(LPL) 的对应关系

减小建筑物物理损害的 LPS 特性	雷电防护水平	P_B
没有 LPS 保护的建筑物	—	1
受到 LPS 保护的建筑物	Ⅳ	0.2
	Ⅲ	0.1
	Ⅱ	0.05
	Ⅰ	0.02
建筑物安有符合 LPL Ⅰ 要求的接闪器以及用连续金属框架或钢筋混凝土框架作为自然引下线		0.01
建筑物有金属屋顶或安有接闪器(可能包含自然结构部件)使屋顶所有的装置都有完善的直击雷防护和有连续的金属框架或钢筋混凝土框架作为自然引下线		0.001

注:在详细调查基础上,P_B 也可以取表 B.5.12 以外的值。

B. 5. 13 雷击建筑物(S1)导致内部系统失效的概率 P_C 可按下式确定:

$$P_C = P_{SPD} \qquad (B. 5. 13)$$

式中:P_{SPD}——与 SPD 保护有关的概率,其值取决于雷电防护水平,按表 B.5.13 的规定确定。

表 B. 5. 13 按 LPL 选取并安装 SPD 时的 P_{SPD} 值

LPL	P_{SPD}
未采取匹配的 SPD 保护	1
Ⅲ-Ⅳ	0.03
Ⅱ	0.02
Ⅰ	0.01
注 3	0.005~0.001

注:1 只有在设有减小物理损害的 LPS 或有连续金属框架或钢筋混凝土框架作为自然 LPS、并且满足国家标准《雷电防护 第 3 部分:建筑物的物理损坏和生命危险》GB/T 21714.3 - 2008 提出的等电位连接和接地要求的建筑物内,协调配合的 SPD 保护才能有效地减小 P_C。

2 当与内部系统相连的外部导线为防雷电缆或者布设于防雷电缆沟槽、金属导管或金属管内时,可以不需要配合的 SPD 保护。

3 当在相应位置上安装的 SPD 的保护特性比 LPL Ⅰ 的要求更高时(更高的电流耐受能力,更低的电压保护水平等),P_{SPD} 的值可能会更小。

B. 5. 14 雷击建筑物附近(S2)导致内部系统失效的概率 P_M 的取值应符合下列规定:

1 当没有安装符合国家标准《雷电防护 第 4 部分:建筑物内电气和电子系统》GB/T 21714.4 - 2008 要求的匹配 SPD 保护时,$P_M = P_{MS}$。概率 P_{MS} 应按表 B.5.14-1 的规定确定。

表 B. 5. 14-1 概率 P_{MS} 与因子 K_{MS} 的关系

K_{MS}	P_{MS}	K_{MS}	P_{MS}
≥0.4	1	0.016	0.005
0.15	0.9	0.015	0.003
0.07	0.5	0.014	0.001
0.035	0.1	≤0.013	0.0001
0.021	0.01		

2 当安装了符合国家标准《雷电防护 第 4 部分:建筑物内电气和电子系统》GB/T 21714.4 - 2008 要求的匹配 SPD 时,P_M 的值取 P_{SPD} 和 P_{MS} 两值中的较小者。

3 当内部系统设备耐压水平不符合相关产品标准要求时,应取 P_{MS} 等于 1。

4 因子 K_{MS} 的值可按下式计算:

$$K_{MS} = K_{S1} \times K_{S2} \times K_{S3} \times K_{S4}$$

$$(B. 5. 14-1)$$

式中:K_{S1}——LPZ0/1 交界处的建筑物结构、LPS 和其他屏蔽物的屏蔽效能因子;

K_{S2}——建筑物内部 LPZX/Y(X>0,Y>1) 交界处的屏蔽物的屏蔽效能因子;

K_{S3}——建筑物内部布线的特性因子,按表 B.5.14-2 的规定确定;

K_{S4}——被保护系统的冲击耐压因子。

表 B. 5. 14-2 因子 K_{S3} 与内部布线的关系

内部布线的类型	K_{S3}
非屏蔽电缆-布线时未避免构成环路注1	1
非屏蔽电缆-布线时避免形成大的环路注2	0.2
非屏蔽电缆-布线时避免形成环路注3	0.02
屏蔽电缆,屏蔽层单位长度的电阻注4 5<R_S≤20(Ω/km)	0.001
屏蔽电缆,屏蔽层单位长度的电阻注4 1<R_S≤5(Ω/km)	0.0002
屏蔽电缆,屏蔽层单位长度的电阻注4 R_S≤1(Ω/km)	0.0001

注:1 大型建筑物中分开布设的导线构成的环路(环路面积大约为 50m²)。

2 导线布设在同一电缆管道中或导线在较小建筑物中分开布设(环路面积大约为 10m²)。

3 同一电缆的导线形成的环路(环路面积大约为 0.5m² 左右)。

4 屏蔽层单位长度电阻为 R_S(Ω/km)的电缆,其屏蔽层两端连到等电位端子板,设备也连在同一等电位端子板上。

5 在 LPZ 内部,当与屏蔽物边界之间的距离不小于网格宽度 w 时,LPS 或空间格栅形屏蔽体的因子 K_{S1} 和 K_{S2} 可按下式进行计算:

$$K_{S1} = K_{S2} = 0.12w \qquad (B. 5. 14-2)$$

式中：w——格栅形空间屏蔽或者网格状 LPS 引下线的网格宽度，或是作为自然 LPS 的建筑物金属柱子的间距或钢筋混凝土框架的间距（m）。

6 当感应环路靠近 LPZ 边界屏蔽体，并离屏蔽体距离小于网格宽度 w 时，K_{S1} 和 K_{S2} 值应增大，当与屏蔽体之间的距离在 $0.1w$ 到 $0.2w$ 的范围内时，K_{S1} 和 K_{S2} 的值增加一倍。当采用厚度为 0.1mm～0.5mm 的连续金属屏蔽体时，K_{S1} 和 K_{S2} 相等，其值为 $10^{-4} \sim 10^{-5}$；对于逐级相套的 LPZ，最后一级 LPZ 的 K_{S2} 是各级 LPZ 的 K_{S2} 的乘积。

注：1 当安装有符合国家标准《雷电防护 第 4 部分：建筑物内电气和电子系统》GB/T 21714.4-2008 要求的等电位连接网格时，K_{S1} 和 K_{S2} 的值可以缩小一半；

2 K_{S1}、K_{S2} 的最大值不超过 1。

7 当导线布设在两端都连接到等电位连接端子板的连续金属管内时，K_{S3} 的值应当再乘以 0.1。

8 因子 K_{S1} 可按公式（B.5.14-3）计算，如果内部系统中设备的耐冲击电压额定值不同，因子 K_{S1} 应取最低的耐冲击电压额定值计算。

$$K_{S1} = 1.5/U_w \qquad (B.5.14-3)$$

式中：U_w——受保护系统的耐冲击电压额定值（kV）。

B.5.15 雷击服务设施（S3）导致人畜伤害的概率 P_U 取决于服务设施屏蔽物的特性、连接到服务设施的内部系统的冲击耐压、保护措施以及在服务设施入户处是否安装 SPD。P_U 的取值应符合下列规定：

1 当没有按照国家标准《雷电防护 第 3 部分：建筑物的物理损坏和生命危险》GB/T 21714.3-2008 的要求安装 SPD 进行等电位连接时，$P_U = P_{LD}$。P_{LD} 是无 SPD 保护时，雷击相连服务设施导致内部系统失效的概率，按表 B.5.15 的规定确定。对非屏蔽的服务设施，取 P_{LD} 等于 1。

表 B.5.15 概率 P_{LD} 与电缆屏蔽层电阻 R_S 以及设备耐冲击电压额定值 U_w 的关系

U_w (kV)	P_{LD}		
	$5 < R_S \leqslant 20$ (Ω/km)	$1 < R_S \leqslant 5$ (Ω/km)	$R_S \leqslant 1$ (Ω/km)
1.5	1	0.8	0.4
2.5	0.95	0.6	0.2
4	0.9	0.3	0.04
6	0.8	0.1	0.02

注：R_S 为电缆屏蔽层单位长度的电阻（Ω/km）。

2 当按照国家标准《雷电防护 第 3 部分：建筑物的物理损坏和生命危险》GB/T 21714.3-2008 的要求安装 SPD 时，P_U 取表 B.5.13 规定的 P_{SPD} 值

与表 B.5.15 规定的 P_{LD} 值的较小者。

3 当采取了遮拦、警示牌等防护措施时，概率 P_U 将进一步减小，其值应与表 B.5.11 中给出的概率 P_A 值相乘。

B.5.16 雷击服务设施（S3）导致物理损害的概率 P_V 取决于服务设施屏蔽体的特性、连接到服务设施的内部系统的冲击耐压以及是否安装 SPD。P_V 的取值应符合下列规定：

1 当没有按照国家标准《雷电防护 第 3 部分：建筑物的物理损坏和生命危险》GB/T 21714.3-2008 的要求用 SPD 进行等电位连接时，P_V 等于 P_{LD}。

2 当按照国家标准《雷电防护 第 3 部分：建筑物的物理损坏和生命危险》GB/T 21714.3-2008 的要求用 SPD 进行等电位连接时，P_V 的值取 P_{SPD} 和 P_{LD} 的较小者。

B.5.17 雷击服务设施（S3）导致内部系统失效的概率 P_W 取决于服务设施屏蔽的特性、连接到服务设施的内部系统的冲击耐压以及是否安装 SPD。P_W 的取值应符合下列规定：

1 如果没有安装符合国家标准《雷电防护 第 4 部分：建筑物内电气和电子系统》GB/T 21714.4-2008 要求的已配合好的 SPD，P_W 等于 P_{LD}。

2 当安装了符合国家标准《雷电防护 第 4 部分：建筑物内电气和电子系统》GB/T 21714.4-2008 要求的已配合好的 SPD 时，P_W 的值取 P_{SPD} 和 P_{LD} 的较小者。

B.5.18 雷击入户服务设施附近（S4）导致内部系统失效的概率 P_Z 取决于服务设施的屏蔽层特性、连接到服务设施的内部系统的耐冲击电压以及是否安装 SPD 保护设备。P_Z 的取值应符合下列规定：

1 当没有安装符合国家标准《雷电防护 第 4 部分：建筑物内电气和电子系统》GB/T 21714.4-2008 要求的已配合好的 SPD 时，P_Z 等于 P_{LI}。此处 P_{LI} 是未安装 SPD 时雷击相连的服务设施导致内部系统失效的概率，按表 B.5.18 的规定确定。

表 B.5.18 概率 P_{LI} 与电缆屏蔽层电阻 R_S 以及设备耐冲击电压 U_w 的关系

U_w (kV)	P_{LI}				
	非屏蔽电缆	屏蔽层没有与设备连接到同一等电位连接端子板上	屏蔽层与设备连接到同一等电位连接端子板上		
			$5 < R_S \leqslant 20$ (Ω/km)	$1 < R_S \leqslant 5$ (Ω/km)	$R_S \leqslant 1$ (Ω/km)
1.5	1	0.5	0.15	0.04	0.02
2.5	0.4	0.2	0.06	0.02	0.008
4	0.2	0.1	0.03	0.008	0.004
6	0.1	0.05	0.02	0.004	0.002

注：R_S 是电缆屏蔽层单位长度的电阻（Ω/km）。

2 当安装了符合国家标准《雷电防护 第4部分：建筑物内电气和电子系统》GB/T 21714.4-2008 要求的已配合好的 SPD 时，P_Z 等于 P_{SPD} 和 P_{LI} 的较小者。

B.5.19 建筑物损失率 L_X 指雷击建筑物可能引起的某一特定损害类型的平均损失量与被保护建筑物总价值之比。损失率 L_X 应取决于：

1 在危险场所人员的数量以及逗留的时间；

2 公众服务的类型及其重要性；

3 受损害货物的价值。

B.5.20 损失率 L_X 随着所考虑的损失类型（L1、L2、L3 和 L4）而变化，对于每一种损失类型，它还与损害类型（D1、D2 和 D3）有关。按损害类型，损失率应分为三种：

1 接触和跨步电压导致伤害的损失率 L_t；

2 物理损害导致的损失率 L_f；

3 内部系统故障导致的损失率 L_o。

B.5.21 人身伤亡损失率的计算应符合下列规定：

1 可按公式（B.5.21-1）确定 L_t、L_f 和 L_o 的数值。当无法或很难确定 n_p、n_t 和 t_p 时，可采用表 B.5.21-1 中给出的 L_t、L_f 和 L_o 典型平均值；

$$L_x = (n_p/n_t) \times (t_p/8760) \quad (B.5.21-1)$$

式中：n_p——可能受到危害的人员数量；

n_t——预期的建筑物内总人数；

t_p——以小时计算的可能受害人员每年处于危险场所的时间，危险场所包括建筑物外（只涉及损失 L_t）和建筑物内（L_t、L_f 和 L_o 都涉及）。

表 B.5.21-1 L_t、L_f 和 L_o 的典型平均值

建筑物的类型	L_t
所有类型（人员处于建筑物内）	10^{-4}
所有类型（人员处于建筑物外）	10^{-2}
建筑物的类型	L_f
医院、旅馆，民用建筑	10^{-1}
工业建筑、商业建筑、学校	5×10^{-2}
公共娱乐场所、教堂、博物馆	2×10^{-2}
其他	10^{-2}
建筑物的类型	L_o
有爆炸危险的建筑物	10^{-1}
医院	10^{-3}

2 人身伤亡损失率可按下列公式进行计算：

$$L_A = r_a \times L_t \quad (B.5.21-2)$$

$$L_U = r_u \times L_t \quad (B.5.21-3)$$

$$L_B = L_V = r_p \times h_z \times r_f \times L_f \quad (B.5.21-4)$$

$$L_C = L_M = L_W = L_Z = L_o \quad (B.5.21-5)$$

式中：r_a——由土壤类型决定的减少人身伤亡损失的因子，按表 B.5.21-2 的规定确定；

r_u——由地板类型决定的减少人身伤亡损失的因子，按表 B.5.21-2 的规定确定；

r_p——由防火措施决定的减少物理损害导致人身伤亡损失的因子，按表 B.5.21-3 的规定确定；

r_f——由火灾危险程度决定的减小物理损害导致人身伤亡的因子，按表 B.5.21-4 的规定确定；

h_z——在有特殊危险时，物理损害导致人身伤亡损失的增加因子，按表 B.5.21-5 的规定确定。

表 B.5.21-2 缩减因子 r_a 和 r_u 的数值与土壤或地板表面的关系

地板和土壤类型	接触电阻（kΩ）	r_a 和 r_u
农地，混凝土	≤ 1	10^{-2}
大理石，陶瓷	$1 \sim 10$	10^{-3}
沙砾、厚毛毯、一般地毯	$10 \sim 100$	10^{-4}
沥青、油毡、木头	≥ 100	10^{-5}

表 B.5.21-3 防火措施的缩减因子 r_p

措 施	r_p
无	1
以下措施之一：灭火器、固定的人工灭火装置、人工报警消防装置、消防栓、人工灭火装置、防火隔间、留有逃生通道	0.5
以下措施之一：固定的自动灭火装置、自动报警装置[注3]	0.2

注：1 如果同时采取了一项以上措施，r_p 的数值应当取各相应数值中的最小值；

2 在具有爆炸危险的建筑物内部，任何情况下 $r_p = 1$；

3 仅当具有过电压防护和其他损害的防护并且消防员能在 10 分钟之内赶到时。

表 B.5.21-4 缩减因子 r_f 与建筑物火灾危险的关系

火灾危险	r_f	火灾危险	r_f
爆炸	1	低	10^{-3}
高	10^{-1}	无	0
一般	10^{-2}		

注：1 当建筑物具有爆炸危险以及建筑物内存储有爆炸性混合物质时，可能需要更精确地计算 r_f。

2 由易燃材料建造的建筑物、屋顶由易燃材料建造的建筑物或单位面积火灾载荷大于 800MJ/m² 的建筑物可以看作具有高火灾危险的建筑物。

3 单位面积火灾载荷在 400MJ/m² ~ 800MJ/m² 之间的建筑物应当看作具有一般火灾危险的建筑物。

4 单位面积火灾载荷小于 400MJ/m² 的建筑物或者只是偶尔存储有易燃性物质的建筑物应当看作具有低火灾危险的建筑物。

5 单位面积火灾载荷是建筑物内全部易燃物质的能量与建筑物总的表面积之比。

表 B.5.21-5　有特殊伤害时损失相对量的增加因子 h_Z 的数值

特殊伤害的种类	h_Z
无特殊伤害	1
高度不大于两层、容量不大于 100 人的建筑物等场所的低度惊慌	2
容量 100～1000 人的文化或体育场馆等场所的中等程度惊慌	5
有移动不便人员的建筑物、医院等场所的疏散困难	5
容量大于 1000 人的文化或体育场馆等场所的高度惊慌	10
对周围或环境造成危害	20
对四周环境造成污染	50

B.5.22 公众服务中断损失率的计算应符合下列规定：

　　1 可按公式（B.5.22-1）确定 L_f 和 L_o 的数值。当无法或很难确定 n_p、n_t 和 t 时，可采用表 B.5.22 中给出的 L_f 和 L_o 典型平均值；

$$L_x = (n_p/n_t) \times (t/8760) \quad (B.5.22-1)$$

式中：n_p——可能失去服务的年平均用户数量；
　　　　n_t——接受服务的用户总数；
　　　　t——用小时表示的年平均服务中断时间。

表 B.5.22　L_f 和 L_o 的典型平均值

服务类型	L_f	L_o
煤气、水管	10^{-1}	10^{-2}
电视线路、通信线、供电线路	10^{-2}	10^{-3}

　　2 公众服务中断的各种实际损失率可按下列公式计算：

$$L_B = L_V = r_p \times r_f \times L_f \quad (B.5.22-2)$$
$$L_C = L_M = L_W = L_Z = L_o \quad (B.5.22-3)$$

式中：r_p、r_f——分别是本规范表 B.5.21-3 和表 B.5.21-4 中的因子。

B.5.23 文化遗产损失率的计算应符合下列规定：

　　1 可按公式（B.5.23-1）确定 L_f 的数值。当无法或很难确定 c、c_t 时，L_f 的典型平均值可取 10^{-1}；

$$L_x = c/c_t \quad (B.5.23-1)$$

式中：c——用货币表示的每年建筑物内文化遗产可能损失的平均值；
　　　　c_t——用货币表示的建筑物内文化遗产总值。

　　2 文化遗产的实际损失率可按下式计算：

$$L_B = L_V = r_p \times r_f \times L_f \quad (B.5.23-2)$$

式中：r_p、r_f——分别是本规范表 B.5.21-3 和表 B.5.21-4 中的因子。

B.5.24 经济损失率的计算应符合下列规定：

　　1 可按公式（B.5.24-1）确定 L_t、L_f 和 L_o 的数值。当无法或很难确定 c、c_t 时，可采用表 B.5.24 中给出的各种类型建筑物的 L_t、L_f 和 L_o 典型平均值；

$$L_x = c/c_t \quad (B.5.24-1)$$

式中：c——用货币表示的建筑物可能损失的平均数值（包括其存储物的损失、相关业务的中断及其后果）；
　　　　c_t——用货币表示的建筑物的总价值（包括其存储物以及相关业务的价值）。

表 B.5.24　L_t、L_f 和 L_o 的典型平均值

建筑物的类型	L_t
所有类型-建筑物内部	10^{-4}
所有类型-建筑物外部	10^{-2}

建筑物的类型	L_f
医院、工业、博物馆、农业建筑	0.5
旅馆、学校、办公楼、教堂、公众娱乐场所、商业大楼	0.2
其他	0.1

建筑物类型	L_o
有爆炸风险的建筑	10^{-1}
医院、工业、办公楼、旅馆、商业大楼	10^{-2}
博物馆、农业建筑、学校、教堂、公众娱乐场所	10^{-3}
其他	10^{-4}

　　2 经济损失率可按下列公式进行计算：

$$L_A = r_a \times L_t \quad (B.5.24-2)$$
$$L_U = r_u \times L_t \quad (B.5.24-3)$$
$$L_B = L_V = r_p \times r_f \times h_z \times L_f \quad (B.5.24-4)$$
$$L_C = L_M = L_W = L_Z = L_o \quad (B.5.24-5)$$

式中：r_a、r_u、r_p、r_f、h_z——本规范表 B.5.21-2～表 B.5.21-5 中的因子。

B.5.25 成本效益的估算应符合下列规定：

　　1 全部损失的价值 C 可按下式计算：

$$C_L = (R_A + R_U) \times C_A + (R_B + R_V) \times (C_A + C_B + C_S + C_C) + (R_C + R_M + R_W + R_Z) \times C_S$$

$$(B.5.25-1)$$

式中：R_A、R_U——没有保护措施时与牲畜损失有关的风险分量；
　　　　R_B、R_V——没有保护措施时与物理损害有关的风险分量；
　　　　R_C、R_M、R_W、R_Z——没有保护措施时与电气和

电子系统失效有关的风险
分量；

C_A——牲畜的价值；

C_S——建筑物中系统的价值；

C_B——建筑物的价值；

C_C——建筑物内存物的价值。

2 在有保护措施的情况下，剩余损失的总价值 C_{RL} 可按下式计算：

$$C_{RL} = (R'_A + R'_U) \times C_A + (R'_B + R'_V) \times (C_A + C_B + C_S + C_C) + (R'_C + R'_M + R'_W + R'_Z) \times C_S$$

$$(B.5.25-2)$$

式中：R'_A、R'_U——有保护措施时与牲畜损失
有关的风险分量；

R'_B、R'_V——有保护措施时与物理损害
有关的风险分量；

R'_C、R'_M、R'_W、R'_Z——有保护措施时与电气和电
子系统失效有关的风险
分量。

3 保护措施的年平均费用 C_{PM} 可按下式计算：

$$C_{PM} = C_P \times (i + a + m) \quad (B.5.25-3)$$

式中：C_P——保护措施的费用；

i——利率；

a——折旧率；

m——维护费率。

4 每年节省的费用可按公式（B.5.25-4）计算，如果年平均节省的费用 S 大于零，采取防护措施是经济合理的。

$$S = C_L - (C_{PM} + C_{RL}) \quad (B.5.25-4)$$

附录 C 雷电流参数

C.0.1 闪电中可能出现三种雷击波形（图 C.0.1-1），短时雷击波形参数的定义应符合图 C.0.1-2 的规定，长时间雷击波形参数的定义应符合图 C.0.1-3 的规定。

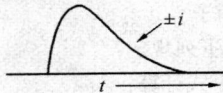 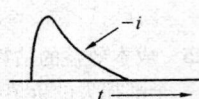

(a) 首次短时雷击　　(b) 首次以后的短时雷击(后续雷击)

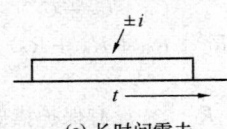

(c) 长时间雷击

图 C.0.1-1　闪电中可能出现的三种雷击

C.0.2 雷电流参数应符合表 C.0.2-1 ~ 表 C.0.2-3 的规定。

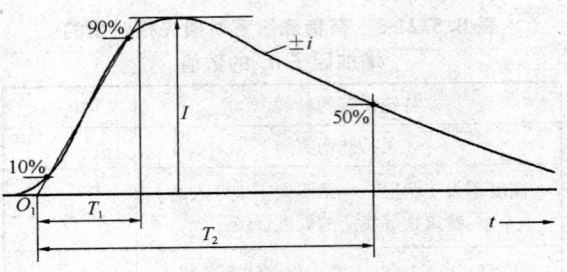

图 C.0.1-2　短时雷击波形参数

I——峰值电流（幅值）；

T_1——波头时间；

T_2——半值时间（典型值 $T_2 < 2ms$）。

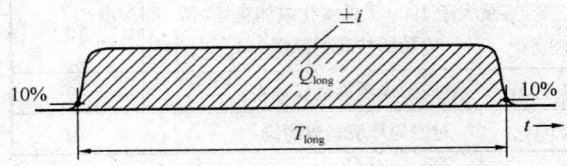

图 C.0.1-3　长时间雷击波形参数

T_{long}——从波头起自峰值 10% 至波尾降到峰值 10% 之间的时间（典型值 $2ms < T_{long} < 1s$）；

Q_{long}——长时间雷击的电荷量。

表 C.0.2-1　首次雷击的雷电流参数

雷电流参数	防雷建筑物类别		
	一类	二类	三类
幅值 I(kA)	200	150	100
波头时间 T_1(μs)	10	10	10
半值时间 T_2(μs)	350	350	350
电荷量 Q_s(C)	100	75	50
单位能量 W/R(MJ/Ω)	10	5.6	2.5

注：1 因为全部电荷量 Q_s 的主要部分包括在首次雷击中，故所规定的值考虑合并了所有短时间雷击的电荷量。

2 由于单位能量 W/R 的主要部分包括在首次雷击中，故所规定的值考虑合并了所有短时间雷击的单位能量。

表 C.0.2-2　首次以后雷击的雷电流参数

雷电流参数	防雷建筑物类别		
	一类	二类	三类
幅值 I(kA)	50	37.5	25
波头时间 T_1(μs)	0.25	0.25	0.25
半值时间 T_2(μs)	100	100	100
平均陡度 I/T_1(kA/μs)	200	150	100

表 C.0.2-3　长时间雷击的雷电流参数

雷电流参数	防雷建筑物类别		
	一类	二类	三类
电荷量 Q_1(C)	200	150	100
时间 T(s)	0.5	0.5	0.5

注：平均电流 $I \approx Q_1/T$。

附录 D　雷击磁场强度的计算方法

D.1　建筑物附近雷击的情况下防雷区内磁场强度的计算

D.1.1　无屏蔽时所产生的磁场强度 H_0，即 LPZ0 区内的磁场强度，应按公式(D.1.1)计算：

$$H_0 = i_0/(2\pi s_a) \quad (A/m) \qquad (D.1.1)$$

式中：i_0——雷电流(A)；

s_a——从雷击点到屏蔽空间中心的距离(m)(图 D.1.1)。

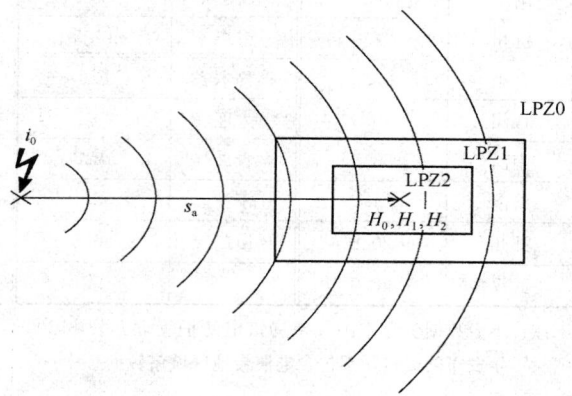

图 D.1.1　邻近雷击时磁场值的估算

D.1.2　当建筑物邻近雷击时，格栅型空间屏蔽内部任意点的磁场强度应按下列公式进行计算：

LPZ1 内　$H_1 = H_0/10^{SF/20} \quad (A/m)$　(D.1.2-1)

LPZ2 等后续防护区内

$$H_{n+1} = H_n/10^{SF/20} \quad (A/m) \qquad (D.1.2-2)$$

式中：H_0——无屏蔽时的磁场强度(A/m)；

H_n、H_{n+1}——分别为 LPZn 和 LPZ$n+1$ 区内的磁场强度(A/m)；

SF——按表 D.1.3 的公式计算的屏蔽系数(dB)。

这些磁场值仅在格栅型屏蔽内部与屏蔽体有一安全距离为 $d_{s/1}$ 的安全空间内有效，安全距离可按下列公式计算：

当 $SF \geqslant 10$ 时　$d_{s/1} = w \cdot SF/10$　(m)　(D.1.2-3)

当 $SF < 10$ 时　$d_{s/1} = w$　(m)　(D.1.2-4)

式中：SF——按表 D.1.3 的公式计算的屏蔽系数(dB)；

w——空间屏蔽网格宽度(m)。

D.1.3　格栅形大空间屏蔽的屏蔽系数 SF，按表 D.1.3 的公式计算。

表 D.1.3　格栅型空间屏蔽对平面波磁场的衰减

材质	SF(dB)	
	25kHz[注1]	1MHz[注2]
铜材或铝材	$20 \cdot \lg(8.5/w)$	$20 \cdot \lg(8.5/w)$
钢材[注3]	$20 \cdot \lg\left[(8.5/w)/\sqrt{1+18 \cdot 10^{-6}/r^2}\right]$	$20 \cdot \lg(8.5/w)$

注：1　适用于首次雷击的磁场；

2　适用于后续雷击的磁场；

3　磁导率 $\mu_r \approx 200$；

4　公式计算结果为负值时，$SF=0$；

5　如果建筑物安装有网状等电位连接网络时，SF 增加 6dB；

6　w 是格栅型空间屏蔽网格宽度(m)；r 是格栅型屏蔽杆的半径(m)。

D.2　当建筑物顶防直击雷装置接闪时防雷区内磁场强度的计算

D.2.1　格栅型空间屏蔽 LPZ1 内部任意点的磁场强度(图 D.2.1)应按下式进行计算：

$$H_1 = k_H \cdot i_0 \cdot w/(d_w \cdot \sqrt{d_r}) \quad (A/m)$$

$$(D.2.1-1)$$

式中：d_r——待计算点与 LPZ1 屏蔽中屋顶的最短距离(m)；

d_w——待计算点与 LPZ1 屏蔽中墙的最短距离(m)；

i_0——LPZ0$_A$ 的雷电流(A)；

k_H——结构系数($1/\sqrt{m}$)，典型值取 0.01；

w——LPZ1 屏蔽的网格宽度(m)。

按公式(D.2.1-1)计算的磁场值仅在格栅型屏蔽

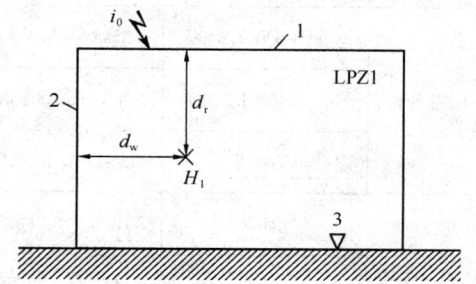

图 D.2.1　闪电直接击于屋顶接闪器时 LPZ1 区内的磁场强度

1—屋顶；2—墙；3—地面

内部与屏蔽体有一安全距离 $d_{s/2}$ 的安全空间内有效，安全距离可按下式计算：

$$d_{s/2} = w \, (\text{m}) \qquad (\text{D}.2.1\text{-}2)$$

D.2.2 在 LPZ2 等后续防护区内部任意点的磁场强度(图 D.2.2)仍按公式(D.1.2-2)计算，这些磁场值仅在格栅型屏蔽内部与屏蔽体有一安全距离为 $d_{s/1}$ 的安全空间内有效。

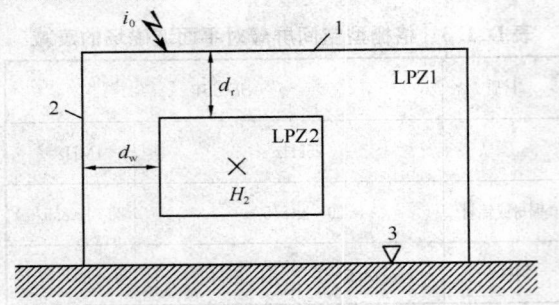

图 D.2.2 LPZ2 等后续防护区内部
任意点的磁场强度的估算
1—屋顶；2—墙；3—地面

附录 E 信号线路浪涌保护器
冲击试验波形和参数

**表 E 信号线路浪涌保护器的冲击试验
推荐采用的波形和参数**

类别	试验类型	开路电压	短路电流
A_1	很慢的上升率	≥1kV 0.1kV/μs~100kV/s	10A, 0.1A/μs~2A/μs ≥1000μs(持续时间)
A_2	AC	—	—
B_1		1kV, 10/1000μs	100A, 10/1000μs
B_2	慢上升率	1kV~4kV, 10/700μs	25A~100A, 5/300μs
B_3		≥1kV, 100V/μs	10A~100A, 10/1000μs
C_1		0.5kV~2kV, 1.2/50μs	0.25kA~1kA, 8/20μs
C_2	快上升率	2kV~10kV, 1.2/50μs	1kA~5kA, 8/20μs
C_3		≥1kV, 1kV/μs	10A~100A, 10/1000μs
D_1	高能量	≥1kV	0.5kA~2.5kA, 10/350μs
D_2		≥1kV	0.6kA~2kA, 10/250μs

注：表中数值为 SPD 测试的最低要求。

附录 F 全国主要城市年平均
雷暴日数统计表

表 F 全国主要城市年平均雷暴日数

地名	雷暴日数 (d/a)	地名	雷暴日数 (d/a)
北京	35.2	长沙	47.6
天津	28.4	广州	73.1
上海	23.7	南宁	78.1
重庆	38.5	海口	93.8
石家庄	30.2	成都	32.5
太原	32.5	贵阳	49.0
呼和浩特	34.3	昆明	61.8
沈阳	25.9	拉萨	70.4
长春	33.9	兰州	21.1
哈尔滨	33.4	西安	13.7
南京	29.3	西宁	29.6
杭州	34.0	银川	16.5
合肥	25.8	乌鲁木齐	5.9
福州	49.3	大连	20.3
南昌	53.5	青岛	19.6
济南	24.2	宁波	33.1
郑州	20.6	厦门	36.5
武汉	29.7		

注：本表数据引自中国气象局雷电防护管理办公室 2005 年发布的资料，不包含港澳台地区城市数据。

本规范用词说明

1 为便于在执行本规范条文时区别对待，对要求严格程度不同的用词说明如下：

1）表示很严格，非这样做不可的用词：
　　正面词采用"必须"，反面词采用"严禁"；

2）表示严格，在正常情况下均这样做的用词：
　　正面词采用"应"，反面词采用"不应"或"不得"；

3）表示允许稍有选择，在条件许可时，首先应这样做的用词：
　　正面词采用"宜"，反面词采用"不宜"；

4）表示有选择，在一定条件下可以这样做的，采用"可"。

2 条文中指明应按其他有关标准执行的写法为："应符合……规定"或"应按……执行"。

引用标准名录

1　《建筑设计防火规范》GB 50016

2　《低压系统内设备的绝缘配合　第 1 部分：原理、要求和试验》GB/T 16935.1

3　《低压电涌保护器(SPD)　第 1 部分：低压配电系统的电涌保护器　性能要求和试验方法》GB 18802.1

4　《雷电防护　第 3 部分：建筑物的物理损坏和生命危险》GB/T 21714.3

5　《雷电防护　第 4 部分：建筑物内电气和电子系统》GB/T 21714.4

中华人民共和国国家标准

建筑物电子信息系统防雷技术规范

GB 50343—2012

条　文　说　明

修 订 说 明

《建筑物电子信息系统防雷技术规范》GB 50343－2012，经住房和城乡建设部 2012 年 6 月 11 日以第 1425 号公告批准、发布。本规范是对原《建筑物电子信息系统防雷技术规范》GB 50343－2004 进行修订而成。

本规范修订工作主要遵循以下原则：原规范大框架不做改动；吸纳先进技术、先进方法，与国际标准接轨；删除原规范目前已不宜推荐的内容；着重提高规范的先进性、实用性、可操作性；着重于建筑物信息系统的防雷。

本规范修订的主要内容包括：对部分术语解释进行了调整；增加了按风险管理要求进行雷击风险评估的内容；对各种建筑物电子信息系统雷电防护等级的划分进行了调整；对第 5 章"防雷设计"的内容进行了修改补充；第 7 章名称修改为"检测与验收"，内容进行了调整；增加了三个附录，并对原附录"全国主要城市年平均雷暴日数统计表"进行了修改，取消了原附录"验收检测表"；规范中第 5.2.6 条和第 5.5.7 条第 2 款（原规范第 5.4.10 条第 2 款）不再作为强制性条文。

原规范主编单位：中国建筑标准设计研究院、四川中光高技术研究所有限责任公司；参编单位：中南建筑设计院、四川省防雷中心、上海市防雷中心、中国电信集团湖南电信公司、铁道部科学院通信信号研究所、北京爱劳科技有限公司、广州易事达艾力科技有限公司、武汉岱嘉电气技术有限公司。原规范主要起草人：王德言、李雪佩、宏育同、李冬根、刘寿先、蔡振新、邱传睿、熊江、陈勇、刘兴顺、郑经娣、刘文明、王维国、陈燮、郭维藩、孙成群、余亚桐、刘岩峰、汪海涛、王守奎。

为便于广大设计、施工、科研等单位有关人员在使用本规范时正确理解和执行条文规定，规范修订编制组按章、节、条顺序编制了本规范条文说明，供使用者参考。

目　　次

1 总 则

1.0.1 随着经济建设的高速发展，电子信息设备的应用已深入国民经济、国防建设和人民生活的各个领域，各种电子、微电子装备已在各行业大量使用。由于这些系统和设备耐过电压能力低，特别是雷电高电压以及雷电电磁脉冲的侵入所产生的电磁效应、热效应都会对信息系统设备造成干扰或永久性损坏。每年我国电子设备因雷击造成的经济损失相当惊人。因此电子信息系统对雷电灾害的防护问题越来越突出。

由于雷击发生的时间和地点以及雷击强度的随机性，因此对雷击损害的防范难度很大，要达到阻止和完全避免雷击损害的发生是不可能的。国家标准《雷电防护》GB/T 21714（等同采用国际电工委员会标准 IEC 62305）和《建筑物防雷设计规范》GB 50057 就已明确指出，建筑物安装防雷装置后，并非万无一失。所以按照本规范要求安装防雷装置和采取防护措施后，只能将雷电灾害降低到最低限度，大大减小被保护的电子信息系统设备遭受雷击损害的风险。

1.0.2 对易燃、易爆等危险环境和场所的雷电防护问题，由有关行业标准解决。

1.0.3 雷电防护设计应坚持预防为主、安全第一的原则，这就是说，凡是雷电可能侵入电子信息系统的通道和途径，都必须预先考虑到，采取相应的防护措施，尽量将雷电高电压、大电流堵截消除在电子信息设备之外，对残余雷电电磁影响，也要采取有效措施将其疏导入大地，这样才能达到对雷电的有效防护。

1.0.4 在进行防雷工程设计时，应认真调查建筑物电子信息系统所在地点的地理、地质以及土壤、气象、环境、雷电活动、信息设备的重要性和雷击事故后果的严重程度等情况，对现场的电磁环境进行风险评估，这样，才能以尽可能低的造价建造一个有效的雷电防护系统，达到合理、科学、经济的设计。

1.0.5 建筑物电子信息系统遭受雷电的影响是多方面的，既有直接雷击，又有雷电电磁脉冲，还有接闪器接闪后由接地装置引起的地电位反击。在进行防雷设计时，不但要考虑防直接雷击，还要防雷电电磁脉冲和地电位反击等，因此，必须进行综合防护，才能达到预期的防雷效果。

图 1 所示综合防雷系统中的外部和内部防雷措施按建筑物电子信息系统的防护特点划分，内部防雷措施包含在电子信息系统设备中各传输线路端口分别安装与之适配的浪涌保护器（SPD），其中电源 SPD 不仅具有抑制雷电过电压的功能，同时还具有抑制操作过电压的作用。

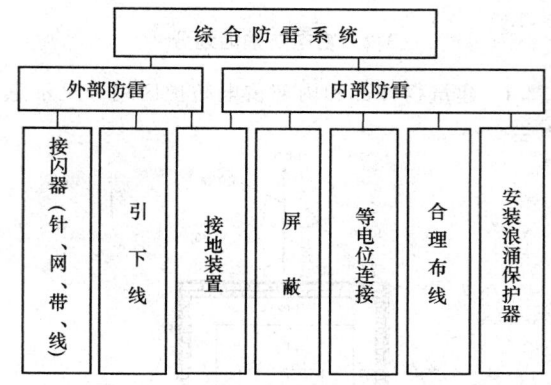

图 1　建筑物电子信息系统综合防雷框图

2 术 语

术语解释的主要依据为《低压电涌保护器（SPD）第 1 部分：低压配电系统的电涌保护器　性能要求和试验方法》GB 18802.1 以及《雷电防护》GB/T 21714 - 2008 系列标准。

2.0.5 综合防雷系统的定义与 GB/T 21714 - 2008 中的术语"雷电防护系统（LPS）"有所不同。GB/T 21714 系列标准中所提到的 LPS 仅指减少雷击建筑物造成物理损害的防雷装置，不包括防雷电电磁脉冲的部分。本规范中，综合防雷系统是全部防雷装置和措施的总称。外部防雷指接闪器、引下线和接地装置，内部防雷指等电位连接、共用接地装置、屏蔽、合理布线、浪涌保护器等。这样定义，概念比较清楚，也符合我国工程设计人员长期形成的使用习惯。

2.0.16 本规范中按照浪涌保护器在电子信息系统中的使用特性，将浪涌保护器分为电源线路浪涌保护器、天馈线路浪涌保护器和信号线路浪涌保护器。

2.0.18 根据国家标准《低压电涌保护器（SPD）第 1 部分：低压配电系统的电涌保护器　性能要求和试验方法》GB 18802.1，浪涌保护器按组件特性分为电压限制型、电压开关型以及复合型。其中电压限制型浪涌保护器又称限压型浪涌保护器。

3 雷电防护分区

3.1 地区雷暴日等级划分

3.1.2 地区雷暴日数应以国家公布的当地年平均雷暴日数为准，本规范附录 F 提供的我国主要城市地区雷暴日数仅供工程设计参考。

3.1.3 关于地区雷暴日等级划分，国家还没有制定出一个统一的标准。本规范参考多数现行标准采用的等级划分标准，将年平均雷暴日超过 90d 的地区定为强雷区。

3.2 雷电防护区划分

3.2.1 建筑物外部和内部雷电防护区划分见示意图2。

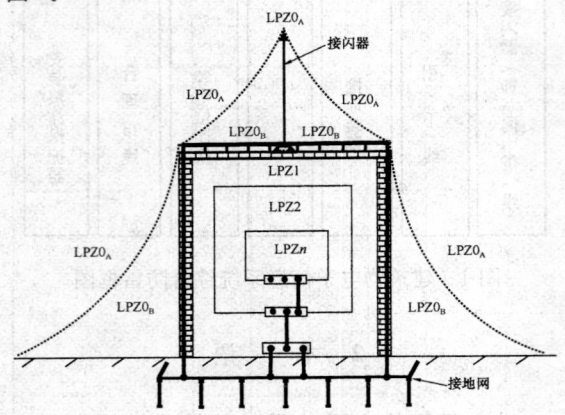

图 2 建筑物外部和内部雷电防护区划分示意图

■■■—在不同雷电防护区界面上的等电位接地端子板；

▨▨▨—起屏蔽作用的建筑物外墙；

虚线—按滚球法计算的接闪器保护范围界面

雷击致损原因（S）与建筑物雷电防护区划分的关系见图3。

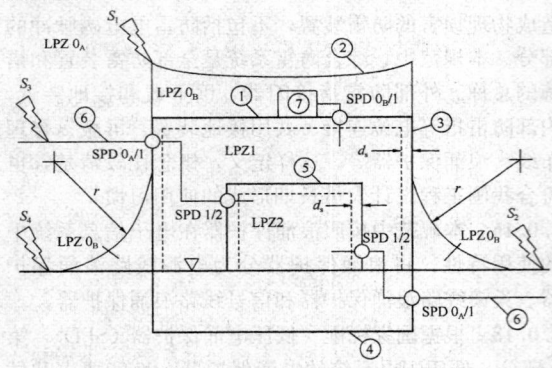

图 3 雷击致损原因（S）
与建筑物雷电防护区（LPZ）示意图

①—建筑物（LPZ1 的屏蔽体）；　S_1—雷击建筑物；
②—接闪器；　　　　　　　　S_2—雷击建筑物附近；
③—引下线；　　　　　　　　S_3—雷击连接到建筑物
④—接地体；　　　　　　　　　　　的服务设施；
⑤—房间（LPZ2 的屏蔽体）；　S_4—雷击连接到建筑物
⑥—连接到建筑物的服务设施；　　　的服务设施附近；
⑦—建筑物屋顶电气设备；　　r—滚球半径；
○—用 SPD 进行的等电位连接；　d_s—防过高磁场的安全
▽地面　　　　　　　　　　　　　　距离；

3.2.2 雷电防护区的划分依据 GB/T 21714—2008 系列标准规定的分类和定义。

4 雷电防护等级划分和雷击风险评估

4.1 一般规定

4.1.1 雷电防护工程设计的依据之一是对工程所处地区的雷电环境进行风险评估的结果，按照风险评估的结果确定电子信息系统是否需要防护，需要什么等级的防护。因此，雷电环境的风险评估是雷电防护工程设计必不可少的环节。考虑到工程实际情况差异较大，用户要求各不相同，为提供工程设计的可操作性，本规范提供了三种风险评估方法。工程设计人员可根据建筑物电子信息系统的特性、建筑物电子信息系统的重要性、评估所需数据资料的完备程度以及用户的要求选用。

雷电环境的风险评估是一项复杂的工作，要考虑当地的气象环境、地质地理环境；还要考虑建筑物的重要性、结构特点和电子信息系统设备的重要性及其抗扰能力。将这些因素综合考虑后，确定一个最佳的防护等级，才能达到安全可靠、经济合理的目的。

4.1.2 建筑物电子信息系统可按本规范第 4.2 节计算防雷装置的拦截效率或按本规范第 4.3 节查表确定雷电防护等级。按本规范第 4.4 节风险管理要求进行雷击风险评估时不需要再分级。

4.1.4 在防雷设计时按风险管理要求对被保护对象进行雷击风险评估已成为雷电防护的最新趋势。按风险管理要求对被保护对象进行雷击风险评估工作量大，对各种资料数据的准确性、完备性要求高，目前推广实施尚存在很多困难。因此，仅对重点工程或当用户提出要求时进行，此类评估一般由专门的雷电风险评估机构实施。

4.2 按防雷装置的拦截效率确定雷电防护等级

4.2.1 用于计算建筑物年预计雷击次数 N_1 和建筑物入户设施年预计雷击次数 N_2 的建筑物所处地区雷击大地密度 N_g 在 2004 版规范中的计算公式为 $N_g = 0.024 \times T_d^{1.3}$，为了与国际标准接轨，同时与其他国标协调一致，本规范采用国家标准《雷电防护　第 2 部分：风险管理》GB/T 21714.2-2008（IEC 62305-2：2006，IDT）中的计算公式 $N_g \approx 0.1 T_d$。

4.2.2 电子信息系统设备因雷击损坏可接受的最大年平均雷击次数 N_c 值，至今，国内外尚无一个统一的标准，一般由各国自行确定。

法国标准 NFC-17-102：1995 附录 B："闪电评估指南及 ECP1 保护级别的选择"中，将 N_c 定为 $5.8 \times 10^{-3}/C$，C 为各类因子，它是综合考虑了电子设备所处地区的地理、地质环境、气象条件、建筑物特性、设备的抗扰能力等因素进行确定。若按该公式计算出的值为 10^{-4} 数量级，即建筑物允许落闪频率为万分之几，这样一来，几乎所有的雷电防护工程，不管是在少雷区还是在强雷区，都要按最高等级 A 设计，这是不合理的。

在本规范中，将 N_c 值调整为 $N_c = 5.8 \times 10^{-1}/C$，这样得出的结果：在少雷区或中雷区，防雷工程按 A 级设计的概率为 10%左右；按 B 级设计的概率为 50%～60%；少数设计为 C 级和 D 级。这样的一个结果我们认为是合乎我国实际情况的，也是科学的。

按防雷装置的拦截效率确定雷电防护等级的计算实例：

一、建筑物年预计雷击次数 N_1

1 建筑物所处地区雷击大地密度

$$N_g \approx 0.1 \times T_d \quad [次/(km^2 \cdot a)] \quad (1)$$

表 1　N_g 按典型雷暴日 T_d 的取值

T_d 值	N_g［次/（km²·a）］
25	2.5
40	4
60	6
90	9

2 建筑物等效截收面积 A_e 的计算（按本规范附录 A 图 A.1.3）

1）当 $H < 100m$ 时，按下式计算：
每边扩大宽度：

$$D = \sqrt{H(200 - H)} \quad (m) \quad (2)$$

建筑物等效截收面积：

$$A_e = [LW + 2(L+W)\sqrt{H(200-H)} + \pi H(200-H)] \times 10^{-6} \quad (km^2) \quad (3)$$

式中：L、W、H——分别为建筑物的长、宽、高（m）。

2）当 $H \geqslant 100m$ 时：

$$A_e = [LW + 2H(L+W) + \pi H^2] \times 10^{-6} \quad (km^2) \quad (4)$$

3 校正系数 K 的取值

1.0、1.5、1.7、2.0（根据建筑物所处的不同地理环境取值）。

4 N_1 值计算

$$N_1 = K \times N_g \times A_e \quad (次/a) \quad (5)$$

分别代入不同的 K、N_g、A_e 值，可计算出不同的 N_1 值。

二、建筑物入户设施年预计雷击次数 N_2

1 N_2 值计算

$$N_2 = N_g \times A_e' \quad (次/a) \quad (6)$$

$$A_e' = A_{e1}' + A_{e2}' \quad (km^2) \quad (7)$$

式中：A_{e1}'——电源线入户设施的截收面积（km²），见表2；

A_{e2}'——信号线入户设施的截收面积（km²），见表2。

均按埋地引入方式计算 A_e' 值

表 2　入户设施的截收面积（km²）

线缆敷设方式 $\diagdown$ A_e' 参数	L（m）	d_s（m） 100	250	500	备　注
低压电源埋地线缆	200	0.04	0.10	0.20	$A_{e1}' = 2 \times d_s \times L \times 10^{-6}$
	500	0.10	0.25	0.50	
	1000	0.20	0.50	1.0	
高压电源埋地电缆	200	0.002	0.005	0.01	$A_{e1}' = 0.1 \times d_s \times L \times 10^{-6}$
	500	0.005	0.0125	0.025	
	1000	0.01	0.025	0.05	
埋地信号线缆	200	0.04	0.10	0.2	$A_{e2}' = 2 \times d_s \times L \times 10^{-6}$
	500	0.10	0.25	0.5	
	1000	0.20	0.5	1.0	

2 A_e' 计算

1）取高压电源埋地线缆：$L = 500m$，$d_s = 250m$；埋地信号线缆：$L = 500m$，$d_s = 250m$。

查表2：$A_e' = A_{e1}' + A_{e2}' = 0.0125 + 0.25 = 0.2625$（km²）

2）取高压电源埋地线缆：$L = 1000m$，$d_s = 500m$；埋地信号线缆：$L = 500m$，$d_s = 500m$。

查表2：$A_e' = A_{e1}' + A_{e2}' = 0.05 + 0.5 = 0.55$（km²）

三、建筑物及入户设施年预计雷击次数 N 的计算

$$N = N_1 + N_2 = K \times N_g \times A_e + N_g \times A_e'$$
$$= N_g \times (KA_e + A_e') \quad (次/a) \quad (8)$$

四、电子信息系统因雷击损坏可接受的最大年平均雷击次数 N_c 的确定

$$N_c = 5.8 \times 10^{-1}/C \quad (次/a) \quad (9)$$

式中：C——各类因子，取值按表3。

表 3　C 的取值

c值 $\diagdown$ 分项	大	中	小
C_1	2.5	1.5	0.5
C_2	3.0	2.5	1.0
C_3	3.0	1.0	0.5
C_4	2.0	1.0	0.5
C_5	2.0	1.0	0.5
C_6	1.4	1.2	0.8
ΣC_i	13.9	8.2	3.8

五、雷电电磁脉冲防护分级计算

防雷装置拦截效率的计算公式：

$$E = 1 - N_c / N \qquad (10)$$

$E > 0.98$ 定为 A 级

$0.90 < E \leqslant 0.98$ 定为 B 级

$0.80 < E \leqslant 0.90$ 定为 C 级

$E \leqslant 0.8$ 定为 D 级

1 取外引高压电源埋地线缆长度为 500m，外引埋地信号线缆长度为 200m，土壤电阻率取 250Ωm，建筑物如表 3 中所列 6 种 C 值，计算结果列入表 4 中。

2 取外引低压电源埋地线缆长度为 500m，外引埋地信号线缆长度为 200m，土壤电阻率取 500Ωm，建筑物如表 3 中所列 6 种 C 值，计算结果列入表 5 中。

表 4　风险评估计算实例一

建筑物种类		电信大楼	通信大楼	医科大楼	综合办公楼	高层住宅	宿舍楼
建筑物外形尺寸 (m)	L	60	54	74	140	36	60
	W	40	22	52	60	36	13
	H	130	97	145	160	68	24
建筑物等效截收面积 A_e (km²)		0.0815	0.0478	0.1064	0.1528	0.0431	0.0235
入户设施截收面积 A'_e (km²)	A'_{e1}	0.0125	0.0125	0.0125	0.0125	0.0125	0.0125
	A'_{e2}	0.1	0.1	0.1	0.1	0.1	0.1
建筑物及入户设施年预计雷击次数 N (次/a)	T_d (d) 25	0.4850	0.4007	0.5472	0.6632	0.3890	0.3400
	40	0.7760	0.6412	0.8756	1.0612	0.6224	0.5440
	60	1.1640	0.9618	1.3134	1.5918	0.9336	0.8160
	90	1.7460	1.4427	1.9701	2.3877	1.4004	1.2240
电子信息系统设备因雷击损坏可接受的最大年平均雷击次数 N_c (次/a)	各类因子 C	0.0417	0.0417	0.0417	0.0417	0.0417	0.0417
		0.0707	0.0707	0.0707	0.0707	0.0707	0.0707
		0.1526	0.1526	0.1526	0.1526	0.1526	0.1526

注：外引高压电源埋地电缆长 500m、埋地信号电缆长 200m，$\rho = 250$Ωm，$N_c = 5.8 \times 10^{-1}/C$，$C = C_1 + C_2 + C_3 + C_4 + C_5 + C_6$。

电信大楼 E 值（$E = 1 - N_c / N$）

C ＼ T_d	25	40	60	90
13.9	0.9140	0.9463	0.9642	0.9761
8.2	0.8542	0.9089	0.9393	0.9595
3.8	0.6854	0.8034	0.8689	0.9126

医科大楼 E 值（$E = 1 - N_c / N$）

C ＼ T_d	25	40	60	90
13.9	0.9238	0.9524	0.9683	0.9788
8.2	0.8708	0.9193	0.9462	0.9641
3.8	0.7212	0.8257	0.8838	0.9225

高层住宅 E 值（$E = 1 - N_c / N$）

C ＼ T_d	25	40	60	90
13.9	0.8928	0.9330	0.9553	0.9702
8.2	0.8183	0.8864	0.9243	0.9495
3.8	0.6077	0.7548	0.8365	0.8910

通信大楼 E 值（$E = 1 - N_c / N$）

C ＼ T_d	25	40	60	90
13.9	0.8959	0.9350	0.9566	0.9711
8.2	0.8236	0.8897	0.9265	0.9510
3.8	0.6192	0.7620	0.8413	0.8942

综合办公楼 E 值（$E = 1 - N_c / N$）

C ＼ T_d	25	40	60	90
13.9	0.9371	0.9607	0.9738	0.9825
8.2	0.8934	0.9334	0.9556	0.9704
3.8	0.7699	0.8562	0.9041	0.9361

宿舍楼 E 值（$E = 1 - N_c / N$）

C ＼ T_d	25	40	60	90
13.9	0.8774	0.9233	0.9489	0.9659
8.2	0.7921	0.8700	0.9134	0.9422
3.8	0.5512	0.7195	0.813	0.8753

表 5　风险评估计算实例二

建筑物种类		电信大楼	通信大楼	医科大楼	综合办公楼	高层住宅	宿舍楼
建筑物外形尺寸 (m)	L	60	54	74	140	36	60
	W	40	22	52	60	36	13
	H	130	97	145	160	68	24
建筑物截收面积 A_e (km²)		0.0815	0.0478	0.1064	0.1528	0.0431	0.0235
入户设施截收面积 A'_e (km²)	A'_{e1}	0.5	0.5	0.5	0.5	0.5	0.5
	A'_{e2}	0.2	0.2	0.2	0.2	0.2	0.2
建筑物及入户设施年预计雷击次数 N (次/a)	T_d (d) 25	1.9537	1.8695	2.016	2.132	1.8577	1.8087
	40	3.1260	2.9912	3.2256	3.4112	2.9724	2.8940
	60	4.6890	4.4868	4.8384	5.1168	4.4586	4.3410
	90	7.0335	6.7302	7.2576	7.6752	6.6879	6.5115
电子信息系统设备因雷击损坏可接受的最大年平均雷击次数 N_c (次/a)	各类因子 C	0.0417	0.0417	0.0417	0.0417	0.0417	0.0417
		0.0707	0.0707	0.0707	0.0707	0.0707	0.0707
		0.1526	0.1526	0.1526	0.1526	0.1526	0.1526

注：外引低压埋地电缆长 500m、埋地信号电缆长 200m，$\rho = 500$Ωm，$N_c = 5.8 \times 10^{-1}/C$，$C = C_1 + C_2 + C_3 + C_4 + C_5 + C_6$。

電信大樓 E 值（E=1−N_c/N）

C \ T_d	25	40	60	90
13.9	0.9787	0.9867	0.9911	0.9941
8.2	0.9638	0.9774	0.9849	0.9899
3.8	0.9219	0.9512	0.9675	0.9783

醫科大樓 E 值（E=1−N_c/N）

C \ T_d	25	40	60	90
13.9	0.9793	0.9871	0.9914	0.9943
8.2	0.9649	0.9781	0.9854	0.9903
3.8	0.9243	0.9527	0.9685	0.9790

高層住宅 E 值（E=1−N_c/N）

C \ T_d	25	40	60	90
13.9	0.9776	0.9860	0.9906	0.9938
8.2	0.9619	0.9762	0.9841	0.9894
3.8	0.9179	0.9487	0.9658	0.9772

通信大樓 E 值（E=1−N_c/N）

C \ T_d	25	40	60	90
13.9	0.9777	0.9861	0.9907	0.9938
8.2	0.9622	0.9764	0.9842	0.9895
3.8	0.9184	0.9490	0.9660	0.9773

綜合辦公樓 E 值（E=1−N_c/N）

C \ T_d	25	40	60	90
13.9	0.9804	0.9878	0.9919	0.9946
8.2	0.9668	0.9793	0.9862	0.9908
3.8	0.9284	0.9553	0.9702	0.9801

宿舍樓 E 值（E=1−N_c/N）

C \ T_d	25	40	60	90
13.9	0.9769	0.9856	0.9904	0.9936
8.2	0.9609	0.9756	0.9837	0.9891
3.8	0.9156	0.9473	0.9648	0.9766

4.3　按电子信息系统的重要性、使用性质和价值确定雷电防护等级

4.3.1　由于表 4.3.1 无法列出全部各类电子信息系统，其他电子信息系统可参照本表确定雷电防护等级。

4.4　按风险管理要求进行雷击风险评估

4.4.1～4.4.3　按风险管理要求进行雷击风险评估主要依据《雷电防护　第 2 部分：风险管理》GB/T 21714.2－2008（IEC 62305-2：2006，IDT）。评估防雷措施必要性时涉及的建筑物雷击损害风险包括人身伤亡损失风险 R_1、公众服务损失风险 R_2 以及文化遗产损失风险 R_3，应根据建筑物特性和有关管理部门规定确定需计算何种风险。

评估办公楼是否需防雷（无需评估采取保护措施的成本效益）计算实例：

需确定人身伤亡损失的风险 R_1（计算本规范附录 B 表 B.2.6 的各个风险分量），与容许风险 $R_T = 10^{-5}$ 相比较，以决定是否需采取防雷措施，并选择能降低这种风险的保护措施。

一、有关的数据和特性

表 6～表 8 分别给出：

——建筑物本身及其周围环境的数据和特性；

——内部电气系统及入户电力线路的数据和特性；

——内部电子系统及入户通信线路的数据和特性。

表 6　建筑物特性

参　数	说明	符号	数值
尺寸（m）	—	$L_b \times W_b \times H_b$	40×20×25
位置因子	孤立	C_d	1
减少物理损害的 LPS	无	P_B	1
建筑物的屏蔽	无	K_{S1}	1
建筑物内部的屏蔽	无	K_{S2}	1
雷击大地密度（次/km² · a）	—	N_g	4
建筑物内外人数	户外和户内	n_t	200

表 7　内部电气系统以及相连供电线路的特性

参　数	说明	符号	数值
长度（m）	—	L_c	200
高度（m）	架空	H_c	6
HV/LV 变压器	无	C_t	1
线路位置因子	孤立	C_d	1
线路环境因子	农村	C_e	1
线路屏蔽性能	非屏蔽线路	P_{LD}	1
		P_{L1}	0.4
内部合理布线	无	K_{S3}	1
设备耐受电压 U_w	$U_w = 2.5kV$	K_{S1}	0.6
匹配的 SPD 保护	无	P_{SPD}	1
线路 "a" 端建筑物的尺寸（m）	无	$L_a \times W_a \times H_a$	—

表 8　内部通信系统以及相连通信线路的特性

参　数	说明	符号	数值
土壤电阻率（Ω·m）	—	ρ	250
长度（m）	—	L_c	1000
高度（m）	埋地	—	—
线路位置因子	孤立	C_d	1
线路环境因子	农村	C_e	1
线路屏蔽性能	非屏蔽线路	P_{LD}	1
		P_{LI}	1
内部合理布线	无	K_{S3}	1
设备耐受电压 U_w	$U_w=1.5\text{kV}$	K_{S4}	1
匹配的 SPD 保护	无	P_{SPD}	1
线路"a"端建筑物的尺寸（m）	无	$L_a \times W_a \times H_a$	—

二、办公楼的分区及其特性

考虑到：

——入口、花园和建筑物内部的地表类型不同；

——建筑物和档案室都为防火分区；

——没有空间屏蔽；

——假定计算机中心内的损失率 L_X 比办公楼其他地方的损失率小。

划分以下主要的区域：

——Z_1（建筑物的入口处）；

——Z_2（花园）；

——Z_3（档案室——是防火分区）；

——Z_4（办公室）；

——Z_5（计算机中心）。

$Z_1 \sim Z_5$ 各区的特性分别在表 9～表 13 中给出。考虑到各区中有潜在危险的人员数与建筑物中总人员数的情况，经防雷设计人员的分析判断，决定与 R_1 相关的各区的损失率不取表 B.5.21-1 的数值，而作了适当的减小。

表 9　Z_1 区的特性

参　数	说明	符号	数值
地表类型	大理石	r_a	10^{-3}
电击防护	无	P_A	1
接触和跨步电压造成的损失率	有	L_t	2×10^{-4}
该区中有潜在危险的人员数	—	—	4

表 10　Z_2 区的特性

参　数	说明	符号	数值
地表类型	草地	r_a	10^{-2}
电击防护	栅栏	P_A	0
接触和跨步电压造成的损失率	有	L_t	10^{-4}
该区中有潜在危险的人员数	—	—	2

表 11　Z_3 区的特性

参　数	说明	符号	数值
地板类型	油毡	r_u	10^{-5}
火灾危险	高	r_f	10^{-1}
特殊危险	低度惊慌	h_z	2
防火措施	无	r_p	1
空间屏蔽	无	K_{S2}	1
内部电源系统	有	连接到低压电力线路	—
内部电话系统	有	连接到电信线路	—
接触和跨步电压造成的损失率	有	L_t	10^{-5}
物理损害造成的损失率	有	L_f	10^{-3}
该区中有潜在危险的人员数	—	—	20

表 12　Z_4 区的特性

参　数	说明	符号	数值
地板类型	油毡	r_u	10^{-5}
火灾危险	低	r_f	10^{-3}
特殊危险	低度惊慌	h_z	2
防火措施	无	r_p	1
空间屏蔽	无	K_{S2}	1
内部电源系统	有	连接到低压电力线路	—
内部电话系统	有	连接到电信线路	—
接触和跨步电压造成的损失率	有	L_t	8×10^{-5}
物理损害造成的损失率	有	L_f	8×10^{-3}
该区中有潜在危险的人员数	—	—	160

表 13　Z_5 区的特性

参　数	说明	符号	数值
地板类型	油毡	r_u	10^{-5}
火灾危险	低	r_f	10^{-3}
特殊危险	低度惊慌	h_z	2
防火措施	无	r_p	1
空间屏蔽	无	K_{S2}	1
内部电源系统	有	连接到低压电力线路	—
内部电话系统	有	连接到电信线路	—
接触和跨步电压造成的损失率	有	L_t	7×10^{-6}
物理损害造成的损失率	有	L_f	7×10^{-4}
该区中有潜在危险的人员数	—	—	14

三、相关量的计算

表14、表15分别给出截收面积以及预期危险事件次数的计算结果。

表 14 建筑物和线路的截收面积

符 号	数值（m²）
A_d	2.7×10^4
$A_{l(电力线)}$	4.5×10^3
$A_{i(电力线)}$	2×10^5
$A_{l(通信线)}$	1.45×10^4
$A_{i(通信线)}$	3.9×10^5

表 15 预期的年平均危险事件次数

符 号	数值（次/a）
N_D	1.1×10^{-1}
$N_{L(电力线)}$	1.81×10^{-2}
$N_{I(电力线)}$	8×10^{-1}
$N_{L(通信线)}$	5.9×10^{-2}
$N_{I(通信线)}$	1.581

四、风险计算

表16中给出了各区风险分量以及风险 R_1 的计算结果。

表 16 各区风险分量值（数值 $\times 10^{-5}$）

	Z_1 （入口处）	Z_2 （花园）	Z_3 （档案室）	Z_4 （办公室）	Z_5 （计算机中心）	合计
R_A	0.002	0				0.002
R_B			2.210	0.177	0.016	2.403
$R_{U(电力线)}$	≈ 0		≈ 0	≈ 0	≈ 0	≈ 0
$R_{V(电力线)}$			0.362	0.029	0.002	0.393
$R_{U(通信线)}$	≈ 0		≈ 0	≈ 0	≈ 0	≈ 0
$R_{V(通信线)}$			1.180	0.094	0.008	1.282
合计	0.002	0	3.752	0.300	0.026	4.080

五、结论

$R_1 = 4.08 \times 10^{-5}$ 高于容许值 $R_T = 10^{-5}$，需增加防雷措施。

六、保护措施的选择

表17中给出了风险分量的组合（见本规范附录 B.4.2）：

表 17 R_1 的各风险分量按不同的方式组合得到的各区风险（数值 $\times 10^{-5}$）

	Z_1 （入口处）	Z_2 （花园）	Z_3 （档案室）	Z_4 （办公室）	Z_5 （计算机中心）	建筑物
R_D	0.002	0	2.210	0.177	0.016	2.405
R_I	0	0	1.542	0.123	0.010	1.673
合计	0.002	0	3.752	0.300	0.026	4.080
R_S	0.002	0	≈ 0	≈ 0	≈ 0	0.002
R_F			3.752	0.300	0.026	4.312
R_O	0	0	0	0	0	0
合计	0.002	0	3.752	0.300	0.026	4.080

其中：

$R_D = R_A + R_B + R_C$；

$R_I = R_M + R_U + R_V + R_W + R_Z$；

$R_S = R_A + R_U$；

$R_F = R_B + R_V$；

$R_O = R_M + R_C + R_W + R_Z$。

由表17可看出建筑物的风险主要是损害成因 S1 及 S3 在 Z_3 区中由物理损害产生的风险，占总风险的92%。

根据表16，Z_3 中对风险 R_1 起主要作用的风险分量有：

——分量 R_B 占54%；

——分量 $R_{V(电力线)}$ 约占9%；

——分量 $R_{V(通信线)}$ 约占29%。

为了把风险降低到容许值以下，可以采取以下保护措施：

1 安装符合《雷电防护 第3部分：建筑物的物理损坏和生命危险》GB/T 21714.3-2008 要求的减小物理损害的Ⅳ类 LPS，以减少分量 R_B；在入户线路上安装 LPL 为Ⅳ级的 SPD。前述 LPS 无格栅形空间屏蔽特性。表6~表8中的参数将有以下变化：

$P_B = 0.2$；

$P_U = P_V = 0.03$（由于在入户线路上安装了 SPD）。

2 在档案室（Z_3 区）中安装自动灭火（或监测）系统以减少该区的风险 R_B 和 R_V，并在电力和电话线路入户处安装 LPL 为Ⅳ级的 SPD。表7、表8和表11中的参数将有以下变化：

Z_3 区的 r_p 变为 $r_p = 0.2$；

$P_U = P_V = 0.03$（由于在入户线路上安装了 SPD）。

采用上述措施后各区的风险值见表18。

表 18　两种防护方案得出的 R_1 值（数值 $\times 10^{-5}$）

	Z_1	Z_2	Z_3	Z_4	Z_5	合计
方案 1	0.002	0	0.488	0.039	0.003	0.532
方案 2	0.002	0	0.451	0.180	0.016	0.649

两种方案都把风险降低到了容许值之下，考虑技术可行性与经济合理性后选择最佳解决方案。

5　防雷设计

5.1　一般规定

5.1.2　建筑物上装设的外部防雷装置，能将雷击电流安全泄放入地，保护了建筑物不被雷电直接击坏。但不能保护建筑物内的电气、电子信息系统设备被雷电冲击过电压、雷电感应产生的瞬态过电压击坏。为了避免电子信息设备之间及设备内部出现危险的电位差，采用等电位连接降低其电位差是十分有效的防范措施。接地是分流和泄放直接雷击电流和雷电电磁脉冲能量最有效的手段之一。

为了确保电子信息系统的正常工作及工作人员的人身安全、抑制电磁干扰，建筑物内电子信息系统必须采取等电位连接与接地保护措施。

5.1.3　雷电电磁脉冲（LEMP）会危及电气和电子信息系统，因此应采取 LEMP 防护措施以避免建筑物内部的电气和电子信息系统失效。

工程设计时应按照需要保护的设备数量、类型、重要性、耐冲击电压水平及所处雷电环境等情况，选择最适当的 LEMP 防护措施。例如在防雷区（LPZ）边界采用空间屏蔽、内部线缆屏蔽和设置能量协调配合的浪涌保护器等措施，使内部系统设备得到良好防护，并要考虑技术条件和经济因素。LEMP 防护措施系统（LPMS）的示例见图 4。

2 款：雷电流及相关的磁场是电子信息系统的主要危害源。就防护而言，雷电电场影响通常较小，所以雷电防护应主要考虑对雷击电流产生的磁场进行屏蔽。

5.1.4、5.1.5　新建、扩建、改建工程应收集相关资料和数据，为防雷工程设计提供现场依据，而且这些资料和数据也是雷击风险评估计算所必需的原始材料。被保护设备的性能参数包括设备工作频率、功率、工作电平、传输速率、特性阻抗、传输介质及接口形式等；电子信息系统的网络结构指电子信息系统各设备之间的电气连接关系等；线路进入建筑物的方式指架空或埋地，屏蔽或非屏蔽；接地装置状况指接地装置位置、接地电阻值等。

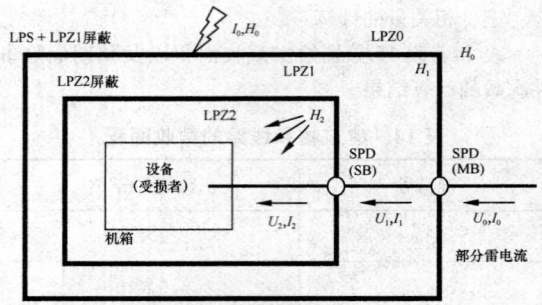

(a) 采用空间屏蔽和"协调配合的 SPD 防护"的 LPMS
——对于传导浪涌（$U_2 \ll U_0$ 和 $I_2 \ll I_0$）和辐射磁场（$H_2 \ll H_0$），设备得到良好的防护

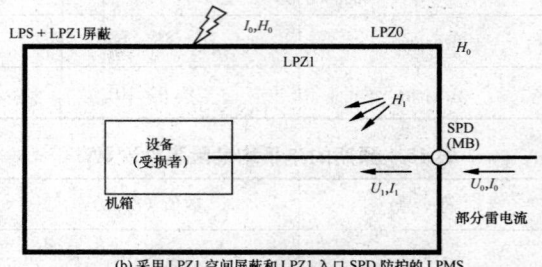

(b) 采用 LPZ1 空间屏蔽和 LPZ1 入口 SPD 防护的 LPMS
——对于传导浪涌（$U_1 < U_0$ 和 $I_1 < I_0$）和辐射磁场（$H_1 < H_0$），设备得到防护

图 4　LEMP 防护措施系统（LPMS）示例（一）

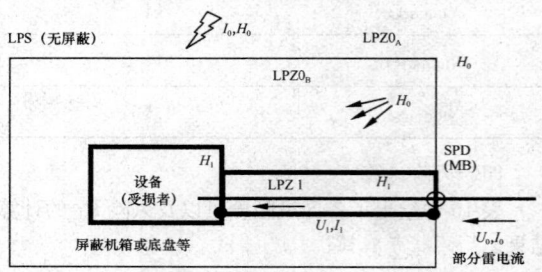

(c) 采用内部线路屏蔽和 LPZ1 入口 SPD 防护的 LPMS
——对于传导浪涌（$U_1 < U_0$ 和 $I_1 < I_0$）和辐射磁场（$H_1 < H_0$），设备得到防护

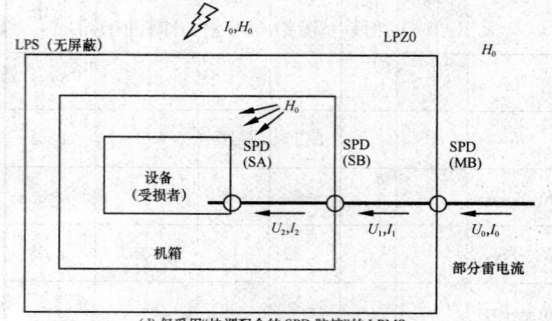

(d) 仅采用"协调配合的 SPD 防护"的 LPMS
——对于传导浪涌（$U_2 \ll U_0$ 和 $I_2 \ll I_0$），设备得到防护；但对于辐射磁场（H_0）却无防护作用

图 4　LEMP 防护措施系统（LPMS）示例（二）

MB　主配电盘；SB　次配电盘；SA　靠近设备处电源插孔；
━━━ 屏蔽界面；━━ 非屏蔽界面

注：SPD 可以位于下列位置：LPZ1 边界上（例如主配电盘 MB）；LPZ2 边界上（例如次配电盘 SB）；或者靠近设备处（例如电源插孔 SA）。

5.2　等电位连接与共用接地系统设计

5.2.1　电气和电子设备的金属外壳、机柜、机架、金属管（槽）、屏蔽线缆外层、信息设备防静电接地和安全保护接地及浪涌保护器接地端等均应以最短的距离与局部等电位连接网络连接。

1 S型结构一般宜用于电子信息设备相对较少（面积100m² 以下）的机房或局部的系统中，如消防、建筑设备监控系统、扩声等系统。当采用S型结构局部等电位连接网络时，电子信息设备所有的金属导体，如机柜、机箱和机架应与共用接地系统独立，仅通过作为接地参考点（EPR）的唯一等电位连接母排与共用接地系统连接，形成 Ss 型单点等电位连接的星形结构。采用星形结构时，单个设备的所有连线应与等电位连接导体平行，避免形成感应回路。

2 采用M型网格形结构时，机房内电气、电子信息设备等所有的金属导体，如机柜、机箱和机架不应与接地系统独立，应通过多个等电位连接点与接地系统连接，形成 Mm 型网状等电位连接的网格形结构。当电子信息系统分布于较大区域，设备之间有许多线路，并且通过多点进入该系统内时，适合采用网格形结构，网格大小宜为 0.6m～3m。

3 在一个复杂系统中，可以结合两种结构（星形和网格形）的优点，如图5所示，构成组合1型（Ss 结合 Mm）和组合2型（Ms 结合 Mm）。

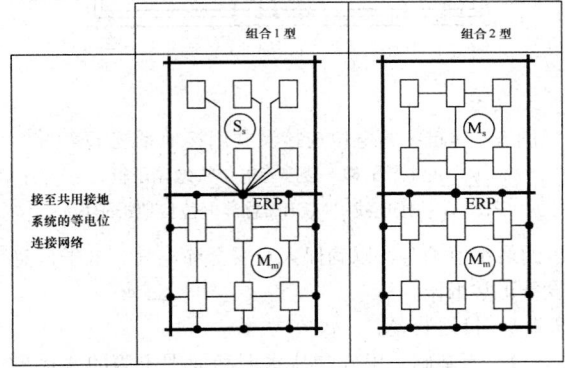

图5 电子信息系统等电位连接方法的组合

━━共用接地系统；
──等电位连接导体；
▢─设备；
●─等电位连接网络的连接点；

ERP—接地参考点；
Ss—单点等电位连接的星形结构；
Mm—网状等电位连接的网格形结构；
Ms—单点等电位连接的网格形结构；

4 电子信息系统设备信号接地即功能性接地，所以机房内S型和M型结构形式的等电位连接也是功能性等电位连接。对功能性等电位连接的要求取决于电子信息系统的频率范围、电磁环境以及设备的抗干扰/频率特性。

根据工程中的做法：

1）S型星形等电位连接结构适用于 1MHz 以下低频率电子信息系统的功能性接地。

2）M型网格形等电位连接结构适用于频率达 1MHz 以上电子信息系统的功能性接地。每台电子信息设备宜用两根不同长度的连接导体与等电位连接网格连接，两根不同长度的连接导体应避开或远离干扰频率的 1/4 波长或奇数倍，同时要为高频干扰信号提供一个低阻抗的泄放通道。否则，连接导体的阻抗增大或为无穷大，不能起到等电位连接与接地的作用。

5.2.2 各接地端子板应设置在便于安装和检查的位置，不得设置在潮湿或有腐蚀性气体及易受机械损伤的地方。等电位接地端子板的连接点应满足机械强度和电气连续性的要求。

表5.2.2-1是各类等电位接地端子板之间的连接导体的最小截面积：垂直接地干线采用多股铜芯导线或铜带，最小截面积 50mm²；楼层等电位连接端子板与机房局部等电位连接端子板之间的连接导体，材料为多股铜芯导线或铜带，最小截面积 25mm²；机房局部等电位连接端子板之间的连接导体材料用多股铜芯导线，最小截面积 16mm²；机房内设备与等电位连接网络或母排的连接导体用多股铜芯导线，最小截面积 6mm²；机房内等电位连接网格材料用铜箔或多股铜芯导体，最小截面积 25mm²。这些是根据《雷电防护 第4部分：建筑物内电气和电子系统》GB/T 21714.4-2008 和我国工程实践及工程安装图集综合编制的。

表5.2.2-2各类等电位接地端子板最小截面积是根据我国工程实践中总结得来的。表中为最小截面积要求，实际截面积应按工程具体情况确定。

垂直接地干线的最小截面是根据《建筑物电气装置 第5部分：电气设备的选择和安装 第548节：信息技术装置的接地配置和等电位联结》GB/T 16895.17-2002（idt IEC 60364-5-548：1996）第548.7.1条"接地干线"的要求规定的。

5.2.3 在内部安装有电气和电子信息系统的每栋钢筋混凝土结构建筑物中，应利用建筑物的基础钢筋网作为共用接地装置。利用建筑物内部及建筑物上的金属部件，如混凝土中钢筋、金属框架、电梯导轨、金属屋顶、金属墙面、门窗的金属框架、金属地板框架、金属管道和线槽等进行多重相互连接组成三维的网格状低阻抗等电位连接网络，与接地装置构成一个共用接地系统。图5.2.3中所示等电位连接，既有建筑物金属构件，又有实现连接的连接件。其中部分连接会将雷电流分流、传导并泄放到大地。

内部电气和电子信息系统的等电位连接应按5.2.2条规定设置总等电位接地端子板（排）与接地装置相连。每个楼层设置楼层等电位连接端子板就近与楼层预留的接地端子相连。电子信息设备机房设置的 S 型或 M 型局部等电位连接网络直接与机房内墙结构柱主钢筋预留的接地端子相连。

这就需要在新建筑物的初始设计阶段，由业主、建筑结构专业、电气专业、施工方、监理等协商确定后实施才能符合此条件。

5.2.4 根据 GB/T 16895.17-2002（idt IEC 60364-5-548：1996）"第 548 节：信息技术装置的接地配置和等电位联接"的意见，对于某些特殊而又重要的电子信息系统的接地设置和等电位连接，可以设置专用的垂直接地干线以减少干扰。垂直干线由建筑物的总等电位接地端子板引出，参考图 6、图 7。干线最小截面积为 50mm² 的铜导体，在频率为 50Hz 或 60Hz 时，是材料成本与阻抗之间的最佳折中方案。如果频率较高及高层建筑物时，干线的截面积还要相应加大。

信息化时代的今天，声音、图像、数据为一体的网络信息应用日益广泛。各地都在建造新的广播电视大楼，其声音、图像系统的电子设备系微电流接地系统，应设置专用的工艺垂直接地干线以满足其要求，参考图 6。

5.2.5 防雷接地：指建筑物防直击雷系统接闪装置、引下线的接地（装置）；内部系统的电源线路、信号线路（包括天馈线路）SPD 接地。

交流工作接地：指供电系统中电力变压器低压侧三相绕组中性点的接地。

直流工作接地：指电子信息设备信号接地、逻辑接地，又称功能性接地。

安全保护接地：指配电线路防电击（PE 线）接地、电气和电子设备金属外壳接地、屏蔽接地、防静电接地等。

这些接地在一栋建筑物中应共用一组接地装置，在钢筋混凝土结构的建筑物中通常是采用基础钢筋网（自然接地极）作为共用接地装置。

GB/T 21714-2008 第 3 部分中规定："将雷电流（高频特性）分散入地时，为使任何潜在的过电压降到最小，接地装置的形状和尺寸很重要。一般来说，建议采用较小的接地电阻（如果可能，低频测量时小于 10Ω）。"

我国电力部门 DL/T 621 规定："低压系统由单独的低压电源供电时，其电源接地点接地装置的接地电阻不宜超过 4Ω。"

对于电子信息系统直流工作接地（信号接地或功能性接地）的电阻值，从我国各行业的实际情况来看，电子信息设备的种类很多，用途各不相同，它们对接地装置的电阻值要求不相同。

因此，当建筑物电子信息系统防雷接地与交流工作接地、直流工作接地、安全保护接地共用一组接地装置时，接地装置的接地电阻值必须按接入设备中要

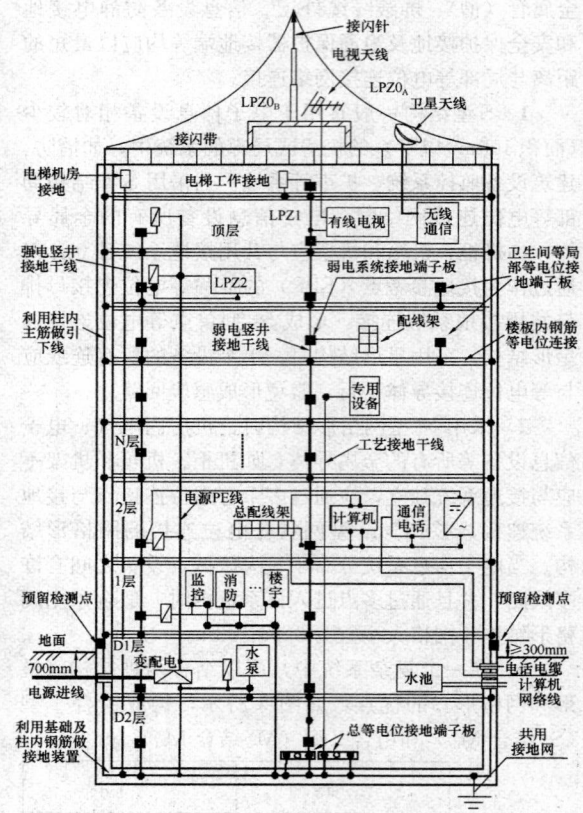

图 6　建筑物等电位连接及共用接地系统示意图

◨—配电箱；■—楼层等电位接地端子板；
PE—保护接地线；MEB—总等电位接地端子板

求的最小值确定，以确保人身安全和电气、电子信息设备正常工作。

5.2.6　接地装置

1 当基础采用硅酸盐水泥和周围土壤的含水量不低于 4%，基础外表面无防水层时，应优先利用基础内的钢筋作为接地装置。但如果基础被塑料、橡胶、油毡等防水材料包裹或涂有沥青质的防水层时，不宜利用基础内的钢筋作为接地装置。

2 当有防水油毡、防水橡胶或防水沥青层的情况下，宜在建筑物外面四周敷设闭合状的人工水平接地体。该接地体可埋设在建筑物散水坡及灰土基础外约 1m 处的基础槽边。人工水平接地体应与建筑物基础内的钢筋多处相连接。

3 在设有多种电子信息系统的建筑物内，增加人工接地体应采用环形接地极比较理想。建筑物周围或者在建筑物地基围混凝土中的环形接地极，应与建筑物下方和周围的网格形接地网相连接，网格的典型宽度为 5m。这将大大改善接地装置的性能。如果建筑物地下室/地面中的钢筋混凝土构成了相互连接的网格，也应每隔 5m 和接地装置相连接。

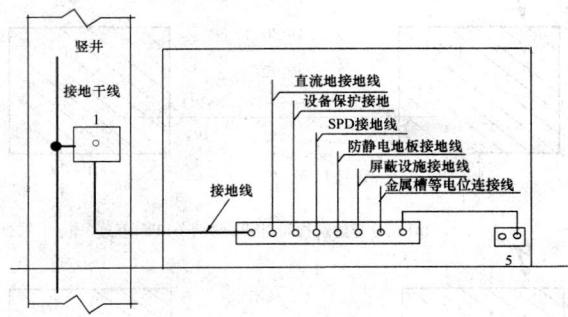

(a) S型等电位连接网络

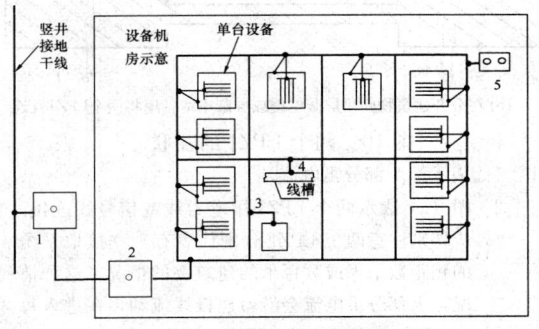

(b) M型等电位连接网络

图7 电子信息设备机房等电位连接网络示意图

1—竖井内楼层等电位接地端子板；2—设备机房内等电位接地端子板；3—防静电地板接地线；4—金属线槽等电位连接线；5—建筑物金属构件

4 当建筑物基础接地体的接地电阻值满足接地要求时，不需另设人工接地体。

5.2.7 机房设备接地引入线不能从接闪带、铁塔脚和防雷装置引下线上直接引入。直接引入将导致雷电流进入室内电子设备，造成严重损害。

5.2.8 进入建筑物的金属管线，例如金属管、电力线、信号线，宜就近连接到等电位连接端子板上，端子板应与基础中钢筋及外部环形接地或内部等电位连接带相互连接（图8、图9），并与总等电位接地端子板连接。电力线应在 LPZ1 入口处设置适配的 SPD，使带电导体实现入口处的等电位连接。

5.2.9 将相邻建筑物接地装置相互连通是为了减小各建筑物内部系统间的电位差。采用两根水平接地体是考虑到一根导体发生断裂时，另一根还可以起到连接作用。如果相邻建筑物间的线缆敷设在密封金属管道内，也可利用金属管道互连。使用屏蔽电缆屏蔽层互联时，屏蔽层截面积应足够大。

5.2.10 新建的建筑物中含有大量电气、电子信息设备时，在设计和施工阶段，应考虑在施工时按现行国家有关标准的规定将混凝土中的主钢筋、框架及其他金属部件在外部及内部实现良好电气连通，以确保金属部件的电气连续性。满足此条件时，应在各楼层及机房内墙结构柱主钢筋上引出和预留数个等电位连接

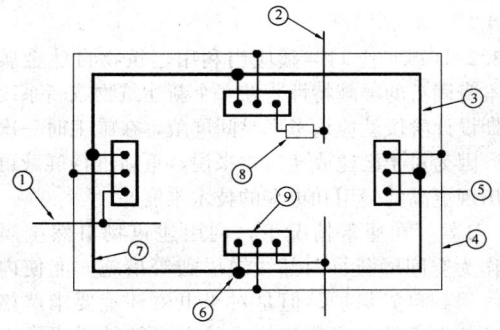

图8 外部管线多点进入建筑物时端子板利用环形接地极互连示意图

①—外部导电部分，例如：金属水管；②—电源线或通信线；③—外墙或地基内的钢筋；④—环形接地极；⑤—连接至接地极；⑥—专用连接接头；⑦—钢筋混凝土墙；⑧—SPD；⑨—等电位接地端子板

注：地基中的钢筋可以用作自然接地极

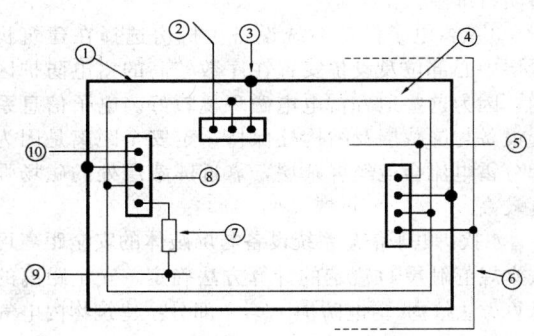

图9 外部管线多点进入建筑物时端子板利用内部导体互连示意图

①—外墙或地基内的钢筋；②—连接至其他接地极；③—连接接头；④—内部环形导体；⑤—至外部导体部件，例如：水管；⑥—环形接地极；⑦—SPD；⑧—等电位接地端子板；⑨—电力线或通信线；⑩—至附加接地装置

的接地端子，可为建筑物内的电源系统、电子信息系统提供等电位连接点，以实现内部系统的等电位连接，既方便又可靠，几乎不付出额外投资即可实现。

5.3 屏蔽及布线

5.3.1 磁场屏蔽能够减小电磁场及内部系统感应浪涌的幅值。磁场屏蔽有空间屏蔽、设备屏蔽和线缆屏蔽。空间屏蔽有建筑物外部钢结构墙体的初级屏蔽和机房的屏蔽 [见本条文说明图4（a）所示]。

内部线缆屏蔽和合理布线（使感应回路面积为最小）可以减小内部系统感应浪涌的幅值。

磁屏蔽、合理布线这两种措施都可以有效地减小

感应浪涌，防止内部系统的永久失效。因此，应综合使用。

5.3.2 1款：空间屏蔽应当利用建筑物自然金属部件本身固有的屏蔽特性。在一个新建筑物或新系统的早期设计阶段就应该考虑空间屏蔽，在施工时一次完成。因为对于已建成建筑物来说，重新进行屏蔽可能会出现更高的费用和更多的技术难度。

2款：在通常情况下，利用建筑物自然金属部件作为空间屏蔽、内部线缆屏蔽等措施，能使内部系统得到良好保护。但是对于电磁环境要求严格的电子信息系统，当建筑物自然金属部件构成的大空间屏蔽不能满足机房设备电磁环境要求时，应采用导磁率较高的细密金属网格或金属板对机房实施雷电磁场屏蔽来保护电子信息系统。机房的门应采用无窗密闭铁门或采取屏蔽措施的有窗铁门并接地，机房窗户的开孔应采用金属网格屏蔽。金属屏蔽网、金属屏蔽板应就近与建筑物等电位连接网络连接。机房屏蔽不能满足个别重要设备屏蔽要求时，可利用封闭的金属网、箱或金属板、箱对被保护设备实行屏蔽。

3款：电子信息系统设备主机房选择在建筑物低层中心部位及设备安置在序数较高的雷电防护区内，因为这些地方雷电电磁环境较好。电子信息系统设备与屏蔽层及结构柱保持一定安全距离是因为部分雷电流会流经屏蔽层，靠近屏蔽层处的磁场强度较高。

4款：电子信息系统设备与屏蔽体的安全距离可按本规范附录D规定的计算方法确定。安全距离的计算方法依据《雷电防护 第4部分：建筑物内电气和电子系统》GB/T 21714.4－2008（IEC 62305－4：2006 IDT）。IEC 62305-4第二版修订草案（FDIS版）附录A中安全距离 $d_{s/1}$ 的计算方法修改为：当 $SF \geq 10$ 时，$d_{s/1} = w^{SF/10}$；当 $SF < 10$ 时，$d_{s/1} = w$。安全距离 $d_{s/2}$ 的计算方法修改为：当 $SF \geq 10$ 时，$d_{s/2} = w \cdot SF/10$；当 $SF < 10$ 时，$d_{s/2} = w$。鉴于 IEC 62305-4第二版在本规范修订完成时尚未成为正式标准，本规范仍采用已等同采纳为国标的 IEC 62305-4：2006 中的有关计算方法。

5.3.3 2款：公式 5.3.3 中 l 表示埋地引入线缆计算时的等效长度，单位为 m，其数值等于或大于 $2\sqrt{\rho}$，ρ 为土壤电阻率。

3款：在分开的建筑物间可以用 SPD 将两个 LPZ1 防护区互连［图 10（a）］，也可用屏蔽电缆或屏蔽电缆导管将两个 LPZ1 防护区互连［图 10（b）］。

5.3.4 表 5.3.4－1 电子信息系统线缆与其他管线的间距和表 5.3.4－2 电子信息系统信号电缆与电力电缆的间距引自《综合布线系统工程设计规范》GB 50311－2007。

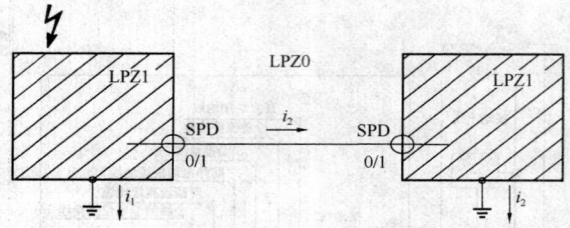

(a) 在分开建筑物间用SPD将两个LPZ1互连

(b) 在分开建筑物间用屏蔽电缆或屏蔽电缆管道将两个LPZ1互连

图 10　两个 LPZ1 的互联

注：1　i_1、i_2 为部分雷电流。
2　图（a）表示两个 LPZ1 用电力线或信号线连接。应特别注意两个 LPZ1 分别代表有独立接地系统的相距数十米或数百米的建筑物的情况。这种情况，大部分雷电流会沿着连接线流动，在进入每个 LPZ1 时需要安装 SPD。
3　图（b）表示该问题可以利用屏蔽电缆或屏蔽电缆管道连接两个 LPZ1 来解决，前提是屏蔽层可以携带部分雷电流。若沿屏蔽层的电压降不太大，可以免装 SPD。

5.4　浪涌保护器的选择

5.4.2　根据《低压电气装置 第 4－44 部分：安全防护 电压骚扰和电磁骚扰防护》GB/T 16895.10－2010/IEC 60364－4－44：2007 第 444.4.3.1 条"装有或可能装有大量信息技术设备的现有的建筑物内，建议不宜采用 TN－C 系统。装有或可能装有大量信息技术设备的新建的建筑物内不应采用 TN－C 系统。"第 444.4.3.2 条"由公共低压电网供电且装有或可能装有大量信息技术设备的现有建筑物内，在装置的电源进线点之后宜采用 TN－S 系统。在新建的建筑物内，在装置的电源进线点之后应采用 TN－S 系统。"

在 TN－S 系统中中性线电流仅在专用的中性导体（N）中流动，而在 TN－C 系统中，中性线电流将通过信号电缆中的屏蔽或参考地导体、外露可导电部分和装置外可导电部分（例如建筑物的金属构件）流动。

对于敏感电子信息系统的每栋建筑物，因 TN－C 系统在全系统内 N 线和 PE 线是合一的，存在不安全因素，一般不宜采用。当 220/380V 低压交流电源为 TN－C 系统时，应在入户总配电箱处将 N 线重复接地一次，在总配电箱之后采用 TN－S 系统，N 线不能再次接地，以避免工频 50Hz 基波及其谐波的干扰。设置有 UPS 电源时，在负荷侧起点将中性点或中性线做一次接地，其后就不能接地了。

5.4.3 电源线路 SPD 的选择应符合下列规定：

1 款：表 5.4.3-1 是根据《低压电气装置 第 4-44 部分：安全防护 电压骚扰和电磁骚扰防护》GB/T 16895.10-2010/IEC 60364-4-44：2007 第 443.4 节表 44.B 编制的。

2 款：表 5.4.3-2 参考《建筑物电气装置 第 5-53 部分：电气设备的选择和安装 隔离、开关和控制设备 第 534 节：过电压保护电器》GB 16895.22-2004（idt IEC 60364-5-53：2001 A1：2002）表 53C。表中系数增加 0.05 是考虑到浪涌保护器的老化，并与其他标准协调统一。

3、4 款：图 5.4.3-1 为 TN-S 系统配电线路浪涌保护器分级设置位置与接地的示意图，SPD 的选择与安装由工程具体要求确定。当总配电箱靠近电源变压器时，该处 N 对 PE 的 SPD 可不设置。

SPD 的选择和安装是个比较复杂的问题。它与当地雷害程度、雷击点的远近、低压和高压（中压）电源线路的接地系统类型、电源变电所的接地方式、线缆的屏蔽和长度情况等都有关联。

在可能出现雷电冲击过电压的建筑物电气系统内，在 LPZ0$_A$ 或 LPZ0$_B$ 与 LPZ1 区交界处，其电源线路进线的总配电箱内应设置第一级 SPD。用于泄放雷电流并将雷电冲击过电压降低，其电压保护水平 U_p 应不大于 2.5kV。如果建筑物装有防直击雷装置而易遭受直接雷击，或近旁具有易落雷的条件，此级 SPD 应是通过 $10/350\mu s$ 波形的最大冲击电流 I_{imp}（Ⅰ类）试验的 SPD。根据我国有些工程多年来在设计中选择和安装了Ⅱ类试验的 SPD 也能提供较好保护的实际情况，本规范作出了选择性的规定：也可选择Ⅱ类试验的 SPD 作第一级保护。SPD 应能承受在总配电箱位置上可能出现的放电电流。因此，应按本条第 5 款的公式（5.4.3-1）或公式（5.4.3-2）估算确定，当无法计算确定时，可按本条第 7 款表 5.4.3-3 冲击电流推荐值选择。如果这一级 SPD 未能将电压保护水平 U_p 限制在 2.5kV 以下，则需在下级分配电箱处设置第二级 SPD 来进一步降低冲击电压。此级 SPD 应为通过 $8/20\mu s$ 波形标称放电电流 I_n（Ⅱ类）试验的 SPD，并能将电压保护水平 U_p 限制在约 2kV。在电子信息系统设备机房配电箱内或在其电源插座内设置第三级 SPD。这级 SPD 应为通过 $8/20\mu s$ 波形标称放电电流 I_n 试验或复合波Ⅲ类试验的 SPD。它的保护水平 U_p 应低于电子信息设备能承受的冲击电压的水平，或不大于 1.2kV。

在建筑物电源进线入口的总配电箱内必须设置第一级 SPD。如果保护水平 U_p 不大于 2.5kV，其后的线缆采取了良好的屏蔽措施，这种情况，可只需在电子信息设备机房配电箱内设置第二级 SPD。

通常是在电源线路进入建筑物的入口（LPZ1 边界）总配电箱内安装 SPD1；要确定内部被保护系统的冲击耐受电压 U_w，选择 SPD1 的保护水平 U_{p1}，使有效保护水平 $U_{p/f} \leqslant U_w$，根据本条 9 款规定检查或估算振荡保护距离 $L_{p0/1}$ 和感应保护距离 $L_{pi/1}$。若满足 $U_{p/f} \leqslant U_w$，而且 SPD1 与被保护设备间线路长度小于 $L_{p0/1}$ 和 $L_{pi/1}$，则 SPD1 有效地保护了设备。否则，应设置 SPD2。在靠近被保护设备（LPZ2 边界）的分配电箱内设置 SPD2；选择 SPD2 的保护水平 U_{p2}，使有效保护水平 $U_{p/f} \leqslant U_w$，检查或估算振荡保护距离 $L_{p0/2}$ 和感应保护距离 $L_{pi/2}$。若满足有效保护水平 $U_{p/f} \leqslant U_w$，而且 SPD2 与被保护设备间线路长度小于 $L_{p0/2}$ 和 $L_{pi/2}$，则 SPD2 有效地保护了设备。否则，应在靠近被保护设备处（机房配电箱内或插座）设置 SPD3。该 SPD 应与 SPD1 和 SPD2 能量协调配合。

5 款：公式（5.4.3-1）与公式（5.4.3-2）是根据 GB/T 21714.1-2008 附录 E 中（E.4）、（E.5）、（E.6）三个公式编写的。当无法确定时应取 I_{imp} 等于或大于 12.5kA 是根据 GB 16895.22-2004 的规定。

6 款：对于开关型 SPD1 至限压型 SPD2 之间的线距应大于 10m 和 SPD2 至限压型 SPD3 之间的线距应大于 5m 的规定，其目的主要是在电源线路中安装了多级电源 SPD，由于各级 SPD 的标称导通电压和标称导通电流不同、安装方式及接线长短的差异，在设计和安装时如果能量配合不当，将会出现某级 SPD 不动作的盲点问题。为了保证雷电高电压脉冲沿电源线路侵入时，各级 SPD 都能分级启动泄流，避免多级 SPD 间出现盲点，两级 SPD 间必须有一定的线距长度（即一定的感抗或加装退耦元件）来满足避免盲点的要求。同时规定，末级电源 SPD 的保护水平必须低于被保护设备对浪涌电压的耐受能力。各级电源 SPD 能量配合最终目的是，将威胁设备安全的电压电流浪涌值减低到被保护设备能耐受的安全范围内，而各级电源 SPD 泄放的浪涌电流不超过自身的标称放电电流。

7 款：按本规范第 4.2 节或第 4.3 节确定电源线路雷电浪涌防护等级时，用于建筑物入口处（总配电箱点）的浪涌保护器的冲击电流 I_{imp}，按本条第 5 款公式（5.4.3-1）或公式（5.4.3-2）估算确定。当无法确定时根据 GB 16895.22-2004 的规定 I_{imp} 值应大于或等于 12.5kA。所以表 5.4.3-3 中在 LPZ0 与 LPZ1 边界的总配电箱处，C、D 等级的 I_{imp} 参数推荐值为 12.5kA。12.5kA 这个 I_{imp} 值是 IEC 标准推荐的最小值，本规范考虑到我国幅员辽阔，夏天的雷击灾害多，在雷电防护等级较高的电子信息系统设置的电源线路浪涌保护器能承受的冲击电流 I_{imp} 应适当有所提高，所以 A 级的 I_{imp} 参数推荐值为 20kA；B 级 I_{imp} 推荐值为 15kA。

鉴于我国有些工程中，在建筑物入口处的总配电箱处选用安装Ⅱ类试验（波形 $8/20\mu s$）的限压型浪涌保护器。所以本规范推荐在 LPZ0 与 LPZ1 边界的总配电箱也可选用经Ⅱ类试验（波形 $8/20\mu s$）的浪涌保护器：A 级 $I_n \geqslant 80$kA、B 级 $I_n \geqslant 60$kA、C 级 $I_n \geqslant 50$kA、D 级 $I_n \geqslant 50$kA。这些推荐值是征求国内各方面意见得来的。

为了提高电子信息系统的电源线路浪涌保护可靠性，应保证局部雷电流大部分在 LPZ0 与 LPZ1 的交界处转移到接地装置。同时限制各种途径入侵的雷电浪涌，限制沿进线侵入的雷电波、地电位反击、雷电感应。建筑物中的浪涌保护通常是多级配置，以防雷区为层次，每级 SPD 的通流容量足以承受在其位置上的雷电浪涌电流，且对雷电能量逐级减弱；SPD 电压保护水平也要逐级降低，最终使过电压限制在设备耐冲击电压额定值以下。

表 5.4.3-3 中分配电箱、设备机房配电箱处及电子信息系统设备电源端口的浪涌保护器的推荐值是根据电源系统多级 SPD 的能量协调配合原则和多年来工程的实践总结确定的。

8 款：雷电电磁脉冲（LEMP）是敏感电子设备遭受雷害的主要原因。LEMP 通过传导、感应、辐射等方式从不同的渠道侵入建筑物的内部，致使电子设备受损。其中，电源线是 LEMP 入侵最主要的渠道之一。安装电源 SPD 是防御 LEMP 从配电线这条渠道入侵的重要措施。正确安装的 SPD 能把雷电电磁脉冲拒于建筑物或设备之外，使电子设备免受其害。不正确安装的 SPD 不仅不能防御入侵的 LEMP，连 SPD 自身也难免受损。

其实，SPD 作用只有两个：（1）泄流。把入侵的雷电流分流入地，让雷电的大部分能量泄入大地，使 LEMP 无法达到或仅极少部分到达电子设备；（2）限压。在雷电过电压通过电源线入户时，在 SPD 两端保持一定的电压（残压），而这个限压又是电子设备所能接受的。这两个功能是同时获得的，即在分流过程中达到限压，使电子设备受到保护。

目前，防雷工程中电源 SPD 的设计和施工不规范的主要问题有两个：一是 SPD 接线过长，国内外防雷标准凡涉及电源浪涌保护器（SPD）的安装时都强调接线要短直，其总长度不超过 0.5m，但大多情况接线长度都超过 1m，甚至有长达（4~5）m 的；二是多级 SPD 安装时的能量配合不当。对这两个问题的忽视导致有些建筑物内部虽安装了 SPD 仍出现其内的电子设备遭雷击损坏的现象。

图 5.4.3-2：当 SPD 与被保护设备连接时，最终有效保护水平 $U_{p/f}$ 应考虑连接导线的感应电压降 ΔU。SPD 最终的有效电压保护水平 $U_{p/f}$ 为：

$$U_{p/f} = U_p + \Delta U \tag{11}$$

式中：ΔU——SPD 两端连接导线的感应电压降。

$$\Delta U = \Delta U_{L1} + \Delta U_{L2} = L \frac{di}{dt} \tag{12}$$

式中：L——为两段导线的电感量（μH）；

$\frac{di}{dt}$——为流入 SPD 雷电流陡度。

当 SPD 流过部分雷电流时，可假定 $\Delta U = 1$kV/m，或者考虑 20% 的裕量。

当 SPD 仅流过感应电流时，则 ΔU 可以忽略。

也可改进 SPD 的电路连接，采用凯文接线法见图 11：

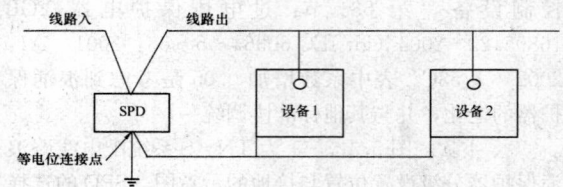

图 11 凯文接线法

9 款：SPD 在工作时，SPD 安装位置处的线对地电压限制在 U_p。若 SPD 和被保护设备间的线路太长，浪涌的传播将会产生振荡现象，设备端产生的振荡电压值会增至 $2U_p$，即使选择了 $U_p \leqslant U_w$，振荡仍能引起被保护设备失效。

保护距离 L_{po} 是 SPD 和设备间线路的最大长度，在此限度内，SPD 有效保护了设备。若线路长度小于 10m 或者 $U_{p/f} < U_w/2$ 时，保护距离可以不考虑。若线路长度大于 10m 且 $U_{p/f} > U_w/2$ 时，保护距离可以由公式估算：

$$L_{po} = (U_w - U_{p/f})/k \quad (m) \tag{13}$$

式中：$k = 25$(V/m)。

公式引自《雷电防护 第 4 部分：建筑物内电气和电子系统》GB/T 21714.4-2008（IEC 62305-4：2006，IDT）第 D.2.3 条。

当建筑物或附近建筑物地面遭受雷击时，会在 SPD 与被保护设备构成的回路内感应出过电压，它加于 U_p 上降低了 SPD 的保护效果。感应过电压随线路长度、保护地 PE 与相线的距离、电源线与信号线间的回路面积的尺寸增加而增大，随空间屏蔽、线路屏蔽效率的提高而减小。

保护距离 L_{pi} 是 SPD 与被保护设备间最大线路长度，在此距离内，SPD 对被保护设备的保护才是有效的，因此应考虑感应保护距离 L_{pi}。当雷电产生的磁场极强时，应减小 SPD 与设备间的距离。也可采取措施减小磁场强度，如建筑物（LPZ1）或房间（LPZ2 等后续防护区域）采用空间屏蔽，使用屏蔽电缆或电缆管道对线路进行屏蔽等。

当采用了上述屏蔽措施后，可以不考虑感应保护距离 L_{pi}。

当 SPD 与被保护设备间的线路长、线路未屏蔽、回路面积大时，应考虑感应保护距离 L_{pi}，L_{pi} 用下列公式估算：

$$L_{pi} = (U_w - U_{p/f})/h \quad (m) \qquad (14)$$

式中：$h = 30000 \times K_{S1} \times K_{S2} \times K_{S3} (V/m)$。

公式引自《雷电防护 第4部分：建筑物内电气和电子系统》GB/T 21714.4-2008（IEC 62305-4：2006 IDT）第 D.2.4 条。

IEC 62305-4 第二版修订草案（FDIS 版）附录 C 中不再计算振荡保护距离和感应保护距离，而是对 $U_{p/f}$ 作出以下规定：

1 SPD 和设备间的电路长度可忽略不计时（如 SPD 安装在设备端口），$U_{p/f} \leqslant U_w$。

2 SPD 和设备间的电路长度不大于 10 米时（如 SPD 安装在二级配电箱或插座处），$U_{p/f} \leqslant 0.8U_w$。当内部系统故障会导致人身伤害或公共服务损失时，应考虑振荡导致的两倍电压并要求满足 $U_{p/f} \leqslant U_w/2$。

3 SPD 和设备间的电路长度大于 10m 时（如 SPD 安装在建筑物入口处或某些情况下二级配电箱处）：

$$U_{p/f} \leqslant (U_w - U_i)/2.$$

式中：U_w——被保护设备的绝缘耐冲击电压额定值（kV）；

U_i——雷击建筑物上或附近时，SPD 与被保护设备间线路回路的感应过电压（kV）。

鉴于 IEC 62305-4 第二版在本规范修订完成时尚未成为正式标准，本规范仍采用已等同采纳为国标的 IEC 62305-4：2006 中的有关计算方法。

10 款：在一条线路上，级联选择和安装两个以上的浪涌保护器（SPD）时，应当达到多级电源 SPD 的能量协调配合。

雷电电磁脉冲（LEMP）和操作过电压会危及敏感的电子信息系统。除了采取第 5 章其他措施外，为了避免雷电和操作引起的浪涌通过配电线路损害电子设备，按 IEC 防雷分区的观点，通常在配电线穿越防雷区域（LPZ）界面处安装浪涌保护器（SPD）。如果线路穿越多个防雷区域，宜在每个区域界面处安装一个电源 SPD（图 12）。这些 SPD 除了注意接线方式外，还应该对它们进行精心选择并使之能量配合，以便按照各 SPD 的能量耐受能力分摊雷电电流，把雷电流导入地，使雷电威胁值减少到受保护设备的抗扰度之下，达到保护电子系统的效果。这就是多级电源 SPD 的能量配合。

有效的能量配合应考虑各 SPD 的特性、安装地点的雷电威胁值以及受保护设备的特性。SPD 和设备的特性可从产品说明书中获得。雷电威胁值主要考虑直接雷击中的首次短雷击。后续短时雷击陡度虽大，但其幅值、单位能量和电荷量均较首次短雷击小。而长雷击只是 SPD I 类测试电流的一个附加负荷因素，

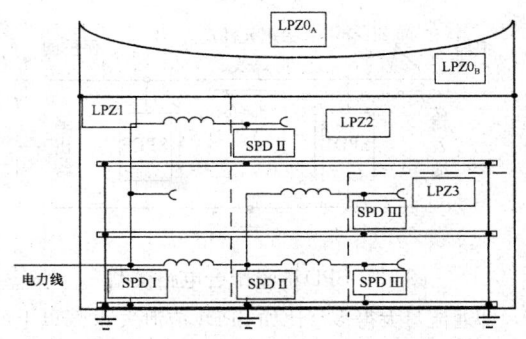

图 12 低压配电线路穿越两个防雷区域时在边界安装 SPD 示例

SPD —浪涌防护器（例如 II 类测试的 SPD）；

⌇⌇⌇—去耦元件或电缆长度

在 SPD 的能量配合过程中可以不予考虑。因此，只要 SPD 系统能防御直接雷击中的首次短雷击，其他形式的雷击将不至于构成威胁。

1 配合的目的

电源 SPD 能量配合的目的是利用 SPD 的泄流和限压作用，把出现在配电线路上的雷电、操作等浪涌电流安全地引导入地，使电子信息系统获得保护。只要对于所有的浪涌过电压和过电流，SPD 保护系统中任何一个 SPD 所耗散的能量不超出各自的耐受能力，就实现了能量配合。

2 能量配合的方法

SPD 之间可以采用下列方法之一进行配合：

1）伏安特性配合

这种方法基于 SPD 的静态伏安特性，适用于限压型 SPD 的配合。该法对电流波形不是特别敏感，也不需要去耦元件，线路上的分布阻抗本身就有一定的去耦作用。

2）使用专门的去耦元件配合

为了达到配合的目的，可以使用具有足够的浪涌耐受能力的集中元件作去耦元件（其中，电阻元件主要用于信息系统中，而电感元件主要用于电源系统中）。如果采用电感去耦，电流陡度是决定性的参数。电感值和电流陡度越大越易实现能量配合。

3）用触发型的 SPD 配合

触发型的 SPD 可以用来实现 SPD 的配合。触发型 SPD 的电子触发电路应当保证被配合的后续 SPD 的能量耐受能力不会被超出。这个方法也不需要去耦元件。

3 SPD 配合的基本模型和原理

SPD 配合的基本模型见图 13。图中以两级 SPD 为例说明 SPD 配合的原理。配电系统中两级 SPD 的两种配合方式介绍如下：

● 两个限压型 SPD 的配合；

● 开关型 SPD 和限压型 SPD 的配合。

这两种配合共同的特点是：

1）前级 SPD1 的泄流能力应比后级 SPD2 的大得

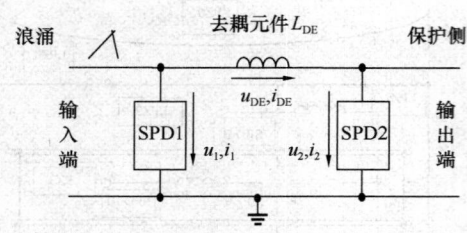

图 13　SPD 能量配合电路模型

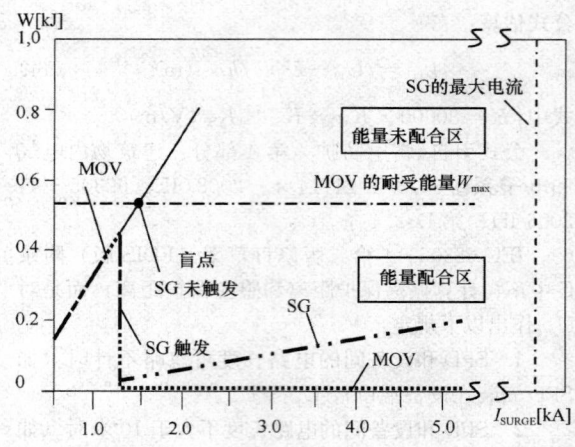

图 14　SG 和 MOV 的能量配合原理

多，即通流量大得多（比如 SPD1 应泄去 80% 以上的雷电流）；

2）去耦元件可采用集中元件，也可利用两级 SPD 之间连接导线的分布电感（该分布电感的值应足够大）；

3）最后一级 SPD 的限压应小于被保护设备的耐受电压。

这两种配合不同的特点是：

1）两个限压型 SPD 的伏安特性都是连续的（例如 MOV 或抑制二极管）。当两个限压型 SPD 标称导通电压（U_n）相同且能量配合正确时，由于线路自身电感或串联去耦元件 L_{DE} 的阻流作用，输入的浪涌上升达到 SPD1 启动电压并使之导通时，SPD2 不可能同时导通。只有当浪涌电压继续上升，流过 SPD1 的电流增大，使 SPD1 的残压上升，SPD2 两端电压随之上升达到 SPD2 的启动电压时，SPD2 才导通。只要通过各 SPD 的浪涌能量都不超过各自的耐受能力，就实现了能量配合。

2）开关型 SPD1 和限压型 SPD2 配合时，SPD1 的伏安特性不连续（例如火花间隙（SG）、气体放电管（GDT），半导体闸流管、可控硅整流器、三端双向可控硅开关元件等），后续 SPD2 的伏安特性连续。图 14 说明了这两种 SPD 能量配合的基本原则。当浪涌输入时，由于 SPD1（SG）的触发电压较高，SPD2 将首先达到启动电压而导通。随着浪涌电压继续上升，流过 SPD2 的电流增大，使 SPD2 的两端电压 u_2（残压）上升，当 SPD1 的两端电压 u_1（等于 SPD2 两端的残压 u_2 与去耦元件两端动态压降 u_{DE} 之和）超过 SG 的动态火花放电电压 u_{SPARK}，即 $u_1 = u_2 + u_{DE} \geqslant u_{SPARK}$ 时，SG 就会点火导通。只要通过 SPD2 的浪涌电流能量未超出其耐受能力之前 SG 触发导通，就实现了能量配合。否则，没实现能量配合。这一切取决于 MOV 的特性和入侵的浪涌电流的陡度、幅度和去耦元件的大小。此外，这种配合还通过 SPD1 的开关特性，缩短 $10/350\mu s$ 的初始冲击电流的半值时间，大大减小了后续 SPD 的负荷。值得注意的是，SPD1 点火导通之前，SPD2 将承受全部雷电流。

4　去耦元件的选择

如果电源 SPD 系统采用线路的分布电感进行能量配合，其电感大小与线路布设和长度有关。线路单位长度分布电感可以用下述方法近似估算：两根导线

（相线和地线）在同一个电缆中，电感大约为 0.5 到 $1\mu H/m$（取决于导线的截面积）；两根分开的导线，应当假定单位长度导线有更大的电感值（取决于两根导线之间的距离），则去耦电感为单位长度分布电感与长度的积。因此，为了配合，必须有最小线路长度要求。如不满足要求就须加去耦元件（电感或电阻）。

5.4.4　2 款：是根据《低压电涌保护器　第 22 部分：电信和信号网络的电涌保护器（SPD）选择和使用导则》GB/T 18802.22 - 2008（IEC 61643 - 22：2004，IDT）标准的第 7.3.1 条第 1 款编写的，图 5.4.4 是根据 GB/T 18802.22 - 2008 图 3 编写的。

3 款：表 5.4.4 是根据《低压电涌保护器　第 22 部分：电信和信号网络的电涌保护器（SPD）选择和使用导则》GB/T 18802.22 - 2008 标准的第 7.3.1 条第 2 款表 3 编写的。

5.5　电子信息系统的防雷与接地

5.5.1　在总配线架信号线路输入端以及交换机（PABX）的信号线路输出端，分别安装信号线路 SPD。

5.5.2　适配是指安装浪涌保护器的性能参数，例如工作频率、工作电平、传输速率、特性阻抗、传输介质、及接口形式等应符合传输线路的性质和要求。

5.5.3　4 款：监控系统的户外供电线路、视频信号线路、控制信号线路应有金属屏蔽层并穿钢管埋地敷设。因为户外架空线路难以做到防直接雷击和防御空间 LEMP 的侵害，从实际很多工程的案例来看，凡是采用架空线路，在雷雨季节都难逃系统受到损害。因此，在初建时应按本款规定采用屏蔽线缆并穿钢管埋地敷设。视频图像信号最好采用光纤线路传回信号，以免摄像机受损，这是防直接雷击和防 LEMP 的最佳方法。

5.5.4　火灾自动报警及消防联动控制系统的信号电缆、电源线、控制线均应在设备侧装设适配的 SPD。

5.5.6　有线电视系统室外的 SPD 应采用截面积不小

于16mm²的多股铜线接地。信号电缆吊线的钢绞绳分段敷设时，在分段处将前、后段连接起来，接头处应作防腐处理，吊线钢绞绳两端均应接地。

5.5.7 本条第4、5、6款参考示意图15。

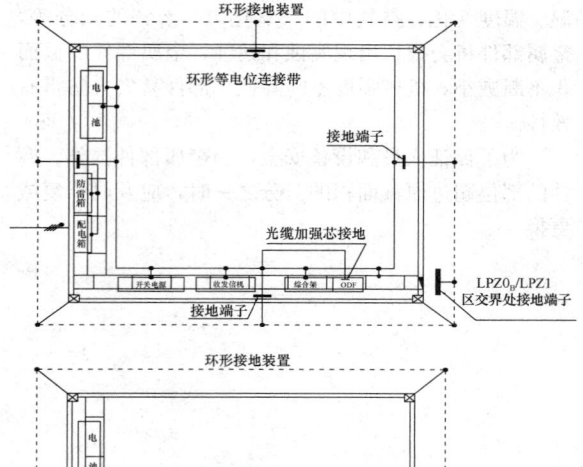

图15 移动通信基站的接地

6 防雷施工

6.2 接地装置

6.2.4 4款：扁钢和圆钢与钢管、角钢互相焊接时，除应在接触部位两侧施焊外，还应增加圆钢搭接件：此处增加圆钢搭接件的目的是为了满足搭接头搭接长度的要求，考虑到个别施工现场制作搭接件的难度，圆钢制作更为方便。当然采用扁钢也是可以的。一般搭接件形状为"一"字形或"L"形，"L"形边长以满足要求为准。

6.2.5 考虑到焊接后强度的要求，铜材不适合于锡焊，同时异性材质的连接也不适合电焊等原因，它们的连接应采用放热熔接。除此种方法外也可采用氧焊连接的方法。

6.3 接地线

6.3.1 接地装置应在不同位置至少引出两根连接导体与室内总等电位接地端子板相连接。引出两根的主要目的是对长期使用该接地装置的设备有一个冗余保障。这里的"在不同位置"并不是指要隔开很远的距离，而只是不在同一连接点上连接以避免同时出故障的可能性。

6.3.2 本条和第5.2.2条对接地连接导体截面积的要求为基本要求。当某工程实际要求更高时，应按实际设计而定。

6.4 等电位接地端子板
（等电位连接带）

6.4.3 砖木结构建筑物，宜在其四周埋设环形接地装置构成共用接地系统，并在机房内设总等电位连接带，等电位连接带采用绝缘铜芯导线穿钢管与环形接地装置连接。因为砖木结构建筑物自然接地装置的接地效果远没有框架结构的接地效果好，所以宜在其四周埋设环形接地装置。

6.5 浪涌保护器

6.5.1 3款：浪涌保护器的连接导线最小截面积宜符合表6.5.1的规定。由于GB/T 21714.4-2008标准中浪涌保护器的连接导线最小截面积作了调整，为了与国际标准接轨并与国内其他标准协调一致，本次修订也作了相应调整。

国内有些行业标准中规定的浪涌保护器连接导线最小截面积比较大，工程施工中可按行业标准执行。

7 检测与验收

7.1 检 测

7.1.1 《建筑物防雷装置检测技术规范》GB/T 21431规定，在施工阶段，应对在竣工后无法进行检测的所有防雷装置关键部位进行检测；《雷电防护 第3部分：建筑物的物理损坏和生命危险》GB/T 21714.3-2008中规定，在防雷装置的安装过程中，特别是安装隐蔽在建筑内、以后无法接触的组件时，应完成防雷装置的检查；在验收阶段，应对防雷装置作最后的测量，并编制最终的测试文件。

7.3 竣工验收

7.3.3 防雷施工是按照防雷设计和规范要求进行的，对雷电防护作了周密的考虑和计算，哪怕有一个小部位施工质量不合格，都将会形成隐患，遭受严重损失。因此规定本条作为强制性条款，必须执行。凡是检验不合格项目，应提交施工单位进行整改，直到满足验收要求为止。

8 维护与管理

8.1 维 护

8.1.2 《建筑物防雷装置检测技术规范》GB/T

21431-2008 和《雷电防护　第 3 部分：建筑物的物理损坏和生命危险》GB/T 21714.3-2008 中提出了防雷装置的检查周期，并将防雷装置检查分为外观检查和全面检查两种。规定外观检查每年至少进行一次。同时规定，在多雷区和强雷区，外观检查还要更频繁些。如果客户有维护计划或建筑保险人提出要求时，还可进行全面测试。

本规范根据国家有关法规，综合各种因素并结合我国具体情况，规定全面检查周期为一年并宜安排在雷雨季节前实施。

8.1.5 防雷装置在整个使用期限内，应完全保持防雷装置的机械特性和电气特性，使其符合本规范设计要求。

防雷装置的部件，一般完全暴露在空气中或深埋在土壤中，由于不同的自然污染或工业污染，诸如潮湿、温度变化、空气中的二氧化硫、溶解的盐分等，金属部件将会很快出现腐蚀和锈蚀，金属部件的截面积不断减小，机械强度不断降低，部件易失去防雷有效性。

为了保证人员和设备安全，当金属部件损伤、腐蚀的部位超过原截面积的三分之一时，应及时修复或更换。

中华人民共和国国家标准

安全防范工程技术规范

Technical code for engineering of security and protection system

GB 50348—2004

主编部门：中华人民共和国公安部
批准部门：中华人民共和国建设部
实施日期：２００４年１２月１日

中华人民共和国建设部
公　告

第 275 号

建设部关于发布国家标准
《安全防范工程技术规范》的公告

现批准《安全防范工程技术规范》为国家标准，编号为GB 50348—2004，自 2004 年 12 月 1 日起实施。其中，第 3.1.4、3.13.1、4.1.4、4.2.4(2)、4.2.5、4.2.6(2)、4.2.7(1)(2)、4.2.8(1)(2)、4.2.9(1)(3)(4)(5)、4.2.10、4.2.11(2)(4)(5)、4.2.15、4.2.16(2)、4.2.17、4.2.18(3)、4.2.21、4.2.23(1)(2)(3)(4)、4.2.24、4.2.25(3)、4.2.27(1)(2)(4)、4.2.28(5)、4.2.32(3)、4.3.5(1)(2)(3)(4)(5)(7)、4.3.13(1)(2)(3)(4)、4.3.18、4.3.19、4.3.20、4.3.21(1)(4)、4.3.23(4)、4.3.24(2)、4.3.27、4.4.6、4.4.7、4.4.28(1)、4.5.6、4.5.7、4.5.8、4.5.9、4.5.13、4.5.14、4.5.19、4.5.20、4.5.21、4.5.28、4.5.31(1)、4.6.6、4.6.7、4.6.9、4.6.10、4.6.11、4.6.13、4.6.15、4.6.18、4.6.20、4.6.23、4.6.25、4.6.27、5.2.8(4)(5)、5.2.13(3)、5.2.18(3)、6.3.1、6.3.2、7.1.2、7.1.9、8.2.1(1)(2)(3)(4)、8.3.4条(款)为强制性条文，必须严格执行。

本规范由建设部标准定额研究所组织中国计划出版社出版发行。

中华人民共和国建设部
二○○四年十月九日

前　　言

根据建设部建标〔1999〕308 号文件《关于印发"一九九九年工程建设国家标准制订、修订计划"的通知》和公安部公科安〔1999〕19 号文件《关于成立〈安全防范工程技术规范〉编写工作领导小组和编制工作组的通知》的要求，全国安全防范报警系统标准化技术委员会受主编部门公安部的委托，组织国内 25 个单位、43 位专家和技术人员共同编制完成了《安全防范工程技术规范》。

本规范是安全防范工程建设的通用规范，是保证安全防范工程建设质量，维护公民人身安全和国家、集体、个人财产安全的重要技术保障。

本规范认真总结了我国安全防范工程建设和管理的实践经验，参考了国内外相关行业的工程技术标准和规范，在广泛征求国内安防行业、信息产业、工程建设界和文物、金融、民航、铁路、国家物资储备等部门管理机构、技术专家意见的基础上，按照建设部《工程建设国家标准管理办法》的要求，经审查定稿。

安全防范是人防、物防、技防的有机结合。本规范主要对技术防范系统的设计、施工、检验、验收做出了基本要求和规定，涉及物防、人防的要求由相关的标准或法规做出规定。

本规范共 8 章，主要内容包括：总则、术语、安全防范工程设计、高风险对象的安全防范工程设计、普通风险对象的安全防范工程设计、安全防范工程施工、安全防范工程检验、安全防范工程验收。

本规范中黑体字标志的条文为强制性条文，必须严格执行。本规范由建设部负责管理和对强制性条文的解释，由全国安全防范报警系统标准化技术委员会负责具体技术内容的解释。在执行过程中如有需要修改和补充之处，请将意见和有关资料寄送全国安全防范报警系统标准化技术委员会秘书处（北京市海淀区首都体育馆南路一号，邮政编码：100044，电话：010—88513505，传真：010—88513419，Email：tc100sjl@263.net），以供修订时参考。

本规范主编单位、副主编单位、参编单位和主要起草人：

主 编 单 位：公安部科技局
全国安全防范报警系统标准化技术委员会

副主编单位：公安部治安管理局
铁道部公安局
国家文物局

中国人民银行保卫局
中国民用航空总局公安局
国家发展计划委员会国家物资储备局

参编单位：北京市公安局技防办
上海市公安局技防办
公安部第一研究所
公安部第三研究所
中国建筑标准设计研究院
公安部安全与警用电子产品质量检测中心
公安部安全防范产品质量监督检验测试中心
中航机场安全设备工程有限公司
航天二院北京航天天盾电子技术有限公司
首都博物馆
上海现代建筑设计（集团）有限公司

上海三盾安全防范系统公司
上海迪堡安防设备有限公司
上海万诚电子发展有限公司
厦门万安科技实业有限公司
厦门立林保安电子有限公司
广西南宁地凯科技有限公司

主要起草人：刘希清　靳秀凤　李明甫　施巨岭
李祥发　孙金元　李秀林　牟晓生
胡志昂　祝敬国　鲍世隆　许允新
施夏海　邬　锐　赵济安　李雪佩
孙　兰　刘起富　李　岩　李　丹
陈　冰　史奇中　李绍佳　童新轮
沈伟斌　朱国权　邵晓燕　杨柱石
徐晓波　陈朝武　周　群　金　巍
郭　立　戎　玲　顾　岩　徐志伟
时毓馨　王东生　杨国胜　陈旭黎
李　彤　王　新　赵　源

5—7—3

目　次

1 总　则

1.0.1 为了规范安全防范工程的设计、施工、检验和验收，提高安全防范工程的质量，保护公民人身安全和国家、集体、个人财产安全，制定本规范。

1.0.2 本规范适用于新建、改建、扩建的安全防范工程。通用型公共建（构）筑物（及其群体）和有特殊使用功能的高风险建（构）筑物（及其群体）的安全防范工程的建设，均应执行本规范。

1.0.3 安全防范工程的建设，应纳入单位或部门工程建设的总体规划，根据其使用功能、管理要求和建设投资等因素，进行综合设计、同步施工和独立验收。

1.0.4 安全防范工程的建设，必须符合国家有关法律、法规的规定，系统的防护级别应与被防护对象的风险等级相适应。

1.0.5 各类安全防范工程均应具有安全性、可靠性、开放性、可扩充性和使用灵活性，做到技术先进，经济合理，实用可靠。

1.0.6 安全防范工程的建设，除执行本规范外，还应符合国家现行工程建设强制性标准及有关技术标准、规范的规定。

2 术　语

2.0.1 安全防范产品　security and protection products

用于防入侵、防盗窃、防抢劫、防破坏、防爆安全检查等领域的特种器材或设备。

2.0.2 安全防范系统（SPS）　security and protection system

以维护社会公共安全为目的，运用安全防范产品和其他相关产品所构成的入侵报警系统、视频安防监控系统、出入口控制系统、防爆安全检查系统等；或由这些系统为子系统组合或集成的电子系统或网络。

2.0.3 安全防范（系统）工程（ESPS）　engineering of security and protection system

以维护社会公共安全为目的，综合运用安全防范技术和其他科学技术，为建立具有防入侵、防盗窃、防抢劫、防破坏、防爆安全检查等功能（或其组合）的系统而实施的工程。通常也称为技防工程。

2.0.4 入侵报警系统（IAS）　intruder alarm system

利用传感器技术和电子信息技术探测并指示非法进入或试图非法进入设防区域的行为、处理报警信息、发出报警信息的电子系统或网络。

2.0.5 视频安防监控系统（VSCS）　video surveillance and control system

利用视频技术探测、监视设防区域并实时显示、记录现场图像的电子系统或网络。

2.0.6 出入口控制系统（ACS）　access control system

利用自定义符识别或/和模式识别技术对出入口目标进行识别并控制出入口执行机构启闭的电子系统或网络。

2.0.7 电子巡查系统　guard tour system

对保安巡查人员的巡查路线、方式及过程进行管理和控制的电子系统。

2.0.8 停车库（场）管理系统　parking lots management system

对进、出停车库（场）的车辆进行自动登录、监控和管理的电子系统或网络。

2.0.9 防爆安全检查系统　security inspection system for anti-explosion

检查有关人员、行李、货物是否携带爆炸物、武器和/或其他违禁品的电子设备系统或网络。

2.0.10 安全管理系统（SMS）　security management system

对入侵报警、视频安防监控、出入口控制等子系统进行组合或集成，实现对各子系统的有效联动、管理和/或监控的电子系统。

2.0.11 风险等级　level of risk

存在于防护对象本身及其周围的、对其构成安全威胁的程度。

2.0.12 防护级别　level of protection

为保障防护对象的安全所采取的防范措施的水平。

2.0.13 安全防护水平　level of security

风险等级被防护级别所覆盖的程度。

2.0.14 探测　detection

感知显性风险事件或/和隐性风险事件发生并发出报警的手段。

2.0.15 延迟　delay

延长或/和推迟风险事件发生进程的措施。

2.0.16 反应　response

为制止风险事件的发生所采取的快速行动。

2.0.17 误报警　false alarm

由于意外触动手动装置、自动装置对未设计的报警状态做出响应、部件的错误动作或损坏、操作人员失误等而发出的报警。

2.0.18 漏报警　leakage alarm

风险事件已经发生，而系统未能做出报警响应或指示。

2.0.19 人力防范（人防）　personnel protection

执行安全防范任务的具有相应素质人员和/或人员群体的一种有组织的防范行为（包括人、组织和管理等）。

2.0.20 实体防范（物防）　physical protection

用于安全防范目的、能延迟风险事件发生的各种实体防护手段〔包括建（构）筑物、屏障、器具、设备、系统等〕。

2.0.21 技术防范（技防） technical protection

利用各种电子信息设备组成系统和/或网络以提高探测、延迟、反应能力和防护功能的安全防范手段。

2.0.22 防护对象（单位、部位、目标） protection object

由于面临风险而需对其进行保护的对象，通常包括某个单位、某个建（构）筑物或建（构）筑物群，或其内外的某个局部范围以及某个具体的实际目标。

2.0.23 周界 perimeter

需要进行实体防护或/和电子防护的某区域的边界。

2.0.24 监视区 surveillance area

实体周界防护系统或/和电子周界防护系统所组成的周界警戒线与防护区边界之间的区域。

2.0.25 防护区 protection area

允许公众出入的、防护目标所在的区域或部位。

2.0.26 禁区 restricted area

不允许未授权人员出入（或窥视）的防护区域或部位。

2.0.27 盲区 blind zone

在警戒范围内，安全防范手段未能覆盖的区域。

2.0.28 纵深防护 longitudinal-depth protection

根据被防护对象所处的环境条件和安全管理的要求，对整个防范区域实施由外到里或由里到外层层设防的防护措施。纵深防护分为整体纵深防护和局部纵深防护两种类型。

2.0.29 均衡防护 balanced protection

安全防范系统各部分的安全防护水平基本一致，无明显薄弱环节或"瓶颈"。

2.0.30 抗易损防护 anti-damageable protection

保证安全防范系统安全、可靠、持久运行并便于维修和维护的技术措施。

2.0.31 纵深防护体系 longitudinal-depth protection systems

兼有周界、监视区、防护区和禁区的防护体系。

2.0.32 监控中心 surveillance and control centre

安全防范系统的中央控制室。安全管理系统在此接收、处理各子系统发来的报警信息、状态信息等，并将处理后的报警信息、监控指令分别发往报警接收中心和相关子系统。

2.0.33 报警接收中心 alarm receiving centre

接收一个或多个监控中心的报警信息并处理警情的处所。通常也称为接处警中心（如公安机关的接警中心）。

3 安全防范工程设计

3.1 一般规定

3.1.1 安全防范工程的设计应根据被防护对象的使用功能、建设投资及安全防范管理工作的要求，综合运用安全防范技术、电子信息技术、计算机网络技术等，构成先进、可靠、经济、适用、配套的安全防范应用系统。

3.1.2 安全防范工程的设计应以结构化、规范化、模块化、集成化的方式实现，应能适应系统维护和技术发展的需要。

3.1.3 安全防范系统的配置应采用先进而成熟的技术、可靠而适用的设备。

3.1.4 安全防范系统中使用的设备必须符合国家法规和现行相关标准的要求，并经检验或认证合格。

3.1.5 安全防范工程的设计应遵循下列原则：

　　1 系统的防护级别与被防护对象的风险等级相适应。

　　2 技防、物防、人防相结合，探测、延迟、反应相协调。

　　3 满足防护的纵深性、均衡性、抗易损性要求。

　　4 满足系统的安全性、电磁兼容性要求。

　　5 满足系统的可靠性、维修性与维护保障性要求。

　　6 满足系统的先进性、兼容性、可扩展性要求。

　　7 满足系统的经济性、适用性要求。

3.1.6 安全防范工程程序与要求应符合国家现行标准《安全防范工程程序与要求》GA/T 75 的有关规定。

3.2 现场勘察

3.2.1 安全防范工程设计前，应进行现场勘察。

3.2.2 现场勘察的内容和要求应符合下列规定：

　　1 全面调查和了解被防护对象本身的基本情况。

　　1）被防护对象的风险等级与所要求的防护级别。

　　2）被防护对象的物防设施能力与人防组织管理概况。

　　3）被防护对象所涉及的建筑物、构筑物或其群体的基本概况：建筑平面图、使用（功能）分配图、通道、门窗、电（楼）梯配置、管道、供电线路布局、建筑结构、墙体及周边情况等。

　　2 调查和了解被防护对象所在地及周边的环境情况。

　　1）地理与人文环境。调查了解被防护对象周围的地形地物、交通情况及房屋状况；调查了解被防护对象当地的社情民风及社会治安状况。

　　2）气候环境和雷电灾害情况。调查工程现场一年中温度、湿度、风、雨、雾、霜等的变化情况和持续时间（以当地气候资料为准）；调查了解当地的雷电活动情况和所采取的雷电防护措施。

  3）电磁环境。调查被防护对象周围的电磁辐射情况，必要时，应实地测量其电磁辐射的强度和辐射规律。

  4）其他需要勘察的内容。

  3 按照纵深防护的原则，草拟布防方案，拟定周界、监视区、防护区、禁区的位置，并对布防方案所确定的防区进行现场勘察。

  1）周界区勘察

  ——周界形状、周界长度；

  ——周界内外地形地物状况等；

  ——提出周界警戒线的设置和基本防护形式的建议。

  2）周界内勘察

  ——勘察防区内防护部位、防护目标；

  ——勘察防区内所有出入口位置、通道长度、门洞尺寸等；

  ——勘察防区内所有门窗（包括天窗）的位置、尺寸等。

  3）施工现场勘察

  ——勘察并拟定前端设备安装方案，必要时应做现场模拟试验。

  探测器：安装位置、覆盖范围、现场环境。

  摄像机：安装位置、监视现场一天的光照度变化和夜间提供光照度的能力、监视范围、供电情况。

  出入口执行机构：安装位置、设备形式。

  ——勘察并拟定线缆、管、架（桥）敷设安装方案。

  ——勘察并拟定监控中心位置及设备布置方案。

  监控中心面积。

  终端设备布置与安装位置。

  线缆进线、接线方式。

  电源。

  接地。

  人机环境。

3.2.3 现场勘察结束后应编制现场勘察报告。现场勘察报告应包括下列内容：

  1 进行现场勘察时，对上述相关勘察内容所做的勘察记录。

  2 根据现场勘察记录和设计任务书的要求，对系统的初步设计方案提出的建议。

  3 现场勘察报告经参与勘察的各方授权人签字后作为正式文件存档。

3.3 设 计 要 素

3.3.1 安全防范系统构成包括下列内容：

  1 安全防范系统一般由安全管理系统和若干个相关子系统组成。

  2 安全防范系统的结构模式按其规模大小、复杂程度可有多种构建模式。按照系统集成度的高低，安全防范系统分为集成式、组合式、分散式三种类型。

  3 各相关子系统的基本配置，包括前端、传输、信息处理/控制/管理、显示/记录四大单元。不同（功能）的子系统，其各单元的具体内容有所不同。

  4 现阶段较常用的子系统主要包括：入侵报警系统、视频安防监控系统、出入口控制系统、电子巡查系统、停车库（场）管理系统以及以防爆安全检查系统为代表的特殊子系统等。

3.3.2 安全防范系统中安全管理系统的设计要素包括下列内容：

  1 集成式安全防范系统的安全管理系统。

  1）安全管理系统应设置在禁区内（监控中心），应能通过统一的通信平台和管理软件将监控中心设备与各子系统设备联网，实现由监控中心对各子系统的自动化管理与监控。安全管理系统的故障应不影响各子系统的运行；某一子系统的故障应不影响其他子系统的运行。

  2）应能对各子系统的运行状态进行监测和控制，应能对系统运行状况和报警信息数据等进行记录和显示。应设置足够容量的数据库。

  3）应建立以有线传输为主、无线传输为辅的信息传输系统。应能对信息传输系统进行检测，并能与所有重要部位进行有线和/或无线通信联络。

  4）应设置紧急报警装置。应留有向接处警中心联网的通信接口。

  5）应留有多个数据输入、输出接口，应能连接各子系统的主机，应能连接上位管理计算机，以实现更大规模的系统集成。

  2 组合式安全防范系统的安全管理系统。

  1）安全管理系统应设置在禁区内（监控中心）。应能通过统一的管理软件实现监控中心对各子系统的联动管理与控制。安全管理系统的故障应不影响各子系统的运行；某一子系统的故障应不影响其他子系统的运行。

  2）应能对各子系统的运行状态进行监测和控制，应能对系统运行状况和报警信息数据等进行记录和显示。可设置必要的数据库。

  3) 应能对信息传输系统进行检测，并能与所有重要部位进行有线和/或无线通信联络。

  4) 应设置紧急报警装置。应留有向接处警中心联网的通信接口。

  5) 应留有多个数据输入、输出接口，应能连接各子系统的主机。

  3 分散式安全防范系统的安全管理系统。

  1) 相关子系统独立设置，独立运行。系统主机应设置在禁区内（值班室），系统应设置联动接口，以实现与其他子系统的联动。

  2) 各子系统应能单独对其运行状态进行监测和控制，并能提供可靠的监测数据和管理所需要的报警信息。

  3) 各子系统应能对其运行状况和重要报警信息进行记录，并能向管理部门提供决策所需的主要信息。

  4) 应设置紧急报警装置，应留有向接处警中心报警的通信接口。

3.3.3 安全防范系统的各主要子系统的设计要素包括下列内容：

  1 入侵报警系统：系统应能根据被防护对象的使用功能及安全防范管理的要求，对设防区域的非法入侵、盗窃、破坏和抢劫等，进行实时有效的探测与报警。高风险防护对象的入侵报警系统应有报警复核（声音）功能。系统不得有漏报警，误报警率应符合工程合同书的要求。

  入侵报警系统的设计应符合《入侵报警系统技术要求》GA/T 368 等相关标准的要求。

  2 视频安防监控系统：系统应能根据建筑物的使用功能及安全防范管理的要求，对必须进行视频安防监控的场所、部位、通道等进行实时、有效的视频探测、视频监视，图像显示、记录与回放，宜具有视频入侵报警功能。与入侵报警系统联合设置的视频安防监控系统，应有图像复核功能，宜有图像复核加声音复核功能。

  视频安防监控系统的设计应符合《视频安防监控系统技术要求》GA/T 367 等相关标准的要求。

  3 出入口控制系统：系统应能根据建筑物的使用功能和安全防范管理的要求，对需要控制的各类出入口，按各种不同的通行对象及其准入级别，对其进、出实施实时控制与管理，并应具有报警功能。

  出入口控制系统的设计应符合《出入口控制系统技术要求》GA/T 394 等相关标准的要求。

  人员安全疏散口，应符合现行国家标准《建筑设计防火规范》GBJ 16 的要求。

  防盗安全门、访客对讲系统、可视对讲系统作为一种民用出入口控制系统，其设计应符合国家现行标准《防盗安全门通用技术条件》GB 17565、《楼寓对讲电控防盗门通用技术条件》GA/T 72、《黑白可视对讲系统》GA/T 269 的技术要求。

  4 电子巡查系统：系统应能根据建筑物的使用功能和安全防范管理的要求，按照预先编制的保安人员巡查程序，通过信息识读器或其他方式对保安人员巡逻的工作状态（是否准时、是否遵守顺序等）进行监督、记录，并能对意外情况及时报警。

  5 停车库（场）管理系统：系统应能根据建筑物的使用功能和安全防范管理的需要，对停车库（场）的车辆通行道口实施出入控制、监视、行车信号指示、停车管理及车辆防盗报警等综合管理。

  6 其他子系统：应根据安全防范管理工作对各类建筑物、构筑物的防护要求或对建筑物、构筑物内特殊部位的防护要求，设置其他特殊的安全防范子系统，如防爆安全检查系统、专用的高安全实体防护系统、各类周界防护系统等。这些子系统（设备）均应遵照本规范和相关规范进行设计。

3.4 功能设计

3.4.1 安全管理系统设计应符合下列规定：

  1 安全防范系统的安全管理系统由多媒体计算机及相应的应用软件构成，以实现对系统的管理和监控。

  2 安全管理系统的应用软件应先进、成熟，能在人机交互的操作系统环境下运行；应使用简体中文图形界面；应使操作尽可能简化；在操作过程中不应出现死机现象。如果安全管理系统一旦发生故障，各子系统应仍能单独运行；如果某子系统出现故障，不应影响其他子系统的正常工作。

  3 应用软件应至少具有以下功能：

  1) 对系统操作员的管理。设定操作员的姓名和操作密码，划分操作级别和控制权限等。

  2) 系统状态显示。以声光和/或文字图形显示系统自检、电源状况（断电、欠压等）、受控出入口人员通行情况（姓名、时间、地点、行为等）、设防和撤防的区域、报警和故障信息（时间、部位等）及图像状况等。

  3) 系统控制。视频图像的切换、处理、存储、检索和回放，云台、镜头等的预置和遥控。对防护目标的设防与撤防，执行机构及其他设备的控制等。

  4) 处警预案。入侵报警时入侵部位、图像和/或声音应自动同时显示，并显示可能的对策或处警预案。

  5) 事件记录和查询。操作员的管理、系统状态的显示等应有记录，需要时能简单快速地检索和/或回放。

  6) 报表生成。可生成和打印各种类型的报表。

报警时能实时自动打印报警报告（包括报警发生的时间、地点、警情类别、值班员的姓名、接处警情况等）。

3.4.2 入侵报警系统设计应符合下列规定：

1 应根据各类建筑物（群）和构筑物（群）安全防范的管理要求和环境条件，根据总体纵深防护和局部纵深防护的原则，分别或综合设置建筑物（群）和构筑物（群）周界防护、内（外）区域或空间防护、重点实物目标防护系统。

2 系统应能独立运行。有输出接口，可用手动、自动操作以有线或无线方式报警。系统除应能本地报警外，还应能异地报警。系统应能与视频安防监控系统、出入口控制系统等联动。

集成式安全防范系统的入侵报警系统应能与安全防范系统的安全管理系统联网，实现安全管理系统对入侵报警系统的自动化管理与控制。

组合式安全防范系统的入侵报警系统应能与安全防范系统的安全管理系统联接，实现安全管理系统对入侵报警系统的联动管理与控制。

分散式安全防范系统的入侵报警系统，应能向管理部门提供决策所需的主要信息。

3 系统的前端应按需要选择、安装各类入侵探测设备，构成点、线、面、空间或其组合的综合防护系统。

4 应能按时间、区域、部位任意编程设防和撤防。

5 应能对设备运行状态和信号传输线路进行检测，对故障能及时报警。

6 应具有防破坏报警功能。

7 应能显示和记录报警部位和有关警情数据，并能提供与其他子系统联动的控制接口信号。

8 在重要区域和重要部位发出报警的同时，应能对报警现场进行声音复核。

3.4.3 视频安防监控系统设计应符合下列规定：

1 应根据各类建筑物安全防范管理的需要，对建筑物内（外）的主要公共活动场所、通道、电梯及重要部位和场所等进行视频探测、图像实时监视和有效记录、回放。对高风险的防护对象，显示、记录、回放的图像质量及信息保存时间应满足管理要求。

2 系统的画面显示应能任意编程，能自动或手动切换，画面上应有摄像机的编号、部位、地址和时间、日期显示。

3 系统应能独立运行。应能与入侵报警系统、出入口控制系统等联动。当与报警系统联动时，能自动对报警现场进行图像复核，能将现场图像自动切换到指定的监视器上显示并自动录像。

集成式安全防范系统的视频安防监控系统应能与安全防范系统的安全管理系统联网，实现安全管理系统对视频安防监控系统的自动化管理与控制。

组合式安全防范系统的视频安防监控系统应能与安全防范系统的安全管理系统联接，实现安全管理系统对视频安防监控系统的联动管理与控制。

分散式安全防范系统的视频安防监控系统，应能向管理部门提供决策所需的主要信息。

3.4.4 出入口控制系统设计应符合下列规定：

1 应根据安全防范管理的需要，在楼内（外）通行门、出入口、通道、重要办公室门等处设置出入口控制装置。系统应对受控区域的位置、通行对象及通行时间等进行实时控制，并设定多级程序控制。系统应有报警功能。

2 系统的识别装置和执行机构应保证操作的有效性和可靠性，宜有防尾随措施。

3 系统的信息处理装置应能对系统中的有关信息自动记录、打印、存储，并有防篡改和防销毁等措施。应有防止同类设备非法复制的密码系统，密码系统应能在授权的情况下修改。

4 系统应能独立运行。应能与电子巡查系统、入侵报警系统、视频安防监控系统等联动。

集成式安全防范系统的出入口控制系统应能与安全防范系统的安全管理系统联网，实现安全管理系统对出入口控制系统的自动化管理与控制。

组合式安全防范系统的出入口控制系统应能与安全防范系统的安全管理系统联接，实现安全管理系统对出入口控制系统的联动管理与控制。

分散式安全防范系统的出入口控制系统，应能向管理部门提供决策所需的主要信息。

5 系统必须满足紧急逃生时人员疏散的相关要求。疏散出口的门均应设为向疏散方向开启。人员集中场所应采用平推外开门。配有门锁的出入口，在紧急逃生时，应不需要钥匙或其他工具，亦不需要专门的知识或费力便可从建筑物内开启。其他应急疏散门，可采用内推闩加声光报警模式。

3.4.5 电子巡查系统设计应符合下列规定：

1 应编制巡查程序，应能在预先设定的巡查路线中，用信息识读器或其他方式，对人员的巡查活动状态进行监督和记录，在线式电子巡查系统应在巡查过程发生意外情况时能及时报警。

2 系统可独立设置，也可与出入口控制系统或入侵报警系统联合设置。独立设置的电子巡查系统应能与安全防范系统的安全管理系统联网，满足安全管理系统对该系统管理的相关要求。

3.4.6 停车库（场）管理系统设计应符合下列规定：

1 应根据安全防范管理的需要，设计或选择设计如下功能：

——入口处车位显示；

——出入口及场内通道的行车指示；

——车辆出入识别、比对、控制；

——车牌和车型的自动识别；

——自动控制出入挡车器；

——自动计费与收费金额显示；

——多个出入口的联网与监控管理；

——停车场整体收费的统计与管理；

——分层的车辆统计与在位车显示；

——意外情况发生时向外报警。

2 宜在停车库（场）的入口区设置出票机。

3 宜在停车库（场）的出口区设置验票机。

4 系统可独立运行，也可与安全防范系统的出入口控制系统联合设置。可在停车场内设置独立的视频安防监控系统，并与停车库（场）管理系统联动；停车库（场）管理系统也可与安全防范系统的视频安防监控系统联动。

5 独立运行的停车库（场）管理系统应能与安全防范系统的安全管理系统联网，并满足安全管理系统对该系统管理的相关要求。

3.4.7 根据安全防范管理工作的需要，可在特殊建筑物内外（如民用机场、车站、码头）或特殊场所（如大型集会入口处、核电站、重要物资存储地、监狱等）临时或永久设置防爆安全检查系统、高安全实体防护系统、高安全周界防护系统等，并应符合下列规定：

1 防爆安全检查系统的设计，应能对规定的爆炸物、武器或其他违禁物品进行实时、有效的探测、显示、记录和报警。系统的探测率、误报率和人员物品的通过率应满足国家现行相关标准的要求；探测不应对人体和物品产生伤害，不应引起爆炸物起爆。

2 高安全实体防护系统（如用于核设施）的设计、所用设备和材料，均应满足国家现行相关标准的要求，不能产生辐射泄漏或影响环境安全。

3 高安全周界防护系统（如监狱设施的周界高压电网）的设计，应遵从"技防、物防、人防相结合"的原则，并应符合国家现行相关标准的要求。

3.5 安全性设计

3.5.1 安全防范系统所用设备、器材的安全性指标应符合现行国家标准《安全防范报警设备 安全要求和试验方法》GB 16796 和相关产品标准规定的安全性能要求。

3.5.2 安全防范系统的设计应防止造成对人员的伤害，并应符合下列规定：

1 系统所用设备及其安装部件的机械结构应有足够的强度，应能防止由于机械重心不稳、安装固定不牢、突出物和锐利边缘以及显示设备爆裂等造成对人员的伤害。系统的任何操作都不应对现场人员的安全造成危害。

2 系统所用设备，所产生的气体、X 射线、激光辐射和电磁辐射等应符合国家现行相关标准的要求，不能损害人体健康。

3 系统和设备应有防人身触电、防火、防过热的保护措施。

4 监控中心（控制室）的面积、温度、湿度、采光及环保要求、自身防护能力、设备配置、安装、控制操作设计、人机界面设计等均应符合人机工程学原理，并符合本规范 3.13 节的相关要求。

3.5.3 安全防范系统的设计应保证系统的信息安全性，并应符合下列规定：

1 系统的供电应安全、可靠。应设置备用电源，以防止由于突然断电而产生信息丢失。

2 系统应设置操作密码，并区分控制权限，以保证系统运行数据的安全。

3 信息传输应有防泄密措施。有线专线传输应有防信号泄漏和/或加密措施，有线公网传输和无线传输应有加密措施。

4 应有防病毒和防网络入侵的措施。

3.5.4 安全防范系统的设计应考虑系统的防破坏能力，并应符合下列规定：

1 入侵报警系统应具备防拆、开路、短路报警功能。

2 系统传输线路的出入端线应隐蔽，并有保护措施。

3 系统宜有自检功能和故障报警、欠压报警功能。

4 高风险防护对象的安防系统宜考虑遭受意外电磁攻击的防护措施。

3.6 电磁兼容性设计

3.6.1 安全防范系统所用设备的电磁兼容性设计，应符合电磁兼容试验和测量技术系列标准的规定。试验的严酷等级根据实际需要，在设计文件中确定。线缆的电磁兼容设计应符合有关标准、规范的要求。

3.6.2 传输线路的抗干扰设计应符合下列规定：

1 电力系统与信号传输系统的线路应分开敷设。

2 信号电缆的屏蔽性能、敷设方式、接头工艺、接地要求等应符合相关标准的规定。

3 当电梯厢内安装摄像机时，应有防止电梯电力电缆对视频信号电缆产生干扰的措施。

3.6.3 防电磁骚扰设计应符合下列规定：

1 系统所用设备外壳开口应尽可能小，开口数量应尽可能少。

2 系统中的无线发射设备的电磁辐射频率、功率，非无线发射设备对外的杂散电磁辐射功率均应符合国家现行有关法规与技术标准的要求。

3.7 可靠性设计

3.7.1 安全防范系统可靠性指标的分配应符合下列

规定：

　　1　根据系统规模的大小和用户对系统可靠性的总要求，应将整个系统的可靠性指标进行分配，即将整个系统的可靠性要求转换为系统各组成部分（或子系统）的可靠性要求。

　　2　系统所有子系统的平均无故障工作时间（MTBF）不应小于其 MTBF 分配指标。

　　3　系统所使用的所有设备、器材的平均无故障工作时间（MTBF）不应小于其 MTBF 分配指标。

3.7.2　采用降额设计时，应根据安全防范系统设计要求和关键环境因素或物理因素（应力、温度、功率等）的影响，使元器件、部件、设备在低于额定值的状态下工作，以加大安全余量，保证系统的可靠性。

3.7.3　采用简化设计时，应在完成规定功能的前提下，采用尽可能简化的系统结构，尽可能少的部件、设备，尽可能短的路由，来完成系统的功能，以获得系统的最佳可靠性。

3.7.4　采用冗余设计时，应符合下列规定：

　　1　储备冗余（冷热备份）设计。系统应采用储备冗余设计，特别是系统的关键组件或关键设备，必须设置热（冷）备份，以保证在系统局部受损的情况下能正常运行或快速维修。

　　2　主动冗余设计。系统应尽可能采用总体并联式结构或串-并联混合式结构，以保证系统的某个局部发生故障（或失效）时，不影响系统其他部分的正常工作。

3.7.5　维修性设计和维修保障应符合下列规定：

　　1　系统的前端设备应采用标准化、规格化、通用化设备，以便维修和更换。

　　2　系统主机结构应模块化。

　　3　系统线路接头应插件化，线端必须做永久性标记。

　　4　设备安装或放置的位置应留有足够的维修空间。

　　5　传输线路应设置维修测试点。

　　6　关键线路或隐蔽线路应留有备份线。

　　7　系统所用设备、部件、材料等，应有足够的备件和维修保障能力。

　　8　系统软件应有备份和维护保障能力。

3.8　环境适应性设计

3.8.1　安全防范系统设计应符合其使用环境（如室内外温度、湿度、大气压等）的要求。系统所使用设备、部件、材料的环境适应性应符合现行国家标准《报警系统环境试验》GB/T 15211 中相应严酷等级的要求。

3.8.2　在沿海海滨地区盐雾环境下工作的系统设备、部件、材料，应具有耐盐雾腐蚀的性能。

3.8.3　在有腐蚀性气体和易燃易爆环境下工作的系统设备、部件、材料，应采取符合国家现行相关标准规定的保护措施。

3.8.4　在有声、光、热、振动等干扰源环境中工作的系统设备、部件、材料，应采取相应的抗干扰或隔离措施。

3.9　防雷与接地设计

3.9.1　建于山区、旷野的安全防范系统，或前端设备装于塔顶，或电缆端高于附近建筑物的安全防范系统，应按现行国家标准《建筑物防雷设计规范》GB 50057 的要求设置避雷保护装置。

3.9.2　建于建筑物内的安全防范系统，其防雷设计应采用等电位连接与共用接地系统的设计原则，并满足现行国家标准《建筑物电子信息系统防雷技术规范》GB 50343 的要求。

3.9.3　安全防范系统的接地母线应采用铜质线，接地端子应有地线符号标记。接地电阻不得大于 4Ω；建造在野外的安全防范系统，其接地电阻不得大于 10Ω；在高山岩石的土壤电阻率大于 $2000\Omega \cdot m$ 时，其接地电阻不得大于 20Ω。

3.9.4　高风险防护对象的安全防范系统的电源系统、信号传输线路、天线馈线以及进入监控室的架空电缆入室端均应采取防雷电感应过电压、过电流的保护措施。

3.9.5　安全防范系统的电源线、信号线经过不同防雷区的界面处，宜安装电涌保护器；系统的重要设备应安装电涌保护器。电涌保护器接地端和防雷接地装置应做等电位连接。等电位连接带应采用铜质线，其截面积不应小于 $16mm^2$。

3.9.6　监控中心内应设置接地汇集环或汇集排，汇集环或汇集排宜采用裸铜线，其截面积不应小于 $35mm^2$。

3.9.7　不得在建筑物屋顶上敷设电缆，必须敷设时，应穿金属管进行屏蔽并接地。

3.9.8　架空电缆吊线的两端和架空电缆线路中的金属管道应接地。

3.9.9　光缆传输系统中，各光端机外壳应接地。光端加强芯、架空光缆接续护套应接地。

3.10　集成设计

3.10.1　安全防范系统的集成设计包括子系统的集成设计、总系统的集成设计，必要时还应考虑总系统与上一级管理系统的集成设计。

3.10.2　入侵报警系统、视频安防监控系统、出入口控制系统等独立子系统的集成设计，是指它们各自主系统对其分系统的集成（如大型多级报警网络系统的设计），应考虑一级网络对二级网络的集成与管理，二级网络应考虑对三级网络的集成与管理等；大型视频安防监控系统的设计应考虑监控中心（主控）对各分中心（分控）的集成与管理等。

3.10.3 各子系统间的联动或组合设计应符合下列规定：

1 根据安全管理的要求，出入口控制系统必须考虑与消防报警系统的联动，保证火灾情况下的紧急逃生。

2 根据实际需要，电子巡查系统可与出入口控制系统或入侵报警系统进行联动或组合，出入口控制系统可与入侵报警系统或/和视频安防监控系统联动或组合，入侵报警系统可与视频安防监控系统或/和出入口控制系统联动或组合等。

3.10.4 系统的总集成设计应符合下列规定：

1 一个完整的安全防范系统，通常都是一个集成系统。

2 安全防范系统的集成设计，主要是指其安全管理系统的设计。

3 安全管理系统的设计可有多种模式，可以采用某一子系统为主（如视频安防监控系统）进行系统总集成设计，也可采用其他模式进行系统总集成设计。不论采用何种模式，其安全管理系统的设计除应符合本规范 3.4.1 条的规定外，还应满足下列要求：

　1) 有相应的信息处理能力和控制/管理能力；有相应容量的数据库。

　2) 通讯协议和接口应符合国家现行有关标准的规定。

　3) 系统应具有可靠性、容错性和维修性。

　4) 系统应能与上一级管理系统进行更高一级的集成。

3.11　传输方式、传输线缆、传输设备的选择与布线设计

3.11.1 传输方式的选择应符合下列规定：

1 传输方式的选择取决于系统规模、系统功能、现场环境和管理工作的要求。一般采用有线传输为主、无线传输为辅的传输方式。有线传输可采用专线传输、公共电话网传输、公共数据网传输、电缆光缆传输等多种模式。

2 选用的传输方式应保证信号传输的稳定、准确、安全、可靠，且便于布线、施工、检测和维修。

3 可靠性要求高或布线便利的系统，应优先选用有线传输方式，最好是选用专线传输方式。布线困难的地方可考虑采用无线传输方式，但要选择抗干扰能力强的设备。

4 报警网的主干线（特别是借用公共电话网构成的区域报警网），宜采用有线传输为主、无线传输为辅的双重报警传输方式，并配以必要的有线/无线转接装置。

3.11.2 传输线缆的选择应符合下列规定：

1 传输线缆的衰减、弯曲、屏蔽、防潮等性能应满足系统设计总要求，并符合相应产品标准的技术要求。在满足上述要求的前提下，宜选用线径较细、容易施工的线缆。

2 报警信号传输线的耐压不应低于 AC250V，应有足够的机械强度。铜芯绝缘导线、电缆芯线的最小截面积应满足下列要求：

　1) 穿管敷设的绝缘导线，线芯最小截面积不应小于 1.00mm^2。

　2) 线槽内敷设的绝缘导线，线芯最小截面积不应小于 0.75mm^2。

　3) 多芯电缆的单股线芯最小截面积不应小于 0.50mm^2。

3 视频信号传输电缆应满足下列要求：

　1) 应根据图像信号采用基带传输或射频传输，确定选用视频电缆或射频电缆。

　2) 所选用电缆的防护层应适合电缆敷设方式及使用环境的要求（如气候环境、是否存在有害物质、干扰源等）。

　3) 室外线路，宜选用外导体内径为 9mm 的同轴电缆，并采用聚乙烯外套。

　4) 室内距离不超过 500m 时，宜选用外导体内径为 7mm 的同轴电缆，且采用防火的聚氯乙烯外套。

　5) 终端机房设备间的连接线，距离较短时，宜选用外导体内径为 3mm 或 5mm、且具有密编铜网外导体的同轴电缆。

　6) 电梯轿厢的视频同轴电缆应选用电梯专用电缆。

4 光缆应满足下列要求：

　1) 光缆的传输模式，可依传输距离而定。长距离时宜采用单模光纤，距离较短时宜采用多模光纤。

　2) 光缆芯线数目，应根据监视点的个数、监视点的分布情况来确定，并注意留有一定的余量。

　3) 光缆的结构及允许的最小弯曲半径、最大抗拉力等机械参数，应满足施工条件的要求。

　4) 光缆的保护层，应适合光缆的敷设方式及使用环境的要求。

3.11.3 传输设备选型应符合下列规定：

1 利用公共电话网、公用数据网传输报警信号时，其有线转接装置应符合公共网入网要求；采用无线传输时，无线发射装置、接收装置的发射频率、功率应符合国家无线电管理的有关规定。

2 视频电缆传输部件应满足下列要求：

　1) 视频电缆传输方式。

　下列位置宜加电缆均衡器：

　——黑白电视基带信号在 5MHz 时的不平

坦度不小于 3dB 处；

——彩色电视基带信号在 5.5MHz 时的不平坦度不小于 3dB 处。

下列位置宜加电缆放大器：

——黑白电视基带信号在 5MHz 时的不平坦度不小于 6dB 处；

——彩色电视基带信号在 5.5MHz 时的不平坦度不小于 6dB 处。

2) 射频电缆传输方式。

——摄像机在传输干线某处相对集中时，宜采用混合器来收集信号；

——摄像机分散在传输干线的沿途时，宜选用定向耦合器来收集信号；

——控制信号传输距离较远，到达终端已不能满足接收电平要求时，宜考虑中途加装再生中继器。

3) 无线图像传输方式。

——监控距离在 10km 范围内时，可采用高频开路传输；

——监控距离较远且监视点在某一区域较集中时，应采用微波传输方式，其传输距离可达几十公里。需要传输距离更远或中间有阻挡物时，可考虑加微波中继；

——无线传输频率应符合国家无线电管理的规定，发射功率应不干扰广播和民用电视，调制方式宜采用调频制。

3 光端机、解码箱或其他光部件在室外使用时，应具有良好的密闭防水结构。

3.11.4 布线设计应符合下列规定：

1 综合布线系统的设计应符合现行国家标准《建筑与建筑群综合布线系统工程设计规范》GB/T 50311 的规定。

2 非综合布线系统的路由设计，应符合下列规定：

1) 同轴电缆宜采用穿管暗敷或线槽的敷设方式。当线路附近有强电磁场干扰时，电缆应在金属管内穿过，并埋入地下。当必须架空敷设时，应采取防干扰措施。

2) 路由应短捷、安全可靠，施工维护方便。

3) 应避开恶劣环境条件或易使管道损伤的地段。

4) 与其他管道等障碍物不宜交叉跨越。

3.11.5 线缆敷设应符合下列规定：

1 综合布线系统的线缆敷设应符合现行国家标准《建筑与建筑群综合布线系统工程设计规范》GB/T 50311 的规定。

2 非综合布线系统室内线缆的敷设，应符合下列要求：

1) 无机械损伤的电（光）缆，或改、扩建工程使用的电（光）缆，可采用沿墙明敷方式。

2) 在新建的建筑物内或要求管线隐蔽的电（光）缆应采用暗管敷设方式。

3) 下列情况可采用明管配线：

——易受外部损伤；

——在线路路由上，其他管线和障碍物较多，不宜明敷的线路；

——在易受电磁干扰或易燃易爆等危险场所。

4) 电缆和电力线平行或交叉敷设时，其间距不得小于 0.3m；电力线与信号线交叉敷设时，宜成直角。

3 室外线缆的敷设，应符合现行国家标准《民用闭路监视电视系统工程技术规范》GB 50198—1994 中第 2.3.7 条的要求。

4 敷设电缆时，多芯电缆的最小弯曲半径应大于其外径的 6 倍；同轴电缆的最小弯曲半径应大于其外径的 15 倍。

5 线缆槽敷设截面利用率不应大于 60%；线缆穿管敷设截面利用率不应大于 40%。

6 电缆沿支架或在线槽内敷设时应在下列各处牢固固定：

1) 电缆垂直排列或倾斜坡度超过 45°时的每一个支架上；

2) 电缆水平排列或倾斜坡度不超过 45°时，在每隔 1~2 个支架上；

3) 在引入接线盒及分线箱前 150~300mm 处。

7 明敷设的信号线路与具有强磁场、强电场的电气设备之间的净距离，宜大于 1.5m；当采用屏蔽线缆或穿金属保护管或在金属封闭线槽内敷设时，宜大于 0.8m。

8 线缆在沟道内敷设时，应敷设在支架上或线槽内。当线缆进入建筑物后，线缆沟道与建筑物间应隔离密封。

9 线缆穿管前应检查保护管是否畅通，管口应加护圈，防止穿管时损伤导线。

10 导线在管内或线槽内不应有接头和扭结。导线的接头应在接线盒内焊接或用端子连接。

11 同轴电缆应一线到位，中间无接头。

3.11.6 光缆敷设应符合下列规定：

1 敷设光缆前，应对光纤进行检查。光纤应无断点，其衰耗值应符合设计要求。核对光缆长度，并应根据施工图的敷设长度来选配光缆。配盘时应使接头避开河沟、交通要道和其他障碍物。架空光缆的接头应设在杆旁 1m 以内。

2 敷设光缆时，其最小弯曲半径应大于光缆外径的 20 倍。光缆的牵引端头应做好技术处理，可采用自动控制牵引力的牵引机进行牵引。牵引力应加在加强芯上，其牵引力不应超过 150kg；牵引速度宜为 10m/min；一次牵引的直线长度不宜超过 1km，光纤接头的预留长度不应小于 8m。

3 光缆敷设后，应检查光纤有无损伤，并对光缆敷设损耗进行抽测。确认没有损伤后，再进行接续。

4 光缆接续应由受过专门训练的人员操作，接续时应采用光功率计或其他仪器进行监视，使接续损耗达到最小。接续后应做好保护，并安装好光缆接头护套。

5 在光缆的接续点和终端应做永久性标志。

6 管道敷设光缆时，无接头的光缆在直道上敷设时应由人工逐个入孔同步牵引；预先做好接头的光缆，其接头部分不得在管道内穿行。光缆端头应用塑料胶带包扎好，并盘圈放置在托架高处。

7 光缆敷设完毕后，宜测量通道的总损耗，并用光时域反射计观察光纤通道全程波导衰减特性曲线。

3.12 供电设计

3.12.1 宜采用两路独立电源供电，并在末端自动切换。

3.12.2 系统设备应进行分类，统筹考虑系统供电。

3.12.3 根据设备分类，配置相应的电源设备。系统监控中心和系统重要设备应配备相应的备用电源装置。系统前端设备视工程实际情况，可由监控中心集中供电，也可本地供电。

3.12.4 主电源和备用电源应有足够容量。应根据入侵报警系统、视频安防监控系统、出入口控制系统等的不同供电消耗，按总系统额定功率的 1.5 倍设置主电源容量；应根据管理工作对主电源断电后系统防范功能的要求，选择配置持续工作时间符合管理要求的备用电源。

3.12.5 电源质量应满足下列要求：

1 稳态电压偏移不大于±2%；

2 稳态频率偏移不大于±0.2Hz；

3 电压波形畸变率不大于 5%；

4 允许断电持续时间为 0～4ms；

5 当不能满足上述要求时，应采用稳频稳压、不间断电源供电或备用发电等措施。

3.12.6 安全防范系统的监控中心应设置专用配电箱，配电箱的配出回路应留有裕量。

3.13 监控中心设计

3.13.1 监控中心应设置为禁区，应有保证自身安全的防护措施和进行内外联络的通讯手段，并应设置紧急报警装置和留有向上一级接处警中心报警的通信接口。

3.13.2 监控中心的面积应与安防系统的规模相适应，不宜小于 20m²。应有保证值班人员正常工作的相应辅助设施。

3.13.3 监控中心室内地面应防静电、光滑、平整、不起尘。门的宽度不应小于 0.9m，高度不应小于 2.1m。

3.13.4 监控中心内的温度宜为 16～30℃，相对湿度宜为 30%～75%。

3.13.5 监控中心内应有良好的照明。

3.13.6 室内的电缆、控制线的敷设宜设置地槽；当不设置地槽时，也可敷设在电缆架槽、电缆走廊、墙上槽板内，或采用活动地板。

3.13.7 根据机架、机柜、控制台等设备的相应位置，应设置电缆槽和进线孔。槽的高度和宽度应满足敷设电缆的容量和电缆弯曲半径的要求。

3.13.8 室内设备的排列，应便于维护与操作，并应满足本规范 3.5 节和消防安全的规定。

3.13.9 控制台的装机容量应根据工程需要留有扩展余地。控制台的操作部分应方便、灵活、可靠。

3.13.10 控制台正面与墙的净距离不应小于 1.2m；侧面与墙或其他设备的净距离，在主要走道不应小于 1.5m，在次要走道不应小于 0.8m。

3.13.11 机架背面和侧面与墙的净距离不应小于 0.8m。

3.13.12 监控中心的供电、接地与雷电防护设计应符合本规范第 3.12 节和第 3.9 节的相关规定。

3.13.13 监控中心的布线、进出线端口的设置、安装等，应符合本规范第 3.11 节的相关规定。

4 高风险对象的安全防范工程设计

4.1 风险等级与防护级别

4.1.1 防护对象风险等级的划分应遵循下列原则：

1 根据被防护对象自身的价值、数量及其周围的环境等因素，判定被防护对象受到威胁或承受风险的程度。

2 防护对象的选择可以是单位、部位（建筑物内外的某个空间）和具体的实物目标。不同类型的防护对象，其风险等级的划分可采用不同的判定模式。

3 防护对象的风险等级分为三级，按风险由大到小定为一级风险、二级风险和三级风险。

4.1.2 安全防范系统的防护级别应与防护对象的风险等级相适应。防护级别共分为三级，按其防护能力由高到低定为一级防护、二级防护和三级防护。

4.1.3 本节适用于文物保护单位和博物馆、银行营业场所、民用机场、铁路车站和重要物资储存库等五类特殊对象的风险等级及其所需的防护级别。

4.1.4 高风险对象的风险等级与防护级别的确定应

符合下列规定：

1　文物保护单位、博物馆风险等级和防护级别的划分按照《文物系统博物馆风险等级和防护级别的规定》GA 27执行。

2　银行营业场所风险等级和防护级别的划分按照《银行营业场所风险等级和防护级别的规定》GA 38执行。

3　重要物资储存库风险等级和防护级别的划分根据国家的法律、法规和公安部与相关行政主管部门共同制定的规章，并按第4.1.1条的原则进行确定。

4　民用机场风险等级和防护级别遵照中华人民共和国民用航空总局和公安部的有关管理规章，根据国内各民用机场的性质、规模、功能进行确定，并符合表4.1.4-1的规定。

表4.1.4-1　民用机场风险等级与防护级别

风险等级	机　场	防护级别
一级	国家规定的中国对外开放一类口岸的国际机场及安防要求特殊的机场	一级
二级	除定为一级风险以外的其他省会城市国际机场	二级或二级以上
三级	其他机场	三级或三级以上

5　铁路车站的风险等级和防护级别遵照中华人民共和国铁道部和公安部的有关管理规章，根据国内各铁路车站的性质、规模、功能进行确定，并符合表4.1.4-2的规定。

表4.1.4-2　铁路车站风险等级与防护级别

风险等级	铁路车站	防护级别
一级	特大型旅客车站、既有客货运特等站及安防要求特殊的车站	一级
二级	大型旅客车站、既有客货运一等站、特等编组站、特等货运站	二级
三级	中型旅客车站（最高聚集人数不少于600人）、既有客货运二等站、一等编组站、一等货运站	三级

注：表中铁路车站以外的其他车站防护级别可为三级。

4.2　文物保护单位、博物馆安全防范工程设计

Ⅰ　一般规定

4.2.1　本节内容适用于新建、扩建、改建的文物保护单位、博物馆的安全防范工程。包括考古所（队）、文物商店等存放文物的单位与建筑的安全防范工程。

4.2.2　根据文物保护单位、博物馆的特点，安全防范工程设计应综合考虑以下因素：

1　对相关业务活动的文物流、人员流、车流和信息流进行分析，分清内外不同流向与相互之间的界面，以利全面防护。

2　优先选择纵深防护体系，区分纵深层次、防护重点，划分不同等级的防护区域。由于外界环境条件或资金限制不能采用整体纵深防护措施时，应采取局部纵深防护措施。

3　保证现场环境条件下系统不间断运行的可靠性。

4　文物博物馆与其他单位为联体建筑群时，其安全防范系统必须独立组建。

5　文物保护单位作为博物馆使用时，安全防范工程设计必须符合文物保护要求，不应造成文物建筑的损伤，不得对原文物建筑结构进行任何改动。

6　安全防范系统应采取自敷专线，并建立专用的通信系统。

7　为适应陈列设计、功能布局调整的需要，线缆走线和布防点位置的设置宜留有一定的调整性与冗余度。

4.2.3　根据文物保护单位、博物馆的特点，安全防范工程设计除应符合本规范第3章的规定外，尚应符合下列规定：

1　安全防范系统应具有非法行为控制、应急处置和日常安防日志管理等功能，宜结合建筑物特点和出入口管理的要求，安装防爆安全检查装置。

2　安全防范系统防护范围应包括陈列、存放文物的场所和文物出入通道等场所、部位。

3　具备现场勘察条件时应检查文物库房、文物陈列室、陈列形式，以及出入口、墙体、门窗、风管等开口部位的实体防护设施与能力等。

Ⅱ　一级防护工程设计

4.2.4　周界的防护应符合下列规定：

1　周界包括建筑物（群）外周界、室外周界和室内周界。

2　陈列室、库房、文物修复室等应设立室外或室内周界防护系统。

4.2.5　监视区应设置视频安防监控装置。

4.2.6　出入口的防护应符合下列规定：

1　需要进行防护和控制的出入口包括周界围栏、围墙的出入口；展厅、库房的出入口；进入防护区的地下通道和天窗、风管等。

2　仅供内部工作人员使用的出入口应安装出入口控制装置。

3　出入口控制装置宜有防胁迫进入的报警功能。

4　宜有防尾随措施。

4.2.7　当有文物卸运交接区时，其防护应符合下列规定：

1　文物卸运交接区应为禁区。

2 文物卸运交接区应安装摄像机和周界防护装置。

3 文物卸运交接区宜安装入侵探测装置。

4.2.8 文物通道的防护应符合下列规定：

1 文物通道的出入口应安装出入口控制装置、紧急报警按钮和对讲装置。

2 文物通道内应安装摄像机，对文物可能通过的地方都应能够跟踪摄像，不留盲区。

3 开放式文物通道应安装周界防护装置。

4.2.9 文物库房的防护应符合下列规定：

1 文物库房应设为禁区。

2 总库门宜安装防盗、防火、防烟、防水的特殊安全门。

3 库房内必须配置不同探测原理的探测装置。

4 库房内通道和重要部位应安装摄像机，保证24h内可以随时实施监视。

5 出入口必须安装与安全管理系统联动或集成的出入口控制装置，并能区别正常情况与被劫持情况。

6 文物库房的墙体、天花板、地板等与公众活动区相邻时，宜配置振动探测装置。

4.2.10 展厅的防护应符合下列规定：

1 展厅内应配置不同探测原理的探测装置。

2 珍贵文物展柜应安装报警装置，并设置实体防护。

3 应设置以视频图像复核为主、现场声音复核为辅的报警信息复核系统。视频图像应能清晰反映监视区域内人员的活动情况，声音复核装置应能清晰地探测现场的话音以及走动、撬、挖、凿、锯等动作发出的声音。

4.2.11 监控中心除应符合本规范第3.13节的规定外，尚应符合下列规定：

1 应组成以计算机为核心的安全管理系统。

2 应对重要防护部位进行24h报警实时录音、录像。

3 应为专用工作间。新建工程的监控中心使用面积不应小于64m²，并应设置专用的卫生间、设备间和专用空调设备。

4 应设置防盗安全门，防盗安全门上应安装出入口控制装置。室外通道应安装摄像机。

5 应安装防盗窗。

6 防盗窗宜采用防弹材料。

7 备用电源应符合本规范第3.12.4条的规定。

8 系统管理主机宜具有双机热备份功能。

9 系统应有较强的容错能力，有在线帮助功能。

Ⅲ 二级防护工程设计

4.2.12 周界的防护应符合第4.2.4条的规定。
4.2.13 出入口应符合第4.2.6条第1~3款的规定。
4.2.14 文物卸运交接区应符合第4.2.7条的规定。

4.2.15 文物通道的防护应符合下列规定：

1 文物通道的出入口门体至少应安装机械防盗锁。

2 文物通道内应安装摄像机，对文物通过的地方都能跟踪摄像。

4.2.16 文物库房的防护应符合下列规定：

1 应符合第4.2.9条第1~5款的规定。

2 库房墙体为建筑物外墙时，应配置防撬、挖、凿等动作的探测装置。

4.2.17 展厅的防护应符合下列规定：

1 应符合第4.2.10条第1、2款的规定。

2 应设置现场声音复核为主、视频图像复核为辅的报警信息复核系统，并满足第4.2.10条第3款的性能要求。

4.2.18 监控中心（控制室）除应符合本规范第3.13节的规定外，尚应符合下列规定：

1 应符合第4.2.11条第1、2款的规定。

2 应为专用工作间。新建工程的监控中心使用面积应为20~50m²。

3 应安装防盗安全门、防盗窗。

4 防盗安全门上宜安装出入口控制装置。

5 备用电源应符合本规范第3.12.4条的规定。

6 系统主机宜采取备份方式。

Ⅳ 三级防护工程设计

4.2.19 周界的防护应符合第4.2.4条的规定。
4.2.20 出入口的防护应符合下列规定：

1 应符合第4.2.6条第1款的规定。

2 仅供内部工作人员使用的出入口宜安装出入口控制装置，宜有胁迫进入报警功能。

4.2.21 文物卸运交接区应符合第4.2.7条第1、2款的规定。

4.2.22 文物通道的防护应符合下列规定：

1 文物通道的出入口宜安装出入口控制装置。

2 文物通道内宜安装摄像机，对文物通过的地方能进行摄像。

4.2.23 文物库房的防护应符合下列规定：

1 应符合第4.2.9条第1款的规定。

2 应符合第4.2.16条第2款的规定。

3 库房应配置组装式文物保险库或防盗保险柜。

4 总库门应安装防盗安全门。

5 库房内重要部位宜安装摄像机。

4.2.24 展厅的防护应符合下列规定：

1 采取入侵探测系统与实体防护装置复合方式进行布防。

2 应符合第4.2.10条第2款的规定。

3 应设置声音复核的报警信息复核系统，并满足第4.2.10条第3款的性能要求。

4.2.25 监控中心（值班室）除应符合本规范第

3.13 节的规定外，尚应符合下列规定：

1 应能够在报警时对现场声音、图像信号进行实时录音、录像。

2 允许与其他系统值班共用，但应设置专门的安防操作台。安防操作台应安装紧急报警按钮。

3 应安装防盗安全门、防盗窗和防盗锁。

4 备用电源应符合本规范第 3.12.4 条的规定。

V 各子系统设计要求

4.2.26 周界防护系统的设计应符合下列规定：

1 应与视频安防监控系统、出入口控制系统、相应的实体阻挡装置联动。

2 周界装置需要灯光照明时，两灯之间距地面高度 1m 处的最低照度不应低于 20 lx。

3 当周界报警发生时，应以声、光信号显示报警的具体位置。一、二级防护系统应显示周界模拟地形图，并以声、光信号显示报警的具体位置。

4.2.27 入侵报警系统的设计除应符合本规范第 3.4.2 条的规定外，尚应符合下列规定：

1 入侵探测器盲区边缘与防护目标间的距离不得小于 5m。

2 入侵探测器启动摄像机或照相机的同时，应联动应急照明。

3 报警系统主机应具备中央处理器和存储器，应能够存储控制程序和运行日志信息，应能独立调控相关的前端设备。

4 应配备不低于 8h 的备用电源，系统断电时应能保存以往的运行数据。

5 现场报警控制器应安装在具有自身防护设施的弱电间内。

4.2.28 视频安防监控系统的设计除应符合本规范第 3.4.3 条的规定外，尚应符合下列规定：

1 应具有画面定格功能。

2 视频报警装置应能任意设定视频警戒区域。

3 应能对多路图像信号实时传输、切换显示，应能定时录像、报警自动录像和停电后自动录像。

4 宜配备具有多重检索、慢动作画面、超静止画面、步进性图像分解等功能的录像设备。

5 重要部位在正常的工作照明条件下，监视图像质量不应低于现行国家标准《民用闭路监视电视系统工程技术规范》GB 50198—1994 中表 4.3.1-1 规定的 4 级，回放图像质量不应低于表 4.3.1-1 规定的 3 级，或至少能辨别人的面部特征。

6 摄像机灵敏度应能适应防护目标的最低照度条件。

7 沿警戒线设置的视频安防监控系统，宜对沿警戒线 5m 宽的警戒范围实现无盲区监控。

8 摄像机室外安装时，宜有防雷措施。

4.2.29 出入口控制系统的设计除应符合本规范第 3.4.4 条的规定外，尚应符合下列规定：

1 不同的出入口，应能设置不同的出入权限。

2 每一次有效出入，都应能自动存贮出入人员的相关信息和出入时间、地点，并能按天进行有效统计和记录、存档。

3 应保证整个出入口控制系统的计时一致性。

4 识读装置应保证操作的有效性。非法进入和胁迫进入应发出报警信号，合法操作应保证自动门的有效动作。一次有效操作自动门，只能产生一次有效动作。

4.2.30 电子巡查系统的设计除应符合本规范第 3.4.5 条的规定外，尚应符合下列规定：

1 巡查点的数量根据现场需要确定，巡查点的设置应以不漏巡为原则，安装位置应尽量隐蔽。

2 宜采用计算机产生巡查路线和巡查间隔时间的方式。

3 在规定时间内指定巡查点未发出"到位"信号时，应发出报警信号，宜联动相关区域的各类探测、摄像、声控装置。

4 当采用离线式电子巡查系统时，巡查人员应配备无线对讲系统，并且到达每一个巡查点后立即与监控中心作巡查报到。

4.2.31 专用通信系统的设计应符合下列规定：

1 应建立以专用传输线或公共电话网组成的有线传输系统，配置无线通信机。

2 应保证监控中心与所有通道出入口、展厅之间的双向对讲通信。

4.2.32 安全管理系统的设计除应符合本规范第 3.4.1 条的规定外，尚应符合下列规定：

1 电子地图和/或模拟屏应能实时显示报警位置。

2 运行数据库应有足够的容量，以储存管理需要的运行记录。

3 主机必须具备运行情况、报警信息和统计报表的打印功能。

4 系统中应储存警情处理预案。

5 系统的软件应汉化，有较强的容错能力。

4.3 银行营业场所安全防范工程设计

I 一般规定

4.3.1 本节适用于新建、改建、扩建的银行营业场所（含自助银行）的安全防范工程。

4.3.2 设计银行营业场所的安全防范系统时，建设单位应提供银行机构建筑平面图和银行业务分布图，提出相关的安全需求。设计单位应根据本规范和建设单位的安全需求，提出实用、可靠、适度和先进的设计方案。

4.3.3 根据银行营业场所的风险等级确定相应的防护级别。按照银行业务的风险程度，应将营业场所不同区域划分为高度、中度、低度三级风险区。高度风险区主要是指涉及现金（本、外币）支付交易的区域，如存款业务区、运钞交接区、现金业务库区及枪弹库房区、保管箱库房区、监控中心（监控室）等；中度风险区主要是指涉及银行票据交易的区域，如结算业务、贴现业务区、债券交易区、中间业务区等；低度风险区是指经营其他较小风险业务的区域，如客户活动区等。根据实际情况和业务发展，建设单位可提高业务区的风险等级和防护级别。

4.3.4 工程设计应以满足银行安全需求为目标，运用系统工程的设计思想，统筹考虑系统各部分、各环节的功能和性能指标，采用实用技术和成熟产品，在保障工程整体质量的前提下，注意节省工程投资。

Ⅱ 一级防护工程设计

4.3.5 高度风险区防护设计应符合下列规定：

1 各业务区（运钞交接区除外）应采取实体防护措施。

2 各业务区（运钞交接区除外）应安装紧急报警装置。

1) 存款业务区应有 2 路以上的独立防区，每路串接的紧急报警装置不应超过 4 个。

2) 营业场所门外（或门内）的墙上应安装声光报警装置。

3) 监控中心（监控室）应具备有线、无线 2 种报警方式。

3 各业务区（运钞交接区除外）应安装入侵报警系统。

1) 应能准确探测、报告区域内门、窗、通道及要害部位的入侵事件。

2) 现金业务库区应安装 2 种以上探测原理的探测器。

4 各业务区应安装视频安防监控系统。

1) 应能实时监视银行交易或操作的全过程，回放图像应能清晰显示区域内人员的活动情况。

2) 存款业务区的回放图像应是实时图像，应能清晰地显示柜员操作及客户脸部特征。

3) 运钞交接区的回放图像应是实时图像，应能清晰显示整个区域内人员的活动情况。

4) 出入口的回放图像应能清晰辨别进出人员的体貌特征。

5) 现金业务库清点室的回放图像应是实时图像，应能清晰显示复点、打捆等操作的过程。

5 各业务区应安装出入口控制系统和声音/图像复核装置。

1) 存款业务区与外界相通的出入口应安装联动互锁门。

2) 现金业务库守库室、监控中心出入口应安装可视/对讲装置。

3) 在发生入侵报警时，应能进行声音/图像

复核。

4) 声音复核装置应能清晰地探测现场的话音和撬、挖、凿、锯等动作发出的声音。

5) 对现金柜台的声音复核应能清晰辨别柜员与客户对话的内容。

6 现金业务库房出入口宜安装生物特征识别装置。

存款业务区采用"安全柜员系统"时，安全柜员系统的音、视频部分应与视频安防监控系统有机组合，并符合本条第 4 款第 2 项和第 5 款第 5 项的要求。

7 监控中心应设置安全管理系统。

1) 安全管理系统应安装在有防护措施和人员值班的监控中心（监控室）内。

2) 应能利用计算机实现对各子系统的统一控制与管理。

3) 当安全管理系统发生故障时，不应影响各子系统的独立运行。

4) 有分控功能的，分控中心应设在有安全管理措施的区域内。对具备远程监控功能的分控中心应实施可靠的安全防护。

4.3.6 中度风险区防护设计应符合下列规定：

1 应适当安装紧急报警装置。

2 应适当安装入侵报警装置。

3 应适当安装视频安防监控装置，回放图像应能清晰显示客户的面部特征。

4 宜安装出入口控制装置。

5 应适当安装声音/图像复核装置，其功能应满足第 4.3.5 条第 5 款第 3～5 项的规定。

4.3.7 低度风险区防护设计应符合下列规定：

1 应安装必要的入侵报警装置。

2 应安装必要的视频安防监控装置，对需要记录的业务活动实施监视和录像，回放图像应能清晰显示人员的活动情况。

4.3.8 周界防护设计应符合下列规定：

1 营业场所与外界相通的出入口，应安装入侵探测装置。

2 营业场所与外界相通的出入口，应安装视频安防监控装置进行监视、录像，回放图像应能清晰显示进出人员的体貌特征。

3 营业场所宜安装室外周界防护子系统。周界出入口宜配置电动门、应急照明、视频安防监控装置和出入口控制装置。

Ⅲ 二级防护工程设计

4.3.9 高度风险区防护设计应符合下列规定：

1 应符合第 4.3.5 条第 1～6 款的规定。

2 宜设置安全管理系统；未设置安全管理系统的，其他各子系统的管理软件应能实现与相关子系统的联动。当设置安全管理系统时，应符合下列规定：

1) 应安装在有人员值班的监控室。

2）应能利用计算机实现对各子系统的统一控制与管理。

3）当安全管理系统发生故障时，不应影响各子系统的独立运行。

4.3.10 中度风险区防护设计应符合第4.3.6条第1、2、3、5款的规定。

4.3.11 低度风险区防护设计应符合下列规定：

1 应符合第4.3.7条第1款的规定。

2 宜安装视频安防监控系统进行监视、录像，回放图像应能看清重点部位人员的活动情况。

4.3.12 周界防护设计应符合第4.3.8条第1、2款的规定。

Ⅳ 三级防护工程设计

4.3.13 高度风险区防护设计应符合下列规定：

1 应符合第4.3.5条第1款的规定。

2 应符合第4.3.5条第2款及其第1、2项的规定。

3 应符合第4.3.5条第3款及其第1项的规定。

4 应符合第4.3.5条第4款的规定。

5 宜安装出入口控制装置。存款业务区与外界相通的出入口宜安装联动互锁门。

6 宜安装声音/图像复核装置，其功能应满足第4.3.5条第6款的规定。

7 可设置安全管理系统，宜安装在监控室；没有监控室的，宜安装在安全区域。

4.3.14 中度风险区防护设计应符合第4.3.6条第1、2、5款的规定。

4.3.15 低度风险区防护设计应符合下列规定：

1 宜安装入侵报警装置。

2 应符合第4.3.11条第2款的规定。

4.3.16 周界防护设计应符合第4.3.12条的规定。

Ⅴ 重点目标防护设计

4.3.17 重点目标是指银行客户用于自助服务、存有现金的自动柜员机（ATM）、现金存款机（CDS）、现金存取款机（CRS）等机具设备，不包括银行人员使用的计算机等实体目标。

4.3.18 应安装报警装置，对撬窃事件进行探测报警。

4.3.19 应安装摄像机，在客户交易时进行监视、录像，回放图像应能清晰辨别客户面部特征，但不应看到客户操作的密码。

4.3.20 对使用以上设备组成的自助银行应增加以下防护措施：

1 应安装入侵报警装置，对装填现金操作区发生的入侵事件进行探测。离行式自助银行应具备入侵报警联动功能。

2 应安装视频安防监控装置，对装填现金操作区进行监视、录像，回放图像应能清晰显示人员的活动情况。

3 应安装视频安防监控装置，对进入自助银行的人员进行监视、录像，回放图像应能清晰显示人员的体貌特征，但不应看到客户操作的密码。应安装声音复核、记录及语音对讲装置。

4 应安装出入口控制设备，对装填现金操作区出入口实施控制。

Ⅵ 各子系统设计要求

4.3.21 紧急报警子系统应符合下列规定：

1 高度风险区触发报警时，应采用"一级报警模式"，同时启动现场声光报警装置。报警声级，室内不小于80 dB（A）；室外不小于100 dB（A）。

2 其他风险区触发报警时，宜采用"二级报警模式"。

3 应采用有线和无线报警方式。当有线报警采用公共电信线路时，在线路上不宜挂接电话机、传真机或其他通讯设备。如确需在线路上挂接此类设备，系统应具有抢线发送报警信号的功能。通过公共电信网传输报警信号的时间不应大于20s。

4 紧急报警防区应设置为不可撤防模式。

5 应具有防误触发、触发报警自锁、人工复位等功能。

6 安装应隐蔽、安全、便于操作。

4.3.22 入侵报警系统的设计除应符合本规范第3.4.2条的规定外，尚应符合下列规定：

1 能探测、报警、传输和记录发生的入侵事件、时间和地点。

2 入侵探测器盲区边缘与防护目标的距离不小于5m。

3 复合入侵探测器，只能视为是一种探测技术的探测装置。

4 对主要出入口、重点防范部位实施报警联动。即在有非法入侵报警时，联动装置能启动摄像、录音、录像和照明装置。

5 报警控制器有可编程和联网功能。应设置用户密码，密码不少于4位。

6 不适宜采用有线传输方式的区域和部位，可采用无线传输方式。

4.3.23 视频安防监控系统的设计除应符合本规范第3.4.3条的规定外，尚应符合下列规定：

1 摄像机宜采用定焦距、定方向的固定安装方式；在光照度变化大的场所应选用自动光圈镜头并配置防护罩；大范围监控区域宜选用带有转动云台和变焦镜头的摄像机。

2 画面显示能进行编程设定，具有自动、手动切换及定格功能。对多画面显示系统具有多画面、单画面相互转换功能。

3 画面上叠加中文显示的摄像机编号、部位和时间、日期。

4 重要部位在正常的工作照明条件下，监视图像质量不应低于现行国家标准《民用闭路监视电视系统工程技术规范》GB 50198—1994 中表 4.3.1-1 规定的 4 级，回放图像质量不应低于表 4.3.1-1 规定的 3 级，或至少能辨别人的面部特征。

采用数字记录设备录像时，高度风险区每路记录速度应为 25 帧/s。音频、视频应能同步记录和回放；其他风险区每路记录速度不应小于 6 帧/s。

5 宜配备具有多重检索、慢动作画面、超静止画面、步进画面等功能的录像设备。

6 录像设备具有自动录像功能、报警联动录像功能。

7 系统同步可采用外同步、内同步、电源同步或其他形式的同步方式，以保证在图像切换时不产生明显的画面跳动。

8 室外摄像机宜有防雷措施。

9 数字记录设备应符合下列规定：

1）选用技术成熟、性能稳定可靠的产品。

2）图像记录、回放宜采用全双工方式，并可逐帧回放。

3）应具备硬盘状态提示、死机自动恢复、录像目录检索及回放、记录报警前 5s 图像等功能。

4）应具有应急备份措施。

5）宜具有防篡改功能。

4.3.24 出入口控制系统的设计除应符合本规范第 3.4.4 条的规定外，尚应符合下列规定：

1 不同的出入口，应能设置不同的出入权限，包括出入时间权限、出入口权限、出入次数权限、出入方向权限、出入目标标识信息及载体权限。

2 设置的控制点及控制措施须确保在发生火警紧急情况下不能妨碍逃生行为，并应开放紧急通道。

3 不设置公用码。授权人员应设置个人识别码，并设置定期更换个人识别码措施。

4 宜在电子地图上直观地显示每个出入口的实时状态，如安全、报警、破坏或故障等。

5 设计系统校时、自检和指示故障等功能，保证整个系统计时的一致性。

6 系统软件发生异常后，3s 内向控制安全管理系统发出故障报警。

7 能自动存储出入人员的相关信息和出入时间、地点，并能按天进行有效统计和记录、存档。

8 识读装置应保证操作的有效性。对非法进入和试图非法进入的行为，应发出报警信号。合法操作应保证自动门的有效动作。一次有效操作自动门只能产生一次有效动作。

4.3.25 安全管理系统的设计除应符合本规范第 3.4.1 条的规定外，尚应符合下列规定：

1 能够接收其他子系统的报警信息，在电子地图上实时显示，并发出声、光报警信号。

2 能与其他子系统透明传输、正确交流信息。

3 具有系统管理员、操作员和维护员分别授权管理功能。

4 具有自动巡回呼叫预定的电话/网络用户功能。

5 具有按照预定方案布防/撤防功能。

6 具有应急预案显示功能。

7 具有防止修改运行日志的功能。

8 具有计算机安全防护功能，如防病毒等。

9 具有准确记录、方便检索入侵事件及相关声音、图像的功能。

10 数据、图像、声音等记录资料保留时间应满足安全管理要求。所有资料至少应保留 30d 以上。

11 具有适应银行安全管理制度要求的软件扩充性。

12 具有通过标准接口与其他系统交换信息的功能。

4.3.26 室外周界防护子系统应符合下列规定：

1 当发生入侵行为时，报警信号能通过电子地图或模拟地形图显示报警的具体位置，并发出声、光报警。

2 报警探测器所形成的警戒线连续无间断。

4.3.27 系统供电应设置不间断电源，其容量应适应运行环境和安全管理的要求，并应至少能支持系统运行 0.5h 以上。

4.4 重要物资储存库安全防范工程设计

Ⅰ 一般规定

4.4.1 本节适用于新建、扩建、改建的重要物资储存库的安全防范工程。

4.4.2 根据重要物资储存库的风险等级确定相应的防护级别。

4.4.3 设计重要物资储存库的安全防范工程时，建设单位应根据本规范提供相关的图纸资料，并结合实际情况提出防护需求。设计单位应根据本规范和建设单位的需求，提出可靠、先进、经济和实用的设计方案。

4.4.4 重要物资储存库防护范围的划分。

1 防护区：重要物资储存库库区周界线以内的区域。

2 禁区：重要物资储存库库房（或部位、室、柜等）、监控中心。

4.4.5 现场勘察除应符合本规范第 3.2 节的规定外，尚应符合下列规定：

1 设置无线通讯系统时，应对使用区域内的场强进行测试和记录。

2 应了解工程所在地的岩石（或砂石、土壤）电阻率。

4.4.6 安全防范工程选用的设备器材应满足使用环境的要求;当达不到要求时,应采取相应的防护措施。

4.4.7 安全防范工程设计时,前端设备应尽可能设置于爆炸危险区域外;当前端设备必须安装在爆炸危险区域内时,应选用与爆炸危险介质相适应的防爆产品。

Ⅱ 一级防护工程设计

4.4.8 一级防护安全防范工程应由入侵报警、视频安防监控、出入口控制、电子巡查、保安通讯等子系统集成或组合,并应通过监控中心的安全管理系统实现对各子系统的管理和监控。

4.4.9 禁区应设置入侵报警装置,并应安装紧急报警装置;防护区应设置周界围墙,有条件时宜设置周界报警装置。

4.4.10 防护区重要通道或部位应安装摄像机进行监控。当有入侵报警信息时,应联动视频安防监控系统,进行图像复核,并实时录像。

4.4.11 重要出入口应设置出入口控制装置。

4.4.12 防护区应设置电子巡查系统、保安通讯系统。

Ⅲ 二级防护工程设计

4.4.13 二级防护安全防范工程宜由入侵报警、视频安防监控、出入口控制、电子巡查、保安通讯等子系统集成或组合,并宜通过监控中心的安全管理系统实现对各子系统的管理和监控。

4.4.14 禁区宜设置入侵报警装置,并宜安装紧急报警装置;防护区宜设置周界围墙,有条件时可设置周界报警装置。

4.4.15 防护区重要通道或部位宜安装摄像机进行监控,摄像机数量可根据现场情况适当减少。当有入侵报警信息时可联动摄录设备。

4.4.16 重要出入口宜设置出入口控制装置。

4.4.17 防护区宜设置电子巡查系统、保安通讯系统。

Ⅳ 三级防护工程设计

4.4.18 三级防护安全防范工程可由入侵报警、视频安防监控、出入口控制、电子巡查、保安通讯等子系统集成或组合,并可通过监控中心的安全管理系统实现对各子系统的管理和监控。

4.4.19 禁区可设置入侵报警装置或紧急报警装置;防护区宜设置周界围墙,有条件的可设置周界报警装置。

4.4.20 防护区内重要通道或部位可安装摄像机进行监控,并可手动或自动启动摄录设备。

4.4.21 重要出入口可设置出入口控制装置。

4.4.22 防护区可设置电子巡查系统、保安通讯系统。

Ⅴ 各子系统设计要求

4.4.23 视频安防监控系统的设计除应符合本规范第3.4.3条的规定外,尚应符合下列规定:

1 室外摄像机宜采用彩色/黑白转换型摄像机,并考虑夜间辅助照明装置。

2 在周界或库区主要通道宜配置带转动云台和变焦镜头的摄像机。

3 视频图像记录宜选用数字录像设备。

4.4.24 出入口控制系统的设计除应符合本规范第3.4.4条的规定外,尚应符合下列规定:

1 不同的出入口应能设置不同的出入权限。

2 所有出入口控制的计时应一致。

3 应能记录每次有效出入的人员信息和出入时间、地点,并能按天进行统计、存档和检索查询。

4.4.25 电子巡查系统的设计除应符合本规范第3.4.5条的规定外,尚应符合下列规定:

1 根据现场情况,可选择在线式或离线式巡查方式。

2 巡查点的数量根据现场情况确定,巡查点的设置应以不漏巡为原则。

4.4.26 保安通讯系统设计应符合下列规定:

1 根据现场情况,可选择有线或无线通讯方式。

2 采用有线通讯方式时,应设置专用的程控交换机话务通讯系统。监控中心电话机应有实时录音功能,其他通讯点电话机摘机3s不拨号可自动接通监控中心,如拨号可接通相应内部电话。

3 采用无线通讯方式时,中继台和天线的架设数量应根据库区面积大小、地理环境、电波传播的状况等因素确定,达到通讯无盲区的要求;无线对讲机应安装保密模块。

4.4.27 周界防护系统设计应符合下列规定:

1 一般布设在防护区周界或禁区周界,周界报警探测器形成的警戒线宜连续无间断(周界出入口除外)。

2 当报警发生时,监控中心应能显示周界模拟地形图,并以声、光信号显示报警的具体位置,且可进行局部放大。

4.4.28 监控中心的设计除应符合本规范第3.13节的规定外,尚应符合下列规定:

1 **一、二级防护安全防范工程的监控中心应为专用工作间,并应安装防盗安全门和紧急报警装置,与当地公安机关接处警中心应有通讯接口。**

2 一、二级防护安全防范工程的监控中心宜设独立的卫生间、值班人员休息间,总面积不宜小于 40m²;三级防护安全防范工程监控中心可设在值班室。

4.5 民用机场安全防范工程设计

Ⅰ 一般规定

4.5.1 本节内容适用于新建、改建、扩建的民用航空运输机场(含军民合用机场的民用部分)的安全防范工程。

4.5.2　民用机场安全防范系统宜由防爆安检、视频安防监控、入侵报警、出入口控制、周界防护等子系统组成。

4.5.3　民用机场安防系统的设计应考虑与机场消防报警、建筑设备监控、旅客离港管理等有关系统联动。

4.5.4　民用机场安防系统的设计应考虑视频图像的远程传输问题。

4.5.5　民用机场安防系统应独立运行。其安全管理系统和信息网络原则上应单独设置。

Ⅱ　一级防护工程设计

4.5.6　民用机场安检区应设置防爆安检系统，包括X射线安全检查设备、金属探测门、手持金属探测器、爆炸物检测仪、防爆装置及其他附属设备；应设置视频安防监控系统和紧急报警装置。视频安防监控系统应能对进行安检的旅客、行李、证件及检查过程进行监视记录，应能迅速检索单人的全部资料。

4.5.7　民用机场航站楼的旅客迎送大厅、售票处、值机柜台、行李传送装置区、旅客候机隔离区、重要出入通道及其他特殊需要的部位，应设置视频安防监控系统，进行实时监控，及时记录。

4.5.8　旅客候机隔离厅（室）与非控制区相通的门、通道等部位及其他重要通道、要害部位的出入口，应设置出入口控制装置。

4.5.9　机场控制区、飞行区应按照国家现行标准《民用航空运输机场安防设施建设标准》MH 7003 的要求实施全封闭管理。在封闭区边界应设置围栏、围墙和周界防护系统。飞行区及其出入口，应设置视频安防监控装置、出入口控制装置和防冲撞路障。

4.5.10　在飞行区内的视频安防监控系统，应对飞机着陆进港和起飞离港的过程进行监视和记录（包括旅客上下飞机的情况、旅客行李和货物的装机、卸机情况等），并与照明系统、警告广播系统联动。

4.5.11　机场的货运库、维修机库、停车场、进场交通要道、塔台等部位，宜根据安防管理要求分别或综合设置入侵报警、视频安防监控、出入口控制等系统，并考虑相互之间的联动。

4.5.12　应设置安防监控中心(或主控室)。监控中心的设计应符合本规范第 3.13 节的规定，并设置电子地图。

Ⅲ　二级防护工程设计

4.5.13　应符合第 4.5.6～4.5.8 条的规定。

4.5.14　飞行区的出入口应设置出入口控制装置及防冲撞路障。

4.5.15　应对旅客下机及登机过程进行监视。

4.5.16　旅客行李和货物在装机及卸机时宜处于监视之下。

4.5.17　应符合第 4.5.11 条的规定。

4.5.18　监控中心设置原则与功能要求基本与一级相同，但范围、规模可略小些。

Ⅳ　三级防护工程设计

4.5.19　应符合第 4.5.6 条的规定。

4.5.20　应符合第 4.5.7 条的规定，摄像机数量可根据现场情况，适当减少。

4.5.21　应符合第 4.5.8 条、第 4.5.14 条的规定。

4.5.22　应符合第 4.5.15 条的规定，摄像机数量可根据现场情况，适当减少。

4.5.23　机场的货运库、停车场、交通要道宜设置视频安防监控装置。

4.5.24　监控中心设置原则与功能要求基本与二级相同，地点可以设在公安值班室内。

Ⅴ　各子系统设计要求

4.5.25　周界防护系统的设计应符合本规范第 4.3.26 条的规定，并应符合机场电磁环境的要求。

4.5.26　入侵报警系统的设计应符合本规范第 4.3.22 条的规定。

4.5.27　视频安防监控系统的设计应符合本规范第 4.3.23 条的规定。

4.5.28　视频图像记录应采用数字录像设备。

4.5.29　出入口控制系统的设计应符合本规范第 4.2.29 条的规定。

4.5.30　安全管理系统的设计应符合本规范第 4.2.32 条的规定。

4.5.31　监控中心设计除应符合本规范第 3.13 节的规定外，尚应符合下列规定：

1　应设置防盗安全门与紧急报警装置。

2　应是专用工作间，应有卫生间、值班人员休息室。

3　一级防护系统的监控中心面积不应小于 $30m^2$；二级防护系统的监控中心面积不应小于 $20m^2$；三级防护系统的监控中心可设在值班室内。

4.6　铁路车站安全防范工程设计

Ⅰ　一般规定

4.6.1　本节内容适用于新建、改建、扩建的国家铁路车站的安全防范工程。

4.6.2　铁路车站安全防范系统设计应考虑与消防报警、内部业务管理等有关系统联动。

4.6.3　铁路车站安全防范系统工程设计应考虑视频、音频、控制信号的远程传输，按用户要求提供远程传输接口、传输线路和终端设备。

4.6.4　铁路车站安全防范系统设计宜由防爆安检系统、周界防护系统、入侵报警系统（含紧急报警装置）、视频安防监控系统、出入口控制系统等组成。

4.6.5　铁路车站安全防范系统应独立运行。安全管理系统和信息网络原则上应单独设置。

Ⅱ 一级防护工程设计

4.6.6 铁路车站的旅客进站广厅、行包房应设置防爆安检系统。旅客进站广厅应设置 X 射线安全检查设备、手持金属探测器、爆炸物检测仪、防爆装置及附属设备;行包房应设置 X 射线安全检查设备。

4.6.7 铁路车站的旅客进站广厅、旅客候车区、站台、站前广场、进出站口、站内通道、进出站交通要道、客技站及其他有安防监控需要的场所和部位,应设置视频安防监控系统。

4.6.8 铁路车站要害部位的出入口、售票场所(含机房、票据库、进款室)的主要出入口、特殊需要的重要通道口,宜设置出入口控制系统。

4.6.9 铁路车站要害部位,车站内储存易燃、易爆、剧毒、放射性物品的仓库,供水设施等重点场所和部位,应分别或综合设置周界防护系统、入侵报警系统(含紧急报警装置)、视频安防监控系统。

4.6.10 铁路车站的售票场所(含机房、票据库、进款室)、行包房、货场、货运营业厅(室)、编组场,应分别或综合设置入侵报警系统(含紧急报警装置)、视频安防监控系统。

4.6.11 监控中心应独立设置。

4.6.12 安全防范系统应为集成式。

Ⅲ 二级防护工程设计

4.6.13 铁路车站的旅客进站广厅、行包房应设置 X 射线安全检查设备。

4.6.14 旅客进站广厅宜设置手持金属探测器、爆炸物检测仪、防爆装置及附属设备。

4.6.15 铁路车站的旅客进站广厅、旅客候车区、站台、站前广场、进出站口、站内通道、进出站交通要道,应设置视频安防监控系统。

4.6.16 客技站宜设置视频安防监控系统。

4.6.17 铁路车站要害部位的出入口、售票场所(含机房、票据库、进款室)的主要出入口、特殊需要的重要通道口,可设置出入口控制系统。

4.6.18 铁路车站要害部位应分别或综合设置周界防护系统、入侵报警系统(含紧急报警装置)、视频安防监控系统。

4.6.19 铁路车站内储存易燃、易爆、剧毒、放射性物品的仓库,大型油库、供水设施等重点场所和部位,宜分别或综合设置周界防护系统、入侵报警系统(含紧急报警装置)、视频安防监控系统,应考虑设置实体防护系统。

4.6.20 应符合第 4.6.10 条的规定。

4.6.21 监控中心宜独立设置。

4.6.22 安全防范系统应为组合式。

Ⅳ 三级防护工程设计

4.6.23 应符合第 4.6.13 条的规定。

4.6.24 旅客进站广厅可设置防爆装置及附属设备、手持金属探测器、爆炸物检测仪。

4.6.25 铁路车站的旅客进站广厅、旅客候车区、站台、站前广场、进出站口、站内通道,应设置视频安防监控系统(根据现场情况摄像机数量可适当减少)。

4.6.26 进出站交通要道宜设置视频安防监控系统。

4.6.27 铁路车站售票场所(含机房、票据库、进款室)应设置视频安防监控系统。

4.6.28 宜设置入侵报警系统(含紧急报警装置),可设置出入口控制系统。

4.6.29 铁路车站的要害部位,宜设置周界防护系统、入侵报警系统(含紧急报警装置)、视频安防监控系统,应考虑设置实体防护系统。储存易燃、易爆、剧毒品、放射性物品仓库和供水设施等重点部位,可设置周界防护系统、入侵报警系统(含紧急报警装置)、视频安防监控系统。

4.6.30 铁路车站行包房、货场、编组场、货运营业厅(室)等重点场所和部位,宜设置视频安防监控系统。

4.6.31 宜设置监控中心。

4.6.32 安全防范系统可为分散式。

Ⅴ 各子系统设计要求

4.6.33 周界防护系统的设计应符合本规范第 4.3.26 条的规定,并应遵守铁路无线电管理对电磁环境的要求。

4.6.34 紧急报警子系统的设计应符合本规范第 4.3.21 条的规定。

4.6.35 入侵报警系统的设计应符合本规范第 4.3.22 条的规定。

4.6.36 视频安防监控系统的设计应符合本规范第 4.3.23 条的规定。

4.6.37 视频图像记录应采用数字录像设备。

4.6.38 出入口控制系统的设计应符合本规范第 4.2.29 条的规定。

4.6.39 安全管理系统的设计应符合本规范第 4.2.32 条的规定。

4.6.40 监控中心设计除应符合本规范第 3.13 节的规定外,尚应符合下列规定:

1 应设置防盗安全门与紧急报警装置。

2 一级防护系统的监控中心使用面积不宜小于 60m²;二级防护系统的监控中心使用面积不宜小于 40m²;三级防护系统的监控中心可设在值班室内。

5 普通风险对象的安全防范工程设计

5.1 通用型公共建筑安全防范工程设计

Ⅰ 一般规定

5.1.1 本节内容适用于新建、扩建和改建的通用型公共建筑安防工程，包括办公楼建筑、宾馆建筑、商业建筑（商场、超市）、文化建筑（文体、娱乐）等的安全防范工程。

5.1.2 通用型公共建筑安全防范工程，应根据具体建筑物不同的使用功能和建筑物的建设标准，进行工程设计及系统配置。

5.1.3 通用型公共建筑安全防范工程，根据其安全管理要求、建设投资、系统规模、系统功能等因素，由低至高分为基本型、提高型、先进型三种类型。

5.1.4 通用型公共建筑安防系统的组建模式、系统构成、系统功能以及各子系统的设计，应执行本规范第3章的相关规定。

5.1.5 设防区域和部位的选择宜符合下列规定：

1 周界：建筑物单体、建筑物群体外层周界、楼外广场、建筑物周边外墙、建筑物地面层、建筑物顶层等。

2 出入口：建筑物、建筑物群周界出入口、建筑物地面层出入口、办公室门、建筑物内或/和楼群间通道出入口、安全出口、疏散出口、停车库（场）出入口等。

3 通道：周界内主要通道、门厅（大堂）、楼内各楼层内部通道、各楼层电梯厅、自动扶梯口等。

4 公共区域：会客厅、商务中心、购物中心、会议厅、酒吧、咖啡座、功能转换层、避难层、停车库（场）等。

5 重要部位：重要工作室、财务出纳室、建筑机电设备监控中心、信息机房、重要物品库、监控中心等。

Ⅱ 基本型安防工程设计

5.1.6 周界的防护应符合下列规定：

1 地面层的出入口（正门和其他出入口）、外窗宜有电子防护措施。

2 顶层宜设置实体防护设施或电子防护措施。

5.1.7 各层安全出口、疏散出口安装出入口控制系统时，应与消防报警系统联动。在火灾报警的同时应自动释放出入口控制系统，不应设置延时功能。疏散门在出入口控制系统释放后应能随时开启，以便消防人员顺利进入实施灭火救援。

5.1.8 各层通道宜预留视频安防监控系统管线和接口。

5.1.9 电梯厅和自动扶梯口应预留视频安防监控系统管线和接口。

5.1.10 公共区域的防护应符合下列规定：

1 避难层、功能转换层应视实际需要预留视频安防监控系统管线和接口。

2 会客区、商务中心、会议区、商店、文体娱乐中心等宜预留视频安防监控系统管线和接口。

5.1.11 重要部位的防护应符合下列规定：

1 重要工作室应安装防盗安全门，可设置出入口控制系统、入侵报警系统。

2 大楼设备监控中心应设置防盗安全门，宜设置出入口控制系统、视频安防监控系统和入侵报警系统。

3 信息机房应设置防盗安全门，宜设置出入口控制系统、视频安防监控系统和入侵报警系统。

4 楼内财务出纳室应设置防盗安全门、紧急报警装置，宜设置入侵报警系统和视频安防监控系统。

5 重要物品库应设置防盗安全门、紧急报警装置，宜设置出入口控制系统、入侵报警系统和视频安防监控系统。

6 公共建筑中开设的银行营业场所的安防工程设计，应符合本规范第4.3节的规定。

5.1.12 监控中心可设在值班室内。

Ⅲ 提高型安防工程设计

5.1.13 周界的防护应符合下列规定：

1 应符合第5.1.6条的规定。

2 地面层出入口（正门和其他出入口）宜设置视频安防监控系统。

3 顶层宜设置实体防护或/和电子防护设施。

5.1.14 楼内各层门厅宜设置视频安防监控装置。

5.1.15 各层安全出口、疏散出口的防护应符合第5.1.7条的规定。

5.1.16 各层通道宜设置入侵报警系统或/和视频安防监控系统。

5.1.17 电梯厅和自动扶梯口宜设置视频安防监控系统。

5.1.18 公共区域的防护应符合下列规定：

1 避难层、功能转换层宜设置视频安防监控系统。

2 停车库（场）宜设置停车库（场）管理系统，并视实际需要预留视频安防监控系统管线和接口。

3 会客区、商务中心、会议区、商店、文体娱乐中心等宜设置视频安防监控系统。

5.1.19 重要部位的防护应符合下列规定：

1 重要工作室应设置防盗安全门、出入口控制系统，宜设置入侵报警系统。

2 大楼设备监控中心应设置防盗安全门、出入口控制系统，宜设置视频安防监控系统和入侵报警系统。

3 信息机房应设置防盗安全门、出入口控制系统，宜设置视频安防监控系统和入侵报警系统。

4 楼内财务出纳室应设置防盗安全门、紧急报警系统、入侵报警系统，宜设置视频安防监控系统。

5 重要物品库应设置防盗安全门、紧急报警系统、出入口控制系统，宜设置入侵报警系统和视频安防监控系统。

6 应符合第5.1.11条第6款的规定。

5.1.20 系统的组建模式为组合式安全防范系统。监控中心应为专用工作间，其面积不宜小于30m²，宜设独立的卫生间和休息室。

Ⅳ　先进型安防工程设计

5.1.21　周界的防护应符合第5.1.13条的规定。

5.1.22　楼内各层门厅的防护应符合第5.1.14条的规定。

5.1.23　各层安全出口、疏散出口的防护应符合第5.1.7条的规定。

5.1.24　各层通道应设置入侵报警系统或/和视频安防监控系统。

5.1.25　电梯厅和自动扶梯口应设置视频安防监控系统。

5.1.26　公共区域的防护应符合下列规定：

　　1　避难层、功能转换层应设置视频安防监控系统。

　　2　停车库（场）应设置停车库（场）管理系统和视频安防监控系统。

　　3　会客区、商务中心、会议区、商店、文体娱乐中心等应设置视频安防监控系统。

5.1.27　重要部位的防护应符合第5.1.19条的规定。

5.1.28　系统的组建模式为集成式安全防范系统。监控中心应为专用工作间，其面积不宜小于50m²，应设独立的卫生间和休息室。

5.2　住宅小区安全防范工程设计

Ⅰ　一般规定

5.2.1　本节内容适用于总建筑面积在5万m²以上（含5万m²）、设有小区监控中心的新建、扩建、改建的住宅小区安全防范工程。

5.2.2　住宅小区的安全防范工程，根据建筑面积、建设投资、系统规模、系统功能和安全管理要求等因素，由低至高分为基本型、提高型、先进型三种类型。

5.2.3　住宅小区安全防范工程的设计，应遵从人防、物防、技防有机结合的原则，在设置物防、技防设施时，应考虑人防的功能和作用。

5.2.4　安全防范工程的设计，必须纳入住宅小区开发建设的总体规划中，统筹规划，统一设计，同步施工。5万m²以上（含5万m²）的住宅小区应设置监控中心。

Ⅱ　基本型安防工程设计

5.2.5　周界的防护应符合下列规定：

　　1　沿小区周界应设置实体防护设施（围栏、围墙等）或周界电子防护系统。

　　2　实体防护设施沿小区周界封闭设置，高度不应低于1.8m。围栏的竖杆间距不应大于15cm。围栏1m以下不应有横撑。

　　3　周界电子防护系统沿小区周界封闭设置（小区出入口除外），应能在监控中心通过电子地图或模拟地形图显示周界报警的具体位置，应有声、光指示，应具备防拆和断路报警功能。

5.2.6　公共区域宜安装电子巡查系统。

5.2.7　家庭安全防护应符合下列规定：

　　1　住宅一层宜安装内置式防护窗或高强度防护玻璃窗。

　　2　应安装访客对讲系统，并配置不间断电源装置。访客对讲系统主机安装在单元防护门上或墙体主机预埋盒内，应具有与分机对讲的功能。分机设置在住户室内，应具有门控功能，宜具有报警输出接口。

　　3　访客对讲系统应与消防系统互联，当发生火警时，（单元门口的）防盗门锁应能自动打开。

　　4　宜在住户室内安装至少一处以上的紧急求助报警装置。紧急求助报警装置应具有防拆卸、防破坏报警功能，且有防误触发措施；安装位置应适宜，应考虑老年人和未成年人的使用要求，选用触发件接触面大、机械部件灵活、可靠的产品。求助信号应能及时报至监控中心（在设防状态下）。

5.2.8　监控中心的设计应符合下列规定：

　　1　监控中心宜设在小区地理位置的中心，避开噪声、污染、振动和较强电磁场干扰的地方。可与住宅小区管理中心合建，使用面积应根据设备容量确定。

　　2　监控中心设在一层时，应设内置式防护窗（或高强度防护玻璃窗）及防盗门。

　　3　各安防子系统可单独设置，但由监控中心统一接收、处理来自各子系统的报警信息。

　　4　应留有与接处警中心联网的接口。

　　5　应配置可靠的通信工具，发生警情时，能及时向接处警中心报警。

5.2.9　基本型安防系统的配置标准应符合表5.2.9的规定。

表5.2.9　基本型安防系统配置标准

序号	系统名称	安防设施	基本设置标准
1	周界防护系统	实体周界防护系统	两项中应设置一项
		电子周界防护系统	
2	公共区域安全防范系统	电子巡查系统	宜设置
3	家庭安全防范系统	内置式防护窗（或高强度防护玻璃窗）	一层设置
		访客对讲系统	设置
		紧急求助报警装置	宜设置
4	监控中心	安全管理系统	各子系统可单独设置
		有线通信工具	设置

Ⅲ 提高型安防工程设计

5.2.10 周界的防护应符合下列规定：

1 沿小区周界设置实体防护设施（围栏、围墙等）和周界电子防护系统。

2 应符合第5.2.5条第2、3款的规定。

3 小区出入口应设置视频安防监控系统。

5.2.11 公共区域的防护应符合下列规定：

1 安装电子巡查系统。

2 在重要部位和区域设置视频安防监控系统。

3 宜设置停车库（场）管理系统。

5.2.12 家庭安全防护应符合下列规定：

1 应符合第5.2.7条第1、3、4款的规定。

2 应安装联网型访客对讲系统，并符合第5.2.7条第2款的相关规定。

3 可根据用户需要安装入侵报警系统，家庭报警控制器应与监控中心联网。

5.2.13 监控中心的设计应符合下列规定：

1 应符合第5.2.8条第1、2款的规定。

2 各子系统宜联动设置，由监控中心统一接收、处理来自各子系统的报警信息等。

3 应符合第5.2.8条第4、5款的规定。

5.2.14 提高型安防系统的配置标准应符合表5.2.14的规定。

表 5.2.14 提高型安防系统配置标准

序号	系统名称	安防设施	基本设置标准
1	周界防护系统	实体周界防护系统	设置
		电子周界防护系统	设置
2	公共区域安全防范系统	电子巡查系统	设置
		视频安防监控系统	小区出入口、重要部位或区域设置
		停车库（场）管理系统	宜设置
3	家庭安全防范系统	内置式防护窗（或高强度防护玻璃窗）	一层设置
		紧急求助报警装置	设置
		联网型访客对讲系统	设置
		入侵报警系统	可设置
4	监控中心	安全管理系统	各子系统宜联动设置
		有线和无线通信工具	设置

Ⅳ 先进型安防工程设计

5.2.15 周界的防护应符合下列规定：

1 应符合第5.2.9条的规定。

2 住宅小区周界宜安装视频安防监控系统。

5.2.16 公共区域的防护应符合下列规定：

1 安装在线式电子巡查系统。

2 在重要部位、重要区域、小区主要通道、停车库（场）及电梯轿厢等部位设置视频安防监控系统。

3 应设置停车库（场）管理系统，并宜与监控中心联网。

5.2.17 家庭安全防护应符合下列规定：

1 应符合第5.2.7条第1、3、4款的规定。

2 应安装访客可视对讲系统，可视对讲主机的内置摄像机宜具有逆光补偿功能或配置环境亮度处理装置，并应符合第5.2.12条第2款的相关规定。

3 宜在户门及阳台、外窗安装入侵报警系统，并符合第5.2.12条第3款的相关规定。

4 在户内安装可燃气体泄漏自动报警装置。

5.2.18 监控中心的设计应符合下列规定：

1 应符合第5.2.8条第1、2款的规定。

2 安全管理系统通过统一的管理软件实现监控中心对各子系统的联动管理与控制，统一接收、处理来自各子系统的报警信息等，且宜与小区综合管理系统联网。

3 应符合第5.2.8条第4、5款的规定。

5.2.19 先进型安防系统的配置标准应符合表5.2.19的规定。

表 5.2.19 先进型安防系统配置标准

序号	系统名称	安防设施	基本设置标准
1	周界防护系统	实体周界防护系统	设置
		电子周界防护系统	设置
2	公共区域安全防范系统	在线式电子巡查系统	设置
		视频安防监控系统	小区出入口、重要部位或区域、通道、电梯轿厢等处设置
		停车库（场）管理系统	设置
3	家庭安全防范系统	内置式防护窗（或高强度防护玻璃窗）	一层设置
		紧急求助报警装置	设置至少两处
		访客可视对讲系统	设置
		入侵报警系统	设置
		可燃气体泄漏报警装置	设置
4	监控中心	安全管理系统	各子系统联动设置
		有线和无线通信工具	设置

6 安全防范工程施工

6.1 一般规定

6.1.1 本章规定了安全防范工程施工的基本要求，是安全防范工程施工的基本依据。

6.1.2 本章适用于各类建（构）筑物安全防范工程的施工。

6.1.3 安全防范工程的施工，除执行本章规定外，还应符合国家现行的有关法律、法规及标准、规范的规定。

6.2 施工准备

6.2.1 对施工现场进行检查，符合下列要求方可进场、施工：

1 施工对象已基本具备进场条件，如作业场地、安全用电等均符合施工要求。

2 施工区域内建筑物的现场情况和预留管道、预留孔洞、地槽及预埋件等应符合设计要求。

3 使用道路及占用道路（包括横跨道路）情况符合施工要求。

4 允许同杆架设的杆路及自立杆杆路的情况清楚，符合施工要求。

5 敷设管道电缆和直埋电缆的路由状况清楚，并已对各管道标出路由标志。

6 当施工现场有影响施工的各种障碍物时，已提前清除。

6.2.2 对施工准备进行检查，符合下列要求方可施工：

1 设计文件和施工图纸齐全。

2 施工人员熟悉施工图纸及有关资料，包括工程特点、施工方案、工艺要求、施工质量标准及验收标准。

3 设备、器材、辅材、工具、机械以及通讯联络工具等应满足连续施工和阶段施工的要求。

4 有源设备应通电检查，各项功能正常。

6.3 工程施工

6.3.1 工程施工应按正式设计文件和施工图纸进行，不得随意更改。若确需局部调整和变更的，须填写"更改审核单"（见表6.3.1），或监理单位提供的更改单，经批准后方可施工。

6.3.2 施工中应做好隐蔽工程的随工验收。管线敷设时，建设单位或监理单位应会同设计、施工单位对管线敷设质量进行随工验收，并填写"隐蔽工程随工验收单"（见表6.3.2）或监理单位提供的隐蔽工程随工验收单。

表 6.3.1 更改审核单

编号：

工程名称：			
更改内容	更改原因	原　为	更改为
申请单位（人）：	日期：	分发单位	
审核单位（人）：	日期：		
批准会签　设计施工单位：	日期：		
建设监理单位：	日期：		
更改实施日期：			

表 6.3.2 隐蔽工程随工验收单

工程名称：					
	建设单位/总包单位		设计施工单位	监理单位	
隐蔽工程内容	序号	检查内容	检查结果		
			安装质量	部位	图号
	1				
	2				
	3				
	4				
	5				
	6				
验收意见					
	建设单位/总包单位		设计施工单位	监理单位	
	验收人		验收人	验收人	
	日期		日期	日期	
	签章		签章	签章	

注：1 检查内容包括：（序号1）管道排列、走向、弯曲处理、固定方式；（序号2）管道搭铁、接地；（序号3）管口安放护圈标识；（序号4）接线盒及桥架加盖；（序号5）线缆对管道及线间绝缘电阻；（序号6）线缆接头处理等。

2 检查结果的安装质量栏内，按检查内容序号，合格的打"√"，基本合格的打"△"，不合格的打"×"，并注明对应的楼层（部位）、图号。

3 综合安装质量的检查结果，填写在验收意见栏内，并扼要说明情况。

6.3.3 线缆敷设应符合本规范第3.11.5条的规定。

6.3.4 光缆敷设应符合本规范第 3.11.6 条的规定。

6.3.5 工程设备的安装应符合下列要求：

1 探测器安装。

1）各类探测器的安装，应根据所选产品的特性、警戒范围要求和环境影响等，确定设备的安装点（位置和高度）。

2）周界入侵探测器的安装，应能保证防区交叉，避免盲区，并应考虑使用环境的影响。

3）探测器底座和支架应固定牢固。

4）导线连接应牢固可靠，外接部分不得外露，并留有适当余量。

2 紧急按钮安装。紧急按钮的安装位置应隐蔽，便于操作。

3 摄像机安装。

1）在满足监视目标视场范围要求的条件下，其安装高度：室内离地不宜低于 2.5m；室外离地不宜低于 3.5m。

2）摄像机及其配套装置，如镜头、防护罩、支架、雨刷等，安装应牢固，运转应灵活，应注意防破坏，并与周边环境相协调。

3）在强电磁干扰环境下，摄像机安装应与地绝缘隔离。

4）信号线和电源线应分别引入，外露部分用软管保护，并不影响云台的转动。

5）电梯厢内的摄像机应安装在厢门上方的左或右侧，并能有效监视电梯厢内乘员面部特征。

4 云台、解码器安装。

1）云台的安装应牢固，转动时无晃动。

2）应根据产品技术条件和系统设计要求，检查云台的转动角度范围是否满足要求。

3）解码器应安装在云台附近或吊顶内（但须留有检修孔）。

5 出入口控制设备安装。

1）各类识读装置的安装高度离地不宜高于 1.5m，安装应牢固。

2）感应式读卡机在安装时应注意可感应范围，不得靠近高频、强磁场。

3）锁具安装应符合产品技术要求，安装应牢固，启闭应灵活。

6 访客（可视）对讲设备安装。

1）（可视）对讲主机（门口机）可安装在单元防护门上或墙体主机预埋盒内，（可视）对讲主机操作面板的安装高度离地不宜高于 1.5m，操作面板应面向访客，便于操作。

2）调整可视对讲主机内置摄像机的方位和视角于最佳位置，对不具备逆光补偿的摄像机，宜做环境亮度处理。

3）（可视）对讲分机（用户机）安装位置宜选择在住户室内的内墙上，安装应牢固，其高度离地 1.4～1.6m。

4）联网型（可视）对讲系统的管理机宜安装在监控中心内，或小区出入口的值班室内，安装应牢固、稳定。

7 电子巡查设备安装。

1）在线巡查或离线巡查的信息采集点（巡查点）的数目应符合设计与使用要求，其安装高度离地 1.3～1.5m。

2）安装应牢固，注意防破坏。

8 停车库（场）管理设备安装。

1）读卡机（IC 卡机、磁卡机、出票读卡机、验卡票机）与挡车器安装。

——安装应平整、牢固，与水平面垂直，不得倾斜；

——读卡机与挡车器的中心间距应符合设计要求或产品使用要求；

——宜安装在室内；当安装在室外时，应考虑防水及防撞措施。

2）感应线圈安装。

——感应线圈埋设位置与埋设深度应符合设计要求或产品使用要求；

——感应线圈至机箱处的线缆应采用金属管保护，并固定牢固。

3）信号指示器安装。

——车位状况信号指示器应安装在车道出入口的明显位置；

——车位状况信号指示器宜安装在室内；安装在室外时，应考虑防水措施；

——车位引导显示器应安装在车道中央上方，便于识别与引导。

9 控制设备安装。

1）控制台、机柜（架）安装位置应符合设计要求，安装应平稳牢固、便于操作维护。机柜（架）背面、侧面离墙净距离应符合本规范第 3.13.11 条的规定。

2）所有控制、显示、记录等终端设备的安装应平稳，便于操作。其中监视器（屏幕）应避免外来光直射，当不可避免时，应采取避光措施。在控制台、机柜（架）内安装的设备应有通风散热措施，内部接插件与设备连接应牢靠。

3）控制室内所有线缆应根据设备安装位置设置电缆槽和进线孔，排列、捆扎整齐，编号，并有永久性标志。

6.3.6 供电、防雷与接地施工应符合下列要求：

1 系统的供电设施应符合本规范第 3.12 节的规定。摄像机等设备宜采用集中供电，当供电线（低压供电）与控制线合用多芯线时，多芯线与视频线可一起敷设。

2 系统防雷与接地设施的施工应按本规范第3.9节的相关要求进行。

3 当接地电阻达不到要求时，应在接地极回填土中加入无腐蚀性长效降阻剂；当仍达不到要求时，应经过设计单位的同意，采取更换接地装置的措施。

4 监控中心内接地汇集环或汇集排的安装应符合本规范第3.9.6条的规定，安装应平整。接地母线的安装应符合本规范第3.9.3条的规定，并用螺丝固定。

5 对各子系统的室外设备，应按设计文件要求进行防雷与接地施工，并应符合本规范第3.9节的相关规定。

6.4 系统调试

6.4.1 基本要求。系统调试前应编制完成系统设备平面布置图、走线图以及其他必要的技术文件。调试工作应由项目责任人或具有相当于工程师资格的专业技术人员主持，并编制调试大纲。

6.4.2 调试前的准备。

1 按第6.3节要求，检查工程的施工质量。对施工中出现的问题，如错线、虚焊、开路或短路等应予以解决，并有文字记录。

2 按正式设计文件的规定查验已安装设备的规格、型号、数量、备品备件等。

3 系统在通电前应检查供电设备的电压、极性、相位等。

6.4.3 系统调试。

1 先对各种有源设备逐个进行通电检查，工作正常后方可进行系统调试，并做好调试记录。

2 报警系统调试。

　1) 按国家现行入侵探测器系列标准、《入侵报警系统技术要求》GA/T 368 等相关标准的规定，检查与调试系统所采用探测器的探测范围、灵敏度、误报警、漏报警、报警状态后的恢复、防拆保护等功能与指标，应基本符合设计要求。

　2) 按现行国家标准《防盗报警控制器通用技术条件》GB 12663 的规定，检查控制器的本地、异地报警、防破坏报警、布撤防、报警优先、自检及显示等功能，应基本符合设计要求。

　3) 检查紧急报警时系统的响应时间，应基本符合设计要求。

3 视频安防监控系统调试。

　1) 按《视频安防监控系统技术要求》GA/T 367 等国家现行相关标准的规定，检查并调试摄像机的监控范围、聚焦、环境照度与抗逆光效果等，使图像清晰度、灰度等

级达到系统设计要求。

　2) 检查并调整对云台、镜头等的遥控功能，排除遥控延迟和机械冲击等不良现象，使监视范围达到设计要求。

　3) 检查并调整视频切换控制主机的操作程序、图像切换、字符叠加等功能，保证工作正常，满足设计要求。

　4) 调整监视器、录像机、打印机、图像处理器、同步器、编码器、解码器等设备，保证工作正常，满足设计要求。

　5) 当系统具有报警联动功能时，应检查与调试自动开启摄像机电源、自动切换音视频到指定监视器、自动实时录像等功能。系统应叠加摄像时间、摄像机位置（含电梯楼层显示）的标识符，并显示稳定。当系统需要灯光联动时，应检查灯光打开后图像质量是否达到设计要求。

　6) 检查与调试监视图像与回放图像的质量，在正常工作照明环境条件下，监视图像质量不应低于现行国家标准《民用闭路监视电视系统工程技术规范》GB 50198—94 中表 4.3.1-1 规定的 4 级，回放图像质量不应低于表 4.3.1-1 规定的 3 级，或至少能辨别人的面部特征。

4 出入口控制系统调试。

　1) 按《出入口控制系统技术要求》GA/T 394 等国家现行相关标准的规定，检查并调试系统设备，如读卡机、控制器等，系统应能正常工作。

　2) 对各种读卡机在使用不同类型的卡（如通用卡、定时卡、失效卡、黑名单卡、加密卡、防劫持卡等）时，调试其开门、关门、提示、记忆、统计、打印等判别与处理功能。

　3) 按设计要求，调试出入口控制系统与报警、电子巡查等系统间的联动或集成功能。

　4) 对采用各种生物识别技术装置（如指纹、掌形、视网膜、声控及其复合技术）的出入口控制系统的调试，应按系统设计文件及产品说明书进行。

5 访客（可视）对讲系统调试。

　1) 按国家现行标准《楼寓对讲电控防盗门通用技术条件》GA/T 72、《黑白可视对讲系统》GA/T 269 的要求，调试门口机、用户机、管理机等设备，保证工作正常。

　2) 按国家现行标准《楼寓对讲电控防盗门通用技术条件》GA/T 72 的要求，调试系统的选呼、通话、电控开锁等功能。

　3) 调试可视对讲系统的图像质量，应符合国

家现行标准《黑白可视对讲系统》GA/T 269 的相关要求。

4) 对具有报警功能的访客（可视）对讲系统，应按现行国家标准《防盗报警控制器通用技术条件》GB 12663 及相关标准的规定，调试其布防、撤防、报警和紧急求助功能，并检查传输及信道有否堵塞情况。

6 电子巡查系统调试。

1) 调试系统组成部分各设备，均应工作正常。

2) 检查在线式信息采集点读值的可靠性、实时巡查与预置巡查的一致性，并查看记录、存储信息以及在发生不到位时的即时报警功能。

3) 检查离线式电子巡查系统，确保信息钮的信息正确，数据的采集、统计、打印等功能正常。

7 停车库（场）管理系统调试。

1) 检查并调整读卡机刷卡的有效性及其响应速度。

2) 调整电感线圈的位置和响应速度。

3) 调整挡车器的开放和关闭的动作时间。

4) 调整系统的车辆进出、分类收费、收费指示牌、导向指示、挡车器工作、车牌号复核或车型复核等功能。

8 采用系统集成方式的系统的调试。

1) 按系统的设计要求和相关设备的技术说明书、操作手册先对各子系统进行检查和调试，应能工作正常。

2) 按照设计文件的要求，检查并调试安全管理系统对各子系统的监控功能，显示、记录功能，以及各子系统脱网独立运行等功能。结果应基本满足本规范第 3.3.2、3.3.3 和 3.4.1 条的要求。

9 供电、防雷与接地设施的检查。

1) 检查系统的主电源和备用电源，其容量应符合本规范第 3.12.4 条的规定。

2) 检查各子系统在电源电压规定范围内的运行状况，应能正常工作。

3) 分别用主电源和备用电源供电，检查电源自动转换和备用电源的自动充电功能。

4) 当系统采用稳压电源时，检查其稳压特性、电压纹波系数应符合产品技术条件；当采用 UPS 作备用电源时，应检查其自动切换的可靠性、切换时间、切换电压值及容量，并应符合设计要求。

5) 按本规范第 3.9 节的要求，检查系统的防雷与接地设施；复核土建施工单位提供的接地电阻测试数据，其接地电阻应符合本规范第 3.9.3 条的规定，如达不到要求，

必须整改。

6) 按设计文件要求，检查各子系统的室外设备是否有防雷措施。

6.4.4 系统调试结束后，应根据调试记录，按表 6.4.4 的要求如实填写调试报告。调试报告经建设单位认可后，系统才能进入试运行。

表 6.4.4 系统调试报告

编号：

工程名称			工程地址		
使用单位			联系人		电话
调试单位			联系人		电话
设计单位			施工单位		

主要设备	设备名称、型号	数量	编号	出厂年月	生产厂	备注

施工有无遗留问题			施工单位联系人		电话

调试情况	

调试人员（签字）			使用单位人员（签字）		

施工单位负责人（签字）			设计单位负责人（签字）		

填表日期					

7 安全防范工程检验

7.1 一般规定

7.1.1 本章内容适用于安全防范工程在系统试运行后、竣工验收前对设备安装、施工质量和系统功能、性能、系统安全性和电磁兼容等项目进行的检验。

7.1.2 安全防范工程的检验应由法定检验机构实施。

7.1.3 安全防范工程中所使用的产品、材料应符合国家相应的法律、法规和现行标准的要求，并与正式设计文件、工程合同的内容相符合。

7.1.4 检验项目应覆盖工程合同、正式设计文件的主要内容。

7.1.5 检验所使用的仪器仪表必须经法定计量部门检定合格，性能应稳定可靠。

7.1.6 检验程序应符合下列规定：

1 受检单位提出申请，并提交主要技术文件、资料。技术文件应包括：工程合同、正式设计文件、系统配置框图、设计变更文件、更改审核单、工程合同设备清单、变更设备清单、隐蔽工程随工验收单、主要设备的检验报告或认证证书等。

2 检验机构在实施工程检验前应依据本规范和以上工程技术文件，制定检验实施细则。

3 实施检验，编制检验报告，对检验结果进行评述（判）。

7.1.7 检验实施细则应包括以下内容：检验目的、检验依据、检验内容及方法、使用仪器、检验步骤、测试方案、检测数据记录表及数据处理方法、检验结果评判等。

7.1.8 检验前，系统应试运行一个月。

7.1.9 对系统中主要设备的检验，应采用简单随机抽样法进行抽样；抽样率不应低于20%且不应少于3台；设备少于3台时应100%检验。

7.1.10 检验过程应遵循先子系统，后集成系统的顺序检验。

7.1.11 对定量检测的项目，在同一条件下每个点必须进行3次以上读值。

7.1.12 检验中有不合格项时，允许改正后进行复测。复测时抽样数量应加倍，复测仍不合格则判该项不合格。

7.2 系统功能与主要性能检验

7.2.1 入侵报警系统检验项目、检验要求及测试方法应符合表7.2.1的要求。

表7.2.1 入侵报警系统检验项目、检验要求及测试方法

序号	检验项目		检验要求及测试方法
1	入侵报警功能检验	各类入侵探测器报警功能检验	各类入侵探测器应按相应标准规定的检验方法检验探测灵敏度及覆盖范围。在设防状态下，当探测到有入侵发生，应能发出报警信息。防盗报警控制设备上应显示出报警发生的区域，并发出声、光报警。报警信息应能保持到手动复位。防范区域应在入侵探测器的有效探测范围内，防范区域内应无盲区

序号	检验项目		检验要求及测试方法
1	入侵报警功能检验	紧急报警功能检验	系统在任何状态下触动紧急报警装置，在防盗报警控制设备上应显示出报警发生地址，并发出声、光报警。报警信息应能保持到手动复位。紧急报警装置应有防误触发措施，被触发后应自锁。当同时触发多路紧急报警装置时，应在防盗报警控制设备上依次显示出报警发生区域，并发出声、光报警信息。报警信息应能保持到手动复位，报警信号应无丢失
		多路同时报警功能检验	当多路探测器同时报警时，在防盗报警控制设备上应显示出报警发生地址，并发出声、光报警信息。报警信息应能保持到手动复位，报警信号应无丢失
		报警后的恢复功能检验	报警发生后，入侵报警系统应能手动复位。在设防状态下，探测器的入侵探测与报警功能应正常；在撤防状态下，对探测器的报警信息应不发出报警
2	防破坏及故障报警功能检验	入侵探测器防拆报警功能检验	在任何状态下，当探测器机壳被打开，在防盗报警控制设备上应显示出探测器地址，并发出声、光报警信息，报警信息应能保持到手动复位
		防盗报警控制器防拆报警功能检验	在任何状态下，防盗报警控制器机盖被打开，防盗报警控制设备应发出声、光报警，报警信息应能保持到手动复位
		防盗报警控制器信号线防破坏报警功能检验	在有线传输系统中，当报警信号传输线被开路、短路及并接其他负载时，防盗报警控制器应发出声、光报警信息，应显示报警信息，报警信息应能保持到手动复位
		入侵探测器电源线防破坏功能检验	在有线传输系统中，当探测器电源线被切断，防盗报警控制设备应发出声、光报警信息，应显示线路故障信息，该信息应能保持到手动复位
		防盗报警控制器主备电源故障报警功能检验	当防盗报警控制器主电源发生故障时，备用电源应自动工作，同时应显示主电源故障信息；当备用电源发生故障或欠压时，应显示备用电源故障或欠压信息，该信息应能保持到手动复位
		电话线防破坏功能检验	在利用市话网传输报警信号的系统中，当电话线被切断，防盗报警控制器应发出声、光报警信息，应显示线路故障信息，该信息应能保持到手动复位

序号	检验项目		检验要求及测试方法
3	记录、显示功能检验	显示信息检验	系统应具有显示和记录开机、关机时间、报警、故障、被破坏、设防时间、撤防时间、更改时间等信息的功能
		记录内容检验	应记录报警发生时间、地点、报警信息性质、故障信息性质等信息。信息内容要求准确、明确
		管理功能检验	具有管理功能的系统,应能自动显示、记录系统的工作状况,并具有多级管理密码
4	系统自检功能检验	自检功能检验	系统应具有自检或巡检功能,当系统中入侵探测器或报警控制设备发生故障、被破坏,都应有声光报警,报警信息应保持到手动复位
		设防/撤防、旁路功能检验	系统应能手动/自动设防/撤防,应能按时间在全部及部分区域任意设防和撤防;设防、撤防状态应有显示,并有明显区别
5	系统报警响应时间检验		1. 检测从探测器探测到报警信号到系统联动设备启动之间的响应时间,应符合设计要求; 2. 检测从探测器探测到报警发生并经市话网电话线传输,到报警控制设备接收到报警信号之间的响应时间,应符合设计要求; 3. 检测系统发生故障到报警控制设备显示信息之间的响应时间,应符合设计要求
6	报警复核功能检验		在有报警复核功能的系统中,当报警发生时,系统应能对报警现场进行声音或图像复核
7	报警声级检验		用声级计在距离报警发声器件正前方1m处测量(包括探测器本地报警发声器件、控制台内置发声器件及外置发声器件),声级应符合设计要求
8	报警优先功能检验		经市话网电话线传输报警信息的系统,在主叫方式下应具有报警优先功能。检查是否有被叫禁用措施
9	其他项目检验		具体工程中具有的而以上功能中未涉及到的项目,其检验要求应符合相应标准、工程合同及设计任务书的要求

7.2.2 视频安防监控系统检验项目、检验要求及测试方法应符合表 7.2.2 的要求。

表 7.2.2 视频安防监控系统检验项目、检验要求及测试方法

序号	检验项目		检验要求及测试方法
1	系统控制功能检验	编程功能检验	通过控制设备键盘可手动或自动编程,实现对所有的视频图像在指定的显示器上进行固定或时序显示、切换
		遥控功能检验	控制设备对云台、镜头、防护罩等所有前端受控部件的控制应平稳、准确
2	监视功能检验		1. 监视区域应符合设计要求。监视区域内照度应符合设计要求,如不符合要求,检查是否有辅助光源; 2. 对设计中要求必须监视的要害部位,检查是否实现实时监视、无盲区
3	显示功能检验		1. 单画面或多画面显示的图像应清晰、稳定; 2. 监视画面上应显示日期、时间及所监视画面前端摄像机的编号或地址码; 3. 应具有画面定格、切换显示、多路报警显示、任意设定视频警戒区域等功能; 4. 图像显示质量应符合设计要求,并按国家现行标准《民用闭路监视电视系统工程技术规范》GB 50198 对图像质量进行5级评分
4	记录功能检验		1. 对前端摄像机所摄图像应能按设计要求进行记录,对设计中要求必须记录的图像应连续、稳定; 2. 记录画面上应有记录日期、时间及所监视画面前端摄像机的编号或地址码; 3. 应具有存储功能。在停电或关机时,对所有的编程设置、摄像机编号、时间、地址等均可存储,一旦恢复供电,系统应自动进入正常工作状态
5	回放功能检验		1. 回放图像应清晰,灰度等级、分辨率应符合设计要求; 2. 回放图像画面应有日期、时间及所监视画面前端摄像机的编号或地址码,应清晰、准确; 3. 当记录图像为报警联动所记录图像时,回放图像应保证报警现场摄像机的覆盖范围,使回放图像能再现报警现场; 4. 回放图像与监视图像比较应无明显劣化,移动目标图像的回放效果应达到设计和使用要求

序号	检验项目	检验要求及测试方法
6	报警联动功能检验	1. 当入侵报警系统有报警发生时，联动装置应将相应设备自动开启。报警现场画面应能显示到指定监视器上，应能显示出摄像机的地址码及时间，应能单画面记录报警画面； 2. 当与入侵探测系统、出入口控制系统联动时，应能准确触发所联动设备； 3. 其他系统的报警联动功能，应符合设计要求
7	图像丢失报警功能检验	当视频输入信号丢失时，应能发出报警
8	其他功能项目检验	具体工程中具有的而以上功能中未涉及到的项目，其检验要求应符合相应标准、工程合同及正式设计文件的要求

7.2.3 出入口控制系统检验项目、检验要求及测试方法应符合表7.2.3的要求。

表7.2.3 出入口控制系统检验项目、检验要求及测试方法

序号	检验项目	检验要求及测试方法
1	出入目标识读装置功能检验	1. 出入目标识读装置的性能应符合相应产品标准的技术要求； 2. 目标识读装置的识读功能有效性应满足 GA/T 394 的要求
2	信息处理/控制设备功能检验	1. 信息处理/控制/管理功能应满足 GA/T 394 的要求； 2. 对各类不同的通行对象及其准入级别，应具有实时控制和多级程序控制功能； 3. 不同级别的入口应有不同的识别密码，以确定不同级别证卡的有效进入； 4. 有效证卡应有防止使用同类设备非法复制的密码系统。密码系统应能修改；

序号	检验项目	检验要求及测试方法
2	信息处理/控制设备功能检验	5. 控制设备对执行机构的控制应准确、可靠； 6. 对于每次有效进入，都应自动存储该进入人员的相关信息和进入时间，并能进行有效统计和记录存档。可对出入口数据进行统计、筛选等数据处理； 7. 应具有多级系统密码管理功能，对系统中任何操作均应有记录； 8. 出入口控制系统应能独立运行。当处于集成系统中时，应可与监控中心联网； 9. 应有应急开启功能
3	执行机构功能检验	1. 执行机构的动作应实时、安全、可靠； 2. 执行机构的一次有效操作，只能产生一次有效动作
4	报警功能检验	1. 出现非授权进入、超时开启时应能发出报警信号，应能显示出非授权进入、超时开启发生的时间、区域或部位，应与授权进入显示有明显区别； 2. 当识读装置和执行机构被破坏时，应能发出报警
5	访客（可视）对讲电控防盗门系统功能检验	1. 室外机与室内机应能实现双向通话，声音应清晰，应无明显噪声； 2. 室内机的开锁机构应灵活、有效； 3. 电控防盗门及防盗门锁具应符合 GA/T 72 等相关标准要求，应具有有效的质量证明文件；电控开锁、手动开锁及用钥匙开锁，均应正常可靠； 4. 具有报警功能的访客对讲系统报警功能应符合入侵报警系统相关要求； 5. 关门噪声应符合设计要求； 6. 可视对讲系统的图像应清晰、稳定。图像质量应符合设计要求
6	其他项目检验	具体工程中具有的而以上功能中未涉及到的项目，其检验要求应符合相应标准、工程合同及正式设计文件的要求

7.2.4 电子巡查系统检验项目、检验要求及测试方法应符合表 7.2.4 的要求。

表 7.2.4　电子巡查系统检验项目、检验要求及测试方法

序号	检验项目	检验要求及测试方法
1	巡查设置功能检验	在线式的电子巡查系统应能设置保安人员巡查程序，应能对保安人员巡逻的工作状态（是否准时、是否遵守顺序等）进行实时监督、记录。当发生保安人员不到位时，应有报警功能。当与入侵报警系统、出入口控制系统联动时，应保证对联动设备的控制准确、可靠 离线式的电子巡查系统应能保证信息识读准确、可靠
2	记录打印功能检验	应能记录打印执行器编号，执行时间，与设置程序的比对等信息
3	管理功能检验	应能有多级系统管理密码，对系统中的各种状态均应有记录
4	其他项目检验	具体工程中具有的而以上功能中未涉及到的项目，其检验要求应符合相应标准、工程合同及正式设计文件的要求

7.2.5 停车库（场）管理系统检验项目、检验要求及测试方法应符合表 7.2.5 的要求。

表 7.2.5　停车库（场）管理系统检验项目、检验要求及测试方法

序号	检验项目	检验要求及测试方法
1	识别功能检验	对车型、车号的识别应符合设计要求，识别应准确、可靠
2	控制功能检验	应能自动控制出入挡车器，并不损害出入目标
3	报警功能检验	当有意外情况发生时，应能报警
4	出票验票功能检验	在停车库（场）的入口区、出口区设置的出票装置、验票装置，应符合设计要求，出票验票均应准确、无误

续表 7.2.5

序号	检验项目	检验要求及测试方法
5	管理功能检验	应能进行整个停车场的收费统计和管理（包括多个出入口的联网和监控管理）；应能独立运行，应能与安防系统监控中心联网
6	显示功能检验	应能明确显示车位，应有出入口及场内通道的行车指示，应有自动计费与收费金额显示
7	其他项目检验	具体工程中具有的而以上功能中未涉及到的项目，其检验要求应符合相应标准、工程合同及设计任务书的要求

7.2.6　其他子系统，如防爆安全检查系统、紧急广播系统等的检验项目、检验要求和测试方法，应按国家现行有关标准、规范及相应的工程合同、设计文件进行检验，其系统功能及性能指标的检验结果应符合相关要求。

7.3　安全性及电磁兼容性检验

7.3.1　安全性检验应符合下列规定：

1　检查系统所用设备及其安装部件的机械强度（以产品检测报告为依据），应符合本规范第 3.5.2 条的相关规定。

2　主要控制设备的安全性检验应按现行国家标准《安全防范报警设备　安全要求和试验方法》GB 16796 的有关规定执行，并重点检验下列项目：

1）绝缘电阻检验：在正常大气条件下，控制设备的电源插头或电源引入端子与外壳裸露金属部件之间的绝缘电阻不应小于 20MΩ。

2）抗电强度检验：控制设备的电源插头或电源引入端子与外壳裸露金属部件之间应能承受 1.5kV、50Hz 交流电压的抗电强度试验，历时 1min 应无击穿和飞弧现象。

3）泄漏电流检验：控制设备泄漏电流应小于 5mA。

7.3.2　电磁兼容性检验应符合下列规定：

1　检查系统所用设备的抗电磁干扰能力（以产品检测报告为依据）和电磁骚扰状况，结果应符合本规范第 3.6.1、3.6.3 条的规定。

2　检查系统传输线路的设计与安装施工情况，结果应符合本规范第 3.6.2 条的规定。

3　系统主要控制设备的电磁兼容性检验，应重点检验下列项目：

1）静电放电抗扰度试验：应根据现行国家标准《电磁兼容　试验和测量技术　静电放电抗扰度试验》GB/T 17626.2 进行测试，严酷等级按设计文件的要求执行。

2）射频电磁场辐射抗扰度试验：应根据现行国家标准《电磁兼容　试验和测量技术　射频电磁场辐射抗扰度试验》GB/T 17626.3 进行测试，严酷等级按设计文件的要求执行。

3）电快速瞬变脉冲群抗扰度试验：应根据现行国家标准《电磁兼容　试验和测量技术　电快速瞬变脉冲群抗扰度试验》GB/T 17626.4 进行测试，严酷等级按设计文件的要求执行。

4）浪涌（冲击）抗扰度试验：应根据现行国家标准《电磁兼容　试验和测量技术　浪涌（冲击）抗扰度试验》GB/T 17626.5 进行测试，严酷等级按设计文件的要求执行。

5）电压暂降、短时中断和电压变化抗扰度试验：根据现行国家标准《电磁兼容　试验和测量技术　电压暂降、短时中断和电压变化的抗扰度试验》GB/T 17626.11 进行测试，严酷等级按设计文件的要求执行。

7.4　设备安装检验

7.4.1　前端设备配置及安装质量检验应符合下列规定：

1　检查系统前端设备的数量、型号、生产厂家、安装位置，应与工程合同、设计文件、设备清单相符合。设备清单及安装位置变更后应有更改审核单。

2　系统前端设备安装质量检验。检查系统前端设备的安装质量，应符合本规范第 6.3.5 条第 1～8 款的规定。

7.4.2　监控中心设备安装质量检验应符合下列规定：

1　检查监控中心设备的数量、型号、生产厂家、安装位置，应与工程合同、设计文件、设备清单相符合。设备清单变更后应有更改审核单。

2　监控中心设备安装质量检验。检查监控中心设备的安装质量，应符合本规范第 6.3.5 条第 9 款的规定。

7.5　线缆敷设检验

7.5.1　线缆、光缆敷设质量检验应符合下列规定：

1　检查系统所用线缆、光缆型号、规格、数量，应符合工程合同、设计文件、设计材料清单的要求。变更时，应有更改审核单。

2　检查线缆、光缆敷设的施工记录或监理报告或隐蔽工程随工验收单，应符合本规范第 6.3.1、6.3.2 和 3.11.5、3.11.6 条的规定。

7.5.2　检查综合布线的施工记录或监理报告，应符合本规范第 3.11.4 条第 1 款、第 3.11.5 条第 1 款的规定。

7.5.3　检查隐蔽工程随工验收单时，应按本规范表 6.3.2 的要求，做到内容完整、准确。

7.6　电源检验

7.6.1　系统电源的供电方式、供电质量、备用电源容量等应符合本规范第 3.12 节及正式设计文件的要求。

7.6.2　主、备电源转换检验应符合下列规定：

1　对有备用电源的系统，应检查当主电源断电时，能否自动转换为备用电源供电。主电源恢复时，应能自动转换为主电源供电。在电源转换过程中，系统应能正常工作。

2　对于双路供电的系统，主备电源应能自动切换。

3　对于配置 UPS 电源装置的供电系统，主备电源应能自动切换。

7.6.3　电源电压适应范围检验应符合下列规定：当主电源电压在额定值的 85%～110%范围内变化时，不调整系统（或设备），应仍能正常工作。

7.6.4　备用电源检验应符合下列规定：

1　检查入侵报警系统备用电源的容量，能否满足系统在设防状态下，满负荷连续工作时间的设计要求。

2　检验防盗报警控制器的备用电源是否有欠压指示，欠压指示值应符合设计要求。

3　检查出入口控制系统的备用电源能否保证系统在正常工作状态下，满负荷连续工作时间的设计要求。

7.7　防雷与接地检验

7.7.1　防雷设施检验应符合下列规定：

1　检查系统防雷设计和防雷设备的安装、施工，结果应符合本规范第 3.9 节相关条款的规定。

2　检查监控中心接地汇集环或汇集排的安装，结果应符合本规范第 3.9.6 条和第 6.3.6 条第 4 款的规定。

3　检查防雷保护器数量、安装位置，结果应符合设计要求。

7.7.2　接地装置检验应符合下列规定：

1　检查监控中心接地母线的安装，结果应符合本规范第 3.9.3 条和第 6.3.6 条第 4 款的规定。

2　检查接地电阻时，相关单位应提供接地电阻检测报告。当无报告时，应进行接地电阻测试，结果应符合本规范第 3.9.3 条的规定。若测试不合格，应按本规范第 6.3.6 条第 3 款的要求进行整改，直至测试合格。

8 安全防范工程验收

8.1 一般规定

8.1.1 本章规定了安全防范工程竣工验收的基本规则，对安全防范工程的竣工验收（从施工质量、技术质量及图纸资料的准确、完整、规范等方面）提出了基本要求，是安全防范工程验收的基本依据。

8.1.2 高风险防护对象的安全防范工程的验收应按本章要求执行。

8.1.3 涉密工程项目的验收，相关单位、人员应严格遵守国家的保密法规和相关规定，严防泄密、扩散。

8.2 验收条件与验收组织

8.2.1 安全防范工程验收应符合下列条件：

1 工程初步设计论证通过，并按照正式设计文件施工。工程必须经初步设计论证通过，并根据论证意见提出的问题和要求，由设计、施工单位和建设单位共同签署设计整改落实意见。工程经初步设计论证通过后，必须完成正式设计，并按正式设计文件施工。

2 工程经试运行达到设计、使用要求并为建设单位认可，出具系统试运行报告。

1）工程调试开通后应试运行一个月，并按表8.2.1的要求做好试运行记录。

2）建设单位根据试运行记录写出系统试运行报告。其内容包括：试运行起迄日期；试运行过程是否正常；故障（含误报警、漏报警）产生的日期、次数、原因和排除状况；系统功能是否符合设计要求以及综合评述等。

3）试运行期间，设计、施工单位应配合建设单位建立系统值勤、操作和维护管理制度。

3 进行技术培训。根据工程合同有关条款，设计、施工单位必须对有关人员进行操作技术培训，使系统主要使用人员能独立操作。培训内容应征得建设单位同意，并提供系统及其相关设备操作和日常维护的说明、方法等技术资料。

4 符合竣工要求，出具竣工报告。

1）工程项目按设计任务书的规定内容全部建成，经试运行达到设计使用要求，并为建设单位认可，视为竣工。少数非主要项目未按规定全部建成，由建设单位与设计、施工单位协商，对遗留问题有明确的处理方案，经试运行基本达到设计使用要求并为建设单位认可后，也可视为竣工。

2）工程竣工后，由设计、施工单位写出工程竣工报告。其内容包括：工程概况；对照设计文件安装的主要设备；依据设计任务书或工程合同所完成的工程质量自我评估；维修服务条款以及竣工核算报告等。

5 初验合格，出具初验报告。

1）工程正式验收前，由建设单位（监理单位）组织设计、施工单位根据设计任务书或工程合同提出的设计、使用要求对工程进行初验，要求初验合格并写出工程初验报告。

2）初验报告的内容主要有：系统试运行概述；对照设计任务书要求，对系统功能、效果进行检查的主观评价；对照正式设计文件对安装设备的数量、型号进行核对的结果；对隐蔽工程随工验收单（表6.3.2）的复核结果等。

6 工程检验合格并出具工程检验报告。

1）工程正式验收前，应按本规范第7章的规定进行系统功能检验和性能检验。实施工程检验的检验机构应符合本规范第7.1.2条的规定。

2）工程检验后由检验机构出具检验报告。检验报告应准确、公正、完整、规范，并注重量化。

表8.2.1 系统试运行记录

工程名称			工程级别	
建设（使用）单位				
设计、施工单位				
日期时间	试运行内容	试运行情况	备　注	值班人

注：**1** 系统试运行情况栏中，正常打"√"，并每天不少于填写一次；不正常的在备注栏内及时扼要说明情况（包括修复日期）。

2 系统有报警部分的，报警试验每天进行一次。出现误报警、漏报警的，在试运行情况和备注栏内如实填写。

7 工程正式验收前，设计、施工单位应向工程验收小组（委员会）提交下列验收图纸资料（全套，数量应满足验收的要求）：

　　1）设计任务书。

　　2）工程合同。

　　3）工程初步设计论证意见（并附方案评审小组或评审委员会名单）及设计、施工单位与建设单位共同签署的设计整改落实意见。

　　4）正式设计文件与相关图纸资料（系统原理图、平面布防图及器材配置表、线槽管道布线图、监控中心布局图、器材设备清单以及系统选用的主要设备、器材的检测报告或认证证书等）。

　　5）系统试运行报告。

　　6）工程竣工报告。

　　7）系统使用说明书（含操作和日常维护说明）。

　　8）工程竣工核算（按工程合同和被批准的正式设计文件，由设计施工单位对工程费用概预算执行情况作出说明）报告。

　　9）工程初验报告（含隐蔽工程随工验收单，见表6.3.2）。

　　10）工程检验报告。

8.2.2 验收的组织与职责应符合下列规定：

1 安全防范工程的竣工验收，一般工程应由建设单位会同相关部门组织安排；省级以上的大型工程或重点工程，应由建设单位上级业务主管部门会同相关部门组织安排。

2 工程验收时，应协商组成工程验收小组，重点工程或大型工程验收时应组成工程验收委员会。工程验收委员会（验收小组）下设技术验收组、施工验收组、资料审查组。

3 工程验收委员会（验收小组）的人员组成，应由验收的组织单位根据项目的性质、特点和管理要求与相关部门协商确定，并推荐主任、副主任（组长、副组长）；验收人员中技术专家不应低于验收人员总数的50%；不利于验收公正的人员不能参加工程验收。

4 验收机构对工程验收应作出正确、公正、客观的验收结论。尤其是对国家、省级重点工程和银行、文博系统等要害单位的工程验收，验收机构对照设计任务书、合同、相关标准以及正式设计文件，如发现工程有重大缺陷或质量明显不符合要求的应予以指出，严格把关。

5 验收通过或基本通过的工程，对设计、施工单位根据验收结论写出的并经建设单位认可的整改措施，验收机构有责任配合公安技防管理机构和工程建设单位督促、协调落实；验收不通过的工程，验收机构应在验收结论中明确指出问题与整改要求。

8.3　工程验收

8.3.1 施工验收应符合下列规定：

1 施工验收由工程验收委员会（验收小组）的施工验收组负责实施。

2 施工验收应依据正式设计文件、图纸进行。施工过程中若根据实际情况确需作局部调整或变更的，应由施工方提供更改审核单（见表6.3.1），并符合本规范第6.3.1条的规定。

3 工程设备安装验收（包括现场前端设备和监控中心终端设备）：按表8.3.1列出的相关项目与要求，现场抽验工程设备的安装质量并做好记录。

4 管线敷设验收：按表8.3.1列出的相关项目与要求，抽查明敷管线及明装接线盒、线缆接头等的施工工艺并做好记录。

5 隐蔽工程验收：对照表6.3.2，复核隐蔽工程随工验收单的检查结果。

表8.3.1　施工质量抽查验收

工程名称：					设计、施工单位：			
项目		要求	方法	检查结果			抽查百分数
				合格	基本合格	不合格	
前端设备	1.安装位置（方向）	合理、有效	现场抽查观察				抽查
	2.安装质量（工艺）	牢固、整洁、美观、规范	现场抽查观察				
	3.线缆连接	视频电缆一线到位，接插件可靠，电源线与信号线、控制线分开，走向顺直，无扭绞	复核、抽查或对照图纸				
	4.通电	工作正常	现场通电检查				100%
设备安装质量	5.机架、操作台安装	安装平稳、合理，便于维护	现场观察				抽查
	6.控制设备安装	操作方便、安全	现场观察				
	7.开关、按钮	灵活、方便、安全	现场观察、询问				
	8.机架、设备接地	接地规范、安全	现场观察、询问				
控制设备	9.接地电阻	符合本规范第3.9.3条相关要求	对照检验报告或对照第6.3.6条				
	10.雷电防护措施	符合本规范第3.9.5条相关要求	核对检验报告，现场观察				
	11.机架电缆线扎及标识	整齐，有明显编号、标识并牢靠	现场检查				抽查
	12.电源引入线缆标识	引入线端标识清晰、牢靠	现场检查				抽查
	13.通电	工作正常	现场通电检查				100%

续表 8.3.1

工程名称：			设计、施工单位：				
项目		要求	方法	检查结果			抽查百分数
				合格	基本合格	不合格	
管线敷设质量	14. 明敷管线	牢固美观、与室内装饰协调，抗干扰	现场观察、询问				抽查1~2处
	15. 接线盒、线缆接头	垂直与水平交叉处有分线盒、线缆安装固定、规范	现场观察、询问				抽查1~2处
	16. 隐蔽工程随工验收复核	有隐蔽工程随工验收单并验收合格	复核表6.3.2				
		如无隐蔽工程随工验收单，在本栏内简要说明					
检查结果 K_S（合格率）统计				施工质量验收结论：			
施工验收组（人员）签名：				验收日期：			

注：1 在检查结果栏选符合实际情况的空格内打"√"，并作为统计数。

2 检查结果统计 K_S（合格率）＝（合格数＋基本合格数×0.6）/项目检查数（项目检查数如无要求或实际缺项未检查的不计在内）。

3 验收结论：K_S（合格率）≥0.8 判为通过；0.8＞K_S≥0.6 判为基本通过；K_S＜0.6 判为不通过，必要时作简要说明。

8.3.2 技术验收应符合下列规定：

1 技术验收由工程验收委员会（验收小组）的技术验收组负责实施。

2 对照初步设计论证意见、设计整改落实意见和工程检验报告，检查系统的主要功能和技术性能指标，应符合设计任务书、工程合同和国家现行标准与管理规定等相关要求。

3 对照竣工报告、初验报告、工程检验报告，检查系统配置，包括设备数量、型号及安装部位，应符合正式设计文件要求。

4 检查系统选用的安防产品，应符合本规范第3.1.4 条的规定。

5 对照工程检验报告，检查系统中的备用电源在主电源断电时应能自动快速切换，应能保证系统在规定的时间内正常工作。

6 对高风险对象的安全防范工程，应符合本规范第 4 章和其他相关标准的技术要求。

7 对具有集成功能的安全防范工程，应按照本规范第 3.10 节和设计任务书的具体要求，检查各子系统与安全管理系统的联网接口及安全管理系统对各子系统的集中管理与控制能力（对照工程检验报告）。

8 报警系统的抽查与验收。

1）对照正式设计文件和工程检验报告、系统试运行报告，复核系统的报警功能和误、漏报警情况，应符合国家现行标准《入侵报警系统技术要求》GA/T 368 的规定；对入侵探测器的安装位置、角度、探测范围做步行测试和防拆保护的抽查；抽查室外周界报警探测装置形成的警戒范围，应无盲区。

2）抽查系统布防、撤防、旁路和报警显示功能，应符合设计要求。

3）抽测紧急报警响应时间。

4）当有联动要求时，抽查其对应的灯光、摄像机、录像机等联动功能。

5）对于已建成区域性安全防范报警网络的地区，检查系统直接或间接联网的条件。

9 视频安防监控系统的抽查与验收。

1）对照正式设计文件和工程检验报告，复核系统的监控功能（如图像切换、云台转动、镜头光圈调节、变焦等），结果应符合本规范第3.4.3 条的规定。

2）对照工程检验报告，复核在正常工作照明条件下，监视图像质量不应低于现行国家标准《民用闭路监视电视系统工程技术规范》GB 50198—1994 中表 4.3.1-1 规定的4 级；回放图像质量不应低于表 4.3.1-1 规定的 3 级，或至少能辨别人的面部特征。

3）复核图像画面显示的摄像时间、日期、摄像机位置、编号和电梯楼层显示标识等，应稳定正常。电梯内摄像机的安装位置应符合本规范第6.3.5 条第 3 款第 5 项的规定。

10 出入口控制系统的抽查与验收。对照正式设计文件和工程检验报告，复核系统的主要技术指标，应符合国家现行标准《出入口控制系统技术要求》GA/T 394 的规定；检查系统存储通行目标的相关信息，应满足设计与使用要求；对非正常通行应有报警功能。检查出入口控制系统的报警部分，是否能与报警系统联动。

11 访客（可视）对讲系统的抽查与验收。对照正式设计文件和工程检验报告，复核访客（可视）对讲系统的主要技术指标，应符合国家现行标准《楼寓对讲电控防盗门通用技术条件》GA/T 72 和《黑白可视对讲系统》GA/T 269 的相关要求；复核电控开锁是否有自我保护功能，可视对讲系统的图像应能辨别来访者。

12 电子巡查系统的抽查与验收。

1）对照正式设计文件和工程检验报告，复核系统具有的巡查时间、地点、人员和顺序等数据的显示、归档、查询、打印等功能。

2）复核在线式电子巡查系统，应具有即时报警功能。

13 停车库（场）管理系统的抽查与验收。对照正式设计文件和工程检验报告，复核系统的主要技术性能，应符合本规范第3.4.6条的相关要求；检查停车库（场）出入口或值班室是否有紧急报警装置；对安装视频安防监控的停车库（场）及其出入口，检查其监视范围和图像质量，应能辨别人员的活动情况及出入车辆的车型和车牌号码；检查停车库（场）管理系统设备工作是否正常。

14 监控中心的检查与验收。对照正式设计文件和工程检验报告，复查监控中心的设计，应符合本规范第3.13节的相关要求；检查其通信联络手段（不宜少于两种）的有效性、实时性，检查其是否具有自身防范（如防盗门、门禁、探测器、紧急报警按钮等）和防火等安全措施。

15 将上述1～14项的验收结果，按表8.3.2的要求进行填写。

表8.3.2 技术验收

工程名称			设计施工单位			
序号		检查项目	检查要求与方法	检查结果		
				合格	基本合格	不合格
基本要求	1*	系统主要技术性能	第8.3.2条第2款			
	2	设备配置	第8.3.2条第3款			
	3	主要技防产品、设备的质量保证	第8.3.2条第4款			
	4	备用供电	第8.3.2条第5款			
	5	重要防护目标的安全防范效果	第8.3.2条第6款			
	6	系统集成功能	第8.3.2条第7款			
报警	7	误、漏报警，防护范围与防拆保护抽查	第8.3.2条第8款			
	8*	系统布防、撤防、旁路、报警显示	第8.3.2条第8款			
	9	联动功能	第8.3.2条第8款			
	10	直接或间接联网功能、联网紧急报警响应时间	第8.3.2条第8款			
视频安防监控	11	主要技术指标	第8.3.2条第9款			
	12*	监视与回放图像质量	第8.3.2条第9款			
	13	操作与控制	第8.3.2条第9款			
	14	字符标识	第8.3.2条第9款			
	15	电梯厢监控	第8.3.2条第9款			
出入口控制	16	系统功能与信息存储	第8.3.2条第10款			
	17	控制与报警	第8.3.2条第10款			
	18	联网报警与控制	第8.3.2条第10款			
访客对讲（可视）	19	系统功能	第8.3.2条第11款			
	20	通话质量	第8.3.2条第11款			
	21	图像质量	第8.3.2条第11款			
电子巡查	22	数据显示、归档、查询、打印	第8.3.2条第12款			
	23	即时报警	第8.3.2条第12款			
停车库（场）	24	紧急报警装置	第8.3.2条第13款			
	25	电视监视	第8.3.2条第13款			
	26	管理系统工作状况	第8.3.2条第13款			

续表8.3.2

工程名称			设计施工单位			
序号		检查项目	检查要求与方法	检查结果		
				合格	基本合格	不合格
监控中心	27	通信联络	第8.3.2条第14款			
	28	自身防范与防火措施	第8.3.2条第14款			
检查结果 K_J（合格率）:				技术验收结论:		
技术验收组（人员）签名:				验收日期:		

注：1 在检查结果栏选符合实际情况的空格内打"√"，并作为统计数。

　　2 检查结果 K_J（合格率）＝（合格数＋基本合格数×0.6）/项目检查数（项目检查数如无要求或实际缺项未检查的，不计在内）。

　　3 验收结论：K_J（合格率）≥0.8判为通过；0.8＞K_J≥0.6判为基本通过；K_J＜0.6判为不通过。

　　4 序号右上角打"＊"的为重点项目，检查结果只要有一项不合格的，即判为不通过。

8.3.3 资料审查应符合下列规定：

1 资料审查由工程验收委员会（验收小组）的资料审查组负责实施。

2 设计、施工单位应按第8.2.1条第7款规定的要求提供全套验收图纸资料，并做到内容完整、标记确切、文字清楚、数据准确、图文表一致。图样的绘制应符合国家现行标准《安全防范系统通用图形符号》GA/T 74及相关标准的规定。

3 按表8.3.3所列项目与要求，审查图纸资料的准确性、规范性、完整性以及售后服务条款，并做好记录。

表8.3.3 资料审查

工程名称						
序号	审查内容	审查情况				
		完整性			准确性	
		合格	基本合格	不合格	合格	基本合格	不合格
1	设计任务书						
2	合同(或协议书)						
3	初步设计论证意见(含评委会、小组人员名单)						
4	通过初步设计论证的整改落实意见						
5	正式设计文件和相关图纸						
6	系统试运行报告						
7	工程竣工报告						
8	系统使用说明书(含操作说明及日常简单维护说明)						

续表8.3.3

工程名称							
序号	审查内容	审查情况					
		完整性			准确性		
		合格	基本合格	不合格	合格	基本合格	不合格
9	售后服务条款						
10	工程初验报告(含隐蔽工程随工验收单)						
11	工程竣工核算报告						
12	工程检验报告						
13	图纸绘制规范要求	合格		基本合格		不合格	
审查结果 K_Z (合格率)统计		审查结论					
审查组(人员)签名:				日期:			

注：1 审查情况栏内分别根据完整、准确和规范要求，选择符合实际情况的空格内打"√"，并作为统计数。

2 对三级安全防范工程，序号第3、4、12项内容可简化或省略，序号第7、10项内容可简化。

3 审查结果 K_Z(合格率) = (合格数＋基本合格数×0.6)/项目审查数（项目审查数如不要求的，不计在内）。

4 审查结论：K_Z(合格率)≥0.8 判为通过；0.8＞K_Z≥0.6 判为基本通过；K_Z＜0.6 判为不通过。

8.3.4 验收结论与整改应符合下列规定：

1 验收判据。

1) 施工验收判据：按表8.3.1的要求及其提供的合格率计算公式打分。按表6.3.2的要求对隐蔽工程质量进行复核、评估。

2) 技术验收判据：按表8.3.2的要求及其提供的合格率计算公式打分。

3) 资料审查判据：按表8.3.3的要求及其提供的合格率计算公式打分。

2 验收结论。

1) 验收通过：根据验收判据所列内容与要求，验收结果优良，即按表8.3.1要求，工程施工质量检查结果 K_S≥0.8；按表8.3.2要求，技术质量验收结果 K_J≥0.8；按表8.3.3要求，资料审查结果 K_Z≥0.8 的，判定为验收通过。

2) 验收基本通过：根据验收判据所列内容与要求，验收结果及格，即 K_S、K_J、K_Z 均≥0.6，但达不到本条第2款第1项的要求，判定为验收基本通过。验收中出现个别项目达不到设计要求，但不影响使用的，也可判为基本通过。

3) 验收不通过：工程存在重大缺陷、质量明显达不到设计任务书或工程合同要求，包括工程检验重要功能指标不合格，按验收判据所列的内容与要求，K_S、K_J、K_Z 中出现一项＜0.6 的，或者凡重要项目（见表8.3.2中序号栏右上角打＊的）检查结果只要出现一项不合格的，均判为验收不通过。

4) 工程验收委员会（验收小组）应将验收通过、验收基本通过或验收不通过的验收结论填写于验收结论汇总表（表8.3.4），并对验收中存在的主要问题，提出建议与要求（表8.3.1、表8.3.2、表8.3.3作为表8.3.4的附表）。

3 整改。

1) 验收不通过的工程不得正式交付使用。设计、施工单位必须根据验收结论提出的问题，抓紧落实整改后方可再提交验收；工程复验时，对原不通过部分的抽样比例按本规范第7.1.12条的规定执行。

2) 验收通过或基本通过的工程，设计、施工单位应根据验收结论提出的建议与要求，提出书面整改措施，并经建设单位认可签署意见。

表8.3.4 验收结论汇总表

工程名称：	设计、施工单位：
施工验收结论	验收人签名： 年 月 日
技术验收结论	验收人签名： 年 月 日
资料审查结论	审查人签名： 年 月 日
工程验收结论	验收委员会(小组)主任、副主任(组长、副组长)签名：
建议与要求：	
	年 月 日

注：1 本汇总表应附表8.3.1～表8.3.3及出席验收会与验收机构人员名单（签名）。

2 验收（审查）结论一律填写"通过"或"基本通过"或"不通过"。

8.4 工程移交

8.4.1 竣工图纸资料归档与移交应符合下列规定：

　　1 工程验收通过或基本通过后，设计、施工单位应按下列要求整理、编制工程竣工图纸资料：

　　　1）提供经修改、校对并符合第 8.2.1 条第 7 款规定内容的验收图纸资料。

　　　2）提供验收结论汇总表 8.3.4 及其附表（含出席验收会人员与验收机构名单）。

　　　3）提供根据验收结论写出的并经建设单位认可的整改措施。

　　　4）提供系统操作和有关设备日常维护说明。

　　2 设计、施工单位将经整理、编制的工程竣工图纸资料一式三份，经建设单位签收盖章后，存档备查。

8.4.2 工程移交。工程验收通过或基本通过且有整改措施后，才能正式交付使用，并应遵守下列规定：

　　1 建设单位或使用单位应有专人负责操作、维护，并建立完善的、系统的操作、管理、保养等制度。

　　2 建设单位应会同和督促设计、施工单位，抓紧"整改措施"的具体落实；遇有问题时，可提请相关部门协调、督促整改的落实。

　　3 工程设计、施工单位应履行维修等售后技术服务承诺。

本规范用词说明

　　1 为便于在执行本规范条文时区别对待，对要求严格程度不同的用词说明如下：

　　　1）表示很严格，非这样做不可的用词：

　　　　正面词采用"必须"，反面词采用"严禁"。

　　　2）表示严格，在正常情况下均应这样做的用词：

　　　　正面词采用"应"，反面词采用"不应"或"不得"。

　　　3）表示允许稍有选择，在条件许可时首先应这样做的用词：

　　　　正面词采用"宜"，反面词采用"不宜"；

　　　　表示有选择，在一定条件下可以这样做的用词，采用"可"。

　　2 本规范中指明应按其他有关标准、规范执行的写法为"应符合……的规定"或"应按……执行"。

中华人民共和国国家标准

安全防范工程技术规范

GB 50348—2004

条 文 说 明

目　次

1 总 则

1.0.1 安全防范工程是维护社会公共安全,保障公民人身安全和国家、集体、个人财产安全的系统工程。随着我国社会主义市场经济的迅速发展,社会、公民安全需求的迅速增长,迫切需要有一套规范和指导我国安全防范工程建设的技术标准,作为指导工程建设和工程设计、施工、验收及管理维护的基本依据。

本规范是安全防范工程建设的通用规范,与之配套并同步制定的四项专项规范是《入侵报警系统工程设计规范》、《视频安防监控系统工程设计规范》、《出入口控制系统工程设计规范》、《防爆安全检查系统工程设计规范》,在进行安全防范工程建设时,应一并执行通用规范和专项规范。

1.0.2 由于安全防范系统使用场所、防范对象、实际需求、投资规模等的不同,对安全防范系统的设计很难做出统一的规定。本规范在总结我国安全防范行业 20 多年技术实践和管理实践的基础上,将设计要求粗分为两个层次:一是一般社会公众所了解的通用型建筑(公共建筑和居民建筑)的设计要求;二是直接涉及国家利益、安全(金融、文博、重要物资等)的高风险类建筑的设计要求。这样做既体现了公安工作的社会性,又体现了公安保卫工作的特殊要求,便于本规范的实施和监督。

1.0.3、1.0.4 安全防范工作,是公安业务的一个重要组成部分,安全防范行业有着与其他行业不同的某些特殊性,必须遵循国家的相关法律、法规和规章,以防范风险,确保社会和公民的安全。因此,安全防范工程的设计、施工应与相关工程同步实施,而工程验收应独立进行。

1.0.5 安全防范工程除实体防护工程外,主要是电子系统工程。由于现代通信技术、信息技术、计算机网络技术发展很快,日新月异,而安防系统建成后需要有相对稳定的使用期。因此,系统的设计必须具有开放性、可扩充性和使用灵活性,以便系统的改造和更新。

1.0.6 安全防范技术是一门多学科、多门类的综合性应用科学技术。本规范旨在为工程建设单位和工程设计、施工、监理单位提供安全防范工程设计、施工、检验、验收的基本依据。工程建设中相关的国家标准、行业标准是本规范实施的基础。因此,安全防范工程的建设不仅要执行本规范,还要执行其他相关的国家标准和行业标准。

2 术 语

2.0.5 本规范所指的视频安防监控系统(VSCS),不同于一般的工业电视或民用闭路电视(CCTV)系统。它是特指用于安全防范的目的,通过对监视区域进行视频探测、视频监视、控制、图像显示、记录和回放的视频信息系统或网络。

2.0.7 在安防技术界和智能建筑界,通常将该系统称为"巡更系统"。"巡更"是一个古老而传统的用语,随着社会文明的进步,应赋予其新的内容。根据该系统的本质特征,本规范将其称为"电子巡查系统"。

2.0.8 将停车库(场)管理系统作为安全防范系统的一个子系统,是安防技术界和智能建筑界在多年实践中达成的一种共识。"车辆"作为移动目标的一个代表,其安全防范工作已纳入"技术防范"的对象之中。这样做有利于社会治安的稳定和公民人身财产的安全。

2.0.10 在建筑智能化系统中,综合管理系统习惯上称为 IBMS,其中的安全防范系统的管理系统,通常称为 SMS(security management system)。这里的安全管理系统也可称为综合报警安全管理系统(generic security management system),它是指在安全防范系统中,对其各子系统进行管理和控制的集成系统(包括硬件和软件),它除提供报警信息服务外,还可利用网络的信息资助提供其他的综合信息服务(如物业管理、社区医疗、网上购物等)平台。

2.0.13 安全防护水平,是一个定性概念。需要在系统运行一定时期后(例如一年、两年),对其防范效果做出综合评价。由于它所涉及的因素较多(包括人防、物防、技防及其他方面),需要建立一个比较科学、比较完备的评价体系。

2.0.19 人力防范(人防)是安全防范的基础。传统的"人防"是指在安全防范工作中人的自然能力的展现。即:利用人体感官进行探测并做出反应,通过人体体能的发挥,推迟和制止风险事件发生。现代的"人防"是指执行安全防范任务的具有相应素质的人员和/或人员群体的一种有组织的防范行为,包括高素质人员的培养、先进自卫设备的配置以及人员的组织与管理等。因此,本规范所称的"人防"与"人民防空工程"所说的"人防"不是一个概念。

2.0.30 抗易损防护,即防护的抗易损性。它是系统及其所用设备的可靠性、安全性、耐久性和抗破坏性等的综合体现。本规范将其作为系统设计的一项原则提出,意在提醒设计人员在进行系统设计和设备选型时,要注意抗易损防护。

2.0.32、2.0.33 在社会公众看来,凡是能够接收报警信息并做出某种反应的"机构"都可称为报警接收中心。但在法律层面上,只有公安机关接警中心才具有法定的接处警执法功能。本规范根据我国国情,将不具有执法职能的各类"接处警机构",一律称为"监控中心"(可能有多级);而将公安机关这样的接警中心，定义为报警接收中心或接处警中心。

3 安全防范工程设计

3.1 一般规定

3.1.3 由于通信技术、电子信息技术和计算机网络技术的发展十分迅速，经常会推出一些新产品（包括硬件、软件）和新技术，而安全防范系统设备不同于一般的家用电器和信息设备，它必须安全、可靠。因此，安全防范系统的设计不能盲目追求先进、时髦，而应采用那些经过实践考验证明是先进而成熟的技术，经过严格的质量检验或认证，证明是性能可靠且性能价格比较高的产品或设备，以保证安全防范系统全天候、24h 的正常运行。

3.1.4 我国加入 WTO 以后，国家对符合 WTO/TBT 五项正当目标的产品推行强制性认证制度，大多数安防产品列在其中。因此，本规范规定，安全防范系统使用的设备，必须符合国家现行相关标准和法规的要求，属于强制性认证的产品必须经认证机构认证合格，不属于强制性认证的产品也应经相关检验机构检验合格。

3.1.6 保证安全防范工程的质量，责任重于泰山。安全防范工程具有与一般工程不同的特点和要求，根据 20 多年来我国安防工程建设的实践，本规范认为执行以下程序对保证工程质量是极为有益的。

　1　工程程序。安全防范工程的建设应符合国家法律、法规的规定及《安全防范工程程序与要求》GA/T 75 的相关要求。基本程序见图 1（图中带 ＊ 号者为重点）。

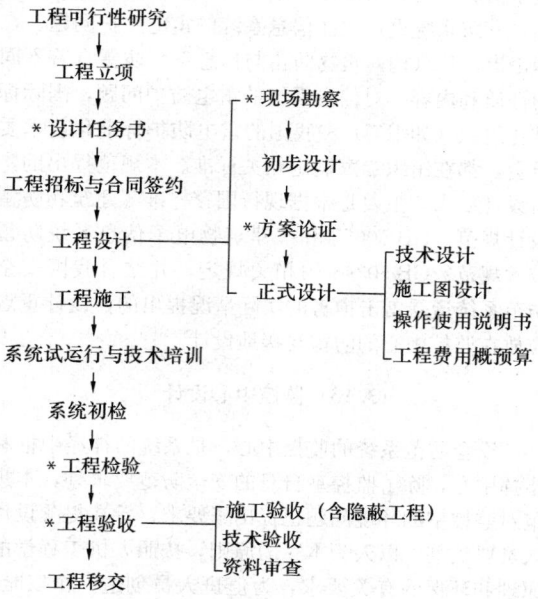

图 1　安全防范工程程序

　2　工程主要环节要求。

　1）工程立项与可行性研究。安全防范工程申请立项前，须进行可行性研究。可行性研究报告经批准后，工程正式立项。可行性研究报告由建设单位（或委托单位）编制。

　2）工程设计任务书的编制。建设单位根据经批准的可行性研究报告，编制工程设计任务书，并按照"工程招标法"进行工程招标与合同签约。设计任务书的主要内容应包括：

　　——任务来源；

　　——政府部门的有关规定和管理要求；

　　——应执行的国家现行标准；

　　——被防护对象的风险等级与防护级别；

　　——工程项目的内容和要求（包括设计、施工、调试、检验、验收、培训和维修服务等）；

　　——建设工期；

　　——工程投资控制数额；

　　——工程建成后应达到的预期效果；

　　——工程设计应遵循的原则；

　　——系统构成；

　　——系统功能要求（含各子系统的功能要求）；

　　——监控中心要求；

　　——建设单位的安全保卫管理制度；

　　——接处警反应速度；

　　——建筑物平面图。

　3）现场勘察。具体要求见第 3.2 节。

　4）方案论证。工程设计单位应根据工程设计任务书和现场勘察报告进行初步设计。初步设计完成后必须组织方案论证。方案论证由建设单位主持，业务主管部门、行业主管部门、设计单位及一定数量的技术专家参加，对初步设计的各项内容进行审查，对其技术、质量、费用、工期、服务和预期效果做出评价并提出整改措施。整改措施由设计单位和建设单位落实后，方可进行正式设计。

　5）工程检验。具体要求见本规范第 7 章。

　6）工程验收。具体要求见本规范第 8 章。

3.2 现场勘察

3.2.1 本规范所称的"现场勘察"有别于工程建设界泛指的"工程地质水文勘察"，仅指进行安全防范工程设计前，对被防护对象所进行的、与安全防范系统设计有关的各方面情况的了解和调查。现场勘察是设计的基础。因此，在进行安全防范系统设计之前，进行"现场勘察"是必要的。对于新建工程或无法进行现场勘察的工程项目，可省略。

3.2.2 现场勘察的具体内容依防范对象而定，一般应包括：地理环境、人文环境、物防设施、人防条件、气候（温度、湿度、降雨量、霜雾等）、雷电环境、电磁环境等。本规范条文中所列项目并不要求每项工程都要全项勘察。

3.3 设 计 要 素

3.3.1 安全防范系统的三种构建模式的划分，旨在为设计者提供系统集成设计时三种不同模式的参考。随着信息技术和网络技术的不断发展，安全防范系统的规模、集成深度和广度也在不断变化。"一体化集成"的模式，将会是未来安全防范系统发展的方向。

3.3.3 安全防范系统各主要子系统的功能。

5 停车库（场）管理系统，作为安全防范系统的一个子系统来设计，主要是考虑到智能大厦、智能小区在安全防范管理工作上的需要。因为车辆的安全也是社会公众普遍关注的一个社会热点问题，把车辆存放时的安全问题纳入安全防范系统的设计之中，有利于维护社会治安的稳定。

6 安全防范系统的其他子系统，是指根据实际需要，在特定场所或特殊情况下，设立的某些直接或间接用于安全防范目的的防范系统。比如机场、车站、码头，大型集会和活动场所需要设立的防爆安全检查系统、人员识别系统、特殊物品识别系统、应急疏散广播系统等。

3.5 安 全 性 设 计

安全防范系统的安全性，包括自然属性的安全和社会人文属性的安全两个层次。自然属性的安全一般是指系统（包括其所用产品）在运行过程中能够保证操作者人体健康、安全和设备本身安全的技术要求，如设备的防火与防过热，防人身触电，防有害射线和有毒气体，防机械伤人（如爆炸破裂、锐利边缘、重心不稳及运动部件伤人）等；社会人文属性的安全通常是指设备和系统的防人为破坏、信息的防人为窃取和篡改等技术要求。

3.6 电磁兼容性设计

安全防范系统的电磁兼容（EMC）设计包括电磁干扰和抗电磁干扰两方面内容，涉及设备选型或设计、传输介质选择和传输路由设计等多个环节，内容较多，难度较大。鉴于《安全防范系统电磁兼容技术要求》行业标准正在制定之中，本规范对安全防范系统的电磁兼容设计，只提出了原则要求，旨在提醒系统设计者要重视电磁兼容性的设计，特别是对设备的电磁兼容要求。安防系统所用设备基本上属于电子信息类设备。对设备的电磁兼容性检测，以前执行的是 GB 6833 系列标准，现在执行的是 GB/T 17626 系列标准。这些标准是：《电磁兼容 试验和测量技术 静电放电抗扰度试验》GB/T 17626.2、《电磁兼容 试验和测量

技术 射频电磁场辐射抗扰度试验》GB/T 17626.3、《电磁兼容 试验和测量技术 电快速瞬变脉冲群抗扰度试验》GB/T 17626.4、《电磁兼容 试验和测量技术 浪涌（冲击）抗扰度试验》GB/T 17626.5、《电磁兼容 试验和测量技术 电压暂降、短时中断和电压变化的抗扰度试验》GB/T 17626.11。试验的严酷等级根据系统或设备所处的电磁兼容环境和实际需要，由建设方和设计方协商确定。

3.7 可 靠 性 设 计

在理论上，所谓可靠性，是指产品（系统）在规定条件下（使用条件＝工作条件＋环境条件）和规定时间内完成规定功能的能力。定量表示可靠性的数学特征量很多，本规范采用其最常用的特征量——平均无故障时间 MTBF（Mean Time Between Failure）作为衡量系统（产品）可靠性的技术指标。在进行系统功能设计时，需同时考虑系统的功能、性能指标与可靠性指标的相容问题，避免盲目追求过多的功能、过高的指标而牺牲系统可靠性的倾向。

系统的可靠性问题是一个十分复杂的问题，难以在短时间内用简单的方法进行定量测试。本规范重点强调的是设备的可靠性和系统的可维修性与维修保障性。

3.9 防雷与接地设计

安全防范系统的雷电防护设计，也是系统安全性设计的重要内容。对于固定目标而言，安全防范系统常常是以建筑物或构筑物为载体的，因此做好建（构）筑物本身的雷电防护是安全防范系统雷电防护的基础和前提。然而，由于安防系统在本质上是一套电子信息系统，因而除了建（构）筑物的雷电防护之外，安防系统重点关注信息系统的雷电防护问题。在理论上，建（构）筑物防雷与信息系统防雷有着不同的性质和内容。对信息系统的雷电防护问题，国际标准化组织（如 IEC）和我国的雷电防护标准化技术委员会，都在组织专家制定相关标准。本规范提出的防雷设计要求，主要是根据现行国家标准《建筑物防雷设计规范》GB 50057 和《建筑物电子信息系统防雷技术规范》GB 50343 的相关规定，并结合我国安全防范系统遭受雷击损害的实际情况提出的，设计重点应放在监控中心的防雷与接地设计。

3.13 监 控 中 心 设 计

安全防范系统的监控中心，是系统的神经中枢和指挥中心，除了监控室自身的安全防范要求外，本规范对监控室的环境问题也提出了要求，旨在提醒设计人员要贯彻"以人为本"的原则，按照人机工程学的原理和环保的有关要求，为值班人员创造一个安全、舒适、方便的工作环境，以提高工作效率，避免或减少由于人的疲劳导致的误操作或误判断而造成系统的

误报、漏报或其他事故。

4 高风险对象的安全防范工程设计

4.2 文物保护单位、博物馆
安全防范工程设计

Ⅰ 一般规定

4.2.2 本条是根据文物保护单位、博物馆的特点提出的。

1 技术防范系统是以信息技术为基础的高科技系统。信息流的安全性将直接关系到安全防范系统的正常运行和效能的发挥。技防系统的自身防护包括对外来直接侵犯的防护,同时也包括通过信息网络的隐蔽入侵和破坏。不仅要保护有形的物质载体的安全,防止有形的入侵破坏、盗窃、非法拷贝等犯罪,更要防止无形的窃听、窥视、改写等隐性入侵对安全防范系统信息网络、中央控制系统的破坏。因此,从长远和发展的眼光来看,应综合考虑人、物、资金、信息四方面的安全。设计时应当区分物流、人流、车流、信息流的内部流向与外部流向,确定内外流向的动态界面和管理方式,进行全面综合的防护。

在文物、博物馆系统博物馆类建筑的设计、建设、运行中,确立安全防范系统第一和报警优先的地位、技防系统的信息网络、中央控制系统不宜与其他系统共用或者物理连通的原则是必要的。当出于非技术原因,其他系统与技防系统实现物理连接时,应通过安全控制网关等装置。

2 文物保护单位、博物馆安防工程的设计要根据建筑与环境特点,分层次、分纵深、界线分明。

4 文物保护单位、博物馆建筑与其他建筑联体建造时,水、电、风等设备设施通常采取共用方式。但为了保证文物、博物馆高风险单位的安全性,同时考虑安全防范系统的保密性,文物、博物馆单位的安全防范系统应当单独设置、单独建设。

6 安防系统至少应当具备一套独立于公共通信系统的专用双向通信系统。可以是无线对讲等技术形式。

4.2.3 本条是根据文物保护单位、博物馆的特点提出的。

1 博物馆是对公众广泛开放的场所。安全防范系统要贯彻预防为主、防打结合的原则。在建设文物、博物馆类建筑的安全防范系统工程时,要为打击刑事犯罪创造条件,起到提前预警、争取处警时间;延缓非法活动、缩小和分散被破坏范围;及事后追溯、查证的作用。尽可能地将入侵行为制止在外围区域。特别是加强对文物通道的防范,加强举行重大礼仪活动时的秩序管理。

为了保证重大礼仪活动的需要,博物馆的入口、

衣帽间等宜准备可移动的防爆安检和处理装置。

3 实体防护是文物保护的重要措施,在安全防范系统工程中应优先采用。在工程设计中应进行现场勘察,对建筑的实体防护能力进行评估,并提出必要的建议。

Ⅱ 一级防护工程设计

4.2.4 按照纵深防护原则,周界包括了建筑物外监视区的边界线、建筑物内不同防护区之间的边界线和警戒线。例如监视区与防护区、防护区与禁区、不同等级防护区之间的区域边界线。

4.2.6 出入口的防护要求。

3 为了防止被胁迫等意外情况,出入口控制装置宜与监控中心安全管理系统联网,保证监控中心可以针对不同出入情况采取不同的处置。

4 出入口控制系统宜配合相应的物防、人防措施,有效地阻止多人跟进现象的发生。

4.2.7 文物卸运交接区允许不是单独专用区域。但凡是作为文物卸运交接区使用的,则必需按照文物卸运交接区的安全要求进行设计。

1 文物卸运交接区是文物停放、卸运、点交的重要区域,各单位人员交叉、人车物交错、文物逗留时间较长,是事故多发的高风险部位,必须设计为禁区。

4.2.8 文物通道中文物处于动态状况,安全控制相对薄弱,防护措施必须有所加强。

4.2.9 文物库房的防护要求。

3 复合入侵探测器,只能视为是一种探测技术的探测装置。

4.2.11 监控中心是安全防范系统的核心部位,是接警、处警的指挥中心,必须设为禁区。

3 按照有关法规,博物馆的安全保卫工作由专职的保卫部门实施。因此,一级防护的安全防范工程要求监控中心独立设置,不能与计算机系统、建筑设备监控(BAS)系统合用机房。由于安全防范部门的职责是对整个博物馆的所有安全问题统一管理,通常包括了安防和消防两大任务。因此安防监控中心可以与消防系统接处警中心共用一室。

Ⅲ 二级防护工程设计

4.2.15 二级防护安防工程可以采用出入口控制装置或非电子的身份识别装置。

4.2.18 二级防护安防工程监控中心也不应与其他控制室共用一室(消防除外)。

Ⅳ 三级防护工程设计

4.2.20 可以采用非电子的身份识别装置。

4.2.22 可以采用非电子的身份识别装置。

4.2.24 三级防护安防工程在外围整体防范能力较低的情况下,展厅、重点防护目标与重要防护部位的局部防范能力应该采用物防或者技防措施加强。

4.2.28 视频安防监控系统的设计要求。

3 博物馆的视频安防监控系统应当采用多键盘、全矩阵切换控制模式，保证对多路摄像信号具有实时传输、切换显示、后备存储等功能。

4.2.29 出入口控制系统的设计要求。

4 有效证卡的数量必须保证相关人员一人一卡一码。不允许多人共用一卡或者一码。

4.2.30 博物馆的电子巡查系统宜采用实时性强的在线式电子巡查系统。

4.3 银行营业场所安全防范工程设计

I 一 般 规 定

4.3.3 营业场所的高度、中度、低度三级风险区是交叉分散的，各区间有的有通道联接，在设计时，对重要通道也应采取防范措施，同时也要根据实际情况和业务发展，适当调整业务区的风险划分。

运钞交接区一般是指运钞部门与营业场所交接现金尾箱的区域。

现金业务库区是指现金业务库房外的区域，库房的安全防范建设应按照其他标准执行。

II 一级防护工程设计

4.3.5 高度风险区防护设计要求。

2 紧急报警装置十分重要，主要用于银行营业场所发生抢劫或突发事件时的快速反应，除运钞交接区因一般设在公共区域不宜安装外，其余高度风险区或个别中度风险区均应根据实际需要安装一定数量的紧急报警装置。

1) 现金柜台附近安装的紧急报警装置在与报警控制装置联接时，为提高可靠性，应至少占用 2 路以上的独立防区。大型营业场所紧急报警装置数量较多，尤其是现金柜台，这时可允许适当串接，但为防止降低系统运行的可靠性，同一防区回路上串接的数量不应多于 4 个。

2) 此处"营业场所门"是指营业场所对公众开放、供公众通行的正门。启动声光报警装置的方式可以设计成由专用紧急报警装置直接触发或由报警控制装置进行触发。

3) 有线报警可以采用市话线、专线传输。无线报警可以采用无线报警系统、通讯机、移动电话等方式。

3 入侵报警一般宜采用有线方式，但也可以采用无线方式。

2) 现金业务库区因其重要性和特殊性，应重点防范，需安装 2 种以上探测原理的探测

器，以提高可靠性。

4 各业务区安装的摄像机品种、数量应根据现场实际需要选用。

1) 视频安防监控系统除实时显示重点部位的图像供值班警卫人员监视外，更重要的是能将重点部位的有效图像记录下来，在需要时能重现现场图像，供研究分析。因此回放图像的质量是非常重要的。监视图像质量好，记录回放的图像质量不一定好，因此，本款强调回放图像的质量要求。

2) 对现金柜台作业面及客户脸部特征的录像即柜员制录像，应以前者为主，兼顾后者。客户的图像主要应从入口处、柜台外部作业面安装的摄像机所取得的图像来提取。设计时要注意摄像机安装位置和选用焦距适当的镜头。视场范围内照度偏低时，应加装灯具，提高照度。

4) 摄像机安装位置要注意避开逆光，视窗要适当，以保证回放图像能清晰辨别进出营业场所人员的体貌特征。

6 安装声音/图像复核装置，可以根据需要两者都安装，也可以只安装其中一种。

"安全柜员系统"是指银行营业场所柜员与客户间采用音、视频技术和安全隔离传递装置，完成银行业务交易的一套综合安全设施。

4.3.6 本条中的"适当"意指，根据营业场所的实际情况进行设计，不强求各区均安装，但质量要求不能降低。

V 重点目标防护设计

由于重点目标放置的场合较为多样化，如 ATM 机可以放置在营业场所客户区，也可以是穿墙式、离行式，甚至放在商场、饭店、宾馆等公共场所，所以在设计时要因地制宜。对离行式 ATM 机建议采用报警联动、通过远程传输，由监控中心进行集中监控管理。

VI 各子系统设计要求

4.3.21 紧急报警子系统要求。

1 "一级报警模式"是指按下紧急报警按钮后，第一时间的报警响应在营业场所所在地区的公安"110"接处警服务中心。

2 "二级报警模式"是指按下紧急报警按钮后，第一时间的报警响应在营业场所的"监控中心"，由值班警卫人员复核后再行处理。

3 无线报警的方式可以有多种，如无线报警子系统、无线通讯机、移动电话等。

4.3.22 入侵报警系统的设计要求。

2 根据被动红外等探测器的步行测试方法，人体在探测区内，按正常速度（2～4 步/s）行走时，探测器应触发报警。按每步 0.8m 计，则 4 步为 3.2m。再考虑

到保险系数,因此定为5m。

4.3.23 视频安防监控系统的设计要求。

　　　　4) 高风险区中的客户取款区的柜员制录像主要是对现金交易过程录像,需采用 25 帧/s 的记录速度。其他风险区录像是针对环境监控,只要保证每秒有数帧清晰图像,就可以为侦察破案提供线索,因此记录速度仅要求 6 帧/s 以上。

4.3.24 出入口控制系统的设计要求。

　　3 设置个人识别码而不设置公用码并能定期更换,是为保障系统的安全性。

4.4　重要物资储存库安全防范工程设计

Ⅰ　一 般 规 定

4.4.2 重要物资储存库安全防范工程防护级别应与其风险等级相适应,当受外界环境条件或资金限制,技防措施达不到本规范要求时,设计单位应提出相应的物防或人防措施,以达到要求的安全防护水平。

4.4.5 重要物资储存库大多位于偏僻山区,一般雷暴日较多,了解工程所在地的岩石(或砂石、土壤)电阻率,是为工程设计满足防雷接地的要求提供依据。

4.4.6 重要物资储存库所处环境一般较为恶劣,工程设计时应充分考虑环境的因素,尤其是室外安装的设备器材,一般应考虑防水、防潮、防尘、抗冻、防晒及防破坏等防护措施。

4.4.7 部分重要物资储存库储存的是危险品物资,工程设计时应严格按照国家现行有关技术标准,明确爆炸危险区域的范围、防爆等级,电气设备选型应满足防爆要求。

Ⅱ　一级防护工程设计

4.4.10 防护区重要通道一般指防护区的出入口、主干道路交叉路口等;重要部位一般指储存库库房门口、周界易入侵处等。工程设计时可根据现场实际情况和用户需求确定设置的具体位置。

4.4.11 重要出入口主要指防护区出入口、储存库出入口和监控中心出入口等,工程设计时可根据现场实际情况和用户需求确定设置的具体位置。

4.5　民用机场安全防范工程设计

Ⅴ　各子系统设计要求

4.5.26 入侵报警系统可采用多级报警管理模式。

4.5.29 为防止无关人员与非法人员进入机场控制、隔离区域,应制定内部工作人员出入相应出入口的管理制度。

4.6　铁路车站安全防范工程设计

Ⅰ　一 般 规 定

4.6.1 根据《中华人民共和国铁路技术管理规程》第

169 条的规定,铁路车站按技术作业分为编组站、区段站、中间站;按业务性质分为客运站、货运站、客货运站。

　　由于车站建设一般采用一次规划、分期建设、逐步完成的模式,因此为保证建设的系统性、连续性和完整性,安防系统工程设计应有用户认可的系统冗余性、设备兼容性,以利于系统扩展时对功能与容量的要求。

Ⅱ　一级防护工程设计

4.6.8 铁路要害部位的确定按照铁道部《铁路要害安全管理规定》执行。

5　普通风险对象的安全防范工程设计

5.1　通用型公共建筑安全防范工程设计

Ⅰ　一 般 规 定

5.1.3 通用型公共建筑安全防范工程的设计标准由低至高分为基本型、提高型、先进型。其中基本型安全防范工程,必须符合对安全防范管理的基本要求,重点强调物防和人防的要求;提高型安全防范工程,增加了相应的技防功能要求和系统设备的配置要求;先进型安全防范工程,应为技防功能较齐全、系统设备的配置较完备、技术水准较高的安全防范系统。

　　三种类型安全防范工程的划分,只作为通用型公共建筑安全防范工程技术等级的设定,并不是评定安全防范工程防护水平的标准。对一个建筑安防系统的防护能力和防护水平的实际评价,将有另外的标准或规范来完成。

5.1.5 通用型公共建筑安全防范工程应按照安全防范管理工作的基本要求,确定设防的区域和部位。工程设计者应根据项目设计任务书的要求,对本条所列的部位(或目标)、区域进行选择,实施部分或全部的设防。

5.2　住宅小区安全防范工程设计

Ⅱ　基本型安防工程设计

5.2.5 周界防护系统是住宅小区的外围防线,一般由实体周界(围栏、围墙等)和/或电子周界防护系统以及保安人员组成。围栏的竖杆间距宽度不应大于15cm,是考虑正常人侧身不能钻入的距离。围栏 1m 以下不应有横撑,以防止非法人员攀沿入小区。

5.2.7 住宅内安装火灾报警探测器的原则,应以国家现行消防规范为准。紧急求助报警装置可纳入访客(可视)对讲系统,也可纳入入侵报警系统。

5.2.8 通信工具可以是有线通信工具或无线通信工具。有线通信是指市网电话或报警联网专线;无线通信是指小区内无线对讲机或无线移动通信手机。

5.2.16　在线式电子巡查系统的信息采集点（巡查点）与监控中心联网，计算机可随时读取巡查点登录的信息。对于基本型和提高型安防工程，其电子巡查系统可选用离线式；先进型的电子巡查系统应选用在线式，以便系统能对巡查人员进行实时跟踪。

5.2.17　住宅内如已按消防规范安装了火灾报警系统，可不执行本条第4款的规定。

6　安全防范工程施工

6.2　施　工　准　备

本节规定了实施安全防范工程应具备的条件，它包括：设计文件、仪器设备、施工场地、管道、施工器材及隐蔽工程的要求等。施工单位应对这些要求认真准备，以提高施工安装效率，避免在审核、安装、随工验收等工作中出现不必要的返工。

6.3　工　程　施　工

6.3.5　本条对安全防范工程中各子系统设备的安装提出了要求。特别对报警探测器、摄像机、云台、解码器、出入口控制设备、访客对讲、电子巡查、控制室等设备的安装作了较为具体详细的规定，以保证整个工程的顺利实施。

6.3.6　依据本规范第3章，本条对安全防范工程的供电设施、防雷与接地设施等的施工提出了相应的要求，以保证系统的供电安全和雷电防护的有效性。

6.4　系　统　调　试

6.4.1　经验表明，安全防范系统由于文件资料不全，给系统安装、调试和系统正常运行带来许多麻烦和困难。因此本条明确规定了安全防范系统调试开通前必须具备的文件资料。

安全防范系统的调试工作是一项专业性很强的工作。因此，本条规定系统调试必须由项目责任人或相当于工程师资格的专业技术人员主持，并有调试大纲。

6.4.2　调试前按设计方案中配套清单，对安装设备的规格、型号、数量和备品备件等进行核查。调试人员应按本规范第6.3节的要求，逐项检查系统工程的施工、安装质量。根据质量管理和质量控制的原则与要求，下道工序应是对上道工序的检查，通过逐项检查施工、安装质量，可以避免事故，保证调试工作的顺利进行。

系统通电前应对系统的外部线路进行检查，避免由于接线错误造成严重后果。

6.4.3　系统调试要求。

1　安全防范系统的所有设备都应按产品说明书要求，单机通电工作正常后才能接入系统，这样可以避免单机工作不正常而影响系统调试。

2　按入侵探测器系列标准等相关标准的要求，对安装的探测器和控制器的功能和指标进行检查与调试，应准确无误。

3　按相关标准的规定及设计要求，检查与调试每路视频安防监控系统，使摄像机监视范围、图像清晰度、切换与控制、字符叠加、显示与记录、回放以及联动功能等正常，满足设计要求。

4　按相关标准要求、设计方案及产品技术说明书的规定，检查与调试出入口控制系统识别装置及执行机构工作的有效性和可靠性。检查系统的开门、关门、记录、统计、打印等处理功能，应准确无误。

5　按相关标准及设计方案规定，检查与调试系统的选呼、通话、电控开锁、紧急呼叫等功能。

对具有报警功能的复合型对讲系统，还应检查与调试安装的探测器、各种前端设备的警戒功能，并检查布防、撤防及报警信号畅通等功能。

6　按预先设定的巡查路线，正确记录保安人员巡查活动（时间、线路、班次等）状态。对在线式电子巡查系统，检查当发生意外情况时的即时报警功能。

7　要求按系统设计，检查与调试系统车位显示、行车指示、入口处出票与出口处验票、计费与收费显示、车牌或车型识别，以及意外情况发生时向外报警等功能。

8　安全防范系统的各子系统应先独立调试、运行；当采用系统集成方式工作时，应按设计要求和相关设备的技术说明书、操作手册，检查和调试统一的通信平台和管理软件后，再将监控中心设备与各子系统设备联网，进行系统总调，并模拟实施监控中心对整个系统进行管理和控制、显示与记录各子系统运行状况及处理报警信息数据等功能。

9　本规范规定系统供电电源容量应大于设计值的1.5倍，并分别用主电源和备用电源供电，考察主电源自动转换及备用电源自动充电情况，是为了确保系统的正常运行。

本规范提出安全防范系统应采用"联合接地与等电位连接"的防雷设计思想，是根据信息系统的雷电防护要求而提出的。系统的接地采用"一点接地方式"，是为了避免由于接地电位差而引入的交流杂波等的干扰。目前建设物受到多种因素限制，很少采用专用接地装置，较多采用建筑物基础钢筋网作为综合接地网。整个建筑接地、防雷接地及各种系统设备接地大多接在综合接地网上。由于钢筋网的接地电阻比较小（一般在 0.5Ω 左右），大多能满足设计要求。

7　安全防范工程检验

7.1　一　般　规　定

7.1.3　安全防范工程中所使用的设备、材料应符合相关法律、法规和标准、规范的要求，并经有关机构检验/认证合格、出具检验报告或认证证书等相关质量证明。这样规定，有利于保证系统工程的质量。

7.1.4 对于每个工程，它的系统规模和功能都不相同，工程检验项目应覆盖工程设计的主要功能范围，以便对系统的主体特性作出全面检查。

7.1.5 检验用仪器设备的准确性直接关系到检测数据的准确性。因此要求所使用仪器设备的性能应稳定可靠，计量、检测、管理使用与检定应符合国家有关法规的规定。

7.1.6 为了保证工程检验的质量和顺利实施，本条规定了检验机构的检验实施程序。经验表明，本条文规定的检验实施程序对检验过程来说是必不可少的。特别是编制检验实施细则尤为重要。通过审查技术文件，可使检测人员对被检测系统的情况有较全面的了解（包括系统所涉及的范围，各子系统的结构、功能、运转情况等），便于检验实施细则的制定。

在受检工程的技术文件中，对于变更文件，应是经甲乙双方认可的，盖章有效的文件。

7.1.7 检验实施细则作为检验过程的指导性文件，它应当规定检验过程的主要检验依据、检验项目、使用仪器、抽样率、检验步骤、检验方法、测试方案等主要内容。其中测试方案的设计非常重要。系统的特性和存在的缺陷只有通过周密的测试方案才能反映出来。实施检验时，应由测试人员根据本规范的要求提出具体的实施细则和测试方案。

7.1.9 采用随机抽样法进行抽样时，抽出的样机所需检验的项目如受检验条件制约，无法进行检验，可重新进行抽样。但应以相应的可实施的替代检验项目进行检验。

检验中，如有不合格项并进行了复测，在检验报告中应注明进行复测的内容及结果。

7.2 系统功能与主要性能检验

本节规定了安全防范工程中应检验的各子系统应具备的基本功能项目。不同防护级别的工程、有特殊要求的工程，其子系统功能均应符合本规范的要求和设计任务书要求。

7.2.1 入侵报警系统检验项目、检验要求及测试方法。

1 报警后的恢复功能检验要求：报警发生后，手动复位。但需要对设防、撤防状态是否正常进行确认。

2 防破坏及故障报警功能的检验要求：检验实践中发现，在很多工程中，入侵探测器的防拆报警信号线与报警信号线是并接的，在撤防状态下，系统对探测器的防拆信号不响应，这种设计或安装是不符合探测器防拆保护要求的。因此，本规范规定在检验系统的入侵探测器防拆功能时，应能在任意状态

下进行。

3 当报警控制设备使用多媒体进行信息接收、存储、控制、处理时，报警信息显示界面应为中文界面，文字应简洁、明确，报警信息与其他信息应有明显区别，这是对报警控制设备的基本要求。

5 系统响应时间检验要求：由于报警信号传输的方式有多种，响应时间也不同，因此，应合理设计测试方案，以保证测试响应时间的准确性。

9 其他检验项目应按《入侵报警系统技术要求》GA/T 368 等相关标准、入侵报警系统工程合同、正式设计文件的要求检验。

7.2.2 视频安防监控系统检验项目、检验要求及测试方法。

5 图像记录回放功能检验：不同防护级别的工程，其图像记录回放的效果、质量要求不同，因此，应根据该工程正式设计文件的要求进行检验。

8 其他检验项目应按国家现行相关标准、视频安防监控系统工程合同、正式设计文件的要求检验。

7.2.3 出入口控制系统功能检验项目、检验要求及测试方法。

6 其他检验项目应按国家现行标准《出入口控制系统技术要求》GA/T 394 等相关标准、出入口控制系统工程合同、正式设计文件的要求检验。

7.3 安全性及电磁兼容性检验

系统（设备）的安全性和电磁兼容性是密不可分的。电子技术发展的前期，人们曾将电磁兼容性检验作为安全性检验的一个项目；后来为了突出电磁兼容性的重要性，才将其单列为一个检验项目。对于不同防护级别、不同使用环境的工程，其安全性要求和电磁环境要求不尽相同，因此，安全性和电磁兼容性检验应根据相关标准和设计文件的要求进行，重点实施对监控中心设备的检验。

7.7 防雷与接地检验

防雷与接地检验也是系统安全性检验的重要组成部分。由于我国幅员辽阔，南北东西的气候环境、雷电环境、地质土壤环境等因素差异较大，因此雷电防护和接地施工的难度也各不相同。对安防工程的防雷接地检验应按相关标准和具体工程的设计要求，重点实施对室外前端设备的雷电防护检查和监控中心的接地设施检（查）验。

8 安全防范工程验收

8.1 一般规定

8.1.2 根据国家现行标准《安全防范工程程序与要求》GA/T 75 的规定，将安全防范工程划分为一、

二、三级，以便区别对待。

8.2 验收条件与验收组织

8.2.1 本规范规定，对安全防范工程尤其是一、二级安全防范工程进行验收前，必须具备从工程初步设计方案论证通过，直至设计、施工单位向工程验收机构提交全套验收图纸资料的七个方面的验收条件。其基本目的是遵循"工程质量，责任重于泰山"的方针，体现"质量是做出来的，不是验出来的"思想。只有严格规范工程建设的全程质量控制，才能确保工程质量，使验收工作达到"质量把关"的目的，并能顺利、有效地进行。

8.2.2 本条对安全防范工程验收的组织安排、验收机构及其验收职责作出了具体规定与要求。

1 工程验收一般由建设单位会同相关部门组织安排。作这样的规定是为了全面贯彻执行《行政许可法》，同时也考虑到安防行业的特殊性和我国安防工程管理的现状。

本款所指的相关部门是泛指在行政许可框架下的行业主管部门以及在行业主管部门监督指导下的社会中介组织。

所谓省级以上的大型工程或重点工程是指列为国家、省级重点建设项目的安全防范工程或者本规范已列出的具有高风险等级的、规模较大的安全防范工程，其竣工验收由建设单位上级业务主管部门牵头组织安排，更利于对工程质量的把关、协调、整改和完善。

2 对验收机构的产生和基本分工作出了规定。当工程规模较小、系统相对简单、验收人员较少时，验收机构下设的"组"可以简化，可以兼任或合并。

3 对验收机构人员规定了其中技术专家比例不低于50%，这是基于验收性质、任务本身的要求，同时考虑到安防工程的特点，以有利于更全面、更科学地把握好工程的技术质量。

所谓不利于验收公正的人员，一般是指工程设计、施工单位人员、工程主要设备生产、供货单位人员以及其他需要回避的人员等。

4 本款主要强调验收机构及其人员应以高度认真、负责的态度，坚持标准、严格把关，特别是对重点工程和具有高风险、高防护级别工程的验收，务必慎之又慎。验收中如有疑问或已暴露出重大质量问题，可视答辩情况决定验收是否继续进行。

5 实践证明，任何工程都难以做到百分之百达标。为体现验收不是目的而是手段，确保工程质量才是根本，本款强调验收通过或基本通过的工程仍需要落实整改；验收不通过的工程，验收机构必须明确指出存在的重大问题和整改要求。

8.3 工 程 验 收

8.3.1 本条规定了施工验收的内容、要求与方法。

5 本款特别强调了对隐蔽工程随工验收单（表6.3.2）的复核检查。这是因为隐蔽工程的施工质量十分重要，但一般又不可能在验收时现场检查。验收时只复核其结果，如发现系统无随工验收单或其结果不合格，应在表8.3.1对应项目栏注明。

8.3.2 本条规定了技术验收的内容、要求与方法。技术验收主要包括以下内容：

——检查系统应达到的基本要求、主要功能与技术指标，应符合设计任务书（合同）、相关标准以及现行管理规定等相关要求；

——检查工程实施结果，即工程配置包括设备数量、型号及安装部位等是否符合正式设计文件；

——按各子系统的专业特点，抽查其功能要求和技术指标，同时检查监控中心，按照表8.3.2所列项目与要求将抽查结果填表。

表8.3.2列出的带"＊"的检查项目有三项，即系统主要技术性能，系统布/撤防、旁路、报警显示和监视与回放的图像质量，是技术验收的重点项目，实行一票否决制，应认真检查，严格把关。

8.3.3 本条规定了对验收图纸资料的审查内容、要求与方法。

图纸资料的准确性主要是指标记确切、文字清楚、数据准确、图文表一致，特别是要同工程实际施工结果一致。

图纸资料的完整性主要是指所提供的资料内容要完整，成套资料要符合第8.2.1条第7款的要求。对三级安全防范工程图纸资料审查时，表8.3.3所列项目中第3、4、12项内容可适当简化或省略，序号第7、10项内容可适当简化。

图纸资料的规范性主要是指图样的绘制应符合国家现行标准《安全防范系统通用图形符号》GA/T 74等相关标准要求；图纸资料应按照工程建设的程序编制成套。

8.3.4 本条是对验收结论与整改的要求。

1 本款按验收内容的三个部分，分别对施工验收、技术验收、资料审查给出了合格率的计算公式，作为判定依据与方法。这些公式为工程验收由定性化到定量化，提供了基本依据，有利于验收工作的客观、公正。

2 验收结论是工程验收的结果。验收结论应明确并体现客观、公正、准确的原则。无论是验收通过、基本通过还是不通过，验收人员均可独立根据验收判据（合格率计算公式）通过打分来确定验收结论。对工程验收注重量化，力求克服随意性，是保证验收工作"客观、公正、准确"的基础。

3 本款规定，验收不通过的工程不得正式交付使用，应根据验收结论提出的问题抓紧整改，整改后方可再提交验收；验收通过或基本通过的工程，设计、施工单位应根据验收结论所提出的建议与要求，提出书面整改措施并经建设单位认可。这样做，强调了整改和工程的完善，体现了"验收是手段，保证工程质量才是目的"的验收宗旨。

8.4 工 程 移 交

单从工程验收角度而言，工程移交并不包含在验收范围内。为了体现安全防范工程既要重建设，更要重管理、重实效的根本宗旨，本章将工程移交单列为一节。

本节着重说明工程正式交付使用的必要条件，明确了在工程移交和交付使用过程中，工程有关各方，包括建设（使用）单位，设计、施工单位的基本职责。

工程竣工图纸资料是反映工程质量的重要内容，也是提供良好售后服务的基本要求之一。工程验收通过或基本通过后，设计、施工单位应按第 8.4.1 条规定整理编制竣工图纸资料，并交建设单位签收盖章，方可作为正式归档的工程技术文件。这标志着工程的正式结束。

中华人民共和国国家标准

民用建筑太阳能热水系统应用技术规范

Technical code for solar water heating system of civil buildings

GB 50364—2005

主编部门：中华人民共和国建设部
批准部门：中华人民共和国建设部
施行日期：２００６年１月１日

中华人民共和国建设部
公 告

第 394 号

建设部关于发布国家标准《民用建筑太阳能热水系统应用技术规范》的公告

现批准《民用建筑太阳能热水系统应用技术规范》为国家标准，编号为 GB 50364—2005，自 2006 年 1 月 1 日起实施。其中，第 3.0.4、3.0.5、4.3.2、4.4.13、5.3.3、5.3.8、5.4.2、5.4.4、5.6.2、6.3.4 为强制性条文，必须严格执行。

本规范由建设部标准定额研究所组织中国建筑工业出版社出版发行。

中华人民共和国建设部
2005 年 12 月 5 日

前 言

根据建设部建标〔2003〕104 号文和建标标函〔2005〕25 号文的要求，规范编制组在深入调查研究，认真总结工程实践，参考有关国外先进标准，并广泛征求意见的基础上，编制了本规范。

本规范主要技术内容是：1 总则；2 术语；3 基本规定；4 太阳能热水系统设计；5 规划和建筑设计；6 太阳能热水系统安装；7 太阳能热水系统验收。

本规范黑体字标志的条文为强制性条文，必须严格执行。

本规范由建设部负责管理和对强制性条文的解释，由中国建筑设计研究院负责具体技术内容的解释。

本规范在执行过程中如发现需要修改和补充之处，请将意见和有关资料寄送中国建筑设计研究院（北京市西外车公庄大街 19 号，邮政编码：100044；电话：88361155-112；传真：68302864；电子邮件：zhangsj@chinabuilding.com.cn），以供修订时参考。

本规范主编单位：中国建筑设计研究院

本规范参编单位：建设部科技发展促进中心
建设部住宅产业化促进中心
国家发展和改革委员会能源研究所
北京市太阳能研究所
北京清华阳光能源开发有限公司
山东力诺瑞特新能源有限公司
皇明太阳能集团有限公司
昆明新元阳光科技有限公司
昆明官房建筑设计有限公司
北京北方赛尔太阳能工程技术有限公司
北京九阳实业公司
扬州市赛恩斯科技发展有限公司
天津市津霸能源环保设备厂（中美合资）北京恩派太阳能科技有限公司
江苏太阳雨太阳能有限公司
北京天普太阳能工业有限公司
江苏省华扬太阳能有限公司

本规范主要起草人：张树君　于晓明　何梓年
李竹光　袁莹　杨西伟
辛萍　童悦仲　娄乃琳
李俊峰　胡润青　朱培世
杨金良　陈和雄　王辉
孙培军　王振杰　孟庆峰
黄永年　齐心　戴震青
刘立新　焦青太　吴艳元
黄永伟　赵文智

目　次

1 总 则

1.0.1 为使民用建筑太阳能热水系统安全可靠、性能稳定、与建筑和周围环境协调统一，规范太阳能热水系统的设计、安装和工程验收，保证工程质量，制定本规范。

1.0.2 本规范适用于城镇中使用太阳能热水系统的新建、扩建和改建的民用建筑，以及改造既有建筑上已安装的太阳能热水系统和在既有建筑上增设太阳能热水系统。

1.0.3 太阳能热水系统设计应纳入建筑工程设计，统一规划、同步设计、同步施工，与建筑工程同时投入使用。

1.0.4 改造既有建筑上安装的太阳能热水系统和在既有建筑上增设太阳能热水系统应由具有相应资质的建筑设计单位进行。

1.0.5 民用建筑应用太阳能热水系统除应符合本规范外，尚应符合国家现行有关标准的规定。

2 术 语

2.0.1 建筑平台 terrace
供使用者或居住者进行室外活动的上人屋面或由建筑底层地面伸出室外的部分。

2.0.2 变形缝 deformation joint
为防止建筑物在外界因素作用下，结构内部产生附加变形和压力，导致建筑物开裂、碰撞甚至破坏而预留的构造缝，包括伸缩缝、沉降缝和抗震缝。

2.0.3 日照标准 insolation standards
根据建筑物所处的气候区，城市大小和建筑物的使用性质决定的，在规定的日照标准日（冬至日或大寒日）有效日照时间范围内，以底层窗台面为计算起点的建筑外窗获得的日照时间。

2.0.4 平屋面 plane roof
坡度小于10°的建筑屋面。

2.0.5 坡屋面 sloping roof
坡度大于等于10°且小于75°的建筑屋面。

2.0.6 管道井 pipe shaft
建筑物中用于布置竖向设备管线的竖向井道。

2.0.7 太阳能热水系统 solar water heating system
将太阳能转换成热能以加热水的装置。通常包括太阳能集热器、贮水箱、泵、连接管道、支架、控制系统和必要时配合使用的辅助能源。

2.0.8 太阳能集热器 solar collector
吸收太阳辐射并将产生的热能传递到传热工质的装置。

2.0.9 贮热水箱 heat storage tank
太阳能热水系统中储存热水的装置，简称贮水箱。

2.0.10 集中供热水系统 collective hot water supply system
采用集中的太阳能集热器和集中的贮水箱供给一幢或几幢建筑物所需热水的系统。

2.0.11 集中-分散供热水系统 collectice-individual hot water supply system
采用集中的太阳能集热器和分散的贮水箱供给一幢建筑物所需热水的系统。

2.0.12 分散供热水系统 individual hot water supply system
采用分散的太阳能集热器和分散的贮水箱供给各个用户所需热水的小型系统。

2.0.13 太阳能直接系统 solar direct system
在太阳能集热器中直接加热水给用户的太阳能热水系统。

2.0.14 太阳能间接系统 solar indirect system
在太阳能集热器中加热某种传热工质，再使该传热工质通过换热器加热水给用户的太阳能热水系统。

2.0.15 真空管集热器 evacuated tube collector
采用透明管（通常为玻璃管）并在管壁与吸热体之间有真空空间的太阳能集热器。

2.0.16 平板型集热器 flat plate collector
吸热体表面基本为平板形状的非聚光型太阳能集热器。

2.0.17 集热器总面积 gross collector area
整个集热器的最大投影面积，不包括那些固定和连接传热工质管道的组成部分。

2.0.18 集热器倾角 tilt angle of collector
太阳能集热器与水平面的夹角。

2.0.19 自然循环系统 natural circulation system
仅利用传热工质内部的密度变化来实现集热器与贮水箱之间或集热器与换热器之间进行循环的太阳能热水系统。

2.0.20 强制循环系统 forced circulation system
利用泵迫使传热工质通过集热器（或换热器）进行循环的太阳能热水系统。

2.0.21 直流式系统 series-connected system
传热工质一次流过集热器加热后，进入贮水箱或用热水处的非循环太阳能热水系统。

2.0.22 太阳能保证率 solar fraction
系统中由太阳能部分提供的热量除以系统总负荷。

2.0.23 太阳辐照量 solar irradiation
接收到太阳辐射能的面密度。

3 基 本 规 定

3.0.1 太阳能热水系统设计和建筑设计应适应使用

者的生活规律，结合日照和管理要求，创造安全、卫生、方便、舒适的生活环境。

3.0.2 太阳能热水系统设计应充分考虑用户使用、施工安装和维护等要求。

3.0.3 太阳能热水系统类型的选择，应根据建筑物类型、使用要求、安装条件等因素综合确定。

3.0.4 在既有建筑上增设或改造已安装的太阳能热水系统，必须经建筑结构安全复核，并应满足建筑结构及其他相应的安全性要求。

3.0.5 建筑物上安装太阳能热水系统，不得降低相邻建筑的日照标准。

3.0.6 太阳能热水系统宜配置辅助能源加热设备。

3.0.7 安装在建筑物上的太阳能集热器应规则有序、排列整齐。太阳能热水系统配备的输水管和电器、电缆线应与建筑物其他管线统筹安排、同步设计、同步施工，安全、隐蔽、集中布置，便于安装维护。

3.0.8 太阳能热水系统应安装计量装置。

3.0.9 安装太阳能热水系统建筑的主体结构，应符合建筑施工质量验收标准的规定。

4 太阳能热水系统设计

4.1 一般规定

4.1.1 太阳能热水系统设计应纳入建筑给水排水设计，并应符合国家现行有关标准的要求。

4.1.2 太阳能热水系统应根据建筑物的使用功能、地理位置、气候条件和安装条件等综合因素，选择其类型、色泽和安装位置，并应与建筑物整体及周围环境相协调。

4.1.3 太阳能集热器的规格宜与建筑模数相协调。

4.1.4 安装在建筑屋面、阳台、墙面和其他部位的太阳能集热器、支架及连接管线应与建筑功能和建筑造型一并设计。

4.1.5 太阳能热水系统应满足安全、适用、经济、美观的要求，并应便于安装、清洁、维护和局部更换。

4.2 系统分类与选择

4.2.1 太阳能热水系统按供热水范围可分为下列三种系统：

    1 集中供热水系统；

    2 集中-分散供热水系统；

    3 分散供热水系统。

4.2.2 太阳能热水系统按系统运行方式可分为下列三种系统：

    1 自然循环系统；

    2 强制循环系统；

    3 直流式系统。

4.2.3 太阳能热水系统按生活热水与集热器内传热工质的关系可分为下列两种系统：

    1 直接系统；

    2 间接系统。

4.2.4 太阳能热水系统按辅助能源设备安装位置可分为下列两种系统：

    1 内置加热系统；

    2 外置加热系统。

4.2.5 太阳能热水系统按辅助能源启动方式可分为下列三种系统：

    1 全日自动启动系统；

    2 定时自动启动系统；

    3 按需手动启动系统。

4.2.6 太阳能热水系统的类型应根据建筑物的类型及使用要求按表 4.2.6 进行选择。

表 4.2.6 太阳能热水系统设计选用表

建筑物类型			居住建筑			公共建筑		
			低层	多层	高层	宾馆医院	游泳馆	公共浴室
太阳能热水系统类型	集热与供热水范围	集中供热水系统	●	●	●	●	●	●
		集中-分散供热水系统	●	●	—	●	—	—
		分散供热水系统	●	●	●	—	—	—
	系统运行方式	自然循环系统	●	●	—	●	●	●
		强制循环系统	●	●	●	●	●	●
		直流式系统	—	●	●	●	●	●
	集热器内传热工质	直接系统	●	●	●	●	●	●
		间接系统	●	●	●	●	●	●
	辅助能源安装位置	内置加热系统	●	●	●	—	—	●
		外置加热系统	—	●	●	●	●	●
	辅助能源启动方式	全日自动启动系统	●	●	●	●	—	●
		定时自动启动系统	●	●	●	●	—	●
		按需手动启动系统	●	●	●	—	—	—

注：表中"●"为可选用项目。

4.3 技术要求

4.3.1 太阳能热水系统的热性能应满足相关太阳能产品国家现行标准和设计的要求，系统中集热器、贮水箱、支架等主要部件的正常使用寿命不应少于 10 年。

4.3.2 太阳能热水系统应安全可靠，内置加热系统必须带有保证使用安全的装置，并根据不同地区应采取防冻、防结露、防过热、防雷、抗雹、抗风、抗震等技术措施。

4.3.3 辅助能源加热设备种类应根据建筑物使用特点、热水用量、能源供应、维护管理及卫生防菌等因素选择，并应符合现行国家标准《建筑给水排水设计规范》GB 50015 的有关规定。

4.3.4 系统供水水温、水压和水质应符合现行国家标准《建筑给水排水设计规范》GB 50015 的有关规定。

4.3.5 太阳能热水系统应符合下列要求：

1 集中供热水系统宜设置热水回水管道，热水供应系统应保证干管和立管中的热水循环；

2 集中-分散供热水系统应设置热水回水管道，热水供应系统应保证干管、立管和支管中的热水循环；

3 分散供热水系统可根据用户的具体要求设置热水回水管道。

4.4 系 统 设 计

4.4.1 系统设计应遵循节水节能、经济实用、安全简便、便于计量的原则；根据建筑形式、辅助能源种类和热水需求等条件，宜按本规范表 4.2.6 选择太阳能热水系统。

4.4.2 系统集热器总面积计算宜符合下列规定：

1 直接系统集热器总面积可根据用户的每日用水量和用水温度确定，按下式计算：

$$A_c = \frac{Q_w C_w (t_{end} - t_i) f}{J_T \eta_{cd} (1 - \eta_L)} \quad (4.4.2-1)$$

式中 A_c ——直接系统集热器总面积，m^2；

Q_w ——日均用水量，kg；

C_w ——水的定压比热容，$kJ/(kg \cdot ℃)$；

t_{end} ——贮水箱内水的设计温度，℃；

t_i ——水的初始温度，℃；

J_T ——当地集热器采光面上的年平均日太阳辐照量，kJ/m^2；

f ——太阳能保证率，%；根据系统使用期内的太阳辐照、系统经济性及用户要求等因素综合考虑后确定，宜为 30%～80%；

η_{cd} ——集热器的年平均集热效率；根据经验取值宜为 0.25～0.50，具体取值应根据集热器产品的实际测试结果而定；

η_L ——贮水箱和管路的热损失率；根据经验取值宜为 0.20～0.30。

2 间接系统集热器总面积可按下式计算：

$$A_{IN} = A_c \cdot \left(1 + \frac{F_R U_L \cdot A_c}{U_{hx} \cdot A_{hx}}\right) \quad (4.4.2-2)$$

式中 A_{IN} ——间接系统集热器总面积，m^2；

$F_R U_L$ ——集热器总热损系数，$W/(m^2 \cdot ℃)$；

对平板型集热器，$F_R U_L$ 宜取 4～6 W/$(m^2 \cdot ℃)$；

对真空管集热器，$F_R U_L$ 宜取 1～2W/$(m^2 \cdot ℃)$；

具体数值应根据集热器产品的实际测试结果而定；

U_{hx} ——换热器传热系数，$W/(m^2 \cdot ℃)$；

A_{hx} ——换热器换热面积，m^2。

4.4.3 集热器倾角应与当地纬度一致；如系统侧重在夏季使用，其倾角宜为当地纬度减 10°；如系统侧重在冬季使用，其倾角宜为当地纬度加 10°；全玻璃真空管东西向水平放置的集热器倾角可适当减少。主要城市纬度见本规范附录 A。

4.4.4 集热器总面积有下列情况，可按补偿方式确定，但补偿面积不得超过本规范第 4.4.2 条计算结果的一倍：

1 集热器朝向受条件限制，南偏东、南偏西或向东、向西时；

2 集热器在坡屋面上受条件限制，倾角与本规范第 4.4.3 条规定偏差较大时。

4.4.5 当按本规范第 4.4.2 条计算得到系统集热器总面积，在建筑围护结构表面不够安装时，可按围护结构表面最大容许安装面积确定系统集热器总面积。

4.4.6 贮水箱容积的确定应符合下列要求：

1 集中供热水系统的贮水箱容积应根据日用热水小时变化曲线及太阳能集热系统的供热能力和运行规律，以及常规能源辅助加热装置的工作制度、加热特性和自动温度控制装置等因素按积分曲线计算确定；

2 间接系统太阳能集热器产生的热用作容积式水加热器或加热水箱时，贮水箱的贮热量应符合表4.4.6 的要求。

表 4.4.6 贮水箱的贮热量

加热设备	以蒸汽或 95℃以上高温水为热媒		以≤95℃高温水为热媒	
	公共建筑	居住建筑	公共建筑	居住建筑
容积式水加热器或加热水箱	≥30minQ_h	≥45minQ_h	≥60minQ_h	≥90minQ_h

注：Q_h 为设计小时耗热量（W）。

4.4.7 太阳能集热器设置在平屋面上，应符合下列要求：

1 对朝向为正南、南偏东或南偏西不大于 30°的建筑，集热器可朝南设置，或与建筑同向设置。

2 对朝向南偏东或南偏西大于 30°的建筑，集热器宜朝南设置或南偏东、南偏西小于 30°设置。

3 对受条件限制，集热器不能朝南设置的建筑，集热器可朝南偏东、南偏西或朝东、朝西设置。

4 水平放置的集热器可不受朝向的限制。

5 集热器应便于拆装移动。

6 集热器与遮光物或集热器前后排间的最小距

离可按下式计算：

$$D = H \times \cot\alpha_s \qquad (4.4.7)$$

式中 D——集热器与遮光物或集热器前后排间的最小距离，m；

H——遮光物最高点与集热器最低点的垂直距离，m；

α_s——太阳高度角，度（°）；

对季节性使用的系统，宜取当地春秋分正午 12 时的太阳高度角；

对全年性使用的系统，宜取当地冬至日正午 12 时的太阳高度角。

7 集热器可通过并联、串联和串并联等方式连接成集热器组，并应符合下列要求：

1）对自然循环系统，集热器组中集热器的连接宜采用并联。平板型集热器的每排并联数目不宜超过 16 个。

2）全玻璃真空管东西向放置的集热器，在同一斜面上多层布置时，串联的集热器不宜超过 3 个（每个集热器联集箱长度不大于 2m）。

3）对自然循环系统，每个系统全部集热器的数目不宜超过 24 个。大面积自然循环系统，可分成若干个子系统，每个子系统中并联集热器数目不宜超过 24 个。

8 集热器之间的连接应使每个集热器的传热介质流入路径与回流路径的长度相同。

9 在平屋面上宜设置集热器检修通道。

4.4.8 太阳能集热器设置在坡屋面上，应符合下列要求：

1 集热器可设置在南向、南偏东、南偏西或朝东、朝西建筑坡屋面上；

2 坡屋面上的集热器应采用顺坡嵌入设置或顺坡架空设置；

3 作为屋面板的集热器应安装在建筑承重结构上；

4 作为屋面板的集热器所构成的建筑坡屋面在刚度、强度、热工、锚固、防护功能上应按建筑围护结构设计。

4.4.9 太阳能集热器设置在阳台上，应符合下列要求：

1 对朝南、南偏东、南偏西或朝东、朝西的阳台，集热器可设置在阳台栏板上或构成阳台栏板；

2 低纬度地区设置在阳台栏板上的集热器和构成阳台栏板的集热器应有适当的倾角；

3 构成阳台栏板的集热器，在刚度、强度、高度、锚固和防护功能上应满足建筑设计要求。

4.4.10 太阳能集热器设置在墙面上，应符合下列要求：

1 在高纬度地区，集热器可设置在建筑的朝南、南偏东、南偏西或朝东、朝西的墙面上，或直接构成建筑墙面；

2 在低纬度地区，集热器可设置在建筑南偏东、南偏西或朝东、朝西墙面上，或直接构成建筑墙面；

3 构成建筑墙面的集热器，其刚度、强度、热工、锚固、防护功能应满足建筑围护结构设计要求。

4.4.11 嵌入建筑屋面、阳台、墙面或建筑其他部位的太阳能集热器，应满足建筑围护结构的承载、保温、隔热、隔声、防水、防护等功能。

4.4.12 架空在建筑屋面和附着在阳台或墙面上的太阳能集热器，应具有相应的承载能力、刚度、稳定性和相对于主体结构的位移能力。

4.4.13 安装在建筑上或直接构成建筑围护结构的太阳能集热器，应有防止热水渗漏的安全保障设施。

4.4.14 选择太阳能集热器的耐压要求应与系统的工作压力相匹配。

4.4.15 在使用平板型集热器的自然循环系统中，贮水箱的下循环管应比集热器的上循环管高 0.3m 以上。

4.4.16 系统的循环管路和取热水管路设计应符合下列要求：

1 集热器循环管路应有 0.3%～0.5% 的坡度；

2 在自然循环系统中，应使循环管路朝贮水箱方向有向上坡度，不得有反坡；

3 在有水回流的防冻系统中，管路的坡度应使系统中的水自动回流，不应积存；

4 在循环管路中，易发生气塞的位置应设有吸气阀；当采用防冻液作为传热工质时，宜使用手动排气阀。需要排空和防冻回流的系统应设有吸气阀；在系统各回路及系统需要防冻排空部分的管路的最低点及易积存的位置应设有排空阀；

5 在强迫循环系统的管路上，宜设有防止传热工质夜间倒流散热的单向阀；

6 间接系统的循环管路上应设膨胀箱。闭式间接系统的循环管路上同时还应设有压力安全阀和压力表，不应设有单向阀和其他可关闭的阀门；

7 当集热器阵列为多排或多层集热器组并联时，每排或每层集热器组的进出口管道，应设辅助阀门；

8 在自然循环和强迫循环系统中宜采用顶水法获取热水。浮球阀可直接安装在贮水箱中，也可安装在小补水箱中；

9 设在贮水箱中的浮球阀应采用金属或耐温高于 100℃ 的其他材质浮球，浮球阀的通径应能满足取水流量的要求；

10 直流式系统应采用落水法取热水；

11 各种取热水管路系统应按 1.0m/s 的设计流速选取管径。

4.4.17 系统计量宜按照现行国家标准《建筑给水排水设计规范》GB 50015 中有关规定执行，并应按具体工程设置冷、热水表。

4.4.18 系统控制应符合下列要求：

1 强制循环系统宜采用温差控制；

2 直流式系统宜采用定温控制；

3 直流式系统的温控器应有水满自锁功能；

4 集热器用传感器应能承受集热器的最高空晒温度，精度为±2℃；贮水箱用传感器应能承受100℃，精度为±2℃。

4.4.19 太阳能集热器支架的刚度、强度、防腐蚀性能应满足安全要求，并应与建筑牢固连接。

4.4.20 太阳能热水系统使用的金属管道、配件、贮水箱及其他过水设备材质，应与建筑给水管道材质相容。

4.4.21 太阳能热水系统采用的泵、阀应采取减振和隔声措施。

5 规划和建筑设计

5.1 一般规定

5.1.1 应用太阳能热水系统的民用建筑规划设计，应综合考虑场地条件、建筑功能、周围环境等因素；在确定建筑布局、朝向、间距、群体组合和空间环境时，应结合建设地点的地理、气候条件，满足太阳能热水系统设计和安装的技术要求。

5.1.2 应用太阳能热水系统的民用建筑，太阳能热水系统类型的选择，应根据建筑物的使用功能、热水供应方式、集热器安装位置和系统运行方式等因素，经综合技术经济比较确定。

5.1.3 太阳能集热器安装在建筑屋面、阳台、墙面或建筑其他部位，不得影响该部位的建筑功能，并应与建筑协调一致，保持建筑统一和谐的外观。

5.1.4 建筑设计应为太阳能热水系统的安装、使用、维护、保养等提供必要的条件。

5.1.5 太阳能热水系统的管线不得穿越其他用户的室内空间。

5.2 规划设计

5.2.1 安装太阳能热水系统的建筑单体或建筑群体，主要朝向宜为南向。

5.2.2 建筑体形和空间组合应与太阳能热水系统紧密结合，并为接收较多的太阳能创造条件。

5.2.3 建筑物周围的环境景观与绿化种植，应避免对投射到太阳能集热器上的阳光造成遮挡。

5.3 建筑设计

5.3.1 太阳能热水系统的建筑设计应合理确定太阳能热水系统各组成部分在建筑中的位置，并应满足所在部位的防水、排水和系统检修的要求。

5.3.2 建筑的体形和空间组合应避免安装太阳能集热器部位受建筑自身及周围设施和绿化树木的遮挡，并应满足太阳能集热器有不少于 4h 日照时数的要求。

5.3.3 在安装太阳能集热器的建筑部位，应设置防止太阳能集热器损坏后部件坠落伤人的安全防护设施。

5.3.4 直接以太阳能集热器构成围护结构时，太阳能集热器除与建筑整体有机结合，并与建筑周围环境相协调外，还应满足所在部位的结构安全和建筑防护功能要求。

5.3.5 太阳能集热器不应跨越建筑变形缝设置。

5.3.6 设置太阳能集热器的平屋面应符合下列要求：

1 太阳能集热器支架应与屋面预埋件固定牢固，并应在地脚螺栓周围做密封处理；

2 在屋面防水层上放置集热器时，屋面防水层应包到基座上部，并在基座下部加设附加防水层；

3 集热器周围屋面、检修通道、屋面出入口和集热器之间的人行通道上部应铺设保护层；

4 太阳能集热器与贮水箱相连的管线需穿屋面时，应在屋面预埋防水套管，并对其与屋面相接处进行防水密封处理。防水套管应在屋面防水层施工前埋设完毕。

5.3.7 设置太阳能集热器的坡屋面应符合下列要求：

1 屋面的坡度宜结合太阳能集热器接收阳光的最佳倾角即当地纬度±10°来确定；

2 坡屋面上的集热器宜采用顺坡镶嵌设置或顺坡架空设置；

3 设置在坡屋面的太阳能集热器的支架应与埋设在屋面板上的预埋件牢固连接，并采取防水构造措施；

4 太阳能集热器与坡屋面结合处雨水的排放应通畅；

5 顺坡镶嵌在坡屋面上的太阳能集热器与周围屋面材料连接部位应做好防水构造处理；

6 太阳能集热器顺坡镶嵌在坡屋面上，不得降低屋面整体的保温、隔热、防水等功能；

7 顺坡架空在坡屋面上的太阳能集热器与屋面间空隙不宜大于 100mm；

8 坡屋面上太阳能集热器与贮水箱相连的管线需穿过坡屋面时，应预埋相应的防水套管，并在屋面防水层施工前埋设完毕。

5.3.8 设置太阳能集热器的阳台应符合下列要求：

1 设置在阳台栏板上的太阳能集热器支架应与阳台栏板上的预埋件牢固连接；

2 由太阳能集热器构成的阳台栏板，应满足其刚度、强度及防护功能要求。

5.3.9 设置太阳能集热器的墙面应符合下列要求：

1 低纬度地区设置在墙面上的太阳能集热器宜有适当的倾角；

2 设置太阳能集热器的外墙除应承受集热器荷载外，还应对安装部位可能造成的墙体变形、裂缝等不利因素采取必要的技术措施；

3 设置在墙面的集热器支架应与墙面上的预埋件连接牢固，必要时在预埋件处增设混凝土构造柱，并应满足防腐要求；

4 设置在墙面的集热器与贮水箱相连的管线需穿过墙面时，应在墙面预埋防水套管。穿墙管线不宜设在结构柱处；

5 太阳能集热器镶嵌在墙面时，墙面装饰材料的色彩、分格宜与集热器协调一致。

5.3.10 贮水箱的设置应符合下列要求：

1 贮水箱宜布置在室内；

2 设置贮水箱的位置应具有相应的排水、防水措施；

3 贮水箱上方及周围应有安装、检修空间，净空不宜小于 600mm。

5.4 结 构 设 计

5.4.1 建筑的主体结构或结构构件，应能够承受太阳能热水系统传递的荷载和作用。

5.4.2 太阳能热水系统的结构设计应为太阳能热水系统安装埋设预埋件或其他连接件。连接件与主体结构的锚固承载力设计值应大于连接件本身的承载力设计值。

5.4.3 安装在屋面、阳台、墙面的太阳能集热器与建筑主体结构通过预埋件连接，预埋件应在主体结构施工时埋入，预埋件的位置应准确；当没有条件采用预埋件连接时，应采用其他可靠的连接措施，并通过试验确定其承载力。

5.4.4 轻质填充墙不应作为太阳能集热器的支承结构。

5.4.5 太阳能热水系统与主体结构采用后加锚栓连接时，应符合下列规定：

1 锚栓产品应有出厂合格证；

2 碳素钢锚栓应经过防腐处理；

3 应进行承载力现场试验，必要时应进行极限拉拔试验；

4 每个连接节点不应少于 2 个锚栓；

5 锚栓直径应通过承载力计算确定，并不应小于 10mm；

6 不宜在与化学锚栓接触的连接件上进行焊接操作；

7 锚栓承载力设计值不应大于其极限承载力的 50%。

5.4.6 太阳能热水系统结构设计应计算下列作用效应：

1 非抗震设计时，应计算重力荷载和风荷载效应；

2 抗震设计时，应计算重力荷载、风荷载和地震作用效应。

5.5 给 水 排 水 设 计

5.5.1 太阳能热水系统的给水排水设计应符合现行国家标准《建筑给水排水设计规范》GB 50015 的规定。

5.5.2 太阳能集热器面积应根据热水用量、建筑允许的安装面积、当地的气象条件、供水水温等因素综合确定。

5.5.3 太阳能热水系统的给水应对超过有关标准的原水做水质软化处理。

5.5.4 当使用生活饮用水箱作为给集热器的一次水补水时，生活饮用水水箱的位置应满足集热器一次水补水所需水压的要求。

5.5.5 热水设计水温的选择，应充分考虑太阳能热水系统的特殊性，宜按现行国家标准《建筑给水排水设计规范》GB 50015 中推荐温度中选用下限温度。

5.5.6 太阳能热水系统的设备、管道及附件的设置应按现行国家标准《建筑给水排水设计规范》GB 50015 中有关规定执行。

5.5.7 太阳能热水系统的管线应有组织布置，做到安全、隐蔽、易于检修。新建工程竖向管线宜布置在竖向管道井中，在既有建筑上增设太阳能热水系统或改造太阳能热水系统应做到走向合理，不影响建筑使用功能及外观。

5.5.8 在太阳能集热器附近宜设置用于清洁集热器的给水点。

5.6 电 气 设 计

5.6.1 太阳能热水系统的电气设计应满足太阳能热水系统用电负荷和运行安全要求。

5.6.2 太阳能热水系统中所使用的电器设备应有剩余电流保护、接地和断电等安全措施。

5.6.3 系统应设专用供电回路，内置加热系统回路应设置剩余电流动作保护装置，保护动作电流值不得超过 30mA。

5.6.4 太阳能热水系统电器控制线路应穿管暗敷，或在管道井中敷设。

6 太阳能热水系统安装

6.1 一 般 规 定

6.1.1 太阳能热水系统的安装应符合设计要求。

6.1.2 太阳能热水系统的安装应单独编制施工组织设计，并应包括与主体结构施工、设备安装、装饰装修的协调配合方案及安全措施等内容。

6.1.3 太阳能热水系统安装前应具备下列条件：

1 设计文件齐备，且已审查通过；

2 施工组织设计及施工方案已经批准；

3 施工场地符合施工组织设计要求；

4 现场水、电、场地、道路等条件能满足正常施工需要；

5 预留基座、孔洞、预埋件和设施符合设计图纸，并已验收合格；

6 既有建筑经结构复核或法定检测机构同意安装太阳能热水系统的鉴定文件。

6.1.4 进场安装的太阳能热水系统产品、配件、材料及其性能、色彩等应符合设计要求，且有产品合格证。

6.1.5 太阳能热水系统安装不应损坏建筑物的结构；不应影响建筑物在设计使用年限内承受各种荷载的能力；不应破坏屋面防水层和建筑物的附属设施。

6.1.6 安装太阳能热水系统时，应对已完成土建工程的部位采取保护措施。

6.1.7 太阳能热水系统在安装过程中，产品和物件的存放、搬运、吊装不应碰撞和损坏；半成品应妥善保护。

6.1.8 分散供热水系统的安装不得影响其他住户的使用功能要求。

6.1.9 太阳能热水系统安装应由专业队伍或经过培训并考核合格的人员完成。

6.2 基　座

6.2.1 太阳能热水系统基座应与建筑主体结构连接牢固。

6.2.2 预埋件与基座之间的空隙，应采用细石混凝土填捣密实。

6.2.3 在屋面结构层上现场施工的基座完工后，应做防水处理，并应符合现行国家标准《屋面工程质量验收规范》GB 50207 的要求。

6.2.4 采用预制的集热器支架基座应摆放平稳、整齐，并应与建筑连接牢固，且不得破坏屋面防水层。

6.2.5 钢基座及混凝土基座顶面的预埋件，在太阳能热水系统安装前应涂防腐涂料，并妥善保护。

6.3 支　架

6.3.1 太阳能热水系统的支架及其材料应符合设计要求。钢结构支架的焊接应符合现行国家标准《钢结构工程施工质量验收规范》GB 50205 的要求。

6.3.2 支架应按设计要求安装在主体结构上，位置准确，与主体结构固定牢靠。

6.3.3 根据现场条件，支架应采取抗风措施。

6.3.4 支承太阳能热水系统的钢结构支架应与建筑物接地系统可靠连接。

6.3.5 钢结构支架焊接完毕，应做防腐处理。防腐施工应符合现行国家标准《建筑防腐蚀工程施工及验

收规范》GB 50212 和《建筑防腐蚀工程质量检验评定标准》GB 50224 的要求。

6.4 集 热 器

6.4.1 集热器安装倾角和定位应符合设计要求，安装倾角误差为±3°。集热器应与建筑主体结构或集热器支架牢靠固定，防止滑脱。

6.4.2 集热器与集热器之间的连接应按照设计规定的连接方式连接，且密封可靠，无泄漏，无扭曲变形。

6.4.3 集热器之间的连接件，应便于拆卸和更换。

6.4.4 集热器连接完毕，应进行检漏试验，检漏试验应符合设计要求与本规范第 6.9 节的规定。

6.4.5 集热器之间连接管的保温应在检漏试验合格后进行。保温材料及其厚度应符合现行国家标准《工业设备及管道绝热工程质量检验评定标准》GB 50185的要求。

6.5 贮 水 箱

6.5.1 贮水箱应与底座固定牢靠。

6.5.2 用于制作贮水箱的材质、规格应符合设计要求。

6.5.3 钢板焊接的贮水箱，水箱内外壁均应按设计要求做防腐处理。内壁防腐材料应卫生、无毒，且应能承受所贮存热水的最高温度。

6.5.4 贮水箱的内箱应做接地处理，接地应符合现行国家标准《电气装置安装工程接地装置施工及验收规范》GB 50169 的要求。

6.5.5 贮水箱应进行检漏试验，试验方法应符合设计要求和本规范第 6.9 节的规定。

6.5.6 贮水箱保温应在检漏试验合格后进行。水箱保温应符合现行国家标准《工业设备及管道绝热工程质量检验评定标准》GB 50185的要求。

6.6 管　路

6.6.1 太阳能热水系统的管路安装应符合现行国家标准《建筑给水排水及采暖工程施工质量验收规范》GB 50242 的相关要求。

6.6.2 水泵应按照厂家规定的方式安装，并应符合现行国家标准《压缩机、风机、泵安装工程施工及验收规范》GB 50275 的要求。水泵周围应留有检修空间，并应做好接地保护。

6.6.3 安装在室外的水泵，应采取妥当的防雨保护措施。严寒地区和寒冷地区必须采取防冻措施。

6.6.4 电磁阀应水平安装，阀前应加装细网过滤器，阀后应加装调压作用明显的截止阀。

6.6.5 水泵、电磁阀、阀门的安装方向应正确，不得反装，并应便于更换。

6.6.6 承压管路和设备应做水压试验；非承压管路

和设备应做灌水试验。试验方法应符合设计要求和本规范第6.9节的规定。

6.6.7 管路保温应在水压试验合格后进行，保温应符合现行国家标准《工业设备及管道绝热工程质量检验评定标准》GB 50185的要求。

6.7 辅助能源加热设备

6.7.1 直接加热的电热管的安装应符合现行国家标准《建筑电气安装工程施工质量验收规范》GB 50303的相关要求。

6.7.2 供热锅炉及辅助设备的安装应符合现行国家标准《建筑给水排水及采暖工程施工质量验收规范》GB 50242的相关要求。

6.8 电气与自动控制系统

6.8.1 电缆线路施工应符合现行国家标准《电气装置安装工程电缆线路施工及验收规范》GB 50168的规定。

6.8.2 其他电气设施的安装应符合现行国家标准《建筑电气工程施工质量验收规范》GB 50303的相关规定。

6.8.3 所有电气设备和与电气设备相连接的金属部件应做接地处理。电气接地装置的施工应符合现行国家标准《电气装置安装工程接地装置施工及验收规范》GB 50169的规定。

6.8.4 传感器的接线应牢固可靠，接触良好。接线盒与套管之间的传感器屏蔽线应做二次防护处理，两端应做防水处理。

6.9 水压试验与冲洗

6.9.1 太阳能热水系统安装完毕后，在设备和管道保温之前，应进行水压试验。

6.9.2 各种承压管路系统和设备应做水压试验，试验压力应符合设计要求。非承压管路系统和设备应做灌水试验。当设计未注明时，水压试验和灌水试验，应按现行国家标准《建筑给水排水及采暖工程施工质量验收规范》GB 50242的相关要求进行。

6.9.3 当环境温度低于0℃进行水压试验时，应采取可靠的防冻措施。

6.9.4 系统水压试验合格后，应对系统进行冲洗直至排出的水不浑浊为止。

6.10 系统调试

6.10.1 系统安装完毕投入使用前，必须进行系统调试。具备使用条件时，系统调试应在竣工验收阶段进行；不具备使用条件时，经建设单位同意，可延期进行。

6.10.2 系统调试应包括设备单机或部件调试和系统联动调试。

6.10.3 设备单机或部件调试应包括水泵、阀门、电磁阀、电气及自动控制设备、监控显示设备、辅助能源加热设备等调试。调试应包括下列内容：

　　1 检查水泵安装方向。在设计负荷下连续运转2h，水泵应工作正常，无渗漏，无异常振动和声响，电机电流和功率不超过额定值，温度在正常范围内；

　　2 检查电磁阀安装方向。手动通断电试验时，电磁阀应开启正常，动作灵活，密封严密；

　　3 温度、温差、水位、光照控制、时钟控制等仪表应显示正常，动作准确；

　　4 电气控制系统应达到设计要求的功能，控制动作准确可靠；

　　5 剩余电流保护装置动作应准确可靠；

　　6 防冻系统装置、超压保护装置、过热保护装置等应工作正常；

　　7 各种阀门应开启灵活，密封严密；

　　8 辅助能源加热设备应达到设计要求，工作正常。

6.10.4 设备单机或部件调试完成后，应进行系统联动调试。系统联动调试应包括下列主要内容：

　　1 调整水泵控制阀门；

　　2 调整电磁阀控制阀门，电磁阀的阀前阀后压力应处在设计要求的压力范围内；

　　3 温度、温差、水位、光照、时间等控制仪的控制区间或控制点应符合设计要求；

　　4 调整各个分支回路的调节阀门，各回路流量应平衡；

　　5 调试辅助能源加热系统，应与太阳能加热系统相匹配。

6.10.5 系统联动调试完成后，系统应连续运行72h，设备及主要部件的联动必须协调，动作正确，无异常现象。

7 太阳能热水系统验收

7.1 一般规定

7.1.1 太阳能热水系统验收应根据其施工安装特点进行分项工程验收和竣工验收。

7.1.2 太阳能热水系统验收前，应在安装施工中完成下列隐蔽工程的现场验收：

　　1 预埋件或后置锚栓连接件；

　　2 基座、支架、集热器四周与主体结构的连接节点；

　　3 基座、支架、集热器四周与主体结构之间的封堵；

　　4 系统的防雷、接地连接节点。

7.1.3 太阳能热水系统验收前，应将工程现场清理干净。

7.1.4 分项工程验收应由监理工程师（或建设单位项目技术负责人）组织施工单位项目专业技术（质量）负责人等进行验收。

7.1.5 太阳能热水系统完工后，施工单位应自行组织有关人员进行检验评定，并向建设单位提交竣工验收申请报告。

7.1.6 建设单位收到工程竣工验收申请报告后，应由建设单位（项目）负责人组织设计、施工、监理等单位（项目）负责人联合进行竣工验收。

7.1.7 所有验收应做好记录，签署文件，立卷归档。

7.2 分项工程验收

7.2.1 分项工程验收宜根据工程施工特点分期进行。

7.2.2 对影响工程安全和系统性能的工序，必须在本工序验收合格后才能进入下一道工序的施工。这些工序包括以下部分：

1 在屋面太阳能热水系统施工前，进行屋面防水工程的验收；

2 在贮水箱就位前，进行贮水箱承重和固定基座的验收；

3 在太阳能集热器支架就位前，进行支架承重和固定基座的验收；

4 在建筑管道井封口前，进行预留管路的验收；

5 太阳能热水系统电气预留管线的验收；

6 在贮水箱进行保温前，进行贮水箱检漏的验收；

7 在系统管路保温前，进行管路水压试验；

8 在隐蔽工程隐蔽前，进行施工质量验收。

7.2.3 从太阳能热水系统取出的热水应符合国家现行标准《城市供水水质标准》CJ/T 206 的规定。

7.2.4 系统调试合格后，应进行性能检验。

7.3 竣 工 验 收

7.3.1 工程移交用户前，应进行竣工验收。竣工验收应在分项工程验收或检验合格后进行。

7.3.2 竣工验收应提交下列资料：

1 设计变更证明文件和竣工图；

2 主要材料、设备、成品、半成品、仪表的出厂合格证明或检验资料；

3 屋面防水检漏记录；

4 隐蔽工程验收记录和中间验收记录；

5 系统水压试验记录；

6 系统水质检验记录；

7 系统调试和试运行记录；

8 系统热性能检验记录；

9 工程使用维护说明书。

附录 A 主要城市纬度表

表 A 主要城市纬度表

城 市	纬 度	城 市	纬 度	城 市	纬 度
北京	39°57′	丹东	40°03′	常州	31°46′
天津	39°08′	锦州	41°08′	无锡	31°35′
石家庄	38°02′	阜新	42°02′	苏州	31°21′
承德	40°58′	营口	40°40′	扬州	32°15′
邢台	37°04′	长春	43°53′	杭州	30°15′
保定	38°51′	吉林	43°52′	宁波	29°54′
张家口	40°47′	四平	43°11′	温州	28°01′
秦皇岛	39°56′	通化	41°41′	合肥	31°53′
太原	37°51′	哈尔滨	45°45′	蚌埠	32°56′
大同	40°06′	齐齐哈尔	47°20′	芜湖	31°20′
阳泉	37°51′	牡丹江	44°35′	安庆	30°32′
长治	36°12′	大庆	46°23′	福州	26°05′
呼和浩特	40°49′	佳木斯	46°49′	厦门	24°27′
包头	40°36′	伊春	47°43′	莆田	25°26′
沈阳	41°46′	上海	31°12′	三明	26°16′
大连	38°54′	南京	32°04′	南昌	28°40′
鞍山	41°07′	连云港	34°36′	九江	29°43′
本溪	41°06′	徐州	34°16′	景德镇	29°18′

城 市	纬 度	城 市	纬 度	城 市	纬 度
鹰潭	28°18′	株洲	27°52′	攀枝花	26°30′
济南	36°42′	衡阳	26°53′	贵阳	26°34′
青岛	36°04′	岳阳	29°23′	昆明	25°02′
烟台	37°32′	广州	23°00′	东川	26°06′
济宁	36°26′	汕头	23°21′	拉萨	29°43′
淄博	36°50′	湛江	21°13′	日喀则	29°20′
潍坊	36°42′	茂名	21°39′	阿里	32°30′
郑州	34°43′	深圳	22°33′	西安	34°15′
洛阳	34°40′	珠海	22°17′	宝鸡	34°21′
开封	34°50′	海口	20°02′	兰州	36°01′
焦作	35°14′	南宁	22°48′	天水	34°35′
安阳	36°00′	桂林	25°20′	白银	36°34′
平顶山	33°43′	柳州	24°20′	敦煌	40°09′
武汉	30°38′	梧州	23°29′	西宁	36°35′
黄石	30°15′	北海	21°29′	银川	38°25′
宜昌	30°42′	成都	30°40′	乌鲁木齐	43°47′
沙市	30°52′	重庆	29°36′	哈密	42°49′
长沙	28°11′	自贡	29°24′	吐鲁番	42°56′

本规范用词说明

1 为便于在执行本规范条文时区别对待，对要求严格程度不同的用词说明如下：

　　1）表示很严格，非这样做不可的：
　　　　正面词采用"必须"，反面词采用"严禁"；

　　2）表示严格，在正常情况下均应这样做的：
　　　　正面词采用"应"，反面词采用"不应"或"不得"；

　　3）表示允许稍有选择，在条件许可时首先应这样做的：
　　　　正面词采用"宜"，反面词采用"不宜"；
　　　　表示有选择，在一定条件下可以这样做的，采用"可"。

2 条文中指明应按其他有关标准执行的写法为："应符合……的规定"或"应按……执行"。

中华人民共和国国家标准

民用建筑太阳能热水系统应用技术规范

GB 50364—2005

条 文 说 明

前　言

《民用建筑太阳能热水系统应用技术规范》GB 50364—2005经建设部2005年12月5日以建设部第394号公告批准、发布。

为便于广大设计、施工、科研、学校等单位有关人员在使用本标准时能正确理解和执行条文规定，《民用建筑太阳能热水系统应用技术规范》编制组按章、节、条顺序编制了本标准的条文说明，供使用者参考。在使用中如发现本条文说明有不妥之处，请将意见函寄中国建筑设计研究院（地址：北京市西外车公庄大街19号；邮政编码：100044）。

目 次

1 总　则

1.0.1 随着我国经济的发展，能源需求出现了一个持续增长的态势。以煤炭为主的能源结构产生大量的污染物，给我国整体环境造成了巨大的污染。一次性能源为主的能源开发利用模式与生态环境矛盾的日益激化，使人类社会的可持续发展受到严峻挑战，迫使人们转向极具开发前景的可再生能源。大力开发利用新能源和可再生能源，是优化能源结构、改善环境、促进经济社会可持续发展的战略措施之一。

太阳能作为清洁能源，世界各国无不对太阳能利用予以相当的重视，以减少对煤、石油、天然气等不可再生能源的依赖。我国有丰富的太阳能资源，有2/3以上地区的年太阳辐照量超过 5000MJ/m²，年日照时数在 2200h 以上。开发和利用丰富、广阔的太阳能，既是近期急需的能源补充，又是未来能源的基础。

近年来，太阳能热水器的推广和普及，取得了很好的节能效益。但是太阳能热水器的规格、尺寸、安装位置均属随意确定，在建筑上安装极为混乱，排列无序，管道无位置，承载防风、避雷等安全措施不健全，给城市景观、建筑的安全性带来不利影响。同

时，太阳能热水系统绝大部分是季节使用，尚未真正成为稳定的建筑供热水设备，所有这些都限制了太阳能热水器在建筑上的使用。太阳能热水系统与建筑结合，促进产业进步和产品更新，以适应建筑对太阳能热水器的需求，已成为未来太阳能产业发展的关键。太阳能产业界已越来越认识到太阳能热水系统与建筑结合是构架中国太阳能热水器市场的重要举措。

太阳能热水系统与建筑结合，就是把太阳能热水系统产品作为建筑构件安装，使其与建筑有机结合。不仅是外观、形式上的结合，重要的是技术质量的结合。同时要有相关的设计、安装、施工与验收标准，从技术标准的高度解决太阳能热水系统与建筑结合问题，这是太阳能热水系统在建筑领域得到广泛应用、促进太阳能产业快速发展的关键。

随着太阳能热水系统与建筑结合技术的发展，人们需要的是不论是外观上还是整体上都能同建筑与周围环境协调、风格统一、安全可靠、性能稳定、布局合理的太阳能热水系统。

1.0.2 本条规定了本规范的适用范围。

民用建筑是供人们居住和进行公共活动的建筑总称。民用建筑按使用功能分为两大类：居住建筑和公共建筑，其分类和举例见表1。

表1　民用建筑分类

分类	建筑类别	建 筑 物 举 例
居住建筑	住宅建筑	住宅、公寓、老年公寓、别墅等
	宿舍建筑	职工宿舍、职工公寓、学生宿舍、学生公寓等
公共建筑	教育建筑	托儿所、幼儿园、中小学校、中等专业学校、高等院校、职业学校、特殊教育学校等
	办公建筑	行政办公楼、专业办公楼、商务办公楼等
	科学研究建筑	实验室、科研楼、天文台（站）等
	文化娱乐建筑	图书馆、博物馆、档案馆、文化馆、展览馆、剧院、电影院、音乐厅、海洋馆、游乐场、歌舞厅等
	商业服务建筑	商场、超级市场、菜市场、旅馆、餐馆、洗浴中心、美容中心、银行、邮政、电信、殡仪馆等
	体育建筑	体育场、体育馆、游泳馆、健身房等
	医疗建筑	综合医院、专科医院、社区医疗所、康复中心、急救中心、疗养院等
	交通建筑	汽车客运站、港口客运站、铁路旅客站、空港航站楼、城市轨道客运站、停车库等
	政法建筑	公安局、检察院、法院、派出所、监狱、看守所、海关、检查站等
	纪念建筑	纪念碑、纪念馆、纪念塔、故居等
	园林景观建筑	公园、动物园、植物园、旅游景点建筑、城市和居民区建筑小品等
	宗教建筑	教堂、清真寺、寺庙等

对于城镇中新建、扩建和改建的民用建筑要解决太阳能热水系统与建筑结合的问题。无论采用分散的太阳能集热器和分散的贮水箱向各个用户提供热水的分散供热水系统，或采用集中的太阳能集热器和集中的贮水箱向多个用户提供热水的集中供热水系统，还是采用集中的太阳能集热器和分散的贮水箱向部分建筑或单个用户提供热水的集中-分散供热水系统，都需要从建筑设计开始，考虑设计、安装太阳能热水系统，包括外观上的协调、结构集成、布局和管线系统等方面做到同时设计，同时施工安装。

我国人口众多，多层和高层建筑是住宅发展的主流，要使太阳能热水系统与建筑真正结合必须逐步改变现在为每家每户单独安装太阳能热水系统的做法，代之以在每栋建筑上安装大型、综合的太阳能热水系统，统一向各家各户供应热水，并实行计量收费。该综合系统包括太阳集热系统和热水供应系统。

从发展趋势看，新建建筑集成太阳能热水系统，太阳能集热器的成本也会降低，建筑结构也会更好，太阳能热水系统与建筑结合将成为安装太阳能热水系统的标准。

本规范正是从技术的角度解决太阳能热水系统产品符合与建筑结合的问题及建筑设计适合太阳能热水系统设备和部件在建筑上应用的问题。这些技术内容同样也适用于既有建筑中要增设太阳能热水系统及对既有建筑中已安装太阳能热水系统进行更换、改造。

1.0.3 虽然国家颁布了有关太阳能热水器产品的技术条件和试验方法以及太阳能热水系统的设计、安装、验收的国家标准和行业标准，但这些标准主要针对热水器本身的效率、性能进行评价，而缺少建筑对热水器设计、生产和安装的技术要求，致使当前太阳能热水器的设计、生产与建筑脱节，太阳能热水器产品往往自成系统，作为后置设备在建筑上安装和使用，即便是新建建筑物考虑了太阳能热水器，也是简单的叠加安装，必然对本来是完整的建筑形象和构件造成一定程度的损害，同时其设置位置和管线布置也难以与建筑平面功能及空间布局相协调，安全性也受到影响。

没有建筑师的积极参与，不能从建筑设计之初就考虑太阳能热水系统应用，并为设备安装提供方便，使得太阳能热水系统在建筑上不能得到有效的应用，为此必须将太阳能热水系统纳入民用建筑规划和建筑设计中，统一规划、同步设计、同步施工验收，与建筑工程同时投入使用。

太阳能热水系统与建筑结合应包括以下四个方面：

在外观上，实现太阳能热水系统与建筑完美结合，合理布置太阳能集热器。无论在屋顶、阳台或在墙面都要使太阳能集热器成为建筑的一部分，实现两者的协调和统一。

在结构上，妥善解决太阳能热水系统的安装问题，确保建筑物的承重、防水等功能不受影响，还应充分考虑太阳能集热器抵御强风、暴雪、冰雹等的能力。

在管路布置上，合理布置太阳能循环管路以及冷热水供应管路，尽量减少热水管路的长度，建筑上事先留出所有管路的接口、通道。

在系统运行上，要求系统可靠、稳定、安全，易于安装、检修、维护，合理解决太阳能与辅助能源加热设备的匹配，尽可能实现系统的智能化和自动控制。

以上四方面均需要将太阳能热水系统纳入到建筑设计中，统一规划、同步设计、合理布局。

1.0.4 改造既有建筑上安装的太阳能热水系统和在既有建筑上增设太阳能热水系统，首先房屋必须经结构复核或法定的房屋检测单位检测确定可以实施后，再由有资质的建筑设计单位进行太阳能热水系统设计。

在既有建筑上增设太阳能热水系统，可结合建筑的平屋面改坡屋面同时进行。

1.0.5 太阳能热水系统由集热器、贮水箱、连接管线、控制系统以及使用的辅助能源组成。太阳能集热器有真空管（全玻璃真空管和热管真空管）和平板型两种类型。在材料、技术要求以及设计、安装、验收方面，均有产品的国家标准，因此，太阳能热水系统产品应符合这些标准要求。

太阳能热水系统在民用建筑上应用是综合技术，其设计、安装、验收涉及到太阳能和建筑两个行业，与之密切相关的还有下列国家标准：《住宅设计规范》、《屋面工程质量验收规范》、《建筑给水排水设计规范》、《建筑物防雷设计规范》等，其相关的规定也应遵守，尤其是强制性条文。

2 术　语

本规范中的术语包括建筑工程和太阳能热利用两方面。主要引自《民用建筑设计通则》GB 50352—2005 和《太阳能热利用术语》GB/T 12936—1991。虽然在上述标准中都出现过这类术语，考虑到太阳能热水系统在建筑上应用并与建筑结合是一项系统工程，需要建筑界与太阳能界密切配合，共同完成，这就需要建筑设计人员认识掌握太阳能热利用方面的知识，而太阳能热水系统研发、设计和生产人员也要了解建筑知识。为方便各方能更好地理解和使用本规范，规范编制组做了集中归纳和整理，编入规范中。

2.0.4、2.0.5 排水坡度一般小于 10% 的屋面为平屋面，大于等于 10% 的屋面为坡屋面。坡屋面的形式和坡度主要取决于建筑平面、结构形式、屋面材料、气候环境、风俗习惯和建筑造型等因素。一般坡屋面坡度小于等于45°，也有大于45°的陡坡屋面。常见的坡屋面形式有单坡屋面、双坡屋面、四坡屋面、曼莎屋面等。

2.0.17 集热器总面积是指整个集热器的最大投影面积。对平板型集热器而言，集热器总面积是集热器外壳的最大投影面积；对真空管集热器而言，集热器总面积是包括所有真空管、联集管、底托架、反射板等在内的最大投影面积。在计算集热器总面积时，不包括那些突出在集热器外壳或联集管之外的连接管道部分。

3 基本规定

3.0.1 我国的太阳能资源非常丰富，全年太阳能辐照量在 3500MJ/m² 和日照时数在 2200h 以上的地区，占国土面积的 76%。即使在资源缺乏地区，也有一部分日照时数在 1200h 以上，因此，基本上都适合使用太阳能热水系统，而不必使用大量的燃气、燃煤和电力来提供生活热水。在提倡环境保护和节约能源的今天，应充分利用太阳能，即便是仅利用一部分。

在进行太阳能热水系统和建筑设计时，应根据建筑类型和使用要求，结合当地的太阳能资源和管理等要求，为使用者提供高品质的生活条件。

3.0.2 本条提出了太阳能热水系统设计要满足用户的使用要求和系统的安装、维护和局部更换的要求。根据太阳能热水系统的安装地点纬度、月均日辐照量、日照时间、环境温度等环境条件及日均用水量、用水方式、用水位置等用水情况确定。

3.0.3 太阳能集热器的类型与系统选用应与当地的太阳能资源、气候条件相适应，在保证系统全年安全稳定运行的前提下，应使所选太阳能集热器的性能价格比最优。

太阳能集热器的构造、形式应利于在建筑围护结构上安装并便于拆卸、维护、维修。

现阶段我国太阳能热水系统中主要使用全玻璃真空管集热器、热管真空管集热器和平板型集热器几种类型。集热器是太阳能热水系统中最关键的部件。平板型太阳能集热器具有集热效率高、使用寿命长、承压能力好、耐候性好、水质清洁、平整美观等特点。若就集热性能来说，真空管集热器在冬季要优于平板型集热器，春秋两季大体相同，而夏季平板型集热器占优。在我国目前的真空管集热器性价比基本与平板型集热器不相上下，而随着太阳能热水系统与建筑结合技术的发展，人们需要一种不论是外观上还是整体上都能与建筑和周围环境协调的，易于与建筑形成一体的太阳能集热器。

3.0.4 此条的规定是确保建筑结构安全。既有建筑情况复杂，结构类型多样，使用年限和建筑本身承载能力以及维护情况各不相同，改造和增设太阳能热水系统前，一定要经过结构复核，确定是否可改造或增设太阳能热水系统。结构复核可以由原建筑设计单位（或根据原施工图、竣工图、计算书等由其他有资质的建筑设计单位）进行或经法定的检测机构检测，确认能实施后，才可进行。否则，不能改建或增设。改造和增设太阳能热水系统的前提是不影响建筑物的质量和安全，安装符合技术规范和产品标准的太阳能热水系统。

3.0.5 建筑间距分正面间距和侧面间距两个方面。凡泛称的建筑间距，系指正面间距。决定建筑间距的因素很多，根据我国所处地理位置与气候条件，绝大部分地区只要满足日照要求，其他要求基本都能达到。仅少数地区如纬度低于北纬25°的地区，则将通风、视线干扰等问题作为主要因素，因此，本规范所说的建筑间距，仍以满足日照要求为基础，综合考虑采光、通风、消防、管线埋设和视觉卫生与空间环境等要求为原则，这符合我国大多数地区的情况，也考虑了局部地区的其他制约因素。

根据这一原则，居住建筑和公共建筑如托幼、学校、医院病房等建筑的正面间距均以日照标准的要求为基本依据。

相邻建筑的日照间距是以建筑高度计算的。见《城市居住区规划设计规范》GB 50180—93（2002 年版）。平屋面是按室外地面至其屋面或女儿墙顶点的高度计算。坡屋面按室外地面至屋檐和屋脊的平均高度计算。下列突出物不计入建筑高度内：

1 局部突出屋面的楼梯间、电梯机房、水箱间等辅助用房占屋顶平面面积不超过 1/4 者；

2 突出屋面的通风道、烟囱、装饰构件、花架、通信设施等；

3 空调冷却塔等设备。

当在平屋面上安装较大面积的太阳能集热器时，要考虑影响相邻建筑的日照标准问题。

此条中的建筑物包括新建、扩建、改建的建筑物，即新建建筑和既有建筑。是指在新建建筑上安装太阳能热水系统和在既有建筑上增设或改造已安装的太阳能热水系统，不得降低相邻建筑的日照标准。

3.0.6 太阳能是间歇能源，受天气影响较大，到达某一地面的太阳辐射强度，因受地区、气候、季节和昼夜变化等因素影响，时强时弱，时有时无。因此，太阳能热水系统应配置辅助能源加热设备，在阴天时，用其将水加热补充太阳热水的不足，这样即使在太阳能资源不十分丰富的地区，系统一年四季都可提供热水。辅助能源加热设备应根据当地普遍使用的常规能源的价格、对环境的影响、使用的方便性以及节能等多项因素，做技术经济比较后确定，应优先考虑节能和环保因素。

辅助能源一般为电、燃气等常规能源。国外更多的用智能控制、带热交换和辅助加热系统，使之节省能源。对已设有集中供热、空调系统的建筑，辅助能源宜与供热、空调系统热源相同或匹配；宜重视废热、余热的利用。

3.0.7 本条是对太阳能热水系统管线的布置、安装提出要求，要做到安全、隐蔽、集中布置，便于安装维护。

3.0.8 在太阳能热水系统上安装计量装置是为了节约用水及运行管理计费和累计用水量的要求。对于集中热水供应系统，为计量系统热水总用量可将冷水表装在水加热设备的冷水进水管上，这是因为国内生产较大型的热水表的厂家较少，且品种不全，故用冷水表代替。但需在水加热器与冷水表之间装设止回阀。防止热水升温膨胀回流时损坏水表。

分户计量热水用量时，则可使用热水表。

对于电、燃气辅助能源的计量，则可使用原有的电表、燃气表，不必另设。

3.0.9 本条是为了控制每道工序的质量，进而保证整个工程质量。太阳能热水系统是在建筑上安装，建筑主体结构符合施工质量验收标准，太阳能热水系统安装、验收合格后，才能确保太阳能热水系统的质量。

4 太阳能热水系统设计

4.1 一般规定

4.1.1 太阳能热水系统是由建筑给水排水专业人员设计，并符合《建筑给水排水设计规范》GB 50015的要求。在热源选择上是太阳能集热器加辅助能源。集热器的位置、色泽及数量要与建筑师配合设计，在承载、控制等方面要与结构专业、电气专业配合设计，使太阳能热水系统真正纳入到建筑设计当中来。

4.1.2 本条从太阳能热水系统与建筑相结合的基本要求出发，规定了在选择太阳能热水系统类型、安装位置和色泽时应考虑的因素，其中强调要充分考虑建筑物的使用功能、地理位置、气候条件和安装条件等综合因素。

4.1.3 现有太阳能热水器产品的尺寸规格不一定满足建筑设计的要求，因而本条强调了太阳能集热器的规格要与建筑模数相协调。

4.1.4 对于安装在民用建筑的太阳能热水系统，本条规定系统的太阳能集热器、支架等部件无论安装在建筑物的哪个部位，都应与建筑功能和建筑造型一并设计。

4.1.5 本条强调了太阳能热水系统应满足的各项要求，其中包括：安全、实用、美观，便于安装、清洁、维护和局部更换。

4.2 系统分类与选择

4.2.1 安装在民用建筑的太阳能热水系统，若按供热水范围分类，可分为：集中供热水系统、集中-分散供热水系统和分散供热水系统等三大类。

集中供热水系统，是指采用集中的太阳能集热器和集中的贮水箱供给一幢或几幢建筑物所需热水的系统。

集中-分散供热水系统，是指采用集中的太阳能集热器和分散的贮水箱供给一幢建筑物所需热水的系统。

分散供热水系统，是指采用分散的太阳能集热器和分散的贮水箱供给各个用户所需热水的小型系统，也就是通常所说的家用太阳能热水器。

4.2.2 根据国家标准《太阳能热水系统设计、安装及工程验收技术规范》GB/T 18713 中的规定，太阳能热水系统若按系统运行方式分类，可分为：自然循环系统、强制循环系统和直流式系统等三类。

自然循环系统是仅利用传热工质内部的温度梯度产生的密度差进行循环的太阳能热水系统。在自然循环系统中，为了保证必要的热虹吸压头，贮水箱的下循环管应高于集热器的上循环管。这种系统结构简单，不需要附加动力。

强制循环系统是利用机械设备等外部动力迫使传热工质通过集热器（或换热器）进行循环的太阳能热水系统。强制循环系统通常采用温差控制、光电控制及定时器控制等方式。

直流式系统是传热工质一次流过集热器加热后，进入贮水箱或用热水处的非循环太阳能热水系统。直流式系统一般可采用非电控温控阀控制方式及温控器控制方式。直流式系统通常也可称为定温放水系统。

实际上，某些太阳能热水系统有时是一种复合系统，即是上述几种运行方式组合在一起的系统，例如由强制循环与定温放水组合而成的复合系统。

4.2.3 太阳能热水系统按生活热水与集热器内传热工质的关系可分为下列两种系统：

直接系统是指在太阳能集热器中直接加热水给用户的太阳能热水系统。直接系统又称为单回路系统，或单循环系统。

间接系统是指在太阳能集热器中加热某种传热工质，再使该传热工质通过换热器加热水给用户的太阳能热水系统。间接系统又称为双回路系统，或双循环系统。

4.2.4 为保证民用建筑的太阳能热水系统可以全天候运行，通常将太阳能热水系统与使用辅助能源的加热设备联合使用，共同构成带辅助能源的太阳能热水系统。

太阳能热水系统若按辅助能源加热设备的安装位置分类，可分为：内置加热系统和外置加热系统两大类。

内置加热系统，是指辅助能源加热设备安装在太阳能热水系统的贮水箱内。

外置加热系统，是指辅助能源加热设备不是安装在贮水箱内，而是安装在太阳能热水系统的贮水箱附近或安装在供热水管路（包括主管、干管和支管）上。所以，外置加热系统又可分为：贮水箱加热系统、主管加热系统、干管加热系统和支管加热系统等。

4.2.5 根据用户对热水供应的不同需求，辅助能源可以有不同的启动方式。

太阳能热水系统若按辅助能源启动方式分类，可分为：全日自动启动系统、定时自动启动系统和按需手动启动系统。

全日自动启动系统，是指始终自动启动辅助能源水加热设备，确保可以全天24h供应热水。

定时自动启动系统，是指定时自动启动辅助能源水加热设备，从而可以定时供应热水。

按需手动启动系统，是指根据用户需要，随时手动启动辅助能源水加热设备。

4.2.6 公共建筑包括多种建筑。表4.2.6中的公共建筑只给出了宾馆、医院、游泳馆和公共浴室等几种实例，因为这些公共建筑都是用热水量较大的建筑。

4.3 技 术 要 求

4.3.1 本条规定了太阳能热水系统在热工性能和耐久性能方面的技术要求。

热工性能强调了应满足相关太阳能产品国家标准中规定的热性能要求。太阳能产品的现有国家标准包括：

GB/T 6424 《平板型太阳集热器技术条件》

GB/T 17049 《全玻璃真空太阳集热管》

GB/T 17581 《真空管太阳集热器》

GB/T 18713 《太阳热水系统设计、安装及工程验收技术规范》

GB/T 19141 《家用太阳热水系统技术条件》

耐久性能强调了系统中主要部件的正常使用寿命应不少于10年。这里，系统的主要部件包括集热器、贮水箱、支架等。在正常使用寿命期间，允许有主要部件的局部更换以及易损件的更换。

4.3.2 本条规定了太阳能热水系统在安全性能和可靠性能方面的技术要求。

安全性能是太阳能热水系统各项技术性能中最重要的一项，其中特别强调了内置加热系统必须带有保证使用安全的装置，并作为本规范的强制性条款。

可靠性能强调了太阳能热水系统应有抗击各种自然条件的能力，根据太阳能系统所处的不同地区，其中包括应有可靠的防冻、防结露、防过热、防雷、抗雹、抗风、抗震等技术措施。

4.3.3 辅助能源指太阳能热水系统中的非太阳能热源，一般为电、燃气等常规能源。对使用辅助能源加热设备的技术要求，在国家标准《建筑给水排水设计

规范》GB 50015中已有明确的规定，主要是应根据使用特点、热水量、能源供应、维护管理及卫生防菌等因素来选择辅助能源水加热设备。

4.3.5 对供热水系统的技术要求，除了应符合国家标准《建筑给水排水设计规范》GB 50015中有关规定之外，还根据集中供热水系统、集中-分散供热水系统和分散供热水系统的特点，分别提出了相应的要求。

4.4 系 统 设 计

4.4.1 太阳能热水系统类型的选择是系统设计的首要步骤。只有正确选择了太阳能热水系统的类型，才能使系统设计有可靠的基础。

表4.2.6"太阳能热水系统设计选用表"是在强调系统设计应本着节水节能、经济实用、安全简便、利于计量等原则的基础上，根据建筑类型、屋面形式和热水用途等条件，选择不同的太阳能热水系统类型。选择内容包括：供热水范围、集热器在建筑上安装位置、系统运行方式、辅助能源加热设备的安装位置及启动方式等。

在建筑类型中，本条就民用建筑包括的居住建筑和公共建筑两类民用建筑分别列出，其中，居住建筑包括：低层、多层和高层；公共建筑给出了几种实例，如：宾馆、医院、游泳馆和公共浴室等，就是为了便于正确地选择太阳能热水系统类型。

4.4.2 太阳能热水系统集热器面积的确定是一个十分重要的问题，而集热器面积的精确计算又是一个比较复杂的问题。

在欧美等发达国家，集热器面积的精确计算一般采用F-Chart软件、Trnsys软件或其他类似的软件来进行，它们是根据系统所选太阳能集热器的瞬时效率方程（通过试验测定）及安装位置（方位角和倾角），再输入太阳能热水系统，使用当地的地理纬度、平均太阳辐照量、平均环境温度、平均热水温度、平均热水用量、贮水箱和管路平均热损失率、太阳能保证率等数据，按一定的计算机程序计算出来的。

然而，我国目前还没有将这种计算软件列入国家标准内容。本条在国家标准《太阳能热水系统设计、安装及工程验收技术规范》GB/T 18713的基础上，提出了确定集热器总面积的计算方法，其中分别规定了在直接系统和间接系统两种情况下集热器总面积的计算方法。

本规范之所以计算集热器总面积，而不计算集热器采光面积或集热器吸热体面积，是因为在民用建筑安装太阳能热水系统的情况下，建筑师关心的是在有限的建筑围护结构中太阳能集热器究竟占据多大的空间。

在确定直接系统的集热器总面积时，日太阳辐照量 J_T 取当地集热器采光面上的年平均日太阳辐照量；

集热器的年平均集热效率 η_{cd} 宜取 $0.25\sim0.50$，但强调具体取值要根据集热器产品的实际测试结果而定；贮水箱和管路的热损失率 η_L 宜取 $0.20\sim0.30$，不同系统类型及不同保温状况的 η_L 值不同。以上所有这些数值都是根据我国长期使用太阳能热水系统所积累的经验而选取的，都能基本满足实际系统设计的要求。至于太阳能保证率 f 的取值，则是根据系统使用期内的太阳能辐照条件、系统的经济性及用户的具体要求等因素综合考虑后确定，本规范推荐在 $30\%\sim80\%$ 范围内。

在确定间接系统的集热器总面积时，由于间接系统的换热器内外存在传热温差，使得在获得相同温度的热水情况下，间接系统比直接系统的集热器运行温度稍高，造成集热器效率略为降低。本条用换热器传热系数 U_{hx}、换热器换热面积 A_{hx} 和集热器总热损系数 F_RU_L 等来表示换热器对于集热器效率的影响。对平板型集热器，F_RU_L 宜取 $4\sim6W/(m^2\cdot℃)$；对于真空管集热器，F_RU_L 宜取 $1\sim2W/(m^2\cdot℃)$；但本规范强调 F_RU_L 的具体数值要根据集热器产品的实际测试结果而定。至于换热器传热系数 U_{hx} 和换热器换热面积 A_{hx} 的数值，则可以从选定的换热器产品说明书中查得。在实际计算过程中，当确定了直接系统的集热器总面积 A_c 之后，就可以根据上述这些数值，确定出间接系统的集热器总面积 A_{IN}。

通常在采用第 4.4.2 条所述方法确定集热器总面积之前，也就是在方案设计阶段，可以根据建筑建设地区太阳能条件来估算集热器总面积。表 2 列出了每产生 100L 热水量所需系统集热器总面积的推荐值。

表 2 每 100L 热水量的系统集热器总面积推荐选用值

等级	太阳能条件	年日照时数（h）	水平面上年太阳辐照量 [MJ/（m²·a）]	地 区	集热面积（m²）
一	资源丰富区	3200～3300	＞6700	宁夏北、甘肃西、新疆东南、青海西、西藏西	1.2
二	资源较富区	3000～3200	5400～6700	冀西北、京、津、晋北、内蒙古及宁夏南、甘肃中东、青海东、西藏南、新疆南	1.4
三	资源一般区	2200～3000	5000～5400	鲁、豫、冀东南、晋南、新疆北、吉林、辽宁、云南、陕北、甘肃东南、粤南	1.6
		1400～2200	4200～5000	湘、桂、赣、江、浙、沪、皖、鄂、闽北、粤北、陕南、黑龙江	1.8
四	资源贫乏区	1000～1400	＜4200	川、黔、渝	2.0

此处列出的"每 100L 热水量的系统集热器总面积推荐选用值"是将我国各地太阳能条件分为四个等级：资源丰富区、资源较丰富区、资源一般区和资源贫乏区，不同等级地区有不同的年日照时数和不同的年太阳辐照量，再按每产生 100L 热水量分别估算出不同等级地区所需要的集热器总面积，其结果一般在 $1.2\sim2.0m^2/100L$ 之间。

4.4.3 根据国家标准《太阳能热水系统设计、安装及工程验收技术规范》GB/T 18713 的要求，本条规定了集热器的最佳安装倾角，其数值等于当地纬度±10°。这条要求对于一般情况下的平板型集热器和真空管集热器都是适用的。

当然，对于东西向水平放置的全玻璃真空管集热器，安装倾角可适当减少；对于墙面上安装的各种太阳能集热器，更是一种特例了。

4.4.4 在有些情况下，由于集热器朝向或倾角受到条件限制，按 4.4.2 条所述方法计算出的集热器总面积是不够的，这时就需要按补偿方式适当增加面积，但本条规定补偿面积不得超过 4.4.2 条计算所得面积的一倍。

4.4.5 在有些情况下，当建筑围护结构表面不够安装按 4.4.2 计算所得的集热器总面积时，也可以按围护结构表面最大容许安装面积来确定集热器总面积。

4.4.6 本条规定了贮水箱容积的确定原则，并提出了"贮水箱的贮热量"。表中，贮热量的最小值是分别按大于等于 95℃ 高温水和小于等于 95℃ 高温水这两种不同情况，分别对公共建筑和居住建筑提出了指标。

4.4.7 本条较为具体地规定了太阳能集热器设置在平屋面上的技术要求，有关集热器的间距、分组及相互连接等内容都是根据现行国家标准《太阳能热水系统设计、安装及工程验收技术规范》GB/T 18713 的规定，其中有关集热器并联、串联和串并联等方式连接成集热器组时的具体数据也都是引自 GB/T 18713。

本条规定全玻璃真空管东西向放置的集热器，在同一斜面上多层布置时，串联的集热器不宜超过 3 个。实际上，各种集热器都应尽量减少串联的集热器数目。

本条规定集热器之间的连接应使每个集热器的传热介质流入路径与回流路径的长度相同，这实质上是规定集热器应按"同程原则"并联，其目的是使各集热器内的流量分配均匀。

4.4.8 本条强调了作为屋面板的集热器应安装在建筑承重结构上，这实际上已构成建筑集热坡屋面。

4.4.11 本条强调了嵌入建筑屋面、阳台、墙面或建筑其他部位的太阳能集热器，应具有建筑围护结构的承载、保温、隔热、隔声、防水等防护功能。

4.4.12 本条强调了架空在建筑屋面和附着在阳台上或在墙面上的太阳能集热器，应具有足够的承载能力、刚度、稳定性和相对于主体结构的位移能力。

4.4.13 为了保障太阳能热水系统的使用安全，本条特别强调了安装在建筑上或直接构成建筑围护结构的太阳能集热器，应有防止热水渗漏的安全保障设施，防止因热水渗漏到屋内而危及人身安全，并作为本规范的强制性条款。

4.4.15 在使用平板型集热器的自然循环系统中，系统是仅利用传热工质内部的温度梯度产生的密度差进行循环的，因此为了保证系统有足够的热虹吸压头，规定贮水箱的下循环管比集热器的上循环管至少高 0.3m 是必要的。

4.4.17 对于系统计量的问题，本条要求按照国家标准《建筑给水排水设计规范》GB 50015 中的有关规定，并推荐按具体工程设置冷、热水表。

4.4.18 对于系统控制，可以有各种不同的控制方式，但根据我国长期使用太阳能热水系统所积累的经验，本条推荐：强制循环系统宜采用温差控制方式；直流式系统宜采用定温控制方式。

4.4.19 本条强调了太阳能集热器支架的刚度、强度、防腐蚀性能等，均应满足安全要求，并与建筑牢固连接。当采用钢结构材料制作支架时，应符合现行国家标准《碳素结构钢》GB/T 700 的要求。在不影响支架承载力的情况下，所有钢结构支架材料（如角钢、方管、槽钢等）应选择利于排水的方式组装。当由于结构或其他原因造成不易排水时，应采取合理的排水措施，确保排水通畅。

4.4.20 本条强调了太阳能热水系统使用的金属管道、配件、贮水箱及其他过水设备等的材质，均应与建筑给水管道材质相容，以避免在不相容材料之间产生电化学腐蚀。

4.4.21 本条强调了对太阳能热水系统所用泵、阀运行可能产生的振动和噪声，均应采取减振和隔声措施。

5 规划和建筑设计

5.1 一 般 规 定

5.1.1 本条是民用建筑规划设计应遵循的基本原则。

规划设计是在一定的规划用地范围内进行，对其各种规划要素的考虑和确定要结合太阳能热水系统设计确定建筑物朝向、日照标准、房屋间距、密度、建筑布局、道路、绿化和空间环境及其组成有机整体。而这些均与建筑物所处建筑气候分区、规划用地范围内的现状条件及社会经济发展水平密切相关。在规划设计中应充分考虑、利用和强化已有特点和条件，为整体提高规划设计水平创造条件。

太阳能热水系统设计应由建筑设计单位和太阳能热水系统产品供应商相互配合共同完成。

首先，建筑师要根据建筑类型、使用要求确定太阳能热水系统类型、安装位置、色调、构图要求，向建筑给水排水工程师提出对热水的使用要求；给水排水工程师进行太阳能热水系统设计、布置管线、确定管线走向；结构工程师在建筑结构设计时，考虑太阳能集热器和贮水箱的荷载，以保证结构的安全性，并埋设预埋件，为太阳能集热器的锚固、安装提供安全牢靠的条件；电气工程师满足系统用电负荷和运行安全要求，进行防雷设计。

建筑设计要满足太阳能热水系统的承重、抗风、抗震、防水、防雷等安全要求及维护检修的要求。

太阳能热水系统产品供应商需向建筑设计单位提供太阳能集热器的规格、尺寸、荷载，预埋件的规格、尺寸、安装位置及安装要求；提供太阳能热水系统的热性能等技术指标及其检测报告；保证产品质量和使用性能。

5.1.2 太阳能热水系统的选型是建筑设计的重点内容，设计者不仅要创造新颖美观的建筑立面、设计集热器安装的位置，还要结合建筑功能及其对热水供应方式的需求，综合考虑环境、气候、太阳能资源、能耗、施工条件等诸因素，比较太阳能热水系统的性能、造价，进行经济技术分析。太阳能集热器的类型应与系统使用所在地的太阳能资源、气候条件相适应，在保证系统全年安全、稳定运行的前提下，应使所选太阳能集热器的性能价格比最优。另外，就热水供应方式可分为分户供热水系统和集中供热水系统，分户系统由住户自己管理，各户之间用热水量不平衡，使得分户系统不能充分利用太阳能集热设施而造成浪费，同时还有布置分散、零乱、造价较高的缺点。集中供热水系统相对于分户供热水系统，有节约投资，用户间用水量可以平衡，集热器布置较易整齐有序，但需有集中管理维护及分户计量的措施，因此，建筑设计应综合比较，酌情选定。

5.1.3 太阳能集热器是太阳能热水系统中重要的组成部分，一般设置在建筑屋面（平、坡屋面）、阳台栏板、外墙面上，或设置在建筑的其他部位，如女儿墙、建筑屋顶的披檐上，甚至设置在建筑的遮阳板、建筑物的飘顶等能充分接收阳光的位置。建筑设计需将所设置的太阳能集热器作为建筑的组成元素，与建筑整体有机结合，保持建筑统一和谐的外观，并与周围环境相协调，包括建筑风格、色彩。当太阳能集热器作为屋面板、墙板或阳台栏板时，应具有该部位的承载、保温、隔热、防水及防护功能。

5.1.4 安装在建筑上的太阳能集热器正常使用寿命一般不超过 15 年，而建筑的寿命是 50 年以上。太阳能集热器及系统其他部件在构造、形式上应利于在建筑围护结构上安装，便于维护、修理、局部更换。为此建筑设计不仅考虑地震、风荷载、雪荷载、冰雹等自然破坏因素，还应为太阳能热水系统的日常维护，尤其是太阳能集热器的安装、维护、日常保养、更换提供必要的安全便利条件。

建筑设计应为太阳能热水系统的安装、维护提供安全的操作条件。如平屋面设有屋面出口或人孔，便于安装、检修人员出入；坡屋面屋脊的适当位置可预留金属钢架或挂钩，方便固定安装检修人员系在身上的安全带，确保人员安全。

5.1.5 太阳能热水系统管线应布置于公共空间且不得穿越其他用户室内空间，以免管线渗漏影响其他用户使用，同时也便于管线维修。

5.2 规 划 设 计

5.2.1、5.2.2 在规划设计时，建筑物的朝向宜为南北向或接近南北向，以及建筑的体形和空间组合考虑太阳能热水系统，均为使集热器接收更多的阳光。

5.2.3 本条提出在进行景观设计和绿化种植时，要避免对投射到太阳能集热器上的阳光造成遮挡，从而保证太阳能集热器的集热效率。

5.3 建 筑 设 计

5.3.1 建筑设计应与太阳能热水系统设计同步进行，建筑设计根据选定的太阳能热水系统类型，确定集热器形式、安装面积、尺寸大小、安装位置与方式，明确贮水箱容积重量、体积尺寸、给水排水设施的要求；了解连接管线走向；考虑辅助能源及辅助设施条件；明确太阳能热水系统各部分的相对关系。然后，合理安排确定太阳能热水系统各组成部分在建筑中的空间位置，并满足其他所在部位防水、排水等技术要求。建筑设计应为系统各部分的安全检修提供便利条件。

5.3.2 太阳能集热器安装在建筑屋面、阳台、墙面或其他部位，不应有任何障碍物遮挡阳光。太阳能集热器总面积根据热水用量、建筑上可能允许的安装面

积、当地的气候条件、供水水温等因素确定。无论安装在何位置，要满足全天有不少于 4h 日照时数的要求。

为争取更多的采光面积，建筑设计时平面往往凹凸不规则，容易造成建筑自身对阳光的遮挡，这点要特别注意。除此以外，对于体形为 L 形、凵 形的平面，也要避免自身的遮挡。

5.3.3 建筑设计时应考虑在安装太阳能集热器的墙面、阳台或挑檐等部位，为防止集热器损坏而掉下伤人，应采取必要的技术措施，如设置挑檐、入口处设雨篷或进行绿化种植等，使人不易靠近。

5.3.4 太阳能集热器可以直接作为屋面板、阳台栏板或墙板，除满足热水供应要求外，首先要满足屋面板、阳台栏板、墙板的保温、隔热、防水、安全防护等要求。

5.3.5 主体结构在伸缩缝、沉降缝、抗震缝的变形缝两侧会发生相对位移，太阳能集热器跨越变形缝时容易破坏，所以太阳能集热器不应跨越主体结构的变形缝，否则应采用与主体建筑的变形缝相适应的构造措施。

5.3.6 本条是对太阳能集热器安装在平屋面上的要求。太阳能集热器在平屋面上安装需通过支架和基座固定在屋面上。集热器可以选择适当的方位和倾角。除太阳能集热器的定向、安装倾角、设置间距等符合现行国家标准《太阳能热水系统设计、安装及工程验收技术规范》GB/T 18713 的规定外，还应做好太阳能集热器支架基座的防水，该部位应做附加防水层。附加层宜空铺，空铺宽度不应小于 200mm。为防止卷材防水层收头翘边，避免雨水从开口处渗入防水层下部，应按设计要求做好收头处理。卷材防水层应用压条钉压固定，或用密封材料封严。

对于需经常维修的集热器周围和检修通道，以及屋面出入口和人行通道之间做刚性保护层以保护防水层，一般可铺设水泥砖。

伸出屋面的管线，应在屋面结构层施工时预埋穿屋面套管，可采用钢管或 PVC 管材。套管四周的找平层应预留凹槽用密封材料封严，并增设附加层。上翻至管壁的防水层应用金属箍或镀锌钢丝紧固，再用密封材料封严。避免在已做好防水保温的屋面上凿孔打洞。

5.3.7 本条是对太阳能集热器安装在坡屋面时的要求。

太阳能集热器无论是嵌入屋面还是架空在屋面之上，为使与屋面统一，其坡度宜与屋面坡度一致。而屋面坡度又取决于太阳能集热器接收阳光的最佳倾角。集热器安装倾角等于当地纬度；如系统侧重在夏季使用，其安装倾角，应等于当地纬度减 10°；如系统侧重在冬季使用，其安装倾角，应等于当地纬度加 10°，故提出集热器安装倾角在当地纬度 +10°～-10°

的范围要求。

目前，太阳能热水系统多为全天候使用，太阳能集热器安装倾角在当地纬度＋10°～－10°范围内也使建筑师通过调整集热器倾角来确定屋面的坡度，如有檩体系用彩色混凝土瓦屋面适用坡度为 1∶5～1∶2（即 20%～50%），沥青油毡瓦大于等于 1∶5（即大于等于 20%），压型钢板瓦和夹心板为 1∶20～1∶0.35（即 5%～35%）；无檩体系屋面坡度宜为 1∶3（即 18.5°）～1∶0.58（即 60°）。这样，据此调整建筑物各部分比例，也给建筑师带来很大的灵活性。

太阳能集热器在坡屋面上安装，要保证安装人员的安全。安装人员为专业人员，应严格遵守生产厂家的说明，太阳能热水器生产厂一般会提供所需的安装人员（或经过培训考核合格的施工人员）和安装工具。在建筑设计时，应为安装人员提供安全的工作环境。一般可在屋脊处设钢架或挂钩用以支撑连接系在安装人员腰部的安全带。钢架或挂钩应能承受两个安装人员、集热器和安装工具的重量。

还应在坡屋面安装太阳能集热器附近的适当位置设置出屋面人孔，作为检修出口。

架空设置的太阳能集热器宜与屋面同坡，且有一定架空高度，一般不大于 100mm，以保证屋面排水。

嵌入屋面设置的太阳能集热器与四周屋面及伸出屋面管道都应做好防水，防止雨水进入屋面。集热器与屋面交接处要设置挡水盖板。

设置在坡屋面的太阳能集热器采用支架与预埋在屋面结构层的预埋件固定应牢固可靠，要能承受风荷载和雪荷载。

当太阳能集热器作为屋面板时，应满足屋面的承重、保温、隔热和防水等要求。

5.3.8 本条提出了对太阳能集热器放置在阳台栏板上的要求。

太阳能集热器可放置在阳台栏板上或直接构成阳台栏板。低纬度地区，由于太阳高度角较大，因此，低纬度地区放置在阳台栏板上或直接构成阳台栏板的太阳能集热器应有适当的倾角，以接收到较多的日照。

作为阳台栏板与墙面不同的是还有强度及高度的防护要求。阳台栏杆应随建筑高度而增高，如低层、多层住宅的阳台栏杆净高不应低于 1.05m，中、高层，高层住宅的阳台栏杆不应低于 1.10m，这是根据人体重心和心理因素而定的。安装太阳能集热器的阳台栏板宜采用实体栏板。

挂在阳台或附在外墙上的太阳能集热器，为防止其金属支架、金属锚固构件生锈对建筑墙面，特别是浅色的阳台和外墙造成污染，建筑设计应在该部位加强防锈的技术处理或采取有效的技术措施，防止金属锈水在墙面阳台上造成不易清理的污染。

5.3.9 本条提出了对太阳能集热器放置在墙面上的要求。

太阳能集热器可安装在墙面上，尤其是高层建筑，在低纬度地区集热器要有较大倾角。在太阳能资源丰富的地区，太阳能保证率高，太阳能集热器安装在墙面在某些国家越来越流行。

太阳能集热器通过墙面上的预埋件与主体结构连接。墙面在结构设计时，要考虑集热器的荷载且墙面要有一定宽度保证集热器能放置得下。

5.3.10 太阳能热水系统贮水箱参照现行国家标准《太阳能热水系统设计、安装及工程验收技术规范》GB/T 18713 相关要求具体设计，确定其容积、尺寸、大小及重量。建筑设计应为贮水箱安排合理的位置，满足贮水箱所需要的空间（包括检修空间）。设置贮水箱的位置应具有相应的排水、防水设施。太阳能热水系统贮水箱及其有关部件宜靠近太阳能集热器设置，尽量减少由于管道过长而产生的热损耗。

贮水箱的容积要满足日用水量需要，符合太阳能热水系统安全、节能及稳定运行要求，并能承受水的重量及保证系统最高工作压力相匹配的结构强度要求。一个核心家庭，一般可用 100～200L 的贮水箱，当然，精确的容量应通过计算确定。贮水箱的防腐、保温等应符合现行国家标准《太阳能热水系统设计、安装及工程验收技术规范》GB/T 18713 的要求。

贮水箱可根据要求从制造厂商购置，或在现场制作，宜优先选择专业制造公司的定型产品。安装现场不具备搬运、吊装条件时，可进行现场制作。

贮水箱的放置位置宜选择室内，可放置在地下室、半地下室、储藏室、阁楼或技术夹层中的设备间，室外可放置在建筑平台或阳台上。放置在室外的贮水箱应有防雨雪、防雷击等保护措施，以延长其运行寿命。

贮水箱应尽量靠近太阳能集热器以缩短管线。贮水箱上方及周围要留有不小于 600mm 的空间，以满足安装、检修要求。

5.4 结 构 设 计

5.4.1 太阳能热水系统中的太阳能集热器和贮水箱与主体结构的连接和锚固必须牢固可靠，主体结构的承载力必须经过计算或实物试验予以确认，并要留有余地，防止偶然因素产生突然破坏。真空管集热器的重量约 15～20kg/m²，平板集热器的重量约 20～25kg/m²。

安装太阳能热水器系统的主体结构必须具备承受太阳能集热器、贮水箱等传递的各种作用的能力（包括检修荷载），主体结构设计时应充分加以考虑。

主体结构为混凝土结构时，为了保证与主体结构的连接可靠性，连接部位主体结构混凝土强度等级不应低于 C20。

5.4.2 连接件与主体结构的锚固承载力应大于连接

本身的承载力，任何情况不允许发生锚固破坏。采用锚栓连接时，应有可靠的防松、防滑措施；采用挂接或插接时，应有可靠的防脱、防滑措施。

由于太阳能集热器安装在室外，以及各地区气候条件及工人技术水平的差异，为安全起见建议对结构件和连接件的最小截面予以限制，如型钢（钢管、槽钢、扁钢）的最小厚度宜大于等于 3mm，圆钢直径宜大于等于 10mm，焊接角钢不宜小于 L45×4 或 L56×36×4，螺栓连接用角钢不宜小于 L50×5。对于沿海地区，由于空气中大量氯离子存在，会对金属结构造成比较严重的腐蚀，因此，对金属材料应采取防腐蚀措施。

太阳能集热器由玻璃真空管（或面板）和金属框架组成，其本身变形能力是较小的。在水平地震或风荷载作用下，集热器本身结构会产生侧移。由于太阳能集热器本身不能承受过大的位移，只能通过弹性连接件来避免主体结构过大侧移影响。

为防止主体结构水平位移使太阳能集热器或贮水箱损坏，连接件必须有一定的适应位移能力，使太阳能集热器和贮水箱与主体结构之间有活动的余地。

5.4.3 太阳能热水系统（主要是太阳能集热器和贮水箱）与建筑主体结构的连接，多数情况应通过预埋件实现，预埋件的锚固钢筋是锚固作用的主要来源，混凝土对锚固钢筋的粘结力是决定性的。固此预埋件必须在混凝土浇筑时埋入，施工时混凝土必须密实振捣。目前实际工程中，往往由于未采取有效措施来固定预埋件，混凝土浇筑时使预埋件偏离设计位置，影响与主体结构的准确连接，甚至无法使用。因此预埋件的设计和施工应引起足够的重视。

为了保证太阳能热水系统与主体结构连接牢固的可靠性，与主体结构连接的预埋件应在主体结构施工时按设计要求的位置和方法进行埋设。

5.4.4 轻质填充墙承载力和变形能力低，不应作为太阳能热水系统中主要是太阳能集热器和贮水箱的支承结构考虑。同样，砌体结构平面外承载能力低，难以直接进行连接，所以宜增设混凝土结构或钢结构连接构件。

5.4.5 当土建施工中未设预埋件、预埋件漏放、预埋件偏离设计位置太远、设计变更，或既有建筑增设太阳能热水系统时，往往要使用后锚固螺栓进行连接。采用后锚固螺栓（机械膨胀螺栓或化学锚栓）时，应采取多种措施，保证连接的可靠性及安全性。

5.4.6 太阳能热水系统结构设计应区分是否抗震。对非抗震设防的地区，只需考虑风荷载、重力荷载以及温度作用；对抗震设防的地区，还应考虑地震作用。

经验表明，对于安装在建筑屋面、阳台、墙面或其他部位的太阳能集热器主要受风荷载作用，抗风设

计是主要考虑因素。但是地震是动力作用，对连接节点会产生较大影响，使连接处发生破坏甚至使太阳能集热器脱落，所以除计算地震作用外，还必须加强构造措施。

5.5 给水排水设计

5.5.1 太阳能热水系统与建筑结合是把太阳能热水系统纳入到建筑设计当中来统一设计，因此热水供水系统设计中无论是水量、水温、水质还是设备管路、管材、管件都应符合《建筑给水排水设计规范》GB 50015 的要求。

5.5.2 集热器总面积是根据公式计算出来的（见本规范 4.4.2 条），但是在实际工程中由于建筑所能提供摆放集热器的面积有限，无法满足集热器计算面积的要求，因此最终太阳能集热器的面积要各专业相互配合来确定。

5.5.3 当日用水量（按 60℃ 计）大于或等于 10m³ 且原水总硬度（以碳酸钙计）大于 300mg/L 时，宜进行水质软化或稳定处理。经软化处理后的水质硬度宜为 75～150mg/L。

水质稳定处理应根据水的硬度、适用流速、温度、作用时间或有效长度及工作电压等选择合适的物理处理或化学稳定剂处理。

5.5.4 这一条主要是指用太阳能集热器里的水作为热媒水时，保证补水能够补进去。

5.5.5 由于一般情况下集热器摆放所需的面积，建筑都不容易满足，同时也考虑太阳能的不稳定性，尽可能地去利用太阳能，所以在选择设计水温时，尽量选用下限温度。

5.5.6、5.5.7 这二条是在新建建筑与既有建筑中，太阳能与建筑相结合时供热水系统中应注重考虑的问题。

5.5.8 集热器表面应定时清洗，否则会影响集热效率，这条主要是为清洗提供方便而作的规定。

5.6 电 气 设 计

5.6.1～5.6.3 这是对太阳能热水系统中使用电器设备的安全要求。

如果系统中含有电器设备，其电器安全应符合现行国家标准《家用和类似用途电器的安全》（第一部分 通用要求）GB 4706.1 和（贮水式电热水器的特殊要求）GB 4706.12 的要求。

5.6.4 系统的电气管线应与建筑物的电气管线统一布置，集中隐蔽。

6 太阳能热水系统安装

6.1 一 般 规 定

6.1.1 本条强调了太阳能热水系统的安装应按设计

要求进行安装。

6.1.2 目前，太阳能热水系统一般作为一个独立的工程由专门的太阳能公司负责安装。本条对施工组织设计进行了强调。

6.1.3 本条是针对目前施工安装人员的技术水平差别较大而制定的。目的在于规范太阳能热水系统的施工安装。提倡先设计后施工，禁止无设计而盲目施工。

6.1.4 为保证太阳能热水器产品质量和规范市场，制定了一系列产品标准，包括国家标准和行业标准，涉及基础标准、测试方法标准、产品标准和系统设计安装标准四个方面。

产品的性能包括太阳能集热器的承压、防冻等安全性能，得热量、供热水温度、供热水量等指标。太阳能热水系统必须满足相关的设计标准、建筑构件标准、产品标准和安装、施工规范要求。

为保证太阳能热水系统尤其是太阳能集热器的耐久性，本条提出太阳能热水系统各部分应符合相应国家产品标准的有关规定。

6.1.5 鉴于目前太阳能热水系统安装比较混乱，部分太阳能热水系统安装破坏了建筑结构或放置位置不合理，存在安全隐患。本条对此问题加以规范。

6.1.6 鉴于太阳能热水系统的安装一般在土建工程完工后进行，而土建部位的施工多由其他施工单位完成，本条强调了对土建部位的保护。

6.1.7 本条强调了产品在搬运、存放、吊装等过程的质量保护。

6.1.8 本条强调了分散供热水系统的安装不得影响其他住户的使用功能要求。

6.1.9 本条对太阳能热水系统安装人员的素质进行强调和规范。

6.2 基　座

6.2.1 基座是很关键的部位，关系到太阳能热水系统的稳定和安全，应与主体结构连接牢固。尤其是在既有建筑上增设的基座，由于不是同时施工，更要采取技术措施，与主体结构可靠地连接。本条对此加以强调。

6.2.2 当贮水箱注满水后，其自重将超过建筑楼板的承载能力，因此贮水箱基座必须设在建筑物承重墙（梁）上。因此应对贮水箱基座的放置位置和制作要求加以强调，以确保安全。

6.2.3 一般情况下，太阳能热水系统的承重基座都是在屋面结构层上现场砌（浇）筑。对于在既有建筑上安装的太阳能热水系统，需要刨开屋面面层做基座，因此将破坏原有的防水结构。基座完工后，被破坏的部位重做防水。本条对此加以强调。

6.2.4 不少太阳能热水系统采用预制集热器支架基座，放置在建筑屋面上。本条对此加以规范。

6.2.5 实际施工中，基座顶面预埋件的防腐多被忽视，本条对此加以强调。

6.3 支　架

6.3.1 本条强调了太阳能热水系统的支架应按图纸要求制作，并应注意整体美观。支架制作应符合相关规范的要求。

6.3.2 支架在承重基础上的安装位置不正确将造成支架偏移，本条对此加以强调。

6.3.3 太阳能热水系统的防风主要是通过支架实现的，且由于现场条件不同，防风措施也不同。本条对太阳能热水系统防风加以强调。

6.3.4 为防止雷电伤人，本条强调钢结构支架应与建筑物接地系统可靠连接。

6.3.5 本条强调了钢结构支架的防腐质量。

6.4 集 热 器

6.4.1 本条强调了集热器摆放位置以及与支架的固定，以防止集热器滑脱。

6.4.2 不同厂家生产的集热器，集热器与集热器之间的连接方式可能不同。本条对此加以强调，以防止连接方式不正确出现漏水。

6.4.3 为便于日后集热器的维护和更换，本条对此加以强调。

6.4.4 为防止集热器漏水，本条对此加以强调。

6.4.5 本条强调应先检漏，后保温，且应保证保温质量。

6.5 贮 水 箱

6.5.1 为了确保安全，防止滑脱，本条强调贮水箱安装位置应正确，并与底座固定牢靠。

6.5.2 贮水箱贮存的是热水，因此对水箱的材质、规格作出要求，并规范了水箱的制作质量。

6.5.3 实际应用中，不少贮水箱采用钢板焊接。因此对内外壁尤其是内壁的防腐提出要求，以确保不危及人体健康和能承受热水温度。

6.5.4 为防止触电事故，本条对贮水箱内箱接地作特别强调。

6.5.5 为防止贮水箱漏水，本条对此加以强调。

6.5.6 本条强调应先检漏，后保温，且应保证保温质量。

6.6 管　路

6.6.1 《建筑给水排水及采暖工程施工质量验收规范》GB 50242规范了各种管路施工要求。太阳能热水系统的管路施工与 GB 50242相同。限于篇幅，这里引用 GB 50242的规定，对太阳能热水系统管路的施工加以规范。

6.6.2 本条强调水泵安装的质量要求。

6.6.3 本条强调水泵的防雨和防冻。

6.6.4 本条强调了电磁阀安装的质量要求。

6.6.5 实际安装中，容易出现水泵、电磁阀、阀门的安装方向不正确的现象，本条对此加以强调。

6.6.6 为防止管路漏水，本条对此加以强调。

6.6.7 本条强调应先检漏，后保温，且应保证保温质量。

6.7 辅助能源加热设备

6.7.1 《建筑电气工程施工质量验收规范》GB 50303中规范了电加热器的安装。限于篇幅，这里引用以上标准。

6.7.2 《建筑给水排水及采暖工程施工质量验收规范》GB 50242规范了额定工作压力不大于1.25MPa、热水温度不超过130℃的整装蒸汽和热水锅炉及辅助设备的安装，规范了直接加热和热交换器及辅助设备的安装。本条引用上述标准。

6.8 电气与自动控制系统

6.8.1 《电气装置安装工程电缆线路施工及验收规范》GB 50168规范了各种电缆线路的施工，限于篇幅，这里引用该标准。

6.8.2 《建筑电气工程施工质量验收规范》GB 50303规范了各种电气工程的施工，限于篇幅，这里引用该标准的相关规定。

6.8.3 从安全角度考虑，本条强调所有电气设备和与电气设备相连接的金属部件应做接地处理。本条强调了电气接地装置施工的质量。

6.8.4 在实际应用中，太阳能热水系统常常会进行温度、温差、压力、水位、时间、流量等控制，本条强调了上述传感器安装的质量和注意事项。

6.9 水压试验与冲洗

6.9.1 为防止系统漏水，本条对此加以强调。

6.9.2 本条规定了管路和设备的检漏试验。对于各种管路和承压设备，试验压力应符合设计要求。当设计未注明时，应按现行国家标准《建筑给水排水及采暖工程施工质量验收规范》GB 50242的相关要求进行。非承压设备做满水灌水试验，满水灌水检验方法：满水试验静置24h，观察不漏不渗。

6.9.3 为防止系统结冰冻裂，本条特作强调。

6.9.4 本条强调了系统安装完毕应进行冲洗，并规定了冲洗方法。

6.10 系统调试

6.10.1 太阳能热水系统是一个比较专业的工程，需由专业人员才能完成系统调试。本条强调必须进行系统调试，以确保系统正常运行。

6.10.2 太阳能热水系统包含水泵、电磁阀、电气及控制系统等，应先做部件调试，后作系统调试。本条对此加以规范。

6.10.3 本条规定了设备单机调试应包括的部件，以防遗漏。

6.10.4 系统联动调试主要指按照实际运行工况进行系统调试。本条解释了系统联动调试内容，以防遗漏。

6.10.5 本条强调系统联动调试完成后，应进行3d试运转，以观察实际运行是否正常。

7 太阳能热水系统验收

7.1 一般规定

7.1.1 本条规定了太阳热水工程验收应分分项工程验收和竣工验收。

7.1.2 太阳能热水系统，必须在安装前完成隐蔽工程验收，并对其工程验收文件进行认真的审核与验收。本条对此加以强调。

7.1.3 本条强调了太阳能热水系统验收前应清理工程现场。

7.1.4 根据《建筑工程施工质量验收统一标准》GB 50300的要求，分项工程验收应由监理工程师（建设单位技术负责人）组织施工单位项目专业质量（技术）负责人等进行验收。

7.1.5 本条强调了施工单位应先进行自检，自检合格后再申请竣工验收。

7.1.6 根据《建筑工程施工质量验收统一标准》GB 50300的要求，应由建设单位（项目）负责人组织施工单位、设计、监理等单位（项目）负责人进行竣工验收。

7.1.7 本条强调了应对太阳能热水系统的资料立卷归档。

7.2 分项工程验收

7.2.1 由于太阳能热水系统的施工受多种条件的制约，因此本条强调了分项工程验收可根据工程施工特点分期进行。

7.2.2 太阳能热水系统一些工序的施工必须在前一道工序完成且质量合格后才能进行本道工序，否则将较难返工。本条对此加以强调。

7.2.3 本条强调了太阳能热水系统产生的热水不应有碍人体健康。

7.2.4 本条强调了太阳能热水系统性能应符合相关标准。在本标准制定的同时，有关部门正在制定《太阳能热水系统性能评定规范》的国家产品标准。

7.3 竣工验收

7.3.1 本条强调工程移交用户前，应进行竣工验收。

7.3.2 本条强调了竣工验收应提交的资料。实际应用中，部分施工单位对施工资料不够重视，本条对此加以强调。

中华人民共和国国家标准

太阳能供热采暖工程技术规范

Technical code for solar heating system

GB 50495—2009

主编部门：中华人民共和国住房和城乡建设部
批准部门：中华人民共和国住房和城乡建设部
施行日期：２００９年８月１日

中华人民共和国住房和城乡建设部
公 告

第 262 号

关于发布国家标准《太阳能
供热采暖工程技术规范》的公告

现批准《太阳能供热采暖工程技术规范》为国家标准，编号为 GB 50495-2009，自 2009 年 8 月 1 日起实施。其中，第 1.0.5、3.1.3、3.4.1 (1)、3.6.3 (4)、4.1.1 条（款）为强制性条文，必须严格执行。

本规范由我部标准定额研究所组织中国建筑工业出版社出版发行。

中华人民共和国住房和城乡建设部

2009 年 3 月 19 日

前 言

根据原建设部"关于印发《二〇〇二~二〇〇三年度工程建设国家标准制订、修订计划》的通知"（建标〔2003〕104 号）和"关于印发《2006 年工程建设标准规范制订、修订计划（第一批）》的通知"（建标〔2006〕77 号）的要求，由中国建筑科学研究院会同有关单位共同编制了本规范。

在规范编制过程中，编制组进行了广泛深入的调查研究，认真总结了工程实践经验，参考了国外相关标准和先进经验，并在广泛征求意见的基础上，通过反复讨论、修改和完善，制定了本规范。

本规范共分 5 章和 7 个附录。主要内容是：总则，术语，太阳能供热采暖系统设计，太阳能供热采暖工程施工，太阳能供热采暖工程的调试、验收与效益评估。

本规范中以黑体字标志的条文为强制性条文，必须严格执行。

本规范由住房和城乡建设部负责管理和对强制性条文的解释，由中国建筑科学研究院负责具体技术内容的解释。

本规范在执行过程中，请各单位注意总结经验，积累资料，随时将有关意见和建议反馈给中国建筑科学研究院（地址：北京北三环东路 30 号；邮政编码：100013），以供修订时参考。

本规范主编单位：中国建筑科学研究院

本规范参编单位：国家住宅与居住环境工程技术研究中心
国际铜业协会（中国）
北京市太阳能研究所有限公司

昆明新元阳光科技有限公司
深圳市嘉普通太阳能有限公司
北京创意博能源科技有限公司
山东力诺瑞特新能源有限公司
皇明太阳能集团有限公司
北京清华阳光能源开发有限责任公司
江苏太阳雨太阳能有限公司
北京九阳实业公司
艾欧史密斯（中国）热水器有限公司
默洛尼卫生洁具(中国)有限公司
北京北方赛尔太阳能工程技术有限公司
北京天普太阳能工业有限公司
陕西华夏新能源科技有限公司

本规范主要起草人：郑瑞澄 路 宾 李 忠
何 涛 张 磊 张昕宇
孙 宁 朱敦智 朱培世
邹怀松 刘学真 孙峙峰
倪 超 徐志斌 冯爱荣
窦建清 焦青太 赵国华
程兆山 方达龙 赵大山
任 杰 霍炳男

主要审查人员名单：李娥飞 罗振涛 殷志强
刘振印 张树君 何梓年
杨纯华 宋业辉 贾铁鹰

目　次

Contents

1 总 则

1.0.1 为规范太阳能供热采暖工程的设计、施工及验收，做到安全适用、经济合理、技术先进可靠，保证工程质量，制定本规范。

1.0.2 本规范适用于在新建、扩建和改建建筑中使用太阳能供热采暖系统的工程，以及在既有建筑上改造或增设太阳能供热采暖系统的工程。

1.0.3 太阳能供热采暖系统应与工程建设项目同步设计、同步施工、统一验收、同时投入使用。

1.0.4 太阳能供热采暖系统应做到全年综合利用，在采暖期为建筑物提供供热采暖，在非采暖期为建筑物提供生活热水或其他用热。

1.0.5 在既有建筑上增设或改造太阳能供热采暖系统，必须经建筑结构安全复核，满足建筑结构及其他相应的安全性要求，并经施工图设计文件审查合格后，方可实施。

1.0.6 设置太阳能供热采暖系统的新建、改建、扩建和既有供暖建筑物，建筑热工与节能设计不应低于国家有关建筑节能标准的规定。

1.0.7 太阳能供热采暖工程设计、施工及验收除应符合本规范外，尚应符合国家现行有关标准的规定。

2 术 语

2.0.1 太阳能供热采暖系统 solar heating system

将太阳能转换成热能，供给建筑物冬季采暖和全年其他用热的系统，系统主要部件有太阳能集热器、换热蓄热装置、控制系统、其他能源辅助加热／换热设备、泵或风机、连接管道和末端供热采暖系统等。

2.0.2 短期蓄热太阳能供热采暖系统 solar heating system with short-term heat storage

仅设置具有数天贮热容量设备的太阳能供热采暖系统。

2.0.3 季节蓄热太阳能供热采暖系统 solar heating system with seasonal heat storage

设置的贮热设备容量，可贮存在非采暖期获取的太阳能量，用于冬季供热采暖的太阳能供热采暖系统。

2.0.4 液体工质太阳能集热器 solar liquid collector

吸收太阳辐射并将产生的热能传递到液体传热工质的装置。

2.0.5 太阳能空气集热器 solar air collector

吸收太阳辐射并将产生的热能传递到空气传热工质的装置。

2.0.6 液体工质集热器太阳能供热采暖系统 solar heating system using solar liquid collector

使用液体工质太阳能集热器的太阳能供热采暖系统。

2.0.7 太阳能空气集热器供热采暖系统 solar heating system using solar air collector

使用太阳能空气集热器的太阳能供热采暖系统。

2.0.8 太阳能集热系统 solar collector loop

用于收集太阳能并将其转化为热能传递到蓄热装置的系统，包括太阳能集热器、管路、泵或风机（强制循环系统）、换热器（间接系统）、蓄热装置及相关附件。

2.0.9 直接式太阳能集热系统（直接系统） solar direct system

在太阳能集热器中直接加热水供给用户的太阳能集热系统。

2.0.10 间接式太阳能集热系统（间接系统） solar indirect system

在太阳能集热器中加热液体传热工质，再通过换热器由该种传热工质加热水供给用户的太阳能集热系统。

2.0.11 开式太阳能集热系统（开式系统） solar open system

与大气相通的太阳能集热系统。

2.0.12 闭式太阳能集热系统（闭式系统） solar closed system

不与大气相通的太阳能集热系统。

2.0.13 排空系统 drain down system

在可能发生工质被冻结情况时，可将全部工质全部排空以防止冻害的直接式太阳能集热系统。

2.0.14 排回系统 drain back system

在可能发生工质被冻结情况时，可将全部工质排回室内贮液罐以防止冻害的间接式太阳能集热系统。

2.0.15 防冻液系统 antifreeze system

采用防冻液作为传热工质以防止冻害的间接式太阳能集热系统。

2.0.16 循环防冻系统 prevent freeze with circulation

在可能发生工质被冻结情况时，启动循环泵使工质循环以防止冻害的直接式太阳能集热系统。

2.0.17 太阳能保证率 solar fraction

太阳能供热采暖系统中由太阳能供给的热量占系统总热负荷的百分率。

2.0.18 系统费效比 cost／benefit ratio of the system

太阳能供热采暖系统的增投资与系统在正常使用寿命期内的总节能量的比值（元／kWh），表示利用太阳能节省每千瓦小时常规能源热量的投资成本。

2.0.19 建筑物耗热量 heat loss of building

在计算采暖期室外平均气温条件下，为保持室内设计计算温度，建筑物在单位时间内消耗的、需由室内供暖设备供给的热量。单位为瓦（W）。

2.0.20 采暖热负荷 heating load for space heating

在采暖室外计算温度条件下，为保持室内设计计算温度，建筑物在单位时间内消耗的、需由供热设施供给的热量。单位为瓦（W）。

2.0.21 太阳能集热器总面积 gross collector area

整个集热器的最大投影面积，不包括那些固定和连接传热工质管道的组成部分。单位为平方米（m²）。

2.0.22 太阳能集热器采光面积 aperture collector area

非会聚太阳辐射进入集热器的最大投影面积。单位为平方米（m²）。

3 太阳能供热采暖系统设计

3.1 一般规定

3.1.1 太阳能供热采暖系统类型的选择，应根据所在地区气候、太阳能资源条件、建筑物类型、建筑物使用功能、业主要求、投资规模、安装条件等因素综合确定。

3.1.2 太阳能供热采暖系统设计应充分考虑施工安装、操作使用、运行管理、部件更换和维护等要求，做到安全、可靠、适用、经济、美观。

3.1.3 太阳能供热采暖系统应根据不同地区和使用条件采取防冻、防结露、防过热、防雷、防雹、抗风、抗震和保证电气安全等技术措施。

3.1.4 太阳能供热采暖系统应设置其他能源辅助加热/换热设备，做到因地制宜、经济适用。

3.1.5 太阳能供热采暖系统中的太阳能集热器的性能应符合现行国家标准《平板型太阳能集热器》GB/T 6424 和《真空管型太阳能集热器》GB/T 17581 的规定，正常使用寿命不应少于 10 年。其余组成设备和部件的质量应符合国家相关产品标准的规定。

3.1.6 在太阳能供热采暖系统中，宜设置能耗计量装置。

3.1.7 太阳能供热采暖系统设计完成后，应进行系统节能、环保效益预评估。

3.2 供热采暖系统选型

3.2.1 太阳能供热采暖系统可由太阳能集热系统、蓄热系统、末端供热采暖系统、自动控制系统和其他能源辅助加热/换热设备集合构成。

3.2.2 按所使用的太阳能集热器类型，太阳能供热采暖系统可分为下列两种系统：

1 液体工质集热器太阳能供热采暖系统；

2 太阳能空气集热器供热采暖系统。

3.2.3 按集热系统的运行方式，太阳能供热采暖系统可分为下列两种系统：

1 直接式太阳能供热采暖系统；

2 间接式太阳能供热采暖系统。

3.2.4 按所使用的末端采暖系统类型，太阳能供热采暖系统可分为下列四种系统：

1 低温热水地板辐射采暖系统；

2 水-空气处理设备采暖系统；

3 散热器采暖系统；

4 热风采暖系统。

3.2.5 按蓄热能力，太阳能供热采暖系统可分为下列两种系统：

1 短期蓄热太阳能供热采暖系统；

2 季节蓄热太阳能供热采暖系统。

3.2.6 太阳能供热采暖系统的类型宜根据建筑气候分区和建筑物类型参照表 3.2.6 选择。

表 3.2.6 太阳能供热采暖系统选型

建筑气候分区			严寒地区			寒冷地区			夏热冬冷、温和地区		
建筑物类型			低层	多层	高层	低层	多层	高层	低层	多层	高层
太阳能集热器	液体工质集热器		●	●	●	●	●	●	●	●	●
	空气集热器		●	—	●	●	—	●	●	—	●
集热系统运行方式	直接系统		—	●	●	—	●	●	●	●	●
	间接系统		●	●	●	●	●	●	●	●	●
系统蓄热能力	短期蓄热		●	●	●	●	●	●	●	●	●
	季节蓄热		●	●	—	●	●	—	—	—	—
末端采暖系统	低温热水地板辐射采暖		●	●	●	●	●	●	●	●	●
	水-空气处理设备采暖		—	—	—	—	—	—	●	●	●
	散热器采暖		—	—	—	●	●	●	●	●	●
	热风采暖		●	—	—	●	—	—	●	—	—

注：表中"●"为可选用项。

3.2.7 液体工质集热器太阳能供热采暖系统可用于现行国家标准《采暖通风与空气调节设计规范》GB 50019 中规定采用热水辐射采暖、空气调节系统采暖和散热器采暖的各类建筑。太阳能空气集热器供暖系统可用于建筑物内需热风采暖的区域。

3.3 供热采暖系统负荷计算

3.3.1 对采暖热负荷和生活热水负荷分别进行计算

后，应选两者中较大的负荷确定为太阳能供热采暖系统的设计负荷，太阳能供热采暖系统的设计负荷应由太阳能集热系统和其他能源辅助加热/换热设备共同负担。

3.3.2 太阳能集热系统负担的采暖热负荷是在计算采暖期室外平均气温条件下的建筑物耗热量。建筑物耗热量、围护结构传热耗热量、空气渗透耗热量的计算应符合下列规定：

1 建筑物耗热量应按下式计算：

$$Q_H = Q_{HT} + Q_{INF} - Q_{IH} \quad (3.3.2\text{-}1)$$

式中 Q_H ——建筑物耗热量，W；

$\quad\quad Q_{HT}$ ——通过围护结构的传热耗热量，W；

$\quad\quad Q_{INF}$ ——空气渗透耗热量，W；

$\quad\quad Q_{IH}$ ——建筑物内部得热量（包括照明、电器、炊事和人体散热等），W。

2 通过围护结构的传热耗热量应按下式计算：

$$Q_{HT} = (t_i - t_e)(\Sigma \varepsilon KF) \quad (3.3.2\text{-}2)$$

式中 Q_{HT} ——通过围护结构的传热耗热量，W；

$\quad\quad t_i$ ——室内空气计算温度，按《采暖通风与空气调节设计规范》GB 50019 中的规定范围的低限选取，℃；

$\quad\quad t_e$ ——采暖期室外平均温度，℃；

$\quad\quad \varepsilon$ ——各个围护结构传热系数的修正系数，参照相关的建筑节能设计行业标准选取；

$\quad\quad K$ ——各个围护结构的传热系数，W/（m²·℃）；

$\quad\quad F$ ——各个围护结构的面积，m²。

3 空气渗透耗热量应按下式计算：

$$Q_{INF} = (t_i - t_e)(c_P \rho NV) \quad (3.3.2\text{-}3)$$

式中 Q_{INF} ——空气渗透耗热量，W；

$\quad\quad c_P$ ——空气比热容，取 0.28W·h/（kg·℃）；

$\quad\quad \rho$ ——空气密度，取 t_e 条件下的值，kg/m³；

$\quad\quad N$ ——换气次数，次/h；

$\quad\quad V$ ——换气体积，m³/次。

3.3.3 其他能源辅助加热/换热设备负担在采暖室外计算温度条件下建筑物采暖热负荷的计算应符合下列规定：

1 采暖热负荷应按现行国家标准《采暖通风与空气调节设计规范》GB 50019 中的规定计算。

2 在标准规定可不设置集中采暖的地区或建筑，宜根据当地的实际情况，适当降低室内空气计算温度。

3.3.4 太阳能集热系统负担的热水供应负荷为建筑物的生活热水日平均耗热量。热水日平均耗热量应按

下式计算：

$$Q_w = mq_r c_w \rho_w (t_r - t_l)/86400 \quad (3.3.4\text{-}1)$$

式中 Q_w ——生活热水日平均耗热量，W；

$\quad\quad m$ ——用水计算单位数，人数或床位数；

$\quad\quad q_r$ ——热水用水定额，根据《建筑给水排水设计规范》GB 50015 规定，按热水最高日用水定额的下限取值，L/（人·d）或 L/（床·d）；

$\quad\quad c_w$ ——水的比热容，取 4187 J/（kg·℃）；

$\quad\quad \rho_w$ ——热水密度，kg/L；

$\quad\quad t_r$ ——设计热水温度，℃；

$\quad\quad t_l$ ——设计冷水温度，℃。

3.4 太阳能集热系统设计

3.4.1 太阳能集热系统设计应符合下列基本规定：

1 建筑物上安装太阳能集热系统，严禁降低相邻建筑的日照标准。

2 直接式太阳能集热系统宜在冬季环境温度较高，防冻要求不严格的地区使用；冬季环境温度较低的地区，宜采用间接式太阳能集热系统。

3 太阳能集热系统管道应选用耐腐蚀和安装连接方便可靠的管材。可采用铜管、不锈钢管、塑料和金属复合热水管等。

3.4.2 太阳能集热器的设置应符合下列规定：

1 太阳能集热器宜朝向正南，或南偏东、偏西30°的朝向范围内设置；安装倾角宜选择在当地纬度－10°～＋20°的范围内；当受实际条件限制时，应按附录 A 进行面积补偿，合理增加集热器面积，并应进行经济效益分析。

2 放置在建筑外围护结构上的太阳能集热器，在冬至日集热器采光面上的日照时数应不少于 4h。前、后排集热器之间应留有安装、维护操作的足够间距，排列应整齐有序。

3 某一时刻太阳能集热器不被前方障碍物遮挡阳光的日照间距应按下式计算：

$$D = H \times \coth \times \cos\gamma_0 \quad (3.4.2)$$

式中 D ——日照间距，m；

$\quad\quad H$ ——前方障碍物的高度，m；

$\quad\quad h$ ——计算时刻的太阳高度角，°；

$\quad\quad \gamma_0$ ——计算时刻太阳光线在水平面上的投影线与集热器表面法线在水平面上的投影线之间的夹角，°。

4 太阳能集热器不得跨越建筑变形缝设置。

3.4.3 确定太阳能集热器总面积应符合下列规定：

1 直接系统集热器总面积应按下式计算：

$$A_C = \frac{86400 Q_H f}{J_T \eta_{cd}(1 - \eta_L)} \quad (3.4.3\text{-}1)$$

式中 A_C ——直接系统集热器总面积，m²；

Q_H —— 建筑物耗热量，W；

J_T —— 当地集热器采光面上的平均日太阳辐照量，$J/(m^2 \cdot d)$，按附录 B 选取；

f —— 太阳能保证率，%，按附录 B 选取；

η_cd —— 基于总面积的集热器平均集热效率，%，按附录 C 方法计算；

η_L —— 管路及贮热装置热损失率，%，按附录 D 方法计算。

2 间接系统集热器总面积应按下式计算：

$$A_\text{IN} = A_\text{C} \cdot \left(1 + \frac{U_\text{L} \cdot A_\text{C}}{U_\text{hx} \cdot A_\text{hx}} \right) \quad (3.4.3\text{-}2)$$

式中 A_IN —— 间接系统集热器总面积，m^2；

A_C —— 直接系统集热器总面积，m^2；

U_L —— 集热器总热损系数，$W/(m^2 \cdot ℃)$，测试得出；

U_hx —— 换热器传热系数，$W/(m^2 \cdot ℃)$，查产品样本得出；

A_hx —— 间接系统换热器换热面积，m^2，按附录 E 方法计算。

3.4.4 太阳能集热系统的设计流量应按下列公式和推荐的参数计算。

1 太阳能集热系统的设计流量应按下式计算：

$$G_\text{S} = gA \quad (3.4.4)$$

式中 G_S —— 太阳能集热系统的设计流量，m^3/h；

g —— 太阳能集热器的单位面积流量，$m^3/(h \cdot m^2)$；

A —— 太阳能集热器的采光面积，m^2。

2 太阳能集热器的单位面积流量应根据太阳能集热器生产企业给出的数值确定。在没有企业提供相关技术参数的情况下，根据不同的系统，宜按表 3.4.4 给出的范围取值。

表 3.4.4 太阳能集热器的单位面积流量

系 统 类 型		太阳能集热器的单位面积流量 $m^3/(h \cdot m^2)$
小型太阳能供热水系统	真空管型太阳能集热器	$0.035 \sim 0.072$
	平板型太阳能集热器	0.072
大型集中太阳能供暖系统（集热器总面积大于 $100m^2$）		$0.021 \sim 0.06$
小型独户太阳能供暖系统		$0.024 \sim 0.036$
板式换热器间接式太阳能集热供暖系统		$0.009 \sim 0.012$
太阳能空气集热器供暖系统		36

3.4.5 太阳能集热系统宜采用自动控制变流量运行。

3.4.6 太阳能集热系统的防冻设计应符合下列规定：

1 在冬季室外环境温度可能低于 0℃ 的地区，应进行太阳能集热系统的防冻设计。

2 太阳能集热系统可采用的防冻措施宜根据集热系统类型、使用地区参照表 3.4.6 选择。

表 3.4.6 太阳能集热系统的防冻设计选型

建筑气候分区		严寒地区		寒冷地区		夏热冬冷地区		温和地区	
太阳能集热系统类型		直接系统	间接系统	直接系统	间接系统	直接系统	间接系统	直接系统	间接系统
防冻设计类型	排空系统	—	—	●	—	●	—	●	—
	排回系统	—	●	—	●	—	●	—	—
	防冻液系统	—	●	—	●	—	●	—	●
	循环防冻系统	—	●	●	—	●	—	●	—

注：表中"●"为可选用项。

3 太阳能集热系统的防冻措施应采用自动控制运行工作。

3.5 蓄热系统设计

3.5.1 太阳能蓄热系统设计应符合下列基本规定：

1 应根据太阳能集热系统形式、系统性能、系统投资，供热采暖负荷和太阳能保证率进行技术经济分析，选取适宜的蓄热系统。

2 太阳能供热采暖系统的蓄热方式，应根据蓄热系统形式、投资规模和当地的地质、水文、土壤条件及使用要求按表 3.5.1 进行选择。

表 3.5.1 蓄热方式选用表

系 统 形 式	蓄热方式				
	贮热水箱	地下水池	土壤埋管	卵石堆	相变材料
液体工质集热器短期蓄热系统	●	●	—	—	●
液体工质集热器季节蓄热系统	●	●	●	—	—
空气集热器短期蓄热系统	—	—	—	●	●

注：表中"●"为可选用项。

3 短期蓄热液体工质集热器太阳能供暖系统，宜用于单体建筑的供暖；季节蓄热液体工质集热器太阳能供暖系统，宜用于较大建筑面积的区域供暖。

4 蓄热水池不应与消防水池合用。

3.5.2 液体工质蓄热系统设计应符合下列规定:

1 根据当地的太阳能资源、气候、工程投资等因素综合考虑,短期蓄热液体工质集热器太阳能供暖系统的蓄热量应满足建筑物 1～5 天的供暖需求。

2 各类太阳能供热采暖系统对应每平方米太阳能集热器采光面积的贮热水箱、水池容积范围可按表 3.5.2 选取,宜根据设计蓄热时间周期和蓄热量等参数计算确定。

表 3.5.2 各类系统贮热水箱的容积选择范围

系统类型	小型太阳能供热水系统	短期蓄热太阳能供热采暖系统	季节蓄热太阳能供热采暖系统
贮热水箱、水池容积范围（L/m²）	40～100	50～150	1400～2100

3 应合理布置太阳能集热系统、生活热水系统、供暖系统与贮热水箱的连接管位置,实现不同温度供热／换热需求,提高系统效率。

4 水箱进、出口处流速宜小于 0.04m/s,必要时宜采用水流分布器。

5 设计地下水池季节蓄热系统的水池容量时,应校核计算蓄热水池内热水可能达到的最高温度;宜利用计算软件模拟系统的全年运行性能,进行计算预测。水池的最高水温应比水池工作压力对应的工质沸点温度低 5℃。

6 地下水池应根据相关国家标准、规范进行槽体结构、保温结构和防水结构的设计。

7 季节蓄热地下水池应有避免池内水温分布不均匀的技术措施。

8 贮热水箱和地下水池宜采用外保温,其保温设计应符合国家现行标准《采暖通风与空气调节设计规范》GB 50019 及《设备及管道绝热设计导则》GB/T 8175 的规定。

9 设计土壤埋管季节蓄热系统之前,应进行地质勘察,确定当地的土壤地质条件是否适宜埋管,是否宜与地埋管热泵系统配合使用。

3.5.3 卵石堆蓄热设计应符合下列规定:

1 空气蓄热系统的蓄热装置——卵石堆蓄热器（卵石箱）内的卵石含量为每平方米集热器面积 250kg;卵石直径小于 10cm 时,卵石堆深度不宜小于 2m,卵石直径大于 10cm 时,卵石堆深度不宜小于 3m。卵石箱上下风口的面积应大于 8％ 的卵石箱截面积,空气通过上下风口流经卵石堆的阻力应小于 37Pa。

2 放入卵石箱内的卵石应大小均匀并清洗干净,直径范围宜在 5～10cm 之间;不应使用易破碎或可

与水和二氧化碳起反应的石头。卵石堆可水平或垂直铺放在箱内,宜优先选用垂直卵石堆,地下狭窄、高度受限的地点宜选用水平卵石堆。

3.5.4 相变材料蓄热设计应符合下列规定:

1 空气集热器太阳能供暖系统采用相变材料蓄热时,热空气可直接流过相变材料蓄热器加热相变材料进行蓄热;液体工质集热器太阳能供暖系统采用相变材料蓄热时,应增设换热器,通过换热器加热相变材料蓄热器中的相变材料进行蓄热。

2 应根据太阳能供热采暖系统的工作温度,选择确定相变材料,使相变材料的相变温度与系统的工作温度范围相匹配。常用相变材料特性可参见附录 G。

3.6 控制系统设计

3.6.1 太阳能供热采暖系统的自动控制设计应符合下列基本规定:

1 太阳能供热采暖系统应设置自动控制。自动控制的功能应包括对太阳能集热系统的运行控制和安全防护控制、集热系统和辅助热源设备的工作切换控制。太阳能集热系统安全防护控制的功能应包括防冻保护和防过热保护。

2 控制方式应简便、可靠、利于操作;相应设置的电磁阀、温度控制阀、压力控制阀、泄水阀、自动排气阀、止回阀、安全阀等控制元件性能应符合相关产品标准要求。

3 自动控制系统中使用的温度传感器,其测量不确定度不应大于 0.5℃。

3.6.2 系统运行和设备工作切换的自动控制应符合下列规定:

1 太阳能集热系统宜采用温差循环运行控制。

2 变流量运行的太阳能集热系统,宜采用设太阳辐照感应传感器（如光伏电池板等）或温度传感器的方式,应根据太阳辐照条件或温差变化控制变频泵改变系统流量,实现优化运行。

3 太阳能集热系统和辅助热源加热设备的相互工作切换宜采用定温控制。应在贮热装置内的供热介质出口处设置温度传感器,当介质温度低于"设计供热温度"时,应通过控制器启动辅助热源加热设备工作,当介质温度高于"设计供热温度"时,辅助热源加热设备应停止工作。

3.6.3 系统安全和防护的自动控制应符合下列规定:

1 使用排空和排回防冻措施的直接和间接式太阳能集热系统宜采用定温控制。当太阳能集热系统出口水温低于设定的防冻执行温度时,通过控制器启闭相关阀门完全排空集热系统中的水或将水排回贮水箱。

2 使用循环防冻措施的直接式太阳能集热系统宜采用定温控制。当太阳能集热系统出口水温低于设

定的防冻执行温度时，通过控制器启动循环泵进行防冻循环。

　　3　水箱防过热温度传感器应设置在贮热水箱顶部，防过热执行温度应设定在 80℃ 以内；系统防过热温度传感器应设置在集热系统出口，防过热执行温度的设定范围应与系统的运行工况和部件的耐热能力相匹配。

　　4　为防止因系统过热而设置的安全阀应安装在泄压时排出的高温蒸汽和水不会危及周围人员的安全的位置上，并应配备相应的措施；其设定的开启压力，应与系统可耐受的最高工作温度对应的饱和蒸汽压力相一致。

3.7　末端供暖系统设计

　　3.7.1　液体工质集热器太阳能供热采暖系统可采用低温热水地板辐射、水-空气处理设备和散热器等末端供暖系统。

　　3.7.2　空气集热器太阳能供热采暖系统应采用热风采暖末端供暖系统，宜采用部分新风加回风循环的风管送风系统，系统运行噪声应符合国家相关规范的要求。

　　3.7.3　太阳能供热采暖系统的末端供暖系统设计应符合国家现行标准《采暖通风与空气调节设计规范》GB 50019 和《地面辐射供暖技术规程》JGJ 142 的规定。

3.8　热水系统设计

　　3.8.1　太阳能供热采暖系统中热水系统的供热水范围，应根据所在地区气候、太阳能资源条件、建筑物类型、功能，综合业主要求、投资规模、安装等条件确定，并应保证系统在非采暖季正常运行时不会发生过热现象。

　　3.8.2　热水系统设计应符合现行国家标准《建筑给水排水设计规范》GB 50015、《民用建筑太阳能热水系统应用技术规范》GB 50364 的规定。

　　3.8.3　生活热水系统水质的卫生指标，应符合现行国家标准《生活饮用水卫生标准》GB 5749 的要求。

3.9　其他能源辅助加热/换热设备设计选型

　　3.9.1　其他能源加热/换热设备所使用的常规能源种类，应符合现行国家标准《采暖通风与空气调节设计规范》GB 50019、《公共建筑节能设计标准》GB 50189 的规定。

　　3.9.2　其他能源加热/换热设备的选择原则和设备的综合性能应符合现行国家标准《公共建筑节能设计标准》GB 50189 的规定。

　　3.9.3　其他能源加热/换热设备的设计选型应符合现行国家标准《采暖通风与空气调节设计规范》GB 50019、《锅炉房设计规范》GB 50041 的规定。

4　太阳能供热采暖工程施工

4.1　一般规定

　　4.1.1　太阳能供热采暖系统的施工安装不得破坏建筑物的结构、屋面、地面防水层和附属设施，不得削弱建筑物在寿命期内承受荷载的能力。

　　4.1.2　太阳能供热采暖系统的施工安装应单独编制施工组织设计，并应包括与主体结构施工、设备安装、装饰装修等相关工种的协调配合方案和安全措施等内容。

　　4.1.3　太阳能供热采暖系统施工安装前应具备下列条件：

　　1　设计文件齐备，且已审查通过；

　　2　施工组织设计及施工方案已经批准；

　　3　施工场地符合施工组织设计要求；

　　4　现场水、电、场地、道路等条件能满足正常施工需要；

　　5　预留基础、孔洞、设施符合设计图纸，并已验收合格；

　　6　既有建筑经结构复核或法定检测机构同意安装太阳能供热采暖系统的鉴定文件。

　　4.1.4　太阳能供热采暖系统连接管线、部件、阀门等配件选用的材料应耐受系统的最高工作温度和工作压力。

　　4.1.5　进场安装的太阳能供热采暖系统产品、配件、材料有产品合格证，其性能应符合设计要求；集热器应有性能检测报告。

4.2　太阳能集热系统施工

　　4.2.1　太阳能集热器的安装方位应符合设计要求并使用罗盘仪定位。

　　4.2.2　太阳能集热器的相互连接以及真空管与联箱的密封应按照产品设计的连接和密封方式安装，具体操作应严格按产品说明书进行。

　　4.2.3　安装在平屋面专用基座上的太阳能集热器，应按照设计要求保证基座的强度，基座与建筑主体结构应牢固连接；应做好防水处理，防水制作应符合现行国家标准《屋面工程质量验收规范》GB 50207 的规定。

　　4.2.4　埋设在坡屋面结构层的预埋件应在结构层施工时同时埋入，位置应准确。预埋件应做防腐处理，在太阳能集热系统安装前应妥善保护。

　　4.2.5　带支架安装的太阳能集热器，其支架强度、抗风能力、防腐处理和热补偿措施等应符合设计要求或国家现行标准的规定。

　　4.2.6　太阳能集热系统管线穿过屋面、露台时，应预埋防水套管。

4.2.7 太阳能集热系统的管道施工安装应符合现行国家标准《建筑给水排水及采暖工程施工质量验收规范》GB 50242、《通风与空调工程施工质量验收规范》GB 50243 的规定。

4.3 太阳能蓄热系统施工

4.3.1 用于制作贮热水箱的材质、规格应符合设计要求；钢板焊接的贮热水箱，水箱内、外壁应按设计要求做防腐处理，内壁防腐涂料应卫生、无毒，能长期耐受所贮存热水的最高温度。

4.3.2 贮热水箱制作应符合相关标准的规定；贮热水箱保温应在水箱检漏试验合格后进行，保温制作应符合现行国家标准《工业设备及管道绝热工程质量检验评定标准》GB 50185 的规定；贮热水箱内箱应做接地处理，接地应符合现行国家标准《电气装置安装工程接地装置施工及验收规范》GB 50169 的规定。

4.3.3 贮热水箱和支架间应有隔热垫，不宜直接刚性连接。

4.3.4 蓄热地下水池现场施工制作时，应符合下列规定：

　　1 地下水池应满足系统承压要求，并应能承受土壤等荷载；

　　2 地下水池应严密、无渗漏；

　　3 地下水池及内部部件应作抗腐蚀处理，内壁防腐涂料应卫生、无毒，能长期耐受所贮存热水的最高温度；

　　4 地下水池选用的保温材料和保温构造做法应能长期耐受所贮存热水的最高温度。

4.3.5 太阳能蓄热系统的管道施工安装应符合现行国家标准《建筑给水排水及采暖工程施工质量验收规范》GB 50242、《通风与空调工程施工质量验收规范》GB 50243 的规定。

4.4 控制系统施工

4.4.1 系统的电缆线路施工和电气设施的安装应符合现行国家标准《电气装置安装工程电缆线路施工及验收规范》GB 50168 和《建筑电气工程施工质量验收规范》GB 50303 的相关规定。

4.4.2 系统中全部电气设备和与电气设备相连接的金属部件应做接地处理。电气接地装置的施工应符合现行国家标准《电气装置安装工程接地装置施工及验收规范》GB 50169 的规定。

4.5 末端供暖系统施工

4.5.1 末端供暖系统的施工安装应符合现行国家标准《建筑给水排水及采暖工程施工质量验收规范》GB 50242、《通风与空调工程施工质量验收规范》GB 50243 的相关规定。

4.5.2 低温热水地板辐射供暖系统的施工安装应符合现行行业标准《地面辐射供暖技术规程》JGJ 142 的相关规定。

5 太阳能供热采暖工程的调试、验收与效益评估

5.1 一般规定

5.1.1 太阳能供热采暖工程安装完毕投入使用前，应进行系统调试。系统调试应在竣工验收阶段进行；不具备使用条件时，经建设单位同意，可延期进行。

5.1.2 系统调试应包括设备单机、部件调试和系统联动调试。系统联动调试应按照实际运行工况进行，联动调试完成后，应进行连续 3 天试运行。

5.1.3 太阳能供热采暖系统工程的验收应分为分项工程验收和竣工验收。分项工程验收应由监理工程师（建设单位技术负责人）组织施工单位项目专业质量（技术）负责人等进行；竣工验收应由建设单位（项目）负责人组织施工单位、设计、监理等单位（项目）负责人进行。

5.1.4 分项工程验收宜根据工程施工特点分期进行，对于影响工程安全和系统性能的工序，必须在本工序验收合格后才能进入下一道工序的施工。

5.1.5 竣工验收应在工程移交用户前，分项工程验收合格后进行；竣工验收应提交下列验收资料：

　　1 设计变更证明文件和竣工图；

　　2 主要材料、设备、成品、半成品、仪表的出厂合格证明或检验资料；

　　3 屋面防水检漏记录；

　　4 隐蔽工程验收记录和中间验收记录；

　　5 系统水压试验记录；

　　6 系统生活热水水质检验记录；

　　7 系统调试及试运行记录；

　　8 系统热工性能检验记录。

5.1.6 太阳能供热采暖工程施工质量的保修期限，自竣工验收合格日起计算为二个采暖期。在保修期内发生施工质量问题的，施工企业应履行保修职责，责任方承担相应的经济责任。

5.2 系统调试

5.2.1 太阳能供热采暖工程的系统调试，应由施工单位负责，监理单位监督，设计单位与建设单位参与和配合。系统调试的实施单位可以是施工企业本身或委托给有调试能力的其他单位。

5.2.2 太阳能供热采暖工程的系统联动调试，应在设备单机、部件调试和试运转合格后进行。

5.2.3 设备单机、部件调试应包括下列内容：

　　1 检查水泵安装方向；

　　2 检查电磁阀安装方向；

3 温度、温差、水位、流量等仪表显示正常;

4 电气控制系统应达到设计要求功能,动作准确;

5 剩余电流保护装置动作准确可靠;

6 防冻、过热保护装置工作正常;

7 各种阀门开启灵活,密封严密;

8 辅助能源加热设备工作正常,加热能力达到设计要求。

5.2.4 系统联动调试应包括下列内容:

1 调整系统各个分支回路的调节阀门,使各回路流量平衡,达到设计流量;

2 调试辅助热源加热设备与太阳能集热系统的工作切换,达到设计要求;

3 调整电磁阀使阀前阀后压力处于设计要求的压力范围内。

5.2.5 系统联动调试后的运行参数应符合下列规定:

1 额定工况下供热采暖系统的流量和供热水温度、热风采暖系统的风量和热风温度的调试结果与设计值的偏差不应大于现行国家标准《通风与空调工程施工质量验收规范》GB 50243 的相关规定;

2 额定工况下太阳能集热系统的流量或风量与设计值的偏差不应大于 10%;

3 额定工况下太阳能集热系统进出口工质的温差应符合设计要求。

5.3 工程验收

5.3.1 太阳能供热采暖工程的分部、分项工程可按表 5.3.1 划分。

表 5.3.1 太阳能供热采暖工程的分部、分项工程划分表

序号	分部工程	分项工程
1	太阳能集热系统	太阳能集热器安装、其他能源辅助加热/换热设备安装、管道及配件安装、系统水压试验及调试、防腐、绝热
2	蓄热系统	贮热水箱及配件安装、地下水池施工、管道及配件安装、辅助设备安装、防腐、绝热
3	室内采暖系统	管道及配件安装、低温热水地板辐射采暖系统安装、水-空气处理设备安装、辅助设备及散热器安装、系统水压试验及调试、防腐、绝热
4	室内热水供应系统	管道及配件安装、辅助设备安装、防腐、绝热
5	控制系统	传感器及安全附件安装、计量仪表安装、电缆线路施工安装

5.3.2 太阳能供热采暖系统中的隐蔽工程,在隐蔽前应经监理人员验收及认可签证。

5.3.3 太阳能供热采暖系统中的土建工程验收前,

应在安装施工中完成下列隐蔽项目的现场验收:

1 安装基础螺栓和预埋件;

2 基座、支架、集热器四周与主体结构的连接节点;

3 基座、支架、集热器四周与主体结构之间的封堵及防水;

4 太阳能供热采暖系统与建筑物避雷系统的防雷连接节点或系统自身的接地装置安装。

5.3.4 太阳能集热器的安装方位角和倾角应满足设计要求,安装误差应在 ±3° 以内。

5.3.5 太阳能供热采暖工程的检验、检测应包括下列主要内容:

1 压力管道、系统、设备及阀门的水压试验;

2 系统的冲洗及水质检测;

3 系统的热性能检测。

5.3.6 太阳能供热采暖系统管道的水压试验压力应为工作压力的 1.5 倍,工作压力应符合设计要求。设计未注明时,开式太阳能集热系统应以系统顶点工作压力加 0.1MPa 作水压试验;闭式太阳能集热系统和采暖系统应按现行国家标准《建筑给水排水及采暖工程施工质量验收规范》GB 50242 的规定进行。

5.4 工程效益评估

5.4.1 太阳能供热采暖系统工作运行后,宜进行系统能耗的定期监测。

5.4.2 太阳能供热采暖工程的节能、环保效益的分析评定指标应包括:系统的年节能量、年节能费用、费效比和二氧化碳减排量。

5.4.3 计算太阳能供热采暖系统的年节能量、系统全寿命周期内的总节能费用、费效比和二氧化碳减排量,可采用附录 F 中的公式评估。

附录 A 不同地区太阳能集热器的补偿面积比

A.0.1 太阳能集热器的面积补偿应按下式计算:

$$A_B = A_C / R_S \qquad (A.0.1)$$

式中 A_B ——进行面积补偿后实际确定的太阳能集热器面积;

A_C ——按集热器方位正南,倾角为当地纬度,用本规范式(3.4.3-1)、式(3.4.3-2)计算得出的太阳能集热器面积;

R_S ——太阳能集热器补偿面积比。

A.0.2 代表城市的太阳能集热器补偿面积比 R_S 可选用表 A.0.2-1 和表 A.0.2-2 中的对应值,表 A.0.2-1 适用于短期蓄热系统,表 A.0.2-2 适用于季节蓄热系统。表中未列入的城市,可选用与该表中距离最近,而且纬度最接近的城市的 R_S 对应值。

表 A.0.2-1　代表城市的太阳能集热器补偿面积比 R_S（适用于短期蓄热系统）

R_S大于90%的范围
R_S小于90%的范围
R_S大于95%的范围

北京　　　　纬度 39°48′

	东	—80	—70	—60	—50	—40	—30	—20	—10	南	10	20	30	40	50	60	70	80	西
90	43%	50%	56%	64%	71%	78%	85%	90%	93%	94%	93%	90%	85%	78%	71%	64%	56%	50%	43%
80	46%	53%	60%	68%	76%	83%	89%	94%	97%	98%	97%	94%	89%	83%	76%	68%	60%	53%	46%
70	48%	55%	63%	71%	78%	86%	92%	96%	99%	100%	99%	96%	92%	86%	78%	71%	63%	55%	48%
60	51%	57%	65%	72%	80%	86%	92%	96%	99%	100%	99%	96%	92%	86%	80%	72%	65%	57%	51%
50	52%	59%	66%	73%	80%	86%	91%	94%	97%	97%	97%	94%	91%	86%	80%	73%	66%	59%	52%
40	54%	60%	66%	72%	78%	83%	87%	91%	92%	93%	92%	91%	87%	83%	78%	72%	66%	60%	54%
30	55%	60%	66%	70%	75%	79%	82%	84%	86%	86%	86%	84%	82%	79%	75%	70%	66%	60%	55%
20	57%	60%	64%	67%	70%	73%	75%	77%	78%	78%	78%	77%	75%	73%	70%	67%	64%	60%	57%
10	57%	59%	61%	63%	65%	66%	67%	68%	68%	69%	68%	68%	67%	66%	65%	63%	61%	59%	57%
水平面	58%	58%	58%	58%	58%	58%	58%	58%	58%	58%	58%	58%	58%	58%	58%	58%	58%	58%	58%

武汉　　　　纬度 30°37′

	东	—80	—70	—60	—50	—40	—30	—20	—10	南	10	20	30	40	50	60	70	80	西
90	48%	52%	56%	61%	65%	70%	74%	78%	80%	80%	80%	78%	74%	70%	65%	61%	56%	52%	48%
80	53%	58%	63%	68%	73%	77%	82%	85%	87%	88%	87%	85%	82%	77%	73%	68%	63%	58%	53%
70	59%	64%	69%	74%	79%	84%	88%	91%	93%	94%	93%	91%	88%	84%	79%	74%	69%	64%	59%
60	64%	69%	74%	79%	84%	88%	92%	95%	97%	97%	97%	95%	92%	88%	84%	79%	74%	69%	64%
50	69%	74%	78%	83%	88%	92%	95%	98%	99%	100%	99%	98%	95%	92%	88%	83%	78%	74%	69%
40	73%	77%	81%	86%	90%	93%	96%	98%	100%	100%	99%	98%	96%	93%	90%	86%	81%	77%	73%
30	77%	80%	84%	87%	90%	93%	95%	97%	98%	98%	98%	97%	95%	93%	90%	87%	84%	80%	77%
20	79%	82%	84%	87%	89%	91%	92%	93%	94%	94%	94%	93%	92%	91%	89%	87%	84%	82%	79%
10	81%	83%	84%	85%	86%	87%	88%	88%	89%	89%	89%	88%	88%	87%	86%	85%	84%	83%	81%
水平面	82%	82%	82%	82%	82%	82%	82%	82%	82%	82%	82%	82%	82%	82%	82%	82%	82%	82%	82%

昆明　　　　纬度 25°01′

	东	−80	−70	−60	−50	−40	−30	−20	−10	南	10	20	30	40	50	60	70	80	西
90	52%	55%	58%	61%	63%	65%	67%	68%	69%	69%	69%	68%	67%	65%	63%	61%	58%	55%	52%
80	58%	61%	65%	68%	71%	73%	76%	77%	78%	78%	78%	77%	76%	73%	71%	68%	65%	61%	58%
70	63%	67%	71%	75%	78%	81%	83%	85%	86%	86%	86%	85%	83%	81%	78%	75%	71%	67%	63%
60	69%	73%	77%	81%	84%	87%	89%	91%	92%	92%	92%	91%	89%	87%	84%	81%	77%	73%	69%
50	75%	78%	82%	86%	89%	92%	94%	96%	97%	97%	97%	96%	94%	92%	89%	86%	82%	78%	75%
40	79%	83%	86%	89%	92%	95%	97%	98%	99%	99%	99%	98%	97%	95%	92%	89%	86%	83%	79%
30	83%	86%	89%	92%	94%	96%	98%	99%	100%	100%	100%	99%	98%	96%	94%	92%	89%	86%	83%
20	87%	89%	91%	93%	94%	96%	97%	98%	98%	99%	98%	98%	97%	96%	94%	93%	91%	89%	87%
10	89%	90%	91%	92%	93%	94%	94%	95%	95%	95%	95%	95%	94%	94%	93%	92%	91%	90%	89%
水平面	90%	90%	90%	90%	90%	90%	90%	90%	90%	90%	90%	90%	90%	90%	90%	90%	90%	90%	90%

贵阳　　　　纬度 26°35′

	东	−80	−70	−60	−50	−40	−30	−20	−10	南	10	20	30	40	50	60	70	80	西
90	48%	51%	55%	59%	64%	68%	71%	75%	76%	77%	76%	75%	71%	68%	64%	59%	55%	51%	48%
80	54%	58%	62%	67%	71%	76%	80%	82%	84%	85%	84%	82%	80%	76%	71%	67%	62%	58%	54%
70	59%	64%	69%	73%	78%	82%	86%	89%	91%	91%	91%	89%	86%	82%	78%	73%	69%	64%	59%
60	65%	69%	74%	79%	83%	88%	91%	94%	96%	96%	96%	94%	91%	88%	83%	79%	74%	69%	65%
50	70%	75%	79%	83%	88%	92%	95%	97%	99%	99%	99%	97%	95%	92%	88%	83%	79%	75%	70%
40	75%	79%	83%	87%	90%	94%	96%	98%	99%	100%	99%	98%	96%	94%	90%	87%	83%	79%	75%
30	79%	82%	85%	89%	91%	94%	96%	97%	99%	99%	99%	97%	96%	94%	91%	89%	85%	82%	79%
20	82%	84%	86%	89%	91%	92%	94%	95%	96%	96%	96%	95%	94%	92%	91%	89%	86%	84%	82%
10	83%	85%	86%	87%	88%	89%	90%	90%	91%	91%	91%	90%	90%	89%	88%	87%	86%	85%	83%
水平面	84%	84%	84%	84%	84%	84%	84%	84%	84%	84%	84%	84%	84%	84%	84%	84%	84%	84%	84%

长沙　　　　　　纬度 28°12′

	东	−80	−70	−60	−50	−40	−30	−20	−10	南	10	20	30	40	50	60	70	80	西
90	47%	51%	55%	60%	64%	69%	73%	76%	78%	79%	78%	76%	73%	69%	64%	60%	55%	51%	47%
80	53%	57%	62%	67%	72%	77%	81%	84%	86%	87%	86%	84%	81%	77%	72%	67%	62%	57%	53%
70	58%	63%	68%	73%	78%	83%	87%	90%	92%	93%	92%	90%	87%	83%	78%	73%	68%	63%	58%
60	64%	69%	74%	79%	84%	88%	92%	95%	97%	97%	97%	95%	92%	88%	84%	79%	74%	69%	64%
50	69%	74%	79%	83%	88%	92%	95%	98%	99%	100%	99%	98%	95%	92%	88%	83%	79%	74%	69%
40	73%	78%	82%	86%	90%	93%	96%	98%	100%	100%	100%	98%	96%	93%	90%	86%	82%	78%	73%
30	77%	81%	84%	88%	91%	93%	96%	97%	98%	99%	98%	97%	96%	93%	91%	88%	84%	81%	77%
20	80%	83%	85%	87%	90%	91%	93%	94%	95%	95%	95%	94%	93%	91%	90%	87%	85%	83%	80%
10	82%	83%	85%	86%	87%	88%	89%	89%	90%	90%	90%	89%	89%	88%	87%	86%	85%	83%	82%
水平面	83%	83%	83%	83%	83%	83%	83%	83%	83%	83%	83%	83%	83%	83%	83%	83%	83%	83%	83%

广州　　　　　　纬度 23°08′

	东	−80	−70	−60	−50	−40	−30	−20	−10	南	10	20	30	40	50	60	70	80	西
90	45%	49%	53%	58%	62%	66%	70%	74%	76%	77%	76%	74%	70%	66%	62%	58%	53%	49%	45%
80	51%	55%	60%	65%	70%	75%	79%	82%	84%	85%	84%	82%	79%	75%	70%	65%	60%	55%	51%
70	56%	62%	67%	72%	77%	82%	86%	89%	91%	92%	91%	89%	86%	82%	77%	72%	67%	62%	56%
60	62%	67%	73%	78%	83%	87%	91%	94%	96%	97%	96%	94%	91%	87%	83%	78%	73%	67%	62%
50	67%	72%	77%	82%	87%	91%	95%	97%	99%	99%	99%	97%	95%	91%	87%	82%	77%	72%	67%
40	72%	77%	81%	85%	89%	93%	96%	98%	100%	100%	100%	98%	96%	93%	89%	85%	81%	77%	72%
30	76%	80%	84%	87%	90%	93%	95%	97%	98%	99%	98%	97%	95%	93%	90%	87%	84%	80%	76%
20	79%	82%	84%	87%	89%	91%	93%	94%	95%	95%	95%	94%	93%	91%	89%	87%	84%	82%	79%
10	81%	83%	84%	85%	87%	88%	88%	89%	89%	89%	89%	89%	88%	88%	87%	85%	84%	83%	81%
水平面	82%	82%	82%	82%	82%	82%	82%	82%	82%	82%	82%	82%	82%	82%	82%	82%	82%	82%	82%

续表 A.0.2-1

南昌　　　　　　　纬度 28°36′

	东	−80	−70	−60	−50	−40	−30	−20	−10	南	10	20	30	40	50	60	70	80	西
90	48%	52%	56%	60%	64%	69%	73%	76%	78%	79%	78%	76%	73%	69%	64%	60%	56%	52%	48%
80	53%	58%	63%	67%	72%	77%	80%	84%	85%	86%	85%	84%	80%	77%	72%	67%	63%	58%	53%
70	59%	64%	69%	74%	79%	83%	87%	90%	92%	93%	92%	90%	87%	83%	79%	74%	69%	64%	59%
60	64%	69%	74%	79%	84%	88%	92%	95%	96%	97%	96%	95%	92%	88%	84%	79%	74%	69%	64%
50	70%	74%	79%	83%	88%	91%	95%	97%	99%	99%	99%	97%	95%	91%	88%	83%	79%	74%	70%
40	74%	78%	82%	86%	90%	93%	96%	98%	99%	100%	99%	98%	96%	93%	90%	86%	82%	78%	74%
30	78%	81%	85%	88%	91%	94%	96%	97%	98%	99%	98%	97%	96%	94%	91%	88%	85%	81%	78%
20	81%	83%	85%	88%	90%	92%	93%	94%	95%	95%	95%	94%	93%	92%	90%	88%	85%	83%	81%
10	83%	84%	85%	86%	88%	88%	89%	90%	90%	90%	90%	90%	89%	88%	88%	86%	85%	84%	83%
水平面	83%	83%	83%	83%	83%	83%	83%	83%	83%	83%	83%	83%	83%	83%	83%	83%	83%	83%	83%

成都　　　　　　　纬度 30°40′

	东	−80	−70	−60	−50	−40	−30	−20	−10	南	10	20	30	40	50	60	70	80	西
90	60%	60%	61%	61%	62%	63%	64%	64%	64%	64%	64%	64%	64%	64%	63%	62%	61%	61%	60%	60%
80	67%	67%	68%	69%	69%	70%	71%	71%	71%	71%	71%	71%	71%	70%	69%	69%	68%	67%	67%
70	74%	74%	74%	75%	76%	77%	78%	78%	78%	78%	78%	78%	78%	77%	76%	75%	74%	74%	74%
60	80%	81%	81%	81%	82%	83%	84%	84%	84%	84%	84%	84%	84%	83%	82%	81%	81%	81%	80%
50	85%	86%	87%	88%	88%	88%	89%	89%	89%	89%	89%	89%	89%	88%	88%	88%	87%	86%	85%
40	91%	91%	91%	92%	92%	93%	93%	94%	94%	94%	94%	94%	94%	93%	93%	92%	92%	91%	91%	91%
30	95%	95%	95%	95%	96%	96%	97%	97%	97%	97%	97%	97%	97%	96%	96%	95%	95%	95%	95%
20	98%	98%	98%	98%	98%	98%	99%	99%	99%	99%	99%	99%	99%	98%	98%	98%	98%	98%	98%
10	99%	99%	99%	100%	100%	100%	100%	100%	100%	100%	100%	100%	100%	100%	100%	100%	100%	99%	99%	99%
水平面	100%	100%	100%	100%	100%	100%	100%	100%	100%	100%	100%	100%	100%	100%	100%	100%	100%	100%	100%

续表 A. 0.2-1

上海　　　　　　纬度 31°10′

	东	−80	−70	−60	−50	−40	−30	−20	−10	南	10	20	30	40	50	60	70	80	西
90	47%	51%	56%	61%	65%	70%	75%	78%	80%	81%	80%	78%	75%	70%	65%	61%	56%	51%	47%
80	53%	57%	62%	68%	73%	78%	82%	85%	88%	88%	88%	85%	82%	78%	73%	68%	62%	57%	53%
70	58%	63%	68%	74%	79%	84%	88%	91%	93%	94%	93%	91%	88%	84%	79%	74%	68%	63%	58%
60	63%	68%	74%	79%	84%	89%	92%	96%	97%	98%	97%	96%	92%	89%	84%	79%	74%	68%	63%
50	68%	73%	78%	83%	88%	92%	95%	98%	99%	100%	99%	98%	95%	92%	88%	83%	78%	73%	68%
40	72%	77%	81%	85%	89%	93%	96%	98%	99%	100%	99%	98%	96%	93%	89%	85%	81%	77%	72%
30	76%	80%	83%	87%	90%	93%	95%	96%	98%	98%	98%	96%	95%	93%	90%	87%	83%	80%	76%
20	79%	81%	84%	86%	89%	90%	92%	93%	94%	94%	94%	93%	92%	90%	89%	86%	84%	81%	79%
10	80%	82%	83%	84%	85%	87%	87%	88%	88%	88%	88%	88%	87%	87%	85%	84%	83%	82%	80%
水平面	81%	81%	81%	81%	81%	81%	81%	81%	81%	81%	81%	81%	81%	81%	81%	81%	81%	81%	81%

西安　　　　　　纬度 34°18′

	东	−80	−70	−60	−50	−40	−30	−20	−10	南	10	20	30	40	50	60	70	80	西
90	50%	55%	60%	65%	71%	76%	81%	84%	87%	87%	87%	84%	81%	76%	71%	65%	60%	55%	50%
80	55%	60%	65%	71%	76%	82%	87%	90%	93%	93%	93%	90%	87%	82%	76%	71%	65%	60%	55%
70	58%	64%	69%	75%	81%	86%	91%	94%	96%	97%	96%	94%	91%	86%	81%	75%	69%	64%	58%
60	62%	68%	73%	79%	84%	89%	94%	97%	99%	99%	99%	97%	94%	89%	84%	79%	73%	68%	62%
50	66%	71%	76%	81%	86%	91%	95%	97%	99%	100%	99%	97%	95%	91%	86%	81%	76%	71%	66%
40	69%	73%	78%	83%	87%	91%	94%	96%	98%	98%	98%	96%	94%	91%	87%	83%	78%	73%	69%
30	71%	75%	79%	82%	86%	89%	92%	94%	94%	95%	94%	94%	92%	89%	86%	82%	79%	75%	71%
20	73%	76%	79%	81%	84%	86%	87%	89%	90%	90%	90%	89%	87%	86%	84%	81%	79%	76%	73%
10	74%	76%	77%	79%	80%	81%	82%	82%	83%	83%	83%	82%	82%	81%	80%	79%	77%	76%	74%
水平面	75%	75%	75%	75%	75%	75%	75%	75%	75%	75%	75%	75%	75%	75%	75%	75%	75%	75%	75%

郑州　　　　　纬度 34°43′

	东	−80	−70	−60	−50	−40	−30	−20	−10	南	10	20	30	40	50	60	70	80	西
90	48%	53%	58%	63%	69%	75%	79%	83%	86%	86%	86%	83%	79%	75%	69%	63%	58%	53%	48%
80	53%	58%	63%	69%	75%	81%	86%	89%	92%	92%	92%	89%	86%	81%	75%	69%	63%	58%	53%
70	57%	62%	68%	74%	80%	86%	91%	94%	96%	97%	96%	94%	91%	86%	80%	74%	68%	62%	57%
60	61%	67%	73%	78%	84%	89%	93%	97%	99%	99%	99%	97%	93%	89%	84%	78%	73%	67%	61%
50	65%	70%	75%	81%	86%	91%	95%	98%	99%	100%	99%	98%	95%	91%	86%	81%	75%	70%	65%
40	68%	73%	78%	82%	87%	91%	94%	97%	98%	99%	98%	97%	94%	91%	87%	82%	78%	73%	68%
30	71%	75%	79%	83%	86%	89%	92%	94%	95%	95%	95%	94%	92%	89%	86%	83%	79%	75%	71%
20	73%	76%	79%	81%	84%	86%	88%	89%	90%	90%	90%	89%	88%	86%	84%	81%	79%	76%	73%
10	75%	76%	77%	79%	80%	81%	82%	83%	83%	83%	83%	83%	82%	81%	80%	79%	77%	76%	75%
水平面	75%	75%	75%	75%	75%	75%	75%	75%	75%	75%	75%	75%	75%	75%	75%	75%	75%	75%	75%

青岛　　　　　纬度 36°04′

	东	−80	−70	−60	−50	−40	−30	−20	−10	南	10	20	30	40	50	60	70	80	西
90	45%	50%	56%	61%	68%	73%	79%	82%	85%	86%	85%	82%	79%	73%	68%	61%	56%	50%	45%
80	50%	56%	62%	68%	74%	80%	85%	89%	92%	92%	92%	89%	85%	80%	74%	68%	62%	56%	50%
70	55%	61%	67%	73%	79%	85%	90%	94%	96%	97%	96%	94%	90%	85%	79%	73%	67%	61%	55%
60	59%	65%	71%	77%	83%	89%	93%	97%	99%	100%	99%	97%	93%	89%	83%	77%	71%	65%	59%
50	63%	69%	75%	80%	86%	91%	95%	98%	100%	100%	100%	98%	95%	91%	86%	80%	75%	69%	63%
40	67%	72%	77%	82%	86%	91%	94%	97%	98%	99%	98%	97%	94%	91%	86%	82%	77%	72%	67%
30	70%	74%	78%	82%	85%	89%	92%	94%	95%	95%	95%	94%	92%	89%	85%	82%	78%	74%	70%
20	72%	75%	78%	81%	83%	85%	87%	89%	90%	90%	90%	89%	87%	85%	83%	81%	78%	75%	72%
10	73%	75%	76%	78%	79%	80%	81%	82%	82%	82%	82%	82%	81%	80%	79%	78%	76%	75%	73%
水平面	74%	74%	74%	74%	74%	74%	74%	74%	74%	74%	74%	74%	74%	74%	74%	74%	74%	74%	74%

兰州　　　　　　　纬度 36°03′

	东	−80	−70	−60	−50	−40	−30	−20	−10	南	10	20	30	40	50	60	70	80	西
90	52%	57%	63%	68%	74%	79%	84%	88%	91%	91%	91%	88%	84%	79%	74%	68%	63%	57%	52%
80	55%	61%	67%	72%	78%	84%	89%	93%	95%	96%	95%	93%	89%	84%	78%	72%	67%	61%	55%
70	58%	64%	70%	76%	82%	88%	92%	96%	98%	99%	98%	96%	92%	88%	82%	76%	70%	64%	58%
60	61%	67%	73%	78%	84%	90%	94%	97%	99%	100%	99%	97%	94%	90%	84%	78%	73%	67%	61%
50	64%	69%	75%	80%	85%	90%	94%	97%	99%	99%	99%	97%	94%	90%	85%	80%	75%	69%	64%
40	66%	71%	76%	80%	85%	89%	92%	95%	96%	97%	96%	95%	92%	89%	85%	80%	76%	71%	66%
30	68%	72%	76%	80%	83%	86%	89%	91%	92%	92%	92%	91%	89%	86%	83%	80%	76%	72%	68%
20	69%	72%	75%	78%	80%	82%	84%	85%	86%	86%	86%	85%	84%	82%	80%	78%	75%	72%	69%
10	70%	72%	73%	75%	76%	77%	78%	79%	79%	79%	79%	79%	79%	78%	77%	76%	75%	73%	72%	70%
水平面	71%	71%	71%	71%	71%	71%	71%	71%	71%	71%	71%	71%	71%	71%	71%	71%	71%	71%	71%

济南　　　　　　　纬度 36°41′

	东	−80	−70	−60	−50	−40	−30	−20	−10	南	10	20	30	40	50	60	70	80	西
90	49%	53%	59%	65%	71%	77%	82%	86%	88%	89%	88%	86%	82%	77%	71%	65%	59%	53%	49%
80	52%	58%	64%	70%	76%	82%	87%	92%	94%	95%	94%	92%	87%	82%	76%	70%	64%	58%	52%
70	56%	62%	68%	74%	81%	86%	92%	95%	98%	98%	98%	95%	92%	86%	81%	74%	68%	62%	56%
60	59%	65%	72%	78%	84%	89%	94%	97%	99%	100%	99%	97%	94%	89%	84%	78%	72%	65%	59%
50	63%	69%	74%	80%	85%	90%	94%	97%	99%	100%	99%	97%	94%	90%	85%	80%	74%	69%	63%
40	65%	71%	76%	81%	85%	90%	93%	95%	97%	98%	97%	95%	93%	90%	85%	81%	76%	71%	65%
30	68%	72%	76%	80%	84%	87%	90%	92%	93%	94%	93%	92%	90%	87%	84%	80%	76%	72%	68%
20	70%	73%	76%	79%	81%	83%	85%	87%	87%	88%	87%	87%	85%	83%	81%	79%	76%	73%	70%
10	71%	72%	74%	76%	77%	78%	79%	80%	80%	80%	80%	80%	79%	78%	77%	76%	74%	72%	71%
水平面	71%	71%	71%	71%	71%	71%	71%	71%	71%	71%	71%	71%	71%	71%	71%	71%	71%	71%	71%

太原　　　　　　纬度 37°47′

	东	—80	—70	—60	—50	—40	—30	—20	—10	南	10	20	30	40	50	60	70	80	西
90	50%	55%	61%	67%	73%	79%	85%	89%	91%	92%	91%	89%	85%	79%	73%	67%	61%	55%	50%
80	53%	58%	65%	71%	78%	84%	89%	93%	96%	97%	96%	93%	89%	84%	78%	71%	65%	58%	53%
70	55%	62%	68%	74%	81%	87%	92%	96%	98%	99%	98%	96%	92%	87%	81%	74%	68%	62%	55%
60	58%	64%	70%	77%	83%	89%	93%	97%	99%	100%	99%	97%	93%	89%	83%	77%	70%	64%	58%
50	60%	66%	72%	78%	84%	89%	93%	96%	98%	99%	98%	96%	93%	89%	84%	78%	72%	66%	60%
40	62%	68%	73%	78%	83%	87%	91%	93%	95%	95%	95%	93%	91%	87%	83%	78%	73%	68%	62%
30	64%	68%	73%	77%	81%	84%	87%	89%	90%	90%	90%	89%	87%	84%	81%	77%	73%	68%	64%
20	65%	69%	71%	74%	77%	79%	81%	83%	84%	84%	84%	83%	81%	79%	77%	74%	71%	69%	65%
10	66%	68%	70%	71%	72%	74%	75%	75%	76%	76%	76%	75%	75%	74%	72%	71%	70%	68%	66%
水平面	67%	67%	67%	67%	67%	67%	67%	67%	67%	67%	67%	67%	67%	67%	67%	67%	67%	67%	67%

天津　　　　　　纬度 39°06′

	东	—80	—70	—60	—50	—40	—30	—20	—10	南	10	20	30	40	50	60	70	80	西
90	47%	53%	59%	66%	72%	79%	85%	89%	92%	93%	92%	89%	85%	79%	72%	66%	59%	53%	47%
80	50%	56%	63%	70%	77%	84%	89%	94%	96%	97%	96%	94%	89%	84%	77%	70%	63%	56%	50%
70	53%	59%	66%	73%	80%	87%	92%	96%	99%	100%	99%	96%	92%	87%	80%	73%	66%	59%	53%
60	55%	62%	68%	75%	82%	88%	93%	97%	99%	100%	99%	97%	93%	88%	82%	75%	68%	62%	55%
50	57%	64%	70%	76%	82%	88%	92%	96%	98%	98%	98%	96%	92%	88%	82%	76%	70%	64%	57%
40	59%	65%	71%	76%	81%	86%	90%	92%	94%	95%	94%	92%	90%	86%	81%	76%	71%	65%	59%
30	61%	66%	70%	75%	79%	82%	85%	87%	89%	89%	89%	87%	85%	82%	79%	75%	70%	66%	61%
20	62%	66%	69%	72%	75%	77%	79%	81%	82%	82%	82%	81%	79%	77%	75%	72%	69%	66%	62%
10	63%	65%	66%	68%	70%	71%	72%	73%	73%	73%	73%	73%	72%	71%	70%	68%	66%	65%	63%
水平面	64%	64%	64%	64%	64%	64%	64%	64%	64%	64%	64%	64%	64%	64%	64%	64%	64%	64%	64%

抚顺　　　　　纬度 41°54′

	东	−80	−70	−60	−50	−40	−30	−20	−10	南	10	20	30	40	50	60	70	80	西
90	44%	50%	57%	65%	72%	66%	86%	91%	94%	95%	94%	91%	86%	66%	72%	65%	57%	50%	44%
80	47%	53%	61%	68%	76%	73%	90%	95%	97%	98%	97%	95%	90%	73%	76%	68%	61%	53%	47%
70	49%	56%	63%	71%	79%	78%	92%	96%	99%	100%	99%	96%	92%	78%	79%	71%	63%	56%	49%
60	51%	58%	65%	73%	80%	83%	92%	96%	99%	100%	99%	96%	92%	83%	80%	73%	65%	58%	51%
50	53%	59%	66%	73%	80%	86%	91%	94%	96%	97%	96%	94%	91%	86%	80%	73%	66%	59%	53%
40	54%	60%	66%	72%	78%	86%	87%	90%	92%	93%	92%	90%	87%	86%	78%	72%	66%	60%	54%
30	55%	60%	65%	70%	75%	86%	82%	84%	86%	86%	86%	84%	82%	86%	75%	70%	65%	60%	55%
20	56%	60%	64%	67%	70%	84%	75%	77%	77%	78%	77%	77%	75%	84%	70%	67%	64%	60%	56%
10	57%	59%	61%	63%	64%	79%	67%	68%	68%	68%	68%	68%	67%	79%	64%	63%	61%	59%	57%
水平面	58%	58%	58%	58%	58%	58%	58%	58%	58%	58%	58%	58%	58%	58%	58%	58%	58%	58%	58%

长春　　　　　纬度 43°54′

	东	−80	−70	−60	−50	−40	−30	−20	−10	南	10	20	30	40	50	60	70	80	西
90	39%	46%	53%	62%	70%	79%	86%	91%	94%	95%	94%	91%	86%	79%	70%	62%	53%	46%	39%
80	41%	48%	57%	65%	74%	82%	89%	95%	98%	99%	98%	95%	89%	82%	74%	65%	57%	48%	41%
70	43%	50%	59%	67%	76%	84%	91%	96%	99%	100%	99%	96%	91%	84%	76%	67%	59%	50%	43%
60	44%	52%	60%	69%	77%	84%	90%	95%	98%	99%	98%	95%	90%	84%	77%	69%	60%	52%	44%
50	46%	53%	60%	68%	76%	82%	88%	92%	94%	95%	94%	92%	88%	82%	76%	68%	60%	53%	46%
40	47%	53%	60%	67%	73%	79%	83%	87%	89%	89%	89%	87%	83%	79%	73%	67%	60%	53%	47%
30	47%	53%	59%	64%	69%	73%	77%	79%	81%	82%	81%	79%	77%	73%	69%	64%	59%	53%	47%
20	48%	52%	56%	60%	63%	66%	69%	71%	72%	72%	72%	71%	69%	66%	63%	60%	56%	52%	48%
10	49%	51%	53%	55%	57%	58%	60%	60%	61%	61%	61%	60%	60%	58%	57%	55%	53%	51%	49%
水平面	49%	49%	49%	49%	49%	49%	49%	49%	49%	49%	49%	49%	49%	49%	49%	49%	49%	49%	49%

表 A.0.2-2　代表城市的太阳能集热器补偿面积比 R_s(适用于季节蓄热系统)

- R_s大于90%的范围
- R_s小于90%的范围
- R_s大于95%的范围

北京　　　　纬度 39°48′

	东	−80	−70	−60	−50	−40	−30	−20	−10	南	10	20	30	40	50	60	70	80	西
90	52%	55%	58%	61%	63%	65%	67%	68%	69%	69%	69%	68%	67%	65%	63%	61%	58%	55%	52%
80	58%	61%	65%	68%	71%	73%	76%	77%	78%	78%	78%	77%	76%	73%	71%	68%	65%	61%	58%
70	63%	67%	71%	75%	78%	81%	83%	85%	86%	86%	86%	85%	83%	81%	78%	75%	71%	67%	63%
60	69%	73%	77%	81%	84%	87%	89%	91%	92%	92%	92%	91%	89%	87%	84%	81%	77%	73%	69%
50	75%	78%	82%	86%	89%	92%	94%	96%	97%	97%	97%	96%	94%	92%	89%	86%	82%	78%	75%
40	79%	83%	86%	89%	92%	95%	97%	98%	99%	99%	99%	98%	97%	95%	92%	89%	86%	83%	79%
30	83%	86%	89%	92%	94%	96%	98%	99%	100%	100%	100%	99%	98%	96%	94%	92%	89%	86%	83%
20	87%	89%	91%	93%	94%	96%	97%	98%	98%	99%	98%	98%	97%	96%	94%	93%	91%	89%	87%
10	89%	90%	91%	92%	93%	94%	94%	95%	95%	95%	95%	95%	94%	94%	93%	92%	91%	90%	89%
水平面	90%	90%	90%	90%	90%	90%	90%	90%	90%	90%	90%	90%	90%	90%	90%	90%	90%	90%	90%

武汉　　　　纬度 30°37′

	东	−80	−70	−60	−50	−40	−30	−20	−10	南	10	20	30	40	50	60	70	80	西
90	54%	55%	57%	58%	58%	59%	59%	59%	59%	59%	59%	59%	59%	59%	58%	58%	57%	55%	54%
80	61%	62%	64%	65%	66%	67%	68%	68%	68%	69%	68%	68%	68%	67%	66%	65%	64%	62%	61%
70	68%	70%	71%	73%	74%	75%	76%	77%	77%	77%	77%	77%	76%	75%	74%	73%	71%	70%	68%
60	74%	76%	78%	80%	81%	82%	83%	84%	84%	84%	84%	84%	83%	82%	81%	80%	78%	76%	74%
50	80%	82%	84%	86%	87%	88%	89%	90%	91%	91%	91%	90%	89%	88%	87%	86%	84%	82%	80%
40	86%	88%	89%	91%	92%	93%	94%	95%	95%	95%	95%	95%	94%	93%	92%	91%	89%	88%	86%
30	91%	92%	93%	95%	96%	97%	98%	98%	98%	99%	98%	98%	98%	97%	96%	95%	93%	92%	91%
20	94%	95%	96%	97%	98%	99%	99%	100%	100%	100%	100%	100%	99%	99%	98%	97%	96%	95%	94%
10	97%	97%	98%	98%	99%	99%	99%	99%	100%	100%	100%	99%	99%	99%	99%	98%	98%	97%	97%
水平面	98%	98%	98%	98%	98%	98%	98%	98%	98%	98%	98%	98%	98%	98%	98%	98%	98%	98%	98%

续表 A.0.2-2

昆明　　　　　　纬度 25°01′

	东	−80	−70	−60	−50	−40	−30	−20	−10	南	10	20	30	40	50	60	70	80	西
90	52%	54%	56%	57%	58%	59%	59%	60%	60%	60%	60%	60%	59%	59%	58%	57%	56%	54%	52%
80	59%	61%	63%	65%	66%	67%	68%	69%	69%	69%	69%	69%	68%	67%	66%	65%	63%	61%	59%
70	66%	68%	70%	72%	74%	75%	76%	77%	78%	78%	78%	77%	76%	75%	74%	72%	70%	68%	66%
60	73%	75%	77%	79%	81%	82%	84%	85%	85%	85%	85%	85%	84%	82%	81%	79%	77%	75%	73%
50	79%	81%	83%	85%	87%	89%	90%	91%	91%	92%	91%	91%	90%	89%	87%	85%	83%	81%	79%
40	85%	87%	89%	90%	92%	93%	95%	95%	96%	96%	96%	95%	95%	93%	92%	90%	89%	87%	85%
30	90%	91%	93%	94%	96%	97%	98%	98%	99%	99%	99%	98%	98%	97%	96%	94%	93%	91%	90%
20	93%	94%	96%	97%	98%	98%	99%	100%	100%	100%	100%	100%	99%	98%	98%	97%	96%	94%	93%
10	96%	96%	97%	97%	98%	98%	99%	99%	99%	99%	99%	99%	99%	98%	98%	97%	97%	96%	96%
水平面	96%	96%	96%	96%	96%	96%	96%	96%	96%	96%	96%	96%	96%	96%	96%	96%	96%	96%	96%

贵阳　　　　　　纬度 26°35′

	东	−80	−70	−60	−50	−40	−30	−20	−10	南	10	20	30	40	50	60	70	80	西
90	54%	56%	57%	58%	58%	59%	59%	59%	59%	59%	59%	59%	59%	59%	58%	58%	57%	56%	54%
80	61%	63%	64%	65%	66%	67%	68%	68%	68%	68%	68%	68%	68%	67%	66%	65%	64%	63%	61%
70	68%	70%	71%	73%	74%	76%	76%	76%	77%	77%	77%	76%	76%	76%	74%	73%	71%	70%	68%
60	75%	77%	78%	79%	81%	82%	83%	84%	84%	84%	84%	84%	83%	82%	81%	79%	78%	77%	75%
50	81%	83%	84%	86%	87%	88%	89%	90%	90%	90%	90%	90%	89%	88%	87%	86%	84%	83%	81%
40	87%	88%	90%	91%	92%	93%	94%	95%	95%	95%	95%	95%	94%	93%	92%	91%	90%	88%	87%
30	91%	93%	94%	95%	96%	97%	97%	98%	98%	98%	98%	98%	97%	97%	96%	95%	94%	93%	91%
20	95%	96%	97%	97%	98%	99%	99%	100%	100%	100%	100%	100%	99%	99%	98%	97%	97%	96%	95%
10	97%	98%	98%	99%	99%	99%	99%	100%	100%	100%	100%	100%	99%	99%	99%	99%	98%	98%	97%
水平面	98%	98%	98%	98%	98%	98%	98%	98%	98%	98%	98%	98%	98%	98%	98%	98%	98%	98%	98%

续表 A.0.2-2

长沙　　　　　　纬度 28°12′

	东	−80	−70	−60	−50	−40	−30	−20	−10	南	10	20	30	40	50	60	70	80	西
90	54%	55%	56%	57%	57%	58%	58%	58%	58%	58%	58%	58%	58%	58%	57%	57%	56%	55%	54%
80	61%	62%	63%	64%	61%	66%	67%	67%	67%	67%	67%	67%	67%	66%	61%	64%	63%	62%	61%
70	67%	69%	71%	72%	73%	74%	75%	75%	75%	76%	75%	75%	75%	74%	73%	72%	71%	69%	67%
60	74%	76%	78%	79%	80%	81%	82%	83%	83%	83%	83%	83%	82%	81%	80%	79%	78%	76%	74%
50	81%	82%	84%	85%	87%	88%	89%	89%	90%	90%	90%	89%	89%	88%	87%	85%	84%	82%	81%
40	86%	88%	89%	91%	92%	93%	94%	94%	95%	95%	95%	94%	94%	93%	92%	91%	89%	88%	86%
30	91%	92%	94%	95%	96%	97%	97%	98%	98%	98%	98%	98%	97%	97%	96%	95%	94%	92%	91%
20	95%	96%	97%	97%	98%	99%	99%	100%	100%	100%	100%	100%	99%	99%	98%	97%	97%	96%	95%
10	97%	98%	98%	99%	99%	99%	100%	100%	100%	100%	100%	100%	100%	99%	99%	99%	98%	98%	97%
水平面	98%	98%	98%	98%	98%	98%	98%	98%	98%	98%	98%	98%	98%	98%	98%	98%	98%	98%	98%

广州　　　　　　纬度 23°08′

	东	−80	−70	−60	−50	−40	−30	−20	−10	南	10	20	30	40	50	60	70	80	西
90	53%	54%	55%	56%	57%	57%	58%	58%	58%	57%	58%	58%	58%	57%	57%	56%	55%	54%	53%
80	60%	61%	63%	64%	65%	66%	66%	67%	67%	67%	67%	67%	66%	66%	65%	64%	63%	61%	60%
70	67%	69%	70%	72%	73%	74%	75%	75%	75%	75%	75%	75%	75%	74%	73%	72%	70%	69%	67%
60	74%	75%	77%	79%	80%	81%	82%	83%	83%	83%	83%	83%	82%	81%	80%	79%	77%	75%	74%
50	80%	82%	84%	85%	86%	88%	89%	89%	90%	90%	90%	89%	89%	88%	86%	85%	84%	82%	80%
40	86%	87%	89%	90%	92%	93%	94%	94%	95%	95%	95%	94%	94%	93%	92%	90%	89%	87%	86%
30	91%	92%	93%	95%	96%	97%	97%	98%	98%	98%	98%	98%	97%	97%	96%	95%	93%	92%	91%
20	95%	95%	96%	97%	98%	99%	99%	100%	100%	100%	100%	100%	99%	99%	98%	97%	96%	95%	95%
10	97%	97%	98%	98%	99%	99%	99%	100%	100%	100%	100%	100%	99%	99%	99%	98%	98%	97%	97%
水平面	98%	98%	98%	98%	98%	98%	98%	98%	98%	98%	98%	98%	98%	98%	98%	98%	98%	98%	98%

续表 A.0.2-2

南昌　　　　　　　　纬度 28°36′

	东	−80	−70	−60	−50	−40	−30	−20	−10	南	10	20	30	40	50	60	70	80	西
90	54%	55%	56%	57%	58%	58%	58%	58%	58%	58%	58%	58%	58%	58%	58%	57%	56%	55%	54%
80	61%	62%	64%	65%	66%	66%	67%	67%	67%	67%	67%	67%	67%	66%	66%	65%	64%	62%	61%
70	68%	69%	71%	72%	73%	74%	75%	75%	76%	76%	76%	75%	75%	74%	73%	72%	71%	69%	68%
60	74%	76%	78%	79%	81%	82%	82%	83%	83%	84%	83%	83%	82%	82%	81%	79%	78%	76%	74%
50	81%	82%	84%	86%	87%	88%	89%	89%	90%	90%	90%	89%	89%	88%	87%	86%	84%	82%	81%
40	86%	88%	89%	91%	92%	93%	94%	94%	95%	95%	95%	94%	94%	93%	92%	91%	89%	88%	86%
30	91%	92%	94%	95%	96%	97%	97%	98%	98%	98%	98%	98%	97%	97%	96%	95%	94%	92%	91%
20	95%	96%	97%	97%	98%	99%	99%	100%	100%	100%	100%	100%	99%	99%	98%	97%	97%	96%	95%
10	97%	98%	98%	99%	99%	99%	100%	100%	100%	100%	100%	100%	100%	99%	99%	99%	98%	98%	97%
水平面	98%	98%	98%	98%	98%	98%	98%	98%	98%	98%	98%	98%	98%	98%	98%	98%	98%	98%	98%

成都　　　　　　　　纬度 30°40′

	东	−80	−70	−60	−50	−40	−30	−20	−10	南	10	20	30	40	50	60	70	80	西
90	58%	58%	58%	58%	58%	58%	58%	58%	57%	57%	57%	58%	58%	58%	58%	58%	58%	58%	58%
80	65%	65%	65%	66%	66%	66%	66%	65%	65%	65%	65%	65%	66%	66%	66%	66%	65%	65%	65%
70	72%	72%	72%	73%	73%	73%	73%	73%	73%	73%	73%	73%	73%	73%	73%	73%	72%	72%	72%
60	78%	79%	79%	79%	80%	80%	80%	80%	80%	80%	80%	80%	80%	80%	80%	80%	79%	79%	78%
50	84%	85%	85%	86%	86%	86%	86%	86%	86%	86%	86%	86%	86%	86%	86%	85%	85%	85%	84%
40	89%	90%	90%	91%	91%	91%	91%	92%	92%	92%	92%	92%	91%	91%	91%	91%	90%	90%	89%
30	94%	94%	94%	95%	95%	95%	95%	96%	96%	96%	96%	96%	95%	95%	95%	95%	94%	94%	94%
20	97%	97%	98%	98%	98%	98%	98%	98%	98%	98%	98%	98%	98%	98%	98%	98%	98%	97%	97%
10	99%	99%	99%	100%	100%	100%	100%	100%	100%	100%	100%	100%	100%	100%	100%	100%	99%	99%	99%
水平面	100%	100%	100%	100%	100%	100%	100%	100%	100%	100%	100%	100%	100%	100%	100%	100%	100%	100%	100%

续表 A.0.2-2

上海　　　　　　纬度 31°10′

	东	−80	−70	−60	−50	−40	−30	−20	−10	南	10	20	30	40	50	60	70	80	西
90	55%	56%	57%	58%	59%	60%	61%	61%	61%	61%	61%	61%	61%	60%	59%	58%	57%	56%	55%
80	61%	63%	65%	66%	67%	68%	69%	69%	70%	70%	70%	69%	69%	68%	67%	66%	65%	63%	61%
70	68%	70%	72%	73%	75%	76%	77%	77%	78%	78%	78%	77%	77%	76%	75%	73%	72%	70%	68%
60	75%	77%	78%	80%	82%	83%	84%	85%	85%	85%	85%	85%	84%	83%	82%	80%	78%	77%	75%
50	81%	83%	84%	86%	88%	89%	90%	91%	91%	91%	91%	91%	90%	89%	88%	86%	84%	83%	81%
40	86%	88%	90%	91%	92%	94%	94%	95%	96%	96%	96%	95%	94%	94%	92%	91%	90%	88%	86%
30	91%	92%	94%	95%	96%	97%	98%	98%	99%	99%	99%	98%	98%	97%	96%	95%	94%	92%	91%
20	94%	95%	96%	97%	98%	99%	99%	100%	100%	100%	100%	100%	99%	99%	98%	97%	96%	95%	94%
10	97%	97%	98%	98%	99%	99%	99%	99%	100%	100%	100%	99%	99%	99%	99%	98%	98%	97%	97%
水平面	97%	97%	97%	97%	97%	97%	97%	97%	97%	97%	97%	97%	97%	97%	97%	97%	97%	97%	97%

西安　　　　　　纬度 34°18′

	东	−80	−70	−60	−50	−40	−30	−20	−10	南	10	20	30	40	50	60	70	80	西
90	55%	57%	58%	60%	61%	62%	62%	62%	63%	63%	63%	62%	62%	62%	61%	60%	58%	57%	55%
80	62%	64%	65%	67%	68%	69%	70%	71%	71%	71%	71%	71%	70%	69%	68%	67%	65%	64%	62%
70	68%	71%	72%	74%	76%	77%	78%	79%	79%	79%	79%	79%	78%	77%	76%	74%	72%	71%	68%
60	75%	77%	79%	81%	82%	84%	85%	86%	86%	86%	86%	86%	85%	84%	82%	81%	79%	77%	75%
50	81%	83%	85%	86%	88%	89%	91%	91%	92%	92%	92%	91%	91%	89%	88%	86%	85%	83%	81%
40	86%	88%	90%	91%	93%	94%	95%	96%	96%	96%	96%	96%	95%	94%	93%	91%	90%	88%	86%
30	90%	92%	93%	95%	96%	97%	98%	99%	99%	99%	99%	99%	98%	97%	96%	95%	93%	92%	90%
20	94%	95%	96%	97%	98%	99%	99%	100%	100%	100%	100%	100%	99%	99%	98%	97%	96%	95%	94%
10	96%	97%	97%	98%	98%	98%	99%	99%	99%	99%	99%	99%	99%	98%	98%	98%	97%	97%	96%
水平面	97%	97%	97%	97%	97%	97%	97%	97%	97%	97%	97%	97%	97%	97%	97%	97%	97%	97%	97%

续表 A.0.2-2

郑州　　　　　纬度 34°43′

	东	−80	−70	−60	−50	−40	−30	−20	−10	南	10	20	30	40	50	60	70	80	西
90	55%	57%	58%	60%	83%	62%	63%	63%	63%	63%	63%	63%	63%	62%	83%	60%	58%	57%	55%
80	62%	64%	66%	67%	69%	70%	71%	72%	72%	72%	72%	72%	71%	70%	69%	67%	66%	64%	62%
70	68%	70%	72%	74%	76%	77%	79%	79%	80%	72%	80%	79%	79%	77%	76%	74%	72%	70%	68%
60	75%	77%	79%	81%	83%	84%	85%	86%	87%	87%	87%	86%	85%	84%	83%	81%	79%	77%	75%
50	81%	83%	85%	87%	88%	90%	91%	92%	92%	93%	92%	92%	91%	90%	88%	87%	85%	83%	81%
40	86%	88%	90%	91%	93%	94%	95%	96%	96%	97%	96%	96%	95%	94%	93%	91%	90%	88%	86%
30	90%	92%	93%	95%	96%	97%	98%	99%	99%	99%	99%	99%	98%	97%	96%	95%	93%	92%	90%
20	94%	95%	96%	97%	98%	99%	99%	100%	100%	100%	100%	100%	99%	99%	98%	97%	96%	95%	94%
10	96%	96%	97%	97%	98%	98%	99%	99%	99%	99%	99%	99%	99%	98%	98%	97%	97%	96%	96%
水平面	97%	97%	97%	97%	97%	97%	97%	97%	97%	97%	97%	97%	97%	97%	97%	97%	97%	97%	97%

青岛　　　　　纬度 36°04′

	东	−80	−70	−60	−50	−40	−30	−20	−10	南	10	20	30	40	50	60	70	80	西
90	54%	56%	58%	60%	62%	63%	64%	65%	66%	66%	66%	65%	64%	63%	62%	60%	58%	56%	54%
80	60%	63%	65%	67%	70%	71%	73%	74%	75%	75%	75%	74%	73%	71%	70%	67%	65%	63%	60%
70	67%	69%	72%	75%	77%	79%	80%	82%	82%	83%	82%	82%	80%	79%	77%	75%	72%	69%	67%
60	73%	76%	78%	81%	83%	85%	87%	88%	89%	89%	89%	88%	87%	85%	83%	81%	78%	76%	73%
50	79%	81%	84%	87%	89%	91%	92%	94%	94%	95%	94%	94%	92%	91%	89%	87%	84%	81%	79%
40	84%	87%	89%	91%	93%	95%	96%	97%	98%	98%	98%	97%	96%	95%	93%	91%	89%	87%	84%
30	88%	90%	92%	94%	96%	97%	98%	99%	100%	100%	100%	99%	98%	97%	96%	94%	92%	90%	88%
20	92%	93%	94%	96%	97%	98%	99%	99%	100%	100%	100%	99%	99%	98%	97%	96%	94%	93%	92%
10	94%	95%	95%	96%	97%	97%	98%	98%	98%	98%	98%	98%	98%	97%	97%	96%	95%	95%	94%
水平面	95%	95%	95%	95%	95%	95%	95%	95%	95%	95%	95%	95%	95%	95%	95%	95%	95%	95%	95%

兰州　　　　　　　纬度 36°03′

	东	−80	−70	−60	−50	−40	−30	−20	−10	南	10	20	30	40	50	60	70	80	西
90	54%	56%	58%	60%	61%	62%	63%	64%	64%	64%	64%	64%	63%	62%	61%	60%	58%	56%	54%
80	60%	63%	65%	67%	69%	71%	72%	73%	73%	73%	73%	73%	72%	71%	69%	67%	65%	63%	60%
70	66%	69%	72%	74%	76%	78%	80%	81%	81%	82%	81%	81%	80%	78%	76%	74%	72%	69%	66%
60	72%	75%	78%	81%	83%	85%	86%	88%	88%	89%	88%	88%	86%	85%	83%	81%	78%	75%	72%
50	78%	81%	84%	86%	89%	90%	92%	93%	94%	94%	94%	93%	92%	90%	89%	86%	84%	81%	78%
40	83%	86%	88%	91%	93%	95%	96%	97%	98%	98%	98%	97%	96%	95%	93%	91%	88%	86%	83%
30	88%	90%	92%	94%	96%	97%	98%	99%	100%	100%	100%	99%	98%	97%	96%	94%	92%	90%	88%
20	91%	93%	94%	96%	97%	98%	99%	99%	100%	100%	100%	99%	99%	98%	97%	96%	94%	93%	91%
10	94%	95%	95%	96%	97%	97%	98%	98%	98%	98%	98%	98%	98%	98%	97%	97%	96%	95%	94%
水平面	95%	95%	95%	95%	95%	95%	95%	95%	95%	95%	95%	95%	95%	95%	95%	95%	95%	95%	95%

济南　　　　　　　纬度 36°41′

	东	−80	−70	−60	−50	−40	−30	−20	−10	南	10	20	30	40	50	60	70	80	西
90	53%	56%	58%	60%	62%	63%	64%	65%	65%	65%	65%	65%	64%	63%	62%	60%	58%	56%	53%
80	60%	62%	65%	67%	69%	71%	73%	74%	74%	74%	74%	74%	73%	71%	69%	67%	65%	62%	60%
70	66%	69%	72%	74%	77%	79%	80%	82%	82%	83%	82%	82%	80%	79%	77%	74%	72%	69%	66%
60	72%	75%	78%	81%	83%	85%	87%	88%	89%	89%	89%	88%	87%	85%	83%	81%	78%	75%	72%
50	78%	81%	84%	86%	89%	91%	92%	94%	94%	95%	94%	94%	92%	91%	89%	86%	84%	81%	78%
40	83%	86%	88%	91%	93%	95%	96%	97%	98%	98%	98%	97%	96%	95%	93%	91%	88%	86%	83%
30	88%	90%	92%	94%	96%	97%	98%	99%	100%	100%	100%	99%	98%	97%	96%	94%	92%	90%	88%
20	91%	93%	94%	95%	97%	98%	99%	99%	100%	100%	100%	99%	99%	98%	97%	95%	94%	93%	91%
10	93%	94%	95%	96%	96%	97%	97%	98%	98%	98%	98%	98%	97%	97%	96%	96%	95%	94%	93%
水平面	94%	94%	94%	94%	94%	94%	94%	94%	94%	94%	94%	94%	94%	94%	94%	94%	94%	94%	94%

续表 A. 0.2-2

太原　　　　　纬度 37°47′

	东	−80	−70	−60	−50	−40	−30	−20	−10	南	10	20	30	40	50	60	70	80	西
90	54%	56%	59%	61%	63%	64%	66%	66%	67%	67%	67%	66%	66%	64%	63%	61%	59%	56%	54%
80	60%	63%	66%	68%	70%	72%	74%	75%	76%	76%	76%	75%	74%	72%	70%	68%	66%	63%	60%
70	66%	69%	72%	75%	77%	80%	81%	83%	84%	84%	84%	83%	81%	80%	77%	75%	72%	69%	66%
60	72%	75%	78%	81%	84%	86%	88%	89%	90%	90%	90%	89%	88%	86%	84%	81%	78%	75%	72%
50	77%	81%	84%	86%	89%	91%	93%	94%	95%	95%	95%	94%	93%	91%	89%	86%	84%	81%	77%
40	82%	85%	88%	91%	93%	95%	96%	98%	98%	99%	98%	98%	96%	95%	93%	91%	88%	85%	82%
30	87%	89%	91%	93%	95%	97%	98%	99%	100%	100%	100%	99%	98%	97%	95%	93%	91%	89%	87%
20	90%	92%	93%	95%	96%	97%	98%	99%	99%	100%	99%	99%	98%	97%	96%	95%	93%	92%	90%
10	92%	93%	94%	95%	95%	96%	96%	97%	97%	97%	97%	97%	96%	96%	95%	95%	94%	93%	92%
水平面	93%	93%	93%	93%	93%	93%	93%	93%	93%	93%	93%	93%	93%	93%	93%	93%	93%	93%	93%

天津　　　　　纬度 39°06′

	东	−80	−70	−60	−50	−40	−30	−20	−10	南	10	20	30	40	50	60	70	80	西
90	53%	56%	58%	61%	63%	65%	66%	67%	68%	68%	68%	67%	66%	65%	63%	61%	58%	56%	53%
80	59%	62%	65%	68%	71%	73%	75%	76%	77%	77%	77%	76%	75%	73%	71%	68%	65%	62%	59%
70	65%	68%	72%	75%	78%	80%	82%	84%	85%	85%	85%	84%	82%	80%	78%	75%	72%	68%	65%
60	71%	74%	78%	81%	84%	86%	88%	90%	91%	91%	91%	90%	88%	86%	84%	81%	78%	74%	71%
50	76%	80%	83%	86%	89%	91%	93%	95%	96%	96%	96%	95%	93%	91%	89%	86%	83%	80%	76%
40	81%	84%	87%	90%	93%	95%	97%	98%	99%	99%	99%	98%	97%	95%	93%	90%	87%	84%	81%
30	85%	88%	90%	93%	95%	97%	98%	99%	100%	100%	100%	99%	98%	97%	95%	93%	90%	88%	85%
20	89%	91%	92%	94%	95%	97%	98%	98%	99%	99%	99%	98%	98%	97%	95%	94%	92%	91%	89%
10	91%	92%	93%	94%	94%	95%	96%	96%	96%	96%	96%	96%	95%	94%	94%	93%	92%	91%	
水平面	92%	92%	92%	92%	92%	92%	92%	92%	92%	92%	92%	92%	92%	92%	92%	92%	92%	92%	92%

续表 A.0.2-2

抚顺　　　　　　　　纬度 41°54′

	东	-80	-70	-60	-50	-40	-30	-20	-10	南	10	20	30	40	50	60	70	80	西
90	54%	57%	60%	63%	66%	68%	70%	72%	73%	73%	73%	72%	70%	68%	66%	63%	60%	57%	54%
80	59%	63%	67%	70%	73%	76%	78%	80%	81%	81%	81%	80%	78%	76%	73%	70%	67%	63%	59%
70	65%	69%	73%	76%	80%	83%	85%	87%	88%	88%	88%	87%	85%	83%	80%	76%	73%	69%	65%
60	70%	74%	78%	82%	85%	88%	91%	92%	94%	94%	94%	92%	91%	88%	85%	82%	78%	74%	70%
50	75%	79%	83%	86%	90%	92%	95%	96%	98%	98%	98%	96%	95%	92%	90%	86%	83%	79%	75%
40	80%	83%	86%	90%	92%	95%	97%	99%	100%	100%	100%	99%	97%	95%	92%	90%	86%	83%	80%
30	83%	86%	89%	92%	94%	96%	98%	99%	100%	100%	100%	99%	98%	96%	94%	92%	89%	86%	83%
20	86%	88%	90%	92%	94%	95%	97%	97%	98%	98%	98%	97%	97%	95%	94%	92%	90%	88%	86%
10	88%	89%	90%	91%	92%	93%	94%	94%	94%	94%	94%	94%	94%	94%	93%	92%	91%	90%	88%
水平面	89%	89%	89%	89%	89%	89%	89%	89%	89%	89%	89%	89%	89%	89%	89%	89%	89%	89%	89%

长春　　　　　　　　纬度 43°54′

	东	-80	-70	-60	-50	-40	-30	-20	-10	南	10	20	30	40	50	60	70	80	西
90	52%	56%	59%	63%	66%	69%	72%	74%	75%	75%	75%	74%	72%	69%	66%	63%	59%	56%	52%
80	57%	61%	66%	70%	73%	77%	80%	82%	83%	84%	83%	82%	80%	77%	73%	70%	66%	61%	57%
70	62%	67%	71%	76%	80%	83%	86%	89%	90%	90%	90%	89%	86%	83%	80%	76%	71%	67%	62%
60	67%	72%	77%	81%	85%	88%	91%	94%	95%	96%	95%	94%	91%	88%	85%	81%	77%	72%	67%
50	72%	76%	81%	85%	89%	92%	95%	97%	98%	99%	98%	97%	95%	92%	89%	85%	81%	76%	72%
40	76%	80%	84%	88%	91%	94%	97%	98%	100%	100%	100%	98%	97%	94%	91%	88%	84%	80%	76%
30	80%	83%	86%	89%	92%	95%	97%	98%	99%	99%	99%	98%	97%	95%	92%	89%	86%	83%	80%
20	83%	85%	87%	89%	91%	93%	95%	96%	96%	96%	96%	96%	95%	93%	91%	89%	87%	85%	83%
10	84%	86%	87%	88%	89%	90%	91%	91%	92%	92%	92%	91%	91%	90%	89%	88%	87%	86%	84%
水平面	85%	85%	85%	85%	85%	85%	85%	85%	85%	85%	85%	85%	85%	85%	85%	85%	85%	85%	85%

附录B 代表城市气象参数及不同地区太阳能保证率推荐值

B.0.1 太阳能供热采暖系统设计采用的气象参数可 按照表B.0.1选取。

表 B.0.1 代表城市气象参数

城市名称	纬度	H_{ha}	H_{La}	H_{ht}	H_{Lt}	T_a	S_y	T_d	T_h	S_d	资源区
格尔木	36°25′	19.238	21.785	11.016	20.91	5.5	8.7	−9.6	−3.1	7.6	I
葛 尔	32°30′	19.013	21.717	12.827	20.741	0.4	10	−11.1	−9.1	8.6	I
拉 萨	29°40′	19.843	22.022	15.725	25.025	8.2	8.6	−1.7	1.6	8.7	I
阿勒泰	47°44′	14.943	18.157	4.822	11.03	4.5	8.5	−14.1	−7.9	4.4	II
昌 都	31°09′	16.415	18.082	12.593	20.092	7.6	6.9	−2	0.5	7	II
大 同	40°06′	15.202	17.346	7.977	14.647	7.2	7.6	−8.9	−4	5.6	II
敦 煌	40°09′	17.48	19.922	8.747	15.879	9.5	9.2	−7	−2.8	6.9	II
额济纳旗	41°57′	17.884	21.501	8.04	17.39	8.9	9.6	−9.1	−4.3	7.3	II
二连浩特	43°39′	17.28	21.012	7.824	18.15	4.1	9.1	−16.2	−8	6.9	II
哈 密	42°49′	17.229	20.238	7.748	16.222	10.1	9	−9	−4.1	6.4	II
和 田	37°08′	15.707	17.032	9.206	14.512	12.5	7.3	−3.2	−0.6	5.9	II
景 洪	21°52′	15.17	15.768	11.433	14.356	22.3	6	16.5	17.2	5.1	II
喀 什	39°28′	15.522	16.911	7.529	11.957	11.9	7.7	−4.2	−1.3	5.3	II
库 车	41°48′	15.77	17.639	7.779	14.272	11.3	7.7	−6.1	−2.7	5.7	II
民 勤	38°38′	15.928	17.991	9.112	16.272	8.3	8.7	−7.9	−2.6	7.7	II
那 曲	31°29′	15.423	17.013	13.626	21.486	−1.2	8	−13.2	−4.8	8	II
奇 台	44°01′	14.927	17.489	4.99	10.15	5.2	8.5	−13.2	−9.2	4.9	II
若 羌	39°02′	16.674	18.26	8.506	13.945	11.7	8.8	−6.2	−2.9	6.5	II
三 亚	18°14′	16.627	16.956	13.08	15.36	25.8	7	22.1	22.1	6.2	II
腾 冲	25°07′	14.96	16.148	14.352	19.416	15.1	5.8	9	8.9	8.1	II
吐鲁番	42°56′	15.244	17.114	6.443	11.623	14.4	8.3	−7.2	−2.5	4.5	II
西 宁	36°37′	15.636	17.336	10.105	16.816	6.5	7.6	−6.7	−3	6.7	II
伊 宁	43°57′	15.125	17.733	5.774	12.225	9	8.1	−5.8	−2.8	4.9	II
伊金霍洛旗	39°34′	15.438	17.973	8.839	16.991	6.3	8.7	−9.6	−6.2	7.1	II
银 川	38°29′	16.507	18.465	9.095	15.941	8.9	8.3	−6.7	−2.1	6.8	II
玉 树	33°01′	15.797	17.439	11.997	19.926	3.2	7	−7.2	−2.2	6.5	II
北 京	39°48′	14.18	16.014	7.889	13.709	12.9	7.5	−2.7	0.1	6	III
长 春	43°54′	13.663	16.127	6.112	13.116	5.5	7.4	−12.8	−6.7	5.5	III
慈 溪	30°16′	12.202	12.804	8.301	11.276	16.2	5.5	6.6	5.5	4.8	III
峨眉山	29°31′	11.757	12.621	10.736	15.584	3.1	3.9	−3.5	−4.7	5.1	III
福 州	26°05′	11.772	12.128	8.324	10.86	19.6	4.6	13.2	11.7	4.2	III

城市名称	纬度	H_{ha}	H_{La}	H_{ht}	H_{Lt}	T_a	S_y	T_d	T_h	S_d	资源区
赣 州	25°51′	12.168	12.481	8.807	11.425	19.4	5	10.3	9.4	4.7	Ⅲ
哈尔滨	45°41′	12.923	15.394	5.162	10.522	4.2	7.3	−15.6	−8.5	4.7	Ⅲ
海 口	20°02′	12.912	13.018	8.937	10.792	24.1	5.9	19	18.5	4.4	Ⅲ
黑 河	50°15′	12.732	16.253	4.072	11.34	0.4	7.6	−20.9	−11.6	5.4	Ⅲ
侯 马	35°39′	13.791	14.816	8.262	13.649	12.9	6.7	−2.3	0.9	4.8	Ⅲ
济 南	36°41′	13.167	14.455	7.657	13.854	14.9	7.1	1.1	1.8	5.5	Ⅲ
佳木斯	46°49′	12.019	14.689	4.847	10.481	3.6	6.9	−15.5	−12.7	4.6	Ⅲ
昆 明	25°01′	14.633	15.551	11.884	15.736	15.1	6.2	8.2	8.7	6.7	Ⅲ
兰 州	36°03′	14.322	15.135	7.326	10.696	9.8	6.9	−5.5	−0.6	5.1	Ⅲ
蒙 自	23°23′	14.621	15.247	12.128	15.23	18.6	6.1	12.3	13	6.5	Ⅲ
漠 河	52°58′	12.935	17.147	3.258	10.361	−4.3	6.7	−28	−14.7	4	Ⅲ
南 昌	28°36′	11.792	12.158	8.027	10.609	17.5	5.2	7.8	6.7	4.7	Ⅲ
南 京	32°00′	12.156	12.898	8.163	12.047	15.4	5.6	4.4	3.4	5	Ⅲ
南 宁	22°49′	12.69	12.788	9.368	11.507	22.1	4.5	14.9	13.9	4.1	Ⅲ
汕 头	23°24′	12.921	13.293	10.959	14.131	21.5	5.6	15.5	14.4	5.7	Ⅲ
上 海	31°10′	12.3	12.904	8.047	11.437	16	5.5	6.2	4.8	4.7	Ⅲ
韶 关	24°48′	11.677	11.981	9.366	11.689	20.3	4.6	12.1	11.4	4.7	Ⅲ
沈 阳	41°46′	13.091	14.98	6.186	11.437	8.6	7	−8.5	−4.5	4.9	Ⅲ
太 原	37°47′	14.394	15.815	8.234	13.701	10	7.1	−4.9	−1.1	5.4	Ⅲ
天 津	39°06′	14.106	15.804	7.328	12.61	13	7.2	−1.6	−0.2	5.6	Ⅲ
威 宁	26°51′	12.793	13.492	9.214	12.293	10.4	5	3.4	3.1	5.4	Ⅲ
乌鲁木齐	43°47′	13.884	15.726	4.174	7.692	6.9	7.3	−9.3	−6.5	3.1	Ⅲ
西 安	34°18′	11.878	12.303	7.214	10.2	13.5	4.7	0.7	2.1	3.1	Ⅲ
烟 台	37°32′	13.428	14.792	5.96	9.752	12.6	7.6	1.5	2.3	5.2	Ⅲ
郑 州	34°43′	13.482	14.301	7.781	12.277	14.3	6.2	1.7	2.5	5	Ⅲ
长 沙	28°14′	10.882	11.061	6.811	8.712	17.1	4.5	6.7	5.8	3.7	Ⅳ
成 都	30°40′	9.402	9.305	5.419	6.302	16.1	3	7.3	6.8	1.7	Ⅳ
广 州	23°08′	11.216	11.513	10.528	13.355	22.2	4.6	15.3	14.5	5.5	Ⅳ
贵 阳	26°35′	9.548	9.654	5.514	6.421	15.4	3.3	7.4	6.4	2.1	Ⅳ
桂 林	25°20′	10.756	10.999	8.05	9.667	19	4.2	10.5	9.2	3.9	Ⅳ
杭 州	30°14′	11.117	11.621	7.303	10.425	16.5	5	6.8	5.6	4.6	Ⅳ
合 肥	31°52′	11.272	11.873	7.565	10.927	15.4	5.4	4.5	3.6	4.8	Ⅳ
乐 山	29°30′	9.448	9.372	4.253	4.702	17.2	3	8.7	8.2	1.5	Ⅳ
泸 州	28°53′	8.807	8.77	3.358	3.612	17.7	3.2	9.1	8.7	1.2	Ⅳ
绵 阳	31°28′	10.049	10.051	4.771	5.94	16.2	3.2	6.7	6.4	2	Ⅳ

城市名称	纬度	H_{ha}	H_{La}	H_{ht}	H_{Lt}	T_a	S_y	T_d	T_h	S_d	资源区
南 充	30°48′	9.946	9.939	4.069	4.558	17.3	3.2	8	7.6	0.9	Ⅳ
万 县	30°46′	9.653	9.655	4.015	4.583	18	3.6	9.1	8.2	1.1	Ⅳ
武 汉	30°37′	11.466	11.869	7.022	9.404	16.5	5.5	6	5.2	4.5	Ⅳ
宜 昌	30°42′	10.628	10.852	6.167	7.833	16.6	4.4	6.7	5.9	3.2	Ⅳ
重 庆	29°33′	8.669	8.552	3.21	3.531	18.3	3	9.2	8.9	0.9	Ⅳ
遵 义	27°41′	8.797	8.685	4.252	4.825	15.3	3	6.7	5.7	1.5	Ⅳ

注：H_{ha}：水平面年平均日辐照量，MJ/($m^2 \cdot d$)；

H_{La}：当地纬度倾角平面年平均日辐照量，MJ/($m^2 \cdot d$)；

H_{ht}：水平面 12 月的月平均日辐照量，MJ/($m^2 \cdot d$)；

H_{Lt}：当地纬度倾角平面 12 月的月平均日辐照量，MJ/($m^2 \cdot d$)；

T_a：年平均环境温度，℃；

T_d：12 月的月平均环境温度，℃；

T_h：计算采暖期平均环境温度，℃；

S_y：年平均每日的日照小时数，h；

S_d：12 月的月平均每日的日照小时数，h。

B.0.2 太阳能供热采暖系统在不同资源区内的太阳能保证率 f 可按表 B.0.2 的推荐范围选取。

表 B.0.2 不同地区太阳能供热采暖系统的太阳能保证率 f 的推荐选值范围

资源区划	短期蓄热系统太阳能保证率	季节蓄热系统太阳能保证率
Ⅰ资源丰富区	≥50%	≥60%
Ⅱ资源较富区	30%～50%	40%～60%
Ⅲ资源一般区	10%～30%	20%～40%
Ⅳ资源贫乏区	5%～10%	10%～20%

附录 C 太阳能集热器平均集热效率计算方法

C.0.1 太阳能集热器的集热效率应根据选用产品的实际测试效率公式（C.0.1-1）或（C.0.1-2）进行计算。

$$\eta = \eta_0 - UT^* \qquad (C.0.1-1)$$

式中 η——以 T^* 为参考的集热器热效率，%；

η_0——$T^* = 0$ 时的集热器热效率，%；

U——以 T^* 为参考的集热器总热损系数，W/($m^2 \cdot K$)；

T^*——归一化温差，($m^2 \cdot K$)/W。

$$\eta = \eta_0 - a_1 T^* - a_2 G(T^*)^2 \qquad (C.0.1-2)$$

式中 a_1——以 T^* 为参考的常数；

a_2——以 T^* 为参考的常数；

G——总太阳辐照度，W/m^2。

$$T^* = (t_i - t_a)/G \qquad (C.0.1-3)$$

式中 t_i——集热器工质进口温度，℃；

t_a——环境温度，℃。

C.0.2 短期蓄热太阳能供热采暖系统计算太阳能集热器集热效率时，归一化温差计算的参数选择应符合下列原则：

1 直接系统的 t_i 取供暖系统的回水温度，间接系统的 t_i 等于供暖系统的回水温度加换热器的换热温差。

2 t_a 取当地 12 月的月平均室外环境空气温度。

3 总太阳辐照度 G 应按下式计算。

$$G = H_d/(3.6 S_d) \qquad (C.0.2)$$

式中 H_d——当地 12 月集热器采光面上的太阳总辐射月平均日辐照量，kJ/($m^2 \cdot d$)；

S_d——当地 12 月的月平均每日的日照小时数，h。

C.0.3 季节蓄热太阳能供热采暖系统计算太阳能集热器集热效率时，归一化温差计算的参数选择应符合下列原则：

1 直接系统的 t_i 取供暖系统的回水温度，间接系统的 t_i 等于供暖系统的回水温度加换热器的换热温差。

2 t_a 取当地的年平均室外环境空气温度。

3 总太阳辐照度 G 应按下式计算。

$$G = H_y/(3.6 S_y) \qquad (C.0.3)$$

式中 H_y——当地集热器采光面上的太阳总辐射年平均日辐照量，kJ/($m^2 \cdot d$)；

S_y——当地的年平均每日的日照小时数，h。

附录 D 太阳能集热系统管路、水箱热损失率计算方法

D.0.1 管路、水箱热损失率 η_L 可按经验取值估算，η_L 的推荐取值范围为：

短期蓄热太阳能供热采暖系统：10%～20%

季节蓄热太阳能供热采暖系统：10%～15%

D.0.2 需要准确计算时，可按 D.0.3～D.0.5 条给出的公式迭代计算。

D.0.3 太阳能集热系统管路单位表面积的热损失可按下式计算：

$$q_l = \frac{(t - t_a)}{\frac{D_0}{2\lambda} \ln \frac{D_0}{D_i} + \frac{1}{a_0}} \tag{D.0.3}$$

式中 q_l ——管路单位表面积的热损失，W/m^2；

D_i ——管道保温层内径，m；

D_0 ——管道保温层外径，m；

t_a ——保温结构周围环境的空气温度，℃；

t ——设备及管道外壁温度，金属管道及设备通常可取介质温度，℃；

a_0 ——表面放热系数，$W/(m^2 \cdot ℃)$；

λ ——保温材料的导热系数，$W/(m \cdot ℃)$。

D.0.4 贮水箱单位表面积的热损失可按下式计算：

$$q = \frac{(t - t_a)}{\frac{\delta}{\lambda} + \frac{1}{a}} \tag{D.0.4-1}$$

式中 q ——贮水箱单位表面积的热损失，W/m^2；

δ ——保温层厚度，m；

λ ——保温材料导热系数，$W/(m \cdot ℃)$；

a ——表面放热系数，$W/(m^2 \cdot ℃)$。

对于圆形水箱保温：

$$\delta = \frac{D_0 - D_i}{2} \tag{D.0.4-2}$$

D.0.5 管路及贮水箱热损失率 η_L 可按下式计算：

$$\eta_L = (q_l A_1 + q A_2)/(G A_C \eta_{cd}) \tag{D.0.5}$$

式中 A_1 ——管路表面积，m^2；

A_2 ——贮水箱表面积，m^2；

A_C ——系统集热器总面积；

G ——集热器采光面上的总太阳辐照度，W/m^2；

η_{cd} ——基于总面积的集热器平均集热效率，%，按附录 C 方法计算。

附录 E 间接系统热交换器换热面积计算方法

E.0.1 间接系统热交换器换热面积可按下式计算：

$$A_{hx} = (1 - \eta_L)Q_{hx}/(\varepsilon \times U_{hx} \times \Delta t_j) \tag{E.0.1}$$

式中 A_{hx} ——间接系统热交换器换热面积，m^2；

η_L ——贮热水箱到热交换器的管路热损失率，一般可取 0.02～0.05；

Q_{hx} ——热交换器换热量，kW；

ε ——结垢影响系数，0.6～0.8；

U_{hx} ——热交换器传热系数，按热交换器技术参数确定；

Δt_j ——传热温差，宜取 5～10℃，集热器热性能好，温差取高值，否则取低值。

E.0.2 热交换器换热量可按下式计算：

$$Q_{hx} = (k \times f \times Q)/(3600 \times S_y) \tag{E.0.2}$$

式中 Q_{hx} ——热交换器换热量，kW；

k ——太阳辐照度时变系数，取 1.5～1.8，取高限对太阳能利用有利，但会增加造价；

f ——太阳能保证率，%，按附录 B 选取；

Q ——太阳能供热采暖系统负担的采暖季平均日供热量，kJ；

S_y ——当地的年平均每日的日照小时数，h。

E.0.3 太阳能供热采暖系统负担的采暖季平均日供热量可按下式计算：

$$Q = Q_H \times 86400 \tag{E.0.3}$$

式中 Q ——太阳能供热采暖系统负担的采暖季平均日供热量，kJ；

Q_H ——建筑物耗热量，kW。

附录 F 太阳能供热采暖系统效益评估计算公式

F.0.1 太阳能供热采暖系统的年节能量可按下式计算：

$$\Delta Q_{save} = A_c \cdot J_T \cdot (1 - \eta_c) \cdot \eta_{cd} \tag{F.0.1}$$

式中 ΔQ_{save} ——太阳能供热采暖系统的年节能量，MJ；

A_c ——系统的太阳能集热器面积，m^2；

J_T ——太阳能集热器采光表面上的年总太阳辐照量，MJ/m^2；

η_{cd} ——太阳能集热器的年平均集热效率，%；

η_c ——管路、水泵、水箱和季节蓄热装置的热损失率。

F.0.2 太阳能供热采暖系统寿命期内的总节能费可按下式计算：

$$SAV = PI(\Delta Q_{save} \cdot C_c - A \cdot DJ) - A \tag{F.0.2}$$

式中 SAV ——系统寿命期内的总节能费用，元；

PI ——折现系数；

C_c ——系统评估当年的常规能源热价，元/MJ；

A ——太阳能热水系统总增投资，元；

DJ ——每年用于与太阳能供热采暖系统有关的维修费用,包括太阳集热器维护,集热系统管道维护和保温等费用占总增投资的百分率;一般取1%。

F.0.3 折现系数 PI 可按下式计算:

$$PI = \frac{1}{d-e}\left[1-\left(\frac{1+e}{1+d}\right)^{n}\right] \quad d \neq e$$
(F.0.3-1)

$$PI = \frac{n}{1+d} \quad d = e$$
(F.0.3-2)

式中 d ——年市场折现率,可取银行贷款利率;

e ——年燃料价格上涨率;

n ——分析节省费用的年限,从系统开始运行算起,取集热系统寿命(一般为10~15年)。

F.0.4 系统评估当年的常规能源热价 C_C 可按下式计算:

$$C_C = C'_C/(q \cdot Eff)$$
(F.0.4)

式中 C'_C ——系统评估当年的常规能源价格,元/kg;

q ——常规能源的热值,MJ/kg;

Eff ——常规能源水加热装置的效率,%。

F.0.5 太阳能供热采暖系统的费效比可按下式计算:

$$B = A/(\Delta Q_{save} \cdot n)$$
(F.0.5)

式中 B ——系统费效比,元/kWh。

F.0.6 太阳能供热采暖系统的二氧化碳减排量可按下式计算:

$$Q_{co_2} = \frac{\Delta Q_{save} \times n}{W \times Eff} \times F_{co_2}$$
(F.0.6)

式中 Q_{co_2} ——系统寿命期内二氧化碳减排量,kg;

W ——标准煤热值,29.308MJ/kg;

F_{co_2} ——二氧化碳排放因子,按表 F.0.6 取值。

表 F.0.6 二氧化碳排放因子

辅助常规能源		煤	石油	天然气	电
二氧化碳排放因子	kg CO₂/kg 标准煤	2.662	1.991	1.481	3.175

附录 G 常用相变材料特性

表 G 常用相变材料特性

相变材料	分子式	熔点(℃)	熔化潜热(kJ/kg)	固态密度(kg/m³)	比热容(kJ/kg℃) 固态	比热容(kJ/kg℃) 液态
6 水氯化钙	$CaCl_2 \cdot 6H_2O$	29.4	170	1630	1340	2310
12 水磷酸二钠	$Na_2HPO_4 \cdot 12H_2O$	36	280	1520	1690	1940

续表 G

相变材料	分子式	熔点(℃)	熔化潜热(kJ/kg)	固态密度(kg/m³)	比热容(kJ/kg℃) 固态	比热容(kJ/kg℃) 液态
N-(碳)烷	C_nH_{2n2}	36.7	247	856	2210	2010
聚乙烯乙二醇	$HO(CH_2CH_2O)_nH$	20~25	146	1100	2260	—
10 水硫酸钠	$Na_2SO_4 \cdot 10H_2O$	32.4	253	1460	1920	3260
5 水硫代硫酸钠	$Na_2S_2O_3 \cdot 5H_2O$	49	200	1690	1450	2389
硬脂酸	$C_{18}H_{36}O_2$	69.4	199	847	1670	2300

本规范用词说明

1 为便于在执行本规范条文时区别对待,对要求严格程度不同的用词说明如下:

   1)表示很严格,非这样做不可的:

   正面词采用"必须",反面词采用"严禁";

   2)表示严格,在正常情况下均应这样做的:

   正面词采用"应",反面词采用"不应"或"不得";

   3)表示允许稍有选择,在条件许可时首先应这样做的:

   正面词采用"宜",反面词采用"不宜";

   表示有选择,在一定条件下可以这样做的,采用"可"。

2 条文中指明应按其他有关标准执行的写法为:"应符合……的规定(或要求)"或"应按……执行"。

引用标准名录

1 《生活饮用水卫生标准》GB 5749

2 《设备及管道绝热设计导则》GB/T 8175

3 《建筑给水排水设计规范》GB 50015

4 《采暖通风与空气调节设计规范》GB 50019

5 《锅炉房设计规范》GB 50041

6 《电气装置安装工程电缆线路施工及验收规范》GB 50168

7 《电气装置安装工程接地装置施工及验收规范》GB 50169

8 《工业设备及管道绝热工程质量检验评定标准》GB 50185

9 《公共建筑节能设计标准》GB 50189

10 《屋面工程质量验收规范》GB 50207

11 《建筑给水排水及采暖工程施工质量验收规范》GB 50242

12　《通风与空调工程施工质量验收规范》GB 50243

13　《建筑电气工程施工质量验收规范》GB 50303

14　《民用建筑太阳能热水系统应用技术规范》GB 50364

15　《平板型太阳能集热器》GB/T 6424

16　《真空管型太阳能集热器》GB/T 17581

17　《严寒和寒冷地区居住建筑节能设计标准》JGJ 26

18　《夏热冬冷地区居住建筑节能设计标准》JGJ 134

19　《地面辐射供暖技术规程》JGJ 142

中华人民共和国国家标准

太阳能供热采暖工程技术规范

GB 50495—2009

条 文 说 明

制 订 说 明

《太阳能供热采暖工程技术规范》GB 50495—2009 经住房和城乡建设部 2009 年 3 月 19 日以第 262 号公告批准、发布。

为便于广大设计、施工、科研、学校等单位有关人员在使用本规范时能正确理解和执行条文的规定，《太阳能供热采暖工程技术规范》编制组按章、节、条顺序编制了本规范的条文说明，供使用者参考。在使用中如发现本条文说明有不妥之处，请将意见函寄中国建筑科学研究院（地址：北京北三环东路 30 号；邮编 100013）。

目　　次

1 总　则

1.0.1　本条说明了制定本规范的宗旨。随着我国国民经济的持续发展，城乡人民居住条件的改善和生活水平的不断提高，建筑能耗快速增长，建筑用能占全社会能源消费量的比例已接近 30%，从而加剧了能源供应的紧张形势。在建筑能耗中，供热采暖用能约占 45%，是建筑节能的重点领域。为降低建筑能耗，既要节约，又要开源，所以，应努力增加可再生能源在建筑中的应用范围。

　　太阳能是永不枯竭的清洁能源，是人类可以长期依赖的重要能源之一，利用太阳热能为建筑物供热采暖可以获得非常良好的节能和环境效益，长期以来，一直受到世界各国的普遍重视。近十余年来，欧洲、北美发达国家的太阳能供热采暖规模化利用技术快速发展，建成了大批利用太阳能的区域供热采暖工程，并编写出版了相应的技术指南和设计手册；我国的太阳能供热采暖技术近几年来也成为可再生能源建筑应用的热点，各地陆续建成一批试点示范工程，并已形成进一步推广应用的发展趋势。

　　国内目前完成的太阳能供热采暖工程，基本上是依据太阳能企业过去做太阳能热水系统的经验，系统设计的科学性、合理性较差，更做不到优化设计，使系统建成后不能发挥应有的效益；太阳能供热采暖系统需要的太阳能集热器面积较多，与建筑围护结构结合安装时，既要保证尽可能多地接收太阳光照，又要保证其安全性；这些问题都需要通过技术规范加以解决。因此，为了规范太阳能供热采暖工程的设计、施工和验收，确保太阳能供热采暖系统安全可靠运行并更好地发挥节能效益，特制定本规范。

　　本规范侧重于为实现太阳能供热采暖而设置的太阳能集热、蓄热系统部分的规定，对建筑物内系统仅作简要规定。

1.0.2　本条规定了本规范的适用范围。太阳能供热采暖的工程应用并不只限于城市，也适用于乡镇、农村的民用建筑；工厂车间等工业建筑一般具有较大的屋顶面积，要求的供暖室温低，同样适合太阳能供热采暖，并具有良好的节能效益。因此，对凡使用太阳能供热采暖系统的民用和部分工业建筑物，无论新建、扩建、改建或既有建筑，无论位于城市、乡镇还是农村，本规范均适用。规范中涉及系统设计方面的内容，针对新建、扩建、改建和既有建筑同等有效；但对系统设置安装、工程施工的要求规定，针对新建和既有建筑扩建、改建有所不同。

1.0.3　目前我国太阳能热水器的安装使用总量居世界第一，但大多作为建筑的后置部件在房屋建成后才购买安装，由此造成了对建筑安全和城市景观的不利影响，为解决这一问题，国家建设行政主管部门提出

了太阳能热水器与建筑结合的发展方向，并在已发布实施的国家标准《民用建筑太阳能热水系统应用技术规范》GB 50364 中对系统与建筑结合作出了规定。与太阳能热水系统相比，太阳能供热采暖系统的集热器面积更大，技术的综合性更强，因此，更需要严格纳入工程建设的规定程序，按照工程建设的要求，统一规划、设计、施工、验收和投入使用。

1.0.4　由于建筑物的供暖负荷远大于热水负荷，为满足建筑物的供暖需求，太阳能供热采暖系统的集热器面积较大，如果在设计时没有考虑全年综合利用，就会导致非采暖季产生的热水无法使用，从而浪费投资、浪费资源，以及因系统过热而产生安全隐患；所以，必须强调太阳能供热采暖系统的全年综合利用。可采用的措施有：适当降低系统的太阳能保证率，合理匹配供暖和供热水的建筑面积（同一系统供热水的建筑面积应大于供暖的建筑面积），以及用于夏季的空调制冷等。

1.0.5　本条为强制性条文，目的是确保建筑物的结构安全。由于既有建筑建成的年代参差不齐，有的建筑已使用多年，过去我国在抗震设计等结构安全方面的要求也比较低，而太阳能供热采暖系统的太阳能集热器需要安装在建筑物的外围护结构表面上，如屋面、阳台或墙面等，从而加重了安装部位的结构承载负荷量，如果不进行结构安全复核计算，就会对建筑结构的安全性带来隐患；特别是太阳能供热采暖系统中的太阳能集热器面积较大，对结构安全影响的矛盾更加突出。

　　结构复核可以由原建筑设计单位或其他有资质的建筑设计单位根据原施工图、竣工图、计算书进行，或经法定检测机构检测，确认不会影响结构安全后，才能够实施增设或改造太阳能供热采暖系统，否则，不能进行增设或改造。

1.0.6　鉴于目前我国节能减排工作的严峻形势，各级建设行政主管部门已严格要求新建、改建和扩建建筑物执行建筑节能设计标准，所以，设置了太阳能供热采暖系统的建筑物，必须首先满足节能设计标准的规定。在此基础上，有条件的工程项目应适当提高标准，特别是要提高围护结构的保温性能；太阳能的特点是在单位面积上的能量密度较低，要降低太阳能供热采暖系统的增投资，提高系统的太阳能保证率，首先就必须从改善围护结构的保温措施着手，只有大幅度降低建筑物的采暖耗热量，才能有效降低系统的初投资；所以，提高对设置太阳能供热采暖系统新建、改建和扩建供暖建筑物的节能设计要求，能够更好发挥太阳能供热采暖系统的节能效益，有利于太阳能供热采暖技术的推广应用，同时也可以为今后进一步提高建筑节能设计标准的规定指标积累经验。

　　我国过去建成的大量建筑物都不符合建筑节能设计标准的要求，随着建筑节能水平的进一步发展和提

高，将开展对既有建筑进行大规模的节能改造，包括增加对围护结构的保温措施等；因此，对设置太阳能供热采暖系统的既有建筑进行围护结构热工性能复核，增加相应节能措施，既符合形势要求，又是保证太阳能供热采暖系统节能效益的必要措施。如果设置太阳能供热采暖系统的既有建筑，不符合相关的建筑节能标准要求时，宜按照所在气候区国家、行业和地方建筑节能设计标准和实施细则的要求采取相应措施，否则，建筑物的采暖耗热量过大，将造成太阳能供热采暖系统完全不能发挥应有的节能作用。

1.0.7 太阳能供热采暖工程应用是建筑和太阳能应用领域多项技术的综合利用，在建筑领域，涉及建筑、结构、暖通空调、给排水等多个专业，本规范只能针对太阳能供热采暖工程本身具有的特点进行规定和要求，不可能把所有相关的专业技术规定都涉及，所以，与太阳能供热采暖工程应用相关的其他标准都应遵守执行，尤其是强制性条文。

2 术 语

2.0.2 本条术语所说的短期，一般指贮热周期不超过15天的蓄热系统。根据我国大部分采暖地区的气候特点，冬季连阴、雨、雪天的时段均在一周以内，因此，短期蓄热太阳能供热采暖系统通常具有一周的贮热设备容量；条件许可时，也可根据当地气象条件、特点适当加大贮热设备容量，延长蓄热时间。

2.0.18 该参数在国外文献资料中称之为太阳能热价（Solarcost），是评价系统经济性的重要参数；为能够更直观地反映其实际含义，通俗易懂，将其中文名称定为系统费效比，该定义名称已在评价国内实施的示范工程时使用。其中的常规能源是指具体工程项目的辅助能源加热设备所使用的能源种类（天然气、标准煤或电）。

2.0.19 该条术语由行业标准《严寒和寒冷地区居住建筑节能设计标准》JGJ 26 中"建筑物耗热量指标"的术语定义改写。在本标准中特别提出该条术语定义，是为更清楚地说明由太阳能集热系统负担的采暖负荷量。

2.0.20 该条术语参照国家标准《采暖通风与空气调节术语标准》GB 50155 中"热负荷"和行业标准《严寒和寒冷地区居住建筑节能设计标准》JGJ 26 中"建筑物耗热量指标"的术语定义改写。在本标准中特别提出该条术语定义，是为更清楚地说明由其他能源加热/换热设备负担的采暖负荷量。

2.0.21 太阳能集热器总面积 A_G 的计算公式如下：

$$A_G = L_1 \times W_1$$

式中 L_1 ——最大长度（不包括固定支架和连接管道）；
$\qquad W_1$ ——最大宽度（不包括固定支架和连接管道）。

2.0.22 各种类型的太阳能集热器采光面积 A_a 的计算如下：

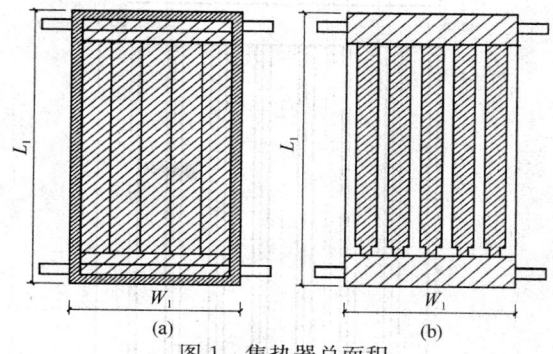

图 1 集热器总面积
（a）平板型集热器；（b）真空管集热器

$$A_a = L_2 \times W_2$$

式中 L_2 ——采光口的长度；
$\qquad W_2$ ——采光口的宽度。

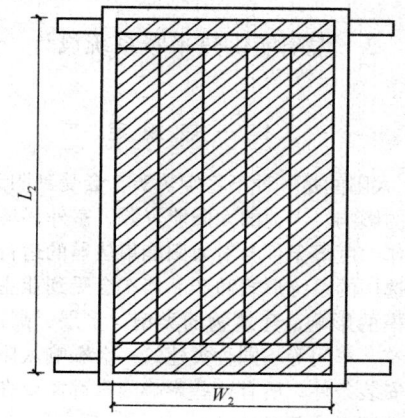

图 2 平板型集热器的采光面积

$$A_a = L_2 \times d \times N$$

式中 L_2 ——真空管未被遮挡的平行和透明部分的长度；
$\qquad d$ ——罩玻璃管外径；
$\qquad N$ ——真空管数量。

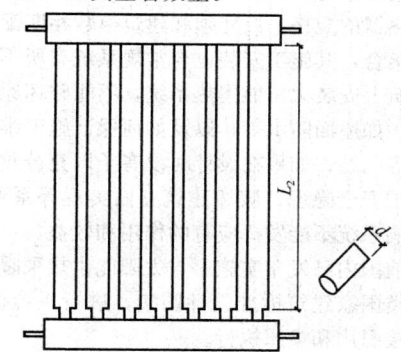

图 3 无反射器的真空管集热器的采光面积

$$A_a = L_2 \times W_2$$

式中 L_2 ——外露反射器长度；
$\qquad W_2$ ——外露反射器宽度。

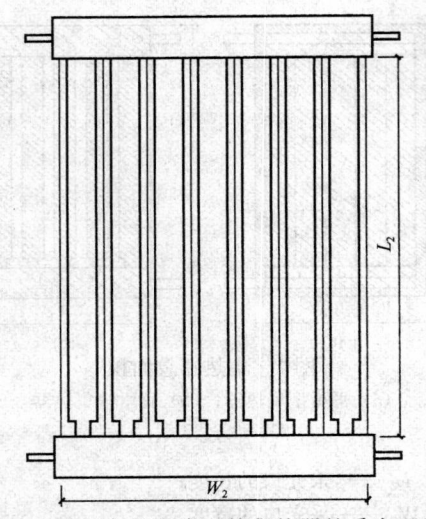

图 4　有反射器的真空管集热器的采光面积

3　太阳能供热采暖系统设计

3.1　一般规定

3.1.1　太阳能是一种不稳定热源,会受到阴天和雨、雪天气的影响。当地的太阳能资源、室外环境气温和系统工作温度等条件会对太阳能集热器的运行效率有影响;选用的系统形式和产品档次会受到业主要求和投资规模的影响;建筑物的类型(多层、高层住宅,公共建筑,车间等不同种类建筑)会影响太阳能集热系统的安装条件;所有这些影响因素都需要在进行系统设计选型时统筹考虑。

选择的系统类型应与当地的太阳能资源和气候条件、建筑物类型和投资规模相适应,在保证系统使用功能的前提下,使系统的性价比最优。

3.1.2　由于太阳能供热采暖系统中的太阳能集热器是安装在建筑物的外围护结构表面上,会给系统投入使用后的运行管理维护和部件更换带来一定难度;太阳能集热器的规格、尺寸须和建筑模数相匹配,做到与建筑结合,其施工安装也与常规系统有所不同;在既有建筑上安装太阳能集热系统,不能破坏原有的房屋功能,如屋面防水等,以及如何保证施工维修人员的安全等问题;如果在设计时没有予以充分重视,不但带来了安全隐患、破坏建筑立面美观等系列问题,还会影响系统不能发挥应有的作用和效益。

目前国内已发布实施了与太阳能供热采暖技术相关的各类国家建筑标准设计图集,进行系统设计时,可以直接引用和参照执行。

3.1.3　本条为强制性条文,目的是确保太阳能供热采暖系统投入实际运行使用后的安全性。大部分使用太阳能供热采暖系统的地区,冬季最低温度低于0℃,安装在室外的集热系统可能发生冻结,使系统不能运行甚至破坏管路、部件;即使考虑了系统的全

年综合利用,也有可能因其他偶发因素,如住户外出度长假等造成用热负荷量大幅度减少,从而发生系统的过热现象。过热现象分为水箱过热和集热系统过热两种:水箱过热是当用户负荷突然减少,例如长期无人用水时,贮热水箱中热水温度会过高,甚至沸腾而有烫伤危险,产生的蒸汽会堵塞管道或将水箱和管道挤裂;集热系统过热是系统循环泵发生故障、关闭或停电时导致集热系统中的温度过高,而对集热器和管路系统造成损坏,例如集热系统中防冻液的温度高于115℃后具有强烈腐蚀性,对系统部件会造成损坏等。因此,在太阳能集热系统中应设置防过热安全防护措施和防冻措施。强风、冰雹、雷击、地震等恶劣自然条件也可能对室外安装的太阳能集热系统造成破坏;如果用电作为辅助热源,还会有电气安全问题;所有这些可能危及人身安全的因素,都必须在设计之初就认真对待,设置相应的技术措施加以防范。

3.1.4　太阳能是间歇性能源,在系统中设置其他能源辅助加热/换热设备,其目的是既要保证太阳能供热采暖系统稳定可靠运行,又要降低系统的规模和投资,否则将造成集热和蓄热设备、设施过大,初投资过高,在经济性上是不合理的。

辅助热源应根据当地条件,选择城市热网、电、燃气、燃油、工业余热或生物质燃料等。加热/换热设备选择各类锅炉、换热器和热泵等,做到因地制宜、经济适用。对选用辅助热源的种类没有限制,但应和当地使用的实际能源种类相匹配,特别是要与设置太阳能供热采暖系统建筑物用于其他用途的常规能源类型和设备相匹配或相一致,比如配有管道燃气供应的建筑物,其太阳能供热采暖系统的辅助热源就不应再使用电。应特别重视城市中工业余热的利用,以及乡镇、农村中的生物质燃料应用。

3.1.5　为保证太阳能供热采暖系统能够安全、稳定、高效地工作运行,并维持一定的使用寿命,必须保证系统中所采用设备和产品的性能质量。太阳能集热器是太阳能供热采暖系统中的关键设备,其性能、质量直接影响着系统的效益;我国目前有两大类太阳能集热器产品——平板型太阳能集热器和真空管型太阳能集热器,已发布实施的两个国家标准:《平板型太阳能集热器》GB/T 6424 和《真空管型太阳能集热器》GB/T 17581,分别对其产品性能质量作出了合格性指标规定;其中对热性能的要求,凡是合格产品,在我国大部分采暖地区环境资源条件和冬季供暖运行工况时的集热效率可以达到40%左右,从而保证系统能够获得较好的预期效益,标准对太阳能集热器产品的安全性等重要指标也有合格限的规定;因此,要求在太阳能供热采暖系统中必须使用合格产品。

太阳能集热器的性能质量是由具有相应资质的国家级产品质量监督检验中心检测得出,在进行系统设计时,应根据供货企业提供的太阳能集热器全性能检

测报告，作为评价产品是否合格的依据。

太阳能集热器安装在建筑的外围护结构上，进行维修更换比较麻烦，正常使用寿命不能太低，目前我国较好企业生产的产品，已经有使用10年仍正常工作的实例，因此，规定产品的正常使用寿命不应少于10年。

3.1.6 我国正在加快推进供暖热计量和供暖收费改革，太阳能供热采暖作为一项节能新技术进入供暖市场，更应积极响应国家政策要求，所以，凡是有条件的工程，宜在系统中设计安装用于系统能耗监测的计量装置。

3.1.7 太阳能供热采暖系统最显著的特点是能够充分利用太阳能，替代常规能源，从而节约供热采暖系统的能耗，减轻环境污染。因此，在系统设计完成后，进行系统节能、环保效益预评估非常重要，预评估结果是系统方案选择和开发投资的重要依据，当业主或开发商对评估结果不满意时，可以调整设计方案、参数，进行重新设计，所以，效益预评估是不可缺少的设计程序。

3.2 供热采暖系统选型

3.2.1 本条规定了构成太阳能供热采暖系统的分系统和关键设备。其中，太阳能集热系统由太阳能集热器、循环管路、泵或风机等动力设备和相关附件组成；蓄热系统主要包括贮热水箱、蓄热水池或卵石蓄热堆等蓄热装置和管路、附件；末端供热采暖系统主要包括热媒配送管网、散热器等设备和附件；其他能源辅助加热/换热设备是指使用电、燃气等常规能源的锅炉和换热器等设备。

3.2.2 虽然在太阳能供热采暖系统中可以使用的太阳能集热器种类很多，但按集热器的工作介质划分，均可归到空气和液体工质两大类中，这两大类集热器在太阳能供热采暖系统中所使用的末端供热采暖系统类型、蓄热方式和主要设计参数等有较大差别，适用的场合也有所不同，在进行太阳能供热采暖系统选型时，需要根据使用要求和具体条件选用适宜类型的太阳能集热器。当然，工作介质相同的太阳能集热器，其材质、结构、构造和规格、尺寸等参数不同时，其性能参数也会有所不同，但不同点只是在参数的量值上有差别，不会影响到供热采暖系统的选型，因此，按选用的太阳能集热器种类划分系统类型时，将现有的各类太阳能集热器归于空气和液体工质两大类型。

3.2.3 太阳能集热系统的运行方式和系统安装使用地点的气候、水质等条件以及系统的初投资等经济因素密切相关，由于太阳能供热采暖系统的功能是兼有供暖和供热水，所以通常采用的运行方式是间接式太阳能集热系统；但我国是发展中国家，为降低系统造价，在气候相对温暖和软水质的地区，也可以采用直接式太阳能集热系统。

3.2.4 太阳能供热采暖系统与常规供热采暖系统的主要不同点是使用的热源不同，太阳能供热采暖系统的热源部分是收集利用太阳能的太阳能集热系统，常规供热采暖系统的热源是使用煤、天然气等常规能源的锅炉、换热器等设备；两种系统使用的末端采暖系统并无不同，目前常规供热采暖系统使用的末端采暖系统都能在太阳能供热采暖系统中使用，所以，在按末端采暖系统分类时，这些常规末端采暖系统均包括在内。但从提高系统运行效率、性能和适用合理性的角度分析，太阳能集热系统与末端采暖系统的配比组合对系统的工作性能、质量有较大影响，应在系统选型时予以充分重视。

由于目前市场上的液体工质太阳能集热器多是低温热水地板辐射为供生活热水而设计生产，冬季的工作温度较低——一般在40℃左右，所以现阶段最适宜的末端采暖系统是低温热水地板辐射采暖系统；但随着高效太阳能集热器新产品的开发和工作温度的不断提高，今后与其他类型的末端采暖系统相匹配也是适宜的。

3.2.5 太阳能的不稳定性决定了太阳能供热采暖系统必须设置相应的蓄热装置，具有一定的蓄热能力，从而保证系统稳定运行，并提高系统节能效益；虽然目前国内基本上是应用短期蓄热系统，但国外已有大量的季节蓄热太阳能供热采暖系统工程实践，和十多年的工程应用经验，技术成熟，太阳能可替代的常规能源量更大，可以作为我们的借鉴。因此，将短期蓄热和季节蓄热两种太阳能供热采暖系统都包括在本规范中。

应根据系统的投资规模和工程应用地区的气候特点选择蓄热系统，一般来说，气候干燥，阴、雨、雪天较少和冬季气温较高地区可用短期蓄热系统，选择蓄热能力较低和蓄热周期较短的蓄热设备；而冬季寒冷、夏季凉爽、不需设空调系统的地区，更适宜选择季节蓄热太阳能供热采暖系统，以利于系统全年的综合利用。

3.2.6 按不同分类方式划分的太阳能供热采暖系统，对应于不同的建筑气候分区和不同的建筑物类型使用时，其适用性是不同的，需在系统选型时综合考虑。设计太阳能供热采暖系统的主要目的是供暖，建筑物的使用功能——公共建筑、居住建筑或车间等，对系统选型的影响不大，而建筑物的层数对系统选型的影响相对较高，因此，表3.2.6中的建筑物类型是按低层、多层和高层来进行划分。

空气集热器太阳能供热采暖系统主要用于建筑物内需要局部热风采暖的部位，有庞大的风管、风机等系统设备，占据较大空间，而且，目前空气集热器的热性能相对较差，为减少热损失，提高系统效益，空气集热器离送热风点的距离不能太远，所以，空气集热器太阳能供热采暖系统不适宜用于多层和高层建筑。

太阳能集热器的工作温度越低，室外环境温度越高，其热效率越高，严寒地区冬季的室外温度较低，对集热器的实际工作热效率有较大影响，为提高系统效益，应使用低温热水地板辐射采暖末端供暖系统，如因供水温度低，出现地板可铺面积不够的情况，可将地板辐射扩展为顶棚辐射、墙面辐射等，以保证室内的设计温度；寒冷地区冬季的室外温度稍高，但对集热器的工作效率还是有影响，所以仍应采用低温供水采暖，选用地板辐射采暖末端供暖系统或散热器均可，但应适当加大散热器面积以满足室温设计要求；而在夏热冬冷和温和地区，冬季的室外环境温度较高，对集热器的实际工作热效率影响不大，可以选用工作温度稍高的末端供暖系统，如散热器等，以降低投资；在夏热冬冷地区，夏季普遍有空调需求，系统的全年综合利用可以冬季供暖、夏季空调，冬夏季使用相同的水—空气处理设备，从而降低造价，提高系统的经济性。夏热冬冷和温和地区的供暖需求不高，供暖负荷较小，短期蓄热即可满足要求；夏热冬冷地区的系统全年综合利用可以用夏季空调来解决，所以，在这两个气候区，不需要设置投资较高的季节蓄热系统。

3.2.7 液体工质集热器太阳能供暖系统的热媒是水，与热水辐射采暖、空气调节系统采暖和散热器采暖的热媒相同，所以，可用于现行国家标准《采暖通风与空气调节设计规范》GB 50019 中规定采用这些采暖方式的各类建筑。空气集热器太阳能供暖系统的热媒是空气，可以直接供给建筑物内需热风采暖的区域。

3.3 供热采暖系统负荷计算

3.3.1 由于太阳能供热采暖系统要做到全年综合利用，系统负担的负荷有两类：采暖热负荷和生活热水负荷；规定用两者中较大的负荷作为最后确定的系统负荷，是为保证系统的运行效果。太阳能是不稳定热源，所以系统负荷是由太阳能集热系统和其他能源辅助加热/换热设备共同负担，而两者负担的负荷量是不同的；因此，在后面条文中分别规定了不同类型负荷的计算原则，给出了计算公式。

3.3.2 规定了由太阳能集热系统负担的采暖热负荷是在采暖期室外平均气温条件下的建筑物耗热量。即：太阳能集热系统所负担的只是建筑物在采暖期的平均采暖负荷，而不是建筑物的最大采暖负荷。这样做的好处是降低系统投资，提高系统效益；否则会造成系统的集热器面积过大，增加系统过热隐患，降低系统费效比。

1 本款公式由行业标准《严寒和寒冷地区居住建筑节能设计标准》JGJ 26 中给出的建筑物耗热量指标公式改写，将耗热量指标公式中的各项乘以建筑面积即为本款公式。建筑物内部得热量的选取，

针对居住建筑和公共建筑有所区别，居住建筑可按《严寒和寒冷地区居住建筑节能设计标准》JGJ 26 的规定选值，公共建筑则按照建筑物的功能具体计算确定。

2 在使用本款公式进行围护结构传热耗热量计算时，室内空气计算温度按现行国家标准《采暖通风与空气调节设计规范》GB 50019 规定的低限取值。例如，民用建筑的主要房间，可选 16～18℃（规范规定范围为 16～24℃）；采暖期室外平均温度和围护结构传热系数的修正系数 ε 按《严寒和寒冷地区居住建筑节能设计标准》JGJ 26、《夏热冬冷地区居住建筑节能设计标准》JGJ 134 和本规范附录 B 选取。

3 在使用本款公式进行空气渗透耗热量计算时，换气次数的选取，针对居住建筑和公共建筑有所区别，居住建筑可按《严寒和寒冷地区居住建筑节能设计标准》JGJ26 的规定选值，公共建筑则按照建筑物的功能具体计算确定。

3.3.3 在不利的阴、雨、雪天气条件下，太阳能集热系统完全不能工作，这时，建筑物的全部采暖负荷都需依靠其他能源加热/换热设备供给，所以，其他能源加热/换热设备的供热能力和供热量应能满足建筑物的全部采暖热负荷。

1 本款规定了由其他能源加热/换热设备负担的采暖热负荷应按现行国家标准《采暖通风与空气调节设计规范》GB 50019 规定的采暖热负荷计算方法和公式得出。即：这部分的负荷计算与进行常规采暖系统设计时的原则、方法完全相同。

2 在现行国家标准《采暖通风与空气调节设计规范》GB 50019规定可不设置集中采暖的地区或建筑，例如在夏热冬冷、温和地区的居住建筑，目前当地居民对冬季室内环境温度的要求普遍不高，一般居室温度达到 14～16℃就已足够满意，并不一定要求达到规范要求的 16～24℃，对这些地区或建筑，就可以根据当地的实际情况，适当降低室内空气设计计算温度，从而减小常规能源加热/换热设备容量，降低系统投资，提高系统效益。

今后，当该地区居民对室内环境舒适度的要求提高时，再在本规范进行修订时，提高冬季室内计算温度至国家标准《采暖通风与空气调节设计规范》GB 50019 的规定值。

3.3.4 规定了由太阳能供热采暖系统负担的供热水负荷是建筑物的生活热水日平均耗热量。这是世界各国普遍遵循的设计原则，也与我国的国家标准《民用建筑太阳能热水系统应用技术规范》GB 50364 的规定相一致。否则系统设计会偏大，使某些时段热水过剩造成浪费，或系统过热造成安全隐患。

本条的计算公式中，热水用水定额应选取《建筑给水排水设计规范》GB 50015 中给出的定额范围的下限值。

3.4 太阳能集热系统设计

3.4.1 本条规定了太阳能集热系统设计的基本要求。

1 本款为强制性条文。目前我国的实际情况，开发商为充分利用所购买的土地获取利润，在进行规划时确定的容积率普遍偏高，从而影响到建筑物的底层房间只能刚刚达到规范要求的日照标准；所以，虽然在屋顶上安装的太阳能集热系统本身高度并不高，但也有可能影响到相邻建筑的底层房间不能满足日照标准要求；此外，在阳台或墙面上安装有一定倾角的太阳能集热器时，也有可能会影响下层房间不能满足日照标准要求，必须在进行太阳能集热系统设计时予以充分重视。

2 直接式太阳能集热系统中的工作介质是水，冬季气温低于0℃时容易发生冻结现象，如果温度不是过低，处于低温状态的时间也不长，系统还可能再恢复正常工作，否则系统就可能被冻坏。因此，以冬季最低环境温度-5℃为界，在低于-5℃的地区，采用间接式太阳能集热系统，可使用防冻液工作介质，从而满足防冻要求。

3.4.2 本条是太阳能集热器设置和定位的基本规定。

1 太阳能集热器采光面上能够接收到的太阳光照会受到集热器安装方位和安装倾角的影响，根据集热器安装地点的地理位置，对应有一个可接收最多的全年太阳光照辐射热量的最佳安装方位和倾角范围，该最佳范围的方位是正南，或南偏东、偏西10°，倾角为当地纬度±10°，但该范围太窄，对建筑规划设计的限制过于严格，不利于太阳能供热采暖的推广应用；为此，编制组利用 Meteo Norm V4.0 软件进行了不同方位、倾角表面接收太阳光照的模拟计算，结果显示：当安装方位偏离正南向的角度再扩大到南偏东、偏西30°时，集热器表面接收的全年太阳光照辐射热量只减少了不到5%，所以，本条将推荐的集热器最佳安装方位扩大至正南，或南偏东、偏西30°；倾角为当地纬度-10°～+20°，是因为太阳能供热采暖系统的主要功能是冬季采暖，倾角适当加大有利于提高冬季集热器的太阳能得热量。

对于受实际条件限制，集热器的朝向不可能在正南，或南偏东、偏西30°的朝向范围内，安装倾角与当地纬度偏差较大时，本条也给出了解决方法，即按附录A进行面积补偿，合理增加集热器面积；从而放宽了对应用太阳能供热采暖系统建筑物朝向、屋面坡度的限制，使建筑师的设计有了更大的灵活性，同时又能保证太阳能供热采暖系统设计的合理性。

在根据附录A进行面积补偿时，应针对不同的蓄热系统，选用不同的表格：表 A.0.2-1 根据12月的太阳辐照计算，适用于短期蓄热系统；表 A.0.2-2 根据全年的太阳辐照计算，适用于季节蓄热系统。

2 如果系统中太阳能集热器的位置设置不当，受到前方障碍物或前排集热器的遮挡，不能保证太阳

能集热器采光面上的太阳光照的话，系统的实际运行效果和经济性都会大受影响，所以，需要对放置在建筑外围护结构上太阳能集热器采光面上的日照时间作出规定，冬至日太阳高度角最低，接收太阳光照的条件最不利，规定此时集热器采光面上的日照时数不少于4h，是综合考虑系统运行效果和围护结构实际条件而提出的；由于冬至前后在早上10点之前和下午2点之后的太阳高度角较低，对应照射到集热器采光面上的太阳辐照度也较低，即该时段系统能够接收到的太阳热量较少，对系统全天运行的工作效果影响不大；如果增加对日照时数的要求，则安装集热器的屋面面积更加大，在很多情况下不可行，所以，取冬至日日照时间 4h 为最低要求。

除了保证太阳能集热器采光面上有足够的日照时间外，前、后排集热器之间还应留有足够的间距，以便于施工安装和维护操作；集热器应排列整齐有序，以免影响建筑立面的美观。

3 本款给出了某一时刻太阳能集热器不被前方障碍物遮挡阳光的日间间距计算公式。公式中的计算时刻应选冬至日（此时赤纬角 $\delta = -23°57'$）的10：00或14：00；公式中的角 γ_0 和太阳方位角 α 及集热器的方位角 γ（集热器表面法线在水平面上的投影线与正南方向线之间的夹角，偏东为负，偏西为正）有如下关系，见图5。

4 建筑物的变形缝是为避免因材料的热胀冷缩而破坏建筑物结构而设置，主体结构在伸缩缝、沉降缝、防震缝等变形缝两侧会发生相对位移，太阳能集热器如跨越建筑物变形缝易受到破坏，所以不应跨越变形缝设置。

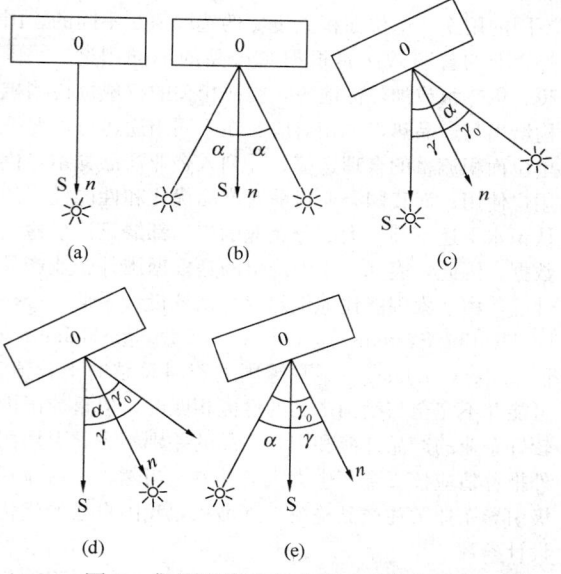

图 5　集热器朝向与太阳方位的关系

(a)$\gamma_0 = 0, \gamma = 0, \alpha = 0$; (b)$\gamma_0 = \alpha, \gamma = 0$;
(c)$\gamma_0 = \alpha - \gamma$; (d)$\gamma_0 = \gamma - \alpha$; (e)$\gamma_0 = \alpha + \gamma$

3.4.3 本条规定了系统设计中确定太阳能集热器总面积的计算方法。

1 本款规定了直接系统太阳能集热器总面积的计算公式。一般情况下，太阳能集热器的安装倾角是在当地纬度－10°～+20°的范围内，所以，公式中的 J_T 可按附录 B 选取；选取时；针对短期蓄热和季节蓄热系统应选用不同值；短期蓄热系统应选用 H_{Lt}：当地纬度倾角平面 12 月的月平均日辐照量，季节蓄热系统应选用；H_{La} 当地纬度倾角平面年平均日辐照量；其原因是季节蓄热系统可蓄存全年的太阳能得热量用于冬季采暖，太阳能集热器面积可以选得小一些，而短期蓄热系统的太阳能集热器面积应稍大，以保证系统的供暖效果。

2 本款规定了间接系统太阳能集热器总面积的计算方法。由于间接系统换热器内外需保持一定的换热温差，与直接系统相比，间接系统的集热器工作温度较高，使得集热器效率稍有降低，所以，确定的间接系统集热器面积要大于直接系统。其中的计算参数 A_c 用公式（3.4.3-1）计算得出，U_L 和 U_{hx} 可由生产企业提供的产品样本或产品检测报告得出，A_{hx} 则用附录 E 给出的方法计算。

3.4.4 本条规定了太阳能集热系统设计流量的计算方法。

1 本款规定了太阳能集热系统设计流量的计算公式。其中的计算参数 A 是将用式（3.4.3-1）或式（3.4.3-2）计算的总面积换算得出的采光面积，而优化系统设计流量的关键是要合理确定太阳能集热器的单位面积流量。

2 太阳能集热器的单位面积流量 g 与太阳能集热器的特性和用途有关，对应集热器本身的热性能和不同的用途，单位面积流量 g 的选取值是不同的。国外企业的普遍做法是根据其产品的不同用途——供暖、供热水或加热泳池等，委托相关的权威性检测机构给出与产品热性能相对应、在不同用途运行工况下单位面积流量的合理选值，并列入企业产品样本，供用户使用；而我国企业目前对产品优化和性能检测的认识水平还不高，大部分企业的产品都缺乏该项检测数据；因此，表 3.4.4 中给出的是根据国外企业产品性能，由《太阳能住宅供热综合系统设计手册》（Solar Heating Systems for Houses, A Design Handbook for Solar Combisystems）等国外资料总结的推荐值，可能并不完全与我国产品的性能相匹配，但目前国内较好企业的产品性能和国外产品的差别不大，引用国外推荐值应该不会产生太大的偏差。当然，今后应积极引导企业关注产品检测，逐渐积累我国自己的优化设计参数。

3.4.5 太阳能的特点之一是其不稳定性，太阳能集热器采光面上接收的太阳辐照度是随天气条件不同而发生变化的，所以在投资条件许可时，应积极提倡采用自动控制变流量运行太阳能集热系统，提高系统效益。

3.4.6 本条规定了太阳能集热系统防冻设计的要求和防冻措施的选择。

1 在冬季室外环境温度可能低于 0℃ 的地区，因系统工质冻结会造成对系统的破坏，因此，在这些地区使用的太阳能集热系统，应进行防冻设计。

2 本款给出了太阳能集热系统可采用的防冻措施类型和根据集热系统类型、使用地区选择防冻措施的参照选择表。防冻措施包括：排空系统、排回系统、防冻液系统、循环防冻系统。严寒地区的防冻要求高，所以只能使用间接式太阳能集热系统和严格的防冻措施——排回系统和防冻液系统。鉴于我国目前的消费水平和投资能力较低，表 3.4.6 中将直接式太阳能集热系统和相应的排空和循环防冻系统列入了寒冷地区的推荐项，但如果从严要求，仅寒冷地区中冬季环境温度相对较高，如山东、河北南部、河南等省区，可以使用直接式太阳能集热系统和相应的排空和循环防冻系统。所以，只要有投资条件，寒冷地区仍应优先选用间接式太阳能集热系统和相应的防冻措施。

3 为保证太阳能集热系统的防冻措施能正常工作，规定防冻系统应采用自动控制运行。

3.5 蓄热系统设计

3.5.1 本条对太阳能供热采暖系统中蓄热系统的设计作出了基本规定。

1 目前在太阳能供热采暖系统中主要应用三种蓄热系统：液体工质集热器短期蓄热系统、液体工质集热器季节蓄热系统和空气集热器短期蓄热系统，太阳能集热系统形式、系统性能、系统投资、供热采暖负荷和太阳能保证率是影响蓄热系统选型的主要影响因素，在进行蓄热系统选型时，应通过对上述影响因素的综合技术经济分析，合理选取与工程具体条件最为适宜的系统。

2 目前太阳能供热采暖系统的蓄热方式共有 5 种——贮热水箱、地下水池、土壤埋管、卵石堆和相变材料。表 3.5.1 给出了与蓄热系统相对应和匹配的蓄热方式，决定该对应关系的主要因素是系统的工作介质和蓄热周期；其中，相变材料蓄热方式目前的实际应用较少，但考虑到这是太阳能应用长期以来一直关注的一种重要蓄热方式，近年来也不断有运用相变原理的新型材料被开发应用，所以，仍将其列入选项，但因其投资相对较大，不宜用于季节蓄热系统。

对应于同一蓄热系统形式，有两种以上可选择项目的蓄热方式时，应根据实际工程的投资规模和当地的地质、水文、土壤条件及使用要求综合分析选择；一般来说，地下水池的蓄热量大、施工简便、初投资低，是性能价格比最优的季节蓄热系统；土壤埋管蓄热施工较复杂，初投资高，但优点是能与地源热泵供暖空调系统联合工作，特别是在冬季从土壤的取热量远大于夏季向土壤放热量的地区，可以通过向土壤蓄热来弥补负荷的不平衡。

国外还有几种已应用于实际工程的蓄热方式，如利用地下的砂砾石含水层蓄热和利用地下的封闭水体蓄热，因适用条件过于特殊，故本规范中没有列入，但如当地恰好有这种适宜的水文地质条件，也可以参照国外相关工程经验，利用来进行季节蓄热。

3 季节蓄热液体工质集热器太阳能供暖系统的设备容量较大，需要较大的机房面积，投资比较高，只应用于单体建筑的综合效益较差，所以更适用于较大建筑面积的区域供暖；为提高系统的经济性，对单体建筑的供暖，采用短期蓄热液态工质集热器太阳能供暖系统较为适宜；但对某些地区或特定建筑，比如常规能源缺乏的边远地区，或高投资成本建设的高档别墅，也不排除采用季节蓄热系统。

4 蓄热水池中的水温较高，会发生烫伤等安全隐患，不能同时用作灭火的消防用水。

3.5.2 本条规定了液体工质蓄热系统的设计原则和相关设计参数。

1 短期蓄热液体工质集热器太阳能供暖系统的蓄热量是为满足在连续阴、雨、雪天时的供暖需求，加大蓄热量会增加蓄热设备容量和集热器面积，同时增加投资，所以需要在蓄热量和设备投资之间作权衡，选取适宜的蓄热周期。我国冬季大部分地区的连续阴、雨、雪天一般不超过一周，有些地区则可能会延长至半个月左右，如果要求蓄热量能够完全满足全部连续阴、雨、雪天时的供暖需求，则系统设备会过于庞大，系统投资过高，所以，规定短期蓄热液体工质集热器太阳能供暖系统的蓄热量只需满足建筑物1～5天的供暖需求，当地的太阳能资源好、环境气温高、工程投资大，可取高值，否则，取低值。如果投资许可，条件适宜，也不排除增加蓄热容量，延长蓄热周期，但蓄热周期应不超过15天。

2 太阳能供热采暖系统对应每平方米太阳能集热器采光面积的贮热水箱、水池容积与当地的太阳能资源条件、集热器的性能特性有关，我国目前只有针对热水系统的经验数据，所以表3.5.2中给出的短期和季节蓄热太阳能供热采暖系统的贮热水箱容积配比范围，是参照《太阳能住宅供热综合系统设计手册》（Solar Heating Systems for Houses, A Design Handbook for Solar Combisystems）等国外资料提出；在具体取值时，当地的太阳能资源好、环境气温高、工程投资高，可取高值，否则，取低值。

由于影响因素复杂，给出的推荐值范围较宽，选取某一具体数值确定水箱、水池容积完成系统设计后，可利用相关软件模拟系统在运行工况下的贮水温度，进行校核计算，验证取值是否合理。随着我国太阳能供热采暖工程的推广应用，在积累了较多工程经验和实测数据后，才有可能提出更加细化的适配参数。

3 贮热水箱内的热水存在温度梯度，水箱顶部的水温高于底部水温；为提高太阳能集热系统的效率，从贮热水箱向太阳能集热系统的供水温度应较低，所以，该条供水管的接管位置应在水箱底部；根据具体工程条件，生活热水和供暖系统对供水温度的要求是不同的，也应在贮热水箱相对应适宜的温度层位置接管，以实现系统对不同温度的供热/换热需求，提高系统的总效率。

4 如果贮热水箱接管处的流速过高，会对水箱中的水造成扰动，影响水箱的水温分层，所以，水箱进、出口处的流速应尽量降低；国外的部分工程经验，该处的流速远低于0.04m/s，但太低的流速会过分加大接管管径，特别对循环流量较大的大系统，在具体取值时需要综合考虑权衡；这里规定的0.04m/s是最高限值，必须在接管处采取措施使流速低于限值。

5 季节蓄热系统地下水池的水池容量将直接影响水池内热水的蓄热温度，对应于一定的水池保温措施、周围土壤的全年温度分布、集热系统供水温度和水池容量等，有一个可能达到的最高水温。设计容量过大，池内水温低，既浪费了投资，又不能满足系统的功能要求；设计容量偏小，则池内水温可能过高，甚至超过水池内压力相对应的沸点温度而蒸发汽化，形成安全隐患；因此，必须对水池内可能达到的最高水温做校核计算。进行校核计算时，选用动态传热计算模型准确度最高，所以，有条件时，应优先利用计算软件做系统的全年运行性能动态模拟计算，得出蓄热水池内可能达到的最高水温预测值；为确保安全，该最高水温预测值应比与水池内压力相对应的水的沸点低5℃。

6 地下水池的槽体结构、保温结构和防水结构的设计在相关国家标准、规范中已有规定，参照执行即可。

7 季节蓄热地下水池一般容量较大，容易形成池内水温分布不均匀的现象，影响系统的供暖效果，所以，应采取相应的技术措施，例如设计迷宫式水池或设布水器等方法，避免池内水温分布不均匀。

8 保温设计在相关国家标准中已有规定，可参照执行。

9 工程建设当地的土壤地质条件是能否应用土壤埋管季节蓄热的基础，对土壤埋管季节蓄热系统的性能和实际运行效果有很大影响，因此，在进行设计前，应进行地质勘察，从而确定当地的土壤地质条件是否适宜埋管，同时又可对系统设计提出土壤温度等相关基础参数。土壤埋管季节蓄热系统的投资较大，其蓄热装置——地下埋管部分与地源热泵系统的地埋管换热系统完全相同，在特定条件（夏季气候凉爽、完全不需空调）的地区，用地源热泵机组作辅助热源，与地埋管热泵系统配合使用，可以提高系统的运行效率和经济效益。

3.5.3 本条规定了卵石堆蓄热方式的设计原则和设计参数。

1 规定了空气蓄热系统的蓄热装置——卵石堆蓄热器（卵石箱）的基本尺寸和容量。推荐参数参照国外工程经验。

2 放入卵石箱内的卵石应清洗干净，以免热风通过时吹起灰尘。卵石大小如果不均匀，或使用易破碎或可与水和二氧化碳起反应的石头，如石灰石、砂石、大理石、白云石等，因会减小卵石之间的空隙，降低卵石箱内的空隙率，使阻力加大，影响系统效率。卵石堆的热分层可提高蓄热性能，所以，宜优先选用有热分层的垂直卵石堆；当高度受限时，只能采用水平卵石堆，但水平卵石堆无热分层。

3.5.4 本条规定了相变材料蓄热方式的设计原则和设计参数。

1 液体工质与相变材料直接接触换热，使相变材料发生相变时，相变材料有可能与液体换热工质混合，而使本身的成分、浓度等产生变化，从而改变相变温度等关键设计参数，并影响系统的总体运行效果，所以，液体工质不能直接与相变材料接触，而必须通过换热器间接换热。

2 使太阳能供热采暖系统的工作温度范围与相变材料的相变温度相匹配，是相变材料蓄热系统能够运行工作的基础，必须严格遵守。

3.6 控制系统设计

3.6.1 本条规定了太阳能供热采暖系统自动控制设计的基本原则。

1 太阳能供热采暖系统的热源是不稳定的太阳能，系统中又设有常规能源辅助加热设备，为保证系统的节能效益，系统运行最重要的原则是优先使用太阳能，这就需要通过相应的控制手段来实现。太阳辐照和天气条件在短时间内发生的剧烈变化，几乎不可能通过手动控制来实现调节；因此，应设置自动控制系统，保证系统的安全、稳定运行，以达到预期的节能效益。同时，规定了自动控制的功能应包括对太阳能集热系统的运行控制和安全防护控制、集热系统和辅助热源设备的工作切换控制、太阳能集热系统安全防护控制的功能应包括防冻保护和防过热保护。

2 为保证自动控制系统能长久、稳定、正常工作，必须确保系统部件、元件的产品质量，性能、质量符合相关产品标准是最低要求，进行系统设计时，应予以充分重视。目前我国大部分物业管理公司的设备运行和管理人员，其技能普遍不高，如果控制方式过于复杂，使设备运行管理人员不易掌握，就会严重

影响系统的运行效果，所以，自动控制系统的设计应简便、可靠、利于操作。

3 温度传感器的测量不确定度不能太大，否则将会导致控制精度降低，进而影响系统的合理运行，因此，必须规定温度传感器应达到的测量不确定度。对工程应用来说，小于等于0.5℃的测量不确定度已足够准确，可以满足控制精度要求。

3.6.2 本条规定了系统运行和设备工作切换的自动控制设计的基本原则。

1 根据集热系统工质出口和贮热装置底部介质的温差，控制太阳能集热系统的运行循环，是最常使用的系统运行控制方式。其依据的原理是：只有当集热系统工质出口温度高于贮热装置底部温度（贮热装置底部的工作介质通过管路被送回集热系统重新加热，该温度可视为是返回集热系统的工质温度）时，工作介质才可能在集热系统中获取有用热量；否则，说明由于太阳辐照过低，工质不能通过集热系统得到热量，如果此时系统仍然继续循环工作，则可能发生工质反而通过集热系统散热，使贮热装置内的工质温度降低。

温差循环的运行控制方式是：在集热系统工质出口和贮热装置底部分别设置温度传感器 S1 和 S2，当二者温差大于设定值（宜取5~10℃）时，通过控制器启动循环泵或风机，系统运行，将热量从集热系统传输到贮热装置；当二者温差小于设定值（宜取2~5℃）时，循环泵或风机关闭，系统停止运行。

2 本款提出了太阳能集热系统变流量运行的具体控制方式。可以根据太阳辐照条件的变化直接改变系统流量，或因太阳辐照不同引起的温差变化间接改变系统流量，从而实现系统的优化运行。

3 为保证太阳能供热采暖系统的稳定运行，当太阳辐照较差，通过太阳能集热系统的工作介质不能获取相应的有用热量，使工质温度达到设计要求时，辅助热源加热设备应启动工作；而太阳辐照较好，工质通过太阳能集热系统可以被加热到设计温度时，辅助热源加热设备应立即停止工作，以实现优先使用太阳能，提高系统的太阳能保证率；所以，应采用定温（工质温度是否达到设计温度）自动控制，来完成太阳能集热系统和辅助热源加热设备的相互工作切换。

3.6.3 本条规定了系统安全和防护控制的基本设计原则。

1 使用水作工作介质的直接和间接式太阳能集热系统，常采用排空和排回措施，将全部工作介质排空或从安装在室外的太阳能集热系统排至设于室内的贮水箱内，以防止冻结现象发生；所以，当水温降低到一定值——防冻执行温度时，就应通过自动控制启动排空和排回措施，防止水温继续下降至0℃产生冻结，影响系统安全。防冻执行温度的范围通常取3~5℃，视当地的气候条件和系统大小确定具体选值，

气温偏低地区取高值，否则，取低值。

2 系统循环防冻的技术相对简便，是目前较常使用的防冻措施，但因系统循环会有水泵能耗，设计时应结合当地条件作经济分析，考虑是否采用；如水泵运行时间过长或频繁启停，则不适用。

3 贮热水箱中的水一般是直接供给供暖末端系统或热水用户的，所以，防过热措施应更严格。过热防护系统的工作思路是：当发生水箱过热时，不允许集热系统采集的热量再进入水箱，避免供给末端系统或用户的水过热，此时多余的热量由集热系统承担；集热系统安装在户外，当集热系统也发生过热时，因集热系统中的工质沸腾造成人身伤害的危险稍小，而且容易采取其他措施散热。

因此，水箱防过热执行温度的设定更严格，应设在80℃以内，水箱顶部温度最高，防过热温度传感器应设置在贮热水箱顶部；而集热系统中的防过热执行温度则根据系统的常规工作压力，设定较为宽泛的范围，一般常用的范围是95～120℃，当介质温度超过了安全上限，可能发生危险时，用开启安全阀泄压的方式保证安全。

4 本款为强制性条文。当发生系统过热安全阀必须开启时，系统中的高温水或蒸汽会通过安全阀外泄，安全阀的设置位置不当，或没有配备相应措施，有可能会危及周围人员的人身安全，必须在设计时着重考虑。例如，可将安全阀设置在已引入设备机房的系统管路上，并通过管路将外泄高温水或蒸汽排至机房地漏；安全阀只能在室外系统管路上设置时，通过管路将外泄高温水或蒸汽排至就近的雨水口等。

如果安全阀的开启压力大于与系统可耐受的最高工作温度对应的饱和蒸汽压力，系统可能会因工作压力过高受到破坏；而开启压力小于与系统可耐受的最高工作温度对应的饱和蒸汽压力，则使本来仍可正常运行的系统停止工作，所以，安全阀的开启压力应与系统可耐受的最高工作温度对应的饱和蒸汽压力一致，既保证了系统的安全性，又保证系统的稳定正常运行。

3.7 末端供暖系统设计

3.7.1 本条规定了太阳能供热采暖系统中可以和液体工质集热器配合工作的末端供暖系统。可用于常规采暖、空调系统的末端设备、系统（低温热水地板辐射、水-空气处理设备和散热器等）均可用于太阳能供热采暖系统；需根据具体工程的条件选用。只设置采暖系统的建筑，应优先选用低温热水地板辐射；拟设置集中空调系统的建筑，应选用水-空气处理设备；在温和地区只设置采暖系统的建筑，或使用高效集热器的单纯采暖系统，也可选用散热器采暖，以降低工程初投资，提高系统效益。

3.7.2 本条规定了太阳能供热采暖系统中可以和空

气集热器配合工作的末端供暖系统。空气集热器太阳能供热采暖系统的工质为空气，所以末端供暖系统是在常规采暖、空调系统中通常采用的热风采暖系统。部分新风加回风循环的风管送风系统中，应由太阳能提供新风部分的热负荷，从而提高系统效率，得到更好的节能效益。

3.7.3 太阳能供热采暖系统的末端供暖系统与常规采暖、空调系统的末端设备、系统完全相同，其系统设计在国家现行标准、规范中已作详细规定，遵照执行即可，不需再作另行规定。

3.8 热水系统设计

3.8.1 太阳能供热采暖系统是根据采暖热负荷确定太阳能集热器面积从而进行系统设计的，所以，系统在非采暖季可提供生活热水的建筑面积会大于冬季采暖的建筑面积，即热水系统的供热水范围必定大于冬季采暖的范围。

以在一个由若干栋住宅组成的小区内设计太阳能供热采暖系统为例，如果系统设计是冬季为其中的2栋住宅供暖，那么在非采暖季生活热水的供应范围是选4栋、6栋还是更多栋住宅，就需要根据所在地区气候、太阳能资源条件、用水负荷，综合业主要求、投资规模、安装等条件，通过计算合理确定适宜的供水范围。是否适宜，需要遵循的一个重要原则是保证系统在非采暖季正常运行的条件下不会产生过热。

3.8.2 太阳能供热采暖系统中的热水系统与常规热水供应系统完全相同，其系统设计在现行国家标准、规范中已作详细规定，遵照执行即可，不需再作另行规定。

3.8.3 本条规定是为强调设计人员应重视太阳能供热采暖系统中的生活热水系统的水质，因为洗浴热水会直接接触使用人员的皮肤，所以要求水质必须符合卫生指标。

3.9 其他能源辅助加热/换热设备设计选型

3.9.1 在国家标准《采暖通风与空气调节设计规范》GB 50019 和《公共建筑节能设计标准》GB 50189 中，均对采暖热源的适用条件和使用的常规能源种类作出了规定，其目的除了保证技术上的合理性之外，另一重要的原因是为满足建筑节能的要求。例如，《公共建筑节能设计标准》中的强制性条文："除了符合下列情况之一外，不得采用电热锅炉、电热水器作为直接采暖和空气调节系统的热源：（6种情况略）"，对采用电热锅炉作出了限制规定；太阳能供热采暖系统是以节能为目标，因此，更应该严格遵守。

3.9.2 太阳能供热采暖系统中使用的其他能源加热/换热设备和常规采暖系统中的热源设备没有区别，为满足建筑节能的要求，国家标准《公共建筑节能设计标准》GB 50189 中对采暖系统的热源性能——例如锅炉额定热效率等作出了规定。太阳能供热采暖系统在选择其他能源加热/换热设备时,同样应该遵守。

3.9.3 其他能源加热/换热设备和常规采暖系统中的热源设备完全相同,其设计选型在现行国家标准、规范中已作详细规定,遵照执行即可,不需再作另行规定。

4 太阳能供热采暖系统施工

4.1 一般规定

4.1.1 本条为强制性条文。进行太阳能供热采暖系统的施工安装,保证建筑物的结构和功能设施安全是第一位的;特别在既有建筑上安装系统时,如果不能严格按照相关规范进行土建、防水、管道等部位的施工安装,很容易造成对建筑物的结构、屋面、地面防水层和附属设施的破坏,削弱建筑物在寿命期内承受荷载的能力,所以,必须作为强制性条文提出,予以充分重视。

4.1.2 目前国内现状,太阳能供热采暖系统的施工安装通常由专门的太阳能工程公司承担,作为一个独立工程实施完成,而太阳能供热采暖系统的安装与土建、装修等相关施工作业有很强的关联性,所以,必须强调施工组织设计,以避免差错,提高施工效率。

4.1.3 本条的提出是由于目前太阳能供热采暖系统施工安装人员的技术水平参差不齐,不进行规范施工的现象时有发生。所以,着重强调必要的施工条件,严禁不满足条件的盲目施工。

4.1.4 本条规定了太阳能供热采暖系统连接管线、部件、阀门等配件选用的材料应能耐受温度,以防止系统破坏,提高系统部件的耐久性和系统工作寿命。

4.1.5 本条对进场安装的太阳能供热采暖系统产品、配件、材料及其性能提出了要求,针对目前国内企业普遍不重视太阳能集热器性能检测的现状,规定了应提供集热器进场产品的性能检测报告。

4.2 太阳能集热系统施工

4.2.1 太阳能集热器的安装方位对采光面上可以接收到的太阳辐射有很大影响,进而影响系统的运行效果,因此,应保证按照设计要求的方位进行安装;推荐使用罗盘仪确定方位,罗盘仪操作方便,是简便易行的定位工具。

4.2.2 太阳能集热器的种类繁多,不同企业产品设计的相互连接方式以及真空管与联箱的密封方式有较大差别,其连接、密封的具体操作方法通常都在产品说明书中详细说明,所以,在本条规定中予以强调,要求按照具体产品所设计的连接和密封方式安装,并严格按产品说明书进行具体操作。

4.2.3 平屋面上用于安装太阳能集热器的专用基座,

其强度是为保证集热器防风、抗震及今后运行安全,通过设计计算提出的关键指标,施工时应严格按照设计要求,否则,基座强度就得不到保证;基座的防水处理做不好,会引发屋面漏水,影响顶层住户的切身利益,在既有建筑屋面上安装时,需要刨开屋面面层做基座,会破坏原有防水结构,基座完工后,被破坏部位需重做防水,所以,都应严格按国家标准《屋面工程质量验收规范》GB 50207的规定进行防水制作。

4.2.4 本条是对埋设在坡屋面结构层预埋件的施工工序的规定,对新建建筑和既有建筑改造同样适用。

4.2.5 在部分围护结构表面,如平屋面上安装太阳能集热器时,集热器需安装在支架上,支架通常由同一生产企业提供,本条对集热器支架提出要求。根据集热器所安装地区的气候特点,支架的强度、抗风能力、防腐处理和热补偿措施等必须符合设计要求,部分指标在设计未作规定时,则应符合国家现行标准的要求。

4.2.6 本条是防止因太阳能集热系统管线穿过屋面、露台时造成这些部位漏水的重要措施,应严格执行。

4.2.7 管道的施工安装在国家标准《建筑给水排水及采暖工程施工质量验收规范》GB 50242、《通风与空调工程施工质量验收规范》GB 50243 中已有详细的规定,严格执行即可。

4.3 太阳能蓄热系统施工

4.3.1 贮热水箱内贮存的是热水,设计时会根据贮水温度提出对材质、规格的要求,因此,要求施工单位在购买或现场制作安装时,应严格遵照设计要求。钢板焊接的贮热水箱容易被腐蚀,所以,特别强调按设计要求对水箱内、外壁做防腐处理;为确保人身健康,同时要求内壁防腐涂料应卫生、无毒,能长期耐受所贮存热水的最高温度。

4.3.2 本条规定了贮热水箱制作的程序和应遵照执行的标准,以保证水箱质量。

4.3.3 本条规定是为减少贮热水箱的热损失。

4.3.4 本条规定了蓄热地下水池现场施工制作时的要求,以保证水池质量和施工安全。

1 地下水池施工时,除必须按照设计规定,满足系统的承压和承受土壤等荷载的要求外,还应在施工过程中,严格施工程序,防止因土壤等荷载造成安全事故。

2 应严格按设计要求和相关标准规定的施工工法,进行地下水池的防水渗漏施工,保证水池的防水渗漏性能质量。

3 为保证地下水池的工作寿命,减轻日常维护工作量,避免危及人员健康、安全,应严格按设计要求和相关标准规定的施工工法,选择内壁防腐涂料,进行地下水池及内部部件的抗腐蚀处理。

4 地下水池需要长期贮存热水,为尽可能延长水池的工作寿命，选用的保温材料和保温构造做法应能长期耐受所贮存热水的最高温度，所以，除现场条件不允许，如利用现有水池等特殊情况外，一般应采用外保温构造做法。

4.3.5 管道的施工安装在国家标准《建筑给水排水及采暖工程施工质量验收规范》GB50242、《通风与空调工程施工质量验收规范》GB 50243 中已有详细的规定，严格执行即可。

4.4 控制系统施工

4.4.1 系统的电缆线路施工和电气设施的安装在国家标准《电气装置安装工程电缆线路施工及验收规范》GB 50168 和《建筑电气工程施工质量验收规范》GB 50303 中已有详细规定，遵照执行即可。

4.4.2 为保证系统运行的电气安全，系统中的全部电气设备和与电气设备相连接的金属部件应做接地处理。而电气接地装置的施工在国家标准《电气装置安装工程接地装置施工及验收规范》GB 50169 中均有规定，遵照执行即可。

4.5 末端供暖系统施工

4.5.1 末端供暖系统的施工安装在国家标准《建筑给水排水及采暖工程施工质量验收规范》GB 50242、《通风与空调工程施工质量验收规范》GB 50243 中均有规定，遵照执行即可。

4.5.2 低温热水地板辐射供暖是太阳能供热采暖中使用最广泛的末端供暖系统，其施工安装在行业标准《地面辐射供暖技术规程》JGJ 142 中已有详细规定，应遵照执行。

5 太阳能供热采暖工程的调试、验收与效益评估

5.1 一般规定

5.1.1 本条根据太阳能供热采暖工程的特点和需要，明确规定在系统安装完毕投入使用前，应进行系统调试。系统调试是使系统功能正常发挥的调整过程，也是对工程质量进行检验的过程。根据调研，凡施工结束进行系统调试的项目，效果较好，发现问题可进行改进；未作系统调试的工程，往往存在质量问题，使用效果不好，而且互相推诿、不予解决，影响工程效能的发挥。所以，作出本条规定，以严格施工管理。一般情况下，系统调试应在竣工验收阶段进行；不具备使用条件，是指气候条件等不合适时，比如，竣工时间在夏季，不利于进行冬季供暖工况调试等，但延期进行调试需经建设单位同意。

5.1.2 本条规定了系统调试需要包括的项目和连续试运行的天数，以使工程能达到预期效果。

5.1.3 本条为《建筑工程施工质量验收统一标准》GB 50300 中的规定，在此提出予以强调。

5.1.4 太阳能供热采暖系统的施工受多种条件制约，因此，本条提出分项工程验收可根据工程施工特点分期进行，但强调对于影响工程安全和系统性能的工序，必须在本工序验收合格后才能进入下一道工序的施工。

5.1.5 本条规定了竣工验收的时间及竣工验收应提交的资料。实际工程中，部分施工单位对施工资料不够重视，所以，在此加以强调。

5.1.6 本条参照了相关国家标准对常规暖通空调工程质量保修期限的规定。太阳能供热采暖工程比常规暖通空调工程更加复杂，技术要求更多；因此，对施工质量的保修期限应至少与常规暖通空调工程相同，负担的责任方也应相同。

5.2 系统调试

5.2.1 本条规定了进行太阳能供热采暖工程系统调试的相关责任方。由于施工单位可能不具备系统调试能力，所以规定可以由施工企业委托有调试能力的其他单位进行系统调试。

5.2.2 本条规定了太阳能供热采暖工程系统设备单机、部件调试和系统联动调试的执行顺序，应首先进行设备单机和部件的调试和试运转，设备单机、部件调试合格后才能进行系统联动调试。

5.2.3 本条规定了设备单机、部件调试应包括的内容，以为系统联动调试做好准备。

5.2.4 为使工程达到预期效果，本条规定了系统联动调试应包括的内容。

5.2.5 为使工程达到预期效果，本条规定了系统联动调试结果与系统设计值之间的容许偏差。

    1 现行国家标准《通风与空调工程施工质量验收规范》GB 50243 对供热采暖系统的流量、供水温度等参数的联动调试结果与系统设计值之间的容许偏差有详细规定，应严格执行，以保证系统投入使用后能正常运行。

    2 本条的额定工况指太阳能集热系统在系统流量或风量等于系统的设计流量或设计风量的条件下工作。

    3 针对短期蓄热系统和季节蓄热系统，本条太阳能集热系统的额定工况是不相同的，具体的集热系统工作条件如下：

        1) 短期蓄热系统：日太阳辐照量接近于当地纬度倾角平面 12 月的月平均日太阳辐照量，日平均室外温度接近于当地 12 月的月平均环境温度；

        2) 季节蓄热系统：日太阳辐照量接近于当地纬度倾角平面的年平均日太阳辐照量，日平均室外温度接近于当地的年平均环

境温度；通常情况下以 3 月、9 月（春分、秋分节气所在月）的条件最为接近。

集热系统进出口工质的设计温差 Δt 可用下式计算得出：

$$\Delta t = \frac{Q_H f}{\rho c G}$$

式中　Q_H——建筑物耗热量，W；

　　　f——系统的设计太阳能保证率，%；

　　　c——水的比热容，4187J/(kg·℃)；

　　　ρ——热水密度，kg/L；

　　　G——系统设计流量，L/s。

5.3　工程验收

5.3.1　本条划分了太阳能供热采暖工程的分部、分项工程，以及分项工程所包括的基本施工安装工序和项目，分项工程验收应能涵盖这些基本施工安装工序和项目。

5.3.2　太阳能供热采暖系统中的隐蔽工程，一旦在隐蔽后出现问题，需要返工的部位涉及面广、施工难度和经济损失大，因此，必须在隐蔽前经监理人员验收及认可签证，以明确界定出现问题后的责任。

5.3.3　本条规定了在太阳能供热采暖系统的土建工程验收前，应完成现场验收的隐蔽项目内容。进行现场验收时，按设计要求和规定的质量标准进行检验，并填写中间验收记录表。

5.3.4　本条规定了太阳能集热器的安装方位角和倾角与设计要求的容许安装误差。检验安装方位角时，应先使用罗盘仪确定正南向，再使用经纬仪测量出方位角。检验安装倾角，则可使用量角器测量。

5.3.5　为保证工程质量和达到工程的预期效果，本条规定了对太阳能供热采暖系统工程进行检验和检测的主要内容。

5.3.6　本条规定了太阳能供热采暖系统管道的水压试验压力取值。一般情况下，设计会提出对系统的工作压力要求，此时，可按国家标准《建筑给水排水及采暖工程施工质量验收规范》GB 50242 的规定，取1.5 倍的工作压力作为水压试验压力；而对可能出现的设计未注明的情况，则分不同系统提出了规定要求。开式太阳能集热系统虽然可以看作无压系统，但为保证系统不会因突发的压力波动造成漏水或损坏，仍要求应以系统顶点工作压力加 0.1MPa 做水压试验；闭式太阳能集热系统和供暖系统均为有压力系统，所以应按《建筑给水排水及采暖工程施工质量验收规范》GB 50242 的规定进行水压试验。

5.4　工程效益评估

5.4.1　发达国家通常都对太阳能供热采暖工程进行系统效益的长期监测，以作为对使用太阳能供热采暖工程用户提供税收优惠或补贴的依据；我国今后也有可能出台类似政策，所以，本条建议有条件的工程，宜在系统工作运行后，进行系统能耗的定期监测，以确定系统的节能、环保效益。

5.4.2　本条规定了对太阳能供热采暖工程做节能、环保效益分析的评定指标内容。所包括的评定指标能够有效反映系统的节能、环保效益，而且计算相对简单、方便，可操作性强。

5.4.3　本条规定了计算太阳能供热采暖系统的年节能量、系统寿命期内的总节能费用、费效比和二氧化碳减排量的计算方法——本规范附录 F 中的推荐公式。

附录 A　不同地区太阳能集热器的补偿面积比

A.0.1　当太阳能集热器受实际条件限制，不能按照给出的最佳方位范围和接近当地纬度的倾角安装时，需要使用本附录方法进行面积补偿，本条规定了计算公式，其中的 A_C 是按假设安装倾角为当地纬度、安装方位角为正南，用式（3.4.3-1）和式（3.4.3-2）计算得出的太阳能集热器面积；R_S 是从 A.0.2 条给出的表中选取的补偿面积比，应选取与实际安装倾角和方位角最为接近角度对应的 R_S。

附录 B　代表城市气象参数及不同地区太阳能保证率推荐值

B.0.1　本条给出了我国代表城市的设计用气象参数。

表 B.0.1 给出的气象参数根据国家气象中心信息中心气象资料室提供的 1971~2000 年相关参数的月平均值统计；其中，计算采暖期平均环境温度的部分取值引自行业标准《严寒和寒冷地区居住建筑节能设计标准》JGJ 26 和《夏热冬冷地区居住建筑节能设计标准》JGJ 134。

B.0.2　本条给出了我国 4 个太阳能资源区的太阳能保证率取值的推荐范围。太阳能保证率 f 是确定太阳能集热器面积的一个关键性因素，也是影响太阳能供热采暖系统经济性能的重要参数。实际选用的太阳能保证率 f 与系统使用期内的太阳辐照、气候条件、产品与系统的热性能、供热采暖负荷、末端设备特点、系统成本和开发商的预期投资规模等因素有关。

表 B.0.2 是根据不同地区的太阳能辐射资源和气候条件，取合格产品的性能参数，设定合理的投资成本，针对不同末端设备模拟计算得出；具体选值时，需按当地的辐射资源和投资规模确定，太阳辐照好、投资大的工程可选相对较高的太阳能保证率，反之，取低值。

附录 C 太阳能集热器平均集热效率计算方法

C. 0. 1 强调太阳能集热器的集热效率应根据选用产品的实际测试效率方程计算得出。因为不同企业生产的产品热性能差别很大，如果不按具体产品的测试方程选取效率，将会直接影响系统的正常工作和预期效益。

太阳能集热器产品的国家标准规定，太阳能集热器实测的效率方程可根据实测参数拟合为一次方程或二次方程，无论是一次还是二次方程，均可用于设计计算。

标准中对合格产品相关参数（一次方程中的 η_0 和 U）应达到的要求作出了规定，该规定值是：平板型集热器：$\eta_0 \geqslant 0.72$，$U \leqslant 6.0 \mathrm{W}/(\mathrm{m}^2 \cdot \mathrm{K})$；无反射器真空管集热器：$\eta_0 \geqslant 0.62$，$U \leqslant 2.5 \mathrm{W}/(\mathrm{m}^2 \cdot \mathrm{K})$。以下给出一个计算实例。

如一个合格真空管集热器经测试得出的效率方程分别为：

一次方程：$\eta = 0.742 - 2.480 T^*$

二次方程：$\eta = 0.743 - 2.604 T^* - 0.003 G (T^*)^2$

该集热器将用于北京市一个短期蓄热、地板辐射采暖的太阳能供热采暖系统，采暖回水温度 t_i 取 35℃，t_a 取北京 12 月的平均环境温度 -2.7℃，北京 12 月集热器采光面上的太阳总辐射月平均日辐照量 H_d 为 13709kJ/($\mathrm{m}^2 \cdot \mathrm{d}$)，12 月的月平均每日的日照小时数 S_d 为 6.0h；

则 $G = H_d / (3.6 S_d) = 13709/(3.6 \times 6) = 635 \mathrm{W}/\mathrm{m}^2$，

$T^* = (t_i - t_a) / G = (35 + 2.7) / 635 = 0.06$，

选用一次方程：

$\eta = 0.742 - 2.480 T^* = 0.742 - 2.480 \times 0.06 = 0.593$

选用二次方程：

$$\begin{aligned}\eta &= 0.743 - 2.604 T^* - 0.003 G (T^*)^2 \\ &= 0.743 - 2.604 \times 0.06 - 0.003 \times 635 \times 0.06^2 \\ &= 0.580\end{aligned}$$

C. 0. 2 在我国大部分地区，基本上可以用 12 月的气象条件代表冬季气候的平均水平，所以，短期蓄热太阳能供热采暖系统的设计选用 12 月的平均气象参数进行计算。

C. 0. 3 季节蓄热太阳能供热采暖系统是将全年收集的太阳能都贮存起来用于供暖，所以其系统设计是选用全年的平均气象参数进行计算。

附录 D 太阳能集热系统管路、水箱热损失率计算方法

D. 0. 1 本条给出了管路、水箱热损失率 η_L 的推荐取值范围，该取值范围是在参考暖通空调、热力专业相关设计技术措施、手册、标准图等资料的基础上，选取典型系统，以代表城市哈尔滨、北京、郑州的气象参数进行校核计算后确定的。应按照当地的气象、太阳能资源条件合理取值；12 月和全年的环境温度较低、太阳辐照较差的地区应取较高值，反之，可取较低值。

D. 0. 2 本条给出了需要准确计算 η_L 的方法原则，即按本附录 D. 0. 3～D. 0. 5 给出的公式迭代计算。具体迭代计算的步骤是：

1） 按 D. 0. 1 给出的推荐范围选取 η_L 的初始值；

2） 利用本规范第 3.4.3 条中的公式计算太阳能集热器总面积；

3） 根据实际工程要求进行系统设计，确定管路长度、尺寸、水箱容积等；

4） 利用 D. 0. 3～D. 0. 5 给出的公式，根据系统设计和设备选型计算 η_L 的实际值；

5） η_L 初始值和实际值的差别小于 5% 时，说明 η_L 初始值选择合理，系统设计完成；否则，改变 η_L 取值按上述过程重新设计计算。

中华人民共和国国家标准

固定消防炮灭火系统施工与验收规范

Code for installation and acceptance of fixed
fire monitor extinguishing systems

GB 50498—2009

主编部门：中 华 人 民 共 和 国 公 安 部
批准部门：中华人民共和国住房和城乡建设部
施行日期：２ ０ ０ ９ 年 １ ０ 月 １ 日

中华人民共和国住房和城乡建设部
公 告

第 304 号

关于发布国家标准《固定消防炮灭火系统施工与验收规范》的公告

现批准《固定消防炮灭火系统施工与验收规范》为国家标准，编号为 GB 50498—2009，自 2009 年 10 月 1 日起实施。其中，第 3.2.4、3.3.1、3.3.3、3.4.2、4.3.4、4.6.1（3）、4.6.2（2）、5.2.1、6.1.1、7.2.8、8.1.3、8.2.4 条（款）为强制性条文，必须严格执行。

本规范由我部标准定额研究所组织中国计划出版社出版发行。

二〇〇九年五月十三日

前 言

根据原建设部《关于印发〈二〇〇四年工程建设国家标准制订、修订计划〉的通知》（建标〔2004〕67 号）的要求，本规范由公安部上海消防研究所会同有关单位共同编制而成。

在本规范的编制过程中，编制组遵照国家有关基本建设的方针、政策，以及"预防为主、防消结合"的消防工作方针，对我国固定消防炮灭火系统施工、验收和维护管理的现状进行了调查研究，在总结多年来我国固定消防炮灭火系统施工及验收实践经验的基础上，参考了美国、英国等发达国家和国内相关标准、规范，同时广泛征求了有关科研、设计、施工、院校、制造、消防监督、应用等单位的意见，结合我国工程实际，经反复讨论、认真修改，最后经专家和有关部门审查定稿。

本规范共 9 章和 7 个附录，内容包括总则、基本规定、进场检验、系统组件安装与施工、电气安装与施工、系统试压与冲洗、系统调试、系统验收、维护管理。

本规范中以黑体字标志的条文为强制性条文，必须严格执行。

本规范由住房和城乡建设部负责管理和对强制性条文的解释，由公安部负责日常管理，由公安部上海消防研究所负责具体技术内容的解释。请各单位在执行本规范过程中，注意总结经验、积累资料，并及时把意见和有关资料寄规范管理组（公安部上海消防研究所，地址：上海市中山南二路 601 号，邮政编码：200032，邮箱：sfrixuelin@vip.sina.com、minyonglin@online.sh.cn，电话：021－54961200），以供今后修订时参考。

本规范主编单位、参编单位和主要起草人：

主 编 单 位：公安部上海消防研究所

参 编 单 位：上海市消防局
浙江省消防局
江苏省消防局
深圳市消防局
中交第二航务工程勘察设计院有限公司
中国石化工程建设公司
杭州新纪元消防科技有限公司
上海倍安实业有限公司

主要起草人：闵永林 薛林 马恒 李建中
沈纹 余威 孙玉平 高宁宇
陈庆沅 徐康辉 吴海卫 吴文革
姚远 唐祝华 王永福 杨志军
徐国良 杨文滨

目 次

1 总 则

1.0.1 为保障固定消防炮灭火系统(或简称系统)的施工质量和使用功能,规范工程验收和维护管理,制定本规范。

1.0.2 本规范适用于新建、扩建、改建工程中设置固定消防炮灭火系统的施工、验收及维护管理。

1.0.3 固定消防炮灭火系统施工中采用的工程技术文件、工程承包合同文件与附件对施工及验收的要求不得低于本规范的规定。

1.0.4 固定消防炮灭火系统的施工、验收及维护管理,除执行本规范的规定外,尚应符合现行国家有关标准的规定。

2 基本规定

2.0.1 固定消防炮灭火系统的分部工程、子分部工程及分项工程应按本规范附录 A 划分。

2.0.2 固定消防炮灭火系统的施工必须由具有相应资质等级的施工单位承担。

2.0.3 固定消防炮灭火系统的施工现场应具有相应的施工技术标准,健全的质量管理体系和施工质量检验制度,实现施工全过程质量控制。

2.0.4 固定消防炮灭火系统的施工应按批准的设计施工图、技术文件和相关技术标准的规定进行,不得随意更改,确需改动时,应由原设计单位修改。

2.0.5 固定消防炮灭火系统施工前应具备下列技术资料:

1 经批准的设计施工图、设计说明书;

2 系统组件(水炮、泡沫炮、干粉炮、消防泵组、泡沫液罐、泡沫比例混合装置、干粉罐、氮气瓶组、阀门、动力源、消防炮塔和控制装置等组件的统称)的安装使用说明书;

3 系统组件及配件应具备符合市场准入制度要求的有效证明文件和产品出厂合格证。

2.0.6 固定消防炮灭火系统的施工应具备下列条件:

1 设计单位向施工单位进行技术交底,并有记录;

2 系统组件、管材及管件的规格、型号符合设计要求;

3 与施工有关的基础、预埋件和预留孔,经检查符合设计要求;

4 场地、道路、水、电等临时设施满足施工要求。

2.0.7 固定消防炮灭火系统应按下列规定进行施工过程质量控制:

1 采用的系统组件和材料应按本规范的规定进行进场检验,合格后经监理工程师签证方可安装使用;

2 各工序应按施工技术标准进行质量控制,每道工序完成后,应由监理工程师组织施工单位人员进行检查,合格后方可进行下道工序施工;

3 相关各专业工种之间应进行交接认可,并经监理工程师签证后方可进行下道工序施工;

4 隐蔽工程在隐蔽前应由施工单位通知有关单位进行验收;

5 安装完毕,施工单位应按本规范的规定进行系统调试;调试合格后,施工单位应向建设单位提交验收申请报告申请验收。

2.0.8 固定消防炮灭火系统的系统验收应由建设单位组织监理、设计、施工等单位共同进行。

2.0.9 固定消防炮灭火系统的检查、验收应符合下列规定:

1 施工现场质量管理按本规范附录 B 检查,结果应合格;

2 施工过程检查应全部合格,并按本规范附录 C 记录;

3 隐蔽工程在隐蔽前的验收应合格,并按本规范附录 D 记录;

4 质量控制资料核查应全部合格,并按本规范附录 E 记录;

5 系统施工质量验收和系统功能验收应合格,并按本规范附录 F 记录;

2.0.10 固定消防炮灭火系统验收合格后,应提供下列文件资料:

1 施工现场质量管理检查记录;

2 固定消防炮灭火系统施工过程检查记录;

3 隐蔽工程验收记录;

4 固定消防炮灭火系统质量控制资料核查记录;

5 固定消防炮灭火系统验收记录;

6 相关文件、记录、资料清单等。

2.0.11 固定消防炮灭火系统施工质量不符合本规范要求时,应按下列规定进行处理:

1 经返工重做或更换系统组件和材料的工程,应重新进行验收;

2 经返工重做或更换系统组件和材料的工程,仍不符合本规范的要求时,不得通过验收。

3 进场检验

3.1 一般规定

3.1.1 系统组件和材料进场检验应按本规范附录 C 表 C.0.1 填写施工过程检查记录。

3.1.2 系统组件和材料进场抽样检查时有一件不合格,应加倍抽查;若仍有不合格,则判定此批产品不合格。

3.2 管材及配件

3.2.1 管材及管件的材质、规格、型号、质量等应符合国家现行有关产品标准和设计要求。

检查数量:全数检查。

检查方法:检查出厂检验报告与合格证。

3.2.2 管材及管件的外观质量除应符合其产品标准的规定外,尚应符合下列规定:

1 表面无裂纹、缩孔、夹渣、折叠、重皮等缺陷;

2 螺纹表面完整无损伤,法兰密封面平整光洁无毛刺及径向沟槽;

3 垫片无老化变质或分层现象,表面无折皱等缺陷。

检查数量:全数检查。

检查方法:观察检查。

3.2.3 管材及管件的规格尺寸和壁厚及允许偏差应符合其产品标准和设计的要求。

检查数量:每一规格、型号的产品按件数抽查 20%,且不得少于 1 件。

检查方法:用钢尺和游标卡尺测量。

3.2.4 对属于下列情况之一的管材及配件,应由监理工程师抽样,并由具备相应资质的检测机构进行检测复验,其复验结果应符合国家现行有关产品标准和设计要求。

1 设计上有复验要求的。

2 对质量有疑义的。

检查数量:按设计要求数量或送检需要量。

检查方法:检查复验报告。

3.3 灭火剂

3.3.1 泡沫液进场时应由建设单位、监理工程师和供货方现场组织检查,并共同取样留存,留存数量按全项检测需要量。泡沫液质量应符合国家现行有关产品标准。

检查数量：全数检查。

检查方法：观察检查和检查市场准入制度要求的有效证明文件及产品出厂合格证。

3.3.2 对属于下列情况之一的泡沫液，应由监理工程师组织现场取样，送至具备相应资质的检测机构进行检测，其结果应符合国家现行有关产品标准和设计要求。

1 6％型低倍数泡沫液设计用量大于或等于 7.0t；

2 3％型低倍数泡沫液设计用量大于或等于 3.5t；

3 合同文件规定现场取样送检的泡沫液。

检查数量：按送检需要量。

检查方法：检查现场取样按国家现行有关产品标准对发泡性能（发泡倍数、25％析液时间）和灭火性能（灭火时间、抗烧时间）检验的报告。

3.3.3 干粉进场时应由建设单位、监理工程师和供货方现场组织检查，并共同取样留存，留存数量按全项检测需要量。干粉质量应符合国家现行有关产品标准。

检查数量：全数检查。

检查方法：观察检查和检查市场准入制度要求的有效证明文件及产品出厂合格证。

3.3.4 对设计用量大于或等于 2.0t 的干粉，应由监理工程师组织现场取样，送至具备相应资质的检测机构进行检测，其结果应符合国家现行有关产品标准和设计要求。

检查数量：按送检需要量。

检查方法：检查现场取样按国家现行有关产品标准对抗结块性和灭火效能检验的报告。

3.4 系统组件

3.4.1 水炮、泡沫炮、干粉炮、消防泵组、泡沫液罐、泡沫比例混合装置、干粉罐、氮气瓶组、阀门、动力源、消防炮塔、控制装置等系统组件及压力表、过滤装置和金属软管等系统配件的外观质量，应符合下列规定：

1 无变形及其他机械性损伤；

2 外露非机械加工表面保护涂层完好；

3 无保护涂层的机械加工面无锈蚀；

4 所有外露接口无损伤，堵、盖等保护物包封良好；

5 铭牌标记清晰、牢固。

检查数量：全数检查。

检查方法：观察检查。

3.4.2 水炮、泡沫炮、干粉炮、消防泵组、泡沫液罐、泡沫比例混合装置、干粉罐、氮气瓶组、阀门、动力源、消防炮塔、控制装置等系统组件及压力表、过滤装置和金属软管等系统配件应符合下列规定：

1 其规格、型号、性能应符合国家现行产品标准和设计要求。

检查数量：全数检查。

检查方法：检查市场准入制度要求的有效证明文件和产品出厂合格证。

2 设计上有复验要求或对质量有疑义时，应由监理工程师抽样，并由具有相应资质的检测单位进行检测复验，其复验结果应符合国家现行产品标准和设计要求。

检查数量：按设计要求数量或送检需要量。

检查方法：检查复验报告。

3.4.3 阀门的强度和严密性试验应符合下列规定：

1 强度和严密性试验应采用清水进行，强度试验压力为公称压力的 1.5 倍；严密性试验压力为公称压力的 1.1 倍；

2 试验压力在试验持续时间内应保持不变，且壳体填料和阀瓣密封面无渗漏；

3 阀门试压的试验持续时间不应少于表 3.4.3 的规定；

4 试验合格的阀门，应排尽内部积水，并吹干。密封面涂防锈油，关闭阀门，封闭出入口，做出明显的标记，并应按本规范附录

C 表 C.0.2 记录。

检查数量：每批（同牌号、同型号、同规格）按数量抽查 10％，且不得少于 1 个；主管道上的隔断阀门，应全部试验。

检查方法：将阀门安装在试验管道上，有液流方向要求的阀门试验管道应安装在阀门的进口，然后管道充满水，排净空气，用试压装置缓慢升压，待达到严密性试验压力后，在最短试验持续时间内，阀瓣密封面不渗漏为合格；最后将压力升至强度试验压力（强度试验不能以阀瓣代替盲板），在最短试验持续时间内，壳体填料无渗漏为合格。

表 3.4.3 阀门试验持续时间

公称直径 DN(mm)	最短试验持续时间(s)		
	严密性试验		强度试验
	金属密封	非金属密封	
≤50	15	15	15
65～200	30	15	60
250～450	60	30	180
≥500	120	60	180

3.4.4 应对干粉炮灭火系统工程管路中安装的选择阀、安全阀、减压阀、单向阀、高压软管等部件进行水压强度试验和气压严密性试验，并应符合下列规定：

1 水压强度试验的试验压力应为部件公称压力的 1.5 倍，气体严密性试验的试验压力为部件的公称压力；

2 进行水压强度试验时，水温不应低于 5℃，达到试验压力后，稳压时间不应少于 1min，在稳压期间目测试件应无变形；

3 气压严密性试验应在水压强度试验后进行。加压介质可为空气或氮气。试验时将部件浸入水中，达到试验压力后，稳压时间不应少于 5min，在稳压期间应无气泡自试件内溢出；

4 部件试验合格后，应及时烘干，并封闭所有外露接口。并应按本规范附录 C 表 C.0.2 记录。

3.4.5 消防泵组转动应灵活，无阻滞，无异常声音。

检查数量：全数检查。

检查方法：观察检查。

3.4.6 消防炮的转动机构和操作装置应灵活、可靠。

检查数量：全数检查。

检查方法：观察检查。

4 系统组件安装与施工

4.1 一般规定

4.1.1 消防泵组的安装除应符合本规范的规定外，尚应符合现行国家标准《机械设备安装工程施工及验收通用规范》GB 50231、《压缩机、风机、泵安装工程施工及验收规范》GB 50275 的有关规定。

4.1.2 系统的下列施工，除应符合本规范的规定外，尚应符合现行国家标准《工业金属管道工程施工及验收规范》GB 50235、《现场设备、工业管道焊接工程施工及验收规范》GB 50236 和行业标准《钢制焊接常压容器》JB/T 4735 的有关规定。

1 常压钢质泡沫液罐现场制作、焊接、防腐；

2 管道的加工、焊接、安装；

3 管道的检验、试压、冲洗、防腐；

4 支、吊架的焊接、安装；

5 阀门的安装。

4.1.3 泡沫液罐、干粉罐的安装除应符合本规范的规定外，尚应符合现行标准《建筑安装工程质量检验评定标准 容器工程》TJ 306 的有关规定。

4.1.4 消防泵组、动力源等系统组件不应随意拆卸，确需拆卸时，

应由生产厂家进行。

4.2 消防炮

4.2.1 消防炮安装应符合设计要求,且应在供水管线系统试压、冲洗合格后进行。

4.2.2 消防炮安装前应确定基座上供灭火剂的立管固定可靠。

检查数量:全数检查。

检查方法:观察检查。

4.2.3 消防炮回转范围应与防护区相对应。

检查数量:全数检查。

检查方法:观察检查。

4.2.4 消防炮安装后,应检查在其设计规定的水平和俯仰回转范围内不与周围的构件碰撞。

检查数量:全数检查。

检查方法:观察检查。

4.2.5 与消防炮连接的电、液、气管线应安装牢固,且不得干涉回转机构。

检查数量:全数检查。

检查方法:观察检查。

4.2.6 消防炮在向消防炮塔上部起吊安装的过程中,起吊措施应安全可靠。

4.3 泡沫比例混合装置与泡沫液罐

4.3.1 泡沫液罐的安装位置和高度应符合设计要求。当设计无要求时,泡沫液罐周围应留有满足检修需要的通道,其宽度不宜小于0.7m,操作面处不宜小于1.5m;当泡沫液罐上的控制阀距地面高度大于1.8m时,应在操作面处设置操作平台。

检查数量:全数检查。

检查方法:用尺测量。

4.3.2 常压泡沫液罐的现场制作、安装和防腐应符合下列规定:

1 现场制作的常压钢质泡沫液罐,泡沫液管道吸液口距泡沫液罐底面不应小于0.15m,且宜做成喇叭口形。

检查数量:全数检查。

检查方法:用尺测量。

2 现场制作的常压钢质泡沫液罐应进行严密性试验,试验压力应为储罐装满水后的静压力,试验时间不应小于30min,目测应无渗漏。

检查数量:全数检查。

检查方法:观察检查,检查全部焊缝、焊接接头和连接部位,以无渗漏为合格。

3 现场制作的常压钢质泡沫液罐内、外表面应按设计要求防腐,并应在严密性试验合格后进行。

检查数量:全数检查。

检查方法:观察检查,当对泡沫液罐内表面防腐涂料有疑义时,可取样送至具有相应资质的检测单位进行检验。

4 常压钢质泡沫液罐罐体与支座接触部位的防腐,应符合设计要求,当设计无规定时,应按加强防腐层的做法施工。

检查数量:全数检查。

检查方法:观察检查。

5 常压泡沫液罐的安装方式应符合设计要求,当设计无要求时,应根据其形状按立式或卧式安装在支架或支座上,支架应与基础固定,安装时不得损坏其储罐上的配管和附件。

检查数量:全数检查。

检查方法:观察检查,必要时可切开防腐层检查。

4.3.3 压力式泡沫液罐安装时,支架应与基础牢固固定,且不应拆卸和损坏配管、附件;罐的安全阀出口不应朝向操作面。

检查数量:全数检查。

检查方法:观察检查。

4.3.4 设在室外的泡沫液罐的安装应符合设计要求,并应根据环境条件采取防晒、防冻和防腐等措施。

检查数量:全数检查。

检查方法:观察检查。

4.3.5 泡沫比例混合装置的安装应符合下列规定:

1 泡沫比例混合装置的标注方向应与液流方向一致。

检查数量:全数检查。

检查方法:观察检查。

2 泡沫比例混合装置与管道连接处的安装应严密。

检查数量:全数检查。

检查方法:调试时观察检查。

4.3.6 压力式比例混合装置应整体安装,并应与基础牢固固定。

检查数量:全数检查。

检查方法:观察检查。

4.3.7 平衡式比例混合装置的安装应符合下列规定:

1 平衡式比例混合装置中平衡阀的安装应符合设计和产品要求,并应在水和泡沫液进口的管道上分别安装压力表,压力表与装置中的比例混合器进口处的距离不宜大于0.3m。

检查数量:全数检查。

检查方法:尺量和观察检查。

2 水力驱动平衡式比例混合装置的泡沫液泵安装应符合设计和产品要求,安装尺寸和管道的连接方式应符合设计要求。

检查数量:全数检查。

检查方法:尺量和观察检查。

4.4 干粉罐与氮气瓶组

4.4.1 安装在室外时,干粉罐和氮气瓶组应根据环境条件设置防晒、防雨等防护设施。

检查数量:全数检查。

检查方法:观察检查。

4.4.2 干粉罐和氮气瓶组的安装位置和高度应符合设计要求。当设计无要求时,干粉罐和氮气瓶组周围应留有满足检修需要的通道,其宽度不宜小于0.7m,操作面处不宜小于1.5m。

检查数量:全数检查。

检查方法:尺量和观察检查。

4.4.3 氮气瓶组安装时应防止氮气误喷射。

4.4.4 干粉罐和氮气瓶组中需现场制作的连接管道应采取防腐处理措施。

检查数量:全数检查。

检查方法:观察检查。

4.4.5 干粉罐和氮气瓶组的支架应固定牢固,且应采取防腐处理措施。

检查数量:全数检查。

检查方法:观察检查。

4.5 消防泵组

4.5.1 消防泵组应整体安装在基础上,并应固定牢固。

4.5.2 吸水管及其附件的安装应符合下列要求:

1 吸水管进口处的过滤装置的安装应符合设计要求。消防泵组直接取海水时,吸水管应设置有效的防海生物附着的装置。

检查数量:全数检查。

检查方法:观察检查。

2 吸水管上的控制阀应在消防泵组固定于基础上之后再进行安装,其直径不应小于消防泵组吸水口直径,且不应采用没有可靠锁定装置的蝶阀。

检查数量:全数检查。

检查方法:观察检查。

3 消防泵组吸水管上宜加设柔性连接管。

检查数量:全数检查。

检查方法:观察检查。

4 吸水管管段上不应有气囊和漏气现象。变径连接时，应采用偏心异径管件并应采用管顶平接。

检查数量：全数检查。

检查方法：观察检查。

4.5.3 当消防泵组采用内燃机驱动时，内燃机冷却器的泄水管应通向排水设施。

检查数量：全数检查。

检查方法：观察检查。

4.5.4 内燃机驱动的消防泵组其排气管的安装应符合设计要求，当设计无规定时，应采用直径相同的钢管连接后通向室外。排气管的外部宜采用隔热措施。

检查数量：全数检查。

检查方法：观察检查。

4.5.5 消防泵组在基础固定及进出口管道安装完毕后，对联轴器重新校验同轴度。

检查数量：全数检查。

检查方法：用仪表检查。

4.6 管道与阀门

4.6.1 管道的安装应符合下列规定：

1 水平管道安装时，其坡度、坡向应符合设计要求，且坡度不应小于设计值，当出现 U 型管时应有放空措施。

检查数量：干管抽查 1 条；支管抽查 2 条；分支管抽查 10%，且不得少于 1 条。

检查方法：用水平仪检查。

2 立管应用管卡固定在支架上，其间距不应大于设计值。

检查数量：全数检查。

检查方法：尺量和观察检查。

3 埋地管道安装应符合下列规定：

1)埋地管道的基础应符合设计要求；

2)埋地管道安装前应做好防腐，安装时不应损坏防腐层；

3)埋地管道采用焊接时，焊缝部位应在试压合格后进行防腐处理；

4)埋地管道在回填前应进行隐蔽工程验收，合格后及时回填，分层夯实，并应按本规范附录 D 进行记录。

检查数量：全数检查。

检查方法：观察检查。

4 管道安装的允许偏差应符合表 4.6.1 的要求。

表 4.6.1 管道安装的允许偏差

项 目			允许偏差（mm）
坐标	地上、架空及地沟	室外	25
		室内	15
	埋地		60
标高	地上、架空及地沟	室外	±20
		室内	±15
	埋地		±25
水平管道平直度	$DN \leqslant 100$		$2L‰$ 最大 50
	$DN > 100$		$3L‰$ 最大 80
立管垂直度			$5L‰$ 最大 30
与其他管道成排布置间距			15
与其他管道交叉时外壁或绝热层间距			20

注：L——管段有效长度；DN——管道公称直径。

检查数量：干管抽查 1 条；支管抽查 2 条；分支管抽查 10%，且不得少于 1 条。

检查方法：坐标用经纬仪或拉线和尺量检查；标高用水准仪或拉线和尺量检查；水平管道平直度用水平仪、直尺、拉线和尺量检查；立管垂直度用吊线和尺量检查；与其他管道成排布置间距及与其他管道交叉时外壁或绝热层间距用尺量检查。

5 管道支、吊架安装应平整牢固，管墩的砌筑应规整，其间距应符合设计要求。

检查数量：按安装总数的 5% 抽查，且不得少于 5 个。

检查方法：观察和尺量检查。

6 当管道穿过防火堤、防火墙、楼板时，应安装套管。穿防火堤和防火墙套管的长度不应小于防火堤和防火墙的厚度，穿楼板套管长度应高出楼板 50mm，底部应与楼板底面相平；管道与套管间的空隙应采用防火材料封堵；管道应避免穿过建筑物的变形缝，必须穿越时，应采取保护措施。

检查数量：全数检查。

检查方法：观察和尺量检查。

7 立管与地上水平管道或埋地管道用金属软管连接时，不得损坏其编织网，并应在金属软管与地上水平管道的连接处设置管道支架或管墩。

检查数量：全数检查。

检查方法：观察检查。

8 立管下端设置的锈渣清扫口与地面的距离宜为 0.3～0.5m；锈渣清扫口可采用闸阀或盲板封堵，当采用闸阀时，应竖直安装。

检查数量：全数检查。

检查方法：观察和尺量检查。

9 流量检测仪器安装位置应符合设计要求。

检查数量：全数检查。

检查方法：观察检查。

10 管道上试验检测口的设置位置和数量应符合设计要求。

检查数量：全数检查。

检查方法：观察检查。

11 冲洗及放空管道的设置应符合设计要求，当设计无要求时，应设置在泡沫液管道的最低处。

检查数量：全数检查。

检查方法：观察检查。

4.6.2 阀门的安装应符合下列规定：

1 阀门应按相关标准进行安装，并应有明显的启闭标志。

检查数量：全数检查。

检查方法：按相关标准的要求检查。

2 具有遥控、自动控制功能的阀门安装，应符合设计要求；当设置在有爆炸和火灾危险的环境时，应符合现行国家标准《爆炸和火灾危险环境电气装置施工及验收规范》GB 50257 等相关标准的规定。

检查数量：全数检查。

检查方法：观察检查。

3 自动排气阀应在系统试压、冲洗合格后立式安装。

检查数量：全数检查。

检查方法：观察检查。

4 管道上设置的控制阀，其安装高度宜为 1.1～1.5m；当控制阀的安装高度大于 1.8m 时，应设置操作平台。

检查数量：全数检查。

检查方法：观察和尺量检查。

5 消防泵组的出口管道上设置的带控制阀的回流管，应符合设计要求，控制阀的安装高度距地面宜为 0.6～1.2m。

检查数量：全数检查。

检查方法：尺量检查。

6 管道上的放空阀应安装在最低处。

检查数量：全数检查。

检查方法：观察检查。

4.7 消防炮塔

4.7.1 安装消防炮塔的地面基座应稳固，钢筋混凝土基座施工后应有足够的养护时间。

4.7.2 消防炮塔与地面基座的连接应固定可靠。

检查数量:全数检查。

检查方法:观察检查。

4.7.3 消防炮塔的起吊定位现场应有足够的空间,起吊过程中消防炮塔不得与周边构筑物碰撞。

4.7.4 消防炮塔安装后应采取相应的防腐措施。

检查数量:全数检查。

检查方法:观察检查。

4.7.5 消防炮塔应做防雷接地,施工应符合现行国家标准《建筑物防雷设计规范》GB 50057 的相关规定,施工完毕应及时进行隐蔽工程验收。

检查数量:全数检查。

检查方法:观察检查。

4.8 动 力 源

4.8.1 动力源的安装应符合设计要求。

4.8.2 动力源应整体安装在基础上,并应牢固固定。

检查数量:全数检查。

检查方法:观察检查。

5 电气安装与施工

5.1 一 般 规 定

5.1.1 控制装置的安装除按本规范规定执行外,还应符合现行国家标准《建筑电气工程施工质量验收规范》GB 50303、《电气装置安装工程接地装置施工及验收规范》GB 50169、《爆炸和火灾危险环境电气装置施工及验收规范》GB 50257 和《固定消防炮灭火系统设计规范》GB 50338 等标准、规范的规定。

5.1.2 控制装置在搬运和安装时应采取防撞击、防潮和防漆面受损等安全措施。

5.1.3 控制装置安装施工前,与控制装置安装工程施工有关的建筑物、构筑物的建筑工程质量,应符合国家现行的建筑工程施工及验收规范中的有关规定。当设备或设计有特殊要求时,尚应满足其要求。

5.2 布   线

5.2.1 布线前,应对导线的种类、电压等级进行检查;强、弱电回路不应使用同一根电缆,应分别成束分开排列;不同电压等级的线路,不应穿在同一管内或线槽的同一槽孔内。

检查数量:全数检查。

检查方法:观察检查。

5.2.2 引入控制装置内的电缆及其芯线应符合下列要求:

1 引入控制装置内的电缆管道应采用支架固定,并按横平竖直配置;备用芯线长度应留有适当余量;

2 引入控制装置的电缆应排列整齐,编号清晰,避免交叉,并应牢固固定,不得使端子排承受机械应力;

3 引入控制装置内的铠装电缆,应将钢带切断,切断处的端部应扎紧,并应将钢带接地;

4 引入控制装置内的使用于传感器等信号采集回路的控制电缆,应采用屏蔽电缆。其屏蔽层应按设计要求的接地方式接地;

5 电缆芯线和所配导线的端部,均应标明与设计图样一致的编号,标记应字迹清晰;

6 控制装置接线端子排的每个接线端子,接线不得超过两根。

检查数量:全数检查。

检查方法:观察检查。

5.2.3 布线施工完毕在测试绝缘时,应有防止弱电设备损坏的安全技术措施。

5.3 控 制 装 置

5.3.1 控制装置与基座之间的螺栓连接应牢固。

检查数量:全数检查。

检查方法:观察检查。

5.3.2 控制装置中的电控盘、柜、屏、箱、台安装垂直度允许偏差为 1.5‰,相互间接缝不应大于 2mm,成列盘面偏差不应大于 5mm。

检查数量:全数检查。

检查方法:重锤法检查。

5.3.3 控制装置的端子箱安装应牢固,并应防潮、防尘。安装的位置应便于检查。成列安装时,应排列整齐。

检查数量:全数检查。

检查方法:观察检查。

5.3.4 控制装置的接地应牢固、可靠。对装有电器的可开门,门和框架的接地端子间应用裸编织铜线连接,且有标识。

检查数量:全数检查。

检查方法:观察检查。

5.3.5 装置的漆层应完整,损伤面应及时修补。固定支架等应做防腐处理。

检查数量:全数检查。

检查方法:观察检查。

5.3.6 安装完毕后,建筑物中的预留孔洞及电缆管口,应做好封堵。

检查数量:全数检查。

检查方法:观察检查。

6 系统试压与冲洗

6.1 一 般 规 定

6.1.1 管道安装完毕后,应对其进行强度试验、严密性试验和冲洗。

检查数量:全数检查。

检查方法:检查强度试验、严密性试验、冲洗记录表。

6.1.2 强度试验、严密性试验和冲洗宜采用清水进行,不得使用含有腐蚀性化学物质的水。在缺淡水地区可采用海水冲洗,用海水冲洗后宜用清水冲洗。

检查数量:全数检查。

检查方法:检查水压试验和气压试验记录表。

6.1.3 系统试压前应具备下列条件:

1 埋地管道的位置及管道基础、支墩等经复查应符合设计要求;

检查数量:全数检查。

检查方法:对照图纸观察、尺量检查。

2 试压用的压力表不少于 2 只;精度不应低于 1.5 级,量程应为试验压力值的 1.5～2 倍;

检查数量:全数检查。

检查方法:观察检查。

3 试压冲洗方案已经批准;

4 对不能参与试压的设备、仪表、阀门及附件应加以隔离或拆除;加设的临时盲板应具有突出于法兰的边耳,且应做明显标志,并记录临时盲板的数量。

检查数量:全数检查。

检查方法:观察检查。

6.1.4 系统试压完成后,应及时拆除所有临时盲板及试验用的管道,并应与记录核对无误,且应按本规范附录C表C.0.5的格式填写记录。

检查数量:全数检查。

检查方法:观察检查。

6.1.5 管道冲洗宜在试压合格后进行。

检查数量:全数检查。

检查方法:观察检查。

6.1.6 管道冲洗前,应对系统的仪表采取保护措施,冲洗直径大于100mm的管道时,应对其死角和底部进行敲打,但不得损伤管道;冲洗后,应清理可能存留脏物、杂物的管段。

检查数量:全数检查。

检查方法:观察检查。

6.1.7 管道冲洗合格后,应按本规范附录C表C.0.5的格式填写记录。

6.2 水 压 试 验

6.2.1 当系统设计工作压力等于或小于1.0MPa时,水压强度试验压力应为设计工作压力的1.5倍,并不应低于1.4MPa;当系统设计工作压力大于1.0MPa时,水压强度试验压力应为该工作压力加0.4MPa。

检查数量:全数检查。

检查方法:观察检查。

6.2.2 水压强度试验的测试点应设在系统管道的最低点。对管道注水时,应将管道内的空气排净,并应缓慢升压,达到试验压力后,稳压10min,管道应无损伤、变形。

检查数量:全数检查。

检查方法:观察检查。

6.2.3 水压严密性试验应在水压强度试验和管道冲洗合格后进行。试验压力应为设计工作压力,稳压30min,应无泄漏。

检查数量:全数检查。

检查方法:观察检查。

6.2.4 水压试验时环境温度不宜低于5℃,当低于5℃时,水压试验应采取防冻措施。

检查数量:全数检查。

检查方法:用温度计检查。

6.2.5 系统的埋地管道应在回填前单独或与系统一起进行水压强度试验和水压严密性试验。

检查数量:全数检查。

检查方法:观察和检查水压强度试验和水压严密性试验记录。

6.3 冲 洗

6.3.1 管道冲洗宜分区、分段进行。冲洗的水流方向应与灭火时管道的水流方向一致。

检查数量:全数检查。

检查方法:观察检查。

6.3.2 管道冲洗应连续进行,当出口处水的颜色、透明度与入口处水的颜色、透明度基本一致且无杂物排出时,冲洗方可结束。

检查数量:全数检查。

检查方法:观察检查。

6.3.3 管道冲洗结束后,应将管道内的水排除净尽,必要时采用压缩空气吹干。

检查数量:全数检查。

检查方法:观察检查。

6.3.4 气动、液压和干粉管道,应采用压缩空气吹扫干净。

检查数量:全数检查。

检查方法:观察检查。

7 系 统 调 试

7.1 一 般 规 定

7.1.1 调试应在整个系统施工结束后进行。

7.1.2 调试应具备下列条件:

1 设计施工图、设计说明书、系统组件的使用、维护说明书及其他调试必须的完整技术资料;

2 泡沫液罐和干粉罐中已储备满足调试要求的试验药剂量;

3 系统水源、电源、气源满足调试要求,电气设备应具备与系统联动调试的条件。

7.1.3 调试前施工单位应制定调试方案,并经监理单位批准。

7.1.4 调试负责人应由专业技术人员担任。参加调试的人员应职责明确,并应按照预定的调试程序进行。

7.1.5 调试前应对系统进行检查,并应及时处理发现的问题。

7.1.6 调试前应将需要临时安装在系统上经校验合格的仪器、仪表安装完毕,调试时所需的检查设备应准备齐全。

7.1.7 系统调试后应按本规范附录C表C.0.6规定的内容提出调试报告。调试报告的内容可根据具体情况进行补充。

7.2 系 统 调 试

7.2.1 系统手动功能的调试结果,应符合下列规定:

1 电控阀门进行启闭功能试验,其启闭角度、反馈信号等指标应符合设计要求。

2 消防炮进行动作功能试验,其仰俯角度、水平回转角度、直流喷雾转换及反馈信号等指标应符合设计要求,消防炮不与消防炮塔碰撞干涉。

3 消防泵组进行启、停试验,消防泵组的动作及反馈信号应符合设计要求。

4 稳压泵组进行启、停试验,稳压泵组的动作及反馈信号应符合设计要求。

检查数量:全数检查。

检查方法:使系统电源处于接通状态,各控制装置的操作按钮处于手动状态。逐个按下各电控阀门的手动启、停操作按钮,观察阀门的启、闭动作及反馈信号应正常;用手动按钮或手持式无线遥控发射装置逐个操控相应的消防炮做俯仰和水平回转动作,观察各消防炮的动作及反馈信号是否正常。对带有直流喷雾转换功能的消防炮,还应检验其喷雾动作控制功能;逐个按下各消防泵组的手动启、停操作按钮,观察消防泵组的动作及反馈信号应正常;逐个按下各稳压泵组的手动启、停操作按钮,观察稳压泵组的动作及反馈信号应正常。

7.2.2 固定消防炮灭火系统的主电源和备用电源进行切换试验,调试中主、备电源的切换及电气设备运行应正常。

检查数量:全数检查。

检查方法:系统主、备电源处于接通状态。当系统处于手动控制状态时,以手动的方式进行1~2次试验,主、备电源应能切换;当系统处于自动控制状态时,在主电源上设定一个故障,备用电源应能自动投入运行,在备用电源上设定一个故障,主电源应能自动投入运行。

7.2.3 消防泵组功能调试试验,其结果应符合下列规定:

1 消防泵组运行调试试验,其性能应符合设计和产品标准的要求。

检查数量:全数检查。

检查方法：按系统设计要求，启动消防泵组，观察该消防泵组及相关设备动作是否正常，若正常，消防泵组在设计负荷下，连续运转不应少于2h，采用压力表、流量计、秒表、温度计进行计量。

2 消防泵主、备泵组自动切换功能调试试验，在设计负荷下进行转换运行试验，其主要性能应符合设计要求。

检查数量：全数检查。

检查方法：接通控制装置电源，并使消防泵组控制装置处于自动状态，人工启动一台消防泵组，观察该消防泵组及相关设备动作是否正常，若正常，则在消防泵组控制装置内人为为该消防泵组设定一个故障，使之停泵。此时，备用消防泵组应能自动投入运行。消防泵组在设计负荷下，连续运转不应少于30min，采用压力表、流量计、秒表计量。

7.2.4 稳压泵应按设计要求进行调试。当达到设计启动条件时，稳压泵应立即启动；当达到系统设计压力时，稳压泵应自动停止运行；当消防主泵启动时，稳压泵应停止运行。

检查数量：全数检查。

检查方法：观察检查。

7.2.5 泡沫比例混合装置调试时，应与系统喷射泡沫试验同时进行，其混合比应符合设计要求。

检查数量：全数检查。

检查方法：用流量计测量；蛋白、氟蛋白等折射指数高的泡沫液可用手持折射仪测量，水成膜、抗溶水成膜等折射指数低的泡沫液可用手持导电度测量仪测量。

7.2.6 消防炮的调试应符合下列规定：

1 消防水炮和消防泡沫炮进行喷水试验，其喷射压力、仰俯角度、水平回转角度等指标应符合设计要求。

检查数量：全数检查。

检查方法：用手动或电动实际操作，并用压力表、尺量和观测检查。

2 消防干粉炮应进行喷射试验，其喷射压力、喷射时间、仰俯角度、水平回转角度等指标应符合设计要求。

检查数量：全数检查。

检查方法：用压力表、秒表等观测检查。

7.2.7 系统各联动单元进行联动功能调试时，各联动单元被控设备的动作与信号反馈应符合设计要求。

检查数量：全数检查。

检查方法：按设计的联动控制单元进行逐个检查。接通系统电源，使待检联动控制单元的被控设备均处于自动状态；①按下对应的联动启动按钮，该单元应能按设计要求自动启动消防泵组，打开阀门等相关设备，直至消防炮喷射灭火剂（或水幕保护系统出水）。该单元设备的动作与信号反馈应符合设计要求。②对具有自动启动功能的联动单元，采用对联动单元的相关探测器输入模拟启动信号后，该单元应能按设计要求自动启动消防泵组，打开阀门等相关设备，直至消防炮喷射灭火剂（或水幕保护系统出水）。

7.2.8 固定消防炮灭火系统的喷射功能调试应符合下列规定：

1 水炮灭火系统：当为手动灭火系统时，应以手动控制的方式对该门水炮保护范围进行喷水试验；当为自动灭火系统时，应以手动和自动控制的方式对该门水炮保护范围分别进行喷水试验。系统自接到启动信号至水炮炮口开始喷水的时间不应大于5min，其各项性能指标均应达到设计要求。

检查数量：全数检查。

检查方法：自接到启动信号至开始喷水的时间，用秒表测量。其他性能用压力表、流量计等观测检查。

2 泡沫炮灭火系统：泡沫炮灭火系统按本条第1款的规定喷水试验完毕，将水放空后，应以手动或自动控制的方式对该泡沫炮保护范围进行喷射泡沫试验。系统自接到启动信号至泡沫炮口开始喷射泡沫的时间不应大于5min，喷射泡沫的时间应大于2min，实测泡沫混合液的混合比应符合设计要求。

检查数量：全数检查。

检查方法：自接到启动信号至开始喷泡沫的时间，用秒表测量。泡沫混合液的混合比按本规范第7.2.5条的检查方法测量；用秒表测量喷射泡沫的时间，然后按生产厂给出的产品特性曲线查出对应的流量。

3 干粉炮灭火系统：当为手动灭火系统时，应以手动控制的方式对该门干粉炮保护范围进行一次喷射试验；当为自动灭火系统时，应以手动和自动控制的方式对该门干粉炮保护范围各进行一次喷射试验。系统自接到启动信号至干粉炮口开始喷射干粉的时间不应大于2min，干粉喷射时间应大于60s，其各项性能指标均应达到设计要求。

检查数量：全数检查。

检查方法：用氮气代替干粉，自接到启动信号至干粉炮口开始喷射的时间，用秒表测量；其他用压力表等观测。

4 水幕保护系统：当为手动水幕保护系统时，应以手动控制的方式对该道水幕进行一次喷水试验；当为自动水幕保护系统时，应以手动和自动控制的方式分别进行喷水试验。其各项性能指标均应达到设计要求。

检查数量：全数检查。

检查方法：自接到启动信号至开始喷水的时间，用秒表测量。其他性能用压力表、流量计等观测检查。

8 系统验收

8.1 一般规定

8.1.1 系统验收时，应提供下列文件资料，并按本规范附录E填写质量控制资料核查记录。

1 经批准的设计施工图、设计说明书；

2 设计变更通知书、竣工图；

3 系统组件、泡沫液和干粉的市场准入制度要求的有效证明文件和产品出厂合格证；由具有资质的单位出具的泡沫液、干粉现场取样检验报告；材料的出厂检验报告与合格证；材料与系统组件进场检验的复验报告；

4 系统组件的安装使用说明书；

5 施工许可证（开工证）和施工现场质量管理检查记录；

6 系统施工过程检查记录及阀门的强度和严密性试验记录、管道试压和管道冲洗记录，隐蔽工程验收记录；

7 系统验收申请报告。

8.1.2 系统的验收应包括系统施工质量验收和系统功能验收，系统功能验收应包括启动功能验收和喷射功能验收。系统验收合格后，应按本规范附录F填写固定消防炮灭火系统工程质量验收记录。

8.1.3 系统施工质量验收合格但功能验收不合格应判定为系统不合格，不得通过验收。

8.1.4 系统验收合格后，应冲洗放空，复原系统，并向建设单位移交本规范第2.0.5条和第8.1.1条列出资料及各种验收记录、报告。

8.2 系统验收

8.2.1 系统施工质量验收应包括下列内容：

1 系统组件及配件的规格、型号、数量、安装位置及安装质量；

2 管道及附件的规格、型号、位置、坡向、坡度、连接方式及安装质量；

3 固定管道的支、吊架，管墩的位置、间距及牢固程度；

4 管道穿防火堤、楼板、防火墙及变形缝的处理；

5 管道和设备的防腐；

6 消防泵房、水源和水位指示装置；

7 电源、备用动力及电气设备；

检查数量：全数检查。

检查方法：观察和量测及试验检查。

8.2.2 系统启动功能验收应符合下列要求：

1 系统手动启动功能验收试验。

检查数量：全数检查。

检查方法：使系统电源处于接通状态，各控制装置的操作按钮处于手动状态。逐个按下各消防泵组的手动操作启、停按钮，观察消防泵组的动作及反馈信号应正常；逐个按下各电控阀门的手动操作启、停按钮，观察阀门的启、闭动作及反馈信号应正常；用手动按钮或手持式无线遥控发射装置逐个操控相应的消防炮做俯仰和水平回转动作，观察各消防炮的动作及反馈信号是否正常，观察消防炮在设计规定的回转范围内是否与消防炮塔干涉，消防炮塔的防腐涂层是否完好。对带有直流喷雾转换功能的消防炮，还应检验其喷雾动作控制功能。

2 主、备电源的切换功能验收试验。

检查数量：全数检查。

检查方法：系统主、备电源处于接通状态，在主电源上设定一个故障，备用电源应能自动投入运行；在备用电源上设定一个故障，主电源应能自动投入运行。

3 消防泵组功能验收试验。

1）消防泵组运行验收试验。

检查数量：全数检查。

检查方法：按系统设计要求，启动消防泵组，观察该消防泵组及相关设备动作是否正常，若正常，消防泵组在设计负荷下，连续运转不应少于 2h。

2）主、备泵组自动切换功能验收试验。

检查数量：全数检查。

检查方法：接通控制装置电源，并使消防泵组控制装置处于自动状态，人工启动一台消防泵组，观察该消防泵组及相关设备动作是否正常，若正常，则在消防泵组控制装置内人为该消防泵组设定一个故障，使之停泵。此时，备用消防泵组应能自动投入运行。消防泵组在设计负荷下，连续运转不应少于 30min。

4 联动控制功能验收试验。

检查数量：全数检查。

检查方法：按设计的联动控制单元进行逐个检查。接通系统电源，使待检联动控制单元的被控设备均处于自动状态，按下对应的联动启动按钮，该单元应能按设计要求自动启动消防泵组，打开阀门等相关设备，直至消防炮喷射灭火剂（或水幕保护系统出水）。该单元设备的动作与信号反馈应符合设计要求。

8.2.3 系统喷射功能验收应符合下列要求：

检查数量：全数检查。

验收条件：

1）水炮和水幕保护系统采用消防水进行喷射；

2）泡沫炮系统的比例混合装置及泡沫液的规格应符合设计要求；

3）消防泵组供水达到额定供水压力；

4）干粉炮系统的干粉型号、规格、储量和氮气瓶组的规格、压力应符合系统设计要求；

5）系统手动启动和联动控制功能正常；

6）系统中参与控制的阀门工作正常。

试验结果：

1）水炮、水幕、泡沫炮的实际工作压力不应小于相应的设计工作压力；

2）水炮、泡沫炮、干粉炮的水平、俯仰回转角应符合设计要求，带有直流喷雾转换功能的消防水炮的喷雾角应符合设计要求；

3）保护水幕喷头的喷射高度应符合设计要求；

4）泡沫炮系统的泡沫比例混合装置提供的混合液的混合比应符合设计要求；

5）水炮系统和泡沫炮系统自启动至喷出水或泡沫的时间不应大于 5min；干粉炮系统自启动至喷出干粉的时间不应大于 2min。

8.2.4 系统功能验收判定条件。系统启动功能与喷射功能验收全部检查内容验收合格，方可判定为系统功能验收合格。

9 维护管理

9.1 一般规定

9.1.1 系统验收合格后方可投入运行。

9.1.2 系统应由经过专门培训，并经考试合格后的专人负责定期检查和维护。

9.1.3 系统投入使用时应具备下列文件资料：

1 施工、验收阶段所出具的文件资料；

2 系统的维护管理规程及记录表。

9.1.4 对检查和试验中发现的问题应及时解决，对损坏或不合格者应立即更换，并应复原系统。

9.1.5 固定消防炮灭火系统发生故障时，应向主管值班人员报告，取得维护负责人的同意并采取防范措施后方能修理。

9.1.6 干粉罐与氮气瓶组的维护应按照《压力容器安全技术监察规程》的规定执行。

9.1.7 应对灭火剂的使用有效期进行定期检查，对超出使用期限的灭火剂应及时更换。

9.2 系统定期检查与试验

9.2.1 系统维护管理检查项目应按附录 G 进行。

9.2.2 周检应符合下列要求：

1 阀门启闭正常；

2 消防炮的回转机构等动作正常；

3 系统组件及配件外观完好。

9.2.3 月检应符合下列要求：

1 消防泵组启动运转正常；

2 氮气瓶的储压不应小于设计压力的 90%；

3 供水水源及水位指示装置应正常；

4 控制装置运行正常；

5 泡沫液罐内泡沫液的液位正常。

9.2.4 半年检泡沫、水系统喷水应正常。

9.2.5 系统运行每隔两年，应按下列规定对系统进行检查和试验：

1 系统喷射试验，试验完毕应对泡沫管道、干粉管道进行冲洗。对于干粉炮系统，可用氮气进行模拟喷射试验，试验压力取设计压力。并对系统所有的设备、设施、管道及附件进行全面检查，结果应符合设计要求；

2 系统管道冲洗，清除锈渣，并进行涂漆处理。

附录 A 固定消防炮灭火系统分部工程、子分部工程、分项工程划分

固定消防炮灭火系统分部工程、子分部工程、分项工程应按表 A 划分。

表A 固定消防炮灭火系统分部工程、子分部工程、分项工程划分

分部工程	序号	子分部工程	分项工程
固定消防炮灭火系统	1	进场检验	管材及配件
			灭火剂
			系统组件
	2	系统组件安装与施工	消防炮
			泡沫比例混合装置和泡沫液罐
			干粉罐和氮气瓶组
			消防泵组
			管道与阀门
			消防炮塔
			动力源
	3	电气安装与施工	布线
			控制装置
	4	系统试压与冲洗	水压试验
			冲洗
	5	系统调试	手动功能调试
			主电源和备用电源切换调试
			消防泵组功能调试
			稳压泵调试
			泡沫比例混合装置调试
			消防炮调试
			各联动单元联动功能调试
			系统喷射功能调试
	6	系统验收	系统施工质量验收
			系统功能验收

附录B 施工现场质量管理检查记录

施工现场质量管理检查记录应由施工单位按表B填写,监理工程师和建设单位项目负责人进行检查,并作出检查结论。

表B 施工现场质量管理检查记录

工程名称			
建设单位		项目负责人	
设计单位		项目负责人	
监理单位		监理工程师	
施工单位		项目负责人	
施工许可证		开工日期	
序号	项目	内容	
1	现场质量管理制度		
2	质量责任制		
3	主要专业人员操作上岗证书		
4	施工图审查情况		
5	施工组织设计、施工方案及审批		
6	施工技术标准		
7	工程质量检验制度		
8	现场材料、系统组件存放与管理		
9	其他		
检查结论	施工单位项目负责人: (签章) 年 月 日	监理工程师: (签章) 年 月 日	建设单位项目负责人: (签章) 年 月 日

附录C 固定消防炮灭火系统施工过程检查记录

C.0.1 固定消防炮灭火系统施工过程中的进场检验记录应由施工单位质量检查员按表C.0.1填写,监理工程师进行检查,并作出检查结论。

表C.0.1 进场检验记录

工程名称			
施工单位		监理单位	
子分部工程名称	进场检验	施工执行规范名称及编号	
分项工程名称	《规范》章节条款、质量规定	施工单位检查记录	监理单位检查记录
管材及配件	3.2.1		
	3.2.2		
	3.2.3		
	3.2.4		
灭火剂	3.3.1		
	3.3.2		
	3.3.3		
	3.3.4		
系统组件	3.4.1		
	3.4.2		
	3.4.3		
	3.4.5		
	3.4.6		
结论	施工单位项目负责人: (签章) 年 月 日	监理工程师: (签章) 年 月 日	

C.0.2 固定消防炮灭火系统的阀门强度和严密性试验记录应由施工单位质量检查员按表C.0.2填写,监理工程师进行检查,并作出检查结论。

表C.0.2 阀门强度和严密性试验记录

工程名称										
施工单位					监理单位					
规格型号	数量	公称压力(MPa)	强度试验				严密性试验			
			介质	压力(MPa)	时间(min)	结果	介质	压力(MPa)	时间(min)	结果
结论										
参加单位及人员	施工单位项目负责人: (签章) 年 月 日					监理工程师: (签章) 年 月 日				

C.0.3 固定消防炮灭火系统的组件安装与施工记录应由施工单位质量检查员按表C.0.3填写,监理工程师进行检查,并作出检查结论。

表C.0.3 系统组件安装与施工检查记录

工程名称			
施工单位		监理单位	
子分部工程名称	系统组件安装与施工	施工执行规范名称及编号	
分项工程名称	《规范》章节条款、质量规定	施工单位检查记录	监理单位检查记录
消防炮	4.2.2		
	4.2.3		
	4.2.4		
	4.2.5		
泡沫比例混合装置和泡沫液罐	4.3.1		
	4.3.2		
	1		
	2		
	3		
	4		
	5		
	4.3.3		
	4.3.4		
	4.3.5		
	1		
	2		
	4.3.6		
	4.3.7		
	1		
	2		
干粉罐和氮气瓶组	4.4.1		
	4.4.2		
	4.4.4		
	4.4.5		
消防泵组	4.5.2		
	1		
	2		
	3		
	4		
	5		
	4.5.3		
	4.5.4		
	4.5.5		
管道与阀门	4.6.1		
	1		
	2		
	3		
	4		
	5		
	6		
	7		
	8		
	9		
	10		
	11		
	4.6.2		

续表C.0.3

分项工程名称	《规范》章节条款、质量规定	施工单位检查记录	监理单位检查记录
管道与阀门	1		
	2		
	3		
	4		
	5		
	6		
消防炮塔	4.7.2		
	4.7.4		
	4.7.5		
动力源	4.8.2		
结论	施工单位项目负责人：（签章）　　　年　月　日		监理工程师：（签章）　　　年　月　日

C.0.4 固定消防炮灭火系统的电气安装与施工应由施工单位质量检查员按表C.0.4填写，监理工程师进行检查，并作出检查结论。

表C.0.4 电气安装与施工检查记录

工程名称			
施工单位		监理单位	
子分部工程名称	电气安装与施工	施工执行规范名称及编号	
分项工程名称	《规范》章节条款、质量规定	施工单位检查记录	监理单位检查记录
布线	5.2.1		
	5.2.2		
控制装置	5.3.1		
	5.3.2		
	5.3.3		
	5.3.4		
	5.3.5		
	5.3.6		
结论	施工单位项目负责人：（签章）　　　年　月　日		监理工程师：（签章）　　　年　月　日

C.0.5 固定消防炮灭火系统的管道水压试验记录应由施工单位质量检查员按表 C.0.5 填写,监理工程师进行检查,并作出检查结论。

表 C.0.5 管道水压试验记录

工程名称											
施工单位					监理单位						
管道编号	设计参数			强度试验				严密性试验			
	管径	材质	介质	压力(MPa)	介质	压力(MPa)	时间(min)	结果	介质	压力(MPa)	时间(min)	结果
结论											
参加单位及人员	施工单位项目负责人: (签章) 年 月 日					监理工程师: (签章) 年 月 日					

C.0.6 固定消防炮灭火系统的冲洗记录应由施工单位质量检查员按表 C.0.6 填写,监理工程师进行检查,并作出检查结论。

表 C.0.6 冲洗记录

工程名称									
施工单位					监理单位				
管道编号	设计参数				冲洗				
	管径	材质	介质	压力(MPa)	介质	压力(MPa)	流量(L/s)	流速(m/s)	冲洗时间或次数	结果
结论										
参加单位及人员	施工单位项目负责人: (签章) 年 月 日					监理工程师: (签章) 年 月 日				

C.0.7 固定消防炮灭火系统的系统调试记录应由施工单位质量检查员按表 C.0.7 填写,监理工程师进行检查,并作出检查结论。

表 C.0.7 系统调试记录

工程名称			
施工单位		监理单位	
子分部工程名称	系统调试	施工执行规范名称及编号	
分项工程名称	《规范》章节条款、质量规定	施工单位检查记录	监理单位检查记录
手动功能调试	7.2.1		
	1		
	2		
	3		
	4		
主电源和备用电源切换试验	7.2.2		
消防泵组功能调试	7.2.3		
	1		
	2		
稳压泵调试	7.2.4		
泡沫比例混合器装置调试	7.2.5		
消防炮调试	7.2.6		
	1		
	2		
各联动单元联动功能调试	7.2.7		
系统喷射功能调试	7.2.5		
	1		
	2		
	3		
	4		
结论	施工单位项目负责人: (签章) 年 月 日	监理工程师: (签章) 年 月 日	

附录 D 隐蔽工程验收记录

隐蔽工程验收应由施工单位按表 D 填写,隐蔽前应由施工单位通知建设、监理等单位进行验收,并作出验收结论,由监理工程师填写。

表 D 隐蔽工程验收记录

工程名称												
建设单位								设计单位				
监理单位								施工单位				
管道编号	设计参数				强度试验				严密性试验				防腐	
	管径	材料	介质	压力(MPa)	介质	压力(MPa)	时间(min)	结果	介质	压力(MPa)	时间(min)	结果	等级	结果
隐蔽前的检查													
隐蔽方法													
简图或说明													
验收结论													
验收单位	施工单位			监理单位				建设单位				
	(公章) 项目负责人:(签章) 年 月 日			(公章) 监理工程师:(签章) 年 月 日				(公章) 项目负责人:(签章) 年 月 日				

附录 E 固定消防炮灭火系统质量控制资料核查记录

固定消防炮灭火系统质量控制资料核查记录应由施工单位按表 E 填写，建设单位项目负责人组织监理工程师、施工单位项目负责人等进行核查，并作出核查结论，由监理单位填写。

表 E 固定消防炮灭火系统质量控制资料核查记录

工程名称					
建设单位		设计单位			
监理单位		施工单位			
序号	资料名称		资料数量	核查结果	核查人
1	经批准的设计施工图、设计说明书				
2	设计变更通知书、竣工图				
3	系统组件、泡沫液和干粉的市场准入制度要求的有效证明文件和产品出厂合格证；泡沫液、干粉现场取样由具有资质的单位出具的检验报告；材料的出厂检验报告与合格证；材料与系统组件进场检验的复验报告				
4	系统组件的安装使用说明书				
5	施工许可证(开工证)和施工现场质量管理检查记录				
6	固定消防炮灭火系统施工过程检查记录及阀门的强度和严密性试验记录、管道试压和管道冲洗记录、隐蔽工程验收记录				
7	系统验收申请报告				
核查结论					
核查单位	建设单位		施工单位		监理单位
	(公章) 项目负责人：(签章) 年 月 日		(公章) 项目负责人：(签章) 年 月 日		(公章) 监理工程师：(签章) 年 月 日

附录 F 固定消防炮灭火系统验收记录

固定消防炮灭火系统验收应由施工单位按表 F 填写，建设单位项目负责人组织监理工程师、设计单位项目负责人、施工单位项目负责人进行验收，并作出验收结论，由监理单位填写。

表 F 固定消防炮灭火系统验收记录

工程名称				
建设单位		设计单位		
监理单位		施工单位		
子分部工程名称		系统验收	施工执行规范名称及编号	
分项工程名称	条款	验收项目名称	验收内容记录	验收评定结果
系统施工质量验收	8.2.1	1 系统组件及配件	规格、型号、数量、安装位置及安装质量	
		2 管道及管件	规格、型号、位置、坡向、坡度、连接方式及安装质量	
		3 管道支、吊架、管墩	位置、间距及牢固程度	
		4 管道穿防火堤、楼板、防火墙、变形缝等的处理	套管尺寸和空隙的填充材料及穿变形缝时采取的保护措施	
		5 管道和设备的防腐	涂料种类、颜色、涂层质量及防腐层的层数、厚度	
		6 消防泵房、水源及水位指示装置	消防泵房的位置和耐火等级；水池或水罐的容量及补水设施；天然水源水质和枯水期最低确保用水量的措施；水位指示标志	
		7 电源、备用动力及电气设备	电源负荷级别；备用动力的容量；电气设备的规格、型号、数量及安装质量；电源和备用动力的切换试验	

续表 F

子分部工程名称		系统验收	施工执行规范名称及编号	
分项工程名称	条款	验收项目名称	验收内容记录	验收评定结果
系统功能验收	8.2.2	1 系统启动功能	系统手动启动功能	
			主、备电源的切换功能	
			消防炮组的功能	
			联动控制功能	
		2 系统喷射功能	水炮、泡沫炮、干粉炮、水幕的喷射压力、转角、混合比、系统喷射响应时间等	
验收结论				
验收单位	建设单位	施工单位	监理单位	设计单位
	(公章) 项目负责人：(签章) 年 月 日	(公章) 项目负责人：(签章) 年 月 日	(公章) 监理工程师：(签章) 年 月 日	(公章) 项目负责人：(签章) 年 月 日

附录 G 固定消防炮灭火系统维护管理记录

固定消防炮灭火系统维护管理检查工作应按表 G 进行。

表 G 维护管理检查项目

部位	工作内容	周期
阀门	启闭是否正常	每周
消防炮	回转机构动作是否正常	每周
	外观是否良好	每周
消防泵组	启动运转是否正常	每月
氮气瓶组	储压是否正常	每月
供水水源及水位指示装置	是否正常	每月
控制装置	运行是否正常	每月
泡沫液罐	泡沫液液位是否正常	每月
泡沫炮、水炮系统	喷水是否正常	每半年
固定消防炮灭火系统	喷射是否符合设计要求	每两年
管道	冲洗和除锈	每两年

本规范用词说明

1 为便于在执行本规范条文时区别对待，对要求严格程度不同的用词说明如下：

1)表示很严格，非这样做不可的用词：
正面词采用"必须"，反面词采用"严禁"。
2)表示严格，在正常情况下均应这样做的用词：
正面词采用"应"，反面词采用"不应"或"不得"。
3)表示允许稍有选择，在条件许可时首先应这样做的用词：
正面词采用"宜"，反面词采用"不宜"；
表示有选择，在一定条件下可以这样做的用词，采用"可"。

2 本规范中指明应按其他有关标准、规范执行的写法为"应符合……的规定"或"应按……执行"。

中华人民共和国国家标准

固定消防炮灭火系统施工与验收规范

GB 50498—2009

条 文 说 明

目　次

1 总 则

1.0.1 本条主要说明制定本规范的意义和目的,即为了保障固定消防炮灭火系统施工质量,规范验收和维护管理。

固定消防炮灭火系统是现代城镇消防和工业消防不可缺少的重要技术装备,也是快速、成功扑救大面积的区域性、群组(设备或建筑)性的重大、特大火灾的有效消防技术装备。随着国民经济和城镇建设的飞速发展,各种火灾因素也在不断增加,城镇火灾、工业火灾,特别是油码头、液化石油气码头、液体化工码头、集装箱码头及靠港的油轮、货轮,飞机维修机库、航站楼,石油化工生产装置及贮运装置,油气田、油罐区,危险品库房、展览大厅、体育场馆以及古建筑群等重点工程或要害场所发生重大、特大火灾,造成重大财产损失和人员群死群伤等恶性事故的几率增高,给公安消防队伍的灭火作业及固定消防技术装备提出了更高的要求。现代消防中仅仅依靠传统的灭火手段和常规的灭火设施已经远远满足不了消防实战的需要,特别是当油罐发生爆炸时,其固定安装的系统的管线和泡沫发生器就有可能因爆裂而失去作用,这时固定安装在油罐区的远控消防炮灭火系统就能发挥其机动性和可控性强的优势,快速、有效地控火与灭火。

近年来,国内外的消防实战均证实:研制大流量、远射程、反应迅速、灭火效能高、保护区域和灭火范围广、防爆隔爆、可远程有线或无线控制的消防炮灭火系统,并配置在重点工程或要害场所已成为有效扑救重大工程火灾的当务之急。

我国自 20 世纪 80 年代中期就开始了远控消防炮灭火系统的开发和研制工作,经过科技人员几年的努力,于 1989 年试制成功了我国第一套大流量、远射程的遥控消防炮泡沫——水炮灭火系统,经过反复试验和不断改进,于 1991 年正式投入生产,并将首套消防炮系统安装、应用于舟山灰中石油储运公司的 20 万吨级成品油码头上,填补了我国在该系统生产及其工程应用上的空白。经过近 10 年来的不断完善和提高,该系统的生产工艺和工程应用技术已日趋成熟,至今国产消防炮灭火系统已成功地应用于国内外的近百个重点工程与要害场所。美国 Stang 公司和德国 Albach 公司等的消防炮系统 80 年代初已在世界各国广泛应用,目前在我国部分地区的重点工程上也有安装、使用。

上述关于消防炮系统在国内外重点工程的大量使用,充分说明了固定消防炮灭火系统在现代城镇消防和工业消防中已经发挥了不可替代的至关重要的作用。

2003 年我国已颁布了现行国家标准《固定消防炮灭火系统设计规范》GB 50338,但未涉及施工、验收及维护管理的内容。当时在固定消防炮灭火系统工程建设中,施工队伍复杂,技术水平参差不齐,对材料与系统组件进场检验,系统的施工、调试、验收及运行后的维护管理等关键环节都没有统一的要求,出现了无章可循的局面。因此制定《固定消防炮灭火系统施工与验收规范》是非常必要的。

本规范的编制,是在吸收国外标准、规范的先进经验和国内工程施工、调试、验收及维护管理实践经验的基础上,广泛征求国内有关单位的意见的基础上完成的。它对固定消防炮灭火系统的施工、调试、验收及维护管理提出了统一的技术标准,为施工单位提供了施工安装依据,也为监理单位、消防监督机构和工程建设单位提供了对系统施工质量的监督、审查依据。这对保证系统正常运行,更好地发挥固定消防炮灭火系统的作用,减少火灾危害,保护人身和财产安全,具有十分重要的意义。

1.0.2 本条规定了本规范的使用范围。其适用范围与现行国家标准《固定消防炮灭火系统设计规范》GB 50338 的规定一致。

1.0.3 随着我国在建设市场中的法律、法规不断完善,目前在建设工程中,包括设计、施工和设备材料供应。无论是国际或者国内都采取招标、投标的方式来决定中标单位。标书一般由建设单位或中介机构撰写,其内容大致分为两个部分,即技术标书和商务标书,由投标单位根据技术文件和商务方面的要求,提出技术和质量保证,并作出使用年限、服务等承诺,最后由建设单位与中标单位签订承包合同文件。本规范提出无论是工程技术文件和承包合同文件对施工及验收的要求,均不得低于本规范的规定,其目的是为了保证固定消防炮灭火系统的施工质量和系统的使用功能。

1.0.4 本条规定了本规范与其他有关标准的关系。本规范是专业技术规范,其内容涉及范围较广。在本规范中主要对本系统的组件、管材及管件的施工、验收及维护管理等特殊性要求作了规定,国家现行的有关标准已经作了规定的,在本规范中没有重复写入相关规定条款。本条规定:"……除执行本规范的规定外,尚应符合现行国家有关标准的规定",这是符合标准编制原则的。这样既保证了本规范的完整性,又保证了与其他标准的协调一致,避免矛盾、重复。

本条所指的"现行国家有关标准"除本规范中已指明的以外,还包括以下几个方面的标准,如固定消防灭火系统及部件通用技术条件、灭火剂通用技术条件、消防泵性能要求和试验方法、电气装置安装施工及验收规范等。

2 基 本 规 定

2.0.1 本条规定了固定消防炮灭火系统是建筑工程消防设施中的一个分部工程,并划分了若干个子分部工程和分项工程,这样为施工过程检查和验收提供了方便。

2.0.2 本条是依照我国法律法规的规定而制定的。20 世纪 90年代初,随着消防事业的发展,消防工程施工队伍发展很快,但施工队伍的素质不高,这引起了各地消防监督机构和建设主管部门的重视。根据消防工程的特殊性和消防工程施工队伍的专业性,本条针对固定消防炮灭火系统施工队伍的资质要求及其管理问题,作了统一规定。具体要求施工人员应经过专业培训并考核合格,施工单位应经过审核批准,这对确保系统的施工质量,保证系统的正常运行发挥了积极、良好的作用。

随着我国法律法规的陆续颁布,如 1998 年 3 月 1 日施行的《中华人民共和国建筑法》和以后颁布的《建筑工程质量管理条例》,对建设工程中的勘测、设计、施工、监理等单位的从业资质和人员素质都作了具体规定,本条就是在这样的基础上制定的。

2.0.3 本条规定了固定消防炮灭火系统施工单位应建立必要的质量责任制度,对系统施工的质量管理体系提出了较全面的要求,系统的质量控制应为全过程的控制,是符合《建筑工程质量管理条例》第 26 条、第 30 条规定的。

系统的施工单位应有健全的生产控制和合格控制的质量管理体系,这里不仅包括材料与系统组件的控制、工艺流程控制、施工操作控制,每道工序质量检查、各道工序间的交接检验以及各专业工种之间交接环节的质量管理和控制要求,还包括满足施工图设计和功能要求的抽样检验制度。系统的施工单位还应不断地总结经验,找出质量管理体系中存在的问题和薄弱环节,并制定改进措施,使施工单位的质量管理体系不断健全和完善,是施工质量不断提高的可靠保证。

2.0.4 经批准的施工图和技术文件均系经当地政府职能部门和监督部门的审定、批准,它是施工的基本技术依据,应当坚持按图施工的原则,不得随意更改,这是符合《建筑工程质量管理条例》第 11 条规定的。

如确需改动时,应由原设计单位修改,并出具设计变更文件。另外,施工应按照相关的技术标准的规定进行,这样才能保证系统的施工质量。

2.0.5 要保证固定消防炮灭火系统的施工质量，使系统能正确安装，可靠运行，正确的设计、合理的施工、合格的产品都是必要的技术条件。设计施工图、设计说明书是正确设计的体现，是施工单位的施工依据，规定了系统的基本设计参数、设计依据和组件材料要求，提出了施工要求以及施工中应注意的事项等。

系统组件的使用说明书是制造厂根据其产品的特点和规格、型号、技术性能参数等编制的可供设计、安装和维护人员使用的技术说明，主要包括产品的结构、技术参数、安装要求、维护方法与要求。因此这些资料不仅可以帮助设计单位正确选型，便于监理单位监督检查，而且也是施工单位把握设备特点、正确安装所必需的。

市场准入制度要求的有效证明文件和产品出厂合格证是保证系统所采用的组件和材料质量符合要求的可靠技术证明文件。本条要求系统组件及配件应当具备上述文件，对不具备上述文件的组件和材料则要求提供制造厂家出具的检验报告与合格证。管材还应当提供相应规格的材质证明。

2.0.6 本条对固定消防炮灭火系统的施工应当具备的基本条件作了规定，以保证系统的施工质量和进度。

设计单位向施工单位进行技术交底，使施工单位更深刻地了解设计意图，尤其是施工难度比较大的关键部位、隐蔽工程以及施工程序、技术要求、做法、检查标准等，都应向施工单位交代清楚，这样才能保证施工质量。这是符合《建筑工程质量管理条例》第23条规定的。

施工前对系统组件、管材及管件的规格、型号、数量进行查验，看其是否符合设计要求，这样才能满足施工质量和施工进度的要求。

固定消防炮灭火系统的施工与土建密切相关，有些组件要求打基础，管道的支、吊架需要预埋件，管道若穿过防火堤、楼板、墙需要预留孔，这些部位施工质量的好坏直接影响系统的施工质量。因此，在系统的组件、管道安装前，必须检查基础、预埋件和预留孔是否符合设计要求。

场地、道路、水、电也是施工的前提保证，以前称三通一平，即水通、电通、道路通、场地平整，它直接影响施工进度。此项任务过去一般都由建设单位完成，目前也有由施工单位实施，建设单位协助。总之，不管由谁做，都要满足此条件。

2.0.7 本条规定了固定消防炮灭火系统施工过程当中质量控制的主要方面。

一是要求按本规范的规定进行系统组件和材料的进场检验和重要材料的复验。

二是要求保证每道工序的质量，按照施工技术标准进行控制。并要求施工单位和监理单位对施工过程质量进行检查。

三是要求施工单位每道工序完成后除了自检、专职质量检查员检查外，还强调了工序交接检查，上道工序应满足下道工序的施工条件和要求。同样，相关专业工序之间也应进行中间交接检验，使各工序间和各相关专业工种之间形成一个有机的整体。

四是要求施工单位、监理单位、建设单位对隐蔽工程在隐蔽前进行验收。

五是要求施工单位和监理单位在安装完之后应当按照相关标准、规范的规定进行系统调试。调试合格后，施工单位向建设单位申请验收。

这是固定消防炮灭火系统进行施工质量控制的全过程。

2.0.8 本条规定了验收的组织单位及应到现场参加验收的相关单位，便于全面核查、客观评价。

2.0.9 本条规定了固定消防炮灭火系统检查、验收合格标准，其中包括施工过程各工种、工序的质量，隐蔽工程施工质量，质量控制资料，工程验收等，这些涵盖了施工全过程。另外规范了编制本规范表格的基本格式、内容和方式。

2.0.10 本条规定了验收合格后应提供的文件资料，以便建立建设项目档案，并向建设行政主管部门或其他有关部门移交，这是符合《建筑工程质量管理条例》第17条规定的。

2.0.11 本条规定了当系统施工质量不符合要求时的处理办法。

一般情况下，不合格的现象在施工过程当中就应当被发现并及时处理，否则将影响下道工序的施工。因此所有质量隐患必须尽快消灭在萌芽状态，这也是本规范强调施工过程质量控制原则的体现。非正常情况的处理分以下两种情况：

一是指缺陷不太严重，经返工重做可以处理的项目，或有严重缺陷，经推倒重来或更换系统组件和材料的工程，应当允许重新验收。如能够符合本规范的规定，可判为合格。

二是指存在严重缺陷的工程，经返工重做或更换系统组件和材料仍不符合本规范的要求，不得通过验收。

3 进场检验

3.1 一般规定

3.1.1 材料与系统组件进场检验是施工过程检查的一部分，也是质量控制的内容，检验结果应按本规范附录C表C.0.1记录。固定消防炮灭火系统验收时，作为质量控制核查资料之一提供给验收单位审查，也是存档资料之一，为日后查考提供方便。

3.1.2 本条规定了材料与系统组件进场抽样检查合格与不合格的判定条件。即有一件不合格时，应加倍抽查；若仍有不合格时，则判定此批产品不合格。这是产品抽样（检查）的例行做法。

3.2 管材及配件

3.2.1 本条规定了管材及管件进场时应具备的有效证明文件。管材应提供相应规格、批次的质量合格证、出厂证明、性能及材质检验报告。管件则应提供相应制造单位出具的合格证、出厂证明、检验报告，其中包括材质和水压强度试验等内容。

3.2.2 本条规定了管材及管件进场时外观检查的要求。

管材及管件（即弯头、三通、异径接头、法兰、盲板、补偿器、紧固件、垫片等）也是系统的组成部分，其质量好坏直接影响系统的施工质量。目前制造厂家很多，质量不尽相同，为避免劣质产品应用到系统上，所以进场时要进行外观检查，以保证材料质量。其检查内容和要求，应符合本条各款的规定。

3.2.3 本条规定了管材及管件进场检验时检测内容和要求，并给出了检测时的抽查数量，其目的是保证材料的质量。

3.2.4 本条规定了管材及管件需要复验的条件及要求，并作为强制性条文执行。复验时，具体检测内容按设计要求和疑点而定。

3.3 灭 火 剂

3.3.1 本条作了泡沫液进场应由建设单位、监理工程师和供货方现场组织检查，并共同取样留存的规定，而且作为强制性条文执行，其目的待以后需要时送检，从而促使生产企业提供合格产品。留存泡沫液的贮存条件应符合《泡沫灭火剂通用技术条件》GB 15308的相关规定。

3.3.2 泡沫液虽然在进场时已经检查了市场准入制度要求的有效证明文件和产品出厂合格证等相关文件，也进行了取样留存，但是还应按本条的规定由监理工程师现场取样，送至具备相应资质的检测机构进行检测。其原因就是因为泡沫液是灭火系统的关键材料，直接影响系统的灭火效果，所以把好泡沫液的质量关是至关重要的环节。

从市场调查的情况看，泡沫液的质量不太理想，个别泡沫液生产企业为了降低成本，提高市场竞争力，改变配方选用代用材料；有的配方中少加某种原料；甚至缺少某种原料，在系统调试和验收时检查不出来，只有通过理化性能和泡沫性能试验才能发现问题。实质上这是偷工减料，属于假冒伪劣产品。另据了解，企业送检产品质量与销售产品质量不同，送检产品一般都合格，销售产品就不尽人意了，这给使用单位造成最大隐患，同时也搅乱了产品市场的正常秩序，也影响了好企业的声誉。为了公平、公正，本条根据较大型储罐或防护区对不同品种的泡沫液的设计用量大于一定数量或相关合同要求时，进一步作出了现场取样送检的规定，以确保泡沫液的质量。检测按现行国家标准《泡沫液通用技术条件》GB 15308 和相关产品标准的规定进行。主要检测泡沫液性能：

    1 发泡性能：

    1）发泡倍数；

    2）25％析液时间。

    2 灭火性能：

    1）灭火时间；

    2）抗烧时间。

    其余项目不检测。

3.3.3 本条作了干粉进场应由建设单位、监理工程师和供货方现场组织检查，并共同取样留存的规定，而且作为强制性条文执行，其目的待以后需要时送检，从而促使生产企业提供合格产品。留存泡沫液的贮存条件应符合《干粉灭火剂通用技术条件》GB 13532 的相关规定。

3.3.4 干粉虽然在进场时已经检查了市场准入制度要求的有效证明文件和产品出厂合格证等相关文件，也进行了取样留存，但是还应按本条的规定由监理工程师现场取样，送到具备相应资质的检测机构进行检测。其原因就是因为干粉是干粉固定炮灭火系统的关键材料，直接影响系统的灭火效果，所以把好干粉的质量关是至关重要的环节。

从市场调查的情况看，干粉的质量不太理想，个别干粉生产企业为了降低成本，提高市场竞争力，改变配方选用代用材料，甚至采用黄沙等产品代替干粉。另据了解，企业送检产品质量与销售产品质量不同，送检产品一般都合格，销售产品就不尽人意了，这给使用单位造成最大隐患，同时也搅乱了销售市场的正常秩序，也影响了好企业的声誉。为了公平、公正，本条根据较大型储罐或防护区对干粉按设计用量大于一定数量或相关合同要求时，进一步作出了现场取样送检的规定，以确保干粉的质量。检测按现行国家标准《干粉灭火剂通用技术条件》GB 13532 和相关产品标准的规定进行。

3.4 系 统 组 件

3.4.1 在系统中应用的这些组件，在从制造厂搬运到施工现场过程中，要经过装车、运输、卸车和搬运、储存等环节，有的露天存放，受环境及各环节的影响，在这期间，就有可能会因意外原因对这些组件造成锈蚀或损伤。为了保证施工质量，因此对这些组件进行外观检查，并应符合本条各款的要求。

3.4.2 本条规定了对固定消防炮灭火系统的组件进场检验和复验的要求，并作为强制性条文执行。

    1 在系统中应用的这些组件都是系统的关键组件。它们的合格与否，直接影响系统的功能和使用效果，因此进场时对系统组件一定要逐一检查市场准入制度要求的有效证明文件和产品合格证、出厂证明等相关文件，看其规格、型号、性能是否符合国家现行产品标准和设计要求。

    2 本款规定了系统组件需要复验的条件及要求。复验时，具体检测内容按设计要求和疑点而定。

3.4.3 本条对阀门的强度和严密性试验提出了具体要求。固定消防炮灭火系统对阀门的质量要求较高，如阀门渗漏影响系统的压力，使系统不能正常运行。从目前情况看，由于种种原因，阀门渗漏现象较为普遍。为保证系统的施工质量，因此应对阀门进行进场检验。其内容和要求按本条各款执行，并应按本规范附录 C

表 C.0.2 记录，且作为资料移交存档。

3.4.4 本条对消防炮的主件、配件的强度和严密性试验提出了具体要求。干粉炮灭火系统对各种主件、配件的质量要求较高，任何卡阻、泄漏都可能造成系统的瘫痪或影响使用效果。为保证系统的施工质量，因此应对相关主件及配件进行进场检验。其内容和要求按本条各款执行，并应按本规范附录 C 表 C.0.2 记录，且作为资料移交存档。

3.4.5 规定此条的目的是对消防泵组的活动部件，用手动的方法进行检查，看其是否灵活。

3.4.6 规定此条的目的是检查消防炮的转动机构和操作装置，看其是否灵活、可靠。

4 系统组件安装与施工

4.1 一 般 规 定

4.1.1 本条规定的消防泵组安装要求，是直接采用现行国家标准《机械设备安装工程施工及验收通用规范》GB 50231、《压缩机、风机、泵安装工程施工及验收规范》GB 50275 的有关规定。

4.1.2、4.1.3 对系统的施工还符合的相关规定作了要求。

4.1.4 消防泵组是整机出厂，产品出厂前均已按标准的要求进行组装和试验，并且该产品已经过具有相应资质的检测单位检测合格。随意拆卸整机会使泵组难以达到原产品设计要求，确需拆卸时应由制造厂家进行，拆卸和复装应按设备技术文件的规定进行。

4.2 消 防 炮

4.2.1 本条规定消防炮在安装前应对供水管线进行强度和密封试验，并清除管线施工中可能残留的杂物，以避免被安装的消防炮因管线施工问题而造成消防炮的重新安装。

4.2.2 基座上的供灭火剂立管固定可靠，才能保证消防炮安装后可靠抵御喷射反力的作用。

4.2.3 由于基座立管出口法兰和消防炮进口法兰无定位基准，故消防炮安装时应按工程设计中对保护对象的要求确定消防炮进口法兰与立管出口法兰的相对安装位置。

4.2.4 本条规定消防炮的安装应保证消防炮在允许的回转范围内不与周围的构件碰撞，以免损坏或影响消防炮的有效喷射。

4.2.5 本条对消防炮电源线、液压和气管线的安装提出了要求。

4.2.6 工程用消防炮一般体积和质量较大，在向一定高度的炮塔上部吊装时应采取可靠的安全措施，以免损坏消防炮。

4.3 泡沫比例混合装置与泡沫液罐

4.3.1 本条规定了泡沫液储罐的安装位置和高度应符合设计要求。此外，泡沫液储罐的安装位置与周围建筑物、构筑物及其楼板或梁底的距离及对罐上控制阀的高度都有一定的要求，其目的是为了安装、操作、更换和维修泡沫液储罐以及罐装泡沫液提供方便条件。

4.3.2 本条对常压泡沫液储罐的现场制作、安装和防腐作了规定。

    1 本款主要规定了现场制作的常压钢质泡沫液储罐关键部位的制作要求。泡沫液管道吸液口距储罐底面不应小于 0.15m，其目的是防止将储罐内的锈渣和沉淀物吸入管内堵塞管道，做成喇叭口形是为了减小吸液阻力。

    2 本款规定了现场制作的泡沫液储罐严密性试验压力、时间和判定合格的条件。

    3 本款是对现场制作的常压钢质泡沫液储罐内外表面提出应按设计要求防腐的规定。

常压钢质泡沫液储罐的容量，是根据灭火系统泡沫液用量决定的，不是定型产品，一般都在现场制作，因此防腐也在现场进行。泡沫液储罐内外表面防腐的种类、层数、颜色等应按设计要求进行，尤其是内表面防腐的种类是根据泡沫液的性质决定的，一定要符合设计要求，否则不但起不到防腐的作用，而且对泡沫液的质量有影响。目前我国泡沫液储罐内表面防腐采用的方法和涂料的种类很多，新产品也在不断出现，还有待于进一步做防腐试验，因此本条没有作具体规定，由设计者选用，这样更有利于执行。

常压钢质泡沫液储罐的防腐应在严密性试验合格后进行，否则影响对焊缝的检查，影响试漏。若渗漏，必须补焊，试验合格后再防腐，这样浪费涂料，因此作了本款规定。

4 常压钢质泡沫液储罐的安装，不管哪种安装方式，储罐罐体与支座的接触部分，均应按设计要求进行防腐处理，当设计无要求时，应按加强防腐层的做法施工，这样才能防止腐蚀，增加使用年限。

5 本款对泡沫液储罐的安装方式作了规定。常压泡沫液储罐的形式很多，安装方式也不尽相同，按照设计要求进行即可。无论哪种安装方式，支架应与基础固定，或者直接安装在混凝土或砖砌的支座上，并不得损坏配管和附件。

4.3.3 本条对泡沫液压力储罐的安装方式和安装时不应拆卸和损坏其储罐上的配管、附件及安全阀出口朝向都作了规定。

泡沫液压力储罐上设有槽钢或角钢焊接的固定支架，而地面上设有混凝土浇注的基础，采用地脚螺栓将支架与基础固定。因为压力泡沫液储罐进水管压力一般为 0.6～1.6MPa，而且通过压力式比例混合装置的流量也较大，有一定的冲击力，所以固定必须牢固可靠。另外泡沫液压力储罐是制造厂家的定型设备，其上有安全阀、进料孔、排气孔、排渣孔、人孔和取样孔等附件，出厂时都已安装好，并进行了试验，因此在安装时不得随意拆卸或损坏，尤其是安全阀更不能随便拆卸，安装时出口不应朝向操作面，否则影响安全使用。

4.3.4 本条是对设在泡沫泵站外的泡沫液压力储罐作了规定，并作为强制性条文执行。一般泡沫泵站与消防泵房合建，但为了满足 5min 内将泡沫混合液或泡沫输送到最远的保护对象，允许将泡沫泵站设置在防火堤或防护区外，并与保护对象的间距大于 20m，且具备遥控功能。许多单位将泡沫液压力储罐露天安装在保护对象外，因此必然受环境、温度和气候的影响，所以应采取防晒设施；当环境温度低于 0℃时，应采取防冻设施；当环境温度高于 40℃时，应有降温措施；当安装在有腐蚀性的地区，如海边等还应采取防腐措施。因为温度过低，妨碍泡沫液的流动，温度过高各种泡沫液的发泡倍数均下降，析液时间短，灭火性能降低，为此作了本条规定。

4.3.5 本条对泡沫比例混合器（装置）的安装方向及与管道的连接作了规定。

1 各种泡沫比例混合器（装置）都有安装方向，在其上有标注，因此安装时不能装反，否则吸不进泡沫液或泵打不进去泡沫液，使系统不能灭火，所以安装时要特别注意标注方向与流液方向必须一致。其原因是每种泡沫比例混合器（装置）都有它的工作原理：环泵式比例混合器是根据文丘里原理；压力式比例混合装置上的比例混合器与管线式比例混合器，一般都是由喷嘴、扩散管、孔板等关键零件组成，是根据伯努力方程进行设计的；平衡式比例混合装置比压力式比例混合装置只加了一个平衡压力流量控制阀，比例混合器部分的原理与其他比例混合器基本一致，因为关键零件安装时是有方向的，所以不能反装。

2 对于压力式和平衡式比例混合器（装置）若不严密，容易渗漏，浪费泡沫液，影响灭火。

4.3.6 本条规定了压力式比例混合装置的安装要求。压力式比例混合装置的压力储罐和比例混合器出厂前已经安装固定在一起，因此必须整体安装，储罐应与基础牢固固定。

4.3.7 本条规定了平衡式比例混合装置的安装要求。平衡式比例混合装置中的平衡阀的安装位置及压力传导管的连接不正确会导致系统无法正常工作。为了便于观察和准确测量压力值，所以压力表与平衡式比例混合装置的进口处的距离不宜大于 0.3m。

水力驱动平衡式比例混合装置的泡沫液泵是由水轮机驱动的，安装要求较高，需特别注意。

4.4 干粉罐与氮气瓶组

4.4.1 本条规定了干粉罐和氮气瓶安装在室外时的防护要求。氮气瓶长时间暴晒后压力升高导致不安全，雨水会加速设备腐蚀。

4.4.2 本条规定是为了满足人员维修操作和安装灭火设备的实际需要。

4.4.3 本条对氮气瓶安装提出了要求。为防止氮气误喷伤人，氮气瓶瓶阀要有安全销，氮气瓶要有瓶帽。

4.4.4 本条规定现场焊接的管道及法兰应采取与其他管道相同的防腐措施。

4.4.5 本条是依据系统的喷射试验结果确定的。干粉喷射时会产生较大冲击，且设备一经验收合格投入使用，就需长时间受所处环境的影响，为防止发生意外，要求支架应固定牢固，且应采取防腐处理措施。

4.5 消防泵组

4.5.1 本条规定了消防泵应整体安装在基础上。消防泵的基础尺寸、位置、标高等均应符合设计规定，以保证合理安装及满足系统的工艺要求。

4.5.2 本条对吸水管及其附件安装提出了要求，不应采用没有可靠锁定装置的蝶阀，其理由是一般蝶阀的结构，阀瓣开、关是用蜗杆传动，在使用中受振动时，阀瓣容易变位，改变其规定位置，带来不良后果。美国 NFPA 13 也有相关规定。考虑到蝶阀在国内工程中应用较多，且有诸如体积小、占用空间位置小、美观等特点，只要克服其原结构不能锁定的问题，有可靠锁定装置的蝶阀，应允许使用。

消防泵组吸水管的正确安装是消防泵组正常运行的根本保证。吸水管上应安装过滤器，避免杂物进入水泵。同时该过滤器应便于清洗，确保消防泵组的正常供水。直接取海水时，贝壳类海生物会在吸水管进口处生长，甚至堵塞进口，常用的防海生物装置有次氯酸钠发生器和电解铜、铝装置等。

吸水管上安装控制阀是便于消防泵组的维修。先固定消防泵组，然后再安装控制阀门，以避免消防泵组承受应力。

当消防泵组和消防水池位于独立基础上时，由于沉降不均匀，可能造成消防泵组吸水管受内应力，最终应力加在消防泵组上，将会造成消防泵组损坏。最简单的解决方法是加一段柔性连接管。

消防泵组吸水管安装若有倒坡现象则会产生气囊，采用大小头与消防泵组吸水口连接，如果是同心大小头，则在吸水管上部有倒坡现象存在。异径管的大小头上部会存留从水中析出的气体，因此应采用偏心异径管，且要求吸水管的上部保持平接（见图1）。

美国 NFPA 20 第 2.9.6 条也明确规定：吸水管应当精心敷设，以免出现漏气和气囊现象，其中任何一种现象均可严重影响消防泵组的运转。

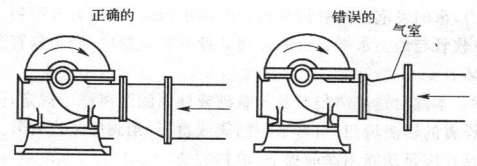

图 1 正确和错误的水泵吸水管安装示意图

4.5.3 本条规定了内燃机驱动的消防泵附加冷却器的泄水管应通向排水管、排水沟、地漏等设施。其目的是将废水排到室外的排水设施,而不能直接排至泵房室内地面。

4.5.4 本条规定了内燃机驱动的消防泵排气管应通向室外,其目的是将烟气排出室外,以免污染泵房造成人员中毒事故。当设计无规定时,应采用和排气管直径相同的钢管连接后通向室外,排气口应朝天设置,让烟气向上流动,为了防雨,应加伞形罩,必要时应加防火帽。

4.5.5 消防泵和原动机在运输和安装过程中都有可能发生移位,故要求安装完后对联轴器重新校中。

4.6 管道与阀门

4.6.1 本条对管道的安装要求作了规定。

1 设计规范规定,水平管道在防火堤内应以3‰的坡度坡向防火堤,在防火堤外应以2‰的坡度坡向放空阀,其目的是为了使管道放空,防止积水,避免在冬季冻裂阀门及管道。所以本条规定了坡度、坡向应符合设计要求,且坡度不应小于设计值。在实际工程中消防管道经常给工艺管道让路,或隐蔽工程不可预见,因此出现U形管,所以应有放空措施。

2 立管的安装应用管卡固定在支架上,其间距不应大于设计值。其目的是为了确保立管的牢固性,使其在受外力作用和自身泡沫混合液冲击时不至于损坏。实践表明,油罐发生着火爆炸或基础下沉,往往由于立管固定不牢或立管与水平管道之间未采用柔性连接,导致立管发生拉裂破坏,不能正常灭火。

3 本款对埋地管道安装的要求作了规定,并作为强制性条文执行。埋地管道不应铺设在冻土、瓦砾、松软的土质上,因此基础应进行处理,方法按设计要求。管道安装前按照设计的规定事先做好防腐,安装时不要损坏防腐层,以保证安装质量。

埋地管道采用焊接时,一般在钢管的两端留出焊缝部位,人沟后进行焊接,焊缝部位应在试压合格后,按照设计要求进行防腐处理,并严格检查,防止遗漏,避免管道因焊缝腐蚀造成管道的损坏。

埋地管道在回填前应进行工程验收,这是施工过程质量控制的重要部分,可避免不必要的返工。合格后及时回填可使已验收合格的管道免遭不必要的损坏,分层夯实为保证运行后管道的施工质量。并按本规范附录D记录,且作为质量核查资料提供验收,后交存档,以后检查维修提供便利条件。

4 本款对管道安装的允许偏差作了规定。

5 本款对管道支、吊架安装和管墩的砌筑作了规定。管道支、吊架应平整牢固,管墩的砌筑应整齐,其间距不应大于设计值。其目的是为了确保管道的牢固性,使其在外力和自身水力冲击时也不至于损伤。

6 本款对管道若穿过防火堤、墙壁、楼板和变形缝时的处理作了规定,以保证工程质量。但管道尽量不要穿过以上结构,否则要加以保护。本款指出的防火材料可采用防火堵料或防火包带;穿过变形缝采取下列保护措施:①在墙体两侧采用柔性连接;②在管道外皮上、下部留有不小于150mm的净空;③在穿墙处做成方形补偿器,水平安装。

7 本款规定了金属软管在安装时不得损坏其不锈钢编织网,因为编织网是保护金属软管的,一旦损坏,金属软管将有可能也受到损坏,导致渗漏,致使送到泡沫产生装置的泡沫混合液达不到设计压力,影响发泡倍数和泡沫混合液的供应强度,对灭火不利。另外,在软管与地上水平管道的连接处设支架或管墩,避免软管受拉伸损坏。

8 本款对锈渣清扫口与基础或地面的距离作了规定,立管下端设置的锈渣清扫口,可采用闸阀或盲板,闸阀应竖直安装。其目的是在满足功能用途前提下,清扫方便。

9,10 是为验证安装后的系统是否满足规范和设计要求,要对安装的系统按有关规范进行检测,为此对检测仪器安装的预留位置和试验检测口的设置位置和数量作了规定。

11 本款对管道上的冲洗及放空管道的设置要求作了规定。该管道设置应符合设计要求,当无要求时,应设置在管道的最低处,主要是为了系统工作后,排净管道内的余液,以免腐蚀和冻坏管道。

4.6.2 本条对阀门的安装要求作了规定。

1 本款对管道采用的阀门的安装要求作了规定。因为管道采用的阀门有手动,还有电动、气动和液动阀门,后三种多用在大口径管道,或遥控和自动控制上,它们各自都有标准,所以作了本款规定。

2 本款是对远程阀门安装要求和设置在有爆炸和火灾危险环境时的安装,应按现行国家标准《电气装置安装工程爆炸和火灾危险环境电气装置施工及验收规范》GB 50257执行,并作为强制性条文执行。

3 本款规定了自动排气阀的安装要求。管道上设置的自动排气阀,是一种能自动排出管道内气体的专用产品。管道在充泡沫混合液(或调试时充水)的过程中,管道内的气体将被自然驱压到最高点或管道内气体最后集聚处,自动排气阀能自动将这些气体排出,当管道充满液体后该阀会自动关闭。排气阀立式安装系产品结构的要求,在系统试压、冲洗合格后进行安装,是为了防止堵塞,影响排气。

4,5 这二款是对常用的控制阀门的安装作了规定。主要考虑对安装高度的要求,应便于操作。

6 本款规定放空阀安装在低处。主要是为了系统工作后,排净管道内的水或泡沫混合液,以免腐蚀,北方地区若地上安装还要防止冰冻,使阀门和管道免遭损坏。另外对于管道的维修或组件更换也需排净管道内的液体,以便工作。

4.7 消防炮塔

4.7.1 消防炮塔具有较大的高度和质量,要求自身稳固并承受较大喷射反力。因此对地面基座的施工有较高的要求,地面基座一般为深入地下的钢筋混凝土结构,由于混凝土的浇灌量很大,所以本条规定了施工后应有足够的固化时间。

4.7.2 地面基座的预埋螺栓数量大,与消防炮塔联接必须牢固。

4.7.3 消防炮塔具有较大的高度和质量,本条规定了起吊安装时的安全措施要求。

4.7.4 消防炮塔大多安装在海边、石化区等腐蚀性较强的环境中,防腐措施不到位会影响炮塔的使用寿命。

4.7.5 对消防炮塔提出了防雷接地要求。因为消防炮塔高度较高,可达20～30m,且多处于空旷位置,易受雷击。

4.8 动 力 源

4.8.2 本条规定了动力源应整体安装在基础上。动力源的基础尺寸、位置、标高等均应符合设计规定,以保证合理安装及满足系统的工艺要求。

5 电气安装与施工

5.1 一 般 规 定

5.1.1 本条将电控、液控、气动装置统称为"控制装置",固定消防炮灭火系统的控制装置有多种形式:包括消防炮控制柜(箱、盘)、电动阀门控制柜(箱、盘)、消防泵控制柜(箱、盘)、联动控制柜(箱、盘)等,控制的设备包括消防炮、电动阀门、各种动力驱动的消防泵组以及系统设备的联动等,控制装置的安装既强调按设计进行施工的基本原则,又必须符合国家有关的标准、规范。

5.1.2 本条规定了控制装置搬运时的基本要求。精密的设备和元件(如计算机、触摸屏等)一般应从控制装置上拆下运输,以免损坏或因装置过重使框架受力变形。尤其应注意在二次搬运及安装过程中,防止损坏。

5.1.3 本条参照现行国家标准《电气装置安装工程盘、柜及二次回路结线施工及验收规范》GB 50171—92 第1.0.9条的内容。

1 对固定消防炮灭火系统的建筑工程,强调按国家现行有关规定执行,当控制装置有特殊要求时尚应满足其要求。例如隔爆型控制装置若安装在二楼或以上时,楼板的单位面积承重必须符合要求;另外控制装置基础型钢的安装必须满足上述标准第2.0.1条对基础型钢安装有关规定。由于基础型钢的安装是在建筑工程中进行的。故在建筑工程施工中,电气人员应予以配合,这样才能保证控制装置安装的要求。

2 强调控制装置安装前,屋面、楼板不得有渗漏现象,室内沟道无积水等要求,以防设备受潮。

3 强调有特殊要求的设备,在具备设备所要求的环境时,方可将设备运进现场进行安装调试,以保证设备能安全地进行安装调试及运行。

5.2 布 线

5.2.1 本条规定是为了防止相互干扰,避免发生故障。同一交流回路的电缆要求穿在同一金属管内的目的也是为了防止产生涡流效应,并作为强制性条文执行。

5.2.2 保证在施工中检查和施工后检验及试动作的质量要求,这样才能确保通电运行正常,安全保护可靠,日后操作维护方便。

为保证导线无损伤,配线时宜使用与导线规格相对应的剥线钳剥掉导线的绝缘。螺丝连接时,弯线方向应与螺丝旋紧的方向一致。

根据现行国家标准《工业与民用电力装置的接地设计规范》GBJ 65及《电气装置安装工程接地装置施工及验收规范》GB 50169,明确要求控制电缆的金属护层应予接地。

关于屏蔽层接地的具体做法,全国尚不统一,故按设计要求而定。双屏蔽层的电缆,为避免形成感应电位差,常采用两层屏蔽层在同一端相连并予接地。

每个接线端子上的电线连接不超过2根,是为了连接紧密,不会因通电后冷热交替等因素而过早在检修期内发生松动,同时考虑到方便检修,不因检修而扩大停电范围。

5.2.3 目前,在固定消防炮灭火系统控制装置继保回路、控制回路和信号回路新增加了不少弱电元件,测量二次回路绝缘时,有些弱电元件易被损坏。故提出测试绝缘时,应有防止弱电设备损坏的相应的安全措施,如将强、弱电回路分开,插件拔下等。测完绝缘后应逐个进行恢复,不得遗漏。

5.3 控 制 装 置

5.3.2 本条款引用现行国家标准《建筑电气工程施工质量验收规范》GB 50303—2002。对于并列安装的电控盘、柜、屏、箱、台等应明确外形尺寸,控制好基础型钢的安装尺寸。

5.3.3 本条规定端子箱安装应牢固,封闭应良好,箱门要有密封圈,底部要封堵,以防水、防潮、防尘。有接线排的防爆接线盒出厂时,根据产品标准的规定,也应有铭牌标志。

5.3.4 本条参照现行国家标准《建筑电气工程施工质量验收规范》GB 50303 第6.1.1条。

装有电器的可开启的屏、柜门,若无软导线与控制装置的框架连接接地,则当门上的电器绝缘损坏时,将使控制装置门上带有危险的电位,危及运行人员的人身安全,鉴于国内制造厂的产品尚不统一,为确保安全生产,本条做此规定。

5.3.6 本条规定是为了确保运行安全,防止潮气及小动物侵入,对于敞开式建筑物中采用封闭式盘、柜的电缆管口,应做好封堵。

6 系统试压与冲洗

6.1 一般规定

6.1.1 强度试验实际是对系统管道的整体结构、所有接口、承载管架等进行的一种超负荷试验。而严密性试验则是对系统管道渗漏程度的测试。实践表明,这两种试验都是必不可少的,也是评定其工程质量和系统功能的重要依据。管道冲洗,是防止系统投入使用后发生堵塞的重要技术措施之一。

6.1.2 水压试验简单易行,效果稳定可信。

规定采用淡水进行冲洗,可以保证被冲洗管道的内壁不致遭受污染和腐蚀。在缺水地区,例如在大海中的孤岛上,没有淡水来进行管道的冲洗,可用海水冲洗,但最后要用淡水冲洗。

6.1.3 本条规定了系统在试压之前需要具备的条件,包括对埋地管道的位置、基础、试压用的压力表的精度、量程、数量,以及试压冲洗方案等的具体要求。

对试压用压力表的精度、量程和数量的要求,系根据现行国家标准《工业金属管道工程施工及验收规范》GB 50235 的有关规定而定。

试压冲洗方案很重要,应当考虑周到,切实可行,并需经施工单位技术负责人审批,可以避免试压过程中的盲目性和随意性。试压应当包括分段试验和系统试验。系统的冲洗应分段进行,事前的准备工作和事后的收尾工作,都必须有条不紊地进行,以防止任何疏忽大意而留下隐患。

对于那些不能参与试压的设备、仪表、阀门及附件,要求加以隔离或拆除,使其免遭损伤。并且要求在试压前清晰地记录所加设的临时盲板数量,这是为了避免在系统复位时,因遗忘而留下少数临时盲板,从而给系统的冲洗带来麻烦,一旦投入使用,其灭火效果更是无法保证。

6.1.4 系统试压完成后,要求及时地拆除所有临时盲板及试验用的管道,并与记录核对无误。本条还要求按本规范附录C表C.0.5的格式填写、记录。无遗漏地拆除所有临时盲板,是确保系统能正常投入使用所必须做到的。但目前不少施工单位往往忽视这项工作,结果带来严重后患,因此,本条强调必须与原来记录的盲板数量核对无误。

6.1.5 将管道冲洗安排在试压合格后进行,这是合理的程序,推荐采用。

6.1.6 水冲洗简单易行,费用低、效果好。系统的仪表若参与冲洗,往往会使其密封性遭到破坏,或因杂物沉积而影响其性能。

冲洗大直径管道时,对死角和底部都要进行敲打,目的是振松死角处和管道底部的杂质及沉淀物,使它们在高速水流的冲刷下呈漂浮状态而被带出管道。

若不对可能存留脏物、杂物的管段采取有效的方法清洗,系统复位后,该管段所残存的污物便会污染整个管道,并可能在局部造成堵塞,使系统部分或完全丧失灭火功能。

6.1.7 管道冲洗完成后,按照本规范附录C表C.0.5的格式填写、记录,很有必要,这是对系统管道的冲洗质量进行复查、检验、评定及竣工验收所必须具备的资料之一。

6.2 水压试验

6.2.1 本条参照美国ANSI/NFPA 13的相关条文,并结合现行国家规范的有关条文,规定了系统水压强度试验的压力值,以保证系统在实际灭火过程中能承受国家标准《固定消防炮灭火系统设计规范》GB 50338 中规定的最大流量和最大工作压力。

6.2.2 本条规定了水压强度试验的测试点的位置,并要求在向管道注水时需将管道内的空气排净,缓慢升压,达到试验压力后,稳压 10min,这些要求都是保证常规水压强度试验顺利进行的必要条件。试验后,管道应当没有损伤、变形。

6.2.3 本条规定水压严密性试验要在水压强度试验和管道冲洗合格后进行,这是合理的程序,应当采用。并要求在规定试验压力和时间的条件下,管系应当没有泄漏。

6.2.4 当环境温度低于 5℃时,水压试验的试压效果不好。如果没有防冻措施,便有可能在试压过程中发生冰冻,就会发生因试验介质的体积膨胀而造成的爆管事故。

6.2.5 本条参照美国标准 NFPA 13 的相关条文改写而成。系统的埋地管道,是系统的重要组成部分,其承压能力、严密性应当与系统的地上管道等同,而此项工作常被忽视或遗忘,因此需要明确规定。

6.3 冲 洗

6.3.1 用水冲洗管道是固定消防炮灭火系统工程施工过程中的一个重要工序,是防止管道堵塞、确保系统的管道畅通和灭火效果的有效措施之一。

明确水冲洗的水流方向,有利于保证整个系统的冲洗效果和质量,同时对安排被冲洗管段的顺序也较为方便。

6.3.2 本条规定应当连续进行管道冲洗,并对出口处水的颜色和透明度等冲洗效果提出了具体要求,与现行国家标准《工业金属管道工程施工及验收规范》GB 50235 中对管道水冲洗的结果要求和检验方法完全相同。

6.3.3 管道冲洗结束后,及时地将存水排净,有利于保护冲洗效果和防止管道锈蚀。如系统需经长时间才能投入使用,则应当使用压缩空气将管道的管壁吹干,并加以封闭,这样可以避免管内生锈或再次遭受污染。

6.3.4 为了防止管道内有杂物留存,应当使用压缩空气吹扫气动、液压和干粉管道。

7 系统调试

7.1 一般规定

7.1.1 固定消防炮灭火系统的调试只有在整个系统已按照设计要求全部施工结束后,才可能全面、有效地进行各项调试工作。

系统主要设备由生产厂家来进行单机调试,有总承包单位的,系统联动调试由总承包单位来组织调试,无总承包单位,则由业主单位来组织系统联动调试。

7.1.2 固定消防炮灭火系统的调试是保证系统能正常工作的重要步骤,完成该项工作的重要条件是调试所必需的技术资料应完整,方能使调试人员确认所采用的设备、材料是否是符合国家有关标准的合格产品;是否按设计施工图和设计要求施工;安装质量如何,便于及时发现存在的问题,以保证调试工作顺利进行。

调试可用试验用泡沫液代替泡沫液,氮气代替干粉,其目的是为了节约成本,并可实测泡沫炮或干粉炮系统工况是否符合设计要求。

水源、电源和气源是调试的基本保证,水源由水池、水罐或天然水源提供,无论哪种方式供水,其容量都应符合设计要求,调试时可先满足调试需要的用量。电源主要是主、备电源,消防泵组一般为电动机泵组,备用泵组一般为柴油机泵组,干粉炮系统一般使用氮气瓶组作为气源,它们都应满足设计要求,并应能正常工作。与之配套的电气设备均已具备联动条件,才能进行调试,因此作出本条规定。

7.1.3、7.1.4 系统的调试工作,是一项专业技术非常强的工作,因此要求调试前应制定调试方案,并经监理单位批准。另外要做好调试人员的组织工作,做到职责明确,并应按照预先制定的调试方案和调试程序进行,这是保证系统调试成功的关键条件之一。

7.1.5 本条规定了调试前应对系统施工质量进行检查,并应及时处理所发现的问题,其目的是为了确保系统的调试工作能顺利进行。

7.1.6 由于调试时需要测定介质的工作压力、流量、泡沫混合液的混合比及发泡倍数等参数,因此本条规定了调试前应将需要临时安装在系统上经检验合格的仪器、仪表安装完毕,如压力表、流量计等;调试时所需的检验设备应准备齐全,如台秤(或天平、电子秤)、秒表、量杯或量筒等设备。

7.1.7 固定消防泡灭火系统的调试是属于施工过程检查的一部分,也是质量控制的内容,调试合格后应按本规范要求做好记录。

7.2 系统调试

7.2.1 本条对固定消防炮灭火系统的各被控电气设备规定了手动控制试验要求,这是系统能可靠运行的最基本要求。

本条的规定可避免任意安装而造成消防炮水平回转范围偏离被保护对象的弊端,此外也避免了消防炮在规定的回转范围内与消防炮塔碰撞损坏的可能。

7.2.2 本条对固定消防炮灭火系统的主电源和备用电源的切换试验作了规定。电源是固定消防炮灭火系统的重要组成部分之一,没有可靠的电源,灭火系统就不能正常工作。当主电源故障时,备用电源应能立即启用,以保证系统电源的可靠性。

7.2.3 消防泵组是固定消防炮灭火系统的主要设备之一,它运行的正常与否,直接影响系统的效能,因此本条对消防泵组运行试验和消防泵主、备泵组自动切换运行试验作了规定,以保证在任何不利情况下系统都能正常运行,试验结果应符合设计要求和产品标准的要求。

7.2.4 湿式固定消防炮灭火系统稳压泵组的功能是使系统能保持准工作状态时的正常水压。美国标准 NFPA 20 相关条文规定:稳压泵的额定流量,应当大于系统正常的漏水率,泵的出口压力应当是维护系统所需的压力,故它应随着系统压力变化而自动开启和停止。本条规定是根据稳压泵的基本功能要求提出的。

7.2.5 本条对泡沫比例混合装置的调试作了规定。

泡沫比例混合装置是保证泡沫混合液按预定比例混合的重要设备,是固定消防炮灭火系统的核心设备之一。本条规定应对泡沫比例混合装置与系统喷射泡沫试验同时进行,这样保证能实测到系统的混合比。

测量方法有三种:

1 流量计测量:《低倍数泡沫灭火系统设计规范》GB 50151(2000 年版)第 3.1.6 条中规定:"在固定式泡沫灭火系统的泡沫混合液主管道上应留出泡沫混合液流量检测仪器安装位置"。但在泡沫液管道上没有规定,要想测量精确在出泡沫液的管道上也应安装流量计。对平衡式比例混合装置、泵泵式比例混合器,由施工单位在现场就可以完成,但对压力式比例混合装置应由制造厂家预留安装位置(加可拆装短管)。这样测出的流量经计算就可得出混合比。另外有一种超声波流量计使用简单,但价格较高,测量流量时有误差(产品说明书上称误差为 1%),目前还没有普遍使用。

2 折射指数法测量:对于折射指数比较高的泡沫液,如蛋白泡沫液、氟蛋白泡沫液等,可用手持折射仪进行测量。依据的原理是折射指数与泡沫液的浓度成正比,折射指数越大,浓度越大,以此可绘制出标准浓度曲线,然后再测量系统喷泡沫时取出的混合液试样的折射指数,并与之比较,就可以确定实际混合比。详细测量方法见产品使用说明书。

3 导电度法测量:对于折射指数比较小的泡沫液,如水成膜泡沫液、抗溶水成膜泡沫液等,就得采用手持导电度测量仪进行测量。其原理是泡沫液加入水中后,水的导电度发生变化,且导电度的大小与所加的泡沫液量有关,以此可绘制出标准浓度曲线。一般取三点连接：最好接近直线，然后再测量系统喷泡沫时取出的混合液试样的导电度，并与之比较，就可以确定实际混合比。但当水源为咸水时，导电度非常大，加入泡沫液后导电度变化较小，这时此方法要慎用。详细测量方法见产品使用说明书。

实测泡沫混合液的混合比不小于额定值，且6%型泡沫液应在6%～7%范围内，3%型泡沫液应在3%～4%范围内。

7.2.6 规定固定式水炮和泡沫炮应全部进行喷水试验，干粉炮应进行喷射试验。消防炮的喷射压力、仰俯角度、水平回转角度及干粉炮的喷射时间等应全部符合设计要求。

7.2.7 固定消防炮灭火系统的各联动单元均由消防泵组（包括电动机或柴油机泵组）、消防泵进出水阀门、各类传感器、系统控制阀门、动力源、远控炮等被控电气设备组成，根据使用要求，被控设备之间存在着一定的逻辑关系，且动作过程较为复杂。因此，必须对设计的所有联动单元逐一进行联动功能调试，检查各联动单元被控设备的动作与信号反馈应符合设计要求，这样才能保证系统开通的可靠性。

7.2.8 本条对固定消防炮灭火系统的调试作了规定，并作为强制性条文执行。

1 用手动控制或自动控制的方式对消防水炮进行喷水试验，其目的是检查消防泵组能否及时准确启动，电动阀门的启闭是否灵活、准确，管道是否通畅无阻，到达泡沫比例混合装置的进、出口压力，到达消防炮的进口压力是否符合设计要求等。

2 泡沫炮灭火系统不管是哪种控制方式只进行一次喷泡沫试验，是为了节省泡沫液，当为自动灭火系统时，应以自动控制的方式进行。并要求喷射泡沫的时间不宜少于2min，这是因为一般消防泡沫炮的流量都较大，如果喷射时间较短，那么就有可能出现消防泡沫炮系统的额定工作压力尚未满足，泡沫炮就停止喷射了，这样就不能反映泡沫炮的实际工况。要求泡沫炮喷射泡沫的时间不宜小于2min，是为了真实地测出泡沫混合液中的泡沫液与水的混合比和泡沫混合液的发泡倍数。

泡沫混合液的混合比的测量方法及合格标准，在本规范第7.2.5条的条文说明中已有叙述。其检查结果应符合设计要求。

3 干粉炮进行喷射试验，其目的是检查氮气瓶组能否及时准确启动，电动阀门的启闭是否灵活，准确，干粉管道是否通畅无阻，到达干粉罐的进、出口压力和到达干粉炮的进口压力等指标是否符合设计要求。

4 水幕保护系统试验，其目的是检查在系统处于手动和自动控制状态下，水幕保护系统的各项性能指标是否达到设计要求。

8 系 统 验 收

8.1 一 般 规 定

8.1.1 本条规定了验收时所必须提供的全部技术资料，这些资料是从工程开始到系统调试全过程质量控制等各个重要环节的文字记录，同时也是验收时质量控制资料核查的内容，是建立完善的技术档案的基本条件。

8.1.2 系统功能验收是能否实现系统设计所规定的各项功能检验，施工质量验收则是能长期可靠地实现设计功能的保证，两者是系统验收缺一不可的组成部分。验收后应做好记录，并作为资料移交存档。

8.1.3 本条规定了固定消防炮灭火系统验收合格与否的判定标准，并作为强制性条文执行。系统功能是固定消防炮灭火系统能否成功灭火的关键项目，因此应该全部合格，验收不合格，不得通过验收。

8.1.4 本条规定了固定消防炮灭火系统验收合格后，施工单位应用清水把系统冲洗干净并放空，将系统复原，以便投入使用。同时

应向建设单位移交全部的技术资料，以便建立、健全建设项目档案，并向建设行政主管部门或其他有关部门移交。

8.2 系 统 验 收

8.2.1 本条规定了固定消防炮灭火系统验收时，应按本条的内容对系统施工质量进行全面考核验收。

为了使固定消防炮灭火系统的验收能够顺利进行，尽管监理和施工单位已对系统的组件、材料进行了进场检验和复验，对施工过程进行了全面检查并进行了调试，但验收时还应按照本条规定的内容对系统的各个组成部分进行验收，以保证系统的施工质量和系统功能验收时能正常运行，符合设计要求。

8.2.2 该系统能否在发生火灾时实现设计所要求的灭火功能，其可靠启动则是关键。本条文规定了系统手动启动功能，主、备电源的切换功能，消防泵组功能，联动控制功能等功能验收的内容、检查数量和检查方法。

8.2.3 本条文规定了系统喷射功能验收的检查数量、验收条件以及验收试验结果的合格判定要求。

8.2.4 系统功能包括启动功能和喷射功能，是系统实现设计灭火能力的前提，本条文作为强制性条文执行，规定了系统功能验收合格的判定条件。

9 维 护 管 理

9.1 一 般 规 定

9.1.1 本条规定了固定消防炮灭火系统验收合格后方可投入运行。这是根据《中华人民共和国消防法》的规定，必须执行。其目的是保障系统可靠运行。

9.1.2 本条规定了固定消防炮灭火系统投入运行前，建设单位应配齐经过专门培训，并通过考试合格的人员负责系统的定期检查和维护。

严格的管理、正确的操作、精心的维护和仔细认真的检查是固定消防炮灭火系统能否发挥正常作用的关键之一，实践证明没有任何一种灭火系统在没有平时的精心维护下，就能发挥良好作用。固定消防炮灭火系统使用的时间较长，有的设备和绝大部分管道在室外，有的管道埋地，这样长期受环境的影响极易生锈、腐蚀，有的部件可能老化。因此加强日常的检查和维护管理，对系统保持正常运行至关重要。为此，要求检查、维护、管理和操作的人员必须具备一定的消防专业知识和基本技能才能胜任此项工作。从目前国内现状来看，大型石化企业都设专职消防队即企业消防队，他们训练有素。但一般企业没有专职消防队，也不设专职操作人员，而是由工艺岗位上的操作人员兼职，他们对固定消防炮灭火系统不是十分了解，所以上岗前必须对他们进行专门培训，掌握系统的专业知识和操作规程，并通过考试合格才能承担此项任务，否则会影响固定消防炮灭火系统的正常运行，达不到灭火的目的，给国家造成重大损失。

9.1.3 本条规定了系统投入运行时应具备的技术资料，这是保证系统正常运行和检查维护所必需的。

管理人员要搞好检查、维护工作，必须对系统有全面的了解，熟悉系统的性能、构造及设备的安装使用说明和检查维护方法，才能完成所承担的工作。

系统的检查维护是一项长期延续的工作，制定系统的维护管理规程，做好系统的检查、维护记录，便于判断系统运行是否正常，检查、维护工作是否按要求进行，为今后的维护管理积累必要的档案资料。

9.1.4 本条对检查和试验的结果作了规定。对检查和试验中发现的问题，应及时处理或修复，对损坏或不合格者应立即更换，使

系统复原,这样才能保证系统的正常运行。

　　这里还应指出:各建设部门在未经消防监督机构批准的情况下,不得擅自关停系统,如有需要报停或废止要拆除的系统,要征求消防监督机构的意见,同意后按规定程序,由专门施工单位负责拆除。

9.1.5　固定消防炮灭火系统保护的对象一般为重大工程,比较重要,修理可能影响系统功能的发挥,必须采取相应的措施后才能进行处理。

9.1.6　干粉罐和氮气瓶组属于压力容器。维护需遵循《压力容器安全技术监察规程》的相关规定。

9.1.7　灭火剂包括泡沫液、干粉等,是固定消防炮灭火系统的关键材料,直接影响系统的灭火效果。在系统投入使用后,应定期检查灭火剂是否在使用有效期内,若灭火剂已过有效期,应及时更换新的灭火剂,对于保证系统的灭火效果是十分必要的。

9.2　系统定期检查与试验

　　为了确保系统投入正常运行后的可靠性,本节规定了系统每周、每月、每半年和每两年应重点检查的内容和要求。

中华人民共和国国家标准

建筑电气照明装置施工与验收规范

Code for construction and acceptance of electrical
lighting installation in building

GB 50617—2010

主编部门：中华人民共和国住房和城乡建设部
批准部门：中华人民共和国住房和城乡建设部
施行日期：２０１１年６月１日

中华人民共和国住房和城乡建设部
公　　告

第 753 号

关于发布国家标准《建筑电气
照明装置施工与验收规范》的公告

现批准《建筑电气照明装置施工与验收规范》为国家标准，编号为 GB 50617—2010，自 2011 年 6 月 1 日起实施。其中，第 3.0.6、4.1.12、4.1.15、4.3.3、5.1.2（1、2、3）、7.2.1 条（款）为强制性条文，必须严格执行。

本规范由我部标准定额研究所组织中国计划出版社出版发行。

中华人民共和国住房和城乡建设部
二〇一〇年八月十八日

前　　言

根据住房和城乡建设部《关于印发〈2008 年工程建设标准规范制订、修订计划（第二批）〉的通知》（建标〔2008〕105 号）的要求，由宁波建工股份有限公司和浙江省工业设备安装集团有限公司会同有关单位共同编制完成的。

本规范在编制过程中，编制组经广泛调查研究，认真总结实践经验，参考有关国际标准，并在广泛征求意见的基础上，最后经审查定稿。

本规范共分 8 章，主要技术内容包括：总则，术语，基本规定，灯具，插座、开关、风扇，照明配电箱（板），通电试运行及测量，工程交接验收。

本规范中以黑体字标志的条文为强制性条文，必须严格执行。

本规范由住房和城乡建设部负责管理和对强制性条文的解释。宁波建工股份有限公司负责具体技术内容的解释。本规范在执行过程中，如有意见或建议，请随时寄送宁波建工股份有限公司（地址：宁波市兴宁路 46 号，邮政编码：315040），以供今后修订时参考。

本规范主编单位、参编单位、参加单位、主要起草人和主要审查人：

主 编 单 位：宁波建工股份有限公司
　　　　　　浙江省工业设备安装集团有限公司
参 编 单 位：上海市安装工程有限公司
　　　　　　广东省工业设备安装公司
　　　　　　宁波第二设备安装有限公司
　　　　　　杭州市建设工程质量安全监督总站
　　　　　　宁波市建筑工程安全质量监督总站
　　　　　　北京照明学会
参 加 单 位：宁波工程学院
主要起草人：谢振苗　傅慈英　沈立恩　沈志桥
　　　　　　王振生　钱大治　朱跃忠　吴睿力
　　　　　　覃军辉　刘波平　张海云
主要审查人：温伯银　於立成　周卫新　张新跃
　　　　　　刘文山　黄尚敏　翟晓明　连关章
　　　　　　李云江

目　次

Contents

1 总　则

1.0.1 为保证电气照明装置施工质量，促进施工科学管理、技术进步，统一电气照明装置施工的工程交接验收要求，制定本规范。

1.0.2 本规范适用于工业与民用建筑物、构筑物中电气照明装置安装工程的施工与工程交接验收。

1.0.3 电气照明装置的施工应按已批准的设计文件进行，施工中的设计变更或按工程承包合同约定的深化设计均应取得原设计单位的确认。

1.0.4 电气照明装置的施工与验收，除应符合本规范的规定外，尚应符合国家现行有关标准的规定。

2 术　语

2.0.1 照明装置　lighting installation

为实现一个或几个具体目的且特性相配合的照明设备的组合。

2.0.2 灯具　luminaire

凡是能分配、透出或转变一个或多个光源发出光线的一种器具，并包括支承、固定和保护光源必需的所有部件（但不包括光源本身），以及必需的电路辅助装置和将它们与电源连接的装置。

2.0.3 悬吊式灯具　pendant luminaire

用吊绳、吊链、吊管等悬吊在顶棚上或墙支架上的灯具。

2.0.4 Ⅰ类灯具　class Ⅰ luminaire

灯具的防触电保护不仅依靠基本绝缘，而且还包括附加的安全措施，即易触及的导电部件连接到设施的固定布线中的保护接地导体上，使易触及的导电部件在基本绝缘失效时不致带电。

2.0.5 应急照明　emergency lighting

因正常照明的电源失效而启用的照明。应急照明包括疏散照明、安全照明和备用照明。

2.0.6 景观照明　landscape lighting

为表现建筑物造型特色、艺术特点、功能特征和周围环境布置的照明，这种照明通常在夜间使用。

2.0.7 照明功率密度　lighting power density（LPD）

单位面积上的照明安装功率（包括光源、镇流器或变压器等），单位为瓦特每平方米（W/m^2）。

3 基 本 规 定

3.0.1 照明工程采用的设备、材料及配件进入施工现场应有清单、使用说明书、合格证明文件、检验报告等文件，当设计文件有要求时，尚需提供电磁兼容检测报告。进口照明设备除应符合相关规定外，尚应

提供商检证明以及中文的安装、使用、维修等技术文件。列入国家强制性认证产品目录的照明装置必须有强制性认证标识，并有相应认证证书。

3.0.2 设备及器材到达施工现场后，应按下列要求进行检查：

1 技术文件应齐全；

2 型号、规格应符合设计要求；

3 灯具及其附件应齐全、适配，并无损伤、变形、涂层剥落和灯罩破裂等缺陷；

4 开关、插座的面板及接线盒盒体完整、无碎裂、零件齐全，风扇无损坏，涂层完整，调速器等附件适配。

3.0.3 民用建筑内的照明设备应符合节能要求，未经建设单位现场代表或监理工程师签字确认，照明设备不得安装。

3.0.4 施工中的安全技术措施，应符合本规范和国家现行有关标准及产品技术文件的规定。对关键工序，尚应事先制定有针对性的安全技术措施。

3.0.5 电气照明装置施工前，建筑工程应符合下列规定：

1 与电气照明装置相关的预留预埋工作应隐蔽验收合格；

2 有碍照明装置安装的模板、脚手架应拆除；

3 顶棚、墙面等抹灰和装饰工作应结束，地面清理工作应完成。

3.0.6 **在砌体和混凝土结构上严禁使用木楔、尼龙塞或塑料塞安装固定电气照明装置。**

3.0.7 当在装饰材料墙面上安装照明装置时，接线盒口应与装饰面平齐。导管管径大小应与接线盒孔径相匹配，导管应与接线盒连接紧密。

3.0.8 电气照明装置的接线应牢固、接触良好；需接保护接地线（PE）的灯具、开关、插座等不带电的外露可导电部分，应有明显的接地螺栓。

3.0.9 安装在绝缘台上的电气照明装置，其电线的端头绝缘部分应伸出绝缘台的表面。

3.0.10 防爆照明装置的验收应符合现行国家标准《电气装置安装工程爆炸和火灾危险环境电气装置施工及验收规范》GB 50257 的有关规定。

3.0.11 电气照明装置施工结束后，应及时修复施工中造成的建筑物破损。

4 灯　具

4.1 一 般 规 定

4.1.1 灯具的灯头及接线应符合下列规定：

1 灯头绝缘外壳不应有破损或裂纹等缺陷；带开关的灯头，开关手柄不应有裸露的金属部分；

2 连接吊灯灯头的软线应做保护扣，两端芯线

应搪锡压线；当采取螺口灯头时，相线应接于灯头中间触点的端子上。

4.1.2 成套灯具的带电部分对地绝缘电阻值不应小于2MΩ。

4.1.3 引向单个灯具的电线线芯截面积应与灯具功率相匹配，电线线芯最小允许截面积不应小于1mm²。

4.1.4 灯具表面及其附件等高温部位靠近可燃物时，应采取隔热、散热等防火保护措施。以卤钨灯或额定功率大于等于100W的白炽灯泡为光源时，其吸顶灯、槽灯、嵌入灯应采用瓷质灯头，引入线应采用瓷管、矿棉等不燃材料作隔热保护。

4.1.5 变电所内，高低压配电设备及裸母线的正上方不应安装灯具，灯具与裸母线的水平净距不应小于1m。

4.1.6 当设计无要求时，室外墙上安装的灯具，灯具底部距地面的高度不应小于2.5m。

4.1.7 安装在公共场所的大型灯具的玻璃罩，应有防止玻璃罩坠落或碎裂后向下溅落伤人的措施。

4.1.8 聚光灯和类似灯具出光口面与被照物体的最短距离应符合产品技术文件要求。

4.1.9 卫生间照明灯具不宜安装在便器或浴缸正上方。

4.1.10 当镇流器、触发器、应急电源等灯具附件与灯具分离安装时，应固定可靠；在顶棚内安装时，不得直接固定在顶棚上；灯具附件与灯具本体之间的连接电线应穿导管保护，电线不得外露。触发器至光源的线路长度不应超过产品的规定值。

4.1.11 露天安装的灯具及其附件、紧固件、底座和与其相连的导管、接线盒等应有防腐蚀和防水措施。

4.1.12 I类灯具的不带电的外露可导电部分必须与保护接地线（PE）可靠连接，且应有标识。

4.1.13 因特定条件而采用的非定型灯具在尚未由第三方检测其安全、光学及电气性能合格前，不应使用。

4.1.14 成排安装的灯具中心线偏差不应大于5mm。

4.1.15 **质量大于10kg的灯具，其固定装置应按5倍灯具重量的恒定均布载荷全数作强度试验，历时15min，固定装置的部件应无明显变形。**

4.1.16 带有自动通、断电源控制装置的灯具，动作应准确、可靠。

4.2 常 用 灯 具

4.2.1 吸顶或墙面上安装的灯具固定用的螺栓或螺钉不应少于2个。室外安装的壁灯其泄水孔应在灯具腔体的底部，绝缘台与墙面接线盒盒口之间应有防水措施。

4.2.2 悬吊式灯具安装应符合下列规定：

　　1 带升降器的软线吊灯在吊线展开后，灯具下沿应高于工作台面0.3m；

　　2 质量大于0.5kg的软线吊灯，应增设吊链（绳）；

　　3 质量大于3kg的悬吊灯具，应固定在吊钩上，吊钩的圆钢直径不应小于灯具挂销直径，且不应小于6mm；

　　4 采用钢管作灯具吊杆时，钢管应有防腐措施，其内径不应小于10mm，壁厚不应小于1.5mm。

4.2.3 嵌入式灯具安装应符合下列规定：

　　1 灯具的边框应紧贴安装面；

　　2 多边形灯具应固定在专设的框架或专用吊链（杆）上，固定用的螺钉不应少于4个；

　　3 接线盒引向灯具的电线应采用导管保护，电线不得裸露；导管与灯具壳体应采用专用接头连接。当采用金属软管时，其长度不宜大于1.2m。

4.2.4 投光灯的底座及支架应固定牢固，枢轴应沿需要的光轴方向拧紧固定。

4.2.5 导轨灯安装前应核对灯具功率和载荷与导轨额定载流量和载荷相适配。

4.2.6 庭院灯、建筑物附属路灯、广场高杆灯安装应符合下列规定：

　　1 灯具与基础应固定可靠，地脚螺栓应有防松措施；灯具接线盒盒盖防水密封垫齐全、完整；

　　2 每套灯具应在相线上装设相配套的保护装置；

　　3 灯杆的检修门应有防水措施，并设置需使用专用工具开启的闭锁防盗装置。

4.2.7 高压汞灯、高压钠灯、金属卤化物灯安装应符合下列规定：

　　1 光源及附件必须与镇流器、触发器和限流器配套使用。触发器与灯具本体的距离应符合产品技术文件要求；

　　2 灯具的额定电压、支架形式和安装方式应符合设计要求；

　　3 电源线应经接线柱连接，不应使电源线靠近灯具表面；

　　4 光源的安装朝向应符合产品技术文件要求。

4.2.8 安装于线槽或封闭插接式照明母线下方的灯具应符合下列规定：

　　1 灯具与线槽或封闭插接式照明母线连接应采用专用固定件，固定应可靠；

　　2 线槽或封闭插接式照明母线应带有插接灯具用的电源插座；电源插座宜设置在线槽或封闭插接式照明母线的侧面。

4.2.9 埋地灯安装应符合下列规定：

　　1 埋地灯防护等级应符合设计要求；

　　2 埋地灯光源的功率不应超过灯具的额定功率；

　　3 埋地灯接线盒应采用防水接线盒，盒内电线接头应做防水、绝缘处理。

4.3 专用灯具

4.3.1 应急照明灯具安装应符合下列规定：

1 应急照明灯具必须采用经消防检测中心检测合格的产品；

2 安全出口标志灯应设置在疏散方向的里侧上方，灯具底边宜在门框（套）上方 0.2m。地面上的疏散指示标志灯，应有防止被重物或外力损坏的措施。当厅室面积较大，疏散指示标志灯无法装设在墙面上时，宜装设在顶棚下且距地面高度不宜大于 2.5m；

3 疏散照明灯投入使用后，应检查灯具始终处于点亮状态；

4 应急照明灯回路的设置除符合设计要求外，尚应符合防火分区设置的要求；

5 应急照明灯具安装完毕，应检验灯具电源转换时间，其值为：备用照明不应大于 5s；金融商业交易场所不应大于 1.5s；疏散照明不应大于 5s；安全照明不应大于 0.25s。应急照明最少持续供电时间应符合设计要求。

4.3.2 霓虹灯的安装应符合下列规定：

1 灯管应完好，无破裂；

2 灯管应采用专用的绝缘支架固定，固定应牢固可靠。固定后的灯管与建筑物、构筑物表面的距离不应小于 20mm；

3 霓虹灯灯管长度不应超过允许最大长度。专用变压器在顶棚内安装时，应固定可靠，有防火措施，并不宜被非检修人员触及；在室外安装时，应有防雨措施；

4 霓虹灯专用变压器的二次侧电线和灯管间的连接线应采用额定电压不低于 15kV 的高压绝缘电线。二次侧电线与建筑物、构筑物表面的距离不应小于 20mm；

5 霓虹灯托架及其附着基面应用难燃或不燃材料制作，固定可靠。室外安装时，应耐风压，安装牢固。

4.3.3 建筑物景观照明灯具安装应符合下列规定：

1 在人行道等人员来往密集场所安装的灯具，无围栏防护时灯具底部距地面高度应在 2.5m 以上；

2 灯具及其金属构架和金属保护管与保护接地线（PE）应连接可靠，且有标识；

3 灯具的节能分级应符合设计要求。

4.3.4 航空障碍标志灯安装应符合下列规定：

1 灯具安装牢固可靠，且应设置维修和更换光源的设施；

2 灯具安装在屋面接闪器保护范围外时，应设置避雷小针，并与屋面接闪器可靠连接；

3 当灯具在烟囱顶上安装时，应安装在低于烟囱口 1.5m～3m 的部位且呈正三角形水平布置。

4.3.5 手术台无影灯安装应符合下列规定：

1 固定灯座的螺栓数量不应少于灯具法兰底座上的固定孔数，螺栓直径应与孔径匹配，螺栓应采用双螺母锁紧；

2 固定无影灯基座的金属构架应与楼板内的预埋件焊接连接，不应采用膨胀螺栓固定；

3 开关至灯具的电线应采用额定电压不低于 450V/750V 的铜芯多股绝缘电线。

4.3.6 紫外线杀菌灯的安装位置不得随意变更，其控制开关应有明显标识，且与普通照明开关位置分开设置。

4.3.7 游泳池和类似场所用灯具，安装前应检查其防护等级。自电源引入灯具的导管必须采用绝缘导管，严禁采用金属或有金属护层的导管。

4.3.8 建筑物彩灯安装应符合下列规定：

1 当建筑物彩灯采用防雨专用灯具时，其灯罩应拧紧，灯具应有泄水孔；

2 建筑物彩灯宜采用 LED 等节能新型光源，不应采用白炽灯泡；

3 彩灯配管应为热浸镀锌钢管，按明配敷设，并采用配套的防水接线盒，其密封应完好；管路、管盒间采用螺纹连接，连接处的两端用专用接地卡固定跨接接地线，跨接接地线采用绿/黄双色铜芯软电线，截面积不应小于 4mm²；

4 彩灯的金属导管、金属支架、钢索等应与保护接地线（PE）连接可靠。

4.3.9 太阳能灯具安装应符合下列规定：

1 灯具表面应平整光洁，色泽均匀；产品无明显的裂纹、划痕、缺损、锈蚀及变形；表面漆膜不应有明显的流挂、起泡、橘皮、针孔、咬底、渗色和杂质等缺陷；

2 灯具内部短路保护、负载过载保护、反向放电保护、极性反接保护功能应齐全、正确；

3 太阳能灯具应安装在光照充足、无遮挡的地方，应避免靠近热源；

4 太阳能电池组件应根据安装地区的纬度，调整电池板的朝向和仰角，使受光时间最长。迎光面上无遮挡物阴影，上方不应有直射光源。电池组件与支架连接时应牢固可靠，组件的输出线不应裸露，并用扎带绑扎固定；

5 蓄电池在运输、安装过程中不得倒置，不得放置在潮湿处，且不应暴晒于太阳光下；

6 系统接线顺序应为蓄电池—电池板—负载；系统拆卸顺序应为负载—电池板—蓄电池；

7 灯具与基础固定可靠，地脚螺栓应有防松措施，灯具接线盒盖的防水密封垫应完整。

4.3.10 洁净场所灯具安装应符合下列规定：

1 灯具安装时，灯具与顶棚之间的间隙应用密封胶条和衬垫密封。密封胶条和衬垫应平整，不得扭曲、折叠；

　　2　灯具安装完毕后，应清除灯具表面的灰尘。

4.3.11　防爆灯具安装应符合下列规定：

　　1　检查灯具的防爆标志、外壳防护等级和温度组别应与爆炸危险环境相适配；

　　2　灯具的外壳应完整，无损伤、凹陷变形，灯罩无裂纹，金属护网无扭曲变形，防爆标志清晰；

　　3　灯具的紧固螺栓应无松动、锈蚀现象，密封垫圈完好；

　　4　灯具附件应齐全，不得使用非防爆零件代替防爆灯具配件；

　　5　灯具的安装位置应离开释放源，且不得在各种管道的泄压口及排放口上方或下方；

　　6　导管与防爆灯具、接线盒之间连接应紧密，密封完好；螺纹啮合扣数应不少于 5 扣，并应在螺纹上涂以电力复合酯或导电性防锈酯；

　　7　防爆弯管工矿灯应在弯管处用镀锌链条或型钢拉杆加固。

5　插座、开关、风扇

5.1　插　　座

5.1.1　当交流、直流或不同电压等级的插座安装在同一场所时，应有明显的区别，且必须选择不同结构、不同规格和不能互换的插座；配套的插头应按交流、直流或不同电压等级区别使用。

5.1.2　插座的接线应符合下列规定：

　　1　单相两孔插座，面对插座，右孔或上孔应与相线连接，左孔或下孔应与中性线连接；单相三孔插座，面对插座，右孔应与相线连接，左孔应与中性线连接；

　　2　单相三孔、三相四孔及三相五孔插座的保护接地线（PE）必须接在上孔。插座的保护接地端子不应与中性线端子连接。同一场所的三相插座，接线的相序应一致；

　　3　保护接地线（PE）在插座间不得串联连接。

　　4　相线与中性线不得利用插座本体的接线端子转接供电。

5.1.3　插座的安装应符合下列规定：

　　1　当住宅、幼儿园及小学等儿童活动场所电源插座底边距地面高度低于 1.8m 时，必须选用安全型插座；

　　2　当设计无要求时，插座底边距地面高度不宜小于 0.3m；无障碍场所插座底边距地面高度宜为0.4m，其中厨房、卫生间插座底边距地面高度宜为0.7m~0.8m；老年人专用的生活场所插座底边距地面高度宜为 0.7m~0.8m；

　　3　暗装的插座面板紧贴墙面或装饰面，四周无缝隙，安装牢固，表面光滑整洁、无碎裂、划伤，装饰帽（板）齐全；接线盒安装到位，接线盒内干净整洁，无锈蚀。暗装在装饰面上的插座，电线不得裸露在装饰层内；

　　4　地面插座应紧贴地面，盖板固定牢固，密封良好。地面插座应用配套接线盒。插座接线盒内应干净整洁，无锈蚀；

　　5　同一室内相同标高的插座高度差不宜大于5mm；并列安装相同型号的插座高度差不宜大于 1mm；

　　6　应急电源插座应有标识；

　　7　当设计无要求时，有触电危险的家用电器和频繁插拔的电源插座，宜选用能断开电源的带开关的插座，开关断开相线；插座回路应设置剩余电流动作保护装置；每一回路插座数量不宜超过 10 个；用于计算机电源的插座数量不宜超过 5 个（组），并应采用 A 型剩余电流动作保护装置；潮湿场所应采用防溅型插座，安装高度不应低于 1.5m。

5.2　开　　关

5.2.1　同一建筑物、构筑物内，开关的通断位置应一致，操作灵活，接触可靠。同一室内安装的开关控制有序不错位，相线应经开关控制。

5.2.2　开关的安装位置应便于操作，同一建筑物内开关边缘距门框（套）的距离宜为 0.15m~0.2m。

5.2.3　同一室内相同规格相同标高的开关高度差不宜大于 5mm；并列安装相同规格的开关高度差不宜大于 1mm；并列安装不同规格的开关宜底边平齐；并列安装的拉线开关相邻间距不小于 20mm。

5.2.4　当设计无要求时，开关安装高度应符合下列规定：

　　1　开关面板底边距地面高度宜为 1.3m~1.4m；

　　2　拉线开关底边距地面高度宜为 2m~3m，距顶板不小于 0.1m，且拉线出口应垂直向下；

　　3　无障碍场所开关底边距地面高度宜为0.9m~1.1m；

　　4　老年人生活场所开关宜选用宽板按键开关，开关底边距地面高度宜为 1.0m~1.2m。

5.2.5　暗装的开关面板应紧贴墙面或装饰面，四周应无缝隙，安装应牢固，表面应光滑整洁、无碎裂、划伤，装饰帽（板）齐全；接线盒安装到位，接线盒内干净整洁，无锈蚀。安装在装饰面上的开关，其电线不得裸露在装饰层内。

5.3　风　　扇

5.3.1　吊扇安装应符合下列规定：

　　1　吊扇挂钩应安装牢固，挂钩的直径不应小于吊扇挂销的直径，且不应小于 8mm；挂钩销钉应设防震橡胶垫；销钉的防松装置应齐全可靠；

2 吊扇扇叶距地面高度不应小于2.5m；

3 吊扇组装严禁改变扇叶角度，扇叶固定螺栓防松装置应齐全；

4 吊扇应接线正确，不带电的外露可导电部分保护接地应可靠。运转时扇叶不应有明显颤动；

5 吊扇涂层应完整，表面无划痕，吊杆上下扣碗安装应牢固到位；

6 同一室内并列安装的吊扇开关安装高度应一致，控制有序不错位。

5.3.2 壁扇安装应符合下列规定：

1 壁扇底座应采用膨胀螺栓固定，膨胀螺栓的数量不应少于3个，且直径不应小于8mm。底座固定应牢固可靠；

2 壁扇防护罩应扣紧，固定可靠，运转时扇叶和防护罩均应无明显颤动和异常声响。壁扇不带电的外露可导电部分保护接地应可靠；

3 壁扇下侧边缘距地面高度不应小于1.8m；

4 壁扇涂层完整，表面无划痕，防护罩无变形。

5.3.3 换气扇安装应紧贴安装面，固定可靠。无专人管理场所的换气扇宜设置定时开关。

6 照明配电箱（板）

6.0.1 照明配电箱（板）内的交流、直流或不同电压等级的电源，应具有明显的标识。

6.0.2 照明配电箱（板）不应采用可燃材料制作。

6.0.3 照明配电箱（板）安装应符合下列规定：

1 位置正确，部件齐全；箱体开孔与导管管径适配，应一管一孔，不得用电、气焊割孔；暗装配电箱箱盖应紧贴墙面，箱（板）涂层应完整；

2 箱（板）内相线、中性线（N）、保护接地线（PE）的编号应齐全，正确；配线应整齐，无绞接现象；电线连接应紧密，不得损伤芯线和断股，多股电线应压接接线端子或搪锡；螺栓垫圈下两侧压的电线截面积应相同，同一端子上连接的电线不得多于2根；

3 电线进出箱（板）的线孔应光滑无毛刺，并有绝缘保护套；

4 箱（板）内分别设置中性线（N）和保护接地线（PE）的汇流排，汇流排端子孔径大小、端子数量应与电线线径、电线根数适配；

5 箱（板）内剩余电流动作保护装置应经测试合格；箱（板）内装设的螺旋熔断器，其电源线应接在中间触点的端子上，负荷线接在螺纹的端子上；

6 箱（板）安装应牢固，垂直度偏差不应大于1.5‰。照明配电板底边距楼地面高度不应小于1.8m；当设计无要求时，照明配电箱安装高度宜符合表6.0.3的规定；

7 照明配电箱（板）不带电的外露可导电部分

应与保护接地线（PE）连接可靠；装有电器的可开启门，应用裸铜编织软线与箱体内接地的金属部分做可靠连接；

8 应急照明箱应有明显标识。

表6.0.3 照明配电箱安装高度

配电箱高度（mm）	配电箱底边距楼地面高度（m）
600以下	1.3～1.5
600～800	1.2
800～1000	1.0
1000～1200	0.8
1200以上	落地安装，潮湿场所箱柜下应设200mm高的基础

6.0.4 建筑智能化控制或信号线路引入照明配电箱时应减少与交流供电线路和其他系统的线路交叉，且不得并排敷设或共用同一管槽。

7 通电试运行及测量

7.1 通电试运行

7.1.1 照明系统通电试运行时，应检查下列内容：

1 灯具控制回路与照明配电箱的回路标识应一致；

2 开关与灯具控制顺序相对应；

3 风扇运转应正常；

4 剩余电流动作保护装置应动作准确。

7.1.2 公用建筑照明系统通电连续试运行时间应为24h，民用住宅照明系统通电连续试运行时间应为8h。所有照明灯具均应开启，且每2h记录运行状态1次，连续试运行时间内无故障。

7.1.3 有自控要求的照明工程应先进行就地分组控制试验，后进行单位工程自动控制试验，试验结果应符合设计要求。

7.1.4 照明系统通电试运行后，三相照明配电干线的各相负荷宜分配平衡，其最大相负荷不宜超过三相负荷平均值的115%，最小相负荷不宜小于三相负荷平均值的85%。

7.2 照度和功率密度值测量

7.2.1 当有照度和功率密度测试要求时，应在无外界光源的情况下，测量并记录被检测区域内的平均照度和功率密度值，每种功能区域检测不少于2处。

1 照度值不得小于设计值；

2 功率密度值应符合现行国家标准《建筑照明设计标准》GB 50034的规定或设计要求。

7.2.2 照度测量时应待光源的光输出稳定后进行测量，并符合下列规定：

1 白炽灯需燃点 5min；

2 荧光灯需燃点 15min；

3 高强气体放电灯需燃点 30min；

4 新安装的照明系统，宜在燃点 100h（气体放电灯）和 10h（白炽灯）后再测量其照度。

7.2.3 室内照度测量宜采用准确度为二级以上的照度计；室外照度测量宜采用准确度为一级的照度计，对于道路和广场的照度测量，应采用能读到 0.1lx 的照度计。

7.2.4 照度和功率密度值测量应作记录，记录内容包括：

1 测量场所名称；

2 标有尺寸的测试点布置图；

3 各测量点的照度值；

4 平均照度计算结果；

5 光源、功率、灯具型号规格、镇流器类型、总灯数、总功率、照明功率密度；

6 灯具布置方式及安装高度；

7 测量时电源电压；

8 照度计型号、编号、检定日期；

9 测量点高度；

10 测量日期、时间、测量人员姓名。

7.2.5 照明质量有特定要求的场所，应委托有资质的专业检测机构进行检测。

8 工程交接验收

8.0.1 工程交接验收时，应对下列项目进行检查：

1 成排安装的灯具、并列安装的开关、插座，其中心轴线、垂直偏差、距地面高度；

2 盒（箱）周边的间隙，交流、直流及不同电压等级电源插座安装的准确性；

3 大型灯具的安装牢固度，吊扇、壁扇的防松措施；

4 室外灯具及接线盒的防水措施；

5 室外灯具紧固件的防锈蚀措施；

6 照明配电箱（板）回路编号及其接线的准确性；

7 灯具控制性能及试运行情况；

8 保护接地线（PE）连接的可靠性。

8.0.2 验收检查的数量应符合下列规定：

1 本规范中强制性条文规定的应全数检查；

2 本规范中非强制性条文规定的应抽查 5％。

8.0.3 工程交接验收时，应提交下列技术资料和文件：

1 竣工图；

2 设计变更、洽商记录文件及图纸会审记录；

3 产品合格证、3C 认证证书，照明设备电磁兼容检测报告；进口设备的商检证书和中文的质量合格证明文件、检测报告等技术文件；

4 检测记录。包括灯具的绝缘电阻检测记录；照度、照明功率密度检测记录；剩余电流动作保护装置的测试记录；

5 试验记录。包括照明系统通电试运行记录；有自控要求的照明系统的程序控制记录和质量大于 10kg 的灯具固定装置的载荷强度试验记录。

8.0.4 验收时提交的文件资料，可为书面纸质资料或电子文档，也可按合同约定。

本规范用词说明

1 为便于在执行本规范条文时区别对待，对要求严格程度不同的用词说明如下：

1）表示很严格，非这样做不可的：

正面词采用"必须"，反面词采用"严禁"；

2）表示严格，在正常情况下均应这样做的：

正面词采用"应"，反面词采用"不应"或"不得"；

3）表示允许稍有选择，在条件许可时首先应这样做的：

正面词采用"宜"，反面词采用"不宜"；

4）表示有选择，在一定条件下可以这样做的采用"可"。

2 条文中指明应按其他有关标准执行的写法为："应符合……的规定"或"应按……执行"。

引用标准名录

《电气装置安装工程爆炸和火灾危险环境电气装置施工及验收规范》GB 50257

《建筑照明设计标准》GB 50034

中华人民共和国国家标准

建筑电气照明装置施工与验收规范

GB 50617—2010

条 文 说 明

制 订 说 明

《建筑电气照明装置施工与验收规范》GB 50617—2010，经住房和城乡建设部 2011 年 8 月 18 日以第 753 号公告批准发布。

本规范制订过程中，编制组进行了深入广泛的调查研究，总结了我国工程建设建筑电气照明工程施工的实践经验，同时参考国际电工委员会 IEC 标准和国家灯具制造标准，并广泛征求意见。通过对灯具固定装置抗拉拔力试验，规定了质量大于 10kg 的灯具，其固定装置应按 5 倍灯具重量的恒定均布载荷全数作强度试验的要求。

为便于广大设计、施工、科研、学校等单位有关人员在使用本标准时能正确理解和执行条文规定，《建筑电气照明装置施工与验收规范》编制组按章、节、条顺序编制了本标准的条文说明，对条文规定的目的、依据以及执行中需注意的有关事项进行了说明，还着重对强制性条文的强制性理由做了解释。但是，本条文说明不具备与标准正文同等的法律效力，仅供使用者作为理解和把握标准规定的参考。

目　次

1 总 则

1.0.1 为贯彻落实国家节能减排、资源节约与利用、环境保护等要求，促进电气照明装置施工技术的进步与发展，并与现行的国家政策配套，制定本规范。

1.0.2 本条文明确了规范的适用范围。

1.0.3 按现行法律、法规的规定，施工应符合设计文件的要求。条文中"经批准的设计文件"是指由具有相应资质的设计单位提供的设计文件，该文件按有关规定履行了审查、批准手续。如由于现场情况变化，无论是建设单位、施工单位或监理单位提出要对原设计文件进行变更和修正，必须经原设计单位签证确认，即发出设计变更通知书。同理，如工程招标文件要约或工程承包合同约定，施工单位要进行深化设计，深化设计提供的设计文件同样必须经原设计单位批准。

1.0.4 本条规定有两方面的含义。第一，虽然制定规范时，已注意到相关法律、法规、技术标准和管理标准的有关规定，使之不违反且遵守或协调一致，但在执行本规范时其他相关规定可能调整，尤其国家颁发的产品制造技术标准、技术条件，是随技术进步而与时俱进不断修正的，相应的安装要求也会不断更新，因而必须在执行本规范时加以密切关注。第二，随着经济发展和技术进步必将使生产力迅猛发展，尤其在加入 WTO 后，产品制造和技术管理趋向国际化更为凸显，要求相应的管理同步更迭和修正，导致已文件化的规范会有落后不适应的趋势，要求执行规范时必须有动态观念，才能保持执行规范的合理性。

2 术 语

　　下列两条术语解释在理论上只在本规范中有效，作出的解释主要是防止出现错误理解。下列两条术语在本规范以外使用时，应注意其可能含有与本规范不同的含义。其余各条术语引用了《建筑照明设计标准》和《建筑照明术语标准》中的标准术语，在此不再作出解释。

2.0.3 悬吊式灯具包括升降悬吊式灯具，升降悬吊式灯具是指利用滑轮、平衡锤等可以调节高度的悬吊式灯具。

2.0.4 按防触电保护型式，灯具可分为Ⅰ类、Ⅱ类和Ⅲ类。Ⅱ类灯具的防触电保护不仅依靠基本绝缘，而且具有附加安全措施，例如双重绝缘或加强绝缘，但没有保护接地的措施或依赖安装条件。Ⅲ类灯具的防触电保护依靠电源电压为安全特低电压，并且不会产生高于安全特低电压 SELV 的灯具。

3 基 本 规 定

3.0.1 本条对进场的照明装置的质量、安全认证及产品要求做了明确规定，它是控制照明装置安装质量的重要环节。产品随带的检验报告应查验其是否是由有资质的检测机构出具的。对进口设备提出商检、质量合格文件以及中文的安装、使用、维修等技术文件，均是为保证进口设备能满足国内技术规范的规定，同时也便于安装施工人员及使用维护人员掌握产品的正确安装、使用和维护。国家强制性认证产品目录由国家质量监督检验检疫总局依法发布，其标识的名称为"中国强制认证"（英文名称为 China Compulsory Certification），标识的符号为"CCC"，简称为3C 标志，列入目录而未经强制认证的产品不得出厂、销售、进口或者在其他经营活动中使用。

3.0.2 设备和器材到场后，应做好检查工作，为顺利施工提供条件。对产品质量、性能的可追溯性保存必要的证据。

3.0.3 本条为贯彻《民用建筑节能条例》而设，监理工程师需按现行有关节能标准的要求进行节能指标的现场检查确认，无监理的安装工程需由建设单位现场代表进行确认。

3.0.4 为保证施工安全，要求施工单位应按本规范和国家现行的标准及产品技术文件的规定制定安全技术措施，对关键工序，如灯具通电试运行、大型灯具的吊装、载荷强度试验等尚应事先制定有针对性的安全措施。

3.0.5 为了加强管理，提高质量，避免损失，协调建筑与建筑电气照明装置施工的关系，做到文明施工，制定本条文。

3.0.6 本条为强制性条文，为确保电气照明设备的固定牢固、可靠，并延长使用寿命而制定。膨胀螺栓包括金属膨胀螺栓和塑料膨胀螺栓。

3.0.7 为了规范装饰材料墙面上灯具、开关、插座等照明装置的安装作出的规定。

3.0.8 在实际接线中，由于电线与设备接触不良（螺栓未紧固），经常出现电线与接线端子之间产生火花，发生事故。为确保安全，制定本条文。

3.0.9 为防止漏电，确保使用安全，并延长使用年限，制定本条文。本条文要求电线的端头绝缘部分应伸出绝缘台的表面是明确照明装置本身的绝缘由装置本身来承担，而不能借助绝缘台来承担。

3.0.10 本条是明确防爆照明装置的施工与验收除应执行本规范有关条文外，尚应执行《电气装置安装工程爆炸和火灾危险环境电气装置施工及验收规范》GB 50257 的有关规定。

3.0.11 电气照明装置施工中，不可避免地会对已建好的建筑物造成损坏，主要表现为凿洞或因盒（箱）

移位导致建筑物破损以及墙面或装饰面的污染等。为确保整个建筑安装工程的质量，要把施工中造成破损的部位进行修复，才可交工。

4 灯 具

4.1 一般规定

4.1.1 为防止触电，特别是防止更换灯泡时触电而作的技术规定。

4.1.2 根据灯具制造标准《灯具 第1部分：一般要求与试验》GB 7000.1—2007 中 10.2.1 绝缘电阻试验的规定，制定本条文。

4.1.3 引向单个灯具的电线是指从配电回路的灯具接线盒引向灯具的这一段线路。这段线路常采用柔性金属导管保护。为了保证电线能承受一定的机械应力和可靠安全地运行，《民用建筑电气设计规范》JGJ 16—2008 第7.4.2条规定：采用绝缘电线柔性连接布线形式时，电线最小允许截面应大于等于 $0.75mm^2$。通过调研，$0.75mm^2$ 的电线在工程中并不常用，现调整为 $1mm^2$，比较切合实际，但引向灯具的保护接地线（PE）仍应符合设计和有关规定。现工程中铝线已经很少作为灯头线使用，故删去了铝线作为灯头线的规定。

4.1.4 本条规定了照明灯具的高温部位靠近可燃物时应采取的保护措施，以预防和减少引发火灾事故。标有 ▽ 或 ▽ 符号的灯具不属此列，因为这类灯具即使由于元件故障造成过高温度也不会使安装表面过热，即适宜于直接安装在普通可燃材料的表面。

4.1.5 为确保变电所内灯具维修时的人身安全，同时不因维修时意外触及裸母线而使正常供电中断，故作此规定。

4.1.6 室外灯具的安装高度过低易发生意外撞击而损坏，如行人手持肩扛的物件撞击，车辆装载物的撞击等，故安装时应严格遵守本条文。装于车道的疏散指示灯和壁灯等特殊用途灯具除外。

4.1.7 为确保公共场所的人身安全，大型灯具在采购时应选取有保护措施的灯具，或在安装时采取切实的防止玻璃罩坠落或碎裂后向下溅落伤人的措施。

4.1.8 聚光灯通常指具有直径小于 0.2m 的出光口并形成一般不大于 20°发散角的集中光束的投光灯。由于聚光灯和类似灯具将光线集中于一点，如果距离易燃被照物体过近，很容易形成高温而引发火灾。

4.1.9 卫生间内灯具容易受潮而使玻璃灯罩或灯管等爆裂，从而造成人身伤害，灯具安装时应注意位置的合适性。

4.1.10 为防止灯用附件与灯具分离安装时的质量通病，制定本条文。

4.1.11 露天安装的灯具及其附件、导管、接线盒等由于日晒雨淋，容易锈蚀，缩短使用寿命和影响观感，所以可以采用热镀锌、喷塑或不锈钢等产品。

4.1.12 本条为强制性条文。Ⅰ类灯具的防触电保护不仅依靠基本绝缘，而且还包括基本的附加措施，即把不带电的外露可导电部分连接到固定的保护接地线（PE）上，使不带电的外露可导电部分在基本绝缘失效时不致带电。因此这类灯具必须与保护接地线可靠连接，以防触电事故的发生。

4.1.13 工程中常因实际需要而定制一些灯具，需由第三方检测其安全、光学、电气性能合格后方可安装。

4.1.14 为灯具安装美观作出的规定。

4.1.15 本条为强制性条文。灯具的固定装置是由施工单位在现场安装的，其安装形式应符合建筑物的结构特点。为了防止由于安装不可靠或意外因素，发生灯具坠落现象而造成人身伤亡事故，灯具固定装置安装完成、灯具安装前要求在现场做恒定均布载荷强度试验，试验的目的是检验安装质量。灯具所提供的吊环、连接件等附件强度应由灯具制造商在工厂进行过载试验。根据灯具制造标准《灯具 第1部分：一般要求与试验》GB 7000.1—2007 中第4.14.1条的规定，对所有的悬挂灯具应将 4 倍灯具重量的恒定均布载荷以灯具正常的受载方向加在灯具上，历时 1h。试验终了时，悬挂装置（灯具本身）的部件应无明显变形。因此当在灯具上加载 4 倍灯具重量的载荷时，灯具的固定装置（施工单位现场安装的）须承受 5 倍灯具重量的载荷。

通过抗拉拔力试验而知，灯具的固定装置（采用金属型钢现场加工，用 $\phi8$ 的圆钢作马鞍形灯具吊钩）若用 2 枚 M8 的金属膨胀螺栓可靠地后锚固在混凝土楼板中，抗拉拔力可达 10kN 以上且抗拉拔力取决于金属膨胀螺栓的规格大小和安装可靠程度；灯具的固定装置若焊接到混凝土楼板的预埋铁板上，抗拉拔力可达到 22kN 以上且抗拉拔力取决于装置材料自身的强度。因此对于质量小于 10kg 的灯具，其固定装置由于材料自身的强度，无论采用后锚固或在预埋铁板上焊接固定，只要安装是可靠的，均可承受 5 倍灯具重量的载荷。质量大于 10kg 的灯具，其固定装置应该采用在预埋铁板上焊接或后锚固（金属螺栓或金属膨胀螺栓）等方式安装，不应采用塑料膨胀螺栓等方式安装，但无论采用哪种安装方式，均应符合建筑物的结构特点且按照本条文要求全数做强度试验，以确保安全。

4.1.16 自动通、断电源的控制装置，常用于景观照明灯、节日彩灯、路灯、庭院灯、广场灯、航空障碍标志灯等灯具回路中。有些灯具如路灯、航空障碍标志灯等，自身也可带有通、断电源的控制装置。灯具安装完毕，应按照设计要求和使用功能进行调试，使其准确动作。

4.2 常用灯具

4.2.1 为保证安装的灯具牢固可靠,制定本条文。室外壁灯的质量参差不齐,但灯具应有泄水孔且应在灯具腔体的底部,以防因积水引起短路。

4.2.2 悬吊式灯具能否可靠固定,对于人身安全是至关重要的。带升降器的软线吊灯在吊线展开后不应触及工作台面或过于接近台面上的易燃物品,否则容易发生灯具玻璃灯罩或灯管(泡)碰到工作台面爆裂造成人身伤害,且能防止较热光源长时间靠近台面上的易燃物品,烤焦台面物品;普通软线吊灯,大部分已用双绞塑料线取代纱包花线,抗拉强度有所降低,约可承受 0.8kg 的质量而不被拉断。为确保安全,规定软线吊灯超过 0.5kg 时,应增设吊链或吊绳;固定悬吊灯具的螺栓或吊钩与灯具是等强度概念,为避免螺栓或吊钩受意外拉力,发生灯具坠落现象,规定了螺栓或吊钩圆钢直径的下限。

用钢管作灯具吊杆时,如果钢管内径太小,不利于穿线;管壁太薄,不利于套丝,套丝后强度也不能保证。

4.2.3 嵌入式灯具在工程中得到广泛应用,其固定可采用专设框架,也可通过吊链或吊杆固定。

4.2.4 本条是对光轴定向的投光灯安装所做的一般技术规定。

4.2.5 导轨灯是指灯具嵌入导轨,可在轨道上移动、变换位置和调节投光角度,以实现对目标重点照明的灯具。为避免灯具数量过多,载流量和载荷超过导轨额定载流量和载荷,缩短使用寿命,故作此规定。

4.2.6 庭院灯、路灯和高杆灯均有灯具绝缘、密闭防水、安装牢固的共性要求。灯具的相线上装设短路等保护装置是为了避免其中一个灯具发生故障时,影响整个回路的照明,造成较大面积没有照明。因为这些灯具除了有夜间照明的作用,还有夜间安全警卫的用途。

4.2.7 高压汞灯、高压钠灯、金属卤化物灯光效高、寿命长,适用于车间、道路大面积照明,但需注意镇流器必须与灯管(泡)匹配使用,否则会影响灯管(泡)寿命或启动困难。高压汞灯可任意位置使用,但水平点燃会影响光通量输出。金属卤化物管形镝灯要求接在 380V 线路中,结构有水平点燃、灯头在上的垂直点燃和灯头在下的垂直点燃三种。

4.2.8 安装于线槽和封闭插接式照明母线下方的灯具,是指在营业场所、生产车间、地下室等大空间安装的,与线槽、封闭插接式照明母线非配套的灯具。由于这类灯具需要在施工现场与线槽内电线、封闭插接式照明母线连接,容易产生各种质量通病和电气安全隐患,因此施工中要规范安装。灯具应通过灯具电源插座与线槽内电线、封闭插接式照明母线连接,不能因一个灯的故障而影响整个回路长时间停电。

4.2.9 埋地灯的防护等级关系其能否正常工作,因此采购时必须符合设计要求。为避免光源散发的热量积聚在埋地灯易触及部件上形成高温而灼伤人,安装时应检查埋地灯的光源功率是否超过灯具额定功率。

4.3 专用灯具

4.3.1 疏散照明是在火灾等紧急情况下,有效指示人群安全撤离的照明,因此必须采用经消防检测中心检测合格的产品。由于层高或吊平顶高度的限制,安全出口灯在门框上方无法安装时,可以安装在门的左右上方。在大型商场、娱乐场所等为了保持视觉的连续,疏散指示标志有时也装在地面上,既有采用灯光疏散指示标志,也有采用蓄光疏散指示标志,但都应有防止被重物或外力损坏的措施。在平时点亮疏散照明灯具有检修灯具的作用。应急照明是当建筑物处于特殊情况下发生停电现象,使某些关键位置的灯具仍能正常工作的照明。应急照明灯的回路应按照防火分区独立布置,而不应从一个防火分区穿越到另一个防火分区。由于应急照明的重要性,所以检验其电源转换时间和最少持续供电时间的技术参数是至关重要的。《民用建筑电气设计规范》JGJ 16—2008 第 13.8.5 条对电源转换时间作了相应规定,施工单位在灯具选用时应引起注意。

4.3.2 霓虹灯为高压气体放电装饰用灯具,通常安装在临街商铺的正面,人行道的正上方,故应特别注意安装牢固可靠,防止高电压泄漏和气体放电而使灯管破碎溅落伤人;专用变压器在吊平顶内安装时,必须固定牢固,有防火措施、安全间距、维修通道。

4.3.3 本条为强制性条文。随着城市的美化,建筑物景观照明灯具的应用日益普及。因工程需要,有些灯架安装在人员来往密集的场所或易被人接触的位置,因而要有严格的防灼伤和防触电措施。为执行国家节能政策,景观照明应设置深夜减光控制装置,节能分级要符合设计要求。

4.3.4 航空障碍标志灯装在建筑物或构筑物的外侧高处,对维护和更换光源不便也不安全,所以要有建筑设计提供专门措施。由于航空障碍灯装在易受雷击的高处,图纸会审时应校核其是否处于接闪器保护范围内,否则应设置避雷小针。

4.3.5 手术台无影灯重量较大,且经常调节,所以其固定和防松是安装的关键,从预埋到固定均应严格执行本条的规定。

4.3.6 本条是为了防止紫外线灼伤人的眼睛,危及人身健康而作的规定。

4.3.7 游泳池和类似场所用灯具,按防尘防水分类:与池、槽的水接触的那部分应为加压水密型(IPX8),不接触的那部分至少为防尘和防溅型

（IP54）；按防触电保护形式应为Ⅲ类灯具，其外部和内部线路的工作电压应不超过12V。

4.3.8 建筑物彩灯一般安装在女儿墙、屋脊等建筑物的外部位置，通常依附于建筑物且与建筑物的轮廓线一致，以显示建筑造型。建筑物彩灯由于安装在室外，密闭防水是施工的关键。建筑物彩灯采用LED等新型光源符合国家节能减排政策，并已在一些城市得到应用。所有不带电的外露可导电部分均应与保护接地线可靠连接，是为防止人身触电事故的发生。

4.3.9 太阳能灯具是一种采用新型能源的灯具，目前多用于道路照明灯、庭院灯等。安装过程中应固定可靠，注意电池组件的朝向和系统的接线与拆卸顺序。太阳能灯具要尽量避免靠近热源，以防影响灯具使用寿命。太阳能电池板上方不应有其他直射光源，以免使灯具控制系统误识别导致误操作。

4.3.10 由于安装场所的洁净要求，密封性是洁净灯具安装的关键，故灯具的安装不应破坏洁净室密封性。灯具安装结束后应清除灯具表面的灰尘，可使洁净室调试检测工作早日完成。

4.3.11 防爆灯具的安装主要是严格按照设计要求选用产品，不得用非防爆产品代替。各泄压口上方或下方不得安装灯具，主要是因为泄放时有气体冲击，会损坏灯具。

5 插座、开关、风扇

5.1 插 座

5.1.1 同一场所装有交流和直流的电源插座，或不同电压等级的插座，是为不同需要的用电设备设置的，用电时不能插错，否则会导致设备损坏或危及人身安全，因此必须在安装措施上作出保证。

5.1.2 本条第1款～第3款为强制性条文，必须严格执行。统一插座接线的规定，目的是为了用电安全，特别是在三相供电系统中，中性线（N）和保护接地线（PE）不能混同，应严格区分，否则有可能导致线路不能正常工作和危及人身安全。规定保护接地线（PE）在插座间不得串联连接，相线与中性线不得利用插座本体的接线端子转接供电，分别是为了确保保护接地的可靠性和供电可靠性。转接供电是指剥去电线端部绝缘层，将几根电线绞接后插入接线端子，依靠接线端子对后续用电设备供电。这种工艺有时因电线绞接不可靠或接线端子螺栓压接不紧而松动、接触不良，造成后续用电设备断电甚至失火。

5.1.3 选用安全型插座是为了预防未成年人用导电异物触及插座的导电部位。在潮湿场所应选用防溅水型插座，一般厨房、卫生间、开水间等场所可以看作潮湿场所。为了方便残疾人和老年人的日常起居与工作，对他们使用的插座高度作了一般规定。同时为了

观感舒适，规定了同一场所或并列安装的插座安装高度偏差。限制插座数量主要是从使用和维护的灵活性、方便性考虑。

5.2 开 关

5.2.1 照明开关通断位置一致，控制有序不错位，既方便实用，也可以给维修人员提供安全操作保障。如位置紊乱，不切断相线，易给维修人员造成错觉，检修时较易造成触电事故。

5.2.2、5.2.3 为了装饰美观，便于检修作出的规定。

5.2.4 距离的规定与人体特征有关，与身高、手臂长度等相匹配，使操作方便。本条是经实践验证而认同的规定。

5.2.5 本条是为安装美观和电气防火而作的技术性规定。

5.3 风 扇

5.3.1 吊扇在运转时有轻微振动，因此其固定和防松装置齐全是安装的关键。吊扇扇叶距地高度低于2.5m，人的手臂有可能触及扇叶，从而发生人身伤害事故，所以安装时应严格执行本条文的规定。

5.3.2 本条主要是为了壁扇可靠固定和运行安全而作的技术性规定。

5.3.3 无专人管理场所的换气扇设置定时开关，是为避免换气扇长时间运转而烧毁。

6 照明配电箱（板）

6.0.1 本条文是为防止误操作、方便检修、确保人身安全及保护设备的正常使用而制定的。

6.0.2 本条是为防止火灾发生而作的规定。

6.0.3 同一端子上压接的电线不多于2根且要求电线截面积相同是为了压接紧密，防止一根压紧，另一根松动，使导电不利。

中性线和保护接地线汇流排端子的孔径大小和数量往往与实际施工时箱内的中性线和保护接地线线径和数量不匹配，经常产生将电线截去几股后再插入汇流排端子或几根电线绞接后插入端子的现象，给正常运行埋下隐患，应引起施工单位足够重视。施工单位应认真查看配电箱系统图，在订货时向厂家明确提出汇流排端子的孔径大小和数量要求。

由于目前使用的照明配电箱功能日趋多样化，常包含双电源装置、仪表、电气火灾报警模块、塑壳断路器等元器件，箱体的高度有较大增加。为了方便操作及在紧急情况下能及时切断电源，配电箱的安装高度应以方便切断电源主开关为宜。

6.0.4 在实际施工中，智能建筑工程和建筑电气工程常由不同单位施工，产生配电箱内智能化控制和信

号线敷设零乱，与强电线路交叉重叠，不但影响观感，而且容易产生干扰，故本条文作出相应规定。

7 通电试运行及测量

7.1 通电试运行

7.1.1 在照明系统通电试运行时，应检查核对灯具回路控制与照明配电箱及回路的标识是否一致、开关与灯具控制顺序是否相对应、风扇的转向及调速开关是否正常，剩余电流动作保护装置动作是否准确，以保证施工质量和设计的预期功能相符合。

7.1.2 大型公共建筑的照明工程负荷大、灯具数量多，且本身对系统的可靠性要求高，所以需要做连续的全负荷通电运行试验，以检查整个照明工程的发热稳定性和系统运行的安全性。在通电试运行的同时也可以暴露出一些灯具和光源的质量问题，以便于更换。如照明工程有自控要求，则连续运行试验照明的控制方案是不是满足自控系统编程的要求，为自控系统调试的功能性提供依据。民用住宅由于容量较小、可靠性和安全性要求相对较低，故要求的通电试运行时间较短。

7.1.3 对有自控要求的照明工程，结合通电试运行进行分区、分组的控制试验，验证控制功能对设计的符合性，然后进行整个系统的联合运行调试，直至运行控制的逻辑功能满足设计的要求。本条内容主要由智能化系统调试完成，照明装置施工单位做配合工作。

7.1.4 电源各相负荷不均衡会影响照明器具的发光效率和使用寿命，造成电能损耗和资源浪费。在建筑物照明通电试运行时开启全部照明负荷，使用三相功率计检测各相负荷的电流、电压和功率，并做好记录。

7.2 照度和功率密度值测量

7.2.1 本条为强制性条文。为贯彻《建筑节能工程施工质量验收规范》，进行平均照度和功率密度值检测，应重点对公共建筑和建筑的公共部分的照明进行检测。考虑到部分住宅项目中住户的个性化使用情况

偏差较大，一般不建议以住宅内的测试结果作为判断的依据。有些场所为了加强装饰效果，安装了枝形花灯、壁灯、艺术吊灯等装饰性灯具，这种场所可以增加照明安装功率，增加的数值按实际采用的装饰性灯具总功率的50％计算LPD值。这是考虑到装饰性灯具的利用系数较低，所以假定它有一半左右的光通量起到提高作业面照度的效果。照度测试要求在无外界光源的情况下进行，一般可以在夜间或在白天测试区域有遮挡时进行。

本条中功能区域是指使用用途、照明设置标准相同的区域，如教学楼的多个教室，只需检测2个教室即可。

7.2.2 不同的光源，从点亮到光输出稳定的时间不同，故照度测量需在燃点一定时间后进行；新的未曾燃点的光源与燃点一定时间的光源又有差别，故建议对新安装光源在燃点一定时间后进行照度测量。

7.2.3 不同的场所，照度的标准不一样，为保证照度测试的误差在允许的范围内，故不同的场所要选用与照度测试要求相适应的照度计。

7.2.4 对照度和功率密度值测量应作详尽的记录，以作交接验收依据。

7.2.5 演播厅、体育场馆等对照明质量要求较高的场所，由于施工单位检测设备、技术可能达不到检测要求，同时为确保检测结果公正，应委托专业检测机构检测。

8 工程交接验收

8.0.1 为保证施工质量，交接验收时，要按照本条文内容进行检查。

8.0.2 照明装置施工结束后，应按本条文规定进行检查，以确保工程质量，只有检查合格后，才具备通电试运行的条件。

8.0.3 施工单位在工程竣工进行交接时，应根据本条文的规定提交记录；交工后存档备案。

8.0.4 随着科技的发展，电子文档的应用越来越普及，工程验收资料也可采用电子文档。

中华人民共和国国家标准

无障碍设施施工验收及维护规范

Construction acceptance and maintenance
standards of the barrier-free facilities

GB 50642—2011

主编部门：江 苏 省 住 房 和 城 乡 建 设 厅
批准部门：中华人民共和国住房和城乡建设部
施行日期：2 0 1 1 年 6 月 1 日

中华人民共和国住房和城乡建设部
公 告

第 886 号

关于发布国家标准
《无障碍设施施工验收及维护规范》的公告

现批准《无障碍设施施工验收及维护规范》为国家标准，编号为GB 50642—2011，自2011年6月1日起实施。其中，第3.1.12、3.1.14、3.14.8、3.15.8条为强制性条文，必须严格执行。

本规范由我部标准定额研究所组织中国计划出版社出版发行。

中华人民共和国住房和城乡建设部

二〇一〇年十二月二十四日

前　言

本规范是根据住房和城乡建设部《关于印发〈2008年工程建设标准规范制订、修订计划（第一批）〉的通知》（建标〔2008〕102号）的要求，由南京建工集团有限公司和江苏省金陵建工集团有限公司会同有关单位共同编制完成的。

本规范在编制过程中，编制组进行了广泛的调查研究，分赴我国华南、西南、东北、华东等地区进行考察和调研，并充分地征求全国无障碍建设专家的意见，对主要问题进行了反复论证，最后经审查定稿。

本规范共分4章和7个附录，主要技术内容包括：总则、术语、无障碍设施的施工验收、无障碍设施的维护。

本规范中以黑体字标志的条文为强制性条文，必须严格执行。

本规范由住房和城乡建设部负责管理和对强制性条文的解释，江苏省住房和城乡建设厅负责日常管理，由南京建工集团有限公司和江苏省金陵建工集团有限公司负责具体技术内容的解释。在执行过程中，请各单位结合无障碍城市的建设，认真总结经验，如发现需要修改和补充之处，请将意见和建议寄至南京建工集团有限公司无障碍施工管理组（地址：南京市阅城大道26号，邮政编码：210012），以供今后修订时参考。

本规范主编单位、参编单位、主要起草人和主要审查人：

主 编 单 位：南京建工集团有限公司

参 编 单 位：江苏省金陵建工集团有限公司
　　　　　　江苏中兴建设有限公司
　　　　　　南京市住房和城乡建设委员会
　　　　　　南京市城市管理局
　　　　　　南京市残疾人联合会
　　　　　　上海市政工程设计研究总院
　　　　　　南京市市政设计研究院有限责任公司
　　　　　　上海崇海建设发展有限公司
　　　　　　南京嘉盛建设集团有限公司
　　　　　　南京万科物业管理有限公司
　　　　　　南京市雨花台区建筑安装工程质量监督站
　　　　　　南京市第四建筑工程有限公司

主要起草人：汪志群　周序洋　钱艺柏
　　　　　　鲁开明　吕　斌　张　怡
　　　　　　吴　迪　张卫东　张步宏
　　　　　　张殿齐　杜　军　吴　立
　　　　　　徐　健　王　斌　夏永锋
　　　　　　丁新伟　葛新明　管　平
　　　　　　吴纪宁

主要审查人：周文麟　祝长康　吴松勤
　　　　　　孟小平　孙　蕾　陈育军
　　　　　　王奎宝　陈国本　胡云林
　　　　　　梁晓农　赵建设　曾　虹
　　　　　　郑祥斌　郭　健　邓晓梅

目　　次

Contents

1 总　则

1.0.1 为贯彻落实《残疾人保障法》，方便残疾人、老年人等社会特殊群体以及全体社会成员出行和参与社会活动，加强无障碍物质环境的建设，规范无障碍设施施工和维护活动，统一施工阶段的验收要求和使用阶段的维护要求，制定本规范。

1.0.2 本规范适用于新建、改建和扩建的城市道路、建筑物、居住区、公园等场所的无障碍设施的施工验收和维护。

1.0.3 无障碍设施的施工和维护应确保安全和适用。

1.0.4 无障碍设施的施工和交付应与建设工程的施工和交付相结合，同步进行。无障碍设施施工应进行专项的施工策划和验收；无障碍设施应做到定期检查维护，消除隐患，确保其安全和正常使用。

1.0.5 无障碍设施施工验收及维护除应符合本规范的规定外，尚应符合国家现行有关标准的规定。

2 术　语

2.0.1 无障碍设施　barrier-free facilities

为残疾人、老年人等社会特殊群体自主、平等、方便地出行和参与社会活动而设置的进出道路、建筑物、交通工具、公共服务机构的设施以及通信服务等设施。

2.0.2 家庭无障碍　barrier-free transform in residence

为适应残疾人、老年人等社会特殊群体需要，对其住宅设置无障碍设施的活动。

2.0.3 抗滑系数　coefficient of slip-resistance

物体克服最大静摩擦力，开始产生滑动时的切向力与垂直力的比值。

2.0.4 抗滑摆值　british pendulum number

采用摆式摩擦系数测定仪测定的道路表面的抗滑能力的表征值。

2.0.5 盲文标志　braille sign

采用盲文标识，使视力残疾者通过手的触摸，了解所处位置、指示方向的标志。包括盲文地图、盲文铭牌和盲文站牌。

2.0.6 盲文铭牌　braille board

在无障碍设施或附近的固定部位上设置的采用盲文标识告知信息的铭牌。

2.0.7 求助呼叫按钮　emergency button

设置在无障碍厕所、浴室、客房、公寓和居住建筑内，在紧急情况下用于求助呼叫的装置。

2.0.8 护壁（门）板　baseboard

在墙体和门扇下部，为防止轮椅脚踏碰撞设置的挡板。

2.0.9 观察窗　viewing-window

为方便残疾人、老年人等社会特殊群体通行，在视线障碍处（如不透明门、转弯墙）设置的供观察人员动态的窗口。

2.0.10 无障碍设施施工　barrier-free facilities construction

为实现无障碍设施的设计要求，有组织地对无障碍设施进行策划、实施、检验、验收和交付的活动。

2.0.11 无障碍设施维护人　barrier-free facilities maintainer

无障碍设施维护的责任人和承担者，一般指设施的产权所有人或其委托的管理人。

2.0.12 无障碍设施维护　barrier-free facilities maintenance

为保证无障碍设施在正常条件下正常使用，对无障碍设施进行检查、维修和日常养护的活动。无障碍设施的维护分为系统性维护、功能性维护和一般性维护。

2.0.13 无障碍设施的系统性维护　systematic maintenance of barrier-free facilities

对新建、改建和扩建造成的无障碍设施出现的系统性缺损所进行维护的活动。

2.0.14 无障碍设施的功能性维护　functional maintenance of barrier-free facilities

对无障碍设施的局部出现裂缝、变形和破损，松动、脱落和缺失，故障、磨损、褪色和防滑性能下降等功能性缺损所进行维护的活动。

2.0.15 无障碍设施的一般性维护　general maintenance of barrier-free facilities

对无障碍设施被临时占用或被污染等一般性缺损所进行维护的活动。

3 无障碍设施的施工验收

3.1 一般规定

3.1.1 设计单位就审查合格的施工图设计文件向施工单位进行技术交底时，应对该工程项目包含的无障碍设施作出专项的说明。

3.1.2 无障碍设施的施工应由具有相关工程施工资质的单位承担。

3.1.3 实行监理的建设工程项目，项目监理部应对该工程项目包含的无障碍设施编制监理实施细则。

3.1.4 施工单位应按审查合格的施工图设计文件和施工技术标准进行无障碍设施的施工。

3.1.5 单位工程的施工组织设计中应包括无障碍设施施工的内容。

3.1.6 无障碍设施施工现场应在质量管理体系中包含相关内容，制定相关的施工质量控制和检验制度。

3.1.7 无障碍设施施工应建立安全技术交底制度，并对作业人员进行相关的安全技术教育与培训。作业前，施工技术人员应向作业人员进行详尽的安全技术交底。

3.1.8 无障碍设施疏散通道及疏散指示标识、避难空间、具有声光报警功能的报警装置应符合国家现行消防工程施工及验收标准的有关规定。

3.1.9 无障碍设施使用的原材料、半成品及成品的质量标准，应符合设计文件要求及国家现行建筑材料检测标准的有关规定。室内无障碍设施使用的材料应符合国家现行环保标准的要求；并应具备产品合格证书、中文说明书和相关性能的检测报告。进场前应对其品种、规格、型号和外观进行验收。需要复检的，应按设计要求和国家现行有关标准的规定进行取样和检测。必要时应划分单独的检验批进行检验。

3.1.10 缘石坡道、盲道、轮椅坡道、无障碍出入口、无障碍通道、楼梯和台阶、无障碍停车位、轮椅席位等地面面层抗滑性能应符合标准、规范和设计要求。

3.1.11 无障碍设施施工及质量验收应符合下列规定：

1 无障碍设施的施工及质量验收应符合国家现行标准《城镇道路工程施工与质量验收规范》CJJ 1和《建筑工程施工质量验收统一标准》GB 50300的有关规定。

2 无障碍设施的施工及质量验收应按设计要求进行；当设计无要求时，应按国家现行工程质量验收标准的有关规定验收；当没有明确的国家现行验收标准要求时，应由设计单位、监理单位和施工单位按照确保无障碍设施的安全和使用功能的原则共同制定验收标准，并按验收标准进行验收。

3 无障碍设施的施工及质量验收应与单位工程的相关分部工程相对应，划分为分项工程和检验批。无障碍设施按本规范附录 A 进行分项工程划分并与相关分部工程对应。

4 无障碍设施的施工及质量验收应由监理工程师（建设单位项目技术负责人）组织无障碍设施施工单位项目质量负责人等进行。

5 无障碍设施涉及的隐蔽工程在隐蔽前应由施工单位通知监理单位进行验收，并按本规范附录 B 的格式记录，形成验收文件。

6 检验批的质量验收应按本规范附录 D 的格式记录。检验批质量验收合格应符合下列规定：

1）主控项目的质量应经抽样检验合格。

2）一般项目的质量应经抽样检验合格；当采用计数检验时，一般项目的合格点率应达到80%及以上，且不合格点的最大偏差不得大于本规范规定允许偏差的1.5倍。

3）具有完整的施工原始资料和质量检查记录。

7 分项工程的质量验收应按本规范附录 D 的格式记录，分项工程质量验收合格应符合下列规定：

1）分项工程所含检验批均应符合质量合格的规定。

2）分项工程所含检验批的质量验收记录应完整。

8 当无障碍设施施工质量不符合要求时，应按下列规定进行处理：

1）经返工或更换器具、设备的检验批，应重新进行验收。

2）经返修的分项工程，虽然改变外形尺寸但仍能满足安全使用要求，应按技术处理方案和协商文件进行验收。

3）因主体结构、分部工程原因造成的拆除重做或采取其他技术方案处理的，应重新进行验收或按技术方案验收。

9 无障碍通道的地面面层和盲道面层应坚实、平整、抗滑、无倒坡、不积水。其抗滑性能应由施工单位通知监理单位进行验收。面层的抗滑性能采用抗滑系数和抗滑摆值进行控制；抗滑系数和抗滑摆值的检测方法应符合本规范第 C.0.2 条和第 C.0.3 条的规定。验收记录应按本规范表 C.0.1 的格式记录，形成验收文件。

10 无障碍设施地面基层的强度、厚度及构造做法应符合设计要求。其基层的质量验收，与相应地面基层的施工工序同时验收。基层验收合格后，方可进行面层的施工。

11 地面面层施工后应及时进行养护，达到设计要求后，方可正常使用。

3.1.12 安全抓杆预埋件应进行验收。

3.1.13 安全抓杆预埋件验收时，应由施工单位通知监理单位按本规范附录 B 的格式记录，形成验收文件。

3.1.14 通过返修或加固处理仍不能满足安全和使用要求的无障碍设施分项工程，不得验收。

3.1.15 未经验收或验收不合格的无障碍设施，不得使用。

3.2 缘石坡道

3.2.1 本节适用于整体面层和板块面层缘石坡道的施工验收。

Ⅰ 整体面层验收的主控项目

3.2.2 缘石坡道面层材料抗压强度应符合设计要求。

检验方法：查抗压强度试验报告。

3.2.3 缘石坡道坡度应符合设计要求。

检查数量：每 40 条查 5 点。

检验方法：用坡度尺量测检查。

3.2.4 缘石坡道宽度应符合设计要求。

检查数量：每40条查5点。

检验方法：用钢尺量测检查。

3.2.5 缘石坡道下口与缓冲地带地面的高差应符合设计要求。

检查数量：每40条查5点。

检验方法：用钢尺量测检查。

Ⅱ 整体面层验收的一般项目

3.2.6 混凝土面层表面应平整、无裂缝。

检查数量：每40条查5条。

检验方法：观察检查。

3.2.7 沥青混合料面层压实度应符合设计要求。

检查数量：每50条查2点。

检验方法：查试验记录（马歇尔击实试件密度，试验室标准密度）。

3.2.8 沥青混合料面层表面应平整、无裂缝、烂边、掉渣、推挤现象，接茬应平顺，烫边无枯焦现象。

检查数量：每40条查5条。

检验方法：观察检查。

3.2.9 整体面层的允许偏差应符合表3.2.9的规定。

表 3.2.9　整体面层允许偏差

项　目		允许偏差（mm）	检验频率		检验方法
			范围	点数	
平整度	水泥混凝土	3	每条	2	2m靠尺和塞尺量取最大值
	沥青混凝土	3			
	其他沥青混合料	4			
厚度		±5	每50条	2	钢尺量测
井框与路面高差	水泥混凝土	3	每座	1	十字法，钢板尺和塞尺量取最大值
	沥青混凝土	5			

Ⅲ 板块面层验收的主控项目

3.2.10 板块面层所用的预制砌块、陶瓷类地砖、石板材和块石的品种、质量应符合设计要求。

检验方法：观察检查和检查材质合格证明文件及检验报告。

3.2.11 结合层、块料填缝材料的强度、厚度应符合设计要求。

检验方法：查验收记录、材质合格证明文件及抗压强度试验报告。

3.2.12 缘石坡道坡度应符合设计要求。

检查数量：每40条查5点。

检验方法：用坡度尺量测检查。

3.2.13 缘石坡道宽度应符合设计要求。

检查数量：每40条查5点。

检验方法：用钢尺量测检查。

3.2.14 缘石坡道下口与缓冲地带地面的高差应符

合设计要求。

检查数量：每40条查5点。

检验方法：用钢尺量测检查。

3.2.15 缘石坡道面层与基层应结合牢固、无空鼓。

检验方法：用小锤轻击检查。

注：凡单块砖边角有局部空鼓，且每检验批不超过总数5%可不计。

Ⅳ 板块面层验收的一般项目

3.2.16 地砖、石板材外观不应有裂缝、掉角、缺楞和翘曲等缺陷，表面应洁净、图案清晰、色泽一致，周边顺直。

检验方法：观察检查。

3.2.17 块石面层应组砌合理，无十字缝；当设计未要求时，块石面层石料缝隙应相互错开、通缝不超过两块石料。

检验方法：观察检查。

3.2.18 板块面层的允许偏差应符合设计规范的要求和表3.2.18的规定。

表 3.2.18　板块面层允许偏差

项　目	允许偏差（mm）				检验频率		检验方法
	预制砌块	陶瓷类地砖	石板材	块石	范围	点数	
平整度	5	2	1	3	每条	2	2m靠尺和塞尺量取最大值
相邻块高差	3	0.5	0.5	2	每条	2	钢板尺和塞尺量取最大值
井框与路面高差	3		3		每座	1	十字法，钢板尺和塞尺量取最大值

3.3 盲　道

3.3.1 本节适用于预制盲道砖（板）盲道和其他型材盲道的施工验收。

3.3.2 盲道在施工前应对设计图纸进行会审，根据现场情况，与其他设计工种协调，不宜出现为避让树木、电线杆、拉线等障碍物而使行进盲道多处转折的现象。

3.3.3 当利用检查井盖上设置的触感条作为行进盲道的一部分时，应衔接顺直、平整。

3.3.4 盲道铺砌和镶贴时，行进盲道砌块与提示盲道砌块不得替代使用或混用。

Ⅰ 预制盲道砖（板）盲道验收的主控项目

3.3.5 预制盲道砖（板）的规格、颜色、强度应符合设计要求。行进盲道触感条和提示盲道触感圆点凸面高度、形状和中心距允许偏差应符合表 3.3.5-1、表 3.3.5-2 的规定。

表 3.3.5-1　行进盲道触感条凸面高度、形状和中心距允许偏差

部　位	规定值(mm)	允许偏差(mm)
面宽	25	±1
底宽	35	±1
凸面高度	4	+1
中心距	62～75	±1

表 3.3.5-2　提示盲道触感圆点凸面高度、形状和中心距允许偏差

部　位	规定值(mm)	允许偏差(mm)
表面直径	25	±1
底面直径	35	±1
凸面高度	4	+1
圆点中心距	50	±1

检查数量：同一规格、同一颜色、同一强度的预制盲道砖（板）材料，应以100m² 为一验收批；不足100m² 按一验收批计，每验收批取 5 块试件进行检查。

检验方法：查材质合格证明文件、出厂检验报告、用钢尺量测检查。

3.3.6　结合层、盲道砖（板）填缝材料的强度、厚度应符合设计要求。

检验方法：查验收记录、材质合格证明文件及抗压强度试验报告。

3.3.7　盲道的宽度，提示盲道和行进盲道设置的部位、走向应符合设计要求。

检查数量：全数检查。

检验方法：观察和用钢尺量测检查。

3.3.8　盲道与障碍物的距离应符合设计要求。

检查数量：全数检查。

检验方法：用钢尺量测检查。

Ⅱ　预制盲道砖（板）盲道验收的一般项目

3.3.9　人行道范围内各类管线、树池及检查井等构筑物，应在人行道面层施工前全部完成。外露的井盖高程应调整至设计高程。

检查数量：全数检查。

检验方法：用水准仪、靠尺量测检查。

3.3.10　盲道砖（板）的铺设和镶贴应牢固、表面平整、缝线顺直、缝宽均匀、灌缝饱满、无翘边、翘

角，不积水。其触感条和触感圆点的凸面应高出相邻地面。

检查数量：全数检查。

检验方法：观察检查。

3.3.11　预制盲道砖（板）外观允许偏差应符合表 3.3.11 的规定。

表 3.3.11　预制盲道砖（板）外观允许偏差

项　目	允许偏差(mm)	检查频率		检验方法
		范围(m)	块数	
边长	2			钢尺量测
对角线长度	3	500	20	钢尺量测
裂缝、表面起皮	不允许出现			观察

3.3.12　预制盲道砖（板）面层允许偏差应符合表 3.3.12 的规定。

表 3.3.12　预制盲道砖（板）面层允许偏差

项目名称	允许偏差(mm)			检查频率		检验方法
	预制盲道块	石材类盲道板	陶瓷类盲道板	范围(m)	点数	
平整度	3	1	2	20	1	2m靠尺和塞尺量取最大值
相邻块高差	3	0.5	0.5	20	1	钢板尺和塞尺量测
接缝宽度	+3；-2	1	1	50	1	钢尺量测
纵缝顺直	5	—	—	50	1	拉20m线钢尺量测
	—	2	3	50	1	拉5m线钢尺量测
横缝顺直	2	1	1	50	1	按盲道宽度拉线钢尺量测

Ⅲ　橡塑类盲道验收的主控项目

3.3.13　橡塑类盲道应由基层、粘结层和盲道板三部分组成。基层材料宜由混凝土（水泥砂浆）、天然石材、钢质或木质等材料组成。

3.3.14　采用橡胶地板材料制成的盲道板的性能指标应符合现行行业标准《橡塑铺地材料　第 1 部分　橡胶地板》HG/T 3747.1 的有关规定。

检验方法：查材质合格证明文件、出厂检验报告。

3.3.15　采用橡胶地砖材料制成的盲道板的性能指标应符合现行行业标准《橡塑铺地材料　第 2 部分　橡胶地砖》HG/T 3747.2 的有关规定。

检验方法：查材质合格证明文件、出厂检验报告。

3.3.16　聚氯乙烯盲道型材的性能指标应符合现行行业标准《橡塑铺地材料　第 3 部分　阻燃聚氯乙烯地

板》HG/T 3747.3 的有关规定。

检验方法：查材质合格证明文件、出厂检验报告。

3.3.17 橡塑类盲道板的厚度应符合设计要求。其最小厚度不应小于 30mm，最大厚度不应大于 50mm。厚度的允许偏差应为 ±0.2mm。触感条和触感圆点凸面高度、形状应符合本规范表 3.3.5-1、表 3.3.5-2 的规定。

检验方法：查出厂检验报告、用游标卡尺量测。

3.3.18 粘合剂的品种、强度、厚度应符合设计和相关规范要求。面层与基层应粘结牢固、不空鼓。

检验方法：查材质合格证明文件、出厂检验报告，小锤轻击检查。

3.3.19 橡塑类盲道的宽度，提示盲道和行进盲道设置的部位、走向应符合设计要求。

检查数量：全数检查。

检验方法：观察检查和用钢尺量测检查。

3.3.20 橡塑类盲道与障碍物的距离应符合设计要求。

检查数量：全数检查。

检验方法：钢尺量测检查。

Ⅳ 橡塑类盲道验收的一般项目

3.3.21 橡塑类盲道板的尺寸应符合设计要求。其允许偏差应符合表 3.3.21 的规定。

表 3.3.21 橡塑类盲道板尺寸允许偏差

规格	长度	宽度	厚度（mm）	耐磨层厚度（mm）
块材	±0.15%	±0.15%	±0.20	±0.15
卷材	不低于名义值	不低于名义值	±0.20	±0.15

3.3.22 橡塑类盲道板外观不应有污染、翘边、缺角及断裂等缺陷。

检验方法：观察检查。

3.3.23 橡胶地板材料和橡胶地砖材料制成的盲道板的外观质量应符合表 3.3.23 的规定。

检验方法：观察检查。

表 3.3.23 橡胶地板材料和橡胶地砖材料制成的盲道板外观质量

缺陷名称	外观质量要求
表面污染、杂质、缺口、裂纹	不允许
表面缺胶	块材：面积小于 5mm²，深度小于 0.2mm 的缺胶不得超过 3 处； 卷材：每平方米面积小于 5mm²，深度小于 0.2mm 的缺胶不得超过 3 处

缺陷名称	外观质量要求
表面气泡	块材：面积小于 5mm² 的气泡不得超过 2 处； 卷材：面积小于 5mm² 的气泡，每平方米不得超过 2 处
色差	单块、单卷不允许有；批次间不允许有明显色差

3.3.24 聚氯乙烯盲道型材的外观质量应符合表 3.3.24 的规定。

检验方法：观察检查。

表 3.3.24 聚氯乙烯盲道型材外观质量

缺陷名称	外观质量要求
气泡、海绵状	表面不允许
褶皱、水纹、疤痕及凹凸不平	不允许
表面污染、杂质	聚氯乙烯块材：不允许； 聚氯乙烯卷材：面积小于 5mm²，深度小于 0.15mm 的缺陷，每平方米不得超过 3 处
色差、表面撒花密度不均	单块、单卷不允许有；批次间不允许有明显色差

Ⅴ 不锈钢盲道验收的主控项目

3.3.25 不锈钢盲道应由基层、粘结层和盲道型材三部分组成。基层宜分为混凝土（水泥砂浆）、天然石材、钢质和木质的建筑完成面。

3.3.26 不锈钢盲道型材的物理力学性能应符合不锈钢 06Cr19Ni10 的性能要求。

3.3.27 不锈钢盲道型材的厚度应符合设计要求。厚度的允许偏差应为 ±0.2mm。触感条和触感圆点凸面高度、形状应符合本规范表 3.3.5-1、表 3.3.5-2 的规定。

检验方法：查出厂检验报告、用游标卡尺量测。

3.3.28 粘合剂的品种、强度、厚度应符合设计要求。面层与基层应粘结牢固、不空鼓。

检验方法：查材质合格证明文件、出厂检验报告，用小锤轻击检查。

3.3.29 不锈钢盲道设置的宽度，提示盲道和行进盲道设置的部位、走向应符合设计要求。

检查数量：全数检查。

检验方法：观察检查和用钢尺量测检查。

3.3.30 不锈钢盲道与障碍物的距离应符合设计要求。

检查数量：全数检查。

检验方法：用钢尺量测检查。

3.3.31 不锈钢盲道型材的尺寸应符合设计要求。

3.3.32 不锈钢盲道面层外观不应有污染、翘边、缺角及断裂等缺陷。

　　检验方法：观察检查。

3.3.33 不锈钢盲道型材的外观质量应符合表3.3.33的规定。

　　检验方法：观察检查。

表3.3.33　不锈钢盲道型材外观质量

缺陷名称	外观质量要求
表面污染、杂质、缺口、裂纹	不允许
表面凹坑	面积小于5mm²的凹坑每平方米不得超过2处

3.4　轮椅坡道

3.4.1 本节适用于整体面层和板块面层轮椅坡道的施工验收。

3.4.2 设置轮椅坡道处应避开雨水井和排水沟。当需要设置雨水井和排水沟时，雨水井和排水沟的雨水算网眼尺寸应符合设计和相关规范要求，且不应大于15mm。

3.4.3 轮椅坡道铺面的变形缝应按设计和相关规范要求设置，并应符合下列规定：

　　1 轮椅坡道的变形缝，应与结构缝相应的位置一致，且应贯通轮椅坡道面的构造层。

　　2 变形缝的构造做法应符合设计和相关规范要求。缝内应清理干净，以柔性密封材料填嵌后用板封盖。变形缝封盖板应与面层齐平。

3.4.4 轮椅坡道顶端轮椅通行平台与地面的高差不应大于10mm，并应以斜面过渡。

3.4.5 轮椅坡道临空侧面的安全挡台高度、不同位置的坡道坡度和宽度及不同坡度的高度和水平长度应符合设计要求。

3.4.6 轮椅坡道扶手的施工应符合本规范第3.9节的有关规定。

Ⅰ　主控项目

3.4.7 面层材料应符合设计要求。

　　检验方法：查材质合格证明文件、出厂检验报告。

3.4.8 板块面层与基层应结合牢固、无空鼓。

　　检验方法：用小锤轻击检查。

3.4.9 坡度应符合设计要求。

　　检查数量：全数检查。

　　检验方法：用坡度尺量测检查。

3.4.10 宽度应符合设计要求。

　　检查数量：全数检查。

　　检验方法：用钢尺量测检查。

3.4.11 轮椅坡道下口与缓冲地带地面或休息平台的高差应符合设计要求。

　　检查数量：全数检查。

　　检验方法：用钢尺量测检查。

3.4.12 安全挡台高度应符合设计要求。

　　检查数量：全数检查。

　　检验方法：用钢尺量测检查。

3.4.13 轮椅坡道起点、终点缓冲地带和中间休息平台的长度应符合设计要求。

　　检查数量：全数检查。

　　检验方法：用钢尺量测检查。

3.4.14 雨水井和排水沟的雨水算网眼尺寸应符合设计要求。

　　检查数量：全数检查。

　　检验方法：用钢尺量测检查。

Ⅱ　一般项目

3.4.15 轮椅坡道外观不应有裂纹、麻面等缺陷。

　　检验方法：观察检查。

3.4.16 轮椅坡道地面面层允许偏差应符合本规范表3.5.15的规定。轮椅坡道整体面层允许偏差应符合本规范表3.2.9的规定。轮椅坡道板块面层允许偏差应符合本规范表3.2.18的规定。

3.5　无障碍通道

3.5.1 本节适用于整体面层和板块面层无障碍通道的施工及质量验收。

3.5.2 无障碍通道内盲道的施工应符合本规范第3.3节的有关规定。

3.5.3 无障碍通道内扶手的施工应符合本规范第3.9节的有关规定。

Ⅰ　主控项目

3.5.4 无障碍通道地面面层材料应符合设计要求。

　　检验方法：查材质合格证明文件、出厂检验报告。

3.5.5 无障碍通道地面面层与基层应结合牢固、无空鼓。

　　检验方法：用小锤轻击检查。

3.5.6 无障碍通道的宽度应符合设计要求，无障碍物。

　　检验方法：观察和用钢尺量测检查。

3.5.7 从墙面伸入无障碍通道凸出物的尺寸和高度应符合设计要求。园林道路的树木凸入无障碍通道内的高度应符合现行行业标准《公园设计规范》CJJ 48—92第6.2.7条的规定。

检查数量：全数检查。

检验方法：观察和用钢尺量测检查。

3.5.8 无障碍通道内雨水井和排水沟的雨水算网眼尺寸应符合设计要求，且不应大于 15mm。

检查数量：全数检查。

检验方法：用钢尺量测检查。

3.5.9 门扇向无障碍通道内开启时设置的凹室尺寸应符合设计要求。

检查数量：全数检查。

检验方法：用钢尺量测检查。

3.5.10 无障碍通道一侧或尽端与其他地坪有高差时，设置的栏杆或栏板等安全设施应符合设计要求。

检查数量：全数检查。

检验方法：观察和用钢尺量测检查。

3.5.11 无障碍通道内的光照度应符合设计要求。

检查数量：全数检查。

检验方法：查检测报告。

Ⅱ　一般项目

3.5.12 无障碍通道内的雨水算应安装平整。

检验方法：用钢板尺和塞尺量测检查。

3.5.13 无障碍通道的护壁板的高度应符合设计要求。

检查数量：每条通道和走道查 2 点。

检验方法：用钢尺量测检查。

3.5.14 无障碍通道转角处墙体的倒角或圆弧尺寸应符合设计的要求。

检查数量：每条通道和走道查 2 点。

检验方法：用钢尺量测检查。

3.5.15 无障碍通道地面面层允许偏差应符合表 3.5.15 的规定。坡道整体面层允许偏差应符合本规范表 3.2.9 的规定。坡道板块面层允许偏差应符合本规范表 3.2.18 的规定。

表 3.5.15　无障碍通道地面面层允许偏差

项　　目		允许偏差（mm）	检验频率		检验方法
			范围	点数	
平整度	水泥砂浆	2	每条	2	2m 靠尺和塞尺量取最大值
	细石混凝土、橡胶弹性面层	3			
	沥青混合料	4			
	水泥花砖	2			
	陶瓷类地砖	2			
	石板材	1			
整体面层厚度		±5	每条	2	钢尺量测或现场钻孔
相邻块高差		0.5	每条	2	钢板尺和塞尺量取最大值

3.5.16 无障碍通道的雨水算和护墙板允许偏差应符合表 3.5.16 的规定。

表 3.5.16　雨水算和护墙板允许偏差

项　目	允许偏差（mm）	检验频率		检验方法
		范围	点数	
地面与雨水算高差	-3；0	每条	2	钢板尺和塞尺量取最大值
护墙板高度	+3；0	每条	2	钢尺量测

3.6　无障碍停车位

3.6.1 本节适用于室外停车场、建筑物室内停车场中无障碍停车位的施工验收。

3.6.2 通往无障碍停车位的轮椅坡道和无障碍通道应分别符合本规范第 3.4 节和第 3.5 节的规定。

3.6.3 无障碍停车位的停车线、轮椅通道线的标划应符合现行国家标准《道路交通标志和标线》GB 5768 的有关规定。

Ⅰ　主控项目

3.6.4 无障碍停车位设置的位置和数量应符合设计要求。

检验方法：观察检查。

3.6.5 无障碍停车位一侧的轮椅通道宽度应符合设计要求。

检查数量：全数检查。

检验方法：用钢尺量测检查。

3.6.6 无障碍停车位的地面漆画的停车线、轮椅通道线和无障碍标志应符合设计要求。

检查数量：全数检查。

检验方法：观察检查。

Ⅱ　一般项目

3.6.7 无障碍停车位地面面层允许偏差应符合本规范表 3.5.15 的规定。坡道整体面层允许偏差应符合本规范表 3.2.9 的规定。坡道板块面层允许偏差应符合本规范表 3.2.18 的规定。

3.6.8 无障碍停车位地面的坡度应符合设计要求。

检验方法：观察和用坡度尺量测检查。

3.6.9 无障碍停车位地面坡度允许偏差应符合表 3.6.9 的规定。

表 3.6.9　无障碍停车位地面坡度允许偏差

项　目	允许偏差	检验频率		检验方法
		范围	点数	
坡度	±0.3%	每条	2	坡度尺量测

3.7 无障碍出入口

3.7.1 本节适用于无障碍出入口的施工验收。

3.7.2 无障碍出入口处设置的提示闪烁灯应符合设计要求。

3.7.3 无障碍出入口处的盲道施工应符合本规范第3.3节的有关规定。

3.7.4 无障碍出入口处的坡道施工应符合本规范第3.4节的有关规定。

3.7.5 无障碍出入口处的扶手施工应符合本规范第3.9节的有关规定。

Ⅰ 主控项目

3.7.6 采用无台阶的无障碍出入口室外地面的坡度应符合设计要求。

检查数量：全数检查。

检验方法：用坡度尺量测检查。

3.7.7 无障碍出入口平台的宽度、平台上方设置的雨篷应符合设计要求。

检查数量：全数检查。

检验方法：用钢尺量测检查。

3.7.8 无障碍出入口门厅、过厅设两道门时，门扇同时开启的距离应符合设计要求。

检查数量：全数检查。

检验方法：用钢尺量测检查。

3.7.9 无障碍出入口处的雨水箅网眼尺寸应符合设计要求，且不应大于15mm。

检查数量：全数检查。

检验方法：用钢尺量测检查。

Ⅱ 一般项目

3.7.10 无障碍出入口处地面面层允许偏差应符合本规范表3.5.15的规定。坡道整体面层允许偏差应符合本规范表3.2.9的规定。坡道板块面层允许偏差应符合本规范表3.2.18的规定。

3.8 低位服务设施

3.8.1 本节适用于无障碍低位服务设施，包括问询台、服务台、售票窗口、电话台、安检验证台、行李托运台、借阅台、各种业务台、饮水机等的施工验收。

3.8.2 通往低位服务设施的坡道和无障碍通道应符合本规范第3.4节和第3.5节的规定。

Ⅰ 主控项目

3.8.3 低位服务设施设置的部位和数量应符合设计要求。

检查数量：全数检查。

检验方法：观察检查。

3.8.4 低位服务设施的高度、宽度、深度、电话台和饮水口的高度应符合设计要求。

检查数量：全数检查。

检验方法：观察和用钢尺量测检查。

3.8.5 低位服务设施下方的净空尺寸应符合设计要求。

检查数量：全数检查。

检验方法：用钢尺量测检查。

3.8.6 低位服务设施前的轮椅回转空间尺寸应符合设计要求。

检查数量：全数检查。

检验方法：用钢尺量测检查。

3.8.7 低位服务设施处的开关的选型应符合设计要求。

检查数量：全数检查。

检验方法：查产品合格证明文件。

Ⅱ 一般项目

3.8.8 低位服务设施处地面面层允许偏差应符合本规范表3.5.15的规定。坡道整体面层允许偏差应符合本规范表3.2.9的规定。坡道板块面层允许偏差应符合本规范表3.2.18的规定。

3.9 扶 手

3.9.1 本节适用于人行天桥、人行地道、无障碍通道、无障碍停车位、轮椅坡道、楼梯和台阶的扶手；无障碍电梯和升降平台的扶手；轮椅席位处的扶手的施工验收。

Ⅰ 主控项目

3.9.2 扶手所使用材料的材质、扶手的截面形状、尺寸应符合设计要求。

检验方法：查产品合格证明文件、出厂检验报告和用钢尺量测检查。

3.9.3 扶手的立柱和托架与主体结构的连接应经隐蔽工程验收合格后，方可进行下道工序的施工。扶手的强度及扶手立柱和托架与主体的连接强度应符合设计要求。

检验方法：查隐蔽工程验收记录和用手扳检查；必要时可进行拉拔试验。

3.9.4 扶手设置的部位、安装高度、其内侧与墙面的距离应符合设计要求。

检查数量：全数检查。

检验方法：观察和用钢尺量测检查。

3.9.5 扶手的连贯情况，起点和终点的延伸方向和长度应符合设计要求。

检查数量：全数检查。

检验方法：观察和用钢尺量测检查。

3.9.6 对有安装盲文铭牌要求的扶手，盲文铭牌的数量和安装位置应符合设计要求。

检查数量：全数检查。

检验方法：观察检查。

Ⅱ 一 般 项 目

3.9.7 扶手转角弧度应符合设计要求，接缝应严密，表面应光滑，色泽应一致，不得有裂缝、翘曲及损坏。

检验方法：观察检查。

3.9.8 钢构件扶手表面应做防腐处理，其连接处的焊缝应锉平磨光。

检验方法：观察和手摸检查。

3.9.9 扶手允许偏差应符合表3.9.9的规定。

表 3.9.9 扶手允许偏差

项 目	允许偏差（mm）	检验频率		检验方法
		范围	点数	
立柱和托架间距	3	每条	2	钢尺量测
立柱垂直度	3	每条	2	1m垂直检测尺量测
扶手直线度	4	每条	1	拉5m线、钢尺量测

3.10 门

3.10.1 本节适用于公共建筑、无障碍厕所和无障碍厕位、无障碍客房和无障碍住房以及家庭无障碍改造中涉及残疾人、老年人等社会特殊群体通行的门的施工验收。

3.10.2 采用玻璃门时，其形式和玻璃的种类应符合设计和规范要求。

3.10.3 门与相邻墙壁的亮度对比应符合设计和规范要求。

Ⅰ 主 控 项 目

3.10.4 门的选型、材质、平开门的开启方向应符合设计要求。

检查数量：全数检查。

检验方法：查产品合格证明文件，观察检查。

3.10.5 门开启后的净宽应符合设计要求。

检查数量：全数检查。

检验方法：用钢尺量测检查。

3.10.6 推拉门、平开门把手一侧的墙面宽度应符合设计要求。

检查数量：全数检查。

检验方法：用钢尺量测检查。

3.10.7 门扇上安装的把手、关门拉手和闭门器应符合设计要求。

检查数量：全数检查。

检验方法：查产品合格证明文件、手扳检查、开闭测试。

3.10.8 平开门门扇上观察窗的尺寸和安装高度应符合设计要求。

检查数量：全数检查。

检验方法：观察和用钢尺量测检查。

3.10.9 门内外的高差及斜面的处理应符合设计要求。

检查数量：全数检查。

检验方法：观察和用钢尺量测检查。

Ⅱ 一 般 项 目

3.10.10 门表面应洁净、平整、光滑、色泽一致。

检查数量：每10樘抽查2樘。

3.10.11 门允许偏差应符合表3.10.11的规定。

表 3.10.11 门允许偏差表

项 目			允许偏差（mm）	检验频率		检验方法
				范围	点数	
门框正、侧面垂直度	木门	普通	2	每10樘	2	钢尺量测
		高级	1			
	钢门		3			
	铝合金门		2.5			
门横框水平度			3	每10樘	2	水平尺和塞尺量测
平开门护门板高度			+3；0	每10樘	2	钢尺量测

3.11 无障碍电梯和升降平台

3.11.1 本节适用于无障碍电梯、自动扶梯、升降平台安装工程的施工验收。

3.11.2 通往无障碍电梯和升降平台的盲道、轮椅坡道、无障碍通道、楼梯和台阶应分别符合本规范第3.3节、第3.4节、第3.5节、第3.12节的规定。

3.11.3 无障碍电梯轿厢内和升降平台的扶手应符合本规范第3.9节的规定。

Ⅰ 主 控 项 目

3.11.4 无障碍电梯和升降平台的类型、设置的位置和数量应符合设计要求。

检查数量：全数检查。

检验方法：观察检查，查产品合格证明文件。

3.11.5 候梯厅宽度应符合设计要求。

检查数量：全数检查。

检验方法：用钢尺量测检查。

3.11.6 专用选层按钮选型、按钮高度应符合设计要求。

检查数量：全数检查。

检验方法：观察和用钢尺量测检查。

3.11.7 无障碍电梯门洞净宽度应符合设计要求。

检查数量：全数检查。

检验方法：用钢尺量测检查。

3.11.8 无障碍电梯轿厢内的楼层显示装置和音响报层装置应符合设计要求。

检查数量：全数检查。

检验方法：现场测试。

3.11.9 轿厢的规格及轿厢门开启后的净宽度应符合设计要求。

检查数量：全数检查。

检验方法：查产品合格证明文件，用钢尺量测检查。

3.11.10 门扇关闭的光幕感应和门开闭的时间间隔应符合设计要求。

检查数量：全数检查。

检验方法：现场测试。

3.11.11 镜子或不锈钢镜面的安装应符合设计要求。

检查数量：全数检查。

检验方法：观察和用钢尺量测检查。

3.11.12 升降平台的净宽和净深、挡板的设置应符合设计要求。

检查数量：全数检查。

检验方法：查产品合格证明文件，用钢尺量测检查。

3.11.13 升降平台的呼叫和控制按钮的高度应符合设计要求。

检查数量：全数检查。

检验方法：用钢尺量测检查。

Ⅱ 一 般 项 目

3.11.14 护壁板安装位置和高度应符合设计要求，护壁板高度允许偏差应符合表 3.11.14 的规定。

表 3.11.14 护壁板高度允许偏差

项目	允许偏差（mm）	检验频率		检验方法
		范围	点数	
护壁板高度	+3；0	每个轿厢	3	钢尺量测

3.12 楼梯和台阶

3.12.1 本节适用于整体面层和板块面层的楼梯和台阶的施工验收。

3.12.2 台阶应避开雨水井和排水沟。当需要设置雨水井和排水沟时，雨水井和排水沟的雨水算网眼尺寸不应大于 15mm。

3.12.3 楼梯和台阶面层的变形缝应按设计要求设置，并应符合下列规定：

1 面层的变形缝，应与结构相应缝的位置一致，且应贯通面层的构造层。

2 变形缝的构造做法应符合设计和相关规范要求。缝内应清理干净，以柔性密封材料填嵌后用板封盖。变形缝封盖板应与面层齐平。

3.12.4 楼梯和台阶上盲道的施工应符合本规范第 3.3 节的有关规定。

3.12.5 楼梯和台阶上扶手的施工应符合本规范第 3.9 节的有关规定。

Ⅰ 主 控 项 目

3.12.6 楼梯和台阶面层材料应符合设计要求。

检验方法：查材质合格证明文件、出厂检验报告。

3.12.7 楼梯和台阶面层与基层应结合牢固、无空鼓。

检验方法：用小锤轻击检查。

3.12.8 楼梯的净空高度、楼梯和台阶的宽度应符合设计要求。

检查数量：全数检查。

检验方法：用钢尺量测检查。

3.12.9 踏步的宽度和高度应符合设计要求，其允许偏差应符合表 3.12.9 的规定。

表 3.12.9 踏步宽度和高度允许偏差

项目	允许偏差（mm）	检验频率		检验方法
		范围	点数	
踏步高度	−3；0	每梯段	2	钢尺量测
踏步宽度	+2；0	每梯段	2	钢尺量测

3.12.10 安全挡台高度应符合设计要求。

检查数量：全数检查。

检验方法：用钢尺量测检查。

3.12.11 踢面应完整。踏面凸缘的形状和尺寸、踢面和踏面颜色应符合设计要求。

检查数量：全数检查。

检验方法：观察和用钢尺量测检查。

3.12.12 雨水井和排水沟的雨水算网眼尺寸应符合设计要求，且不应大于 15mm。

检查数量：全数检查。

检验方法：观察和钢尺量测检查。

Ⅱ 一 般 项 目

3.12.13 面层外观不应有裂纹、麻面等缺陷。

检验方法：观察检查。

3.12.14 踏面面层应表面平整，板块面层应无翘边、翘角现象。面层质量允许偏差应符合表 3.12.14 的规定。

表 3.12.14　面层质量允许偏差

项 目		允许偏差 (mm)	检验频率		检验方法
			范围	点数	
平整度	水泥砂浆、水磨石	2	每梯段	2	2m靠尺和塞尺量取最大值
	细石混凝土、橡胶弹性面层	3			
	水泥花砖	3			
	陶瓷类地砖	2			
	石板材	1			
相邻块高差		0.5	每梯段	2	钢板尺和塞尺量取最大值

3.13　轮 椅 席 位

3.13.1 本节适用于公共建筑和居住区中轮椅席位的施工验收。

3.13.2 通往轮椅席位的轮椅坡道和无障碍通道应分别符合本规范第 3.4 节和第 3.5 节的规定。

Ⅰ　主 控 项 目

3.13.3 轮椅席位设置的部位和数量应符合设计要求。

　　检查数量：全数检查。

　　检验方法：观察检查。

3.13.4 轮椅席位的面积应符合设计要求，且不应小于 1.10m×0.8m。

　　检查数量：全数检查。

　　检验方法：用钢尺量测检查。

3.13.5 轮椅席位边缘处安装的栏杆或栏板应符合设计要求。

　　检查数量：全数检查。

　　检验方法：观察和用钢尺量测检查。

3.13.6 轮椅席位地面涂画的范围线和无障碍标志应符合设计要求。

　　检查数量：全数检查。

　　检验方法：观察检查。

Ⅱ　一 般 项 目

3.13.7 陪同者席位的设置应符合设计要求。

　　检验方法：观察检查。

3.13.8 轮椅席位地面面层允许偏差应符合本规范表 3.5.15 的规定。

3.14　无障碍厕所和无障碍厕位

3.14.1 本节适用于无障碍厕所、公共厕所内无障碍厕位的施工验收。

3.14.2 通往无障碍厕所和无障碍厕位的轮椅坡道和无障碍通道应分别符合本规范第 3.4 节和第 3.5 节的规定。

3.14.3 无障碍厕所和无障碍厕位的门应符合本规范第 3.10 节的规定。

Ⅰ　主 控 项 目

3.14.4 无障碍厕所和无障碍厕位的面积和平面尺寸应符合设计要求。

　　检查数量：全数检查。

　　检验方法：观察和用钢尺量测检查。

3.14.5 无障碍厕位设置的位置和数量应符合设计要求。

　　检查数量：全数检查。

　　检验方法：观察检查。

3.14.6 坐便器、小便器、低位小便器、洗手盆、镜子等卫生洁具和配件选用型号、安装高度应符合设计要求。

　　检查数量：全数检查。

　　检验方法：查产品合格证明文件和用钢尺量测检查。

3.14.7 安全抓杆选用的材质、形状、截面尺寸、安装位置应符合设计要求。

　　检查数量：全数检查。

　　检验方法：查产品合格证明文件，观察和用钢尺量测检查。

3.14.8 厕所和厕位的安全抓杆应安装牢固，支撑力应符合设计要求。

　　检查数量：全数检查。

　　检验方法：查产品合格证明文件、隐蔽验收记录、支撑力测试报告。

3.14.9 供轮椅乘用者使用的无障碍厕所和无障碍厕位内轮椅的回转空间应符合设计要求。

　　检查数量：全数检查。

　　检验方法：用钢尺量测检查。

3.14.10 求助呼叫按钮的安装部位和高度应符合设计要求。报警信息传输、显示可靠。

　　检查数量：全数检查。

　　检验方法：查产品合格证明文件，观察和用钢尺量测检查，现场测试。

3.14.11 洗手盆设置的高度及下方的净空尺寸应符合设计要求。

　　检查数量：全数检查。

　　检验方法：用钢尺量测检查。

Ⅱ　一 般 项 目

3.14.12 放物台的材质、平面尺寸、高度应符合设计要求。

　　检验方法：查产品合格证明文件，用钢尺量测检查。

3.14.13 挂衣钩安装的部位和高度应符合设计要求。挂衣钩的安装应牢固，强度满足悬挂重物的要求。

检验方法：观察和用钢尺量测检查，手扳检查。

3.14.14 安全抓杆安装应横平竖直，转角弧度应符合设计要求，接缝应严密满焊、表面应光滑，色泽应一致，不得有裂缝、翘曲及损坏。

检验方法：观察和手摸检查。

3.14.15 照明开关的选型和安装的高度应符合设计要求。

检查数量：全数检查。

检验方法：查产品合格证明文件，用钢尺量测检查。

3.14.16 灯具的型号和照度应符合设计要求。

检查数量：全数检查。

检验方法：查产品合格证明文件、照度检测报告。

3.14.17 无障碍厕所和无障碍厕位地面面层允许偏差应符合本规范表3.5.15的规定。

3.14.18 放物台、挂衣钩和安全抓杆允许偏差应符合表3.14.18的规定。

表3.14.18 放物台、挂衣钩和安全抓杆允许偏差

项 目		允许偏差(mm)	检验频率		检验方法
			范围	点数	
放物台	平面尺寸	±10	每个	2	钢尺量测
	高度	−10；0			
挂衣钩高度		−10；0	每座厕所	2	钢尺量测
安全抓杆的垂直度		2	每4个	2	垂直检测尺量测
安全抓杆的水平度		3	每4个	2	水平尺量测

3.15 无障碍浴室

3.15.1 本节适用于公共浴室内无障碍盆浴间和无障碍淋浴间的施工验收。

3.15.2 通往无障碍浴室的轮椅坡道和无障碍通道应分别符合本规范第3.4节和第3.5节的规定。

3.15.3 无障碍浴室的门应符合本规范第3.10节的规定。

Ⅰ 主 控 项 目

3.15.4 无障碍盆浴间和无障碍淋浴间的面积和平面尺寸应符合设计的要求。

检查数量：全数检查。

检验方法：用钢尺量测检查。

3.15.5 无障碍浴室内轮椅的回转空间应符合设计要求。

检查数量：全数检查。

检验方法：用钢尺量测检查。

3.15.6 无障碍淋浴间的座椅和安全抓杆配置、安装高度和深度应符合设计要求。

检查数量：全数检查。

检验方法：查产品合格证明文件，用钢尺量测检查。

3.15.7 无障碍盆浴间的浴盆、洗浴坐台和安全抓杆的配置、安装高度和深度应符合设计要求。

检查数量：全数检查。

检验方法：查产品合格证明文件，用钢尺量测检查。

3.15.8 浴室的安全抓杆应安装坚固，支撑力应符合设计要求。

检查数量：全数检查。

检验方法：查产品合格证明文件、隐蔽验收记录、支撑力测试报告。

3.15.9 求助呼叫按钮的安装部位和高度应符合设计要求。报警信息传输、显示可靠。

检查数量：全数检查。

检验方法：查产品合格证明文件，用钢尺量测检查，现场测试。

3.15.10 更衣台、洗手盆和镜子安装的高度、深度；洗手盆下方的净空尺寸应符合设计要求。

检查数量：全数检查。

检验方法：用钢尺量测检查。

Ⅱ 一 般 项 目

3.15.11 浴帘、毛巾架和淋浴器喷头的安装高度符合设计要求。

检验方法：用钢尺量测检查。

3.15.12 安全抓杆安装应横平竖直，转角弧度应符合设计要求，接缝应严密满焊、表面应光滑，色泽应一致，不得有裂缝、翘曲及损坏。

检验方法：观察和手摸检查。

3.15.13 照明开关的选型和安装的高度应符合设计要求。

检查数量：全数检查。

检验方法：查产品合格证明文件，用钢尺量测检查。

3.15.14 灯具的型号和照度应符合设计要求。

检查数量：全数检查。

检验方法：查产品合格证明文件、照度检测报告。

3.15.15 无障碍盆浴间和无障碍淋浴间地面允许偏差应符合本规范表3.5.15的规定。

3.15.16 浴帘、毛巾架、淋浴器喷头、更衣台、挂衣钩和安全抓杆允许偏差应符合表 3.15.16 的规定。

表 3.15.16　浴帘、毛巾架、淋浴器喷头、更衣台、挂衣钩和安全抓杆允许偏差

项　　目		允许偏差（mm）	检验频率		检 验 方 法
			范围	点数	
浴帘、毛巾架、挂衣钩高度		−10；0	每个	1	钢尺量测
淋浴器喷头高度		−15；0	每个	1	钢尺量测
更衣台、洗手盆	平面尺寸	±10	每个	2	钢尺量测
	高度	−10；0			
安全抓杆的垂直度		2	每4个	2	垂直检测尺量测
安全抓杆的水平度		3	每4个	2	水平尺量测

3.16　无障碍住房和无障碍客房

3.16.1　本节适用于无障碍住房和公共建筑的无障碍客房的施工验收。

3.16.2　无障碍住房的吊柜、壁柜、厨房操作台安装预埋件或后置预埋件的数量、规格、位置应符合设计和相关规范要求。必须经隐蔽工程验收合格后，方可进行下道工序的施工。

3.16.3　通往无障碍住房和无障碍客房的轮椅坡道、无障碍通道、无障碍电梯和升降平台、楼梯和台阶应分别符合本规范第 3.4 节、第 3.5 节、第 3.11 节、第 3.12 节的规定。

3.16.4　无障碍住房和无障碍客房的门应符合本规范第 3.10 节的规定。

3.16.5　无障碍住房和无障碍客房的卫生间应符合本规范第 3.14 节的规定。

3.16.6　无障碍住房和无障碍客房的浴室应符合本规范第 3.15 节的规定。

Ⅰ　主 控 项 目

3.16.7　无障碍住房和无障碍客房的套型布置。无障碍客房内的过道、卫生间，无障碍住房卧室、起居室、厨房、卫生间、过道和阳台等基本使用空间的面积应符合设计要求。

　　检查数量：全数检查。

　　检验方法：用钢尺量测检查。

3.16.8　无障碍客房设置的位置和数量应符合设计要求。

　　检查数量：全数检查。

　　检验方法：观察检查。

3.16.9　无障碍住房和无障碍客房所设置的求助呼叫按钮和报警灯的安装部位和高度应符合设计要求。报警信息显示、传输可靠。

　　检查数量：全数检查。

　　检验方法：查产品合格证明文件，用钢尺量测检查，现场测试。

3.16.10　无障碍住房和无障碍客房设置的家具和电器的摆放位置和高度应符合设计要求。

　　检查数量：全数检查。

　　检验方法：用钢尺量测检查。

3.16.11　无障碍住房和无障碍客房的地面、墙面及轮椅回转空间应符合设计要求。

　　检查数量：全数检查。

　　检验方法：观察和用钢尺量测检查。

3.16.12　无障碍住房的厨房操作台、吊柜、壁柜必须安装牢固。厨房操作台的高度、深度及台下的净空尺寸、厨房吊柜的高度和深度应符合设计要求。

　　检查数量：全数检查。

　　检验方法：手扳检查，用钢尺量测检查。

3.16.13　橱柜的高度和深度、挂衣杆的高度应符合设计要求。

　　检查数量：全数检查。

　　检验方法：用钢尺量测检查。

3.16.14　无障碍住房的阳台进深应符合设计要求。

　　检验方法：用钢尺量测检查。

3.16.15　晾晒设施应符合设计要求。

　　检验方法：观察检查。

3.16.16　开关、插座的选型、位置和安装高度应符合设计要求。

　　检验方法：查产品合格证明文件，用钢尺量测检查。

3.16.17　无障碍住房设置的通讯设施应符合设计要求。

　　检验方法：观察检查，现场测试。

Ⅱ　一 般 项 目

3.16.18　无障碍住房和无障碍客房的地面允许偏差应符合本规范表 3.5.15 的规定。

3.16.19　无障碍住房厨房操作台、吊柜、壁柜，表面应平整、洁净、色泽应一致，不得有裂缝、翘曲及损坏。

　　检验方法：观察检查。

3.16.20　无障碍住房的厨房操作台、吊柜、壁柜的抽屉和柜门应开关灵活，回位正确。

　　检验方法：观察检查，开启和关闭检查。

3.16.21　无障碍住房的橱柜、厨房操作台、吊柜、壁柜的允许偏差应符合表 3.16.21 的规定。

表 3.16.21 橱柜、厨房操作台、吊柜、壁柜允许偏差

项　目	允许偏差（mm）	检验方法
外形尺寸	3	钢尺量测
立面垂直度	2	垂直检测尺量测
门与框架的直线度	2	拉通线，钢尺量测

3.17 过街音响信号装置

3.17.1　本节适用于城市道路人行横道口过街音响信号装置的施工验收。

3.17.2　过街音响信号装置的选型、设置和安装应符合现行国家标准《道路交通信号灯》GB 14887 和《道路交通信号灯设置与安装规范》GB 14886 的有关规定。

Ⅰ　主控项目

3.17.3　装置应安装牢固，立杆与基础有可靠的连接。

　　检查数量：全数检查。

　　检验方法：查安装施工记录、隐蔽工程验收记录。

3.17.4　装置设置的位置、高度应符合设计要求。

　　检查数量：全数检查。

　　检验方法：观察和用钢尺量测检查。

3.17.5　装置音响的间隔时间、声压级符合设计要求。音响信号装置应具有根据要求开关的功能。

　　检查数量：全数检查。

　　检验方法：查产品合格证明文件，现场测试。

Ⅱ　一般项目

3.17.6　过街音响信号装置的立杆应安装垂直。垂直度允许偏差为柱高的 1/1000。

　　检查数量：每 4 组抽查 2 根。

　　检验方法：线锤和直尺量测检查。

3.17.7　信号灯的轴线与过街人行横道的方向应一致，夹角不应大于 5°。

　　检查数量：每 4 组抽查 2 根。

　　检验方法：拉线量测检查。

3.18 无障碍标志和盲文标志

3.18.1　本节适用于国际通用无障碍标志、无障碍设施标志牌、带指示方向的无障碍标志牌和盲文标志牌的施工验收。

Ⅰ　主控项目

3.18.2　无障碍标志和盲文标志的材质应符合设计要求。

　　检验方法：查产品合格证明文件。

3.18.3　无障碍标志和盲文标志设置的部位、规格和高度应符合设计要求。

　　检验方法：观察和用钢尺量测检查。

3.18.4　无障碍标志和盲文标志及图形的尺寸和颜色应符合国际通用无障碍标志的要求。

　　检验方法：观察和用钢尺量测检查。

3.18.5　对有盲文铭牌要求的设施，盲文铭牌设置的部位、规格和高度应符合设计要求。

　　检验方法：观察和用钢尺量测检查。

3.18.6　盲文铭牌的尺寸和盲文内容应符合设计要求。盲文制作应符合现行国家标准《中国盲文》GB/T 15720 的有关要求。

　　检验方法：用钢尺量测检查，手摸检查。

3.18.7　盲文地图和触摸式发声地图的设置部位、规格和高度应符合设计要求。

　　检验方法：观察和用钢尺量测检查。

Ⅱ　一般项目

3.18.8　无障碍标志牌和盲文标志牌应安装牢固、平正。

　　检验方法：观察检查。

3.18.9　盲文铭牌和盲文地图表面应洁净、光滑、无裂纹、无毛刺。

　　检验方法：观察和手摸检查。

3.18.10　发光标志的照度应符合设计要求。

　　检验方法：查产品合格证明文件。

4 无障碍设施的维护

4.1 一般规定

4.1.1　本章适用于城市道路、建筑物、居住区、公园等场所无障碍设施的检查和维护。

4.1.2　无障碍设施竣工验收后，应明确无障碍设施维护人。可按本规范表 E 划分维护范围。

4.1.3　无障碍设施维护人应配备相应的维护人员，组织、实施维护工作。

4.1.4　无障碍设施维护人应建立维护制度。包括计划、检查、维护、验收和技术档案建立等内容。

4.1.5　无障碍设施维护人应根据检查情况，分析原因，制订维护方案。

4.1.6　无障碍设施维护分为系统性维护、功能性维护和一般性维护。维护情况可按本规范附录 G 表格记录。

4.1.7　人行道盲道和缘石坡道的维护尚应符合现行行业标准《城镇道路养护技术规范》CJJ 36—2006 第 9.1 节～第 9.4 节的有关规定。

4.1.8 涉及人身安全的无障碍设施的缺损必须采取应急维护措施，及时修复。

4.1.9 无障碍通道地面面层的维修，宜采用与原面层材质、规格相同的材料进行。

4.1.10 无障碍设施的维修施工和验收应符合本规范第3章相对应设施的规定。

4.1.11 在降雪地区，冬季维护的重点为除雪防滑，无障碍设施维护人应组织除雪作业。

4.1.12 无障碍设施维护人应根据维护制度，保存维护人员档案和培训记录、无障碍设施的检查记录、维修计划和维修方案和施工、验收记录。

4.2 无障碍设施的缺损类别和缺损情况

4.2.1 根据无障碍设施缺损所产生的影响以及检查范围的不同，无障碍设施缺损可分为系统性缺损、功能性缺损和一般性缺损。

4.2.2 无障碍设施缺损情况可按表4.2.2进行分类。

表 4.2.2　无障碍设施缺损情况

缺损类别		缺损情况
系统性缺损		新建、扩建和改建，各单位工程中的缘石坡道、盲道、无障碍出入口、轮椅坡道、无障碍通道、楼梯和台阶、无障碍电梯和升降平台、过街音响信号装置、无障碍标志和盲文标志等无障碍设施出现的缺损，不同单位的工程项目之间无障碍通道接口、行走路线发生改变或出现阻断、永久性的占用，出现区域内无障碍设施总体系统丧失使用功能
功能性缺损	裂缝、变形和破损	人为或自然的原因造成地基或基层发生变形，出现缘石坡道、盲道、无障碍出入口、轮椅坡道、无障碍通道、楼梯和台阶、无障碍停车位的面层开裂、沉陷和隆起。门扇的裂缝、下垂和翘曲。除地面以外其他设施的破损
	松动、脱落和缺失	裂缝和变形，出现缘石坡道、盲道、无障碍出入口、轮椅坡道、无障碍通道、楼梯和台阶、无障碍电梯和升降平台、无障碍停车位的面层和粘结层或基层的脱离，面层裂缝，块体或板块面层单个块体的松动、脱落和缺失；盲道触感条和触感圆点和基层的脱离，出现的脱落和缺失；连接松动，出现门、扶手、安全抓杆、无障碍厕所和无障碍厕位、无障碍浴室、无障碍选层按钮、求助呼叫装置、无障碍住房中设施、低位服务设施、无障碍标志和盲文标志出现脱落和缺失
	故障	照明装置、无障碍电梯和升降平台楼层显示和语音报层装置、无障碍电梯和升降平台门开闭装置、求助呼叫装置、过街音响信号装置、通讯设施、服务设施的设备故障

续表 4.2.2

缺损类别		缺损情况
功能性缺损	磨损	盲道触感条和触感圆点、无障碍选层按钮、盲文铭牌和盲文地图触点的磨损；轮椅席位、无障碍停车位地面标线的磨损
	褪色	盲道、无障碍标志和盲文标志与新建设施颜色出现明显色差；门与相邻设施对比度明显下降。轮椅席位、无障碍停车位地面标线的褪色
	抗滑性能下降	缘石坡道、盲道、无障碍出入口、轮椅坡道、无障碍通道、楼梯和台阶的地面由于使用磨损或污染造成的抗滑性能下降
一般性缺损		涉及通行的缘石坡道、盲道、无障碍出入口、轮椅坡道、无障碍通道、楼梯和台阶、被临时性占用；扶手、门、无障碍电梯和升降平台、低位服务设施、过街音响信号装置、无障碍标志和盲文标志设施表面污染

4.3 无障碍设施的检查

4.3.1 无障碍设施检查的频次应符合表4.3.1的规定。检查情况可按本规范附录F表格记录。

表 4.3.1　无障碍设施检查频次

检查类别	系统性检查	功能性检查	一般性检查
检查频次	每年1次	每季度1次	每月1次

4.3.2 无障碍设施的检查内容应符合下列规定：

1　系统性检查：检查城市道路、城市绿地、居住区、建筑物、历史文物保护建筑无障碍设施因新建、改建和扩建造成的各单位工程接口之间缘石坡道、盲道、无障碍出入口、轮椅坡道、无障碍通道、楼梯和台阶、无障碍电梯和升降平台、过街音响信号装置、无障碍标志和盲文标志等无障碍设施系统性的破坏状况。

2　功能性检查：检查无障碍设施的局部损坏、缺失等不能满足使用功能的状况。

3　一般性检查：检查无障碍设施被占用和污染的状况。

4.4 无障碍设施的维护

4.4.1 系统性维护应符合下列规定：

1　对新建、改建和扩建的工程项目造成区域内无障碍设施缺损，系统性丧失使用功能的情况，无障碍设施维护人应编制维护方案。维护方案至少应包括下列内容：

1）新建、扩建和改建前，城市道路、建筑物、居住区、公园等场所的无障碍通道与周边通道的连接情况。

2）新建、扩建和改建过程中对原有无障碍设施产生的影响和临时性改造措施。

3）新建、扩建和改建后，城市道路、建筑物、居住区、公园等场所之间的无障碍通道与周边通道的连接的修复，完成后各类设施布置的规划。

2 由于新建、改建和扩建，各单位工程之间无障碍通道接口、行走路线被永久性的占用，应重新规划和设计被占用的设施，保证无障碍设施的正常使用。

4.4.2 功能性维护应符合下列规定：

1 地面的裂缝、变形和破损的维护应符合下列规定：

1）对面层裂缝、变形和破损的维护，所使用的面层材料的材质应与原材质相同，所使用的板块材料的规格、尺寸和颜色宜与原板块材料相同。

2）对整体面层局部轻微裂缝，可采用直接灌浆法处治。对贯穿板厚的中等裂缝，可用扩缝补块的方法处治。对于严重裂缝可用挖补方法全深度补块。整体面层大面积开裂、空鼓的应凿除重做。

3）对板块面层局部出现裂缝的，可采取更换板块材料的方法处治。板块面层大面积开裂、空鼓的应凿除重做。

4）对地基或基层沉陷导致面层沉陷维护，应首先处理地基和基层，地基和基层处理达到设计和相关规范要求并验收合格后，再处理面层。

5）对树木根部的生长造成的隆起，应首先处理基层，基层处理达到设计和相关规范要求并验收合格后，再处理面层。

6）检查井沉陷应重新安装检查井框。

7）维护面层的范围应大于沉陷部位的面积，每边不应小于 300mm 或 1 倍板块材料的宽度。

8）对单块盲道板触感条和触感圆点破损超过 25％的，盲道板有开裂、翘边、破损等，应用更换方法处治。一条盲道整体触感条和触感圆点破损超过 20％的，应重新铺贴。

2 其他设施及组件的裂缝、变形和破损的维护应符合下列规定：

1）扶手的开裂、变形和破损，应用修补或更换方法处治。

2）安全抓杆的变形，应用更换的方法处治。

3）门扇下垂、变形和破损影响使用的应用更换的方法处治。

4）观察窗玻璃开裂、破损，应用更换的方法处治。

5）门把手、关门拉手和闭合器破损，应用更换的方法处治。

6）无障碍通道的护壁板、门的护门板翘边、破损，应用修补或更换的方法处治。

7）无障碍厕所和无障碍厕位、无障碍浴室中的洁具、配件破损，应用更换的方法处治。

8）求助呼叫按钮装置破损，应用更换的方法处治。

9）放物台、更衣台、洗手盆、浴帘、毛巾架、挂衣钩破损，应用修补或更换的方法处治。

10）过街音响信号装置立杆、信号灯变形和破损，应用更换的方法处治。

11）无障碍电梯和升降平台的无障碍选层按钮破损，应用更换的方法处治。

12）镜子的破损，应用更换的方法处治。

13）盲文地图破损，应用修补或更换的方法处治。

3 松动、脱落和缺失的维护应符合下列规定：

1）面层的局部松动、脱落，应用修补和更换的方法处治。脱落面积超过 20％的，应整体凿除重做。

2）局部盲道板松动、脱落和缺失，应重新固定、补齐。

3）缺失的检查井盖板和雨水箅应补齐。

4）无障碍通道、走道的护墙板和门的护门板松动、缺失，应紧固、补齐。

5）扶手、安全抓杆松动、脱落和缺失，应紧固、补齐。

6）栏杆、栏板松动和缺失，应首先采取可靠的临时围挡措施，然后按原设计修复。

7）门把手、关门拉手和闭合器松动、脱落和缺失，应紧固、补齐。

8）无障碍厕所和无障碍厕位、无障碍浴室中的洁具、配件松动、脱落和缺失，应紧固、补齐。

9）求助呼叫按钮装置松动、脱落和缺失，应紧固、补齐。

10）放物台、更衣台、洗手盆、浴帘、毛巾架、挂衣钩松动、脱落和缺失，应紧固、补齐。

11）过街音响信号装置立杆、信号灯松动，应紧固。

12）厨房的操作台、吊柜、壁柜和卧室、客房的橱柜及其五金配件、挂衣杆松动、脱落和缺失，应用紧固、补齐。

13）无障碍电梯和升降平台的无障碍选层按钮松动、脱落和缺失，应紧固、补齐。

14）无障碍标志和盲文标志松动、脱落和缺失，应紧固、补齐。

4 故障的维护应符合下列规定：
1）求助呼叫装置和报警装置故障，应排除、修复。
2）过街音响信号装置的灯光和音响故障，应排除、修复。
3）居室内设置的通讯设备故障，应排除、修复。
4）服务设施的设备故障，应排除、修复。
5）无障碍电梯和升降平台的运行楼层显示装置和音响报层装置、平层装置、梯门开闭装置故障，应排除、修复。

5 磨损的维护应符合下列规定：
1）盲道触感条和触感圆点因磨损高度不符合设计和相关规范要求，应更换盲道板。
2）无障碍电梯和升降平台的无障碍选层按钮、盲文铭牌和盲文地图的触点因磨损，不能正常使用，应更换。
3）轮椅席位、无障碍停车位地面标线磨损，应重画。

6 褪色的维护应符合下列规定：
1）盲道板明显褪色，应更换。
2）门明显褪色，降低门与墙面的对比度下降，应重新涂装。
3）无障碍标志和盲文标志明显褪色，应更换。

4.4.3 一般性维护应符合下列规定：

1 临时性占用的维护应符合下列规定：
1）涉及通行的缘石坡道、盲道、无障碍出入口、轮椅坡道、无障碍通道、楼梯和台阶被临时性占用。占用的活动设施和物品应移除，占用的固定设施应拆除。
2）无障碍厕所和无障碍厕位、无障碍浴室、无障碍住房、无障碍客房、低位服务设施、轮椅席位、无障碍电梯和升降平台中的轮椅回转空间被临时性占用。占用的活动设施和物品应移除，占用的固定设施应拆除。

2 积水、腐蚀和污染的维护应符合下列规定：
1）涉及通行的地面面层积水，应及时清除。
2）盲道、扶手、安全抓杆、门、无障碍厕所和无障碍厕位、无障碍浴室、无障碍住房、无障碍客房、无障碍电梯和升降平台、过街音响信号装置、无障碍标志和盲文标志及配件的表面和出现腐蚀、锈蚀、油漆脱落，应重新涂装或更换。
3）设施表面污染应清洗达到洁净的标准。

4.4.4 抗滑性能下降的维护应符合下列规定：

1 对地面磨损，造成抗滑性能下降，不能达到设计要求的，应对面层进行处理。

2 设计为干燥地面，出现潮湿或积水情况，造成抗滑性能下降，不能满足安全使用要求的，应对面层进行处理。

3 对污染所造成的抗滑性能下降，不能达到设计要求的，应对面层进行处理。

附录 A 无障碍设施分项工程与相关分部（子分部）工程对应表

表 A 无障碍设施分项工程划分及与相关分部（子分部）工程对应表

序号	分部工程	子分部	无障碍设施分项工程
1	人行道		缘石坡道
	道路		
2	人行道		盲道
	建筑装饰装修	地面	
	道路		
3	建筑装饰装修	地面、门窗	无障碍出入口
4	面层		轮椅坡道
	建筑装饰装修	地面	
	道路		
5	面层		无障碍通道
	建筑装饰装修	地面	
	道路		
6	面层		楼梯和台阶
	建筑装饰装修	地面	
7	建筑装饰装修	细部	扶手
8	电梯		无障碍电梯与升降平台
9	建筑装饰装修	门窗	门
10	建筑装饰装修	地面	无障碍厕所和无障碍厕位
	建筑电气		
	建筑给水排水及采暖		
	智能建筑		
11	建筑装饰装修	地面	无障碍浴室
	建筑电气		
	建筑给水排水及采暖		
	智能建筑		
12	建筑装饰装修	地面、细部	轮椅席位

续表 A

序号	分部工程	子分部	无障碍设施分项工程
13	建筑装饰装修	地面、细部	无障碍住房和无障碍客房
	建筑电气		
	建筑给水排水及采暖		
	智能建筑		
14	广场与停车场		无障碍停车位
	建筑装饰装修		
15	建筑装饰装修		低位服务设施
16	建筑装饰装修	细部	无障碍标志和盲文标志

注: 1 表中人行道、面层和广场与停车场三个分部工程应按现行行业标准《城镇道路工程施工与质量验收规范》CJJ 1 的有关规定进行验收。
2 道路、建筑装饰装修、电梯、智能建筑、建筑电气和建筑给水排水及采暖六个分部工程应按现行国家标准《建筑工程施工质量验收统一标准》GB 50300 的有关规定进行验收。
3 过街音响信号装置应按现行国家标准《道路交通信号灯设置与安装规范》GB 14886 的有关规定进行验收。

附录 B 无障碍设施隐蔽工程验收记录

表 B 无障碍设施隐蔽工程验收记录

工程名称		施工单位	
分项工程名称		项目经理	
隐蔽工程项目		专业技术负责人	
施工标准名称及编号			
施工图名称及编号			
隐蔽工程部位	质量要求	施工单位自查记录	监理(建设)单位验收记录
施工单位自查结论	施工单位项目技术负责人: 年 月 日		
监理(建设)单位验收结论	监理工程师(建设单位项目负责人): 年 月 日		

附录 C 无障碍设施地面抗滑性能检查记录表及检测方法

C.0.1 无障碍设施地面抗滑性能检查可按表 C.0.1 进行记录。

表 C.0.1 无障碍设施地面抗滑性能检查记录

工程名称		施工单位			
分部工程名称		项目经理			
分项工程名称		专业技术负责人			
施工标准名称及编号					
施工图名称及编号					
检测部位及平、坡面	实测值		允许值		检测结论
	抗滑系数	抗滑摆值	抗滑系数	抗滑摆值	
施工单位自查结论	施工单位项目技术负责人: 年 月 日				
监理(建设)单位验收结论	监理工程师(建设单位项目负责人): 年 月 日				

C.0.2 无障碍设施面层抗滑系数测定应按下列方法进行:

1 本测定方法适用于无障碍设施地面抗滑的现场测试和地面铺贴块材的实验室测试,进行抗滑处理后的块材也可根据实际情况执行。不适用于被污染的区域。

2 测定区域及样品应符合下列规定:

1)测定区域或样品不应小于 100mm×100mm。每次测定前样品表面应保持清洁。

2)测定样品或区域应分别进行湿态和干态测定,每组测定至少进行 3 个测定样品的测试。

3)现场定测时,同一个地面,同种块材,同种块材加工饰面应进行一组测试。

3 测定使用的仪器和材料应包括：

1）水平拉力计，最小分度应为 0.1N。

2）一个 50N 的重块。

3）聚氨酯耐磨合成橡胶，IRD 硬度应为 90±2。

4）400 号碳化硅耐水砂纸，应符合现行行业标准《涂附磨具 耐水砂纸》JB/T 7499—2006 标准要求。

5）软毛刷。

6）P220 号碳化硅砂，应符合现行国家标准《涂附磨具用磨料 粒度分析 第 2 部分：粗磨粒 P12～P220 粒度组成的测定》GB/T 9258.2—2008 标准要求。

7）一块 150mm×150mm×5mm 和一块 100mm×100mm×5mm 的浮法玻璃板。

8）蒸馏水。

4 测定应遵循下列步骤：

1）制作滑块：将一块 75mm×75mm×3mm 的聚氨酯耐磨合成橡胶（IRD 硬度为 90±2）粘在一块 200mm×200mm×20mm 的木块中央位置，组成滑块组件，木块侧面中心位置固定一个环首螺钉，用于与拉力计连接。

2）对滑块进行处理：把一张 400 号碳化硅砂纸平铺在工作平台上，沿水平方向拉动滑块组件直至橡胶表面失去光泽，用软毛刷刷去碎屑。

3）校正：将 150mm×150mm×5mm 的玻璃板放在工作平台上，在其表面撒上少量碳化硅砂并滴几滴水，用 100mm×100mm×5mm 的玻璃板为研磨工具，以圆周运动进行研磨至大玻璃板表面完全变成半透明状态。

用清水洗净大玻璃板表面，擦净，在空气中干燥，作为校正板备用。

将准备好的校正板放在一个水平的工作台上，将滑块组件放在糙面上，水平拉力计挂钩挂在滑块组件的环首螺钉上，在滑块组件上面的中心位置放置一个 50N 的重块，固定校正板，使拉力计的拉杆和环首螺钉保持在同一水平线上，立即缓慢拉动拉力计至滑块组件恰好发生移动，记录下此时的拉力值，精确至 0.1N。总共拉动 4 次，每次与上次拉动方向在水平面上呈 90°角。

抗滑系数校正值应按下式计算：

$$C = R_d / nG \qquad \text{(C.0.2-1)}$$

式中：C——抗滑系数校正值；

R_d——4 次拉力读数之和（N）；

n——拉动次数，应取 4；

G——滑块组件加上 50N 重块的总重力（N）。

如果橡胶面打磨均匀，4 个拉力读数应该基本一致，且校正值应在 0.75±0.05 范围内。在测试 3 个样品之前和之后均应重复校正过程并记录结果。如果

前后的校正值不符合 0.75±0.05，应重新测试。

4）测试干态表面：

①将测试表面擦拭干净，必要时用清水洗净并干燥。

②将测试样品放在一个水平的工作工作台上，将滑块组件放在测试面上，水平拉力计挂钩挂在滑块组件的环首螺钉上，在滑块组件上面的中心位置放置一个 50N 的重块，固定测试样品，使拉力计的拉杆和环首螺钉保持在同一条水平线上，3 秒钟内立即缓慢拉动拉力计至滑块组件恰好发生移动，记录下此时的拉力值，精确至 0.1N。一个测试面上要拉动 4 次组件，每次与上次方向在水平面上呈 90°角，每进行一次拉动前就要用 400 号砂纸对耐磨合成橡胶表面进行一次打磨并保持表面平整。记录所有读数。

5）测试湿态表面：

用蒸馏水将测试面和耐磨合成橡胶表面打湿，重复测试干态表面的步骤 2。

5 单个测试面或试验样品的平均抗滑系数计算应按下列公式计算：

1）干态表面测试：

$$C_d = R_d / nG \qquad \text{(C.0.2-2)}$$

2）湿态表面测试：

$$C_w = R_w / nG \qquad \text{(C.0.2-3)}$$

式中：C_d——干态表面测试的抗滑系数值；

C_w——湿态表面测试的抗滑系数值；

R_d——干态表面测试 4 次拉力读数之和（N）；

R_w——湿态表面测试 4 次拉力读数之和（N）；

n——拉动次数（4 次）；

G——滑块组件加上 50N 重块的总重力（N）。

以一组试验的平均值作为测定结果，保留两位有效数字。

6 测定报告应包括下列内容：

1）样品名称、尺寸、数量、种类。

2）干态和湿态的单个测试面的抗滑系数和一组试验的平均抗滑系数。

3）判断本标准的极限值时，采用修约值比较法。

C.0.3 无障碍设施面层抗滑摆值（F_B）的测定应按下列方法进行：

1 本测定方法适用于以摆式摩擦系数测定仪（摆式仪）测定无障碍设施面层的抗滑值，用以评定无障碍设施面层的抗滑性能。

2 测定仪具与材料应包括：

1）摆式仪：摆及摆的连接部分总质量应为（1500±30）g，摆动中心至摆的重心距离应为（410±5）mm，测定时摆在面层上滑动长度应为（126±1）mm，摆上橡胶片端部距摆动中心的距离应为 508mm，橡胶片对面层的正向静压力应为（22.2±0.5）N。摆式仪结构见示意图 C.0.3。

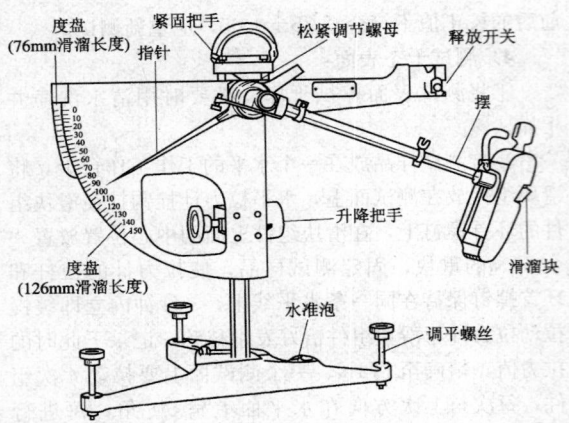

图 C.0.3　摆式仪结构示意图

（图中标注：度盘（76mm滑溜长度）、指针、紧固把手、松紧调节螺母、释放开关、摆、升降把手、滑溜块、度盘（126mm滑溜长度）、水准泡、调平螺丝）

2）橡胶片：用于测定面层抗滑值时的尺寸应为（6.35±1）mm×（25.4±1）mm×（76.2±1）mm，橡胶片应为（90±1）邵尔应硬度的4S橡胶。当橡胶片使用后，端部在长度方向上磨损超过1.6mm或边缘在宽度方向上磨耗超过3.2mm，或有油污染时，应更换新橡胶片；新橡胶片应先在干燥路面上测10次后再用于测试。橡胶片的有效使用期应为1年。

3）标准量尺：长度应为126mm。

4）洒水壶。

5）橡胶刮板。

6）地面温度计：分度不应大于1℃。

7）其他：皮尺式钢卷尺、扫帚、粉笔等。

3　测定应遵循下列步骤：

1）进行准备工作，应包括下列内容：

①检查摆式仪的调零灵敏情况，并应定期进行仪器的标定。当用于无障碍设施面层工程检查验收时，仪器应重新标定。

②对测试同一材料的面层，应按随机取样方法，决定测点所在位置。测点应干燥清洁。无灰尘杂物、油污等。

2）进行测试：

①调平仪器：将仪器置于面层测点上，转动底座上的调平螺栓，使水准泡居中。

②调零：

a. 放松上、下两个紧固把手，转动升降把手，使摆升高并能自由摆动，然后旋紧紧固把手。

b. 将摆抬起，使卡环卡在释放开关上，此时摆处于水平释放位置，把指针转至与摆杆平行。

c. 按下释放开关，摆带动指针摆动向另一边，当摆达到另一边最高位置后下落时，用手将摆杆接住，此时指针应指向零。若不指零时，可稍旋紧或放松摆的调节螺母，重复此项操作，直至指针指零。调零允许误差为±1BPN。

③校核滑动长度：

a. 让摆自由悬挂，提起摆头上的举升柄，将底座上垫块置于定位螺丝下面，使摆头上的滑溜块升高，放松紧固把手，转动立柱上升降把手，使摆缓缓下降。当滑块上的橡胶片刚刚接触路面时，即将紧固把手旋紧，使摆头固定。

b. 提起举升柄，取下垫块，使摆向右运动。然后，手提举升柄使摆慢慢向另一边运动，直至橡胶片的边缘刚刚接触面层。在橡胶片的外边摆动方向设置标准量尺，尺的一端正对准该点。再用手提起举升柄，使滑溜块向上抬起，并使摆继续运动至另一边，使橡胶片返回落下再一次接触面层，橡胶片两次同路面接触点的距离应在126mm（即滑动长度）左右。若滑动长度不符合标准时，则升高或降低仪器底正面的调平螺丝来校正，但需调平水准泡，重复此项校核直至滑动长度符合要求，而后，将摆和指针置于水平释放位置。

校核滑动长度时应以橡胶片长边刚刚接触路面为准，不得借摆力量向前滑动，以免标定的滑动长度过长。

④测试：

将摆抬至待释放位置，并使指针和摆杆平行，按下释放开关，使摆在面层上滑过，指针即可指示出面层的摆值。在摆杆回落时，应用左手接住摆，以避免摆在回摆过程中接触面层。第一次值应舍去。

重复以上操作测定5次，并读记每次测定的摆值，即BPN，5次数值中最大值与最小值的差值不得大于3BPN。如差数大于3BPN时，应检查产生的原因，并再次重复上述各项操作，至符合规定为止。取5次测定的平均值作为每个测点面层的抗滑摆值（即摆值F_B），取整数，以BPN表示。

⑤测试潮湿地面：

若要测试潮湿地面的抗滑摆值，应用喷壶将水浇在待测面层处，5min后用橡胶刮板刮除多余的水分，然后再进行测试。

⑥对抗滑摆值进行温度修正：

在测点位置上用地面温度计记录面层的温度，精确至1℃。当路面温度为T时测得的值为F_{BT}，应换算成标准温度20℃的摆值F_{B20}。温度修正值见表C.0.3。

表 C.0.3　温度修正值

温度（℃）	0	5	10	15	20	25	30	35	40
温度修正值（ΔBPN）	-6	-4	-2	-1	0	+2	+3	+5	+7

⑦确定测定结果：

在3个不同测点进行测试，取3个测点抗滑摆值的平均值作为试验结果，精确至1BPN。

    4 检测报告应包括下列内容：
1) 测试日期、测点位置、天气情况、面层温度，并描述面层外观、材质、表面养护情况等。
2) 单点抗滑摆值：各点面层抗滑摆值的测定值 F_{BT}、经温度修正后的 F_{B20}。
3) 各点抗滑摆值的测定值及3次测定值的平均值、标准差、变异系数。
4) 精密度与允许差：同一个测点；重复5次测定的差值不大于3BPN。

附录D 无障碍设施分项工程检验批质量验收记录表

D.0.1 缘石坡道分项工程应按表 D.0.1 进行记录。

表 D.0.1 缘石坡道分项工程检验批质量验收记录

工程名称		分项工程名称		验收部位	
施工单位		专业工长		项目经理	
施工执行标准名称及编号					
分包单位		分包项目经理		施工班组长	
主控项目		施工质量验收标准的规定	施工单位检查评定记录	监理(建设)单位验收记录	
1	面层材质	品种、质量、抗压强度应符合设计要求			
2	结合层的施工	应结合牢固、无空鼓			
3	坡度	应符合设计要求			
4	宽度	应符合设计要求			
5	高差	应符合设计要求			
6	板块空鼓	每检验批单块砖边角局部空鼓不超过总数的5%			
一般项目		施工质量验收标准的规定	施工单位检查评定记录	监理(建设)单位验收记录	
1	外观质量	表面应平整、无裂缝、掉角、缺棱和翘曲			
2	面层压实度	应符合设计要求			
	项目	允许偏差(mm)			
3 平整度	水泥混凝土	3			
	沥青混凝土	3			
	其他混合料	4			
	预制砌块	5			
	陶瓷类地砖	2			
	石板材	1			
	块石	3			

续表 D.0.1

一般项目		施工质量验收标准的规定	施工单位检查评定记录	监理(建设)单位验收记录	
	项目	允许偏差(mm)			
4 相邻块体高差	预制砌块	3			
	陶瓷类地砖	0.5			
	石板材	0.5			
	块石	2			
5 井框与路面高差	水泥混凝土	3			
	沥青混凝土	5			
	预制砌块	4			
	陶瓷类地砖	3			
	石板材	3			
	块石	3			
6	厚度	±5			
施工单位检查评定结果		项目专业质量检查员： 年 月 日			
监理(建设)单位验收结论		监理工程师(建设单位项目专业技术负责人)： 年 月 日			

D.0.2 盲道分项工程应按表 D.0.2 进行记录。

表 D.0.2 盲道分项工程检验批质量验收记录

工程名称		分项工程名称		验收部位	
施工单位		专业工长		项目经理	
施工执行标准名称及编号					
分包单位		分包项目经理		施工班组长	
主控项目		施工质量验收标准的规定	施工单位检查评定记录	监理(建设)单位验收记录	
1	盲道材质	规格、颜色、强度应符合设计要求			
2	盲道型材厚度，凸面高度、形状	应符合设计要求			
3	结合层质量	应符合设计要求			
4	宽度、设置部位和走向	应符合设计要求			
5	盲道与障碍物距离	应符合设计要求			

	一般项目	施工质量验收标准的规定	施工单位检查评定记录	监理(建设)单位验收记录
1	外观质量	应牢固、表面平整，缝线顺直、缝宽均匀、灌缝饱满、无翘边、翘角，不积水		
2	型材尺寸	应符合设计要求		
	项目	允许偏差（mm）		
3 平整度	预制盲道块	3		
	石材类盲道板	1		
	陶瓷类盲道板	2		
4 相邻块高差	预制盲道块	3		
	石材类盲道板	0.5		
	陶瓷类盲道板	0.5		
5 接缝宽度	预制盲道块	+3；-2		
	石材类盲道板	1		
	陶瓷类盲道板	2		
6 纵缝顺直	预制盲道块	5		
	石材类盲道板	2		
	陶瓷类盲道板	3		
7 横缝顺直	预制盲道块	2		
	石材类盲道板	1		
	陶瓷类盲道板	1		

施工单位
检查评定结果

项目专业质量检查员：
年 月 日

监理(建设)单位
验收结论

监理工程师(建设单位项目专业技术负责人)：
年 月 日

D.0.3 轮椅坡道分项工程应按表 D.0.3 进行记录。

表 D.0.3 轮椅坡道分项工程检验批质量验收记录

工程名称		分项工程名称		验收部位
施工单位		专业工长		项目经理
施工执行标准名称及编号				
分包单位		分包项目经理		施工班组长

	主控项目	施工质量验收标准的规定	施工单位检查评定记录	监理(建设)单位验收记录
1	面层材质	应符合设计要求		
2	结合层质量	应结合牢固、无空鼓		
3	坡度	应符合设计要求		
4	宽度	应符合设计要求		
5	高差	应符合设计要求		
6	安全挡台高度	应符合设计要求		
7	缓冲地带和休息平台长度	应符合设计要求		
8	雨水箅网眼尺寸	应符合设计要求		

	一般项目	施工质量验收标准的规定	施工单位检查评定记录	监理(建设)单位验收记录
1	外观质量	不应有裂纹、麻面等缺陷		
	项目	允许偏差（mm）		
2 平整度	水泥砂浆	2		
	细石混凝土	3		
	沥青混合料	4		
	水泥花砖	2		
	陶瓷类地砖	2		
	石板材	1		
3	整体面层厚度	±5		
4	相邻块高差	0.5		

施工单位
检查评定结果

项目专业质量检查员：
年 月 日

监理(建设)单位
验收结论

监理工程师(建设单位项目专业技术负责人)：
年 月 日

D.0.4 无障碍通道分项工程应按表 D.0.4 进行记录。

表 D.0.4　无障碍通道分项工程检验批质量验收记录

工程名称		分项工程名称		验收部位	
施工单位		专业工长		项目经理	
施工执行标准名称及编号					
分包单位		分包项目经理		施工班组长	
主控项目		施工质量验收标准的规定	施工单位检查评定记录	监理(建设)单位验收记录	
1	面层材质	应符合设计要求			
2	结合层质量	应符合设计要求			
3	宽度	应符合设计要求			
4	突出物尺寸和高度	应符合设计要求			
5	雨水箅网眼尺寸	应符合设计要求			
6	凹室尺寸	应符合设计要求			
7	安全设施设置	应符合设计要求			
一般项目		施工质量验收标准的规定	施工单位检查评定记录	监理(建设)单位验收记录	
1	雨水箅	应安装平整			
2	护壁(门)板高度	应符合设计要求			
3	通道转角处墙体的倒角或圆弧尺寸	应符合设计要求			
4 平整度	项目		允许偏差(mm)		
	整体面层	水泥混凝土	3		
		沥青混凝土	3		
		其他沥青混合料	4		
	板块面层	预制砌块	5		
		陶瓷类地砖	2		
		石板材	1		
		块石	3		

续表 D.0.4

一般项目		施工质量验收标准的规定	施工单位检查评定记录	监理(建设)单位验收记录	
项目		允许偏差(mm)			
4 平整度	坡道面层	水泥砂浆	2		
		细石混凝土、橡胶弹性面层	3		
		沥青混合料	4		
		水泥花砖	2		
		陶瓷类地砖	2		
		石板材	1		
5	地面与雨水箅高差	−3;0			
6	护墙板高度	+3;0			
施工单位检查评定结果		项目专业质量检查员： 　　　　年　月　日			
监理(建设)单位验收结论		监理工程师(建设单位项目专业技术负责人)： 　　　　年　月　日			

D.0.5 无障碍停车位分项工程应按表 D.0.5 进行记录。

表 D.0.5　无障碍停车位分项工程检验批质量验收记录

工程名称		分项工程名称		验收部位	
施工单位		专业工长		项目经理	
施工执行标准名称及编号					
分包单位		分包项目经理		施工班组长	
主控项目		施工质量验收标准的规定	施工单位检查评定记录	监理(建设)单位验收记录	
1	位置和数量	应符合设计要求			
2	一侧通道宽度	应符合设计要求			
3	涂画和标志	应符合设计和相关规范要求			

	一般项目	施工质量验收标准的规定		施工单位检查评定记录	监理(建设)单位验收记录
1	地面坡度	应符合设计要求			
2	平整度	项目	允许偏差(mm)		
		整体面层	水泥混凝土	3	
			沥青混凝土	3	
			其他沥青混合料	4	
		板块面层	预制砌块	5	
			陶瓷类地砖	2	
			石板材	1	
			块石	3	
3	相邻块高差	0.5			
4	地面坡度	±0.3%			
施工单位检查评定结果		项目专业质量检查员： 年 月 日			
监理(建设)单位验收结论		监理工程师(建设单位项目专业技术负责人)： 年 月 日			

D.0.6 无障碍出入口分项工程应按表 D.0.6 进行记录。

表 D.0.6 无障碍出入口分项工程检验批质量验收记录

工程名称			分项工程名称		验收部位	
施工单位			专业工长		项目经理	
施工执行标准名称及编号						
分包单位			分包项目经理		施工班组长	
主控项目		施工质量验收标准的规定		施工单位检查评定记录	监理(建设)单位验收记录	
1	出入口外地面坡度	应符合设计要求				
2	平台宽度、雨篷尺寸	应符合设计要求				
3	门扇开启距离	应符合设计要求				
4	雨水箅网眼尺寸	应符合设计要求，且不大于15mm				
一般项目		施工质量验收标准的规定		施工单位检查评定记录	监理(建设)单位验收记录	
1	出入口处地面外观质量	应符合设计要求				
2	平整度	项目	允许偏差(mm)			
		整体面层	水泥混凝土	3		
			沥青混凝土	3		
			其他沥青混合料	4		
		板块面层	预制砌块	5		
			陶瓷类地砖	2		
			石板材	1		
			块石	3		
		坡道面层	水泥砂浆	2		
			细石混凝土、橡胶弹性面层	2		
			沥青混合料	4		
			水泥花砖	2		
			陶瓷类地砖	2		
			石板材	1		
施工单位检查评定结果		项目专业质量检查员： 年 月 日				
监理(建设)单位验收结论		监理工程师(建设单位项目专业技术负责人)： 年 月 日				

D.0.7 低位服务设施分项工程应按表 D.0.7 进行记录。

D.0.8 扶手分项工程应按表 D.0.8 进行记录。

表 D.0.7　低位服务设施分项工程检验批
质量验收记录

工程名称		分项工程名称		验收部位	
施工单位		专业工长		项目经理	
施工执行标准名称及编号					
分包单位		分包项目经理		施工班组长	
主控项目	施工质量验收标准的规定		施工单位检查评定记录		监理(建设)单位验收记录
1	位置和数量	应符合设计要求			
2	设施高度、宽度和进深	应符合设计要求			
3	下方净空尺寸	应符合设计要求			
4	轮椅回转空间	应符合设计要求			
5	灯具和开关	应符合设计要求			
一般项目	施工质量验收标准的规定		施工单位检查评定记录		监理(建设)单位验收记录
1 平整度	项目	允许偏差(mm)			
	水泥砂浆、水磨石	2			
	细石混凝土、橡胶弹性面层	3			
	水泥花砖	3			
	陶瓷类地砖	2			
	石板材	1			
2	相邻块高差	0.5			
施工单位检查评定结果	项目专业质量检查员： 　　　　　　　年　月　日				
监理(建设)单位验收结论	监理工程师(建设单位项目专业技术负责人)： 　　　　　　　年　月　日				

表 D.0.8　扶手分项工程检验批质量验收记录

工程名称		分项工程名称		验收部位	
施工单位		专业工长		项目经理	
施工执行标准名称及编号					
分包单位		分包项目经理		施工班组长	
主控项目	施工质量验收标准的规定		施工单位检查评定记录		监理(建设)单位验收记录
1	材质	应符合设计要求			
2	连接质量	应符合设计要求			
3	扶手截面及安装质量	应符合设计要求			
4	栏杆质量	应符合设计要求			
5	扶手盲文标志	应符合设计要求			
一般项目	施工质量验收标准的规定		施工单位检查评定记录		监理(建设)单位验收记录
1	外观质量	接缝严密,表面光滑,色泽一致,不得有裂缝、翘曲及损坏			
2	钢构件扶手	表面应做防腐处理,其连接处的焊缝应锉平磨光			
3	项目	允许偏差(mm)			
	立柱和托架间距	3			
4	立柱垂直度	3			
5	扶手直线度	4			
施工单位检查评定结果	项目专业质量检查员： 　　　　　　　年　月　日				
监理(建设)单位验收结论	监理工程师(建设单位项目专业技术负责人)： 　　　　　　　年　月　日				

D.0.9 门分项工程应按表 D.0.9 进行记录。

表 D.0.9 门分项工程检验批质量验收记录

工程名称		分项工程名称		验收部位	
施工单位			专业工长	项目经理	
施工执行标准名称及编号					
分包单位			分包项目经理	施工班组长	
主控项目		施工质量验收标准的规定	施工单位检查评定记录	监理(建设)单位验收记录	
1	选型、材质、开启方向	应符合设计要求			
2	开启后净宽	应符合设计要求			
3	把手—侧墙面宽度	应符合设计要求			
4	把手、关门拉手和闭合器	应符合设计要求			
5	观察窗	应符合设计要求			
6	门内外高差	应符合设计要求			
一般项目		施工质量验收标准的规定	施工单位检查评定记录	监理(建设)单位验收记录	
1	外观质量	应洁净、平整、光滑、色泽一致			
	项目	允许偏差(mm)			
2	门框正、侧面垂直度	木门 普通	2		
		木门 高级	1		
		钢门	3		
		铝合金门	2.5		
3	门横框水平度	3			
4	护门板高度	+3;0			
施工单位检查评定结果		项目专业质量检查员: 年 月 日			
监理(建设)单位验收结论		监理工程师(建设单位项目专业技术负责人): 年 月 日			

D.0.10 无障碍电梯和升降平台分项工程应按表 D.0.10 进行记录。

表 D.0.10 无障碍电梯和升降平台分项工程检验批质量验收记录

工程名称		分项工程名称		验收部位	
施工单位			专业工长	项目经理	
施工执行标准名称及编号					
分包单位			分包项目经理	施工班组长	
主控项目		施工质量验收标准的规定	施工单位检查评定记录	监理(建设)单位验收记录	
1	设备类型、设置位置和数量	应符合设计要求			
2	电梯厅宽度	应符合设计要求			
3	专用选层按钮	应符合设计要求			
4	电梯门洞外口宽度	应符合设计要求			
5	运行显示和提示音响信号装置	应符合设计要求			
6	轿厢规格和门净宽度	应符合设计要求			
7	门光幕感应和门全开闭间隔时间	应符合设计要求			
8	轿厢平台与楼层平层和水平间距	应符合设计要求			
9	镜子设置	应符合设计要求			
10	平台尺寸和栏杆	应符合设计要求			
11	平台按钮高度	应符合设计要求			
一般项目		施工质量验收标准的规定	施工单位检查评定记录	监理(建设)单位验收记录	
护壁板高度		允许偏差(mm) +3;0			
施工单位检查评定结果		项目专业质量检查员: 年 月 日			
监理(建设)单位验收结论		监理工程师(建设单位项目专业技术负责人): 年 月 日			

D.0.11 楼梯和台阶分项工程应按表 D.0.11 进行记录。

D.0.12 轮椅席位分项工程应按表 D.0.12 进行记录。

表 D.0.11 楼梯和台阶分项工程检验批质量验收记录

工程名称		分项工程名称		验收部位	
施工单位		专业工长		项目经理	
施工执行标准名称及编号					
分包单位		分包项目经理		施工班组长	
主控项目		施工质量验收标准的规定	施工单位检查评定记录		监理(建设)单位验收记录
1	面层材质	应符合设计要求			
2	结合层质量	应结合牢固、无空鼓			
3	楼梯的净空高度、楼梯和台阶的宽度	应符合设计要求			
4	安全挡台高度	应符合设计要求			
5	踏面凸缘的形状和尺寸	应符合设计要求			
6	雨水箅眼尺寸	踏面凸缘的形状和尺寸			
一般项目		施工质量验收标准的规定	施工单位检查评定记录		监理(建设)单位验收记录
1	外观质量	不应有裂纹、麻面等缺陷			
2 平整度	项目	允许偏差(mm)			
	踏步高度	−3;0			
	踏步宽度	+2;0			
	水泥砂浆、水磨石	2			
	细石混凝土、橡胶弹性面层	3			
	水泥花砖	3			
	陶瓷类地砖	2			
	石板材	1			
3	相邻块高差	0.5			
施工单位检查评定结果		项目专业质量检查员: 年 月 日			
监理(建设)单位验收结论		监理工程师(建设单位项目专业技术负责人): 年 月 日			

表 D.0.12 轮椅席位分项工程检验批质量验收记录

工程名称		分项工程名称		验收部位	
施工单位		专业工长		项目经理	
施工执行标准名称及编号					
分包单位		分包项目经理		施工班组长	
主控项目		施工质量验收标准的规定	施工单位检查评定记录		监理(建设)单位验收记录
1	位置和数量	应符合设计要求			
2	面积	应符合设计要求,且不小于1.10m×0.8m			
3	栏杆或栏板	应符合设计要求			
4	涂画和标志	应符合设计要求			
一般项目		施工质量验收标准的规定	施工单位检查评定记录		监理(建设)单位验收记录
1	陪同者席位	应符合设计要求			
2 平整度	项目	允许偏差(mm)			
	水泥砂浆、水磨石	2			
	细石混凝土、橡胶弹性面层	3			
	水泥花砖	3			
	陶瓷类地砖	2			
	石板材	1			
3	相邻块高差	0.5			
施工单位检查评定结果		项目专业质量检查员: 年 月 日			
监理(建设)单位验收结论		监理工程师(建设单位项目专业技术负责人): 年 月 日			

D.0.13 无障碍厕所和无障碍厕位分项工程应按表 D.0.13 进行记录。

D.0.14 无障碍浴室分项工程应按表 D.0.14 进行记录。

表 D.0.13 无障碍厕所和无障碍厕位分项
工程检验批质量验收记录

工程名称		分项工程名称		验收部位	
施工单位		专业工长		项目经理	
施工执行标准名称及编号					
分包单位		分包项目经理		施工班组长	
主控项目		施工质量验收标准的规定	施工单位检查评定记录	监理(建设)单位验收记录	
1	面积和平面尺寸	应符合设计要求			
2	位置和数量	应符合设计要求			
3	洁具	应符合设计要求			
4	安全抓杆支撑力	应符合设计要求			
5	安全抓杆选型、安装位置	应符合设计要求			
6	轮椅回转空间	应符合设计要求			
7	求助呼叫系统	应符合设计要求			
8	洗手盆高度及净空尺寸	应符合设计要求			
一般项目		施工质量验收标准的规定	施工单位检查评定记录	监理(建设)单位验收记录	
1	放物台材质、尺寸及高度	应符合设计要求			
2	挂衣钩安装部位及高度	应符合设计要求			
3	安全抓杆	应横平竖直，转角弧度应符合设计要求			
4	照明开关选型及安装高度	应符合设计要求			
5	灯具型号及照度	应符合设计要求			
6	项目	允许偏差(mm)			
	放物台 平面尺寸	+10			
	放物台 高度	−10；0			
7	挂衣钩高度	−10；0			
8	安全抓杆垂直度	2			
9	安全抓杆水平度	3			
施工单位检查评定结果		项目专业质量检查员： 年 月 日			
监理(建设)单位验收结论		监理工程师(建设单位项目专业技术负责人)： 年 月 日			

表 D.0.14 无障碍浴室分项工程检验
批质量验收记录

工程名称		分项工程名称		验收部位	
施工单位		专业工长		项目经理	
施工执行标准名称及编号					
分包单位		分包项目经理		施工班组长	
主控项目		施工质量验收标准的规定	施工单位检查评定记录	监理(建设)单位验收记录	
1	面积和平面尺寸	应符合设计要求			
2	轮椅回转空间	应符合设计要求			
3	无障碍淋浴间座椅和安全抓杆	应符合设计要求			
4	无障碍盆浴间浴盆、洗浴坐台、安全抓杆	应符合设计要求			
5	安全抓杆支撑力	应符合设计要求			
6	求助呼叫系统	应符合设计要求			
7	洗手盆	应符合设计要求			
一般项目		施工质量验收标准的规定	施工单位检查评定记录	监理(建设)单位验收记录	
1	浴帘、毛巾架、淋浴器喷头安装高度	应符合设计要求			
2	安全抓杆	应横平竖直，转角弧度应符合设计要求			
3	照明开关选型及安装高度	应符合设计要求			
4	灯具型号及照度	应符合设计要求			

一般项目		施工质量验收标准的规定	施工单位检查评定记录	监理(建设)单位验收记录
	项目	允许偏差(mm)		
5 平整度	水泥砂浆、水磨石	2		
	细石混凝土、橡胶弹性面层	3		
	水泥花砖	3		
	陶瓷类地砖	2		
	石板材	1		
6	相邻块高差	0.5		
7	浴帘、毛巾架、挂衣钩高度	−10;0		
8	淋浴器喷头高度	−15;0		
9 更衣台、洗手盆	平面尺寸	+10		
	高度	−10;0		
10	安全抓杆的垂直度	2		
11	安全抓杆的水平度	3		

施工单位检查评定结果

项目专业质量检查员:

年 月 日

监理(建设)单位验收结论

监理工程师(建设单位项目专业技术负责人):

年 月 日

D.0.15 无障碍住房和无障碍客房分项工程应按表 D.0.15 进行记录。

表 D.0.15 无障碍住房和无障碍客房分项工程检验批质量验收记录

工程名称			分项工程名称		验收部位	
施工单位			专业工长		项目经理	
施工执行标准名称及编号						
分包单位			分包项目经理		施工班组长	
主控项目		施工质量验收标准的规定		施工单位检查评定记录		监理(建设)单位验收记录
1	平面布置和面积	应符合设计要求				
2	无障碍客房位置和数量	应符合设计要求				
3	求助呼叫系统	应符合设计要求				
4	家具和电器	应符合设计要求				
5	地面、墙面和轮椅回转空间	应符合设计要求				
6	操作台、吊柜、壁板	应符合设计要求				
7	橱柜和挂衣杆	应符合设计要求				
8	阳台进深	应符合设计要求				
9	晾晒设施	应符合设计要求				
10	开关、插座	应符合设计要求				
11	通讯设施	应符合设计要求				
一般项目		施工质量验收标准的规定		施工单位检查评定记录		监理(建设)单位验收记录
1	抽屉和柜门	应开关灵活,回位正确				
		项目	允许偏差(mm)			
2 地面平整度		水泥砂浆、水磨石	2			
		细石混凝土、橡胶弹性面层	3			
		水泥花砖	3			
		陶瓷类地砖	2			
		石板材	1			
3 台柜		外形尺寸	3			
		立面垂直度	2			
		门直线度	2			

施工单位检查评定结果

项目专业质量检查员:

年 月 日

监理(建设)单位验收结论

监理工程师(建设单位项目专业技术负责人):

年 月 日

D.0.16 过街音响信号装置分项工程应按表 D.0.16 进行记录。

表 D.0.16 过街音响信号装置分项工程检验批质量验收记录

工程名称		分项工程名称		验收部位	
施工单位		专业工长		项目经理	
施工执行标准名称及编号					
分包单位		分包项目经理		施工班组长	
主控项目		施工质量验收标准的规定	施工单位检查评定记录		监理(建设)单位验收记录
1	装置安装	立杆与基础有可靠的连接			
2	位置和高度	应符合设计要求			
3	音响间隔时间和声压级	应符合设计要求			
一般项目		施工质量验收标准的规定	施工单位检查评定记录		监理(建设)单位验收记录
1	立杆垂直度	不大于柱高的1/1000			
2	信号灯轴线	轴线与过街人行横道的方向应一致,夹角小于或等于5°			
施工单位检查评定结果		项目专业质量检查员:　　　　　　　　年 月 日			
监理(建设)单位验收结论		监理工程师(建设单位项目专业技术负责人):　　　　　　　　年 月 日			

D.0.17 无障碍标志和盲文标志分项工程应按表 D.0.17 进行记录。

表 D.0.17 无障碍标志和盲文标志分项工程检验批质量验收记录

工程名称		分项工程名称		验收部位	
施工单位		专业工长		项目经理	
施工执行标准名称及编号					
分包单位		分包项目经理		施工班组长	
主控项目		施工质量验收标准的规定	施工单位检查评定记录		监理(建设)单位验收记录
1	材质	应符合设计要求			
2	标志牌位置、规格和高度	应符合设计要求			
3	图形尺寸和颜色	应符合国际通用无障碍标志的要求			
4	盲文铭牌位置、规格和高度	应符合设计要求			
5	盲文铭牌制作	应符合设计和国际通用无障碍标志的要求			
6	盲文地图位置、规格和高度	应符合设计要求			
一般项目		施工质量验收标准的规定	施工单位检查评定记录		监理(建设)单位验收记录
1	标志牌安装	应安装牢固、平正			
2	盲文铭牌和地图	表面应洁净、光滑、无裂纹、无毛刺			
3	发光标志	应符合设计要求			
施工单位检查评定结果		项目专业质量检查员:　　　　　　　　年 月 日			
监理(建设)单位验收结论		监理工程师(建设单位项目专业技术负责人):　　　　　　　　年 月 日			

附录 E 无障碍设施维护人维护范围

表 E 无障碍设施维护人维护范围

工程类别	无障碍设施维护人	设施类别
道路城市广场城市园林	市政设施维护单位、市容管理单位、园林设施维护单位、环卫设施维护单位	缘石坡道
		盲道
		轮椅坡道
		无障碍通道
		无障碍出入口
		扶手
		人行天桥和人行地道的无障碍电梯和升降平台
		楼梯和台阶
		公共厕所
		无障碍标志和盲文标志
	交通设施维护单位	无障碍停车位
		过街音响信号装置
建筑物住宅区	产权所有人或其委托的物业管理单位	盲道
		轮椅坡道
		无障碍通道
		无障碍停车位
		无障碍出入口
		低位服务设施
		扶手
		门
		无障碍电梯和升降平台
		楼梯和台阶
		轮椅席位
		无障碍厕所和无障碍厕位
		无障碍浴室
		无障碍住房和无障碍客房
		无障碍标志和盲文标志

附录 F 无障碍设施检查记录表

F.0.1 无障碍设施系统性检查按表 F.0.1 进行记录。

表 F.0.1 无障碍设施系统性检查记录表

编号：

单位工程名称		检查范围	
系统性缺损类别		缺损情况	备注
由于新建、扩建和改建，各单位工程包含的缘石坡道、盲道、无障碍出入口、轮椅坡道、无障碍通道、楼梯和台阶、无障碍电梯和升降平台、过街音响信号装置、无障碍标志和盲文标志等无障碍设施出现缺损			
单位工程之间无障碍通道接口、行走路线发生改变或出现阻断、永久性的占用			
无障碍设施系统性评价			

检查人：　　　　　　　　检查日期：　年 月 日

F.0.2 无障碍设施功能性检查按表 F.0.2 进行记录。

表 F.0.2 无障碍设施功能性检查记录表

编号：

单位工程名称		检查部位	
功能性缺损类别		缺损情况	备注
裂缝、变形和破损			
松动、脱落和缺失			
故障			
磨损			
褪色			
抗滑性能下降			
单位工程无障碍设施功能性评价			

检查人：　　　　　　　　检查日期：　年 月 日

F.0.3 无障碍设施一般性检查应按表 F.0.3 进行记录。

表 F.0.3 无障碍设施一般性检查记录表

编号：

单位工程名称		检查范围	
无障碍设施的位置或部位		占用或者污染情况	备注
单位工程无障碍设施一般性评价			

检查人：　　　　　检查日期：　年　月　日

附录 G 无障碍设施维护记录表

表 G 无障碍设施维护记录表

编号：

单位工程名称		维护部位	
对应检查表单号		维护类型	□系统性 □功能性 □一般性
维护情况		维护人员：	维护日期：　年　月　日
验收情况		验收人员：	验收日期：　年　月　日

本规范用词说明

1 为便于在执行本规范条文时区别对待，对要求严格程度不同的用词说明如下：

　　1）表示很严格，非这样做不可的：
　　　　正面词采用"必须"，反面词采用"严禁"；

　　2）表示严格，在正常情况下均应这样做的：
　　　　正面词采用"应"，反面词采用"不应"或"不得"；

　　3）表示允许稍有选择，在条件许可时首先应这样做的：
　　　　正面词采用"宜"，反面词采用"不宜"；

　　4）表示有选择，在一定条件下可以这样做的，采用"可"。

2 条文中指明应按其他有关标准执行的写法为："应符合……的规定"或"应按……执行"。

引用标准名录

《建筑工程施工质量验收统一标准》GB 50300
《道路交通信号灯设置与安装规范》GB 14886
《道路交通信号灯》GB 14887
《中国盲文》GB/T 15720
《道路交通标志和标线》GB 5768
《涂附磨具用磨料 粒度分析 第 2 部分：粗磨粒 P12～P220 粒度组成的测定》GB/T 9258.2
《城镇道路工程施工与质量验收规范》CJJ 1
《城镇道路养护技术规范》CJJ 36
《公园设计规范》CJJ 48
《橡塑铺地材料 第 1 部分 橡胶地板》HG/T 3747.1
《橡塑铺地材料 第 2 部分 橡胶地砖》HG/T 3747.2
《橡塑铺地材料 第 3 部分 阻燃聚氯乙烯地板》HG/T 3747.3
《涂附磨具 耐水砂纸》JB/T 7499

中华人民共和国国家标准

无障碍设施施工验收及维护规范

GB 50642—2011

条 文 说 明

制 定 说 明

《无障碍设施施工验收及维护规范》GB 50642—2011，经住房和城乡建设部 2010 年 12 月 24 日以第 886 号公告批准发布。

为便于广大建设、设计、监理、施工、科研、学校等单位以及无障碍设施维护单位有关人员在使用本标准时能正确理解和执行条文规定，《无障碍设施施工验收及维护规范》编制组按章、节、条顺序编制了本标准的条文说明，对条文规定的目的、依据以及执行中需注意的有关事项进行了说明。但是，本条文说明不具备与标准正文同等的法律效力，仅供使用者作为理解和把握标准规定的参考。

目 次

1 总 则

1.0.1、1.0.2 我国无障碍设施的建设首先是从无障碍设计规范的提出和制定开始的。20 多年来，经过修订和配套，设计规范体系基本上建立起来。在施工和维护方面虽然不少地方出台了相关的管理办法、施工标准图集和技术规程，但一直没有一部全国性的施工验收和维护标准。为此，有必要编制无障碍设施的施工验收阶段的验收规范和使用阶段的检查维护规范。在施工阶段将无障碍设施在建设项目工程中单独作为分项工程或检验批组织质量验收，并在使用阶段将无障碍设施按照一定的期限进行系统性、功能性和一般性检查，根据检查情况进行系统性、功能性和一般性维护。以保证无障碍设施施工质量、安全要求和使用功能，这在全国尚属首创。本规范的制定对加强全国无障碍设施的建设和管理将具有积极的推动作用。

对于新建的项目，各地的管理规定要求无障碍设施与建设项目同步设计、同步施工、同步验收。设计和验收是无障碍建设的两个关键的控制环节。设计图纸通过严格的施工图审查可以达到要求。但新建的项目中仍然存在无障碍设施不规范、不系统的问题，很重要的一个原因是在工程竣工验收时，对无障碍设施的验收没有得到足够的重视，另外也没有专门的施工验收标准作为依据。2008 年住房和城乡建设部以"关于印发《2008 年工程建设标准规范制定、修订计划（第一批）》的通知"（建标〔2008〕102 号）正式下达了制定计划。2008 年 11 月 15 日，编制工作首次会议将这部规定定名为《无障碍设施施工维护规范》（下称本规范），要求编制内容主要为无障碍设施的施工验收标准和维护标准。2009 年 8 月 6 日，主编单位在北京召开本规范的专家征求意见座谈会，经征求全国部分无障碍建设专家的意见，将规范改名为《无障碍设施施工验收及维护规范》。由于信息无障碍建设的历史相对比较短，建设方面的经验尚需进一步积累，因此本规范没有涉及。本规范采取以无障碍建设要素分类方式叙述施工和验收的要求。分类系参照现行行业标准《城市道路和建筑物无障碍设计规范》JGJ 50（下文中简称设计规范）以及正在修改的设计规范的初步分类，还参考了《无障碍建设指南》和其他地方规程的分类方式，本规范将部分要素进行了合并，分为 17 类。基本涵盖了目前无障碍设施建设的内容。对于无障碍设施的维护，本规范按照检查的频次和设施损坏的类别叙述维护要求。

适用对象方面，按照最新的无障碍设施建设"以人为本，全民共享"的理念，强调公共设施应该为全社会成员服务的思想。采用"残疾人、老年人等社会特殊群体"来反映主要适用对象的特征。

适用范围方面，考虑到原设计规范中未包含公园等场所，而这些场所又是人群密集区域，因此根据专家意见和正在修改的设计规范，将适用范围修改为城市道路、建筑物、居住区、公园等场所的无障碍设施的施工验收和维护管理。

1.0.3 本条说明了无障碍设施施工和维护所应该遵循的原则。

1.0.4 各地条例、管理办法对无障碍设施的建设均要求做到"三同时"，即无障碍设施必须与主体工程同步设计、同步实施、同步投入使用，因此本规范对施工和交付阶段提出同步要求。由于无障碍设施在建筑工程中处于从属地位，不少设施在工程交付后或二次装修阶段另行施工，这样极不利于施工过程的控制，设施配套的时间和质量往往都不能满足使用要求。

无障碍设施的设计虽然已经作为城市道路和建筑设计的重要组成部分，但无障碍设施的施工和维护要求体现在城市道路和建筑物施工验收和养护规范的各分部、分项工程中，这样既不利于无障碍设施的系统性建设，还往往使无障碍设施在工程验收中得不到应有的重视。本条旨在通过对设施施工和维护工作的独立性的强调，加强对无障碍设施的施工和维护管理。

1.0.5 本条阐明了本规范与其他标准、规范的关系。属于城市道路和建筑物一般工程施工的质量应按照相关规范验收。属于城市道路一般养护应按照相关技术规程执行。本规范着重规定属于无障碍设施要素特殊要求的施工验收和维护要求。

2 术 语

本章给出的术语，是本规范有关章节中所引用的。术语是从本规范的角度赋予含义的，不一定是术语的定义。同时还分别给出了相应的推荐性英文。为了使用方便，在国家或行业相关规范中已经明确的术语没有列出，例如缘石坡道、盲道、无障碍出入口、无障碍厕所等；检验批、主控项目、一般项目等与验收相关的重要术语已在验收统一标准中明确，本章没有列出。

2.0.3 参照现行行业标准《地面石材防滑性能等级划分及试验方法》JC/T 1050—2007 制定。

2.0.4 参照现行行业标准《公路路基路面现场测试规程》JTGE 60—2008 和北京地方标准《建筑装饰工程石材应用技术规程》DB11/T 512—2007 制定。

2.0.6 "盲文标志"参照《无障碍建设指南》采用。《无障碍建设指南》将盲文标志分为盲文地图、盲文铭牌和盲文站牌三种。现行行业标准《城市道路和建筑物无障碍设计规范》JGJ 50 中第 7.6.3 条称为"盲文说明牌"。本规范采用指南初稿的用词。根据现行国家标准《中国盲文》GB/T 15720，盲字亦称点字，是以六个凸点为基本结构，按一定规则排列，靠触感感受的文字。根据《现代汉语词典》铭牌的定义为："装在机器、仪表、机动车等上面的金属牌子。"可以认为"盲文铭牌"是一个新的组合词。

2.0.7 根据目前设计规范要求，求助呼叫按钮主要设置在无障碍厕所、无障碍厕位、无障碍盆浴间、无障碍淋浴间、无障碍住房和无障碍客房内。厕所或浴室的按钮应设在方便残疾人、老年人等社会特殊人群坐在便器上伸手能操作，或是摔倒在地面上也能操作的位置。卧室内一般设置在床边，方便残疾人、老年人等社会特殊人群躺在床上伸手能够操作的位置。

3 无障碍设施的施工验收

3.1 一般规定

3.1.1 本规范适用于施工阶段，是以符合国家相关法规、规范和标准的设计图纸完成为起点的。本条根据《建设工程质量管理条例》第二十三条："设计单位应当就审查合格的施工图设计文件向施工单位作出详细说明"，对无障碍设计部分提出专门交底的要求。建设单位、设计单位、检测单位、施工图审查单位、政府工程质量监督单位在建设和设计过程中，对于无障碍设施建设和设计所应该承担的职责由相关的管理办法、条例和设计规范规定。

3.1.2 本条是对无障碍设施施工单位的基本资质和能力提出要求。施工企业应按《施工企业资质管理规定》承接相应的工程。

3.1.3 监理实施细则一般结合工程项目的专业特点由专业监理工程师编制。无障碍设施的要素散布在从工程主体、装饰装修到设备安装的各专业中，通常在整个专业工程中所占的份额非常小，极易被忽视。但是如果不进行必要的事前控制和过程监督，在设施完工时，有些问题的整改已不可能或者非常不经济。本条根据现行国家标准《建设工程监理规范》GB 50319—2000，对无障碍设施的监理提出专项监理的要求。

3.1.4 根据对各地调研发现，存在施工单位按照未通过施工图审查的图纸和未通过设计方认可的变更、洽商施工，造成工程竣工时，无障碍设施不符合规范要求的情况。制定本条旨在从施工这个环节上来控制设计变更和洽商对无障碍设施建设的影响，当变更和洽商有悖于规范要求时，施工单位可以依据《建设工程质量管理条例》第二十八条提出意见和建议。

3.1.5 长期以来，施工方案编制的施工方法和技术措施一般是围绕着分部工程进行的。而无障碍设施与各分部工程之间存在着复合性和从属性，在分部工程中往往被忽视。在方案中，施工单位不会对无障碍设施的施工进行专门的阐述，无障碍设施施工的要求

也不明晰，从而施工中得不到应有的重视。因此，有必要在施工之前对单位工程的全部无障碍设施的施工进行统一的策划和安排。

3.1.6、3.1.7 这两条规定是为保证施工方案和技术措施能够得到贯彻的条件。安全、技术交底包含了安全生产、技术和质量交底的内容。

3.1.8 本条反映了国家、行业相关规范中无障碍设施消防方面的要求。由于残疾人、老年人等社会特殊人群是弱势群体。因此，消防设施完善更为重要。

3.1.10 随着装修装饰档次的提高，地面大量采用光面材料施工，致使人员滑倒的隐患日益增加，防滑要求成为无障碍设施最重要指标之一。

由于目前国内缺乏对于地面防滑要求的标准，本规范考虑可以从抗滑系数和抗滑摆值两个参数来测定地面的抗滑性能。

参照国家现行标准《地面石材防滑性能等级划分及试验方法》JC/T 1050—2007 和《体育场所开放条件与技术要求 第 1 部分：游泳场所》GB 19079.1—2003 和《城市道路设计规范》CJJ 37—90、《公路养护技术规范》JTJ 073—96 以及北京地方标准《建筑装饰工程石材应用技术规程》DB11/T 512—2007，根据不同地面环境、坡度和干湿情况本规范分别给出的定量标准参考值如下：缘石坡道、盲道、坡道、无障碍出入口、无障碍通道、楼梯和台阶踏面等涉及通行的面层抗滑性能应符合设计和相关规范要求。其面层的抗滑系数不小于 0.5。面层抗滑指标应符合表 1 的规定。

表 1 面层表面抗滑指标表

抗滑摆值	室外				室内				
	缘石坡道、盲道、无障碍出入口、无障碍通道、楼梯和台阶、无障碍停车位				无障碍出入口、无障碍通道、楼梯和台阶、轮椅席位		厕所、浴间、饮水机处等易浸水地面		干燥地面
	坡面		平面		坡面	平面			
F_B (BPN)	$F_B \geq 55$		$F_B \geq 45$		$F_B \geq 55$	$F_B \geq 45$			$F_B \geq 35$

3.1.11 本条第 1 款是考虑到无障碍各分项工程验收均纳入到这两项国家标准的分部工程之中而制定的。

第 2 款为设计和相关规范要求之间的协调原则。当施工单位发现设计和相关规范要求与相关规范抵触时，应及时通过图纸会审、洽商等方式提出意见和建议。

第 3 款～第 8 款，无障碍设施的验收思路是：根据工程规模的大小和使用功能，将单位工程中包含的无障碍设施，定位为对应于各分部工程的分项工程。分项工程划分为若干检验验收批，将无障碍设施的基本要求设定为分项工程的主控项目和一般项目。通过对分项工程检验验收批的主控项目和一般项目进行验

收，来验收分项工程；分项工程验收后，后续分部工程和单位工程的验收可以根据国家现行验收规范进行。

无障碍设施按照要素分为 17 个分项工程，主要对应于国家现行标准《城市道路工程施工与质量验收规范》CJJ 1—2008 中面层、人行道和广场与停车场 3 个分部工程，以及《建筑工程施工质量验收统一标准》GB 50300—2001 中建筑装饰装修、道路、无障碍电梯和升降平台、建筑电气、建筑给水排水及采暖和智能建筑 6 个分部工程。

例如：某工程是一个综合性的大型医院。无障碍设施至少包含盲道、无障碍出入口、轮椅坡道、无障碍通道、楼梯和台阶、扶手、无障碍电梯和升降平台、门、无障碍厕所和无障碍厕位、无障碍浴室、无障碍停车位、低位服务设施以及无障碍标志和盲文标志 13 个分项工程。而低位服务设施又应该包括服务台、挂号和交费处、取药处、低位电话、查询台和饮水器等检验批。在施工之前施工单位进行专题策划，编制相应的无障碍设施施工方案，方案中应针对不同工程对分项工程和检验批进行划分。

其中第 4 款对验收组织者的要求是：实行监理的工程时，由监理工程师组织；未实行监理的工程由建设单位项目技术负责人组织。

第 9 款~第 11 款，这三款是对涉及通行地面施工和验收的基本要求。

3.1.12 安全抓杆对残疾人、老年人等社会特殊群体的人身安全有重要意义，因此本条设为强制性条文，必须严格执行。

3.1.14 本条规定不能满足安全和使用要求的无障碍设施不能验收，对已经完工且无法更改的情况，应采取替代方案，以确保通过竣工验收的工程，其包含的无障碍设施满足功能性要求。本条为强制性条文，必须严格执行。

3.1.15 不合格的无障碍设施有时本身是一种障碍，并且可能对使用者造成伤害。

3.2 缘石坡道

3.2.1 本条所指的整体面层是用水泥混凝土、沥青混合料材料整体现浇而成的面层。而板块面层是指用预制砌块、陶瓷类地砖、石板材、块石等板材、块材铺砌而成的面层。缘石坡道变坡分界线应准确放样，其坡度、宽度及坡道下口与缓冲地带地面的高差应符合设计和相关规范要求及表 2 的规定。

表 2　缘石坡道坡度、宽度及高差限值

项　目		限　值
坡度	三面坡缘石坡道正面及侧面	≤1∶12
	其他形式的缘石坡道	≤1∶20

续表 2

项　目		限　值
宽度	三面坡缘石坡道的正面坡道	≥1.2m
	扇面式缘石坡道下口宽度	≥1.5m
	转角处缘石坡道上口宽度	≥2.0m
	其他形式的缘石坡道	≥1.2m
坡道下口与车行道地面的高差 S（mm）		0≤S≤10mm

根据设计规范的要求，单面坡缘石坡道的坡度、宽度及坡道下口与缓冲地带地面的高差如图 1 所示；其他形式的缘石坡道见设计规范。

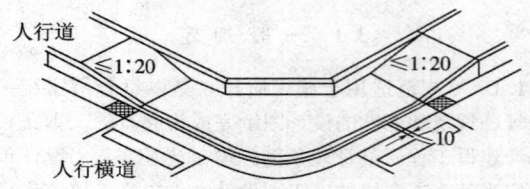

图 1　单面坡缘石坡道（mm）

Ⅱ　整体面层验收的一般项目

3.2.7 压实度指标是参照现行行业标准《城镇道路工程施工与质量验收规范》CJJ 1 给出的，主要适用于和人行道同时铺筑和碾压的全宽式单面缘石坡道。对于宽度不足以采用机械碾压的坡道面层，其压实度应符合设计要求。

3.2.9 平整度指标系由《城镇道路工程施工与质量验收规范》CJJ 1 中对应采用 3m 靠尺量测指标换算而来。井框与路面高差，对于混凝土面层，《城镇道路工程施工与验收规范》CJJ 1 中表 10.8.1 的允许偏差值为≤3mm；对于沥青混合料面层，《城镇道路工程施工与验收规范》CJJ 1 中表 13.4.3 的允许偏差值为≤5mm，给排水验收规范 GB 50268 中的允许偏差值为（—5，0）mm。考虑到有利于包括残疾人、老年人等社会特殊人群的行走，分别采用≤3mm 和（—5，0）mm。

Ⅳ　板块面层验收的一般项目

3.2.18 板块面层的质量验收指标较多，本条列出的是与无障碍设施有关的 3 项指标。

3.3 盲　道

3.3.1 本节中的预制盲道砖（板）是指预制混凝土盲道砖、石材类盲道板、陶瓷类盲道板，其他型材的盲道板是指常用的聚氯乙烯、不锈钢型材盲道（下同）。盲道采用的材料很多，包括本规范规定的一些，另外还有铜质类、磁面类、复合材料类等，不能一一规定。型材的规格，除盲道板和盲道片外，也有将触感条和触感圆点直接固定于地面装饰完成面之上的。但盲道材料应符合国家和行业现行相关建筑用材料的标准，触感盲条和盲点的规格应符合本规范第3.3.5条的规定。

3.3.2 强调盲道建设的系统性，特别是不同建设单位工程项目之间的衔接部位，易为各自的设计和施工单位所忽视，造成盲道的不通畅。根据调研发现，按照设计要求避免盲道通过检查井，致使盲道多处出现转折或S形弯折，极不利于视力残疾者使用。但我国各种管线、杆线、树池或人行道上的设施建设分属不同部门管理，且在施工程序上也有先后交错。市政工程建设很难将盲道的顺直将各专业统一到同一设计图纸上。因此建设单位、负责路面设计的单位、监理单位和总承包施工单位，应在施工前综合考虑选择设置盲道的位置。

盲道的调整应根据实际要求以及道路状况慎重进行，宜多设提示盲道，严格控制行进盲道的设置。行进盲道的调整应考虑到人行道的人行净宽度、障碍物和检查井分布等情况对视障者安全行进的影响和带来的安全隐患。不少专家倾向于，当人行道宽度较小（如≤3m）和行走净宽度较小（如≤1.5m），或者在人行道外侧有连续绿化带、立缘石的情况下，可以不设行进盲道。一般在这种情况下，视障者是可以按照原有的行走方式，通过盲杖的协助顺利通行的。

3.3.3 由于人行道上管线井盖难以避让，各地的设计人员对将盲道和井盖结合设计进行了有益的尝试，如设置触感条作为行进盲道的一部分。

Ⅰ 预制盲道砖（板）盲道验收的主控项目

3.3.5 根据设计规范，"盲道的颜色宜为中黄色"。

本条中行进盲道规格如图2所示；提示盲道规格如图3所示。

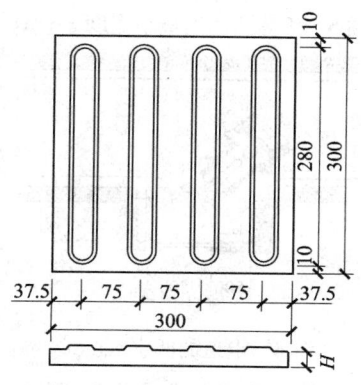

图 2 行进盲道规格（mm）

3.3.7 根据设计规范要求，行进盲道和提示盲道的宽度宜为0.30m～0.60m；行进盲道的起点、终点及转弯处设置的提示盲道的长度应大于行进盲道的宽度。

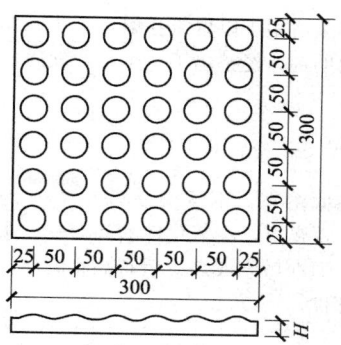

图 3 提示盲道规格（mm）

行进盲道和提示盲道改变走向时的几种布置形式如图4所示。

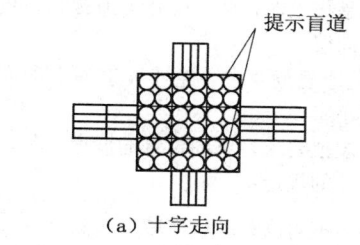

（a）十字走向

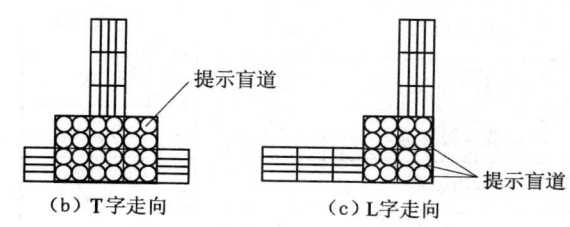

（b）T字走向　　　　　（c）L字走向

图 4 行进盲道和提示盲道改变走向时的几种布置形式

3.3.8 根据设计规范要求，行进盲道与障碍物的距离应为0.25m～0.50m。

Ⅱ 预制盲道砖（板）盲道验收的一般项目

3.3.12 纵缝顺直分别根据国家现行标准《城镇道路工程施工与质量验收规范》CJJ 1 和《建筑地面工程施工质量验收规范》GB 50209 对室内外不同的地面面层，采用不同的检验方法。

Ⅲ 橡塑类盲道验收的主控项目

3.3.14 本条适用于以橡胶为主要原料生产的均质和非均质的盲道片。均质盲道片是以天然橡胶或合成橡胶为基础，颜色、组成一致的单层或多层结构硫化而成的；非均质盲道片是以天然橡胶或合成橡胶为基础，由一层耐磨层以及其他组成和（或）设计上不同的、包含骨架层的压实层构成的块料。

3.3.15 本条适用于由橡胶颗粒经处理着色后采用胶粘剂包覆混合，再压制而成的盲道片。

3.3.16 本条适用于以聚氯乙烯为主要原料，加入增塑剂和其他助剂，经挤出工艺生产的软质非发泡阻燃盲道片。

V 不锈钢盲道验收的主控项目

3.3.26 在固溶态，不锈钢 06Cr19Ni10 的塑性、韧性、冷加工性良好，在氧化性酸和大气、水等介质中耐蚀性好，但在敏态或焊接后有晶腐倾向，适于制造深冲成型部件。

3.4 轮 椅 坡 道

3.4.1 本节中整体面层是指细石混凝土、水泥砂浆、橡胶弹性面层和沥青混合料整体浇筑的轮椅坡道面层。板块面层是指水泥花砖、陶瓷类地砖和石板材铺砌的轮椅坡道面层。

3.4.5 根据设计规范要求，轮椅坡道临空侧面的安全挡台高度不小于 50mm。

根据设计规范要求，不同位置的坡道，其坡度和宽度应符合表 3 的规定：

表 3 不同位置的坡道坡度和宽度

坡道位置	最大坡度	最小宽度（m）
有台阶的建筑入口	1:12	≥1.20
只设坡道的建筑入口	1:20	≥1.50
室内走道	1:12	≥1.00
室外通道	1:20	≥1.50

根据设计规范要求，轮椅坡道在不同坡度的情况下，坡道高度和水平长度应符合表 4 的规定：

表 4 不同坡度高度和水平长度

坡度	1:20	1:16	1:12
最大高度（m）	1.50	1.00	0.75
水平长度（m）	30.00	16.00	9.00

3.5 无障碍通道

3.5.1 本节所述的整体面层指水泥混凝土、水泥砂浆、水磨石、沥青混合料、橡胶弹性等材料一次性浇注的面层；板块面层是指用预制砌块、水泥花砖、陶瓷类地砖、石板材、块石等块料铺砌的面层。

I 主控项目

3.5.6 根据设计规范要求，无障碍通道和走道的宽度应按表 5 的规定。无障碍通道的最小宽度如图 5 所示。

表 5 轮椅通行最小宽度

建筑类别	最小宽度（m）
大中型公共建筑走道	≥1.80
中小型公共建筑走道	≥1.50
检票口、结算口轮椅通道	≥0.90
居住建筑走廊	≥1.20
建筑基地人行通道	≥1.50

3.5.7 根据设计规范要求，从墙面伸入走道的突出物不应大于 0.10m，距地面高度应小于 0.60m；园路边缘种植不宜选用硬质叶片的丛生型植物；路面范围内的乔、灌木枝下净空不得低于 2.2m；乔木种植点距路缘应大于 0.5m。

3.5.9 根据设计规范要求，门扇向走道内开启时应设凹室，凹室面积不应小于 1.30m×0.90m。通道的凹室如图 6 所示。

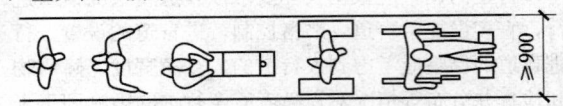

（a）检票口、结算口通道

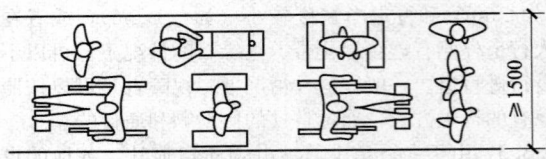

（b）中型、小型公建走道

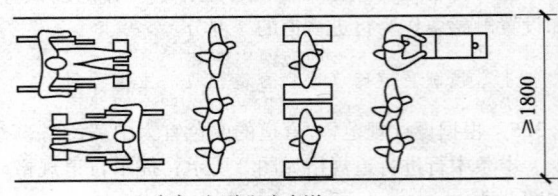

（c）大型公建走道

图 5 无障碍通道最小宽度（mm）

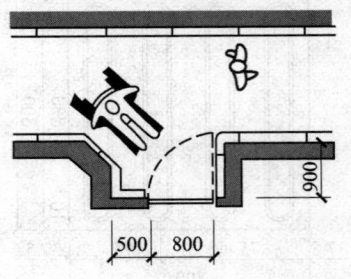

图 6 走道的凹室（mm）

3.5.11 根据设计规范要求，通道内光照度不应小于 120lx。

II 一 般 项 目

3.5.13 根据设计规范要求，护墙板高度为 0.35m。

3.6 无障碍停车位

Ⅰ 主控项目

3.6.4 根据设计规范要求，距建筑入口及车库最近的停车位置，应划为无障碍停车车位。

3.6.5 根据设计规范要求，无障碍停车位一侧应设宽度大于或等于1.20m的轮椅通道。无障碍停车位及轮椅通道如图7所示。

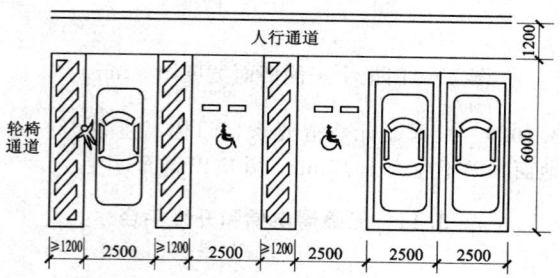

图7 无障碍停车位及轮椅通道（mm）

3.6.6 根据设计规范要求，无障碍停车位的地面应漆画停车线、轮椅通道线和无障碍标志，在无障碍停车位的尽端宜设无障碍标志牌。

Ⅱ 一般项目

3.6.7 根据设计规范要求，无障碍停车位地面坡度不应大于1：50。

3.7 无障碍出入口

Ⅰ 主控项目

3.7.7 根据设计规范的要求，无障碍出入口平台宽度应符合表6的规定。

表6 无障碍出入口平台宽度表

建筑类别	无障碍出入口平台最小宽度（m）
大中型公共建筑	≥2.00
小型公共建筑	≥1.50
中高层建筑、公寓建筑	≥2.00
多低层无障碍建筑、公寓建筑	≥1.50
无障碍宿舍建筑	≥1.50

3.7.8 根据设计规范的要求，无障碍出入口门厅、过厅设两道门时，门扇同时开启最小间距，应符合表7的规定。小型公建门厅门扇间距如图8所示；大中型公建门扇间距如图9所示。

表7 门扇开启最小间距表

建筑类别	门扇开启后的最小间距（m）
大中型公共建筑	≥1.50
小型公共建筑	≥1.20
中、高层建筑、公寓建筑	≥1.50
多、低层无障碍住宅、公寓建筑	≥1.20

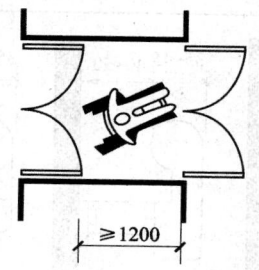

图8 小型公建门厅门扇间距（mm）

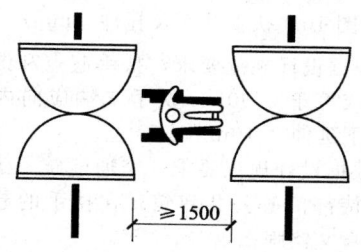

图9 大中型公建门厅门扇间距（mm）

3.8 低位服务设施

Ⅰ 主控项目

3.8.4 根据《无障碍建设指南》要求，服务设施离地面高度宜为0.70m～0.80m，宽度不宜小于1.00m。

3.8.5 根据《无障碍建设指南》要求，服务设施下方净高不应小于0.65m，净深不应小于0.45m。

3.9 扶 手

Ⅰ 主控项目

3.9.3 扶手对于残疾人、老年人等社会特殊群体的人士上下楼梯、台阶和行走有重要的作用。工程施工中，扶手分项工程可能由专业的队伍来制作和安装，也可能在工程竣工后由其他单位安装。不少地方的扶手强度、刚度不能满足要求，特别是安装不牢固，给使用者带来不便甚至危险。本条旨在强调对二次施工阶段的质量控制。

3.9.4 根据设计规范要求，扶手高度为0.85m；设双层扶手时，上层扶手高度为0.85m；下层扶手高应为 0.65m。扶手内侧与墙面的距离应为 40mm～50mm。根据设计规范，扶手截面尺寸应符合表 8 的要求。扶手截面及托件的形状、尺寸如图 10 所示。

表 8　扶手截面尺寸

类　　别	截面尺寸（mm）
圆形扶手	35～45（直径）
矩形扶手	35～45（宽度）

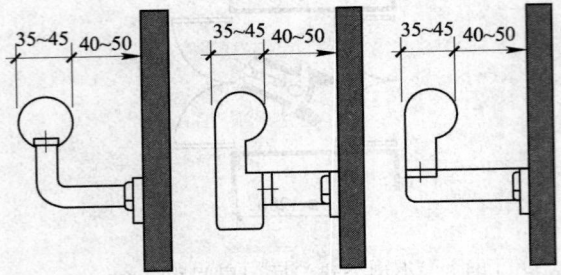

图 10　扶手截面及托件（mm）

3.9.5 根据设计规范要求，扶手起点和终点处延伸应大于或等于 0.30m，扶手末端应向内拐到墙面，或向下延伸 0.10m。

3.9.6 根据设计规范要求，交通建筑、医疗建筑和政府接待部门等公共建筑，在扶手的起点和终点处应设盲文铭牌。

3.10　门

Ⅰ　主控项目

3.10.4 根据设计规范要求，门的选型应符合下列规定：

　1 应采用自动门，也可采用推拉门、折叠门或平开门，不应采用力度大的弹簧门。

　2 在旋转门一侧应另设包括残疾人、老年人等社会特殊人群使用的门。

　3 无障碍厕所和无障碍浴室应采用门外可应急开启的门插销。

　4 无障碍厕位门扇向外开启后，入口净宽不应小于 0.8m，门扇内侧应设关门拉手。

3.10.5 根据设计规范要求，门的净宽应符合表 9 的规定。

表 9　门的净宽

类　　别	净宽（m）
自动门	≥1.00
推拉门、折叠门	≥0.80
平开门	≥0.80
弹簧门（小力度）	≥0.80

3.10.6 根据设计规范要求，推拉门、平开门把手一侧的墙面，应留有不小于 0.5m 的墙面宽度。如图 11 所示。

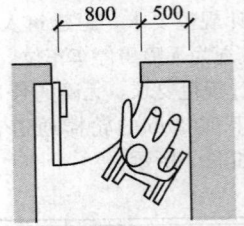

图 11　门把手一侧墙面宽度图（mm）

3.10.9 根据设计规范要求，门槛高度及门内外地面高差不应大于 15mm，并应以斜面过渡。

3.11　无障碍电梯和升降平台

Ⅰ　主控项目

3.11.5 根据设计规范要求，无障碍电梯厅宽度不宜小于 1.80m。无障碍电梯的候梯厅如图 12 所示。

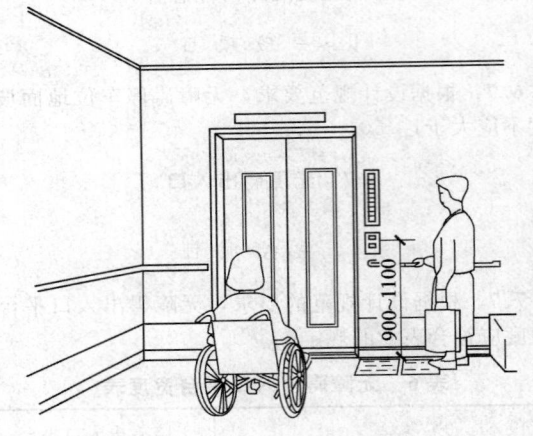

图 12　无障碍电梯候梯厅（mm）

3.11.6 根据设计规范要求，专用选层按钮高度宜为 0.90m～1.10m。轿厢侧面选层按钮应带有盲文。无障碍电梯的轿厢如图 13 所示。

3.11.7 根据设计规范要求，无障碍电梯门洞净宽度不宜小于 0.90m。

3.11.8 根据设计规范要求，无障碍电梯厅和轿厢内应有清晰显示轿厢上、下运行方向和层数位置及无障碍电梯提示音响。

3.11.9 根据设计规范要求，轿厢深度大于或等于 1.40m。轿厢宽度大于或等于 1.10m。无障碍电梯门开启净宽度大于或等于 0.80m。

图 13　无障碍电梯轿厢

3.11.10 根据《无障碍建设指南》要求，门扇关闭时应有光幕感应安全措施，门开闭的时间间隔不应小于 15s。

3.11.11 根据设计规范要求，轿厢正面高 0.90m 处至顶部应安装镜子或不锈钢镜面。

3.11.12 根据设计规范要求，升降平台的面积不应小于 1.20m×0.90m。

Ⅱ　一　般　项　目

3.11.14 轿厢内壁下部宜设高度不小于 350mm 的护壁板。

3.12　楼梯和台阶

3.12.1 本节中的整体面层是指细石混凝土、水泥砂浆现浇的面层或水磨石、橡胶弹性的楼梯和台阶面层。板块面层是指水泥花砖、陶瓷类地砖、石板材铺砌的楼梯和台阶的面层。

Ⅰ　主　控　项　目

3.12.9 根据设计规范要求，楼梯和台阶踏步的宽度和高度应符合表 10 的规定：

表 10　楼梯和台阶踏步的宽度和高度

建筑类别	最小宽度（m）	最大高度（m）
公共建筑楼梯	0.28	0.15
住宅、公寓建筑公用楼梯	0.26	0.16
幼儿园、小学校楼梯	0.26	0.14
室外台阶	0.30	0.14

3.12.11 根据设计规范要求，楼梯和台阶的踏步面不应采用无踢面和凸缘为直角形的踏步面。当

采用圆形凸缘时，凸缘的突出长度不应大于 10mm。如图 14 所示。

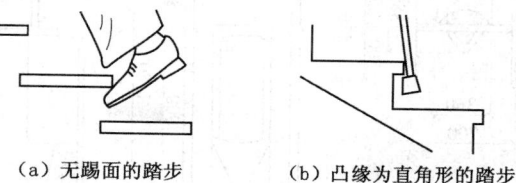

（a）无踢面的踏步　　　（b）凸缘为直角形的踏步

图 14　无踢面踏步和凸缘
为直角形的踏步

3.13　轮　椅　席　位

Ⅰ　主　控　项　目

3.13.4 根据设计规范的要求，轮椅席位的设置位置和面积如图 15 所示。

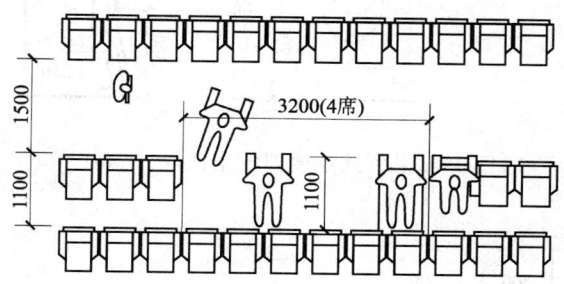

图 15　轮椅席位位置和面积（mm）

Ⅱ　一　般　项　目

3.13.7 根据《无障碍建设指南》要求，轮椅席位旁宜设置不少于 1 席供陪同者使用的座位。

3.14　无障碍厕所和无障碍厕位

Ⅰ　主　控　项　目

3.14.4 根据设计规范要求，无障碍专用厕所面积应大于或等于 2.00m×2.00m；新建无障碍厕位面积不应小于 1.80m×1.40m，改建无障碍厕位面积不应小于 2.00m×1.00m。

3.14.5 根据设计规范要求，男、女公厕内应各设一个无障碍厕位；政府机关和大型公共建筑及城市主要地段，应设无障碍厕所。

3.14.6 根据设计规范要求，无障碍厕所的坐便器高为 0.45m。

3.14.7 根据设计规范要求，安全抓杆直径应为 30mm～40mm。其内侧应距墙面 40mm。安装位置如图 16、图 17 和图 18 所示。

3.14.8 安全抓杆的支撑力应不小于 100kg。安全抓杆是残疾人、老年人保持身体平衡和进行转移

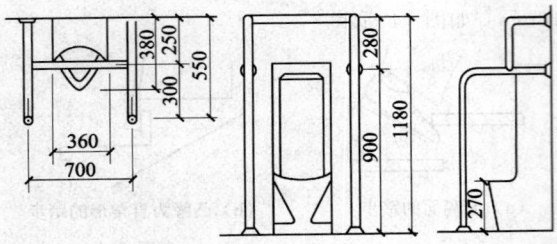

图 16 落地式小便器安全抓杆（mm）

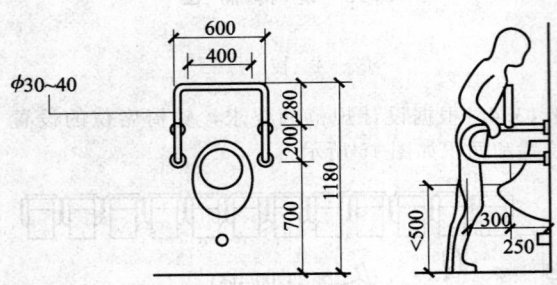

图 17 悬臂式小便器安全抓杆（mm）

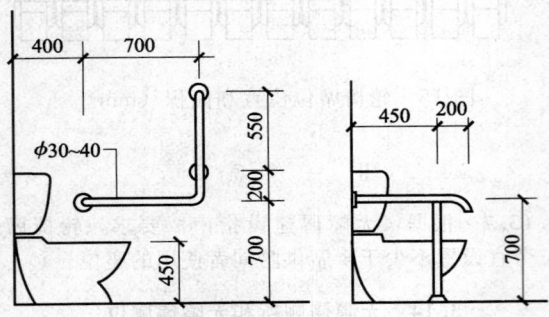

图 18 坐便器两侧固定式安全抓杆（mm）

不可缺少的安全和保护措施。支撑力的不足可能对使用者造成伤害或安全事故，故设本条为强制性条文，必须严格执行。

3.14.10 根据设计规范要求，距地面高 0.40m～0.50m 处应设助呼叫按钮。

3.14.11 根据设计规范要求，台式洗手盆下方的净空尺寸高、宽、深应不小于 0.65m×0.70m×0.45m。

Ⅱ 一般项目

3.14.12 根据设计规范要求，放物台面长、宽、高为 0.80m×0.50m×0.60m，台面宜采用木制品或革制品。

3.14.13 根据设计规范要求，挂衣钩高

为 1.20m。

3.14.15 根据设计规范要求，电器照明开关应选用搬把式，高度应为 0.90m～1.10m。

3.15 无障碍浴室

Ⅰ 主控项目

3.15.4 根据设计规范要求，在门扇向外开启时，无障碍淋浴间不应小于 3.5m²，浴间短边净宽度不应小于 1.50m；无障碍盆浴间不应小于 4.5m²，浴间短边净宽度不应小于 2.00m。

3.15.6 根据设计规范要求，无障碍淋浴间应设高 0.45m 的洗浴座椅。应设高 0.70m 的水平抓杆和高 1.40m 的垂直抓杆。

3.15.7 根据设计规范要求，浴盆一端设深度不应小于 0.40m 的洗浴坐台。浴盆内侧应设高 0.60m 和 0.90m 的水平抓杆，水平抓杆的长度应大于或等于 0.80m。

3.15.8 由于浴室环境湿滑，同时洗浴会导致残疾人、老年人体力下降。因此本条设为强制性条文，要求与 3.14.8 条说明相同。

3.16 无障碍住房和无障碍客房

Ⅰ 主控项目

3.16.7 根据设计规范要求，无障碍住房和无障碍客房的设计要求应符合表 11 的规定。无障碍客房的平面布置如图 19 所示。

表 11　无障碍居室的设计要求

名称	设计要求
卧室	1. 单人卧室，应大于或等于 7.00m²； 2. 双人卧室，应大于或等于 10.50m²； 3. 兼做起居室的卧室，应大于或等于 16.00m²； 4. 橱柜挂衣杆高度，应小于或等于 1.40m；其深度应小于或等于 0.60m； 5. 应有直接采光和自然通风
起居室（厅）	1. 起居室应大于或等于 14.00m²； 2. 墙面、门洞及家具位置，应符合轮椅通行、停留及回转的使用要求； 3. 橱柜高度，应小于或等于 1.20m；深度应小于或等于 0.40m； 4. 应有良好的朝向和视野

根据设计规范要求，无障碍厨房的设计要求应符合表 12 的规定：

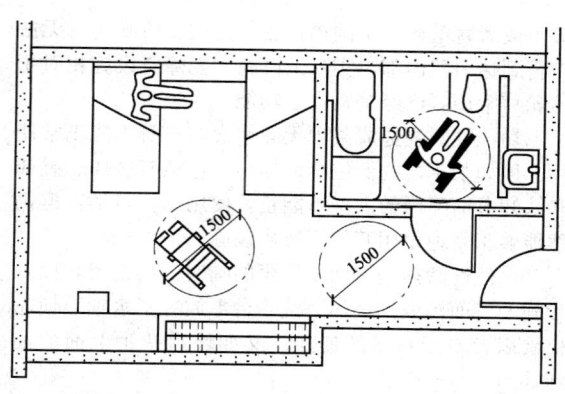

图 19 无障碍客房平面布置图（mm）

表 12 无障碍厨房设计表

部位	设计要求（使用面积）
位置	厨房应布置在门口附近，以方便轮椅进出，要有直接采光和自然通风
面积	1. 一类和二类住宅厨房，应大于或等于6.00m²； 2. 三类和四类住宅厨房，应大于或等于7.00m²； 3. 应设冰箱位置和二人就餐位置
宽度	1. 厨房净宽大于或等于2.00m； 2. 双排布置设备的厨房通道净宽应大于或等于1.50m
操作台	1. 高度宜为0.75m~0.80m； 2. 深度宜为0.50m~0.55m； 3. 台面下方净宽度应大于或等于0.60m；高度应大于或等于0.60m；深度应大于或等于0.25m； 4. 吊柜柜底高度，应小于或等于1.20m；深度应小于或等于0.25m
其他	1. 燃气门及热水器方便轮椅靠近，阀门及观察孔的高度，应小于或等于1.10m； 2. 应设排烟及拉线式机械排油烟装置； 3. 炉灶应设安全防火、自动灭火及燃气泄漏报警装置

3.16.8 根据设计规范要求，无障碍客房位置应便于到达、疏散和进出方便；餐厅、购物和康乐等设施的公共通道应方便轮椅到达。

3.16.10 本条指的家具是随建筑装修设置的固定家具。电器一般都是活动的，但往往建筑预留给电器的位置，决定了最终电器设置的高度和位置，所以列出，以使各相关单位能在施工前考虑到这种情况。

3.16.12 根据设计规范要求，操作台高度宜为0.75m~0.80m；深度宜为0.50m~0.55m。台面下方净宽、高、深应大于或等于0.60m×0.60m×0.25m。吊柜柜底高度应小于或等于1.20m；深度应小于或等于0.25m。

3.16.13 根据设计规范要求，橱柜高度应小于或等

于1.20m，深度应小于或等于0.40m。挂衣杆高度应小于或等于1.40m。

3.16.14 根据设计规范要求，阳台深度不应小于1.50m。

3.16.15 根据设计规范要求，阳台应设可升降的晾晒衣物设施。

3.16.17 电话应设在卧床者伸手可及处。根据设计规范要求，对讲机按钮和通话器高度应为1.00m。

3.17 过街音响信号装置

3.17.5 根据现行国家标准《道路交通信号灯》第一号修改单 GB 14887—2003/XG1—2006 第5.28条要求：盲人过街声响提示装置应能在人行横道信号灯的绿灯时间内发出过街提示声音，声音基本波形为正弦波，音响频率为700Hz±50Hz，持续时间0.2s，周期为1s，白天声压级应不超过65dB（A计权），夜间声压级应不超过45dB（A计权）。该标准第6.27条要求：用数字存储示波器、频谱分析仪、声级计测量盲人过街声响提示装置的波形、音响频率、周期、声压级，应符合第5.28条要求。

根据各地使用过街音响信号装置的经验，临近居住区的装置在夜晚安静的环境中会影响到居民休息，因此制定本条要求装置可以根据情况开启和关闭。

3.17.6 采用现行国家标准《钢结构工程施工质量验收规范》GB 50205—2001 中的第 E.0.1 条单层柱高度≤10m 的允许偏差值。

4 无障碍设施的维护

4.1 一般规定

4.1.1 无障碍设施的维护工作一直是无障碍设施建设的薄弱环节。市政道路和公路的养护技术规范中有一套科学并行之有效的质量评价方法。但无障碍设施总体的样本量较少且分散，评价指标的建立也没有先例，尚需积累相关的数据。目前只能先做定性的要求。

本规范给出的是无障碍设施满足使用的基本要求，各地可以根据自身的气候环境特点再制定相应的地方性规程。

4.1.2 无障碍设施的维护工作随其城市道路、城市绿地、居住区、建筑物和历史文物保护建筑分布在各个单位的管理范围内的，明确维修责任单位的问题一直没有得到很好的解决。除市政养护工作早有规范规定外，道路上占用无障碍设施和建筑物无障碍设施维

护等问题，落实责任单位及其维护范围工作一直没有明确的规定。通过广泛调研，本条提出：公共建筑、居住建筑由产权单位来负责无障碍设施的维护。公共设施则由政府管理部门明确的维护单位来负责。鉴于不少产权单位将建筑物委托给有资质的物业管理公司管理（尤其是商务办公用房、居住小区），也规定了物业公司可以作为维护单位。无障碍设施的维护涉及的单位比较多，全国各地对市政道路、公共设施和公共建筑的管理关系不完全统一，对无障碍设施的维护职责和范围由各地政府制定相应的管理规定和条例更为妥当。

4.1.3 对维护人员配备的要求。有条件的地区可以进一步提出岗位资质的要求。例如土建和设备安装工程师。此类人员如果能够参加相应的无障碍设施维护方面的培训，对维护工作更为有利。

4.1.8 某些设施的缺损（例如路面检查井盖的缺失，栏杆的缺失）直接关系到使用者的人身安全，必须立即采取应急措施和及时维修。

4.1.9 本条要求使用相同的材料，旨在保证维修后面层的质量和观感一致。现实中，特别是对老工程的改造，往往难于采购到与原规格相同的材料，此时应对维修和改造方案整体考虑，避免改造后新旧设施的不协调。

4.1.10 对维修部位完成后的验收，仍然采用本规范第3章对应设施的验收规定。

4.1.11 因为防滑是无障碍设施地面的一项重要指标，因此有必要将除雪防滑的职责落实到设施维护人。对于因没有及时进行除雪作业的设施，而造成冰冻等防滑性能不能满足要求的，甚至危及使用人员安全的，应按本规范第4.1.8条执行。

4.2　无障碍设施的缺损类别和缺损情况

4.2.1 现实中缺损是无障碍设施不能正常使用的重要原因，参照现行行业标准《城镇道路养护技术规范》CJJ 36—2006、《公路养护技术规范》JTJ 073—96列出缺损情况有利于维护单位对照和识别。

系统性缺损造成整条道路或整栋建筑物的无障碍设施无法使用。例如从某住宅小区去附近医院的缘石

坡道或者盲道被施工围挡占用，造成轮椅乘用者无法自行到达医院内部，实际上医院的无障碍设施相对于该轮椅乘用者已经是丧失了功能。

功能性缺损造成某项无障碍设施本身不能正常使用。例如某车站的低位电话损坏，包括有肢体、感知和认知方面障碍的人群不能正常地使用低位电话，但仍然能够正常地使用其他无障碍设施。

一般性缺损是指偶尔发生的临时占用情况，以及设施的表面污染。例如某洗手台下放置了水桶而使轮椅乘用者不能正常的使用。又如坡道扶手上面的油污等。

4.2.2 无障碍设施出现的问题很多，不可能一一列举。因为之前没有相关的标准涉及无障碍设施的缺损问题，表4.2.2按第4.2.1条的分类列举了主要问题，使整个检查和维护工作能够更加具有系统性和可操作性。

4.3　无障碍设施的检查

4.3.1 除本条要求的三类检查之外，维护单位还可以根据实际情况增加不定期的巡检。

4.4　无障碍设施的维护

4.4.1 无障碍设施被占用的情况时常发生，施工占用的周期短则数月，长则数年。本条旨在要求施工期间占用无障碍设施的应设计临时性无障碍设施，以保证在施工占用期间无障碍设施的正常使用，方便包括残疾人、老年人等社会特殊群体在内的全体社会成员的出行和活动。

4.4.4 抗滑性能的下降直接影响使用者特别是残疾人、老年人等社会特殊人群的安全，在不能立即修复时，应按本规范第4.1.8条执行。

附录C　无障碍设施地面抗滑性能检查记录表及检测方法

C.0.2 本测定方法参照现行行业标准《地面石材防滑等级划分及试验方法》JC/T 1050—2007。

中华人民共和国国家标准

通风与空调工程施工规范

Code for construction of ventilation and air conditioning

GB 50738—2011

主编部门：中华人民共和国住房和城乡建设部
批准部门：中华人民共和国住房和城乡建设部
施行日期：2 0 1 2 年 5 月 1 日

中华人民共和国住房和城乡建设部
公　告

第 1157 号

关于发布国家标准
《通风与空调工程施工规范》的公告

　　现批准《通风与空调工程施工规范》为国家标准，编号为 GB 50738－2011，自 2012 年 5 月 1 日起实施。其中，第 3.1.5、11.1.2、16.1.1 条为强制性条文，必须严格执行。

　　本规范由我部标准定额研究所组织中国建筑工业

出版社出版发行。

中华人民共和国住房和城乡建设部
2011 年 9 月 16 日

前　　言

　　根据住房和城乡建设部《关于印发〈2008 年工程建设标准规范制订、修订计划（第一批）〉的通知》（建标〔2008〕102 号）的要求，中国建筑科学研究院和北京住总集团有限责任公司会同有关单位编制本规范。

　　本规范在编制过程中，编制组经广泛调查研究，认真总结实践经验，参考有关国际标准和国外先进标准，并在广泛征求意见的基础上，最后经审查定稿。

　　本规范共分 16 章，主要技术内容包括：总则、术语、基本规定、金属风管与配件制作、非金属与复合风管及配件制作、风阀与部件制作、支吊架制作与安装、风管与部件安装、空气处理设备安装、空调冷热源与辅助设备安装、空调水系统管道与附件安装、空调制冷剂管道与附件安装、防腐与绝热、监测与控制系统安装、检测与试验、通风与空调系统试运行与调试。

　　本规范中以黑体字标志的条文为强制性条文，必须严格执行。

　　本规范由住房和城乡建设部负责管理和对强制性条文的解释，由中国建筑科学研究院负责具体技术内容的解释。请各单位在执行本规范的过程中，注意总结经验，积累资料，随时将有关意见和建议寄送给中国建筑科学研究院《通风与空调工程施工规范》编制组（地址：北京市北三环东路 30 号，邮编：100013，E-mail：TFKT163＠163.com），以供今后修订时参考。

　　本 规 范 主 编 单 位：中国建筑科学研究院
　　　　　　　　　　　　北京住总集团有限责任

公司

　　本 规 范 参 编 单 位：湖南省工业设备安装有限
公司
　　　　　　　　北京市设备安装工程集团
有限公司
　　　　　　　　广州市机电安装有限公司
　　　　　　　　新奥能源服务有限公司
　　　　　　　　中国建筑第八工程局有限
公司
　　　　　　　　上海市安装工程有限公司
　　　　　　　　杭州源牌环境科技有限
公司
　　　　　　　　广东省工业设备安装公司
　　　　　　　　四川省建筑科学研究院
　　　　　　　　天津市建工工程总承包有
限公司
　　　　　　　　湖南省建筑工程集团总
公司
　　　　　　　　合肥工业大学
　　　　　　　　湖北风神净化空调设备工
程有限公司
　　　　　　　　河南省建筑科学研究院有
限公司
　　　　　　　　广西壮族自治区建筑科学
研究设计院
　　　　　　　　南京五洲制冷集团有限
公司
　　　　　　　　昆山台佳机电有限公司

本规范主要起草人员：宋　波　史新华　刘　晶
　　　　　　　　　　刘元光　何伟斌　吕　莉
　　　　　　　　　　孙怀常　魏艳萍　苗冬梅
　　　　　　　　　　张耀良　宋勤峰　张广志
　　　　　　　　　　徐斌斌　高　翔　连　淳
　　　　　　　　　　陈　浩　闵泽鹏　栾景阳

　　　　　　　　　　茅伟东　张　勇　薛　智
　　　　　　　　　　张劲松　张　景　唐一兵
　　　　　　　　　　陆文波　刘一民
本规范主要审查人员：许文发　林运斌　孙延勋
　　　　　　　　　　万水娥　王　为　于晓明
　　　　　　　　　　邵宗义　李善国

目　次

Contents

1 总　则

1.0.1 为加强通风与空调工程施工安装技术的管理，规范施工工艺，强化施工安装过程控制，确保工程质量，制定本规范。

1.0.2 本规范适用于建筑工程中通风与空调工程的施工安装。

1.0.3 通风与空调工程施工安装中采用的工程技术文件、承包合同文件对工程质量的要求不应低于本规范的规定。

1.0.4 通风与空调工程施工除应符合本规范外，尚应符合国家现行有关标准的规定。

2 术　语

2.0.1 风管　air duct

采用金属、非金属薄板或其他材料制作而成，用于空气流通的管道。

2.0.2 非金属风管　nonmetallic duct

采用硬聚氯乙烯、玻璃钢等非金属材料制成的风管。

2.0.3 复合风管　composite duct

采用不燃材料面层与绝热材料内板复合制成的风管。

2.0.4 风道　air channel

采用混凝土、砖等建筑材料砌筑而成，用于空气流通的通道。

2.0.5 风管配件　duct fittings

风管系统中的弯头、三通、四通、各类变径及异形管、导流叶片和法兰等。

2.0.6 风管部件　duct component

风管系统中的各类风口、阀门、风罩、风帽、消声器、过滤器等。

2.0.7 漏风量　air leakage rate

风管系统中，在某一静压下通过风管本体结构及其接口，单位时间内泄出或渗入的空气体积量。

2.0.8 漏光检测　air leak check with lighting

用强光源对风管的接缝、法兰及其他连接处进行透光检查，确定孔洞、缝隙等渗漏部位及数量的方法。

2.0.9 固定支架　fixing trestle

不允许管道与其有相对位移的管道支架。

2.0.10 防晃支架　restraining trestle

不随管道晃动产生位移的管道支架。

2.0.11 型式检验报告　type inspection report

由生产厂家委托有资质的检测机构，对定型产品或成套技术的全部性能及其适用性所作的检验，其报告称型式检验报告。

2.0.12 强度性试验　strength test

在规定的压力和保压时间内，对管路、压力容器、阀门、附件等进行的耐压能力检验。

2.0.13 严密性试验　leakage test

在规定的压力和保压时间内，对管路、压力容器、阀门、附件等进行的泄漏检验。

3 基本规定

3.1 施工技术管理

3.1.1 承担通风与空调工程施工的企业应具有相应的施工资质；施工现场具有相应的技术标准。

3.1.2 施工企业承担通风与空调工程施工图深化设计时，其深化设计文件应经原设计单位确认。

3.1.3 通风与空调工程施工前，建设单位应组织设计、施工、监理等单位对设计文件进行交底和会审，形成书面记录，并应由参与会审的各方签字确认。

3.1.4 通风与空调工程施工前，施工单位应编制通风与空调工程施工组织设计（方案），并应经本单位技术负责人审查合格、监理（建设）单位审查批准后实施。施工单位应对通风与空调工程的施工作业人员进行技术交底和必要的作业指导培训。

3.1.5 施工图变更需经原设计单位认可，当施工图变更涉及通风与空调工程的使用效果和节能效果时，该项变更应经原施工图设计文件审查机构审查，在实施前应办理变更手续，并应获得监理和建设单位的确认。

3.1.6 系统检测与试验，试运行与调试前，施工单位应编制相应的技术方案，并应经审查批准。

3.1.7 通风与空调工程采用的新技术、新工艺、新材料、新设备，应按有关规定进行评审、鉴定及备案。施工前应对新的或首次采用的施工工艺制定专项的施工技术方案。

3.2 施工质量管理

3.2.1 通风与空调工程施工现场应建立相应的质量管理体系，并应包括下列内容：

　　1　岗位责任制；

　　2　技术管理责任制；

　　3　质量管理责任制；

　　4　工程质量分析例会制。

3.2.2 施工现场应建立施工质量控制和检验制度，并应包括下列内容：

　　1　施工组织设计（方案）及技术交底执行情况检查制度；

　　2　材料与设备进场检验制度；

　　3　施工工序控制制度；

　　4　相关工序间的交接检验以及专业工种之间的

中间交接检查制度;

　　5　施工检验及试验制度。

3.2.3　管道穿越墙体和楼板时,应按设计要求设置套管,套管与管道间应采用阻燃材料填塞密实;当穿越防火分区时,应采用不燃材料进行防火封堵。

3.2.4　管道与设备连接前,系统管道水压试验、冲洗(吹洗)试验应合格。

3.2.5　隐蔽工程在隐蔽前,应经施工项目技术(质量)负责人、专业工长及专职质量检查员共同参加的质量检查,检查合格后再报监理工程师(建设单位代表)进行检查验收,填写隐蔽工程验收记录,重要部位还应附必要的图像资料。

3.2.6　隐蔽的设备及阀门应设置检修口,并应满足检修和维护需要。

3.2.7　用于检查、试验和调试的器具、仪器及仪表应检定合格,并应在有效期内。

3.3　材料与设备质量管理

3.3.1　通风与空调工程施工应根据施工图及相关产品技术文件的要求进行,使用的材料与设备应符合设计要求及国家现行有关标准的规定。严禁使用国家明令禁止使用或淘汰的材料与设备。

3.3.2　通风与空调工程所使用的材料与设备应有中文质量证明文件,并齐全有效。质量证明文件应反映材料与设备的品种、规格、数量和性能指标,并与实际进场材料和设备相符。设备的型式检验报告应为该产品系列,并应在有效期内。

3.3.3　材料与设备进场时,施工单位应对其进行检查和试验,合格后报请监理工程师(建设单位代表)进行验收,填写材料(设备)进场验收记录。未经监理工程师(建设单位代表)验收合格的材料与设备,不应在工程中使用。

3.3.4　通风与空调工程使用的绝热材料和风机盘管进场时,应按现行国家标准《建筑节能工程施工质量验收规范》GB 50411 的有关要求进行见证取样检验。

3.4　安全与环境保护

3.4.1　承担通风与空调工程施工的企业应具有相应的安全生产许可证;施工安装现场应建立相应的安全与环境保护管理制度,并应配备专职安全员。

3.4.2　通风与空调工程施工前应进行安全技术交底;施工中各项安全防护措施和设施应达到国家有关规定的要求;施工机具应按相应的安全操作规程要求使用。

3.4.3　施工现场临时用电应符合国家现行有关标准的规定,施工过程中应采取保证用电与机具操作安全的有效措施。

3.4.4　电、气焊施焊作业时,操作人员应证上岗,

设专人监督,并应配备灭火器材;电、气焊操作完毕后,应认真检查,消除隐患后方可离开。

3.4.5　现场搬运、吊装各种材料和设备时,应有专人指挥,协调一致,避免伤人和损坏材料及设备。

3.4.6　大型设备吊装、运输前应编制专项技术方案,经批准后方可实施。

3.4.7　在空气流通不畅的环境中作业时,应采取临时通风措施。

3.4.8　油漆、胶粘剂涂刷时,应采取防护措施,并应在操作区域内保持空气流通。

3.4.9　易燃易爆及其他危险物品应单独安全存放,易挥发物品应密闭保存;危险品残余物及存放容器应妥善回收。

3.4.10　可能产生烟尘、噪声的施工工序作业时,应采取防尘及降噪措施。

4　金属风管与配件制作

4.1　一般规定

4.1.1　金属风管与配件制作宜选用成熟的技术和工艺,采用高效、低耗、劳动强度低的机械加工方式。

4.1.2　金属风管与配件制作前应具备下列施工条件:

　　1　风管与配件的制作尺寸、接口形式及法兰连接方式已明确,加工方案已批准,采用的技术标准和质量控制措施文件齐全;

　　2　加工场地环境已满足作业条件要求;

　　3　材料进场检验合格;

　　4　加工机具准备齐全,满足制作要求。

4.1.3　洁净空调系统风管材质的选用应符合设计要求,宜选用优质镀锌钢板、不锈钢板、铝合金板、复合钢板等。制作场地应整洁、无尘,加工区域内应铺设表面无腐蚀、不产尘、不积尘的柔性材料。

4.1.4　洁净空调系统风管制作前,应采用柔软织物擦拭板材,除去板面的污物和油脂。制作完成后应及时采用中性清洁剂进行清理,并采用丝光布擦拭干净风管内部,并采用塑料膜密封风管端口。

4.1.5　圆形风管规格应符合表 4.1.5-1 的规定,并宜选用基本系列;矩形风管规格应符合表 4.1.5-2 的规定。

表 4.1.5-1　圆形风管规格(mm)

风管直径 D					
基本系列	辅助系列	基本系列	辅助系列	基本系列	辅助系列
100	80	140	130	200	190
	90	160	150	220	210
120	110	180	170	250	240

续表 4.1.5-1

风管直径 D					
基本系列	辅助系列	基本系列	辅助系列	基本系列	辅助系列
280	260	560	530	1120	1060
320	300	630	600	1250	1180
360	340	700	670	1400	1320
400	380	800	750	1600	1500
450	420	900	850	1800	1700
500	480	1000	950	2000	1900

表 4.1.5-2 矩形风管规格 （mm）

风管边长								
120	200	320	500	800	1250	2000	3000	4000
160	250	400	630	1000	1600	2500	3500	—

注：椭圆形风管可按表 4.1.5-2 中矩形风管系列尺寸标注长短轴。

4.1.6 钢板矩形风管与配件的板材最小厚度应按风管断面长边尺寸和风管系统的设计工作压力选定，并应符合表 4.1.6-1 的规定；钢板圆形风管与配件的板材最小厚度应按断面直径、风管系统的设计工作压力及咬口形式选定，并应符合表 4.1.6-2 的规定。排烟系统风管采用镀锌钢板时，板材最小厚度可按高压系统选定。不锈钢板、铝板风管与配件的板材最小厚度应按矩形风管长边尺寸或圆形风管直径选定，并应符合表 4.1.6-3 和表 4.1.6-4 的规定。

表 4.1.6-1 钢板矩形风管与配件的板材最小厚度 （mm）

风管长边尺寸 b	低压系统 (P≤500Pa) 中压系统 (500Pa<P≤1500Pa)	高压系统 (P>1500Pa)
b≤320	0.5	0.75
320<b≤450	0.5	0.75
450<b≤630	0.6	0.75
630<b≤1000	0.75	1.0
1000<b≤1250	1.0	1.0
1250<b≤2000	1.0	1.2
2000<b≤4000	1.2	按设计

表 4.1.6-2 钢板圆形风管与配件的板材最小厚度 （mm）

风管直径 D	低压系统 (P≤500Pa)		中压系统 (500Pa<P≤1500Pa)		高压系统 (P>1500Pa)	
	螺旋咬口	纵向咬口	螺旋咬口	纵向咬口	螺旋咬口	纵向咬口
D≤320	0.50		0.50		0.50	
320<D≤450	0.50	0.60	0.50	0.7	0.60	0.7
450<D≤1000	0.60	0.75	0.60	0.7	0.60	0.7
1000<D≤1250	0.7 (0.8)	1.00	1.00		1.00	
1250<D≤2000	1.00	1.20	1.20		1.20	
>2000	1.20	按设计				

注：对于椭圆风管，表中风管直径是指其最大直径。

表 4.1.6-3 不锈钢板风管与配件的板材最小厚度 （mm）

矩形风管长边尺寸 b 或圆形风管直径 D	板材最小厚度
100<b(D)≤500	0.5
560<b(D)≤1120	0.75
1250<b(D)≤2000	1.0
2500<b(D)≤4000	1.2

表 4.1.6-4 铝板风管与配件的板材最小厚度 （mm）

矩形风管长边尺寸 b 或圆形风管直径 D	板材最小厚度
100<b(D)≤320	1.0
360<b(D)≤630	1.5
700<b(D)≤2000	2.0
2500<b(D)≤4000	2.5

4.1.7 金属风管与配件的制作应满足设计要求，并应符合下列规定：

1 表面应平整，无明显扭曲及翘角，凹凸不应大于 10mm；

2 风管边长（直径）小于或等于 300mm 时，边长（直径）的允许偏差为±2mm；风管边长（直径）大于 300mm 时，边长（直径）的允许偏差为±3mm；

3 管口应平整，其平面度的允许偏差为 2mm；

4 矩形风管两条对角线长度之差不应大于 3mm；圆形风管管口任意正交两直径之差不应大于 2mm。

4.1.8 风管制作在批量加工前，应对加工工艺进行验证，并应进行强度与严密性试验。

4.1.9 金属风管与配件制作的成品保护措施应包括下列内容：

　　1 下料时，应避免板面划伤；

　　2 成品风管露天放置时，应码放整齐，并应采取防雨措施，叠放高度不宜超过2m；

　　3 搬运风管时，应轻拿轻放，防止磕碰、摔损。

4.1.10 金属风管与配件制作的安全和环境保护措施应包括下列内容：

　　1 制作场地应有安全管理规定和设备安全操作说明，禁止违章操作；

　　2 制作场地应划分安全通道、操作加工和产品堆放区域；

　　3 加工机具操作时，操作人员的身体应与机具保持一定的安全距离，应控制好机具启停及加工件的运动方向；

　　4 现场分散加工应采取防雨、雪、大风等设施；

　　5 加工过程中产生的边角余料应充分利用，剩余废料应集中堆放和处理。

4.2 金属风管制作

4.2.1 金属风管制作应按下列工序（图4.2.1）进行。

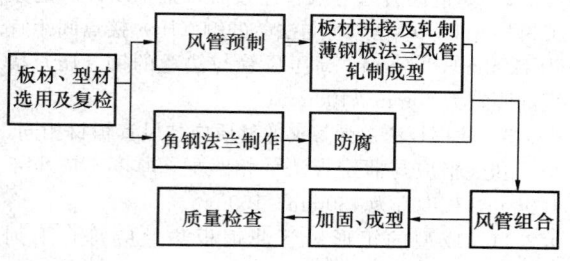

图4.2.1　金属风管制作工序

4.2.2 选用板材或型材时，应根据施工图及相关技术文件的要求，对选用的材料进行复检，并应符合本规范第4.1.6条的规定。

4.2.3 板材的画线与剪切应符合下列规定：

　　1 手工画线、剪切或机械化制作前，应对使用的材料（板材、卷材）进行线位校核；

　　2 应根据施工图及风管大样图的形状和规格，分别进行画线；

　　3 板材轧制咬口前，应采用切角机或剪刀进行切角；

　　4 采用自动或半自动风管生产线加工时，应按照相应的加工设备技术文件执行；

　　5 采用角钢法兰铆接连接的风管管端应预留6mm～9mm的翻边量，采用薄钢板法兰连接或C形、S形插条连接的风管管端应留出机械加工成型量。

4.2.4 风管板材拼接及接缝应符合下列规定：

　　1 风管板材的拼接方法可按表4.2.4确定；

表4.2.4　风管板材的拼接方法

板厚（mm）	镀锌钢板（有保护层的钢板）	普通钢板	不锈钢板	铝板
δ≤1.0	咬口连接	咬口连接	咬口连接	咬口连接
1.0<δ≤1.2				
1.2<δ≤1.5	咬口连接或铆接	电焊	氩弧焊或电焊	铆接
δ>1.5	焊接			气焊或氩弧焊

　　2 风管板材拼接的咬口缝应错开，不应形成十字形交叉缝；

　　3 洁净空调系统风管不应采用横向拼缝。

4.2.5 风管板材拼接采用铆接连接时，应根据风管板材的材质选择铆钉。

4.2.6 风管板材采用咬口连接时，应符合下列规定：

　　1 矩形、圆形风管板材咬口连接形式及适用范围应符合表4.2.6-1的规定。

表4.2.6-1　风管板材咬口连接形式及适用范围

名称	连接形式		适用范围
单咬口	内平咬口		低、中、高压系统
	外平咬口		低、中、高压系统
联合角咬口			低、中、高压系统矩形风管或配件四角咬口连接
转角咬口			低、中、高压系统矩形风管或配件四角咬口连接
按扣式咬口			低、中压系统的矩形风管或配件四角咬口连接
立咬口、包边立咬口			圆、矩形风管横向连接或纵向接缝，弯管横向连接

　　2 画线核查无误并剪切完成的片料应采用咬口机轧制或手工敲制成需要的咬口形状。折方或卷圆后的板料用合口机或手工进行合缝，端面应平齐。操作时，用力应均匀，不宜过重。板材咬合缝应紧密，宽度一致，折角应平直，并应符合表4.2.6-2的规定。

表 4.2.6-2 咬口宽度表（mm）

板厚 δ	平咬口宽度	角咬口宽度
δ≤0.7	6～8	6～7
0.7＜δ≤0.85	8～10	7～8
0.85＜δ≤1.2	10～12	9～10

3 空气洁净度等级为 1 级～5 级的洁净风管不应采用按扣式咬口连接，铆接时不应采用抽芯铆钉。

4.2.7 风管焊接连接应符合下列规定：

1 板厚大于 1.5mm 的风管可采用电焊、氩弧焊等；

2 焊接前，应采用点焊的方式将需要焊接的风管板材进行成型固定；

3 焊接时宜采用间断跨越焊形式，间距宜为 100mm～150mm，焊缝长度宜为 30mm～50mm，依次循环。焊材应与母材相匹配，焊缝应满焊、均匀。焊接完成后，应对焊缝除渣、防腐、板材校平。

4.2.8 风管法兰制作应符合下列规定：

1 矩形风管法兰宜采用风管长边加长两倍角钢立面、短边不变的形式进行下料制作。角钢规格，螺栓、铆钉规格及间距应符合表 4.2.8-1 的规定。

**表 4.2.8-1 金属矩形风管角钢法兰及
螺栓、铆钉规格（mm）**

风管长边尺寸 b	角钢规格	螺栓规格（孔）	铆钉规格（孔）	螺栓及铆钉间距	
				低、中压系统	高压系统
b≤630	∟25×3	M6 或 M8	∮4 或∮4.5		
630＜b≤1500	∟30×4	M8 或 M10		≤150	≤100
1500＜b≤2500	∟40×4	M8 或 M10	∮5 或∮5.5		
2500＜b≤4000	∟50×5	M8 或 M10			

2 圆形风管法兰可选用扁钢或角钢，采用机械卷圆与手工调整的方式制作，法兰型材与螺栓规格及间距应符合表 4.2.8-2 的规定。

**表 4.2.8-2 金属圆形风管法兰型材
与螺栓规格及间距（mm）**

风管直径 D	法兰型材规格		螺栓规格（孔）	螺栓间距	
	扁钢	角钢		中、低压系统	高压系统
D≤140	−20×4	—	M6 或 8		
140＜D≤280	−25×4	—			
280＜D≤630	—	∟25×3		100～150	80～100
630＜D≤1250	—	∟30×4	M8 或 10		
1250＜D≤2000	—	∟40×4			

3 法兰的焊缝应熔合良好、饱满，无夹渣和孔洞；矩形法兰四角处应设螺栓孔，孔心应位于中心线上。同一批量加工的相同规格法兰，其螺栓孔排列方式、间距应统一，且应具有互换性。

4.2.9 风管与法兰组合成型应符合下列规定：

1 圆风管与扁钢法兰连接时，应采用直接翻边，预留翻边量不应小于 6mm，且不应影响螺栓紧固。

2 板厚小于或等于 1.2mm 的风管与角钢法兰连接时，应采用翻边铆接。风管的翻边应紧贴法兰，翻边量均匀、宽度应一致，不应小于 6mm，且不应大于 9mm。铆接应牢固，铆钉间距宜为 100mm～120mm，且数量不宜少于 4 个。

3 板厚大于 1.2mm 的风管与角钢法兰连接时，可采用间断焊或连续焊。管壁与法兰内侧应紧贴，风管端面不应凸出法兰接口平面，间断焊的焊缝长度宜为 30mm～50mm，间距不应大于 50mm。点焊时，法兰与管壁外表面贴合；满焊时，法兰应伸出风管管口 4mm～5mm。焊接完成后，应对施焊处进行相应的防腐处理。

4 不锈钢风管与法兰铆接时，应采用不锈钢铆钉；法兰及连接螺栓为碳素钢时，其表面应采用镀铬或镀锌等防腐措施。

5 铝板风管与法兰连接时，宜采用铝铆钉；法兰为碳素钢时，其表面应按设计要求作防腐处理。

4.2.10 薄钢板法兰风管制作应符合下列规定：

1 薄钢板法兰应采用机械加工；薄钢板法兰应平直，机械应力造成的弯曲度不应大于 5‰；

2 薄钢板法兰与风管连接时，宜采用冲压连接或铆接。低、中压风管与法兰的铆（压）接点间距宜为 120mm～150mm；高压风管与法兰的铆（压）接点间距宜为 80mm～100mm；

3 薄钢板法兰弹簧夹的材质应与风管板材相同，形状和规格应与薄钢板法兰相匹配，厚度不应小于 1.0mm，长度宜为 130mm～150mm。

4.2.11 成型的矩形风管薄钢板法兰应符合下列规定：

1 薄钢板法兰风管连接端面接口处应平整，接口四角处应有固定角件，其材质为镀锌钢板，板厚不应小于 1.0mm。固定角件与法兰连接处应采用密封胶进行密封；

2 薄钢板法兰风管端面形式及适用风管长边尺寸应符合表 4.2.11 的规定；

**表 4.2.11 薄钢板法兰风管端面形式及
适用风管长边尺寸（mm）**

法兰端面形式		适用风管长边尺寸 b	风管法兰高度	角件板厚
普通型		b≤2000（长边尺寸大于 1500 时，法兰处应补强）		
增强型	整体	b≤630	25～40	≥1.0
		630＜b≤2000		
	组合式	2000＜b≤2500		

3 薄钢板法兰可采用铆接或本体压接进行固定。中压系统风管铆接或压接间距宜为120mm～150mm；高压系统风管铆接或压接间距宜为80mm～100mm。低压系统风管长边尺寸大于1500mm、中压系统风管长边尺寸大于1350mm时，可采用顶丝卡连接。顶丝卡宽度宜为25mm～30mm，厚度不应小于3mm，顶丝宜为M8镀锌螺钉。

4.2.12 矩形风管C形、S形插条制作和连接应符合下列规定：

1 C形、S形插条应采用专业机械轧制（图4.2.12）。C形、S形插条与风管插口的宽度应匹配，C形插条的两端延长量宜大于或等于20mm。

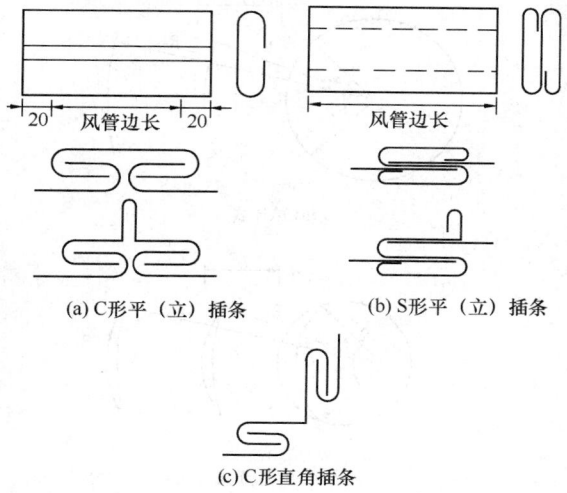

(a) C形平（立）插条   (b) S形平（立）插条

(c) C形直角插条

图4.2.12 矩形风管C形和S形插条形式示意

2 采用C形平插条、S形平插条连接的风管边长不应大于630mm。S形平插条单独使用时，在连接处应有固定措施。C形直角插条可用于支管与主干管连接。

3 采用C形立插条、S形立插条连接的风管边长不宜大于1250mm。S形立插条与风管壁连接处应采用小于150mm的间距铆接。

4 插条与风管插口连接处应平整、严密。水平插条长度与风管宽度应一致，垂直插条的两端各延长不应少于20mm，插接完成后应折角。

5 铝板矩形风管不宜采用C形、S形平插条连接。

4.2.13 矩形风管采用立咬口或包边立咬口连接时，其立筋的高度应大于或等于角钢法兰的高度，同一规格风管的立咬口或包边立咬口的高度应一致，咬口采用铆钉紧固时，其间距不应大于150mm。

4.2.14 圆形风管连接形式及适用范围应符合表4.2.14的规定。风管采用芯管连接时，芯管板厚度应大于或等于风管壁厚度，芯管外径与风管内径偏差应小于3mm。

表4.2.14 圆形风管连接形式及适用范围

连接形式		附件规格（mm）	接口要求	适用范围
角钢法兰连接		按表4.2.8-2规定	法兰与风管连接采用铆接或焊接	低、中、高压风管
承插连接	普通	—	插入深度大于或等于30mm，有密封措施	低压风管直径小于700mm
	角钢加固	∟25×3 ∟30×4	插入深度大于或等于20mm，有密封措施	低、中压风管
	加强筋		插入深度大于或等于20mm，有密封措施	低、中压风管
芯管连接		芯管板厚度大于或等于风管壁厚度	插入深度每侧大于或等于50mm，有密封措施	低、中压风管
立筋抱箍连接		抱箍板厚度大于或等于风管壁厚度	风管翻边与抱箍结合严密、紧固	低、中压风管
抱箍连接		抱箍板厚度大于或等于风管壁厚度，抱箍宽度大于或等于100mm	管口对正，抱箍应居中	低、中压风管

4.2.15 风管加固应符合下列规定：

1 风管可采用管内或管外加固件、管壁压制加强筋等形式进行加固（图4.2.15）。矩形风管加固件宜采用角钢、轻钢型材或钢板折叠；圆形风管加固件宜采用角钢。

2 矩形风管边长大于或等于630mm、保温风管边长大于或等于800mm，其管段长度大于1250mm或低压风管单边面积大于1.2m²，中、高压风管单边面积大于1.0m²时，均应采取加固措施。边长小于或等于800mm的风管宜采用压筋加固。边长在400mm～630mm之间，长度小于1000mm的风管也可采用压制十字交叉筋的方式加固。

3 圆形风管（不包括螺旋风管）直径大于或等于800mm，且其管段长度大于1250mm或总表面积大于4m²时，均应采取加固措施。

4 中、高压风管的管段长度大于1250mm时，应采用加固框的形式加固。高压系统风管的单咬口缝应有防止咬口缝胀裂的加固措施。

5 洁净空调系统的风管不应采用内加固措施或

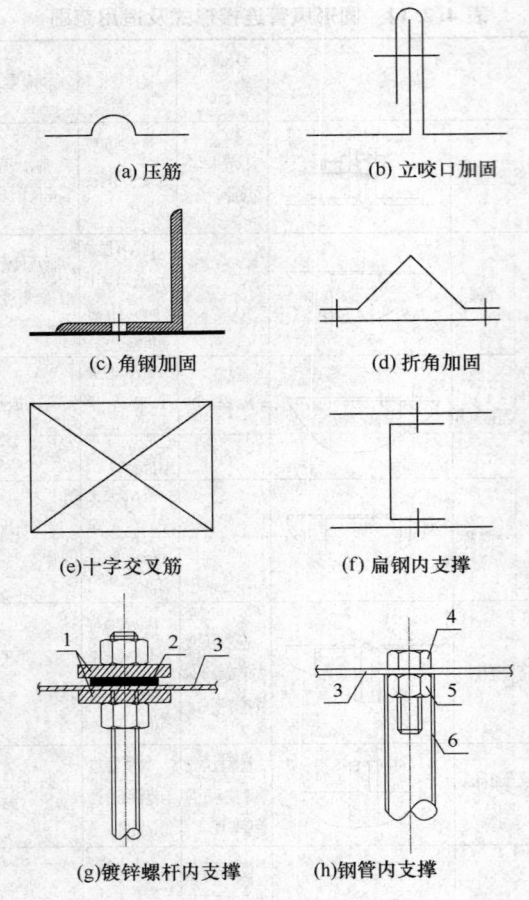

(a) 压筋　　　　　　(b) 立咬口加固

(c) 角钢加固　　　　(d) 折角加固

(e) 十字交叉筋　　　(f) 扁钢内支撑

(g) 镀锌螺杆内支撑　(h) 钢管内支撑

图 4.2.15　风管加固形式示意

1—镀锌加固垫圈；2—密封圈；3—风管壁面；4—螺栓；
5—螺母；6—焊接或铆接（$\phi 10 \times 1 \sim \phi 16 \times 3$）

加固筋，风管内部的加固点或法兰铆接点周围应采用密封胶进行密封。

6　风管加固应排列整齐，间隔应均匀对称，与风管的连接应牢固，铆接间距不应大于 220mm。风管压筋加固间距不应大于 300mm，靠近法兰端面的压筋与法兰间距不应大于 200mm；风管管壁压筋的凸出部分应在风管外表面。

7　风管采用镀锌螺杆内支撑时，镀锌加固垫圈应置于管壁内外两侧。正压时密封圈置于风管外侧，负压时密封圈置于风管内侧，风管四个壁面均加固时，两根支撑杆交叉成十字状。采用钢管内支撑时，可在钢管两端设置内螺母。

8　铝板矩形风管采用碳素钢材料进行内、外加固时，应按设计要求作防腐处理；采用铝材进行内、外加固时，其选用材料的规格及加固间距应进行校核计算。

4.3　配件制作

4.3.1　风管的弯头、三通、四通、变径管、异形管、导流叶片、三通拉杆阀等主要配件所用材料的厚度及制作要求应符合本规范中同材质风管制作的有关规定。

4.3.2　矩形风管的弯头可采用直角、弧形或内斜线形，宜采用内外同心弧形，曲率半径宜为一个平面边长。

4.3.3　矩形风管弯头的导流叶片设置应符合下列规定：

1　边长大于或等于 500mm，且内弧半径与弯头端口边长比小于或等于 0.25 时，应设置导流叶片，导流叶片宜采用单片式、月牙式两种类型（图 4.3.3）；

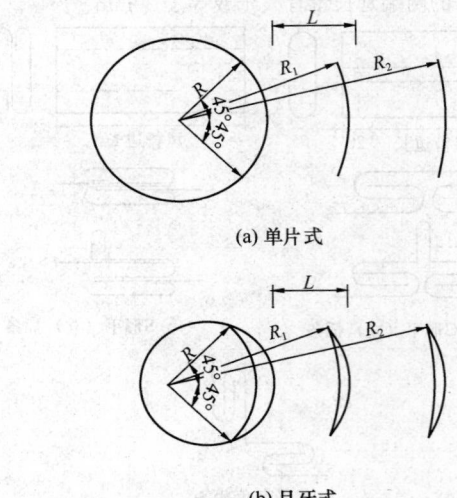

(a) 单片式

(b) 月牙式

图 4.3.3　风管导流叶片形式示意

2　导流叶片内弧应与弯管同心，导流叶片应与风管内弧等弦长；

3　导流叶片间距 L 可采用等距或渐变设置的方式，最小叶片间距不宜小于 200mm，导流叶片的数量可采用平面边长除以 500 的倍数来确定，最多不宜超过 4 片。导流叶片应与风管固定牢固，固定方式可采用螺栓或铆钉。

4.3.4　圆形风管弯头的弯曲半径（以中心线计）及最少分段数应符合表 4.3.4 的规定。

表 4.3.4　圆形风管弯头的弯曲半径和最少分段数

风管直径 D (mm)	弯曲半径 R (mm)	弯曲角度和最少节数							
		90°		60°		45°		30°	
		中节	端节	中节	端节	中节	端节	中节	端节
80<D≤220	≥1.5D	2	2	1	2	1	2	—	2
240<D≤450	D~1.5D	3	2	2	2	1	2	—	2
480<D≤800	D~1.5D	4	2	2	2	1	2	1	2
850<D≤1400	D	5	2	3	2	2	2	1	2
1500<D≤2000	D	8	2	5	2	3	2	2	2

4.3.5 变径管单面变径的夹角宜小于30°，双面变径的夹角宜小于60°。圆形风管三通、四通、支管与总管夹角宜为15°～60°。

4.4 质 量 检 查

4.4.1 金属风管与配件制作可按表4.4.1进行质量检查。

表4.4.1 金属风管与配件制作质量检查

序号	主要检查内容	检查方法	判定标准
1	金属风管材料种类、规格	查验材料质量证明文件、检测报告，尺量，观察检查	符合设计要求
2	板材的拼接	尺量、观察检查	符合本规范第4.2.4条、4.2.5条、4.2.6条、4.2.7条的规定
3	不锈钢板或铝板连接件防腐措施	观察检查	防腐良好，无锈蚀
4	管口平面度、表面平整度、允许偏差	尺量、观察检查	符合本规范第4.1.7条的规定
5	风管的连接形式	尺量、观察检查	符合本规范第4.2.8条、4.2.9条、4.2.12条、4.2.13条、4.2.14条的规定
6	薄钢板法兰风管的接口及连接件、附件固定，端面及缝隙	尺量、观察检查	符合本规范第4.2.10条和第4.2.11条的规定
7	风管加固	观察和尺量检查	符合本规范第4.2.15条的规定
8	风管弯头导流叶片的设置	尺量、观察检查	符合本规范第4.3.3条的规定
9	洁净空调风管与配件制作	观察检查、尺量	符合现行国家标准《通风与空调工程施工质量验收规范》GB50243的有关规定
10	风管工艺性验证	现场加工风管进行风管强度和严密性试验	查验检测报告

5 非金属与复合风管及配件制作

5.1 一 般 规 定

5.1.1 非金属与复合风管材料的防火性能应符合设计要求及现行国家有关标准的规定。

5.1.2 非金属与复合风管板材的技术参数及适用范围应符合表5.1.2的规定。

表5.1.2 非金属与复合风管板材的技术参数及适用范围

风管类别		材料密度(kg/m³)	厚度(mm)	强度	适用范围
非金属风管	无机玻璃钢风管	≤2000	符合现行国家标准《通风与空调工程施工质量验收规范》GB50243的有关规定	弯曲强度≥65MPa	低、中、高压空调系统及防排烟系统
	硬聚氯乙烯风管	1300～1600	—	拉伸强度≥34MPa	洁净室及含酸碱的排风系统
复合风管	酚醛铝箔复合风管	60	20	弯曲强度≥1.05MPa	设计工作压力≤2000Pa的空调系统及潮湿环境，风速≤12m/s，b≤2000mm
	聚氨酯铝箔复合风管	≥45	≥20	弯曲强度≥1.02MPa	设计工作压力≤2000Pa的空调系统、洁净空调系统及潮湿环境，风速≤12m/s，b≤2000mm
	玻璃纤维复合风管	≥70	≥25	—	设计工作压力≤1000Pa的空调系统，风速≤10m/s，b≤2000mm
	玻镁复合风管	普通型		≥25		按复合板不同类型分别适合空调系统、洁净系统及防排烟系统
		节能型		≥31		
		低温节能型		≥43		
		洁净型		≥31		
		排烟型		≥18		
		防火型		≥35		
		耐火型		≥45		

注：b为风管内边长尺寸。

5.1.3 非金属与复合风管及配件制作前应具备下列施工条件：

　　1 风管及配件的制作尺寸、接口形式及法兰连接方式已明确，加工方案已批准；采用的技术标准和质量控制措施文件齐全；

　　2 现场风管制作环境应满足作业条件，并应采用机械通风；

　　3 非金属与复合风管材料符合相关产品技术标准，板材、胶粘剂的性能满足制作要求，与风管系统功能相匹配，材料进场检验合格；

　　4 加工机具准备齐全，满足制作要求。

5.1.4 非金属与复合风管的制作方式应根据风管连接形式确定，非金属与复合风管连接形式及适用范围应符合表5.1.4的规定。

表5.1.4　非金属与复合风管连接形式及适用范围

非金属与复合风管连接形式		附件材料	适用范围
45°粘接	 45°	铝箔胶带	酚醛铝箔复合风管、聚氨酯铝箔复合风管，b≤500mm
承插阶梯粘接	δ	铝箔胶带	玻璃纤维复合风管
对口粘接		—	玻镁复合风管 b≤2000mm
槽形插接连接		PVC连接件	低压风管 b≤2000mm；中、高压风管 b≤1500mm
工形插接连接		PVC连接件	低压风管 b≤2000mm；中、高压风管 b≤1500mm
		铝合金连接件	b≤3000mm
外套角钢法兰		∟25×3	b≤1000mm
		∟30×3	b≤1600mm
		∟40×4	b≤2000mm
C形插接法兰	高度（25~30）mm	PVC连接件 铝合金连接件	b≤1600mm
		镀锌板连接件，板厚≥1.2mm	
"h"连接法兰		铝合金连接件	用于风管与阀部件及设备连接

注：1　b为矩形风管长边尺寸，δ为风管板材厚度；
　　2　PVC连接件厚度大于或等于1.5mm；
　　3　铝合金连接件厚度大于或等于1.2mm。

5.1.5 非金属与复合风管在使用胶粘剂或密封胶带前，应将风管粘接处清洁干净。

5.1.6 非金属与复合风管及法兰制作的允许偏差应符合表5.1.6的规定。

表5.1.6　非金属与复合风管及法兰制作的允许偏差（mm）

风管长边尺寸b或直径D	允许偏差				
	边长或直径偏差	矩形风管表面平面度	矩形风管端口对角线之差	法兰或端口端面平面度	圆形法兰任意正交两直径
$b(D)$≤320	±2	3	3	2	3
320<$b(D)$≤2000	±3	4	4	4	5

5.1.7 非金属与复合风管制作的成品保护措施应包括下列内容：

　　1 复合风管板材应妥善保存，覆面层不应划伤，板材不应变形、压瘪；

　　2 风管粘接后，胶粘剂干燥固化后再移动、叠放或安装；

　　3 风管在制作过程中及制作完成后应采取防护措施，避免风管划伤、损坏及水污染、浸泡；

　　4 装卸、搬运风管时，应轻拿轻放，防止其覆面层破损；玻璃纤维复合风管和玻镁复合风管的运输、存放应采取防潮措施；

　　5 风管堆放场地应有防尘、防雨措施，地面不应有泛潮或积水。

5.1.8 非金属与复合风管制作的安全与环境保护措施应包括下列内容：

　　1 制作人员应戴口罩，制作场地应通风；

　　2 胶粘剂应妥善存放，注意防火，且不应直接在阳光下曝晒；

　　3 操作现场不应使用明火，应配备灭火器材；

　　4 失效的胶粘剂及废胶粘剂容器不应随意抛弃或燃烧，应集中处理；

　　5 板材下料使用刀具时，应戴手套。

5.2　聚氨酯铝箔与酚醛铝箔复合风管及配件制作

5.2.1 聚氨酯铝箔与酚醛铝箔复合风管及配件制作应按下列工序（图5.2.1）进行。

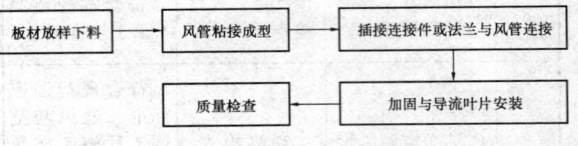

图5.2.1　聚氨酯铝箔与酚醛铝箔复合风管及配件制作工序

5.2.2 板材放样下料应符合下列规定：

　　1 放样与下料应在平整、洁净的工作台上进行，并不应破坏覆面层。

　　2 风管长边尺寸小于或等于1160mm时，风管宜按板材长度做成每节4m。

3 矩形风管的板材放样下料展开宜采用一片法、U形法、L形法、四片法（图5.2.2-1）。

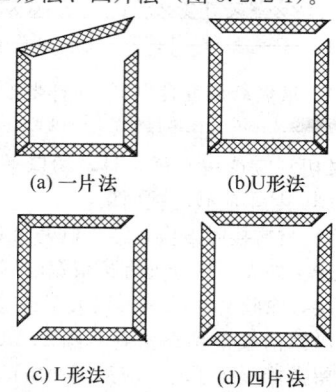

(a)一片法　　(b)U形法

(c)L形法　　(d)四片法

图 5.2.2-1　矩形风管45°角
组合方式示意

4 矩形弯头宜采用内外同心弧型。先在板材上放出侧样板，弯头的曲率半径不应小于一个平面边长，圆弧应均匀。按侧样板弯曲边测量长度，放内外弧板长方形样。弯头的圆弧面宜采用机械压弯成型制作，其内弧半径小于150mm时，轧压间距宜为20mm～35mm；内弧半径为150mm～300mm时，轧压间距宜为35mm～50mm；内弧半径大于300mm时，轧压间距宜为50mm～70mm。轧压深度不宜超过5mm。

5 制作矩形变径管时，先在板材上放出侧样板，再测量侧样板变径边长度，按测量长度对上下板放样。

6 板材切割应平直，板材切断成单块风管板后，进行编号。

7 风管长边尺寸小于或等于1600mm时，风管板材拼接可切45°角直接粘接，粘接后在接缝处两侧粘贴铝箔胶带；风管长边尺寸大于1600mm时，板材需采用H形PVC或铝合金加固条拼接（图5.2.2-2）。

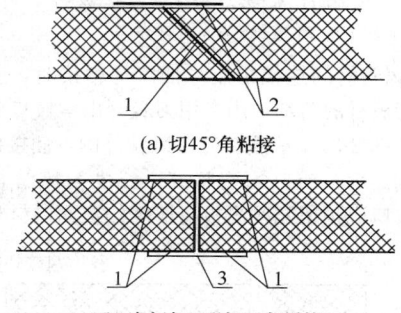

(a)切45°角粘接

(b)中间加H形加固条拼接

图 5.2.2-2　风管板材拼接方式示意
1—胶粘剂；2—铝箔胶带；
3—H形PVC或铝合金加固条

5.2.3 风管粘接成型应符合下列规定：

1 风管粘合成型前需预组合，检查接缝准确、

角线平直后，再涂胶粘剂。

2 粘接时，切口处应均匀涂满胶粘剂，接缝应平整，不应有歪扭、错位、局部开裂等缺陷。管段成型后，风管内角缝应采用密封材料封堵；外角缝铝箔断开处应采用铝箔胶带封贴，封贴宽度每边不应小于20mm。

3 粘接成型后的风管端面应平整，平面度和对角线偏差应符合本规范表5.1.6的规定。风管垂直摆放至定型后再移动。

5.2.4 插接连接件或法兰与风管连接应符合下列规定：

1 插接连接件或法兰应根据风管采用的连接方式，按本规范表5.1.4中关于附件材料的规定选用。

2 插接连接件的长度不应影响其正常安装，并应保证其在风管两个垂直方向安装时接触紧密。

3 边长大于320mm的矩形风管安装插接连接件时，应在风管四角粘贴厚度不小于0.75mm的镀锌直角垫片，直角垫片宽度应与风管板材厚度相等，边长不应小于55mm。插接连接件与风管粘接应牢固。

4 低压系统风管边长大于2000mm、中压或高压系统风管边长大于1500mm时，风管法兰应采用铝合金等金属材料。

5.2.5 加固与导流叶片安装应符合下列规定：

1 风管宜采用直径不小于8mm的镀锌螺杆做内支撑加固，内支撑件穿管壁处应密封处理。内支撑的横向加固点数和纵向加固间距应符合表5.2.5的规定。

表 5.2.5　聚氨酯铝箔复合风管与酚醛铝箔复合风管内支撑横向加固点数及纵向加固间距

类别	系统设计工作压力（Pa）						
	≤300	301～500	501～750	751～1000	1001～1250	1251～1500	1501～2000
	横向加固点数						
风管内边长 b (mm) 410<b≤600	—	—	—	1	1	1	1
600<b≤800	—	—	1	1	1	2	2
800<b≤1000	1	1	1	1	2	2	2
1000<b≤1200	1	1	1	2	2	2	2
1200<b≤1500	1	1	2	2	2	2	2
1500<b≤1700	2	2	2	2	2	2	2
1700<b≤2000	2	2	2	2	2	2	3
	纵向加固间距（mm）						
聚氨酯铝箔复合风管	≤1000	≤800		≤600			≤400
酚醛铝箔复合风管	≤800			≤600			—

2 风管采用外套角钢法兰或C形插接法兰连接时，法兰处可作为一加固点；风管采用其他连接形

式，其边长大于 1200mm 时，应在连接后的风管一侧距连接件 250mm 内设横向加固。

3 矩形弯头导流叶片宜采用同材质的风管板材或镀锌钢板制作，其设置应按本规范第 4.3.3 条执行，并应安装牢固。

5.2.6 三通制作宜采用直接在主风管上开口的方式，并应符合下列规定：

1 矩形风管边长小于或等于 500mm 的支风管与主风管连接时，在主风管上应采用接口处内切 45°粘接（图 5.2.6a）。内角缝应采用密封材料封堵；外角缝铝箔断开处应采用铝箔胶带封贴，封贴宽度每边不应小于 20mm。

2 主风管上接口处采用 90°专用连接件连接时（图 5.2.6b），连接件的四角处应涂密封胶。

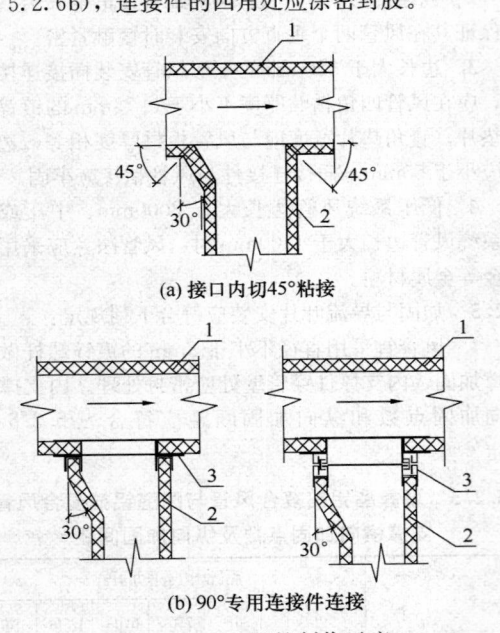

(a) 接口内切 45°粘接

(b) 90°专用连接件连接

图 5.2.6 三通的制作示意

1—主风管；2—支风管；3—90°专用连接件

5.3 玻璃纤维复合风管与配件制作

5.3.1 玻璃纤维复合风管与配件制作应按下列工序（图 5.3.1）进行。

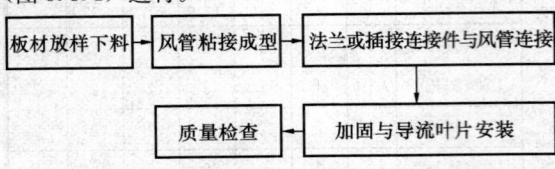

图 5.3.1 玻璃纤维复合风管与配件制作工序

5.3.2 板材放样下料应符合下列规定：

1 放样与下料应在平整、洁净的工作台上进行。

2 风管板材的槽口形式可采用 45°角形或 90°梯形（图 5.3.2-1），其封口处宜留有不小于板材厚度的外覆面层搭接边量。展开长度超过 3m 的风管宜用两片法或四片法制作。

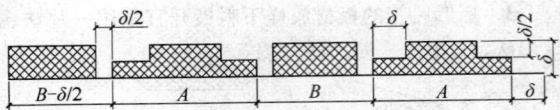

图 5.3.2-1 玻璃纤维复合风管 90°梯形槽口示意

δ—风管板厚；A—风管长边尺寸；B—风管短边尺寸

3 板材切割应选用专用刀具，切口平直、角度准确、无毛刺，且不应破坏覆面层。

4 风管板材拼接时，应在结合口处涂满胶粘剂，并应紧密粘合。外表面拼缝宜预留宽度不小于板材厚度的覆面层，涂胶密封后，再用大于或等于 50mm 宽热敏或压敏铝箔胶带粘贴密封（图 5.3.2-2a）；当外表面无预留搭接覆面层时，应采用两层铝箔胶带重叠封闭，接缝处两侧外层胶带粘贴宽度不应小于 25mm（图 5.3.2-2b），内表面拼缝处应采用密封胶抹缝或用大于或等于 30mm 宽玻璃纤维布粘贴密封。

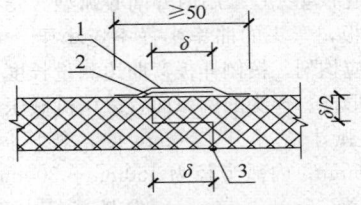

(a) 外表面预留搭接覆面层

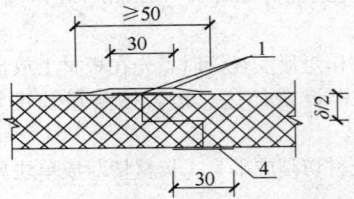

(b) 外表面无预留搭接覆面层

图 5.3.2-2 玻璃纤维复合板阶梯拼接示意

1—热敏或压敏铝箔胶带；2—预留覆面层；3—密封胶抹缝；4—玻璃纤维布；δ—风管板厚

5 风管管间连接采用承插阶梯粘接时，应在已下料风管板材的两端，用专用刀具开出承接口和插接口（图 5.3.2-3）。承接口应在风管外侧，插接口应在风管内侧。承、插口均应整齐，长度为风管板材厚度；插接口应预留宽度为板材厚度的覆面层材料。

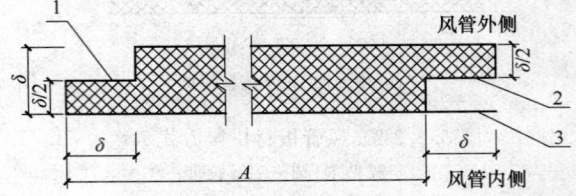

图 5.3.2-3 风管承插阶梯粘接示意

1—插接口；2—承接口；3—预留搭接覆面层；A—风管有效长度；δ—风管板厚

5.3.3 风管粘接成型应符合下列规定：

1 风管粘接成型应在洁净、平整的工作台上进行。

2 风管粘接前，应清除管板表面的切割纤维、油渍、水渍，在槽口的切割面处均匀满涂胶粘剂。

3 风管粘接成型时，应调整风管端面的平面度，槽口不应有间隙和错口。风管外接缝宜用预留搭接覆面层材料和热敏或压敏铝箔胶带搭叠粘贴密封（图5.3.3a）。当板材无预留搭接覆面层时，应用两层铝箔胶带重叠封闭（图5.3.3b）。

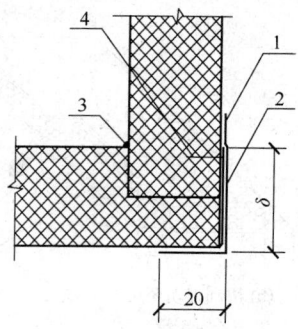

(a) 外表面预留搭接覆面层

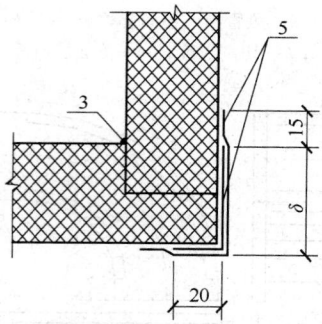

(b) 外表面无预留搭接覆面层

图 5.3.3　风管直角组合示意
1—热敏或压敏铝箔胶带；2—预留覆面层；3—密封胶勾缝；4—扒钉；5—两层热敏或压敏铝箔胶带；δ—风管板厚

4 风管成型后，内角接缝处应采用密封胶勾缝。

5 内面层采用丙烯酸树脂的风管成型后，在外接缝处宜采用扒钉加固，其间距不宜大于50mm，并应采用宽度大于50mm的热敏胶带粘贴密封。

5.3.4 法兰或插接连接件与风管连接应符合下列规定：

1 采用外套角钢法兰连接时，角钢法兰规格可比同尺寸金属风管法兰小一号，槽形连接件宜采用厚度为1.0mm的镀锌钢板制作。角钢外法兰与槽形连接件应采用规格为M6镀锌螺栓连接（图5.3.4），螺孔间距不应大于120mm。连接时，法兰与板材间及螺栓孔的周边应涂胶密封。

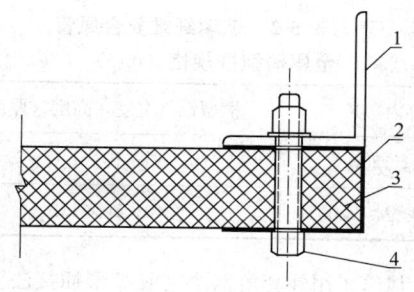

图 5.3.4　玻璃纤维复合风管角钢法兰连接示意
1—角钢外法兰；2—槽形连接件；3—风管；4—M6镀锌螺栓

2 采用槽形、工形插接连接及C形插接法兰时，插接槽口应涂满胶粘剂，风管端部应插入到位。

5.3.5 风管加固与导流叶片安装应符合下列规定：

1 矩形风管宜采用直径不小于6mm的镀锌螺杆做内支撑加固。风管长边尺寸大于或等于1000mm或系统设计工作压力大于500Pa时，应增设金属槽形框外加固，并应与内支撑固定牢固。负压风管加固时，金属槽形框应设在风管的内侧。内支撑件穿管壁处应密封处理。

2 风管的内支撑横向加固点数及金属槽型框纵向间距应符合表5.3.5-1的规定，金属槽型框的规格应符合表5.3.5-2规定。

表 5.3.5-1　玻璃纤维复合风管内支撑横向加固点数及金属槽型框纵向间距

类　别	系统设计工作压力（Pa）				
	≤100	101~250	251~500	501~750	751~1000
	内支撑横向加固点数				
风管内边长 b（mm） 300<b≤400	—	—	—	—	1
400<b≤500	—	—	1	1	1
500<b≤600	—	1	1	1	1
600<b≤800	1	1	1	2	2
800<b≤1000	1	1	2	2	3
1000<b≤1200	1	2	2	3	3
1200<b≤1400	2	2	3	3	4
1400<b≤1600	2	3	4	4	5
1600<b≤1800	2	3	4	5	5
1800<b≤2000	3	3	4	5	6
金属槽形框纵向间距（mm）	≤600			≤400	≤350

表 5.3.5-2 玻璃纤维复合风管
金属槽型框规格（mm）

风管内边长 b	槽型钢（宽度×高度×厚度）
$b \leqslant 1200$	$40 \times 10 \times 1.0$
$1200 < b \leqslant 2000$	$40 \times 10 \times 1.2$

3 风管采用外套角钢法兰或 C 形插接法兰连接时，法兰处可作为一加固点；风管采用其他连接方式，其边长大于 1200mm 时，应在连接后的风管一侧距连接件 150mm 内设横向加固；采用承插阶梯粘接的风管，应在距粘接口 100mm 内设横向加固。

4 矩形弯头导流叶片可采用 PVC 定型产品或采用镀锌钢板弯压制成，其设置应按本规范第 4.3.3 条执行，并应安装牢固。

5.4 玻镁复合风管与配件制作

5.4.1 玻镁复合风管与配件制作应按下列工序（图 5.4.1）进行。

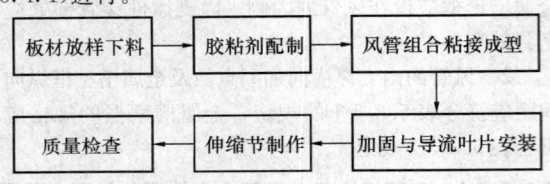

图 5.4.1 玻镁复合风管与配件制作

5.4.2 板材放样下料应符合下列规定：

1 板材切割线应平直，切割面和板面应垂直。切割后的风管板对角线长度之差的允许偏差为 5mm。

2 直风管可由四块板粘接而成（图 5.4.2-1）。切割风管侧板时，应同时切割出组合用的阶梯线，切割深度不应触及板材外覆面层，切割出阶梯线后，刮去阶梯线外夹芯层（图 5.4.2-2）。

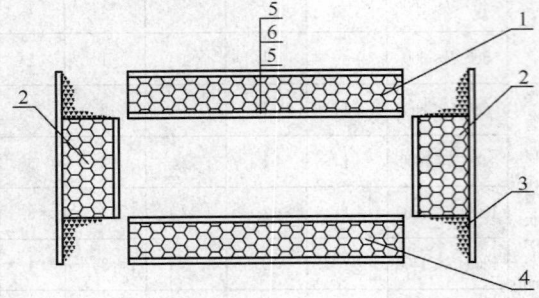

图 5.4.2-1 玻镁复合矩形风管组合示意
1—风管顶板；2—风管侧板；3—涂专用胶粘剂处；
4—风管底板；5—覆面层；6—夹芯层

3 矩形弯管可采用由若干块小板拼成折线的方法制成内外同心弧型弯头，与直风管的连接口应制成错位连接形式（图 5.4.2-3）。矩形弯头曲率半径（以中心线计）和最少分节数应符合表 5.4.2 的规定。

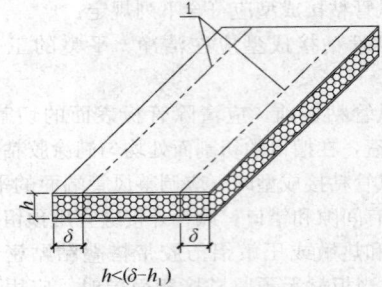

$h < (\delta - h_1)$
(a) 板材阶梯线切割示意

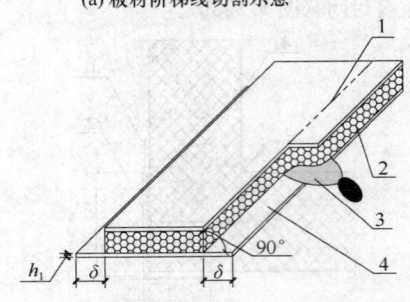

(b) 用刮刀切至尺寸示意

图 5.4.2-2 风管侧板阶梯线切割示意
1—阶梯线；2—待去除夹芯层；3—刮刀；4—风管板外覆面层；δ—风管板厚；h—切割深度；h_1—覆面层厚度

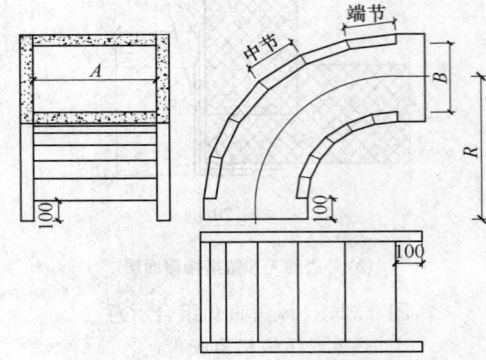

图 5.4.2-3 90°弯头放样下料示意

表 5.4.2 弯头曲率半径和最少分节数

弯头边长 B (mm)	曲率半径 R	弯头角度和最少分节数							
		90°		60°		45°		30°	
		中节	端节	中节	端节	中节	端节	中节	端节
$B \leqslant 600$	$\geqslant 1.5B$	2	2	1	2	1	2	—	2
$600 < B \leqslant 1200$	$(1.0 \sim 1.5)B$	2	2	2	2	1	2	—	2
$1200 < B \leqslant 2000$	$(1.0 \sim 1.5)B$	3	2	2	2	1	2	1	2

4 三通制作下料时，应先画出两平面板尺寸线，再切割下料（图 5.4.2-4），内外弧小板片数应符合表 5.4.2 的规定。

5 变径风管与直风管的制作方法应相同，长度不应小于大头长边减去小头长边之差。

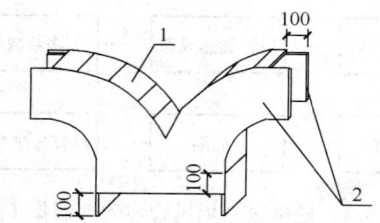

图 5.4.2-4 蝴蝶三通放样下料示意
1—外弧拼接板；2—平面板

6 边长大于2260mm的风管板对接粘接后，在对接缝的两面应分别粘贴（3～4）层宽度不小于50mm的玻璃纤维布增强（图5.4.2-5）。粘贴前应采用砂纸打磨粘贴面，并清除粉尘，粘贴牢固。

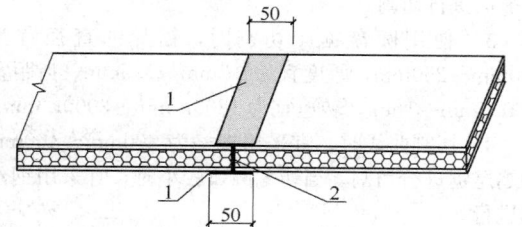

图 5.4.2-5 复合板拼接方法示意
1—玻璃纤维布；2—风管板对接处

5.4.3 胶粘剂应按产品技术文件的要求进行配置。应采用电动搅拌机搅拌，搅拌后的胶粘剂应保持流动性。配制后的胶粘剂应及时使用，胶粘剂变稠或硬化时，不应使用。

5.4.4 风管组合粘接成型应符合下列规定：

1 风管端口应制作成错位接口形式。

2 板材粘接前，应清除粘接口处的油渍、水渍、灰尘及杂物等。胶粘剂应涂刷均匀、饱满。

3 组装风管时，先将风管底板放于组装垫块上，然后在风管左右侧板阶梯处涂胶粘剂，插在底板边沿，对口纵向粘接应与底板错位100mm，最后将顶板盖上，同样应与左右侧板错位100mm，形成风管端口错位接口形式（图5.4.4-1）。

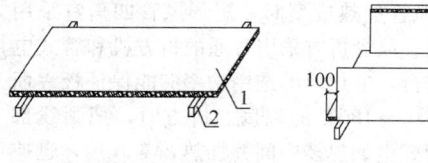

(a) 风管底板放于组装垫块上   (b) 装风管侧板

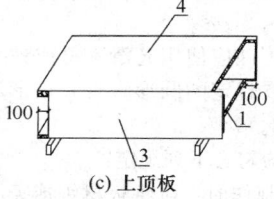

(c) 上顶板

图 5.4.4-1 风管组装示意
1—底板；2—垫块；3—侧板；4—顶板

4 风管组装完成后，应在组合好的风管两端扣上角钢制成的"Π"形箍，"Π"形箍的内边尺寸应比风管长边尺寸大3mm～5mm，高度应与风管短边尺寸相同。然后用捆扎带对风管进行捆扎，捆扎间距不应大于700mm，捆扎带离风管两端短板的距离应小于50mm（图5.4.4-2）。

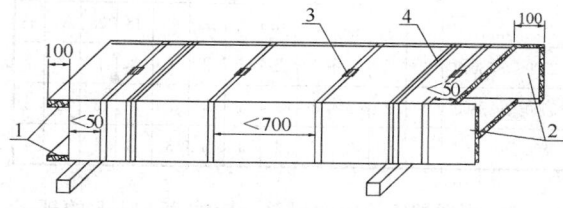

图 5.4.4-2 风管捆扎示意
1—风管上下板；2—风管侧板；3—扎带紧固；4—"Π"形箍

5 风管捆扎后，应及时清除管内外壁挤出的余胶，填充空隙。风管四角应平直，其端口对角线之差应符合表5.1.6的规定。

6 粘接后的风管应根据环境温度，按照规定的时间确保胶粘剂固化。在此时间内，不应搬移风管。胶粘剂固化后，应拆除捆扎带及"Π"形箍，并再次修整粘接缝余胶，填充空隙，在平整的场地放置。

5.4.5 风管加固与导流叶片安装应符合下列规定：

1 矩形风管宜采用直径不小于10mm的镀锌螺杆做内支撑加固，内支撑件穿管壁处应密封处理（图5.4.5）。负压风管的内支撑高度大于800mm时，应采用镀锌钢管内支撑。

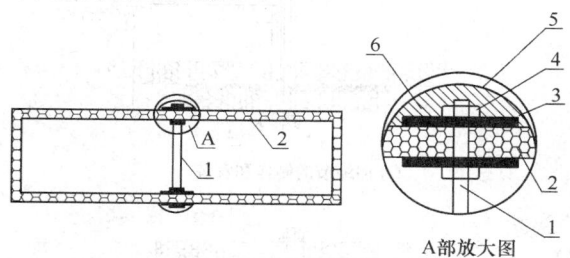

A部放大图

图 5.4.5 正压保温风管内支撑加固示意
1—镀锌螺杆；2—风管；3—镀锌加固垫圈；4—紧固螺母；5—保温罩；6—填塞保温材料

2 风管内支撑横向加固数量应符合表5.4.5的规定，风管加固的纵向间距应小于或等于1300mm。

表 5.4.5 风管内支撑横向加固数量

风管长边尺寸 b (mm)	系统设计工作压力（Pa）											
	低压系统 $P \leqslant 500$				中压系统 $500 < P \leqslant 1500$				高压系统 $1500 < P \leqslant 3000$			
	复合板厚度（mm）				复合板厚度（mm）				复合板厚度（mm）			
	18	25	31	43	18	25	31	43	18	25	31	43
$1250 \leqslant b < 1600$	1	—	—	—	1	1	—	—	1	1	1	—
$1600 \leqslant b < 2300$	1	1	1	1	1	1	1	1	2	1	1	1

续表 5.4.5

风管长边尺寸 b (mm)	系统设计工作压力 (Pa)											
	低压系统 $P \leqslant 500$				中压系统 $500 < P \leqslant 1500$				高压系统 $1500 < P \leqslant 3000$			
	复合板厚度 (mm)				复合板厚度 (mm)				复合板厚度 (mm)			
	18	25	31	43	18	25	31	43	18	25	31	43
$2300 \leqslant b < 3000$	2	2	1	1	2	2	2	2	3	2	2	2
$3000 \leqslant b < 3800$	3	2	2	2	3	3	2	2	3	3	3	3
$3800 \leqslant b < 4000$	4	3	3	2	4	3	3	3	5	4	4	4

3 距风机 5m 内的风管,应按表 5.4.5 的规定再增加 500Pa 风压计算内支撑数量。

4 矩形弯头导流叶片宜采用镀锌钢板弯压制成,其设置应按本规范第 4.3.3 条执行,并应安装牢固。

5.4.6 水平安装风管长度每隔 30m 时,应设置 1 个伸缩节。伸缩节长宜为 400mm,内边尺寸应比风管的外边尺寸大 3mm~5mm,伸缩节与风管中间应填塞 3mm~5mm 厚的软质绝热材料,且密封边长尺寸大于 1600mm 的伸缩节中间应增加内支撑加固,内支撑加固间距按 1000mm 布置,允许偏差±20mm。

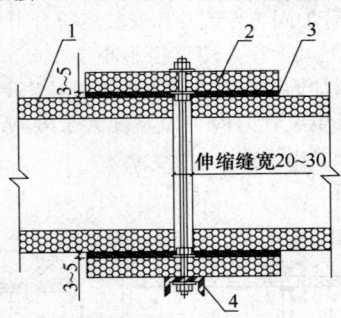

(a) 伸缩节的制作和安装

(b) 伸缩节中间设支撑柱

图 5.4.6 伸缩节的制作和安装示意

1—风管;2—伸缩节;3—填塞软质绝热材料并密封;4—角钢或槽钢防晃支架;5—内支撑杆

5.5 硬聚氯乙烯风管与配件制作

5.5.1 硬聚氯乙烯风管与配件制作应按下列工序(图 5.5.1)进行。

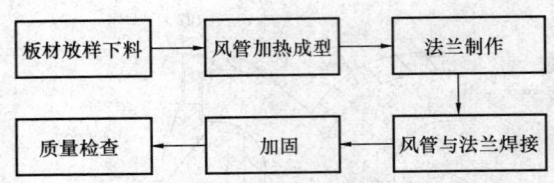

图 5.5.1 硬聚氯乙烯风管与配件制作工序

5.5.2 板材放样下料应符合下列规定:

1 风管或管件采用加热成型时,板材放样下料应考虑收缩余量。

2 使用剪床切割时,厚度小于或等于 5mm 的板材可在常温下进行切割;厚度大于 5mm 的板材或在冬天气温较低时,应先把板材加热到 30℃ 左右,再用剪床进行切割。

3 使用圆盘锯床切割时,锯片的直径宜为 200mm~250mm,厚度宜为 l.2mm~1.5mm,齿距宜为 0.5mm~1mm,转速宜为 1800r/min~2000r/min。

4 切割曲线时,宜采用规格为 300mm~400mm 的鸡尾锯进行切割。当切割圆弧较小时,宜采用钢丝锯进行。

5.5.3 风管加热成型应符合下列规定:

1 硬聚氯乙烯板加热可采用电加热、蒸汽加热或热空气加热等方法。硬聚氯乙烯板加热时间应符合表 5.5.3 的规定。

表 5.5.3 硬聚氯乙烯板加热时间

板材厚度 (mm)	2~4	5~6	8~10	11~15
加热时间 (min)	3~7	7~10	10~14	15~24

2 圆形直管加热成型时,加热箱里的温度上升到 130℃~150℃ 并保持稳定后,应将板材放入加热箱内,使板材整个表面均匀受热。板材被加热到柔软状态时应取出,放在帆布上,采用木模卷制成圆管,待完全冷却后,将管取出。木模外表应光滑,圆弧应正确,木模应比风管长 100mm。

3 矩形风管加热成型时,矩形风管四角宜采用加热折方成型。风管折方采用普通的折方机和管式电加热器配合进行,电热丝的选用功率应能保证板表面被加热到 150℃~180℃ 的温度。折方时,把画线部位置于两根管式电加热器中间并加热,变软后,迅速抽出,放在折方机上折成 90°角,待加热部位冷却后,取出成型后的板材。

4 各种异形管件应使用光滑木材或铁皮制成的胎模,按第 2、3 款规定的圆形直管和矩形风管加热成型方法煨制成型。

5.5.4 法兰制作应符合下列规定:

1 圆形法兰制作时,应将板材锯成条形板,开出内圆坡口后,放到电热箱内加热。加热好的条形板取出后应放到胎具上煨成圆形,并用重物压平。板材冷却定型后，进行组对焊接。法兰焊好后应进行钻孔。直径较小的圆形法兰，可在车床上车制。圆形法兰的用料规格、螺栓孔数和孔径应符合表5.5.4-1的规定。

表5.5.4-1　硬聚氯乙烯圆形风管法兰规格

风管直径 D（mm）	法兰（宽×厚）（mm）	螺栓孔径（mm）	螺孔数量	连接螺栓
D≤180	35×6	7.5	6	M6
180<D≤400	35×8	9.5	8~12	M8
400<D≤500	35×10	9.5	12~14	M8
500<D≤800	40×10	9.5	16~22	M8
800<D≤1400	45×12	11.5	24~38	M10
1400<D≤1600	50×15	11.5	40~44	M10
1600<D≤2000	60×15	11.5	46~48	M10
D>2000	按设计			

2　矩形法兰制作时，应将塑料板锯成条形，把四块开好坡口的条形板放在平板上组对焊接。矩形法兰的用料规格、螺栓孔径及螺孔间距应符合表5.5.4-2的规定。

表5.5.4-2　硬聚氯乙烯矩形风管法兰规格（mm）

风管长边尺寸 b	法兰（宽×厚）	螺栓孔径	螺孔间距	连接螺栓
≤160	35×6	7.5		M6
160<b≤400	35×8	9.5		M8
400<b≤500	35×10	9.5		M8
500<b≤800	40×10	11.5	≤120	M10
800<b≤1250	45×12	11.5		M10
1250<b≤1600	50×15	11.5		M10
1600<b≤2000	60×18	11.5		M10

5.5.5　风管与法兰焊接应符合下列规定：

1　法兰端面应垂直于风管轴线。直径或边长大于500mm的风管与法兰的连接处，宜均匀设置三角支撑加强板，加强板间距不应大于450mm。

2　焊接的热风温度、焊条、焊枪喷嘴直径及焊缝形式应满足焊接要求。

3　焊缝形式宜采用对接焊接、搭接焊接、填角或对角焊接。焊接前，应按表5.5.5-1的规定进行坡口加工，并应清理焊接部位的油污、灰尘等杂质。

表5.5.5-1　硬聚氯乙烯板焊缝形式和坡口尺寸及使用范围

焊缝形式	图形	焊缝高度（mm）	板材厚度（mm）	坡口角度 α（°）	使用范围
V形对接焊缝		2~3	3~5	70~90	单面焊的风管
X形对接焊缝		2~3	≥5	70~90	风管法兰及厚板的拼接
搭接焊缝		≥最小板厚	3~10	—	风管和配件的加固
角焊缝（无坡口）		2~3	6~18	—	
		≥最小板厚	≥3	—	风管配件的角部焊接
V形单面角焊缝		2~3	3~8	70~90	风管的角部焊接
V形双面角焊缝		2~3	6~15	70~90	厚壁风管的角部焊接

4　焊接时，焊条应垂直于焊缝平面，不应向后或向前倾斜，并应施加一定压力，使被加热的焊条与板材粘合紧密。焊枪喷嘴应沿焊缝方向均匀摆动，喷嘴距焊缝表面应保持5mm~6mm的距离。喷嘴的倾角应根据被焊板材的厚度按表5.5.5-2的规定选择。

表5.5.5-2　焊枪喷嘴倾角的选择

板厚（mm）	≤5	5~10	>10
倾角（°）	15~20	25~30	30~45

5　焊条在焊缝中断裂时，应采用加热后的小刀把留在焊缝内的焊条断头修成斜面后，再从切断处继续焊接。焊接完成后，应采用加热后的小刀切断焊条，不应用手拉断。焊接应逐渐冷却。

6　法兰与风管焊接后，凸出法兰平面的部分应刨平。

5.5.6　风管加固宜采用外加固框形式，加固框的设置应符合表5.5.6的规定，并应采用焊接将同材质加固框与风管紧固。

表 5.5.6 硬聚氯乙烯风管加固框规格（mm）

圆 形				矩 形			
风管直径 D	管壁厚度	加固框		风管长边尺寸 b	管壁厚度	加固框	
		规格（宽×厚）	间距			规格（宽×厚）	间距
D≤320	3	—	—	b≤320	3	—	—
320<D≤500	4	—	—	320<b≤400	4	—	—
500<D≤630	4	40×8	800	400<b≤500	4	35×8	800
630<D≤800	5	40×8	800	500<b≤800	5	40×8	800
800<D≤1000	5	45×10	800	800<b≤1000	6	45×10	400
1000<D≤1400	6	45×10	800	1000<b≤1250	6	45×10	400
1400<D≤1600	6	50×12	400	1250<b≤1600	8	50×12	400
1600<D≤2000	6	60×12	400	1600<b≤2000	8	60×15	400

5.5.7 风管直管段连续长度大于 20m 时，应按设计要求设置伸缩节（图 5.5.7-1）或软接头（图 5.5.7-2）。

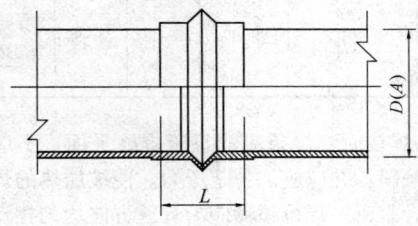

图 5.5.7-1 伸缩节示意

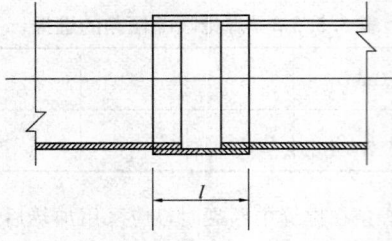

图 5.5.7-2 软接头示意

5.6 质 量 检 查

5.6.1 聚氨酯铝箔、酚醛铝箔、玻璃纤维复合风管及配件制作可按表 5.6.1 进行质量检查。

表 5.6.1 聚氨酯铝箔、酚醛铝箔、玻璃纤维复合风管及配件制作质量检查

序号	主要检查内容	检查方法	判定标准
1	风管材料品种、规格、性能等参数	查验材料质量证明文件、性能检测报告、尺量、观察检查	符合设计要求
2	外观质量	尺量、观察检查	折角应平直，两端面平行，风管无明显扭曲；风管内角缝均采用密封胶密封，外角缝铝箔断处采用铝箔胶带封贴；外覆面层没有破损
3	风管与配件尺寸	尺量检查	符合本规范表 5.1.6 的规定
4	风管两端连接口制作	观察检查	玻璃纤维复合风管采用承插阶梯粘接形式时，其承插口应符合本规范第 5.3.2 条的规定；复合风管采用插接或法兰连接时，其插接连件或法兰材质、规格应符合本规范表 5.1.4 的规定；连接应牢固可靠，其绝热层不应外露
5	加固与导流叶片安装	尺量、观察检查	聚氨酯铝箔和酚醛铝箔复合风管加固应符合本规范第 5.2.5 条的规定；玻璃纤维复合风管加固应符合本规范第 5.3.5 条的规定

5.6.2 玻镁复合风管与配件制作可按表 5.6.2 进行质量检查。

表 5.6.2 玻镁复合风管与配件制作质量检查

序号	主要检查内容	检查方法	判定标准
1	风管材料品种、规格、性能等参数	查验材料质量证明文件、性能检测报告、尺量、观察检查	符合设计要求
2	外观质量	尺量、观察检查	玻镁复合板应无分层、裂纹、变形等现象；折角应平直；两端面平行，风管无明显扭曲；外覆面层无破损
3	风管与配件尺寸	尺量检查	符合本规范表 5.1.6 的规定
4	加固与导流叶片安装	尺量、观察检查	符合本规范第 5.4.5 条的规定
5	伸缩节的制作	尺量、观察检查	符合本规范第 5.4.6 条的规定

5.6.3 硬聚氯乙烯风管与配件制作可按表 5.6.3 进行质量检查。

表 5.6.3 硬聚氯乙烯风管与配件制作质量检查

序号	主要检查内容	检查方法	判定标准
1	风管材料品种、规格、性能参数	查验材料质量证明文件、性能检测报告，尺量、观察检查	符合设计要求
2	外观质量要求	尺量、观察检查	风管两端面应平行，无明显扭曲；煨角圆弧应均匀，焊缝应饱满，焊条排列应整齐，无焦黄、断裂现象；焊缝形式符合本规范表 5.5.5-1 的规定
3	风管与配件尺寸	尺量检查	符合本规范表 5.1.6 的规定；法兰规格符合本规范表 5.5.4-1 和表 5.5.4-2 的规定
4	加固	尺量、观察检查	符合本规范第 5.5.6 条的规定
5	伸缩节或软接头制作	尺量、观察检查	符合本规范第 5.5.7 条的规定

6 风阀与部件制作

6.1 一 般 规 定

6.1.1 制作风阀与部件的材料应符合设计及相关技术文件的要求。

6.1.2 选用的成品风阀及部件应具有合格的质量证明文件。

6.2 风 阀

6.2.1 成品风阀质量应符合下列规定：

　　1 风阀规格应符合产品技术标准的规定，并应满足设计和使用要求；

　　2 风阀应启闭灵活，结构牢固，壳体严密，防腐良好，表面平整，无明显伤痕和变形，并不应有裂纹、锈蚀等质量缺陷；

　　3 风阀内的转动部件应为耐磨、耐腐蚀材料，转动机构灵活，制动及定位装置可靠；

　　4 风阀法兰与风管法兰应相匹配。

6.2.2 手动调节阀应以顺时针方向转动为关闭，调节开度指示应与叶片开度相一致，叶片的搭接应贴合整齐，叶片与阀体的间隙应小于 2mm。

6.2.3 电动、气动调节风阀应进行驱动装置的动作试验，试验结果应符合产品技术文件的要求，并应在最大设计工作压力下工作正常。

6.2.4 防火阀和排烟阀（排烟口）应符合国家现行

有关消防产品技术标准的规定。执行机构应进行动作试验，试验结果应符合产品说明书的要求。

6.2.5 止回风阀应检查其构件是否齐全，并应进行最大设计工作压力下的强度试验，在关闭状态下阀片不变形，严密不漏风；水平安装的止回风阀应有可靠的平衡调节机构。

6.2.6 插板风阀的插板应平整，并应有可靠的定位固定装置；斜插板风阀的上下接管应成一直线。

6.2.7 三通调节风阀手柄开关应标明调节的角度；阀板应调节方便，且不与风管相碰擦。

6.3 风罩与风帽

6.3.1 风罩与风帽制作时，应根据其形式和使用要求，按施工图对所选用材料放样后，进行下料加工，可采用咬口连接、焊接等连接方式，制作方法可按本规范第 4 章的有关规定执行。

6.3.2 现场制作的风罩尺寸及构造应满足设计及相关产品技术文件要求，并应符合下列规定：

　　1 风罩应结构牢固，形状规则，内外表面平整、光滑，外壳无尖锐边角；

　　2 厨房锅灶的排烟罩下部应设置集水槽；用于排出蒸汽或其他潮湿气体的伞形罩，在罩口内侧也应设置排出凝结液体的集水槽；集水槽应进行通水试验，排水畅通，不渗漏；

　　3 槽边侧吸罩、条缝抽风罩的吸入口应平整，转角处应弧度均匀，罩口加强板的分隔间距应一致；

　　4 厨房锅灶排烟罩的油烟过滤器应便于拆卸和清洗。

6.3.3 现场制作的风帽尺寸及构造应满足设计及相关技术文件的要求，风帽应结构牢固，内、外形状规则，表面平整，并应符合下列规定：

　　1 伞形风帽的伞盖边缘应进行加固，支撑高度一致；

　　2 锥形风帽锥体组合的连接缝应顺水，保证下部排水畅通；

　　3 筒形风帽外筒体的上下沿口应加固，伞盖边缘与外筒体的距离应一致，挡风圈的位置应正确；

　　4 三叉形风帽支管与主管的连接应严密，夹角一致。

6.4 风 口

6.4.1 成品风口应结构牢固，外表面平整，叶片分布均匀，颜色一致，无划痕和变形，符合产品技术标准的规定。表面应经过防腐处理，并应满足设计及使用要求。风口的转动调节部分应灵活、可靠，定位后应无松动现象。

6.4.2 百叶风口叶片两端轴的中心应在同一直线上，叶片平直，与边框无碰擦。

6.4.3 散流器的扩散环和调节环应同轴，轴向环片间距应分布均匀。

6.4.4 孔板风口的孔口不应有毛刺，孔径一致，孔距均匀，并应符合设计要求。

6.4.5 旋转式风口活动件应轻便灵活，与固定框接合严密，叶片角度调节范围应符合设计要求。

6.4.6 球形风口内外球面间的配合应松紧适度、转动自如、定位后无松动。

6.5 消声器、消声风管、消声弯头及消声静压箱

6.5.1 消声器、消声风管、消声弯头及消声静压箱的制作应符合设计要求，根据不同的形式放样下料，宜采用机械加工。

6.5.2 外壳及框架结构制作应符合下列规定：

1 框架应牢固，壳体不漏风；框、内盖板、隔板、法兰制作及铆接、咬口连接、焊接等可按本规范第 4 章的有关规定执行；内外尺寸应准确，连接应牢固，其外壳不应有锐边。

2 金属穿孔板的孔径和穿孔率应符合设计要求。穿孔板孔口的毛刺应锉平，避免将覆面织布划破。

3 消声片单体安装时，应排列规则，上下两端应装有固定消声片的框架，框架应固定牢固，不应松动。

6.5.3 消声材料应具备防腐、防潮功能，其卫生性能、密度、导热系数、燃烧等级应符合国家有关技术标准的规定。消声材料应按设计及相关技术文件要求的单位密度均匀敷设，需粘贴的部分应按规定的厚度粘贴牢固，拼缝密实，表面平整。

6.5.4 消声材料填充后，应采用透气的覆面材料覆盖。覆面材料的拼接应顺气流方向、拼缝密实、表面平整、拉紧，不应有凹凸不平。

6.5.5 消声器、消声风管、消声弯头及消声静压箱的内外金属构件表面应进行防腐处理，表面平整。

6.5.6 消声器、消声风管、消声弯头及消声静压箱制作完成后，应进行规格、方向标识，并通过专业检测。

6.6 软 接 风 管

6.6.1 软接风管包括柔性短管和柔性风管，软接风管接缝连接处应严密。

6.6.2 软接风管材料的选用应满足设计要求，并应符合下列规定：

1 应采用防腐、防潮、不透气、不易霉变的柔性材料；

2 软接风管材料与胶粘剂的防火性能应满足设计要求；

3 用于空调系统时，应采取防止结露的措施，外保温软管应包覆防潮层；

4 用于洁净空调系统时，应不易产尘、不透气、内壁光滑。

6.6.3 柔性短管制作应符合下列规定：

1 柔性短管的长度宜为 150mm～300mm，应无开裂、扭曲现象。

2 柔性短管不应制作成变径管，柔性短管两端面形状应大小一致，两侧法兰应平行。

3 柔性短管与角钢法兰组装时，可采用条形镀锌钢板压条的方式，通过铆接连接（图 6.6.3）。压条翻边宜为 6mm～9mm，紧贴法兰，铆接平顺；铆钉间距宜为 60mm～80mm。

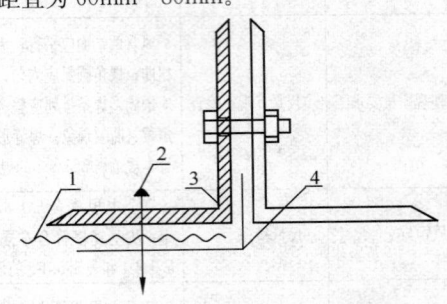

图 6.6.3 柔性短管与角钢法兰连接示意
1—柔性短管；2—铆钉；3—角钢法兰；
4—镀锌钢板压条

4 柔性短管的法兰规格应与风管的法兰规格相同。

6.6.4 柔性风管的截面尺寸、壁厚、长度等应符合设计及相关技术文件的要求。

6.7 过 滤 器

6.7.1 成品过滤器应根据使用功能要求选用。过滤器的规格及材质应符合设计要求；过滤器的过滤速度、过滤效率、阻力和容尘量等应符合设计及产品技术文件要求；框架与过滤材料应连接紧密、牢固，并应标注气流方向。

6.8 风管内加热器

6.8.1 加热器的加热形式、加热管用电参数、加热量等应符合设计要求。

6.8.2 加热器的外框应结构牢固、尺寸正确，与加热管连接应牢固，无松动。

6.8.3 加热器进场应进行测试，加热管与框架之间应绝缘良好，接线正确。

6.9 质 量 检 查

6.9.1 风阀可按表 6.9.1 进行质量检查。

表 6.9.1 风阀质量检查

序号	主要检查内容	检查方法	判定标准
1	风阀材质	对照施工图和产品技术标准	符合设计要求

序号	主要检查内容	检查方法	判定标准
2	手动调节阀调节是否灵活	扳动手轮或扳手	应以顺时针方向转动为关闭,其调节范围及开启角度指示应与叶片开启角度相一致
3	电动、气动调节风阀的驱动装置	测试	动作应可靠,在最大设计工作压力下工作正常
4	防火阀和排烟阀(排烟口)的防火性能	核查	应符合有关消防产品技术标准的规定,并具有相应的产品质量证明文件
5	止回风阀	测试	止回风阀应进行最大设计工作压力下的强度试验,在关闭状态下阀片不变形,严密不漏风
6	设计工作压力大于1000Pa的调节风阀的强度试验	核查检测报告	调节灵活,壳体不变形

6.9.2 风罩与风帽可按表6.9.2进行质量检查。

表 6.9.2 风罩与风帽质量检查

序号	主要检查内容	检查方法	判定标准
1	材质	对照施工图	符合设计要求
2	外形尺寸及配置	核查	风罩、风帽尺寸正确,连接牢固,形状规则,表面平整光滑,外壳不应有尖锐边角;配置附件满足使用功能要求

6.9.3 风口可按表6.9.3进行质量检查。

表 6.9.3 风口质量检查

序号	主要检查内容	检查方法	判定标准
1	外观	观察检查	风口的外装饰面应平整,叶片或扩散环的分布应匀称,颜色应一致,无明显的划伤和压痕,焊点应光滑牢固
2	机械性能	手动检查	风口的活动零件动作自如、阻尼均匀,无卡死和松动。导流片可调或可拆卸的部分,应调节、拆卸方便和可靠,定位后无松动
3	调节装置	手动试验	转动应灵活、可靠,定位后应无明显自由松动
4	风口尺寸	尺量	符合《通风与空调工程施工质量验收规范》GB 50243 的要求

6.9.4 消声器可按表6.9.4进行质量检查。

表 6.9.4 消声器质量检查

序号	主要检查内容	检查方法	判定标准
1	外形尺寸	对照施工图	制作尺寸准确,框架与外壳连接牢固,内贴覆面固定牢固,外壳不应有锐边
2	性能	核查	应有产品质量证明文件,其性能满足设计及产品技术标准的要求
3	标识	观察	出厂产品应有规格、型号、尺寸、方向的标识
4	内部构造	观察	消声弯头的平面边长大于800mm时,应加设吸声导流叶片;消声器内直接迎风面布置的覆面层应有保护措施;洁净空调系统消声器内的覆面应为不易产尘的材料

6.9.5 软接风管可按表6.9.5进行质量检查。

表 6.9.5 软接风管质量检查

序号	主要检查内容	检查方法	判定标准
1	材质	观察,检查材质检测报告	防腐、防潮、不透气、不易霉变,防火性能同该系统风管要求;用于洁净空调系统的材料应不易产尘、不透气、内壁光滑;用于空调系统时,应采取防止结露的措施
2	外观尺寸	观察	柔性短管长度为150mm~300mm,无开裂、无扭曲、无变径
3	制作情况	观察	柔性材料搭接宽度20mm~30mm,缝制或粘接严密、牢固
4	与法兰的连接	观察、尺量	压条材质为镀锌钢板,翻边尺寸符合要求,铆钉间距为(60~80)mm,与法兰连接处应严密、牢固可靠

6.9.6 过滤器可按表6.9.6进行质量检查。

表 6.9.6 过滤器质量检查

序号	主要检查内容	检查方法	判定标准
1	材质	观察	符合设计要求
2	性能	核查	核查检测报告，过滤精度、过滤效率、过滤材料、风量、滤芯材质、表面处理等性能应符合设计及相关技术文件要求
3	框架	观察、尺量	尺寸应正确，框架与过滤材料连接紧密、牢固，标识清楚

6.9.7 风管内加热器可按表 6.9.7 进行质量检查。

表 6.9.7 风管内加热器质量检查

序号	主要检查内容	检查方法	判定标准
1	材质	观察	符合设计及相关技术文件的要求
2	用电参数、加热量	观察	符合设计要求
3	接线情况	观察	加热管与框架之间经测试绝缘良好，接线正确，符合有关电气安全标准的规定

7 支吊架制作与安装

7.1 一般规定

7.1.1 支、吊架的固定方式及配件的使用应满足设计要求，并应符合下列规定：

1 支、吊架应满足其承重要求；

2 支、吊架应固定在可靠的建筑结构上，不应影响结构安全；

3 严禁将支、吊架焊接在承重结构及屋架的钢筋上；

4 埋设支架的水泥砂浆应在达到强度后，再搁置管道。

7.1.2 支、吊架的预埋件位置应正确、牢固可靠，埋入结构部分应除锈、除油污，并不应涂漆，外露部分应做防腐处理。

7.1.3 空调风管和冷热水管的支、吊架选用的绝热衬垫应满足设计要求，并应符合下列规定：

1 绝热衬垫厚度不应小于管道绝热层厚度，宽度应大于支、吊架支承面宽度，衬垫应完整，与绝热

材料之间应密实、无空隙；

2 绝热衬垫应满足其承压能力，安装后不变形；

3 采用木质材料作为绝热衬垫时，应进行防腐处理；

4 绝热衬垫应形状规则，表面平整，无缺损。

7.1.4 支、吊架制作与安装的成品保护措施应包括下列内容：

1 支、吊架制作完成后，应用钢刷、砂布进行除锈，并应清除表面污物，再进行刷漆处理；

2 支、吊架明装时，应涂面漆；

3 管道成品支、吊架应分类单独存放，做好标识。

7.1.5 支、吊架制作与安装的安全和环境保护措施应包括下列内容：

1 支、吊架安装进行电锤操作时，严禁下方站人；

2 安装支、吊架用的梯子应完好、轻便、结实、稳固，使用时应有人扶持；

3 脚手架应固定牢固，作业前应检查脚手板的固定。

7.2 支吊架制作

7.2.1 支、吊架制作前应具备下列施工条件：

1 支、吊架的形式及制作方法已明确，采用的技术标准和质量控制措施文件齐全；

2 加工场地环境满足作业条件要求；

3 型钢及附属材料进场检验合格；

4 加工机具准备齐备，满足制作要求。

7.2.2 支、吊架制作应按下列工序（图 7.2.2）进行。

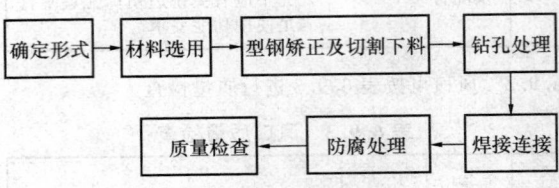

图 7.2.2 支、吊架制作工序

7.2.3 支、吊架形式应根据建筑物结构和固定位置确定，并应符合设计要求。

7.2.4 支、吊架的型钢材料选用应符合下列规定：

1 风管支、吊架的型钢材料应按风管、部件、设备的规格和重量选用，并应符合设计要求。当设计无要求时，在最大允许安装间距下，风管吊架的型钢规格应符合表7.2.4-1、表7.2.4-2、表7.2.4-3、表7.2.4-4 的规定。

2 水管支、吊架的型钢材料应按水管、附件、设备的规格和重量选用，并应符合设计要求。当设计无要求时，应符合表7.2.4-5 的规定。

表 7.2.4-1　水平安装金属矩形风管的吊架型钢最小规格（mm）

风管长边尺寸 b	吊杆直径	吊架规格	
		角钢	槽钢
b≤400	φ8	∟25×3	[50×37×4.5
400<b≤1250	φ8	∟30×3	[50×37×4.5
1250<b≤2000	φ10	∟40×4	[50×37×4.5 [63×40×4.8
2000<b≤2500	φ10	∟50×5	

表 7.2.4-2　水平安装金属圆形风管的吊架型钢最小规格（mm）

风管直径 D	吊杆直径	抱箍规格		角钢横担
		钢丝	扁钢	
D≤250	φ8	φ2.8	25×0.75	—
250<D≤450	φ8	*φ2.8 或 φ5	25×0.75	—
450<D≤630	φ8	*φ3.6		—
630<D≤900	φ8	*φ3.6	25×1.0	
900<D≤1250	φ10	—	25×1.0	
1250<D≤1600	*φ10		*25×1.5	∟40×4
1600<D≤2000	*φ10		*25×2.0	

注：1　吊杆直径中的"*"表示两根圆钢；
　　2　钢丝抱箍中的"*"表示两根钢丝合用；
　　3　扁钢中的"*"表示上、下两个半圆弧。

表 7.2.4-3　水平安装非金属与复合风管的吊架横担型钢最小规格（mm）

风管类别	角钢或槽钢横担				
	∟25×3 [50×37×4.5	∟30×3 [50×37×4.5	∟40×4 [50×37×4.5	∟50×5 [63×40×4.8	∟63×5 [80×43×5.0
非金属风管 无机玻璃钢风管	b≤630	—	b≤1000	b≤1500	b≤2000
非金属风管 硬聚氯乙烯风管	b≤630		b≤1000	b≤2000	b>2000
复合风管 酚醛铝箔复合风管	b≤630	630<b≤1250	b>1250	—	—
复合风管 聚氨酯铝箔复合风管	b≤630	630<b≤1250	b>1250	—	—
复合风管 玻璃纤维复合风管	b≤450	450<b≤1000	1000<b≤2000	—	
复合风管 玻镁复合风管	b≤630	b≤1000	b≤1500	b≤2000	

表 7.2.4-4　水平安装非金属与复合风管的吊架吊杆型钢最小规格（mm）

风管类别	吊杆直径			
	φ6	φ8	φ10	φ12
非金属风管 无机玻璃钢风管	—	b≤1250	1250<b≤2500	b>2500
非金属风管 硬聚氯乙烯风管	—	b≤1250	1250<b≤2500	b>2500
复合风管 聚氨酯复合风管	b≤1250	1250<b≤2000		
复合风管 酚醛铝箔复合风管	b≤800	800<b≤2000		
复合风管 玻璃纤维复合风管	b≤600	600<b≤2000		
复合风管 玻镁复合风管		b≤1250	1250<b≤2500	b>2500

注：b为风管内边长。

表 7.2.4-5　水平管道支吊架的型钢最小规格（mm）

公称直径	横担角钢	横担槽钢	加固角钢或槽钢（斜支撑型）	膨胀螺栓	吊杆直径	吊环、抱箍
25	∟20×3	—	—	M8	φ6	30×2扁钢或 φ10圆钢
32	∟20×3	—	—	M8	φ6	
40	∟20×3	—	—	M10	φ8	
50	∟25×4	—	—	M10	φ8	40×3扁钢或 φ12圆钢
65	∟36×4	—	—	M14	φ8	
80	∟36×4	—	—	M14	φ10	
100	∟45×4	[50×37×4.5	—	M16	φ10	50×3扁钢或 φ16圆钢
125	∟50×5	[50×37×4.5	—	M16	φ12	
150	∟63×5	[63×40×4.8	—	M18	φ12	
200	—	[63×40×4.8	*∟45×4 或 [63×40×4.8	M18	φ16	50×4扁钢 或 φ18圆钢
250	—	[100×48×5.3	*∟45×4 或 [63×40×4.8	M20	φ18	60×5扁钢或 φ20圆钢
300	—	[126×53×5.5	*∟45×4 或 [63×40×4.8	M20	φ22	60×5扁钢或 φ20圆钢

注：表中"*"表示两个角钢加固件。

7.2.5　支、吊架制作前，应对型钢进行矫正。型钢宜采用机械切割，切割边缘处应进行打磨处理。型钢切割下料应符合下列规定：

1　型钢斜支撑、悬臂型钢支架栽入墙体部分应采用燕尾形式，栽入部分不应小于120mm；

2　横担长度应预留管道及保温宽度（图7.2.5-1和图7.2.5-2）；

3　有绝热层的吊环，应按保温厚度计算；采用扁钢或圆钢制作吊环时，螺栓孔中心线应一致，并应与大圆环垂直；

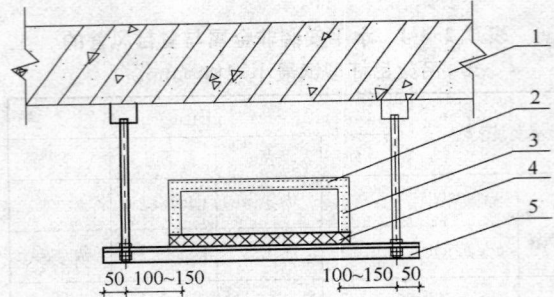

图 7.2.5-1 风管横担预留长度示意

1—楼板;2—风管;3—保温层;4—隔热木托;5—横担

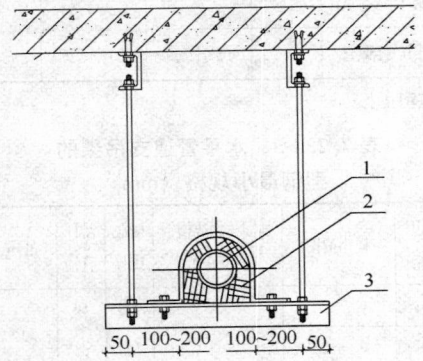

图 7.2.5-2 水管横担预留长度示意

1—水管;2—隔热木托;3—横担

4 吊杆的长度应按实际尺寸确定,并应满足在允许范围内的调节余量;

5 柔性风管的吊环宽度应大于 25mm,圆弧长应大于 1/2 周长,并应与风管贴合紧密(图 7.2.5-3)。

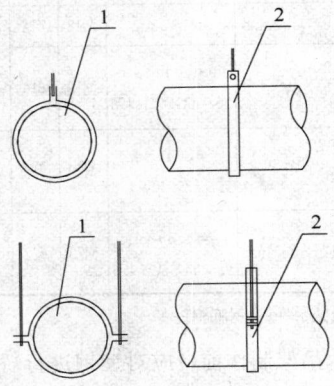

图 7.2.5-3 柔性风管吊环安装

1—风管;2—吊环或抱箍

7.2.6 型钢应采用机械开孔,开孔尺寸应与螺栓相匹配。

7.2.7 采用圆钢制作 U 形卡时,应采用圆板牙扳手在圆钢的两端套出螺纹,活动支架上的 U 形卡可一头套丝,螺纹的长度宜套上固定螺母后留出 2 扣~

3 扣。

7.2.8 支、吊架焊接应采用角焊缝满焊,焊缝高度应与较薄焊接件厚度相同,焊缝饱满、均匀,不应出现漏焊、夹渣、裂纹、咬肉等现象。采用圆钢吊杆时,与吊架根部焊接长度应大于 6 倍的吊杆直径。

7.2.9 支、吊架防腐处理应按本规范第 13 章的有关规定执行。

7.3 支吊架安装

7.3.1 支、吊架安装前应具备下列施工条件:

1 支、吊架安装前,应对照施工图核对现场。支、吊架安装施工方案已批准,专项技术交底已完成。

2 固定材料、垫料、焊接材料、减振装置和成品支、吊架以及制作完成的支、吊架等满足施工要求。

3 支、吊架安装现场环境满足作业条件要求。

4 支、吊架安装的机具已准备齐备,满足安装要求。

7.3.2 支、吊架安装应按照下列工序(图 7.3.2)进行。

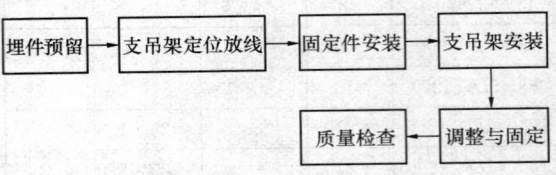

图 7.3.2 支、吊架安装工序

7.3.3 预埋件形式、规格及位置应符合设计要求,并应与结构浇筑为一体。

7.3.4 支、吊架定位放线时,应按施工图中管道、设备等的安装位置,弹出支、吊架的中心线,确定支、吊架的安装位置。严禁将管道穿墙套管作为管道支架。支、吊架的最大允许间距应满足设计要求,并应符合下列规定:

1 金属风管(含保温)水平安装时,支、吊架的最大间距应符合表 7.3.4-1 规定。

表 7.3.4-1 水平安装金属风管支吊架的
最大间距(mm)

风管边长 b 或直径 D	矩形风管	圆形风管	
		纵向咬口风管	螺旋咬口风管
≤400	4000	4000	5000
>400	3000	3000	3750

注:薄钢板法兰、C 形、S 形插条连接风管的支、吊架间距不应大于 3000mm。

2 非金属与复合风管水平安装时,支、吊架的最大间距应符合表 7.3.4-2 规定。

表 7.3.4-2 水平安装非金属与复合风管
支吊架的最大间距（mm）

风管类别		风管边长 *b*						
		≤400	≤450	≤800	≤1000	≤1500	≤1600	≤2000
		支、吊架最大间距						
非金属风管	无机玻璃钢风管	4000		3000		2500		2000
	硬聚氯乙烯风管	4000		3000				
复合风管	聚氨酯铝箔复合风管	4000		3000				
	酚醛铝箔复合风管	2000				1500		1000
	玻璃纤维复合风管	2400			2200			1800
	玻镁复合风管	4000		3000		2500		2000

注：边长大于2000mm的风管可参考边长为2000mm风管。

3 钢管水平安装时，支、吊架的最大间距应符合表7.3.4-3的规定。

表 7.3.4-3 钢管支吊架的最大间距

公称直径 (mm)	15	20	25	32	40	50	70	80	100	125	150	200	250	300
支架的最大间距 (m) L_1	1.5	2.0	2.5	2.5	3.0	3.5	4.0	5.0	5.0	5.5	6.5	7.5	8.5	9.5
L_2	2.5	3.0	3.5	4.0	4.5	5.0	6.0	6.5	6.5	7.5	7.5	9.0	9.5	10.5
	管径大于300mm的管道可参考管径为300mm管道													

注：1 适用于设计工作压力不大于2.0MPa，非绝热或绝热材料密度不大于 200kg/m³ 的管道系统；
　　2 L_1 用于绝热管道，L_2 为非绝热管道。

4 管道采用沟槽连接水平安装时，支、吊架的最大间距应符合表7.3.4-4的规定。

表 7.3.4-4 沟槽连接管道支吊架允许最大间距

公称直径 (mm)	50	70	80	100	125	150	200	250	300	350	400
间距 (m)	3.6			4.2			4.8			5.4	

注：支、吊架不应支承在连接头上，水平管的任意两个连接头之间应有支、吊架。

5 铜管支、吊架的最大间距应符合表7.3.4-5的规定。

表 7.3.4-5 铜管道支吊架的最大间距

公称直径 (mm)	15	20	25	32	40	50	65	80	100	125	150	200
支、吊架的最大间距 (m) 垂直管道	1.8	2.4	2.4	3.0	3.0	3.0	3.5	3.5	3.5	4.0	4.0	4.0
水平管道	1.2	1.8	1.8	2.4	2.4	2.4	3.0	3.0	3.0	3.5	3.5	3.5

6 塑料管及复合管道支、吊架的最大间距应符合表7.3.4-6的规定。

表 7.3.4-6 塑料管及复合管道支吊架的最大间距

管径 (mm)		12	14	16	18	20	25	32	40	50	63	75	90	110
支、吊架的最大间距 (m)	立管	0.5	0.6	0.7	0.8	0.9	1.0	1.1	1.3	1.6	1.8	2.0	2.2	2.4
	水平管 冷水管	0.4	0.4	0.5	0.5	0.6	0.7	0.8	0.9	1.0	1.1	1.2	1.35	1.55
	水平管 热水管	0.2	0.2	0.25	0.3	0.3	0.35	0.4	0.5	0.6	0.7	0.8	—	—

7 垂直安装的风管和水管支架的最大间距应符合表7.3.4-7的规定。

表 7.3.4-7 垂直安装风管和水管
支架的最大间距（mm）

管道类别		最大间距	支架最少数量
金属风管	钢板、镀锌钢板、不锈钢板、铝板	4000	单根直管不少于2个
复合风管	聚氨酯铝箔复合风管	2400	
	酚醛铝箔复合风管		
	玻璃纤维复合风管	1200	
	玻镁复合风管	3000	
非金属风管	无机玻璃钢风管		
	硬聚氯乙烯风管		
金属水管	钢管、钢塑复合管	楼层高度小于或等于5m时，每层应安装1个；楼层高度大于5m时，每层不应少于2个	

8 柔性风管支、吊架的最大间距宜小于1500mm。

7.3.5 支、吊架的固定件安装应符合下列规定：

1 采用膨胀螺栓固定支、吊架时，应符合膨胀螺栓使用技术条件的规定，螺栓至混凝土构件边缘的距离不应小于8倍的螺栓直径；螺栓间距不小于10倍的螺栓直径。螺栓孔直径和钻孔深度应符合表7.3.5的规定。

表 7.3.5 常用膨胀螺栓规格、钻孔直径和
钻孔深度（mm）

膨胀螺栓种类	图示	规格	螺栓总长	钻孔直径	钻孔深度
内螺纹膨胀螺栓		M6	25	8	32~42
		M8	30	10	42~52
		M10	40	12	43~53
		M12	50	15	54~64
单胀管式膨胀螺栓		M8	95	10	65~75
		M10	110	12	75~85
		M12	125	18.5	80~90
双胀管式膨胀螺栓		M12	125	18.5	80~90
		M16	155	23	110~120

2 支、吊架与预埋件焊接时，焊接应牢固，不应出现漏焊、夹渣、裂纹、咬肉等现象。

3 在钢结构上设置固定件时，钢梁下翼宜安装钢梁夹或钢吊夹，预留螺栓连接点、专用吊架型钢；吊架应与钢结构固定牢固，并应不影响钢结构安全。

7.3.6 风管系统支、吊架的安装应符合下列规定：

1 风机、空调机组、风机盘管等设备的支、吊架应按设计要求设置隔振器，其品种、规格应符合设计及产品技术文件要求。

2 支、吊架不应设置在风口、检查口处以及阀门、自控机构的操作部位，且距风口不应小于 200mm。

3 圆形风管 U 形管卡圆弧应均匀，且应与风管外径相一致。

4 支、吊架距风管末端不应大于 1000mm，距水平弯头的起弯点间距不应大于 500mm，设在支管上的支吊架距干管不应大于 1200mm。

5 吊杆与吊架根部连接应牢固。吊杆采用螺纹连接时，拧入连接螺母的螺纹长度应大于吊杆直径，并应有防松动措施。吊杆应平直，螺纹完整、光洁。安装后，吊架的受力应均匀，无变形。

6 边长（直径）大于或等于 630mm 的防火阀宜设独立的支、吊架；水平安装的边长（直径）大于 200mm 的风阀等部件与非金属风管连接时，应单独设置支、吊架。

7 水平安装的复合风管与支、吊架接触面的两端，应设置厚度大于或等于 1.0mm，宽度宜为 60mm～80mm，长度宜为 100mm～120mm 的镀锌角形垫片。

8 垂直安装的非金属与复合风管，可采用角钢或槽钢加工成"井"字形抱箍作为支架。支架安装时，风管内壁应衬镀锌金属内套，并应采用镀锌螺栓穿过管壁将抱箍与内套固定。螺孔间距不应大于 120mm，螺母应位于风管外侧。螺栓穿过的管壁处应进行密封处理。

9 消声弯头或边长（直径）大于 1250mm 的弯头、三通等应设置独立的支、吊架。

10 长度超过 20m 的水平悬吊风管，应设置至少 1 个防晃支架。

11 不锈钢板、铝板风管与碳素钢支、吊架的接触处，应采取防电化学腐蚀措施。

7.3.7 水管系统支、吊架的安装应符合下列规定：

1 设有补偿器的管道应设置固定支架和导向支架，其形式和位置应符合设计要求。

2 支、吊架安装应平整、牢固，与管道接触紧密。支、吊架与管道焊缝的距离应大于 100mm。

3 管道与设备连接处，应设独立的支、吊架，并应有减振措施。

4 水平管道采用单杆吊架时，应在管道起始点、阀门、弯头、三通部位及长度在 15m 内的直管段上设置防晃支、吊架。

5 无热位移的管道吊架，其吊杆应垂直安装；有热位移的管道吊架，其吊架应向热膨胀或冷收缩的反方向偏移安装，偏移量为 1/2 的膨胀值或收缩值。

6 塑料管道与金属支、吊架之间应有柔性垫料。

7 沟槽连接的管道，水平管道接头和管件两侧应设置支吊架，支、吊架与接头的间距不宜小于 150mm，且不宜大于 300mm。

7.3.8 制冷剂系统管道支、吊架的安装应符合下列规定：

1 与设备连接的管道应设独立的支、吊架；

2 管径小于或等于 20mm 的铜管道，在阀门处应设置支、吊架；

3 不锈钢管、铜管与碳素钢支、吊架接触处应采取防电化学腐蚀措施。

7.3.9 支、吊架安装后，应按管道坡向对支、吊架进行调整和固定，支、吊架纵向应顺直、美观。

7.4 装配式管道吊架安装

7.4.1 装配式管道吊架应按设计要求及相关技术标准选用。装配式管道吊架进行综合排布安装时，吊架的组合方式应根据组合管道数量、承载负荷进行综合选配，并应单独绘制施工图，经原设计单位签字确认后，再进行安装。

7.4.2 装配式管道吊架安装应符合下列规定：

1 吊架安装位置及间距应符合设计要求，并应固定牢靠；

2 采用膨胀螺栓固定时，螺栓规格应符合产品技术文件的要求，并应进行拉拔试验；

3 装配式管道吊架各配件的连接应牢固，并应有防松动措施。

7.5 质 量 检 查

7.5.1 支吊架制作可按表 7.5.1 进行质量检查。

表 7.5.1 支吊架制作质量检查

序号	主要检查内容	检查方法	判定标准
1	支、吊架材质的选型、规格和强度	目测，查验材料质量证明文件	符合本规范第 7.2.4 条的规定
2	支、吊架的焊接	目测	焊接牢固，焊缝饱满，无夹渣
3	支、吊架的防腐	目测	防锈漆涂刷均匀，无漏刷

7.5.2 支吊架安装可按表 7.5.2 进行质量检查。

表 7.5.2　支吊架安装质量检查

序号	主要检查内容	检查方法	判定标准
1	固定支架、导向支架安装	目测，尺量，按设置区域检查	符合设计要求
2	支、吊架设置间距	目测、尺量	符合本规范第 7.3.4 条的规定
3	固定件安装	观察检查	符合本规范第 7.3.5 条的规定
4	支、吊架安装	目测、尺量	符合本规范第 7.3.6 条、7.3.7条的规定

8　风管与部件安装

8.1　一　般　规　定

8.1.1　风管与部件安装前应具备下列施工条件：

　　1　安装方案已批准，采用的技术标准和质量控制措施文件齐全；

　　2　风管及附属材料进场检验已合格，满足安装要求；

　　3　施工部位环境满足作业条件；

　　4　风管的安装坐标、标高、走向已经过技术复核，并应符合设计要求；

　　5　安装施工机具已齐备，满足安装要求；

　　6　核查建筑结构的预留孔洞位置，孔洞尺寸应满足套管及管道不间断保温的要求。

8.1.2　风管穿过需要封闭的防火、防爆的楼板或墙体时，应设壁厚不小于 1.6mm 的钢制预埋管或防护套管，风管与防护套管之间应采用不燃且对人体无害的柔性材料封堵。

8.1.3　风管安装应符合下列规定：

　　1　按设计要求确定风管的规格尺寸及安装位置；

　　2　风管及部件连接接口距墙面、楼板的距离不应影响操作，连接阀部件的接口严禁安装在墙内或楼板内；

　　3　风管采用法兰连接时，其螺母应在同一侧；法兰垫片不应凸入风管内壁，也不应凸出法兰外；

　　4　风管与风道连接时，应采取风道预埋法兰或安装连接件的形式接口，结合缝应填耐火密封填料，风道接口应牢固；

　　5　风管内严禁穿越和敷设各种管线；

　　6　固定室外立管的拉索，严禁与避雷针或避雷网相连；

　　7　输送含有易燃、易爆气体或安装在易燃、易爆环境的风管系统应有良好的接地措施，通过生活区或其他辅助生产房间时，不应设置接口，并应具有严密不漏风措施；

　　8　输送产生凝结水或含蒸汽的潮湿空气风管，其底部不应设置拼接缝，并应在风管最低处设排液装置；

　　9　风管测定孔应设置在不产生涡流区且便于测量和观察的部位；吊顶内的风管测定孔部位，应留有活动吊顶板或检查口。

8.1.4　风管连接的密封材料应根据输送介质温度选用，并应符合该风管系统功能的要求，其防火性能应符合设计要求，密封垫料应安装牢固，密封胶应涂抹平整、饱满，密封垫料的位置应正确（图 8.1.4-1、图 8.1.4-2），密封垫料不应凸入管内或脱落。当设计无要求时，法兰垫料材质及厚度应符合下列规定：

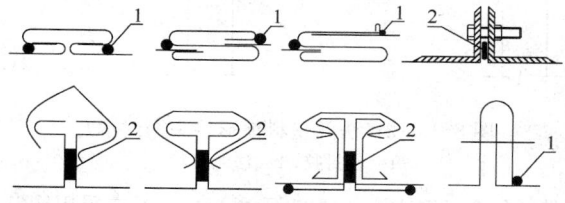

图 8.1.4-1　矩形风管连接的密封示意
1—密封胶；2—密封垫

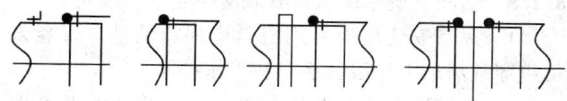

图 8.1.4-2　圆形风管连接的密封示意

　　1　输送温度低于 70℃的空气时，可采用橡胶板、闭孔海绵橡胶板、密封胶带或其他闭孔弹性材料；输送温度高于 70℃的空气时，应采用耐高温材料；

　　2　防、排烟系统应采用不燃材料；

　　3　输送含有腐蚀性介质的气体，应采用耐酸橡胶板或软聚乙烯板；

　　4　法兰垫料厚度宜为 3mm～5mm。

8.1.5　法兰垫料的接口形式应符合下列规定：

　　1　法兰垫料采用对接接口和阶梯形接口（图 8.1.5-1）时，应在对接部位涂密封胶；

　　2　洁净空调系统风管的法兰垫料接口应采用阶梯形或榫形（图 8.1.5-2），并应涂密封胶。

8.1.6　连接风管的阀部件安装位置及方向应符合设计要求，并便于操作。防火分区隔墙两侧安装的防火阀距墙不应大于 200mm。

8.1.7　非金属风管或复合风管与金属风管及设备连接时，应采用"h"形金属短管作为连接件；短管一端为法兰，应与金属风管法兰或设备法兰相连接；另一端为深度不小于 100mm 的"h"形承口，非金属风

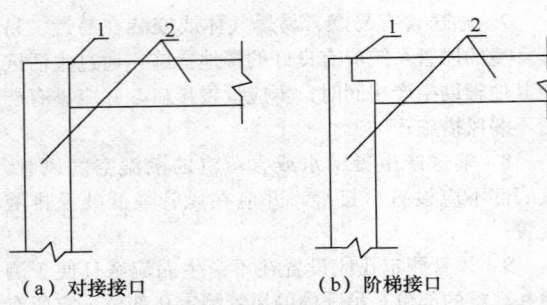

（a）对接接口　　　　　（b）阶梯接口

图 8.1.5-1　法兰垫料接头示意
1—密封胶；2—法兰垫料

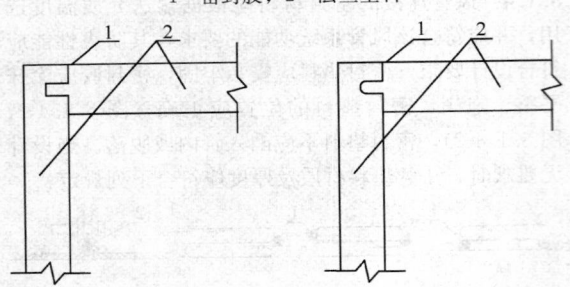

图 8.1.5-2　法兰垫料榫形接头密封示意
1—密封胶；2—法兰垫料

管或复合风管应插入"h"形承口内，并应采用铆钉固定牢固、密封严密。

8.1.8　洁净空调系统风管安装应符合下列规定：

1　风管安装场地所用机具应保持清洁，安装人员应穿戴清洁工作服、手套和工作鞋等。

2　经清洗干净包装密封的风管、静压箱及其部件，在安装前不应拆封。安装时，拆开端口封膜后应随即连接，安装中途停顿时，应将端口重新封好。

3　法兰垫料应采用不产尘、不易老化并具有一定强度和弹性的材料，厚度宜为 5mm～8mm，不应采用乳胶海绵、厚纸板、石棉橡胶板、铅油麻丝及油毡纸等。法兰垫料不应直缝对接连接，表面严禁涂刷涂料。

4　风管与洁净室吊顶、隔墙等围护结构的接缝处应严密。

8.1.9　风管穿出屋面处应设防雨装置，风管与屋面交接处应有防渗水措施（图 8.1.9）。

8.1.10　风机盘管的送、回风口安装位置应符合设计要求。当设计无要求时，安装在同一平面上的送、回风口间距不宜小于 1200mm。

8.1.11　空调机组、风机盘管、阀门等设备及部件暗装在吊顶内时，应在其下部吊顶的适当位置处设置检查口，并应与装饰综合考虑，统一布置。

8.1.12　风管与部件安装的成品保护措施应包括下列内容：

1　严禁以风管作为支、吊架，不应将其他支、吊架焊在或挂在风管法兰或风管支、吊架上。严禁在

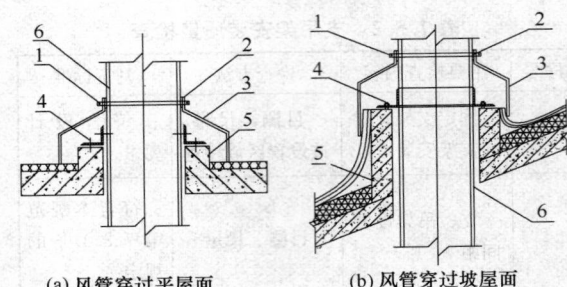

（a）风管穿过平屋面　　　（b）风管穿过坡屋面

图 8.1.9　风管穿屋面防雨渗漏装置示意
1—卡箍；2—防水材料；3—防雨罩；4—固定支架；
5—挡水圈；6—风管

风管上踩踏，堆放重物，不应随意碰撞。

2　风管在搬运和吊装就位时，应轻拿、轻放，不应拖拉、扭曲；吊装作业使用钢丝绳捆绑时，应在钢丝绳与风管之间设置隔离保护措施。

3　风管上空进行油漆、粉刷等作业时，应对风管采取遮盖等保护措施。

4　非金属风管码放总高度不应超过 3m，上面应无重物，搬运时应采取防止碎裂的措施。无机玻璃钢和硬聚氯乙烯风管应在其上方有动火作业的工序完成后才能进行安装，或者在风管上方进行有效遮挡。

8.1.13　风管安装的安全和环境保护措施应包括下列内容：

1　风管提升时，应有防止施工机械、风管、作业人员突然坠落、滑倒等事故的措施。

2　屋面风管、风帽安装时，应对屋面上的露水、霜、雪、青苔等采取防滑保护措施。

3　整体风管吊装时，两端起吊速度应同步。

4　胶粘剂应正确使用、安全保管。粘结材料采用热敏胶带时，应避免热熨斗烫伤，过期或废弃的胶粘剂不应随意倒洒或燃烧，废料应集中堆放，及时清运到指定地点。

5　玻璃钢风管现场修复或风管开孔连接风口，硬聚氯乙烯风管开孔或焊接作业时，操作位置应设置通风设备，作业人员应按规定穿戴防护用品。

8.2　金属风管安装

8.2.1　金属风管安装应按下列工序（图 8.2.1）进行。

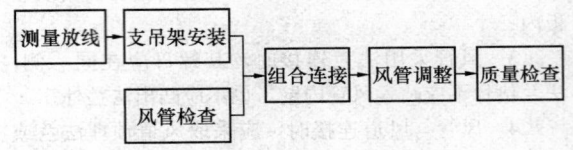

图 8.2.1　金属风管安装工序

8.2.2　风管安装前，应先对其安装部位进行测量放线，确定管道中心线位置。

8.2.3　风管支吊架的安装应符合本规范第 7 章的有

关规定。

8.2.4 风管安装前，应检查风管有无变形、划痕等外观质量缺陷，风管规格应与安装部位对应。

8.2.5 风管组合连接时，应先将风管管段临时固定在支、吊架上，然后调整高度，达到要求后再进行组合连接。

8.2.6 金属矩形风管连接宜采用角钢法兰连接、薄钢板法兰连接、C形或S形插条连接、立咬口等形式；金属圆形风管宜采用角钢法兰连接、芯管连接。风管连接应牢固、严密，并应符合下列规定：

　　1 角钢法兰连接时，接口应无错位，法兰垫料无断裂、无扭曲，并在中间位置。螺栓应与风管材质相对应，在室外及潮湿环境中，螺栓应有防腐措施或采用镀锌螺栓。

　　2 薄钢板法兰连接时，薄钢板法兰应与风管垂直、贴合紧密，四角采用螺栓固定，中间采用弹簧夹或顶丝卡等连接件，其间距不应大于150mm，最外端连接件距风管边缘不应大于100mm。

　　3 边长小于或等于630mm的风管可采用S形平插条连接；边长小于或等于1250mm的风管可采用S形立插条连接，应先安装S形插条，再将另一端直接插入平缝中。

　　4 C形、S形直角插条连接适用于矩形风管主管与支管连接，插条应从中间外弯90°做连接件，插入翻边的主管、支管，压实结合面，并应在接缝处均匀涂抹密封胶。

　　5 立咬口连接适用于边长（直径）小于或等于1000mm的风管。应先将风管两端翻边制作小边和大边的咬口，然后将咬口小边全部嵌入咬口大边中，并应固定几点，检查无误后进行整个咬口的合缝，在咬口接缝处应涂抹密封胶。

　　6 芯管连接时，应先制作连接短管，然后在连接短管和风管的结合面涂胶，再将连接短管插入两侧风管，最后用自攻螺丝或铆钉紧固，铆钉间距宜为100mm～120mm。带加强筋时，在连接管1/2长度处应冲压一圈 ϕ8mm 的凸筋，边长（直径）小于700mm的低压风管可不设加强筋。

8.2.7 边长小于或等于630mm的支风管与主风管连接应符合下列规定：

　　1 S形直角咬接（图8.2.7a）支风管的分支气流内侧应有30°斜面或曲率半径为150mm的弧面，连接四角处应进行密封处理；

　　2 联合式咬接（图8.2.7b）连接四角处应作密封处理；

　　3 法兰连接（图8.2.7c）主风管内壁处应加扁钢垫，连接处应密封。

8.2.8 风管安装后应进行调整，风管应平正、支、吊架顺直。

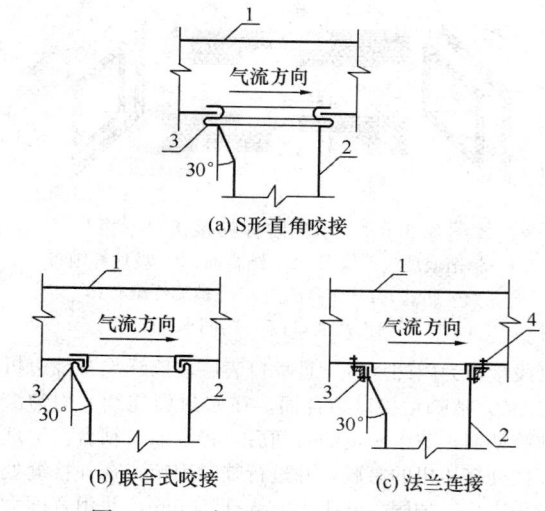

(a) S形直角咬接

(b) 联合式咬接　　(c) 法兰连接

图8.2.7　支风管与主风管连接方式

1—主风管；2—支风管；3—接口；4—扁钢垫

8.3 非金属与复合风管安装

8.3.1 非金属与复合风管安装应按下列工序（图8.3.1）进行。

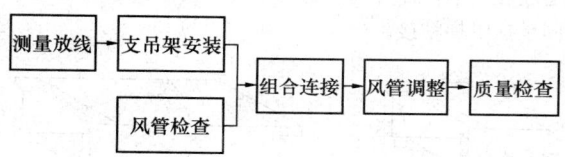

测量放线 → 支吊架安装 → 组合连接 → 风管调整 → 质量检查

风管检查

图8.3.1　非金属与复合风管安装工序

8.3.2 风管安装前，应先对其安装部位进行测量放线，确定管道中心线位置。

8.3.3 风管支吊架的安装应符合本规范第7章的有关规定。

8.3.4 风管安装前，应检查风管有无破损、开裂、变形、划痕等外观质量缺陷，风管规格应与安装部位对应，复合风管承插口和插接件接口表面应无损坏。

8.3.5 非金属风管连接应符合下列规定：

　　1 法兰连接时，应以单节形式提升管段至安装位置，在支、吊架上临时定位，侧面插入密封垫料，套上带镀锌垫圈的螺栓，检查密封垫料无偏斜后，做两次以上对称旋紧螺母，并检查间隙均匀一致。在风管与支吊架横担间应设置宽于支撑面、厚1.2mm的钢制垫板。

　　2 插接连接时，应逐段顺序插接，在插口处涂专用胶，并应用自攻螺钉固定。

8.3.6 复合风管连接宜采用承插阶梯粘接、插件连接或法兰连接。风管连接应牢固、严密，并应符合下列规定：

　　1 承插阶梯粘接时（图8.3.6-1），应根据管内介质流向，上游的管段接口应设置为内凸插口，下游

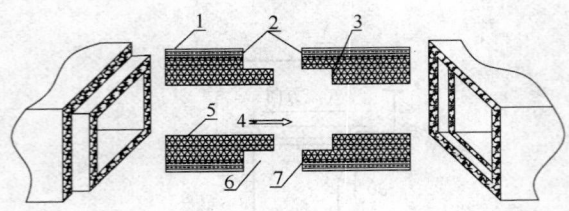

图 8.3.6-1 承插阶梯粘接接口示意

1—铝箔或玻璃纤维布；2—结合面；3—玻璃纤维布
90°折边；4—介质流向；5—玻璃纤维布；
6—内凸插口；7—内凹承口

管段接口为内凹承口，且承口表层玻璃纤维布翻边折成90°。清扫粘接口结合面，在密封面连续、均匀涂抹胶粘剂，晾干一定的时间后，将承插口粘合，清理连接处挤压出的余胶，并进行临时固定；在外接缝处应采用扒钉加固，间距不宜大于50mm，并用宽度大于或等于50mm的压敏胶带沿接合缝两边宽度均等进行密封，也可采用电熨斗加热热敏胶带粘接密封。临时固定应在风管接口牢固后才能拆除。

2 错位对接粘接（图8.3.6-2）时，应先将风管错口连接处的保温层刮磨平整，然后试装，贴合严密后涂胶粘剂，提升到支、吊架上对接，其他安装要求同承插阶梯粘接。

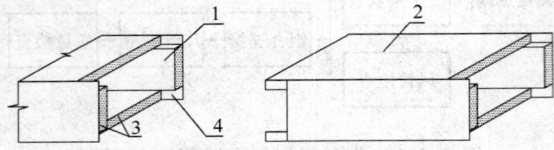

图 8.3.6-2 错位对接粘接示意

1—垂直板；2—水平板；3—涂胶粘剂；4—预留表面层

3 工形插接连接时，应先在风管四角横截面上粘贴镀锌板直角垫片，然后涂胶粘剂粘接法兰，胶粘剂凝固后，插入工形插件，最后在插条端头填抹密封胶，四角装入护角。

4 空调风管采用PVC及铝合金插件连接时，应采取防冷桥措施。在PVC及铝合金插件接口凹槽内可填满橡塑海绵、玻璃纤维等碎料，应采用胶粘剂粘接在凹槽内，碎料四周外部应采用绝热材料覆盖，绝热材料在风管上搭接长度应大于20mm。中、高压风管的插接法兰之间应加密封垫料或采取其他密封措施。

5 风管预制的长度不宜超过2800mm。

8.3.7 风管安装后应进行调整，风管平正，支、吊架顺直。

8.4 软接风管安装

8.4.1 柔性短管的安装宜采用法兰接口形式。

8.4.2 风管与设备相连处应设置长度为150mm～300mm的柔性短管，柔性短管安装后应松紧适度，

不应扭曲，并不应作为找正、找平的异径连接管。

8.4.3 风管穿越建筑物变形缝空间时，应设置长度为200mm～300mm的柔性短管（图8.4.3-1）；风管穿越建筑物变形缝墙体时，应设置钢制套管，风管与套管之间应采用柔性防水材料填塞密实。穿越建筑物变形缝墙体的风管两端外侧应设置长度为150mm～300mm的柔性短管，柔性短管距变形缝墙体的距离宜为150mm～200mm（图8.4.3-2），柔性短管的保温性能应符合风管系统功能要求。

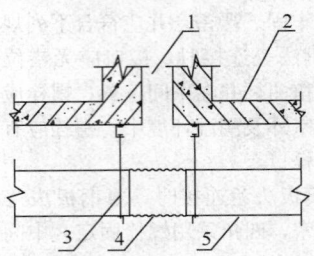

图 8.4.3-1 风管过变形缝
空间的安装示意

1—变形缝；2—楼板；3—吊架；4—柔性短管；5—风管

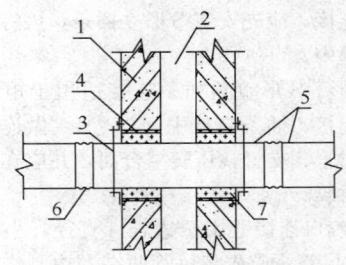

图 8.4.3-2 风管穿越变形缝墙体
的安装示意

1—墙体；2—变形缝；3—吊架；4—钢制套管；5—风管；6—柔性短管；7—柔性防水填充材料

8.4.4 柔性风管连接应顺畅、严密，并应符合下列规定：

1 金属圆形柔性风管与风管连接时，宜采用卡箍（抱箍）连接（图8.4.4），柔性风管的插接长度应大于50mm。当连接风管直径小于或等于300mm时，宜用不少于3个自攻螺钉在卡箍紧固件圆周上均布紧固；当连接风管直径大于300mm时，宜用不少于5个自攻螺钉紧固。

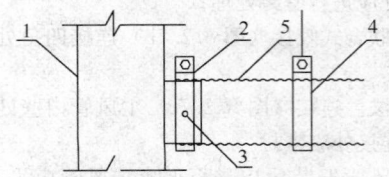

图 8.4.4 卡箍（抱箍）连接示意

1—主风管；2—卡箍；3—自攻螺钉；4—抱箍吊架；5—柔性风管

2 柔性风管转弯处的截面不应缩小，弯曲长度不宜超过2m，弯曲形成的角度应大于90°。

3 柔性风管安装时长度应小于2m，并不应有死弯或塌凹。

8.5 风口安装

8.5.1 风管与风口连接宜采用法兰连接，也可采用槽形或工形插接连接。

8.5.2 风口不应直接安装在主风管上，风口与主风管间应通过短管连接。

8.5.3 风口安装位置应正确，调节装置定位后应无明显自由松动。室内安装的同类型风口应规整，与装饰面应贴合严密。

8.5.4 吊顶风口可直接固定在装饰龙骨上，当有特殊要求或风口较重时，应设置独立的支、吊架。

8.6 风阀安装

8.6.1 带法兰的风阀与非金属风管或复合风管插接连接时，应按本规范第8.1.7条执行。

8.6.2 阀门安装方向应正确、便于操作，启闭灵活。斜插板风阀的阀板向上为拉启，水平安装时，阀板应顺气流方向插入。手动密闭阀安装时，阀门上标志的箭头方向应与受冲击波方向一致。

8.6.3 风阀支、吊架安装应按本规范第7章的有关规定执行。

8.6.4 电动、气动调节阀的安装应保证执行机构动作的空间。

8.7 消声器、静压箱、过滤器、风管内加热器安装

8.7.1 消声器、静压箱安装时，应单独设置支、吊架，固定应牢固。

8.7.2 消声器、静压箱等设备与金属风管连接时，法兰应匹配。

8.7.3 消声器、静压箱等部件与非金属或复合风管连接时，应按本规范第8.1.7条执行。

8.7.4 回风箱作为静压箱时，回风口应设置过滤网。

8.7.5 过滤器的种类、规格及安装位置应满足设计要求，并应符合下列规定：

1 过滤器的安装应便于拆卸和更换；

2 过滤器与框架及框架与风管或机组壳体之间应严密；

3 静电空气过滤器的安装应能保证金属外壳接地良好。

8.7.6 风管内电加热器的安装应符合下列规定：

1 电加热器接线柱外露时，应加装安全防护罩；

2 电加热器外壳应接地良好；

3 连接电加热器的风管法兰垫料应采用耐热、不燃材料。

8.8 质量检查

8.8.1 金属风管安装可按表8.8.1进行质量检查。

表8.8.1 金属风管安装质量检查

序号	主要检查内容	检查方法	判定标准
1	风管安装位置及标高、坐标	对照施工图检查，尺量	符合设计要求及《通风与空调工程施工质量验收规范》GB 50243的规定
2	风管表面平整情况	目测，尺量	表面平整、无坑瘪
3	风管连接垫料	目测	材质符合设计要求及本规范第8.1.4条的要求
4	绝热衬垫的厚度及防腐情况	目测，尺量	与保温层厚度一致，防腐良好，无遗漏
5	法兰连接螺栓	目测	螺母应在同一侧
6	薄钢板法兰连接的弹簧夹数量、间距	目测，尺量	符合本规范第8.2.6条的规定
7	支、吊架安装	目测	符合本规范第7章的有关规定
8	风管严密性	查看试验记录	符合本规范第15.3节的有关规定

8.8.2 非金属风管安装可按表8.8.2进行质量检查。

表8.8.2 非金属风管安装质量检查

序号	主要检查内容	检查方法	判定标准
1	风管安装位置及标高、坐标	对照施工图检查，尺量	符合《通风与空调工程施工质量验收规范》GB 50243的规定
2	伸缩节设置	目测，按系统逐个风管进行检查	
3	风管表面应无裂纹、分层、明显泛霜且光洁	目测	
4	风管的连接垫料	目测	
5	法兰连接螺栓	目测	螺母应在同一侧
6	支、吊架安装	目测，尺量	符合本规范第7章的有关规定
7	风管严密性	查看试验记录	符合本规范第15.3节的有关规定

8.8.3 复合风管安装可按表8.8.3的规定进行质量检查。

表 8.8.3　复合风管安装质量检查

序号	主要检查内容	检查方法	判定标准
1	风管安装位置及标高、坐标	对照施工图检查、尺量	符合设计要求及《通风与空调工程施工质量验收规范》GB 50243 的规定
2	玻镁复合风管伸缩节设置	目测，按系统逐个风管进行检查	水平安装风管长度每隔 30m 时，应设置 1 个伸缩节
3	风管支、吊架安装	目测、尺量	符合《通风与空调工程施工质量验收规范》GB 50243 的规定
4	风管严密性	查看试验记录	符合《通风与空调工程施工质量验收规范》GB 50243 的规定

9　空气处理设备安装

9.1　一般规定

9.1.1　空气处理设备安装前应具备下列施工条件：

　　1　施工方案已批准，采用的技术标准、质量和安全控制措施文件齐全；

　　2　设备及辅助材料经进场检查和试验合格，熟悉设备安装说明书；

　　3　基础验收已合格，并办理移交手续；

　　4　运输道路畅通，安装部位清理干净，照明满足安装要求；

　　5　设备利用建筑结构作起吊、搬运的承力点时，应对建筑结构的承载能力进行核算，并应经设计单位或建设单位同意；

　　6　安装施工机具已齐备，满足安装要求。

9.1.2　空气处理设备的运输和吊装应符合下列规定：

　　1　应核实设备与运输通道的尺寸，保证设备运输通道畅通；

　　2　应复核设备重量与运输通道的结构承载能力，确保结构梁、柱、板的承载安全；

　　3　设备应运输平稳，并应采取防振、防滑、防倾斜等安全保护措施；

　　4　采用的吊具应能承受吊装设备的整个重量，吊索与设备接触部位应衬垫软质材料；

　　5　设备应捆扎稳固，主要受力点应高于设备重心，具有公共底座设备的吊装，其受力点不应使设备底座产生扭曲和变形。

9.1.3　空气处理设备的安装应满足设计和技术文件的要求，并应符合下列规定：

　　1　设备安装前，油封、气封应良好，且无腐蚀；

　　2　设备安装位置应正确，设备安装平整度应符合产品技术文件的要求；

　　3　采用隔振器的设备，其隔振安装位置和数量应正确，各个隔振器的压缩量应均匀一致，偏差不应

大于 2mm；

　　4　空气处理设备与水管道连接时，应设置隔振软接头，其耐压值应大于或等于设计工作压力的 1.5 倍。

9.1.4　空气处理设备安装的成品保护措施应包括下列内容：

　　1　设备应按照产品技术要求进行搬运、拆卸包装、就位。严禁手执叶轮或蜗壳搬动设备，严禁敲打、碰撞设备外表、连接件及焊接处。

　　2　设备运至现场后，应采取防雨、防雪、防潮措施，妥善保管。

　　3　设备安装就位后，应采取防止设备损坏、污染、丢失等措施。

　　4　设备接口、仪表、操作盘等应采取封闭、包扎等保护措施。

　　5　安装后的设备不应作为脚手架等受力的支点。

　　6　传动装置的外露部分应有防护罩；进风口或进风管道直通大气时，应采取加保护网或其他安全措施。

　　7　过滤器的过滤网、过滤纸等过滤材料应单独储存，系统除尘清理后，调试时安装。

9.1.5　空气处理设备安装的安全和环保措施应包括下列内容：

　　1　大型设备运输安装前，应进行试吊，检查吊点、吊卡及支架是否牢固，有无脱落危险，检验机具的安全性能是否满足要求；

　　2　运输起吊着力点应符合设备技术文件的要求；

　　3　地面孔、洞、沟和其他障碍物应有防护及隔离措施；

　　4　仪表和控制装置应采取保护措施。

9.2　空调末端装置安装

9.2.1　空调末端装置安装包括风机盘管、诱导器、变风量空调末端装置、直接蒸发式室内机的安装。

9.2.2　空调末端装置安装应按下列工序（图 9.2.2）进行。

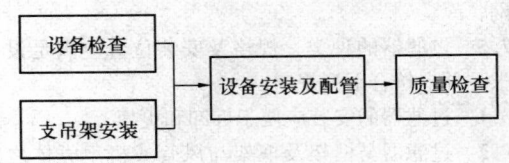

图 9.2.2　空调末端装置安装工序

9.2.3　风机盘管、变风量空调末端装置的叶轮应转动灵活、方向正确，机械部分无摩擦、松脱，电机接线无误；应通电进行三速试运转，电气部分不漏电，声音正常。

9.2.4　风机盘管、空调末端装置安装时，应设置独立的支、吊架，并应符合本规范第 7 章的有关

规定。

9.2.5 风机盘管、变风量空调末端装置的安装及配管应满足设计要求，并应符合下列规定：

1 风机盘管、变风量空调末端装置安装位置应符合设计要求，固定牢靠，且平正；

2 与进、出风管连接时，均应设置柔性短管；

3 与冷热水管道的连接，宜采用金属软管，软管连接应牢固，无扭曲和瘪管现象；

4 冷凝水管与风机盘管连接时，宜设置透明胶管，长度不宜大于 150mm，接口应连接牢固、严密，坡向正确，无扭曲和瘪管现象；

5 冷热水管道上的阀门及过滤器应靠近风机盘管、变风量空调末端装置安装；调节阀安装位置应正确，放气阀应无堵塞现象；

6 金属软管及阀门均应保温。

9.2.6 诱导器安装时，方向应正确，喷嘴不应脱落和堵塞，静压箱封头的密封材料应无裂痕、脱落现象。一次风调节阀应灵活可靠。

9.2.7 变风量空调末端装置的安装尚应符合设计及产品技术文件的要求。

9.2.8 直接蒸发冷却式室内机可采用吊顶式、嵌入式、壁挂式等安装方式；制冷剂管道应采用铜管，以锥形锁母连接；冷凝水管道敷设应有坡度，保证排放畅通。

9.3 风 机 安 装

9.3.1 风机安装应按下列工序（图 9.3.1）进行。

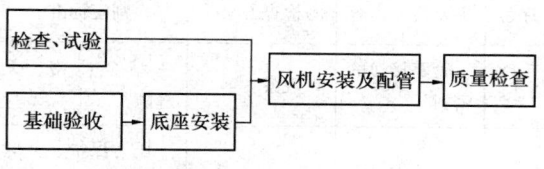

图 9.3.1 风机安装工序

9.3.2 风机安装前应检查电机接线正确无误；通电试验，叶片转动灵活、方向正确，机械部分无摩擦、松脱、无漏电及异常声响。

9.3.3 风机落地安装的基础标高、位置及主要尺寸、预留洞的位置和深度应符合设计要求；基础表面应无蜂窝、裂纹、麻面、露筋；基础表面应水平。

9.3.4 风机安装应符合下列规定：

1 风机安装位置应正确，底座应水平；

2 落地安装时，应固定在隔振底座上，底座尺寸应与基础大小匹配，中心线一致；隔振底座与基础之间应按设计要求设置减振装置；

3 风机吊装时，吊架及减振装置应符合设计及产品技术文件的要求。

9.3.5 风机与风管连接时，应采用柔性短管连接，

风机的进出风管、阀件应设置独立的支、吊架。

9.4 空气处理机组与空气热回收装置安装

9.4.1 空气处理机组与空气热回收装置安装应按下列工序（图 9.4.1）进行。

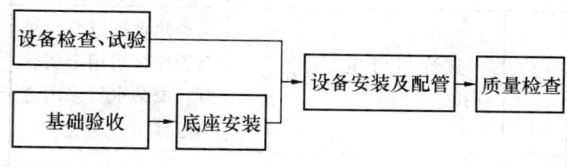

图 9.4.1 空气处理机组与空气热回收
装置安装工序

9.4.2 空气处理机组安装前，应检查各功能段的设置符合设计要求，外表及内部清洁干净，内部结构无损坏。手盘叶轮叶片应转动灵活，叶轮与机壳无摩擦。检查门应关闭严密。

9.4.3 基础表面应无蜂窝、裂纹、麻面、露筋；基础位置及尺寸应符合设计要求；当设计无要求时，基础高度不应小于 150mm，并应满足产品技术文件的要求，且能满足凝结水排放坡度要求；基础旁应留有不小于机组宽度的空间。

9.4.4 设备吊装安装时，其吊架及减振装置应符合设计及产品技术文件的要求。

9.4.5 组合式空调机组及空气热回收装置的现场组装应由供应商负责实施，组装完成后应进行漏风率试验，漏风率应符合现行国家标准《组合式空调机组》GB/T 14294 的规定。

9.4.6 空气处理机组与空气热回收装置的过滤网应在单机试运转完成后安装。

9.4.7 组合式空调机组的配管应符合下列规定：

1 水管道与机组连接宜采用橡胶柔性接头，管道应设置独立的支、吊架；

2 机组接管最低点应设泄水阀，最高点应设放气阀；

3 阀门、仪表应安装齐全，规格、位置应正确，风阀开启方向应顺气流方向；

4 凝结水的水封应按产品技术文件的要求进行设置；

5 在冬季使用时，应有防止盘管、管路冻结的措施；

6 机组与风管采用柔性短管连接时，柔性短管的绝热性能应符合风管系统的要求。

9.4.8 空气热回收装置可按空气处理机组进行配管安装。接管方向应正确，连接可靠、严密。

9.5 质 量 检 查

9.5.1 风机盘管安装可按表 9.5.1 进行质量检查。

表 9.5.1　风机盘管安装质量检查

序号	主要检查内容	检查方法	判定标准
1	规格及安装位置	观察	符合设计要求
2	盘管与管道连接	观察	冷热水管道与风机盘管连接采用金属软管,凝结水管采用透明胶管
3	阀门与部件	观察	管道及阀门保温齐全、无遗漏
4	保温	观察	管道及阀门均保温
5	凝结水盘水平度	测量	凝结水盘水平度保证凝结水全部排放
6	与风管、回风箱接缝的严密性	观察	连接严密、无缝隙
7	吊架及隔振	观察	符合设计及产品技术文件的要求

9.5.2　风机安装可按表 9.5.2 进行质量检查。

表 9.5.2　风机安装质量检查

序号	主要检查内容	检查方法	判定标准
1	风机安装位置	观察检查	符合设计要求
2	叶轮转子试转	手盘动、目测	停转后,不应每次停留在同一位置上,并不应碰撞外壳
3	风机减振	检查、尺量	减振装置符合设计及产品技术要求;压缩量均匀,高度误差＜2mm,且不应偏心,有防止移位的保护措施
4	轴水平度偏差	测量	符合现行国家标准《风机、压缩机、泵安装工程施工及验收规范》GB 50275 的有关规定

9.5.3　组合式空调机组安装可按表 9.5.3 进行质量检查。

表 9.5.3　组合式空调机组安装质量检查

序号	主要检查内容	检查方法	判定标准
1	功能段连接面的密封	观察	结合严密、无缝隙
2	凝结水封高度	尺量	符合产品技术文件要求
3	组对顺序	与施工图对照检查	符合设计要求
4	机组接管	与施工图对照检查	连接正确、阀部件及仪表安装齐全
5	机组水平度	测量	符合现行国家标准《通风与空调工程施工质量验收规范》GB 50243 的有关规定
6	换热器、加热器有无损坏	观察	无损坏
7	与加热段结合面的密封胶材质	查材质说明书	耐热密封
8	现场组装机组的漏风率测试	查看试验报告	符合现行国家标准《组合式空调机组》GB/T 14294 的有关规定

9.5.4　空气热回收装置安装可按表 9.5.4 进行质量检查。

表 9.5.4　空气热回收装置安装质量检查

序号	主要检查内容	检查方法	判定标准
1	管路接口的密封	观察	结合严密、无缝隙
2	保护元件	观察	压力保护、并联时设置的止回阀、排污阀、放气阀等齐全
3	安装位置	对照施工图检查	符合设计要求
4	管路坡度	对照施工图检查	符合设计要求
5	机组水平度	测量	符合现行国家标准《通风与空调工程施工质量验收规范》GB 50243 的有关规定
6	换热器有无损坏	观察	无损坏

10 空调冷热源与辅助设备安装

10.1 一 般 规 定

10.1.1 本章适用于除锅炉外的空调冷热源设备与辅助设备的安装。

10.1.2 空调冷热源与辅助设备安装前应具备下列施工条件：

1 施工方案已批准，采用的技术标准、质量和安全控制措施文件齐全；燃油、燃气机组的施工图已经消防部门审批；

2 设备及辅助材料进场检验合格，设备安装说明已熟悉；

3 基础验收已合格，并办理移交手续；

4 道路、水源、电源、蒸汽、压缩空气和照明等满足设备安装要求；

5 设备利用建筑结构作为起吊、搬运的承力点时，应对建筑结构的承载能力进行核算，并应经设计单位或建设单位同意再利用；

6 安装施工机具和工具已齐备，满足使用要求。

10.1.3 空调冷热源与辅助设备的运输和吊装应符合下列规定：

1 应核实设备与运输通道的尺寸，保证设备运输通道畅通；

2 应复核设备重量与运输通道的结构承载能力，确保结构梁、柱、板的承载安全；

3 设备运输应平稳，并采取防振、防滑、防倾斜等安全保护措施；

4 采用的吊具应能承受吊装设备的整个重量，吊索与设备接触部位应衬垫软质材料；

5 设备应捆扎稳固，主要受力点应高于设备重心，具有公共底座设备的吊装，其受力点不应使设备底座产生扭曲和变形。

10.1.4 空调冷热源与辅助设备的安装应满足设计及产品技术文件的要求，并应符合下列规定：

1 设备安装前，油封、气封应良好，且无腐蚀；

2 设备安装位置应正确，设备安装平整度应符合产品技术文件的要求；

3 采用隔振器的设备，其隔振器安装位置和数量应正确，每个隔振器的压缩量应均匀一致，偏差不应大于 2mm；

4 现场组装的制冷机组安装前，应清洗主机零部件、附属设备和管道。清洗后，应将清洗剂和水分除净，并应检查零部件表面有无损伤及缺陷，合格后应在表面涂上一层冷冻机油。

10.1.5 空调冷热源与辅助设备安装的成品保护措施应包括下列内容：

1 设备应按照产品技术要求进行搬运、拆卸包装、就位。严禁敲打、碰撞机组外表、连接件及焊接处。

2 设备运至现场后，应采取防雨、防雪、防潮措施，妥善保管。

3 设备安装就位后，应采取防止设备损坏、污染、丢失等措施。

4 设备接口、仪表、操作盘等应采取封闭、包扎等保护措施。

5 安装后的设备不应作为其他受力的支点。

6 管道与设备连接后，不宜再进行焊接和气割，必须进行焊接和气割时，应拆下管道或采取必要的措施，防止焊渣进入管道系统内或损坏设备。

10.1.6 空调冷热源与辅助设备安装的安全和环境保护措施应包括下列内容：

1 大型设备运输安装前，应对使用的机具进行安全检查；

2 设备运输、安装时，应注意路面上的孔、洞、沟和其他障碍物；

3 油品等废料应统一收集和处理。

10.2 蒸汽压缩式制冷（热泵）机组安装

10.2.1 蒸汽压缩式制冷（热泵）机组安装应按下列工序（图 10.2.1）进行。

图 10.2.1 蒸汽压缩式制冷（热泵）机组安装工序

10.2.2 蒸汽压缩式制冷（热泵）机组的基础应满足设计要求，并应符合下列规定：

1 型钢或混凝土基础的规格和尺寸应与机组匹配；

2 基础表面应平整，无蜂窝、裂纹、麻面和露筋；

3 基础应坚固，强度经测试满足机组运行时的荷载要求；

4 混凝土基础预留螺栓孔的位置、深度、垂直度应满足螺栓安装要求；基础预埋件应无损坏，表面光滑平整；

5 基础四周应有排水设施；

6 基础位置应满足操作及检修的空间要求。

10.2.3 蒸汽压缩式制冷（热泵）机组的运输和吊装应符合本规范第 10.1.3 条的规定；水平滚动运输机组时，机组应始终处在滚动垫木上，直到运至预定位置后，将防振软垫放于机组底脚与基础之间，并校准水平后，再去掉滚动垫木。

10.2.4 蒸汽压缩式制冷（热泵）机组就位安装应符合下列规定：

1 机组安装位置应符合设计要求，同规格设备成排就位时，尺寸应一致；

2 减振装置的种类、规格、数量及安装位置应符合产品技术文件的要求；采用弹簧隔振器时，应设有防止机组运行时水平位移的定位装置；

3 机组应水平，当采用垫铁调整机组水平度时，垫铁放置位置应正确、接触紧密，每组不超过 3 块。

10.2.5 蒸汽压缩式制冷（热泵）机组配管应符合下列规定：

1 机组与管道连接应在管道冲（吹）洗合格后进行；

2 与机组连接的管路上应按设计及产品技术文件的要求安装过滤器、阀门、部件、仪表等，位置应正确、排列应规整；

3 机组与管道连接时，应设置软接头，管道应设独立的支吊架；

4 压力表距阀门位置不宜小于 200mm。

10.2.6 空气源热泵机组安装还应符合下列规定：

1 机组安装在屋面或室外平台上时，机组与基础间的隔振装置应符合设计要求，并应采取防雷措施和可靠的接地措施；

2 机组配管与室内机安装应同步进行。

10.3 吸收式制冷机组安装

10.3.1 吸收式制冷机组安装应按下列工序（图 10.3.1）进行。

图 10.3.1 吸收式制冷机组安装工序

10.3.2 吸收式制冷机组的基础应符合本规范第 10.2.2 条的规定。

10.3.3 吸收式制冷机组运输和吊装可按本规范第 10.2.3 条执行。

10.3.4 吸收式制冷机组就位安装可按本规范第 10.2.4 条执行，并应符合下列规定：

1 分体机组运至施工现场后，应及时运入机房进行组装，并抽真空。

2 吸收式制冷机组的真空泵就位后，应找正、找平。抽气连接管宜采用直径与真空泵进口直径相同的金属管，采用橡胶管时，宜采用真空胶管，并对管接头处采取密封措施。

3 吸收式制冷机组的屏蔽泵就位后，应找正、找平，其电线接头处应采取防水密封。

4 吸收式机组安装后，应对设备内部进行清洗。

10.3.5 燃油吸收式制冷机组安装尚应符合下列规定：

1 燃油系统管道及附件安装位置及连接方法应符合设计与消防的要求。

2 油箱上不应采用玻璃管式油位计。

3 油管道系统应设置可靠的防静电接地装置，其管道法兰应采用镀锌螺栓连接或在法兰处用铜导线进行跨接，且接合良好。油管道与机组的连接不应采用非金属软管。

4 燃烧重油的吸收式制冷机组就位安装时，轻、重油油箱的相对位置应符合设计要求。

10.3.6 直燃型吸收式制冷机组的排烟管出口应按设计要求设置防雨帽、避雷针和避风罩等。

10.3.7 吸收式制冷机组的水管配管应按本规范第 10.2.5 条执行。

10.4 冷却塔安装

10.4.1 冷却塔安装应按下列工序（图 10.4.1）进行。

图 10.4.1 冷却塔安装工序

10.4.2 冷却塔的基础应符合本规范第 10.2.2 条的规定。

10.4.3 冷却塔运输吊装可按本规范第 10.2.3 条执行。

10.4.4 冷却塔安装应符合下列规定：

1 冷却塔的安装位置应符合设计要求，进风侧距建筑物应大于 1000mm。

2 冷却塔与基础预埋件应连接牢固，连接件应采用热镀锌或不锈钢螺栓，其紧固力应一致，均匀。

3 冷却塔安装应水平，单台冷却塔安装的水平度和垂直度允许偏差均为 2/1000。同一冷却水系统的多台冷却塔安装时，各台冷却塔的水面高度应一致，高差不应大于 30mm。

4 冷却塔的积水盘应无渗漏，布水器应布水均匀。

5 冷却塔的风机叶片端部与塔体四周的径向间隙应均匀。对于可调整角度的叶片，角度应一致。

6 组装的冷却塔，其填料的安装应在所有电、气焊接作业完成后进行。

10.4.5 冷却塔配管可按本规范第 10.2.5 条执行。

10.5 换热设备安装

10.5.1 换热设备安装应按下列工序（图 10.5.1）进行。

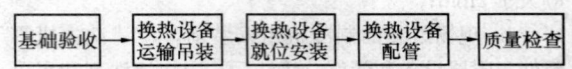

图 10.5.1 换热设备安装工序

10.5.2 换热设备的基础应符合本规范第 10.2.2 条的规定。

10.5.3 换热设备运输吊装可按本规范第 10.2.3 条

执行。

10.5.4 换热设备安装应符合下列规定：

　　1 安装前应清理干净设备上的油污、灰尘等杂物，设备所有的孔塞或盖，在安装前不应拆除；

　　2 应按施工图核对设备的管口方位、中心线和重心位置，确认无误后再就位；

　　3 换热设备的两端应留有足够的清洗、维修空间。

10.5.5 换热设备与管道冷热介质进出口的接管应符合设计及产品技术文件的要求，并应在管道上安装阀门、压力表、温度计、过滤器等。流量控制阀应安装在换热设备的进口处。

10.5.6 换热设备安装应有可靠的成品保护措施，除应符合本规范第10.1.5条的规定外，尚应包括下列内容：

　　1 在系统管道冲洗阶段，应采取措施进行隔离保护；

　　2 不锈钢换热设备的壳体、管束及板片等，不应与碳钢设备及碳钢材料接触、混放；

　　3 采用氮气密封或其他惰性气体密封的换热设备应保持气封压力。

10.6　蓄热蓄冷设备安装

10.6.1 冰蓄冷、水蓄热蓄冷设备安装应按下列工序（图10.6.1）进行。

图 10.6.1　冰蓄冷、水蓄热蓄冷设备安装工序

10.6.2 冰蓄冷、水蓄热蓄冷设备基础应符合本规范第10.2.2条的规定。

10.6.3 蓄冰槽、蓄冰盘管吊装就位应符合下列规定：

　　1 临时放置设备时，不应拆卸冰槽下的垫木，防止设备变形；

　　2 吊装前，应清除蓄冰槽内或封板上的水、冰及其他残渣；

　　3 蓄冰槽就位前，应画出安装基准线，确定设备找正、调平的定位基准线；

　　4 应将蓄冰盘管吊装至预定位置，找正、找平。

10.6.4 蓄冰盘管布置应紧凑，蓄冰槽上方应预留不小于1.2m的净高作为检修空间。

10.6.5 蓄冰设备的接管应满足设计要求，并应符合下列规定：

　　1 温度和压力传感器的安装位置处应预留检修空间；

　　2 盘管上方不应有主干管道、电缆、桥架、风管等；

10.6.6 管道系统试压和清洗时，应将蓄冰槽隔离。

10.6.7 冰蓄冷系统管道充水时，应先将蓄冰槽内的水填充至视窗上0%的刻度上，充水之后，不应再移动蓄冰槽。

10.6.8 乙二醇溶液的填充应符合下列规定：

　　1 添加乙二醇溶液前，管道应试压合格，且冲洗干净；

　　2 乙二醇溶液的成份及比例应符合设计要求；

　　3 乙二醇溶液添加完毕后，在开始蓄冰模式运转前，系统应运转不少于6h，系统内的空气应完全排出，乙二醇溶液应混合均匀，再次测试乙二醇溶液的密度，浓度应符合要求。

10.6.9 现场制作水蓄冷蓄热罐时，其焊接应符合现行国家标准《立式圆筒形钢制焊接储罐施工及验收规范》GB 50128、《钢结构工程施工质量验收规范》GB 50205和《现场设备、工业管道焊接工程施工规范》GB 50236的有关规定。

10.7　软化水装置安装

10.7.1 软化水装置安装应按下列工序（图10.7.1）进行。

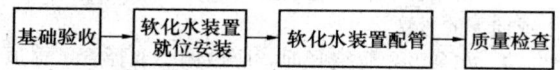

图 10.7.1　软化水装置安装工序

10.7.2 软化水装置的安装场地应平整，软化水装置的基础应符合本规范第10.2.2条规定。

10.7.3 软化水装置安装应符合下列规定：

　　1 软化水装置的电控器上方或沿电控器开启方向应预留不小于600mm的检修空间；

　　2 盐罐安装位置应靠近树脂罐，并应尽量缩短吸盐管的长度；

　　3 过滤型的软化水装置应按设备上的水流方向标识安装，不应装反；非过滤型的软化水装置安装时可根据实际情况选择进出口。

10.7.4 软化水装置配管应符合设计要求，并应符合下列规定：

　　1 进、出水管道上应装有压力表和手动阀门，进、出水管道之间应安装旁通管，出水管道阀门前应安装取样阀，进水管道宜安装Y形过滤器；

　　2 排水管道上不应安装阀门，排水管道不应直接与污水管道连接；

　　3 与软化水装置连接的管道应设独立支架。

10.8　水泵安装

10.8.1 水泵安装应按下列工序（图10.8.1）进行。

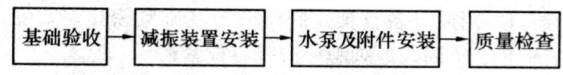

图 10.8.1　水泵安装工序

10.8.2 水泵基础应符合本规范第10.2.2条的规定。

10.8.3 水泵减振装置安装应满足设计及产品技术文件的要求，并应符合下列规定：

1 水泵减振板可采用型钢制作或采用钢筋混凝土浇筑。多台水泵成排安装时，应排列整齐。

2 水泵减振装置应安装在水泵减振板下面。

3 减振装置应成对放置。

4 弹簧减振器安装时，应有限制位移措施。

10.8.4 水泵就位安装应符合下列规定：

1 水泵就位时，水泵纵向中心轴线应与基础中心线重合对齐，并找平找正；

2 水泵与减振板固定应牢靠，地脚螺栓应有防松动措施。

10.8.5 水泵吸入管安装应满足设计要求，并应符合下列规定：

1 吸入管水平段应有沿水流方向连续上升的不小于0.5%坡度。

2 水泵吸入口处应有不小于2倍管径的直管段，吸入口不应直接安装弯头。

3 吸入管水平段上严禁因避让其他管道安装向上或向下的弯管。

4 水泵吸入管变径时，应做偏心变径管，管顶上平。

5 水泵吸入管应按设计要求安装阀门、过滤器。水泵吸入管与泵体连接处，应设置可挠曲软接头，不宜采用金属软管。

6 吸入管应设置独立的管道支、吊架。

10.8.6 水泵出水管安装应满足设计要求，并应符合下列规定：

1 出水管段安装顺序应依次为变径管、可挠曲软接头、短管、止回阀、闸阀（蝶阀）；

2 出水管变径应采用同心变径；

3 出水管应设置独立的管道支、吊架。

10.9 制冷制热附属设备安装

10.9.1 制冷制热附属设备安装应按下列工序（图10.9.1）进行。

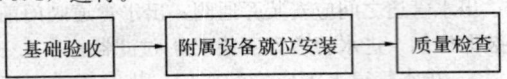

图 10.9.1 制冷制热附属设备安装工序

10.9.2 制冷制热附属设备基础应符合本规范第10.2.2条的规定。

10.9.3 制冷制热附属设备就位安装应符合设计及产品技术文件的要求，并应符合下列规定：

1 附属设备支架、底座座与基础紧密接触，安装平正、牢固，地脚螺栓应垂直拧紧；

2 定压稳压装置的罐顶至建筑物结构最低点的距离不应小于1.0m，罐与罐之间及罐壁与墙面的净

距不宜小于0.7m；

3 电子净化装置、过滤装置安装应位置正确，便于维修和清理。

10.10 质量检查

10.10.1 冷热源与辅助设备安装可按表10.10.1进行质量检查。

表 10.10.1 冷热源与辅助设备安装质量检查

序号	主要检查内容	检查方法	判定标准
1	设备安装位置、管口方向	对照施工图，目测，尺量	符合设计要求
2	整体安装的制冷机组机身纵横向水平度；辅助设备的水平度或垂直度	水准仪或经纬仪测量，拉线，尺量检查	允许偏差为1/1000
3	设有弹簧隔振的制冷机组、燃油系统油泵和蓄冷系统载冷剂泵的定位装置、纵、横向水平度、联轴器两轴心偏差	水准仪或经纬仪测量，拉线，尺量检查	应设有防止机组运行时水平位移的定位装置；纵、横向水平度允许偏差为1/1000；轴向允许偏差为0.2/1000
4	设备隔振器的安装位置、偏差	观察、尺量	检查安装位置应正确，各个隔振器的压缩量应均匀一致，偏差不应大于2mm
5	制冷系统吹扫、排污	观察或查阅实验记录	压力为0.6MPa的干爆压缩空气或氮气，将浅色布放在出风口检查5min，无污物为合格；系统吹扫干净后，应将系统中阀门的阀芯拆下清洗干净
6	模块式冷水机组单元多台并联组合	尺量、观察检查	接口牢固、严密不漏；连接后机组的外表平整、完好，无明显的扭曲
7	冷却塔清理和密闭性检查	观察或查阅实验记录	冷却塔水盘、过滤网处的污物清理干净，塔脚的密闭良好，水盘水位符合使用要求，喷水量和吸水量应平衡，补给水和集水池的水位正常

10.10.2 冷热源与辅助设备的基础安装允许偏差应符合表10.10.2的规定。

表 10.10.2　设备基础的允许偏差和检验方法

序号	项目		允许偏差 （mm）	检验方法
1	基础坐标位置		20	经纬仪、拉线、尺量
2	基础各不同平面的标高		0，−20	水准仪、拉线、尺量
3	基础平面外形尺寸		20	尺量检查
4	凸台上平面尺寸		0，−20	
5	凹穴尺寸		+20，0	
6	基础上平面 水平度	每米	5	水平仪（水平尺）和楔形塞尺检查
		全长	10	
7	竖向偏差	每米	5	经纬仪、吊线、尺量
		全高	10	
8	预埋地脚 螺栓	标高（顶端）	+20，0	水准仪、拉线、尺量
		中心距（根部）	2	

11　空调水系统管道与附件安装

11.1　一　般　规　定

11.1.1　空调水系统管道与附件安装前应具备下列施工条件：

　　1　材料进场检验已合格；

　　2　施工部位环境满足作业条件；

　　3　施工方法已明确，技术交底已落实；管道的安装位置、坡向及坡度已经过技术复核，并应符合设计要求；

　　4　建筑结构的预留孔洞及预留套管位置、尺寸满足管道安装要求；

　　5　施工机具已齐备。

11.1.2　管道穿过地下室或地下构筑物外墙时，应采取防水措施，并应符合设计要求。对有严格防水要求的建筑物，必须采用柔性防水套管。

11.1.3　管道穿楼板和墙体处应设置套管，并应符合下列规定：

　　1　管道应设置在套管中心，套管不应作为管道支撑；管道接口不应设置在套管内，管道与套管之间应用不燃绝热材料填塞密实；

　　2　管道的绝热层应连续不间断穿过套管，绝热层与套管之间应采用不燃材料填实，不应有空隙；

　　3　设置在墙体内的套管应与墙体两侧饰面相平，设置在楼板内的套管，其顶部应高出装饰地面20mm，设置在卫生间或厨房内的穿楼板套管，其顶部应高出装饰地面50mm，底部应与楼板相平。

11.1.4　管道穿越结构变形缝处应设置金属柔性短管

（图11.1.4-1、图11.1.4-2），金属柔性短管长度宜为150mm～300mm，并应满足结构变形的要求，其保温性能应符合管道系统功能要求。

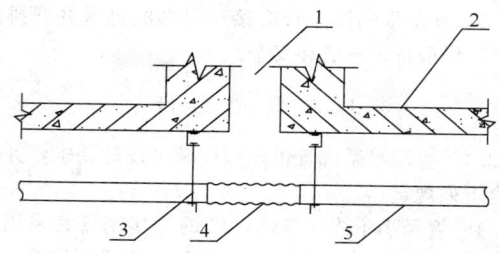

图 11.1.4-1　水管过结构变形缝空间安装示意
1—结构变形缝；2—楼板；3—吊架；
4—金属柔性短管；5—水管

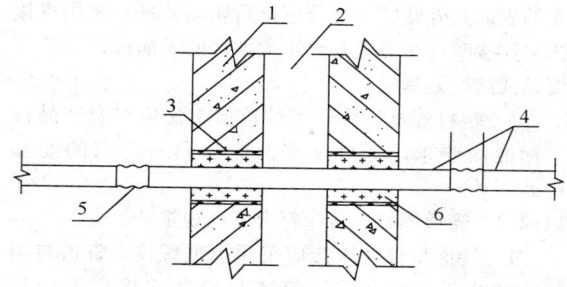

图 11.1.4-2　水管过结构变形缝墙体安装示意
1—墙体；2—变形缝；3—套管；4—水管；
5—金属柔性短管；6—填充柔性材料

11.1.5　管道弯曲半径应符合下列规定：

　　1　热弯时不应小于管道直径的3.5倍，冷弯时不应小于管道直径的4倍；

　　2　焊接弯头的弯曲半径不应小于管道直径的1.5倍；

　　3　采用冲压弯头进行焊接时，其弯曲半径不应小于管道外径，并且冲压弯头外径应与管道外径相同。

11.1.6　空调水系统管道与附件安装的成品保护措施应包括下列内容：

　　1　管道安装间断时，应及时将各管口封闭；

　　2　管道不应作为吊装或支撑的受力点；

　　3　安装完成后的管道、附件、仪表等应有防止损坏的措施；

　　4　管道调直时，严禁在阀门处加力，以免损坏阀体。

11.1.7　空调水系统管道与附件安装的安全和环境保护措施应包括下列内容：

　　1　临时脚手架应搭设平稳、牢固，脚手架跨度不应大于2m；

　　2　安装管道时，应先将管道固定在支、吊架上再接口，防止管道滑脱伤人；

　　3　顶棚内焊接应严加注意防火，焊接地点周围严禁堆放易燃物；

4 管道水压试验对管道加压时，应集中注意力观察压力表，防止超压；

5 冲洗水的排放管应接至可靠的排水井或排水沟里，保证排泄畅通和安全。

11.2 管道连接

11.2.1 空调水系统管道连接应满足设计要求，并应符合下列规定：

1 管径小于或等于 $DN32$ 的焊接钢管宜采用螺纹连接；管径大于 $DN32$ 的焊接钢管宜采用焊接。

2 管径小于或等于 $DN100$ 的镀锌钢管宜采用螺纹连接；管径大于 $DN100$ 的镀锌钢管可采用沟槽式或法兰连接。采用螺纹连接或沟槽连接时，镀锌层破坏的表面及外露螺纹部分应进行防腐处理；采用焊接法兰连接时，对焊缝及热影响地区的表面应进行二次镀锌或防腐处理。

3 塑料管及复合管道的连接方法应符合产品技术标准的要求，管材及配件应为同一厂家的配套产品。

11.2.2 管道螺纹连接应符合下列规定：

1 管道与管件连接应采用标准螺纹，管道与阀门连接应采用短螺纹，管道与设备连接应采用长螺纹。

2 螺纹应规整，不应有毛刺、乱丝，不应有超过 10% 的断丝或缺扣。

3 管道螺纹应留有足够的装配余量可供拧紧，不应用填料来补充螺纹的松紧度。

4 填料应按顺时针方向薄而均匀地紧贴缠绕在外螺纹上，上管件时，不应将填料挤出。

5 螺纹连接应紧密牢固。管道螺纹应一次拧紧，不应倒回。螺纹连接后管螺纹根部应有 2 扣～3 扣的外露螺纹。多余的填料应清理干净，并做好外螺纹的防腐处理。

11.2.3 管道熔接应符合下列规定：

1 管材连接前，端部宜去掉 20mm～30mm，切割管材宜采用专用剪和割刀，切口应平整、无毛刺，并应擦净连接断面上的污物。

2 承插热熔连接前，应标出承插深度，插入的管材端口外部宜进行坡口处理，坡角不宜小于 30°，坡口长度不宜大于 4mm。

3 对接热熔连接前，检查连接管的两个端面应吻合，不应有缝隙，调整好对口的两连接管间的同心度，错口不宜大于管道壁厚的 10%。

4 电熔连接前，应检查机具与管件的导线连接正确，通电加热电压满足设备技术文件的要求。

5 熔接加热温度、加热时间、冷却时间、最小承插深度应满足热熔加热设备和管材产品技术文件的要求。

6 熔接接口在未冷却前可校正，严禁旋转。管道接口冷却过程中，不应移动、转动管道及管件，不应在连接件上施加张拉及剪切力。

7 热熔接口应接触紧密、完全重合，熔接圈的高度宜为 2mm～4mm，宽度宜为 4mm～8mm，高度与宽度的环向应均匀一致，电熔接口的熔接圈应均匀地挤在管件上。

11.2.4 管道焊接应符合下列规定：

1 管道坡口应表面整齐、光洁，不合格的管口不应进行对口焊接；管道对口形式和组对要求应符合表 11.2.4-1 和表 11.2.4-2 的规定。

表 11.2.4-1 手工电弧焊对口形式及组对要求

接头名称	对口形式	接头尺寸(mm)			
		壁厚 δ	间隙 C	钝边 P	坡口角度 α (°)
对接不开坡口		1～3	0～1.5		
		3～6 双面焊	1～2.5		
对接V形坡口		6～9	0～2	0～2	65～75
		9～26	0～3	0～3	55～65
T形坡口		2～30	0～2	—	—

表 11.2.4-2 氧-乙炔焊对口形式及组对要求

接头名称	对口形式	接头尺寸(mm)			
		厚度 δ	间隙 C	钝边 P	坡口角度 α (°)
对接不开坡口		<3	1～2	—	—
对接V形坡口		3～6	2～3	0.5～1.5	70～90

2 管道对口、管道与管件对口时，外壁应平齐。

3 管道对口后进行点焊，点焊高度不超过管道壁厚的 70%，其焊缝根部应焊透，点焊位置应均匀对称。

4 采用多层焊时，在焊下层之前，应将上一层的焊渣及金属飞溅物清理干净。各层的引弧点和熄弧点均应错开 20mm。

5 管材与法兰焊接时，应先将管材插入法兰内，先点焊2点～3点，用角尺找正、找平后再焊接。法兰应两面焊接，其内侧焊缝不应凸出法兰密封面。

6 焊缝应满焊，高度不应低于母材表面，并应与母材圆滑过渡。焊接后应立刻清除焊缝上的焊渣、氧化物等。焊缝外观质量不应低于现行国家标准《现场设备、工业管道焊接工程施工规范》GB 50236 的有关规定。

11.2.5 焊缝的位置应符合下列规定：

1 直管段管径大于或等于 $DN150$ 时，焊缝间距不应小于 150mm；管径小于 $DN150$ 时，焊缝间距不应小于管道外径；

2 管道弯曲部位不应有焊缝；

3 管道接口焊缝距支、吊架边缘不应小于 100mm；

4 焊缝不应紧贴墙壁和楼板，并严禁置于套管内。

11.2.6 法兰连接应符合下列规定：

1 法兰应焊接在长度大于 100mm 的直管段上，不应焊接在弯管或弯头上。

2 支管上的法兰与主管外壁净距应大于 100mm，穿墙管道上的法兰与墙面净距应大于 200mm。

3 法兰不应埋入地下或安装在套管中，埋地管道或不通行地沟内的法兰处应设检查井。

4 法兰垫片应放在法兰的中心位置，不应偏斜，且不应凸入管内，其外边缘宜接近螺栓孔。除设计要求外，不应使用双层、多层或倾斜形垫片。拆卸重新连接法兰时，应更换新垫片。

5 法兰对接应平行、紧密，与管道中心线垂直，连接法兰的螺栓应长短一致，朝向相同，螺栓露出螺母部分不应大于螺栓直径的一半。

11.2.7 沟槽连接应符合下列规定：

1 沟槽式管接头应采用专门的滚槽机加工成型，可在施工现场按配管长度进行沟槽加工。钢管最小壁厚、沟槽尺寸、管端至沟槽边尺寸应符合表 11.2.7-1 的规定。

表 11.2.7-1 钢管最小壁厚和沟槽尺寸（mm）

公称直径	钢管外径	最小壁厚	管端至沟槽边尺寸（偏差 -0.5～0）	沟槽宽度（偏差 0～0.5）	沟槽深度（偏差 0～0.5）
20	27	2.75	14	8	1.5
25	33	3.25			
32	43	3.25			1.8
40	48	3.50			

续表 11.2.7-1

公称直径	钢管外径	最小壁厚	管端至沟槽边尺寸（偏差 -0.5～0）	沟槽宽度（偏差 0～0.5）	沟槽深度（偏差 0～0.5）
50	57	3.50	14.5		
50	60	3.50			
65	76	3.75			
80	89	4.00			
100	108	4.00		13	2.2
100	114	4.00			
125	133	4.50			
125	140	4.50	16		
150	159	4.50			
150	165	4.50			
150	168	4.50			
200	219	6.00			
250	273	6.50	19		2.5
300	325	7.50			
350	377	9.00		13	
400	426	9.00			
450	480	9.00	25		5.5
500	530	9.00			
600	630	9.00			

2 现场滚槽加工时，管道应处在水平位置上，严禁管道出现纵向位移和角位移，不应损坏管道的镀锌层及内壁各种涂层或内衬层，沟槽加工时间不宜小于表 11.2.7-2 的规定。

表 11.2.7-2 加工 1 个沟槽的时间

公称直径 DN（mm）	50	65	80	100	125	150	200	250	300	350	400	450	500	600
时间（min）	2	2	2.5	2.5	3	3	4	5	6	7	8	10	12	16

3 沟槽接头安装前应检查密封圈规格正确，并应在密封圈外部和内部密封唇上涂薄薄一层润滑剂，在对接管道的两侧定位。

4 密封圈外侧应安装卡箍，并应将卡箍凸边卡进沟槽内。安装时应压紧上下卡箍的耳部,在卡箍螺孔位置穿上螺栓,检查确认卡箍凸边全部卡进沟槽内,并应均匀轮换拧紧螺母。

11.3 管道安装

11.3.1 空调水系统管道与附件安装应按下列工序(图11.3.1)进行。

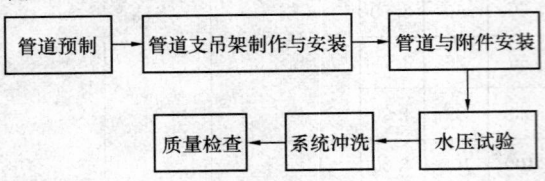

图 11.3.1 空调水系统管道与附件安装工序

11.3.2 水系统管道预制应符合下列规定:

1 管道除锈防腐应按本规范第13章有关规定执行。

2 下料前应进行管材调直,可按管道材质、管道弯曲程度及管径大小选择冷调或热调。

3 预制前应先按施工图确定预制管段长度。螺纹连接时,应考虑管件所占的长度及拧进管件的内螺纹尺寸。

4 切割管道时,管道切割面应平整,毛刺、铁屑等应清理干净。

5 管道坡口加工宜采用机械方法,也可采用等离子弧、氧乙炔焰等热加工方法。采用热加工方法加工坡口后,应除去坡口表面的氧化皮、熔渣及影响接头质量的表面层,并应将凹凸不平处打磨平整。管道坡口加工应符合本规范表11.2.4-1和表11.2.4-2的规定。

6 螺纹连接的管道因管螺纹加工偏差使组装管段出现弯曲时,应进行调直。调直前,应先将有关的管件上好,再进行调直,加力点不应离螺纹太近。

7 管道上直接开孔时,切口部位应采用校核过的样板画定,用氧炔焰切割,打磨掉氧化皮与熔渣,切断面应平整。

8 管道预制长度宜便于运输和吊装。

9 预制的半成品应标注编号,分批分类存放。

11.3.3 水系统管道支吊架制作与安装应符合本规范第7章的有关规定。

11.3.4 管道安装应符合下列规定:

1 管道安装位置、敷设方式、坡度及坡向应符合设计要求。

2 管道与设备连接应在设备安装完毕,外观检查合格,且冲洗干净后进行;与水泵、空调机组、制冷机组的接管应采用可挠曲软接头连接,软接头宜为橡胶软接头,且公称压力应符合系统工作压力的要求。

3 管道和管件在安装前,应对其内、外壁进行

清洁。管道安装间断时,应及时封闭敞开的管口。

4 管道变径应满足气体排放及泄水要求。

5 管道开三通时,应保证支路管道伸缩不影响主干管。

11.3.5 冷凝水管道安装应符合下列规定:

1 冷凝水管道的坡度应满足设计要求,当设计无要求时,干管坡度不宜小于0.8%,支管坡度不宜小于1%。

2 冷凝水管道与机组连接应按设计要求安装存水弯。采用的软管应牢固可靠、顺直,无扭曲,软连接长度不宜大于150mm。

3 冷凝水管道严禁直接接入生活污水管道,且不应接入雨水管道。

11.3.6 管道安装完毕外观检查合格后,应进行水压试验,并应按本规范第15.5节的规定执行;冷凝水管道应进行通水试验,并应按本规范第15.6节的规定执行;提前隐蔽的管道应单独进行水压试验。

11.3.7 管道与设备连接前应进行冲洗试验。冲洗试验应按本规范第15.7节的规定执行。

11.4 阀门与附件安装

11.4.1 阀门与附件的安装位置应符合设计要求,并应便于操作和观察。

11.4.2 阀门安装应符合下列规定:

1 阀门安装前,应清理干净与阀门连接的管道。

2 阀门安装进、出口方向应正确;直埋于地下或地沟内管道上的阀门,应设检查井(室)。

3 安装螺纹阀门时,严禁填料进入阀门内。

4 安装法兰阀门时,应将阀门关闭,对称均匀地拧紧螺母。阀门法兰与管道法兰应平行。

5 与管道焊接的阀门应先点焊,再将关闭件全开,然后施焊。

6 阀门前后应有直管段,严禁阀门直接与管件相连。水平管道上安装阀门时,不应将阀门手轮朝下安装。

7 阀门连接应牢固、紧密,启闭灵活,朝向合理;并排水平管道设计间距过小时,阀门应错开安装;并排垂直管道上的阀门应安装于同一高度上,手轮之间的净距不应小于100mm。

11.4.3 电动阀门安装尚应符合下列规定:

1 电动阀安装前,应进行模拟动作和压力试验。执行机构行程、开关动作及最大关紧力应符合设计和产品技术文件的要求。

2 阀门的供电电压、控制信号及接线方式应符合系统功能和产品技术文件的要求。

3 电动阀门安装时,应将执行机构与阀体一体安装,执行机构和控制装置应灵敏可靠,无松动或卡涩现象。

4 有阀位指示装置的电磁阀,其阀位指示装置

应面向便于观察的方向。

11.4.4 安全阀安装应符合下列规定:

1 安全阀应由专业检测机构校验,外观应无损伤,铅封应完好。

2 安全阀应安装在便于检修的地方,并垂直安装;管道、压力容器与安全阀之间应保持通畅。

3 与安全阀连接的管道直径不应小于阀的接口直径。

4 螺纹连接的安全阀,其连接短管长度不宜超过100mm;法兰连接的安全阀,其连接短管长度不宜超过120mm。

5 安全阀排放管应引向室外或安全地带,并应固定牢固。

6 设备运行前,应对安全阀进行调整校正,开启和回座压力应符合设计要求。调整校正时,每个安全阀启闭试验不应少于3次。安全阀经调整后,在设计工作压力下不应有泄漏。

11.4.5 过滤器应安装在设备的进水管道上,方向应正确且便于滤网的拆装和清洗;过滤器与管道连接应牢固、严密。

11.4.6 制冷机组的冷冻水及冷却水管道上的水流开关应安装在水平直管段上。

11.4.7 补偿器的补偿量和安装位置应满足设计及产品技术文件的要求,并应符合下列规定:

1 应根据安装时施工现场的环境温度计算出该管段的实时补偿量,进行补偿器的预拉伸或预压缩;

2 设有补偿器的管道应设置固定支架和导向支架,其结构形式和固定位置应符合设计要求;

3 管道系统水压试验后,应及时松开波纹补偿器调整螺杆上的螺母,使补偿器处于自由状态;

4 "∏"形补偿器水平安装时,垂直臂应呈水平,平行臂应与管道坡向一致;垂直安装时,应有排气和泄水阀。

11.4.8 仪表安装前应校验合格;仪表应安装在便于观察、不妨碍操作和检修的地方;压力表与管道连接时,应安装放气旋塞及防冲击表弯。

11.5 质 量 检 查

11.5.1 空调水系统管道安装可按表11.5.1进行质量检查。

表 11.5.1 管道安装质量检查

序号	主要检查内容	检查方法	判定标准
1	管道安装位置	对照施工图	
2	支吊架位置、间距及每个支架防晃支架的设置情况,防腐情况	目测,按系统逐个进行检查	符合设计要求
3	管道的材质及连接方式	目测	

续表 11.5.1

序号	主要检查内容	检查方法	判定标准
4	隔热垫的厚度及防腐情况	目测,尺量	与绝热层厚度一致,防腐良好,无遗漏
5	管道变径	目测	应有利于排气和泄水
6	管道水压试验、通水试验、冲洗试验	查看试验记录	符合本规范第15.5节、第15.6节和第15.7节的相关规定

11.5.2 阀门与附件安装可按表11.5.2进行质量检查。

表 11.5.2 阀门与附件安装质量检查

序号	主要检查内容	检查方法	判定标准
1	阀门与附件规格	目测,对照施工图	符合设计要求
2	阀门安装位置	目测,按系统逐个管道进行检查	符合设计要求
3	补偿器安装	查看安装记录	符合本规范第11.4.7条的规定
4	仪表安装	目测	位置正确,便于观察
5	过滤器及其他附件安装	目测	数量齐全,位置正确

12 空调制冷剂管道与附件安装

12.1 一 般 规 定

12.1.1 本章适用于制冷系统中设计工作压力低于2.5MPa,温度在−20℃～150℃范围内,输送介质为制冷剂或载冷剂的管道安装工程。

12.1.2 空调制冷剂管道安装前应具备下列施工条件:

1 材料进场检验合格;

2 施工部位环境满足作业条件;

3 施工方法已明确,技术交底已落实;管道的安装位置、坡向已经过技术复核,并满足设计要求;

4 建筑结构的预留孔洞及预留套管位置、尺寸满足管道安装要求;

5 施工机具已齐备。

12.1.3 制冷剂管道穿墙或楼板处应设置套管,可按本规范第 11.1.3 条执行。

12.1.4 制冷剂管道弯曲半径不应小于管道直径的 4 倍。铜管煨弯可采用热弯或冷弯，椭圆率不应大于 8%。

12.1.5 不锈钢管道连接、铜管连接应符合设计要求及有关标准的规定。无缝钢管连接应按本规范第 11.2.4 条的规定执行。

12.1.6 制冷剂管道与附件安装的成品保护措施除应按本规范第 11.1.6 条执行外，尚应包括下列内容：

　　1 不锈钢管道搬运和存放时，不应与其他金属直接接触；

　　2 制冷剂管道安装完成后，应刷漆标识。

12.1.7 制冷剂管道与附件安装的安全和环境保护措施可按本规范第 11.1.7 条执行。

12.2 管 道 安 装

12.2.1 空调制冷剂管道与附件安装应按下列工序（图 12.2.1）进行。

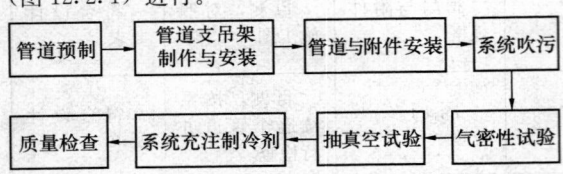

图 12.2.1 空调制冷剂管道与附件安装工序

12.2.2 制冷剂管道预制可按本规范第 11.3.2 条执行。

12.2.3 制冷剂管道支吊架的制作与安装应符合本规范第 7 章的有关规定。

12.2.4 制冷剂管道与附件安装应符合下列规定：

　　1 管道安装位置、坡度及坡向应符合设计要求。

　　2 制冷剂系统的液体管道不应有局部上凸现象；气体管道不应有局部下凹现象。

　　3 液体干管引出支管时，应从干管底部或侧面接出；气体干管引出支管时，应从干管上部或侧面接出。有两根以上的支管从干管引出时，连接部位应错开，间距不应小于支管管径的 2 倍，且不应小于 200mm。

　　4 管道三通连接时，应将支管按制冷剂流向弯成弧形再进行焊接，当支管与干管直径相同且管道内径小于 50mm 时，应在干管的连接部位换上大一号管径的管段，再进行焊接。

　　5 不同管径的管道直接焊接时，应同心。

12.2.5 分体式空调制冷剂管道安装应符合设计要求及产品技术文件的规定，并应符合下列规定：

　　1 连接前，应清洗制冷剂管道及盘管；

　　2 制冷剂配管安装时，应尽量减少钎焊接头和转弯；

　　3 分歧管应依据室内机负荷大小进行选用；

　　4 分歧管应水平或竖直安装，安装时不应改变其定型尺寸和装配角度；

　　5 有两根以上的支管从干管引出时，连接部位应错开，分歧管间距不应小于 200mm；

　　6 制冷剂管道安装应顺直、固定牢固，不应出现管道扁曲、褶皱现象。

12.2.6 系统吹污、气密性试验、抽真空试验以及系统充制冷剂应按本规范第 15.10 节的规定执行。

12.3 阀门与附件安装

12.3.1 制冷系统阀门安装前应进行水压试验，试验合格后，应保持阀体内干燥。

12.3.2 制冷系统阀门及附件安装除应按本规范第 11.4 节的规定执行，尚应符合下列规定：

　　1 阀门安装位置、方向应符合设计要求；

　　2 安装带手柄的手动截止阀，手柄不应向下；电磁阀、调节阀、热力膨胀阀、升降式止回阀等的阀头均应向上竖直安装；

　　3 热力膨胀阀的感温包应安装在蒸发器末端的回气管上，接触良好，绑扎紧密，并用绝热材料密封包扎，其厚度与管道绝热层相同。

12.4 质 量 检 查

12.4.1 空调制冷剂管道安装可按表 12.4.1 进行质量检查。

表 12.4.1 制冷剂管道安装质量检查

序号	主要检查内容	检查方法	判定标准
1	管道坡度、位置	对照施工图	符合设计要求及本规范的有关规定
2	支吊架位置、间距，防腐情况	目测，按系统逐个进行检查	
3	制冷剂管道材质及连接方式	观察	
4	制冷管道绝热及防腐情况	目测，尺量	与绝热层厚度一致，防腐良好，没有遗漏
5	法兰连接螺栓	目测	螺母应在同一侧
6	液体管道安装是否易形成气囊；气体管道是否易形成液囊	目测	无气囊和液囊形成
7	管道分支开口	实地观察	符合设计及本规范第 12.2.4 条和第 12.2.5 条的规定
8	管道吹污试验、气密性试验、抽真空试验	查看试验记录	符合设计及本规范第 15.10 节的有关规定

12.4.2 阀门与附件安装完成后，可按表12.4.2进行质量检查。

表 12.4.2　阀门与附件安装质量检查

序号	主要检查内容	检查方法	判定标准
1	阀门及附件规格、尺寸	目测，对照施工图	符合设计要求
2	阀门安装位置	目测，按系统逐个进行检查	符合设计要求
3	阀门强度及严密性	查看试验记录	符合本规范第15.4节的有关规定
4	仪表安装	目测	便于观察

13　防腐与绝热

13.1　一般规定

13.1.1 防腐与绝热施工前应具备下列施工条件：

1　防腐与绝热材料符合环保及防火要求，进场检验合格；

2　风管系统严密性试验合格；

3　空调水系统管道水压试验、制冷剂管道系统气密性试验合格。

13.1.2 空调设备绝热施工时，不应遮盖设备铭牌，必要时应将铭牌移至绝热层的外表面。

13.1.3 防腐与绝热施工完成后，应按设计要求进行标识，当设计无要求时，应符合下列规定：

1　设备机房、管道层、管道井、吊顶内等部位的主干管道，应在管道的起点、终点、交叉点、转弯处，阀门、穿墙管道两侧以及其他需要标识的部位进行管道标识。直管道上标识间隔宜为10m。

2　管道标识应采用文字和箭头。文字应注明介质种类，箭头应指向介质流动方向。文字和箭头尺寸应与管径大小相匹配，文字应在箭头尾部。

3　空调冷热水管道色标宜用黄色，空调冷却水管道色标宜用蓝色，空调冷凝水管道及空调补水管道的色标宜用淡绿色，蒸汽管道色标宜用红色，空调通风管道色标宜为白色，防排烟管道色标宜为黑色。

13.1.4 防腐与绝热的成品保护措施应包括下列内容：

1　防腐施工完毕后，应注意产品的保护，避免污染；

2　严禁在绝热后的风管上上人、走动；如有碍通行的地方，可增设人行通道；

3　空调风管绝热施工后应有防止损坏的保护措施。

13.1.5 防腐与绝热的安全与环境保护措施应包括下列内容：

1　防腐工程施工中，应采取防止污染环境和侵害作业人员健康的措施；

2　绝热施工应根据施工位置和现场的作业条件，采用相应的防止高空坠落和物体打击的技术措施；

3　在地下或封闭空间的场合施工时，应在施工前完善相应的通风技术措施。

13.2　管道与设备防腐

13.2.1 管道与设备防腐施工前应具备下列施工条件：

1　选用的防腐涂料应符合设计要求；配制及涂刷方法已明确，施工方案已批准；采用的技术标准和质量控制措施文件齐全；

2　管道与设备面层涂料与底层涂料的品种宜相同；当不同时，应确认其亲溶性，合格后再施工；

3　从事防腐施工的作业人员应经过技术培训，合格后再上岗；

4　防腐施工的环境温度宜在5℃以上，相对湿度宜在85%以下。

13.2.2 管道与设备防腐施工应按下列工序（图13.2.2）进行。

图 13.2.2　管道与设备防腐施工工序

13.2.3 防腐施工前应对金属表面进行除锈、清洁处理，可选用人工除锈或喷砂除锈的方法。喷砂除锈宜在具备除灰降尘条件的车间进行。

13.2.4 管道与设备表面除锈后不应有残留锈斑、焊渣和积尘，除锈等级应符合设计及防腐涂料产品技术文件的要求。

13.2.5 管道与设备的油污宜采用碱性溶剂清除，清洗后擦净晾干。

13.2.6 涂刷防腐涂料时，应控制涂刷厚度，保持均匀，不应出现漏涂、起泡等现象，并应符合下列规定：

1　手工涂刷涂料时，应根据涂刷部位选用相应的刷子，宜采用纵、横交叉涂抹的作业方法。快干涂料不宜采用手工涂刷。

2　底层涂料与金属表面结合应紧密。其他层涂料涂刷应精细，不宜过厚。面层涂料为调和漆或瓷漆时，涂刷应薄而均匀。每一层漆干燥后再涂下一层。

3　机械喷涂时，涂料射流应垂直喷漆面。漆面为平面时，喷嘴与漆面距离宜为250mm～350mm；漆面为曲面时，喷嘴与漆面的距离宜为400mm。喷嘴的移动应均匀，速度宜保持在13m/min～18m/min。喷漆使用的压缩空气压力宜为0.3MPa

～0.4MPa。

4 多道涂层的数量应满足设计要求，不应加厚涂层或减少涂刷次数。

13.3 空调水系统管道与设备绝热

13.3.1 空调水系统管道与设备绝热施工前应具备下列施工条件：

1 选用的绝热材料与其他辅助材料应符合设计要求，胶粘剂应为环保产品，施工方法已明确。

2 管道系统水压试验合格；钢制管道防腐施工已完成。

13.3.2 空调水系统管道与设备的绝热施工应按下列工序（图 13.3.2）进行。

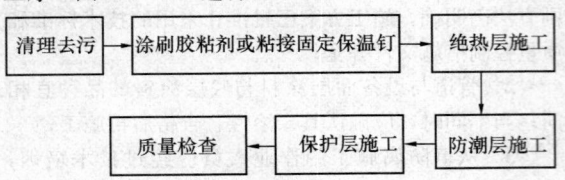

图 13.3.2 空调水系统管道与设备的绝热施工工序

13.3.3 空调水系统管道与设备绝热施工前应进行表面清洁处理，防腐层损坏的应补涂完整。

13.3.4 涂刷胶粘剂和粘接固定保温钉应符合下列规定：

1 应控制胶粘剂的涂刷厚度，涂刷应均匀，不宜多遍涂刷。

2 保温钉的长度应满足压紧绝热层固定压片的要求，保温钉与管道和设备的粘接应牢固可靠，其数量应满足绝热层固定要求。在设备上粘接固定保温钉时，底面每平方米不应少于 16 个，侧面每平方米不应少于 10 个，顶面每平方米不应少于 8 个；首行保温钉距绝热材料边沿应小于 120mm。

13.3.5 空调水系统管道与设备绝热层施工应符合下列规定：

1 绝热材料粘接时，固定宜一次完成，并应按胶粘剂的种类，保持相应的稳定时间。

2 绝热材料厚度大于 80mm 时，应采用分层施工，同层的拼缝应错开，且层间的拼缝应相压，搭接间距不应小于 130mm。

3 绝热管壳的粘贴应牢固，铺设应平整；每节硬质或半硬质的绝热管壳应用防腐金属丝捆扎或专用胶带粘贴不少于 2 道，其间距为 300mm～350mm，捆扎或粘贴应紧密，无滑动、松弛与断裂现象。

4 硬质或半硬质绝热管壳用于热水管道时拼接缝隙不应大于 5mm，用于冷水管道时不应大于 2mm，并用粘接材料勾缝填满；纵向缝应错开，外层的水平接缝应设在侧下方。

5 松散或软质保温材料应按规定的密度压缩其体积，疏密应均匀；毡类材料在管道上包扎时，搭接

处不应有空隙。

6 管道阀门、过滤器及法兰部位的绝热结构应能单独拆卸，且不应影响其操作功能。

7 补偿器绝热施工时，应分层施工，内层紧贴补偿器，外层需沿补偿方向预留相应的补偿距离。

8 空调冷热水管道穿楼板或穿墙处的绝热层应连续不间断。

13.3.6 防潮层与绝热层应结合紧密，封闭良好，不应有虚粘、气泡、皱褶、裂缝等缺陷，并应符合下列规定：

1 防潮层（包括绝热层的端部）应完整，且封闭良好。水平管道防潮层施工时，纵向搭接缝应位于管道的侧下方，并顺水；立管的防潮层施工时，应自下而上施工，环向搭接缝应朝下。

2 采用卷材防潮材料螺旋形缠绕施工时，卷材的搭接宽度宜为 30mm～50mm。

3 采用玻璃钢防潮层时，与绝热层应结合紧密，封闭良好，不应有虚粘、气泡、皱褶、裂缝等缺陷。

4 带有防潮层、隔汽层绝热材料的拼缝处，应用胶带密封，胶带的宽度不应小于 50mm。

13.3.7 保护层施工应符合下列规定：

1 采用玻璃纤维布缠裹时，端头应采用卡子卡牢或用胶粘剂粘牢。立管应自下而上，水平管道应从最低点向最高点进行缠裹。玻璃纤维布缠裹应严密，搭接宽度应均匀，宜为 1/2 布宽或 30mm～50mm，表面应平整，无松脱、翻边、皱褶或鼓包。

2 采用玻璃纤维布外刷涂料作防水与密封保护时，施工前应清除表面的尘土、油污，涂层应将玻璃纤维布的网孔堵密。

3 采用金属材料作保护壳时，保护壳应平整，紧贴防潮层，不应有脱壳、皱褶、强行接口现象，保护壳端头应封闭；采用平搭接时，搭接宽度宜为 30mm～40mm；采用凸筋加强搭接时，搭接宽度宜为 20mm～25mm；采用自攻螺钉固定时，螺钉间距应匀称，不应刺破防潮层。

4 立管的金属保护壳应自下而上进行施工，环向搭接缝应朝下；水平管道的金属保护壳应从管道低处向高处进行施工，环向搭接缝口应朝向低端，纵向搭接缝应位于管道的侧下方，并顺水。

13.4 空调风管系统与设备绝热

13.4.1 空调风管系统与设备绝热施工前应具备下列施工条件：

1 选用的绝热材料与其他辅助材料应符合设计要求，胶粘剂应为环保产品，施工方法已明确。

2 风管系统严密性试验合格。

13.4.2 空调风管系统与设备绝热应按下列工序（图 13.4.2）进行。

13.4.3 镀锌钢板风管绝热施工前应进行表面去油、

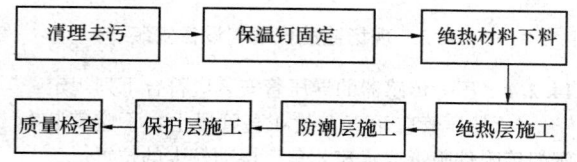

图 13.4.2 空调风管系统与设备绝热施工工序

清洁处理；冷轧板金属风管绝热施工前应进行表面除锈、清洁处理，并涂防腐层。

13.4.4 风管绝热层采用保温钉固定时，应符合下列规定：

1 保温钉与风管、部件及设备表面的连接宜采用粘接，结合应牢固，不应脱落。

2 固定保温钉的胶粘剂宜为不燃材料，其粘结力应大于 $25N/cm^2$。

3 矩形风管与设备的保温钉分布应均匀，保温钉的长度和数量可按本规范第 13.3.4 条的规定执行。

4 保温钉粘结后应保证相应的固化时间，宜为 12h～24h，然后再铺覆绝热材料。

5 风管的圆弧转角段或几何形状急剧变化的部位，保温钉的布置应适当加密。

13.4.5 风管绝热材料应按长边加 2 个绝热层厚度，短边为净尺寸的方法下料。绝热材料应尽量减少拼接缝，风管的底面不应有纵向拼缝，小块绝热材料可铺覆在风管上平面。

13.4.6 绝热层施工应满足设计要求，并应符合下列规定：

1 绝热层与风管、部件及设备应紧密贴合，无裂缝、空隙等缺陷，且纵、横向的接缝应错开。绝热层材料厚度大于 80mm 时，应采用分层施工，同层的拼缝应错开，层间的拼缝应相压，搭接间距不应小于 130mm。

2 阀门、三通、弯头等部位的绝热层宜采用绝热板材切割预组合后，再进行施工。

3 风管部件的绝热不应影响其操作功能。调节阀绝热要留出调节轴或调节手柄的位置，并标明启闭位置，保证操作灵活方便。风管系统上经常拆卸的法兰、阀门、过滤器及检测点等应采用能单独拆卸的绝热结构，其绝热层的厚度不应小于风管绝热层的厚度，与固定绝热结构之间的连接应严密。

4 带有防潮层的绝热材料接缝处，宜用宽度不小于 50mm 的粘胶带粘贴，不应有胀裂、皱褶和脱落现象。

5 软接风管宜采用软性的绝热材料，绝热层应留有变形伸缩的余量。

6 空调风管穿楼板和穿墙处套管内的绝热层应连续不间断，且空隙处应用不燃材料进行密封封堵。

13.4.7 绝热材料粘接固定应符合下列规定：

1 胶粘剂应与绝热材料相匹配，并应符合其使用温度的要求；

2 涂刷胶粘剂前应清洁风管与设备表面，采用横、竖两方向的涂刷方法将胶粘剂均匀地涂在风管、部件、设备和绝热材料的表面上；

3 涂刷完毕，应根据气温条件按产品技术文件的要求静放一定时间后，再进行绝热材料的粘接；

4 粘接宜一次到位，并加压，粘接应牢固，不应有气泡。

13.4.8 绝热材料使用保温钉固定后，表面应平整。

13.4.9 防潮层施工可按本规范第 13.3.6 条执行。

13.4.10 风管金属保护壳的施工可按本规范第 13.3.7 条执行，外形应规整，板面宜有凸筋加强，边长大于 800mm 的金属保护壳应采用相应的加固措施。

13.5 质量检查

13.5.1 管道与设备防腐施工可按表 13.5.1 进行质量检查。

表 13.5.1 管道与设备防腐质量检查

序号	主要检查内容	检查方法	判定标准
1	防腐涂料质量	核查质量证明文件	符合设计要求
2	除锈	目测	不应有残留锈斑和焊渣
3	表面去污	目测	无积尘、水或油污
4	防锈涂层	目测	管道与支吊架的防腐完整无遗漏，不露底，不皱皮；涂层数量符合设计要求
5	面漆	目测	漆种性能和涂层数量（厚度）符合设计要求；面漆完整无遗漏，不露底、色泽一致；表面平整无起泡、皱褶

13.5.2 空调水系统管道与设备绝热施工可按表 13.5.2 进行质量检查。

表 13.5.2 空调水系统管道与设备绝热质量检查

序号	主要检查内容	检查方法	判定标准
1	绝热材料性能	核查产品质量证明文件	其技术性能（材质、导热率、密度、规格及厚度）参数符合设计要求
2	保温钉	目测，手扳	符合本规范第 13.3.4 条中第 2 款的规定
3	绝热层	目测，测量	固定牢固，表面平整，无十字形拼缝
4	防潮层	目测，测量	与绝热层固定无位移；搭接缝口顺水，封闭良好
5	保护层	目测，测量	搭接缝顺水，宽度一致；接口平整，外观无明显缺陷，封闭良好

13.5.3 空调风管系统与设备绝热施工可按表13.5.3进行质量检查。

表 13.5.3 空调风管系统与设备绝热质量检查

序号	主要检查内容	检查方法	判定标准
1	绝热材料性能	核查产品质量证明文件	技术性能（材质、导热率、密度、规格及厚度）参数符合设计要求
2	防腐涂层	目测	无遗漏
3	保温钉	目测，手扳	符合本规范第13.4.4条的规定
4	绝热层	目测，测量	固定牢固；表面平整；无十字形拼缝；厚度为$+0.1\delta$和-0.05δ
5	防潮层	目测，测量	与绝热层固定无位移；搭接缝口顺水，封闭良好；胶带宽度不小于50mm；粘贴平整良好
6	保护层	目测，测量	搭接缝顺水，宽度一致；接口平整，外观无明显缺陷；封闭良好

14 监测与控制系统安装

14.1 一般规定

14.1.1 监测与控制系统安装前应具备下列施工条件：

1 施工方案已批准，采用的技术标准和质量控制措施文件齐全。

2 材料、设备进场检验合格。

3 监测和控制系统安装部位的管道系统等已安装完成，并预留监测和控制系统设备及管线的安装位置；监控室的土建部分已完成验收。

4 施工机具已齐备，满足安装要求。

14.1.2 监测与控制系统的安装应符合设计要求及现行国家标准的有关规定。

14.1.3 监测与控制系统安装时，应采取避免电磁干扰的措施。

14.1.4 不同的监测与控制系统对接时，其接口协议应一致。

14.2 现场监控仪表与设备安装

14.2.1 压力传感器的导压管安装应符合下列规定：

1 导压管应垂直安装在直管段上，不应安装在阀门等附件附近或水流死角、振动较大的位置。

2 液体压力传感器的导压管不应安装在有气体积存的管道上部，蒸汽压力传感器的导压管不应安装在管道下部。

3 液体和蒸汽压力传感器的导压管上应安装检修阀门。

4 液体压力传感器的导压管安装应与管道预制和安装同时进行。

14.2.2 风管上安装的空气压力（压差）传感器时，应在风管绝热施工前开测压孔，测压点与风管连接处应采取密封措施。

14.2.3 液体压差传感器（压差开关）的安装应符合下列规定：

1 安装前应进行零点校准。

2 连接导压管的端口宜朝下安装；高、低压接入点应与高、低压管道相对应。

3 安装位置应便于检修，固定应牢固。

4 与导压管的连接应设置避振弯管。

14.2.4 温度传感器的安装应符合下列规定：

1 液体温度传感器的底座安装应与管道预制和安装同时进行。

2 空气温度传感器应设在避开空气滞流的风管直管段上。传感器插入时应加密封圈，固定后应对接口周围用密封胶密封。

3 液体温度传感器应安装在避开水流死角和振动较大的直管段上，距管道焊缝的间距不应小于100mm。

4 液体温度传感器的探针应置于套管内，安装前应保证套管内导热硅胶充满。套管宜迎水流方向倾斜安装，且不应接触管道内壁。

14.2.5 温湿度传感器的安装应符合下列规定：

1 安装位置应空气流通，且不易积尘。

2 风管型温湿度传感器的安装应在风管绝热施工完成后进行。

14.2.6 空气质量传感器的安装应符合下列规定：

1 检测气体密度小于空气密度时，空气质量传感器应安装在风管或房间的上部；检测气体密度大于空气密度时，空气质量传感器应安装在风管或房间的下部。

2 风管空气质量传感器的安装应在风管保温层完成之后进行。

14.2.7 流量传感器的安装应满足设计和产品技术文件要求，并应符合下列规定：

1 流量传感器应安装在便于检修、不受曝晒、污染或冻结的管道上。当环境温度低于0℃时，应采取保温、防冻措施。

2 流量传感器入口直管段长度宜大于或等于管道直径的 10 倍，不应小于管道直径的 5 倍，出口直管段长度宜大于或等于管道直径的 5 倍，不应小于管道直径的 3 倍。

3 流量传感器上的箭头所指方向应与管道内介质流动方向一致。

4 流量传感器的信号电缆应单独穿管敷设，当接地时，接地线宜采用总截面积大于或等于 $4mm^2$ 的多股铜线，单独接地，其接地电阻应小于 4Ω。

14.2.8 落地式机柜安装可采用槽钢或混凝土基础，基础应平整。控制柜应与基础平面垂直，并应与基础固定牢固。控制柜接地应接入整个弱电系统接地网。

14.2.9 壁挂式机柜的安装应在墙面装修完成后进行，安装应平正，与墙面固定应牢固，并应可靠接地。挂墙安装时，机柜底边距地面高度宜为 1.5m，正面操作空间距离应大于 1.2m，靠近门轴的侧面空间距离应大于 0.5m。

14.3 线管与线槽安装及布线

14.3.1 线管与线槽安装及布线应符合现行国家标准《建筑电气工程施工质量验收规范》GB 50303 和《智能建筑质量验收规范》GB 50339 的有关规定。

14.3.2 强、弱电线应分开在不同线槽内敷设。当强、弱电线槽交错时，强电线槽应在弱电线槽之上，两者间距不应小于 300mm。

14.3.3 线缆（光缆）敷设应符合设计要求，并应符合下列规定：

1 线槽内线缆应排列整齐，不拧绞；线缆出现交叉时，交叉处应粗线在下，细线在上；不同电压的线缆应分类绑扎，并应固定牢固。

2 线管内穿入多根线缆时，线缆之间不应相互拧绞，线管内不应有接头，接头应在线盒（箱）处连接。

3 不同回路、不同电压、交流与直流的导线不应穿入同一根线管内，导线在管内或线槽内不应有接头或扭结，导线的接头应在接线盒内焊接或用端子连接。

4 线管出线终端口与设备接线端子之间应采用金属软管连接，不应将线缆直接裸露。

5 敷设至设备处的导线预留长度不应少于 150mm，敷设至控制器的导线预留长度不应少于控制器安装高度的 1.5 倍。

6 进入机柜后的线缆应分别进入机架内分线槽或分别绑扎固定。

7 敷设光缆时，其弯曲半径不应小于 20 倍光缆外径，光缆的牵引端头应做好技术处理。

14.3.4 设备接线应符合下列规定：

1 接线前应根据施工图编号校对线路，同根导线两端应套上相应编号的接线端子，进入端子的导线应留适当余量。

2 连接电缆应排列整齐，避免交叉，固定应牢固。

3 接线完毕应认真检查线路，并在适当部位对导线标识。

14.4 中央监控与管理系统安装

14.4.1 监控室设备安装前，应具备下列条件：

1 监控室的土建、装修施工和设备基础验收合格；

2 室内环境满足设备安装要求；

3 配置总供电电源；

4 有单独的弱电接地体。

14.4.2 监控室设备布置与安装应符合设计要求。当设计无要求时，应符合下列规定：

1 控制台正面与墙的净距不应小于 1.2m；侧面与墙的净距不应小于 0.8m，侧面为主要走道时，不应小于 1.5m。

2 设备应整体布局规整，间距合理，满足操作和维护要求。

3 机柜内监控主机应安装牢固，控制台及机柜内插件应接触牢固，无扭曲、脱落现象。

4 主监视器距监控人员的距离宜为主监视器荧光屏对角线长度的 4 倍~6 倍；避免阳光或人工光源直射荧光屏。

5 引线与设备连接时，应留有余量，并做永久性标识。

6 配线宜采用辐射方式。

7 系统软件安装时，应考虑软件的安全性、通用性、兼容性和可维护性。

14.5 质 量 检 查

14.5.1 监测与控制系统设备安装可按表 14.5.1 进行质量检查。

表 14.5.1 监测与控制系统设备安装质量检查

序号	主要检查内容	检查方法	判定标准
1	传感器的安装	对照施工图检查，查验质量证明文件、检测报告	符合现行国家标准《智能建筑质量验收规范》GB 50339 第 6 章的规定，符合设计和产品技术文件的要求
2	执行器的安装		
3	控制箱(柜)的安装	实地观察，尺量	

14.5.2 监测与控制系统设备安装性能可按表 14.5.2 进行质量检查。

表 14.5.2 监测与控制系统设备安装性能检查

序号	主要检查内容	检查方法	判定标准
1	传感器精度测试	通电测试，检测传感器采样显示值与现场实际值的一致性	符合现行国家标准《智能建筑质量验收规范》GB 50339 第6章的规定，符合设计和产品技术文件的要求
2	控制设备性能测试	通电测试，测定控制设备的有效性、正确性和稳定性	
3	阀门执行器性能测试	通电测试，测试核对电动调节阀在零开度、50%和80%的行程处与控制指令的一致性及响应速度	

14.5.3 软件产品可按表 14.5.3 进行质量检查。

表 14.5.3 软件产品质量检查

序号	主要检查内容	检查方法	判定标准
1	操作系统、数据库管理系统、应用系统软件、信息软件和网管软件测试	查验技术文件和质量证明文件、检测报告	满足设计和产品技术文件的要求，符合现行国家标准《智能建筑质量验收规范》GB 50339 的有关规定
2	系统承包商编制的用户使用软件、用户组态软件及接口软件等应用软件的功能测试	进行容量、可靠性、安全性、可恢复性、兼容性自诊断	
3	系统接口软件的兼容性及通信瓶颈	测试各项通信功能	

15 检测与试验

15.1 一般规定

15.1.1 通风与空调系统检测与试验项目应包括下列内容：

1 风管批量制作前，对风管制作工艺进行验证试验时，应进行风管强度与严密性试验。

2 风管系统安装完成后，应对安装后的主、干风管分段进行严密性试验，应包括漏光检测和漏风量检测。

3 水系统阀门进场后，应进行强度与严密性试验。

4 水系统管道安装完毕，外观检查合格后，应进行水压试验。

5 冷凝水管道系统安装完毕，外观检查合格后，应进行通水试验。

6 水系统管道水压试验合格后，在与制冷机组、空调设备连接前，应进行管道系统冲洗试验。

7 开式水箱（罐）在连接管道前，应进行满水试验；换热器及密闭容器在连接管道前，应进行水压试验。

8 风机盘管进场检验时，应进行水压试验。

9 制冷剂管道系统安装完毕，外观检查合格后，应进行吹污、气密性和抽真空试验。

10 通风与空调设备进场检验时，应进行电气检测与试验。

15.1.2 检测与试验前应具备下列条件：

1 检测与试验技术方案已批准。

2 检测与试验所使用的测试仪器和仪表齐备，已检定合格，并在有效期内；其量程范围、精度应能满足测试要求。

3 参加检测与试验的人员已经过培训，熟悉检测与试验内容，掌握测试仪器和仪表的使用方法。

4 所需用的水、电、蒸汽、压缩空气等满足检测与试验要求。

5 检测与试验的项目外观检查合格。

15.1.3 检测与试验时，应根据检测与试验项目选择相应的测试仪器和仪表。

15.1.4 检测与试验应在监理工程师（建设单位代表）的监督下进行，并应形成书面记录，签字应齐全；检测与试验结束后，应提供完整的检测与试验报告。

15.1.5 检测与试验用水应清洁，试验结束后，试验用水应排入指定地点。水压试验的环境温度不宜低于5℃，当环境温度低于5℃时，应有防冻措施。试验后应排净管道内积水，并使用 0.1MPa～0.2MPa 的压缩空气吹扫管道内积水。

15.1.6 检测与试验时的成品保护措施应包括下列内容：

1 检测与试验时，不应损坏管道、设备的外保护（绝热）层。

2 漏光检测拖动光源时，应避免划伤风管内壁。

3 管道冲洗合格后，应采取保护措施防止污物进入管内。

15.1.7 检测与试验时的安全和环境保护措施应包括下列内容：

1 漏光检测时，所用电源应为安全电压。

2 启动漏风量测试装置内的风机时，应分段调高转速直至达到规定试验压力。

3 试压过程中，应缓慢进行升压，集中注意力观察压力表，防止超压；试验过程中如发生泄漏，不应带压修理；缺陷消除后，应重新试验。

4 应避免制冷剂泄漏，减少对大气的污染。

5 管道吹扫时，应做好隔离防护工作，不应污染已安装的设备及周围环境。

15.2 风管强度与严密性试验

15.2.1 风管强度与严密性试验应按风管系统的类别和材质分别制作试验风管，均不应少于3节，并且不应小于 15m²。制作好的风管应连接成管段，两端口进行封堵密封，其中一端预留试验接口。

15.2.2 风管严密性试验采用测试漏风量的方法，应在设计工作压力下进行。漏风量测试可按下列要求进行：

1 风管组两端的风管端头应封堵严密，并应在一端留有两个测量接口，分别用于连接漏风量测试装置及管内静压测量仪。

2 将测试风管组置于测试支架上，使风管处于安装状态，并安装测试仪表和漏风量测试装置（图15.2.2）。

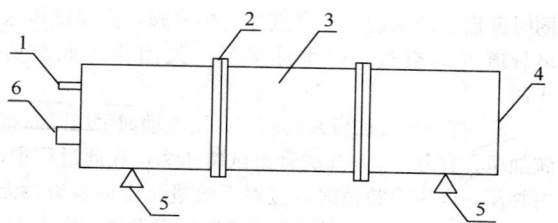

图 15.2.2　漏风量测试装置连接示意
1—静压测管；2—法兰连接处；3—测试风管组（按规定加固）；4—端板；5—支架；6—漏风量测试装置接口

3 接通电源、启动风机，调整漏风量测试装置节流器或变频调速器，向测试风管组内注入风量，缓慢升压，使被测风管压力示值控制在要求测试的压力点上，并基本保持稳定，记录漏风量测试装置进口流量测试管的压力或孔板流量测试管的压差。

4 记录测试数据，计算漏风量；应根据测试风管组的面积计算单位面积漏风量；计算允许漏风量；对比允许漏风量判定是否符合要求。实测风管组单位面积漏风量不大于允许漏风量时，应判定为合格。

15.2.3 风管的允许漏风量应符合下列规定：

1 矩形风管的允许漏风量可按下式计算：

低压系统：　$Q_L \leqslant 0.1056 P^{0.65}$　　　（15.2.3-1）

中压系统：　$Q_M \leqslant 0.0352 P^{0.65}$　　　（15.2.3-2）

高压系统：　$Q_H \leqslant 0.0117 P^{0.65}$　　　（15.2.3-3）

式中　Q_L、Q_M、Q_H——在相应设计工作压力下，单位面积风管单位时间内的允许漏风量[$m^3/(h \cdot m^2)$]；

P——风管系统的设计工作压力（Pa）。

2 圆形金属风管、复合风管及采用非法兰连接的非金属风管的允许漏风量，应为矩形风管规定值的50%。

3 排烟、低温送风系统的允许漏风量应按中压系统风管确定；1级～5级洁净空调系统的允许漏风量应按高压系统风管确定。

15.2.4 风管强度试验宜在漏风量测试合格的基础上，继续升压至设计工作压力的1.5倍进行试验。在试验压力下接缝应无开裂，弹性变形量在压力消失后恢复原状为合格。

15.3　风管系统严密性试验

15.3.1 风管系统严密性试验应按不同压力等级和不同材质分别进行，并应符合下列规定：

1 低压系统风管的严密性试验，宜采用漏光法检测。漏光检测不合格时，应对漏光点进行密封处理，并应做漏风量测试。

2 中压系统风管的严密性试验，应在漏光检测合格后，对系统漏风量进行测试。

3 高压系统风管的严密性试验应为漏风量测试。

4 1级～5级洁净空调系统风管的严密性试验应按高压系统风管的规定执行；6级～9级洁净空调系统风管的严密性试验应按中压系统风管的规定执行。

15.3.2 风管系统漏光检测可按下列要求进行：

1 风管系统漏光检测时（图15.3.2），移动光源可置于风管内侧或外侧，其相对侧应为暗黑环境。

2 检测光源应沿着被检测风管接口、接缝处作垂直或水平缓慢移动，检查人在另一侧观察漏光情况。

3 有光线射出，应作好记录，并应统计漏光点。

4 应根据检测风管的连接长度计算接口缝长度值。

5 系统风管的检测，宜采用分段检测、汇总分析的方法。系统风管的检测应以总管和主干管为主。低压系统风管每10m接缝，漏光点不大于2处，且100m接缝平均不大于16处为合格；中压系统风管每10m接缝，漏光点不大于1处，且100m接缝平均不大于8处为合格。

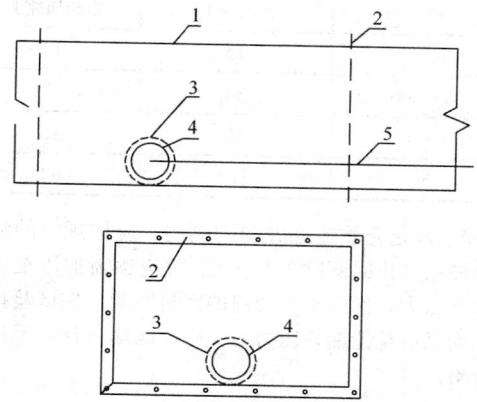

图 15.3.2　风管漏光检测示意
1—风管；2—法兰；3—保护罩；4—低压光源（>100W）；5—电源线

15.3.3 风管系统漏风量测试应符合下列规定：

1 风管分段连接完成或系统主干管已安装完毕。

2 系统分段、面积测试应已完成，试验管段分支管口及端口已密封。

3 按设计要求及施工图上该风管（段）风机的风压，确定测试风管（段）的测试压力。

4 风管漏风量测试方法可按本规范第15.2.2条执行。

15.4 水系统阀门水压试验

15.4.1 阀门进场检验时，设计工作压力大于1.0MPa及在主干管上起切断作用的阀门应进行水压试验（包括强度和严密性试验），合格后再使用。其他阀门不单独进行水压试验，可在系统水压试验中检验。阀门水压试验应在每批（同牌号、同规格、同型号）数量中抽查20%，且不应少于1个。安装在主干管上起切断作用的阀门应全数检查。

15.4.2 阀门强度试验应符合下列规定：

　1 试验压力应为公称压力的1.5倍。

　2 试验持续时间应为5min。

　3 试验时，应把阀门放在试验台上，封堵好阀门两端，完全打开阀门启闭件。从一端口引入压力（止回阀应从进口端加压），打开上水阀门，充满水后，及时排气。然后缓慢升至试验压力值。到达强度试验压力后，在规定的时间内，检查阀门壳体无破裂或变形，压力无下降，壳体（包括填料函及阀体与阀盖连接处）不应有结构损伤，强度试验为合格。

15.4.3 阀门严密性试验应符合下列规定：

　1 阀门的严密性试验压力应为公称压力的1.1倍。

　2 试验持续时间应符合表15.4.3的规定。

表15.4.3 阀门严密性试验持续时间

公称直径 DN (mm)	最短试验持续时间(s)	
	金属密封	非金属密封
≤50	15	15
65～200	30	15
250～450	60	30
≥500	120	60

　3 规定介质流通方向的阀门，应按规定的流通方向加压（止回阀除外）。试验时应逐渐加压至规定的试验压力，然后检查阀门的密封性能。在试验持续时间内无可见泄漏，压力无下降，阀瓣密封面无渗漏为合格。

15.5 水系统管道水压试验

15.5.1 水系统管道水压试验可分为强度试验和严密性试验，包括分区域、分段的水压试验和整个管道系统水压试验。试验压力应满足设计要求，当设计无要求时，应符合下列规定：

　1 设计工作压力小于或等于1.0MPa时，金属管道及金属复合管的强度试验压力应为设计工作压力的1.5倍，但不应小于0.6MPa；设计工作压力大于1.0MPa时，强度试验压力应为设计工作压力加上0.5MPa。严密性试验压力应为设计工作压力。

　2 塑料管道的强度试验压力应为设计工作压力的1.5倍；严密性试验压力应为设计工作压力的1.15倍。

15.5.2 分区域分段水压试验应符合下列规定：

　1 检查各类阀门的开、关状态。试压管路的阀门应全部打开，试验段与非试验段连接处的阀门应隔断。

　2 打开试验管道的给水阀门向区域系统中注水，同时开启区域系统上各高点处的排气阀，排尽试压区域管道内的空气。待水注满后，关闭排气阀和进水阀。

　3 打开连接加压泵的阀门，用电动或手压泵向系统加压，宜分2次～3次升至试验压力。在此过程中，每加至一定压力数值时，应对系统进行全面检查，无异常现象时再继续加压。先缓慢升压至设计工作压力，停泵检查。观察各部位无渗漏，压力不降后，再升至试验压力，停泵稳压，进行全面检查。10min内管道压力不应下降且无渗漏、变形等异常现象，则强度试验合格。

　4 应将试验压力降至严密性试验压力进行试验，在试验压力下对管道进行全面检查，60min内区域管道系统无渗漏，严密性试验为合格。

15.5.3 系统管路水压试验应符合下列规定：

　1 在各分区、分段管道与系统主、干管全部连通后，应对整个系统的管道进行水压试验。最低点的压力不应超过管道与管件的承受压力。

　2 试验过程同分区域、分段水压试验。管道压力升至试验压力后，稳压10min，压力下降不应大于0.02MPa，管道系统无渗漏，强度试验合格。

　3 试验压力降至严密性试验压力，外观检查无渗漏，严密性试验为合格。

15.6 冷凝水管道通水试验

15.6.1 冷凝水管道通水试验应符合下列规定：

　1 分层、分段进行。

　2 封堵冷凝水管道最低处，由该系统风机盘管接水盘向该管段内注水，水位应高于风机盘管接水盘最低点。

　3 应充满水后观察15min，检查管道及接口；应确认无渗漏后，从管道最低处泄水，排水畅通，同时应检查各盘管接水盘无存水为合格。

15.7 管道冲洗试验

15.7.1 管道冲洗前，对不允许参加冲洗的系统、设备、仪表及管道附件应采取安全可靠的隔离措施。

15.7.2 冲洗试验应以水为介质，温度应在5℃～40℃之间。

15.7.3 冲洗试验可按下列要求进行：

1 检查管道系统各环路阀门，启闭应灵活、可靠，临时供水装置运转应正常，冲洗流速不低于管道介质工作流速；冲洗水排出时有排放条件。

2 首先冲洗系统最低处干管，后冲洗水平干管、立管、支管。在系统入口设置的控制阀前接上临时水源，向系统供水；关闭其他立、支管控制阀门，只开启干管末端最低处冲洗阀门，至排水管道；向系统加压，由专人观察出水口水质、水量情况。以排出口的水色和透明度与入口水目测一致为合格。

3 冲洗出水口处管径宜比被冲洗管道的管径小1号。

4 冲洗出水口流速，如设计无要求，不应小于1.5m/s，不宜大于2m/s。

5 最低处主干管冲洗合格后，应按顺序冲洗其他各干、立、支管，直至全系统管道冲洗完毕为止。

6 冲洗合格后，应如实填写记录，然后将拆下的仪表等复位。

15.8 开式水箱（罐）满水试验和换热器及密闭容器水压试验

15.8.1 开式水箱（罐）进行满水试验时，应先封堵开式水箱（罐）最低处的排水口，再向开式水箱（罐）内注水至满水。灌满水后静置24h，检查开式水箱（罐）及接口有无渗漏，无渗漏为合格。

15.8.2 密闭容器进行水压试验时，试验压力应满足设计要求。设计无要求时，按设计工作压力的1.5倍进行试验，换热器试验压力不应小于0.6MPa，密闭容器试验压力不应小于0.4MPa。水压试验可按下列步骤进行：

1 试压管道连接后，应开启进水阀门向密闭容器或换热器内充水，同时打开放气阀，待水灌满后，关闭放气阀。

2 应缓慢升压至设计工作压力，检查无渗漏后，再升压至规定的试验压力值，关闭进水阀门，稳压10min，观察各接口无渗漏、压力无下降为合格。

3 排水时应先打开放气阀。

15.9 风机盘管水压试验

15.9.1 风机盘管水压试验应符合下列规定：

1 试验压力应为设计工作压力的1.5倍。

2 应将风机盘管进、出水管道与试压泵连接，开启进水阀门向风机盘管内充水，同时打开放气阀，待水灌满后，关闭放气阀。

3 应缓慢升压至风机盘管的设计工作压力，检查无渗漏后，再升压至规定的试验压力值，关闭进水阀门，稳压2min，观察风机盘管各接口无渗漏、压力无下降为合格。

15.10 制冷系统试验

15.10.1 制冷系统安装后应采用洁净干燥的空气对整个系统进行吹污，将残存在系统内部的污物吹净，制冷系统吹污应符合下列规定：

1 管道吹污前，应将孔板、喷嘴、滤网、阀门的阀芯等拆掉，妥善保管或采取流经旁路方法。

2 对不允许参加吹污的仪表及管道附件应采取安全可靠的隔离措施。

3 吹污前应选择在系统的最低点设排污口，采用压力为0.6MPa的干燥空气或氮气进行吹扫；系统管道较长时，可采用几个排污口进行分段排污，用白布检查，5min无污物为合格。

15.10.2 系统内污物吹净后，应对整个系统（包括设备、阀件）进行气密性试验。系统气密性试验应符合下列规定：

1 制冷剂为氨的系统，应采用压缩空气进行试验。制冷剂为氟利昂的系统，应采用瓶装压缩氮气进行试验，较大的制冷系统可采用经干燥处理后的压缩空气进行试验。

2 应采用肥皂水对系统所有焊缝、阀门、法兰等连接部件进行涂抹检漏。

3 试验过程中发现泄漏时，应做好标记，应在泄压后进行检修，禁止带压修补。

4 应在试验压力下，经稳压24h后观察压力值，压力无变化为合格。因环境温度变化而引起的压力误差应进行修正。记录压力数值时，应每隔1h记录一次室温和压力值。试验终了时的压力值应按下式计算：

$$P_1 = P_2 \frac{273 + t_1}{273 + t_2} \qquad (15.10.2)$$

式中：P_1——试验起始压力（MPa）；

P_2——试验终了压力（MPa）；

t_1——试验起始温度（℃）；

t_2——试验终了温度（℃）。

5 制冷系统气密性试验压力应符合表15.10.2的规定。

表15.10.2 制冷系统气密性试验压力（MPa）

制冷剂	R717/R502	R22	R12/R134a	R11/R123
低压系统	1.8	1.8	1.2	0.3
高压系统	2.0	2.5	1.6	0.3

注：1 低压系统：指自节流阀起，经蒸发器到压缩机吸入口；

2 高压系统：指自压缩机排出口起，经冷凝器到节流阀。

6 溴化锂吸收式制冷系统的气密性试验应符合产品技术文件要求。无要求时，气密性试验正压为0.2MPa（表压力）保持24h，压力下降不大于66.5Pa为合格。

15.10.3 制冷系统抽真空试验应符合下列规定：

1 氟利昂制冷系统真空试验的剩余压力不应高于 5.3kPa，氨制冷系统真空试验的剩余压力不应高于 8kPa。保持 24h，氟利昂系统压力回升不大于 0.53kPa 为合格，氨系统压力无变化为合格。

2 氨制冷系统的真空试验应采用真空泵进行。无真空泵时，应将压缩机的专用排气阀（或排气口）打开，抽空时将气体排至大气，通过压缩机的吸气管道使整个系统抽空。

3 溴化锂吸收式制冷系统真空试验应符合产品技术文件要求，设计无要求时，真空气密性试验的绝对压力应小于 66.5Pa，持续 24h，升压不大于 25Pa 为合格。

15.10.4 制冷系统充制冷剂应符合下列规定：

1 系统充制冷剂时，可采用由压缩机低压吸气阀侧充灌制冷剂或在加液阀处充灌制冷剂。

2 由压缩机低压吸气阀侧充灌制冷剂时，应先将压缩机低压吸气阀逆时针方向旋转到底，关闭多用通道口，并应拧下多用通道口上的丝堵，然后接上三通接头，一端接真空压力表，另一端通过紫铜管与制冷剂钢瓶连接。稍打开制冷剂阀门，使紫铜管内充满制冷剂，再稍拧松三通接头上的接头螺母，将紫铜管内的空气排出。拧紧接头螺母，并开大制冷剂钢瓶阀门，在磅秤上读出重量，做好记录。再将压缩机低压吸气阀顺时针方向旋转，使多用通道和低压吸气端处于连通，制冷剂即可进入系统。

3 在加液阀处充灌制冷剂时，出液阀应关闭，其他阀门均应开启，操作方法与低压吸气阀侧充灌制冷剂相同。

4 当系统压力升至 0.2MPa 时，应对系统再次进行检漏。氨系统使用酚酞试纸，氟利昂系统使用卤素检漏仪。如有泄漏应在泄压后修理。

15.11 通风与空调设备电气检测与试验

15.11.1 通风与空调设备安装外观检查合格后，再进行电气检测与试验。

15.11.2 通风与空调系统电气设备及电动执行机构的可接近裸露导体应接地或接零。电动机、电加热器及电动执行机构绝缘电阻值应大于 0.5MΩ。100kW 以上的电动机应测量各相直流电阻值，相互差不应大于最小值的 2%，无中性点引出的电动机，测量线间直流电阻值，相互差不应大于最小值的 1%。

15.11.3 通风与空调设备的配电（控制）柜、箱等的运行电压、电流应正常，各种仪表指示正常。

15.11.4 电动机应试通电，检查转向和机械转动有无异常情况，可空载试运行的电动机，时间宜为 2h，记录空载电流，且应检查机身和轴承的温升。

15.11.5 电动执行机构的动作方向及指示，应与通风与空调系统设备装置的设计要求保持一致。

15.11.6 风机盘管机组的三速、温控开关的动作应

正确，并应与机组运行状态一一对应。

16 通风与空调系统试运行与调试

16.1 一般规定

16.1.1 通风与空调系统安装完毕投入使用前，必须进行系统的试运行与调试，包括设备单机试运转与调试、系统无生产负荷下的联合试运行与调试。

16.1.2 试运行与调试前应具备下列条件：

1 通风与空调系统安装完毕，经检查合格；施工现场清理干净，机房门窗齐全，可以进行封闭。

2 试运转所需用的水、电、蒸汽、燃油燃气、压缩空气等满足调试要求。

3 测试仪器和仪表齐备，检定合格，并在有效期内；其量程范围、精度应能满足测试要求。

4 调试方案已批准。调试人员已经过培训，掌握调试方法，熟悉调试内容。

16.1.3 通风与空调系统试运行与调试应由施工单位负责，监理单位监督，供应商、设计、建设等单位参与配合。试运行与调试也可委托给具有调试能力的其他单位实施。试运行与调试应做好记录，并应提供完整的调试资料和报告。

16.1.4 通风与空调系统无生产负荷下的联合试运行与调试应在设备单机试运转与调试合格后进行。通风系统的连续试运行不应少于 2h，空调系统带冷（热）源的连续试运行不应少于 8h。联合试运行与调试不在制冷期或采暖期时，仅做不带冷（热）源的试运行与调试，并应在第一个制冷期或采暖期内补做。

16.1.5 洁净空调系统的试运行与调试尚应符合下列规定：

1 洁净空调系统试运行前，应全面清扫系统和房间。

2 试运行前应在新风、回风的吸入口处和粗、中效过滤器前设置临时用过滤器，对系统进行保护，待系统稳定后再撤去。

3 调试应在系统试运行 24h 后，并达到稳定状态时进行。调试人员应穿洁净工作服，无关人员不应进入。

4 洁净室的洁净度检测应在空态或静态下进行。检测时，人员不宜多于 3 人，且应穿与洁净室洁净度等级相适应的洁净工作服。

16.1.6 通风与空调系统试运行与调试的成品保护措施应包括下列内容：

1 通风空调机房、制冷机房的门应上锁，非工作人员不应入内。

2 系统风量测试调整时，不应损坏风管绝热层。调试完成后，应将测点截面处的绝热层修复好，测孔应封堵严密。

3 系统调试时，不应踩踏、攀爬管道和设备等，不应破坏管道和设备的外保护（绝热）层。

4 系统调试完毕后，应在各调节阀的阀门开度指示处做好标记。

5 监测与控制系统的仪表元件、控制盘箱等应采取特殊保护措施。

16.2 设备单机试运转与调试

16.2.1 水泵试运转与调试可按表 16.2.1 的要求进行。

表 16.2.1 水泵试运转与调试要求

项目	方法和要求
试运转前检查	1 各固定连接部位应无松动； 2 各润滑部位加注润滑剂的种类和剂量应符合产品技术文件的要求；有预润滑要求的部位应按规定进行预润滑； 3 各指示仪表、安全保护装置及电控装置均应灵敏、准确、可靠； 4 检查水泵及管道系统上阀门的启闭状态，使系统形成回路；阀门应启闭灵活； 5 检测水泵电机对地绝缘电阻应大于 0.5MΩ； 6 确认系统已注满循环介质
试运转与调试	1 启动时先"点动"，观察水泵电机旋转方向应正确； 2 启动水泵后，检查水泵紧固连接件有无松动，水泵运行有无异常振动和声响；电动机的电流和功率不应超过额定值； 3 各密封处不应泄漏。在无特殊要求的情况下，机械密封的泄漏量不应大于 10mL/h；填料密封的泄漏量不应大于 60mL/h； 4 水泵应连续运转 2h 后，测定滑动轴承外壳最高温度不超过 70℃，滚动轴承外壳温度不超过 75℃； 5 试运转结束后，应检查所有紧固连接部位，不应有松动

16.2.2 风机试运转与调试可按表 16.2.2 的要求进行。

表 16.2.2 风机试运转与调试要求

项目	方法和要求
试运转前检查	1 检测风机电机绕组对地绝缘电阻应大于 0.5MΩ； 2 风机及管道内应清理干净； 3 风机进、出口处柔性短管连接应严密，无扭曲； 4 检查管道系统上阀门，按设计要求确定其状态； 5 盘车无卡阻，并关闭所有人孔门

续表 16.2.2

项目	方法和要求
试运转与调试	1 启动时先"点动"，检查电动机转向正确；各部位应无异常现象，当有异常现象时，应立即停机检查，查明原因并消除； 2 用电流表测量电动机的启动电流，待风机正常运转后，再测量电动机的运转电流，运转电流值应小于电机额定电流值； 3 额定转速下的试运转应无异常振动与声响，连续试运转时间不应少于 2h； 4 风机应在额定转速下连续运行 2h 后，测定滑动轴承外壳最高温度不超过 70℃，滚动轴承外壳温度不超过 75℃

16.2.3 空气处理机组试运转与调试可按表 16.2.3 的要求进行。

表 16.2.3 空气处理机组试运转与调试要求

项目	方法与要求
试运转前检查	1 各固定连接部位应无松动； 2 轴承处有足够的润滑油，加注润滑油的种类和剂量应符合产品技术文件的要求； 3 机组内及管道内应清理干净； 4 用手盘动风机叶轮，观察有无卡阻及碰擦现象；再次盘动，检查叶轮动平衡，叶轮两次应停留在不同位置； 5 机组进、出风口处的柔性短管连接应严密，无扭曲； 6 风管调节阀门启闭灵活，定位装置可靠； 7 检测电机绕组对地绝缘电阻应大于 0.5MΩ； 8 风阀、风口应全部开启；三通调节阀应调到中间位置；风管内的防火阀应放在开启位置；新风口、一次回风口前的调节阀应开启到最大位置
试运转	1 启动时先"点动"，检查叶轮与机壳有无摩擦和异常声响，风机的旋转方向应与机壳上箭头所示方向一致； 2 用电流表测量电动机的启动电流，待风机正常运转后，再测量电动机的运转电流，运转电流值应小于电机额定电流值；如运转电流值超过电机额定电流值，应将总风量调节阀逐渐关小，直至降到额定电流值； 3 额定转速下的试运转应无异常振动与声响，连续试运转时间不应少于 2h

16.2.4 冷却塔试运转与调试可按表 16.2.4 的要求进行。

表 16.2.4　冷却塔试运转与调试要求

项目	方法与要求
试运转前检查	1　冷却塔内应清理干净，冷却水管道系统应无堵塞； 2　冷却塔和冷却水管道系统已通水冲洗，无漏水现象； 3　自动补水阀动作灵活、准确； 4　校验冷却塔内补水、溢水的水位； 5　检测电机绕组对地绝缘电阻应大于 0.5MΩ； 6　用手盘动风机叶片，应灵活，无异常现象
试运转	1　启动时先"点动"，检查风机的旋转方向应正确； 2　运转平稳后，电动机的运行电流不应超过额定值，连续运转时间不应少于 2h； 3　检查冷却水循环系统的工作状态，并记录运转情况及有关数据，包括喷水的偏流状态，冷却塔出、入口水温，喷水量和吸水量是否平衡，补给水和集水池情况； 4　测量冷却塔的噪声。在塔的进风口方向，离塔壁水平距离为一倍塔体直径(当塔形为矩形时，取当量直径：$D = 1.13 \sqrt{a \cdot b}$，$a$、$b$ 为塔的边长)及离地面高度 1.5m 处测量噪声，其噪声应低于产品铭牌额定值； 5　试运行结束后，应清洗冷却塔集水池及过滤器

16.2.5　风机盘管机组试运转与调试可按表 16.2.5 的要求进行。

表 16.2.5　风机盘管机组试运转与调试要求

项目	方法与要求
试运转前检查	1　电机绕组对地绝缘电阻应大于 0.5MΩ； 2　温控(三速)开关、电动阀、风机盘管线路连接正确
试运转与调试	1　启动时先"点动"，检查叶轮与机壳有无摩擦和异常声响； 2　将绑有绸布条等轻软物的测杆紧贴风机盘管的出风口，调节温控器高、中、低档转速送风，目测绸布条迎风飘动角度，检查转速控制是否正常； 3　调节温控器，检查电动阀动作是否正常，温控器内感温装置是否按温度要求正常动作

16.2.6　水环热泵机组试运转与调试可按表 16.2.6 的要求进行。

表 16.2.6　水环热泵机组试运转与调试要求

项目	方法与要求
试运转前检查	1　冷凝水管道通水试验合格，排水畅通； 2　冷却塔、辅助热源及循环水泵已完成单机试运转； 3　分体式水环热泵机组制冷剂管道的高、低压阀门关闭； 4　循环水系统相关阀门按设计处于相应的开闭位置
试运转	1　旋松制冷剂管道低压侧阀门接头锁母，微开高压侧阀门，通过低压侧阀门接头锁母排气，直到手感冷气吹出，拧紧锁母，高低压侧阀门全开，并用肥皂水或制冷剂专用检漏仪检查气阀、液阀及铜管连接处是否有泄漏现象； 2　按产品技术文件要求启动水环热泵机组，运行 10min 以上，观察有无异常现象； 3　测试压缩机的吸气压力与排气压力是否与技术文件及当时气温相适应； 4　检查运行电流是否正常； 5　测试机组循环水流量与进、出口温差是否正常，作好记录； 6　机组正常运行后，设定风速，关闭门窗，不应有外界和室内噪声干扰，测定噪声不应超过设计值； 7　在出风口与回风口处分别测试温度，并计算出温差值，当回风温度不低于 25℃时，温差值应大于 7℃

16.2.7　蒸汽压缩式制冷（热泵）机组试运转与调试可按表 16.2.7 的要求进行。

表 16.2.7　蒸汽压缩式制冷（热泵）机组试运转与调试要求

项目	方法与要求
试运转前检查	1　冷冻(热)水泵、冷却水泵、冷却塔、空调末端装置等相关设备已完成单机试运转与调试； 2　机组启动当天，应具有足够的冷(热)负荷，满足调试需要； 3　电气系统工作正常
试运转	1　制冷(热泵)机组启动顺序：冷却水泵→冷却塔→空调末端装置→冷冻(热)水泵→制冷(热泵)机组； 2　制冷(热泵)机组关闭顺序：制冷(热泵)机组→冷却塔→冷却水泵→空调末端装置→冷冻(热)水泵； 3　各设备的开启和关闭时间应符合制冷(热泵)机组的产品技术文件要求； 4　运行过程中，检查设备工作状态是否正常，有无异常的噪声、振动、阻滞等现象； 5　记录机组运转情况及主要参数，应符合设计及产品技术文件的要求，包括制冷剂液位、压缩机油位、蒸发压力和冷凝压力、油压、冷却水进/出口温度及压力、冷冻(热)水进/出口温度及压力、冷凝器出口制冷剂温度、压缩机进气和排气温度等； 6　正常运转不少于 8h

项目	方法与要求
注意事项	1 加制冷剂时，机房应通风良好； 2 采取措施确保调试过程中的人身安全及设备安全。机组通电前，应关闭好启动柜和控制箱的柜门；检查机组前，应拉开启动柜上方的隔离开关，切断电源；进行带电线路检查和测试工作时，应有专人监护，并采取防护措施； 3 机组不应反向运转；机组启动前应对供电电源进行相序测定，确定供电相位是否符合要求； 4 试运转过程中，出现突然停水，发生保护措施失灵，压力温度超过允许范围，发生异常响声，离心式压缩机发生喘振等特殊情况时，应作紧急停机处理； 5 压缩机渐渐减速至完全停止的过程中，注意倾听是否有异常声音从压缩机或齿轮箱中传出

16.2.8 吸收式制冷机组试运转与调试可按表 16.2.8 的要求进行。

表 16.2.8　吸收式制冷机组试运转与调试要求

项目	方法与要求
试运转前检查	1 冷冻(热)水泵、冷却水泵、冷却塔、空调末端装置等相关设备已完成单机试运转与调试； 2 燃油、燃气、蒸汽、热水等供能系统已安装调试完毕，验收合格； 3 主机启动的当天，应具有足够的冷负荷； 4 燃油、燃气、蒸汽、热水等能源供应充足，满足连续试运转要求； 5 检查机组内屏蔽泵、真空泵、真空压力表、电控柜、变频器、燃烧机、仪表、阀门及电缆等是否正常； 6 机组气密性检查已经完成； 7 机组已经完成溴化锂溶液和冷剂水的充注； 8 机房泄爆与事故通风等安全系统处于正常状态
试运转与调试	1 启动冷却水泵和冷冻水泵，水温均不应低于20℃，水量应符合产品技术文件的要求； 2 启动发生器泵、吸收器泵及真空泵，使溶液循环； 3 机组电气系统通电试验：将外部电源接入电控柜内，合上空气开关，按"通电"按钮，观察各指示灯及各温度、液位、压力、流量检测点是否正常；

项目	方法与要求
试运转与调试	4 向机组少量供应运行所需能源，先使机组在较低负荷状态下运转，无异常现象后，逐渐将能源供应量提高到产品技术文件的规定值，并调节机组，使其正常运转； 5 试运转时，系统应始终保持规定的真空度；冷剂水的相对密度不应超过1.1；屏蔽泵工作稳定，无阻塞、过热、异常声响等现象；各类仪表指示正常； 6 记录机组运转情况及主要参数，应符合设计及产品技术文件的要求，包括稀溶液、浓溶液、混合溶液的浓度和温度，冷却水、冷冻水的水量、水温和进出口温度差，加热蒸汽的压力、温度和流量，冷剂系统各点温度等； 7 正常运转不少于8h
注意事项	1 燃烧机运行过程中，机房应通风良好； 2 调试地点照明充足，道路畅通，防止安全阀动作后蒸汽喷出伤人，无关人员禁止在旁逗留； 3 发生器停止供能后，冷却水泵、冷冻水泵、吸收器泵、发生器泵、蒸发器泵继续运转直到发生器浓溶液和吸收器稀溶液浓度平衡； 4 试运转结束后，若系统停止运转时间较长且环境温度低于15℃时，应将蒸发器中的冷剂水排到吸收器中，避免结晶； 5 紧急停机时，立即停止向燃烧室供油、供气，停用燃烧器

16.2.9 电动调节阀、电动防火阀、防排烟风阀（口）调试可按表16.2.9的要求进行。

表 16.2.9　电动调节阀、电动防火阀、防排烟风阀（口）调试要求

项目	方法与要求
调试前检查	1 执行机构和控制装置应固定牢固； 2 供电电压、控制信号和阀门接线方式符合系统功能要求，并应符合产品技术文件的规定
调试	1 手动操作执行机构，无松动或卡涩现象； 2 接通电源，查看信号反馈是否正常； 3 终端设置指令信号，查看并记录执行机构动作情况。执行机构动作应灵活、可靠，信号输出、输入正确

16.3 系统无生产负荷下的联合试运行与调试

16.3.1 系统无生产负荷下的联合试运行与调试前的检查可按表16.3.1进行。

表16.3.1 系统调试前的检查内容

类型	检 查 内 容
监测与控制系统	1 监控设备的性能应符合产品技术文件要求; 2 电气保护装置应整定正确; 3 控制系统应进行模拟动作试验
风管系统	1 通风与空调设备和管道内清理干净; 2 风量调节阀、防火阀及排烟阀的动作正常; 3 送风口和回风口(或排风口)内的风阀、叶片的开度和角度正常; 4 风管严密性试验合格; 5 空调设备及其他附属部件处于正常使用状态
空调水系统	1 管道水压试验、冲洗合格; 2 管道上阀门的安装方向和位置均正确,阀门启闭灵活; 3 冷凝水系统已完成通水试验,排水通畅
供能系统	提供通风与空调系统运行所需的电源、燃油、燃气等供能系统及辅助系统已调试完毕,其容量及安全性能等满足调试使用要求

16.3.2 系统无生产负荷下的联合试运行与调试应包括下列内容:

1 监测与控制系统的检验、调整与联动运行;
2 系统风量的测定和调整;
3 空调水系统的测定和调整;
4 变制冷剂流量多联机系统联合试运行与调试;
5 变风量(VAV)系统联合试运行与调试;
6 室内空气参数的测定和调整;
7 防排烟系统测定和调整。

16.3.3 监测与控制系统的检验、调整与联动运行可按表16.3.3的要求进行。

表16.3.3 监测与控制系统的检验、调整与联动运行要求

序号	步骤	内 容
1	控制线路检查	1 核实各传感器、控制器和调节执行机构的型号、规格和安装部位是否与施工图相符; 2 仔细检查各传感器、控制器、执行机构接线端子上的接线是否正确

序号	步骤	内 容
2	调节器及检测仪表单体性能校验	1 检查所有传感器的型号、精度、量程与所配仪表是否相符,并应进行刻度误差校验和动特性校验,均应达到产品技术文件要求; 2 控制器应作模拟试验,模拟试验时宜断开执行机构,调节特性的校验及动作试验与调整,均应达到产品技术文件要求; 3 调节阀和其他执行机构应作调节性能模拟试验,测定全行程距离与全行程时间,调整限位开关位置,标出满行程的分度值,均应达到产品技术文件要求
3	监测与控制系统联动调试	1 调试人员应熟悉各个自控环节(如温度控制、相对湿度控制、静压控制等)的自控方案和控制特点;全面了解设计意图及其具体内容,掌握调节方法; 2 正式调试之前应进行综合检查。检查控制器及传感器的精度、灵敏度和量程的校验和模拟试验记录;检查反/正作用方式的设定是否正确;全面检查系统在单体性能校验中拆去的仪表,断开的线路应恢复;线路应无短路、断路及漏电等现象; 3 正式投入运行前应仔细检查连锁保护系统的功能,确保在任何情况下均能对空调系统起到安全保护的作用; 4 自控系统联动运行应按以下步骤进行: 1)将控制器手动-自动开关置于手动位置上,仪表供电,被测信号接到输入端开始工作。 2)手动操作,以手动旋钮检查执行机构与调节机构的工作状况,应符合设计要求。 3)断开执行器中执行机构与调节机构的联系,使系统处于开环状态,将开关无扰动地切换到自动位置上。改变给定值或加入一些扰动信号,执行机构应相应动作。 4)手动施加信号,检查自控连锁信号和自动报警系统的动作情况。顺序连锁保护应可靠,人为逆向不能启动系统设备;模拟信号超过设定上下限时自动报警系统发出报警信号,模拟信号回到正常范围时应解除报警。 5)系统各环节工作正常,应恢复执行机构和调节机构的联系

16.3.4 系统风量的测定和调整包括通风机性能的测定，风口风量的测定，系统风量测定和调整，可按表16.3.4-1、表16.3.4-2、表16.3.4-3的要求进行。

表 16.3.4-1　通风机性能测定

项　目	检　测　方　法
风压和风量的测定	1　通风机风量和风压的测量截面位置应选择在靠近通风机出口而气流均匀的直管段上，按气流方向，宜在局部阻力之后大于或等于4倍矩形风管长边尺寸（圆形风管直径），及局部阻力之前大于或等于1.5倍矩形风管长边尺寸（圆形风管直径）的直管段上。当测量截面的气流不均匀时，应增加测量截面上测点数量； 2　测定风机的全压时，应分别测出风口端和吸风口端测量截面的全压平均值； 3　通风机的风量为风机吸入口端风量和出风口端风量的平均值，且风机前后的风量之差不应大于5%，否则应重测或更换测量截面
转速的测定	1　通风机的转速测定宜采用转速表直接测量风机主轴转速，重复测量三次，计算平均值； 2　现场无法用转速表直接测风机转速时，宜根据实测电动机转速按下式换算出风机的转速： $$n_1 = n_2 \cdot D_2/D_1 \quad (16.3.4-1)$$ 式中：n_1——通风机的转速（rpm）； 　　　n_2——电动机的转速（rpm）； 　　　D_1——风机皮带轮直径（mm）； 　　　D_2——电动机皮带轮直径（mm）
输入功率的测定	1　宜采用功率表测试电机输入功率； 2　采用电流表、电压表测试时，应按下式计算电机输入功率： $$P = \sqrt{3} \cdot V \cdot I \cdot \eta/1000 \quad (16.3.4-2)$$ 式中：P——电机输入功率（kW）； 　　　V——实测线电压（V）； 　　　I——实测线电流（A）； 　　　η——电机功率因素，取0.8～0.85； 3　输入功率应小于电机额定功率，超过时应分析原因，并调整风机运行工况到达设计点

表 16.3.4-2　送（回）风口风量的测定

项　目	检　测　方　法
送（回）风口风量的测定	1　百叶风口宜采用风量罩测试风口风量； 2　可采用辅助风管法求取风口断面的平均风速，再乘以风口净面积得到风口风量值；辅助风管的内截面应与风口相同，长度等于风口长边的2倍； 3　采用叶轮风速仪贴近风口测定风量时，应采用匀速移动测量法或定点测量法。匀速移动法不应少于3次，定点测量法的测点不应少于5个

表 16.3.4-3　系统风量的测定和调整

项　目	检测步骤与方法
系统风量的测定和调整步骤	1　按设计要求调整送风和回风各干、支管道及各送（回）风口的风量； 2　在风量达到平衡后，进一步调整通风机的风量，使其满足系统的要求； 3　调整后各部分调节阀不变动，重新测定各处的风量。应使用红油漆在所有风阀的把柄处作标记，将风阀位置固定
绘制风管系统草图	根据系统的实际安装情况，绘制出系统单线草图供测试时使用。草图上，应标明风管尺寸、测定截面位置、风阀的位置、送（回）风口的位置以及各种设备规格、型号等。在测定截面处，应注明截面的设计风量、面积
测量截面的选择	风管的风量宜用热球式风速仪测量。测量截面的位置应选择在气流均匀处，按气流方向，应选择在局部阻力之后大于或等于5倍矩形风管长边尺寸（圆形风管直径），及局部阻力之前大于或等于2倍矩形风管长边尺寸（圆形风管直径）的直管段上，见图16.3.4。当测量截面上的气流不均匀时，应增加测量截面上的测点数量
测量截面的选择	 图 16.3.4　测量截面位置示意 1—测定断面；2—静压测点； D—圆形风管直径；b—矩形风管长边尺寸
测量截面内测点的位置与数目选择	应按现行国家标准《通风与空调工程施工质量验收规范》GB 50243、《洁净室施工及验收规范》GB 50591，现行行业标准《公共建筑节能检测标准》JGJ/T 177执行
风管内风量的计算	通过风管测试截面的风量可按下式确定： $$Q = 3600 \cdot F \cdot V \quad (16.3.4-3)$$ 式中：Q——风管风量（m^3/h）； 　　　F——风管测试截面的面积（m^2）； 　　　V——测试截面内平均风速（m/s）

16.3.5 空调水系统流量的测定与调整应符合下列规定：

1 主干管上设有流量计的水系统，可直接读取冷热水的总流量。

2 采用便携式超声波流量计测定空调冷热水及冷却水的总流量以及各空调机组的水流量时，应按仪器要求选择前后远离阀门或弯头的直管段。当各空调机组水流量与设计流量的偏差大于20％时，或冷热水及冷却水系统总流量与设计流量的偏差大于10％时，需进行平衡调整。

3 采用便携式超声波流量计测试空调水系统流量时，应先去掉管道测试位置的油漆，并用砂纸去除管道表面铁锈，然后将被测管道参数输入超声波流量计中，按测试要求安装传感器；输入管道参数后，得出传感器的安装距离，并对传感器安装位置作调校；检查流量计状态，信号强度、信号质量、信号传输时间比等反映信号质量参数的数值应在流量计产品技术文件规定的正常范围内，否则应对测试工序进行重新检查；在流量计状态正常后，读取流量值。

16.3.6 变制冷剂流量多联机系统联合试运行与调试可按表16.3.6的要求进行。

表16.3.6 变制冷剂流量多联机系统联合试运行与调试要求

项　目	内　容
试运行与调试前检查	1 熟悉和掌握调试方案及产品技术文件要求； 2 电源线路、控制配线、接地系统应与设计和产品技术文件一致； 3 冷媒配管、绝热施工应符合设计与产品技术文件要求； 4 系统气密性试验和抽真空试验合格； 5 冷媒追加量应符合设计与产品技术文件的要求； 6 截止阀应按要求开启
试运行与调试步骤	1 系统通电预热6h以上，确认自检正常； 2 控制系统室内机编码，确保每台室内机控制器可与主控制器正常通信； 3 选定冷暖切换优先控制器，按照工况要求进行设定； 4 按照产品技术文件的要求，依次运行室内机，确认相应室外机组能进行运转，确认室内机是否吹出冷风(热风)，调节控制器的风量和风向按钮，检查室内机组是否动作； 5 所有室内机开启运行60min后，测试主机电源电压和运转电压、运转电流、运转频率、制冷系统运转压力、吸排风温差、压缩机吸排气温度、机组噪声等，应符合设计与产品技术文件要求

16.3.7 变风量（VAV）系统联合试运行与调试可按表16.3.7的要求进行。

表16.3.7 变风量（VAV）系统联合试运行与调试要求

项　目	内　容
试运行与调试前检查	1 空调系统上的全部阀门灵活开启； 2 清理机组及风管内的杂物，保证风管的通畅； 3 检查变风量末端装置的各控制线是否连接可靠，变风量末端装置与风口的软管连接是否严密； 4 空调箱冷热源供应正常
试运行与调试步骤	1 逐台开启变风量末端装置，校验调节器及检测仪表性能； 2 开启空调箱风机及该空调箱所在系统全部变风量末端装置，校验自控系统及检测仪表联动性能； 3 所有的空调风阀置于自动位置，接通空调箱冷热源； 4 每个房间设定合理的温度值，使变风量末端装置的风阀处在中间开启状态； 5 按本规范第16.3.4条的要求进行系统风量的调整，确保空调箱送至变风量末端各支管风量的平衡及回风量与新风量的平衡； 6 测定与调整空调箱的性能参数及控制参数，确保风管系统的控制静压合理

16.3.8 室内空气参数的测定，包括空调房间的干、湿球温度的测定，室内噪声的测定，房间之间静压差的测定，应按国家现行有关标准的规定执行。

16.3.9 防排烟系统测定和调整可按表16.3.9的要求进行。

表16.3.9 防排烟系统的测定和调整

步　骤	内　容
测定与调整前检查	1 检查风机、风管及阀部件安装符合设计要求； 2 检查防火阀、排烟防火阀的型号、安装位置、关闭状态，检查电源、控制线路连接状况、执行机构的可靠性； 3 送风口、排烟口的安装位置、安装质量、动作可靠性
机械正压送风系统测试与调整	1 若系统采用砖或混凝土风道，测试前应检查风道严密性，内表面平整，无堵塞、无孔洞、无串井等现象； 2 关闭楼梯间的门窗及前室或合用前室的门(包括电梯门)，打开楼梯间的全部送风口；

步　骤	内　容
机械正压送风系统测试与调整	3　在大楼选一层作为模拟火灾层(宜选在加压送风系统管路最不利点附近)，将模拟火灾层及上、下层的前室送风阀打开，将其他各层的前室送风阀关闭； 4　启动加压送风机，测试前室、楼梯间、避难层的余压值；消防加压送风系统应满足走廊→前室→楼梯间的压力呈递增分布；测试楼梯间内上下均匀选择 3 个～5 个测试点，重复不少于 3 次的平均静压；静压值应达到设计要求；测试开启送风口的前室的一个点，重复次数不少于 3 次的静压平均值，测定前室、合用前室、消防楼梯前室、封闭避难层(间)与走道之间的压力差应达到设计要求；测试是在门全部关闭下进行，压力测点的具体位置应视门、排烟口、送风口等的布置情况而定，应该远离各种洞口等气流通路； 5　同时打开模拟火灾层及其上、下层的走道→前室→楼梯间的门，分别测试前室通走道和楼梯间通前室的门洞平面处的平均风速，应符合设计要求；测试时，门洞风速测点布置应均匀，可采用等分小矩形面法，即将门洞划分为若干个边长为(200～400)mm 的小矩形网格，每个小矩形网格的对角线交点即为测点，如图 16.3.9 所示； 图 16.3.9　门洞风速测点布置示意 6　以上 4、5 两项可任选其一进行测试
机械排烟系统测试与调整	1　走道(廊)排烟系统：打开模拟火灾层及上、下一层的走道排烟阀，启动走道排烟风机，测试排烟口处平均风速，根据排烟口截面(有效面积)及走道排烟面积计算出每平方米面积的排烟量，应符合设计要求；测试宜与机械加压送风系统同时进行，若系统采用砖或混凝土风道，测试前还应对风道进行检查；平均风速测定可采用匀速移动法或定点测量法，测定时，风速仪应贴近风口，匀速移动法不小于 3 次，定点测量法的测点不少于 4 个；

步　骤	内　容
机械排烟系统测试与调整	2　中庭排烟系统：启动中庭排烟风机，测试排烟口处风速，根据排烟口截面计算出排烟量(若测试排烟口风速有困难，可直接测试中庭排烟风机风量)，并按中庭净空换算成换气次数，应符合设计要求； 3　地下车库排烟系统：若与车库排风系统合用，须关闭排风口，打开排烟口。启动车库排烟风机，测试各排烟口处风速，根据排烟口截面计算出排烟量，并按车库净空换算成换气次数，应符合设计要求； 4　设备用房排烟系统：若排烟风机单独担负一个防烟分区的排烟时，应把该排烟风机所担负的防烟分区中的排烟口全部打开；如排烟风机担负两个以上防烟分区时，则只需把最大防烟分区及次大的防烟分区中的排烟口全部打开，其他一律关闭。启动机械排烟风机，测定通过每个排烟口的风速，根据排烟口截面计算出排烟量，符合设计要求为合格

本规范用词说明

1　为了便于在执行本规范条文时区别对待，对要求严格程度不同的用词说明如下：

1）表示很严格，非这样做不可的用词：

正面词采用"必须"，反面词采用"严禁"；

2）表示严格，在正常情况下均应这样做的用词：

正面词采用"应"，反面词采用"不应"或"不得"；

3）表示允许稍有选择，在条件许可时首先应这样做的用词：

正面词采用"宜"，反面词采用"不宜"；

4）表示有选择，在一定条件下可以这样做的，采用"可"。

2　条文中指明应按其他有关标准执行的写法为："应符合……的规定"或"应按……执行"。

引用标准名录

1　《立式圆筒形钢制焊接储罐施工及验收规范》GB 50128

2　《钢结构工程施工质量验收规范》GB 50205

3　《现场设备、工业管道焊接工程施工规范》GB 50236

4　《通风与空调工程施工质量验收规范》GB 50243

5 《风机、压缩机、泵安装工程施工及验收规范》GB 50275

6 《建筑电气工程施工质量验收规范》GB 50303

7 《智能建筑质量验收规范》GB 50339

8 《建筑节能工程施工质量验收规范》GB 50411

9 《洁净室施工及验收规范》GB 50591

10 《组合式空调机组》GB/T 14294

11 《玻镁风管》JC/T 646

12 《公共建筑节能检测标准》JGJ/T 177

中华人民共和国国家标准

通风与空调工程施工规范

GB 50738—2011

条 文 说 明

制 订 说 明

《通风与空调工程施工规范》GB 50738 - 2011 经住房和城乡建设部 2011 年 9 月 16 日以第 1157 号公告批准、发布。

本规范制订过程中，编制组进行了通风与空调系统施工技术的调查研究，结合近年来我国通风与空调工程施工和管理方面的实践经验，同时参考了国外先进技术法规、技术标准，借鉴了国际先进经验和做法，充分考虑到我国现阶段建筑、通风与空调系统施工的实际情况，遵循技术先进，经济合理，安全适用，管理方便，可操作性的原则进行编制工作。突出施工操作工序、施工质量控制及运行调试的基本要求和重点内容，是一部涉及各种通风与空调系统形式、指导现场全过程操作的施工规范。

为便于广大设计、施工、科研、学校等单位有关人员在使用本规范时能正确理解和执行条文规定，《通风与空调工程施工规范》编制组按章、节、条顺序编制了本规范的条文说明，对条文规定的目的、依据以及执行中需注意的有关事项进行了说明，还着重对强制性条文的强制性理由做了解释。但是，本条文说明不具备与规范正文同等的法律效力，仅供使用者作为理解和把握规范规定的参考。

目　次

1 总 则

1.0.1 国家标准《通风与空调工程施工质量验收规范》GB 50243－2002 颁布实施以来，部分省市及企业制定了本地区、本单位的施工技术标准，但这些标准大同小异，基本上是一些工艺操作内容，并没有突出施工过程控制及施工质量控制的基本要求和重点内容。为了规范全国通风与空调工程施工安装行业的技术管理及施工工艺，强化施工过程控制，提高工程质量，在有关单位和专业人员总结近年来我国通风与空调工程施工和管理方面的实践经验基础上，借鉴国际先进经验和做法，充分考虑我国现阶段建筑、通风与空调系统的实际情况，遵循技术先进，经济合理，安全适用，管理方便，可操作性强的原则，编制了本规范。本规范突出施工操作工序、施工质量控制及运行调试的基本要求和重点内容，是一部涉及各种通风与空调系统形式、指导现场全过程操作的施工规范。

2 术 语

为了防止应用过程的错误理解，本规范仅列出了在通风与空调施工过程中的几个不易理解、并易混淆的术语进行解释。

3 基 本 规 定

3.1 施工技术管理

3.1.1 通风与空调工程专业性较强，施工企业应具备相应的施工技术水平，未取得相应施工资质的施工企业不能承担通风与空调工程施工。目前，在我国的施工资质管理中，取得机电施工资质的企业可以承担通风与空调工程的施工，但承担规模要和资质上所规定的内容相符。

施工现场要求具有相应的施工技术标准，包括国家及地方颁布的现行标准、规范，行业及企业标准，经审批的施工组织设计或方案等。

3.1.2 施工图深化设计是对原施工图的补充和完善，也是施工图变更的一种形式，所以应经过原设计单位确认。

3.1.3 设计交底及施工图会审是工程施工前的一项技术工作，由建设单位、监理、设计和施工单位有关人员共同参加。通过设计交底和施工图审查，可以有效解决施工图本身以及施工图中各工种之间存在的问题，设计交底及施工图会审记录可以作为以后办理变更洽商的依据，也是工程结算依据之一。

3.1.4 本条强调了施工组织设计（方案）的重要性。施工组织设计（方案）未被批准不能进行施工。单位

技术负责人是指工程施工合同单位的技术负责人，而不是施工项目的技术负责人。

技术交底通常按照工程施工的规模、难易程度等情况，在不同层次的施工人员范围内进行，技术交底的内容与深度也各不相同。技术交底一般分为设计交底、施工组织设计（施工方案）交底、专项施工方案交底、分项工程施工技术交底、四新技术交底和设计变更技术交底。本条强调的是分项工程施工技术交底，也就是专业工长向各作业班组长和各工种作业人员进行技术交底，是技术交底的重要环节。

3.1.5 本条为强制性条文。施工中，施工图的变更是不可避免的，但不能任意改动施工图，如改动必须经过设计单位同意；当施工图改动影响到使用效果和节能效果时，应视为建筑功能发生重要改变，此时不能只由设计单位同意即可，应经审查机构审查同意，并经监理和建设单位认可后，再办理变更手续。为了强调设计及使用功能和节能效果的重要性，此条列为强制性条文。

3.1.6 系统检测与试验、试运行与调试是技术性很高又比较复杂的一项工作，要求施工单位在检测与试验、试运行与调试前编制技术方案，并经审查批准，审查流程同施工组织设计（方案）。

3.1.7 工程中采用的新技术、新设备、新材料、新工艺，因为没有相应的标准可以依据，应采取慎重的态度对待。在通风与空调工程施工安装中应当遵守国家制定的关于"四新"技术应用的一些规定。

当施工中采用新的施工工艺或本单位首次使用的施工工艺时，为了能熟练掌握施工操作内容，施工前应对施工人员进行详细的技术交底，并制定专项技术方案，保证该施工工艺的贯彻落实。

3.2 施工质量管理

3.2.1 所有施工技术管理措施的落实，施工质量的最终结果是否符合施工计划目标，还要靠有效的质量责任制度和管理制度来保证。加强制度建设，用行之有效的管理制度来约束施工人员的行为是提高工程管理水平、加强施工队伍建设的根本所在和重中之重。施工单位要建立相应的管理制度来保证工程目标的实现。

3.2.2 通风与空调工程施工质量控制和检验主要包括五个方面的内容：一是对技术方案和技术交底的落实情况进行检查，这是提高工程质量的前提；二是用于施工安装工程的材料、半成品、成品、建筑构配件、器具和设备应进行进场检验，这是保证工程质量的关键；三是施工过程的工序控制，自检、互检、交接检验以及隐蔽工程检验等是保证工程质量的重要手段；四是工序间及专业工种之间的交接检查，是保证质量连续性的重要手段；五是各种检验和试验，这是保证施工质量的重要措施。

建筑安装施工技术标准、质量管理体系和工程质量控制和检验制度三者结合，缺一不可，共同组成了施工现场的质量保证体系。

3.2.3 水管或风管穿越墙体或楼板时，应设置套管。对于需要绝热的管道，套管尺寸应保证绝热材料连续不间断穿过，在绝热材料与套管间，采用阻燃材料填塞密实。穿越防火分区的风管或水管与套管间的填塞材料应为不燃材料。

3.2.4 管道水压试验不是一次就能完成的，往往会经过几次反复充水、泄水。一般设备安装在该管道系统最低点，如果管道提前与设备连接，系统中的水不易排净，杂质很容易进入到设备内。另外，压力试验时，一旦试验压力超压，会危及设备的安全。因此强调管道与设备连接前，系统管道应清洗、试压合格。

3.2.5 隐蔽工程检查部位及检查内容包括下列主要方面：

1 绝热的风管和水管。检查内容应包括管道、部件、附件、阀门、控制装置等的材质与规格尺寸，安装位置，连接方式；管道防腐；水管道坡度；支吊架形式及安装位置，防腐处理；水管道强度及严密性试验，冲洗试验；风管严密性试验等。

2 封闭竖井内、吊顶内及其他暗装部位的风管、水管和相关设备。风管及水管的检查内容同上；设备检查内容包括设备型号、安装位置、支吊架形式、设备与管道连接方式、附件的安装等。

3 暗装的风管、水管和相关设备的绝热层及防潮层。检查内容包括绝热材料的材质、规格及厚度，绝热层与管道的粘贴，绝热层的接缝及表面平整度，防潮层与绝热层的粘贴，穿套管处绝热层的连续性等。

4 出外墙的防水套管。检查内容包括套管形式、做法、尺寸及安装位置。

3.2.6 阀门包含风阀和水阀。

3.2.7 用于检查、试验和调试的器具、仪器及仪表应定期检定，其本身精度误差应符合相关要求。

3.3 材料与设备质量管理

3.3.1 产品技术文件是指材料与设备的使用技术要求等文件，是材料与设备生产企业配套供应的质量证明文件。在选择材料与设备时，应按设计要求的技术参数进行选择，同时应满足现行国家标准《通风与空调工程施工质量验收规范》GB 50243及《建筑节能工程施工质量验收规范》GB 50411等国家标准的要求。有些材料与设备，行业主管部门也出台了相应的产品技术标准，所以，在选用上，也要符合该产品技术标准的规定。

3.3.2 本条说明如下：

1 本条所指材料包括工程中使用的材料、成品、半成品及构配件等。

2 质量证明文件是指产品合格证、质量合格证、检验报告、试验报告、产品生产许可证和质量保证书等的总称。

3 各类管材、板材等型材应有材质检测报告。

4 风管部件、水管管件、法兰等应有出厂合格证。

5 焊接材料和胶粘剂等应有出厂合格证、使用期限及检验报告。

6 阀门、开（闭）式水箱（罐）、分（集）水器、除污器、过滤器、软接头、绝热材料、衬垫等应有产品出厂合格证及相应检验报告。

7 制冷（热泵）机组、空调机组、风机、水泵、热交换器、冷却塔、风机盘管、诱导器、水处理设备、加湿器、空气幕、消声器、补偿器、防火阀、防排烟风口等应有产品合格证和型式检验报告，型式检验报告应为同系列定型产品，不同系列的产品应分别具有该系列产品的型式检验报告。

8 压力表、温度计、湿度计、流量计（表）、传感器等应有产品合格证和有效检测报告。

9 主要设备应有中文安装使用说明书。

3.3.3 本条强调材料与设备进场时，施工单位应自行检验，合格后才能报请监理工程师（建设单位代表）验收。同时强调，工程中使用的所有材料与设备，均应经监理工程师（建设单位代表）验收合格。

3.4 安全与环境保护

3.4.3 施工现场临时用电应遵守现行行业标准《施工现场临时用电安全技术规范》JGJ 46的有关规定，确保临时用电安全。

4 金属风管与配件制作

4.1 一 般 规 定

4.1.2 本条文说明如下：

1 风管的制作工艺已确定，技术要求与质量控制措施等已落实。

2 风管的加工场地应具备下列作业条件：

1）具有独立的加工场地，场地应平整、清洁；加工平台应平整。

2）有安放加工机具和材料的堆放场地；设备和电源应有可靠的安全防护装置。

3）场地位置不应有水，周围不应堆放易燃物。

4）道路应畅通，应预留进入现场的材料、成品及半成品的运输通道，加工场地不应阻碍消防通道。

5）应具有良好的照明；应有消防设施，并应符合要求。

6）加工设备布置在建筑物内时，应考虑建筑物楼板、梁的承载能力，必要时应采取相应措施。

　　7）洁净空调系统的风管制作应有干净、封闭的库房，用于储存成品或半成品风管。

　　3　材料进场检验内容主要包括检查质量证明文件齐全，材料的形式、规格符合要求，观感良好。

　　制作金属风管的板材及型材的种类、材质和特性要求应符合表1的规定。

　　4　主要机具包括剪板机、电冲剪、手用电动剪、倒角机、咬口机、压筋机、折方机、合缝机、振动式曲线剪板机、卷圆机、圆弯头咬口机、型钢切割机、角（扁）钢卷圆机、液压钳、钉钳、电动拉铆枪、台钻、手电钻、冲孔机、插条法兰机、螺旋卷管机、电气焊设备、空气压缩机、油漆喷枪等设备，不锈钢板尺、钢直尺、角尺、量角器、划规、划针、铁锤、手锤、木锤、拍板等小型工具。

表1　金属板材及型材的种类、材质和特性要求

种类	材质要求	板材特性要求
钢板	材质应符合现行国家标准《优质碳素结构钢冷轧薄钢板和钢带》GB/T 13237或《优质碳素结构钢热轧薄钢板和钢带》GB/T 710的规定	钢板表面应平整光滑，厚度应均匀，不应有裂纹、结疤等缺陷
镀锌钢板（带）	材质应符合现行国家标准《连续热镀锌钢板及钢带》GB/T 2518的规定	钢板表面应平整光滑，厚度应均匀，不应有裂纹、结疤镀锌层脱落、锈蚀、划痕等缺陷；满足机械咬合功能，板面镀锌层厚度采用双面三点试验平均值应大于等于100g/m²（或100号以上）
不锈钢板	应采用奥氏体不锈钢，其材质应符合现行国家标准《不锈钢冷轧钢板和钢带》GB/T 3280的规定	不锈钢板表面不应有明显的划痕、刮伤、斑痕和凹穴等缺陷
型材	材质应符合现行国家标准《热轧等边角钢尺寸、外形、重量及允许偏差》GB 9787、《热轧扁钢尺寸、外形、重量及允许偏差》GB 704、《热轧槽钢尺寸、外形、重量及允许偏差》GB 707、《热轧钢棒尺寸、外形、重量及允许偏差》GB/T 702的规定	—

　　仪器仪表包括漏风量测试装置、压差计等。

　　4.1.3　制作场地应整洁、无尘，加工区域内应满铺橡胶垫等表面无腐蚀、不产尘、不积尘的柔性材料，是为了避免异物划伤风管。

　　4.1.4　丝光布不产尘，有利于保证风管的洁净度。

风管端口密封是为了减少运输过程中产生的灰尘对风管洁净度的影响。

　　4.1.5　金属风管的标注尺寸为外径或外边长。

　　4.1.6　排烟系统风管采用镀锌钢板时，板材最小厚度可参照高压系统选定。

　　4.1.8　成品风管由工厂加工完成，应进行型式检验，进场时应核查其强度和严密性检验报告；对于非采购的现场加工（含施工现场制作、委托加工及其他场地加工）制作风管，因受加工工艺及加工场地、加工方法、加工设备、操作人员的不同，其质量情况会有所不同，为检验其加工工艺是否满足施工要求，在风管批量加工前，应对现场加工制作的风管进行强度和严密性试验，试验结果应符合现行国家标准《通风与空调工程施工质量验收规范》GB 50243的要求。

4.2　金属风管制作

　　4.2.7　焊缝形式应根据风管的接缝形式、强度要求和焊接方法确定。各类焊缝形式见图1。

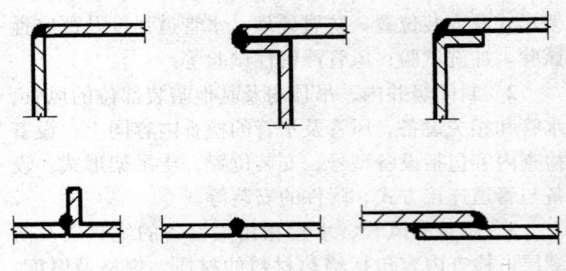

图1　风管焊接焊缝形式示意

　　4.2.11　普通型薄钢板法兰本身强度相对较低，单边尺寸过大，强度降低。为保证风管在受压状态下减少变形量，提出长边尺寸大于1500mm时应对法兰进行补强，补强形式可采用法兰加强板或管内支撑。同时对弹簧夹长度等要求进行了规定。

　　4.2.12　由于C形、S形插条连接工艺的特殊性，只能采用机械加工。同时对C形、S形插条的配合使用方式及要求进行了规定。S形插条无法实现自有紧固，因而不允许单独使用。

　　4.2.13　立咬口或包边立咬口相对于角钢法兰的强度要小，因而提出其高度不应小于同种规格角钢法兰的高度。

4.3　配　件　制　作

　　4.3.3　内外同心弧型弯头的阻力小，建议优先采用。弯头的曲率半径越大，风阻越小，但往往会受安装条件限制，无法做到随意加大弯头制作的曲率半径时，增加导流叶片可适当减小弯头的风阻，所以提出在无法保证曲率半径的前提下加设导流叶片。

5 非金属与复合风管及配件制作

5.1 一般规定

5.1.1 目前，国家现行有关防火标准有《高层民用建筑设计防火规范》GB 50045、《建筑内部装修设计防火规范》GB 50222、《建筑设计防火规范》GB 50016 及《建筑材料燃烧性能分级方法》GB 8624 等。

5.1.2 不同类型玻镁复合风管板材的适用场合：

普通型：用于制作安装在同一防火分区内，没有保温要求的矩形通风管道；

节能型：用于制作安装在同一防火分区内，需达到节能保温要求的空调系统的矩形风管；

低温节能型：用于制作安装在同一防火分区内，需达到节能保温要求的低温送风空调系统的矩形风管；

洁净型：用于制作洁净空调系统风管；

排烟型：用于制作室内消防防排烟风管；

防火型：用于制作火灾时需持续送、排风 1.5h 的风管；

耐火型：用于制作火灾时需持续送、排风 2.0h 的风管。

5.1.3 非金属与复合风管制作过程中，可能产生粉尘及挥发物，故要求风管制作场地内应采用机械排风。

非金属与复合风管材料应符合《非金属及复合风管》JG/T 258、《通风管道技术规程》JGJ 141 等标准的规定。硬聚氯乙烯板材应符合现行国家标准《硬质聚氯乙烯层压板材》GB/T 4454 或《硬质聚氯乙烯挤出板材》GB/T 13520 的规定。无机玻璃钢风管材料应符合《玻镁风管》JC/T 646 的规定。

风管粘接胶料宜采用环保阻燃型胶粘剂，并与风管材质相匹配，无有害气体挥发。复合风管所用的胶粘剂应是板材厂商认定的专用胶粘剂。

聚氨酯铝箔和酚醛铝箔复合风管制作机具包括量具、工作台、压尺、切割刀（90°双刃刀、左45°单刃刀、右45°单刃刀和垂直切断刀）、打胶枪、密封枪、橡胶锤、切割机、压弯机、台钻、手电钻、电焊机等。量具包括角尺、钢板尺、钢卷尺、画规等。

玻璃纤维复合风管制作机具包括量具、工作台、压尺、双刃刀、单刃刀、壁纸刀、扳手、打胶枪、切割机、台钻、手电钻等。

玻镁复合风管制作机具包括量具、工作台、压尺、工具刀、丝织带、切割机、台钻、手电钻、角磨机等。

硬聚氯乙烯风管制作机具包括量具、木工锯、钢丝锯、鸡尾锯、手用电动曲线锯、木工刨、电热焊枪、各类胎模、割板机、锯床、圆盘锯、电热烘箱、

管式电热器、空气压缩机、砂轮机、坡口机、电动折弯机、对挤焊机等。

5.1.4 45°粘接是指风管两端加工成45°切口，用胶粘剂将切口粘接，切口内外表面分别用密封胶和铝箔胶带密封；插接连接是指用槽形铝型材或PVC型材的连接件与风管端部粘接，再用插条（"I"、"H"、"C"插条）将型材插接；外套角钢法兰连接是指用槽形铝型材与风管端部粘接，再用铆钉将风管与角钢法兰铆接，角钢法兰用于风管连接。

5.2 聚氨酯铝箔与酚醛铝箔复合风管及配件制作

5.2.2 聚氨酯铝箔与酚醛铝箔复合风管板材规格一般为 4000mm×1200mm×20mm（长×宽×厚）及 2000mm×1200mm×20mm（长×宽×厚）两种，风管长边尺寸小于1160mm时，风管可按板材长度做成每节4m，以减少管段接口。

矩形内外同心弧型弯头风阻小，宜优先采用。

45°角度切割时，要求刀片的安装向左或向右倾斜45°，以便切出的"V"形槽口成90°直角。刀片留出的长度一定要经过调试，保持合适，使其既能将板材保温部分切穿，又能保证外层的铝箔不被割破。

当风管长边尺寸大于1600mm时，复合风管应采用专用连接件拼接，而不允许采用胶粘剂直接粘接，这主要是考虑铝箔复合风管强度太弱，采用专用连接件进行拼接起加固作用，以增强大型风管的整体强度和刚度。

5.3 玻璃纤维复合风管与配件制作

5.3.2 制作风管的板材实际展开长度应包括风管内尺寸和为开槽准备的余量及纵向搭边宽度。

5.3.5 风管采用外套角钢法兰或C形插件法兰连接时，由于法兰具有较高的抗弯曲强度，其连接部位相当于风管的一个外加固框。当采用其他连接方式且风管边长大于1200mm时，连接强度要小于外加固框强度，故要求连接部位与加固框的间距不大于150mm；采用承插阶梯粘接时，由于阶梯粘接部位是风管壁抗弯曲最薄弱点，因此要求阶梯粘接的接缝处与相邻加固框的间距不超过100mm。

5.4 玻镁复合风管与配件制作

5.4.2 矩形风管板材切割采用平台式切割机，变径、三通、弯头等异径风管板材切割采用手提式切割机。

异径风管板切割时，先在风管板上画出切割线，然后用手提式切割机切割。小于或等于90°角的转角板，画线时要计算转角大小，确定角度后切割。

异径风管放样下料时，一般采用由若干块小板拼成折线的方法制成内外同心弧型弯头，与直风管连接口制成错位连接形式。两端的两块板叫端节，中间小板叫中节，常用的弯头有90°、60°、45°、30°四种，

其曲率半径一般为 $R = (1\sim1.5)B$（曲率半径是从风管中心计算）。

玻镁复合板的标准尺寸为 2260mm×1300mm，故边长尺寸大于 2260mm 的风管，须经复合板拼接后制作。拼接前应用砂纸打磨粘贴面并清除粉尘，如果风管板表面贴有铝箔，应将粘贴面的铝箔撕掉或打磨干净，以保证粘贴牢固。

5.4.3 专用胶粘剂按说明书配制。为保证专用胶粘剂的均匀性，应采用电动搅拌机搅拌，禁止手工搅拌配制。配制后的专用胶粘剂应及时使用。在使用过程中，如发现胶粘剂变稠和硬化，禁止使用。

5.4.4 玻镁复合风管连接采用错位对口粘接形式，见图 2。

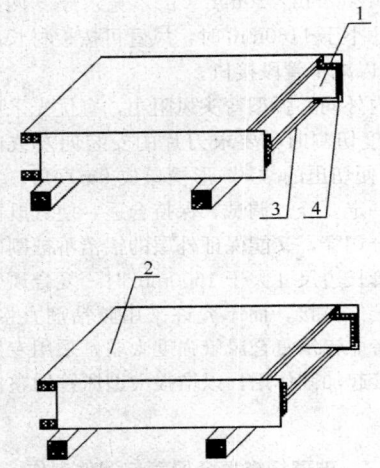

图 2　风管错位对口粘接示意

1—垂直板；2—水平板；3—涂胶；4—预留表面层

在阶梯面上涂上专用胶粘剂，专用胶粘剂要均匀，用量应合理控制，风管捆扎后挤出的余胶太多既造成浪费，也影响美观。两块板材粘接时，挤出来的余胶应立即用干净的抹布擦掉，尤其应注意及时清理内壁的余胶。

5.4.6 设置伸缩节是科学地解决风管湿胀干缩产生的物理现象。采用同样厚度的风管板制作伸缩节。

5.5　硬聚氯乙烯风管与配件制作

5.5.3 制作圆形风管时，将塑料板放到烤箱内预热变软后取出，把它放在垫有帆布的木模或铁卷管上卷制（图 3）。木模外表应光滑，圆弧正确，比风管长 100mm。各种异形管件的加热成型也应使用光滑木材或铁皮制成的胎膜煨制成形，胎膜可按整体的 1/2 或 1/4 制成，以节约材料，胎膜形式见图 4。

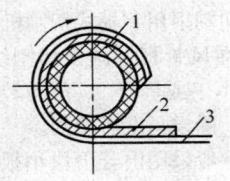

图 3　塑料板卷管示意

1—木模；2—塑料板；3—帆布

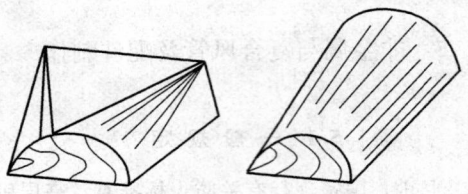

(a) 天圆地方胎膜　　(b) 圆形大小头胎膜

图 4　异形胎膜示意

5.5.4 法兰钻孔时，为了避免塑料板过热，应间歇地提起钻头或用压缩空气进行冷却。

5.5.5 本条对风管与法兰焊接作出了规定。硬聚氯乙烯板材属热塑性塑料，可以在一定温度下软化直至塑性流动，一旦冷却又会重新硬化，在这种反复多次的可逆过程中，大分子的化学性质不会改变，但当温度大于极限温度后，热塑性塑料会发生化学分解。塑料的焊接正是利用热塑性塑料的这种可逆性质。

6　风阀与部件制作

6.2　风　阀

6.2.2 手动调节阀包括单叶和多叶调节阀，均按本条执行。

6.2.3 电动、气动调节风阀进场应按产品说明书的要求进行驱动装置的试验，在最大设计工作压力下，执行机构启闭灵活。

6.2.5 止回风阀进场时，应进行强度试验，在最大设计工作压力下不弯曲变形。

6.3　风罩与风帽

6.3.1 风罩与风帽没有风管尺寸规整，加工前应放样，以保证加工的准确性。

6.6　软接风管

6.6.1 本条中的柔性风管是指可伸缩性金属或非金属软风管。

6.6.4 柔性风管阻力大，因此不能随意加长使用。

7　支吊架制作与安装

7.1　一般规定

7.1.2 支、吊架与结构固定可采用膨胀螺栓、预埋件焊接及穿楼板螺栓固定。结构现浇板内不设预埋件时，吊架与结构固定点（吊架根部）采用槽钢或角钢，通过膨胀螺栓与结构固定。吊杆与槽钢或角钢采用螺栓连接或焊接连接（图 5、图 6）。结构现浇板内设预埋件时，吊架根部采用角钢或槽钢，与预埋件焊

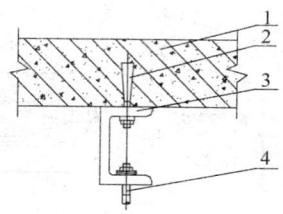

图 5 吊杆与槽钢吊架螺栓连接示意
1—楼板；2—膨胀螺栓；3—槽钢；4—吊杆

接连接（图7）或螺栓连接。吊杆与槽钢或角钢采用螺栓、吊钩或焊接连接。结构为预制板时，吊架根部采用穿楼板螺栓固定连接（图8）。当结构为梁时，吊架根部采用槽钢或角钢，通过膨胀螺栓与梁连接固定（图9）。

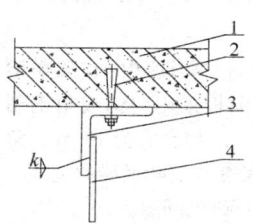 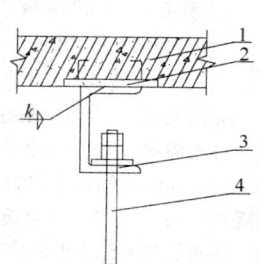

图 6 吊杆与角钢吊架　　图 7 吊架与预埋件
　焊接连接示意　　　　　焊接固定示意
1—楼板；2—膨胀螺栓；　1—楼板；2—预埋件；
3—角钢；4—吊杆　　　　3—槽钢；4—吊杆

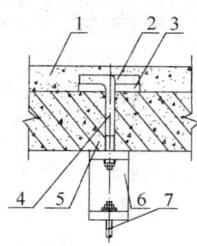 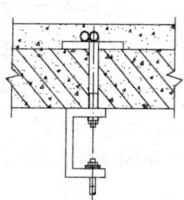

图 8 穿楼板螺栓固定示意
1—面层；2—加强筋；3—钢板；
4—螺栓；5—楼板；6—槽钢；7—吊杆

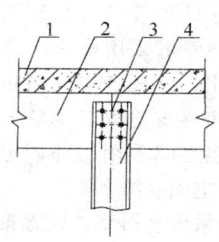 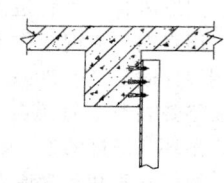

图 9 支架与梁固定示意
1—楼板；2—梁；3—螺栓；4—槽钢

7.2 支吊架制作

7.2.3 管道支、吊架的类型见表2。

表 2 管道支吊架的类型

序号	分类方法	支、吊架类型	
1	按支、吊架与墙体、梁、楼板等固定结构的相互位置关系划分	悬臂型	
		斜支撑型	
		地面支撑型	
		悬吊型	
2	按支、吊架对管道位移的限制情况划分	固定支架	
		活动支架	滑动支架
			导向支架
			防晃支架

悬臂型及斜支撑型支、吊架宜安装在混凝土墙、混凝土柱及钢柱上。悬臂支架及斜支撑采用角钢或槽钢制作，支、吊架与结构固定方式采用预埋件焊接固定或螺栓固定（图10、图11）。

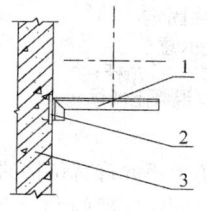 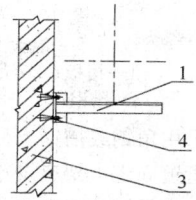

　(a)预埋件焊接固定　　　(b)螺栓固定

图 10 悬臂型支架示意
1—支架；2—预埋件；3—混凝土墙体；4—螺栓

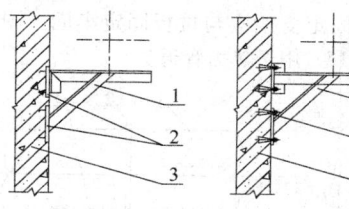

　(a)预埋件焊接固定　　　(b)螺栓固定

图 11 斜支撑型支架示意
1—支架；2—预埋件；3—混凝土墙体；4—螺栓

地面支撑型支架用于设备、管道的落地安装，支架采用角钢、槽钢等型钢制作，与地面或支座用螺栓固定牢固（图12）。

支、吊架采用一端固定，一端悬吊方式时，悬臂采用角钢或槽钢，吊杆可采用圆钢、角钢或槽钢，吊架根部采用钢板、角钢、槽钢。悬臂与柱、墙固定，吊架与楼板或梁固定（图13）。

悬吊架安装在混凝土梁、楼板下时，吊架根部采用钢板、角钢或槽钢，吊杆采用圆钢、角钢或槽钢，

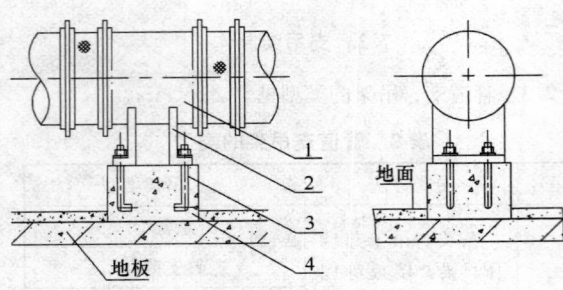

图 12　支撑型支架示意
1—管道或设备；2—支架；3—地脚螺栓；4—混凝土支座

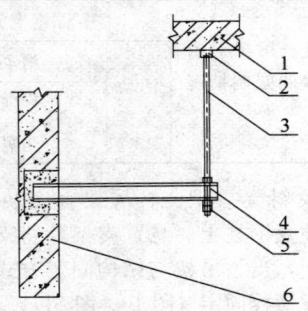

图 13　支架一端固定
一端悬吊安装示意
1—楼板；2—吊架根部；3—吊杆；
4—槽钢；5—螺母；6—混凝土墙体

横担采用角钢或槽钢。

　　管道固定支架应设置在管道上不允许有位移的位置，应有足够的强度和承受力；固定支架的设置应经过设计核算，其设置结构形式、安装位置应符合设计要求及相关标准的规定，固定支架可采用带弧形挡板的管卡式（图 14），双侧挡板式（图 15）等形式。固定支架采用钢板、角钢、槽钢等与管道固定牢固。管道穿楼板时，固定支架应与楼板固定牢固（图 16）。滑动支架（图 17）用于热力管道。

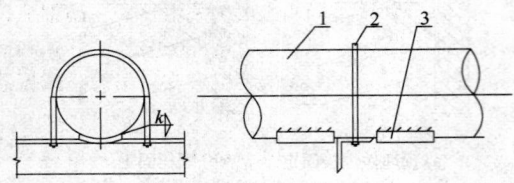

图 14　带弧形挡板管卡式固定支架示意
1—管道；2—管卡；3—弧形挡板

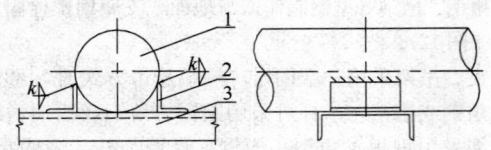

图 15　双侧挡板式固定支架示意
1—管道；2—双侧挡板；3—横担

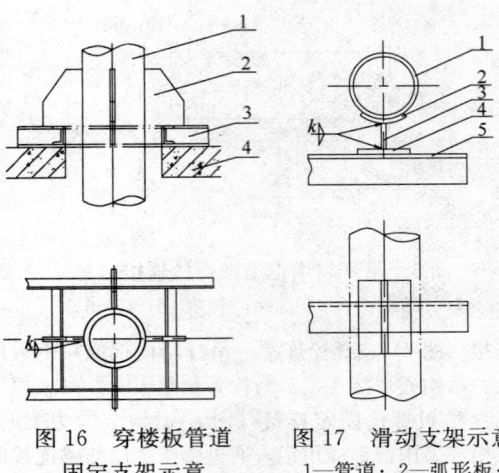

图 16　穿楼板管道
固定支架示意
1—管道；2—支架翼板；
3—槽钢；4—楼板

图 17　滑动支架示意
1—管道；2—弧形板；
3—支承板；4—滑动板；
5—角钢横担

　　导向支架（图 18）是在滑动支架两侧的支架横梁上，每侧焊制一块导向板，导向板采用扁钢或角钢制作。扁钢导向板的高度宜为 30mm，厚度宜为 10mm；角钢规格宜为 L40×5。导向板的长度与支架横梁的宽度相同，导向板与滑动支架间应有 3mm 的间隙。

　　防晃支架不因管道或设备的位移而产生晃动，吊架采用角钢或槽钢制作，与吊架根部和横担焊接牢固。防晃支架用于支撑风管和水管，风管防晃支架见图 19。

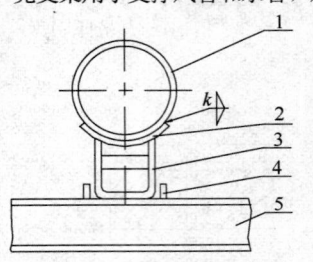

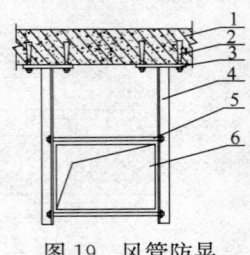

图 18　导向支架示意
1—管道；2—弧形板；
3—曲面板；4—导向板；
5—槽钢横梁

图 19　风管防晃
支架示意
1—楼板；2—膨胀螺栓；
3—钢板；4—角钢；
5—圆钢；6—风管

　　管道与支、吊架之间可采用 U 形管卡或吊环固定。圆形风管、水管道及制冷剂管道采用横担支撑时，用扁钢、圆钢制作 U 形管卡，U 形管卡与横担采用螺栓固定（图 20）；保温水管在支架与 U 形管卡间设绝热衬垫。管道与支、吊架之间采用吊环固定时，吊环与吊杆的连接螺栓固定牢固（图 21）。

　　风管双管和多管道支、吊架采用悬吊型，风管布置一般为水平和垂直方向（图 22、图 23）。水管双管和多管的支、吊架采用悬臂型、斜支撑、悬吊型（图 24、图 25）。共用支、吊架的承载、材料规格须经校核计算。

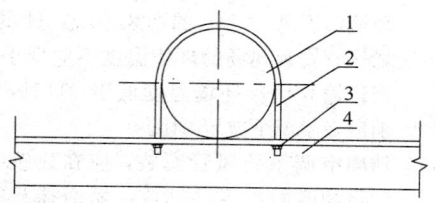

图 20 U形管卡安装示意

1—管道；2—U形管卡；3—螺栓；4—横担

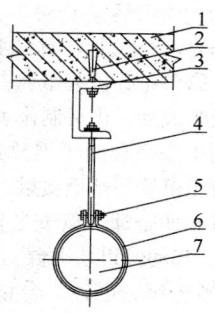

图 21 吊环安装示意

1—楼板；2—膨胀螺栓；3—吊架根部；
4—吊杆；5—螺栓；6—吊环；7—管道

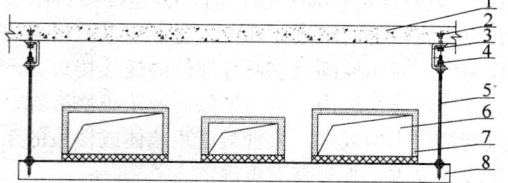

图 22 水平布置多风管共用吊架示意

1—楼板；2—膨胀螺栓；3—槽钢；4—螺母；
5—吊杆；6—风管；7—绝热材料；8—横担

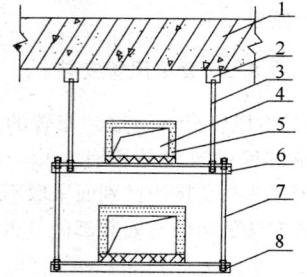

图 23 垂直布置双风管吊架示意

1—楼板；2—吊架根部；3—吊杆1；4—风管；
5—绝热层；6—角钢1；7—吊杆2；8—角钢2

靠墙、柱安装的水平风管宜采用悬臂或斜支撑型支架；不靠墙、柱安装的水平风管宜采用悬吊型或地面支撑型支架；靠墙安装的垂直风管宜采用悬臂型支架或斜支撑型支架；不靠墙、柱、穿楼板的垂直风管应根据施工现场结构形式，管道相互位置及排列方式，管道荷载，水平、垂直或弯管（头）类型，管道

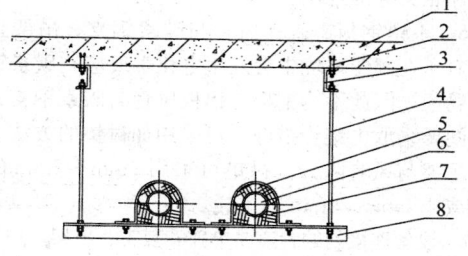

图 24 水管双管道共用悬吊架示意

1—楼板；2—膨胀螺栓；3—槽钢；4—吊杆；
5—管卡；6—水管；7—木托；8—横担

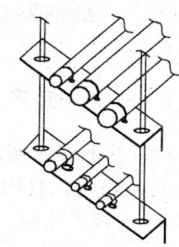

图 25 水管多管道垂直分层共用悬吊架示意

保温或非保温等不同要求选用合适的支、吊架类型。

7.2.4 支、吊架的悬臂、斜支撑采用角钢或槽钢制作。支、吊架的吊架根部采用钢板、角钢或槽钢与墙柱固定；悬臂、斜支撑、吊臂及吊杆采用角钢、槽钢或圆钢制作；横担采用角钢、槽钢制作；抱箍采用圆钢或扁钢制作。支、吊架的固定件与墙、柱采用焊接或膨胀螺栓固定。

7.3 支吊架安装

7.3.1 支、吊架固定所采用的膨胀螺栓等应是符合国标的正规产品，其强度应能满足管道及设备的安装要求。装配式管道吊架和快速吊装组合支、吊架应符合相关产品标准，并有质量合格证明文件。连接和固定装配式管道吊架，快速吊装组合支、吊架，减振器等成型产品的连接件，应符合相关产品要求。

支、吊架安装场所应清洁；现场具备管道设备安装条件；作业地点要有相应的辅助设施，如梯子、架子、电源和安全防护装置、消防器材等；焊接工人操作应持证上岗，并有防护措施。

支、吊架安装所需的主要机具、工具包括手电钻、电锤、手锯、电气焊具、水平尺、钢直尺、钢卷尺、角尺、线坠等。

7.3.4 支、吊架的数量按间距和设置要求根据现场情况进行排布。悬吊型按标高及坡度高差确定吊杆长度。悬臂型和斜支撑型按标高及坡度高差确定安装位置。土建施工时已在墙上预留了埋设支架的孔洞，或在钢筋混凝土柱、构件上预埋了焊接支架的钢板，也应拉线找坡、检查其标高、位置及数量是否符合设计

要求和相关标准规定。

7.3.6 不锈钢板、铝板风管与碳素钢支、吊架直接接触时，在潮湿环境中会发生电化学反应，碳素钢会迅速腐蚀，因此不锈钢板、铝板风管与碳素钢支、吊架之间要采取电绝缘措施。可采用加衬垫的方法，使支、吊架与风管隔开。衬垫可采用3mm～5mm的橡胶垫或10mm～20mm的木托。

7.3.7 设备连接处的管道要单独安装支、吊架，一方面防止管道及部件重量传递给设备，另一方面防止系统运行时产生的冲力对管道或部件的连接接口造成损坏。

8 风管与部件安装

8.1 一 般 规 定

8.1.1 风管进场检验包括下列内容：

1 外观：外表面无粉尘，管内无杂物；金属风管不应有变形、扭曲、开裂、孔洞、法兰脱落、焊口开裂、漏铆、缺孔等缺陷。非金属风管与复合风管表面平整、光滑、厚度均匀，无毛刺、气泡、气孔、分层，无扭曲变形及裂纹等缺陷。

2 加工质量：风管与法兰翻边应平整、长度一致，四角没有裂缝，断面应在同一平面；法兰与风管管壁铆接应严密牢固，法兰与风管应垂直；法兰螺栓孔间距符合要求，螺栓孔应能互换。硬聚氯乙烯风管焊接不应出现焦黄、断裂等缺陷，焊缝应饱满、平整。

3 非金属风管包括无机玻璃钢风管和硬聚氯乙烯风管，宜采用成品风管，成品风管在进场时，应检查其合格证或强度及严密性等技术性能证明资料。

无机玻璃钢风管外购预制成品应按有关标准要求制作，并标明生产企业名称、商标、生产日期、燃烧性能等级等标记。现场组装前验收时，重点检查表面裂纹、四角垂直度、法兰螺栓孔间距与定位尺寸等内容。

4 风管安装的附属材料有：连接材料、垫料、焊接材料、防腐材料、型钢等，应检查规格、型号、生产时间、防火性能等满足施工要求，与风管材质匹配，并应符合相关标准规定。

5 施工作业环境满足要求是指：

1）建筑结构工程已验收完成。

2）安装部位和操作场地已清理，无灰尘、油污污染；设计有特殊要求时，安装现场地面应铺设玻璃布、彩条布、包装纸张或制作表面水平、光滑、洁净的工作平台，人员机具进场保持干净。

3）风管与热力管道或发热设备间应保持安全距离，防止风管过热发生变形。当通过可燃结构时，应按设计要求安装防火隔层。

4）硬聚氯乙烯塑料风管不应用于输送温度或

环境温度高于50℃的通风系统；硬聚氯乙烯风管安装现场的环境温度不应低于5℃。当运输和储存环境温度低于0℃时，安装前应在室温下放置24h。

5）洁净空调系统风管安装，应在建筑结构、门窗和地面施工已完成，墙面抹灰完毕，室内无灰尘飞扬或有防尘措施的条件下进行。

6）粘接接口的风管组合场地应清理干净，严禁灰尘、油污污染及粉尘、纤维飞扬。对于特殊要求的风管，有必要在地面铺设玻璃布、彩条布、包装纸张等用于堆放风管成品及半成品，也可制作表面水平、光滑、洁净的工作平台用于堆放及涂胶、组对安装，避免风管与地面接触。

6 金属风管和非金属风管安装需要的施工机具和工具有升降机、移动式组装平台、吊装葫芦、滑轮绳索、手电钻、砂轮锯、电锤、台钻、电气焊工具、扳手、柔性吊带等，测量工具有钢直尺、钢卷尺、角尺、经纬仪、线坠。

复合风管安装还需要配备专用裁切刀具、电加热熨斗等工具。

8.1.3 风管穿过楼板及墙体时，各连接接口距墙体或楼板要有一定的距离，其距离远近应以不影响施工操作为宜；对于风阀及三通等部件的连接接口，严禁安装在墙体或楼板内，是为了以后便于维修拆卸，其他风管接口未做规定；风管敷设距墙体或楼板的距离应按设计要求，本规范不再规定。

8.1.9 风管穿出屋面的防雨罩应设置在建筑结构预制的挡水圈外侧，使雨水不能沿壁面渗漏到屋内。

8.1.10 送风口与回风口太近，会造成气流短路，影响供冷（热）效果。

8.2 金属风管安装

8.2.4 此条是指风管已经运输到布置的地面或楼面时，检查运输过程中风管是否有变形、划伤。送风管、回风管因正压与负压的区别而采取不同的加固方式，应核实待安装的风管与安装部位是否对应，满足施工图要求。

8.3 非金属与复合风管安装

8.3.5 采用人工作业时，应以单节形式提升管段，防止用力不均匀导致风管损坏。条件许可时，边长（直径）大于1250mm的玻璃钢风管可吊两节，边长（直径）小于1250mm的玻璃钢风管不应超过三节。风管边长大于2000mm时，横担上设置100mm×1.2mm的钢制垫板加大接触面积，减少局部负载。

8.3.6 在管内侧按介质流向，上游接口设置为内凸插口，下游为内凹承口，可以减少漏风。内层为玻璃纤维布时，将下游内凹承口的内层玻璃纤维布翻边折成90°，可以防止内层被迎风吹起脱落。

对于溶剂型胶粘剂，晾置几分钟到数十分钟，使胶粘剂中的溶剂大部分挥发，有利于提高初粘力，这是必要的工序。

铝箔热敏胶带熨烫面设有感温色点，当热敏铝箔上带色光点全部变成黑灰色即可停止加热，以此控制加温，保证粘接质量。

错位对接粘结连接方式主要适用于刚性较大的板材制作的风管，该连接方式漏风量较大，因此，应在地面试装，检查接缝严密后，再涂胶粘接。

9 空气处理设备安装

9.1 一般规定

9.1.1 设备安装常用的施工机具和工具有起重机械、钢丝绳、电锤、坡口机、套丝板、管钳、套筒扳手、活扳手、平尺、电气焊设备等。测量工具有钢直尺、钢卷尺、角尺、水平仪、百分表、塞尺、线坠、水准仪、经纬仪、测温计、毕托管、U形压力计等。

施工环境温度有要求时，应满足相关规定。冬期施工在无采暖、环境温度低于5℃时，应采取防冻措施。

9.1.4 搬运过程中，叶轮、蜗壳、热交换器容易损坏，因此应小心谨慎，应轻抬轻放盘管底座，严禁手执叶轮或蜗壳搬动机组，以免造成叶轮变形，增加噪声，影响使用效果。不应碰撞热交换器，以免损坏管路，出现漏水现象。

9.1.5 大型设备运输安装前进行试吊是非常重要的工作，可以校核钢丝绳、吊具的选型是否正确，承载能力大小，吊点是否牢固。

9.2 空调末端装置安装

9.2.3 手盘叶片，转动灵活、方向正确，机械部分无摩擦、松脱现象，这是风机盘管安装前非常重要的工作，防止通电后因叶轮卡住而烧坏电机。检查电机接线是检查配置双电机时是否接线正确无误，以临时电源通电进行三速试运转，可以检验叶轮能否同时转动，保证运行时的风量。

9.2.7 变风量空调系统在大风量高速运行时，接缝处若有大的渗漏容易造成结露，污染天花板。因此，风管接缝处采用低温状态下不硬化、不脆化、粘接性能良好的密封胶密封，咬口、铆接部位均应涂胶密封。

9.4 空气处理机组与空气热回收装置安装

9.4.3 盘管和过滤器的长度略短于机组宽度，为了拆卸盘管和抽取过滤器，基础旁应留有至少与机组宽度同长的空间。

9.4.5 具体的漏风率标准为：机组内静压保持段700Pa，负压段-400Pa时，机组漏风率不大于2%；用于洁净空调系统的机组，机组内净压应保持1000Pa，机组漏风率不大于1%。

10 空调冷热源与辅助设备安装

10.1 一般规定

10.1.1 本章涉及的空调冷热源设备包括蒸汽压缩式制冷（热泵）机组、吸收式制冷机组。其中蒸汽压缩式制冷（热泵）机组包括常规（以冷却塔为冷却方式）电制冷机组、水源热泵机组、空气源热泵机组和水环热泵机组；吸收式制冷机组包括燃气或燃油的直燃吸收式制冷机组、蒸汽型或热水型吸收式制冷机组。本章涉及的空调冷热源辅助设备包括冷却塔、换热设备、水泵、蓄冷蓄热设备、软化水装置、制冷制热附属设备等。制冷制热附属设备包括分集水器、净化设备、过滤装置、定压稳压装置等。

10.1.2 设备施工安装常用的施工机具和工具有起重机、叉车、钢丝绳、电锤、吊装葫芦、千斤顶、管钳、套筒扳手、活扳手、电气焊设备、道木、滚杠、撬棒等。测量工具有钢直尺、钢卷尺、角尺、水平仪、百分表、塞尺、线坠、水准仪、经纬仪、测温计、毕托管、U形压力计等。

10.1.3 本条中的设备运输是指施工现场内的水平运输和垂直运输。

11 空调水系统管道与附件安装

11.1 一般规定

11.1.1 材料进场检验包括以下主要内容：

1 各类管材、型钢等应有材质检测报告；管件、法兰等应有出厂合格证；焊接材料和胶粘剂等应有出厂合格证、使用期限及检验报告；阀门、除污器、过滤器、软接头、补偿器、绝热材料、衬垫等应有产品出厂合格证及相应检验报告。

2 钢管外壁应光滑、平整，无气泡、裂口、裂纹、脱皮、分层和严重的冷斑及明显的痕纹、凹陷等缺陷；塑料管材、管件颜色应一致，无色泽不均匀及分解变色线。管件应完整、无缺损、变形规整、无开裂。管材外径、壁厚公差应符合有关标准的要求。法兰不应有砂眼、裂纹，表面应光滑，并应清除密封面上的铁锈、油污等。阀门的规格、型号和适用温度、压力满足设计和使用功能要求，外观无毛刺、无裂纹、开关灵活、丝扣和手轮无损伤。阀杆应灵活、无卡位或歪斜现象。沟槽式连接橡胶密封圈应选择天然橡胶、乙丙橡胶等材质，并应满足输送介质的要求。

空调水系统管道与附件安装时所需的主要作业条件包括：建筑物围护结构基本施工完毕；施工场地平整、清洁，道路畅通；作业地点电源安装完毕；梯子、架子及各种施工机具准备或安装完成；安全防护装置和消防设施符合要求。

空调水系统管道与附件安装所需的施工机具主要包括套丝机、砂轮切割机、台钻、电锤、手电钻、电焊机、热熔机、电熔机、坡口机、氧气乙炔瓶、沟槽加工机、试压泵、钢管专用开孔机等。

11.1.2 地下构筑物主要指地下水池，防水措施一般指安装刚性或柔性防水套管，柔性防水套管一般适用于管道穿墙处有振动或有严密防水要求的构筑物；刚性防水套管一般适用于管道穿墙处要求一般防水的构筑物，忽略此条内容或不够重视将造成质量问题，且此部位维修困难，所以此条列为强制性条文。

11.1.4 结构变形缝是指各种结构伸缩缝、防震缝及沉降缝，设置金属柔性短管防止因建筑结构变形导致管道扭曲破裂。

11.1.5 弯头的弯曲半径越大，阻力越小。受到施工安装条件限制，无法做到随意加大弯头制作的弯曲半径，所以对弯头的弯曲半径作出限制。

11.2 管 道 连 接

11.2.1 管径小于或等于 $DN32$ 的管道多用于连接空调末端支管，拆卸相对较多，且截面积较小，施焊时，易使其截面缩小，因此应采用螺纹连接。

镀锌钢管表面的镀锌层是管道防腐的主要保护层，为了不破坏镀锌层，故提倡采用螺纹连接，并强调镀锌层破坏的表面及外露螺纹部分应进行防腐处理。根据国内工程的施工情况，当管径大于 $DN100mm$ 时，螺纹加工与连接质量不太稳定，采用沟槽、法兰或其他连接方法更为合适。对于闭式循环运行的冷冻水系统，管道内部的腐蚀性相对较弱，对被破坏的表面进行局部防腐处理可以满足需要。但是，对于开式运行的冷却水系统，则应采取二次镀锌。

11.2.2 管道螺纹连接一般采用圆锥形外螺纹与圆柱形内螺纹连接，称为锥接柱。管道螺纹规格见表3。

表 3 管道螺纹规格

序号	公称直径		标准螺纹（连接管件用）		长螺纹（连接设备用）		短螺纹（连接阀门用）	
	公制(mm)	英制(in)	长度(mm)	螺纹数(个)	长度(mm)	螺纹数(个)	长度(mm)	螺纹数(个)
1	15	1/2	14	8	50	28	12.0	6.5
2	20	3/4	16	9	55	28	13.5	7.5
3	25	1	18	10	60	26	15.0	6.5

续表3

序号	公称直径		标准螺纹（连接管件用）		长螺纹（连接设备用）		短螺纹（连接阀门用）	
	公制(mm)	英制(in)	长度(mm)	螺纹数(个)	长度(mm)	螺纹数(个)	长度(mm)	螺纹数(个)
4	32	1 1/4	20	9	—	—	17.0	7.5
5	40	1 1/2	22	10	—	—	19.0	8.0
6	50	2	24	11	—	—	21.0	9.0
7	70	2 1/2	27	12	—	—	—	—
8	80	3	30	14	—	—	—	—
9	100	4	33	14	—	—	—	—

11.2.3 管道熔接包括电熔连接和热熔连接，热熔连接还分为对接连接和承插连接，电熔连接主要为承插连接。电熔连接主要是利用电熔管件内电阻丝的热作用熔化塑料管上连接部位，达到紧密连接目的。热熔连接是采用特殊的加热工具，将两个连接面加热到规定温度，通过一定的加热时间，施加一定的压力使加热的连接面熔融成一体。

管道材质不同，熔接的温度也不同，一般最佳温度可根据制造厂家推荐，通过现场试验后得到。

11.2.7 润滑剂可采用肥皂水等，不应采用油润滑剂。

11.3 管 道 安 装

11.3.2 管道预制一般包括管道除锈、防腐、切割、调直、坡口加工、开孔、螺纹加工、管段预组装等工作。管道调直包括下料前初步调直，加工预制过程中因管螺纹加工偏差使组装管段出现弯曲调直。

11.4 阀门与附件安装

11.4.7 预拉伸或预压缩量应由施工人员根据施工现场的环境温度计算出管道的实时补偿量，然后进行补偿器的预拉伸或预压缩数值计算。管道的热伸长量计算公式为：

$$\Delta x = \alpha \Delta t L$$

式中：Δx——管道热伸长量 m；

α——管道的线膨胀系数，一般可取 $\alpha = 12 \times 10^{-6}$ m/m·℃；

L——计算管段长度 m；

Δt——温差（最高温度与最低温度之差）℃。

采用上式计算补偿器预拉伸或预压缩数值时，计算管段长度为所需补偿管道固定支架间的距离；温差取介质温度与安装时环境温度之差。

11.4.8 仪表主要包括压力表、温度计、流量计、水流开关等指示数据的仪器。

12 空调制冷剂管道与附件安装

12.1 一般规定

12.1.2 空调制冷剂管道与附件材料进场检验内容同本规范第 11 章空调水系统管道与附件的材料进场检验。

钢管与不锈钢管外壁应光滑、平整、无气泡、裂口、裂纹、脱皮、分层和严重的冷斑及明显的痕纹、凹陷等缺陷；铜管内外表面应光滑、清洁、不应有针孔、裂纹、分层、夹渣、气泡等缺陷。管材外径、壁厚公差应符合有关标准要求。法兰不应有砂眼、裂纹，表面应光滑，并应清除密封面上的铁锈、油污等。阀门规格、型号和适用温度、压力满足设计和使用功能要求，外观无毛刺、无裂纹、开关灵活、丝扣和手轮无损伤。

空调制冷剂管道与附件安装的主要作业条件同本规范第 11 章空调水系统管道与附件安装的作业条件。

施工机具主要包括套丝机、砂轮切割机、台钻、电锤、手电钻、电焊机、坡口机、氧气乙炔瓶、沟槽加工机、试压泵、专用开孔机等。

12.1.5 现行不锈钢管道技术规程包括《建筑给水薄壁不锈钢管管道工程技术规程》CECS 153，《建筑给水排水薄壁不锈钢管连接技术规程》CECS 277，《供水用不锈钢焊接钢管》YB/T 4204。现行铜管道技术规程包括《建筑给水铜管管道工程技术规程》CECS 171。

13 防腐与绝热

13.2 管道与设备防腐

13.2.1 管道与设备在进行防腐施工前，应根据设计要求了解防腐涂料的品种和使用要求，包括油漆的组分和配合比、表干时间、实干时间、理论用量、施工方法、层次以及漆膜厚度等。

13.3 空调水系统管道与设备绝热

13.3.1 常用的绝热材料包括下列类型：

1 板材：岩棉板、铝箔岩棉板、超细玻璃棉毡、铝箔超细玻璃棉板、自熄性聚苯乙烯泡沫塑料板、阻燃聚氨酯泡沫塑料板、发泡橡塑板、铝镁质隔热板等。

2 管壳制品：岩棉、矿渣棉、玻璃棉、硬聚氨酯泡沫塑料管壳、铝箔超细玻璃棉管壳、发泡橡塑管壳、聚苯乙烯泡沫塑料管壳、预制瓦块（泡沫混凝土、珍珠岩、蛭石）等。

3 卷材：聚苯乙烯泡沫塑料、岩棉、发泡橡塑、

铝箔超细玻璃棉等。

常用的防潮层材料有：树脂玻璃布、聚乙烯薄膜、夹筋铝箔（兼保护层）等。

常用的保护层材料有：镀锌钢丝网、玻璃丝布、铝板、镀锌铁板、不锈钢板、铝箔纸等。

其他材料有：铝箔胶带、胶粘剂、防火涂料、保温钉等。

14 监测与控制系统安装

14.1 一般规定

14.1.2 现行监测与控制系统安装应符合的标准有：《建筑电气工程施工质量验收规范》GB 50303、《智能建筑工程质量验收规范》GB 50339、《建筑节能工程施工质量验收规范》GB 50411 以及《智能建筑工程检测规程》CECS 182 等。

14.1.3 电磁干扰以电流的形式沿载流导体传播，或以电磁波的形式通过空间传播。所以各种控制器、传感器元器件、线路均应采取措施避免电磁干扰。如有电磁干扰时，可采用电源滤波、电线屏蔽、加装滤波器、设备重复接地等措施避免干扰。

14.2 现场监控仪表与设备安装

14.2.1 液体压力传感器的安装见图 26。

14.2.2 空气压差传感器（压差开关）的安装见图 27。

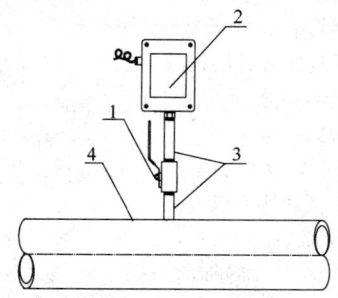

图 26 液体压力传感器安装示意
1—检修阀门；2—压力传感器；3—导压管；4—管道

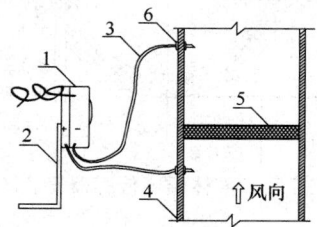

图 27 空气压差传感器
（压差开关）安装示意

1—空气压差开关；2—支架；3—塑料导压管；4—风管；
5—过滤器；6—固定件

14.2.3 液体压差传感器（压差开关）的安装见图28。

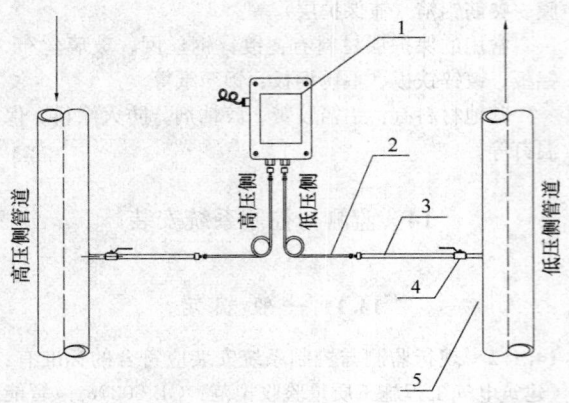

图28 液体压差传感器（压差开关）安装示意
1—液体压差传感器；2—避振弯管；3—导压管；
4—阀门；5—管道

14.2.4 风管上的温度传感器安装见图29，液体温度传感器的安装见图30。

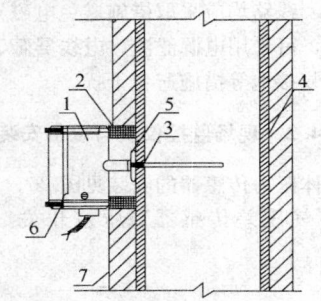

图29 空气温度传感器的安装示意
1—空气温度传感器；2—隔热木块；
3—安装孔；4—风管；5—密封圈；
6—固定螺丝；7—绝热层

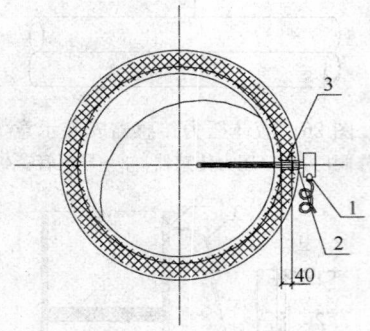

图30 液体温度传感器安装图
1—液体温度传感器；2—温度
传感器套管；3—束节

14.3 线管与线槽安装及布线

14.3.2 线管在穿过伸缩缝或沉降缝时，应装接线

盒、金属软管等补偿装置，并做好接地柔性跨接。

14.4 中央监控与管理系统安装

14.4.2 监控室常用配备设备包括控制台、系统控制柜、监控主机、服务器、交流净化稳压电源、UPS不间断供电电源、打印机等。

管理系统软件一般包括控制器编程软件、服务器和监控计算机控制软件、节能管理软件、计量系统软件、远程客户端接口软件等应用软件。

15 检测与试验

15.1 一般规定

15.1.4 检测与试验是施工过程的一项重要内容，监理工程师应旁站验收。

15.2 风管强度与严密性试验

15.2.4 风管强度试验是在严密性试验的基础上进行，试验压力为设计工作压力的1.5倍。

15.4 水系统阀门水压试验

15.4.1 本条对阀门试压范围进行了规定。

15.4.2 阀门强度试验应在启闭件（阀瓣）完全打开时进行，主要检查壳体、填料函及阀体与阀盖连接处耐压强度。

15.4.3 阀门严密性试验主要检查在关闭状态下，阀门是否严密。

15.5 水系统管道水压试验

15.5.1 本条对水系统管道试验压力进行了规定。

15.5.2 对于系统较大或提前隐蔽的系统管道，应分区域进行试验。

15.5.3 系统水压试验应在管道系统全部完成后进行。

15.7 管道冲洗试验

15.7.3 冲洗时应保证有一定流速及压力。流速过大，不容易观察水质情况，流速过小，冲洗无力。冲洗应先冲洗大管，后冲洗小管；先冲洗横干管，然后冲洗立管，再冲洗支管。严禁以水压试验过程中的放水代替管道冲洗。

15.8 开式水箱（罐）满水试验和换热器及密闭容器水压试验

15.8.2 热交换器水压试验时，升压过程应缓慢，以免造成局部压力过大，损坏加热面。

15.10 制冷系统试验

15.10.2 系统气密性试验应在管道系统吹污完成后

进行。

16 通风与空调系统试运行与调试

16.1 一般规定

16.1.2 调试所需仪器和仪表一般包括声级计、温度计、湿度计、热球风速仪、叶轮式风速仪、倾斜式微压差计、毕托管、超声波流量计、钳形电流表、转速表。

调试方案一般包括系统概况，调试工作内容，调试步骤与方法，安全与事故应急措施，仪器仪表的配备，调试人员，进度安排等。调试方案要报送专业监理工程师审核批准。调试方案应包括现场安全措施与事故应急处理方案。通风与空调系统安装完毕，其是否能正常运行处于未知状态，应预先考虑好应急方案，以确保调试过程人身与设备的安全。

16.3 系统无生产负荷下的联合试运行与调试

16.3.4 风口处的风速如采用风速仪测量时，应贴近格栅或网格，平均风速测定可采用匀速移动法或定点测量法。送（回）风口风量按下式计算：

$$Q = 3600 \cdot A \cdot V \cdot K \qquad (1)$$

式中：Q——风口风量（m^3/h）；

A——送风口的外框面积（m^2）；

V——风口处测得的平均风速（m/s）；

K——考虑风口的结构和装饰形式的修正系数，一般取 $0.7 \sim 1.0$。

采用叶轮风速仪贴近风口测定风量时，有两种方法：

1 匀速移动测量法。对于截面积不大的风口，可将叶轮风速仪沿整个截面按图 31 路线慢慢地匀速移动，移动时叶轮风速仪不应离开测定平面，此时测得的结果可认为是截面平均风速。此法需进行三次，取其平均值。

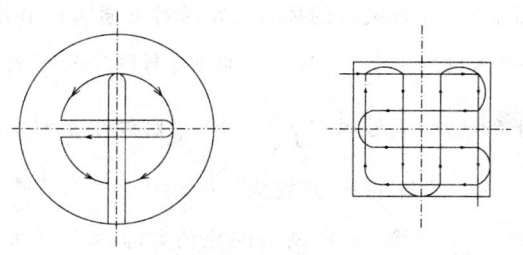

图 31 匀速移动测量路线

2 定点测量法。按风口截面大小，划分为若干个面积相等的小块，在其中心处测量。对于尺寸较大的矩形风口可划分为同样大小的 8 个～12 个小方格进行测量；对于尺寸较小的矩形风口，一般测 5 个点即可。对于条缝形风口，在其高度方向至少应有 2 个点，沿条缝方向根据长度可分别取为 4、5、6 对测点；对于圆形风口，按其直径大小在圆弧上可分别测4 个点或 5 个点。如图 32、图 33 所示。

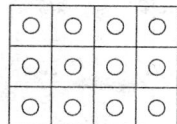

(a) 较大矩形风口　　　　(b) 较小矩形风口

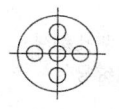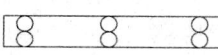

(c) 圆形风口　　　　(d) 条缝形风口

图 32 各种形式风口的测点布置示意

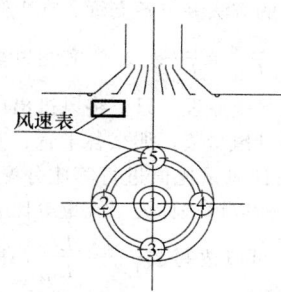

图 33 用风速仪测定散流器出口平均风速

系统风量的调整，即风量平衡，一般靠改变阀门或风口人字阀的叶片开启度使阻力发生变化，从而风量也发生变化，达到调节的目的。系统风量调整后，应达到新风量、排风量、回风量的实测值与设计风量的偏差不应大于 10%；风口风量的实测值与设计风量的偏差不应大于 15%。新风量与回风量之和应近似等于总的送风量或各送风量之和。

系统风量的调整方法有两种：流量等比分配法、基准风口调整法。由于每种方法都有各自的适应性，在风量调整过程中，可根据管网系统的具体情况，选用相应的方法。

1 流量等比分配法

用该方法对通风空调送（回）风系统进行调整，一般需从系统的最远管段，也就是从最不利的风口开始，逐步地调向通风机。该方法适用于风口数量较少的系统。

举例说明，从图 34 可知，离风机最远的风口为 1 号，最不利管路应是 1-3-5-9，应从支管 1 开始测定调整。为了加快调整速度，利用两套仪器分别测量支管 1 和 2 的风量，并用三通拉杆阀进行调节，使这两条支管的实测风量比值与设计风量比值近似相等，即：$\dfrac{L_{2测}}{L_{1测}} = \dfrac{L_{2设}}{L_{1设}}$。虽然两条支管的实测风量不一定能够马上调整到设计风量值，但是总可以调整到使两支管的实测风量的比值与设计风量的比值相等。例如：支管 1 的 $L_{1设} = 550 m^3/h$，支管 2 的 $L_{2设} = 500 m^3/h$。经调整后的实测风量为 $L_{1测} = 515 m^3/h$，$L_{2测} =$

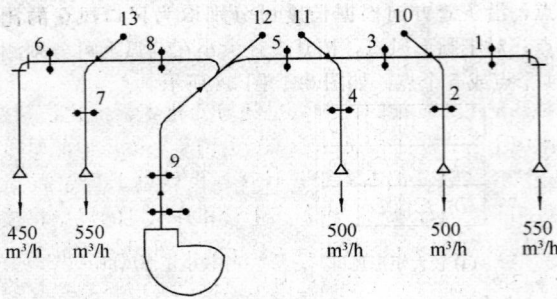

图 34　送风系统
1、2、3、4、5、6、7、8、9—测孔编号；
10、11、12、13—三通阀编号

470m³/h。它们的比值为：

$\frac{L_{2测}}{L_{1测}}=\frac{470}{515}=0.912$，$\frac{L_{2设}}{L_{1设}}=\frac{500}{550}=0.909$，可以认为两个比值近似相等。用同样的方法测出各支管、支干管的风量，即，$\frac{L_{4测}}{L_{3测}}=\frac{L_{4设}}{L_{3设}}$，$\frac{L_{7测}}{L_{6测}}=\frac{L_{7设}}{L_{6设}}$。显然实测风量不是设计风量，根据风量平衡原理，只要将风机出口总干管的总风量调整到设计风量值，那么各干管、支管的风量就会按各自的设计风量比值进行等比分配，也就会符合设计风量值。所以该法称为"流量等比分配法"。对于$\frac{L_{2测}}{L_{1测}}=\frac{L_{2设}}{L_{1设}}$，可以改写成$\frac{L_{2测}}{L_{2设}}=\frac{L_{1测}}{L_{1设}}$，所以利用这个比值方法进行风量平衡也可以称为"一致等比变化"调整方法。

2　基准风口调整法

图 35 所示为送风系统图，该系统共有三条支干管路，支干管Ⅰ上带有风口 1 号～4 号，支干管Ⅱ上带有风口 5 号～8 号，支干管Ⅳ上带有风口 9 号～12 号。调整前，先用风速仪将全部风口的送风量初测一遍，并将计算出的各个风口的实测风量与设计风量比值的百分数列入表 4 中。

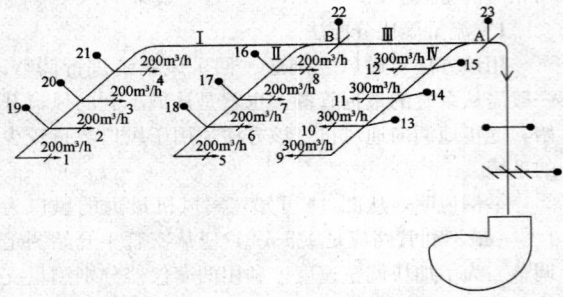

图 35　送风系统图
1、2、3、4、5、6、7、8、9、10、11、12—测孔编号；
13、14、15、16、17、18、19、20、21、22、23—三通阀编号

从表 4 中可以看出，各支干管上最小比值的风口分别是支干管Ⅰ上的 1 号风口，支干管Ⅱ上的 7 号风口，支干管Ⅳ上的 9 号风口。所以就选取 1 号、7 号、9 号风口作为调整各分支干管上风口风量的基准风口。

表 4　各风口实测风量

风口编号	设计风量(m³/h)	最初实测风量(m³/h)	$\frac{最初实测风量}{设计风量}\times100\%$
1	200	160	80
2	200	180	90
3	200	220	110
4	200	250	125
5	200	210	105
6	200	230	115
7	200	190	95
8	200	240	120
9	300	240	80
10	300	270	90
11	300	330	110
12	300	360	120

风量的测定调整一般应从离通风机最远的支干管Ⅰ开始。

为了加快调整速度，使用两套仪器同时测量 1 号、2 号风口的风量，此时借助三通调节阀，使 1 号、2 号风口的实测风量与设计风量的比值百分数近似相等，即：$\frac{L_{2测}}{L_{2设}}\times100\%=\frac{L_{1测}}{L_{1设}}\times100\%$。经过这样调节，1 号风口的风量必然有所增加，其比值数要大于 80%，2 号风口的风量有所减少，其比值小于原来的 90%，但比 1 号风口原来的比值数 80% 要大一些。假设调节后的比值数为：$\frac{L_{2测}}{L_{2设}}\times83.7\%=\frac{L_{1测}}{L_{1设}}\times83.5\%$，说明两个风口的阻力已经达到平衡，根据风量平衡原理可知，只要不变动已调节过的三通阀位置，无论前面管段的风量如何变化，1 号、2 号风口的风量总是按新比值数等比地进行分配。1 号风口处的仪器不动，将另一套仪器放到 3 号风口处，同时测量 1 号、3 号风口的风量，并通过三通阀调节使：$\frac{L_{3测}}{L_{3设}}\times100\%=\frac{L_{1测}}{L_{1设}}\times100\%$，此时 1 号风口 $\frac{L_{1测}}{L_{1设}}$ 已经大于 83.5%，3 号风口 $\frac{L_{3测}}{L_{3设}}\times100\%$ 已经小于原来的 110%，设新的比值数为：$\frac{L_{3测}}{L_{3设}}=92\%\approx\frac{L_{1测}}{L_{1设}}=92.2\%$；自然，2 号风口的比值数也随着增大到 92.2% 多一点；用同样的测量调节方法，使 4 号风口与 1 号风口达到平衡。假设：$\frac{L_{4测}}{L_{4设}}=106\%\approx\frac{L_{1测}}{L_{1设}}=106.2\%$。自然，2 号、3 号风口的比值数也随着增大到 106.2%。至此，支干管Ⅰ上的四个风口均调整平衡，其比值数近似相等。

对于支干管Ⅱ、Ⅳ上的风口风量也按上述方法调

节到平衡。虽然7号风口不在支干管的末端，仍以7号风口作为基准风口，但要从5号风口上开始向前逐步调节。

各条支干管上的风口调整平衡后，就需要调节支干管上的总风量。此时，从最远处的支干管开始向前调节。选取4号、8号风口为Ⅰ、Ⅱ支干管的代表风口，调节节点B处的三通阀使4号、8号风口风量的比值数相等。即：$\frac{L_{4测}}{L_{4设}} \times 100\% \approx \frac{L_{8测}}{L_{8设}} \times 100\%$；调节后，1号～3号，5号～7号风口风量的比值数也相应地变化到4号、8号风口的比值数。那么证明支干管Ⅰ、Ⅱ的总风量已经调整平衡。选取12号风口为支干管Ⅳ的代表风口，选取支干管Ⅰ，Ⅱ上任一个风口（例如选8号风口）为管段Ⅲ的代表风口。利用节点

A处的三通阀进行调节使12号、8号风口风量的比值数近似相等，即：$\frac{L_{12测}}{L_{12设}} \times 100\% \approx \frac{L_{8测}}{L_{8设}} \times 100\%$；于是其他风口风量的比值数也随着变化到新的比值数。则支干管Ⅳ、管段Ⅲ的总风量也调节平衡。但此时所有风口的风量都不等于设计风量。将总干管Ⅴ的风量调节到设计风量，则各支干管和各风口的风量将按照最后调整的比值数进行等比分配达到设计风量。

16.3.8 室内空气参数的测定应按以下国家现行有关标准的规定执行：《通风与空调工程施工质量验收规范》GB 50243、《公共建筑节能检测标准》JGJ/T 177、《居住建筑节能检测标准》JGJ/T 132、《洁净室施工及验收规范》GB 50591等。

中华人民共和国国家标准

民用建筑太阳能空调工程技术规范

Technical code for solar air conditioning system of civil buildings

GB 50787—2012

主编部门：中华人民共和国住房和城乡建设部
批准部门：中华人民共和国住房和城乡建设部
施行日期：2 0 1 2 年 1 0 月 1 日

中华人民共和国住房和城乡建设部
公 告

第 1412 号

关于发布国家标准《民用建筑太阳能空调工程技术规范》的公告

现批准《民用建筑太阳能空调工程技术规范》为国家标准，编号为 GB 50787-2012，自 2012 年 10 月 1 日起实施。其中，第 1.0.4、3.0.6、5.3.3、5.4.2、5.6.2、6.1.1 条为强制性条文，必须严格执行。

本规范由我部标准定额研究所组织中国建筑工业出版社出版发行。

中华人民共和国住房和城乡建设部
2012 年 5 月 28 日

前 言

根据住房和城乡建设部《关于印发〈2008 年工程建设标准规范制订、修订计划（第一批）〉的通知》（建标〔2008〕102 号）的要求，规范编制组经广泛调查研究，认真总结实践经验，参考有关国际标准和国外先进标准，并在广泛征求意见的基础上，编制本规范。

本规范的主要技术内容是：1 总则；2 术语；3 基本规定；4 太阳能空调系统设计；5 规划和建筑设计；6 太阳能空调系统安装；7 太阳能空调系统验收；8 太阳能空调系统运行管理。

本规范中以黑体字标志的条文为强制性条文，必须严格执行。

本规范由住房和城乡建设部负责管理和对强制性条文的解释，由中国建筑设计研究院负责具体技术内容的解释。执行过程中如有意见或建议，请寄送中国建筑设计研究院国家住宅工程中心（地址：北京市西城区车公庄大街 19 号，邮编：100044）。

本规范主编单位：中国建筑设计研究院
中国可再生能源学会太阳能建筑专业委员会

本规范参编单位：上海交通大学
国家太阳能热水器质量监督检验中心（北京）
北京市太阳能研究所有限公司
青岛经济技术开发区海尔热水器有限公司
深圳华森建筑与工程设计顾问有限公司

本规范主要起草人员：仲继寿 王如竹 王 岩
张 昕 翟晓强 朱敦智
张 磊 何 涛 王红朝
孙京岩 郭延隆 张兰英
林建平 曾 雁

本规范主要审查人员：郑瑞澄 何梓年 冯 雅
罗振涛 王志峰 由世俊
郑小梅 寿炜炜 陈 滨

目　次

Contents

1 总 则

1.0.1 为规范太阳能空调系统的设计、施工、验收及运行管理，做到安全适用、经济合理、技术先进，保证工程质量，制定本规范。

1.0.2 本规范适用于在新建、扩建和改建民用建筑中使用以热力制冷为主的太阳能空调系统工程，以及在既有建筑上改造或增设的以热力制冷为主的太阳能空调系统工程。

1.0.3 太阳能空调系统设计应纳入建筑工程设计，统一规划、同步设计、同步施工，与建筑工程同时投入使用。

1.0.4 在既有建筑上增设或改造太阳能空调系统，必须经过建筑结构安全复核，满足建筑结构及其他相应的安全性要求，并通过施工图设计文件审查合格后，方可实施。

1.0.5 民用建筑太阳能空调系统的设计、施工、验收及运行管理，除应符合本规范外，尚应符合国家现行有关标准的规定。

2 术 语

2.0.1 太阳辐射照度 solar irradiance

照射到表面一点处的面元上的太阳辐射能量除以该面元的面积，单位为瓦特每平方米（W/m²）。

2.0.2 太阳能空调系统 solar air conditioning system

一种主要通过太阳能集热器加热热媒，驱动热力制冷系统的空调系统，由太阳能集热系统、热力制冷系统、蓄能系统、空调末端系统、辅助能源系统以及控制系统六部分组成。

2.0.3 热力制冷 heat-operated refrigeration

直接以热能为动力，通过吸收式或吸附式制冷循环达到制冷目的的制冷方式。

2.0.4 吸收式制冷 absorption refrigeration

一种以热能为动力，利用某些具有特殊性质的工质对，通过一种物质对另一种物质的吸收和释放，产生物质的状态变化，从而伴随吸热和放热过程的制冷方式。

2.0.5 单效吸收 single-effect absorption

具有一级发生器，驱动热源在机组内被直接利用一次的制冷循环。

2.0.6 双效吸收 double-effect absorption

具有高低压两级发生器，驱动热源在机组内被直接和间接利用两次的制冷循环。

2.0.7 吸附式制冷 adsorption refrigeration

一种以热能为动力，利用吸附剂对制冷剂的吸附作用而使制冷剂液体蒸发，从而实现制冷的方式。

2.0.8 太阳能集热系统 solar collector system

用于收集太阳能并将其转化为热能的系统，包括太阳能集热器、管路、泵、换热器及相关附件。

2.0.9 直接式太阳能集热系统 solar direct system

在太阳能集热器中直接加热水供给用户的太阳能集热系统。

2.0.10 间接式太阳能集热系统 solar indirect system

在太阳能集热器中加热液体传热工质，再通过换热器由该种传热工质加热水供给用户的太阳能集热系统。

2.0.11 设计太阳能空调负荷率 design load ration of solar air conditioning

在太阳能空调系统服务区域中，太阳能空调系统所提供的制冷量与该区域空调冷负荷之比。

2.0.12 辅助能源 auxiliary energy source

太阳能加热系统中，为了补充太阳能系统的热输出所用的常规能源。

2.0.13 热力制冷性能系数 coefficient of performance（COP）

在指定工况下，热力制冷机组的制冷量除以加热源耗热量与消耗电功率之和所得的比值。

2.0.14 集热器总面积 gross collector area

整个集热器的最大投影面积，不包括那些固定和连接传热工质管道的组成部分，单位为平方米（m²）。

3 基 本 规 定

3.0.1 太阳能空调系统应做到全年综合利用。

3.0.2 太阳能热力制冷系统主要分为吸收式与吸附式两类。

3.0.3 太阳能空调工程应充分考虑土建施工、设备运输与安装、用户使用和日常维护等要求。

3.0.4 太阳能空调系统类型的选择应根据所处地区太阳能资源、气候特点、建筑物类型及使用功能、冷热负荷需求、投资规模和安装条件等因素综合确定。

3.0.5 设置太阳能空调系统的新建、改建和扩建的民用建筑，其建筑热工与节能设计应满足所在气候区现行国家建筑节能设计标准的有关规定。

3.0.6 太阳能集热系统应根据不同地区和使用条件采取防过热、防冻、防结垢、防雷、防雹、抗风、抗震和保证电气安全等技术措施。

3.0.7 热力制冷机组、辅助燃油锅炉和燃气锅炉等设备应符合国家现行标准有关安全防护措施的规定。

3.0.8 太阳能空调系统应因地制宜配置辅助能源装置。

3.0.9 太阳能空调系统选用的部件产品应符合国家相关产品标准的规定。

3.0.10 安装太阳能空调系统建筑的主体结构,应符合现行国家标准《建筑工程施工质量验收统一标准》GB 50300 的有关规定。

3.0.11 太阳能空调系统应设计并安装用于测试系统主要性能参数的监测计量装置。

4 太阳能空调系统设计

4.1 一般规定

4.1.1 太阳能空调系统设计应纳入建筑暖通空调系统设计中,明确各部件的技术要求。

4.1.2 太阳能空调系统的设计方案应根据建筑物的用途、规模、使用特点、负荷变化情况与参数要求、所在地区气象条件与能源状况等,通过技术与经济比较确定。

4.1.3 太阳能空调系统应与太阳能采暖系统以及太阳能热水系统集成设计,提高系统的利用率。

4.1.4 太阳能空调系统应根据制冷机组对驱动热源的温度区间要求选择太阳能集热器,集热器总面积应根据设计太阳能空调负荷率、建筑允许的安装条件和安装面积、当地气象条件等因素综合确定。

4.1.5 太阳能空调系统性能应根据热水温度、制冷机组的制冷量、制冷性能系数等参数进行分析计算后确定。

4.1.6 蓄能水箱的容积应根据太阳能集热系统的蓄能要求和制冷机组稳定运行的热量调节要求确定。

4.1.7 太阳能空调系统应设置安全、可靠的控制系统。

4.1.8 热力制冷机组对冷水和热水的水质要求,应符合现行国家标准《蒸汽和热水型溴化锂吸收式冷水机组》GB/T 18431 的有关规定。

4.2 太阳能集热系统设计

4.2.1 太阳能集热系统的集热器总面积计算应符合下列规定:

1 直接式太阳能集热系统集热器总面积应按下式计算:

$$Q_{YR} = \frac{Q \cdot r}{COP} \qquad (4.2.1-1)$$

$$A_c = \frac{Q_{YR}}{J\eta_{cd}(1 - \eta_L)} \qquad (4.2.1-2)$$

式中:Q_{YR}——太阳能集热系统提供的有效热量(W);

Q——太阳能空调系统服务区域的空调冷负荷(W);

COP——热力制冷机组性能系数;

r——设计太阳能空调负荷率,取 40%~100%;

A_c——直接式太阳能集热系统集热器总面积

(m^2);

J——空调设计日集热器采光面上的最大总太阳辐射照度(W/m^2);

η_{cd}——集热器平均集热效率,取 30%~45%;

η_L——蓄能水箱以及管路热损失率,取 0.1~0.2。

2 间接式太阳能集热系统集热器总面积应按下式计算:

$$A_{IN} = A_c \cdot \left(1 + \frac{U_L \cdot A_c}{U_{hx} \cdot A_{hx}}\right) \qquad (4.2.1-3)$$

式中:A_{IN}——间接式太阳能集热系统集热器总面积

(m^2);

A_c——直接式太阳能集热系统集热器总面积

(m^2);

U_L——集热器总热损系数[$W/(m^2 \cdot ℃)$],经测试得出;

U_{hx}——换热器传热系数[$W/(m^2 \cdot ℃)$];

A_{hx}——换热器换热面积(m^2)。

4.2.2 太阳能集热系统的设计流量计算应符合下列规定:

1 太阳能集热系统的设计流量应按下式计算:

$$G_S = gA \qquad (4.2.2)$$

式中:G_S——太阳能集热系统设计流量(m^3/h);

g——太阳能集热系统单位面积流量[$m^3/(h \cdot m^2)$];

A——直接式太阳能集热系统集热器总面积,$A_c(m^2)$,或间接式太阳能集热系统集热器总面积,$A_{IN}(m^2)$。

2 太阳能集热系统的单位面积流量应根据集热器的相关技术参数确定,也可根据系统大小的不同,按表 4.2.2 确定。

表 4.2.2　太阳能集热器的单位面积流量

系统类型		单位面积流量 $m^3/(h \cdot m^2)$
小型太阳能集热系统	真空管型太阳能集热器	0.032~0.072
	平板型太阳能集热器	0.065~0.080
大型太阳能集热系统(集热器总面积大于100m^2)		0.020~0.060

4.2.3 太阳能集热系统的循环管道以及蓄能水箱的保温设计应符合现行国家标准《设备及管道保温设计导则》GB/T 8175 的有关规定。

4.2.4 太阳能集热器的主要朝向宜为南向。全年使用的太阳能集热器倾角宜与当地纬度一致。如果系统主要用来实现夏季空调制冷,其集热器倾角宜为当地纬度减 10°。

4.3 热力制冷系统设计

4.3.1 热力制冷系统应根据建筑功能和使用要求,

选择连续供冷或间歇供冷方式，并应符合现行国家标准《采暖通风与空气调节设计规范》GB 50019 的有关规定。

4.3.2 太阳能空调系统中选用热水型溴化锂吸收式制冷机组时，应符合下列规定：

1 机组在名义工况下的性能参数，应符合现行国家标准《蒸汽和热水型溴化锂吸收式冷水机组》GB/T 18431 的有关规定；

2 机组的供冷量应根据机组供水侧污垢及腐蚀等因素进行修正；

3 机组的低温保护以及检修空间等要求应符合现行国家标准《蒸汽和热水型溴化锂吸收式冷水机组》GB/T 18431 的有关规定。

4.3.3 太阳能空调系统中选用热水型吸附式制冷机组时，应符合下列规定：

1 机组在名义工况下的性能参数，应符合现行相关标准的规定；

2 宜选用两台机组；

3 工况切换的电动执行机构应安全可靠。

4.3.4 热力制冷系统的热水流量、冷却水流量以及冷冻水流量应按照机组的相关性能参数确定。

4.4 蓄能系统、空调末端系统、辅助能源与控制系统设计

4.4.1 太阳能空调系统蓄能水箱的设置应符合下列规定：

1 蓄能水箱可设置在地下室或顶层的设备间、技术夹层中的设备间或为其单独设计的设备间内，其位置应满足安全运转以及便于操作、检修的要求；

2 蓄能水箱容积较大且在室内安装时，应在设计中考虑水箱整体进入安装地点的运输通道；

3 设置蓄能水箱的位置应具有相应的排水、防水措施；

4 蓄能水箱上方及周围应留有符合规范要求的安装、检修空间，不应小于 600mm；

5 蓄能水箱应靠近太阳能集热系统以及制冷机组，减少管路热损；

6 蓄能水箱应采取良好的保温措施。

4.4.2 太阳能空调系统蓄能水箱的工作温度应根据制冷机组高效运行所对应的热水温度区间确定。

4.4.3 太阳能空调系统蓄能水箱的容积宜按每平方米集热器（20~80）L 确定。

4.4.4 空调末端系统应根据太阳能空调的冷冻水工作温度进行设计，并应符合现行国家标准《采暖通风与空气调节设计规范》GB 50019 的有关规定。

4.4.5 辅助能源装置的容量宜按最不利条件进行设计。

4.4.6 辅助能源装置的设计应符合现行相关规范的规定。

4.4.7 太阳能空调系统的控制及监测应符合下列规定：

1 热力制冷系统宜采用集中监控系统，不具备采用集中监控系统的热力制冷系统，宜采用就近设置自动控制系统；

2 辅助能源系统与太阳能空调系统之间应能实现灵活切换，并应通过合理的控制策略，避免辅助能源装置的频繁启停；

3 太阳能空调系统的主要监测参数可按表 4.4.7 确定。

表 4.4.7 太阳能空调系统的主要监测参数

序号	监测内容	监测参数
1	室内外环境	太阳辐射照度、室内外温度与相对湿度
2	太阳能空调系统	集热器进出口温度与流量、热力制冷机组热水进出口温度与流量、热力制冷机组冷却水进出口温度与流量、热力制冷机组冷冻水进出口温度与流量、蓄能水箱温度、热力制冷机组耗电量、辅助能源消耗量

5 规划和建筑设计

5.1 一般规定

5.1.1 应用太阳能空调系统的民用建筑规划设计，应根据建设地点、地理、气候和场地条件、建筑功能及其周围环境等因素，确定建筑布局、朝向、间距、群体组合和空间环境，满足太阳能空调系统设计和安装的技术要求。

5.1.2 太阳能集热器在建筑屋面、阳台、墙面或建筑其他部位的安装，除不得影响该部位的建筑功能外，还应符合现行国家标准《民用建筑太阳能热水系统应用技术规范》GB 50364 的相关要求。

5.1.3 屋面太阳能集热器的布置应预留出检修通道以及与冷却塔和制冷机房连通的竖向管道井。

5.2 规划设计

5.2.1 建筑体形和空间组合应充分考虑太阳能的利用要求，为接收更多的太阳能创造条件。

5.2.2 规划设计应进行建筑日照分析和计算。安装在屋面的集热器和冷却塔等设施不应降低建筑本身或相邻建筑的建筑日照要求。

5.2.3 建筑群体和环境设计应避免建筑及其周围环境设施遮挡太阳能集热器，应满足太阳能集热器在夏季制冷工况时全天不少于 6h 日照时数的要求。

5.3 建筑设计

5.3.1 太阳能空调系统的制冷机房宜与辅助能源装置或常规空调系统机房统一布置。机房应靠近建筑冷负荷中心，蓄能水箱应靠近集热器和制冷机组。

5.3.2 应合理确定太阳能空调系统各组成部分在建筑中的位置。安装太阳能空调系统的建筑部位除应满足建筑防水、排水等功能要求外，还应满足便于系统的检修、更新和维护的要求。

5.3.3 安装太阳能集热器的建筑部位，应设置防止太阳能集热器损坏后部件坠落伤人的安全防护设施。

5.3.4 直接构成围护结构的太阳能集热器应满足所在部位的结构和消防安全以及建筑防护功能的要求。

5.3.5 太阳能集热器不应跨越建筑变形缝设置。

5.3.6 应合理设计辅助能源装置的位置和安装空间，满足辅助能源装置安全运行、便于操作及维护的要求。

5.4 结构设计

5.4.1 建筑的主体结构或结构构件，应能够承受太阳能空调系统相关设备传递的荷载要求。

5.4.2 结构设计应为太阳能空调系统安装埋设预埋件或其他连接件。连接件与主体结构的锚固承载力设计值应大于连接件本身的承载力设计值。

5.4.3 安装在屋面、阳台或墙面的太阳能集热器与建筑主体结构通过预埋件连接，预埋件应在主体结构施工时埋入，且位置应准确；当没有条件采用预埋件连接时，应采用其他可靠的连接措施。

5.4.4 热力制冷机组、冷却塔、蓄能水箱等较重的设备和部件应安装在具有相应承载能力的结构构件上，并进行构件的强度与变形验算。

5.4.5 支架、支撑金属件及其连接节点，应具有承受系统自重荷载、风荷载、雪荷载、检修动荷载和地震作用的能力。

5.4.6 设备与主体结构采用后加锚栓连接时，应符合现行行业标准《混凝土结构后锚固技术规程》JGJ 145 的有关规定，并应符合下列规定：

1 锚栓产品应有出厂合格证；

2 碳素钢锚栓应经过防腐处理；

3 锚栓应进行承载力现场试验，必要时应进行极限拉拔试验；

4 每个连接节点不应少于 2 个锚栓；

5 锚栓直径应通过承载力计算确定，并不应小于 10mm；

6 不宜在与化学锚栓接触的连接件上进行焊接操作；

7 锚栓承载力设计值不应大于其选用材料极限承载力的 50%。

5.4.7 太阳能空调系统结构设计应计算下列作用效应：

1 非抗震设计时，应计算重力荷载和风荷载效应；

2 抗震设计时，应计算重力荷载、风荷载和地震作用效应。

5.5 暖通和给水排水设计

5.5.1 太阳能空调系统的机房应保持良好的通风，并应满足现行国家标准《采暖通风与空气调节设计规范》GB 50019 中对机房的要求。

5.5.2 太阳能空调系统中机房的给水排水设计应符合现行国家标准《建筑给水排水设计规范》GB 50015 中的相关规定，其消防设计应按相关国家标准执行。

5.5.3 太阳能集热器附近宜设置用于清洁集热器的给水点并预留相应的排水设施。

5.6 电气设计

5.6.1 电气设计应满足太阳能空调系统用电负荷和运行安全的要求，并应符合现行行业标准《民用建筑电气设计规范》JGJ 16 的有关规定。

5.6.2 太阳能空调系统中所使用的电气设备应设置剩余电流保护、接地和断电等安全措施。

5.6.3 太阳能空调系统电气控制线路应穿管暗敷或在管道井中敷设。

6 太阳能空调系统安装

6.1 一般规定

6.1.1 太阳能空调系统的施工安装不得破坏建筑物的结构、屋面防水层和附属设施，不得削弱建筑物在寿命期内承受荷载的能力。

6.1.2 太阳能空调系统的安装应单独编制施工组织设计，并应包括与主体结构施工、设备安装、装饰装修的协调配合方案及安全措施等内容。

6.1.3 太阳能空调系统安装前应具备下列条件：

1 设计文件齐备，且已审查通过；

2 施工组织设计及施工方案已经批准；

3 施工场地符合施工组织设计要求；

4 现场水、电、场地、道路等条件能满足正常施工需要；

5 预留基座、孔洞、预埋件和设施符合设计要求，并已验收合格；

6 既有建筑具有建筑结构安全复核通过的相关文件。

6.1.4 进场安装的太阳能空调系统产品、配件、管线的性能和外观应符合现行国家及行业相关产品标准的要求，选用的材料应能耐受系统可达到的最高工作温度。

6.1.5 太阳能空调系统安装应对已完成的土建工程、安装的产品及部件采取保护措施。

6.1.6 太阳能空调系统安装应由专业队伍或经过培训并考核合格的人员完成。

6.1.7 辅助能源装置为燃油或燃气锅炉时，其安装单位、人员应具有特种设备安装资质并按省级质量技术监督局要求进行安装报批、检验和验收。

6.2 太阳能集热系统安装

6.2.1 支承集热器的支架应按设计要求可靠固定在基座上或基座的预埋件上，位置准确，角度一致。

6.2.2 在屋面结构层上现场施工的基座完工后，应作防水处理并应符合现行国家标准《屋面工程质量验收规范》GB 50207 的相关规定。

6.2.3 钢结构支架及预埋件应作防腐处理。防腐施工应符合现行国家标准《建筑防腐蚀工程施工及验收规范》GB 50212 和《建筑防腐蚀工程质量检验评定标准》GB 50224 的相关规定。

6.2.4 集热器安装倾角和定位应符合设计要求，安装倾角误差不应大于±3°。

6.2.5 集热器与集热器之间的连接宜采用柔性连接方式，且密封可靠、无泄漏、无扭曲变形。

6.2.6 太阳能集热系统的管路安装应符合现行国家标准《建筑给水排水及采暖工程施工质量验收规范》GB 50242 的相关规定。

6.2.7 集热器和管道连接完毕，应进行检漏试验，检漏试验应符合设计要求与本规范第 6.7 节的规定。

6.2.8 集热器支架和金属管路系统应与建筑物防雷接地系统可靠连接。

6.2.9 太阳能集热系统管路的保温应在检漏试验合格后进行。保温材料应符合现行国家标准《工业设备及管道绝热工程质量检验评定标准》GB 50185 的有关规定。

6.3 制冷系统安装

6.3.1 吸收式和吸附式制冷机组安装时必须严格按随机所附的产品说明书中的相关要求进行搬运、拆卸包装、安装就位。严禁对设备进行敲打、碰撞或对机组的连接件、焊接处以外力。吊装时，荷载点必须在规定的吊点处。

6.3.2 制冷机组宜布置在建筑物内。若选用室外型机组，其制冷装置的电气和控制设备应布置在室内。

6.3.3 制冷机组及系统设备的施工安装应符合现行国家标准《制冷设备、空气分离设备安装工程施工及验收规范》GB 50274 及《通风与空调工程施工质量验收规范》GB 50243 的相关规定。

6.3.4 空调末端的施工安装应符合现行国家标准《建筑给水排水及采暖工程施工质量验收规范》GB 50242 和《通风与空调工程施工质量验收规范》GB

50243 的相关规定。

6.4 蓄能和辅助能源系统安装

6.4.1 用于制作蓄能水箱的材质、规格应符合设计要求；钢板焊接的水箱内外壁均应按设计要求进行防腐处理，内壁防腐材料应卫生、无毒，且应能承受所贮存热水的最高温度。

6.4.2 蓄能水箱和支架间应有隔热垫，不宜直接采用刚性连接。

6.4.3 地下蓄能水池应严密、无渗漏，满足系统承压要求。水池施工时应有防止土压力引起的滑移变形的措施。

6.4.4 蓄能水箱应进行检漏试验，试验方法应符合设计要求和本规范第 6.7 节的规定。

6.4.5 蓄能水箱的保温应在检漏试验合格后进行。保温材料应能长期承受所贮存热水的最高温度；保温构造和保温厚度应符合现行国家标准《工业设备及管道绝热工程质量检验评定标准》GB 50185 的有关规定。

6.4.6 蒸汽和热水锅炉及配套设备的安装应符合现行国家标准《建筑给水排水及采暖工程施工质量验收规范》GB 50242 的相关规定。

6.5 电气与自动控制系统安装

6.5.1 太阳能空调系统的电缆线路施工和电气设施的安装应符合现行国家标准《电气装置安装工程 电缆线路施工及验收规范》GB 50168 和《建筑电气工程施工质量验收规范》GB 50303 的相关规定。

6.5.2 所有电气设备和与电气设备相连接的金属部件应作接地处理。电气接地装置的施工应符合现行国家标准《电气装置安装工程接地装置施工及验收规范》GB 50169 的相关规定。

6.5.3 传感器的接线应牢固可靠，接触良好。接线盒与套管之间的传感器屏蔽线应作二次防护处理，两端应作防水处理。

6.6 压力试验与冲洗

6.6.1 太阳能空调系统安装完毕后，在管道保温之前，应对压力管道、设备及阀门进行水压试验。

6.6.2 太阳能空调系统压力管道的水压试验压力应为工作压力的 1.5 倍。非承压管路系统和设备应做灌水试验。当设计未注明时，水压试验和灌水试验应按现行国家标准《建筑给水排水及采暖工程施工质量验收规范》GB 50242 的相关要求进行。

6.6.3 当环境温度低于 0℃进行水压试验时，应采取可靠的防冻措施。

6.6.4 吸收式和吸附式制冷机组安装完毕后应进行水压试验。系统水压试验合格后，应对系统进行冲洗直至排出的水不浑浊为止。

6.7 系统调试

6.7.1 系统安装完毕投入使用前，应进行系统调试，系统调试应在设备、管道、保温、配套电气等施工全部完成后进行。

6.7.2 系统调试应包括设备单机或部件调试和系统联动调试。系统联动调试宜在与设计室外参数相近的条件下进行，联动调试完成后，系统应连续 3d 试运行。

6.7.3 设备单机、部件调试应包括下列内容：

1 检查水泵安装方向；

2 检查电磁阀安装方向；

3 温度、温差、水位、流量等仪表显示正常；

4 电气控制系统应达到设计要求功能，动作准确；

5 剩余电流保护装置动作准确可靠；

6 防冻、防过热保护装置工作正常；

7 各种阀门开启灵活，密封严密；

8 制冷设备正常运转。

6.7.4 设备单机或部件调试完成后，应进行系统联动调试。系统联动调试应包括下列内容：

1 调整系统各个分支回路的调节阀门，各回路流量应平衡，并达到设计流量；

2 根据季节切换太阳能空调系统工作模式，达到制冷、采暖或热水供应的设计要求；

3 调试辅助能源装置，并与太阳能加热系统相匹配，达到系统设计要求；

4 调整电磁阀控制阀门，电磁阀的阀前阀后压力应处在设计要求的压力范围内；

5 调试监控系统，计量检测设备和执行机构应工作正常，对控制参数的反馈及动作应正确、及时。

6.7.5 系统联动调试的运行参数应符合下列规定：

1 额定工况下空调系统的工质流量、温度应满足设计要求，调试结果与设计值偏差不应大于现行国家标准《通风与空调工程施工质量验收规范》GB 50243 的相关规定；

2 额定工况下太阳能集热系统流量与设计值的偏差不应大于 10%；

3 系统在蓄能和释能过程中应运行正常、平稳，水泵压力及电流不应出现大幅波动，供制冷机组的热源温度波动符合机组正常运行的要求；

4 溴化锂吸收式制冷机组的运行参数应符合现行国家标准《蒸汽和热水型溴化锂吸收式冷水机组》GB/T 18431 的相关规定。

7 太阳能空调系统验收

7.1 一般规定

7.1.1 太阳能空调系统验收应根据其施工安装特点进行分项工程验收和竣工验收。

7.1.2 太阳能空调系统验收前，应在安装施工过程中完成下列隐蔽工程的现场验收：

1 预埋件或后置锚栓连接件；

2 基座、支架、集热器四周与主体结构的连接节点；

3 基座、支架、集热器四周与主体结构之间的封堵；

4 系统的防雷、接地连接节点。

7.1.3 太阳能空调系统验收前，应将工程现场清理干净。

7.1.4 分项工程验收应由监理或建设单位组织施工单位进行验收。

7.1.5 太阳能空调系统完工后，施工单位应自行组织有关人员进行检验评定，并向建设单位提交竣工验收申请报告。

7.1.6 建设单位收到工程竣工验收申请报告后，应由建设单位组织设计、施工、监理等单位联合进行竣工验收。

7.1.7 所有验收应做好记录，签署文件，立卷归档。

7.2 分项工程验收

7.2.1 分项工程验收应根据工程施工特点分期进行，分部、分项工程可按表 7.2.1 划分。

表 7.2.1 太阳能空调系统工程的分部、分项工程划分表

序号	分部工程	分项工程
1	太阳能集热系统	太阳能集热器安装、其他辅助能源/换热设备安装、管道及配件安装、系统水压试验及调试、防腐、绝热等
2	热力制冷系统	机组安装、管道及配件安装、水处理设备安装、辅助设备安装、系统水压试验及调试、防腐、绝热等
3	蓄能系统	蓄能水箱及配件安装、管道及配件安装、辅助设备安装、防腐、绝热等
4	空调末端系统	新风机组、组合式空调机组、风机盘管系统与末端管线系统的施工安装、低温热水地板辐射采暖系统施工安装等
5	控制系统	传感器及安全附件安装、计量仪表安装、电缆线路施工安装

7.2.2 对影响工程安全和系统性能的工序，应在该工序验收合格后进入下一道工序的施工，且应符合下列规定：

1 在屋面太阳能空调系统施工前，应进行屋面防水工程的验收；

2 在蓄能水箱就位前，应进行蓄能水箱支撑构件和固定基座的验收；

3 在太阳能集热器支架就位前，应进行支架固定基座的验收；

4 在建筑管道井封口前，应进行预留管路的验收；

5 太阳能空调系统电气预留管线的验收；

6 在蓄能水箱进行保温前，应进行蓄能水箱检漏的验收；

7 在系统管路保温前，应进行管路水压试验；

8 在隐蔽工程隐蔽前，应进行施工质量验收。

7.2.3 太阳能空调系统调试合格后，应按照设计要求对性能进行检验，检验的主要内容应包括：

1 压力管道、系统、设备及阀门的水压试验；

2 系统的冲洗及水质检验；

3 系统的热性能检验。

7.3 竣 工 验 收

7.3.1 工程移交用户前，应进行竣工验收。竣工验收应在分项工程验收和性能检验合格后进行。

7.3.2 竣工验收应提交下列资料：

1 设计变更证明文件和竣工图；

2 主要材料、设备、成品、半成品、仪表的出厂合格证明或检验资料；

3 屋面防水检漏记录；

4 隐蔽工程验收记录和中间验收记录；

5 系统水压试验记录；

6 系统水质检验记录；

7 系统调试和试运行记录；

8 系统热性能评估报告；

9 工程使用维护说明书。

8 太阳能空调系统运行管理

8.1 一 般 规 定

8.1.1 太阳能空调系统交付使用前，系统提供单位应对使用单位进行操作培训，并帮助使用单位建立太阳能空调系统的管理制度，提交使用手册。

8.1.2 太阳能空调系统的运行和管理应由专人负责。

8.1.3 当太阳能空调系统运行发生异常时，应及时处理。

8.1.4 使用单位应对太阳能空调系统进行定期检查，检查周期不应大于1年。

8.2 安 全 检 查

8.2.1 使用单位应对太阳能集热系统的运行和安全性进行定期检查。

8.2.2 使用单位应对安装在墙面处的太阳能集热器定期进行其防护设施的维护和检修。

8.2.3 使用单位应在进入冬季之前检查系统防冻性能的安全性。

8.2.4 使用单位应定期检查太阳能集热系统的防雷设施。

8.2.5 使用单位应定期检查辅助能源装置以及相应管路系统的安全性。

8.3 系 统 维 护

8.3.1 使用单位应对系统中的传感器进行年检，发现问题应及时更换。

8.3.2 太阳能集热器应每年进行全面检查，定期清洗集热器表面。

8.3.3 使用单位应定期检查水泵、管路以及阀门等附件。

8.3.4 夏季空调系统停止运行时，应采取有效措施防止太阳能集热系统过热。

8.3.5 热力制冷机组的维护应按照生产企业的相关要求进行。

本规范用词说明

1 为便于在执行本规范条文时区别对待，对要求严格程度不同的用词说明如下：

1） 表示很严格，非这样做不可的：
正面词采用"必须"，反面词采用"严禁"；

2） 表示严格，在正常情况下均应这样做的：
正面词采用"应"，反面词采用"不应"或"不得"；

3） 表示允许稍有选择，在条件许可时首先应这样做的：
正面词采用"宜"，反面词采用"不宜"；

4） 表示有选择，在一定条件下可以这样做的，采用"可"。

2 条文中指明应按其他有关标准执行的写法为："应符合……的规定"或"应按……执行"。

引用标准名录

1 《建筑给水排水设计规范》GB 50015

2 《采暖通风与空气调节设计规范》GB 50019

3 《电气装置安装工程 电缆线路施工及验收规范》GB 50168

4 《电气装置安装工程接地装置施工及验收规范》GB 50169

5 《工业设备及管道绝热工程质量检验评定标准》GB 50185

6 《屋面工程质量验收规范》GB 50207

7 《建筑防腐蚀工程施工及验收规范》

GB 50212

8 《建筑防腐蚀工程质量检验评定标准》
GB 50224

9 《建筑给水排水及采暖工程施工质量验收规
范》GB 50242

10 《通风与空调工程施工质量验收规范》
GB 50243

11 《制冷设备、空气分离设备安装工程施工及
验收规范》GB 50274

12 《建筑工程施工质量验收统一标准》

GB 50300

13 《建筑电气工程施工质量验收规范》
GB 50303

14 《民用建筑太阳能热水系统应用技术规范》
GB 50364

15 《设备及管道保温设计导则》GB/T 8175

16 《蒸汽和热水型溴化锂吸收式冷水机组》
GB/T 18431

17 《民用建筑电气设计规范》JGJ 16

18 《混凝土结构后锚固技术规程》JGJ 145

中华人民共和国国家标准

民用建筑太阳能空调工程技术规范

GB 50787—2012

条 文 说 明

制 订 说 明

《民用建筑太阳能空调工程技术规范》GB
50787-2012，经住房和城乡建设部 2012 年 5 月 28
日以第 1412 号公告批准、发布。

为便于广大设计、施工、科研、学校等单位有关
人员在使用本规范时能正确理解和执行条文规定，

《民用建筑太阳能空调工程技术规范》编制组按章、
节、条顺序编制了本规范的条文说明，对条文规定的
目的、依据以及执行中需注意的有关事项进行了说
明。但是，本条文说明不具备与规范正文同等的法律
效力，仅供使用者作为理解和把握规范规定的参考。

目　次

1 总　　则

1.0.1 本条明确了制定本规范的目的和宗旨。近年来，我国经济持续发展、稳步增长，虽经历了全球性的金融危机，但发展的态势一直呈上升趋势，能源的消耗不断攀升，尤其以化石燃料为主的能源大量使用，带来能源紧缺、环境恶化等一系列的问题。在我国，每年建筑运行所消耗的能源占全国商品能源的21%～24%，这其中很大部分被用来为建筑提供夏季空调及冬季采暖。面对如此严峻的用能环境，只有有效地开发和利用可再生能源才是解决问题的出路。

太阳能空调把低品位的能源转变为高品位的舒适性空调制冷，对节省常规能源、减少环境污染具有重要意义，符合可持续发展战略的要求。太阳能空调系统的制冷功率、太阳辐射照度及空调制冷用能在季节上的分布规律高度匹配，即太阳辐射越强，天气越热，需要的制冷负荷越大时，系统的制冷功率也相应越大。目前，利用太阳能光热转换的吸收式制冷技术较为成熟，国际上一般采用溴化锂吸收式制冷机，同时，吸附式制冷技术也在逐步发展并日趋完善。我国太阳能空调工程的建设起步于20世纪80年代，经过30年的研究、试验和工程示范，太阳能空调在国内已有较好的应用基础，但仍需要进一步推广。

太阳能空调工程大部分是由太阳能生产企业和太阳能研究机构等自行设计、施工并加以运行管理，过程中存在几个问题：第一，太阳能空调系统设计与国家现行的民用建筑设计规范衔接不到位，导致与传统设计有隔阂甚至矛盾，阻碍了太阳能空调的发展；第二，各生产企业的系统设计立足本单位产品，设计的各种系统良莠不齐，系统优化难于实现，更谈不上规模化和标准化；第三，太阳能空调系统中集热系统与民用建筑的整合设计得不到体现；第四，系统的安装和验收没有统一标准，通常各自为政，也缺乏技术部门的监管，容易产生安全隐患；第五，系统的运行、维护和管理缺乏科学的指导。因此，本规范的制定有重要的现实意义。

1.0.2 本条规定了本规范的适用范围。从理论上讲，太阳能空调的实现有两种方式：一是太阳能光电转换，利用电力制冷；二是太阳能光热转换，利用热能制冷。对于前者，由于大功率太阳能发电技术的高额成本，目前实用性较差。因此，本规范只适用于以太阳能热力制冷为主的太阳能空调系统工程。本规范从技术的角度解决新建、扩建和改建的民用建筑中太阳能空调系统与建筑一体化的设计问题以及相关设备和部件在建筑上应用的问题。这些技术内容同样也适用于既有建筑中增设太阳能空调系统及对既有建筑中已安装的太阳能空调系统进行更换和改造。

1.0.3 太阳能空调系统采用可再生能源——太阳能，并以燃油、燃气、电等为辅助能源，为民用建筑提供满足要求的良好的室内环境。作为系统，它包含了较多的设备、管路等，需要工程建设中各专业的配合和保证，例如太阳能空调系统中太阳能集热器与建筑的整合设计等，因此必须在建设规划阶段就由设计单位纳入工程设计，通盘考虑，总体把握，并按照设计、施工和验收的流程一步步进行，这样才可以做到科学、合理、系统、安全和美观的统一。

1.0.4 本条为强制性条文，主要出发点是保证既有建筑的结构安全性。由于太阳能空调发展滞后，随着今后太阳能空调的推广和未来规模化发展，势必会存在大量既有建筑改装太阳能空调系统的现象，而根据民用建筑太阳能热水系统的发展经验，在改造过程中既有建筑的结构安全与否必须率先确定，然后才可以进行太阳能集热系统的安装。

结构的安全性复核应由建筑的原建筑设计单位、有资质的设计单位或权威检测机构进行，复核安全后进行施工图设计，并指导施工。

1.0.5 太阳能空调系统由太阳能集热系统、热力制冷系统、蓄能系统、空调末端系统、辅助能源系统以及控制系统组成，包含的设备及部件在材料、技术要求以及设计、安装、验收方面，均有相应的国家标准，因此，太阳能空调系统产品应符合这些标准要求。太阳能空调系统在民用建筑上的应用是综合技术，其设计、施工安装、验收与运行管理涉及太阳能和建筑两个行业，与之密切相关的还有许多其他国家标准，其相关的规定也应遵守，尤其是强制性条文。

2 术　　语

2.0.3 热力制冷是一种基于热驱动吸收式或吸附式制冷机组产生冷水的技术。已应用的太阳能热力制冷技术包括：溴化锂-水吸收式制冷、氨-水吸收式制冷、硅胶-水吸附式制冷等。其中，太阳能驱动的溴化锂-水吸收式制冷是目前国内外最为成熟、应用最为广泛的技术。

2.0.7 吸附式制冷是太阳能热力制冷的一种类型，该种热力制冷方式在国内应用较少，但在国外发展较为完善。

2.0.11 设计太阳能空调负荷率用于计算太阳能集热器总面积。由于太阳能集热器安装面积的限制，太阳能空调系统一般可用来满足建筑的部分区域，在设计工况下，太阳能空调系统可以全部或部分满足该区域的空调冷负荷。因此，设计太阳能空调负荷率是指设计工况下太阳能空调系统所能提供的制冷量占太阳能空调系统服务区域空调冷负荷的份额。

2.0.13 热力制冷性能系数（COP）是热力制冷系统的一项重要技术经济指标，该数值越大，表示制冷系统能源利用率越高。由于这一参数是用相同单位的输入和输出的比值表示，因此为无量纲数。

3 基 本 规 定

3.0.1 随着我国国民经济的快速发展，普通民众对办公与居住条件的改善需求日益增长，建筑能耗尤其是夏季制冷能耗随之逐年升高。因此，太阳能在夏季制冷中也会发挥重要作用。但是由于不同气候区的夏季制冷工况需匹配的集热器总面积与冬季采暖工况需匹配的集热器总面积不一样，尤其是夏热冬冷地区夏季炎热且漫长，冬季寒冷但短暂。所以在设计与应用太阳能空调系统时，应同时考虑太阳能热水在夏季以外季节的应用，例如生活热水与采暖，避免浪费，做到全年综合利用。

太阳能集热系统在同时考虑热水及采暖应用时，其设计应符合现行国家标准《建筑给水排水设计规范》GB 50015、《民用建筑太阳能热水系统应用技术规范》GB 50364 与《太阳能供热采暖工程技术规范》GB 50495 的有关规定。

3.0.2 太阳能制冷系统可按照图 1 进行分类。

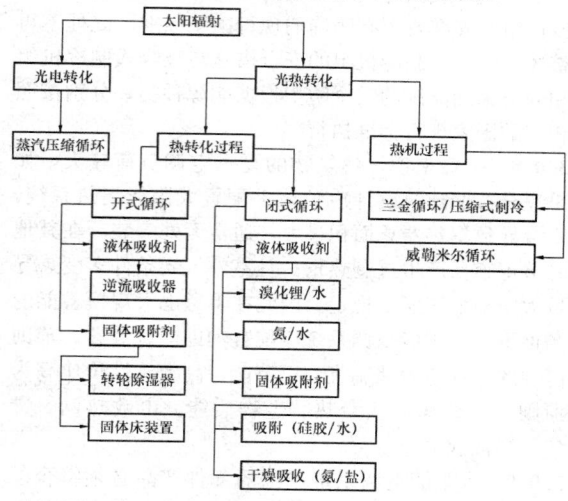

图 1 太阳能制冷系统分类

从热力制冷角度出发，本规范只适用于吸收式与吸附式制冷。

从太阳能热力制冷机组和制冷热源工作温度的高低来分，目前国内外太阳能热力制冷系统可以分为三类（表 1）。

表 1 太阳能热力制冷系统分类

序号	制冷热源温度（℃）	制冷机 COP	制冷机型	适配集热器类型
1	130~160	1.0~1.2	蒸汽双效吸收式	聚光型、真空管型
2	85~95	0.6~0.7	热水型吸收式	真空管型、平板型
3	65~85	0.4~0.6	吸附式	真空管型、平板型

根据表 1 可知，热力制冷系统可分为高温型、

中温型和低温型三种类型。国外实用性系统多为中温型，也有高温型的实验装置，但国内目前只有后两种，且制冷机组热媒为水。因此，本规范只适用于后两种制冷方式，且不考虑集热效率较低的空气集热器。

吸收式制冷技术从所使用的工质对角度看，应用广泛的有溴化锂-水和氨-水，其中溴化锂-水由于 COP 高、对热源温度要求低、没有毒性和对环境友好等特点，占据了当今研究与应用的主流地位。按照驱动热源分类，溴化锂吸收式制冷机组可分为蒸汽型、直燃型和热水型三种。

太阳能吸附式制冷具有以下特点：

1 系统结构及运行控制简单，不需要溶液泵或精馏装置。因此，系统运行费用低，也不存在制冷剂的污染、结晶或腐蚀等问题。

2 可采用不同的吸附工质对以适应不同的热源及蒸发温度。如采用硅胶-水吸附工质对的太阳能吸附式制冷系统可由（65~85）℃的热水驱动，用于制取（7~20）℃的冷冻水；采用活性炭-甲醇工质对的太阳能吸附制冷系统，可直接由平板集热器驱动。

3 与吸收式及压缩式制冷系统相比，吸附式系统的制冷功率相对较小。受机器本身传热传质特性以及工质对制冷性能的影响，增加制冷量时，就势必增加吸附剂并使换热设备的质量大幅度增加，因而增加了初投资，机器也会变得庞大而笨重。此外，由于地面上太阳辐射照度较低，收集一定量的加热功率通常需较大的集热面积。受以上两方面因素的限制，目前研制成功的太阳能吸附式制冷系统的制冷功率一般均较小。

4 由于太阳辐射在时间分布上的周期性、不连续性及易受气候影响等特点，太阳能吸附式制冷系统应用于空调或冷藏等场合时通常需配置辅助能源。

3.0.3 太阳能空调系统包含各种设备、管路系统和调控装置等，系统涉及内容庞杂，因此在设计时除考虑系统的功能性，还要考虑以下几个方面：

1 土建施工：即建筑主体在土建施工时与设备、管道和其他部件的协调，如对各部件的保护、施工预留基础、孔洞和预埋受力部件，以及考虑施工的先后次序等；

2 设备运输和安装：设计时要充分考虑设备的运输路线、通道和预留吊装孔等，并为设备安装预留足够的空间；

3 用户使用和日常维护：系统设计时要考虑用户使用是否简便、易行，日常维护要简单、易操作，使用与维护的便利有助于太阳能空调系统的推广。

3.0.4 太阳能作为可再生能源的一种，具有不稳定的特点，太阳能资源由于所处地区地理位置、气象特点等不同更存在很大的差异，加之太阳能集热系统的运行效率不同，选择太阳能空调系统时应有针对性。

另一方面，建筑物类型如低层、多层或高层，和使用功能如公共建筑或居住建筑，以及冷热负荷需求（各个气候区冷热负荷侧重不同），会影响太阳能集热系统的大小、安装条件及系统设计，而同时业主对投资规模和产品也有相应的要求，导致设计条件较为复杂。因此，为适应这些条件，需要设计人员对系统类型的选择全面考虑、整合设计，做到系统优化、降低投资。

3.0.5 "十一五"国家科技支撑计划开展以来，我国政府大力提倡建筑节能降耗，各气候区所在城市和农村纷纷出台具有当地特色的建筑节能设计标准和实施细则，并要求在新建、改建和扩建的民用建筑的建筑设计过程中严格执行相关标准，所以，太阳能空调系统的设计前提是建筑的热工与节能设计必须满足相关节能设计标准的规定。建筑的热工性能是影响制冷机组容量的最主要因素，有条件的工程应适当提高围护结构的设计标准，尤其是隔热性能，才能降低建筑的制冷负荷，从而提高太阳能利用率，降低投资成本。同样的道理也适用于既有建筑的节能改造，只有改造后的既有建筑热工性能满足节能设计标准，才能设置太阳能空调系统，否则根本达不到预期的节能效果。

3.0.6 本条为强制性条文，目的是确保太阳能集热系统在实际使用中的安全性。第一，集热系统因位于室外，首先要做好保护措施，如采取避雷针、与建筑物避雷系统连接等防雷措施。第二，在非采暖和制冷季节，系统用热量和散热量低于太阳能集热系统得热量时，蓄能水箱温度会逐步升高，如系统未设置防过热措施，水箱温度会远高于设计温度，甚至沸腾过热。解决的措施包括：（1）遮盖一部分集热器，减少集热系统得热量；（2）采用回流技术使传热介质液体离开集热器，保证集热器中的热量不再传递到蓄能水箱；（3）采用散热措施将过剩的热量传送到周围环境中去；（4）及时排出部分蓄能水箱（池）中热水以降低水箱水温；（5）传热介质液体从集热器迅速排放到膨胀罐，集热回路中达到高温的部分总是局限在集热器本身。第三，在冬季最低温度低于0℃的地区，安装太阳能集热系统需要考虑防冻问题。当系统集热器和管道温度低于0℃后，水结冰体积膨胀，如果管材允许变形量小于水结冰的膨胀量，管道会胀裂损坏。目前常用的防冻措施见表2。

表2　太阳能系统防冻措施的选用

防冻措施	严寒地区	寒冷地区	夏热冬冷
防冻液为工质的间接系统	●	●	●
排空系统	—	●	●
排回系统	○[1]	●	●

续表2

防冻措施	严寒地区	寒冷地区	夏热冬冷
蓄能水箱热水再循环	○[2]	○[2]	●
在集热器联箱和管道敷设电热带	—	○[2]	●

注：1　室外系统排空时间较长时（系统较大，回流管线较长或管道坡度较小）不宜使用；
2　方案技术可行，但由于夜晚散热较大，影响系统经济效益；
3　表中"●"为可选用；"○"为有条件选用；"—"为不宜选用。

最后，还应防止因水质问题带来的结垢问题。一般合格的集热器均能满足防雹要求，采取合适的防冻液或排空措施均可实现集热系统的防冻。用电设备的用电安全在设计时也要考虑。

3.0.7 本条强调了热力制冷机组、辅助燃油锅炉和燃气锅炉等设备安全防护的重要性。热力制冷机组主要是指吸收式制冷机组和吸附式制冷机组，吸收式制冷机组的安全要求有明确的现行国家标准，此处不再赘述，吸附式制冷机组的安全措施与吸收式制冷机组相同。辅助能源的安全防护根据能源种类，分别按照相应的国家现行标准执行。

3.0.8 一般来说，建筑物的夏季空调负荷较大，如果完全按照建筑设计冷负荷去配置太阳能集热系统，则会导致集热器总面积过大，通常无处安装，在其他季节也容易产生过剩热量。且室外气候条件多变，导致太阳辐射照度不稳定。因此在不考虑大规模蓄能的条件下，太阳能空调系统应配置辅助能源装置。辅助能源的选择应因地制宜，以节能、高效、性价比高为原则，可选择工业余热、生物质能、市政热网、燃气、燃油和电。

3.0.9 太阳能空调系统选用的部件产品必须符合国家相关产品标准的规定，应有产品合格证和安装使用说明书。在设计时，宜优先采用通过产品认证的太阳能制冷系统及部件产品。太阳能空调系统中的太阳能集热器应符合《平板型太阳能集热器》GB/T 6424和《真空管型太阳能集热器》GB/T 17581中规定的性能要求。溴化锂制冷机组应满足《蒸汽和热水型溴化锂吸收式冷水机组》GB/T 18431中的要求。

其他设备和部件的质量应符合国家相关产品标准规定的要求。系统配备的输水管和电器、电缆线应与建筑物其他管线统筹安排、同步设计、同步施工，安全、隐蔽、集中布置，便于安装维护。太阳能空调系统所选用的集热器应在制冷机组热源温度范围内进行性能测试，保证集热器热性能与制冷机组的匹配性。生产企业应提供详细的制冷机组工作性能报告，包括制冷机组随热源温度变化的性能特性曲线，并应出示相关的检测报告。

3.0.10 太阳能空调系统是建筑的一部分，建筑主体结构符合现行国家标准《建筑工程施工质量验收统一标准》GB 50300 是保证太阳能空调系统达到设计效果的前提条件，更是整个工程的必要工序。

3.0.11 在当前国家大力发展建筑节能减排的背景下，各种能源消耗设备都会成为"能源审计"的对象，太阳能空调系统也不例外。如何既保障系统设备安全运行，又能同时衡量太阳能空调系统的集热系统效率和制冷性能系数等指标，离不开系统的监测计量装置。因此，应设计并安装用于测试系统主要性能参数的监测计量装置，包括热量、温度、湿度、压力、电量等参数。

4 太阳能空调系统设计

4.1 一般规定

4.1.1 本条明确太阳能空调系统应由暖通空调专业工程师进行设计，并应符合现行国家标准《采暖通风与空气调节设计规范》GB 50019 的相关要求。在具体设计中，针对太阳能空调系统的特点，首先，设计师需要考虑太阳能集热器的高效利用问题，为此，从产品方面，需要选用高温下仍然具有较高集热效率的太阳能集热器；从安装方面，需要保证合理的安装角度，并要求实现太阳能集热器与建筑的集成设计。其次，设计师需要综合考虑太阳能集热器、蓄能水箱、制冷机组以及辅助能源装置之间的合理连接问题，既要保证设备布局紧凑，又要优化管路系统，减少热损。

4.1.2 本条从太阳能空调系统与建筑相结合的基本要求出发，规定了太阳能空调系统的设计必须根据建筑的功能、使用规律、空调负荷特点以及当地气候特点综合考虑。太阳能空调系统应优先选用市场上成熟度较高的太阳能集热器以及热力制冷机组。国内高效平板以及高效真空管太阳能集热器成熟度已较高，可应用在太阳能空调系统中。热力制冷机组方面，溴化锂吸收式（单效）制冷机组属于成熟产品，制冷量为15kW的硅胶-水吸附式制冷机组已经有小批量生产。

从目前的应用情况来看，太阳能空调系统规模均较小，国内应用的制冷量一般为100kW左右。在具体方案确定中，100kW以上的太阳能空调系统可优先采用太阳能溴化锂吸收式（单效）空调系统；而对于一些小型太阳能空调系统，可采用太阳能吸附式空调系统。

4.1.3 本条主要强调太阳能空调系统所用太阳能集热装置的全年利用问题。民用建筑的用能需求是多样的，例如在寒冷地区和夏热冬冷地区既包括夏季制冷，同时也包括冬季采暖以及全年热水供应，因此，

太阳能空调系统所用太阳能集热装置应得到充分利用。集成设计的基本原则是要保证太阳能集热系统产生的热水在过渡季节得到充分利用，所以在设计空调系统时，应考虑合理的切换措施，使得太阳能集热装置为采暖以及热水供应提供部分热量，从而实现太阳能的年综合热利用。目前太阳能空调系统的投资成本中，太阳能集热装置的成本约占40%～60%，这也是影响太阳能空调系统经济性的主要因素，本条所强调的太阳能综合热利用可在很大程度上提高太阳能系统的经济性。

4.1.4 本条规定了太阳能空调系统集热器的确定原则。太阳能空调系统集热器的选择有别于太阳能热水系统以及太阳能采暖系统，其中的关键问题是太阳能空调系统的集热器通常在高温工况下运行，而太阳能热水和太阳能采暖系统中，集热器的运行温度通常较低。因此，太阳能空调系统设计中，应对太阳能集热器进行性能测试，或由生产商提供相关部门的性能测试报告，着重分析太阳能空调驱动热源在不同温度区间的不同集热效率，在可能的情况下，尽量多选择几种集热器，进行性能比较，优选出其中最适合的集热器作为太阳能空调系统的驱动热源，保证集热器热性能与制冷机组的匹配。

确定太阳能空调系统集热器总面积时，根据设计太阳能空调负荷率以及制冷机组设计耗热量得到太阳能集热系统在设计工况下所应提供的热量。在此计算结果的基础上，根据空调冷负荷所对应时刻的太阳能辐射强度即可得到太阳能集热器的面积。但是，建筑实际可以安装集热器的面积往往是有限的，因此，集热器总面积计算值还应根据建筑实际可供的安装面积进行修正。

4.1.5 作为热力制冷机组，其工作性能随热源温度的变化而变化。因此，在太阳能空调系统设计时，必须首先考察制冷机组随热源温度的变化规律，生产企业应提供详细的制冷机组工作性能报告，其中，必须包括制冷性能随热源温度的变化曲线，并应出示相关的检测报告。

热水型（单效）溴化锂吸收式制冷机组热力 COP 随热水温度的变化如图 2 所示。

在一般的太阳能吸收式制冷系统中，吸收式制冷机组（单效）在设计工况下所要求的热源温度为（88～90）℃，太阳能集热器可以满足系统的工作要求。对应于该设计工况，制冷机组的热力 COP 约为 0.7。

吸附式制冷机组 COP 随热水温度的变化如图 3 所示。

吸附式制冷机组在设计工况下所要求的热源温度为（80～85）℃，对应的热力 COP 约为 0.4。太阳能集热器可以满足系统的工作要求。

4.1.6 在太阳能空调系统中，蓄能水箱是非常必要的，它连接太阳能集热系统以及制冷机组的热驱动系

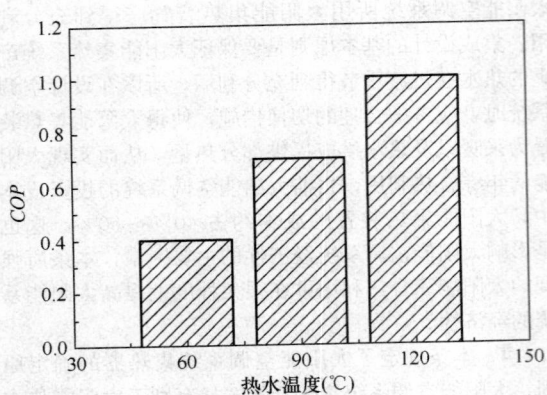

图 2 溴化锂（单效）吸收式制冷机组
COP 随热水温度的变化

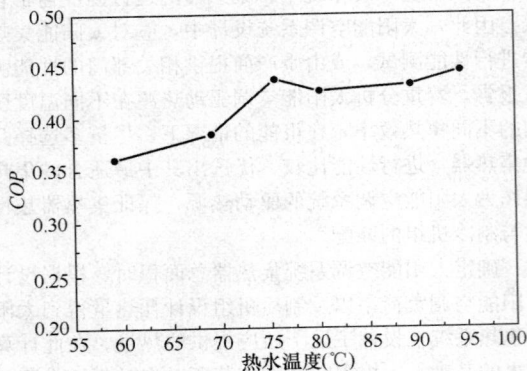

图 3 吸附式制冷机组 COP 随热水温度的变化

统，可以起到缓冲作用，使热量输出尽可能均匀。

4.1.7 太阳能空调系统在实际运行过程中，应根据室外环境参数以及蓄能水箱温度进行太阳能集热系统与辅助能源之间的切换，或者进行太阳能空调系统与常规空调系统之间的切换。因此，为了保证系统稳定可靠运行，宜设计自动控制系统，以实现热源之间以及系统之间的灵活切换，并便于进行能量调节。

4.1.8 本条规定吸收式制冷机组或吸附式制冷机组的冷却水、补充水的水质应符合国家现行有关标准的规定。

4.2 太阳能集热系统设计

4.2.1 本条介绍了太阳能空调集热系统集热器总面积的计算方法。按照太阳能集热系统传热类型，集热器总面积分为直接式和间接式两种计算方法。

计算公式中，热力制冷机组性能系数（COP）的选取方法为：对于太阳能单效溴化锂吸收式空调系统，对应于热源温度为（88～90）℃，制冷机组的性能系数约为 0.7；对于太阳能硅胶-水吸附式空调系统，对应于相同的设计工况，制冷机组的性能系数约为 0.4。

公式中 Q 为太阳能空调系统服务区域的空调冷

负荷，与建筑空调冷负荷有所不同，目前太阳能空调系统可以提供的设计工况下制冷量还较小，而多数公共建筑空调冷负荷相对较大，因此在大部分案例中，太阳能空调系统仅能保证单体建筑中部分区域的温湿度达到设计要求。而当单体建筑体量较小时，且经计算空调冷负荷可以完全由太阳能空调系统供应，此时太阳能空调系统服务区域的空调冷负荷与建筑空调冷负荷相等。

设计太阳能空调负荷率 r 由设计人员根据不同资源区、建筑具体情况以及投资规模进行确定，通常宜控制在 50%～80%。设计计算中，对于资源丰富区（Ⅰ区）、资源较丰富区（Ⅱ区）以及资源一般区（Ⅲ区），当预期初投资较大时，建议设计太阳能空调负荷率取 70%～80%，当预期初投资较小时，建议设计太阳能空调负荷率取 60%～70%；对于资源贫乏区（Ⅳ区），建议设计太阳能空调负荷率取 50%～60%。

当太阳能集热器的朝向为水平面或不同朝向的立面时，空调设计日集热器采光面上的最大总太阳辐射照度 J 为水平面或不同朝向立面的太阳辐射照度，可根据现行国家标准《采暖通风与空气调节设计规范》GB 50019 的附录 A（夏季太阳总辐射照度）查表求得。当集热器的朝向为倾斜面时，最大总太阳辐射照度 $J=J_\theta$。

倾斜面太阳辐射照度：$J_\theta = J_{D.\theta} + J_{d.\theta} + J_{R.\theta}$

式中，J_θ 为倾斜面太阳总辐射照度（W/m²）；$J_{D.\theta}$ 为倾斜面太阳直射辐射照度（W/m²）；$J_{d.\theta}$ 为倾斜面太阳散射辐射照度（W/m²）；$J_{R.\theta}$ 为地面反射辐射照度（W/m²）。

倾斜面太阳直射辐射照度：

$$J_{D.\theta} = J_D[\cos(\Phi - \theta)\cos\delta\cos\omega + \sin(\Phi - \theta)\sin\delta]/(\cos\Phi\cos\delta\cos\omega + \sin\Phi\sin\delta)$$

式中，J_D 为水平面太阳直射辐射照度（W/m²），根据现行国家标准《采暖通风与空气调节设计规范》GB 50019 的附录 A 查取；Φ 为当地地理纬度；θ 为倾斜面与水平面之间的夹角；δ 为赤纬角；ω 为时角。

赤纬角　$\delta = 23.45\sin[360 \times (284 + n)/365]$

式中，n 为一年中的日期序号。

时角 ω 的计算方法为：一天中每小时对应的时角为 15°，从正午算起，正午为零，上午为负，下午为正，数值等于离正午的小时数乘以 15。

倾斜面太阳散射辐射照度：

$$J_{d.\theta} = J_d(1 + \cos\delta)/2$$

式中，J_d 为水平面太阳散射辐射照度（W/m²），根据现行国家标准《采暖通风与空气调节设计规范》GB 50019 的附录 A 查取。

地面反射辐射照度：

$$J_{R.\theta} = \rho_G(J_D + J_d)(1 - \cos\delta)/2$$

式中，ρ_d 为地面反射率，工程计算中可取 0.2。

集热器平均集热效率 η_{cd} 应参考所选集热器的性能曲线确定，此处需要注意，集热效率应按照热力制冷机组热源的有效工作温度区间进行确定，一般在 30%～45% 之间。

蓄能水箱以及管路热损失率 η_L 可取 0.1～0.2。

集热器总面积还应按照建筑可以提供的安装集热器的面积来校核。当集热器总面积大于可安装集热器的建筑外表面积时，需要先按照实际情况确定集热器的面积，然后采用公式（4.2.1-1）和（4.2.1-2）反算出太阳能空调系统的服务区域空调冷负荷，从而确定热力制冷机组的容量。

4.2.2 本条规定了太阳能集热系统设计流量与单位面积流量的确定方法，太阳能集热系统的单位面积流量与太阳能集热器的特性有关，一般由太阳能集热器生产厂家给出。在没有相关技术参数的情况下，按照条文中表 4.2.2 确定。

4.2.3 太阳能集热系统循环管道以及蓄能水箱的保温十分重要，已有相关标准作出了详细规定，应遵照执行。

4.2.4 南向设置太阳能集热器可接收最多的太阳辐射照度。太阳能空调系统除了在夏季制冷工况中应用外，应做到全年综合利用，避免非夏季季节集热器产生的热水浪费。太阳能集热器安装倾角等于当地纬度时，系统侧重全年使用；其安装倾角等于当地纬度减 10°时，系统侧重在夏季使用。建筑师可根据建筑设计与制冷负荷需求，综合确定集热器安装屋面的坡度。

4.3 热力制冷系统设计

4.3.1 本条规定了热力制冷系统的设计应同时符合现行国家标准《采暖通风与空气调节设计规范》GB 50019 的相关技术要求。系统的运行模式可根据建筑的实际使用功能以及空调系统运行时间分为连续供冷系统和间歇供冷系统。

4.3.2 本条规定了对吸收式制冷机组的具体要求。热水型溴化锂吸收式制冷机组是以热水的显热为驱动热源，通常是用工业余废热、地热和太阳能热水为热源。根据热水温度范围分为单效和双效两种类型。目前应用最为普遍的是太阳能驱动的单效溴化锂吸收式制冷系统。

吸收式制冷机组需要在一端留出相当于热交换管长度的空间，以便清洗和更换管束，另一端留出有装卸端盖的空间。机组应具备冷冻水或冷剂水的低温保护、冷却水温度过低保护、冷剂水的液位保护、屏蔽泵过载和防汽蚀保护、冷却水断水或流量过低保护、蒸发器中冷剂水温度过高保护和发生器出口浓溶液高温保护和停机时防结晶保护。

4.3.3 本条规定了对吸附式制冷机组的具体要求。

太阳能固体吸附式制冷是利用吸附制冷原理，以太阳能为热源，采用的工质对通常为活性炭-甲醇、分子筛-水、硅胶-水及氯化钙-氨等。利用太阳能集热器将吸附床加热用于脱附制冷剂，通过加热脱附-冷凝-吸附-蒸发等几个环节实现制冷。目前已研制出的太阳能吸附式制冷系统种类繁多，结构也不尽相同，可以在太阳能空调系统中使用的一般为硅胶—水吸附式制冷机组。

由于吸附式制冷机组的工作过程具有周期性，因此，在实际工程设计中，建议至少选用两台机组，并实现错峰运行。机组的循环周期应通过优化计算确定，目前国内市场上的小型硅胶—水吸附式制冷机组的优化循环周期一般为 15min 的加热时间，15min 的冷却时间。

4.3.4 本条规定了热力制冷系统的流量（包括热水流量、冷却水流量以及冷冻水流量）应按照制冷机组产品样本选取，一般由生产厂家给出。

4.4 蓄能系统、空调末端系统、辅助能源与控制系统设计

4.4.1 在太阳能空调系统中，蓄能水箱是非常必要的，它同时连接太阳能集热系统以及制冷机组的热驱动系统，可以起到缓冲作用，使热量输出尽可能均匀。本条规定了蓄能水箱在建筑中安装的位置、需要预留的空间、运输条件及对其他专业如结构、给水排水的要求。其中，蓄能水箱必须做好保温措施，否则会严重影响太阳能空调系统的性能。保温材料选取、保温层厚度计算和保温做法等在现行国家标准《采暖通风与空气调节设计规范》GB 50019 中的"设备和管道的保冷和保温"一节中已作详细规定，应遵照执行。

4.4.2 太阳能空调系统的蓄能水箱工作温度应控制在一定范围内。例如，对于最常见的单效溴化锂吸收式太阳能空调系统，在设计工况下所要求的热源温度为（88～90）℃，因此，蓄能水箱的工作温度可设定为（88～90）℃。对于吸附式太阳能空调系统，在设计工况下所要求的热源温度为（80～85）℃，因此，蓄能水箱的工作温度可设定为（80～85）℃。

4.4.3 太阳能空调系统通常与太阳能热水系统集成设计，因此，蓄能水箱的容积同时要考虑热水系统的要求，在对国内外已有的太阳能空调项目进行总结的基础上，得到蓄能水箱容积的设计可按照每平方米集热器（20～80）L 进行。如没有热水供应的需求，蓄能水箱容积可适当减小。同时，系统应考虑非制冷工况下太阳能热水的利用问题。此外，受建筑使用功能的限制，当太阳能空调系统的运行时间与空调使用时间不一致时，蓄能水箱应满足蓄热要求。

在确定蓄能水箱的容量时，按照目前国内的应用案例，可参考的方案包括：

1 设置一个不做分层结构的普通蓄能水箱。如上海生态建筑太阳能空调系统，由于建筑的热水需求很小，因此，150m² 集热器对应的蓄能水箱设计容量仅为 2.5m³，其主要作用是稳定系统的运行。在非空调工况，太阳能热水被用作冬季采暖以及过渡季节自然通风的加强措施。再如北苑太阳能空调系统，制冷量 360kW，集热面积 850m²，蓄能水箱 40m³。

2 设置一个分层蓄能水箱。如香港大学的太阳能空调示范系统，38m² 太阳能集热器，采用了2.75m³ 的分层蓄能水箱。

3 设置大小两个蓄能水箱（小水箱用于系统快速启动，大水箱用于系统正常工作后进一步蓄存热能）。如我国"九五"期间实施的乳山太阳能空调系统，540m² 太阳能集热器，采用了两个蓄能水箱，小水箱 4m³ 用于系统快速启动，大水箱 8m³ 用于蓄存多余热量。

4 设置具有跨季蓄能作用的蓄能水池。如我国"十五"期间建设的天普太阳能空调系统，812m² 太阳能集热器，采用了 1200m³ 的跨季蓄能水池。

对于不做分层结构的普通蓄能水箱，为了很好地利用水箱内水的分层效应，在加工工艺允许的前提下，蓄能水箱宜采用较大的高径比。此外，在水箱管路布置方面，热驱动系统的供水管以及太阳能集热系统的回水管宜布置在水箱上部；热驱动系统的回水管以及太阳能集热系统的供水管宜布置在水箱下部。

根据现有的太阳能空调工程案例可知，一般情况下不需要设置蓄冷水箱。部分工程对蓄冷水箱有所考虑，但中小型系统的蓄冷水箱容积一般不超过 1m³。仅当系统考虑跨季蓄能时，蓄热或蓄冷水箱才设置得比较大，如北苑太阳能空调系统，除设置 40m³ 的蓄热水箱外，还设置了 30m³ 的蓄冷水箱。

4.4.4 空调末端系统设计应结合制冷机组的冷冻水设定温度。吸收式制冷机组一般可提供冷冻水的设计温度为（7/12）℃，此时，空调末端宜采用风机盘管或组合式空调机组。而吸附式制冷机组的冷冻水进出口温度通常为（15/10）℃，此时空调末端处于非标准工况，因此需要对末端产品的制冷量进行温度修正，相应地，空调末端宜采用干式风机盘管或毛细管辐射末端。设计时应按照现行国家标准《采暖通风与空气调节设计规范》GB 50019 的有关规定执行。

4.4.5 本条规定了太阳能空调系统辅助能源装置的容量配置原则。由于太阳能自身的波动性，为了保证室内制冷效果，辅助能源装置宜按照太阳辐射照度为零时的最不利条件进行配置，以确保建筑室内舒适的热环境。

4.4.6 从技术可行性以及目前的应用现状来看，太阳能空调系统的辅助能源装置涉及燃气锅炉、燃油锅炉以及常规空调系统等。在结合建筑特点以及当地能源供应现状确定好辅助能源装置后，各类辅助能源装置的设计均应符合现行的设计规范，例如：

1 辅助燃气锅炉的设计应符合现行国家标准《锅炉房设计规范》GB 50041 和《城镇燃气设计规范》GB 50028 的相关要求；

2 辅助燃油锅炉的设计应符合现行国家标准《锅炉房设计规范》GB 50041 的相关要求；

3 辅助常规空调系统的设计应符合现行国家标准《采暖通风与空气调节设计规范》GB 50019 的相关要求。

4.4.7 太阳能空调系统的控制主要包括太阳能集热系统的自动启停控制、安全控制以及制冷机组的自动启停控制和安全控制。系统的控制应将制冷机组以及辅助能源装置自身所配的控制设备与系统的总控有机联合起来。除通过温控实现主要设备的自动启停外，其他有关设备的安全保护控制应按照产品供应商的要求执行。宜选用全自动控制系统，条件有限时，可部分选用手动。其中，太阳能集热系统应自动控制，其中应包括自动启停、防冻、防过热等控制措施。

太阳能空调系统的热力制冷机组宜采用自动控制，一般通过监测蓄能水箱水温来控制制冷机组以及辅助能源装置的启停。在实现自动控制的过程中，还要综合考虑建筑空调使用时间以及制冷机组、辅助能源装置的安全性和可靠性。

1 当达到开机设定时间（结合建筑物实际使用功能确定），同时蓄能水箱温度达到设定值时，开启制冷机组。例如：在设计工况下，单效吸收式制冷机组的开机温度可设定为 88℃；而吸附式制冷机组的开机温度可设定为 85℃。然而，在实际应用中，开机设定温度可适当降低，例如：单效吸收式制冷机组的开机温度可设定为 80℃左右；而吸附式制冷机组的开机温度可设定为 75℃左右。这种情况下，虽然制冷机组 COP 有所降低，但是，空调冷负荷也相对较低。随着太阳辐射照度不断升高，蓄能水箱的水温会逐渐升高，制冷机组 COP 相应逐渐升高，这与空调冷负荷的变化趋势相似。

2 在太阳能空调系统运行过程中，如果受环境影响，蓄能水箱水温太低不足以有效驱动制冷机组时，应开启辅助能源装置。为了避免辅助能源装置的频繁启停，辅助能源装置的开机温度设定值可适当降低，例如：对于单效吸收式制冷机组，可将开机温度设定为 75℃左右；对于吸附式制冷机组，可将开机温度设定为 70℃左右。辅助能源装置的停机温度设定值可按照制冷机组设计工况确定。

3 如果达到开机设定时间，蓄能水箱温度尚未达到设定值时，应及时开启辅助能源装置。

4 当达到停机设定时间（结合建筑物实际使用功能确定），除太阳能集热系统保持自动运行外，系统其他部件均应停机。

太阳能空调系统的监测参数主要包括两部分：室

内外环境参数和太阳能空调系统参数。其中，与常规空调系统有所区别的主要是太阳辐射照度的监测、太阳能集热器进出口温度与流量、蓄热水箱温度和辅助能源消耗量的监测。

5 规划和建筑设计

5.1 一般规定

5.1.1 太阳能空调系统设计与建筑物所处建筑气候分区、规划用地范围内的现状条件及当地社会经济发展水平密切相关。在规划和建筑设计中应充分考虑、利用和强化已有特点和条件，为充分利用太阳能创造条件。

太阳能空调系统设计应由建筑设计单位和太阳能空调系统产品供应商相互配合共同完成。首先，建筑师要根据建筑类型、使用功能确定安装太阳能空调系统的机房位置和屋面设备的安装位置，向暖通工程师提出对空调系统的使用要求；暖通工程师进行太阳能热力制冷机组选型、空调系统设计及末端管线设计；结构工程师在建筑结构设计时，应考虑屋面太阳能集热器和室内制冷机组的荷载，以保证结构的安全性，并埋设预埋件，为太阳能集热器的锚固、安装提供安全牢靠的条件；电气工程师满足系统用电负荷和运行安全要求，进行防雷设计。

其次，太阳能空调系统产品供应商需向建筑设计单位提供热力制冷机组和太阳能集热器的规格、尺寸、荷载，预埋件的规格、尺寸、安装位置及安装要求；提供热力制冷机组和集热器的技术指标及其检测报告；保证产品质量和使用性能。

5.1.2 本条引用了《民用建筑太阳能热水系统应用技术规范》GB 50364 中的相关规定。

5.1.3 本条对屋顶太阳能集热器设备和管道的布置提出要求，目的是集中管理、维修方便和美化环境。检修通道和管道井的设计应遵守相关的国家现行的规范和标准。

5.2 规划设计

5.2.1 建筑的体形设计和空间组合设计应充分考虑太阳能的利用，包括建筑的布局、高度和间距等，目的是为使集热器接收更多的太阳辐射照度。

5.2.2 太阳能空调系统在屋面增加的集热器等组件有可能降低相邻建筑底层房间的日照时间，不能满足建筑日照的要求。在阳台或墙面上安装有一定倾角的集热器时，也有可能会降低下层房间的日照时间。所以在设计太阳能空调之前必须对日照进行分析和计算。

5.2.3 太阳能集热器安装在建筑屋面、阳台、墙面或其他部位，不应被其他物体遮挡阳光。太阳能集热

器总面积根据热力制冷机组热水用量、建筑上允许的安装面积等因素确定。考虑到热力制冷机组需要匹配较大的集热器总面积和较长时间的辐照时间，本条规定集热器要满足全天有不少于 6h 日照时数的要求。

5.3 建筑设计

5.3.1 太阳能空调系统的制冷机房应由建筑师根据建筑功能布局进行统一设置，因机房功能与常规空调系统一致，所以宜与常规空调系统的机房统一布置。制冷机房应靠近建筑冷负荷中心与太阳能集热器，及制冷机组应靠近蓄能水箱等要求，都是为了尽量减少由于管道过长而产生的冷热损耗。

5.3.2 太阳能空调系统中的太阳能集热器、热力制冷系统和空调末端系统应由建筑师配合暖通工程师和太阳能空调系统产品供应商确定合理的安装位置，并重点满足集热器、蓄能水箱和冷却塔等设备的补水、排水等功能要求。而热力制冷机组、辅助能源装置等大型设备在运行期间需要不同程度的检修、更新和维护，建筑设计要考虑到这些因素。

建筑设计应为太阳能空调系统的安装、维护提供安全的操作条件。如平屋面设有屋面出口或上人孔，便于集热器和冷却塔等屋面设备安装、检修人员的出入；坡屋面屋脊的适当位置可预留金属钢架或挂钩，方便固定安装检修人员系在身上的安全带，确保人员安全。集热器支架下部的水平杆件不应影响屋面雨水的排放。

5.3.3 本条为强制性条文。建筑设计时应考虑设置必要的安全防护措施，以防止安装有太阳能集热器的墙面、阳台或挑檐等部位的集热器损坏后部件坠落伤人，如设置挑檐、入口处设雨篷或进行绿化种植隔离等，使人不易靠近。集热器下部的杆件和顶部的高度也应满足相应的要求。

5.3.4 作为太阳能建筑一体化设计要素的太阳能集热器可以直接作为屋面板、阳台栏板或墙板等围护结构部件，但除了满足系统功能要求外，首先要满足屋面板、阳台栏板、墙板的结构安全性能、消防功能和安全防护功能等要求。除此之外，太阳能集热器应与建筑整体有机结合，并与建筑周围环境相协调。

5.3.5 建筑的主体结构在伸缩缝、沉降缝、抗震缝的变形缝两侧会发生相对位移，太阳能集热器跨越变形缝时容易被破坏，所以太阳能集热器不应跨越主体结构的变形缝。

5.3.6 辅助能源装置的位置和安装空间应由建筑师与暖通工程师共同确定，该装置能否安全运行、操作及维护方便是太阳能空调系统安全运行的重要因素之一。

5.4 结构设计

5.4.1 太阳能空调系统中的太阳能集热器、热力制

冷机组和蓄能水箱与主体结构的连接和锚固必须牢固可靠，主体结构的承载力必须经过计算或实物试验予以确认，并要留有余地，防止偶然因素产生突然破坏。真空管集热器每平方米的重量约（15～20）kg，平板集热器每平方米的重量约（20～25）kg。

安装太阳能空调系统的主体结构必须具备承受太阳能集热器、热力制冷机组和蓄能水箱等传递的各种作用的能力（包括检修荷载），主体结构设计时应充分加以考虑。例如，主体结构为混凝土结构时，为了保证与主体结构的连接可靠性，连接部位主体结构混凝土强度等级不应低于 C20。

5.4.2 本条为强制性条文。连接件与主体结构的锚固承载力应大于连接件本身的承载力，任何情况不允许发生锚固破坏。采用锚栓连接时，应有可靠的防松动、防滑移措施；采用挂接或插接时，应有可靠的防脱落、防滑移措施。

为防止主体结构与支架的温度变形不一致导致太阳能集热器、热力制冷机组或蓄能水箱损坏，连接件必须有一定的适应位移的能力。

5.4.3 安装在屋面、阳台或墙面的太阳能集热器与建筑主体结构的连接，应优先采用预埋件来实现。因为预埋件的连接能较好地满足设计要求，且耐久性能良好，与主体连接较为可靠。施工时注意混凝土振捣密实，使预埋件锚入混凝土内部分与混凝土充分接触，具有很好的握裹力。同时采取有效的措施使预埋件位置准确。为了保证预埋件与主体结构连接的可靠性，应确保在主体施工前设计并在施工时按设计要求的位置和方法进行预埋。如果没有设置预埋件的条件，也可采用其他可靠的方法进行连接。

5.4.4 由于制冷机组、冷却塔等设备自重或满载重量较大，在太阳能空调系统设计时，必须事先考虑将其设置在具有相应承载能力的结构构件上。在新建建筑中，应在结构设计时充分考虑这些设备的荷载，避免错、漏；在既有建筑中应进行强度与变形的验算，以保证结构构件在增加荷载后的安全性，如强度或变形不满足要求，则要对结构构件进行加固处理或改变设备位置。

5.4.5 进行结构设计时，不但要计算安装部位主体结构构件的强度和变形，而且要计算支架、支撑金属件及其连接节点的承载能力，以确保连接和锚固的可靠性，并留有余量。

5.4.6 当土建施工中未设置预埋件、预埋件漏放、预埋件偏离设计位置太远、设计变更，或既有建筑增设太阳能空调系统时，往往要使用后锚固螺栓进行连接。采用后锚固螺栓（机械膨胀螺栓或化学锚栓）时，应采取多种措施，保证连接的可靠性及安全性。

5.4.7 太阳能空调系统结构设计应区分是否抗震。对非抗震设防的地区，只需考虑风荷载、重力荷载和雪荷载（冬天下雪夜晚平板集热器可能会出现积雪现

象）；对抗震设防的地区，还应考虑地震作用。

经验表明，对于安装在建筑屋面、阳台、墙面或其他部位的太阳能集热器主要受风荷载作用，抗风设计是主要考虑因素。但是地震是动力作用，对连接节点会产生较大影响，使连接处发生破坏甚至使太阳能集热器脱落，所以除计算地震作用外，还必须加强构造措施。

5.5 暖通和给水排水设计

5.5.1 太阳能空调系统机房是指热力制冷机组及相关系统设备的机房，应保持其良好的通风。有条件时可利用自然通风，但应防止噪声对周围建筑环境的影响；无条件时则应独立设置机械通风系统。当辅助燃油、燃气锅炉不设置在机房时，机房的最小通风量，可根据生产厂家的要求，并结合机房内余热排除的需求综合确定，机房的换气次数通常可取（4～6）次/h；当辅助燃油、燃气锅炉设置在机房内时，机房的通风系统设计应满足现行国家标准《锅炉房设计规范》GB 50041 中对燃油和燃气锅炉房通风系统设计的要求。机房位置、机房内设备与建筑的相对空间及消防等要求在《采暖通风与空气调节设计规范》GB 50019 中已作详细规定，应遵照执行。

5.5.2 太阳能空调系统的机房存在用水点，例如一些设备运行或维修时需要排水、泄压、冲洗等，因此机房需要给水排水专业配合设计。太阳能集热系统要进行良好的介质循环，也涉及给水排水设计。更重要的是，辅助能源装置如采用燃油、燃气、电热锅炉等，则还需要设置特殊的水喷雾或气体灭火消防系统。一般的给水排水相关设计应遵守现行国家标准《建筑给水排水设计规范》GB 50015 的要求，给水排水消防设计应按照现行国家标准《高层民用建筑设计防火规范》GB 50045 及《建筑设计防火规范》GB 50016 中的规定执行。

5.5.3 太阳能集热器置于室外屋顶或建筑立面，集热管表面日久会积累灰尘，如不及时清洗将影响透光率，降低集热能力。本条要求在集热器附近设置用于清洁的给水点，就是为了定期打扫预留条件。给水点预留要注意防冻。因为污水要排走，排水设施也需要同时设计。

5.6 电 气 设 计

5.6.1、5.6.2 这两条是对太阳能空调系统中使用电气设备的安全要求，其中 5.6.2 条为强制性条文。如果系统中含有电气设备，其电气安全应符合现行国家标准《家用和类似用途电器的安全》（第一部分通用要求）GB 4706.1 的要求。

5.6.3 太阳能空调系统的电气管线应与建筑物的电气管线统一布置，集中隐蔽。

6 太阳能空调系统安装

6.1 一般规定

6.1.1 本条为强制性条文。太阳能空调系统的施工安装，保证建筑物的结构和功能设施安全是第一位的，特别在既有建筑上安装系统时，如果不能严格按照相关规范进行土建、防水、管道等部位的施工安装，很容易造成对建筑物的结构、屋面防水层和附属设施的破坏，削弱建筑物在寿命期内承受荷载的能力，所以，该条文应予以充分重视。

6.1.2 目前，国内太阳能空调系统的施工安装通常由专门的太阳能工程公司承担，作为一个独立工程实施完成，而太阳能系统的安装与土建、装修等相关施工作业有很强的关联性，所以，必须强调施工组织设计，以避免差错、提高施工效率。

6.1.3 本条的提出是由于目前太阳能系统施工安装人员的技术水平参差不齐，不进行规范施工的现象时有发生。所以，着重强调必要的施工条件，严禁不满足条件的盲目施工。

6.1.4 由于太阳能空调系统在非使用季节会在较恶劣的工况下运行，以此规定了连接管线、部件、阀门等配件选用的材料应能耐受高温，以防止系统破坏，提高系统部件的耐久性和系统工作寿命。

6.1.5 太阳能空调系统的安装一般在土建工程完工后进行，而土建部位的施工通常由其他施工单位完成，本条强调了对土建相关部位的保护。

6.1.6 本条对太阳能空调系统安装人员应具备的条件进行规定。

6.1.7 根据《特种设备安全监察条例》（国务院令第 549 号），燃油、燃气锅炉属于特种设备，其安装单位、人员应具有特种设备安装资质，并需要进行安装报批、检验和验收。

6.2 太阳能集热系统安装

6.2.1 支架安装关系到太阳能集热器的稳定和安全，应与基座连接牢固。

6.2.2 一般情况下，太阳能空调系统的承重基座都是在屋面结构层上现场砌（浇）筑，需要刨开屋面面层做基座，因此将破坏原有的防水结构。基座完工后，被破坏的部位需重做防水。

6.2.3 实际施工中，钢结构支架及预埋件的防腐多被忽视，会影响系统寿命，本条对此加以强调。

6.2.4 集热器的安装方位和倾角影响太阳能集热系统的得热量，因此在安装时应给予重视。

6.2.5 太阳能空调系统由于工作温度高，并可能存在较严重的过热问题，因此集热器的连接不当会造成漏水等问题，本条对此加以强调。

6.2.6 现行国家标准《建筑给水排水及采暖工程施工质量验收规范》GB 50242 规范了各种管路施工要求，太阳能集热系统的管路施工应遵照执行。

6.2.7 为防止集热器漏水，本条对此加以强调。

6.2.8 本条规定了太阳能集热系统钢结构支架应有可靠的防雷措施。

6.2.9 本条强调应先检漏，后保温，且应保证保温质量。

6.3 制冷系统安装

6.3.1 本条强调安装时应对制冷机组进行保护。

6.3.2 本条是根据电气和控制设备的安装要求对制冷机组的安装位置作出规定。

6.3.3 现行国家标准《制冷设备、空气分离设备安装工程施工及验收规范》GB 50274 及《通风与空调工程施工质量验收规范》GB 50243 规范了空调设备及系统的施工要求，应遵照执行。

6.3.4 空调末端系统的施工安装在现行国家标准《建筑给水排水及采暖工程施工质量验收规范》GB 50242 和《通风与空调工程施工质量验收规范》GB 50243 中均有规定，应遵照执行。

6.4 蓄能和辅助能源系统安装

6.4.1 为提高水箱寿命和满足卫生要求，采用钢板焊接的蓄能水箱需对其内壁作防腐处理，并确保材料承受热水温度。

6.4.2 本条规定是为减少蓄能水箱的热损失。

6.4.3 本条规定了蓄能地下水池现场施工制作时的要求，以保证水池质量和施工安全。

6.4.4 为防止水箱漏水，本条对检漏和实验方法给予规定。

6.4.5 本条规定是为减少蓄能水箱的热损失。

6.4.6 现行国家标准《建筑给水排水及采暖工程施工质量验收规范》GB 50242 规范了额定工作压力不大于 1.25MPa、热水温度不超过 130℃的整装蒸汽和热水锅炉及配套设备的安装，规范了直接加热和热交换器及辅助设备的安装，应遵照执行。

6.5 电气与自动控制系统安装

6.5.1 太阳能空调系统的电缆线路施工和电气设施的安装在现行国家标准《电气装置安装工程电缆线路施工及验收规范》GB 50168 和《建筑电气工程施工质量验收规范》GB 50303 中有详细规定，应遵照执行。

6.5.2 为保证系统运行的电气安全，系统中的全部电气设备和与电气设备相连接的金属部件应作接地处理。而电气接地装置的施工在现行国家标准《电气装置安装工程接地装置施工及验收规范》GB 50169 中均有规定，应遵照执行。

6.5.3 本条强调了传感器安装的质量和注意事项。

6.6 压力试验与冲洗

6.6.1 为防止系统漏水，本条对此加以强调。

6.6.2 本条规定了管路和设备的检漏试验。对于各种管路和承压设备，试验压力应符合设计要求。当设计未注明时，应按现行国家标准《建筑给水排水及采暖工程施工质量验收规范》GB 50242 的相关要求进行。非承压设备做满水灌水试验，满水灌水检验方法：满水试验静置 24h，观察不漏不渗。

6.6.3 本条规定是为防止低温水压试验结冰造成管路和集热器损坏。

6.6.4 本条强调了制冷机组安装完毕后应进行水压试验和冲洗，并规定了冲洗方法。

6.7 系 统 调 试

6.7.1 太阳能空调系统是一个比较专业的工程，需由专业人员才能完成系统调试。系统调试是使系统功能正常发挥的调整过程，也是对工程质量进行检验的过程。

6.7.2 本条规定了系统调试需要包括的项目和连续试运行的天数，以使工程能达到预期效果。

6.7.3 本条规定了设备单机、部件调试应包括的主要内容，以防遗漏。

6.7.4 系统联动调试主要指按照实际运行工况进行系统调试。本条解释了系统联动调试内容，以防遗漏。

6.7.5 本条规定了系统联动调试的运行参数应符合的要求。

7 太阳能空调系统验收

7.1 一 般 规 定

7.1.1 本条规定了太阳能空调系统的验收步骤。

7.1.2 本条强调了在验收太阳能空调系统前必须先完成相关的隐蔽工程验收，并对其工程验收文件进行认真的审核与验收。

7.1.3 太阳能空调系统较复杂，在安装热力制冷机组等设备及空调系统管线的过程中产生的废料和各种辅助安装设备应及时清除以保证验收现场的干净整洁。

7.1.4 本条强调了现行国家标准《建筑工程施工质量验收统一标准》GB 50300 中的规定要求。

7.1.5 本条强调了施工单位应先进行自检，自检合格后再申请竣工验收。

7.1.6 本条强调了现行国家标准《建筑工程施工质量验收统一标准》GB 50300 中的规定要求。

7.1.7 本条强调了太阳能空调系统验收记录、资料立卷归档的重要性。

7.2 分项工程验收

7.2.1 本条划分了太阳能空调系统工程的分部与分项工程，以及分项工程所包括的基本施工安装工序和项目，分项工程验收应能涵盖这些基本施工安装工序和项目。

7.2.2 太阳能空调系统某些工序的施工必须在前一道工序完成且质量合格后才能进行本道工序，否则将较难返工。

7.2.3 本条强调了太阳能空调系统的性能应在调试合格后进行检验，其中热性能的检验内容应包括太阳能集热器的进出口温度、流量和压力，热力制冷机组的热水和冷水的进出口温度、流量和压力。

7.3 竣 工 验 收

7.3.1 本条强调了竣工验收的时机。

7.3.2 本条强调了竣工验收应提交的资料。实际应用中，一些施工单位对施工资料不够重视，这会对今后的设备运行埋下隐患，应予以注意。

8 太阳能空调系统运行管理

8.1 一 般 规 定

8.1.1~8.1.3 规定在太阳能空调系统交付使用后，系统提供单位应对使用单位进行工作原理交底和相关的操作培训，并制定详细的使用说明。使用单位应建立太阳能空调系统管理制度，其中包括太阳能空调系统的运行、维护和维修等。太阳能空调系统开始使用后，使用单位应根据建筑使用特点以及空调运行时间等因素，建立由专人负责运行维护的管理制度，设专人负责系统的管理和运行。系统操作和管理人员应严格按照使用说明对系统进行管理，发现仪表显示出现故障及系统运行失常，应及时组织检修。但太阳能集热器、制冷机组、控制系统等关键设备发生故障时，应及时通知相关产品供应商进行专业维修。

8.1.4 本条规定了应对太阳能空调系统的主要设备、部件以及数据采集装置、控制元件等进行定期检查。

8.2 安 全 检 查

8.2.1 本条规定应对太阳能集热器进行定期安全检查，包括定期检查太阳能集热器与基座和支架的连接，更换损坏的集热器，检查设备及管路的漏水情况。定期检查基座和支架的强度、锈蚀情况和损坏程度。

8.2.2 本条强调建筑立面安装太阳能集热器的安全防护措施。应对墙面等建筑立面处安装太阳能集热器的防护网或其他防护设施定期检修，避免集热器损坏造成对人身的伤害。

8.2.3 本条强调进入冬季之前应进行防冻系统的检查，保证系统安全运行。此处需要强调的是，防冻检查既包括太阳能集热系统的防冻设施（具体见现行国家标准《民用建筑太阳能热水系统应用技术规范》GB 50364），也包括太阳能空调系统的其他部件以及管路。

8.2.4 本条强调了应对太阳能集热系统防雷设施进行定期检查，并进行接地电阻测试。

8.2.5 从现有的太阳能空调系统工程案例来看，许多项目采用了燃气锅炉或燃油锅炉等作为辅助能源装置，此类工程项目中，应按照国家现行的安检以及管理制度对燃油和燃气锅炉、燃油和燃气输送管道以及其他相关的消防报警设施进行定期检查。

8.3 系 统 维 护

8.3.1 温度、流量等传感器对太阳能空调系统的全自动运行起着重要作用，本条规定每年应对传感器进行检查，发现问题应及时更换。

8.3.2 考虑到空气污染等问题影响太阳能集热器的高效运行，应每年检查集热器表面，定期进行清洗。

8.3.3 本条规定每年对管路、阀门以及电气元件进行检查，包括管路是否渗漏、管路保温是否受损以及阀门是否启闭正常、有无渗漏等。

8.3.4 本条规定了太阳能空调系统停止运行时，应采取适当措施将太阳能集热系统的得热量加以利用或释放，避免集热系统过热。

8.3.5 对于目前太阳能空调系统所采用的热驱动吸收式或吸附式制冷机组，建议其维护由产品供应商进行。

中华人民共和国行业标准

多联机空调系统工程技术规程

Technical specification for multi-connected
split air condition system

JGJ 174—2010

批准部门：中华人民共和国住房和城乡建设部
施行日期：２０１０年９月１日

中华人民共和国住房和城乡建设部

公 告

第 533 号

关于发布行业标准《多联机空调系统
工程技术规程》的公告

现批准《多联机空调系统工程技术规程》为行业标准，编号为 JGJ 174-2010，自 2010 年 9 月 1 日起实施。其中，第 5.4.6、5.5.3 条为强制性条文，必须严格执行。

本规范由我部标准定额研究所组织中国建筑工业

出版社出版发行。

中华人民共和国住房和城乡建设部
2010 年 3 月 31 日

前 言

根据原建设部《关于印发〈二〇〇四年度工程建设城建、建工行业标准制订、修订计划〉的通知》（建标［2004］66 号文）的要求，规程编制组经广泛调查研究，认真总结实践经验，参考有关国际标准和国外先进标准，并在广泛征求意见的基础上，制定了本规程。

本规程主要技术内容是：多联机空调系统工程中的设计、材料、施工、检验、调试与验收等方面技术要求。

本规程中以黑体字标志的条文为强制性条文，必须严格执行。

本规程由住房和城乡建设部负责管理和对强制性条文的解释，由中国建筑科学研究院负责具体技术内容的解释。执行过程中如有意见或建议，请寄送中国建筑科学研究院（地址：北京市北三环东路 30 号，邮政编码 100013）。

本 规 程 主 编 单 位：中国建筑科学研究院
本 规 程 参 编 单 位：北京市建筑设计研究院
  　　　　　　　　　上海建筑设计研究院有限
  　　　　　　　　　公司
  　　　　　　　　　武汉市建筑设计院
  　　　　　　　　　广州大学
  　　　　　　　　　中国制冷空调工业协会制
  　　　　　　　　　冷空调工程工作委员会

广东美的商用空调设备有限公司
珠海格力电器股份有限公司
大金（中国）投资有限公司
上海三菱电机上菱空调机电气公司
青岛海信日立空调系统有限公司
艾默生环境优化技术（苏州）有限公司
苏州三星电子有限公司
青岛海尔空调电子有限公司

本规程主要起草人员：徐 伟　曹 阳　徐宏庆
  　　　　　　　　　寿炜炜　黄 维　陈焰华
  　　　　　　　　　裴清清　姚国琦　许永峰
  　　　　　　　　　余 凯　山村新治郎
  　　　　　　　　　童杏生　徐秋生　翟松林
  　　　　　　　　　吴哲兴　国德防
本规程主要审查人员：郎四维　罗 英　邵宗义
  　　　　　　　　　石文星　成建宏　夏卓平
  　　　　　　　　　吴大农　马友才　何广钊

目　次

Contents

1 总　则

1.0.1 为规范多联机空调系统工程的设计、施工及验收，做到技术先进、经济合理、安全适用和保证工程质量，制定本规程。

1.0.2 本规程适用于在新建、改建、扩建的工业与民用建筑中，以变制冷剂流量多联分体式空调机组为主要冷热源的空调工程的设计、施工及验收。

1.0.3 多联机空调系统工程的设计、施工及验收，除应符合本规程外，尚应符合国家现行有关标准的规定。

2 术　语

2.0.1 多联机空调系统 multi-connected split air conditioning system

一台（组）空气（水）源制冷或热泵机组配置多台室内机，通过改变制冷剂流量适应各房间负荷变化的直接膨胀式空气调节系统。

2.0.2 多联式空调（热泵）机组能效限定值 the minimum allow able values of IPLV（C）

多联式空调（热泵）机组在规定制冷能力试验条件下，制冷综合部分性能系数［IPLV（C）］的最小允许值。

2.0.3 空气-空气能量回收装置 air-to-air energy recovery equipment

对空调区域通风换气的同时，对排风实现能量回收的设备组合。

2.0.4 等效长度 equivalence length

冷媒配管的管道长度与弯头、分歧等配件的当量长度之和。

3 设　计

3.1 一般规定

3.1.1 根据建筑的规模、类型、负荷特点、参数要求及其所在的气候区等，经技术、经济、安全比较确认合理时，可采用多联机空调系统。

3.1.2 下列地区或场所，不宜采用多联机空调系统：

1 当采用空气源多联机空调系统供热时，冬季运行性能系数低于1.8；

2 振动较大、油污蒸汽较多等场所；

3 产生电磁波或高频波等场所。

注：冬季运行性能系数＝冬季室外空调计算温度时的总供热量（W）/总输入功率（W）

3.1.3 多联机空调系统的各设备性能指标应符合国家现行有关标准的规定。

3.1.4 采用多联机空调系统的建筑宜设有机械通风系统；当设有机械排风系统时，宜设置热回收装置。

3.1.5 采用多联机空调系统的居住建筑应设置分户计量装置，公共建筑宜分楼层或分用户设置计量装置。

3.1.6 多联机空调系统工程施工图设计文件应符合下列规定：

1 施工图设计文件应以施工图纸为主，并应包括图纸目录、设计施工说明、主要设备表、空调系统图、平面图及详图等内容；

2 设计深度应符合国家现行有关规定的要求。

3.2 室内外设计参数

3.2.1 室外空气计算参数应符合现行国家标准《采暖通风与空气调节设计规范》GB 50019的有关要求。

3.2.2 舒适性空调室内计算参数应符合表3.2.2的规定。

表 3.2.2　舒适性空调室内计算参数

室内计算参数	冬　季	夏　季
温度（℃）	18～24	22～28
人员活动范围内风速（m/s）	≤0.2	≤0.3
相对湿度（%）	≥30	40～65

注：1 人员活动范围内风速指通过设计可加以控制的空气流动速度；

2 表中冬季相对湿度的限定仅适用于有加湿要求的房间。

3.2.3 室内空气应符合国家现行标准中对室内空气质量、污染物浓度控制等的有关规定。

3.2.4 设有机械通风系统的公共建筑的主要房间，其设计新风量应符合表3.2.4的规定。

表 3.2.4　公共建筑主要房间的设计新风量

建筑类型与房间名称		设计新风量 [m³/(h·p)]
旅游旅馆	客房 5星级	50
	客房 4星级	40
	客房 3星级	30
	餐厅、宴会厅、多功能厅 5星级	30
	餐厅、宴会厅、多功能厅 4星级	25
	餐厅、宴会厅、多功能厅 3星级	20
	餐厅、宴会厅、多功能厅 2星级	15
	大堂、四季厅 4～5星级	10
	商业、服务 4～5星级	20
	商业、服务 2～3星级	10
	美容、理发、康乐设施	30

建筑类型与房间名称			设计新风量 [m³/(h·p)]
旅店	客房	一～三级	30
		四级	20
文化娱乐	影剧院、音乐厅、录像厅		20
	游艺厅、舞厅（包括卡拉OK歌厅）		30
	酒吧、茶座、咖啡厅		10
体育馆			20
商场（店）、书店			20
饭馆（餐厅）			20
办公			30
学校	教室	小学	11
		初中	14
		高中	17

3.3 负荷计算

3.3.1 空调负荷计算应符合现行国家标准《采暖通风与空气调节设计规范》GB 50019 的有关规定。

3.3.2 间歇空调的房间，负荷计算时应考虑建筑物蓄热特性所形成的负荷；不同时使用的房间，负荷计算时应考虑邻室空调不运行时所形成的围护结构传热负荷。

3.4 系统设计

3.4.1 应根据建筑的负荷特点、所在的气候区等，通过技术、经济比较后，确定选用多联机空调系统的类型。

3.4.2 多联机空调系统的系统划分，应符合下列规定：

    1 应按使用房间的朝向、使用时间和频率、室内设计条件等，合理划分系统分区；

    2 室外机组允许连接的室内机数量不应超过产品技术要求；

    3 室内、外机组之间以及室内机组之间的最大管长与最大高差，均不应超过产品技术要求；

    4 通过产品技术资料核算，系统冷媒管等效长度应满足对应制冷工况下满负荷的性能系数不低于2.80，当产品技术资料无法满足核算要求时，系统冷媒管等效长度不宜超过70m。

3.4.3 负荷特性相差较大的房间或区域，宜分别设置多联机空调系统；需同时分别供冷与供热的房间或区域，宜设置热回收型多联机空调系统。

3.4.4 多联机空调系统室外机容量的确定，可按下列步骤进行：

    1 根据室内冷热负荷，初步确定满足要求的室内机形式和额定制冷（热）量；

    2 根据同一系统室内机额定制冷（热）量总和，选择相应的室外机及其额定制冷（热）量；

    3 按照设计工况，对室外机的制冷（热）能力进行室内外温度、室内外机负荷比、冷媒管长和高差、融霜等修正；

    4 利用室外机的修正结果，对室内机实际制冷（热）能力进行校核计算；

    5 根据校核结果确认室外机容量。

3.4.5 室外机布置宜美观、整齐，并应符合下列规定：

    1 应设置在通风良好、安全可靠的地方，且应避免其噪声、气流等对周围环境的影响；

    2 应远离高温或含腐蚀性、油雾等有害气体的排风；

    3 侧排风的室外机排风不应与当地空调使用季节的主导风向相对，必要时可增加挡风板。

3.4.6 室外机变频设备应与其他调频设备保持合理的距离，不得互相干扰。

3.4.7 多联机空调系统室内机的布置、室内气流组织，应符合下列规定：

    1 应根据室内温湿度参数、允许风速、噪声标准和空气质量等要求，结合房间特点、内部装修及设备散热等因素确定室内空气分布方式，并应防止送回风（排风）短路。

    2 当室内机形式采用风管式时，空调房间的送风方式宜采用侧送下回或上送上回，送风气流宜贴附；当有吊顶可利用时，可采用散流器上送；房间确定送风方式和送风口时，应注意冬夏季温度梯度的影响。

    3 空调房间的换气次数不宜少于5次/h。

    4 送风口的出口风速应根据送风方式、送风口类型、安装高度、送风风量、送风射程、室内允许风速和噪声标准等因素确定。

    5 回风口不应设在射流区或人员长时间停留的地点；当采用侧送风时，回风口宜设在送风口的同侧下方。

    6 回风口的吸风速度应符合现行国家标准《采暖通风与空气调节设计规范》GB 50019 的要求。

3.4.8 当管道必需穿越防火墙时，应符合现行国家标准《高层民用建筑设计防火规范》GB 50045 和《建筑设计防火规范》GB 50016 的有关规定。

3.4.9 多联机空调系统的新风系统，应符合下列规定：

    1 系统的划分宜与多联机系统相对应，并应符合国家现行标准中对消防的有关规定；

    2 当设置能量回收装置时，其新、回风入口处应设过滤器，且严寒或寒冷地区的新风入口、排风出口处应设密闭性好的风阀。

3.4.10 多联机空调系统的冷媒管道，应符合下列规定：

1 应合理选用线式、集中式等冷媒管道布置方式，并应进行冷媒管道布置优化；

2 冷媒管道的最大长度及设备间的最大高差等，不应超过产品技术要求；

3 冷媒管道的管径、管材和管道配件等应按产品技术要求选用，且其主要配件应由生产厂配套供应。

3.4.11 多联机空调系统的冷凝水应有组织地排放，并应符合现行国家标准《采暖通风与空气调节设计规范》GB 50019 的有关规定。

3.4.12 空调水系统的设计应符合现行国家标准《采暖通风与空气调节设计规范》GB 50019 的有关规定。

3.5 绝 热

3.5.1 下列设备、管道及其附件等均应采取绝热措施：

1 可能导致冷热量损失的部位；

2 有防止外壁、外表面产生冷凝水要求的部位。

3.5.2 设备和管道的绝热，应符合下列规定：

1 保冷层的外表面不得产生凝结水。

2 管道和支架之间，管道穿墙、穿楼板处均应采取防止"冷桥"、"热桥"的措施。

3 当采用非闭孔材料保冷时，外表面应隔设隔汽层和保护层；保温时，外表面应设保护层。

4 室外管道的保温层外应设硬质保护层。

3.5.3 设备和管道绝热材料的主要技术性能应按现行国家标准《设备及管道绝热技术通则》GB/T 4272 和《设备及管道绝热设计导则》GB/T 8175 的要求确定，并应优先采用导热系数小、湿阻因子大、吸水率低、密度小、综合经济效益高的材料；绝热材料应采用不燃或难燃材料。

3.5.4 设备和管道的保冷层、保温层厚度，应按现行国家标准《设备及管道绝热技术通则》GB/T 4272 和《设备及管道绝热设计导则》GB/T 8175 的要求确定，凝结水管应防止表面凝露。

3.5.5 电加热器前后 0.8m 范围内的绝热材料，应采用不燃材料。

3.6 消声与隔振

3.6.1 多联机空调系统产生的噪声、振动，传播至使用房间、周围环境的噪声级和振动级，均应符合国家现行有关标准的规定。

3.6.2 住宅、学校、医院和旅馆的室内允许噪声级，应符合现行国家标准《民用建筑隔声设计规范》GBJ 118 的规定。

3.6.3 多联机空调系统室外机的安装位置不宜靠近对声环境、振动要求较高的房间。当其噪声及振动不能满足国家现行有关标准的规定时，应采取降噪及减振措施。

3.6.4 多联机空调系统室内机及配件产生的噪声，当自然衰减不能达到允许噪声标准时，应设置消声设备或采取隔声隔振等措施。

3.6.5 多联机空调系统其他设备的振动，当自然衰减不能达到国家现行有关标准的规定时，应设置隔振器或采取其他隔振措施。

3.6.6 当多联机空调系统室内机为风管式空气处理末端时，其风管内的风速宜按表 3.6.6 选用。

表 3.6.6 风管的风速

室内允许噪声级 dB（A）	风管风速（m/s）
<35	≤2
35~50	2~3
50~65	3~5

3.6.7 消声设备及隔振装置的选择应符合现行国家标准《采暖通风与空气调节设计规范》GB 50019 的有关规定。

3.7 监测和控制

3.7.1 根据建筑所属类型，多联机空调系统的电气设计应符合国家现行有关标准的规定。

3.7.2 多联机空调系统应设置自动控制与监测系统，并应根据产品制造商提供的产品说明书进行设计。

3.7.3 当建筑物内设有消防控制室时，集中新、排风风道上的防火阀宜选用带有电信号输出装置的防火阀。

3.7.4 集中新风与排风系统宜具有新风空气过滤器进出口静压差超限报警和新风机与排风机启停状态监控功能。

3.7.5 多联机空调系统的电加热器应与送风机联锁，并应设置无风断电、超温断电保护装置；连接电加热器的金属风管应接地。

4 设备与材料

4.1 一般规定

4.1.1 多联机空调系统工程中采用的多联式空调（热泵）机组以及新风处理设备等均应符合国家现行相关产品标准的规定。

4.1.2 多联机空调系统工程中使用的设备与材料应经进场检查确认合格后，方可使用。

4.2 材料要求

4.2.1 多联机空调系统管道、管件的材质、规格、型号以及焊接材料的选用，必须根据设计文件确定；多联机空调系统的制冷剂管材还应符合下列规定：

1 管材内外表面应光滑、清洁，不得有分层、砂眼、粗划痕、绿锈等缺陷；

2 管材截面圆度和同心度应良好；

3 管材应经过脱油脂处理；

4 管材应保持干燥、密封。

4.2.2 冷凝排水配管材料宜采用排水塑料管或热镀锌钢管，管道应采取防凝措施。

4.2.3 空调系统的风管材料应满足国家现行标准《建筑设计防火规范》GB 50016 和《通风管道技术规程》JGJ 141 的有关要求。

4.2.4 所有保温材料应有制造厂的质量合格证书或国家认定资质的质检部门的检验报告，且其种类、规格、性能均应符合设计文件的规定。

4.2.5 设备和管道的保冷、保温材料均应符合设计文件和现行国家标准《设备及管道绝热技术通则》GB/T 4272 的有关要求。

5 施工与安装

5.1 一般规定

5.1.1 多联机空调系统工程的安装应与建筑、结构、电气、给水排水、装饰等专业相互协调，合理布置。

5.1.2 多联机空调系统中室内机、室外机、管道、管件的型号、规格、性能及技术参数等必须符合设计文件要求，设备外表面应无损伤、密封应良好，随机文件和配件应齐全。

5.1.3 空调用设备的搬运和吊装，应符合产品技术文件的有关规定，并应做好设备的保护工作，不得因搬运或吊装而造成设备损伤。

5.2 室内机安装

5.2.1 安装机组时，应留有足够的检修保养空间，同时应满足整体美观要求。

5.2.2 吊装的室内机吊环下侧应采用双螺母进行固定。

5.2.3 现场安装的室内机应进行防尘保护。

5.2.4 风管式室内机与管道之间宜采用软连接。

5.3 室外机安装

5.3.1 室外机安装时，应确保室外机的四周按照要求留有足够的进排风和维护空间，进排风应通畅，必要时室外机应安装风帽及气流导向格栅。

5.3.2 室外机应安装在水平和经过设计有足够强度的基础和减振部件上，且必须与基础进行固定。

5.3.3 室外机安装时，基础周围应做排水沟。

5.3.4 当室外机安装在屋顶上时，应检查屋顶的强度并应采取防水措施。

5.4 制冷剂管道的施工

5.4.1 制冷剂配管的切割应符合下列规定：

1 铜管切割必须使用专用割刀；

2 切割后的铜管开口应使用毛边绞刀去除多余的毛边，应用锉刀磨平开口并把黏附在铜管内壁的切屑全部清除干净。

5.4.2 铜管喇叭口的制作应符合下列规定：

1 应使用专用夹具，末端露出夹具表面的尺寸应符合夹具安装要求；

2 扩好的喇叭口连接前，内外侧表面均应涂抹与设备相同的冷冻机油；

3 喇叭口与设备的螺栓连接应采用两把扳手进行螺母的紧固作业，其中一把扳手为力矩扳手，且力矩应符合表 5.4.2 的要求。

表 5.4.2 喇叭口拧紧力矩

配管尺寸 D_o（mm）	拧紧力矩（kN·cm）
6.4	1.42～1.72
9.5	3.27～3.99
12.7	4.95～6.03
15.9	6.18～7.54
19.0	9.27～11.86

5.4.3 铜管弯曲应使用弯管器。

5.4.4 切割后的铜管开口应使用专用工具胀管。

5.4.5 钎焊人员应持有焊工操作证。铜管束接的最小插入尺寸和与铜管之间的距离应满足表 5.4.5 的要求，焊接应采用充氮焊接，焊接的部位应清洁、脱脂。

表 5.4.5 铜管束接的最小插入尺寸和
与铜管之间的距离（mm）

铜管外径 X	最小插入深度	间隙尺寸
5＜X＜8	6	0.05～0.21
8≤X＜12	7	
12≤X＜16	8	0.05～0.27
16≤X＜25	10	
25≤X＜35	12	0.05～0.35
35≤X＜45	14	

5.4.6 **严禁在管道内有压力的情况下进行焊接。**

5.4.7 制冷剂配管的吊装应符合下列要求：

1 应对水平安装的制冷剂配管进行支吊，横管的支吊间距应符合表 5.4.7 的要求。

表 5.4.7　横管的支吊间距要求

铜管外径（mm）	6.4～9.5	12.7以上
支吊间距（m）	1.2	≤1.5

　　2　应对垂直安装的制冷剂配管进行卡固；当对立管进行卡固时，应把液管和气管分开进行固定，卡箍距离宜为（1～2）m。

　　3　当液管和气管共同吊装，应以液管的尺寸为准；铜管系统和水管系统应分开吊装。

5.4.8　当管道穿越墙或楼板时，应使用套管，套管材料应符合国家现行相关标准的规定。

5.4.9　多联机空调系统制冷剂管道的吹扫排污应符合下列规定：

　　1　应采用压力为（0.5～0.6）MPa（表压）的干燥压缩空气或氮气按系统顺序反复、多次吹扫，并应在排污口处设白色标识靶检查，直至无污物为止。

　　2　系统吹扫洁净后，应拆卸可能积存污物的管道部件，并应清洗洁净后重新安装。

5.4.10　多联机空调系统制冷剂管道的气密性试验应符合下列规定：

　　1　气密性试验应采用干燥压缩空气或氮气进行；当设计和设备技术文件无规定时，高压系统的试验压力应符合表5.4.10的要求。

表 5.4.10　高压系统试验压力

制冷剂种类	试验压力（MPa）
R22	3.0
R407C	3.3
R410A	4.0

　　2　试验前应检查系统各控制阀门的开启状况，保证系统的手动阀和电磁阀全部开启，并应拆除或隔离系统中易被高压损坏的器件。

　　3　系统检漏时，应在规定的试验压力下，用肥皂水或其他发泡剂刷抹在焊缝、喇叭口扩口连接处等处检查，不得泄漏。

　　4　系统保压时，应充气至规定的试验压力，并记录压力表读数，经24h以后再检查压力表读数，其压力降应按下式计算，且压力降不应大于试验压力的1%。当压力降超过以上规定时，应查明原因消除泄漏，并应重新试验，直至合格。

$$\Delta p = p_1 - \frac{273 + t_1}{273 + t_2} p_2 \qquad (5.4.10)$$

式中：Δp——压力降（MPa）；

　　　p_1——开始时系统中的气体压力（MPa，绝对压力）；

　　　p_2——结束时系统中的气体压力（MPa，绝对压力）；

　　　t_1——开始时环境的温度（℃）；

　　　t_2——结束时环境的温度（℃）。

5.4.11　多联机空调系统的抽真空试验应符合设备技术文件的规定，同时还应符合下列规定：

　　1　抽真空前，应首先确认气、液管截止阀处在关闭状态；

　　2　应用充注导管把调节阀和真空泵连接到气阀和液阀的检测接头上；

　　3　抽真空应达到真空度5.3kPa以上，并保持24h，系统绝对压力应无回升。

5.5　制冷剂的充注与回收

5.5.1　多联机空调系统应根据产品制造商的技术资料中提供的方法充注相应量的制冷剂。

5.5.2　充注制冷剂，应符合下列规定：

　　1　制冷剂应符合设计要求。

　　2　应先将系统抽真空，其真空度应符合设备技术文件的规定，然后将装制冷剂的钢瓶与系统的注液阀接通；当制冷剂的含水率不能满足要求时，制冷系统的注液阀前应加干燥过滤器，使制冷剂注入系统。

　　3　当系统内的压力升至（0.1～0.2）MPa（表压）时，应进行全面检查并应确认无泄漏、无异常情况后，再继续充注制冷剂。

　　4　当系统压力与钢瓶压力相同时，可开动压缩机，加快制冷剂的充注速度。

　　5　制冷剂充注的总量应符合设计或设备技术文件的规定。

　　6　制冷剂的充注宜在系统的低压侧进行。制冷剂R22可采用气态充注或者液态充注，制冷剂R410A和R407C必须采用液态充注。

5.5.3　**当多联机空调系统需要排空制冷剂进行维修时，应使用专用回收机对系统内剩余的制冷剂回收。**

5.5.4　**当发现有泄漏需要补焊修复时，必须将修复段的氟利昂排空。**

5.6　空调水系统管道与设备的安装

5.6.1　多联机空调系统工程水系统管道与设备的安装应包括冷热源侧为水环的水系统、凝结水系统、管道及附件、冷却塔和水泵的安装。

5.6.2　空调水系统管道与设备的安装应符合现行国家标准《通风与空调工程施工质量验收规范》GB 50243和《建筑给水排水及采暖工程施工质量验收规范》GB 50242的有关规定。

5.7　风管的安装

5.7.1　多联机空调系统工程风管安装应包括新排风系统的安装和风机连接风管的安装。

5.7.2　风管系统的安装应符合国家现行标准《通风管道技术规程》JGJ 141的有关规定。风管穿越防火墙处应设防火阀，防火阀两侧 2m 范围内的风管及保温材料应采用非燃烧材料，穿过处的空隙应采用非燃烧材料填塞。

5.8 绝 热

5.8.1 应对多联机空调系统工程的制冷剂管道、水管道和风管道采取绝热措施。

5.8.2 当保温管道穿过墙体或楼板时，应对穿越部分的管道采取绝热措施，并应设保护套。

5.8.3 绝热作业应在管道验收合格后进行。

5.9 电气系统安装

5.9.1 空调电源配线应由具有电工操作证的人员，按设计图施工安装。

5.9.2 电气设备安装使用的专用设备必须符合现行国家相关标准的规定，用于电源测试的仪表应经过国家相关计量或校准部门检测合格。

5.9.3 电气系统的安装应符合现行国家标准《建筑电气工程施工质量验收规程》GB 50303 的有关规定。

5.9.4 各类电气附件的安装，应严格按照产品的安装说明书进行。

6 调试运转、检验及验收

6.1 一般规定

6.1.1 多联机空调系统安装完成后，应进行系统调试。

6.1.2 多联机空调系统工程验收前，应进行系统运行效果检验。

6.1.3 多联机空调系统工程验收应由建设单位组织安装、设计、监理等单位共同进行，合格后应办理竣工验收手续。

6.1.4 进行系统试运转与调试的工作人员，必须持有国家职业资格制冷工中级以上证书，并应持证上岗。

6.1.5 多联机空调系统工程空调水系统的调试运转、检验及验收应符合现行国家标准《建筑给水排水及采暖工程施工质量验收规范》GB 50242 的有关规定。

6.1.6 多联机空调系统工程质保期不应少于两个采暖期和两个制冷期，并应保证空调房间的温度满足设计要求。

6.2 调试运转

6.2.1 多联机空调系统安装完毕后，对出厂未充注制冷剂的多联式空调（热泵）机组，应按设备技术文件的规定充注制冷剂；当无规定时，应按本规程第 5.5 节的要求充注制冷剂。

6.2.2 系统调试所使用的测量仪器和仪表，性能应稳定可靠，其精度等级及最小分度值应满足测试要求，并应符合国家现行有关计量法规及检定标准的规定。

6.2.3 多联机空调系统带负荷调试运转应按设备安装手册规定的流程进行，试运转工作前的准备工作应符合下列规定：

　　1 系统中各安全保护继电器、安全装置应经整定，其整定值应符合设备技术文件的规定，其动作应灵敏可靠；

　　2 应按设备技术文件的规定开启或关闭系统中相应的阀门；

　　3 应按产品技术文件的要求进行压缩机预热。

6.2.4 冷凝水管安装完毕后，应按下列步骤对冷凝水系统进行调试：

　　1 室内机单机排水运转；

　　2 冷凝水管满水试验；

　　3 冷凝水管排水通水试验。

6.2.5 试运转中应按要求检查下列项目，并应做好记录：

　　1 吸、排气的压力和温度；

　　2 载冷剂的温度（适用时）；

　　3 各运动部件有无异常声响，各连接和密封部位有无松动、漏气、漏油等现象；

　　4 电动机的电流、电压和温升；

　　5 能量调节装置的动作是否灵敏、准确；

　　6 各安全保护继电器的动作是否灵敏、准确；

　　7 机器的噪声和振动。

6.3 检 验

6.3.1 多联机空调系统工程在验收前，应进行系统带负荷效果检验。

6.3.2 多联机空调系统工程带负荷效果检验应在满足多联式空调（热泵）机组技术文件中规定的使用温度范围条件下进行。

6.3.3 综合效果检验可包括下列项目：

　　1 送、回风口空气温度、湿度和风量的测定；

　　2 多联式空调（热泵）机组吸、排气的压力和温度，电动机的电流、电压和温升的测定；

　　3 室内空气温、湿度的测定；

　　4 室内噪声的测定；

　　5 室外空气温、湿度的测定；

　　6 新风系统新、排风量的测定；

　　7 各设备耗电功率的测定。

6.4 验 收

6.4.1 多联机空调系统工程验收时，应检查验收资料，并应包括下列文件及记录：

　　1 图纸会审记录、设计变更通知书和竣工图；

　　2 主要材料、设备、成品、半成品和仪表的出厂合格证明及进场检（试）验报告，其格式可按本规程附录A表A-1；

    3 隐蔽工程检查验收记录，其格式可按本规程附录A表A-2；

    4 制冷系统气密性试验记录，其格式可按本规程附录A表A-3；

    5 设备单机试运转记录，其格式可按本规程附录A表A-4、表A-5、表A-6；

    6 系统联合试运转记录，其格式可按本规程附录A表A-7；

    7 综合效果检验验收记录，其格式可按本规程附录A表A-8；

    8 风管系统、制冷剂管道系统安装及检验记录，其格式可按本规程附录A表A-1。

附录A 工程质量检查表

表 A-1 设备、材料进场检查记录

工程名称		分部（或单位）工程	
设备名称		型号、规格	
系统编号		装箱单号	
设备检查	1. 包装 2. 设备外观 3. 设备零部件 4. 其他		
技术文件检查	1. 装箱单　　份　张 2. 合格证　　份　张 3. 说明书　　份　张 4. 设备图　　份　张 5. 其他		
存在问题及处理意见			
（盖章） 监理（建设）单位： 签名： 年　月　日		（盖章） 安装单位： 签名： 年　月　日	

表 A-2 隐蔽工程验收记录

工程名称		工程地点			
	序号	名　称	安装部位/检查结果	安装质量检查结果	备　注
隐蔽工程内容	1				
	2				
	3				
	4				
	5				
	6				
	7				
	8				
	9				
	10				
	11				
	12				
验收意见			验收人员（签名）：		
（盖章） 监理（建设）单位： 签名： 年　月　日			（盖章） 安装单位： 签名： 年　月　日		

表 A-3 制冷系统气密性试验记录

工程名称		分部（或单位）工程	
试验部位		试验日期	
气密性试验			

管道编号	试验介质	试验压力（MPa）	定压时间（h）	试验结果

真空试验			

管道编号	设计真空度（MPa）	试验真空度（MPa）	定压时间（h）	试验结果

验收意见		
	（盖章）	（盖章）
监理（建设）单位： 签名：	安装单位： 签名：	
年 月 日	年 月 日	

表 A-4 室外机组试运转测试数据

项目名称：

地 址：　　　　　　　　　电话：

供 货 商：　　　　　　　　出货日期：　年 月 日

安装单位：　　　　　　　　负责人：

调试单位：　　　　　　　　负责人：

系统追加制冷剂量：　　kg　制冷剂名称：（R22、R407C、R410A）

调试状态：　□制冷　　　　□制热

室外机组型号： 安装位置和编号：	单位	开机前	30min	60min	90min	备注
室外环境温度	℃					
排气温度（定频/数码/变频）	℃					
油温度（定频/数码/变频）	℃					
高压	Pa					
低压	Pa					
风速	档位					
气管温度	℃					
液管温度	℃					
运转电流	A					
电压	V					

验收意见		
	（盖章）	（盖章）
监理（建设）单位： 签名：	安装单位： 签名：	
年 月 日	年 月 日	

表 A-5 室内机组试运转测试数据

调试状态: □制冷 □制热						
室内机型号: 安装位置和编号:	单位	开机前	30min	60min	90min	备注
蒸发器进管/出管温度	℃					
室内出/回风温度	℃					
室内环境温度/室内设定温度	℃					
出风口风速	m/s					
回风口风速	m/s					

验收意见	
(盖章)	(盖章)
监理(建设)单位: 签名: 年 月 日	安装单位: 签名: 年 月 日

表 A-6 压缩机调试数据

调试状态: □制冷 □制热								
压缩机报告:			单位	开机前	30min	60min	90min	备注
压缩机编号:	定容量压缩机	T1/T2/T3 电流	A					
		V1/V2/V3 电压	V					
	变容量压缩机	T1/T2/T3 电流	A					
		V1/V2/V3 电压	V					

验收意见	
(盖章)	(盖章)
监理(建设)单位: 签名: 年 月 日	安装单位: 签名: 年 月 日

表 A-7 系统联合试运转记录

工程名称		分部（或单位）名称	
设备名称		试运转日期	年 月 日
试运转内容			
试运转结果			
评定意见			
试运转人员			
（盖章）		（盖章）	
监理（建设）单位： 签名：		安装单位： 签名：	
年 月 日		年 月 日	

表 A-8 综合效果检验验收记录

工程名称		分部（或单位）工程	
工程地点		开工日期	年 月 日
竣工日期		交验日期	年 月 日
工程内容			
验收资料	环境温度　℃，室内机出风口温度　℃，室内机回风口温度　℃， □室外机安装牢固　　　　　　　□铜管连接无泄漏 □室外机和室内机通电运转 　正常无杂声　　　　　　　　　□温度控制器操作有效 □各送风口尺寸符合设计要求　　□回风箱安装到位 □回风管道安装到位　　　　　　□各回风尺寸符合设计要求 □　　　　　　　　　　　　　　□		
验收评定 意见			
（盖章）		（盖章）	
监理（建设）单位： 签名：		安装单位： 签名：	
年 月 日		年 月 日	

本规程用词说明

1 为便于在执行本规程条文时区别对待，对要求严格程度不同的用词说明如下：

1）表示很严格，非这样做不可的：

正面词采用"必须"，反面词采用"严禁"；

2）表示严格，在正常情况下均应这样做的：

正面词采用"应"，反面词采用"不应"或"不得"；

3）表示允许稍有选择，在条件许可时首先应这样做的：

正面词采用"宜"，反面词采用"不宜"；

4）表示有选择，在一定条件下可以这样做的，采用"可"。

2 条文中指明应按其他有关标准执行的写法为："应符合……的规定"或"应按……执行"。

引用标准名录

1 《建筑设计防火规范》GB 50016

2 《采暖通风与空气调节设计规范》GB 50019

3 《高层民用建筑设计防火规范》GB 50045

4 《建筑给水排水及采暖工程施工质量验收规范》GB 50242

5 《通风与空调工程施工质量验收规范》GB 50243

6 《建筑电气工程施工质量验收规范》GB 50303

7 《民用建筑隔声设计规范》GBJ 118

8 《设备及管道绝热技术通则》GB/T 4272

9 《设备及管道绝热设计导则》GB/T 8175

10 《通风管道技术规程》JGJ 141

中华人民共和国行业标准

多联机空调系统工程技术规程

JGJ 174—2010

条 文 说 明

制 订 说 明

《多联机空调系统工程技术规程》JGJ 174-2010，经住房和城乡建设部 2010 年 3 月 31 日以第 533 号公告批准、发布。

本规程制订过程中，编制组对我国多联机空调系统的发展及现状进行了调查研究，总结了我国多联机空调系统工程的实践经验，从设计、施工、检验、调试、验收等环节和安全、节能、环保等方面对多联机空调系统的工程应用作出了规定。

为便于广大设计、施工、科研、学校等单位有关人员在使用本规程时能正确理解和执行条文规定，《多联机空调系统工程技术规程》编制组按章、节、条顺序编制了本规程的条文说明，对条文规定的目的、依据以及执行中需注意的有关事项进行了说明，还着重对强制性条文的强制性理由作了解释。但是，本条文说明不具备与标准正文同等的法律效力，仅供使用者作为理解和把握标准规定的参考。

目　次

1 总 则

1.0.1 近些年开始广泛应用的多联分体空调系统，已逐渐从家用空调范畴向传统的集中空调延伸，其采用 R22、R410A、R407C 等为制冷剂的多联式空调（热泵）机组，通过变制冷剂流量控制技术，把单台或一组室外机的冷/热量通过制冷剂分配到多台室内机末端，对空调房间进行冷热调节。与传统中央空调相比，多联机既可单机独立控制，又可群组控制，克服了传统集中空调只能整机运行、调节范围有限、低负荷时运行效率不高的弊端；与水系统中央空调相比，没有水管漏水隐患；同时与传统中央空调相比，操作简单。

因此，多联式分体空调系统开始在有多个房间独立空调控制，且冷热负荷不一、运行要求多样的场合使用，经过多年的发展和提高，多联机空调系统已成为一种相对独立的空调系统，广泛应用于办公、公寓住宅、商场、酒店、医院、学校、工厂车间、机房、实验室等各种新建和改扩建民用和工业用建筑中。

多联机空调系统与传统的集中式全空气系统相比，在有内区的建筑中，不能充分利用过渡季自然风降温，风冷多联机空调系统冬季室外机结霜，制热不稳定以及制冷剂管长、室内外机高差等对系统能效比降低等影响。在选择多联式分体空调系统时，应充分考虑这些影响，同时，作为一种相对独立的空调系统，其已不仅仅使用在家庭住宅中，需要通过制定统一的标准，规范多联机空调系统工程的设计、施工及验收，做到技术先进、经济合理、安全适用和保证工程质量。

1.0.2 本条说明了多联机空调系统工程技术规程适用的建筑类型。

1.0.3 根据工程建设标准制修订的统一规定，为了精简规程内容，凡其他全国性标准、规范等已有明确规定的内容，除确有必要者以外，本规程均不再设具体条文。本条文的目的是在强调执行本规程的同时，还应贯彻执行相关标准、规范等的有关规定。

2 术 语

2.0.1 多联分体空调系统发展迅速，形式多样，针对不同的需求、不同的场合可以有不同的种类对应。如针对寒冷地区高效制热用途的二级压缩多联分体空调系统，针对有周边区和内区之分及冬季同时有供热和供冷要求的场合，通过装置切换制冷和制热量，可实现同一空调系统同时制冷和制热的热回收多联分体空调系统，有采用水作为热源，水经由冷却塔、锅炉输送至室外机，可实现水侧热回收功、制热能力不受室外气温影响的水源多联分体空调系统，适应峰谷电

价政策的冰蓄冷机组多联分体空调系统等，本条针对《采暖通风与空气调节设计规范》GB 50019 - 2003，对系统的描述增加了水源多联分体空调的规定。

2.0.2 多联式空调（热泵）机组是由一台（组）空气源室外机连接数台不同或相同形式、容量的直接蒸发式室内机构成单一制冷、制热循环系统，它可以向一个或数个区域直接提供处理后的空气。为符合国家节能政策，工程系统采用的机组能效应满足能源效率等级要求，具体规定见《多联式空调（热泵）机组能效限定值及能源效率等级》GB 21454 - 2008。

2.0.3 为满足空调室内卫生和空气品质的要求，多联机空调系统，宜配置空气—空气能量回收节能装置，其应满足《空气—空气能量回收装置》GB 21087 - 2007的要求。

3 设 计

3.1 一 般 规 定

3.1.1 多联机空调系统是目前民用建筑中最为活跃的中央空调系统形式之一，被广泛应用于学校、办公楼、商业及住宅等建筑。依据《采暖通风与空气调节设计规范》GB 50019 - 2003 中第 6.3.10 条"经技术经济比较合理时，中小型空调系统可采用变制冷剂流量分体式空气调节系统"，及第 7.1.1 条"夏热冬冷地区、干旱缺水地区的中小型建筑可采用空气源热泵"，结合目前多联机空调系统的应用现状，对该系统的适用范围进行了适当调整。多联机空调系统一般适用于中小型建筑，对大型建筑（尤其高层建筑），由于多联机空调系统的室外机一般要安装在不同的楼层处，需要处理好安装位置与建筑之间的关系，并兼顾室外机处的空气温度场；另外，系统冷媒的泄漏所引起的安全隐患，也应引起重视。如当空调机安装在较小的房间时，要采取必要措施，以避免冷媒泄漏时浓度超过极限安全浓度。大型建筑的空调系统选择，应进行技术经济比较，如制冷季节能源消耗效率SEER、制热季节能源消耗效率 HSPF 的比较等，在满足使用要求的前提下，尽量做到节省投资、降低运行费和减少能耗的目的。

3.1.2 根据《公共建筑节能设计标准》GB 50189 - 2005 中第 5.4.10 条和《采暖通风与空气调节设计规范》GB 50019 - 2003 中第 6.3.10 条，对多联机空调系统的适应地区、应用场所进行限制。需要说明的是对严寒、寒冷地区，当建筑物设有集中供热，如散热器采暖、热水辐射采暖时，多联机空调系统要按夏季冷负荷选型，此时，系统的供热可作为建筑物集中供热的补充，不在该条文限制范围之内。

3.1.3 《多联式空调（热泵）机组能效限定值及能源效率等级》GB 21454 - 2008 规定了多联机的能效限定值

及能源效率等级，具体如下：

多联机的能效限定值：制冷综合性能系数[IPLV(C)]应大于或等于表1的规定值；2011年实施的能效限定值见表2。

表1　多联机能效限定值

名义制冷量 CC （W）	制冷综合性能系数 [IPLV（C）](W/W)
CC≤28000	2.80
28000＜CC≤84000	2.75
CC＞84000	2.70

表2　2011年多联机能效限定值

名义制冷量 CC （W）	制冷综合性能系数 [IPLV（C）](W/W)
CC≤28000	3.20
28000＜CC≤84000	3.15
CC＞84000	3.10

注：测试方法按照《多联式空调（热泵）机组》GB/T 18837的相关规定，其中，室内、外机连接管道上冷媒分配器前、后的连接管长度为5m或按制造厂规定。

多联机的能效等级分为5级（见表3），其中节能评价值为表3中能效等级的2级所对应的制冷综合性能系数[IPLV(C)]指标。

表3　能效等级对应的制冷综合性能系数指标

名义制冷量 CC （W）	能效等级				
	5	4	3	2	1
CC≤28000	2.80	3.00	3.20	3.40	3.60
28000＜CC≤84000	2.75	2.95	3.15	3.35	3.55
CC＞84000	2.70	2.90	3.10	3.30	3.50

注：测试方法按照GB/T 18837的相关规定，其中，室内、外机连接管道上冷媒分配器前、后的连接管长度为5m或按制造厂规定。

《空气—空气能量回收装置》GB 21087-2007规定了空气—空气能量回收装置的热交换效率限定值（见表4）。

表4　空气—空气能量回收装置热交换效率限定值

类型	热交换效率（%）	
	制冷	制热
焓效率	50	55
温度效率	60	65

注：测试标准见GB 21087-2007，其中，新、排风量相等。

3.1.4　根据《采暖通风与空气调节设计规范》GB 50019-2003中第6.3.18条，空调区域排风中所含的

能量十分可观，加以利用可以取得很好的节能效益和环境效益。

3.1.5　根据《公共建筑节能设计标准》GB 50189-2005中第5.5.12条及居住建筑节能设计有关规定，对多联机空调系统的计量进行了规定。

3.1.6　为规范多联机空调系统工程的施工图设计，根据《建筑工程设计文件编制深度规定》（2008版）的有关要求，多联机空调系统工程的施工图设计可分为两个阶段完成：第一阶段，设计深度除制冷剂管道预留走向、不标注管道管径及标高等外，其他按《建筑工程设计文件编制深度规定》的要求执行；第二阶段，由设备供应方配合设计人员完成多联机空调系统工程图纸的深化设计。

3.2　室内外设计参数

3.2.1　《采暖通风与空气调节设计规范》GB 50019规定：

1　冬季空调室外计算温度，应采用历年平均不保证1天的日平均温度。

2　冬季空调室外计算相对湿度，应采用累年最冷月平均相对湿度。

3　夏季空调室外计算干球温度，应采用历年平均不保证50h的干球温度。

4　夏季空调室外计算湿球温度，应采用历年平均不保证50h的湿球温度。

5　夏季空调室外计算日平均温度，应采用历年平均不保证5天的日平均温度。

6　冬季室外平均风速，应采用累年最冷3个月各月平均风速的平均值。

7　夏季室外平均风速，应采用累年最热3个月各月平均风速的平均值。

8　夏季太阳辐射照度，应根据当地的地理纬度、大气透明度和大气压力，按7月21日的太阳赤纬计算确定。

3.2.2　室内计算参数根据《采暖通风与空气调节设计规范》GB 50019-2003中第3.1.3条，适用于不同种类型的民用建筑，包括居住建筑、办公建筑、科教建筑、医疗卫生建筑、交通邮电建筑、文娱集会建筑和其他公共建筑等。

本规程以满足舒适性空调为主，不包含有工艺性要求的空调系统（净化、恒温恒湿等要求），为保证规程之间的衔接，直接引用室内设计参数要求；同时，考虑到多联机空调系统冬季集中加湿的困难，以及目前的实际应用情况，本条文仅对有加湿要求的建筑提出限定，而其他无加湿要求的建筑，如住宅、普通商店等，可以不考虑冬季相对湿度的要求。

3.2.3　随着我国经济的高速发展和人民生活水平不断提高，民用建筑室内空气品质被广泛关注。近年来，国家相关部门对建筑物室内空气质量提出了要求。

由于不同类型的建筑和场所对室内的要求不同，国家各部门从不同角度对室内环境质量的要求有区别。依据人体健康的基本要求和目前国内空气环境质量的实际状况，一般建筑室内空气污染物限值按《室内空气质量标准》GB/T 18883-2002确定，公共场所室内空气污染物限值按相应场所卫生标准 GB 9663～9672-1996 及 GB 16153-1996确定。

3.2.4 根据《公共建筑节能设计标准》GB 50189-2005 中第 3.0.2 条，结合多联机空调系统的实际应用现状，本条文对设有机械通风系统的建筑提出限定。未设机械通风系统的建筑，如住宅，可以考虑通过适当开启外窗的方式来满足有关空气质量的要求。

3.3 负 荷 计 算

3.3.2 考虑到多联机空调系统的特点，对间歇使用空调的房间，在选择空调室内机时，要充分考虑建筑物蓄热特性形成的负荷；对能单独使用空调的房间，在选择空调室内机时，要考虑邻室不使用空调时形成的相邻房间围护结构传热负荷。

3.4 系 统 设 计

3.4.1 多联机空调系统有多种不同类型，按多联机所提供的功能，可分为单冷型、热泵型和热回收型三大类；按压缩机的变容调节方式，可分为变频多联机和变容多联机，其中，变频多联机分直流调速和交流变频两种形式，而变容多联机以采用数码涡旋压缩机为主；按多联机是否具有蓄能能力，可分为蓄能型（蓄热、蓄冷型）和非蓄能型。

1 单冷和热泵型多联机空调系统

在典型的单冷或热泵型多联机空调系统中，压缩机通常采用一台变频或数码涡旋压缩机，在大系统中，由一台变频压缩机或多极压缩机与多台定速压缩机构成压缩机组；在各室内机和室外机上，设置有供节流和流量调节的电子膨胀阀；在系统的典型部位安放有温度传感器和压力传感器。在制冷工况下，室外机电子膨胀阀全开，通过室内机电子膨胀阀节流降压，控制室内温度和各室内机热交换器出口制冷剂的过热度，由压缩机旋转频率调节吸气压力；在制热工况下，室外机电子膨胀阀，控制室外机热交换出口制冷剂的过热度，室内机电子膨胀阀控制室温和室内热交换器出口的制冷剂过冷度，通过改变压缩机频率或 PWM 阀的周期时间，调节压缩机排气压力。

2 热回收型多联机空调系统

热回收型多联机空调系统分 3 管式和 2 管式两种形式。3 管式多联机空调系统原理如下：室外机由压缩机、室外热交换器和气液分离器等构成；室内机由热交换器、电磁三通阀及电子膨胀阀构成。室外机与室内机之间由高压气体管、高压液体管、低压气体管 3 根管道相连，故称"3 管式"系统。空调系统通过高压气体管将高温高压蒸气引入用于供热的室内机，制冷剂蒸气在室内机内放热冷凝，流入高压液体管；制冷剂从高压液体管进入制冷运行的室内机中，蒸发吸热，通过低压气体管返回压缩机。室外热交换器用于平衡各室内机的冷热负荷的缓冲设备，视室内运行模式起着冷凝器或蒸发器的作用，其功能取决于各室内机的工作模式和负荷大小。

多联机空调系统类型的选择需要根据建筑物的负荷特点、所在的气候区、初投资、运行经济性、使用效果等多方面因素综合考虑。当仅用于建筑物供冷时，多联分体式空调系统可选用单冷类型；当建筑物按季节需要供冷、供热时，可选用热泵类型；当同一多联分体式空调系统中同时需要供冷、供热时，可选用热回收类型。

3.4.2 室内、外机组之间以及室内机组之间的最大管长与最大高差，是多联机空调系统的重要性能参数。为保证系统安全、稳定、高效的运行，设计时，系统的最大管长与最大高差不应超过所选用产品的技术要求。表 5 列出国内主要几个品牌的参数：

表 5 国内主要品牌多联机配置参数

参 数	品牌 A	品牌 B	品牌 C	品牌 D	品牌 E	品牌 F
最大配管长度（m）	150	150	100	125	125	125
室内机之间的最大高差（m）	50	15	15	30	30	30
室外机与室内机之间的最大高差（m）	50	50	50	50	50	50

多联机空调系统是利用制冷剂输配能量，系统设计中必须考虑制冷剂连接管内制冷剂的重力与摩擦阻力对系统性能的影响，可以采用高性能的多联式空调（热泵）机组，或适当控制多联式空调（热泵）机组单机服务区域来保证实际安装的多联机空调系统具有较高的能效比。《多联式空调（热泵）机组》GB/T 18837-2002 将机组按照气候类型分为 T1、T2、T3 三类，分别有对应的名义制冷工况。本规程规定实际工程系统在对应名义制冷工况满负荷时性能系数不低于 2.80，该值与《冷水机组能效限定值及能源效率等级》GB 19577-2004 中规定的满足风冷冷水机组 3 级能效要求所需的最小能效比相当，经过近几年的发展，我国多联式空调（热泵）机组的能效性能有了大幅提高，国内生产的大多数产品能提供齐全的技术资料，能效水平已能满足本规程规定的性能指标要求。实际工程中，对于没有技术资料可进行能效设计核算时，即使在室内外机高差为最大允许高差下，选定的系统等效长度不超过 70m，也能基本满足本规程规定的能效指标要求。

当室内温度一定时，多联机空调系统的部分负荷特性取决于室外温度、机组负荷率及其运行工况。当室内机组运行工况一致，且负荷变化较为均匀时，多联机空调系统在 40%～80% 负荷率范围内，具有较高的制冷性能系数。因此，为提高系统的季节性能指标，系统划分应考虑多联机空调系统的特性，按各空调区的负荷特性，经技术比较后确定。

3.4.4 由于对多联机空调系统按照设计工况对室外机的制冷（热）能力进行温度、室内外机负荷比、制冷剂管长、融霜修正后，室内机的实际制冷（热）量可能变化，对每一个室内机应进行校核计算，如果室外机修正后实际制冷（热）量×对应室内机的额定容量/室内机的总计额定容量小于房间负荷，需按照本条的步骤对室外机重新选择。一般系统配置室内机总能力控制在室外机能力的 50%～130% 之间。

3.4.5 如有风速为 5m/s 以上的强风吹向室外机排气侧，室外机因风量降低，排风重新吸入（短路）等原因会出现下列现象：

1 系统工作能力降低；

2 制热时结霜增加；

3 因高压压力升高而停止运转；

4 室外机排气侧的正面遭过大的强风连续吹拂，风扇会高速反转，从而破损。

3.4.6 空调强电与弱电的控制线、信号线之间通常要保持 50mm 以上的距离，防止干扰。

3.4.7 本条对气流组织提出了具体要求，多联机空调系统广泛应用在各种空调场合，室内机的布置与室内气流组织对舒适度有较大影响。《采暖通风与空气调节设计规范》GB 50019 对回风口吸风速度作了具体规定，详见表6。

表6 回风口的吸风速度

回风口的位置		最大吸风速度（m/s）
房间上部		≤4.0
房间下部	不靠近人经常停留的地点	≤3.0
	靠近人经常停留的地点	≤1.5

3.4.9 新风系统的划分及穿防火墙的处理措施，应符合《高层民用建筑设计防火规范》GB 50045 - 95 及《建筑设计防火规范》GB 50016 - 2006 的有关条文规定。

3.4.11 冷凝水管设计应符合《采暖通风与空气调节设计规范》GB 50019 - 2003 中第 6.4.18 条的要求。

3.6 消声与隔振

3.6.1 多联机空调系统产生的噪声传播至使用房间、周围环境，应满足国家现行标准《工业企业噪声控制设计规范》GBJ 87、《民用建筑隔声设计规范》GBJ 118、《声环境质量标准》GB 3096、《工业企业厂界环境噪声排放标准》GB 12348 等的要求。

3.6.2 《民用建筑隔声设计规范》GBJ 118 - 88 对室内允许噪声等级的相关规定详见表7～表11。

表7 建筑物标准等级划分

特级	一级	二级	三级
特殊要求（根据特殊要求确定）	较高标准	一般标准	最低限

表8 住宅室内允许噪声级

房间名称	允许噪声级 dB（A）		
	一级	二级	三级
卧室、书房	≤40	≤45	≤50
起居室	≤45	≤50	≤50

表9 学校室内允许噪声级

房间名称	允许噪声级 dB（A）		
	一级	二级	三级
有特殊安静要求的房间	≤40	—	—
一般教室	≤50	—	—
无特殊安静要求的房间	—	—	≤55

表10 医院室内允许噪声级

房间名称	允许噪声级 dB（A）		
	一级	二级	三级
病房、医护人员休息室	≤40	≤45	≤50
门诊室	≤55	≤55	≤60

表11 旅馆室内允许噪声级

房间名称	允许噪声级 dB（A）			
	特级	一级	二级	三级
客房	≤35	≤40	≤45	≤55
会议室	≤40	≤45	≤50	≤50
多用途大厅	≤40	≤45	≤50	—
办公室	≤45	≤50	≤55	≤55
餐厅	≤50	≤55	≤60	—

3.7 监测和控制

3.7.2 多联机空调系统的监测和控制系统，一般包括参数与设备状态显示、自动调节与控制、工况自动转换、自动保护等。

4 设备与材料

4.1 一般规定

4.1.1 多联机空调系统工程中采用的多联式空调（热泵）机组及新风处理设备应按《多联式空调（热泵）机组》GB/T 18837 - 2002 和《空气—空气能量回收装置》GB 21087 - 2007 生产，并达到《多联式空调（热泵）机组能效限定值及能源效率等级》GB 21454 - 2008 的要求。

4.1.2 多联机空调系统工程使用的设备、管道、绝热材料等是否完好、合格，与设计要求是否一致，是决定工程合格的重要因素，应对使用的设备与材料进场检查确认。

4.2 材料要求

4.2.1 制冷剂配管在弯管时，铜管的外壁壁厚会随着管道的弯曲而变薄，同时弯曲部位由于阻力增大，管内的摩擦系数也会增加，对弯管处的壁厚必须严格规定，必须严格遵守设计文件的要求。

4.2.4 保温材料质量的好坏直接影响系统的能效，对材料质量需核查和控制。

5 施工与安装

5.1 一般规定

5.1.1 多联机空调系统工程实施过程中，其室内、外机组及管线与其他专业有交叉，应考虑与其他专业相互协调。

5.1.2 多联机空调系统工程需按设计要求施工，是保证系统使用效果的必要条件，设备和部件要与设计一致。

5.1.3 多联机空调机组的过度倾斜、振动等都会造成设备的损坏和不能正常工作，因此，设备的搬运和吊装应符合产品技术文件的要求。

5.2 室内机安装

5.2.1 机组送风口前的空间内不能受障碍物阻挡，设备配管和电气盒侧应留有维修空间，以保证正常的送风效果和检修空间。

5.2.2 室内机在运转中会产生振动，如固定不牢会使室内机倾斜，发生漏水或产生振动噪声，因此，要采用双螺母进行固定，防止螺母由于振动造成松脱。

5.2.3 由于施工现场环境较差，设备直接暴露于现场容易污染室内机翅片及过滤网，造成不必要的损失。因此室内机安装完成后要及时进行防尘保护，防止其他工序污染设备。

5.2.4 采用软连接可以保证风管的荷载不传到室内机上，同时有利于风管的伸缩和防止因振动产生的固体噪声。

5.3 室外机安装

5.3.1 没有风帽或气流导向格栅会导致气流短路时，室外机要安装风帽及气流导向格栅，风帽不利于拆卸时，应考虑风扇马达等的维修口。

5.3.2 多联机空调系统室外机安装基础不稳定，会产生附加的噪声和振动，因此要在足够强度的基础上安装。

5.4 制冷剂管道的施工

5.4.1 铜管在切割完成后，由于割刀刀刃有向下的压力，会在铜管内壁产生向内侧的毛边，会对今后的扩口或胀管加工造成一定的影响，必须去除多余的毛边，使用专用的毛边绞刀进行操作。将管口向下放置，把绞口贴紧铜管内壁，沿相同方向旋转绞刀，完成后需进行确认观察毛边是否去除彻底，铜管内壁是否有划痕。切屑如果不清除干净，将会磨损压缩机构件。

5.4.2

1 末端露出夹具表面的尺寸要符合夹具安装要求，表12 和表13 列出目前国内设备的安装要求。

表 12 铜管露出夹具水平面的距离

铜管的露出尺寸	Φ6.4 (1/4″)	Φ9.5 (3/8″)	Φ12.7 (1/2″)	Φ15.9 (5/8″)	Φ19.1 (3/4″)
A(R22)			0.5mm		1.0mm
A(R410A)			1.0mm		1.5mm
B(R410A)			0mm		采用焊接

注：A 表示使用 R22 专用扩口器时的尺寸；B 表示使用 R410A 新制冷剂专用扩口器时的尺寸。

表 13 喇叭口开口尺寸的对照表

铜管尺寸	管外径（mm）	开口尺寸（mm）	
	D_o	R410A	R22
1/4(2分)	6.4	9.1	9
3/8(3分)	9.4	13.2	13
1/2(4分)	12.7	16.6	16.2
5/8(5分)	15.9	19.7	19.4
3/4(6分)	19.0	焊接连接	23.3

2 涂抹与设备同类的冷冻机油，对螺母的紧固起润滑作用，防止在铜管表面产生划痕，螺母在旋紧的过程中，冷冻机油会被挤压到螺纹中，起到密封作用。

5.4.3 弯曲半径过小，会造成铜管由圆形变成扁形，内侧形成褶皱而形成节流现象或内侧由于变形严重形成裂痕。

5.4.5 充氮焊接的目的是为了防止焊接时铜管内部产生氧化膜，用于充氮焊接的氮气纯度一般不低于99.99%；在进行钎焊过程中，为了让管道内的空气完全排出，需把管道系统的另一端封口打开；充氮焊接的压力不宜太大；钎焊完成后，一直到铜管冷却为止都要保持吹氮气。

5.4.6 由于制冷剂配管内保持压力时，尤其是气密性试验后管道内部压力较高，带压焊接容易出现安全隐患，因此作出了本条规定。

5.4.7 由于制冷剂配管在空调机每次启动和停机时都会反复伸缩，该伸缩量在温度差为 80℃，每 10m 可以达到 13.84mm，因此必须按照规定的尺寸对制冷剂配管进行支吊。

卡固是防止铜管的晃动和由于自重向下造成铜管变形。对铜管立管贯穿部采用防火泥进行固定和防振，对铜管的底部安装支撑托架，防止铜管向下下垂，要注意对制冷剂配管分歧管处、室内机接口处、穿过墙体前后的配管进行固定。

5.4.8 带保温的制冷剂配管、冷凝水配管、风管穿越内外墙时要加装套管，以防墙体划破保温层造成保温性能下降。配管用套管尺寸的选择要考虑保温层的厚度，在穿越墙体时套管的长度与墙体厚度相等，外墙的贯穿套管，要使用带防水翅片的套管，在穿越楼板时套管伸出楼板 1cm。

5.4.9 多联机空调系统制冷剂管道安装过程会残留焊渣、金属屑、氧化皮等污物，如不从系统中排除，会影响系统正常运行，因此在气密性试验前必须对系统进行排污。

5.4.10 本条针对采用不同种类制冷剂的多联分体空调系统的气密性试验压力作出了具体规定，规定了系统气密性检验的要求和标准。

5.4.11 多联机空调系统的制冷剂管道中的水分会导致制冷系统的冰堵，不凝性气体会导致系统运行不正常等。需要对多联分体空调系统进行抽真空试验，本条规定了抽真空试验的要求和标准。

5.5 制冷剂的充注与回收

5.5.1 多联机空调机组出厂时，会在室外机组内充注制冷剂，由于系统的安装管长不同，实际安装时还需要追加充注相应量的制冷剂。追加的制冷剂量应根据产品制造商技术资料提供的方法进行计算。

5.5.2 R410A 和 R407C 制冷剂属于混合型制冷剂，如采用气态充注的方式，充注到系统中的制冷剂成分容易发生变化，不能保证制冷剂的热力性质，影响系统的效能。因此本条对充注状态作出了规定。

5.5.3 氢氯氟烃、氢氟烃及其混合制冷剂在排放时形成温室气体，对地球大气层产生污染，为了保护人

类的生存环境，减少大气中的排放，在制冷剂需要排空时，要使用回收机回收。

5.6 空调水系统管道与设备的安装

5.6.1 该条说明了多联机空调系统工程水系统管道与设备的安装范围。

5.6.2 空调水系统管道与设备的安装在《通风与空调工程施工质量验收规程》GB 50243－2002 中第 9 章有详细的规定。

5.7 风管的安装

5.7.2 风管的安装在《通风管道技术规程》JGJ 141－2004 中有详细的规定。

5.8 绝　热

5.8.1 该条说明了多联机空调系统工程保温的范围。

5.9 电气系统安装

5.9.1 本条强调多联机空调系统电气系统安装的人员应具备专业资格，按图施工。

5.9.2 本条对安装工程使用的专用仪表设备（如钳形电流表、兆欧表等）提出必须符合国家电气标准要求规定。

5.9.4 多联机空调系统的控制系统应根据产品制造商提供的产品说明书进行安装。

6 调试运转、检验及验收

6.2 调　试　运　转

6.2.1 多联式空调机组出厂时，由于系统的安装管长不同，实际安装时需追加充注制冷剂。

6.2.2 多联机空调系统制冷剂运转压力高，压力表等应符合国家计量法规及检定规程的规定。

6.2.3 本条说明了多联机空调系统带负荷调试运转工作前的准备工作要求。

6.2.4 冷凝水管满水试验方法：把冷凝水排水管道的末端用塞子或其他物品堵住；从管道的排气孔或专用的注水口向管道内注入足够量的水，直到管道内注满为止；检查整个管道特别是有连接的部分是否有漏水或渗水现象，完成后去除末端的闷头，排空管道内的水；如果无漏水发生，对未进行保温处理的地方进行保温的修补处理，防止在使用过程中排水管产生结露现象。

冷凝水管排水通水试验方法：准备一定量的水（可以进行计量的）和一个可以用来盛装相同水量的空容器；在排水管的末端把空的容器安放好；把准备好的水从水管的最高点慢慢注入排水管道内，直到全部注入为止；确认空容器内盛装的水的量，一般情况

占入水量的 70%以上为合格；注意必须保证盛水容器内的水完全注入管道内；确认空容器内排除水量的量是否太少，如果过少表示主管道有积水现象，这不利于今后的排水。

6.2.5 本条说明了多联机空调系统带负荷调试运转要求检查的项目。

6.3 检 验

6.3.2 本条说明了多联机空调系统工程系统带负荷效果检验的运行要求条件。

6.3.3 本条说明了多联机空调系统带负荷效果检验要求的项目。

6.4 验 收

6.4.1 本条说明了多联机空调系统工程验收时，应检查验收资料的内容。

中华人民共和国行业标准

中华人民共和国行业标准

既有居住建筑节能改造技术规程

Technical specification for energy efficiency retrofitting of
existing residential buildings

JGJ/T 129—2012

批准部门：中华人民共和国住房和城乡建设部
施行日期：２０１３年３月１日

中华人民共和国住房和城乡建设部
公 告

第 1504 号

住房城乡建设部关于发布行业标准
《既有居住建筑节能改造技术规程》的公告

现批准《既有居住建筑节能改造技术规程》为行业标准，编号为 JGJ/T 129-2012，自 2013 年 3 月 1 日起实施。原行业标准《既有采暖居住建筑节能改造技术规程》JGJ 129-2000 同时废止。

本规程由我部标准定额研究所组织中国建筑工业出版社出版发行。

中华人民共和国住房和城乡建设部

2012 年 10 月 29 日

前　　言

根据原建设部《关于印发〈2006 年工程建设标准规范制订、修订计划（第一批）〉的通知》（建标〔2006〕77 号）的要求，规程编制组经广泛调查研究，认真总结实践经验，并在广泛征求意见的基础上，对原行业标准《既有采暖居住建筑节能改造技术规程》JGJ 129-2000 进行了修订。

本规程的主要技术内容有：1. 总则；2. 基本规定；3. 节能诊断；4. 节能改造方案；5. 建筑围护结构节能改造；6. 严寒和寒冷地区集中供暖系统节能与计量改造；7. 施工质量验收。

本规程主要修订的技术内容是：1. 将规程的适用范围扩大到夏热冬冷地区和夏热冬暖地区；2. 规定了在制定节能改造方案前对供暖空调能耗、室内热环境、围护结构、供暖系统进行现状调查和诊断；3. 规定了不同气候区的既有建筑节能改造方案应包括的内容；4. 规定了不同气候区的既有建筑围护结构改造内容、重点以及技术要求；5. 规定了热源、室外管网、室内系统以及热计量的改造要求。

本规程由住房和城乡建设部负责管理，由中国建筑科学研究院负责具体技术内容的解释。执行过程中如有意见或建议，请寄送至中国建筑科学研究院（地址：北京市北三环东路 30 号，邮政编码：100013）。

本 规 程 主 编 单 位：中国建筑科学研究院

本 规 程 参 编 单 位：哈尔滨工业大学市政环境工程学院

中国建筑设计研究院

中国建筑西北设计研究院有限公司

中国建筑东北设计研究院有限公司

吉林省建苑设计集团有限公司

福建省建筑科学研究院

广东省建筑科学研究院

中国建筑西南设计研究院有限公司

重庆大学城市规划学院

上海市建筑科学研究院（集团）有限公司

北京市建筑设计研究院有限公司

西安建筑科技大学建筑学院

住房和城乡建设部科技发展促进中心

深圳市建筑科学研究院有限公司

本规程主要起草人员：	林海燕	郎四维	方修睦
	潘云钢	陆耀庆	金丽娜
	吴雪岭	赵士怀	冯雅
	付祥钊	杨仕超	夏祖宏
	刘明明	刘月莉	宋波

闫增峰　郝　斌　刘俊跃　　　　　　韦延年　陶乐然　张恒业
　　　　潘　振　　　　　　　　　栾景阳　朱惠英　刘士清
本规程主要审查人员：吴德绳　罗继杰　杨善勤

目　次

Contents

1 总　　则

1.0.1 为贯彻国家有关建筑节能的法律、法规和方针政策，通过采取有效的节能技术措施，改变既有居住建筑室内热环境质量差、供暖空调能耗高的现状，提高既有居住建筑围护结构的保温隔热能力，改善既有居住建筑供暖空调系统能源利用效率，改善居住热环境，制定本规程。

1.0.2 本规程适用于各气候区既有居住建筑进行下列范围的节能改造：

　　1 改善围护结构保温、隔热性能；

　　2 提高供暖空调设备（系统）能效，降低供暖空调设备的运行能耗。

1.0.3 既有居住建筑节能改造应根据节能诊断结果，制定节能改造方案，从技术可靠性、可操作性和经济实用等方面进行综合分析，选取合理可行的节能改造方案和技术措施。

1.0.4 既有居住建筑节能改造，除应符合本规程外，尚应符合国家现行有关标准的规定。

2 基 本 规 定

2.0.1 既有居住建筑节能改造应根据国家节能政策和国家现行有关居住建筑节能设计标准的要求，结合当地的地理气候条件、经济技术水平，因地制宜地开展全面的节能改造或部分的节能改造。

2.0.2 实施全面节能改造后的建筑，其室内热环境和建筑能耗应符合国家现行有关居住建筑节能设计标准的规定。实施部分节能改造后的建筑，其改造部分的性能或效果应符合国家现行有关居住建筑节能设计标准的规定。

2.0.3 既有居住建筑在实施全面节能改造前，应先进行抗震、结构、防火等性能的评估，其主体结构的后续使用年限不应少于 20 年。有条件时，宜结合提高建筑的抗震、结构、防火等性能实施综合性改造。

2.0.4 实施部分节能改造的建筑，宜根据改造项目的具体情况，进行抗震、结构、防火等性能的评估以及改造后的使用年限进行判定。

2.0.5 既有居住建筑实施节能改造前，应先进行节能诊断，并根据节能诊断的结果，制定全面的或部分的节能改造方案。

2.0.6 建筑节能改造的诊断、设计和施工，应由具有相应的建筑检测、设计、施工资质的单位和专业技术人员承担。

2.0.7 严寒和寒冷地区的既有居住建筑节能改造，宜以一个集中供热小区为单位，同步实施对建筑围护结构的改造和供暖系统的全面改造。全面节能改造

后，在保证同一室内热舒适水平的前提下，热源端的节能量不应低于 20％。当不具备对建筑围护结构和供暖系统实施全面改造的条件时，应优先选择对室内热环境影响大、节能效果显著的环节实施部分改造。

2.0.8 严寒和寒冷地区既有居住建筑实施全面节能改造后，集中供暖系统应具有室温调节和热量计量的基本功能。

2.0.9 夏热冬冷地区与夏热冬暖地区的既有居住建筑节能改造，应优先提高外窗的保温和遮阳性能、屋顶和西墙的保温隔热性能，并宜同时改善自然通风条件。

2.0.10 既有居住建筑外墙节能改造工程的设计应兼顾建筑外立面的装饰效果，并应满足墙体保温、隔热、防火、防水等的要求。

2.0.11 既有居住建筑外墙节能改造工程应优先选用安全、对居民干扰小、工期短、对环境污染小、施工工艺便捷的墙体保温技术，并宜减少湿作业施工。

2.0.12 既有居住建筑节能改造应制定和实行严格的施工防火安全管理制度。外墙改造采用的保温材料和系统应符合国家现行有关防火标准的规定。

2.0.13 既有居住建筑节能改造不得采用国家明令禁止和淘汰的设备、产品和材料。

3 节 能 诊 断

3.1 一 般 规 定

3.1.1 既有居住建筑节能改造前应进行节能诊断。并应包括下列内容：

　　1 供暖、空调能耗现状的调查；

　　2 室内热环境的现状诊断；

　　3 建筑围护结构的现状诊断；

　　4 集中供暖系统的现状诊断（仅对集中供暖居住建筑）。

3.1.2 既有居住建筑节能诊断后，应出具节能诊断报告，并应包括供暖空调能耗、室内热环境、建筑围护结构、集中供暖系统现状调查和诊断的结果，初步的节能改造建议和节能改造潜力分析。

3.1.3 承担节能诊断的单位应由建设单位委托。节能诊断涉及的检测方法应按现行行业标准《居住建筑节能检测标准》JGJ/T 132 执行。

3.2 能耗现状调查

3.2.1 既有居住建筑节能改造前，应先进行供暖、空调能耗现状的调查统计。调查统计应符合现行行业标准《民用建筑能耗数据采集标准》JGJ/T 154 的有关规定。

3.2.2 既有居住建筑应根据其供暖和空调能耗现状调查统计结果，为节能诊断报告提供下列内容：

1 既有居住建筑供暖能耗；

2 既有居住建筑空调能耗。

3.3 室内热环境诊断

3.3.1 既有居住建筑室内热环境诊断时，应按国家现行标准《民用建筑热工设计规范》GB 50176、《严寒和寒冷地区居住建筑节能设计标准》JGJ 26、《夏热冬冷地区居住建筑节能设计标准》JGJ 134、《夏热冬暖地区居住建筑节能设计标准》JGJ 75 以及《居住建筑节能检测标准》JGJ/T 132 执行。

3.3.2 既有居住建筑室内热环境诊断，应采用现场调查和检测室内热环境状况为主、住户问卷调查为辅的方法。

3.3.3 既有居住建筑室内热环境诊断应主要针对供暖、空调季节进行，夏热冬冷和夏热冬暖地区的诊断还宜包括过渡季节。针对过渡季节的室内热环境诊断，应在自然通风状态下进行。

3.3.4 既有居住建筑室内热环境诊断应调查、检测下列内容并将结果提供给节能诊断报告：

1 室内空气温度；

2 室内空气相对湿度；

3 外围护结构内表面温度，在严寒和寒冷地区还应包括热桥等易结露部位的内表面温度，在夏热冬冷和夏热冬暖地区还应包括屋面和西墙的内表面温度；

4 在夏热冬暖和夏热冬冷地区，建筑室内的通风状况；

5 住户对室内温度、湿度的主观感受等。

3.4 围护结构节能诊断

3.4.1 围护结构节能诊断前，应收集下列资料：

1 建筑的设计施工图、计算书及竣工图；

2 建筑装修和改造资料；

3 历年修缮资料；

4 所在地城市建设规划和市容要求。

3.4.2 围护结构进行节能诊断时，应对下列内容进行现场检查：

1 墙体、屋顶、地面以及门窗的裂缝、渗漏、破损状况；

2 屋顶结构构造：结构形式、遮阳板、防水构造、保温隔热构造及厚度；

3 外墙结构构造：墙体结构形式、厚度、保温隔热构造及厚度；

4 外窗：窗户型材种类、开启方式、玻璃结构、密封形式；

5 遮阳：遮阳形式、构造和材料；

6 户门：构造、材料、密闭形式；

7 其他：分户墙、楼板、外挑楼板、底层楼板等的材料、厚度。

3.4.3 围护结构节能诊断时，应按现行国家标准《民用建筑热工设计规范》GB 50176 的规定计算其热工性能，必要时应对部分构件进行抽样检测其热工性能。围护结构热工性能检测应符合现行行业标准《居住建筑节能检测标准》JGJ/T 132 的有关规定。围护结构热工计算和检测应包括下列内容：

1 屋顶的保温性能、隔热性能；

2 外墙的保温性能、隔热性能；

3 房间的气密性；

4 外窗的气密性；

5 围护结构热工缺陷。

3.4.4 外窗的传热系数应按现行行业标准《建筑门窗玻璃幕墙热工计算规程》JGJ/T 151 的规定进行计算；外窗的综合遮阳系数应按现行行业标准《夏热冬暖地区居住建筑节能设计标准》JGJ 75 和《建筑门窗玻璃幕墙热工计算规程》JGJ/T 151 的有关规定进行计算。

3.4.5 围护结构节能诊断应根据建筑物现状、围护结构现场检查和热工性能计算与检测的结果等对其热工性能进行判定，并为节能诊断报告提供下列内容：

1 建筑围护结构各组成部分的传热系数；

2 建筑围护结构可能存在的热工缺陷状况；

3 建筑物耗热量指标（严寒、寒冷地区集中供暖建筑）。

3.5 严寒和寒冷地区集中供暖系统节能诊断

3.5.1 供暖系统节能诊断前，应收集下列资料：

1 供暖系统设计施工图、计算书和竣工图纸；

2 历年维修改造资料；

3 供暖系统运行记录及 3 年以上能源消耗量。

3.5.2 供暖系统诊断时，应对下列内容进行现场检查、检测、计算并将结果提供给节能诊断报告：

1 锅炉效率、单位锅炉容量的供暖面积；

2 单位建筑面积的供暖耗煤量（折合成标准煤）、耗电量和水量；

3 根据建筑耗热量、耗煤量指标和实际供暖天数推算系统的运行效率；

4 供暖系统补水率；

5 室外管网输送效率；

6 室外管网水力平衡度、调控能力；

7 室内供暖系统形式、水力失调状况和调控能力。

3.5.3 对锅炉效率、系统补水率、室外管网水力平衡度、室外管网热损失率、耗电输热比等指标参数的检测应按现行行业标准《居住建筑节能检测标准》JGJ/T 132 执行。

4 节能改造方案

4.1 一般规定

4.1.1 对居住建筑实施节能改造前，应根据节能诊断结果和预定的节能目标制定节能改造方案，并应对节能改造方案的效果进行评估。

4.1.2 严寒和寒冷地区应按现行行业标准《严寒和寒冷地区居住建筑节能设计标准》JGJ 26 中的静态计算方法，对建筑实施改造后的供暖耗热量指标进行计算。计划实施全面节能改造的建筑，其改造后的供暖耗热量指标应符合现行行业标准《严寒和寒冷地区居住建筑节能设计标准》JGJ 26 的规定，室内系统应满足计量要求。

4.1.3 夏热冬冷地区应按现行行业标准《夏热冬冷地区居住建筑节能设计标准》JGJ 134 中的动态计算方法，对建筑实施改造后的供暖和空调能耗进行计算。

4.1.4 夏热冬暖地区应按现行行业标准《夏热冬暖地区居住建筑节能设计标准》JGJ 75 中的动态计算方法，对建筑实施改造后的空调能耗进行计算。

4.1.5 夏热冬冷地区和夏热冬暖地区宜对改造后建筑顶层房间的夏季室内热环境进行评估。

4.2 严寒和寒冷地区节能改造方案

4.2.1 严寒和寒冷地区既有居住建筑的全面节能改造方案应包括建筑围护结构节能改造方案和供暖系统节能改造方案。

4.2.2 围护结构节能改造方案应确定外墙、屋面等保温层的厚度并计算外墙平均传热系数和屋面传热系数，确定外窗、单元门、户门传热系数。对外墙、屋面、窗洞口等可能形成冷桥的构造节点，应进行热工校核计算，避免室内表面结露。

4.2.3 建筑围护结构节能改造方案应评估下列内容：
1 建筑物耗热量指标；
2 围护结构传热系数；
3 节能潜力；
4 建筑热工缺陷；
5 改造的技术方案和措施，以及相应的材料和产品；
6 改造的资金投入和资金回收期。

4.2.4 严寒和寒冷地区供暖系统节能改造方案应符合下列规定：
1 改造后的燃煤锅炉年均运行效率不应低于68%，燃气及燃油锅炉年均运行效率不应低于80%；
2 对于改造后的室外供热管网，管网保温效率应大于97%，补水率不应大于总循环流量的0.5%，系统总流量应为设计值的100%～110%，水力平衡

度应在0.9～1.2范围之内，耗电输热比应符合现行行业标准《严寒和寒冷地区居住建筑节能设计标准》JGJ 26 的有关规定。

4.2.5 供暖系统节能改造方案应评估下列内容：
1 供暖期间单位建筑面积耗标煤量（耗气量）指标；
2 锅炉运行效率；
3 室外管网输送效率；
4 热源（热力站）变流量运行条件；
5 室内系统热计量仪表状况及系统调节手段；
6 供热效果；
7 节能潜力；
8 改造的技术方案和措施，以及相应的材料和产品；
9 改造的资金投入和资金回收期。

4.3 夏热冬冷地区节能改造方案

4.3.1 夏热冬冷地区既有居住建筑节能改造方案应主要针对建筑围护结构。

4.3.2 夏热冬冷地区既有居住建筑节能改造方案应确定外墙、屋面等保温层的厚度，计算外墙平均传热系数和屋面传热系数，确定外窗的传热系数和遮阳系数。必要时，应对外墙、屋面、窗洞口等可能形成热桥的构造节点进行结露验算。

4.3.3 夏热冬冷地区既有建筑节能改造方案的效果评估应包括能效评估和室内热环境评估，并应符合下列规定：
1 当节能方案满足现行行业标准《夏热冬冷地区居住建筑节能设计标准》JGJ 134 全部规定性指标的要求时，可认定节能方案达到该标准的节能水平；
2 当节能方案不完全满足现行行业标准《夏热冬冷地区居住建筑节能设计标准》JGJ 134 全部规定性指标的要求时，应按该标准规定的方法，计算节能改造方案的节能综合评价指标。

4.3.4 评估室内热环境时，应先按节能改造方案建立该建筑的计算模型，计算当地典型气象年条件下建筑室内的全年自然室温（t_n），再按表 4.3.4 的规定进行评估。

表 4.3.4　夏热冬冷地区节能改造方案的室内热环境评估

室内热环境评估等级	评估指标	
	冬季	夏季
良好	$12℃ \leqslant t_{n,min}$	$t_{n,max} \leqslant 30℃$
可接受	$8℃ \leqslant t_{n,min} < 12℃$	$30℃ < t_{n,max} \leqslant 32℃$
恶劣	$t_{n,min} < 8℃$	$t_{n,max} > 32℃$

4.4 夏热冬暖地区节能改造方案

4.4.1 夏热冬暖地区既有居住建筑节能改造方案应

主要针对建筑围护结构。

4.4.2 夏热冬暖地区既有居住建筑节能改造方案应确定外墙、屋面等保温层的厚度，计算外墙传热系数和屋面传热系数，确定外窗的传热系数和遮阳系数等。

4.4.3 夏热冬暖地区既有建筑节能改造方案的效果评估应包括能效评估和室内热环境评估，并应符合下列规定：

1 当节能改造方案满足现行行业标准《夏热冬暖地区居住建筑节能设计标准》JGJ 75 全部规定性指标的要求时，可认定该改造方案达到该标准的节能水平；

2 当节能改造方案不完全满足现行行业标准《夏热冬暖地区居住建筑节能设计标准》JGJ 75 全部规定性指标的要求时，应按现行行业标准《夏热冬暖地区居住建筑节能设计标准》JGJ 75 规定的对比评定法，计算改造方案的节能综合评价指标。

4.4.4 室内热环境评价应符合下列规定：

1 应按现行国家标准《民用建筑热工设计规范》GB 50176 计算改造方案中建筑屋顶、西外墙的保温隔热性能；

2 应按现行行业标准《建筑门窗玻璃幕墙热工计算规程》JGJ/T 151 计算改造方案中外窗隔热性能和保温性能；

3 应按现行行业标准《夏热冬暖地区居住建筑节能设计标准》JGJ 75 计算改造方案中外窗的可开启面积或采用流体力学计算软件模拟节能改造实施方案中建筑内部预期的自然通风效果；

4 室内热环境评价结论的判定应符合下列规定：

1）当围护结构节能设计符合现行行业标准《夏热冬暖地区居住建筑节能设计标准》JGJ 75 的有关规定时，应判定节能方案的夏季室内热环境为良好；

2）当围护结构节能设计不完全符合现行行业标准《夏热冬暖地区居住建筑节能设计标准》JGJ 75 的有关规定，但屋顶、外墙的隔热性能符合现行国家标准《民用建筑热工设计规范》GB 50176 的有关规定时，应判定节能方案的夏季室内热环境为可接受；

3）当围护结构节能设计不完全符合现行行业标准《夏热冬暖地区居住建筑节能设计标准》JGJ 75 的有关规定，且屋顶、外墙的隔热性能也不符合现行国家标准《民用建筑热工设计规范》GB 50176 的有关规定时，应判定节能方案的夏季室内热环境为恶劣。

5 建筑围护结构节能改造

5.1 一般规定

5.1.1 围护结构节能改造应按制定的节能改造方案进行设计，设计内容应包括外墙、外窗、户门、不封闭阳台门和单元入口门、屋面、直接接触室外空气的楼地面、供暖房间与非供暖房间（包括不供暖楼梯间）的隔墙及楼板等。

5.1.2 围护结构节能改造时，不得随意更改既有建筑结构构造。

5.1.3 外墙和屋面节能改造前，应对相关的构造措施和节点做法等进行设计。

5.1.4 对严寒和寒冷地区围护结构的节能改造，应同时考虑供暖系统的节能改造，为供暖系统改造预留条件。

5.1.5 围护结构改造应遵循经济、适用、少扰民的原则。

5.1.6 围护结构节能改造所使用的材料、技术应符合设计要求和国家现行有关标准的规定。

5.2 严寒和寒冷地区围护结构

5.2.1 严寒和寒冷地区既有居住建筑围护结构改造后，其传热系数应符合现行行业标准《严寒和寒冷地区居住建筑节能设计标准》JGJ 26 的有关规定。

5.2.2 严寒和寒冷地区，在进行外墙节能改造时，应优先选用外保温技术，并应与建筑的立面改造相结合。

5.2.3 外墙节能改造时，严寒和寒冷地区不宜采用内保温技术。当严寒和寒冷地区外保温无法施工或需保持既有建筑外貌时，可采用内保温技术。

5.2.4 外墙节能改造采用内保温技术时，应进行内保温设计，并对混凝土梁、柱等热桥部位进行结露验算，施工前制定施工方案。

5.2.5 严寒和寒冷地区外窗改造时，可根据既有建筑具体情况，采取更换原窗户或在保留原窗户基础上再增加一层新窗户的措施。

5.2.6 严寒和寒冷地区居住建筑的楼梯间及外廊应封闭；楼梯间不供暖时，楼梯间隔墙和户门应采取保温措施。

5.2.7 严寒、寒冷地区的单元门应加设门斗；与非供暖走道、门厅相邻的户门应采用保温门；单元门宜安装闭门器。

5.3 夏热冬冷地区围护结构

5.3.1 夏热冬冷地区既有居住建筑围护结构改造后，所改造部位的热工性能应符合现行行业标准《夏热冬冷地区居住建筑节能设计标准》JGJ 134 的规定性指标的有关规定。

5.3.2 既有居住建筑外墙进行节能改造设计时，应根据建筑的历史和文化背景、建筑的类型和使用功能、建筑现有的立面形式和建筑外装饰材料等，确定采用外保温隔热或内保温隔热技术，并应符合下列规定：

    1 混凝土剪力墙应进行外墙保温改造；

    2 南北向板式（条式）建筑，应对东西山墙进行保温改造；

    3 宜采取外保温技术。

5.3.3 既有居住建筑的平屋面宜改造成坡屋面或种植屋面。当保持平屋面时，宜设置保温层和通风架空层。

5.3.4 外窗改造应在满足传热系数要求的同时，满足外窗的气密性、可开启面积和遮阳系数等要求。外窗改造可选择下列方法：

    1 用中空玻璃替代原单层玻璃；

    2 用中空玻璃新窗扇替代原窗扇；

    3 用符合节能标准的窗户替代原窗户；

    4 加一层新窗户或贴遮阳膜；

    5 东、西、南方向主要房间加设活动外遮阳装置。

5.3.5 外窗和阳台透明部分的遮阳，应优先采用活动外遮阳设施，且活动外遮阳设施不应对窗口通风特性产生不利影响。

5.3.6 更换外窗时，外窗的开启方式应有利于建筑的自然通风，可开启面积应符合现行行业标准《夏热冬冷地区居住建筑节能设计标准》JGJ 134 的有关规定。

5.3.7 阳台门不透明部分应进行保温处理。

5.3.8 户门改造时，可采取保温门替代旧钢制不保温门。

5.3.9 保温性能较差的分户墙宜采用各类保温砂浆粉刷。

5.4 夏热冬暖地区围护结构

5.4.1 夏热冬暖地区既有居住建筑围护结构改造后，所改造部位的热工性能应符合现行行业标准《夏热冬暖地区居住建筑节能设计标准》JGJ 75 的规定性指标的有关规定。

5.4.2 既有居住建筑外墙改造时，应优先采取反射隔热涂料、浅色饰面等，不宜采取单纯增加保温层的做法。

5.4.3 既有居住建筑的平屋面宜改造成坡屋面或种植屋面；当保持平屋面时，宜采取涂刷反射隔热涂料、设置通风架空层或遮阳等措施。

5.4.4 既有居住建筑的外窗改造时，可采取下列方法：

    1 外窗玻璃贴遮阳膜；

    2 东、西、南方向主要房间加设外遮阳装置；

    3 外窗玻璃更换为节能玻璃；

    4 增加开启窗扇；

    5 用符合节能标准的窗户替代原窗户。

5.4.5 节能改造更换外窗时，外窗的开启方式应有利于建筑的自然通风，可开启面积应符合现行行业标准《夏热冬暖地区居住建筑节能设计标准》JGJ 75 的有关规定。

5.5 围护结构节能改造技术要求

5.5.1 采用外保温技术对外墙进行改造时，材料的性能、构造措施、施工要求应符合现行行业标准《外墙外保温工程技术规程》JGJ 144 的有关规定。外墙外保温系统应包覆门窗框外侧洞口、女儿墙、封闭阳台栏板及外挑出部分等热桥部位，并应与防水、装饰相结合，做好保温层密封和防水。

5.5.2 采用外保温技术对外墙进行改造时，外保温施工前应做好相关准备工作，并应符合下列规定：

    1 外墙侧管道、线路应拆除，施工后需要恢复的设施应妥善保管；

    2 施工脚手架宜采用与墙面分离的双排脚手架；

    3 应修复原围护结构裂缝、渗漏，填补密实墙面的缺损、孔洞，更换损坏的砖或砌块，修复冻害、析盐、侵蚀所产生的损坏；

    4 应清理原围护结构表面油迹、酥松的砂浆，修复不平的表面；

    5 当采用预制外墙外保温系统时，应完成立面规格分块及安装设计构造详图设计。

5.5.3 外墙内保温的施工和保温材料的燃烧性能等级应符合现行行业标准《外墙内保温工程技术规程》JGJ/T 261 的有关规定。

5.5.4 采用内保温技术对外墙进行改造时，施工前应做好相关准备，并应符合下列规定：

    1 对原围护结构表面涂层、积灰油污及杂物、粉刷空鼓，应刮掉并清理干净；

    2 对原围护结构表面脱落、虫蛀、霉烂、受潮所产生的损坏，应进行修复；

    3 对原围护结构裂缝、渗漏，应进行修复，墙面的缺损、孔洞应填补密实；

    4 对原围护结构表面不平整处，应予以修复；

    5 室内各类管线应安装完成并经试验检测合格。

5.5.5 外门窗的节能改造应符合下列规定：

    1 严寒与寒冷地区的外窗节能改造应符合下列规定：

        1）当在原有单玻窗基础上再加装一层窗时，两层窗户的间距不应小于100mm；

        2）更新外窗时，可采用塑料窗、隔热铝合金窗、玻璃钢窗以及钢塑复合窗、木塑复合窗等，并应将单玻窗换成中空双玻或三玻窗；

  3）更换新窗时，窗框与墙之间应设置保温密封构造，并宜采用高效保温气密材料和弹性密封胶封堵；

  4）阳台门的门芯板应为保温型，也可对原有阳台进行封闭处理；阳台门的玻璃宜采用节能玻璃；

  5）严寒、寒冷地区的居住建筑外窗框宜与基层墙体外侧平齐，且外保温系统宜压住窗框 20mm～25mm。

  2 夏热冬冷地区的外窗节能改造应符合下列规定：

  1）当在原有单玻窗的基础上再加装一层窗时，两层窗户的间距不应小于 100mm；

  2）更新外窗时，应优先采用塑料窗，并应将单玻窗换成中空双玻窗；有条件时，宜采用隔热铝合金窗框；

  3）外窗进行遮阳改造时，应优先采用活动外遮阳，并应保证遮阳装置的抗风性能和耐久性能。

  3 夏热冬暖地区的外窗节能改造应符合下列规定：

  1）整窗更换为节能窗时，应符合国家现行标准《民用建筑设计通则》GB 50352 和《夏热冬暖地区居住建筑节能设计标准》JGJ 75 的有关规定；

  2）增加开启窗扇改造后，可开启面积应符合现行行业标准《夏热冬暖地区居住建筑节能设计标准》JGJ 75 的有关规定；

  3）更换外窗玻璃为节能玻璃改造时，宜采用遮阳型 Low-e 玻璃；

  4）外窗玻璃贴遮阳膜时，应综合考虑膜的寿命、伸缩性、可维护性；

  5）东、西、南方向主要房间加设外遮阳装置时，应综合考虑遮阳装置对建筑立面外观、通风及采光的影响，同时还应考虑遮阳装置的抗风性能和耐久性能。

5.5.6 屋面节能改造施工准备工作应符合下列规定：

  1 在对屋面状况进行诊断的基础上，应对原屋面上的损害的部品予以修复；

  2 屋面的缺损应填补找平；

  3 屋面上的设备、管道等应提前安装完毕，并应预留出外保温层的厚度；

  4 防护设施应安装到位。

5.5.7 屋面节能改造应根据既有建筑屋面形式，选择下列改造措施：

  1 原屋面防水可靠的，可直接做倒置式保温屋面；

  2 原屋面防水有渗漏的，应铲除原防水层，重

新做保温层和防水层；

  3 平屋面改坡屋面时，宜在原有平屋面上铺设耐久性、防火性能好的保温层；

  4 坡屋面改造时，宜在原屋顶吊顶上铺放轻质保温材料，其厚度应根据热工计算确定；无吊顶时，可在坡屋面下增加或加厚保温层或增设吊顶，并在吊顶上铺设保温材料，吊顶层应采用耐久性、防火性能好，并能承受铺设保温层荷载的构造和材料；

  5 屋面改造时，宜同时安装太阳能热水器，且增设太阳能热水系统应符合现行国家标准《民用建筑太阳能热水系统应用技术规范》GB 50364 的有关规定；

  6 平屋面改造成坡屋面或种植屋面应核算屋面的允许荷载。

5.5.8 屋面进行节能改造时，应保证防水的质量，必要时应重新做防水，防水工程应符合现行国家标准《屋面工程技术规范》GB 50345 的有关规定。

5.5.9 严寒和寒冷地区楼地面节能改造时，可在楼板底部设置保温层。

5.5.10 对外窗进行遮阳节能改造时，应优先采用外遮阳措施。增设外遮阳时，应确保增设结构的安全性。

5.5.11 遮阳设施的安装位置应满足设计要求。遮阳设施的安装应牢固、安全，可调节性能应满足使用功能要求。遮阳膜的安装方向、位置应正确。

5.5.12 节能改造施工过程中不得任意变更建筑节能改造施工图设计。当确实需要变更时，应与设计单位洽商，办理设计变更手续。

5.5.13 对围护结构进行改造时，施工单位应先编制建筑节能改造工程施工技术方案并经监理单位或建设单位确认。施工现场应对从事建筑节能工程施工作业的专业人员进行技术交底和必要的实际操作培训。

6 严寒和寒冷地区集中供暖系统节能与计量改造

6.1 一般规定

6.1.1 供暖系统的热力站输出的热量不能满足热用户需求的，应改造、更换或增设热源设备。

6.1.2 供暖系统的锅炉房辅助设备无气候补偿装置、烟气余热回收装置、锅炉集中控制系统和风机变频装置等时，应根据需要加装其中的一种或多种装置。

6.1.3 燃煤锅炉不能采用连续供热辅以间歇调节的运行方式，不能实现根据室外温度变化的质调节或质、量并调方式时，应改造或增设调控装置。

6.1.4 燃煤锅炉房无燃煤计量装置时，应加装计量装置。

6.1.5 供暖系统的室外管网的输送效率低于 90%，正常补水率大于总循环流量的 0.5%时，应针对降低

漏损、加强保温等对管网进行改造。

6.1.6 室外供热管网循环水泵出口总流量低于设计值时，应根据现场测试数据校核，并在原有基础上进行调节或改造。

6.1.7 锅炉房循环水泵没有采用变频调速装置时，宜加装变频调速装置。

6.1.8 供热管网的水力平衡度超出 0.9~1.2 的范围时，应予以改造，并应在供热管网上安装具有调节功能的水力平衡装置。

6.1.9 当室外供暖系统热力入口没有加装平衡调节设备，导致建筑物室内供热系统水力不平衡，并造成室温达不到要求时，应改造或增设调控装置。

6.1.10 室内供暖系统无排气装置时，应加装自动排气阀。

6.1.11 室内供暖系统散热设备的散热量不能满足要求的，应增加或更换散热设备。

6.1.12 供暖系统安装质量不满足现行国家标准《建筑给水排水及采暖工程施工质量验收规范》GB 50242 的有关规定时，应进行改造。

6.1.13 供暖系统热力站的一次侧和二次侧无热计量装置时，应加装热计量装置。

6.1.14 居住建筑的室内系统不能实现室温调节和热量分摊计量时，应改造或增设调控和计量装置。

6.2 热源及热力站节能改造

6.2.1 热源及热力站的节能改造可与城市热源的改造同步进行，也可单独进行。热源及热力站的节能改造应技术上合理，经济上可行，并应符合本规程第 4 章的相关规定。

6.2.2 更换锅炉时，应按系统实际负荷需求和运行负荷规律，合理确定锅炉的台数和容量。在低于设计运行负荷条件下，单台锅炉运行负荷不应低于额定负荷的 60%。

6.2.3 热力站供热系统宜设置供热量自动控制装置，根据室外气温和室温设定等变化，调节热源侧的出力。

6.2.4 采用 2 台以上燃油、燃气锅炉时，锅炉房宜设置群控装置。

6.2.5 既有集中供暖系统进行节能改造时，应根据系统节能改造后的运行工况，对原循环水泵进行校核计算，满足建筑热力入口所需资用压头。需要更换水泵时，锅炉房及管网的循环水泵，应选用高效节能低噪声水泵。设计条件下输送单位热量的耗电量应满足现行行业标准《严寒和寒冷地区居住建筑节能设计标准》JGJ 26 的规定。

6.2.6 当热源为热水锅炉房时，其热力系统应满足锅炉本体循环水量控制要求和回水温度限值的要求。当锅炉对供回水温度和流量的限定与外网在整个运行期对供回水温度和流量的要求不一致时，锅炉房直供

系统宜按热源侧和外网配置两级泵系统，且二级水泵应设置调速装置，一、二级泵供回水管之间应设置连通管。

6.2.7 供热系统的阀门设置应符合下列规定：

1 在一个热源站房负担多个热力站（热交换站）的系统中，除阻力最大的热力站以外，各热力站的一次水入口宜配置性能可靠的自力式压差调节阀。热源出口总管上不应串联设置自力式流量控制阀。

2 一个热力站有多个分环路时，各分环路总管上可根据水力平衡的要求设置手动平衡阀。热力站出口总管上不应串联设置自力式流量控制阀。

6.2.8 热力站二次网调节方式应与其所服务的户内系统形式相适应。当户内系统形式全部或大多数为双管系统时，宜采用变流量调节方式；当户内系统形式仅少数为双管系统时，宜采用定流量调节方式。

6.2.9 改造后的系统应进行冲洗和过滤，水质应达到现行行业标准《严寒和寒冷地区居住建筑节能设计标准》JGJ 26 的有关规定。系统停运时，锅炉、热网及室内系统宜充水保养。

6.2.10 热电联产热源厂、集中供热热源厂和热力站应在热力出口安装热量计量装置。改建、扩建或改造的供暖系统中，应确定供热企业和终端用户之间的热费结算位置，并在该位置上安装计量有效的热量表。

6.2.11 锅炉房、热力站应设置运行参数检测装置，并应对供热量、补水量、耗电量进行计量，宜对锅炉房消耗的燃料数量进行计量监测。锅炉房、热力站各种设备的动力用电和照明用电应分项计量。

6.3 室外管网节能改造

6.3.1 室外供热管网改造前，应对管道及其保温质量进行检查和检修，及时更换损坏的管道阀门及部件。室外管网应杜绝漏水点，供热系统正常补水率不应大于总循环流量的 0.5%。室外管网上的阀门、补偿器等部位，应进行保温；管道上保温损坏部位，应采用高效保温材料进行修补或更换。维修或改造后的管网保温效率应大于 97%。

6.3.2 室外管网改造时，应进行水力平衡计算。当热网的循环水泵集中设置在热源或二级网系统的循环水泵集中设置在热力站时，各并联环路之间的压力损失差值不应大于 15%。当室外管网水力平衡计算达不到要求时，应根据热网的特点设置水力平衡阀。热力入口水力平衡度应达到 0.9~1.2。

6.3.3 一级网采用多级循环泵系统时，管网零压差点之前的热用户应设置水力平衡阀。

6.3.4 既有供热系统与新建管网系统连接时，宜采用热交换站的方式进行间接连接；当直接连接时，应对新、旧系统的水力工况进行平衡校核。当热力入口资用压头不能满足既有供暖系统要求时，应采取提高管网循环泵扬程或增设局部加压泵等补偿措施。

6.3.5 每栋建筑物热力入口处应安装热量表。对于用途相同、建设年代相近、建筑物耗热量指标相近、户间热费分摊方式一致的若干栋建筑，可统一安装一块热量表。

6.3.6 建筑物热量表的流量传感器应安装在建筑物热力入口处计量小室内的供水管上。热量表积算仪应设在易于读数的位置，不宜安装在地下管沟之中。热量表的安装应符合现行相关规范、标准的要求。

6.3.7 建筑物热力入口的装置设置应符合下列规定：

1 同一供热系统的建筑物内均为定流量系统时，宜设置静态平衡阀；

2 同一供热系统的建筑物内均为变流量系统时，供暖入口宜设自力式压差控制阀；

3 当供热管网为变流量调节，个别建筑物内为定流量系统时，除应在该建筑供暖入口设自力式流量控制阀外，其余建筑供暖入口仍应采用自力式压差控制阀；

4 当供热管网为定流量运行，只有个别建筑物内为变流量系统时，若该建筑物的供暖热负荷在系统中只占很小比例时，该建筑供暖入口可不设调控阀；若该建筑物的供暖热负荷所占比例较大会影响全系统运行时，应在该供暖入口设自力式压差旁通阀；

5 建筑物热力入口可采用小型热交换站系统或混水站系统，且对这类独立水泵循环的系统，可根据室内供暖系统形式在热力入口处安装自力式流量控制阀或自力式压差控制阀；

6 当系统压差变化量大于额定值的 15% 时，室外管网应通过设置变频措施或自力式压差控制阀实现变流量方式运行，各建筑物热力入口可不再设自力式流量控制阀或自力式压差控制阀，改为设置静态平衡阀；

7 建筑物热力入口的供水干管上宜设两级过滤器，初级宜为滤径 3mm 的过滤器；二级宜为滤径 0.65mm～0.75mm 的过滤器，二级过滤器应设在热能表的上游位置；供、回水管应设置必要的压力表或压力表管口。

6.4 室内系统节能与计量改造

6.4.1 当室内供暖系统需节能改造，且原供暖系统为垂直单管顺流式时，应改为垂直单管跨越式或垂直双管系统，不宜改造为分户水平循环系统。

6.4.2 室内供暖系统改造时，应进行散热器片数复核计算和水力平衡验算，并应采取措施解决室内供暖系统垂直及水平方向的失调。

6.4.3 室内供暖系统改造应设性能可靠的室温控置装置，每组散热器的供水支管宜设散热器恒温控制阀。采用单管跨越式系统时，散热器恒温控制阀应采用低阻力两通或三通阀，产品性能应满足现行行业标准《散热器恒温控制阀》JG/T 195 的规定。

6.4.4 当建筑物热力入口处设热计量装置时，室内供暖系统应同时安装分户热计量装置，计量装置的选择应符合现行行业标准《供热计量技术规程》JGJ 173 的有关规定。

7 施工质量验收

7.1 一般规定

7.1.1 既有居住建筑节能改造后，应进行节能改造工程施工质量验收，并应符合现行国家标准《建筑节能工程施工质量验收规范》GB 50411 的有关规定。

7.1.2 既有居住建筑节能改造施工质量验收应有业主方、设计单位、施工单位以及建设主管部门的代表参加。

7.1.3 既有居住建筑节能改造施工质量验收应在工程全部完成后进行，并应按照验收项目、验收内容进行分项工程和检验批划分。

7.2 围护结构节能改造工程

7.2.1 围护结构节能改造工程施工质量验收应提交有关文件和记录，并应符合下列规定：

1 围护结构节能改造方案、设计图纸、设计说明、计算复核资料等应完整齐全；

2 材料和构件的品种、规格、质量应符合设计要求和国家现行有关标准的规定，并应提交相应的产品合格证；

3 材料和构件的技术性能应符合设计要求，并应提交相应的性能检验报告和进场验收记录、复验报告；

4 施工质量应符合设计要求，并应提交相应的施工纪录、各分项工程施工质量验收记录；

5 隐蔽工程验收记录应完整，且符合设计要求；

6 外墙和屋顶节能改造后，应提供节能构造现场实体检测报告；

7 严寒、寒冷和夏热冬冷地区更换外窗时，应提供外窗的气密性现场检测报告。

7.3 集中供暖系统节能改造工程

7.3.1 建筑设备施工质量验收应提交有关文件和记录，并应符合下列规定：

1 供暖系统节能改造方案、设计图纸、设计说明、计算复核资料等应完整齐全；

2 供暖系统设备、材料、配件的质量应符合国家标准的要求，并应提交相应的产品合格证；

3 设备、配件的规格、数量应符合设计要求；

4 设备、材料、配件的技术性能应符合要求，并应提交相应的性能检验报告和进场验收记录、复验报告；

5 施工质量应符合设计要求，并应提交相应的施工记录、各分项工程施工质量验收记录；

6 建筑设备的安装应符合设计要求和国家现行有关标准的规定；

7 隐蔽工程验收记录应完整，且符合设计要求；

8 供暖系统的设备单机及系统联合试运转和调试记录应完整，且供暖系统的效果应符合设计要求。

本规程用词说明

1 为便于在执行本规程条文时区别对待，对要求严格程度不同的用词说明如下：

1）表示很严格，非这样做不可的：

正面词采用"必须"，反面词采用"严禁"；

2）表示严格，在正常情况下均应这样做的：

正面词采用"应"，反面词采用"不应"或"不得"；

3）表示允许稍有选择，在条件许可时首先应这样做的：

正面词采用"宜"，反面词采用"不宜"；

4）表示有选择，在一定条件下可以这样做的：

采用"可"。

2 条文中指明应按其他有关标准执行的写法为："应符合……的规定"或"应按……执行"。

引用标准名录

1 《民用建筑热工设计规范》GB 50176

2 《建筑给水排水及采暖工程施工质量验收规范》GB 50242

3 《屋面工程技术规范》GB 50345

4 《民用建筑设计通则》GB 50352

5 《民用建筑太阳能热水系统应用技术规范》GB 50364

6 《建筑节能工程施工质量验收规范》GB 50411

7 《严寒和寒冷地区居住建筑节能设计标准》JGJ 26

8 《夏热冬暖地区居住建筑节能设计标准》JGJ 75

9 《居住建筑节能检测标准》JGJ/T 132

10 《夏热冬冷地区居住建筑节能设计标准》JGJ 134

11 《外墙外保温工程技术规程》JGJ 144

12 《建筑门窗玻璃幕墙热工计算规程》JGJ/T 151

13 《民用建筑能耗数据采集标准》JGJ/T 154

14 《供热计量技术规程》JGJ 173

15 《外墙内保温工程技术规程》JGJ/T 261

16 《散热器恒温控制阀》JG/T 195

中华人民共和国行业标准

既有居住建筑节能改造技术规程

JGJ/T 129—2012

条 文 说 明

修 订 说 明

《既有居住建筑节能改造技术规程》JGJ/T 129-2012，经住房和城乡建设部 2012 年 10 月 29 日以第 1504 号公告批准、发布。

本规程是在《既有采暖居住建筑节能改造技术规程》JGJ 129-2000 的基础上修订而成，上一版主编单位是北京中建建筑设计院，参编单位是中国建筑科学研究院、中国建筑一局（集团）有限公司技术部。主要起草人员有：陈圣奎、李爱新、周景德、沈韫元、董增福、魏大福、刘春雁。本次修订将规程的适用范围从原来的严寒和寒冷地区的既有供暖居住建筑扩展到各个气候区的既有居住建筑。本次修订的主要技术内容是：1."节能诊断"，规定在制定节能改造方案前对供暖空调能耗、室内热环境、围护结构、供暖系统进行现状调查和诊断；2."节能改造方案"，规定不同气候区的既有建筑节能改造方案应包括的内容；3."建筑围护结构节能改造"，规定不同气候区的既有建筑围护结构改造内容、重点以及技术要求；4."供暖系统节能与计量改造"，分别对热源、室外管网、室内系统以及热计量改造作出了规定。

本规程修订过程中，编制组进行了广泛深入的调查研究，总结了我国近些年来开展建筑节能和既有建筑节能改造的实践经验，同时也参考了国外相应的技术法规。

为便于广大设计、施工、科研、学校等单位有关人员在使用本规程时能正确理解和执行条文规定，《既有居住建筑节能改造技术规程》编制组按章、节、条顺序编制了本规程的条文说明，对条文规定的目的、依据以及执行中需注意的有关事项进行了说明。但是，本条文说明不具备与标准正文同等的法律效力，仅供使用者作为理解和把握标准规定的参考。

目　　次

1 总 则

1.0.1 至 2005 年年末全国城镇房屋建筑面积达 164.88 亿 m²，其中城镇民用建筑面积 147.44 亿 m²（居住建筑面积 107.69 亿 m²，公共建筑面积 39.75 亿 m²）。我国从 20 世纪 80 年代开始颁布实施居住建筑节能设计标准，首先在北方集中供暖地区，即严寒和寒冷地区于 1986 年试行新建居住建筑供暖节能率 30% 的设计标准，1996 年实施供暖节能率 50% 的设计标准，并于 2010 年实施供暖节能率 65% 的设计标准。我国中部夏热冬冷地区居住建筑节能设计标准从 2001 年实施，节能率 50%；而南方夏热冬暖地区居住建筑节能设计标准是 2003 年实施，节能率 50%。由于种种原因，前些年建筑节能设计标准的实施并不尽人意。近年来，为贯彻落实党中央、国务院关于建设节约型社会、开展资源节约工作的精神，以及《国务院关于做好建设节约型社会近期重点工作的通知》要求，进一步推进建筑节能工作，住房和城乡建设部每年组织开展了全国城镇建筑节能专项检查。通过专项检查发现，全国对建筑（包括居住建筑和公共建筑）节能标准的重要性认识不断提高，标准的执行率也越来越高。2005 年第一次检查的时候，在设计阶段执行建筑节能强制性标准的只有 57%，而在施工阶段执行强制性标准的不到 24%。2006 年，设计阶段达到 65%，施工阶段达到 54%。2007 年全国城镇（1～10）月份新建建筑在设计阶段执行节能标准的比例为 97%，施工阶段执行节能标准的比例为 71%。2008 年新建建筑在设计阶段执行节能标准的比例为 98%，施工阶段执行节能标准的比例为 82%。2009 年新建建筑在设计阶段执行节能标准的比例为 99%，施工阶段执行节能标准的比例为 90%。但是，我国仍然还有大量既有建筑没有按照节能设计标准建成，或者，有相当数量的、位于严寒和寒冷地区的居住建筑是按照节能率 30% 和 50% 建造的，需要进行节能改造。

经济发展和人们生活水平的提高，居民必然会对室内热环境有所需求，冬季供暖和夏季空调在逐步普及，有些气候区已成为生存和生活的必需。要达到一定的室内热环境指标，能耗是必不可少的。建筑围护结构良好的保温隔热性能，以及供暖空调设备系统的高效运行，是节能减排和改善居住热环境的基本途径。为了规范地对于既有居住建筑进行节能改造，特制订本规程。

1.0.2 本规程适用于我国各气候区的既有居住建筑节能改造。气候区是指严寒地区、寒冷地区、夏热冬冷地区、夏热冬暖地区。由于温和地区的居住建筑目前实际的供暖和空调设备应用较少，所以没有单独列出章节。如果根据实际情况，温和地区有些居住建筑供暖空调能耗比较高，需要进行节能改造，则可以参照气候条件相近的相邻寒冷地区，夏热冬冷地区和夏热冬暖地区的规定实施。

"既有居住建筑"包括住宅、集体宿舍、住宅式公寓、商住楼的住宅部分、托儿所、幼儿园等。

节能改造的目的是为了满足室内热环境要求和降低供暖、空调的能耗。采取两条途径实现节能，首先，改善围护结构的保温（降低供暖热负荷）隔热（降低空调冷负荷）热工性能；其二则是提高供暖空调设备（系统）的能效。

1.0.3 既有居住建筑由于建造年代不同，围护结构各部件热工性能和供暖空调设备、系统的能效不同，在制订节能改造方案前，首先要进行节能改造的诊断，从技术经济比较和分析得出合理可行的围护结构改造方案，并最大限度地挖掘现有设备和系统的节能潜力。

1.0.4 既有居住建筑节能改造的设计、施工验收涉及建筑领域内的专业较多，因此，在进行居住建筑节能改造时，除应符合本规程的规定外，尚应符合国家现行有关标准的规定。

2 基 本 规 定

2.0.1 我国地域辽阔，气候条件和经济技术发展水平差别较大，既有居住建筑节能改造需要根据实际情况，对建筑围护结构、供暖系统进行全面或部分的节能改造。围护结构的全面节能改造包括外墙、屋面和外窗等各部分均进行改造，部分节能改造指根据技术经济条件只改造围护结构中的一项或几项。供暖系统的全面节能改造包括热源、室外管网、室内供暖系统、热计量等各部分均进行改造，部分节能改造指只改造其中的一项或几项。有条件的地方，可以选择全面改造，因为全面改造节能效果好，比效比高。

2.0.3、2.0.4 抗震、结构、防火关系到居住建筑安全和使用寿命，既有居住建筑节能改造当涉及这些问题时，应当根据国家现行的抗震、结构和防火规范进行评估，并根据评估结论确定是否开展单独的节能改造或同步实施安全和节能改造。既有居住建筑节能改造需要投入大量的人力物力，尤其是全面的改造成本较大，应该考虑投资回收期。因此，提出了实施节能改造后的建筑还要保证 20 年以上的使用寿命。实施部分节能改造的建筑，则应根据具体情况决定是否要进行全面的安全性能评估和改造后使用寿命的判定。例如，仅进行供暖系统的部分改造，可能不会影响建筑原有的安全性能。又如，在南方地区仅更换窗户和增添遮阳，显然也不会影响建筑主体结构原有的安全性能。

2.0.5 既有居住建筑量大面广，由于它们所处的气候区不同，建造年代不同，使用情况不同，情况很复杂。因此在对它们实施节能改造前，应先开展节能诊断，然后根据节能诊断的结果确定改造方案。节能改造的合理投资回收期是个很难回答的问题。一方面按目前的能源价格计算，投资回收期都比较长。另一方面节能改造后室内热环境的改善，建筑外观对市容街貌的影响，都无法量化成经济指标。因此，本条文未明确提出投资回收期，而是要求节能改造投资成本合理、效果明显。

2.0.7 在严寒和寒冷地区，以一个集中供热小区为单位，对既有居住建筑的供暖系统和建筑围护结构同步实施全面节能改造，改造完成后可以在热源端得到直接的节能效果。但由于各种原因使供暖系统和建筑围护结构不具备同步改造的条件时，应优先选择供暖系统或建筑围护结构中节能效果明显的项目进行改造，如根据具体条件，供暖系统设置供热量自动控制装置，围护结构更换性能差的外窗、增强墙体的保温等。

2.0.8 为满足供热计量的要求，本条文规定严寒地区和寒冷地区的既有居住建筑集中供暖系统改造应设置室温调节和热量计量设施。

2.0.9 在夏热冬冷地区和夏热冬暖地区，一般说来老旧的居住建筑，外窗的保温隔热性能都很差，是建筑围护结构中的薄弱之处，因此应该优先改造。另外，屋顶和西墙的隔热通常也是个问题，所以改造时也要优先给予关注。

2.0.12 既有居住建筑实施节能改造时，由于建筑内有大量居民，所以防火安全尤为重要。稍有不慎引发火灾，不仅造成财产损失，而且很可能造成大量的人员伤亡。因此，本条文规定，不仅外墙保温系统的设计和所采用的材料必须符合相关防火要求，而且必须制定和实行严格的施工防火安全管理制度。

3 节能诊断

3.1 一般规定

3.1.1 实地调查室内热环境、围护结构的热工性能、供暖或空调系统的能耗及运行情况等，是为了科学、准确地了解要进行节能改造的建筑的现状。如果调查还不能达到这个目的，应该辅之以一些测试。然后通过计算分析，对拟改造建筑的能耗状况及节能潜力作出分析，作为制定节能改造方案的重要依据。

3.1.3 为确保节能诊断结果科学、准确、公正，要求从事建筑节能诊断的测评机构应具备相应资质。

3.2 能耗现状调查

3.2.1、3.2.2 居住建筑能耗主要包括供暖空调能耗、照明及家电能耗、炊事和热水能耗等，由于居住建筑使用情况复杂，全面获得分项能耗比较困难。本规程主要针对围护结构热工及空调供暖系统能效，因此调查供暖和空调能耗。针对不同的供暖空调形式，能耗调查统计内容有所不同：

    1 集中供暖的既有居住建筑，测量或统计供暖能耗；

    2 集中供冷的既有居住建筑，测量或统计空调能耗；

    3 非集中供热、供冷的既有居住建筑，测量或调查住户空调供暖设备容量、使用情况和能耗（耗电、耗煤、耗气等）；

    4 如不能直接获得供暖空调能耗，可调查统计既有居住建筑总耗电量及其他类型能源的总耗量等，间接估算供暖空调能耗。

3.3 室内热环境诊断

3.3.1 改善居住建筑室内热环境是我国建筑节能的基本目标之一。居住建筑热环境状况也是其节能性能的综合表现，是其是否需要节能改造的主要判据之一。既有居住建筑室内热环境诊断是其节能改造必需的先导工作，它不仅判断是否需要改造，而且还要对怎样改造提出指导性意见，因此诊断内容、诊断方法和诊断过程必须符合建筑节能标准体系的相关规定。本条列出了应作为既有居住建筑室内热环境诊断根据的相关标准。

我国幅员辽阔，不同地区气候差异很大，居住建筑室内热环境诊断时，应根据建筑所处气候区，对诊断内容进行选择性检测。检测方法依据《居住建筑节能检验标准》JGJ/T 132 的有关规定。

3.3.4 室内热环境要素包括室内空气温度、室内空气相对湿度、室内气流速度和室内壁面温度等。住户的热环境感受又与住户的衣着、活动等物理量有关。因此，室内热环境诊断（现状评估）应通过实地现场调查室内热环境状况，同时，对住户进行问卷调查，了解住户的主观感受。

室内热环境有一定的基本要求，例如，室内的温度、湿度、气流和环境辐射温度应在允许范围之内。冬季，严寒和寒冷地区外围护结构内表面温度不应低于室内空气露点温度。夏季，夏热冬冷和夏热冬暖地区自然通风房间围护结构内表面最高温度不应高于当地夏季室外计算温度最高值。

既有居住建筑的实况与其图纸往往相差很大，只能通过现场调查进行评估。夏热冬冷和夏热冬暖地区过渡季节的居住建筑室内热环境状况是其热工性能的综合表现，对建筑能耗有重大影响，是该建筑是否应进行节能改造的重要判据。建筑的通风性能也是影响建筑热舒适、健康和能耗的重要因素。因此诊断评估报告应包括通风状况。

严寒和寒冷地区的居住建筑节能设计标准对室内相对湿度没有要求，但在对既有居住建筑进行现场调查时，测一下相对湿度也有好处，有时可以帮助判断外围护结构内表面结露发霉的原因。

3.4 围护结构节能诊断

3.4.1 节能诊断时，应将建筑地形图、总图、节能计算书及竣工图、建筑装修改造资料、历年修缮资料、所在地城市建设规划和市容要求等收集齐全，对分析既有建筑存在的问题及进行节能改造设计是十分必要的。当然，并非所有的建筑都保留有这么完整的图纸和资料，实际工作中只能尽量收集查阅。

3.4.2 围护结构的节能诊断应依据各地区现行的节能标准或相关规范，重点对围护结构中与节能相关的构造形式和使用材料进行调查，取得第一手资料，找出建筑高能耗的原因和导致室内热环境较差的各种可能因素。

3.4.3 围护结构热工性能可以经过计算获得，但有相当一部分建筑年代长远，相关的图纸资料不全，无法得到围护结构热工性能，在这种情况下必要时应委托有资质的检测机构对围护结构热工性能进行现场检测，作为节能评估的依据。

3.4.4 外窗外遮阳系数的计算方法可参照《夏热冬暖地区居住建筑节能设计标准》JGJ 75；外窗本身的遮阳和传热系数计算方法可参照《建筑门窗玻璃幕墙热工计算规程》JGJ/T 151 进行，也可借助专业的门窗模拟计算软件进行模拟计算。对于部分建筑年代长远，相关外窗的图纸无法得到的建筑，由于无法根据外窗图纸确认外窗的构造及进行相关的建模计算，此类外窗可参照《建筑外门窗保温性能分级及检测方法》GB/T 8484 规定的方法进行试验室检测。

3.4.5 对建筑围护结构节能性能进行判定，可以找出其薄弱环节，提出有针对性的节能改造建议，并对其节能潜力进行分析。

3.5 严寒和寒冷地区集中供暖系统节能诊断

3.5.1～3.5.3 提出了供暖系统节能改造前诊断的要求：如资料、重点诊断的内容等。

4 节能改造方案

4.1 一般规定

4.1.3 夏热冬冷地区居住建筑普遍是间歇式地使用供暖和空调。建筑热状况、建筑传热过程、供暖空调系统运行都是非稳态的。只有采用动态计算和分析方法，才能比较准确地评估各种改造方案的节能效果。

4.1.4 夏热冬暖地区居住建筑普遍是间歇式地使用供暖和空调。建筑热状况、建筑传热过程和供暖空调系统运行都是非稳态的。只有采用动态计算和分析方法，才能比较准确地评估各种改造方案的效果。

4.1.5 夏热冬冷和夏热冬暖地区的老旧居住建筑，顶层房间夏季的室内热环境一般都很差，因此节能改造方案应予以关注。

4.2 严寒和寒冷地区节能改造方案

4.2.2 在严寒和寒冷地区，对外墙、屋面、窗洞口等可能形成冷桥的构造节点进行热工校核计算非常重要，若计算得到的内表面温度低于露点温度，必须调整节点设计或增强局部保温，避免室内表面结露。

4.2.3 建筑物耗热量指标的高低直接反映了既有建筑围护结构节能改造的效果，是评估的主要指标；围护结构各部分的平均传热系数是考核建筑物耗热量指标能否实现的关键参数，也是需要在施工验收环节中进行监管的参数。严寒和寒冷地区，由于气候寒冷，如果改造措施不合理，将导致热桥部位出现结露等问题。对室内热缺陷进行评估，有利于杜绝此类现象发生。

4.2.5 供暖期间单位面积耗标煤量（耗气量）指标高低直接反映了建筑围护结构节能改造效果和供热系统节能改造效果，是评估既有建筑节能效果的关键指标；锅炉运行效率和热网输送效率高低直接反映了供热系统节能效果的高低。根据室外气象参数和热用户的用热需求，确定合理的运行调节方式，以实现按需供热和降低输送能耗。既有建筑节能改造是在满足热用户热舒适性的前提下降低能耗，按户热计量收费可调动热用户节能的积极性，减少用热需求。因此在节能改造方案评估中要对热源及热力站计划实施的调节方法（如等温差调节、质量综合调节、分阶段改变流量质调节等）、是否具备进行运行调节的手段（如供热量调节装置、变速水泵等）进行评估，要对室内系统是否安装了热计量设施及是否配备了必要的调节设备进行评估。

在保证热用户热舒适前提下，进行了节能改造后的建筑物及供热系统的节能效果，用节能率来表示。即节能率＝（改造前的耗煤量指标－改造后的耗煤量指标）/改造前的耗煤量指标。

4.3 夏热冬冷地区节能改造方案

4.3.2 夏热冬冷地区幅员辽阔，区内各地区之间的气候差异也不小，例如北部地区冬天的温度就很低，不良的构造节点有可能导致室内表面结露。因此有必要对外墙、屋面、窗洞口等可能形成冷桥的构造节点进行热工校核计算，避免室内表面结露。

4.3.3 节能改造方案的能效评价，参照建筑节能设计标准，推荐优先采用简便易行的规定性评价方法。当规定性评价方法不能评价时，才采用性能性指标评价方案的能效水平。

4.3.4 在夏热冬冷地区，由于建筑功能、建筑现有状况不一样，采用不同的节能改造实施方案会有不同的热环境效果，通常按照人体热舒适标准的要求，在自然通风条件下给出计算当地典型气象年条件下不同的居室内的全年自然室温 t_n，来作为人体在自然通风条件下的热舒适不同标准值。建筑热环境的参数很多，但室内空气温度是主导性参数，对相对湿度有制约作用，对室内辐射温度有很大的相关性。为了简化工程实践，以温度作为热环境评价的基本参数。参照建筑节能设计标准以及卫生学、心理学等，分别以 8℃、12℃、30℃、32℃ 作为热环境质量的分界。

4.4 夏热冬暖地区节能改造方案

4.4.3 本条文规定了夏热冬暖地区既有建筑节能改造实施方案的预期节能效果评价方法及要求。该地区节能改造实施方案节能评价应优先采用"规定性指标法"，当满足"规定性指标法"要求时，可认为其节能率达标；当不满足"规定性指标法"要求时，应采用"对比评定法"，并计算出节能率。经节能效果评价得出的节能率可作为节能改造实施方案经济性评估的依据。

4.4.4 本条文规定了夏热冬暖地区既有建筑节能改造实施方案的预期热环境评价方法及要求。该地区热环境评价应包括围护结构保温隔热性能、建筑室内自然通风效果。

节能改造实施方案中屋顶、外墙的保温隔热性能对室内热环境的影响十分显著。架空屋面、剪力墙等是该地区既有居住建筑中常见的围护结构形式，建筑顶层及临东、西外墙的居住者在夏季会有明显的烘烤感，热舒适性较差。节能改造在针对此类围护结构进行改造设计时，应验算其传热系数和内表面最高温度，确保方案能有效改善室内热环境质量。

与屋顶、外墙相比，外窗的热稳定性较差。通过窗户进入室内的得热量有瞬变传热得热和日射得热量两部分，其中日射得热量是造成该地区夏季室内过热的主要原因之一。因此节能改造应重点考虑对外窗的遮阳性能进行改善，外窗外遮阳系数的计算方法可参照《夏热冬暖地区居住建筑节能设计标准》JGJ 75，外窗本身的遮阳和传热系数计算方法可参照《建筑门窗玻璃幕墙热工计算规程》JGJ/T 151。

良好的自然通风不仅有利于改善室内热环境，而且可以减少空调使用时间。节能改造可通过增大外窗可开启面积、调整窗扇的开启方式等措施来改善自然通风。室内通风的预期效果应采用 CFD 软件进行模拟计算，依据模拟计算结果分析比对建筑改造前、后的通风效果，并对其进行评价。

在夏热冬暖地区，屋面、外墙的隔热性能是影响室内热环境的决定性因素，所以用其作为室内热环境是否恶劣的区分依据。由于节能设计标准充分考虑了热舒适性要求，所以采用围护结构是否满足节能标准来判定热环境是否良好，其中涉及屋面及外墙保温隔

热性能、外窗保温隔热性能、外窗开启面积（或自然通风效果）等参数，可以采用"规定性指标法"和"对比评定法"进行判断。

5 建筑围护结构节能改造

5.1 一般规定

5.1.1 本条明确了围护结构节能改造设计的内容，设计的依据是节能改造判定的结论。在既有建筑节能改造中，提高围护结构的保温和隔热性能对降低供暖、空调能耗作用明显。在围护结构改造中，屋面、外墙和外窗应是改造的重点，架空或外挑楼板、分隔供暖与非供暖空间的隔墙和楼板是保温处理的薄弱环节，应给予重视。在施工图设计中，应依据节能改造判定的结论所确定的围护结构传热系数来选择屋面、外墙、架空或外挑楼板的保温构造和保温材料及保温层厚度，选择门窗种类，选择分隔供暖与非供暖空间的隔墙和楼板的保温构造，对不封闭阳台门和单元入口门也应采取相应的保温措施。

5.1.2 既有居住建筑由于建造年代不同，结构设计和抗震设计标准不同，施工质量也不同，在对围护结构进行节能改造时，可能会增加外墙和屋面的荷载，为保证结构安全，应对原建筑结构进行复核、验算；当结构安全不能满足节能改造要求时，应采取结构加固措施，以保证结构安全。

由于更换门窗和屋面结构层以上的保温及防水材料，不会影响结构安全，设计可根据需要进行更换；其他如梁、板、柱和基层墙体等对结构安全影响较大的构件，其构造和组成材料不得随意更改。

5.1.3 在对外墙和屋面进行节能改造前，对相关的构造措施和节点做法必须进行设计，使其构造合理，安全可靠并容易实施。

5.1.4 对严寒和寒冷地区围护结构保温性能的节能改造，如能同时考虑供暖系统的节能改造可使围护结构的保温性能与供暖系统相协调，以达到节能、经济的目的，同时进行还可节省工时。当同时进行有困难时，可先进行围护结构改造，但在设计上应为供暖系统改造预留条件。

5.1.5 既有居住建筑的节能改造，量大面广，尤其是对围护结构的节能改造如改换门窗、做屋面和墙体保温及外立面的改造，一般投资都比较大，同时会影响居民的日常生活。为了能实现对既有居住建筑的节能改造，达到节能减排的目的，节省投资、方便施工、减少对居民生活的影响，应是节能改造的基本原则。

5.1.6 目前市场上各种保温材料、网格布、胶粘剂等用于对围护结构进行节能改造所使用的材料、技术种类繁多，其质量和技术性能良莠不齐。为保证围护

结构节能改造的质量，施工图设计应提供所选用材料技术性能指标，且其指标应符合有关标准要求；施工应按施工图设计的要求及国家有关标准的规定进行。严禁使用国家明令禁止和淘汰使用的材料、技术。

5.2 严寒和寒冷地区围护结构

5.2.1 现行行业标准《严寒和寒冷地区居住建筑节能设计标准》JGJ 26-2010 对围护结构各部位的传热系数限值均作了规定。为了使既有建筑在改造后与新建建筑一样成为节能建筑，其围护结构改造后的传热系数应符合该标准的要求。

5.2.2 外保温技术有许多优点，特别是在既有建筑围护结构节能改造时因其在施工时不需要居民搬迁，对居民的生活干扰最小而更具优势，同时与建筑立面改造相结合，可使建筑焕然一新。因此应优先采用外保温技术进行外墙的节能改造。

目前常用的外保温技术有 EPS、XPS 板薄抹灰外保温技术、硬泡聚氨酯外保温技术、EPS 板与混凝土同时浇注外保温技术、聚苯颗粒保温浆料外保温技术等，这些保温技术已日趋成熟，国家已颁布行业标准——《外墙外保温工程技术规程》JGJ 144，各地区也有相关技术标准。为保证外保温的工程质量，其设计与施工都应满足标准的要求。另外还应满足公安部公通字〔2009〕46 号文件对外保温系统的防火要求。

5.2.3 由于内保温技术很难解决热桥问题，且施工扰民，占用室内使用面积等，在严寒地区不宜采用。在寒冷地区当要维持建筑外貌而不能采用外保温技术时，如重要的历史建筑或重要的纪念性建筑等，可以采用内保温技术。

5.2.4 采用内保温技术的难点就是如何避免热桥部位内表面结露，设计应对混凝土梁、柱、板等热桥部位进行热工计算，特别是对梁板、梁柱交界部位应采取有效的保温技术措施，施工也要有合理的施工方案，以保证整体的保温效果并避免内表面结露。

5.2.5 外窗的传热耗热量和空气渗透耗热量占整个围护结构耗热量的 50% 以上，因此外窗的节能改造是非常重要的，也是最容易做到并易见到实效的。改造时可根据具体情况，如原有窗已无保留价值，则应更换新窗，新窗应选用符合标准传热系数的双玻窗或三玻窗。如原窗可以保留，可再增加一层新的单层窗或双玻窗，形成双层窗，可以起到很好的保温节能效果。窗框应采用保温性能好的材料，如塑料窗或采用断桥技术的金属窗等。应注意窗户不得任意加宽，若要调整原窗洞口的尺寸和位置，首先要与结构设计人员协商，以不影响结构安全为前提条件。

5.2.6、5.2.7 严寒和寒冷地区将居住建筑的楼梯间和外廊封闭，是很有效的节能改造措施。由于不封闭的楼梯间和外廊，其分户门是直对室外的，也就是说一栋住宅楼中有多少户就有多少个外门。在冬季外门的开启会造成室外大量冷空气进入室内，导致供暖能耗的增加，因此外门越多对保温节能越不利。另外不封闭的楼梯间隔墙是外墙，外墙面大对保温节能不利，将楼梯间封闭，其隔墙变为内墙，减少了外墙，将大大提高保温和节能的效果。

楼梯间不供暖时，对楼梯间隔墙采取保温措施，户门采用保温门可减少户内热量的散失，提高室内热环境质量。

2000 年以前，在沈阳以南地区，许多住宅建筑的楼梯间一般都不供暖，入口处也不设门斗。在大连、北京以南地区，住宅建筑的楼梯间有些没有单元门，有些甚至是开敞的，有些居住建筑的外廊也不设门窗，这样能耗是很大的。因此，从有利于节能并从实际情况出发，作出了本条规定。

严寒和寒冷地区，在冬季外门的开启会造成室外大量冷空气进入室内，导致供暖能耗的增加。设置门斗可以避免冷风直接进入室内，在节能的同时，也提高了居住建筑门厅或楼梯间的热舒适性，还可避免敷设在住宅楼梯间内的管道受冻。加设门斗是一个很好的节能改造措施。

分隔供暖房间与非供暖走道的户门，也是供暖房间散热的通道，应采取保温措施。一般住宅的户门都采用钢制防盗门，如果在门板内嵌入岩棉，既满足防火、防盗的要求，也可提高保温性能。

单元门宜安装闭门器，以避免单元门常开不关，而造成大量冷空气进入室内，热量散失过大，增加供暖能耗。造成室内温度降低，管道受冻。利用节能改造的时机，将单元门更换为防盗对讲门，可起到防盗、保温节能一举两得的效果。

5.3 夏热冬冷地区围护结构

5.3.1 在夏热冬冷地区，外窗、屋面是影响热环境和能耗最重要的因素，进行既有居住建筑节能改造时，节能投资回报率最高，因此，围护结构改造后的外窗传热系数、遮阳系数、屋面传热系数必须符合行业标准《夏热冬冷地区居住建筑节能设计标准》JGJ 134 的要求。外墙虽然也是影响热环境和能耗很重要的因素，但综合投资成本、工程难易程度和节能的贡献率来看，对外墙适当放宽要求，可能节能效果和经济性会最优，但改造后的传热系数应符合行业标准《夏热冬冷地区居住建筑节能设计标准》JGJ 134 的要求。

5.3.2 夏热冬冷地区外墙虽然也是影响热环境和能耗很重要的因素，但根据建筑的历史、文化背景、建筑的类型、使用功能、建筑现有的立面形式、工程难易程等考虑，所采用的技术措施是不同的。在夏热冬冷地区，居住建筑的外墙根据建筑结构不同，在城区高层为主的发展形势下，外墙多为钢筋混凝土剪力墙，此类墙保温隔热性极差，故必须改造。而从改造难易和费用研究，南北向的居住建筑，东西山墙应放在外墙改造的首位。在夏热冬冷地区外保温隔热或内保温隔热技术之间节能效果差不多，内保温隔热技术所形成的热桥也不像严寒和寒冷地区热损失那么大和发生结露问题，所以，可根据建筑的具体情况采用外保温隔热或内保温隔热技术。但从改造应少扰民的角度考虑，外墙外保温具有明显的优越性。

5.3.3 在夏热冬冷地区，居住建筑的屋顶根据建筑结构不同，20世纪70、80及90年代多层多为平屋顶，有的有架空层，有的没有，直接暴露在太阳的辐射下。夏季室内屋顶表面温度大于人体表面温度，顶层居民苦不堪言，空调降温能耗极高。本条文提出的几种方法都非常有效，可根据不同情况采用。

5.3.4 建筑外窗对室内热环境和房间供暖空调负荷的影响最大，夏季太阳辐射如果未受任何控制地射入房间，将导致房间环境过热和空调能耗的增加。相反冬季太阳辐射有利于提高房间温度，降低供暖能耗。

窗对建筑能耗的损失主要有两个原因，一是窗的热工性能太差所造成夏季空调、冬季供暖室内外温差的热量损失的增加；另外就是窗因受太阳辐射影响而造成的建筑室内空调供暖能耗的增减。从冬季来看通过窗口进入室内的太阳辐射有利于建筑的节能，因此，减少窗的温差传热是建筑节能中窗口热损失的主要因素，而夏季由于这一地区窗对建筑能耗损失中，太阳辐射是其主要因素，应采取适当遮阳措施，以防止直射阳光的不利影响。活动外遮阳装置可根据季节及天气状况调节遮阳状况，同时某些外遮阳装置如卷帘放下时还能提高外窗的热阻，减低传热耗能。

外窗的空气渗透对建筑空调供暖能耗影响也较大，为了保证建筑的节能，因而要求外窗具有良好的气密性能。所以，本条文对外窗的传热系数、气密性、可开启面积和遮阳系数作出了规定。

外窗改造所推荐采取的方法是根据夏热冬冷地区近年来节能改造的工程经验和目前的节能改造的技术经济水平而确定的。

5.3.5 建筑外窗对室内热环境和房间空调负荷的影响最大，夏季太阳辐射如果未受任何控制地射入房间，将导致室内过热和空调能耗增加。因此，采取有效的遮阳措施对改善室内热环境和降低空调负荷效果明显，是实现居住建筑节能的有效方法。

由于冬夏两季透过窗户进入室内的太阳辐射对降低建筑能耗和保证室内环境的舒适性所起的作用是截然相反的。所以设置活动式的外遮阳能兼顾冬夏二季，更加合理，应当鼓励使用。

夏季外遮阳在遮挡阳光直接进入室内的同时，可能也会阻碍窗口的通风，因此设计时要加以注意。同时要注意不遮挡从窗口向外眺望的视野以及它与建筑立面造型之间的协调，并且力求遮阳系统构造简单、经济耐用。

5.3.6 夏热冬冷地区居民无论是在冬、夏季还是在过渡季节普遍有开窗通风的习惯，通风还是夏热冬冷地区传统解决建筑潮湿闷热和通风换气的主要方法，对节约能源有很重要作用，适当的可开启面积，有利于改善建筑室内热环境和空气质量，尤其在夏季夜间或气候凉爽宜人时，开窗通风能带走室内余热。所以规定窗口面积不应过小，因此，条文对它也作出了规定。

5.3.8 夏热冬冷地区门的保温性一般很少考虑，改造时也应考虑。

5.3.9 夏热冬冷地区的分户墙节能要求不高，但混凝土结构传热能耗巨大，故也应考虑改造。

5.4 夏热冬暖地区围护结构

5.4.1 与新建居住建筑不同，既有居住建筑往往已有众多住户居住，围护结构节能改造协调工作、施工组织难度较大，造价也较高。因此围护结构节能改造宜一步到位，改造后改造部位热工性能应符合现行节能设计标准要求。

5.4.2 夏热冬暖地区墙体热工性能主要影响室内热舒适性，对节能的贡献不大。外墙改造采用保温层保温造价较高、协调工作和施工难度较大，因此应尽量避免采用保温层保温。此外，一般黏土砖墙或加气混凝土砌块墙的隔热性能已基本满足现行国家标准《民用建筑热工设计规范》GB 50176要求，即使不满足，通过浅色饰面或其他墙面隔热措施进行改善一般均可达到规范要求。

5.4.3 夏热冬暖地区夏季漫长，且太阳辐射强烈。对于该地区建筑的屋顶而言，由于日照时间长，若屋顶不具备良好的隔热性能，在炎热的夏季，炽热的屋顶将给人以强烈的烘烤感，难以保障良好的室内舒适环境，需要开空调降温，这也就相应地引起建筑能耗的增加。因此做好屋顶的隔热对于建筑的节能、建筑室内的热环境的改善就显得尤为重要。

目前，夏热冬暖地区大多数居住建筑仍采用平屋顶，在夏天太阳高度角高、太阳辐射强的正午时间，由于太阳光线对平屋面是正射的，造成平屋面得热量大，而对于坡屋面，太阳光线刚好是斜射的，可以大大降低屋面的太阳得热量。同时，坡屋面可以大大增加顶层的使用空间（相对于平屋面顶层面积可增加60%），由于斜屋面不易积水，还可以有效地将雨水引导至地面。目前，坡屋面的坡瓦材料形式多，色彩选择广，可以改变目前建筑千篇一律的平屋面单调风格，有利于丰富建筑艺术造型。

对于某些居住建筑，由于某些原因仍需保留平屋面，可采取其他措施改善其隔热性能，如：

① 屋顶采取浅色饰面，太阳光反射率远大于深色屋顶，在夏季漫长的夏热冬暖地区，采用浅色屋面可以增加屋面对太阳光线的反射程度，降低屋面的太

阳得热。所以,对于夏热冬暖地区,居住建筑屋顶采用浅色饰面将大大降低居住建筑屋面内、外表面温度与顶层房间的热负荷,提高人们居住空间的舒适度。

② 屋顶设置通风架空层,一方面利用通风间层的外层遮挡阳光,使屋顶变成两次传热,避免太阳辐射热直接作用在围护结构上;另一方面利用风压和热压的作用,尤其是自然通风,带走进入夹层中的热量,从而减少室外热作用对内表面的影响。

③ 采用屋面遮阳措施,通过直接遮挡太阳辐射,达到降低屋面太阳辐射得热的目的,是夏热冬暖地区有效的改善屋面隔热性能的节能措施之一。设置屋面遮阳措施时,宜通过合理设计,实现夏季遮挡太阳辐射,冬季透过适量太阳辐射的目的。

④ 绿化屋面,可以大大增加屋面的隔热性能,降低屋面的传热量。植物叶面对太阳辐射的吸收与遮挡可以有效降低屋面附近的温度,改变室内外湿环境,同时,绿化屋面还可以增加屋面防水作用。此外,绿化屋面可以增加小区和城市的绿化面积,改善居住小区和城市生态环境。但采用绿化屋面,成本相对也较高,可重点考虑采用轻型绿化屋面。轻型绿化屋面是利用草坪、地被、小型灌木和攀援植物进行屋顶覆盖绿化,具有重量轻、建造和维护简单、成本低等优点,因此近年来轻型绿化屋面得到了越来越多的推广与应用。

5.4.4 夏热冬暖地区主要考虑窗户的遮阳性能、气密性能和可开启性能。改造时应根据具体情况,选择合适的改造方法。

5.4.5 在夏热冬暖地区,居住建筑的自然通风对改善室内热环境和缩短空调设备的实际运行时间都非常重要,因此作出本条的规定。

5.5 围护结构节能改造技术要求

5.5.1 采用外保温技术对外墙进行改造时,其外保温工程的质量是非常重要的,如果工程质量不好,会出现裂缝、空鼓甚至脱落,不仅影响建筑外观效果,还会影响保温效果,甚至会有安全隐患。外墙外保温是一个系统工程,其质量涉及外墙外保温系统构造是否合理、系统所用材料的性能是否符合要求,以及施工质量是否满足标准要求等等,每一个环节都很重要。

外墙外保温的做法很多,所用材料和施工方法也有多种。《外墙外保温工程技术规程》JGJ 144 是为了规范外墙外保温工程技术要求,保证工程质量而制定的行业标准。因此,采用外保温技术对外墙进行改造时,材料的性能、施工应符合现行行业标准《外墙外保温工程技术规程》JGJ 144 的规定。

5.5.2 为保证外墙外保温工程质量,使其不产生裂缝、空鼓、有害变形、脱落等质量问题,在施工前应做好准备工作。应拆除妨碍施工的管道、线路、空调室外机等,其中施工后要恢复的设施(如空调室外机)要妥善处置和保管。合理布置施工脚手架。对原围护结构破损和污染处进行修复和清理。为了避免产生热桥问题,应预先对热桥部位进行保温处理。

保温层的防水处理很重要,如处理不当,使保温层受潮,会直接影响保温效果,甚至会导致外墙内表面结露。因此,外保温设计应与防水、装饰相结合,做好保温层密封和防水设计。

目前预制保温装饰一体的外保温系统已在推广使用,为保证其工程质量和建筑立面装饰效果,设计上应根据建筑立面装饰效果和保温装饰材料的规格划分立面分格尺寸,并提供安装设计构造详图,特别是细部节点的安装构造。

近年来外墙外保温火灾事故多有发生,教训很大。究其原因,绝大多数都是由于管理混乱,缺乏施工防火安全管理造成的。公安部与住房和城乡建设部于 2009 年联合发布了公通字〔2009〕46 号文《民用建筑外保温系统及外墙装饰防火暂行规定》,对外墙外保温的材料、构造、施工及使用提出了防火要求。因此,在采用外墙外保温技术时,应满足该文件的要求。同时,必须根据工程的实际情况制定针对性强、切实可行的工地防火安全管理制度。

5.5.3 内保温系统所用的材料也涉及防火方面的问题,如聚苯板和挤塑板等大量用于外保温的材料,即使采用阻燃型的聚苯板和挤塑板,在火灾中仍会因高温而产生有毒气体使人窒息。采用外墙内保温技术时,保温材料的选取等应符合墙体内保温技术规程的规定。

5.5.4 夏热冬冷和夏热冬暖地区外墙内保温隔热技术同样是一种很好的节能技术措施,但采用内保温隔热技术对室内装修影响很大。为保证外墙内保温工程质量,在施工前也应做好准备工作,对原围护结构内表面破损和污染处进行修复和清理。与外保温不同,在内保温施工前,室内各类主要管线应先安装完成并经试验检测合格,然后再进行内保温施工,以免造成对内保温层的破坏及不必要的返工和浪费。

5.5.5 外门窗的传热耗热量加上空气渗透耗热量占建筑总耗热量的 50% 以上,所以外门窗的节能改造是既有建筑节能改造的重点,在构造上和材料上应严格要求。目前外门窗的框料和玻璃的种类很多,如塑料、断桥铝合金、玻璃钢以及钢塑复合、木塑复合窗等,玻璃有中空玻璃和 Low-e 玻璃,构造上可以是单框双玻和单框三玻等,在选用时应满足热工性能指标。在保温性能上,塑料、木塑复合的窗料比较好,在造价上塑料和钢塑复合的窗料价格较低。

严寒、寒冷地区当在原有单玻窗加装一层窗时,最好在原窗的内层加设,因新窗的气密性要比原窗好,可避免层间结露。

窗框与墙之间的保温密封很重要,常常因密封做得不好而产生开裂、结露、长毛的现象。对窗框与墙体之间的缝隙，宜采用高效保温气密材料如发泡聚氨酯等加弹性密封胶封堵。

严寒和寒冷地区的阳台最好做封闭阳台，封闭阳台的栏板及一层底板和顶层顶板应做保温处理。非封闭阳台的门如有门芯板应做保温型门芯板，即门板芯为保温材料，可提高门的保温性能。

本条文主要是想说明，综合外窗的热工性能，综合投资成本、工程难易程度和节能的贡献率来考虑，应采取不同的、最有效的外窗节能技术。

近年来，外窗玻璃贴膜改造是夏热冬暖地区采用相对较多的节能改造方式。随着使用的增多，不少问题暴露出来，主要有二：一是随着时间的推移，膜会缩小；二是因为膜可被硬质的清洁工具破坏，造成清洁维护较难。

在夏热冬暖地区采用外遮阳装置，除了考虑立面外观、通风采光及耐久性之外，还应考虑抗风性能，因为该气候区有不少地区处于台风区。

5.5.6 在对屋面进行节能改造施工前，为保证施工质量，应做好准备工作，修复损坏部位、安装好设备和管道及各种设施，预留出外保温层的厚度等，之后再进行屋面保温和防水的施工。

5.5.7 既有居住建筑的屋面形式有平屋面和坡屋面，现浇混凝土屋面和预制混凝土屋面等多种，破损情况也不相同，对不同的屋面形式和不同的破损情况，应采取不同的改造措施。

所谓倒置式屋面就是将保温层设于防水层的上面，在保温层上再作保护层。这种做法对于既有建筑的屋面改造，其施工简便，且比较经济，也就是在原有屋面的防水层上直接做保温层，再做保护层。保温层的材料应选择吸水率较低的材料，如挤塑板、硬泡聚氨酯等。施工时应注意不能破坏原有的防水层。

平屋面改坡屋面，许多地方为了降低荷载和造价，采用在平屋面上设轻钢屋架，其上铺设复合保温层的压型钢板，这种做法应注意轻钢屋架和压型钢板的耐久性及保温材料的防火性能。

坡屋面改造时，如原屋顶吊顶可以利用，最好在原吊顶上重新铺设轻质保温材料，既施工简便又可以节省投资，其厚度应根据热工计算而定。无吊顶时在坡屋面上增加或加厚保温层，其保温效果最好，但需要重新做屋面防水和屋面瓦，其工程量和投资量较大。如增设吊顶，应考虑吊顶的构造和保温材料、吊顶板材的耐久性和防火性，以及周边热桥部位的保温处理。

既有居住建筑的节能改造，鼓励太阳能等可再生能源的利用，当安装太阳能热水器时，最好与屋面的节能改造同时进行，以保证屋面防水、保温的工程质量。其太阳能热水系统应符合《民用建筑太阳能热水系统应用技术规范》GB 50364 的规定。

平屋面改造成坡屋面或种植屋面势必会增加屋面的荷载，特别是改为种植屋面，还应考虑种植土的荷载。因此，为了保证结构安全，应核算屋面的允许荷载。种植屋面的防水材料应采用防根刺的防水材料，其设计与施工还应符合《种植屋面工程技术规程》JGJ 155 的规定。

5.5.8 在进行屋面节能改造时，如果需要重新做防水，其防水工程的设计和施工应与新建筑一样，执行《屋面工程技术规范》GB 50345 的规定。

5.5.9 如果既有建筑楼板下为室外，如过街廊和外挑楼板；或底层下部为非供暖空间，如下部为非供暖地下室；或与下部房间的温差≥10℃，如下部房间为车库虽然供暖，但室内温度很低。在这些情况下，如不作保温处理，供暖房间内的热量会通过楼板向外大量散失，不仅会降低室内温度，增加供暖能耗，而且还会产生地面结露的问题，因此，应对其楼板加设保温层。与外墙一样，对楼板的保温处理也应采用外保温技术，其保温效果比较好。对有防火要求的下层空间如地下室，其保温材料应选择燃烧性能为 A 级即不燃性材料，如无机保温浆料、岩棉、加气混凝土等。

5.5.10 建筑遮阳的目的在于防止直射阳光透过玻璃进入室内，减少阳光过分照射和加热建筑围护结构，减少直射阳光造成的强烈眩光。建筑外遮阳能最有效地控制太阳辐射进入室内，施工也较方便，是夏热冬冷和夏热冬暖地区的建筑优先采用的遮阳技术。

冬夏两季透过窗户进入室内的太阳辐射对降低建筑能耗和保证室内环境的舒适性所起的作用是截然相反的。活动式外遮阳容易兼顾建筑冬夏两季对阳光的不同需求，所以设置活动式的外遮阳更加合理。窗外侧的卷帘、百叶窗等就属于"展开或关闭后可以全部遮蔽窗户的活动式外遮阳"，虽然造价比一般固定外遮阳（如窗口上部的外挑板等）高，但遮阳效果好，最能兼顾冬夏，应当鼓励使用。

对于寒冷地区，居住建筑的南向房间大都是起居室、主卧室，常常开设比较大的窗户，夏季透过窗户进入室内的太阳辐射热构成了空调负荷的主要部分。在对外窗进行遮阳改造时，有条件最好在南窗设置卷帘式或百叶窗式的活动外遮阳。

东西窗也需要遮阳，但由于当太阳东升西落时其高度角比较低，设置在窗口上沿的水平遮阳几乎不起遮挡作用，宜设置展开或关闭后可以全部遮蔽窗户的活动式外遮阳。

外遮阳除了保证遮阳效果和外观效果外，还必须满足建筑在使用过程中的安全性能，所以，对原围护结构结构安全进行复核、验算，必须综合考虑构件承载能力、结构的整体牢固性、结构的耐久安全性等。

当结构安全不能满足节能改造要求时，采取玻璃（贴）膜等技术是成本低、效果较好的遮阳方式。

5.5.11 建筑遮阳构件直接影响建筑的安全，遮阳装置需考虑与结构可靠连接，且设计应符合相关标准的要求。

5.5.12 由于材料供应、工艺改变等原因，建筑节能改造工程施工中可能需要变更设计。为了避免这些改变影响节能效果，本条对设计变更严格加以限制。

本条规定有两层含义：第一，不得任意变更建筑节能改造施工图设计；第二，对于建筑节能改造的设计变更，均须事前办理变更手续。

5.5.13 考虑到建筑节能改造施工中涉及的新材料、新技术较多，在对围护结构进行改造时，施工前应对采用的施工工艺进行评价，施工企业应编制专门的施工技术方案，并经监理单位和建设单位审批，以保证节能改造的效果。

从事建筑节能工程施工作业人员的操作技能对于节能改造施工效果的影响较大，且许多节能材料和工艺对于某些施工人员可能并不熟悉，故应在施工前对相关人员进行技术交底和必要的实际操作培训，技术交底和培训均应留有记录。

6 严寒和寒冷地区集中供暖系统节能与计量改造

6.2 热源及热力站节能改造

6.2.1 随着城市供热规模的扩大，城市热源需要进行改造。热源及热力站的节能改造与城市热源的改造同步进行，有利于统筹安排、降低改造费用。当热源及热力站的节能改造与城市热源改造不同步时，可单独进行。单独进行改造时，既要注意满足节能要求，还要注意与整个系统的协调。

6.2.2 锅炉是能源转换设备，锅炉转换效率的高低直接影响到燃料消耗量，影响到供热企业的运行成本。锅炉实际供热负荷与额定负荷之比，称为锅炉的负荷率 g。一般情况下，$70\% \leqslant g \leqslant 100\%$ 为锅炉的高效率区；$60\% \leqslant g < 70\%$、$100\% < g \leqslant 105\%$ 为锅炉的允许运行负荷区。在选择锅炉和制定锅炉运行方案时，需要根据系统实际负荷需求，合理确定锅炉的台数和容量。此处规定的锅炉改造后的锅炉年均运行效率与《严寒和寒冷地区居住建筑节能设计标准》JGJ 26 中的规定是一致的。

6.2.3 供热量自动控制装置可在整个供暖期间，根据供暖室外气象条件的变化调节供热系统的供热量，始终保持锅炉房的供热量与建筑物的需热量基本一致，实现按需供热；达到最佳的运行效率和最稳定的供热质量。

6.2.4 锅炉房设置群控装置或措施，主要是为了使得每台锅炉的能力得到充分的发挥和保证每台锅炉都处于较高的效率下运行。

6.2.5 供热系统的节能改造，可能遇到下述两种问题：（1）原供热系统存在大流量小温差的现象，

水泵流量及扬程比实际需要大得多；（2）由于水力平衡设备及恒温阀的设置，导致原供热系统的水泵流量及扬程满足不了实际需要。因此需要通过管网的水力计算来校核原循环水泵的流量及扬程，使设计条件下输送单位热量的耗电量满足现行居住建筑节能设计标准的要求。

6.2.6 热水锅炉房所设置的锅炉的额定流量往往与热网的循环流量不一致，当热网循环流量大于锅炉的额定流量时，将导致锅炉房内阻力损失过大。常规的处理方法是在锅炉房供回水管之间设置连通管或在每台锅炉的省煤器处设置旁通管。当外网流量与锅炉需要流量差别较大时，锅炉及热网分别设置循环泵（两级泵）有利于降低总的循环水泵电耗。

6.2.7 本条规定了供热管路系统调节阀门的设置要求。

一个热源站房负担有多个热交换站的情况，与一个换热站负担多个环路的情况，从原理上是类似的。从设计上看，尽可能减少供热系统的水流阻力是节能的一个重要环节。因此在一个供热水系统中，总管上都不应串联流量控制阀。

（1）对于热源站房系统，考虑到各热交换站的距离比较远，管路水流阻力相对存在较大的差别。为了稳定各热交换站的一次水供水压差，宜在各热力站的一次水入口，配置性能可靠的自力式恒压差调节阀。但是，其最远的热交换站如果也设置该调节阀，则相当于总的系统上额外地增加了阀门的阻力。

（2）对于一个换热站所负担的各环路，为了实现阻力平衡，可以考虑设置手动平衡阀的方式。

6.2.11 为满足锅炉房、热力站运行管理需求，锅炉房、热力站需要设置运行参数监测装置，对供热量、循环流量、补水量、供水温度、回水温度、耗煤量、耗电量、锅炉排烟温度、炉膛温度、室外温度、供水压力、回水压力等参数进行监测。热源及热力站用电可分为锅炉辅机（炉排机、上煤除渣机、鼓引风机等）耗电、循环水泵及补水泵耗电和照明等用电。对各项用电分项计量，有利于加强对锅炉房及热力站的管理，降低电耗。

6.3 室外管网节能改造

6.3.1 热水管网热媒输送到各热用户的过程中需要减少下述损失：（1）管网向外散热造成散热损失；（2）管网上附件及设备漏水和用户放水而导致的补水耗热损失；（3）通过管网送到各热用户的热量由于网路失调而导致的各处室温不等造成的多余热损失。管网的输送效率是反映上述各个部分效率的综合指标。提高管网的输送效率，应从减少上述三方面损失入手。新建管网无论是地沟敷设还是直埋敷设，管网的保温效率是可以达到 99% 以上的，考虑到既有管网的现状及改造的难度，因此将管网的保温效率下限取

为97%。系统的补水由两部分组成，一部分是设备的正常漏水，另一部分为系统失水。如果供暖系统中的阀门、水泵盘根、补偿器等，经常维修，且保证工作状态良好的话，测试结果证明，正常补水量可以控制在循环水量的0.5%。管网的平衡问题，需要根据本规程第6.3.2条的要求进行改造。

6.3.2 供热系统水力不平衡是造成供热能耗浪费的主要原因之一，同时，水力平衡又是保证其他节能措施能够可靠实施的前提，因此对系统节能而言，首先应该做到水力平衡。现行行业标准《居住建筑节能检测标准》JGJ/T 132—2009中第5.2.6条规定，热力入口处的水力平衡度应达到0.9～1.2。该标准的条文说明指出：这是结合北京地区的实际情况，通过模拟计算，当实际水量在90%～120%时，室温在17.6℃～18.7℃范围内，可以满足实际需要。但是，由于设计计算时，与计算各并联环路水力平衡度相比，计算各并联环路间压力损失比较方便，并与教科书、手册一致。因此现行行业标准《严寒和寒冷地区居住建筑节能设计标准》JGJ 26规定并联环路压力损失差值，要求控制在15%之内。对于通过计算不易达到环路压力损失差要求的，为了避免水力不平衡，应设置水力平衡阀。

6.3.3 传统的设计方法是将热网总阻力损失由集中设置在热源的循环水泵来承担，将二级网系统的总阻力损失由集中设置在热力站的循环水泵来承担，通过在用户入口处设置平衡阀来消除管网的剩余压头的方法来解决管网的平衡问题。如果将热网总阻力损失由集中设置在热源（热力站）的循环水泵和用户入口处设置的循环泵（也称加压泵）来承担（图1），则可以将阀门所消耗的剩余压头节约下来。节约能量的多少，与热网中零压差点（供回水压差为零的点）的位置有关。热源（热力站）与零压差点之间的热用户，应通过设置水力平衡阀来解决管网水力平衡。管网零压差点之后的热用户要通过选择合适的用户循环泵来解决水力平衡问题。

6.3.5 现行行业标准《严寒和寒冷地区居住建筑节能设计标准》JGJ 26根据我国住宅的特点，规定集中供暖系统中建筑物的热力入口处，必须设置楼前热量表，作为该建筑物供暖耗热量的热量结算点。由于现有供热系统与建筑物的连接形式五花八门，有时无法在一栋建筑物的热力入口处设置一块热量表，此时对于建筑用途相同、建设年代相近、建筑形式、平面、构造等相同或相似、建筑物耗热量指标相近、户间热费分摊方式一致的若干栋建筑，可以统一安装一块热量表，依据该热量表计量的热量进行热费结算。

6.3.6 热量表设置在热网的供水管上还是回水管上，主要受热量表的流量传感器的工作温度制约。当外网供水温度低于热量表的工作温度时，热量表的流量传感器安装在供水管上，有利于减少用户的失水量。要

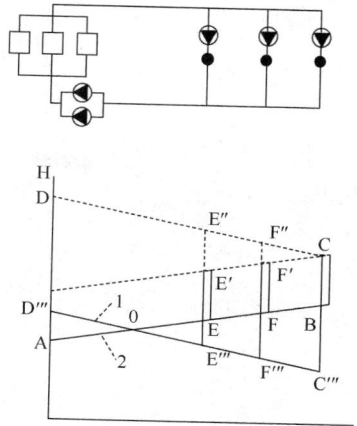

图 1 二级循环泵系统
1—供水压力线；2—回水压力线；
B、C—用户损失；0—零压差点

使热量表正常工作，就要提供热量表所要求的工作条件，在建筑物热力入口处设置计量小室。有地下室的建筑，宜将计量小室设置在地下室的专用空间内；无地下室的建筑，宜在室外管沟入口或楼梯间下部设置计量小室。设置在室外计量小室要有防水、防潮措施。

6.4 室内系统节能与计量改造

6.4.1 当室内供暖系统需节能改造，且原供暖系统为垂直单管顺流式时，应充分考虑技术经济和施工方便等因素，宜采用新双管系统或带跨越管的单管系统。当确实需要采用共用立管的分户供暖系统时，应充分考虑用户室内系统的美观性、方便性，并且尽量减少对用户已有室内设施的损坏。

6.4.2 为了使室内供暖系统中通过各并联环路达到水力平衡，其主要手段是在干管、立管和支管的管径设计中进行较详细的阻力计算，而不是依靠阀门的手动调节来达到水力平衡。

6.4.3 室内供暖系统温控装置是计量收费的前提条件，为供暖用户提供主动控制、调节室温的手段。既有居住建筑改造时，宜将原有散热器罩拆除，确实拆除困难的，应采用温包外置式散热器恒温控制阀。改造后的室内系统应保证散热器恒温控制阀的正常工作条件，防止出现堵塞等故障，同时恒温控制阀应具有带水带压清堵或更换阀芯的功能。

6.4.4 楼栋热力入口安装热计量装置，可以确定室外管网的热输送效率，并可以确定用户的总耗热量，作为热计量收费的基础数据。楼栋热量计量装置的安装数量与位置应根据室外管网、室内计量装置等情况统筹考虑，在保证计量分摊的前提下，适度减少楼栋热量计量装置的数量。选择室内供暖系统计量方式应以达到热量合理分配为原则。

中华人民共和国行业标准

公共建筑节能改造技术规范

Technical code for the retrofitting of public building on energy efficiency

JGJ 176—2009

批准部门：中华人民共和国住房和城乡建设部
施行日期：２００９年１２月１日

中华人民共和国住房和城乡建设部
公　告

第 313 号

关于发布行业标准《公共建筑
节能改造技术规范》的公告

现批准《公共建筑节能改造技术规范》为行业标准，编号为 JGJ 176 - 2009，自 2009 年 12 月 1 日起实施。其中，第 5.1.1、6.1.6 条为强制性条文，必须严格执行。

本规范由我部标准定额研究所组织中国建筑工业出版社出版发行。

中华人民共和国住房和城乡建设部

2009 年 5 月 19 日

前　言

根据原建设部《关于印发〈2006 年工程建设标准规范制订、修订计划（第一批）〉的通知》（建标[2006] 77 号）的要求，规范编制组经广泛调查研究，认真总结实践经验，参考国内外相关标准，并在广泛征求意见的基础上制定了本规范。

本规范主要技术内容是：1. 总则；2. 术语；3. 节能诊断；4. 节能改造判定原则与方法；5. 外围护结构热工性能改造；6. 采暖通风空调及生活热水供应系统改造；7. 供配电与照明系统改造；8. 监测与控制系统改造；9. 可再生能源利用；10. 节能改造综合评估。

本规范中用黑体字标志的条文为强制性条文，必须严格执行。

本规范由住房和城乡建设部负责管理和对强制性条文的解释，由中国建筑科学研究院负责具体技术内容的解释。

本规范主编单位：中国建筑科学研究院
（北京市北三环东路 30 号，邮政编码：100013）

本规范参编单位：同济大学
重庆大学
上海市建筑科学研究院（集团）有限公司
深圳市建筑科学研究院
中国建筑西南设计研究院
中国建筑业协会智能建筑专业委员会
北京市建筑设计研究院
浙江省建筑科学设计研究院
合肥工业大学建筑设计研究院
开利空调销售服务（上海）有限公司
远大空调有限公司
清华同方人工环境有限公司
达尔凯国际股份有限公司
贵州汇通华城楼宇科技有限公司
深圳市鹏瑞能源技术有限公司
南京丰盛能源环境有限公司
北京天正工程软件有限公司
北京振利高新技术有限公司
北京江河幕墙装饰工程有限公司
威固国际有限公司
欧文斯科宁（中国）投资有限公司
北京泰豪智能工程有限公司
上海大智科技发展有限公司
西门子楼宇科技（天津）有限公司

本规范主要起草人：徐　伟　邹　瑜　龙惟定
付祥钊　冯晓梅　朱伟峰
宋业辉　王　虹　卜增文
周　辉　冯　雅　毛剑瑛
万水娥　宋　波　潘金炎
万　力　张　勇　姜　仁
黄振利　袁莉莉　俞　菁

傅积闾　殷文强　邵康文
王　稚　霍小平　李玉街
熊江岳　陈光烁　李振华
张子平　傅立新　谢　峤

　　　　　　　　　　　柳　松
本规范主要审查人员：郎四维　顾同曾　伍小亭
　　　　　　　　　　　许文发　毛红卫　杨仕超
　　　　　　　　　　　栾景阳　孙述璞　徐　义

目　　次

Contents

1 总　则

1.0.1 为贯彻国家有关建筑节能的法律法规和方针政策，推进建筑节能工作，提高既有公共建筑的能源利用效率，减少温室气体排放，改善室内热环境，制定本规范。

1.0.2 本规范适用于各类公共建筑的外围护结构、用能设备及系统等方面的节能改造。

1.0.3 公共建筑节能改造应在保证室内热舒适环境的基础上，提高建筑的能源利用效率，降低能源消耗。

1.0.4 公共建筑的节能改造应根据节能诊断结果，结合节能改造判定原则，从技术可靠性、可操作性和经济性等方面进行综合分析，选取合理可行的节能改造方案和技术措施。

1.0.5 公共建筑的节能改造，除应符合本规范的规定外，尚应符合国家现行有关标准的规定。

2 术　语

2.0.1 节能诊断　energy diagnosis

通过现场调查、检测以及对能源消费账单和设备历史运行记录的统计分析等，找到建筑物能源浪费的环节，为建筑物的节能改造提供依据的过程。

2.0.2 能源消费账单　energy expenditure bill

建筑物使用者用于能源消费结算的凭证或依据。

2.0.3 能源利用效率　energy utilization efficiency

广义上是指能源在形式转换过程中终端能源形式蕴含能量与始端能源形式蕴含能量的比值。本规范中是指公共建筑用能系统的能源利用效率。

2.0.4 冷源系统能效系数　energy efficiency ratio of cooling source system

冷源系统单位时间供冷量与冷水机组、冷水泵、冷却水泵和冷却塔风机单位时间耗能的比值。

3 节能诊断

3.1 一般规定

3.1.1 公共建筑节能改造前应对建筑物外围护结构热工性能、采暖通风空调及生活热水供应系统、供配电与照明系统、监测与控制系统进行节能诊断。

3.1.2 公共建筑节能诊断前，宜提供下列资料：

　　1　工程竣工图和技术文件；

　　2　历年房屋修缮及设备改造记录；

　　3　相关设备技术参数和近1～2年的运行记录；

　　4　室内温湿度状况；

　　5　近1～2年的燃气、油、电、水、蒸汽等能源消费账单。

3.1.3 公共建筑节能改造前应制定详细的节能诊断方案，节能诊断后应编写节能诊断报告。节能诊断报告应包括系统概况、检测结果、节能诊断与节能分析、改造方案建议等内容。对于综合诊断项目，应在完成各子系统节能诊断报告的基础上再编写项目节能诊断报告。

3.1.4 公共建筑节能诊断项目的检测方法应符合现行行业标准《公共建筑节能检验标准》JGJ 177 的有关规定。

3.1.5 承担公共建筑节能检测的机构应具备相应资质。

3.2 外围护结构热工性能

3.2.1 对于建筑外围护结构热工性能，应根据气候区和外围护结构的类型，对下列内容进行选择性节能诊断：

　　1　传热系数；

　　2　热工缺陷及热桥部位内表面温度；

　　3　遮阳设施的综合遮阳系数；

　　4　外围护结构的隔热性能；

　　5　玻璃或其他透明材料的可见光透射比、遮阳系数；

　　6　外窗、透明幕墙的气密性；

　　7　房间气密性或建筑物整体气密性。

3.2.2 外围护结构热工性能节能诊断应按下列步骤进行：

　　1　查阅竣工图，了解建筑外围护结构的构造做法和材料，建筑遮阳设施的种类和规格，以及设计变更等信息；

　　2　对外围护结构状况进行现场检查，调查了解外围护结构保温系统的完好程度，实际施工做法与竣工图纸的一致性，遮阳设施的实际使用情况和完好程度；

　　3　对确定的节能诊断项目进行外围护结构热工性能的计算和检测；

　　依据诊断结果和本规范第4章的规定，确定外围护结构的节能环节和节能潜力，编写外围护结构热工性能节能诊断报告。

3.3 采暖通风空调及生活热水供应系统

3.3.1 对于采暖通风空调及生活热水供应系统，应根据系统设置情况，对下列内容进行选择性节能诊断：

　　1　建筑物室内的平均温度、湿度；

　　2　冷水机组、热泵机组的实际性能系数；

　　3　锅炉运行效率；

　　4　水系统回水温度一致性；

　　5　水系统供回水温差；

6 水泵效率；

7 水系统补水率；

8 冷却塔冷却性能；

9 冷源系统能效系数；

10 风机单位风量耗功率；

11 系统新风量；

12 风系统平衡度；

13 能量回收装置的性能；

14 空气过滤器的积尘情况；

15 管道保温性能。

3.3.2 采暖通风空调及生活热水供应系统节能诊断应按下列步骤进行：

1 通过查阅竣工图和现场调查，了解采暖通风空调及生活热水供应系统的冷热源形式、系统划分形式、设备配置及系统调节控制方法等信息；

2 查阅运行记录，了解采暖通风空调及生活热水供应系统运行状况及运行控制策略等信息；

3 对确定的节能诊断项目进行现场检测；

4 依据诊断结果和本规范第 4 章的规定，确定采暖通风空调及生活热水供应系统的节能环节和节能潜力，编写节能诊断报告。

3.4 供配电系统

3.4.1 供配电系统节能诊断应包括下列内容：

1 系统中仪表、电动机、电器、变压器等设备状况；

2 供配电系统容量及结构；

3 用电分项计量；

4 无功补偿；

5 供用电电能质量。

3.4.2 对供配电系统中仪表、电动机、电器、变压器等设备状况进行节能诊断时，应核查是否使用淘汰产品、各电器元件是否运行正常以及变压器负载率状况。

3.4.3 对供配电系统容量及结构进行节能诊断时，应核查现有的用电设备功率及配电电气参数。

3.4.4 对供配电系统用电分项计量进行节能诊断时，应核查常用供电主回路是否设置电能表对电能数据进行采集与保存，并应对分项计量电能回路用电量进行校核检验。

3.4.5 对无功补偿进行节能诊断时，应核查是否采用提高用电设备功率因数的措施以及无功补偿设备的调节方式是否符合供配电系统的运行要求。

3.4.6 供用电电能质量节能诊断应采用电能质量监测仪在公共建筑物内出现或可能出现电能质量问题的部位进行测试。供用电电能质量节能诊断宜包括下列内容：

1 三相电压不平衡度；

2 功率因数；

3 各次谐波电压和电流及谐波电压和电流总畸变率；

4 电压偏差。

3.5 照明系统

3.5.1 照明系统节能诊断应包括下列项目：

1 灯具类型；

2 照明灯具效率和照度值；

3 照明功率密度值；

4 照明控制方式；

5 有效利用自然光情况；

6 照明系统节电率。

3.5.2 照明系统节能诊断应提供照明系统节电率。

3.6 监测与控制系统

3.6.1 监测与控制系统节能诊断应包括下列内容：

1 集中采暖与空气调节系统监测与控制的基本要求；

2 生活热水监测与控制的基本要求；

3 照明、动力设备监测与控制的基本要求；

4 现场控制设备及元件状况。

3.6.2 现场控制设备及元件节能诊断应包括下列内容：

1 控制阀门及执行器选型与安装；

2 变频器型号和参数；

3 温度、流量、压力仪表的选型及安装；

4 与仪表配套的阀门安装；

5 传感器的准确性；

6 控制阀门、执行器及变频器的工作状态。

3.7 综合诊断

3.7.1 公共建筑应在外围护结构热工性能、采暖通风空调及生活热水供应系统、供配电与照明系统、监测与控制系统的分项诊断基础上进行综合诊断。

3.7.2 公共建筑综合诊断应包括下列内容：

1 公共建筑的年能耗量及其变化规律；

2 能耗构成及各分项所占比例；

3 针对公共建筑的能源利用情况，分析存在的问题和关键因素，提出节能改造方案；

4 进行节能改造的技术经济分析；

5 编制节能诊断总报告。

4 节能改造判定原则与方法

4.1 一般规定

4.1.1 公共建筑进行节能改造前，应首先根据节能诊断结果，并结合公共建筑节能改造判定原则与方法，确定是否需要进行节能改造及节能改造内容。

4.1.2 公共建筑节能改造应根据需要采用下列一种或多种判定方法：

　　1　单项判定；

　　2　分项判定；

　　3　综合判定。

4.2　外围护结构单项判定

4.2.1　当公共建筑因结构或防火等方面存在安全隐患而需进行改造时，宜同步进行外围护结构方面的节能改造。

4.2.2　当公共建筑外墙、屋面的热工性能存在下列情况时，宜对外围护结构进行节能改造：

　　1　严寒、寒冷地区，公共建筑外墙、屋面保温性能不满足现行国家标准《民用建筑热工设计规范》GB 50176 的内表面温度不结露要求；

　　2　夏热冬冷、夏热冬暖地区，公共建筑外墙、屋面隔热性能不满足现行国家标准《民用建筑热工设计规范》GB 50176 的内表面温度要求。

4.2.3　公共建筑外窗、透明幕墙的传热系数及综合遮阳系数存在下列情况时，宜对外窗、透明幕墙进行节能改造：

　　1　严寒地区，外窗或透明幕墙的传热系数大于 3.8W/(m²·K)；

　　2　严寒、寒冷地区，外窗的气密性低于现行国家标准《建筑外窗气密、水密、抗风压性能分级及检测方法》GB/T 7106 中规定的 2 级，透明幕墙的气密性低于现行国家标准《建筑幕墙》GB/T 21086 中规定的 1 级；

　　3　非严寒地区，除北向外，外窗或透明幕墙的综合遮阳系数大于 0.60；

　　4　非严寒地区，除超高层及特别设计的透明幕墙外，外窗或透明幕墙的可开启面积低于外墙总面积的 12%。

4.2.4　公共建筑屋面透明部分的传热系数、综合遮阳系数存在下列情况时，宜对屋面透明部分进行节能改造。

　　1　严寒地区，屋面透明部分的传热系数大于 3.5W/(m²·K)；

　　2　非严寒地区，屋面透明部分的综合遮阳系数大于 0.60。

4.3　采暖通风空调及生活热水供应系统单项判定

4.3.1　当公共建筑的冷源或热源设备满足下列条件之一时，宜进行相应的节能改造或更换：

　　1　运行时间接近或超过其正常使用年限；

　　2　所使用的燃料或工质不满足环保要求。

4.3.2　当公共建筑采用燃煤、燃油、燃气的蒸汽或热水锅炉作为热源，其运行效率低于表 4.3.2 的规定，且锅炉改造或更换的静态投资回收期小于或等于

8 年时，宜进行相应的改造或更换。

表 4.3.2　锅炉的运行效率

锅炉类型、燃料种类		在下列锅炉容量(MW)下的最低运行效率(%)						
		0.7	1.4	2.8	4.2	7.0	14.0	>28.0
燃煤	烟煤Ⅱ	—	—	60	61	64	65	67
	烟煤Ⅲ	—	—	61	63	64	67	68
燃油、燃气		76	76	76	78	78	80	80

4.3.3　当电机驱动压缩机的蒸气压缩循环冷水机组或热泵机组实际性能系数（COP）低于表 4.3.3 的规定，且机组改造或更换的静态投资回收期小于或等于 8 年时，宜进行相应的改造或更换。

表 4.3.3　冷水机组或热泵机组制冷性能系数

类　型		额定制冷量(CC) kW	性能系数(COP) W/W
水冷	活塞式/涡旋式	<528	3.40
		528～1163	3.60
		>1163	3.80
	螺杆式	<528	3.80
		528～1163	4.00
		>1163	4.20
	离心式	<528	3.80
		528～1163	4.00
		>1163	4.20
风冷或蒸发冷却	活塞式/涡旋式	≤50	2.20
		>50	2.40
	螺杆式	≤50	2.40
		>50	2.60

4.3.4　对于名义制冷量大于 7100W、采用电机驱动压缩机的单元式空气调节机、风管送风式和屋顶式空调机组，在名义制冷工况和规定条件下，当其能效比低于表 4.3.4 的规定，且机组改造或更换的静态投资回收期小于或等于 5 年时，宜进行相应的改造或更换。

表 4.3.4　机组能效比

类　型		能效比（W/W）
风冷式	不接风管	2.40
	接风管	2.10
水冷式	不接风管	2.80
	接风管	2.50

4.3.5　当溴化锂吸收式冷水机组实际性能系数（COP）不符合表 4.3.5 的规定，且机组改造或更换的静态投资回收期小于或等于 8 年时，宜进行相应的

改造或更换。

表4.3.5　溴化锂吸收式机组性能参数

机型	运行工况	性能参数		
	蒸汽压力 (MPa)	单位制冷量蒸汽耗量 [kg/(kW·h)]	性能系数 (W/W) 制冷	供热
蒸汽双效	0.25	≤1.56	—	—
	0.4		—	—
	0.6	≤1.46	—	—
	0.8	≤1.42	—	—
直燃	—	—	≥1.0	≥0.80

注：直燃机的性能系数为：制冷量(供热量)/[加热源消耗量(以低位热值计)+电力消耗量(折算成一次能)]。

4.3.6 对于采用电热锅炉、电热水器作为直接采暖和空调系统的热源，当符合下列情况之一，且当静态投资回收期小于或等于8年时，应改造为其他热源方式：

　　1 以供冷为主，采暖负荷小且无法利用热泵提供热源的建筑；

　　2 无集中供热与燃气源，煤、油等燃料的使用受到环保或消防严格限制的建筑；

　　3 夜间可利用低谷电进行蓄热，且蓄热式电锅炉不在昼间用电高峰时段启用的建筑；

　　4 采用可再生能源发电地区的建筑；

　　5 采暖和空调系统中需要对局部外区进行加热的建筑。

4.3.7 当公共建筑采暖空调系统的热源设备无随室外气温变化进行供热量调节的自动控制装置时，应进行相应的改造。

4.3.8 当公共建筑冷源系统的能效系数低于表4.3.8的规定，且冷源系统节能改造的静态投资回收期小于或等于5年时，宜对冷源系统进行相应的改造。

表4.3.8　冷源系统能效系数

类　型	单台额定制冷量 (kW)	冷源系统能效系数 (W/W)
水冷冷水机组	<528	1.8
	528～1163	2.1
	>1163	2.5
风冷或蒸发冷却	≤50	1.4
	>50	1.6

4.3.9 当采暖空调系统循环水泵的实际水量超过原设计值的20%，或循环水泵的实际运行效率低于铭牌值的80%时，应对水泵进行相应的调节或改造。

4.3.10 当空调水系统实际供回水温差小于设计值

40%的时间超过总运行时间的15%时，宜对空调水系统进行相应的调节或改造。

4.3.11 采用二次泵的空调冷水系统，当二次泵未采用变速变流量调节方式时，宜对二次泵进行变速变流量调节方式的改造。

4.3.12 当空调风系统风机的单位风量耗功率大于表4.3.12的规定时，宜对风机进行相应的调节或改造。

表4.3.12　风机的单位风量耗功率限值[W/(m³/h)]

系统形式	办公建筑		商业、旅馆建筑	
	粗效过滤	粗、中效过滤	粗效过滤	粗、中效过滤
两管制定风量系统	0.46	0.53	0.51	0.57
四管制定风量系统	0.52	0.58	0.56	0.64
两管制变风量系统	0.64	0.70	0.68	0.75
四管制变风量系统	0.69	0.76	0.47	0.81
普通机械通风系统	0.32			

注：1　普通机械通风系统中不包括厨房等需要特定过滤装置的房间的通风系统；

　　2　严寒地区增设预热盘管时，单位风量耗功率可以再增加0.035W/(m³/h)；

　　3　当空调机组内采用湿膜加湿方法时，单位风量耗功率可以再增加0.053W/(m³/h)。

4.3.13 当公共建筑存在较大的冬季需要制冷的内区，且原有空调系统未利用天然冷源时，宜进行相应的改造。

4.3.14 在过渡季，公共建筑的外窗开启面积和通风系统均不能直接利用新风实现降温需求时，宜进行相应的改造。

4.3.15 当设有新风的空调系统的新风量不满足现行国家标准《公共建筑节能设计标准》GB 50189规定时，宜对原有新风系统进行改造。

4.3.16 当冷水系统各主支管路回水温度最大差值大于2℃，热水系统各主支管路回水温度最大差值大于4℃时，宜进行相应的水力平衡改造。

4.3.17 当空调系统冷水管的保温存在结露情况时，应进行相应的改造。

4.3.18 当冷却塔的实际运行效率低于铭牌值的80%时，宜对冷却塔进行相应的清洗或改造。

4.3.19 当公共建筑中的采暖空调系统不具备室温调控手段时，应进行相应改造。

4.3.20 对于采用区域性冷源或热源的公共建筑，当冷源或热源入口处没有设置冷量或热量计量装置时，宜进行相应的改造。

4.4　供配电系统单项判定

4.4.1 当供配电系统不能满足更换的用电设备功率、配电电气参数要求时，或主要电器为淘汰产品时，应对配电柜（箱）和配电回路进行改造。

4.4.2 当变压器平均负载率长期低于 20% 且今后不再增加用电负荷时，宜对变压器进行改造。

4.4.3 当供配电系统未根据配电回路合理设置用电分项计量或分项计量电能回路用电量校核不合格时，应进行改造。

4.4.4 当无功补偿不能满足要求时，应论证改造方法合理性并进行投资效益分析，当投资静态回收期小于 5 年时，宜进行改造。

4.4.5 当供用电电能质量不能满足要求时，应论证改造方法合理性并进行投资效益分析，当投资静态回收期小于 5 年时，宜进行改造。

4.5 照明系统单项判定

4.5.1 当公共建筑的照明功率密度值超过现行国家标准《建筑照明设计标准》GB 50034 规定的限值时，宜进行相应的改造。

4.5.2 当公共建筑公共区域的照明未合理设置自动控制时，宜进行相应的改造。

4.5.3 对于未合理利用自然光的照明系统，宜进行相应改造。

4.6 监测与控制系统单项判定

4.6.1 未设置监测与控制系统的公共建筑，应根据监控对象特性合理增设监测与控制系统。

4.6.2 当集中采暖与空气调节等用能系统进行节能改造时，应对与之配套的监测与控制系统进行改造。

4.6.3 当监测与控制系统不能正常运行或不能满足节能管理要求时，应进行改造。

4.6.4 当监测与控制系统配置的传感器、阀门及配套执行器、变频器等的选型及安装不符合设计、产品说明书及现行国家标准《自动化仪表工程施工及验收规范》GB 50093 中有关规定时，或准确性及工作状态不能满足要求时，应进行改造。

4.6.5 当监测与控制系统无用电分项计量或不能满足改造前后节能效果对比时，应进行改造。

4.7 分项判定

4.7.1 公共建筑经外围护结构节能改造，采暖通风空调能耗降低 10% 以上，且静态投资回收期小于或等于 8 年时，宜对外围护结构进行节能改造。

4.7.2 公共建筑的采暖通风空调及生活热水供应系统经节能改造，系统的能耗降低 20% 以上且静态投资回收期小于或等于 5 年时，或者静态投资回收期小于或等于 3 年时，宜进行节能改造。

4.7.3 公共建筑未采用节能灯具或采用的灯具效率及光源等不符合国家现行有关标准的规定，且改造静态投资回收期小于或等于 2 年或节能率达到 20% 以上时，宜进行相应的改造。

4.8 综合判定

4.8.1 通过改善公共建筑外围护结构的热工性能，提高采暖通风空调及生活热水供应系统、照明系统的效率，在保证相同的室内热环境参数前提下，与未采取节能改造措施前相比，采暖通风空调及生活热水供应系统、照明系统的全年能耗降低 30% 以上，且静态投资回收期小于或等于 6 年时，应进行节能改造。

5 外围护结构热工性能改造

5.1 一般规定

5.1.1 公共建筑外围护结构进行节能改造后，所改造部位的热工性能应符合现行国家标准《公共建筑节能设计标准》GB 50189 的规定性指标限值的要求。

5.1.2 对外围护结构进行节能改造时，应对原结构的安全性进行复核、验算；当结构安全不能满足节能改造要求时，应采取结构加固措施。

5.1.3 外围护结构进行节能改造所采用的保温材料和建筑构造的防火性能应符合现行国家标准《建筑内部装修设计防火规范》GB 50222、《建筑设计防火规范》GB 50016 和《高层民用建筑设计防火规范》GB 50045 的规定。

5.1.4 公共建筑的外围护结构节能改造应根据建筑自身特点，确定采用的构造形式以及相应的改造技术。保温、隔热、防水、装饰改造应同时进行。对原有外立面的建筑造型、凸窗应有相应的保温改造技术措施。

5.1.5 外围护结构节能改造过程中，应通过传热计算分析，对热桥部位采取合理措施并提交相应的设计施工图纸。

5.1.6 外围护结构节能改造施工前应编制施工组织设计文件，改造施工及验收应符合现行国家标准《建筑节能工程施工质量验收规范》GB 50411 的规定。

5.2 外墙、屋面及非透明幕墙

5.2.1 外墙采用可粘结工艺的外保温改造方案时，应检查基墙墙面的性能，并应满足表 5.2.1 的要求。

表 5.2.1 基墙墙面性能指标要求

基墙墙面性能指标	要　　求
外表面的风化程度	无风化、酥松、开裂、脱落等
外表面的平整度偏差	±4mm 以内
外表面的污染度	无积灰、泥土、油污、霉斑等附着物，钢筋无锈蚀
外表面的裂缝	无结构性和非结构性裂缝
饰面砖的空鼓率	≤10%
饰面砖的破损率	≤30%
饰面砖的粘结强度	≥0.1MPa

5.2.2 当基墙墙面性能指标不满足本规范表5.2.1的要求时，应对基墙墙面进行处理，并可采用下列处理措施：

    1 对裂缝、渗漏、冻害、析盐、侵蚀所产生的损坏进行修复；

    2 对墙面缺损、孔洞应填补密实，损坏的砖或砌块应进行更换；

    3 对表面油迹、疏松的砂浆进行清理；

    4 外墙饰面砖应根据实际情况全部或部分剔除，也可采用界面剂处理。

5.2.3 外墙采用内保温改造方案时，应对外墙内表面进行下列处理：

    1 对内表面涂层、积灰油污及杂物、粉刷空鼓应刮掉并清理干净；

    2 对内表面脱落、虫蛀、霉烂、受潮所产生的损坏进行修复；

    3 对裂缝、渗漏进行修复，墙面的缺损、孔洞应填补密实；

    4 对原不平整的外围护结构表面加以修复；

    5 室内各类主要管线安装完成并经试验检测合格后方可进行。

5.2.4 外墙外保温系统与基层应有可靠的结合，保温系统与墙身的连接、粘结强度应符合现行行业标准《外墙外保温工程技术规程》JGJ 144 的要求。对于室内散湿量大的场所，还应进行围护结构内部冷凝受潮验算，并应按照现行国家标准《民用建筑热工设计规范》GB 50176 的规定采取防潮措施。

5.2.5 非透明幕墙改造时，保温系统安装应牢固、不松脱。幕墙支承结构的抗震和抗风压性能等应符合现行行业标准《金属与石材幕墙工程技术规范》JGJ 133 的规定。

5.2.6 非透明幕墙构造缝、沉降缝以及幕墙周边与墙体接缝处等热桥部位应进行保温处理。

5.2.7 非透明围护结构节能改造采用石材、人造板材幕墙和金属板幕墙时，除应满足现行国家标准《建筑幕墙》GB/T 21086 和现行行业标准《金属与石材幕墙工程技术规范》JGJ 133 的规定外，尚应满足下列规定：

    1 面板材料应满足国家有关产品标准的规定，石材面板宜选用花岗石，可选用大理石、洞石和砂岩等，当石材弯曲强度标准值小于 8.0MPa 时，应采取附加构造措施保证面板的可靠性；

    2 在严寒和寒冷地区，石材面板的抗冻系数不应小于0.8；

    3 当幕墙为开放式结构形式时，保温层与主体结构间不宜留有空气层，且宜在保温层和石材面板间进行防水隔汽处理；

    4 后置埋件应满足承载力设计要求，并应符合现行行业标准《混凝土结构后锚固技术规程》JGJ

145 的规定。

5.2.8 公共建筑屋面节能改造时，应根据工程的实际情况选择适当的改造措施，并应符合现行国家标准《屋面工程技术规范》GB 50345 和《屋面工程质量验收规范》GB 50207 的规定。

5.3 门窗、透明幕墙及采光顶

5.3.1 公共建筑的外窗改造可根据具体情况确定，并可选用下列措施：

    1 采用只换窗扇、换整窗或加窗的方法，满足外窗的热工性能要求；加窗时，应避免层间结露；

    2 采用更换低辐射中空玻璃，或在原有玻璃表面贴膜的措施，也可增设可调节百叶遮阳或遮阳卷帘；

    3 外窗改造更换外框时，应优先选择隔热效果好的型材；

    4 窗框与墙体之间应采取合理的保温密封构造，不应采用普通水泥砂浆补缝；

    5 外窗改造时所选外窗的气密性等级应不低于现行国家标准《建筑外门窗气密、水密、抗风压性能分级及检测方法》GB/T 7106 中规定的 6 级；

    6 更换外窗时，宜优先选择可开启面积大的外窗。除超高层外，外窗的可开启面积不得低于外墙总面积的 12%。

5.3.2 对外窗或透明幕墙的遮阳设施进行改造时，宜采用外遮阳措施。外遮阳的遮阳系数应按现行国家标准《公共建筑节能设计标准》GB 50189 的规定进行确定。加装外遮阳时，应对原结构的安全性进行复核、验算。当结构安全不能满足要求时，应对其进行结构加固或采取其他遮阳措施。

5.3.3 外门、非采暖楼梯间门节能改造时，可选用下列措施：

    1 严寒、寒冷地区建筑的外门口应设门斗或热空气幕；

    2 非采暖楼梯间门宜为保温、隔热、防火、防盗一体的单元门；

    3 外门、楼梯间门应在缝隙部位设置耐久性和弹性好的密封条；

    4 外门应设置闭门装置，或设置旋转门、电子感应式自动门等。

5.3.4 透明幕墙、采光顶节能改造应提高幕墙玻璃和外框型材的保温隔热性能，并应保证幕墙的安全性能。根据实际情况，可选用下列措施：

    1 透明幕墙玻璃可增加中空玻璃的中空层数，或更换保温性能好的玻璃；

    2 可采用低辐射中空玻璃，或采用在原有玻璃的表面贴膜或涂膜的工艺；

    3 更换幕墙外框时，直接参与传热过程的型材应选择隔热效果好的型材；

4 在保证安全的前提下，可增加透明幕墙的可开启扇。除超高层及特别设计的透明幕墙外，透明幕墙的可开启面积不宜低于外墙总面积的12%。

6 采暖通风空调及生活热水供应系统改造

6.1 一般规定

6.1.1 公共建筑采暖通风空调及生活热水供应系统的节能改造宜结合系统主要设备的更新换代和建筑物的功能升级进行。

6.1.2 确定公共建筑采暖通风空调及生活热水供应系统的节能改造方案时，应充分考虑改造施工过程中对未改造区域使用功能的影响。

6.1.3 对公共建筑的冷热源系统、输配系统、末端系统进行改造时，各系统的配置应互相匹配。

6.1.4 公共建筑采暖通风空调系统综合节能改造后应能实现供冷、供热量的计量和主要用电设备的分项计量。

6.1.5 公共建筑采暖通风空调及生活热水供应系统节能改造后应具备按实际需冷、需热量进行调节的功能。

6.1.6 公共建筑节能改造后，采暖空调系统应具备室温调控功能。

6.1.7 公共建筑采暖通风空调及生活热水供应系统的节能改造施工和调试应符合现行国家标准《建筑节能工程施工质量验收规范》GB 50411、《通风与空调工程施工质量验收规范》GB 50243 和《建筑给水排水及采暖工程施工质量验收规范》GB 50242 的规定。

6.2 冷热源系统

6.2.1 公共建筑的冷热源系统节能改造时，首先应充分挖掘现有设备的节能潜力，并应在现有设备不能满足需求时，再予以更换。

6.2.2 冷热源系统改造应根据原有冷热源运行记录，进行整个供冷、供暖季负荷的分析和计算，确定改造方案。

6.2.3 公共建筑的冷热源进行更新改造时，应在原有采暖通风空调及生活热水供应系统的基础上，根据改造后建筑的规模、使用特征，结合当地能源结构以及价格政策、环保规定等因素，经综合论证后确定。

6.2.4 公共建筑的冷热源更新改造后，系统供回水温度应能保证原有输配系统和空调末端系统的设计要求。

6.2.5 冷水机组或热泵机组的容量与系统负荷不匹配时，在确保系统安全性、匹配性及经济性的情况下，宜采用在原有冷水机组或热泵机组上，增设变频装置，以提高机组的实际运行效率。

6.2.6 对于冷热需求时间不同的区域，宜分别设置冷热源系统。

6.2.7 当更换冷热源设备时，更换后的设备性能应符合本规范附录A的规定。

6.2.8 采用蒸汽吸收式制冷机组时，应回收所产生的凝结水，凝结水回收系统宜采用闭式系统。

6.2.9 对于冬季或过渡季存在供冷需求的建筑，在保证安全运行的条件下，宜采用冷却塔供冷的方式。

6.2.10 在满足使用要求的前提下，对于夏季空调室外计算湿球温度较低、温度的日较差大的地区，空气的冷却可考虑采用蒸发冷却的方式。

6.2.11 在符合下列条件的情况下，宜采用水环热泵空调系统：

1 有较大内区且有稳定的大量余热的建筑物；

2 原建筑冷热源机房空间有限，且以出租为主的办公楼及商业建筑。

6.2.12 当更换生活热水供应系统的锅炉及加热设备时，更换后的设备应根据设定的温度，对燃料的供给量进行自动调节，并应保证其出水温度稳定；当机组不能保证出水温度稳定时，应设置贮热水罐。

6.2.13 集中生活热水供应系统的热源应优先采用工业余热、废热和冷凝热；有条件时，应利用地热和太阳能。

6.2.14 生活热水供应系统宜采用直接加热热水机组。除有其他用汽要求外，不应采用燃气或燃油锅炉制备蒸汽再进行热交换后供应生活热水的热源方式。

6.2.15 对水冷冷水机组或热泵机组，宜采用具有实时在线清洗功能的除垢技术。

6.2.16 燃气锅炉和燃油锅炉宜增设烟气热回收装置。

6.2.17 集中供热系统应设置根据室外温度变化自动调节供热量的装置。

6.2.18 确定空调冷热源系统改造方案时，应结合建筑物负荷的实际变化情况，制定冷热源系统在不同阶段的运行策略。

6.3 输配系统

6.3.1 公共建筑的空调冷热水系统改造后，系统的最大输送能效比（*ER*）应符合表6.3.1的规定。

表6.3.1 空调冷热水系统的最大输送能效比（*ER*）

管道类型	两管制热水管道			四管制热水管道	空调冷水管道
	严寒地区	寒冷地区/夏热冬冷地区	夏热冬暖地区		
ER×10⁻³	5.77	6.18	8.65	6.73	24.10

注：1 表中的数据适用于独立建筑物内的空调冷热水系统，最远环路总长度一般在200~500m范围；区域供冷（热）或超大型建筑物设集中冷（热）站，管道总长过长的水系统可参照执行。

2 表中两管制热水管道系统中的输送能效比值，不适用于采用直燃式冷（温）水机组、空气源热泵、地源热泵等作为热源，供回水温差小于10℃的系统。

6.3.2 公共建筑的集中热水采暖系统改造后，热水循环水泵的耗电输热比（EHR）应满足现行国家标准《公共建筑节能设计标准》GB 50189 的规定。

6.3.3 公共建筑空调风系统节能改造后，风机的单位风量耗功率应满足现行国家标准《公共建筑节能设计标准》GB 50189 的规定。

6.3.4 当对采暖通风空调系统的风机或水泵进行更新时，更换后的风机不应低于现行国家标准《通风机能效限定值及节能评价值》GB 19761 中的节能评价值；更换后的水泵不应低于现行国家标准《清水离心泵能效限定值及节能评价值》GB 19762 中的节能评价值。

6.3.5 对于全空气空调系统，当各空调区域的冷、热负荷差异和变化大、低负荷运行时间长，且需要分别控制各空调区温度时，宜通过增设风机变速控制装置，将定风量系统改造为变风量系统。

6.3.6 当原有输配系统的水泵选型过大时，宜采取叶轮切削技术或水泵变速控制装置等技术措施。

6.3.7 对于冷热负荷随季节或使用情况变化较大的系统，在确保系统运行安全可靠的前提下，可通过增设变速控制系统，将定水量系统改造为变水量系统。

6.3.8 对于系统较大、阻力较高、各环路负荷特性或压力损失相差较大的一次泵系统，在确保具有较大的节能潜力和经济性的前提下，可将其改造为二次泵系统，二次泵应采用变流量的控制方式。

6.3.9 空调冷却水系统应设置必要的控制手段，并应在确保系统运行安全可靠的前提下，保证冷却水系统能够随系统负荷以及外界温湿度的变化而进行自动调节。

6.3.10 对于设有多台冷水机组和冷却塔的系统，应防止系统在运行过程中发生冷水或冷却水通过不运行冷水机组而产生的旁通现象。

6.3.11 在采暖空调水系统的分、集水器和主管段处，应增设平衡装置。

6.3.12 在技术可靠、经济合理的前提下，采暖空调水系统可采用大温差、小流量技术。

6.3.13 对于设置集中热水水箱的生活热水供应系统，其供水泵宜采用变速控制装置。

6.4 末端系统

6.4.1 对于全空气空调系统，宜采取措施实现全新风和可调新风比的运行方式。新风量的控制和工况转换，宜采用新风和回风的焓值控制方法。

6.4.2 过渡季节或供暖季节局部房间需要供冷时，宜优先采用直接利用室外空气进行降温的方式。

6.4.3 当进行新、排风系统的改造时，应对可回收能量进行分析，并应合理设置排风热回收装置。

6.4.4 对于风机盘管加新风系统，处理后的新风宜直接送入各空调区域。

6.4.5 对于餐厅、食堂和会议室等高负荷区域空调通风系统的改造，应根据区域的使用特点，选择合适的系统形式和运行方式。

6.4.6 对于由于设计不合理，或者使用功能改变而造成的原有系统分区不合理的情况，在进行改造设计时，应根据目前的实际使用情况，对空调系统重新进行分区设置。

7 供配电与照明系统改造

7.1 一般规定

7.1.1 供配电与照明系统的改造不宜影响公共建筑的工作、生活环境，改造期间应有保障临时用电的技术措施。

7.1.2 供配电与照明系统的改造设计宜结合系统主要设备的更新换代和建筑物的功能升级进行。

7.1.3 供配电与照明系统的改造应在满足用电安全、功能要求和节能需要的前提下进行，并应采用高效节能的产品和技术。

7.1.4 供配电与照明系统的改造施工质量应符合现行国家标准《建筑节能工程施工质量验收规范》GB 50411 和《建筑电气工程施工质量验收规范》GB 50303 的要求。

7.2 供配电系统

7.2.1 当供配电系统改造需要增减用电负荷时，应重新对供配电容量、敷设电缆、供配电线路保护和保护电器的选择性配合等参数进行核算。

7.2.2 供配电系统改造的线路敷设宜使用原有路由进行敷设。当现场条件不允许或原有路由不合理时，应按照合理、方便施工的原则重新敷设。

7.2.3 对变压器的改造应根据用电设备实际耗电率总和，重新计算变压器容量。

7.2.4 未设置用电分项计量的系统应根据变压器、配电回路原设置情况，合理设置分项计量监测系统。分项计量电能表宜具有远传功能。

7.2.5 无功补偿宜采用自动补偿的方式运行，补偿后仍达不到要求时，宜更换补偿设备。

7.2.6 供用电电能质量改造应根据测试结果确定需进行改造的位置和方法。对于三相负载不平衡的回路宜采用重新分配回路上用电设备的方法；功率因数的改善宜采用无功自动补偿的方式；谐波治理应根据谐波源制定针对性方案，电压偏差高于标准值时宜采用合理方法降低电压。

7.3 照明系统

7.3.1 照明配电系统改造设计时各回路容量应按现行国家标准《建筑照明设计标准》GB 50034 的规定

对原回路容量进行校核，并应选择符合节能评价值和节能效率的灯具。

7.3.2 当公共区照明采用就地控制方式时，应设置声控或延时等感应功能；当公共区照明采用集中监控系统时，宜根据照度自动控制照明。

7.3.3 照明配电系统改造设计宜满足节能控制的需要，且照明配电回路应配合节能控制的要求分区、分回路设置。

7.3.4 公共建筑进行节能改造时，应充分利用自然光来减少照明负荷。

8 监测与控制系统改造

8.1 一般规定

8.1.1 对建筑物内的机电设备进行监视、控制、测量时，应做到运行安全、可靠、节省人力。

8.1.2 监测与控制系统应实时采集数据，对设备的运行情况进行记录，且应具有历史数据保存功能，与节能相关的数据应能至少保存 12 个月。

8.1.3 监测与控制系统改造应遵循下列原则：

1 应根据控制对象的特性，合理设置控制策略；

2 宜在原控制系统平台上增加或修改监控功能；

3 当需要与其他控制系统连接时，应采用标准、开放接口；

4 当采用数字控制系统时，宜将变配电、智能照明等机电设备的监测纳入该系统之中；

5 涉及修改冷水机组、水泵、风机等用电设备运行参数时，应做好保护措施；

6 改造应满足管理的需求。

8.1.4 冷热源、采暖通风空调系统的监测与控制系统调试，应在完成各自的系统调试并达到设计参数后再进行，并应确认采用的控制方式能满足预期的控制要求。

8.2 采暖通风空调及生活热水供应系统的监测与控制

8.2.1 节能改造后，集中采暖与空气调节系统监测与控制应符合现行国家标准《公共建筑节能设计标准》GB 50189 的规定。

8.2.2 冷热源监控系统宜对冷冻、冷却水进行变流量控制，并应具备连锁保护功能。

8.2.3 公共场合的风机盘管温控器宜联网控制。

8.2.4 生活热水供应监控系统应具备下列功能：

1 热水出口压力、温度、流量显示；

2 运行状态显示；

3 顺序启停控制；

4 安全保护信号显示；

5 设备故障信号显示；

6 能耗量统计记录；

7 热交换器按设定出水温度自动控制进汽或进水量；

8 热交换器进汽或进水阀与热水循环泵连锁控制。

8.3 供配电与照明系统的监测与控制

8.3.1 低压配电系统电压、电流、有功功率、功率因数等监测参数宜通过数据网关与监测与控制系统集成，满足用电分项计量的要求。

8.3.2 照明系统的监测及控制宜具有下列功能：

1 分组照明控制；

2 经济技术合理时，宜采用办公区域的照明调节控制；

3 照明系统与遮阳系统的联动控制；

4 走道、门厅、楼梯的照明控制；

5 洗手间的照明控制与感应控制；

6 泛光照明的控制；

7 停车场照明控制。

9 可再生能源利用

9.1 一般规定

9.1.1 公共建筑进行节能改造时，有条件的场所应优先利用可再生能源。

9.1.2 当公共建筑采用可再生能源时，其外围护结构的性能指标宜符合现行国家标准《公共建筑节能设计标准》GB 50189 的规定。

9.2 地源热泵系统

9.2.1 公共建筑的冷热源改造为地源热泵系统前，应对建筑物所在地的工程场地及浅层地热能资源状况进行勘察，并应从技术可行性、可实施性和经济性等三方面进行综合分析，确定是否采用地源热泵系统。

9.2.2 公共建筑的冷热源改造为地源热泵系统时，地源热泵系统的工程勘察、设计、施工及验收应符合现行国家标准《地源热泵系统工程技术规范》GB 50366 的规定。

9.2.3 公共建筑的冷热源改造为地源热泵系统时，宜保留原有系统中与地源热泵系统相适合的设备和装置，构成复合式系统；设计时，地源热泵系统宜承担基础负荷，原有设备宜作为调峰或备用措施。

9.2.4 地源热泵系统供回水温度，应能保证原有输配系统和空调末端系统的设计要求。

9.2.5 建筑物有生活热水需求时，地源热泵系统宜采用热泵热回收技术提供或预热生活热水。

9.2.6 当地源热泵系统地埋管换热器的出水温度、地下水或地表水的温度满足末端进水温度需求时，应设置直接利用的管路和装置。

9.3 太阳能利用

9.3.1 公共建筑进行节能改造时，应根据当地的年太阳辐照量和年日照时数确定太阳能的可利用情况。

9.3.2 公共建筑进行节能改造时，采用的太阳能系统形式，应根据所在地的气候、太阳能资源、建筑物类型、使用功能、业主要求、投资规模及安装条件等因素综合确定。

9.3.3 在公共建筑上增设或改造的太阳能热水系统，应符合现行国家标准《民用建筑太阳能热水系统应用技术规范》GB 50364 的规定。

9.3.4 采用太阳能光伏发电系统时，应根据当地的太阳辐照参数和建筑的负载特性，确定太阳能光伏系统的总功率，并应依据所设计系统的电压电流要求，确定太阳能光伏电板的数量。

9.3.5 太阳能光伏发电系统生产的电能宜为建筑自用，也可并入电网。并入电网的电能质量应符合现行国家标准《光伏系统并网技术要求》GB/T 19939 的要求，并应符合相关的安全与保护要求。

9.3.6 太阳能光伏发电系统应设置电能计量装置。

9.3.7 连接太阳能光伏发电系统和电网的专用低压开关柜应有醒目标识。标识的形状、颜色、尺寸和高度应符合现行国家标准《安全标志》GB 2894 和《安全标志使用导则》GB 16179 的规定。

10 节能改造综合评估

10.1 一般规定

10.1.1 公共建筑节能改造后，应对建筑物的室内环境进行检测和评估，室内热环境应达到改造设计要求。

10.1.2 公共建筑节能改造后，应对建筑内相关的设备和运行情况进行检查。

10.1.3 公共建筑节能改造后，应对被改造的系统或设备进行检测和评估，并应在相同的运行工况下采取同样的检测方法。

10.1.4 公共建筑节能改造后，应定期对节能效果进行评估。

10.2 节能改造效果检测与评估

10.2.1 节能改造效果应采用节能量进行评估。改造后节能量应按下式进行计算：

$$E_{con} = E_{baseline} - E_{pre} + E_{cal} \quad (10.2.1)$$

式中 E_{con}——节能措施的节能量；

$E_{baseline}$——基准能耗，即节能改造前，1 年内设备或系统的能耗，也就是改造前的能耗；

E_{pre}——当前能耗，即改造后的能耗；

E_{cal}——调整量。

10.2.2 节能效果应按下列步骤进行检测和评估：

1 针对项目特点制定具体的检测和评估方案；

2 收集改造前的能耗及运行数据；

3 收集改造后的能耗和运行数据；

4 计算节能量并进行评估；

5 撰写节能改造效果评估报告。

10.2.3 节能改造效果可采用下列 3 种方法进行评估：

1 测量法；

2 账单分析法；

3 校准化模拟法。

10.2.4 符合下列情况之一时，宜采用测量法进行评估：

1 仅需评估受节能措施影响的系统的能效；

2 节能措施之间或与其他设备之间的相互影响可忽略不计或可测量和计算；

3 影响能耗的变量可以测量，且测量成本较低；

4 建筑内装有分项计量表；

5 期望得到单个节能措施的节能量；

6 参数的测量费用比采用校准化模拟法的模拟费用低。

10.2.5 符合下列情况之一时，宜采用账单分析法进行评估：

1 需评估改造前后整幢建筑的能效状况；

2 建筑中采取了多项节能措施，且存在显著的相互影响；

3 被改造系统或设备与建筑内其他部分之间存在较大的相互影响，很难采用测量法进行测量或测量费用很高；

4 很难将被改造的系统或设备与建筑的其他部分的能耗分开；

5 预期的节能量比较大，足以摆脱其他影响因素对能耗的随机干扰。

10.2.6 符合下列情况之一时，宜采用校准化模拟法进行评估：

1 无法获得整幢建筑改造前或改造后的能耗数据，或获得的数据不可靠；

2 建筑中采取了多项节能措施，且存在显著的相互影响；

3 采用多项节能措施的项目中需要得到每项节能措施的节能效果，用测量法成本过高；

4 被改造系统或设备与建筑内其他部分之间存在较大的相互影响，很难采用测量法进行测量或测量费用很高；

5 被改造的建筑和采取的节能措施可以用成熟的模拟软件进行模拟，并有实际能耗或负荷数据进行比对；

6 预期的节能量不够大，无法采用账单分析法通过账单或表计数据将其区分出来。

10.2.7 采用测量法进行评估时，应符合下列规定：

1 当被改造系统或设备运行负荷较稳定时，可只测量关键参数，其他参数宜估算确定；

2 当被改造系统或设备运行负荷变化较大时，应对与能耗相关的所有参数进行测量；

3 当实施节能改造的设备数量较多时，宜对被改造的设备进行抽样测量。

10.2.8 采用校准化模拟法进行评估时，应符合下列规定：

1 评估前应制定校准化模拟方案；

2 应采用逐时能耗模拟软件，且气象资料应为1年（8760h）的逐时气象参数；

3 除了节能改造措施外，改造前的能耗模型（基准能耗模型）和改造后的能耗模型应采用相同的输入条件；

4 能耗模拟输出的逐月能耗和峰值结果应与实际账单数据进行比对，月误差应控制在±15%之内，均方差应控制在±10%之内。

10.2.9 计算节能量时，应进行不确定性分析，并应注明计算得到节能量的不确定度或模型的精度。

附录 A 冷热源设备性能参数选择

A.0.1 当更换电机驱动压缩机的蒸汽压缩循环冷水机组或热泵机组时，在额定制冷工况和规定条件下，机组的制冷性能系数（COP）不应低于表 A.0.1 的规定。

表 A.0.1 冷水机组或热泵机组制冷性能系数

类 型		额定制冷量 CC（kW）	性能系数 COP（W/W）
水 冷	活塞式/涡旋式	<528	4.10
		528~1163	4.30
		>1163	4.60
	螺杆式	<528	4.40
		528~1163	4.70
		>1163	5.10
	离心式	<528	4.70
		528~1163	5.10
		>1163	5.60
风冷或蒸发冷却	活塞式/涡旋式	≤50	2.60
		>50	2.80
	螺杆式	≤50	2.80
		>50	3.00

A.0.2 当更换电机驱动压缩机的蒸汽压缩循环冷水机组或热泵机组时，机组综合部分负荷性能系数

（IPLV）不应低于现行国家标准《公共建筑节能设计标准》GB 50189 的规定。

A.0.3 当更换名义制冷量大于 7100W、采用电机驱动压缩机的单元式空气调节机、风管送风式和屋顶式空调（热泵）机组时，在名义制冷工况和规定条件下，机组能效比（EER）不应低于表 A.0.3 中的规定。

表 A.0.3 机组能效比

类 型		能效比（W/W）
风冷式	不接风管	2.80
	接风管	2.50
水冷式	不接风管	3.20
	接风管	2.90

A.0.4 当更换蒸汽、热水型溴化锂吸收式冷水机组及直燃型溴化锂吸收式冷（温）水机组时，机组的性能系数不应低于现行国家标准《公共建筑节能设计标准》GB 50189 的规定。

A.0.5 当更换多联式空调（热泵）机组时，机组的制冷综合性能系数不应低于表 A.0.5 的规定。

表 A.0.5 多联式空调（热泵）机组的制冷综合性能系数

名义制冷量 CC（W）	制冷综合性能系数（W/W）
CC≤28000	3.20
28000<CC≤84000	3.15
CC>84000	3.10

注：1 多联式空调（热泵）机组包含双制冷循环和多制冷循环系统。

2 制冷综合性能系数按《多联式空调（热泵）机组》GB/T 18837 规定的工况进行试验和计算。

A.0.6 当更换房间空调器时，其能效等级不应低于表 A.0.6 的规定。房间空调器的能效等级测试方法应按照现行国家标准《房间空气调节器》GB/T 7725、《单元式空气调节机》GB/T 17758 的规定执行。

表 A.0.6 房间空调器能效等级

类型	额定制冷量 CC（W）	能效等级 EER（W/W） 2
整体式	—	2.90
分体式	CC≤4500	3.20
	4500<CC≤7100	3.10
	7100<CC≤14000	3.00

A.0.7 当更换转速可控型房间空调器时，其能效等级不应低于表 A.0.7 的规定。转速可控型房间空调器能效等级的测试方法应按照现行国家标准《房间空气调节器》GB/T 7725 的规定执行。

表 A.0.7 转速可控型房间空调器能效等级

类型	额定制冷量 CC（W）	能效等级 EER（W/W）
		3
分体式	$CC \leqslant 4500$	3.90
	$4500 < CC \leqslant 7100$	3.60
	$7100 < CC \leqslant 14000$	3.30

注：能效等级的实测值保留两位小数。

A.0.8 当更换锅炉时，锅炉的额定效率不应低于现行国家标准《公共建筑节能设计标准》GB 50189 的规定。

本规范用词说明

1 为便于在执行本规范条文时区别对待，对要求严格程度不同的用词说明如下：

1）表示很严格，非这样做不可的用词：
正面词采用"必须"，反面词采用"严禁"；

2）表示严格，在正常情况下均应这样做的用词：
正面词采用"应"，反面词采用"不应"或"不得"；

3）表示允许稍有选择，在条件许可时首先应这样做的用词：
正面词采用"宜"，反面词采用"不宜"；
表示有选择，在一定条件下可以这样做的用词，采用"可"。

2 规范中指明应按其他有关标准执行的写法为："应符合……的规定"或"应按……执行"。

引用标准名录

1 《建筑设计防火规范》GB 50016
2 《建筑照明设计标准》GB 50034
3 《高层民用建筑设计防火规范》GB 50045
4 《自动化仪表工程施工及验收规范》GB 50093
5 《民用建筑热工设计规范》GB 50176
6 《公共建筑节能设计标准》GB 50189
7 《屋面工程质量验收规范》GB 50207
8 《建筑内部装修设计防火规范》GB 50222
9 《建筑给水排水及采暖工程施工质量验收规范》GB 50242
10 《通风与空调工程施工质量验收规范》GB 50243
11 《建筑电气工程施工质量验收规范》GB 50303
12 《屋面工程技术规范》GB 50345
13 《民用建筑太阳能热水系统应用技术规范》GB 50364
14 《地源热泵系统工程技术规范》GB 50366
15 《建筑节能工程施工质量验收规范》GB 50411
16 《安全标志》GB 2894
17 《建筑外门窗气密、水密、抗风压性能分级及检测方法》GB/T 7106
18 《安全标志使用导则》GB 16179
19 《通风机能效限定值及节能评价值》GB 19761
20 《清水离心泵能效限定值及节能评价值》GB 19762
21 《光伏系统并网技术要求》GB/T 19939
22 《建筑幕墙》GB/T 21086
23 《金属与石材幕墙工程技术规范》JGJ 133
24 《外墙外保温工程技术规程》JGJ 144
25 《混凝土结构后锚固技术规程》JGJ 145
26 《公共建筑节能检验标准》JGJ 177

中华人民共和国行业标准

公共建筑节能改造技术规范

JGJ 176—2009

条 文 说 明

制 订 说 明

《公共建筑节能改造技术规范》JGJ 176—2009 经住房和城乡建设部 2009 年 5 月 19 日以第 313 号公告批准发布。

为便于广大设计、施工、科研、学校等单位的有关人员在使用本规程时能正确理解和执行条文规定，《公共建筑节能改造技术规范》编制组按章、节、条顺序编制了本规程的条文说明，供使用时参考。在使用中如发现本条文说明有不妥之处，请将意见函寄中国建筑科学研究院。

目　次

1 总 则

1.0.1 据推算，我国现有公共建筑面积约 45 亿 m²，为城镇建筑面积的 27%，占城乡房屋建筑总面积的 10.7%，但公共建筑能耗约占建筑总能耗的 20%。公共建筑单位能耗较居住建筑高很多，以北京市为例，普通居民住宅每年的用电能耗仅为 10～20kWh/m²，而大型公共建筑平均每年的耗电量约为 150kWh/m²，是普通居民住宅用电能耗的 7.5～15 倍，因此公共建筑节能潜力巨大。

对公共建筑，过去在节能降耗方面重视不够，规范也不健全，2005 年才正式颁布《公共建筑节能设计标准》GB 50189，对新建或改、扩建公共建筑节能设计进行了规范，而对于大量的没有达到现行国家标准《公共建筑节能设计标准》GB 50189 的既有公共建筑，如何进行节能改造，目前还没有标准可依。制定并实施公共建筑节能改造标准，将改善既有公共建筑用能浪费的状况，推进建筑节能工作的开展，为实现国家节约能源和保护环境的战略作出贡献。

1.0.2 公共建筑包括办公、旅游、商业、科教文卫、通信及交通运输用房等。在公共建筑中，尤以办公建筑、高档旅馆及大中型商场等几类建筑，在建筑标准、功能及空调系统等方面有许多共性，而且能耗高、节能潜力大。因此，办公建筑、旅游建筑、商业建筑是公共建筑节能改造的重点领域。

在公共建筑（特别是高档办公楼、高档旅馆建筑及大型商场）的全年能耗中，大约 50%～60% 消耗于采暖、通风、空调、生活热水，20%～30% 用于照明。而在采暖、通风、空调、生活热水这部分能耗中，大约 20%～50% 由外围护结构传热所消耗（夏热冬暖地区大约 20%，夏热冬冷地区大约 35%，寒冷地区大约 40%，严寒地区大约 50%），30%～40% 为处理新风所消耗。从目前情况分析，公共建筑在外围护结构、采暖通风空调生活热水及照明方面有较大的节能潜力。所以本规范节能改造的主要目标是降低采暖、通风、空调、生活热水及照明方面的能源消耗。电梯节能也是公共建筑节能的重要组成部分，但由于电梯设备在应用及管理上的特殊性，电器设备的节能主要取决于产品，因此本规范不包括电梯、电器设备、炊事等方面的内容。

电器设备是指办公设备（电脑、打印机、复印机、传真机等）、饮水机、电视机、监控器等与采暖、通风、空调、生活热水及照明无关的用电设备。

本规范仅涉及建筑外围护结构、用能设备及系统等方面的节能改造。改造完毕后，运行管理节能至关重要。但由于运行方面的节能不单纯是技术问题，很大程度上取决于运行管理的水平，因此，本规范未包括运行管理方面的内容。

1.0.3 公共建筑节能改造的目的是节约能源消耗和改善室内热环境，但节约能源不能以降低室内热舒适度作为代价，所以要在保证室内热舒适环境的基础上进行节能改造。室内热舒适环境应该满足现行国家标准《采暖通风与空气调节设计规范》GB 50019 和《公共建筑节能设计标准》GB 50189 的相关规定。

1.0.4 节能改造的原则是最大限度挖掘现有设备和系统的节能潜力，通过节能改造，降低高能耗环节，提高系统的实际运行能效。

1.0.5 本规范对公共建筑进行节能改造时的节能诊断、节能改造判定原则与方法、进行节能改造的具体措施和方法及节能改造评估等内容进行了规定，但公共建筑节能改造涉及的专业较多，相关专业均制定有相应的标准及规定，特别是进行节能改造时，应保证改造建筑在结构、防火等方面符合相关标准的规定。因此在进行公共建筑节能改造时，除应符合本规范外，尚应符合国家现行的有关标准的规定。

3 节 能 诊 断

3.1 一 般 规 定

3.1.2 建筑物的竣工图、设备的技术参数和运行记录、室内温湿度状况、能源消费账单等是进行公共建筑节能诊断的重要依据，节能诊断前应予以提供。室内温湿度状况指建筑使用或管理人员对房间室内温湿度的概括性评价，如舒适、不舒适、偏热、偏冷等。

3.1.3 子系统节能诊断报告中系统概况是对子系统工程（建筑外围护结构、采暖通风空调及生活热水供应系统、供配电与照明系统、监测与控制系统）的系统形式、设备配置等情况进行文字或图表说明；检测结果为子系统工程测试结果；节能诊断与节能分析是依据节能改造判定原则与方法，在检测结果的基础上发现子系统工程存在节能潜力的环节并计算节能潜力；改造方案与经济性分析要提出子系统工程进行节能改造的具体措施并进行静态投资回收期计算。项目节能诊断报告是对各子系统节能诊断报告内容的综合、汇总。

3.1.5 为确保节能诊断结果科学、准确、公正，要求从事公共建筑节能检测的机构需要通过计量认证，且通过计量认证项目中应包括现行行业标准《公共建筑节能检验标准》JGJ 177 中规定的项目。

3.2 外围护结构热工性能

3.2.1 我国幅员辽阔，不同地区气候差异很大，公共建筑外围护结构节能改造时应考虑气候的差异。严寒、寒冷地区公共建筑外围护结构节能改造的重点应关注建筑本身的保温性能，而夏热冬暖地区应重点关注建筑本身的隔热与通风性能，夏热冬冷地区则二者均需兼顾。因此不同地区公共建筑外围护结构节能诊断的重点应有所差异。外围护结构的检测项目可根据建筑物所处气候区、外围护结构类型有所侧重，对上述检测项目进行选择性节能诊断。检测方法参照国家现行标准《建筑节能工程施工质量验收规范》GB 50411和《公共建筑节能检验标准》JGJ 177的有关规定。

建筑物外围护结构主体部位主要是指外围护结构中不受热桥、裂缝和空气渗漏影响的部位。外围护结构主体部位传热系数测试时测点位置应不受加热、制冷装置和风扇的直接影响，被测区域的外表面也应避免雨雪侵袭和阳光直射。

3.3 采暖通风空调及生活热水供应系统

3.3.1 由于不同公共建筑采暖通风空调及生活热水供应系统形式不同，存在问题不同，相应节能潜力也不同，节能诊断项目应根据具体情况选择确定。节能诊断相关参数的测试参见现行行业标准《公共建筑节能检验标准》JGJ 177。由于冷源及其水系统的节能诊断是在运行工况下进行的，而现行国家标准《公共建筑节能设计标准》GB 50189—2005中规定的集中热水采暖系统热水循环水泵的耗电输热比（EHR）和空调冷热水系统循环水泵的输送能效比（ER）是设计工况下的数据，不便作为判定的依据，故在检测项目中不包含该两项指标，而是以水系统供回水温差、水泵效率及冷源系统能效系数代替此项性能。能量回收装置性能测试可参考现行国家标准《空气—空气能量回收装置》GB/T 21087的规定。

3.4 供配电系统

3.4.1 供配电系统是为建筑内所有用电设备提供动力的系统，因此用电设备是否运行合理、节能均从消耗电量来反映，因此其系统状况及合理性直接影响了建筑节能用电的水平。

3.4.2 根据有关部门规定应淘汰能耗高、落后的机电产品，检查是否有淘汰产品存在。

3.4.3 根据观察每台变压器所带常用设备一个工作周期耗电量，或根据目前正在运行的用电设备铭牌功率总和，核算变压器负载率，当变压器平均负载率在60%～70%时，为合理节能运行状况。

3.4.4 常用供电主回路一般包括：

1 变压器进出线回路；
2 制冷机组主供电回路；
3 单独供电的冷热源系统附泵回路；
4 集中供电的分体空调回路；
5 给水排水系统供电回路；
6 照明插座主回路；
7 电子信息系统机房；
8 单独计量的外供电回路；
9 特殊区供电回路；
10 电梯回路；
11 其他需要单独计量的用电回路。

以上这些回路设置是根据常规电气设计而定的，一般是指低压配电室内的配电柜的馈出线，分项计量原则上不在楼层配电柜（箱）处设置表计。基于这条原则，照明插座主回路就是指配电室内配电柜中的出线，而不包括层照明配电箱的出线。

对变压器进出线进行计量是为了实时监视变压器的损耗，因为负载损耗是随着建筑物内用电设备用电量的大小而变化的。

特殊区供电回路负载特性是指餐饮，厨房，信息中心，多功能区，洗浴，健身房等混合负载。

外供电是指出租部分的用电，也是混合负载，如一栋办公楼的一层出租给商场，包括照明、自备集中空调、地下超市的冷冻保鲜设备等，这部分供电费用需要与大厦物业进行结算，涉及内部的收费管理。

分项计量电能回路用电量校核检验采用现行行业标准《公共建筑节能检验标准》JGJ 177规定的方法。

3.4.5 建筑物内低压配电系统的功率因数补偿应满足设计要求，或满足当地供电部门的要求。要求核查调节方式主要是为了保证任何时候无功补偿均能达到要求，若建筑内用电设备出现周期性负荷变化很大的情况，如果未采用正确的补偿方式很容易造成电压水平不稳定的现象。

3.4.6 随着建筑物内大量使用的计算机、各种电子设备、变频电器、节能灯具及其他新型办公电器等，使供配电网的非线性（谐波）、非对称性（负序）和波动性日趋严重，产生大量的谐波污染和其他电能质量问题。这些电能质量问题会引起中性线电流超过相线电流、电容器爆炸、电机的烧损、电能计量不准、变压器过热、无功补偿系统不能正常投运、继电器保护和自动装置误动跳闸等危害。同时许多网络中心，广播电视台，大型展览馆和体育场馆，急救中心和医院的手术室等大量使用的敏感设备对供配电系统的电能质量也提出了更高和更严格的要求，因此应重视电能质量问题。三相电压不平衡度、功率因数、谐波电压及谐波电流、电压偏差检验均采用现行行业标准《公共建筑节能检验标准》JGJ 177规定的方法。

3.5 照 明 系 统

3.5.1 灯具类型诊断方法为核查光源和附件型号，是否采用节能灯具，其能效等级是否满足国家相关标准。

荧光灯具包括光源部分、反光罩部分和灯具配件部分，灯具配件耗电部分主要是镇流器，国家对光源和镇流器部分的能效限定值都有相关标准，而我们使用灯具一般都配有反光罩，对于反光罩的反射效率国家目前没有相关规定，因此需要对灯具的整体效率有一个评判。照度值是测评照明是否符合使用要求的一个重要指标，防止有人为了达到规定的照明功率密度而使用照度水平低劣的产品，虽然可以满足功率密度指标而不能满足使用功能的需要。

照明功率密度值是衡量照明耗电是否符合要求的重要指标，需要根据改造前的实际功率密度值判断是否需要进行改造。

照明控制诊断方法为核查是否采用分区控制，公共区控制是否采用感应、声音等合理有效控制方式。目前公共区照明是能耗浪费的重灾区，经常出现长明灯现象，单靠人为的管理很难做到合理利用，因此需要对这部分照明加强控制和管理。

照明系统诊断还应检查有效利用自然光情况，有效利用自然光诊断方法为核查在靠近采光窗处的灯具能否在满足照度要求时手动或自动关闭。其采光系数和采光窗的面积比应符合规范要求。

照明灯具效率、照度值、功率密度值、公共区照明控制检验均采用《公共建筑节能检验标准》JGJ 177 中规定的检验方法。

3.5.2 照明系统节电率是衡量照明系统改造后节能效果的重要量化指标，它比照明功率密度指标更直接更准确地反映了改造后照明实际节省的电能。

3.6 监测与控制系统

3.6.1 现行国家标准《公共建筑节能设计标准》GB 50189—2005 中规定集中采暖与空气调节系统监测与控制的基本要求：

1 对于冷、热源系统，控制系统应满足下列基本要求：

 1）冷、热量瞬时值和累计值的监测，冷水机组优先采用由冷量优化控制运行台数的方式；

 2）冷水机组或热交换器、水泵、冷却塔等设备连锁启停；

 3）供、回水温度及压差的控制或监测；

 4）设备运行状态的监测及故障报警；

 5）技术可靠时，宜考虑冷水机组出水温度优化设定。

2 对于空气调节冷却水系统，应满足下列基本控制要求：

 1）冷水机组运行时，冷却水最低回水温度的控制；

 2）冷却塔风机的运行台数控制或风机调速控制；

 3）采用冷却塔供应空气调节冷水时的供水温度控制；

 4）排污控制。

3 对于空气调节风系统（包括空气调节机组），应满足下列基本控制要求：

 1）空气温、湿度的监测和控制；

 2）采用定风量全空气空调系统时，宜采用变新风比焓值控制方式；

 3）采用变风量系统时，风机宜采用变速控制方式；

 4）设备运行状态的监测及故障报警；

 5）需要时，设置盘管防冻保护；

 6）过滤器超压报警或显示。

对间歇运行的空调系统，宜设自动启停控制装置；控制装置应具备按照预定时间进行最优启停的功能。

采用二次泵系统的空气调节水系统，其二次泵应采用自动变速控制方式。

对末端变水量系统中的风机盘管，应采用电动温控阀和三档风速结合的控制方式。

其中，空气温、湿度的监测和控制、供、回水压差的控制及末端变水量系统中的风机盘管控制性能检测均采用现行行业标准《公共建筑节能检验标准》JGJ 177 中规定的检验方法。

通常，生活热水系统监测与控制的基本要求包括：

1 供水量瞬时值和累计值的监测；

2 热源及水泵等设备连锁启停；

3 供水温度控制或监测；

4 设备运行状态的监测及故障报警。

照明、动力设备监测与控制应具有对照明或动力主回路的电压、电流、有功功率、功率因数、有功电度（kW/h）等电气参数进行监测记录的功能，以及对供电回路电器元件工作状态进行监测、报警的功能。检测方法采用现行行业标准《公共建筑节能检验标准》JGJ 177 中规定的检验方法。

3.6.2 阀门型号和执行器应配套，参数应符合设计要求，其安装位置、阀前后直管段长度、流体方向等应符合产品安装要求；执行器的安装位置、方向应符合产品要求。变频器型号和参数应符合设计要求及国家有关规定；流量仪表的型号和参数、仪表前后的直管段长度等应符合产品要求；压力和差压仪表的取压点、仪表配套的阀门安装应符合产品要求；温度传感器精度、量程应符合设计要求；安装位置、插入深度应符合产品要求等。传感器（包括温湿度、风速、流量、压力等）数据是否准确，量程是否合理，阀门执行器与阀门旋转方向是否一致，阀门开闭是否灵活，手动操作是否有效；变频器、节电器等设备是否处于自控状态，现场控制器是否工作正常（包括通信、输入输出点，电池等）等。监测与控制系统中安装了大量的传感器、阀门及配套执行器、变频器等现场设备，这些现场设备的安装直接影响控制功能和控制精度，因此应特别注意这些设备的安装和线路敷设方式，严格按照产品说明书的要求安装，产品说明中没有注明安装方式的应按照现行国家标准《自动化仪表工程施工及验收规范》GB 50093 的规定执行。

3.7 综合诊断

3.7.1 综合诊断的目的是为了在外围护结构热工性能、采暖通风空调及生活热水供应系统、供配电与照明系统、监测与控制系统分项诊断的基础上，对建筑物整体节能性能进行综合诊断，并给出建筑物的整体能源利用状况和节能潜力。

3.7.2 节能诊断总报告是在外围护结构、采暖通风空调及生活热水供应系统、供配电与照明系统、监测与控制系统各分报告的基础上，对建筑物的整体能耗量及其变化规律、能耗构成和分项能耗进行汇总与分析；针对各分报告中确定的主要问题、重点节能环节及其节能潜力，通过技术经济分析，提出建筑物综合节能改造方案。

4 节能改造判定原则与方法

4.1 一般规定

4.1.1 节能诊断涉及公共建筑外围护结构的热工性能、采暖通风空调及生活热水供应系统、供配电与照明系统以及监测与控制系统等方面的内容。节能改造内容的确定应根据目前系统的实际运行能效、节能改造的潜力以及节能改造的经济性综合确定。

4.1.2 单项判定是针对某一单项指标是否进行节能改造的判定；分项判定是针对外围护结构或采暖通风空调及生活热水供应系统或照明系统是否进行节能改造的判定；综合判定是综合考虑外围护结构、采暖通风空调及生活热水供应系统及照明系统是否进行节能改造的判定。

分项判定方法及综合判定方法是通过计算节能率及静态投资回收期进行判定，可以预测公共建筑进行节能改造时的节能潜力。

单项判定、分项判定、综合判定之间是并列的关系，满足任何一种判定原则，都可进行相应节能改造。

本规范提供了单项、分项、综合三种判定方法，业主可以根据需要选择采取一种或多种判定方法以及改造方案。

4.2 外围护结构单项判定

4.2.1 公共建筑在进行结构、防火等改造时，如涉及外围护结构保温隔热方面时，可考虑同步进行外围护结构方面的节能改造。但外围护结构是否需要节能改造，需结合公共建筑节能改造判定原则与方法确定。

4.2.2 严寒、寒冷地区主要考虑建筑的冬季防寒保温，建筑外围护结构传热系数对建筑的采暖能耗影响很大，提高这一地区的外围护结构传热系数，有利于提高改造对象的节能潜力，并满足节能改造的经济性综合要求。未设保温或保温破损面积过大的建筑，当进入冬季供暖期时，外墙内表面易产生结露现象，会造成外围护结构内表面材料受潮，严重影响室内环境。因此，对此类公共建筑节能改造时，应强化其外围护结构的保温要求。

夏热冬冷、夏热冬暖地区太阳辐射得热是造成夏季室内过热的主要原因，对建筑能耗的影响很大。这一地区应主要关注建筑外围护结构的夏季隔热，当公共建筑采用轻质结构和复合结构时，应提高其外围护结构的热稳定性，不能简单采用增加墙体、屋面保温隔热材料厚度的方式来达到降低能耗的目的。

外围护结构节能改造的单项判定中，外墙、屋面的热工性能考虑了现行国家标准《民用建筑热工设计规范》GB 50176 的设计要求，确定了判定的最低限值。

4.2.3 外窗、透明幕墙对建筑能耗高低的影响主要有两个方面，一是外窗和透明幕墙的热工性能影响冬季采暖、夏季空调室内外温差传热；另外就是窗和幕墙的透明材料（如玻璃）受太阳辐射影响而造成的建筑室内的得热。冬季，通过窗口和透明幕墙进入室内的太阳辐射有利于建筑的节能，因此，减小窗和透明幕墙的传热系数，抑制温差传热是降低窗口和透明幕墙热损失的主要途径之一；夏季，通过窗口透明幕墙进入室内的太阳辐射成为空调降温的负荷，因此，减少进入室内的太阳辐射以及减小窗或透明幕墙的温差传热都是降低空调能耗的途径。

外窗及透明幕墙的传热系数及综合遮阳系数的判定综合考虑了现行国家标准《采暖通风与空气调节设计规范》GB 50019 和原有《旅游旅馆建筑及空气调节节能设计标准》GB 50189—93（现已废止）的设计要求，并进行相应的补充，确定了判定外围护结构节能改造的最低限值。

许多公共建筑外窗的可开启率有逐渐下降的趋势，有的甚至使外窗完全封闭。在春、秋季节和冬、夏季的某些时段，开窗通风是减少空调设备的运行时间、改善室内空气质量和提高室内热舒适性的重要手段。对于有很多内区的公共建筑，扩大外窗的可开启面积，会显著增强建筑室内的自然通风降温效果。参考北京市《公共建筑节能设计标准》DBJ 01—621，采用占外墙总面积比例来控制外窗的可开启面积。而12%的外墙总面积，相当于窗墙比为 0.40 时，30%的窗面积。超高层建筑外窗的开启判定不执行本条规定。对于特别设计的透明幕墙，如双层幕墙，透明幕墙的可开启面积应按照双层幕墙的内侧立面上的可开启面积计算。

实际改造工程判定中，当遇到外窗及透明幕墙的热工性能优于条文规定的最低限值时，而业主有能力进行外立面节能改造的，也应在根据分项判定和综合判定后，确定节能改造的内容。

4.2.4 夏季屋面水平面太阳辐射强度最大，屋面的透明面积越大，相应建筑的能耗也越大，而屋面透明部分冬季天空辐射的散热量也很大，因此对屋面透明部分的热工性能改造应予以重视。

4.3 采暖通风空调及生活热水供应系统单项判定

4.3.1 按中国目前的制造水平和运行管理水平，冷、热源设备的使用年限一般为 15 年，但由于南北地域、气候差异等因素导致设备使用时间不同，在具体改造过程中，要根据设备实际运行状况来判定是否需要改造或更换。冷、热源设备所使用的燃料或工质要符合国家的相关政策。1991 年我国政府签署了《关于消耗臭氧层物质的蒙特利尔协议书》伦敦修正案，成为按该协议书第五条第一款行事的缔约国。我国编制的《中国消耗臭氧层物质逐步淘汰国家方案》由国务院批准，其中规定，对臭氧层有破坏作用的 CFC-11、CFC-12 制冷剂最终禁用时间为 2010 年 1 月 1 日。同时，我国政府在《蒙特利尔议定书》多边基金执委会上申请并获批准加速淘汰 CFC 计划，定于 2007 年 7 月 1 日起完全停止 CFC 的生产和消费，比原规定提前了两年半。对于目前广泛用于空气调节制冷设备的 HCFC-22 以及 HCFC-123 制冷剂，按"蒙特利尔议定书缔约方第十九次会议"对第五条缔约方的规定，我国将于 2030 年完成其生产与消费的加速淘汰，至 2030 年削减至 2.5%。

4.3.2 本条文中锅炉的运行效率是指锅炉日平均运行效率，其数值是根据现有锅炉实际运行状况确定的，且其值低于现行行业标准《居住建筑节能检测标准》JGJ 132—2009 中规定的节能合格指标值，如表 1 所示。锅炉日平均运行效率测试条件和方法见现行行业标准《居住建筑节能检测标准》JGJ 132。

表 1　采暖锅炉日平均运行效率

锅炉类型、燃料种类		在下列锅炉额定容量（MW）下的日平均运行效率（%）						
		0.7	1.4	2.8	4.2	7.0	14.0	>28.0
燃煤	烟煤 II	—	—	65	66	70	70	71
	烟煤 III	—	—	66	68	70	71	73
燃油、燃气		77	78	78	79	80	81	81

4.3.3 现行国家标准《冷水机组能效限定值及能源效率等级》GB 19577—2004 中，5 级产品是未来淘汰的产品，所以本条文对冷水机组或热泵机组制冷性能系数的规定以 5 级或低于 5 级作为进行改造或更换的依据。其中，水冷螺杆式、水冷离心式、风冷或蒸发冷却螺杆式机组以 5 级作为进行改造或更换的依据；

水冷活塞式/涡旋式、风冷或蒸发冷却活塞式/涡旋式机组以 5 级标准的 90% 作为进行改造或更换的依据。冷水机组或热泵机组实际性能系数的测试工况和方法见现行行业标准《公共建筑节能检验标准》JGJ 177。

4.3.4 现行国家标准《单元式空气调节机能效限定值及能源效率等级》GB 19576—2004 中，5 级产品是未来淘汰的产品，所以本条文对机组能效比的规定以 5 级作为进行改造或更换的依据。单元式空气调节机、风管送风式和屋顶式空调机组需进行送检，以测定其能效比。

4.3.5 本条文中溴化锂吸收式冷水机组实际性能系数（COP）约为《公共建筑节能设计标准》GB 50189—2005 中规定数值的 90%，其测试工况和方法见现行行业标准《公共建筑节能检验标准》JGJ 177。

4.3.6 用高品位的电能直接转换为低品位的热能进行采暖或空调的方式，能源利用率低，是不合适的。

4.3.7 当公共建筑采暖空调系统的热源设备无随室外气温变化进行供热量调节的自动控制装置时，容易造成冬季室温过高，无法调节，浪费能源。

4.3.8 本条文冷源系统能效系数的测试工况和方法见现行行业标准《公共建筑节能检验标准》JGJ 177。表 4.3.8 中的数值是综合考虑目前公共建筑中冷源系统的实际情况确定的，其值约为现行行业标准《公共建筑节能检验标准》JGJ 177 中规定数值的 80% 左右。

4.3.9 在过去的 30 年内，冷水机组的效率提高很快，使其占空调水系统能耗的比例已降低了 20% 以上，而水泵的能耗比例却相应提高了。在实际工程中，由于设计选型偏大而造成的系统大流量运行的现象非常普遍，因此以减少水泵能耗为目的的空调水系统改造方案，值得推荐。

4.3.10 由于受气象条件等因素变化的影响，空调系统的冷热负荷在全年是不断变化的，因此要求空调水系统具有随负荷变化的调节功能。长时间小温差运行是造成运行能耗高的主要原因之一。本条中的总运行时间是指一年中供暖季或制冷季空调系统的实际运行时间。

4.3.11 本条文的规定是为了降低输配能耗，并且二次泵变流量的设置不影响制冷主机对流量的要求。但为了系统的稳定性，变流量调节的最大幅度不宜超过设计流量的 50%。空调冷水系统改造为变流量调节方式后，应对系统进行调试，使得变流量的调节方式与末端的控制相匹配。

4.3.12 本条文风机的单位风量耗功率为风机实际耗电量与风机实际风量的比值。测试工况和方法见现行行业标准《公共建筑节能检验标准》JGJ 177。表 4.3.12 中的数值是综合考虑目前公共建筑中风机的单位风量耗功率的实际情况确定的，其值为现行国家标准《公共建筑节能设计标准》GB 50189—2005 中规定数值的 1.1 倍左右。根据本条文进行改造的空调风系统服务的区域不宜过大，在办公建筑中，空调风管道通常不应超过 90m，商业与旅游建筑中，空调风管不宜超过 120m。

4.3.13 在冬季需要制冷时，若启用人工冷源，势必会造成能源的大量浪费，不符合国家的能源政策，所以需要采用天然冷源。天然冷源包括：室外的空气、地下水、地表水等。

4.3.14 在过渡季，当室外空气焓值低于室内焓值时，为节约能源，应充分利用室外的新风。本条文适合于全空气空调系统，不适合于风机盘管加新风系统。

4.3.15 空调系统需要的新风主要有两个用途：一是稀释室内有害物质的浓度，满足人员的卫生要求；二是补充室内排风和保持室内正压。2003 年中国经历了 SARS 事件，使得人们意识到建筑内良好通风的重要性。现行国家标准《公共建筑节能设计标准》GB 50189—2005 中明确规定了公共建筑主要空间的设计新风量的要求。鉴于新风量的重要性，本条文对不满足现行国家标准《公共建筑节能设计标准》GB 50189—2005 中规定的新风量指标的公共建筑，提出了进行新风系统改造或增设新风系统的要求。现行国家标准《公共建筑节能设计标准》GB 50189—2005 中对主要空间的设计新风量的规定如表 2 所示。

表 2 公共建筑主要空间的设计新风量

建筑类型与房间名称			新风量 [m³/(h·p)]
旅游旅馆	客房	5 星级	50
		4 星级	40
		3 星级	30
	餐厅、宴会厅、多功能厅	5 星级	30
		4 星级	25
		3 星级	20
		2 星级	15
	大堂、四季厅	4～5 星级	10
	商业、服务	4～5 星级	20
		2～3 星级	10
	美容、理发、康乐设施		30
旅店	客房	1～3 星级	30
		4 级	20
文化娱乐	影剧院、音乐厅、录像厅		20
	游艺厅、舞厅(包括卡拉 OK 歌厅)		30
	酒吧、茶座、咖啡厅		10
体育馆			20
商场(店)、书店			20
饭馆(餐厅)			20
办公			30
学校	教室	小学	11
		初中	14
		高中	17

4.3.16 各主支管路回水温度最大差值即主支管路回水温度的一致性反映了水系统的水力平衡状况。主支管路回水温度的一致性测试工况和方法见现行行业标准《公共建筑节能检验标准》JGJ 177。

4.3.17 从卫生及节能的角度，不结露是冷水管保温的基本要求。

4.3.19 《中华人民共和国节约能源法》第三十七条规定："使用空调采暖、制冷的公共建筑应当实行室内温度控制制度。"第三十八条规定："新建建筑或者对既有建筑进行节能改造，应当按照规定安装用热计量装置、室内温度调控装置和供热系统调控装置。"为满足此要求，公共建筑必须具有室温调控手段。

4.3.20 集中空调系统的冷热量计量和我国北方地区的采暖热计量一样，是一项重要的节能措施。设置热量计量装置有利于管理与收费，用户也能及时了解和分析用能情况，及时采取节能措施。

4.4 供配电系统单项判定

4.4.1 当确定的改造方案中，涉及各系统的用电设备时，其配电柜(箱)、配电回路等均应根据更换的用电设备参数，进行改造。这首先是为了保证用电安全，其次是保证改造后系统功能的合理运行。

4.4.2 一般变压器容量是按照用电负荷确定的，但有些建筑建成后使用功能发生了变化，这样就造成了变压器容量偏大，造成低效率运行，变压器的固有损耗占全部电耗的比例会较大，用户消耗的电费中有很大一部分是变压器的固有损耗，如果建筑物的用电负荷在建筑的生命周期内可以确定不会发生变化，则应当更换合适容量的变压器。变压器平均负载率的周期应根据春夏秋冬四个季节的用电负荷计算。

4.4.3 设置电能分项计量可以使管理者清楚了解各种用电设备的耗电情况，进行准确的分类统计，制定科学的用电管理规定，从而节约电能。

4.4.4 在进行建筑供配电设计时设计单位均按当地供电部门的要求设计了无功补偿，但随着建筑功能的扩展或变更，大量先进用电设备的投入，使原有无功补偿设备或调节方式不能满足要求，这时应制定详细的改造方案，应包含集中补偿或就地补偿的分析内容，并进行投资效益分析。

4.4.5 对于建筑电气节能要求，供用电电能质量只包含了三相电压不平衡度、功率因数、谐波和电压偏差。三相电压不平衡一般出现在照明和混合负载回路，初步判定不平衡可以根据 A、B、C 三相电流表示值，当某相电流值与其他相的偏差为 15% 左右时可以初步判定为不平衡回路。功率因数需要核查基础功率因数和总功率因数两个指标，一般我们所说的功率因数是指总功率因数。谐波的核查比较复杂，需要电气专业工程师来完成。电压偏差检验是为了考察是否具有节能潜力，当系统电压偏高时可以采取合理的改造措施实现节能。

4.5 照明系统单项判定

4.5.1 现行国家标准《建筑照明设计标准》GB 50034 中对各类建筑、各类使用功能的照明功率密度都有明确的要求，但由于此标准是 2004 年才公布的，对于很多既有公共建筑照明照度值和功率密度都可能达不到要求，有些建筑的功率密度值很低但实际上其照度没有达到要求的值，如果业主对不达标的照度指标可以接受，其功率密度低于标准要求，则可以不改造；如果大于标准要求则必须改造。

4.5.2 公共区的照明容易产生长明灯现象，尤其是既有公共建筑的公共区，一般都没有采用合理的控制方式。对于不同使用功能的公共照明应采用合理的控制方式，例如办公楼的公共区可以采用定时与感应控制相结合的控制方式，上班时间采用定时方式，下班时间采用声控方式，总之不要因为采用不合理的控制方式影响使用功能。

4.5.3 对于办公建筑，可核查靠近窗户附近的照明灯具是否可以单独开关，若不能则需要分析照明配电回路的设置是否可以进行相应的改造，改造应选择在非办公时间进行。

4.6 监测与控制系统单项判定

4.6.1 目前很多公共建筑没有设置监测控制系统，全部依靠人力对建筑设备进行简单的启停操作，人为操作有很大的随意性，尤其是耗能在建筑中占很大比例的空调系统，这种人为操作会造成能源的浪费或不能满足人们工作环境的要求，不利于设备运行管理和节能考核。

4.6.2 当对既有公共建筑的集中采暖与空气调节系统，生活热水系统，照明、动力系统进行节能改造时，原有的监测与控制系统应尽量保留，新增的控制功能应在原监测与控制系统平台上添加，如果原有监测与控制系统已不能满足改造后系统要求，且升级原系统的性价比已明显不合理时，应更换原系统。

4.6.3 有些既有公共建筑的监测与控制系统由于各种原因不能正常运行，造成人力、物力等资源的浪费，没有发挥监测与控制系统的先进控制管理功能；还有一些系统虽然控制功能比较完善，但没有数据存储功能，不能利用数据对运行能耗进行分析，无法满足节能管理要求。这些现象比较普遍，因此应查明原因，尽量恢复原系统的监测与控制功能，增加数据存储功能，如果恢复成本过高性价比已明显不合理时，则建议更换原监测与控制系统。

4.6.4 监测与控制系统配置的现场传感器及仪表等安装方式正确与否直接影响系统的控制功能和控制精度，有些系统不能正常运行的原因就是现场设备安装不合理，造成控制失灵。因此应严格按照产品要求和国家有关规范执行，这样才能确保监测与控制系统的正常运行。

4.6.5 用电分项计量是实施节能改造前后节能效果对比的基本条件。

4.7 分项判定

4.7.1 公共建筑外围护结构的节能改造，应采取现场考察与能耗模拟计算相结合的方式，应按以下步骤进行判定：

1 通过节能诊断，取得外围护结构各部分实际参数。首先进行复核检验，确定外围护结构保温隔热性能是否达到设计要求，对节能改造重点部位初步判断。

2 利用建筑能耗模拟软件，建立计算模型。对节能改造前后的能耗分别进行计算，判断能耗是否降低 10% 以上。

3 综合考虑每种改造方案的节能量、技术措施成熟度、一次性工程投资、维护费用以及静态投资回收期等因素，进行方案可行性优化分析，确定改造方案。

公共建筑节能改造技术方案的可行性，不但要从技术观点评价，还必须用经济观点评价，只有那些技术上先进、经济上合理的方案才能在实际中得到应用和推广。

在工程中，评价项目的经济性通常用投资回收期法。投资回收期是指项目投资的净收益回收项目投资所需要的时间，一般以年为单位。投资回收期分为静态投资回收期和动态投资回收期，两者的区别为静态投资回收期不考虑资金的时间价值，而动态投资回收期考虑资金的时间价值。

静态投资回收期虽然不考虑资金的时间价值，但在一定程度上反映了投资效果的优劣，经济意义明确、直观，计算简便。动态投资回收期虽然考虑了资金的时间价值，计算结果符合实际情况，但计算过程繁琐，非经济类专业人员难以掌握，因此，本标准中的投资回收期均采用静态投资回收期。本标准中，静态投资回收期的计算公式如下：

$$T = \frac{K}{M} \tag{1}$$

式中　T——静态投资回收期，年；

　　　K——进行节能改造时用于节能的总投资，万元；

　　　M——节能改造产生的年效益，万元/年。

在编制现行国家标准《公共建筑节能设计标准》时曾有过节能率分担比例的计算分析，以 20 世纪 80 年代为基准，通过改善围护结构热工性能，从北方至南方，围护结构可分担的节能率约 25%～13%。而对既有公共建筑外围护结构节能改造，经估算，改造前后建筑采暖空调能耗可降低 5%～8%。而从工程技术经济的角度，外围护结构改造的投资回收期一般为15~20年。另外，本规范编制时参考了国外能源服务公司的实际经验，为规避投资风险性和提高收益率，能源服务公司一般也都将外围护结构节能改造合同的投资回收期签订在8年以内。综上分析，本规范采用两项指标控制外围护结构节能改造的范围，指标要求是比较严格的。

4.7.2 本条文对采暖通风空调及生活热水供应系统分项判定方法作了规定。当进行两项以上的单项改造时，可以采用本条文进行判定。分项判定主要是根据节能量和静态投资回收期进行判定。对一些投资少、简单易行的改造项目可仅用静态投资回收期进行判定。系统的能耗降低20%是指由于采暖通风空调及生活热水供应系统采取一系列节能措施后，直接导致采暖通风空调及生活热水供应系统的能源消耗（电、燃煤、燃油、燃气）降低了20%，不包括由于外围护结构的节能改造而间接导致采暖通风空调及生活热水供应系统的能源消耗的降低量。根据对现有公共建筑的调查情况，结合公共建筑节能改造经验，通过调节冷水机组的运行策略、变流量控制等节能措施，系统能耗可降低20%左右，静态投资回收期基本可控制在5年以内。同时大多数业主比较能接受的静态投资回收期在5~8年的范围内。对一些投资少，简单易行的改造项目，静态投资回收期基本可控制在3年以内。

4.7.3 目前国家对灯具的能耗有明确规定，现行国家标准有：《管形荧光灯镇流器能效限定值及节能评价值》GB 17896，《普通照明用双端荧光灯能效限定值及能效等级》GB 19043，《普通照明用自镇流荧光灯能效限定值及能效等级》GB 19044，《单端荧光灯能效限定值及节能评价值》GB 19415，《高压钠灯能效限定值及能效等级》GB 19573等。这些标准规定了荧光灯和镇流器的能耗限定值等参数。如果建筑物中采用的灯具不是节能灯或不符合能效限定值的要求，就应该进行更换。

4.8 综合判定

4.8.1 综合判定的目的是为了预测公共建筑进行节能改造的综合节能潜力。本规范中全年能耗仅包括采暖、通风、空调、生活热水、照明方面的能源消耗，不包括其他方面的能源消耗。

本规范中，进行节能改造的判定方法有单项判定、分项判定、综合判定，各判定方法之间是并列的关系，满足任何一种判定，都宜进行相应节能改造。综合判定涉及了外围护结构、采暖通风空调及生活热水供应系统、照明系统三方面的改造。

全年能耗降低30%是通过如下方法估算的：

以某一办公建筑为例，在分项判定中，通过进行外围护结构的改造，大概可以节约10%的能耗；通过采暖通风空调及生活热水供应系统的改造，可以节约20%的能耗；通过照明系统的改造，可以节约20%的照明能耗。而在上述全年能耗中，约有80%通过采暖通风空调及生活热水供应系统消耗，约有20%通过照明系统消耗。经过加权计算，通过进行外围护结构、采暖通风空调及生活热水供应系统、照明系统三方面的改造，大概可以节约28%以上的能耗。

静态投资回收期通过如下方法估算：在分项判定中，进行外围护结构的改造，静态投资回收期为8年；进行采暖通风空调及生活热水供应系统的改造，静态投资回收期为5年；进行照明系统的改造，静态投资回收期为2年。假定外围护结构、采暖通风空调及生活热水供应系统改造时，投资方面的比例约为4：6。采暖通风空调及生活热水供应系统的能耗与照明系统的能耗比例约为4：1。

根据以上条件，经过加权计算，进行外围护结构、采暖通风空调及生活热水供应系统、照明系统三方面的改造时，静态投资回收期为5.36年。

根据以上计算，若节约30%的能耗，则静态投资回收期为5.74年，取整后，规定为6年。

5 外围护结构热工性能改造

5.1 一般规定

5.1.1 公共建筑的外围护结构节能改造是一项复杂的系统工程，一般情况下，其难度大于新建建筑。其难点在于需要在原有建筑基础上进行完善和改造，而既有公共建筑体系复杂、外围护结构的状况千差万别，出现问题的原因也多种多样，改造难度、改造成本都很大。但经确认需要进行节能改造的建筑，要求外围护结构进行节能改造后，所改部位的热工性能需至少达到新建公共建筑节能水平。

现行国家标准《公共建筑节能设计标准》GB 50189对外围护结构的性能要求有两种方法：一是规定性指标要求，即不同窗墙比条件下的限值要求；二是性能性指标要求，即当不满足规定性指标要求时，需要通过权衡判断法进行计算确定建筑物整体节能性能是否满足要求。第二种方法相对复杂，不便于实施和监督。

为了便于判断改造后的公共建筑外围护结构是否满足要求，本规范要求公共建筑外围护结构经节能改造后，其热工性能限值需满足现行国家标准《公共建筑节能设计标准》GB 50189的规定性指标要求，而不能通过权衡判断法进行判断。

5.1.2 节能改造对结构安全影响，主要是施工荷载、施工工艺对原结构安全影响，以及改造后增加的荷载或荷载重分布等对结构的影响，应分别复核、验算。

5.1.3 根据建筑防火设计多年实践，以及发生火灾的经验教训，完善外保温系统的防火构造技术措施，并在公共建筑节能改造中贯彻这些防火要求，这对于防止和减少公共建筑火灾的危害，保护人身和财产的安全，是十分必要的。

建筑外墙、幕墙、屋顶等部位的节能改造时，所采用的保温材料和建筑构造的防火性能应符合现行国家标准《建筑内部装修设计防火规范》GB 50222、《建筑设计防火规范》GB 50016 和《高层民用建筑设计防火规范》GB 50045 等的规定和设计要求。

公共建筑的外墙外保温系统、幕墙保温系统、屋顶保温系统等应具有一定的防火攻击能力和防止火焰蔓延能力。

5.1.4 外围护结构节能改造要求根据工程的实际情况，具体问题具体分析。虽然不可能存在一种固定的、普遍适用的方法，但公共建筑的外围护结构节能改造施工应遵循"扰民少、速度快、安全度高、环境污染少"的基本原则。建筑自身特点包括：建筑的历史、文化背景、建筑的类型、使用功能、建筑现有立面形式、外装饰材料、建筑结构形式、建筑层数、窗墙比、墙体材料性能、门窗形式等因素。严寒、寒冷地区宜优先选用外保温技术。对于那些有保留外部造型价值的建筑物可采用内保温技术，但必须处理好冷热桥和结露。目前国内可选择的保温系统和构造形式很多，无论采用哪种，保温系统的基本要求必须满足。保温系统有7项要求：力学安全性、防火性能、节能性能、耐久性、卫生健康和环保性、使用安全性、抗噪声性能。针对既有公共建筑节能改造的特点，在保证节能要求的基础上，保温系统的其他性能要求也应关注。

5.1.5 热桥是外墙和屋面等外围护结构中的钢筋混凝土或金属梁、柱、肋等部位，因其传热能力强，热流较密集，内表面温度较低，故容易造成结露。常见的热桥有外墙周转的钢筋混凝土抗震柱、圈梁、门窗过梁、钢筋混凝土或钢框架梁、柱、钢筋混凝土或金属屋面板中的边肋或小肋，以及金属玻璃窗幕墙中和金属窗中的金属框和框料等。冬季采暖期时，这些部位容易产生结露现象，影响人们生活。因此节能改造过程中应对冷热桥采取合理措施。

5.1.6 外围护结构节能改造的施工组织设计应遵循下列几方面原则：

1 做好对现状的保护，包括道路、绿化、停车场、通信、电力、照明等设施的现状；

2 做好场地规划，安全措施：

   1） 通道安全及分流，包括施工人员通道、职工通道、施工车道；

   2） 施工安装中的安全；

   3） 室内工作人员的安全。

3 注意材料物品等堆放：

   1） 材料和施工工具的堆放；

   2） 拆除材料的堆放。

4 施工组织：

   1） 原有墙面的处理；

   2） 宜采用干作业施工，减少对环境的污染；

   3） 拆除材料。

5.2 外墙、屋面及非透明幕墙

5.2.1 公共建筑中常见的旧墙面基层一般分为旧涂层表面和旧瓷砖表面等。对于旧涂层表面，常见的问题有：墙面污染、涂层起皮剥落、空鼓、裂缝、钢筋锈蚀等；对于旧瓷砖表面，常见的问题有：渗水、空鼓、脱落等。因此，旧墙面的诊断工作应按不同旧基层墙面（混凝土墙面、混凝土小砌块墙面、加气混凝土砌块墙面等）、不同旧基层饰面材料（旧陶瓷锦砖、瓷砖墙面、旧涂层墙面、旧水刷石墙面、湿贴石材等）、不同"病变"情况（裂缝、脱落、空鼓、发霉等），分门别类进行诊断分析。

既有公共建筑外墙表面满足条件时，方可采用可粘结工艺的外保温改造方案。可粘结工艺的外保温系统包括：聚苯板薄抹灰、聚苯板外墙挂板、胶粉聚苯颗粒保温浆料、硬质聚氨酯外墙外保温系统。

5.2.4 公共建筑节能改造中外墙外保温的技术要求应符合现行行业标准《外墙外保温工程技术规程》JGJ 144 的规定。另外，公共建筑室内温湿度状况复杂，特别对于游泳馆、浴室等室内散湿量较大的场所，外墙外保温改造时还应考虑室内湿度的影响。

5.2.5 幕墙节能改造工程使用的保温材料，其厚度应符合设计要求，保温系统安装应牢固，不得松脱。当外围护结构改造为非透明幕墙时，其龙骨支撑体系的后加锚固埋件应与原主体结构有效连接，并应满足现行行业标准《金属与石材幕墙技术规范》JGJ 133 的相关规定。非透明幕墙的主体平均传热系数应符合现行国家标准《公共建筑节能设计标准》GB 50189 的相关规定。

5.2.8 公共建筑屋面节能改造比较复杂，应注意保温和防水两方面处理方式。

平屋面节能改造前，应对原屋面面层进行处理，清理表面、修补裂缝、铲去空鼓部位。根据实际现场诊断勘查，确定保温层含水率和屋面传热系数。

屋面节能改造基本可以分为四种情况：

1 保温层不符合节能标准要求，防水层破损；

2 保温层破损，防水层完好；

3 保温层符合节能标准要求，防水层破损；

4 保温层、防水层均完好，但保温隔热效果达不到要求。

上述四种情况可按下列措施进行处理：

情况1，这是屋面改造中最难的情况。可加设坡屋面。如仍保持平屋面，则需彻底翻修。应清除原有保温层、防水层，重新铺设保温及防水构造。施工中要做到上要防雨、下要防水。

情况 2，当建筑原屋面保温层含水率较低时，可采用直接加铺保温层的方式进行倒置式屋面改造或架空屋面做法。倒置式屋面的保温层宜采用挤塑聚苯板（XPS）等吸湿率极低的材料。

情况 3，需要重新翻修防水层。对传统屋面，宜在屋面板上加铺隔汽层。

情况 4，可设置架空通风间层或加设坡屋面。

改造中保温材料的选用不应选用低密度 EPS 板、高密度的多孔砖，宜选用低密度、高强度的保温材料或复合材料。

如条件允许，可将平屋面改造为绿化屋面。也可根据屋面结构条件和设计要求加装太阳能设施。

屋面节能改造时，应根据工程特点、地区自然条件，按照屋面防水等级的设防要求，进行防水构造设计。应注意天沟、檐口、檐沟、泛水等部位的防水处理。

5.3 门窗、透明幕墙及采光顶

5.3.1 在北方严寒、寒冷地区，采取必要的改造措施，加强外窗的保温性能有利于提高公共建筑节能潜力。而在南方夏热冬暖地区，加强外窗的遮阳性能是外围护结构节能改造的重点之一。

既有公共建筑的门窗节能改造，可采用只换窗扇、换整窗或加窗的方法。只换窗扇：当既有公共建筑门窗的热工性能经诊断达不到本规程 4.2 节的要求时，可根据现场实际情况只进行更换窗扇的改造。整窗拆换：当既有公共建筑中门窗的热工性能经诊断达不到本规程 4.2 节的要求，且无法继续利用原窗框时，可实施整窗拆换的改造。加窗改造：当不想改变原外窗，而窗台又有足够宽度时，可以考虑加窗改造方案。

更新外窗可根据设计要求，选择节能铝合金窗、未增塑聚氯乙烯塑料窗、玻璃钢窗、隔热钢窗和铝木复合窗。

为了提高窗框与墙、窗框与窗扇之间的密封性能，应采用性能好的橡塑密封条来改善其气密性，对窗框与墙体之间的缝隙，宜采用高效保温气密材料加弹性密封胶封堵。

室内可安装手动卷帘式百叶外遮阳、电动式百叶外遮阳，也可安装有热反射和绝热功能的布窗帘。

为了保证建筑节能，要求外窗具有良好的气密性能，以避免冬季室外空气过多地向室内渗漏。现行国家标准《建筑外门窗气密、水密、抗风压性能分级及检测方法》GB/T 7106 中规定的 6 级对应的性能是：在 10Pa 压差下，每小时每米缝隙的空气渗透量不大于 1.5m³，且每小时每平方米面积的空气渗透量不大于 4.5m³。

5.3.2 由于现代公共建筑透明玻璃窗面积较大，因而相当大部分的室内冷负荷是由透过玻璃的日射得热引起的。为了减少进入室内的日射得热，采用各种类型的遮阳设施是必要的。从降低空调冷负荷角度，外遮阳设施的遮阳效果明显。因此，对外窗的遮阳设施进行改造时，宜采用外遮阳措施。可设置水平或小幅倾斜简易固定外遮阳，其挑檐宽度按节能设计要求。室外可使用软质篷布可伸缩外遮阳。东西向外窗宜采用卷帘式百叶外遮阳。南向外窗若无简易外遮阳，也可安装手动卷帘式百叶外遮阳。

遮阳设施的安装应满足设计和使用要求，且牢固、安全。采用外遮阳措施时应对原结构的安全性进行复核、验算；当结构安全不能满足节能改造要求时，应采取结构加固措施或采取玻璃贴膜等其他遮阳措施。

遮阳设施的设计和安装宜与外窗或幕墙的改造进行一体化设计，同步实施。

5.3.3 为了保证建筑节能，要求外门、楼梯间门具有良好的气密性能，以避免冬季室外空气过多地向室内渗漏。严寒地区若设电子感应式自动门，门外宜增设门斗。

5.3.4 提高保温性能可增加中空玻璃的中空层数，对重要或特殊建筑，可采用双层幕墙或装饰性幕墙进行节能改造。

更换幕墙玻璃可采用充惰性气体中空玻璃、三中空玻璃、真空玻璃、中空玻璃暖边等技术，提高玻璃幕墙的保温性能。

提高幕墙玻璃的遮阳性能采用在原有玻璃的表面贴膜工艺时，可优先选择可见光透射比与遮阳系数之比大于 1 的高效节能型窗膜。

宜优先采用隔热铝合金型材，对有外露、直接参与传热过程的铝合金型材应采用隔热铝合金型材或其他隔热措施。

6 采暖通风空调及生活热水供应系统改造

6.1 一般规定

6.1.1 考虑到节能改造过程中的设备更换、管路重新铺设等，可能会对建筑物装修造成一定程度的破坏并影响建筑物的正常使用，因此建议节能改造与系统主要设备的更新换代和建筑物的功能升级结合进行，以减低改造的成本，提高改造的可行性。

6.1.3 空调系统是由冷热源、输配和末端设备组成的复杂系统，各设备和系统之间的性能相互影响和制约。因此在节能改造时，应充分考虑各系统之间的匹配问题。

6.1.4 通过设置采暖通风空调系统分项计量装置，用户可及时了解和分析目前空调系统的实际用能情况，并根据分析结果，自觉采取相应的节能措施，提高节能意识和节能的积极性。因此在某种意义上说，实现用能系统的分项计量，是培养用户节能意识、提高我国公共建筑能源管理水平的前提条件。

6.1.6 室温调控是建筑节能的前提及手段，《中华人民共和国节约能源法》要求，"使用空调采暖、制冷的公共建筑应当实行室内温度控制制度。"因此，节能改造后，公共建筑采暖空调系统应具有室温调控手段。

对于全空气空调系统可采用电动两通阀变水量和风机变速的控制方式；风机盘管系统可采用电动温控阀和三挡风速相结合的控制方式。采用散热器采暖时，在每组散热器的进水支管上，应安装散热器恒温控制阀或手动散热器调节阀。采用地板辐射采暖系统时，房间的室内温度也应有相应控制措施。

6.2 冷热源系统

6.2.1 与新建建筑相比，既有公共建筑更换冷热源设备的难度和成本相对较高，因此公共建筑的冷热源系统节能改造应以挖掘现有设备的节能潜力为主。压缩机的运行磨损，易损件的损坏，管路的脏堵，换热器表面的结垢，制冷剂的泄漏，电气系统的损耗等都会导致机组运行效率降低。以换热器表面结垢，污垢系数增加为例，可能影响换热效率5%～10%，结垢情况严重则甚至更多。不注意冷、热源设备的日常维护保养是机组效率衰减的主要原因，建议定期（每月）检查机组运行情况，至少每年进行一次保养，使机组在最佳状态下运行。

在充分挖掘现有设备的节能潜力基础上，仍不能满足需求时，再考虑更换设备。设备更换之前，应对目前冷热源设备的实际性能进行测试和评估，并根据测评结果，对设备更换后系统运行的节能性和经济性进行分析，同时还要考虑更换设备的可实施性。只有同时具备技术可行性、改造可实施性和经济可行性时才考虑对设备进行更换。

6.2.2 运行记录是反映空调系统负荷变化情况、系统运行状态、设备运行性能和空调实际使用效果的重要数据，是了解和分析目前空调系统实际用能情况的主要技术依据。改造设计应建立在系统实际需求的基础上，保证改造后的设备容量和配置满足使用要求，且冷热源设备在不同负荷工况下，保持高效运行。目前由于我国空调系统运行人员的技术水平相对较低、管理制度不够完善，运行记录的重要性并未得到足够重视。运行记录过于简单、记录的数据误差较大、运行人员只是简单的记录数据，不具备基本的分析能力、不能根据记录结果对设备的运行状态进行调整是目前普遍存在的问题。针对上述情况，各用能单位应根据系统的具体配置情况制订详细的运行记录，通过对运行人员的培训或聘请相关技术人员加强对运行记录的分析能力，定期对空调系统的运行状态进行分析

和评价，保证空调系统始终处于高效运行的状态。

6.2.3 冷热源更新改造确定原则可参照现行国家标准《公共建筑节能设计标准》GB 50189—2005第5.4.1条的规定。

6.2.5 在对原有冷水机组或热泵机组进行变频改造时，应充分考虑变频后冷水机组或热泵机组运行的安全性问题。目前并不是所有冷水机组或热泵机组均可通过增设变频装置，来实现机组的变频运行。因此建议在确定冷水机组或热泵机组变频方案时，应充分听取原设备厂家的意见。另外，变频冷水机组或热泵机组的价格要高于普通的机组，所以改造前，要进行经济分析，保证改造方案的合理性。

6.2.6 由于所处内外区和使用功能的不同，可能导致部分区域出现需要提前供冷或供热的现象，对于上述区域宜单独设置冷热源系统，以避免由于小范围的供冷或供热需求，导致集中冷热源提前开启现象的发生。

6.2.7 附录A中部分冷热源设备的性能要求高于现行国家标准《公共建筑节能设计标准》GB 50189中的相关规定。这主要是考虑到更换冷热源设备的难度较大、成本较高，因此在选择设备时，应具有一定的超前性，应优先选择高于现行国家标准《公共建筑节能设计标准》GB 50189规定的产品。

6.2.9 冷却塔直接供冷是指在常规空调水系统基础上适当增设部分管路及设备，当室外湿球温度低至某个值以下时，关闭制冷机组，以流经冷却塔的循环冷却水直接或间接向空调系统供冷，提供建筑所需的冷负荷。由于减少了冷水机组的运行时间，因此节能效果明显。冷却塔供冷技术特别适用于需全年供冷或有需常年供冷内区的建筑如大型办公建筑内区、大型百货商场等。

冷却塔供冷可分为间接供冷系统和直接供冷系统两种形式，间接供冷系统是指系统中冷却水环路与冷水环路相互独立，不相连接，能量传递主要依靠中间换热设备来进行。其最大优点是保证了冷水系统环路的完整性，保证环路的卫生条件，但由于其存在中间换热损失，使供冷效果有所下降。直接供冷系统是指在原有空调水系统中设置旁通管道，将冷水环路与冷却水环路连接在一起的系统形式。夏季按常规空调水系统运行，转入冷却塔供冷时，将制冷机组关闭，通过阀门打开旁通，使冷却水直接进入用户末端。对于直接供冷系统，当采用开式冷却塔时，冷却水与外界空气直接接触易被污染，污物易随冷却水进入室内空调水管路，从而造成盘管被污物阻塞。采用闭式冷却塔虽可满足卫生要求，但由于其靠间接蒸发冷却原理降温，传热效果会受到影响。目前在工程中通常采用冷却塔间接供冷的方式。对于同时需要供冷和供热的建筑，需要考虑系统分区和管路设置是否满足同时供冷和供热的要求。另外由于冷却塔供冷主要在过渡季

节和冬季运行，因此如果在冬季温度较低地区应用，冷却水系统应采取相应的防冻设施。

6.2.11 水环热泵空调系统是指用水环路将小型的水/空气热泵机组并联在一起，构成一个以回收建筑物内部余热为主要特点的热泵供暖、供冷的空调系统。与普通空调系统相比，水环热泵空调系统具有建筑物余热回收、节省冷热源设备和机房、便于分户计量、便于安装、管理等特点。实际设计中，应进行供冷、供热需求的平衡计算，以确定是否设置辅助热源或冷源及其容量。

6.2.12 当更换生活热水供应系统的锅炉及加热设备时，机组的供水温度应符合以下要求：生活热水水温低于60℃；间接加热热媒水水温低于90℃。

6.2.13 对于常年需要生活热水的建筑，如旅游宾馆、医院等，宜优先采用太阳能、热泵供热水技术和冷水机组或热泵机组热回收技术；特别对于夏季有供冷需求，同时有生活热水需求的公共建筑，应充分利用冷水机组或热泵机组的冷凝热。

6.2.15 水冷冷水机组或热泵机组应考虑实际运行过程中机组换热器结垢对换热效果的影响，冷水机组或热泵机组在实际运行使用过程中，换热管管壁所产生的水垢、污垢及细菌、微生物膜会逐渐堵塞腐蚀管道，降低热交换效率，增加运行能耗。相关研究成果表明1mm污垢，可多导致30%左右的耗电量。污垢严重时还会影响设备正常安全运行，同时也产生军团菌等细菌病毒，危害公共环境卫生安全。目前解决的方法主要是采用人工化学清洗，通过平时加药进行水处理，停机人工清洗的方式。该方式存在随意性大、效果不稳定、需要停机、不能实现实时在线清污、对设备腐蚀磨损等问题，而且会产生大量的化学污水，严重污染环境。所以建议使用实时在线清洗技术。目前实时在线清洗技术有两种，一种是橡胶球清洗技术，一种是清洗刷清洗技术。

6.2.16 燃气锅炉和燃油锅炉的排烟温度一般在120~250℃；烟气中大量热量未被利用就被直接排放到大气中，这不仅造成大量的能源浪费同时也加剧了环境的热污染。通过增设烟气热回收装置可降低锅炉的排烟温度，提高锅炉效率。

6.2.17 室外温度的变化很大程度上决定了建筑物需热量的大小，也决定了能耗的高低。运行参数（供暖水温、水量）应随室外温度的变化时刻进行调整，始终保持供热量与建筑物的需热量相一致，实现按需供热。

6.2.18 冷热源运行策略是指冷热源系统在整个制冷季或供热季的运行方式，是影响空调系统能耗的重要因素。应根据历年冷热源系统运行的记录，对建筑物在不同季节、不同月份和不同时间的冷热负荷进行分析，并根据建筑物负荷的变化情况，确定合理的冷热源运行策略。冷热源运行策略既应体现设备随建筑负荷的变化进行调节的性能，也应保证冷热源系统在较高的效率下运行。

6.3 输 配 系 统

6.3.4 通风机的节能评价值按表3～表5确定。

表3 离心通风机节能评价值

压力系数	比转速 n_s	型式	使用区最高通风机效率 η_t（%）				
			机号<3.5	3.5≤机号<5	2<机号<5	5≤机号<10	机号≥10
1.4~1.5	45<n_s≤65				61	65	—
1.1~1.3	35<n_s≤55				65	69	—
1.0	10≤n_s<20				69	72	75
1.0	20≤n_s<30				71	74	77
0.9	5≤n_s<15				72	75	78
0.9	15≤n_s<30				74	77	80
0.9	30≤n_s<45				76	79	82
0.8	5≤n_s<15				72	75	78
0.8	15≤n_s<30				75	78	81
0.8	30≤n_s<45				77	80	82
0.7	10≤n_s<30				74	76	78
0.7	30≤n_s<50				76	78	80
0.6	20≤n_s<45	翼型			77	79	81
0.6	20≤n_s<45	板型			74	76	78
0.6	45≤n_s<70	翼型			78	80	82
0.6	45≤n_s<70	板型			75	77	79
0.5	10≤n_s<30	翼型			76	78	80
0.5	10≤n_s<30	板型			73	75	77
0.5	30≤n_s<50	翼型			79	81	83
0.5	30≤n_s<50	板型			76	77	80
0.5	50≤n_s<70	翼型			80	82	84
0.5	50≤n_s<70	板型			77	79	81
0.4	50≤n_s<65	翼型			81	83	85
0.4	50≤n_s<65	板型			78	80	82
0.4	65≤n_s≤80	/	机号<3.5	3.5≤机号<5			
		翼型	75	80		84	86
		板型	72	77		81	83
0.3	65≤n_s<85	翼型				81	83
0.3	65≤n_s<85	板型				78	80

表4 轴流通风机节能评价值

毂比 γ	使用区最高通风机效率 η_r（%）		
	2.5≤机号<5	5≤机号<10	机号≥10
γ<0.3	66	69	72
0.3≤γ<0.4	68	71	74
0.4≤γ<0.55	70	73	76
0.55≤γ<0.75	72	75	78

注：1 $\gamma=d/D$，γ——轴流通风机毂比；d——叶轮的轮毂外径；D——叶轮的叶片外径。

2 子午加速轴流通风机毂比按轮毂出口直径计算。

3 轴流通风机出口面积按圆面积计算。

表5 采用外转子电动机的空调离心通风机节能评价值

压力系数	比转数 n_s	使用区最高总效率 η_e（%）				
		机号≤2	2<机号≤2.5	2.5<机号<3.5	3.5<机号≤4.5	机号≥4.5
1.0~1.4	40<n_s≤65	43	—	—	—	—
1.1~1.3	40<n_s≤65	—	49	—	—	—
1.0~1.2	40<n_s≤65	—	—	50	—	—
1.3~1.5	40<n_s≤65	—	—	48	—	—
1.2~1.4	40<n_s≤65	—	—	—	55	59
1.0~1.4	40<n_s≤65	—	—	—	—	—

水泵的节能评价值按现行国家标准《清水离心泵能效限定值及节能评价值》GB 19762 中规定的方法确定。

6.3.5 变风量空调系统是通过改变进入房间的风量来满足室内变化的负荷，当房间低于设计额定负荷时，系统随之减少送风量，亦即降低了风机的能耗。当全年需要送冷风时，它还可以通过直接采用低温全新风冷却的方式来实现节能。故变风量系统比较适合多房间且负荷有一定变化和全年需要送冷风的场合，如办公、会议、展厅等；对于大堂公共空间、影剧院等负荷变化较小的场合，采用变风量系统的意义不大。

变风量系统的形式和控制方式较多，系统的运行状态复杂，设计和调试的难度较大。因此在选择设计和调试单位时应慎重。另外，在变风量空调系统的实际运行过程中，随着送风量的变化，送至空调区域的新风量也相应改变。为了确保新风量能符合卫生标准的要求，应采取必要的措施，确保室内的最小新风量。

6.3.6 水泵的配用功率过大，是目前空调系统中普遍存在的问题。通过叶轮切削技术和水泵变速技术，可有效地降低水泵的实际运行能耗，因此推荐采用。在水泵变速改造，特别是对多台水泵并联运行进行变速改造时，应根据管路特性曲线和水泵特性曲线，对不同状态下的水泵实际运行参数进行分析，确定合理的变速控制方案，保证水泵变速的节能效果，否则如

果盲目使用，可能会事与愿违。而且变速调节不可能无限制调速，应结合水泵本身的运行特性，确定合理的调速范围。更换设备与增设变速装置，比较后选取。对于上述技术措施难以解决或经过经济分析，改造成本过高时，可考虑直接更换水泵。

6.3.7 一次泵变流量系统利用变速装置，根据末端负荷调节系统水流量，最大限度地降低了水泵的能耗，与传统的一次泵定流量系统和二次泵系统相比具有很大的节能优势。在进行系统变水量改造设计时，应同时考虑末端空调设备的水量调节方式和冷水机组对变水量系统的适应性，确保变水量系统的可行性和安全性。另外，目前大部分空调系统均存在不同程度的水力失调现象，在实际运行中，为了满足所有用户的使用要求，许多使用方不是采取调节系统平衡的措施，而是采用增大系统的循环水量来克服自身的水力失调，造成大量的空调系统处于"大流量、小温差"的运行状态。系统采用变水量后，由于在低负荷状态下，系统水量降低，系统自身的水力失调现象将会表现得更加明显，会导致不利端用户的空调使用效果无法保证。因此在进行变水量系统改造时，应采取必要的措施，保证末端空调系统的水力平衡特性。

6.3.8 二次泵系统冷源侧采用一次泵，定流量运行；负荷侧采用二次泵，变流量运行，既可保证冷水机组定水量运行的要求，同时也能满足各环路不同的负荷需求，因此适用于系统较大、阻力较高且各环路负荷特性和阻力相差悬殊的场合。但是由于需要增加耗能设备，因此建议在改造前，应根据系统历年来的运行记录，进行系统全年运行能耗的分析和对比，否则可能造成改造后系统的能耗反而增加。

6.3.9 对冷却水系统采取的节能控制方式有：

1 冷却塔风机根据冷却水温度进行台数或变速控制；

2 冷却水泵台数或变速控制。

冷却水系统改造时应考虑对主机性能的影响，确保水系统能耗的节省大于冷机增加的耗能，达到节能改造的效果。

6.3.10 为了适应建筑负荷的变化，目前大多数建筑物制冷系统都采用多台冷水机组、冷水泵、冷却水泵和冷却塔并联运行，并联系统的最大优势是可根据建筑负荷的变化情况，确定冷水机组开启的台数，保证冷水机组在较高的效率下运行，以达到节能运行的目的。对于并联系统，一般要求冷水机组与冷水泵、冷却水泵和冷却塔采用一对一运行，即开启一台冷水机组时，只需开启与其对应的冷水泵、冷却水泵和冷却塔。而目前大多数建筑的实际运行情况是冷水机组与冷水泵、冷却水泵和冷却塔采用一对多运行，即开启一台冷水机组时，同时开启多台冷水泵、冷却水泵和冷却塔，冷水和冷却水旁通导致的能耗浪费比较严重。造成冷水、冷却水旁通的主要原因是未开启冷水

机组的进出口阀门未关闭或空调水系统未进行平衡调试，系统水量分配不平衡，开启单台水泵时，末端散热设备水量降低，系统水力失调现象加重，部分区域空调效果无法保证。因此在改造设计时，应采取连锁控制和水量平衡等必要的手段，防止系统在运行过程中发生冷水和冷却水旁通现象。

6.3.11 系统的平衡装置一般采用静态平衡阀。

6.3.12 大温差、小流量是相对于冬季采暖空调为10℃温差，夏季空调为5℃温差的系统而言的。该技术通过提高供、回水温差、降低系统循环水量，可以达到降低输送水泵能耗的目的。但是由于加大供、回温差会导致主机、水泵和末端设备的运行参数发生变化，因此采用该方案时，应在技术可靠、经济合理的前提下进行。

6.4 末端系统

6.4.1 在过渡季，空调系统采用全新风或增大新风比的运行方式，既可以节省空气处理所消耗的能量，也可有效地改善空调区域内的空气品质。但要实现全新风运行，必须在设备的选择、新风口和新风管的设置、新风和排风之间的相互匹配等方面进行全面的考虑，以保证系统全新风和可调新风比的运行能够真正实现。

6.4.2 公共建筑，特别是大型公共建筑，由于其外围护结构负荷所占比例较小，因此其内外区和不同使用功能的区域之间冷热负荷需求相差较大。对于人员、设备和灯光较为密集的内区存在过渡季或供暖季节需要供冷的情况，为了节约能源，推迟或减少人工冷源的使用时间，对于过渡季或供暖季节局部房间需要供冷时，宜优先采用直接利用室外空气进行降温的方式。

6.4.3 空调区域排风中所含的能量十分可观，排风热回收装置通过回收排风中的冷热量来对新风进行预处理，具有很好的节能效益和环境效益。目前常用的排风热回收装置主要有转轮式热回收、板翅式热回收和热管式热回收等几种方式。在进行热回收系统的设计时，应根据当地的气候条件、使用环境等选用不同的热回收方式。不同热回收装置的主要优缺点详见表6。

表6 不同热回收装置的主要优缺点

热回收方式	优 点	缺 点
转轮式热回收	1 能同时回收潜热和显热； 2 排风和新风逆向交替过程中具有一定的自净作用； 3 通过转速控制，能适应不同室内外空气参数； 4 回收效率高，可达到70%～80%； 5 能适用于较高温度的排风系统	1 接管位置固定，配管的灵活性差； 2 有传动设备，自身需要消耗动力； 3 压力损失较大，易脏堵，维护成本高； 4 有渗漏，无法完全避免交叉污染

续表6

热回收方式	优 点	缺 点
板翅式热回收	1 传热效率高； 2 结构紧凑； 3 没有传动设备，不需要消耗电力； 4 设备初投资低，经济性好	1 换热效率低于转轮式热回收； 2 设备体积较大，占用建筑面积和空间多； 3 压力损失较大，易脏堵，维护成本高
热管式热回收	1 结构紧凑，单位面积的传热面积大； 2 没有传动设备，不需要消耗电力； 3 不易脏堵，便于更换，维护成本低； 4 使用寿命长	1 只能回收显热，不能回收潜热； 2 接管位置固定，配管的灵活性差

由于使用排风热回收装置时，装置自身要消耗能量，因此应本着回收能量高于其自身消耗能量的原则进行选择计算，表7和表8给出了我国不同气候分区代表城市办公建筑中排风热回收装置回收能量与装置自身消耗能量相等时热回收效率的限定值，只有排风热回收装置的效率高于限定值时，集中空调系统使用该装置才能实现节能。

表7 代表城市显热效率限定值

状态	哈尔滨	乌鲁木齐	北京	上海	广州	昆明
制热	0.09	0.10	0.14	0.20	0.44	0.26

表8 代表城市全热效率限定值

状态	哈尔滨	乌鲁木齐	北京	上海	广州	昆明
制热	0.06	0.09	0.11	0.18	0.42	0.18
制冷	—	0.31	0.30	0.26	0.21	—

注：表中"—"表示不建议采用。

6.4.4 新风直接送入吊顶或新风与回风混合后再进入风机盘管是目前风机盘管加新风系统普遍采用的设置方式。前者会导致新风的再次污染、新风利用率降低、不同房间和区域互相串味等问题；后者风机盘管的运行与否对新风量的变化有较大影响，易造成浪费或新风不足；并且采用这种方式增加了风机盘管中风机的风量，不利于节能。因此建议将处理后的新风直接送入空调区域。

6.4.5 与普通空调区域相比，餐厅、食堂和会议室等功能性用房，具有冷热负荷指标高、新风量大、使用时间不连续等特点。而且在过渡季，当其他区域需要供热时，上述区域由于设备、人员和灯光的负荷较大，可能存在需要供冷的情况。近年的调查发现，在大型公共建筑中，上述区域虽然所占的面积不大，但其能耗较高，属高耗能区域。因此在进行空调通风系统改造设计时，应充分考虑上述区域的使用特点，采用调节性强、运行灵活、具有排风热回收功能的系统形式，在条件允许的情况下，应考虑系统在过渡季全新风运行的可能性。

7 供配电与照明系统改造

7.1 一般规定

7.1.1 进行改造之前，施工方要提前制定详细的施工方案，方案中应包括进度计划、应急方案等。

7.1.2 尤其是配电系统改造，当变压器、配电柜中元器件等仍然使用国家淘汰产品时，要考虑更换。

7.1.3 应采用国家有关部门推荐的绿色节能产品和设备。照明灯具的选择应符合现行国家标准《建筑节能工程施工质量验收规范》GB 50411 中规定的光源和灯具。

7.1.4 此条规定了改造施工应满足的质量标准。

7.2 供配电系统

7.2.1 配电系统改造设计要认真核查负荷增减情况，避免因用电设备功率变化引起断路器、继电器及保护元件参数的不匹配。

7.2.2 供配电系统改造线路敷设非常重要，一定要进行现场踏勘，对原有路由需要仔细考虑，一些老建筑的配电线路很多都经过二次以上的改造，有些图纸与实际情况根本不符，如果不认真进行现场踏勘会严重影响改造施工的顺利进行。

7.2.3 目前建筑供配电设计容量是一个比较矛盾的问题，既需要考虑长久用电负荷的增长又要考虑变压器容量的合理性，如果没有充分考虑负荷的增长就会造成运行一段时间后变压器容量不能满足用电要求，而如果变压器容量选择太大又会造成变压器损耗的增加，不利于建筑节能，这两者之间应该有一个比较合理的平衡点，需要电气设计人员与业主充分讨论并对未来用电设备发展有较深入的了解。随着可再生能源的运用和节能型用电设备的推广，变压器容量的预留应合理。若变压器改造后，变压器容量有所改变，则需按照国家规定的要求重新进行报审。

7.2.4 设置电能分项计量可以使管理者清楚了解各种用电设备的耗电情况，进行准确的分类统计，制定科学的用电管理规定，从而节约电能。建筑面积超过 2 万 m^2 的为大型公共建筑，这类建筑的用电分项计量应采用具有远传功能的监测系统，合理设置用电分项计量是指采用直接计量和间接计量相结合的方式，在满足分项计量要求的基础上尽量减少安装表计的回路，以最少的投资获取数据。电能分项计量监测系统应包括下列回路的分项计量：

1 变压器进出线回路；

2 制冷机组主供电回路；

3 单独供电的冷热源系统附泵回路；

4 集中供电的分体空调回路；

5 给水排水系统供电回路；

6 照明插座主回路；

7 电子信息系统机房；

8 单独计量的外供电回路；

9 特殊区供电回路；

10 电梯回路；

11 其他需要单独计量的用电回路。

安装表计回路设置应根据常规电气设计而定。需要注意的是对变压器损耗的计量，但是否能在变压器进线回路上增加计量需要确定变配电室产权是属于业主还是属于供电部门，并与当地供电部门协商，是否具有增加表计的可能，需要特别注意的是在供电局计量柜中只能取其电压互感器的值，不能改动计量柜内的电流互感器，电流值需要取自变压器进线柜内单独设置 10kV 电流互感器，不要与原电流互感器串接。

7.2.5 无功补偿是电气系统节能和合理运行的重要因素，有些建筑虽然设计了无功补偿设备但不投入运行，或运行方式不合理，若补偿设备确实无法达到要求时，经过投资回收分析后可更换设备。

7.2.6 一般对谐波的治理可采用滤波器、增加电抗器等方法，采用何种方法需要对谐波源进行分析，最可靠的方法是首先对谐波源进行治理，例如节能灯是谐波源时，可对比直接改造灯具和增加各种谐波治理装置方案的优劣，最终确定改造方案。当照明回路的电压偏高时，有些节电设备的节能原理是利用智能化技术降低供电电压，既达到节电的目的又可延长灯管的使用寿命。

7.3 照明系统

7.3.1 照明回路配电设计应重新根据现行国家标准《建筑照明设计标准》GB 50034 中规定的功率密度值进行负荷计算，并核查原配电回路的断路器、电线电缆等技术参数。

7.3.2 面积较小且要求不高的公共区照明一般采用就地控制方式，这种控制方式价格便宜，能起到事半功倍的效果；大面积且要求较高公共区可根据需要设置集中监控系统，如已经具备楼宇自控系统的建筑可将此部分纳入其监控系统。

7.3.3 照明配电系统改造设计时要预留足够的接口，如果接口预留数量不足或不符合监测与控制系统要求，就无法实施对照明系统的控制，照明配电箱做成后若再增加接口，一是位置空间可能不合适，二是需要现场更改增加很多麻烦。在大型建筑内，照明控制系统应采用分支配电方式。在这种情况下，可以在过道内分布若干个同样类型的分支配电装置，由楼层配电箱负责分支配电装置的供电。由此可以使线路敷设简单而且层次分明。

7.3.4 除对靠近窗户附近的照明灯具单独设置开关外，还可以在条件具备的情况下，通过光导管技术，将太阳光直接导入室内。

8 监测与控制系统改造

8.1 一般规定

8.1.1 此条规定了监测与控制系统改造的总原则。

8.1.2 节能改造时最重要的是根据改造前后的数据对比，判断节能量，因此涉及节能运行的关键数据必须经过 1 个供暖季、供冷季和过渡季，所以至少需要 12 个月的时间。由于数据的重要性，本条文规定，无论系统停电与否，与节能相关的数据应都能至少保存 12 个月。

8.1.3 此条分别规定了改造时需遵循的原则。尤其是当进行节能优化控制时需要修改其他机电设备运行参数，如进行变冷水量调节等，尤其需要做好保护措施，避免冷机出现故障。

8.1.4 监测与控制系统的节能调试不同于其他系统，调试和验收是非常重要的环节，且这个系统是否能够合理运行并起到节能作用与其涉及的空调、照明、配电等系统密切相关，因此必须在这些系统手动运行正常的情况下才能投入自控运行，否则会使原系统运行更加混乱，反而造成系统振荡。当工艺达到要求时，方可进行自控调试。

8.2 采暖通风空调及生活热水供应系统的监测与控制

8.2.3 主要考虑公共区人员复杂，每个人要求的温度不尽相同，温控器容易被人频繁改动，例如医院就诊等候区等，曾发现病人频繁改变温度设定值，造成温度较大波动，温控器损坏，因此在公共区设置联网控制有利于系统的稳定运行和延长设备使用寿命。

8.2.4 此条给出生活热水的基本监控要求，但不限于此种监控。

8.3 供配电与照明系统的监测与控制

8.3.1 一般供配电系统会单独设置其监测系统，可采用数据网关的形式和监测与控制系统相连，此方法已在很多项目上实施，具有安全可靠、使用方便等优点。以往在监测与控制系统中再设置低压配电系统传感器采集数据的方式，费时费力，不可能在所有重要回路设置传感器，造成数据不全，不能满足用电分项计量的要求。

8.3.2 照明系统有两种控制方式，一种是照明系统单独设置的监控系统，一般用于大型照明调光系统，如体育场馆等，这种系统以满足照明功能需求为主要

条件，这种系统一般不和监测与控制系统相连。另一种照明系统只是单纯满足照度要求，不进行调光控制，这种系统一般应用于办公楼、酒店等一般建筑，这类建筑的公共区照明宜纳入监测与控制系统。

9 可再生能源利用

9.1 一般规定

9.1.1 在《中华人民共和国可再生能源法》中，国家将可再生能源的开发利用列为能源发展的优先领域，因此，本条文规定了公共建筑进行节能改造时，有条件的场所应优先利用可再生能源。可再生能源包括风能、太阳能、水能、生物质能、地热能、海洋能等非化石能源，其中与建筑用能紧密关联的主要有地热能和太阳能。目前，利用地热能的技术主要有地源热泵供热、制冷技术；利用太阳能的技术主要有被动式太阳房、太阳能热水、太阳能采暖与制冷、太阳能光伏发电及光导管技术等。

9.1.2 可再生能源的应用与其他常规能源相比，初投资较高，因此在利用可再生能源时，围护结构达到节能标准要求，可降低建筑物本身的冷、热负荷值，从而降低初投资及减少运行费用。可再生能源的应用与建筑外围护结构的节能改造相结合，可以最大限度地发挥可再生能源的节能、环保优势。

9.2 地源热泵系统

9.2.1 地源热泵系统包括地埋管、地下水及地表水地源热泵系统。工程场地状况调查及浅层地热能资源勘察的内容应符合现行国家标准《地源热泵系统工程技术规范》GB 50366 的相关规定。地源热泵系统技术可行性主要包括：

  1 地埋管地源热泵系统：当地岩土体温度适宜，热物性参数适合地埋管换热器换热，冬、夏取热量和排热量基本平衡；

  2 地下水地源热泵系统：当地政策法规允许抽灌地下水、水温适宜、地下水量丰富、取水稳定充足、水质符合热泵机组或换热设备使用要求、可实现同层回灌；

  3 地表水地源热泵系统：地表水源水温适宜、水量充足、水质符合热泵机组或换热设备使用要求。

  改造的可实施性应综合考虑各类地源热泵系统的性能特点进行分析：

  1 地埋管地源热泵系统：是否具备足够的地埋管换热器设置空间、项目所在地地质条件是否适合地埋管换热器钻孔、成孔的施工；

  2 地下水地源热泵系统：是否具备进行地下水钻井的条件、取排水管道的位置、钻井是否会对建筑基础结构或防水造成影响、是否会破坏地下管道或构

筑物;

　3　地表水地源热泵系统:调查当地水务部门是否允许建造取水和排水设施,是否具备设置取排水管道和取水泵站的位置;

　4　进行改造可实施性分析时,还应同时考虑建筑物现有系统(如既有空调末端系统是否适应地源热泵系统的改造、供配电是否可以满足要求、机房面积和高度是否足够放置改造设备、穿墙孔洞及设备入口是否具备等)能否与改造后的地源热泵系统相适应。

　改造的经济性分析应以全年为周期的动态负荷计算为基础,以建筑规模和功能适宜采用的常规空调的冷热源方式和当地能源价格为计算依据,综合考虑改造前后能源、电力、水资源、占地面积和管理人员的需求变化。

9.2.3　原有空调系统的冷热源设备,当与地源热泵系统可以较高的效率联合运行时,可以予以保留,构成复合式系统。在复合式系统中,地源热泵系统宜承担基础负荷,原有设备作为调峰或备用措施。另外,原有机房内补水定压设备和管道接口等能够满足改造后系统使用要求的也宜予以保留和再利用。

9.2.4　由于建筑节能改造,建筑物的空调负荷降低。因此,在进行地源热泵系统设计时,冬季可以适当降低供水温度,夏季可以适当提高供水温度,以提高地源热泵机组效率,减少主机电耗。供水温度提高或降低的程度应通过末端设备性能衰减情况和改造后空调负荷情况综合确定。

9.2.5　在有生活热水需求的项目中可将夏季供冷、冬季供暖和供应生活热水结合起来改造,并积极采用热回收技术在供冷季利用热泵机组的排热提供或预热生活热水。

9.2.6　当地埋管换热器的出水温度、地下水或地表水的温度可以满足末端需求时,应优先采用上述低位冷(热)源直接供冷(供热),而不应启动热泵机组,以降低系统的运行费用,当负荷增大,水温不能满足末端进水温度需求时,再启动热泵机组供冷(供热)。

9.3　太阳能利用

9.3.1　在太阳能资源丰富或较丰富的地区应充分利用太阳能;在太阳能资源一般的地区,宜结合建筑实际情况确定是否利用太阳能;在太阳能资源贫乏的地区,不推荐利用太阳能。各地区太阳能资源情况如表9所示。

表9　太阳能资源表

等级	太阳能条件	年日照时数(h)	水平面上年太阳辐照量[MJ/(m²·a)]	地区
一	资源丰富区	3200～3300	>6700	宁夏北、甘肃西、新疆东南、青海西、西藏西

等级	太阳能条件	年日照时数(h)	水平面上年太阳辐照量[MJ/(m²·a)]	地区
二	资源较丰富区	3000～3200	5400～6700	冀西北、京、津、晋北、内蒙古及宁夏南、甘肃中东、青海东、西藏南、新疆南
三	资源一般区	2200～3000	5000～5400	鲁、豫、冀东南、晋南、新疆北、吉林、辽宁、云南、陕北、甘肃东南、粤南
三	资源一般区	1400～2200	4200～5000	湘、桂、赣、苏、浙、沪、皖、鄂、闽北、粤北、陕南、黑龙江
四	资源贫乏区	1000～1400	<4200	川、黔、渝

9.3.2　目前,利用太阳能的技术主要有被动式太阳房、太阳能热水、太阳能采暖与制冷、太阳能光伏发电及光导管技术等。为了最大限度发挥太阳能的节能作用,太阳能应能实现全年综合利用。

9.3.3　太阳能热水系统设计、安装与验收等方面要符合现行国家标准《民用建筑太阳能热水系统应用技术规范》GB 50364 的规定。

9.3.5　电能质量包括电压偏差、频率、谐波和波形畸变、功率因数、电压不平衡度及直流分量等。

10　节能改造综合评估

10.1　一般规定

10.1.1　建筑物室内环境检测的内容包括室内温度、相对湿度和风速。检测方法参见《公共建筑节能检验标准》JGJ 177。

10.1.2　这样做便于发现改造前后运行工况或建筑使用等的变化。一旦发生变化,应对改造前或改造后的能耗进行调整。

10.1.3　被改造系统或设备的检测方法参见现行行业标准《公共建筑节能检验标准》JGJ 177,评估方法按本规范 10.2 节的规定进行。在相同的运行工况下采取相同的检测方法进行检测主要是为了保证测试结果的一致性。

10.1.4　定期对节能效果进行评估,是为了保证节能量的持续性,定期评估的时间一般为 1 年。节能效果不应是短期的,而应至少在回收期内保持同样的节能效果。

10.2 节能改造效果检测与评估

10.2.1 调整量的产生是因为测量基准能耗和当前能耗时，两者的外部条件不同造成的。外部条件包括：天气、入住率、设备容量或运行时间等，这些因素的变化跟节能措施无关，但却会影响建筑的能耗。为了公正科学地评价节能措施的节能效果，应把两个时间段的能耗量放到"同等条件"下考察，而将这些非节能措施因素造成的影响作为"调整量"。调整量可正可负。

"同等条件"是指一套标准条件或工况，可以是改造前的工况、改造后的工况或典型年的工况。通常把改造后的工况作为标准工况，这样将改造前的能耗调整至改造后工况下，即为不采取节能措施时建筑当前状况下的能耗（图 1 中调整后的基准能耗），通过比较该值与改造后实际能耗即可得到节能量，见图 1。

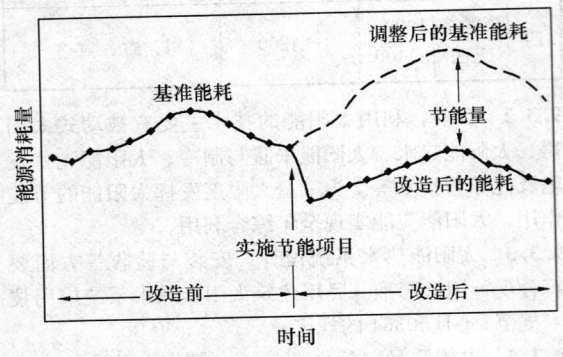

图 1 节能量的确定方法

10.2.2 节能改造项目实施前应编写节能效果检测与评估方案，节能检测和评估方案应精确、透明，具有可重复性。主要包括下列内容：

1 节能目标；

2 节能改造项目概况；

3 确定测量边界；

4 测量的参数、测点的布置、测量时间的长短、测量仪器的精度等；

5 采用的评估方法；

6 基准能耗及运行工况；

7 改造后的能耗及其运行工况；

8 建立标准工况；

9 明确影响能耗的各个因素的来源、说明调整情况；

10 能耗的计算方法和步骤、相关的假设等；

11 规定节能量的计算精度，建立不确定性控制目标。

10.2.3 测量法是将被改造的系统或设备的能耗与建筑其他部分的能耗隔离开，设定一个测量边界，然后

用仪表或其他测量装置分别测量改造前后该系统或设备与能耗相关的参数，以计算得到改造前后的能耗从而确定节能量。可根据节能项目实际需要测量部分参数或者对所有的参数进行测量。

一般来说，对运行负荷恒定或变化较小的设备进行节能改造可以只测量某些关键参数，其他的参数可进行估算，如，对定速水泵改造，可以只测量改造前后的功率，而对水泵的运行时间进行估算，假定改造前后运行时间不变。对运行负荷变化较大的设备改造，如冷机改造，则要对所有与能耗相关的参数进行测量。参数的测量方法参见《公共建筑节能检验标准》JGJ 177。

账单分析法是用电力公司或燃气公司的计量表及建筑内的分项计量表等对改造前后整幢大楼的能耗数据进行采集，通过分析账单和表计数据，计算得到改造前后整幢大楼的能耗，从而确定改造措施的节能量。

校准化模拟法是对采取节能改造措施的建筑，用能耗模拟软件建立模型（模型的输入参数应通过现场调研和测量得到），并对其改造前后的能耗和运行状况进行校准化模拟，对模拟结果进行分析从而计算得到改造措施的节能量。

测量法主要测量建筑中受节能措施影响部分的能耗量，因此该法侧重于评估具体节能措施的节能效果；账单分析法的研究对象是整幢建筑，主要用来评估建筑水平的节能效果。校准化模拟法既可以用来评估具体系统或设备的改造效果，也可用来评估建筑综合改造的节能效果，一般在前两种方法不适用的情况下才使用。

10.2.6 一般当测量法和账单分析法不适用时才使用校准化模拟法来计算节能效果。这主要是考虑到能耗模拟软件的局限性，目前很多建筑结构、空调系统形式、节能措施都无法进行模拟，如具有复杂外部形状的建筑、新型的空调系统形式等。

10.2.7 当设备的运行负荷较稳定或变化较小时（如照明灯具或定速水泵改造），可只测量影响能耗的关键参数，对其他参数进行估算，估算值可以基于历史数据、厂家样本或工程实际情况来判定。应确保估算值符合实际情况，估算的参数值及其对节能效果的影响程度应包含在节能效果评估报告中。如果参数估算导致误差较大，则应根据项目需要对其进行测量或采用账单分析法和校准化模拟法。对被改造的设备进行抽样测量时，抽样应能够代表总体情况，且测量结果具备统计意义的精确度。

10.2.8 校准化模拟方案应包括：采用的模拟软件的名称及版本、模拟结果与实际能耗数据的比对方法、比对误差。

"相同的输入条件"主要指改造前后的建筑模型、气象参数、运行时间、人员密度等参数应一致，这些

数据应通过调研收集。此外，还应对主要用能系统和设备进行调研和测试。

校准化模拟法的模拟过程和节能量的计算过程应进行记录并以文件的形式保存。文件应详细记录建模和校准化的过程，包括输入数据和气象数据，以便其他人可以核查模拟过程和结果。

10.2.9 三种评估方法都涉及一些不确定因素，如测量法中对某些参数进行估算、抽样测量等会给计算结果引入误差，账单分析法用账单或表计数据对综合节能改造效果进行评估时，非节能措施的影响是主要的误差，一般会对主要影响因素（天气、入住率、运行时间等）进行分析和调整。以天气为例，可以根据采暖能耗与采暖度日数之间的线性关系，见式（2），将改造前的采暖能耗调整至改造后的气象工况下、或将改造前和改造后的采暖能耗均调整至典型气象年工况下：

$$E_{(h)ajusted} = \frac{HDD}{HDD_0} \times E_{h0} \qquad (2)$$

式中 E_{h0} ——改造前的采暖能耗；
$E_{(h)ajusted}$ ——调整后的改造前的采暖能耗；
HDD_0 ——改造前的采暖度日数；
HDD ——改造后的采暖度日数。

相应地，也可以建立能耗与入住率和运行时间等参数的关系式，对非节能措施的影响进行调整。这些关系式本身存在一定的误差，而且被忽略的影响因素也是账单分析法的误差来源之一。校准化模拟法的误差主要来源于模拟软件、输入数据与实际情况不一致等因素。因此，对节能量进行计算和评估时，必须考虑到计算过程存在的不确定性并建立正确、合理的不确定性控制目标。

附录 A 冷热源设备性能参数选择

A.0.1 现行国家标准《冷水机组能效限定值及能源效率等级》GB 19577—2004 中，将产品分成 1、2、3、4、5 五个等级。能效等级的含义，1 级是企业努力的目标；2 级代表节能型产品的门槛；3、4 级代表我国的平均水平，5 级产品是未来淘汰的产品。本条文对冷水或热泵机组制冷性能系数的规定高于现行国家标准《公共建筑节能设计标准》GB 50189—2005 的规定，其中，水冷离心式机组以 2 级作为选择的依据；水冷螺杆式、风冷或蒸发冷却螺杆式机组以 3 级

作为选择的依据；水冷活塞式/涡旋式、风冷或蒸发冷却活塞式/涡旋式机组以 4 级作为选择的依据。

A.0.3 本条文采用现行国家标准《单元式空气调节机能效限定值及能源效率等级》GB 19576—2004 中规定的 3 级产品的能效比。

A.0.5 本条文采用现行国家标准《多联式空调（热泵）机组能效限定值及能源效率等级》GB 21454—2008 中的 3 级标准，其他级别具体指标如表 10 所示。

表 10　多联式空调（热泵）机组的制冷综合性能系数

名义制冷量 CC（W）	能 效 等 级				
	5	4	3	2	1
CC≤28000	2.80	3.00	3.20	3.40	3.60
28000<CC≤84000	2.75	2.95	3.15	3.35	3.55
CC>84000	2.70	2.90	3.10	3.30	3.50

A.0.6 本条文的房间空调器适用于采用空气冷却冷凝器、全封闭型电动机-压缩机，制冷量在 14000W 及以下的空气调节器，不适用于移动式、变频式、多联式空调机组。本条文采用现行国家标准《房间空气调节器能效限定值及能源效率等级》GB 12021.3—2004中的 2 级标准。其他级别具体指标如表 11 所示。

表 11　房间空调器能效等级

类型	额定制冷量 CC（W）	能 效 等 级				
		5	4	3	2	1
整体式	—	2.30	2.50	2.70	2.90	3.10
分体式	CC≤4500	2.60	2.80	3.00	3.20	3.40
	4500<CC≤7100	2.50	2.70	2.90	3.10	3.30
	7100<CC≤14000	2.40	2.60	2.80	3.00	3.20

A.0.7 本条文采用现行国家标准《转速可控型房间空气调节器能效限定值及能源效率等级》GB 21455—2008 中的 3 级标准，其他级别具体指标如表 12 所示。

表 12　转速可控型房间空调器能效等级

类型	额定制冷量 CC（W）	能 效 等 级				
		5	4	3	2	1
分体式	CC≤4500	3.00	3.40	3.90	4.50	5.20
	4500<CC≤7100	2.90	3.20	3.60	4.10	4.70
	7100<CC≤14000	2.80	3.10	3.30	3.70	4.20

中华人民共和国行业标准

体育建筑智能化系统工程技术规程

Technical specification for intelligent system
engineering of sports building

JGJ/T 179—2009

批准部门：中华人民共和国住房和城乡建设部
施行日期：２００９年１２月１日

中华人民共和国住房和城乡建设部
公 告

第 346 号

关于发布行业标准《体育建筑
智能化系统工程技术规程》的公告

现批准《体育建筑智能化系统工程技术规程》为行业标准，编号为 JGJ/T 179－2009，自 2009 年 12 月 1 日起实施。

本规程由我部标准定额研究所组织中国建筑工业出版社出版发行。

中华人民共和国住房和城乡建设部
2009 年 7 月 9 日

前 言

根据原建设部《关于印发〈2005 年工程建设标准规范制订、修订计划（第一批）〉的通知》（建标函 [2005] 84 号），规程编制组经广泛调查研究，认真总结实践经验，参考有关国际标准和国外先进标准，并在广泛征求意见的基础上，制定本规程。

本规程主要技术内容是：1. 总则；2. 术语；3. 基本规定；4. 设备管理系统；5. 信息设施系统；6. 专用设施系统；7. 信息应用系统；8. 机房工程；9. 验收。

本规程由住房和城乡建设部负责管理，由中国建筑标准设计研究院负责具体技术内容的解释。在执行过程中如有意见或建议，请寄送中国建筑标准设计研究院（地址：北京市海淀区首体南路 9 号主语国际 2 号楼；邮编：100048）。

本规程主编单位：中国建筑标准设计研究院
　　　　　　　　国家体育总局体育设施建设和
　　　　　　　　标准办公室

本规程参编单位：中国建筑设计研究院
　　　　　　　　北京市建筑设计研究院
　　　　　　　　现代集团华东建筑设计研究院
　　　　　　　　广东省建筑设计研究院
　　　　　　　　中建国际（深圳）设计顾问有限公司

西门子（中国）有限公司
中体同方体育科技有限公司
松下电器（中国）有限公司
西安青松科技股份有限公司
北京利亚德电子科技有限公司
海湾安全技术有限公司
美国康普国际控股有限公司
北京国安电气总公司
泛达网络产品国际贸易（上海）有限公司
力坚贸易消防设备有限公司
清华同方股份有限公司
山特电子（深圳）有限公司
北京奥科仕科技有限公司

本规程主要起草人员：徐文海　李雪佩　王剑平
　　　　　　　　　　　孙 兰　王 健　黄 春
　　　　　　　　　　　吴文芳　庄孙毅　李炳华
　　　　　　　　　　　徐文学　陈国荣　徐和平
　　　　　　　　　　　吴荣球

本规程主要审查人员：温伯银　张文才　张 宜
　　　　　　　　　　　刘希清　杨国栋　戴正雄
　　　　　　　　　　　赵济安　徐 华　温海水

目　次

Contents

1 总　则

1.0.1 为贯彻国家有关方针政策，规范和指导体育建筑智能化系统的设计和施工，提高体育建筑智能化系统工程质量，做到技术先进、经济合理、实用可靠，制定本规程。

1.0.2 本规程适用于新建、改建、扩建的供比赛和训练用体育建筑的智能化系统工程的设计、施工和验收。

1.0.3 体育建筑智能化系统应根据建筑的功能分区和服务对象、单项体育比赛和综合运动会的不同特点，结合体育赛事、多功能应用和日常管理的需要，进行合理配置，并应具有可扩展性、开放性和灵活性。

1.0.4 体育建筑智能化系统工程的设计、施工和验收，除应符合本规程外，尚应符合国家现行有关标准的规定。

2 术　语

2.0.1 体育建筑智能化系统　sports building intelligent system（SBIS）

为在体育建筑内举办体育赛事和实现体育建筑的多功能应用，并满足日常管理的需要，通过信息设施和信息应用构建的对建筑设备、比赛设施进行控制、监测、显示的综合管理系统。

2.0.2 专用设施系统　sports facilities system（SFS）

体育建筑特有的、为满足举行比赛及观看、报道和转播比赛所必需的智能化系统，包括信息显示及控制、场地扩声、场地照明及控制、计时记分及现场成绩处理、现场影像采集及回放、售检票、电视转播和现场评论、标准时钟、升旗控制、比赛设备集成管理等系统。

2.0.3 信息显示及控制系统　information display & control system（DCS）

比赛信息、图形、图像的公共发布平台，包括信息显示系统和彩色视频显示系统。

2.0.4 场地扩声系统　sound reinforcement system（SRS）

为比赛区域和观众席提供以语音为主兼顾音乐扩声服务的系统，包括竞赛区扩声系统和观众区扩声系统。

2.0.5 场地照明及控制系统　lighting & control system（LCS）

为满足不同项目比赛时运动员、裁判员的视觉要求及电视转播、记者摄影对灯光的照度要求而设置的控制系统。

2.0.6 计时记分及现场成绩处理系统　timing & scoring system（TSS）

举办体育赛事时，为所有比赛成绩的采集、处理、存储、传输和显示提供技术手段和支持平台的系统。

2.0.7 竞赛技术统计系统　competition technical statistics system（CTS）

通过自动录入接口或人工录入的方法将运动员或运动队在比赛过程中不同时刻的技术状况数据记录下来，并对数据进行处理后产生统计结果的系统。

2.0.8 现场影像采集及回放系统　video & replay system（VRS）

为裁判员、运动员和教练员提供即点即播的比赛现场录像，同时为信息显示系统提供比赛现场画面的系统。

2.0.9 售检票系统　ticket management system（TMS）

以磁卡、IC 卡等为门票，集智能卡技术、信息安全技术、软件技术、网络技术及机械技术为一体，提高票务管理水平和工作效率，防止人为失误的服务系统。

2.0.10 电视转播和现场评论系统　broadcast & spot commentator's system（BCS）

将场馆内各摄像机位的摄像信号、现场评论员席的评论信号送至现场电视转播设备，进行编辑后向外转发，并可直接在本地电视台中播放的系统。

2.0.11 标准时钟系统　standard clock system（SCS）

为场馆工作人员、运动员、观众提供准确、标准时间，并为场馆的其他智能化系统提供标准时间源的系统。

2.0.12 升旗控制系统　flag rising system（FRS）

保证举行升旗仪式时，所奏国歌的时间和国旗上升到旗杆顶部的时间同步的自动控制系统。

2.0.13 比赛设备集成管理系统　competition management system（CMS）

通过构建统一的系统平台和操作界面，将场馆的信息显示系统、场地灯光控制系统、扩声系统、计时记分及现场成绩处理系统、竞赛技术统计系统、售检票系统、现场影像采集及回放系统、电视转播及现场评论系统、标准时钟系统和升旗控制系统等在逻辑和功能上连接在一起的集成系统，以实现对各独立的专用设施系统的信息共享、综合应用和集中监控。

2.0.14 信息查询和发布系统　information diffusion system（IDS）

体育赛事或其他活动的组织者、场馆经营者用于发布有关赛事、活动及场馆服务信息，供相关人员查询、检索的系统。

2.0.15 赛事综合管理系统　game management system（GMS）

体育赛事的组织者用于对比赛相关事务进行组织

和管理的系统，包括人员注册制证系统、综合成绩处理系统、赛事服务管理系统。

2.0.16 大型活动（赛事）公共安全信息系统 security information system（SIS）

为大型活动（赛事）的组织者和安全保障部门提供公共安全信息的信息集成系统。

2.0.17 场馆运营服务管理系统 service management system（SMS）

为场馆经营人员提供现代化管理手段和信息化服务的信息集成系统。

3 基本规定

3.1 一般规定

3.1.1 体育建筑智能化系统宜由设备管理系统、信息设施系统、专用设施系统、信息应用系统、机房工程等部分构成。

3.1.2 体育建筑智能化系统的设计和施工，应遵循"优化配置、适度超前"的原则，且智能化系统的等级和规模应根据所在地区、使用性质、体育建筑等级、管理方式等因素综合确定。

3.1.3 体育建筑智能化系统应根据信息技术发展和应用的需求进行集成。

3.2 配置标准

3.2.1 体育建筑智能化系统应根据体育建筑的等级或规模设定配置要求，并应满足表3.2.1的要求。体育建筑的等级和规模划分应符合现行行业标准《体育建筑设计规范》JGJ 31 的规定。

表 3.2.1 体育建筑智能化系统配置要求

智能化系统配置		体育建筑等级（规模）			
		特级（特大型）	甲级（大型）	乙级（中型）	丙级（小型）
设备管理系统	建筑设备监控系统	√	√	○	○
	火灾自动报警系统	√	√	√	√
	安全技术防范系统	√	√	√	○
	建筑设备集成管理系统	√	√	○	×
信息设施系统	综合布线系统	√	√	√	○
	语音通信系统	√	√	√	○
	信息网络系统	√	√	√	○
	有线电视系统	√	√	√	○
	公共广播系统	√	√	√	○
	电子会议系统	√	√	○	○
专用设施系统	信息显示及控制系统	√	√	○	×
	场地扩声系统	√	√	√	○
	场地照明及控制系统	√	√	√	○
	计时记分及现场成绩处理系统	√	√	○	○
	竞赛技术统计系统	√	○	○	×
	现场影像采集及回放系统	√	○	○	×

续表 3.2.1

智能化系统配置		体育建筑等级（规模）			
		特级（特大型）	甲级（大型）	乙级（中型）	丙级（小型）
专用设施系统	售检票系统	√	√	○	×
	电视转播和现场评论系统	√	○	×	×
	标准时钟系统	√	○	×	×
	升旗控制系统	√	○	×	×
	比赛设备集成管理系统	√	○	×	×
信息应用系统	信息查询和发布系统	√	√	○	×
	赛事综合管理系统	○	○	×	×
	大型活动公共安全信息系统	○	○	×	×
	场馆运营服务管理系统	√	√	○	×

注：√表示应采用；○表示宜采用；×表示可不采用。

3.2.2 体育建筑智能化系统的功能、监控点数和控制方式，应根据体育建筑的功能分区及其主要服务对象进行确定。

3.2.3 体育建筑智能化系统的机房设置，宜采用控制室、监控中心、总监控中心等分散与集中相结合的方式，满足不同管理层次的需要。

4 设备管理系统

4.1 一般规定

4.1.1 设备管理系统宜包括建筑设备监控系统、火灾自动报警系统、安全技术防范系统、建筑设备集成管理系统等。

4.1.2 设备管理系统的设计，应根据体育建筑的等级、规模和功能需求等实际情况，选择配置相关系统。

4.1.3 设备管理系统应满足相应的管理需求，并应对火灾自动报警系统、安全技术防范系统等进行监视及联动控制。

4.2 建筑设备监控系统

4.2.1 建筑设备监控系统的监控对象应包括冷热源系统、空调与通风系统、变配电系统、公共照明系统、给水排水系统、电梯和自动扶梯系统等。

4.2.2 建筑设备监控系统的监控内容应符合现行国家标准《智能建筑设计标准》GB/T 50314 的规定，并应根据体育建筑的设备配置、工艺要求和操作程序，设计合理、有效的设备监控系统。

4.2.3 监控中心应能对体育建筑内机电设备系统进行集中监视、远程操作和管理，应能提供机电设备系统运行状况的有关数据、资料、报表，并应具有不同应用场合的运行方案，满足体育赛事、多功能应用和日常管理的需要，实现节能控制。

4.2.4 建筑设备监控系统应具有标准、开放的通信接口和协议，实现相关系统数据交换和系统的集成功能。

4.2.5 建筑设备监控系统控制器应具有独立监测和控制能力，输入、输出接口宜预留不少于15％的余量。

4.2.6 建筑设备监控系统宜根据体育建筑的功能分区和服务对象设置系统配置和管理功能。

4.2.7 建筑设备监控系统在竞赛区应符合下列要求：

1 应监测、控制和记录比赛区域的空气温度、湿度、风速、新风量和空气质量等参数。

2 应能自动或手动调节比赛区域的气流组织。

3 应能根据空调分区和相关区域的环境要求监控比赛区域和观众区的空调系统。

4.2.8 建筑设备监控系统在运动员区应符合下列要求：

1 应监控运动员接待区、休息室、检录处、赛前准备室和兴奋剂检查室等的照明、配电、空调和通风系统。

2 应监控洗浴热水供应设备的运行状态。

3 宜监测休息室和兴奋剂检查室的空气质量。

4.2.9 建筑设备监控系统在观众区应符合下列要求：

1 应监控观众接待区和服务区的照明、空调和通风系统。

2 应分区监控比赛大厅看台的照明、空调和通风系统。

3 宜监测服务区的空气质量。

4.2.10 建筑设备监控系统在竞赛管理区应符合下列要求：

1 应监控竞赛管理用房、服务用房和技术用房等的照明、配电、空调和通风系统。

2 应监控洗浴热水供应设备的运行状态。

3 宜监测竞赛管理用房的空气质量。

4.2.11 建筑设备监控系统在新闻媒体区应符合下列要求：

1 应监控媒体接待区、服务区、工作区和技术支持区等的照明、配电、空调和通风系统。

2 宜监测媒体服务区、工作区和技术支持区等的空气质量。

4.2.12 建筑设备监控系统在贵宾区应符合下列要求：

1 应监控贵宾接待区、服务区和随行人员用房等的照明、配电、空调和通风系统。

2 宜监测贵宾服务区的空气质量。

4.2.13 建筑设备监控系统在场馆运营区应符合下列要求：

1 应监控管理办公室、设备机房、通信机房、信息网络机房、建筑设备监控中心、消防控制室、安防监控中心及赛事应急（安保）指挥中心的照明、配电、空调和通风系统。

2 宜监测值班室、监控室（中心）的空气质量。

4.3 火灾自动报警系统

4.3.1 火灾自动报警系统的设置，应符合现行国家标准《智能建筑设计标准》GB/T 50314和《火灾自动报警系统设计规范》GB 50116的规定。

4.3.2 甲级（大型）及以上的体育建筑应设置由控制中心控制的报警系统。

4.3.3 报警区域和探测区域的划分应结合体育赛事或其他活动期间功能分区的需要。

4.3.4 设备管理系统控制室、通信机房、计算机房等处，可采用吸气式火灾探测器。设备管理系统控制室、计算机房、通信机房的吊顶内、架空地板下及重要设施隐蔽处等可采用缆式线型定温探测器。

4.3.5 高大空间的比赛和训练场馆、新闻发布厅等处，可采用红外光束感烟探测器、吸气式火灾探测器或图像型火灾探测器等探测装置。

4.3.6 火灾自动报警系统应符合下列要求：

1 系统设置应完整。

2 应具有独立完成火灾报警及消防联动控制的功能。

3 应具有标准的通信接口和协议。

4 应具有向建筑设备监控系统、安全技术防范系统等发出联动控制信号的功能。

4.3.7 火灾自动报警系统的报警与联动控制回路的地址点数量应留有不少于15％的余量。

4.3.8 火灾自动报警系统宜根据场馆的功能分区和服务对象设置系统配置及报警功能。

4.3.9 火灾自动报警系统在竞赛区应符合下列要求：

1 室内比赛大厅应设置火灾探测器。

2 应急广播应与场地扩声系统互联，发生火警时，应强行切换到应急广播。

4.3.10 火灾自动报警系统在运动员区应符合下列要求：

1 接待区、休息室、检录处、赛前准备室和兴奋剂检查室等应设置火灾探测器。

2 应急广播宜与比赛或公共广播系统合用。

4.3.11 火灾自动报警系统在观众区应符合下列要求：

1 观众接待区和服务区应设置火灾探测器，应急广播宜与公共广播系统合用。

2 体育馆和游泳馆看台区应设置火灾探测器，应急广播应与场地扩声系统互联。

4.3.12 火灾自动报警系统在竞赛管理区应符合下列要求：

1 竞赛管理用房、服务用房和技术用房等应设置火灾探测器。

2 应急广播宜与公共广播系统合用。

4.3.13 火灾自动报警系统在新闻媒体区应符合下列

要求：

    1 媒体接待区、服务区、工作区和技术支持区等应设置火灾探测器，应急广播宜与公共广播系统合用。

    2 当发布应急广播时，新闻发布厅和大型会议室等应切断专用会议扩声系统。

4.3.14 火灾自动报警系统在贵宾区应符合下列要求：

    1 贵宾接待区、服务区和随行人员用房等应设置火灾探测器。

    2 应急广播宜与公共广播系统合用。

4.3.15 火灾自动报警系统在场馆运营区应符合下列要求：

    1 管理办公室及停车库等应设置火灾探测器。

    2 应急广播宜与公共广播系统合用。

4.3.16 火灾自动报警系统在机房和监控中心应符合下列要求：

    1 设备机房、通信机房、信息网络机房、建筑设备监控中心、消防控制室、安防监控中心及赛事应急（安保）指挥中心应设置火灾探测器，应急广播宜与公共广播系统合用。

    2 当以上机房和监控中心设置专用火灾报警和灭火系统时，应将其报警输出信号及动作信号传送至消防控制室。

4.4 安全技术防范系统

4.4.1 安全技术防范系统应由视频安防监控系统、出入口控制系统、入侵报警系统、电子巡查系统、停车库（场）管理系统、安防专用通信系统和安防信息综合管理系统组成。对于专用的高安全等级的实体防护系统、防爆安全检查系统、仓库安全防范系统等，应按特殊需要设置。

4.4.2 安全技术防范系统的设置应符合现行国家标准《智能建筑设计标准》GB/T 50314 和《安全防范工程技术规范》GB 50348 的规定。

4.4.3 特级（特大型）和甲级（大型）体育建筑应采用集成式系统，乙级（中型）体育建筑宜采用组合型系统。安全技术防范系统应保证举办体育赛事的安全，并应适应场馆多功能应用和日常管理需要。

4.4.4 在举办体育赛事期间，安全技术防范系统应以预防、处置突发事件为核心。

4.4.5 安全技术防范系统应设置紧急报警装置，并应留有与 110 报警中心联网的通信接口。

4.4.6 视频安防监控系统应符合下列要求：

    1 系统应对体育建筑的周界区域、出入口、进出通道、门厅、公共区域、看台区、竞赛区、主席台、新闻发布厅、重要休息室通道、重要机房、奖牌存放室、枪械仓库、新闻中心、停车场等重要部位和场所进行实时视频探测、视频监视、图像显示、记录与回放，并宜具有视频入侵报警功能。与入侵报警系统联合设置的视频安防监控系统，应有图像复核功能，并宜有图像复核加声音复核功能。

    2 系统应提供通信接口和协议，并应能向安防信息综合管理系统提供相关数据。

    3 系统应具有灵活的扩展能力，保证举办体育赛事或大型活动时扩展监控范围。

    4 系统的设计应符合现行国家标准《视频安防监控系统工程设计规范》GB 50395 的规定。

4.4.7 入侵报警系统应符合下列要求：

    1 系统应对体育建筑的周界、重要机房、奖牌存放室、枪械设备仓库等重点部位的非法入侵、盗窃、破坏等进行实时有效的探测和报警，并应有报警复核功能。

    2 系统应能与视频安防监控系统、出入口控制系统、应急照明系统联动。

    3 系统应提供通信接口和协议，并应能向安防信息综合管理系统提供相关数据。

    4 系统的设计应符合现行国家标准《入侵报警系统工程设计规范》GB 50394 的规定。

4.4.8 出入口控制系统应符合下列要求：

    1 体育建筑出入口、重要办公室、重要机房、奖牌存放室、枪械仓库、设备间、监控室等处应设置出入口控制装置。

    2 系统应能对设防区域或位置的出入对象及出入时间等进行控制和实时记录，并应具有非法操作报警功能。

    3 系统应与视频安防监控系统、入侵报警系统联动；在突发性事故发生时，应能自动打开疏散通道上的安全门。

    4 观众入口控制应与售检票系统综合规划设计，其他入口控制应与人员的管理综合规划设计。

    5 系统应提供通信接口和协议，并应能向安防信息综合管理系统提供相关数据。

    6 系统的设计应符合现行国家标准《出入口控制系统工程设计规范》GB 50396 和《建筑设计防火规范》GB 50016 的规定。

4.4.9 电子巡查系统应符合下列要求：

    1 系统应根据场馆安全技术防范管理的要求，通过巡查点的信息采集对保安人员巡更的工作状态进行监督和记录。

    2 巡查点宜设置在主要出入口、主要通道、紧急出入口和监控中心、财务室、配电室、发电机房等重点防范部位。

    3 系统可独立设置，也可与出入口控制系统、入侵报警系统联合设置。根据具体情况，系统可采用在线或离线方式。

    4 系统应提供通信接口和协议，并应与安防信息综合管理系统联网。

4.4.10 停车库（场）管理系统应符合下列要求：

1 系统应根据体育建筑的管理需要，对停车库（场）的车辆通行道口实施出入控制、监视、引导、停车计费及车辆防盗报警等进行综合管理。

2 短期或临时用户宜采用出、验票机管理方式，长期或固定用户宜采用读卡器管理方式。体育赛事期间设置的专用停车场宜采用读卡器管理方式。

3 系统应提供通信接口和协议，并应能向安防信息综合管理系统提供相关数据。

4.4.11 安防信息综合管理系统应符合下列要求：

1 系统应通过统一平台将各安全防范系统联网，实现安全技术防范系统的信息集成和自动化管理。

2 系统应能对各安全防范系统的运行状态和报警信号进行监测、显示、记录、存储，并进行必要的控制。

3 系统应具有标准、开放的通信接口和协议。

4.4.12 安防信息综合管理系统应根据体育场馆的功能分区和服务对象，设置系统配置和管理功能。

4.4.13 竞赛区应设置视频监视摄像机，监视范围覆盖整个区域。

4.4.14 安全技术防范系统在运动员区应符合下列要求：

1 运动员区入口应设视频监视摄像机，并宜设读卡器，读卡器应具备确认提示显示功能。

2 运动员接待区、检录处应设视频监视摄像机。

3 运动员区宜设置紧急求助点。

4.4.15 安全技术防范系统在观众区应符合下列要求：

1 观众区入口应设视频监视摄像机，并宜设出入口控制系统和售检票系统。

2 安检区域应设安检设备和视频监视摄像机。

3 观众接待区和观众服务区应设视频监视摄像机。

4 观众区卫生间门外宜设联动声光报警装置。

5 看台区应设视频监视摄像机，并覆盖整个区域。

4.4.16 安全技术防范系统在竞赛管理区应符合下列要求：

1 竞赛管理区入口应设视频监视摄像机，并宜设读卡器，读卡器应具备确认提示显示功能。

2 竞赛管理区走廊、技术用房等应设视频监视摄像机。

3 竞赛管理用房、技术用房可设读卡器、入侵报警系统和紧急求助按钮。

4.4.17 安全技术防范系统在新闻媒体区应符合下列要求：

1 新闻媒体区入口应设视频监视摄像机，并宜设读卡器，读卡器应具备确认提示显示功能。

2 媒体接待区、服务区、工作区和技术支持区应设视频监视摄像机。

4.4.18 安全技术防范系统在贵宾区应符合下列要求：

1 贵宾区入口应设视频监视摄像机，并宜设读卡器，读卡器应具备确认提示显示功能。

2 贵宾接待区、贵宾服务区应设视频监视摄像机和紧急求助按钮。

4.4.19 安全技术防范系统在赞助商区应符合下列要求：

1 赞助商区入口应设视频监视摄像机，并宜设读卡器，读卡器应具备确认提示显示功能。

2 赞助商包厢应设紧急求助按钮。

4.4.20 安全技术防范系统在场馆运营区应符合下列要求：

1 场馆运营区入口应设视频监视摄像机，并宜设读卡器，读卡器应具备确认提示显示功能。

2 场馆运营区财务室、总经理室可设读卡器、入侵报警系统和紧急求助按钮。

4.4.21 设备机房、通信机房、信息网络机房、建筑设备监控中心、消防控制室、安防监控中心及赛事应急（安保）指挥中心应设视频监视摄像机，并宜设读卡器、入侵报警系统和紧急求助按钮。

4.5 建筑设备集成管理系统

4.5.1 建筑设备集成管理系统应将建筑设备监控系统、火灾自动报警系统和安全技术防范系统通过信息交换和共享，实现联动控制、综合监视和优化运行，并提供统一的、开放的数据接口。

4.5.2 体育建筑在举办体育赛事或其他活动时，建筑设备集成管理系统应为应急（安保）指挥中心提供建筑环境信息，并应接受应急（安保）指挥中心的统一调度。

4.5.3 建筑设备集成管理系统应为体育建筑的日常管理提供机电设备和系统的运行数据、历史数据和统计信息，实现动态的设备维护和管理。

4.5.4 建筑设备集成管理系统应建立安全管理体系，并应界定现场操作、物业管理操作及应急（安保）指挥中心各类人员的操作权限。

4.5.5 建筑设备集成管理系统应通过统一系统平台和操作界面，将各个独立子系统整合成一个有机整体。

4.5.6 建筑设备集成管理系统应支持多种通信接口和协议，并应具有接口开放和开发功能，可直接连接各类系统和设备。

4.5.7 建筑设备集成管理系统应建立具有标准开放接口的统一的数据库。

4.5.8 建筑设备集成管理系统应采用先进、通用的软件开发技术和系统架构。

4.5.9 建筑设备集成管理系统宜对游泳馆的池水处

理设备和参数进行监测和控制。

4.5.10 建筑设备集成管理系统宜对滑冰馆的制冷设备和参数进行监测和控制。

4.5.11 建筑设备集成管理系统宜对体育场草坪加热设备、喷洒设备及场地排水系统进行监测和控制。

5 信息设施系统

5.1 一般规定

5.1.1 信息设施系统宜包括综合布线系统、语音通信系统、信息网络系统、有线电视系统、公共广播系统、电子会议系统等。

5.1.2 信息设施系统的设计应根据体育建筑的规模、等级和功能需求等实际情况,选择配置相关系统。

5.1.3 信息设施系统应满足举办体育赛事或大型活动对各信息设施的要求,并考虑近期使用和中远期发展的需要。

5.2 综合布线系统

5.2.1 综合布线系统的设计应符合体育建筑的规模和等级标准,满足场馆近期使用和中远期发展的需要。

5.2.2 综合布线系统应满足体育建筑内信息通信的要求,并应支持语音、数据、图像等多种信息的传输。

5.2.3 综合布线系统应满足开放性、灵活性、可扩展性、实用性、安全性、可靠性和经济性的要求。

5.2.4 综合布线系统应满足赛事期间各相关部门对固定和临时机房、管线、路由以及智能化系统的增加、改造等需求。

5.2.5 综合布线系统应实现各体育建筑通信网络系统的互联,满足体育建筑群统一规划建设的需要。

5.2.6 综合布线系统应符合现行国家标准《综合布线系统工程设计规范》GB 50311 的规定,并应由工作区、配线子系统、干线子系统、建筑群子系统、设备间、进线间、管理等组成。

5.2.7 综合布线系统所选用的电缆、光缆、各种连接电缆、跳线,以及配线设备等硬件设施,均应满足相关标准的规定。

5.2.8 综合布线系统的电气防护、接地和防火应符合现行国家标准《综合布线系统工程设计规范》GB 50311 的规定。

5.2.9 综合布线系统在竞赛区应符合下列要求:

1 根据不同比赛项目的需要,比赛场地和热身场地应设置数据和语音信息点,并应满足相关专用设施系统的使用要求。

2 室外及室内水上项目的比赛场地敷设的线缆、配线设备,应采取防水、防潮、防腐等保护措施。

5.2.10 综合布线系统在观众区应符合下列要求:

1 观众接待区的售票处、问讯处等处应设置数据和语音信息点。

2 观众服务区的商业服务处、观众临时医疗处、失物招领处、通信服务点和金融服务处等处应设置数据和语音信息点。

5.2.11 综合布线系统在运动员区应符合下列要求:

1 接待处、休息室、检录处、赛前准备室等运动员用房应设置数据和语音信息点。

2 兴奋剂检查站应设置数据和语音信息点。

5.2.12 竞赛管理区的赛事组织和管理人员用房、赛事服务用房以及赛事技术用房,应设置数据和语音信息点。

5.2.13 综合布线系统在新闻媒体区应符合下列要求:

1 媒体接待区应设置数据和语音信息点,并应满足安检、接待和出入控制的使用要求。

2 医疗、餐饮、商业、电讯等媒体服务区应设置数据和语音信息点。

3 新闻发布厅、新闻中心、新闻机构办公室、广播电视媒体办公区等媒体工作区应设置数据和语音信息点。新闻中心宜采用区域配线箱布线或无线接入的方式,并应满足记者对数据和语音信息点的需求。

4 广播电视转播机房、广播电视转播技术用房等媒体技术支持区应设置数据和语音信息点。

5 文字媒体看台区、广播电视评论员席等媒体看台区应设置数据和语音信息点。

5.2.14 综合布线系统在贵宾区应符合下列要求:

1 贵宾接待区应设置数据和语音信息点。

2 贵宾服务区的休息室、临时医疗点、办公室、信息服务室等处应设置数据和语音信息点,并应配备设置内线电话、公安专线的路由或管线。

3 贵宾看台(主席台)应设置数据和语音信息点。

4 贵宾的随行人员用房应设置语音信息点。

5.2.15 综合布线系统在场馆运营区应符合下列要求:

1 场馆运营管理办公室应设置数据和语音信息点。

2 电气机房、设备机房、设备库房等场馆设备运行区应设置数据信息点或语音信息点,并应满足设备管理和通信的使用要求。

3 场馆运营后勤服务区应设置语音信息点。

5.2.16 赞助商包厢内和赞助商服务区应设置数据和语音信息点。

5.2.17 安保区应根据安保部门在赛事期间的要求,在相关区域和用房设置数据信息点和语音信息点,满足安保、交通、消防及应急指挥的使用要求。

5.2.18 综合布线系统应满足各相关智能化子系统互

联互通的需要。

5.2.19 综合布线系统应满足体育建筑赛后运营的使用要求。

5.2.20 对举办综合性运动会的体育建筑，应满足综合性运动会竞赛信息系统对综合布线系统的要求。

5.3 语音通信系统

5.3.1 语音通信系统应能满足体育建筑内举办体育赛事或大型活动时对语音通信的需求，为观众和组委会提供方便、快捷、高效、可靠的语音通信服务。语音通信系统宜包括有线通信系统、移动通信覆盖系统、卫星通信系统和无线对讲系统（内部通信系统）。

5.3.2 有线通信系统应符合下列要求：

1 应满足技术先进、经济合理、灵活畅通和确保质量的要求，并应符合场馆所在地通信网的进网条件及技术要求。

2 应采用系统硬件模块化、通信接口标准化、系统软件可升级的系统，并应具备相应的扩展能力以满足场馆举行体育赛事或大型活动时对通信容量的突发性要求。

3 数字程控用户电话交换机系统的容量应有足够的冗余，应具备直接拨出、拨入、自动计费、电脑会务台等功能，并应具备标准的通信接口和开放的通信协议。

5.3.3 移动通信覆盖系统应符合下列要求：

1 应满足增强现有各种移动通信的传输信号、减少信号盲区和弱区的要求。

2 应满足现有各种移动通信系统的用户在场馆内 95％ 的位置及 99％ 的时间内可以接入网络的要求。

3 室内天线的设置应保证场馆内部不存在移动通信盲区；室外天线应根据场馆建筑特征选择安装位置，并应保证场馆周围的区域不存在移动通信盲区。

4 宜设置专用的移动通信机房。机房应具备足够的空间，用于放置支持不同移动通信系统的中继收发通信设备。

5.3.4 卫星通信系统应符合下列要求：

1 应作为地面有线及无线通信系统的补充和备份。

2 应具备与其他通信网络的接口，可提供接收和传输单向或双向的数据和语音业务。

3 天线的架设应充分考虑环境的影响，并应保证天线的使用安全。

4 应有良好的接地措施，并应符合现行国家标准《建筑物电子信息系统防雷技术规范》GB 50343 的规定。

5.3.5 无线对讲系统（内部通信系统）应符合下列要求：

1 应为场馆运营服务人员提供日常的通信服务，并可在赛事或活动期间，为赛事组织者提供通信

服务。

2 应保证体育建筑内及周边无通信盲区。

3 可设立一套独立的赛事内通系统。赛事内通系统应具有高度的安全性、可靠性和稳定性。

5.3.6 竞赛区应根据不同比赛项目的需要，在比赛场地和热身场地提供有线通信、移动通信和无线对讲通信服务。

5.3.7 语音通信系统在观众区应符合下列要求：

1 售票处、问讯处等观众接待区应提供有线通信、移动通信和无线对讲通信服务。

2 商业服务处、观众临时医疗处、失物招领处、通信服务点和金融服务处等观众服务区应提供有线通信、移动通信和无线对讲通信服务。

3 观众看台区应提供移动通信和无线对讲通信服务。

5.3.8 语音通信系统在运动员区应符合下列要求：

1 运动员接待区、检录处应提供有线通信、移动通信和无线对讲通信服务。

2 休息室、赛前准备室等运动员用房应提供有线通信、移动通信和无线对讲通信服务。

3 兴奋剂检查站应提供有线通信、移动通信和无线对讲通信服务。

5.3.9 竞赛管理区的赛事组织和管理人员用房、赛事服务用房以及赛事技术用房，应提供有线通信、移动通信和无线对讲通信服务。

5.3.10 语音通信系统在新闻媒体区应符合下列要求：

1 新闻媒体区的移动通信基站应根据其设计容纳能力配置，并应确保在最大并发通信量时无阻塞现象。

2 媒体接待区应提供有线通信、移动通信、无线对讲通信服务。

3 媒体服务区的医疗、餐饮、商业、电讯等处应提供有线通信、移动通信服务。

4 媒体工作区的新闻发布厅、新闻中心、新闻机构办公室、广播电视媒体办公区，应提供有线通信、移动通信服务，并宜根据需要提供备用卫星通信服务。

5 媒体技术支持区的广播电视转播机房、广播电视转播技术用房等，应提供有线通信、移动通信服务，并宜根据需要提供备用卫星通信服务。

6 媒体看台区的文字媒体看台区、广播电视评论员席应提供有线通信、移动通信服务，摄影记者活动区、摄像区、观察员区应提供移动通信服务。

5.3.11 语音通信系统在贵宾区应符合下列要求：

1 贵宾接待区应提供有线通信、移动通信和无线对讲通信服务。

2 贵宾服务区的休息室、临时医疗点、办公室、信息服务室等应提供有线通信、移动通信和无线对讲

通信服务，并宜根据需要提供内线电话、公安专线电话服务。

3 贵宾看台（主席台）应提供有线通信、移动通信和无线对讲通信服务。

4 贵宾的随行人员用房应提供有线通信、移动通信和无线对讲通信服务。

5.3.12 语音通信系统在场馆运营区应符合下列要求：

1 场馆运营管理办公室应提供有线通信、移动通信和无线对讲通信服务。

2 场馆设备运行区的电气机房、设备机房、设备库房等处宜提供有线通信、无线对讲通信服务。

3 场馆运营后勤服务区宜提供有线通信、移动通信和无线对讲通信服务。

5.3.13 体育建筑出入口和停车场应提供移动通信和无线对讲通信服务。

5.3.14 赞助商区应提供有线通信、移动通信和无线对讲通信服务。

5.3.15 安保区应提供有线通信、移动通信和无线对讲通信服务，满足安保、交通、消防及应急指挥的使用要求，并宜根据需求，在安保区提供公安专线通信服务。

5.3.16 语音通信系统应满足体育建筑赛后运营的使用要求。

5.3.17 对举办综合性运动会的体育建筑，应满足综合性运动会建立运动会专网的要求。

5.4 信息网络系统

5.4.1 信息网络系统应能为竞赛管理人员、媒体和场馆的运营管理者等提供高速、可靠、安全、有效的信息服务。

5.4.2 信息网络系统应作为体育建筑的基础信息设施，为体育建筑智能化系统间的相互通信以及与建筑外部信息网络进行通信提供连接平台。

5.4.3 信息网络系统宜采用星型拓扑结构。单体建筑可由核心层和接入层组成，多个建筑组成的建筑群，可由核心层、汇聚层和接入层组成，并应包括互联网的接入、信息网络的管理和安全策略等。

5.4.4 信息网络系统的核心层应配置全交换型高速网络设备，其数据处理能力应能满足体育竞赛和赛后运营的多功能综合应用的要求。

5.4.5 信息网络系统应根据场馆举办体育赛事和赛后运营的需要，选择相应的互联网接入技术、接入方式以及接入的带宽。接入层网络设备应满足接入带宽的要求，并应具备保证应用服务质量及网络设备的扩展能力。

5.4.6 信息网络系统除应满足数据、图像传输对网络带宽的要求外，还应满足数字视频信号传输对网络带宽的要求，其主干网络宜采用千兆位（1000Mbps）

或万兆位（10000Mbps）以太网。

5.4.7 信息网络系统宜采用有线和无线相结合的方式，借助有线信息网络系统，利用无线信息网络桥接设备，建设无线信息网络系统，满足体育赛事或大型活动对信息网络服务的要求。

5.4.8 信息网络系统应具备提供系统的配置、故障、性能、网络用户、分布等方面的基本管理和对网络设备的管理的功能。

5.4.9 信息网络系统的机房建设应符合现行国家标准《电子信息系统机房设计规范》GB 50174 和《电子计算机场地通用规范》GB/T 2887 的规定。

5.4.10 竞赛区的比赛场地和热身场地应提供有线信息网络服务，并宜根据需求提供无线信息网络服务。

5.4.11 信息网络系统在观众区应符合下列要求：

1 观众接待区的售票处、问讯处等应提供有线信息网络服务。

2 观众服务区的通信服务点和金融服务处应提供有线信息网络服务。

5.4.12 运动员的接待处、休息室、检录处、赛前准备室和兴奋剂检查站等运动员用房应提供有线信息网络服务。

5.4.13 竞赛管理区的赛事组织和管理人员用房、赛事服务用房以及赛事技术用房等，应提供有线信息网络服务。

5.4.14 信息网络系统在新闻媒体区应符合下列要求：

1 新闻媒体区的无线网络接入设备应根据其设计容纳能力配置，并应确保在最大并发信息通信量时无阻塞现象。

2 媒体接待区应提供有线信息网络服务。

3 医疗、餐饮、商业、电讯等媒体服务区应提供有线信息网络服务，并宜根据需求提供无线信息网络服务。

4 新闻发布厅、新闻中心、新闻机构办公室、广播电视媒体办公区等媒体工作区应提供有线信息网络服务，并宜根据需求在新闻发布厅、新闻中心提供无线信息网络服务。

5 广播电视转播机房、广播电视转播技术用房等媒体技术支持区应提供有线信息网络服务。

6 媒体看台区的文字媒体看台区、广播电视评论员席应提供有线信息网络服务，并宜根据需求在文字媒体看台区提供无线信息网络服务。

5.4.15 信息网络系统在贵宾区应符合下列要求：

1 贵宾接待区应提供有线信息网络服务。

2 贵宾服务区的休息室、临时医疗点、办公室、信息服务室等应提供有线信息网络服务。

3 贵宾看台（主席台）应提供有线信息网络服务，并宜根据需求提供无线信息网络服务。

5.4.16 信息网络系统在场馆运营区应符合下列

要求：

1 场馆运营管理办公室应提供有线信息网络服务。

2 场馆设备运行区的电气机房、设备机房、设备库房等处应提供有线信息网络服务。

5.4.17 信息网络系统在赞助商区应符合下列要求：

1 赞助商包厢内应提供有线信息网络服务，并宜根据需求提供无线信息网络服务。

2 赞助商服务区应提供有线信息网络服务。

5.4.18 安保区应提供有线信息网络和无线信息网络服务，满足安保、交通、消防及应急指挥的使用要求，并宜根据需求，提供公安专网通信服务。

5.4.19 信息网络系统应满足体育建筑赛后运营的使用要求。

5.4.20 对举办综合性运动会的体育建筑，应保证信息网络系统通过设备和技术手段，满足综合性运动会竞赛信息系统专用信息网络建设的需要。

5.5 有线电视系统

5.5.1 有线电视系统应符合质量优良、技术先进、经济合理、可升级扩展的原则，应与当地广播电视事业发展规划相适应，甲级及以上体育建筑宜根据需求设置卫星电视接收系统。

5.5.2 有线电视系统应符合下列要求：

1 有线电视系统宜采用全频段双向光纤、同轴电缆混合 HFC 方式组网，支持模拟电视与数字电视的传输应用。当系统采用双向传输时，应选用具有双向传输功能的产品。

2 有线电视系统的建设应符合国家现行标准《有线电视系统工程技术规范》GB 50200 和《有线电视广播系统技术规范》GY/T 106 的规定。邻频传输系统的用户终端的电视信号设计计算的控制值应按照现行国家标准《有线电视系统工程技术规范》GB 50200 的规定取值。

5.5.3 卫星电视接收系统应符合下列要求：

1 卫星电视接收系统应根据所在的地理位置及信号强度，确定卫星接收天线的尺寸及方位，并应根据所需接收的卫星电视节目数量，确定卫星接收机和邻频调制器等接收设备的数量。

2 卫星电视接收天线距离卫星电视接收机房宜在 15m 以内，并不得超过 20m，卫星接收天线装置宜放置在建筑外草地或不影响外观的屋顶上。

3 卫星电视接收系统相关设备的技术参数和指标应符合国家现行有关标准的规定。

5.5.4 竞赛区的裁判员区和热身场地宜根据不同比赛项目的需要，设置有线电视终端。

5.5.5 观众的商业、餐饮区、观众出入口及接待区等处应设置有线电视终端，且终端插座应按电视机壁挂方式设置。

5.5.6 运动员区的休息室、检录处、赛前准备室、兴奋剂检查候检室等运动员用房应设置有线电视终端，且终端插座的高度应按使用要求设置。

5.5.7 竞赛管理区的赛事组织和管理人员的用房、赛事服务用房以及赛事技术用房，应设置有线电视终端。

5.5.8 有线电视系统在新闻媒体区应符合下列要求：

1 媒体接待区应设置有线电视终端。

2 餐饮、商业、电讯等媒体服务区应设置有线电视终端，且终端插座应按电视机壁挂方式设置。

3 媒体工作区的新闻发布厅、新闻中心、新闻机构办公室、广播电视媒体办公区等处应设置相应有线电视终端，且终端插座的高度应按使用要求设置。

4 媒体技术支持区的广播电视转播机房、广播电视转播技术用房等应设置有线电视终端。

5 媒体广播电视评论员席应设置有线电视终端，文字媒体看台区宜设有线电视终端。

5.5.9 有线电视系统在贵宾区应符合下列要求：

1 贵宾接待区应设置有线电视终端。

2 贵宾服务区的休息室、办公室、信息服务室等应设置有线电视终端。

3 贵宾的随行人员用房应设置有线电视终端。

5.5.10 场馆运营区的场馆运营管理办公室应设置有线电视终端。

5.5.11 赞助商区的赞助商包厢及赞助商服务区应设置有线电视终端。

5.5.12 安保工作区用房应设置有线电视终端。

5.5.13 有线电视系统应满足体育建筑赛后运营的使用要求。

5.5.14 有线电视系统应具备和现场影像回放系统连接的接口、与卫星电视系统连接的接口以及与当地有线电视网互联的接口。

5.5.15 有线电视系统宜预留与信息显示及控制系统、信息查询和发布系统连接的接口，可作为信息发布的显示装置。

5.6 公共广播系统

5.6.1 公共广播系统应满足竞赛信息广播、应急广播和背景音乐广播的需要。

5.6.2 公共广播系统与场地扩声系统在设置上宜互相独立，系统之间应实现互联，在需要时应实现同步播音。

5.6.3 公共广播系统的用户回路应根据体育建筑的功能分区、防火分区、竞赛信息广播分区、应急广播控制、广播线路路由等因素确定。

5.6.4 公共广播系统应符合下列要求：

1 场馆内的公共广播系统宜包含场馆竞赛信息广播、应急广播、背景音乐广播；当应急广播系统独立设置时，应与公共广播系统互联。

2 公共广播区域声场内播放的声压级宜比该区域的背景噪声高出 10dB～15dB。

3 公共广播的功率馈送回路应采用二线制，当和应急广播系统合用时，宜采用三线制。对有音量调节装置或用户开关的回路，公共广播的功率馈送回路应采用三线制。

5.6.5 应急广播系统应符合下列要求：

1 当发生紧急事件时，公共广播系统应能自动或手动切换到应急广播，保证应急广播具有最高优先级。

2 应急广播系统独立设置时，应符合现行国家标准《火灾自动报警系统设计规范》GB 50116 的有关规定。

3 应急广播系统和公共广播系统合用一套系统设备时，应设置应急广播备用系统，并符合现行国家标准《火灾自动报警系统设计规范》GB 50116 的有关规定。

5.6.6 竞赛信息广播系统应符合下列要求：

1 竞赛信息广播应按场馆功能区域分布要求，合理设置广播回路，在公共广播中竞赛信息广播具有除应急广播之外的第二优先级。

2 竞赛信息广播应保证运动员区、竞赛管理区和所对应的出入口、比赛热身场地等区域的声压级和语言清晰度。

5.6.7 公共广播系统在出入口应符合下列要求：

1 竞赛管理人员、运动员及随队官员、观众、贵宾、新闻媒体人员、安保人员、运营人员等出入口处应设置公共广播系统。

2 每个出入口区宜设置为独立的广播分区。

5.6.8 公共广播系统在竞赛区应符合下列要求：

1 热身场地、按摩区、热身休息区应设置公共广播系统，设在按摩区、热身休息区的竞赛信息广播宜带音量调节控制开关。当竞赛信息和应急广播时，应对音量调节控制开关旁路。

2 比赛场地裁判员区、竞赛人员工作区应设置广播用传声器插座。

5.6.9 公共广播系统在观众区应符合下列要求：

1 观众服务区的商业服务处、观众休息处、观众出入口大厅、卫生间等处应设置公共广播系统。

2 观众区的主席台应设置广播用传声器插座。

5.6.10 公共广播系统在运动员区应符合下列要求：

1 运动员用房的休息室、检录处、赛前准备室等应设置公共广播系统，设在休息室、赛前准备室的竞赛信息广播宜带音量调节控制开关。当竞赛信息和应急广播时，应对音量调节控制开关旁路。

2 检录处应设置广播用传声器插座。

5.6.11 竞赛管理区的赛事组织和管理人员用房、赛事服务用房以及赛事技术用房等，应设置公共广播系统。设在休息室、会议室的竞赛信息广播宜带音量调节控制开关，当应急广播时，应对音量调节控制开关旁路。

5.6.12 公共广播系统在新闻媒体区应符合下列要求：

1 媒体接待区应设置公共广播系统。

2 媒体服务区的餐饮、商业、电讯等处应设置公共广播系统。

3 媒体工作区的新闻发布厅、新闻中心、新闻机构办公室、广播电视媒体办公区等处应设置公共广播系统。设在新闻中心的公共广播宜带音量调节控制开关，当应急广播时，应对音量调节控制开关旁路。

4 媒体技术支持区的广播电视转播机房、广播电视转播技术用房等处应设置公共广播系统。

5.6.13 公共广播系统在贵宾区应符合下列要求：

1 贵宾接待区应设置公共广播系统。

2 贵宾服务区的休息室、办公室、信息服务室等处应设置公共广播系统。公共广播宜带音量调节控制开关，在应急广播时，应对音量调节控制开关旁路。

3 贵宾的随行人员用房应设置公共广播系统。

5.6.14 公共广播系统在场馆运营区应符合下列要求：

1 场馆运营管理办公区应设置公共广播系统。设在会议室的公共广播宜带音量调节控制开关，在应急广播时，应对音量调节控制开关旁路。

2 场馆设备运行区的电气机房、设备机房、设备库房等处应设置公共广播系统。

3 场馆运营后勤服务区应设置公共广播系统。

5.6.15 公共广播系统在赞助商区应符合下列要求：

1 赞助商服务区应设置公共广播系统。

2 赞助商包厢内应设置公共广播系统。公共广播宜带音量调节控制开关，在应急广播时，应对音量调节控制开关旁路。

5.6.16 安保区应设置公共广播系统。指挥室、办公室和会议室的公共广播宜带音量调节控制开关，在应急广播时，应对音量调节控制开关旁路。

5.6.17 公共广播系统应满足体育建筑赛后运营的使用要求。

5.7 电子会议系统

5.7.1 体育建筑内的会议室、主席台、报告厅、新闻发布厅等区域宜根据需要设置电子会议系统。

5.7.2 电子会议系统宜包含会议发言及表决系统、同声传译系统、会议扩声系统、视频系统、照明智能控制系统和中央控制系统等。

5.7.3 会议发言及表决系统应符合下列要求：

1 应具备每位与会代表通过代表机进行发言、登记请求发言、听发言、表决等功能。

2 应具备支持主席机发起、停止、中止与会人员的发言及表决、改变代表话筒的优先级、统计表决结果等功能。

3 应具备将表决议题、代表名单、表决结果等资料以电子文档形式存储、导出备份或者输出打印等功能。

4 应具备演讲模式功能，即可控制演讲台上的话筒单元处于常工作状态，不会因为演讲者误操作而关闭话筒单元。

5.7.4 同声传译系统应符合下列要求：

1 同声传译信号输出可采用有线方式、无线红外方式或两者结合的方式。

2 同声传译设备宜根据二次翻译的工作方式设置，同时应满足语言清晰的要求。

3 同声传译和语种分配设备应满足至少两种语言以上的会议需要，系统设备应采用模块化的结构，通过不同的配置来构建不同规模的系统以适合不同的会议需要。

4 同声传译应配置供翻译人员使用的译员间，一种语言需配置一间独立的译员。译员间需进行建声处理并设有面向主席台的观察窗。

5.7.5 会议扩声系统应符合下列要求：

1 宜符合现行行业标准《厅堂扩声系统声学特性指标》GYJ 25 的规定，并具备抑制声反馈功能。

2 宜配置录音设备，可记录下全部会议的内容。

5.7.6 视频系统应符合下列要求：

1 宜由视频显示设备、视频摄像设备和视频录像设备组成。

2 视频显示设备可选用正投屏、背投屏或其他显示屏等，同时应配有视频输入接口、数字电视接口和计算机信号接口。

3 应能与可视会议系统连接，通过安装在会议现场的摄像机为可视会议系统提供实时视频信号。

4 视频摄像机应实现现场跟踪摄像功能，系统应与会议发言系统联动，可自动对发言者进行跟踪特写，并将采集到的视频信号输出给视频显示设备或远程视频会议系统，同时提供本地的视频记录。

5.7.7 照明智能控制系统应符合下列要求：

1 应具备灯光的调光控制、分区控制、多场景及组合场景控制等功能。

2 设有红外无线同声传译系统的会议室照明，当采用热辐射光源时，其照度不宜大于 500lx，并不得采用可控硅调光方式控制照明灯。

5.7.8 中央控制系统应符合下列要求：

1 具有全开放的协议，并可通过其内部设备元件库，搭成适合用户需要的各种控制系统电路，从而实现对不同会议设备的控制。

2 可通过对矩阵及相关设备的控制，实现音频设备的操作、音/视/计算机信号的切换、调整信号通路等功能。

3 可在计算机或触摸屏操作平台上实现完成对照明、电动窗帘、电动屏幕的控制以及电磁锁的开关和通电单透玻璃的控制。

4 可按用户的特定需求，编写联动操作程序，也可配合实际使用情况现场调整。

5.7.9 竞赛管理区会议室应设置会议扩声系统、视频系统。

5.7.10 新闻媒体区的新闻发布厅应设置会议扩声系统、视频系统。

5.7.11 电子会议系统在贵宾区应符合下列要求：

1 主席台宜设置同声传译系统。

2 会议室应设置会议扩声系统、视频系统等。

5.7.12 电子会议系统应满足体育建筑赛后运营的使用要求。

5.7.13 对举办综合性运动会的体育建筑，电子会议系统应能满足召开可视会议的需要。

6 专用设施系统

6.1 一般规定

6.1.1 专用设施系统宜包括信息显示及控制系统、场地扩声系统、场地照明及控制系统、计时记分及现场成绩处理系统、竞赛技术统计系统、现场影像采集及回放系统、售检票系统、电视转播和现场评论系统、标准时钟系统、升旗控制系统、比赛设备集成管理系统等部分。

6.1.2 专用设施系统的设计应根据体育建筑的规模、等级和功能需求等实际情况，选择配置相关系统。

6.1.3 专用设施系统应满足场馆运营管理的需要，并应与建筑设备监控系统、火灾自动报警系统和安全技术防范系统等实现系统集成或预留技术接口。

6.2 信息显示及控制系统

6.2.1 信息显示及控制系统应包括比赛信息显示系统和彩色视频显示系统。

6.2.2 比赛场馆应设置满足举办体育赛事需要的比赛信息显示及控制系统，并宜根据比赛的级别和项目特点，设置彩色视频显示屏系统，且显示屏的设置应符合国际单项体育组织的有关规定。

6.2.3 信息显示及控制系统应在综合布线系统、信息网络系统的基础上与计时记分及现场成绩处理、竞赛技术统计、有线电视、电视转播及现场评论、现场影像采集及回放、场地扩声等系统相连。

6.2.4 信息显示及控制系统应由硬件部分和软件部分组成，硬件部分应包括显示图像和文字信息的显示屏、专用数据转换设备、信号传输电缆以及用来控制显示屏工作的控制设备和显示信息处理设备；软件部分应包括显示屏的驱动控制软件、显示信息的处理、控制软件。

6.2.5 信息显示及控制系统的信号传输部分应具备选择多种传输介质进行远距离传输的能力，显示控制部分应具备标准的数据接口，并应具备多种标准视频接口，可接收多种制式的视频信号。

6.2.6 信息显示及控制系统的控制软件应具备多种显示方式，并应实现文字、图形、图像和视频的显示控制。

6.2.7 信息显示及控制系统应能实时获取计时记分及现场成绩处理系统中的竞赛信息，并应能结合实时获取的现场电视转播系统或现场影像采集系统的现场视频信号，编辑处理成多媒体信息进行显示。

6.2.8 信息显示及控制系统显示的文字最小高度和最大观看距离的关系、比赛信息显示屏显示的字符行数和列数的最低要求、LED 全彩显示屏视频画面的最小解析度要求等可按照现行行业标准《体育场馆设备使用要求及检验方法 第 1 部分：LED 显示屏》TY/T 1001.1 的规定进行确定。

6.2.9 信息显示及控制系统在竞赛区应符合下列要求：

1 比赛场地应根据不同比赛项目的需要，结合比赛项目的计时记分及现场成绩处理系统，设置比赛信息显示屏。

2 比赛热身区的热身场地、按摩区、热身休息区应设置比赛信息显示屏。

6.2.10 信息显示及控制系统在观众区应符合下列要求：

1 应根据需要设置一块或多块用于显示比赛信息或视频图像的显示屏，显示屏的安装位置应满足场馆内 95% 以上的固定坐席观众的最大视距要求。

2 观众服务区应设置显示屏。

6.2.11 运动员区的运动员检录处应设置显示屏。

6.2.12 媒体工作区的新闻中心、新闻发布厅应设置显示屏。

6.2.13 贵宾服务区应设置显示屏。

6.2.14 赞助商包厢及服务区应设置显示屏。

6.2.15 信息显示及控制系统控制室宜与场地扩声系统控制室、场地灯光系统控制室合并设置。

6.2.16 信息显示及控制系统应满足体育建筑赛后运营的使用要求。

6.3 场地扩声系统

6.3.1 场地扩声系统应设置在场馆的竞赛区、观众区，并应作为语言及音乐兼用。

6.3.2 场地扩声系统的设计应与建筑声学设计、环境噪声控制相结合，统筹考虑。

6.3.3 场地扩声系统应由传声器、调音设备、放大器、扬声器和信号处理设备等组成。

6.3.4 信息显示及控制系统和公共广播系统应设置音频接口。当发生火灾或其他紧急突发事件时，消防控制室和公安应急处理中心应具有强制切换场地扩声系统广播内容的能力。

6.3.5 场地扩声系统应保证比赛场地和观众区等区域的声压级和语言清晰度。

6.3.6 竞赛区和观众区的扩声系统应采用固定扩声系统，运动员和竞赛管理区的竞赛信息广播系统以及场馆外广场扩声系统宜与公共广播系统合用，其他扩声系统宜采用移动扩声系统。

6.3.7 场地扩声系统应配备足够数量的传声器，且宜采用有利于抑制声反馈、低阻抗平衡输出的传声器。

6.3.8 场地扩声系统应配置独立的调音台，调音台的输入通道总数不应少于最大使用输入通道数。

6.3.9 场地扩声系统功率放大器的设计功率不宜低于扬声器系统设计功率的 1.5 倍，功率放大器与主扬声器系统之间的连线功率损耗应小于主扩声扬声器系统功率的 10%，次低频扬声器系统的连线功率损耗宜小于 5%。

6.3.10 场地扩声系统对观众区、比赛场地的最大声压级宜为 99 dB～105dB，其他扩声特性指标应按现行行业标准《体育馆声学设计及测量规程》JGJ/T 131 的规定执行。

6.3.11 场地扩声系统的声音对周围环境和居民的影响不得高于现行国家标准《声环境质量标准》GB 3096 的规定。

6.3.12 扬声器的选型和布局应根据建筑的形状、大小、座位容量和混响时间、使用用途等进行设计，直达声应覆盖均匀，并应减轻观众区的声波干涉。

6.3.13 场地扩声系统应配备信号处理设备。

6.3.14 场地扩声系统应与公共广播系统结合，减少设备的重复配置。

6.3.15 竞赛区应设置专门服务于比赛场地的扬声器，保证裁判员、运动员在比赛场地内能清晰地听到扩声广播。

6.3.16 观众区应设置专门服务于观众席的扬声器，保证场馆内所有的观众席能清晰地听到扩声广播。

6.3.17 场地扩声系统应满足体育建筑赛后运营的使用要求。宜采用临时或移动扩声系统来满足场馆举办文娱活动时对音乐扩声的需求。

6.4 场地照明及控制系统

6.4.1 场地照明及控制系统应满足不同比赛项目的要求，实现各种比赛所需的灯光照明模式，节省能源，并应符合国家现行标准《体育场馆照明设计及检测标准》JGJ 153、《体育照明使用要求及检验方法 第 1 部分：室外足球场和综合体育场》TY/T 1002.1 和《建筑照明设计标准》GB 50034 的规定。

6.4.2 比赛场地的照明控制模式应符合表 6.4.2 的

规定。

表 6.4.2　比赛场地照明控制模式

照明控制模式		场馆等级（规模）			
		特级（特大型）	甲级（大型）	乙级（中型）	丙级（小型）
有电视转播	HDTV 转播重大国际比赛	√	○	×	×
	TV 转播重大国际比赛	√	√	○	×
	TV 转播国家、国际比赛	√	√	√	○
	TV 应急	√	√	√	×
无电视转播	专业比赛	√	√	√	√
	业余比赛、专业训练	√	√	√	√
	训练和娱乐活动	√	√	√	○
	清扫	√	√	√	√

注：√表示应采用；○表示可视具体情况决定；×表示可不采用。

6.4.3 智能照明控制系统应采用开放的通信协议，可与比赛设备集成管理系统或其他照明控制系统相连接。当其他照明控制系统与场地照明控制系统相连或共用时，不得影响场地照明的正常使用。

6.4.4 智能照明控制系统的网络结构可为集中式、集散式或分布式。智能照明控制系统应设模拟盘或监视屏，以图形形式显示灯的状况。所用软件应可在通用硬件上使用，所用语言宜为中文。

6.4.5 场地照明及控制系统驱动模块的额定电流不应小于其回路的计算电流，驱动模块额定电压应与所在回路的额定电压相一致。当驱动模块安装在控制柜等不良散热场所或高温场所，应降容使用，降容系数宜为 0.8～1。

6.4.6 智能照明控制系统的总线或信号线、控制线不得与强电电源线共管或共槽敷设，保护管应为金属管，并应良好接地。

6.4.7 智能照明控制系统应具有以下功能：

1 预设置灯光场景功能，且不因停电而丢失。

2 系统模块场景渐变时间可任意设置。

3 软启动、软停机功能，启动时间和停机时间可调。

4 手动控制功能，当手动控制采用智能控制面板时，应有"锁定"功能，或采取其他防误操作措施。

5 回路监测功能，可以监测灯的状态、过载报警、漏电报警、回路电流监测、灯使用累计时间、灯预期寿命等。

6 分组延时开灯功能，或采取其他措施防止灯集中启动时的浪涌电流。

6.5　计时记分及现场成绩处理系统

6.5.1 计时记分及现场成绩处理系统应满足竞赛规则的要求，并应具备对比赛全过程产生的成绩及与比赛相关的环境因素进行监视、测量、量化处理、显示公布的能力。

6.5.2 计时记分及现场成绩处理系统应能把从比赛现场获得各种竞赛信息，传送到总裁判席、计时记分机房、现场成绩处理机房、电视转播机房、信息显示及控制系统机房。

6.5.3 计时记分系统应具备完整的数据评判体系，并应具备将其采集的数据通过技术接口传送给现场成绩处理系统的功能，应根据不同比赛项目的需要，在比赛场地设置计时记分装置及比赛信息显示屏。

6.5.4 计时记分系统应符合下列要求：

1 计时记分系统由数据（成绩）采集、数据（成绩）传输和数据（成绩）输出三部分组成。

2 数据（成绩）采集应包括各种检测设备、发令设备、自动计时设备、现场裁判员用记分设备、计时设备等。

3 数据（成绩）采集的设备所采集的比赛环境数据（如风速等）、比赛成绩数据（如距离、高度、时间、得分等）应客观、精确，数据的精度应符合国家及国际各单项体育组织的有关规定。

4 数据（成绩）采集用各种设备须具备良好的性能，室外用设备须具备防尘和防水功能，应能适应比赛环境的变化，设备应具备符合国际工业标准的联网接口。

5 数据（成绩）传输宜采用国际标准的通信协议进行现场采集数据的传输，以方便现场成绩处理系统的数据处理和成绩发布，系统精度不应低于国家及国际单项体育组织的要求。

6 用于显示比赛信息的各种显示屏，其数量、位置、面积、显示的内容应满足国家及国际单项体育组织竞赛规则及运动员、观众对视距、视角的要求。

7 联网型比赛信息显示屏应与计时记分系统的数据采集设备和现场成绩处理系统连接，接收、显示数据；独立型比赛信息显示屏应配备不低于比赛用时的工作电源，并具备充电功能；设备应具备远程控制操作功能和联网通信接口。

6.5.5 现场成绩处理系统应具备快速数据处理能力，并应具备与其他系统进行数据交换的能力。赛事专用的现场成绩处理机房内应设置现场成绩处理系统，保证各种赛时信息的及时处理和发布。

6.5.6 现场成绩处理系统应符合下列要求：

1 应及时处理场馆举办单项比赛期间的各种数据信息，提供及时的赛程编排、成绩数据采集、成绩处理、成绩校核、成绩发布等功能，同时将以上内容上传至信息显示及控制系统、电视转播和现场评论系统、信息查询和发布系统、打印分发系统。

2 应在场馆设置现场成绩处理中心（机房），以提供现场成绩处理系统专用数据库服务器、成绩处理终端、成绩处理计算机局域网络的工作空间。

6.5.7 计时记分及现场成绩处理系统应具备与信息显示及控制系统、电视转播和现场评论系统、信息查询和发布系统、比赛设备集成管理系统通信的接口和开放的协议。

6.5.8 举办综合性运动会的体育建筑，其现场成绩处理系统应能及时把各种比赛信息传送到综合性运动会的其他信息系统。

6.6 竞赛技术统计系统

6.6.1 竞赛技术统计系统应能通过自动录入接口或人工录入的方法记录运动员（队）在比赛过程中不同时刻的技术状况数据，并应能对数据进行处理后产生统计结果。在赛事期间的处理准确率应达到100%。

6.6.2 竞赛技术统计系统应由竞赛现场的技术统计专业人员提供原始数据，现场专门进行技术统计的处理机应负责实时完成录入和统计工作。计时记分及成绩处理系统中的裁判员统计数据宜作为竞赛技术统计的内容。

6.6.3 在多赛场和单赛场多项目的赛事中，竞赛技术统计系统应具备各场馆之间数据互传，集中和分布相结合的统计处理能力。

6.6.4 竞赛技术统计系统应具备与信息显示及控制系统、电视转播和现场评论系统、比赛设备集成管理系统、第三方系统通信的接口和开放的协议，以满足信息互通与共享的需要。技术统计结果经过确认后，应及时传送到信息显示及控制系统、电视转播和现场评论系统、信息查询和发布系统。

6.6.5 根据不同比赛项目的需要，应在比赛场地设置竞赛技术统计系统的处理机（工作站）。

6.7 现场影像采集及回放系统

6.7.1 现场影像采集及回放系统应能在比赛和训练期间为裁判员、运动员和教练员提供即点即播的比赛录像或与其相关的视频信息，并可为仲裁裁判员服务。在无电视转播的比赛中，还应为信息显示及控制系统、有线电视系统提供现场视频信号。

6.7.2 现场影像采集及回放系统应具备视频采集，存储，视频图像的编辑、处理和制作功能，宜由现场摄像部分、视频采集服务器部分以及视频回放设备三部分组成。

6.7.3 现场摄像部分应配置具有自动对焦、预设位置功能，可进行全景拍摄的固定位置摄像机，或使用与编解码器接口相连的移动摄像机。

6.7.4 视频采集服务器应具有8路以上视频信号的采集和处理能力，处理后的数据应以标准视频文件格式保存在视频服务器中，其存储空间应满足连续保存24h视频数据的要求。

6.7.5 视频回放设备应具备把视频采集服务器中的数字视频信号实时回放的能力，且回放信号可送入竞赛专用显示终端、计算机终端、有线电视系统及场馆信息显示及控制系统。

6.7.6 根据不同比赛项目的需要，应在比赛场地、场地周边等处设置现场影像摄像机位或预留摄像机编解码器接口。

6.7.7 根据不同比赛项目的需要，应在观众看台区设置现场影像摄像机位或预留摄像机编解码器接口。

6.7.8 现场影像采集及回放系统应具备与场馆信息显示及控制系统、有线电视系统、电视转播和现场评论系统的接口。

6.7.9 现场影像采集及回放系统应满足体育建筑赛后运营的使用要求。

6.8 售检票系统

6.8.1 售检票系统应由门票制作部分、售票部分、通道检票部分、体育场（馆）票务综合监控管理部分组成。

6.8.2 售检票系统的制票、售票、检票以及综合监控管理均应能通过计算机网络进行通信，并应由专用软件统一处理和分析。

6.8.3 售检票系统应能根据体育建筑的座位、通道以及制票方案，产生相应的门票数据，并应能进行门票的制作和打印。

6.8.4 售检票系统应具备本地销售和远程联网销售的功能，观众可通过多种方式确定所购门票的座位和数量。

6.8.5 售检票系统的检票设备应采用联网型通道闸机、联网型手持检票机或两者结合的方式进行检票管理。

6.8.6 售检票系统的检票通道数量应保证在所有通道正常工作状态下，90%以上的观众在规定的入场时间内进入体育建筑。

6.8.7 售检票系统的检票通道应满足公安及消防对通道的要求，可通过网络对每个通道闸机实行远程开启或关闭控制。观众入口处应至少设置一个残疾人专用检票通道。

6.8.8 售检票系统的软件应具有监控门票销售、通道运行状态、系统网络状况的能力以及进行统计、生成报表等管理功能。

6.8.9 售检票系统应与体育建筑的安全技术防范、火灾自动报警等系统实现系统集成。

6.8.10 售检票系统应满足体育建筑赛后运营的使用要求。

6.8.11 对举办综合性运动会的体育建筑，应能与综合性运动会售检票系统互联。

6.9 电视转播和现场评论系统

6.9.1 电视转播和现场评论系统应为体育赛事或其他活动的电视转播提供现场音视频信号采集、处理以及评论员进行现场评论的工作条件。

6.9.2 对举办国家级、洲际性以及世界性重大体育赛事的体育建筑，应在场馆内部或场馆外设置电视转播机房和转播车停车位、摄像机位、电缆通道、评论员席、混合区、广播电视综合区等区域，区域的面积和环境应满足电视转播机构的要求。

6.9.3 摄像机机位的位置应根据不同比赛项目对电视转播工艺的要求进行设置，该位置的照明应满足电视转播的要求。

6.9.4 赛场、观众席、运动员入口、混合区等区域应设置主播摄像机机位，并应预留相应的电源和信号接口。

6.9.5 赛场、观众席、运动员入口、混合区等区域应设置次要摄像机机位，并应预留相应的电源和信号接口。

6.9.6 体育建筑内应敷设专用电视转播电缆通道，缆沟应设置在暗处，吊架可设置在明处，可采用缆沟和吊架相结合的方式。

6.9.7 评论员席应设置在场馆内最佳坐席区域，并应预留相应的电源和信号接口。

6.9.8 混合区的灯光照明应满足摄影、摄像要求，应设有电视转播缆沟，并应预留相应的电源和信号接口。

6.9.9 电视转播车停车位应设置在体育建筑物外靠近场馆电视转播机房的地方，并应预留相应的电源和信号接口。

6.9.10 根据体育赛事的规模和等级，宜在建筑外的广场或公共区域，临时设置广播电视综合区，并应预留相应的电源和信号接口。

6.9.11 体育建筑内应设置一电视转播机房，且面积不宜小于 $30m^2$。

6.9.12 电视转播和现场评论系统的供配电应符合下列要求：

1 电视转播机房应配置配电源柜一个，柜内输入电压为 AC 380V，电源应由市电和备用电源提供，两路电源可实现互投。配电源柜应为每辆电视转播车辆提供不小于 30kW 的电功率，并应提供连接电视转播车的电缆通道，电源接地应采用 TN—S，机房宜提供专用工艺接地。

2 应为每个评论员席提供输入电压为 AC 220V、额定电流为 10A 的插座，插座不得少于 5 个，或提供 1 个 5 组以上的额定电流为 10A 的插座板。

3 混合区应为每家媒体提供输入电压为 AC 220V、5 组以上的额定电流为 10A 的插座板 1 个。

4 电视转播车可通过在停车位附近设置室外配电柜供电，也可通过连接电视转播机房的电缆通道，由转播机房内的配电柜供电。每台电视转播车的电功率不得小于 30kW。

6.9.13 根据不同比赛项目的转播需要，应在比赛场地周边设置摄像机位，并应和电视转播缆沟连通。

6.9.14 观众看台区应设置相应的固定和临时摄像机位，并应和电视转播缆沟连通。

6.9.15 运动员入口处、检录处应设置相应的临时摄像机位，并应和电视转播缆沟连通。

6.9.16 电视转播和现场评论系统在新闻媒体区应符合下列要求：

1 媒体工作区的混合区、新闻发布厅应设置相应数量的临时摄像机位，并应和电视转播缆沟连通。

2 媒体技术支持区的电视转播机房、广播电视转播技术用房等应通过电视转播缆沟连通。

3 媒体看台区的电视评论员席应通过电视转播缆沟连通。

6.10 标准时钟系统

6.10.1 标准时钟系统应能为赛场工作人员、运动员、观众提供标准的时间，并可为智能化系统提供标准的时间源。

6.10.2 标准时钟系统应由校时接收设备、中心时钟（母钟）、时码分配器、数字式或指针式子钟、世界钟、系统控制管理计算机、时钟数据库服务器和通信连接线路组成。

6.10.3 标准时钟系统应具备把母时钟产生时钟信号，经校时后，通过时码分配器传输给分布在场馆中的各个子钟，并按子钟的时间显示方式显示出标准时间的能力。

6.10.4 标准时钟系统应具备联网监控能力，可通过控制管理计算机对时钟系统进行集中管理和监控，并可根据需要对子钟进行必要的操作。

6.10.5 母钟应具备接收校时设备的校时信号的能力，并应具备对校时信号的分析、判断能力及利用正确的校时信号对母钟进行校对的能力；母钟可独立工作，其自身误差在（-0.1～0.1）s/月以内。

6.10.6 子钟应能接收母钟所发出的标准时间信号，进行时间信息显示，显示字符的大小应满足观看最远视距的要求；子钟还应具备独立工作的能力，独立工作时计时误差在（-0.05～0.05）s/日以内。

6.10.7 根据不同比赛项目的需要，应在比赛场地和热身场地设置子钟。

6.10.8 观众区应在观众出入口处、休息区设置子钟。

6.10.9 接待处、休息室、检录处、赛前准备室等运动员用房应设置子钟。

6.10.10 赛事组织和管理人员用房、赛事服务用房和赛事技术用房应设置子钟。

6.10.11 媒体服务区、媒体工作区应设置子钟。

6.10.12 贵宾服务区和随行人员用房应设置子钟。

6.10.13 场馆运营管理办公室应设置子钟。

6.10.14 赞助商服务区和赞助商包厢内应设置子钟。

6.10.15 安保工作区用房应设置子钟。

6.10.16 标准时钟系统应满足体育建筑赛后运营的使用要求。

6.11 升旗控制系统

6.11.1 升旗控制系统应为赛事组织者提供用于体育赛事或大型活动的开闭幕仪式及发奖仪式时的国旗同步自动升降控制及会标杆、临时灯光、音响吊杆等的控制。

6.11.2 升旗控制系统应由机电部分和远程控制部分组成。机电部分应包括电气部件、机械部件、控制柜、本地控制器，远程控制部分应包括专用控制主机、控制软件、国旗国歌库。

6.11.3 升旗控制系统应保证国旗的上升与国歌播放同步，应设立两级限位开关，并应具有机械防冲顶保护功能。

6.11.4 升旗控制系统应具备国旗管理功能，宜具备国旗自动识别功能。

6.11.5 升旗控制系统应具备远程自动、本地自动、本地手动等控制功能，宜配备人力升旗装置。

6.11.6 远程控制主机应具备系统故障的检测功能，当系统远程控制网络出现故障时，本地控制器可自动同步控制升旗。

6.11.7 远程控制主机宜具备系统集成接口，可控制多套升旗设备分别升降，同步提供符合专业要求的音频输出和国旗国歌库，可通过场馆比赛设备集成管理系统实现统一控制。

6.11.8 在比赛场地的升旗区应设置颁奖旗杆和现场控制台（柜）。

6.11.9 观众席附近的升旗区应设置会标旗杆和现场控制台（柜）。

6.11.10 升旗控制系统应满足体育建筑赛后运营的使用要求。

6.12 比赛设备集成管理系统

6.12.1 比赛设备集成管理系统应为赛事组织者和场馆运营人员在赛事期间提供为比赛服务的集成管理及控制平台，为比赛信息的综合利用、比赛现场气氛的制造提供技术手段。

6.12.2 比赛设备集成管理系统应利用场馆信息网络和控制网络系统，将各自独立的专用设施子系统在物理上、逻辑上和功能上连接在一起，实现对信息显示及控制系统、场地扩声系统、场地照明及控制系统、计时记分及现场成绩处理系统、竞赛技术统计系统、现场影像采集及回放系统、售检票系统、电视转播和现场评论系统、标准时钟系统和升旗控制系统的集中监视和控制。

6.12.3 比赛设备集成管理系统应通过统一的集成管理平台，提供图形化的综合监控界面，并应提供多种通信接口和协议，保证场馆各专用设施子系统之间联动控制的一致性。

6.12.4 比赛设备集成管理系统应具备比赛数据管理、音视频数据管理、设备运行数据管理、场景控制、统计记录、报表生成、系统设置、系统接口等功能。

6.12.5 比赛设备集成管理系统应通过浏览器、邮件、短信等方式为赛事组织者、场馆运营者实时提供和比赛相关的赛程、成绩、人员及各子系统运行状态信息。

6.12.6 比赛设备集成管理系统应实时为电视转播及现场评论系统、信息显示及控制系统、网络转播系统等提供比赛现场成绩、比赛环境数据、运动员资料等信息。

6.12.7 比赛设备集成管理系统宜采用集中式的比赛中央监控机房，把信息显示及控制系统、场地扩声系统、场地照明控制系统、现场影像采集及回放系统、标准时钟系统和升旗系统等的机房集中设置在一个或相邻的房间，以方便比赛设备集成管理系统对各子系统集成管理的需要。

6.12.8 比赛设备集成管理系统应成为体育展示系统的管理和控制平台。

7 信息应用系统

7.1 一般规定

7.1.1 信息应用系统应包括信息查询和发布系统、赛事综合管理系统、大型活动（赛事）公共安全应急信息系统、场馆运营服务管理系统等部分。

7.1.2 信息应用系统的设计，应根据体育建筑的规模、等级及功能需求等实际情况，选择配置相关系统及其功能。

7.1.3 信息应用系统应满足赛事管理者或场馆经营者的要求，实现与公共安全管理系统、应急系统的联动，并为体育建筑的现代化经营管理提供技术手段。

7.2 信息查询和发布系统

7.2.1 信息查询和发布系统应作为赛事组织者或场馆经营者用于发布有关赛事状况及场馆服务信息供相关人员观看、查询、检索的平台。

7.2.2 信息查询和发布系统应提供比赛成绩信息、赛事组织信息、历届赛事信息、各种新闻信息、场馆建设信息、组委会信息、代表团信息、媒体单位成员信息、城市背景信息、旅游观光信息、天气预报信息等，还应提供视频点播和精彩比赛片断等多媒体信息服务。

7.2.3 信息查询和发布系统应能接收成绩处理系统发送的各类成绩及统计信息，进行分类处理后实时发送到信息服务网（互联网和互联网服务器）。成绩信息发布应为实时的。

7.2.4 信息查询和发布系统应提供打印分发功能，可将相关的信息和报表即时传送给新闻媒体、竞赛管理人员等。

7.2.5 信息查询和发布系统应可通过在网站上建立虚拟电子商店、招商会等方式开展门票销售、纪念品销售和代理商品租售及住房预订等电子商务活动。

7.2.6 信息查询和发布系统应为赛事信息的收集、录入、储存、查询提供便捷、安全的技术手段，提供互联网所有工作站的互联网连接，向联网的各信息查询网点传送赛会的各种查询信息。

7.2.7 信息查询与发布应可采用网页、手机短信、智能网络终端等多种方式。

7.2.8 信息查询和发布系统的类别管理功能应为网站的灵活高效提供可能性，能使网站管理员随时调整类别，并可根据需要增加、修改或删除。

7.2.9 信息查询和发布系统的信息管理功能应为实现网站内容的更新与维护，提供在后台输入、查询、修改、删除新闻类别和专题中的信息的功能，选择该信息是否出现在栏目或网站的首页等信息管理功能。

7.2.10 信息查询和发布系统的用户管理功能应确保数据库的安全性和准确性，可在后台为每个系统用户设定一个用户号和密码。系统用户可根据权限，在后台输入、查询、修改、删除新闻类别和专题中的具体信息。

7.2.11 信息查询和发布系统的管理功能应留有充足的对内、对外接口，满足信息查询发布系统本身、其他智能化系统及第三方系统信息互通与共享的需要。

7.3 赛事综合管理系统

7.3.1 赛事综合管理系统应包括人员注册制证、综合成绩处理、赛事服务管理等子系统。

7.3.2 人员注册制证系统应在举办赛事时负责各类与会人员报名注册，为赛事管理者提供各类人员的身份信息和通行范围以及对与会人员进行分类统计并提供相应统计信息，印制相应的证件。

7.3.3 人员注册制证系统应符合下列要求：

1 系统应存储赛事所有注册人员和相关统计管理信息以及保密信息，应保证系统的安全性，并应具有良好的实时响应速度，确保制卡和验卡的实时性。

2 系统应具有远程注册和现场注册功能。现场注册功能应包括与会人员在赛事现场的注册和对远程注册信息的修改。

3 系统应具有对与会人员注册信息的分类、统计和格式转换等功能。

4 系统应具有将人员注册信息作为数据源向售检票系统、信息查询和发布系统、现场成绩处理和综合成绩处理系统以及组委会办公系统等发送的功能。

5 系统应可用于场馆举办演出、展览、集会等活动的前期准备工作。

6 系统应留有充足的对内、对外接口，满足人员制证系统与其他智能化系统及第三方系统信息互通与共享的需要。

7.3.4 综合成绩处理系统应具有将多个单项现场成绩经过累计、换算、折合等运算和确认后得出综合成绩的功能。除田径赛以外，综合成绩处理系统宜只用于大型综合性运动会。

7.3.5 综合成绩处理系统应符合下列要求：

1 系统应遵循赛会的规程和各单项赛事竞赛规程的要求，应具有可靠性和实时性，并应具备应变能力，在发生意外情况时不得影响竞赛。

2 系统应能综合处理人员注册制证子系统的报名信息、现场上传的比赛秩序单和成绩数据等比赛信息，实时提供赛事信息的动态编排和成绩数据，输出经过确认的现场成绩结果，提供每日成绩公告，汇编每日公告和总成绩册、奖牌、得分、纪录统计等，并发送到信息查询和发布系统。

3 系统应具备自动化和安全性功能，从网上数据文件的接收、判别、分类、存储到处理、发送、打印公告等均应自动完成。当需要更改数据库记录时，可人工干预。

4 系统应具备数据备份功能，可按上传日期、项目、文件类别等备份数据文件。

5 系统应留有对内、对外接口，满足综合成绩处理系统与其他智能化系统及第三方系统信息互通与共享的需要。

7.3.6 赛事服务管理系统应符合下列要求：

1 系统应具备住宿管理、人员到发管理、票务管理、医疗服务管理、礼宾服务管理和颁奖管理、信息查询、信息统计等基本功能。

2 信息输入应能接受纸质文件的手工录入和扫描、电子文件的引入及来自人员注册制证系统、信息查询和发布系统的信息。

3 系统应具备内外网的功能，用户可根据不同的授权，看到在其职能范围内的所有信息，并可进行相关操作。

4 系统应留有对内、对外接口，满足赛事组委会业务管理系统与其他智能化系统及第三方系统信息互通与共享的需要。

7.4 大型活动（赛事）公共安全应急信息系统

7.4.1 大型活动（赛事）公共安全应急信息系统应在建筑设备集成管理系统和比赛设备集成管理系统的基础上构建。

7.4.2 大型活动（赛事）公共安全应急信息系统应为大型活动（赛事）的组织委员会、公共安全领导小组、救援和保障机构提供信息服务。

7.4.3 大型活动（赛事）公共安全应急信息系统应提供用于该体育建筑及本次活动的预案库、模型库、数据库等，为领导机构的决策指挥提供必要支持。

7.4.4 大型活动（赛事）公共安全应急信息系统应针对该建筑中所有公共安全事件的发生提供应急信息，应具有快速反应能力和高安全可靠性，用户界面应简明易用，并应具有对不同权限的用户进行管理的能力。

7.4.5 大型活动（赛事）公共安全应急信息系统应留有与建筑设备集成管理系统的接口，以便机电设备运行数据的上传。

7.4.6 大型活动（赛事）公共安全应急信息系统应留有与比赛设备集成管理系统的接口，以便比赛专用设施系统数据的上传。

7.4.7 大型活动（赛事）公共安全应急信息系统应具有与其他公共安全和应急指挥系统及设备连接的接口。

7.5 场馆运营服务管理系统

7.5.1 场馆运营服务管理系统应由经营管理、物业管理、行政办公和大型活动管理等组成，基本功能模块应包括人事信息管理、公文处理、文档资料管理、会议管理、车辆管理、通知/公告管理、电子邮件系统、空间管理、设备管理、备品备件管理、能源管理、电缆通信管理、器材管理、客流监控、会员管理、数据采集/报表、票务管理、场地管理和综合信息查询等。

7.5.2 场馆运营服务管理系统应区分赛时和赛后不同的使用特点和对象。

7.5.3 场馆运营服务管理系统应留有与建筑设备集成管理系统的接口，以便机电设备运行数据的上传。

7.5.4 场馆运营服务管理系统应留有与比赛设备集成管理系统的接口，以便将重要的比赛数据及比赛相关子系统运行数据上传。

7.5.5 场馆运营服务管理系统应留有与财务系统的接口，以便运营费用数据的上传。

7.5.6 场馆运营服务管理系统应具有完备的用户角色与权限管理功能，安全可靠、维护升级方便，用户界面简明易用。

8 机房工程

8.1 一般规定

8.1.1 机房工程宜包括下列内容：

　　1 设备管理系统的建筑设备监控中心、消防监控中心、安防监控中心、各智能化系统集中设置的总监控中心。

　　2 信息设施系统的综合布线主设备间、楼层电信间（弱电间）、数据网络中心、有线通信机房、移动通信机房、公共/紧急广播控制室、有线电视系统机房、会议及同声传译系统机房。

　　3 专用设施系统的场地照明控制室、扩声控制室、信息显示控制室、计时记分及现场成绩处理系统机房、终点摄像机房、计时记分设备存放间、电视转播系统机房、比赛设备集成管理中心。

　　4 赛事及大型活动举办时的应急（安保）指挥中心及其通信机房、安保观察室、交通指挥中心、网络安全中心。

8.1.2 机房设计应符合现行国家标准《智能建筑设计标准》GB/T 50314 和《电子信息系统机房设计规范》GB 50174 的规定，并满足各系统的要求。

8.1.3 机房工程设计宜包括机房供电电源、配电及照明、空调、防雷接地、安全防范、环境条件要求等内容。

8.1.4 机房工程应满足体育建筑的特定需要，并应符合下列要求：

　　1 宜能满足举办国际性体育赛事或国内大型体育赛事或其他活动时的特定要求。

　　2 宜能满足电视转播工作的特定要求。

　　3 宜满足系统集成或系统间联动的要求，机房内应预留线缆通道和管线。

8.2 建筑设计

8.2.1 机房位置的选择应符合现行国家标准《电子信息系统机房设计规范》GB 50174 的规定，并应符合下列要求：

　　1 建筑设备监控中心、安防监控中心宜设在场馆首层；消防监控中心应设在场馆首层，并应能直通室外。

　　2 公共广播和紧急广播控制室应设在消防监控中心附近或合设。

　　3 各通信机房宜设在场馆首层。

　　4 会议及同声传译系统机房应设在会议室附近，并应能够通过观察窗看到会场主要区域。

　　5 场地照明控制室、扩声控制室、信息显示控制室、比赛设备集成管理中心应设在可观察到比赛场地的位置。

　　6 计时记分及现场成绩处理系统机房应设在场馆首层，并应留有管线与场地连通。

　　7 终点摄像机房应按照国际田联有关规定设立。

　　8 电视转播机房应设在场馆首层，并应靠近场馆外电视转播车停车位的位置。

　　9 应急（安保）指挥中心、交通指挥中心宜设在场馆首层，并应靠近主出入口的位置。

　　10 安保观察室应设在场馆最高层，并可观察到整个赛场的位置。

8.2.2 机房面积应符合下列要求：

　　1 机房面积应根据体育建筑的等级、智能化系统功能、系统数量确定。

　　2 对于建筑设备监控中心、数据网络中心、应急（安保）指挥中心等机房，特级（特大型）、甲级（大型）场馆宜为 160m²～250m²，乙级（中型）、丙级（小型）场馆宜为80m²～150m²。

　　3 控制室或单系统机房面积宜为 20m²～40m²。

　　4 安防监控中心面积应根据视频监控系统规模及监视器数量确定，宜为 20m²～50m²。

8.2.3 机房的建筑和结构设计应符合下列要求：

　　1 建筑设计应满足各类机房对室内高度、地面、顶棚、墙面材料、门窗尺寸、防水、防尘、防火等方面的要求。

　　2 扩声控制室、信息显示控制室、场地照明控制室、会议系统控制室及同声传译系统的机房、安保观察室、应急（安保）指挥中心等有直接观察室外状况要求的，应在面向观察方位的墙体上安装玻璃窗。

　　3 机房内不得有无关的水管、风管、电缆桥架及线槽穿过。

8.2.4 机房的采暖和空调设计应符合下列要求：

　　1 数据网络中心、通信机房、安防监控中心、消防监控中心等连续运行的机房应设置独立空调系统。

　　2 除数据网络中心、通信机房、安防监控中心、消防监控中心以外的机房应设置空调系统。

　　3 有人值守机房的空调系统应能补充新风，新风量不得小于总送风量的 5%，也可按照每人每小时不低于 20m³ 计算。

　　4 空调系统设计时应防漏水、防噪声。

　　5 机房不宜设采暖散热器，当设有采暖散热器时，应采取严格的防漏措施。

8.2.5 机房的供电及照明设计应符合下列要求：

　　1 机房设备的负荷等级不应低于本建筑的最高负荷等级。

　　2 机房设备配电应满足用电负荷的要求，并应留有余量。

　　3 电源质量应符合有关规范或所配置设备的供电要求。

　　4 甲级以上体育建筑机房内设备应设不间断或应急电源装置。

　　5 机房照明应符合现行国家标准《建筑照明设计标准》GB 50034 的规定。

8.2.6 电气、空调设计应满足各类机房对温度、湿度、通风、照度、电源、应急照明等方面的要求。

8.2.7 机房的防雷与接地设计应符合下列要求：

　　1 防雷应符合现行国家标准《建筑物防雷设计规范》GB 50057 和《建筑物电子信息系统防雷技术规范》GB 50343 的规定，并应满足各系统的要求。

　　2 接地宜采用联合接地，接地电阻值应小于1Ω。当采用独立接地时，接地电阻值应符合有关规范或所配置设备的要求。

8.2.8 机房内设备布置应符合下列要求：

　　1 设备宜按系统或使用功能分区布置。

　　2 机房内通道与设备布置方式应符合现行行业标准《民用建筑电气设计规范》JGJ 16 的规定。

8.2.9 机房的信息设施系统应符合下列要求：

　　1 对于信息网络系统，机房内每台电脑均应配备数据通信专用插座，并宜预留 20% 的余量。

　　2 对于有线语音通信系统，在各控制中心、控制室内的系统值班台均应配备电话插座，并宜预留 20% 的余量。

　　3 对于无线语音通信系统，移动通信信号应覆盖设备管理系统、信息设施系统、专用设施系统机房及应急（安保）指挥中心、交通指挥中心、比赛设备集成管理中心，并宜根据需要配备无线通信设备。

　　4 消防专用电话的设置应符合现行国家标准《火灾自动报警系统设计规范》GB 50116 的规定。

　　5 对于应急（安保）指挥中心、交通指挥中心、安保观察室等处安保专用通信，还应设置安保专用数据和语音通信系统。

8.2.10 机房的安全技术防范系统应符合下列要求：

　　1 设备管理系统、信息设施系统、专用设施系统机房及应急（安保）指挥中心、交通指挥中心应设置入侵报警系统、视频监控系统与出入口控制系统。

　　2 应急（安保）指挥中心应具有保证自身安全的防护措施。

8.2.11 机房火灾自动报警系统应符合下列要求：

　　1 机房火灾自动报警系统设计应符合现行国家标准《火灾自动报警系统设计规范》GB 50116 的规定。

　　2 机房应使用气体灭火装置，严禁使用水喷射和对人体有害的灭火装置。

8.3 建 筑 环 境

8.3.1 机房静电防护应根据实际需求铺设防静电地板或导静电地面，铺设高度应按实际需要确定，宜为200mm～350mm。

8.3.2 机房噪声、电磁干扰、振动等指标可按现行国家标准《电子信息系统机房设计规范》GB 50174 的规定进行确定。

8.3.3 扩声系统、公共和紧急广播系统、会议及同声传译系统的控制室和机房应远离强辐射环境，供电回路内不直接接入可控硅装置或其他影响电源质量的用电装置。

8.3.4 扩声系统、公共和紧急广播系统的控制室内应做隔声和吸声处理以及建声设计，且背景噪声不得大于 NR30，混响时间应为 0.40s（500Hz），频率响应应平直。

9 验 收

9.1 一般规定

9.1.1 体育建筑智能化系统工程质量验收应包括系统检测和竣工验收。

9.1.2 体育建筑智能化系统的检测和验收除应符合本规程外，还应符合现行国家标准《智能建筑设计标准》GB/T 50314、《智能建筑工程质量验收规范》GB 50339、《建筑电气工程施工质量验收规范》GB 50303 的规定，场地扩声系统的检测和验收还应符合现行行业标准《体育馆声学设计及测量规程》JGJ/T 131 的规定。

9.2 验收要求

9.2.1 信息显示及控制系统应符合现行行业标准《体育场馆设备使用要求及检验方法 第 1 部分：LED 显示屏》TY/T 1001.1 的规定。比赛信息显示系统应按表 9.2.1-1 进行验收；彩色视频显示系统应按表 9.2.1-2 进行验收。

表 9.2.1-1 比赛信息显示系统验收记录表

序号	检测内容	标准要求	实际情况
1	类型	□ 室内屏　　　　□ 室外屏	
2	类型	□ 单色屏　　　　□ 双基色屏	
3	类型	□ 平面屏　　□ 斗型屏　　□ 环型屏	
4	像素中心距		
5	像素中心距相对偏差		
6	显示屏尺寸		
7	平整度		
8	像素失控率	体育馆的失控率不应大于 3×10^{-4}，体育场的失控率不应大于 2×10^{-3}，且为离散分布	
9	显示屏亮度		
10	显示屏对比度	在背景照度小于 20lx 时，显示屏对比度应能达到 100:1	
11	亮度均匀性	显示屏不均匀性应小于 10%	
12	换帧频率	不应小于 60 帧/s	
13	刷新频率	不应小于 60Hz	
14	灰度等级		
15	视角	水平视角不小于 $\pm50°$，垂直上视角不小于 $10°$，下视角不小于 $20°$	
16	最大视距		

续表 9.2.1-1

序号	检测内容	标准要求	实际情况
17	字符高度	—	
18	显示控制	—	
19	接口	RS485、RS232、以太网接口等	
20	安全	—	
21	防腐蚀	—	
22	电磁兼容	—	
23	可靠性	—	
24	环境适应性	—	

表 9.2.1-2 彩色视频显示系统验收记录表

序号	检测内容	标准要求	实际情况
1	类型	□ 室内屏　　　　□ 室外屏	
2	类型	□ 平面屏　　□ 斗型屏　　□ 环型屏	
3	像素中心距		
4	像素中心距相对偏差		
5	显示屏尺寸		
6	平整度		
7	显示屏亮度		
8	显示屏对比度	在背景照度小于 20lx 时，显示屏对比度应能达到 100:1	
9	亮度均匀性	显示屏不均匀性应小于 10%	
10	换帧频率	不应小于 60 帧/s	
11	刷新频率	不应小于 240Hz	
12	像素失控率	体育馆的失控率不应大于 3×10^{-4}，体育场的失控率不应大于 2×10^{-3}，且为离散分布	
13	视角	水平视角不小于 $\pm50°$，垂直上视角不小于 $10°$，下视角不小于 $20°$	
14	最大视距	—	
15	灰度等级	每种基色应具有 256 级（8bit）的灰度处理能力	
16	视频显示解析度	最小解析度 320（W）×240（H）	
17	显示控制		
18	接口	RS485、RS232、以太网接口等，标准视频接口	
19	安全	—	
20	防腐蚀	—	
21	电磁兼容	—	
22	可靠性	—	
23	环境适应性	—	

9.2.2 体育场馆的比赛场地和观众区扩声系统，应按表9.2.2进行验收。

表9.2.2　场地扩声系统验收记录表

序　号	检测内容	要　求	实际情况
1	混响时间	—	
2	背景噪声	—	
3	最大声压级	100dB~105dB	
4	传输频率特性	—	
5	传声增益	—	
6	声场不均匀度	—	
7	响度的主观评价		
8	音色的主观评价		
9	音质的主观评价		

9.2.3 场地照明及控制系统的验收应符合下列要求：

1 场地照明系统的检测应符合现行行业标准《体育场馆照明设计及检测标准》JGJ 153和《体育照明使用要求及检验方法　第1部分：室外足球场和综合体育场》TY/T 1002.1的规定。

2 场地照明控制模式应按表9.2.3-1进行验收。

表9.2.3-1　场地照明控制模式验收记录表

照明控制系统配置		特级 (特大型)		甲级 (大型)		乙级 (中型)		丙级 (小型)	
		标准	实际	标准	实际	标准	实际	标准	实际
有电视转播	HDTV转播重大国际比赛	✓		○		×		×	
	TV转播重大国际比赛	✓		✓		○		×	
	TV转播国家、国际比赛	✓		✓		✓		○	
	TV应急	✓		✓		○		×	
无电视转播	专业比赛	✓		✓		✓		○	
	业余比赛、专业训练	✓		✓		○		○	
	训练和娱乐活动	✓		✓		✓		○	
	清扫	✓		✓		✓		✓	
控制系统形式		自动		自动		自/手		自/手	

网络结构（在前面方框内打✓）
□ 中央集中式　　□ 集散式　　□ 分布式

注：✓表示应采用；○表示宜采用；×表示不可采用。

3 当采用智能照明控制系统时，应按表9.2.3-2进行验收。

表9.2.3-2　智能照明控制系统功能验收表

序　号	功　能	实际情况
1	预设灯光场景功能，且不因停电而丢失	
2	系统模块场景渐变时间可任意设置	
3	软启动功能	
4	软停止功能	
5	手动控制功能	

续表9.2.3-2

序号	功　能	实际情况
6	智能控制面板"锁定"功能	
7	回路监测功能	
8	灯的状态监测	
9	过载报警	
10	漏电报警	
11	回路电流监测	
12	灯使用累计时间	
13	灯预期寿命	
14	分组延时开灯功能	

9.2.4 计时记分及现场成绩处理系统验收应以功能检测为主，并应包括计时记分系统检测和现场成绩处理系统检测两部分。

1 计时记分系统应按表9.2.4-1进行验收。

表9.2.4-1　计时记分系统验收表

序号	检测内容		要求	实际情况
1	发令设备性能检测结果		✓	
2	自动计时设备性能检测结果		✓	
3	终点计时设备性能检测结果		✓	
4	测距设备性能检测结果		✓	
5	测风速设备性能检测结果		✓	
6	现场裁判员用记分设备性能检测结果		✓	
7	现场裁判员用计时设备性能检测结果		✓	
8	比赛环境数据	风速	○	
9		温度	○	
10		湿度	○	
11	比赛成绩数据	距离精度	○	
12		高度精度	○	
13		时间精度	○	
14	室外数据采集检测设备防尘、防水性能检测		○	
15	计时记分系统传输接口类型及通信协议		✓	
16	主比赛信息显示屏数量、位置、尺寸、显示字符行列数		✓	
17	场地小型比赛信息显示屏数量、位置、尺寸、显示字符行列数		✓	
18	计时记分系统是否与现场成绩处理系统联网		✓	

注：✓表示应采用；○表示宜采用。

2 现场成绩处理系统应按表9.2.4-2进行验收。

表 9.2.4-2 现场成绩处理系统验收表

序号	检 测 内 容	要求	实际情况
1	现场成绩处理机房位置、面积	✓	
2	比赛专用数据库服务器性能检测结果	✓	
3	成绩处理终端性能检测结果	✓	
4	成绩处理计算机性能检测结果	✓	
5	赛程安排功能检测	✓	
6	成绩数据采集接收功能检测	✓	
7	成绩处理功能检测	✓	
8	成绩校核功能检测	✓	
9	成绩发布功能检测	✓	
10	现场成绩处理系统与信息显示及控制系统的传输接口类型及通信协议	✓	
11	现场成绩处理系统与电视转播系统的传输接口类型及通信协议	✓	
12	现场成绩处理系统与比赛设备集成管理系统的传输接口类型及通信协议	✓	
13	现场成绩处理系统与综合运动会竞赛信息系统的传输接口类型及通信协议（举办综合性运动会场馆需要检测）	✓	

注：✓表示应采用。

9.2.5 竞赛技术统计系统验收应以功能检测为主，并应按表 9.2.5 进行。

表 9.2.5 竞赛技术统计系统验收表

序号	检 测 内 容	要求	实际情况
1	比赛场地（裁判员区、场地周边等）设置竞赛技术统计系统处理机的位置、数量、所服务比赛类型	✓	
2	竞赛技术统计系统处理机的数据录入及统计功能的功能检测结果	✓	
3	竞赛技术统计系统的处理精度检测	✓	
4	竞赛技术统计系统与信息显示及控制系统的传输接口类型及通信协议	✓	
5	竞赛技术统计系统与电视转播系统的传输接口类型及通信协议	✓	
6	竞赛技术统计系统与比赛设备集成管理系统的传输接口类型及通信协议	✓	
7	竞赛技术统计系统在不同场馆间数据互传及数据处理功能检测（多赛场和单赛场多项目的赛事需要检测）	✓	

注：✓表示应采用。

9.2.6 现场影像采集及回放系统应分别按表 9.2.6-1、表 9.2.6-2 进行验收。

表 9.2.6-1 现场影像摄像机位验收表

区 域	部 位	位 置	要 求	实际情况
竞赛区	比赛场地	场地周边	✓	
观众区	观众区		✓	

注：✓表示应采用。

表 9.2.6-2 现场影像采集及回放系统功能验收表

系统部位	功 能 要 求	要求	实际情况
摄像机	自动对焦	✓	
	预设位置	✓	
	全景拍摄	✓	
视频采集服务器	数字化压缩处理能力	≥1路	
	视频信号的采集能力	≥8路	
	视频信号连续保存	≥24h	
	存储数据的导出功能	✓	
视频回放设备	数字视频信号回放	✓	
	回放信号送入有线电视网	✓	
	回放信号送入信息显示和控制系统	✓	
整个系统	游泳场馆智能救生	○	
	连通场馆信息显示系统	✓	
	连通有线电视系统	✓	
	连通电视转播系统	✓	

注：✓表示应采用；○表示宜采用。

9.2.7 售检票系统应按表 9.2.7-1、表 9.2.7-2 进行验收。

表 9.2.7-1 售检票系统的技术构成验收表

技术名称	要 求	实际情况
智能卡技术	✓	
信息安全技术	✓	
软件技术	✓	
网络技术	✓	
机械技术	✓	

注：✓表示应采用。

表 9.2.7-2 售检票系统功能验收表

系统部位	功 能 要 求	要求	实际情况
整个系统	生产门票数据	✓	
	多种门票模板、生产多种类型的门票	✓	
	同时出售及预售多个不同体育赛事的门票	✓	
	本地销售和远程联网销售	✓	
	通道控制终端独立进行门票的有效性验证	✓	
	网络恢复后，自动进行数据交换	✓	
	监控门票销售、通道运行状态、网络状况	✓	
	票务信息处理、票务清算、报表	✓	
	在场馆出现紧急事件时，所有进出通道的闸机能全部打开	✓	
	与场馆安全防范、火灾自动报警等系统实现系统集成	✓	
	残疾人专用验票通道	✓	

续表9.2.7-2

系统部位	功 能 要 求	要求	实际情况
售票系统	门票的制作和打印	√	
验票系统	体育馆采用联网型手持验票机验票	○	
	体育场采用联网型通道闸机验票	○	
	门票识读时间	≤5s	
	通过网络对每个通道闸机实行远程开启或关闭控制	—	

注：√表示应采用；○表示宜采用。

9.2.8 电视转播和现场评论系统应按表9.2.8-1～表9.2.8-6进行检测、验收。

表9.2.8-1　主摄像机机位验收表

部位	设 置 要 求	要求	实际情况
位置	分布在赛场、观众席、运动员入口、混合区等区域	√	
观众区域	设置平台	√	
	甲级以上的场馆，应设置部分永久平台，其他可设置临时平台	√	
	平台应略有高度，视线内不应有任何遮挡物	√	
	平台应尽量减少对观众的影响	√	
	平台面积	≥2m×2m	
比赛场地周边	临时平台	√	
	三角轮	√	
赛场和观众席顶部	宜架设快速移动轨道	○	
	索道	○	
	吊缆摄像机	○	

注：√表示应采用；○表示宜采用。

表9.2.8-2　电视转播电缆通道验收表

路由	设 置 要 求	要求	实际情况
形式	电缆沟应设置在暗处	√	
	电缆沟和吊架相结合	√	
	电缆桥架	√	
电缆沟、桥架、吊架、竖井等	连接场馆内的电视转播机房、电视转播车辆停车位、各个固定摄像机位、混合区、评论员席、新闻发布厅、屏幕控制室等	√	
	电缆沟的断面	≥0.3m×0.15m	
	不宜露天放置	○	
	电缆沟上面应有覆盖物	√	
	电缆沟的防水	√	

注：√表示应采用；○表示宜采用。

表9.2.8-3　评论员席验收表

设 置 要 求		要求	实际情况
能够方便地全面观察比赛进程		√	
面积约为3m²～4m²，占用4个普通坐席的位置		√	
对特级场馆，可设置重要用户评论席，面积6m²～8m²		○	
评论员包间宜做声音隔离		○	
评论席内设备	评论盒	1部	
	信息终端	1台	
	电话	2部	
	电视机	1台	
	台灯	1盏	
体育场内的评论席可设置在露天		防雨措施	

注：√表示应采用；○表示宜采用。

表9.2.8-4　电视转播车停车位验收表

设 置 要 求	要求	实际情况
尽量靠近场馆电视转播机房	√	
每个停车位的面积	≥5m×20m	
车辆重量	按40t计	
每台车辆的设备功耗	按30kW计	
语音连接接口	√	
计算机网络连接接口	√	

注：√表示应采用。

表9.2.8-5　电视转播机房验收表

设 置 要 求		要求	实际情况
场馆电视转播机房		≥30m²	
场馆内临时搭建电视转播系统的机房	机房面积	≥60m²	
	机房高度	≥3m	
	机房温度	23℃±2℃	
	新风量	≥20%	
	电视转播设备功耗	≥20kW	
语音通信插座		√	
电源插座		√	
计算机网络插座		√	
光缆通信通道		√	

注：√表示应采用。

表9.2.8-6　电视转播供配电系统验收表

部位	设 置 要 求	要求	实际情况
电视转播机房	配电源柜1个，柜内380V电源由市电和备用电源提供，两路电源可实现互投	√	
	为每辆电视转播车辆提供不小于30kW的用电功率	√	
	电源接地系统	TN-S	
	机房宜提供专用工艺接地	○	

5—18—27

部位	设置要求	要求	实际情况
评论员席	每个评论员席提供 220V,10A 插座,插座不少于5个,或提供1个5组以上的10A插座板	√	
混合区	为每家媒体提供 220V,5 组以上的 10A 插座板 1 个	√	
特种车辆停车位	在停车位附近设置室外配电柜	√	
	通过连接电视转播机房的电缆通道,由转播机房内的配电柜供电	√	
	每台电视转播车的电功率	≥30kW	

注:√ 表示应采用;○ 表示宜采用。

9.2.9 标准时钟系统验收应符合下列规定:

1 标准时钟系统应按表 9.2.9-1 进行验收。

表 9.2.9-1　标准时钟系统验收表

参数	同步误差	母钟守时精度	子钟计时精度	子钟显示字符的大小/观看最远视距
标准值	<1ms	(−0.1~0.1) s/月	(−0.05~0.05) s/日	—
测量值				

2 子钟安装位置应按表 9.2.9-2 的进行验收。

表 9.2.9-2　子钟安装位置验收表

区域	部位	位置	要求	实际情况
竞赛区	比赛场地	裁判员区	√	
		场地周边	√	
	热身场地	热身场地	√	
		按摩区	√	
		热身休息区	√	
	其他场所		○	
			○	
观众区	观众区	观众出入口处	√	
		休息区	√	
	其他场所		○	
			○	
运动员区	运动员用房	接待处	√	
		休息室	√	
		检录处	√	
		赛前准备室	√	
	其他场所		○	
			○	
竞赛管理区	出入口和通道		○	
	接待区		○	
	竞委会用房		○	
	竞赛技术用房	裁判员用房	√	
	赛事服务用房	休息室	√	
		礼仪人员准备室	√	

区域	部位	位置	要求	实际情况
新闻媒体区	媒体服务区	餐饮	√	
		商业	√	
		电讯服务区	√	
	媒体工作区	新闻发布厅	√	
		新闻中心	√	
	其他场所		○	
			○	
贵宾区	贵宾服务区	休息室	√	
		信息服务室	√	
	贵宾随行人员用房	安保	√	
		司机	√	
		警卫	√	
场馆运营区			√	
其他区域	赞助商区		√	
	安保区		√	

注:√ 表示应采用;○ 表示宜采用。

9.2.10 升旗控制系统应按表 9.2.10 进行验收。

表 9.2.10　升旗控制系统验收表

内容	国歌、升旗同步	防冲顶保护	远程自动	本地自动	本地手动
标准要求	√	√	√	√	√
实际情况					

注:√ 表示应满足的要求。

9.2.11 比赛设备集成管理系统应按表 9.2.11 进行验收。

表 9.2.11　比赛设备集成管理系统验收表

被集成系统		信息显示及控制系统	场地扩声系统	场地照明及控制系统	计时记分及现场成绩处理系统	竞赛技术统计系统	现场影像采集及回放系统	售检票系统	电视转播及现场评论系统	标准时钟系统	升旗控制系统
集中监视	标准要求	√	√	√	√	√	√	√	√	√	√
	实际情况										
集中控制	标准要求	√	√	√	√	√	√	√	√	√	√
	实际情况										
功能		场景控制	比赛数据管理	系统设置	系统接口	实时信息	音视频数据管理	图形化的监控界面			
标准要求		√	√	√	√	√	√	√			
实际情况											

注:√ 表示应采用。

9.2.12 信息查询和发布系统应按表 9.2.12 进行验收。

表 9.2.12　信息查询和发布系统验收表

序号	检测内容	要求	实际情况
1	比赛成绩信息	√	
2	赛事组织信息	√	
3	历届赛事信息	√	
4	新闻信息	√	
5	场馆建设信息	√	
6	组委会信息	√	
7	代表团信息	√	
8	媒体单位成员信息	√	
9	城市背景信息	√	
10	旅游观光信息	√	
11	天气预报信息	√	
12	多媒体信息服务	√	
13	成绩统计信息	√	
14	成绩信息及统计信息分类处理	√	
15	分类处理后的成绩信息及统计信息发送到信息服务网	√	
16	成绩信息发布的实时性	√	
17	打印分发功能	√	
18	电子商务	√	
19	信息查询和发布系统工作站的 Intranet 连接	√	
20	信息查询和发布系统 Internet 连接	√	
21	赛事信息的收集、录入、储存、查询的安全性	√	
22	赛事信息的收集、录入、储存、查询的便捷性	√	
23	类别管理	√	
24	信息后台输入、查询、修改、删除	√	
25	系统用户管理功能准确性	√	
26	系统用户管理功能准确性	√	
27	系统接口	√	

注：√表示应采用。

9.2.13 赛事综合管理系统应按表 9.2.13 进行验收。

表 9.2.13　赛事综合管理系统验收表

序号		检测内容	标准要求	实际情况
1		人员报名注册	√	
2		证件印制	√	
3	人员注册制证系统	远程注册	√	
4		现场注册	√	
5		人员注册信息分类、统计和格式转换	√	
6		人员注册信息统计	√	
7		人员注册信息格式转换	√	
8		提供注册信息	√	
9		系统接口	√	

续表 9.2.13

序号		检测内容	标准要求	实际情况
10		对赛事竞赛规程的符合性	√	
11		数据综合处理	√	
12	综合成绩处理系统	输出确认现场成绩	√	
13		每日成绩公告	√	
14		综合成绩处理	√	
15		数据备份	√	
16		自动化功能	√	
17		安全性功能	√	
18		综合成绩处理系统接口	√	
19		住宿管理	√	
20		人员到发管理	√	
21		票务管理	√	
22		医疗服务管理	√	
23		礼宾服务管理	√	
24		颁奖管理	√	
25	赛事服务管理系统	住宿信息查询	√	
26		信息统计	√	
27		手工录入和扫描、电子文件	√	
28		扫描信息输入	√	
29		电子文件信息输入	√	
30		内网功能	√	
31		外网功能	√	
32		用户授权、权限管理	√	
33		系统接口	√	

注：√表示应采用。

9.2.14 大型活动（赛事）公共安全信息系统应按表 9.2.14 进行验收。

表 9.2.14　大型活动（赛事）公共安全信息系统验收表

序号	检测内容	标准要求	实际情况
1	信息获取	√	
2	信息存储	√	
3	信息沟通平台	√	
4	信息关联搜索	√	
5	信息数据分析	√	
6	应急预案调整与实施建议	√	
7	专家定位	√	
8	部门联动	√	

序号	检 测 内 容	标准要求	实际情况
9	对外发布	√	
10	预案库	√	
11	模型库	√	
12	专家库	√	
13	知识库	√	
14	历史事件库、紧急事件库	√	
15	用户授权、权限管理	√	
16	用户界面	√	
17	反应速度	√	
18	安全可靠性	√	
19	场馆运营服务管理系统预留系统与BMS（建筑设备集成管理系统）的接口	√	
20	场馆运营服务管理系统预留比赛设备集成管理系统的接口	√	
21	场馆运营服务管理系统预留与其他同公共安全和应急指挥有关系统设备的接口	√	

注：√表示应采用。

9.2.15 场馆运营服务管理系统应按表 9.2.15 进行验收。

表 9.2.15　场馆运营服务管理系统验收表

序号	检 测 内 容	标准要求	实际情况
1	人事信息管理	√	
2	公文处理	√	
3	文档资料管理	√	
4	会议管理	√	
5	车辆管理	√	
6	通知/公告管理	√	
7	电子邮件系统	√	
8	空间管理	√	
9	设备管理	√	
10	备品备件管理	√	
11	能源管理	√	
12	电缆通信管理	√	
13	器材管理	√	
14	客流监控	√	
15	会员管理	√	
16	数据采集/报表	√	
17	票务管理	√	
18	场地管理	√	

序号	检 测 内 容	标准要求	实际情况
19	综合信息查询	√	
20	场馆运营服务管理系统用户授权、权限管理	√	
21	场馆运营服务管理系统网络运行环境	√	
22	场馆运营服务管理系统用户界面	√	
23	场馆运营服务管理系统输入接口	√	
24	场馆运营服务管理系统输出接口	√	
25	场馆运营服务管理系统维护	√	
26	场馆运营服务管理系统升级	√	
27	场馆运营服务管理系统预留系统与BMS的接口	√	
28	场馆运营服务管理系统预留比赛设备集成管理系统的接口	√	
29	场馆运营服务管理系统与财务系统的接口	√	
30	场馆运营服务管理系统安全可靠性	√	

注：√表示应采用。

本规程用词说明

1 为便于在执行本规程条文时区别对待，对要求严格程度不同的用词说明如下：

1）表示很严格，非这样做不可的：
正面词采用"必须"，反面词采用"严禁"；

2）表示严格，在正常情况均应这样做的：
正面词采用"应"，反面词采用"不应"或"不得"；

3）表示允许稍有选择，在条件许可时首先应这样做的：
正面词采用"宜"，反面词采用"不宜"；

4）表示有选择，在一定条件下可以这样做的，采用"可"。

2 条文中指明应按其他有关标准、规范执行的写法为："应符合……的规定"或"应按……执行"。

引用标准名录

1 《建筑设计防火规范》GB 50016
2 《建筑照明设计标准》GB 50034
3 《建筑物防雷设计规范》GB 50057
4 《火灾自动报警系统设计规范》GB 50116
5 《电子信息系统机房设计规范》GB 50174
6 《有线电视系统工程技术规范》GB 50200
7 《建筑电气工程施工质量验收规范》GB 50303

8　《综合布线系统工程设计规范》GB 50311

9　《智能建筑设计标准》GB/T 50314

10　《智能建筑工程质量验收规范》GB 50339

11　《建筑物电子信息系统防雷技术规范》GB 50343

12　《安全防范工程技术规范》GB 50348

13　《入侵报警系统工程设计规范》GB 50394

14　《视频安防监控系统工程设计规范》GB 50395

15　《出入口控制系统工程设计规范》GB 50396

16　《电子计算机场地通用规范》GB/T 2887

17　《声环境质量标准》GB 3096

18　《民用建筑电气设计规范》JGJ 16

19　《体育建筑设计规范》JGJ 31

20　《体育馆声学设计及测量规程》JGJ/T 131

21　《体育场馆照明设计及检测标准》JGJ 153

22　《厅堂扩声系统声学特性指标》GYJ 25

23　《有线电视广播系统技术规范》GY/T 106

24　《体育场馆设备使用要求及检验方法　第 1 部分:LED 显示屏》TY/T 1001.1

25　《体育照明使用要求及检验方法　第 1 部分:室外足球场和综合体育场》TY/T 1002.1

中华人民共和国行业标准

体育建筑智能化系统工程技术规程

JGJ/T 179—2009

条 文 说 明

修 订 说 明

《体育建筑智能化系统工程技术规程》JGJ/T 179-2009 经住房和城乡建设部 2009 年 7 月 9 日以第 346 号公告批准、发布。

本规程制订过程中，编制组进行了体育建筑智能化系统工程的调查研究，总结了我国体育建筑智能化系统工程建设的实践经验，同时参考了国际奥委会、国际田径联合会等国际单项体育联合会的有关规定，并通过了北京奥运场馆建设的实践检验。

为便于广大设计、施工、科研、学校等单位有关人员在使用本规程时能正确理解和执行条文规定，《体育建筑智能化系统工程技术规程》编制组按章、节、条顺序编制了本规程的条文说明，对条文规定的目的、依据及执行中需要注意的有关事项进行了说明，供使用者参考。在使用中如发现本条文说明有不妥之处，请将意见函寄中国建筑标准设计研究院（地址：北京市海淀区首体南路 9 号主语国际 2 号楼；邮编：100048）。

目　　次

1 总 则

1.0.1 本规程是为了规范和指导体育建筑智能化系统的设计和施工，提高体育建筑智能化系统工程质量而编制的。体育建筑既有普通公共建筑中的智能化系统，又有因体育比赛需要而设置的专用系统，所以本规程的编制内容要反映体育建筑的特殊性，提高针对性和可操作性。节能、环保是设置智能化系统的重要目标，智能化技术可以合理有效地控制用电设备的运行，解决体育赛事和日常多功能应用的程序转换。

1.0.4 国家现行有关技术标准、规程、规范是本标准在实施中必须遵守的技术依据。所被引用的标准应是最新版本。

3 基 本 规 定

3.1 一 般 规 定

3.1.1 体育建筑的智能化系统工程由建筑设备管理系统、信息设施系统、专用设施系统、信息应用系统、机房工程组成，本规程针对智能化系统设计施工的具体情况和实际需要，编入了验收的内容。

3.1.3 智能化系统集成应根据信息技术的发展和应用需求以及体育建筑的实际情况决定。

3.2 配 置 标 准

3.2.1 根据体育建筑的等级设定智能化系统的配置标准，配置内容包括建筑设备管理系统、信息设施系统、专用设施系统、信息应用系统，配置要求分别为应采用、宜采用、可不采用，供体育建筑的建设投资者、设计及相关人员选择确定。

3.2.2 根据场馆的建筑功能分区及主要服务对象，确定智能化系统的功能、监控点数和控制方式。由于体育建筑中功能要求、服务对象不同，需要智能化系统根据控制对象的实际情况确定技术参数。场馆建筑功能分区及其主要服务对象可参照表1。

表 1 场馆建筑功能分区及其主要服务对象

功能分区	区域范围	主要服务对象	备 注
竞赛区	比赛场地	运动员（含残疾运动员）、裁判员	
	缓冲区		
	热身场地		田径场、滑冰场
出入口及停车场	日常出入口及停车场	各类人员	
	赛时出入口及停车场		

续表1

功能分区	区域范围	主要服务对象	备 注
场馆运营区	管理办公区	场馆管理人员、保洁人员、设备运行维护人员等	
	设备运行区		电气、设备机房、设备库房等
	后勤服务区		餐饮、环卫、医疗、停车库等
观众区	出入口及通道	普通观众（含残疾观众）	独立设置
	接待区		
	卫生间		
	商业、餐饮区		金融、邮政
	看台		
	其他服务区		医疗、通信
竞赛管理区	出入口和通道	赛事组织官员、单项竞委会官员、裁判员、场地管理人员、竞赛信息中心工作人员、其他工作人员	独立设置
	接待区		
	竞委会用房		
	场地管理办公区		
	竞赛技术用房		技术服务用房、计时记分和成绩处理机房、成绩复印分发用房、仲裁录像用房、裁判员用房、赛后控制用房
	赛事服务用房		休息室、办公室、礼仪人员准备室、会议室
	器材存放用房		
运动员及随队官员区	出入口和通道	运动员、随队官员	独立设置
	接待区		检录处
	运动员用房		休息室、赛前准备室、医疗站、兴奋剂检查站、卫生间
	观看区		运动员及随队官员看台
贵宾区	出入口和通道	贵宾、官员	独立设置
	接待区		
	服务区		休息室、餐饮设施、临时医疗室、通信服务设施、办公室等
	随行人员用房		
	贵宾看台		主席台
赞助商区	出入口和通道	赞助商和商业合作伙伴	独立设置
	包厢		卫生间、小酒吧、小厨房等
	商业坐席		
	服务区		餐厅

功能分区	区域范围	主要服务对象	备注
新闻媒体区	出入口和通道	文字媒体记者、摄影记者、广播电视评论员、观察员等	独立设置
	接待区		
	工作区		混合区、新闻发布厅、新闻中心
	服务区		卫生间、商业和餐饮设施、医疗室、通信和金融服务设施等
	技术支持区		电视转播用机房等
	媒体看台		文字媒体看台、摄影记者看台、广播电视评论员席
安保区	出入口和通道	安保人员	独立设置
	工作区		现场安保指挥室、现场指挥通信设备用房、安保专用用房、消防控制用房、交通指挥用房等

3.2.3 体育建筑中的机房设置采用控制室、监控中心、总监控中心结合的方式，可以满足不同管理层次的需要，可以根据监控设备的数量和安装地点分区域控制，根据应用范围分级控制。

4 设备管理系统

4.1 一般规定

4.1.1 建筑设备集成管理系统主要用于建筑设备监控系统、火灾自动报警系统、安全技术防范系统的信息集成。

4.2 建筑设备监控系统

4.2.1 在设计场馆空调控制系统时，需特别考虑比赛场地和观众厅的大空间特点，气流的运动组织需满足比赛时对场地风速的要求；而对某些特殊比赛场馆中专业设备的监控工艺和操作流程，需根据需要进行专业化的设计，例如游泳馆的水处理设备、滑冰馆的制冰设备、激流回旋比赛的控制设备等。

4.3 火灾自动报警系统

4.3.3 体育赛事期间功能分区的划分可参见本规程条文说明第3.2.2条。

4.4 安全技术防范系统

4.4.1 安全技术防范系统的设计需要考虑赛事期间场馆内各区域的出入口控制要求，特别是对贵宾区、运动员区、赛事管理区的出入口控制要求；而视频安防监控系统的设计，要保证赛事期间观众进出场时，

满足100％实时监控的要求，比赛期间对观众席100％实时监控的要求。

4.4.6 视频安防监控系统的视频控制矩阵具有灵活的扩展能力，可以保证举办重大赛事和活动时通过增加前端设备的方式来扩展监控范围。

4.5 建筑设备集成管理系统

4.5.2 体育建筑在举办体育赛事和其他活动时，为应急（安保）指挥中心提供场馆环境信息，并接受应急（安保）指挥中心的统一调度，是为了确保人员安全和活动的顺利进行。体育建筑设有大型活动（赛事）公共安全信息系统、建筑设备监控系统、火灾自动报警系统、安全技术防范系统等，可以及时提供涉及安全保卫的信息，设计时需考虑系统协议和信息接口。

5 信息设施系统

5.2 综合布线系统

5.2.4 综合布线系统在综合管线布置时需为不同的通信运营商预留接入管道及设备安装空间，还需为当地的公安、交通管理部门、体育管理部门和赛事主办单位预留相应的通信管道及设备安装空间。对甲级以上的体育场馆，最好提供2个不同的接入路由。

5.2.7 水平线缆宜采用不低于超5类标准的非屏蔽双绞线缆，对需要光纤通信的信息点，宜采用室内多模或单模光缆连接，双绞线电缆的长度应在90m以内，光纤的长度应根据光纤的种类及其传输带宽进行确定。连接语音系统总配线架和各楼层（或区域）配线架的语音主干电缆，可采用3类标准及以上大对数非屏蔽双绞电缆；连接数据系统总配线架和各楼层（或区域）配线架的数据主干电缆，可采用单模或多模室内光缆。

5.2.8 综合布线系统应根据体育建筑的防火等级和对材料的耐火要求采取相应的措施。在易燃区域和弱电竖井内应采用阻燃的电缆和光缆；特级和甲级场馆宜采用阻燃、低烟、低毒的电缆和光缆；相邻的设备间或电信间应采用阻燃型配线设备。设备间应设独立、可靠的交流220V电源配电线路，并提供相应数量的220V、10A电源插座以及UPS（不间断电源系统）后备电源。

5.3 语音通信系统

5.3.1 语音通信系统需要同时满足场馆内各种通信设备的不同技术要求，包括各种有线通信设备，如固定电话、国内直拨电话、国际直拨电话、传真等；无线通信设备如移动电话、场馆内部无线通话系统、场馆内部BP机呼叫系统、无线对讲机等。对实际通信

量高于系统设计容量的体育赛事或大型活动，可以采用租用临时通信设备、利用场馆预留通信管道建立临时有线和移动通信系统等措施，满足体育赛事或大型活动期间语音通信的需求。应考虑举办体育赛事时交通管理指挥系统专用语音通信网络、公共安全指挥系统专用语音网络系统的设计和系统条件的预留。

5.3.2 设置有线通信系统满足固定位置及高保密、高安全语音通信的要求。

5.3.3 设置移动通信覆盖系统主要应满足移动通信用户语音通信的要求。

5.3.4 设置卫星通信系统主要应满足特殊及关键用户语音通信的要求。

5.3.5 设置无线对讲系统（内部通信系统）主要满足赛事组织者和场馆运营服务人员内部语音通信的要求。

5.4　信息网络系统

5.4.1 信息网络系统可以将分散在场馆内的计算机、信息终端、数字监控设备、工作站、服务器等设备通过网络通信设备和通信线路互相连接起来，在网络通信协议和网络操作管理软件控制下，实现互相通信、资源共享和分布处理的目的。

5.4.2 信息网络系统作为基础信息平台，体育场馆内各个智能化子系统都可以通过该平台来实现相互通信和连接，满足各智能化子系统间的信息共享，实现场馆通过网络进行信息化经营和管理的目标。同时在与场馆外信息网络进行通信连接时，应考虑信息通信的安全。

5.4.3 信息网络系统采用主流的网络技术，标准的网络传输协议，并具备兼容其他网络传输协议的能力，可以满足体育竞赛和赛后运营对信息网络在性能、容量、扩展性、先进性和服务质量等方面的要求。对于由多个体育建筑组成的建筑群，需要考虑各场馆信息网络系统的互联互通，统一进行信息网络结构的规划，满足各场馆信息交换的需要。信息网络系统应配置专用的接入路由器和防火墙设备进行内外网的隔离；在举办重大赛事或活动时使用的信息网络系统，应通过专用的网络入侵检测及防护设备，建立网络入侵安全检测及安全防护监控系统，或建立物理隔离的独立内网和外网的系统。

5.4.5 信息网络系统宜具备系统扩充能力，在必要时可作为 IP 语音通信平台，为使用者提供 IP 语音通信服务。

5.5　有线电视系统

5.5.1 有线电视系统的使用频道的选择和数量可以根据当地有线电视广播、调频广播、卫星电视接收系统的节目、自办节目等信号源的现状、发展和经济条件确定。对以体育中心规模建设的甲级以上体育场馆，并在体育中心园区内提供运动员训练、培训基地、运动员公寓或星级酒店的，可以根据需要设置卫星电视接收系统。

5.6　公共广播系统

5.6.3 竞赛信息广播系统要满足比赛期间对场馆特殊区域的广播需要，这些区域包括运动员和教练员区（检录处应设置独立音源）、赛事管理区（包含各种赛事服务用房）、出入口区（应设置独立音源）、新闻媒体区、场馆运营区（包括部分功能用房）等；对上述区域需要设置相应的独立广播分区，可以进行独立分区广播。

5.6.4 公共广播系统需要具备设备、线路、功放故障自动检测和故障信息提示功能，检测时不能中断正常广播。

5.6.5 当紧急事件发生时，应急广播可以用作指挥紧急疏散的语言广播。

5.6.6 竞赛信息广播用于赛事期间赛事组织者向运动员、教练员及竞赛管理人员播送通知、检录信息、成绩公告等的语言广播。

6　专用设施系统

6.2　信息显示及控制系统

6.2.1 信息显示及控制系统按照场馆使用特点分为以下两类：

1 比赛信息显示系统：场馆内各种类型的比赛信息和成绩显示牌、显示屏的显示及其传输、控制系统。

2 彩色视频显示系统：场馆内既可以显示体育赛事图像，又可以显示赛事信息和成绩的显示屏及控制系统。彩色视频显示屏应具有动画、文字显示、放映连续的视频图像及播放电视和录像画面的能力。

6.2.2 正式比赛场馆必须设置满足比赛规则要求的比赛成绩显示屏，例如通常体育馆至少要设置 1 块，而用于篮球比赛的体育馆要设置对称的 2 块，分别设置在比赛场地的两端。

6.2.4 比赛信息显示用显示屏可使用 LCD 单色和彩色显示屏、等离子显示屏、LED 单色或双色显示屏、LED 全彩显示屏、背投式和正投式投影屏等；彩色视频显示用显示屏可使用 LCD 彩色显示屏、等离子显示屏、LED 全彩显示屏、背投式和正投式投影屏等。

6.2.6 信息显示及控制系统需要能按场馆不同功能区域对显示内容的不同要求，实时地把各种不同组合的文字、图形和视频内容转送到场馆各个功能区域的显示屏上。信息显示及控制系统亦可作为场馆信息发布平台使用。

6.2.10 建议甲级及以上的体育场馆，可以根据场馆举办体育赛事的级别、比赛项目的特点，来确定是否需要设置彩色视频显示屏。室外体育场彩色视频显示屏可以采用 LED 显示屏，而体育馆内的彩色视频显示屏可以根据使用要求和场馆空间的结构选用 LED 显示屏、高亮度投影屏等。

6.3 场地扩声系统

6.3.1 场地扩声系统需要满足场馆举办比赛时播放竞赛信息、安全保障信息和音乐等不同播放内容的需要。

6.3.6 对场馆的其他扩声系统：如游泳馆的水下扩声系统、体操比赛的音乐重放系统、场馆外广场扩声系统等宜单独进行设计，并应使该系统和场地及观众席扩声相互连通。

6.3.7 应根据使用要求，在主席台、比赛场地四周、裁判席、检录处、安全消防值班处、广播室、插播通知处等应设传声器插座。

6.3.8 根据使用要求和实际情况，调音台的类型可选用模拟、模拟数字结合和数字三种方式中的一种。场地扩声控制系统的调音台应具备连接场馆彩色视频音频播放的电缆接口，预留和公共广播系统连接的音频接口以及和扩声控制系统连接的强切信号接口；另外场地扩声控制系统的调音台需为电视转播系统预留不少于 2 个以上的音频接口；为升旗控制系统预留 1 个音频接口；为比赛设备集成管理系统预留 2 个音频接口。

6.3.9 功率放大器的输出功率需满足场馆语言广播和音乐播放时对音量的要求，音量的大小需符合人们听觉在特定范围内的适应能力。同时场地扩声系统的音量要高于干扰声源的音量，并应具备应付最大干扰声源的措施。体育场举办体育比赛时，场内干扰声源的音量参考值范围见表 2。

表 2 体育场场内干扰声源的音量参考值范围

序　号	干扰声源	音量（dB）
1	观众安静观看比赛时	60～70
2	观众观看比赛时的议论声	70～80
3	欢呼声或鼓掌声	95～100
4	骚动或恐慌	105 以上

6.3.11 采用合理的技术手段，可以提高场馆服务区域内的直达声与混响声的声能比以及直达声声场不均匀度，尽可能少的将声能传到服务区外。

6.3.12 扬声器的选型和布局一般需要达到以下的目标：

　　1 保证对所有的观众提供均匀的、足够音量的声音。

　　2 保证原始声源的方位感。

　　3 有效防止出现双重声（回声）和反馈啸叫声，

当两个声源先后到达观众耳的时间大于 50ms 时，系统应增加延时器。

6.4 场地照明及控制系统

6.4.1 不同比赛项目的照明技术指标可参见现行行业标准《体育场馆照明设计及检测标准》JGJ 153。对举行国际单项赛事或综合性赛事的比赛场馆，需要满足其组委会对这些场馆的技术要求。场馆的照明供电宜由低压配电室引 2 路电源供给，互为备用，手动和自动投切。平时 2 路电源各带 50％ 左右的负荷，均匀分布，保证在 1 路断电时，场地还能保持均匀的照度分布，使比赛能继续进行。当 1 路断电时，保证场地内有 50％ 的灯具不断电，当电源投切后，该路电源需带全部的负荷。场地照明需设应急照明，火灾时场地照明全部切断。

6.5 计时记分及现场成绩处理系统

6.5.1 计时记分及现场成绩处理系统是举办体育赛事时对所有比赛成绩的采集、处理、存储、传输和显示提供技术手段和支持平台的系统。

6.5.6 比赛期间的竞赛管理区需要设置专用现场成绩处理机房，现场成绩处理机房需要设在场馆的首层（比赛场地在同一平面上），并有通向比赛场地内的缆沟或管道，机房的面积应满足本规程的要求，例如在游泳馆，现场成绩处理机房面积应不小于 6.0m×3.0m，离游泳比赛终点墙 3m～5m 之间，可以清楚地观测到比赛终点墙，并预留有通向比赛场地内的门，在比赛的任何时候都能保证机房的安全。

6.7 现场影像采集及回放系统

6.7.4 视频采集服务器需要具有存储数据的导出功能，通过专用制作工具和设备可以进行视频光盘的制作。

6.7.5 视频采集服务器与信息网络系统连接，并通过网络交换平台，可以使得具有对视频采集服务器有访问和查询权的裁判、竞赛官员、运动队等可以通过计算机终端访问视频采集服务器。

6.7.8 现场影像采集及回放系统预留与游泳馆智能救生软件的接口，可以为救生员及相关管理人员提供安全警报服务。

6.8 售检票系统

6.8.1 售检票系统具备防止在制票、售票、检票、统计、报表等环节人为失误的功能，并且可以为场馆对现场人流的监控提供有效的技术手段。

6.8.2 售检票系统的通信网络出现故障后，通道控制终端能独立进行门票的有效性验证工作，控制观众的进出，网络恢复后，能自动进行数据交换，以保证前后台数据的一致性。

6.8.3 售检票系统应具备设计多种门票模板及生产多种类型的门票的功能。

6.8.4 售检票系统可以同时出售及预售多个不同体育赛事的门票，完成门票的出票、收款及对售票员的审核、结算、移交等工作。

6.8.5 售检票系统可以通过对进出检票通道人员所持门票进行有效性验证，并及时将数据传送至后台服务器；检票通道设备在门票识读后通过明显的提示（声、指示灯或中英文提示等），提醒观众进出，并控制闸杆执行相应的动作，设备还需要具有明显的正常使用及故障停止使用等状态指示。

6.8.6 在进行观众出入口处验票通道的设计时，可参考以下的方式计算验票通道的数量：根据场馆的总席位数，按场馆提前 90min 开始观众进场，并在满足 90% 的观众入场的情况下，按每个验票通道或验票机 10s 通过 1 名观众，计算得出场馆所需要的验票通道或验票机数量；每个场馆应至少设置 1 个为残疾人服务的专用验票通道。

6.8.7 售检票系统需要保证在场馆出现紧急事件时，所有的进出通道的闸机能全部打开，形成无障碍通道，方便人员的疏散。

6.8.8 售检票系统软件需要具有对场馆的客流量按照门票类别、时间段等进行统计、生成各类报表，进行票务信息处理、票务清算、报表的能力。

6.9 电视转播和现场评论系统

6.9.1 场馆需要为比赛电视转播提供的工作条件包括：

1 提供电源。

2 提供电视转播机房或交接间。

3 提供通信手段：国际或国内直拨电话；互联网接入。

4 提供电视转播信号的光纤转送（通过和场馆接入的电视光纤，把信号直接转送到当地电台）。

5 提供电视评论员席，并按要求提供网络、电话、视音频信号的接入。

6 提供电视转播摄像机的电缆通道（电缆沟、桥架等）。

6.9.3 电视转播前端信号源主要来自分布在场馆内各摄像机机位上的摄像机，机位一般分为主播摄像机机位和次要摄像机机位。

6.9.4 主播摄像机机位：

1 主播摄像机用于国内、国际信号的电视制作系统。

2 位于观众区域的机位一般需要设置平台，对于甲级以上的场馆，需要设置一部分永久平台，其他可设置临时平台。

3 平台高度需要保证视线内无任何遮挡物，同时减少对观众的影响，平台面积不小于 2m×2m。

4 依具体情况，在比赛场地周边设置临时平台或使用三角轮。

5 在赛场和观众席顶部，一般需要架设快速移动轨道、索道、吊缆摄像机。

6.9.5 次要摄像机机位：

1 次要摄像机机位提供给国内外媒体、关键用户等用于拍摄现场架设摄像机的位置。

2 位于观众区域的机位一般需要设置平台，比赛场地周边的机位依具体情况而定，平台的设置要求同主摄像机机位的要求。

6.9.6 电视转播电缆通道通常需要满足下列要求：

1 缆沟连接场馆内的电视转播机房、电视转播车辆停车位、各个固定摄像机机位、混合区、评论员席、新闻发布厅、屏幕控制室等。

2 缆沟的断面不小于 0.3m×0.15m，要做到放缆、收揽方便，外观整洁，不影响他人工作；缆沟上面需要有覆盖物，一般不露天放置，并考虑缆沟的防水。

6.9.7 评论员席需要满足下列要求：

1 通常评论员席面积约为 3m²～4m²，占用 4 个普通坐席的位置，对特级场馆，可设置重要用户评论席，面积 6m²～8m²。

2 评论员包间做建声处理，避免相互间干扰，但又不能影响视线。

3 评论席内设备一般有：评论盒 1 个，信息终端 1 台，电话 2 部，电视机 1 台，台灯 1 盏，应根据这些设备要求，设置相应的设备连接端口。

4 体育场内的评论席可以设置在露天，但要考虑防雨措施。

6.9.9 电视转播车停车位需要满足下列要求：

1 每个停车位的面积一般不小于 5m×20m，车辆重量按 40t 计算，并需为转播车提供电力接入，每台车辆的设备功耗按 30kW 计算。

2 需为电视转播车辆提供语音和计算机网络连接接口，并考虑连接场馆内电视转播机房的电缆通道，缆沟需具备防雨措施。

6.9.10 广播电视综合区需要满足下列要求：

1 广播电视综合区是用于存放电视转播设施、停放非制作类专用车辆，供设备维护、技术支持、服务人员工作的区域，主要服务于电视转播主播机构、具有电视报道权的媒体等。

2 场馆应该该区域提供临时电力服务，以及相应的语音通信、数据通信和后勤保障服务。

6.9.11 电视转播机房需要满足下列要求：

1 如需在场馆设置用于搭建电视转播系统的机房，则机房的面积不小于 60m²，高度不小于 3m，机房温度要求为（23±2）℃，不少于 20% 的新风量，电视转播设备功耗为 20kW。

2 电视转播机房需要提供语音通信插座、电源插座、计算机网络插座，同时要预留电视转播机房和场馆内电信机房间的光缆通信通道，以及连接场馆屏幕控制机房的通信通道。

3 电视转播机房需要和场馆内的电视转播缆沟连通，同时还要和电视转播车辆的停车位通过缆沟进行连通。

6.10 标准时钟系统

6.10.1 体育建筑智能化系统可以通过场馆计算机网络，获取标准时钟系统数据库服务器中的标准时间，用于同步智能化系统中各子系统的工作。

6.10.4 通过控制管理计算机可以对子钟进行倒计时设定、状态检测和远程开关操作。

6.10.5 GPS校时接收机需具备多通道、接收多颗卫星信号的能力，对标准时间的同步误差小于1ms。同时具备工业标准的信号输出接口。母钟可以独立于校时设备进行工作，并具备后备电源，保证场馆停电时，母钟可以依靠自身的内部时间源继续工作，并在恢复电源供电时，母钟可以自动恢复标准时间。

6.10.6 子钟需要根据安装空间要求选择合适的子钟样式和安装方式，世界时钟应该能接收母钟传送的标准时间，进行时间校对和显示，世界时钟显示的城市数可根据需要来设定。

6.11 升旗控制系统

6.11.3 升旗启动时，系统具备同步的音频输出、输出国歌的播放时间和国旗上升到旗杆顶部的时间一致的功能。

6.11.5 对举行世界和洲际比赛的场馆，要提供人力升旗功能，人力升旗要保证1min之内的行程不小于8m。

6.11.6 本地控制器宜具备人机操作界面，达到本地同步控制升旗的目的。

6.12 比赛设备集成管理系统

6.12.1 比赛设备集成管理系统需要适合不同赛事的要求，当比赛业务流程、信息结构发生变化时，系统可通过数据信息引擎适应这种变化，同时通过数据信息引擎使系统支持对不同比赛项目、不同类型场馆的个性化信息。

6.12.2 比赛设备集成管理系统要能够适用于建有体育场、体育馆、游泳馆和其他建筑物的体育中心的情况，能在空间上进行分布设计，每个系统既相互独立又需要集中管理，因此，要求上述几个区域的比赛设备集成管理系统必须实现完全互联，数据共享。

6.12.4 比赛场景的概念主要指随着比赛过程的进行，与比赛相关的各个智能化子系统通过协调各自的状态与动作，为比赛在不同时间阶段提供优质的环境、技术、信息、服务等支持，以达到为比赛提供高

效、安全、舒适的信息化支持的目标。

6.12.8 体育展示系统从本质上说是一个信息传播系统，包括竞赛展示和文化展示两个主要组成部分，视频、音频和表演是体育展示的三种主要表现形式。比赛设备集成管理系统要能在赛事期间，为比赛组织者提供一个为体育展示服务的集成控制环境，利用场馆信息网络系统，通过系统集成的方法将各自独立的展示装置在逻辑和功能上连接在一起，实现对展示装置及系统的信息共享、综合应用和集中监控。

7 信息应用系统

7.2 信息查询和发布系统

7.2.1 信息查询和发布系统的使用者为现场评论员、竞赛或场馆管理人员，现场服务对象为运动员及随队官员、竞赛管理人员、赞助商、贵宾、新闻媒体、志愿者、普通观众等，场外服务对象为所有体育爱好者及公众。

7.4 大型活动（赛事）公共安全应急信息系统

7.4.1 大型活动（赛事）公共安全应急信息系统是体育场馆公共安全防范系统的重要组成部分，是以保障公共安全、应对突发性事件为目标的公共安全应急信息平台。

7.4.2 大型活动（赛事）组织委员会具体负责当次活动应急工作预案的制定、预防预警信息的收集整理、综合分析，信息的上传和发布，调查、评估突发事件原因，汇总应急工作情况，整合资源，协调工作进程，负责突发公共事件应急预警和应急处置工作，授权现场指挥机构进行应急处置。公共安全领导小组主要职责为：组织、领导、指挥本级应急预案的运行及应急响应行动，下达应急处置任务；监督突发公共事件应急预警和应急处置工作；协调、研究、解决突发事件中的重大问题；向更高一级应急委员会报告情况；组织新闻发布。救援和保障机构包括财政、公安、消防、交通、卫生、气象、通信、电力、供水等部门。

7.4.3 预案库包括针对可能发生的事故灾害预先制定的应急预案或方案；模型库包括信息识别与提取模型、事件发展与影响后果模型、人群疏散与预警分级等模型；数据库包括基础地理信息数据库和公共安全信息数据库（历史事件库、紧急事件库）。

7.4.4 大型活动（赛事）公共安全预防与应急工作的重点是防范大规模观众骚乱、人员踩踏伤亡、爆炸、火灾、建筑物倒塌等，除此之外，还应包括机电设备安全、信息安全、饮用水安全等。

7.5 场馆运营服务管理系统

7.5.1 场馆运营服务管理系统是在体育建筑智能化

系统的基础上为场馆经营者提供现代化经营管理手段，为场馆的管理提供全方位的解决方案，使场馆管理者有效掌握客户资源、有效进行内部管理、及时准确的把握场馆的经营状况，在为场馆提供运营管理工具的同时提供运营管理的模式与理念。

7.5.2 场馆运营服务管理系统使用者为场馆运营管理人员，赛时的服务对象主要为场馆运营管理人员和赛事组织者，平时的服务对象为训练、健身和其他人员。赛时人员的使用特点是临时性和突发性、赛后人员的使用特点是固定性和长期性。

7.5.6 场馆运营服务管理系统应能在局域网、Intranet 及 Internet 等网络环境下运行，并且根据具体业务功能及性能要求提供合适的输入、输出接口和用户界面。合理安排系统架构，满足系统的分层、分布及集成需要。

8 机房工程

8.1 一般规定

8.1.1 体育建筑智能化系统机房包括设备机房、控制室、总监控室、指挥中心等，以上机房分别属于设备管理系统、信息设施系统、专用设施系统、大型活动（赛事）公共安全信息系统。

8.2 建筑设计

8.2.2 机房面积需要满足以下要求：
　　1 体育建筑的等级决定了智能化系统的功能要求，系统数量和配量规模决定了需要的机房数量和面积。
　　2 本条所列智能化系统机房的面积供参考。

8.2.3 各类机房对建筑、结构设计的要求可参照表3。

8.2.6 各类机房对电气、空调设计的要求可参照表4。

表3　各类机房对建筑、结构设计的要求

房间名称		室内净高（梁下或风管）(m)	楼、地面等效均布活荷载(kN/m²)	地面材料	顶棚、墙面	门（及宽度）(m)	窗
电话站	程控交换机室	≥2.5	≥4.5	防静电地面	涂不起灰、浅色、无光涂料	外开双扇防火门1.2～1.5	良好防尘
	总配线架室	≥2.5	≥4.5	防静电地面	涂不起灰、浅色、无光涂料	外开双扇防火门1.2～1.5	良好防尘
	话务室	≥2.5	≥3.0	防静电地面	阻燃吸声材料	隔音门1.0	良好防尘设纱窗

续表3

房间名称		室内净高（梁下或风管）(m)	楼、地面等效均布活荷载(kN/m²)	地面材料	顶棚、墙面	门（及宽度）(m)	窗
电话站	免维护电池室	≥2.5	<200Ah时，4.5 200Ah～400Ah时，6.0 ≥500Ah时，10.0	防尘、防滑地面	注2	外开双扇防火门1.2～1.5	良好防尘
	电缆进线室	≥2.2	≥3.0	水泥地	涂防潮涂料	外开双扇防火门≥1.0	—
计算机网络机房		2.5	≥4.5	防静电地面	涂不起灰、浅色、无光涂料	外开双扇防火门1.2～1.5	良好防尘
建筑设备监控机房		≥2.5	≥4.5	防静电地面	涂不起灰、浅色、无光涂料	外开双扇防火门1.2～1.5	良好防尘
综合布线设备间		2.5	4.5	防静电地面	涂不起灰、浅色、无光涂料	外开双扇防火门1.2～1.5	良好防尘
广播室	录播室	≥2.5	≥2.0	防静电地面	阻燃吸声材料	隔音门1.0	隔音窗
	设备室	≥2.5	≥4.5	防静电地面	涂浅色、无光涂料	双扇门1.2～1.5	良好防尘纱窗
消防控制中心		≥2.5	≥4.5	防静电地面	涂浅色、无光涂料	外开双扇甲级防火门1.5或1.2	良好防尘设纱窗
安防监控中心		≥2.5	≥4.5	防静电地面	涂浅色、无光涂料	外开双扇防火门1.5或1.2	良好防尘设纱窗
有线电视前端机房		≥2.5	≥4.5	防静电地面	涂浅色、无光涂料	外开双扇隔音门1.2～1.5	良好防尘设纱窗
会议电视	电视会议室	≥3.5	≥3.0	防静电地面	吸声材料	双扇门≥1.2～1.5	隔音窗
	控制室	≥2.5	≥4.5	防静电地面	涂浅色、无光涂料	外开单扇门≥1.0	良好防尘
	传输室	≥2.5	≥4.5	防静电地面	涂浅色、无光涂料	外开单扇门≥1.0	良好防尘

续表3

房间名称	室内净高(梁下或风管)(m)	楼、地面等效均布活荷载(kN/m²)	地面材料	顶棚、墙面	门(及宽度)(m)	窗
电信间	≥2.5	≥4.5	水泥地	涂防潮涂料	外开丙级防火门≥0.7	

注：1 如选用设备的技术要求高于本表所列要求，应遵照选用设备的技术要求执行；
　　2 当300Ah及以上容量的免维护电池需置于楼上时不应叠放；如需叠放时，应将其布置于梁上，并需另行计算楼板负荷；
　　3 会议电视室最低净高一般为3.5m，当会议室较大时，应按最佳容积比来确定；其混响时间宜为0.6s～0.8s；
　　4 室内净高不含活动地板高度，是采用活动地板，由工程设计决定，室内设备高度按2.0m考虑；
　　5 电视会议室的围护结构应采用具有良好隔声性能的非燃烧材料或难燃材料，其隔声量不低于50dB(A)；电视会议室的内壁、顶棚、地面应作吸声处理，室内噪声不应超过35dB(A)；
　　6 电视会议室的装饰布置，严禁采用黑色和白色作为背景色。

表4　各类机房对电气、空调设计的要求

房间名称		空调、通风			电气			备注
		温度(℃)	相对湿度(%)	通风	照度(lx)	交流电源	应急照明	
电话站	程控交换机室	18~28	30~75	—	500	可靠电源	设置	注2
	总配线架室	10~28	30~75	—	200		设置	注2
	话务室	18~28	30~75	—	300		设置	注2
	免维护电池室	18~28	30~75	注2	200	可靠电源	设置	—
	电缆进线室	—	—	注1	200	—	—	—
计算机网络机房		18~28	40~70	—	500	可靠电源	设置	注2
建筑设备监控机房		18~28	30~75	—	500	可靠电源	设置	注2
综合布线设备间		18~28	30~75	—	200	可靠电源	设置	注2
广播室	录播室	18~28	30~80	—	300		设置	
	设备室	18~28	30~80	—	300	可靠电源	设置	
消防控制中心		18~28	30~75	—	300	消防电源	设置	注2
安防监控中心		18~28	30~75	—	300	可靠电源	设置	注2
有线电视前端机房		18~28	30~75	—	300	可靠电源	设置	注2
会议电视	电视会议室	18~28	30~75	注3	一般区≥500 主席区≥750 (注4)	可靠电源	设置	
	控制室	18~28	30~75	—	≥300	可靠电源	设置	
	传输室	18~28	30~75	—	≥300	可靠电源	设置	
电信间	有网络设备	18~28	40~70	注1	≥200	可靠电源	设置	注2
	无网络设备	5~35	20~80	注1	≥200			

注：1 地下电缆进线室、电信间一般采用轴流式通风机，排风按每小时不大于5次换风计算，并保持负压；
　　2 需空调的机房应保持微正压；
　　3 电话会议室新鲜空气换气量应按每人≥30m³/h；
　　4 投影电视屏幕照度不高于75 lx，电视会议室照度应均匀可调，会议室的光源应采用色温3200K的三基色灯。

8.3　建筑环境

8.3.2 机房噪声、电磁干扰、振动等指标将影响智能化系统的运行与控制质量，《电子信息系统机房设计规范》GB 50174对相关机房提出了明确规定。

9　验　收

9.1　一般规定

9.1.1 本条指出体育建筑智能化系统工程质量验收包括的内容，即系统检测和竣工验收，不包括产品质量验收。产品质量由国家相关检测机构检测，本规程主要重系统、重整体、重工程。

9.2　验收要求

9.2.1 本条与本规程第6.2节对应，表9.2.1-1和表9.2.1-2为定量验收。

9.2.2 本条与本规程第6.3节对应，表9.2.2中前6项为定量验收，后3项为定性验收。

9.2.3 本条与本规程第6.4节对应，表9.2.3-1为场地照明要求，表9.2.3-2为照明控制要求。

9.2.4 本条与本规程第6.5节对应，表9.2.4-1主要为定量验收，表9.2.4-2为定性验收。

9.2.5 本条与本规程第6.6节对应，表9.2.5为定性验收。

9.2.6 本条与本规程第6.7节对应，表9.2.6-1为定性验收，表9.2.6-2为定量结合定性验收。

9.2.7 本条与本规程第6.8节对应，表9.2.7-1为定性验收，表9.2.7-2主要为定性验收。

9.2.8 本条与本规程第6.9节对应，表9.2.8-1为定性验收，表9.2.8-2~表9.2.8-6为定量验收。

9.2.9 本条与本规程第6.10节对应，表9.2.9-1为定量验收，表9.2.9-2为定性验收。

9.2.10 本条与本规程第6.11节对应，表9.2.10为定性验收。

9.2.11 本条与本规程第6.12节对应，表9.2.11为定性验收，侧重于系统功能的实现。

9.2.12 本条与本规程第7.2节对应，表9.2.12为定性验收，侧重于系统功能的实现。

9.2.13 本条与本规程第7.3节对应，表9.2.13为定性验收，侧重于系统功能的实现。

9.2.14 本条与本规程第7.4节对应，表9.2.14为定性验收，侧重于系统功能的实现。

9.2.15 本条与本规程第7.5节对应，表9.2.15为定性验收，侧重于系统功能的实现。

中华人民共和国行业标准

民用建筑太阳能光伏系统应用技术规范

Technical code for application of solar photovoltaic system
of civil buildings

JGJ 203—2010

批准部门：中华人民共和国住房和城乡建设部
施行日期：２０１０年８月１日

中华人民共和国住房和城乡建设部
公　告

第 521 号

关于发布行业标准《民用建筑
太阳能光伏系统应用技术规范》的公告

现批准《民用建筑太阳能光伏系统应用技术规范》为行业标准，编号为 JGJ 203－2010，自 2010 年 8 月 1 日起实施。其中，第 1.0.4、3.1.5、3.1.6、3.4.2、4.1.2、4.1.3、5.1.5 条为强制性条文，必须严格执行。

本规范由我部标准定额研究所组织中国建筑工业出版社出版发行。

中华人民共和国住房和城乡建设部
2010 年 3 月 18 日

前　言

根据原建设部《关于印发〈2007 年工程建设标准规范制订、修订计划（第一批）〉》的通知（建标 [2007] 125 号）的要求，规范编制组经广泛调查研究，认真总结实践经验，参考有关国际标准和国外先进标准，并在广泛征求意见的基础上，制定本规范。

本规范的主要技术内容是：1 总则；2 术语；3 太阳能光伏系统设计；4 规划、建筑和结构设计；5 太阳能光伏系统安装；6 工程验收。

本规范中以黑体字标志的条文为强制性条文，必须严格执行。

本规范由住房和城乡建设部负责管理和对强制性条文的解释，由中国建筑设计研究院负责具体技术内容的解释。执行过程中如有意见或建议，请寄送中国建筑设计研究院（地址：北京市西城区车公庄大街 19 号，邮编：100044）。

本规范主编单位：中国建筑设计研究院
　　　　　　　　　中国可再生能源学会太阳能建筑专业委员会
本规范参编单位：中国标准化研究院
　　　　　　　　　中山大学太阳能系统研究所
　　　　　　　　　无锡尚德太阳能电力有限公司
　　　　　　　　　常州天合光能有限公司
　　　　　　　　　英利绿色能源控股有限公司

北京市计科能源新技术开发公司
上海太阳能工程技术研究中心有限公司
上海伏奥建筑科技发展有限公司
深圳市创益科技发展有限公司
深圳南玻幕墙及光伏工程有限公司
广东金刚玻璃科技股份有限公司

本规范主要起草人员：仲继寿　张　磊　李爱仙
　　　　　　　　　　　沈　辉　孟昭渊　经士农
　　　　　　　　　　　于　波　叶东嵘　赵欣侃
　　　　　　　　　　　陈　涛　李　毅　徐　宁
　　　　　　　　　　　庄大建　张晓泉　林建平
　　　　　　　　　　　王　贺　娄　霓　曾　雁
　　　　　　　　　　　张兰英　焦　燕　班　焯
　　　　　　　　　　　王斯成　邱第明　李新春
　　　　　　　　　　　郑寿森　熊景峰　李涛勇
　　　　　　　　　　　李亮龙　黄向阳　何　清
　　　　　　　　　　　温建军
本规范主要审查人员：赵玉文　张树君　吴达成
　　　　　　　　　　　张文才　崔容强　王志峰
　　　　　　　　　　　胡润青　黄　汇　杨西伟

目　　次

Contents

1 总　则

1.0.1 为推动太阳能光伏系统（简称光伏系统）在民用建筑中的应用，促进光伏系统与建筑的结合，规范太阳能光伏系统的设计、安装和验收，保证工程质量，制定本规范。

1.0.2 本规范适用于新建、改建和扩建的民用建筑光伏系统工程，以及在既有民用建筑上安装或改造已安装的光伏系统工程的设计、安装和验收。

1.0.3 新建、改建和扩建的民用建筑光伏系统设计应纳入建筑工程设计，统一规划、同步设计、同步施工、同步验收，与建筑工程同时投入使用。

1.0.4 在既有建筑上安装或改造光伏系统应按建筑工程审批程序进行专项工程的设计、施工和验收。

1.0.5 民用建筑应用太阳能光伏系统的设计、安装和验收除应符合本规范外，尚应符合国家现行有关标准的规定。

2 术　语

2.0.1 太阳能光伏系统　solar photovoltaic (PV) system

利用太阳电池的光伏效应将太阳辐射能直接转换成电能的发电系统，简称光伏系统。

2.0.2 光伏建筑一体化　building integrated photovoltaic (BIPV)

在建筑上安装光伏系统，并通过专门设计，实现光伏系统与建筑的良好结合。

2.0.3 光伏构件　PV components

工厂模块化预制的，具备光伏发电功能的建筑材料或建筑构件，包括建材型光伏构件和普通型光伏构件。

2.0.4 建材型光伏构件　PV modules as building components

太阳电池与建筑材料复合在一起，成为不可分割的建筑材料或建筑构件。

2.0.5 普通型光伏构件　conventional PV components

与光伏组件组合在一起，维护更换光伏组件时不影响建筑功能的建筑构件，或直接作为建筑构件的光伏组件。

2.0.6 光伏电池　PV cell

将太阳辐射能直接转换成电能的一种器件。

2.0.7 光伏组件　PV module

具有封装及内部联结的、能单独提供直流电流输出的，最小不可分割的太阳电池组合装置。

2.0.8 光伏方阵　PV array

由若干个光伏组件或光伏构件在机械和电气上按一定方式组装在一起，并且有固定的支撑结构而构成的直流发电单元。

2.0.9 光伏电池倾角　tilt angle of PV cell

光伏电池所在平面与水平面的夹角。

2.0.10 并网光伏系统　grid-connected PV system

与公共电网联结的光伏系统。

2.0.11 独立光伏系统　stand-alone PV system

不与公共电网联结的光伏系统。

2.0.12 光伏接线箱　PV connecting box

保证光伏组件有序连接和汇流功能的接线装置。该装置能够保障光伏系统在维护、检查时易于分离电路，当光伏系统发生故障时减小停电的范围。

2.0.13 直流主开关　DC main switch

安装在光伏方阵输出汇总点与后续设备之间的开关，包括隔离电器和短路保护电器。

2.0.14 直流分开关　DC branch switch

安装在光伏方阵侧，为维护、检查方阵，或分离异常光伏组件而设置的开关，包括隔离电器和短路保护电器。

2.0.15 并网接口　utility interface

光伏系统与电网配电系统之间相互联结的公共连接点。

2.0.16 并网逆变器　grid-connected inverter

将来自太阳电池方阵的直流电流变换为符合电网要求的交流电流的装置。

2.0.17 孤岛效应　islanding effect

电网失压时，并网光伏系统仍保持对失压电网中的某一部分线路继续供电的状态。

2.0.18 电网保护装置　protection device for grid

监测光伏系统并网的运行状态，在技术指标越限情况下将光伏系统与电网安全解列的装置。

2.0.19 应急电源系统　emergency power supply system

当电网因故停电时能够为特定负荷继续供电的电源系统。通常由逆变器、保护开关、控制电路、储能装置（如蓄电池）和充电控制装置等组成，简称应急电源。

3 太阳能光伏系统设计

3.1 一般规定

3.1.1 民用建筑太阳能光伏系统设计应有专项设计或作为建筑电气工程设计的一部分。

3.1.2 光伏组件或方阵的选型和设计应与建筑结合，在综合考虑发电效率、发电量、电气和结构安全、适用、美观的前提下，应优先选用光伏构件，并应与建筑模数相协调，满足安装、清洁、维护和局部更换的要求。

3.1.3 太阳能光伏系统输配电和控制用缆线应与其他管线统筹安排，安全、隐蔽、集中布置，满足安装维护的要求。

3.1.4 光伏组件或方阵连接电缆及其输出总电缆应符合现行国家标准《光伏（PV）组件安全鉴定 第1部分：结构要求》GB/T 20047.1 的相关规定。

3.1.5 在人员有可能接触或接近光伏系统的位置，应设置防触电警示标识。

3.1.6 并网光伏系统应具有相应的并网保护功能，并应安装必要的计量装置。

3.1.7 太阳能光伏系统应满足国家关于电压偏差、闪变、频率偏差、相位、谐波、三相平衡度和功率因数等电能质量指标的要求。

3.2 系 统 分 类

3.2.1 太阳能光伏系统按接入公共电网的方式可分为下列两种系统：

　　1 并网光伏系统；

　　2 独立光伏系统。

3.2.2 太阳能光伏系统按储能装置的形式可分为下列两种系统：

　　1 带有储能装置系统；

　　2 不带储能装置系统。

3.2.3 太阳能光伏系统按负荷形式可分为下列三种系统：

　　1 直流系统；

　　2 交流系统；

　　3 交直流混合系统。

3.2.4 太阳能光伏系统按系统装机容量的大小可分为下列三种系统：

　　1 小型系统，装机容量不大于 20kW 的系统；

　　2 中型系统，装机容量在 20kW 至 100kW（含100kW）之间的系统；

　　3 大型系统，装机容量大于 100kW 的系统。

3.2.5 并网光伏系统按允许通过上级变压器向主电网馈电的方式可分为下列两种系统：

　　1 逆流光伏系统；

　　2 非逆流光伏系统。

3.2.6 并网光伏系统按其在电网中的并网位置可分为下列两种系统：

　　1 集中并网系统；

　　2 分散并网系统。

3.3 系 统 设 计

3.3.1 应根据建筑物使用功能、电网条件、负荷性质和系统运行方式等因素，确定光伏系统的类型。

3.3.2 光伏系统设计应符合下列规定：

　　1 光伏系统设计应根据用电要求按表 3.3.2 进行选择；

　　2 并网光伏系统应由光伏方阵、光伏接线箱、并网逆变器、蓄电池及其充电控制装置（限于带有储能装置系统）、电能表和显示电能相关参数的仪表组成；

表 3.3.2 光伏系统设计选用表

系统类型	电流类型	是否逆流	有无储能装置	适 用 范 围
并网光伏系统	交流系统	是	有	发电量大于用电量，且当地电力供应不可靠
			无	发电量大于用电量，且当地电力供应比较可靠
		否	有	发电量小于用电量，且当地电力供应不可靠
			无	发电量小于用电量，且当地电力供应比较可靠
独立光伏系统	直流系统	否	有	偏远无电网地区，电力负荷为直流设备，且供电连续性要求较高
			无	偏远无电网地区，电力负荷为直流设备，且供电无连续性要求
	交流系统		有	偏远无电网地区，电力负荷为交流设备，且供电连续性要求较高
			无	偏远无电网地区，电力负荷为交流设备，且供电无连续性要求

　　3 并网光伏系统的线路设计宜包括直流线路设计和交流线路设计。

3.3.3 光伏系统的设备性能及正常使用寿命应符合下列规定：

　　1 系统中设备及其部件的性能应满足国家现行标准的相关要求，并应获得相关认证；

　　2 系统中设备及其部件的正常使用寿命应满足国家现行标准的相关要求。

3.3.4 光伏方阵的选择应符合下列规定：

　　1 光伏组件的类型、规格、数量、安装位置、安装方式和可安装场地面积应根据建筑设计及其电力负荷确定；

　　2 应根据光伏组件规格及安装面积确定光伏系统最大装机容量；

　　3 应根据并网逆变器的额定直流电压、最大功率跟踪控制范围、光伏组件的最大输出工作电压及其温度系数，确定光伏组件的串联数（简称光伏组件串）；

　　4 应根据总装机容量及光伏组件串的容量确定光伏组件串的并联数。

3.3.5 光伏接线箱设置应符合下列规定：

1 光伏接线箱内应设置汇流铜母排；

2 每一个光伏组件串应分别由线缆引至汇流母排，在母排前应分别设置直流分开关，并宜设置直流主开关；

3 光伏接线箱内应设置防雷保护装置；

4 光伏接线箱的设置位置应便于操作和检修，并宜选择室内干燥的场所。设置在室外的光伏接线箱应采取防水、防腐措施，其防护等级不应低于 IP65。

3.3.6 并网光伏系统逆变器的总额定容量应根据光伏系统装机容量确定。独立光伏系统逆变器的总额定容量应根据交流侧负荷最大功率及负荷性质确定。并网逆变器的数量应根据光伏系统装机容量及单台并网逆变器额定容量确定。并网逆变器的选择还应符合下列规定：

1 并网逆变器应具备自动运行和停止功能、最大功率跟踪控制功能和防止孤岛效应功能；

2 逆流型并网逆变器应具备自动电压调整功能；

3 不带工频隔离变压器的并网逆变器应具备直流检测功能；

4 无隔离变压器的并网逆变器应具备直流接地检测功能；

5 并网逆变器应具有并网保护装置，并应与电力系统具备相同的电压、相数、相位、频率及接线方式；

6 并网逆变器应满足高效、节能、环保的要求。

3.3.7 直流线路的选择应符合下列规定：

1 耐压等级应高于光伏方阵最大输出电压的 1.25 倍；

2 额定载流量应高于短路保护电器整定值，短路保护电器整定值应高于光伏方阵的标称短路电流的 1.25 倍；

3 线路损耗应控制在 2% 以内。

3.3.8 光伏系统防雷和接地保护应符合下列规定：

1 设置光伏系统的民用建筑应采取防雷措施，其防雷等级分类及防雷措施应按现行国家标准《建筑物防雷设计规范》GB 50057 的相关规定执行；

2 光伏系统防直击雷和防雷击电磁脉冲的措施应按现行国家标准《建筑物防雷设计规范》GB 50057 的相关规定执行。

3.4 系 统 接 入

3.4.1 光伏系统与公用电网并网时，除应符合现行国家标准《光伏系统并网技术要求》GB/T 19939 的相关规定外，还应符合下列规定：

1 光伏系统在供电负荷与并网逆变器之间和公共电网与负荷之间应设置隔离开关，隔离开关应具有明显断开点指示及断零功能；

2 中型或大型光伏系统宜设置独立控制机房，机房内应设置配电柜、仪表柜、并网逆变器、监视器及蓄电池（限于带有储能装置系统）等；

3 光伏系统专用标识的形状、颜色、尺寸和安装高度应符合现行国家标准《安全标志及其使用导则》GB 2894 的相关规定；

4 光伏系统在并网处设置的并网专用低压开关箱（柜）应设置手动隔离开关和自动断路器，断路器应采用带可视断点的机械开关；除非当地供电部门要求，否则不得采用电子式开关。

3.4.2 并网光伏系统与公共电网之间应设隔离装置。光伏系统在并网处应设置并网专用低压开关箱（柜），并应设置专用标识和"警告"、"双电源"提示性文字和符号。

3.4.3 并网光伏系统应具有自动检测功能及并网切断保护功能，并应符合下列规定：

1 光伏系统应安装电网保护装置，并应符合现行国家标准《光伏（PV）系统电网接口特性》GB/T 20046 的相关规定；

2 光伏系统与公共电网之间的隔离开关和断路器均应具有断零功能，且相线和零线应能同时分断和合闸；

3 当公用电网电能质量超限时，光伏系统应自动与公用电网解列，在公用电网质量恢复正常后的 5min 之内，光伏系统不得向电网供电。

3.4.4 逆流光伏系统宜按照"无功就地平衡"的原则配置相应的无功补偿装置。

3.4.5 通信与电能计量装置应符合下列规定：

1 光伏系统自动控制、通信和电能计量装置应根据当地公共电网条件和供电机构的要求配置，并应与光伏系统工程同时设计、同时建设、同时验收、同时投入使用；

2 光伏系统宜配置相应的自动化终端设备，以采集光伏系统装置及并网线路的遥测、遥信数据，并传输至相应的调度主站；

3 光伏系统应在发电侧和电能计量点分别配置、安装专用电能计量装置，并宜接入自动化终端设备；

4 电能计量装置应符合现行行业标准《电测量及电能计量装置设计技术规程》DL/T 5137 和《电能计量装置技术管理规程》DL/T 448 的相关规定；

5 大型逆流并网光伏系统应配置 2 部调度电话。

3.4.6 作为应急电源的光伏系统应符合下列规定：

1 应保证在紧急情况下光伏系统与公用电网解列，并应切断由光伏系统供电的非消防负荷；

2 开关柜（箱）中的应急回路应设置相应的应急标志和警告标识；

3 光伏系统与电网之间的自动切换开关宜选用不自复方式。

4 规划、建筑和结构设计

4.1 一般规定

4.1.1 光伏组件类型、安装位置、安装方式和色泽的选择应结合建筑功能、建筑外观以及周围环境条件进行，并应使之成为建筑的有机组成部分。

4.1.2 安装在建筑各部位的光伏组件，包括直接构成建筑围护结构的光伏构件，应具有带电警告标识及相应的电气安全防护措施，并应满足该部位的建筑围护、建筑节能、结构安全和电气安全要求。

4.1.3 在既有建筑上增设或改造光伏系统，必须进行建筑结构安全、建筑电气安全的复核，并应满足光伏组件所在建筑部位的防火、防雷、防静电等相关功能要求和建筑节能要求。

4.1.4 建筑设计应根据光伏组件的类型、安装位置和安装方式，为光伏组件的安装、使用、维护和保养等提供必要的承载条件和空间。

4.2 规划设计

4.2.1 规划设计应根据建设地点的地理位置、气候特征及太阳能资源条件，确定建筑的布局、朝向、间距、群体组合和空间环境。安装光伏系统的建筑，主要朝向宜为南向或接近南向。

4.2.2 安装光伏系统的建筑不应降低相邻建筑或建筑本身的建筑日照标准。

4.2.3 光伏组件在建筑群体中的安装位置应合理规划，光伏组件周围的环境设施与绿化种植不应对投射到光伏组件上的阳光形成遮挡。

4.2.4 对光伏组件可能引起建筑群体间的二次辐射应进行预测，对可能造成的光污染应采取相应的措施。

4.3 建筑设计

4.3.1 光伏系统各组成部分在建筑中的位置应合理确定，并应满足其所在部位的建筑防水、排水和系统的检修、更新与维护的要求。

4.3.2 建筑体形及空间组合应为光伏组件接收更多的太阳能创造条件。宜满足光伏组件冬至日全天有3h以上建筑日照时数的要求。

4.3.3 建筑设计应为光伏系统提供安全的安装条件，并应在安装光伏组件的部位采取安全防护措施。

4.3.4 光伏组件不应跨越建筑变形缝设置。

4.3.5 光伏组件的安装不应影响所在建筑部位的雨水排放。

4.3.6 晶体硅电池光伏组件的构造及安装应符合通风降温要求，光伏电池温度不应高于85℃。

4.3.7 在多雪地区建筑屋面上安装光伏组件时，宜设置人工融雪、清雪的安全通道。

4.3.8 在平屋面上安装光伏组件应符合下列规定：

　　1 光伏组件安装宜按最佳倾角进行设计；当光伏组件安装倾角小于10°时，应设置维修、人工清洗的设施与通道；

　　2 光伏组件安装支架宜采用自动跟踪型或手动调节型的可调节支架；

　　3 采用支架安装的光伏方阵中光伏组件的间距应满足冬至日投射到光伏组件上的阳光不受遮挡的要求；

　　4 在建筑平屋面上安装光伏组件，应选择不影响屋面排水功能的基座形式和安装方式；

　　5 光伏组件基座与结构层相连时，防水层应铺设到支座和金属埋件的上部，并应在地脚螺栓周围做密封处理；

　　6 在平屋面防水层上安装光伏组件时，其支架基座下部应增设附加防水层；

　　7 对直接构成建筑屋面面层的建材型光伏构件，除应保障屋面排水通畅外，安装基层还应具有一定的刚度；在空气质量较差的地区，还应设置清洗光伏组件表面的设施；

　　8 光伏组件周围屋面、检修通道、屋面出入口和光伏方阵之间的人行通道上部应铺设保护层；

　　9 光伏组件的引线穿过平屋面处应预埋防水套管，并应做防水密封处理；防水套管应在平屋面防水层施工前埋设完毕。

4.3.9 在坡屋面上安装光伏组件应符合下列规定：

　　1 坡屋面坡度宜按光伏组件全年获得电能最多的倾角设计；

　　2 光伏组件宜采用顺坡镶嵌或顺坡架空安装方式；

　　3 建材型光伏构件与周围屋面材料连接部位应做好建筑构造处理，并应满足屋面整体的保温、防水等功能要求；

　　4 顺坡支架安装的光伏组件与屋面之间的垂直距离应满足安装和通风散热间隙的要求。

4.3.10 在阳台或平台上安装光伏组件应符合下列规定：

　　1 低纬度地区安装在阳台或平台栏板上的晶体硅光伏组件应有适当的倾角；

　　2 安装在阳台或平台栏板上的光伏组件支架应与栏板主体结构上的预埋件牢固连接；

　　3 构成阳台或平台栏板的光伏构件，应满足刚度、强度、防护功能和电气安全要求；

　　4 应采取保护人身安全的防护措施。

4.3.11 在墙面上安装光伏组件应符合下列规定：

　　1 低纬度地区安装在墙面上的晶体硅光伏组件宜有适当的倾角；

　　2 安装在墙面的光伏组件支架应与墙面结构主

体上的预埋件牢固锚固；

3 光伏组件与墙面的连接不应影响墙体的保温构造和节能效果；

4 对设置在墙面上的光伏组件，引线穿过墙面处应预埋防水套管；穿墙管线不宜设在结构柱处；

5 光伏组件镶嵌在墙面时，宜与墙面装饰材料、色彩、分格等协调处理；

6 对安装在墙面上提供遮阳功能的光伏构件，应满足室内采光和日照的要求；

7 当光伏组件安装在窗面上时，应满足窗面采光、通风等使用功能要求；

8 应采取保护人身安全的防护措施。

4.3.12 在建筑幕墙上安装光伏组件应符合下列规定：

1 安装在建筑幕墙上的光伏组件宜采用建材型光伏构件；

2 光伏组件尺寸应符合幕墙设计模数，光伏组件表面颜色、质感应与幕墙协调统一；

3 光伏幕墙的性能应满足所安装幕墙整体物理性能的要求，并应满足建筑节能的要求；

4 对有采光和安全双重性能要求的部位，应使用双玻光伏幕墙，其使用的夹胶层材料应为聚乙烯醇缩丁醛（PVB），并应满足建筑室内对视线和透光性能的要求；

5 玻璃光伏幕墙的结构性能和防火性能应满足现行行业标准《玻璃幕墙工程技术规范》JGJ 102 的要求；

6 由玻璃光伏幕墙构成的雨篷、檐口和采光顶，应满足建筑相应部位的刚度、强度、排水功能及防止空中坠物的安全性能要求。

4.3.13 光伏系统的控制机房宜采用自然通风，当不具备条件时应采取机械通风措施。

4.4 结 构 设 计

4.4.1 结构设计应与工艺和建筑专业配合，合理确定光伏系统各组成部分在建筑中的位置。

4.4.2 在新建建筑上安装光伏系统，应考虑其传递的荷载效应。

4.4.3 在既有建筑上增设光伏系统，应对既有建筑的结构设计、结构材料、耐久性、安装部位的构造及强度等进行复核验算，并应满足建筑结构及其他相应的安全性能要求。

4.4.4 支架、支撑金属件及其连接节点，应具有承受系统自重、风荷载、雪荷载、检修荷载和地震作用的能力。

4.4.5 对光伏系统的支架和连接件的结构设计应符合下列规定：

1 当非抗震设计时，应计算系统自重、风荷载和雪荷载作用效应；

2 当抗震设计时，应计算系统自重、风荷载、雪荷载和地震作用效应。

4.4.6 应考虑风压变化对光伏组件及其支架的影响。光伏组件或方阵宜安装在风压较小的位置。

4.4.7 蓄电池、并网逆变器等较重的设备和部件宜安装在承载能力大的结构构件上，并应进行构件的强度与变形验算。

4.4.8 当选用建材型光伏构件时，应向产品生产厂家确认相关结构性能指标，并应满足建筑物使用期间对产品的结构性能要求。

4.4.9 光伏组件或方阵的支架，应由埋设在钢筋混凝土基座中的钢制热浸镀锌连接件或不锈钢地脚螺栓固定。钢筋混凝土基座的主筋应锚固在主体结构内；当不能与主体结构锚固时，应设置支架基座。应采取提高支架基座与主体结构间附着力的措施，满足风荷载、雪荷载与地震荷载作用的要求。

4.4.10 连接件与基座的锚固承载力设计值应大于连接件本身的承载力设计值。

4.4.11 支架基座设计应进行抗滑移和抗倾覆等稳定性验算。

4.4.12 当光伏方阵与主体结构采用后加锚栓连接时，应符合下列规定：

1 锚栓产品应有出厂合格证；

2 碳素钢锚栓应经过防腐处理；

3 应进行锚栓承载力现场试验，必要时应进行极限拉拔试验；

4 每个连接节点不应少于 2 个锚栓；

5 锚栓直径应通过承载力计算确定，并不应小于 10mm；

6 不宜在与化学锚栓接触的连接件上进行焊接操作；

7 锚栓承载力设计值不应大于其选用材料极限承载力的 50%；

8 在地震设防区必须使用抗震适用型锚栓；

9 应符合现行行业标准《混凝土结构后锚固技术规程》JGJ 145 的相关规定。

4.4.13 安装光伏系统的预埋件设计使用年限应与主体结构相同。

4.4.14 支架、支撑金属件和其他的安装材料，应根据光伏系统设定的使用寿命选择相应的耐候性能材料并应采取适宜的维护保养措施。

4.4.15 受盐雾影响的安装区域和场所，应选择符合使用环境的材料及部件作为支撑结构，并应采取相应的防护措施。

4.4.16 地面安装光伏系统时，光伏组件最低点距硬质地面不宜小于 300mm，距一般地面不宜小于 1000mm，并应对地基承载力、基础的强度和稳定性进行验算。

5 太阳能光伏系统安装

5.1 一般规定

5.1.1 新建建筑光伏系统的安装施工应纳入建筑设备安装施工组织设计，并应制定相应的安装施工方案和采取特殊安全措施。

5.1.2 光伏系统安装前应具备下列条件：

1 设计文件齐备，且已审查通过；

2 施工组织设计及施工方案已经批准；

3 场地、供电、道路等条件能满足正常施工需要；

4 预留基座、预留孔洞、预埋件、预埋管和设施符合设计要求，并已验收合格。

5.1.3 安装光伏系统时，应制定详细的施工流程与操作方案，应选择易于施工、维护的作业方式。

5.1.4 安装光伏系统时，应对已完成土建工程的部位采取保护措施。

5.1.5 施工安装人员应采取防触电措施，并应符合下列规定：

1 应穿绝缘鞋、戴低压绝缘手套、使用绝缘工具；

2 当光伏系统安装位置上空有架空电线时，应采取保护和隔离措施；

3 不应在雨、雪、大风天作业。

5.1.6 光伏系统安装施工应采取安全措施，并应符合下列规定：

1 光伏系统的产品和部件在存放、搬运和吊装等过程中不得碰撞受损；吊装光伏组件时，光伏组件底部应衬垫木，背面不得受到碰撞和重压；

2 光伏组件在安装时，表面应铺遮光板遮挡阳光，防止电击危险；

3 光伏组件的输出电缆不得非正常短路；

4 对无断弧功能的开关进行连接时，不得在有负荷或能形成低阻回路的情况下接通正负极或断开；

5 连接完成或部分完成的光伏系统，遇有光伏组件破裂的情况应及时采取限制接近的措施，并应由专业人员处置；

6 不得局部遮挡光伏组件，避免产生热斑效应；

7 在坡度大于10°的坡屋面上安装施工，应采取专用踏脚板等安全措施。

5.2 基 座

5.2.1 安装光伏组件或方阵的支架应设置基座。

5.2.2 基座应与建筑主体结构连接牢固，并应由专业施工人员完成施工。

5.2.3 屋面结构层上现场砌筑（或浇筑）的基座，完工后应做防水处理，并应符合现行国家标准《屋面工程质量验收规范》GB 50207 的规定。

5.2.4 预制基座应放置平稳、整齐，固定牢固，且不得破坏屋面的防水层。

5.2.5 钢基座顶面及混凝土基座顶面的预埋件，在支架安装前应涂防腐涂料，并应妥善保护。

5.2.6 连接件与基座之间的空隙，应采用细石混凝土填捣密实。

5.3 支 架

5.3.1 安装光伏组件或方阵的支架应按设计要求制作。钢结构支架的安装和焊接应符合现行国家标准《钢结构工程施工质量验收规范》GB 50205 的要求。

5.3.2 支架应按设计要求安装在主体结构上，位置应准确，并应与主体结构牢靠固定。

5.3.3 固定支架前应根据现场安装条件采取合理的抗风措施。

5.3.4 钢结构支架应与建筑物接地系统可靠连接。

5.3.5 钢结构支架焊接完毕，应按设计要求做防腐处理。防腐施工应符合现行国家标准《建筑防腐蚀工程施工及验收规范》GB 50212 和《建筑防腐蚀工程质量检验评定标准》GB 50224 的要求。

5.3.6 装配式方阵支架梁柱连接节点应保证结构的安全可靠，不得采用单一摩擦型节点连接方式，各支架部件的防腐镀层要求应由设计根据实际使用条件确定。

5.4 光 伏 组 件

5.4.1 光伏组件上应标有带电警告标识，光伏组件强度应满足设计强度要求。

5.4.2 光伏组件或方阵应按设计要求可靠地固定在支架或连接件上。

5.4.3 光伏组件或方阵应排列整齐。光伏组件之间的连接件，应便于拆卸和更换。

5.4.4 光伏组件或方阵与建筑面层之间应留有安装空间和散热间隙，并不得被施工等杂物填塞。

5.4.5 光伏组件或方阵安装时必须严格遵守生产厂指定的安装条件。

5.4.6 坡屋面上安装光伏组件时，其周边的防水连接构造必须严格按设计要求施工，且不得渗漏。

5.4.7 光伏幕墙的安装应符合下列规定：

1 双玻光伏幕墙应满足现行行业标准《玻璃幕墙工程质量检验标准》JGJ/T 139 的相关规定；

2 光伏幕墙应排列整齐、表面平整、缝宽均匀，安装允许偏差应满足现行国家标准《建筑幕墙》GB/T 21086 的相关规定；

3 光伏幕墙应与普通幕墙同时施工，共同接受幕墙相关的物理性能检测。

5.4.8 在盐雾、寒冷、积雪等地区安装光伏组件时，应与产品生产厂协商制定合理的安装施工和运营维护方案。

5.4.9 在既有建筑上安装光伏组件，应根据建筑物的建设年代、结构状况，选择可靠的安装方法。

5.5 电 气 系 统

5.5.1 电气装置安装应符合现行国家标准《建筑电气工程施工质量验收规范》GB 50303 的相关规定。

5.5.2 电缆线路施工应符合现行国家标准《电气装置安装工程电缆线路施工及验收规范》GB 50168 的相关要求。

5.5.3 电气系统接地应符合现行国家标准《电气装置安装工程接地装置施工及验收规范》GB 50169 的相关要求。

5.5.4 光伏系统直流侧施工时，应标识正负极性，并宜分别布线。

5.5.5 带蓄能装置的光伏系统，蓄电池的上方和周围不得堆放杂物，并应保障蓄电池的正常通风，防止蓄电池两极短路。

5.5.6 在并网逆变器等控制器的表面，不得设置其他电气设备和堆放杂物，并应保证设备的通风环境。

5.5.7 穿过楼面、屋面和外墙的引线应做防水套管和防水密封处理。

5.6 系统调试和检测

5.6.1 建筑工程验收前应对光伏系统进行调试与检测。

5.6.2 调试和检测应符合国家现行标准的相关规定。

6 工 程 验 收

6.1 一 般 规 定

6.1.1 建筑工程验收时应对光伏系统工程进行专项验收。

6.1.2 光伏系统工程验收前，应在安装施工中完成下列隐蔽项目的现场验收：

 1 预埋件或后置螺栓（或锚栓）连接件；

 2 基座、支架、光伏组件四周与主体结构的连接节点；

 3 基座、支架、光伏组件四周与主体围护结构之间的建筑构造做法；

 4 系统防雷与接地保护的连接节点；

 5 隐蔽安装的电气管线工程。

6.1.3 光伏系统工程验收应根据其施工安装特点进行分项工程验收和竣工验收。

6.1.4 所有验收应做好记录，签署文件，立卷归档。

6.2 分 项 工 程 验 收

6.2.1 分项工程验收宜根据工程施工特点分期进行。

6.2.2 对影响工程安全和系统性能的工序，必须在本工序验收合格后才能进入下一道工序的施工。主要工序应包括下列内容：

 1 在屋面光伏系统工程施工前，进行屋面防水工程的验收；

 2 在光伏组件或方阵支架就位前，进行基座、支架和框架的验收；

 3 在建筑管道井封口前，进行相关预留管线的验收；

 4 光伏系统电气预留管线的验收；

 5 在隐蔽工程隐蔽前，进行施工质量验收；

 6 既有建筑增设或改造的光伏系统工程施工前，进行建筑结构和建筑电气安全检查。

6.3 竣 工 验 收

6.3.1 光伏系统工程交付用户前，应进行竣工验收。竣工验收应在分项工程验收或检验合格后进行。

6.3.2 竣工验收应提交下列资料：

 1 设计变更证明文件和竣工图；

 2 主要材料、设备、成品、半成品、仪表的出厂合格证明或检验资料；

 3 屋面防水检漏记录；

 4 隐蔽工程验收记录和分项工程验收记录；

 5 系统调试和试运行记录；

 6 系统运行、监控、显示、计量等功能的检验记录；

 7 工程使用、运行管理及维护说明书。

本规范用词说明

 1 为便于在执行本规范条文时区别对待，对要求严格程度不同的用词说明如下：

 1） 表示很严格，非这样做不可的：

 正面词采用"必须"，反面词采用"严禁"；

 2） 表示严格，在正常情况下均应这样做的：

 正面词采用"应"，反面词采用"不应"或"不得"；

 3） 表示允许稍有选择，在条件许可时首先应这样做的：

 正面词采用"宜"，反面词采用"不宜"；

 4） 表示有选择，在一定条件下可以这样做的，采用"可"。

 2 条文中指明应按其他有关标准执行的写法为："应符合……的规定"或"应按……执行"。

引用标准名录

 1 《建筑物防雷设计规范》GB 50057

2《电气装置安装工程电缆线路施工及验收规范》GB 50168

3《电气装置安装工程接地装置施工及验收规范》GB 50169

4《钢结构工程施工质量验收规范》GB 50205

5《屋面工程质量验收规范》GB 50207

6《建筑防腐蚀工程施工及验收规范》GB 50212

7《建筑防腐蚀工程质量检验评定标准》GB 50224

8《建筑电气工程施工质量验收规范》GB 50303

9《安全标志及其使用导则》GB 2894

10《光伏系统并网技术要求》GB/T 19939

11《光伏(PV)系统电网接口特性》GB/T 20046

12《光伏(PV)组件安全鉴定 第1部分：结构要求》GB/T 20047.1

13《建筑幕墙》GB/T 21086

14《玻璃幕墙工程技术规范》JGJ 102

15《玻璃幕墙工程质量检验标准》JGJ/T 139

16《混凝土结构后锚固技术规程》JGJ 145

17《电能计量装置技术管理规程》DL/T 448

18《电测量及电能计量装置设计技术规程》DL/T 5137

中华人民共和国行业标准

民用建筑太阳能光伏系统应用技术规范

JGJ 203—2010

条 文 说 明

制 订 说 明

《民用建筑太阳能光伏系统应用技术规范》JGJ 203-2010，经住房和城乡建设部 2010 年 3 月 18 日以第 521 号公告批准、发布。

本规范制订过程中，编制组进行了广泛、深入的调查研究，总结了国内主要的太阳能光伏系统优秀工程以及国外有代表性的太阳能光伏系统工程的实践经验，同时参考了德国、日本相关民用建筑太阳能光伏系统的设计指南。

为便于广大设计、施工、科研、学校等单位有关人员在使用本规范时能正确理解和执行条文规定，《民用建筑太阳能光伏系统应用技术规范》编制组按章、节、条顺序编制了本标准的条文说明，对条文规定的目的、依据以及执行中需注意的有关事项进行了说明，还着重对强制性条文的强制性理由做了解释。但是，本条文说明不具备与标准正文同等的法律效力，仅供使用者作为理解和把握标准规定的参考。

目　次

1 总 则

1.0.1 在我国，民用建筑工程中利用太阳能光伏发电技术正在成为建筑节能的新趋势。广大工程技术人员，尤其是建筑工程设计人员，只有掌握了光伏系统的设计、安装、验收和运行维护等方面的工程技术要求，才能促进光伏系统在建筑中的应用，并达到与建筑结合。为了确保工程质量，本规范编制组在大量工程实例调查分析的基础上，编制了本规范。

1.0.2 在我国，除了在新建、扩建、改建的民用建筑工程中设计安装光伏系统的项目不断增多，在既有建筑中安装光伏系统的项目也在增多。编制规范时对这两个方面的适应性进行了研究，使规范在两个方面均可适用。

1.0.3 新建民用建筑安装光伏系统时，光伏系统设计应纳入建筑工程设计；如有可能，一般建筑设计应为将来安装光伏系统预留条件。

1.0.4 在既有建筑上改造或安装光伏系统，容易影响房屋结构安全和电气系统的安全，同时可能造成对房屋其他使用功能的破坏。因此要求按建筑工程审批程序，进行专项工程的设计、施工和验收。

2 术 语

2.0.1 "太阳能光伏系统"为本规范主要用语，规范给出了英语的全称。在以下条文中简称为"光伏系统"。

2.0.2 光伏建筑一体化在光伏系统与建筑或建筑环境的结合上，具有更深的含义和更高的技术要求，也是当前人们努力追求的较高目标。这里的建筑环境除建筑本体环境外，还包括建筑小品、围墙、喷泉和景观照明等。

2.0.3~2.0.5 在民用建筑中，光伏构件包括建材型光伏构件和普通型光伏构件两种形式。

建材型光伏构件是指将太阳电池与瓦、砖、卷材、玻璃等建筑材料复合在一起、成为不可分割的建筑材料或建筑构件。

建材型光伏构件的表现形式为复合型光伏建筑材料（如光伏瓦、光伏砖、光伏卷材等），或复合型光伏建筑构件（如光伏幕墙、光伏窗、光伏雨篷、光伏遮阳板、光伏阳台板、光伏采光顶等）。

建材型光伏构件的安装形式包括：在平屋面上直接铺设光伏卷材或在坡屋面上采用光伏瓦，并可替代部分或全部屋面材料；直接替代建筑幕墙的光伏幕墙和直接替代部分或全部采光玻璃的光伏采光顶等。

普通型光伏构件是指与光伏组件组合在一起，维护更换光伏组件时不影响建筑功能的建筑构件，或直接作为建筑构件的光伏组件。

普通型光伏构件的表现形式为组合型光伏建筑构件或普通光伏组件。对于组合型光伏建筑构件，由于光伏组件与建筑构件仅仅是组合在一起，可以分开，因此，维护更换时只需针对光伏组件，而不会影响构件的建筑功能；当采用普通光伏组件直接作为建筑构件时，光伏组件在发电的同时，实现相应的建筑功能。比如，采用普通光伏组件或根据建筑要求定制的光伏组件直接作为雨篷构件、遮阳构件、栏板构件、檐口构件等建筑构件。

普通型光伏构件安装方式一般为支架式安装。为了实现光伏建筑一体化，支架式安装形式包括：在平屋面上采用支架安装的通风隔热屋面形式（如平改坡）；在构架上采用支架安装的屋面形式（如遮阳棚、雨篷）；在坡屋面上采用支架顺坡架空安装的通风隔热屋面形式（坡屋面上的主要安装形式）；在墙面上采用支架或支座与墙面平行安装的通风隔热墙面形式等。

2.0.6 目前已经商业化生产和规模化应用的光伏电池包括晶体硅光伏电池、薄膜光伏电池和硅异质结光伏电池（HIT）。

晶体硅光伏电池是使用晶体硅片制造的光伏电池，包括单晶硅光伏电池和多晶硅光伏电池等。其中，使用单晶硅片制成的光伏电池称单晶硅光伏电池（mono-silicon PV cell），具有较高的光电转化效率和价格；使用多晶硅片制成的光伏电池称多晶硅光伏电池（multi-silicon PV cell），其光电转换效率和价格一般稍低于单晶硅光伏电池。

薄膜光伏电池是以薄膜形态的半导体材料制造的光伏电池，主要有硅薄膜和化合物半导体薄膜等。其优点是消耗半导体材料少，制造成本较低，输出功率受温度影响小，电池组件易于设计成不同的形态。

HIT电池是以晶体硅和薄膜硅为原料制造的光伏电池，外形和封装工艺更像晶体硅光伏电池。由于其兼有晶体硅和薄膜硅两类光伏电池的优点，光电转换效率较高，价格也较高。

2.0.8 光伏方阵通过对组件串和必要的控制元件，进行适当的串联、并联，以电气及机械方式相连形成光伏方阵，能够输出供变换、传输和使用的支流电压和电功率。光伏方阵不包括基座、太阳跟踪器、温度控制器等类似的部件。如果一个方阵中有不同结构类型的组件，或组件的连接方式不同，一般将结构和连接方式相同的部分方阵称为子方阵。光伏方阵可由几个子方阵串并联组成。

2.0.9 光伏电池倾角和光伏组件的方位角唯一地决定了光伏电池的朝向。光伏组件的方位角指光伏组件向阳面的法线在水平面上的投影与正南方向的夹角。水平面内正南方向为0度，向西为正，向东为负，单位为度（°）。

2.0.16 并网逆变器可将电能变换成一种或多种电能

形式，以供后续电网使用。并网逆变器一般包括最大功率跟踪等功能。

3 太阳能光伏系统设计

3.1 一般规定

3.1.1 民用建筑光伏系统由专业人员进行设计，并贯穿于工程建设的全过程，以提高光伏系统的投资效益。光伏系统应符合国家现行相关的民用建筑电气设计规范的要求。光伏组件形式的选择以及安装数量、安装位置的确定需要与建筑师配合进行设计，在设备承载及安装固定等方面需要与结构专业配合，在电气、通风、排水等方面与设备专业配合，使光伏系统与建筑物本身和谐统一，实现光伏系统与建筑的良好结合。

3.1.5 人员有可能接触或接近的、高于直流 50V 或 240W 以上的系统属于应用等级 A，适用于应用等级 A 的设备被认为是满足安全等级 Ⅱ 要求的设备，即 Ⅱ 类设备。当光伏系统从交流侧断开后，直流侧的设备仍有可能带电，因此，在光伏系统直流侧设置必要的触电警示和防止触电的安全措施。

3.1.6 对于并网光伏系统，只有具备并网保护功能，才能保障电网和光伏系统的正常运行，确保上述一方如发生异常情况不至于影响另一方的正常运行。同时并网保护也是电力检修人员人身安全的基本要求。另外，安装计量装置还便于用户对光伏系统的运行效果进行统计、评估。同时也考虑到随着国家相关政策的出台，国家对光伏系统用户进行补偿的可能。

3.1.7 光伏系统所产电能应满足国家电能质量的指标要求，主要包括：

1　10kV 及以下并网光伏系统正常运行时，与公共电网接口处电压允许偏差如下：三相为额定电压的 ±7%，单相为额定电压的 +7%、-10%；

2　并网光伏系统与公共电网同步运行，频率允许偏差为 ±0.5Hz；

3　并网光伏系统的输出有较低的电压谐波畸变率和谐波电流含有率；总谐波电流含量小于功率调节器输出电流的 5%；

4　光伏系统并网运行时，逆变器向公共电网馈送的直流分量不超过其交流额定值的 1%。

3.2 系 统 分 类

3.2.1 并网光伏系统主要应用于当地已存在公共电网的区域，并网光伏系统为用户提供电能，不足部分由公共电网作为补充；独立光伏系统一般应用于远离公共电网覆盖的区域，如山区、岛屿等边远地区，独立光伏系统容量需满足用户最大电力负荷的需求。

3.2.2 光伏系统所提供电能受外界环境变化的影响较大，如阴雨天气或夜间都会使系统提供电能大大降低，不能满足用户的电力需求。因此，对于无公共电网作为补充的独立光伏系统用户，要满足稳定的电能供应就需设置储能装置。储能装置一般用蓄电池，在阳光充足的时间产生的剩余电能储存在蓄电池内，阴雨天或夜间由蓄电池放电提供所需电能。对于供电连续性要求较高用户的独立光伏系统，需设置储能装置，对于无供电连续性要求的用户可不设储能装置。并网光伏系统是否设置成蓄电型系统，可根据用电负荷性质和用户要求设置。如光伏系统负荷仅为一般负荷，且又有当地公共电网作为补充，在这种情况下可不设置储能装置；若光伏系统负荷为消防等重要设备，就应该根据重要负荷的容量设置储能装置，同时，在储能装置放电为重要设备供电时，需首先切断光伏系统的非重要负荷。

3.2.3 只有直流负荷的光伏系统为直流系统。在直流系统中，由太阳电池产生的电能直接提供给负荷或经充电控制器给蓄电池充电。交流系统是指负荷均为交流设备的光伏系统，在此系统中，由太阳电池产生的直流电需经功率调节器进行直—交流转换再提供给负荷。对于并网光伏系统功率调节器尚需具备并网保护功能。负荷中既有交流供电设备又有直流供电设备的光伏系统为交直流混合系统。

3.2.4 装机容量（Capacity of installation）指光伏系统中所采用的光伏组件的标称功率之和，也称标称容量、总容量、总功率等，计量单位是峰瓦（Wp）。规范对光伏系统的大、中、小型系统规模进行了界定，既参照了日本建筑光伏系统的规模分级标准，也符合《光伏发电站接入电力系统技术规定》GB/Z 19964 关于大规模光伏电站为 100kW 及以上的规定，同时可为将来出台其他建筑光伏电站管理规定提供规范依据。

3.2.5 在公共电网区域内的光伏系统往往是并网系统，原因是光伏系统输出功率受制于天气等外界环境变化的影响。为了使用户得到可靠的电能供应，有必要把光伏系统与当地公共电网并网，当光伏系统输出功率不能满足用户需求时，不足部分由当地公共电网补充。反之，当光伏系统输出电能超出用户本身的电能需求时，超出部分电能则向公共电网逆向流入。此种并网光伏系统称为逆流系统。非逆流并网光伏系统中，用户本身电能需求远大于光伏系统本身所产生的电能，在正常情况下，光伏系统产生的电能不可能向公共电网送入。逆流或非逆流并网光伏系统均须采取并网保护措施。各种光伏系统在并网前均需与当地电力公司协商取得一致后方能并入。

3.2.6 集中并网光伏系统的特点是系统所产生的电能被直接输送到当地公共电网，由公共电网向区域内电力用户供电。此种光伏系统一般需要建设大型光伏电站，规模大、投资大、建设周期长。由于上述条件的限制，目前集中并网光伏系统的发展受到一定的抑制。分散并网光伏系统由于具备规模小、占地面积小、建设周期短、投资相对少等特点而发展迅速。

3.3 系 统 设 计

3.3.3 民用建筑光伏系统各部件的技术性能包括：电气性能、耐久性能、安全性能、可靠性能等几个方面。

①电气性能强调了光伏系统各部件产品要满足国家标准中规定的电性能要求。如太阳电池的最大输出功率、开路电压、短路电流、最大输出工作电压、最大输出工作电流等，另外，系统中各电气部件的电压等级、额定电压、额定电流、绝缘水平、外壳防护类别等。

②耐久性能规定了系统中主要部件的正常使用寿命。如光伏组件寿命不少于 20 年，并网逆变器正常使用寿命不少于 8 年。在正常使用寿命期间，允许有主要部件的局部更换以及易损件的更换。

③安全性能是光伏系统各项技术性能中最重要的一项，其中特别强调了并网光伏系统需带有保证光伏系统本身及所并电力电网的安全。

④可靠性能强调了光伏系统要具有防御各种自然条件异常的能力，其中包括应有可靠的防结露、防过热、防雷、抗雹、抗风、抗震、除雪、除沙尘等技术措施。

⑤在民用建筑设计中，可采用各种防护措施以保证光伏系统的性能。如采用电热技术除结露、除雪，预留给水、排水条件除沙尘，在太阳电池下面预留通风道防电池板过热，选用抗雹电池板，光伏系统防雷与建筑物防雷统一设计施工，在结构设计上选择合适的加固措施防风、防震等。

3.3.5 设置在室外的光伏接线箱要具有可靠防止雨水向内渗漏的结构设计。

3.3.6 并网逆变器还需满足电能转换效率高、待机电能损失小、噪声小、谐波少、寿命长、可靠性高及起、停平稳等功能要求。

3.3.8 光伏系统防雷和接地保护的要求：

1 支架、紧固件等正常时不带电金属材料要采取等电位联结措施和防雷措施。安装在建筑屋面的光伏组件，采用金属固定构件时，每排（列）金属构件均可靠联结，且与建筑物屋顶避雷装置有不少于两点可靠联结；采用非金属固定构件时，不在屋顶避雷装置保护范围之内的光伏组件，需单独加装避雷装置。

2 光伏组件需采取严格措施防直击雷和雷击电磁脉冲，防止建筑光伏系统和电气系统遭到破坏。

3.4 系 统 接 入

3.4.1 光伏系统并网需满足并网技术要求。大型并网光伏系统要进行接入系统的方案论证，并先征得当地供电机构同意方可实施。

根据日本、德国等国家的经验，接入公共电网的光伏系统，其总装机容量一般控制在上级变压器单台主变额定容量的 30% 以内。

光伏系统电网接入点选择要根据系统总装机容量、电网条件和当地供电机构的要求确定：当系统总装机容量小于或等于 100kW 时，接入点电压等级宜为 400V；当系统总装机容量大于 100kW 时，接入点电压等级可选择 400V 或 10kV。

在中型或大型光伏系统中，功率调节器柜（箱）、仪表柜、配电柜较多，且系统又存留一定量的备品备件，因此，宜设置独立的光伏系统控制机房。

3.4.2 光伏系统并网后，一旦公共电网或光伏系统本身出现异常或处于检修状态时，两系统之间如果没有可靠的脱离，可能带来对电力系统或人身安全的影响或危害。因此，在公共电网与光伏系统之间一定要有专用的联结装置，在电网或系统出现异常时，能够通过醒目的联结装置及时人工切断两者之间的联系。另外，还需要通过醒目的标识提示光伏系统可能危害人身安全。

3.4.3 光伏系统和公共电网异常或故障时，为保障人员和设备安全，应具有相应的并网保护功能和装置，并应满足光伏系统并网保护的基本技术要求。

1 光伏系统要能具有电压自动检测及并网切断控制功能。

1) 在公共电网接口处的电压超出表 1 规定的范围时，光伏系统要停止向公共电网送电。

表 1　公共电网接口处的电压

电压（公共电网接口处）	最大分闸时间[注1]
$U < 50\% \ U_{正常}$[注2]	0.1s
$50\%U_{正常} \leqslant U < 85\% \ U_{正常}$	2.0s
$85\%U_{正常} \leqslant U \leqslant 110\% \ U_{正常}$	继续运行
$110\%U_{正常} < U < 135\% \ U_{正常}$	2.0s
$135\%U_{正常} \leqslant U$	0.05s

注1：最大分闸时间是指异常状态发生到逆变器停止向公共电网送电的时间；

注2：$U_{正常}$为正常电压值（范围）。

2) 光伏系统在公共电网接口处频率偏差超出规定限值时，频率保护要在 0.2s 内动作，将光伏系统与公共电网断开。

3) 当公共电网失压时，防孤岛效应保护应在 2s 内完成，将光伏系统与公共电网断开。

4) 光伏系统对公共电网应设置短路保护。当公共电网短路时，逆变器的过电流不大于额定电流的 1.5 倍，并在 0.1s 内将光伏系统与公共电网断开。

5）非逆流并网光伏系统在公共电网供电变压器次级设置逆流检测装置。当检测到的逆电流超出逆变器额定输出的 5% 时，逆向功率保护在 0.5s～2s 内将光伏系统与公共电网断开。

2 在光伏系统与公共电网之间设置的隔离开关和断路器均应具有断零功能。目的是防止在并网光伏系统与公共电网脱离时，由于异常情况的出现而导致零线带电，容易发生电击检修人员的危险。

3 当公用电网异常而导致光伏系统自动解列后，只有当公用电网恢复正常到规定时限后光伏系统方可并网。

3.4.4 光伏系统并入上级电网宜按照"无功就地平衡"的原则配置相应的无功补偿装置，对接入公共连接点的每个用户，其"功率因数"要符合现行的《供电营业规则》（中华人民共和国电力工业部 1996 年第 8 号令）的相关规定。光伏系统以三相并入公共电网，其三相电压不平衡度不超过《电能质量 三相电压允许不平衡度》GB/T 15543 的相关规定。对接入公共连接点的每个用户，其电压不平衡度允许值不超过 1.3%。

3.4.5 与民用建筑结合的光伏系统设计应包括通信与计量系统，以确保工程实施的可行性、安全性和可靠性。

3.4.6 作为应急电源的光伏系统应符合以下规定：

1 当光伏系统作为消防应急电源时，需先切断光伏系统的日常设备负荷，并与公用电网解列，以确保消防设备启动的可靠性。

2 光伏系统的标识需符合消防设施管理的基本要求。

3 当光伏系统与公用电网分别作为消防设备的二路电源时，配电末端所设置的双电源自动切换开关宜选用自投不自复方式。因为电网是否真正恢复供电需判定，自动转换开关来回自投自复反而对设备和人身安全不利。

4 规划、建筑和结构设计

4.1 一般规定

4.1.1 光伏系统的选型是建筑设计的重点内容，设计者不仅要创造新颖美观的建筑立面、设计光伏组件安装的位置，还要结合建筑功能及其对电力供应方式的需求，综合考虑环境、气候、太阳能资源、能耗、施工条件等因素，比较光伏系统的性能、造价，进行技术经济分析。

光伏系统设计应由建筑设计单位和光伏系统产品供应商相互配合共同完成。建筑师不仅需要根据建筑类型和使用要求确定光伏系统的类型、安装位置、色调和构图要求，还应向建筑电气工程师提出对于电力的使用要求；电气工程师进行光伏系统设计、布置管线、确定管线走向；结构工程师在建筑结构设计时，应考虑光伏系统的荷载，以保证结构的安全性，并埋设预埋件，为光伏构件的锚固、安装提供安全牢靠的条件。光伏系统产品供应商需向建筑设计单位提供光伏组件的规格、尺寸、荷载，预埋件的规格、尺寸、安全位置及安全要求；提供光伏系统的发电性能等技术指标及其检测报告；保证产品质量和使用性能。

4.1.2 安装在建筑屋面、阳台、墙面、窗面或其他部位的光伏组件，应满足该部位的承载、保温、隔热、防水及防护要求，并应成为建筑的有机组成部分，保持与建筑和谐统一的外观。

4.1.3 在既有建筑上增设或改造的光伏系统，其重量会增加建筑荷载。另外，安装过程也会对建筑结构和建筑功能有影响，因此，必须进行建筑结构安全、建筑电气安全等方面的复核和检验。

4.1.4 一般情况下，建筑的设计寿命是光伏系统寿命的 2～3 倍，光伏组件及系统其他部件在构造、形式上应利于在建筑围护结构上安装，便于维护、修理、局部更换。为此建筑设计不仅要考虑地震、风荷载、雪荷载、冰雹等自然破坏因素，还应为光伏系统的日常维护，尤其是光伏组件的安装、维护、日常保养、更换提供必要的安全便利条件。

4.2 规划设计

4.2.1 根据安装光伏系统的区域气候特征及太阳能资源条件，合理进行建筑群体的规划和建筑朝向的选择。建筑群体或建筑单体朝南可为光伏系统接收更多的太阳能创造条件。

4.2.2 安装光伏系统的建筑，建筑间距应满足所在地区日照间距要求，且不得因布置光伏系统而降低相邻建筑的日照标准。

4.2.3 在进行建筑周围的景观设计和绿化种植时，要避免对投射到光伏组件上的阳光造成遮挡，从而保证光伏组件的正常工作。

4.2.4 建筑上安装的光伏组件应优先选择光反射较低的材料，避免自身引起的太阳光二次辐射对本栋建筑或周围建筑造成光污染。

4.3 建筑设计

4.3.1 建筑设计应与光伏系统设计同步进行。建筑设计根据选定的光伏系统类型，确定光伏组件形式、安装面积、尺寸大小、安装位置方式；了解连接管线走向；考虑辅助能源及辅助设施条件；明确光伏系统各部分的相对关系。然后，合理安排光伏系统各组成部分在建筑中的位置，并满足所在部位防水、排水等技术要求。建筑设计应为光伏系统各部分的安全检修、光伏构件表面清洗等提供便利条件。

4.3.2 光伏组件安装在建筑屋面、阳台、墙面或其他部位，不应有任何障碍物遮挡太阳光。光伏组件总面积根据需要电量、建筑上允许的安装面积、当地的气候条件等因素确定。安装位置要满足冬至日全天有3h以上日照时数的要求。有时，为争取更多的采光面积，建筑平面往往凹凸不规则，容易造成建筑自身对太阳光的遮挡。除此以外，对于体形为 L 形、冖 形的平面，也要注意避免自身的遮挡。

本条中用于确定建筑日照条件的建筑日照时数 (insolation standards) 与用于计算光伏系统发电量的峰值日照时数（peak sun hours）不同。日照标准是根据建筑物所在的气候区，城市大小和建筑物的使用性质决定的，在规定的日照标准日（冬至日或大寒日）有效时间范围内，以底层窗台面为计算起点的建筑外窗获得的日照时间。峰值日照时数是指当地水平面上单位面积接受到的年平均辐射能转化为标准日照条件（AM1.5，1000W/m²，25℃）的小时数。按年计算是全年标准日照时数，计量单位是（h/a）；按日计算是平均每天的标准日照时数，计量单位是（h/d）。

4.3.3 建筑设计时应考虑在安装光伏组件的墙面、阳台或挑檐等部位采取必要的安全防范措施，防止光伏组件损坏而掉下伤人，如设置挑檐、入口处设置雨篷或进行绿化种植等，使人不易靠近。

4.3.4 建筑主体结构在伸缩缝、沉降缝、防震缝的变形缝两侧会发生相对位移，光伏组件跨越变形缝时容易遭到破坏，造成漏电、脱落等危险。所以光伏组件不应跨越主体结构的变形缝，或应采用与主体建筑的变形缝相适应的构造措施。

4.3.5 光伏组件不应影响安装部位建筑雨水系统设计，不应造成局部积水、防水层破坏、渗漏等情况。

4.3.6 安装光伏组件时，应采取必要的通风降温措施以抑制其表面温度升高。一般情况下，组件与安装面层之间设置 50mm 以上的空隙，组件之间也留有空隙，会有效控制组件背面的温度升高。

4.3.7 冬季光伏组件上的积雪不易清除，因此在多雪地区的建筑屋面上安装光伏组件时，应采取融雪、扫雪及避免积雪滑落后遮挡光伏组件的措施。如采取扫雪措施，应设置扫雪通道和人员安全保障设施。

4.3.8 平屋面上安装光伏组件应符合以下要求：

　　1 在太阳高度角较小时，光伏方阵排列过密会造成彼此遮挡，降低运行效率。为使光伏方阵实现高效、经济的运行，应对光伏组件的相互遮挡进行日照计算和分析。

　　2 采用自动跟踪型和手动调节型支架可提高系统的发电量。自动跟踪型支架还需配置包括太阳辐射测量设备、计算机控制的步进电机等自动跟踪系统。手动调节型支架经济可靠，适合于以月、季度为周期

的调节系统。

　　3 屋面上设置光伏方阵时，前排光伏组件的阴影不应影响后排光伏组件正常工作。另外，还应注意组件的日斑影响。

　　4 在建筑屋面上安装光伏组件支架，应选择点式的基座形式，以利于屋面排水。特别要避免与屋面排水方向垂直的条形基座。

　　5 光伏组件支座与结构层相连时，防水层应包到支座和金属埋件的上部，形成较高的泛水，地脚螺栓周围缝隙容易渗水，应作密封处理。

　　6 支架基座部位应做附加防水层。附加层宜空铺，空铺宽度不应小于 200mm。为防止卷材防水层收头翘边，避免雨水从开口处渗入防水层下部，应按设计要求做好收头处理。卷材防水层应用压条钉压固定，并用密封材料封严。

　　7 构成屋面面层的建材型光伏构件，其安装基层应为具有一定刚度的保护层，以避免光伏组件变形引起表面局部积灰现象。

　　8 需要经常维修的光伏组件周围屋面、检修通道、屋面出入口以及人行通道上面应设置刚性保护层保护防水层，一般可铺设水泥砖。

　　9 光伏组件的引线穿过屋面处，应预埋防水套管，并作防水密封处理。防水套管应在屋面防水层施工前埋设完毕。

4.3.9 坡屋面上安装光伏组件还应符合以下要求：

　　1 为了获得较多太阳光，屋面坡度宜采用光伏组件全年获得电能最多的倾角。一般情况下可根据当地纬度±10°来确定屋面坡度，低纬度地区还要特别注意保证屋面的排水功能。

　　2 安装在坡屋面上的光伏组件宜根据建筑设计要求，选择顺坡镶嵌设置或顺坡架空设置方式。

　　3 建材型光伏构件安装在坡屋面上时，其与周围屋面材料连接部位应做好建筑构造处理，并应满足屋面整体的保温、防水等围护结构功能要求。

　　4 顺坡架空在坡屋面上的光伏组件与屋面间宜留有大于 100mm 的通风间隙。控制通风间隙的目的有两个，一是通过加强屋面通风降低光伏组件背面温升，二是保证组件的安装维护空间。

4.3.10 阳台或平台上安装光伏组件应符合以下要求：

　　1 在低纬度地区，由于太阳高度角较小，安装在阳台栏板上的光伏组件或直接构成阳台栏板的光伏构件应有适当的倾角，以接受较多的太阳能光。

　　2 对不具有阳台栏板功能，通过其他连接方式安装在阳台栏板上的光伏组件，其支架应与阳台栏板上的预埋件牢固连接，并通过计算确定预埋件的尺寸与预埋深度，防止坠落事件的发生。

　　3 作为阳台栏板的光伏构件，应满足建筑阳台栏板强度及高度的要求。阳台栏板高度应随建筑高度

而增高，如低层、多层住宅的阳台栏板净高不应低于1.05m，中高层、高层住宅的阳台栏板不应低于1.10m，这是根据人体重心和心理因素而定的。

4 光伏组件背面温度较高，或电气连接损坏都可能会引起安全事故（儿童烫伤、电气安全），因此要采取必要的保护措施，避免人身直接触及光伏组件。

4.3.11 墙面上安装光伏组件应符合以下要求：

1 在低纬度地区，由于太阳高度角较小，因此安装在墙面上或直接构成围护结构的光伏组件应有适当的倾角，以接受较多的太阳光；

2 通过支架连接方式安装在外墙上的光伏组件，在结构设计时应作为墙体的附加永久荷载。对安装光伏组件而可能产生的墙体局部变形、裂缝等等，应通过构造措施施予以防止；

3 光伏组件安装在外保温构造的墙体上时，其与墙面连接部位易产生冷桥，应作特殊断桥或保温构造处理；

4 预埋防水套管可防止水渗入墙体构造层；管线穿越结构柱会影响结构性能，因此穿墙管线不宜设在结构柱内；

5 光伏组件镶嵌在墙面时，应由建筑设计专业结合建筑立面进行统筹设计；

8 建筑设计时，为防止光伏组件损坏而掉下伤人，应考虑在安装光伏组件的墙面采取必要的安全防护措施，如设置挑檐、雨篷，或进行绿化种植等，使人不易靠近。

4.3.12 幕墙上安装光伏组件应符合以下要求：

1 安装在幕墙上的光伏组件宜采用光伏幕墙，并根据建筑立面的需要进行统筹设计；

2 安装在幕墙上的光伏组件尺寸应符合所安装幕墙板材的模数，既有利于安装，又与建筑幕墙在视觉上融为一体；

3 光伏幕墙的性能应与所安装普通幕墙具备同等的强度，以及具有同等保温、隔热、防水等性能，保证幕墙的整体性能；

4 PVB（Polyvinyl butyral）中间膜是一种半透明的薄膜，是由聚乙烯醇缩丁醛树脂经增塑剂塑化挤压成型的一种高分子材料。使用PVB夹胶层的光伏构件可以满足建筑上使用安全玻璃的要求；用EVA（Ethylene viny acetate）层压的光伏构件需要采用特殊的结构，防止玻璃自爆后因EVA强度不够而引发事故；

5 层间防火构造在正常使用条件下，应具有伸缩变形能力、密封性和耐久性；在遇火状态下，应在规定的耐火极限内，不发生开裂或脱落，保持相对稳定性；防火封堵时限应高于建筑幕墙本身的防火时限要求；玻璃光伏幕墙应尽量避免遮挡建筑室内视线，并应与建筑遮阳、采光统筹考虑；

6 为防止光伏组件损坏而掉下伤人，应安装牢固并采取必要的防护措施。

4.3.13 光伏系统控制机房，一般会布置较多的配电柜（箱）、逆变器、充电控制器等设备，上述设备在正常工作中都会产生一定的热量；当系统带有储能装置时，系统中的蓄电池在特定情况下可能对空气产生一定的污染，因此，控制机房应采取通风措施。

4.4 结 构 设 计

4.4.1 结构设计应根据光伏系统各组成部分在建筑中的位置进行专门设计，防止对结构安全造成威胁。

4.4.2 在新建建筑上安装光伏系统，结构设计时应事先考虑其传递的荷载效应。

4.4.3 既有建筑结构形式和使用年限各不相同。在既有建筑上增设光伏系统必须进行结构验算，保证结构本身的安全性。

4.4.4 进行结构设计时，不但要校核安装部位结构的强度和变形，而且需要计算支架、支撑金属件及各个连接节点的承载能力。

光伏方阵与主体结构的连接和锚固必须牢固可靠，主体结构的承载力必须经过计算或实物试验予以确认，并要留有余地，防止偶然因素产生破坏。光伏方阵和支架的重量大约在（0.24～0.49）kg/m²，建议设计时取不小于1.0kN/m²。

主体结构必须具备承受光伏方阵等传递的各种作用的能力。主体结构为混凝土结构时，混凝土强度等级不应低于C20。

4.4.5 光伏系统结构设计应区分是否抗震。对非抗震设防的地区，只需考虑系统自重、风荷载和雪荷载；对抗震设防的地区，还应考虑地震作用。

安装在建筑屋面等部位的光伏方阵主要受风荷载作用，抗风设计是主要考虑的因素。但由于地震是动力作用，对连接节点会产生较大影响，使连接发生震害甚至造成光伏方阵脱落，所以，除计算地震作用外，还必须加强构造措施。

4.4.6 墙角、凹口、山墙、屋檐、屋面坡度大于10°的屋脊等部位，风压大，变化复杂，在这些部位安装光伏系统，对抗风压性能要求较高，因此宜将光伏组件或方阵安装在风压较小的部位，如屋顶中央。在坡屋面上安装光伏组件或方阵时，宜采用与屋面平行的方式，减小风荷载的作用。

4.4.8 建材型光伏构件，应满足该类建筑材料本身的结构性能。如光伏幕墙，应至少满足普通幕墙的强度、抗风压和防热炸裂等要求，以及在木质、合成材料和金属框架上的安装要求，应符合《玻璃幕墙工程技术规范》JGJ 102或《金属与石材幕墙工程技术规范》JGJ 133中对幕墙材料结构性能的要求；作为屋面材料使用的光伏构件，应满足相应屋面材料的结构要求。

4.4.10 连接件与主体结构的锚固承载力应大于连接件本身的承载力，任何情况不允许发生锚固破坏。采用锚栓连接时，应有可靠的防松、防滑措施；采用挂接或插接时，应有可靠的防脱、防滑措施。

4.4.11 大多数情况下支架基座比较容易满足稳定性要求（抗滑移、抗倾覆）。但在风荷载较大的地区，支架基座的稳定性对结构安全起控制作用，必须经过验算来确保。

4.4.12 当土建施工中未设预埋件，预埋件漏放或偏离设计位置较远，设计变更，或在既有建筑增设光伏系统时，往往要使用后锚固螺栓进行连接。采用后锚固螺栓（机械膨胀螺栓或化学锚栓）时，应采取多种措施，保证连接的可靠性及安全性。

另外，在地震设防区使用金属锚栓时，应符合建筑行业标准《混凝土用膨胀型、扩孔型建筑锚栓》JG 160 相关抗震专项性能试验要求；在抗震设防区使用的化学锚栓，应符合国家标准《混凝土结构加固设计规范》GB 50367 中相关适用于开裂混凝土的定型化学锚栓的技术要求。

4.4.13 应进行光伏系统与建筑的同生命周期设计。预埋件的设计使用年限应与主体结构相同，避免光伏构件更新时对主体结构造成损害。

4.4.14 支架、支撑金属件应根据光伏系统设定的使用寿命选择材料及其维护保养方法。根据目前常见方法以及使用经验，给出如下几种建议：

1 钢制＋表面涂漆（有颜色）：5～10 年，再涂漆。

2 钢制＋热浸镀锌：20～30 年。

镀锌层的厚度要求取决于使用条件和使用寿命，应根据环境变化确定镀锌层的厚度。日本的经验表明，要获得 20 年的使用寿命，在国内重要工业区或沿海地区镀锌量为 550g/m² ～ 600g/m² 以上，郊区为 400g/m² 以上。

在任何特定的使用环境里，锌镀层的保护作用一般正比于单位面积内锌镀层的质量（表面密度），通常也正比于锌镀层的厚度，因此，对于某些特殊的用途，可采用 40μm 厚度的锌镀层。

在我国，采用碳素钢和低合金高强度结构钢作为支撑结构时，一般采取热浸镀锌防腐处理，锌膜厚度应符合现行国家标准《金属覆盖层钢铁制品热浸镀锌技术要求》GB/T 13912 的相关规定。

钢构件采用氟碳喷涂或聚氨酯喷涂的表面处理办法时，涂膜厚度应满足《玻璃幕墙工程技术规范》JGJ 102 中的相关规定。

3 不锈钢：30 年以上。

不锈钢对盐害等具有高抵抗性，但价格较高，在海上安装的场合应用较多。

4 铝合金＋氟碳漆喷涂：20 年以上。

铝合金型材采用氟碳喷涂进行表面处理时，应符合现行国家标准《铝合金建筑型材》GB/T 5237 规定的质量要求，表面处理层的厚度：平均膜厚 $t \geqslant 40\mu m$，局部膜厚 $t \geqslant 34\mu m$。其他表面处理方法应满足《玻璃幕墙工程技术规范》JGJ 102 中的相关规定。

4.4.15 在有盐害的地方，不同的金属材料相互接触会产生接触腐蚀，所以应在不同金属材料之间垫上绝缘物，或采用同一金属材料的支撑结构。

4.4.16 地面安装光伏系统时，应对地基承载力、基础的强度和稳定性进行验算。光伏组件最低点距地面应有一定距离。当为一般地面时，为防止泥沙上溅或小动物的破坏，不宜小于1000mm。

5 太阳能光伏系统安装

5.1 一般规定

5.1.1 目前光伏系统施工安装人员的技术水平差别较大，为规范光伏系统的施工安装，应先设计后施工，严禁无设计的盲目施工。施工组织设计、施工方案以及安全措施应经监理和建设方审批后方可施工。

5.1.2 光伏系统安装应按照建筑设计和施工要求进行，应具备施工组织设计及施工方案。

5.1.3 光伏系统安装应进行施工组织设计，制定详细的施工流程与操作方案。

5.1.4 鉴于光伏系统的安装一般在土建工程完工后进行，而土建部位的施工多由其他施工单位完成，因此应加强对已施工土建部位的保护。

5.1.5 光伏系统安装时应采取防触电措施，确保人员安全。

5.1.6 光伏系统安装时应采取安全措施，以保证设备、系统和人员的安全。

5.2 基 座

5.2.1 光伏组件或方阵的支架应固定在预设的基座上，不得直接放置在建筑面层上，否则既无法保证支架安装牢固，还会对建筑面层造成损害。

5.2.2 基座关系到光伏系统的稳定和安全，因此必须由专业技术人员来完成。

5.2.3 一般情况下，光伏组件或方阵的承重基座都是在屋面结构层上现场砌筑（或浇筑）。对于在既有建筑上安装的光伏系统工程，需要揭开建筑面层做基座，因此将破坏建筑原有的防水结构。基座完工后，被破坏的部位应重新做防水工程。

5.2.4 不少光伏系统工程采用预制支架基座，直接放置在建筑屋面上，易对屋面构造造成损害，应附加防水层和保护层。

5.2.5 对外露的金属预埋件应进行防腐防锈处理，防止预埋件受损而失去强度。

5.2.6 连接件与基座之间的空隙，多为金属构件，为避免此部位锈蚀损坏，安装完毕后应采用细石混凝土填捣密实。

5.3 支 架

5.3.2 支架在基座上的安装位置不正确将造成支架偏移，影响主体结构的受力。

5.3.3 光伏组件或方阵的防风主要是通过支架实现的。由于现场条件不同，防风措施也不同。

5.3.4 为防止漏电伤人，钢结构支架应与建筑接地系统可靠连接。

5.3.6 由于光伏方阵支吊架用于室外，受到风、雪荷载作用，如果使用单一摩擦型节点连接方式，容易造成支架的松脱，存在使用安全隐患。

5.4 光 伏 组 件

5.4.1 由于安装在不同建筑部位，光伏组件所受的风荷载、雪荷载和地震作用等均不同，安装时光伏组件的强度应与设计时选定的产品强度相符合。

5.4.2 光伏组件应按设计要求可靠地固定在支架上，防止脱落、变形，影响发电功能。

5.4.4 为抑制光伏组件使用期间产生温升，屋顶与光伏组件之间应留有通风间隙，从施工方便角度，通风间隙不宜小于100mm。

5.4.5 光伏组件的强度，一般与无色透明强化玻璃的厚度、铝框的厚度及形状、固定用金属零件或螺栓的直径、数量等有关，安装时必须严格遵守产品厂家指定的安装条件。

5.4.6 坡屋面上安装光伏组件时，会破坏周边的防水连接构造，因此必须制定专门的构造措施，如附加防水层等，并严格按要求施工，不得出现渗漏。

5.4.7 由于光伏幕墙的施工安装目前还没有对应的国家标准，光伏幕墙的安装应符合《玻璃幕墙建筑工程技术规范》JGJ 102和《建筑装饰装修工程质量验收规范》GB 50210等现行国家标准的相关规定。

幕墙中常用的双玻光伏幕墙也是建材型光伏构件的一种，是指由两片以上的玻璃，采用PVB胶片将太阳电池组装在一起，能单独提供直流输出的光伏构件。《玻璃幕墙工程技术规范》JGJ 102要求，玻璃幕墙采用夹层玻璃时，应采用干法加工合成，其夹层宜采用聚乙烯醇缩丁醛（PVB）胶片；夹层玻璃合片时，应严格控制温、湿度。

5.4.8 在盐雾、寒冷、积雪等地区，光伏系统对设备选型、材料和安装工艺均有特殊要求，产品生产厂家和安装施工单位应共同研究制定适宜的安装施工方案。

5.4.9 既有建筑的建造年代、承载状况等均不同，安装光伏系统时，应根据具体情况，选择支架式、叠合式或一体式的安装方法。

5.5 电 气 系 统

5.5.4 光伏系统直流部分的接线，由于目前采用了标准接头，一般不会发生正负极性错接的情况。但也经常会发生把接头切去、加长电缆后重新连接的情况，此时应严格防止接线错误。

5.5.5 蓄电池周围应保持良好通风，以保证蓄电池散热和正常工作。

5.5.6 并网逆变器等控制器的工作环境应保持良好，以保证其安全工作和检修方便。

5.5.7 光伏系统中的电缆防水套管与建筑主体之间的缝隙必须做好防水密封，建筑表面需进行光洁处理。

6 工 程 验 收

6.1 一 般 规 定

6.1.1 民用建筑光伏系统工程验收应包括建筑工程验收和光伏系统工程验收。

6.1.3 光伏系统工程验收应规范化。分项工程验收应由监理工程师（或建设单位项目技术负责人）组织施工单位专业质量（技术）负责人等进行验收。

6.1.4 光伏系统工程施工验收后，施工单位应向建设单位提交竣工验收报告和光伏系统施工图。建设单位收到工程竣工验收报告后，应组织设计、施工、监理等单位（项目）负责人联合进行竣工验收。所有验收应做好记录，签署文件，立卷归档。

6.2 分项工程验收

6.2.1 由于光伏系统工程施工受多种条件的制约，分项工程验收可根据工程施工特点分期进行。

6.2.2 为了保证工程质量，避免返工，光伏系统工程施工工序必须在前一道工序完成并质量合格后才能进行下道工序，并明确了必须验收的项目。

6.3 竣 工 验 收

6.3.1 当分项工程验收或检验合格后方可进行竣工验收。

中华人民共和国行业标准

被动式太阳能建筑技术规范

Technical code for passive solar buildings

JGJ/T 267—2012

批准部门：中华人民共和国住房和城乡建设部
施行日期：２０１２ 年 ５ 月 １ 日

中华人民共和国住房和城乡建设部
公 告

第 1238 号

关于发布行业标准
《被动式太阳能建筑技术规范》的公告

现批准《被动式太阳能建筑技术规范》为行业标准，编号为 JGJ/T 267-2012，自 2012 年 5 月 1 日起实施。

本规范由我部标准定额研究所组织中国建筑工业

出版社出版发行。

中华人民共和国住房和城乡建设部
2012 年 1 月 6 日

前 言

根据住房和城乡建设部《关于印发〈2008 年工程建设标准规范制订、修订计划（第一批）的通知》（建标〔2008〕102 号）的要求，规范编制组经广泛调查研究，认真总结实践经验，参考有关国际标准和国外先进标准，并在广泛征求意见的基础上，编制本规范。

本规范的主要技术内容是：1 总则；2 术语；3 基本规定；4 规划与建筑设计；5 技术集成设计；6 施工与验收；7 运行维护及性能评价。

本规范由住房和城乡建设部负责管理，由中国建筑设计研究院负责具体技术内容的解释。执行过程中如有意见或建议，请寄送中国建筑设计研究院国家住宅工程中心（地址：北京市西城区车公庄大街 19 号，邮编：100044）。

本规范主编单位：中国建筑设计研究院
山东建筑大学

本规范参编单位：中国建筑西南设计研究院
国家住宅与居住环境工程技术研究中心
中国建筑标准设计研究院
甘肃自然能源研究所
大连理工大学

天津大学
国家太阳能热水器质量监督检验中心（北京）
中国可再生能源学会太阳能建筑专业委员会
深圳华森建筑与工程设计咨询顾问有限公司
上海中森建筑与工程设计顾问有限公司
昆明新元阳光科技有限公司

本规范主要起草人员：仲继寿 张 磊 王崇杰
薛一冰 冯 雅 喜文华
陈 滨 张树君 王立雄
鞠晓磊 刘叶瑞 何 涛
曾 雁 管振忠 高庆龙
刘 鸣 朱佳音 杨倩苗
徐 丹 朱培世 郝睿敏
梁咏华 鲁永飞

本规范主要审查人员：孙克放 薛 峰 黄 汇
陈衍庆 刘加平 杨西伟
袁 镔 曾 捷 张伯仑

目　次

Contents

1 总 则

1.0.1 为在建筑中充分利用太阳能，推广和应用被动式太阳能建筑技术，规范被动式太阳能建筑设计、施工、验收、运行和维护，保证工程质量，制定本规范。

1.0.2 本规范适用于新建、扩建、改建被动式太阳能建筑的设计、施工、验收、运行和维护。

1.0.3 被动式太阳能建筑设计，应充分考虑环境因素和建筑的使用特性，满足建筑的功能要求，实现其环境效益、经济效益和社会效益。

1.0.4 被动式太阳能建筑设计、施工、验收、运行和维护除应符合本规范外，尚应符合国家现行有关标准的规定。

2 术 语

2.0.1 被动式太阳能建筑 passive solar building

不借助机械装置，冬季直接利用太阳能进行采暖、夏季采用遮阳散热的房屋。

2.0.2 直接受益式 direct gain

太阳辐射直接通过玻璃或其他透光材料进入需采暖的房间的采暖方式。

2.0.3 集热蓄热墙式 thermal storage wall

利用建筑南向垂直的集热蓄热墙面吸收穿过玻璃或其他透光材料的太阳辐射热，然后通过传导、辐射及对流的方式将热量送到室内的采暖方式。

2.0.4 附加阳光间 attached sunspace

在建筑的南侧采用玻璃等透光材料建造的能够封闭的空间，空间内的温度会因温室效应而升高。该空间既可以对建筑的房间提供热量，又可以作为一个缓冲区，减少房间的热损失。

2.0.5 蓄热屋顶 thermal storage roof

利用设置在建筑屋面上的集热蓄热材料，白天吸热，晚上通过顶棚向室内放热的屋顶。

2.0.6 对流环路式 convective loop

在被动式太阳能建筑南墙设置太阳能空气集热蓄热墙或空气集热器，利用墙体上设置的上下通风口进行对流循环的采暖方式。

2.0.7 集热部件 thermal storage component

被动式太阳能建筑的直接受益窗、集热蓄热墙或附加阳光间等用来完成被动式太阳能采暖的集热功能设施或构件。

2.0.8 参照建筑 reference building

是与设计的被动式太阳能建筑同种类型、同样面积、符合当地现行节能设计标准热工参数规定的建筑，作为计算节能率和经济性的比较对象。

2.0.9 辅助热量 auxiliary heat

当被动式太阳能建筑的室内温度低于设计计算温度时，由辅助能源系统向房间提供的热量。

2.0.10 太阳能贡献率 energy saving fraction

太阳能建筑的供热负荷中，太阳能得热所占的百分率。

2.0.11 蓄热体 thermal mass

能够吸收和储存热量的密实材料。

2.0.12 南向辐射温差比 south radiation temperature difference ratio

南向垂直面的平均辐照度与室内外温差的比值。

3 基 本 规 定

3.0.1 被动式太阳能建筑设计应遵循因地制宜的原则，结合所在地区的气候特征、资源条件、技术水平、经济条件和建筑的使用功能等要素，选择适宜的被动式建筑技术。

3.0.2 被动式太阳能建筑围护结构的热工与节能设计，应符合现行国家标准《民用建筑热工设计规范》GB 50176 和国家现行有关建筑节能设计标准的规定。

3.0.3 当建筑仅采用被动式太阳能技术时，室内的温度和空气品质应满足人体健康及基本舒适度的要求。

3.0.4 被动式太阳能采暖气候分区可按表 3.0.4 划分为四个气候区。

表 3.0.4 被动式太阳能采暖气候分区

被动太阳能采暖气候分区		南向辐射温差比 ITR [W/(m²·℃)]	南向垂直面太阳辐照度 I(W/m²)	典型城市
最佳气候区	A区 (SHIa)	ITR≥8	I≥160	拉萨，日喀则，稻城，小金，理塘，得荣，昌都，巴塘
	B区 (SHIb)	ITR≥8	160>I≥60	昆明，大理，西昌，会理，木里，林芝，马尔康，九龙，道孚，德格
适宜气候区	A区 (SHⅡa)	6≤ITR<8	I≥120	西宁，银川，格尔木，哈密，民勤，敦煌，甘孜，松潘，阿坝，若尔盖
	B区 (SHⅡb)	6≤ITR<8	120>I≥60	康定，阳泉，昭觉，昭通
	C区 (SHⅡc)	4≤ITR<4	I≥60	北京，天津，石家庄，太原，呼和浩特，长春，上海，济南，西安，兰州，青岛，郑州，长春，张家口，吐鲁番，安康，伊宁，民和，大同，锦州，保定，承德，唐山，大连，洛阳，日照，徐州，宝鸡，开封，玉树，齐齐哈尔
一般气候区 (SHⅢ)		3≤ITR<4	I≥60	乌鲁木齐，沈阳，吉林，武汉，长沙，南京，杭州，合肥，南昌，延安，商丘，邢台，淄博，泰安，海拉尔，克拉玛依，鹤岗，天水，安阳，通化

被动太阳能采暖气候分区	南向辐射温差比 ITR [W/(m²·℃)]	南向垂直面太阳辐照度 I(W/m²)	典型城市
不宜气候区 (SHⅣ)	ITR≤3	—	成都、重庆、贵阳、绵阳、遂宁、南充、达县、泸州、南阳、遵义、岳阳、信阳、吉首、常德
	—	I<60	

3.0.5 被动式降温气候分区可按表3.0.5划分为四个气候区。

表3.0.5 被动式降温气候分区

被动降温气候分区		7月平均气温 T(℃)	7月平均相对湿度 φ(%)	典型城市
	A区 (CHⅠa)	T≥26	φ<50	吐鲁番、若羌、克拉玛依、哈密、库尔勒
最佳气候区	B区 (CHⅠb)	T≥26	φ≥50	天津、石家庄、上海、南京、合肥、南昌、济南、郑州、武汉、长沙、广州、南宁、海口、重庆、西安、福州、杭州、桂林、香港、台北、澳门、珠海、常德、景德镇、宜昌、蚌埠、达县、信阳、驻马店、安康、南阳、济南、郑州、商丘、徐州、宜宾
适宜气候区	A区 (CHⅡa)	22<T<26	φ<50	乌鲁木齐、敦煌、民勤、库车、喀什、和田、莎车、安西、民丰、阿勒泰
	B区 (CHⅡb)	22<T<26	φ≥50	北京、太原、沈阳、长春、吉林、哈尔滨、成都、贵阳、兰州、银川、齐齐哈尔、汉中、宝鸡、西固、雅安、承德、绥德、通辽、黔西、安达、延安、伊宁、西昌、天水
可利用气候区 (CHⅢ)		18<T≤22	—	昆明、呼和浩特、大同、盘县、毕节、张掖、会理、玉溪、小金、民和、敦化、昭通、巴塘、腾冲、昭觉
不需降温气候区 (CHⅣ)		T≤18	—	拉萨、西宁、丽江、康定、林芝、日喀则、格尔木、马尔康、昌都、道孚、九龙、松潘、德格、甘孜、玉树、阿坝、稻城、红原、若尔盖、理塘、色达、石渠

3.0.6 被动式太阳能建筑设计应体现共享、平衡、

集成的理念。规划、建筑、结构、暖通空调、电气与智能化、经济等各专业应紧密配合。

4 规划与建筑设计

4.1 一般规定

4.1.1 被动式太阳能建筑规划、建筑设计前期，应对建设场地周边的环境和建筑使用功能等要素进行调研。

4.1.2 被动式太阳能建筑规划与设计应依据地理、气候等基本要素，结合工程性质和使用功能，满足被动式太阳能建筑的朝向、日照条件。

4.1.3 被动式太阳能建筑的集热部件和通风口等，应与建筑功能和造型有机结合，应有防风、雨、雪、雷电、沙尘等技术措施。

4.2 场地与规划

4.2.1 场地设计应充分利用场地地形、地表水体、植被和微气候等资源，或通过改造场地地形地貌，调节场地微气候。

4.2.2 以采暖为主地区的被动式太阳能建筑规划应符合下列规定：

1 当仅采用被动式太阳能集热部件供暖时，集热部件在冬至日应有4h以上日照；

2 宜在建筑冬季主导风向一侧设置挡风屏障。

4.2.3 以降温为主地区的被动式太阳能建筑规划应符合下列规定：

1 建筑应朝向夏季主导风向，充分利用自然通风；

2 应利用道路、景观通廊等措施引导夏季通风，满足夏季被动式降温的要求。

4.3 形体、空间与围护结构

4.3.1 建筑形体宜规整，体形系数应符合国家现行建筑节能设计标准的规定。

4.3.2 建筑的主要朝向宜为南向或南偏东至南偏西不大于30°范围内。

4.3.3 建筑南向采光房间的进深不宜大于窗上口至地面距离的2倍，双侧采光房间的进深不宜大于窗上口至地面距离的4倍。

4.3.4 建筑设计应对平面功能进行合理分区。以采暖为主地区的建筑主要房间宜避开冬季主导风向，对热环境要求较高的房间宜布置在南侧。

4.3.5 以采暖为主的地区，建筑围护结构应符合下列规定：

1 外围护结构的保温性能不应低于所在地区的国家现行建筑节能设计标准的规定；

2 墙面、地面应选用蓄热材料；

3 在满足天然采光与室内热环境要求的前提下，应加大南向开窗面积，减少北向开窗面积；

4 建筑的主要出入口应设置防风门斗。

4.3.6 以降温为主的地区，建筑围护结构宜符合下列规定：

1 宜具有良好的隔热性能；

2 建筑在主导风向迎风面上的开窗面积不宜小于在背风面上的开窗面积；

3 在满足天然采光的前提下，受太阳直接辐射的建筑外窗宜设置外遮阳；

4 屋面宜采用架空隔热、植被绿化、被动蒸发等降温技术；

5 围护结构表面宜采用太阳吸收率小于 0.4 的饰面材料，外墙宜采用垂直绿化等隔热措施。

4.4 集热与蓄热

4.4.1 在以采暖为主的地区，建筑南向可根据需要，选择直接受益窗、集热蓄热墙、附加阳光间、对流环路等集热装置。

4.4.2 采取直接受益窗时，应根据其面积、玻璃层数、传热系数和空气渗透系数等参数确定房间的集热量。

4.4.3 采取集热蓄热墙时，应根据其集热面积、空腔厚度、蓄热性能、进出风口大小等参数确定房间的集热量，并应采取夏季通风降温措施。

4.4.4 蓄热材料应根据需要，因地制宜地选用砖、石、混凝土等重质材料及水体、相变材料等。

4.4.5 蓄热体的设置方式、位置、厚度和面积应根据建筑采暖或降温的要求确定。

4.4.6 蓄热体宜与建筑构件相结合，并应布置在阳光直射且有利于蓄热换热的部位。

4.5 通风降温与遮阳

4.5.1 附加阳光间宜与走廊、阳台、露台、温室等功能空间结合设计，并应采取夏季通风降温措施。

4.5.2 建筑设计宜设置天井、中庭等垂直公用空间。当利用垂直公用空间的通风降温效果不能满足要求时，宜采用通风道等其他措施。

4.5.3 直接受益窗、附加阳光间应设置夏季遮阳和避免眩光的装置。

4.5.4 建筑遮阳应优先采用活动外遮阳。

4.5.5 固定式水平遮阳设施的设置不应影响室内冬季日照的要求。

4.5.6 建筑南墙面和山墙面宜采用植被遮阳。

4.5.7 建筑南侧场地宜种植枝少叶茂的落叶乔木。

4.6 建筑构造

4.6.1 建筑外门窗的气密性等级应符合国家现行建筑节能设计标准的规定。以采暖为主的地区，窗户宜加装活动保温装置。

4.6.2 采暖为主地区的建筑，应减少建筑构配件、窗框、窗扇等设施对南向集热窗的遮挡。

4.6.3 当采用辅助能源系统时，建筑设计应为设备的布置、安装和维护提供条件。多层、高层建筑应考虑集热装置、构件的更换和清洁。

4.7 建筑设计评估

4.7.1 被动式太阳能建筑设计应进行评估，且应符合下列规定：

1 在被动式太阳能建筑方案设计阶段，应对被动式太阳能建筑运行效果进行预评估；

2 在被动式太阳能建筑扩初设计文件中，应对被动式太阳能建筑规划要求和选用技术进行专项说明；

3 在被动式太阳能建筑施工图设计阶段，应对建筑耗热量指标进行评估，并应对需要的辅助热源系统进行优化设计；

4 在施工图设计文件中，应对被动式太阳能建筑设计、施工与验收、运行与维护等技术要求进行专项说明；

5 在建筑运行一年后，应对建筑能耗、运行成本、回收年限、节能率以及太阳能贡献率等进行技术经济性能评价。

4.7.2 对于被动式太阳能建筑的综合节能效果，居住建筑应高于国家现行居住建筑节能设计标准的规定；公共建筑应高于现行国家标准《公共建筑节能设计标准》GB 50189 的规定。被动式太阳能建筑的太阳能贡献率应按本规范附录 A～附录 D 估算，并宜符合表 4.7.2 的规定。

表 4.7.2 被动式太阳能建筑的太阳能贡献率

被动式太阳能采暖气候分区		典型城市	太阳能贡献率	
			室内设计温度 13℃	室内设计温度 16℃～18℃
最佳气候区	A区(SHIa)	西藏的拉萨与山南地区	≥65%	45%～50%
	B区(SHIb)	昆明	≥90%	60%～80%
适宜气候区	A区(SHIIa)	兰州、北京、呼和浩特、乌鲁木齐	≥35%	20%～30%
	B区(SHIIb)	石家庄、济南	≥40%	25%～35%
可利用气候区(SHIII)		长春、沈阳、哈尔滨	≥30%	20%～25%
一般气候区(SHIV)		西安、郑州、杭州、上海、南京、福州、武汉、合肥、南宁	≥25%	15%～20%
不利气候区(SHV)		贵阳、重庆、成都、长沙	≥20%	10%～15%

注：当同时采用主被动式采暖措施时，室内设计温度取16℃～18℃，太阳能贡献率限值应对应其室内设计温度的取值。

4.7.3 冬季被动式太阳能采暖的室内计算温度宜大于 13℃；夏季被动式降温的室内计算温度宜为 29℃～31℃，高温高湿地区取值宜低于 29℃。

5 技术集成设计

5.1 一般规定

5.1.1 被动式太阳能供暖和降温设施，应结合建筑形式综合考虑冬季采暖和夏季降温的技术措施，减少设施在冬季的热量损失和冷风渗透以及夏季向室内的传热。

5.1.2 被动式太阳能建筑设计不能满足建筑基本热舒适度要求时，应设置其他辅助供暖或制冷系统，辅助系统设计应与被动式太阳能建筑设计同步进行。

5.2 采暖

5.2.1 建筑采暖方式应根据采暖气候分区、太阳能利用效率和房间热环境设计指标，按表 5.2.1 进行选用。

表 5.2.1 建筑采暖方式

被动式太阳能建筑采暖气候分区		推荐选用的单项或组合采暖方式
最佳气候区	最佳气候A区	集热蓄热墙式、附加阳光间式、直接受益式、对流环路式、蓄热屋顶式
	最佳气候B区	集热蓄热墙式、附加阳光间式、对流环路式、蓄热屋顶式
适宜气候区	适宜气候A区	直接受益式、集热蓄热墙式、附加阳光间式、蓄热屋顶式
	适宜气候B区	集热蓄热墙式、附加阳光间式、直接受益式、蓄热屋顶式
	适宜气候C区	集热蓄热墙式、附加阳光间式、蓄热屋顶式
可利用气候区		集热蓄热墙式、附加阳光间式、蓄热屋顶式
一般气候区		直接受益式、附加阳光间式

5.2.2 采暖方式应根据建筑结构、房间使用性质、造价，选择适宜的单项或组合采暖方式。以白天使用为主的房间，宜选用直接受益窗式或附加阳光间式；以夜间使用为主的房间，宜选用具有较大蓄热能力的集热蓄热墙式和蓄热屋顶式。

5.2.3 直接受益窗设计应符合下列规定：

1 应对建筑的得热与失热进行热工计算，合理确定窗洞口面积，南向集热窗的窗墙面积宜为 50%；

2 窗户的热工性能应优于国家现行有关建筑节能设计标准的规定。

5.2.4 集热蓄热墙设计应符合下列规定：

1 集热蓄热墙的组成材料应有较大的热容量和导热系数，并应确定其合理厚度；

2 集热蓄热墙向阳面外侧应安装玻璃或透明材料，并应与集热蓄热墙向阳面保持 100mm 以上的距离；

3 集热蓄热墙向阳面应选择太阳辐射吸收系数大、耐久性能强的表面涂层进行涂覆；

4 透光和保温装置的外露边框构造应坚固耐用、密封性好；

5 应根据建筑热工计算或南墙条件确定集热蓄热墙的形式和面积；

6 集热蓄热墙应设置对流风口，对流风口上应设置可自动或者便于关闭的保温风门，并宜设置风门逆止阀；

7 宜利用建筑结构构件作为集热蓄热体；

8 应设置防止夏季室内过热的排气口。

5.2.5 附加阳光间设计应符合下列规定：

1 附加阳光间应设置在南向或南偏东至南偏西夹角不大于 30°范围内的墙外侧；

2 附加阳光间与采暖房间之间公共墙上的开孔位置应有利于空气热循环，并应方便开启和严密关闭，开孔率宜大于 15%；

3 采光窗宜设置活动遮阳设施；

4 附加阳光间内地面和墙面宜采用深色表面；

5 应合理确定透光盖板的层数，并应设置夜间保温措施；

6 附加阳光间应设置夏季降温用排风口。

5.2.6 蓄热屋顶设计应符合下列规定：

1 蓄热屋顶保温盖板宜采用轻质、防水、耐候性强的保温构件；

2 蓄热屋顶盖板应根据房间温度、蓄热介质（水等）温度和室外太阳辐射照度进行灵活调节和启闭；

3 保温板下方放置蓄热体的空间净高宜为 200mm～300mm；

4 蓄热屋顶应有良好的保温性能，并应符合国家现行有关建筑节能设计标准的规定。

5.2.7 对流环路设计应符合下列规定：

1 集热器安装位置应低于蓄热体，集热器背面应设置保温材料；

2 蓄热材料应选用重质材料，蓄热体接受集热器空气流的表面面积宜为集热器面积的 50%～75%；

3 集热器应设置防止空气反向流动的逆止风门。

5.2.8 蓄热体设计应符合下列规定：

1 应采用能抑制室温波动、成本低、比热容大、性能稳定、无毒、无害、吸热放热能力强的材料作为建筑蓄热体；

2 蓄热体应布置在能直接接收阳光照射的位置，蓄热地面、墙面内表面不宜铺设地毯、挂毯等隔热材料；

3 蓄热体的厚度和质量应根据建筑整体的热平衡计算确定；蓄热体的面积宜为集热面积的（3～5）倍。

5.3 通　风

5.3.1 应组织好建筑的自然通风。宜采用可开启的外窗作为自然通风的进风口和排风口，或专设自然通风的进风口和排风口。

5.3.2 自然通风口应设置可开启、关闭装置。应按空调和采暖季节卫生通风的要求设置卫生通风口或进行机械通风。卫生通风口应有防雨、隔声、防水、防虫的功能，其净面积（S_f）应满足下式要求：

$$S_f \geqslant 0.0016S \qquad (5.3.2)$$

式中：S_f——卫生通风口净面积（m^2）；
　　　　S——该房间的地板净面积（m^2）。

5.4 降　温

5.4.1 应控制室内热源散热。室内热源散热量大的房间应设置隔热性能良好的门窗，房间内产生的废热应能直接排放到室外。

5.4.2 建筑外窗不宜采用两层通窗和天窗。

5.4.3 夏热冬冷、夏热冬暖、温和地区的建筑屋面宜采用浅色面层，采用植被屋面或蒸发冷却屋面时，应设置被动蒸发冷却屋面的液态物质补给装置和清洁装置。

5.4.4 夏热冬冷、夏热冬暖、温和地区的建筑外墙外饰面层宜采用浅色材料，并辅助外遮阳及绿化等隔热措施，外饰面材料太阳吸收率宜小于0.4。

5.4.5 建筑遮阳应综合考虑地区气候特征、经济技术条件、房间使用功能等因素，在满足建筑夏季遮阳、冬季阳光入射、自然通风、采光、视野等要求的情况下，确定遮阳形式和措施。

5.4.6 夏季室外计算湿球温度较低、日间温差较大的干热地区，应采用被动蒸发冷却降温方式。

5.4.7 应优先采用能产生穿堂风、烟囱效应和风塔效应的建筑形式，合理组织被动式通风降温。

6　施工与验收

6.1 一般规定

6.1.1 被动式太阳能建筑验收应符合现行国家标准《建筑节能工程施工质量验收规范》GB 50411的规定。

6.1.2 被动式太阳能建筑应进行专项验收。

6.2 施　工

6.2.1 建筑施工及设备安装不得破坏建筑的结构、屋面防水层、建筑保温和附属设施，不得削弱建筑在寿命期内承受荷载作用的能力。

6.2.2 被动式太阳能建筑施工前，应编制详细的施工组织方案。太阳能系统及装置安装应与建筑主体结构施工、其他设备安装、装饰装修等相配合。

6.2.3 被动式太阳能建筑施工应做好细部处理，并应做好密封和防水等。

6.2.4 被动式太阳能集热部件的安装应符合下列规定：

　1 安装直接受益窗、集热器等部件时，应对预埋件、连接件进行防腐处理；

　2 边框与墙体间缝隙应用密封胶填嵌饱满密实，表面应平整光滑、无裂缝，填塞材料及方法应符合设计要求。

6.2.5 被动式太阳能建筑构造施工应符合下列规定：

　1 围护结构周边热桥部位应采取保温措施；

　2 地面应选用蓄热性能较好的材料，宜设置防潮层。

6.3 验　收

6.3.1 被动式太阳能建筑工程验收应符合下列规定：

　1 被动式太阳能建筑屋面应符合现行国家标准《屋面工程质量验收规范》GB 50207的有关规定；

　2 保温门的内装保温材料应填充密实，性能应满足设计要求，门与门框间应加设密封条；

　3 在结构墙体开洞时，开洞位置和洞口截面大小应满足结构抗震及受力的要求；

　4 墙面留洞的位置、大小及数量符合设计要求；应按图纸设计逐个检查核对墙体上洞口的尺寸大小、数量及位置的准确性，洞边框正侧面垂直度允许偏差不应大于1.5mm，框的对角线长度差不宜大于1mm；洞口及墙洞内抹灰应平直光滑，洞内宜刷深色（无光）漆；

　5 热桥部位应按设计要求采取隔断热桥的措施。

6.3.2 应在工程移交用户前、分项工程验收合格后进行系统调试和竣工验收，并应提交包括系统热性能在内的检验记录。

7　运行维护及性能评价

7.1 一般规定

7.1.1 设计单位应编制被动式太阳能建筑用户使用手册。

7.1.2 被动式太阳能建筑应按建筑类型，分类制定相应的维护管理措施。

7.1.3 被动式太阳能建筑节能、环保效益的分析评定指标应包括系统的年节能量、年节能费用、费效比、回收年限和温室气体减排量。

7.2 运行与管理

7.2.1 对被动式太阳能建筑系统和装置应定期检查维护，并应符合下列规定：

　　1 对附加阳光间或集热部件的密封性能应进行定期检查，对流环路系统和蓄热屋顶系统的上下通风孔应保持畅通，并应确保开闭设施能够正常使用；

　　2 蓄热地面不应有影响蓄热性能的覆盖物；

　　3 应确保通风换气设施的正常使用，气流通道上不得覆盖障碍物；

　　4 对于安装有可调节天窗、移动式遮阳或保温设施的建筑，应对调节装置、移动轨道和限位机构等进行定期的检查和维护；

　　5 应对集热装置、蓄热装置定期进行系统检查、清洁与更换；

　　6 应对蓄热屋顶的蓄热水箱、屋面、保温盖板等做定期的防水、防破损检修，并应定期补充和更新蓄热介质（水等）。

7.3 性能评价

7.3.1 应对被动式太阳能建筑的建造、运行成本和投资回收年限及对环境的影响进行评价。建造与运行成本应按本规范附录 E 估算，投资回收年限应按本规范附录 F 估算。

附录 A 全国主要城市平均日照时数

表 A 全国主要城市平均日照时数（h）

城市	1	2	3	4	5	6	7	8	9	10	11	12	全年
北 京	210.3	160.2	270.8	254.9	261.2	231.7	200.5	185.4	192.3	216.3	192.7	199.8	2576.1
天 津	178.4	132.3	244.3	219.5	237.8	229.1	183.4	148.9	199.3	215.9	174.4	184.9	2348.2
石家庄	168.4	98.5	266	250.1	247.8	203.4	144.9	168	189.9	195.4	171.2		2274.1
太 原	157.4	147.4	256.7	277.9	271.1	254.2	251.5	243.8	166.1	190.6	220.7	183.5	2620.9
呼和浩特	121.6	151.9	285.2	279.1	313.1	300.3	276.9	235	233	209	175.3		2816.8
沈 阳	148.8	169.5	263.1	211.3	212.2	140.6	166	146.5	220.6	172.8	163.5		2249.9
大 连	228.2	198.2	269.6	267	286.6	246	204.2	218.6	235.7	253.4	195.8	166.2	2749.7
长 春	154.9	196.5	238.3	204.2	238.6	151	147.1	188	241.5	221.5	190	161.9	2324.6
哈尔滨	77.5	148.5	245.4	213	234.7	155.1	201.2	212.3	215.4	159.7	107.9		2134
上 海	113.9	83	170.2	195.3	176.5	201.5	154.9	161.4	164.7	159.5	112	135.5	1829
南 京	130	98.3	202.1	230.3	184.5	211.1	195.7	138.4	131.6	161.2	106.6	146.7	1937.5
杭 州	92.4	56.4	161.3	200.2	124	216.4	180.8	156.4	197	132.9	102.6	141.8	1762.2
合 肥	98.2	75.2	184.6	219.2	194.6	214	191.4	141	130.3	156	95.3	134.3	1834.1
福 州	74.4	34.1	100.3	137.9	66.8	123.9	246.5	154.4	174.8	120.2	111.1	124.3	1469.2
南 昌	43.7	51.6	109.2	200	106.9	183.4	274.3	222.7	214.7	165	86.8	136.2	1794.5

续表 A

城市	1	2	3	4	5	6	7	8	9	10	11	12	全年
济 南	197.7	115.5	219.6	249.1	286.5	254.1	159.3	185.7	139.9	194.4	183.9	183.8	2369.5
青 岛	201.8	151.9	235.4	256.6	278.8	209.2	160.9	165.3	138.1	210.7	174.5	171.9	2355.1
武 汉	110.4	51.3	149.5	212.4	170.2	177.5	233.8	173	167.4	139.6	110.2	134.3	1829.7
郑 州	83.8	79.5	181.5	227.8	186.6	201.5	78.7	139.8	125.4	147.5	146.9	141.9	1740.9
广 州	83.9	16	52.8	44.3	72.6	61	175.3	147.6	147.6	145.7	145.9	131.9	1288.5
长 沙	26.8	38.1	80.6	158.4	80	149	249.4	181.6	144	116.9	91.6	106.7	1423.1
南 宁	33.4	19.7	44	92.4	189.6	84.9	231.1	171	164	170.6	121.7	100.8	1423.2
海 口	88.4	103.6	104.2	138.6	232	165.3	228.4	225	180.5	180.4	132.9	60.7	1840.5
桂 林	37	17.1	59	109.3	143	246.2	208.2	202.4	174.9	111.4	102.6		1466.8
重 庆	12.2	29.7	62.3	125.1	80.6	118.3	179.4	97.2	171	17.9	5.9	4.3	903.9
温 江	30.7	26.5	78.2	111.9	94.7	118	76.4	77.3	70.7	32.8	30.1	29.7	777
贵 阳	25.5	51	39.2	117.5	106.4	97.2	188.9	97.7	145.9	76.1	49.4	9.3	1004.1
昆 明	216.4	244.7	188	238	280.4	105.5	96.6	114.4	129.5	181.4	149.6		2054.3
拉 萨	237.6	208.2	253.6	267.7	273.9	291.1	263.2	206.4	277.8	267.3	284.7	267.8	3100
西 安	82.3	76.9	198.2	228.3	207.8	253	190.4	143.3	153.4	131.9	129.2	154.5	1949.4
兰 州	185.9	180.8	201.5	235.7	251.5	260	221.6	215	163.8	167.9	184.1	202.1	2469.9
西 宁	186.2	188.2	189.5	253.6	259.1	261.1	194.8	198.6	153.9	161.9	207	220	2477.5
银 川	165.2	171.6	262	273.7	282.2	293.3	262.7	253.9	216.4	225.1	214.2	193.1	2813.4
乌鲁木齐	40	88.5	204.7	294	311.4	334.8	289.8	270.2	285.3	225.6	109.6	74.8	2528.7

注：本表引自《中国统计年鉴数据库》（2005年版）。

附录 B 全国部分代表性城市采暖期日照保证率

表 B 全国部分代表性城市采暖期日照保证率（%）

城 市	11	12	1	2	3
北 京	26.76	27.75	29.21	22.25	37.61
天 津	24.22	25.68	24.78	18.38	33.93
石 家 庄	27.14	23.78	23.39	13.68	36.94
太 原	30.65	25.49	21.86	20.47	35.65
呼和浩特	29.03	24.35	16.89	21.10	39.61
沈 阳	24.00	22.71	20.67	23.54	36.54
大 连	27.19	23.14	31.69	27.53	37.44
长 春	26.47	22.49	21.51	27.29	33.10
哈 尔 滨	22.18	14.99	10.76	20.63	34.08
上 海	15.64	18.82	15.82	11.53	23.64
南 京	14.81	20.38	18.06	13.65	28.07

城 市	月 份				
	11	12	1	2	3
杭　州	14.25	19.69	12.83	7.83	22.40
合　肥	13.24	18.65	13.64	10.44	25.64
福　州	15.43	17.35	10.33	4.74	13.93
南　昌	12.06	18.92	6.07	7.17	15.17
济　南	25.54	25.53	27.46	16.04	30.50
青　岛	24.24	23.88	28.03	21.10	32.69
郑　州	20.40	19.71	11.64	11.04	25.21
武　汉	15.31	18.65	15.33	7.13	20.76
长　沙	12.72	14.82	3.72	5.29	11.19
广　州	20.24	18.32	11.65	2.22	7.33
南　宁	16.90	14.00	4.64	2.74	6.11
海　口	18.46	8.43	12.28	14.39	14.47
桂　林	15.47	14.25	5.14	2.38	4.67
重　庆	0.82	0.60	1.69	4.13	8.65
温　江	4.18	4.13	4.26	3.68	10.86
贵　阳	6.86	1.29	3.54	7.08	5.44
昆　明	25.19	20.78	30.06	33.99	26.11
拉　萨	39.54	37.19	33.00	28.92	35.22
西　安	17.94	21.46	11.43	10.68	27.53
兰　州	25.57	28.07	25.82	25.11	27.99
西　宁	28.75	30.56	25.86	26.14	26.32
银　川	29.75	26.82	22.94	23.83	36.39
乌鲁木齐	15.22	10.39	5.56	12.29	28.43

注：本表根据附录 A 提供的日照时数计算得出。

附录 C　全国主要城市垂直南向面总日射月平均日辐照量

表 C　全国主要城市垂直南向面总日射月平均日辐照量

[MJ/(m² · d)]

月份\城市	1	2	3	4	5	6	7	8	9	10	11	12
北　京	14.81	15.00	13.70	11.07	10.28	8.99	8.46	9.25	12.43	14.41	13.84	13.75
沈　阳	11.93	14.20	13.49	10.97	9.63	8.43	8.02	9.02	12.35	14.03	12.71	11.40
哈尔滨	12.63	14.00	13.33	10.84	9.12	8.68	9.62	12.26	13.73	7.35	11.12	
长　春	14.80	15.83	14.13	11.01	9.61	8.92	8.19	9.11	12.69	14.30	14.01	12.97
西　安	9.18	8.89	8.34	7.79	7.47	7.61	7.36	7.70	9.12	9.00		
呼和浩特	15.73	17.30	14.53	11.64	10.61	10.15	9.52	10.81	14.09	16.99	15.74	16.25

月份\城市	1	2	3	4	5	6	7	8	9	10	11	12
乌鲁木齐	11.18	12.11	13.09	11.72	11.11	10.27	10.16	11.82	13.35	16.20	14.44	11.24
拉　萨	23.93	19.90	15.05	10.83	8.70	7.87	8.45	9.73	12.79	20.11	24.62	25.20
兰　州	9.77	11.68	10.91	10.37	9.17	8.87	8.22	9.23	9.72	11.83	11.03	9.27
郑　州	11.34	10.68	9.56	8.30	8.07	7.43	6.90	7.78	8.74	11.02	11.35	11.34
银　川	16.48	16.37	13.16	11.38	10.20	9.34	8.99	10.28	12.35	15.50	16.92	16.32
济　南	12.56	12.81	11.45	9.26	8.68	7.72	7.74	10.47	12.87	13.15	12.76	
太　原	14.50	14.12	12.41	10.16	9.49	8.42	7.84	8.96	10.75	13.67	13.90	13.84
南　京	10.34	9.73	8.75	7.43	6.89	6.62	6.66	8.02	8.19	11.19	11.53	11.26
合　肥	9.94	8.95	8.46	6.77	6.68	6.70	7.56	7.81	10.38	10.61	10.10	
上　海	9.95	9.20	7.60	6.53	6.26	6.19	7.98	7.99	10.01	10.69	10.47	
成　都	5.30	5.48	6.48	6.76	6.71	6.66	6.73	6.13	5.44	5.43	5.03	
汉　口	8.94	8.67	7.23	6.96	6.78	6.95	7.13	8.47	9.07	10.10	10.14	9.42
福　州	8.65	8.45	4.38	4.50	5.48	6.01	6.98	8.25	7.63	7.72		
广　州	6.42	4.69	3.52	4.06	4.71	4.10	5.07	4.86	6.19	8.58	9.31	9.17
南　宁	5.57	4.54	4.21	4.04	4.96	4.93	5.16	6.92	6.74	7.80	7.55	
贵　阳	3.91	5.23	5.33	4.86	5.19	5.83	7.31	5.24	5.09	4.40	6.23	4.68
海　口	6.37	6.83	5.30	5.04	5.30	4.48	5.39	6.32	7.47	6.63	7.11	
石家庄	7.64	8.33	7.67	7.83	6.49	5.68	7.12	8.45	8.49	8.37	7.91	
长　沙	4.20	3.38	3.60	3.90	4.46	4.34	5.41	6.22	6.67	6.48	6.83	
南　昌	5.51	3.91	3.74	4.44	4.30	4.39	6.37	7.23	8.94	8.21	7.84	
杭　州	7.23	7.33	6.38	5.56	5.58	5.60	5.66	6.25	7.55	8.48	10.12	
西　宁	16.74	16.01	14.31	11.30	9.69	8.79	8.49	9.94	10.98	14.71	17.06	17.11

注：本表引自《中国建筑热环境分析专用气象数据集》。

附录 D　被动式太阳能建筑太阳能贡献率计算方法

D.0.1　太阳能贡献率（f）应按下式计算：

$$f = \frac{Q_u}{q} \tag{D.0.1}$$

式中：Q_u——采暖期单位建筑面积净太阳辐射得热量（MJ/m²）；

q——参照建筑的采暖期单位建筑耗热量（MJ/m²）。

D.0.2　采暖期单位建筑面积净太阳辐射得热量（Q_u）应按下式计算：

$$Q_u = \sum_i \eta_i I_i c_i \tag{D.0.2}$$

式中：η_i——第 i 个集热部件热效率（%）；

I_i——采暖期内投射在第 i 个集热部件所在面上的总日射辐照量（MJ/m²）；

c_i——第 i 个集热部件集热面积占总建筑面积的百分比（%）。

D.0.3 单位建筑面积耗热量（q）应按下式计算：

$$q = q_{HT} + q_{INF} - q_{IH} \quad (D.0.3)$$

式中：q_{HT}——单位建筑面积通过围护结构的传热耗热量（W/m²）；

q_{INF}——单位建筑面积的空气渗透耗热量（W/m²）；

q_{IH}——单位建筑面积的建筑物内部，包括炊事、照明、家电和人体散热在内的得热量（W/m²），住宅取 3.8W/m²。

D.0.4 单位建筑面积围护结构的传热耗热量（q_{HT}）应按下式计算：

$$q_{HT} = (t_i - t_e) \times (\sum_{i=1}^{n} \xi_i K_i F_i)/A_0 \quad (D.0.4)$$

式中：t_i——室内设计温度（℃），根据是否采取主动采暖措施，选取 13℃ 或 16℃；

t_e——采暖期室外平均温度（℃）；

A_0——建筑面积（m²）；

ξ_i——围护结构传热系数的修正系数；

K_i——围护结构的平均传热系数[W/(m²·K)]；

F_i——围护结构的面积（m²）。

D.0.5 单位建筑面积的空气渗透耗热量应按下式计算：

$$q_{INF} = 0.278 c_p V\rho(t_i - t_e)/A_0 \quad (D.0.5)$$

式中：c_p——干空气的定压质量比热容[kJ/(kg·℃)]，可取 1.0056kJ/(kg·℃)；

ρ——室外温度下的空气密度（kg/m³）；

V——渗透空气的体积流量（m³/h），可由建筑物换气次数与建筑总体积之乘积求得。

附录 E 被动式太阳能建筑建造与运行成本计算方法

E.0.1 建筑建造与运行成本（LCC）应按下式计算：

$$LCC = CF \cdot E_{LCE} \quad (E.0.1)$$

式中：CF——常规能源价格（元/kWh）；

E_{LCE}——建筑建造与运营能耗（kWh）。

E.0.2 常规能源价格（CF）应按下式计算：

$$CF = CF'/(g \cdot E_{ff}) \quad (E.0.2)$$

式中：CF'——常规燃料价格（元/kg），可取标准煤；

g——常规燃料发热量（kWh/kg），标煤发热量为 8.13kWh/kg；

E_{ff}——常规采暖设备的热效率（%）。

E.0.3 建筑建造与运行周期内，建材生产总能耗

（E_1）应按下式计算：

$$E_1 = \sum_{i=1}^{n} \frac{L_b}{L_i} m_i(1 + w_i/100) M_i \quad (E.0.3)$$

式中：n——材料种类数；

L_b——建筑寿命（年）；

L_i——建筑材料的使用寿命（年）；

m_i——i 材料的总使用量（t 或 m³）；

w_i——建造过程中 i 材料的废弃比率（%）；

M_i——生产单位使用量 i 材料的能耗（kWh/t 或 kWh/m³）。

E.0.4 建筑建造与运行周期内，运行能耗（E_4）应按下式计算：

$$E_4 = L_b E_a \quad (E.0.4)$$

式中：E_a——全年采暖及空调能耗之和（kWh）。

附录 F 被动式太阳能建筑投资回收年限计算方法

F.0.1 回收年限（n）应按下式计算：

$$n = \frac{\ln[1 - PI(d - e)]}{\ln\left(\frac{1+e}{1+d}\right)} \quad (F.0.1)$$

式中：PI——折现系数；

d——银行贷款利率（%）；

e——年燃料价格上涨率（%）。

F.0.2 折现系数（PI）应按下式计算：

$$PI = A/(\Delta Q_{aux,q} \cdot CF - A \cdot DJ) \quad (F.0.2)$$

式中：A——总增加投资（元）；

$\Delta Q_{aux,q}$——被动式太阳能建筑与参照建筑相比的节能量（kWh）；

CF——常规燃料价格（元/kWh）；

DJ——维修费用系数（%）。

F.0.3 常规能源价格应按本规范式（E.0.2）计算。

F.0.4 总增加投资（A）应按下式计算：

$$A = A_p - A_{ref} \quad (F.0.4)$$

式中：A_p——被动式太阳能建筑的总初投资（元）；

A_{ref}——参照建筑初投资（元）。

本规范用词说明

1 为便于在执行本规范条文时区别对待，对要求严格程度不同的用词说明如下：

　　1） 表示很严格，非这样做不可的：

　　　　正面词采用"必须"，反面词采用"严禁"；

　　2） 表示严格，在正常情况下均应这样做的：

　　　　正面词采用"应"，反面词采用"不应"或"不得"；

　　3） 表示允许稍有选择，在条件许可时首先应

这样做的：

正面词采用"宜"，反面词采用"不宜"；

4）表示有选择，在一定条件下可以做的，采用"可"。

2 条文中指明应按其他有关标准执行的写法为："应符合……的规定"或"应按……执行"。

引用标准名录

1 《民用建筑热工设计规范》GB 50176

2 《公共建筑节能设计标准》GB 50189

3 《屋面工程质量验收规范》GB 50207

4 《建筑节能工程施工质量验收规范》GB 50411

中华人民共和国行业标准

被动式太阳能建筑技术规范

JGJ/T 267—2012

条 文 说 明

制 订 说 明

《被动式太阳能建筑技术规范》JGJ/T 267 - 2012，经住房和城乡建设部 2012 年 1 月 6 日以第 1238 号公告批准、发布。

本规范制订过程中，编制组进行了广泛的调查研究，总结了我国被动式太阳能建筑工程建设的实践经验，同时参考了国外先进技术法规、技术标准。

为便于广大设计、施工、科研、学校等单位有关人员在使用本规范时能正确理解和执行条文规定，《被动式太阳能建筑技术规范》编制组按章、节、条顺序编制了本规范的条文说明，对条文规定的目的、依据以及执行中需注意的有关事项进行了说明。但是，本条文说明不具备与规范正文同等的法律效力，仅供使用者作为理解和把握规范规定的参考。

目 次

1 总 则

1.0.1 被动式太阳能建筑像生态住宅、绿色建筑一样，是建筑理念或技术手段之一。被动式太阳能建筑的核心理念是被动技术在建筑中的应用。被动技术（passive techniques）强调直接利用阳光、风力、气温、湿度、地形、植物等场地自然条件，通过优化规划和建筑设计，实现建筑在非机械、不耗能或少耗能的运行方式下，全部或部分满足建筑采暖降温等要求，达到降低建筑使用能耗，提高室内环境性能的目的。被动式太阳能建筑技术通常包括天然采光，自然通风，围护结构的保温、隔热、遮阳、集热、蓄热等方式。与之对应的是主动技术（active techniques），是指通过采用消耗能源的机械系统，提高室内舒适度，通常包括以消耗能源为基础的机械方式满足建筑采暖、空调、通风等要求，当然也包括太阳能采暖、空调等主动太阳能利用技术。

我国正处于快速城镇化和大规模建设时期，在建筑的全生命周期内，推广被动式太阳能建筑理念和技术，对于节约资源和能源，实现与自然和谐共生具有重要意义。制定本规范的目的是引导人们从规划阶段入手，在建筑设计、施工、验收、运行和维护的过程中，充分利用太阳能，正确实施被动式太阳能建筑理念和技术，促进建筑的可持续发展。

1.0.2 本规范不仅适用于新建的被动式太阳能建筑，同时也适用于改建和扩建的被动式太阳能建筑，包括局部采用被动式太阳能技术的建筑。被动式太阳能建筑理念与既有建筑改造在节约资源、降低运行能耗、减少环境污染方面目的一致，在既有建筑改造中更应充分应用被动优先的建筑设计与运营理念。

1.0.3 被动式太阳能建筑的目标是在建筑全寿命周期内，适应地区气候特征，充分利用阳光、风力、地形、植被等场地自然条件，在满足建筑使用功能的同时，减少对自然环境的扰动，降低建筑运营对化石能源的需求，实现其经济效益、社会效益和环境效益。

1.0.4 符合国家现行法律法规与相关标准是被动式太阳能建筑的必要条件。本规范没有涵盖通常建筑物所应有的功能和性能要求，而是着重提出与被动技术应用相关的内容，主要包括规划与建筑设计、集热与降温设计、施工与验收、运行维护及性能评价等方面。因此，对建筑的基本要求，如结构安全、防火安全等重要要求未列入本规范，而由其他相关的国家现行标准进行规定。

2 术 语

2.0.1 被动式太阳能建筑是指通过建筑朝向的合理选择和周围环境的合理布置，内部空间和外部形体的巧妙处理，以及建筑材料和结构、构造的恰当选择，使其在冬季能集取、蓄存并使用太阳能，从而解决建筑物的采暖问题；同时在夏季通过采取遮阳等措施又能遮蔽太阳辐射，及时地散逸室内热量，从而解决建筑物的降温问题。其他的降温方式还有对流降温、辐射降温、蒸发降温和大地降温。

2.0.2 在北半球阳光通过南向窗玻璃直接进入房间，被室内地板、墙壁、家具等吸收后转变为热能，为房间供暖。直接受益式供热效率较高，缺点是晚上降温快，室内温度波动较大，对于仅需要白天供热的办公室、学校教室等比较适用，直接受益式太阳能建筑利用方式参见图1。

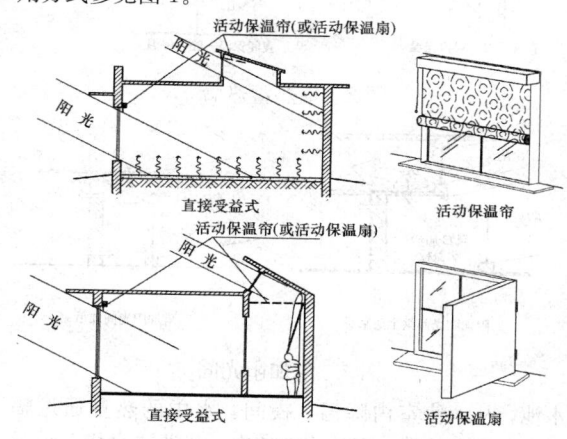

图 1 直接受益式太阳能建筑利用方式

2.0.3 集热蓄热墙又称特朗勃墙，在南向外墙除窗户以外的墙面上覆盖玻璃，墙表面涂成黑色，在墙的上下部位留有通风口，使热风自然对流循环，把热量交换到室内。一部分热量通过热传导传送到墙的内表面，然后以辐射和对流的形式向室内供热；另一部分热量加热玻璃与墙体间夹层内的空气，热空气由墙体上部的风口向室内供热。室内冷空气由墙体下部风口进入墙外的夹层，再由太阳加热进入室内，如此反复循环，向室内供热，集热蓄热墙参见图2。

2.0.4 阳光间附加在房间南侧，通过墙体将房间与阳光间隔开，墙上开有门窗。阳光间的南墙或屋面为玻璃或其他透明材料。阳光间受到太阳照射而升温，白天可向室内供热，晚间可作房间的保温层。东西朝向的阳光间提供的热量比南向少一些，且夏季西向阳光间会产生过热，因而不宜采用。北向虽不能提供太阳热能，但可获得介于室内与室外之间的温度，从而减少房间的热量损失。附加阳光间参见图3。

2.0.5 蓄热屋顶也称屋顶浅池，有两种应用方式。其中一种是在屋顶建造浅水池，利用浅水池集热蓄热，而后通过屋面板向室内传热；另一种是由充满水的黑色袋子"覆盖屋面"。冬季，它们受到太阳照射时，集取、储存太阳能，热量通过支撑它的金属顶棚，将热量辐射到房间；夏季，室内热量向上传递给

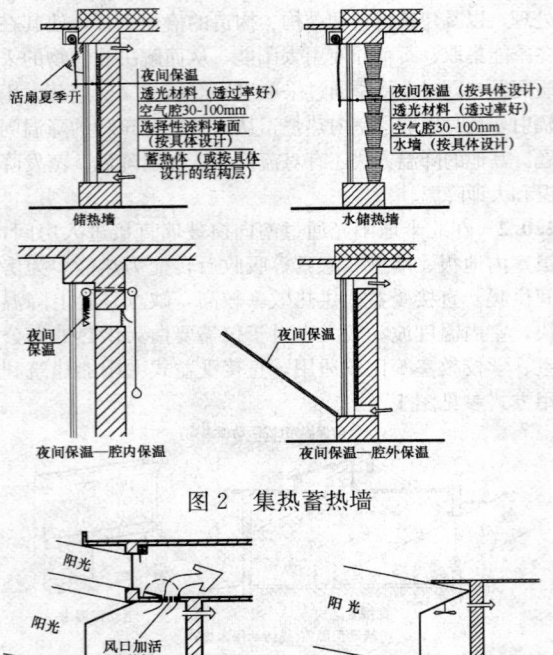

图 2　集热蓄热墙

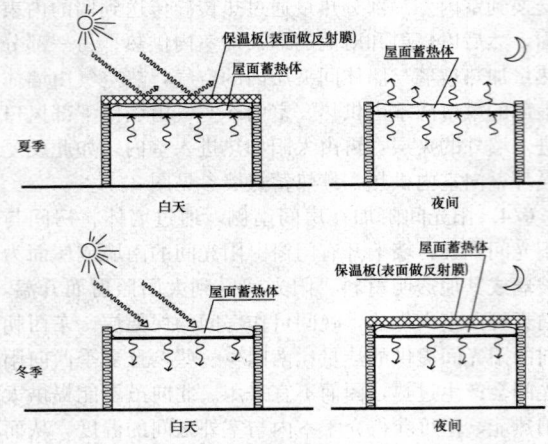

图 3　附加阳光间

水池，从而使室内降温。夜间，水中的热量通过辐射、对流和蒸发，释放到空气中。浅池或水袋上设置可移动的保温板，冬季白天开启，夜间关闭；夏季白天关闭，夜间开启，从而提高屋顶浅池的采暖降温性能。利用其他蓄热体也可达到同样的效果。蓄热屋顶参见图 4。

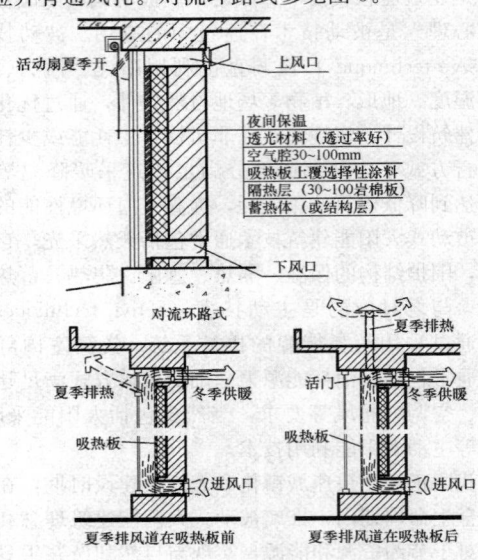

图 4　蓄热屋顶

2.0.6　对流环路式是唯一在无太阳照射时不损失热量的采暖方式。早期对流环路式是借助建筑地坪与室外地面的高差安装空气集热器并用风道与地面卵石床连通，卵石设在室内地坪以下，热空气加热卵石后借助风扇强制循环向室内供热。现在对流环路式是利用

南向外墙中的对流环路金属板（铁板、铝板）和保温材料，补充南向窗户直接提供太阳能的不足。对流环路板是一层或两层高透光率玻璃或阳光板，覆盖在一层黑色金属吸热板上，吸热板后面有保温层，墙上下部位开有通风孔。对流环路式参见图 5。

图 5　对流环路集热方式

2.0.8　参照建筑是指以设计的被动式太阳能建筑为原型，将设计建筑各项围护结构的传热系数改为符合当地建筑节能设计标准的限值，窗墙比改为符合本规范推荐值的虚拟建筑，计算所得的建筑物耗热量指标，即参照建筑耗热量指标，作为设计的被动式太阳能建筑的耗热量指标下限值。设计建筑的实际耗热量指标，应在满足至少小于参照建筑耗热量指标的基础上，同时满足被动式太阳能采暖气候分区所对应的太阳能贡献率下限值时，才可判定为被动式太阳能建筑设计。

2.0.9　由于太阳辐射存在较大的间歇性和不稳定性，所以必须设置辅助能源系统以提供能量补充。

2.0.10　太阳能贡献率是分析被动式太阳能利用经济效益的重要指标之一。它是指被动式太阳能贡献的能量与总能量消耗及占用量之比，即产出量与投入量之比，或所得量与所费量之比。计算公式为，太阳能贡献率(%)＝贡献量（产出量，所得量）/投入量（消耗量，占用量）×100%

2.0.12　南向辐射温差比是衡量南向窗太阳辐射得热和因室内外温度差失热平衡关系的指标。

3　基　本　规　定

3.0.1　被动式太阳能建筑设计应因地制宜，遵循适用、坚固、经济的原则。并应注意建筑造型美观大方，符合地域文化特点，与周围建筑群体相协调，同时必须兼顾所在地区气候、资源、生态环境、经济水

平等因素，合理地选择被动式采暖与降温技术。

3.0.2 本条文的目的是要求被动式太阳能建筑必须是节能建筑，相应被动式太阳能建筑围护结构的热工与节能设计，必须符合《民用建筑热工设计规范》GB 50176 建筑热工设计分区中所在气候区国家和地方建筑节能设计标准和实施细则的要求。

3.0.3 被动式太阳能建筑应符合现行国家标准《室内空气质量标准》GB/T 18883 的相应规定。被动式太阳能建筑须保证必要的新鲜空气量，室内人员密集的学校、办公楼等或建设在高海拔地区的被动式太阳能建筑应核算必要的换气量。综合气象因素在 $SDM>20$ 地区，被动式太阳能建筑在冬季采暖期间，主要房间在无辅助热源的条件下，室内平均温度应达到 12℃；室温日波动范围不应大于 10℃。夏季室内温度不应高于当地普通建筑室内温度。

3.0.4 由于我国幅员辽阔，各地气候差异很大，针对各地不同的气候条件，采用南向垂直面太阳辐照度与室内外温差的比值（辐射温差比），作为被动式太阳能采暖气候分区的一级分区指标，南向垂直面太阳辐照度（W/m²）作为被动式太阳能采暖气候分区的二级指标，划分出不同的被动式太阳建筑设计气候区。采用南向垂直面太阳能辐照度作为气候分区的主要参数是因为被动式太阳能采暖建筑的集热构件一般采用南向垂直布置的方式。条文中根据不同的累年1月平均气温、水平面或南向垂直墙面1月太阳平均辐照度，将被动式太阳能采暖划分为四个气候区。

某地方是否可以采用被动式太阳能采暖设计，应该用不同的指标进行分类。被动式太阳能采暖设计除了1月水平面和南向垂直墙面太阳辐照度外，还与一年中最冷月的平均温度有直接的关系，当太阳辐射很强时，即使最冷月的平均温度较低，在不采用其他能源采暖，室内最低温度也能达到10℃以上。因此，本标准用累年1月南向垂直墙面太阳辐照度与1月室内外温差的比值作为被动式太阳能采暖建筑设计气候分区的一级指标，同时采用南向垂直面的太阳辐照度作为二级分区指标比较科学。

图6～图9中各气候区具体城市依据本地的累年1月平均气温、1月水平面和南向垂直墙面太阳辐照度值、南向辐射温差比，靠近相邻不同气候区城市作比较，选择气候类似的邻近城市作为气候分区区属。

建筑设计阶段是决定建筑全年能耗的重要环节。在建筑规划及建筑设计过程中，应充分考察地域气候条件和太阳能资源，巧妙地利用室外气候的季节变化和周期性波动规律，综合运用保温隔热、蓄热构件的蓄放热特性、自然通风、被动采暖降温技术等建筑设计方法，以最大限度地降低建筑全年室内环境调节的能量需求。

3.0.5 被动式降温分区的主要思路为，当最热月温度高于舒适的温度时，应采用遮阳等被动式降温措

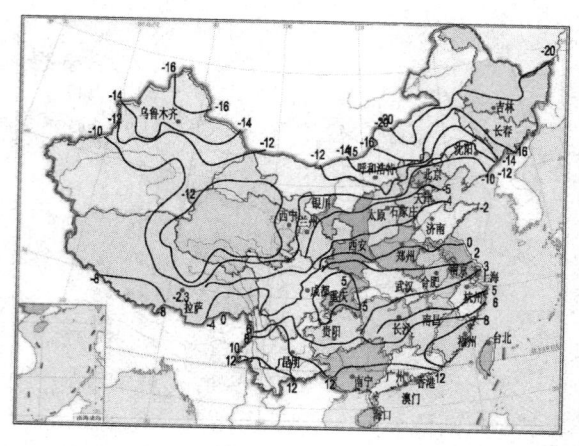

图6 全国累年1月平均气温分布图（℃）

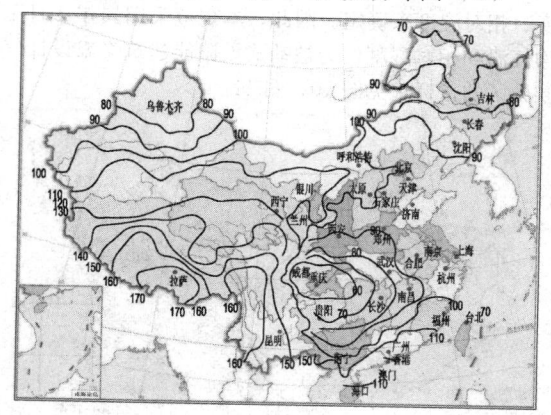

图7 1月水平面平均辐照度分布图（W/m²）

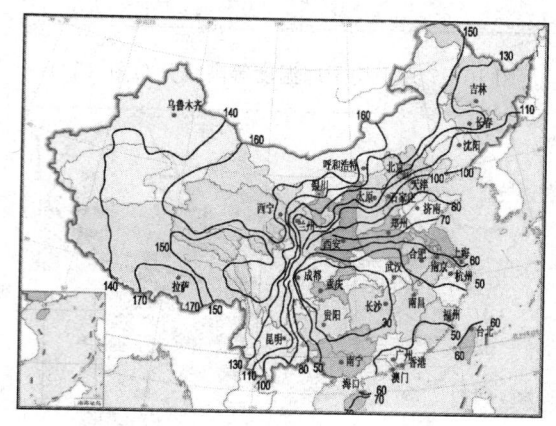

图8 1月南向垂直面平均辐照度分布图（W/m²）

施。根据空气湿度不同，降温分区又可分为湿热和干热两种类型，所以本规范根据最热月的相对湿度、平均温度确定分区指标。

根据累年7月平均气温和7月平均相对湿度指标，将被动式太阳能降温气候分区划分为条文中表3.0.5所示的四个区，被动降温应充分利用遮蔽太阳辐射、增强自然通风、蒸发冷却等被动式降温措施。被动降温技术的效率主要由夏季太阳辐照度、平均温

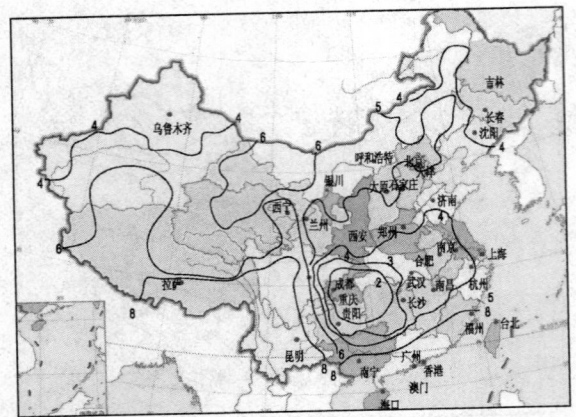

图 9　1月南向辐射温差比等值曲线分布图

度、相对湿度来确定。因此,本规范采用累年7月平均气温和相对湿度作为被动式太阳能建筑降温设计气候分区的指标,见图10、图11。

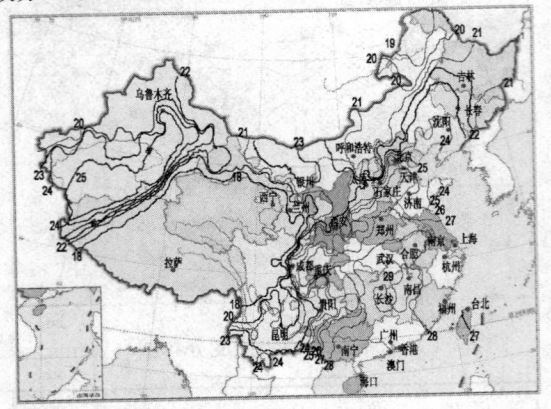

图 10　7月平均干球温度等高线分布图（℃）

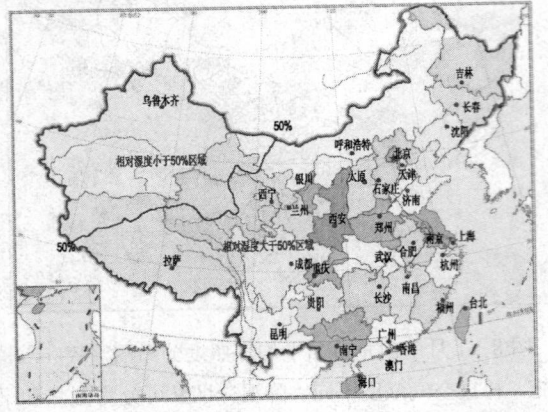

图 11　累年7月相对湿度等于50%分界图（%）

3.0.6　本条文规定被动式太阳能建筑设计应体现学科和专业之间的结合,尤其强调各专业间的相互配合。被动式太阳能建筑技术是多学科、多层面、多技术相融合的综合性工程,在相关技术的实用性、先进性与可操作性等方面需要共享、平衡与集成,才能使设计的被动式太阳能建筑性能发挥得更好。

4　规划与建筑设计

4.1　一般规定

4.1.1　在建筑设计开展之前,应收集与被动式太阳能建筑设计相关的数据,充分掌握建筑所在地区的特征,包括:

　　1　太阳能资源:太阳辐射强度、全年的太阳日照时数、在典型日和时段的太阳高度角等;

　　2　气候条件:全年温度数据、冬季的主导风向及风速、夏季的主导风向及风速、全年的主导风向及风速、全年的采暖度日数和全年的空调度日数等;

　　3　建筑场地环境:建筑周围其他建筑或构筑物、自然地形、植被等的遮挡情况,建筑周围有无水体等;

　　4　能源供应情况:建筑物冬季供暖情况、建筑周围有无可利用的冷热源。

4.1.2　在进行建筑规划设计时,应确保建筑特别是建筑的集热部分有充分的日照时间和强度,以保证建筑充分地利用太阳能。如果一天的日照时数少于4h,太阳能的利用价值会大大下降,因此设计被动式太阳能建筑时应尽可能地利用自然条件,避免因遮挡造成的有效日照时数缩短。拟建建筑向阳面的前方应无固定遮挡,同时应避免周围地形、地物(包括附近建筑物)在冬季对建筑物接收阳光的遮挡。

4.1.3　集热部件和通风口等应与建筑功能和造型有机结合,应有防风、雨、雪、雷电、沙尘以及防火、防震等技术措施。例如集热蓄热墙的玻璃盖板应是部分或全部可开启的,以便定期清扫灰尘,保证集热效率。同时玻璃盖板周边应密封,防止冷风渗透。

4.2　场地与规划

4.2.1　改造和利用现有地形及自然条件,以创造有利于被动式太阳能建筑的外部环境。例如植被在夏季提供阴影,并利用蒸腾作用产生凉爽的空气流;落叶乔木的冬夏变化、水环境的合理设计等。以上措施都能改变建筑的外部热环境。

4.2.2　通常冬季9时至15时之间6h中太阳辐照度值占全天总太阳辐照度的90%左右,若前后各缩短半小时(9:30~14:30),则降为75%左右。因此,为在冬季能获得较多的太阳辐射,被动式太阳能建筑日照间距应保证冬至日正午前后4h~6h的日照时间,并且在9时至15时之间没有较大遮挡。

冬季防风不仅能提高户外活动空间的舒适度,同时也能减少建筑由冷风渗透引起的热损失。在冬季上风向处,利用地形或周边建筑、构筑物及常绿植被为建筑竖立起一道风屏障,避免冷风的直接侵袭,能有效减少建筑冬季的热损失。有关研究表明,距4倍树筑高度处的单排、高密度的防风林（穿透率为36%），能使风速降低90%，同时可以减少被遮挡建筑60%的冷风渗透量，节约15%的常规能源消耗。设置适当高度、密度与间距的防风林会取得很好的挡风效果。

4.2.3 应在场地规划中优化建筑布局，结合道路、景观等设计，提高组团内的风环境质量，引导夏季季风朝向主要建筑，加快局部风速，降低建筑周边环境温度；另一方面，还要考虑控制冬季局部最大风速以减少冷风渗透。

4.3 形体、空间与围护结构

4.3.1 建筑的体形系数是指建筑与室外大气接触的外表面面积（不包括地面）与其所包围的建筑体积之比。体形系数越大，单位建筑空间散热面积越大，能耗越多。

4.3.2 当接收面面积相同时，由于方位的差异，其各自所接收到的太阳辐射也不相同。假设朝向正南的垂直面在冬季所能接收到的太阳辐照量为100%，其他方向的垂直面所能接收到的太阳辐照量如图12所示。从图中看出，当集热面的方位角超过30°时，其接收到的太阳辐照量就会急剧减少。因此，为了尽可能多地接收太阳辐射，应使建筑的主要朝向在偏离正南±30°夹角以内。最佳朝向是南向，以及南偏东或西15°范围。超过了这一范围，不但影响冬季被动式太阳能采暖效果，而且会造成其他季节室内过热的现象。

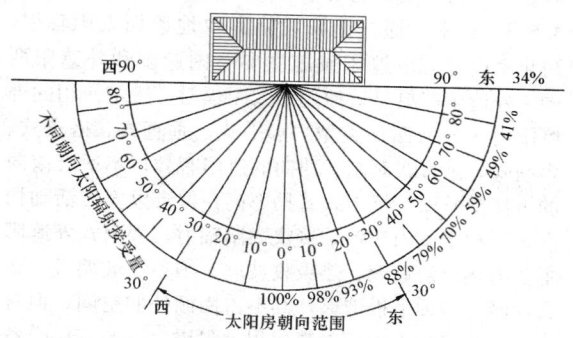

图12 不同方向的太阳辐照量

4.3.3 根据《建筑采光设计标准》GB/T 50033，一般单侧采光时房间进深不大于窗上口至地面距离的2倍，双侧采光时进深可较单侧采光时增大一倍，如图13所示。

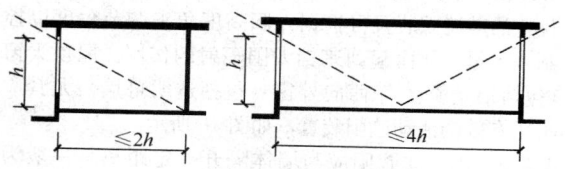

图13 进深与采光方式的关系

4.3.4 所谓功能分区就是指将空间按不同功能要求进行分类，并根据它们之间联系的密切程度加以组合、划分。

对居住建筑进行功能分区时，应注意以下原则：

1 布置住宅建筑的房间时，宜将老人用房布置在南偏东侧，在夏天可减少太阳辐射得热，冬天又可获得较多的日照；儿童用房宜南向布置；由于起居室主要是在晚上使用，宜南向或南偏西布置，其他卧室可朝北；厕所、卫生间及楼梯间等辅助用房朝北或朝西均可。

2 门窗洞口的开启位置除有利于提高居室的面积利用率与合理布置家具外，宜有利于组织穿堂风，避免"口袋屋"形平面布局。

3 厨房和卫生间进出排风口的设置要避免强风时的倒灌现象和油烟等对周围环境的污染。

4.3.5 墙体、地面应采用比热容大的材料，如砖、石、密实混凝土等。条件许可时可设置专用的水墙或相变材料蓄热。

随着技术的发展，特别是节能的影响，国际照明委员会编写了《国际采光指南》，为设计提供了设计依据和标准。通过降低北向房间层高，利用晴天采光计算方法进行采光设计，约可减小15%的开窗面积。

在建筑的外门口加设防风门斗，可减少冷风进入室内，使室内热环境更为舒适。防风门斗的设置，首先要考虑门的朝向。我国北方地区部分建筑为了充分利用南向房间，把外门（多数为单元门）朝北向开，以致在外门敞开或损坏的情况下，北风大量灌入。因此，在加设门斗时，宜将门斗的入口转折90°。转为朝东，以避开冬天主要风向——北向和西北向，减少寒风吹袭。其次，还要考虑门斗的尺寸大小。门斗后应至少有1.2m～1.8m的空间，门斗应该密封良好。

4.3.6 风的出口和入口的大小影响室内空气流速，出风口面积小于进风口面积，室内空气流速增加；出风口面积大于进风口面积，室内空气流速降低，如图14所示。因此建筑在主导风向迎风面开窗面积，不应小于背风面上的开窗面积，以增加室内的空气流动。

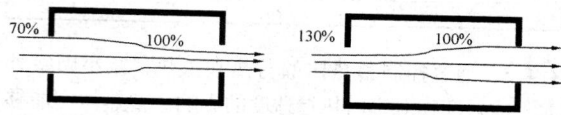

图14 风的出口和入口的相对大小对室内空气流速的影响

4.4 集热与蓄热

4.4.1 被动式太阳能采暖按照南向集热方式分为直接受益式、集热蓄热墙式、附加阳光间式、对流环路式等基本集热方式，可根据使用情况采用其中任何一种基本方式。但由于每种基本形式各有其不足之处，如直接受益式易产生过热现象，集热蓄热墙式构造复杂，操作稍显繁琐，且与建筑立面设计难于协调。因此在设计中，建议采用两种或三种集热方式相组合的复合式太阳能采暖。

4.4.2 直接受益窗的形式有侧窗、高侧窗、天窗三种。在相同面积的情况下，天窗获得的太阳辐照量最多；同样，由于热空气分布在房间顶部，通过天窗对外辐射散失的热量也最多。一般的天窗玻璃、保温板很难保证天窗全天热收支盈余，因此，直接受益窗多选用侧窗、高侧窗两种形式。应用天窗时应进行热工计算，确保天窗全天热收支盈余。

4.4.3 采用集热蓄热墙时，空气间层宽度宜取其垂直高度的1/20～1/30。集热蓄热墙空气间层宽度宜为80mm～100mm。对流风口面积一般取集热蓄热墙面积的1%～3%，集热蓄热墙风口可略大些，对流风口面积等于空气间层截面积。风口形状一般为矩形，宜做成扁宽形。对于较宽的集热蓄热墙可将风口分成若干个，在宽度方向均匀布置。上下风口垂直间距应尽量拉大。

夏天为避免热风从集热蓄热墙上风口进入室内应关闭上风口，打开空气夹层通向室外的风口，使间层中热空气排入大气，并可辅之以遮阳板遮挡阳光的直射。但必须合理地设计以避免其冬天对集热蓄热墙的遮挡。

4.4.4 常用蓄热材料的热物理参数见表1。

表1　常用蓄热材料的热物理参数

材料名称	表观密度 ρ kg/m³	比热 c_p kJ/ (kg·℃)	容积比热 $y·c_p$ kJ/ (m³·℃)	导热系数 λ W/(m·K)
水	1000	4.20	4180	2.10
砾石	1850	0.92	1700	1.20～1.30
砂子	1500	0.92	1380	1.10～1.20
土（干燥）	1300	0.92	1200	1.90
土（湿润）	1100	1.10	1520	4.60
混凝土砌块	2200	0.84	1840	5.90
砖	1800	0.84	1920	3.20
松木	530	1.30	665	0.49
硬纤维板	500	1.30	628	0.33
塑料	1200	1.30	1510	0.84
纸	1000	0.84	837	0.42

4.4.5 通过控制蓄热体的蓄热和散热，减小因室外太阳辐射变化对室内热舒适度的影响。蓄热体应能够直接而又长时间地接收太阳辐射，因为要储存同样数量的太阳辐射热量，非直接照射所需的蓄热体体积要比直接照射的蓄热体大4倍。

根据建筑整体的热收支、蓄热体位置、蓄热体表面性质和蓄热材料来决定蓄热体的厚度和面积，建议采用以下厚度的蓄热墙：土坯墙 200mm～300mm，黏土砖墙 240mm～360mm，混凝土墙 300mm～400mm，水墙 150mm 以上。半透明或透明的水墙可应用于建筑的门厅，在创造柔和的光环境的同时储存

太阳热能，减小室温波动。采用直接受益窗时，蓄热体的表面积占室内总表面积的1/2以上为宜。

4.4.6 蓄热体可以是建筑构件本身，也可以另外设置。蓄热体设在容易接收太阳照射的位置，其位置如图15所示。

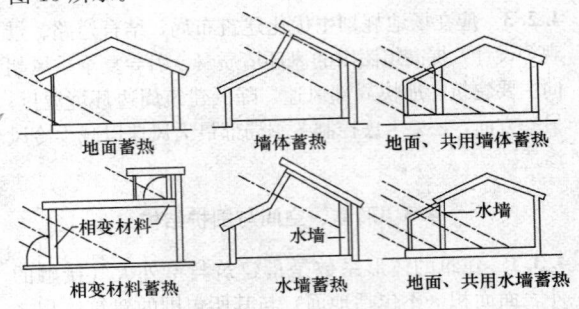

图15　蓄热体的位置

4.5　通风降温与遮阳

4.5.1 附加阳光间室内阳光充足可作多种生活空间，也可作为温室种植花卉，美化室内外环境；阳光间与相邻内层房间之间的关系变化比较灵活，既可设砖石墙，又可设落地门窗或带槛墙的门窗，适应性较强。附加阳光间的冬季通风也很重要，因为种植植物等原因，阳光间内湿度较大，容易出现结露现象。夏季可以利用室外植物遮阳，或安装遮阳板、百叶帘，开启甚至拆除玻璃扇以达到通风降温目的。

4.5.2 采用天井、楼梯、中庭等自然通风措施时应满足相关防火规范的要求。

4.5.3 夏季应通过遮阳设施有效地遮挡太阳辐射，防止室内过热。遮阳设施主要有内遮阳和外遮阳两种，外遮阳能更有效地遮挡太阳辐射。建筑使用的外遮阳通常分为四种类型：水平式、垂直式、格子式、表面式。垂直式对东、西向的遮阳有效，不适合南向的直接受益窗。格子式遮挡率高，但难以安装活动构件，不利于室内在冬季接收太阳辐射。表面式外遮阳主要为热反射玻璃、热吸收玻璃、细条纹玻璃板、金属丝网，特种平板玻璃，其不占用额外的空间，但对室内冬季接收太阳辐射造成很大阻碍，影响直接受益窗的集热效果。水平式对南向窗户遮阳效果最佳，适合直接受益窗的夏季遮阳。水平式外遮阳又分为固定遮阳和活动遮阳。附加阳光间的夏季遮阳设置与直接受益窗相同。

4.5.4 由于太阳方位角在一天中随着太阳的运动而变化，活动遮阳装置可根据太阳高度角来调节角度以控制入光量，从而起到遮挡太阳辐射的作用。屋顶天窗（包括采光顶）、东西向外窗（包括透明幕墙）尤其应采用有效的活动遮阳装置，如图16所示。

4.5.5 固定式遮阳应与墙体隔开一定距离（一般为100mm），目的是使大部分热空气沿墙排走，起到散热的作用。

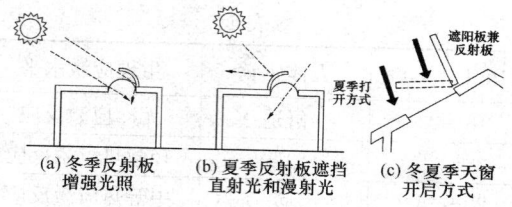

(a) 冬季反射板 　 (b) 夏季反射板遮挡 　 (c) 冬夏季天窗
　 增强光照 　 　 直射光和漫射光 　 　 开启方式

图 16　天窗的活动遮阳

4.5.6 建筑物的最佳活动遮阳装置为落叶乔木。树叶随气温的变化萌发、生长和凋零，茂盛的枝叶可以阻挡夏季灼热的阳光，而冬季温暖的阳光又会透过光秃的枝条射入室内。植物遮阳费用低，且有利于改善和净化建筑周围环境。

4.5.7 建筑南面栽种的落叶乔木虽然在夏季可以起到良好的遮荫作用，但是在冬季干秃的枝干也会遮挡30%～60%的阳光。所以，建筑南面的树木高度最好总是控制在太阳能采集边界的高度以下，既可以遮挡夏季阳光，又可以在冬季让阳光照射到建筑的南墙面上。

4.6　建 筑 构 造

4.6.1 门窗的气密性能和绝热性能是提高太阳能利用率的重要因素，平开窗的气密性好，因此宜优先采用平开窗。冬季夜晚通过窗户大约会损失50%的热量，所以在以冬季采暖为主的地区的建筑上安装了节能窗后还必须对窗户采取保温措施，表2给出了6种窗户的活动保温装置。

表 2　外窗活动保温装置

卷帘式窗帘	嵌入式窗户板	折叠式窗户板	旋转百叶窗板	铰接式窗户板	屋顶天窗
单层卷帘式窗帘	使用磁力窗钩或碰珠窗钩	折叠式窗户板	水平百叶窗户板	顶部铰接式窗户板(向内开)	
双层卷帘式窗帘 内包空气层型	向上折叠窗户板	竖直百叶窗户板	底部铰接式窗户板(向外开)	异向折叠天窗板	
外卷百叶窗帘 内卷百叶窗帘	推拉式窗户板	顶部收纳式百叶窗板	门板式窗户板	对折式天窗板	
				推拉式天窗板	
				平开式窗户板	

4.6.2 在以采暖为主地区，合理加大窗格尺寸，在满足通风的前提下，缩小开启扇，减少窗框与窗扇的自身遮挡，可获得更多的太阳光。

4.6.3 主动式太阳能供暖应与被动式太阳能建筑统一设计、施工、管理，以减少初投资和运行费用。多层、高层建筑应考虑集热装置、构件的更换和清洁。例如非上人坡屋面考虑日后更换集热板的搭梯口和维修通道，集热器表面设置自动清洗积灰装置等。

4.7　建筑设计评估

4.7.1 被动式太阳能建筑除必须遵守建筑现行相关设计、施工规范、规程之外，还有其他的特殊要求，所以应在规划设计、建筑设计和系统设计方案阶段的设计文件节能专篇中，对被动式太阳能建筑技术进行同步说明。在施工图设计文件中除应对被动式太阳能建筑的施工与验收、运行与维护等技术要求进行说明外，特别应对特殊构造部位（例如集热蓄热墙、夹心墙、保温隔热层、防水等部位）和重点施工部位，以及重要材料或非常规材料，如透光材料、蓄热材料以及非定型构件、防水材料的铺设等技术验收要求进行说明。

对被动式太阳能建筑的舒适性和节能率进行评估的目的是为了保证在任何天气情况下都能满足人们对热舒适性的基本需求。由于被动式太阳能建筑采暖受室外天气影响，其热性能具有不确定性，而太阳能贡献率不可能达到100%，因此，在连阴天、下雪天、下雨天等特殊时期，为保证室内的设计温度，配置合适的辅助供暖系统是有必要的。

4.7.2 太阳能贡献率是对被动式太阳能建筑性能进行评价的重要指标，体现了在设计过程中被动式太阳能采暖降温技术的应用水平。在计算各太阳能资源区划对应地区被动式太阳能建筑的太阳能贡献率最低限值时，太阳能集热部件的热效率应高于30%。

由于太阳能贡献率与建筑的耗热量指标密切相关，所以室内设计温度至关重要。根据我国国情及冬季人体可接受的舒适性温度下限值，当只采取被动式措施时，被动式太阳能建筑的室内设计温度设为13℃；当同时采用主被动式采暖措施时，室内设计温度应达到16℃～18℃。下面选取北京市为例，给出太阳能贡献率的计算过程。

选取北京地区某四单元五层居住建筑，建筑朝向为南北向，按照北京市居住建筑节能65%标准选择围护结构的墙体材料、厚度及窗户类型。建筑信息见表3。被动式太阳能建筑在与参照建筑相同的建筑类型、建筑面积与围护结构基础上，增加被动式太阳能采暖措施。

表 3　建　筑　信　息

建筑类型	建筑外形尺寸 长度×进深×高度 (m)	体形系数	建筑面积 (m²)	围护结构传热系数 W/ (m²·K)			
				外墙	屋顶	地面	窗户
多层	41×14.04×14.45	0.264	2328.8	0.6	0.6	0.5	2.8

1　围护结构的传热耗热量

假设采取主被动式采暖措施，室内设计温度设为16℃，北京市采暖期室外空气平均温度为－1.6℃，依次代入各围护结构的传热系数及面积，则依照本规范式（D.0.4）可计算得到单位建筑面积围护结构的传热耗热量为 12.88W/m²。

2　空气渗透耗热量

根据北京市新颁布的《居住建筑节能设计标准》，冬季室内的换气次数取 0.5 次/h，代入公式（D.0.5）计算得出 q_{INF} 为 5.58W/m²。

3　参照建筑的耗热量

依照《居住建筑节能设计标准》，北京市采暖期天数取为 129d，则参照建筑的采暖期内单位面积的总耗热量按公式（D.0.3）计算得 163.39MJ/m²。

4　根据附录 C，查得北京地区垂直南向面的总日射月平均日辐照量，计算得知采暖期内垂直南向面上总日射辐照量为 1834.38MJ/m²。

5　假设在参照建筑的南向垂直面上安装太阳能空气集热器，根据参照建筑的南墙面积及南向窗墙比计算得知，南向垂直面的可利用最大集热面积为 338m²，集热面积可达到建筑面积的 14.5%。在这里集热器热效率、集热面积占总建筑面积比例分别取下限值为 30% 和 10%，则依据公式（D.0.2）计算得采暖期内单位建筑面积净太阳辐射得热量 Q_u 为 55.03MJ/m²。

6　太阳能贡献率

利用以上计算数据，参照公式（D.0.1）计算得太阳能贡献率 f 33.68%。

4.7.3　从表 4 可以看出，在 13℃～18℃ 之间人体感觉微凉，会产生轻微冷应激反应。采用被动式太阳能技术措施的目的是节能减排，不能保证满足人体的舒适度要求；主动式太阳能技术和常规采暖降温技术，能充分达到舒适度的要求。因此室内采暖计算温度取 13℃，能满足人体的耐受要求。

表 4　PET 及相应人体热感觉

PET（℃）	人体感觉	生理应激水平
<4	很冷	极端冷应激反应
4～8	冷	强烈冷应激反应
8～13	凉	中等冷应激反应
13～18	微凉	轻微冷应激反应

续表 4

PET（℃）	人体感觉	生理应激水平
18～23	舒适	无冷应激反应
23～29	温暖	轻微热应激反应
29～35	暖	中等热应激反应
35～41	热	强烈热应激反应
>41	很热	极端热应激反应

南方大部分地区夏季高温高湿气候居多，同时无风日也较多，室内温度过高，人会觉得闷热难耐，因此室内温度的取值略低于北方地区。另外，通过对南、北方一些夏季较炎热的主要城市典型气候年夏季室外温度变化数据的统计分析可知，南方地区平均日温差为 7℃ 左右，北方地区为 9℃ 左右，都具有夜间自然通风降温的潜力。

5　技术集成设计

5.1　一　般　规　定

5.1.1　本条是针对进行被动式太阳能建筑设计给出的总的设计原则。

5.1.2　对于被动式太阳能建筑采暖，在阴天和夜间不能保证室内基本热舒适度要求时，应采用其他主动式采暖系统进行辅助采暖，来保证建筑室内热舒适度要求。要根据当地太阳能资源条件、常规能源的供应状况、建筑热负荷和周围环境条件等因素，做综合经济性分析，以确定适宜的辅助加热设备。太阳能供暖系统中可以选择的辅助热源主要有小型燃气壁挂炉、城市热网或区域锅炉房、空气源热泵、地源热泵等。

5.2　采　暖

5.2.1　五种太阳能系统的集热形式、特点和适用范围见表 5。

表 5　被动式太阳能建筑基本集热方式及特点

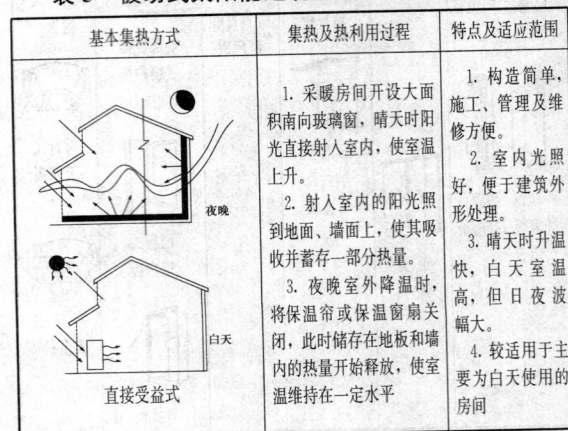

基本集热方式	集热及热利用过程	特点及适用范围
夜晚 白天 直接受益式	1. 采暖房间开设大面积南向玻璃窗，晴天时阳光直接射入室内，使室温上升。 2. 射入室内的阳光照到地面、墙面上，使其吸收并蓄存一部分热量。 3. 夜晚室外降温时，将保温帘或保温窗扇关闭，此时储存在地板和墙内的热量开始释放，使室温维持在一定水平	1. 构造简单，施工、管理及维修方便。 2. 室内光照好，便于建筑外形处理。 3. 晴天时升温快，白天室温高，但日夜波幅大。 4. 较适用于主要为白天使用的房间

续表5

基本集热方式	集热及热利用过程	特点及适应范围
 集热蓄热墙式	1. 在采暖房间南墙上设置带玻璃外罩的吸热墙体，晴天时接受阳光照射。 2. 阳光透过玻璃外罩照到墙体表面使其升温，并将间层内空气加热。 3. 供热方式：被加热的空气靠热压经上下风口与室内空气对流，使室温上升；受热的墙体传热至内墙面，夜晚以辐射和对流方式向室内供热	1. 构造比直接受益式复杂，清理及维修稍困难。 2. 晴天时室内升温较直接受益式慢。但由于蓄热墙体可在夜晚向室内供热，日夜波幅小，室温较均匀。 3. 适用于全天或主要为夜间使用的房间，如卧室等
 附加阳光间式	1. 在带南窗的采暖房间外用玻璃等透明材料围合成一定的空间。 2. 阳光透过大面积透光外罩，加热阳光间空气，并照射到地面、墙面上，使其吸收和储存一部分热能；一部分阳光可直接射入采暖房间。 3. 供热方式：靠热压经上下风口与室内空气循环对流，使室温上升；受热墙体传热至内墙面，夜晚以辐射和对流方式向室内供热	1. 材料用量大，造价较高。但清理、维修较方便。 2. 阳光间内晴天时升温快温度高，但日夜温差大。应组织好气流循环，向室内供热，否则易产生白天过热现象。 3. 阳光间内可放置盆花，具有观赏、娱乐、休息等多种功能；也可作为入口兼起冬季室内外空间缓冲区的作用
 蓄热屋顶式	1. 冬季采暖季节，晴天白天打开盖板，将蓄热体暴露在阳光下，吸收热量；夜晚盖上隔热板保温，使白天吸收了太阳能的蓄热体释放热量，并以辐射和对流的形式传到室内。 2. 夏季白天盖上隔热板，阻止太阳能通过屋顶向室内传递热量，夜间移去隔热板，利用天空辐射、长波辐射和对流换热等自然传热过程降低屋顶池内蓄热体的温度从而达到夏天降温的目的	1. 适合冬季不太寒冷且纬度低的地区。 2. 要求系统中隔热板的热阻大，且封装蓄热材料容器的密闭性好。 3. 使用相变材料，可提高热效率

续表5

基本集热方式	集热及热利用过程	特点及适应范围
 对流环路式	1. 系统由太阳能集热器和蓄热体组成。 2. 集热器内被加热的空气，借助于温差产生的热压直接送入采暖房间，也可送入蓄热材料储存热量，在需要时向房间供热	1. 构造较复杂，造价较高。 2. 集热和蓄热量大，蓄热体的位置合理，能获得较好的室内热环境。 3. 适用于有一定高差的南向坡地建筑

5.2.2 这几种基本集热方式具有各自的特点和适用性，对起居室（堂屋）等主要在白天使用的房间，为保证白天的用热环境，宜选用直接受益窗或附加阳光间。对于以夜间使用为主的房间（卧室等），宜选用具有较大蓄热能力的集热蓄热墙。常用的蓄热材料分为建筑类材料和相变类化学材料。建筑类蓄热材料包括土、石、砖及混凝土砌块，室内家具（木、纤维板等）也可作为蓄热材料，其性能见表1。水的比热容大，且无毒、价廉，是最佳的显热蓄热材料，但需有容器。鹅卵石、混凝土、砖等蓄热材料的比热容比水小得多，因此在蓄热量相同的条件下，所需体积就要大得多，但这些材料可以作为建筑构件，不需额外容器。在建筑设计中选用太阳能集热方式时，还应根据建筑的使用功能、技术及经济的可行性来确定。

5.2.3 为了获得更多的太阳辐射，南向集热窗的面积应尽可能大，但同时需要避免产生过热现象及减少外窗的传热损失，要确定合理的窗口面积，同时做好夜间保温。

能耗软件动态模拟结果表明，随着窗墙比的增大，采暖能耗逐渐降低。当南向集热窗的窗墙面积比大于50%后，单位建筑面积采暖能耗量的减少将趋于稳定，但随着窗户面积的增大，通过窗户散失的热量也会增大，因此，规定南向集热窗的窗墙面积比取50%较为合适。

5.2.4 集热蓄热墙是在玻璃与它所供暖的房间之间设置蓄热体。与直接受益窗比较，由于其良好的蓄热能力，室内的温度波动较小，热舒适性较好。但是集热蓄热墙系统构造较复杂，系统效率取决于集热蓄热墙的蓄热能力、是否设置通风口以及外表面的玻璃性能。经过分析计算，在总辐射强度大于300W/m² 时，有通风孔的实体墙式效率最高，其效率较无通风孔的实体墙式高出一倍以上。集热效率的大小随风口面积与空气间层截面面积的比值的增大略有增加，适宜比值为0.80左右。集热蓄热墙表面的玻璃应具有良好的透光性和保温性。

5.2.5 附加阳光间增加了地面部分为蓄热体，同时减少了温度波动和眩光。当共用墙上的开孔率大于15％时，附加阳光间内的可利用热量可通过空气自然循环进入采暖房间。采用附加阳光间集热时，应根据设定的太阳能节能率确定集热负荷系数，选取合理的玻璃层数和夜间保温装置。阳光间进深加大，将会减少进入室内的热量，热损失增加。

5.2.6 蓄热屋顶兼有冬季采暖和夏季降温两种功能，适合冬季不甚寒冷，而夏季较热的地区。用装满水的密封塑料袋作为蓄热体，置于屋顶顶棚之上，其上设置可水平推拉开闭的保温板。冬季白天晴天时，将保温板敞开，水袋充分吸收太阳辐射热，其所蓄热量通过辐射和对流传至下面房间。夜间则关闭保温板，阻止向外的热损失。夏季保温板启闭情况则与冬季相反。白天关闭保温板，隔绝阳光及室外热空气，同时水袋吸收房间内的热量，降低室内温度，夜晚则打开保温板，使水袋冷却。保温板还可根据房间温度、水袋内水温和太阳辐照度，实现自动调节启闭。

5.2.7 对流环路板的传热系数宜小于 2；蓄热材料多为石块，石块的最佳尺寸取决于石床的深度，蓄热体接受集热器空气流的横断面面积宜集热器面积的 50％～75％；在集热器中设置防止空气反向流动的逆止风门或者集热器安装位置低于蓄热体的位置都能有效防止空气反向气流。

5.2.8 在利用太阳能采暖的房间中，为了营造良好的室内热环境，可采用砖、石、密实混凝土、水体或相变蓄热材料作为建筑蓄热体。蓄热体可按以下原则设置：

1）设置足够的蓄热体，防止室内温度波动过大。

2）蓄热体应尽量布置在能受阳光直接照射的地方。参考国外的经验，单位集热蓄热墙面积，宜设置（3～5）倍面积的蓄热体。如采用直接受益窗系统时，包括地面在内，最好蓄热体的表面积在室内总面积的 50％以上。

5.3　通　风

5.3.1 建筑室内通风是提高室内空气质量、改善室内热环境的重要措施。目前建筑外窗设计中，尽管外窗面积有越来越大的趋势，但外窗的可开启面积却逐渐减少，甚至达不到外窗面积 30％的要求。在这种外窗开启面积下创造一个室内自然通风良好的热环境是不可能的。为保证居住建筑室内的自然通风环境，提出本条规定是非常必要和现实的。

5.3.2 自然通风是我国南方地区防止室内过热的有效措施。为了达到空气品质与节能的平衡而对房间通风口的面积作出规定，以在满足改善室内热环境条件、室内卫生要求的同时，达到节约能源的目的。自

然通风口净面积 S_f 的确定主要根据以下理由：

热压通风口的面积与进排风口的垂直距离、室内外的温差、房间面积密切相关。表 6 给出了房间面积为 18m² 、夏季空调时段室内温度为 26℃时，不同的上下通风口垂直距离 H 、不同的室内外温差 Δt 下的进排风口的面积 F 。图 17 给出了单个通风口面积与上下通风口的垂直距离、室内外温差的关系。

表 6　不同的上下通风口垂直距离 H 、不同的室内外温差 Δt 下的进排风口的面积 F（m²）

H(m) \ Δt(℃)	1	1.2	1.4	1.6	1.8	2	2.2	2.4
6	0.032	0.029	0.027	0.025	0.024	0.023	0.022	0.021
8	0.028	0.025	0.024	0.022	0.021	0.02	0.019	0.018
10	0.025	0.023	0.021	0.02	0.019	0.018	0.017	0.016
12	0.023	0.021	0.019	0.018	0.017	0.016	0.015	0.015
14	0.02	0.018	0.017	0.016	0.015	0.014	0.013	0.013

当房间面积 $A \neq 18m^2$ 时，单个通风口的面积 F 可按下式计算：

$$F = nF \qquad (1)$$

式中：n——修正系数，$n = A/18$；

A——实际房间面积（m²）。

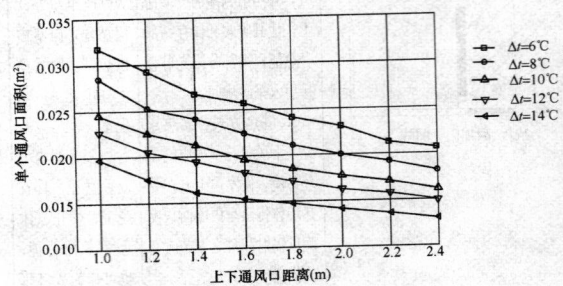

图 17　单个通风口面积与上下通风口垂直距离、室内外温差的关系曲线

5.4　降　温

5.4.1 夏季室内过热除了建筑室外热作用外，室内热源散热也是一个重要的因素，因此，控制室内热源散热是非常重要的降温措施。

5.4.2 太阳辐射通过窗户进入室内的热量是造成夏季室内过热的主要原因，特别是别墅或跃层式建筑在外窗设计时采用连通两层的通窗，其建筑窗墙面积比过大，不利于夏季建筑的隔热。为此，对天窗的节能设计也作了规定。

5.4.3 生态植被绿化屋面不仅具有优良的保温隔热性能，也是集环境生态效益、节能效益和热环境舒适效益为一体的屋顶形式，适用于夏热冬冷地区、夏热冬暖地区与温和地区。

屋面多孔材料被动式蒸发冷却降温技术是利用水分蒸发消耗大量的太阳热量，以减少传入建筑的热量，在我国南方实际工程应用中有非常好的隔热降温效果。

5.4.4 采用浅色饰面材料的围护结构外墙面，在夏季能反射较多的太阳辐射，从而能降低外墙内表面温度；当无太阳直射时，能将围护结构内部在白天所积蓄的太阳辐射热较快地向天空辐射出去。

活动外遮阳装置应便于操作和维护，如外置活动百叶窗、遮阳帘等。外遮阳措施应避免对窗口通风产生不利影响。

5.4.5 建筑物外、内遮阳宜采用活动式遮阳，可以随季节的变化，或一天中时间的变化和天空的阴暗情况进行调节，在不影响自然通风、采光、视野的前提下冬季争取日照，遮阳设施应注意窗口向外眺望的视野以及它与建筑立面造型之间的协调，并且力求遮阳系统构造简单。

5.4.7 在夏季夜间或室外温度较低时，利用室外温度较低的空气进行通风是建筑降温、降低能耗的有效措施。穿堂风是我国南方地区传统建筑解决潮湿闷热和通风换气的主要措施，不论是在住宅群体的布局上，或是在单个住宅的平面与空间构成上，都应注重穿堂风的利用。

建筑与房间所需要的穿堂风应满足两个要求，即气流路线应流过人的活动范围；建筑群及房间的风速应≥0.3m/s。

在烟囱效应利用和风塔设计时应科学、合理地利用风压和热压，处理好在建筑的迎风面与背风面形成的风压差，注重通风中庭和通风烟囱在功能与建筑构造、建筑室内空间的结合。

6 施工与验收

6.1 一般规定

6.1.1 本条强调被动式太阳能建筑验收应符合的国家规范。

6.1.2 被动式太阳能建筑竣工后，主要通过包括热性能评价（通过太阳能贡献率衡量）、经济评价（被动式太阳能建筑节能率衡量）、相对于参照建筑的辅助热量、年节约的标煤量、年节能收益及投资回收年限等指标对其进行验收。

6.2 施 工

6.2.1 被动式太阳能建筑施工安装不能破坏建筑的结构、屋面防水层和附属设施，确保建筑在寿命期内承受荷载的能力。

1 太阳能集热部件施工

集热部件主要包括直接受益窗、空气集热器、附

加阳光间等。这些部件的框架宜采用隔热性能好，对框扇遮挡少的材料，最大限度地接收太阳辐射，满足保温隔热要求。直接受益窗、空气集热器等部件的安装，应采用不锈钢预埋件、连接件，如非不锈钢件应做镀锌防腐处理。连接件每边不少于 2 个，且不大于400mm。为防止在使用过程中由于窗缝隙及施工缝造成冷风渗透，边框与墙体间缝隙应用密封胶填嵌饱满密实，表面平整光滑，无裂缝，填塞材料、方法符合设计要求。窗扇应嵌贴经济耐用、密封效果好的弹性密封条。

2 屋面施工顺序及施工方法

被动式太阳能建筑屋面保温做法有两种形式，一种是平屋顶屋面保温，另一种是坡屋顶屋面保温。

1）平屋顶施工顺序及施工方法

平屋顶施工顺序是：屋面板、找平层、隔汽层、保温层、找坡层、找平层、防水层、保护层。

保温层一般采用板状保温材料或散状保温材料，厚度根据当地的纬度和气候条件决定。在保温层上按600mm×600mm 配置 $\phi6$ 钢筋网后做找平层；散状保温材料施工时，应设加气混凝土支撑垫块，在支撑垫块之间均匀地码放用塑料袋包装封口的散状保温材料，厚度为 180mm 左右，支撑垫块上铺薄混凝土板。其他做法与一般建筑相同。

2）坡屋顶施工顺序及施工方法

坡屋顶屋面一般坡度为 26°～30°。屋面基层的构造通常有三种：①檩条、望板、顺水条、挂瓦条；②檩条、椽条、挂瓦条；③檩条、椽条、苇箔、草泥。

坡屋顶屋面保温一般采用室内吊顶。吊顶方法很多，有轻钢龙骨纸面石膏板或吸声板、木方龙骨吊PVC 板或胶合板、高粱秆抹麻刀灰等。保温材料有袋装珍珠岩、岩棉毡等。

3 地面施工方法

被动式太阳能建筑地面除了具有普通房屋地面的功能以外，还具有蓄热和保温功能，由于地面散失热量较少，仅占房屋总散热量的 5％左右，因此，被动式太阳能建筑地面与普通房屋的地面稍有不同。其做法有两种：

1）保温地面法

素土夯实，铺一层油毡或塑料薄膜用来防潮。铺150mm～200mm 厚干炉渣用来保温。铺 300mm～400mm 厚毛石、碎砖或砂石用来蓄热，按常规方法做地面。

2）防寒沟地面法

在房屋基础四周挖 600mm 深，400mm～500mm宽的沟，内填干炉渣保温。

6.2.2～6.2.4 施工前应熟悉被动式太阳能建筑的全套施工图纸，在确定施工方案时要着重确定各主要部件、节点的施工方法和施工顺序，在材料的选择和采购中，应该注意以下问题：

1 保温材料性能指标应符合设计要求；

2 为确保保温材料的耐久和保温性能，其含水率必须严格控制，如果设计无要求时，应以自然风干状态的含水率为准；吸水性较强的材料必须采取严格的防水防潮措施，不宜露天存放；

3 保温材料进场所提供的质量证明文件应包括其技术指标；

4 选用稻壳、棉籽壳、麦秸等有机材料作保温材料时，应进行防腐、防蛀、防潮处理；

5 板状保温材料在运输及搬运过程中应轻拿轻放，防止损伤断裂，缺棱掉角，以保证板的外形完整；

6 吸热、透光材料应按设计要求选用，无设计要求时，按下列指标选用：吸热体材料，如铁皮、铝板的厚度应该不小于 0.05mm；纤维板、胶合板的厚度应该不小于 3mm；透光材料，如玻璃厚度不小于 3mm；

7 对集热材料、蓄热材料的使用有特殊设计要求时，施工中应严格执行保证措施；使用蓄热材料、化学材料应有相应的防水、防毒、防潮等安全措施。

6.2.5 本条根据被动式太阳能建筑构造区别于普通建筑的情况，强调指出被动式太阳能建筑在外围护结构的构造及其施工过程中的要求。

6.3 验 收

6.3.2 本条强调被动式太阳能建筑系统工程相对复杂，所以在验收时必须进行系统调试，以确保系统正常运行。

7 运行维护及性能评价

7.1 一 般 规 定

7.1.1 编制用户使用手册的目的是使用户能够借助本手册，了解被动式太阳能系统、装置的作用及如何通过被动式调节手段，营造适宜的室内环境，减少对常规能源的依赖。

7.1.2 不同的被动式太阳能建筑类型，其使用功能和时间都有所不同，根据具体情况制定相应的维护管理措施是非常必要的。

7.1.3 被动式太阳能建筑是具有超低能耗特征的建筑形式。对这类特殊建筑进行性能评价是为了更好地了解被动式设计策略的有效性，对其技术经济综合性能、节能率等进行评价以及为辅助能源系统设计提供参考依据。

7.2 运行与管理

7.2.1 对被动式太阳能建筑系统进行定期检查维护是十分必要的。

1 附加阳光间和集热部件的密封状况直接影响太阳能的利用效率，所以必须对其进行定期密封检查，确保集热部件的正常使用。对流换热式集热蓄热构件是通过集热构件上下通风孔的热空气循环达到采暖目的的，如果通风孔内堆满杂物，热空气无法流动，则会降低甚至失去采暖效果。

2 由于热质材料的衰减和延迟特性，热质蓄热地面白天通过窗户吸收太阳辐射热，所吸收的热量在夜间释放出来，起到抑制室温波动的作用。如果地面有其他覆盖物会影响热质蓄热地面的蓄放热效果。

3 气流通道受阻，会直接影响自然通风效果，甚至完全失去自然通风作用，从而影响室内空气品质和自然通风降温效果。

4 冬季，可调节天窗能起到增强室内天然采光、控制太阳辐射、调节室内换气次数等作用；夏季和过渡季节，可调节天窗可诱导自然通风避免室内过热。因此有必要定期检查天窗调节部件，确保其开关正常，充分发挥可调节天窗的优势。

5 集热部件外表面涂有吸收率高的深色无光涂层，若表面覆盖灰尘，集热效率就会大幅度下降。所以应对蓄热装置定期进行系统检查与清洁，确保灰尘、杂质等不会影响其蓄热性能。

6 蓄热屋顶的屋面、蓄热水箱、保温板如有破损，势必会降低屋顶的蓄热能力，而且屋顶很可能出现漏水、渗水现象。

7.3 性 能 评 价

7.3.1 建筑建造和运行成本是指建筑材料的生产、建筑规划、设计、施工、运行维护过程花费的费用。环境影响的评价包括以下几个方面：资源、能源枯竭、沙漠化、温室效应、城市热岛、土壤污染、臭氧层破坏、对生态系统的恶劣影响等。

附录 B 全国部分代表性城市采暖期日照保证率

采暖期日照保证率（f_{ss}）按下式计算：

$$f_{ss} = \frac{n}{N} \tag{2}$$

式中：n——月平均日照时数（h）；

N——月总小时数（h）。

依据附录 B 及公式（2），可得到部分代表性城市采暖期日照保证率。

《中国建筑热环境分析专用气象数据集》以中国气象局气象信息中心气象资料室收集的全国 270 个地面气象台站 1971 年～2003 年的实测气象数据为基础，通过分析、整理、补充源数据以及合理的插值计算，获得了全国 270 个台站的建筑热环境分析专用气象数据集。其内容包括根据观测资料整理出的设计用室外气象参数,以及由实测数据生成的动态模拟分析用逐时气象参数。

附录 D 被动式太阳能建筑太阳能贡献率计算方法

D. 0. 1 太阳能贡献率 f 是指被动式太阳能建筑与参照建筑相比所节省的采暖能耗百分比。即采暖期内单位建筑面积被动太阳能建筑的净太阳辐射得热量 Q_u 与参照建筑耗热量 q 之比。

中华人民共和国行业标准

城镇燃气室内工程施工与质量验收规范

Code for construction and quality acceptance of city indoor gas engineering

CJJ 94—2009

批准部门：中华人民共和国住房和城乡建设部
施行日期：２００９年１０月１日

中华人民共和国住房和城乡建设部
公　告

第 272 号

关于发布行业标准《城镇燃气
室内工程施工与质量验收规范》的公告

　　现批准《城镇燃气室内工程施工与质量验收规范》为行业标准，编号为 CJJ 94-2009，自 2009 年 10 月 1 日起实施。其中，第 3.2.1、3.2.2、4.2.1、6.3.1、6.4.1、7.2.3、8.1.3、8.2.4、8.2.5、8.3.2、8.3.3 条为强制性条文，必须严格执行。原《城镇燃气室内工程施工及验收规范》CJJ 94-2003 同时废止。

　　本规范由我部标准定额研究所组织中国建筑工业出版社出版发行。

中华人民共和国住房和城乡建设部

2009 年 4 月 7 日

前　　言

　　根据原建设部《关于印发〈2005 年工程建设标准规范制定、修订计划（第一批）〉的通知》（建标〔2005〕84 号）的要求，本规范由北京市煤气热力工程设计院有限公司会同有关单位经广泛调查研究，认真总结实践经验，参考有关国际标准和国外先进标准，并在广泛征求意见的基础上，修订而成。

　　本规范主要技术内容包括：1　总则；2　术语；3　基本规定；4　室内燃气管道安装及检验；5　燃气计量表安装及检验；6　家用、商业用及工业企业用燃具和用气设备的安装及检验；7　商业用燃气锅炉和冷热水机组燃气系统安装及检验；8 试验与验收等。

　　本次修订的主要内容是：

　　1　增加了铝塑复合管的连接、燃气管道的防雷接地、敷设在管道竖井内的燃气管道的安装、沿外墙敷设的燃气管道的安装等方面的规定；

　　2　增加了燃气计量表与燃具、电气设施的最小净距要求、燃气计量表安装的允许偏差和检验方法等要求；

　　3　增加了燃气热水器和采暖炉安装及烟道安装的要求等；

　　4　增加了调压装置安装、监控系统安装的要求等。

　　本规范中以黑体字标志的条文为强制性条文，必须严格执行。

　　本规范由住房和城乡建设部负责管理和对强制性条文的解释，由北京市煤气热力工程设计院有限公司负责具体技术内容的解释（地址：北京市西城区西单北大街小酱坊胡同甲 40 号；邮政编码：100032）。

　　本规范主编单位：北京市煤气热力工程设计院有限公司

　　本规范参编单位：成都城市燃气有限责任公司
　　　　　　　　　　沈阳城市燃气规划设计研究院有限公司
　　　　　　　　　　北京市公用工程质量监督站
　　　　　　　　　　成都康多工程监理有限责任公司
　　　　　　　　　　国际铜业协会（中国）
　　　　　　　　　　深圳市燃气集团有限公司
　　　　　　　　　　香港中华煤气有限公司
　　　　　　　　　　吉林省中吉大地燃气集团股份有限公司
　　　　　　　　　　重庆前卫克罗姆表业有限责任公司
　　　　　　　　　　佛山市日丰企业有限公司
　　　　　　　　　　宁波市圣字机械制造有限公司
　　　　　　　　　　中山华帝燃具股份有限公司
　　　　　　　　　　长春振威燃气安装发展有限公司
　　　　　　　　　　中国城市燃气协会
　　　　　　　　　　成都共同管业有限公司

　　本规范主要起草人：戚大明　罗　庆　朱立建
　　　　　　　　　　　严茂森　白丽萍　吴　珊
　　　　　　　　　　　杨永慧　井　帅　姜国芳

黄　炜　李白千　易洪斌
张申正

张　琳　沈其铭　李美竹
黄崇智　洪运来　魏秋云
顾书政

本规范审查人：金石坚　李恒敬　杜　霞
元永泰　于京春　陈秋雄

目 次

Contents

1 总 则

1.0.1 为统一城镇燃气室内工程的施工与质量验收，保证城镇燃气室内工程的施工质量，确保安全供气，制定本规范。

1.0.2 本规范适用于供气压力小于或等于 0.8MPa（表压）的新建、扩建和改建的城镇居民住宅、商业用户、燃气锅炉房（不含锅炉本体）、实验室、工业企业（不含用气设备）等用户室内燃气管道和用气设备安装的施工与质量验收。

1.0.3 燃气室内工程竣工验收合格后，接通燃气的工作应由燃气供应单位负责。

1.0.4 城镇燃气室内工程的施工与质量验收除应符合本规范的规定外，尚应符合国家现行有关标准的规定。

2 术 语

2.0.1 城镇燃气室内工程 indoor gas engineering

指城镇居民、商业和工业企业用户内部的燃气工程系统，含引入管到各用户燃具和用气设备之间的燃气管道（包括室内燃气道及室外燃气管道）、燃具、用气设备及设施。

2.0.2 室内燃气管道 internal gas pipe

从用户引入管总阀门到各用户燃具和用气设备之间的燃气管道。

2.0.3 引入管 service pipe

室外配气支管与用户室内燃气进口管总阀门（当无总阀门时，指距室内地面 1.0m 高处）之间的管道。含沿外墙敷设的燃气管道。

配气支管指最靠近燃气用户的室外燃气配气管道。

2.0.4 管道组成件 piping components

用于连接或装配管道的元件。它包括：管子、管件、法兰、垫片、紧固件、阀门、挠性接头、耐压软管及过滤器等。

2.0.5 钎焊连接 capillary soldering or brazing

将熔点比母材低的钎料与母材一起加热，在母材不熔化的情况下，钎料熔化后润湿并填充母材连接处的缝隙，钎料和母材相互溶解和扩散，从而形成牢固的连接。

2.0.6 硬钎焊连接 brazing jointing

钎料熔点大于 450℃ 的钎焊连接。

2.0.7 目视检查 observe with eye

通过眼睛并可辅以必要的检查工具，对安装质量进行检查的方法。

2.0.8 管道暗埋 piping embedment

管道直接埋设在室内墙体、地面内。

2.0.9 管道暗封 piping concealment

管道敷设在管道井、吊顶、管沟、装饰层等内。

3 基 本 规 定

3.1 一 般 规 定

3.1.1 承担城镇燃气室内工程和燃气室内配套工程的施工单位，应具有国家相关行政管理部门批准的与承包范围相应的资质。

3.1.2 从事燃气钢质管道焊接的人员必须具有锅炉压力容器压力管道特种设备操作人员资格证书，且应在证书的有效期及合格范围内从事焊接工作。间断焊接时间超过六个月，再次上岗前应重新考试合格。

3.1.3 从事燃气铜管钎焊焊接的人员应经专业技术培训合格，并持相关部门签发的特种作业人员上岗证书，方可上岗操作。

3.1.4 从事燃气管道机械连接的安装人员应经专业技术培训合格，并持相关部门签发的上岗证书，方可上岗操作。

3.1.5 城镇燃气室内工程施工必须按已审定的设计文件实施。当需要修改设计文件或材料代用时，应经原设计单位同意。

3.1.6 施工单位应结合工程特点制定施工方案，并应经有关部门批准。

3.1.7 在质量检验中，根据检验项目的重要性分为主控项目和一般项目。主控项目必须全部合格，一般项目经抽样检验应合格。当采用计数检验时，除有专门要求外，一般项目的合格点率不应低于 80%，且不合格点的最大偏差值不应超过其允许偏差值的 1.2 倍。

3.1.8 工程完工必须经验收合格，方可进行下道工序或投入使用。工程验收的组织机构应符合相关规定。

分项工程验收宜按本规范附录 A 表 A.0.1 的要求填写验收结果；分部（子分部）工程验收宜按本规范附录 A 表 A.0.2 的要求填写验收结果；单位（子单位）工程验收宜按本规范附录 A 表 A.0.3 的要求填写验收结果。

3.1.9 验收不合格的项目，通过返修或采取安全措施仍不能满足设计文件要求时，不得对该项目验收。

3.1.10 室内燃气管道的最高压力和燃具、用气设备燃烧器采用的额定压力应符合现行国家标准《城镇燃气设计规范》GB 50028 的有关规定。

3.1.11 当采用计数检验时，计数规定宜符合下列规定：

1 直管段：每 20m 为一个计数单位（不足 20m

按20m计）；

　　2　引入管：每一个引入管为一个计数单位；

　　3　室内安装：每一个用户单元为一个计数单位；

　　4　管道连接：每个连接口（焊接、螺纹连接、法兰连接等）为一个计数单位。

3.2　材料设备管理

3.2.1　国家规定实行生产许可证、计量器具许可证或特殊认证的产品，产品生产单位必须提供相关证明文件，施工单位必须在安装使用前查验相关的文件，不符合要求的产品不得安装使用。

3.2.2　燃气室内工程所用的管道组成件、设备及有关材料的规格、性能等应符合国家现行有关标准及设计文件的规定，并应有出厂合格文件；燃具、用气设备和计量装置等必须选用经国家主管部门认可的检测机构检测合格的产品，不合格者不得选用。

3.2.3　燃气室内工程采用的材料、设备及管道组成件进场时，施工单位应按国家现行标准及设计文件组织检查验收，并填写相应记录。验收应以外观检查和查验质量合格文件为主。当对产品的质量或产品合格文件有疑义时，应在监理（建设）单位人员的见证下，由相关单位按产品检验标准分类抽样检验。

3.2.4　对工程采用的材料、设备进场抽检不合格时，应按相关产品标准进行抽测。抽测的材料、设备再出现不合格时，判定该批材料、设备不合格，并严禁使用。

3.2.5　管道组成件和设备的运输及存放应符合下列规定：

　　1　管道组成件和设备在运输、装卸和搬动时，应避免被污染，不得抛、摔、滚、拖等；

　　2　管道组成件和设备严禁与油品、腐蚀性物品或有毒物品混合堆放；

　　3　铝塑复合管、覆塑的铜管、覆塑的不锈钢波纹软管及其管件应存放在通风良好的库房或棚内，不得露天存放，应远离热源且防止阳光直射；

　　4　管子及设备应水平堆放，堆置高度不宜超过2.0m。管件应原箱码堆，堆高不宜超过3层。

3.3　施工过程质量管理

3.3.1　在施工过程中，工序之间应进行交接检验，交接双方应共同检查确认工程质量，并应做书面记录。

3.3.2　工程质量验收应在施工单位自检合格的基础上，按分项、分部（子分部）、单位（子单位）工程进行。

3.3.3　燃气室内工程验收单元可按单位（子单位）工程、分部（子分部）工程、分项工程进行划分。分部（子分部）、分项工程的划分可按表3.3.3进行。

表3.3.3　燃气室内工程分部（子分部）、分项工程划分表

分部（子分部）工程	分　项　工　程
引入管安装	管道沟槽、管道连接、管道防腐、沟槽回填、管道设施防护、阴极保护系统安装与测试、调压装置安装
室内燃气管道安装	管道及管道附件安装、暗埋或暗封管道及其管道附件安装、支架安装、计量装置安装
设备安装	用气设备安装、通风设备安装
电气系统安装	报警系统安装、接地系统安装、防爆电气系统安装、自动控制系统安装

3.3.4　施工单位应对工程施工质量进行检验，并真实、准确、及时地记录检验结果。记录表格宜符合本规范附录A的要求。

3.3.5　质量检验所使用的检测设备、计量仪器应检定合格，并应在有效期内。

4　室内燃气管道安装及检验

4.1　一　般　规　定

4.1.1　室内燃气管道系统安装前应对管道组成件进行内外部清扫。

4.1.2　室内燃气管道施工前应满足下列要求：

　　1　施工图纸及有关技术文件应齐备；

　　2　施工方案应经过批准；

　　3　管道组成件和工具应齐备，且能保证正常施工；

　　4　燃气管道安装前的土建工程，应能满足管道施工安装的要求；

　　5　应对施工现场进行清理，清除垃圾、杂物。

4.1.3　在燃气管道安装过程中，未经原建筑设计单位的书面同意，不得在承重的梁、柱和结构缝上开孔，不得损坏建筑物的结构和防火性能。

4.1.4　当燃气管道穿越管沟、建筑物基础、墙和楼板时应符合下列要求：

　　1　燃气管道必须敷设于套管中，且宜与套管同轴；

　　2　套管内的燃气管道不得设有任何形式的连接接头（不含纵向或螺旋焊缝及经无损检测合格的焊接接头）；

　　3　套管与燃气管道之间的间隙应采用密封性能良好的柔性防腐、防水材料填实，套管与建筑物之间的间隙应用防水材料填实。

4.1.5 燃气管道穿过建筑物基础、墙和楼板所设套管的管径不宜小于表4.1.5的规定；高层建筑引入管穿越建筑物基础时，其套管管径应符合设计文件的规定。

4.1.6 燃气管道穿墙套管的两端应与墙面齐平；穿楼板套管的上端宜高于最终形成的地面5cm，下端应与楼板底齐平。

表4.1.5　燃气管道的套管公称尺寸

燃气管	DN10	DN15	DN20	DN25	DN32	DN40	DN50	DN65	DN80	DN100	DN150
套管	DN25	DN32	DN40	DN50	DN65	DN65	DN80	DN100	DN125	DN150	DN200

4.1.7 阀门的安装应符合下列要求：

1　阀门的规格、种类应符合设计文件的要求；

2　在安装前应对阀门逐个进行外观检查，并宜对引入管阀门进行严密性试验；

3　阀门的安装位置应符合设计文件的规定，且便于操作和维修，并宜对室外阀门采取安全保护措施；

4　寒冷地区输送湿燃气时，应按设计文件要求对室外引入管阀门采取保温措施；

5　阀门宜有开关指示标识，对有方向性要求的阀门，必须按规定方向安装；

6　阀门应在关闭状态下安装。

4.2　引　入　管

主　控　项　目

4.2.1 在地下室、半地下室、设备层和地上密闭房间以及地下车库安装燃气引入管道时应符合设计文件的规定；当设计文件无明确要求时，应符合下列规定：

1　引入管道应使用钢号为10、20的无缝钢管或具有同等及同等以上性能的其他金属管材；

2　管道的敷设位置应便于检修，不得影响车辆的正常通行，且应避免被碰撞；

3　管道的连接必须采用焊接连接。其焊缝外观质量应按现行国家标准《现场设备、工业管道焊接工程施工及验收规范》GB 50236进行评定，Ⅲ级合格；焊缝内部质量检查应按现行国家标准《无损检测金属管道熔化焊环向对接接头射线照相检测》GB/T 12605进行评定，Ⅲ级合格。

检查数量：100%检查。

检查方法：目视检查和查看无损检测报告。

4.2.2 紧邻小区道路（甬路）和楼门过道处的地上引入管设置的安全保护措施应符合设计文件要求。

检查数量：100%检查。

检查方法：目视检查和查阅设计文件。

4.2.3 当引入管埋地部分与室外埋地PE管相连时，其连接位置距建筑物基础不宜小于0.5m，且应采用钢塑焊接转换接头。当采用法兰转换接头时，应对法兰及其紧固件的周围死角和空隙部分采用防腐胶泥填充进行过渡，进行防腐层施工前胶泥应干实。防腐层的种类和防腐等级应符合设计文件要求，接头钢质部分的防腐等级不应低于管道的防腐等级。

检查数量：100%检查。

检查方法：目视检查、针孔检漏仪检测。

4.2.4 当引入管采用地下引入时，应符合下列规定：

1　埋地引入管敷设的施工技术要求应符合国家现行标准《城镇燃气输配工程施工及验收规范》CJJ 33的有关规定；

2　当引入管穿越建筑物基础或管沟时，燃气管道的套管管径应符合本规范第4.1.5条的规定；

3　埋地引入管的回填与路面恢复应符合国家现行标准《城镇燃气输配工程施工及验收规范》CJJ 33的有关规定；

4　引入管室内部分宜靠实体墙固定。

检查数量：100%检查。

检查方法：目视检查或检查隐蔽工程记录。

4.2.5 当引入管采用地上引入时，应符合下列规定：

1　引入管升向地面的弯管应符合本规范第4.3.17条的规定；

2　引入管与建筑物外墙之间的净距应便于安装和维修，宜为0.10～0.15m；

3　引入管上端弯曲处设置的清扫口宜采用焊接连接，焊缝外观质量应按现行国家标准《现场设备、工业管道焊接工程施工及验收规范》GB 50236进行评定，Ⅲ级合格；

4　引入管保温层的材料、厚度及结构应符合设计文件的规定，保温层表面应平整，凹凸偏差不宜超过±2mm。

检查数量：抽查不少于10%，且不少于2处，其中第3款检查数量为100%检查。

检查方法：目视检查、测针测量保温层厚度、查验保温材料合格证。

4.2.6 输送湿燃气的引入管应坡向室外，其坡度宜大于或等于0.01。

检查数量：抽查10%，且不少于2处。

检查方法：尺量检查，必要时使用水平仪量测。

4.2.7 引入管最小覆土厚度应符合现行国家标准《城镇燃气设计规范》GB 50028的有关规定。

检查数量：100%检查。

检查方法：在施工过程中用尺量检查。

4.2.8 当室外配气支管上采取阴极保护措施时，引入管的安装应符合下列规定：

1 引入管进入建筑物前应设绝缘装置；绝缘装置的形式宜采用整体式绝缘接头，应采取防止高压电涌破坏的措施，并确保有效；

2 进入室内的燃气管道应进行等电位联结。

检查数量：100%检查。

检查方法：目视检查及查看产品合格证。

4.3 室内燃气管道

一 般 规 定

4.3.1 燃气室内工程使用的管道组成件应按设计文件选用；当设计文件无明确规定时，应符合现行国家标准《城镇燃气设计规范》GB 50028 的有关规定，并应符合下列规定：

1 当管子公称尺寸小于或等于 $DN50$，且管道设计压力为低压时，宜采用热镀锌钢管和镀锌管件；

2 当管子公称尺寸大于 $DN50$ 时，宜采用无缝钢管或焊接钢管；

3 铜管宜采用牌号为 TP2 的铜管及铜管件；当采用暗埋形式敷设时，应采用塑覆铜管或包有绝缘保护材料的铜管；

4 当采用薄壁不锈钢管时，其厚度不应小于 0.6mm；

5 不锈钢波纹软管的管材及管件的材质应符合国家现行相关标准的规定；

6 薄壁不锈钢管和不锈钢波纹软管用于暗埋形式敷设或穿墙时，应具有外包覆层；

7 当工作压力小于 10kPa，且环境温度不高于 60℃时，可在户内计量装置后使用燃气用铝塑复合管及专用管件。

4.3.2 当室内燃气管道的敷设方式在设计文件中无明确规定时，宜按表 4.3.2 选用。

表 4.3.2 室内燃气管道敷设方式

管道材料	明设管道	暗设管道	
		暗封形式	暗埋形式
热镀锌钢管	应	应	—
无缝钢管	应	可	—
铜管	应	可	可
薄壁不锈钢管	应	可	可
不锈钢波纹软管	可	可	可
燃气用铝塑复合管	可	可	可

注：表中"—"表示不推荐。

4.3.3 室内燃气管道的连接应符合下列要求：

1 公称尺寸不大于 $DN50$ 的镀锌钢管应采用螺纹连接；当必须采用其他连接形式时，应采取相应的措施；

2 无缝钢管或焊接钢管应采用焊接或法兰连接；

3 铜管应采用承插式硬钎焊连接，不得采用对接钎焊和软钎焊；

4 薄壁不锈钢管应采用承插氩弧焊式管件连接或卡套式、卡压式、环压式等管件机械连接；

5 不锈钢波纹软管及非金属软管应采用专用管件连接；

6 燃气用铝塑复合管应采用专用的卡套式、卡压式连接方式。

4.3.4 燃气管子的切割应符合下列规定：

1 碳素钢管宜采用机械方法或氧-可燃气体火焰切割；

2 薄壁不锈钢管应采用机械或等离子弧方法切割；当采用砂轮切割或修磨时，应使用专用砂轮片；

3 铜管应采用机械方法切割；

4 不锈钢波纹软管和燃气用铝塑复合管应使用专用管剪切割。

4.3.5 燃气管道采用的支撑形式宜按表 4.3.5 选择，高层建筑室内燃气管道的支撑形式应符合设计文件的规定。

表 4.3.5 燃气管道采用的支撑形式

公称尺寸	砖砌墙壁	混凝土制墙板	石膏空心墙板	木结构墙	楼板
$DN15\sim DN20$	管卡	管卡	管卡、夹壁管卡	管卡	吊架
$DN25\sim DN40$	管卡、托架	管卡、托架	夹壁管卡	管卡	吊架
$DN50\sim DN65$	管卡、托架	管卡、托架	夹壁托架	管卡、托架	吊架
$>DN65$	托架	托架	不得依敷	托架	吊架

主 控 项 目

4.3.6 燃气管道的连接方式应符合设计文件的规定。当设计文件无明确规定时，设计压力大于或等于 10kPa 的管道以及布置在地下室、半地下室或地上密闭空间内的管道，除采用加厚的低压管或与专用设备进行螺纹或法兰连接以外，应采用焊接的连接方式。

检查数量：100%检查。

检查方法：目视检查和查阅设计文件。

4.3.7 钢质管道的焊接应符合下列规定：

1 管子与管件的坡口与组对

  1）管子与管件的坡口形式和尺寸应符合设计文件的规定，当设计文件无明确规定时，应符合现行国家标准《现场设备、工业管道焊接工程施工及验收规范》GB 50236 和本规范附录 B 的规定；

2）管子与管件的坡口及其内、外表面的清理应符合现行国家标准《工业金属管道工程施工及验收规范》GB 50235 的规定；

3）等壁厚对接焊件内壁应齐平，内壁错边量不应大于 1mm；

4）当不等壁厚对接焊件组对且其内壁错边量大于 1mm 或外壁错边量大于 3mm 时，应按现行国家标准《工业金属管道工程施工与验收规范》GB 50235 的规定进行修整。

2 钢质管道宜采用手工电弧焊或手工钨极氩弧焊焊接，当公称尺寸小于或等于 DN40 时，也可采用氧-可燃气体焊接；

3 焊条（料）、焊丝、焊剂的选用

1）焊条（料）、焊丝、焊剂的选用应符合设计文件的规定，当设计文件无规定时，应按现行国家标准《现场设备、工业管道焊接工程施工及验收规范》GB 50236 的规定选用；

2）严禁使用药皮脱落或不均匀、有气孔、裂纹、生锈或受潮的焊条。

4 管道的焊接工艺要求

1）管道的焊接应符合现行国家标准《现场设备、工业管道焊接工程施工及验收规范》GB 50236 的有关规定；

2）管子焊接时，应采取防风措施；

3）焊缝严禁强制冷却。

5 在管道上开孔接支管时，开孔边缘距管道环焊缝不应小于 100mm；当小于 100mm 时，应对环焊缝进行射线探伤检测，且质量不应低于现行国家标准《无损检测 金属管道熔化焊环向对接接头射线照相检测方法》GB/T 12605 中的 Ⅲ 级；管道环焊缝与支架、吊架边缘之间的距离不应小于 50mm；

6 管道对接焊缝质量应符合设计文件的要求，当设计文件无明确要求时应符合下列要求：

1）焊后应将焊缝表面及其附近的药皮、飞溅物清除干净，然后进行焊缝外观检查；

2）焊缝外观质量不应低于现行国家标准《现场设备、工业管道焊接工程施工及验收规范》GB 50236 中的 Ⅲ 级焊缝质量标准；

3）对接焊缝内部质量采用射线探伤检测时，其质量不应低于现行国家标准《无损检测 金属管道熔化焊环向对接接头射线照相检测方法》GB/T 12605 中的 Ⅲ 级焊缝质量标准。

检查数量：当管道明设或暗封敷设时，焊缝外观质量应 100%检查，焊缝内部质量的检查比例不少于 5%且不少于 1 个连接部位。当管道暗埋敷设时，焊

缝外观和内部质量应 100%检查。

检查方法：焊缝外观检查采用目视检查或焊缝检查尺检查；焊缝内部质量检查查看无损检测报告。

4.3.8 钢管焊接质量检验不合格的部位必须返修至合格。设计文件要求对焊缝质量进行无损检测时，对检验出现不合格的焊缝，应按下列规定检验与评定：

1 每出现一道不合格焊缝，应再抽检两道该焊工所焊的同一批焊缝，当这两道焊缝均合格时，应认为检验所代表的这一批焊缝合格；

2 当第二次抽检仍出现不合格焊缝时，每出现一道不合格焊缝应再抽检两道该焊工所焊的同一批焊缝，再次检验的焊缝均合格时，可认为检验所代表的这一批焊缝合格；

3 当仍出现不合格焊缝时，应对该焊工所焊全部同批的焊缝进行检验并应对其他批次的焊缝加大检验比例。

检查数量：100%检查。

检查方法：查看检查记录和无损检测报告。

4.3.9 法兰焊接结构及焊缝成型应符合国家现行标准《管路法兰技术条件》JB/T 74 的有关规定。

检查数量：抽查比例不少于 10%，且不少于 1 对法兰。

检查方法：目视检查和焊缝检查尺量测。

4.3.10 铜管接头和焊接工艺应按现行国家标准《铜管接头》GB/T 11618 执行，铜管的钎焊连接应符合下列规定：

1 钎焊前，应除去钎焊处铜管外壁与管件内壁表面的污物及氧化物；

2 钎焊前，应将铜管插入端与承口处的间隙调整均匀；

3 钎料宜选用含磷脱氧元素的铜基无银或低银钎料，铜管之间钎焊时可不添加钎焊剂，但与铜合金管件钎焊时，应添加钎焊剂；

4 钎焊时应均匀加热被焊铜管及接头，当达到钎焊温度时加入钎料，应使钎料均匀渗入承插口的间隙内，加热温度宜控制在 645～790℃之间，钎料填满间隙后应停止加热，保持静止冷却，然后将钎焊部位清理干净；

5 钎焊后必须进行外观检查，钎焊缝应圆滑过渡，钎焊缝表面应光滑，不得有较大焊瘤及铜管件边缘熔融等缺陷。

检查数量：100%钎焊缝。

检查方法：目视检查。

4.3.11 铝塑复合管的连接应符合下列规定：

1 铝塑复合管的质量应符合现行国家标准《铝塑复合压力管》GB/T 18997 的规定。铝塑复合管连接管件的质量应符合国家现行标准《铝塑复合管用卡压式管件》CJ/T 190 和《铝塑复合管用卡套式铜制管接头》CJ/T 111 的规定。并应附有质量合格证书；

2 连接用的管件应与管材配套，并应用专用工具进行操作；

3 应使用专用刮刀将管口处的聚乙烯内层削坡口，坡角为 20°～30°，深度为 1.0～1.5mm，且应用清洁的纸或布将坡口残屑擦干净；

4 连接时应将管口整圆，并修整管口毛刺，保证管口端面与管轴线垂直。

检查数量：100%检查。

检查方法：目视检查。

4.3.12 可燃气体检测报警器与燃具或阀门的水平距离应符合下列规定：

1 当燃气相对密度比空气轻时，水平距离应控制在 0.5～8.0m 范围内，安装高度应距屋顶 0.3m 之内，且不得安装于燃具的正上方；

2 当燃气相对密度比空气重时，水平距离应控制在 0.5～4.0m 范围内，安装高度应距地面 0.3m 以内。

检查比例：100%检查。

检查方法：目视检查及尺量检查。

4.3.13 室内燃气管道严禁作为接地导体或电极。

检查比例：100%检查。

检查方法：目视检查。

4.3.14 沿屋面或外墙明敷的室内燃气管道，不得布置在屋面上的檐角、屋檐、屋脊等易受雷击部位。当安装在建筑物的避雷保护范围内时，应每隔 25m 至少与避雷网采用直径不小于 8mm 的镀锌圆钢进行连接，焊接部位应采取防腐措施，管道任何部位的接地电阻值不得大于 10Ω；当安装在建筑物的避雷保护范围外时，应符合设计文件的规定。

检查比例：100%检查。

检查方法：目视检查和接地摇表测试。

一般项目

4.3.15 在建筑物外敷设的燃气管道应符合下列规定：

1 沿外墙敷设的中压燃气管道当采用焊接的方法进行连接时，应采用射线检测的方法进行焊缝内部质量检测。当检测比例设计文件无明确要求时，不应少于 5%，其质量不应低于现行国家标准《无损检测 金属管道熔化焊环向对接接头射线照相检测方法》GB/T 12605 中的Ⅲ级。焊缝外观质量不应低于现行国家标准《现场设备、工业管道焊接工程施工及验收规范》GB 50236 中的Ⅲ级。

2 沿外墙敷设的燃气管道距公共或住宅建筑物门、窗洞口的间距应符合现行国家标准《城镇燃气设计规范》GB 50028 的规定。

3 管道外表面应采取耐候型防腐措施，必要时应采取保温措施。

4 在建筑物外敷设燃气管道，当与其他金属管道平行敷设的净距小于 100mm 时，每 30m 之间至少应采用截面积不小于 6mm² 的铜绞线将燃气管道与平行的管道进行跨接。

5 当屋面管道采用法兰连接时，在连接部位的两端应采用截面积不小于 6mm² 的金属导线进行跨接；当采用螺纹连接时，应使用金属导线跨接。

检查数量：按本条第 1 款的规定执行；其余（保温除外）100%检查；当燃气管道有保温时，保温检查数量，抽查不应少于 10%，且不得少于 2 处。

检查方法：目视检查，检查无损检测报告及钢管质量证明书。

4.3.16 管子切口应符合下列规定：

1 切口表面应平整，无裂纹、重皮、毛刺、凹凸、缩口、熔渣等缺陷；

2 切口端面（切割面）倾斜偏差不应大于管子外径的 1%，且不得超过 3mm；凹凸误差不得超过 1mm；

3 应对不锈钢波纹软管、燃气用铝塑复合管的切口进行整圆。不锈钢波纹软管的外保护层，应按有关操作规程使用专用工具进行剥离后，方可连接。

检查数量：抽查 5%。

检查方法：目视检查，尺量检查。

4.3.17 管子的现场弯制除应符合现行国家标准《工业金属管道工程施工及验收规范》GB 50235 的有关规定外，还应符合下列规定：

1 弯制时应使用专用弯管设备或专用方法进行；

2 焊接钢管的纵向焊缝在弯制过程中应位于中性线位置处；

3 管子最小弯曲半径和最大直径、最小直径差值与弯管前管子外径的比率应符合表 4.3.17 的规定。

表 4.3.17 管子最小弯曲半径和最大直径、最小直径的差值与弯管前管子外径的比率

	钢管	铜管	不锈钢管	铝塑复合管
最小弯曲半径	$3.5D_o$	$3.5D_o$	$3.5D_o$	$5D_o$
弯管的最大直径与最小直径的差与弯管前管子外径之比率	8%	9%	—	—

注：D_o 为管子的外径。

检查数量：100%检查。

检查方法：尺量和目视检查。

4.3.18 法兰连接应符合国家现行标准的有关规定，并应符合下列规定：

1 在进行法兰连接前，应检查法兰密封面及密封垫片，不得有影响密封性能的缺陷；

2 法兰的安装位置应便于检修，不得紧贴墙壁、楼板和管道支架；

3 法兰连接应与管道同心，法兰螺孔应对正，管道与设备、阀门的法兰端面应平行，不得用螺栓强

4 法兰垫片尺寸应与法兰密封面相匹配，垫片安装应端正，在一个密封面中严禁使用2个或2个以上的法兰垫片；当设计文件对法兰垫片无明确要求时，宜采用聚四氟乙烯垫片或耐油石棉橡胶垫片，使用前宜将耐油石棉橡胶垫片用机油浸泡；

5 不锈钢法兰使用的非金属垫片，其氯离子含量不得超过 50×10^{-6}；

6 应使用同一规格的螺栓，安装方向应一致，螺母紧固应对称、均匀；螺母紧固后螺栓的外露螺纹宜为1~3扣，并应进行防锈处理；

7 法兰焊接检验合格后，方可与相关设备进行连接。

检查数量：抽查比例不小于10%，且不少于2对法兰。

检查方法：目视检查。

4.3.19 螺纹连接应符合下列规定：

1 钢管在切割或攻制螺纹时，焊缝处出现开裂，该钢管严禁使用；

2 现场攻制的管螺纹数宜符合表4.3.19的规定：

表 4.3.19 现场攻制的管螺纹数

管子公称尺寸 d_n	$d_n \leqslant DN20$	$DN20 < d_n \leqslant DN50$	$DN50 < d_n \leqslant DN65$	$DN65 < d_n \leqslant DN100$
螺纹数	9~11	10~12	11~13	12~14

3 钢管的螺纹应光滑端正、无斜丝、乱丝、断丝或脱落，缺损长度不得超过螺纹数的10%；

4 管道螺纹接头宜采用聚四氟乙烯胶带做密封材料，当输送湿燃气时，可采用油麻丝密封材料或螺纹密封胶；

5 拧紧管件时，不应将密封材料挤入管道内，拧紧后应将外露的密封材料清除干净；

6 管件拧紧后，外露螺纹宜为1~3扣，钢制外露螺纹应进行防锈处理；

7 当铜管与球阀、燃气计量表及螺纹连接的管件连接时，应采用承插式螺纹管件连接；弯头、三通可采用承插式铜管件或承插式螺纹连接件。

检查数量：抽查比例不小于10%。

检查方法：目视检查。

4.3.20 室内明设或暗封形式敷设的燃气管道与装饰后墙面的净距，应满足维护、检查的需要并宜符合表4.3.20的要求；铜管、薄壁不锈钢管、不锈钢波纹软管和铝塑复合管与墙之间净距应满足安装的要求。

表 4.3.20 室内燃气管道与装饰后墙面的净距

管子公称尺寸	<DN25	DN25~DN40	DN50	>DN50
与墙净距(mm)	≥30	≥50	≥70	≥90

检查数量：抽查比例不小于5%。

检查方法：尺量检查。

4.3.21 敷设在管道竖井内的燃气管道的安装应符合下列规定：

1 管道安装宜在土建及其他管道施工完毕后进行；

2 当管道穿越竖井内的隔断板时，应加套管；套管与管道之间应有不小于10mm的间隙；

3 燃气管道的颜色应明显区别于管道井内的其他管道，宜为黄色；

4 燃气管道与相邻管道的距离应满足安装和维修的需要；

5 敷设在竖井内的燃气管道的连接接头应设置在距该层地面1.0~1.2m处。

检查数量：抽查比例不小于20%。

检查方法：目视检查和尺量检查。

4.3.22 采用暗埋形式敷设燃气管道时，应符合下列规定：

1 埋设管道的管槽不得伤及建筑物的钢筋。管槽宽度宜为管道外径加20mm，深度应满足覆盖层厚度不小于10mm的要求。未经原建筑设计单位书面同意，严禁在承重的墙、柱、梁、板中暗埋管道。

2 暗埋管道不得与建筑物中的其他任何金属结构相接触，当无法避让时，应采用绝缘材料隔离。

3 暗埋管道不应有机械接头。

4 暗埋管道宜在直埋管道的全长上加设有效地防止外力冲击的金属防护装置，金属防护装置的厚度宜大于1.2mm。当与其他埋墙设施交叉时，应采取有效的绝缘和保护措施。

5 暗埋管道在敷设过程中不得产生任何形式的损坏，管道固定应牢固。

6 在覆盖暗埋管道的砂浆中不应添加快速固化剂。砂浆内应添加带色颜料作为永久色标。当设计无明确规定时，颜料宜为黄色。安装施工后还应将直埋管道位置标注在竣工图纸上，移交建设单位签收。

检查数量：100%检查。

检查方法：目视检查，尺量检查，查阅设计文件。

4.3.23 铝塑复合管的安装应符合下列规定：

1 不得敷设在室外和有紫外线照射的部位；

2 公称尺寸小于或等于DN20的管子，可以直接调直；公称尺寸大于或等于DN25的管子，宜在地面压直后进行调直；

3 管道敷设的位置应远离热源；

4 灶前管与燃气灶具的水平净距不得小于0.5m，且严禁在灶具正上方；

5 阀门应固定，不应将阀门自重和操作力矩传递至铝塑复合管。

检查数量：100%检查灶前管与燃气灶具的水平

净距。

检查方法：尺量检查、目视检查。

4.3.24 燃气管道与燃具之间用软管连接时应符合设计文件的规定，并应符合以下要求：

1 软管与管道、燃具的连接处应严密，安装应牢固；

2 当软管存在弯折、拉伸、龟裂、老化等现象时不得使用；

3 当软管与燃具连接时，其长度不应超过 2m，并不得有接口；

4 当软管与移动式的工业用气设备连接时，其长度不应超过 30m，接口不应超过 2 个；

5 软管应低于灶具面板 30mm 以上；

6 软管在任何情况下均不得穿过墙、楼板、顶棚、门和窗；

7 非金属软管不得使用管件将其分成两个或多个支管。

检查数量：100%检查。

检查方法：目视检查，尺量检查。

4.3.25 立管安装应垂直，每层偏差不应大于 3mm/m 且全长不大于 20mm。当因上层与下层墙壁壁厚不同而无法垂于一线时，宜做乙字弯进行安装。当燃气管道垂直交叉敷设时，大管宜置于小管外侧。

检查数量：抽查比例不小于 5%。

检查方法：目视检查，尺量（吊线）检查。

4.3.26 当室内燃气管道与电气设备、相邻管道、设备平行或交叉敷设时，其最小净距应符合表 4.3.26 的要求。

检查数量：抽查比例不小于 10%。

检查方法：尺量检查，目视检查。

4.3.27 管道支架、托架、吊架、管卡（以下简称"支架"）的安装应符合下列要求：

1 管道的支架应安装稳定、牢固，支架位置不得影响管道的安装、检修与维护；

2 每个楼层的立管至少应设支架 1 处；

表 4.3.26 室内燃气管道与电气设备、相邻管道、设备之间的最小净距（cm）

名　　称		平行敷设	交叉敷设
电气设备	明装的绝缘电线或电缆	25	10
	暗装或管内绝缘电线	5（从所作的槽或管子的边缘算起）	1
	电插座、电源开关	15	不允许
	电压小于1000V的裸露电线	100	100
	配电盘、配电箱或电表	30	不允许

续表 4.3.26

名　　称	平行敷设	交叉敷设
相邻管道	应保证燃气管道、相邻管道的安装、检查和维修	2
燃具	主立管与燃具水平净距不应小于30cm；灶前管与燃具水平净距不得小于20cm；当燃气管道在燃具上方通过时，应位于抽油烟机上方，且与燃具的垂直净距应大于100cm	

注：1 当明装电线加绝缘套管且套管的两端各伸出燃气管道10cm时，套管与燃气管道的交叉净距可降至1cm；

2 当布置确有困难时，采取有效措施后可适当减小净距；

3 灶前管不含铝塑复合管。

3 当水平管道上设有阀门时，应在阀门的来气侧 1m 范围内设支架并尽量靠近阀门；

4 与不锈钢波纹软管、铝塑复合管直接相连的阀门应设有固定底座或管卡；

5 钢管支架的最大间距宜按表 4.3.27-1 选择；铜管支架的最大间距宜按表 4.3.27-2 选择；薄壁不锈钢管道支架的最大间距宜按表 4.3.27-3 选择；不锈钢波纹软管的支架最大间距不宜大于 1m；燃气用铝塑复合管支架的最大间距宜按表 4.3.27-4 选择；

表 4.3.27-1 钢管支架最大间距

公称直径	最大间距（m）	公称直径	最大间距（m）
DN15	2.5	DN100	7.0
DN20	3.0	DN125	8.0
DN25	3.5	DN150	10.0
DN32	4.0	DN200	12.0
DN40	4.5	DN250	14.5
DN50	5.0	DN300	16.5
DN65	6.0	DN350	18.5
DN80	6.5	DN400	20.5

表 4.3.27-2 铜管支架最大间距

外径（mm）	15	18	22	28	35	42	54	67	85
垂直敷设（m）	1.8	1.8	2.4	2.4	3.0	3.0	3.0	3.5	3.5
水平敷设（m）	1.2	1.2	1.8	1.8	2.4	2.4	2.4	3.0	3.0

表 4.3.27-3 薄壁不锈钢管支架最大间距

外径（mm）	15	20	25	32	40	50	65	80	100
垂直敷设（m）	2.0	2.0	2.5	2.5	3.0	3.0	3.0	3.0	3.5
水平敷设（m）	1.8	2.0	2.5	2.5	3.0	3.0	3.0	3.0	3.5

表 4.3.27-4　燃气用铝塑复合管支架最大间距

外径（mm）	16	18	20	25
水平敷设（m）	1.2	1.2	1.2	1.8
垂直敷设（m）	1.5	1.5	1.5	2.5

6 水平管道转弯处应在以下范围内设置固定托架或管卡座：

　　1）钢质管道不应大于 1.0m；

　　2）不锈钢波纹软管、铜管道、薄壁不锈钢管道每侧不应大于 0.5m；

　　3）铝塑复合管每侧不应大于 0.3m；

7 支架的结构形式应符合设计要求，排列整齐，支架与管道接触紧密，支架安装牢固，固定支架应使用金属材料；

8 当管道与支架为不同种类的材质时，二者之间应采用绝缘性能良好的材料进行隔离或采用与管道材料相同的材料进行隔离；隔离薄壁不锈钢管道所使用的非金属材料，其氯离子含量不应大于 50×10^{-6}；

9 支架的涂漆应符合设计要求。

　　检查数量：铝塑复合管和不锈钢波纹软管支架抽查不少于 10%，其他材质的管道支架抽查不小于 5%，且不少于 10 处。

　　检查方法：目视检查和尺量检查。

4.3.28 室内燃气钢管、铝塑复合管及阀门安装后的允许偏差和检验方法宜符合表 4.3.28 的规定，检查数量应符合下列规定：

表 4.3.28　室内燃气管道安装后检验
的允许偏差和检验方法

项　目			允许偏差
标　高			±10mm
水平管道纵横方向弯曲	钢管	管径小于或等于 DN100	2mm/m 且≤13mm
		管径大于 DN100	3mm/m 且≤25mm
	铝塑复合管		1.5mm/m 且≤25mm
立管垂直度	钢管		3mm/m 且≤8mm
	铝塑复合管		2mm/m 且≤8mm
引入管阀门	阀门中心距地面		±15mm
管道保温	厚度（δ）		$+0.1\delta$ -0.05δ
	表面不整度	卷材或板材	±2mm
		涂抹或其他	±2mm

1 管道与墙面的净距，水平管的标高：检查管道的起点、终点、分支点及变方向点间的直管段，不应少于 5 段；

2 纵横方向弯曲：按系统内直管段长度每 30m 应抽查 2 段，不足 30m 的不应少于 1 段；有分隔墙的建筑，以隔墙为分段数，抽查 5%，且不应少于 5 段；

3 立管垂直度：一根立管为一段，两层及两层以上按楼层分段，各抽查 5%，但均不应少于 10 段；

4 引入管阀门：100%检查；

5 其他阀门：抽查 10%，且不应少于 5 个；

6 管道保温：每 20m 抽查 1 处，且不应少于 5 处。

　　检查方法：目视检查，水平尺、直尺、拉线、吊线等尺量检查。

4.3.29 可燃气体检测报警器安装后应按国家现行有关标准进行检查测试。

　　检查数量：100%检查。

　　检查方法：查看检查记录。

4.3.30 室内、外燃气管道的防雷、防静电措施应按设计文件要求施工。

　　检查数量：100%检查。

　　检查方法：目视检查、按设计文件要求检测。

4.3.31 室内燃气管道的除锈、防腐及涂漆应符合下列规定：

1 室内明设钢管、暗封形式敷设的钢管及其管道附件连接部位的涂漆，应在检查、试压合格后进行；

2 非镀锌钢管、管件表面除锈应符合现行国家标准《涂装前钢材表面锈蚀等级和除锈等级》GB 8923 中规定的不低于 St2 级的要求；

3 钢管及管道附件涂漆的要求

　　1）非镀锌钢管：应刷两道防锈底漆、两道面漆；

　　2）镀锌钢管：应刷两道面漆；

　　3）面漆颜色应符合设计文件的规定；当设计文件未明确规定时，燃气管道宜为黄色；

　　4）涂层厚度、颜色应均匀。

　　检查数量：抽查 5%。

　　检查方法：目视检查、查阅设计文件。

5　燃气计量表安装及检验

5.1　一般规定

5.1.1 燃气计量表在安装前应按本规范第 3.2.1、3.2.2 条的规定进行检验，并应符合下列规定：

1 燃气计量表应有出厂合格证、质量保证书；标牌上应有 CMC 标志、最大流量、生产日期、编号和制造单位；

2 燃气计量表应有法定计量检定机构出具的检定合格证书，并应在有效期内；

3 超过检定有效期及倒放、侧放的燃气计量表应全部进行复检；

4 燃气计量表的性能、规格、适用压力应符合设计文件的要求。

5.1.2 燃气计量表应按设计文件和产品说明书进行安装。

5.1.3 燃气计量表的安装位置应满足正常使用、抄表和检修的要求。

5.2 燃气计量表

主 控 项 目

5.2.1 燃气计量表的安装位置应符合设计文件的要求。

检查方法：目视检查和查阅设计文件。

5.2.2 燃气计量表前的过滤器应按产品说明书或设计文件的要求进行安装。

检查数量：100％。

检查方法：目视检查、查阅设计文件和产品说明书。

5.2.3 燃气计量表与燃具、电气设施的最小水平净距应符合表5.2.3的要求。

**表 5.2.3　燃气计量表与燃具、电气
设施之间的最小水平净距（cm）**

名　　称	与燃气计量表的最小水平净距
相邻管道、燃气管道	便于安装、检查及维修
家用燃气灶具	30（表高位安装时）
热水器	30
电压小于1000V的裸露电线	100
配电盘、配电箱或电表	50
电源插座、电源开关	20
燃气计量表	便于安装、检查及维修

检查数量：100％。

检查方法：目视检查、测量。

一 般 项 目

5.2.4 燃气计量表的外观应无损伤，涂层应完好。

检查数量：100％。

检查方法：目视检查。

5.2.5 膜式燃气计量表钢支架的安装应端正牢固，无倾斜。

检查数量：抽查20％，并不应少于1个。

检查方法：目视检查、手检。

5.2.6 支架涂漆种类和涂刷遍数应符合设计文件的要求，并应附着良好，无脱皮、起泡和漏涂。漆膜厚度应均匀，色泽一致，无流淌及污染现象。

检查数量：抽查20％，并不应少于1个。

检查方法：目视检查和查阅设计文件。

5.2.7 当使用加氧的富氧燃烧器或使用鼓风机向燃烧器供给空气时，应检验燃气计量表后设的止回阀或

泄压装置是否符合设计文件的要求。

检查数量：100％。

检查方法：目视检查和查阅设计文件。

5.2.8 组合式燃气计量表箱应牢固地固定在墙上或平稳地放置在地面上。

检查数量：100％。

检查方法：目视检查。

5.2.9 室外的燃气计量表宜装在防护箱内，防护箱应具有排水及通风功能；安装在楼梯间内的燃气计量表应具有防火性能或设在防火表箱内。

检查数量：100％。

检查方法：目视检查。

5.2.10 燃气计量表与管道的法兰或螺纹连接，应符合本规范第4.3.18条或第4.3.19条的规定。

检查数量：家用燃气计量表抽查20％，商业和工业企业用燃气计量表100％检查。

检查方法：目视检查。

5.3 家用燃气计量表

主 控 项 目

5.3.1 家用燃气计量表的安装应符合下列规定：

1 燃气计量表安装后应横平竖直，不得倾斜；

2 燃气计量表的安装应使用专用的表连接件；

3 安装在橱柜内的燃气计量表应满足抄表、检修及更换的要求，并应具有自然通风的功能；

4 燃气计量表与低压电气设备之间的间距应符合本规范表5.2.3的要求；

5 燃气计量表宜加有效的固定支架。

检查数量：抽查20％，且不少于5台。

检查方法：目视检查、尺量检查。

5.4 商业及工业企业燃气计量表

主 控 项 目

5.4.1 最大流量小于65m³/h的膜式燃气计量表，当采用高位安装时，表后距墙净距不宜小于30mm，并应加表托固定；采用低位安装时，应平稳地安装在高度不小于200mm的砖砌支墩或钢支架上，表后与墙净距不应小于30mm。

检查数量：100％。

检查方法：目视检查及尺量检查。

5.4.2 最大流量大于或等于65m³/h的膜式燃气计量表，应平正地安装在高度不小于200mm的砖砌支墩或钢支架上，表后与墙净距不宜小于150mm；腰轮表、涡轮表和旋进旋涡表的安装场所、位置、前后直管段及标高应符合设计文件的规定，并应按产品标识的指向安装。

检查数量：100％。

检查方法：目视检查，尺量检查，查阅设计文件。

5.4.3 燃气计量表与燃具和设备的水平净距应符合下列规定：

1 距金属烟囱不应小于 80cm，距砖砌烟囱不宜小于 60cm；

2 距炒菜灶、大锅灶、蒸箱和烤炉等燃气灶具灶边不宜小于 80cm；

3 距沸水器及热水锅炉不宜小于 150cm；

4 当燃气计量表与燃具和设备的水平净距无法满足上述要求时，加隔热板后水平净距可适当缩小。

检查数量：100% 检查。

检查方法：目视检查及尺量检查。

5.4.4 燃气计量表安装后的允许偏差和检验方法应符合表 5.4.4 的要求。

检查数量：抽查 50%，且不少于 1 台。

检查方法：目视检查和测量。

表 5.4.4 燃气计量表安装后的允许偏差和检验方法

最大流量	项 目	允许偏差（mm）	检验方法
<25m³/h	表底距地面	±15	吊线和尺量
	表后距墙饰面	5	
	中心线垂直度	1	
≥25m³/h	表底距地面	±15	吊线、尺量、水平尺
	中心线垂直度	表高的 0.4%	

一 般 项 目

5.4.5 当采用不锈钢波纹软管连接燃气计量表时，不锈钢波纹软管应弯曲成圆弧状，不得形成直角。

检查数量：100%。

检查方法：目视检查。

5.4.6 当采用法兰连接燃气计量表时，应符合本规范第 4.3.18 条的规定。

检查数量：100%。

检查方法：目视检查。

5.4.7 多台并排安装的燃气计量表，每台燃气计量表进出口管道上应按设计文件的要求安装阀门；燃气计量表之间的净距应满足安装、检查及维修的要求。

检查数量：100%。

检查方法：目视检查和查阅设计文件。

6 家用、商业用及工业企业用燃具和用气设备的安装及检验

6.1 一 般 规 定

6.1.1 燃具和用气设备安装前应按本规范第 3.2.1、3.2.2 条的规定进行下列检验：

1 应检查燃具和用气设备的产品合格证、产品安装使用说明书和质量保证书；

2 产品外观的显见位置应有产品参数铭牌，并有出厂日期；

3 应核对性能、规格、型号、数量是否符合设计文件的要求。

6.1.2 家用燃具应采用低压燃气设备，商业用气设备宜采用低压燃气设备。

6.1.3 家用、商业用及工业企业用燃具和用气设备的安装场所应符合现行国家标准《城镇燃气设计规范》GB 50028 的有关规定。

6.1.4 烟道的设置及结构应符合燃具和用气设备的要求，并应符合设计文件的规定。对旧有烟道应核实烟道断面及烟道抽力，不满足烟气排放要求的不得使用。

6.2 家 用 燃 具

主 控 项 目

6.2.1 家用燃具的安装应符合国家现行标准《家用燃气燃烧器具安装及验收规程》CJJ 12 的有关规定。

检查方法：查阅资料和目视检查。

6.2.2 燃气的种类和压力、燃具上的燃气接口、进出水的压力和接口应符合燃具说明书的要求。

检查方法：目视检查和查阅资料。

6.2.3 燃气热水器和采暖炉的安装应符合下列要求：

1 应按照产品说明书的要求进行安装，并应符合设计文件的要求；

2 热水器和采暖炉应安装牢固，无倾斜；

3 支架的接触应均匀平稳，并便于操作；

4 与室内燃气管道和冷热水管道连接必须正确，并应连接牢固、不易脱落；燃气管道的阀门、冷热水管道阀门应便于操作和检修；

5 排烟装置应与室外相通，烟道应有 1% 坡向燃具的坡度，并应有防倒风装置。

检查数量：100%。

检查方法：目视检查和尺量检查。

6.2.4 当燃具与室内燃气管道采用螺纹连接时，应按本规范第 4.3.19 条的规定检验。

检查数量：抽查 20%，且不少于 2 台。

检查方法：目视检查。

6.2.5 当燃具与室内燃气管道采用软管连接时，软管应无接头；软管与燃具的连接接头应选用专用接头，并应安装牢固，便于操作。

检查数量：抽查 20%，且不少于 2 台。

检查方法：目视检查、手检和尺量检查。

6.2.6 燃具与电气设备、相邻管道之间的最小水平净距应符合表 6.2.6 的规定。

表 6.2.6 燃具与电气设备、相邻管道之间的最小水平净距（cm）

名　　称	与燃气灶具的水平净距	与燃气热水器的水平净距
明装的绝缘电线或电缆	30	30
暗装或管内绝缘电线	20	20
电插座、电源开关	30	15
电压小于1000V的裸露电线	100	100
配电盘、配电箱或电表	100	100

注：燃具与燃气管道之间的最小水平净距应符合本规范表4.3.26的规定。

检查数量：100％。

检查方法：目视检查和尺量检查。

一 般 项 目

6.2.7 燃气灶具的灶台高度不宜大于80cm；燃气灶具与墙净距不得小于10cm，与侧面墙的净距不得小于15cm，与木质门、窗及木质家具的净距不得小于20cm。

检查数量：抽查20％，且不少于1台。

检查方法：目视检查和尺量检查。

6.2.8 嵌入式燃气灶具与灶台连接处应做好防水密封，灶台下面的橱柜应根据气源性质在适当的位置开总面积不小于80cm²的与大气相通的通气孔。

检查数量：抽查20％，且不少于1台。

检查方法：目视检查和尺量检查。

6.2.9 燃具与可燃的墙壁、地板和家具之间应设耐火隔热层，隔热层与可燃的墙壁、地板和家具之间间距宜大于10mm。

检查数量：100％检查。

检查方法：目视检查和尺量检查。

6.2.10 使用市网供电的燃具应将电源线接在具有漏电保护功能的电气系统上；应使用单相三极电源插座，电源插座接地极应可靠接地，电源插座应安装在冷热水不易飞溅到的位置。

检查数量：100％检查。

检查方法：目视检查。

6.3 商业用气设备

主 控 项 目

6.3.1 当商业用气设备安装在地下室、半地下室或地上密闭房间内时，应严格按设计文件要求施工。

检查方法：查阅设计文件。

6.3.2 商业用气设备的安装应符合下列规定：

1 用气设备之间的净距应满足设计文件、操作和检修的要求；

2 用气设备前宜有宽度不小于1.5m的通道；

3 用气设备与可燃的墙壁、地板和家具之间应按设计文件要求做耐火隔热层，当设计文件无规定时，其厚度不宜小于1.5mm，隔热层与可燃的墙壁、地板和家具之间的间距宜大于50mm。

检查数量：100％检查。

检查方法：目视检查和尺量检查。

一 般 项 目

6.3.3 砖砌燃气灶的燃烧器应水平地安装在炉膛中央，其中心应对准锅中心；应保证外焰有效地接触锅底，燃烧器支架环孔周围应保持足够的空间。

检查数量：100％检查。

检查方法：目视检查和尺量检查。

6.3.4 砖砌燃气灶的高度不宜大于80cm，封闭的炉膛与烟道应安装爆破门，爆破门的加工应符合设计文件的要求。

检查数量：100％检查。

检查方法：目视检查、尺量检查和查阅设计文件。

6.3.5 沸水器的安装应符合下列规定：

1 安装沸水器的房间应按设计文件检查通风系统；

2 沸水器应采用单独烟道；当使用公共烟囱时，应设防止串烟装置，烟囱应高出屋顶1m以上，并应安装防止倒风的装置，其结构应合理；

3 沸水器与墙净距不宜小于0.5m，沸水器顶部距屋顶的净距不应小于0.6m；

4 当安装2台或2台以上沸水器时，沸水器之间净距不宜小于0.5m。

检查数量：100％检查。

检查方法：目视检查、尺量检查和查阅设计文件。

6.4 工业企业生产用气设备

主 控 项 目

6.4.1 工业企业生产用气设备的安装场所应符合现行国家标准《城镇燃气设计规范》GB 50028的规定；当用气设备安装在地下室、半地下室或地上密闭房间内时，应严格按设计文件要求施工。

检查方法：查阅设计文件和目视检查。

6.4.2 当工业企业生产用气设备与燃气供应系统连接时，应按设计文件进行核查，不符合设计文件要求不得连接。

检查方法：查阅设计文件和目视检查。

6.4.3 当用气设备为通用产品时，其燃气、自控、鼓风及排烟等系统的检验应符合产品说明书或设计文件的规定。

检查数量：100%检查。

检查方法：检查设备铭牌、查阅产品说明书和设计文件。

6.4.4 当用气设备为非通用产品时，其燃气、自控、鼓风及排烟等系统的检验应符合下列规定：

1 燃烧器的供气压力必须符合设计文件的规定；

2 用气设备应符合现行国家标准《城镇燃气设计规范》GB 50028 的相关规定。

检查数量：100%检查。

检查方法：检查设备铭牌、产品说明书和设计文件。

6.4.5 用气设备燃烧装置的安全设施除应符合设计文件的要求外，尚应符合下列规定：

1 当燃烧装置采用分体式机械鼓风或使用加氧、加压缩空气的燃烧器时，应安装止回阀，并应在空气管道上安装泄爆装置；

2 燃气及空气管道上应安装最低压力和最高压力报警、切断装置；

3 封闭式炉膛及烟道应按设计文件施工，烟道泄爆装置的加工及安装位置应符合设计文件的规定。

检查数量：100%检查。

检查方法：查阅设计文件和目视检查。

一 般 项 目

6.4.6 下列阀门的安装应符合设计文件的规定：

1 各用气车间的进口和用气设备前的燃气管道上设置的单独阀门；

2 每只燃烧器燃气接管上设置的单独的有启闭标记的阀门；

3 每只机械鼓风的燃烧器，在风管上设置的有启闭标记的阀门；

4 大型或互联装置的鼓风机，其出口设置的阀门；

5 放散管、取样管、测压管前设置的阀门。

检查数量：100%检查。

检查方法：目视检查、查阅设计文件和尺量检查。燃气管道、阀门和用气设备的气密性用压缩空气、测漏仪、压力表、U 形压力计或发泡剂检查。

6.5 烟 道

主 控 项 目

6.5.1 用气设备的烟道应按设计文件的要求施工。居民用气设备的水平烟道长度不宜超过 5m，商业用户用气设备的水平烟道不宜超过 6m，并应有 1%坡向燃具的坡度。

检查数量：100%检查。

检查方法：查阅设计文件及尺量检查。

6.5.2 烟道抽力应符合现行国家标准《城镇燃气设

计规范》GB 50028 的有关规定。

检查数量：100%检查。

检查方法：尺量、计算及检测。

6.5.3 商业用大锅灶、中餐炒菜灶、烤炉、西餐灶等的烟道应按设计文件的要求安装。

检查数量：100%检查。

检查方法：查阅设计文件。

一 般 项 目

6.5.4 用镀锌钢板卷制的烟道卷缝应均匀严密，烟道应顺烟气流向插接，插接处不应有明显的缝隙和弯折现象。

检查数量：居民用户抽查 20%，且不少于 5 处。

检查方法：目视检查。

6.5.5 用钢板制造的烟道，连接面应平整无缝隙，连接紧密牢固，表面平整，应对烟道进行保温，保温材料及厚度应符合设计要求，并应保证出口排烟温度高于露点。

检查数量：100%检查。

检查方法：目视检查和手检。

6.5.6 用非金属预制块砌筑的烟道，砌筑块之间应粘合严密、牢固，表面平整，内部无堆积的粘合材料，砖砌烟道的厚度应保证出口排烟温度高于露点。

检查数量：100%检查。

检查方法：目视检查和手检。

6.5.7 金属烟道的支（吊）架，结构和设置位置应符合设计文件的规定，安装应端正牢固，排列应整齐。

检查数量：100%检查。

检查方法：目视检查、手检或查阅设计文件。

6.5.8 碳素钢板烟道和烟道的金属支（吊）架所涂油漆种类和涂刷遍数应符合设计文件的规定，并应附着良好，无脱皮、起泡和漏涂，漆膜应厚度均匀，色泽一致，无流淌及污染现象。

检查数量：100%检查。

检查方法：目视检查和查阅设计文件。

6.5.9 当多台用气设备合用一个水平烟道时，应按设计文件要求设置导向装置。

检查数量：100%检查。

检查方法：目视检查和查阅设计文件。

7 商业用燃气锅炉和冷热水机组燃气系统安装及检验

7.1 一 般 规 定

7.1.1 商业用室内燃气管道的最高压力应符合现行国家标准《城镇燃气设计规范》GB 50028 的相关规定。

7.1.2 商业用燃气锅炉和燃气冷热水机组的设置应符合设计文件的要求和现行国家标准《城镇燃气设计

《规范》GB 50028 的相关规定。

7.1.3 商业用燃气锅炉和燃气冷热水机组的烟道施工应符合设计文件的要求和现行国家标准《城镇燃气设计规范》GB 50028 的相关规定。

7.2 管　道

主 控 项 目

7.2.1 引入管的检验应符合本规范第 4.2 节的相关要求，引入管阀门至室外配气支管之间的管道试验应符合国家现行标准《城镇燃气输配工程施工及验收规范》CJJ 33 的有关规定。

检查数量：100%检查。

检查方法：同本规范第 4.2 节的相关要求，严密性试验稳压 24h，修正压力降符合《城镇燃气输配工程施工及验收规范》CJJ 33 的规定。

7.2.2 管道组成件使用的材质、规格和型号应符合设计要求。燃气管道的检验应符合本规范第 4.3 节的相关要求。

检查数量：100%检查。

检查方法：查阅材质书、合格证，其余同本规范第 4.3 节相关要求。

7.2.3 地下室、半地下室和地上密闭房间室内燃气钢管的固定焊口应进行 100%射线照相检验，活动焊口应进行 10%射线照相检验，其质量应达到现行国家标准《无损检测金属管道熔化焊环向对接接头射线照相检测》GB/T 12605 中的 Ⅲ 级。

检查数量：100%检查。

检查方法：外观检查、查阅无损探伤报告和设计文件。

7.2.4 商业用燃气锅炉和冷热水机组室内燃气管道末端的放散管应按设计文件要求安装，放散管尚应设手动快速切断阀。

检查数量：100%检查。

检查方法：目视检查和尺量检查。

一 般 项 目

7.2.5 引入管安装应符合本规范第 4.2 节的相关要求。

检查数量：100%检查。

检查方法：应符合本规范第 4.2 节的要求。

7.2.6 室内燃气管道安装同本规范第 4.1 节和第 4.3 节的相关要求。

检查数量：100%检查。

检查方法：应符合本规范第 4.1 节和第 4.3 节的要求。

7.3 调压装置

主 控 项 目

7.3.1 燃气锅炉和冷热水机组的燃气调压装置的安装应符合设计文件要求。

检查数量：100%检查。

检查方法：查阅设计文件。

7.3.2 调压装置与燃气管路的连接应符合本规范第 4.3 节的相关规定。

检查数量：100%检查。

检查方法：应符合本规范第 4.3 节的相关规定。

7.3.3 燃气锅炉和冷热水机组的燃烧器系统及调压装置的性能、规格、型号必须符合设计文件及所供气源的要求。

检查数量：100%检查。

检查方法：查阅设计文件、检查产品说明书和设备铭牌。

7.3.4 调压装置安装的环境、位置应符合设计文件的要求和现行国家标准《城镇燃气设计规范》GB 50028 的相关规定。

检查数量：100%检查。

检查方法：查阅设计文件及相关标准。

一 般 项 目

7.3.5 设置调压装置的建筑物的耐火等级、防雷装置、设备接地装置和报警系统应符合设计文件要求。

检查数量：100%检查。

检查方法：查阅设计文件、测试或查阅安装测试记录。

7.4 自控安全系统

主 控 项 目

7.4.1 燃气锅炉和冷热水机组的燃烧器应具有安全保护及自动控制的功能。

7.4.2 手动快速切断阀和紧急自动切断阀应按设计文件安装；当管线进行系统强度和严密性试验时，紧急自动切断阀应呈开启状态。

检查数量：100%检查。

检查方法：手检，查阅产品说明书和设计文件。

7.4.3 燃气锅炉和冷热水机组用气场所设置的燃气浓度自动报警系统，应按要求同独立的防爆排烟设施、通风设施、紧急自动切断阀连锁。

检查数量：100%检查。

检查方法：查阅设计文件及设备安装说明书，进行联动测试试验。

7.4.4 燃气锅炉和冷热水机组的用气场所设置的火灾自动报警系统和自动喷水灭火系统应符合设计文件的要求。

检查数量：100%检查。

检查方法：查阅设计文件，按国家现行标准《火灾自动报警系统施工及验收规范》GB 50166、《石油天然气工程可燃气体检测报警系统安全技术规范》

SY 6503 和《自动喷水灭火系统施工及验收规范》GB 50261 检验及测试。

7.4.5 可燃气体检测报警器、火灾检测报警器的安装位置应符合产品说明书和设计文件的要求。

检查数量：100%检查。

检查方法：查看产品说明书及设计文件、尺量检查。

7.4.6 燃气浓度自动报警系统、火灾自动报警系统和紧急自动切断阀的供电导线的规格、型号、敷设方式应符合设计文件的要求。

检查数量：100%检查。

检查方法：目视检查、查阅设计文件和产品合格证。

7.4.7 燃气锅炉和燃气冷热水机组控制室的设备安装，应符合设计文件的要求。

检查数量：100%检查。

检查方法：查阅设计文件及产品说明书、按现行国家标准《自动化仪表工程施工及验收规范》GB 50093 进行调试、检验。

8 试验与验收

8.1 一般规定

8.1.1 室内燃气管道的试验应符合下列要求：

1 自引入管阀门起至燃具之间的管道的试验应符合本规范的要求；

2 自引入管阀门起至室外配气支管之间管线的试验应符合国家现行标准《城镇燃气输配工程施工及验收规范》CJJ 33 的有关规定。

8.1.2 试验介质应采用空气或氮气。

8.1.3 严禁用可燃气体和氧气进行试验。

8.1.4 室内燃气管道试验前应具备下列条件：

1 已制定试验方案和安全措施；

2 试验范围内的管道安装工程除涂漆、隔热层和保温层外，已按设计文件全部完成，安装质量应经施工单位自检和监理（建设）单位检查确认符合本规范的规定。

8.1.5 试验用压力计量装置应符合下列要求：

1 试验用压力计应在校验的有效期内，其量程应为被测最大压力的 1.5～2 倍。弹簧压力表的精度不应低于 0.4 级。

2 U 形压力计的最小分度值不得大于 1mm。

8.1.6 试验工作应由施工单位负责实施，监理（建设）等单位应参加。

8.1.7 试验时发现的缺陷，应在试验压力降至大气压力后进行处理。处理合格后应重新进行试验。

8.1.8 家用燃具的试验与验收应符合国家现行标准《家用燃气燃烧器具安装及验收规程》CJJ 12 的有关规定。

8.1.9 暗埋敷设的燃气管道系统的强度试验和严密性试验应在未隐蔽前进行。

8.1.10 当采用不锈钢金属管道时，强度试验和严密性试验检查所用的发泡剂中氯离子含量不得大于 $25×10^{-6}$。

8.2 强度试验

8.2.1 室内燃气管道强度试验的范围应符合下列规定：

1 明管敷设时，居民用户应为引入管阀门至燃气计量装置前阀门之间的管道系统；暗埋或暗封敷设时，居民用户应为引入管阀门至燃具接入管阀门（含阀门）之间的管道；

2 商业用户及工业企业用户应为引入管阀门至燃具接入管阀门（含阀门）之间的管道（含暗埋或暗封的燃气管道）。

8.2.2 待进行强度试验的燃气管道系统与不参与试验的系统、设备、仪表等应隔断，并应有明显的标志或记录，强度试验前安全泄放装置应已拆下或隔断。

8.2.3 进行强度试验前，管内应吹扫干净，吹扫介质宜采用空气或氮气，不得使用可燃气体。

8.2.4 强度试验压力应为设计压力的 1.5 倍且不得低于 0.1MPa。

8.2.5 强度试验应符合下列要求：

1 在低压燃气管道系统达到试验压力时，稳压不少于 0.5h 后，应用发泡剂检查所有接头，无渗漏、压力计量装置无压力降为合格；

2 在中压燃气管道系统达到试验压力时，稳压不少于 0.5h 后，应用发泡剂检查所有接头，无渗漏、压力计量装置无压力降为合格；或稳压不少于 1h，观察压力计量装置，无压力降为合格；

3 当中压以上燃气管道系统进行强度试验时，应在达到试验压力的 50% 时停止不少于 15min，用发泡剂检查所有接头，无渗漏后方可继续缓慢升压至试验压力并稳压不少于 1h 后，压力计量装置无压力降为合格。

8.3 严密性试验

8.3.1 严密性试验范围应为引入管阀门至燃具前阀门之间的管道。通气前还应对燃具前阀门至燃具之间的管道进行检查。

8.3.2 室内燃气系统的严密性试验应在强度试验合格之后进行。

8.3.3 严密性试验应符合下列要求：

1 低压管道系统

试验压力应为设计压力且不得低于 5kPa。在试验压力下，居民用户应稳压不少于 15min，商业和工业企业用户应稳压不少于**30min**，并用发泡剂检查全部连接点，无渗漏、压力计无压力降为合格。

当试验系统中有不锈钢波纹软管、覆塑铜管、铝塑复合管、耐油胶管时，在试验压力下的稳压时间不宜小于**1h**，除对各密封点检查外，还应对外包覆层端面是否有渗漏现象进行检查。

2 中压及以上压力管道系统

试验压力应为设计压力且不得低于**0.1MPa**。在试验压力下稳压不得少于**2h**，用发泡剂检查全部连接点，无渗漏、压力计量装置无压力降为合格。

8.3.4 低压燃气管道严密性试验的压力计量装置应采用 U 形压力计。

8.4 验　　收

8.4.1 施工单位在工程完工自检合格的基础上，监理单位应组织进行预验收。预验收合格后，施工单位应向建设单位提交竣工报告并申请进行竣工验收。建设单位应组织有关部门进行竣工验收。

新建工程应对全部施工内容进行验收，扩建或改建工程可仅对扩建或改建部分进行验收。

8.4.2 工程竣工验收应包括下列内容：

1 工程的各参建单位向验收组汇报工程实施的情况；

2 验收组应对工程实体质量（功能性试验）进行抽查；

3 对本规范第8.4.3条规定的内容进行核查；

4 签署工程质量验收文件。

8.4.3 工程竣工验收前应具有下列文件，并宜按附录 A 及附录 B 表格填写：

1 设计文件；

2 设备、管道组成件、主要材料的合格证、检定证书或质量证明书；

3 施工安装技术文件记录（附录 C）：焊工资格备案（表 C.0.1）、阀门试验记录（附表 C.0.2）、射线探伤检验报告（表 C.0.3）、超声波试验报告（表 C.0.4）、隐蔽工程（封闭）记录（表 C.0.5）、燃气管道安装工程检查记录（表 C.0.6）、室内燃气系统压力试验记录（表 C.0.7）；

4 质量事故处理记录；

5 城镇燃气工程质量验收记录（附录 A）：燃气分项工程质量验收记录（表 A.0.1）、燃气分部（子分部）工程质量验收记录（表 A.0.2）、燃气单位（子单位）工程竣工验收记录（表 A.0.3）；

6 其他相关记录。

附录 A　燃气工程质量验收记录

表 A.0.1　燃气分项工程质量验收记录

工程名称			分部工程名称							分项工程名称								
施工单位			位　置							主要工程数量								
序号	主控项目	验收依据	质　量　情　况													监理（建设）单位验收意见		
1																		
2																		
3																		
4																		
5																		
序号	一般项目	验收依据/允许偏差（规定值±偏差值）（mm）	验收点偏差或实测值													应量测点数	合格点数	合格率（%）	监理（建设）单位验收意见
			1	2	3	4	5	6	7	8	9	10	11	12	13	14	15	
1																		
2																		
3																		
4																		
5																		
6																		
7																		
8																		
施工单位自检结果			施工单位项目质量负责人						检查日期				年　月　日					
监理（建设）单位验收意见			监理工程师（建设单位项目负责人）						验收日期				年　月　日					

表 A.0.2　燃气分部（子分部）工程质量验收记录

工程名称			分部工程名称	
施工单位			项目技术（质量）负责人	
分包单位				
序号	分项工程名称		施工单位自检意见	监理（建设）单位验收意见
1				
2				
3				
4				
5				
6				
7				
8				
观感质量				
质量控制资料				
验收结论				
验收单位	分包单位		项目经理：	年　月　日
	施工单位		项目经理：	年　月　日
	监理（建设）单位		总监理工程师（建设单位项目负责人）	年　月　日

表 A.0.3　燃气单位（子单位）工程竣工验收记录

工程名称			
开工日期	年　月　日	完工日期	年　月　日
设计概算		施工决算	
验收范围及数量（附页共　页）：			
验收意见：			
验收组组长（签字）：			
建设单位（签字、公章）：		监理单位（签字、公章）：	
设计单位（签字、公章）：		施工单位（签字、公章）：	
单位（签字、公章）：		单位（签字、公章）：	
		竣工验收日期：　年　月　日	
其他说明：			

附录 B　管道焊接常用的坡口形式和尺寸

表 B　钢制管道焊接坡口形式及尺寸

序号	厚度 T (mm)	坡口名称	坡口形式	坡口尺寸			备注
				间隙 c (mm)	钝边 p (mm)	坡口角度 α (β) (°)	
1	1～3	I形坡口		0～1.5			
2	3～9	V形坡口		0～2	0～2	65～75	
	9～26			0～3	0～3	55～65	
3	2～30	T形接头I形坡口		0～2			
4	管径 $\phi \leqslant 76$	管座坡口	$a=100$　$b=70$　$R=5$	2～3	—	50～60 (30～35)	
5	管径 $\phi 76\sim133$	管座坡口		2～3	—	45～60	
6		法兰角焊接头					$K=1.4T$，且不大于颈部厚度；$E=6.4$，且不大于 T
							$K \geqslant T$ $E \geqslant T$
7		承插焊接法兰		1.6	—	—	$K=1.4T$，且不大于颈部厚度

附录 C 施工安装技术文件记录内容及格式

表 C.0.1　焊工资格备案

工程名称	
施工单位	

致　　　　　　监理（建设）单位：
　　我单位经审查，下列焊工符合本工程的焊接资格条件，请查收备案。

序号	焊工姓名	焊工证书编号	焊工代号（钢印）	考试合格项目代号	考试日期	备注

施工单位部门负责人	项目经理	填表人

填表日期：　　　　年　　月　　日

表 C.0.2　阀门试验记录

工程名称	
施工单位	

试验日期	类型	数量	规格型号		强度试验			严密性试验			外观检查及试验结果
			公称直径	公称压力	试验介质	压力(MPa)	时间(min)	试验介质	压力(MPa)	时间(min)	

监理(建设)单位	施　工　单　位		
	项目负责人	质检员	试验员

表 C.0.3 射线探伤检验报告

项目：											工号：											
管线号			委托单位												试验编号							
规格及厚度			焊接方法												执行标准							
材 质			增感方式												透视方法							

底片编号	缺 陷																		评定等级	返修位置	焊工号	附注
	1	2	3	4	5	6	7	8	9	10	11	12	13	14	15	16	17	18				

缺陷代号	1. 横裂纹 2. 纵裂纹 3. 弧坑裂纹 4. 未焊透 5. 未熔合 6. 条状夹渣	7. 分散夹渣 8. 夹钨 9. 气孔 10. 长形气孔 11. 过熔透 12. 凹陷	13. 溢满 14. 缩孔 15. 伪缺陷 16. 咬边 17. 错口 18. 表面沟槽

审核人： 年 月 日	评片： 年 月 日	暗房处理： 年 月 日	拍片： 年 月 日

表 C.0.4 超声波试验报告

项目：		工号：	
委托单位	受检件名称	试验编号	
材 质	试 块	执行标准	
规 格	入射点	指示长度	
厚 度 (mm)	折射角 (°)	最大射波高 (dB值)	
耦合剂	表面状态	灵敏度余量	
使用仪器			

序 号	检验部位	超 标 缺 陷			评级
		性 质	深 度	位 置	

附注：

年 月 日

审核人	年 月 日	报告人	年 月 日
证号：		证号：	

表 C.0.5 隐蔽工程（封闭）记录

项目：		工号：	
隐蔽封闭 部位		施工图号	
隐蔽封闭 前的检查：			
隐蔽封闭 方法：			
简图说明：			

建设单位： _____单位		施工单位： 施工人员：
年 月 日	年 月 日	检验员： 年 月 日

表 C.0.6　燃气管道安装工程检查记录

工程名称			
施工单位			
检查部位		检查项目	
检查数量			
检查内容	填表人：		
示意简图			
检查结果及处理意见	检查日期：　　　年　　月　　日		
复查结果	复查人：　　复查日期：　　年　　月　　日		
监理（建设）单位	施　工　单　位		单位
	项目技术负责人	质检员	

表 C.0.7　室内燃气系统压力试验记录

工程名称			
施工单位			
管道材质		接口做法	
设计压力	MPa	试验压力	MPa
压力计种类	□ 弹簧表；□ 数字式压力计；□ U 形压力计；□		
压力计量程及精度等级	MPa；　级	试验项目	□ 强度；□ 严密性
试验介质		试验日期	年　月　日
试验范围：			
试验过程：			
试验结果：			
监理（建设）单位	施工单位		单位

本规范用词说明

1 为便于在执行本规范条文时区别对待,对于要求严格程度不同的用词说明如下:
 1)表示很严格,非这样做不可的用词:
   正面词采用"必须",反面词采用"严禁";
 2)表示严格,在正常情况下均应这样做的用词:
   正面词采用"应",反面词采用"不应"或"不得";
 3)表示允许稍有选择,在条件许可时首先应这样做的用词:
   正面词采用"宜",反面词采用"不宜";
   表示有选择,在一定条件下可以这样做的用词,采用"可"。
2 条文中指明应按其他有关标准执行的写法为:"应符合……的规定"或"应按……执行"。

引用标准名录

1 《城镇燃气设计规范》GB 50028

2 《自动化仪表工程施工及验收规范》GB 50093

3 《火灾自动报警系统施工及验收规范》GB 50166

4 《工业金属管道工程施工及验收规范》GB 50235

5 《现场设备、工业管道焊接工程施工及验收规范》GB 50236

6 《自动喷水灭火系统施工及验收规范》GB 50261

7 《无损检测 金属管道熔化焊环向对接接头射线照相检测方法》GB/T 12605

8 《涂装前钢材表面锈蚀等级和除锈等级》GB 8923

9 《家用燃气燃烧器具安装及验收规程》CJJ 12-99

10 《城镇燃气输配气工程施工及验收规范》CJJ 33

11 《石油天然气工程可燃气体检测报警器系统安全技术规范》SY 6503

中华人民共和国行业标准

城镇燃气室内工程施工与质量验收规范

CJJ 94—2009

条 文 说 明

修 订 说 明

《城镇燃气室内工程施工与质量验收规范》CJJ 94—2009 经住房和城乡建设部 2009 年 4 月 7 日以第 272 号公告批准发布。

本规范第一版的主编单位是北京市煤气热力工程设计院，参编单位是成都市煤气总公司、上海市燃气市北销售有限公司、沈阳市煤气总公司、昆明市煤气总公司、国际铜业协会（中国）、北京市煤气工程公司。

本次修订的主要内容是：

1 增加第 2 章术语，第 3 章基本规定；

2 原规范第 2、3、4、5 章的内容汇编为本规范第 3、4、5、6、7 章；

3 第 4 章是在原规范第 2 章的基础上，增加了铝塑复合管的连接、燃气管道的防雷接地、敷设在管道竖井内的燃气管道的安装、沿外墙敷设的燃气管道的安装等方面的规定，且汇编了原规范第 5 章中有关室内燃气管道检验的内容；

4 第 5 章是在原规范第 3 章内容的基础上，增加了燃气计量表与燃具、电气设施的最小净距要求、燃气计量表安装的允许偏差和检验方法等要求，且汇编了原规范第 5 章中有关燃气计量表安装检验的内容；

5 第 6 章是在原规范第 4 章的基础上，增加了燃气热水器和采暖炉安装及烟道安装的要求等，且汇编了原规范第 5 章中有关家用、商业用及工业企业用燃具和用气设备安装检验的内容；

6 第 7 章是在原规范第 5 章中第 5.5 节的基础上，增加了调压装置安装、监控系统安装的要求等；

7 第 8 章是对原规范第 6 章中有关强度试验和严密性试验的具体规定进行了调整。

为便于广大设计、施工、科研、学校等单位有关人员在使用本规范时能正确理解和执行条文规定，《城镇燃气室内工程施工与质量验收规范》编制组按章、节、条顺序编制了本规范的条文说明，供使用者参考。在使用中如发现本条文说明有不妥之处，请将意见函寄北京市煤气热力工程设计院有限公司（地址：北京市西城区西单北大街小酱坊胡同甲 40 号，邮政编码：100032）。

目 次

1 总 则

1.0.1 提出制定本规范的目的是为了统一城镇燃气室内工程施工及验收的标准，保证城镇燃气室内工程的施工质量，确保安全供气。

1.0.2 对本规范适用范围明确为供气压力小于或等于 0.8MPa（表压）的城镇燃气室内管道和设备工程。燃气户外引入管和设置在建筑物外墙的燃气管道也属于本规范适用的范围，燃气厂、站的设备本体（包括燃气发电机组、燃气调压装置、燃气加气装置、液化石油气储存、灌瓶、气化、混气、液化天然气、液化石油气等设备）、燃气锅炉本体及工业企业用气设备的施工及验收不属于本规范的适用范围。本规范所指压力均为表压。

《城镇燃气设计规范》GB 50028—2006 中对用户室内燃气管道的最高压力规定见表 1；对用气设备燃烧器的额定压力规定见表 2。

表 1　用户室内燃气管道的最高压力（表压 MPa）

燃气用户		最高压力
工业用户	独立、单层建筑	0.8
	其 他	0.4
商业用户		0.4
居民用户（中压用户）		0.2
居民用户（低压用户）		<0.01

表 2　居民低压用气设备燃烧器的额定压力（表压 kPa）

燃气 燃烧器	人工煤气	天 然 气		液化石油气
		矿井气	天然气、油田伴生气、液化石油气混空气	
民用燃具	1.0	1.0	2.0	2.8 或 5.0

1.0.3 明确了燃气通气的时机、通气的责任单位和工作职责划分的界线。燃气供应单位一般是指当地的燃气公司。

竣工验收是指在建设单位组织下，各参建单位参加，并有工程质量监督部门对验收过程进行监督，按规定的工作程序所进行的活动。

1.0.4 本规范为指导城镇燃气室内工程施工及验收的综合性规范，所提出的是基本要求，因此城镇燃气室内工程除应符合本规范的规定外，尚应符合有关的国家现行标准和规范，主要有：

　　1　《城镇燃气设计规范》GB 50028

　　2　《工业金属管道工程施工及验收规范》GB 50235

　　3　《现场设备、工业管道焊接工程施工及验收规范》GB 50236

　　4　《城镇燃气输配工程施工及验收规范》CJJ 33

　　5　《家用燃气燃烧器具安装及验收规程》CJJ 12

　　6　《承压设备无损检测》JB/T 4730

　　7　《铜及铜合金焊接及钎焊技术规程》HGJ 223

　　8　《建筑设计防火规范》GB 50016

　　9　《高层民用建筑设计防火规范》GB 50045

　　10　《无损检测　金属管道熔化焊环向对接接头射线照相检测方法》GB/T 12605

　　11　《涂装前钢材表面锈蚀等级和除锈等级》GB 8923

　　12　《自动化仪表工程施工及验收规范》GB 50093

　　13　《石油天然气工程可燃气体检测报警系统安全技术规范》SY 6503

　　14　《火灾自动报警系统施工及验收规范》GB 50166

　　15　《自动喷水灭火系统施工及验收规范》GB 50261

　　16　《建筑物防雷设计规范》GB 50057

　　17　《工业企业煤气安全规程》GB 6222

2 术 语

本章所列术语，其定义及范围仅适用于本规范。

2.0.1 本条所指的燃气室内工程的燃气管道包括室外配气支管与用户引入管总阀门之间的管道、燃气外爬墙管道和沿屋顶敷设的燃气管道。

2.0.7 "辅以必要的检查工具"一般指低倍放大镜。

2.0.8 引用《城镇燃气设计规范》GB 50028—2006 第 2.0.49 条。

2.0.9 引用《城镇燃气设计规范》GB 50028—2006 第 2.0.50 条。

3 基 本 规 定

3.1 一 般 规 定

3.1.1 本条是对从事室内燃气工程及其配套工程施工单位的资质要求。

相关行政管理部门是指：燃气工程施工资质由建设主管部门颁发；配套工程根据消防有关法规的规定，其资质由消防主管部门颁发。

本条编制依据是 1998 年 1 月 1 日起施行的中华人民共和国建设部第 62 号令《城市燃气管理办法》。

3.1.2 焊接连接的钢质管道一般敷设于重要的或对安全有特殊要求的场所，因此对焊接人员的资格提出要求是必要的。国务院令第 373 号《特种设备安全监察条例》中对受监察的压力管道给出了明确的界定，本条所指"压力管道"是指受监察的压力管道，对于从事受监察的压力管道以外的钢质管道的焊接，其焊接人员资格可参照本款的要求执行。焊接人员的考试及管理要求见《锅炉压力容器压力管道焊工考试与管理规则》(国质检锅〔2002〕109 号)。

焊工间断焊接时间较长后，操作手法容易生疏，难以保证焊接质量，因此再次上岗前还应进行考试，以适应该工程对焊接质量的要求。考试的组织部门可以为施工单位的焊工考试委员会等具有培训考试资格的机构。

3.1.3 从事燃气铜管钎焊作业的人员，应经专业技术培训合格，以保证铜管钎焊的质量。同时，钎焊作业属于特种作业焊工的作业范围，因此应持有特种作业人员上岗证书方可上岗，以确保作业安全。

3.1.4 薄壁不锈钢管、不锈钢波纹软管及铝塑复合管机械连接的安装人员的上岗资格，目前国家尚无明确的统一规定。为了保证上岗人员正确进行施工，保证工程质量，本规范强调上岗人员应经技术培训。

本条所说"相关部门"可以是具有培训能力的管材生产单位、施工企业的培训主管部门或燃气行业管理部门等。

3.1.5 设计文件是工程施工的主要依据，按图施工是《建设工程质量管理条例》的规定，因此必须执行。本条强调了设计文件的地位，当设计文件有误或因现场条件的原因不能按设计文件执行时，必须事先经原设计单位对设计文件进行修改，施工单位不得随意改变设计文件。

设计文件包括施工图、设计变更、设计洽商函等。

3.1.6 施工方案对指导工程施工、规范施工要求、统一施工质量、明确验收标准具有实效，同时便于监理或建设单位依据此进行检查。

3.1.7 主控项目是对工程质量起决定性影响的检验项目，因此必须全部符合本规范的规定，这意味着主控项目不允许有不符合要求的检验结果，这种项目的检验结果具有否决权。由于主控项目对工程质量起重要作用，从严要求是必须的。

当不合格点的最大偏差值超过其允许偏差值的 1.2 倍时，原则上应进行返修(返工)处理，特殊情况下，应按设计文件的要求处理。

返修：在原有基础上，对不合格的问题进行处理。

返工：将原有不合格的项目拆除，重新安装。

当对不合格的项目进行返修(返工)处理后，应重新进行合格点率的计算。

3.1.8 本条参考《建筑工程施工质量验收统一标准》GB 50300—2001 第 6 章和建设部《房屋建筑工程和市政基础设施工程竣工验收暂行规定》(建建〔2000〕142 号)第八条的规定制定。

"工程完工"既可以是分项或分部工程的完成，也可以是已按设计文件施工完成。本条强调的是每一项工作完成，均应在具有一定资格的人员参与下，按一定的工作程序所进行的验收工作。

对无监理的工程，验收工作均应由建设单位项目负责人组织。

3.1.9 此条为对在验收过程中发现存在问题时的处理原则。因燃气工程的安全特殊性要求，故对存在的超标准缺陷一般均应按要求进行返修(返工)处理。当设计变更文件对该超标准缺陷有特殊处理要求(如放行)时，对相应的文件应存档备查。

3.1.10 本条编制依据为《城镇燃气设计规范》GB 50028—2006 第 10.2.1 条。

3.1.11 当以下条文规定进行计数检查时，计数的划分按此规定。

1 本款 20m 以上的直管段主要是指干管和公共区域的分支管。

3.2 材料设备管理

3.2.1 本条为强制性条文。家用燃气灶具、家用燃气快速热水器、燃气调压器(箱)、防爆电气、电线电缆、电焊条、铜合金管材、压力仪表、燃气表、易燃易爆气体检测(报警)仪等产品，其质量好坏直接涉及人民生命和财产安全，因此国家规定对这些产品实行生产许可证或计量器具许可证制度。施工单位在安装前必须对生产许可证或计量器具许可证进行核查。属于建设单位采购的设备，施工单位应向建设单位索取相应的资料。

不符合规定要求是指产品的认证文件不齐全。

3.2.2 本条为强制性条文。出厂合格文件包括：合格证、质量证明书，有些产品应有相关性能的检测报告、型式检验报告等。对进口产品应有中文说明书，按国家规定需要对进口产品进行检验的，还应有国家商检部门出具的检验报告。

室内燃气管道在安装前应按下列国家现行标准进行检验：

1 燃气管道的管材应采用下列国家现行标准规定的管道：

1)《输送流体用无缝钢管》GB/T 8163

2)《低压流体输送用焊接钢管》GB/T 3091

3)《流体输送用不锈钢无缝钢管》GB/T 14976

4)《流体输送用不锈钢焊接钢管》GB/T 12771

5)《无缝铜水管和铜气管》GB/T 18033

6)《铝塑复合压力管》GB/T 18997

2 燃气管道及阀门的连接管件和附件应符合下

列国家现行标准规定：

1）《可锻铸铁管路连接件》GB/T 3287

2）《六角头螺栓》GB/T 5780～5784

3）《六角螺母》GB 6170～6171

4）《平面、突面板式平焊钢制管法兰》GB/T 9119

5）《凸面板式平焊钢制管法兰》JB/T 81

6）《卡套式直通管接头》GB/T 3737

7）《卡套式可调向端三通管接头》GB/T 3741

8）《卡套式焊接管接头》GB/T 3747

9）《铜管接头》GB/T 11618

10）《建筑用铜管管件》CJ/T 117

11）《管路法兰技术条件》JB/T 74

12）《铝塑复合管用卡压式管件》CJ/T 190

13）《铝塑复合管用卡套式铜制管接头》CJ/T 111

3 燃气阀门应采用符合下列国家现行标准规定的阀门：

1）《钢制阀门一般要求》GB/T 12224

2）《城镇燃气用球墨铸铁、铸钢制阀门通用技术要求》CJ/T 3056

3）《家用燃气具旋塞阀总成》CJ/T 3072

4）《家用燃气燃烧器具自动燃气阀》CJ/T 132

4 燃具和表具与燃气管道连接使用的软管可采用符合下列国家现行标准规定的软管：

1）《波纹金属软管通用技术条件》GB/T 14525

2）《燃气用不锈钢波纹软管》CJ/T 197

3）《液化石油气（LPG）橡胶软管》GB 10546

5 燃气用垫片应采用符合下列国家现行标准规定的产品：

1）《平面型钢制管法兰用石棉橡胶垫片》GB/T 9126.1

2）《管法兰用非金属平垫片技术条件》GB/T 9129

3）《管法兰用聚四氟乙烯包覆垫片》GB/T 13404

4）《管法兰用金属包覆垫片》GB/T 15601

3.2.3 加强对材料进场验收工作，对提高工程质量是非常必要的。根据燃气室内工程的特点，本条强调验收检查的主要项目是质量合格文件和产品实体的观感质量，即主要检查外观有无损伤、包装有无损坏。若包装有损坏，说明在运输过程中受到了较大的外力，因此在检查中应引起特别的注意。当对实物质量或质量合格文件有怀疑时，为保证检验取样的公正性，应在监理或建设单位有关人员的见证下由施工单位抽取样品进行送检复验。

该条明确了进场检查的主体是施工单位。其他第三方机构可以是监理单位、建设单位或其他有关机构。

3.2.4 燃气设备一旦存在质量隐患，将造成极大危害，因此把好安装前的质量检查至关重要，对进口设备也应如此，一旦检验不合格，严禁使用。

组批的原则：同一合同、同一供货厂（商）、同一批到达口岸的产品。

3.3 施工过程质量管理

3.3.3 工程验收单元可参照下列内容进行划分：

1 单位（子单位）工程

1）具有独立的施工合同、具备独立施工条件并能形成独立使用功能的为一个单位工程；

2）对安装规模较大的单位工程，可将其能形成独立使用功能的部分划分为若干个子单位工程。

2 分部（子分部）工程

1）分部工程的划分应按专业、设备的性质确定；

2）当分部工程量较大或较复杂时，可按楼栋号、区域、专业系统等划分为若干子分部工程。

3 分项工程

分项工程应按主要工种、施工工艺、设备类别等进行划分。

有些小工程，如食堂、室内燃气设施改造、扩容等，若完全按正规项目对验收单元进行要求时，则显过于繁琐，因此本款是对简化验收环节的程序要求。此情况下，施工单位应在施工方案中明确验收单元的划分，并据此执行，监理单位按方案的划分进行验收。

3.3.5 检测设备、计量仪器的准确性影响着检验的结果，根据计量法规的规定，必须定期进行检定。

4 室内燃气管道安装及检验

4.1 一 般 规 定

4.1.1 室内燃气管道安装前应对管道组成件进行内部清扫，保持其内部清洁，以便保证后续工作的正常进行。

4.1.2 为保证室内管道安装的质量及施工工期，安装施工前的准备工作是很重要的。

4 本款规定主要是为了保证燃气管道的施工质量，防止燃气管道施工完毕后土建工程的施工可能会损坏已敷设的燃气管道和设备。

4.1.7

6 阀门如果在开启状态下安装，则无法避免安装时产生的脏物进入阀门，从而有可能导致阀口被破坏。

4.2 引 入 管

主 控 项 目

4.2.1 本条为强制性条文。编制依据为《城镇燃气设计规范》GB 50028—2006 第 10.2.23 条的规定。

一 般 项 目

4.2.4 本条编制依据为国家现行标准《城镇燃气输配工程施工及验收规范》CJJ 33—2005 第 2.4 节的有关规定。

4.2.8

1 本款编制依据为《城镇燃气埋地钢质管道腐蚀控制技术规程》CJJ 95—2003 第 6.3.3 条和第 6.3.5 条；

2 本款编制依据为《建筑物防雷设计规范》GB 50057—94。

4.3 室内燃气管道

一 般 规 定

4.3.1

3 铜管牌号 TP2 为 2 号磷脱氧铜，其氧含量不高于 0.01%，仅为 T2 铜的 1/6，使铜管的机械加工性能，特别是钎焊性能大大改善。暗埋铜管采用塑覆铜管或包有绝缘保护材料的铜管，可保证铜管与墙内金属物件绝缘，又能防止墙槽填充材料对铜管的腐蚀；

6 参照现行国家标准《城镇燃气设计规范》GB 50028—2006，薄壁不锈钢管和不锈钢波纹软管必须有防外部损坏的保护措施。

4.3.3

3 铜管钎焊连接的接头强度是由钎焊面积来实现的，因此必须采用承插式连接，以保证必要的钎焊搭接面积。软钎焊即锡钎焊，其接头强度比硬钎焊低，且易产生假焊，为了确保接头的质量和安全，故不得采用软钎焊；

4 目前薄壁不锈钢管的机械连接方式，在已有的卡套式、卡压式连接方式的基础上有改进和发展；例如已在室内燃气管道上采用环压式的连接方式，可达到燃气系统的检验要求；目前这种连接方式已有四川省工业建设地方标准《燃气用环压连接薄壁不锈钢管道工程技术规程》DB 51/T5035 及公安消防部门的推荐；

6 卡套式、卡压式连接是目前铝塑复合管国内

外主流的连接方式。

4.3.4

2 不锈钢管用砂轮切割与修磨时，应使用专用砂轮片，不得使用切割碳素钢管的砂轮片，以免受污染而影响不锈钢管的质量。

主 控 项 目

4.3.7

1 钢管焊接时，为了确保焊缝能焊透，需对管子与管件进行坡口处理。管口组对时，内壁的错边直接影响焊缝根部的成形与质量，应尽量保持齐平，当错边量大于 1mm 时，应进行修整，以保证焊缝根部的成形与质量。外壁错边量过大会造成焊缝边缘的应力集中，不利于接头的承载，故错边量大于 3mm 时应进行修整。

2 直径小于或等于 DN40 的钢管采用手工电弧焊有较大操作难度，故可采用氧-可燃气体焊接。

3 焊接材料的选用与匹配，直接影响焊缝的质量与性能，应采用与钢管材质以及工作要求相匹配的，且产品质量合格的焊材。例如高寒地区应选用碱性焊条，有药皮脱落或不均匀，有气孔、裂纹、生锈或受潮的焊条严禁使用。

4 3）焊缝强制冷却，会改变焊缝的组织与性能，且增加接头的焊接应力，使焊缝的承载力下降。

4.3.8 为了保证焊缝的内在质量，需对焊缝进行必要的无损检测抽检。对抽检不合格的焊缝，除必须返修到合格外，应对所代表的其他未检焊缝扩大检测，以保证该焊工所焊焊缝的质量是合格的。

4.3.9 本条具体指应符合《管路法兰技术条件》JB/T 74—94 中附录 C 的有关规定。

4.3.10 《铜管接头》GB/T 11618 附录 A，规定了铜管接头采用铜基无银、低银焊料钎焊工艺，本条对燃气铜管的钎焊工艺及质量要求，作了具体明确的规定。

4.3.11

1 本条编制依据为《城镇燃气设计规范》GB 50028—2006 第 10.2.7 条文；

2 引用中国工程建设标准化协会标准《建筑给水铝塑复合管管道工程技术规程》CECS 105：2000 第 3.1.3 条文；

3 引用中国工程建设标准化协会标准《建筑给水铝塑复合管管道工程技术规程》CECS 105：2000 第 5.3.4（2）条文；

4 引用中国工程建设标准化协会标准《建筑给水铝塑复合管管道工程技术规程》CECS 105：2000 第 5.3.4（1）、（4）条文。

4.3.14 本条编制依据为《建筑物防雷设计规范》GB 50057—94 第 3.2.3、3.3.1 条和第 4.2.1 条。

4.3.16

3 不锈钢波纹软管、铝塑复合管的切割应采用专用工具以保证切口质量。铝塑复合管还需要用专用整圆器整圆。

4.3.17 本条具体指燃气管道弯管的制作应符合现行国家标准《工业金属管道工程施工及验收规范》GB 50235—97 中第4.2.1～4.2.6 及 4.2.8 和 4.2.9 条的规定。铝塑复合管的弯曲半径为最小极限值，施工中应尽量大于此值。

4.3.19

7 本条要求铜管与阀门、表具等实施螺纹连接时，必须采用一端为承插式焊接连接，一端为螺纹连接的铜合金管件实施连接。

4.3.20 本条规定的距离主要是考虑安装时使用工具所需的空间。不锈钢波纹软管和铝塑复合管属于柔性管道，可不需要与墙面保留维护检修的净距。

4.3.22

4 为有效防止暗埋管道受到外力的冲击而损坏，推荐在直埋管道的全长上，加设厚度大于 1.2mm 的金属防护装置。

6 覆盖的砂浆中不允许添加固化剂是为了防止砂浆迅速固化而使被覆盖的管道产生应力；砂浆中添加带色颜料是为了让住户在安装吊橱或低柜时，避开燃气管管位，起警示作用。

4.3.23

1 防止紫外线加速铝塑复合管塑料的老化；

2 公称尺寸小于 DN20 的铝塑复合管，柔软的盘卷管材便于直接用手调直；公称直径大于或等于 DN25 的管材，刚性增加，需要在地面预先调直；

3 铝塑复合管的塑料需要远离热源；

4 参照中国工程建设标准化协会标准《建筑给水铝塑复合管管道工程技术规程》CECS 105：2000 第4.1.7 条文；原条文规定，与燃气灶具边的水平净距不得小于 0.4m；

5 铝塑复合管的刚度比金属管小，故不应承受阀门等重量大的管道附件的重量和操作力矩，防止接口松动漏气。

4.3.25 如果采用管件连接，则至少要使用 2 个弯头，这样不仅不便于安装，而且因为接头数量的增多，漏气的可能性也会增加。本条所指的"外侧"是指远离墙壁的一侧。

4.3.26 本条编制依据为《城镇燃气设计规范》GB 50028—2006 第10.2.36 条。

4.3.27 钢管支架的最大间距是参考《城镇燃气设计规范》GB 50028—93 中表 7.2.23 的数据，在 GB 50028—93 修订时，经与该规范主编单位协商，认为该条规定偏重于施工验收范畴，故将其移入本规范。

铜管支架的最大间距的规定是参考《建筑给水排水及采暖工程施工质量验收规范》GB 50242—2002 中第 3.3.10 条的规定。不锈钢管支架最大间距参考四川省工程建设地方标准《燃气用环压连接薄壁不锈钢管道工程技术规程》DB 51/T 5035—2007 的规定编制。铜管及铝塑复合管比镀锌钢管管壁薄，刚度差，因此支架间距较钢管要小。

8 采用钢质支撑时，撑与铜管之间用绝缘材料隔离是为了防止两种金属产生电化学腐蚀。

4.3.28 本条内容根据相关施工经验编写，其他管材或新型管材参照钢管。

5 燃气计量表安装及检验

5.1 一 般 规 定

5.1.1 本规范 3.2.1 条和 3.2.2 条为强制条文，其要求也适用本条文。为节约国家资源，保护燃气用户利益，燃气计量表必须准确。

1 "CMC"是国家对"制造计量器具许可证"的认定标记。而具有出厂合格证是证明该产品为已经厂家质量检验合格的产品；

2 燃气计量表实行强检是根据《中华人民共和国计量法》第九条规定提出的；

3 国家明文规定计量器具必须实行定期检查，并在有效期内使用；不按规定方法放置的燃气计量表，会使传动机构受到影响。从而造成计量不准确；

4 燃气计量表的种类很多，性能、规格及适用压力也各不相同，燃气计量表在安装前应该对其性能、规格、适用压力进行认真的校核。

5.1.3 燃气计量表一般每月进行一次抄表，因此必须方便出入。保证便于检修的目的是为确保安全用气。

5.2 燃气计量表

主 控 项 目

5.2.3 燃气计量表与燃具、电气设施之间的最小水平净距可对其计量的准确性产生影响，同时也考虑用气安全及安装、检修的方便。表 5.2.3 的规定为经验总结。

一 般 项 目

5.2.7 对于机械鼓风助燃的用气设备，当燃气或空气因故突然降低压力或者操作失误时，均会出现燃气、空气的窜混现象，导致燃烧器回火产生爆炸事故，将燃气表、调压器、鼓风机等设备损坏。设泄压装置是为了防止一旦发生爆炸时，不至于损坏设备。

5.2.9 本条针对户外安装的天然气计量表及南方冬季温度在 +5℃ 以上地区安装在户外的燃气计量表制

定的，着重考虑了对燃气计量表的安全防护。

5.3 家用燃气计量表

主 控 项 目

5.3.1

　2 采用专用连接件安装燃气计量表，是考虑便于安装维修和统一管理，方便调整表与墙的距离，同时达到管件使用标准化的目的；

　3 在橱柜内安装的燃气表应便于抄表及维修，自然通风避免燃气计量表产生少量漏气造成不必要的事故及表的防潮；

　5 主要考虑燃气计量表本身重量在不加表托时会使表接口受力，可根据燃气计量表的实际重量来考虑，对于燃气计量表为软连接时，必须要加表托固定。

5.4 商业及工业企业燃气计量表

主 控 项 目

5.4.1 最大流量小于 $65m^3/h$ 的燃气计量表较重，故高位安装要加表托固定；低位安装时，安放在支敦或支架上，可保证表的平稳，避免螺纹接头泄漏。

5.4.2 最大流量大于或等于 $65m^3/h$ 的燃气计量表，体积和重量均较大，低位安装可降低劳动强度，提高工作效率，保证安全，故规定低位安装。表后与墙净距不宜小于 150mm 是为了安装和检修保证松紧法兰上的螺栓（母）有所需的空间与位置。

5.4.3 燃气计量表与燃具和设备间的净距，主要考虑安全因素，本条是参考各地方标准制定。

5.4.4 主要考虑了计量准确和安装的美观。本条由实践经验总结编制。

一 般 项 目

5.4.5 软管材质本身较软，施工时易形成直角，规定弯曲成圆弧状，尽量保持原口径，可减少局部阻力，保证流量，流速不受影响。

5.4.7 工业企业多台并联的燃气计量表，规定每块燃气计量表进出口管道上安装阀门，是考虑当某一块燃气计量表需要更换或维修时，不影响其他燃气计量表的正常供气。燃气计量表之间的净距规定满足安装管子、组对法兰和维修换表的需要，是因为燃气计量表规格不一，尺寸大小不等，故只提出此原则要求。

6 家用、商业用及工业企业用燃具和用气设备的安装及检验

6.1 一 般 规 定

6.1.1 本规范 3.2.1 条和 3.2.2 条为强制条文，其

要求也适用本条文。对燃具和用气设备必须进行严格的检查，不符合本条要求的产品不得安装，以保证用户使用的安全。

6.1.3 本条编制依据为《城镇燃气设计规范》GB 50028—2006 第 10.4 和第 10.5 节的有关规定。

6.1.4 按设计文件要求正确安装烟道才能保证燃具和用气设备的正常燃烧。

6.2 家 用 燃 具

主 控 项 目

6.2.2 本条操作时说明书中未说明的内容应符合《家用燃气燃烧器具安装及验收规程》CJJ 12 的有关规定。

6.2.3 本条规定，基本采用辽宁省建筑标准化办公室出版的《煤气设计手册》城市住宅与公共建筑部分中相关条款，同时参照了北京、上海等地的有关技术规定，可方便操作，易于维修管理，保证正常燃烧。

6.2.5 软管连接是安装中的薄弱环节和事故多发点，必须进行检查。

6.2.6 本条在总结实践经验的基础上编制。

6.3 商业用气设备

主 控 项 目

6.3.1 本条为《城镇燃气设计规范》GB 50028 的强制性条文。地下室、半地下室或地上密闭房间均为通风不良场所，严格按设计文件要求施工，可达到泄漏及时报警、自动熄火、快速切断气源，避免造成社会效益、经济效益的负面影响。

6.3.2 本条规定主要从安全卫生，便于操作的角度出发。

　1 综合了炊事人员一般身高、体形，房间的健康卫生标准，操作互不影响等因素作出的规定；

　2 不小于 1.5m 宽度的通道是考虑到方便通行和紧急疏散的需要；

　3 采取本措施可防止火灾事故发生。

一 般 项 目

6.3.3 燃烧器对准锅中心，可以保证火焰分布均匀。燃烧器与锅底距离大，造成燃烧时间长，浪费能源；燃烧器与锅底距离小，容易形成火焰外溢。燃气灶环孔周围保持足够空间，可保证二次空气畅通。

6.3.4 如操作不当或灶前阀门泄漏发生事故时，爆破门先损坏，可避免重大事故发生。

6.4 工业企业生产用气设备

主 控 项 目

6.4.1 本条为强制性条文。主要是为了保证安全，

避免由于通风不良、漏气、不完全燃烧而造成爆炸和中毒事故。现行国家标准《城镇燃气设计规范》GB 50028—2006 中10.6.9 条规定：工业企业生产用气设备应安装在通风良好的专业房间内。当特殊情况需要设置在地下室、半地下室或通风不良的场所时，应符合本规范第10.2.21 条和第10.5.3 条的规定。

6.4.2 本条规定主要是为了保证用气设备使用的安全性和可靠性。

6.4.4 非通用产品受到材料、制造工艺和生产厂能力等等因素限制，对产品检验要求有所提高。第 2 款具体指应符合现行国家标准《城镇燃气设计规范》GB 50028—2006 中第10.6 节共 9 条的有关规定。

6.4.5 主要是保证用气设备的安全运行。

　　1 是为了防止万一发生燃气脱压或操作不当时，空气进入燃气管而引起爆炸事故的可能；

　　2 对燃气和空气而言，任一气体脱压或超压均可能造成事故给生产带来损失，故当压力低于或超过正常燃烧所需压力时要报警，便于及时发现采取措施；

　　3 对于封闭式的炉膛及烟道如不设置必要的泄爆装置，或即使有了泄爆装置但泄爆面积不够，一旦发生爆炸就会产生炸坏炉膛或烟道的事故。泄爆装置应安装在避开人流或经常有操作的部位，以免泄爆时伤人。

一 般 项 目

6.4.6 主要是便于今后对设备和管道的维护保养，安全操作。

6.5 烟 道

主 控 项 目

6.5.1 烟道符合设计要求，可保证烟道具有良好的抽力，保证用气设备正常燃烧，达到最大热效率。

6.5.2 一定的烟道抽力能保证烟气的顺利排出室外。现行国家标准《城镇燃气设计规范》GB 50028—2006 中第10.7.8 条中规定用气设备排烟设施的烟道抽力应符合下列规定：

　　1 热负荷 30kW 以下的用气设备，烟道的抽力（余压）不应小于 3Pa；

　　2 热负荷 30kW 以上的用气设备，烟道抽力（余压）不应小于 10Pa；

　　3 工业企业生产用气、工业窑炉的烟道抽力不应小于烟道系统总抽力的 1.2 倍。

一 般 项 目

6.5.5 对烟道进行保温是为了保证出口排烟温度高于烟气的露点。

7 商业用燃气锅炉和冷热水机组 燃气系统安装及检验

7.1 一 般 规 定

7.1.1 《城镇燃气设计规范》GB 50028—2006 第10.2.1 条的规定中商业用户室内燃气管道的最高压力为 0.4MPa（表压）。

7.1.2 《城镇燃气设计规范》GB 50028—2006 第10.5.6 条的具体要求为：

　　1 宜设置在独立的专用房间内；

　　2 设置在建筑物内时，燃气锅炉房宜布置在建筑物的首层，不应布置在地下二层及二层以下；燃气常压锅炉和燃气直燃机可设置在地下二层；

　　3 燃气锅炉房和燃气直燃机不应设置在人员密集场所的上一层、下一层或贴邻的房间内及主要疏散口的两旁；不应与锅炉和燃气直燃机无关的甲、乙及使用可燃液体的丙类危险建筑贴邻；

　　4 燃气相对密度（空气等于 1）大于或等于 0.75 的燃气锅炉和燃气直燃机，不得设置在建筑物地下室和半地下室；

　　5 宜设置专用调压站或调压装置，燃气经调压后供应机组使用。

7.1.3 《城镇燃气设计规范》GB 50028—2006 第10.7 节共有 10 条规定，施工单位在进行烟道施工时均应执行。

7.2 管 道

7.2.1 本条所指的规定具体为《城镇燃气输配工程施工及验收规范》CJJ 33—2005 中第 12.1、12.4 节的规定。引入管阀门后管道的试验按本规范第 8.2、8.3 节的相关要求执行。

7.2.3 本条为强制性条文。本条规定是依据《城镇燃气设计规范》GB 50028—2006 第 10.2.23 条第 3 款的规定编制。

7.2.4 本条中放散管设置的依据为《城镇燃气设计规范》GB 50028—2006 第 10.2.39、10.2.40 条的规定。

7.3 调 压 装 置

主 控 项 目

7.3.4 本条所指相关规定具体为《城镇燃气设计规范》GB 50028—2006 中第 6.6.2、6.6.3、第 6.6.6 条和第 6.6.8 条。

一 般 项 目

7.3.5 本条与《城镇燃气输配工程施工及验收规范》

CJJ 33—2005 中 11.3.4 相同。

7.4 自控安全系统

主控项目

7.4.1 本条依据《城镇燃气设计规范》GB 50028—2006 中第 10.5.7 条的规定编制。

7.4.2 手动快速切断阀、紧急自动切断阀的设置依据《城镇燃气设计规范》GB 50028—2006 中第 10.5.3、10.8.3、10.8.4 条的规定编制。

7.4.3 本条依据《城镇燃气设计规范》GB 50028—2006 中第 10.8.2 条的规定编制。

7.4.4 本条依据《城镇燃气设计规范》GB 50028—2006 中第 10.5.7 条的规定编制，自动灭火系统除自动喷水系统外，尚有卤代烷、二氧化碳、干粉、泡沫等固定灭火系统，具体操作实施应依据设计文件规定。

8 试验与验收

8.1 一般规定

8.1.1 引入管阀门以前的管道应和埋地配气支管连通进行试验。

8.1.2 试验介质可以采用氮气或惰性气体，用水可能会对管道和设备造成污染。

8.1.3 本条为强制性条文，为保证试验安全，严禁用可燃气体和氧气做试验介质。

8.1.4 本条两项条件的提出是为了保证燃气管道压力试验的安全。

8.1.5 试验用压力计量装置的量程和精度关系到压力试验结果的准确性。

8.1.6 1991 年建设部、劳动部和公安部联合颁布的第 10 号令《城市燃气安全管理规定》中要求城市燃气工程在竣工验收时，应组织城建、公安消防、劳动等有关部门及燃气安全方面的专家参加。

8.1.7 降至大气压力进行修补是为了保证修补工作的安全和修补的质量。

8.1.8 本条具体指应符合国家现行标准《家用燃气燃烧器具安装及验收规程》CJJ 12—99 中第 6.0.3～6.0.8 条的规定。

8.2 强度试验

8.2.3 吹扫介质严禁使用可燃气体。

8.2.4～8.2.5 两条均为强制性条文。根据我国一些省市的强度试验规定提出了本规范中强度试验的条文规定，凡城镇燃气（含天然气、人工煤气、液化石油气）均应执行本规范规定。

我国一些省市的强度试验规定如下：

1 北京市的规定：

1）北京市对室内人工煤气管道和设备的强度试验作了如下规定：

试验介质可采用空气或惰性气体，严禁采用氧气；

① 对于家庭住宅内煤气管道：在安装燃气计量表前，用 100kPa 的压力对总进气管至表前阀门的管段（包括引入管及总阀门以后的管道）进行强度试验，用肥皂水涂抹所有接头，不漏气为合格；

② 对于公共建筑的室内煤气管道：试验范围是由总进气管到用具阀门；低压管道试验压力为 100kPa，中压管道试验压力为 150kPa，用肥皂水涂抹所有接头，不漏气为合格；燃气计量表不做强度试验。

2）北京市对室内天然气和液化石油气管道和设备的强度试验作了如下规定：

① 试验压力：当设计压力小于等于 5kPa 时，试验压力为 0.1MPa；当设计压力大于 5kPa 时，试验压力为设计压力的 1.5 倍，且不得小于 0.1MPa；

② 试验方法：压力应缓慢升高，达到试验压力后，稳压 1h，用肥皂水涂刷所有接头，阀门、法兰不漏气无压降为合格。

2 四川省燃气管道强度试验的规定见表 3：

表 3 四川省燃气管道强度试验标准

序号	燃气管道的种类	强度试验压力（MPa）
1	低压管道（小于 5kPa），分配管道	0.3
2	与分配管道（DN<100）连接的单独建筑物引入管	0.1
3	中压（5kPa<P≤0.3MPa）管道	0.45

3 沈阳市的规定：

沈阳市对公共建筑和工业企业室内低压燃气管道强度试验，规定见表 4：

表 4 沈阳市燃气管道强度试验标准

试验介质	试验压力	仪表类型	观测时间	允许压力降	备注
空气	0.02MPa	U形压力计	30min	不允许	不包括煤气表

4 上海市的规定：

上海市规定对于中压 B 级制的室内燃气管道和设备进行强度试验时，试验介质应为压缩空气，严禁用水；试验压力为设计压力的 1.5 倍，试验时间为 2h，以不漏为合格。室内低压管道一般不做强度试验。

5 深圳市的规定：

试验介质为惰性气体或空气；中压管道强度试验试验压力为 0.4MPa，稳压 30min，无泄漏，目测无变形为合格；室内低压管道一般不做强度试验。

8.3 严密性试验

8.3.1 引入管阀门以前的管道应和埋地配气支管连通进行试验。

8.3.2~8.3.3 这两条均为强制性条文。根据我国一些省市的严密性试验规定，提出了本规范严密性试验的条文规定，凡城镇燃气（含天然气、人工煤气、液化石油气）均应执行本规范的规定。

我国一些省市的严密性试验规定如下：

1 北京市的规定：

1）北京市对室内人工煤气管道和设备的严密性试验作了如下规定：

试验介质可采用空气或惰性气体，严禁采用氧气；

① 对于家庭住宅内煤气管道：严密性试验分两步进行，在安装燃气计量表前，用 7kPa 的压力对总进气管到用具阀门前的管道进行严密性试验，观测 10min，压力降不超过 200Pa 为合格；接通燃气计量表后，用 3kPa 的压力对总进气管到用具阀门前的管道系统进行严密性试验，观测 5min，压力降不超过 200Pa 为合格；

② 对于公共建筑的室内煤气管道：低压管道试验压力为 7kPa，观测 10min，压力降不超过 200Pa 为合格；中压管道试验压力为 100kPa，稳压不少于 3h，观测 1h 压力降不大于 1.3kPa 为合格；燃气计量表只做严密性试验，试验压力为 3kPa。

2）北京市对室内天然气和液化石油气管道和设备的严密性试验作了如下规定：

① 对居民用户：在未接通燃气表前，用 10kPa 的压力对燃气管道进行严密性试验，观测 10min，压力降不超过 40Pa 为合格；接通燃气表后，用 3kPa 的压力从用户调压器后总进气管阀门到燃气用具阀门前的管道系统进行严密性试验，观测 5min，压力降不超过 20Pa 为合格；

② 对商业和工业企业用户：从用户调压器后总进气管阀门到计量装置前阀门的管段及从计量装置（不含）至燃烧设备接入管阀门前低压燃气管道按居民用户的规定进行；对中压管道，试验压力不应低于 0.1MPa，稳压不少于 3h，观测 1h 压力降不大于 10mm 汞柱为合格。

2 四川省燃气管道严密性试验的规定见表 5：

表 5 四川省燃气管道严密性试验标准

序号	燃气管道的种类	严密性试验压力（MPa）
1	低压管道（小于 5kPa）、分配管道	0.1
2	与分配管道（DN<100）连接的单独建筑物引入管	0.01
3	中压（5kPa<P≤0.3MPa）管道	0.3

室内低压管道只进行严密性试验；试验介质为空气，试验压力为 5kPa，试验温度为常温；

试验范围：自调压箱出口起，至灶前倒齿管止或自引入管上总阀（或 T 字接头）起，至灶前倒齿管接头；压力测量采用 U 形压力计，稳压 10min，压力降不超过 40Pa 为合格。

3 沈阳市的规定：

① 民用室内燃气管道只进行严密性试验，试验压力为 5kPa，观测压力计 10min，以无压力降为合格；

② 公共建筑和工业企业室内低压燃气管道的试验标准见表 6：

表 6 沈阳市燃气管道严密性试验标准

试验介质	试验压力	仪表类型	观测时间	允许压力降	备注
空气	5kPa	U 形压力计	10min	不允许	包括煤气表

4 上海市的规定：

1）当燃气管道为钢管时，地下及架空管道（除地上低压管道）的严密性试验规定如下：

① 当设计压力 P≤5kPa 时，试验压力应为 20kPa；当设计压力 P>5kPa 时，试验压力应为设计压力的 1.15 倍，但不得小于 30kPa；

② 严密性试验的时间宜为 24h，实际压力降不超过允许压力降 ΔP 为合格；

当设计压力 P≤5kPa 时，

$$\Delta P = 6.47 \frac{T(D_1 L_1 + D_2 L_2 + \cdots + D_n L_n)}{D_1^2 L_1 + D_2^2 L_2 + \cdots + D_n^2 L_n}$$

当设计压力 P>5kPa 时，

$$\Delta P = \frac{40T(D_1 L_1 + D_2 L_2 + \cdots + D_n L_n)}{D_1^2 L_1 + D_2^2 L_2 + \cdots + D_n^2 L_n}$$

式中 ΔP——允许压力降（Pa）；

T——试验时间（h）；

D_1、D_2、D_n——各管段内径（m）；

L_1、L_2、L_n——各管段长度（m）。

试验实测的压力降，根据在试压期间管内温度和大气压的变化按下式予以修正：

$$\Delta P' = (H_1 + B_1) - (H_2 + B_2)\frac{273 + t_1}{273 + t_2}$$

式中　$\Delta P'$——实际压力降（Pa）；

H_1、H_2——试验开始和结束时压力计读数（Pa）；

B_1、B_2——试验开始和结束时气压计读数（Pa）；

t_1、t_2——试验开始和结束时管内的温度（℃）。

　　2）当燃气管道为钢管时，地上低压管道的严密性试验规定如下：

①室内民用户管道严密性试验压力为工作压力的 2 倍，但不小于 3kPa，要求观测 10min 无压力降为合格；

②工业企业及公共建筑工程管道严密性试验压力为工作压力的 2 倍，但不小于 3kPa，管径大于或等于 100mm 时，要求观测 30min 无压降为合格，管径小于 100mm 时，要求观测 10min 无压降为合格；

③居民零星用户的燃气装置，可用工作压力直接检验，要求观测 3min 无压降为合格。

　　3）中压 B 级制的室内燃气钢管道，试验压力应为设计压力的 1.15 倍，当管内压力达到试验压力后，应先稳压 2h，再经 24h 的试验，以不漏为合格；试验的检测工具为 U 形汞柱压力计。

　　4）室内低压燃气铜管只做严密性试验，试验压力为工作压力的 2 倍，但是不应小于 6kPa，要求观测 10min，压力不下降为合格，试验介质是空气。

5　深圳市的规定：

试验介质为惰性气体或空气；

　　1）中压管道强度试验，试验压力为 4kg/cm²，稳压 30min，无泄漏，目测无变形为合格；

　　2）中压管道严密性试验，应在强度试验合格后将压力降至 0.1MPa，稳压 24h，平均泄漏率按下式计算：

$$A = \frac{100}{24}\left(1 - \frac{T_k P_z}{T_z P_k}\right)$$

$A \leqslant 0.25K$ 为合格

$$K = \frac{300}{D_g}$$

式中　A——小时平均泄漏率（%）；

T_k——试验开始时介质绝对温度（K）；

T_z——试验终了时介质绝对温度（K）；

P_k——试验开始时介质的绝对压力（kg/cm²）；

P_z——试验终了时介质的绝对压力（kg/cm²）；

D_g——管段的公称直径（mm）。

当液化石油气系统有不同管径时，按平均管径计，平均管径按下式计算：

$$D'_g = \left[\sum_{i=1}^{n}(D_{gi}^2 L_i)\bigg/\sum_{i=1}^{n} L_i\right]^{1/2}$$

式中　D'_g——平均管径（mm）；

D_{gi}——第 i 段异径管管径（mm）；

L_i——第 i 段异径管管长（m）。

　　3）室内低压管道严密性试验压力为 500mm 水柱，用肥皂水方法检查，无泄漏，再稳压 10min，用 U 形水柱压力计观察，压力降不大于 4mm 水柱为合格；

　　4）室内低压管道长度超过 10m 时，其严密性试验应按中压管道的严密性试验方法进行。

8.4　验　　收

本节是根据国务院 279 号令《建设工程质量管理条例》及现状验收经验总结提出的相关条文。

8.4.3　设计文件包括设计变更和洽商。

6

施工组织与管理

中华人民共和国国家标准

建设工程监理规范

Code of construction project management

GB/T 50319—2013

主编部门：中华人民共和国住房和城乡建设部
批准部门：中华人民共和国住房和城乡建设部
施行日期：２０１４年３月１日

中华人民共和国住房和城乡建设部
公　告

第 35 号

住房城乡建设部关于发布国家标准
《建设工程监理规范》的公告

现批准《建设工程监理规范》为国家标准，编号为 GB/T 50319 - 2013，自 2014 年 3 月 1 日起实施。原国家标准《建设工程监理规范》GB 50319 - 2000 同时废止。

本规范由我部标准定额研究所组织中国建筑工业出版社出版发行。

中华人民共和国住房和城乡建设部

2013 年 5 月 13 日

前　言

本规范是根据原建设部《关于印发〈二〇〇四年工程建设国家标准制订、修订计划〉的通知》（建标〔2004〕67 号）的要求，由中国建设监理协会会同有关单位对原国家标准《建设工程监理规范》GB 50319 - 2000 进行修订而成的。

本规范在修订过程中，修订组进行了广泛的调查研究，征求了建设单位、施工单位、高等院校、行业主管部门及工程监理单位的意见，吸收总结了二十年来建设工程监理的研究成果和实践经验，并贯彻落实了 2000 年以来出台的有关建设工程监理的法律法规和政策，最后经审查定稿。

本规范共分 9 章和 3 个附录，主要技术内容包括：总则，术语，项目监理机构及其设施，监理规划及监理实施细则，工程质量、造价、进度控制及安全生产管理的监理工作，工程变更、索赔及施工合同争议处理，监理文件资料管理，设备采购与设备监造，相关服务等。

本规范本次修订的主要内容有：

1. 增加了相关服务和安全生产管理的内容；

2. 调整了部分章节的名称；

3. 删除了部分不协调或与法律法规、政策、标准不一致的内容；

4. 强化了可操作性。

本规范由住房和城乡建设部负责管理，中国建设监理协会负责具体技术内容的解释。在执行过程中，请各单位结合工程实践，认真总结经验，如有意见或建议请寄送中国建设监理协会（地址：北京市海淀区西四环北路 158 号慧科大厦 10 层 B 区；邮编：100142），以便今后修订时参考。

本 规 范 主 编 单 位：中国建设监理协会

本 规 范 参 编 单 位：北京交通大学

华北电力大学

深圳大学

哈尔滨工业大学

北京建筑工程学院

北京方圆工程监理有限公司

北京建工京精大房工程建设监理公司

上海市建设工程咨询行业协会

上海同济工程咨询有限公司

上海市建设工程监理有限公司

广东省建设监理协会

深圳市建艺国际工程顾问有限公司

广东创成建设监理咨询有限公司

四川兴旺建设工程项目管理有限公司

四川省建设工程质量安全监督总站

上海市建筑科学研究院
京兴国际工程管理公司

周力成　李明安　李维平
姜树青

本规范主要起草人员：刘伊生　杨卫东　龚花强
孙占国　李　伟　田成钢
黄文杰　李清立　林之毅
温　健　朱本祥　高来先
付晓明　张守健　杨效中
王家远　周　密　刘　潞

本规范主要审查人员：刘长滨　刘洪兵　张元勃
周崇浩　商　科　陆　霖
丁维克　何红锋　安玉杰
邓铁军　董晓辉　黄　慧
何锡兴　周文杰

目　　次

Contents

1 总 则

1.0.1 为规范建设工程监理与相关服务行为,提高建设工程监理与相关服务水平,制定本规范。

1.0.2 本规范适用于新建、扩建、改建建设工程监理与相关服务活动。

1.0.3 实施建设工程监理前,建设单位应委托具有相应资质的工程监理单位,并以书面形式与工程监理单位订立建设工程监理合同,合同中应包括监理工作的范围、内容、服务期限和酬金,以及双方的义务、违约责任等相关条款。

在订立建设工程监理合同时,建设单位将勘察、设计、保修阶段等相关服务一并委托的,应在合同中明确相关服务的工作范围、内容、服务期限和酬金等相关条款。

1.0.4 工程开工前,建设单位应将工程监理单位的名称,监理的范围、内容和权限及总监理工程师的姓名书面通知施工单位。

1.0.5 在建设工程监理工作范围内,建设单位与施工单位之间涉及施工合同的联系活动,应通过工程监理单位进行。

1.0.6 实施建设工程监理应遵循下列主要依据:

  1 法律法规及工程建设标准;

  2 建设工程勘察设计文件;

  3 建设工程监理合同及其他合同文件。

1.0.7 建设工程监理应实行总监理工程师负责制。

1.0.8 建设工程监理宜实施信息化管理。

1.0.9 工程监理单位应公平、独立、诚信、科学地开展建设工程监理与相关服务活动。

1.0.10 建设工程监理与相关服务活动,除应符合本规范外,尚应符合国家现行有关标准的规定。

2 术 语

2.0.1 工程监理单位 construction project management enterprise

依法成立并取得建设主管部门颁发的工程监理企业资质证书,从事建设工程监理与相关服务活动的服务机构。

2.0.2 建设工程监理 construction project management

工程监理单位受建设单位委托,根据法律法规、工程建设标准、勘察设计文件及合同,在施工阶段对建设工程质量、造价、进度进行控制,对合同、信息进行管理,对工程建设相关方的关系进行协调,并履行建设工程安全生产管理法定职责的服务活动。

2.0.3 相关服务 related services

工程监理单位受建设单位委托,按照建设工程监理合同约定,在建设工程勘察、设计、保修等阶段提供的服务活动。

2.0.4 项目监理机构 project management department

工程监理单位派驻工程负责履行建设工程监理合同的组织机构。

2.0.5 注册监理工程师 registered project management engineer

取得国务院建设主管部门颁发的《中华人民共和国注册监理工程师注册执业证书》和执业印章,从事建设工程监理与相关服务等活动的人员。

2.0.6 总监理工程师 chief project management engineer

由工程监理单位法定代表人书面任命,负责履行建设工程监理合同、主持项目监理机构工作的注册监理工程师。

2.0.7 总监理工程师代表 representative of chief project management engineer

经工程监理单位法定代表人同意,由总监理工程师书面授权,代表总监理工程师行使其部分职责和权力,具有工程类注册执业资格或具有中级及以上专业技术职称、3 年及以上工程实践经验并经监理业务培训的人员。

2.0.8 专业监理工程师 specialty project management engineer

由总监理工程师授权,负责实施某一专业或某一岗位的监理工作,有相应监理文件签发权,具有工程类注册执业资格或具有中级及以上专业技术职称、2 年及以上工程实践经验并经监理业务培训的人员。

2.0.9 监理员 site supervisor

从事具体监理工作,具有中专及以上学历并经过监理业务培训的人员。

2.0.10 监理规划 project management planning

项目监理机构全面开展建设工程监理工作的指导性文件。

2.0.11 监理实施细则 detailed rules for project management

针对某一专业或某一方面建设工程监理工作的操作性文件。

2.0.12 工程计量 engineering measuring

根据工程设计文件及施工合同约定,项目监理机构对施工单位申报的合格工程的工程量进行的核验。

2.0.13 旁站 key works supervising

项目监理机构对工程的关键部位或关键工序的施工质量进行的监督活动。

2.0.14 巡视 patrol inspecting

项目监理机构对施工现场进行的定期或不定期的检查活动。

2.0.15 平行检验 parallel testing

项目监理机构在施工单位自检的同时，按有关规定、建设工程监理合同约定对同一检验项目进行的检测试验活动。

2.0.16 见证取样 sampling witness

项目监理机构对施工单位进行的涉及结构安全的试块、试件及工程材料现场取样、封样、送检工作的监督活动。

2.0.17 工程延期 construction duration extension

由于非施工单位原因造成合同工期延长的时间。

2.0.18 工期延误 delay of construction period

由于施工单位自身原因造成施工期延长的时间。

2.0.19 工程临时延期批准 approval of construction duration temporary extension

发生非施工单位原因造成的持续性影响工期事件时所作出的临时延长合同工期的批准。

2.0.20 工程最终延期批准 approval of construction duration final extension

发生非施工单位原因造成的持续性影响工期事件时所作出的最终延长合同工期的批准。

2.0.21 监理日志 daily record of project management

项目监理机构每日对建设工程监理工作及施工进展情况所做的记录。

2.0.22 监理月报 monthly report of project management

项目监理机构每月向建设单位提交的建设工程监理工作及建设工程实施情况等分析总结报告。

2.0.23 设备监造 supervision of equipment manufacturing

项目监理机构按照建设工程监理合同和设备采购合同约定，对设备制造过程进行的监督检查活动。

2.0.24 监理文件资料 project document & data

工程监理单位在履行建设工程监理合同过程中形成或获取的，以一定形式记录、保存的文件资料。

3 项目监理机构及其设施

3.1 一般规定

3.1.1 工程监理单位实施监理时，应在施工现场派驻项目监理机构。项目监理机构的组织形式和规模，可根据建设工程监理合同约定的服务内容、服务期限，以及工程特点、规模、技术复杂程度、环境等因素确定。

3.1.2 项目监理机构的监理人员应由总监理工程师、专业监理工程师和监理员组成，且专业配套、数量应满足建设工程监理工作需要，必要时可设总监理工程师代表。

3.1.3 工程监理单位在建设工程监理合同签订后，

应及时将项目监理机构的组织形式、人员构成及对总监理工程师的任命书面通知建设单位。

总监理工程师任命书应按本规范表 A.0.1 的要求填写。

3.1.4 工程监理单位调换总监理工程师时，应征得建设单位书面同意；调换专业监理工程师时，总监理工程师应书面通知建设单位。

3.1.5 一名注册监理工程师可担任一项建设工程监理合同的总监理工程师。当需要同时担任多项建设工程监理合同的总监理工程师时，应经建设单位书面同意，且最多不得超过三项。

3.1.6 施工现场监理工作全部完成或建设工程监理合同终止时，项目监理机构可撤离施工现场。

3.2 监理人员职责

3.2.1 总监理工程师应履行下列职责：

1 确定项目监理机构人员及其岗位职责。

2 组织编制监理规划，审批监理实施细则。

3 根据工程进展及监理工作情况调配监理人员，检查监理人员工作。

4 组织召开监理例会。

5 组织审核分包单位资格。

6 组织审查施工组织设计、(专项)施工方案。

7 审查工程开复工报审表，签发工程开工令、暂停令和复工令。

8 组织检查施工单位现场质量、安全生产管理体系的建立及运行情况。

9 组织审核施工单位的付款申请，签发工程款支付证书，组织审核竣工结算。

10 组织审查和处理工程变更。

11 调解建设单位与施工单位的合同争议，处理工程索赔。

12 组织验收分部工程，组织审查单位工程质量检验资料。

13 审查施工单位的竣工申请，组织工程竣工预验收，组织编写工程质量评估报告，参与工程竣工验收。

14 参与或配合工程质量安全事故的调查和处理。

15 组织编写监理月报、监理工作总结，组织整理监理文件资料。

3.2.2 总监理工程师不得将下列工作委托给总监理工程师代表：

1 组织编制监理规划，审批监理实施细则。

2 根据工程进展及监理工作情况调配监理人员。

3 组织审查施工组织设计、(专项) 施工方案。

4 签发工程开工令、暂停令和复工令。

5 签发工程款支付证书，组织审核竣工结算。

6 调解建设单位与施工单位的合同争议，处理工程索赔。

7 审查施工单位的竣工申请，组织工程竣工预验收，组织编写工程质量评估报告，参与工程竣工验收。

8 参与或配合工程质量安全事故的调查和处理。

3.2.3 专业监理工程师应履行下列职责：

1 参与编制监理规划，负责编制监理实施细则。

2 审查施工单位提交的涉及本专业的报审文件，并向总监理工程师报告。

3 参与审核分包单位资格。

4 指导、检查监理员工作，定期向总监理工程师报告本专业监理工作实施情况。

5 检查进场的工程材料、构配件、设备的质量。

6 验收检验批、隐蔽工程、分项工程，参与验收分部工程。

7 处置发现的质量问题和安全事故隐患。

8 进行工程计量。

9 参与工程变更的审查和处理。

10 组织编写监理日志，参与编写监理月报。

11 收集、汇总、参与整理监理文件资料。

12 参与工程竣工预验收和竣工验收。

3.2.4 监理员应履行下列职责：

1 检查施工单位投入工程的人力、主要设备的使用及运行状况。

2 进行见证取样。

3 复核工程计量有关数据。

4 检查工序施工结果。

5 发现施工作业中的问题，及时指出并向专业监理工程师报告。

3.3 监 理 设 施

3.3.1 建设单位应按建设工程监理合同约定，提供监理工作需要的办公、交通、通信、生活等设施。

项目监理机构宜妥善使用和保管建设单位提供的设施，并应按建设工程监理合同约定的时间移交建设单位。

3.3.2 工程监理单位宜按建设工程监理合同约定，配备满足监理工作需要的检测设备和工器具。

4 监理规划及监理实施细则

4.1 一 般 规 定

4.1.1 监理规划应结合工程实际情况，明确项目监理机构的工作目标，确定具体的监理工作制度、内容、程序、方法和措施。

4.1.2 监理实施细则应符合监理规划的要求，并应具有可操作性。

4.2 监 理 规 划

4.2.1 监理规划可在签订建设工程监理合同及收到工程设计文件后由总监理工程师组织编制，并应在召开第一次工地会议前报送建设单位。

4.2.2 监理规划编审应遵循下列程序：

1 总监理工程师组织专业监理工程师编制。

2 总监理工程师签字后由工程监理单位技术负责人审批。

4.2.3 监理规划应包括下列主要内容：

1 工程概况。

2 监理工作的范围、内容、目标。

3 监理工作依据。

4 监理组织形式、人员配备及进退场计划、监理人员岗位职责。

5 监理工作制度。

6 工程质量控制。

7 工程造价控制。

8 工程进度控制。

9 安全生产管理的监理工作。

10 合同与信息管理。

11 组织协调。

12 监理工作设施。

4.2.4 在实施建设工程监理过程中，实际情况或条件发生变化而需要调整监理规划时，应由总监理工程师组织专业监理工程师修改，并应经工程监理单位技术负责人批准后报建设单位。

4.3 监理实施细则

4.3.1 对专业性较强、危险性较大的分部分项工程，项目监理机构应编制监理实施细则。

4.3.2 监理实施细则应在相应工程施工开始前由专业监理工程师编制，并应报总监理工程师审批。

4.3.3 监理实施细则的编制应依据下列资料：

1 监理规划。

2 工程建设标准、工程设计文件。

3 施工组织设计、（专项）施工方案。

4.3.4 监理实施细则应包括下列主要内容：

1 专业工程特点。

2 监理工作流程。

3 监理工作要点。

4 监理工作方法及措施。

4.3.5 在实施建设工程监理过程中，监理实施细则可根据实际情况进行补充、修改，并应经总监理工程师批准后实施。

5 工程质量、造价、进度控制及安全生产管理的监理工作

5.1 一般规定

5.1.1 项目监理机构应根据建设工程监理合同约定，遵循动态控制原理，坚持预防为主的原则，制定和实施相应的监理措施，采用旁站、巡视和平行检验等方式对建设工程实施监理。

5.1.2 监理人员应熟悉工程设计文件，并应参加建设单位主持的图纸会审和设计交底会议，会议纪要应由总监理工程师签认。

5.1.3 工程开工前，监理人员应参加由建设单位主持召开的第一次工地会议，会议纪要应由项目监理机构负责整理，与会各方代表应会签。

5.1.4 项目监理机构应定期召开监理例会，并组织有关单位研究解决与监理相关的问题。项目监理机构可根据工程需要，主持或参加专题会议，解决监理工作范围内工程专项问题。

监理例会以及由项目监理机构主持召开的专题会议的会议纪要，应由项目监理机构负责整理，与会各方代表应会签。

5.1.5 项目监理机构应协调工程建设相关方的关系。项目监理机构与工程建设相关方之间的工作联系，除另有规定外宜采用工作联系单形式进行。

工作联系单应按本规范表 C.0.1 的要求填写。

5.1.6 项目监理机构应审查施工单位报审的施工组织设计，符合要求时，应由总监理工程师签认后报建设单位。项目监理机构应要求施工单位按已批准的施工组织设计组织施工。施工组织设计需要调整时，项目监理机构应按程序重新审查。

施工组织设计审查应包括下列基本内容：

1 编审程序应符合相关规定。

2 施工进度、施工方案及工程质量保证措施应符合施工合同要求。

3 资金、劳动力、材料、设备等资源供应计划应满足工程施工需要。

4 安全技术措施应符合工程建设强制性标准。

5 施工总平面布置应科学合理。

5.1.7 施工组织设计或（专项）施工方案报审表，应按本规范表 B.0.1 的要求填写。

5.1.8 总监理工程师应组织专业监理工程师审查施工单位报送的工程开工报审表及相关资料；同时具备下列条件时，应由总监理工程师签署审核意见，并应报建设单位批准后，总监理工程师签发工程开工令：

1 设计交底和图纸会审已完成。

2 施工组织设计已由总监理工程师签认。

3 施工单位现场质量、安全生产管理体系已建立，管理及施工人员已到位，施工机械具备使用条件，主要工程材料已落实。

4 进场道路及水、电、通信等已满足开工要求。

5.1.9 工程开工报审表应按本规范表 B.0.2 的要求填写。工程开工令应按本规范表 A.0.2 的要求填写。

5.1.10 分包工程开工前，项目监理机构应审核施工单位报送的分包单位资格报审表，专业监理工程师提出审查意见后，应由总监理工程师审核签认。

分包单位资格审核应包括下列基本内容：

1 营业执照、企业资质等级证书。

2 安全生产许可文件。

3 类似工程业绩。

4 专职管理人员和特种作业人员的资格。

5.1.11 分包单位资格报审表应按本规范表 B.0.4 的要求填写。

5.1.12 项目监理机构宜根据工程特点、施工合同、工程设计文件及经过批准的施工组织设计对工程风险进行分析，并宜提出工程质量、造价、进度目标控制及安全生产管理的防范性对策。

5.2 工程质量控制

5.2.1 工程开工前，项目监理机构应审查施工单位现场的质量管理组织机构、管理制度及专职管理人员和特种作业人员的资格。

5.2.2 总监理工程师应组织专业监理工程师审查施工单位报审的施工方案，符合要求后应予以签认。

施工方案审查应包括下列基本内容：

1 编审程序应符合相关规定。

2 工程质量保证措施应符合有关标准。

5.2.3 施工方案报审表应按本规范表 B.0.1 的要求填写。

5.2.4 专业监理工程师应审查施工单位报送的新材料、新工艺、新技术、新设备的质量认证材料和相关验收标准的适用性，必要时，应要求施工单位组织专题论证，审查合格后报总监理工程师签认。

5.2.5 专业监理工程师应检查、复核施工单位报送的施工控制测量成果及保护措施，签署意见。专业监理工程师应对施工单位在施工过程中报送的施工测量放线成果进行查验。

施工控制测量成果及保护措施的检查、复核，应包括下列内容：

1 施工单位测量人员的资格证书及测量设备检定证书。

2 施工平面控制网、高程控制网和临时水准点的测量成果及控制桩的保护措施。

5.2.6 施工控制测量成果报验表应按本规范表 B.0.5 的要求填写。

5.2.7 专业监理工程师应检查施工单位为工程提供服务的试验室。

试验室的检查应包括下列内容：

　　1 试验室的资质等级及试验范围。

　　2 法定计量部门对试验设备出具的计量检定证明。

　　3 试验室管理制度。

　　4 试验人员资格证书。

5.2.8 施工单位的试验室报审表应按本规范表 B.0.7 的要求填写。

5.2.9 项目监理机构应审查施工单位报送的用于工程的材料、构配件、设备的质量证明文件，并应按有关规定、建设工程监理合同约定，对用于工程的材料进行见证取样、平行检验。

　　项目监理机构对已进场经检验不合格的工程材料、构配件、设备，应要求施工单位限期将其撤出施工现场。

　　工程材料、构配件、设备报审表应按本规范表 B.0.6 的要求填写。

5.2.10 专业监理工程师应审查施工单位定期提交影响工程质量的计量设备的检查和检定报告。

5.2.11 项目监理机构应根据工程特点和施工单位报送的施工组织设计，确定旁站的关键部位、关键工序，安排监理人员进行旁站，并应及时记录旁站情况。

　　旁站记录应按本规范表 A.0.6 的要求填写。

5.2.12 项目监理机构应安排监理人员对工程施工质量进行巡视。巡视应包括下列主要内容：

　　1 施工单位是否按工程设计文件、工程建设标准和批准的施工组织设计、（专项）施工方案施工。

　　2 使用的工程材料、构配件和设备是否合格。

　　3 施工现场管理人员，特别是施工质量管理人员是否到位。

　　4 特种作业人员是否持证上岗。

5.2.13 项目监理机构应根据工程特点、专业要求，以及建设工程监理合同约定，对施工质量进行平行检验。

5.2.14 项目监理机构应对施工单位报验的隐蔽工程、检验批、分项工程和分部工程进行验收，对验收合格的应给予签认；对验收不合格的应拒绝签认，同时应要求施工单位在指定的时间内整改并重新报验。

　　对已同意覆盖的工程隐蔽部位质量有疑问的，或发现施工单位私自覆盖工程隐蔽部位的，项目监理机构应要求施工单位对该隐蔽部位进行钻孔探测、剥离或其他方法进行重新检验。

　　隐蔽工程、检验批、分项工程报验表应按本规范表 B.0.7 的要求填写。分部工程报验表应按本规范表 B.0.8 的要求填写。

5.2.15 项目监理机构发现施工存在质量问题的，或施工单位采用不适当的施工工艺，或施工不当，造成工程质量不合格的，应及时签发监理通知单，要求施工单位整改。整改完毕后，项目监理机构应根据施工单位报送的监理通知回复单对整改情况进行复查，提出复查意见。

　　监理通知单应按本规范表 A.0.3 的要求填写，监理通知回复单应按本规范表 B.0.9 的要求填写。

5.2.16 对需要返工处理或加固补强的质量缺陷，项目监理机构应要求施工单位报送经设计等相关单位认可的处理方案，并应对质量缺陷的处理过程进行跟踪检查，同时应对处理结果进行验收。

5.2.17 对需要返工处理或加固补强的质量事故，项目监理机构应要求施工单位报送质量事故调查报告和经设计等相关单位认可的处理方案，并应对质量事故的处理过程进行跟踪检查，同时应对处理结果进行验收。

　　项目监理机构应及时向建设单位提交质量事故书面报告，并应将完整的质量事故处理记录整理归档。

5.2.18 项目监理机构应审查施工单位提交的单位工程竣工验收报审表及竣工资料，组织工程竣工预验收。存在问题的，应要求施工单位及时整改；合格的，总监理工程师应签认单位工程竣工验收报审表。

　　单位工程竣工验收报审表应按本规范表 B.0.10 的要求填写。

5.2.19 工程竣工预验收合格后，项目监理机构应编写工程质量评估报告，并应经总监理工程师和工程监理单位技术负责人审核签字后报建设单位。

5.2.20 项目监理机构应参加由建设单位组织的竣工验收，对验收中提出的整改问题，应督促施工单位及时整改。工程质量符合要求的，总监理工程师应在工程竣工验收报告中签署意见。

5.3　工程造价控制

5.3.1 项目监理机构应按下列程序进行工程计量和付款签证：

　　1 专业监理工程师对施工单位在工程款支付报审表中提交的工程量和支付金额进行复核，确定实际完成的工程量，提出到期应支付给施工单位的金额，并提出相应的支持性材料。

　　2 总监理工程师对专业监理工程师的审查意见进行审核，签认后报建设单位审批。

　　3 总监理工程师根据建设单位的审批意见，向施工单位签发工程款支付证书。

5.3.2 工程款支付报审表应按本规范表 B.0.11 的要求填写，工程款支付证书应按本规范表 A.0.8 的要求填写。

5.3.3 项目监理机构应编制月完成工程量统计表，对实际完成量与计划完成量进行比较分析，发现偏差的，应提出调整建议，并应在监理月报中向建设单位报告。

5.3.4 项目监理机构应按下列程序进行竣工结算款

审核：

　　1 专业监理工程师审查施工单位提交的竣工结算款支付申请，提出审查意见。

　　2 总监理工程师对专业监理工程师的审查意见进行审核，签认后报建设单位审批，同时抄送施工单位，并就工程竣工结算事宜与建设单位、施工单位协商；达成一致意见的，根据建设单位审批意见向施工单位签发竣工结算款支付证书；不能达成一致意见的，应按施工合同约定处理。

5.3.5 工程竣工结算款支付报审表应按本规范表 B.0.11 的要求填写，竣工结算款支付证书应按本规范表 A.0.8 的要求填写。

5.4　工程进度控制

5.4.1 项目监理机构应审查施工单位报审的施工总进度计划和阶段性施工进度计划，提出审查意见，并应由总监理工程师审核后报建设单位。

　　施工进度计划审查应包括下列基本内容：

　　1 施工进度计划应符合施工合同中工期的约定。

　　2 施工进度计划中主要工程项目无遗漏，应满足分批投入试运、分批动用的需要，阶段性施工进度计划应满足总进度控制目标的要求。

　　3 施工顺序的安排应符合施工工艺要求。

　　4 施工人员、工程材料、施工机械等资源供应计划应满足施工进度计划的需要。

　　5 施工进度计划应符合建设单位提供的资金、施工图纸、施工场地、物资等施工条件。

5.4.2 施工进度计划报审表应按本规范表 B.0.12 的要求填写。

5.4.3 项目监理机构应检查施工进度计划的实施情况，发现实际进度严重滞后于计划进度且影响合同工期时，应签发监理通知单，要求施工单位采取调整措施加快施工进度。总监理工程师应向建设单位报告工期延误风险。

5.4.4 项目监理机构应比较分析工程施工实际进度与计划进度，预测实际进度对工程总工期的影响，并应在监理月报中向建设单位报告工程实际进展情况。

5.5　安全生产管理的监理工作

5.5.1 项目监理机构应根据法律法规、工程建设强制性标准，履行建设工程安全生产管理的监理职责，并应将安全生产管理的监理工作内容、方法和措施纳入监理规划及监理实施细则。

5.5.2 项目监理机构应审查施工单位现场安全生产规章制度的建立和实施情况，并应审查施工单位安全生产许可证及施工单位项目经理、专职安全生产管理人员和特种作业人员的资格，同时应核查施工机械和设施的安全许可验收手续。

5.5.3 项目监理机构应审查施工单位报审的专项施工方案，符合要求的，应由总监理工程师签认后报建设单位。超过一定规模的危险性较大的分部分项工程的专项施工方案，应检查施工单位组织专家进行论证、审查的情况，以及是否附具安全验算结果。项目监理机构应要求施工单位按已批准的专项施工方案组织施工。专项施工方案需要调整时，施工单位应按程序重新提交项目监理机构审查。

　　专项施工方案审查应包括下列基本内容：

　　1 编审程序应符合相关规定。

　　2 安全技术措施应符合工程建设强制性标准。

5.5.4 专项施工方案报审表应按本规范表 B.0.1 的要求填写。

5.5.5 项目监理机构应巡视检查危险性较大的分部分项工程专项施工方案实施情况。发现未按专项施工方案实施时，应签发监理通知单，要求施工单位按专项施工方案实施。

5.5.6 项目监理机构在实施监理过程中，发现工程存在安全事故隐患时，应签发监理通知单，要求施工单位整改；情况严重时，应签发工程暂停令，并应及时报告建设单位。施工单位拒不整改或不停止施工时，项目监理机构应及时向有关主管部门报送监理报告。

　　监理报告应按本规范表 A.0.4 的要求填写。

6　工程变更、索赔及施工合同争议处理

6.1　一般规定

6.1.1 项目监理机构应依据建设工程监理合同约定进行施工合同管理，处理工程暂停及复工、工程变更、索赔及施工合同争议、解除等事宜。

6.1.2 施工合同终止时，项目监理机构应协助建设单位按施工合同约定处理施工合同终止的有关事宜。

6.2　工程暂停及复工

6.2.1 总监理工程师在签发工程暂停令时，可根据停工原因的影响范围和影响程度，确定停工范围，并应按施工合同和建设工程监理合同的约定签发工程暂停令。

6.2.2 项目监理机构发现下列情况之一时，总监理工程师应及时签发工程暂停令：

　　1 建设单位要求暂停施工且工程需要暂停施工的。

　　2 施工单位未经批准擅自施工或拒绝项目监理机构管理的。

　　3 施工单位未按审查通过的工程设计文件施工的。

　　4 施工单位违反工程建设强制性标准的。

　　5 施工存在重大质量、安全事故隐患或发生质

量、安全事故的。

6.2.3 总监理工程师签发工程暂停令应事先征得建设单位同意，在紧急情况下未能事先报告时，应在事后及时向建设单位作出书面报告。

工程暂停令应按本规范表 A.0.5 的要求填写。

6.2.4 暂停施工事件发生时，项目监理机构应如实记录所发生的情况。

6.2.5 总监理工程师应会同有关各方按施工合同约定，处理因工程暂停引起的与工期、费用有关的问题。

6.2.6 因施工单位原因暂停施工时，项目监理机构应检查、验收施工单位的停工整改过程、结果。

6.2.7 当暂停施工原因消失、具备复工条件时，施工单位提出复工申请的，项目监理机构应审查施工单位报送的工程复工报审表及有关材料，符合要求后，总监理工程师应及时签署审查意见，并应报建设单位批准后签发工程复工令；施工单位未提出复工申请的，总监理工程师应根据工程实际情况指令施工单位恢复施工。

工程复工报审表应按本规范表 B.0.3 的要求填写，工程复工令应按本规范表 A.0.7 的要求填写。

6.3 工 程 变 更

6.3.1 项目监理机构可按下列程序处理施工单位提出的工程变更：

　　1 总监理工程师组织专业监理工程师审查施工单位提出的工程变更申请，提出审查意见。对涉及工程设计文件修改的工程变更，应由建设单位转交原设计单位修改工程设计文件。必要时，项目监理机构应建议建设单位组织设计、施工等单位召开论证工程设计文件的修改方案的专题会议。

　　2 总监理工程师组织专业监理工程师对工程变更费用及工期影响作出评估。

　　3 总监理工程师组织建设单位、施工单位等共同协商确定工程变更费用及工期变化，会签工程变更单。

　　4 项目监理机构根据批准的工程变更文件监督施工单位实施工程变更。

6.3.2 工程变更单应按本规范表 C.0.2 的要求填写。

6.3.3 项目监理机构可在工程变更实施前与建设单位、施工单位等协商确定工程变更的计价原则、计价方法或价款。

6.3.4 建设单位与施工单位未能就工程变更费用达成协议时，项目监理机构可提出一个暂定价格并经建设单位同意，作为临时支付工程款的依据。工程变更款项最终结算时，应以建设单位与施工单位达成的协议为依据。

6.3.5 项目监理机构可对建设单位要求的工程变更提出评估意见，并应督促施工单位按会签后的工程变

更单组织施工。

6.4 费 用 索 赔

6.4.1 项目监理机构应及时收集、整理有关工程费用的原始资料，为处理费用索赔提供证据。

6.4.2 项目监理机构处理费用索赔的主要依据应包括下列内容：

　　1 法律法规。

　　2 勘察设计文件、施工合同文件。

　　3 工程建设标准。

　　4 索赔事件的证据。

6.4.3 项目监理机构可按下列程序处理施工单位提出的费用索赔：

　　1 受理施工单位在施工合同约定的期限内提交的费用索赔意向通知书。

　　2 收集与索赔有关的资料。

　　3 受理施工单位在施工合同约定的期限内提交的费用索赔报审表。

　　4 审查费用索赔报审表。需要施工单位进一步提交详细资料时，应在施工合同约定的期限内发出通知。

　　5 与建设单位和施工单位协商一致后，在施工合同约定的期限内签发费用索赔报审表，并报建设单位。

6.4.4 费用索赔意向通知书应按本规范表 C.0.3 的要求填写；费用索赔报审表应按本规范表 B.0.13 的要求填写。

6.4.5 项目监理机构批准施工单位费用索赔应同时满足下列条件：

　　1 施工单位在施工合同约定的期限内提出费用索赔。

　　2 索赔事件是因非施工单位原因造成，且符合施工合同约定。

　　3 索赔事件造成施工单位直接经济损失。

6.4.6 当施工单位的费用索赔要求与工程延期要求相关联时，项目监理机构可提出费用索赔和工程延期的综合处理意见，并应与建设单位和施工单位协商。

6.4.7 因施工单位原因造成建设单位损失，建设单位提出索赔时，项目监理机构应与建设单位和施工单位协商处理。

6.5 工程延期及工期延误

6.5.1 施工单位提出工程延期要求符合施工合同约定时，项目监理机构应予以受理。

6.5.2 当影响工期事件具有持续性时，项目监理机构应对施工单位提交的阶段性工程临时延期报审表进行审查，并应签署工程临时延期审核意见后报建设单位。

当影响工期事件结束后，项目监理机构应对施工

单位提交的工程最终延期报审表进行审查，并应签署工程最终延期审核意见后报建设单位。

工程临时延期报审表和工程最终延期报审表应按本规范表 B.0.14 的要求填写。

6.5.3 项目监理机构在批准工程临时延期、工程最终延期前，均应与建设单位和施工单位协商。

6.5.4 项目监理机构批准工程延期应同时满足下列条件：

1 施工单位在施工合同约定的期限内提出工程延期。

2 因非施工单位原因造成施工进度滞后。

3 施工进度滞后影响到施工合同约定的工期。

6.5.5 施工单位因工程延期提出费用索赔时，项目监理机构可按施工合同约定进行处理。

6.5.6 发生工期延误时，项目监理机构应按施工合同约定进行处理。

6.6 施工合同争议

6.6.1 项目监理机构处理施工合同争议时应进行下列工作：

1 了解合同争议情况。

2 及时与合同争议双方进行磋商。

3 提出处理方案后，由总监理工程师进行协调。

4 当双方未能达成一致时，总监理工程师应提出处理合同争议的意见。

6.6.2 项目监理机构在施工合同争议处理过程中，对未达到施工合同约定的暂停履行合同条件的，应要求施工合同双方继续履行合同。

6.6.3 在施工合同争议的仲裁或诉讼过程中，项目监理机构应按仲裁机关或法院要求提供与争议有关的证据。

6.7 施工合同解除

6.7.1 因建设单位原因导致施工合同解除时，项目监理机构应按施工合同约定与建设单位和施工单位按下列款项协商确定施工单位应得款项，并应签发工程款支付证书：

1 施工单位按施工合同约定已完成的工作应得款项。

2 施工单位按批准的采购计划订购工程材料、构配件、设备的款项。

3 施工单位撤离施工设备至原基地或其他目的地的合理费用。

4 施工单位人员的合理遣返费用。

5 施工单位合理的利润补偿。

6 施工合同约定的建设单位应支付的违约金。

6.7.2 因施工单位原因导致施工合同解除时，项目监理机构应按施工合同约定，从下列款项中确定施工单位应得款项或偿还建设单位的款项，并应与建设单位和施工单位协商后，书面提交施工单位应得款项或偿还建设单位款项的证明：

1 施工单位已按施工合同约定实际完成的工作应得款项和已给付的款项。

2 施工单位已提供的材料、构配件、设备和临时工程等的价值。

3 对已完工程进行检查和验收、移交工程资料、修复已完工程质量缺陷等所需的费用。

4 施工合同约定的施工单位应支付的违约金。

6.7.3 因非建设单位、施工单位原因导致施工合同解除时，项目监理机构应按施工合同约定处理合同解除后的有关事宜。

7 监理文件资料管理

7.1 一般规定

7.1.1 项目监理机构应建立完善监理文件资料管理制度，宜设专人管理监理文件资料。

7.1.2 项目监理机构应及时、准确、完整地收集、整理、编制、传递监理文件资料。

7.1.3 项目监理机构宜采用信息技术进行监理文件资料管理。

7.2 监理文件资料内容

7.2.1 监理文件资料应包括下列主要内容：

1 勘察设计文件、建设工程监理合同及其他合同文件。

2 监理规划、监理实施细则。

3 设计交底和图纸会审会议纪要。

4 施工组织设计、（专项）施工方案、施工进度计划报审文件资料。

5 分包单位资格报审文件资料。

6 施工控制测量成果报验文件资料。

7 总监理工程师任命书，工程开工令、暂停令、复工令，工程开工或复工报审文件资料。

8 工程材料、构配件、设备报验文件资料。

9 见证取样和平行检验文件资料。

10 工程质量检查报验资料及工程有关验收资料。

11 工程变更、费用索赔及工程延期文件资料。

12 工程计量、工程款支付文件资料。

13 监理通知单、工作联系单与监理报告。

14 第一次工地会议、监理例会、专题会议等会议纪要。

15 监理月报、监理日志、旁站记录。

16 工程质量或生产安全事故处理文件资料。

17 工程质量评估报告及竣工验收监理文件资料。

18 监理工作总结。

7.2.2 监理日志应包括下列主要内容：

1 天气和施工环境情况。

2 当日施工进展情况。

3 当日监理工作情况，包括旁站、巡视、见证取样、平行检验等情况。

4 当日存在的问题及处理情况。

5 其他有关事项。

7.2.3 监理月报应包括下列主要内容：

1 本月工程实施情况。

2 本月监理工作情况。

3 本月施工中存在的问题及处理情况。

4 下月监理工作重点。

7.2.4 监理工作总结应包括下列主要内容：

1 工程概况。

2 项目监理机构。

3 建设工程监理合同履行情况。

4 监理工作成效。

5 监理工作中发现的问题及其处理情况。

6 说明和建议。

7.3 监理文件资料归档

7.3.1 项目监理机构应及时整理、分类汇总监理文件资料，并应按规定组卷，形成监理档案。

7.3.2 工程监理单位应根据工程特点和有关规定，保存监理档案，并应向有关单位、部门移交需要存档的监理文件资料。

8 设备采购与设备监造

8.1 一般规定

8.1.1 项目监理机构应根据建设工程监理合同约定的设备采购与设备监造工作内容配备监理人员，并明确岗位职责。

8.1.2 项目监理机构应编制设备采购与设备监造工作计划，并应协助建设单位编制设备采购与设备监造方案。

8.2 设备采购

8.2.1 采用招标方式进行设备采购时，项目监理机构应协助建设单位按有关规定组织设备采购招标。采用其他方式进行设备采购时，项目监理机构应协助建设单位进行询价。

8.2.2 项目监理机构应协助建设单位进行设备采购合同谈判，并应协助签订设备采购合同。

8.2.3 设备采购文件资料应包括下列主要内容：

1 建设工程监理合同及设备采购合同。

2 设备采购招投标文件。

3 工程设计文件和图纸。

4 市场调查、考察报告。

5 设备采购方案。

6 设备采购工作总结。

8.3 设备监造

8.3.1 项目监理机构应检查设备制造单位的质量管理体系，并应审查设备制造单位报送的设备制造生产计划和工艺方案。

8.3.2 项目监理机构应审查设备制造的检验计划和检验要求，并应确认各阶段的检验时间、内容、方法、标准，以及检测手段、检测设备和仪器。

8.3.3 专业监理工程师应审查设备制造的原材料、外购配套件、元器件、标准件，以及坯料的质量证明文件及检验报告，并应审查设备制造单位提交的报验资料，符合规定时予以签认。

8.3.4 项目监理机构应对设备制造过程进行监督和检查，对主要及关键零部件的制造工序应进行抽检。

8.3.5 项目监理机构应要求设备制造单位按批准的检验计划和检验要求进行设备制造过程的检验工作，并应做好检验记录。项目监理机构应对检验结果进行审核，认为不符合质量要求时，应要求设备制造单位进行整改、返修或返工。当发生质量失控或重大质量事故时，应由总监理工程师签发暂停令，提出处理意见，并应及时报告建设单位。

8.3.6 项目监理机构应检查和监督设备的装配过程。

8.3.7 在设备制造过程中如需要对设备的原设计进行变更时，项目监理机构应审查设计变更，并应协调处理因变更引起的费用和工期调整，同时应报建设单位批准。

8.3.8 项目监理机构应参加设备整机性能检测、调试和出厂验收，符合要求后应予以签认。

8.3.9 在设备运往现场前，项目监理机构应检查设备制造单位对待运设备采取的防护和包装措施，并应检查是否符合运输、装卸、储存、安装的要求，以及随机文件、装箱单和附件是否齐全。

8.3.10 设备运到现场后，项目监理机构应参加设备制造单位按合同约定与接收单位的交接工作。

8.3.11 专业监理工程师应按设备制造合同的约定审查设备制造单位提交的付款申请，提出审查意见，并应由总监理工程师审核后签发支付证书。

8.3.12 专业监理工程师应审查设备制造单位提出的索赔文件，提出意见后报总监理工程师，并应由总监理工程师与建设单位、设备制造单位协商一致后签署意见。

8.3.13 专业监理工程师应审查设备制造单位报送的设备制造结算文件，提出审查意见，并应由总监理工程师签署意见后报建设单位。

8.3.14 设备监造文件资料应包括下列主要内容：

1　建设工程监理合同及设备采购合同。
2　设备监造工作计划。
3　设备制造工艺方案报审资料。
4　设备制造的检验计划和检验要求。
5　分包单位资格报审资料。
6　原材料、零配件的检验报告。
7　工程暂停令、开工或复工报审资料。
8　检验记录及试验报告。
9　变更资料。
10　会议纪要。
11　来往函件。
12　监理通知单与工作联系单。
13　监理日志。
14　监理月报。
15　质量事故处理文件。
16　索赔文件。
17　设备验收文件。
18　设备交接文件。
19　支付证书和设备制造结算审核文件。
20　设备监造工作总结。

9　相 关 服 务

9.1　一 般 规 定

9.1.1　工程监理单位应根据建设工程监理合同约定的相关服务范围，开展相关服务工作，编制相关服务工作计划。

9.1.2　工程监理单位应按规定汇总整理、分类归档相关服务工作的文件资料。

9.2　工程勘察设计阶段服务

9.2.1　工程监理单位应协助建设单位编制工程勘察设计任务书和选择工程勘察设计单位，并应协助签订工程勘察设计合同。

9.2.2　工程监理单位应审查勘察单位提交的勘察方案，提出审查意见，并应报建设单位。变更勘察方案时，应按原程序重新审查。

　　勘察方案报审表可按本规范表 B.0.1 的要求填写。

9.2.3　工程监理单位应检查勘察现场及室内试验主要岗位操作人员的资格，及所使用设备、仪器计量的检定情况。

9.2.4　工程监理单位应检查勘察进度计划执行情况、督促勘察单位完成勘察合同约定的工作内容、审核勘察单位提交的勘察费用支付申请表，以及签发勘察费用支付证书，并应报建设单位。

　　工程勘察阶段的监理通知单可按本规范表 A.0.3 的要求填写；监理通知回复单可按本规范表 B.0.9 的

要求填写；勘察费用支付申请表可按本规范表 B.0.11 的要求填写；勘察费用支付证书可按本规范表 A.0.8 的要求填写。

9.2.5　工程监理单位应检查勘察单位执行勘察方案的情况，对重要点位的勘探与测试应进行现场检查。

9.2.6　工程监理单位应审查勘察单位提交的勘察成果报告，并应向建设单位提交勘察成果评估报告，同时应参与勘察成果验收。

　　勘察成果评估报告应包括下列内容：
1　勘察工作概况。
2　勘察报告编制深度、与勘察标准的符合情况。
3　勘察任务书的完成情况。
4　存在问题及建议。
5　评估结论。

9.2.7　勘察成果报审表可按本规范表 B.0.7 的要求填写。

9.2.8　工程监理单位应依据设计合同及项目总体计划要求审查各专业、各阶段设计进度计划。

9.2.9　工程监理单位应检查设计进度计划执行情况、督促设计单位完成设计合同约定的工作内容、审核设计单位提交的设计费用支付申请表，以及签认设计费用支付证书，并应报建设单位。

　　工程设计阶段的监理通知单可按本规范表 A.0.3 的要求填写；监理通知回复单可按本规范表 B.0.9 的要求填写；设计费用支付申请表可按本规范表 B.0.11 的要求填写；设计费用支付证书可按本规范表 A.0.8 的要求填写。

9.2.10　工程监理单位应审查设计单位提交的设计成果，并应提出评估报告。评估报告应包括下列主要内容：
1　设计工作概况。
2　设计深度、与设计标准的符合情况。
3　设计任务书的完成情况。
4　有关部门审查意见的落实情况。
5　存在的问题及建议。

9.2.11　设计阶段成果报审表可按本规范表 B.0.7 的要求填写。

9.2.12　工程监理单位应审查设计单位提出的新材料、新工艺、新技术、新设备在相关部门的备案情况。必要时应协助建设单位组织专家评审。

9.2.13　工程监理单位应审查设计单位提出的设计概算、施工图预算，提出审查意见，并应报建设单位。

9.2.14　工程监理单位应分析可能发生索赔的原因，并应制定防范对策。

9.2.15　工程监理单位应协助建设单位组织专家对设计成果进行评审。

9.2.16　工程监理单位可协助建设单位向政府有关部门报审有关工程设计文件，并应根据审批意见，督促设计单位予以完善。

9.2.17 工程监理单位应根据勘察设计合同，协调处理勘察设计延期、费用索赔等事宜。

勘察设计延期报审表可按本规范表 B.0.14 的要求填写；勘察设计费用索赔报审表可按本规范表 B.0.13 的要求填写。

9.3 工程保修阶段服务

9.3.1 承担工程保修阶段的服务工作时，工程监理单位应定期回访。

9.3.2 对建设单位或使用单位提出的工程质量缺陷，工程监理单位应安排监理人员进行检查和记录，并应要求施工单位予以修复，同时应监督实施，合格后应予以签认。

9.3.3 工程监理单位应对工程质量缺陷原因进行调查，并应与建设单位、施工单位协商确定责任归属。对非施工单位原因造成的工程质量缺陷，应核实施工单位申报的修复工程费用，并应签认工程款支付证书，同时应报建设单位。

附录 A　工程监理单位用表

A.0.1 总监理工程师任命书应按本规范表 A.0.1 的要求填写。

表 A.0.1　总监理工程师任命书

工程名称：　　　　　　　　　　　　编号：

致：＿＿＿＿＿＿＿＿＿＿＿＿＿（建设单位）

　　兹任命 ＿＿＿＿＿（注册监理工程师注册号：＿＿＿＿＿＿）为我单位＿＿＿＿＿＿
＿＿＿＿项目总监理工程师。负责履行建设工程监理合同、主持项目监理机构工作。

　　　　　　　　　　　　工程监理单位（盖章）

　　　　　　　　　　　　法定代表人（签字）

　　　　　　　　　　　　　　　年　月　日

注：本表一式三份，项目监理机构、建设单位、施工单位各一份。

A.0.2 工程开工令应按本规范表 A.0.2 的要求填写。

表 A.0.2　工程开工令

工程名称：　　　　　　　　　　　　编号：

致：＿＿＿＿＿＿＿＿＿＿＿＿＿（施工单位）

　　经审查，本工程已具备施工合同约定的开工条件，现同意你方开始施工，开工日期为：＿＿ 年 ＿＿ 月 ＿＿日。

　　附件：工程开工报审表

　　　　　　　　　　　　项目监理机构（盖章）

　　　　　　　　　　　　总监理工程师（签字、加盖执业印章）

　　　　　　　　　　　　　　　年　月　日

注：本表一式三份，项目监理机构、建设单位、施工单位各一份。

A.0.3 监理通知单应按本规范表 A.0.3 的要求填写。

表 A.0.3 监理通知单

工程名称：_____　　　　　　编号：_____

致：_____（施工项目经理部）

事由：_____
　　　_____
　　　_____
　　　_____

内容：_____
　　　_____
　　　_____
　　　_____
　　　_____

　　　　　　　　　　　项目监理机构（盖章）
　　　　　　　　　　　总/专业监理工程师（签字）
　　　　　　　　　　　　　　　年　　月　　日

注：本表一式三份，项目监理机构、建设单位、施工单位各一份。

A.0.4 监理报告应按本规范表 A.0.4 的要求填写。

表 A.0.4 监理报告

工程名称：_____　　　　　　编号：_____

致：_____（主管部门）

　　由_____（施工单位）施工的_____（工程部位），存在安全事故隐患。我方已于____年____月____日发出编号为_____的《监理通知单》/《工程暂停令》，但施工单位未整改/停工。

　　特此报告。

附件：□ 监理通知单
　　　□工程暂停令
　　　□其他

　　　　　　　　　　项目监理机构（盖章）
　　　　　　　　　　总监理工程师（签字）
　　　　　　　　　　　　　年　　月　　日

注：本表一式四份，主管部门、建设单位、工程监理单位、项目监理机构各一份。

A.0.5 工程暂停令应按本规范表 A.0.5 的要求填写。

表 A.0.5 工程暂停令

工程名称：＿＿＿＿＿＿＿＿ 编号：＿＿＿＿＿＿

致：＿＿＿＿＿＿＿＿＿＿＿＿（施工项目经理部）
　　由于＿＿＿＿＿＿＿＿＿＿＿＿＿＿＿＿＿＿

＿＿＿＿＿＿＿＿＿＿＿＿＿原因，现通知你方于
＿＿＿＿年＿＿月＿＿日＿＿时起，暂停＿＿＿部位（工
序）施工，并按下述要求做好后续工作。
　　要求：

　　项目监理机构（盖章）
　　总监理工程师（签字、加盖执业印章）
　　　　　　　　　　　　　　　年　　月　　日

注：本表一式三份，项目监理机构、建设单位、施工单位
各一份。

A.0.6 旁站记录应按本规范表 A.0.6 的要求填写。

表 A.0.6 旁 站 记 录

工程名称：＿＿＿＿＿＿＿＿ 编号：＿＿＿＿＿＿

旁站的关键部位、关键工序		施工单位	
旁站开始时间	年　月　日 时　分	旁站结束时间	年　月　日 时　分
旁站的关键部位、关键工序施工情况：			
发现的问题及处理情况：			

　　　　　　　　　　旁站监理人员（签字）
　　　　　　　　　　　　　　　年　　月　　日

注：本表一式一份，项目监理机构留存。

A.0.7 工程复工令应按本规范表 A.0.7 的要求填写。

表 A.0.7 工程复工令

工程名称：＿＿＿＿＿＿＿＿ 编号：＿＿＿＿＿＿

致：＿＿＿＿＿＿＿＿＿＿＿＿（施工项目经理部）
　　我方发出的编号为＿＿＿＿＿＿＿＿＿《工
程暂停令》，要求暂停施工的＿＿＿＿部位（工序），经
查已具备复工条件。经建设单位同意，现通知你方于
＿＿＿＿年＿＿月＿＿日＿＿时起恢复施工。
　　附件：工程复工报审表

　　项目监理机构（盖章）
　　总监理工程师（签字、加盖执业印章）
　　　　　　　　　　　　　　　年　　月　　日

注：本表一式三份，项目监理机构、建设单位、施工单位
各一份。

A.0.8 工程款或竣工结算款支付证书应按本规范表
A.0.8 的要求填写。

表 A.0.8 工程款支付证书

工程名称：＿＿＿＿＿＿＿＿ 编号：＿＿＿＿＿＿

致：＿＿＿＿＿＿＿＿＿＿＿＿（施工单位）
　　根据施工合同约定，经审核编号为＿＿＿工程款支付
报审表，扣除有关款项后，同意支付工程款共计（大写）
＿＿＿＿＿＿＿＿＿＿＿＿＿＿＿＿＿（小写）
＿＿＿＿＿＿＿＿＿＿＿＿＿）。

　　其中：
　　1. 施工单位申报款为：
　　2. 经审核施工单位应得款为：
　　3. 本期应扣款为：
　　4. 本期应付款为：

　　附件：工程款支付报审表及附件

　　项目监理机构（盖章）
　　总监理工程师（签字、加盖执业印章）
　　　　　　　　　　　　　　　年　　月　　日

注：本表一式三份，项目监理机构、建设单位、施工单位
各一份。

附录 B 施工单位报审、报验用表

B. 0. 1 施工组织设计、（专项）施工方案报审表应按本规范表 B. 0. 1 的要求填写。

表 B. 0. 1 施工组织设计/（专项）施工方案报审表

工程名称：   编号：

致：＿＿＿＿＿＿＿＿＿＿＿＿（项目监理机构）
我方已完成＿＿＿＿工程施工组织设计/（专项）施工方案的编制和审批，请予以审查。 附件：□施工组织设计 　　　□专项施工方案 　　　□施工方案   　　　　　　　　施工项目经理部（盖章） 　　　　　　　　项目经理（签字） 　　　　　　　　　　　　　　年　月　日
审查意见：   　　　　　　　　专业监理工程师（签字） 　　　　　　　　　　　　　　年　月　日
审核意见：   　　　　项目监理机构（盖章） 　　　　总监理工程师（签字、加盖执业印章） 　　　　　　　　　　　　　　年　月　日
审批意见（仅对超过一定规模的危险性较大的分部分项工程专项施工方案）：   　　　　　　　建设单位（盖章） 　　　　　　　建设单位代表（签字） 　　　　　　　　　　　　　　年　月　日

注：本表一式三份，项目监理机构、建设单位、施工单位各一份。

B. 0. 2 工程开工报审表应按本规范表 B. 0. 2 的要求填写。

表 B. 0. 2 工程开工报审表

工程名称：   编号：

致：＿＿＿＿＿＿＿＿＿＿＿＿（建设单位） 　　＿＿＿＿＿＿＿＿＿＿＿＿（项目监理机构）
我方承担的＿＿＿＿＿＿＿工程，已完成相关准备工作，具备开工条件，申请于＿＿＿年＿＿月＿＿日开工，请予以审批。 附件：证明文件资料   　　　　　　　施工单位（盖章） 　　　　　　　项目经理（签字） 　　　　　　　　　　　　年　月　日
审核意见：   　　　　项目监理机构（盖章） 　　　　总监理工程师（签字、加盖执业印章） 　　　　　　　　　　　　年　月　日
审批意见：   　　　　　　　建设单位（盖章） 　　　　　　　建设单位代表（签字） 　　　　　　　　　　　　年　月　日

注：本表一式三份，项目监理机构、建设单位、施工单位各一份。

B. 0. 3 工程复工报审表应按本规范表 B. 0. 3 的要求填写。

表 B.0.3　工程复工报审表

工程名称：　　　　　　　　编号：

致：_____（项目监理机构）
　　编号为_____《工程暂停令》所停工的_____部位（工序）已满足复工条件，我方申请于_____年___月___日复工，请予以审批。

　　附件：证明文件资料

　　　　　　施工项目经理部（盖章）
　　　　　　项目经理（签字）
　　　　　　　　　　　　　年 月 日

审核意见：

　　　　　　项目监理机构（盖章）
　　　　　　总监理工程师（签字）
　　　　　　　　　　　　　年 月 日

审批意见：

　　　　　　建设单位（盖章）
　　　　　　建设单位代表（签字）
　　　　　　　　　　　　　年 月 日

注：本表一式三份，项目监理机构、建设单位、施工单位各一份。

B.0.4　分包单位资格报审表应按本规范表 B.0.4 的要求填写。

表 B.0.4　分包单位资格报审表

工程名称：　　　　　　　　编号：

致：_____（项目监理机构）
　　经 考 察，我 方 认 为 拟 选 择 的 _____（分包单位）具有承担下列工程的施工或安装资质和能力，可以保证本工程按施工合同第_____条款的约定进行施工或安装。请予以审查。

分包工程名称（部位）	分包工程量	分包工程合同额
合计		

附件：1. 分包单位资质材料
　　　2. 分包单位业绩材料
　　　3. 分包单位专职管理人员和特种作业人员的资格证书
　　　4. 施工单位对分包单位的管理制度

　　　　　　施工项目经理部（盖章）
　　　　　　项目经理（签字）
　　　　　　　　　　　　　年　月　日

审查意见：

　　　　　　专业监理工程师（签字）
　　　　　　　　　　　　　年　月　日

审核意见：

　　　　　　项目监理机构（盖章）
　　　　　　总监理工程师（签字）
　　　　　　　　　　　　　年　月　日

注：本表一式三份，项目监理机构、建设单位、施工单位各一份。

B. 0. 5 施工控制测量成果报验表应按本规范表 B. 0. 5 的要求填写。

表 B. 0. 5 施工控制测量成果报验表

工程名称： 　　　　　　　　　　　　　　编号：

致： _____（项目监理机构）
　　我方已完成 _____ 的施工控制测量，经自检合格，请予以查验。
　　附件：1. 施工控制测量依据资料
　　　　　2. 施工控制测量成果表

　　　　　　施工项目经理部（盖章）
　　　　　　项目技术负责人（签字）
　　　　　　　　　　　　年　月　日

审查意见：

　　　　　　项目监理机构（盖章）
　　　　　　专业监理工程师（签字）
　　　　　　　　　　　　年　月　日

注：本表一式三份，项目监理机构、建设单位、施工单位各一份。

B. 0. 6 工程材料、构配件、设备报审表应按本规范表 B. 0. 6 的要求填写。

表 B. 0. 6 工程材料、构配件、设备报审表

工程名称： 　　　　　　　　　　　　　　编号：

致： _____（项目监理机构）
　　于 _____ 年 _____ 月 _____ 日进场的拟用于工程 _____ 部位的 _____，经我方检验合格，现将相关资料报上，请予以审查。
　　附件：1. 工程材料、构配件或设备清单
　　　　　2. 质量证明文件
　　　　　3. 自检结果

　　　　　　施工项目经理部（盖章）
　　　　　　项目经理（签字）
　　　　　　　　　　　　年　月　日

审查意见：

　　　　　　项目监理机构（盖章）
　　　　　　专业监理工程师（签字）
　　　　　　　　　　　　年　月　日

注：本表一式二份，项目监理机构、施工单位各一份。

B. 0. 7 隐蔽工程、检验批、分项工程报验表及施工试验室报审表应按本规范表 B. 0. 7 的要求填写。

表 B.0.7 _____ **报审、报验表**

工程名称： 编号：

致：_____（项目监理机构）

我方已完成_____工作，经自检合格，请予以审查或验收。

附件：□隐蔽工程质量检验资料
□检验批质量检验资料
□分项工程质量检验资料
□施工试验室证明资料
□其他

施工项目经理部（盖章）
项目经理或项目技术负责人（签字）
年 月 日

审查或验收意见：

项目监理机构（盖章）
专业监理工程师（签字）
年 月 日

注：本表一式二份，项目监理机构、施工单位各一份。

B.0.8 分部工程报验表应按本规范表 B.0.8 的要求填写。

表 B.0.8 分部工程报验表

工程名称： 编号：

致：_____（项目监理机构）

我方已完成_____（分部工程），经自检合格，请予以验收。

附件：分部工程质量资料

施工项目经理部（盖章）
项目技术负责人（签字）
年 月 日

验收意见：

专业监理工程师（签字）
年 月 日

验收意见：

项目监理机构（盖章）
总监理工程师（签字）
年 月 日

注：本表一式三份，项目监理机构、建设单位、施工单位各一份。

B.0.9 监理通知回复单应按本规范表 B.0.9 的要求填写。

表 B.0.9 监理通知回复单

工程名称： 　　　　　　　　　编号：

致：＿＿＿＿＿＿＿＿＿＿＿＿＿（项目监理机构）
　　我方接到编号为＿＿＿＿＿＿＿＿＿的监理通知单后，已按要求完成相关工作，请予以复查。
附件：需要说明的情况

施工项目经理部（盖章）
项目经理（签字）
年　月　日

复查意见：

项目监理机构（盖章）
总监理工程师/专业监理工程师（签字）
年　月　日

注：本表一式三份，项目监理机构、建设单位、施工单位各一份。

B.0.10 单位工程竣工验收报审表应按本规范表 B.0.10 的要求填写。

表 B.0.10 单位工程竣工验收报审表

工程名称： 　　　　　　　　　编号：

致：＿＿＿＿＿＿＿＿＿＿＿＿＿（项目监理机构）
　　我方已按施工合同要求完成＿＿＿＿＿＿＿＿工程，经自检合格，现将有关资料报上，请予以验收。
附件：1. 工程质量验收报告
　　　2. 工程功能检验资料

施工单位（盖章）
项目经理（签字）
年　月　日

预验收意见：
　　经预验收，该工程合格/不合格，可以/不可以组织正式验收。

项目监理机构（盖章）
总监理工程师（签字、加盖执业印章）
年　月　日

注：本表一式三份，项目监理机构、建设单位、施工单位各一份。

B.0.11 工程款和竣工结算款支付报审表应按本规范表 B.0.11 的要求填写。

表 B.0.11 工程款支付报审表

工程名称： 　　　　　　　　　　编号：

致： _____（项目监理机构）

根据施工合同约定，我方已完成_____ 工作，建设单位应在 ___年___月___日 前支付工程款共计（大写）_____（小写：_____），请予以审核。

附件：

  □ 已完成工程量报表

  □ 工程竣工结算证明材料

  □ 相应支持性证明文件

施工项目经理部（盖章）

项目经理（签字）

年 月 日

审查意见：

1. 施工单位应得款为：

2. 本期应扣款为：

3. 本期应付款为：

附件：相应支持性材料

专业监理工程师（签字）

年 月 日

审核意见：

项目监理机构（盖章）

总监理工程师（签字、加盖执业印章）

年 月 日

审批意见：

建设单位（盖章）

建设单位代表（签字）

年 月 日

注：本表一式三份，项目监理机构、建设单位、施工单位各一份；工程竣工结算报审时本表一式四份，项目监理机构、建设单位各一份、施工单位二份。

B.0.12 施工进度计划报审表应按本规范表 B.0.12 的要求填写。

表 B.0.12 施工进度计划报审表

工程名称： 　　　　　　　　　　编号：

致： _____（项目监理机构）

根据施工合同约定，我方已完成 _____工程施工进度计划的编制和批准，请予以审查。

附件：□施工总进度计划

   □阶段性进度计划

施工项目经理部（盖章）

项目经理（签字）

年 月 日

审查意见：

专业监理工程师（签字）

年 月 日

审核意见：

项目监理机构（盖章）

总监理工程师（签字）

年 月 日

注：本表一式三份，项目监理机构、建设单位、施工单位各一份。

B.0.13 费用索赔报审表应按本规范表 B.0.13 的要

求填写。

表 B. 0. 13　费用索赔报审表

工程名称：＿＿＿＿＿＿＿＿　　　　　编号：＿＿＿＿＿

致：＿＿＿＿＿＿＿＿＿＿＿＿＿＿＿＿（项目监理机构）
　　根据施工合同＿＿＿＿＿＿＿＿＿条款，由于＿＿＿＿＿
的原因，我方申请索赔金额（大写）＿＿＿＿＿＿＿＿，
请予批准。
　　索赔理由：＿＿＿＿＿＿＿＿＿＿＿＿＿＿＿＿＿＿＿
＿＿＿＿＿＿＿＿＿＿＿＿＿＿＿＿＿＿＿＿＿＿＿＿＿＿
＿＿＿＿＿＿＿＿＿＿＿＿＿＿＿＿＿＿＿＿＿＿＿＿＿＿
＿＿＿＿＿＿＿＿＿＿＿＿＿＿＿＿＿＿＿＿＿＿＿＿＿＿

　　附件：□ 索赔金额计算
　　　　　□ 证明材料

　　　　　　　　施工项目经理部（盖章）
　　　　　　　　项目经理（签字）
　　　　　　　　　　　　　　年　　月　　日

审核意见：
　　□ 不同意此项索赔。
　　□ 同意此项索赔，索赔金额为（大
写）＿＿＿＿＿＿＿＿＿。
　　同意/不同意索赔的理由：＿＿＿＿＿＿＿＿＿＿＿
＿＿＿＿＿＿＿＿＿＿＿＿＿＿＿＿＿＿＿＿＿＿＿＿＿＿
＿＿＿＿＿＿＿＿＿＿＿＿＿＿＿＿＿＿＿＿＿＿＿＿＿＿

　　附件：□ 索赔审查报告

　　　　　　　　项目监理机构（盖章）
　　　　　　　　总监理工程师（签字、加盖执业印章）
　　　　　　　　　　　　　　年　　月　　日

审批意见：

　　　　　　　　建设单位（盖章）
　　　　　　　　建设单位代表（签字）
　　　　　　　　　　　　　　年　　月　　日

注：本表一式三份，项目监理机构、建设单位、施工单位
各一份。

B. 0. 14　工程临时延期报审表和工程最终延期报审表
应按本规范表 B. 0. 14 的要求填写。

表 B. 0. 14　工程临时/最终延期报审表

工程名称：＿＿＿＿＿＿＿＿　　　　　编号：＿＿＿＿＿

致：＿＿＿＿＿＿＿＿＿＿＿＿＿＿＿＿（项目监理机构）
　　根据施工合同＿＿＿＿＿＿＿＿＿（条款），由于＿＿
原因，我方申请工程临时/最终延期＿＿＿＿＿（日历天），
请予批准。
　　附件：1. 工程延期依据及工期计算
　　　　　2. 证明材料

　　　　　　　　施工项目经理部（盖章）
　　　　　　　　项目经理（签字）
　　　　　　　　　　　　　　年　　月　　日

审核意见：
　　□ 同意工程临时/最终延期＿＿＿＿＿＿＿＿（日
历天）。工程竣工日期从施工合同约定的＿＿＿＿年＿＿＿＿
月＿＿＿＿日延迟到＿＿＿＿年＿＿＿＿月＿＿＿＿日。
　　□ 不同意延期，请按约定竣工日期组织施工。

　　　　　　　　项目监理机构（盖章）
　　　　　　　　总监理工程师（签字、加盖执业印章）
　　　　　　　　　　　　　　年　　月　　日

审批意见：

　　　　　　　　建设单位（盖章）
　　　　　　　　建设单位代表（签字）
　　　　　　　　　　　　　　年　　月　　日

注：本表一式三份，项目监理机构、建设单位、施工单位
各一份。

附录 C　通　用　表

C. 0. 1　工作联系单应按本规范表 C. 0. 1 的要求
填写。

表 C.0.1　工作联系单

工程名称：　　　　　　　　　　　编号：

```
致：_____

            发文单位
            负责人（签字）
                    年  月  日
```

C.0.2　工程变更单应按本规范表 C.0.2 的要求
填写。

表 C.0.2　工程变更单

工程名称：　　　　　　　　　　　编号：

```
致：_____
   由于_____原因，
兹提出_____工程变更，请予以审批。
   附件：
   □ 变更内容
   □ 变更设计图
   □ 相关会议纪要
   □ 其他




            变更提出单位：
            负责人：
                    年  月  日
```

工程量增/减	
费用增/减	
工期变化	

施工项目经理部（盖章） 项目经理（签字）	设计单位（盖章） 设计负责人（签字）
项目监理机构（盖章） 总监理工程师（签字）	建设单位（盖章） 负责人（签字）

注：本表一式四份，建设单位、项目监理机构、设计单
　　位、施工单位各一份。

C.0.3　索赔意向通知书应按本规范表 C.0.3 的要求
填写。

表 C.0.3　索赔意向通知书

工程名称：　　　　　　　　　　　编号：

```
致：_____
   根据施工合同_____
（条款）约定，由于发生了_____事件，
且该事件的发生非我方原因所致。为此，我方向
_____（单位）提出索赔要求。
   附件：索赔事件资料




            提出单位（盖章）
            负责人（签字）
                    年  月  日
```

本规范用词说明

　　1　为了便于在执行本规范条文时区别对待，对
要求严格程度不同的用词说明如下：
　　1） 表示很严格，非这样做不可的用词：
　　　　正面词采用"必须"，反面词采用"严禁"；
　　2） 表示严格，在正常情况均应这样做的用词：
　　　　正面词采用"应"，反面词采用"不应"或
　　　　"不得"；
　　3） 表示允许稍有选择，在条件许可时首先应
　　　　这样做的用词：
　　　　正面词采用"宜"，反面词采用"不宜"；
　　4） 表示有选择，在一定条件下可以这样做的
　　　　用词，采用"可"。
　　2　条文中指明应按其他有关标准执行的写法
为："应符合……的规定"或"应按……执行"。

中华人民共和国国家标准

建设工程监理规范

GB/T 50319—2013

条 文 说 明

修 订 说 明

《建设工程监理规范》GB/T 50319-2013，经住房和城乡建设部 2013 年 5 月 13 日以第 35 号公告批准、发布。

本规范是对 2000 年建设部和国家质量技术监督局联合发布的原《建设工程监理规范》GB 50319-2000 进行的修订。修订工作启动后，修订组先后在北京、深圳、上海等地召开专题会议，广泛听取并采纳了政府主管部门、建设单位、施工单位和工程监理单位的意见和建议，先后收集意见三百余条，经充分研究讨论形成本规范。本规范力求反映 2000 年以后颁布实施的《建设工程安全生产管理条例》、《建设工程监理与相关服务收费管理规定》（发改价格［2007］670 号）、《建设工程监理合同（示范文本）》GF-2012-0202 及九部委联合颁布的《标准施工招标文件》（第 56 号令）等法规和政策，科学确定建设工程监理的定位、建设工程监理与相关服务的内涵和范围等内容。本《规范》调整了章节结构和名称，增加了安全生产管理工作内容、相关服务内容和术语数量，调整了监理人员资格，强化了可操作性，修改了不够协调一致的内容等。本《规范》适用于各类建设工程。

为便于大家在使用本规范时能正确理解和执行条文的规定，编制组按照章、节、条的顺序，编制了《建设工程监理规范》条文说明，对条文规定的目的、依据以及执行中需注意的有关事项进行了说明。本条文说明不具备与本规范正文同等的法律效力，仅供使用者作为理解和把握规范规定的参考。规范执行中如发现条文说明有欠妥之处，请将意见或建议反馈给中国建设监理协会。

原《建设工程监理规范》GB 50319-2000 主编单位、参编单位和主要起草人分别是：

主 编 单 位：中国建设监理协会
参 编 单 位：铁道部科学研究院监理公司
            北京帕克国际工程咨询有限公司
            南京工苑建设监理公司
            同济大学工程建设监理公司
            重庆建筑大学
            上海市建筑科学研究院
            上海华设工程咨询监理公司
            江苏华宁交通工程咨询监理公司
            广东重工业设计院监理公司
            国务院三峡移民局

主要起草人：田世宇　何健安　雷艺君
            刘建亮　胡耀辉　杨效中
            杨卫东　任　宏　周力成
            程超然　沈文德　朱本祥
            林之毅

目　　次

1 总　则

1.0.1 建设工程监理制度自 1988 年开始实施以来，对于实现建设工程质量、进度、投资目标控制和加强建设工程安全生产管理发挥了重要作用。随着我国建设工程投资管理体制改革的不断深化和工程监理单位服务范围的不断拓展，在工程勘察、设计、保修等阶段为建设单位提供的相关服务也越来越多，为进一步规范建设工程监理与相关服务行为，提高服务水平，在《建设工程监理规范》GB 50319－2000 基础上修订形成本规范。

1.0.2 本规范适用于新建、扩建、改建的土木工程、建筑工程、线路管道工程、设备安装工程和装饰装修工程等的建设工程监理与相关服务活动。

1.0.3 建设工程监理合同是工程监理单位实施建设工程监理与相关服务的主要依据之一，建设单位与工程监理单位应以书面形式订立建设工程监理合同。

1.0.5 在监理工作范围内，为保证工程监理单位独立、公平地实施监理工作，避免出现不必要的合同纠纷，建设单位与施工单位之间涉及施工合同的联系活动，均应通过工程监理单位进行。

1.0.6 工程监理单位实施建设工程监理的主要依据包括三部分，即：①法律法规及工程建设标准，如：《中华人民共和国建筑法》、《建设工程质量管理条例》、《建设工程安全生产管理条例》等法律法规及相应的工程技术和管理标准，包括工程建设强制性标准，本规范也是实施建设工程监理的重要依据；②建设工程勘察设计文件，既是工程施工的重要依据，也是工程监理的主要依据；③建设工程监理合同是实施建设工程监理的直接依据，建设单位与其他相关单位签订的合同（如与施工单位签订的施工合同、与材料设备供应单位签订的材料设备采购合同等）也是实施建设工程监理的重要依据。

1.0.7 总监理工程师负责制是指由总监理工程师全面负责建设工程监理实施工作。总监理工程师是工程监理单位法定代表人书面任命的项目监理机构负责人，是工程监理单位履行建设工程监理合同的全权代表。

1.0.8 工程监理单位不仅自身需实施信息化管理，还可根据建设工程监理合同的约定协助建设单位建立信息管理平台，促进建设工程各参与方基于信息平台协同工作。

1.0.9 工程监理单位在实施建设工程监理与相关服务时，要公平地处理工作中出现的问题，独立地进行判断和行使职权，科学地为建设单位提供专业化服务，既要维护建设单位的合法权益，也不能损害其他有关单位的合法权益。

2 术　语

2.0.1 工程监理单位是受建设单位委托为其提供管理和技术服务的独立法人或经济组织。工程监理单位不同于生产经营单位，既不直接进行工程设计和施工生产，也不参与施工单位的利润分成。

2.0.2 建设工程监理是一项具有中国特色的工程建设管理制度。工程监理单位要依据法律法规、工程建设标准、勘察设计文件、建设工程监理合同及其他合同文件，代表建设单位在施工阶段对建设工程质量、进度、造价进行控制，对合同、信息进行管理，对工程建设相关方的关系进行协调，即"三控两管一协调"，同时还要依据《建设工程安全生产管理条例》等法规、政策，履行建设工程安全生产管理的法定职责。

2.0.3 工程监理单位根据建设工程监理合同约定，在工程勘察、设计、保修等阶段为建设单位提供的专业化服务均属于相关服务。

2.0.5 从事建设工程监理与相关服务等工程管理活动的人员取得注册监理工程师执业资格，应参加国务院人事和建设主管部门组织的全国统一考试或考核认定，获得《中华人民共和国监理工程师执业资格证书》，并经国务院建设主管部门注册，获得《中华人民共和国注册监理工程师注册执业证书》和执业印章。

2.0.6 总监理工程师应由工程监理单位法定代表人书面任命。总监理工程师是项目监理机构的负责人，应由注册监理工程师担任。

2.0.7 总监理工程师应在总监理工程师代表的书面授权中，列明代为行使总监理工程师的具体职责和权力。总监理工程师代表可以由具有工程类执业资格的人员（如：注册监理工程师、注册造价工程师、注册建造师、注册建筑师、注册工程师等）担任，也可由具有中级及以上专业技术职称、3 年及以上工程实践经验并经监理业务培训的人员担任。

2.0.8 专业监理工程师是项目监理机构中按专业或岗位设置的专业监理人员。当工程规模较大时，在同一专业或岗位宜设置若干名专业监理工程师。专业监理工程师具有相应监理文件的签发权，该岗位可以由具有工程类注册执业资格的人员（如：注册监理工程师、注册造价工程师、注册建造师、注册建筑师、注册工程师等）担任，也可由具有中级及以上专业技术职称、2 年及以上工程实践经验的监理人员担任。建设工程涉及特殊行业（如爆破工程）的，从事此类工程的专业监理工程师还应符合国家对有关专业人员资格的规定。

2.0.9 监理员是从事具体监理工作的人员，不同于项目监理机构中其他行政辅助人员。监理员应具有中专及以上学历，并经过监理业务培训。

2.0.10 监理规划应针对建设工程实际情况编制。

2.0.11 监理实施细则是根据有关规定、监理工作实际需要而编制的操作性文件，如深基坑工程监理实施细则。

2.0.12 项目监理机构应依据建设单位提供的施工图纸、工程量清单、施工图预算或其他文件，核对施工单位实际完成的合格工程量，符合工程设计文件及施工合同约定的，予以计量。

2.0.13 旁站是项目监理机构对关键部位和关键工序的施工质量实施建设工程监理的方式之一。

2.0.14 巡视是项目监理机构对工程实施建设工程监理的方式之一，是监理人员针对施工现场进行的检查。

2.0.15 工程类别不同，平行检验的范围和内容不同。项目监理机构应依据有关规定和建设工程监理合同约定进行平行检验。

2.0.16 施工单位需要在项目监理机构监督下，对涉及结构安全的试块、试件及工程材料，按规定进行现场取样、封样，并送至具备相应资质的检测单位进行检测。

2.0.17、2.0.18 工程延期、工期延误的责任承担者不同，工程延期是由于非施工单位原因造成的，如建设单位原因、不可抗力等，施工单位不承担责任；而工期延误是由于施工单位自身原因造成的，需要施工单位采取赶工措施加快施工进度，如果不能按合同工期完成工程施工，施工单位还需根据施工合同约定承担误期责任。

2.0.19、2.0.20 工程临时延期批准是施工过程中的临时性决定，工程最终延期批准是关于工程延期事件的最终决定，总监理工程师、建设单位批准的工程最终延期时间与原合同工期之和将成为新的合同工期。

2.0.21 监理日志是项目监理机构在实施建设工程监理过程中每日形成的文件，由总监理工程师根据工程实际情况指定专业监理工程师负责记录。监理日志不等同于监理日记。监理日记是每个监理人员的工作日记。

2.0.22 监理月报是记录、分析总结项目监理机构监理工作及工程实施情况的文档资料，既能反映建设工程监理工作及建设工程实施情况，也能确保建设工程监理工作可追溯。

2.0.23 建设工程中所需设备需要按设备采购合同单独制造的，项目监理机构应依据建设工程监理合同和设备采购合同对设备制造过程进行监督管理活动。

2.0.24 监理文件资料从形式上可分为文字、图表、数据、声像、电子文档等文件资料，从来源上可分为监理工作依据性、记录性、编审性等文件资料，需要归档的监理文件资料，按照国家有关规定执行。

3 项目监理机构及其设施

3.1 一般规定

3.1.1 项目监理机构的建立应遵循适应、精简、高效的原则，要有利于建设工程监理目标控制和合同管理，要有利于建设工程监理职责的划分和监理人员的分工协作，要有利于建设工程监理的科学决策和信息沟通。

3.1.2 项目监理机构的监理人员宜由一名总监理工程师、若干名专业监理工程师和监理员组成，且专业配套、数量应满足监理工作和建设工程监理合同对监理工作深度及建设工程监理目标控制的要求。

下列情形项目监理机构可设总监理工程师代表：

1 工程规模较大、专业较复杂，总监理工程师难以处理多个专业工程时，可按专业设总监理工程师代表。

2 一个建设工程监理合同中包含多个相对独立的施工合同，可按施工合同段设总监理工程师代表。

3 工程规模较大、地域比较分散，可按工程地域设总监理工程师代表。

除总监理工程师、专业监理工程师和监理员外，项目监理机构还可根据监理工作需要，配备文秘、翻译、司机和其他行政辅助人员。

项目监理机构应根据建设工程不同阶段的需要配备数量和专业满足要求的监理人员，有序安排相关监理人员进退场。

3.1.4 工程监理单位更换、调整项目监理机构监理人员，应做好交接工作，保持建设工程监理工作的连续性。

3.1.5 考虑到工程规模及复杂程度，一名注册监理工程师可以同时担任多个项目的总监理工程师，同时担任总监理工程师工作的项目不得超过三项。

3.1.6 项目监理机构撤离施工现场前，应由工程监理单位书面通知建设单位，并办理相关移交手续。

3.2 监理人员职责

3.2.2 总监理工程师作为项目监理机构负责人，监理工作中的重要职责不得委托给总监理工程师代表。

3.2.3 专业监理工程师职责为其基本职责，在建设工程监理实施过程中，项目监理机构还应针对建设工程实际情况，明确各岗位专业监理工程师的职责分工，制定具体监理工作计划，并根据实施情况进行必要的调整。

3.2.4 监理员职责为其基本职责，在建设工程监理实施过程中，项目监理机构还应针对建设工程实际情况，明确各岗位监理员的职责分工。

3.3 监理设施

3.3.1 对于建设单位提供的设施,项目监理机构应登记造册,建设工程监理工作结束或建设工程监理合同终止后归还建设单位。

4 监理规划及监理实施细则

4.1 一般规定

4.1.1 监理规划是在项目监理机构详细调查和充分研究建设工程的目标、技术、管理、环境以及工程参建各方等情况后制定的指导建设工程监理工作的实施方案,监理规划应起到指导项目监理机构实施建设工程监理工作的作用,因此,监理规划中应有明确、具体、切合工程实际的监理工作内容、程序、方法和措施,并制定完善的监理工作制度。

监理规划作为工程监理单位的技术文件,应经过工程监理单位技术负责人的审核批准,并在工程监理单位存档。

4.1.2 监理实施细则是指导项目监理机构具体开展专项监理工作的操作性文件,应体现项目监理机构对于建设工程在专业技术、目标控制方面的工作要点、方法和措施,做到详细、具体、明确。

4.2 监理规划

4.2.1 监理规划应针对建设工程实际情况进行编制,应在签订建设工程监理合同及收到工程设计文件后开始编制。此外,还应结合施工组织设计、施工图审查意见等文件资料进行编制。一个监理项目应编制一个监理规划。

监理规划应在第一次工地会议召开之前完成工程监理单位内部审核后报送建设单位。

4.2.3 建设单位在委托建设工程监理时一并委托相关服务的,可将相关服务工作计划纳入监理规划。

4.2.4 在监理工作实施过程中,建设工程的实施可能会发生较大变化,如设计方案重大修改、施工方式发生变化、工期和质量要求发生重大变化,或者当原监理规划所确定的程序、方法、措施和制度等需要做重大调整时,总监理工程师应及时组织专业监理工程师修改监理规划,并按原报审程序审核批准后报建设单位。

4.3 监理实施细则

4.3.1 项目监理机构应结合工程特点、施工环境、施工工艺等编制监理实施细则,明确监理工作要点、监理工作流程和监理工作方法及措施,达到规范和指导监理工作的目的。

对工程规模较小、技术较简单且有成熟管理经验和措施的,可不必编制监理实施细则。

4.3.2 监理实施细则可随工程进展编制,但应在相应工程开始施工前完成,并经总监理工程师审批后实施。

4.3.4 监理实施细则可根据建设工程实际情况及项目监理机构工作需要增加其他内容。

4.3.5 当工程发生变化导致原监理实施细则所确定的工作流程、方法和措施需要调整时,专业监理工程师应对监理实施细则进行补充、修改。

5 工程质量、造价、进度控制及 安全生产管理的监理工作

5.1 一般规定

5.1.1 项目监理机构应根据建设工程监理合同约定,分析影响工程质量、造价、进度控制和安全生产管理的因素及影响程度,有针对性地制定和实施相应的组织技术措施。

5.1.2 总监理工程师组织监理人员熟悉工程设计文件是项目监理机构实施事前控制的一项重要工作,其目的是通过熟悉工程设计文件,了解工程设计特点、工程关键部位的质量要求,便于项目监理机构按工程设计文件的要求实施监理。有关监理人员应参加图纸会审和设计交底会议,熟悉如下内容:

1 设计主导思想、设计构思、采用的设计规范、各专业设计说明等。

2 工程设计文件对主要工程材料、构配件和设备的要求,对所采用的新材料、新工艺、新技术、新设备的要求,对施工技术的要求以及涉及工程质量、施工安全应特别注意的事项等。

3 设计单位对建设单位、施工单位和工程监理单位提出的意见和建议的答复。

项目监理机构如发现工程设计文件中存在不符合建设工程质量标准或施工合同约定的质量要求时,应通过建设单位向设计单位提出书面意见或建议。

图纸会审和设计交底会议纪要应由建设单位、设计单位、施工单位的代表和总监理工程师共同签认。

5.1.3 由建设单位主持召开的第一次工地会议是建设单位、工程监理单位和施工单位对各自人员及分工、开工准备、监理例会的要求等情况进行沟通和协调的会议。总监理工程师应介绍监理工作的目标、范围和内容、项目监理机构及人员职责分工、监理工作程序、方法和措施等。

第一次工地会议应包括以下主要内容:

1 建设单位、施工单位和工程监理单位分别介绍各自驻现场的组织机构、人员及分工。

2 建设单位介绍工程开工准备情况。

3 施工单位介绍施工准备情况。

4 建设单位代表和总监理工程师对施工准备情

况提出意见和要求。

5 总监理工程师介绍监理规划的主要内容。

6 研究确定各方在施工过程中参加监理例会的主要人员，召开监理例会的周期、地点及主要议题。

7 其他有关事项。

5.1.4 监理例会由总监理工程师或其授权的专业监理工程师主持。专题会议是由总监理工程师或其授权的专业监理工程师主持或参加的，为解决监理过程中的工程专项问题而不定期召开的会议。专题会议纪要的内容包括会议主要议题、会议内容、与会单位、参加人员及召开时间等。

监理例会应包括以下主要内容：

1 检查上次例会议定事项的落实情况，分析未完事项原因。

2 检查分析工程项目进度计划完成情况，提出下一阶段进度目标及其落实措施。

3 检查分析工程项目质量、施工安全管理状况，针对存在的问题提出改进措施。

4 检查工程量核定及工程款支付情况。

5 解决需要协调的有关事项。

6 其他有关事宜。

5.1.6 施工组织设计的报审应遵循下列程序及要求：

1 施工单位编制的施工组织设计经施工单位技术负责人审核签认后，与施工组织设计报审表一并报送项目监理机构。

2 总监理工程师应及时组织专业监理工程师进行审查，需要修改的，由总监理工程师签发书面意见，退回修改；符合要求的，由总监理工程师签认。

3 已签认的施工组织设计由项目监理机构报送建设单位。

项目监理机构还应审查施工组织设计中的生产安全事故应急预案，重点审查应急组织体系、相关人员职责、预警预防制度、应急救援措施。

5.1.8 总监理工程师应在开工日期 7 天前向施工单位发出工程开工令。工期自总监理工程师发出的工程开工令中载明的开工日期起计算。施工单位应在开工日期后尽快施工。

5.1.12 项目监理机构进行风险分析时，主要是找出工程目标控制和安全生产管理的重点、难点以及最易发生事故、索赔事件的原因和部位，加强对施工合同的管理，制定防范性对策。

5.2 工程质量控制

5.2.4 新材料、新工艺、新技术、新设备的应用应符合国家相关规定。专业监理工程师审查时，可根据具体情况要求施工单位提供相应的检验、检测、试验、鉴定或评估报告及相应的验收标准。项目监理机构认为有必要进行专题论证时，施工单位应组织专题论证会。

5.2.5 专业监理工程师应审核施工单位的测量依据、测量人员资格和测量成果是否符合规范及标准要求，符合要求的，由专业监理工程师予以签认。

5.2.7 施工单位为工程提供服务的试验室是指施工单位自有试验室或委托的试验室。

5.2.9 用于工程的材料、构配件、设备的质量证明文件包括出厂合格证、质量检验报告、性能检测报告以及施工单位的质量抽检报告等。工程监理单位与建设单位应在建设工程监理合同中事先约定平行检验的项目、数量、频率、费用等内容。

5.2.10 计量设备是指施工中使用的衡器、量具、计量装置等设备。施工单位应按有关规定定期对计量设备进行检查、检定，确保计量设备的精确性和可靠性。

5.2.11 项目监理机构应将影响工程主体结构安全的、完工后无法检测其质量的或返工会造成较大损失的部位及其施工过程作为旁站的关键部位、关键工序。

5.2.13 项目监理机构对施工质量进行的平行检验，应符合工程特点、专业要求及行业主管部门的有关规定，并符合建设工程监理合同的约定。

5.2.14 项目监理机构应按规定对施工单位自检合格后报验的隐蔽工程、检验批、分项工程和分部工程及相关文件和资料进行审查和验收，符合要求的，签署验收意见。检验批的报验按有关专业工程施工验收标准规定的程序执行。

项目监理机构可要求施工单位对已覆盖的工程隐蔽部位进行钻孔探测、剥离或其他方法重新检验，经检验证明工程质量符合合同要求的，建设单位应承担由此增加的费用和（或）工期延期，并支付施工单位合理利润；经检验证明工程质量不符合合同要求的，施工单位应承担由此增加的费用和（或）工期延误。

5.2.17 项目监理机构向建设单位提交的质量事故书面报告应包括下列主要内容：

1 工程及各参建单位名称。

2 质量事故发生的时间、地点、工程部位。

3 事故发生的简要经过、造成工程损伤状况、伤亡人数和直接经济损失的初步估计。

4 事故发生原因的初步判断。

5 事故发生后采取的措施及处理方案。

6 事故处理的过程及结果。

5.2.18 项目监理机构收到工程竣工验收报审表后，总监理工程师应组织专业监理工程师对工程实体质量情况及竣工资料进行全面检查，需要进行功能试验（包括单机试车和无负荷试车）的，项目监理机构应审查试验报告单。

项目监理机构应督促施工单位做好成品保护和现

场清理。

5.2.19 工程质量评估报告应包括以下主要内容：

1 工程概况。

2 工程各参建单位。

3 工程质量验收情况。

4 工程质量事故及其处理情况。

5 竣工资料审查情况。

6 工程质量评估结论。

5.3 工程造价控制

5.3.1 项目监理机构应及时审查施工单位提交的工程款支付申请，进行工程计量，并与建设单位、施工单位沟通协商一致后，由总监理工程师签发工程款支付证书。其中，项目监理机构对施工单位提交的进度付款申请应审核以下内容：

1 截至本次付款周期末已实施工程的合同价款。

2 增加和扣减的变更金额。

3 增加和扣减的索赔金额。

4 支付的预付款和扣减的返还预付款。

5 扣减的质量保证金。

6 根据合同应增加和扣减的其他金额。

项目监理机构应从第一个付款周期开始，在施工单位的进度付款中，按专用合同条款的约定扣留质量保证金，直至扣留的质量保证金总额达到专用合同条款约定的金额或比例为止。质量保证金的计算额度不包括预付款的支付、扣回以及价格调整的金额。

5.3.4 项目监理机构应按有关工程结算规定及施工合同约定对竣工结算进行审核。

5.4 工程进度控制

5.4.1 项目监理机构审查阶段性施工进度计划时，应注重阶段性施工进度计划与总进度计划目标的一致性。

5.4.3 在施工进度计划实施过程中，项目监理机构应检查和记录实际进度情况，发生施工进度计划调整的，应报项目监理机构审查，并经建设单位同意后实施。发现实际进度严重滞后于计划进度且影响合同工期时，项目监理机构应签发监理通知单、召开专题会议，督促施工单位按批准的施工进度计划实施。

5.5 安全生产管理的监理工作

5.5.2 项目监理机构应重点审查施工单位安全生产许可证及施工单位项目经理资格证、专职安全生产管理人员上岗证和特种作业人员操作证年检合格与否，核查施工机械和设施的安全许可验收手续。

5.5.6 紧急情况下，项目监理机构通过电话、传真或者电子邮件向有关主管部门报告的，事后应形成监理报告。

6 工程变更、索赔及施工合同争议处理

6.2 工程暂停及复工

6.2.2 总监理工程师签发工程暂停令，应事先征得建设单位同意。在紧急情况下，未能事先征得建设单位同意的，应在事后及时向建设单位书面报告。施工单位未按要求停工或复工的，项目监理机构应及时报告建设单位。

发生情况1时，建设单位要求停工，总监理工程师经过独立判断，认为有必要暂停施工的，可签发工程暂停令；认为没有必要暂停施工的，不应签发工程暂停令。

发生情况2时，施工单位擅自施工的，总监理工程师应及时签发工程暂停令；施工单位拒绝执行项目监理机构的要求和指令时，总监理工程师应视情况签发工程暂停令。

发生情况3、4、5时，总监理工程师均应及时签发工程暂停令。

6.2.7 总监理工程师签发工程复工令，应事先征得建设单位同意。

6.3 工程变更

6.3.1 发生工程变更，应经过建设单位、设计单位、施工单位和工程监理单位的签认，并通过总监理工程师下达变更指令后，施工单位方可进行施工。

工程变更需要修改工程设计文件，涉及消防、人防、环保、节能、结构等内容的，应按规定经有关部门重新审查。

6.3.3 工程变更价款确定的原则如下：

1 合同中已有适用于变更工程的价格，按合同已有的价格计算、变更合同价款。

2 合同中有类似于变更工程的价格，可参照类似价格变更合同价款。

3 合同中没有适用或类似于变更工程的价格，总监理工程师应与建设单位、施工单位就工程变更价款进行充分协商达成一致；如双方达不成一致，由总监理工程师按照成本加利润的原则确定工程变更的合理单价或价款，如有异议，按施工合同约定的争议程序处理。

6.3.5 项目监理机构评估后确实需要变更的，建设单位应要求原设计单位编制工程变更文件。

6.4 费用索赔

6.4.1 涉及工程费用索赔的有关施工和监理文件资料包括：施工合同、采购合同、工程变更单、施工组织设计、专项施工方案、施工进度计划、建设单位和施工单位的有关文件、会议纪要、监理记录、监理工

作联系单、监理通知单、监理月报及相关监理文件资料等。

6.4.2 处理索赔时，应遵循"谁索赔，谁举证"原则，并注意证据的有效性。

6.4.3 总监理工程师在签发索赔报审表时，可附一份索赔审查报告。索赔审查报告内容包括受理索赔的日期，索赔要求，索赔过程，确认的索赔理由及合同依据，批准的索赔额及其计算方法等。

6.5 工程延期及工期延误

6.5.1 项目监理机构在受理施工单位提出的工程延期要求后应收集相关资料，并及时处理。

6.5.3 当建设单位与施工单位就工程延期事宜协商达不成一致意见时，项目监理机构应提出评估意见。

6.6 施工合同争议

6.6.1 项目监理机构可要求争议双方出具相关证据。总监理工程师应遵守客观、公平的原则，提出合同争议的处理意见。

7 监理文件资料管理

7.1 一般规定

7.1.1 监理文件资料是实施监理过程的真实反映，既是监理工作成效的根本体现，也是工程质量、生产安全事故责任划分的重要依据，项目监理机构应做到"明确责任，专人负责"。

7.1.2 监理人员应及时分类整理自己负责的文件资料，并移交由总监理工程师指定的专人进行管理，监理文件资料应准确、完整。

7.2 监理文件资料内容

7.2.1 合同文件、勘察设计文件是建设单位提供的监理工作依据。

项目监理机构收集归档的监理文件资料应为原件，若为复印件，应加盖报送单位印章，并由经手人签字、注明日期。

监理文件资料涉及的有关表格应采用本规范统一表式，签字盖章手续完备。

7.2.2 总监理工程师应定期审阅监理日志，全面了解监理工作情况。

7.2.3 监理月报是项目监理机构定期编制并向建设单位和工程监理单位提交的重要文件。

监理月报应包括以下具体内容：

1 本月工程实施情况：
 1）工程进展情况，实际进度与计划进度的比较，施工单位人、机、料进场及使用情况，本期在施部位的工程照片。

 2）工程质量情况，分项分部工程验收情况，工程材料、设备、构配件进场检验情况，主要施工试验情况，本月工程质量分析。
 3）施工单位安全生产管理工作评述。
 4）已完工程量与已付工程款的统计及说明。

2 本月监理工作情况：
 1）工程进度控制方面的工作情况。
 2）工程质量控制方面的工作情况。
 3）安全生产管理方面的工作情况。
 4）工程计量与工程款支付方面的工作情况。
 5）合同其他事项的管理工作情况。
 6）监理工作统计及工作照片。

3 本月施工中存在的问题及处理情况：
 1）工程进度控制方面的主要问题分析及处理情况。
 2）工程质量控制方面的主要问题分析及处理情况。
 3）施工单位安全生产管理方面的主要问题分析及处理情况。
 4）工程计量与工程款支付方面的主要问题分析及处理情况。
 5）合同其他事项管理方面的主要问题分析及处理情况。

4 下月监理工作重点：
 1）在工程管理方面的监理工作重点。
 2）在项目监理机构内部管理方面的工作重点。

7.2.4 监理工作总结经总监理工程师签字后报工程监理单位。

7.3 监理文件资料归档

7.3.1 监理文件资料的组卷及归档应符合相关规定。

7.3.2 工程监理单位应按合同约定向建设单位移交监理档案。工程监理单位自行保存的监理档案保存期可分为永久、长期、短期三种。

8 设备采购与设备监造

8.2 设备采购

8.2.1、8.2.2 建设单位委托设备采购服务的，项目监理机构的主要工作内容是协助建设单位编制设备采购方案、择优选择设备供应单位和签订设备采购合同。

总监理工程师应组织设备专业监理人员，依据建设工程监理合同制订设备采购工作的程序和措施。

8.2.3 设备采购工作完成后，由总监理工程师按要求负责整理汇总设备采购文件资料，并提交建设单位和本单位归档。

8.3 设备监造

8.3.1 专业监理工程师应对设备制造单位的质量管理体系建立和运行情况进行检查，审查设备制造生产计划和工艺方案。审查合格并经总监理工程师批准后方可实施。

8.3.3 专业监理工程师在审查质量证明文件及检验报告时，应审查文件及报告的质量证明内容、日期和检验结果是否符合设计要求和合同约定，审查原材料进货、制造加工、组装、中间产品试验、强度试验、严密性试验、整机性能试验、包装直至完成出厂并具备装运条件的检验计划与检验要求，此外，应对检验的时间、内容、方法、标准以及检测手段、检测设备和仪器等进行审查。

8.3.4 项目监理机构对设备制造过程监督检查应包括以下主要内容：零件制造是否按工艺规程的规定进行，零件制造是否经检验合格后才转入下一道工序，主要及关键零件的材质和加工工序是否符合图纸、工艺的规定，零件制造的进度是否符合生产计划的要求。

8.3.5 总监理工程师签发暂停制造指令时，应同时提出如下处理意见：

    1 要求设备制造单位进行原因分析。

    2 要求设备制造单位提出整改措施并进行整改。

    3 确定复工条件。

8.3.6 在设备装配过程中，专业监理工程师应检查配合面的配合质量、零部件的定位质量及连接质量、运动件的运动精度等装配质量是否符合设计及标准要求。

8.3.7 在对原设计进行变更时，专业监理工程应进行审核，并督促办理相应的设计变更手续和移交修改函件或技术文件等。对可能引起的费用增减和制造工期的变化按设备制造合同约定协商确定。

8.3.8 项目监理机构签认时，应要求设备制造单位提供相应的设备整机性能检测报告、调试报告和出厂验收书面证明资料。

8.3.9 检查防护和包装措施应考虑：运输、装卸、储存、安装的要求，主要应包括：防潮湿、防雨淋、防日晒、防振动、防高温、防低温、防泄漏、防锈蚀、须屏蔽及放置形式等内容。

8.3.10 设备交接工作一般包括开箱清点、设备和资料检查与验收、移交等内容。

8.3.11 专业监理工程师可在制造单位备料阶段、加工阶段、完工交付阶段控制费用支出，或按设备制造合同的约定审核进度付款，由总监理工程师审核后签发支付证书。

8.3.13 结算工作应依据设备制造合同的约定进行。

8.3.14 设备监造工作完成后，由总监理工程师按要求负责整理汇总设备监造资料，并提交建设单位和本单位归档。

9 相关服务

9.1 一般规定

9.1.1 相关服务范围可包括工程勘察、设计和保修阶段的工程管理服务工作。建设单位可委托其中一项、多项或全部服务，并支付相应的服务费用。

相关服务工作计划应包括相关服务工作的内容、程序、措施、制度等。

9.2 工程勘察设计阶段服务

9.2.1 工程监理单位协助建设单位选择工程勘察设计单位时，应审查工程勘察设计单位的资质等级、勘察设计人员的资格以及工程勘察设计质量保证体系。

9.2.3 现场及室内试验主要岗位操作人员是指钻探设备操作人员、记录人员和室内实验的数据签字和审核人员。

9.2.5 重要点位是指勘察方案中工程勘察所需要的控制点、作为持力层的关键层和一些重要层的变化处。对重要点位的勘探与测试可实施旁站。

9.2.10 审查设计成果主要审查方案设计是否符合规划设计要点，初步设计是否符合方案设计要求，施工图设计是否符合初步设计要求。

根据工程规模和复杂程度，在取得建设单位同意后，对设计工作成果的评估可不区分方案设计、初步设计和施工图设计，只出具一份报告即可。

9.2.12 审查工作主要针对目前尚未经过国家、地方、行业组织评审、鉴定的新材料、新工艺、新技术、新设备。

9.3 工程保修阶段服务

9.3.1 由于工作的可延续性，工程保修阶段服务工作一般委托工程监理单位承担。工程保修期限按国家有关法律法规确定。工程保修阶段服务工作期限，应在建设工程监理合同中明确。

9.3.2 工程监理单位宜在施工阶段监理人员中保留必要的专业监理工程师，对施工单位修复的工程进行验收和签认。

9.3.3 对非施工单位原因造成的工程质量缺陷，修复费用的核实及支付证明签发，宜由总监理工程师或其授权人签认。

附录A 工程监理单位用表

A.0.1 工程监理单位法定代表人应根据建设工程监

理合同约定，任命有类似工程管理经验的注册监理工程师担任项目总监理工程师，并在表 A.0.1 中明确总监理工程师的授权范围。

A.0.2 建设单位对《工程开工报审表》签署同意意见后，总监理工程师可签发《工程开工令》。《工程开工令》中的开工日期作为施工单位计算工期的起始日期。

A.0.3 施工单位收到《监理通知单》并整改合格后，应使用《监理通知回复单》回复，并附相关资料。

A.0.4 项目监理机构发现工程存在安全事故隐患，发出《监理通知单》或《工程暂停令》后，施工单位拒不整改或者不停工的，应当采用表 A.0.4 及时向政府有关主管部门报告，同时应附相应《监理通知单》或《工程暂停令》等证明监理人员所履行安全生产管理职责的相关文件资料。

A.0.5 总监理工程师应根据暂停工程的影响范围和程度，按合同约定签发暂停令。签发工程暂停令时，应注明停工部位及范围。

A.0.6 施工情况包括施工单位质检人员到岗情况、特殊工种人员持证情况以及施工机械、材料准备及关键部位、关键工序的施工是否按（专项）施工方案及工程建设强制性标准执行等情况。

附录 B　施工单位报审、报验用表

B.0.1 施工单位编制的施工组织设计应由施工单位技术负责人审核签字并加盖施工单位公章。有分包单位的，分包单位编制的施工组织设计或（专项）施工方案均应由施工单位按规定完成相关审批手续后，报项目监理机构审核。

B.0.2 施工合同中同时开工的单位工程可填报一次。

总监理工程师审核开工条件并经建设单位同意后签发工程开工令。

B.0.3 工程复工报审时，应附有能够证明已具备复工条件的相关文件资料，包括相关检查记录、有针对性的整改措施及其落实情况、会议纪要、影像资料等。

B.0.4 分包单位的名称应按《企业法人营业执照》全称填写；分包单位资质材料包括：营业执照、企业资质等级证书、安全生产许可文件、专职管理人员和特种作业人员的资格证书等；分包单位业绩材料是指分包单位近三年完成的与分包工程内容类似的工程业绩材料。

B.0.5 测量放线的专业测量人员资格（测量人员的资格证书）及测量设备资料（施工测量放线使用测量仪器的名称、型号、编号、校验资料等）应经项目监理机构确认。

测量依据资料及测量成果包括下列内容：

　1 平面、高程控制测量：需报送控制测量依据资料、控制测量成果表（包含平差计算表）及附图。

　2 定位放样：报送放样依据、放样成果表及附图。

B.0.6 质量证明文件是指：生产单位提供的合格证、质量证明书、性能检测报告等证明资料。进口材料、构配件、设备应有商检的证明文件；新产品、新材料、新设备应有相应资质机构的鉴定文件。如无证明文件原件，需提供复印件，并应在复印件上加盖证明文件提供单位的公章。

自检结果是指：施工单位核对所购工程材料、构配件、设备的清单和质量证明资料后，对工程材料、构配件、设备实物及外部观感质量进行验收核实的结果。

由建设单位采购的主要设备则由建设单位、施工单位、项目监理机构进行开箱检查，并由三方在开箱检查记录上签字。

进口材料、构配件和设备应按照合同约定，由建设单位、施工单位、供货单位、项目监理机构及其他有关单位进行联合检查，检查情况及结果应形成记录，并由各方代表签字认可。

B.0.7 主要用于隐蔽工程、检验批、分项工程的报验，也可用于施工单位试验室等的报审。

有分包单位的，分包单位的报验资料应由施工单位验收合格后向项目监理机构报验。

隐蔽工程、检验批、分项工程需经施工单位自检合格后并附有相应工序和部位的工程质量检查记录，报送项目监理机构验收。

B.0.8 分部工程质量资料包括：《分部（子分部）工程质量验收记录表》及工程质量验收规范要求的质量资料、安全及功能检验（检测）报告等。

B.0.9 回复意见应根据《监理通知单》的要求，简要说明落实整改的过程、结果及自检情况，必要时应附整改相关证明资料，包括检查记录、对应部位的影像资料等。

B.0.10 每个单位工程应单独填报。质量验收资料是指：能够证明工程按合同约定完成并符合竣工验收要求的全部资料，包括单位工程质量资料，有关安全和使用功能的检测资料，主要使用功能项目的抽查结果等。对需要进行功能试验的工程（包括单机试车、无负荷试车和联动调试），应包括试验报告。

B.0.11 附件是指与付款申请有关的资料，如已完成合格工程的工程量清单、价款计算及其他与付款有关的证明文件和资料。

B.0.13 证明材料应包括：索赔意向书、索赔事项的相关证明材料。

系，包括：告知、督促、建议等事项。

附录 C 通 用 表

C.0.1 工程建设有关方相互之间的日常书面工作联

中华人民共和国国家标准

建设工程项目管理规范

The code of construction project management

GB/T 50326—2006

主编部门：中华人民共和国建设部
批准部门：中华人民共和国建设部
施行日期：2006年12月1日

中华人民共和国建设部
公 告

第 449 号

建设部关于发布国家标准
《建设工程项目管理规范》的公告

现批准《建设工程项目管理规范》为国家标准，编号为 GB/T 50326 - 2006，自 2006 年 12 月 1 日起实施。原《建设工程项目管理规范》GB/T 50326 - 2001 同时废止。

本规范由建设部标准定额研究所组织中国建筑工

业出版社出版发行。

2006 年 6 月 21 日

前 言

本规范根据中华人民共和国建设部"关于印发《二〇〇四年工程建设国家标准制订、修订计划》的通知"（建标［2004］67 号）的要求修编。

修编本规范的目的是贯彻国家和政府主管部门有关法规政策，总结我国二十年来学习借鉴国际先进管理方法，推进建设工程管理体制改革的主要经验，进一步深化和规范工程项目管理的基本做法，促进工程项目管理科学化、规范化和法制化，不断提高建设工程项目管理水平。

本规范分为 18 章，包括：总则，术语，项目范围管理，项目管理规划，项目管理组织，项目经理责任制，项目合同管理，项目采购管理，项目进度管理，项目质量管理，项目职业健康安全管理，项目环境管理，项目成本管理，项目资源管理，项目信息管理，项目风险管理，项目沟通管理，项目收尾管理。

本规范由建设部负责管理，中国建筑业协会工程项目管理专业委员会负责具体技术内容的解释。如有需要修改和补充之处，请将意见和有关资料寄送中国建筑业协会工程项目管理专业委员会（地址：北京市海淀区中关村南大街 48 号 A 座 601 室，邮编：100081，E-mail：xmglyf@263.net）。

本规范主编单位、参编单位和主要起草人：

主 编 单 位：中国建筑业协会工程项目管理专业委员会

主要参编单位：泛华建设集团

参 编 单 位：北京市建委
天津市建委
清华大学
天津大学
中国人民大学
同济大学
东南大学
北京交通大学
北京建筑工程学院
山东科技大学
哈尔滨工业大学
中国建筑科学研究院
北京城建设计研究总院
中国铁道工程建设协会
中国建筑工程总公司
天津建工集团总公司
北京建工集团总公司
中铁十六局集团有限公司
四川华西集团有限公司
中国化学工程总公司
中国五环化学工程公司
北京震环房地产开发有限公司

主 要 起 草 人：张青林　吴　涛　丛培经
贾宏俊　成　虎　朱　嬿
张守健　林知炎　马小良
劳纪钢　童福文　王新杰
皮承杰　叶浩文　吴之昕
李　君　杨天举　杨生荣
华文全　赵　丽

参 编 人：张婀娜　王瑞芝　杨春宁
陈立军　敖　军　罗大林
王铭三　孙佐平　李启明
陆惠民　黄如福　金铁英
黄健鹰　初明祥　李万江
隋伟旭

目　　次

1 总　则

1.0.1 为提高建设工程项目管理水平，促进建设工程项目管理的科学化、规范化、制度化和国际化，制定本规范。

1.0.2 本规范适用于新建、扩建、改建等建设工程有关各方的项目管理。

1.0.3 本规范是建立项目管理组织、明确企业各层次和人员的职责与工作关系，规范项目管理行为，考核和评价项目管理成果的基础依据。

1.0.4 建设工程项目管理应坚持自主创新，采用先进的管理技术和现代化管理手段。

1.0.5 建设工程项目管理应坚持以人为本和科学发展观，全面实行项目经理责任制，不断改进和提高项目管理水平，实现可持续发展。

1.0.6 建设工程项目管理除遵循本规范外，还应符合国家法律、法规及有关技术标准的规定。

2 术　语

2.0.1 建设工程项目　construction project

为完成依法立项的新建、扩建、改建等各类工程而进行的、有起止日期的、达到规定要求的一组相互关联的受控活动组成的特定过程，包括策划、勘察、设计、采购、施工、试运行、竣工验收和考核评价等。简称为项目。

2.0.2 建设工程项目管理　construction project management

运用系统的理论和方法，对建设工程项目进行的计划、组织、指挥、协调和控制等专业化活动。简称为项目管理。

2.0.3 项目发包人　project employer

按招标文件或合同中约定、具有项目发包主体资格和支付合同价款能力的当事人以及取得该当事人资格的合法继承人。简称为发包人。

2.0.4 项目承包人　project contractor

按合同中约定、被发包人接受的具有项目承包主体资格的当事人，以及取得该当事人资格的合法继承人。简称为承包人。

2.0.5 项目承包　project contracting

受发包人的委托，按照合同约定，对工程项目的策划、勘察、设计、采购、施工、试运行等实行全过程或分阶段承包的活动。简称为承包。

2.0.6 项目分包　project subcontracting

承包人将其承包合同中所约定工作的一部分发包给具有相应资质的企业承担。简称为分包。

2.0.7 项目范围管理　project scope management

对合同中约定的项目工作范围进行的定义、计划、控制和变更等活动。

2.0.8 项目管理目标责任书　document of project management responsibility

企业的管理层与项目经理部签订的明确项目经理部应达到的成本、质量、工期、安全和环境等管理目标及其承担的责任，并作为项目完成后考核评价依据的文件。

2.0.9 项目管理组织　organization of project management

实施或参与项目管理工作，且有明确的职责、权限和相互关系的人员及设施的集合。包括发包人、承包人、分包人和其他有关单位为完成项目管理目标而建立的管理组织。简称为组织。

2.0.10 项目经理　project manager

企业法定代表人在建设工程项目上的授权委托代理人。

2.0.11 项目经理部（或项目部）　project management team

由项目经理在企业法定代表人授权和职能部门的支持下按照企业的相关规定组建的、进行项目管理的一次性的组织机构。

2.0.12 项目经理责任制　responsibility system of project manager

企业制定的、以项目经理为责任主体、确保项目管理目标实现的责任制度。

2.0.13 项目进度管理　project progress management

为实现预定的进度目标而进行的计划、组织、指挥、协调和控制等活动。

2.0.14 项目质量管理　project quality management

为确保工程项目的质量特性满足要求而进行的计划、组织、指挥、协调和控制等活动。

2.0.15 项目职业健康安全管理　project occupational health and safety management

为使项目实施人员和相关人员规避伤害或影响健康风险而进行的计划、组织、指挥、协调和控制等活动。

2.0.16 项目环境管理　project environment management

为合理使用和有效保护现场及周边环境而进行的计划、组织、指挥、协调和控制等活动。

2.0.17 项目成本管理　project cost management

为实现项目成本目标所进行的预测、计划、控制、核算、分析和考核等活动。

2.0.18 项目采购管理　project procurement management

对项目的勘察、设计、施工、资源供应、咨询服务等采购工作进行的计划、组织、指挥、协调和控制等活动。

2.0.19 项目合同管理 project contract administration

对项目合同的编制、签订、实施、变更、索赔和终止等的管理活动。

2.0.20 项目资源管理 project resources management

对项目所需人力、材料、机具、设备、技术和资金所进行的计划、组织、指挥、协调和控制等活动。

2.0.21 项目信息管理 project information management

对项目信息进行的收集、整理、分析、处置、储存和使用等活动。

2.0.22 项目风险管理 project risk management

对项目的风险所进行的识别、评估、响应和控制等活动。

2.0.23 项目沟通管理 project communication management

对项目内、外部关系的协调及信息交流所进行的策划、组织和控制等活动。

2.0.24 项目收尾管理 project closing stage management

对项目的收尾、试运行、竣工验收、竣工结算、竣工决算、考核评价、回访保修等进行的计划、组织、协调和控制等活动。

3 项目范围管理

3.1 一般规定

3.1.1 项目范围管理应以确定并完成项目目标为根本目的，通过明确项目有关各方的职责界限，以保证项目管理工作的充分性和有效性。

3.1.2 项目范围管理的对象应包括为完成项目所必需的专业工作和管理工作。

3.1.3 项目范围管理的过程应包括项目范围的确定、项目结构分析、项目范围控制等。

3.1.4 项目范围管理应作为项目管理的基础工作，并贯穿于项目的全过程。组织应确定项目范围管理的工作职责和程序，并对范围的变更进行检查、分析和处置。

3.2 项目范围确定

3.2.1 项目实施前，组织应明确界定项目的范围，提出项目范围说明文件，作为进行项目设计、计划、实施和评价的依据。

3.2.2 确定项目范围应主要依据下列资料：

　　1 项目目标的定义或范围说明文件。

　　2 环境条件调查资料。

　　3 项目的限制条件和制约因素。

　　4 同类项目的相关资料。

3.2.3 在项目的计划文件、设计文件、招标文件和投标文件中应包括对工程项目范围的说明。

3.3 项目结构分析

3.3.1 组织应根据项目范围说明文件进行项目的结构分析。项目结构分析应包括下列内容：

　　1 项目分解。

　　2 工作单元定义。

　　3 工作界面分析。

3.3.2 项目应逐层分解至工作单元，形成树形结构图或项目工作任务表，进行编码。

3.3.3 项目分解应符合下列要求：

　　1 内容完整，不重复，不遗漏。

　　2 一个工作单元只能从属于一个上层单元。

　　3 每个工作单元应有明确的工作内容和责任者，工作单元之间的界面应清晰。

　　4 项目分解应有利于项目实施和管理，便于考核评价。

3.3.4 工作单元应是分解结果的最小单位，便于落实职责、实施、核算和信息收集等工作。

3.3.5 工作界面分析应达到下列要求：

　　1 工作单元之间的接口合理，必要时应对工作界面进行书面说明。

　　2 在项目的设计、计划和实施中，注意界面之间的联系和制约。

　　3 在项目的实施中，应注意变更对界面的影响。

3.4 项目范围控制

3.4.1 组织应严格按照项目的范围和项目分解结构文件进行项目的范围控制。

3.4.2 组织在项目范围控制中，应跟踪检查，记录检查结果，建立文档。

3.4.3 组织在进行项目范围控制中，应判断工作范围有无变化，对范围的变更和影响进行分析与处理。

3.4.4 项目范围变更管理应符合下列要求：

　　1 项目范围变更要有严格的审批程序和手续。

　　2 范围变更后应调整相关的计划。

　　3 组织对重大的项目范围变更，应提出影响报告。

3.4.5 在项目的结束阶段，应验证项目范围，检查项目范围规定的工作是否完成和交付成果是否完备。

3.4.6 项目结束后，组织应对项目范围管理的经验进行总结。

4 项目管理规划

4.1 一般规定

4.1.1 项目管理规划作为指导项目管理工作的纲领

性文件，应对项目管理的目标、依据、内容、组织、资源、方法、程序和控制措施进行确定。

4.1.2 项目管理规划应包括项目管理规划大纲和项目管理实施规划两类文件。

4.1.3 项目管理规划大纲应由组织的管理层或组织委托的项目管理单位编制。

4.1.4 项目管理实施规划应由项目经理组织编制。

4.1.5 大中型项目应单独编制项目管理实施规划；承包人的项目管理实施规划可以用施工组织设计或质量计划代替，但应能够满足项目管理实施规划的要求。

4.2 项目管理规划大纲

4.2.1 项目管理规划大纲是项目管理工作中具有战略性、全局性和宏观性的指导文件。

4.2.2 编制项目管理规划大纲应遵循下列程序：

  1 明确项目目标。
  2 分析项目环境和条件。
  3 收集项目的有关资料和信息。
  4 确定项目管理组织模式、结构和职责。
  5 明确项目管理内容。
  6 编制项目目标计划和资源计划。
  7 汇总整理，报送审批。

4.2.3 项目管理规划大纲可依据下列资料编制：

  1 可行性研究报告。
  2 设计文件、标准、规范与有关规定。
  3 招标文件及有关合同文件。
  4 相关市场信息与环境信息。

4.2.4 项目管理规划大纲可包括下列内容，组织应根据需要选定：

  1 项目概况。
  2 项目范围管理规划。
  3 项目管理目标规划。
  4 项目管理组织规划。
  5 项目成本管理规划。
  6 项目进度管理规划。
  7 项目质量管理规划。
  8 项目职业健康安全与环境管理规划。
  9 项目采购与资源管理规划。
  10 项目信息管理规划。
  11 项目沟通管理规划。
  12 项目风险管理规划。
  13 项目收尾管理规划。

4.3 项目管理实施规划

4.3.1 项目管理实施规划应对项目管理规划大纲进行细化，使其具有可操作性。

4.3.2 编制项目管理实施规划应遵循下列程序：

  1 了解项目相关各方的要求。
  2 分析项目条件和环境。
  3 熟悉相关的法规和文件。
  4 组织编制。
  5 履行报批手续。

4.3.3 项目管理实施规划可依据下列资料编制：

  1 项目管理规划大纲。
  2 项目条件和环境分析资料。
  3 工程合同及相关文件。
  4 同类项目的相关资料。

4.3.4 项目管理实施规划应包括下列内容：

  1 项目概况。
  2 总体工作计划。
  3 组织方案。
  4 技术方案。
  5 进度计划。
  6 质量计划。
  7 职业健康安全与环境管理计划。
  8 成本计划。
  9 资源需求计划。
  10 风险管理计划。
  11 信息管理计划。
  12 项目沟通管理计划。
  13 项目收尾管理计划。
  14 项目现场平面布置图。
  15 项目目标控制措施。
  16 技术经济指标。

4.3.5 项目管理实施规划应符合下列要求：

  1 项目经理签字后报组织管理层审批。
  2 与各相关组织的工作协调一致。
  3 进行跟踪检查和必要的调整。
  4 项目结束后，形成总结文件。

5 项目管理组织

5.1 一般规定

5.1.1 项目管理组织的建立应遵循下列原则：

  1 组织结构科学合理。
  2 有明确的管理目标和责任制度。
  3 组织成员具备相应的职业资格。
  4 保持相对稳定，并根据实际需要进行调整。

5.1.2 组织应确定各相关项目管理组织的职责、权限、利益和应承担的风险。

5.1.3 组织管理层应按项目管理目标对项目进行协调和综合管理。

5.1.4 组织管理层的项目管理活动应符合下列规定：

  1 制定项目管理制度。
  2 实施计划管理，保证资源的合理配置和有序流动。

3 对项目管理层的工作进行指导、监督、检查、考核和服务。

5.2 项目经理部

5.2.1 项目经理部是组织设置的项目管理机构，承担项目实施的管理任务和目标实现的全面责任。

5.2.2 项目经理部由项目经理领导，接受组织职能部门的指导、监督、检查、服务和考核，并负责对项目资源进行合理使用和动态管理。

5.2.3 项目经理部应在项目启动前建立，并在项目竣工验收、审计完成后或按合同约定解体。

5.2.4 建立项目经理部应遵循下列步骤：

    1 根据项目管理规划大纲确定项目经理部的管理任务和组织结构。

    2 根据项目管理目标责任书进行目标分解与责任划分。

    3 确定项目经理部的组织设置。

    4 确定人员的职责、分工和权限。

    5 制定工作制度、考核制度与奖惩制度。

5.2.5 项目经理部的组织结构应根据项目的规模、结构、复杂程度、专业特点、人员素质和地域范围确定。

5.2.6 项目经理部所制订的规章制度，应报上一级组织管理层批准。

5.3 项目团队建设

5.3.1 项目组织应树立项目团队意识，并满足下列要求：

    1 围绕项目目标而形成和谐一致、高效运行的项目团队。

    2 建立协同工作的管理机制和工作模式。

    3 建立畅通的信息沟通渠道和各方共享的信息工作平台，保证信息准确、及时和有效地传递。

5.3.2 项目团队应有明确的目标、合理的运行程序和完善的工作制度。

5.3.3 项目经理应对项目团队建设负责，培育团队精神，定期评估团队运作绩效，有效发挥和调动各成员的工作积极性和责任感。

5.3.4 项目经理应通过表彰奖励、学习交流等多种方式和谐团队氛围，统一团队思想，营造集体观念，处理管理冲突，提高项目运作效率。

5.3.5 项目团队建设应注重管理绩效，有效发挥个体成员的积极性，并充分利用成员集体的协作成果。

6 项目经理责任制

6.1 一般规定

6.1.1 项目经理责任制应作为项目管理的基本制度，

是评价项目经理绩效的依据。

6.1.2 项目经理责任制的核心是项目经理承担实现项目管理目标责任书确定的责任。

6.1.3 项目经理与项目经理部在工程建设中应严格遵守和实行项目管理责任制度，确保项目目标全面实现。

6.2 项目经理

6.2.1 项目经理应由法定代表人任命，并根据法定代表人授权的范围、期限和内容，履行管理职责，并对项目实施全过程、全面管理。

6.2.2 大中型项目的项目经理必须取得工程建设类相应专业注册执业资格证书。

6.2.3 项目经理应具备下列素质：

    1 符合项目管理要求的能力，善于进行组织协调与沟通。

    2 相应的项目管理经验和业绩。

    3 项目管理需要的专业技术、管理、经济、法律和法规知识。

    4 良好的职业道德和团结协作精神，遵纪守法、爱岗敬业、诚信尽责。

    5 身体健康。

6.2.4 项目经理不应同时承担两个或两个以上未完项目领导岗位的工作。

6.2.5 在项目运行正常的情况下，组织不应随意撤换项目经理。特殊原因需要撤换项目经理时，应进行审计并按有关合同规定报告相关方。

6.3 项目管理目标责任书

6.3.1 项目管理目标责任书应在项目实施之前，由法定代表人或其授权人与项目经理协商制定。

6.3.2 编制项目管理目标责任书应依据下列资料：

    1 项目合同文件。

    2 组织的管理制度。

    3 项目管理规划大纲。

    4 组织的经营方针和目标。

6.3.3 项目管理目标责任书可包括下列内容：

    1 项目管理实施目标。

    2 组织与项目经理部之间的责任、权限和利益分配。

    3 项目设计、采购、施工、试运行等管理的内容和要求。

    4 项目需用资源的提供方式和核算办法。

    5 法定代表人向项目经理委托的特殊事项。

    6 项目经理部应承担的风险。

    7 项目管理目标评价的原则、内容和方法。

    8 对项目经理部进行奖惩的依据、标准和办法。

    9 项目经理解职和项目经理部解体的条件及办法。

6.3.4 确定项目管理目标应遵循下列原则：

1 满足组织管理目标的要求。

2 满足合同的要求。

3 预测相关的风险。

4 具体且操作性强。

5 便于考核。

6.3.5 组织应对项目管理目标责任书的完成情况进行考核，根据考核结果和项目管理目标责任书的奖惩规定，提出奖惩意见，对项目经理部进行奖励或处罚。

6.4 项目经理的责、权、利

6.4.1 项目经理应履行下列职责：

1 项目管理目标责任书规定的职责。

2 主持编制项目管理实施规划，并对项目目标进行系统管理。

3 对资源进行动态管理。

4 建立各种专业管理体系并组织实施。

5 进行授权范围内的利益分配。

6 收集工程资料，准备结算资料，参与工程竣工验收。

7 接受审计，处理项目经理部解体的善后工作。

8 协助组织进行项目的检查、鉴定和评奖申报工作。

6.4.2 项目经理应具有下列权限：

1 参与项目招标、投标和合同签订。

2 参与组建项目经理部。

3 主持项目经理部工作。

4 决定授权范围内的项目资金的投入和使用。

5 制定内部计酬办法。

6 参与选择并使用具有相应资质的分包人。

7 参与选择物资供应单位。

8 在授权范围内协调与项目有关的内、外部关系。

9 法定代表人授予的其他权力。

6.4.3 项目经理的利益与奖罚：

1 获得工资和奖励。

2 项目完成后，按照项目管理目标责任书规定，经审计后给予奖励或处罚。

3 获得评优表彰、记功等奖励。

7 项目合同管理

7.1 一般规定

7.1.1 组织应建立合同管理制度，应设立专门机构或人员负责合同管理工作。

7.1.2 合同管理应包括合同的订立、实施、控制和综合评价等工作。

7.1.3 承包人的合同管理应遵循下列程序：

1 合同评审。

2 合同订立。

3 合同实施计划。

4 合同实施控制。

5 合同综合评价。

6 有关知识产权的合法使用。

7.2 项目合同评审

7.2.1 合同评审应在合同签订之前进行，主要是对招标文件和合同条件进行的审查、认定和评价。

7.2.2 合同评审应包括下列内容：

1 招标内容和合同的合法性审查。

2 招标文件和合同条款的合法性和完备性审查。

3 合同双方责任、权益和项目范围认定。

4 与产品或过程有关要求的评审。

5 合同风险评估。

7.2.3 承包人应研究合同文件和发包人所提供的信息，确保合同要求得以实现；发现问题应与发包人及时澄清，并以书面方式确定；承包人应有能力完成合同要求。

7.3 项目合同实施计划

7.3.1 合同实施计划应包括合同实施总体安排，分包策划以及合同实施保证体系的建立等内容。

7.3.2 合同实施保证体系应与其他管理体系协调一致，须建立合同文件沟通方式，编码系统和文档系统。承包人应对其同时承接的合同作总体协调安排。承包人所签订的各分包合同及自行完成工作责任的分配，应能涵盖主合同的总体责任，在价格、进度、组织等方面符合主合同的要求。

7.3.3 合同实施计划应规定必要的合同实施工作程序。

7.4 项目合同实施控制

7.4.1 合同实施控制包括合同交底、合同跟踪与诊断、合同变更管理和索赔管理等工作。

7.4.2 在合同实施前，合同谈判人员应进行合同交底。合同交底应包括合同的主要内容、合同实施的主要风险、合同签订过程中的特殊问题、合同实施计划和合同实施责任分配等内容。

7.4.3 组织管理层应监督项目经理部的合同执行行为，并协调各分包人的合同实施工作。

7.4.4 进行合同跟踪和诊断应符合下列要求：

1 全面收集并分析合同实施的信息，将合同实施情况与合同实施计划进行对比分析，找出其中的偏差。

2 定期诊断合同履行情况，诊断内容应包括合同执行差异的原因分析、责任分析以及实施趋向预测。应及时通报实施情况及存在问题，提出有关意见和建议，并采取相应措施。

7.4.5 合同变更管理应包括变更协商、变更处理程序、制定并落实变更措施、修改与变更相关的资料以及结果检查等工作。

7.4.6 承包人对发包人、分包人、供应单位之间的索赔管理工作应包括下列内容：

    1 预测、寻找和发现索赔机会。

    2 收集索赔的证据和理由，调查和分析干扰事件的影响，计算索赔值。

    3 提出索赔意向和报告。

7.4.7 承包人对发包人、分包人、供应单位之间的反索赔管理工作应包括下列内容：

    1 对收到的索赔报告进行审查分析，收集反驳理由和证据，复核索赔值，起草并提出反索赔报告。

    2 通过合同管理，防止反索赔事件的发生。

7.5 项目合同终止和评价

7.5.1 合同履行结束即合同终止。组织应及时进行合同评价，总结合同签订和执行过程中的经验教训，提出总结报告。

7.5.2 合同总结报告应包括下列内容：

    1 合同签订情况评价。

    2 合同执行情况评价。

    3 合同管理工作评价。

    4 对本项目有重大影响的合同条款的评价。

    5 其他经验和教训。

8 项目采购管理

8.1 一般规定

8.1.1 组织应设置采购部门，制定采购管理制度、工作程序和采购计划。

8.1.2 项目采购工作应符合有关合同、设计文件所规定的数量、技术要求和质量标准，符合进度、安全、环境和成本管理等要求。

8.1.3 产品供应和服务单位应通过合格评定。采购过程中应按规定对产品或服务进行检验，对不符合或不合格品应按规定处置。

8.1.4 采购资料应真实、有效、完整，具有可追溯性。

8.1.5 采购管理应遵循下列程序：

    1 明确采购产品或服务的基本要求、采购分工及有关责任。

    2 进行采购策划，编制采购计划。

    3 进行市场调查、选择合格的产品供应或服务单位，建立名录。

    4 采用招标或协商等方式实施评审工作，确定

供应或服务单位。

    5 签订采购合同。

    6 运输、验证、移交采购产品或服务。

    7 处置不合格产品或不符合要求的服务。

    8 采购资料归档。

8.2 项目采购计划

8.2.1 组织应依据项目合同、设计文件、项目管理实施规划和有关采购管理制度编制采购计划。

8.2.2 采购计划应包括下列内容：

    1 采购工作范围、内容及管理要求。

    2 采购信息，包括产品或服务的数量、技术标准和质量要求。

    3 检验方式和标准。

    4 供应方资质审查要求。

    5 采购控制目标及措施。

8.3 项目采购控制

8.3.1 采购工作应采用招标、询价或其他方式。

8.3.2 组织应对采购报价进行有关技术和商务的综合评审，并应制定选择、评审和重新评审的准则。评审记录应保存。

8.3.3 组织应对特殊产品（特种设备、材料、制造周期长的大型设备、有毒有害产品）的供应单位进行实地考察，并采取有效措施进行重点监控。

8.3.4 承压产品、有毒有害产品、重要机械设备等特殊产品的采购，应要求供应单位提供有效的安全资质、生产许可证及其他相关要求的资格证书。

8.3.5 项目采用的设备、材料应经检验合格，并符合设计及相应现行标准要求。检验产品使用的计量器具，产品的取样、抽验应符合规范要求。

8.3.6 进口产品应按国家政策和相关法规办理报关和商检等手续。

8.3.7 采购产品在检验、运输、移交和保管等过程中，应按照职业健康安全和环境管理要求，避免对职业健康安全、环境造成影响。

9 项目进度管理

9.1 一般规定

9.1.1 组织应建立项目进度管理制度，制订进度管理目标。

9.1.2 项目进度管理目标应按项目实施过程、专业、阶段或实施周期进行分解。

9.1.3 项目经理部应按下列程序进行进度管理：

    1 制定进度计划。

    2 进度计划交底，落实责任。

    3 实施进度计划，跟踪检查，对存在的问题分

析原因并纠正偏差，必要时对进度计划进行调整。

4 编制进度报告，报送组织管理部门。

9.2 项目进度计划编制

9.2.1 组织应依据合同文件、项目管理规划文件、资源条件与内外约束条件编制项目进度计划。

9.2.2 组织应提出项目控制性进度计划。控制性进度计划可包括下列种类：

1 整个项目的总进度计划。

2 分阶段进度计划。

3 子项目进度计划和单体进度计划。

4 年（季）度计划。

9.2.3 项目经理部应编制项目作业性进度计划。作业性进度计划可包括下列内容：

1 分部分项工程进度计划。

2 月（旬）作业计划。

9.2.4 各类进度计划应包括下列内容：

1 编制说明。

2 进度计划表。

3 资源需要量及供应平衡表。

9.2.5 编制进度计划的步骤应按下列程序：

1 确定进度计划的目标、性质和任务。

2 进行工作分解。

3 收集编制依据。

4 确定工作的起止时间及里程碑。

5 处理各工作之间的逻辑关系。

6 编制进度表。

7 编制进度说明书。

8 编制资源需要量及供应平衡表。

9 报有关部门批准。

9.2.6 编制进度计划可使用文字说明、里程碑表、工作量表、横道计划、网络计划等方法。作业性进度计划必须采用网络计划方法或横道计划方法。

9.3 项目进度计划实施

9.3.1 经批准的进度计划，应向执行者进行交底并落实责任。

9.3.2 进度计划执行者应制定实施计划措施。

9.3.3 在实施进度计划的过程中应进行下列工作：

1 跟踪检查，收集实际进度数据。

2 将实际数据与进度计划进行对比。

3 分析计划执行的情况。

4 对产生的进度变化，采取措施予以纠正或调整计划。

5 检查措施的落实情况。

6 进度计划的变更必须与有关单位和部门及时沟通。

9.4 项目进度计划的检查与调整

9.4.1 对进度计划进行的检查与调整应依据其实施

结果。

9.4.2 进度计划检查应按统计周期的规定进行定期检查，并应根据需要进行不定期检查。

9.4.3 进度计划的检查应包括下列内容：

1 工程量的完成情况。

2 工作时间的执行情况。

3 资源使用及与进度的匹配情况。

4 上次检查提出问题的整改情况。

9.4.4 进度计划检查后应按下列内容编制进度报告：

1 进度执行情况的综合描述。

2 实际进度与计划进度的对比资料。

3 进度计划的实施问题及原因分析。

4 进度执行情况对质量、安全和成本等的影响情况。

5 采取的措施和对未来计划进度的预测。

9.4.5 进度计划的调整应包括下列内容：

1 工程量。

2 起止时间。

3 工作关系。

4 资源提供。

5 必要的目标调整。

9.4.6 进度计划调整后应编制新的进度计划，并及时与相关单位和部门沟通。

10 项目质量管理

10.1 一 般 规 定

10.1.1 组织应遵照《建设工程质量管理条例》和《质量管理体系 GB/T 19000》族标准的要求，建立持续改进质量管理体系，设立专职管理部门或专职人员。

10.1.2 质量管理应坚持预防为主的原则，按照策划、实施、检查、处置的循环方式进行系统运作。

10.1.3 质量管理应满足发包人及其他相关方的要求以及建设工程技术标准和产品的质量要求。

10.1.4 组织应通过对人员、机具、设备、材料、方法、环境等要素的过程管理，实现过程、产品和服务的质量目标。

10.1.5 项目质量管理应按下列程序实施：

1 进行质量策划，确定质量目标。

2 编制质量计划。

3 实施质量计划。

4 总结项目质量管理工作，提出持续改进的要求。

10.2 项目质量策划

10.2.1 组织应进行质量策划，制定质量目标，规定实施项目质量管理体系的过程和资源，编制针对项目质量管理的文件。该文件可称为质量计划。质量计划也可以作为项目管理实施规划的组成部分。

10.2.2 质量计划的编制应依据下列资料：

1 合同中有关产品（或过程）的质量要求。

2 与产品（或过程）有关的其他要求。

3 质量管理体系文件。

4 组织针对项目的其他要求。

10.2.3 质量计划应确定下列内容：

1 质量目标和要求。

2 质量管理组织和职责。

3 所需的过程、文件和资源。

4 产品（或过程）所要求的评审、验证、确认、监视、检验和试验活动，以及接收准则。

5 记录的要求。

6 所采取的措施。

10.2.4 质量计划应由项目经理部编制后，报组织管理层批准。

10.3 项目质量控制与处置

10.3.1 项目经理部应依据质量计划的要求，运用动态控制原理进行质量控制。

10.3.2 质量控制主要控制过程的输入、过程中的控制点以及输出，同时也应包括各个过程之间接口的质量。

10.3.3 项目经理部应在质量控制的过程中，跟踪收集实际数据并进行整理，并应将项目的实际数据与质量标准和目标进行比较，分析偏差，并采取措施予以纠正和处置，必要时对处置效果和影响进行复查。

10.3.4 质量计划需修改时，应按原批准程序报批。

10.3.5 设计的质量控制应包括下列过程：

1 设计策划。

2 设计输入。

3 设计活动。

4 设计输出。

5 设计评审。

6 设计验证。

7 设计确认。

8 设计变更控制。

10.3.6 采购的质量控制应包括确定采购程序、确定采购要求、选择合格供应单位以及采购合同的控制和进货检验。

10.3.7 对施工过程的质量控制应包括：

1 施工目标实现策划。

2 施工过程管理。

3 施工改进。

4 产品（或过程）的验证和防护。

10.3.8 检验和监测装置的控制应包括：确定装置的型号、数量，明确工作过程，制定质量保证措施等内容。

10.3.9 组织应建立有关纠正和预防措施的程序，对质量不合格的情况进行控制。

10.4 项目质量改进

10.4.1 项目经理部应定期对项目质量状况进行检查、分析，向组织提出质量报告，提出目前质量状况、发包人及其他相关方满意程度、产品要求的符合性以及项目经理部的质量改进措施。

10.4.2 组织应对项目经理部进行检查、考核，定期进行内部审核，并将审核结果作为管理评审的输入，促进项目经理部的质量改进。

10.4.3 组织应了解发包人及其他相关方对质量的意见，对质量管理体系进行审核，确定改进目标，提出相应措施并检查落实。

11 项目职业健康安全管理

11.1 一 般 规 定

11.1.1 组织应遵照《建设工程安全生产管理条例》和《职业健康安全管理体系》GB/T 28000 标准，坚持安全第一、预防为主和防治结合的方针，建立并持续改进职业健康安全管理体系。项目经理应负责项目职业健康安全的全面管理工作。项目负责人、专职安全生产管理人员应持证上岗。

11.1.2 组织应根据风险预防要求和项目的特点，制定职业健康安全生产技术措施计划，确定职业健康及安全生产事故应急救援预案，完善应急准备措施，建立相关组织。发生事故，应按照国家有关规定，向有关部门报告。在处理事故时，应防止二次伤害。

11.1.3 在项目设计阶段应注重施工安全操作和防护的需要，采用新结构、新材料、新工艺的建设工程应提出有关安全生产的措施和建议。在施工阶段进行施工平面图设计和安排施工计划时，应充分考虑安全、防火、防爆和职业健康等因素。

11.1.4 组织应按有关规定必须为从事危险作业的人员在现场工作期间办理意外伤害保险。

11.1.5 项目职业健康安全管理应遵循下列程序：

1 识别并评价危险源及风险。

2 确定职业健康安全目标。

3 编制并实施项目职业健康安全技术措施计划。

4 职业健康安全技术措施计划实施结果验证。

5 持续改进相关措施和绩效。

11.1.6 现场应将生产区与生活、办公区分离，配备紧急处理医疗设施，使现场的生活设施符合卫生防疫要求，采取防暑、降温、保暖、消毒、防毒等措施。

11.2 项目职业健康安全技术措施计划

11.2.1 项目职业健康安全技术措施计划应在项目管

理实施规划中编制。

11.2.2 编制项目职业健康安全技术措施计划应遵循下列步骤：

　　1 工作分类。

　　2 识别危险源。

　　3 确定风险。

　　4 评价风险。

　　5 制定风险对策。

　　6 评审风险对策的充分性。

11.2.3 项目职业健康安全技术措施计划应包括工程概况，控制目标，控制程序，组织结构，职责权限，规章制度，资源配置，安全措施，检查评价和奖惩制度以及对分包的安全管理等内容。策划过程应充分考虑有关措施与项目人员能力相适宜的要求。

11.2.4 对结构复杂、实施难度大、专业性强的项目，应制定项目总体、单位工程或分部、分项工程的安全措施。

11.2.5 对高空作业等非常规性的作业，应制定单项职业健康安全技术措施和预防措施，并对管理人员、操作人员的安全作业资格和身体状况进行合格审查。对危险性较大的工程作业，应编制专项施工方案，并进行安全验证。

11.2.6 临街脚手架、临近高压电缆以及起重机臂杆的回转半径达到项目现场范围以外的，均应按要求设置安全隔离设施。

11.2.7 项目职业健康安全技术措施计划应由项目经理主持编制，经有关部门批准后，由专职安全管理人员进行现场监督实施。

11.3 项目职业健康安全技术措施计划的实施

11.3.1 组织应建立分级职业健康安全生产教育制度，实施公司、项目经理部和作业队三级教育，未经教育的人员不得上岗作业。

11.3.2 项目经理部应建立职业健康安全生产责任制，并把责任目标分解落实到人。

11.3.3 职业健康安全技术交底应符合下列规定：

　　1 工程开工前，项目经理部的技术负责人应向有关人员进行安全技术交底。

　　2 结构复杂的分部分项工程实施前，项目经理部的技术负责人应进行安全技术交底。

　　3 项目经理部应保存安全技术交底记录。

11.3.4 组织应定期对项目进行职业健康安全管理检查，分析影响职业健康或不安全行为与隐患存在的部位和危险程度。

11.3.5 职业健康的安全检查应采取随机抽样、现场观察、实地检测相结合的方法，记录检测结果，及时纠正发现的违章指挥和作业行为。检查人员应在每次检查结束后及时提交安全检查报告。

11.3.6 组织应及时识别和评价其他承包人或供应单位的危险源，与其进行交流和协商，并制定控制措施，以降低相关的风险。

11.4 项目职业健康安全隐患和事故处理

11.4.1 职业健康安全隐患处理应符合下列规定：

　　1 区别不同的职业健康安全隐患类型，制定相应整改措施并在实施前进行风险评价。

　　2 对检查出的隐患及时发出职业健康安全隐患整改通知单，限期纠正违章指挥和作业行为。

　　3 跟踪检查纠正预防措施的实施过程和实施效果，保存验证记录。

11.4.2 项目经理部进行职业健康安全事故处理应坚持事故原因不清楚不放过，事故责任者和人员没有受到教育不放过，事故责任者没有处理不放过，没有制定纠正和预防措施不放过的原则。

11.4.3 处理职业健康安全事故应遵循下列程序：

　　1 报告安全事故。

　　2 事故处理。

　　3 事故调查。

　　4 处理事故责任者。

　　5 提交调查报告。

11.5 项目消防保安

11.5.1 组织应建立消防保安管理体系，制定消防保安管理制度。

11.5.2 项目现场应设有消防车出入口和行驶通道。消防保安设施应保持完好的备用状态。储存、使用易燃、易爆和保安器材时，应采取特殊的消防保安措施。

11.5.3 项目现场的通道、消防出入口、紧急疏散通道等应符合消防要求，设置明显标志。有通行高度限制的地点应设限高标志。

11.5.4 项目现场应有用火管理制度，使用明火时应配备监管人员和相应的安全设施，并制定安全防火措施。

11.5.5 需要进行爆破作业的，应向所在地有关部门办理批准手续，由具备爆破资质的专业机构进行实施。

11.5.6 项目现场应设立门卫，根据需要设置警卫，负责项目现场安全保卫工作。主要管理人员应在施工现场佩带证明其身份的标识。严格现场人员的进出管理。

12 项目环境管理

12.1 一般规定

12.1.1 组织应遵照《环境管理体系　要求及使用指

南》GB/T 24000 的要求，建立并持续改进环境管理体系。

12.1.2 组织应根据批准的建设项目环境影响报告，通过对环境因素的识别和评估，确定管理目标及主要指标，并在各个阶段贯彻实施。

12.1.3 项目的环境管理应遵循下列程序：

1 确定项目环境管理目标。

2 进行项目环境管理策划。

3 实施项目环境管理策划。

4 验证并持续改进。

12.1.4 项目经理负责现场环境管理工作的总体策划和部署，建立项目环境管理组织机构，制定相应制度和措施，组织培训，使各级人员明确环境保护的意义和责任。

12.1.5 项目经理部应按照分区划块原则，搞好项目的环境管理，进行定期检查，加强协调，及时解决发现的问题，实施纠正和预防措施，保持现场良好的作业环境、卫生条件和工作秩序，做到污染预防。

12.1.6 项目经理部应对环境因素进行控制，制定应急准备和响应措施，并保证信息通畅，预防可能出现非预期的损害。在出现环境事故时，应消除污染，并应制定相应措施，防止环境二次污染。

12.1.7 项目经理部应保存有关环境管理的工作记录。

12.1.8 项目经理部应进行现场节能管理，有条件时应规定能源使用指标。

12.2 项目文明施工

12.2.1 文明施工应包括下列工作：

1 进行现场文化建设。

2 规范场容，保持作业环境整洁卫生。

3 创造有序生产的条件。

4 减少对居民和环境的不利影响。

12.2.2 项目经理部应对现场人员进行培训教育，提高其文明意识和素质，树立良好的形象。

12.2.3 项目经理部应按照文明施工标准，定期进行评定、考核和总结。

12.3 项目现场管理

12.3.1 项目经理部应在施工前了解经过施工现场的地下管线，标出位置，加以保护。施工时发现文物、古迹、爆炸物、电缆等，应当停止施工，保护现场，及时向有关部门报告，并按照规定处理。

12.3.2 施工中需要停水、停电、封路而影响环境时，应经有关部门批准，事先告示。在行人、车辆通过的地方施工，应当设置沟、井、坎、洞覆盖物和标志。

12.3.3 项目经理部应对施工现场的环境因素进行分析，对于可能产生的污水、废气、噪声、固体废弃物

等污染源采取措施，进行控制。

12.3.4 建筑垃圾和渣土应堆放在指定地点，定期进行清理。装载建筑材料、垃圾或渣土的运输机械，应采取防止尘土飞扬、洒落或流溢的有效措施。施工现场应根据需要设置机动车辆冲洗设施，冲洗污水应进行处理。

12.3.5 除有符合规定的装置外，不得在施工现场熔化沥青和焚烧油毡、油漆，亦不得焚烧其他可产生有毒有害烟尘和恶臭气味的废弃物。项目经理部应按规定有效地处理有毒有害物质。禁止将有毒有害废弃物现场回填。

12.3.6 施工现场的场容管理应符合施工平面图设计的合理安排和物料器具定位管理标准化的要求。

12.3.7 项目经理部应依据施工条件，按照施工总平面图、施工方案和施工进度计划的要求，认真进行所负责区域的施工平面图的规划、设计、布置、使用和管理。

12.3.8 现场的主要机械设备、脚手架、密封式安全网与围挡、模具、施工临时道路、各种管线、施工材料制品堆场及仓库、土方及建筑垃圾堆放区、变配电间、消火栓、警卫室、现场的办公、生产和生活临时设施等的布置，均应符合施工平面图的要求。

12.3.9 现场入口处的醒目位置，应公示下列内容：

1 工程概况。

2 安全纪律。

3 防火须知。

4 安全生产与文明施工规定。

5 施工平面图。

6 项目经理部组织机构图及主要管理人员名单。

12.3.10 施工现场周边应按当地有关要求设置围挡和相关的安全预防设施。危险品仓库附近应有明显标志及围挡设施。

12.3.11 施工现场应设置畅通的排水沟渠系统，保持场地道路的干燥坚实。施工现场的泥浆和污水未经处理不得直接排放。地面宜做硬化处理。有条件时，可对施工现场进行绿化布置。

13 项目成本管理

13.1 一 般 规 定

13.1.1 组织应建立、健全项目全面成本管理责任体系，明确业务分工和职责关系，把管理目标分解到各项技术工作和管理工作中。项目全面成本管理责任体系应包括两个层次：

1 组织管理层。负责项目全面成本管理的决策，确定项目的合同价格和成本计划，确定项目管理层的成本目标。

2 项目经理部。负责项目成本的管理,实施成本控制,实现项目管理目标责任书中的成本目标。

13.1.2 项目经理部的成本管理应包括成本计划、成本控制、成本核算、成本分析和成本考核。

13.1.3 项目成本管理应遵循下列程序:

1 掌握生产要素的市场价格和变动状态。

2 确定项目合同价。

3 编制成本计划,确定成本实施目标。

4 进行成本动态控制,实现成本实施目标。

5 进行项目成本核算和工程价款结算,及时收回工程款。

6 进行项目成本分析。

7 进行项目成本考核,编制成本报告。

8 积累项目成本资料。

13.2 项目成本计划

13.2.1 项目经理部应依据下列文件编制项目成本计划:

1 合同文件。

2 项目管理实施规划。

3 可研报告和相关设计文件。

4 市场价格信息。

5 相关定额。

6 类似项目的成本资料。

13.2.2 编制成本计划应满足下列要求:

1 由项目经理部负责编制,报组织管理层批准。

2 自下而上分级编制并逐层汇总。

3 反映各成本项目指标和降低成本指标。

13.3 项目成本控制

13.3.1 项目经理部应依据下列资料进行成本控制:

1 合同文件。

2 成本计划。

3 进度报告。

4 工程变更与索赔资料。

13.3.2 成本控制应遵循下列程序:

1 收集实际成本数据。

2 实际成本数据与成本计划目标进行比较。

3 分析成本偏差及原因。

4 采取措施纠正偏差。

5 必要时修改成本计划。

6 按照规定的时间间隔编制成本报告。

13.3.3 成本控制宜运用价值工程和赢得值法。

13.4 项目成本核算

13.4.1 项目经理部应根据财务制度和会计制度的有关规定,建立项目成本核算制,明确项目成本核算的原则、范围、程序、方法、内容、责任及要求,并设置核算台账,记录原始数据。

13.4.2 项目经理部应按照规定的时间间隔进行项目成本核算。

13.4.3 项目成本核算应坚持形象进度、产值统计、成本归集三同步的原则。

13.4.4 项目经理部应编制定期成本报告。

13.5 项目成本分析与考核

13.5.1 组织应建立和健全项目成本考核制度,对考核的目的、时间、范围、对象、方式、依据、指标、组织领导、评价与奖惩原则等作出规定。

13.5.2 成本分析应依据会计核算、统计核算和业务核算的资料进行。

13.5.3 成本分析应采用比较法、因素分析法、差额分析法和比率法等基本方法;也可采用分部分项成本分析、年季月(或周、旬)度成本分析、竣工成本分析等综合成本分析方法。

13.5.4 组织应以项目成本降低额和项目成本降低率作为成本考核主要指标。项目经理部应设置成本降低额和成本降低率等考核指标。发现偏离目标时,应及时采取改进措施。

13.5.5 组织应对项目经理部的成本和效益进行全面审核、审计、评价、考核与奖惩。

14 项目资源管理

14.1 一般规定

14.1.1 组织应建立并持续改进项目资源管理体系,完善管理制度、明确管理责任、规范管理程序。

14.1.2 资源管理包括人力资源管理、材料管理、机械设备管理、技术管理和资金管理。

14.1.3 项目资源管理的全过程应包括项目资源的计划、配置、控制和处置。

14.1.4 资源管理应遵循下列程序:

1 按合同要求,编制资源配置计划,确定投入资源的数量与时间。

2 根据资源配置计划,做好各种资源的供应工作。

3 根据各种资源的特性,采取科学的措施,进行有效组合,合理投入,动态调控。

4 对资源投入和使用情况定期分析,找出问题,总结经验并持续改进。

14.2 项目资源管理计划

14.2.1 资源管理计划应包括建立资源管理制度,编制资源使用计划、供应计划和处置计划,规定控制程序和责任体系。

14.2.2 资源管理计划应依据资源供应条件、现场条件和项目管理实施规划编制。

14.2.3 人力资源管理计划应包括人力资源需求计划、人力资源配置计划和人力资源培训计划。

14.2.4 材料管理计划应包括材料需求计划、材料使用计划和分阶段材料计划。

14.2.5 机械管理计划应包括机械需求计划、机械使用计划和机械保养计划。

14.2.6 技术管理计划应包括技术开发计划、设计技术计划和工艺技术计划。

14.2.7 资金管理计划应包括项目资金流动计划和财务用款计划，具体可编制年、季、月度资金管理计划。

14.3 项目资源管理控制

14.3.1 资源管理控制应包括按资源管理计划进行资源的选择、资源的组织和进场后的管理等内容。

14.3.2 人力资源管理控制应包括人力资源的选择、订立劳务分包合同、教育培训和考核等。

14.3.3 材料管理控制应包括供应单位的选择、订立采购供应合同、出厂或进场验收、储存管理、使用管理及不合格品处置等。

14.3.4 机械设备管理控制应包括机械设备购置与租赁管理、使用管理、操作人员管理、报废和出场管理等。

14.3.5 技术管理控制应包括技术开发管理，新产品、新材料、新工艺的应用管理，项目管理实施规划和技术方案的管理，技术档案管理，测试仪器管理等。

14.3.6 资金管理控制应包括资金收入与支出管理、资金使用成本管理、资金风险管理等。

14.4 项目资源管理考核

14.4.1 资源管理考核应通过对资源投入、使用、调整以及计划与实际的对比分析，找出管理中存在的问题，并对其进行评价的管理活动。通过考核能及时反馈信息，提高资金使用价值，持续改进。

14.4.2 人力资源管理考核应以有关管理目标或约定为依据，对人力资源管理方法、组织规划、制度建设、团队建设、使用效率和成本管理等进行分析和评价。

14.4.3 材料管理考核工作应对材料计划、使用、回收以及相关制度进行效果评价。材料管理考核应坚持计划管理、跟踪检查、总量控制、节奖超罚的原则。

14.4.4 机械设备管理考核应对项目机械设备的配置、使用、维护以及技术安全措施、设备使用效率和使用成本等进行分析和评价。

14.4.5 项目技术管理考核应包括对技术管理工作计划的执行，技术方案的实施，技术措施的实施，技术问题的处置，技术资料收集、整理和归档以及技术开发，新技术和新工艺应用等情况进行分析和评价。

14.4.6 资金管理考核应通过对资金分析工作，计划收支与实际收支对比，找出差异，分析原因，改进资金管理。在项目竣工后，应结合成本核算与分析工作进行资金收支情况和经济效益分析，并上报组织财务主管部门备案。组织应根据资金管理效果对有关部门或项目经理部进行奖惩。

15 项目信息管理

15.1 一般规定

15.1.1 组织应建立信息管理体系，及时、准确地获得和快捷、安全、可靠地使用所需的信息。

15.1.2 信息管理应满足下列要求：

1 有时效性和针对性。

2 有必要的精度。

3 综合考虑信息成本及信息收益，实现信息效益最大化。

15.1.3 项目信息管理的对象应包括各类工程资料和工程实际进展信息。工程资料的档案管理应符合有关规定，宜采用计算机辅助管理。

15.1.4 项目信息管理应遵循下列程序：

1 确定项目信息管理目标。

2 进行项目信息管理策划。

3 项目信息收集。

4 项目信息处理。

5 项目信息运用。

6 项目信息管理评价。

15.1.5 项目经理部应根据实际需要，配备熟悉工程管理业务、经过培训的人员担任信息管理工作。

15.2 项目信息管理计划与实施

15.2.1 项目信息管理计划的制定应以项目管理实施规划中的有关内容为依据。在项目执行过程中，应定期检查其实施效果并根据需要进行计划调整。

15.2.2 信息管理计划应包括信息需求分析，信息编码系统，信息流程，信息管理制度以及信息的来源、内容、标准、时间要求、传递途径、反馈的范围、人员以及职责和工作程序等内容。

15.2.3 信息需求分析应明确实施项目所必需的信息，包括信息的类型、格式、传递要求及复杂性等，并应进行信息价值分析。

15.2.4 项目信息编码系统应有助于提高信息的结构化程度，方便使用，并且应与企业信息编码保持一致。

15.2.5 信息流程应反映组织内部信息流和有关的外部信息流及各有关单位、部门和人员之间的关系，有利于保持信息畅通。

15.2.6 信息过程管理应包括信息的收集、加工、传输、存储、检索、输出和反馈等内容，宜使用计算机进行信息过程管理。

15.2.7 在信息计划的实施中，应定期检查信息的有效性和信息成本，不断改进信息管理工作。

15.3 项目信息安全

15.3.1 项目信息管理工作应严格遵循国家的有关法律、法规和地方主管部门的有关管理规定。

15.3.2 项目信息管理工作应采取必要的安全保密措施，包括：信息的分级、分类管理方式。确保项目信息的安全、合理、有效使用。

15.3.3 组织应建立完善的信息管理制度和安全责任制度，坚持全过程管理的原则，并做到信息传递、利用和控制的不断改进。

16 项目风险管理

16.1 一般规定

16.1.1 组织应建立风险管理体系，明确各层次管理人员的风险管理责任，减少项目实施过程中的不确定因素对项目的影响。

16.1.2 项目风险管理过程应包括项目实施全过程的风险识别、风险评估、风险响应和风险控制。

16.2 项目风险识别

16.2.1 组织应识别项目实施过程中的各种风险。

16.2.2 组织识别项目风险应遵循下列程序：
1 收集与项目风险有关的信息。
2 确定风险因素。
3 编制项目风险识别报告。

16.3 项目风险评估

16.3.1 组织应按下列内容进行风险评估：
1 风险因素发生的概率。
2 风险损失量的估计。
3 风险等级评估。

16.3.2 组织应利用已有数据资料和相关专业方法进行风险因素发生概率估计。

16.3.3 风险损失量的估计应包括下列内容：
1 工期损失的估计。
2 费用损失的估计。
3 对工程的质量、功能、使用效果等方面的影响。

16.3.4 组织应根据风险因素发生的概率和损失量，确定风险量，并进行分级。

16.3.5 风险评估后应提出风险评估报告。

16.4 项目风险响应

16.4.1 组织应确定针对项目风险的对策进行风险响应。

16.4.2 常用的风险对策应包括风险规避、减轻、自留、转移及其组合等策略。

16.4.3 项目风险对策应形成风险管理计划，其内容有：
1 风险管理目标。
2 风险管理范围。
3 可使用的风险管理方法、工具以及数据来源。
4 风险分类和风险排序要求。
5 风险管理的职责与权限。
6 风险跟踪的要求。
7 相应的资源预算。

16.5 项目风险控制

16.5.1 在整个项目进程中，组织应收集和分析与项目风险相关的各种信息，获取风险信号，预测未来的风险并提出预警，纳入项目进展报告。

16.5.2 组织应对可能出现的风险因素进行监控，根据需要制定应急计划。

17 项目沟通管理

17.1 一般规定

17.1.1 组织应建立项目沟通管理体系，健全管理制度，采用适当的方法和手段与相关各方进行有效沟通与协调。

17.1.2 项目沟通与协调的对象应是项目所涉及的内部和外部有关组织及个人，包括建设单位和勘察设计、施工、监理、咨询服务等单位以及其他相关组织。

17.2 项目沟通程序和内容

17.2.1 组织应根据项目的实际需要，预见可能出现的矛盾和问题，制定沟通与协调计划，明确原则、内容、对象、方式、途径、手段和所要达到的目标。

17.2.2 组织应针对不同阶段出现的矛盾和问题，调整沟通计划。

17.2.3 组织应运用计算机信息处理技术，进行项目信息收集、汇总、处理、传输与应用，进行信息沟通与协调，形成档案资料。

17.2.4 沟通与协调的内容应涉及与项目实施有关的信息，包括项目各相关方共享的核心信息、项目内部和项目相关组织产生的有关信息。

17.3 项目沟通计划

17.3.1 项目沟通计划应由项目经理组织编制。

17.3.2 编制项目沟通计划应依据下列资料：
1 合同文件。

2 项目各相关组织的信息需求。

3 项目的实际情况。

4 项目的组织结构。

5 沟通方案的约束条件、假设,以及适用的沟通技术。

17.3.3 项目沟通计划应与项目管理的其他各类计划相协调。

17.3.4 项目沟通计划应包括信息沟通方式和途径、信息收集归档格式,信息的发布与使用权限,沟通管理计划的调整以及约束条件和假设等内容。

17.3.5 组织应定期对项目沟通计划进行检查、评价和调整。

17.4 项目沟通依据与方式

17.4.1 项目内部沟通应包括项目经理部与组织管理层、项目经理部内部的各部门和相关成员之间的沟通与协调。内部沟通应依据项目沟通计划、规章制度、项目管理目标责任书、控制目标等进行。

17.4.2 内部沟通可采用授权、会议、文件、培训、检查、项目进展报告、思想教育、考核与激励及电子媒体等方式。

17.4.3 项目外部沟通应由组织与项目相关方进行沟通。外部沟通应依据项目沟通计划、有关合同和合同变更资料、相关法律法规、伦理道德、社会责任和项目具体情况等进行。

17.4.4 外部沟通可采用电话、传真、召开会议、联合检查、宣传媒体和项目进展报告等方式。

17.4.5 各种内外部沟通形式和内容的变更,应按照项目沟通计划的要求进行管理,并协调相关事宜。

17.4.6 项目经理部应编写项目进展报告。项目进展报告应包括项目的进展情况,项目实施过程中存在的主要问题、重要风险以及解决情况,计划采取的措施,项目的变更以及项目进展预期目标等内容。

17.5 项目沟通障碍与冲突管理

17.5.1 项目沟通应减少干扰,消除障碍、解决冲突、保持沟通与协调途径畅通、信息真实。

17.5.2 消除沟通障碍可采用下列方法:

1 选择适宜的沟通与协调途径。

2 充分利用反馈。

3 组织沟通检查。

4 灵活运用各种沟通与协调方式。

17.5.3 组织应做好冲突的预测工作,了解冲突的性质,寻找解决冲突的途径并保存相关记录。

17.5.4 解决冲突可采用下列方法:

1 协商、让步、缓和、强制和退出。

2 使项目的相关方了解项目计划,明确项目目标。

3 搞好变更管理。

18 项目收尾管理

18.1 一般规定

18.1.1 项目收尾阶段应是项目管理全过程的最后阶段,包括竣工收尾、验收、结算、决算、回访保修、管理考核评价等方面的管理。

18.1.2 项目收尾阶段应制定工作计划,提出各项管理要求。

18.2 项目竣工收尾

18.2.1 项目经理部应全面负责项目竣工收尾工作,组织编制项目竣工计划,报上级主管部门批准后按期完成。

18.2.2 竣工计划应包括下列内容:

1 竣工项目名称。

2 竣工项目收尾具体内容。

3 竣工项目质量要求。

4 竣工项目进度计划安排。

5 竣工项目文件档案资料整理要求。

18.2.3 项目经理应及时组织项目竣工收尾工作,并与项目相关方联系,按有关规定协助验收。

18.3 项目竣工验收

18.3.1 项目完成后,承包人应自行组织有关人员进行检查评定,合格后向发包人提交工程竣工报告。

18.3.2 规模较小且比较简单的项目,可进行一次性项目竣工验收。规模较大且比较复杂的项目,可以分阶段验收。

18.3.3 项目竣工验收应依据有关法规,必须符合国家规定的竣工条件和竣工验收要求。

18.3.4 文件的归档整理应符合国家有关标准、法规的规定,移交工程档案应符合有关规定。

18.4 项目竣工结算

18.4.1 项目竣工结算应由承包人编制,发包人审查,双方最终确定。

18.4.2 编制项目竣工结算可依据下列资料:

1 合同文件。

2 竣工图纸和工程变更文件。

3 有关技术核准资料和材料代用核准资料。

4 工程计价文件、工程量清单、取费标准及有关调价规定。

5 双方确认的有关签证和工程索赔资料。

18.4.3 项目竣工验收后,承包人应在约定的期限内向发包人递交项目竣工结算报告及完整的结算资料,经双方确认并按规定进行竣工结算。

18.4.4 承包人应按照项目竣工验收程序办理项目竣

工结算并在合同约定的期限内进行项目移交。

18.5 项目竣工决算

18.5.1 组织进行项目竣工决算编制的主要依据：
1 项目计划任务书和有关文件。
2 项目总概算和单项工程综合概算书。
3 项目设计图纸及说明书。
4 设计交底、图纸会审资料。
5 合同文件。
6 项目竣工结算书。
7 各种设计变更、经济签证。
8 设备、材料调价文件及记录。
9 竣工档案资料。
10 相关的项目资料、财务决算及批复文件。

18.5.2 项目竣工决算应包括下列内容：
1 项目竣工财务决算说明书。
2 项目竣工财务决算报表。
3 项目造价分析资料表等。

18.5.3 编制项目竣工决算应遵循下列程序：
1 收集、整理有关项目竣工决算依据。
2 清理项目账务、债务和结算物资。
3 填写项目竣工决算报告。
4 编写项目竣工决算说明书。
5 报上级审查。

18.6 项目回访保修

18.6.1 承包人应制定项目回访和保修制度并纳入质量管理体系。

18.6.2 承包人应根据合同和有关规定编制回访保修工作计划，回访保修工作计划应包括下列内容：
1 主管回访保修的部门。
2 执行回访保修工作的单位。
3 回访时间及主要内容和方式。

18.6.3 回访可采取电话询问、登门座谈、例行回访等方式。回访应以业主对竣工项目质量的反馈及特殊工程采用的新技术、新材料、新设备、新工艺等的应用情况为重点，并根据需要及时采取改进措施。

18.6.4 签发工程质量保修书应确定质量保修范围、期限、责任和费用的承担等内容。

18.7 项目管理考核评价

18.7.1 组织应在项目结束后对项目的总体和各专业进行考核评价。

18.7.2 项目考核评价的定量指标可包括工期、质量、成本、职业健康安全、环境保护等。

18.7.3 项目考核评价的定性指标可包括经营管理理念，项目管理策划，管理制度及方法，新工艺、新技术推广，社会效益及其社会评价等。

18.7.4 项目考核评价应按下列程序进行：
1 制定考核评价办法。
2 建立考核评价组织。
3 确定考核评价方案。
4 实施考核评价工作。
5 提出考核评价报告。

18.7.5 项目管理结束后，组织应按照下列内容编制项目管理总结。
1 项目概况。
2 组织机构、管理体系、管理控制程序。
3 各项经济技术指标完成情况及考核评价。
4 主要经验及问题处理。
5 其他需要提供的资料。

18.7.6 项目管理总结和相关资料应及时归档和保存。

规范用词说明

1 为规范和区别对待本规范条文用词用语的程度，对于要求严格程度不同的用词用语说明如下：

1) 表示很严格，非这样不可的用词：
正面词采用"必须"，反面词采用"严禁"。

2) 表示严格，在正常情况下均应这样做的用词：
正面词采用"应"，反面词采用"不应"或"不得"。

3) 表示允许稍有选择，在条件许可时首先应这样做的用词：
正面词采用"宜"，反面词采用"不宜"。
表示有选择，在一定条件下可以这样做的采用"可"。

2 本规范中指定按其他有关标准、规范执行时，写法为："应符合……的规定"或"应按……执行"。非必须按所指定的标准和规范执行的，写法为"可参照……"。

中华人民共和国国家标准

建设工程项目管理规范

GB/T 50326—2006

条 文 说 明

目　　次

1 总　　则

1.0.1 提高建设工程项目管理水平，促进建设工程项目管理工作科学化、规范化、制度化和国际化，是制定本规范的基本指导思想和目的。本规范借鉴和吸收了国际上较为成熟和普遍接受的项目管理理论和惯例，使得整个内容既适应国内工程建设的国际化需求，也适用于我国进行国际建设工程项目管理的需求。

科学化指本规范遵循建设工程项目管理规律，把工程项目管理作为一门学科和一个知识体系。

规范化及标准化，其实质是统一全国的建设工程项目管理行为规则。

制度化指制定本规范执行国家法律、法规，依法进行建设工程项目管理。

国际化是指项目管理内容、管理程序、管理方法及模式要适用国际工程承包并与国际惯例接轨。

1.0.2 本规范适用于新建、扩建、改建等建设工程的项目管理。

工程建设相关组织包括建设单位、总承包企业、设计企业、监理企业、施工企业、工程咨询企业、招标代理企业等。

1.0.3 本规范的目的是规范项目管理组织行为，激励项目管理人员，调动积极性，总结经验教训，提高建设工程项目管理水平。

1.0.4 先进的项目管理技术和现代化手段应包括网络计划技术、IT技术等，现代化管理手段是指要运用先进、适用的计算机软件进行项目管理全过程控制。

1.0.5 建设工程项目管理必须实行项目经理责任制。项目经理责任制是我国建设工程项目管理体制改革的一项重要成果，对于加强施工管理，提高工程质量，保证安全生产，起到了很好的作用。所以实施和深化项目经理责任制其目的就是要进一步建立和健全项目管理组织机制，用制度明确项目经理应承担的责任、权限和利益，有利于项目经理在项目管理中发挥核心和主导作用。

1.0.6 建设工程项目管理除应遵循本规范外，还应符合国家法律、法规及有关强制性条文的规定。建设工程项目管理应遵循的国家法律主要有《建筑法》、《合同法》和《招标投标法》；建设工程项目管理应遵循的国家行政法规主要有《建设工程质量管理条例》、《建设工程安全生产管理条例》和国家建设行政主管部门颁布的有关部门规章；强制性条文是指直接涉及建设工程质量、安全、卫生及职业健康和环境保护等工程建设标准的强制性条文。

2 术　　语

2.0.3 项目发包人是工程项目合同的当事人之一，是以协议或其他完备手续取得项目发包主体资格，承认全部合同条件，能够而且愿意履行合同义务（主要是工程款支付能力）的合同当事人。可以是具备法人资格的国家机关、事业单位、国有企业、集体企业、私营企业、经济联合体和社会团体，也可以是依法登记的合伙人或个体经营者。

与发包人合并的单位、兼并发包人的单位、购买发包人合同和接受发包人出让的单位和人员，或其他取得发包人资格的合法继承人均可成为发包人。发包人可以是建设单位，也可以是取得建设单位通过合法手续委托的总承包单位或项目管理单位，也可是取得承包权利后的承包人。发包人可以将项目以不同的发包方式，分不同阶段发包给具有合法资质的承包人。

2.0.4 项目承包人是工程项目合同的当事人之一，是具有法人资格和满足相应资质要求的单位。承包人根据发包人的要求，可以对工程项目的勘察、设计、采购、施工、试运行全过程承包，也可以是对其中部分阶段承包。

与承包人合并的单位、兼并承包人的单位、合法购买承包人合同和接受承包人出让的单位，或其他取得承包人资格的合法继承人均可成为承包人。

当项目承包人将其合同中的部分责任依法发包给具有相应资质的企业时，该企业也成为项目承包人之一，简称为分包人。

2.0.5 建设工程项目承包是指对工程项目的全过程或部分过程进行承包并承担经济责任的活动。对于工程项目的全过程或若干阶段的承包称为工程总承包。如设计采购施工总承包和设计施工总承包等。

2.0.6 建设工程项目分包是总承包将其部分工作委托给具有相应资质的单位完成的过程，项目分包人应具备相应的承包主体资格，即承包法人资格和相应的资质要求资格，且不得将分包合同的工作进行整体转包。

2.0.7 项目范围管理是项目管理初始阶段应首先进行的基础工作，并贯穿管理全过程。项目范围管理的主要工作包括对项目范围进行归类，并逐级分解至可管理的子项目，对子项目加以定义、编码，明确责任人，同时对各级子项目之间的逻辑关系进行系统界面分析，形成用树状图或其他方式组成的文件。项目范围是指为完成工程项目建设目标所需的全部工作，包括最终交付工程的范围，合同条件约定的承包人的工作和活动以及因环境和法律法规制约而需要完成的工作和活动。

范围管理应对项目实施全过程中范围的变更所引起的成本、进度及资源计划的变化进行检查、跟踪、控制和调整。

2.0.8 项目管理目标责任书一般指企业管理层与项目经理部所签订的文件。但其他组织也可采用项目管理目标责任书的方式对现场管理组织进行任务的分配、目标的确定和项目完成后的考核。对一个具体项目而言，其项目管理目标责任书是根据企业的项目管理制度、工程合同及项目经营管理目标要求制定的。由项目承包人法定代表人与其任命的项目经理签署，并作为项目完成后考核评价及奖罚的依据。

2.0.9 项目管理组织是参与项目管理工作，并在职责、权限分工和（或）相互关系得到安排的一组人员及设施。包括发包人、承包人、分包人和其他参与项目管理的单位针对项目管理工作而建立的管理组织。

项目管理组织的构成应适应自身承包范围需要，并在人数、专业、岗位资格上满足相应的要求。

2.0.10 项目经理是企业法定代表人在承包的建设工程项目上的授权委托代理人，从事项目管理工作的各个组织均可设置项目经理。项目经理是一种工作岗位，既不是技术职称，也不是执业资格。

2.0.11 项目经理部是由项目经理组建并经组织管理层批准的，由项目经理领导的工程项目管理组织机构，负责发包人或上级组织通过合同约定或其他方式规定的全过程管理工作，也是承包人履行工程合同的主体机构。项目经理部作为项目管理组织，应具有计划、组织、指挥、协调和控制等职能，且应是一次性的组织，随着项目的开始实施而组建，随着项目的完成而解体。按照不同组织的管理特性，项目经理部也可以叫项目部。

2.0.12 项目经理责任制是建设工程项目的重要管理制度，其构成应包括项目经理部在企业中的管理定位，项目经理应具备的条件，项目经理部的管理运作机制，项目经理的责任、权限和利益及项目管理目标责任书的内容构成等内容。企业应在有关项目管理制度中对以上内容予以明确。

2.0.13 对于不同的组织，其进度管理的范围和要求是不同的。应当根据所承担的工作任务，分阶段安排各种进度计划，并进行组织、指挥、协调和控制。

2.0.14 项目质量管理是使建设工程项目的固有特性达到满足顾客和其他相关方要求的程度而进行的管理工作。由于 GB/T 19000 族的质量管理体系已普遍应用，因此本规范对项目质量管理只作一般性的要求。

2.0.15 项目职业健康安全管理是指对工作场所内的工作人员和其他人员进行的免除不可接受的职业健康和损害风险状态的管理工作。其中人员应包括组织的员工、合同方人员、访问者和其他人员，工作场所应包括施工现场和现场外的临时工作场所。

2.0.16 项目环境管理包括项目运行活动时对于现场和外部环境存在影响的管理。组织必须建立、实施、保持和持续改进环境管理体系。识别其活动、产品或服务中可能与环境发生相互作用的要素，并进行有效管理。由于 GB/T 24000 系列的环境管理体系已普遍应用，因此本规范对项目环境管理只作一般性的要求。

2.0.17 项目成本管理应从两个方面进行：一方面是根据有关信息，进行成本预测，制定成本计划。另一方面是进行成本控制、成本核算、成本分析和成本考核。

2.0.18 项目采购管理是要求通过采购过程，确保采购的产品和服务符合规定的要求。项目的各个参与方均应按供方提供产品或服务的能力进行评价和选择。采购管理的范围应包含合同管理，但由于合同在建设工程实施中的重要地位，本规范将合同管理单列。

2.0.19 项目合同管理是针对项目各参与方之间设立、变更、终止双方所协定的有关权利义务关系的协议的管理工作。合同管理是项目管理中各参与方之间活动的规范和保障。

2.0.20 项目资源包括人员、材料、机械、设备、技术、资金等。它们都是投入生产过程，并最终形成产品的要素。资源管理的目的是通过优化配置和动态管理，实现以最少的资源及其组合，取得项目产品的最佳效果。

2.0.21 项目信息应由信息管理人员依靠现代信息技术，在项目的实施过程中，通过收集、整理、处置、储存、传递和应用等方式进行管理。

2.0.22 项目风险管理是项目管理的一项重要管理过程，它包括对风险的预测、辨识、分析、判断、评估及采取相应的对策，如风险规避、控制、分隔、分散、转移、自留及利用等活动。这些活动对项目的目标至关重要，甚至会决定项目的成败。风险管理水平是衡量组织素质的重要标准，风险控制能力则是判定项目管理者管理能力的重要依据。因此，项目管理者必须建立风险管理制度和方法体系。

风险管理的任务一般包括确定和评估风险，识别潜在损失因素及估算损失大小，制定风险的财务对策，采取应对措施，制定保护方案，落实安全措施以及管理索赔等。

项目中各个组织所承担的风险是不相同的。发包人应采用合同或其他方式，将风险分配给最可能避免风险发生的组织承担。

2.0.23 项目沟通管理包括两方面，即外部沟通和内部沟通。各个项目直接参与组织之间的沟通称为外部沟通，各个项目直接参与组织内部之间的沟通称为内部沟通。外部沟通也包括对项目直接参与组织以外的相关组织的沟通。

2.0.24 项目中不同的组织根据所承担工作的不同而有不同的收尾管理内容。本规范针对总承包或施工承包单位的较多，其他组织可进行增补或删减。

3 项目范围管理

3.1 一般规定

3.1.1 项目范围是指为了成功达到项目的目标，完成最终可交付工程的所有工作总和，它们构成项目的实施过程。最终可交付工程是实现项目目标的物质条件，它是确定项目范围的核心。

3.1.2 项目范围管理对象中的专业工作是指专业设计、施工和供应等工作；管理工作是指为实现项目目标所必需的预测、决策、计划和控制工作，另外还可以分为各种职能管理工作，如进度管理、质量管理、合同管理、资源管理和信息管理等。

3.1.3 项目范围确定是明确项目的目标和可交付成果的内容，确定项目的总体系统范围并形成文件，以作为项目设计、计划、实施和评价项目成果的依据。

项目结构分析是对项目系统范围进行结构分解（工作结构分解），用可测量的指标定义项目的工作任务，并形成文件，以此作为分解项目目标、落实组织责任、安排工作计划和实施控制的依据。

项目范围控制是指保证在预定的项目范围内进行项目的实施（包括设计、施工、采购等），对项目范围的变更进行有效控制，保证项目系统的完备性和合理性。

3.1.4 项目范围管理应是一个动态的过程，项目范围的变更是经常的。

3.2 项目范围确定

3.2.1 项目范围的确定是项目实施和管理的基础性工作。项目范围必须有相应的文件描述。在规划文件、设计文件、招标投标文件、计划文件中应有明确的项目范围说明内容。在项目的设计、计划、实施和后评价中，必须充分利用项目范围说明文件。范围说明文件是项目进度管理、合同管理、成本管理、资源管理和质量管理等的依据。

3.2.2 要正确确定项目范围，必须准确理解项目目标，进行详细的环境调查，对项目的制约条件和同类工程项目的资料进行了解和分析。对承包人而言，还应准确地分析和理解合同条件。

3.2.3 在项目任务书、设计文件、计划文件、招标文件和投标文件中应有明确的项目范围界定。同时在项目进一步的设计、计划、招标和投标以及在实施过程中，应该充分利用项目范围的说明。

在工程实施过程中，项目范围会随项目目标的调整、环境的改变、计划的调整而变更，项目范围应是动态的。项目范围的变更会导致工期、成本、质量、安全和资源供应的调整。

在进行计划、报价风险分析时，应预测项目范围变更的可能性、程度和影响，并制定相应的对策。

3.3 项目结构分析

3.3.1 项目结构分析是在项目范围确定的基础上进行的，是对项目范围的系统分析。将项目范围分解到工作单元，即分解到可管理（计划、控制和考核）的活动，如分部工程或分项工程。

工作单元的定义通常包括工作范围、质量要求、费用预算、时间安排、资源要求和组织责任等内容。

工作界面指工作单元之间的结合部，或叫接口部位，即工作单元之间的相互作用、相互联系、相互影响的复杂关系。工作界面分析指对界面中的复杂关系进行分析。

3.3.2 项目结构分解的结果是工作分解结构（Work Breakdown Structure），简称为 WBS，它是项目管理的重要工具。分解的终端应是工作单元。

项目工作任务表通常包括工作编码、工作名称、工作任务说明、工作范围、质量要求、费用预算、时间安排、资源要求和组织责任等内容。

3.3.3 在项目计划和实施过程中，应充分利用项目结构分解的结果，将其作为合同策划、成本管理、进度管理、质量、安全管理和信息管理的对象。

3.3.5 在项目管理中，大量的矛盾、争执、损失都发生在界面上。界面的类型很多，有目标系统的界面、技术系统的界面、行为系统的界面、组织系统的界面以及环境系统的界面等。对于大型复杂的项目，界面必须经过精心组织和设计。

3.4 项目范围控制

3.4.1 组织要保证严格按照项目范围文件实施（包括设计、施工和采购等），对项目范围的变更进行有效的控制，保证项目系统的完备性。

3.4.2 在项目实施过程中应经常检查和记录项目实施状况，对项目任务的范围（如数量）、标准（如质量）和工作内容等的变化情况进行控制。

3.4.3 项目范围变更涉及目标变更、设计变更、实施过程变更等。范围变更会导致费用、工期和组织责任的变化以及实施计划的调整、索赔和合同争执等问题发生。

3.4.4 范围管理应有一定的审查和批准程序以及授权。特别要注重项目范围变更责任的落实和影响的处理程序。

3.4.5 在工程项目的结束阶段，或整个工程竣工时，在将项目最终交付成果（竣工工程）移交之前，应对项目的可交付成果进行审查，核实项目范围内规定的各项工作或活动是否已经完成，可交付成果是否完备或令人满意。范围确认需要进行必要的测量、考察和试验等活动。通常也是工程项目决算的依据。

3.4.6 通过对项目范围管理经验的总结以便于工程项目的范围管理工作持续改进。通常需要总结下列内容：

1 项目范围管理程序和方法方面的经验。特别是在项目设计、计划和实施控制工作中利用项目范围文件方面的经验。

2 本项目在范围确定、项目结构分解和范围控制等方面的准确性和科学性。

　　3 项目范围确定、界面划分、项目变更管理以及项目范围控制方面的经验和教训。

4 项目管理规划

4.1 一 般 规 定

4.1.2 根据项目管理的需要，项目管理规划文件可分为项目管理规划大纲和项目管理实施规划两类。项目管理规划大纲的作用是作为投标人的项目管理总体构想或项目管理宏观方案，指导项目投标和签订施工合同；项目管理实施规划是项目管理规划大纲的具体化和深化，作为项目经理部实施项目管理的依据。

4.1.5 施工组织设计是传统的指导施工准备和施工的全面性技术经济文件；质量计划是进行全面质量管理和贯彻质量管理体系标准中提倡使用的计划性文件；施工项目管理实施规划是项目经理部实施项目的管理文件。由于三者在内容和作用上具有一定的共性，故在本规范中提出承包人的项目管理实施规划可以用施工组织设计代替，但由于施工组织设计中管理内容的不足，质量计划又是主要为质量管理服务，因此本条指出，两者应补充项目管理的内容，使之能满足项目管理实施规划的要求。但是，大型项目则应单独编制项目实施规划，以便于管理工作的规范。

4.2 项目管理规划大纲

4.2.1 项目管理规划大纲具有战略性、全局性和宏观性，显示投标人的技术和管理方案的可行性与先进性，利于投标竞争，因此需要依靠组织管理层的智慧与经验，取得充分依据，发挥综合优势进行编制。

4.2.2 编制项目管理规划大纲从明确项目目标到形成文件并上报审批全过程，反映了其形成过程的客观规律性。

4.2.3 项目管理规划大纲应与招标文件的要求相一致，为编制投标文件提供资料，为签订合同提供依据。

4.2.4 项目管理规划大纲的内容应包括下列方面：

　　1 项目概况应包括项目的功能、投资、设计、环境、建设要求、实施条件（合同条件、现场条件、法规条件、资源条件）等，不同的项目管理者可根据各自管理的要求确定内容。

　　2 项目范围管理规划应对项目的过程范围和最终可交付工程的范围进行描述。

　　3 项目管理目标规划应明确质量、成本、进度和职业健康安全的总目标并进行可能的目标分解。

　　4 项目管理组织规划应包括组织结构形式、组织构架、确定项目经理和职能部门、主要成员人选及拟建立的规章制度等。

　　5 项目成本管理规划、项目进度管理规划、项目质量管理规划、项目职业健康安全与环境管理规划、项目采购与资源管理规划的内容应包括管理依据、程序、计划、实施、控制和协调等方面。

　　10 项目信息管理规划主要指信息管理体系的总体思路、内容框架和信息流设计等规划。

　　11 项目沟通管理规划主要指项目管理组织就项目所涉及的各有关组织及个人相互之间的信息沟通、关系协调等工作的规划。

　　12 项目风险管理规划主要是对重大风险因素进行预测、估计风险量、进行风险控制、转移或自留的规划。

　　13 项目收尾管理规划包括工程收尾、管理收尾、行政收尾等方面的规划。

4.3 项目管理实施规划

4.3.1 项目管理实施规划应以项目管理规划大纲的总体构想和决策意图为指导，具体规定各项管理业务的目标要求、职责分工和管理方法，把履行合同和落实项目管理目标责任书的任务，贯彻在实施规划中，是项目管理人员的行为指南。

4.3.2 项目管理实施规划编制的主要内容是组织编制。在具体编制时，各项内容仍存在先后顺序关系，需要统一协调和全面审查，以保证各项内容的关联性。

4.3.3 编制项目管理实施规划的依据中，最主要的是项目管理规划大纲，应保持二者的一致性和连贯性，其次是同类项目的相关资料。

4.3.4 项目管理实施规划应包括的内容有：

　　1 项目概况应在项目管理规划大纲的基础上根据项目实施的需要进一步细化。

　　2 总体工作计划应将项目管理目标、项目实施的总时间和阶段划分具体明确，对各种资源的总投入做出安排，提出技术路线、组织路线和管理路线。

　　3 组织方案应编制出项目的项目结构图、组织结构图、合同结构图、编码结构图、重点工作流程图、任务分工表、职能分工表并进行必要的说明。

　　4 技术方案主要是技术性或专业性的实施方案，应辅以构造图、流程图和各种表格。

　　5 进度计划应编制出能反映工艺关系和组织关系的计划、可反映时间计划、反映相应进程的资源（人力、材料、机械设备和大型工具等）需用量计划以及相应的说明。

　　6～13 质量计划、职业健康安全与环境管理计划、成本计划、资源需求计划、风险管理计划、信息管理计划、项目沟通管理计划和项目收尾管理计划，均应按相应章节的条文及说明编制。为了满足项目实施的需求，应尽量细化，尽可能利用图表表示。

各种管理计划（规划）应保存编制的依据和基础数据，以备查询和满足持续改进的需要。在资源需求计划编制前应与供应单位协商，编制后应将计划提交供应单位。

14 项目现场平面布置图按施工总平面图和单位工程施工平面图设计和布置的常规要求进行编制，须符合国家有关标准。

15 项目目标控制措施应针对目标需要进行制定，具体包括技术措施、经济措施、组织措施及合同措施等。

16 技术经济指标应根据项目的特点选定有代表性的指标，且应突出实施难点和对策，以满足分析评价和持续改进的需要。

4.3.5 每个项目的项目管理实施规划执行完成以后，都应当按照管理的策划、实施、检查、处置（PDCA）循环原理进行认真总结，形成文字资料，并同其他档案资料一并归档保存，为项目管理规划的持续改进积累管理资源。

5 项目管理组织

5.1 一 般 规 定

5.1.1 项目管理组织泛指参与工程项目建设各方的项目管理组织，包括建设单位、设计单位、施工单位的项目管理组织，也包括工程总承包单位、代建单位、项目管理（PM）单位等参建方的项目管理组织。由于建设单位是工程项目建设的投资者与组织者，建设单位所确定的项目实施模式必然对参建各方的项目管理组织产生重大影响。

项目管理组织构架科学合理指的是组织构架与其履行的职责相适应、能顺畅的运行集约化的工作流程。具体包含两层含义：一是参建各方项目管理组织自身内部构架应科学合理；二是指同一工程项目参建各方所形成的项目团队的整体构架也应科学合理。

组织的目标和责任明确是高效工作的前提。项目管理组织管理工作人员的职业素质是高效工作的基础，而工作人员具备相应的从业、执业资格则是其职业素质的基本保证。

在项目实施全过程的各个不同阶段将有不相同的管理需求，因此项目管理组织可根据实际需要作适当调整，但这种调整应以不影响组织机构的稳定为前提。

5.1.2 项目管理组织的高效运行和工程项目的成功实施，有赖于参建各方围绕工程建设的共同目标相互和谐配合及顺畅流通。这里所指的参建单位包括建设单位、咨询单位、设计单位、监理单位、总承包单位、分包单位以及设备材料供应单位等。为此，各相关单位之间应在公正、公平的原则下通过有效的合同关系合理分解项目目标、分担项目责任、分享项目利益，并承担相应风险。作为工程项目的发起者、投资者和组织者——建设单位的项目组织应在参建各方的项目管理组织中发挥其核心作用。

5.1.3 组织管理层应分别站在组织和项目管理全局的角度对项目管理活动进行指导、监督、服务和管理。一方面履行组织职能、表达组织意图、规范项目管理行为；另一方面为项目经理部的正常运行提供技术、资源、政策、外协等的保障。

5.1.4 组织管理层的项目管理活动主要应从建立项目管理规章制度、严格制定计划、有效实施计划、为项目管理提供技术服务和管理服务的角度进行综合性的项目管理活动。

5.2 项目经理部

5.2.1 建设工程实施项目管理，均应在其组织结构中设置项目经理部，尤其是大、中型项目。

5.2.2 项目经理部由项目经理在组织职能部门的支持下组建，直属项目经理领导，主要承担和负责现场项目管理的日常工作，在项目实施过程中其管理行为应接受企业职能部门的监督和管理。

5.2.3 项目经理部应为一次性组织机构，其设立应严格按照组织管理制度和项目特点，随项目的开始而产生，随项目的完成而解体，在项目竣工验收后，即应对其职能进行弱化，并经经济审计后予以解体。

5.2.5 项目经理部的组织结构可繁可简，可大可小，其复杂程度和职能范围完全决定于组织管理体制、项目规模和人员素质。

5.3 项目团队建设

5.3.1 项目团队指项目经理及其领导下的项目经理部和各职能管理部门。项目团队建设的主体是加强组织成员的团队意识，树立团队精神，统一思想，步调一致，沟通顺畅，运作高效。

5.3.3 项目经理应是项目团队的核心，应起到示范和表率作用，通过自身的言行、素质调动广大成员的工作积极性和向心力，善于用人和激励进取。

5.3.4 项目团队建设的主要工作是进行沟通、加强教育，通过各种方式营造集体观念，激发个人潜能，形成积极向上、凝聚力强的项目管理组织。

6 项目经理责任制

6.1 一 般 规 定

6.1.1 项目管理工作成功的关键是推行和实施项目经理责任制。项目完成后，对项目经理和项目管理工作评价的主要内容是依据项目管理目标责任书，因为它是确定项目经理和其领导成员职责、义务和项目管理目标的制度性文件。这就是项目管理区别于其他管理模式的显著特点。

6.1.2 项目管理目标责任书由法定代表或其授权人与项目经理签订。具体明确项目经理及其管理成员在项目实施过程中的职责、权限、利益与奖罚。是规范和约束组织与项目经理部各自行为，考核项目管理目标完成情况的重要依据，属内部合同。

6.1.3 组织要以项目经理责任制为核心，建立健全适应项目管理活动的各项制度。主要包括岗位责任制度、计划管理制度、质量安全保证制度、财务核算制度、效绩考核奖惩制度及内业管理制度等内容。

6.2 项目经理

6.2.1 项目经理的责任和权力范围应依据法定代表人的委托和授权确定，但其管理工作应对项目全面负责，实施项目正常运行的全过程、全面管理。

6.2.4 为了确保项目的目标实现，应严格项目经理的管理投入，原则上一个项目经理在同一时期只承担一个项目的管理工作，即在一个项目主体没有完成之前不得参与其他项目的建设管理，更不能同时兼任其他项目的项目经理，只有在项目进入收尾阶段的后期，经组织法定代表人同意方可介入其他项目的管理工作。

6.2.5 为了确保项目实施的可持续性和项目经理责任、权力和利益的连贯性和可追溯性，应尽量保持项目经理工作的稳定，不得随意撤换，但在项目发生重大安全、质量事故或项目经理违法、违纪时，组织可撤换项目经理，而且必须进行效绩审计，并按合同规定报告有关合作单位。

6.3 项目管理目标责任书

6.3.1 项目管理目标责任书是法定代表人依据项目的合同、项目管理制度、项目管理规划大纲及组织的经营方针和目标要求明确规定项目经理部应达到的成本、质量、进度和安全等管理目标的文件，是非法律意义上的合同。因此，双方之间的关系是组织内部的上、下级关系，而不是平等的双方之间的合同法律主体关系。

6.3.3 项目管理目标责任书重点是明确项目经理工作内容，其核心是为了完成项目管理目标，是组织考核项目经理和项目经理部成员业绩的标准和依据。

6.4 项目经理的责、权、利

6.4.2 组织对项目经理授权应根据项目管理的需要、项目的地域与环境以及项目经理的综合素质与管理能力，实行有限授权。

6.4.3 组织应确立和维护项目经理的地位及正当权益，应采取各种形式对项目经理予以表彰、奖励。对

未完成责任书要求或有违规、违纪行为应给予严格的处罚，做到赏罚分明，以最大限度调动项目经理积极性为原则，确保其各项利益。

7 项目合同管理

7.1 一般规定

7.1.1 组织应建立合同管理制度，并设立专门机构，对于工程量较小的项目组织也应设立专职人员，才能保证合同管理的正常开展。

7.1.2 合同管理包括合同订立、履行、变更、索赔、解除、终止、争议解决以及控制和综合评价等内容，并应遵守《中华人民共和国合同法》和《中华人民共和国建筑法》的有关规定。《中华人民共和国合同法》是民法的重要组成部分，是市场经济的基本法律制度。《中华人民共和国建筑法》是我国工程建设的专用法律，其颁布实施，对加强建筑活动的监督管理、维护建筑市场秩序和合同当事人的合法权益、保证建设工程质量和安全，提供了明确的目标和法律保障。

7.1.3 承包人应在对发包人提出承诺前进行合同评审。合同评审是一个从与发包人开始接触后就发生的过程。

7.2 项目合同评审

7.2.1 承包人的合同评审主要是对合同的条款是否表达明确，发包人与承包人之间的有关合同的不同意见是否已解决，承包人是否有能力按合同条件完成全部工程内容等问题进行评审。

7.2.2 合同评审既包括合同的合法性与条款的完备性等审查，又包括对于产品（或过程）的要求的审查。在质量管理体系中要求对合同规定的产品要求进行审查，因此在本条款中加入了与产品（或过程）有关要求的评审。

7.2.3 强调承包人应以书面的方式确定双方达成的协议，承包人应有能力完成合同的全部要求。

7.3 项目合同实施计划

7.3.1 编制合同实施计划是保证合同得以实施的重要手段。合同实施计划应由有关部门和人员编制，并经管理层批准。实施计划的内容应包括对分包的合同管理。

7.3.2 合同实施保证体系是全部管理体系的一部分。由于合同管理体系与其他管理体系存在着密切联系，协调合同管理体系与其他体系的关系是一个重要的问题。应当建立合同文件的沟通方式以及有关统一编码和有关合同的档案系统管理。合同的实施管理还包括所签订的分包合同以及自行完成的工程内容应能涵盖所有主合同的全部内容，既不遗漏，也不重复。

7.3.3 由于合同实施计划的复杂性，组织应根据自身条件和项目实际情况制定必要的合同实施工作程序并规定其内容。

7.4 项目合同实施控制

7.4.1 合同的实施控制包括自合同签订后至合同终止的全部合同管理内容。

7.4.2 合同交底应由合同谈判人员负责进行。目前也有项目经理与合同管理人员共同参加合同谈判的方式，但由于项目经理与合同谈判人员的工作性质不同，项目经理参加谈判，也不能代替合同谈判人员的合同交底步骤。合同交底应以书面和口头方式进行。

7.4.3 强调了在合同实施控制时管理层和有关部门的作用，管理层和其他部门应进行监督、指导和协调，并协助项目经理部做好合同实施工作。

7.4.4 合同实施阶段的首要工作是跟踪和诊断。跟踪和诊断必须以实际情况为依据，要建立合同实施的信息体系。确保有关合同的实施信息及时反馈，并且真实可靠。项目经理部和组织的管理层及有关部门均须对合同实施情况进行定期分析，发现问题应在相应的职权范围内采取措施解决，并需检查措施的有效性。

7.4.5 合同变更是指合同成立以后至履行完毕之前由双方当事人依法对原合同内容所进行的修改和补充。合同变更应严格按合同规定的程序进行，并及时与有关部门或单位沟通。

7.4.6 索赔是国际工程承包中经常发生的正常经营现象，是订立合同的双方各自享有的正当权利。各方都应对合同进行分析，将有关索赔的职责和工作分解落实到部门。特别是有关索赔的证据和有时间要求的报告工作，要加强管理。

7.4.7 反索赔工作也应在合同订立后，对合同进行分析，并在合同实施期间收集资料、证据，并采取积极、稳妥的措施，加强合同实施管理，防止反索赔的发生。

7.5 项目合同终止和评价

7.5.1 由于合同的重要性和复杂性，对于合同履行过程中的经验教训的总结就更为重要，组织管理层应抓好合同的综合评价工作，将项目个体的经验教训变成组织财富。

7.5.2 由于项目的惟一性，合同的总结报告应根据实际情况编写。组织管理层应针对项目的总结报告提出要求。

8 项目采购管理

8.1 一般规定

8.1.1 组织设置采购部门的关键是采购要求的管理职责应得到有效实施。部门设置的具体形式可以灵活安排。

8.1.2 编制采购文件应明确：采购产品的品种、规格、等级和数量；有部件编号及标识；采购的技术标准和专业标准；有毒有害产品说明；有特殊采购要求的图纸、检验规程的名称及版本；技术协议、检验原则和质量要求；代码、标准要求的文件。

8.1.3 应加强合格供应单位的选择与管理，按照采购产品的要求，组织对产品供应单位的评价、选择和管理。对供应单位的调查应包括：营业执照、管理体系认证、产品认证、产品加工制造能力、检验能力、技术力量、履约能力、售后服务、经营业绩等。企业的安全、质量、技术和财务管理等部门应参与调查与评价工作。

采购的产品必须按规定进行验证，禁止不合格产品使用到工程项目中。应按采购合同、采购文件及有关标准规范进行验收、移交，并办理完备的交验手续。应根据采购合同检查交付的产品和质量证明资料，填写产品交验记录。

应严格采购不合格品的控制工作。采购不合格品是指采购产品在验收、施工、试车和保质期内发现的不合格品。发现不合格品时，必须对其进行记录和标识。并按合同和相关技术标准区分不同情况，采用返工、返修、让步接收、降级使用、拒收等方式进行处置。

8.1.4 应加强项目采购管理资料和产品质量见证资料的管理。产品质量见证资料应包括装箱清单、说明书、合格证、质量检验证明、检验试验报告、试车记录等。产品质量证明资料必须真实、有效、完整且具有可追溯性。经验证合格后方可作为产品入库验收和使用的依据，并妥善登记保管。剩余的产品退库时，应附有原产品的合格证或质保资料。完成采购过程，应分析、总结项目采购管理工作，编制项目采购报告，并将采购产品的资料归档保存。

8.1.5 应加强采购合同的管理工作，采购合同的签订应符合合同的有关规定。双方的权利、义务以及合同执行过程中的补充、修改、索赔和终止等事宜的规定应明确具体。产品采购合同应规定采购产品的具体内容和要求、质量保证和验证方法。对产品涉及的知识产权和保密信息，应严格执行双方签订的合同或协议。采购谈判会议纪要及双方书面确认的事项应作为采购合同附件或直接纳入采购合同。

8.2 项目采购计划

8.2.1 采购计划应依据项目合同、项目管理实施规划、采购管理制度、设计文件和备料计划组织编制。产品的采购应按计划实施，在品种、规格、数量、交货时间和地点等方面均应与项目计划相一致，以满足项目需要。

8.3 项目采购控制

8.3.1 为实现项目采购目标，全面满足项目需求，应对项目采购过程进行有效控制。可依据项目合同和项目设计文件，采用公开招标、邀请招标、询价、协商等方式进行产品采购，满足采购质量和进度要求，降低项目采购成本。

8.3.2 采购询价文件应包括技术文件和商务文件。技术文件包括供货范围、技术要求和说明、工程标准、图纸、数据表、检验要求以及供货厂家提供文件的要求等。商务文件包括报价须知、采购合同基本条款和询价书等。

应对采购报价进行技术和商务评审，并做出明确的结论。技术报价主要评审设备和材料的规格、性能是否满足规定的技术要求，报价技术文件是否齐全并满足要求。商务报价主要评审价格、交货期、交货地点和方式、保质期、货款支付方式和条件、检验、包装运输是否满足规定的要求等。

8.3.3 特种设备、材料、制造周期长的大型设备等可采取直接到供应单位验证的方式。有特殊要求的设备和材料可委托具有检验资格的机构进行第三方检验。

8.3.5 产品检验时使用的检验器具应满足检验精度和检验项目的要求，并在有效期内，涉及的标准规范应齐全有效。检验抽验频次、代表批量和检验项目必须符合规定要求。产品的取样必须有代表性，且按规定的部位、数量及采选的操作要求进行。

8.3.6 进口产品其性能必须不低于国家强制执行的技术标准。应按国家规定和国际惯例办理报关、商检及保险等手续。并按照国家建设项目进口设备材料检验大纲相关规定编制检验细则，做好运输、保管和检验工作。

现场开箱验收应根据采购合同和装箱单，开箱检查采购产品的外观质量、型号、数量、随机资料和质量证明等，并填写检验记录表。符合条件的采购产品，应办理入库手续后妥善保管。

8.3.7 应加强产品采购过程的安全环境管理。优先选择已获得质量、安全、环境管理体系认证的合格供应人。采购产品验证、运输、移交、保管的过程中，应按照职业健康安全和环境管理要求，避免和消除产品对安全、环境造成影响。

产品应按规定安全、及时、准确地运至仓库或项目现场。危险品按国家有关规定办理运输手续，并有可靠的安全防范措施。精密仪器运输应按产品说明采取防压防振措施。大件产品运应对预定通过的路线和可能出现的问题进行实地调查，选定安全经济的运输方式和运输路线。

应控制有毒、有害产品的一次进货数量，防止有毒、有害产品的散落。

保管产品的仓库应设在安全、干燥、通风、易排水、便于车辆通行的地方，并配有足够的消防设施。产品的保管应有明确的标识，并按其特性采取相应措施，贮存化学、易燃、易爆、有毒有害等特殊产品时应采取必要的安全防护措施。

9 项目进度管理

9.1 一般规定

9.1.1 项目进度管理制度是企业管理体系的一部分，以工程管理部门为主管部门，物资管理部门、人力资源管理部门及其他相应业务部门为相关部门，通过任务分工表和职能分工表明确各自的职责。

9.1.2 进度管理目标的制定应在项目分解的基础上确定。包括项目进度总目标、分阶段目标，也可根据需要确定年、季、月、旬（周）目标，里程碑事件目标等。里程碑事件目标指关键工作的开始时刻或完成时刻。

9.2 项目进度计划编制

9.2.2 各种控制性进度计划依次细化且被上层计划所控制，控制性进度计划的作用是对进度目标进行论证、分解，确定里程碑事件进度目标，作为编制实施性进度计划和其他各种计划以及动态控制的依据。

9.2.3 作业性进度计划是作业实施的依据，其作用是确定具体的作业安排和相应对象或时段的资源需求。

9.2.4 各类进度计划以进度计划表为中心内容。

9.2.5 编制进度计划应严格程序，确保进度计划的总体质量。

9.2.6 编制进度计划应选择适用的方法。作业性进度计划必须采用网络计划或横道计划等方法，以便合理利用时间、空间并可有效节约时间。为了提高管理效率，需利用计算机进行数据处理和管理。

9.3 项目进度计划实施

9.3.1 进度计划交底是指向执行者说明计划确定的执行责任、时间要求、配合要求、资源条件、环境条件、检查要求和考核要求等。

9.3.2 进度计划执行者包括组织和个人。执行者应制定实施措施并落实。

9.3.3 实施进度计划的核心是进度计划的动态跟踪控制。

9.4 项目进度计划的检查与调整

9.4.1 进度计划的实施结果包括：实际进度图、表、情况说明与统计数据等相关证据。

9.4.2 进度计划的定期检查包括规定的年、季、月、旬、周、日检查；不定期检查指根据需要由检查人（或组织）确定的专题（项）检查。

9.4.3 进度计划的检查内容除规范规定以外，还可以根据需要由检查者确定其他检查内容。

9.4.4 进度报告可以单独编制，也可以根据需要与质量、成本、安全和其他报告合并编制，提出综合进展报告。

9.4.5 进度计划的调整是在原进度计划目标已经失去作用或难以实现时才进行的。其内容应根据项目的实际情况具体确定。

10 项目质量管理

10.1 一 般 规 定

10.1.1 建立质量管理体系应与目前国际质量管理标准趋势相一致，但并不排斥规范所指以外的其他优秀模式或质量管理方式。施工组织设计与质量计划是互为补充、相辅相成的。实施时也可以二者合二为一。

10.1.2 质量管理应按照 PDCA 的循环过程原理，持续改进，并需要从增值的角度考虑过程。

10.1.3 质量管理应满足明示的、通常隐含的或必须履行的需求或期望。包括达到发包人及其他相关方满意以及技术标准和产品的质量要求。其他相关方可能是用户、业主等。

10.1.4 质量控制是指致力于满足质量要求的活动，是质量管理的一部分。

10.2 项目质量策划

10.2.1 质量策划是指制定质量目标并规定必要的过程和相关资源，以实现质量目标。对于项目所规定的质量管理体系的过程和资源文件，即为质量计划。质量计划应充分考虑与施工组织设计、施工方案等项文件的协调与匹配要求。质量计划可以作为项目实施规划的一部分，或单独成文。

10.2.2 组织应策划实施项目所需的过程，实施项目所需的过程应与组织的质量管理体系中其他过程的要求相一致。

10.2.3 质量策划应根据发包人、组织及其他相关方的要求进行，也应与组织的质量管理体系文件相一致。本条款所指的必要的记录包括为实现过程及其产品满足要求提供证据所需的记录。

10.3 项目质量控制与处置

10.3.1 质量控制是一个动态的过程，应根据实际情况的变化，采取适当的措施。

10.3.2 质量控制应注意有关过程的接口，例如设计与施工的接口、施工总承包与分包的接口及施工与试运行的接口等。

10.3.3 质量控制必须建立在真实可靠的数据基础上，包括采用适当的统计技术。数据信息也包括发包人及其他相关方对是否满足其要求的感受信息。为了及时获得信息，应当确定获得和利用数据信息的方法。

组织应比较和分析所获取的数据，比较、分析既包括对产品要求的比较分析，也包括对质量管理体系适宜性和有效性的证实。

分析的结果应提出有关发包人及其他相关方满意以及与产品要求是否符合的评价、项目实施过程的特性和趋势、采取预防措施的机会以及有关供方（分包、供货方等）的信息。并基于以上分析结果，提出对不合格的处置和有关的预防措施。

10.3.8 质量保证是指致力于提供质量要求会得到满足的信任活动，是质量管理的一部分。质量保证措施是实现这种信任的手段。

10.3.9 组织应规定处置不合格的有关职责和权限，处置不合格应根据国家的有关规定进行，并保持纪录，在得到纠正后还需再次进行验证，以证明符合要求。当在交付后发现不合格，组织应采取消除影响的适当措施。

10.4 项目质量改进

10.4.1 项目经理部是质量控制的主要实施者，项目经理部按组织的定期编写质量报告，提出持续改进的措施，将有助于管理层了解项目经理部的质量工作，也能促进项目经理部的质量管理工作。组织可采取质量方针、目标、审核结果、数据分析、纠正预防措施以及管理评审等持续改进质量管理的有效性。质量报告的方式可由组织自行确定。

10.4.2 管理评审是组织的管理层进行质量管理的重要手段。管理评审应以有关方面的信息为输入，进行对质量管理体系的评审，提出有关质量管理体系、产品和资源需求改进的决定和措施。

11 项目职业健康安全管理

11.1 一 般 规 定

11.1.1 组织应建立职业健康安全体系，并遵循《建设工程安全生产管理条例》和《GB/T 28000 职业健康安全管理体系》等标准体系，建立职业健康安全方针、策划实施和运行、检查和纠正措施、管理评审以及持续改进等模式。项目经理是现场职业健康安全的管理负责人。由于安全工作的专业性，各级安全管理人员应通过相应的资格考试，持证上岗。

组织应考虑有关社会责任的要求，以确保员工的基本权得到保障。

11.1.2 组织的职业健康安全风险是职业健康安全管理的核心。应围绕风险预防的要求建立相应的管理体系和专门措施。职业健康安全技术措施计划应根据项目特点制定，包括项目的职业健康安全目标、管理机构、培训、实施和运行控制、应急准备和响应、检查和纠正措施、事故处理等达到持续改进的目的。项目经理部可根据需要建立适应项目职业健康安全管理的有关制度，并报管理层批准。

在紧急情况的响应过程中，要注意防止因处理不当而导致的二次伤害。

11.1.4 当现场所在地政府或有关部门对意外伤害保险的作业人员有其他要求时，应按当地的要求执行。

11.1.5 项目的职业健康安全管理也应实施PDCA的循环原则。

11.2 项目职业健康安全技术措施计划

11.2.1 职业健康安全技术措施计划的输出形式应符合组织的实际情况。

11.2.2 进行工作分类是为了确定职业健康安全管理体系的实施范围，组织不宜把总体运行所需要的或可能影响员工和其他相关方的职业健康安全的某一运行活动遗漏或排除在外。

应建立有关程序并保持其持续运行，根据工作范围和特点进行危险源辨识、风险评价和实施必要的控制措施。

11.2.3 项目职业健康安全措施计划的内容可根据项目运行实际情况增减，本条款所列仅是基本的要求。职业健康安全措施计划的策划应考虑与项目人员能力相适宜的要求，包括人体功效学的要求，以便从根本上降低安全风险。

11.3 项目职业健康安全技术措施计划的实施

11.3.1 三级教育的内容应有分工。公司主要针对国家和地方有关安全生产的方针、政策、法规、标准、规范、规程和组织的安全规章制度等进行教育；项目经理部主要针对现场的安全制度、现场环境、工程的施工特点及可能存在的不安全因素等进行教育；施工作业队主要针对本工种的安全操作规程、岗位工作特点、事故案例剖析、劳动纪律和岗位讲评等进行教育。教育应考核效果，要求达到提高员工职业健康安全意识、增强自我保护能力的作用。

11.3.3 职业健康安全技术交底应包括项目的施工特点和危险点、针对性预防措施、应注意的安全事项、相应的操作规程和作业标准以及发生事故采取的避难和应急措施等内容。

11.3.4 组织管理层和项目经理部都应有计划、有组织地对项目进行定期的职业健康安全检查。安全检查应包括安全生产责任制、安全组织机构、安全保证措施、安全技术交底、安全教育、持证上岗、安全设施、安全标识、操作行为、应急准备和响应、违章管理和安全记录等内容。检查的目的是根据现场情况分析不安全行为与隐患存在的部位和危险程度，验证计划的实施效果。

11.3.5 职业健康安全检查采用的各种方法其目的是为了达到全面、详尽的检查，防止死角。职业健康安全检查的结果应作为组织管理评审的依据。

11.3.6 组织应根据现场风险情况，识别有关其他承包人或供应人的危险源，制定控制措施并及时通报有关的相关方。

11.4 项目职业健康安全隐患和事故处理

11.4.1 检查中所发现的违章指挥和作业行为以及隐患均应及时处理，对于所有拟定的纠正预防措施，在实施前必须先通过风险评价进行评审。并要确认所采取的纠正和预防措施的有效性。

11.4.2 职业健康安全事故的处理应符合国家和地方的有关法律法规以及有关规章制度的要求。在调查职业健康安全事故时，应充分分析各种原因及其影响。要注意安排员工代表参加，充分了解员工及其他相关方的意见。应根据调查的结果确定措施，使其与问题的严重性和风险相一致。

11.4.3 在处理职业健康安全事故时，应及时抢救伤员，详细排查险情，有效地防止事故蔓延扩大，防止二次事故，并做好现场的标识和保护工作。

11.5 项目消防保安

11.5.1 建立消防保安管理体系是现场的重要工作，消防保安管理制度应当根据国家和当地的法律法规以及项目的实际情况制定。施工现场必须有适合现场情况的应急准备和响应程序，主要包括处理紧急情况的最适当方法、对实施应急响应人员的培训和应急组织及外部联系方法等。

11.5.2 各种消防设施的配备和应急准备措施应符合国家和当地执法部门的规定。

11.5.6 可采用磁卡严格现场人员的进出管理。要求现场人员以磁卡记录姓名、单位等数据，人员进退场时通过计算机刷卡能准确掌握现场的人员，对于安全管理有较大的作用。

12 项目环境管理

12.1 一般规定

12.1.3 确定环境管理目标应进行环境因素识别，确定重要环境因素。根据法律法规和组织自行确定的要求设立目标和指标以实现环境方针的承诺，并达到组织的其他目的。目标和指标应当进行分解，落实到现场的各个参与单位，一般采用分区划块负责的方法。

项目经理部应定期组织检查，及时解决发现的问题，做到环境绩效的持续改进。

12.1.4 项目的环境管理要与组织的环境管理体系一致，应制定适当的方案。该方案要与环境的影响程度相适应。当现场环境管理体系中的过程、活动、产品发生变化时，应当对目标、指标和相关的方案进行必要的调整。

12.1.6 应识别紧急情况，制定环境事故的应急准备和响应预案，并预防可能的二次和多次污染。

12.1.8 项目经理部应进行节约能源的宣传、教育和检查。有条件时对现场使用节能设施，对使用能源的单位规定指标，对水、电或其他能源以及原材料消耗进行定量的监测。

12.2 项目文明施工

12.2.1 文明施工是环境管理的一部分，鉴于施工现场的特殊性和国家有关部门以及各地对建筑业文明施工的重视，另行列出有关的要求。由于各地对施工现场文明施工的要求不尽一致，项目经理部在进行文明施工管理时应按照当地的要求进行。文明施工管理应与当地的社区文化、民族特点及风土人情有机结合，树立项目管理良好的社会影响。

12.3 项目现场管理

12.3.7 项目经理部进行所负责区域的施工平面图的规划、设计、布置、使用和管理时，应与项目管理实施规划的结果相一致，并将实施与作业活动有机的协调运作，确保现场管理的目标得以实现。

13 项目成本管理

13.1 一般规定

13.1.1 根据建筑产品成本运行规律，成本管理责任体系应包括组织管理层和项目经理部。组织管理层的成本管理除生产成本以外，还包括经营管理费用；项目管理层应对生产成本进行管理。组织管理层贯穿于项目投标、实施和结算过程，体现效益中心的管理职能；项目管理层则着眼于执行组织确定的项目成本管理目标，发挥现场生产成本控制中心的管理职能。

13.1.2 项目成本管理应按照成本管理的理论与方法，应用成本计划、控制、核算、分析和考核等科学管理的方法和手段，开展项目全过程的成本管理活动。

13.1.3 项目成本管理应从工程投标报价开始，直至项目竣工结算完成为止，贯穿于项目实施的全过程。成本作为项目管理的一个关键性目标，包括责任成本目标和计划成本目标，它们的性质和作用不同。前者反映组织对项目成本目标的要求，后者是前者的具体

化，把项目成本在组织管理层和项目经理部的运行有机地连接起来。

13.2 项目成本计划

13.2.1 对项目成本计划的编制依据提出具体要求，目的在于强调项目成本计划必须反映以下要求：

1 合同规定的项目质量和工期要求。

2 组织对项目成本管理目标的要求。

3 以经济合理的项目实施方案为基础的要求。

4 有关定额及市场价格的要求。

5 类似项目提供的启示。

13.2.2 成本计划的具体内容如下：

1 编制说明。指对工程的范围、投标竞争过程及合同条件、承包人对项目经理提出的责任成本目标、项目成本计划编制的指导思想和依据等的具体说明。

2 项目成本计划的指标。

项目成本计划的指标应经过科学的分析预测确定，可以采用对比法，因素分析法等进行测定。

3 按工程量清单列出的单位工程计划成本汇总表，见表1。

表 1 单位工程计划成本汇总表

	清单项目编码	清单项目名称	合同价格	计划成本
1				
2				
……				

4 按成本性质划分的单位工程成本汇总表，根据清单项目的造价分析，分别对人工费、材料费、机械费、措施费、企业管理费和税费进行汇总，形成单位工程成本计划表。

5 项目计划成本应在项目实施方案确定和不断优化的前提下进行编制，因为不同的实施方案将导致直接工程费、措施费和企业管理费的差异。成本计划的编制是项目成本预控的重要手段。因此，应在工程开工前编制完成，以便将计划成本目标分解落实，为各项成本的执行提供明确的目标、控制手段和管理措施。

13.3 项目成本控制

13.3.1 合同文件和成本计划是成本控制的目标，进度报告和工程变更与索赔资料是成本控制过程中的动态资料。

13.3.2 成本控制的程序体现了动态跟踪控制的原理。成本控制报告可单独编制，也可以根据需要与进度、质量、安全和其他进展报告结合，提出综合进展报告。

13.3.3 成本控制的方法很多，其中价值工程和赢得

值法是较为有效的方法。用价值工程控制成本的核心目的是合理处理成本与功能的关系，应保证在确保功能的前提下的成本降低。成本控制应满足下列要求：

1 要按照计划成本目标来控制生产要素的采购价格，并认真做好材料、设备进场数量和质量的检查、验收与保管。

2 要控制生产要素的利用效率和消耗定额，如任务单管理、限额领料、验工报告审核等。同时要做好不可预见成本风险的分析和预控，包括编制相应的应急措施等。

3 控制影响效率和消耗量的其他因素（如工程变更等）所引起的成本增加。

4 把项目成本管理责任制度与对项目管理者的激励机制结合起来，以增强管理人员的成本意识和控制能力。

5 承包人必须有一套健全的项目财务管理制度，按规定的权限和程序对项目资金的使用和费用的结算支付进行审核、审批，使其成为项目成本控制的一个重要手段。

13.4 项目成本核算

13.4.1 项目成本核算制是明确项目成本核算的原则、范围、程序、方法、内容、责任及要求的制度。项目管理必须实行项目成本核算制，和项目经理责任制等共同构成了项目管理的运行机制。组织管理层与项目管理层的经济关系、管理责任关系、管理权限关系，以及项目管理组织所承担的责任成本核算的范围、核算业务流程和要求等，都应以制度的形式作出明确的规定。

13.4.2 项目经理部要建立一系列项目业务核算台账和施工成本会计账户，实施全过程的成本核算，具体可分为定期的成本核算和竣工工程成本核算，如：每天、每周、每月的成本核算。定期的成本核算是竣工工程全面成本核算的基础。

13.4.3 形象进度、产值统计、实际成本归集三同步，即三者的取值范围应是一致的。形象进度表达的工程量、统计施工产值的工程量和实际成本归集所依据的工程量均应是相同的数值。

13.4.4 建立以单位工程为对象的项目生产成本核算体系，是因为单位工程是施工企业的最终产品（成品），可独立考核。

对竣工工程的成本核算，应区分为竣工工程现场成本和竣工工程完全成本，分别由项目经理部和企业财务部门进行核算分析，其目的在于分别考核项目管理绩效和企业经营效益。

13.5 项目成本分析与考核

13.5.1 成本考核制度包括考核的目的、时间、范围、对象、方式、依据、指标、组织领导、评价与奖

惩原则等内容。

13.5.2 成本分析必须依据各种核算资料，它实际是成本核算的继续。

13.5.3 成本分析的方法可以单独使用，也可结合使用。尤其是在进行成本综合分析时，必须使用基本方法。为了更好地说明成本升降的具体原因，必须依据定量分析的结果进行定性分析。

成本偏差分为局部成本偏差和累计成本偏差。局部成本偏差包括项目的月度（或周、天等）核算成本偏差、专业核算成本偏差以及分部分项作业成本偏差等；累计成本偏差是指已完工程在某一时间点上实际总成本与相应的计划总成本的差异。对成本偏差的原因分析，应采取定量和定性相结合的方法。

13.5.4 以项目成本降低额和项目成本降低率作为成本考核的主要指标，要加强组织管理层对项目管理部的指导，并充分依靠技术人员、管理人员和作业人员的经验和智慧，防止项目管理在企业内部异化为靠少数人承担风险的以包代管模式。成本考核也可分别考核组织管理层和项目经理部。

13.5.5 项目管理组织对项目经理部进行考核与奖惩时，既要防止虚赢实亏，也要避免实际成本归集差错等的影响，使项目成本考核真正做到公平、公正、公开，在此基础上兑现项目成本管理责任制的奖惩或激励措施。

14 项目资源管理

14.1 一般规定

14.1.1 建立和完善项目资源管理体系的目的就是节约资源。通过项目资源管理体系的建立和运行可以实现：

1 对资源进行适时、适量的优化配置，按比例配置资源并投入到施工生产中，以满足需要；

2 进行资源的优化组合，即投入项目的各种资源搭配适当、协调，使之更有效地形成生产力；

3 在项目运行过程中，对资源进行动态管理；

4 在岗人力资源的个体意识，包括：他们对工作活动中实际的或潜在的重大影响以及个人工作的改进所带来的综合效益的认知程度。

5 在项目运行中，合理地节约使用资源。

14.1.3 项目的资源配置包括资源的合理选择、供应和使用。项目的资源配置既包括市场资源，也包括内部资源。无论什么性质的资源，都应遵循资源配置的自身经济规律和价值规律，以便于更好地发挥资源的效能，降低工程成本。因此，组织要建立适应市场经济要求的资源配置制度和管理机制，其中最重要的就是做好资源的计划工作，并对其进行经济核算和责任考核。

14.1.4 项目资源管理应按程序实现资源的优化配置和动态控制，其目的都是为了降低项目成本。前者是资源管理目标的计划预控，通过项目管理实施规划和施工组织设计予以实现；后者是资源管理目标的过程控制，包括对资源利用率和使用效率的监督、闲置资源的清退、资源随项目实施任务的增减变化及时调度等，通过管理活动予以实现。

14.2 项目资源管理计划

14.2.2 资源管理计划应按照施工预算、现场条件和项目管理实施规划编制，其主要依据是：

1 项目目标分析。通过对项目目标的分析，把项目的总体目标分解为各个具体的子目标，以便于了解项目所需资源的总体情况。

2 工作分解结构。工作分解结构确定了完成项目目标所必须进行的各项具体活动，根据工作分解结构的结果可以估算出完成各项活动所需的资源的数量、质量和具体要求等信息。

3 项目进度计划。项目进度计划提供了项目的各项活动何时需要相应的资源以及占用这些资源的时间，据此，可以合理地配置项目所需的资源。

4 制约因素。在进行资源计划时，应充分考虑各类制约因素，如项目的组织结构、资源供应条件等。

5 历史资料。资源计划可以借鉴类似项目的成功经验，以便于项目资源计划的顺利完成，既可节约时间又可降低风险。

14.2.3 项目经理部应根据项目进度计划和作业特点优化配置人力资源，制定人力需求计划，报企业人力资源管理部门批准，企业人力资源管理部门与劳务分包公司签订劳务分包合同。远离企业本部的项目经理部，可在企业法定代表人授权下与劳务分包公司签订劳务分包合同。

项目人力资源的高效率使用，关键在于制定合理的人力资源使用计划。管理部门应审核项目经理部的进度计划和人力资源需求计划，并做好以下工作：

1 在人力资源需求计划的基础上编制工种需求计划，防止漏配。必要时根据实际情况对人力资源计划进行调整。

2 人力资源配置应贯彻节约原则，尽量使用自有资源。

3 人力资源配置应有弹性，让班组有超额完成指标的可能，激发工人的劳动积极性。

4 尽量使项目使用的人力资源在组织上保持稳定，防止频繁变动。

5 为保证作业需要，工种组合、能力搭配应适当。

6 应使人力资源均衡配置以便于管理，达到节约的目的。

项目所使用的人力资源无论是来自企业内部，还是企业外部，均应通过劳务分包合同进行管理。

14.2.4 项目材料管理的目的是贯彻节约原则，降低项目成本。由于材料费用所占比重较大，因此，加强材料管理是提高企业经济效益的最主要途径。材料管理的关键环节在于材料管理计划的制定。

项目经理部材料管理的主要任务应集中于提出需用量，控制材料使用，加强现场管理，完善材料节约措施，组织材料的结算和回收。

14.2.5 项目经理部应编制机械设备使用计划并报企业审批。对进场的机械设备必须进行安装验收，并做到资料齐全准确。在使用中应做好维护和管理。项目所需机械设备可采用调配、租赁和购买等供应方式。

14.2.6 项目经理部应在技术管理部门的指导和参与下建立技术管理体系，具体工作包括：技术管理岗位与职责的明确、技术管理制度的制定、技术组织措施的制定和实施、施工组织设计编制及实施、技术资料和技术信息管理。

14.3 项目资源管理控制

14.3.2 人力资源管理控制应包括下列内容：

1 根据项目需求确定人力资源性质、数量、标准。

2 与人力资源供应单位（或部门）订立不同层次的劳务分包合同。

3 对拟使用的人力资源进行岗前教育和业务培训。

4 根据项目实施进度及时对人力资源的使用情况进行考核评价。

14.3.3 材料管理控制应包括下列内容：

1 按计划保质、保量、及时供应材料的效果评价。

2 应加强材料需要量计划的管理，包括材料需要量总计划、年计划、季计划、月计划、日计划等的制定和实施。

3 材料仓库的选址应有利于材料的进出和存放，符合防火、防雨、防盗、防风、防变质的要求。

4 进场的材料应进行数量验收和质量认证，做好相应的验收记录和标识。不合格的材料应根据实际情况更换、退货或让步接收（降级使用），严禁使用不合格的材料。

5 材料计量设备必须经具有资格的机构定期检验；确保计量所需要的精度。检验不合格的设备不允许使用。

6 进入现场的材料应有生产厂家的材质证明（包括厂名、品种、出厂日期、出厂编号、试验数据）和出厂合格证。要求复检的材料要有取样送检证明报告。新材料未经试验鉴定，不得用于项目中。现场配制的材料应经试配，使用前应经认证。

7　材料储存应满足下列要求：

　　1）入库的材料应按型号、品种分区堆放，并分别编号、标识。

　　2）易燃易爆的材料应专门存放、专人负责保管，并有严格的防火、防爆措施。

　　3）有防湿、防潮要求的材料，应采取防湿、防潮措施，并做好标识。

　　4）有保质期的库存材料应定期检查，防止过期，并做好标识。

　　5）易损坏的材料应保护好外包装，防止损坏。

8　应建立材料使用限额领料制度。超限额的用料，用料前应办理手续，填写领料单，注明超耗原因，经项目经理部材料管理人员审批。

9　建立材料使用台账，记录使用和节超状况。

10　材料管理人员应对材料使用情况进行监督，做到工完、料净、场清；建立监督记录，对存在的问题应及时分析和处理。

11　应加强剩余材料的回收管理。设施用料、包装物及容器应回收，并建立回收台账。

12　制定周转材料保管、使用制度。

14.3.4　组织应采取技术、经济、组织、合同措施保证机械设备的合理使用，加强管理，提高机械设备的使用效率，做到用养结合，降低项目的机械使用成本。

14.3.5　组织的各项技术工作应严格按照组织技术管理制度执行。技术管理基础工作包括：实行技术责任制，执行技术标准与规程，制定技术管理制度，开展科学研究，强化技术文件管理，技术管理控制工作应加强技术计划地制定和过程验证管理。

施工过程的技术管理工作包括：施工工艺管理、材料试验与检验、计量工具与设备的技术核定、质量检查与验收、技术处理等。

技术开发管理工作包括：新技术、新工艺、新材料、新设备的采用，提出合理化建议，技术攻关等。

14.4　项目资源管理考核

14.4.2　人力资源管理工作主要加强人力资源的教育培训和思想管理；加强对人力资源业务质量和效率的检查。

14.4.4　机械设备操作人员应持证上岗、实行岗位责任制，严格按照操作规范作业，搞好班组核算，加强考核和激励。

15　项目信息管理

15.1　一般规定

15.1.1　建立信息管理体系的目的是为了及时、准确、安全地获得项目所需要的信息。进行项目管理体系设计时，应同时考虑项目组织和项目启动的需要，包括信息的准备、收集、标识、分类、分发、编目、更新、归档和检索等。未经验证的口头信息不能作为项目管理中的有效信息。

15.1.2　为了使用前核查信息的有效性和针对性，信息应包括事件发生时的条件。信息的成本指收集、获得及使用信息的成本；信息的收益指使用信息带来的收益或减少的损失。

15.1.3　项目信息管理应随工程的进展，按照项目信息管理的要求，及时整理、录入项目信息。信息资料要真实、准确、快捷，所收到的项目信息应经项目经理部有关负责人审核签字后，方可录入计算机信息系统，以确保信息的真实性。

15.1.5　在项目经理部中，可以在各部门中设信息管理员或兼职信息管理员，也可以在项目部中单设信息管理员或信息管理部门。项目信息管理员必须经有资质的培训单位培训并考核合格。

15.2　项目信息管理计划与实施

15.2.1　项目信息管理计划是项目管理实施规划的内容之一。

15.2.2　信息编码是信息管理计划的重要内容。

信息编码的方法主要有：

1　顺序编码：是一种按对象出现顺序进行排列的编码方法。

2　分组编码：是在顺序编码的基础上发展起来的，先将信息进行分组，然后对每组内的信息进行顺序编码。

3　十进制编码法：是先把编码对象分成若干大类，编以若干位十进制代码，然后将每一大类再分成若干小类，编以若干位十进制码，一次下去，直至不再分类为止。

4　缩写编码法：是把人们惯用的缩写字母直接用作代码。

信息分类编目的原则：

1　惟一确定性，每一个代码仅表示惟一的实体属性或状态。

2　可扩充性与稳定性。

3　标准化与通用性。

4　逻辑性与直观性。

5　精练性。

15.2.3　项目信息管理的目的是为预测未来和正确决策提供科学依据，信息需求分析也应以此为依据。

对信息进行分类的目的是便于信息的管理，其分类可以从多个角度进行：

1　按信息来源划分：投资控制信息、进度控制信息、合同管理信息。

2　按信息稳定性划分：固定信息、流动信息。

3 按信息层次划分：战略性信息、管理性信息、业务性信息。

4 按信息性质划分：组织类信息、管理类信息、经济类信息、技术类信息。

5 按信息工作流程划分：计划信息、执行信息、检查信息、反馈信息。

15.2.4 项目信息编码系统可以作为组织信息编码系统的子系统，其编码结构应与组织信息编码一致，从而保证组织管理层和项目经理部信息共享。

15.2.6 项目经理部负责收集、整理、管理本项目范围的信息。为了更好地进行项目信息管理，应利用计算机技术，应设项目信息管理员，使用开发项目信息管理系统。

15.3 项目信息安全

15.3.2 组织应建立系统完善的信息安全管理制度和信息保密制度，严格信息管理程序。

信息可以分类、分级进行管理。保密要求高的信息应按高级别保密要求进行防泄密管理。一般性信息可以采用相应的适宜方式进行管理。

16 项目风险管理

16.1 一般规定

16.1.1 组织建立风险管理体系应与安全管理体系及项目管理规划管理体系相配合，以安全管理部门为主管部门，以技术管理部门为强相关部门，其他部门均为相关部门，通过编制项目管理规划、项目安全技术措施计划及环境管理计划进行风险识别、风险评估、风险转移和风险控制分工，各部门按专业分工进行风险控制。

16.1.2 项目实施全过程的风险识别、风险评估、风险响应和风险控制。既是风险管理的内容，也是风险管理的程序和主要环节。

16.2 项目风险识别

16.2.1 各种风险是指影响项目目标实现的不利因素，可分为技术的、经济的、环境的及政治的、行政的、国际的和社会的等因素。

16.2.2 风险识别程序中，收集与项目风险有关的信息是指调查、收集与上述各类风险有关的信息。对工程、工程环境、其他各类微观和宏观环境、已建类似工程等，通过调查、研究、座谈、查阅资料等手段进行分析，列出风险因素一览表。确定风险因素是在风险因素一览表草表的基础上，通过甄别、选择、确认，把重要的风险因素筛选出来加以确认，列出正式风险清单。编制项目风险识别报告是在风险清单的基础上，补充文字说明，作为风险管理的基础。

16.3 项目风险评估

16.3.1 风险等级评估指通过对风险因素形成风险的概率的估计和对发生风险后可能造成的损失量的估计。

16.3.2 风险因素发生的概率应利用已有数据资料和相关专业方法进行估计。

风险因素发生的概率应利用已有数据资料（包括历史资料和类似工程的资料）。相关专业方法主要指概率论方法和数理统计方法。

16.3.3 风险损失量三方面的估计，主要通过分析已经得到的有关信息，结合管理人员的经验对损失量进行综合判断。通常采用专家预测方法、趋势外推法预测、敏感性分析和盈亏平衡分析、决策树等方法。

16.3.4 组织进行风险分级时可使用表2。

表 2 风险等级评估表

风险等级 \ 后果 可能性	轻度损失	中度损失	重大损失
很 大	Ⅲ	Ⅳ	Ⅴ
中 等	Ⅱ	Ⅲ	Ⅳ
极 小	Ⅰ	Ⅱ	Ⅲ

表中：Ⅰ—可忽略风险；Ⅱ—可容许风险；Ⅲ—中度风险；Ⅳ—重大风险；Ⅴ—不容许风险。

在风险评估的基础上，自大到小排队形成风险评估一览表。

风险分类和风险排序的方法、标准等，企业在风险管理程序中进行了规定，但针对具体的项目策划时还应对其进行审查，提出要求，以适合该项目。

16.3.5 风险评估报告是在风险识别报告、风险概率分析、风险损失量分析和风险分级的基础上，加以系统整理和综合说明而形成的。

16.4 项目风险响应

16.4.1 确定针对项目风险的对策可利用表3的提示设计。

表 3 风险控制对策表

风险等级	控 制 对 策
Ⅰ 可忽略的	不采取控制措施且不必保留文件记录
Ⅱ 可容许的	不需要另外的控制措施，但应考虑效果更佳的方案或不增加额外成本的改进措施，并监视该控制措施的兑现
Ⅲ 中度的	应努力降低风险，仔细测定并限定预防成本，在规定期限内实施降低风险的措施

续表 3

风险等级	控制对策
Ⅳ 重大的	直至风险降低后才能开始工作。为降低风险，有时配给大量的资源。如果风险涉及正在进行的工作时，应采取应急措施
Ⅴ 不容许的	只有当风险已经降低时，才能开始或继续工作。如果无限的投入也不能降低风险，就必须禁止工作

16.4.2 风险规避即采取措施避开风险。方法有主动放弃或拒绝实施可能导致风险损失的方案、制定制度禁止可能导致风险的行为或事件发生等。

风险减轻可采用损失预防和损失抑制方法。

风险自留即承担风险，需要投入财力才能承担得起。

风险转移指采用合同的方法确定由对方承担风险；采用保险的方法把风险转移给保险组织；采用担保的方法把风险转移给担保组织等。

组合策略是同时采用以上两种或两种以上策略。

16.4.3 项目风险响应的结果应形成以项目风险管理计划为代表的书面文件，其中应详细说明风险管理目标、范围、职责、对策的措施、方法、定型和定量计算，可行性以及需要的条件和环境等。

16.5 项目风险控制

16.5.1 组织进行风险控制应做好的工作包括：收集和分析与项目风险相关的各种信息，获取风险信号；预测未来的风险并提出预警。这些工作的结果应反映在项目进展报告中，构成项目进展报告内容的一部分。

16.5.2 组织对可能出现的风险因素进行监控依靠风险管理体系，建立责任制和风险监控信息传输体系。

应急计划也可称为应急预案，其编制要求如下：

1 应依据政府有关文件制定：

1) 中华人民共和国国务院第 373 号《特种设备安全监察条例》。

2)《职业健康安全管理体系 规范》GB/T 18001—2001。

3) 环境管理体系系列标准 GB/T 24000。

4)《施工企业安全生产评价标准》JGJ/T 77—2003。

2 编制程序：

1) 成立预案编制小组。

2) 制定编制计划。

3) 现场调查，收集资料。

4) 环境因素或危险源的辨识和风险评价。

5) 控制目标、能力与资源的评估。

6) 编制应急预案文件。

7) 应急预案评估。

8) 应急预案发布。

3 应急预案的编写内容：

1) 应急预案的目标。

2) 参考文献。

3) 适用范围。

4) 组织情况说明。

5) 风险定义及其控制目标。

6) 组织职能（职责）。

7) 应急工作流程及其控制。

8) 培训。

9) 演练计划。

10) 演练总结报告。

17 项目沟通管理

17.1 一般规定

17.1.1 项目沟通与协调管理体系分为沟通计划编制、信息分发与沟通计划的实施、检查评价与调整和沟通管理计划结果四大部分。在项目实施过程中，信息沟通包括人际沟通和组织沟通与协调。项目组织应根据建立的项目沟通管理体系，建立健全各项管理制度，应当从整体利益出发，运用系统分析的思想和方法，全过程、全方位地进行有效管理。项目沟通与协调管理应贯穿于建设工程项目实施的全过程。

17.1.2 项目沟通与协调的对象应是与项目有关的内、外部的组织和个人。

1 项目内部组织是指项目内部各部门、项目经理部、企业和班组。项目内部个人是指项目组织成员、企业管理人员、职能部门成员和班组人员。

2 项目外部组织和个人是指建设单位及有关人员、勘察设计单位及有关人员、监理单位及有关人员、咨询服务单位及有关人员、政府监督管理部门及有关人员等。

项目组织应通过与各相关方的有效沟通与协调，取得各方的认同、配合和支持，达到解决问题、排除障碍、形成合力、确保建设工程项目管理目标实现的目的。

17.2 项目沟通程序和内容

17.2.1 组织应根据项目具体情况，建立沟通管理系统，制定管理制度，并及时明确沟通与协调的内容、方式、渠道和所要达到的目标。

项目组织沟通的内容包括组织内部、外部的人际沟通和组织沟通。人际沟通就是个体人之间的信息传递，组织沟通是指组织之间的信息传递。

沟通方式分为正式沟通和非正式沟通；上行沟

通、下行沟通和平行沟通；单向沟通与双向沟通；书面沟通和口头沟通；言语沟通和体语沟通等方式。

沟通渠道是指项目成员为解决某个问题和协调某一方面的矛盾而在明确规定的系统内部进行沟通协调工作时，所选择和组建的信息沟通网络。沟通渠道分为正式沟通渠道和非正式沟通渠道两种。每一种沟通渠道都包含多种沟通模式。

17.2.2 组织为了做好项目每个阶段的工作，以达到预期的标准和效果，应在项目部门内、部门与部门之间，以及项目与外界之间建立沟通渠道，快速、准确地传递信息和沟通信息，以使项目内各部门达到协调一致，并且使项目成员明确自己的职责，了解自己的工作对组织目标的贡献，找出项目实施的不同阶段出现的矛盾和管理问题，调整和修正沟通计划，控制评价结果。

17.2.3 项目组织应运用各种手段，特别是计算机、互联网平台等信息技术，对项目全过程所产生的各种项目信息进行收集、汇总、处理、传输和应用，进行沟通与协调并形成完整的档案资料。

17.2.4 沟通与协调的内容涉及与项目实施有关的所有信息，包括项目各相关方共享的核心信息以及项目内部和相关组织产生的有关信息。

1 核心信息应包括单位工程施工图纸、设备的技术文件、施工规范、与项目有关的生产计划及统计资料、工程事故报告、法规和部门规章、材料价格和材料供应商、机械设备供应商和价格信息、新技术及自然条件等。

2 取得政府主管部门对该项建设任务的批准文件、取得地质勘探资料及施工许可证、取得施工用地范围及施工用地许可证、取得施工现场附近区域内的其他许可证等。

3 项目内部信息主要有工程概况信息、施工记录信息、施工技术资料信息、工程协调信息、工程进度及资源计划信息、成本信息、资源需要计划信息、商务信息、安全文明施工及行政管理信息、竣工验收信息等。

4 监理方信息主要有项目的监理规划、监理大纲、监理实施细则等。

5 相关方，包括社区居民、分承包方、媒体等提出的重要意见或观点等。

17.3 项目沟通计划

17.3.1 项目沟通计划是项目管理工作中各组织和人员之间关系能否顺利协调、管理目标能否顺利实现的关键，组织应重视计划和编制工作。编制项目沟通管理计划应由项目经理组织编制。

17.3.2 编制项目沟通管理计划包括确定项目关系人的信息和沟通需求。应主要依据下列资料进行：

1 根据建设、设计、监理单位等组织的沟通要求和规定编制。

2 根据已签订的合同文件编制。

3 根据项目管理企业的相关制度编制。

4 根据国家法律法规和当地政府的有关规定编制。

5 根据工程的具体情况编制。

6 根据项目采用的组织结构编制。

7 根据与沟通方案相适用的沟通技术约束条件和假设前提编制。

17.3.3 项目沟通管理计划应与项目管理的组织计划相协调。如应与施工进度、质量、安全、成本、资金、环保、设计变更、索赔、材料供应、设备使用、人力资源、文明工地建设、思想政治工作等组织计划相协调。

17.3.4 项目沟通计划主要指项目的沟通管理计划，应包括下列内容：

1 信息沟通方式和途径。主要说明在项目的不同实施阶段，针对不同的项目相关组织及不同的沟通要求，拟采用的信息沟通方式和沟通途径。即说明信息（包括状态报告、数据、进度计划、技术文件等）流向何人、将采用什么方法（包括书面报告、文件、会议等）分发不同类别的信息。

2 信息收集归档格式。用于详细说明收集和储存不同类别信息的方法。应包括对先前收集和分发材料、信息的更新和纠正。

3 信息的发布和使用权限。

4 发布信息说明。包括格式、内容、详细程度以及应采用的准则或定义。

5 信息发布时间。即用于说明每一类沟通将发生的时间，确定提供信息更新依据或修改程序，以及确定在每一类沟通之前应提供的现时信息。

6 更新和修改沟通管理计划的方法。

7 约束条件和假设。

17.3.5 组织应根据项目沟通管理计划规定沟通的具体内容、对象、方式、目标、责任人、完成时间、奖罚措施等，采用定期或不定期的形式对沟通管理计划的执行情况进行检查、考核和评价，并结合实施结果进行调整，确保沟通管理计划的落实和实施。

17.4 项目沟通依据与方式

17.4.1、17.4.2 项目内部沟通与协调可采用委派、授权、会议、文件、培训、检查、项目进展报告、思想工作、考核与激励及电子媒体等方式进行。

1 项目经理部与组织管理层之间的沟通与协调，主要依据《项目管理目标责任书》，由组织管理层下达责任目标、指标，并实施考核、奖惩。

2 项目经理部与内部作业层之间的沟通与协调，主要依据《劳务承包合同》和项目管理实施规划。

3 项目经理部各职能部门之间的沟通与协调，

重点解决业务环节之间的矛盾，应按照各自的职责和分工，顾全大局、统筹考虑、相互支持、协调工作。特别是对人力资源、技术、材料、设备、资金等重大问题，可通过工程例会的方式研究解决。

4 项目经理部人员之间的沟通与协调，通过做好思想政治工作，召开党小组会和职工大会，加强教育培训，提高整体素质来实现。

17.4.3、17.4.4 外部沟通可采用电话、传真、交底会、协商会、协调会、例会、联合检查、项目进展报告等方式进行。

1 施工准备阶段：项目经理部应要求建设单位按规定时间履行合同约定的责任，并配合做好征地拆迁等工作，为工程顺利开工创造条件；要求设计单位提供设计图纸、进行设计交底，并搞好图纸会审；引入竞争机制，采取招标的方式，选择施工分包和材料设备供应商，签订合同。

2 施工阶段：项目经理部应按时向建设、设计、监理等单位报送施工计划、统计报表和工程事故报告等资料，接受其检查、监督和管理；对拨付工程款、设计变更、隐蔽工程签证等关键问题，应取得相关方的认同，并完善相应手续和资料。对施工单位应按月下达施工计划，定期进行检查、评比。对材料供应单位严格按合同办事，根据施工进度协商调整材料供应数量。

3 竣工验收阶段：按照建设工程竣工验收的有关规范和要求，积极配合相关单位做好工程验收工作，及时提交有关资料，确保工程顺利移交。

17.4.6 项目经理部应编写项目进展报告。项目进展报告应包括下列内容：

1 项目的进展情况。应包括项目目前所处的位置、进度完成情况、投资完成情况等。

2 项目实施过程中存在的主要问题以及解决情况，计划采取的措施。

3 项目的变更。应包括项目变更申请、变更原因、变更范围及变更前后的情况、变更的批复等。

4 项目进展预期目标。预期项目未来的状况和进度。

17.5 项目沟通障碍与冲突管理

17.5.1 信息沟通过程中主要存在语义理解、知识经验水平的限制、知觉的选择性、心理因素的影响、组织结构的影响、沟通渠道的选择、信息量过大等障碍。造成项目组织内部之间、项目组织与外部组织、人与人之间沟通障碍的因素很多，在项目的沟通与协调管理中，应采取一切可能的方法消除这些障碍，使项目组织能够准确、迅速、及时地交流信息，同时保证其真实性。

17.5.2 消除沟通障碍可采用下列方法：

1 应重视双向沟通与协调方法，尽量保持多种

沟通渠道的利用、正确运用文字语言等。

2 信息沟通后必须同时设法取得反馈，以弄清沟通方是否已经了解，是否愿意遵循并采取了相应的行动等。

3 项目经理部应自觉以法律、法规和社会公德约束自身行为，在出现矛盾和问题时，首先应取得政府部门的支持、社会各界的理解，按程序沟通解决；必要时借助社会中介组织的力量，调节矛盾、解决问题。

4 为了消除沟通障碍，应熟悉各种沟通方式的特点，确定统一的沟通语言或文字，以便在进行沟通时能够采用恰当的交流方式。常用的沟通方式有口头沟通、书面沟通和媒体沟通等。

17.5.3 对项目实施各阶段出现的冲突，项目经理部应根据沟通的进展情况和结果，按程序要求通过各种方式及时将信息反馈给相关各方，实现共享，提高沟通与协调效果，以便及早解决冲突。

18 项目收尾管理

18.1 一般规定

18.1.1 项目结束阶段各项管理工作内涵的一般界定，含有项目管理结束阶段过程控制的连续性和系统性。

18.1.2 项目结束阶段的工作内容多，组织进入项目结束阶段，应制定涵盖各项工作的计划，提出要求将其纳入项目管理体系进行运行控制。

18.2 项目竣工收尾

18.2.1 项目竣工收尾是项目结束阶段管理工作的关键环节，项目经理部应编制详细的竣工收尾工作计划，采取有效措施逐项落实，保证按期完成任务。

18.2.2 项目竣工计划内容应表格化，编制、审批、执行、验证的程序应清楚。

18.2.3 项目经理应按计划要求，组织实施竣工收尾工作，及时沟通、及时协助验收，并符合下列条件：全部竣工计划项目已经完成，符合工程竣工报验条件；工程质量自检合格，各种检查记录齐全；设备安装经过试车、调试，具备单机试运行要求；建筑物四周规定距离以内的工地达到工完、料净、场清；工程技术经济文件收集、整理齐全等。

18.3 项目竣工验收

18.3.1 承包人应按工程质量验收标准，组织专业人员进行质量检查评定，实行监理的应约请相关监理机构进行初步验收。初步验收合格后，承包人应向发包人提交工程竣工报告，约定有关项目竣工验收移交事宜。

18.3.2 发包人应按项目竣工验收的法律、行政法规和部门规定，一次性或分阶段竣工验收。

18.3.3 组织项目竣工验收应依据批准的建设文件和工程实施文件，达到国家法律、行政法规、部门规章对竣工条件的规定和合同约定的竣工验收要求，提出《工程竣工验收报告》，有关承发包当事人和项目相关组织应签署验收意见，签名并盖单位公章。

18.3.4 工程文件的归档整理应按国家发布的现行标准、规定执行，《建设工程文件归档整理规范》GB/T 50328、《科学技术档案案卷构成的一般要求》GB/T 11822 等。承包人向发包人移交工程文件档案应与编制的清单目录保持一致，须有交接签认手续，并符合移交规定。

18.4 项目竣工结算

18.4.1 项目竣工结算的编制、审查、确定，按建设部令第 107 号《建筑工程施工发包与承包计价管理办法》及有关规定执行。

18.4.2 编制项目竣工结算的一般基础资料。

18.4.3 项目竣工结算报告及完整的结算资料递交后，承发包双方应在规定的期限内进行竣工结算核实，若有修改意见，应及时协商沟通达成共识。对结算价款有争议的，应按约定方式处理。

18.4.4 符合本规范"18.3 项目竣工验收"规定，项目竣工结算价款已支付，承包人应按承包的工程项目名称和约定的交工方式，移交建设工程项目。

18.5 项目竣工决算

18.5.1 建设工程项目竣工，发包人应依据工程建设资料并按国家有关规定编制项目竣工决算，反映建设工程项目实际造价和投资效果。

18.5.2 项目竣工决算的内容应符合国家财政部的规定。前两款为竣工财务决算，是项目竣工决算的核心内容和重要组成部分。

18.6 项目回访保修

18.6.1 项目回访和质量保修应纳入承包人的质量管理体系。没有建立质量管理体系的承包人，也应进行项目回访，并按法律、法规的规定履行质量保修义务。

18.6.2 回访和保修工作计划应形成文件，每次回访结束应填写回访记录，并对质量保修进行验证。回访应关注发包人及其他相关方对竣工项目质量的反馈意见，并及时根据情况实施改进措施。

18.6.3 回访工作方式应根据回访计划的要求，由承包人自主灵活组织。

18.6.4 承包人签署工程质量保修书，其主要内容必须符合法律、行政法规和部门规章已有的规定。没有规定的，应由承包人与发包人约定，并在工程质量保修书中提示。

18.7 项目管理考核评价

18.7.1 根据项目范围管理和组织实施方式的不同，应分别采取不同的项目考核评价方式。

18.7.2 项目考核评价的定量指标，是指反映项目实施成果，可作量化比较分析的专业技术经济指标。定量指标的内容应按项目评价的要求确定。

18.7.3 项目考核评价的定性指标，是指综合评价或单项评价项目管理水平的非量化指标，且有可靠的论证依据和办法，对项目实施效果作出科学评价。

18.7.4 考核评价程序是指组织对项目考核评价应采取的步骤和方法。

18.7.5 项目管理总结应形成文件，实事求是、概括性强、条理清晰，全面系统地反映工程项目管理的实施效果。

18.7.6 对项目管理中形成的所有总结及相关资料应按有关规定及时予以妥善保存，以便必要时追溯。

中华人民共和国国家标准

建设工程文件归档整理规范

Code for construction project document
filing and arrangement

GB/T 50328—2001

主编部门：中华人民共和国建设部
批准部门：中华人民共和国建设部
施行日期：２００２年５月１日

关于发布国家标准
《建设工程文件归档整理规范》的通知
建标〔2002〕8 号

根据我部"关于印发《二〇〇〇至二〇〇一年度工程建设国家标准制订、修订计划》的通知"（建标〔2001〕87 号）的要求，由建设部会同有关部门共同制订的《建设工程文件归档整理规范》，经有关部门会审，批准为国家标准，编号为 GB/T 50328—2001，自 2002 年 5 月 1 日起施行。

本规范由建设部负责管理，建设部城建档案工作办公室负责具体技术内容的解释，建设部标准定额研究所组织中国建筑工业出版社出版发行。

中华人民共和国建设部
2002 年 1 月 10 日

前　　言

本规范是根据我部"关于印发《二〇〇〇至二〇〇一年度工程建设国家标准制定、修订计划》的通知"（建标〔2001〕87 号）的要求，由建设部城建档案工作办公室会同有关城建档案馆共同编制而成的。

在编制过程中，规范编制组开展了专题研究，进行了比较广泛的调查研究，总结了多年来建设工程文件归档整理工作的经验，参考中华人民共和国国家标准 GB/T 11822—2000《科学技术档案案卷构成的一般要求》，并以多种方式广泛征求了全国有关单位的意见，对主要问题进行了反复修改，最后经审定定稿。

本规范主要规定的内容有：工程文件的归档范围及质量要求，工程文件的立卷，工程文件的归档，工程档案的验收与移交。

本规范将来可能需要进行局部修订，有关局部修订的信息和条文内容将刊登在《工程建设标准化》杂志上。

为了提高本规范质量，请各单位在执行本规范的过程中，注意总结经验，积累资料，随时将有关的意见和建议寄给建设部城建档案工作办公室（地址：北京三里河路 9 号，邮编：100835），以供今后修订时参考。

本规范主编单位：建设部城建档案工作办公室。

本规范参编单位：北京市城建档案馆、南京市城建档案馆、重庆市城建档案馆、广州市城建档案馆。

本规范主要起草人：王淑珍、姜中桥、苏文、周健民、周汉羽、蔡艳红。

目　次

1 总　　则

1.0.1　为加强建设工程文件的归档整理工作，统一建设工程档案的验收标准，建立完整、准确的工程档案，制定本规范。

1.0.2　本规范适用于建设工程文件的归档整理以及建设工程档案的验收。专业工程按有关规定执行。

1.0.3　建设工程文件的归档整理除执行本规范外，尚应执行现行有关标准的规定。

2 术　　语

2.0.1　建设工程项目　（construction project）

经批准按照一个总体设计进行施工，经济上实行统一核算，行政上具有独立组织形式，实行统一管理的工程基本建设单位。它由一个或若干个具有内在联系的工程所组成。

2.0.2　单位工程　（single project）

具有独立的设计文件，竣工后可以独立发挥生产能力或工程效益的工程，并构成建设工程项目的组成部分。

2.0.3　分部工程　（subproject）

单位工程中可以独立组织施工的工程。

2.0.4　建设工程文件　（construction project document）

在工程建设过程中形成的各种形式的信息记录，包括工程准备阶段文件、监理文件、施工文件、竣工图和竣工验收文件，也可简称为工程文件。

2.0.5　工程准备阶段文件　（seedtime document of a construction project）

工程开工以前，在立项、审批、征地、勘察、设计、招投标等工程准备阶段形成的文件。

2.0.6　监理文件　（project management document）

监理单位在工程设计、施工等监理过程中形成的文件。

2.0.7　施工文件　（constructing document）

施工单位在工程施工过程中形成的文件。

2.0.8　竣工图　（as—build drawing）

工程竣工验收后，真实反映建设工程项目施工结果的图样。

2.0.9　竣工验收文件　（handing over document）

建设工程项目竣工验收活动中形成的文件。

2.0.10　建设工程档案　（project archive）

在工程建设活动中直接形成的具有归档保存价值的文字、图表、声像等各种形式的历史记录，也可简称工程档案。

2.0.11　案卷　（file）

由互有联系的若干文件组成的档案保管单位。

2.0.12　立卷　（filing）

按照一定的原则和方法，将有保存价值的文件分门别类整理成案卷，亦称组卷。

2.0.13　归档　（putting into record）

文件形成单位完成其工作任务后，将形成的文件整理立卷后，按规定移交档案管理机构。

3 基 本 规 定

3.0.1　建设、勘察、设计、施工、监理等单位应将工程文件的形成和积累纳入工程建设管理的各个环节和有关人员的职责范围。

3.0.2　在工程文件与档案的整理立卷、验收移交工作中，建设单位应履行下列职责：

1　在工程招标及与勘察、设计、施工、监理等单位签订协议、合同时，应对工程文件的套数、费用、质量、移交时间等提出明确要求；

2　收集和整理工程准备阶段、竣工验收阶段形成的文件，并应进行立卷归档；

3　负责组织、监督和检查勘察、设计、施工、监理等单位的工程文件的形成、积累和立卷归档工作；也可委托监理单位监督、检查工程文件的形成、积累和立卷归档工作；

4　收集和汇总勘察、设计、施工、监理等单位立卷归档的工程档案；

5　在组织工程竣工验收前，应提请当地的城建档案管理机构对工程档案进行预验收；未取得工程档案验收认可文件，不得组织工程竣工验收；

6　对列入城建档案馆（室）接收范围的工程，工程竣工验收后 3 个月内，向当地城建档案馆（室）移交一套符合规定的工程档案。

3.0.3　勘察、设计、施工、监理等单位应将本单位形成的工程文件立卷后向建设单位移交。

3.0.4　建设工程项目实行总承包的，总包单位负责收集、汇总各分包单位形成的工程档案，并应及时向建设单位移交；各分包单位应将本单位形成的工程文件整理、立卷后及时移交总包单位。建设工程项目由几个单位承包的，各承包单位负责收集、整理立卷其承包项目的工程文件，并应及时向建设单位移交。

3.0.5　城建档案管理机构应对工程文件的立卷归档工作进行监督、检查、指导。在工程竣工验收前，应对工程档案进行预验收，验收合格后，须出具工程档案认可文件。

4 工程文件的归档范围及质量要求

4.1　工程文件的归档范围

4.1.1　对与工程建设有关的重要活动、记载工程建设主要过程和现状、具有保存价值的各种载体的文件，均应收集齐全，整理立卷后归档。

4.1.2　工程文件的具体归档范围应符合本规范附录 A 的要求。

4.2　归档文件的质量要求

4.2.1　归档的工程文件应为原件。

4.2.2　工程文件的内容及其深度必须符合国家有关工程勘察、设计、施工、监理等方面的技术规范、标准和规程。

4.2.3　工程文件的内容必须真实、准确、与工程实际相符合。

4.2.4　工程文件应采用耐久性强的书写材料，如碳素墨水、蓝黑墨水，不得使用易褪色的书写材料，如：红色墨水、纯蓝墨水、圆珠笔、复写纸、铅笔等。

4.2.5　工程文件应字迹清楚，图样清晰，图表整洁，签字盖章手续完备。

4.2.6　工程文件中文字材料幅面尺寸规格宜为 A4 幅面（297mm×210mm）。图纸宜采用国家标准图幅。

4.2.7　工程文件的纸张应采用能够长期保存的韧力大、耐久性强的纸张。图纸一般采用蓝晒图，竣工图应是新蓝图。计算机出图必须清晰，不得使用计算机出图的复印件。

4.2.8　所有竣工图均应加盖竣工图章。

　　1　竣工图章的基本内容应包括："竣工图"字样、施工单位、编制人、审核人、技术负责人、编制日期、监理单位、现场监理、总监。

　　2　竣工图章示例如下（图 4.2.8）：

　　3　竣工图章尺寸为：50mm×80mm。

　　4　竣工图章应使用不易褪色的红印泥，应盖在图标栏上方空白处。

4.2.9　利用施工图改绘竣工图，必须标明变更修改依据；凡施工图结构、工艺、平面布置等有重大改变，或变更部分超过图面 1/3 的，应当重新绘制竣

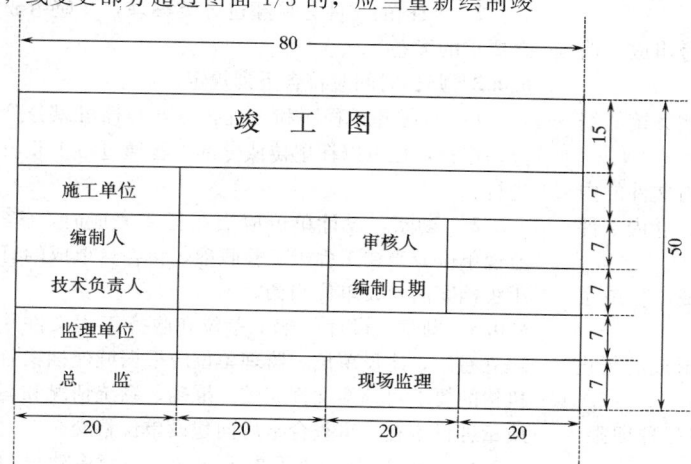

图 4.2.8　竣工图章示例

工图。

4.2.10　不同幅面的工程图纸应按《技术制图复制图的折叠方法》（GB/10609.3—89）统一折叠成 A4 幅面（297mm×210mm），图标栏露在外面。

5　工程文件的立卷

5.1　立卷的原则和方法

5.1.1　立卷应遵循工程文件的自然形成规律，保持卷内文件的有机联系，便于档案的保管和利用。

5.1.2　一个建设工程由多个单位工程组成时，工程文件应按单位工程组卷。

5.1.3　立卷可采用如下方法：

　　1　工程文件可按建设程序划分为工程准备阶段的文件、监理文件、施工文件、竣工图、竣工验收文件 5 部分；

　　2　工程准备阶段文件可按建设程序、专业、形成单位等组卷；

　　3　监理文件可按单位工程、分部工程、专业、阶段等组卷；

　　4　施工文件可按单位工程、分部工程、专业、阶段等组卷；

　　5　竣工图可按单位工程、专业等组卷；

　　6　竣工验收文件按单位工程、专业等组卷。

5.1.4　立卷过程中宜遵循下列要求：

　　1　案卷不宜过厚，一般不超过 40mm。

　　2　案卷内不应有重份文件；不同载体的文件一般应分别组卷。

5.2　卷内文件的排列

5.2.1　文字材料按事项、专业顺序排列。同一事项的请示与批复、同一文件的印本与定稿、主件与附件不能分开，并按批复在前、请示在后，印本在前、定稿在后，主件在前、附件在后的顺序排列。

5.2.2　图纸按专业排列，同专业图纸按图号顺序排列。

5.2.3　既有文字材料又有图纸的案卷，文字材料排前，图纸排后。

5.3　案　卷　的　编　目

5.3.1　编制卷内文件页号应符合下列规定：

　　1　卷内文件均按有书写内容的页面编号。每卷单独编号，页号从"1"开始。

　　2　页号编写位置：单面书写的文件在右下角；双面书写的文件，正面

在右下角，背面在左下角。折叠后的图纸一律在右下角。

3 成套图纸或印刷成册的科技文件材料，自成一卷的，原目录可代替卷内目录，不必重新编写页码。

4 案卷封面、卷内目录、卷内备考表不编写页号。

5.3.2 卷内目录的编制应符合下列规定：

1 卷内目录式样宜符合本规范附录 B 的要求。

2 序号：以一份文件为单位，用阿拉伯数字从 1 依次标注。

3 责任者：填写文件的直接形成单位和个人。有多个责任者时，选择两个主要责任者，其余用"等"代替。

4 文件编号：填写工程文件原有的文号或图号。

5 文件题名：填写文件标题的全称。

6 日期：填写文件形成的日期。

7 页次：填写文件在卷内所排的起始页号。最后一份文件填写起止页号。

8 卷内目录排列在卷内文件首页之前。

5.3.3 卷内备考表的编制应符合下列规定：

1 卷内备考表的式样宜符合本规范附录 C 的要求。

2 卷内备考表主要标明卷内文件的总页数、各类文件页数（照片张数），以及立卷单位对案卷情况的说明。

3 卷内备考表排列在卷内文件的尾页之后。

5.3.4 案卷封面的编制应符合下列规定：

1 案卷封面印刷在卷盒、卷夹的正表面，也可采用内封面形式。案卷封面的式样宜符合附录 D 的要求。

2 案卷封面的内容应包括：档号、档案馆代号、案卷题名、编制单位、起止日期、密级、保管期限、共几卷、第几卷组成。档号应由分类号、项目号和案卷号组成。档号由档案保管单位填写。

3 档号应由分类号、项目号和案卷号组成。档号由档案保管单位填写。

4 档案馆代号应填写国家给定的本档案馆的编号。档案馆代号由档案馆填写。

5 案卷题名应简明、准确地揭示卷内文件的内容。案卷题名应包括工程名称、专业名称、卷内文件的内容。

6 编制单位应填写案卷内文件的形成单位或主要责任者。

7 起止日期应填写案卷内全部文件形成的起止日期。

8 保管期限分为永久、长期、短期三种期限。各类文件的保管期限详见附录 A。

永久是指工程档案需永久保存。

长期是指工程档案的保存期限等于该工程的使用寿命。

短期是指工程档案保存 20 年以下。

同一案卷内有不同保管期限的文件，该案卷保管期限应从长。

9 密级分为绝密、机密、秘密三种。同一案卷内有不同密级的文件，应以高密级为本卷密级。

5.3.5 卷内目录、卷内备考表、案卷内封面应采用 70g 以上白色书写纸制作，幅面统一采用 A4 幅面。

5.4 案 卷 装 订

5.4.1 案卷可采用装订与不装订两种形式。文字材料必须装订。既有文字材料，又有图纸的案卷应装订。装订应采用线绳三孔左侧装订法，要整齐、牢固，便于保管和利用。

5.4.2 装订时必须剔除金属物。

5.5 卷盒、卷夹、案卷脊背

5.5.1 案卷装具一般采用卷盒、卷夹两种形式。

1 卷盒的外表尺寸为 310 mm×220 mm，厚度分别为 20、30、40、50 mm。

2 卷夹的外表尺寸为 310 mm×220 mm，厚度一般为 20～30 mm。

3 卷盒、卷夹应采用无酸纸制作。

5.5.2 案卷脊背

案卷脊背的内容包括档号、案卷题名。式样宜符合附录 E。

6 工程文件的归档

6.0.1 归档应符合下列规定：

1 归档文件必须完整、准确、系统，能够反映工程建设活动的全过程。文件材料归档范围详见附录 A。文件材料的质量符合 4.2 的要求。

2 归档的文件必须经过分类整理，并应组成符合要求的案卷。

6.0.2 归档时间应符合下列规定：

1 根据建设程序和工程特点，归档可以分阶段分期进行，也可以在单位或分部工程通过竣工验收后进行。

2 勘察、设计单位应当在任务完成时，施工、监理单位应当在工程竣工验收前，将各自形成的有关工程档案向建设单位归档。

6.0.3 勘察、设计、施工单位在收齐工程文件并整理立卷后，建设单位、监理单位应根据城建档案管理机构的要求对档案文件完整、准确、系统情况和案卷质量进行审查。审查合格后向建设单位移交。

6.0.4 工程档案一般不少于两套，一套由建设单位保管，一套（原件）移交当地城建档案馆（室）。

6.0.5 勘察、设计、施工、监理等单位向建设单位移交档案时，应编制移交清单，双方签字、盖章后方可交接。

6.0.6 凡设计、施工及监理单位需要向本单位归档的文件，应按国家有关规定和本规范附录 A 的要求单独立卷归档。

7 工程档案的验收与移交

7.0.1 列入城建档案馆（室）档案接收范围的工程，建设单位在组织工程竣工验收前，应提请城建档案管理机构对工程档案进行预验收。建设单位未取得城建档案管理机构出具的认可文件，不得组织工程竣工验收。

7.0.2 城建档案管理机构在进行工程档案预验收时，应重点验收以下内容：

　　1 工程档案齐全、系统、完整；

　　2 工程档案的内容真实、准确地反映工程建设活动和工程实际状况；

　　3 工程档案已整理立卷，立卷符合本规范的规定；

　　4 竣工图绘制方法、图式及规格等符合专业技术要求，图面整洁，盖有竣工图章；

　　5 文件的形成、来源符合实际，要求单位或个人签章的文件，其签章手续完备；

　　6 文件材质、幅面、书写、绘图、用墨、托裱等符合要求。

7.0.3 列入城建档案馆（室）接收范围的工程，建设单位在工程竣工验收后 3 个月内，必须向城建档案馆（室）移交一套符合规定的工程档案。

7.0.4 停建、缓建建设工程的档案，暂由建设单位保管。

7.0.5 对改建、扩建和维修工程，建设单位应当组织设计、施工单位据实修改、补充和完善原工程档案。对改变的部位，应当重新编制工程档案，并在工程竣工验收后 3 个月内向城建档案馆（室）移交。

7.0.6 建设单位向城建档案馆（室）移交工程档案时，应办理移交手续，填写移交目录，双方签字、盖章后交接。

附录 A 建设工程文件归档范围和保管期限表

序号	归 档 文 件	保 存 单 位 和 保 管 期 限				
		建设单位	施工单位	设计单位	监理单位	城建档案馆
工 程 准 备 阶 段 文 件						
一	立项文件					
1	项目建议书	永久				√
2	项目建议书审批意见及前期工作通知书	永久				√
3	可行性研究报告及附件	永久				√
4	可行性研究报告审批意见	永久				√
5	关于立项有关的会议纪要、领导讲话	永久				√
6	专家建议文件	永久				√
7	调查资料及项目评估研究材料	长期				√
二	建设用地、征地、拆迁文件					
1	选址申请及选址规划意见通知书	永久				√
2	用地申请报告及县级以上人民政府城乡建设用地批准书	永久				√
3	拆迁安置意见、协议、方案等	长期				√
4	建设用地规划许可证及其附件	永久				√
5	划拨建设用地文件	永久				√
6	国有土地使用证	永久				√
三	勘察、测绘、设计文件					
1	工程地质勘察报告	永久		永久		√
2	水文地质勘察报告、自然条件、地震调查	永久		永久		√
3	建设用地钉桩通知单（书）	永久				√

序号	归 档 文 件	保 存 单 位 和 保 管 期 限				
		建设单位	施工单位	设计单位	监理单位	城建档案馆
4	地形测量和拨地测量成果报告	永久		永久		√
5	申报的规划设计条件和规划设计条件通知书	永久		长期		√
6	初步设计图纸和说明	长期		长期		
7	技术设计图纸和说明	长期		长期		
8	审定设计方案通知书及审查意见	长期		长期		√
9	有关行政主管部门（人防、环保、消防、交通、园林、市政、文物、通讯、保密、河湖、教育、白蚁防治、卫生等）批准文件或取得的有关协议	永久				√
10	施工图及其说明	长期		长期		
11	设计计算书	长期		长期		
12	政府有关部门对施工图设计文件的审批意见	永久		长期		√
四	招投标文件					
1	勘察设计招投标文件	长期				
2	勘察设计承包合同	长期		长期		√
3	施工招投标文件	长期				
4	施工承包合同	长期	长期			√
5	工程监理招投标文件	长期				
6	监理委托合同	长期			长期	√
五	开工审批文件					
1	建设项目列入年度计划的申报文件	永久				√
2	建设项目列入年度计划的批复文件或年度计划项目表	永久				√
3	规划审批申报表及报送的文件和图纸	永久				
4	建设工程规划许可证及其附件	永久				√
5	建设工程开工审查表	永久				
6	建设工程施工许可证	永久				√
7	投资许可证、审计证明、缴纳绿化建设费等证明	长期				√
8	工程质量监督手续	长期				√
六	财务文件					
1	工程投资估算材料	短期				
2	工程设计概算材料	短期				
3	施工图预算材料	短期				
4	施工预算	短期				
七	建设、施工、监理机构及负责人					
1	工程项目管理机构（项目经理部）及负责人名单	长期				√
2	工程项目监理机构（项目监理部）及负责人名单	长期			长期	√
3	工程项目施工管理机构（施工项目经理部）及负责人名单	长期	长期			√

序号	归 档 文 件	保存单位和保管期限				
		建设单位	施工单位	设计单位	监理单位	城建档案馆
	监 理 文 件					
1	监理规划					
①	监理规划	长期			短期	√
②	监理实施细则	长期			短期	√
③	监理部总控制计划等	长期			短期	
2	监理月报中的有关质量问题	长期			长期	√
3	监理会议纪要中的有关质量问题	长期			长期	√
4	进度控制					
①	工程开工/复工审批表	长期			长期	√
②	工程开工/复工暂停令	长期			长期	√
5	质量控制					
①	不合格项目通知	长期			长期	√
②	质量事故报告及处理意见	长期			长期	√
6	造价控制					
①	预付款报审与支付	短期				
②	月付款报审与支付	短期				
③	设计变更、洽商费用报审与签认	长期				
④	工程竣工决算审核意见书	长期				√
7	分包资质					
①	分包单位资质材料	长期				
②	供货单位资质材料	长期				
③	试验等单位资质材料	长期				
8	监理通知					
①	有关进度控制的监理通知	长期			长期	
②	有关质量控制的监理通知	长期			长期	
③	有关造价控制的监理通知	长期			长期	
9	合同与其他事项管理					
①	工程延期报告及审批	永久			长期	√
②	费用索赔报告及审批	长期			长期	
③	合同争议、违约报告及处理意见	永久			长期	√
④	合同变更材料	长期			长期	√
10	监理工作总结					
①	专题总结	长期			短期	
②	月报总结	长期			短期	
③	工程竣工总结	长期			长期	√
④	质量评价意见报告	长期			长期	√

序号	归 档 文 件	保 存 单 位 和 保 管 期 限				
		建设单位	施工单位	设计单位	监理单位	城建档案馆
施 工 文 件						
一	建筑安装工程					
(一)	土建(建筑与结构)工程					
1	施工技术准备文件					
①	施工组织设计	长期				
②	技术交底	长期	长期			
③	图纸会审记录	长期	长期	长期		√
④	施工预算的编制和审查	短期	短期			
⑤	施工日志	短期	短期			
2	施工现场准备					
①	控制网设置资料	长期	长期			√
②	工程定位测量资料	长期	长期			√
③	基槽开挖线测量资料	长期	长期			√
④	施工安全措施	短期	短期			
⑤	施工环保措施	短期	短期			
3	地基处理记录					
①	地基钎探记录和钎探平面布点图	永久	长期			√
②	验槽记录和地基处理记录	永久	长期			√
③	桩基施工记录	永久	长期			√
④	试桩记录	长期	长期			√
4	工程图纸变更记录					
①	设计会议会审记录	永久	长期	长期		√
②	设计变更记录	永久	长期	长期		√
③	工程洽商记录	永久	长期	长期		√
5	施工材料预制构件质量证明文件及复试试验报告					
①	砂、石、砖、水泥、钢筋、防水材料、隔热保温、防腐材料、轻集料试验汇总表	长期				√
②	砂、石、砖、水泥、钢筋、防水材料、隔热保温、防腐材料、轻集料出厂证明文件	长期				√
③	砂、石、砖、水泥、钢筋、防水材料、轻集料、焊条、沥青复试试验报告	长期				√
④	预制构件(钢、混凝土)出厂合格证、试验记录	长期				√
⑤	工程物质选样送审表	短期				
⑥	进场物质批次汇总表	短期				
⑦	工程物质进场报验表	短期				
6	施工试验记录					
①	土壤(素土、灰土)干密度试验报告	长期				√
②	土壤(素土、灰土)击实试验报告	长期				√

续附录 A 表

序号	归 档 文 件	保存单位和保管期限				
		建设单位	施工单位	设计单位	监理单位	城建档案馆
③	砂浆配合比通知单	长期				
④	砂浆（试块）抗压强度试验报告	长期				√
⑤	混凝土配合比通知单	长期				
⑥	混凝土（试块）抗压强度试验报告	长期				√
⑦	混凝土抗渗试验报告	长期				√
⑧	商品混凝土出厂合格证、复试报告	长期				√
⑨	钢筋接头（焊接）试验报告	长期				√
⑩	防水工程试水检查记录	长期				
⑪	楼地面、屋面坡度检查记录	长期				
⑫	土壤、砂浆、混凝土、钢筋连接、混凝土抗渗试验报告汇总表	长期				√
7	隐蔽工程检查记录					
①	基础和主体结构钢筋工程	长期	长期			√
②	钢结构工程	长期	长期			√
③	防水工程	长期	长期			√
④	高程控制	长期	长期			√
8	施工记录					
①	工程定位测量检查记录	永久	长期			√
②	预检工程检查记录	短期				
③	冬施混凝土搅拌测温记录	短期				
④	冬施混凝土养护测温记录	短期				
⑤	烟道、垃圾道检查记录	短期				
⑥	沉降观测记录	长期				√
⑦	结构吊装记录	长期				
⑧	现场施工预应力记录	长期				√
⑨	工程竣工测量	长期	长期			√
⑩	新型建筑材料	长期	长期			√
⑪	施工新技术	长期	长期			√
9	工程质量事故处理记录	永久				√
10	工程质量检验记录					
①	检验批质量验收记录	长期	长期		长期	
②	分项工程质量验收记录	长期	长期		长期	
③	基础、主体工程验收记录	永久	长期		长期	√
④	幕墙工程验收记录	永久	长期		长期	√
⑤	分部（子分部）工程质量验收记录	永久	长期		长期	√
(二)	电气、给排水、消防、采暖、通风、空调、燃气、建筑智能化、电梯工程					
1	一般施工记录					
①	施工组织设计	长期	长期			

序号	归 档 文 件	保 存 单 位 和 保 管 期 限				
		建设单位	施工单位	设计单位	监理单位	城建档案馆
②	技术交底	短期				
③	施工日志	短期				
2	图纸变更记录					
①	图纸会审	永久	长期			√
②	设计变更	永久	长期			√
③	工程洽商	永久	长期			√
3	设备、产品质量检查、安装记录					
①	设备、产品质量合格证、质量保证书	长期				√
②	设备装箱单、商检证明和说明书、开箱报告	长期				
③	设备安装记录	长期	长期			√
④	设备试运行记录	长期				√
⑤	设备明细表	长期				√
4	预检记录	短期				
5	隐蔽工程检查记录	长期	长期			√
6	施工试验记录					
①	电气接地电阻、绝缘电阻、综合布线、有线电视末端等测试记录	长期				√
②	楼宇自控、监视、安装、视听、电话等系统调试记录	长期				√
③	变配电设备安装、检查、通电、满负荷测试记录	长期				√
④	给排水、消防、采暖、通风、空调、燃气等管道强度、严密性、灌水、通水、吹洗、漏风、试压、通球、阀门等试验记录	长期				√
⑤	电气照明、动力、给排水、消防、采暖、通风、空调、燃气等系统调试、试运行记录	长期				√
⑥	电梯接地电阻、绝缘电阻测试记录；空载、半载、满载、超载试运行记录；平衡、运速、噪声调整试验报告	长期				√
7	质量事故处理记录	永久	长期			√
8	工程质量检验记录					
①	检验批质量验收记录	长期	长期		长期	
②	分项工程质量验收记录	长期	长期		长期	
③	分部（子分部）工程质量验收记录	永久	长期		长期	√
(三)	室外工程					
1	室外安装（给水、雨水、污水、热力、燃气、电讯、电力、照明、电视、消防等）施工文件	长期				√
2	室外建筑环境（建筑小品、水景、道路园林绿化等）施工文件	长期				√
二	市政基础设施工程					
(一)	施工技术准备					
1	施工组织设计	短期	短期			

序号	归 档 文 件	保 存 单 位 和 保 管 期 限				
		建设单位	施工单位	设计单位	监理单位	城建档案馆
2	技术交底	长期	长期			
3	图纸会审记录	长期	长期			√
4	施工预算的编制和审查	短期	短期			
(二)	施工现场准备					
1	工程定位测量资料	长期	长期			√
2	工程定位测量复核记录	长期	长期			√
3	导线点、水准点测量复核记录	长期	长期			√
4	工程轴线、定位桩、高程测量复核记录	长期	长期			√
5	施工安全措施	短期	短期			
6	施工环保措施	短期	短期			
(三)	设计变更、洽商记录					
1	设计变更通知单	长期	长期			√
2	洽商记录	长期	长期			√
(四)	原材料、成品、半成品、构配件、设备出厂质量合格证及试验报告					
1	砂、石、砌块、水泥、钢筋（材）、石灰、沥青、涂料、混凝土外加剂、防水材料、粘接材料、防腐保温材料、焊接材料等试验汇总表	长期				√
2	砂、石、砌块、水泥、钢筋（材）、石灰、沥青、涂料、混凝土外加剂、防水材料、粘接材料、防腐保温材料、焊接材料等质量合格证书和出厂检（试）验报告及现场复试报告	长期				√
3	水泥、石灰、粉煤灰混合料；沥青混合料、商品混凝土等试验汇总表	长期				√
4	水泥、石灰、粉煤灰混合料；沥青混合料、商品混凝土等出厂合格证和试验报告、现场复试报告	长期				√
5	混凝土预制构件、管材、管件、钢结构构件等试验汇总表	长期				√
6	混凝土预制构件、管材、管件、钢结构构件等出厂合格证书和相应的施工技术资料	长期				√
7	厂站工程的成套设备、预应力混凝土张拉设备、各类地下管线井室设施、产品等汇总表	长期				√
8	厂站工程的成套设备、预应力混凝土张拉设备、各类地下管线井室设施、产品等出厂合格证书及安装使用说明	长期				√
9	设备开箱报告	短期				
(五)	施工试验记录					
1	砂浆、混凝土试块强度、钢筋（材）焊连接、填土、路基强度试验等汇总表	长期				√

序号	归 档 文 件	建设单位	施工单位	设计单位	监理单位	城建档案馆
		保存单位和保管期限				
2	道路压实度、强度试验记录					
①	回填土、路床压实度试验及土质的最大干密度和最佳含水量试验报告	长期				√
②	石灰类、水泥类、二灰类无机混合料基层的标准击实试验报告	长期				√
③	道路基层混合料强度试验记录	长期				√
④	道路面层压实度试验记录	长期				√
3	混凝土试块强度试验记录					
①	混凝土配合比通知单	短期				
②	混凝土试块强度试验报告	长期				√
③	混凝土试块抗渗、抗冻试验报告	长期				√
④	混凝土试块强度统计、评定记录	长期				√
4	砂浆试块强度试验记录					
①	砂浆配合比通知单	短期				
②	砂浆试块强度试验报告	长期				√
③	砂浆试块强度统计评定记录	长期				
5	钢筋（材）焊、连接试验报告	长期				√
6	钢管、钢结构安装及焊缝处理外观质量检查记录	长期				
7	桩基础试（检）验报告	长期				√
8	工程物质选样送审记录	短期				
9	进场物质批次汇总记录	短期				
10	工程物质进场报验记录	短期				
（六）	施工记录					
1	地基与基槽验收记录					
①	地基钎探记录及钎探位置图	长期	长期			√
②	地基与基槽验收记录	长期	长期			√
③	地基处理记录及示意图	长期	长期			√
2	桩基施工记录					
①	桩基位置平面示意图	长期	长期			√
②	打桩记录	长期	长期			√
③	钻孔桩钻进记录及成孔质量检查记录	长期	长期			√
④	钻孔（挖孔）桩混凝土浇灌记录	长期	长期			√
3	构件设备安装和调试记录					
①	钢筋混凝土大型预制构件、钢结构等吊装记录	长期	长期			
②	厂（场）、站工程大型设备安装调试记录	长期	长期			√
4	预应力张拉记录					
①	预应力张拉记录表	长期				√
②	预应力张拉孔道压浆记录	长期				√

序号	归档文件	保存单位和保管期限				
		建设单位	施工单位	设计单位	监理单位	城建档案馆
③	孔位示意图	长期				√
5	沉井工程下沉观测记录	长期				√
6	混凝土浇灌记录	长期				
7	管道、箱涵等工程项目推进记录	长期				√
8	构筑物沉降观测记录	长期				√
9	施工测温记录	长期				
10	预制安装水池壁板缠绕钢丝应力测定记录	长期				√
(七)	预检记录					
1	模板预检记录	短期				
2	大型构件和设备安装前预检记录	短期				
3	设备安装位置检查记录	短期				
4	管道安装检查记录	短期				
5	补偿器冷拉及安装情况记录	短期				
6	支(吊)架位置、各部位连接方式等检查记录	短期				
7	供水、供热、供气管道吹(冲)洗记录	短期				
8	保温、防腐、油漆等施工检查记录	短期				
(八)	隐蔽工程检查(验收)记录	长期	长期			√
(九)	工程质量检查评定记录					
1	工序工程质量评定记录	长期	长期			
2	部位工程质量评定记录	长期	长期			
3	分部工程质量评定记录	长期	长期			√
(十)	功能性试验记录					
1	道路工程的弯沉试验记录	长期				√
2	桥梁工程的动、静载试验记录	长期				√
3	无压力管道的严密性试验记录	长期				√
4	压力管道的强度试验、严密性试验、通球试验等记录	长期				√
5	水池满水试验	长期				√
6	消化池气密性试验	长期				√
7	电气绝缘电阻、接地电阻测试记录	长期				√
8	电气照明、动力试运行记录	长期				√
9	供热管网、燃气管网等管网试运行记录	长期				√
10	燃气储罐总体试验记录	长期				√
11	电讯、宽带网等试运行记录	长期				√
(十一)	质量事故及处理记录					
1	工程质量事故报告	永久	长期			√
2	工程质量事故处理记录	永久	长期			√
(十二)	竣工测量资料					
1	建筑物、构筑物竣工测量记录及测量示意图	永久	长期			√

序号	归档文件	保存单位和保管期限				
		建设单位	施工单位	设计单位	监理单位	城建档案馆
2	地下管线工程竣工测量记录	永久	长期			√
竣　工　图						
一	建筑安装工程竣工图					
(一)	综合竣工图					
1	综合图					√
①	总平面布置图（包括建筑、建筑小品、水景、照明、道路、绿化等）	永久	长期			√
②	竖向布置图	永久	长期			√
③	室外给水、排水、热力、燃气等管网综合图	永久	长期			√
④	电气（包括电力、电讯、电视系统等）综合图	永久	长期			√
⑤	设计总说明书	永久	长期			√
2	室外专业图					
①	室外给水	永久	长期			√
②	室外雨水	永久	长期			√
③	室外污水	永久	长期			√
④	室外热力	永久	长期			√
⑤	室外燃气	永久	长期			√
⑥	室外电讯	永久	长期			√
⑦	室外电力	永久	长期			√
⑧	室外电视	永久	长期			√
⑨	室外建筑小品	永久	长期			√
⑩	室外消防	永久	长期			√
⑪	室外照明	永久	长期			√
⑫	室外水景	永久	长期			√
⑬	室外道路	永久	长期			√
⑭	室外绿化	永久	长期			√
(二)	专业竣工图					
1	建筑竣工图	永久	长期			√
2	结构竣工图	永久	长期			√
3	装修（装饰）工程竣工图	永久	长期			√
4	电气工程（智能化工程）竣工图	永久	长期			√
5	给排水工程（消防工程）竣工图	永久	长期			√
6	采暖通风空调工程竣工图	永久	长期			√
7	燃气工程竣工图	永久	长期			√
二	市政基础设施工程竣工图					
1	道路工程	永久	长期			√
2	桥梁工程	永久	长期			√
3	广场工程	永久	长期			√
4	隧道工程	永久	长期			√

序号	归 档 文 件	保存单位和保管期限				
		建设单位	施工单位	设计单位	监理单位	城建档案馆
5	铁路、公路、航空、水运等交通工程	永久	长期			√
6	地下铁道等轨道交通工程	永久	长期			√
7	地下人防工程	永久	长期			√
8	水利防灾工程	永久	长期			√
9	排水工程	永久	长期			√
10	供水、供热、供气、电力、电讯等地下管线工程	永久	长期			√
11	高压架空输电线工程	永久	长期			√
12	污水处理、垃圾处理处置工程	永久	长期			√
13	场、厂、站工程	永久	长期			√
竣 工 验 收 文 件						
一	工程竣工总结					
1	工程概况表	永久				√
2	工程竣工总结	永久				√
二	竣工验收记录					
(一)	建筑安装工程					
1	单位(子单位)工程质量验收记录	永久	长期			√
2	竣工验收证明书	永久	长期			√
3	竣工验收报告	永久	长期			√
4	竣工验收备案表（包括各专项验收认可文件）	永久				√
5	工程质量保修书	永久	长期			√
(二)	市政基础设施工程					
1	单位工程质量评定表及报验单	永久	长期			√
2	竣工验收证明书	永久	长期			√
3	竣工验收报告	永久	长期			√
4	竣工验收备案表（包括各专项验收认可文件）	永久	长期			√
5	工程质量保修书	永久	长期			√
三	财务文件					
1	决算文件	永久				√
2	交付使用财产总表和财产明细表	永久	长期			√
四	声像、缩微、电子档案					
1	声像档案					
①	工程照片	永久				√
②	录音、录像材料	永久				√
2	缩微品	永久				√
3	电子档案					
①	光盘	永久				√
②	磁盘	永久				√

注："√"表示应向城建档案馆移交

附录 B　卷内目录式样

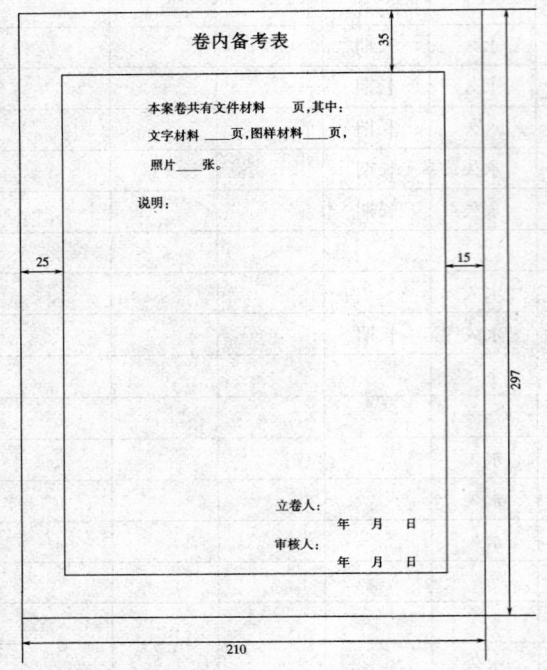

卷内目录

序号	文件编号	责任者	文件题名	日期	页次	备注

尺寸单位统一为：mm

比例 1：2

附录 C　卷内备考表式样

卷内备考表

本案卷共有文件材料＿＿页，其中：

文字材料＿＿页，图样材料＿＿页，

照片＿＿张。

说明：

立卷人：
年　月　日

审核人：
年　月　日

尺寸单位统一为：mm

比例 1：2

附录 D　案卷封面式样

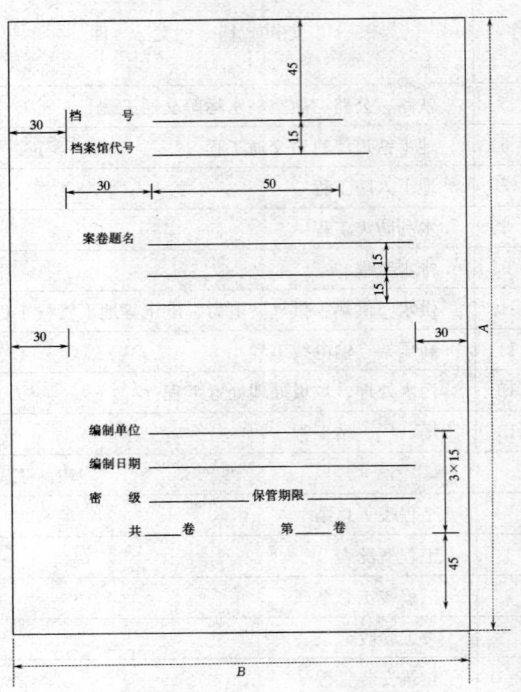

档　　号
档案馆代号

案卷题名

编制单位
编制日期
密　　级＿＿＿＿保管期限＿＿＿＿
共＿＿卷　　第＿＿卷

卷盒、卷夹封面 $A×B＝310×220$

案卷封面 $A×B＝297×210$

尺寸单位统一为：mm

比例 1：2

附录 E　案卷脊背式样

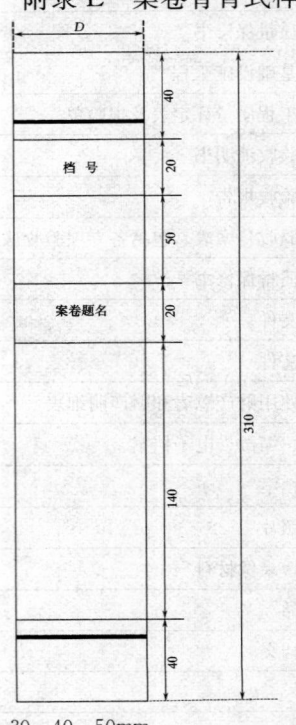

档　号

案卷题名

$D＝20、30、40、50mm$

尺寸单位统一为：mm

比例 1：2

本规范用词说明

1. 为便于在执行本规范条文时区别对待，对要求严格程度不同的用词，说明如下：

（1）表示很严格，非这样做不可的用词：

正面词采用"必须"；

反面词采用"严禁"。

（2）表示严格，在正常情况下均应这样做的用词：

正面词采用"应"；

反面词采用"不应"或"不得"。

（3）表示允许稍有选择，在条件许可时，首先应这样作的用词：

正面词采用"宜"；

反面词采用"不宜"；

表示有选择，在一定条件下可以这样做的，采用"可"。

2. 条文中指定按其他有关标准、规范执行时，写法为：

"应符合……的规定"或"应按……执行"。

中华人民共和国国家标准

建设工程文件归档整理规范

GB/T 50328—2001

条 文 说 明

1.0.3 建设工程文件归档整理除执行本规范外，尚应执行《科学技术档案案卷构成的一般要求》（GB/T 11822—2000）、《技术制图复制图的折叠方法》（GB/10609.3—89）等规范的规定。

电子文件和声像档案的归档整理，按有关规定执行。

2.0.13 对一个建设工程而言，归档有两方面含义：一是建设、勘察、设计、施工、监理等单位将本单位在工程建设过程中形成的文件向本单位档案管理机构移交；二是勘察、设计、施工、监理等单位将本单位在工程建设过程中形成的文件向建设单位档案管理机构移交。

4.1.1 此条款为确定归档范围的基本原则。

4.1.2 对《建设工程项目文件归档范围和保管期限表》中所列城建档案馆接收范围，各城市可根据本地情况适当拓宽和缩减。

4.2.2 监理文件按《建设工程监理规范》（GB 50319—2000）编制；市政工程施工技术文件及其竣工验收文件按照建设部印发的《市政工程施工技术资料管理规定》（建城［1994］469 号）编制，建筑安装工程施工技术文件及其竣工验收文件在建设部没有作出规定以前，按各省有关规定编制。竣工图的编制应按国家建委 1982 年［建发施字 50 号］《关于编制基本建设竣工图的几项暂行规定》执行。地下管线工程竣工图的编制，应按 1995 年中华人民共和国行业标准《城市地下管线探测技术规程》（CJJ61—94）中的有关规定执行。

5.1.1 此条款为立卷的基本原则。

5.3.3 案卷备考表的说明，主要说明卷内文件复印件情况、页码错误情况、文件的更换情况等。没有需要说明的事项可不必填写说明。

5.3.4 城建档案馆的分类号依据建设部《城市建设档案分类大纲》（建办档 ［1993］ 103 号）编写，一般为大类号加属类号。档号按《城市建设档案著录规范》（GB/T 50323—2001）编写。

案卷题名中"工程名称"一般包括工程项目名称、单位工程名称。

编制单位：工程准备阶段文件和竣工验收文件的编制单位一般为建设单位；勘察、设计文件的编制单位一般为工程的勘察、设计单位；监理文件的编制单位一般为监理单位；施工文件的编制单位一般为施工单位。

中华人民共和国国家标准

建设项目工程总承包管理规范

Code for management of engineering contracting projects

GB/T 50358—2005

主编部门：中华人民共和国建设部
批准部门：中华人民共和国建设部
施行日期：2005年8月1日

中华人民共和国建设部
公 告

第 325 号

建设部关于发布国家标准
《建设项目工程总承包管理规范》的公告

现批准《建设项目工程总承包管理规范》为国家标准，编号为 GB/T 50358－2005，自 2005 年 8 月 1 日起实施。

本规范由建设部标准定额研究所组织中国建筑工

业出版社出版发行。

2005 年 5 月 9 日

前 言

本规范根据中华人民共和国建设部建标〔2003〕102 号文件的要求编制。

编写本规范的目的是总结我国近 20 年来开展建设项目工程总承包和推行建设项目管理体制改革的主要经验，促进建设项目工程总承包管理的科学化、规范化和法制化，提高建设项目工程总承包的管理水平，推进建设项目工程总承包管理与国际接轨，以适应社会主义市场经济发展的需要。

本规范的内容有 16 章，包括：总则，术语，工程总承包管理的内容与程序，工程总承包管理的组织，项目策划，项目设计管理，项目采购管理，项目施工管理，项目试运行管理，项目进度管理，项目质量管理，项目费用管理，项目安全、职业健康与环境管理，项目资源管理，项目沟通与信息管理，项目合同管理等。

本规范由建设部负责管理，中国勘察设计协会建设项目管理和工程总承包分会负责具体技术内容的解释。本规范在执行过程中如发现需要修改和补充之处，请将意见和有关资料寄送中国勘察设计协会建设项目管理和工程总承包分会（地址：北京朝阳区安立路 60 号润枫德尚 A 座十三层　邮编：100101　E-mail：zcb@ccesda.com），以供今后修订时参考。

本规范主编单位、参编单位、主要起草人和参编人：

主 编 单 位：中国勘察设计协会建设项目管理和工程总承包分会

参 编 单 位：中国成达工程公司
中国石化工程建设公司
北京国电华北电力工程有限公司

中冶京诚工程技术有限公司
中国寰球工程公司
上海建工集团总公司
中国电子工程设计院
中冶赛迪工程技术股份有限公司
中国纺织工业设计院
天津大学管理学院
同济大学经济管理学院
北京中寰工程项目管理公司
中国机械装备（集团）公司
中国石油天然气管道工程有限公司
铁道第四勘察设计院
五洲工程设计研究院
中国海诚工程科技股份有限公司
中国建筑工程总公司
中建国际建设公司
北京城建集团有限责任公司
中国有色矿业建设集团有限公司
中国冶金建设集团公司
水利部黄河水利委员会勘测规划设计研究院

主要起草人：	万柏春	何国瑞	胡德银	蔡强华
	张秀东	蔡 云	曹 钢	范庆国
	冯绍铉	张名革	张宝丰	伍忆冰
	王雪青	王 亮	李培彬	林知炎
	曹建勇			
参 编 人：	徐 建	李 君	李 健	张世祜
	李宝丹	杨明德	何一民	翁全龙
	徐和麟	黄树标	牛富敏	

目　　次

1 总 则

1.0.1 为了提高建设项目工程总承包的管理水平，促进建设项目工程总承包管理的科学化、规范化和法制化，推进建设项目工程总承包管理与国际接轨，制定本规范。

1.0.2 本规范适用于建设项目总承包合同签订后，工程总承包企业项目组织对项目的管理。

1.0.3 本规范是规范建设项目工程总承包管理行为的基本依据。

1.0.4 工程总承包企业应建立覆盖设计、采购、施工、试运行全过程的质量管理体系，职业健康安全管理体系和环境管理体系，保证项目产品和服务的质量、功能和特性，满足合同及相关方的要求。

1.0.5 工程总承包企业应建立覆盖设计、采购、施工、试运行全过程的项目管理体系，提高项目实施的效率和效益。

1.0.6 建设项目工程总承包应实行项目经理负责制和项目成本核算制。

1.0.7 建设项目工程总承包应采用先进的项目管理技术和项目管理方法。

1.0.8 建设项目工程总承包管理，除应遵循本规范外，还应符合国家有关法律、法规及强制性标准的规定。

2 术 语

2.0.1 建设项目 engineering project

建设项目是指需要一定量的投资，经过决策和实施（设计、施工等）的一系列程序，在一定的约束条件下以形成固定资产为明确目标的一次性事业。

2.0.2 工程总承包 engineering procurement construction(EPC)contracting

工程总承包企业受业主委托，按照合同约定对工程建设项目的设计、采购、施工、试运行等实行全过程或若干阶段的承包。

2.0.3 项目发包人 employer

在合同协议书中约定，具有项目发包主体资格和支付工程价款能力的当事人或取得该当事人资格的合法继承人。本规范中项目发包人即指项目业主。

2.0.4 项目承包人 contractor

在合同协议书中约定，被项目发包人接受的具有工程总承包主体资格的当事人或取得该当事人资格的合法继承人。本规范中项目承包人即指总承包商。

2.0.5 项目分包人 subcontractor

项目承包人根据工程总承包合同的约定，将总承包项目中的部分工程或服务发包给具有相应资格的当事人。本规范中项目分包人即指分包商。

2.0.6 项目经理 project manager

工程总承包企业法定代表人在总承包项目上的委托代理人。

2.0.7 项目部 project management team

在工程总承包企业法定代表人授权、支持下，由项目经理组建并领导的项目管理组织。

2.0.8 项目经理负责制 responsibility system of project manager

以项目经理为责任主体的工程总承包项目管理目标责任制度。

2.0.9 项目管理目标责任书 responsibility documents of project management

由工程总承包企业法定代表人根据项目合同和企业经营目标，规定项目经理和项目部应达到的质量、安全、费用和进度等控制目标的文件。

2.0.10 项目干系人 project stakeholders

项目干系人是指参与项目，或其利益与项目有直接或间接关系的人或组织。

2.0.11 项目管理 project management

在项目连续过程中对项目的各方面进行策划、组织、监测和控制，并把项目管理知识、技能、工具和技术应用于项目活动中，以达到项目目标的全部活动。

2.0.12 项目管理体系 project management system

项目管理体系是为实现项目目标，保证项目管理质量而建立的，由项目管理各要素组成的有机整体。通常包括组织机构、职责、资源、程序和方法。项目管理体系应形成文件。

2.0.13 项目启动过程 project initiating processes

正式批准一个项目成立并委托实施的过程。在总承包合同条件下任命项目经理，组建项目部的过程即为项目启动过程。

2.0.14 项目策划过程 project planning processes

根据项目目标，从各种备选的行动方案中选择最好方案，以实现项目目标。项目策划过程的输出是项目计划。

2.0.15 项目管理计划 project management plan

项目管理计划是一份由项目经理提出，经工程总承包企业管理者批准，获得企业支持和指导，用于项目组织工作的内部文件。

2.0.16 项目实施计划 project execution plan

项目实施计划根据合同和经批准的项目管理计划进行编制，用于对项目实施的管理和控制。

2.0.17 赢得值 earned value

已完工作的预算费用（budgeted cost for work performed），用以度量项目进展完成状态的尺度。赢得值具有反映进度和费用的双重特性。

2.0.18 项目实施过程 project executing processes

执行项目计划的过程。项目预算的绝大部分将在执行本过程中消耗，并逐渐形成项目产品。

2.0.19 项目控制过程 project controlling processes

通过定期测量和监控项目进展情况，确定实际值与计划基准值的偏差，必要时采取纠正措施，确保项目目标的实现。

2.0.20 项目收尾过程 project closing processes

项目的正式接收并达到有序的结束。项目收尾过程包括合同收尾和项目管理收尾。

2.0.21 设计 engineering；design

将业主要求转化为项目产品描述的过程。即根据合同要求编制建设项目设计文件的过程。

2.0.22 采购 procurement

为完成项目而从执行组织外部获取货物和服务的过程，包括设备材料采购和设计、施工、劳务等采购。本规范中的采购特指设备材料的采购。

2.0.23 采买 purchasing

从接受请购文件到签发采买订单的过程。其工作内容包括：选择询价厂商，编制询价文件，获得报价书，评标，合同谈判，签订采购合同等。

2.0.24 催交 expediting

协调、督促供货厂商按采购合同约定的进度交付文件和货物。

2.0.25 检验 inspection

通过观察和判断，适当时结合测量、试验所进行的符合性评价。

2.0.26 运输 transport

将采购货物及时、安全运抵合同约定地点的活动。

2.0.27 施工 construction

把设计文件转化为项目产品的过程，包括建筑、安装和竣工试验等作业。

2.0.28 竣工 completion

工程已按合同约定和设计要求完成建筑、安装，并通过竣工试验。工程竣工后应由业主确认并签发接收证书。

2.0.29 竣工试验 tests on completion

工程建筑、安装完工后，被业主接收前，按合同约定应由承包商负责进行的试验。

2.0.30 竣工后试验 tests after completion

工程被业主接收后，按合同约定应由业主负责组织进行的试验。

2.0.31 试运行 commissioning

根据合同约定，在工程完成竣工试验后，由业主或总承包企业组织进行的包括合同目标考核验收在内的全部试验。

2.0.32 项目范围管理 project scope management

保证项目包含且仅包含项目所需的全部工作的过程。它主要涉及范围计划编制、范围定义、范围验证和范围变更控制的管理。

2.0.33 项目进度管理 project schedule management

项目进度管理是确保项目按合同约定的时间完成所需的过程。它主要涉及活动定义、活动排序、活动历时估算、进度计划编制、进度控制等。

2.0.34 项目进度控制 project schedule control

根据进度计划，对进度及其偏差进行测量、分析和预测，必要时采取纠正措施或进行进度计划变更的管理。

2.0.35 项目费用管理 project cost management

项目费用管理是保证项目在批准的预算内完成所需的过程。它主要涉及资源计划、费用估算、费用预算、费用控制等。

2.0.36 估算 estimating

估算是估计为完成项目所需的资源及其所需费用的过程。在项目实施过程中，通常应编制初期控制估算、批准的控制估算、首次核定估算、二次核定估算。

2.0.37 预算 budgeting

预算是指把批准的控制估算分配到记账码及单元活动或工作包上去，并按进度计划进行叠加，得出费用预算（基准）计划。

2.0.38 项目费用控制 project cost control

以费用预算计划为基准，对费用及其偏差进行测量、分析和预测，必要时采取纠正措施或进行费用预算（基准）计划变更管理，把项目费用控制在可接受的范围内。

2.0.39 项目质量计划 project quality plan

是质量策划的结果之一。它规定与项目相关的质量标准，如何满足这些标准，由谁及何时应使用哪些程序和相关资源。

2.0.40 项目质量控制 project quality control

是质量管理的组成部分。致力于满足质量要求，监控具体项目结果，以确定其是否符合规定的质量要求，并采取相应措施来消除或防止导致绩效不令人满意的原因。

2.0.41 项目人力资源管理 project human resource management

项目人力资源管理包括保证参加项目的人员能够被最有效使用所需要的过程。它包括：组织策划、人员获得、团队开发等过程。

2.0.42 项目沟通管理 project communications management

保证项目信息能够被及时适当地生成、收集、分析、分发、储存和最终处理所需要的过程。其目的是协调项目内外部关系，互通信息，排除误解、障碍，解决矛盾，保证项目目标的实现。

2.0.43 项目信息管理 project information management

是项目沟通管理的组成部分。它包括对项目信息的收集、分析、整理、处理、储存、传递与应用等进行管理。

2.0.44 项目风险管理 project risk management

是对项目风险进行识别、分析、应对和监控的过程。它包括把正面事件的影响概率扩展到最大，把负面事件的影响概率减少到最小。

2.0.45 项目安全管理 project safety management

对项目实施全过程的安全因素进行管理。它包括：制定安全方针和安全目标，对项目实施过程中与人、物、环境安全有关的因素进行策划和控制。

2.0.46 项目职业健康管理 project occupational health management

对项目实施全过程的职业健康因素进行管理。它包括：制定职业健康方针和目标，对项目的职业健康进行策划、管理和控制。

2.0.47 项目环境管理 project environmental management

在项目实施过程中，对可能造成环境影响的因素进行分析、预测和评价，提出预防或减轻不良环境影响的对策和措施，并进行跟踪和监测。

2.0.48 项目合同管理 project contract administration

对项目合同的订立、履行、变更、终止、违约、索赔、争议处理等进行的管理。

2.0.49 工程总承包合同 EPC contract

工程总承包企业与业主签订的对工程项目的设计、采购、施工、试运行等实行全过程或若干阶段承包的合同。

2.0.50 采购合同 procurement contract

工程总承包企业与供货厂商签订的供货合同。采购合同又可称为采买订单。

2.0.51 分包合同 subcontract

工程总承包商与分包商签订的合同。

2.0.52 竣工时间 time for completion

指合同中约定的，自开工日期算起，至工程竣工（连同按合同约定批准的任何延长期）的全部时间。

2.0.53 缺陷通知期限 defects notification period

自工程竣工日期算起，至按合同约定业主有权通知工程存在缺陷的期限（包括按合同约定批准的任何延长期）。

2.0.54 考核验收 examination and certification

按合同约定进行的合同目标的考核，经考核合格，应由业主确认并签发考核合格证书。合同约定的缺陷通知期限满后，由业主签发履约证书。

3 工程总承包管理的内容与程序

3.1 工程总承包管理的内容

3.1.1 工程总承包管理应包括项目部的项目管理活动和工程总承包企业职能部门参与的项目管理活动。

3.1.2 工程总承包项目管理的范围应由合同约定。根据合同变更程序提出并经批准的变更范围，也应列入项目管理的范围。

3.1.3 工程总承包项目管理的主要内容应包括：任命项目经理，组建项目部，进行项目策划并编制项目计划；实施设计管理，采购管理，施工管理，试运行管理；进行项目范围管理，进度管理，费用管理，设备材料管理，资金管理，质量管理，安全、职业健康和环境管理，人力资源管理，风险管理，沟通与信息管理，合同管理，现场管理，项目收尾等。

3.1.4 当业主聘请项目管理机构或监理机构时，项目部应按合同约定接受管理并配合工作。

3.2 工程总承包管理的程序

3.2.1 项目部应根据合同的约定、项目特点和企业项目管理体系的要求，制定所承担项目的管理程序。

3.2.2 项目部应严格执行项目管理程序，并使每一管理过程都体现计划、实施、检查、处理（PDCA）的持续改进过程。

3.2.3 工程总承包项目管理的基本程序应体现工程总承包项目生命周期发展的规律。其基本程序如下：

1 项目启动：在工程总承包合同条件下，任命项目经理，组建项目部。

2 项目初始阶段：进行项目策划，编制项目计划，召开开工会议；发表项目协调程序，发表设计基础数据；编制设计计划、采购计划、施工计划、试运行计划、质量计划、财务计划和安全管理计划，确定项目控制基准等。

3 设计阶段：编制初步设计或基础工程设计文件，进行设计审查；编制施工图设计或详细工程设计文件。

4 采购阶段：采买，催交，检验，运输，与施工办理交接手续。

5 施工阶段：施工开工前的准备工作，现场施工，竣工试验，移交工程资料，办理管理权移交，进行竣工结算。

6 试运行阶段：对试运行进行指导与服务。

7 合同收尾：取得合同目标考核合格证书，办理决算手续，清理各种债权债务；缺陷通知期限满后取得履约证书。

8 项目管理收尾：办理项目资料归档，进行项目总结，对项目部人员进行考核评价，解散项目部。

3.2.4 项目部应组织设计、采购、施工、试运行各阶段的合理交叉和相互协调。

4 工程总承包管理的组织

4.1 一 般 规 定

4.1.1 工程总承包企业应建立与工程总承包项目相

适应的项目组织，行使项目管理职能。

4.1.2 建设项目工程总承包应实行项目经理负责制。工程总承包企业宜采用"项目管理目标责任书"的形式，明确项目目标和项目经理的职责、权限和利益。

4.1.3 项目经理应根据工程总承包企业法定代表人授权的范围、时间和"项目管理目标责任书"中规定的内容，对工程总承包项目，自项目启动至项目收尾，实行全过程、全面管理。

4.1.4 工程总承包企业承担建设项目工程总承包，宜采用矩阵式管理。项目部由项目经理领导，并接受企业职能部门指导、监督、检查和考核。

4.1.5 工程总承包企业在组建项目部时，应依据项目合同确定的内容和要求，对其进行整体能力的评价。

4.1.6 项目部在项目收尾完成后由工程总承包企业批准解散。

4.2 任命项目经理和组建项目部

4.2.1 工程总承包企业应在工程总承包合同生效后，立即任命项目经理。

4.2.2 项目部的设立应包括下列主要内容：

1 根据工程总承包企业规定程序确定组织形式，组建项目部。

2 根据工程总承包合同和企业有关管理规定，确定项目部的管理范围和任务。

3 确定项目部的职能和岗位设置。

4 确定项目部的组成人员、职责、权限。

5 企业与项目经理签订"项目管理目标责任书"。

6 组织编制项目部的管理规定和考核、奖惩办法。

4.2.3 项目部的组织形式应根据工程总承包项目的规模、组成、专业特点与复杂程度、人员状况和地域条件等确定。

4.2.4 项目部的人员配置和管理规定应满足工程总承包项目管理的需要。

4.2.5 项目部制定的管理规定与工程总承包企业现行的规章制度不一致时，应报送企业或其授权的职能部门批准。

4.3 项目部的职能

4.3.1 项目部应具有对工程总承包项目进行组织实施和控制的职能。

4.3.2 项目部应对项目的质量、安全、费用和进度目标的实现全面负责。

4.3.3 在工程总承包合同范围内，项目部应具有与业主、工程总承包企业各职能部门以及各其他相关方沟通与协调的职能。

4.4 项目部岗位设置及管理

4.4.1 项目部对其设立的岗位应明确岗位职责。

4.4.2 根据工程总承包合同范围和工程总承包企业的有关规定，项目部可在项目经理以下设置控制经理、设计经理、采购经理、施工经理、试运行经理、财务经理、进度控制工程师、质量工程师、合同管理工程师、费用估算师、费用控制工程师、设备材料控制工程师、安全工程师、信息管理工程师等管理岗位。

4.4.3 项目部主要岗位的职责范围应符合下列要求：

1 项目经理

项目经理是工程总承包项目的负责人，经授权代表工程总承包企业负责执行项目合同，负责项目实施的计划、组织、领导和控制，对项目的质量、安全、费用和进度全面负责。

2 控制经理

协助项目经理，对项目的进度、费用以及设备材料进行综合管理和控制，并指导和管理项目控制专业人员的工作，审查他们的输出文件。

3 设计经理

负责组织、指导、协调项目的设计工作，确保设计工作按合同要求组织实施，对设计进度、质量和费用进行有效的管理与控制。

4 采购经理

负责组织、指导、协调项目的采购（包括采买、催交、检验和运输等）工作。处理项目实施过程中与采购有关的事宜及与供货厂商的关系。全面完成项目合同对采购要求的进度、质量以及工程总承包企业对采购费用控制的目标与任务。

5 施工经理

负责项目的施工管理，对施工进度、施工质量、施工费用和施工安全进行全面监控。当具体施工任务由施工分包人进行时，负责对分包人的协调、监督和管理工作。

6 试运行经理

负责项目试运行服务的管理工作。包括：编制试运行管理计划和培训计划，协助业主确定生产组织机构、岗位职责；参加业主组织的试运行方案的讨论，指导业主编制试运行总体方案，组织编制"操作指导手册"；指导试运行的准备工作，协助处理试运行中发生的问题；参加考核、验收等工作。

7 财务经理

负责项目的财务管理和会计核算工作。

8 质量工程师

根据工程总承包企业的质量管理体系，负责项目的质量管理工作。

4.4.4 项目经理应对项目部各岗位人员进行管理、评价、考核和奖惩。

4.5 项目经理的任职条件

4.5.1 工程总承包企业应明确项目经理的任职条件，确认项目经理任职资格，并对其进行管理。

4.5.2 工程总承包的项目经理应具备以下条件：

1 具有注册工程师、注册建造师、注册建筑师等一项或多项执业资格。

2 具备决策、组织、领导和沟通能力，能正确处理和协调与业主、相关方之间及企业内部各专业、各部门之间的关系。

3 具有工程总承包项目管理的专业技术和相关的经济和法律、法规知识。

4 具有类似项目的管理经验。

5 具有良好的职业道德。

4.6 项目经理的职责和权限

4.6.1 项目经理应履行下列职责：

1 贯彻执行国家有关法律、法规、方针、政策和强制性标准，执行工程总承包企业的管理制度，维护企业的合法权益。

2 代表企业组织实施工程总承包项目管理，对实现合同约定的项目目标负责。

3 完成"项目管理目标责任书"规定的任务。

4 在授权范围内负责与业主、分包人及其他项目干系人的协调，解决项目实施中出现的问题。

5 对项目实施全过程进行策划、组织、协调和控制。

6 负责组织处理项目的管理收尾和合同收尾工作。

4.6.2 项目经理应具有下列权限：

1 经授权组建项目部，提出项目部的组织机构，选用项目部成员，确定项目部人员的职责。

2 在授权范围内，按4.6.1规定的职责，行使相应的管理权。

3 在合同范围内，有权按规定程序使用工程总承包企业的相关资源，并取得有关部门的支持。

4 主持项目部的工作，组织制定项目的各项管理规定。

5 根据企业法定代表人授权，协调和处理与项目有关的内、外部事项。

4.6.3 对项目经理的奖惩宜包括以下内容：

1 经过考核和审计，工程总承包项目绩效显著，按"项目管理目标责任书"的规定进行表彰和奖励。

2 经考核和审计，由于项目经理失职导致未完成合同目标或给企业造成损失，按"项目管理目标责任书"的规定给予相应处罚。

4.7 项目管理目标责任书

4.7.1 项目管理目标责任书是考核项目经理和项目部的主要依据。

4.7.2 项目管理目标责任书应包括以下主要内容：

1 规定应达到的项目安全目标、质量目标、费用目标和进度目标等。

2 明确工程总承包企业各职能部门与项目部之间的关系。

3 明确项目经理的责任、权限和利益。

4 明确项目所需资源及计算方法，企业为项目提供的资源和条件。

5 企业对项目部人员进行奖惩的依据、标准和办法。

6 项目经理解职和项目部解散的条件及方式。

7 在企业制度规定以外的、由企业法定代表人向项目经理委托的事项。

5 项 目 策 划

5.1 一 般 规 定

5.1.1 工程总承包项目策划属项目初始阶段的工作，项目策划的输出文件是项目计划，包括项目管理计划和项目实施计划。

5.1.2 项目策划应针对项目的实际情况，依据合同和总承包企业管理的要求，明确项目目标、范围，分析项目的风险以及采取的应对措施，确定项目管理的各项原则要求、措施和进程。

5.1.3 根据项目的规模和特点，可将项目管理计划和项目实施计划合并编制为项目计划。

5.2 策 划 内 容

5.2.1 项目策划应综合考虑技术、质量、安全、费用、进度、职业健康、环境保护等方面的要求，并应满足合同的要求。

5.2.2 项目策划应包括下列内容：

1 明确项目目标，包括技术、质量、安全、费用、进度、职业健康、环境保护等目标。

2 确定项目的管理模式、组织机构和职责分工。

3 制订技术、质量、安全、费用、进度、职业健康、环境保护等方面的管理程序和控制指标。

4 制订资源（人、财、物、技术和信息等）的配置计划。

5 制定项目沟通的程序和规定。

6 制订风险管理计划。

7 制订分包计划。

5.3 项 目 管 理 计 划

5.3.1 项目管理计划应由项目经理负责编制，由工程总承包企业主管领导人审批。

5.3.2 项目管理计划编制的主要依据应包括：

1　项目合同。

2　业主和其他项目干系人的要求与期望。

3　项目情况和实施条件。

4　业主提供的信息和资料。

5　相关市场信息。

6　工程总承包企业管理层的决策意见。

5.3.3　项目管理计划应包括下列内容:

1　项目概况。

2　项目范围。

3　项目管理目标。

4　项目实施条件分析。

5　项目的管理模式、组织机构和职责分工。

6　项目实施的基本原则。

7　项目沟通与协调程序。

8　项目的资源配置计划。

9　项目风险分析与对策。

5.4　项目实施计划

5.4.1　项目实施计划应由项目经理组织编制。

5.4.2　项目实施计划的编制依据应包括:

1　批准后的项目管理计划。

2　项目管理目标责任书。

3　工程总承包企业管理层的决策意见。

4　项目的基础资料。

5.4.3　编制项目实施计划应遵循下列程序:

1　研究和分析项目合同、项目管理计划和项目实施条件等。

2　拟订编制大纲。

3　确定编写人员并进行分工编写。

4　汇总协调与修改完善。

5　按规定审批。

5.4.4　项目实施计划应包括:概述、总体实施方案、项目实施要点、项目初步进度计划等内容。

5.4.5　概述应包括下列内容:

1　项目简要介绍。

2　项目范围。

3　合同类型。

4　项目特点。

5　特殊要求。

　　注:当有特殊性时,应包括特殊要求。

5.4.6　总体实施方案应包括下列内容:

1　项目目标。

2　项目实施的组织形式。

3　项目阶段的划分。

4　项目工作分解结构。

5　项目实施要求。

6　项目沟通与协调程序。

7　对项目各阶段的工作及其文件的要求。

8　项目分包计划。

5.4.7　项目实施要点应包含下列内容:

1　设计实施要点。

2　采购实施要点。

3　施工实施要点。

4　试运行实施要点。

5　合同管理要点。

6　资源管理要点。

7　质量控制要点。

8　进度控制要点。

9　费用估算及控制要点。

10　安全管理要点。

11　职业健康管理要点。

12　环境管理要点。

13　沟通和协调管理要点。

14　财务管理要点。

15　风险管理要点。

16　文件及信息管理要点。

17　报告制度。

5.4.8　项目初步进度计划应确定下列活动的进度控制点:

1　收集相关的原始数据和基础资料。

2　发表项目管理规定。

3　发表项目计划。

4　发表项目进度计划。

5　发表项目设计计划。

6　发表项目采购计划。

7　发表项目施工计划。

8　发表项目试运行计划。

9　发表项目费用计划。

10　签订分包合同。

11　发表项目各阶段的设计文件。

12　完成项目费用估算和预算。

13　关键设备材料采购。

14　取得项目施工许可证。

15　开始施工。

16　竣工。

17　开始试运行。

18　开始考核。

19　交付使用。

5.4.9　项目实施计划的管理应符合下列要求:

1　项目实施计划应由项目经理签署,报工程总承包企业主管领导人审批,必要时应经业主认可。

2　当业主对项目实施计划有异议时,经协商后可由项目经理主持修改。

3　在项目实施过程中,应对项目实施计划的执行情况进行动态监控,必要时可进行调整。

4　项目结束后,项目部应对项目实施计划的编制、执行中的经验和问题进行总结分析,并归档。

6 项目设计管理

6.1 一般规定

6.1.1 工程总承包项目的设计必须由具备相应设计资质和能力的企业承担。

6.1.2 设计应遵循国家有关的法律法规和强制性标准，并满足合同约定的技术性能、质量标准和工程的可施工性、可操作性及可维修性的要求。

6.1.3 设计管理由设计经理负责，并适时组建项目设计组。在项目实施过程中，设计经理应接受项目经理和企业设计管理部门负责人的双重领导。

6.1.4 工程总承包项目应将采购纳入设计程序。设计组应负责请购文件的编制、报价技术评审和技术谈判、供货厂商图纸资料的审查和确认等工作。

6.2 设计计划

6.2.1 设计计划应在项目初始阶段由设计经理负责组织编制，经工程总承包企业有关职能部门评审后，由项目经理批准实施。

6.2.2 设计计划编制的依据应包括：

1 合同文件。
2 本项目的有关批准文件。
3 项目计划。
4 项目的具体特性。
5 国家或行业的有关规定和要求。
6 企业管理体系的有关要求。

6.2.3 设计计划宜包括如下内容：

1 设计依据。
2 设计范围。
3 设计的原则和要求。
4 组织机构及职责分工。
5 标准规范。
6 质量保证程序和要求。
7 进度计划和主要控制点。
8 技术经济要求。
9 安全、职业健康和环境保护要求。
10 与采购、施工和试运行的接口关系及要求。

6.2.4 设计计划应满足合同约定的质量目标与要求、相关的质量规定和标准，同时应满足企业的质量方针与质量管理体系以及相关管理体系的要求。

6.2.5 设计计划应明确项目费用控制指标、设计人工时指标和限额设计指标，并宜建立项目设计执行效果测量基准。

6.2.6 设计进度计划应符合项目总进度计划的要求，充分考虑设计工作的内部逻辑关系及资源分配、外部约束等条件，并应与工程勘察、采购、施工、试运行等的进度协调。

6.3 设计实施

6.3.1 设计组应严格执行已批准的设计计划，满足计划控制目标的要求。

6.3.2 设计经理应组织对全部设计基础数据和资料进行检查和验证，经业主确认后，由项目经理批准发表。

6.3.3 设计组应建立设计协调程序，并按工程总承包企业有关专业之间互提条件的规定，协调和控制各专业之间的接口关系。

6.3.4 工程总承包企业应建立设计评审程序，并按计划进行设计评审，保持评审记录。

6.3.5 设计工作应按设计计划与采购、施工等进行有序的衔接并处理好接口关系。必要时，参与质量检验；进行可施工性分析并满足其要求。

6.3.6 编制初步设计或基础工程设计文件时，应当满足编制施工招标文件、主要设备材料订货和编制施工图设计或详细工程设计的需要。编制施工图设计或详细工程设计，应当满足设备材料采购、非标准设备制作和施工以及试运行的需要。

6.3.7 设计选用的设备材料，应在设计文件中注明其规格、型号、性能、数量等，其质量要求必须符合现行标准的有关规定。

6.3.8 在施工前，设计组应进行设计交底，说明设计意图，解释设计文件，明确设计要求。

6.3.9 根据合同约定，设计组应提供试运行阶段的技术支持和服务。

6.4 设计控制

6.4.1 设计经理应组织检查设计计划的执行情况，分析进度偏差，制定有效措施。设计进度的主要控制点应包括：

1 设计各专业间的条件关系及其进度。
2 初步设计或基础工程设计完成和提交时间。
3 关键设备和材料请购文件的提交时间。
4 进度关键线路上的设计文件提交时间。
5 施工图设计或详细工程设计完成和提交时间。
6 设计工作结束时间。

6.4.2 设计质量应按工程总承包企业的质量管理体系要求进行控制，制定纠正和预防措施。设计经理及各专业负责人应及时填写规定的质量记录，并向企业职能部门及时反馈项目设计质量信息。设计质量控制点主要包括：

1 设计人员资格的管理。
2 设计输入的控制。
3 设计策划的控制（包括组织、技术、条件接口）。
4 设计技术方案的评审。
5 设计文件的校审与会签。

6 设计输出的控制。

7 设计变更的控制。

6.4.3 项目部宜建立限额设计控制程序，明确各阶段及整个项目的限额设计目标，通过优化设计方案实现对项目费用的有效控制。

6.4.4 项目部应建立设计变更管理程序和规定，严格控制设计变更，并评价其对费用和进度的影响。

6.4.5 设计组应按设备材料控制程序，准确统计设备材料数量，及时提出请购文件。请购文件应包括以下内容：

1 请购单。

2 设备材料规格书和数据表。

3 设计图纸。

4 采购说明书。

5 适用的标准、规范。

6 其他有关的资料、文件。

6.4.6 设计经理及各专业负责人应配合控制人员进行设计费用进度综合检测和趋势预测，分析偏差原因，提出纠正措施，进行有效控制。

6.5 设 计 收 尾

6.5.1 设计经理及各专业负责人应根据设计计划的要求，除应按时完成并提交全部设计文件外，还应根据合同约定准备或配合完成为关闭合同所需要的相关设计文件。

6.5.2 设计经理及各专业负责人应根据规定，收集、整理设计图纸、资料和有关记录，在全部设计文件完成后，组织编制项目设计文件总目录并存档。

6.5.3 设计完成后，应编制设计完工报告。在项目总结中，进行设计工作总结，将项目设计的经验与教训反馈给工程总承包企业有关职能部门，进行持续改进。

7 项目采购管理

7.1 一 般 规 定

7.1.1 工程总承包项目采购管理由采购经理负责，并适时组建项目采购组。在项目实施过程中，采购经理应接受项目经理和企业采购管理部门负责人的双重领导。

7.1.2 采购工作应遵循公平、公开、公正的原则，选定供货厂商。保证按项目的质量、数量和时间要求，以合理的价格和可靠的供货来源，获得所需的设备材料及有关服务。

7.1.3 工程总承包企业应对供货厂商进行资格预审，建立企业认可的合格供货厂商名单。

7.2 采 购 工 作 程 序

7.2.1 采购工作应按下列程序实施：

1 编制项目采购计划和项目采购进度计划。

2 采买：

1）进行供货厂商资格预审，确认合格供货厂商，编制项目询价供货厂商名单。

2）编制询价文件。

3）实施询价，接受报价。

4）组织报价评审。

5）必要时，召开供货厂商协调会。

6）签订采购合同或订单。

3 催交：包括在办公室和现场对所订购的设备材料及其图纸、资料进行催交。

4 检验：包括合同约定的检验以及其他特殊检验。

5 运输与交付：包括合同约定的包装、运输和交付。

6 现场服务管理：包括采购技术服务、供货质量问题的处理、供货厂商专家服务的联络和协调等。

7 仓库管理：包括开箱检验、仓储管理、出入库管理等。

8 采购结束：包括订单关闭、文件归档、剩余材料处理、供货厂商评定、采购完工报告编制以及项目采购工作总结等。

7.2.2 项目采购组可根据采购工作的需要对采购工作程序及其内容进行适当调整，但应符合项目合同要求。

7.3 采 购 计 划

7.3.1 采购计划由采购经理组织编制，经项目经理批准后实施。

7.3.2 采购计划编制的依据应包括：

1 项目合同。

2 项目管理计划和项目实施计划。

3 项目进度计划。

4 工程总承包企业有关采购管理程序和制度。

7.3.3 采购计划应包括以下内容：

1 编制依据。

2 项目概况。

3 采购原则，包括分包策略及分包管理原则，安全、质量、进度、费用、控制原则，设备材料分交原则等。

4 采购工作范围和内容。

5 采购的职能岗位设置及其主要职责。

6 采购进度的主要控制目标和要求，长周期设备和特殊材料采购的计划安排。

7 采购费用控制的主要目标、要求和措施。

8 采购质量控制的主要目标、要求和措施。

9 采购协调程序。

10 特殊采购事项的处理原则。

11 现场采购管理要求。

7.3.4 项目采购组应严格按采购计划开展工作。采购经理应对采购计划的实施进行管理和监控。

7.4 采 买

7.4.1 采买工作应包括接收请购文件、确定合格供货厂商、编制询价文件、询价、报价评审、定标、签订采购合同或订单等内容。

7.4.2 采购组应按照批准的请购文件组织采购。

7.4.3 采购组应在工程总承包企业的合格供货厂商名单中选择确定项目的合格供货厂商。项目合格供货厂商应符合如下基本条件：

1 有能力满足产品质量要求。

2 有完整并已付诸实施的质量管理体系。

3 有良好的信誉和财务状况。

4 有能力保证按合同要求准时交货，有良好的售后服务。

5 具有类似产品成功的供货及使用业绩。

7.4.4 询价文件应由采买工程师负责编制，采购经理批准。

7.4.5 采购组宜在项目合格供货厂商中选择3～5家询价供货厂商，发出询价文件。

7.4.6 报价人应在报价截止日期前，将密封的报价文件送达指定地点。采购组应组织对供货厂商的报价进行评审，包括技术评审、商务评审和综合评审。必要时可与报价人进行商务及技术谈判并根据综合评审意见确定供货厂商。

7.4.7 根据工程总承包企业授权，可由项目经理或采购经理按规定与供货厂商签订采购合同。采购合同文件应完整、准确、严密、合法，包括下列内容：

1 采购合同。

2 询价文件及其修订补充文件。

3 满足询价文件的全部报价文件。

4 供货厂商协调会会议纪要。

5 任何涉及询价、报价内容变更所形成的其他书面形式文件。

7.5 催交与检验

7.5.1 采购经理应根据设备材料的重要性和一旦延期交付对项目总进度产生影响的程度，划分催交等级，确定催交方式和频度，制订催交计划并监督实施。

7.5.2 催交方式可包括三种：驻厂催交、办公室催交和会议催交。对关键设备材料应进行驻厂催交。

7.5.3 催交工作应包括以下内容：

1 熟悉采购合同及附件。

2 确定设备材料的催交等级，制订催交计划，明确主要检查内容和控制点。

3 要求供货厂商按时提供制造进度计划。

4 检查供货厂商、设备材料制造、供货及提交

的图纸、资料是否符合采购合同要求。

5 督促供货厂商按计划提交有效的图纸、资料，供设计审查和确认，并确保经确认的图纸、资料按时返回供货厂商。

6 检查运输计划和货运文件的准备情况，催交合同约定的最终资料。

7 按规定编制催交状态报告。

7.5.4 采购组应根据采购合同的规定制订检验计划，组织具备相应资格的检验人员根据设计文件和标准规范的要求进行设备材料制造过程中的检验以及出厂前的检验。重要、关键设备应驻厂监造。

7.5.5 对于有特殊要求的设备材料，应委托有相应资格和能力的单位进行第三方检验并签订检验合同。采购组检验人员有权依据合同对第三方的检验工作实施监督和控制。当总承包合同有约定时，应安排业主参加相关的检验。

7.5.6 采购组应根据设备材料的具体情况确定其检验方式并在采购合同中规定。

7.5.7 检验人员应按规定编制检验报告。检验报告宜包括以下内容：

1 合同号、受检设备材料的名称、规格、数量。

2 供货厂商的名称、检验场所、起止时间。

3 各方参加人员。

4 供货厂商使用的检验、测量和试验设备的控制状态并附有关记录。

5 检验记录。

6 检验结论。

7.6 运输与交付

7.6.1 采购组应根据采购合同约定的交货条件制订设备材料运输计划并实施。计划内容宜包括运输前的准备工作、运输时间、运输方式、运输路线、人员安排和费用计划等。

7.6.2 采购组应督促供货厂商按照采购合同约定进行包装和运输。

7.6.3 对超限和有特殊要求的设备的运输，采购组应制定专项的运输方案，并委托专门的运输机构承担。

7.6.4 对国际运输，应按采购合同约定和国际惯例进行，做好办理报关、商检及保险等手续。

7.6.5 采购组应落实接货条件，制定卸货方案，做好现场接货工作。

7.6.6 设备材料运至指定地点后，应由接收人员对照送货单进行逐项清点，签收时应注明到货状态及其完整性，及时填写接收报告并归档。

7.7 采购变更管理

7.7.1 项目部应建立采购变更管理程序和规定。

7.7.2 采购组接到项目经理批准的变更单后，应了

解变更的范围和对采购的要求，预测相关费用和时间，制订变更实施计划并按计划实施。

7.7.3 变更单应填写以下主要内容：

1 变更的内容。

2 变更的理由及处理措施。

3 变更的性质和责任承担方。

4 对项目进度和费用的影响。

7.8 仓库管理

7.8.1 项目部应在施工现场设置仓库管理人员，负责仓库作业活动和仓库管理工作。

7.8.2 设备材料正式入库前，应根据采购合同要求组织专门的开箱检验组进行开箱检验。开箱检验应有规定的相关责任方代表在场，填写检验记录，并经有关参检人员签字。进口设备材料的开箱检验必须严格执行国家有关法律、法规及其采购合同的约定。

7.8.3 经开箱检验合格的设备材料，在资料、证明文件、检验记录齐全，具备规定的入库条件时，应提出入库申请，经仓库管理人员验收后，办理入库手续。

7.8.4 仓库管理工作应包括物资保管、技术档案、单据、账目管理和仓库安全管理等。仓库管理应建立"物资动态明细台账"，所有物资应注明货位、档案编号、标识码以便查找。仓库管理员要及时登账，经常核对，保证账物相符。

7.8.5 采购组应制定并执行物资发放制度，根据批准的领料申请单发放设备材料，办理物资出库交接手续，准确、及时地发放合格的物资。

8 项目施工管理

8.1 一般规定

8.1.1 工程总承包项目的施工必须由具备相应施工资质和能力的企业承担。

8.1.2 施工管理由施工经理负责，并适时组建施工组。在项目实施过程中，施工经理应接受项目经理和工程总承包企业施工管理部门负责人的双重领导。

8.1.3 工程总承包项目的施工管理除执行本规范外，还应执行《建设工程项目管理规范》GB/T 50326。

8.2 施工计划

8.2.1 施工计划应依据合同约定和项目计划的要求，在项目初始阶段由施工经理组织编制，经项目经理批准后组织实施，必要时报业主确认。

8.2.2 施工计划应包括以下内容：

1 工程概况。

2 施工组织原则，包括施工组织设计要求。

3 施工质量计划。

4 施工安全、职业健康和环境保护计划。

5 施工进度计划。

6 施工费用计划。

7 施工技术管理计划，包括施工技术方案要求。

8 资源供应计划。

9 施工准备工作要求。

8.2.3 当施工采用分包时，应在施工计划中明确分包范围、分包人的责任和义务。分包人在组织施工过程中应执行并满足施工计划的要求。

8.2.4 施工组应对施工计划实行目标跟踪和监督管理，对施工过程中发生的工程设计和施工方案重大变更，应严格控制并履行审批程序。

8.3 施工进度控制

8.3.1 施工组应依据施工计划组织编制施工进度计划，并组织实施和控制。

8.3.2 施工进度计划应包括施工总进度计划、单项工程进度计划和单位工程进度计划。施工总进度计划应报业主确认。

8.3.3 编制施工进度计划的依据应包括下列内容：

1 项目合同。

2 施工计划。

3 施工进度目标。

4 设计文件。

5 施工现场条件。

6 供货进度计划。

7 有关技术经济资料。

8.3.4 编制施工进度计划应遵循下列程序：

1 收集编制依据资料。

2 确定进度控制目标。

3 计算工程量。

4 确定各单项、单位工程的施工期限和开工、竣工日期。

5 确定施工流程。

6 编制施工进度计划。

7 编写施工进度计划说明书。

8.3.5 施工组应建立跟踪、监督、检查、报告的施工进度管理机制；当采用施工分包时，应监督分包人严格执行分包合同约定的施工进度计划，并应与项目进度计划协调一致。

8.3.6 施工组应对施工进度计划中的关键路线、资源配置等执行情况进行检查，并提出施工进展报告。施工组宜采用赢得值等先进的管理技术，进行施工进度测量，分析进度偏差，进行趋势预测，及时采取有效的纠正和预防措施。

8.3.7 当施工进度计划需要调整时，项目部应按规定程序进行协调和确认，并保留相关记录。

8.4 施工费用控制

8.4.1 施工组应根据项目施工计划,进行施工费用估算,确定施工费用控制基准并保持其稳定性。当需要变更计划费用基准时,应严格履行规定的审批程序。

8.4.2 施工组宜采用赢得值等先进的管理技术,进行施工费用测量,分析费用偏差,进行趋势预测,及时采取有效的纠正和预防措施。

8.4.3 当采用施工分包时,施工组应根据施工分包合同和施工进度计划制订施工费用支付计划和管理办法。

8.5 施工质量控制

8.5.1 项目部在施工前应组织设计交底,理解设计意图和设计文件对施工的技术、质量和标准要求。

8.5.2 施工组应对施工过程的质量进行监督,并加强对特殊过程和关键工序的识别与质量控制,并应保持质量记录。

8.5.3 施工组应对供货质量进行监督管理,按规定进行复验并保持记录。

8.5.4 施工组应监督施工质量不合格品的处置,并对其实施效果进行验证。

8.5.5 施工组应对所需的施工机械、装备、设施、工具和器具的配置以及使用状态进行有效性检查,必要时进行试验。

8.5.6 施工组应对施工过程的质量控制绩效进行分析和评价,明确改进目标,制定纠正和预防措施,进行持续改进。

8.5.7 施工组应根据项目质量计划,明确施工质量标准和控制目标。通过施工分包合同,明确分包人应承担的质量职责,审查分包人的质量计划应与项目质量计划保持一致性。

8.5.8 当采用施工分包时,施工组应对施工准备工作和实施方案进行审查,确认其符合性。

8.5.9 当采用施工分包时,项目部应按分包合同约定,组织施工分包人完成并提交质量记录和竣工文件,并对其质量进行评审。

8.5.10 当施工过程中发生质量事故时,应按《建设工程质量管理条例》等有关规定进行处理。

8.6 施工安全管理

8.6.1 施工组应根据项目安全管理实施计划进行施工阶段安全策划,编制施工安全计划,建立施工安全管理制度,明确安全职责,落实施工安全管理目标。

8.6.2 施工组应按安全检查制度组织对现场安全状况进行巡检,掌握安全信息,召开安全例会,及时发现和消除不安全隐患,防止事故发生。

8.6.3 施工经理和安全工程师应对施工安全管理工作负责,并实行统一的协调、监督和控制。

8.6.4 施工组应对施工各阶段、部位和场所的危险源进行识别和风险分析,制定应对措施,并对其实施管理和控制。

8.6.5 项目部应按国家有关规定和合同约定办理人身意外伤害保险。制定应急预案,落实救护措施,在事故发生时及时组织实施。

8.6.6 施工组应建立并保存完整的施工安全记录和报告。

8.6.7 当采用施工分包时,项目部应按分包合同的约定,明确分包人应承担的安全责任和义务,检查、落实其安全防范措施的可靠性和有效性。

8.6.8 施工组应督促、指导分包人制定施工安全防范措施,保证施工过程的安全。

8.6.9 当发生安全事故时,项目部应按合同约定和相关法规规定,及时报告,并组织或参与事故的处理、调查和分析。

8.6.10 项目部应适时组织业主及相关方对整个项目的施工安全工作作出评价。

8.7 施工现场管理

8.7.1 施工组应按施工计划的要求,制定施工现场的规划,做好施工开工前的各项准备工作,并在施工过程中进行协调管理。

8.7.2 项目部应根据《中华人民共和国环境保护法》和《环境管理体系 规范及使用指南》GB/T 24001建立项目环境管理制度,掌握监控环境信息,采取应对措施,保证施工现场及周边环境得到有效控制。

8.7.3 项目部及安全管理人员必须严格按照《中华人民共和国安全生产法》、《中华人民共和国消防法》和《建设工程安全生产管理条例》等法律法规,建立和执行安全防范及治安管理制度,落实防范范围和责任,检查报警和救护系统的适应性和有效性。

8.7.4 项目部应建立施工现场卫生防疫管理网络和责任系统,落实专人负责管理并检查职业健康服务和急救设施的有效性。

8.7.5 当现场发生事故时,施工组应按规定程序积极组织或参与救护管理,防止事故的扩大。

8.8 施工变更管理

8.8.1 项目部应建立施工变更管理程序和规定,对施工变更进行管理。

8.8.2 对施工变更,应按合同约定,对费用和工期影响进行评估,按规定的程序实施。

8.8.3 施工组应加强施工变更的文档管理。所有的施工变更都必须有书面文件和记录,并有相关方代表签字。

9 项目试运行管理

9.1 一般规定

9.1.1 项目部应按合同约定向业主提供项目试运行的指导和服务。

9.1.2 项目试运行管理由试运行经理负责，在试运行服务过程中，接受项目经理和企业试运行管理部门负责人的双重领导。

9.1.3 根据合同约定或业主委托，试运行管理内容可包括试运行管理计划的编制、试运行准备、人员培训、试运行过程指导和服务等。

9.2 试运行管理计划

9.2.1 在项目初始阶段，试运行经理应根据合同和项目计划，组织编制试运行管理计划。试运行管理计划经项目经理批准、业主确认后实施。

9.2.2 试运行管理计划的主要内容应包括试运行的总说明、组织及人员、进度计划、费用计划、试运行文件编制要求、试运行准备工作要求、培训计划和业主及相关方的责任分工等内容。

9.2.3 试运行管理计划应按项目特点，合理安排试运行程序和周期，并与施工及辅助配套设施试运行相协调。

9.2.4 培训计划应根据合同约定和项目特点进行编制。培训计划宜包括：培训目标、培训的岗位和人员、时间安排、培训与考核方式、培训地点、培训设备、培训费用以及培训教材等内容。培训计划应经业主批准后实施。

9.3 试运行实施

9.3.1 试运行经理应按合同约定，负责组织或协助业主编制试运行方案。试运行方案应包括以下主要内容：

1 工程概况。

2 编制依据和原则。

3 目标与采用标准。

4 试运行应具备的条件。

5 组织指挥系统。

6 试运行进度安排。

7 试运行资源配置。

8 环境保护设施投运安排。

9 安全及职业健康要求。

10 试运行预计的技术难点和采取的应对措施等。

9.3.2 项目部应检查试运行前的准备工作，确保已按设计文件及相关标准完成生产系统、配套系统和辅助系统的施工安装及调试工作，并达到竣工验收标准。

9.3.3 试运行经理应按试运行计划和方案的要求协助业主落实相关的技术、人员和物资。

9.3.4 试运行经理应组织检查影响合同目标考核达标存在的问题，并对其解决措施进行落实。

9.3.5 试运行经理及试运行人员参加合同目标考核工作，并进行技术指导和服务。

9.3.6 合同目标考核的时间和周期应按合同约定或商定执行。在考核期内当全部保证值达标时，合同双方及相关方代表应按规定签署合同目标考核合格证书。

9.3.7 培训服务的内容应依据合同约定或业主委托确定，宜包括：编制培训计划，推荐培训方式和场所，对生产管理和操作人员进行模拟培训和实际操作培训，对其培训考核结果进行检查，防止不合格人员上岗给项目带来潜在风险等。

10 项目进度管理

10.1 一般规定

10.1.1 项目部应对项目总进度和各阶段的进度进行管理，体现设计、采购、施工、试运行之间的合理交叉、相互协调的原则。

10.1.2 项目部应建立以项目经理为责任主体，由项目控制经理、设计经理、采购经理、施工经理、试运行经理及各层次的项目进度控制人员参加的项目进度管理系统。

10.1.3 项目经理应将进度控制、费用控制和质量控制相互协调、统一决策，实现项目的总体目标。

10.1.4 项目进度管理应按项目工作分解结构逐级管理，用控制基本活动的进度来达到控制整个项目的进度。项目基本活动的进度控制宜采用赢得值管理技术和工程网络计划技术。

10.2 进度计划

10.2.1 项目的进度计划应按合同规定的进度目标和工作分解结构层次，按照上一级计划控制下一级计划的进度，下一级计划深化分解上一级计划的原则制订各级进度计划。

10.2.2 项目的进度计划文件应由下列两部分组成：

1 进度计划图表。可选择采用单代号网络图、双代号网络图、时标网络计划和隐含有活动逻辑关系的横道图。进度计划图表中宜有资源分配。

2 进度计划编制说明。主要内容有进度计划编制依据、计划目标、关键线路说明、资源要求、外部约束条件、风险分析和控制措施。

10.2.3 运用工程网络计划技术编制进度计划应符合国家现行标准及行业标准的规定，并宜采用相应的项目管理软件。

10.2.4 项目总进度计划应根据合同和项目计划编制。项目分进度计划是在总进度计划的约束条件下，根据活动内容、活动的依赖关系、外部依赖关系和资源条件进行编制。

10.2.5 项目总进度计划应包括下列内容：

1 表示各单项工程的周期，以及最早开始时间，最早完成时间，最迟开始时间和最迟完成时间，并表示各单项工程之间的衔接。

2 表示主要单项工程设计进度的最早开始时间和最早完成时间，以及初步设计或基础工程设计完成时间。

3 表示关键设备和材料的采购进度计划，以及关键设备和材料运抵现场时间。

4 表示各单项工程施工的最早开始时间和最早完成时间，以及主要单项施工分包工程的计划招标时间。

5 表示各单项工程试运行时间，以及供电、供水、供汽、供气时间。

10.2.6 项目总进度计划和单项工程进度计划应由进度控制工程师组织编制，经控制经理、设计经理、采购经理、施工经理、试运行经理审核，由项目经理审查批准。项目经理审查的主要内容如下：

1 合同中规定的目标和主要控制点是否明确。

2 项目工作分解结构是否完整并符合项目范围要求。

3 设计、采购、施工和试运行之间交叉作业是否合理。

4 进度计划与外部条件是否衔接。

5 对风险因素的影响是否有防范对策和应变措施。

6 进度计划提出的资源要求是否能满足。

7 进度计划与质量、费用计划是否协调等。

10.3 进 度 控 制

10.3.1 在进度计划实施过程中应由项目进度控制人员跟踪监督，督查进度数据的采集；及时发现进度偏差；分析产生偏差原因。当活动拖延影响计划工期时，应及时向项目控制经理做出书面报告，并进行监控。

10.3.2 进度偏差分析可按下列程序进行：

1 首先用赢得值管理技术，通过时间偏差分析进度偏差。

2 当进度发生偏差时，应运用网络计划技术分析对进度的影响，并控制进度。

10.3.3 项目部应定期发布项目进度计划执行报告，分析当前进度和产生偏差的原因，并提出纠正措施。

10.3.4 当项目活动进度拖延时，项目计划工期的变更应按下列程序进行：

1 该项活动负责人提出活动推迟的时间和推迟原因的报告。

2 项目进度管理人员系统分析该活动进度的推迟是否影响计划工期。

3 项目进度管理人员向项目经理报告处理意见，并转发给费用管理人员和质量管理人员。

4 项目经理综合各方面意见后做出是否修改计划工期的决定。

5 当修改后的计划工期大于合同工期时，应报业主确认并按合同变更处理。

10.3.5 在设计与采购的接口关系中，应对下列内容的接口进度实施重点控制：

1 设计向采购提交请购文件。

2 设计对报价的技术评审。

3 采购向设计提交订货的关键设备资料。

4 设计对制造厂图纸的审查、确认、返回。

5 设计变更对采购进度的影响。

10.3.6 在设计与施工的接口关系中，应对下列内容的接口进度实施重点控制：

1 施工对设计的可施工性分析。

2 设计文件交付。

3 设计交底或图纸会审。

4 设计变更对施工进度的影响。

10.3.7 在设计与试运行的接口关系中，应对下列内容的接口进度实施重点控制：

1 试运行对设计提出试运行要求。

2 设计提交试运行操作原则和要求。

3 设计对试运行的指导与服务，以及在试运行过程中发现有关设计问题的处理对试运行进度的影响。

10.3.8 在采购与施工的接口关系中，应对下列内容的接口进度实施重点控制：

1 所有设备材料运抵现场。

2 现场的开箱检验。

3 施工过程中发现与设备材料质量有关问题的处理对施工进度的影响。

4 采购变更对施工进度的影响。

10.3.9 在采购与试运行的接口关系中，应对下列内容的接口进度实施重点控制：

1 试运行所需材料及备件的确认。

2 试运行过程中发现的与设备材料质量有关问题的处理对试运行进度影响。

10.3.10 在施工与试运行的接口关系中，应对下列内容的接口进度实施重点控制：

1 施工计划与试运行计划不协调时对进度的影响。

2 试运行过程中发现的施工问题的处理对进度的影响。

10.3.11 项目部应将分包工程进度纳入项目进度控

制中，分包人应按合同约定，定时向项目部报告分包工程的进度。

10.3.12 在项目收尾阶段，项目经理应组织对项目进度管理进行总结。项目进度管理总结应包括下列内容：

1 合同工期及计划工期目标完成情况。

2 项目进度管理经验。

3 项目进度管理中存在的问题及分析。

4 项目进度管理方法的应用情况。

5 项目进度管理的改进意见。

11 项目质量管理

11.1 一 般 规 定

11.1.1 工程总承包企业应按照《质量管理体系 要求》GB/T 19001 建立涵盖工程总承包项目全过程的质量管理体系，规范工程总承包项目的质量管理。

11.1.2 项目质量管理应贯穿项目管理的全部过程，坚持"计划、实施、检查、处理"（PDCA）循环工作方法，持续改进过程的质量控制。

11.1.3 项目部应设置质量管理人员，在项目经理领导下，负责项目的质量管理工作。

11.1.4 项目质量管理应遵循下列程序：

1 明确项目质量目标。

2 编制项目质量计划。

3 实施项目质量计划。

4 监督检查项目质量计划的执行情况。

5 收集、分析、反馈质量信息并制定预防和改进措施。

11.2 质 量 计 划

11.2.1 项目部应在项目策划过程中编制质量计划，经审批后作为对外质量保证和对内质量控制的依据。

11.2.2 项目质量计划应体现从资源投入到完成工程质量最终检验和试验的全过程质量管理与控制要求。

11.2.3 项目质量计划的编制依据应包括：

1 合同中规定的产品质量特性，产品应达到的各项指标及其验收标准。

2 项目实施计划。

3 相关的法律、法规及技术标准、规范。

4 工程总承包企业质量管理体系文件及其要求。

11.2.4 项目质量计划应由质量管理人员负责编制，经项目经理批准发布。

11.2.5 项目质量计划应包括下列主要内容：

1 项目的质量目标、质量指标、质量要求。

2 项目的质量管理组织与职责。

3 项目的质量保证与协调程序。

4 项目应执行的标准、规范、规程。

5 实施项目质量目标和质量要求应采取的措施。

11.3 质 量 控 制

11.3.1 项目的质量控制应对项目所有输入的信息、要求和资源的有效性进行控制，确保项目质量输入正确和有效。

11.3.2 在设计与采购的接口关系中，应对下列内容的质量实施重点控制：

1 请购文件的质量。

2 报价技术评审的结论。

3 供货厂商图纸的审查、确认。

11.3.3 在设计与施工的接口关系中，应对下列内容的质量实施重点控制：

1 施工向设计提出要求与可施工性分析的协调一致性。

2 设计交底或图纸会审的组织与成效。

3 现场提出的有关设计问题的处理对施工质量的影响。

4 设计变更对施工质量的影响。

11.3.4 在设计与试运行的接口关系中，应对下列内容的质量实施重点控制：

1 设计应满足试运行的要求。

2 试运行操作原则与要求的质量。

3 设计对试运行的指导与服务的质量。

11.3.5 在采购与施工的接口关系中，应对下列内容的质量实施重点控制：

1 所有设备材料运抵现场的进度与状况对施工质量的影响。

2 现场开箱检验的组织与成效。

3 与设备材料质量有关问题的处理对施工质量的影响。

11.3.6 在采购与试运行的接口关系中，应对下列内容的质量实施重点控制：

1 试运行所需材料及备件的确认。

2 试运行过程中出现的与设备材料质量有关问题的处理对试运行结果的影响。

11.3.7 在施工与试运行的接口关系中，应对下列内容的质量实施重点控制：

1 施工计划与试运行计划的协调一致性。

2 机械设备的试运转及缺陷修复的质量。

3 试运行过程中出现的施工问题的处理对试运行结果的影响。

11.3.8 项目质量管理人员（质量工程师）负责检查、监督、考核、评价项目质量计划的执行情况，验证实施效果并形成报告。对出现的问题、缺陷或不合格，应及时召开质量分析会，并制定整改措施。

11.3.9 项目部应按规定对项目实施过程中形成的质量记录进行标识、收集、保存、归档。

11.3.10 不合格品的控制应符合下列规定：

1 对验证中发现的不合格品，应按不合格品控制程序规定进行标识、记录、评价、隔离和处置，防止非预期的使用或交付。

2 不合格品的记录或报告，应传递到有关部门，其责任部门应进行不合格原因的分析，制定纠正措施，防止今后发生同样或同类的不合格品。

3 采取的纠正措施，当经验证效果不佳或未完全达到预期的效果时，应重新分析原因，进行下一轮PDCA循环。

11.3.11 项目部应将分包工程的质量纳入项目质量控制范围，分包人应按合同约定，定期向项目部提交分包工程的质量报告。

11.4 质 量 改 进

11.4.1 项目部所有人员均应收集和反馈项目的各种质量信息。

11.4.2 对收集的质量信息宜采用统计技术进行数据分析。数据分析结果应包括以下主要内容：

1 顾客满意程度。

2 与工程总承包项目要求的符合性。

3 工程总承包项目实施过程质量控制的有效性。

4 工程总承包项目产品的特性及其质量趋势。

5 项目相关方提供的产品和服务业绩的信息。

11.4.3 项目部应定期召开质量分析会，寻找改进机会，对影响工程质量的潜在原因，采取预防措施，并定期评价其有效性。

11.4.4 工程总承包企业应建立工程保修制度。企业应按合同约定或国家有关规定，对保修期（缺陷通知期限）内发生的质量问题提供保修服务。

11.4.5 工程总承包企业应建立售后服务联系网络，收集并接受业主意见，及时获得项目运行信息，做好回访工作，并把回访纳入企业的质量改进活动中。

12 项目费用管理

12.1 一 般 规 定

12.1.1 工程总承包企业应建立项目费用管理系统以满足工程总承包管理的需要。

12.1.2 项目部应设置费用估算和费用控制人员，负责编制工程总承包项目费用估算，制订费用计划和实施费用控制。

12.1.3 项目经理应及时协调费用控制、进度控制和质量控制的相互关系，实现项目的总体目标。

12.1.4 项目部宜采用赢得值管理技术及相应的项目管理软件进行费用管理。

12.2 费 用 估 算

12.2.1 项目部应根据项目的进展编制不同深度的项目费用估算。

12.2.2 编制项目费用估算的主要依据应包括以下内容：

1 项目合同。

2 工程设计文件。

3 工程总承包企业决策。

4 有关的估算基础资料。

5 有关法律文件和规定。

12.2.3 根据不同阶段的设计文件和技术资料，应采用相应的估算方法编制项目费用估算。

12.3 费 用 计 划

12.3.1 费用控制工程师应负责编制项目费用计划，经项目经理批准后实施。

12.3.2 费用计划编制的主要依据为项目费用估算、工作分解结构和项目进度计划。

12.3.3 费用计划编制可采用以下方式：

1 按项目费用构成分解。

2 按工作结构分解。

3 按项目进度分解。

12.3.4 项目部应将批准的项目费用估算按项目进度计划分配到各个工作单元，形成项目费用预算，作为项目费用的控制基准和执行依据。

12.4 费 用 控 制

12.4.1 项目部应采用目标管理方法对项目实施期间的费用发生过程进行控制。费用控制的主要依据为费用计划、进度报告及工程变更。

12.4.2 费用控制应满足合同的技术、商务要求和费用计划，采用检查、比较、分析、纠正等方法和措施，将费用控制在项目预算以内。

12.4.3 项目部应根据项目进度计划和费用计划，优化配置各类资源，采用动态管理方法对实施费用进行控制。

12.4.4 费用控制宜按以下步骤进行：

1 检查：对工程进展进行跟踪和检测，采集相关数据。

2 比较：已完成工作的预算费用与实际费用进行比较，发现费用偏差。

3 分析：对比较的结果进行分析，确定偏差幅度及偏差产生的原因。

4 纠偏：根据工程的具体情况和偏差分析结果，采取适当的措施，使费用偏差控制在允许的范围内。

12.4.5 费用控制宜采用赢得值管理技术测定工程总承包项目的进度偏差和费用偏差，进行费用、进度综合控制，并根据项目实施情况对整个项目竣工时的费用进行预测。

12.4.6 项目费用管理应建立并执行费用变更控制程序，包括变更申请、变更批准、变更实施和变更费用控制。只有经过规定程序批准后，变更才能在项目中实施。

13 项目安全、职业健康与环境管理

13.1 一般规定

13.1.1 工程总承包企业应按照《职业健康安全管理体系 规范》GB/T 28001 和《环境管理体系 规范及使用指南》GB/T 24001 建立有效的职业健康安全管理和环境管理体系。

13.1.2 项目干系人应对项目的安全、职业健康与环境管理共同承担责任。项目部应设置专职管理人员，在项目经理领导下，具体负责项目安全、职业健康与环境管理的组织与协调工作。

13.1.3 项目安全管理必须坚持"安全第一，预防为主"的方针。通过系统的危险源辨识和风险分析，制订安全管理计划，并进行有效控制。

13.1.4 项目职业健康管理应坚持"以人为本"的方针。通过系统的污染源辨识和评估，制订职业健康管理计划，并进行有效控制。

13.1.5 项目环境保护应贯彻执行环境保护设施工程与主体工程同时设计、同时施工、同时投入使用的"三同时"原则。应根据建设项目环境影响报告和总体环保规划，制订环境保护计划，并进行有效控制。

13.1.6 项目的安全、职业健康和环境管理，应接受政府主管部门、业主及相关监督机构的检查、监督、协调与评估确认。

13.2 安全管理

13.2.1 项目经理应依法对项目安全生产全面负责，根据企业职业健康安全管理体系，组织制定项目安全生产规章制度、操作规程和教育培训制度或规定，保证项目安全生产条件所需资源的投入。

13.2.2 项目部应在系统辨识危险源并对其进行风险分析的基础上，编制危险源初步辨识清单。根据项目的安全管理目标，制订项目安全管理计划，并按规定程序批准后实施。项目安全管理计划内容包括：

　　1 项目安全管理目标。

　　2 项目安全管理组织机构和职责。

　　3 项目安全危险源的辨识与控制技术，以及管理措施。

　　4 对从事危险环境下作业人员的培训教育计划。

　　5 对危险源及其风险规避的宣传与警示方式。

　　6 项目安全管理的主要措施与要求。

13.2.3 项目部应对项目安全管理计划的实施进行管理。主要内容包括：

　　1 项目部应在工程总承包企业的支持下，为实施、控制和改进项目安全管理实施计划提供必要的资源，包括人力、技术、物资、专项技能和财力等资源。

　　2 项目部应通过项目安全管理组织网络，逐级进行安全管理实施计划的交底或培训，保证项目部人员和分包人等人员，正确理解安全管理实施计划的内容和要求。

　　3 项目部应建立并保持安全管理实施计划执行状况的沟通与监控程序，随时识别潜在的危险因素和紧急情况，采取有效措施，预防和减少因计划考虑不周或执行偏差而可能引发的危险。

　　4 项目部应建立并保持对相关方在提供物资和劳动力等方面所带来的风险进行识别和控制的程序，有效控制来自外部的危险因素。

13.2.4 项目安全管理必须贯穿于工程设计、采购、施工、试运行各阶段。

　　1 设计必须严格执行有关安全的法律、法规和工程建设强制性标准，防止因设计不当导致建设和生产安全事故的发生。

　　　　1） 设计应充分考虑不安全因素，安全措施（防火、防爆、防污染等）应严格按照有关法律、法规、标准、规范进行，并配合业主报请当地安全、消防等机构的专项审查，确保项目实施及运行使用过程中的安全。

　　　　2） 设计应考虑施工安全操作和防护的需要，对涉及施工安全的重点部位和环节在设计文件中注明，并对防范安全事故提出指导意见。

　　　　3） 采用新结构、新材料、新工艺的建设工程和特殊结构、特种设备的项目，应在设计中提出保障施工作业人员安全和预防安全事故的措施建议。

　　2 项目采购应对自行采购和分包采购的设备材料和防护用品进行安全控制。采购合同应包括相关的安全要求的条款，并对供货、检验和运输的安全作出明确的规定。

　　3 施工阶段的安全管理应按《建设工程项目管理规范》GB/T 50326 执行，并结合行业及项目的特点，对施工过程中可能影响安全的因素进行管理。

　　4 项目试运行前，必须按照有关安全法规、规范对各单项工程组织安全验收。制定试运行安全技术措施，确保试运行过程的安全。

13.2.5 项目部应配合业主按规定向工程所在地的县级以上地方人民政府建设行政主管部门申报项目安全施工措施的有关文件。

13.2.6 在分包合同中应明确各自的安全建设和生产方面的责任。分包人应服从项目部安全生产的统一管理，并对其安全保障承担主要责任。项目部对分包工程的安全承担管理责任。

13.2.7 项目部应制定并执行项目安全日常巡视检查和定期检查的制度，记录并保存检查的结果，对不符合状况进行处理。

13.2.8 如果发生安全事故，项目部应按规定及时报告并处置。

13.3 职业健康管理

13.3.1 项目部应贯彻工程总承包企业的职业健康方针，制订项目职业健康管理计划，按规定程序经批准后实施。项目职业健康管理计划内容包括：

   1 项目职业健康管理目标。

   2 项目职业健康管理组织机构和职责。

   3 项目职业健康管理的主要措施。

13.3.2 项目部应对项目职业健康管理计划的实施进行管理。主要内容包括：

   1 项目部应在工程总承包企业的支持下，为实施、控制和改进项目职业健康管理计划提供必要的资源，包括人力、技术、物资、专项技能和财力等资源。

   2 项目部应通过项目职业健康管理组织网络，进行职业健康的培训，保证项目部人员和分包人等人员，正确理解项目职业健康管理计划的内容和要求。

   3 项目部应建立并保持项目职业健康管理计划执行状况的沟通与监控程序，保证随时识别潜在的危害健康因素，采取有效措施，预防和减少可能引发的伤害。

   4 项目部应建立并保持对相关方在提供物资和劳动力等所带来的伤害进行识别和控制的程序，有效控制来自外部的影响健康因素。

13.3.3 项目部应制定并执行项目职业健康的检查制度，记录并保存检查的结果。对影响职业健康的因素应采取措施。

13.4 环境管理

13.4.1 项目部应根据批准的建设项目环境影响报告，编制用于指导项目实施过程的项目环境保护计划，其主要内容应包括：

   1 项目环境保护的目标及主要指标。

   2 项目环境保护的实施方案。

   3 项目环境保护所需的人力、物力、财力和技术等资源的专项计划。

   4 项目环境保护所需的技术研发、技术攻关等工作。

   5 落实防治环境污染和生态破坏的措施，以及环境保护设施的投资估算。

13.4.2 项目环境保护计划应按规定程序经批准后实施。

13.4.3 项目部应对项目环境保护计划的实施进行管理。主要内容包括：

   1 明确各岗位的环境保护职责和权限。

   2 落实项目环境保护计划必需的各种资源。

   3 对项目参与人员应进行环境保护的教育和培训，提高环境保护意识和工作能力。

   4 对与环境因素和环境管理体系的有关信息进行管理，保证内部与外部信息沟通的有效性，保证随时识别到潜在的影响环境的因素或紧急情况，并预防或减少可能伴随的环境影响。

   5 负责落实环保部门对施工阶段的环保要求，以及施工过程中的环保措施；对施工现场的环境进行有效控制，防止职业危害，建立良好的作业环境。施工阶段的环境保护应按《建设工程项目管理规范》GB/T 50326执行。

   6 项目配套建设的环境保护设施必须与主体工程同时投入试运行。项目部应对环境保护设施运行情况和建设项目对环境的影响进行检查或监测。

   7 建设项目竣工后，应当向审批该建设项目环境影响报告书（表）的环境保护行政主管部门，申请对该建设项目需要配套建设的环境保护设施进行竣工验收。环境保护设施竣工验收，应当与主体工程竣工验收同期进行。

13.4.4 项目部应制定并执行项目环境巡视检查和定期检查的制度，记录并保存检查的结果。

13.4.5 项目部应建立并保持对环境管理不符合状况的处理和调查程序，明确有关职责和权限，实施纠正和预防措施，减少产生环境影响并防止问题的再次发生。

14 项目资源管理

14.1 一 般 规 定

14.1.1 工程总承包企业应建立和完善项目资源管理机制，促进项目人力、设备、材料、机具、技术、资金等资源的合理投入，适应工程总承包项目管理需要。

14.1.2 项目资源管理应在满足工程总承包项目的质量、安全、费用、进度以及其他目标的基础上，实现项目资源的优化配置和动态平衡。

14.1.3 项目资源管理的全过程应包括项目资源的计划、配置、优化、控制和调整。

14.2 人力资源管理

14.2.1 项目部应充分协调和发挥所有项目干系人的作用，通过组织规划、人员招募、团队开发，建立高效率的项目团队，以达到项目预定的范围、质量、进度、费用等目标。

14.2.2 项目部应根据项目特点和项目实施计划的要求，编制人力资源需求和使用计划，经工程总承包企业批准后，配置合格的项目人力资源。

14.2.3 项目部应对项目人力资源进行人力动态平衡与成本管理，实现项目人力资源的精干高效，并对项目人员的从业资格进行管理。

14.2.4 项目部应根据项目特点将项目的各项任务落实到人，确定项目团队沟通、决策、解决冲突、报告和协调人际关系的管理程序，并建立一套面向工程总承包企业和业主的报告及协调制度或规定。

14.2.5 项目部应根据工程总承包企业人才激励机制，通过绩效考核和奖励措施，提高项目绩效。

14.3 设备材料管理

14.3.1 项目部应设置设备材料管理人员，对设备材料进行管理和控制。

14.3.2 项目的设备材料，宜采取项目部自行采购和分包人采购两种方式。对于项目部自行采购的设备材料应遵守本规范第 7 章"项目采购管理"的要求。对于分包人采购的设备材料项目部应按合同约定进行控制。

14.3.3 项目部应对拟进场的工程设备材料进行检验，进场的设备材料必须做到质量合格、资料齐全、准确。

14.3.4 项目部应编制设备材料控制计划，建立项目设备材料控制程序和现场管理规定，确保供应及时、领发有序、责任到位，满足项目实施的需要。

14.4 机 具 管 理

14.4.1 项目实施过程中所需各种机具可以采取工程总承包企业调配以及租赁、购买、分包人自带等多种方式。

14.4.2 项目部应编制项目机具需求和使用计划报企业审批。对于进入施工现场的机具应进行安装验收，保持性能、状态完好，并做到资料齐全、准确。

14.4.3 项目部应做好进入施工现场机具的使用与统一管理工作，切实履行工程机具报验程序。进入现场的机具应由专门的操作人员持证上岗，实行岗位责任制，严格按照操作规程作业，并在使用中做好维护和保养，保持机具处于良好状态。

14.5 技 术 管 理

14.5.1 项目部应执行工程总承包企业相关技术管理制度，对项目的技术资源与技术活动进行计划、组织、控制、协调等综合管理，发挥技术资源在项目中的使用价值。

14.5.2 项目部应对项目涉及的工艺技术、工程设计技术、项目管理技术进行全面管理，对项目设计、采购、施工、试运行等过程中涉及的技术资源与技术活动进行全过程、全方位的管理，并最终实现合同约定的各项技术指标。

14.5.3 项目部应明确技术管理的职责。在项目矩阵式管理中，专业部室对所采用的技术的正确性、有效性负责；项目部对所采用的技术与合同的符合性负责。

14.5.4 项目部应充分运用工程总承包企业的各种知识产权，同时遵照企业有关规定，完善项目所涉及知识产权的保护和管理。

14.5.5 工程总承包企业应鼓励项目部在项目中采用新技术，发挥技术价值。

14.6 资 金 管 理

14.6.1 项目部应对项目实施过程中的资金流进行管理，制定资金管理目标和资金管理计划，制定保证收入、控制支出、降低成本、防范资金风险等措施。

14.6.2 项目部应根据总承包企业的资金管理规章制度，制定项目资金管理规定，并接受企业财务部门的监督、检查和控制。

14.6.3 项目部应严格对项目资金计划的管理。项目财务管理人员应根据项目进度计划、费用计划、合同价款及支付条件，编制项目资金流动计划和项目财务用款计划，按规定程序审批后实施，对项目资金的运作实行严格的监控。

14.6.4 项目部应根据合同的约定向业主申报工程款结算报告和相关资料，及时收取工程价款。

14.6.5 项目部应重视资金风险的防范，坚持做好项目的资金收入和支出分析，进行计划收支与实际收支对比，找出差异，分析原因，提高资金预测水平，提高资金使用价值，降低资金使用成本和提高资金风险防范水平。

14.6.6 项目部应根据工程总承包企业财务制度，定期将各项财务收支的实际数额与计划数额进行比较和分析，提出改进措施，向企业财务部门提出项目财务有关报表和收支报告。

14.6.7 项目竣工后，项目部应进行项目的成本和经济效益分析，上报工程总承包企业主管部门。

15 项目沟通与信息管理

15.1 一 般 规 定

15.1.1 工程总承包企业应建立项目沟通与信息管理系统，制定沟通与信息管理程序和制度。

15.1.2 工程总承包企业应充分利用现代信息及通信技术，以计算机、网络通信、数据库作为技术支撑，对项目全过程所产生的各种信息，及时、准确、高效地进行管理。

15.1.3 项目部应充分利用各种沟通工具及方法，采取相应的组织协调措施，与项目干系人以及在项目团队内部进行充分、准确、及时的信息沟通。

15.1.4 项目部应根据项目规模与特点设置项目信息

管理人员。

15.1.5 项目信息可以数据、表格、文字、图纸、音像、电子文件等载体方式表示，保证项目信息能及时地收集、整理、共享，并具有可追溯性。

15.2 沟 通 管 理

15.2.1 项目沟通管理应贯穿建设工程项目的全过程。沟通的主要内容包括与项目建设有关的所有信息，特别需要在所有项目干系人之间共享的核心信息。

15.2.2 项目部应制定项目的沟通管理计划，明确沟通的内容、方式、渠道、协调程序。沟通管理计划在工程总承包项目实施过程中应经常被复检，并根据项目运行中出现的情况做相应调整。

15.2.3 项目部应根据工程总承包项目的特点，以及项目相关方不同的需求和目标，采取有效的协调措施。

15.3 信 息 管 理

15.3.1 项目部应建立项目信息管理系统，实现数据的共享和流转，对信息进行分析和评估，确保信息的真实、准确、完整和安全。

15.3.2 项目信息管理应包括以下主要内容：
1 确定项目信息管理目标。
2 制订项目信息管理计划。
3 收集项目信息。
4 处理项目信息。
5 分发项目信息。
6 根据项目信息分析，评价项目管理成效，必要时调整相关计划。

15.3.3 项目信息管理系统应满足下列要求：
1 信息管理技术应与信息管理系统相匹配。
2 项目信息管理系统应与工程总承包企业的信息管理系统兼容。
3 信息管理技术与所使用的相关工程设计、项目管理等应用软件有良好的适应性。
4 信息管理系统应便于信息的输入、处理和存储。
5 信息管理系统应便于信息发布、传递及检索。
6 信息管理系统应有必要的数据安全保护措施。

15.3.4 项目部应制定收集、处理、分析、反馈、传递项目信息的规定，并监督执行。

15.3.5 项目的信息分类和编码应遵循工程总承包企业的信息结构、分类和编码规则。

15.3.6 项目部宜采用计算机软件和网络系统进行信息管理。

15.4 文 件 管 理

15.4.1 工程总承包项目文件资料应随项目进度及时收集、处理，并按项目的统一规定进行标识。

15.4.2 项目部应按照有关档案管理标准和规定，将项目设计、采购、施工、试运行等项目管理过程中形成的所有文件、资料进行归档。

15.4.3 项目部应确保项目档案资料的真实、有效和完整，不得对项目档案资料进行伪造、篡改和抽撤。

15.4.4 项目部应设置专职或兼职的文件资料管理人员。

15.5 信息安全及保密

15.5.1 项目部在项目实施的过程中，应遵守国家、地方有关知识产权和信息技术的法律、法规和规定。

15.5.2 项目部应根据工程总承包企业关于信息安全和保密的方针及相关规定，制定信息安全与保密措施，防止和处理在信息传递与处理过程中的失误与失密，保证信息管理系统安全、可靠地为项目服务。

15.5.3 项目部应根据工程总承包企业的信息备份、存档程序，以及系统瘫痪后的系统恢复程序，进行项目信息的备份与存档，确保项目信息管理系统的安全性及可靠性。

16 项目合同管理

16.1 一 般 规 定

16.1.1 工程总承包企业的合同管理部门应依据《中华人民共和国合同法》及相关法规负责项目合同的订立和对履行的监督，并负责合同的补充、修改和（或）更改、终止或结束等有关事宜的协调与处理。

16.1.2 工程总承包项目合同管理应包括总承包合同管理和分包合同管理。

16.1.3 项目部应依据企业相关制度制定合同管理规定，明确合同管理的岗位职责，负责组织对总承包合同的履行，并对分包合同实施监督和控制，确保合同约定目标和任务的实现。

16.1.4 项目部应在合同管理过程中遵守依法履约、诚实信用、全面履行、协调合作、维护权益和动态管理的原则，严格执行合同。

16.1.5 总承包合同和分包合同，必须以书面形式订立。实施过程中的合同变更应按程序规定进行书面签认，并成为合同的组成部分。

16.2 总承包合同管理

16.2.1 项目部应依据工程总承包企业相关规定建立总承包合同管理程序。

16.2.2 总承包合同管理的主要内容宜包括：
1 接收合同文本并检查、确认其完整性和有效性。
2 熟悉和研究合同文本，全面了解和明确业主的要求。
3 确定项目合同控制目标，制订实施计划和保证措施。

    4 对项目合同变更进行管理。

    5 对合同履行中发生的违约、争议、索赔等事宜进行处理。

    6 对合同文件进行管理。

    7 进行合同收尾。

16.2.3 项目部合同管理人员应全过程跟踪检查合同执行情况，收集、整理合同信息和管理绩效，并按规定报告项目经理。

16.2.4 项目部应建立合同变更管理程序。合同变更宜按下列程序进行：

    1 提出合同变更申请。

    2 报项目经理审查、批准。必要时，经企业合同管理部门负责人签认，重大的合同变更须报企业负责人签认。

    3 经业主签认，形成书面文件。

    4 组织实施。

16.2.5 项目部应按以下程序进行合同争议处理：

    1 准备并提供合同争议事件的证据和详细报告。

    2 通过"和解"或"调解"达成协议，解决争议。

    3 当"和解"或"调解"无效时，可按合同约定提交仲裁或诉讼处理。

    4 当事人应接受并执行最终裁定或判决的结果。

16.2.6 项目部应按下列规定对合同的违约责任进行处理：

    1 当事人应承担合同约定的责任和义务，并对合同执行效果承担应负的责任。

    2 当发包人或第三方违约并造成当事人损失时，合同管理人员应按规定追究违约方的责任，并获得损失的补偿。

    3 项目部应加强对连带责任引起的风险预测和控制。

16.2.7 项目部应按下列规定进行索赔处理：

    1 应执行合同约定的索赔程序和规定。

    2 在规定时限内向对方发出索赔通知，并提出书面索赔报告和索赔证据。

    3 对索赔费用和时间的真实性、合理性及正确性进行核定。

    4 按最终商定或裁定的索赔结果进行处理。索赔金额可作为合同总价的增补款或扣减款。

16.2.8 项目部合同文件管理应符合下列要求：

    1 明确合同管理人员在合同文件管理中的职责，并按合同约定的程序和规定进行合同文件管理。

    2 合同管理人员应对合同文件定义范围内的信息、记录、函件、证据、报告、图纸资料、标准规范及相关法规等及时进行收集、整理和归档。

    3 制定并执行合同文件的管理规定，保证合同文件不丢失、不损坏、不失密，并方便使用。

    4 合同管理人员应做好合同文件的整理、分类、收尾、保管或移交工作，满足合同相关方的要求，避免或减少风险损失。

16.2.9 项目部进行合同收尾工作应符合下列要求：

    1 合同收尾工作应按合同约定的程序、方法和要求进行。

    2 合同管理人员应对包括合同产品和服务的所有文件进行整理及核实，完成并提交一套完整、系统、方便查询的索引目录。

    3 合同管理人员确认合同约定的"缺限通知期限"已满并完成了缺陷修补工作时，按规定审批后，及时向业主发出书面通知，要求业主组织核定工程最终结算及签发合同项目履约证书或验收证书，使合同达到关闭状态。

    4 试运行结束后，项目部应会同工程总承包企业合同管理部门按规定进行总结评价。其内容包括：对合同的订立及实施效果的评价，对合同履行过程及情况的评价以及对合同管理过程的评价。

16.3 分包合同管理

16.3.1 分包合同管理应符合下列要求：

    1 项目部及合同管理人员，应按总承包合同的约定，将需要订立的分包合同纳入整体合同管理范围，并要求分包合同管理与总承包合同管理保持协调一致。

    2 项目部在工程总承包企业的授权下，可根据总承包合同约定和需要，订立设计、采购、施工、试运行或其他咨询服务分包合同，但不得将整个工程转包。

    3 对分包合同的管理，应包括对分包合同的订立，以及对分包合同生效后的履行、变更、违约索赔、争议处理、终止或收尾结束的全部活动实施监督和控制。

16.3.2 项目部应建立并执行分包合同管理程序。分包合同管理程序的主要内容包括：

    1 明确分包合同的管理职责。

    2 分包招标的准备和实施。

    3 分包合同订立。

    4 对分包合同实施监控。

    5 分包合同变更处理。

    6 分包合同争议处理。

    7 分包合同索赔处理。

    8 分包合同文件管理。

    9 分包合同收尾。

16.3.3 项目部应明确各类分包合同管理的职责。各类分包合同管理的主要职责如下：

    1 设计：应根据总承包合同的规定和要求，明确设计分包的职责范围，订立设计分包合同。协调和监督合同履行，确保设计目标和任务的实现。

    2 采购：根据总承包合同的规定和要求，明确采购和服务的范围，订立采购分包合同。监督合同的履行，完成项目采购的目标和任务。

3 施工：根据总承包合同的规定和要求，在明确施工和服务的职责范围的基础上，订立施工分包合同。监督和协调合同的履行，完成施工的目标和任务。

4 其他咨询服务：根据总承包合同的需要，明确服务的职责范围，签订分包合同或协议。监督和协调分包合同或协议的履行，完成规定的目标和任务。

5 项目部对所有分包合同的管理职责，均应与总承包合同管理职责协调一致。同时还应履行分包合同约定的由项目承包人承担的责任和义务，并做好与分包人的配合与协调，提供必要的方便条件。

16.3.4 项目部可根据工程总承包项目的范围、内容、要求和资源状况等进行分包，分包方式根据项目实际情况确定。如果采用招标方式，其主要内容和程序应符合下列要求：

1 项目部应做好分包工程招标的准备工作，内容包括：

1）按总承包合同约定和项目计划要求，制定分包招标计划，落实需要的资源配置。

2）确定招标方式。

3）组织编制招标文件。

4）组建评标、谈判组织。

5）其他有关招标准备工作。

2 按计划组织实施招标活动。主要活动包括：

1）按规定的招标方式发布通告或邀请函。

2）对投标人进行资格预审或审查，确定合格投标人，发售招标文件。

3）组织招标文件的澄清。

4）接受合格投标人的投标书，并组织开标。

5）组织评标、决标。

6）发出中标通知书。

16.3.5 分包合同的订立应满足以下原则和要求：

1 订立分包合同应遵循下列原则：

1）合同当事人的法律地位平等。一方不得将自己的意志强加给另一方。

2）当事人依法享有自愿订立合同的权利，任何单位和个人不得非法干预。

3）当事人确定各方的权利和义务应当遵守公平原则。

4）当事人行使权利，履行义务应当遵循诚实信用原则。

5）当事人应当遵守法律、行政法规和社会公德，不得扰乱社会经济秩序，不得损害社会公共利益。

6）分包人不得将分包的全部工程再行转包。

2 项目部应按下列要求组织分包合同谈判：

1）明确谈判方针和策略，制订谈判工作计划。

2）按计划要求做好谈判准备工作。

3）明确谈判的主要内容，并按计划组织实施。

3 项目部应组织分包合同的评审，确定最终的合同文本，经授权订立分包合同。

4 分包合同文件组成及其优先次序应符合下列要求：

1）协议书。

2）中标通知书（或中标函）。

3）专用条件。

4）通用条件。

5）投标书和构成合同组成部分的其他文件（包括附件）。

16.3.6 分包合同履行的管理应满足以下要求：

1 项目部及合同管理人员，应根据合同约定和《中华人民共和国合同法》的要求，对分包人的合同履行进行监督和管理，并履行自身应尽的责任和义务。

2 合同管理人员应对分包合同确定的目标实行跟踪监督和动态管理。在管理过程中进行分析和预测，及早提出和协调解决影响合同履行的问题，避免或减少风险。

3 在分包合同履行过程中，分包人就分包工程向项目承包人负责。由于分包人的过失给发包人造成损失，项目承包人承担连带责任。

16.3.7 分包合同变更管理应满足以下要求：

1 项目部及合同管理人员，应严格按合同变更程序对分包合同的变更实施控制。应对变更范围、内容及影响程度进行评审和确认并形成书面文件，变更经批准后实施。

2 由分包人实施分包合同约定范围内的变化和更改均不构成分包合同变更。

3 经确认和批准的变更应成为分包合同的组成部分。对于重大变更应按规定向工程总承包企业合同管理部门报告。

16.3.8 分包合同争议处理应按以下规定进行：

1 项目部应按分包合同约定程序和方法处理争议事件。

2 当事人应努力采用"和解"或"调解"方式解决合同争议。

3 当事人应按商定或最终裁定的结果执行。

16.3.9 分包合同索赔处理应按以下规定进行：

1 当事人应执行合同约定的索赔程序和方法，进行真实、合法及合理的索赔。

2 索赔通知、证据、报告及裁定结果均应形成书面文件，并纳入合同管理范围。

16.3.10 分包合同文件管理应满足以下要求：

1 项目部应明确合同管理人员对分包合同文件的管理职责。

2 分包合同管理人员，应对分包合同履行过程中所产生的信息、文件和资料，进行分析、整理、传送、反馈、保管和归档。

    3 项目部应对分包人提交的所有文件、图纸和资料进行妥善保存和管理。

16.3.11 分包合同收尾应满足以下要求：

    1 项目部应按分包合同约定程序和要求进行分包合同的收尾。

    2 合同管理人员应对分包合同约定目标进行核查和验证，当确认已完成缺陷修补并达标时，及时进行分包合同的最终结算和结束分包合同的工作。

    3 当分包合同结束后应进行总结评价工作，包括对分包合同订立、履行及其相关效果的评价。

规范用词用语说明

    1 为规范和区别对待本规范条文用词用语的程度，对于要求严格管理程度不同的用词用语说明如下：

    1）表示很严格，非这样不可的用词：

    正面词采用"必须"，反面词采用"严禁"。

    2）表示严格，在正常情况下均应这样做的用词：

    正面词采用"应"，反面词采用"不应"或"不得"。

    3）表示允许稍有选择，在条件许可时首先应这样做的用词：

    正面词采用"宜"，反面词采用"不宜"。

    表示有选择，在一定条件下可以这样做的采用"可"。

    2 本规范中指定按其他有关标准、规范执行时，写法为："应符合……的规定"或"应按……执行"。非必须按所指定的标准和规范执行的，写法为"可参照……"。

中华人民共和国国家标准

建设项目工程总承包管理规范

GB/T 50358—2005

条　文　说　明

目　次

1 总 则

1.0.1 本条款既是制定本规范的目的，也是制定本规范的指导思想。

"科学化"是指把工程总承包管理作为一门学科。以系统工程学、控制论和信息论为理论基础，采用赢得值管理技术，对工程总承包项目实施全过程的动态、连续与合理交叉相结合的管理和控制。

"规范化"即标准化。统一工程总承包项目管理行为和全部活动。

"法制化"即根据国家法律、法规，依法实施工程总承包。

"与国际接轨"是指采用发达国家先进的项目管理模式、程序、技术和方法。

1.0.2 本规范的适用范围是在中国境内的建设项目，包括新建、扩建、改建的项目。项目管理主体是在中国注册的工程总承包企业项目管理组织。境外工程总承包企业在承包我国境内建设项目时，也应执行本规范。

1.0.3 从 20 世纪 80 年代起我国开始推行工程总承包，至今已积累不少经验，但运作仍不够规范。编制本规范的目的在于规范工程总承包项目管理行为，提高工程总承包管理水平。当前我国工程总承包企业行业之间发展尚不够平衡，管理尚不够规范，本规范提出的工程总承包企业的项目组织机构、职能职责，是对工程总承包企业的基本要求。

1.0.5 工程总承包企业应建立工程项目管理体系，以保证工程项目管理质量，提高项目实施的效率和效益。项目管理体系应覆盖产品实现过程（设计、采购、施工、试运行全过程）和项目管理过程（项目启动、项目策划、项目实施、项目控制、项目收尾全过程）；项目管理的内容应包括项目综合管理、项目范围管理、项目进度管理、项目费用管理、项目质量管理、项目人力资源管理、项目信息沟通管理、项目风险管理、项目采购管理等。工程项目管理体系应形成文件，包括组织、职责、资源、程序文件、作业指导文件、基础工作和《工作手册》等。

1.0.7 先进的项目管理技术和项目管理方法包括赢得值管理技术、网络计划技术、IT 技术等。赢得值管理技术（Earned Value Management，EVM）作为一项先进的项目管理技术，最初是美国国防部于1967 年首次确立的。到目前为止国际上先进的工程公司已普遍采用赢得值管理技术进行工程项目的费用、进度综合控制。

1.0.8 建设项目工程总承包管理应遵守的国家法律主要有《建筑法》、《合同法》和《招标投标法》等。建设项目工程总承包管理应遵守的法规主要有《建设工程质量管理条例》、《建设工程安全生产管理条例》、《建设工程勘察设计管理条例》等。

"强制性标准"是指直接涉及工程质量、安全、职业健康及环境保护等方面的工程建设标准强制性条文。

由于我国建设项目组织实施方式正处于改革过程中，一方面要遵守现行工程建设国家标准，另一方面要实现与国际惯例接轨。本规范编制的原则是在遵守现行工程建设国家标准的基础上，推荐国际上已普遍采用的先进经验。

2 术 语

2.0.1 "建设项目"是广义项目中的一类，一般是指工业、建筑或其他类工程的项目。建设项目除具有广义项目的一般特征外，还具有下列自身的特征：

1 项目的产品或服务对象是工程。

2 在一个总体设计或初步设计范围内，由一个或多个单项工程所组成，实行统一核算和管理。

3 在一定的约束条件下，以形成固定资产为特定目标。约束条件：一是时间约束，即合理的工期目标；二是资源约束，即投资总量等约束；三是质量约束，即特性、功能和标准的约束。

4 需要遵循必要的建设程序和经过特定的建设过程。即通常要经过项目建议书、可行性研究、评估、决策、勘察、设计、采购、施工、试运行、接收使用等合理有序的过程。

2.0.2 根据建设部建市〔2003〕30 号文，"工程总承包"可以是全过程的承包，也可以是分阶段的承包。工程总承包的范围、承包方式、责权利等由工程总承包合同约定。工程总承包主要有如下方式：

1 设计采购施工（EPC）/交钥匙工程总承包，即工程总承包企业按照合同约定，承担工程项目的设计、采购、施工、试运行服务等工作，并对承包工程的质量、安全、工期、造价全面负责。交钥匙工程总承包是设计采购施工总承包业务和责任的延伸，最终向业主提交一个满足使用功能、具备使用条件的工程项目。

2 设计—施工总承包（D—B），即工程总承包企业按照合同约定，承担工程项目的设计和施工，并对承包工程的质量、安全、工期、造价全面负责。

3 根据工程项目的不同规模、类型和业主要求，工程总承包还可采用，设计—采购总承包（E—P）、采购—施工总承包（P—C）等方式。

工程总承包企业按照与业主签订的工程总承包合同，对承包工程的质量、安全、工期、造价全面负责。工程总承包企业可依法将所承包工程中的部分工作发包给具有相应资质的分包企业；分包企业按照分包合同的约定对总承包企业负责。

2.0.3 "项目发包人"是以完备手续取得项目发包主

体资格，承认全部合同条件，能够并承诺履行合同义务（主要是支付工程款能力）的合同当事人一方。可以是有独立经费的各级国家机关和依法取得法人资格的企事业单位及社会团体，也可以是依法登记的合伙人。与发包人合并的单位、兼并发包人的单位、购买发包人合同和接受发包人转让的单位以及发包人的合法继承人，均可成为发包人。

2.0.4 "项目承包人"是指工程总承包的合同当事人一方。项目承包人必须具备工程总承包主体资格，即具有工程总承包能力的法人资格，相应的资质等级资格，同时必须被发包人接受。

2.0.5 "项目分包人"是项目分包合同的当事人一方。工程总承包企业可以把工程总承包范围内的部分工作分包给"项目分包人"完成，包括设计、成套设备供应、施工及其他服务等。"项目分包人"必须具备相应的承包主体资格，即具有承包法人资格，相应的资质等级资格。"项目分包人"不得将分包合同的工作再进行整体转包。

2.0.6 "项目经理"是工程总承包企业内部设置的岗位职务，他是工程总承包企业法人代表在合同项目上的授权委托代理人。"项目经理"不是工程总承包企业法人代表，也不是一种执业资格。"项目经理"经过授权代表工程总承包企业履行项目合同，工程总承包企业实行项目经理负责制。"项目经理"在项目合同签订之后由工程总承包企业任命；必要时"项目经理"人选需经项目发包人认可。

2.0.7 "项目部"是工程总承包企业为履行项目合同而临时组建的项目管理组织机构，在工程总承包企业有关部门的支持下，由项目经理负责组建。"项目部"在项目经理领导下负责工程总承包项目的计划、组织实施、控制及收尾工作。"项目部"是一次性组织，随着项目的启动而建立，随着项目结束而解散。"项目部"从履行项目合同的角度对工程总承包项目实行全过程的管理；工程总承包企业的职能部门按企业职能分工规定，对项目实施全过程负责支持，构成项目实施的矩阵式管理。"项目部"的主要成员，如设计经理、采购经理、施工经理、试运行经理、财务经理等，分别接受项目经理和职能部门负责人的双重领导，分别向项目经理和职能部门负责人报告工作。应注意"项目部"与工程总承包企业"项目管理部"的区别，"项目管理部"是工程总承包企业常设性的职能部门，其职能是指导和管理项目经理，协调工程总承包企业的全部项目，但不直接管理具体的合同项目。

小型项目的项目管理组织亦可称"项目组"。

2.0.8 "项目经理负责制"是以项目经理为责任主体的工程总承包项目管理目标责任制度，该制度包括：项目经理和项目部在企业中的定位；项目经理在项目管理中的地位和作用；项目经理应具备的条件；项目部的管理运作机制；项目经理的责任、权限和利益；

项目管理目标责任书内容的构成等。工程总承包企业应对"项目经理负责制"的上述内容作出明确规定。项目经理负责制又称项目经理责任制。

2.0.9 "项目管理目标责任书"根据企业的经营管理目标、项目管理制度、工程总承包合同要求制定。"项目管理目标责任书"的主要内容见第4章4.7.2条。

2.0.11 "项目管理"一词在不同的应用领域有各种不同的解释。广义的"项目管理"解释，如美国项目管理学会（Project Management Institute-PMI）标准《项目管理知识体系指南》（A Guide to the Project Management Body of Knowledge-PMBOK）定义："项目管理是把项目管理知识、技能、工具和技术用于项目活动中，以达到项目目标"。ISO 10006《项目管理质量指南》（Guidelines to Quality in Project Management）定义："项目管理包括在项目连续过程中对项目的各方面进行策划、组织、监测和控制等活动，以达到项目目标"。本规范所指"项目管理"系指工程总承包企业对工程总承包项目进行的项目管理，包括设计、采购、施工、试运行全过程的质量、安全、费用、进度全方位的策划、组织实施、控制和收尾。本规范所指"项目管理"适用于工程总承包项目管理应用领域。

2.0.12 "项目管理体系"应与企业的其他管理体系如"质量管理体系"、"环境管理体系"、"职业健康安全管理体系"等相容或互为补充。

2.0.13 对于工程总承包，"项目启动过程"指工程总承包合同签订后任命项目经理，组建项目部。应注意工程总承包"项目启动过程"与业主"项目启动过程"的区别，通常业主的"项目启动过程"包括项目建议书、可行性研究报告、评估、批准立项，而工程总承包"项目启动过程"主要指工程总承包合同签订后任命项目经理，组建项目部。

2.0.14 "项目策划过程"。策划包括多个项目实施方案的比较和选择。工程总承包项目管理应把项目策划纳入管理程序，作为一个过程来管理，经过策划编制项目计划。

2.0.15 "项目管理计划"由项目经理负责编制，向工程总承包企业管理层阐明管理合同项目的方针、原则、对策、建议。"项目管理计划"是企业内部文件，可以包含企业内部信息，例如风险、利润等，不向业主提交。"项目管理计划"批准之后，由项目经理组织编制"项目实施计划"。

2.0.16 "项目实施计划"是项目实施的指导性文件，"项目实施计划"应报业主确认，并作为项目实施的依据。工程总承包"项目实施计划"应指导和协调各方面的单项计划，例如设计计划、采购计划、施工计划、试运行计划、质量计划、进度计划、财务计划等，以保证项目协调、连贯地顺利进行。

2.0.17 用赢得值管理技术进行费用、进度综合控制，基本参数有三项：

1）计划工作的预算费用（Budgeted Cost for Work Scheduled-BCWS）；

2）已完工作的预算费用（Budgeted Cost for Work Performed-BCWP）；

3）已完工作的实际费用（Actual Cost for Work Performed-ACWP）。

其中 BCWP 即所谓赢得值。

在项目的费用、进度综合控制中引入赢得值管理技术，可以克服过去进度、费用分开控制的缺点，即当我们发现费用超支时，很难立即知道是由于费用超出预算，还是由于进度提前。相反，当我们发现费用消耗低于预算时，也很难立即知道是由于费用节省，还是由于进度拖延。而引入赢得值管理技术即可定量地判断进度、费用的执行效果。

在项目实施过程中，以上三个参数可以形成三条曲线，即 BCWS、BCWP、ACWP 曲线，如图 2-1 所示。

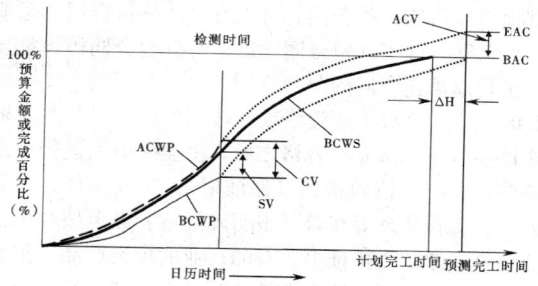

图 2-1　赢得值曲线图

图 2-1 中：CV＝BCWP－ACWP，由于两项参数均以已完工作为计算基准，所以两项参数之差，反映项目进展的费用偏差。

CV＝0，表示实际消耗费用与预算费用相符（on budget）；

CV＞0，表示实际消耗费用低于预算费用（under budget）；

CV＜0，表示实际消耗费用高于预算费用，即超预算（over budget）。

SV＝BCWP－BCWS，由于两项参数均以预算值作为计算基准，所以两者之差，反映项目进展的进度偏差。

SV＝0，表示实际进度符合计划进度（on schedule）；

SV＞0，表示实际进度比计划进度提前（ahead）；

SV＜0，表示实际进度比计划进度拖后（behind）。

采用赢得值管理技术进行费用、进度综合控制，还可以根据当前的进度、费用偏差情况，通过原因分析，对趋势进行预测，预测项目结束时的进度、费用

情况。图 2-1 中：

BAC（budget at completion）为项目完工预算；

EAC（estimate at completion）为预测的项目完工估算；

ACV（at completion variance）为预测项目完工时的费用偏差；

ACV＝BAC－EAC。

2.0.18 "项目实施过程"是执行项目计划并形成项目产品的过程。在这个过程中项目部的大量工作是组织和协调。项目实施过程应特别注意按项目计划开展工作的原则，切忌颠倒程序和盲目指挥。

2.0.19 "项目控制过程"是预防和发现与既定计划之间的偏差，必要时采取纠正措施。通常在项目计划中规定控制基准，例如赢得值管理技术中进度、费用控制基准（计划工作的预算费用BCWS）。通常只有在项目范围变更的情况下才允许变更控制基准。工程总承包项目主要的控制过程有综合变更控制、范围变更控制、进度控制、费用控制、质量控制和风险控制等。

2.0.20 "项目收尾过程"包括两个方面的内容：一是合同收尾，完成合同规定的全部工作和决算，解决所有未了事项；二是管理收尾，收集、整理、归档项目文件，总结、评价经验、教训，为以后的项目提供参考。

2.0.22 广义的"采购"包括设备、材料的采购和设计、施工及劳务采购。本规范的采购是指设备、材料的采购，而把设计、施工及劳务采购称为分包。就买卖关系而言，对工程总承包项目合同，工程总承包企业是卖方；对设备、材料采购及设计、施工、劳务分包，工程总承包企业是买方。

2.0.23 "采买"是采购工作的一个专业岗位，其工作范围是从接受请购单起到签订采购合同止。其中经过选择供货厂商，编制询价文件，询价，获得报价书，评标，合同谈判，最终签订采购合同。采购合同签订之后，催交、检验、运输等工作交由相关专业负责完成；但在某种情况下，采购工作也可不按采买、催交、检验、运输等专业来分工，而是按设备、电气、仪表等产品来分工。

2.0.24 "催交"是采购工作的一个专业岗位，其工作范围是从采购合同签订之后，负责协调、督促供货厂商按合同规定的进度交货。催交工作还包括催办供货厂商提交设计依据资料和供设计审查的制造图纸。

2.0.25 "检验"是采购工作的一个专业岗位，其工作范围是制订检验计划，协调、督促和落实检验计划的实施；采购检验的性质属于验证性质。检验人员的任何认可、同意、接收，均不能解除供货厂商对设备、材料的质量责任。对于某些特殊设备、材料，必要时，可以委托第三方检验机构承担检验任务。

2.0.26 "运输"是采购工作的一个专业岗位，其工

作范围是负责设备、材料出厂之后，督办所采购的货物及时、安全运抵合同约定地点。督办包括选择运输方式和运输公司，签订运输合同，办理运输保险，报关、清关、储存、转运，沿途道路、桥梁的加固（若有），以及运抵合同约定地点后的交接手续等。

2.0.28 按照国际惯例，工程按合同约定和设计要求完成建筑、安装，并通过竣工试验，即达到"竣工"。这时即可进行工程管理权的移交，工程的管理权从工程总承包企业移交给业主。移交给业主之后，由业主签发接收证书。

2.0.31 在不同的应用领域，"试运行"有其他一些提法，例如试车、开车、调试、联动试车、竣工试验、竣工后试验等。竣工试验完成并合格后，业主应接收工程。竣工后试验是指业主接收工程后，按合同规定应进行的试验；大多数工业项目的生产考核试验，属于竣工后试验。

2.0.32 传统的项目管理没有把"项目范围管理"作为一个独立的管理内容提出，因而对"项目范围管理"没有清晰的概念，也没有一套科学的管理方法。现代工程总承包项目管理已经引入项目范围管理的概念，使项目管理更加科学化和规范化。发达国家工程总承包项目管理广泛采用工作分解结构（WBS）技术进行项目的范围管理，用 WBS 定义全部项目范围，未列入 WBS 的工作被排除在项目范围之外，项目 WBS 即成为项目范围管理的基准。项目范围的变更主要会导致进度变更、费用变更，因此项目范围变更应予控制。

2.0.33 "项目进度管理"对于工程总承包项目，项目进度计划的编制应考虑设计、采购、施工的合理交叉，交叉深度取决于可接受的风险。

2.0.34 "项目进度控制"是以项目进度计划为控制基准，通过定期对进度绩效的测量，计算进度偏差，并对偏差原因进行分析，采取相应的纠正措施。当项目范围发生较大变化，或出现重大进度偏差时，经过批准可调整进度计划。

2.0.35 "项目费用管理"包括资源估算、费用估算、费用预算、费用控制等过程，保证项目在批准的预算内完成。本规范所指项目费用是指工程总承包项目的费用，其范围仅包括合同约定的范围，不包括合同范围以外应由业主负担的费用。项目费用控制是以项目费用预算为控制基准，通过定期对费用绩效的测量，计算费用偏差，对偏差原因进行分析，采取相应的纠正措施。当项目范围发生较大变化，或出现重大费用偏差时，经过批准可调整项目费用预算。

2.0.36 关于"估算"这个术语的含义，国际惯例的理解与国内所使用的含义不同。国内通常在项目可行性研究报告中使用"估算"，初步设计中使用"概算"，施工图设计中使用"预算"。而且上述"估算"、"概算""预算"通常指整个项目的投资总额，包括业主负

担的其他费用，例如建设单位管理费、试运行费等。国际惯例项目实施各阶段的费用估算都使用"估算"，在"估算"前加定义词以资区别，例如"报价估算"、"初期控制估算"、"批准的控制估算"、"核定估算"等。本规范所指的"估算"和"预算"，仅指合同项目范围内的费用，不包括业主负担的其他费用。

2.0.37 关于"预算"这个术语的含义，国际惯例的理解与国内所使用的含义亦不相同。国内在施工图设计中使用"预算"，而国际惯例通常是将经过批准的控制估算称为"预算"。而且"预算"通常是指按 WBS 进行分解和按进度进行分配了的控制估算。

2.0.49 "工程总承包合同"的订立由工程总承包企业负责，未包含在本规范的项目合同管理范围之内。

工程总承包合同根据业主要求可以有多种方式，包括设计采购施工（EPC）/交钥匙总承包合同，设计—施工（D—B）总承包合同，设计—采购（E—P）总承包合同，采购—施工（P—C）总承包合同等。

2.0.51 广义上说，"分包合同"是指工程总承包企业为完成工程总承包合同，把部分工程或服务分包给其他组织所签订的合同。可以有设计分包合同、采购分包合同、施工分包合同、试运行分包合同等，都属于工程总承包合同的分包合同。

2.0.54 大多数工业建设项目竣工后试验（某些工业建设项目竣工试验）合格之后，由业主组织进行生产考核。生产考核的指标（保证值）、考核条件、计算方法、奖罚条款等在合同中明确规定。经考核合格由业主签发考核合格证书。有的行业的项目产品，把竣工试验、竣工后试验和考核验收结合一起进行，应在合同中约定。

3 工程总承包管理的内容与程序

3.1 工程总承包管理的内容

3.1.1 工程总承包管理应包括项目部对合同项目的管理和工程总承包企业有关职能部门对合同项目的管理。项目部与有关职能部门实行矩阵式管理。项目部主要负责组织、协调和控制，保证合同项目目标的实现；职能部门主要负责支持和保证。

3.1.3 工程总承包项目管理的内容，应包括产品实现过程的管理和项目管理过程的管理两个方面。产品实现过程的管理，包括设计、采购、施工、试运行的管理，如果其中部分工程或服务分包给分包人完成，则包括对分包人的管理。项目管理过程的管理，包括项目启动、项目策划（计划）、项目实施、项目控制和项目收尾的管理。上述两个方面的管理都应纳入项目管理范围，采用项目定义的方法，编制项目工作分解结构。

3.1.4 业主有权依法聘请项目管理企业或工程监理

机构进行项目管理或监理，工程总承包企业的项目部应接受并配合项目管理企业或工程监理机构的工作。

3.2 工程总承包管理的程序

3.2.3 工程总承包项目管理的基本程序应反映工程总承包项目生命周期的基本规律。

1 项目启动。工程总承包合同是项目实施的依据，工程总承包企业应坚持在合同条件下启动项目。项目启动包括选择和任命项目经理，并在企业的支持下组建项目部。

2 项目初始阶段的工作。项目初始阶段的工作包括研究合同文件，编制项目计划，编制项目协调程序，确定设计数据，确定工作分解结构，召开项目开工会议，开展工艺设计，编制设计计划、采购计划、施工计划、试运行计划、质量计划、财务计划等。项目初始阶段的工作实际上是工程总承包项目的策划工作，工程总承包管理应十分重视项目的策划工作，编制项目计划；项目实施阶段按项目计划组织实施。

3 关于设计阶段的划分，根据我国基本建设程序，一般分为初步设计和施工图设计两个阶段。对于技术复杂而又缺乏设计经验的项目，经主管部门指定按初步设计、技术设计和施工图设计三个阶段进行。为了实现设计程序和方法与国际接轨，有些工程项目已经采用发达国家的设计程序和方法，设计阶段划分为工艺（方案、概念）设计、基础工程设计、详细工程设计三个阶段。其深度和设计成品与国内初步设计和施工图设计有所不同。通常国内工程项目应按初步设计和施工图设计的深度规定进行设计，涉外项目当业主有要求时可按国际惯例进行设计。

3.2.4 设计、采购、施工、试运行各阶段应合理交叉和相互协调，是体现工程总承包项目管理的优越性之一，可以大大缩短建设周期，降低工程造价，为业主和总承包企业创造最佳的经济效益。进行交叉时应注意风险因素，应分析深度交叉带来的机会和威胁的程度，把握机会大于威胁的原则，交叉深度应根据机会大于威胁的程度来确定。工程总承包企业通常应积累和掌握这方面的经验。

4 工程总承包管理的组织

4.1 一般规定

4.1.5 工程总承包企业对项目部进行整体能力评价，是保证项目成功的重要措施。项目部整体能力评价在项目部成立时进行，依据项目合同确定的内容和要求，对项目部主要管理人员（项目经理、控制经理、设计经理、采购经理、施工经理、试运行经理等）的构成和整体能力进行评价。必要时，在项目实施过程中也可对项目部进行整体能力评价。

4.2 任命项目经理和组建项目部

4.2.3 典型的工程总承包项目部组织机构见图4-1。

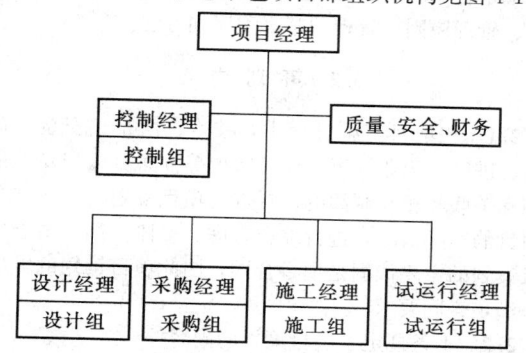

图4-1 典型的项目部组织机构图

4.4 项目部岗位设置及管理

项目部的岗位设置，应满足项目的需要，并明确各岗位的职责和权限及考核标准。其中安全工程师的职责包括了安全、职业健康管理和环境管理。也可根据项目情况设置 HSE 工程师或分别设置。另外，对于大型复杂项目可设置质量经理、合同管理经理、安全经理等。

4.6 项目经理的职责和权限

4.6.1 项目经理的职责应在工程总承包企业管理制度中明确规定，具体项目中项目经理的职责，应在"项目管理目标责任书"中具体规定。

5 项 目 策 划

5.1 一 般 规 定

5.1.1 通过工程总承包项目的策划活动，形成项目的管理计划和实施计划。

项目管理计划是工程总承包企业对总承包项目实施管理的重要内部文件，是编制项目实施计划的基础和重要依据。项目实施计划是对实现项目目标的具体和深化。对项目的资源配置、费用进度、内外接口、风险管理等制定工作要点和进度控制点。通常项目实施计划需经过业主的审查和确认，以便业主了解项目实施的计划安排，使业主有计划有准备地配合总承包企业实施项目。根据项目的实际情况，也可将项目管理计划的内容并入项目实施计划中。

在我国工程建设项目中，各行各业差别较大，工程的类型也是多种多样，管理的模式、方法和习惯也各不相同，因此，在编制项目策划的输出文件时应在满足本规范要求的基础上体现行业特点。

5.1.2 工程总承包项目一般是工程总承包企业的主

要业务，所以项目策划内容中应体现企业发展的战略要求，明确本项目在实现企业战略中的地位，应通过对项目各类风险的分析和研究，明确项目部的工作目标、管理原则、管理的基本程序和方法。

5.2 策划内容

5.2.1 在项目实施过程中，技术、质量、安全、费用、进度、职业健康、环境保护等方面目标和要求是相互关联和相互制约的。在进行项目策划时，应结合项目的实际情况，进行综合考虑、整体协调。由于项目策划的主要依据是项目合同，因此项目策划的输出应满足合同要求。

5.2.2 本条规定了项目策划的内容。

4 资源的配置计划是确定完成项目活动所需要的资源（人力、设备、材料、技术、资金等）的种类和需求量。资源配置计划根据项目工作分解结构编制。资源的配置对总承包项目的实施起着关键的作用，工程总承包企业应依据项目的目标，为项目配备合格的人员、足够的设施和财力等资源，以保证项目按合同要求顺利实施。

5 制定项目沟通的程序和规定，是项目策划工作中的一项重要内容，企业与项目部之间、企业与业主之间、项目部与所有项目干系人之间以及项目部内部的沟通，应在项目策划阶段予以确定，以保证项目实施过程中信息沟通及时和准确。

6 项目的风险管理一般有以下步骤：
1）风险管理计划的编制；
2）风险识别；
3）风险的定性分析；
4）风险的定量分析；
5）风险应对计划的编制；
6）风险的监控。

工程总承包项目的风险管理是项目管理的重要方面。特别是在项目的策划阶段，企业和项目部都应该给予高度的重视。

5.3 项目管理计划

5.3.1 项目经理应根据合同和工程总承包企业决策的要求负责编制项目管理计划。管理计划应体现企业对项目实施的要求和项目经理对项目的总体规划和实施纲领，该计划属企业内部文件不对外发放。

5.3.2 本条规定了项目管理计划编制的依据。"项目合同"是项目实施的基本依据；"项目情况和实施条件"是项目的特定要求，如合同、地域、法规等条件；"业主提供的信息和资料"、"相关市场信息"是项目实施过程中的重要条件，应及时收集并落实；"企业管理层的决策意见"是工程总承包企业发展战略在项目上的体现，是制定项目的目标、组建项目机构、配备人员和物资及财力等原则的基础。

5.3.3 本条所列的项目管理计划内容为项目管理计划的基本内容，各行业可以依据本行业的特点和项目的规模进行调整。

5.4 项目实施计划

5.4.1 项目实施计划是实现项目合同目标、项目策划目标和企业目标的具体措施和手段，也是反映项目经理和项目部落实工程总承包企业对项目管理的要求。项目实施计划应在项目管理计划获得批准后，由项目经理组织项目部人员进行编制。项目实施计划应具有可操作性。

5.4.2 "项目管理目标责任书"的内容可按照各个行业和企业的特点制定。原则上实行项目经理负责制的项目都应签订"项目管理目标责任书"。"企业管理层的决策意见"是工程总承包企业管理层对项目实施目标的具体要求，要将这些要求纳入到项目实施计划中。

5.4.3 编制项目实施计划的目的是确定项目的范围、进度、费用等具体要求，将成为项目实施行动的准则，所以至少要包括所列的程序。

6 项目设计管理

6.1 一般规定

6.1.1 为了保证建设工程设计质量，国家对从事建设工程设计活动的企业实行资质管理制度。建设工程勘察、设计单位应当在其资质等级许可的范围内承揽建设工程勘察、设计业务。《建设工程勘察设计管理条例》明确规定：禁止建设工程设计单位超越其资质等级许可的范围或者以其他建设工程设计单位的名义承揽建设工程设计业务。禁止建设工程设计单位允许其他单位或者个人以本单位的名义承揽建设工程设计业务。

6.1.3 工程总承包企业在项目设计工作中，一般采用矩阵式组织结构。设计经理应接受项目经理的领导，同时还要接受设计管理部门的指导，必要时可向专业部门要求人力和技术支持。

6.1.4 将采购纳入设计程序是总承包项目设计的重要特点之一。设计在设备材料采购过程中一般要做以下工作：

1 提出设备材料采购的请购单及询价技术文件。

2 负责对制造厂商的报价提出技术评价意见，供采购确定供货厂商。

3 参加厂商协调会，参与技术澄清和协商。

4 审查确认制造厂商返回的先期确认图纸及最终确认图纸。

5 在设备制造过程中，协助采购处理有关设计、技术问题。

6 必要时参与关键设备和材料的检验工作。

6.2 设 计 计 划

6.2.1 设计计划是项目设计策划的成果,是重要的管理文件。工程总承包企业应建立设计计划的编制和评审程序。

6.2.3 设计计划包含的内容可随项目的具体情况进行调整。

6.3 设 计 实 施

6.3.1 设计计划控制目标是指设计计划中设置的有关合同项目进度管理、费用管理、技术管理、质量管理、资源管理等方面的主要控制指标和要求。

6.3.2 项目设计基础数据和资料是在项目基础资料的基础上整理汇总而成的项目设计基础数据和资料,是项目设计和建设的重要基础。不同的合同项目需要的设计基础数据和资料也不同。一般包括:

　　1 现场数据(包括气象、水文、工程地质数据及其他现场数据)。

　　2 原料特性分析和产品标准与要求。

　　3 界区接点设计条件。

　　4 公用系统及辅助系统设计条件。

　　5 危险品、三废处理原则与要求。

　　6 指定使用的标准、规范、规程或规定。

　　7 可以利用的工程设施及现场施工条件等。

6.3.3 设计协调程序是项目协调程序中的一个组成部分,是指在合同约定的基础上进一步明确工程总承包企业与业主之间在设计工作方面的关系、联络方式、报告审批制度。设计协调程序一般包含下列内容:

　　1 设计管理联络方式和双方对口负责人。

　　2 业主提供设计所需的项目基础资料和项目设计数据的内容,并明确提供的时间和方式。

　　3 设计中采用非常规做法的内容。

　　4 设计中业主需要审查、认可或批准的内容。

　　5 向业主和施工现场发送设计图纸和文件的要求,列出图纸和文件发送的内容、时间、份数和发送方式,以及图纸和文件的包装形式、标志、收件人姓名和地址等。

　　6 推荐备品备件的内容和数量。

　　7 设备、材料请购单的审查范围和审批程序。

　　8 采用的项目设计变更程序,包括变更的类型(用户变更或项目变更)、变更申请(变更的内容、原因、影响范围)以及审批规定等。

6.3.4 设计评审主要是对设计技术方案进行评审,有多种方式,一般分为三级:

　　第一级:项目中重大设计技术方案由企业组织评审。

　　第二级:项目中综合设计技术方案由项目部组织

评审。

　　第三级:专业设计技术方案由本专业所在部门组织评审。

6.3.5 设计与采购和施工的接口关系如下:

　　1 设计与采购的接口关系一般是:

　　　　1)设计向采购提出设备材料请购单及询价技术文件,由采购加上商务文件后,汇集成完整的询价文件,由采购发出询价。

　　　　2)设计负责对制造厂商的报价提出技术评价意见,供采购确定供货厂商。

　　　　3)设计应派员参加厂商协调会,参与技术澄清和协商。

　　　　4)由采购负责催交制造厂商返回的先期确认图纸及最终确认图纸,转交设计审查,设计应将审查意见及时返回采购。

　　　　5)在设备制造过程中,设计应协助采购处理有关设计、技术问题。

　　　　6)设备材料的检验工作由采购负责组织,必要时设计参与关键设备材料的检验。

　　2 设计与施工的接口关系一般是:

　　　　1)施工应参与设计可施工性分析,参加重大设计方案及关键设备吊装方案的研究。

　　　　2)项目设计文件完成后,设计向施工提供项目设计图纸、文件及技术资料,并派人向施工人员及监理人员进行设计交底。

　　　　3)根据施工需要提出派遣设计代表的计划,按计划组织设计人员到施工现场,解决施工中的设计问题。

　　　　4)在施工过程中由于非设计原因产生的设计变更,应征得设计的同意,由设计人员签认变更通知,按变更程序,经批准后实施。

6.3.6 为了使设计文件满足规定的深度要求,应对下列设计输入进行评审。

　　1 初步设计或基础工程设计:

　　　　1)项目前期工作的批准文件。

　　　　2)项目合同。

　　　　3)拟采用的标准规范。

　　　　4)业主及相关方的其他意见和要求。

　　　　5)项目实施计划和设计计划。

　　　　6)工程设计统一规定。

　　　　7)工程总承包企业内部相关规定和成功的技术积累。

　　2 施工图设计或详细工程设计:

　　　　1)批准的初步设计文件。

　　　　2)项目合同。

　　　　3)拟采用的标准规范。

　　　　4)业主及相关方的其他意见和要求。

　　　　5)内部评审意见。

　　　　6)项目实施计划和设计计划。

7）供货商图纸和资料。

8）工程设计统一规定。

9）工程总承包企业内部相关规定和成功的技术积累。

6.4 设 计 控 制

6.4.3 限额设计是控制工程投资的一种重要手段。它是按批准的费用限额控制设计，而且在设计中以控制工程量为主要内容。

限额设计的基本程序是：

1 将项目控制估算按照项目工作分解结构，对各专业的设计工程量和工程费用进行分解，编制"限额设计投资及工程量表"，确定控制基准。

2 设计专业负责人根据各专业特点编制"各设计专业投资核算点表"，确定各设计专业投资控制点的计划完成时间。

3 设计人员根据控制基准开展限额设计。在设计过程中，费用控制工程师应对各专业投资核算点进行跟踪核算，比较实际设计工程量与限额设计工程量、实际设计费用与限额设计费用的偏差，并分析偏差原因。如实际设计工程量超过限额设计的工程量，应尽量通过优化设计加以解决；如确实需要超过，设计专业负责人需编制详细的限额设计工程量变更报告，说明原因，费用控制工程师估算发生的费用并由控制经理审核确认。

4 编写限额设计费用分析报告

6.4.4 设计变更管理程序一般如下：

1 根据项目要求或业主指示，提出设计变更的处理方案。

2 对业主指令的设计变更在技术上的可行性、安全性及适用性问题进行评估。

3 设计变更提出后，对费用和进度的影响进行评价，经设计经理审核后报项目经理批准。

4 评估设计变更在技术上的可行性、安全性及适用性。

5 说明执行变更对履约产生的有利和（或）不利影响。

6 执行经确认的设计变更。

6.4.5 请购文件应由设计人员提出，经专业负责人和设计经理确认后提交控制人员组织审核，审核通过后提交采购，作为采购的依据。

6.5 设 计 收 尾

6.5.1 关闭合同所需要的相关文件一般包括：

1 竣工图。

2 设计变更文件。

3 操作指导手册（必要时）。

4 修正后的核定估算。

5 其他设计资料、说明文件等。

7 项目采购管理

7.1 一 般 规 定

7.1.3 建立企业认可的合格供货厂商名单是为了向名单中的供货厂商采购设备材料能确保符合设计所确定的标准规范和技术要求。合格供货厂商的产品质量是可靠的，价格是合理的，交货期是及时的。

7.3 采 购 计 划

7.3.1 在项目的初始阶段，编制项目采购计划。项目采购计划是项目采购工作的大纲。项目采购计划是在项目经理和采购部门的指导下，由采购经理组织编制完成并经项目经理批准后实施。

7.3.2 本条规定了采购计划编制的依据。

4 工程总承包企业应制定采购管理程序和制度，包括采购管理手册，供货商评审管理规定，采买、催交、检验、运输管理规定，采购作业标准和程序规定等。

项目采购作业标准和程序规定，应根据企业的有关规定并结合项目的实际情况进行编制。

7.3.3 本条规定了采购计划的内容。

5 采购一般具有采买、催交、检验、运输管理、仓库管理、综合管理等职能。可设立采购经理、采买工程师、催交工程师、检验工程师、运输工程师、仓库管理员等岗位。

7.4 采 买

7.4.3 选择合格的供货商是保证项目采购成功的前提，建立完善、公开、严格的供货商选择程序是工程总承包企业质量管理体系中最基本的质量控制要求。

7.4.4 采买工程师应按照工程总承包企业制定的标准化格式，根据项目对设备材料的要求编制询价文件。除技术、质量和商务要求外，询价文件可根据需要增加有关管理要求，使供货商的供货行为能满足项目管理的需要。

询价文件分为询价技术文件和询价商务文件两部分。

询价技术文件根据设计提交的请购文件编制，包括：设备材料规格书或数据表，设计图纸，采购说明书，适用的标准、规范，要求供货厂商提交供确认的图纸、资料清单和时间，其他有关的资料和文件。

询价商务文件包括：询价函，报价须知，项目采购基本条件，对检验、包装、运输、交付和服务的要求，报价回函，商务报价表及其他。

7.4.5 项目采购应尽量避免"独家供货"。如因业主、技术和市场等原因确需"独家供货"时，采购组要提出充分理由，并按程序获得批准。

7.4.6 报价技术评审工作由设计经理组织有关专业设计人员进行，写出书面评审意见，供采购组进行报价比选。商务评审一般由项目采购经理负责组织进行。一般仅对技术评审合格的报价进行商务评审。在技术评审和商务评审的基础上，进行综合评审，确定中标供货商。

7.4.7 采购合同（或订单）的内容和格式由工程总承包企业制定。必要时，项目部可适当调整。

7.5 催 交 与 检 验

7.5.1、7.5.2 催交是指从订立采购合同（或订单）至货物交付期间为促使供货商切实履行合同义务，按时提交供货商文件、图纸资料和最终产品而采取的一系列督促活动。

催交工作的要点就是要及时地发现供货进度已出现的或潜在的问题，及时报告，督促供货商采取必要的补救措施，或采取有效的财务控制和其他控制措施，努力防止进度拖延和费用超支。一旦某一订单出现供货进度拖延，通过必要的协调手段和控制措施，将由此引起的对项目进度的影响控制在最小的范围内。

催交等级一般划分为 A、B、C 三级，每一等级要求相应的催交方式和频度。催交等级为 A 级的设备材料一般每 6 周进行一次驻厂催交，并且每 2 周进行一次办公室催交。催交等级为 B 级的设备材料一般每 10 周进行一次驻厂催交，并且每 4 周进行一次办公室催交。催交等级为 C 级的设备材料一般可不进行驻厂催交，但应定期进行办公室催交，其催交频度视具体情况决定。会议催交视供货状态定期或不定期进行。

7.5.4 检验工作是设备材料质量控制的关键环节。为了确保设备材料的质量符合采购合同的规定和要求，避免由于质量问题而影响工程进度和费用控制，项目采购组应做好设备材料制造过程中的检验或监造以及出厂前的检验。

检验工作应从原材料进货开始，包括材料检验、工序检验、中间控制点检验和中间产品试验、强度试验、致密性试验、整机试验、表面处理检验直至运输包装检验以及商检等全过程或其中的部分环节。

7.5.6 检验方式可分为放弃检验（免检）、资料审阅、中间检验、车间检验和最终检验。国家标准中规定的压力容器和压力管道等重要设备材料应在供方工厂进行中间检验和最终检验。必要时，实施车间检验。

7.5.7 "检验记录"包括检验会议记录、检验过程和目标记录、文件审查记录，以及未能目睹或未能得以证明的主要事项的记录。必要时应附有实况照片和简图。"检验结论"中，对不符合质量要求的

问题，应明确其影响程度和范围，明确提出结论或挂牌标识，说明可以验收、有条件地验收、保留待定事项或拒收等。

7.6 运 输 与 交 付

7.6.1 运输业务是指供货厂商提供的设备材料制造完工并验收完毕后，从采购合同（或订单）规定的发货地点到合同约定的施工现场或指定仓库这一过程中的包装、运输、保险及货物交付等工作。

7.6.2 设备材料的包装和运输应满足合同约定。对包装和运输一般要满足标识标准的要求、多次装卸和搬运的要求及运输安全、防护的要求。

7.6.3 超限设备是指包装后的总重量、总长度、总宽度或总高度超过国家、行业有关规定的设备。

做好超限设备的运输工作要注意以下几点：

1 从供货厂商获取准确的超限设备运输包装图、装载图、运输要求等资料。对所经过的道路（铁路、公路）桥梁和涵洞进行调查研究，制定超限设备专项的运输方案或委托制定运输方案。

2 编制完整准确的委托运输询价文件。

3 严格执行对承运人的选择和评审程序，必要时进行实地考察。

4 对运输报价进行严格的技术评审，包括方案和保证措施，签订运输合同。

5 审查承运人提交的"运输实施计划"。

6 检验设备的运输包装、加固、防护等情况。

7 进行监装、监卸和（或）监运（必要时）。

8 检查沿途的桥涵、道路的加固情况，落实港口起重能力和作业方案（必要时）。

9 检查货运文件的完整、有效性。

7.6.4 国际运输是指按照与国外分包人（供货厂商或承运方）签订的进口合同所使用的贸易术语。采用各种运输工具，进行与贸易术语相应的，自装运口岸到目的口岸的国际间货物运输，并按照所用贸易术语中明确的责任范围办理相应手续，如：进口报关、商检及保险等。在国际采购和国际运输业务中，主要采用我国对外贸易中常用的装运港船上交货（FOB）、成本加运费（CFR）、成本加保险和运费（CIF）、货交承运人（FCA）、运费付至（CPT）、运费和保险费付至（CIP）等六种贸易术语。

凡列入《商检机构实施检验的进出口商品种类表》的进口商品必须在商检机构的监督下实施开箱检验。

7.6.6 根据设备材料的不同类型，接收工作内容应包括（但不限于）下述工作内容：

1 核查货运文件。

2 数量（件数）验收。

3 外包装及裸装设备、材料的外观质量和标识检查。

4 对照清单逐项核查随货图纸、资料，并加以记录。

7.7 采购变更管理

采购变更是指在项目实施过程中，由于业主变更和项目变更而引起的需由采购实施的变更。

业主变更是指业主要求（或同意）修改项目任务范围或内容等而导致批准的项目总费用和（或）进度发生变化而形成的采购变更。

项目变更是指项目内部变更而形成的采购变更。

7.8 仓库管理

7.8.1 仓库管理可由采购组负责管理，也可由施工组负责管理。必要时，可设立相应的管理机构和岗位。

7.8.2 开箱检验应以采购合同为依据进行，按实际情况决定开箱检验工作范围和检验内容。

8 项目施工管理

8.1 一 般 规 定

8.1.2 由工程总承包企业负责施工管理的部门向项目部派出施工经理及施工管理人员，在项目执行过程中接受派遣部门和项目经理的双重领导，在满足项目矩阵式管理要求的形式下，实现项目施工的目标管理。

8.2 施 工 计 划

8.2.3 施工计划的相关内容与要求，应通过施工分包合同或专项协议或管理交底等形式，向分包人进行传达和沟通，并监督分包人在组织施工过程中执行并满足承包人施工计划的要求。

8.2.4 项目部应严格控制施工过程中有关工程设计和施工方案的重大变更。这些变更对施工计划将产生较大影响，应及时对影响范围和影响程度进行评审，以确定是否调整项目施工计划。当需要调整施工计划时，应按规定重新履行审批程序。

8.3 施 工 进 度 控 制

8.3.5 施工组应对施工进度计划采取定期（按周或月）检查方式，掌握进度偏差情况和对影响因素进行分析，并按规定提供月度施工进展报告，报告应包括以下主要内容：

1 施工进度执行情况综述；

2 实际施工进度（图表）；

3 已发生的变更、索赔及工程款支付情况；

4 进度偏差情况及原因分析；

5 解决偏差和问题的措施。

8.4 施工费用控制

8.4.1 项目部应进行（或审查施工分包人提出的）施工范围规划和相应的工作分解结构，进而作出资源配置规划，确定施工范围内各类（项）活动所需资源的种类、数量、规格、品质等级和投入时间（周期）等。以上作为进行施工费用估算和确定施工费用控制（支付）的基准。

8.4.3 项目部应根据施工分包合同约定和施工进度计划，制订施工费用支付计划并予以控制。通常应按下列程序进行：

1 进行施工费用估算确定计划费用控制基准。估算时，要考虑经济环境（如通货膨胀、税率和汇率等）的影响。当估算涉及重大不确定因素时，应采取措施减小风险，并预留风险应急备用金。初步确定计划费用控制基准。

2 制订施工费用控制（支付）计划。在进行资源配置和费用估算的基础上，按照规定的费用核算和审核程序，明确相关的执行条件和约束条件（如许用限额、应急备用金等）并形成书面文件。

3 评估费用执行情况。对照计划的费用控制基准，确认实际发生与基准费用的偏差，做好分析和评价工作。采取措施对产生偏差的基本因素施加影响和纠正，使施工费用得到控制。

4 对影响施工费用的内、外部因素进行监控，预测预报费用变化情况，必要时按规定程序做出合理调整，以保证工程项目正常进展。

8.5 施工质量控制

8.5.1 设计文件和图纸是施工管理对质量控制的重要依据。为了能在施工前最大限度地加深对设计意图的认识，发现并消除图纸中的质量隐患，在施工前，应组织设计交底。对于存在的问题，应及时协商解决，并保持相应的记录。

8.5.2 有些施工过程所形成的质量特性不能在过程结束时进行测量、检验来验证是否达到了要求，问题可能在后续施工过程乃至产品使用时才显露出来。对这些特殊过程，应采用过程确认手段，以证实这些过程的质量性能满足要求。对特殊过程质量管理一般应符合下列规定并保持需要的记录：

1 在质量计划中识别、界定特殊过程，或者要求分包人进行识别，项目部加以确认。

2 按有关程序编制或审核特殊过程作业指导书。

3 设置质量控制点对特殊过程进行监控，或对分包人控制的情况进行监督。

4 对施工条件变化而必须进行再确认的实施情况进行监督。

8.5.3 应对设备材料质量进行监督，确保合格的设备材料应用于工程。对设备材料质量的控制一般应符

合下列规定并保持需要的记录:

　　1 对进场的设备材料按有关标准和见证取样规定进行检验和标识,对未经检验或检验不合格的设备材料按规定进行隔离、标识和处置。

　　2 对分包人采购的设备材料的质量进行控制,必须保证合格的设备材料用于工程。

　　3 对业主方提供的设备材料应按合同约定进行质量控制,必须保证合格的设备材料用于工程。

8.5.6 持续改进可以不断提高工程管理的质量,要求与工程总承包企业质量方针、项目质量目标相结合。根据对施工过程质量进行测量监视所得到的数据,运用适宜的方法进行统计、分析和对比,识别质量持续改进的机会,确定改进目标,评审纠正措施和预防措施的适宜性。应采取合适的方式保证这一过程持续有效进行,并对施工分包人实现持续改进进行监督。

8.5.9 工程质量记录是反映施工过程质量结果的直接证据,是判定工程质量性能的重要依据。因此,保持质量记录的完整性和真实性是工程质量管理的重要内容。应组织或监督分包人做好工程竣工资料的收集、整理、归档工作。同时,对分包人提供的竣工图纸和文件的质量进行评审。

8.6 施工安全管理

8.6.1 项目部进行施工安全管理策划的目的,是确定针对性的安全技术和管理措施计划,以控制和减少施工不安全因素,实现施工安全目标。策划过程包括对施工危险源的识别、风险评价和风险应对措施的制定。

　　1 根据工程施工的特点和条件,充分识别需控制的施工危险源,它们涉及:

　　　　1) 正常的、周期性和临时性、紧急情况下的活动;

　　　　2) 进入施工现场所有人员的活动;

　　　　3) 施工现场内所有的物料、设施、设备。

　　2 采用适当的方法,根据对可预见的危险情况发生的可能性和后果的严重程度,评价已识别的全部施工危险源,根据风险评价结果,确定重大施工危险源。

　　3 风险应对措施应根据风险程度确定:

　　　　1) 对一般风险应通过现行运行程序和规定予以控制;

　　　　2) 对重大风险,除执行现行运行程序和规定予以控制外,还应编制专项施工方案或专项安全措施予以控制。

8.6.2 建立施工安全检查制度,应规定实施部门或人员职责权限、检查对象、标准、方法和频次。施工安全检查的内容应包括:施工安全目标的实现程度,施工安全职责的落实情况;适用法律法规、标准规范

的遵守情况;风险控制措施计划的实施情况;与重大施工危险源有关的活动、设施、设备的状态与人员的行为。对施工安全检查中发现的不符合状况,应开具整改通知单,对责任单位、部门或人员要求限期整改,对整改结果进行跟踪验证并保存验证记录。

8.6.5 制定应急预案,在安全事故发生时组织实施,防止事故扩大,减少与之有关的伤害和损失。应急预案的内容应包括:应急救援的组织和人员安排;应急救援器材、设备与物资的配备及维护;作业场所发生安全事故时,对保护现场、组织抢救的安排;内部与外部联系的方法和渠道;预案演练计划(必要时);预案评审与修改的安排。

8.6.8 本条规定了分包人应制定施工安全防范措施保证施工过程的安全。施工安全防范措施一般包括:制定或确认必要的专项施工方案、制订安全防范计划、安全程序和制度以及安全作业指导书;对施工人员进行安全培训,并提供必需的劳动防护用品;对安全物资进行验收、标识、检查和防护;对临时用电、施工设施、设备及安全防护设施的配置、使用、维护、拆除按规定进行检查和管理;确定重点防火部位,配置消防器材,实行动火分级审批;对可能存在重大危险的部位、过程和活动,组织专人监控;对重大施工危险源及安全生产的信息及时进行交流和沟通。

8.7 施工现场管理

8.7.1 本条规定了现场管理规划和施工开工前的准备工作。

　　1 现场管理规划包括下列内容:

　　　　1) 确定现场管理范围和管理目标。

　　　　2) 确定管理对象、管理方式和方法。

　　　　3) 对现场施工总平面布置图的使用功能进行规划、合理的定位。

　　　　4) 对管理对象(不同的分包人)划定责任区和公共区。

　　　　5) 对现场人流、物流、安全、保卫、遵纪守法等提出公告或公示要求。

　　　　6) 明确现场管理难点及其应对策略或原则。

　　2 准备工作一般包括下列内容:

　　　　1) 现场管理组织及人员。

　　　　2) 现场工作及生活条件。

　　　　3) 施工所需的文件、资料以及管理程序、规章、制度。

　　　　4) 设备、材料、物资供应及施工设施、工器具准备。

　　　　5) 落实工程施工费用。

　　　　6) 检查施工人员进入现场并按计划开展工作的条件。

　　　　7) 需要社会资源支持条件的落实情况。

通常，应将重要的准备工作和管理规划的结果纳入施工计划，作为施工管理的依据。

8.7.2 项目部应严格执行《中华人民共和国环境保护法》和相关的标准规范，建立项目施工管理的检查、监督和责任约束机制。对施工中可能要产生的污水、烟尘、噪声、强光、有毒有害气体、固体废弃物、火灾、爆炸和其他灾害等有害于环境的因素，实行信息跟踪、预防预报、明确责任、制定措施和严格控制的方针，以消除或降低对施工现场及周边环境（包括人员、建筑、管线、道路、文物、古迹、江河、空气、动植物等）的影响或损害。

8.7.3 项目部及安全管理人员必须严格执行《中华人民共和国消防法》和《中华人民共和国安全生产法》的相关规定，对施工过程中可能产生火灾的危险源进行分析和识别，针对危险源制定防范预案并配备必要的防火、救护设施。同时，还应建立和执行适用的责任和约束机制，以保证安全管理的适应性和可操作性。

8.7.4 项目部应在施工现场建立卫生防疫责任系统，落实专人负责管理现场的职业健康服务系统和社会支持的救护系统。制定卫生防疫工作的应急预案，当发生传染病、食物中毒等突发事件时，可按预案启动救护系统并进行妥善处理。积极做好灾害性天气、冬季和夏季的流行疾病的防治工作，以及防暑降温、防寒保暖工作。

8.7.5 救护管理的原则如下：

1 积极组织或参与救护与救助，排除险情、防止事故蔓延扩大。

2 需要时，按规定组织或参与确认事故责任的相关活动。

3 按照相关法律、法规保护现场，进行事故处理并保持文件和记录。

4 认真分析事故原因，总结经验和教训，制定预防措施，防止类似事故再发生；按事故的性质、责任、处理意见及建议，经调查各方人员签认后形成专题报告，上报安全主管部门。

8.8 施工变更管理

8.8.1 施工变更的管理应遵守以下原则：

1 施工变更应按合同约定的程序进行处置。

2 施工变更应以书面形式签认，并成为相关合同的补充内容。

3 任何未经审批的施工变更均无效。

4 对已批准或确认的施工变更，项目部应监督其按时实施并在规定时限内完成。

5 项目部对影响范围较大或工程复杂的施工变更，应对相关方做好监督和协调管理工作。

8.8.3 施工变更文档的管理工作宜按如下要求进行：

1 所有的施工变更文件、资料，都应以书面形式并经相关方代表签字确认后存档。

2 施工变更文件应按规定分类存档以方便查找。

3 施工变更文件、资料涉及到合同的索赔及结清工作，应妥善保管，防止丢失或损坏。

4 文档应有专人保管，借阅应严格履行签批手续，管理人员应按期收回借阅的文档，并检查其完好性和真实性。

9 项目试运行管理

9.1 一般规定

9.1.1 项目进入试运行阶段，标志已完成竣工验收并将工程的管理权移交给业主方。项目部在该阶段中的责任和义务，是按合同约定的范围与目标向业主提供试运行过程的指导和服务。对交钥匙工程，承包商应按合同约定对试运行负责。

9.1.3 本条规定了试运行管理的一般内容。试运行的准备工作包括：人力、机具、物资、能源、组织系统、许可证、安全、职业健康及环境保护，以及文件资料等的准备。试运行需要的各类手册包括：操作手册、维修手册、安全手册等；业主委托事项及存在问题说明。

9.2 试运行管理计划

9.2.2 试运行管理计划的主要内容，一般包括：

1 总说明：项目概况、编制依据、原则、试运行的目标、进度、试运行步骤，对可能影响试运行计划的问题提出解决方案。

2 试运行组织及人员：提出参加试运行的相关单位，明确各单位的职责范围。提出试运行组织指挥系统和人员配备计划，明确各岗位的职责及分工。

3 试运行进度计划：试运行进度表。

4 试运行费用计划：试运行费用计划的编制和使用原则，应按计划中确定的试运行期限，试运行负荷，试运行产量，原材料、能源和人工消耗等计算试运行费用。

5 试运行文件及试运行准备工作要求：试运行需要的原料、燃料、物料和材料的落实计划，试运行及生产中必需的技术规定、安全规程和岗位责任制等规章制度的编制计划。

6 培训计划：培训范围、方式、程序、时间以及所需费用等。

7 业主及相关方的责任分工：通常应由业主领导，组建统一指挥体系，明确各相关方的责任和义务。

9.2.3 为确保试运行管理计划正常实施和目标任务的实现，项目部及试运行经理应明确试运行的输入要求（包括对施工安装达到竣工标准和要求，并认真检查其实施绩效）和满足输出要求（为满足稳定生产或满足使用提供合格的生产考核指标记录和现场证据），使试运行成为正式投入生产或投入使用的前提和可靠基础。

9.3　试运行实施

9.3.1　本条规定了试运行方案的主要内容。

2　试运行方案的编制原则如下：

1）编制试运行总体方案，包括生产主体、配套和辅助系统以及阶段性试运行安排。

2）按实际情况进行综合协调，合理安排配套和辅助系统先行或同步投运，以保证主体试运行的连续性和稳定性。

3）按实际情况统筹安排，为保证计划目标的实现，及时提出解决问题的措施和办法。

4）对采用第三方技术和（或）邀请示范操作团队时，事先征求专利商和（或）示范操作团队的意见并形成书面文件，指导试运行工作正常进展。

9.3.2　本条规定了对试运行前准备工作的检查。检查包括生产系统、配套系统和辅助系统的全部安装和调试（或试验）工作是否已全部完成并达到规定指标，以此检查试运行的输入条件是否已经具备达到竣工验收标准，获得业主签发的"竣工验收证书"（或"接收证书"），作为准予启动试运行阶段工作的证据。

10　项目进度管理

10.1　一般规定

10.1.2　本条规定了项目进度管理系统的构成。

项目经理在进度管理中通过项目计划、项目的内外部协调、项目的变更管理等方法，应用经济和管理手段充分发挥责任主体的作用。

10.1.4　赢得值管理技术在项目进度管理中的运用，主要是控制进度偏差和时间偏差。工程网络计划技术在进度管理中的运用主要是关键线路法 CPM。用控制关键活动，分析总时差和自由时差来控制进度。

10.2　进度计划

10.2.1　工作分解结构（WBS）是一种层次化的树状结构，是将项目划分为可以管理的项目工作任务单元。项目的工作分解结构一般分为以下层次：项目、单项工程、单位工程、组码、记账码、单元活动。通常按各层次制订进度计划。

10.2.2　进度计划不仅是单纯的进度安排，还载有资源。根据执行计划所消耗的各类资源预算值，按每项具体任务的工作周期展开并进行资源分配。"进度计划编制说明"中"风险分析"应包括经济风险、技术风险、环境风险和社会风险。控制措施包括组织措施、经济措施和技术措施。

10.2.3　相应标准如国家标准《网络计划技术》GB/T 13400.1～3，行业标准《工程网络计划技术规程》JGJ/T 121。

10.2.4　项目的分进度计划是指项目总进度下的各级进度计划。

10.2.5　本条规定了项目总进度计划应包括的内容：

3　关键设备材料主要是指供货周期长和贵重材质的设备材料。

5　供电、供水、供汽、供气时间包括外部供给时间和内部单项（公用）工程向其他单项工程供给时间。

10.3　进度控制

10.3.2　进度偏差运用赢得值管理技术分析直观性强，简单明了，但它不能确定进度计划中的关键线路，因此不能用赢得值管理技术取代网络计划分析。当活动滞后时间预测可能影响进度时，应运用网络计划中的关键活动、自由时差和总时差分析对进度的影响。

进度计划工期的控制原则如下：

1）当计划工期等于合同工期时，进度计划的控制应符合下列规定：

● 当关键线路上的活动出现拖延时，应调整相关活动的持续时间或相关活动之间的逻辑关系，使调整后的计划工期为原计划工期。

● 当活动拖延时间小于或等于自由时差时可不作调整。

● 当活动拖延时间大于自由时差，但不影响计划工期时，应根据后续工作的特性进行处理。

2）当计划工期小于合同工期时，若需要延长计划工期，不得超过合同工期。

3）当活动超前完成影响后续工作的设备材料、资金、人力等资源的合理安排时，应消除影响或放慢进度。

这里说的后续工作的特性是指后续工作的最早开始时间是否受到外部条件约束，若没有外部条件约束可不调整。自由时差是指在不影响紧后活动最早开始的条件下，活动所具有的机动时间。

10.3.12　编制项目进度管理总结应依据下列资料：项目合同，项目计划，项目各级进度计划，项目进度计划月报，项目进度计划调整记录等。

11　项目质量管理

11.1　一般规定

11.1.3　质量管理人员（质量经理、质量工程师）在项目经理领导下，负责质量计划的制订和监督检查质量计划的实施。项目部应建立质量责任制和考核办法，明确所有人员的质量职责。

11.2 质 量 计 划

11.2.1 小型项目质量计划可并入项目计划之中。

11.2.4 项目质量计划编制、审批及修订的程序应在工程总承包企业质量体系文件中明确规定。

11.2.5 项目质量计划的某些内容，可引用工程总承包企业质量体系文件的有关规定或在规定的基础上加以补充，但对本项目所特有的要求和过程的质量管理必须加以明确。

11.3 质 量 控 制

11.3.1 项目部应确定项目输入的控制程序或有关规定，并应规定对输入的有效性评审的职责和要求，以及在项目部内部传递、使用和转换的程序。

11.3.2 设计与采购接口质量控制的职责和程序如下：

1 请购文件由设计向采购提交，按设计文件的校审程序进行校审，并经设计经理确认。

2 报价技术评审工作由项目设计经理组织有关专业设计负责人进行，评审结论应明确提出评审意见。

3 供货厂商的图纸（包括先期确认图及最终确认图等）由采购人员负责催交，设计人员负责审查、确认；对主要的关键设备必要时召开制造厂协调会议，设计人员负责落实技术问题，采购人员负责落实商务问题。

11.3.3 设计与施工质量控制接口的职责和程序如下：

1 在设计阶段，设计应满足施工提出的要求，以确保工程质量和施工的顺利进行。施工经理在对现场进行调查的基础上，进行设计的可施工性分析，向设计经理提出重大施工方案设想，保证设计与施工的协调一致。

2 设计人员负责设计交底，必要时由施工经理组织图纸会审。交底或会审的组织与成效，对工程的质量和施工的顺利进行有很大影响。

3 无论是否在现场派驻设计代表，设计人员均应负责及时处理现场提出的有关设计问题及参加施工过程中的质量事故处理。

4 所有设计变更，均应按设计变更管理程序办理，设计经理和施工经理应对设计变更的有关文件、资料分别归档。

11.3.4 设计与试运行质量控制接口的职责和程序如下：

1 在设计阶段，工艺系统设计应考虑试运行提出的要求，以确保工程质量和试运行的顺利进行。

2 设计提供的试运行操作原则与要求的质量对编制试运行操作手册有重要影响。

3 试运行工作由业主组织、指挥并负责及时提供试运行所需资源。设计经理协助试运行经理负责试运行的技术指导和服务，指导与服务的质量在很大程度上影响试运行的结果。

11.3.5 采购与施工质量控制接口的职责和程序如下：

1 按项目进度和质量要求，采购经理对所有设备材料运抵现场的进度与质量进行跟踪与控制，以满足施工的要求；

2 施工需参加由采购组织的设备材料现场开箱检验及交接；

3 施工过程中出现的与设备材料质量有关的问题，采购人员应及时与供货商联系，找出原因，采取措施。

11.3.6 采购与试运行质量控制接口的职责和程序如下：

1 采购过程中，试运行经理应会同采购经理对试运行所需设备材料及备品备件的规格、数量进行确认，以保证试运行的顺利进行；

2 试运行过程中出现的与设备材料质量有关的问题，采购人员应及时与供货商联系，找出原因，采取措施。

11.3.7 施工与试运行质量控制接口的职责和程序如下：

1 试运行经理应向施工经理提交试运行计划，以使施工计划与试运行计划协调一致。

2 施工经理负责组织机械设备的试运转，试运转的成效对试运行产生重大影响。

3 施工经理按照试运行计划组织人力并配合试运行工作。及时对试运行中出现的施工问题进行处理，排除由于施工的质量问题而引起的对试运行不利的因素。

11.3.9 质量记录主要内容如下：

1 评审记录和报告。

2 验证记录。

3 审核报告。

4 检验报告。

5 测试数据。

6 鉴定（验收）报告。

7 确认报告。

8 校准报告。

9 培训记录。

10 质量成本报告。

12 项目费用管理

12.1 一 般 规 定

12.1.3 费用控制应与进度控制、质量控制相互协调，防止对费用偏差采取不适当的应对措施可能会对质量和进度产生的影响，或引起项目在后期出现较大的风险。

12.2 费 用 估 算

12.2.1 目前国内项目费用估算分为投资估算、初步设计概算、施工图预算。

国际上通用项目费用估算有以下几种：

1 初期控制估算

初期控制估算是一种近似估算，是在工艺设计初期采用分析估算法进行编制的。在仅明确项目的规模、类型以及基本技术原则和要求等情况下，根据企业历年来按照统计学方法积累的工程数据、曲线、比值和图表等历史资料，对项目费用进行分析和估算，用作项目初期阶段费用控制的基准。

2 批准的控制估算

批准的控制估算的偏差幅度比初期控制估算的偏差幅度要小，是在基础工程设计初期，用设备估算法进行编制的。编制的主要依据是以工程项目所发表的工艺设计文件中得到已确定的设备表、工艺流程图和工艺数据；基础工程设计中有关的设计规格说明书（技术规定）和材料一览表等；以及根据企业积累的工程经验数据，结合项目的实际情况进行选取和确定各种费用系数。主要用作基础工程设计阶段的费用控制基准。

3 首次核定估算

此估算是在基础工程设计完成时用设备详细估算法进行编制的。首次核定估算偏差幅度比批准的控制估算的偏差幅度要小，用作详细工程设计阶段和施工阶段的费用控制基准。它依据的文件和资料是基础工程设计完成时发表的设计文件。由于文件深度原因，有的散装材料还需用系数估算有关费用。

首次核定估算编制的阶段与设计概算的编制阶段的设计条件比较接近，具体编制时可套用现行的定额（指标）和取费，或《建设工程工程量清单计价规范》GB 50500。

4 二次核定估算

此估算是在详细工程设计完成时用详细估算法进行编制的，主要用以分析和预测项目竣工时的最终费用，并可作为工程施工结算的基础。它与施工图预算的编制的设计条件比较接近。设备和材料的价格应采用定单上的价格。二次核定估算是偏差幅度最小的估算。主要编制依据为：

1）工程详细设计图纸。
2）设备、材料订货资料以及项目实施中各种实际费用和财务资料。
3）企业定额。
4）《建设工程工程量清单计价规范》GB 50500。

12.3 费 用 计 划

12.3.3 从易于进行项目费用管理（如从考虑便于支付和费用控制）和便于进行分包等方面考虑，提出费用计划编制可采用的三种方式。

12.4 费 用 控 制

12.4.1 费用控制是工程总承包项目费用管理的核心内容。工程总承包项目的费用控制不仅是对项目建设过程中发生的费用的监控和对大量费用数据的收集，更重要的是对各类费用数据进行正确分析并及时采取有效措施，从而达到将项目最终发生的费用控制在预算范围之内。

12.4.4 本条规定了费用控制的步骤。

在确定了项目费用控制目标后，必须定期地（宜以每月为控制周期）对已完工作的预算费用与实际费用进行比较，当实际值偏离预算值时，分析产生偏差的原因，采取适当的纠偏措施，以确保费用目标的实现。

13 项目安全、职业健康与环境管理

13.1 一 般 规 定

13.1.1 本条规定了项目安全、职业健康与环境管理应贯彻国家有关的法律法规、工程建设强制性标准。

国家有关项目安全、职业健康与环境管理的法律法规、工程建设强制性标准主要包括：《建筑法》、《安全生产法》、《环境保护法》、《职业病防治法》、《矿山安全法》、《建设工程安全生产管理条例》、《建设项目（工程）职业安全卫生预评价管理办法》、《建设项目环境保护管理办法》、《建筑施工安全检查标准》等。

13.1.2 我国实行建设项目法人责任制。项目的安全、职业健康与环境保护是项目法人责任制的重要内容。业主主要责任包括：全面综合规划、决策项目安全、职业健康管理与环境保护方针，编制环境影响报告，落实项目的环境保护及安全设施资金，向工程总承包企业提供相关资料。工程总承包企业对总承包合同范围内的安全、职业健康和环境保护负责，并由项目部具体履行企业对项目安全、职业健康与环境管理目标及其绩效改进的承诺。项目部应按企业安全、职业健康与环境管理体系的要求，进行全过程的管理，包括对分包方的指导与监督。

13.1.4 本条规定了项目的职业健康管理应贯彻"以人为本"的方针。如在项目设计过程中，要考虑采取有利于施工人员、生产操作人员和管理人员的职业健康的设计方案等，通过对影响项目参与人员身心健康的因素进行控制，减少职业病的发生。

13.2 安全管理

13.2.2 危险源及其带来的安全风险是项目安全管理的核心。工程总承包项目的危险源，具体可以从如下几个方面辨识：

1）项目的常规活动，如正常的施工活动。

2）项目的非常规活动，如加班加点，抢修活动等。

3）所有进入作业场所的人员的活动，包括项目部成员，分包商人员，监理及业主代表和访问者的活动。

4）作业场所内所有的设施，包括项目自有设施，分包商拥有的设施，租赁的设施等。

编制危险源清单有助于辨识危险源，及时采取预防措施，减少事故的发生。该清单应在项目初始阶段进行编制。清单的内容一般包括：危险源名称、性质、风险评价、可能的影响后果、应采取的对策或措施。

危险源辨识、风险评估和实施必要措施的程序如图 13-1 所示。

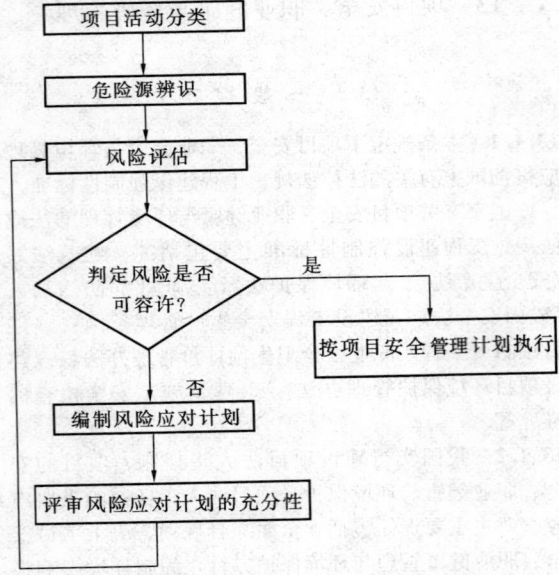

图 13-1 危险源辨识、风险评估与实施程序

13.2.3 本条规定了项目部对项目安全管理计划的主要管理内容。

1 工程总承包企业最高管理者、企业各部门和项目部都应为实施、控制和改进项目安全管理计划提供必要的资源。企业管理层的支持更为重要。

2 项目部应建立健全项目安全管理组织网络。对项目部所有成员，特别是对项目的活动、设施和管理过程的安全风险有影响的、从事管理、执行和验证工作的人员，应明确其职责和权限，并形成文件，建立好安全生产责任制。项目安全管理计划应通过该组织网络进行交底和说明，传达到相关人员。

3 项目安全管理计划的执行，需要项目部全体人员参与及内部各个环节的成功协作，这种参与和协作要建立在顺畅沟通的基础上。为此，项目部应建立并保持项目安全管理计划执行状态的沟通与监控程序。

项目内部的协商与沟通主要是指员工的参与和协商，以及项目内部各部门、各层次之间的沟通。

项目外部的协商与沟通主要是指与相关方（政府、业主、监理、分包商、供应商等）的沟通。

4 相关方给项目带来的风险主要指来自供应商的设备材料、租赁的设备、分包人的劳动力安全意识和安全能力等方面。

13.2.7 本条规定了项目部应建立并保持的项目安全检查制度和对不符合状况进行处理。

1 项目安全管理的检查内容应包括：

1）项目安全管理计划的执行情况。

2）未按计划要求实施的原因，并提出改进措施。

3）可能造成伤害的危险及其风险状态。

4）物的不安全状态，人的不安全行为和环境的不安全因素。

5）管理上的缺陷。

2 对不符合状况的处理包括：

1）纠正措施：消除不符合状态。

2）预防措施：防止再发生的措施或完善标准。

3）确认措施的有效性。

13.3 职业健康管理

13.3.1 本条规定了项目职业健康管理计划的内容。

项目职业健康目标体现项目部对职业健康管理的指导思想和承诺。项目职业健康目标应满足以下要求：

1 阐明项目职业健康管理目标。

2 包含对持续改进和应遵守现行职业健康法规的承诺。

3 应经工程总承包企业最高管理者批准，传达到项目部全体员工，并可为相关方接受。

4 应定期评审，修改，补充和完善。

13.3.2 本条规定了项目职业健康管理的主要内容。

1 工程总承包企业最高管理者、企业各部门和项目部都应为实施、控制和改进职业健康管理计划提供必要的资源。企业管理层的支持更为重要。

2 项目部应建立健全职业健康管理组织网络。项目职业健康管理计划应通过该组织网络进行交底和说明，传达到相关人员。

3 项目职业健康管理计划的实施，需要项目全员参与及内部各个环节的成功协作，这种参与和协作要建立在顺畅的信息交流基础上，为此，项目部应建立并保持职业健康管理计划执行状态的沟通程序。

项目内部的协商与沟通主要是指员工的参与和协商，以及项目内部各层次之间的沟通。

项目外部的协商与沟通主要是指与相关方（政府、业主、监理、分包商、供应商等）之间的沟通。

13.3.3 项目部的日常检查内容包括：项目职业健康管理目标、法规遵循情况，以及事故和不符合状况的监控与调查处理等。

检查记录应具有可追溯性，是为了获得有益的经验信息，以便更好地开展职业健康管理工作。同时也是成为项目部职业健康管理过程的见证。记录用表的规范、统一，有利于记录、保存和分析比较。

13.4 环 境 管 理

13.4.1 本条规定了项目环境保护计划的主要内容。

　1　项目的环境保护目标应满足以下要求：

　　1）适合项目部自身及工程项目的特点。

　　2）承诺持续改进和污染预防，并遵守有关法律和其他要求。

　　3）环境保护目标应经过批准，形成文件并传达到项目人员。

　　4）项目部应对项目的环境保护目标定期评审、修改、补充和完善，以适应不断变化的内外部条件和要求。

　4　某些项目的环境保护实施过程中需要组织技术开发、技术攻关以及咨询论证等工作，应在项目环境保护计划中具体落实，并留有适当的时间保证。

13.4.4 本条规定了对项目环境保护计划执行的检查内容。

　1　项目环境保护计划的执行情况。

　2　项目控制重大环境因素的有关结果和成效。

　3　项目环境目标和指标的实现程度。

　4　定期评价有关环境保护的法律、法规和标准的遵守情况。

　5　监测和测量设备的定期校准和维护。

13.4.5 本条规定了对环境管理不符合状况的处理。

　1　可按如下步骤采取纠正措施：

　　1）依据不符合状况进行原因分析。

　　2）针对原因采取相应的纠正措施。

　　3）实施纠正措施，对不符合事项进行纠正，并跟踪验证其有效性。

　　4）进一步分析和调查是否有类似的不符合项。

　2　项目部应更多采用预防措施，做到预防为主，防治结合。

14 项目资源管理

14.1 一 般 规 定

14.1.1 工程总承包项目的资源投入既有企业内部资源，也有通过采购或其他方式从市场中获取的资源。工程总承包企业应尽可能地直接掌握市场商情及稀缺资源情况，以增强企业自身的核心竞争力。而对于社会一般资源，应尽可能地从市场中购买或租赁，以降低资源的使用成本。企业应建立内部市场化资源运作机制和绩效考核制度，既要赋予项目部有偿使用各种资源的权力和责任，又要为项目部创造可用资源的条件，促使项目部按照价值规律进行资源配置，充分发挥资源的效能，达到工程总承包项目管理的各项目标，并尽可能地降低工程成本。

14.1.2 项目资源优化和动态平衡是有效实施项目资源管理的两个方面。项目部应通过对项目可用资源的计划和控制，在保证项目规定的范围和质量要求的前提下，实现资源投入与进度、费用三者的动态平衡。项目资源优化是项目资源管理目标的计划预控，是项目计划的重要组成部分，包括资源规划、资源分配、资源组合、资源平衡、资源投入的时间安排等。动态平衡是项目资源管理的过程控制，包括对资源投入的效果检测，资源退出，资源根据进度、费用变化进行的调整和调度等，随时保证资源投入与进度、费用三者的动态平衡。

14.2 人力资源管理

14.2.1 项目干系人：包括业主、供应商、分包商、项目经理、项目部成员以及其他与项目有利害关系的组织和个人。项目实施的目的应争取实现项目各方的共赢，当项目干系人的要求与期望目标出现分歧时，应优先满足业主的要求与期望。但这并不意味着可以忽略其他项目干系人的要求与期望。

14.2.3 项目人力资源的高效率使用，关键在于制订合理的人力资源需求与使用计划，在赋予人力资源以价值的基础上，充分发挥项目部对人力资源使用的积极性和主动性，通过高效率的团队合作，实现项目的低成本运作。

14.3 设备材料管理

14.3.1 设备材料是指项目部向业主提供的组成永久性工程的各种设备和材料，工程竣工验收后，项目部应向业主办理移交手续。

14.3.2 由于项目在施工、试运行过程中涉及大量设备材料的使用，设备材料费用所占比重较大，项目部应加强项目设备材料管理与控制，贯彻及时供应、保证质量、降低工程成本的原则。

14.3.4 设备材料现场管理规定应包括：

　1　设备材料进场验收规定。项目部应组织进行验收准备、数量验收、质量验收，并提供完整资料申请报验。

　2　库房管理规定。项目部应实现对库房的专人管理，选择合适的存放场地和库房，合理存放，确保储存安全。

 3 设备材料发放和领用规定。必须明确领发责任，执行领发手续，实行限额领用。

14.4 机 具 管 理

14.4.1 项目机具是指实施工程所需的各种施工机具、试运转工器具、检验与试验设备、办公用器具以及其他项目部需要直接使用的设备资源。不包括移交给业主的工程永久性设施。

 在设计、采购、施工、试运行全过程中，项目部应加强机具使用的管理工作，在有偿使用、成本核算的基础上，实现项目机具资源使用的科学性和经济性。

14.5 技 术 管 理

14.5.1 技术资源是工程总承包企业的重要资源，包括工艺技术、工程设计技术、采购技术、施工技术、试运行技术、管理技术以及其他为实现项目目标所需的各种技术，其中专有技术和专利技术是企业技术资源的核心。

 技术活动包括项目技术的开发、引进，技术标准的采用，技术方案的确定等。

14.5.4 项目技术管理应高度重视对工程总承包企业有关著作权、专利权、专有技术权、商业秘密权、商标专用权等知识产权的保护和管理，同时尊重并合法利用他人的知识产权。

14.5.5 新技术：包括新的工艺技术、工程技术和管理技术。

14.6 资 金 管 理

14.6.1 项目资金收入主要包括工程预付款收入、工程分期结算款收入、保留金收入、最终结算款收入等。"保证收入"是指项目部应依据合同约定，做好各类各期付款申报、分期结算、竣工结算等工作，积极催收，回收资金。

 "控制支出"是指项目部应加强支出的计划管理，通过进度与费用综合的检测，适时地调整项目实施进度安排，在保证合同履行的前提下，尽量减少支出。

14.6.5 本条规定了有关项目资金的有效使用和风险防范的要求。

 "资金风险的防范"是指项目部对项目资金的收入和支出进行合理预测，对各种影响因素进行及时的评估，及时调整项目管理行为，尽可能地避免资金风险。

15 项目沟通与信息管理

15.1 一 般 规 定

15.1.1 项目沟通与信息管理系统为项目准确、及时、有效的沟通提供途径、方式、方法及工具，为预测未来、正确决策以及事后追溯提供依据。

15.1.2 采用基于计算机网络的现代信息沟通技术进行项目信息沟通，并不排除面对面的沟通及其他传统的沟通方式。

15.1.4 项目信息管理人员一般包括信息技术管理工程师（IT 工程师）和文件资料管理员，后者有时可由项目秘书兼任。

15.2 沟 通 管 理

15.2.1 本条规定了项目沟通的内容。

 项目部应注意做好与政府相关主管部门的沟通协调工作，按照相关主管部门的管理要求，提供项目信息，及时办理与项目设计、采购、施工、试运行相关的法定手续，获得审批或许可。注意做好与项目设计、采购、施工、试运行有直接关系的社会公用性单位的沟通协调工作，及时获取和提交相关的资料，办理相关的手续及审批。

15.2.2 本条规定了项目沟通管理计划的要求。沟通可以利用以下的方式和渠道：

 1 信息检索系统：包括档案系统、计算机数据库、项目管理软件，以及工程图纸等技术文件资料。

 2 工作分解结构（WBS）。项目沟通与 WBS 有着重要联系，可利用 WBS 来编制沟通计划。

 3 信息发送系统：包括会议纪要、文件、电子文档、共享的网络电子数据库、传真、电子邮件、网站、交谈及演讲。

15.3 信 息 管 理

15.3.2 项目信息管理不仅仅是项目信息的收集、处理、分发，项目部还应加强对项目信息的分析，评估项目管理成效。

15.3.5 项目编码系统通常包括项目编码（PBS）、组织分解结构（OBS）编码、工作分解结构（WBS）编码、资源分解结构（RBS）编码、设备材料代码、费用代码、文件编码等。

 项目信息分类应考虑分类的稳定性、兼容性、可扩展性、逻辑性和实用性。项目信息的编码应考虑编码的惟一性、合理性、包容性、可扩充性并简单适用。

15.4 文 件 管 理

15.4.1 本条规定了对项目文件管理的要求。

 项目的文件资料包括分包项目的文件资料，应在与分包商签订分包合同时明确分包工程文件资料的移交套数、移交时间、质量要求及验收标准等。分包工程完工后，分包商应及时将有关工程资料按合同约定移交。

15.4.4 项目文件资料管理是项目信息管理的一项重

要工作，项目部应配备专职或兼职文件资料管理人员，负责工程项目文件资料的管理工作。

15.5　信息安全及保密

15.5.2　工程总承包企业一般根据信息安全与保密方针，制定信息安全与保密管理程序、规定和措施，以保证文件、信息的安全，防止内部信息和领先技术的失密与流失，确保企业在市场中的竞争优势。

16　项目合同管理

16.1　一　般　规　定

16.1.1　工程总承包企业的责任是订立总承包合同并为确保合同的正常履行提供必要条件。一般通过任命或指派项目经理并组建项目部来承担应负的责任和义务，以保证合同目标和任务的实现。

16.1.2　总承包合同管理是指对合同订立并生效后所进行的履行、变更、违约索赔、争议处理、终止或结束的全部活动的管理；分包合同管理是指对分包项目的招标、评标、谈判、合同订立，以及生效后的履行、变更、违约索赔、争议处理、终止或结束的全部活动的管理。

16.1.3　本条规定了对项目部合同管理的要求。

项目部必须履行合同，在整个合同管理过程中，应执行依法履约并达到合同目标的原则。既要按合同规定执行，又要符合《合同法》和相关法规的要求。项目部的所有活动和行为，均要受合同和相关法规的支持和约束。

16.1.4　本条规定了项目合同管理的原则。

项目部及合同管理人员，在合同管理过程中，应根据《合同法》和相关法规的要求，认真执行有关合同履行的原则，以确保合同履行的顺利进展和目标的实现。合同管理的原则应包括：

1　依法履行原则：遵守法律法规，尊重社会公德，不得扰乱社会经济秩序，不得损害社会公共利益。

2　诚实信用原则：当事人在履行合同义务时，应诚实、守信、善意、不滥用权利、不规避义务。

3　全面履行原则：包括实际履行和适当履行（按照合同约定的品种、数量、质量、价款或报酬等的履行）。

4　协调合作原则：要求当事人本着团结协作和互相帮助的精神去完成合同任务，履行各自应尽的责任和义务。

5　维护权益原则：合同当事人有权依法维护合同约定的自身所有的权利或风险利益。同时还应注意维护对方的合法权益不受侵害。

6　动态管理原则：在合同履行过程中，进行适时监控和跟踪管理。

16.2　总承包合同管理

16.2.2　本条规定了总承包合同管理的主要内容与程序。

1　完整性和有效性是指合同文本的构成是否完整，合同的签署是否符合要求。

2　组织"熟悉和研究合同文件"，是项目经理在项目初始阶段的一项重要工作，是依法履约的基础。其目的是澄清和明确合同的全面要求并将其纳入项目实施过程中，避免潜在的未满足业主要求的风险。

3　合同管理的重点是对合同规定的目标实施控制并达到标准要求。"控制目标"主要有质量目标、安全目标、费用目标、进度目标、职业健康目标、环境保护目标等。为达标，需要制定计划和措施，以保证控制目标的实现。

16.2.4　本条规定了合同变更处理程序。

1　任何变更都可能不是一件小事，项目部及合同管理人员应高度重视变更的处理，通过合同变更审批制度、程序或规定的建立，规范合同变更活动和行为。

3　合同变更申请通知应形成书面文件，其内容应包括变更原因、变更方案以及变更对费用、进度、安全等方面的影响程度做出定量评估，并且应有相关部门或岗位负责人的签认，对于重大变更还应经工程总承包企业负责人签认。

16.2.5　本条规定了合同争议处理的程序。解决合同争议优先选择的办法是通过双方充分友好协商，达成共识，即"和解"。或者通过第三方从中协调，提出裁决意见，使双方取得共识，即"调解"。

16.2.6　本条规定了对合同的违约处理。

项目部及合同管理人员应根据合同约定及相关证据，对合同当事人及相关方应承担的违约责任和（或）连带责任进行澄清和界定，其结果应形成书面文件，以作为受损失方用于获取补偿的证据。

16.2.7　本条规定了索赔处理要求。

1　项目部及合同管理人员应了解和熟悉本合同规定的索赔处理程序和（或）办法并能正确使用。如果合同缺乏明确规定，一般依照相关法规并与相关方协商解决。一般的索赔程序及其要求如下：

1）承包人应把握时机，在规定的时间内发出书面通知；

2）说明理由，提出索赔证据；

3）真实、合理计算索赔数额，提交索赔报告；

4）执行商定或裁定的索赔结果。

16.2.8　本条规定了合同文件管理的要求。

4　合同管理人员在履约中断、合同终止和（或）收尾结束时，做好合同文件的清点、保管或移交工作，依法满足合同相关方的需求。通常，合同管理人员不应过早撤离现场，应做完上述管理和善后工作，经项目部确认和同意后，方可离开现场。返回企业后，应及时进行合同文件和资料的归档保存工作。

16.2.9 本条规定了对合同收尾工作的要求。

1 当合同中没有明确规定时，合同收尾工作一般应包括：收集并整理合同及所有相关的文件、资料、记录和信息，总结经验和教训，按要求归档，实施正式的验收。按合同约定获取正式书面验收文件。

16.3 分包合同管理

16.3.1 本条规定了分包合同管理的要求。

1 在总承包合同环境下，项目部及合同管理人员应将分包合同纳入整体合同管理范围之内，注意与总承包合同管理保持一致并协调运作。这项工作应从分包合同招标准备开始，直到分包合同结束。

2 分包范围与内容应按总承包合同约定或项目需要而定，可以是施工分包、设计分包、采购分包、试运行服务或其他咨询服务分包等。在分包合同管理中，应注意两个问题：一是当业主指定分包商时，承包商应对分包商的资质及能力进行预审（必要时考查落实）和确认，当认为不符合要求时，应尽快报告业主并提出建议，否则，不免除承包商应承担的责任；二是《合同法》规定禁止承包人将工程分包给不具备相应资质条件的单位。

3 项目部对分包合同管理的重点是对分包工作（招标准备、招标、评标、谈判、合同订立、履行、变更、违约索赔、解决争议直至合同终止或结束）进行协调和控制，监督分包人完成分包合同规定的目标和任务。

16.3.3 本条规定了各类分包合同管理的职责。

1 设计：在分包合同订立前根据分包的需要对设计分包合同的性质、分包范围、采用的技术、考核指标、采用的标准规范、安全、职业健康与环境保护要求等内容加以研究确定并成为订立设计分包合同以

及实施履约监督的管理重点。

2 采购：在分包合同订立前，应特别关注选定合格的供货商、拟采用的标准规范以及交货和付款方式等内容，并成为订立采购分包合同以及实施履约监督的管理重点。

3 施工：在分包合同订立前，应关注对分包人的资格预审、分包范围、管理职责划分、竣工试验及移交方式等内容，并成为订立施工分包合同以及实施履约监控的重点。

16.3.7 本条规定了分包合同变更处理要求。

1 分包合同变更有下列两种情况：

1） 项目部根据项目情况和需要，向分包商发出书面指令或通知，要求对分包范围和内容进行变更，经双方评审并确认后则构成分包合同变更，应按变更程序处理。

2） 项目部接受分包商书面的"合理化建议"，对其在费用、进度、质量、技术性能、操作运行、安全维护等方面的作用及产生的影响进行澄清和评审，确认后，则构成分包合同变更，应按变更程序处理。

16.3.8 分包合同争议处理主要的原则是按照程序和法律规定办理并优先采用"和解"或"调解"的方式求得解决。具体处理程序可参照本章说明中16.2.5条的有关内容和说明。

16.3.9 分包合同的索赔处理应纳入总承包合同管理系统，具体要求可参照本章说明中16.2.7条的有关内容和说明。

16.3.10 分包合同文件管理应纳入总承包合同文件管理系统，具体要求可参照本章说明中16.2.8条的有关内容和说明。

16.3.11 分包合同收尾应纳入整个项目合同收尾范畴，具体要求可参照本章说明中16.2.9条的有关内容。

中华人民共和国国家标准

工程建设施工企业质量管理规范

Code for quality management of engineering construction enterprises

GB/T 50430—2007

主编部门：中华人民共和国建设部
批准部门：中华人民共和国建设部
施行日期：2008 年 3 月 1 日

中华人民共和国建设部
公　告

第 725 号

建设部关于发布国家标准《工程建设施工企业质量管理规范》的公告

现批准《工程建设施工企业质量管理规范》为国家标准，编号为 GB/T 50430 - 2007，自 2008 年 3 月 1 日起实施。

本规范由建设部标准定额研究所组织中国建筑工业出版社出版发行。

中华人民共和国建设部
2007 年 10 月 23 日

前　言

本规范根据中华人民共和国建设部"关于印发《二○○二～二○○三年度工程建设国家标准制订、修订计划》的通知"（建标〔2003〕102 号）的要求，由中国建筑业协会会同有关单位共同编制。

本规范以现行国际质量管理标准为原则，针对我国工程建设行业特点，提出施工企业的质量管理要求，促进施工企业质量管理的科学化、规范化和法制化，以适应经济全球化发展的需要。

在编制过程中，编制组对工程建设施工企业的质量管理现状进行了广泛的调查研究并认真总结了实践经验，为加强质量管理、健全质量管理体系、提高管理水平提供了依据。本规范在广泛征求意见的基础上，经过反复讨论、修改和完善，最终经审查定稿。

本规范的内容有 13 章，包括：总则，术语，质量管理基本要求，组织机构和职责，人力资源管理，施工机具管理，投标及合同管理，建筑材料、构配件和设备管理，分包管理，工程项目施工质量管理，施工质量检查与验收，质量管理自查与评价，质量信息和质量管理改进。

本规范由建设部负责管理，中国建筑业协会负责具体技术内容的解释。在执行过程中，请各单位结合工程实践，认真总结经验，如发现需要修改或补充之处，请将意见和建议寄中国建筑业协会《工程建设施工企业质量管理规范》编委会办公室（地址：北京中关村南大街 48 号九龙商务中心 A 座 7 层，邮政编码：100081），以供修订时参考。

本规范主编单位、参编单位和主要起草人：

主编单位：中国建筑业协会

参编单位：（排名不分先后）
同济大学经济与管理学院
北京市建设工程质量监督总站
上海市建设工程安全质量监督总站
辽宁省建筑工程质量监督总站
江苏省建筑工程管理局
广东省建设工程质量安全监督检测总站
中国建筑工程总公司
中国建筑第一工程局
中铁四局集团有限公司
上海市第七建筑有限公司
浙江宝业建设集团有限公司
北京艾斯欧管理研究中心
北京中建协质量体系认证中心

主要起草人：	尤建新	邵长利	靳玉英	龚晓海
	葛海斌	王燕民	李　君	张玉平
	郑伟革	叶伯铭	潘延平	唐世海
	刘　斌	田　浩	王荣富	刘宗孝
	顾勇新	常　义	施　骞	

6—5—2

目　次

1 总　则

1.0.1 为加强工程建设施工企业（以下简称"施工企业"）的质量管理工作，规范施工企业质量管理行为，促进施工企业提高质量管理水平，制定本规范。

1.0.2 本规范适用于施工企业的质量管理活动。

1.0.3 本规范是施工企业质量管理的标准，也是对施工企业质量管理监督、检查和评价的依据。

1.0.4 施工企业的质量管理活动，除执行本规范外，还应执行国家现行有关标准规范的规定。

2 术　语

2.0.1 质量管理活动 quality management action

为完成质量管理要求而实施的行动。

2.0.2 质量管理制度 quality management statute

按照某些质量管理要求建立的、适用于一定范围的质量管理活动要求。质量管理制度应规定质量管理活动的步骤、方法、职责。质量管理制度一般应形成文件。需要时，质量管理制度可由更加详细的文件要求加以支持。

2.0.3 质量信息 quality information

反映施工质量和质量活动过程的记录。

2.0.4 质量管理创新 quality management innovation

在原有质量管理基础上，为提高质量管理效率、降低质量管理成本而实施的质量管理制度、活动、方法的革新。

2.0.5 施工质量检查 quality inspection

施工企业对施工质量进行的检查、评定活动。

3 质量管理基本要求

3.1 一般规定

3.1.1 施工企业应结合自身特点和质量管理需要，建立质量管理体系并形成文件。

3.1.2 施工企业应对质量管理体系中的各项活动进行策划。

3.1.3 施工企业应检查、分析、改进质量管理活动的过程和结果。

3.2 质量方针和质量目标

3.2.1 施工企业应制定质量方针。质量方针应与施工企业的经营管理方针相适应，体现施工企业的质量管理宗旨和方向，包括：

 1 遵守国家法律、法规，满足合同约定的质量要求；

 2 在工程施工过程中及交工后，认真服务于发包方和社会，增强其满意程度，树立施工企业在市场中的良好形象；

 3 追求质量管理改进，提高质量管理水平。

3.2.2 施工企业的最高管理者应对质量方针进行定期评审并作必要的修订。

3.2.3 施工企业应根据质量方针制定质量目标，明确质量管理和工程质量应达到的水平。

3.2.4 施工企业应建立并实施质量目标管理制度。

3.3 质量管理体系的策划和建立

3.3.1 最高管理者应对质量管理体系进行策划。策划的内容应包括：

 1 质量管理活动、相互关系及活动顺序；

 2 质量管理组织机构；

 3 质量管理制度；

 4 质量管理所需的资源。

3.3.2 施工企业应根据质量管理体系的范围确定质量管理内容。施工企业质量管理内容一般包括：

 1 质量方针和目标管理；

 2 组织机构和职责；

 3 人力资源管理；

 4 施工机具管理；

 5 投标及合同管理；

 6 建筑材料、构配件和设备管理；

 7 分包管理；

 8 工程项目施工质量管理；

 9 施工质量检查与验收；

 10 工程项目竣工交付使用后的服务；

 11 质量管理自查与评价；

 12 质量信息管理和质量管理改进。

3.3.3 施工企业应建立文件化的质量管理体系。质量管理体系文件应包括：

 1 质量方针和质量目标；

 2 质量管理体系的说明；

 3 质量管理制度；

 4 质量管理制度的支持性文件；

 5 质量管理的各项记录。

3.4 质量管理体系的实施和改进

3.4.1 施工企业应确定并配备质量管理体系运行所需的人员、技术、资金、设备等资源。

3.4.2 施工企业应建立内部质量管理监督检查和考核机制，确保质量管理制度有效执行。

3.4.3 施工企业应评审和改进质量管理体系的适宜性和有效性。

3.5 文件管理

3.5.1 施工企业应建立并实施文件管理制度，明确文件管理的范围、职责、流程和方法。

3.5.2 施工企业的文件管理应符合下列规定：

  1 文件在发布之前经过批准；

  2 根据管理的需要对文件的适用性进行评审，必要时进行修改并重新批准发布；

  3 明确并及时获得质量管理活动所需的法律、法规和标准规范；

  4 及时获取所需文件的适用版本；

  5 文件的内容清晰明确；

  6 确保各岗位员工明确其活动所依据的文件；

  7 及时将作废文件撤出使用场所或加以标识。

3.5.3 施工企业应建立并实施记录管理制度，明确记录的管理职责，规定记录填写、标识、收集、保管、检索、保存期限和处置等要求。对存档记录的管理应符合档案管理的有关规定。

4 组织机构和职责

4.1 一般规定

4.1.1 施工企业应明确质量管理体系的组织机构，配备相应质量管理人员，规定相应的职责和权限并形成文件。

4.2 组织机构

4.2.1 施工企业应根据质量管理的需要，明确管理层次，设置相应的部门和岗位。

4.2.2 施工企业应在各管理层次中明确质量管理的组织协调部门或岗位，并规定其职责和权限。

4.3 职责和权限

4.3.1 施工企业最高管理者在质量管理方面的职责和权限应包括：

  1 组织制定质量方针和目标；

  2 建立质量管理的组织机构；

  3 培养和提高员工的质量意识；

  4 建立施工企业质量管理体系并确保其有效实施；

  5 确定和配备质量管理所需的资源；

  6 评价并改进质量管理体系。

4.3.2 施工企业应规定各级专职质量管理部门和岗位的职责和权限，形成文件并传递到各管理层次。

4.3.3 施工企业应规定其他相关职能部门和岗位的质量管理职责和权限，形成文件并传递到各管理层次。

4.3.4 施工企业应以文件的形式公布组织机构的变化和职责的调整，并对相关的文件进行更改。

5 人力资源管理

5.1 一般规定

5.1.1 施工企业应建立并实施人力资源管理制度。施工企业的人力资源管理应满足质量管理需要。

5.1.2 施工企业应根据质量管理长远目标制定人力资源发展规划。

5.2 人力资源配置

5.2.1 施工企业应以文件的形式确定与质量管理岗位相适应的任职条件，包括：

  1 专业技能；

  2 所接受的培训及所取得的岗位资格；

  3 能力；

  4 工作经历。

5.2.2 施工企业应按照岗位任职条件配置相应的人员。项目经理、施工质量检查人员、特种作业人员等应按照国家法律法规的要求持证上岗。

5.2.3 施工企业应建立员工绩效考核制度，规定考核的内容、标准、方式、频度，并将考核结果作为人力资源管理评价和改进的依据。

5.3 培训

5.3.1 施工企业应识别培训需求，根据需要制定员工培训计划，对培训对象、内容、方式及时间作出安排。

5.3.2 施工企业对员工的培训应包括：

  1 质量管理方针、目标、质量意识；

  2 相关法律、法规和标准规范；

  3 施工企业质量管理制度；

  4 专业技能和继续教育。

5.3.3 施工企业应对培训效果进行评价，并保存相应的记录。评价结果应用于提高培训的有效性。

6 施工机具管理

6.1 一般规定

6.1.1 施工企业应建立施工机具管理制度，对施工机具的配备、验收、安装调试、使用维护等作出规定，明确各管理层次及有关岗位在施工机具管理中的职责。

6.2 施工机具配备

6.2.1 施工企业应根据施工需要配备施工机具，配备计划应按规定经审批后实施。

6.2.2 施工企业应明确施工机具供应方的评价方法，

在采购或租赁前对其进行评价，并收集相应的证明资料和保存评价记录。评价的内容包括：

    1 经营资格和信誉；

    2 产品和服务的质量；

    3 供货能力；

    4 风险因素。

6.2.3 施工企业应依法与施工机具供应方订立合同，明确对施工机具质量及服务的要求。

6.2.4 施工企业应对施工机具进行验收，并保存验收记录。根据规定施工机具需确定安装或拆卸方案时，该方案应经批准后实施，安装后的施工机具经验收合格后方可使用。

6.3 施工机具使用

6.3.1 施工企业对施工机具的使用、技术和安全管理、维修保养等应符合相关规定的要求。

7 投标及合同管理

7.1 一般规定

7.1.1 施工企业应建立并实施工程项目投标及工程承包合同管理制度。

7.1.2 施工企业应依法进行工程项目投标及签约活动，并对合同履行情况进行监控。

7.2 投标及签约

7.2.1 施工企业应在投标及签约前，明确工程项目的要求，包括：

    1 发包方明示的要求；

    2 发包方未明示、但应满足的要求；

    3 与工程施工、验收和保修等有关的法律、法规和标准规范的要求；

    4 其他要求。

7.2.2 施工企业应通过评审在确认具备满足工程项目要求的能力后，依法进行投标及签约，并保存评审、投标和签约的相关记录。

7.3 合同管理

7.3.1 施工企业应使相关部门及人员掌握合同的要求，并保存相关记录。

7.3.2 施工企业对施工过程中发生的变更，应以书面形式签认，并作为合同的组成部分。施工企业对合同变更信息的接收、确认和处理的职责、流程、方法应符合相关规定，与合同变更有关的文件应及时进行调整并实施。

7.3.3 施工企业应及时对合同履约情况进行分析和记录，并用于质量改进。

7.3.4 在合同履行的各阶段，应与发包方或其代表

进行有效沟通。

8 建筑材料、构配件和设备管理

8.1 一般规定

8.1.1 施工企业应根据施工需要建立并实施建筑材料、构配件和设备管理制度。

8.2 建筑材料、构配件和设备的采购

8.2.1 施工企业应根据施工需要确定和配备项目所需的建筑材料、构配件和设备，并应按照管理制度的规定审批各类采购计划。计划未经批准不得用于采购。采购计划中应明确所采购产品的种类、规格、型号、数量、交付期、质量要求以及采购验证的具体安排。

8.2.2 施工企业应对供应方进行评价，合理选择建筑材料、构配件和设备的供应方。对供应方的评价内容应包括：

    1 经营资格和信誉；

    2 建筑材料、构配件和设备的质量；

    3 供货能力；

    4 建筑材料、构配件和设备的价格；

    5 售后服务。

8.2.3 施工企业应在必要时对供应方进行再评价。

8.2.4 对供应方的评价、选择和再评价的标准、方法和职责应符合管理制度的规定，并保存相应的记录。

8.2.5 施工企业应根据采购计划订立采购合同。

8.3 建筑材料、构配件和设备的验收

8.3.1 施工企业应对建筑材料、构配件和设备进行验收。必要时，应到供应方的现场进行验证。验收的过程、记录和标识应符合有关规定。未经验收的建筑材料、构配件和设备不得用于工程施工。

8.3.2 施工企业应按照规定的职责、权限和方式对验收不合格的建筑材料、构配件和设备进行处理，并记录处理结果。

8.3.3 施工企业应确保所采购的建筑材料、构配件和设备符合有关职业健康、安全与环保的要求。

8.4 建筑材料、构配件和设备的现场管理

8.4.1 施工企业应在管理制度中明确建筑材料、构配件和设备的现场管理要求。

8.4.2 施工企业应对建筑材料、构配件和设备进行贮存、保管和标识，并按照规定进行检查，发现问题及时处理。

8.4.3 施工企业应明确对建筑材料、构配件和设备的搬运及防护要求。

8.4.4 施工企业应明确建筑材料、构配件和设备的发放要求，建立发放记录，并具有可追溯性。

8.5 发包方提供的建筑材料、构配件和设备

8.5.1 施工企业应按照有关规定和标准对发包方提供的建筑材料、构配件和设备进行验收。

8.5.2 施工企业对发包方提供的建筑材料、构配件和设备在验收、施工安装、使用过程中出现的问题，应做好记录并及时向发包方报告，按照规定处理。

9 分 包 管 理

9.1 一 般 规 定

9.1.1 施工企业应建立并实施分包管理制度，明确各管理层次和部门在分包管理活动中的职责和权限，对分包方实施管理。

9.1.2 施工企业应对分包工程承担相关责任。

9.2 分包方的选择和分包合同

9.2.1 施工企业应按照管理制度中规定的标准和评价办法，根据所需分包内容的要求，经评价依法选择合适的分包方，并保存评价和选择分包方的记录。对分包方的评价内容应包括：

1. 经营许可和资质证明；
2. 专业能力；
3. 人员结构和素质；
4. 机具装备；
5. 技术、质量、安全、施工管理的保证能力；
6. 工程业绩和信誉。

9.2.2 施工企业应按照总承包合同的约定，依法订立分包合同。

9.3 分包项目实施过程的控制

9.3.1 施工企业应在分包项目实施前对从事分包的有关人员进行分包工程施工或服务要求的交底，审核批准分包方编制的施工或服务方案，并据此对分包方的施工或服务条件进行确认和验证，包括：

1. 确认分包方从业人员的资格与能力；
2. 验证分包方的主要材料、设备和设施。

9.3.2 施工企业对项目分包管理活动的监督和指导应符合分包管理制度的规定和分包合同的约定。施工企业应对分包方的施工和服务过程进行控制，包括：

1. 对分包方的施工和服务活动进行监督检查，发现问题及时提出整改要求并跟踪复查；
2. 依据规定的步骤和标准对分包项目进行验收。

9.3.3 施工企业应对分包方的履约情况进行评价并保存记录，作为重新评价、选择分包方和改进分包管理工作的依据。

10 工程项目施工质量管理

10.1 一 般 规 定

10.1.1 施工企业应建立并实施工程项目施工质量管理制度，对工程项目施工质量管理策划、施工设计、施工准备、施工质量和服务予以控制。

10.1.2 施工企业应对项目经理部的施工质量管理进行监督、指导、检查和考核。

10.2 策 划

10.2.1 施工企业项目经理部应负责工程项目施工质量管理。项目经理部的机构设置和人员配备应满足质量管理的需要。

10.2.2 项目经理部应按规定接收设计文件，参加图纸会审和设计交底并对结果进行确认。

10.2.3 施工企业应按照规定的职责实施工程项目质量管理策划，包括：

1. 质量目标和要求；
2. 质量管理组织和职责；
3. 施工管理依据的文件；
4. 人员、技术、施工机具等资源的需求和配置；
5. 场地、道路、水电、消防、临时设施规划；
6. 影响施工质量的因素分析及其控制措施；
7. 进度控制措施；
8. 施工质量检查、验收及其相关标准；
9. 突发事件的应急措施；
10. 对违规事件的报告和处理；
11. 应收集的信息及其传递要求；
12. 与工程建设有关方的沟通方式；
13. 施工管理应形成的记录；
14. 质量管理和技术措施；
15. 施工企业质量管理的其他要求。

10.2.4 施工企业应将工程项目质量管理策划的结果形成文件并在实施前批准。策划的结果应按规定得到发包方或监理方的认可。

10.2.5 施工企业应根据施工要求对工程项目质量管理策划的结果实行动态管理，及时调整相关文件并监督实施。

10.3 施 工 设 计

10.3.1 施工企业进行施工设计时，应明确职责，策划并实施施工设计的管理。施工企业应对其委托的施工设计活动进行控制。

10.3.2 施工企业应确定施工设计所需的评审、验证和确认活动，明确其程序和要求。

施工企业应明确施工设计的依据，并对其内容进

行评审。设计结果应形成必要的文件，经审批后方可使用。

10.3.3 施工企业应明确设计变更及其批准方式和要求，规定变更所需的评审、验证和确认程序；对变更可能造成的施工质量影响进行评审，并保存相关记录。

10.4 施工准备

10.4.1 施工企业应依据工程项目质量管理策划的结果实施施工准备。

10.4.2 施工企业应按规定向监理方或发包方进行报审、报验。施工企业应确认项目施工已具备开工条件，按规定提出开工申请，经批准后方可开工。

10.4.3 施工企业应按规定将质量管理策划的结果向项目经理部进行交底，并保存记录。

施工企业应根据项目管理需要确定交底的层次和阶段以及相应的职责、内容、方式。

10.5 施工过程质量控制

10.5.1 项目经理部应对施工过程质量进行控制。包括：

　　1　正确使用施工图纸、设计文件、验收标准及适用的施工工艺标准、作业指导书。适用时，对施工过程实施样板引路；

　　2　调配符合规定的操作人员；

　　3　按规定配备、使用建筑材料、构配件和设备、施工机具、检测设备；

　　4　按规定施工并及时检查、监测；

　　5　根据现场管理有关规定对施工作业环境进行控制；

　　6　根据有关要求采用新材料、新工艺、新技术、新设备，并进行相应的策划和控制；

　　7　合理安排施工进度；

　　8　采取半成品、成品保护措施并监督实施；

　　9　对不稳定和能力不足的施工过程、突发事件实施监控；

　　10　对分包方的施工过程实施监控。

10.5.2 施工企业应根据需要，事先对施工过程进行确认，包括：

　　1　对工艺标准和技术文件进行评审，并对操作人员上岗资格进行鉴定；

　　2　对施工机具进行认可；

　　3　定期或在人员、材料、工艺参数、设备发生变化时，重新进行确认。

10.5.3 施工企业应对施工过程及进度进行标识，施工过程应具有可追溯性。

10.5.4 施工企业应保持与工程建设有关方的沟通，按规定的职责、方式对相关信息进行管理。

10.5.5 施工企业应建立施工过程中的质量管理记录。施工记录应符合相关规定的要求。施工过程中的质量管理记录应包括：

　　1　施工日记和专项施工记录；

　　2　交底记录；

　　3　上岗培训记录和岗位资格证明；

　　4　施工机具和检验、测量及试验设备的管理记录；

　　5　图纸的接收和发放、设计变更的有关记录；

　　6　监督检查和整改、复查记录；

　　7　质量管理相关文件；

　　8　工程项目质量管理策划结果中规定的其他记录。

10.6 服务

10.6.1 施工企业应按规定进行工程移交和移交期间的防护。

10.6.2 施工企业应按规定的职责对工程项目的服务进行策划，并组织实施。服务应包括：

　　1　保修；

　　2　非保修范围内的维修；

　　3　合同约定的其他服务。

10.6.3 施工企业应在规定的期限内对服务的需求信息作出响应，对服务质量应按照相关规定进行控制、检查和验收。

10.6.4 施工企业应及时收集服务的有关信息，用于质量分析和改进。

11 施工质量检查与验收

11.1 一 般 规 定

11.1.1 施工企业应建立并实施施工质量检查制度。施工企业应规定各管理层次对施工质量检查与验收活动进行监督管理的职责和权限。检查和验收活动应由具备相应资格的人员实施。施工企业应按规定做好对分包工程的质量检查和验收工作。

11.1.2 施工企业应配备和管理施工质量检查所需的各类检测设备。

11.2 施工质量检查

11.2.1 施工企业应对施工质量检查进行策划，包括质量检查的依据、内容、人员、时机、方法和记录。策划结果应按规定经批准后实施。

11.2.2 施工企业对质量检查记录的管理应符合相关制度的规定。

11.2.3 项目经理部应根据策划的安排和施工质量验收标准实施检查。

11.2.4 施工企业应对项目经理部的质量检查活动进行监控。

11.3　施工质量验收

11.3.1　施工企业应按规定策划并实施施工质量验收。施工企业应建立试验、检测管理制度。

11.3.2　施工企业应在竣工验收前，进行内部验收，并按规定参加工程竣工验收。

11.3.3　施工企业应对工程资料的管理进行策划，并按规定加以实施。工程资料的形成应与工程进度同步。施工企业应按规定及时向有关方移交相应资料。归档的工程资料应符合档案管理的规定。

11.4　施工质量问题的处理

11.4.1　施工企业应建立并实施质量问题处理制度，规定对发现质量问题进行有效控制的职责、权限和活动流程。

11.4.2　施工企业应对质量问题的分类、分级报告流程作出规定，按照要求分别报告工程建设有关方。

11.4.3　施工企业应对各类质量问题的处理制定相应措施，经批准后实施，并应对质量问题的处理结果进行检查验收。

11.4.4　施工企业应保存质量问题的处理和验收记录，建立质量事故责任追究制度。

11.5　检测设备管理

11.5.1　施工企业应按照要求配备检测设备。检测设备管理应符合下列规定：

1　根据需要采购或租赁检测设备，并对检测设备供应方进行评价；

2　使用前对检测设备进行验收；

3　按照规定的周期校准检测设备，标识其校准状态并保持清晰，确保其在有效检定周期内方可用于施工质量检测，校准记录应予以保存；

4　对国家或地方没有校准标准的检测设备制定相应的校准标准；

5　对设备进行必要的维护和保养，保持其完好状态。设备的使用、管理人员应经过培训；

6　在发现检测设备失准时评价已测结果的有效性，并采取相应的措施；

7　对检测设备所使用的软件在使用前的确认和再确认予以规定。

12　质量管理自查与评价

12.1　一般规定

12.1.1　施工企业应建立质量管理自查与评价制度，对质量管理活动进行监督检查。施工企业应对监督检查的职责、权限、频度和方法作出明确规定。

12.2　质量管理活动的监督检查与评价

12.2.1　施工企业应对各管理层次的质量管理活动实施监督检查，明确监督检查的职责、频度和方法。对检查中发现的问题应及时提出书面整改要求，监督实施并验证整改效果。监督检查的内容包括：

1　法律、法规和标准规范的执行；

2　质量管理制度及其支持性文件的实施；

3　岗位职责的落实和目标的实现；

4　对整改要求的落实。

12.2.2　施工企业应对项目经理部的质量管理活动进行监督检查，内容包括：

1　项目质量管理策划结果的实施；

2　对本企业、发包方或监理方提出的意见和整改要求的落实；

3　合同的履行情况；

4　质量目标的实现。

12.2.3　施工企业应对质量管理体系实施年度审核和评价。施工企业应对审核中发现的问题及其原因提出书面整改要求，并跟踪其整改结果。质量管理审核人员的资格应符合相应的要求。

12.2.4　施工企业应策划质量管理活动监督检查和审核的实施。策划的依据包括：

1　各部门和岗位的职责；

2　质量管理中的薄弱环节；

3　有关的意见和建议；

4　以往检查的结果。

12.2.5　施工企业应建立和保存监督检查和审核的记录，并将所发现的问题及整改的结果作为质量管理改进的重要信息。

12.2.6　施工企业应收集工程建设有关方的满意情况的信息，并明确这些信息收集的职责、渠道、方式及利用这些信息的方法。

13　质量信息和质量管理改进

13.1　一般规定

13.1.1　施工企业应采用信息管理技术，通过质量信息资源的开发和利用，提高质量管理水平。

13.1.2　施工企业应建立并实施质量信息管理和质量管理改进制度，通过对质量信息的收集和分析，确定改进的目标，制定并实施质量改进措施。

13.1.3　施工企业应明确各层次、各岗位的质量信息管理和质量管理改进职责。

13.1.4　施工企业的质量管理改进活动应包括：质量方针和目标的管理、信息分析、监督检查、质量管理体系评价、纠正与预防措施等。

13.2 质量信息的收集、传递、分析与利用

13.2.1 施工企业应明确为正确评价质量管理水平所需收集的信息及其来源、渠道、方法和职责。收集的信息应包括：

1 法律、法规、标准规范和规章制度等；

2 工程建设有关方对施工企业的工程质量和质量管理水平的评价；

3 各管理层次工程质量管理情况及工程质量的检查结果；

4 施工企业质量管理监督检查结果；

5 同行业其他施工企业的经验教训；

6 市场需求；

7 质量回访和服务信息。

13.2.2 施工企业应总结项目质量管理策划结果的实施情况，并将其作为质量分析和改进的信息予以保存和利用。

13.2.3 施工企业各管理层次应按规定对质量信息进行分析，判断质量管理状况和质量目标实现的程度，识别需要改进的领域和机会，并采取改进措施。施工企业在分析过程中，应使用有效的分析方法。分析结果应包括：

1 工程建设有关方对施工企业的工程质量、质量管理水平的满意程度；

2 施工和服务质量达到要求的程度；

3 工程质量水平、质量管理水平、发展趋势以及改进的机会；

4 与供应方、分包方合作的评价。

13.2.4 施工企业最高管理者应按照规定的周期，分析评价质量管理体系运行的状况，提出改进目标和要求。质量管理体系的评价包括：

1 质量管理体系的适宜性、充分性、有效性；

2 施工和服务质量满足要求的程度；

3 工程质量、质量管理活动状况及发展趋势；

4 潜在问题的预测；

5 工程质量、质量管理水平改进和提高的机会；

6 资源需求及满足要求的程度。

13.3 质量管理改进与创新

13.3.1 施工企业应根据对质量管理体系的分析和评价，提出改进目标，制定和实施改进措施，跟踪改进的效果；分析工程质量、质量管理活动中存在或潜在问题的原因，采取适当的措施，并验证措施的有效性。

13.3.2 施工企业可根据质量管理分析、评价的结果，确定质量管理创新的目标及措施，并跟踪、反馈实施结果。

13.3.3 施工企业应按规定保存质量管理改进与创新的记录。

本规范用词说明

1 为便于在执行本规范条文时区别对待，对于要求严格程度不同的用词说明如下：

  1) 表示很严格，非这样不可的：

    正面词采用"必须"；

    反面词采用"严禁"。

  2) 表示严格，在正常情况下均应这样做的：

    正面词采用"应"；

    反面词采用"不应"或"不得"。

  3) 表示允许稍有选择，在条件许可时首先应这样做的：

    正面词采用"宜"；

    反面词采用"不宜"；

    表示有选择，在一定条件下可以这样做的，采用"可"。

2 条文中指定应按其他有关标准执行的写法为"应符合……规定（要求）"或"应按照……执行"。

中华人民共和国国家标准

工程建设施工企业质量管理规范

GB/T 50430—2007

条 文 说 明

目　次

1 总　　则

1.0.1　本规范确定了施工企业各项质量管理活动的内容和要求，是施工企业质量管理的行为准则，是施工和服务质量符合法律、法规要求的基本保证。本规范所确定的是施工企业质量管理的一般内容。第 10 章中的第 3 节对没有施工设计的施工企业不予约束。

本规范在提出质量管理基本要求的基础上，鼓励施工企业实施质量管理创新。

1.0.2　本规范适用于各行业从事工程承包活动的施工企业，包括总承包企业和专业承包企业。

1.0.3　施工企业实施质量管理时，可以本规范为基础，根据需要增加其他要求实行自律。对施工企业质量管理的监督检查和动态管理均可依据本规范进行。

3　质量管理基本要求

3.1　一　般　规　定

3.1.1　质量管理的各项要求是通过质量管理体系实现的。质量管理体系是在质量方面指挥和控制组织建立质量方针和质量目标并实现这些目标的相互关联或相互作用的一组要素。

施工企业应按照本规范的要求完善原有的质量管理体系。

3.1.2　施工企业的质量管理活动应遵循持续改进的原则。通过质量管理活动的策划，明确其目的、职责、步骤和方法。各项质量管理活动的实施应保证资源的提供并按照策划的结果进行。

策划是指为达到一定目标，在调查、分析有关信息的基础上，遵循一定的程序，对未来某项工作进行全面的构思和安排，制定和选择合理可行的执行方案，并根据目标要求和环境变化对方案进行修改、调整的活动。

3.1.3　对质量管理活动的过程和结果应采取适宜的方式进行检查、监督和分析，以确定质量管理活动的有效性，明确改进的必要性和方向，通过改进活动的实施使质量管理水平不断提高。

3.2　质量方针和质量目标

3.2.1　质量方针是由施工企业的最高管理者制定的该企业总的质量宗旨和方向。最高管理者是在施工企业的最高层指挥和控制施工企业的一个人或一组人。建立质量方针有以下意义：

1　统一全体员工质量意识，规范其质量行为；

2　规定质量管理的方向和原则；

3　作为检验质量管理体系运行效果的标准。

质量方针必须经过最高管理者批准后生效。施工企业可自行确定质量方针发布的形式，可以单独发布或并入施工企业的其他管理文件中发布。

质量方针的内涵应清晰明确，便于员工对质量方针的理解、传递和实施。

3.2.2　对质量方针的评审和修订是施工企业质量管理改进的重要手段之一。施工企业应根据内外部条件的变化，保持质量方针的适宜性。

3.2.3　质量目标的建立应为施工企业及其员工确立质量活动的努力方向。质量目标应与其他管理目标相协调。质量目标可以以长期目标、阶段性目标、年度目标等形式确定，并应使各目标协调一致。

质量目标应是可测量的。施工企业应通过适当的方式明确质量目标中各项指标的内涵。

3.2.4　施工企业各管理层次应按照质量目标管理制度的要求监督检查质量目标的分解、落实情况，并对其实现情况进行考核。质量目标考核结果应作为质量管理改进依据的组成部分。

3.3　质量管理体系的策划和建立

3.3.1　质量管理体系策划应以有效实施质量方针和实现质量目标为目的，使质量管理体系的建立满足质量管理的需要。

质量管理体系的策划可以采取以下方法：

1　制定相关制度，确定质量管理活动的准则和方法；

2　制定质量管理活动的计划、方案或措施。

施工企业对质量管理体系策划时，应分析原有质量管理基础，对照本规范调整、补充和完善质量管理要求。

最高管理者也可委托管理层中的其他人，负责质量管理体系的建立、实施和改进活动，并通过适当的方式明确其责任和权利。

3.3.2　施工企业可根据需要将其他必要的管理内容纳入质量管理体系。

3.3.3　质量管理体系说明应表明质量管理体系的总体概况，用于对内管理或对外声明的需要。质量管理体系说明的内容应包括：质量管理体系的范围，各项质量管理制度（或引用），各项质量管理活动之间相互关系、相互影响的说明。质量管理说明可采取适宜的形式和结构，可单独形成文件，也可与其他文件合并。

质量管理制度的结构、层次、形式可根据需要确定。各项管理制度内容应侧重于对各项活动的操作性规定，并考虑管理活动的复杂程度、人员的素质等方面的因素。质量管理制度可以直接引用相关法律、法规和标准规范。

必要的支持性文件是指支持质量管理制度所需的操作规程、工法、管理办法等管理性及技术性要求等。

　　文件化质量管理制度及其支持性文件可根据需要合理采用不同的媒体形式。

3.4　质量管理体系的实施和改进

3.4.1　施工企业应根据质量管理的范围、深度及方法，确定和配备资源。

3.4.2　施工企业对所有质量管理活动应采取适当的方式进行监督检查，明确监督检查的职责、依据和方法，对其结果进行分析。根据分析结果明确改进目标，采取适当的改进措施，以提高质量管理活动的效率。

3.4.3　质量管理体系的适宜性是指质量管理体系能持续满足内外部环境变化需要的能力；有效性是指通过完成质量管理体系的活动而达到质量方针和质量目标的程度。

3.5　文件管理

3.5.1　文件管理的范围应包括与各项质量管理活动相关的法律、法规、标准、规范、合同、管理制度、支持性文件、其他各种形式的工作依据等。

3.5.2　施工企业应规定各类文件的审批职责。应按照确定的范围发放文件，保证所有岗位都能得到需使用的文件。当文件进行修改时应及时通知原文件持有人。

3.5.3　记录是特殊形式的文件，可以以多种媒体形式出现。应确定记录管理的范围和类别，凡在日常质量活动中形成的记载各类质量管理活动的文件均属于记录。

　　记录的形成应与质量活动同步进行。应在管理制度中明确规定各层次、部门和岗位在记录管理方面的职责和权限，明确各岗位的质量活动应形成的记录及其内容、形式、时机和传递方式，记录的形成和传递均应作为各岗位的职责内容之一。

　　应以适当的方式识别记录，记录应便于查找和检索，可以通过建立目录的形式达到要求。

　　应明确记录的归档范围并在适宜的环境条件下保存各类记录。

　　应根据工程建设需要和施工企业的特点设置档案管理部门和档案管理人员，建立档案管理的规章制度。

4　组织机构和职责

4.1　一　般　规　定

4.1.1　最高管理者应确定适合施工企业自身特点的组织形式，合理划分管理层次和职能部门，确保各项管理活动高效、有序地运行。

4.2　组　织　机　构

4.2.1　施工企业质量管理组织机构的设置应与质量管理制度要求一致。确定组织机构时，管理层次、部门或岗位的设置均应与质量管理需要相适应。

4.2.2　施工企业可在各管理层次中设置专职或兼职的部门或岗位，负责质量管理的组织和协调工作。

4.3　职　责　和　权　限

4.3.1　施工企业最高管理者履行质量管理方面的职责和权限应以贯彻质量方针、实现质量目标，不断增强相关方、社会的满意程度为目的。

4.3.2～4.3.3　质量管理职责应与质量管理制度的规定一致并覆盖所有质量管理活动。

4.3.4　施工企业组织机构的变化或岗位设置调整时，需对有关制度作相应调整，并通知到相关岗位。

5　人力资源管理

5.1　一　般　规　定

5.1.1　施工企业应建立人力资源的约束和激励机制，包括人力资源的配置、劳动纪律、培训、考核、奖惩等，明确人力资源管理活动的流程和方法。施工企业应建立和保存人力资源管理的适当记录。

5.1.2　施工企业最高管理者应根据企业发展的需要提出人力资源的发展规划。

5.2　人力资源配置

5.2.1　可以采用岗位说明、职位说明书等方式明确岗位任职条件。

5.2.2　施工企业可采取包括招聘、调岗、培训等措施配置人力资源，其结果都必须使人力资源满足质量管理要求。施工企业应明确招聘与录用的职责和权限，并确定录用的标准以及考核的方式。

　　质量方针或质量目标修订时，人力资源的需求也应作相应调整。

　　施工企业的项目经理以及质量检查、技术、计量、试验管理等人员的配置必须达到有关规定的要求，规定要求注册的必须经注册后方能执业。

5.2.3　对员工绩效考核的依据可包括以下方面：

　　1　质量管理制度；

　　2　各岗位的工作标准；

　　3　各岗位的工作目标。

　　施工企业宜根据实际情况确定绩效考核的时间、频度、方法和标准，按照规定的要求进行考核。绩效考核的标准应与质量管理目标的有关要求相协调。

5.3　培　　　　训

5.3.1　施工企业的培训计划应明确培训范围、培训层次、培训方式、培训内容、时间进度以及教师和教材等。

培训应达到增强质量意识、增加技术知识和提高技能的目的。识别培训需求应考虑以下几方面：

1 施工企业发展的需要；

2 外部的要求，如法律法规对人员的要求和标准；

3 人力资源状况；

4 员工职业生涯发展的要求。

5.3.2 培训应使员工能够明确各自岗位的职责和在质量管理体系中的作用和意义，促进员工提高其岗位技能。

应明确新员工常规培训的方式和内容。

与质量有关的继续教育的内容包括：质量管理发展趋势，新规范、新工艺、新技术、新材料、新设备等行业动态。

5.3.3 施工企业可以通过笔试、面试、实际操作等方式以及随后的业绩评价等方法检查培训效果是否达到了培训计划所确定的培训目标。

施工企业应建立培训记录，记载教育、培训、技能、经历和必要的鉴定情况。

6 施工机具管理

6.1 一般规定

6.1.1 施工机具是指在施工过程中为了满足施工需要而使用的各类机械、设备、工具等，包括自有、租赁和分包方的设备。

施工企业应明确主管领导在施工机具管理中的具体责任，规定各管理层及项目经理部在施工机具管理中的管理职责及方法。

6.2 施工机具配备

6.2.1 施工机具配备计划也可根据施工企业发展的需要专门制订或根据工程项目的需要在项目管理策划时确定。

施工机具配备计划的审批权限应符合管理制度的规定。

施工机具的配备可采用购置和租赁的方式。

6.2.2 施工企业可根据施工机具的类别和对施工质量的影响程度，分别确定各类施工机具供应方的评价和选择标准。

供货能力一般包括：生产能力、运输能力、贮存能力、交货期的准确性等。

6.2.3 施工机具采购或租赁合同应符合经审批的配备计划。

6.2.4 施工企业应根据施工机具配备计划、采购或租赁合同、工程施工进度等对施工机具进行验收。

施工企业应明确参加验收人员的职责和验收方法。对于购置的施工机具，验收人员应根据合同及"装箱清单"或"设备附件明细表"等目录进行清点，包括设备、备件、工具、说明书、合格证等文件；大型施工机具的随机文件应作为施工机具档案按照相关制度的规定归档管理。

对于租赁的设备应按照合同的规定验证其施工机具型号、随行操作人员的资格证明等。

对于安装试运行出现问题或验收不合格的施工机具应按照合同的约定予以处理。

6.3 施工机具使用

6.3.1 施工机具在使用过程中应符合定机、定人、定岗、持证上岗、交接、维护保养等规定。施工企业应建立必要的施工机具档案，制定施工机具技术和安全管理规定。

7 投标及合同管理

7.1 一般规定

7.1.1 施工企业应通过对工程项目投标及承包合同的管理，确保充分了解发包方及有关各方对工程项目施工和服务质量的要求，并有能力实现这些要求。

7.1.2 施工企业应在投标或签约前对工程项目立项、招标等行为的合法性进行验证。

7.2 投标及签约

7.2.1 "发包方明示的要求"是指发包方在招标文件及合同中明确提出的要求。

"发包方未明示，但应满足的要求"是指以行业的技术或管理要求为准，施工企业必须满足的要求。

"其他要求"包括：施工企业对项目部的要求；为使发包方满意而对其作出的承诺。

7.2.2 施工企业应在合同签订及履行过程中，确定与工程项目有关的要求，并通过适宜的方式对这些要求进行评审，以确认是否有能力满足这些要求。

投标及签约的有关记录应能为证实项目施工和服务质量符合要求提供必要的追溯和依据。需保存的记录一般有：对招标文件和施工承包合同的分析记录、投标文件和承包合同及其审核批准记录、工程合同台账、合同变更、施工过程中的各类有关会议纪要、函件等。

7.3 合同管理

7.3.1 合同要求可根据需要采用合同文本发放、会议、书面交底等多种方式进行传递。

7.3.2 施工过程中产生的变更包括：来自设计单位或发包方的变更以及施工企业提出的、经认可的变更。

在履约过程中，施工企业应随时收集与工程项目有关的要求变更的信息，包括：法律法规要求、施工承包合同及本企业要求的变化，并在规定范围内传递。必要时，应修改相应的项目质量管理文件。

7.3.3 合同履行信息的传递应确保管理部门能够及时掌握合同履行情况并采取相应的措施。

7.3.4 施工企业对合同履行情况的分析可在合同履行过程中或完成后进行。施工企业宜根据项目的重要程度、工期长短及管理要求等对分析的时机作出规定。

8 建筑材料、构配件和设备管理

8.1 一般规定

8.1.1 施工企业的建筑材料、构配件和设备管理制度中应明确各管理层次管理活动的内容、方法及相应的职责和权限。

8.2 建筑材料、构配件和设备的采购

8.2.1 项目所需的建筑材料、构配件和设备应作为项目管理策划内容的组成部分。

各类建筑材料、构配件和设备采购计划审批的权限和流程应在制度中明确规定。

施工企业可根据需要分别编制建筑材料、构配件和设备需求计划、供应计划、申请计划、采购计划等，应确定所需计划的类别，明确各类计划中应包含的内容。计划编制人员应明确各类计划编制的依据和要求，应确定各类计划编制和提供的时间要求。

8.2.2 施工企业应根据建筑材料、构配件和设备对施工质量的影响程度对供应方进行评价。

施工企业可根据所采购的建筑材料、构配件和设备的重要程度、金额等分别制定评价标准，并应规定评价的职责。应分别针对供货厂家、经销商制定不同的评价标准。

供应方的信誉可从其社会形象、其与本施工企业合作的历史情况等方面反映；供货能力包括储运能力、交货期的准确性等。

根据所提供产品的重要程度不同，对供货厂家评价时，一般应在如下范围内收集可以溯源的证明资料：

1 资质证明、产品生产许可证明；
2 产品鉴定证明；
3 产品质量证明；
4 质量管理体系情况；
5 产品生产能力证明；
6 与该厂家合作的证明。

对经销商进行评价时，一般应在如下范围内收集可以溯源的证明资料：

1 经营许可证明；
2 产品质量证明；
3 与该经销商合作的证明。

对发包方指定的供应方也应进行评价。当从发包方指定的供应方采购时，发包方在工程施工合同中提出的要求、直接或间接地在各种场合、以各种方式指定供应方的记录都应成为选择供应方的依据。

8.2.3 施工企业应对供应方的再评价作出明确规定。

8.2.4 评价、选择和再评价的相应记录可包括：对供应方的各种形式的调查、评价和选择记录，相应的证明资料，合格供应方名录、名单等；若以招标形式选择供应方，则应保存招标过程的各项记录。

8.2.5 采购合同的内容应包括：名称、品种、规格型号、数量、计量单位、明确的技术质量指标、包装等。

8.3 建筑材料、构配件和设备的验收

8.3.1 建筑材料、构配件和设备验收的目的是检查其数量和质量是否符合采购的要求。

建筑材料、构配件和设备进场验收的策划是项目质量管理策划的内容之一，可单独形成文件，作为物资进场验收的依据。

建筑材料、构配件和设备进场验收前应做好相应准备工作。验收时需准确核对各类凭证，确认其是否齐全、有效、相符，并按合同要求检查数量和质量。

对下列材料还应进行检验：国家和地方政府规定的必须复试的材料；质量证明文件缺项、数据不清、实物与质量证明资料不符的材料；超出保质期或规格型号混存不明的材料，应按照国家的取样标准取样复试。

8.3.2 不合格建筑材料、构配件和设备有如下几种情况：

1 不符合国家规定的验收标准；
2 不符合发包方的要求；
3 不符合计划规定的要求。

施工企业应安排相关人员负责对不合格建筑材料、构配件和设备进行记录标识、隔离，以防误用。

对不合格建筑材料、构配件和设备可采取以下处理措施：

1 拒收；
2 加工使其合格后直接使用；
3 经发包方及设计方同意改变用途使用；
4 降级使用；
5 限制使用范围；
6 报废。

8.4 建筑材料、构配件和设备的现场管理

8.4.2 建筑材料、构配件和设备保管应保证其数量、

质量，堆放场地和库房必须满足相应的贮存要求。

8.4.3 施工企业对易燃、易爆、易碎、超长、超高、超重建筑材料、构配件和设备，应明确搬运要求，并对其进行防护，防止损坏、变质、变形。当需要编制搬运方案时，应经审批后向操作人员进行交底并组织实施。

8.4.4 建筑材料、构配件和设备的可追溯性可以通过连续的记录实现，应确保进场验收记录、检验试验记录、保管记录和使用发放记录的连续性。

8.5 发包方提供的建筑材料、构配件和设备

8.5.1 发包方提供的建筑材料、构配件和设备是指与发包方订立的合同中所确定的由发包方提供的建筑材料、构配件和设备。

8.5.2 在对发包方提供的建筑材料、构配件和设备验证时发现问题应及时和发包方沟通，同时采取标识、隔离等措施，按照与发包方协商的结果进行处理，并做好记录。

9 分 包 管 理

9.1 一 般 规 定

9.1.1 施工企业应明确在本企业中存在的分包类别，如：劳务、专业工程承包、设施设备租赁、技术服务等，并根据所确定的分包类别制定相应的管理制度。

9.1.2 施工企业必须取得发包方的同意，才能将工程合法分包。以下情况视为已取得发包方的同意：

　　1 已在总承包合同中约定许可分包的；

　　2 履行承包合同过程中，发包方认可分包的；

　　3 总承包单位在投标文件中声明中标后准备分包，并经合法程序中标的。

9.2 分包方的选择和分包合同

9.2.1 施工企业对分包方进行评价和选择的方法包括：招标、组织相关职能部门实施评审，对分包方提供的资料进行评定，对分包方的施工能力进行现场调查等，必要时可对分包方进行质量管理体系审核。

　　对于设备租赁和技术服务分包方的选择可重点考查其资质、服务人员的资格、设备完好程度、提供技术资料的承诺等。

　　对分包方评价的记录可包括：

　　1 经营许可和资质证明文件；

　　2 质量管理体系审核记录；

　　3 评审的会议记录、传阅记录；

　　4 合格分包方名册；

　　5 招标过程的各项记录。

9.2.2 施工企业与分包方订立分包合同时，应以工程总承包合同为基础。分包合同应：

　　1 符合法律法规的规定；

　　2 符合建设工程总承包合同或专业施工合同的规定；

　　3 明确施工或服务范围，双方的权利和义务，质量职责和违约责任；

　　4 明确分包工程或服务的工艺标准和质量标准；

　　5 明确对分包方的施工或服务方案、过程、程序和设备的签认、审批要求；

　　6 明确分包方从业人员的资格能力要求。

　　与分包方订立的非标准文本合同至少应包括：所分包的内容、时间、质量、安全、文明施工等要求，结算方式与付款办法，交工后必须提供的服务，违约处理意见等。

9.3 分包项目实施过程的控制

9.3.1 对分包方的验证应在施工或服务开始前进行。

9.3.2 施工企业对分包方的控制要求是项目管理策划的重要内容。

　　分包项目结束时，施工企业应按照规定的质量标准进行验收。在验收合格前，不得接收分包项目。

9.3.3 施工企业对分包方履约情况的评价，可在分包施工和服务活动过程中或结束后进行，按照管理要求由项目经理部或相关部门实施。

　　分包管理工作的改进包括：发现并处理分包管理中的问题；重新确定、批准合格分包方；修订分包管理制度等。

10 工程项目施工质量管理

10.1 一 般 规 定

10.1.1 施工企业应通过建立并实施从工程项目管理策划至保修管理的制度，对工程项目施工的质量管理活动加以规范，有效控制工程施工质量和服务质量。

　　工程项目施工和服务质量管理中的建筑材料、构配件和设备管理活动、分包管理活动应符合本规范第8、9章中规定。

10.1.2 项目经理部的职责是实施项目施工管理，施工企业其他各管理层次应对项目经理部的工作进行指导、监督，确保项目施工和服务质量满足要求。施工企业应在相关制度中明确各管理层次在项目质量管理方面的职责和权限。施工企业对项目经理部质量管理的监督、检查和考核活动应符合本规范第12章的要求。

10.2 策 划

10.2.1 项目经理部的机构设置应与工程项目的规模、施工复杂程度、专业特点、人员素质相适应，并根据项目管理需要设立质量管理部门或岗位。

10.2.2 施工企业应对设计文件的接收、审核及图纸会审、设计交底的程序、方法加以规定。有关人员应掌握工程特点、设计意图、相关的工程技术和质量要求，并可提出设计修改和优化意见。施工图纸等设计文件的接收、审核结果均应记录。设计交底、图纸会审纪要应经参加各方共同签认。

10.2.3 工程项目质量管理策划的内容是施工企业质量管理的各项要求在工程项目上的具体应用。策划结果所形成的文件是全面安排项目施工质量管理的文件，是指导施工的主要依据。施工企业应明确规定该文件编制的内容及相关职责、权限。在编制前，有关人员应充分了解项目质量管理的要求。

施工企业应在施工过程中确定关键工序并明确其质量控制点及控制措施。影响施工质量的因素包括与施工质量有关的人员、施工机具、建筑材料、构配件和设备、施工方法和环境因素。

施工企业在施工过程策划时，应确定施工过程中对施工质量影响较大的关键工序、工序质量不易或不能经济地加以验证的工序。

下列影响因素应列为工序的质量控制点：

1 对施工质量有重要影响的关键质量特性、关键部位或重要影响因素；

2 工艺上有严格要求，对下道工序的活动有重要影响的关键质量特性、部位；

3 严重影响项目质量的材料的质量和性能；

4 影响下道工序质量的技术间歇时间；

5 某些与施工质量密切相关的技术参数；

6 容易出现质量通病的部位；

7 紧缺建筑材料、构配件和设备或可能对生产安排有严重影响的关键项目。

工程项目质量管理策划可根据项目的规模、复杂程度分阶段实施。策划结果所形成的文件可是一个或一组文件，可采用包括施工组织设计、质量计划在内的多种文件形式，内容必须覆盖并符合企业的管理制度和本规范的要求，其繁简程度宜根据工程项目的规模和复杂程度而定。

"施工企业质量管理的其他要求"指：施工企业自身提出的顾客要求以外的质量管理要求。

10.2.4 施工企业应对工程项目质量管理策划结果所形成的文件是否符合合同、法律法规及管理制度进行审核。应按照建设工程监理及相关法规的要求将项目质量管理策划文件向发包方或监理方申报。

10.2.5 工程项目施工过程中，施工和服务质量的要求发生变化时，相应的质量管理要求应随之变化，工程项目质量管理策划的结果也应及时调整，确保施工和服务质量满足要求。

10.3 施 工 设 计

10.3.1 具有工程设计资质的施工企业，其设计的管

理应符合工程设计的相关规定。施工设计的委托及监控应符合本规范第 9 章的规定。

10.3.2 施工设计依据的评审主要是指对设计依据的充分性和适宜性进行评审。

施工设计的评审、验证和确认应参照工程设计的相关规定执行，也可采用审查、批准等方式进行。

根据专业特点和所承接项目的规模、复杂程度，施工企业的施工设计活动及其管理可适当增减或合并进行。

10.4 施 工 准 备

10.4.1 施工企业应按照本规范第 8、9 章的要求选择供应方、分包方，组织材料、构配件、设备和分包方人员进场。

10.4.2 施工准备阶段报验的内容包括：工程项目质量管理策划的结果，项目质量管理组织机构、管理人员和关键工序人员及特种作业人员，测量成果、进场的材料设备、分包方等。报验的内容、职责应明确并符合报验规定。

施工企业应对所具备的开工条件与分包方或监理方共同进行确认，该工程项目应按照规定获得主管部门的许可。开工条件的内容及开工申请程序应符合国家及项目所在地的相关规定。

10.4.3 交底包括技术交底及其他相关要求的交底。施工企业在施工前，应通过交底确保被交底人了解本岗位的施工内容及相关要求。

交底可分层次、分阶段进行。交底的层次、阶段及形式应根据工程的规模和施工的复杂、难易程度及施工人员的素质确定。在单位工程、分部工程、分项工程、检验批施工前，应进行技术交底。

交底可根据需要采用口头、书面及培训等方式进行。

交底的依据应包括：项目质量管理策划结果、专项施工方案、施工图纸、施工工艺及质量标准等。

交底的内容一般应包括：质量要求和目标、施工部位、工艺流程及标准、验收标准、使用的材料、施工机具、环境要求及操作要点。

对于常规的施工作业，交底的形式和内容可适当简化。

10.5 施工过程质量控制

10.5.1 当采用样板引路时，样板需经验收合格。

对操作人员的规定包括：持证上岗的要求、特种作业要求及其他对施工质量有影响的人员要求。

对施工过程的检查、监测包括：对工序的检查、技术复核、施工过程参数的监测和必要的统计分析活动。

对施工作业环境的控制包括：安全文明施工措施、季节性施工措施、现场试验环境的控制措施、不

同专业交叉作业的环境控制措施以及按照规定采取的其他相关措施。

成品和半成品防护的范围应包括供施工企业使用或构成工程产品一部分的发包方财产，这些财产不仅包括发包方提供的文件资料、建筑材料、构配件和设备，还包括：

1 施工企业作为分包单位时，发包方提供的未完工程。

2 施工企业作为总包单位时，发包方直接分包的工程。

这些防护活动应贯穿于施工的全过程直至工程移交为止。

施工企业应对分包方的施工过程进行控制并符合本规范第9章的规定。

10.5.3 施工企业可通过任务单、施工日志、施工记录、隐蔽工程记录、各种检验试验记录等表明施工工序所处的阶段或检查、验收的情况，确保施工工序按照策划的顺序实现。

10.5.4 信息的传递、接收和处理的方式应按照规定结合项目的规模、特点和专业类别确定。

10.5.5 施工日记的内容应包括：气象情况、施工内容、施工部位、使用材料、施工班组、取样及检验和试验、质量验收、质量问题及处理等情况。

记录应填写及时、完整、准确；字迹清晰、内容真实；按照规定编目并保存。记录的内容和记录人员应能够追溯。

质量管理相关文件包括来自外部的与质量管理有关的文件。

10.6 服　务

10.6.2 施工企业的保修活动应依据有关法规、保修书和相关标准进行，并符合相关规定。合同约定的其他服务指项目试生产或运行中的配合服务、培训等。

10.6.3 对服务质量应按照本章及本规范第11章的相关要求进行控制、检查和验收。

10.6.4 施工企业应收集的有关信息包括：使用过程中发现的工程质量问题、用户对工程质量、保修服务质量的满意程度及建议。

11 施工质量检查与验收

11.1 一般规定

11.1.1 施工企业应通过质量检查与验收活动，确保施工质量符合规定。

建筑材料、构配件和设备的验收活动应符合本规范第8章的规定。施工企业对分包内容的质量检查与验收应符合本章的规定。

11.1.2 施工企业用于施工质量检验、检测的自购、租赁或借用的器具和设备，均应按规定进行管理。

11.2 施工质量检查

11.2.1 质量检查的依据有：施工质量验收标准、设计图纸及施工说明书等设计文件及施工企业内部标准等。

质量检查活动策划是项目质量管理策划的重要内容之一，可单独形成文件，经批准后，作为工程项目施工质量检查活动的指导文件。

质量检查的策划内容一般应包括：检查项目及检查部位、检查人员、检查方法、检查依据、判定标准、检查程序、应填写的质量记录和签发的检查报告等。

11.2.4 对项目经理部的监控方式应根据施工企业的规模、专业特点、管理模式及项目的分布情况确定。

11.3 施工质量验收

11.3.2 施工企业应对内部验收发现的问题整改后，进行复验。在复验合格后，按照竣工验收备案制度规定向监理方提交竣工验收报告。必要时，施工企业的工程项目施工质量管理部门应按照规定对完工项目进行全面的施工质量检查。

11.3.3 工程资料管理的策划包括：资料的内容、形式及收集、整理、传递的职责和方法。工程资料包括：

1 向发包方移交的竣工资料；

2 送交施工企业档案管理部门归档的竣工技术资料；

3 公司管理制度所规定的记录。

资料移交时，移交内容应得到确认，移交记录应予以保存。

11.4 施工质量问题的处理

11.4.1 质量问题是指施工质量不符合规定的要求，包括质量事故。

11.4.2 施工企业可将质量问题分类管理，并规定相应的职责权限。分类准则可以包括：处置的难易程度、质量问题对下道工序的影响程度、处置对工期或费用的影响程度、处置对工程安全性或使用性能影响程度等。

应分类、分级上报的质量问题包括在工程施工、检查、验收和使用过程中发现的各类施工质量问题。

11.4.3 对于施工质量未满足规定要求，但可满足使用要求而出现的让步、接收，应不影响工程结构安全与使用功能。

工程交工后出现的质量问题的处理应符合本规定的要求。

11.5 检测设备管理

11.5.1 施工质量的检测要求涉及检测设备的准确

度、稳定性、量程、分辨率等。检测设备的供应方应具有国家计量行政部门颁发的《制造计量器具许可证》，其生产或销售的设备应带有 CMC 标记。

检测设备的验收包括两方面：一是验证购进测量设备的合格证明及应配带的专用工具、附件；二是对采购的监测设备性能和外观的确认。

检测设备的管理包括：设备的搬运、保存要求、设备的停用、限用、封存、遗失、报废等。

需确认的计算机软件包括检测使用的软件和检测设备使用的软件。当软件修改、升级或检测设备、对象、条件、要求等发生变化时，应对软件进行再确认。

12 质量管理自查与评价

12.1 一般规定

12.1.1 质量管理的自查与评价是施工企业根据对自身质量管理活动的监督检查。自查与评价的内容包括：

　　1　质量管理制度与本规范的符合性；
　　2　各项活动与质量管理制度的符合性；
　　3　质量管理活动对实现质量方针和质量目标的有效性。

质量管理活动的监督检查是确定质量管理活动是否按照施工企业质量管理制度实施、能否达到质量目标的重要手段。实施监督检查的依据包括：

　　1　相关法律、法规和标准规范；
　　2　施工企业质量管理制度及支持性文件；
　　3　工程承包合同；
　　4　项目质量管理策划文件。

施工企业应在质量管理制度中明确监督检查的步骤、组织管理、记录、发现问题时的处理等要求。

12.2 质量管理活动的监督检查与评价

12.2.1 施工企业在确定对各管理层次的监督检查方式时，应以能识别质量管理活动的符合性、有效性为原则，可采取汇报、总结、报表、评审、对质量活动记录的检查、发包方及用户的意见调查等方式。

12.2.2 施工企业对项目经理部的监督检查可以结合企业对施工和服务质量的检查进行，正确全面地评价项目经理部质量管理水平。

12.2.3 年度审核可集中进行，也可根据所属机构、部门、项目部的分布情况，按照策划的结果分阶段进行。

年度审核应覆盖质量管理体系并按照如下流程实施：

　　1　制定审核计划、确定审核人员；
　　2　向接受审核的区域发放计划，并可根据其工作安排适当调整时间；
　　3　进行审核前的文件准备；
　　4　实施审核；
　　5　根据审核结果对质量管理进行全面评价；
　　6　根据审核结果对质量管理实施改进。

审核人员的专业资格、工作经历应符合相关要求，并经认可的机构培训合格。

审核人员不应检查自己的工作。

12.2.4 监督检查的程序可在相关制度中规定，也可制定监督检查的具体实施计划。

12.2.6 施工企业应对工程建设有关方满意情况信息的收集进行策划，关注施工准备、施工过程中、竣工及保修等不同阶段中，发包方或监理方、用户、主管部门等的满意情况，以便识别改进方向。信息的收集可采用口头或书面的方式进行，如：

　　1　对发包方或监理方进行走访、问卷调查；
　　2　收集发包方或监理方的反馈意见；
　　3　媒体、市场、用户组织或其他相关单位的评价。

13 质量信息和质量管理改进

13.1 一般规定

13.1.1 质量信息是指从各个渠道获得的与质量管理有关的信息。施工企业应明确质量信息的范围、来源及其媒体形式，确定质量信息的管理手段，规定施工企业各层次的部门岗位在质量信息管理中的职责和权限。

13.1.2 施工企业应将持续改进作为日常管理活动的内容。

施工企业质量管理改进应以工程质量、质量管理各项活动为对象，以提高质量管理活动的效率和有效性为目标。

最高管理者应创造持续改进的环境，各级管理者应指导和参与质量改进活动，确定质量改进的目标。

13.1.4 纠正措施是指为消除已发现的不合格或其他不期望情况的原因所采取的措施。

预防措施是指为消除潜在不合格或其他潜在不期望情况的原因所采取的措施。

施工企业应根据信息分析的结果，确定改进的内容和方向，包括：

　　1　对工程质量和质量管理活动中存在的各类问题及其影响的分析；
　　2　对发包方和社会满意程度的分析；
　　3　与其他施工企业的对比；
　　4　对质量目标实现情况的分析。

13. 2 质量信息的收集、传递、分析与利用

13. 2. 1 质量信息的管理制度可单独形成文件，也可结合相应的管理过程形成文件。

质量信息管理制度应使所有质量管理部门和岗位明确应收集的信息和传递的方向，当需要对信息进行处理后再进行传递时，也应明确规定处理的要求。

质量信息来自于：

1 各种形式的工作检查，包括外部的检查、审核等；

2 各项工作报告及工作建议；

3 业绩考核结果；

4 各类专项报表等。

施工企业可根据自身条件和需要，采用计算机网络等信息传递的方法，并对其进行管理。

13. 2. 2 项目质量管理策划结果的实施情况是重要的质量管理信息，内容应包括：

1 施工和服务质量目标的实现情况；

2 关键工序和特殊工序的控制情况；

3 项目质量管理策划结果中各项内容的完成情况；

4 项目质量管理策划及实施结果的评价结论；

5 存在的问题及分析和改进意见。

项目总体评价的内容应与工程项目的大小、重要性相适应。

13. 2. 3 施工企业应规定质量信息分析的频度、时机和方法。

施工企业各层次应通过对质量管理评价，明确自身的管理状况和水平及改进的方向，制定改进措施。

施工企业应结合信息管理的职责和质量管理活动的职能，对所收集的质量信息进行整理和分析，并根据分析结果对工程质量以及质量管理水平进行评价。

"施工和服务质量达到的要求"包括：法律法规及合同要求、施工企业自身的要求等。

13. 2. 4 最高管理者应确定对质量管理体系的全面评价的周期、方法和流程。评价可根据需要随时进行。施工企业各级管理者应根据需要组织质量管理分析与评价活动。

质量管理体系的充分性是指质量管理体系的各项活动得到充分确定和实施，并可以满足预期要求的能力。

13. 3 质量管理改进与创新

13. 3. 1 施工企业各层次应根据质量管理分析、评价的结果，提出并实施相应的改进措施，包括：工程质量改进、质量管理活动改进创新措施以及相应资源保障措施，并应对这些措施的实施结果进行跟踪、反馈。

13. 3. 2 施工企业最高管理者应对质量管理创新作出安排，各管理层次、各职能部门应在有关活动计划中明确采取的创新措施。项目经理部应在项目质量管理策划中明确相应的创新措施。

施工企业应对创新的效果进行评估，确保在合理的成本、风险条件下实施创新的活动。

中华人民共和国住房和城乡建设部
公　　告

第 305 号

关于发布国家标准
《建筑施工组织设计规范》的公告

　　现批准《建筑施工组织设计规范》为国家标准，编号为 GB/T 50502 - 2009，自 2009 年 10 月 1 日起实施。

　　本规范由我部标准定额研究所组织中国建筑工业出版社出版发行。

中华人民共和国住房和城乡建设部
2009 年 5 月 13 日

前　　言

　　本规范根据原建设部《关于印发二〇〇四年工程建设国家标准制订、修订计划的通知》（建标［2004］67 号）的要求，由中国建筑技术集团有限公司、中国建筑工程总公司会同有关单位编制而成。本规范在编制过程中总结了近几十年来施工组织设计在我国建筑工程施工领域应用的主要经验，充分考虑了各地区、各企业的不同状况，在广泛征求意见的基础上，通过反复讨论、修改和完善，最后经审查定稿。

　　本规范的主要技术内容包括：1. 总则；2. 术语；3. 基本规定；4. 施工组织总设计；5. 单位工程施工组织设计；6. 施工方案；7. 主要施工管理计划。

　　本规范由住房和城乡建设部负责管理，中国建筑技术集团有限公司负责具体技术内容的解释。本规范在执行过程中如发现需要修改和补充之处，请将意见和有关资料寄送中国建筑技术集团有限公司（地址：北京市北三环东路 30 号，邮政编码：100013，E-mail：dengshuguang2007@163.com），以供今后修订时参考。

　　本 规 范 主 编 单 位：中国建筑技术集团有限公司

　　本 规 范 参 编 单 位：中国建筑工程总公司
　　　　　　　　　　　　　上海建工（集团）总公司
　　　　　　　　　　　　　中国建筑第八工程局有限公司
　　　　　　　　　　　　　北京建工集团有限责任公司
　　　　　　　　　　　　　中国建筑一局（集团）有限公司
　　　　　　　　　　　　　深圳市科源建设集团有限公司
　　　　　　　　　　　　　哈尔滨工业大学
　　　　　　　　　　　　　北京建筑工程学院
　　　　　　　　　　　　　武汉建工股份有限公司
　　　　　　　　　　　　　广州市建筑集团有限公司
　　　　　　　　　　　　　江苏金土木建设集团有限公司

　　本规范主要起草人：黄　强　刘锦章　邓曙光
　　　　　　　　　　　肖绪文　范庆国　艾永祥
　　　　　　　　　　　吴月华　罗　璇　刘长滨
　　　　　　　　　　　张守健　王爱勋　王　健
　　　　　　　　　　　赵　俭　许杰峰　毛志兵
　　　　　　　　　　　李丛笑　欧亚明　赵　伟
　　　　　　　　　　　江遐龄　陈国君　蔡国新

　　本规范主要审查人员：杨嗣信　高本礼　孙振声
　　　　　　　　　　　　杨　煜　张晋勋　陈　浩
　　　　　　　　　　　　蒋金生　李水欣　张金序

中华人民共和国国家标准

建筑施工组织设计规范

Code for construction organization plan of building engineering

GB/T 50502—2009

主编部门：中华人民共和国住房和城乡建设部
批准部门：中华人民共和国住房和城乡建设部
施行日期：2 0 0 9 年 1 0 月 1 日

目 次

Contents

1 总　则

1.0.1 为规范建筑施工组织设计的编制与管理，提高建筑工程施工管理水平，制定本规范。

1.0.2 本规范适用于新建、扩建和改建等建筑工程的施工组织设计的编制与管理。

1.0.3 建筑施工组织设计应结合地区条件和工程特点进行编制。

1.0.4 建筑施工组织设计的编制与管理，除应符合本规范规定外，尚应符合国家现行有关标准的规定。

2 术　语

2.0.1 施工组织设计 construction organization plan

以施工项目为对象编制的，用以指导施工的技术、经济和管理的综合性文件。

2.0.2 施工组织总设计 general construction organization plan

以若干单位工程组成的群体工程或特大型项目为主要对象编制的施工组织设计，对整个项目的施工过程起统筹规划、重点控制的作用。

2.0.3 单位工程施工组织设计 construction organization plan for unit project

以单位（子单位）工程为主要对象编制的施工组织设计，对单位（子单位）工程的施工过程起指导和制约作用。

2.0.4 施工方案 construction scheme

以分部（分项）工程或专项工程为主要对象编制的施工技术与组织方案，用以具体指导其施工过程。

2.0.5 施工组织设计的动态管理 dynamic management of construction organization plan

在项目实施过程中，对施工组织设计的执行、检查和修改的适时管理活动。

2.0.6 施工部署 construction arrangement

对项目实施过程做出的统筹规划和全面安排，包括项目施工主要目标、施工顺序及空间组织、施工组织安排等。

2.0.7 项目管理组织机构 project management organization

施工单位为完成施工项目建立的项目施工管理机构。

2.0.8 施工进度计划 construction schedule

为实现项目设定的工期目标，对各项施工过程的施工顺序、起止时间和相互衔接关系所作的统筹策划和安排。

2.0.9 施工资源 construction resources

为完成施工项目所需的人力、物资等生产要素。

2.0.10 施工现场平面布置 construction site layout plan

在施工用地范围内，对各项生产、生活设施及其他辅助设施等进行规划和布置。

2.0.11 进度管理计划 schedule management plan

保证实现项目施工进度目标的管理计划。包括对进度及其偏差进行测量、分析、采取的必要措施和计划变更等。

2.0.12 质量管理计划 quality management plan

保证实现项目施工质量目标的管理计划。包括制定、实施、评价所需的组织机构、职责、程序以及采取的措施和资源配置等。

2.0.13 安全管理计划 safety management plan

保证实现项目施工职业健康安全目标的管理计划。包括制定、实施所需的组织机构、职责、程序以及采取的措施和资源配置等。

2.0.14 环境管理计划 environment management plan

保证实现项目施工环境目标的管理计划。包括制定、实施所需的组织机构、职责、程序以及采取的措施和资源配置等。

2.0.15 成本管理计划 cost management plan

保证实现项目施工成本目标的管理计划。包括成本预测、实施、分析、采取的必要措施和计划变更等。

3 基 本 规 定

3.0.1 施工组织设计按编制对象，可分为施工组织总设计、单位工程施工组织设计和施工方案。

3.0.2 施工组织设计的编制必须遵循工程建设程序，并应符合下列原则：

1 符合施工合同或招标文件中有关工程进度、质量、安全、环境保护、造价等方面的要求；

2 积极开发、使用新技术和新工艺，推广应用新材料和新设备；

3 坚持科学的施工程序和合理的施工顺序，采用流水施工和网络计划等方法，科学配置资源，合理布置现场，采取季节性施工措施，实现均衡施工，达到合理的经济技术指标；

4 采取技术和管理措施，推广建筑节能和绿色施工；

5 与质量、环境和职业健康安全三个管理体系有效结合。

3.0.3 施工组织设计应以下列内容作为编制依据：

1 与工程建设有关的法律、法规和文件；

2 国家现行有关标准和技术经济指标；

3 工程所在地区行政主管部门的批准文件，建设单位对施工的要求；

4 工程施工合同或招标投标文件；

5 工程设计文件；

6 工程施工范围内的现场条件，工程地质及水文地质、气象等自然条件；

7 与工程有关的资源供应情况；

8 施工企业的生产能力、机具设备状况、技术水平等。

3.0.4 施工组织设计应包括编制依据、工程概况、施工部署、施工进度计划、施工准备与资源配置计划、主要施工方法、施工现场平面布置及主要施工管理计划等基本内容。

3.0.5 施工组织设计的编制和审批应符合下列规定：

1 施工组织设计应由项目负责人主持编制，可根据需要分阶段编制和审批；

2 施工组织总设计应由总承包单位技术负责人审批；单位工程施工组织设计应由施工单位技术负责人或技术负责人授权的技术人员审批；施工方案应由项目技术负责人审批；重点、难点分部（分项）工程和专项工程施工方案应由施工单位技术部门组织相关专家评审，施工单位技术负责人批准；

3 由专业承包单位施工的分部（分项）工程或专项工程的施工方案，应由专业承包单位技术负责人或技术负责人授权的技术人员审批；有总承包单位时，应由总承包单位项目技术负责人核准备案；

4 规模较大的分部（分项）工程和专项工程的施工方案应按单位工程施工组织设计进行编制和审批。

3.0.6 施工组织设计应实行动态管理，并符合下列规定：

1 项目施工过程中，发生以下情况之一时，施工组织设计应及时进行修改或补充：

1）工程设计有重大修改；

2）有关法律、法规、规范和标准实施、修订和废止；

3）主要施工方法有重大调整；

4）主要施工资源配置有重大调整；

5）施工环境有重大改变。

2 经修改或补充的施工组织设计应重新审批后实施；

3 项目施工前，应进行施工组织设计逐级交底；项目施工过程中，应对施工组织设计的执行情况进行检查、分析并适时调整。

3.0.7 施工组织设计应在工程竣工验收后归档。

4 施工组织总设计

4.1 工程概况

4.1.1 工程概况应包括项目主要情况和项目主要施工条件等。

4.1.2 项目主要情况应包括下列内容：

1 项目名称、性质、地理位置和建设规模；

2 项目的建设、勘察、设计和监理等相关单位的情况；

3 项目设计概况；

4 项目承包范围及主要分包工程范围；

5 施工合同或招标文件对项目施工的重点要求；

6 其他应说明的情况。

4.1.3 项目主要施工条件应包括下列内容：

1 项目建设地点气象状况；

2 项目施工区域地形和工程水文地质状况；

3 项目施工区域地上、地下管线及相邻的地上、地下建（构）筑物情况；

4 与项目施工有关的道路、河流等状况；

5 当地建筑材料、设备供应和交通运输等服务能力状况；

6 当地供电、供水、供热和通信能力状况；

7 其他与施工有关的主要因素。

4.2 总体施工部署

4.2.1 施工组织总设计应对项目总体施工做出下列宏观部署：

1 确定项目施工总目标，包括进度、质量、安全、环境和成本等目标；

2 根据项目施工总目标的要求，确定项目分阶段（期）交付的计划；

3 确定项目分阶段（期）施工的合理顺序及空间组织。

4.2.2 对于项目施工的重点和难点应进行简要分析。

4.2.3 总承包单位应明确项目管理组织机构形式，并宜采用框图的形式表示。

4.2.4 对于项目施工中开发和使用的新技术、新工艺应做出部署。

4.2.5 对主要分包项目施工单位的资质和能力应提出明确要求。

4.3 施工总进度计划

4.3.1 施工总进度计划应按照项目总体施工部署的安排进行编制。

4.3.2 施工总进度计划可采用网络图或横道图表示，并附必要说明。

4.4 总体施工准备与主要资源配置计划

4.4.1 总体施工准备应包括技术准备、现场准备和资金准备等。

4.4.2 技术准备、现场准备和资金准备应满足项目分阶段（期）施工的需要。

4.4.3 主要资源配置计划应包括劳动力配置计划和

物资配置计划等。

4.4.4 劳动力配置计划应包括下列内容：

1 确定各施工阶段（期）的总用工量；

2 根据施工总进度计划确定各施工阶段（期）的劳动力配置计划。

4.4.5 物资配置计划应包括下列内容：

1 根据施工总进度计划确定主要工程材料和设备的配置计划；

2 根据总体施工部署和施工总进度计划确定主要施工周转材料和施工机具的配置计划。

4.5 主要施工方法

4.5.1 施工组织总设计应对项目涉及的单位（子单位）工程和主要分部（分项）工程所采用的施工方法进行简要说明。

4.5.2 对脚手架工程、起重吊装工程、临时用水用电工程、季节性施工等专项工程所采用的施工方法应进行简要说明。

4.6 施工总平面布置

4.6.1 施工总平面布置应符合下列原则：

1 平面布置科学合理，施工场地占用面积少；

2 合理组织运输，减少二次搬运；

3 施工区域的划分和场地的临时占用应符合总体施工部署和施工流程的要求，减少相互干扰；

4 充分利用既有建（构）筑物和既有设施为项目施工服务，降低临时设施的建造费用；

5 临时设施应方便生产和生活，办公区、生活区和生产区宜分离设置；

6 符合节能、环保、安全和消防等要求；

7 遵守当地主管部门和建设单位关于施工现场安全文明施工的相关规定。

4.6.2 施工总平面布置图应符合下列要求：

1 根据项目总体施工部署，绘制现场不同施工阶段（期）的总平面布置图；

2 施工总平面布置图的绘制应符合国家相关标准要求并附必要说明。

4.6.3 施工总平面布置图应包括下列内容：

1 项目施工用地范围内的地形状况；

2 全部拟建的建（构）筑物和其他基础设施的位置；

3 项目施工用地范围内的加工设施、运输设施、存贮设施、供电设施、供水供热设施、排水排污设施、临时施工道路和办公、生活用房等；

4 施工现场必备的安全、消防、保卫和环境保护等设施；

5 相邻的地上、地下既有建（构）筑物及相关环境。

5 单位工程施工组织设计

5.1 工程概况

5.1.1 工程概况应包括工程主要情况、各专业设计简介和工程施工条件等。

5.1.2 工程主要情况应包括下列内容：

1 工程名称、性质和地理位置；

2 工程的建设、勘察、设计、监理和总承包等相关单位的情况；

3 工程承包范围和分包工程范围；

4 施工合同、招标文件或总承包单位对工程施工的重点要求；

5 其他应说明的情况。

5.1.3 各专业设计简介应包括下列内容：

1 建筑设计简介依据建设单位提供的建筑设计文件进行描述，包括建筑规模、建筑功能、建筑特点、建筑耐火、防水及节能要求等，并应简单描述工程的主要装修做法；

2 结构设计简介依据建设单位提供的结构设计文件进行描述，包括结构形式、地基基础形式、结构安全等级、抗震设防类别、主要结构构件类型及要求等；

3 机电及设备安装专业设计简介应依据建设单位提供的各相关专业设计文件进行描述，包括给水、排水及采暖系统、通风与空调系统、电气系统、智能化系统、电梯等各个专业系统的做法要求。

5.1.4 工程施工条件应参照本规范第4.1.3条所列主要内容进行说明。

5.2 施工部署

5.2.1 工程施工目标应根据施工合同、招标文件以及本单位对工程管理目标的要求确定，包括进度、质量、安全、环境和成本等目标。各项目标应满足施工组织总设计中确定的总体目标。

5.2.2 施工部署中的进度安排和空间组织应符合下列规定：

1 工程主要施工内容及其进度安排应明确说明，施工顺序应符合工序逻辑关系；

2 施工流水段应结合工程具体情况分阶段进行划分；单位工程施工阶段的划分一般包括地基基础、主体结构、装修装饰和机电设备安装三个阶段。

5.2.3 对于工程施工的重点和难点应进行分析，包括组织管理和施工技术两个方面。

5.2.4 工程管理的组织机构形式应按照本规范第4.2.3条的规定执行，并确定项目经理部的工作岗位设置及其职责划分。

5.2.5 对于工程施工中开发和使用的新技术、新工艺应做出部署,对新材料和新设备的使用应提出技术及管理要求。

5.2.6 对主要分包工程施工单位的选择要求及管理方式应进行简要说明。

5.3 施工进度计划

5.3.1 单位工程施工进度计划应按照施工部署的安排进行编制。

5.3.2 施工进度计划可采用网络图或横道图表示,并附必要说明;对于工程规模较大或较复杂的工程,宜采用网络图表示。

5.4 施工准备与资源配置计划

5.4.1 施工准备应包括技术准备、现场准备和资金准备等。

1 技术准备应包括施工所需技术资料的准备、施工方案编制计划、试验检验及设备调试工作计划、样板制作计划等;

1) 主要分部(分项)工程和专项工程在施工前应单独编制施工方案,施工方案可根据工程进展情况,分阶段编制完成;对需要编制的主要施工方案应制定编制计划;

2) 试验检验及设备调试工作计划应根据现行规范、标准中的有关要求及工程规模、进度等实际情况制定;

3) 样板制作计划应根据施工合同或招标文件的要求并结合工程特点制定。

2 现场准备应根据现场施工条件和工程实际需要,准备现场生产、生活等临时设施。

3 资金准备应根据施工进度计划编制资金使用计划。

5.4.2 资源配置计划应包括劳动力配置计划和物资配置计划等。

1 劳动力配置计划应包括下列内容:

1) 确定各施工阶段用工量;

2) 根据施工进度计划确定各施工阶段劳动力配置计划。

2 物资配置计划应包括下列内容:

1) 主要工程材料和设备的配置计划应根据施工进度计划确定,包括各施工阶段所需主要工程材料、设备的种类和数量;

2) 工程施工主要周转材料和施工机具的配置计划应根据施工部署和施工进度计划确定,包括各施工阶段所需主要周转材料、施工机具的种类和数量。

5.5 主要施工方案

5.5.1 单位工程应按照《建筑工程施工质量验收统一标准》GB 50300中分部、分项工程的划分原则,对主要分部、分项工程制定施工方案。

5.5.2 对脚手架工程、起重吊装工程、临时用水用电工程、季节性施工等专项工程所采用的施工方案应进行必要的验算和说明。

5.6 施工现场平面布置

5.6.1 施工现场平面布置图应参照本规范第4.6.1条和第4.6.2条的规定并结合施工组织总设计,按不同施工阶段分别绘制。

5.6.2 施工现场平面布置图应包括下列内容:

1 工程施工场地状况;

2 拟建建(构)筑物的位置、轮廓尺寸、层数等;

3 工程施工现场的加工设施、存贮设施、办公和生活用房等的位置和面积;

4 布置在工程施工现场的垂直运输设施、供电设施、供水供热设施、排水排污设施和临时施工道路等;

5 施工现场必备的安全、消防、保卫和环境保护等设施;

6 相邻的地上、地下既有建(构)筑物及相关环境。

6 施 工 方 案

6.1 工 程 概 况

6.1.1 工程概况应包括工程主要情况、设计简介和工程施工条件等。

6.1.2 工程主要情况应包括:分部(分项)工程或专项工程名称,工程参建单位的相关情况,工程的施工范围,施工合同、招标文件或总承包单位对工程施工的重点要求等。

6.1.3 设计简介应主要介绍施工范围内的工程设计内容和相关要求。

6.1.4 工程施工条件应重点说明与分部(分项)工程或专项工程相关的内容。

6.2 施 工 安 排

6.2.1 工程施工目标包括进度、质量、安全、环境和成本等目标,各项目标应满足施工合同、招标文件和总承包单位对工程施工的要求。

6.2.2 工程施工顺序及施工流水段应在施工安排中确定。

6.2.3 针对工程的重点和难点,进行施工安排并简述主要管理和技术措施。

6.2.4 工程管理的组织机构及岗位职责应在施工安排中确定,并应符合总承包单位的要求。

6.3 施工进度计划

6.3.1 分部（分项）工程或专项工程施工进度计划应按照施工安排，并结合总承包单位的施工进度计划进行编制。

6.3.2 施工进度计划可采用网络图或横道图表示，并附必要说明。

6.4 施工准备与资源配置计划

6.4.1 施工准备应包括下列内容：

1 技术准备：包括施工所需技术资料的准备、图纸深化和技术交底的要求、试验检验和测试工作计划、样板制作计划以及与相关单位的技术交接计划等；

2 现场准备：包括生产、生活等临时设施的准备以及与相关单位进行现场交接的计划等；

3 资金准备：编制资金使用计划等。

6.4.2 资源配置计划应包括下列内容：

1 劳动力配置计划：确定工程用工量并编制专业工种劳动力计划表；

2 物资配置计划：包括工程材料和设备配置计划、周转材料和施工机具配置计划以及计量、测量和检验仪器配置计划等。

6.5 施工方法及工艺要求

6.5.1 明确分部（分项）工程或专项工程施工方法并进行必要的技术核算，对主要分项工程（工序）明确施工工艺要求。

6.5.2 对易发生质量通病、易出现安全问题、施工难度大、技术含量高的分项工程（工序）等应做出重点说明。

6.5.3 对开发和使用的新技术、新工艺以及采用的新材料、新设备应通过必要的试验或论证并制定计划。

6.5.4 对季节性施工应提出具体要求。

7 主要施工管理计划

7.1 一般规定

7.1.1 施工管理计划应包括进度管理计划、质量管理计划、安全管理计划、环境管理计划、成本管理计划以及其他管理计划等内容。

7.1.2 各项管理计划的制定，应根据项目的特点有所侧重。

7.2 进度管理计划

7.2.1 项目施工进度管理应按照项目施工的技术规律和合理的施工顺序，保证各工序在时间上和空间上顺利衔接。

7.2.2 进度管理计划应包括下列内容：

1 对项目施工进度计划进行逐级分解，通过阶段性目标的实现保证最终工期目标的完成；

2 建立施工进度管理的组织机构并明确职责，制定相应管理制度；

3 针对不同施工阶段的特点，制定进度管理的相应措施，包括施工组织措施、技术措施和合同措施等；

4 建立施工进度动态管理机制，及时纠正施工过程中的进度偏差，并制定特殊情况下的赶工措施；

5 根据项目周边环境特点，制定相应的协调措施，减少外部因素对施工进度的影响。

7.3 质量管理计划

7.3.1 质量管理计划可参照《质量管理体系 要求》GB/T 19001，在施工单位质量管理体系的框架内编制。

7.3.2 质量管理计划应包括下列内容：

1 按照项目具体要求确定质量目标并进行目标分解，质量指标应具有可测量性；

2 建立项目质量管理的组织机构并明确职责；

3 制定符合项目特点的技术保障和资源保障措施，通过可靠的预防控制措施，保证质量目标的实现；

4 建立质量过程检查制度，并对质量事故的处理做出相应规定。

7.4 安全管理计划

7.4.1 安全管理计划可参照《职业健康安全管理体系 规范》GB/T 28001，在施工单位安全管理体系的框架内编制。

7.4.2 安全管理计划应包括下列内容：

1 确定项目重要危险源，制定项目职业健康安全管理目标；

2 建立有管理层次的项目安全管理组织机构并明确职责；

3 根据项目特点，进行职业健康安全方面的资源配置；

4 建立具有针对性的安全生产管理制度和职工安全教育培训制度；

5 针对项目重要危险源，制定相应的安全技术措施；对达到一定规模的危险性较大的分部（分项）工程和特殊工种的作业应制定专项安全技术措施的编制计划；

6 根据季节、气候的变化，制定相应的季节性安全施工措施；

7 建立现场安全检查制度，并对安全事故的处理做出相应规定。

7.4.3 现场安全管理应符合国家和地方政府部门的要求。

7.5 环境管理计划

7.5.1 环境管理计划可参照《环境管理体系 要求及使用指南》GB/T 24001，在施工单位环境管理体系的框架内编制。

7.5.2 环境管理计划应包括下列内容：

1 确定项目重要环境因素，制定项目环境管理目标；

2 建立项目环境管理的组织机构并明确职责；

3 根据项目特点，进行环境保护方面的资源配置；

4 制定现场环境保护的控制措施；

5 建立现场环境检查制度，并对环境事故的处理做出相应规定。

7.5.3 现场环境管理应符合国家和地方政府部门的要求。

7.6 成本管理计划

7.6.1 成本管理计划应以项目施工预算和施工进度计划为依据编制。

7.6.2 成本管理计划应包括下列内容：

1 根据项目施工预算，制定项目施工成本目标；

2 根据施工进度计划，对项目施工成本目标进行阶段分解；

3 建立施工成本管理的组织机构并明确职责，制定相应管理制度；

4 采取合理的技术、组织和合同等措施，控制施工成本；

5 确定科学的成本分析方法，制定必要的纠偏措施和风险控制措施。

7.6.3 必须正确处理成本与进度、质量、安全和环境等之间的关系。

7.7 其他管理计划

7.7.1 其他管理计划宜包括绿色施工管理计划、防火保安管理计划、合同管理计划、组织协调管理计划、创优质工程管理计划、质量保修管理计划以及对施工现场人力资源、施工机具、材料设备等生产要素的管理计划等。

7.7.2 其他管理计划可根据项目的特点和复杂程度加以取舍。

7.7.3 各项管理计划的内容应有目标，有组织机构，有资源配置，有管理制度和技术、组织措施等。

本规范用词说明

1 为便于在执行本规范条文时区别对待，对于要求严格程度不同的用词说明如下：

　　1）表示很严格，非这样不可的用词：

　　　正面词采用"必须"，反面词采用"严禁"；

　　2）表示严格，在正常情况下均应这样做的用词：

　　　正面词采用"应"，反面词采用"不应"或"不得"；

　　3）表示允许稍有选择，在条件许可时首先应这样做的用词：

　　　正面词采用"宜"，反面词采用"不宜"；

　　表示有选择，在一定条件下可以这样做的用词，采用"可"。

2 本规范中指明应按其他有关标准、规范执行的写法为："应按……执行"或"应符合……的要求（规定）"。非必须按所指定的规范和标准执行的写法为："可参照……"。

引用标准名录

1 《建筑工程施工质量验收统一标准》GB 50300

2 《质量管理体系 要求》GB/T 19001

3 《环境管理体系 要求及使用指南》GB/T 24001

4 《职业健康安全管理体系 规范》GB/T 28001

中华人民共和国国家标准

建筑施工组织设计规范

GB/T 50502—2009

条 文 说 明

制 订 说 明

《建筑施工组织设计规范》GB/T 50502—2009 经住房和城乡建设部 2009 年 5 月 13 日以第 305 号公告批准、发布。

为便于广大施工、设计、科研、学校等单位有关人员在使用本规范时能正确理解和执行条文的规定，《建筑施工组织设计规范》编制组按章、节、条顺序编制了本规范的条文说明，供使用者参考。在使用中如发现本条文说明有不妥之处，请将意见函寄中国建筑技术集团有限公司（地址：北京市北三环东路 30 号，邮政编码：100013，E-mail：dengshuguang2007@163.com）。

本规范以建筑工程作为对象，对施工组织设计的编制和管理加以规定，范围涉及施工组织总设计、单位工程施工组织设计及施工方案。

本规范全面兼顾各地区、各企业不同的施工管理水平，突出重点，体现先进性、科学性和可操作性的原则，对施工组织设计的主要内容提出要求，但对具体内容的编制及编排不加以限制。

本规范是在施工组织设计已在我国使用几十年这一背景下编制的，各地区、各企业对施工组织设计的编制和使用都有自己不同的习惯，有些地区还制定了地方标准。在本规范编制过程中各编制组成员充分表达了自己的观点，讨论稿也经过多次修改，最大限度地吸收了各编制组成员的意见。同时，本规范也经过了广泛的征求意见。

本规范在内容上不与现行标准相矛盾，在应用时可与地方现行标准或要求相结合。

目 次

1 总 则

1.0.1 建筑施工组织设计在我国已有几十年的历史，虽然产生于计划经济管理体制下，但在实际的运行当中，对规范建筑工程施工管理确实起到了相当重要的作用，在目前的市场经济条件下，它已成为建筑工程施工招投标和组织施工必不可少的重要文件。但是，由于以前没有专门的规范加以约束，各地方、各企业对建筑施工组织设计的编制和管理要求各异，给施工企业跨地区经营和内部管理造成了一些混乱。同时，由于我国幅员辽阔，各地方施工企业的机具装备、管理能力和技术水平差异较大，也造成各企业编制的施工组织设计质量参差不齐。因此，有必要制定一部国家级的《建筑施工组织设计规范》，予以规范和指导。

1.0.3 由于各地区施工条件千差万别，造成建筑工程施工所面对的困难各不相同，施工组织设计首先应根据地区环境的特点，解决施工过程中可能遇到的各种难题。同时，不同类型的建筑，其施工的重点和难点也各不相同，施工组织设计应针对这些重点和难点进行重点阐述，对常规的施工方法应简明扼要。

2 术 语

2.0.1 施工组织设计是我国在工程建设领域长期沿用下来的名称，西方国家一般称为施工计划或工程项目管理计划。在《建设项目工程总承包管理规范》GB/T 50358—2005 中，把施工单位这部分工作分成了两个阶段，即项目管理计划和项目实施计划。施工组织设计既不是这两个阶段的某一阶段内容，也不是两个阶段内容的简单合成，它是综合了施工组织设计在我国长期使用的惯例和各地方的实际使用效果而逐步积累的内容精华。

施工组织设计在投标阶段通常被称为技术标，但它不是仅包含技术方面的内容，同时也涵盖了施工管理和造价控制方面的内容，是一个综合性的文件。

2.0.2 在我国，大型房屋建筑工程标准一般指：

1 25 层及以上的房屋建筑工程；

2 高度 100m 及以上的构筑物或建筑物工程；

3 单体建筑面积 3 万 m² 及以上的房屋建筑工程；

4 单跨跨度 30m 及以上的房屋建筑工程；

5 建筑面积 10 万 m² 及以上的住宅小区或建筑群体工程；

6 单项建安合同额 1 亿元及以上的房屋建筑工程。

但在实际操作中，具备上述规模的建筑工程很多只需编制单位工程施工组织设计，需要编制施工组织总设计的建筑工程，其规模应当超过上述大型建筑工程的标准，通常需要分期分批建设，可称为特大型项目。

2.0.3 单位工程和子单位工程的划分原则，在《建筑工程施工质量验收统一标准》GB 50300—2001 中已经明确。需要说明的是，对于已经编制了施工组织总设计的项目，单位工程施工组织设计应是施工组织总设计的进一步具体化，直接指导单位工程的施工管理和技术经济活动。

2.0.4 施工方案在某些时候也被称为分部（分项）工程或专项工程施工组织设计，但考虑到通常情况下施工方案是施工组织设计的进一步细化，是施工组织设计的补充，施工组织设计的某些内容在施工方案中不需赘述，因而本规范将其定义为施工方案。

2.0.5 建筑工程具有产品的单一性，同时作为一种产品，又具有漫长的生产周期。施工组织设计是工程技术人员运用以往的知识和经验，对建筑工程的施工预先设计的一套运作程序和实施方法，但由于人们知识经验的差异以及客观条件的变化，施工组织设计在实际执行中，难免会遇到不适用的部分，这就需要针对新情况进行修改或补充。同时，作为施工指导书，又必须将其意图贯彻到具体操作人员，使操作人员按指导书进行作业，这是一个动态的管理过程。

2.0.6 施工部署是施工组织设计的纲领性内容，施工进度计划、施工准备与资源配置计划、施工方法、施工现场平面布置和主要施工管理计划等施工组织设计的组成内容都应该围绕施工部署的原则编制。

2.0.7 项目管理组织机构是施工单位内部的管理组织机构，是为某一具体施工项目而设立的，其岗位设置应和项目规模相匹配，人员组成应具备相应的上岗资格。

2.0.8 施工进度计划要保证拟建工程在规定的期限内完成，保证施工的连续性和均衡性，节约施工费用。编制施工进度计划必须依据建筑工程施工的客观规律和施工条件，参考工期定额，综合考虑资金、材料、设备、劳动力等资源的投入。

2.0.9 施工资源是工程施工过程中所必须投入的各类资源，包括劳动力、建筑材料和设备、周转材料、施工机具等。施工资源具有有用性和可选择性等特征。

2.0.10 施工现场就是建筑产品的组装厂，由于建筑工程和施工场地的千差万别，使得施工现场平面布置因人、因地而异。合理布置施工现场，对保证工程施工顺利进行具有重要意义，施工现场平面布置应遵循方便、经济、高效、安全、环保、节能的原则。

2.0.11 施工进度计划的实现离不开管理上和技术上的具体措施。另外，在工程施工进度计划执行过程中，由于各方面条件的变化，经常使实际进度脱离原计划，这就需要施工管理者随时掌握工程施工进度，检查和分析进度计划的实施情况，及时进行必要的调整，保证施工进度总目标的完成。

2.0.12 工程质量目标的实现需要具体的管理和技术措施，根据工程质量形成的时间阶段，工程质量管理可分为事前管理、事中管理和事后管理，质量管理的重点应放在事前管理。

2.0.13 建筑工程施工安全管理应贯彻"安全第一、预防为主"的方针。施工现场的大部分伤亡事故是由于没有安全技术措施、缺乏安全技术知识、不做安全技术交底、安全生产责任制不落实、违章指挥、违章作业造成的。因此，必须建立完善的施工现场安全生产保证体系，才能确保职工的安全和健康。

2.0.14 建筑工程施工过程中不可避免地会产生施工垃圾、粉尘、污水以及噪声等环境污染，制定环境管理计划就是要通过可行的管理和技术措施，使环境污染降到最低。

2.0.15 由于建筑产品生产周期长，造成了施工成本控制的难度。成本管理的基本原理就是把计划成本作为施工成本的目标值，在施工过程中定期地进行实际值与目标值的比较，通过比较找出实际支出额与计划成本之间的差距，分析产生偏差的原因，并采取有效的措施加以控制，以保证目标值的实现或减小差距。

3 基 本 规 定

3.0.1 建筑施工组织设计还可以按照编制阶段的不同，分为投标阶段施工组织设计和实施阶段施工组织设计。本规范在施工组织设计的编制与管理上，对这两个阶段的施工组织设计没有分别规定，但在实际操作中，编制投标阶段施工组织设计，强调的是符合招标文件要求，以中标为目的；编制实施阶段施工组织设计，强调的是可操作性，同时鼓励企业技术创新。

3.0.2 我国工程建设程序可归纳为以下四个阶段：投资决策阶段、勘察设计阶段、项目施工阶段、竣工验收和交付使用阶段。本条规定了编制施工组织设计应遵循的原则。

　2 在目前市场经济条件下，企业应当积极利用工程特点，组织开发、创新施工技术和施工工艺；

　5 为保证持续满足过程能力和质量保证的要求，国家鼓励企业进行质量、环境和职业健康安全管理体系的认证制度，且目前该三个管理体系的认证在我国建筑行业中已较普及，并且建立了企业内部管理体系文件，编制施工组织设计时，不应违背上述管理体系文件的要求。

3.0.3 本条规定了施工组织设计的编制依据，其中技术经济指标主要指各地方的建筑工程概预算定额和相关规定。虽然建筑行业目前使用了清单计价的方法，但各地方制定的概预算定额在造价控制、材料和劳动力消耗等方面仍起一定的指导作用。

3.0.4 本条仅对施工组织设计的基本内容加以规定，

根据工程的具体情况，施工组织设计的内容可以添加或删减。本规范并不对施工组织设计的具体章节顺序加以规定。

3.0.5 本条对施工组织设计的编制和审批进行了规定。

　1 有些分期分批建设的项目跨越时间很长，还有些项目地基基础、主体结构、装修装饰和机电设备安装并不是由一个总承包单位完成，此外还有一些特殊情况的项目，在征得建设单位同意的情况下，施工单位可分阶段编制施工组织设计。

　2 在《建设工程安全生产管理条例》(国务院第393号令)中规定：对下列达到一定规模的危险性较大的分部(分项)工程编制专项施工方案，并附具安全验算结果，经施工单位技术负责人、总监理工程师签字后实施：

　　1) 基坑支护与降水工程；

　　2) 土方开挖工程；

　　3) 模板工程；

　　4) 起重吊装工程；

　　5) 脚手架工程；

　　6) 拆除、爆破工程；

　　7) 国务院建设行政主管部门或者其他有关部门规定的其他危险性较大的工程。

　对前款所列工程中涉及深基坑、地下暗挖工程、高大模板工程的专项施工方案，施工单位还应当组织专家进行论证、审查。

　除上述《建设工程安全生产管理条例》中规定的分部(分项)工程外，施工单位还应根据项目特点和地方政府部门有关规定，对具有一定规模的重点、难点分部(分项)工程进行相关论证。

　4 有些分部(分项)工程或专项工程，如主体结构为钢结构的大型建筑工程，其钢结构分部规模很大且在整个工程中占有重要的地位，需另行分包，遇有这种情况的分部(分项)工程或专项工程，其施工方案应按施工组织设计进行编制和审批。

3.0.6 本条规定了施工组织设计动态管理的内容。

　1 施工组织设计动态管理的内容之一，就是对施工组织设计的修改或补充；

　　1) 当工程设计图纸发生重大修改时，如地基基础或主体结构的形式发生变化、装修材料或做法发生重大变化、机电设备系统发生大的调整等，需要对施工组织设计进行修改；对工程设计图纸的一般性修改，视变化情况对施工组织设计进行补充；对工程设计图纸的细微修改或更正，施工组织设计则不需调整；

　　2) 当有关法律、法规、规范和标准开始实施或发生变更，并涉及工程的实施、检查或验收时，施工组织设计需要进行修

3）由于主客观条件的变化，施工方法有重大变更，原来的施工组织设计已不能正确地指导施工，需对施工组织设计进行修改或补充；

4）当施工资源的配置有重大变更，并且影响到施工方法的变化或对施工进度、质量、安全、环境、造价等造成潜在的重大影响，需对施工组织设计进行修改或补充；

5）当施工环境发生重大改变，如施工延期造成季节性施工方法变化，施工场地变化造成现场布置和施工方式改变等，致使原来的施工组织设计已不能正确地指导施工，需对施工组织设计进行修改或补充。

2 经过修改或补充的施工组织设计原则上需经原审批级别重新审批。

4 施工组织总设计

4.1 工程概况

在编制工程概况时，为了清晰易读，宜采用图表说明。

4.1.2 本条规定了项目主要情况应包括的内容。

1 项目性质可分为工业和民用两大类，应简要介绍项目的使用功能；建设规模可包括项目的占地总面积、投资规模（产量）、分期分批建设范围等；

3 简要介绍项目的建筑面积、建筑高度、建筑层数、结构形式、建筑结构及装饰用料、建筑抗震设防烈度、安装工程和机电设备的配置等情况。

4.1.3 本条规定了项目主要施工条件应包括的内容。

1 简要介绍项目建设地点的气温、雨、雪、风和雷电等气象变化情况以及冬、雨期的期限和冬季土的冻结深度等情况；

2 简要介绍项目施工区域地形变化和绝对标高、地质构造、土的性质和类别、地基土的承载力、河流流量和水质、最高洪水和枯水期的水位、地下水位的高低变化、含水层的厚度、流向、流量和水质等情况；

5 简要介绍建设项目的主要材料、特殊材料和生产工艺设备供应条件及交通运输条件；

6 根据当地供电、供水、供热和通信情况，按照施工需求，描述相关资源提供能力及解决方案。

4.2 总体施工部署

4.2.1 施工组织总设计应对项目总体施工做出宏观部署。

2 建设项目通常是由若干个相对独立的投产或交付使用的子系统组成；如大型工业项目有主体生产系统、辅助生产系统和附属生产系统之分，住宅小区有居住建筑、服务性建筑和附属性建筑之分；可以根据项目施工总目标的要求，将建设项目划分为分期（分批）投产或交付使用的独立交工系统；在保证工期的前提下，实行分期分批建设，既可使各具体项目迅速建成，尽早投入使用，又可在全局上实现施工的连续性和均衡性，减少暂设工程数量，降低工程成本；

3 根据上款确定的项目分阶段（期）交付计划，合理地确定每个单位工程的开竣工时间，划分各参与施工单位的工作任务，明确各单位之间分工与协作的关系，确定综合的和专业化的施工组织，保证先后投产或交付使用的系统都能够正常运行。

4.2.3 项目管理组织机构形式应根据施工项目的规模、复杂程度、专业特点、人员素质和地域范围确定，大中型项目宜设置矩阵式项目管理组织，远离企业管理层的大中型项目宜设置事业部式项目管理组织，小型项目宜设置直线职能式项目管理组织。

4.2.4 根据现有的施工技术水平和管理水平，对项目施工中开发和使用的新技术、新工艺应做出规划，并采取可行的技术、管理措施来满足工期和质量等要求。

4.3 施工总进度计划

4.3.1 施工总进度计划应依据施工合同、施工进度目标、有关技术经济资料，并按照总体施工部署确定的施工顺序和空间组织等进行编制。

4.3.2 施工总进度计划的内容应包括：编制说明，施工总进度计划表（图），分期（分批)实施工程的开、竣工日期、工期一览表等。

施工总进度计划宜优先采用网络计划，网络计划应按国家现行标准《网络计划技术》GB/T 13400.1～3及行业标准《工程网络计划技术规程》JGJ/T 121的要求编制。

4.4 总体施工准备与主要资源配置计划

4.4.1 应根据施工开展顺序和主要工程项目施工方法，编制总体施工准备工作计划。

4.4.2 技术准备包括施工过程所需技术资料的准备、施工方案编制计划、试验检验及设备调试工作计划等；现场准备包括现场生产、生活等临时设施，如临时生产、生活用房，临时道路，材料堆放场，临时用水、用电和供热、供气等的计划；资金准备应根据施工总进度计划编制资金使用计划。

4.4.4 劳动力配置计划应按照各工程项目工程量，并根据总进度计划，参照概（预）算定额或者有关资料确定。目前施工企业在管理体制上已普遍实行管理层和劳务作业层的两层分离，合理的劳动力配置计划可减少劳务作业人员不必要的进、退场或避免窝工状态，进而节约施工成本。

4.4.5 物资配置计划应根据总体施工部署和施工总进度计划确定主要物资的计划总量及进、退场时间。物资配置计划是组织建筑工程施工所需各种物资进、退场的依据，科学合理的物资配置计划既可保证工程建设的顺利进行，又可降低工程成本。

4.5 主要施工方法

施工组织总设计要制定一些单位（子单位）工程和主要分部（分项）工程所采用的施工方法，这些工程通常是建筑工程中工程量大、施工难度大、工期长，对整个项目的完成起关键作用的建（构）筑物以及影响全局的主要分部（分项）工程。

制定主要工程项目施工方法的目的是为了进行技术和资源的准备工作，同时也为了施工进程的顺利开展和现场的合理布置，对施工方法的确定要兼顾技术工艺的先进性和可操作性以及经济上的合理性。

4.6 施工总平面布置

4.6.2 施工总平面布置应按照项目分期（分批）施工计划进行布置，并绘制总平面布置图。一些特殊的内容，如现场临时用电、临时用水布置等，当总平面布置图不能清晰表示时，也可单独绘制平面布置图。

平面布置图绘制应有比例关系，各种临设应标注外围尺寸，并应有文字说明。

4.6.3 现场所有设施、用房应由总平面布置图表述，避免采用文字叙述的方式。

5 单位工程施工组织设计

5.1 工 程 概 况

工程概况的内容应尽量采用图表进行说明。

5.2 施 工 部 署

5.2.1 当单位工程施工组织设计作为施工组织总设计的补充时，其各项目标的确立应同时满足施工组织总设计中确立的施工目标。

5.2.2 施工部署中的进度安排和空间组织应符合下列规定：

1 施工部署应对本单位工程的主要分部（分项）工程和专项工程的施工做出统筹安排，对施工过程的里程碑节点进行说明；

2 施工流水段划分应根据工程特点及工程量进行合理划分，并应说明划分依据及流水方向，确保均衡流水施工。

5.2.3 工程的重点和难点对于不同工程和不同企业

具有一定的相对性，某些重点、难点工程的施工方法可能已通过有关专家论证成为企业工法或企业施工工艺标准，此时企业可直接引用。重点、难点工程的施工方法选择应着重考虑影响整个单位工程的分部（分项）工程，如工程量大、施工技术复杂或对工程质量起关键作用的分部（分项）工程。

5.3 施工进度计划

5.3.1 施工进度计划是施工部署在时间上的体现，反映了施工顺序和各个阶段工程进展情况，应均衡协调、科学安排。

5.3.2 一般工程画横道图即可，对工程规模较大、工序比较复杂的工程宜采用网络图表示，通过对各类参数的计算，找出关键线路，选择最优方案。

5.4 施工准备与资源配置计划

5.4.2 与施工组织总设计相比较，单位工程施工组织设计的资源配置计划相对更具体，其劳动力配置计划宜细化到专业工种。

5.5 主要施工方案

应结合工程的具体情况和施工工艺、工法等按照施工顺序进行描述，施工方案的确定要遵循先进性、可行性和经济性兼顾的原则。

5.6 施工现场平面布置

5.6.1 单位工程施工现场平面布置图一般按地基基础、主体结构、装修装饰和机电设备安装三个阶段分别绘制。

6 施 工 方 案

6.1 工 程 概 况

施工方案包括下列两种情况：

1 专业承包公司独立承包项目中的分部（分项）工程或专项工程所编制的施工方案；

2 作为单位工程施工组织设计的补充，由总承包单位编制的分部（分项）工程或专项工程施工方案。

由总承包单位编制的分部（分项）工程或专项工程施工方案，其工程概况可参照本节执行，单位工程施工组织设计中已包含的内容可省略。

6.2 施 工 安 排

6.2.4 根据分部（分项）工程或专项工程的规模、特点、复杂程度、目标控制和总承包单位的要求设置项目管理机构，该机构各种专业人员配备齐全，完善项目管理网络，建立健全岗位责任制。

6.3 施工进度计划

6.3.1 施工进度计划的编制应内容全面、安排合理、科学实用，在进度计划中应反映出各施工区段或各工序之间的搭接关系、施工期限和开始、结束时间。同时，施工进度计划应能体现和落实总体进度计划的目标控制要求；通过编制分部（分项）工程或专项工程进度计划进而体现总进度计划的合理性。

6.4 施工准备与资源配置计划

6.4.1 施工方案针对的是分部（分项）工程或专项工程，在施工准备阶段，除了要完成本项工程的施工准备外，还需注重与前后工序的相互衔接。

6.5 施工方法及工艺要求

6.5.1 施工方法是工程施工期间所采用的技术方案、工艺流程、组织措施、检验手段等。它直接影响施工进度、质量、安全以及工程成本。本条所规定的内容应比施工组织总设计和单位工程施工组织设计的相关内容更细化。

6.5.3 对于工程中推广应用的新技术、新工艺、新材料和新设备，可以采用目前国家和地方推广的，也可以根据工程具体情况由企业创新；对于企业创新的技术和工艺，要制定理论和试验研究实施方案，并组织鉴定评价。

6.5.4 根据施工地点的实际气候特点，提出具有针对性的施工措施。在施工过程中，还应根据气象部门的预报资料，对具体措施进行细化。

7 主要施工管理计划

7.1 一 般 规 定

7.1.1 施工管理计划在目前多作为管理和技术措施编制在施工组织设计中，这是施工组织设计必不可少的内容。施工管理计划涵盖很多方面的内容，可根据工程的具体情况加以取舍。在编制施工组织设计时，各项管理计划可单独成章，也可穿插在施工组织设计的相应章节中。

7.2 进度管理计划

7.2.1 不同的工程项目其施工技术规律和施工顺序不同。即使是同一类工程项目，其施工顺序也难以做到完全相同。因此必须根据工程特点，按照施工的技术规律和合理的组织关系，解决各工序在时间和空间上的先后顺序和搭接问题，以达到保证质量、安全施工、充分利用空间、争取时间、实现经济合理安排进度的目的。

7.2.2 本条规定了进度管理计划的一般内容。

1 在施工活动中通常是通过对最基础的分部（分项）工程的施工进度控制来保证各个单项（单位）工程或阶段工程进度控制目标的完成，进而实现项目施工进度控制总体目标；因而需要将总体进度计划进行一系列从总体到细部、从高层次到基础层次的层层分解，一直分解到在施工现场可以直接调度控制的分部（分项）工程或施工作业过程为止；

2 施工进度管理的组织机构是实现进度计划的组织保证；它既是施工进度计划的实施组织，又是施工进度计划的控制组织，既要承担进度计划实施赋予的生产管理和施工任务，又要承担进度控制目标，对进度控制负责，因此需要严格落实有关管理制度和职责；

4 面对不断变化的客观条件，施工进度往往会产生偏差；当发生实际进度比计划进度超前或落后时，控制系统就要做出应有的反应：分析偏差产生的原因，采取相应的措施，调整原来的计划，使施工活动在新的起点上按调整后的计划继续运行，如此循环往复，直至预期计划目标的实现；

5 项目周边环境是影响施工进度的重要因素之一，其不可控性大，必须重视诸如环境扰民、交通组织和偶发意外等因素，采取相应的协调措施。

7.3 质量管理计划

7.3.1 施工单位应按照《质量管理体系 要求》GB/T 19001建立本单位的质量管理体系文件。可以独立编制质量计划，也可以在施工组织设计中合并编制质量计划的内容。质量管理应按照PDCA循环模式，加强过程控制，通过持续改进提高工程质量。

7.3.2 本条规定了质量管理计划的一般内容。

1 应制定具体的项目质量目标，质量目标应不低于工程合同明示的要求；质量目标应尽可能地量化和层层分解到最基层，建立阶段性目标；

2 应明确质量管理组织机构中各重要岗位的职责，与质量有关的各岗位人员应具备与职责要求匹配的相应知识、能力和经验；

3 应采取各种有效措施，确保项目质量目标的实现；这些措施包含但不局限于：原材料、构配件、机具的要求和检验，主要的施工工艺、主要的质量标准和检验方法，夏期、冬期和雨期施工的技术措施，关键过程、特殊过程、重点工序的质量保证措施，成品、半成品的保护措施，工作场所环境以及劳动力和资金保障措施等；

4 按质量管理八项原则中的过程方法要求，将各项活动和相关资源作为过程进行管理，建立质量过程检查、验收以及质量责任制等相关制度，对质量检查和验收标准做出规定，采取有效的纠正和预防措施，保障各工序和过程的质量。

7.4 安全管理计划

7.4.1 目前大多数施工单位基于《职业健康安全管理体系 规范》GB/T 28001通过了职业健康安全管理体系的认证，建立了企业内部的安全管理体系。安全管理计划应在企业安全管理体系的框架内，针对项目的实际情况编制。

7.4.2 建筑施工安全事故（危害）通常分为七大类：高处坠落、机械伤害、物体打击、坍塌倒塌、火灾爆炸、触电、窒息中毒。安全管理计划应针对项目具体情况，建立安全管理组织，制定相应的管理目标、管理制度、管理控制措施和应急预案等。

7.5 环境管理计划

7.5.1 施工现场环境管理越来越受到建设单位和社会各界的重视，同时各地方政府也不断出台新的环境监管措施，环境管理计划已成为施工组织设计的重要组成部分。对于通过了环境管理体系认证的施工单位，环境管理计划应在企业环境管理体系的框架内，针对项目的实际情况编制。

7.5.2 一般来讲，建筑工程常见的环境因素包括如下内容：

1 大气污染；

2 垃圾污染；

3 建筑施工中建筑机械发出的噪声和强烈的振动；

4 光污染；

5 放射性污染；

6 生产、生活污水排放。

应根据建筑工程各阶段的特点，依据分部（分项）工程进行环境因素的识别和评价，并制定相应的管理目标、控制措施和应急预案等。

7.6 成本管理计划

7.6.2 成本管理和其他施工目标管理类似，开始于确定目标，继而进行目标分解，组织人员配备，落实相关管理制度和措施，并在实施过程中进行纠偏，以实现预定的目标。

7.6.3 成本管理是与进度管理、质量管理、安全管理和环境管理等同时进行的，是针对整体施工目标系统所实施的管理活动的一个组成部分。在成本管理中，要协调好与进度、质量、安全和环境等的关系，不能片面强调成本节约。

7.7 其他管理计划

特殊项目的管理可在本规范的基础上增加相应的其他管理计划，以保证建筑工程的实施处于全面的受控状态。

中华人民共和国国家标准

房屋建筑和市政基础设施工程质量检测技术管理规范

Testing technology management code for building and
municipal infrastructure engineering quality

GB 50618—2011

主编部门：中华人民共和国住房和城乡建设部
批准部门：中华人民共和国住房和城乡建设部
施行日期：２０１２年１０月１日

中华人民共和国住房和城乡建设部
公　告

第 973 号

关于发布国家标准《房屋建筑和市政基础设施工程质量检测技术管理规范》的公告

现批准《房屋建筑和市政基础设施工程质量检测技术管理规范》为国家标准，编号为 GB 50618－2011，自 2012 年 10 月 1 日起实施。其中，第 3.0.3、3.0.4、3.0.10、3.0.13、4.1.1、4.2.1、4.4.10、5.4.1 条为强制性条文，必须严格执行。

本规范由我部标准定额研究所组织中国建筑工业出版社出版发行。

中华人民共和国住房和城乡建设部
2011 年 4 月 2 日

前　言

本规范是根据住房和城乡建设部《关于印发〈2008 年工程建设标准制订、修订计划（第一批）〉的通知》（建标〔2008〕102 号）的要求，由中国建筑业协会工程建设质量监督分会和福建省九龙建设集团有限公司会同有关单位共同编制完成的。

本规范以工程建设的全过程和工程使用期间的工程质量检测工作为对象，编制组经过大量的调查研究，总结了近年来的实践经验，按照规范编制程序，对主要问题进行了充分讨论，在全国范围内广泛吸收了有关方面的建议，并与有关工程施工质量验收、工程结构检测、鉴定标准等相协调，最后经审查定稿。

本规范共分 6 章和 5 个附录，主要内容包括：总则、术语、基本规定、检测机构能力、检测程序、检测档案等。

本规范由住房和城乡建设部负责管理和对强制性条文的解释，由中国建筑业协会工程建设质量监督分会负责具体技术内容的解释。请各单位在执行本规范的过程中，随时将有关意见和建议寄中国建筑业协会工程建设质量监督分会（地址：北京市海淀区三里河路 9 号，邮编：100835，E-mail：jdfh@fyi.net.cn，传真：010-58934104），以供今后修订时参考。

本规范主编单位、参编单位、主要起草人员和主要审查人员：

主 编 单 位：中国建筑业协会工程建设质量监督分会
　　　　　　　福建省九龙建设集团有限公司

参 编 单 位：上海市建设工程安全质量监督总站
　　　　　　　北京市建设工程质量检测中心
　　　　　　　江苏省建设工程质量监督总站
　　　　　　　上海市建设工程检测行业协会
　　　　　　　广东省建设工程质量安全监督检测总站
　　　　　　　宁波三江检测有限公司
　　　　　　　山东省建设工程质量监督总站
　　　　　　　深圳市建设工程质量检测中心
　　　　　　　浙江大东吴集团建设有限公司
　　　　　　　北京中集信达建筑工程有限公司
　　　　　　　海口市建筑工程质量安全监督站
　　　　　　　广州粤建三和软件有限公司
　　　　　　　昆山市建设工程质量检测中心

主要起草人员：吴松勤　林海洋　杨玉江
　　　　　　　林爱花　潘延平　张大春
　　　　　　　艾毅然　韩跃红　袁庆华
　　　　　　　刘南渊　蒋屹军　张　爽
　　　　　　　姚新良　张党生　乐嘉鲁
　　　　　　　吴忠民　罗宗标　黄　俭
　　　　　　　蒋荣夫　叶保群　沈舜民
　　　　　　　梁世杰　金　元　姚建强
　　　　　　　孙和生

主要审查人员：金德钧　张昌叙　姜　红
　　　　　　　白玉渊　张元勃　徐天平
　　　　　　　唐　民　陈明珠　陈　飚

目　　次

Contents

1 总　　则

1.0.1 为加强建设工程质量检测管理，规范建设工程质量检测技术活动，保证检测工作质量，制定本规范。

1.0.2 本规范适用于房屋建筑工程和市政基础设施工程有关建筑材料、工程实体质量检测活动的技术管理。

1.0.3 建设工程质量检测技术管理除应符合本规范外，尚应符合国家现行有关标准的规定。

2 术　　语

2.0.1 工程质量检测　testing for quality of construction engineering

按照相关规定的要求，采用试验、测试等技术手段确定建设工程的建筑材料、工程实体质量特性的活动。

2.0.2 工程质量检测机构　testing services for quality of construction engineering

具有法人资格，并取得相应资质，对社会出具工程质量检测数据或检测结论的机构。

2.0.3 检测人员　testing personnel

经建设主管部门或其委托有关机构的考核，从事检测技术管理和检测操作人员的总称。

2.0.4 检测设备　testing equipment

在检测工作中使用的、影响对检测结果作出判断的计量器具、标准物质以及辅助仪器设备的总称。

2.0.5 见证人员　witnesses

具备相关检测专业知识，受建设单位或监理单位委派，对检测试件的取样、制作、送检及现场工程实体检测过程真实性、规范性见证的技术人员。

2.0.6 见证取样　witness sampling

在见证人员见证下，由取样单位的取样人员，对工程中涉及结构安全的试块、试件和建筑材料在现场取样、制作，并送至有资格的检测单位进行检测的活动。

2.0.7 见证检测　witness test

在见证人员见证下，检测机构现场测试的活动。

2.0.8 鉴定检测　appraisal test

为建设工程结构性能可靠性鉴定（包括安全性鉴定和正常使用性鉴定）提供技术评估依据进行测试的活动。

2.0.9 工程检测管理信息系统　information management system of testing for construction engineering

利用计算机技术、网络通信技术等信息化手段，对工程质量检测信息进行采集、处理、存储、传输的管理系统。

3 基本规定

3.0.1 建设工程质量检测应执行国家现行有关技术标准。

3.0.2 建设工程质量检测机构（以下简称检测机构）应取得建设主管部门颁发的相应资质证书。

3.0.3 检测机构必须在技术能力和资质规定范围内开展检测工作。

3.0.4 检测机构应对出具的检测报告的真实性、准确性负责。

3.0.5 对实行见证取样和见证检测的项目，不符合见证要求的，检测机构不得进行检测。

3.0.6 检测机构应建立完善的管理体系，并增强纠错能力和持续改进能力。

3.0.7 检测机构的技术能力（检测设备及技术人员配备）应符合本规范附录 A 中各相应专业检测项目的配备要求。

3.0.8 检测机构应采用工程检测管理信息系统，提高检测管理效果和检测工作水平。

3.0.9 检测机构应建立检测档案及日常检测资料管理制度。

3.0.10 检测应按有关标准的规定留置已检试件。有关标准留置时间无明确要求的，留置时间不应少于 72h。

3.0.11 建设工程质量检测应委托具有相应资质的检测机构进行检测。

3.0.12 施工单位应根据工程施工质量验收规范和检测标准的要求编制检测计划，并应做好检测取样、试件制作、养护和送检等工作。

3.0.13 检测试件的提供方应对试件取样的规范性、真实性负责。

4 检测机构能力

4.1 检测人员

4.1.1 检测机构应配备能满足所开展检测项目要求的检测人员。

4.1.2 检测机构检测项目的检测技术人员配备应符合本规范附录 A 的规定，并宜按附录 B 的要求设立相应的技术岗位。

4.1.3 检测机构的技术负责人、质量负责人、检测项目负责人应具有工程类专业中级及其以上技术职称，掌握相关领域知识，具有规定的工作经历和检测工作经验。检测报告批准人、检测报告审核人应经检测机构技术负责人授权，掌握相关领域知识，并具有规定的工作经历和检测工作经验。

4.1.4 检测机构室内检测项目持有岗位证书的操作

人员不得少于2人；现场检测项目持有岗位证书的操作人员不得少于3人。

4.1.5 检测操作人员应经技术培训、通过建设主管部门或委托有关机构的考核，方可从事检测工作。

4.1.6 检测人员应及时更新知识，按规定参加本岗位的继续教育。继续教育的学时应符合国家相关要求。

4.1.7 检测人员岗位能力应按规定定期进行确认。

4.2 检测设备

4.2.1 检测机构应配备能满足所开展检测项目要求的检测设备。

4.2.2 检测机构检测项目的检测设备配备应符合本规范附录A的规定，并宜分为A、B、C三类，分类管理。具体分类宜符合本规范附录C的要求。

4.2.3 A类检测设备的范围宜符合本规范附录C第C.0.1条的规定，并应符合下列规定：

 1 本单位的标准物质（如有时）；

 2 精密度高或用途重要的检测设备；

 3 使用频繁，稳定性差，使用环境恶劣的检测设备。

4.2.4 B类检测设备的范围宜符合本规范附录C第C.0.2条的规定，并应符合下列要求：

 1 对测量准确度有一定的要求，但寿命较长、可靠性较好的检测设备；

 2 使用不频繁，稳定性比较好，使用环境较好的检测设备。

4.2.5 C类检测设备的范围宜符合本规范附录C第C.0.3条的规定，并应符合下列要求：

 1 只用作一般指标，不影响试验检测结果的检测设备；

 2 准确度等级较低的工作测量器具。

4.2.6 A类、B类检测设备在启用前应进行首次校准或检测。

4.2.7 检测设备的校准或检测应送至具有校准或检测资格的实验室进行校准或检测。

4.2.8 A类检测设备的校准或检测周期应根据相关技术标准和规范的要求，检测设备出厂技术说明书等，并结合检测机构实际情况确定。

4.2.9 B类检测设备的校准或检测周期应根据检测设备使用频次、环境条件、所需的测量准确度，以及由于检测设备发生故障所造成的危害程度等因素确定。

4.2.10 检测机构应制定A类和B类检测设备的周期校准或检测计划，并按计划执行。

4.2.11 C类检测设备首次使用前应进行校准或检测，经技术负责人确认，可使用至报废。

4.2.12 检测设备的校准或检测结果应由检测项目负责人进行管理。

4.2.13 检测机构自行研制的检测设备应经过检测验收，并委托校准单位进行相关参数的校准，符合要求后方可使用。

4.2.14 检测机构的所有设备均应标有统一的标识，在用的检测设备均应标有校准或检测有效期的状态标识。

4.2.15 检测机构应建立检测设备校准或检测周期台账，并建立设备档案，记录检测设备技术条件及使用过程的相关信息。

4.2.16 检测机构对大型的、复杂的、精密的检测设备应编制使用操作规程。

4.2.17 检测机构应对主要检测设备作好使用记录，用于现场检测的设备还应记录领用、归还情况。

4.2.18 检测机构应建立检测设备的维护保养、日常检查制度，并作好相应记录。

4.2.19 当检测设备出现下列情况之一时，应进行校准或检测：

 1 可能对检测结果有影响的改装、移动、修复和维修后；

 2 停用超过校准或检测有效期后再次投入使用；

 3 检测设备出现不正常工作情况；

 4 使用频繁或经常携带运输到现场的，以及在恶劣环境下使用的检测设备。

4.2.20 当检测设备出现下列情况之一时，不得继续使用：

 1 当设备指示装置损坏、刻度不清或其他影响测量精度时；

 2 仪器设备的性能不稳定，漂移率偏大时；

 3 当检测设备出现显示缺损或按键不灵敏等故障时；

 4 其他影响检测结果的情况。

4.3 检测场所

4.3.1 检测机构应具备所开展检测项目相适应的场所。房屋建筑面积和工作场地均应满足检测工作需要，并应满足检测设备布局及检测流程合理的要求。

4.3.2 检测场所的环境条件等应符合国家现行有关标准的要求，并应满足检测工作及保证工作人员身心健康的要求。对有环境要求的场所应配备相应的监控设备，记录环境条件。

4.3.3 检测场所应合理存放有关材料、物质，确保化学危险品、有毒物品、易燃易爆等物品安全存放；对检测工作过程中产生的废弃物、影响环境条件及有毒物质等的处置，应符合环境保护和人身健康、安全等方面的相关规定，并应有相应的应急处理措施。

4.3.4 检测工作场所应有明显标识，与检测工作无关的人员和物品不得进入检测工作场所。

4.3.5 检测工作场所应有安全作业措施和安全预案，确保人员、设备及被检测试件的安全。

4.3.6 检测工作场所应配备必要的消防器材，存放于明显和便于取用的位置，并应有专人负责管理。

4.4 检 测 管 理

4.4.1 检测机构应执行国家现行有关管理制度和技术标准，建立检测技术管理体系，并按管理体系运行。

4.4.2 检测机构应建立内审核制度，发现技术管理中的不足并进行改正。

4.4.3 检测机构的检测管理信息系统，应能对工程检测活动各阶段中产生的信息进行采集、加工、储存、维护和使用。

4.4.4 检测管理信息系统宜覆盖全部检测项目的检测业务流程，并宜在网络环境下运行。

4.4.5 检测机构管理信息系统的数据管理应采用数据库管理系统，应确保数据存储与传输安全、可靠；并应设置必要的数据接口，确保系统与检测设备或检测设备与有关信息网络系统的互联互通。

4.4.6 应用软件应符合软件工程的基本要求，应经过相关机构的评审鉴定，满足检测功能要求，具备相应的功能模块，并应定期进行论证。

4.4.7 检测机构应设专人负责信息化管理工作，管理信息系统软件功能应满足相关检测项目所涉及工程技术规范的要求，技术规范更新时，系统应及时升级更新。

4.4.8 检测机构宜按规定定期向建设主管部门报告以下主要技术工作：

  1 按检测业务范围进行检测的情况；

  2 遵守检测技术条件（包括实验室技术能力和检测程序等）的情况；

  3 执行检测法规及技术标准的情况；

  4 检测机构的检测活动，包括工作行为、人员资格、检测设备及其状态、设施及环境条件、检测程序、检测数据、检测报告等；

  5 按规定报送统计报表和有关事项。

4.4.9 检测机构应定期作比对试验，当地管理部门有要求的，并应按要求参加本地区组织的能力验证。

4.4.10 检测机构严禁出具虚假检测报告。凡出现下列情况之一的应判定为虚假检测报告：

  1 不按规定的检测程序及方法进行检测出具的检测报告；

  2 检测报告中数据、结论等实质性内容被更改的检测报告；

  3 未经检测就出具的检测报告；

  4 超出技术能力和资质规定范围出具的检测报告。

5 检 测 程 序

5.1 检 测 委 托

5.1.1 建设工程质量检测应以工程项目施工进度或工程实际需要进行委托，并应选择具有相应检测资质

的检测机构。

5.1.2 检测机构应与委托方签订检测书面合同，检测合同应注明检测项目及相关要求。需要见证的检测项目应确定见证人员。检测合同主要内容宜符合本规范附录D的规定。

5.1.3 检测项目需采用非标准方法检测时，检测机构应编制相应的检测作业指导书，并应在检测委托合同中说明。

5.1.4 检测机构对现场工程实体检测应事前编制检测方案，经技术负责人批准；对鉴定检测、危房检测，以及重大、重要检测项目和为有争议事项提供检测数据的检测方案应取得委托方的同意。

5.2 取 样 送 检

5.2.1 建筑材料的检测取样应由施工单位、见证单位和供应单位根据采购合同或有关技术标准的要求共同对样品的取样、制样过程、样品的留置、养护情况等进行确认，并应做好试件标识。

5.2.2 建筑材料本身带有标识的，抽取的试件应选择有标识的部分。

5.2.3 检测试件应有清晰的、不易脱落的唯一性标识。标识应包括制作日期、工程部位、设计要求和组号等信息。

5.2.4 施工过程有关建筑材料、工程实体检测的抽样方法、检测程序及要求等应符合国家现行有关工程质量验收规范的规定。

5.2.5 既有房屋、市政基础设施现场工程实体检测的抽样方法、检测程序及要求等应符合国家现行有关标准的规定。

5.2.6 现场工程实体检测的构件、部位、检测点确定后，应绘制测点图，并应经技术负责人批准。

5.2.7 实行见证取样的检测项目，建设单位或监理单位确定的见证人员每个工程项目不得少于2人，并应按规定通知检测机构。

5.2.8 见证人员应对取样的过程进行旁站见证，作好见证记录。见证记录应包括下列主要内容：

  1 取样人员持证上岗情况；

  2 取样用的方法及工具模具情况；

  3 取样、试件制作操作的情况；

  4 取样各方对样品的确认情况及送检情况；

  5 施工单位养护室的建立和管理情况；

  6 检测试件标识情况。

5.2.9 检测收样人员应对检测委托单的填写内容、试件的状况以及封样、标识等情况进行检查，确认无误后，在检测委托单上签收。

5.2.10 试件接受应按年度建立台账，试件流转单应采取盲样形式，有条件的可使用条形码技术等。

5.2.11 检测机构自行取样的检测项目应作好取样记录。

5.2.12 检测机构对接收的检测试件应有符合条件的存放设施，确保样品的正确存放、养护。

5.2.13 需要现场养护的试件，施工单位应建立相应的管理制度，配备取样、制样人员，及取样、制样设备及养护设施。

5.3 检测准备

5.3.1 检测机构的收样及检测试件管理人员不得同时从事检测工作，并不得将试件的信息泄露给检测人员。

5.3.2 检测人员应校对试件编号和任务流转单的一致性，保证与委托单编号、原始记录和检测报告相关联。

5.3.3 检测人员在检测前应对检测设备进行核查，确认其运作正常。数据显示器需要归零的应在归零状态。

5.3.4 试件对贮存条件有要求时，检测人员应检查试件在贮存期间的环境条件符合要求。

5.3.5 对首次使用的检测设备或新开展的检测项目以及检测标准变更的情况，检测机构应对人员技能、检测设备、环境条件等进行确认。

5.3.6 检测前应确认检测人员的岗位资格，检测操作人员应熟识相应的检测操作规程和检测设备使用、维护技术手册等。

5.3.7 检测前应确认检测依据、相关标准条文和检测环境要求，并将环境条件调整到操作要求的状况。

5.3.8 现场工程实体检测应有完善的安全措施。检测危险房屋时还应对检测对象先进行勘察，必要时应先进行加固。

5.3.9 检测人员应熟悉检测异常情况处理预案。

5.3.10 检测前应确认检测方法标准，确认原则应符合下列规定：

  1 有多种检测方法标准可用时，应在合同中明确选用的检测方法标准；

  2 对于一些没有明确的检测方法标准或有地区特点的检测项目，其检测方法标准应由委托双方协商确定。

5.3.11 检测委托方应配合检测机构做好检测准备，并提供必要的条件。按时提供检测试件，提供合理的检测时间，现场工程实体检测还应提供相应的配合等。

5.4 检测操作

5.4.1 检测应严格按照经确认的检测方法标准和现场工程实体检测方案进行。

5.4.2 检测操作应由不少于 2 名持证检测人员进行。

5.4.3 检测原始记录应在检测操作过程中及时真实记录，检测原始记录应采用统一的格式。原始记录的内容应符合下列规定：

  1 试验室检测原始记录内容宜符合本规范附录 E 第 E.0.1 条的规定；

  2 现场工程实体检测原始记录内容宜符合本规范附录 E 第 E.0.2 条的规定。

5.4.4 检测原始记录笔误需要更正时，应由原记录人进行杠改，并在杠改处由原记录人签名或加盖印章。

5.4.5 自动采集的原始数据当因检测设备故障导致原始数据异常时，应予以记录，并应由检测人员作出书面说明，由检测机构技术负责人批准，方可进行更改。

5.4.6 检测完成后应及时进行数据整理和出具检测报告，并应做好设备使用记录及环境、检测设备的清洁保养工作。对已检试件的留置处理除应符合本规范第 3.0.10 条的规定外尚应符合下列规定：

  1 已检试件留置应与其他试件有明显的隔离和标识；

  2 已检试件留置应有唯一性标识，其封存和保管应由专人负责；

  3 已检试件留置应有完整的封存试件记录，并分类、分品种有序摆放，以便于查找。

5.4.7 见证人员对现场工程实体检测进行见证时，应对检测的关键环节进行旁站见证，现场工程实体检测见证记录内容应包括下列主要内容：

  1 检测机构名称、检测内容、部位及数量；

  2 检测日期、检测开始、结束时间及检测期间天气情况；

  3 检测人员姓名及证书编号；

  4 主要检测设备的种类、数量及编号；

  5 检测中异常情况的描述记录；

  6 现场工程检测的影像资料；

  7 见证人员、检测人员签名。

5.4.8 现场工程实体检测活动应遵守现场的安全制度，必要时应采取相应的安全措施。

5.4.9 现场工程实体检测时应有环保措施，对环境有污染的试剂、试材等应有预防撒漏措施，检测完成后应及时清理现场并将有关用后的残剩试剂、试材、垃圾等带走。

5.5 检测报告

5.5.1 检测项目的检测周期应对外公示，检测工作完成后，应及时出具检测报告。

5.5.2 检测报告宜采用统一的格式；检测管理信息系统管理的检测项目，应通过系统出具检测报告。检测报告内容应符合检测委托的要求，并宜符合本规范附录 E 第 E.0.3、第 E.0.4 条的规定。

5.5.3 检测报告编号应按年度编号，编号应连续，不得重复和空号。

5.5.4 检测报告至少应由检测操作人签字、检测报告审核人签字、检测报告批准人签发，并加盖检测专用章，多页检测报告还应加盖骑缝章。

5.5.5 检测报告应登记后发放。登记应记录报告编号、份数、领取日期及领取人等。

5.5.6 检测报告结论应符合下列规定:

1 材料的试验报告结论应按相关材料、质量标准给出明确的判定;

2 当仅有材料试验方法而无质量标准,材料的试验报告结论应按设计要求或委托方要求给出明确的判定;

3 现场工程实体的检测报告结论应根据设计及鉴定委托要求给出明确的判定。

5.5.7 检测机构应建立检测结果不合格项目台账,并应对涉及结构安全、重要使用功能的不合格项目按规定报送时间报告工程项目所在地建设主管部门。

5.6 检测数据的积累利用

5.6.1 检测机构应对日常检测取得的数据进行积累整理。

5.6.2 检测机构应定期对检测数据统计分析。

5.6.3 检测机构应按规定向工程建设主管部门提供有关检测数据。

6 检 测 档 案

6.0.1 检测机构应建立检测资料档案管理制度,并

做好检测档案的收集、整理、归档、分类编目和利用工作。

6.0.2 检测机构应建立检测资料档案室,档案室的条件应能满足纸质文件和电子文件的长期存放。

6.0.3 检测资料档案应包含检测委托合同、委托单、检测原始记录、检测报告和检测台账、检测结果不合格项目台账、检测设备档案、检测方案、其他与检测相关的重要文件等。

6.0.4 检测机构检测档案管理应由技术负责人负责,并由专(兼)职档案员管理。

6.0.5 检测资料档案保管期限,检测机构自身的资料保管期限应分为 5 年和 20 年两种。涉及结构安全的试块、试件及结构建筑材料的检测资料汇总表和有关地基基础、主体结构、钢结构、市政基础设施主体结构的检测档案等宜为 20 年;其他检测资料档案保管期限宜为 5 年。

6.0.6 检测档案可是纸质文件或电子文件。电子文件应与相应的纸质文件材料一并归档保存。

6.0.7 保管期限到期的检测资料档案销毁应进行登记、造册后经技术负责人批准。销毁登记册保管期限不应少于 5 年。

附录 A 检测项目、检测设备及技术人员配备表

表 A 检测项目、检测设备及技术人员配备表

序号	专业	检测项目(参数)	主要设备	检测人员
1	建筑材料	①水泥、粉煤灰的物理力学性能和化学分析	①水泥检验设备。含胶砂搅拌机、净浆搅拌机、胶砂振实台、胶砂跳桌、稠度测定仪、安定性沸煮箱、雷氏夹测定仪、细度负压筛、抗折试验机、恒应力压力试验机和标准养护设备、凝结时间测定仪等	建筑材料专业或相关专业,大专及以上学历,达到规定的检测工作经历及检测工作经验的工程师及以上人员不少于 1 人;化学专业,大专及以上学历,达到规定的化学分析工作经验的工程师及以上人员不少于 1 人;经考核持有效上岗证的检测人员不少于 8 人;检测项目(参数)较少的,可适当降低检测人员的数量,但不应少于 5 人
		②建筑钢材、钢绞线锚夹具力学工艺性能和化学分析	②300kN、600kN、1000kN 拉力试验机(或液压式万能试验机)、弯曲试验机、钢绞线专用夹具、洛氏硬度仪、钢材化学成分分析设备	
		③混凝土用骨料物理性能和有害物质检测	③砂、石试验用电热鼓风干燥箱、砂石筛、振筛机、压碎指标测定仪、针片状规准仪、天平、台秤、量瓶、量桶等	
		④砂浆、混凝土及外加剂的物理力学性能和耐久性检测	④混凝土搅拌机、振动台、坍落度筒、混凝土拌合物凝结时间测定仪、含气量测定仪、压力泌水率测定仪、混凝土收缩测长仪、砂浆搅拌机、混凝土抗渗仪、砂浆抗渗仪、混凝土标准养护室(湿度 95% 以上)、混凝土收缩养护室(湿度 60±5%)、1000kN、2000kN、3000kN 压力试验机、分析天平、可见光光度计、火焰光度计、酸度计、高温炉、碳硫联合分析仪、化学实验室用通风橱、洗眼器、常用玻璃器皿试剂、化学标准物质等	

续表 A

序号	专业	检测项目（参数）	主要设备	检测人员
1	建筑材料	⑤砖、砌块的物理力学性能检测	⑤带大变形检测的电子万能试验机、低温试验箱、低温弯折仪、抗穿孔仪、动态抗干不透水仪、邵氏硬度计、天平、大烘箱、实验室温湿度监控设备	建筑材料专业或相关专业，大专及以上学历，达到规定的检测工作经历及检测工作经验的工程师及以上人员不少于1人；化学专业，大专及以上学历，达到规定的化学分析工作经验的工程师及以上人员不少于1人；经考核持有效上岗证的检测人员不少于8人；检测项目（参数）较少的，可适当降低检测人员的数量，但不应少于5人
		⑥沥青及沥青混合料的物理力学性能及有害物含量检测；防水卷材、涂料物理力学性能检测	⑥沥青延度仪、针入度仪、软化点仪、旋转薄膜烘箱、闪点仪、蜡含量测定仪、马歇尔测定仪、马歇尔电动击实仪、沥青混合搅拌机、恒温水浴箱、天平、卡尺、离心抽提仪（四流抽提仪）或燃烧炉、车辙试样成型机、自动车辙试验仪、鼓风干燥箱、100kN压力机、游标卡尺、钢直尺等	
2	地基基础	①土工试验	电子秤、烘箱、环刀、标准击实仪、千斤顶、300kN压力机、密度测量器等	注册岩土工程师1人；达到规定检测工作经历及检测工作经验的工程师不少于2人；每个检测项目经考核持有效上岗证的人员不少于3人
		②土工布、土工膜、排水板（带）等土工合成材料的物理力学性能检测	分析天平、游标卡尺、土工布厚度仪、等效孔经试验仪、动态穿孔试验仪、电子万能试验机、CBR顶破装置、土工合成材料渗透仪、低温试验箱、空气热老化试验箱、排水板通水量仪等	
		③桩（完整性、承载力、强度）、地基、成孔、基础施工监测	静载反力系统（钢梁、千斤顶、配重等），加载能力均不低于10000kN；100t、200t、300t、500t千斤顶；高应变动测仪，不低于8t的重锤和锤架、精密水准仪、拟合法软件；低应变动测仪、不同锤重的激振锤；具有波列储存功能的非金属超声仪、两种频率的换能器；高速液压钻机、测斜仪、标准贯入试验设备及地基承载力试验设备、复合地基检测设备；张拉千斤顶；精密水准仪、经纬仪、全站仪、测斜仪、钢弦频率仪、静态电阻应变仪、孔压计、水位计等	
3	混凝土结构	回弹法检测强度、钻芯法检测强度、超声法检测缺陷、钢筋保护层厚度检测、后锚固件拉拔试验、碳纤维片正拉粘结强度试验	回弹仪、钻芯机、钢筋位置测试仪、600kN拉力试验机、1000kN压力试验机、后锚固件拉拔仪、碳纤维片拉拔仪、结构构件变形测量仪等	达到规定检测工作经历及检测工作经验的工程师及以上技术人员不少于4人，其中1人应当具备一级注册结构工程师；每个检测项目经考核持有效上岗证的检测人员不少于3人；报告审核人、批准人为工程类相关专业工程师及以上技术人员。经考核持有效钢结构无损探伤资质证书的检测人员不少于2人
4	砌体结构	回弹法检测砌筑砂浆强度、贯入法检测砌筑砂浆强度、回弹法检测烧结普通砖强度	砂浆回弹仪、砂浆贯入仪、砖回弹仪等	
5	钢结构	无损检测（超声、射线、磁粉）、防火和防腐涂层厚度检测、节点、螺栓等连接件力学性能检测、钢结构变形测量、化学成分分析	超声探伤仪、射线探伤仪、磁粉探伤仪、600kN、1000kN拉力试验机、涡流测厚仪、电磁测厚仪、结构变形测量仪器、钢材化学成分分析设备等	

序号	专业	检测项目（参数）	主要设备	检测人员
6	室内环境	空气中氡、甲醛、苯、TVOC、氨的检测、装饰有害物质含量的检测、土壤中氡浓度检测	气相色谱仪（其中应有直接进样），空气采样器、空气流量计、气压计、土壤测氡仪、紫外可见分光光度计、粒料粉磨机、低本底能谱仪，具备化学实验室的设施环境，常用器皿，常用试剂等	化学专业、本科及以上学历，工程师及以上技术人员不少于1人，经考核持有效上岗证的检测人员不少于3人
7	结构鉴定	各种结构、地基基础检测项目、建筑物变形测量、结构荷载试验	各种结构、地基基础检测项目仪器、建筑变形测量仪器、位移计、万能试验机、结构计算软件等	检测人员经考核持有效上岗证每一检测项目不少于3人；报告编写人员具备工程师及以上技术职称；报告审核、批准人均具备高级工程师，其中1人具备一级注册结构工程师
8	建筑节能	①保温材料导热系数、密度、抗压强度或压缩强度、燃烧性能（限有机保温材料），保温绝热材料的检测	量程不小于20kN电子万能试验机、导热分散测定仪、分析天平、砂浆搅拌机、分层度仪、收缩仪、标准养护箱、300kN压力试验机、低温试验箱、高温炉、漆膜冲击仪、吸水率检测用真空装置、电位滴定仪、围护结构稳态热传递检测系统、导热系数测定仪、钻芯机、电线电缆导体电阻测试仪、含（0～3300）mm全波段分光光度仪、（2500～25000）mm红外光谱仪、燃烧性能试验室等	工程师及以上技术人员1人；经考核持有效上岗证的检测人员不少于3人
		②外墙外保温系统及其构造材料的物理力学性能检测；墙体砌块（砖）材料密度、抗压强度、构造的热阻或传热系数测定；墙体、屋面的浅色饰面材料的太阳辐射吸收系数，遮阳材料太阳光透射比、太阳光反射比检测		
		③围护结构实体构造的现场检测		
9	建筑幕墙、门窗及外墙面砖	①幕墙门窗的"三性"检测、现场抽样玻璃的遮阳系数、可见光透射比、传热系数、中空玻璃露点检测、门窗保温性能检测、隔热型材的抗拉强度、抗剪强度检测等	幕墙"三性"测试系统（箱体高度≥16m，宽度≥10m，压力≥12kPa）、门窗"三性"测试系统（压力≥5.0kPa）、型材镀（涂）测厚仪、焊角测试仪、幕墙门窗玻璃光学性能测试设备［含（0～3300）mm全波段分光光度计、红外分光光度计、中空玻璃露点测试仪］、电子万能试验机（附－60℃和300℃下的拉伸附件）、硅酮结构胶相容性试验箱等、饰面砖粘结强度检测仪等	工程师及以上技术人员1人；经考核持有效上岗证的检测人员不少于3人
		②幕墙门窗用型材的镀（涂）层厚度检测		
		③塑料门窗的焊角（可焊性）检测		
		④硅酮结构胶的相容性试验		
		⑤饰面砖粘结强度检测		

序号	专业	检测项目（参数）	主要设备	检测人员
10	建筑电气	①电线电缆的电性能、机械性能、结构尺寸和燃烧性能的检测、电线电缆截面、芯导体电阻值	电子万能试验机、导体电阻测试仪、绝缘电阻测试仪、闪络击穿试验装置、燃烧试验装置、低倍投影仪、电能质量分析仪、照度计、接地电阻测量仪、防雷检测设备等	电气专业大专及以上学历，达到规定检测工作经历及检测工作经验的工程师及以上技术人员1人，经考核持有效上岗证的检测人员不少于3人
		②变配电室的电源质量分析		
		③典型功能区的平均照度、接地电阻值、防雷检测和功率密度检测		
11	建筑给排水及采暖	管道、管件强度及严密性检测、管道保温、焊缝检测、水温、水压	水泵、各式压力表、温度仪、焊缝检测设备等	焊接专业工程师1人，经考核持有效上岗证的检测人员不少于3人
12	通风与空调	①风管和风管系统的漏风量、系统总风量和风口风量、空调机组水流量、系统冷热水、冷却水流量的检测；制冷机性能系数，水泵能效系数检测，室内空气温湿度检测、全空气空调系统送、排风风机的风量、风压及单位风量耗功率、风量平衡、空调机组冷冻水供回温差、冷冻水系统水力平衡、冷却塔效率、循环水泵流量、杨程、电机功率及输送能效（ER）、冷却塔热力性能、流量、电机功率、冷热源设备的制冷、制风量、输入功率性能系数（COP）现场检测	风管漏风量测装置、风量罩、超声波流量计、电力质量分析仪、数字温湿度计，温湿度自动采集仪、压力传感器、数据采集仪、皮托管、温湿度传感器压计；风机盘管机组焓差试验装置、噪声测试系统等	暖通专业大专及以上学历，达到规定检测工作经历及检测工作经验的工程师及以上技术人员1人，经考核持有效上岗证的检测人员不少于3人
		②空调系统风机盘管机组的供冷量、供热量、风量、出口静压和噪声检测		
13	建筑电梯运行	各种电梯性能检测	电梯性能检测系统设备、电气检测设备及有关材料性能检测设备等	电气专业、机械专业工程师及以上技术人员各1人，经考核持有效上岗证的检测人员不少于3人
14	建筑智能	各系统性能测试	各系统性能的各种测试设备，能形成综合调试检测成果，电气检测设备等	计算机专业工程师及以上技术人员2人，经考核持有效上岗证的检测人员不少于3人
15	燃气管道工程	管道强度严密性等项目；燃气器具检测	项目相应的设备、仪器等。同管道专业	同建筑给排水及采暖

序号	专业	检测项目（参数）	主要设备	检测人员
16	市政道路	厚度、压实度、承载能力（弯沉试验）、抗滑性能	路面回弹弯沉值测定仪、多功能电动击实仪、标准土壤筛、标准振筛机、摩擦系数测定仪、含水率测定仪等	达到规定检测工作经历及检测工作经验的工程师及以上技术人员1人；经考核持有效上岗证的检测人员不少于3人
17	市政桥梁	桥梁动载试验、桥梁静载试验。桥体及基础结构性能	桥梁挠度检测仪1套、静态电阻应变测试系统1套、动态应变采集系统1套、钢弦频率仪2台、震动测试仪2套、激光测距仪2台。桥体及基础结构性能检测同结构鉴定	达到规定检测工作经历及检测工作经验的道桥专业高级工程师1人；达到规定检测工作经历及检测工作经验的工程师2人；经考核持有效上岗证的检测人员不少于3人
18	其他	①施工升降机及作业平台 ②建筑机械检测 ③安全器具及设备检测	建筑机械检测设备、建筑电梯检测设备、脚手架扣件测定仪、安全帽检测设备、安全带及安全网检测设备等	机械专业大专及以上学历，达到规定检测工作经历及检测工作经验的工程师及以上技术人员1人；经考核持有效上岗证的检测人员不少于3人

注：1 本表列出的各专业检测项目（参数）是检测机构应具备的最基本的检测项目（参数）。

2 为保证检测项目（参数）的结果正确，规定了检测项目应配备的设备、技术人员。

3 拥有建筑材料，施工过程的有关检测项目及其他专项检测中的五项及以上检测项目（参数）的检测机构，多项目综合检测机构的人员、设备配备可适当调整。

附录 B 检测机构技术能力、基本岗位及职责

B.0.1 技术负责人。应具有相应专业的中级、高级技术职称，连续从事工程检测工作的年限符合相关规定，全面负责检测机构的技术工作，其岗位职责如下：

1 确定技术管理层的人员及其职责，确定各检测项目的负责人；

2 主持制定并签发检测人员培训计划，并监督培训计划的实施；

3 主持对检测质量有影响的产品供应方的评价，并签发合格供应方名单；

4 主持收集使用标准的最新有效版本，组织检测方法的确认及检测资源的配置；

5 主持检测结果不确定度的评定；

6 主持检测信息及检测档案管理工作；

7 按照技术管理层的分工批准或授权有相应资格的人批准和审核相应的检测报告；

8 主持合同评审，对检测合作单位进行能力确认；

9 检查和监督安全作业和环境保护工作；

10 批准作业指导书、检测方案等技术文件；

11 批准检测设备的分类，批准检测设备的周期校准或周期检测计划并监督执行；

12 批准实验比对计划和参加本地区组织的能力验证，并对其结果的有效性组织评价。

B.0.2 质量负责人。应具有相应专业的中级或高级技术职称，连续从事工程检测工作的年限符合相关规定，负责检测机构的质量体系管理，其岗位职责如下：

1 主持管理（质量）手册和程序文件的编写、修订，并组织实施；

2 对管理体系的运行进行全面监督，主持制定预防措施、纠正措施，对纠正措施执行情况组织跟踪验证，持续改进管理体系；

3 主持对检测的申诉和投诉的处理，代表检测机构参与检测争议的处理；

4 编制内部质量体系审核计划，主持内部审核工作的实施，签发内部审核报告；

5 编制管理评审计划，协助最高管理者做好管理评审工作，组织起草管理评审报告；

6 负责检测人员培训计划的落实工作；

7 主持检测质量事故的调查和处理，组织编写并签发事故调查报告。

B.0.3 检测项目负责人。应具有相应专业的中级技术职称，从事工程检测工作的年限符合相关规定，负责本检测项目的日常技术、质量管理工作，其岗位职责如下：

1 编制本项目作业指导书、检测方案等技术文件；

2 负责本项目检测工作的具体实施、组织、指导、检查和监督本项目检测人员的工作；

3 负责做好本项目环境设施、检测设备的维护、保养工作；

4 负责本项目检测设备的校准或检测工作，负责确定本项目检测设备的计量特性、分类、校准或检测周期，并对校准结果进行适用性判定；

5 组织编写本项目的检测报告，并对检测报告进行审核；

6 负责本项目检测资料的收集、汇总及整理。

B.0.4 设备管理员。应具有检测设备管理的基本知识和工程检测工作的基本知识，从事工程检测工作的年限符合相关规定，负责检测设备的日常管理工作，其职责如下：

1 协助检测项目负责人确定检测设备计量特性、规格型号，参与检测设备的采购安装；

2 协助检测项目负责人对检测设备进行分类；

3 建立和维护检测设备管理台账和档案；

4 对检测设备进行标识，对标识进行维护更新；

5 协助检测项目负责人确定检测设备的校准或检测周期，编制检测设备的周期校准或检测计划；

6 提出校准或检测单位，执行周期校准或检测计划；

7 对设备的状况进行定期、不定期的检查，督促检测人员按操作规程操作，并做好维护保养工作；

8 指导、检查法定计量单位的使用。

B.0.5 检测信息管理员。具有一级及以上计算机证书，负责本机构信息化工作、局域网及信息上传工作，其职责如下：

1 建立和维护计算机本系统、局域网，作好网络设备、计算机系统软、硬件的维护管理；

2 负责本系统、局域网与本地区信息管理系统控制中心连接的管理工作，确保网络正常连接，准确、及时地上传检测信息；

3 作好检测数据的积累整理；

4 作好检测信息统计及上报工作。

B.0.6 档案管理员。应具有相应的文秘基本知识，负责档案管理的具体工作，其职责如下：

1 指导、督促有关部门或人员作好检测资料的填写、收集、整理、保管，保质保量按期移交档案资料；

2 负责档案资料的收集、整理、立卷、编目、归档、借阅等工作；

3 负责有效文件的发放和登记，并及时回收失效文件；

4 负责档案的保管工作，维护档案的完整与安全；

5 负责电子文件档案的内容应与纸质文件一致，

一起归档；

6 参与对已超过保管期限档案的鉴定，提出档案存毁建议，编制销毁清单。

B.0.7 检测操作人员岗位。应经过相应各种检测项目的技术培训，经考核合格，取得岗位证书，其职责如下：

1 掌握所用仪器设备性能、维护知识和正确保管使用；

2 掌握所在检测项目的检测规程和操作程序；

3 按规定的检测方法进行检测，坚持检测程序；

4 作好检测原始记录；

5 对检测结果在检测报告上签字确认；

6 负责所用仪器、设备的日常保管及维护清洁工作；

7 负责所用仪器、设备使用登记台账；

8 负责检测项目工作区的环境卫生工作等。

附录C 常用检测设备管理分类

C.0.1 A类检测设备主要设备宜符合表C.0.1的规定：

表C.0.1 A类检测设备主要设备表

设备名称 分类	主要检测设备名称
A类	＊压力试验机、＊拉力试验机、＊抗折试验机、＊万能材料试验机、＊非金属超声波检测仪、台称、案称、混凝土含气量测定仪、混凝土凝结时间测定仪、砝码、游标卡尺、恒温恒湿箱（室）、干湿温度计、冷冻箱、试验筛（金属丝）、＊全站仪、＊测距仪、＊经纬仪、＊水准仪、天平、热变形仪、＊测厚仪、千分表、百分表、＊分光光度计、＊原子吸收分光光度计、＊气相色谱仪、酸度计（室内环境检测用）、低本底多道γ能谱仪、氡气测定仪、＊各类冲击试验机、兆欧表、＊塑料管材耐压测试仪、＊声级校准器、耐压测试仪、声级计、光谱分析仪、引伸仪、力传感器、工作测力环、碳硫分析仪、＊螺栓轴向力测试仪、扭矩校准仪、＊X射线探伤仪、射线黑白密度计、基桩动测仪、基桩静载仪、＊回弹仪、预应力张拉设备、钢筋保护层厚度测定仪、拉拔仪、贯入式砂浆强度检测仪、沥青针入度仪、沥青延度仪、沥青混合料马歇尔试验仪、粘结强度检测仪、贝克曼梁路面弯沉仪、平整度仪、摆式摩擦系数测定仪、沥青软化点测试仪、弹性模量测试仪、保护热平板导热仪、＊单平板高温导热仪、＊双平板导热仪、抗拉拔/抗剪试验装置、轴力试验装置、各类硬度计、测斜仪、频率计、应变计

注：带"＊"的设备为应编制使用操作规程和做好使用记录的设备。

C.0.2 B类检测设备主要设备宜符合表 C.0.2 的规定：

表 C.0.2 B类检测设备主要设备表

设备名称 分类	主要检测设备名称
B类	抗渗仪、振实台、雷氏夹、液塑限测定仪、环境测试舱、磁粉探伤仪、透气法比表面积仪、砝码、游标卡尺、高精密玻璃水银温度计、电导率仪、自动电位滴定仪、酸度计（非环境检测用）、旋转式黏度计、氧指数测定仪、白度仪、水平仪、角度仪、数显光泽度仪、巡回数字温度记录仪（包括传感器）、表面张力仪、漆膜附着力测定仪、漆膜冲击试验器、电位差计、数字式木材测湿仪、初期干燥抗裂性试验仪、刮板细度计、＊幕墙空气流量测试系统、＊门窗空气流量测试系统、拉力计、物镜测微尺、＊砂石碱活性快速测定仪、扭转试验机、比重计、测量显微镜、土壤密度计、钢直尺、泥浆比重计、分层沉降仪、水位计、盐雾试验箱、耐磨试验机、紫外老化箱、维勃稠度仪、低温试验箱。 水泥净浆标准稠度与凝结时间测定仪、水泥净浆搅拌机、水泥胶砂搅拌机、水泥流动度仪、砂浆稠度仪、混凝土标准振动台、水泥抗压夹具、胶砂试体成型、击实仪、干燥箱、试模、连续式钢筋标点机。 水泥细度负压筛析仪、压力泌水仪、贯入阻力仪、（穿孔板）试验筛、高温炉测温系统

注：带"＊"的设备为应编制使用操作规程和做好使用记录的设备。

C.0.3 C类检测设备主要设备宜符合表 C.0.3 的规定：

表 C.0.3 C类检测设备主要设备表

设备名称 分类	主要检测设备名称
C类	钢卷尺、寒暑表、低准确度玻璃量器、普通水银温度计、水平尺、环刀、金属容量筒、雷氏夹膨胀值测定仪、沸煮箱、针片状规准仪、跌落试验架、憎水测定仪、折弯试验机、振筛机、砂浆搅拌机、混凝土搅拌机、压碎指标值测定仪、砂浆分层度仪、坍落度筒、弯芯、反复弯曲试验机、路面渗水试验仪、路面构造深度试验仪

附录 D 检测合同的主要内容

D.0.1 检测合同可包括检测合同、检测委托单、检测协议书等委托文件。

D.0.2 检测合同应明确如下主要内容：

1 合同委托双方单位名称、地址、联系人及联系方式。

2 工程概况。

3 检测项目及检测结论。接受委托的工程检测项目应逐项填写，提出实验室检测、现场工程实体检测项目及要求，并附委托检测项目标准名称及收费一览表。

4 检测标准，并附标准名称表。

5 检测费用的核算与支付：

1）确定各检测项目单价清单，并附表；

2）明确结算付款方式；

3）规定检测项目费用有异议时的解决方式。

6 检测报告的交付：

1）乙方交付检测报告时间的约定，各项目应附表，检测报告份数；

2）双方约定检测报告交付方式。

7 检测样品的取样、制样、包装、运输：

1）双方约定检测试件的交付方式，双方的工作内容及责任。乙方按有关规定对检测后的试件进行留样及特殊要求。有特殊要求的应在合同中说明；

2）检测样品运输费用的承担。

8 甲方的权利义务。

9 乙方的权利义务。

10 对检测结论异议的处理。甲方对检测结论有异议的，可由双方共同认可的检测机构复检。复检结论与原检测结论相同，由甲方支付复检费用；反之，则由乙方承担复检费用。若对复检结论仍有异议的，可向建设主管部门申请专家论证解决。

11 违约责任。

12 其他约定事项。

13 争议的解决方式。

14 合同生效、双方签约及双方基本信息。

15 其他事项。

附录 E 检测原始记录、检测报告的主要内容

E.0.1 试验室检测原始记录应包括下列内容：

1 试样名称、试样编号、委托合同编号；

2 检测日期、检测开始及结束的时间；

3 使用的主要检测设备名称和编号；

4 试样状态描述；

5 检测的依据；

6 检测环境记录数据（如有要求）；

7 检测数据或观察结果；

8 计算公式、图表、计算结果（如有要求）；

9 检测方法要求记录的其他内容；

10 检测人、复核人签名。

E.0.2 现场工程实体检测原始记录应包括下列内容：

1 委托单位名称、工程名称、工程地点；

2 检测工程概况，检测鉴定种类及检测要求；

3 委托合同编号；

4 检测地点、检测部位；

5 检测日期、检测开始及结束的时间；

6 使用的主要检测设备名称和编号；

7 检测的依据；

8 检测对象的状态描述；

9 检测环境数据（如有要求）；

10 检测数据或观察结果；

11 计算公式、图表、计算结果（如有要求）；

12 检测中异常情况的描述记录；

13 检测、复核人员签名，有见证要求的见证人员签名。

E.0.3 试验室检测报告应包括下列内容：

1 检测报告名称；

2 委托单位名称、工程名称、工程地点；

3 报告的编号和每页及总页数的标识；

4 试样接收日期、检测日期及报告日期；

5 试样名称、生产单位、规格型号、代表批量；

6 试样的说明和标识等；

7 试样的特性和状态描述；

8 检测依据及执行标准；

9 检测数据及结论；

10 必要的检测说明和声明等；

11 检测、审核、批准人（授权签字人）不少于三级人员的签名；

12 取样单位的名称和取样人员的姓名、证书编号；

13 对见证试验，见证单位和见证人员的姓名、证书编号；

14 检测机构的名称、地址及通信信息。

E.0.4 现场工程实体检测报告应包括下列内容：

1 委托单位名称；

2 委托单位委托检测的主要目的及要求；

3 工程概况，包括工程名称、结构类型、规模、施工日期、竣工日期及现状等；

4 工程的设计单位、施工单位及监理单位名称；

5 被检工程以往检测情况概述；

6 检测项目、检测方法及依据的标准；

7 抽样方案及数量（附测点图）；

8 检测日期，报告完成日期；

9 检测项目的主要分类检测数据和汇总结果；检测结果、检测结论；

10 主要检测人、审核和批准人的签名；

11 对见证检测项目，应有见证单位、见证人员姓名、证书编号；

12 检测机构的名称、地址和通信信息；

13 报告的编号和每页及总页数的标识。

本规范用词说明

1 为便于在执行本规范条文区别对待，对要求严格程度不同的用词说明如下：

1） 表示很严格，非这样做不可的用词：

正面词采用"必须"，反面词采用"严禁"；

2） 表示严格，在正常情况下均应这样做的用词：

正面词采用"应"，反面词采用"不应"或"不得"；

3） 表示允许稍有选择，在条件许可时首先这样做的词：

正面词采用"宜"，反面词采用"不宜"；

4） 表示有选择，在一定条件下可以这样做的，采用"可"。

2 本规范中指明应按其他有关标准、规范执行的，写法为"应符合……的规定"或"应按……执行"。

中华人民共和国国家标准

房屋建筑和市政基础设施工程质量检测技术管理规范

GB 50618—2011

条 文 说 明

制 定 说 明

《房屋建筑和市政基础设施工程质量检测技术管理规范》GB 50618 - 2011 经住房和城乡建设部 2011 年 4 月 2 日以第 973 号公告批准、发布。

本规范制定过程中，编制组对国内建筑工程和市政基础设施工程建设过程工程质量控制检测及其使用过程管理检测的情况进行了广泛的调查研究，总结了多年来的实践经验，为保证工程检测的客观性和科学性，将工程全过程质量检测的技术管理提出了要求。

为便于广大建设、监理、设计、施工、房屋业主和市政基础设计管理部门有关人员在使用本规范时，能正确理解和执行条文规定。《房屋建筑和市政基础设施工程质量检测技术管理规范》编制组按章、节、条顺序编制了本规范的条文说明，对条文规定的目的、依据以及执行中需注意的有关事项进行了说明。但是，本条文说明不具备与标准正文同等的效力，仅供使用者作为理解和把握规范规定的参考。

目　　次

1 总　则

1.0.1 本条是本规范编制的依据、宗旨、目的。本规范依据国家《建设工程质量管理条例》及有关国家现行的工程建设管理法规编制，编制目的是为了保证房屋建筑工程和市政基础设施工程的质量，突出检测工作的重要性，工程检测活动是工程建设过程质量控制、竣工验收和建成后房屋建筑工程、市政基础设施的使用过程管理的主要手段。

1.0.2 本规范适用于建设工程施工过程及使用过程的有关建筑材料、工程实体质量（功能质量、结构性能、结构构件）等检测。本规范是规范工程检测工作及检测成果、数据的依据，也可作为考核检测机构及其技术管理工作的依据。

1.0.3 工程检测技术管理除执行本规范外，还应遵守国家现行有关标准的规定。

2 术　语

本章列出9个常用术语，以简化和规范本规范条文，使用更方便、精练、表达意思更一致。这些术语是针对本规范定义的，其他地方使用仅供参考。

3 基本规定

3.0.1 本条对检测工作提出基本原则要求，应正确执行国家现行有关检测的技术标准。主要有工程质量验收规范、建筑材料标准、试验方法标准，以及工程结构检测鉴定、危险房屋检测鉴定等标准。

3.0.2 本条规定了检测机构应具备的资质。因为检测数据直接关系工程质量、安全。强调检测机构的资质应是建设主管部门考核认定发给相应的资质证书。

3.0.3 本条为强制性条文。因检测的数据和结论是判定工程质量的重要依据，为保证工程安全和人民生命安全，规定了检测机构应在其认定的技术能力和资质规定的工作范围内开展检测工作，是保证检测质量的重要措施。

3.0.4 本条为强制性条文。规定了检测机构对出具的检测报告负责，明确了检测机构的法律责任。强调了检测报告的重要性，必须达到真实、准确、科学、规范。

3.0.5 本条规定了检测机构应认真执行见证取样、送检和现场工程实体见证检测的规定，实行见证取样送检的试件，无见证人员或无见证封样措施的不得接受检测；对要求现场实体检测的见证检测项目，无见证人员到场不得进行检测。

3.0.6 本条规定检测机构应建立技术管理体系，在检测过程中，当检测工作出现不符合规范的问题时，

能自行发现改正，这是一个单位管理制度完善的体现，也是及时纠正不足和持续改进完善技术管理的体现。

3.0.7 本条规定检测机构的检测技术能力应有一个基本的技术要求，开展检测项目应具备的基本仪器设备和人员配备等基本技术要素，即附录A中列出的项目，这样才能有利检测的技术管理。

3.0.8 本条要求检测机构应采用计算机、网络技术等手段，建立工程检测管理信息系统，实施检测数据自动采集、整理、分析、传输及信息共享等，提高检测工作科学性、规范性及工作效率。

3.0.9 本条要求检测机构建立检测档案管理制度及日常检测资料管理制度，包括检测原始资料台账，特别是检测不合格项目的处理记录等，以便不断改进检测管理水平。

3.0.10 本条是强制性条文，要求检测单位作好已检试件的留置和保管，这样做是便于做到检测数据有可追溯性，当检测报告发现问题时，便于检查和验证。经过多方征求意见，留置时间不宜过长，不然场地占用太多，太短又起不到追溯的作用，权衡之后定为72h。

3.0.11 本条规定了工程检测的委托，明确提出应委托有相应资质的检测单位。通常施工期间由建设单位或施工单位来委托；使用期间由既有房屋业主、市政基础设施管理单位来委托。由于检测报告、检测的数据、结论是工程质量责任主体范围，由其委托更有可靠性。

另外，见证检测、鉴定检测等宜委托主管部门指定或授权的检测机构。

3.0.12 本条规定了施工单位要按工程项目施工进度编制检测计划，配备相应的人员作好检测取样、试件制备、试件现场养护及现场检测的抽取检测部位及检测点的工作，而且应满足施工质量验收规范、有关规范和检测标准的规定。

3.0.13 本条为强制性条文。工程检测是确保工程质量和安全重要的环节，而检测试样的真实性又是检测的关键前提，任何弄虚作假的行为都会给工程质量和人民群众生命财产的安全留下巨大隐患，是不能容忍的。提供试样的相关机构和人员应为试样的真实性、规范性承担法律责任，包括送样及取样。

4 检测机构能力

4.1 检测人员

4.1.1 本条是强制性条文。强调检测人员是检测工作的基本技术能力要素之一，没有符合要求的技术人员，就做不好相应的检测工作。所以要求检测机构按照所开展的检测项目配备相应数量、符合技术能力要

求的检测人员。

4.1.2 本条规定了每个检测项目中检测人员具体配备的要求,其配备在本规范附录A中作了规定,可以参照执行;并提出检测机构应设置的技术岗位,可以参照本规范附录B执行,这是检测技术管理的一个重点。

4.1.3 本条对检测机构的技术负责人、质量负责人、检测报告批准人提出了要求。要具有工程技术专业类工程师及以上技术职称,包括一级注册结构工程师,有规定的检测工作经历及检测工作经验。检测报告批准人由检测机构最高管理者授权。同时,对检测报告审核人也作出了规定,应由检测机构技术负责人授权,掌握相关领域知识,有规定的检测工作经历及检测工作经验。这是因为他们是检测机构的技术力量、核心力量,技术把关人员,不然检测工作就很难做好。

4.1.4 本条规定检测机构持证检测操作人员的人数,室内检测项目每个项目持证操作人员不少于2人;现场检测项目每个项目持证操作人员不少于3人。同时,在附录A的说明中注明在综合检测机构检测项目多时,每个检测操作人员可以适当兼职,但兼职不宜过多。

4.1.5 本条规定了检测操作人员应经技术培训,通过省级住房和城乡建设主管部门或委托有关机构考核合格才能从事检测工作,给人员配备设置了门槛。本条是保证检测操作质量的重要措施。

4.1.6 本条要求检测机构的检测人员每年应进行脱产继续教育学习,以保证检测技术知识及时更新,每个检测人员每年学习时间应按当地及行业要求执行。有些地方及部门规定专业技术岗位的每年的继续教育时间不少于72学时,可参考。

4.1.7 本条规定了检测人员的岗位证书应定期进行确认,一般每3年审核一次,以保证检测工作跟上科技进步。

4.2 检 测 设 备

4.2.1 本条是强制性条文。强调检测设备是检测工作的基本技术能力要素之一,没有符合要求的检测设备,就做不好检测工作。所以,规定检测机构应根据所开展检测项目范围,配备相应的、符合规范要求性能的、必要数量的、相应规格、品种及精度的检测设备,来满足检测工作的开展。同时,检测设备要经常保持其在有效期内及良好状态,检测的数据才有科学性、规范性和可比性,才能正确反映工程的质量状况。检测机构应有所开展检测项目需要的全部检测设备,并保持其精度及有效性,才能发挥其应有作用。每项检测项目的检测设备配置本规范附录A作出了规定,可参照执行。这也是检测技术管理的一个重点方面。

4.2.2 本条为加强检测设备的配备及管理,检测设备配备应符合本规范附录A的规定;其管理宜分为A、B、C三类来分别管理,三类设备仪器的划分可根据检测机构的具体情况,参照本规范附录C的要求。这样分别管理可突出重点,提高效率。重要的严格管理,比较重要的一般管理,一般的能保证使用精度就可由技术负责人批准的办法管理就行了。

4.2.3 本条列出了A类检测设备的主要设备及条件。

4.2.4 本条列出了B类检测设备的主要设备及条件。

4.2.5 本条列出了C类检测设备的主要设备及条件。

4.2.6 本条规定A类、B类为重点管理的检测设备。按规定开展检测使用前应进行首次校准或检测。放置在规定的环境内,保持其精度。维修后使用,或搁置时间较长时间后使用,应重新进行校准或检测。

目前国家对检测设备有检定、校准、检测或测试的要求。检定主要是对精密计量器具。工程检测机构的检测设备绝大多数是校准、检测或测试级别的,所以没列出检定档次的,如有的检测机构有精密计量器具应按规定进行检定。

4.2.7 本条规定检测设备的校准或检测应到有资格的单位进行。

4.2.8 本条规定A类检测设备除首次校准或检测外,还应定期校准或检测,其校准或检测周期按有关标准规定、检测设备出厂技术说明或校准单位建议周期来校准或检测。其检测设备范围见本规范附录C第C.0.1条的规定。

4.2.9 本条规定B类检测设备校准或检测周期,根据其设备的性能特点,结合实际使用情况,在能保证其检测量值准确可靠的原则下,来确定B类设备的校准或检测周期。其检测设备范围见本规范附录C第C.0.2条的规定。

4.2.10 本条规定A类、B类检测设备应有周期校准或检测计划,并按计划进行管理。

4.2.11 C类检测设备主要是一些常用的精度要求不高的检测设备,设备的校准或检测周期,通常是在设备首次使用前校准或检测一次,直到报废或可由技术负责人根据本单位及工程的实际情况来确定。

4.2.12 本条规定检测设备的校准或检测结果由检测项目负责人负责管理,确认校准或检测结果后才能投入使用;并进行动态管理。要求在每个项目检测前应核对设备的状态,符合检测项目要求才能正式开展检测工作,以便达到预期的检测效果。

4.2.13 本条对检测机构自制的、改装的检测设备提出要求,首先应经过检测验收符合研制目标,然后应委托校准单位对设备进行校准,精度达到要求才能投入检测工作。

4.2.14 本条规定放置在检测场所的所有检测设备都应有统一的编号管理。在用的检测设备还必须标出设备校准或检测的有效期，符合精度要求的状态标识，才能使用，这是设备管理基本内容之一。

4.2.15 本条要求检测机构应建立检测设备的校准或检测周期台账。建立设备台账，记录和保存检测设备的信息，包括设备进场登记、各次校准或检测记录、保养、维护记录，使用记录等。

4.2.16 本条要求检测机构对大型的、复杂的、精密的检测设备，主要是在本规范附录C中用＊号标出的设备，应逐项根据其技术条件和工作环境等编制操作规程，并按规程操作。

4.2.17 本条规定每次检测时使用的主要检测设备，主要是在本规范附录C中用＊号标出的设备，使用时应有使用记录，并记入检测设备档案。使用记录主要对使用频次、时间及检测结果等情况进行记录，以了解该设备的使用情况。对现场工程实体检测使用的主要设备还应记录领用、归还情况。使用记录主要应包括下列内容：

　　1 设备的名称、管理编号；

　　2 试样名称、编号、数量；每组试验开始和结束时间；

　　3 操作过程中设备的异常情况及处理措施；

　　4 现场工程实体检测设备应有领用日期、归还日期、领用人、检测项目及归还设备的检查情况等；

　　5 使用人签名。

4.2.18 本条规定了检测设备的日常维护、保养是设备保持良好技术状态的保证。检测机构应制订检测设备的维护保养制度，并按规定进行维护保养，并作好相应记录。

4.2.19 本条规定为保证检测数据的正确，当出现有可能影响检测数据正确的情况时，检测设备应及时进行校准或检测，并列出应及时进行校准或检测的四种情况。

4.2.20 本条规定当检测设备出现不正常情况时，为保证检测数据的正确，应停止使用，并列出了常见的四种不得继续使用的情况。

4.3 检测场所

4.3.1 本条规定检测场所也是保证检测工作正常开展的必要的基本技术能力之一，包括房屋、场地条件等；而且房屋、工作场地还要满足检测设备合理布局及检测流程的要求，才能保证检测数据的正确。

4.3.2 本条规定了检测场所的环境条件要求，要求保证满足检测工作正常开展和工作人员正常工作的条件，以免对检测结果造成影响；并在检测过程记录环境条件，以证明对检测结果的正确、规范。

4.3.3 本条列出了检测场所的环境条件，除客观条件还包括检测场所本身的环境条件，如检测使用的化学试剂等；检测场所在检测过程中产生的有害废弃物；各项目的互相影响、工作安全以及振动、温度、湿度、噪声、洁净度等环境因素。所有这些都应采取有效的防治措施，以证明检测环境符合有关规定，并有防止上述因素造成影响的应急处置措施。

4.3.4 本条规定为保证检测工作区域的环境，应设置标识。无关人员及物品不得进入检测区。

4.3.5 本条规定了检测区应建立安全工作制度，保证人员、设备及被检试件的安全；并应有安全预案，一旦出了情况，可以有准备的应对。

4.3.6 本条规定了消防的要求。检测场所应配备必要的消防器材，合理放置，以备使用，并应有专人管理。

4.4 检测管理

4.4.1 本条规定了检测机构具备了相应专业检测机构的检测技术能力的硬件条件，还应执行国家有关管理制度和技术标准，建立检测技术管理体系，并能有效运行，才能保证技术能力发挥作用。做到方法正确、操作规范、记录真实、数据结论准确，保证提供正确的检测结果。

4.4.2 本条规定检测机构要有自身的监督检查审核制度，保证制度的执行落实，凭自身能力能发现问题并及时纠正，不断改进完善管理制度和保证能力。

4.4.3 本条规定检测机构建立建设工程检测管理信息系统，是保证检测工作的科学管理的重要手段。检测机构建立有效的、完善的管理制度是保证检测工作有效正确开展的基本条件。包括检测全部过程中产生的信息采集、传递、储存、加工、维护等，以及人员、设备的管理制度、工作制度、岗位责任制度，工作程序、检测数据的管理，信息档案的管理等。这些工作使用管理信息系统管理就能提高管理水平和工作效率。

4.4.4 本条规定检测机构要充分利用检测管理信息系统的科学管理手段，有条件的检测机构要使系统覆盖到检测业务的全部流程及各检测项目上，在网络环境下运行。用管理程序来保证检测工作质量及检测数据的质量，提高检测工作的科学化管理。

4.4.5 本条规定管理信息系统应采用数据库管理系统，以保证系统管理的规范化，保证数据的传输安全、可靠，设置必要的数据接口，使系统与检测设备、设备与有关信息网络系统的互联互通。

4.4.6 本条规定信息系统软件的要求，应用软件要符合软件工程的基本要求，要通过相关部门的评审鉴定，满足功能要求，并定期进行论证。建设工程检测管理信息系统要尽可能包括检测管理的全部内容，如：合同管理、收样管理、试验管理、试验报告管理、检测数据分析管理及收费、人员、档案管理，以及系统维护管理等内容。

4.4.7 本条规定检测机构要有专人负责信息化管理工作，使管理信息系统随时符合有关技术规范要求。

当技术规范更新时，系统应及时更新应用软件。管理信息系统要达到三级安全保护能力要求，并保证正常有效运行，作好运行记录。

4.4.8 本条规定检测机构宜按规定定期报告主要技术工作。

4.4.9 本条规定检测机构为提高检测的规范性和科学性，应定期进行比对试验，并应积极参与当地组织的能力验证活动。

4.4.10 本条是强制性条文。规定检测机构出具的检测报告要科学、规范、真实，严禁出具虚假报告，这是保证检测报告有效的重要措施；并列出了虚假报告的主要情形。

5 检测程序

5.1 检测委托

5.1.1 本条规定检测委托的情况。施工过程的检测应以工程项目施工进度的情况来委托；工程实体检测应根据实际情况来委托；并委托有相应资质的检测机构，目的是保证检测数据和结果的客观、真实、规范等。

5.1.2 本条规定委托应签订书面检测合同。检测合同中要明确检测项目等要求，并注明见证检测项目。检测合同主要内容宜参照本规范附录D的规定。

5.1.3 本条规定检测项目的检测方法应遵守有关的检测方法标准。这些在材料、设备产品标准中和工程质量验收规范、设计文件中及专门的工程检测方法标准中都作了规定。检测机构应根据规定的方法进行检测。当检测项目无标准的检测方法或需要采用非标准检测方法时，委托合同中要给予说明。检测机构应事先编制检测作业指导书或非标准方法检测方案，并征得委托方的同意。

5.1.4 本条规定检测机构对现场工程实体检测的检测均要事前编制检测方案，经技术负责人批准。对鉴定检测、危房检测及重大、重要检测项目，以及为有争议事项提供检测数据的检测方案，还应取得委托方的同意。

5.2 取样送检

5.2.1 本条规定了建筑材料的检测取样，要建立取样人、见证人和供应商代表三方共同取样制度，这是为了保证取样的规范和真实，以防弄虚作假。取样要按有关标准规定选取。供应商参加见证的情况：一是采购合同中及有关标准中规定了的，供应商应参加。二是供应商要求参加的。否则供应商可以不参加，在采购合同中就要明确。取样人员按规定取样，做好试件标识，并记录有关情况，见证人、取样人及供应单位确认人签字，以示负责。

5.2.2 本条对取样作了规定。检测取样是正确检测的关键，先决条件，取样一定要正确规范，符合产品标准、施工质量验收规范以及相关标准规定的方法或设计要求的方法。建筑材料、制品本身带有标识的，应在有标识的部分取样，目的是为保证取样有代表性。如这些标准、规定都不适合取样时，可按照现行国家标准《随机数的产生及其在产品质量抽样检验中的应用程序》GB/T 10111 的规定随机取样。

5.2.3 本条规定了取样试件的标识，要有唯一性。制备的试件除符合取样制备规定外，还应将试件的制作日期、代表工程部位、组的编号，以及设计要求等信息标在试件上，不得产生异议，并保证在养护、试验的流转过程中，不得脱落、变得模糊不清等。

5.2.4 本条规定施工过程中，建筑材料、工程实体等的抽样方法、检测程序等要依据有关建筑材料的产品标准，施工现场工程实体的检测要依据工程质量验收规范以及相应检测标准的规定。

5.2.5 本条规定了既有房屋、市政基础设施实体检测的抽样方法、检测程序及要求要按有关国家现行的规范、标准进行。包括桩基、现场工程实体检测、鉴定检测等。

建筑基桩承载力和桩身完整性检测的技术要求。基桩检测虽是施工过程工程实体检测，但其有很大的独立性，施工多数由专业队伍进行，故单独列出。其方法、程序、抽样方法及数量、评价方法等应符合建筑基桩检测的有关标准。检测结果应给出基桩检测报告，给出单桩承载力能否满足设计要求、桩身完整性类别。

现场工程实体检测的技术要求。主要包括结构可靠性鉴定检测、危险房屋鉴定检测以及为有质量争议提供判定依据的检测等。包括既有房屋、市政基础设施在设计寿命使用期内，以及超过设计寿命使用期的检测。使用过程中的检测，以保证既有房屋、市政基础设施使用过程安全管理，这是工程质量管理重要阶段。

现场工程实体检测，在《民用建筑可靠性鉴定标准》GB 50292、《建筑结构检测技术标准》GB/T 50344 中，对检查、鉴定已作了规定。这些检查、鉴定的检测是工程检测必不可少的部分，而且越来越重要。这些包括安全鉴定（包括危险房屋鉴定及其他应急鉴定）、使用功能鉴定及日常维护检查、改变用途、改变使用条件和改造前的专门鉴定等；也可分为可靠性鉴定、安全性鉴定和正常使用鉴定。工程检测都是为其安全、合理使用提供可靠的技术管理。

现场工程实体检测进行鉴定取样选点时，通常应优先考虑下列部位为检测重点：

1 出现渗漏水部位的构件；

2 受到较大反复荷载或重力荷载作用的构件；

3 暴露在环境外的构件；

4　受到腐蚀的构件；

5　受到环境等污染的构件；

6　受到冻害的构件；

7　常年接触土壤、水的构件；

8　委托方提出的怀疑构件；

9　容易受到磨损、损伤的构件等。

危险房屋鉴定检测通常分三个层次进行，构件危险性鉴定、结构危险性鉴定和房屋、设施危险性鉴定。

5.2.6　本条规定现场工程实体检测的检测点选定后，应绘制检测点图，并经技术负责人批准。

5.2.7　本条规定了实行见证取样的检测项目，建设单位或监理单位应确定取样见证人员，每个工程项目应不少于2人，并事前通知检测机构。如果见证人员变动，应重新通知。

5.2.8　本条规定了对见证人员见证的要求，并列出了见证记录的主要内容。

5.2.9　本条规定了检测机构的收样员接受"送检"试件时，应对检测委托单位填写的内容进行详细检查外，还应对"取样试件"的状况详细检查，确认无误后，在检测委托单上签收。检测委托单应由送样单位填写好，检测机构接收试件检查情况应作出记录，并标明试件状态。

5.2.10　本条规定了试件接受时，要按年度建立收样台账、建立收样管理制度，并开具检测流转单。流转单上不得有委托方信息，以便保证检测的公正性。流转单可采用盲样、条形码技术等。

5.2.11　本条规定了检测机构自行取样时应做好试件抽取记录。取样记录主要内容：抽样方法、抽样人、环境条件、抽样位置，及样品的状态，包括正常规定条件下的偏离情况等。如有情况应告知相关人员，并在检测报告中说明。

5.2.12　本条规定了检测机构接受试件后，应将试件存放在符合条件的地点，确保试件正确存放、养护。

5.2.13　本条规定了对现场取样、制样需养护的试件，提出施工单位要建立现场试验管理制度。根据需要配备相应的取样、制样人员，制样设备及养护设备等，包括混凝土试件、砂浆试件、保温材料试件以及制样设备、标准养护室（箱）等。

5.3　检测准备

5.3.1　本条规定了检测机构在检测工作开始前的工作要求，首先是要落实试件的管理，除了制样、收样要按相关规定进行外，还应落实检测的保密工作。对作为质量证明的检测试件，检测收样人员、制样人员不得同时进行检测工作，并不得将委托方及试件的情况透露给检测人员，以防试件的数据等出现不公正。

5.3.2　本条规定检测前检测人员应核对试件编号与检测流转单一致，以保证与委托单、原始记录、检测报告相联系。

5.3.3　本条规定检测前应对所用设备的状态进行全面了解，以保证检测工作的正确进行。设备状态应符合使用规定，处于归零状态；自动采集数据的检测项目对设备及传感系统的配合进行检查，确认无误，再开始检测。

5.3.4　本条规定检测前要检查试件的贮存的环境条件、外观等情况，符合要求再进行检测。

5.3.5　本条规定首次使用的检测设备，首次开展检测项目及检测依据、环境条件发生变化时的检测项目，要对检测人员的资格、检测设备、环境条件等进行确认。

5.3.6　本条规定各项检测设备应由经考核取得上岗证书的专人使用。检查使用设备人员的上岗证书，检测操作人员应熟识有关设备的使用技术手册、操作规程和维护技术手册等。

5.3.7　本条规定检测工作开展前要列出检测依据的相关规范标准条文，进行熟识；并于检测前将检测环境按相关规范的要求，调整到其要求的状态。

5.3.8　本条规定现场工程实体检测前要制订有关安全措施；危险房屋检测还要先进行勘察，必要时按规定进行加固处理，以保证检测安全。

5.3.9　本条规定检测前要再次熟悉异常情况处理预案，以保证出现异常情况时，及时有针对性的采取措施。

5.3.10　本条规定检测前应核对各项检测所选用的检测方法、标准，能满足检测的要求。并列出了两项主要原则。

5.3.11　本条规定检测委托方应为检测工作正常进行提供必要的条件。如提供试件、试件正确；检测时间合理、充裕；现场工程实体检测还得提供相应条件进行配合等。

5.4　检测操作

5.4.1　本条为强制性条文。规定了检测采用的方法标准要是经双方确认的和检测方案中明确的。因为检测方法标准是检测结果的重要保证。

5.4.2　本条规定室内检测、现场工程实体检测都应由2名及其以上持证操作人员进行。目的是保证检测工作操作规范和防止出现差错。

5.4.3　本条规定检测原始记录应在检测过程中及时记录，试验室检测原始记录主要内容可参照本规范附录E第E.0.1条的规定。现场工程实体检测原始记录主要内容可参照本规范附录E第E.0.2条的规定。

5.4.4　本条规定原始记录更正用杠改，在原数据、文字处画杠，画杠后原数据等应清晰可见，并在杠改处旁边写上改后的数字、文字。应由原记录人签名或加盖原记录人印章，这样做便于追查。

5.4.5　本条规定对自动采集数据因检测设备故障引

起的更改，规定了更改程序。

5.4.6 本条规定了检测工作完成后的后续工作，包括检测报告自动生成的或手工生成的工作内容。有检测报告、检测数据的整理、检测设备的使用记录、检测环境记录，并作好检测设备清洁保养，检测环境的清洁工作。本条还规定了已检试件留置处理的补充要求。

5.4.7 本条规定了现场工程实体检测过程的见证工作要求，并列出了见证记录的主要内容。

5.4.8 本条规定了要做好工程现场检测安全工作，应遵守现场的安全制度，必要时应采取相应的安全措施。

5.4.9 本条规定工程实体检测场所检测后的环境保护工作。

5.5 检 测 报 告

5.5.1 本条规定检测机构应公示检测项目的检测周期，检测完成后应及时出具检测报告。

5.5.2 本条规定出具的检测报告应统一格式。A4 纸打印，检测报告纸张不宜小于 70g，页边距宜为上、下为 25mm、左 30mm、右 20mm，多页的应有封面和封底。室内检测报告的内容可参照本规范附录 E 第 E.0.3 条的规定。现场工程实体检测报告的内容可参照本规范附录 E 第 E.0.4 条的规定。

5.5.3 本条规定检测报告应按规定编号，按年度、工程项目连续编号，每年中不得空号、重号，不得有改动等。

5.5.4 本条规定了检测报告出报告的程序。要有检测人签字、检测审核人签字、检测报告批准人签字、加盖检测专用章、"CMA" 等标识章。多页报告还应加盖骑缝章，表示检测报告的严肃性和规范性。

5.5.5 本条规定了检测报告的发放登记、份数、领取人签名的事项，表示检测报告工作的严密性。

5.5.6 本条规定了检测报告结论的具体要求。

5.5.7 本条规定了检测不合格项的处理要求。

5.6 检测数据的积累利用

5.6.1 本条规定了检测机构应将日常检测得到的数据分别进行积累整理。

5.6.2 本条规定了检测机构定期分析已得到的检测数据，以改进自身检测管理工作等。

5.6.3 本条规定检测数据是宝贵的资源，检测机构应按规定向相关部门提供检测数据，以便充分利用。

检测数据的积累利用主要有两个方面。一是利用现有的检测数据，分析研究一些质量发展趋势和标准规范的执行情况，及了解工程质量，建筑材料等质量趋势；二是在此基础上再有计划地增测一些数据，进行分析比较，来验证和建立本地区的一些工程技术参数。

目前，在已有检测数据基础上的分析项目有：

1 工程质量合格率、优良率升降的对比分析；

2 有关材料、产品质量情况的对比分析，合格率及其分布情况；

3 施工控制有效性的对比分析；

4 有关工程质量、控制措施、效果等对比分析；

5 一些试件检测值的平均值、离散性、均方差的统计分析；

6 一些技术标准、规范执行情况的对比分析；

7 其他变化趋势、性能变化原因分析等。

目前检测项目再适当做些补充检测数据，完成一些本地方的工程技术参数修订值的项目有：

1 混凝土强度配合比试配的均方差值的调整值；包括地区、施工单位、混凝土生产单位的混凝土强度配合比试配均方差值等；

2 混凝土结构同条件养护试块判定参数，600度天及 1.1 系数的本地区调整值；

3 回弹法推定混凝土强度值参数本地区调整值；

4 其他。

6 检 测 档 案

6.0.1 本条规定检测机构应建立检测资料档案管理制度，做好检测档案的收集、整理。这是研究改进检测工作的重要依据，也是保证检测结果追溯的重要措施。本条还对资料管理提出了具体要求。

6.0.2 本条规定检测机构应建立档案室，并提出档案室的环境要求。

6.0.3 本条规定检测档案管理的主要内容。

6.0.4 本条规定检测机构档案管理的主要负责人，是与检测技术管理工作一致的，并应有专人具体管理。

6.0.5 本条规定资料档案保管期限，工程资料保管期限，工程完工后，由建设单位交城建档案馆的检测资料应按城建档案的要求备送。检测机构自身的检测资料保管期限分别为 5 年和 20 年。并作了具体划分。

6.0.6 本条规定检测资料可为纸质文档和电子文档，提倡电子文档，保管期限一致。

6.0.7 本条规定达到保管期限文件的销毁规定，销毁文件要登记造册，技术负责人批准后销毁。销毁登记册保留期限不应少于 5 年。

中华人民共和国国家标准

建筑工程绿色施工评价标准

Evaluation standard for green construction of building

GB/T 50640—2010

主编部门：中华人民共和国住房和城乡建设部
批准部门：中华人民共和国住房和城乡建设部
施行日期：２０１１年１０月１日

中华人民共和国住房和城乡建设部
公 告

第 813 号

关于发布国家标准
《建筑工程绿色施工评价标准》的公告

现批准《建筑工程绿色施工评价标准》为国家标准，编号为 GB/T 50640—2010，自 2011 年 10 月 1 日起实施。

本标准由我部标准定额研究所组织中国计划出版社出版发行。

中华人民共和国住房和城乡建设部

二〇一〇年十一月三日

前 言

本标准是根据住房和城乡建设部《关于印发〈2008 年工程建设标准规范制订、修订计划（第一批）〉的通知》（建标〔2008〕102 号）的要求，由中国建筑股份有限公司和中国建筑第八工程局有限公司会同有关单位编制完成的。

本标准在编制过程中，编制组在对建筑工程绿色施工现状进行深入调研，并广泛征求意见的基础上，最后经审查定稿。

本标准共分为 11 章，主要技术内容包括：总则、术语、基本规定、评价框架体系、环境保护评价指标、节材与材料资源利用评价指标、节水与水资源利用评价指标、节能与能源利用评价指标、节地与土地资源保护评价指标、评价方法、评价组织和程序。

本标准由住房和城乡建设部负责管理，由中国建筑股份有限公司负责具体技术内容的解释。在执行过程中，请各单位结合工程实践，认真总结经验，如发现需要修改和补充之处，请将意见和建议寄至中国建筑股份有限公司（地址：北京三里河路 15 号中建大厦；邮政编码：100037），以供今后修订时参考。

本标准主编单位、参编单位、主要起草人及主要审查人：

主 编 单 位： 中国建筑股份有限公司
中国建筑第八工程局有限公司

参 编 单 位： 中国建筑一局（集团）有限公司
中国建筑第七工程局有限公司
住房和城乡建设部科技发展促进中心
上海建工（集团）总公司
广州市建筑集团有限公司
北京建工集团有限责任公司
中国建筑设计研究院
同济大学土木工程学院
北京远达国际工程管理有限公司
中国建筑科学研究院
湖南省建筑工程集团总公司
中天建设集团有限公司

主要起草人： 易 军　官 庆　肖绪文　王玉岭
龚 剑　杨 榕　冯 跃　戴耀军
王桂玲　郝 军　苗冬梅　张晶波
杨晓毅　宋 波　焦安亮　苏建华
金瑞珺　赵 静　董晓辉　宋 凌
韩文秀　于震平　陈 浩　蒋金生
陈兴华

主要审查人： 叶可明　金德钧　范庆国　徐 伟
潘延平　王存贵　陈跃熙　赵智缙
王 甦

目　次

Contents

1 总 则

1.0.1 为推进绿色施工，规范建筑工程绿色施工评价方法，制定本标准。

1.0.2 本标准适用于建筑工程绿色施工的评价。

1.0.3 建筑工程绿色施工的评价除符合本标准外，尚应符合国家现行有关标准的规定。

2 术 语

2.0.1 绿色施工 green construction

在保证质量、安全等基本要求的前提下，通过科学管理和技术进步，最大限度地节约资源，减少对环境负面影响，实现"四节一环保"（节能、节材、节水、节地和环境保护）的建筑工程施工活动。

2.0.2 控制项 prerequisite item

绿色施工过程中必须达到的基本要求条款。

2.0.3 一般项 general item

绿色施工过程中根据实施情况进行评价，难度和要求适中的条款。

2.0.4 优选项 extra item

绿色施工过程中实施难度较大、要求较高的条款。

2.0.5 建筑垃圾 construction trash

新建、改建、扩建、拆除、加固各类建筑物、构筑物、管网等以及居民装饰装修房屋过程中产生的废物料。

2.0.6 建筑废弃物 building waste

建筑垃圾分类后，丧失施工现场再利用价值的部分。

2.0.7 回收利用率 percentage of recovery and reuse

施工现场可再利用的建筑垃圾占施工现场所有建筑垃圾的比重。

2.0.8 施工禁令时间 prohibitive time of construction

国家和地方政府规定的禁止施工的时间段。

2.0.9 基坑封闭降水 obdurate ground water lowering

在基底和基坑侧壁采取截水措施，对基坑以外地下水位不产生影响的降水方法。

3 基 本 规 定

3.0.1 绿色施工评价应以建筑工程施工过程为对象进行评价。

3.0.2 绿色施工项目应符合以下规定：

    1 建立绿色施工管理体系和管理制度，实施目标管理。

    2 根据绿色施工要求进行图纸会审和深化设计。

    3 施工组织设计及施工方案应有专门的绿色施工章节，绿色施工目标明确，内容应涵盖"四节一环保"要求。

    4 工程技术交底应包含绿色施工内容。

    5 采用符合绿色施工要求的新材料、新技术、新工艺、新机具进行施工。

    6 建立绿色施工培训制度，并有实施记录。

    7 根据检查情况，制定持续改进措施。

    8 采集和保存过程管理资料、见证资料和自检评价记录等绿色施工资料。

    9 在评价过程中，应采集反映绿色施工水平的典型图片或影像资料。

3.0.3 发生下列事故之一，不得评为绿色施工合格项目：

    1 发生安全生产死亡责任事故。

    2 发生重大质量事故，并造成严重影响。

    3 发生群体传染病、食物中毒等责任事故。

    4 施工中因"四节一环保"问题被政府管理部门处罚。

    5 违反国家有关"四节一环保"的法律法规，造成严重社会影响。

    6 施工扰民造成严重社会影响。

4 评价框架体系

4.0.1 评价阶段宜按地基与基础工程、结构工程、装饰装修与机电安装工程进行。

4.0.2 建筑工程绿色施工应依据环境保护、节材与材料资源利用、节水与水资源利用、节能与能源利用和节地与土地资源保护五个要素进行评价。

4.0.3 评价要素应由控制项、一般项、优选项三类评价指标组成。

4.0.4 评价等级应分为不合格、合格和优良。

4.0.5 绿色施工评价框架体系应由评价阶段、评价要素、评价指标、评价等级构成。

5 环境保护评价指标

5.1 控 制 项

5.1.1 现场施工标牌应包括环境保护内容。

5.1.2 施工现场应在醒目位置设环境保护标识。

5.1.3 施工现场的文物古迹和古树名木应采取有效保护措施。

5.1.4 现场食堂应有卫生许可证，炊事员应持有效健康证明。

5.2 一 般 项

5.2.1 资源保护应符合下列规定：

1 应保护场地四周原有地下水形态，减少抽取地下水。

2 危险品、化学品存放处及污物排放应采取隔离措施。

5.2.2 人员健康应符合下列规定：

1 施工作业区和生活办公区应分开布置，生活设施应远离有毒有害物质。

2 生活区应有专人负责，应有消暑或保暖措施。

3 现场工人劳动强度和工作时间应符合现行国家标准《体力劳动强度分级》GB 3869 的有关规定。

4 从事有毒、有害、有刺激性气味和强光、强噪声施工的人员应佩戴与其相应的防护器具。

5 深井、密闭环境、防水和室内装修施工应有自然通风或临时通风设施。

6 现场危险设备、地段、有毒物品存放地应配置醒目安全标志，施工应采取有效防毒、防污、防尘、防潮、通风等措施，应加强人员健康管理。

7 厕所、卫生设施、排水沟及阴暗潮湿地带应定期消毒。

8 食堂各类器具应清洁，个人卫生、操作行为应规范。

5.2.3 扬尘控制应符合下列规定：

1 现场应建立洒水清扫制度，配备洒水设备，并应有专人负责。

2 对裸露地面、集中堆放的土方应采取抑尘措施。

3 运送土方、渣土等易产生扬尘的车辆应采取封闭或遮盖措施。

4 现场进出口应设冲洗池和吸湿垫，应保持进出现场车辆清洁。

5 易飞扬和细颗粒建筑材料应封闭存放，余料应及时回收。

6 易产生扬尘的施工作业应采取遮挡、抑尘等措施。

7 拆除爆破作业应有降尘措施。

8 高空垃圾清运应采用封闭式管道或垂直运输机械完成。

9 现场使用散装水泥、预拌砂浆应有密闭防尘措施。

5.2.4 废气排放控制应符合下列规定：

1 进出场车辆及机械设备废气排放应符合国家年检要求。

2 不应使用煤作为现场生活的燃料。

3 电焊烟气的排放应符合现行国家标准《大气污染物综合排放标准》GB 16297 的规定。

4 不应在现场燃烧废弃物。

5.2.5 建筑垃圾处置应符合下列规定：

1 建筑垃圾应分类收集、集中堆放。

2 废电池、废墨盒等有毒有害的废弃物应封闭回收，不应混放。

3 有毒有害废物分类率应达到 100%。

4 垃圾桶应分为可回收利用与不可回收利用两类，应定期清运。

5 建筑垃圾回收利用率应达到 30%。

6 碎石和土石方类等应用作地基和路基回填材料。

5.2.6 污水排放应符合下列规定：

1 现场道路和材料堆放场地周边应设排水沟。

2 工程污水和试验室养护用水应经处理达标后排入市政污水管道。

3 现场厕所应设置化粪池，化粪池应定期清理。

4 工地厨房应设隔油池，应定期清理。

5 雨水、污水应分流排放。

5.2.7 光污染应符合下列规定：

1 夜间焊接作业时，应采取挡光措施。

2 工地设置大型照明灯具时，应有防止强光线外泄的措施。

5.2.8 噪声控制应符合下列规定：

1 应采用先进机械、低噪声设备进行施工，机械、设备应定期保养维护。

2 产生噪声较大的机械设备，应尽量远离施工现场办公区、生活区和周边住宅区。

3 混凝土输送泵、电锯房等应设有吸声降噪屏或其他降噪措施。

4 夜间施工噪声声强值应符合国家有关规定。

5 吊装作业指挥应使用对讲机传达指令。

5.2.9 施工现场应设置连续、密闭能有效隔绝各类污染的围挡。

5.2.10 施工中，开挖土方应合理回填利用。

5.3 优 选 项

5.3.1 施工作业面应设置隔声设施。

5.3.2 现场应设置可移动环保厕所，并应定期清运、消毒。

5.3.3 现场应设噪声监测点，并应实施动态监测。

5.3.4 现场应有医务室，人员健康应急预案应完善。

5.3.5 施工应采取基坑封闭降水措施。

5.3.6 现场应采用喷雾设备降尘。

5.3.7 建筑垃圾回收利用率应达到 50%。

5.3.8 工程污水应采取去泥沙、除油污、分解有机物、沉淀过滤、酸碱中和等处理方式，实现达标排放。

6 节材与材料资源利用评价指标

6.1 控 制 项

6.1.1 应根据就地取材的原则进行材料选择并有实施记录。

6.1.2 应有健全的机械保养、限额领料、建筑垃圾再生利用等制度。

6.2 一 般 项

6.2.1 材料的选择应符合下列规定：

1 施工应选用绿色、环保材料。

2 临建设施应采用可拆迁、可回收材料。

3 应利用粉煤灰、矿渣、外加剂等新材料降低混凝土和砂浆中的水泥用量；粉煤灰、矿渣、外加剂等新材料掺量应按供货单位推荐掺量、使用要求、施工条件、原材料等因素通过试验确定。

6.2.2 材料节约应符合下列规定：

1 应采用管件合一的脚手架和支撑体系。

2 应采用工具式模板和新型模板材料，如铝合金、塑料、玻璃钢和其他可再生材质的大模板和钢框镶边模板。

3 材料运输方法应科学，应降低运输损耗率。

4 应优化线材下料方案。

5 面材、块材镶贴，应做到预先总体排版。

6 应因地制宜，采用新技术、新工艺、新设备、新材料。

7 应提高模板、脚手架体系的周转率。

6.2.3 资源再生利用应符合下列规定：

1 建筑余料应合理使用。

2 板材、块材等下脚料和撒落混凝土及砂浆应科学利用。

3 临建设施应充分利用既有建筑物、市政设施和周边道路。

4 现场办公用纸应分类摆放，纸张应两面使用，废纸应回收。

6.3 优 选 项

6.3.1 应编制材料计划，应合理使用材料。

6.3.2 应采用建筑配件整体化或建筑构件装配化安装的施工方法。

6.3.3 主体结构施工应选择自动提升、顶升模架或工作平台。

6.3.4 建筑材料包装物回收率应达到100%。

6.3.5 现场应使用预拌砂浆。

6.3.6 水平承重模板应采用早拆支撑体系。

6.3.7 现场临建设施、安全防护设施应定型化、工具化、标准化。

7 节水与水资源利用评价指标

7.1 控 制 项

7.1.1 签订标段分包或劳务合同时，应将节水指标纳入合同条款。

7.1.2 应有计量考核记录。

7.2 一 般 项

7.2.1 节约用水应符合下列规定：

1 应根据工程特点，制定用水定额。

2 施工现场供、排水系统应合理适用。

3 施工现场办公区、生活区的生活用水应采用节水器具，节水器具配置率应达到100%。

4 施工现场的生活用水与工程用水应分别计量。

5 施工中应采用先进的节水施工工艺。

6 混凝土养护和砂浆搅拌用水应合理，应有节水措施。

7 管网和用水器具不应有渗漏。

7.2.2 水资源的利用应符合下列规定：

1 基坑降水应储存使用。

2 冲洗现场机具、设备、车辆用水，应设立循环用水装置。

7.3 优 选 项

7.3.1 施工现场应建立基坑降水再利用的收集处理系统。

7.3.2 施工现场应有雨水收集利用的设施。

7.3.3 喷洒路面、绿化浇灌不应使用自来水。

7.3.4 生活、生产污水应处理并使用。

7.3.5 现场应使用经检验合格的非传统水源。

8 节能与能源利用评价指标

8.1 控 制 项

8.1.1 对施工现场的生产、生活、办公和主要耗能施工设备应设有节能的控制措施。

8.1.2 对主要耗能施工设备应定期进行耗能计量核算。

8.1.3 国家、行业、地方政府明令淘汰的施工设备、机具和产品不应使用。

8.2 一 般 项

8.2.1 临时用电设施应符合下列规定：

1 应采用节能型设施。

2 临时用电应设置合理，管理制度应齐全并应落实到位。

3 现场照明设计应符合国家现行标准《施工现场临时用电安全技术规范》JGJ 46 的规定。

8.2.2 机械设备应符合下列规定:

1 应采用能源利用效率高的施工机械设备。

2 施工机具资源应共享。

3 应定期监控重点耗能设备的能源利用情况,并有记录。

4 应建立设备技术档案,并应定期进行设备维护、保养。

8.2.3 临时设施应符合下列规定:

1 施工临时设施应结合日照和风向等自然条件,合理采用自然采光、通风和外窗遮阳设施。

2 临时施工用房应使用热工性能达标的复合墙体和屋面板,顶棚宜采用吊顶。

8.2.4 材料运输与施工应符合下列规定:

1 建筑材料的选用应缩短运输距离,减少能源消耗。

2 应采用能耗少的施工工艺。

3 应合理安排施工工序和施工进度。

4 应尽量减少夜间作业和冬期施工的时间。

8.3 优 选 项

8.3.1 根据当地气候和自然资源条件,应合理利用太阳能或其他可再生能源。

8.3.2 临时用电设备应采用自动控制装置。

8.3.3 使用的施工设备和机具应符合国家、行业有关节能、高效、环保的规定。

8.3.4 办公、生活和施工现场,采用节能照明灯具的数量应大于80%。

8.3.5 办公、生活和施工现场用电应分别计量。

9 节地与土地资源保护评价指标

9.1 控 制 项

9.1.1 施工场地布置应合理并应实施动态管理。

9.1.2 施工临时用地应有审批用地手续。

9.1.3 施工单位应充分了解施工现场及毗邻区域内人文景观保护要求、工程地质情况及基础设施管线分布情况,制订相应保护措施,并应报请相关方核准。

9.2 一 般 项

9.2.1 节约用地应符合下列规定:

1 施工总平面布置应紧凑,并应尽量减少占地。

2 应在经批准的临时用地范围内组织施工。

3 应根据现场条件,合理设计场内交通道路。

4 施工现场临时道路布置应与原有及永久道路兼顾考虑,并应充分利用拟建道路为施工服务。

5 应采用预拌混凝土。

9.2.2 保护用地应符合下列规定:

1 应采取防止水土流失的措施。

2 应充分利用山地、荒地作为取、弃土场的用地。

3 施工后应恢复植被。

4 应对深基坑施工方案进行优化,并应减少土方开挖和回填量,保护用地。

5 在生态脆弱的地区施工完成后,应进行地貌复原。

9.3 优 选 项

9.3.1 临时办公和生活用房应采用结构可靠的多层轻钢活动板房、钢骨架多层水泥活动板房等可重复使用的装配式结构。

9.3.2 对施工中发现的地下文物资源,应进行有效保护,处理措施恰当。

9.3.3 地下水位控制应对相邻地表和建筑物无有害影响。

9.3.4 钢筋加工应配送化,构件制作应工厂化。

9.3.5 施工总平面布置应能充分利用和保护原有建筑物、构筑物、道路和管线等,职工宿舍应满足 $2m^2$/人的使用面积要求。

10 评价方法

10.0.1 绿色施工项目自评价次数每月不应少于1次,且每阶段不应少于1次。

10.0.2 评价方法

1 控制项指标,必须全部满足;评价方法应符合表10.0.2-1的规定:

表 10.0.2-1 控制项评价方法

评分要求	结论	说 明
措施到位,全部满足考评指标要求	符合要求	进入评分流程
措施不到位,不满足考评指标要求	不符合要求	一票否决,为非绿色施工项目

2 一般项指标,应根据实际发生项执行的情况计分,评价方法应符合表10.0.2-2的规定:

表 10.0.2-2 一般项计分标准

评分要求	评 分
措施到位,满足考评指标要求	2
措施基本到位,部分满足考评指标要求	1
措施不到位,不满足考评指标要求	0

3 优选项指标，应根据实际发生项执行情况加分，评价方法应符合表 10.0.2-3 的规定：

表 10.0.2-3　优选项加分标准

评分要求	评　分
措施到位，满足考评指标要求	1
措施基本到位，部分满足考评指标要求	0.5
措施不到位，不满足考评指标要求	0

10.0.3 要素评价得分应符合下列规定：

1 一般项得分应按百分制折算，并按下式进行计算：

$$A = \frac{B}{C} \times 100 \qquad (10.0.3)$$

式中：A——折算分；

　　　B——实际发生项条目实得分之和；

　　　C——实际发生项条目应得分之和。

2 优选项加分应按优选项实际发生条目加分求和 D；

3 要素评价得分：要素评价得分 F＝一般项折算分 A＋优选项加分 D。

10.0.4 批次评价得分应符合下列规定：

1 批次评价应按表 10.0.4 的规定进行要素权重确定：

表 10.0.4　批次评价要素权重系数表

评价要素	地基与基础、结构工程、装饰装修与机电安装
环境保护	0.3
节材与材料资源利用	0.2
节水与水资源利用	0.2
节能与能源利用	0.2
节地与施工用地保护	0.1

2 批次评价得分 $E = \sum$（要素评价得分 $F \times$ 权重系数）。

10.0.5 阶段评价得分 $G = \dfrac{\sum 批次评价得分 E}{评价批次数}$

10.0.6 单位工程绿色评价得分应符合下列规定：

1 单位工程评价应按表 10.0.6 的规定进行要素权重确定：

表 10.0.6　单位工程要素权重系数表

评价阶段	权重系数
地基与基础	0.3
结构工程	0.5
装饰装修与机电安装	0.2

2 单位工程评价得分 $W = \sum$ 阶段评价得分 $G \times$ 权重系数。

10.0.7 单位工程绿色施工等级应按下列规定进行

判定：

1 有下列情况之一者为不合格：

　1）控制项不满足要求；

　2）单位工程总得分 $W < 60$ 分；

　3）结构工程阶段得分 < 60 分。

2 满足以下条件者为合格：

　1）控制项全部满足要求；

　2）单位工程总得分 60 分 $\leqslant W < 80$ 分，结构工程得分 $\geqslant 60$ 分；

　3）至少每个评价要素各有一项优选项得分，优选项总分 $\geqslant 5$。

3 满足以下条件者为优良：

　1）控制项全部满足要求；

　2）单位工程总得分 $W \geqslant 80$ 分，结构工程得分 $\geqslant 80$ 分；

　3）至少每个评价要素中有两项优选项得分。优选项总分 $\geqslant 10$。

11　评价组织和程序

11.1　评　价　组　织

11.1.1 单位工程绿色施工评价应由建设单位组织，项目施工单位和监理单位参加，评价结果应由建设、监理、施工单位三方签认。

11.1.2 单位工程施工阶段评价应由监理单位组织，项目建设单位和施工单位参加，评价结果应由建设、监理、施工单位三方签认。

11.1.3 单位工程施工批次评价应由施工单位组织，项目建设单位和监理单位参加，评价结果应由建设、监理、施工单位三方签认。

11.1.4 企业应进行绿色施工的随机检查，并对绿色施工目标的完成情况进行评估。

11.1.5 项目部会同建设和监理单位应根据绿色施工情况，制定改进措施，由项目部实施改进。

11.1.6 项目部应接受建设单位、政府主管部门及其委托单位的绿色施工检查。

11.2　评　价　程　序

11.2.1 单位工程绿色施工评价应在批次评价和阶段评价的基础上进行。

11.2.2 单位工程绿色施工评价应由施工单位书面申请，在工程竣工验收前进行评价。

11.2.3 单位工程绿色施工评价应检查相关技术和管理资料，并应听取施工单位《绿色施工总体情况报告》，综合确定绿色施工评价等级。

11.2.4 单位工程绿色施工评价结果应在有关部门备案。

11.3 评价资料

11.3.1 单位工程绿色施工评价资料应包括：

1 绿色施工组织设计专门章节，施工方案的绿色要求、技术交底及实施记录。

2 绿色施工要素评价表应按表 11.3.1-1 的格式进行填写。

3 绿色施工批次评价汇总表应按表 11.3.1-2 的格式进行填写。

4 绿色施工阶段评价汇总表应按表 11.3.1-3 的格式进行填写。

5 反映绿色施工要求的图纸会审记录。

6 单位工程绿色施工评价汇总表应按表 11.3.1-4 的格式进行填写。

7 单位工程绿色施工总体情况总结。

8 单位工程绿色施工相关方验收及确认表。

9 反映评价要素水平的图片或影像资料。

11.3.2 绿色施工评价资料应按规定存档。

11.3.3 所有评价表编号均应按时间顺序的流水号排列。

表 11.3.1-1 绿色施工要素评价表

工程名称		编　号		
		填表日期		
施工单位		施工阶段		
评价指标		施工部位		
控制项	标准编号及标准要求			评价结论
	标准编号及标准要求	计分标准	应得分	实得分
一般项				
优选项				
评价结果				
签字栏	建设单位	监理单位		施工单位

表 11.3.1-2 绿色施工批次评价汇总表

工程名称		编　号	
		填表日期	
评价阶段			
评价要素	评价得分	权重系数	实得分
环境保护		0.3	
节材与材料资源利用		0.2	
节水与水资源利用		0.2	
节能与能源利用		0.2	
节地与施工用地保护		0.1	
合计		1	
评价结论	1. 控制项： 2. 评价得分： 3. 优选项： 结论：		
签字栏	建设单位	监理单位	施工单位

表 11.3.1-3 绿色施工阶段评价汇总表

工程名称		编　号	
		填表日期	
评价阶段			
评价批次	批次得分	评价批次	批次得分
1		9	
2		10	
3		11	
4		12	
5		13	
6		14	
7		15	
8		……	
小计			
签字栏	建设单位	监理单位	施工单位

注：阶段评价得分 $G = \dfrac{\sum 批次评价得分\ E}{评价批次数}$。

表 11.3.1-4　单位工程绿色施工评价汇总表

工程名称		编　号	
		填表日期	
评价阶段	阶段得分	权重系数	实得分
地基与基础		0.3	
结构工程		0.5	
装饰装修与机电安装		0.2	
合计		1	
评价结论			
签字盖章栏	建设单位（章）	监理单位（章）	施工单位（章）

本标准用词说明

1 为便于在执行本标准条文时区别对待，对要求严格程度不同的用词说明如下：

1）表示很严格，非这样做不可的：

正面词采用"必须"，反面词采用"严禁"；

2）表示严格，在正常情况下均应这样做的：

正面词采用"应"，反面词采用"不应"或"不得"；

3）表示允许稍有选择，在条件许可时首先应这样做的：

正面词采用"宜"，反面词采用"不宜"；

4）表示有选择，在一定条件下可以这样做的，采用"可"。

2 条文中指明应按其他有关标准执行的写法为"应符合……的规定"或"应按……执行"。

引用标准名录

《体力劳动强度分级》GB 3869

《大气污染物综合排放标准》GB 16297

《施工现场临时用电安全技术规范》JGJ 46

中华人民共和国国家标准

建筑工程绿色施工评价标准

GB/T 50640—2010

条 文 说 明

目　次

1 总 则

1.0.1 本标准旨在贯彻中华人民共和国住房和城乡建设部推广绿色施工的指导思想，对工业与民用建筑、构筑物现场施工的绿色施工评价方法进行规范，促进施工企业实行绿色施工。

1.0.3 有关标准包括但不限于：

1 建筑工程施工质量验收规范：

《建筑工程施工质量验收统一标准》GB 50300、《建筑地基基础工程施工质量验收规范》GB 50202、《砌体工程施工质量验收规范》GB 50203、《混凝土结构工程施工质量验收规范》GB 50204、《钢结构工程施工质量验收规范》GB 50205、《建筑装饰装修工程质量验收规范》GB 50210、《屋面工程质量验收规范》GB 50207、《建筑给水排水及采暖工程施工质量验收规范》GB 50242、《通风与空调工程施工质量验收规范》GB 50243、《建筑电气工程施工质量验收规范》GB 50303、《智能建筑工程质量验收规范》GB 50339、《电梯工程施工质量验收规范》GB 50310。

2 环境保护相关国家标准：

《建筑施工场界噪声限值》GB 12523、《污水综合排放标准》GB 8978、《建筑材料放射性核素限量》GB 6566、《民用建筑工程室内环境污染控制规范》GB 50325、《建筑施工场界噪声测量方法》GB 12524、GB 18580～18588。

2 术 语

2.0.5、2.0.6 施工现场建筑垃圾的回收利用包括两部分，一是将建筑垃圾进行收集或简单处理后，在满足质量、安全的条件下，直接用于工程施工的部分；二是将收集的建筑垃圾，交付相关回收企业实现再生利用，但不包括填埋的部分。

3 基 本 规 定

3.0.1 绿色施工的评价贯穿整个施工过程，评价的对象可以是施工的任何阶段或分部分项工程。评价要素是环境保护、节材与材料资源利用、节水与水资源利用、节能与能源利用、节地与土地资源保护五个方面。

3.0.2 本条规定了推行绿色施工的项目，项目部根据预先设定的绿色施工总目标，进行目标分解、实施和考核活动。要求措施、进度和人员落实，实行过程控制，确保绿色施工目标实现。

3.0.3 本条规定了不得评为绿色施工项目的 6 个条件。

6 严重社会影响是指施工活动对附近居民的正常生活产生很大的影响的情况，如造成相邻房屋出现不可修复的损坏、交通道路破坏、光污染和噪声污染等，并引起群众性抵触的活动。

4 评价框架体系

4.0.1 为便于工程项目施工阶段定量考核，将单位工程按形象进度划分为三个施工阶段。

4.0.2 绿色施工依据《绿色施工导则》"四节一环保"五个要素进行绿色施工评价。

4.0.3 绿色施工评价要素均包含控制项、一般项、优选项三类评价指标。针对不同地区或工程应进行环境因素分析，对评价指标进行增减，并列入相应要素进行评价。

4.0.5 绿色施工评价框架体系如图 1。

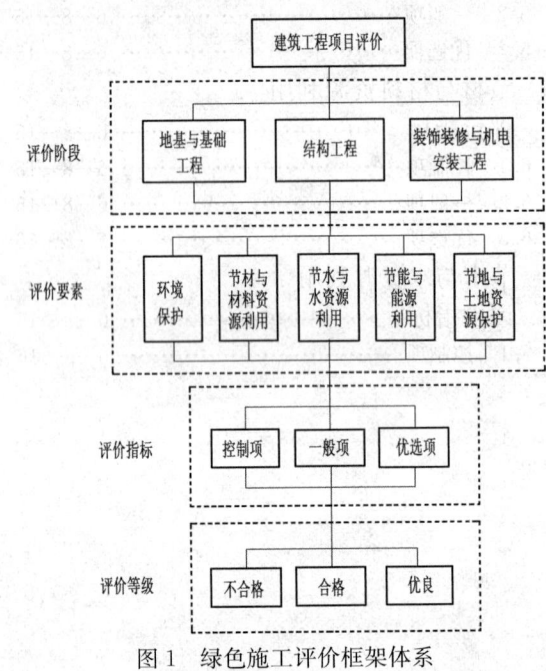

图 1 绿色施工评价框架体系

5 环境保护评价指标

5.1 控 制 项

5.1.1 现场施工标牌是指工程概况牌、施工现场管理人员组织机构牌、入场须知牌、安全警示牌、安全生产牌、文明施工牌、消防保卫制度牌、施工现场总平面图、消防平面布置图等。其中应有保障绿色施工的相关内容。

5.1.2 施工现场醒目位置是指主入口、主要临街面、有毒有害物品堆放地等。

5.1.3 工程项目部应贯彻文物保护法律法规，制定施工现场文物保护措施，并有应急预案。

5.2 一 般 项

5.2.1 本条规定了环境保护中资源保护的两个方面:

1 为保护现场自然资源环境,降水施工避免过度抽取地下水。

2 化学品和重金属污染品存放采取隔断和硬化处理。

5.2.2 本条规定了环境保护中人员健康的八个方面:

1 临时办公和生活区距有毒有害存放地一般为50m,因场地限制不能满足要求时应采取隔离措施。

2 针对不同地区气温情况,分别采取符合当地要求的对应措施。

5.2.3 本条规定了环境保护中扬尘控制的九个方面:

2 现场直接裸露土体表面和集中堆放的土方采用临时绿化、喷浆和隔尘布遮盖等抑尘措施。

6 规定对于施工现场切割等易产生扬尘等作业所采取的扬尘控制措施要求。

8 说明高空垃圾清运采取的措施,而不采取自高空抛落的方式。

5.2.6 本条规定了环境保护中污水排放的五个方面:

2 工程污水采取去泥沙、除油污、分解有机物、沉淀过滤、酸碱中和等针对性的处理方式,达标排放。

3、4 现场设置的沉淀池、隔油池、化粪池等及时清理,不发生堵塞、渗漏、溢出等现象。

5.2.7 本条规定了环境保护中光污染的两个方面:

2 调整夜间施工灯光投射角度,避免影响周围居民正常生活。

5.2.9 现场围挡应连续设置,不得有缺口、残破、断裂,墙体材料可采用彩色金属板式围墙等可重复使用的材料,高度符合现行行业标准《建筑施工安全检查标准》JGJ 59的规定。

5.2.10 现场开挖的土方在满足回填质量要求的前提下,就地回填使用,也可造景等采用其他利用方式,避免倒运。

5.3 优 选 项

5.3.1 在施工作业面噪声敏感区域设置足够长度的隔声屏,满足隔声要求。

5.3.2 高空作业每隔5层~8层设置一座移动环保厕所,施工场地内环保厕所应足量配置,并定岗定人负责保洁。

5.3.3 本条说明现场不定期请环保部门到现场检测噪声强度,所有施工阶段的噪声控制在现行国家标准《建筑施工场界噪声限值》GB 12523限值内。见表1。

5.3.4 施工组织设计有保证现场人员健康的应急预案,预案内容应涉及火灾、爆炸、高空坠落、物体打击、触电、机械伤害、坍塌、SARS、疟疾、禽流感、

霍乱、登革热、鼠疫疾病等,一旦发生上述事件,现场能果断处理,避免事态扩大和蔓延。

表 1 施工阶段噪声限值

施工阶段	主要噪声源	噪声限值(dB)	
		昼间	夜间
土石方	推土机、挖掘机、装载机等	75	55
打桩	各种打桩机等	85	禁止施工
结构	混凝土、振捣棒、电锯等	70	55
装修	吊车、升降机等	60	55

5.3.6 现场拆除作业、爆破作业、钻孔作业和干旱燥热条件土石方施工应采用喷雾降尘设备减少扬尘。

6 节材与材料资源利用评价指标

6.1 控 制 项

6.1.1 根据《绿色建筑评价标准》GB 50378中第4.4.3条的规定,就地取材的是指材料产地距施工现场500km范围内。

6.1.2 现场机械保养、限额领料、废弃物排放和再生利用等制度健全,做到有据可查,有责必究。

6.2 一 般 项

6.2.1 本条规定了材料选择的三个方面:

1 要求建立合格供应商档案库,材料采购做到质量优良、价格合理,所选材料应符合以下规定:

1)《民用建筑工程室内环境污染控制规范》GB 50325的要求。

2) GB 18580~18588的要求。

3) 混凝土外加剂应符合《混凝土外加剂中释放氨的限量》GB 18588的要求。

6.2.2 本条规定了材料节约的七个方面:

7 强调从实际出发,采用适于当地情况,利于高效使用当地资源的四新技术。如:"几字梁"、模板早拆体系、高效钢材、高强混凝土、自防水混凝土、自密实混凝土、竹材、木材和工业废渣废液利用等。

6.2.3 本条规定了资源再生利用的四个方面:

1 合理使用是指符合相关质量要求前提下的使用。

2 制定并实施施工场地废弃物管理计划;分类处理现场垃圾,分离可回收利用的施工废弃物,将其直接应用于工程。

6.3 优选项

6.3.4 现场材料包装用纸质或塑料、塑料泡沫质的盒、袋均要分类回收，集中堆放。

6.3.5 预拌砂浆可集中利用粉煤灰、人工砂、矿山及工业废料和废渣等。对资源节约、减少现场扬尘具有重要意义。

7 节水与水资源利用评价指标

7.1 控制项

7.1.1 施工前，应对工程项目的参建各方的节水指标，以合同的形式进行明确，便于节水的控制和水资源的充分利用。

7.2 一般项

7.2.1 本条规定了节约用水的七个方面：

1 针对各地区工程情况，制定用水定额指标，使施工过程节水考核取之有据。

2 供、排水系统指为现场生产、生活区食堂、澡堂、盥洗和车辆冲洗配置的给水排水处理系统。

3 节水器具指水龙头、花洒、恭桶水箱等单件器具。

4 对于用水集中的冲洗点、集中搅拌点等，要进行定量控制。

5 针对节水目标实现，优先选择利于节水的施工工艺，如混凝土养护、管道通水打压、各项防渗漏闭水及喷淋试验等，均采用先进的节水工艺。

6 施工现场尽量避免现场搅拌，优先采用商品混凝土和预拌砂浆。必须现场搅拌时，要设置水计量检测和循环水利用装置。混凝土养护采取薄膜包裹覆盖，喷涂养护液等技术手段，杜绝无措施浇水养护。

7 防止管网渗漏应有计量措施。

7.2.2 本条规定了水资源利用的两个方面：

1 尽量减少基坑外抽水。在一些地下水位高的地区，很多工程有较长的降水周期，这部分基坑降水应尽量合理使用。

2 尽量使用非传统水源进行车辆、机具和设备冲洗；使用城市管网自来水时，必须建立循环用水装置，不得直接排放。

7.3 优选项

7.3.1 施工现场应对地下降水、设备冲刷用水、人员洗漱用水进行收集处理，用于喷洒路面、冲厕、冲洗机具。

7.3.3 为减少扬尘，现场环境绿化、路面降尘使用非传统水源。

7.3.4 将生产生活污水收集、处理和利用。

7.3.5 现场开发使用自来水以外的非传统水源进行水质检测，并符合工程质量用水标准和生活卫生水质标准。

8 节能与能源利用评价指标

8.1 控制项

8.1.1 施工现场能耗大户主要是塔吊、施工电梯、电焊机及其他施工机具和现场照明，为便于计量，应对生产过程使用的施工设备、照明和生活办公区分别设定用电控制指标。

8.1.2 建设工程能源计量器具的配备和管理应执行现行国家标准《用能单位能源计量器具配备和管理通则》GB 17167。施工用电必须装设电表，生活区和施工区应分别计量；应及时收集用电资料，建立用电节电统计台账。针对不同的工程类型，如住宅建筑、公共建筑、工业厂房建筑、仓储建筑、设备安装工程等进行分析、对比，提高节电率。

8.1.3 《中华人民共和国节约能源法》第十七条：禁止生产、进口、销售国家明令淘汰或者不符合强制性能源效率标准的用能产品、设备；禁止使用国家明令淘汰的用能设备、生产工艺。

8.2 一般项

8.2.1 本条规定了选择临时用电设施的原则。

1 现场临电设备、中小型机具、照明灯具采用带有国家能源效率标识的产品。

8.2.2 本条规定了节能与能源利用中机械设备的四个方面：

1 选择功率与负载相匹配的施工机械设备，机电设备的配置可采用节电型机械设备，如逆变式电焊机和能耗低、效率高的手持电动工具等，以利节电；机械设备宜使用节能型油料添加剂，在可能的情况下，考虑回收利用，节约油量。

2 在施工组织设计中，合理安排施工顺序、工作面，以减少作业区域的机具数量，相邻作业区充分利用共有的机具资源。

3 避免施工现场施工机械空载运行的现象，如空压机等的空载运行，不仅产生大量的噪声污染，而且还会产生不必要的电能消耗。

4 为了更好地进行施工设备管理，应给每台设备建立技术档案，便于维修保养人员尽快准确地对设备的整机性能做出判断，以便出现故障及时修复；对于机型老、效率低、能耗高的陈旧设备要及时淘汰、代之以结构先进、技术完善、效率高、性能好及能耗低的设备，应建立设备管理制度，定期进行维护、保养，确保设备性能可靠、能源高效利用。

8.2.3 本条规定了节能与能源利用中临时设施的两

个方面：

1 根据现行国家标准《建筑采光设计标准》GB/T 50033，在同样照度条件下，天然光的辨认能力优于人工光，自然通风可提高人的舒适感。南方采用外遮阳，可减少太阳辐射和温度传导，节约大量的空调、电扇等运行能耗，是一种节能的有效手段，值得提倡。

2 现行国家标准《公共建筑节能设计标准》GB 50189规定，在保证相同的室内环境参数条件下，建筑节能设计与未采取节能措施前比，全年采暖通风、空气调节、照明的总耗能应减少50%。这个目标通过改善围护结构热工性能，提高空调采暖设备和照明效率实现。施工现场临时设施的围护结构热工性能应参照执行，围护墙体、屋面、门窗等部位，要使用保温隔热性能指标达标的节能材料。

8.2.4 本条规定了节能与能源利用中材料运输与施工的四个方面：

1 工程施工使用的材料宜就地取材，距施工现场500km以内生产的建筑材料用量占工程施工使用的建筑材料总重量的70%以上。

2 改进施工工艺，节能降耗。如逆作法施工能降低施工扬尘和噪声，减少材料消耗，避免了使用大型设备的能源。

3 绿色施工倡导在既定施工目标条件下，做到均衡施工、流水施工。特别要避免突击赶工期的无序施工、造成人力、物力和财力浪费等现象。

4 夜间作业不仅施工效率低，而且需要大量的人工照明，用电量大，应根据施工工艺特点，合理安排施工作业时间。如白天进行混凝土浇捣，晚上养护等。同样，冬季室外作业，需要采取冬季施工措施，如混凝土浇捣和养护时，采取电热丝加热或搭临时防护棚用煤炉供暖等，都将消耗大量的热能，是应该避免的。

8.3 优 选 项

8.3.1 可再生能源是指风能、太阳能、水能、生物质能、地热能、海洋能等非化石能源。国家鼓励单位和个人安装太阳能热水系统、太阳能供热采暖和制冷系统、太阳能光伏发电系统等。我国可再生能源在施工中的利用还刚刚起步，为加快施工现场对太阳能等可再生能源的应用步伐，予以鼓励。

8.3.3 节能、高效、环保的施工设备和机具综合能耗低，环境影响小，应积极引导施工企业，优先使用。如选用变频技术的节能施工设备等。

9 节地与土地资源保护评价指标

9.1 控 制 项

9.1.1 施工现场布置实施动态管理，应根据工程进

度对平面进行调整。一般建筑工程至少应有地基基础、主体结构工程施工和装饰装修及设备安装三个阶段的施工平面布置图。

9.1.2 如因工程需要，临时用地超出审批范围，必须提前到相关部门办理批准手续后方可占用。

9.1.3 基于保护和利用的要求，施工单位在开工前做到充分了解和熟悉场地情况并制定相应对策。

9.2 一 般 项

9.2.1 本条规定了节约用地的五个方面：

1 临时设施要求平面布置合理，组织科学，占地面积小。单位建筑面积施工用地率是施工现场节地的重要指标，其计算方法为：单位建筑面积施工用地率＝（临时用地面积/单位工程总建筑面积）×100%。

临时设施各项指标是施工平面布置的重要依据，临时设施布置用地的参考指标参见表2~表4。

表2 临时加工厂所需面积指标

加工厂名称	单位	工程所需总量	占地总面积（m²）	长×宽（m）	设备配备情况
混凝土搅拌站	m³	12500	150	10×15	350L强制式搅拌机2台，灰机2台，配料机一套
临时性混凝土预制场厂	m³	200			商混凝土
钢筋加工厂	t	2800	300	30×10	弯曲机2台，切断机2台，对焊机1台，拉丝机1台
金属结构加工厂	t	30	600	20×30	氧割2套，电焊机3台
临时道路占地宽度				3.5m~6m	

表3 现场作业棚及堆场所需面积参考指标

名 称		高峰期人数	占地总面积（m²）	长×宽（m）	租用或业主提供原有旧房作临时用房情况说明
木作	木工作业棚	48	60	10×6	
	成品半成品堆场		200	20×10	
钢筋	钢筋加工棚	30	80	10×8	
	成品半成品堆场		210	21×10	
铁件	铁件加工棚	6	40	8×5	
	成品半成品堆场		30	6×5	
混凝土砂浆	搅拌棚	6	72	12×6	
	水泥仓库	2	35	10×3.5	
	砂石堆场	6	120	12×10	
施工用电	配电房	2	18	6×3	
	电工房	4	20	7×4	
白铁房		2	12	4×3	
油漆工房		12	20	5×4	
机、铅修理房		6	18	6×3	
石灰	存放棚	2	28	7×4	
	消化池	2	24	6×4	
门窗存放棚			30	6×5	
砌块堆场			200	10×10	
轻质墙板堆场		8	18	6×3	
金属结构半成品堆场			50	10×5	

续表3

名　称	高峰期人数	占地总面积（m²）	长×宽（m）	租用或业主提供原有旧房作临时用房情况说明
仓库（五金、玻璃、卷材、沥青等）	2	40	8×5	
仓库（安装工程）	2	32	4×8	
临时道路占地宽度		3.5m～6m		

表4　行政生活福利临时设施

临时房屋名称	占地面积（m²）	建筑面积（m²）	参考指标（m²/人）	备注	租用或使用原有旧房情况说明	人数
办公室	80	80	4	管理人员数		20
宿舍	双层床 210	600	2	按高峰期（年）（季）平均职工人数（扣除不在工地住宿人数）		200
食堂	120	120	0.5	按高峰期		240
浴室	100	100	0.5	按高峰期		200
活动室	45	45	0.23	按高峰期		200

2 建设工程施工现场用地范围，以规划行政主管部门批准的建设工程用地和临时用地范围为准，必须在批准的范围内组织施工。

3 规定场内交通道路布置应满足各种车辆机具设备进出场、消防安全疏散要求，方便场内运输。场内交通道路双车道宽度不宜大于 6m，单车道不宜大于 3.5m，转弯半径不宜大于 15m，且尽量形成环形通道。

4 规定充分利用资源，提高资源利用效率。

5 基于减少现场临时占地，减少现场湿作业和扬尘的考虑。

9.2.2 本条规定了保护用地的五个方面：

1 结合建筑场地永久绿化，提高场内绿化面积，保护土地。

2 施工取土、弃土场应选择荒废地，不占用农田，工程完工后，按"用多少，垦多少"的原则，恢复原有地形、地貌。在可能的情况下，应利用弃土造田，增加耕地。

3 施工后应恢复施工活动破坏的植被（一般指临时占地内）与当地园林、环保部门合作，在施工占用区内种植合适的植物，尽量恢复原有地貌和植被。

4 深基坑施工是一项对用地布置、地下设施、周边环境等产生重大影响的施工过程，为减少深基坑施工过程对地下及周边环境的影响，在基坑开挖与支护方案的编制和论证时应考虑尽可能地减少土方开挖和回填量，最大限度地减少对土地的扰动，保护自然生态环境。

5 在生态环境脆弱和具有重要人文、历史价值的场地施工，要做好保护和修复工作。场地内有价值的树木、水塘、水系以及具有人文、历史价值的地形、地貌是传承场地所在区域历史文脉的重要载体，也是该区域重要的景观标志。因此，应根据《城市绿化条例》（1992年国务院100号令）等国家相关规定

予以保护。对于因施工造成场环境改变的情况，应采取恢复措施，并报请相关部门认可。

9.3 优　选　项

9.3.1 临时办公和生活用房采用多层轻刚活动板房或钢骨架水泥活动板房搭建，能够减少临时用地面积，不影响施工人员工作和生活环境，符合绿色施工技术标准要求。

9.3.2 施工发现具有重要人文、历史价值的文物资源时，要做好现场保护工作，并报请施工区域所在地政府相关部门处理。

9.3.3 对于深基坑降水，应对相邻的地表和建筑物进行监测，采取科学措施，以减少对地表和建筑的影响。

9.3.4 对于推进建筑工业化生产，提高施工质量、减少现场绑扎作业、节约临时用地有重要作用。

9.3.5 高效利用现场既有资源是绿色施工的基本原则，施工现场生产生活临时设施尽量做到占用地面积最小，并应满足使用功能的合理性、可行性和舒适性要求。

10　评 价 方 法

10.0.1 本条规定了绿色施工项目自评价的最少次数。采取双控的方式，当某一施工阶段的工期少于1个月时，自评价也应不少于1次。

10.0.2 本条规定了指标中的控制项判定合格的标准，一般项的打分标准，优选项的加分标准。

10.0.4 根据各评价要素对批次评价起的作用不同，评价时应考虑相应的权重系数。根据对大量施工现场的实地调查、相关施工人员的问卷调研，通过统计分析，得出批次评价时各评价要素的权重系数表（表10.0.4）。

10.0.6 本条规定了单位工程评价中评价阶段的权重系数。考虑一般建筑工程结构施工时间较长、受外界因素影响大、涉及人员多、难度系数高等原因，在施工中尤其要保证"四节一环保"，这个阶段在单位绿色施工评价时地位重要，通过对大量工程的调研、统计、分析，规定其权重系数为0.5；地基与基础施工阶段，对周围环境的影响及实施绿色施工的难度都较装饰装修与机电安装阶段大，所以，规定其权重系数分别为0.3和0.2。

11　评价组织和程序

11.1　评 价 组 织

11.1.1～11.1.3 规定了建筑工程绿色施工评价的组织单位和参与单位。

11.2 评价程序

11.2.1 本条规定了绿色施工评价的基本原则，先由施工单位自评价，再由建设单位、监理单位或其他评价机构验收评价。

11.2.2 本条规定了单位工程绿色施工评价的时间。

11.2.3 本条规定了单位工程绿色施工评价，证据的收集包括：审查施工记录；对照记录查验现场，必要时进一步追踪隐蔽工程情况；询问现场有关人员。

11.2.4 本条规定了单位工程绿色施工评价结果应在

有关部门进行备案。

11.3 评价资料

11.3.1、11.3.2 规定了单位工程绿色施工评价应提交的资料，资料应归档。

11.3.3 表 11.3.1-1 绿色施工要素评价表、表11.3.1-2 绿色施工批次评价汇总表、表 11.3.1-3 绿色施工阶段评价汇总表、表11.3.1-4单位工程绿色施工评价汇总表的编号均按评价时间顺序流水号排列，如 0001。

中华人民共和国国家标准

工程建设标准实施评价规范

Evaluation code for implementation of engineering
construction standard

GB/T 50844—2013

主编部门：中华人民共和国住房和城乡建设部
批准部门：中华人民共和国住房和城乡建设部
施行日期：2 0 1 3 年 5 月 1 日

中华人民共和国住房和城乡建设部
公　告

第 1583 号

住房城乡建设部关于发布国家标准
《工程建设标准实施评价规范》的公告

现批准《工程建设标准实施评价规范》为国家标准，编号为 GB/T 50844-2013，自 2013 年 5 月 1 日起实施。

本规范由我部标准定额研究所组织中国建筑工业出版社出版发行。

中华人民共和国住房和城乡建设部

2012 年 12 月 25 日

前　言

根据原建设部《关于印发〈2006 年工程建设标准规范制订、修订计划（第二批）〉的通知》（建标〔2006〕136 号）的要求，本规范由住房和城乡建设部标准定额研究所会同有关单位经调查研究，认真总结实践经验，在广泛征求意见的基础上编制完成。

本规范编制过程中，编制组开展了多项专题研究，进行了广泛调查分析，总结了近年来推动工程建设标准实施的经验，并以多种形式广泛征求了有关部门、单位和专家的意见，最后经审查定稿。

本规范分为 8 章。主要内容包括：总则、术语、基本规定、分类与指标、标准实施状况评价、标准实施效果评价、标准科学性评价、综合分析。

本规范由住房和城乡建设部负责管理，由住房和城乡建设部标准定额研究所负责具体技术内容的解释。执行本规范过程中如有意见或建议，请寄送住房和城乡建设部标准定额研究所（地址：北京市三里河路九号，邮编：100835）。

本 规 范 主 编 单 位：住房和城乡建设部标准定额研究所

本 规 范 参 编 单 位：上海市城乡建设和交通委员会
浙江省住房和城乡建设厅
云南省住房和城乡建设厅
山东省工程建设标准定额站
河南省建筑工程标准定额站
中国建筑科学研究院
中国建筑标准设计研究院
广东省建筑科学研究院
河南省建筑科学研究院
清华大学经济管理学院
深圳市罗湖区建设工程质量检测中心

本规范主要起草人员：胡传海　王　超　李大伟
陈国义　王勤芬　徐一琪
杨仕超　王　芬　李　军
黄金屏　蔚林巍　王美林
顾泰昌　张树君　朱　军
李洪林　裴晓文　王洪涛
刘宏奎　毛　凯

本规范主要审查人员：陈建平　王树波　张学森
林建平　韩　迪　桑翠江
岳清瑞　张守健

目　次

Contents

1 总　　则

1.0.1 为统一对工程建设标准的实施状况、实施效果和科学性的评价，推动和改进工程建设标准实施工作，制定本规范。

1.0.2 本规范适用于对工程建设国家标准、行业标准和地方标准的实施进行评价。

1.0.3 工程建设标准实施评价应遵循客观、全面、公正的原则。

1.0.4 工程建设标准实施评价除应符合本规范外，尚应符合国家现行有关标准的规定。

2 术　　语

2.0.1 工程建设标准实施评价 engineering construction standard implementation evaluation

工程建设标准实施一段时间后，按标准化工作目的及工作要求，对推动工程建设标准实施各项工作以及实施效果和科学性等方面进行综合评估的过程。

2.0.2 评价类别 evaluation classification

按工程建设标准化工作目的和特点，将工程建设标准实施划分若干性质不同的组成部分，同时每一部分能单独进行评价。

2.0.3 基础类标准 basic standard

指术语、符号、计量单位或模数等标准。

2.0.4 综合类标准 comprehensive standard

标准的内容及适用范围涉及规划、勘察、设计、施工、质量验收、管理、检验、鉴定、评价和运营维护维修等工程建设活动中两个或两个以上环节的标准。

2.0.5 单项类标准 single standard

指标准的内容及适用范围仅涉及规划、勘察、设计、施工、质量验收、管理、检验、鉴定、评价和运营维护维修等工程建设活动中单一环节的标准。

2.0.6 标准的实施状况 standard implementation status

标准批准发布后，各级工程建设管理部门推广标准、组织出版发行以及工程建设规划、勘察、设计、施工图审查机构、施工、安装、监理、检测、评估、安全质量监督以及科研、高等院校等相关单位实施标准的情况。

2.0.7 推广标准状况 standard promotion status

标准批准发布后，标准化管理机构及有关部门和单位为保证标准有效实施，开展的标准宣传、培训等活动以及标准出版发行等情况。

2.0.8 执行标准状况 standard application status

标准批准发布后，工程建设各方应用标准、标准在工程中应用以及专业技术人员执行标准和专业技

术人员对标准的掌握程度等方面的情况。

2.0.9 标准发布状况 standard release status

在相关媒体（包括网站及期刊）登出标准发布公告的情况。

2.0.10 标准发行状况 standard published status

在省、自治区、直辖市区域内，标准发行网络采用各种形式为标准使用者提供标准的情况。

2.0.11 标准宣贯培训状况 standard publicizing and training status

标准化管理机构及有关部门和单位为宣传标准开展的各种形式的活动，以及培训机构开展的以标准为培训主要内容的专业技术培训的情况。

2.0.12 管理制度要求 management system requirements

有关部门为加强管理，在制定的管理制度中对标准实施提出明确的要求。

2.0.13 标准衍生物状况 standard derivative status

有利于标准实施的教材（含讲义、培训资料）、指南、手册、软件、图集等出版物的发行情况。

2.0.14 单位应用状况 standard application status in unit

标准批准发布后，相关单位及时将标准纳入到质量管理体系中，并积极开展标准的宣传、培训工作，选派相关技术人员参加培训机构组织的培训。

2.0.15 工程应用状况 standard application status in engineering

按照标准的适用范围，标准在工程建设中有效贯彻执行的情况。

2.0.16 技术人员掌握标准状况 status of technical staff to master the standard

相关专业技术人员掌握标准的内容，并能有效应用的情况。

2.0.17 经济效果 economic effect

标准在工程建设中应用所产生的对节约材料消耗、提高生产效率、降低成本等方面的影响效果。

2.0.18 社会效果 social effect

标准在工程建设中应用所产生的对工程安全、工程质量、人身健康、公众利益和技术进步等方面的影响效果。

2.0.19 环境效果 environmental effect

标准在工程建设中应用所产生的对能源资源节约和合理利用、生态环境保护等方面的影响效果。

2.0.20 可操作性 practicality

标准中各项规定的合理程度，及在工程建设中应用方便、技术措施可行的程度。

2.0.21 协调性 coordination

反映标准与国家相关政策、相关标准协调一致的程度。

2.0.22 先进性 advancement

反映标准符合当前社会技术经济发展需求、技术成熟、条文科学、促进新技术推广应用。

3 基 本 规 定

3.0.1 工程建设标准实施评价应包括下列工作:

1 确定评价类别和评价指标;

2 确定调查方式,拟定调查问卷和调查大纲;

3 工程建设标准实施情况调查;

4 评价及综合分析,编制评价报告。

3.0.2 工程建设标准实施评价应包括实施状况、实施效果和科学性三类评价,评价类别和指标应符合表3.0.2的规定。

表 3.0.2 评价类别和指标

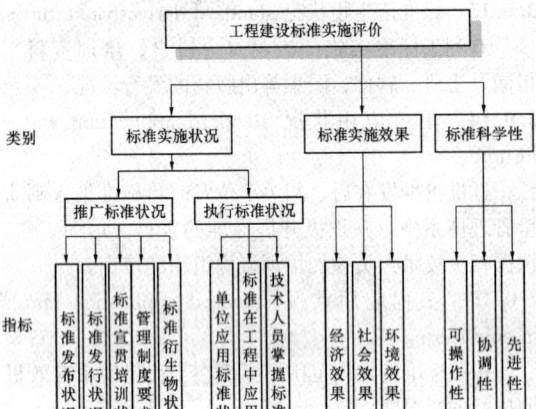

3.0.3 工程建设标准实施评价应根据被评价工程建设标准的特点,结合工程建设标准化工作需要,选择实施状况评价、实施效果评价和科学性评价中一类或多个类别进行。

3.0.4 工程建设标准实施状况评价宜在所评价标准实施满1年后进行;工程建设标准实施效果评价宜在所评价标准实施满3年后进行;工程建设标准科学性评价宜在所评价标准实施满2年后进行。

3.0.5 工程建设标准实施评价应组建评价工作组,由评价工作组开展评价工作。评价工作组的人员构成和数量应根据所评标准的内容和评价工作量确定。

3.0.6 调查工程建设标准实施情况宜采用抽样调查方法,调查方式应由评价工作组根据评价指标选择抽样问卷调查、专家调查、实地调查等方式或其他方式。调查工作应按照下列规定进行:

1 采用抽样问卷调查,评价工作组应根据所评价内容编制调查问卷,根据评价类别,在使用所评价标准的全部单位、个人和工程项目中,确定调查目标

群体,采用分板块抽样方法确定调查对象,发放问卷进行调查,问卷返回的数量应能够保证评价结论的准确性;

2 采用专家调查,评价工作组应根据所评价内容拟定调查提纲,选择专家进行调查。专家应有合理的规模,所选择的专家应熟悉所评价的工程建设标准,有丰富的工程实践经验;

3 进行实地调查,评价工作组应根据所评价内容拟定调查内容和目标,应选择典型的企业或工程项目进行调查。实地调查对象要有代表性,数量应能够满足评价的需要;

4 采用其他调查方式,评价工作组应根据评价内容进行充分论证,确定调查方式,并制定详细的调查大纲和调查方案。确定调查的范围和对象应能满足评价的需要。

3.0.7 各项指标的评价结果分为甲、乙、丙、丁,各类别的评价等级分为优、良、中、差。

3.0.8 指标评价应符合下列规定:

1 评价工作组应按本规范第5、6、7章的要求,依据通过调查取得的信息对指标进行评价,按评价标准确定评价结果。

2 当评价资料难以全面、客观反映所评价的工程建设标准的实施状况时,应进行补充调查。

3 对评价等级确定有争议时,评价工作组可组织专题论证,进行深入分析后确定等级。

4 评价等级应根据指标评价结果按本标准的要求确定。

3.0.9 类别评价应在指标评价完成后,将指标评价结果对应的分值进行加权计算,按计算分值确定类别评价结果。

3.0.10 在评价过程中,如所评价的标准进行了修订或局部修订,评价工作组应分析论证所评价标准修订的内容对已收集的评价资料和评价结果产生的影响,当影响评价结果时,应进行补充调查,重新确定评价结果,最终评价结果应能反映所评价标准修订后的实施状况。

3.0.11 完成评价工作后,评价工作组应进行专项分析和综合分析,并起草评价工作报告。

4 分类与指标

4.0.1 根据被评价标准的内容构成及其适用范围,工程建设标准可分为基础类、综合类和单项类。

4.0.2 对基础类标准,一般只进行标准的实施状况和科学性评价。

4.0.3 对综合类及单项类标准,应根据其适用范围所涉及的环节,按表4.0.3的规定确定其评价类别与指标。

表 4.0.3　工程建设标准涉及环节及对应评价类别与指标

评价类别与指标＼环节	实施状况评价		效果评价			科学性评价		
	推广标准状况	执行标准状况	经济效果	社会效果	环境效果	可操作性	协调性	先进性
规划	√	√	√	√	√	√	√	√
勘察	√	√	√	√	√	√	√	√
设计	√	√	√	√	√	√	√	√
施工	√	√	√	√	√	√	√	√
质量验收	√	√	—	√	—	√	√	√
管理	√	√	√	√	√	√	√	√
检验、鉴定、评价	√	√	—	√	—	√	√	√
运营维护、维修	√	√	√	√	√	√	√	√

注："√"表示适用于本规范对相应指标进行评价；
　　"—"表示不适用本规范对相应指标进行评价。

5　标准实施状况评价

5.1　一般规定

5.1.1　标准的实施状况评价应按本标准第 4.0.3 条的规定，分别评价推广标准状况和执行标准状况后，综合各项评价指标的结果得出实施状况的评价等级。

5.2　推广标准状况评价

5.2.1　对基础类标准，应采用评价标准发布状况、标准发行状况两项指标评价推广标准状况。对单项类和综合类，应采用标准发布状况、标准发行状况、标准宣贯培训状况、管理制度要求、标准衍生物状况等五项指标评价推广标准状况。

5.2.2　推广标准状况评价应按表 5.2.2 规定的评价内容进行。

表 5.2.2　推广标准状况评价内容

指标	评价内容
标准发布状况	1. 是否面向社会在相关媒体刊登了标准发布的信息； 2. 是否及时发布了相关信息
标准发行状况	标准发行量比率（实际销售量/理论销售量）*
标准宣贯培训状况	1. 工程建设标准化管理机构及相关部门、单位是否开展了标准宣贯活动； 2. 社会培训机构是否开展了以所评价的标准为主要内容的培训活动

续表 5.2.2

指标	评价内容
管理制度要求	1. 所评价区域的政府是否制定了以标准为基础加强某方面管理的相关政策； 2. 所评价区域的政府是否制定了促进标准实施的相关措施
标准衍生物状况	是否有与标准实施相关的指南、手册、软件、图集等标准衍生物在评价区域内销售

注：* 理论销售量应根据标准的类别、性质，结合评价区域内使用标准的专业技术人员的数量估算得出。

5.2.3　推广标准状况各项指标的评价结果应按表 5.2.3-1 和表 5.2.3-2 的规定确定。

表 5.2.3-1　推广标准状况指标评价结果划分标准

指标	评价结果	划分标准
标准发布状况	甲	1. 在住房和城乡建设部标准公告发布一个月之内，在多个媒体（3个以上）面向社会刊登了标准发布的信息； 2. 在标准实施日期前，采取多种形式对标准实施进行宣传
	乙	1. 在住房和城乡建设部标准公告发布一个月之内，在相关媒体面向社会刊登了标准发布的信息； 2. 开展了标准宣传工作
	丙	在住房和城乡建设部标准公告发布一个月之内，在相关媒体面向社会发布了标准发布的信息
	丁	达不到"丙"的要求
标准发行状况	甲	标准发行量比率达到 90%
	乙	标准发行量比率达到 80%
	丙	标准发行量比率达到 60%
	丁	标准发行量比率在 60% 以下
标准宣贯培训状况	甲	1. 所评价区域的工程建设标准化管理机构开展了标准宣贯活动，参加宣贯活动的单位数量达到使用所评价标准的单位数量的 80% 以上； 2. 社会培训机构开展了以所评价的标准为主要内容的培训活动，参加培训的单位数量达到使用所评价标准的单位数量的 60% 以上
	乙	1. 所评价区域的工程建设标准化管理机构开展了标准宣贯活动，参加宣贯活动的单位数量达到使用所评价标准的单位数量 50%～80% 之间； 2. 社会培训机构开展了以所评价的标准为主要内容的培训活动，参加培训的单位数量为使用所评价标准的单位数量的 30% 以下
	丙	所评价区域的工程建设标准化管理机构开展了标准宣贯活动，参加宣贯活动的单位数量为使用所评价标准的单位数量的 50% 以下
	丁	达不到"丙"的规定

表 5.2.3-2　推广标准状况指标评价结果确定标准

指标	评价结果	确定标准
管理制度要求	有	所评价的区域政府制定了以标准为基础加强某方面管理的相关政策，或制定了促进标准实施的相关措施
	无	所评价的区域政府没有制定以标准为基础加强某方面管理的相关政策，同时也没有制定促进标准实施的相关措施
标准衍生物状况	有	有与标准实施相关的指南、手册、软件、图集等标准衍生物在评价区域内销售，并有一定的销售量
	无	没有与标准实施相关的指南、手册、软件、图集等标准衍生物在评价区域内销售

5.3　执行标准状况评价

5.3.1　执行标准状况应采用单位应用状况、工程应用状况、技术人员掌握标准状况等三项指标进行评价。

5.3.2　应用状况评价应按表 5.3.2 规定的评价内容进行。

表 5.3.2　应用状况的评价内容

标准应用状况	评价内容
单位应用状况	1. 是否将所评价的标准纳入到单位的质量管理体系中； 2. 所评价的标准在质量管理体系中是否"受控"； 3. 是否开展了相关的宣贯、培训工作
工程应用状况	1. 执行率*； 2. 在工程中是否能准确、有效应用
技术人员掌握标准状况	1. 技术人员是否掌握了所评价标准的内容； 2. 技术人员是否能准确应用所评价的标准

注：*执行率是指被调查单位自所评价的标准实施之后所承担的项目中，应用了所评价的标准的项目数量与所评价标准适用的项目数量的比值。

5.3.3　各项指标的评价结果应按表 5.3.3 的规定确定。

表 5.3.3　应用状况指标评价结果划分标准

标准应用状况	评价结果	划分标准
单位应用状况	甲	1. 所评价的标准已纳入单位的质量管理体系当中，并处于"受控"状态； 2. 单位采取多种措施积极宣传所评价的标准，并组织全部有关技术人员参加培训
	乙	1. 所评价的标准已纳入单位的质量管理体系当中，并处于"受控"状态； 2. 单位组织部分有关技术人员参加培训
	丙	1. 所评价的标准已纳入单位的质量管理体系当中，所评价的标准在质量管理体系中处于"受控"状态； 2. 单位未组织有关技术人员参加培训
	丁	达不到"丙"的要求
工程应用状况*	甲	1. 非强制性标准在项目中执行率达到90%以上，强制性标准达到100%； 2. 在工程中能准确、有效使用
	乙	1. 非强制性标准在项目中执行率达到80%以上，强制性标准达到100%； 2. 在工程中能准确、有效使用
	丙	1. 非强制性标准在项目中执行率达到60%以上，强制性标准达到100%； 2. 在工程中能够应用
	丁	达不到"丙"的要求
技术人员掌握标准状况	甲	相关技术人员熟练掌握了标准的内容，并能够准确应用
	乙	相关技术人员掌握了标准的内容，并能够应用
	丙	相关技术人员基本掌握了标准的内容，但不能够应用
	丁	达不到"丙"的要求

注：*对于有政策要求在工程中必须严格执行的工程建设标准，无论强制性还是非强制性执行率均应达到100%方能评为"丙"及以上等级。对此类标准实施率达到100%并在工程中能准确、有效使用评为"甲"。

5.4　实施状况评价

5.4.1　各项指标评价结果的分值应按表 5.4.1-1 的规定确定。

表 5.4.1-1　指标评价结果对应分值表

评价结果	甲	乙	丙	丁
分值	9~10	7~8	6~7	0~3

管理制度要求和标准衍生物状况评价结论的分值应按表 5.4.1-2 的规定确定。

表 5.4.1-2　指标评价结论对应分值表

评价结论	有	无
分值	0.5	0

5.4.2 标准实施状况值宜按下式计算：

$$Q_s = \sum_{i=1}^{n} \alpha_i S_i + A + B \quad (5.4.2)$$

式中：Q_s——标准实施状况分值；

α_i——各类状况在标准实施状况中的权重系数（按表5.4.2确定）；

S_i——推广标准状况和执行标准状况各指标评价结果对应的分值；

A——管理制度要求评价结果对应的分值；

B——标准衍生物状况评价结果对应的分值。

表5.4.2 权重系数 α 取值表

标准实施状况 标准类别	标准发布状况	标准发行状况	标准宣贯培训状况	单位应用标准状况	标准在工程中应用状况	技术人员掌握标准状况
基础类	0.2	0.2	—	0.2	0.2	0.2
综合类	0.1	0.05	0.15	0.2	0.25	0.25
单项类	0.1	0.05	0.15	0.2	0.25	0.25

5.4.3 标准实施状况的评价等级应按表5.4.3的规定确定。

表5.4.3 标准实施状况评价等级分值表

Q_s值区间	9～11	7～9	6～7	0～6
评价等级	优	良	中	差

注：各区间分值不包括下限，Q_s的分值取整数，小数部分四舍五入。

6 标准实施效果评价

6.0.1 实施效果评价应按本规范第4.0.3条的规定，采用相应的评价指标进行评价。综合类标准宜将所涉及每个环节的经济效果、社会效果、环境效果分别进行评价，再综合确定所评价标准的实施效果。

6.0.2 实施效果评价应按表6.0.2规定的评价内容进行。

表6.0.2 实施效果的评价内容

指标	评价内容
经济效果	1. 是否有利于节约材料； 2. 是否有利于提高生产效率； 3. 是否有利于降低成本
社会效果	1. 是否对工程质量和安全产生影响； 2. 是否对施工过程安全生产产生影响； 3. 是否对技术进步产生影响； 4. 是否对人身健康产生影响； 5. 是否对公众利益产生影响
环境效果	1. 是否有利于能源资源节约； 2. 是否有利于能源资源合理利用； 3. 是否有利于生态环境保护

6.0.3 实施效果各项指标的评价结果应按表6.0.3的规定确定。

表6.0.3 标准实施效果指标评价结果划分标准

指标	评价结果	划分标准
经济效果	甲	标准实施后对于节约材料、提高生产效率、降低成本至少两项产生有利的影响，没有不利影响
	乙	标准实施后对于节约材料、提高生产效率、降低成本其中一项产生有利的影响，其他没有不利影响
	丙	标准实施后对于节约材料、提高生产效率、降低成本没有不利影响
	丁	标准实施后造成了浪费材料、降低生产效率及提高成本等不利后果
社会效果	甲	标准实施后对于保证工程质量和结构安全、安全生产、技术进步、人身健康及公众利益等至少三项产生有利的影响，其他项目没有不利影响；或者对其中二项产生较大的有利影响，其他项目没有不利影响
	乙	标准实施后对于保证工程质量和结构安全、安全生产、技术进步、人身健康及公众利益等至少两项产生有利的影响，其他项目没有不利影响；或者对其中一项产生较大的积极影响，其他项目没有不利影响
	丙	标准实施后对于保证工程质量和结构安全、安全生产、技术进步、人身健康及公众利益没有不利影响
	丁	标准实施后对于保证工程质量和结构安全、安全生产、技术进步、人身健康及公众利益产生负面影响
环境效果	甲	标准实施后对于能源资源节约、能源资源合理利用和生态环境保护等其中至少两项产生有利的影响，没有不利影响
	乙	标准实施后对于能源资源节约、能源资源合理利用和生态环境保护等其中一项产生有利的影响，其他没有不利影响
	丙	标准实施后对于能源资源节约、能源资源合理利用和生态环境保护没有不利影响
	丁	标准实施后产生了能源资源浪费、破坏生态环境等影响

6.0.4 各项指标评价结果对应分值应按表6.0.4的规定确定。

表6.0.4 指标评价结果对应分值表

评价结果	甲	乙	丙	丁
分值	9～10	7～8	6～7	0～3

6.0.5 标准实施效果分值宜按下式计算：

$$Q_x = \sum_{i=1}^{n} \alpha_i S_i \quad (6.0.5)$$

式中：Q_x——标准实施效果分值；

α_i——经济效果、社会效果、环境效果在标准实施效果中的权重系数应按表6.0.5确定；

S_i——经济效果、社会效果、环境效果评价等级对应的分值。

计算综合类标准的实施效果分值时，应将综合类标准所涉及的规划、勘察、设计、施工、质量验收、管理、检验、鉴定、评价和运营维护维修等各环节的经济效果、社会效果、环境效果的评价结果的分值对应进行算术平均后，采用公式（6.0.5）进行计算。

表 6.0.5　权重系数 α 取值表

评价指标 标准类别	经济效果	社会效果	环境效果
综合类	0.3	0.4	0.3
专项类	0.3	0.4	0.3

6.0.6 标准实施效果的评价等级应按表 6.0.6 的规定确定。

表 6.0.6　标准实施效果评价等级分值表

Q_x 值区间	9～10	7～9	6～7	0～6
评价等级	优	良	中	差

注：各区间分值不包括下限，Q_x 的分值取整数，小数部分四舍五入。

7　标准科学性评价

7.0.1 综合类标准和单项类标准的科学性应按本规范第 4.0.3 条的规定，采用相应的评价指标进行评价。综合类标准宜将所涉及每个环节的可操作性、协调性、先进性分别进行评价，再综合确定所评价标准的科学性。

7.0.2 基础类标准的科学性评价应按表 7.0.2 规定的评价内容进行。

表 7.0.2　基础类标准科学性评价内容

	评价内容
科学性	1. 标准内容是否得到行业的广泛认同、达成共识； 2. 标准是否满足其他标准和相关使用的需求； 3. 标准内容是否清晰合理、条文严谨准确、简练易懂； 4. 标准是否与其他基础类标准相协调

7.0.3 单项类和综合类标准的科学性评价应按表 7.0.3 规定的评价内容进行。

表 7.0.3　单项类和综合类标准科学性评价内容

指标	评价内容
可操作性	1. 标准中规定的指标和方法是否科学合理 2. 标准条文是否严谨、准确、容易把握 3. 标准在工程中应用是否方便、可行

续表 7.0.3

指标	评价内容
协调性	1. 标准内容是否符合国家政策的规定 2. 标准内容是否与同级标准不协调 3. 行业标准、地方标准是否与上级标准不协调
先进性	1. 是否符合国家的技术经济政策 2. 标准是否采用了可靠的先进技术或适用科研成果 3. 与国际标准或国外先进标准相比是否达到先进的水平

7.0.4 基础类标准科学性评价等级应按表 7.0.4 的规定确定。

表 7.0.4　基础类标准科学性评价等级划分标准

	评价等级	划分标准
科学性	优	标准内容清晰合理，条文严谨准确、简练易懂，能够满足其他标准和相关使用的需求，同时得到行业的广泛认同、达成共识，与其他基础类标准相协调
	良	标准内容清晰合理，条文严谨准确、简练易懂，能够满足使用的需求，同时基本得到行业认同、达成共识，与其他基础类标准相协调
	中	标准内容基本合理，能够满足使用的要求，同时基本得到行业认同、达成共识，与其他基础类标准相协调
	差	达不到"中"的要求

7.0.5 单项类和综合类标准科学性的指标评价结果应按表 7.0.5 的规定确定。

表 7.0.5　单项类和综合类标准科学性指标评价结果划分标准

指标	评价结果	划分标准
可操作性	甲	标准中规定的指标和方法科学合理，标准条文严谨、准确、容易把握，标准在工程中应用方便、可行
	乙	标准中规定的指标和方法基本合理，标准条文严谨、准确，在工程中应用可行
	丙	标准中规定的指标和方法基本合理，在工程中应用可行
	丁	达不到"丙"的要求

续表 7.0.5

指 标	评价结果	划 分 标 准
协调性	甲	标准内容能够有利促进国家相关政策的实施，符合法律法规的规定，并与相关标准（同级）相协调（行业标准、地方标准还要与上级相关标准相协调）
	乙	标准内容符合国家相关政策的规定，并与相关标准（同级）相协调（行业标准、地方标准还要与上级相关标准相协调）
	丙	标准内容符合国家相关政策的规定，与相关标准不相协调，但没有不利影响
	丁	达不到"丙"的要求
先进性	甲	标准符合国家技术经济政策，采用了先进技术或适用科研成果，达到国际先进水平
	乙	标准符合国家技术经济政策，并采用了先进技术或适用科研成果
	丙	标准符合国家技术经济政策，所应用的理论和技术不落后
	丁	达不到"丙"的要求

7.0.6 单项类和综合类标准科学性指标评价结果对应分值应按表 7.0.6 的规定确定。

表 7.0.6 单项类和综合类标准科学性指标评价结果对应分值表

评价结果	甲	乙	丙	丁
分值	9～10	7～8	6～7	0～3

7.0.7 标准科学性分值宜按下式计算：

$$Q_y = \sum_{i=1}^{n} \alpha_i S_i \qquad (7.0.7)$$

式中：Q_y——标准科学性分值；

α_i——可操作性、协调性、先进性在科学性中的权重系数应按表 7.0.7 确定；

S_i——可操作性、协调性、先进性评价等级对应的分值。

计算综合类标准的分值时，应将综合类标准所涉及的规划、勘察、设计、施工、质量验收、管理、检验、鉴定、评价和运营维护维修等各环节的可操作性、协调性、先进性评价等级的分值分别对应进行算术平均后采用公式（7.0.7）进行计算。

7.0.8 标准科学性评价等级应按表 7.0.8 的规定确定。

表 7.0.7 权重系数 α 取值表

标准科学性 / 标准类别	可操作性	协调性	先进性
综合类	0.4	0.3	0.3
专项类	0.4	0.3	0.3

表 7.0.8 标准科学性评价等级分值表

Q_y 值区间	9～10	7～9	6～7	0～6
评价等级	优	良	中	差

注：各区间分值不包括下限，Q_y 的分值取整数，小数部分四舍五入。

8 综合分析

8.0.1 综合分析应在实施状况评价、实施效果评价、科学性评价得出结论的基础上，分类进行全面剖析、总结、评价，指出存在的问题，提出实施改进措施。

8.0.2 进行两类及以上评价宜按下式计算综合分值，并按表 8.0.2-2 确定综合评价等级。

$$T = \alpha_s Q_s + \alpha_x Q_x + \alpha_y Q_y \qquad (8.0.2)$$

式中：T——综合分值；

α_s、α_x、α_y——实施状况、实施效果、科学性权重系数，按表 8.0.2-1 确定；

Q_s、Q_x、Q_y——标准实施状况、标准实施效果、标准科学性分值。

表 8.0.2-1 权重系数 α 取值表

评价指标情况	实施状况	实施效果	科学性
涉及实施状况、实施效果和科学性	0.3	0.3	0.4
涉及实施状况和实施效果	0.5	0.5	—
涉及实施状况和科学性	0.45	—	0.55
涉及实施效果和科学性	—	0.45	0.55

表 8.0.2-2 综合评价等级分值表

T 值区间	9～10	7～9	6～7	0～6
综合评价等级	优	良	中	差

8.0.3 应对各评价类别分别按下列规定进行专项分析：

1 对于评价等级为"优"的评价类别，要总结经验，当有个别指标未达到"甲"的要求，应分析其原因；

2 对于评价等级为"良"的评价类别，要全面分析，提出推动标准实施工作中注意的问题，以及需保持的经验做法，对未达到"乙"的个别指标，应分析原因；

3 对于评价等级为"中"的评价类别，要逐指标分析原因及各指标间的关联影响，提出改进措施；

4 对于评价等级为"差"的评价类别，要逐指标分析原因，要结合评价区域的经济、自然条件和建设工程管理制度等，分析标准实施存在的问题，提出改进措施。

8.0.4 当进行了两个及以上类别评价时，在完成第8.0.3条规定的专项分析后，按下列规定进行综合分析：

1 综合评价等级为"优"，进行全面总结；

2 综合评价等级为"良"，在分析所评价的类别之间存在的关联影响的基础上，提出应注意的问题；

3 综合评价等级为"中"，在分析所评价的类别之间存在的关联影响的基础上，提出改进的具体措施；

4 综合评价等级为"差"，要分析其他因素对标准实施的影响，提出改进的具体措施。

8.0.5 评价工作报告应包括下列主要内容：

1 所评价标准概况；

2 评价工作组组成及工作情况；

3 调查方式的确定及调查情况；

4 评价过程及结论；

5 专项分析结果；

6 综合分析结果。

本规范用词说明

1 为了便于在执行本规范条文时区别对待，对要求严格程度不同的用词说明如下：

1）表示很严格，非这样做不可的；
正面词采用"必须"，反面词采用"严禁"；

2）表示严格，在正常情况下均应这样做的：
正面词采用"应"，反面词采用"不应"或"不得"；

3）表示允许稍有选择，在条件许可时首先应这样做的：
正面词采用"宜"，反面词采用"不宜"；

4）表示有选择，在一定条件下可以这样做的，采用"可"。

2 条文中指明应按照其他有关标准执行的写法为："应符合……的规定"或"应按……执行"。

中华人民共和国国家标准

工程建设标准实施评价规范

GB/T 50844—2013

条 文 说 明

制 订 说 明

《工程建设标准实施评价规范》GB/T 50844－2013，经由住房和城乡建设部 2012 年 12 月 25 日以第 1583 号公告批准、发布。

本规范编制过程中，编制组进行了广泛深入的调查研究，总结了我国工程建设标准实施管理的实践经验，同时参考了国外技术评价方法，通过问卷调查、专家座谈以及统计分析等方法，取得了评价指标权重系数的值。

为便于有关人员在使用本规范时能正确理解和执行条文规定，《工程建设标准实施评价规范》编制组按章、节、条顺序编制了本标准的条文说明，对条文规定的目的、依据以及执行中需注意的有关事项进行了说明。但是，本条文说明不具备与标准正文同等的法律效力，仅供使用者作为理解和把握标准规定的参考。

目　次

1 总　则

1.0.1　《中华人民共和国标准化法》规定：标准化工作的任务是制定标准、组织实施标准和对标准的实施进行监督。制定标准，解决标准的有无问题和标准水平的高低问题，是标准化工作的重要前提和基础，实施标准则是标准化工作的目的。标准得不到实施，标准确定的目标就不可能在工程建设活动中得到实现，标准化的作用就没有了发挥的可能。

新中国成立以来，我国工程建设标准化工作取得了巨大的发展，对于经济社会发展起到了巨大的促进作用。随着社会主义市场经济体制的建立，工程建设标准在经济建设和社会发展中的地位和作用日益凸现，国家对于工程建设标准化工作也给予了高度重视，在强化工程建设标准化工作过程中，批准发布了大量的标准规范，但在实际工作中发现，一项标准有没有实施、怎样实施、实施总体效果如何、对经济与社会产生什么样的影响、标准中还有什么问题需要改进等问题，还没有一个科学合理和有效的评判依据。因此，制定《工程建设标准实施评价规范》，规范标准实施的评价行为，对于加强和改进标准化工作，更好地发挥标准化对工程建设的引导和约束作用，推进标准化工作的快速、持续、健康发展具有重要意义。

1.0.2　工程建设标准是我国国家标准体系的重要组成部分，工程建设的特性决定了工程建设标准存在有别于其他标准的特点，首先，工程建设标准涉及面广，涉及了房屋、铁路、公路、水利、石化等多种类型工程，同时为保证工程整体效果还涉及了规划、设计勘察、施工等多个环节；其次，工程建设标准综合性强，标准中各项规定即要考虑技术水平，也要考虑经济条件和管理能力；第三，工程建设标准政策性强，直接涉及了资源、环境、公众利益等，对我国经济社会发展有深远影响；第四，工程建设标准受自然环境影响大，要考虑我国幅员辽阔、自然环境差别大的特点。另外，从实施评价的角度看，工程建设标准与其他标准（包括产品标准）相比，在标准内容、标准化对象、标准实施等方面有一定的差别，这就决定了对工程建设标准的实施状况和实施效果的评价方法，与对其他类别标准实施状况和实施效果的评价方法也存在一定的差别。因此，在本规范从工程建设标准自身特点出发制定的，适用范围仅仅是对各类工程建设标准的实施进行评价，包括了工程建设国家标准、行业标准和地方标准。

1.0.3　遵循客观、全面、公正的原则，是保证评价结果正确性的重要条件，这是一般开展评价工作应遵循的基本原则，对工程建设标准实施评价工作而言同样需要坚持。

2 术　语

2.0.3～2.0.5　我国工程建设标准分类有一套成熟的方法，本规范的分类是从方便实施评价工作开展的角度进行的，这种分类保证对每一类工程建设标准进行评价所采用的评价方法和评价内容是相同的。

工程建设活动由多个环节的工作组成，一般包括规划、勘察、设计、施工、质量验收、检验、鉴定评价及运营维护维修等，不同环节的工作内容存在一定的差异，而工程建设标准的制定也是针对各环节的工作，各环节之间不同的工作内容和技术要求体现在工程建设标准的内容当中。因此，在进行标准类别划分时，更主要地关注了该项标准的内容构成及适用范围，并据此进行了分类，主要在于：一项工程建设标准，其内容构成及适用范围都明确了其会涉及的工程建设活动中某一或某些环节，并通过实施阶段在这一或这些环节中发挥相应的作用，达到相应的标准化效果；要实现对一项标准实施阶段的全面评价，所采取的评价方法及规则必然应涵盖并紧紧围绕标准实施阶段其发生作用的各环节。由此，标准的内容构成及适用范围、标准实施阶段所涉及环节、评价方法及规则之间建立起了相应的关联关系，并以此为基础，构建评价活动的总体思路和技术路线，针对性地明确相应的规则。

另外，各行业、各部门、各专业领域的工程建设标准体系中，均包含有此三类标准，且仅包括此三类，亦即所有工程建设标准，无论其处于或归属哪个行业、哪个领域或部门，均可归并至此三类中的一类。如此分类，不仅可以涵盖所有工程建设标准，确保评价的普遍适用性，并针对性地按类别分别设定相应评价方法和规则；同时也因对同类标准采用同一的方法和规则，从而使不同行业、部门或领域的同类标准的实施评价结果间能够更加客观地相互类比。

现行的工程建设标准体系中将工程建设标准划分为综合标准、基础标准、通用标准和专用标准，其中，综合标准、基础标准与本规范对工程建设标准的划分在名称上相同，但综合标准的内涵有很大的区别，基础标准的内涵基本一致。工程建设标准体系中确定的综合标准是指涉及质量、安全、卫生、环保和公众利益等方面的目标要求或为达到这些目标而必需的技术要求及管理要求，而本规范中确定的综合类标准是指内容及适用范围涉及多个工程建设环节的标准。

3 基 本 规 定

3.0.1　本条规定了工程建设标准实施评价主要工作内容，也反映了评价思路和方法。针对一项标准，评价方法会有很多种，这与评价目的是紧密结合的。本规范在起草过程中，编制组开展了广泛的调研，对各种评价方法进行了全面分析，最终确定以促进工程建设标准有效实施作为工程建设标准实施评价的主要目的，同时将对工程建设标准有效实施会产生影响的标准实施效果和标准科学性也作为评价的重要内容。在方法上，以评价指标的量化分析为基础，通过综合分析全面反映所评价标准的实施情况。

本条规定的工作内容正是基于评价目的和评价方法的选择确定的，也是评价过程中的四个关键环节，相互衔接、缺一不可，是保证工程建设标准实施评价准确性的必要工作过程。确定评价类别和评价指标要根据评价的目的，按本规范第四章的要求选择评价类别和指标，在评价过程中，要评价针对类别设定的全部指标。

3.0.2 本规范将工程建设标准实施评价分为标准实施状况、标准实施效果和标准科学性三类，其中，又将标准实施状况再分为推广标准状况和标准应用状况两类。进行评价类别划分主要考虑到评价的内容和通过评价反映出的问题存在着差别，开展标准实施状况评价，主要针对标准化管理机构和标准应用单位推动标准实施所开展的各项工作，目的是通过评价改进推动标准实施工作；开展标准实施效果评价，主要针对标准在工程建设中应用所取得的效果，为改进工程建设标准工作提供支撑；开展标准科学性评价主要针对标准内容的科学合理性，反映标准的质量和水平。

3.0.3 开展工程建设标准实施评价工作，目的是要改进工程建设标准化工作，本规范规定的三类评价，是为从不同方面反映工程建设标准化工作的情况划分的，可结合工作需要，选择一类进行评价或选择多个类别进行评价。

工程建设包括房屋、铁路、公路、水利、纺织、航天、石油化工、冶金、煤炭等类型的工程，这就决定了，工程建设标准化涉及面广泛，拥有十分庞大的体系。在这个体系中，按照工程建设的程序，又可分为规划、勘察、设计、施工、验收、运行维护、加固等多项环节。针对每一项环节制定相应的技术标准时，其标准的内容有一定的差别，标准应用的主体有所不同，促进标准实施的方式方法不同，以及体现标准实施效果的指标也会一定的差别，因此，评价工作必须考虑所评价的工程建设标准的特点。

其次，评价应结合工程建设标准化管理工作需要，评价的目的就是要加强和改进工程建设标准化管理工作，促进工程建设标准的实施，因此，评价工作必须要突出目的性，评价的结论要与工程建设标准化管理工作有机结合，根据需要来开展评价工作，另外，进行单项评价还是进行综合评价也要根据工作的需要来进行选择，单项评价是指对工程建设标准的实施状况、实施效果和科学性中的一项进行评价，综合

评价是指在工程建设标准的实施状况、实施效果和科学性分别进行评价的基础上，综合其评价结果，得出工程建设标准实施评价的综合结论。

3.0.4 本条作出被评价标准实施时间的规定，目的是要使开展评价工作时推动工程建设标准实施的各项工作能够完成，工程建设标准的实施效果和科学性通过一段时间的应用能够充分显现，确保评价结论的真实、客观，对工程建设标准化工作具有指导意义。

规定评价标准实施状况的时间，主要考虑到标准批准发布之后，开展推动标准实施的各项工作需要一定的时间，包括标准出版、发行，标准宣贯，开展标准宣贯以及标准应用单位开展推动标准应用的各项工作。按照以往的经验，这些工作一般会在标准实施日期前完成，但有的可能滞后，比如标准的衍生物、社会机构开展标准培训、政府出台的一些管理措施等，还有的评价内容需要在标准实施后才能体现，如标准在所评价单位的应用情况、技术人员掌握标准的情况，因此综合考虑这些因素，本规范规定，若评价标准实施状况，被评价标准实施时间为 1 年以上。

规定评价标准的实施效果和科学性的时间，主要考虑到工程项目建设周期，工程建设标准在工程中应用，在建设过程中标准实施效果体现得不一定明显，特别是一些社会效果和环境效果的指标，只有在工程竣工后方能较为全面客观地评价标准实施效果。而标准的科学性，在标准的应用过程中就能够体现，只要能够调查标准在一定数量的项目中应用的情况，可以准确判定标准的科学性。目前，一般项目的建设周期在（2~3）年之间，因此，本规范将评价标准的实施效果和标准的科学性的被评价标准实施时间定为 3 年和 2 年。

3.0.5 评价工作组是具体承担工程建设标准实施评价的临时性机构，是评价工作顺利开展、确保评价结论准确性的关键，具有重要的作用，因此，本规范规定开展工程建设标准实施评价工作应组建评价工作组。评价工作组人员构成要包括技术人员和辅助工作人员，人数要结合标准应用的范围、评价类别、评价工作所涉及的范围和时间要求等因素确定，即要保证评价工作质量，又要按期完成。

3.0.6 标准的实施涉及面广，获取某一项标准全部的实施状况、实施效果和标准的科学性信息和资料有一定困难，故条文规定采用抽样调查法，选择有代表性的企业、单位或工程项目进行调查，但有些情况的调查由于调查对象明确，数量少应该全数调查，比如，推广标准状况的调查。同时，本条还对问卷调查、专家调查及实地调研等三种调查方式提出了具体要求。

问卷调查是目前较为常用的调查方式，设计问卷是调查的关键，一般问卷要包括标题、问卷说明、主体问题和调查对象的基本情况等内容。在编制问卷

时，标题要简明扼要，概括地说明调查主题，使被访者对所要回答的问题有一个大致的了解。问卷说明言简意赅，说明调查的意义、内容和选择方式等；对于需要被调查者自己填写的问题，应说明如何填写问卷。调查的主体问题要按照评价的指标拟定调研问题，所列问题应简单明确，同类问题排列一起，不带倾向性，主体问题主要适用选择性问题。调查对象的基本情况要根据需要列出调查内容。

抽样问卷调查主要适用于标准实施状况、标准实施效果和标准科学性等各类别的评价，在评价实施效果和科学性时，还应进行专家调查或实地调查，相结合进行评价。关键是合理"抽样"确定调查对象，以及回收的问卷应保证评价结论的准确性。进行抽样调查首先是确定目标群体，就是评价结论的代表范围，要根据评价类别在所评价标准实施所涉及的全部单位、个人和工程项目中确定。例如，评价《混凝土结构设计规范》的应用状况，目标群体是所评价地区的主要从事混凝土结构设计的设计单位和结构设计人员，其他一些管理机构、监理单位、项目建设单位等也用到该标准，但不是主要的，可不作为目标群体。

本条规定的分板块抽样方法，是要先将目标群体分成几个板块，其后在各个板块进行简单随机抽样，每个板块的抽样数量不一定一致，但总体数量应能保证评价结论的准确性。板块应结合评价类别进行划分，例如，评价《混凝土结构设计规范》的应用状况，可将标准应用单位按照资质等级、专业（指建筑设计院、市政设计院、工业设计院等）、所在区域（省内各市、县）等划分板块。评价《混凝土结构设计规范》的实施效果和科学性，目标群体是所有混凝土结构工程，可按照混凝土结构工程的用途、所在区域等划分板块。

在问卷调查工作中，要加强与被调查单位的联系和沟通，提高问卷回收率，按照抽样调查的理论，回收率如果仅有 30% 左右，资料只能作参考；50% 以上，可以采纳建议；当回收率达到 70%～75% 以上时，方可作为研究结论的依据。因此，问卷的回收率一般不应少于 70%，如果问卷回收率过低，需进行补充调查。

专家调查法是以专家作为索取信息的对象，依靠专家的知识和经验，由专家对问题作出判断、评估和预测的一种方法。适用于研究资料少、数据缺乏以及主要靠主观判断的问题，主要用于对标准实施效果和标准科学性评价。进行专家调查可采取发函征询意见和会议征询意见的方式。在实际开展工程建设标准实施评价过程中，采用专家调查法可参考德尔斐法的调查程序和专家人数要求。德尔斐调查法一般经过（3～4）轮反馈，第一轮，提供给专家一个或几个调查主题，专家围绕主题提出应调查的具体问题，组织者筛选整理，归纳合并，形成一个问题一览表；第二轮，

把一览表再发给每位专家，要求专家作出判断，并阐明理由，组织者对专家的意见进行统计处理；第三轮，把统计结果作为反馈材料发给每位专家，要求专家在参考第二轮统计结果基础上重新作出判断；第四轮过程和第三轮过程相同。专家的人数一般在（10～50）人之间，选择的专家要熟悉所评价的标准，有丰富的工程经验。

实地调查法是一种深入现场，直接与被调查进行交流、沟通的调查方法。通过实地调查收集较真实可靠的材料，适用于不宜简单定量的研究问题，是目前较为常用的调查方法之一。主要用于标准应用状况评价和标准实施效果评价，所选择的企业和工程项目要具有代表性，数量上要确保调研的结果能反映总体的状况。为了提高实地调查的效率，一般在深入现场调查之前拟订调查大纲，在大纲中明确调查的目的，初步确定所要收集的资料和信息以及实地调查的方式方法，对于所要收集的资料和信息，可列出资料和信息的名称及具体要求，在调查时提供给被调查单位及人员。实地调查的方式方法，可采取资料查阅和与相关人员座谈等多种形式。

除此之外其他调查方法也可以采用，但要由评价工作进行充分论证，包括可行性、实施方法、调查对象等等，还要制订调查大纲和调查方案。

3.0.8 对各项指标进行评价的依据是通过调查收集的评价资料，本条所规定的"评价资料难以全面、客观反映所评价的工程建设标准的实施状况"，是指收集的评价资料较少，不能得出指标的评价结论，比如，问卷调查返回的问卷少，不合格的问卷较多，进行专家调查时，专家对于所调查的内容没有得出明确的结论，进行实地调查时，所调查的企业或工程项目不能准确反映所调查的内容等情况，必须进行补充调查，否则评价结论不准确，失去了评价的意义。

3.0.9 类别评价结果是在指标评价结果的基础上得出的，将指标评价的结果按本规范的规定折算成对应的分值，再将类别中各项指标的分值进行加权计算，得出评价类别的分值，根据分值确定类别评价结果。

3.0.10 作出本条规定目的是保证评价结果适用于现行工程建设标准。不论评价工作进展到什么程度，当所评价的标准进行了修订或局部修订，均应对修订或局部修订的内容进行分析，再进一步分析对评价结果的影响，当确定对评价结果会产生影响时，要根据评价工作进展情况作出调整。如已经完成调查问卷和调查大纲的编制，要根据标准修订或局部修订的情况进行调整。当已经完成实施情况调查时，要进行补充调查，补充调查可仅针对修订或局部修订的内容进行，通过调查之后，再重新评价各项指标的结果。

4 分类与指标

4.0.2 基础类标准具有特殊性，其一般不会产生直

接的经济效益、社会效益和环境效益。对实施状况、科学性进行评价，基本能反映这类标准实施的基本情况。

4.0.3 此条旨在明确各类标准的评价类别及指标。对单项类标准，针对单项类标准适用范围所涉及的工程建设环节，根据后续各章的规定，在表中相应环节，选定单项类标准的评价类别与指标；同样，对综合类标准，也将针对综合标准适用范围所涉及的工程建设环节，根据后续各章的规定在表中选定相应的类别与指标。

本条规定对于涉及质量验收和检验、鉴定、评价的工程建设标准或内容不评价经济效果，主要考虑到这两类标准实施过程中不能产生经济效果或产生的经济效果较小。经济效果是指投入和产出的比值，包括了物质的消耗和产出及劳动力的消耗，而质量验收和检验、鉴定、评价等类标准的主要内容是规定相关程序和指标，例如，《混凝土结构工程施工质量验收规范》GB 50204－2002，规定了混凝土结构工程施工质量验收的程序和方法以及反映混凝土结构实体质量的各项指标。实施这类标准，不会产生物质的消耗和产出，对于劳动力的消耗，只要开展质量验收和检验、鉴定、评价等项工作，劳动力消耗总是存在的，不会产生大的变化，在劳动力消耗方面也就不会产生经济效果，或者产生的经济效果很小。

本条还规定了对质量验收、管理和检验、鉴定、评价以及运营维护、维修等类工程建设标准或内容不评价环境效果，主要考虑这几类标准及相关标准对此规定的内容主要是规定程序、方法和相关指标，例如，《生活垃圾焚烧厂运行维护与安全技术规程》CJJ 128－2009 规定了各设备、设施、环境检测等的运行管理、维护保养、安全操作的要求。不会产生物质消耗，也不会产生对环境产生影响的各种污染物，因此，对这类标准本规范规定不评价其环境效果。

5 标准实施状况评价

5.1 一般规定

5.1.1 将标准实施状况划分为推广标准状况和执行标准状况，是考虑到在标准实施过程中，不同主体对标准实施的任务不同，工作性质有很大差别，为便于评价进行了划分。

为便于评价，本规范第四章将工程建设标准进行了分类，并明确了不同类别的工程建设标准的评价类别与评价指标。在对工程建设标准进行评价时，根据第4章规定的标准分类，明确标准的类别，选择评价指标进行评价。

5.2 推广标准状况评价

5.2.1 本条规定了推广标准状况评价的指标。根据工程建设标准化工作的相关规定，标准批准发布公告发布后，主管部门要通过网络、杂志等有关媒体及时向社会发布，各级住房城乡建设行政主管部门的标准化管理机构有计划地组织标准的宣贯和培训活动。同时，对于一些重要的标准，地方住房城乡建设行政主管部门根据管理的需要制定以标准为基础的管理措施，相关管理机构组织编写培训教材、宣贯材料，社会机构编写在工程中使用的手册、指南、软件、图集等将标准的要求纳入其中，这些措施将会有力推动标准的实施。因此，本规范将这些推动标准实施的措施作为推广状况评价的指标。

现行工程建设标准中，基础类标准大部分是术语、符号、制图、代码和分类等标准，通过标准发布状况和标准发行状况的评价即可反映标准的推广状况。对于单项类和综合类标准，评价推广标准状况时，要综合评价各项推广措施，设置了标准发布状况、标准发行状况、标准宣贯培训状况、管理制度要求、标准衍生物状况等五项指标，对推广状况进行评价。

5.2.2 本条针对各项指标，确定了评价内容，是制定评价工作方案、编制调查问卷和开展专家调查、实地调查的依据。

评价标准发布状况是要评价工程建设标准化管理机构在有关媒体发布的标准批准发布的信息的情况，评价的内容包括，工程建设国家标准、行业标准发布后，各省、自治区、直辖市住房城乡建设主管部门是否及时在有关媒体转发标准发布公告，以及采取其他方法发布信息。及时发布的时限不能超过标准实施的时间。

在管理制度要求中规定的"以标准为基础"是指，在所评价区域政府为加强某方面管理制定的政策、制度中，明确规定将相关单项标准或一组标准的作为履行职责或加强监督检查的依据。

在估算理论销售量时，评价区域内使用标准的专业技术人员的数量要主要以住房和城乡建设主管部门统计的数量为依据，根据标准的类别、性质进行折减，作为理论销售量，一般将折减系数确定为，基础标准0.2，通用标准0.8，专用标准0.6。统计实际销售量时，需调查所辖区域的全部标准销售书店，汇总各书店的销售数量，作为实际销售量。或者在收集评价资料时，通过调查取得数据。例如，评价某一设计规范，可以采用住房和城乡建设主管部门发布的相关专业技术人员的数量为基准，乘以折减系数定为理论销售量。当缺乏相关统计数据时，需选择典型单位进行专项调查，将所调查单位的相关专业技术人员的全部数量乘以折减系数作为理论销售量，所调查单位拥有的所评价标准的全部数量作为实际销售量。

5.2.3 标准发布状况、标准发行状况及标准宣贯培训状况根据推广标准所开展的各项工作确定了"甲、乙、丙、丁"四类评价结果，应按划分标准的规定确定评价结果。管理制度要求和标准衍生物要求仅需确定评价结果，为"有"或"无"，其中管理制度要求是指省级建设行政管理部门，为加强建设工程的管理，制定的管理制度中要求以某项标准为基础，一般以省级建设行政管理部门印发的文件为准。

5.3 执行标准状况评价

5.3.2 单位应用标准状况中，"质量管理体系"泛指企业的各项技术、质量管理制度、措施的集合。进行单位应用标准状况评价时，要求标准作为单位管理制度、措施的一项内容，或者相关管理制度、措施明确保障该项标准的有效实施。"受控"是指单位通过 ISO 9000 质量管理体系认证，所评价的标准是受控文件。标准的宣贯、培训包括了被评价单位派技术人员参加主管部门和社会培训机构开展的宣贯培训、继续教育培训和本单位组织开展的相关培训。

评价工程应用状况，首先要判定所评价标准的适用范围。其次，梳理被调查的单位应用所评价标准开展的工程设计、施工、监理项目及相关管理工作范围，然后按本规范规定的抽样调查、实地调查的方法对该指标进行调查、评价。

标准执行率指所调查的适用所评价标准的项目中，应用了所评价标准的项目所占的比率。例如，评价《混凝土结构设计规范》时，统计被调查单位所承担的项目中适用《混凝土结构设计规范》的项目总数量，作为基数，再分别统计所适用的项目中全面执行了《混凝土结构设计规范》中强制性条文的项目总数量，和全面执行了非强制性条文的项目总数量，与项目总数量的比值作为执行率。

5.3.3 评价在工程中准确、有效使用可根据施工图审查的结果、工程质量检查结果以及实地调查的情况得出结论。

评价技术人员掌握标准内容的情况，可从技术人员参加相关培训、继续教育及工作成果的质量情况（包括施工图审查、质量安全检查）等方面，针对被评价单位全体技术人员得出综合评价结论。

5.4 实施状况评价

5.4.1 本条规定了个评价结果对应的分值，分值采用了 10 分制，具体得分由评价工作组根据评价的实际情况给出。分值可精确到小数后一位。

5.4.2 设定权重主要是考虑到各项指标对于评价标准实施的影响不同，为使评价准确反映标准实施的状况，设定了权重系数。本条规定的权重值是通过评价指标重要性问卷调查以及专家座谈讨论后，利用统计分析得出的数值。共发放问卷 200 余份，回收 65 份，有效问卷 35 份，问卷范围涉及了标准管理机构、设计单位、施工单位、监理单位和建设主管部门。

为较为准确地确定权重，采用指标之间"两两"对比的方式编制问卷，由被调查者根据自己的经验判定哪一项指标较为重要及重要的程度。在确定标准实施状况各项指标权重时，编制问卷时将每一项指标与其他 5 项指标相对比，并将重要程度分四档，用不同的数值表示，供被调查者选择，例如，比较标准发布状况和标准在工程中应用两项指标重要程度，在问卷中列出"标准发布状况 9 7 5 3 1 3 5 7 9 标准在工程中应用状况"，"1"代表同等重要，"3 5 7 9"分别代表重要程度，由被调查者在数值上打"√"。将调查的结果运用统计学方法测算出每一项指标的权重。

当对标准实施状况仅进行部分指标评价时，权重取值可参考本条规定的指标权重值在全部指标中所占的比重，根据评价指标的数量重新确定权重值。

5.4.3 在确定标准实施状况等级时，按照公式（5.4.2）计算分值，在对照表 5.4.3 所给出的区间确定评价等级。

6 标准实施效果评价

6.0.1 工程建设标准化的目的是促进最佳社会效益、经济效益、环境效益和获得最佳资源、能源使用效率，因此，本规范设置经济效果、社会效果、环境效果等三个指标评价标准实施效果，使得标准的实施效果体现在具体某一（经济效果、社会效果、环境效果）因素的控制上。评价结果一般是可量化的，能用数据的方式表达的，也可以是对实施自身、现状等进行比较，即也可以是不可量化的效果。

评价综合类标准实施效果时，要考虑标准实施后对规划、勘察、设计、施工、运行等工程建设全过程各个环节的影响，分别进行分析，综合评估标准的实施效果。

6.0.2 在评价实施效果的各项指标时，可采用对比的方式进行评价，首先要详细分析所评价标准中规定的各项技术方法和指标，再针对本条规定各项评价内容，将标准实施后的效果与实施前进行对比分析，确定所取得的效果，其中，新制定的标准，要分析标准"有"和"无"两种情况对比所取得的效果，经过修订的标准，要分析标准修订前后对比所取得的效果。

6.0.3 工程建设标准作为工程建设活动的技术依据，规定了工程建设的技术方法和保证建设工程可靠性的各项指标要求，是技术、经济、管理水平的综合体现。由于一项标准仅仅规定了工程建设过程中部分环节的技术要求，实施后所产生的效果有一定的局限性，同时，标准也是一把"双刃剑"，方法和指标规定的不合理，会造成浪费、增加成本、影响环境，因此，本标准在确定评价结果中，考虑了单项标准的局限性和标准的"双刃剑"作用，以没有产生不利影响为基准，规定了实施效果的评价结果。评价时要按照第 6.0.2 条的规定，以工程实例为基础，辅助进行相关效果测算，确定其"有利"或"不利"影响效果，在单项内容评价的基础上，再综合确定经济效果、社会效果和环境效果。

6.0.4 本条规定了个评价结果对应的分值，分值采用了 10 分制，具体得分由评价工作组根据评价的实际情况给出。分值可精确到小数后一位。

6.0.5 本条规定的权重系数，是本规范编制组采用调查的方式确定的，详细说明见本规范第 5.4.2 条文说明。

综合类标准要按照本规范第 4.0.3 条的规定确定标准涉及的环节，再分别评价标准对各环节的经济效果、社会效果和环境效果，在此基础上，综合形成所评价标准的实施效果。

当对标准实施效果仅进行部分指标评价时，权重取值可参考本条规定的指标权重值在全部指标中所占的比重，根据评价指标的数量重新确定权重值。

7 标准科学性评价

7.0.1 标准的科学性是衡量标准满足工程建设技术需求程度，首先应包括标准对国家法律、法规、政策的适合性，在纯技术层面还包括标准的可操作性、与相关标准的协调性和标准本身的技术先进性。

建设工程关系到社会生产经营活动的正常运行，也关系到人民生命财产安全。建设工程要消耗大量的资源，直接影响到环境保护、生态平衡和国民经济的可持续发展。建设工程中要使用大量的产品作为建设的原材料、构件及设备等，工程建设标准必须对它们的性能、质量作出规定，以满足建设工程的规划、设计、建造和使用的要求；同时，建设工程在规划、设计、建造、维护过程中也需要应用大量的设计技术、建造技术、施工工艺、维护技术等，工程建设标准也需要对这些技术的应用提出要求或作出规定，保证这些技术的合理应用。

工程建设标准的科学性评价就是要在以上这些方面进行衡量。在国家政策层面，对社会公共安全、人民生命安全与身体健康、生态环境保护、节能与节约资源等方面都有相应要求，标准的规定应适合这些要求。

为使建设工程满足国家政策要求，满足社会生产、服务、经营以及生活的需要，工程建设标准的规定应该是明确的，能够在工程中得到具体、有效的执行落实，同时也符合我国的实际情况，所提出的指导性原则、技术方法等应该是经过实践证明可行的。

每一项工程建设标准都在标准体系中占有一定的地位，起着一定的作用，一般都是需要有相关标准配合使用或者是其他标准实施的相关支持性标准。因此，标准不是独立的，而是相互关联的，标准之间

需要协调。

由于社会在进步、技术在不断发展、产品在不断更新，建设工程随着发展也需要实现更高的目标、更高的要求、达到更好的效果，更节约资源、降低造价，这样就需要成熟的先进技术、先进的工艺、性能良好的产品应用到工程建设中，标准需要及时地做出调整。所以，标准需要适应新的需求，能够应用新技术、新产品、新工艺。同时，标准的体系、每一项标准的框架也需要实时进行调整，满足不断变化的工程需求。

评价综合类标准科学性时，要考虑标准实施后对规划、勘察、设计、施工、运行等工程建设全过程各个环节的影响，分别进行分析，综合评估标准的科学性，目的是做到评价全面、结果准确。

7.0.2 工程建设标准体系中，基础类标准主要规定术语、符号、制图等方面的要求，对基础类标准要求协调、统一，并得到广泛的认同，条文要简练、严谨，满足使用要求，因此，评价基础类标准的科学性，要突出标准的特点，评价时对各项规定要逐一进行评价。

7.0.3 进行标准科学性评价时，要广泛调查国家相关法律法规、政策和标准，要将所评价标准的各项指标要求和技术规定按照评价内容的要求逐一分析，再综合分析结果，对照划分标准确定评价结果。

7.0.6 本条规定了个评价结果对应的分值，分值采用了 10 分制，具体得分由评价工作组根据评价的实际情况给出。分值可精确到小数后一位。

7.0.7 本条规定的权重系数，是本规范编制组采用调查的方式确定的，详细说明见本规范第 5.4.2 条文说明。

综合类标准要按照本规范第 4.0.3 条的规定确定标准涉及的环节，再分别评价标准对各环节规定的可操作性、协调性和先进性，在此基础上，综合形成所评价标准的科学性。

当对标准科学性仅进行部分指标评价时，权重取值可参考本条规定的指标权重值在全部指标中所占的比重，重新确定评价指标权重值。

8 综 合 分 析

8.0.1 按照本规范第 5、6、7 章的规定进行评价，结果仅仅是反映实施情况优、良、中、差的等级，对于改进工程建设标准化工作，推动工程建设标准全面、准确实施，还需进行分析，指出工程建设标准实施工作中存在的问题，提出推动工程建设标准实施的改进措施。因此，本标准规定在指标、类别评价得出结果的基础上，进行综合分析，目的是通过综合分析，为推动工程建设标准实施工作总结经验、提出改进措施。综合分析分为两部分，第一部分针对评价的类别分析，

既针对实施状况、实施效果和科学性的分析；第二部分以评价类别之间关联关系分析为主的综合分析。例如，评价了一项标准的实施状况和科学性，进行综合分析时，首先做好实施状况的分析和科学性分析，完成后进行综合分析，综合分析重点分析实施状况和科学性之间关联关系和相互影响。

8.0.2 本条规定的权重系数，是本规范编制组采用调查的方式确定的，详细说明见本规范第 5.4.2 条文说明。

8.0.3 专项分析应针对单一评价类别，如进行了两项及以上类别评价，应分别针对各评价类别进行专项分析。进行专项分析要注意，一是要以收集的评价资料为基础进行分析，回答为什么类别的评价等级是优、良、中或差。二是要对评价指标之间的关联影响进行分析，分析那些指标存在关联关系，影响有多大。三是要分析是否存在其他因素对评价结论产生影响，包括经济、自然环境、制度等。四是要以改进工程建设标准化工作为目标，肯定好的经验做法，指出存在的问题，提出改进的措施。

8.0.4 进行综合分析要注意，一是要在类别分析的基础上进行综合分析。二是关联关系要分析评价指标对其他评价类别的关联影响。三是要以关联关系分析为基础，综合提出相关措施建议。

中华人民共和国行业标准

工程网络计划技术规程

Technical specification of engineering network planning

JGJ/T 121—99

主编单位：中国建筑学会建筑统筹管理分会
批准部门：中华人民共和国建设部
施行日期：2000年2月1日

关于发布行业标准
《工程网络计划技术规程》的通知

建标 [1999] 198 号

根据建设部《关于印发一九九七年工程建设城建、建工行业标准制订、修订（第一批）项目计划的通知》（建标 [1997] 71 号）的要求，由中国建筑学会建筑统筹管理分会主编的《工程网络计划技术规程》，经审查，批准为推荐性行业标准，编号 JGJ/T 121—99，自 2000 年 2 月 1 日起施行。原行业标准《工程网络计划技术规程》JGJ/T 1001—91 同时废止。

本标准由建设部建筑工程标准技术归口单位中国建筑科学研究院负责管理，中国建筑学会建筑统筹管理分会负责具体解释，建设部标准定额研究所组织中国建筑工业出版社出版。

中华人民共和国建设部

1999 年 8 月 4 日

前　言

根据建设部建标 [1997] 71 号文的要求，本规程修订组在广泛调查研究，认真总结实践经验，参考有关国际标准和国外先进标准，并在广泛征求意见的基础上，修订了本规程。

本规程原来的主要技术内容是：

1　网络图的绘制；

2　一般网络计划的时间参数计算；

3　双代号时标网络计划；

4　有时限的网络计划；

5　网络计划的优化；

6　网络计划的控制。

本规程修订的主要技术内容是：

1　将原来的第二章"网络图的绘制"和第三章"一般网络计划的时间参数计算"由按双代号网络计划和单代号网络计划混合编写的方式，改为按"双代号网络计划"和"单代号网络计划"分别编写的方式；

2　删除原规程中的第五章"有时限的网络计划"；

3　增加了"单代号搭接网络计划"；

4　为了与国际的习惯使用方式和国家标准衔接，对原使用的一部分符号和代号的表达方式进行了简化。

本规程由建设部建筑工程标准技术归口单位中国建筑科学研究院归口管理，授权由主编单位负责具体解释。

本规程主编单位是：中国建筑学会建筑统筹管理分会（地址：北京市西城区南礼士路三条 1 号二层 213 号；邮政编码：100045）

本规程编写参加单位是：北京统筹与管理科学学会、北京建筑工程学院、重庆建筑大学、湖南大学、上海宝钢冶金建设公司、北京中建筑科学研究院、苏州市建筑科学研究所和中国水利学会施工专业委员会系统工程专门委员会。

本规程主要修订人员是：杨　劲、崔起鸾、丛培经、魏绥臣、王堪之、李庆华、冯桂烜、詹锡奇。

目　　次

1　总　则

1.0.1　为使工程网络计划技术在工程计划编制与控制的实际应用中遵循统一的技术规定，做到概念正确、计算原则一致和表达方式统一，以保证计划管理的科学性，制定本规程。

1.0.2　本规程适用于工程建设的规划、设计、施工以及相关工作的计划中，计划子项目（工作）、工作之间逻辑关系及各工作的持续时间都肯定的情况下，进度计划的编制与控制。也适用于国民经济各部门生产、科研、技术开发、设备维修及其他工作的进度计划的编制与控制。

1.0.3　网络计划应在确定技术方案与组织方案、按需要粗细划分工作、确定工作之间的逻辑关系及各工作的持续时间的基础上进行编制。

编制成的网络计划应满足预定的目标，否则应修改原技术方案与组织方案，对计划作出调整。经反复修改方案和调整计划均不能达到原定目标时，应对原定目标重新审定。

1.0.4　应用网络计划技术除应符合本规程外，尚应符合国家现行有关强制性标准的规定。

2　术语与符号、代号

2.1　术　语

2.1.1　网络图　network diagram
由箭线和节点组成的、用来表示工作流程的有向、有序网状图形。

2.1.2　双代号网络图　activity-on-arrow network
以箭线及其两端节点的编号表示工作的网络图。

2.1.3　单代号网络图　activity-on-node network
以节点及其编号表示工作，以箭线表示工作之间逻辑关系的网络图。

2.1.4　网络计划　network planning
用网络图表达任务构成、工作顺序并加注工作时间参数的进度计划。

2.1.5　网络计划控制　network planning control
网络计划执行中的记录、检查、分析与调整。它应贯穿于网络计划执行的全过程。

2.1.6　搭接网络计划　multi-dependency network
前后工作之间有多种逻辑关系的肯定型网络计划。

2.1.7　时间坐标　time-coordinate
按一定时间单位表示工作进度时间的坐标轴。

2.1.8　时标网络计划　time-coordinate network
以时间坐标为尺度编制的网络计划。

2.1.9　实际进度前锋线　practical progress vanguard line
在时标网络计划图上，将计划检查时刻各项工作的实际进度所达到的前锋点连接而成的折线。

2.1.10　工作　activity
计划任务按需要粗细程度划分而成的、消耗时间或同时也消耗资源的一个子项目或子任务。

2.1.11　虚工作　dummy activity
双代号网络计划中，只表示前后相邻工作之间的逻辑关系，既不占用时间、也不耗用资源的虚拟工作。

2.1.12　关键工作　critical activity
网络计划中总时差最小的工作。

2.1.13　紧前工作　front closely activity
紧排在本工作之前的工作。

2.1.14　紧后工作　back closely activity
紧排在本工作之后的工作。

2.1.15　箭线　arrow
网络图中一端带箭头的实线。在双代号网络图中，它与其两端节点表示一项工作；在单代号网络图中，它表示工作之间的逻辑关系。

2.1.16　虚箭线　dummy arrow
一端带箭头的虚线。在双代号网络图中表示一项虚拟的工作，以使逻辑关系得到正确表达。

2.1.17　内向前线　inter arrow
指向某个节点的箭线。

2.1.18　外向箭线　outer arrow
从某个节点引出的箭线。

2.1.19　节点　node
网络图中箭线端部的圆圈或其他形状的封闭图形。在双代号网络图中，它表示工作之间的逻辑关系；在单代号网络图中，它表示一项工作。

2.1.20　虚拟节点　dummy node
在单代号网络图中，当有多个无内向箭线的节点或有多个无外向箭线的节点时，为便于计算，虚设的起点节点或终点节点的统称。该节点的持续时间为零，不占用资源。虚拟起点节点与无内向箭线的节点相连，虚拟终点节点与无外向箭线的节点相连。

2.1.21　起点节点　start node
网络图的第一个节点，表示一项任务的开始。

2.1.22　终点节点　end node
网络图的最后一个节点，表示一项任务的完成。

2.1.23　线路　path
网络图中从起点节点开始，沿箭头方向顺序通过一系列箭线与节点，最后达到终点节点的通路。

2.1.24　关键线路　critical path
自始至终全部由关键工作组成的线路或线路上总的工作持续时间最长的线路。

2.1.25 循环回路 logical loop

从一个节点出发，沿箭头方向前进，又返回到原出发点的线路。

2.1.26 逻辑关系 logical relation

工作之间相互制约或依赖的关系。

2.1.27 母线法 generatrix method

网络图中，经一条共用的垂直线段，将多条箭线引入或引出同一个节点，使图形简洁的绘图方法。

2.1.28 过桥法 pass-bridge method

用过桥符号表示箭线交叉，避免引起混乱的绘图方法。

2.1.29 指向法 directional method

在箭线交叉较多处截断箭线、添加虚线指向圈以指示箭线方向的绘图方法。

2.1.30 工作计算法 calculation method on activities

在双代号网络计划中直接计算各项工作的时间参数的方法。

2.1.31 节点计算法 calculation method on node

在双代号网络计划中先计算节点时间参数，再据以计算各项工作的时间参数的方法。

2.1.32 时间参数 time parameter

工作或节点所具有的各种时间值。

2.1.33 工作持续时间 duration

一项工作从开始到完成的时间。

2.1.34 最早开始时间 earliest start time

各紧前工作全部完成后，本工作有可能开始的最早时刻。

2.1.35 最早完成时间 earliest finish time

各紧前工作全部完成后，本工作有可能完成的最早时刻。

2.1.36 最迟开始时间 latest start time

在不影响整个任务按期完成的前提下，工作必须开始的最迟时刻。

2.1.37 最迟完成时间 latest finish time

在不影响整个任务按期完成的前提下，工作必须完成的最迟时刻。

2.1.38 节点最早时间 earliest event time

双代号网络计划中，以该节点为开始节点的各项工作的最早开始时间。

2.1.39 节点最迟时间 latest event time

双代号网络计划中，以该节点为完成节点的各项工作的最迟完成时间。

2.1.40 时距 time difference

搭接网络图中相邻工作之间的时间差值。

2.1.41 计算工期 calculated project duration

根据时间参数计算所得到的工期。

2.1.42 要求工期 required project duration

任务委托人所提出的指令性工期。

2.1.43 计划工期 planned project duration

根据要求工期和计算工期所确定的作为实施目标的工期。

2.1.44 自由时差 free float

在不影响其紧后工作最早开始时间的前提下，本工作可以利用的机动时间。

2.1.45 总时差 total float

在不影响总工期的前提下，本工作可以利用的机动时间。

2.1.46 资源 resource

完成任务所需的人力、材料、机械设备和资金等的统称。

2.1.47 资源需用量 resource requirement

网络计划中各项工作在某一单位时间内所需某种资源总的数量。

2.1.48 资源限量 resource availability

单位时间内可供使用的某种资源的最大数量。

2.1.49 费用率 cost slope

为缩短每一单位工作持续时间所需增加的直接费。

2.2 符号、代号

2.2.1 通用部分

C_i——第 i 次工期缩短增加的总费用

R_t——第 t 个时间单位资源需用量

R_a——资源限量

T_p——网络计划的计划工期

T_c——网络计划的计算工期

T_r——网络计划的要求工期

T_h——资源需用量高峰期的最后时刻

2.2.2 双代号网络计划

CC_{i-j}——工作 $i-j$ 的持续时间缩短为最短持续时间后，完成该工作所需的直接费用

CN_{i-j}——在正常条件下，完成工作 $i-j$ 所需直接费用

D_{i-j}——工作 $i-j$ 的持续时间

DC_{i-j}——工作 $i-j$ 的最短持续时间

DN_{i-j}——工作 $i-j$ 的正常持续时间

EF_{i-j}——工作 $i-j$ 的最早完成时间

ES_{i-j}——工作 $i-j$ 的最早开始时间

ET_i——节点 i 的最早时间

FF_{i-j}——工作 $i-j$ 的自由时差

LF_{i-j}——在总工期已经确定的情况下，工作 $i-j$ 的最迟完成时间

LS_{i-j}——在总工期已经确定的情况下，工作 $i-j$ 的最迟开始时间

LT_i——节点 i 的最迟时间

TF_{i-j}——工作 $i-j$ 的总时差

ΔC_{i-j}——工作 $i-j$ 的费用率

$\Delta D_{m-n,i-j}$——工作 $i-j$ 安排在工作 $m-n$ 之后进行，工期所延长的时间

$\Delta D_{m'-n',i'-j'}$——最佳工作顺序安排所对应的工期延长时间的最小值

ΔT_{i-j}——工作 $i-j$ 的时间差值

2.2.3 单代号网络计划

CC_i——工作 i 的持续时间缩短为最短持续时间后，完成该工作所需直接费用

CN_i——在正常条件下完成工作 i 所需直接费用

D_i——工作 i 的持续时间

DC_i——工作 i 的最短持续时间

DN_i——工作 i 的正常持续时间

EF_i——工作 i 的最早完成时间

ES_i——工作 i 的最早开始时间

$LAG_{i,j}$——工作 i 和工作 j 之间的时间间隔

LF_i——在总工期已确定的情况下，工作 i 的最迟完成时间

LS_i——在总工期已确定的情况下，工作 i 的最迟开始时间

FF_i——工作 i 的自由时差

TF_i——工作 i 的总时差

$FTF_{i,j}$——从工作 i 完成到工作 j 完成的时距

$FTS_{i,j}$——从工作 i 完成到工作 j 开始的时距

$STF_{i,j}$——从工作 i 开始到工作 j 完成的时距

$STS_{i,j}$——从工作 i 开始到工作 j 开始的时距

ΔG_i——工作 i 的费用率

$\Delta T_{m,i}$——工作 i 安排在工作 m 之后进行，工期所延长的时间

$\Delta T_{m',i}$——最佳工作顺序安排所对应的工期延长时间的最小值

ΔT_i——工作 i 的时间差值

3 双代号网络计划

3.1 一般规定

3.1.1 双代号网络图中，每一条箭线应表示一项工作（图 3.1.1）。箭线的箭尾节点表示该工作的开始，箭线的箭头节点表示该工作的结束。在非时标网络图中，箭线的长度不直接反映该工作所占用的时间长短。箭线宜画成水平直线，也可画成折线或斜

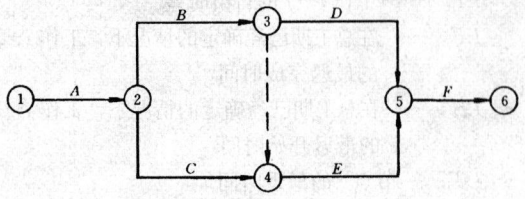

图 3.1.1 双代号网络图

线。水平直线投影的方向应自左向右，表示工作的进行方向。

3.1.2 双代号网络图的节点应用圆圈表示，并在圆圈内编号。节点编号顺序应从小到大，可不连续，但严禁重复。

3.1.3 双代号网络图中，一项工作应只有唯一的一条箭线和相应的一对节点编号，箭尾的节点编号应小于箭头的节点编号。

3.1.4 双代号网络图中的虚箭线，表示一项虚工作，其表示形式可垂直方向向上或向下，也可水平方向向右。

3.1.5 双代号网络计划中一项工作的基本表示方法应以箭线表示工作，以节点 i 表示开始节点，以节点 j 表示结束节点，工作名称应标注在箭线之上，持续时间应标注在箭线之下（图 3.1.5）。

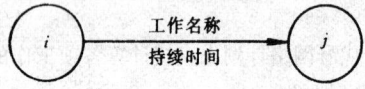

图 3.1.5 双代号网络图工作的表示方法

3.1.6 工作之间的逻辑关系可包括工艺关系和组织关系，在网络图中均应表现为工作之间的先后顺序。

3.1.7 双代号网络图中，各条线路的名称可用该线路上节点的编号自小到大依次记述。

3.2 绘图规则

3.2.1 双代号网络图必须正确表达已定的逻辑关系。

3.2.2 双代号网络图中，严禁出现循环回路。

3.2.3 双代号网络图中，在节点之间严禁出现带双向箭头或无箭头的连线。

3.2.4 双代号网络图中，严禁出现没有箭头节点或没有箭尾节点的箭线。

3.2.5 当双代号网络图的某些节点有多条外向箭线或多条内向箭线时，在不违反本规程第 3.1.3 条的前提下，可使用母线法绘图。当箭线线型不同时，可在从母线上引出的支线上标出。

3.2.6 绘制网络图时，箭线不宜交叉；当交叉不可避免时，可用过桥法或指向法。

3.2.7 双代号网络图中应只有一个起点节点；在不分期完成任务的网络图中，应只有一个终点节点；而其他所有节点均应是中间节点。

3.3 按工作计算法计算时间参数

3.3.1 按工作计算法计算时间参数应在确定各项工作的持续时间之后进行。虚工作必须视同工作进行计算，其持续时间为零。

3.3.2 按工作计算法计算时间参数，其计算结

果应标注在箭线之上（图3.3.2）。

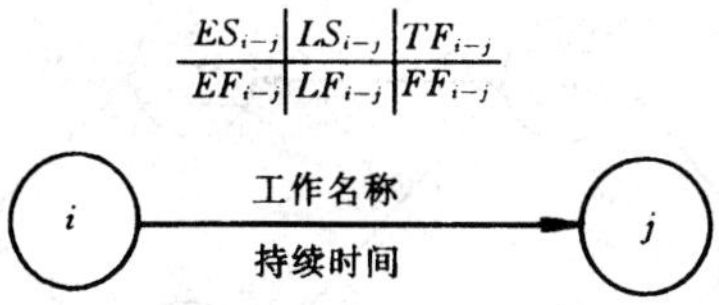

$$\frac{ES_{i-j} | LS_{i-j}}{EF_{i-j} | LF_{i-j}} \frac{TF_{i-j}}{FF_{i-j}}$$

工作名称
持续时间

图3.3.2 按工作计算法的标注内容
注：当为虚工作时，图中的箭线为虚箭线

3.3.3 工作最早开始时间的计算应符合下列规定：

1 工作 $i-j$ 的最早开始时间 ES_{i-j} 应从网络计划的起点节点开始顺着箭线方向依次逐项计算；

2 以起点节点 i 为箭尾节点的工作 $i-j$，当未规定其最早开始时间 ES_{i-j} 时，其值应等于零，即：

$$ES_{i-j} = 0 \quad (i=1) \qquad (3.3.3-1)$$

3 当工作 $i-j$ 只有一项紧前工作 $h-i$ 时，其最早开始时间 ES_{i-j} 应为：

$$ES_{i-j} = ES_{h-i} + D_{h-i} \qquad (3.3.3-2)$$

4 当工作 $i-j$ 有多个紧前工作时，其最早开始时间 ES_{i-j} 应为：

$$ES_{i-j} = \max\{ES_{h-i} + D_{h-i}\} \qquad (3.3.3-3)$$

式中 ES_{h-i}——工作 $i-j$ 的各项紧前工作 $h-i$ 的最早开始时间；

D_{h-i}——工作 $i-j$ 的各项紧前工作 $h-i$ 的持续时间。

3.3.4 工作 $i-j$ 的最早完成时间 EF_{i-j} 应按下式计算：

$$EF_{i-j} = ES_{i-j} + D_{i-j} \qquad (3.3.4)$$

3.3.5 网络计划的计算工期 T_c 应按下式计算：

$$T_c = \max\{EF_{i-n}\} \qquad (3.3.5)$$

式中 EF_{i-n}——以终点节点 $(j=n)$ 为箭头节点的工作 $i-n$ 的最早完成时间。

3.3.6 网络计划的计划工期 T_p 的计算应按下列情况分别确定：

1 当已规定了要求工期 T_r 时，

$$T_p \leqslant T_r \qquad (3.3.6-1)$$

2 当未规定要求工期时，

$$T_p = T_c \qquad (3.3.6-2)$$

3.3.7 工作最迟完成时间的计算应符合下列规定：

1 工作 $i-j$ 的最迟完成时间 LF_{i-j} 应从网络计划的终点节点开始，逆着箭线方向依次逐项计算。

2 以终点节点 $(j=n)$ 为箭头节点的工作的最迟完成时间 LF_{i-n}，应按网络计划的计划工期 T_p 确定，即：

$$LF_{i-n} = T_p \qquad (3.3.7-1)$$

3 其他工作 $i-j$ 的最迟完成时间 LF_{i-j} 应为：

$$LF_{i-j} = \min\{LF_{j-k} - D_{j-k}\} \qquad (3.3.7-2)$$

式中 LF_{j-k}——工作 $i-j$ 的各项紧后工作 $j-k$ 的最迟完成时间；

D_{j-k}——工作 $i-j$ 的各项紧后工作 $j-k$ 的持续时间。

3.3.8 工作 $i-j$ 的最迟开始时间应按下式计算：

$$LS_{i-j} = LF_{i-j} - D_{i-j} \qquad (3.3.8)$$

3.3.9 工作 $i-j$ 的总时差 TF_{i-j} 应按下式计算：

$$TF_{i-j} = LS_{i-j} - ES_{i-j} \qquad (3.3.9-1)$$

或

$$TF_{i-j} = LF_{i-j} - EF_{i-j} \qquad (3.3.9-2)$$

3.3.10 工作 $i-j$ 的自由时差 FF_{i-j} 的计算应符合下列规定：

1 当工作 $i-j$ 有紧后工作 $j-k$ 时，其自由时差应为：

$$FF_{i-j} = ES_{j-k} - ES_{i-j} - D_{i-j} \qquad (3.3.10-1)$$

或

$$FF_{i-j} = ES_{j-k} - EF_{i-j} \qquad (3.3.10-2)$$

式中 ES_{j-k}——工作 $i-j$ 的紧后工作 $j-k$ 的最早开始时间。

2 以终点节点 $(j=n)$ 为箭头节点的工作，其自由时差 FF_{i-j} 应按网络计划的计划工期 T_p 确定，即：

$$FF_{i-n} = T_p - ES_{i-n} - D_{i-n} \qquad (3.3.10-3)$$

或

$$FF_{i-n} = T_p - EF_{i-n} \qquad (3.3.10-4)$$

3.4 按节点计算法计算时间参数

3.4.1 按节点计算法计算时间参数应符合本规程第3.3.1条的规定。

3.4.2 按节点计算法计算时间参数，其计算结果应标注在节点之上（图3.4.2）。

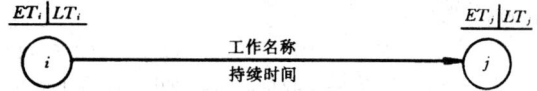

图3.4.2 按节点计算法的标注内容

3.4.3 节点最早时间的计算应符合下列规定：

1 节点 i 的最早时间 ET_i 应从网络计划的起点节点开始，顺着箭线方向依次逐项计算；

2 起点节点 i 如未规定最早时间 ET_i 时，其值应等于零，即：

$$ET_i = 0 \quad (i=1) \qquad (3.4.3-1)$$

3. 当节点 j 只有一条内向箭线时，最早时间 ET_j 应为：

$$ET_j = ET_i + D_{i-j} \qquad (3.4.3-2)$$

4. 当节点 j 有多条内向箭线时，其最早时间 ET_j 应为：

$$ET_j = \max\{ET_i + D_{i-j}\} \qquad (3.4.3-3)$$

式中 D_{i-j}——工作 $i-j$ 的持续时间。

3.4.4 网络计划的计算工期 T_c 应按下式计算：

$$T_c = ET_n \qquad (3.4.4)$$

式中 ET_n——终点节点 n 的最早时间。

3.4.5 计划工期 T_p 的确定应符合本规程第 3.3.6 条的规定。

3.4.6 节点最迟时间的计算应符合下列规定：

1 节点 i 的最迟时间 LT_i 应从网络计划的终点节点开始，逆着箭线的方向依次逐项计算。当部分工作分期完成时，有关节点的最迟时间必须从分期完成节点开始逆向逐项计算；

2 终点节点 n 的最迟时间 LT_n 应按网络计划的计划工期 T_p 确定，即：

$$LT_n = T_p \qquad (3.4.6-1)$$

分期完成节点的最迟时间应等于该节点规定的分期完成的时间；

3 其他节点的最迟时间 LT_i 应为：

$$LT_i = \min\{LT_j - D_{i-j}\} \qquad (3.4.6-2)$$

式中 LT_j——工作 $i-j$ 的箭头节点 j 的最迟时间。

3.4.7 工作 $i-j$ 的最早开始时间 ES_{i-j} 应按下式计算：

$$ES_{i-j} = ET_i \qquad (3.4.7)$$

3.4.8 工作 $i-j$ 的最早完成时间 EF_{i-j} 应按下式计算：

$$EF_{i-j} = ET_i + D_{i-j} \qquad (3.4.8)$$

3.4.9 工作 $i-j$ 的最迟完成时间 LF_{i-j} 应按下式计算：

$$LF_{i-j} = LT_j \qquad (3.4.9)$$

3.4.10 工作 $i-j$ 的最迟开始时间 LS_{i-j} 应按下式计算：

$$LS_{i-j} = LT_j - D_{i-j} \qquad (3.4.10)$$

3.4.11 工作 $i-j$ 的总时差 TF_{i-j} 应按下式计算：

$$TF_{i-j} = LT_j - ET_i - D_{i-j} \qquad (3.4.11)$$

3.4.12 工作 $i-j$ 的自由时差 FF_{i-j} 应按下式计算：

$$FF_{i-j} = ET_j - ET_i - D_{i-j} \qquad (3.4.12)$$

3.5 关键工作和关键线路的确定

3.5.1 总时差为最小的工作应为关键工作。

3.5.2 自始至终全部由关键工作组成的线路或线路上总的工作持续时间最长的线路应为关键线路。该线路在网络图上应用粗线、双线或彩色线标注。

4 单代号网络计划

4.1 一般规定

4.1.1 单代号网络图中，箭线表示紧邻工作之间的逻辑关系（图 4.1.1）。箭线应画成水平直线、折线或斜线。箭线水平投影的方向应自左向右，表示工作的进行方向。

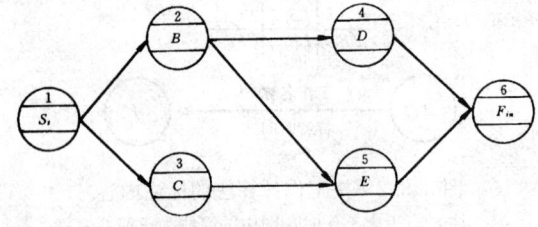

图 4.1.1 单代号网络图

4.1.2 单代号网络图中每一个节点表示一项工作，宜用圆圈或矩形表示。节点所表示的工作名称、持续时间和工作代号等应标注在节点内。

4.1.3 单代号网络图中的节点必须编号。编号标注在节点内，其码可间断，但严禁重复。箭线的箭尾节点编号应小于箭头节点编号。一项工作必须有唯一的一个节点及相应的一个编号。

4.1.4 单代号网络计划中的一项工作，最基本的表示方法应符合图 4.1.4 的规定。

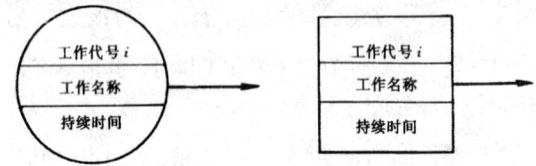

图 4.1.4 单代号网络图工作的表示方法

4.1.5 工作之间的逻辑关系包括工艺关系和组织关系，在网络图中均表现为工作之间的先后顺序。

4.1.6 单代号网络图中，各条线路应用该线路上的节点编号自小到大依次表述。

4.2 绘图规则

4.2.1 单代号网络图必须正确表述已定的逻辑关系。

4.2.2 单代号网络图中，严禁出现循环回路。

4.2.3 单代号网络图中，严禁出现双向箭头或无箭头的连线。

4.2.4 单代号网络图中，严禁出现没有箭尾节点的箭线和没有箭头节点的箭线。

4.2.5 绘制网络图时，箭线不宜交叉。当交叉不可避免时，可采用过桥法和指向法绘制。

4.2.6 单代号网络图只应有一个起点节点和一个终点节点；当网络图中有多项起点节点或多项终点节点时，应在网络图的两端分别设置一项虚工作，作为该网络图的起点节点（S_t）和终点节点（F_{in}）。

4.3 时间参数的计算

4.3.1 单代号网络计划的时间参数计算应在确定各项工作持续时间之后进行。

4.3.2 单代号网络计划的时间参数基本内容和形式应按图 4.3.2（a）或（b）所示的方式标注。

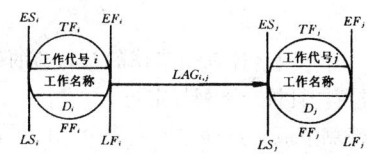

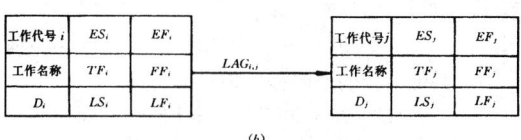

图 4.3.2 时间参数的标注形式

4.3.3 工作最早开始时间的计算应符合下列规定：

1 工作 i 的最早开始时间 ES_i 应从网络图的起点节点开始，顺着箭线方向依次逐项计算；

2 当起点节点 i 的最早开始时间 ES_i 无规定时，其值应等于零，即：

$$ES_i = 0 \quad (i = 1) \qquad (4.3.3-1)$$

3 其他工作的最早开始时间 ES_i 应为：

$$ES_i = \max\{EF_h\} \qquad (4.3.3-2)$$

或 $$ES_i = \max\{ES_h + D_h\} \qquad (4.3.3-3)$$

式中 ES_h——工作 i 的各项紧前工作 h 的最早开始时间；

D_h——工作 i 的各项紧前工作 h 的持续时间。

4.3.4 工作 i 的最早完成时间 EF_i 应按下式计算：

$$EF_i = ES_i + D_i \qquad (4.3.4)$$

4.3.5 网络计划计算工期 T_c 应按下式计算：

$$T_c = EF_n \qquad (4.3.5)$$

式中 EF_n——终点节点 n 的最早完成时间。

4.3.6 网络计划的计划工期 T_p 的计算应符合本规程第 3.3.6 条的规定。

4.3.7 相邻两项工作 i 和 j 之间的时间间隔 $LAG_{i,j}$ 的计算应符合下列规定：

1 当终点节点为虚拟节点时，其时间间隔应为：

$$LAG_{i,n} = T_p - EF_i \qquad (4.3.7-1)$$

2 其他节点之间的时间间隔应为：

$$LAG_{i,j} = ES_j - EF_i \qquad (4.3.7-2)$$

4.3.8 工作总时差的计算应符合下列规定：

1 工作 i 的总时差 TF_i 应从网络计划的终点节点开始，逆着箭线方向依次逐项计算。当部分工作分期完成时，有关工作的总时差必须从分期完成的节点开始逆向逐项计算；

2 终点节点所代表工作 n 的总时差 TF_n 值应为：

$$TF_n = T_p - EF_n \qquad (4.3.8-1)$$

3 其他工作 i 的总时差 TF_i 应为：

$$TF_i = \min\{TF_j + LAG_{i,j}\} \qquad (4.3.8-2)$$

4.3.9 工作 i 的自由时差 FF_i 的计算应符合下列规定：

1 终点节点所代表工作 n 的自由时差 FF_n 应为：

$$FF_n = T_p - EF_n \qquad (4.3.9-1)$$

2 其他工作 i 的自由时差 FF_i 应为：

$$FF_i = \min\{LAG_{i,j}\} \qquad (4.3.9-2)$$

4.3.10 工作最迟完成时间的计算应符合下列规定：

1 工作 i 的最迟完成时间 LF_i 应从网络计划的终点节点开始，逆着箭线方向依次逐项计算。当部分工作分期完成时，有关工作的最迟完成时间应从分期完成的节点开始逆向逐项计算；

2 终点节点所代表的工作 n 的最迟完成时间 LF_n 应按网络计划的计划工期 T_p 确定，即：

$$LF_n = T_p \qquad (4.3.10-1)$$

3 其他工作 i 的最迟完成时间 LF_i 应为：

$$LF_i = \min\{LS_j\} \qquad (4.3.10-2)$$

或 $$LF_i = EF_i + TF_i \qquad (4.3.10-3)$$

式中 LS_j——工作 i 的各项紧后工作 j 的最迟开始时间。

4.3.11 工作 i 的最迟开始时间 LS_i 应按下式计算：

$$LS_i = LF_i - D_i \qquad (4.3.11-1)$$

或 $$LS_i = ES_i + TF_i \qquad (4.3.11-2)$$

4.4 关键工作和关键线路的确定

4.4.1 确定关键工作应符合本规程第 3.5.1 条的规定。

4.4.2 从起点节点开始到终点节点均为关键工作，且所有工作的时间间隔均为零的线路应为关键线路。该线路在网络图上应用粗线、双线或彩色线标注。

5 双代号时标网络计划

5.1 一 般 规 定

5.1.1 双代号时标网络计划必须以水平时间坐标为尺度表示工作时间。时标的时间单位应根据需要在编制网络计划之前确定，可为时、天、周、月或季。

5.1.2 时标网络计划应以实箭线表示工作，以虚箭线表示虚工作，以波形线表示工作的自由时差。

5.1.3 时标网络计划中所有符号在时间坐标上的水平投影位置，都必须与其时间参数相对应。节点中心必须对准相应的时标位置。虚工作必须以垂直方向的虚箭线表示，有自由时差时加波形线表示。

5.2 时标网络计划的编制

5.2.1 时标网络计划宜按最早时间编制。

5.2.2 编制时标网络计划之前，应先按已确定的时间单位绘出时标计划表。时标可标注在时标计划表的顶部或底部。时标的长度单位必须注明。必要时，可在顶部时标之上或底部时标之下加注日历的对应时间。时标计划表格式宜符合表5.2.2的规定。

表 5.2.2 时标计划表

日 历																	
(时间单位)	1	2	3	4	5	6	7	8	9	10	11	12	13	14	15	16	17
网络计划																	
(时间单位)	1	2	3	4	5	6	7	8	9	10	11	12	13	14	15	16	17

时标计划表中部的刻度线宜为细线。为使图面清楚，此线也可以不画或少画。

5.2.3 编制时标网络计划应先绘制无时标网络计划草图，然后按以下两种方法之一进行：

1 先计算网络计划的时间参数，再根据时间参数按草图在时标计划表上进行绘制；

2 不计算网络计划的时间参数，直接按草图在时标计划表上绘制。

5.2.4 用先计算后绘制的方法时，应先将所有节点按其最早时间定位在时标计划表上，再用规定线型绘出工作及其自由时差，形成时标网络计划图。

5.2.5 不经计算直接按草图绘制时标网络计划，应按下列方法逐步进行：

1 将起点节点定位在时标计划表的起始刻度线上；

2 按工作持续时间在时标计划表上绘制起点节点的外向箭线；

3 除起点节点以外的其他节点必须在其所有内向箭线绘出以后，定位在这些内向箭线中最早完成时间最迟的箭线末端。其他内向箭线长度不足以到达该节点时，用波形线补足；

4 用上述方法自左至右依次确定其他节点位置，直至终点节点定位绘完。

5.3 关键线路和时间参数的确定

5.3.1 时标网络计划关键线路的确定，应自终点节点逆箭线方向朝起点节点观察，自始至终不出现波形线的线路为关键线路。

5.3.2 时标网络计划的计算工期，应是其终点节点与起点节点所在位置的时标值之差。

5.3.3 按最早时间绘制的时标网络计划，每条箭线箭尾和箭头所对应的时标值应为该工作的最早开始时间和最早完成时间。

5.3.4 时标网络计划中工作的自由时差值应为表示该工作的箭线中波形线部分在坐标轴上的水平投影长度。

5.3.5 时标网络计划中工作的总时差的计算应自右向左进行，且符合下列规定：

1 以终点节点（$j=n$）为箭头节点的工作的总时差 TF_{i-n} 应按网络计划的计划工期 T_p 计算确定，即：

$$TF_{i-n} = T_p - EF_{i-n} \quad (5.3.5\text{-}1)$$

2 其他工作的总时差应为：

$$TF_{i-j} = \min\{TF_{j-k} + FF_{i-j}\} \quad (5.3.5\text{-}2)$$

5.3.6 时标网络计划中工作的最迟开始时间和最迟完成时间应按下式计算：

$$LS_{i-j} = ES_{i-j} + TF_{i-j} \quad (5.3.6\text{-}1)$$

$$LF_{i-j} = EF_{i-j} + TF_{i-j} \quad (5.3.6\text{-}2)$$

6 单代号搭接网络计划

6.1 一般规定

6.1.1 单代号搭接网络计划中，箭线上面的符号仅表示相关工作之间的时距（图6.1.1）。其中起点节点 S_l 和终点节点 F_{in} 为虚拟节点。节点的标注应与单代号网络图相同（图4.1.4）。

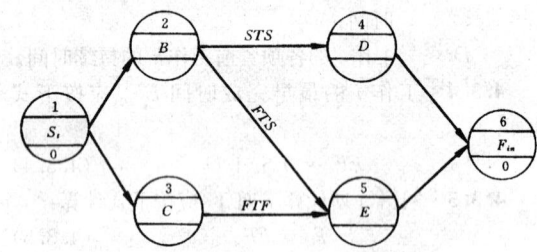

图 6.1.1 单代号搭接网络计划

6.1.2 单代号搭接网络图的绘制应符合本规程第4.1节和第4.2节的规定，同时应以时距表示搭接顺序关系。

6.2 时间参数的计算

6.2.1 单代号搭接网络计划时间参数计算，应在确定各工作持续时间和各项工作之间时距关系之后进行。

6.2.2 单代号搭接网络计划中的时间参数基本内容和形式应按图6.2.2所示方式标注。

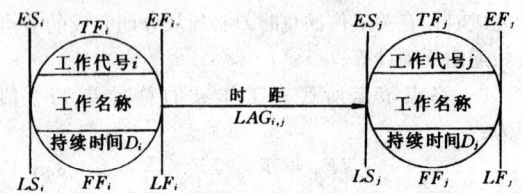

图6.2.2 单代号搭接网络计划时间参数标注形式

6.2.3 工作最早时间的计算应符合下列规定：

1 计算最早时间参数必须从起点节点开始依次进行，只有紧前工作计算完毕，才能计算本工作；

2 计算工作最早开始时间应按下列步骤进行：

1）凡与起点节点相联的工作最早开始时间都应为零，即：

$$ES_i = 0 \qquad (6.2.3\text{-}1)$$

2）其他工作 j 的最早开始时间根据时距应按下列公式计算：

相邻时距为 $STS_{i,j}$ 时，

$$ES_j = ES_i + STS_{i,j} \qquad (6.2.3\text{-}2)$$

相邻时距为 $FTF_{i,j}$ 时，

$$ES_j = ES_i + D_i + FTF_{i,j} - D_j \quad (6.2.3\text{-}3)$$

相邻时距为 $STF_{i,j}$ 时，

$$ES_j = ES_i + STF_{i,j} - D_j \qquad (6.2.3\text{-}4)$$

相邻时距为 $FTS_{i,j}$ 时，

$$ES_j = ES_i + D_i + FTS_{i,j} \qquad (6.2.3\text{-}5)$$

式中 ES_j——工作 i 的紧后工作的最早开始时间；

D_i、D_j——相邻的两项工作的持续时间；

$STS_{i,j}$——i、j 两项工作开始到开始的时距；

$FTF_{i,j}$——i、j 两项工作完成到完成的时距；

$STF_{i,j}$——i、j 两项工作开始到完成的时距；

$FTS_{i,j}$——i、j 两项工作完成到开始的时距。

3 计算工作最早时间，当出现最早开始时间为负值时，应将该工作与起点节点用虚箭线相连接，并确定其时距为：

$$STS = 0 \qquad (6.2.3\text{-}6)$$

4 工作 j 的最早完成时间 EF_j 应按下式计算：

$$EF_j = ES_j + D_j \qquad (6.2.3\text{-}7)$$

6.2.4 当有两种以上的时距（有两项工作或两项以上紧前工作）限制工作间的逻辑关系时，应按本规程第 6.2.3 条分别进行计算其最早时间，取其最大值。

6.2.5 有最早完成时间的最大值的中间工作应与终点节点用虚箭线相连接，并确定其时距为：

$$FTF = 0 \qquad (6.2.5)$$

6.2.6 搭接网络计划计算工期 T_c 由与终点相联系的工作的最早完成时间的最大值决定。

6.2.7 搭接网络计划的计划工期 T_p 应符合本规程第 3.3.6 条的规定。

6.2.8 相邻两项工作 i 和 j 之间在满足时距之外，还有多余的时间间隔 $LAG_{i,j}$，应按下式计算：

$$LAG_{i,j} = \min \begin{bmatrix} ES_j - EF_i - FTS_{i,j} \\ ES_j - ES_i - STS_{i,j} \\ EF_j - EF_i - FTF_{i,j} \\ EF_j - ES_i - STF_{i,j} \end{bmatrix} \quad (6.2.8)$$

6.2.9 工作 i 的总时差 TF_i 的计算应符合本规程第 4.3.8 条的规定。

6.2.10 工作 i 的自由时差 FF_i 的计算应符合本规程第 4.3.9 条的规定。

6.2.11 工作 i 的最迟完成时间 LF_i 的计算应符合本规程第 4.3.10 条的规定。

6.2.12 工作 i 的最迟开始时间 LS_i 的计算应符合本规程第 4.3.11 条的规定。

6.3 关键工作和关键线路的确定

6.3.1 确定关键工作应符合本规程第 3.5.1 条的规定。

6.3.2 确定关键线路应符合本规程第 4.4.2 条的规定。

7 网络计划优化

7.1 一般规定

7.1.1 网络计划的优化，应在满足既定约束条件下，按选定目标，通过不断改进网络计划寻求满意方案。

7.1.2 网络计划的优化目标，应按计划任务的需要和条件选定。包括工期目标、费用目标、资源目标。

7.2 工期优化

7.2.1 当计算工期不满足要求工期时，可通过压缩关键工作的持续时间满足工期要求。

7.2.2 工期优化的计算，应按下述步骤进行：

1 计算并找出初始网络计划的计算工期、关键线路及关键工作；

2 按要求工期计算应缩短的时间；

3 确定各关键工作能缩短的持续时间；

4 按本规程第 7.2.3 条选择关键工作，压缩其持续时间，并重新计算网络计划的计算工期；

5 当计算工期仍超过要求工期时，则重复以上 1～4 款的步骤，直到满足工期要求或工期已不能再缩短为止；

6 当所有关键工作的持续时间都已达到其能缩短的极限而工期仍不能满足要求时，应遵照本规程第 1.0.3 条的规定对计划的原技术方案、组织方案进行调整或对要求工期重新审定。

7.2.3 选择应缩短持续时间的关键工作宜考虑下列因素：

1 缩短持续时间对质量和安全影响不大的工作；

2 有充足备用资源的工作；

3 缩短持续时间所需增加的费用最少的工作。

7.3 资源优化

7.3.1 "资源有限——工期最短"的优化，宜

逐"时间单位"作资源检查，当出现第 t 个"时间单位"资源需用量 R_t 大于资源限量 R_a 时，应进行计划调整。

调整计划时，应对资源冲突的诸工作作新的顺序安排。顺序安排的选择标准是工期延长时间最短，其值应按下列公式计算：

1）对双代号网络计划：

$$\Delta D_{m'-n',i'-j'} = \min\{\Delta D_{m-n,i-j}\} \quad (7.3.1\text{-}1)$$

$$\Delta D_{m-n,i-j} = EF_{m-n} - LS_{i-j} \quad (7.3.1\text{-}2)$$

式中 $\Delta D_{m'-n',i'-j'}$——在各种顺序安排中，最佳顺序安排所对应的工期延长时间的最小值；

$\Delta D_{m-n,i-j}$——在资源冲突的诸工作中，工作 $i-j$ 安排在工作 $m-n$ 之后进行，工期所延长的时间。

2）对单代号网络计划：

$$\Delta D_{m',i'} = \min\{\Delta D_{m,i}\} \quad (7.3.1\text{-}3)$$

$$\Delta D_{m,i} = EF_m - LS_i \quad (7.3.1\text{-}4)$$

式中 $\Delta D_{m',i'}$——在各种顺序安排中，最佳顺序安排所对应的工期延长时间的最小值；

$\Delta D_{m,i}$——在资源冲突的诸工作中，工作 i 安排在工作 m 之后进行，工期所延长的时间。

7.3.2 "资源有限——工期最短"优化的计划调整，应按下列步骤调整工作的最早开始时间：

1 计算网络计划每"时间单位"的资源需用量；

2 从计划开始日期起，逐个检查每个"时间单位"资源需用量是否超过资源限量，如果在整个工期内每个"时间单位"均能满足资源限量的要求，可行优化方案就编制完成。否则必须进行计划调整；

3 分析超过资源限量的时段（每"时间单位"资源需用量相同的时间区段），按式 7.3.1-1 计算 $\Delta D_{m'-n',i'-j'}$，或按式 7.3.1-3 计算 $\Delta D_{m',i'}$ 值，依据它确定新的安排顺序；

4 当最早完成时间 $EF_{m'-n'}$ 或 $EF_{m'}$ 最小值和最迟开始时间 $LS_{i'-j'}$，或 $LS_{i'}$ 最大值同属一个工作时，应找出最早完成时间 $EF_{m'-n'}$，或 $EF_{m'}$ 值为次小，最迟开始时间 $LS_{i'-j'}$ 或 $LS_{i'}$ 为次大的工作，分别组成两个顺序方案，再从中选取较小者进行调整；

5 绘制调整后的网络计划，重复本条 1~4 款的步骤，直到满足要求。

7.3.3 "工期固定——资源均衡"优化，可用削高峰法（利用时差降低资源高峰值），获得资源消耗量尽可能均衡的优化方案。

7.3.4 削高峰法应按下列步骤进行：

1 计算网络计划每"时间单位"资源需用量；

2 确定削峰目标，其值等于每"时间单位"资源需用量的最大值减一个单位量；

3 找出高峰时段的最后时间 T_h 及有关工作的最

早开始时间 ES_{i-j}（或 ES_i）和总时差 TF_{i-j}（或 TF_i）；

4 按下列公式计算有关工作的时间差值 ΔT_{i-j} 或 ΔT_i：

1）对双代号网络计划：

$$\Delta T_{i-j} = TF_{i-j} - (T_h - ES_{i-j}) \quad (7.3.4\text{-}1)$$

2）对单代号网络计划：

$$\Delta T_i = TF_i - (T_h - ES_i) \quad (7.3.4\text{-}2)$$

优先以时间差值最大的工作 $i-j$ 或工作 i' 为调整对象，令

$$ES_{i-j} = T_h \quad (7.3.4\text{-}3)$$

或

$$ES_i = T_h; \quad (7.3.4\text{-}4)$$

5 当峰值不能再减少时，即得到优化方案。否则，重复以上步骤。

7.4 费用优化

7.4.1 进行费用优化，应首先求出不同工期下最低直接费用，然后考虑相应的间接费的影响和工期变化带来的其他损益，包括效益增量和资金的时间价值等，最后再通过迭加求出最低工程总成本。

7.4.2 费用优化应按下列步骤进行：

1 按工作正常持续时间找出关键工作及关键线路；

2 按下列公式计算各项工作的费用率

1）对双代号网络计划：

$$\Delta C_{i-j} = \frac{CC_{i-j} - CN_{i-j}}{DN_{i-j} - DC_{i-j}} \quad (7.4.2\text{-}1)$$

式中 ΔC_{i-j}——工作 $i-j$ 的费用率；

CC_{i-j}——将工作 $i-j$ 持续时间缩短为最短持续时间后，完成该工作所需的直接费用；

CN_{i-j}——在正常条件下完成工作 $i-j$ 所需的直接费用；

DN_{i-j}——工作 $i-j$ 的正常持续时间；

DC_{i-j}——工作 $i-j$ 的最短持续时间。

2）对单代号网络计划：

$$\Delta C_i = \frac{CC_i - CN_i}{DN_i - DC_i} \quad (7.4.2\text{-}2)$$

式中 ΔC_i——工作 i 的费用率；

CC_i——将工作 i 持续时间缩短为最短持续时间后，完成该工作所需的直接费用；

CN_i——在正常条件下完成工作 i 所需的直接费用；

DN_i——工作 i 的正常持续时间；

DC_i——工作 i 的最短持续时间。

3 在网络计划中找出费用率（或组合费用率）最低的一项关键工作或一组关键工作，作为缩短持续时间的对象；

4 缩短找出的关键工作或一组关键工作的持续

时间，其缩短值必须符合不能压缩成非关键工作和缩短后其持续时间不小于最短持续时间的原则；

5 计算相应增加的总费用 C_i；

6 考虑工期变化带来的间接费及其他损益，在此基础上计算总费用；

7 重复本条 3~6 款的步骤，一直计算到总费用最低为止。

8 网络计划控制

8.1 网络计划的检查

8.1.1 检查网络计划首先必须收集网络计划的实际执行情况，并进行记录。

当采用时标网络计划时，应绘制实际进度前锋线记录计划实际执行情况。前锋线应自上而下地从计划检查的时间刻度出发，用直线段依次连接各项工作的实际进度前锋点，最后到达计划检查的时间刻度为止，形成折线。前锋线可用彩色线标画；不同检查时刻绘制的相邻前锋线可采用不同颜色标画。

当采用无时标网络计划时，可在图上直接用文字、数字、适当符号，或列表记录计划实际执行情况。

8.1.2 对网络计划的检查应定期进行。检查周期的长短应根据计划工期的长短和管理的需要确定。必要时，可作应急检查，以便采取应急调整措施。

8.1.3 网络计划的检查必须包括以下内容：

1 关键工作进度；

2 非关键工作进度及尚可利用的时差；

3 实际进度对各项工作之间逻辑关系的影响；

4 费用资料分析。

8.1.4 对网络计划执行情况的检查结果，应进行以下分析判断：

1 对时标网络计划，宜利用已画出的实际进度前锋线，分析计划的执行情况及其发展趋势，对未来的进度情况作出预测判断，找出偏离计划目标的原因及可供挖掘的潜力所在；

2 对无时标网络计划，宜按表 8.1.4 记录的情况对计划中的未完成工作进行分析判断。

表 8.1.4 网络计划检查结果分析表

工作编号	工作名称	检查时尚需作业天数	按计划最迟完成前尚有天数	总时差 (d)		自由时差 (d)		情况分析
				原有	目前尚有	原有	目前尚有	

8.2 网络计划的调整

8.2.1 网络计划的调整可包括下列内容：

1 关键线路长度的调整；

2 非关键工作时差的调整；

3 增减工作项目；

4 调整逻辑关系；

5 重新估计某些工作的持续时间；

6 对资源的投入作相应调整。

8.2.2 调整关键线路的长度，可针对不同情况选用下列不同的方法：

1 对关键线路的实际进度比计划进度提前的情况，当不拟提前工期时，应选择资源占用量大或直接费用高的后续关键工作，适当延长其持续时间，以降低其资源强度或费用；当要提前完成计划时，应将计划的未完成部分作为一个新计划，重新确定关键工作的持续时间，按新计划实施；

2 对关键线路的实际进度比计划进度延误的情况，应在未完成的关键工作中，选择资源强度小或费用低的，缩短其持续时间，并把计划的未完成部分作为一个新计划，按工期优化方法进行调整。

8.2.3 非关键工作时差的调整应在其时差的范围内进行。每次调整均必须重新计算时间参数，观察该调整对计划全局的影响。调整方法可采用下列方法之一：

1 将工作在其最早开始时间与其最迟完成时间范围内移动；

2 延长工作持续时间；

3 缩短工作持续时间。

8.2.4 增、减工作项目时，应符合下列规定：

1 不打乱原网络计划的逻辑关系，只对局部逻辑关系进行调整；

2 重新计算时间参数，分析对原网络计划的影响。当对工期有影响时，应采取措施，保证计划工期不变。

8.2.5 逻辑关系的调整只有当实际情况要求改变施工方法或组织方法时才可进行。调整时应避免影响原定计划工期和其他工作顺利进行。

8.2.6 当发现某些工作的原持续时间有误或实现条件不充分时，应重新估算其持续时间，并重新计算时间参数。

8.2.7 当资源供应发生异常时，应采用资源优化方法对计划进行调整或采取应急措施，使其对工期的影响最小。

8.2.8 网络计划的调整，可定期或根据计划检查结果在必要时进行。

本规程用词说明

一、为便于在执行本规程条文时区别对待，对于要求严格程度不同的用词说明如下：

1. 表示很严格，非这样做不可的

正面词采用"必须"；反面词采用"严禁"。

2. 表示严格，在正常情况下均应这样做的

正面词采用"应"；反面词采用"不应"或"不得"。

3. 表示允许稍有选择，在条件许可时首先应这样做的

正面词采用"宜"；反面词采用"不宜"。

表示有选择，在一定条件下可以这样做的采用"可"。

二、条文中指明应按其他有关标准执行的写法为"应按……执行"或"应符合……的规定"

中华人民共和国行业标准

工程网络计划技术规程

条 文 说 明

主编单位：中国建筑学会建筑统筹管理分会

前　言

《工程网络计划技术规程》（修订版）经建设部一九九九年八月四日以建标〔1999〕198号文批准，业已发布。

本规程第一版的主编单位是中国建筑学会建筑统筹管理研究会、建设部信息中心，参加单位是北京统筹与管理科学学会、华南工学院、清华大学、重庆建筑工程学院、中国人民大学、北京工业大学、北京建筑工程学院、中建一局科研所、冶金部第三冶金建设公司、上海宝钢冶金建设公司、苏州市建筑科学研究所、湖南大学、东南大学、同济大学、中国水利学会施工专业委员会。

为便于广大设计、施工、科研、学校等单位的有关人员在使用本规程能正确理解和执行条文规定，《工程网络计划技术规程》编制组按章、节、条顺序编制了本规程的条文说明，供国内使用者参考。在使用中如发现条文说明有不妥之处，请将意见函寄中国建筑学会建筑统筹管理分会。

目　　次

1 总 则

1.0.1 本条规定了制定本规程的目的和中心内容。

1.0.2 本条明确规定了适用范围和不适用范围。适用范围有两层含义:

1 适用本规程的网络计划类型

适于本规程的是工程建设的规则、设计、施工以及相关工作中,计划之间的逻辑关系及各工作的持续时间都肯定的进度计划编制与控制,在网络计划技术中通常称为肯定型网络计划。相反,上述各方面中任一方面不肯定,都属于非肯定型网络计划,都不适用于本规程。

虽然工作持续时间不肯定,但当可用三时估计法按公式(1.0.2)算出其期望值 m,把它当作该工作确定了的持续时间时,也可参照本规程执行。

$$m = \frac{a + 4c + b}{6} \tag{1.0.2}$$

式中 a——工作的乐观(最短)持续时间估计值;

b——工作的悲观(最长)持续时间估计值;

c——工作的最可能持续时间估计值。

2 网络计划的应用领域

我国引进和应用网络计划理论以土木建筑工程建设领域(国防科研领域除外)最早,有组织地推广、总结和研究这一理论的历史最长,已具备了制定规程所必要而充分的理论和实践基础。所以本规程作为土木建筑工程建设行业规程,其应用以工程建设领域为主,但并不限于这一领域。事实上,网络计划技术本身就是从大型武器系统研制和化工厂建设和化工设备检修计划的编制与计划执行控制过程中产生的。所以本规程也适用于国民经济各部门的生产、科研、技术开发、设备维修及其他工作计划的编制与控制。对于本规程在跨部门、跨行业多种类型计划中应用的这一特点,在规程条文编写中给予了充分的注意。

1.0.3 本条指出网络计划编制的前提。

网络计划技术是使计划安排条理化的科学手段。计划安排方案,即本条所指出的实现计划任务的各项技术、组织方案,是计划的基础。计划的先进性、现实性和有效性最终取决于这些方案是否合理。网络计划技术只能对计划安排起条理化的作用,并不能从根本上决定计划的质量和效果。也就是说,在计划的技术、组织方案先进合理的前提下,应用网络计划技术,可促进计划目标的实现;不用,则可能造成计划编制和执行过程的混乱而达不到计划目标。反之,若计划的技术、组织方案失当,即使应用网络计划技术,由于缺乏良好的前提,对计划目标的实现也无能为力。

因此,本条特别明确指出,如果网络计划初步方案不能满足预定的计划目标,应从原技术、组织方案的修正着手,在新的基础上方能对计划作出有效的调整。

但计划工作中也会由于多种原因出现脱离主客观条件,不具备实现可能性的过高目标。这就是经反复修改计划方案和调整计划均不能达到的计划目标。对这样的目标,应重新审定。

1.0.4 工程网络计划所涉及的技术、经济、安全及其他有关问题,还应符合国家现行有关强制性专门标准、规范、规程和法令的规定。

2 术语与符号、代号

2.1 术 语

本节术语系原《规程》附录一"本规程术语解释"部分,按标准编写的要求,对每条术语加上了英文名词,同时为避免一条术语多个名称,本次修订时去掉了"曾用术语名称"(即同义词)。并且,根据本次修订的情况,去掉了"计划目标"、"先行工作"、"后继工作"、"平行工作"、"任务"、"工期"、"最短持续时间"、"资源强度"、"控制"、"检查"、"调整"以及"时限"、"最早开始时限"、"最早完成时限"、"中断时限"、"限停时限"、"工艺关系"、"组织关系"等等18条,其中有一些是因在修订过程中,已将有关条文删除,有的则是由于过分简单,不用解释;增加了"内向箭线"、"外向箭线"、"过桥法"、"指向法"、"工作计算法"、"节点计算法"、"虚拟节点"、"搭接网络图"、"时距"、"网络计划控制"等10条。

2.2 符号、代号

本节符号与代号系原《规程》前面的"主要符号与代号",在本次修订过程中,根据实施中的反映,作了较大的改动,主要理由是原《规程》中使用的符号、代号与国家标准不一致,同时也与国际上使用的习惯用法不一致,给使用者带来了很大不便。为了与国家标准一致,与国际常用的使用习惯接轨,在本次修订中,决定对原《规程》中的符号、代号的表达方式作了较大的变动。

3 双代号网络计划

3.1 一 般 规 定

3.1.1~3.1.3 双代号网络图的基本符号是圆圈、箭线及编号。圆圈表示节点,圆圈内的数字表示节点编号,节点表示某项工作开始或结束的瞬间。箭线表示一项工作，箭线下的数字表示某项工作的持续时间。箭线的箭尾节点表示该工作的开始，箭线的箭头节点表示该工作的结束。箭线长度并不表示该工作所占用时间的长短。箭线可以画成直线、折线和斜线。必要时，也可以画成曲线，但应以水平直线为主。箭线水平投影的方向自左向右，表示工作进行的方向。因此，除了虚工作，一般箭线均不宜画成垂直线。节点编号的顺序是：箭尾节点编号在前，箭头节点编号在后；凡是箭尾节点未编号，箭头节点不能编号。

3.1.4~3.1.5 双代号网络图中，虚箭线的唯一功能是用以正确表达相关工作的逻辑关系。它不消耗资源，持续时间为零，所以又称为虚工作。例如，从一个节点开始到另一个节点结束的若干项平行的工作，就需要用增加虚箭线的办法，如图 3.1.4 (a) 和 3.1.4 (b)。又如，有四项工作，A、B 同时开始，C、D 同时结束，D 在 A、B 后同时进行，C 仅在 A 后进行，增加一个虚箭线就能正确表达相关工作的逻辑关系，如图 3.1.4 (c)。在这个例子中，虚箭线联系 A 和 D，隔断 B 和 C。

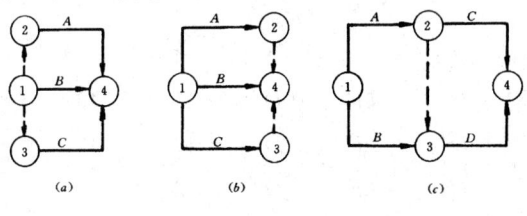

图 3.1.4

3.1.6 工作之间的逻辑关系包括工艺关系和组织关系

工艺关系是指生产工艺上客观存在的先后顺序。例如，建筑工程施工时，先做基础，后做主体；先做结构，后做装修。这些顺序是不能随意改变的。组织关系是指在不违反工艺关系的前提下，人为安排的工作的先后顺序。例如，建筑群中各个建筑物的开工顺序的先后；施工对象的分段流水作业等。这些顺序可以根据具体情况，按安全、经济、高效的原则统筹安排。无论工艺关系还是组织关系，在网络图中均表现为工作进行的先后顺序。

3.2 绘图规则

3.2.1~3.2.5 双代号网络图必须正确表达已定的逻辑关系，也就是工作计划的图象化与施工方案的实践性是一致的。这五条绘图规则就是保证网络图有向、有序，定义具有唯一性。如循环回路则会使计划工作无结果；两个节点间的连线出现双箭头或无箭头则工作顺序不明确；反之，任何箭线缺少一个节点，在网络图中都没有实际意义；至于允许局部共用一段箭线，则是只能在一项工作用唯一的一对节点的前提下才行，这就是母线法的应用，

见图 3.2.5。

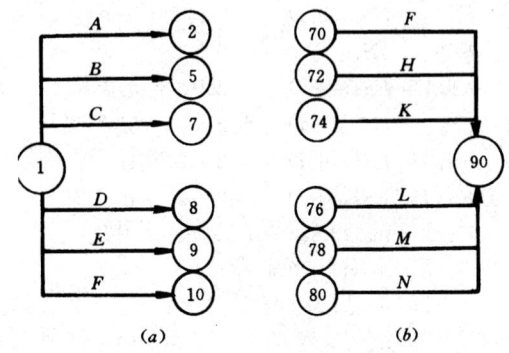

图 3.2.5 母线法绘图

3.2.6 绘制网络图时，尽可能在构图时避免交叉。当交叉不可避免、且交叉少时，采用过桥法，当箭线交叉过多时使用指向法，见图 3.2.6。采用指向法时应注意节点编号指向的大小关系，保持箭尾节点的编号小于箭头节点的编号。为了避免出现箭尾节点的编号大于箭头节点的编号的情况，指向法一般只在网络图已编号后才用。

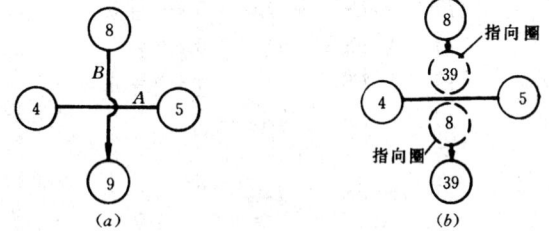

图 3.2.6 箭线交叉的表示方法
(a) 过桥法；(b) 指向法

3.2.7 双代号网络图是由许多条线路组成的、环环相套的封闭的图形。只允许有一个起点节点（该节点没有指向它的箭线）和一个终点节点（该节点没有背离它的箭线），而其他所有节点均是中间节点（既有指向它的箭线又有背离它的箭线）。双代号网络图必须严格遵守这一条。

3.3 按工作计算法计算时间参数

3.3.1~3.3.6 这几条主要规定双代号网络计划按工作计算法计算工作的最早开始时间、最早完成时间以及网络计划计算工期的计算、计划工期的确定方法和步骤。现以附录 A 中图 A.1 的 (a) 为例说明。

1 工作 1—2 的最早开始时间 ES_{1-2} 从网络计划的起点节点开始，顺着箭线方向依次逐项计算；因未规定其最早开始时间 ES_{1-2}，故按公式（3.3.3-1）确定：

$$ES_{1-2} = 0$$

其他工作的最早开始时间 ES_{i-j} 按公式（3.3.3-

2) 和公式（3.3.3-3）计算：

$$ES_{2-3} = ES_{1-2} + D_{1-2} = 0 + 2 = 2$$

$$ES_{2-4} = ES_{1-2} + D_{1-2} = 0 + 2 = 2$$

$$ES_{3-5} = ES_{2-3} + D_{2-3} = 2 + 3 = 5$$

$$ES_{3-7} = ES_{2-3} + D_{2-3} = 2 + 3 = 5$$

$$ES_{4-5} = ES_{2-4} + D_{2-4} = 2 + 2 = 4$$

$$ES_{4-8} = ES_{2-4} + D_{2-4} = 2 + 2 = 4$$

$$ES_{5-6} = \max\{ES_{3-5} + D_{3-5}, ES_{4-5} + D_{4-5}\}$$
$$= \max\{5 + 0, 4 + 0\}$$
$$= \max\{5, 4\}$$
$$= 5$$

$$ES_{6-7} = ES_{5-6} + D_{5-6} = 5 + 3 = 8$$

......

依次类推，算出其他工作的最早开始时间。

2 工作的最早完成时间就是本工作的最早开始时间 ES_{i-j} 与本工作的持续时 D_{i-j} 之和。按公式（3.3.4）计算：

$$EF_{1-2} = ES_{1-2} + D_{1-2} = 0 + 2 = 2$$

$$EF_{2-3} = ES_{2-3} + D_{2-3} = 2 + 3 = 5$$

$$EF_{2-4} = ES_{2-4} + D_{2-4} = 2 + 2 = 4$$

$$EF_{3-5} = ES_{3-5} + D_{3-5} = 5 + 0 = 5$$

$$EF_{3-7} = ES_{3-7} + D_{3-7} = 5 + 2 = 7$$

$$EF_{4-5} = ES_{4-5} + D_{4-5} = 4 + 0 = 4$$

$$EF_{4-8} = ES_{4-8} + D_{4-8} = 4 + 2 = 6$$

$$EF_{5-6} = ES_{5-6} + D_{5-6} = 5 + 3 = 8$$

$$EF_{6-7} = ES_{6-7} + D_{6-7} = 8 + 0 = 8$$

......

依次类推，算出其他工作的最早完成时间。

3 网络计划的计算工期 T_c 取以终节点 15 为箭头节点的工作 3-15 和工作 4-15 的最早完成时间的最大值，按公式（3.3.5）计算：

$$T_c = \max\{EF_{13-15}, EF_{14-15}\}$$
$$= \max\{22, 22\}$$
$$= 22$$

4 网络计划计算未规定要求工期，故其计划工期 T_p 按公式（3.3.6-2）取其计算工期：

$$T_p = T_c = 22$$

3.3.7～3.3.8 这二条规定了双代号网络计划按工作计算法计算工作的最迟完成时间和最迟开始时间的方法。现仍以附录 A 中图 A.1 的 a）为例说明：

1 网络计划结束工作 $i-j$ 的最迟完成时间按公式（3.3.7-1）计算：

$$LF_{13-15} = T_p = 22$$

$$LF_{14-15} = T_p = 22$$

2 网络计划其他工作 $i-j$ 的最迟完成时间均按公式（3.3.7-2）计算：

$$LF_{13-14} = \min\{LF_{14-15} - D_{14-15}\} = 22 - 3 = 19$$

$$LF_{12-13} = \min\{LF_{13-15} - D_{13-15}, LF_{13-14} - D_{13-14}\}$$
$$= \min\{22 - 3, 19 - 0\} = 19$$

$$LF_{11-14} = \min\{LF_{14-15} - D_{14-15}\} = 22 - 3 = 19$$

$$LF_{11-12} = \min\{LF_{12-13} - D_{12-13}\} = 19 - 4 = 15$$

$$LF_{10-11} = \min\{LF_{11-12} - D_{11-12}, LF_{11-14} - D_{11-14}\}$$
$$= \min\{15 - 1, 19 - 2\} = 14$$

$$LF_{9-12} = \min\{LF_{12-13} - D_{12-13}\} = 19 - 4 = 15$$

$$LF_{9-10} = \min\{LF_{10-11} - D_{10-11}\} = 14 - 2 = 12$$

$$LF_{8-9} = \min\{LF_{9-12} - D_{9-12}, LF_{9-10} - D_{9-10}\}$$
$$= \min\{15 - 2, 12 - 0\} = 12$$

$$LF_{7-10} = \min\{LF_{10-11} - D_{10-11}\} = 14 - 2 = 12$$

......

依次类推，算出其他工作的最迟完成时间。

3 网络计划所有工作 $i-j$ 的最迟开始时间均按公式（3.3.8 计算）：

$$LS_{14-15} = LF_{14-15} - D_{13-15} = 22 - 3 = 19$$

$$LS_{13-15} = LF_{13-15} - D_{13-15} = 22 - 3 = 19$$

$$LS_{12-13} = LF_{12-13} - D_{12-13} = 19 - 4 = 15$$

$$LS_{13-14} = LF_{13-14} - D_{13-14} = 19 - 0 = 19$$

$$LS_{11-14} = LF_{11-14} - D_{11-14} = 19 - 2 = 17$$

$$LS_{11-12} = LF_{11-12} - D_{11-12} = 15 - 1 = 14$$

$$LS_{10-11} = LF_{10-11} - D_{10-11} = 14 - 2 = 12$$

$$LS_{9-12} = LF_{9-12} - D_{9-12} = 15 - 2 = 13$$

$$LS_{9-10} = LF_{9-10} - D_{9-10} = 12 - 0 = 12$$

$$LS_{7-10} = LF_{7-10} - D_{7-10} = 12 - 4 = 8$$

......

依次类推，算出其他工作的最迟开始时间。

3.3.9～3.3.10 这二条规定了双代号网络图按工作计算法计算工作的总时差和自由时差的方法。现仍以附录 A 中图 A.1 的 (a) 为例说明：

1 网络所有工作 $i-j$ 的总时差可按公式（3.3.9-1）计算：

$$TF_{1-2} = LS_{1-2} - ES_{1-2} = 0 - 0 = 0$$

$$TF_{2-3} = LS_{2-3} - ES_{2-3} = 2 - 2 = 0$$

$$TF_{2-4} = LS_{2-4} - ES_{2-4} = 3 - 2 = 1$$

$$TF_{4-5} = LS_{4-5} - ES_{4-5} = 5 - 4 = 1$$

$$TF_{3-5} = LS_{3-5} - ES_{3-5} = 5 - 5 = 0$$

$$TF_{3-7} = LS_{3-7} - ES_{3-7} = 6 - 5 = 1$$

$$TF_{4-8} = LS_{4-8} - ES_{4-8} = 7 - 4 = 3$$

$$TF_{5-6} = LS_{5-6} - ES_{5-6} = 5 - 5 = 0$$

$$TF_{6-7} = LS_{6-7} - ES_{6-7} = 8 - 8 = 0$$

$$TF_{6-8} = LS_{6-8} - ES_{6-8} = 9 - 8 = 1$$

$$TF_{7-10} = LS_{7-10} - ES_{7-10} = 8 - 8 = 0$$

$$TF_{8-9} = LS_{8-9} - ES_{8-9} = 9 - 8 = 1$$

......

依次类推，算出其他工作的总时差。

2 网络计划中工作 $i-j$ 的自由时差可按公式（3.3.10-2）计算：

$$FF_{1-2} = ES_{2-3} - EF_{1-2} = 2-2 = 0$$
$$FF_{2-3} = ES_{3-5} - EF_{2-3} = 5-5 = 0$$
$$FF_{2-4} = ES_{4-5} - EF_{2-4} = 4-4 = 0$$
$$FF_{4-5} = ES_{5-6} - EF_{4-5} = 5-4 = 1$$
$$FF_{3-5} = ES_{5-6} - EF_{3-5} = 5-5 = 0$$
$$FF_{3-7} = ES_{7-10} - EF_{3-7} = 8-7 = 1$$
$$FF_{4-8} = ES_{8-9} - EF_{4-8} = 8-6 = 2$$
$$FF_{5-6} = ES_{6-8} - EF_{5-6} = 8-8 = 0$$
$$FF_{6-7} = ES_{7-10} - EF_{6-7} = 8-8 = 0$$
$$FF_{6-8} = ES_{8-9} - EF_{6-8} = 8-8 = 0$$
$$FF_{7-10} = ES_{10-11} - EF_{7-10} = 12-12 = 0$$
$$FF_{8-9} = ES_{9-12} - EF_{8-9} = 11-11 = 0$$
$$\cdots\cdots$$

依次类推，算出其他工作的自由时差。

式中虚箭线中的自由时差归其紧前工作所有。

3 网络计划中的结束工作 $i-j$ 的自由时差按公式（3.3.10-4）计算。

$$EF_{13-15} = T_p - EF_{13-15} = 22-22 = 0$$
$$EF_{14-15} = T_p - EF_{14-15} = 22-22 = 0$$

3.4 按节点计算法计算时间参数

3.4.1～3.4.6 这几条主要规定双代号网络图按节点计算法计算节点的最早时间、最迟时间以及网络计划计算工期的计算、计划工期的确定方法和步骤。现仍以附录 A 中图 A.1 的（b）为例说明：

1 节点 1 的最早时间 ET_1 因未规定其最早时间，故按公式（3.4.3-1）ET_1 等于零，即：

$$ET_1 = 0$$

2 其他节点的最早时间 ET_j 按公式（3.4.3-2）计算：

$$ET_2 = ET_1 + D_{1-2} = 0+2 = 2$$
$$ET_3 = ET_2 + D_{2-3} = 2+3 = 5$$
$$ET_4 = ET_2 + D_{2-4} = 2+2 = 4$$

节点 5 有二个内向箭线，其最早时间 ET_j 应按公式（3.4.3-3）计算：

$$ET_5 = \max\{ET_2 + D_{2-3}, ET_2 + D_{2-4}\}$$
$$= \max\{5, 4\}$$
$$= 5$$
$$\cdots\cdots$$

依次类推，算出节点 6 至 15 节点的最早时间。

3 网络计划的计算工期 T_c 的计算按第 3.4.4 条规定：

$$T_c = ET_{15} = 22$$

网络计划的计划工期 T_p 按第 3.4.6 条的规定：

$$T_p = T_c = 22$$

4 节点最迟时间从网络计划的终点节点开始，逆着箭线的方向依次逐项计算。节点 15 为终点节点，因未规定计划工期，故其最迟时间 LT_{15} 等于网络计划的计划工期 T_p：

$$LT_{15} = T_p = 22$$

其他节点最迟时间 LT_i 按公式（3.4.6-2）计算：

$$LT_{14} = LT_{15} - D_{14-15} = 22-3 = 19$$
$$LT_{13} = \min\{LT_{14} - D_{13-14}, LT_{15} - D_{13-15}\}$$
$$= \min\{19-0, 22-3\}$$
$$= \min\{19, 19\} = 19$$
$$LT_{12} = LT_{13} - D_{12-13} = 19-4 = 15$$
$$LT_{11} = \min\{LT_{14} - D_{11-14}, LT_{12} - D_{11-12}\}$$
$$= \min\{19-2, 15-1\}$$
$$= \min\{17, 14\} = 14$$
$$\cdots\cdots$$

依次类推，算出节点 10 至 1 节点的最早时间。

3.4.7～3.4.12 这几条主要规定双代号网络计划按节点计算法计算工作的最早开始时间、最早完成时间、最迟完成时间、最迟开始时间以及工作的总时差和自由时差的计算。现仍以附录 A 中图 A.1 的（b）为例说明：

1 工作的最早开始时间 ES_{i-j} 是其箭尾节点的最早时间，按公式（3.4.7）计算：

$$ES_{1-2} = ET_1 = 0$$
$$ES_{2-3} = ET_2 = 2$$
$$ES_{2-4} = ET_2 = 2$$
$$ES_{3-5} = ET_3 = 5$$
$$ES_{3-7} = ET_3 = 5$$
$$ES_{4-5} = ET_4 = 4$$
$$\cdots\cdots$$

依次类推，算出其他工作的最早时间。

2 工作的最早完成时间 EF_{i-j} 是其箭尾节点的最早时间与该工作持续时间之和，按公式（3.4.8）计算：

$$EF_{1-2} = ET_1 + D_{1-2} = 0+2 = 2$$
$$EF_{2-3} = ET_2 + D_{2-3} = 2+3 = 5$$
$$EF_{2-4} = ET_2 + D_{2-4} = 2+2 = 4$$
$$EF_{3-5} = ET_3 + D_{3-5} = 5+0 = 5$$
$$EF_{3-7} = ET_3 + D_{3-7} = 5+2 = 7$$
$$EF_{4-5} = ET_4 + D_{4-5} = 4+0 = 4$$
$$\cdots\cdots$$

依次类推，算出其他工作的最早完成时间。

3 工作的最迟完成时间 LF_{i-j} 是其箭头节点的最迟时间，按公式（3.4.9）计算：

$$LF_{1-2} = LT_2 = 2$$
$$LF_{2-3} = LT_3 = 5$$
$$LF_{2-4} = LT_4 = 5$$
$$LF_{3-5} = LT_5 = 5$$
$$LF_{3-7} = LT_7 = 8$$
$$LF_{4-5} = LT_5 = 5$$
$$\cdots\cdots$$

依次类推，算出其他工作的最迟完成时间。

4 工作的最迟开始时间 LS_{i-j} 是其箭尾节点的最迟时间与该工作持续时间之差，按公式（3.4.10）计算：

$$LS_{1-2} = LT_2 - D_{1-2} = 2 - 2 = 0$$
$$LS_{2-3} = LT_3 - D_{2-3} = 5 - 3 = 2$$
$$LS_{2-4} = LT_4 - D_{2-4} = 5 - 2 = 3$$
$$LS_{3-5} = LT_5 - D_{3-5} = 5 - 0 = 5$$
$$LS_{3-7} = LT_7 - D_{3-7} = 8 - 2 = 6$$
$$LS_{4-5} = LT_5 - D_{4-5} = 5 - 0 = 5$$

依次类推，算出其他工作的最迟开始时间。

5 工作的总时差 TF_{i-j} 是指在不影响总工期的前提下，工作具有的机动时间，按公式（3.4.11）计算：

$$TF_{1-2} = LT_2 - ET_1 - D_{1-2} = 2 - 0 - 2 = 0$$
$$TF_{2-3} = LT_3 - ET_2 - D_{2-3} = 5 - 2 - 3 = 0$$
$$TF_{2-4} = LT_4 - ET_2 - D_{2-4} = 5 - 2 - 2 = 1$$
$$TF_{3-5} = LT_5 - ET_3 - D_{3-5} = 5 - 5 - 0 = 0$$
$$TF_{3-7} = LT_7 - ET_3 - D_{3-7} = 8 - 5 - 2 = 1$$
$$TF_{4-5} = LT_5 - ET_4 - D_{4-5} = 5 - 4 - 0 = 1$$
$$\cdots\cdots$$

依次类推，算出其他工作的总时差。

6 工作的自由时差 FF_{i-j} 是指在不影响其紧后工作的前提下，工作具有的机动时间，按公式（3.4.12）计算：

$$FF_{1-2} = ET_2 - ET_1 - D_{1-2} = 2 - 0 - 2 = 0$$
$$FF_{2-3} = ET_3 - ET_2 - D_{2-3} = 5 - 2 - 3 = 0$$
$$FF_{2-4} = ET_4 - ET_2 - D_{2-4} = 4 - 2 - 2 = 0$$
$$FF_{3-5} = ET_5 - ET_3 - D_{3-5} = 5 - 5 - 0 = 0$$
$$FF_{3-7} = ET_7 - ET_3 - D_{3-7} = 8 - 5 - 2 = 1$$
$$FF_{4-5} = ET_5 - ET_4 - D_{4-5} = 5 - 4 - 0 = 1$$
$$\cdots\cdots$$

依次类推，算出其他工作的自由时差。

4 单代号网络计划

4.1 一 般 规 定

4.1.1 本条文规定的箭线画法，是为了便于在节点上标注时间参数，如图 4.3.2（a）所示的时间参数标注形式，若有竖向箭线，就会影响 TF_i 和 FF_i 的标注。但如用图 4.3.2（b）所示的标注形式，则可用竖向箭线。

4.1.2 单代号网络图中，工作的工作名称、持续时间和工作代号应标注在节点内。工作的时间参数，对于用圆圈来表示的节点，则宜标注在节点外，如图 4.3.2（a）所示；对于用方框来表示的节点，宜标注在节点内，如图 4.3.2（b）所示。

4.1.3 单代号网络图的节点必须编号，编号的

数码按箭线方向由小到大编排，编号顺序不一定按 1、2、3、4…的自数列，中间可以间断，如可按 0、5、10、15…的顺序编号。网络图第一个节点的编号不一定是 0，也可用 1、5、10、100 等数码。

4.1.5 工作之间的工艺关系是指生产工艺上客观存在的先后顺序，如只有支好模板，绑好钢筋后才能浇混凝土，反之则不符合生产规律。组织关系是根据施工组织方案，人为安排的先后工作顺序，如组织流水施工时，工作队则按顺序由一个施工段转移到另一个施工段去工作，这就是组织上的逻辑关系。

4.1.6 单代号网络图中的线路，可用代号表述，也可用工作名称表述。如图 4.1.1 所示的单代号网络图中的一条线路可表述为 1→2→5→6，也可表述为 S_t→B→E→F_{in}。

4.2 绘 图 规 则

4.2.1～4.2.4 网络图是有向有序图，是严格按照各项工作之间的逻辑关系来绘制的，这 4 条绘图规则是保证网络图按既定的工作顺序来排列。双向箭头或无箭头连线无法判断工作进行方向；没有箭尾节点的节点不知紧前工作，没有箭头节点的节点则不知紧后工作。

4.2.5 本文中指出的指向法，一般用于交叉箭线较多、两相邻工作在网络图平面布置上相距又较远的情况下。如采用过桥法能较好地处理交叉箭线，则尽量不用指向法。

4.2.6 在单代号网络图中增设虚拟的无内向箭线的节点和终点节点，这是为了使整个图形封闭，并有利于计算时间参数。若单代号网络图中只有一项无内向箭线的工作，就不必增设虚拟的起点节点；若只有一项无外向箭线的工作，就不必增设虚拟的终点节点。

4.3 时间参数的计算

4.3.1 各项工作的持续时间是计算网络计划时间参数的基础，没有各项工作的持续时间，就无法计算网络计划的其他时间参数。

4.3.2 网络计划中时间参数标注方法以往各不相同。为统一起见，本条规定了以圆圈为节点的和以方框为节点的两种时间参数的标注方式。

4.3.3～4.3.7 在这几条中，主要规定单代号网络计划计算时间参数的方法。具体的计算步骤主要有两种。

第一种步骤是：先计算最早开始时间和最早完成时间，再计算时间间隔，根据时间间隔计算自由时差和总时差，再根据总时差计算最迟开始时间和最迟完成时间。

第二种步骤是：先计算最早开始时间和最早完成时间，再计算最迟完成和最迟开始时间，再计算总时

差和自由时差。现以附录 A 中图 A.3 为例说明如下。

1 按第一种步骤计算

（1）计算工作的最早开始时间和最早完成时间

按规定，工作的最早开始时间和最早完成时间应从网络计划的起点节点开始，顺着箭线方向自左至右依次逐项计算，直到终点节点为止。先计算起点节点 1 所代表的工作 A1，因为未规定其最早开始时间，所以由公式（4.3.3-1）得到

$$ES_1 = 0$$

其他工作 i 的最早开始时间和最早完成时间按公式（4.3.3-2）、（4.3.4）依次计算如下：

$EF_1 = 0 + 2 = 2;$

$ES_2 = EF_1 = 2;$

$EF_2 = ES_2 + D_2 = 2 + 2 = 4;$

$ES_3 = EF_1 = 2;$

$EF_3 = ES_3 + D_3 = 2 + 3 = 5;$

$ES_4 = EF_2 = 4;$

......

$ES_5 = \max\{EF_2, EF_3\} = \max\{4,5\} = 5;$

......

$ES_{12} = EF_9 = 14;$

$EF_{12} = ES_{12} + D_{12} = 14 + 2 = 16;$

$ES_{13} = \max\{EF_{10}, EF_{11}\} = \max\{13,15\} = 15;$

$EF_{13} = ES_{13} + D_{13} = 15 + 4 = 19;$

$ES_{14} = \max\{EF_{12}, EF_{13}\} = \max\{16,19\} = 19;$

$EF_{14} = ES_{14} + D_{14} = 19 + 3 = 22;$

$ES_{15} = EF_{13} = 19;$

$EF_{15} = 19 + 3 = 22;$

$ES_{16} = \max\{EF_{14}, EF_{15}\} = \max\{22,22\} = 22;$

$EF_{16} = ES_{16} + D_{16} = 22 + 0 = 22。$

（2）网络计划的计算工期按公式（4.3.5）得出：

$$T_c = EF_{16} = 22$$

（3）网络计划的计划工期由于未规定要求工期，故可取其等于计算工期：

$$T_p = T_c = 22$$

（4）逆着箭线方向自右至左依次逐项计算时间间隔

1）按公式（4.3.7-1）计算，得出：

$LAG_{15,16} = T_p - EF_{15} = 22 - 22 = 0$

$LAG_{14,16} = T_p - EF_{14} = 22 - 22 = 0$

2）按公式（4.3.7-2）计算，得出：

$LAG_{13,15} = ES_{15} - EF_{13} = 19 - 19 = 0$

$LAG_{13,14} = ES_{14} - EF_{13} = 19 - 19 = 0$

$LAG_{12,14} = ES_{14} - EF_{12} = 19 - 16 = 3$

......

（5）逆着箭线方向自右至左依次逐项计算工作的总时差

1）按公式（4.3.8-1）计算，得出网络计划终点节点的总时差：

$$TF_{16} = T_p - EF_{16} = 22 - 22 = 0$$

2）按公式（4.3.8-2）计算，得出其他节点的总时差：

$TF_{15} = TF_{16} + LAG_{15,16} = 0 + 0 = 0;$

$TF_{14} = TF_{16} + LAG_{14,16} = 0 + 0 = 0;$

$TF_{13} = \min\{(TF_{15} + LAG_{13,15}),(TF_{14} + LAG_{13,14})\}$
$\qquad = \min\{(0+0),(0+0)\} = 0;$

$TF_{12} = TF_{14} + LAG_{12,14} = 0 + 3 = 3;$

......

（6）计算工作的自由时差

1）按公式（4.3.9-1）计算，得出网络计划终点节点的自由时差（注：此处本为虚拟的终点节点，为示例，把它当作工作节点计算）

$$FF_{16} = T_p - EF_{16} = 22 - 22 = 0$$

2）按公式（4.3.9-2）计算，得出其他节点的自由时差

$FF_{15} = LAG_{15,16} = 0$

$FF_{14} = LAG_{14,16} = 0$

$FF_{13} = \min\{LAG_{13,15}, LAG_{13,14}\} = \min\{0,0\} = 0$

$FF_{12} = LAG_{12,14} = 3$

......

（7）计算工作的最迟开始时间和最迟完成时间

按公式（4.3.11-2）、（4.3.10-3）计算，得出：

$LS_1 = ES_1 + TF_1 = 0 + 0 = 0;$

$LF_1 = EF_1 + TF_1 = 2 + 0 = 2;$

$LS_2 = ES_2 + TF_2 = 2 + 1 = 3;$

$LS_2 = EF_2 + TF_2 = 4 + 1 = 5;$

......

2 按第二种步骤计算

（1）计算工作的最早开始时间和最早完成时间

与第一种步骤计算相同；

（2）计算网络计划的计算工期

与第一种步骤计算相同；

（3）计算网络计划的计划工期

与第一种步骤计算相同；

（4）逆着箭线方向自右至左依次逐项计算工作的最迟完成时间和最迟开始时间

1）按公式（4.3.10-1）计算终点节点的最迟完成时间：

$$LF_{16} = T_p = 22$$

2）按公式（4.3.10-2）、（4.3.11-1）计算工作的最迟完成时间和最迟开始时间：

$LS_{16} = LF_{16} - D_{16} = 22 - 0 = 22;$

$LF_{15} = LS_{16} = 22;$

$LS_{15} = LF_{15} - D_{15} = 22 - 3 = 19;$

$LF_{14} = LS_{16} = 22;$

$LS_{14} = LF_{14} - D_{14} = 22 - 3 = 19;$

$LF_{13} = \min\{LS_{15}, LS_{14}\} = \min\{19,19\} = 19;$

$$LS_{13} = LF_{13} - D_{13} = 19 - 4 = 15;$$
......

（5）逆着箭线方向自右至左依次逐项计算时间间隔

与第一种步骤计算相同。

（6）逆着箭线方向自右至左依次逐项计算工作的总时差

与第一种步骤计算相同。

（7）计算自由时差

与第一种步骤计算相同。

4.4 关键工作和关键线路的确定

4.4.1 当计划工期等于计算工期时，工作的总时差为零是最小的总时差。当有要求工期，且要求工期小于计算工期时，总时差最小的为负值，当要求工期大于计算工期时，总时差最小的为正值。

4.4.2 在单代号网络计划中，全由关键工作连接起来的线路不一定是关键线路，还必须是所有相邻两关键工作之间的时间间隔都为零的线路，才是关键线路。

5 双代号时标网络计划

5.1 一般规定

5.1.1 时标网络计划是以水平时间坐标为尺度表示工作时间的网络计划，这种网络计划图简称为时标图，它的时间单位是根据该网络计划的需要而确定的。由于时标图兼有横道图的直观性和网络图的逻辑性，在工程实践中应用比较普遍，在编制实施网络计划时，其应用面甚至大于无时标网络计划，因此，其编制方法和使用方法受到应用者的普遍重视。

过去由于缺乏统一的规定，时标图的画法比较混乱，符号使用随意性严重，图面错误很普遍，影响了识图、使用和交流。在学术界也存在着用双代号法还是用单代号法编制、按最早时间还是按最迟时间绘制、用什么符号表达节点、时间和时差的争论，以至影响这一技术的发展。

在实践中，由于使用双代号法编制时标网络计划为多数，所以在本规程中只对双代号时标网络计划做出了规定，并不再提倡使用单代号时标网络计划。"水平时间坐标"即横坐标，时标单位是指横坐标上的刻度代表的时间量。一个刻度可以是等于或多于1个时间单位的整倍数，但不应小于1个时间单位。

5.1.2~5.1.3 这两条是根据在我国多年来使用时标网络计划中所采用符号的主流规定的。有时虚箭线中有自由时差，亦应用波形线表示。无论哪一种箭线，均应在其末端绘出箭头。在工作中有自由时差时，按图5.1.2-1所示的方式表达，波形线紧接在实

箭线的末端；虚工作中有时差时，按图5.1.2-2所示方式表达，不得在波形线之后画实线。

在图面上，节点无论大小均应看成一个点，其中心必须对准相应的时标位置，它在时间坐标上的水平投影长度应看成为零。

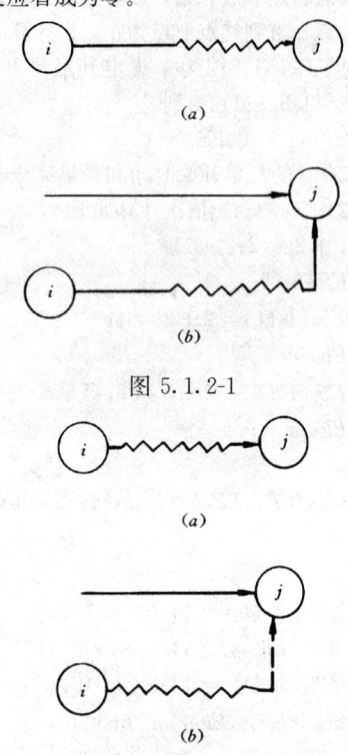

图 5.1.2-1

图 5.1.2-2

5.2 时标网络计划的编制

5.2.1 本条是从实际应用的意义上考虑做出的规定。按最早时间编制时标网络计划，其时差出现在最早完成时间之后，这就给时差的应用带来了灵活性，并使时差有实际应用的价值。如果按最迟时间绘制时标网络计划，其时差出现在最迟开始时间之前，这种情况下，如果把时差利用了再去完成工作，则工作便再没有利用时差的可能性，使一项本来有时差的工作，因时差用尽、拖到最迟必须开始时才开始，而变成了"关键工作"。所以按最迟时间编制时标网络计划的做法不宜使用，在本规程中不提倡按最迟时间编制时标网络计划。

5.2.2 本条规定了时标表的标准格式，时标表格式规范化，有利于使用单位统一印制以节省工作时间，也有利于图面清晰、表达准确和识图。日历中还可标注月历。时标一般标注在时标表的顶部或底部，为清楚起见，有时也可在时标表的上下同时标注。

5.2.3 时标网络计划是先按草图计算时间参数后再绘制，还是直接按草图在时标表上绘制，由编制者按自己的习惯选择。不论采用何种方法，均应首先绘制无时标网络计划草图。前一种方法的优点是，编

制无时标网络计划后可以与草图的计算结果进行对比校核；后一种方法的优点是省去计算，节省编绘时间。

5.2.4 现以附录 A 中图 A.2 举例，说明先计算后绘制方法的步骤如下：

1 绘制的网络计划草图如图 A.1 所示；

2 计算工作最早时间并标注在图上；

3 在时标表上，按最早开始时间确定每项工作的开始节点位置（图形尽量与草图一致，见图 A.2）；

4 按各工作的时间长度绘制相应工作的实线部分，使其在时间坐标上的水平投影长度等于工作时间；虚工作因为不占时间，故只能以垂直虚线表示；

5 用波形线把实线部分与其紧后工作的开始节点连接起来，以表示自由时差；

完成后的时标网络计划如图 A.2 所示。

5.2.5 举例说明不经计算直接按草图编制时标网络计划的步骤，如同将图 A.1 搬到时标表上，完成后的时标网络计划仍如图 A.2。

按本条第一款，将起始节点①定位在时标表的起始刻度线上；

按本条第二款，按工作的持续时间绘制①节点的外向箭线①～②；

按本条第三、四款的规定自左至右依次确定其余各节点的位置，如②、③、④、⑥、⑨、⑪节点之前只有一条内向箭线，则在其内向箭线绘制完成后即可在其末端将上述节点绘出；⑤、⑦、⑧、⑩、⑫、⑬、⑭、⑮节点则必须待其前面的两条内向箭线都绘制完成后才能定位在这些内向箭线中最晚完成的时刻处；其中，⑤、⑦、⑧、⑩、⑫、⑭各节点均有长度不足以达到该节点的内向实箭线，故用波形线补足；

按本条第四款规定，⑮节点定位后，该时标网络计划即绘制完成。

5.3 关键线路和时间参数的确定

5.3.1 本条规定的判定双代号时标网络计划关键线路的方法，理由是，如果某条线路自始至终都没有波形线，这条线路就不存在自由时差，也不存在总时差，它没有机动余地，当然就是关键线路。或者说，这条线路上的各工作的最迟开始时间与最早开始时间是相等的，这样的线路特征只有关键线路才能具备。

5.3.2~5.3.3 这两条规定了判定计算工期和判定工作的最早开始与最早完成时间的方法。这里指的是按最早时间绘制的时标网络计划，每一项工作都按最早开始时间确定其箭尾位置，起点节点定位在时标表的起始刻度线上，表示每一项工作的箭线在时间坐标上的水平投影长度都与其延续时间相对应，因此代表该工作的箭线末端（箭头）对应的时标值必然是该工作的最早完成时间，终点节点表示所有工作都完成，它所对应的时标值，也就是该网络计划的总工期。

5.3.4 本条规定了判定自由时差的方法，这是因为双代号时标网络计划其波形线的后面节点所对应的时标值，是波形线所在工作的紧后工作的最早开始时间，波形线的起点对应的时标值是本工作的最早完成时间。因此，按照自由时差的定义，紧后工作的最早开始时间与本工作的最早完成时间的差（即"波形线在坐标轴上的水平投影长度"）就是本工作的自由时差。

5.3.5 本条规定判定工作总时差的方法，理由如下：

由于工作总时差值受计算工期制约，因此它应当自右向左推算，所以规程中说，工作的总时差只有在其诸紧后工作的总时差被判定后才能判定。

总时差值"等于其诸紧后工作总时差的最小值与本工作的自由时差之和"，是因为总时差是某线路段上各项工作共有的时差，其值大于或等于其中任一工作的自由时差。因此，某工作的总时差除本工作独有的自由时差必然是其中之一部分之外，还必然包含其紧后工作的总时差。如果本工作有多项紧后工作，只有取诸紧后工作总时差的最小值才不会影响总工期。如果一项工作没有紧后工作，其总时差除包含其自由时差之外，就不会有其他的机动时间可用，这样的工作其实只能是计划中的最后工作。

5.3.6 本条的计算公式（5.3.6-1）和（5.3.6-2）是用总时差的计算公式（3.3.9-1）和（3.3.9-2）推导出来的，故在计算完总时差后，即可计算其最迟开始时间 LS_{i-j} 和最迟完成时间 LF_{i-j}。

6 单代号搭接网络计划

6.1 一般规定

6.1.1 单代号搭接网络图是用节点表示工作，而箭线及其上面的时距符号，表示相邻工作间的逻辑关系。

6.1.2 见 4.1 和 4.2 的说明。工作的搭接顺序关系是用前项工作的开始或完成时间与其紧后工作的开始或完成时间之间的间距来表示。

$STS_{i,j}$——工作 i 开始时间与其紧后工作 j 开始时间的时间间距

$FTF_{i,j}$——工作 i 完成时间与其紧后工作 j 完成时间的时间间距

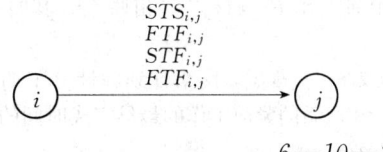

6.2 时间参数的计算

6.2.1 搭接网络计划中,各项工作的持续时间应是肯定的,各项工作之间除有确定的顺序关系之外,还应有确定的时距,才能进行网络计划的时间参数计算。

6.2.2 搭接网络计划时间参数的标注方法,可以用不同的形式表示,为统一起见,本条规定了搭接网络计划时间参数标注形式,工作名称和工作持续时间标注在节点圆圈内,工作的时间参数(如 ES,EF,LS,LF,TF,FF)标注在圆圈的上下。而工作之间的时间参数(如 STS,ETF,STF,FTS 和时间间隔 $LAG_{i,j}$ 标注在联系线的上下方。

6.2.3~6.2.4 这两条规定了工作最早时间的计算方法、计算步骤及相应的处理措施。现以附录B中图 B.1 为例说明:

计算最早时间参数应从起点节点开始进行,顺箭线方向自左向右依次逐项计算。

凡与虚拟的起点节点相联系的工作最早开始时间都为零。按(6.2.3-1)式计算

$$ES_A = 0$$

然后计算紧后工作的最早开始时间。按(6.2.3-2~6.2.3-5)式计算。

$$ES_B = 0 + 2 = 2$$
$$ES_C = 0 + 6 + 4 - 14 = -4$$
$$ES_D = 0 + 6 + 2 - 10 = -2$$

因按时距计算 ES_C,ES_D 均为负值,故应将该工作与起点节点相联系,确定时距 $STS=0$。

则 C、D 工作就出现有两项紧前工作,则计算 ES 值应取最大值:

故
$$ES_C = \max(0, -4) = 0$$
$$ES_D = \max(0, -2) = 0$$

C、D 工作时间参数调整之后,才能进行紧后工作的时间参数计算:

$$ES_E = \max(2 + 8 + 2, 0 + 6) = 12$$
$$ES_K = \max(0 + 3, 0 + 14 + 6 - 14, 0 + 10 + 14 - 14) = 10$$

……

工作最早完成时间按(6.2.3-7)式计算

$$EF_A = 0 + 6 = 6$$
$$EF_B = 2 + 8 = 10$$

……

6.2.5 中间工作 K 的最早完成时间值最大,但未与终点节点相联系,无法决定终点节点的工期,为使终点节点决定工期,故应将最早完成时间最大值的中间工作 K 与终点节相联系,其时距确定为 $FTF=0$。

6.2.6 按规定,网络计划的计算工期是由与终点节点相联系的紧前工作的最早完成时间的最大值

$$T_c = \max \begin{bmatrix} EF_K \\ EF_G \\ EF_H \end{bmatrix} = \max \begin{bmatrix} 24 \\ 16 \\ 20 \end{bmatrix} = 24$$

6.2.7 网络计划的计划工期

由于未规定要求工期,故 $T_p = T_c = 24$

6.2.8 搭接网络计划工作之间应满足要求的时距之外,还有一段多余的时间间隔 $LAG_{i,j}$。

应按(6.2.8)式计算:

$$LAG_{A,B} = 2 - 0 - 2 = 0$$
$$LAG_{A,C} = 14 - 6 - 4 = 4$$

……

$$LAG_{C,K} = \min(10 - 0 - 3, 24 - 14 - 6) = 4$$

……

$$LAG_{E,F} = (24 - 22 - 0) = 2$$

……

6.2.9 各项工作的总时差 TF_i 可按本规程第 4.3.8 条的规定的计算式(4.3.8-1)和(4.3.8-2)进行

终点节点的总时差 $TF_F = 0$

其他节点的总时差:

$$TF_H = (4 + 0) = 4$$

…………

$$TF_E = \min(2 + 0, 0 + 4) = 2$$

…………

$$TF_B = (0 + 2) = 2$$

…………

6.2.10 各项工作的自由时差 FF,可按本规程第 4.3.9 条规定的计算公式(4.3.9-1)和(4.3.9-2)进行计算。

$$FF_F = 0$$
$$FF_A = \min(0, 4, 2) = 0$$

……

6.2.11~6.2.12 各项工作的最迟完成时间和最迟开始时间的计算,可按照本规程第 4.3.10 条和第 4.3.11 条规定的公式进行。

6.3 关键工作和关键线路的确定

6.3.1 搭接网络计划中工作总时差最小的工作,也即是其具有的机动时间最小,如果延长其持续时间就会影响计划工期,因此为关键工作。

6.3.2 在搭接网络计划中从起点节点 S_t 开始总时差为最小的工作,沿时间间隔为零($LAG_{i,j}=0$)的线路贯通至终点节点 F_{in},则该条线路即为关键线路。

7 网络计划的优化

7.2 工 期 优 化

7.2.2 结合示例说明工期优化的计算步骤。

某网络计划如图 7.2.2-1 所示。图中箭线上面括号外数字为工作正常持续时间，括号内数字为工作最短持续时间，假定上级指令性工期为 100d。

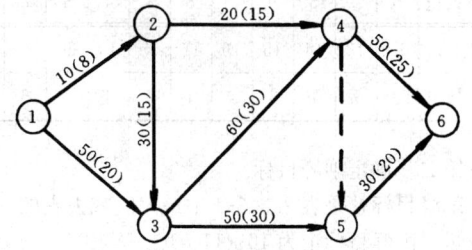

图 7.2.2-1 某网络计划

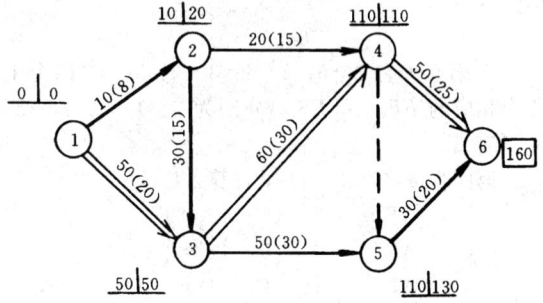

图 7.2.2-2 某网络计划

第一步计算并找出网络计划的关键工作及关键线路。用工作正常持续时间计算节点的最早时间和最迟时间如图 7.2.2-2 所示。

其中关键线路用双箭线表示，为 1—3—4—6，关键工作为 1—3、3—4、4—6。

第二步计算需缩短工期。根据图 7.2.2-2 所计算的工期需要缩短时间 60d，根据图 7.2.2-1 中数据，关键工作 1—3 可缩短 30d，3—4 可缩短 30d，4—6 可缩短 25d，共计可缩短 85d，考虑第 7.2.3 条中的选择因素，缩短工作 4—6，增加劳动力较多，故仅缩短工作 1—3 和 3—4，用最短持续时间代替正常工作时间，重新计算网络计划工期，如图 7.2.2-3 所示。

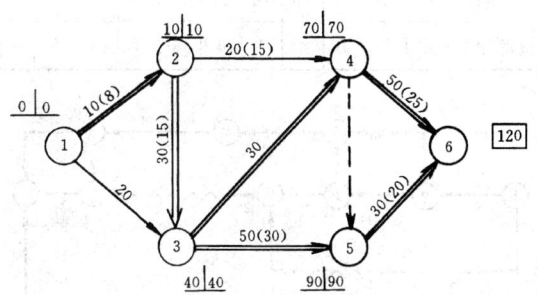

图 7.2.2-3 某网络计划

其中关键线路为 1—2—3—5—6 及 1—2—3—4—6，关键工作为 1—2、2—3、3—5、5—6、3—4、4—6。

与上级下达指令性工期比尚需压缩 20d。考虑第 7.2.3 条的选择因素，选择工作 4—6、3—5 较宜，

用最短工作持续时间换置工作 3—5 正常持续时间，工作 4—6 缩短 20d，重新计算网络计划工期，如图 7.2.2-4 所示。

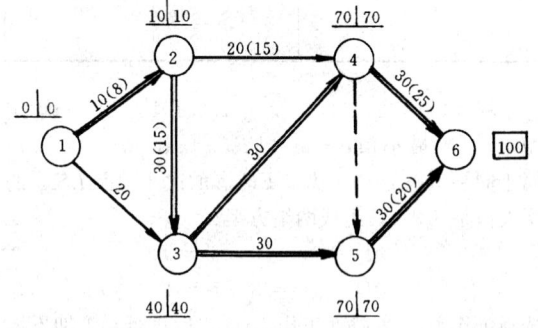

图 7.2.2-4 某网络计划

工期达到 100d，满足规定工期要求，图 7.2.2-4 便是满足规定工期要求的网络计划。

7.3 资 源 优 化

7.3.1～7.3.2 结合示例说明资源有限——工期最短优化的工作最早开始时间调整的方法与步骤。

某网络计划如图 7.3.1-1 所示，图中箭线上的数为工作持续时间，箭线下的数为工作资源强度，假定每天只有 9 个工人可供使用，如何安排各工作最早开始时间使工期达到最短？

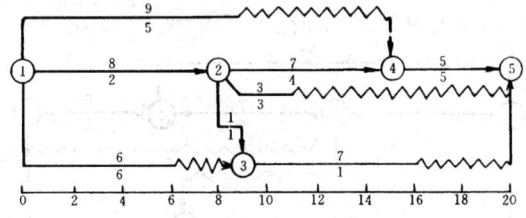

图 7.3.1-1 某网络计划

第一步 计算每日资源需用量，如表 7.3.1-1 所示。

表 7.3.1-1 每日资源数量表

工作日	1	2	3	4	5	6	7	8	9	10
资源数量	13	13	13	13	13	13	7	7	13	8
工作日	11	12	13	14	15	16	17	18	19	20
资源数量	8	5	5	5	5	6	5	5	5	5

第二步 逐日检查是否满足要求？在表 7.3.1-1 中看到第一天资源需用量就超过可供资源量（9 人）要求，必须进行工作最早开始时间调整。

第三步 分析资源超限的时段。在第 1～6 天，有工作 1—4、1—2、1—3，分别计算 EF_{i-j}、LS_{i-j}，确定调整工作最早开始时间方案，见表 7.3.1-2。

表 7.3.1-2　超过资源限量的时段的工作时间参数表

工作代号 $i-j$	EF_{i-j}	LS_{i-j}
1—4	9	6
1—2	8	0
1—3	6	7

根据（7.3.1-2）及（7.3.1-1）式，确定 $\Delta D_{m'-n',i'-j'}$ 最小值，min $\{EF_{m-n}\}$ 和 max $\{LS_{i-j}\}$ 属于同一工作 1—3，找出 EF_{m-n} 的次小值及 LS_{i-j} 的次大值是 8 和 6，组成两组方案。

$$\Delta D_{1-3,1-4} = 6-6 = 0$$
$$\Delta D_{1-2,1-3} = 8-7 = 1$$

选择工作 1—4 安排在工作 1—3 之后进行，工期不增加，每天资源需用量从 13 人减少到 8 人，满足要求。如果有多个平行作业工作，当调整一项工作的最早开始时间后仍不能满足要求，就应继续调整。

表 7.3.1-3　可行优化方案的每日资源数量表

工作日	1	2	3	4	5	6	7	8	9	10	11
资源数量	8	8	8	8	7	7	7	7	9	9	9
工作日	12	13	14	15	16	17	18	19	20	21	22
资源数量	9	9	9	9	8	4	9	6	6	6	6

重复以上计算方法与步骤。可行优化方案如表 7.3.1-3 及图 7.3.1-2 所示。

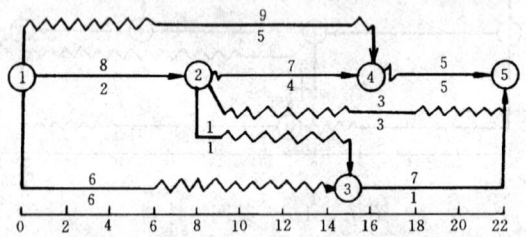

图 7.3.1-2　可行优化网络计划

单代号网络计划计算方法及步骤与双代号网络计划的计算方法与步骤一样。

7.3.3～7.3.4 结合示例说明削高峰法。某时标网络计划如图 7.3.3-1 所示。箭线上的数字表示工作持续时间，箭线下的数字则表示工作资源强度。

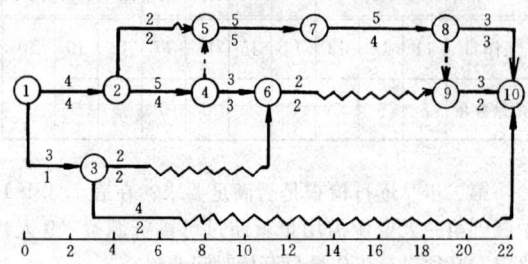

图 7.3.3-1　某时标网络计划

计算方法及步骤：

第一步计算每日所需资源数量，如表 7.3.3-1。

表 7.3.3-1　每日资源数量表

工作日	1	2	3	4	5	6	7	8	9	10	11
资源数量	5	5	5	9	11	8	8	4	4	8	8
工作日	12	13	14	15	16	17	18	19	20	21	11
资源数量	8	7	7	4	6	6	6	4	5	5	5

第二步确定削峰目标。

削峰目标就是表 7.3.3-1 中最大值减去它的一个单位量。削峰目标定为 10（11—1）。

第三步找出下界时间点 T_h 及有关工作 $i-j$ 的 ES_{i-j}，TF_{i-j}。

$$T_h = 5;$$

在第 5 天有 2—5、2—4、3—6、3—10 四个工作，相应的 FF_{i-j} 和 ES_{i-j} 分别为 2、4、0、4、12、3、15、3。

第四步按（7.3.4-1）式计算 ΔT_{i-j}

$$\Delta T_{2-5} = 2-(5-4) = 1$$
$$\Delta T_{2-4} = 0-(5-4) = -1$$
$$\Delta T_{3-6} = 12-(5-3) = 10$$
$$\Delta T_{3-10} = 15-(5-3) = 13$$

其中工作 3—10 的 ΔT_{3-10} 值最大，故优先将该工作向右移动 2 天（即第 5 天以后开始），然后计算每日资源数量，看峰值是否小于或等于削峰目标（= 10）。如果由于工作 3—10 最早开始时间改变，在其他时段中出现超过削峰目标的情况时，则重复 3～5 步骤，直至不超过削峰目标为止。本例工作 3—10 调整后，其他时间里没有再出现超过削峰目标，见表 7.3.3-2 及图 7.3.3-2。

表 7.3.3-2　每日资源数量表

工作日	1	2	3	4	5	6	7	8	9	10	11
资源数量	5	5	5	7	9	8	8	6	6	8	8
工作日	12	13	14	15	16	17	18	19	20	21	11
资源数量	8	7	7	4	6	6	6	4	5	5	5

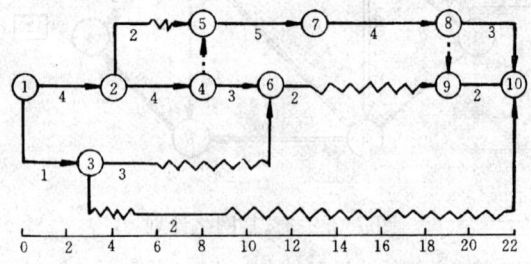

图 7.3.3-2　第一次调整后的时标网络计划

表从 7.3.3-2 得知，经第一次调整后，资源数量最大值为 9，故削峰目标定为 8。逐日检查至第 5 天，资源数量超过削峰目标值，在第 5 天中有工作 2—4、

3—6、2—5，计算各 ΔT_{i-j} 值：

$$\Delta T_{2-4} = 0 - (5-4) = -1$$
$$\Delta T_{3-6} = 12 - (5-3) = 10$$
$$\Delta T_{2-5} = 2 - (5-4) = 1$$

其中工作 ΔT_{3-6} 值为最大，故优先调整工作3—6，将其向右移动2天，资源数量变化见表7.3.3-3。

表 7.3.3-3 每日资源数量表

工作日	1	2	3	4	5	6	7	8	9	10	11
资源数量	5	5	5	4	6	11	11	6	6	8	8
工作日	12	13	14	15	16	17	18	19	20	21	11
资源数量	8	7	7	4	4	4	4	4	5	5	5

由表可知在第6、7两天资源数量又超过8。在这一时段中有工作2—5、2—4、3—6、3—10，再计算 ΔT_{i-j} 值：

$$\Delta T_{2-5} = 2 - (7-4) = -1$$
$$\Delta T_{2-4} = 0 - (7-4) = -3$$
$$\Delta T_{3-6} = 10 - (7-5) = 8$$
$$\Delta T_{3-10} = 12 - (7-5) = 10$$

按理应选择 ΔT_{i-j} 值最大的工作3—10，但因为它的资源强度为2，调整它仍然不能达到削峰目标，故选择工作3—6（它的资源强度为3），满足削峰目标，将使之向右移动2天。

通过重复上述计算步骤，最后削峰目标定为7，不能再减少了，优化计算结果见表7.3.3-4及图7.3.3-3。

表 7.3.3-4 每日资源数量表

工作日	1	2	3	4	5	6	7	8	9	10	11
资源数量	5	5	5	4	6	6	6	7	7	5	7
工作日	12	13	14	15	16	17	18	19	20	21	11
资源数量	7	7	7	7	7	7	7	6	5	5	5

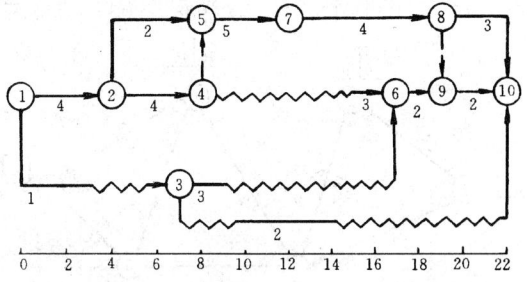

图 7.3.3-3 资源调整完成的时标网络计划

削高峰法的单代号网络计划的计算方法和步骤参看本例方法与步骤。ΔT_{i-j} 值的含意相当于工作总时差，当 $\Delta T_{i-j} < 0$ 时，表示调整该工作最早开始时间后延长工期，因此只能选择 $\Delta T_{i-j} > 0$ 的工作进行最早开始时间调整。

7.4 费 用 优 化

7.4.1～7.4.2 结合示例说明计算方法及步骤。

已知网络计划如图7.4.1-1。试求出费用最少的工期。图中箭线上方为工作的正常费用和最短时间的费用（以千元为单位），箭线下方为工作的正常持续时间和最短的持续时间。已知间接费率为120元/d。

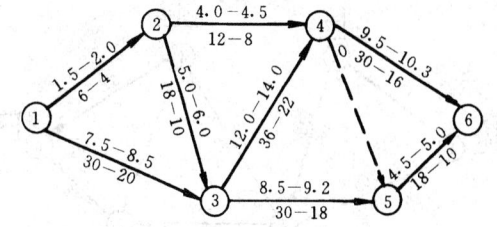

图 7.4.1-1 已知网络图

第一步 简化网络图

简化网络图的目的是在缩短工期过程中，删去那些不能变成关键工作的非关键工作，使网络图简化，减少计算工作量。

首先按持续时间计算，找出关键线路及关键工作，如图7.4.1-2。

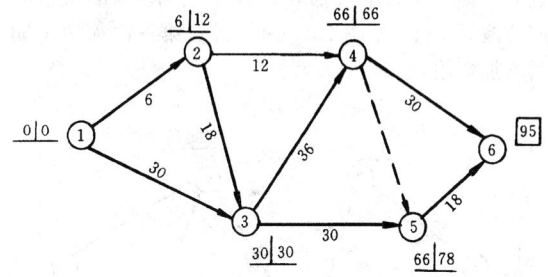

图 7.4.1-2 按正常持续时间计算的网络计划

其次，从图7.4.1-2中看，关键线路为1—3—4—6，关键工作为1—3、3—4、4—6。用最短的持续时间置换那些关键工作的正常持续时间，重新计算，找出关键线路及关键工作。重复本步骤，直至不能增加新的关键线路为止。

经计算，图7.4.1-2中的工作2—4不能转变为关键工作，故删去它，重新整理成新的网络计划，如图7.4.1-3所示。

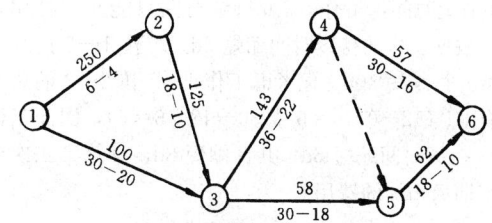

图 7.4.1-3 新的网络计划

第二步 计算各工作费用率

按式（7.4.2-1）计算工作 1—2 的费用率 ΔC_{1-2} 为

$$\Delta C_{1-2} = \frac{CC_{1-2} - CN_{1-2}}{DN_{1-2} - DC_{1-2}} = \frac{2000 - 1500}{6 - 4} = 250 \text{ 元}/d$$

其他工作费用率均按（7.4.2-1）式计算，将它们标注在图 7.4.1-3 中的箭线上方。

第三步　找出关键线路上工作费用率最低的关键工作。在图 7.4.1-4 中，关键线路为 1—3—4—6，工作费用率最低的关键工作是 4—6。

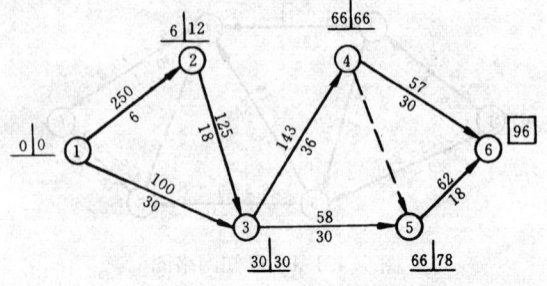

图 7.4.1-4　按新的网络计划确定关键线路

第四步　确定缩短时间大小的原则是原关键线路不能变为非关键线路。

已知关键工作 4—6 的持续时间可缩短 14d，由于工作 5—6 的总时差只有 12d（96—18—66=12），因此，第一次缩短只能是 12d，工作 4—6 的持续时间应改为 18d，见图 7.4.1-5。计算第一次缩短工期后增加费用 C_1 为

$$C_1 = 57 \times 12 = 684 \text{ 元}$$

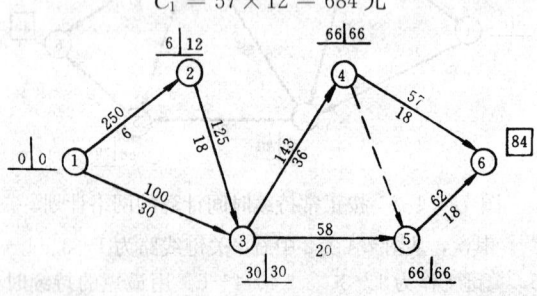

图 7.4.1-5　第一次工期缩短的网络计划

通过第一次缩短后，在图 7.4.1-5 中关键线路变成两条，即 1—3—4—6 和 1—3—4—5—6。如果使该图的工期再缩短，必须同时缩短两关键线路上的时间。为了减少计算次数，关键工作 1—3、4—6 及 5—6 都缩短时间，工作 5—6 持续时间只能允许再缩短 2d，故该工作的持续时间缩短 2d。工作 1—3 持续时间可允许缩短 10d，但考虑工作 1—2 和 2—3 的总时差有 6d（12—0—6=6 或 30—18—6=6），因此工作 1—3 持续时间缩短 6d，共计缩短 8d，计算第二次缩短工期后增加的费用 C_2 为

$$C_2 = C_1 + 100 \times 6 + (57 + 62) \times 2$$
$$= 684 + 600 + 238 = 1522 \text{ 元}$$

第三次缩短

从图 7.4.1-6 上看，工作 4—6 不能再缩，工作费用率用∞表示，关键工作 3—4 的持续时间缩短 6d，因工作 3—5 的总时差为 6d（60—30—24=6），计算第三次缩短工期后，增加的费用 C_3 为：

$$C_3 = C_2 + 143 \times 6 = 1522 + 858 = 2380 \text{ 元}$$

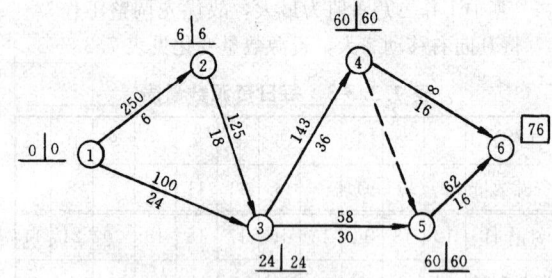

图 7.4.1-6　第二次工期缩短的网络计划

第四次缩短

从图 7.4.1-7 上看，缩短工作 3—4 和 3—5 持续时间 8d，因为工作 3—4 最短的持续时间为 22d，第

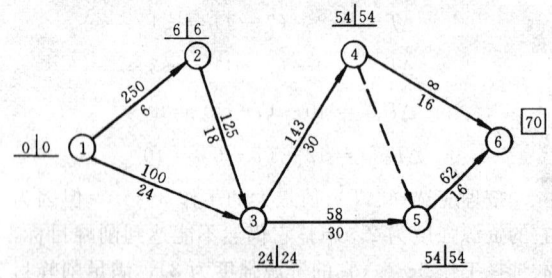

图 7.4.1-7　第三次工期缩短的网络计划

四次缩短工期后增加的费用 C_4 为：

$$C_4 = C_3 + (143 + 58) \times 8 = 2380 + 201 \times 8 = 3988 \text{ 元}$$

第五次缩短

从图 7.4.1-8 上看，关键线路有 4 条，只能在关键工作 1—2、1—3、2—3 中选择，只有缩短工作 1—3 和 2—3（工作费用率为 125+100）持续时间 4d。工作 1—3 的持续时间已达到最短，不能再缩短，经过五次缩短工期，不能再减少了，不同工期增加直接费用计算结束，第五次缩短工期后共增加费用 C_5 为：

$$C_5 = C_4 + (125 + 100) \times 4 = 3988 + 900 = 4888 \text{ 元}$$

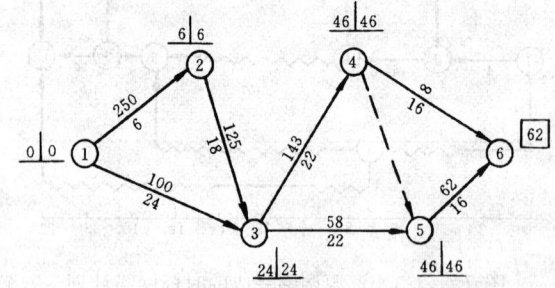

图 7.4.1-8　第四次工期缩短的网络计划

考虑不同工期增加费用及间接费用影响，见表 7.4.1，选择其中组合费用最低的工期为最佳方案。

从表7.4.1中看，工期76d，所增加费用最少，费用最低方案如图7.4.1-9所示。

表7.4.1　不同工期组合费用表

不同工期	96	84	76	70	62	58
增加直接费用	0	684	1522	2380	3988	4888
间接费用	11520	10080	9120	8400	7440	6960
合计费用	11520	10764	10642	10780	11528	11748

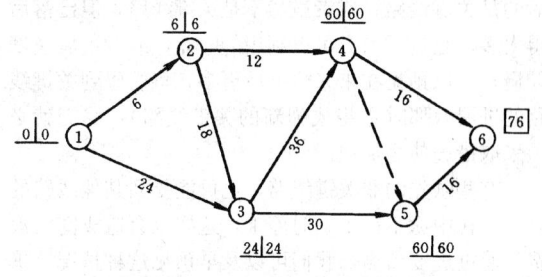

图7.4.1-9　费用最低网络计划

单代号网络计划进行费用优化计算时，除各工作费用率按式(7.4.2-2)计算外，其他步骤与双代号网络计划一样。

8　网络计划控制

8.1　网络计划的检查

8.1.1　检查网络计划首先要收集反映网络计划实际执行情况的有关信息，按照一定的方法进行记录。按本条规定，记录方法有以下几种：

1　用实际进度前锋线记录计划执行情况

实际进度前锋线简称为前锋线，是我国首创的用于时标网络计划的控制工具，它是在网络计划执行中的某一时刻正在进行的各工作的实际进度前锋的连线，在时标图上标画前锋线的关键是标定工作的实际进度前锋位置。其标定方法有两种：

(1)　按已完成的工程实物量比例来标定。时标图上箭线的长度与相应工作的持续时间对应，也与其工程实物量的多少成正比。检查计划时某工作的工程实物量完成了几分之几，其前锋就从表示该工作的箭线起点自左至右标在箭线长度几分之几的位置。

(2)　按尚需时间来标定。有些工作的持续时间是难以按工程实物量来计算的，只能根据经验用其他办法估算出来。要标定检查计划时的实际进度前锋位置，可采用原来的估算办法，估算出从该时刻起到该工作全部完成尚需要的时间，从表示该工作的箭线末端反过来自右至左标出前锋位置。

图C.1是一份时标网络计划用前锋线进行检查记录的实例。该图有4条前锋线，分别记录了6月25日、6月30日、7月5日和7月10日4次检查的结果。

2　在图上用文字或适当的符号记录

条文中说，"当采用无时标网络计划时，可采用直接在图上用文字或适当符号记录、列表记录等记录方式"。图C.2是双代号网络计划的检查实例，检查第5天的计划执行情况，点划线代表其实际进度；图C.3是以单代号表示的图C.2的网络计划，亦检查其第5天的计划执行情况，点划线表示其实际进度。

8.1.2　本条是对网络计划检查时间所作的规定。文中强调进行定期检查。定期检查根据计划的作业性、控制性程度不同，可按一日、双日、五日、周、旬、半月、一月、一季、半年等为周期。定期检查有利于检查的组织工作，使检查有计划性，还可使网络计划检查成为例行性工作。"应急检查"是当计划执行突然出现意外情况而进行的检查，或上级派人检查（或进行特别检查）。应急检查以后可采取"应急措施"，目的是保证资源供应、排除障碍等，以保证或加快原计划进度。

8.1.3　本条规定了网络计划检查的内容。检查关键工作进度，是为了采取措施调整或保证计划工期；检查非关键工作进度及时差利用的目的是为了更好地发掘潜力，调整或优化资源，并保证关键工作按计划实施。检查工作之间的逻辑关系是为了观察工艺关系或组织关系的执行情况，以进行适时的调整。

8.1.4　本条规定了对网络计划检查结果分析、判断的内容，即对工作的实际进度作出正常、提前或延误的判断；对未来进度状况进行预测，作出网络计划的计划工期可按期实现，提前实现或拖期的判断。

1　对时标网络计划用前锋线进行检查的分析，仍以图C.1为例进行说明。

(1)　分析目前进度

以表示检查计划时刻的日期线为基准线，前锋线可以看成描述实际进度的波形图。前锋处于波锋上的线路相对于相邻线路超前，处于波谷上的线路相对于相邻线路落后；前锋在基准线前面的线路比原计划超前，在基准线后面的线路比原计划落后；画出了前锋线，整个工程在该时刻的实际进度便一目了然。

以图中第Ⅰ条线路为例，6月25日检查时处于波锋，它相对于线路Ⅱ超前，其前锋在基准线（6月25日）之前，表示计划超前1d。7月10日检查，它处于波谷，比线路Ⅱ落后，其前锋在基准线（7月10日）之后，表示拖期1d。但由于其后1d时差，使该线路按期完成。

(2)　预测未来进度

将现时刻的前锋线与前一次检查时的前锋线进行对比分析，可以在一定范围内对工程未来的进度和变化趋势作出预测。

在这里要引进进度比的概念：前后两条前锋线在某线路上截取的线段长度ΔX与这两条前锋线之间的时间间隔ΔT之比，叫进度比，用B表示：

$$B = \frac{\Delta X}{\Delta T}$$

B 的大小反映了该线路的实际进展速度的大小，某线路的实际进展速度与原计划相比是快、是慢或相等时，B 相应地大于 1、小于 1 或等于 1。根据 B 的大小，就有可能对该线路未来的进度作出定量的预测。

以图中 6 月 25 日和 30 日两条前锋线为例，其时间间隔是 5d，它们在线路 I 上截取的长度为 6d，那么

$$B = \frac{\Delta X}{\Delta T} = \frac{6}{5} = 1.2$$

即平均每天完成原定 1.2d 的任务，6 月 30 日线路 I 比原计划超前 2d，如果进展速度不变，可以预测再过 5d，到 7 月 5 日线路 I 的前锋将到达 7 月 8 日的位置，比原计划超前 3d。实际情况正如 7 月 5 日前锋线所示。又如线路 III、在这段时间里 $B = 4/5 = 0.8$，6 月 30 日的实际进度比原计划超前 1d，到 7 月 5 日它将不再超前，实际情况正如图所示。

一般地说，如果 i，j 分别表示前后两条实际进度前锋线，它们的时间间隔 $\Delta T = T_j - T_i$，在某线路上截取的长度 $\Delta X = X_j - X_i$（为了计算方便，T_i、T_j、X_i、X_j 均可用时间坐标轴"绝对工期"栏的数字计算）。那么，该线路在这段时间里的进度比

$$B = \frac{X_j - X_i}{T_j - T_i}$$

第 n 天以后该线路的前锋到达的位置为

$$X_n = X_j + n \cdot B$$

这时该线路与原计划相比的进度差（即超前或落后的天数）

$$C_n = C_j + n(B-1)$$

C_j 为现时刻该线路的进度差。

我们应用上列公式再计算一下刚才的例子。i 和 j 分别表示 6 月 25 日和 30 日的实际进度前锋线，$T_j = 52$，$T_i = 47$，则 $\Delta T = T_j - T_i = 52 - 47 = 5$，对于线路 I 而言，$X_j = 54$，$X_i = 48$，$\Delta X = X_j - X_i = 54 - 48 = 6$，所以：

$$B = \frac{\Delta X}{\Delta T} = \frac{6}{5} = 1.2$$

计算 5 天以后线路 I 的前锋到达的位置，$n = 5$，则 $X_5 = 54 + 5 \times 1.2 = 60$。

计算这时该线路与原计划相比的进度差，$C_j = 2$，则 $C_5 = 2 + 5 \times (1.2-1) = 3$，即比原计划超前 3d。

若要计算 5d 以后线路 V 的进度差，$C_j = -2$，$B = 0.8$，则 $C_5 = -2 + 5 \times (0.8-1) = -3$，即比原计划落后 3d。

诚然，一条线路上的不同工作之间进展速度可能很不相同，但对于同一道工作，特别是持续时间较长的工作来说，上述预测方法对于指导施工、控制进度将很有意义。

（3）对网络计划跟踪调整

在控制进度的时候，一般应尽量地使各条线路平衡发展，前锋线上的正波峰应予放慢，负波谷必须加快，负波峰和正波谷要视实际情况进行处理。有的线路虽然在目前暂时落后，但在其前方有时差可以利用，落后的天数未超过将可利用的时差，或者它的进展速度较快，可以预见在不久的将来会赶上来，不致影响其他线路的进展，对它就可以不予处理。如果落后的是关键线路，或者虽然不是关键线路，但已落后得太多，超过了前方可以利用的时差，或者进展速度较慢，可以预见在未来将落后更多，将妨碍到关键线路的进展（那时它将成为新的关键线路），我们就必须采取措施使之加快。

有些领先的非关键线路，也可能受到其他线路的制约，在中途不得不临时停工，这样也会造成窝工浪费。通过进度预测，我们可以及早预见这种情况，采取预防措施，避免临时窝工。

上述情况可以从图 C.1 看出来，线路 V 一直落后，到 7 月 5 日已落后 3d，又 $B = 0.8$，若照此发展下去，可以预测再过 5d 它将落后 4d，可以利用的时差只有 3d，到 7 月 10 日关键线路（线路 IV）将受到它的限制而不能前进，便成了新的关键线路，这样将会使总工期拖长 1d。我们应该在 7 月 10 日以前就预见到这种情况，及早设法使线路 V 加快，防止工期拖延。线路 I 一直超前，到 7 月 5 日超前 3d，这时它受到线路 II 的制约已不能前进，造成临时停工。这个情况在 6 月 30 日就可以预测出来，我们应该及早采取措施避免窝工。图中 7 月 10 日的前锋线所示就是采取调整进度措施后出现的情况。

在采取反馈措施时，如果施工力量可以在不同工作之间互相支援的话，我们可以从进展速度快（$B > 1$，但不一定已比原计划超前）的工作上抽调力量支援进展速度慢（$B < 1$，但不一定已比原计划落后）的工作。B 的大小也反映了施工力量的配备情况：$B = 1$，表明力量的配备与计划的要求正好适应；$B > 1$，表明力量有余；$B < 1$，表明力量不足；如果 $B = 1.2$，说明力量多 20%；如果 $B = 0.8$，说明力量欠 20%；依此类推，进行力量调配就有了数量上的依据。

生产指挥人员根据时标网络进行生产安排调度时，依靠图上的日期线可以查出任何一天计划要求进行哪几项工作。执行计划中，当情况发生变化引起组织逻辑改变，施工顺序有了变更，或者各条线路的实际进度同计划进度有出入时，原来的日期线就失去了上述作用，这时实际进度前锋线将代替日期线发挥这种功能。前锋线可以看成是弯折了的日期线。如图 C.1 中，6 月 25 日的前锋也可以看成 6 月 25 日的实际日期线，下一天（6 月 26 日）要进行的工作，就是这条前锋线前面的工作（简称线前工作）。3d 后的工作大体上就是将这条前锋线平移 3d 后的线前工作。这

样，有了前锋线，就不管组织逻辑如何改变，实际进度与原计划有多少出入，时标网络图都不必重画，用它来进行生产的安排调度仍很方便，它的各种功能依然存在，这就解决了所谓"情况多变，网络易破"的问题。

为了便于用实际进度前锋线进行管理，时间坐标网络图必须按流水段或工号排列。只有这样排列，同一条水平线路上才不会出现组织逻辑，表示组织逻辑的虚工作只出现在各条水平线路之间，当组织逻辑改变后，这时才能画出实际进度前锋线。才能利用前锋线进行管理。

实际上每画一条前锋线就是对网络计划的一次调整。我们设想把前锋线拉直成垂直线，那么它的右边就会出现一个根据目前实际进度调整以后的子网络，若把前锋线看成是一个被拉成一条线的节点，那么它右边的子网络也完全符合时标网络图的规则。所以，用前锋线来进行网络计划管理的过程，也就是对计划跟踪调整的过程。

（4）由于前锋线对实际进度作了形象的记录，工程施工完毕，画有各个时刻的实际进度前锋网络计划就是一份宝贵的原始资料，可以对整个工程的进度管理工作作出评价，又可以反过来检查原计划和使用定额的正确性，为以后的计划管理提供依据。

2 对无时标网络计划进行检查分析可用表格进行分析判断。表 C.1 是对图 C.2 和 C.3 进行检查的分析结果，结果表明，B 与 F 的进度均属正常。

8.2 网络计划的调整

8.2.1 本条规定了对网络计划调整的内容。

网络计划的调整是在其检查分析发现矛盾之后进行的。通过调整，解决矛盾，有什么矛盾就调整什么。可以只调整条文中 6 项内容之一项，也可以同时调整多项，还可以将几项结合起来进行调整，例如将工期与资源、工期与成本、工期资源及成本结合起来调整，以求综合效益最佳。只要能达到预期目标，调整越少越好。

8.2.2 本条规定了对关键线路长度进行调整的方法。针对实际进度提前或落后两种情况作了规定。

1 当关键线路的实际进度比计划进度提前时，首先要确定是否对原计划工期予以缩短。如果不拟缩短，则可利用这个机会降低资源强度或费用，方法是选择后续关键工作中资源占用量大的或直接费用高的予以适当延长，延长的时间不应超过已完成的关键工作提前的时间量；如果要使提前完成的关键线路的效果变成整个计划工期的提前完成，则应将计划的未完成部分作为一个新计划，重新进行计算与调整，按新的计划执行，并保证新的关键工作按新计算的时间完成。

2 当关键线路的实际进度比计划进度落后时，计划调整的任务是采取措施把落后的时间抢回来。于是应在未完成的关键线路中选择资源强度小的予以缩短，重新计算未完成部分的时间参数，按新参数执行。这样做有利于减少赶工费用。

8.2.3 本条对非关键工作的时差调整作了规定。

1 时差调整的目的是充分利用资源，降低成本、满足施工需要；

2 时差调整不得超出总时差值；

3 每次调整均需进行时间参数计算，从而观察每次调整对计划全局的影响；

4 调整的方法共 3 种：即在总时差范围内移动工作、延长非关键工作的持续时间及缩短工作持续时间。3 种方法的前提均是降低资源强度。

8.2.4 本条对增减工作项目作了规定。

1 增减工作项目均不应打乱原网络计划总的逻辑关系，以便使原计划得以实施。因此，由于增减工作项目，只能改变局部的逻辑关系，此局部改变不影响总的逻辑关系。增加工作项目，只是对原遗漏或不具体的逻辑关系进行补充，减少工作项目，只是对提前完成了的工作项目或原不应设置而设置了的工作项目予以消除。只有这样，才是真正的调整，而不是重编计划。

2 增减工作项目之后，应重新计算时间参数，以分析此调整是否对原网络计划工期有影响，如有影响，应采取措施使之保持不变。

8.2.5 本条对网络计划逻辑关系的调整作了规定。

逻辑关系改变的原因必须是施工方法或组织方法改变。但一般说来，只能调整组织关系，而工艺关系不宜进行调整，以免打乱原计划。调整逻辑关系是以不影响原定计划工期和其他工作的顺序为前提的。调整的结果绝对不应形成对原计划的否定。

8.2.6 本条对工作持续时间的调整作了规定。调整的原因是原计算有误或实现条件不充分。调整的方法是重新估算。调整后应对网络计划的时间参数重新计算，观察对总工期的影响。

8.2.7 本条规定资源调整应在资源供应发生异常时进行。所谓发生异常，即因供应满足不了需要（中断或强度降低），影响到计划工期的实现。资源调整的前提是保证工期或使工期适当，故应进行工期规定资源有限或资源强度降低工期适当的优化，从而达到使调整取得好的效果的目的。

附录 A 网络计划图绘制示例

一项计划的工作及其逻辑关系、工作持续时间如表 A.1 所示：

表 A.1 某网络计划工作逻辑关系及持续时间表

工　作	紧前工作	紧后工作	持续时间
A_1	—	A_2、B_1	2
A_2	A_1	A_3、B_2	2
A_3	A_2	B_3	2
B_1	A_1	B_2、C_1	3
B_2	A_2、B_1	B_2、C_1	3
B_3	A_3、B_2	D、C_2	3
C_1	B_1	C_2	2
C_2	B_2、C_1	C_3	4
C_3	B_3、C_2	E、F	4
D	B_3	G	2
E	C_3	G	1
F	C_3	I	2
G	D、E	H、I	4
H	G	—	3
I	F、G	—	3

1 此项计划用双代号网络计划编制，如图 A.1
2 该项计划用时标网络计划编制，如图 A.2
3 该项计划用单代号网络计划编制，如图 A.3

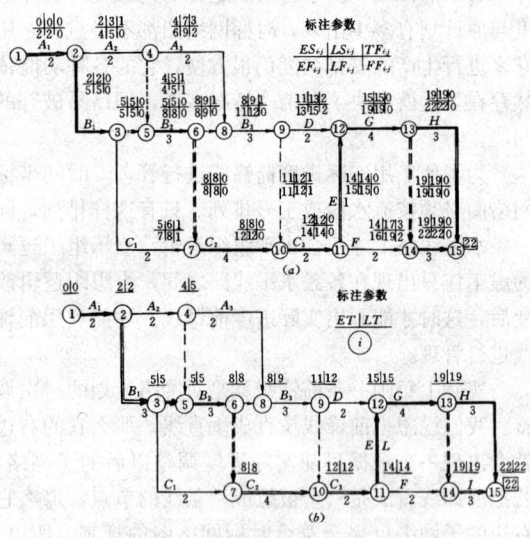

图 A.1 双代号网络计划示例
（a）工作计算法示例；（b）节点计算法示例

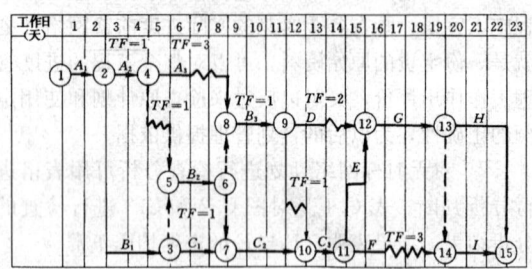

图 A.2 时标网络计划示例

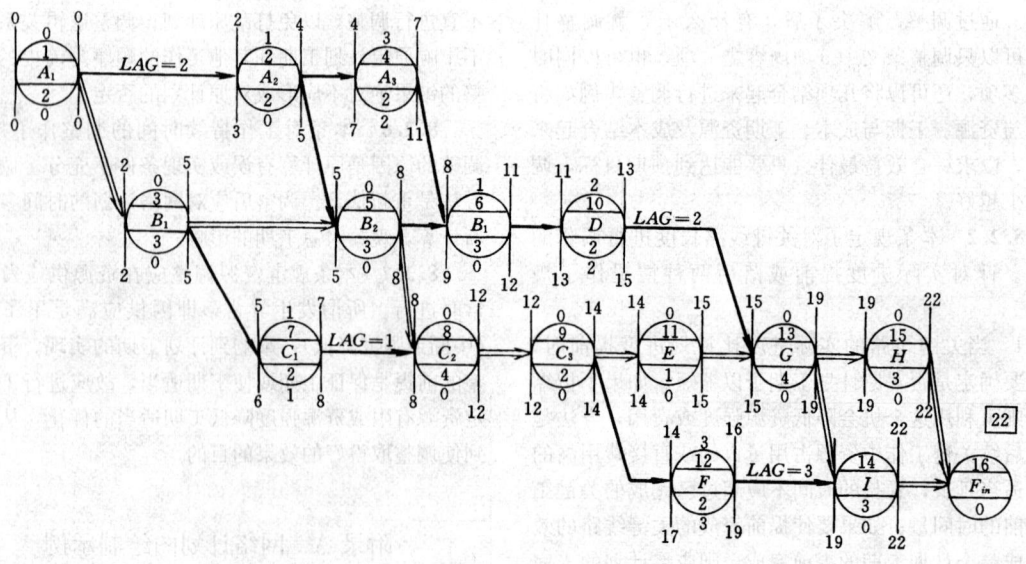

图 A.3 单代号网络计划示例
注：$LAG=0$ 的未注出

附录 B 单代号搭接网络计划时间参数计算示例

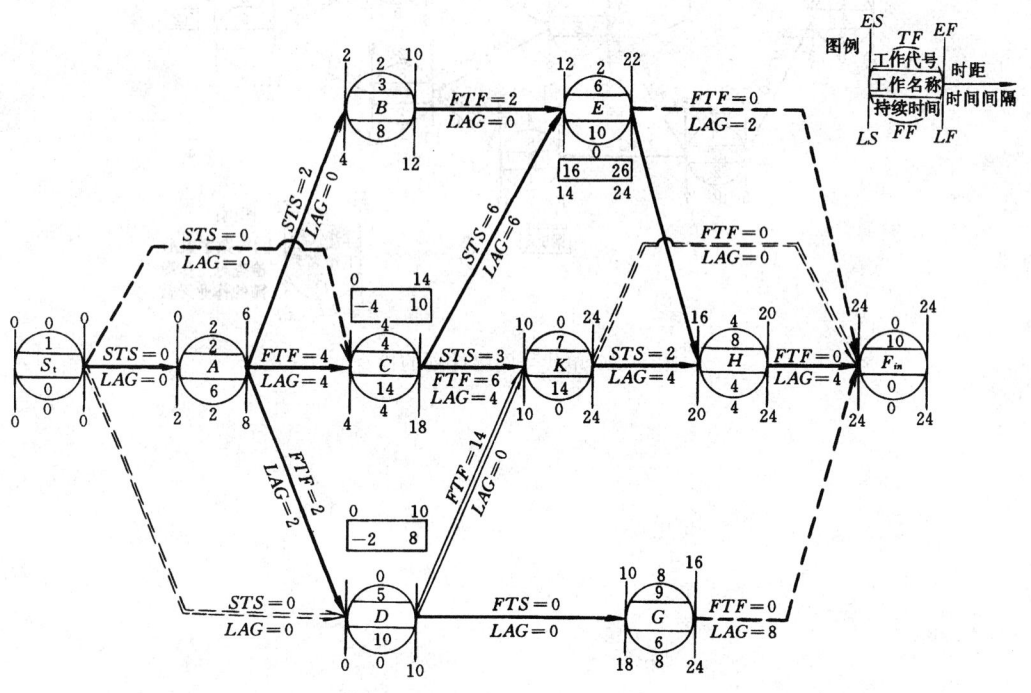

图 B.1 单代号搭接网络计划时间参数计算

附录 C 网络计划检查与分析方法示例

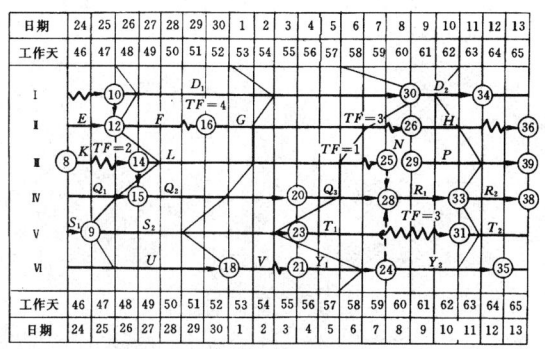

图 C.1 实际进度前锋线示例

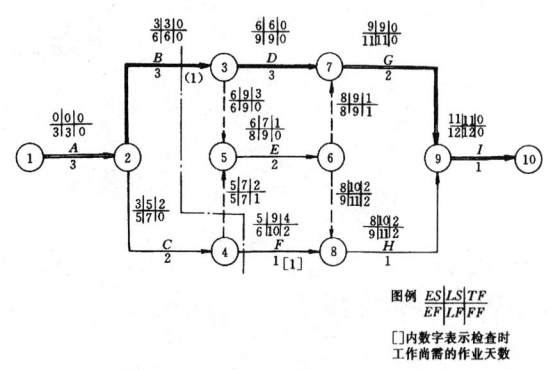

图 C.2 双代号网络计划的检查

表 C.1 网络计划检查结果分析表

工作编号	工作名称	检查时(第5天)尚需作业天数	按计划最迟完成前尚需天数	总时差(d)		自由时差(d)		情况分析
				原有	目前尚有	原有	目前尚有	
2—3	B	1	6−5=1	0	0	0	0	正常
4—8	F	1	10−5=5	4	4	2	2	正常

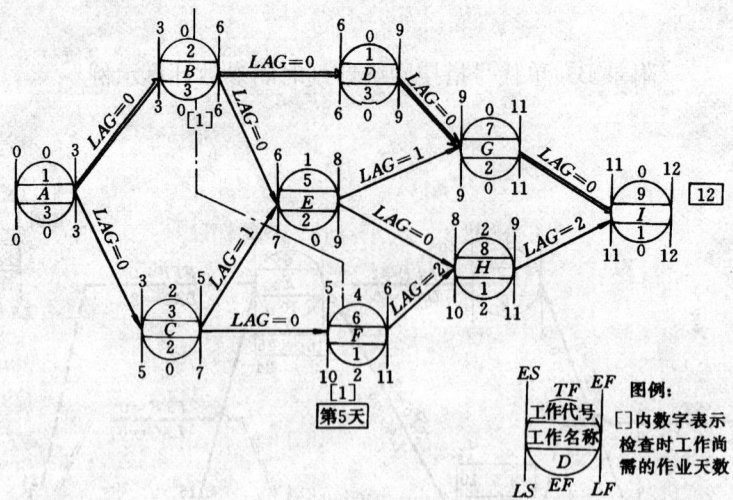

图 C.3　单代号网络计划的检查

中华人民共和国行业标准

建筑工程资料管理规程

Specification for building engineering
document management

JGJ/T 185—2009

批准部门：中华人民共和国住房和城乡建设部
施行日期：２０１０年７月１日

中华人民共和国住房和城乡建设部
公　告

第 419 号

关于发布行业标准
《建筑工程资料管理规程》的公告

现批准《建筑工程资料管理规程》为行业标准，编号为 JGJ/T 185 - 2009，自 2010 年 7 月 1 日起实施。

本规程由我部标准定额研究所组织中国建筑工业出版社出版发行。

中华人民共和国住房和城乡建设部

2009 年 10 月 30 日

前　　言

根据住房和城乡建设部《关于印发〈2008 年工程建设标准规范制订、修订计划（第一批〉〉的通知》（建标〔2008〕102 号）的要求，规程编制组经广泛调查研究，认真总结实践经验，参考有关国际标准和国外先进标准，并在广泛征求意见的基础上，制定本规程。

本规程的主要技术内容是：总则、术语、基本规定、工程资料管理及相关附录。

本规程由住房和城乡建设部负责管理，中建一局集团建设发展有限公司负责具体技术内容的解释。执行过程中如有意见或建议，请寄送中建一局集团建设发展有限公司（地址：北京市朝阳区望花路西里 17 号楼，邮政编码：100102）。

本规程主编单位：中建一局集团建设发展有限公司
　　　　　　　　　苏州第一建筑集团有限公司

本规程参编单位：北京建工京精大房工程建设监理公司
　　　　　　　　　中国建筑一局（集团）有限公司
　　　　　　　　　上海建工（集团）总公司
　　　　　　　　　中建电子工程有限责任公司
　　　　　　　　　北京市第三建筑工程有限公司

（右栏续）

本规程参加单位：
北京市城建档案馆
哈尔滨市城建档案馆
珠海市建设工程质量监督检测站
宁夏回族自治区建设工程质量监督总站
太原市建设工程质量监督站
湖北省建设工程质量安全监督总站
湖南省建设工程质量安全监督管理总站
四川省建设工程质量安全监督总站

本规程主要起草人员：冯世伟　戚森伟　高俊峰
　　　　　　　　　　　张惠丽　郝伶俐　胡耀辉
　　　　　　　　　　　韩光瑾　龚　剑　苗　地
　　　　　　　　　　　向　阳　李向红　杨辉萍
　　　　　　　　　　　林奕禧　常福荣　韩　伟
　　　　　　　　　　　高彩琼　侯本才　杨焕宝
　　　　　　　　　　　唐川华　陶亚南　杨晓毅
　　　　　　　　　　　常　军　樊日广　董文斌

本规程主要审查人员：杨嗣信　吴松勤　张元勃
　　　　　　　　　　　艾永祥　徐　良　郑德金
　　　　　　　　　　　马伟民　林　寿　姜中桥
　　　　　　　　　　　胡耀林

目　　次

Contents

1 总 则

1.0.1 为提高建筑工程管理水平，规范建筑工程资料管理，制定本规程。

1.0.2 本规程适用于新建、改建、扩建建筑工程的资料管理。

1.0.3 本规程规定了建筑工程资料管理的基本要求。当规程与国家法律、行政法规相抵触时，应按国家法律、行政法规的规定执行。

1.0.4 建筑工程资料管理除应符合本规程规定外，尚应符合国家现行有关标准的规定。

2 术 语

2.0.1 建筑工程资料 engineering document

建筑工程在建设过程中形成的各种形式信息记录的统称，简称工程资料。

2.0.2 建筑工程资料管理 engineering document management

建筑工程资料的填写、编制、审核、审批、收集、整理、组卷、移交及归档等工作的统称，简称工程资料管理。

2.0.3 工程准备阶段文件 engineering preparatory stage document

建筑工程开工前，在立项、审批、征地、拆迁、勘察、设计、招投标等工程准备阶段形成的文件。

2.0.4 监理资料 supervision document

建筑工程在工程建设监理过程中形成的资料。

2.0.5 施工资料 construction document

建筑工程在工程施工过程中形成的资料。

2.0.6 竣工图 as-built drawings

建筑工程竣工验收后，反映建筑工程施工结果的图纸。

2.0.7 工程竣工文件 engineering completion document

建筑工程竣工验收、备案和移交等活动中形成的文件。

2.0.8 工程档案 engineering files

建筑工程在建设过程中形成的具有归档保存价值的工程资料。

2.0.9 组卷 filing

按照一定的原则和方法，将有保存价值的工程资料分类整理成案卷的过程，亦称立卷。

2.0.10 归档 archiving

工程资料整理组卷并按规定移交相关档案管理部门的工作。

3 基本规定

3.0.1 工程资料应与建筑工程建设过程同步形成，并应真实反映建筑工程的建设情况和实体质量。

3.0.2 工程资料的管理应符合下列规定：

1 工程资料管理应制度健全、岗位责任明确，并应纳入工程建设管理的各个环节和各级相关人员的职责范围；

2 工程资料的套数、费用、移交时间应在合同中明确；

3 工程资料的收集、整理、组卷、移交及归档应及时。

3.0.3 工程资料的形成应符合下列规定：

1 工程资料形成单位应对资料内容的真实性、完整性、有效性负责；由多方形成的资料，应各负其责；

2 工程资料的填写、编制、审核、审批、签认应及时进行，其内容应符合相关规定；

3 工程资料不得随意修改；当需修改时，应实行划改，并由划改人签署；

4 工程资料的文字、图表、印章应清晰。

3.0.4 工程资料应为原件；当为复印件时，提供单位应在复印件上加盖单位印章，并应有经办人签字及日期。提供单位应对资料的真实性负责。

3.0.5 工程资料应内容完整、结论明确、签认手续齐全。

3.0.6 工程资料宜按本规程附录 A 图 A.1.1 中主要步骤形成。

3.0.7 工程资料宜采用信息化技术进行辅助管理。

4 工程资料管理

4.1 工程资料分类

4.1.1 工程资料可分为工程准备阶段文件、监理资料、施工资料、竣工图和工程竣工文件 5 类。

4.1.2 工程准备阶段文件可分为决策立项文件、建设用地文件、勘察设计文件、招投标及合同文件、开工文件、商务文件 6 类。

4.1.3 监理资料可分为监理管理资料、进度控制资料、质量控制资料、造价控制资料、合同管理资料和竣工验收资料 6 类。

4.1.4 施工资料可分为施工管理资料、施工技术资料、施工进度及造价资料、施工物资资料、施工记录、施工试验记录及检测报告、施工质量验收记录、竣工验收资料 8 类。

4.1.5 工程竣工文件可分为竣工验收文件、竣工决算文件、竣工交档文件、竣工总结文件 4 类。

4.2 工程资料填写、编制、审核及审批

4.2.1 工程准备阶段文件和工程竣工文件的填写、编制、审核及审批应符合国家现行有关标准的规定。

4.2.2 监理资料的填写、编制、审核及审批应符合现行国家标准《建设工程监理规范》GB 50319 的有关规定；监理资料用表宜符合本规程附录 B 的规定；附录 B 未规定的，可自行确定。

4.2.3 施工资料的填写、编制、审核及审批应符合国家现行有关标准的规定；施工资料用表宜符合本规程附录 C 的规定；附录 C 未规定的，可自行确定。

4.2.4 竣工图的编制及审核应符合下列规定：

1 新建、改建、扩建的建筑工程均应编制竣工图；竣工图应真实反映竣工工程的实际情况。

2 竣工图的专业类别应与施工图对应。

3 竣工图应依据施工图、图纸会审记录、设计变更通知单、工程洽商记录（包括技术核定单）等绘制。

4 当施工图没有变更时，可直接在施工图上加盖竣工图章形成竣工图。

5 竣工图的绘制应符合国家现行有关标准的规定。

6 竣工图应有竣工图章及相关责任人签字。

7 竣工图应按本规程附录 D 的方法绘制，并应按本规程附录 E 的方法折叠。

4.3 工程资料编号

4.3.1 工程准备阶段文件、工程竣工文件宜按本规程附录 A 表 A.2.1 中规定的类别和形成时间顺序编号。

4.3.2 监理资料宜按本规程附录 A 表 A.2.1 中规定的类别和形成时间顺序编号。

4.3.3 施工资料编号宜符合下列规定：

1 施工资料编号可由分部、子分部、分类、顺序号 4 组代号组成，组与组之间应用横线隔开（图 4.3.3-1）；

$$×× - ×× - ×× - ×××$$
$$① \qquad ② \qquad ③ \qquad ④$$

图 4.3.3-1 施工资料编号

①为分部工程代号，可按本规程附录 A.3.1 的规定执行。
②为子分部工程代号，可按本规程附录 A.3.1 的规定执行。
③为资料的类别编号，可按本规程附录 A.2.1 的规定执行。
④为顺序号，可根据相同表格、相同检查项目，按形成时间顺序填写。

2 属于单位工程整体管理内容的资料，编号中的分部、子分部工程代号可用"00"代替；

3 同一厂家、同一品种、同一批次的施工物资用在两个分部、子分部工程中时，资料编号中的分部、子分部工程代号可按主要使用部位填写。

4.3.4 竣工图宜按本规程附录 A 表 A.2.1 中规定的

类别和形成时间顺序编号。

4.3.5 工程资料的编号应及时填写，专用表格的编号应填写在表格右上角的编号栏中；非专用表格应在资料右上角的适当位置注明资料编号。

4.4 工程资料收集、整理与组卷

4.4.1 工程资料的收集、整理与组卷应符合下列规定：

1 工程准备阶段文件和工程竣工文件应由建设单位负责收集、整理与组卷。

2 监理资料应由监理单位负责收集、整理与组卷。

3 施工资料应由施工单位负责收集、整理与组卷。

4 竣工图应由建设单位负责组织，也可委托其他单位。

4.4.2 工程资料的组卷除应执行本规程第 4.4.1 条的规定外，还应符合下列规定：

1 工程资料组卷应遵循自然形成规律，保持卷内文件、资料内在联系。工程资料可根据数量多少组成一卷或多卷。

2 工程准备阶段文件和工程竣工文件可按建设项目或单位工程进行组卷。

3 监理资料应按单位工程进行组卷。

4 施工资料应按单位工程组卷，并应符合下列规定：

1）专业承包工程形成的施工资料应由专业承包单位负责，并应单独组卷；

2）电梯应按不同型号每台电梯单独组卷；

3）室外工程应按室外建筑环境、室外安装工程单独组卷；

4）当施工资料中部分内容不能按一个单位工程分类组卷时，可按建设项目组卷；

5）施工资料目录应与其对应的施工资料一起组卷。

5 竣工图应按专业分类组卷。

6 工程资料组卷内容宜符合本规程附录 A 中表 A.2.1 的规定。

7 工程资料组卷应编制封面、卷内目录及备考表，其格式及填写要求可按现行国家标准《建设工程文件归档整理规范》GB/T 50328 的有关规定执行。

4.5 工程资料移交与归档

4.5.1 工程资料移交归档应符合国家现行有关法规和标准的规定；当无规定时，应按合同约定移交归档。

4.5.2 工程资料移交应符合下列规定：

1 施工单位应向建设单位移交施工资料。

2 实行施工总承包的，各专业承包单位应向施

工总承包单位移交施工资料。

　　3 监理单位应向建设单位移交监理资料。

　　4 工程资料移交时应及时办理相关移交手续，填写工程资料移交书、移交目录。

　　5 建设单位应按国家有关法规和标准的规定向城建档案管理部门移交工程档案，并办理相关手续。有条件时，向城建档案管理部门移交的工程档案应为原件。

4.5.3 工程资料归档应符合下列规定：

　　1 工程参建各方宜按本规程附录 A 中表 A.2.1 规定的内容将工程资料归档保存。

　　2 归档保存的工程资料，其保存期限应符合下列规定：

　　　　1）工程资料归档保存期限应符合国家现行有关标准的规定；当无规定时，不宜少于 5 年。

　　　　2）建设单位工程资料归档保存期限应满足工程维护、修缮、改造、加固的需要。

　　　　3）施工单位工程资料归档保存期限应满足工程质量保修及质量追溯的需要。

附录 A　工程资料形成、类别、来源、保存及代号索引

A.1　工程资料形成

A.1.1 工程资料形成宜符合图 A.1.1 的步骤。

A.2　工程资料类别、来源及保存要求

A.2.1 工程资料类别、来源及保存宜符合表 A.2.1 的规定。

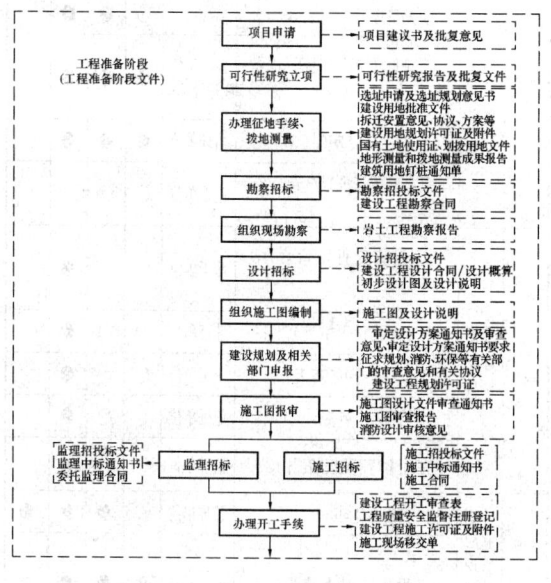

图 A.1.1　工程资料形成

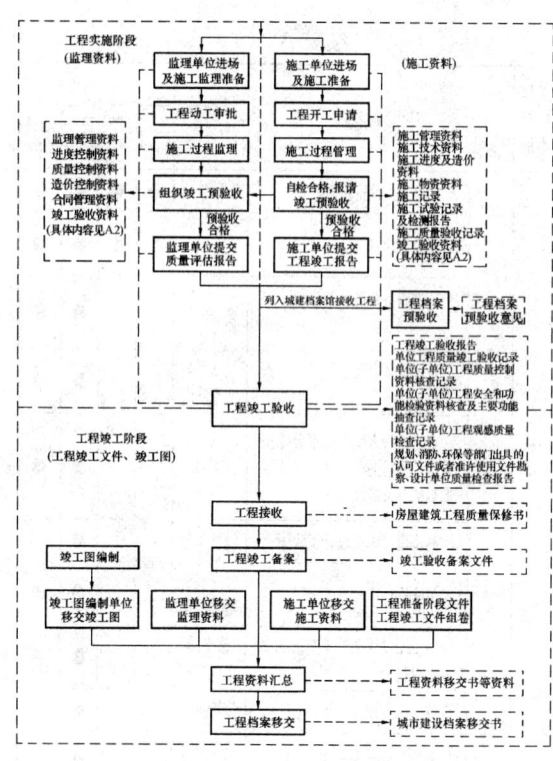

续图 A.1.1

表 A.2.1　工程资料类别、来源及保存

工程资料类别		工程资料名称	工程资料来源	工程资料保存			
				施工单位	监理单位	建设单位	城建档案馆
A类		工程准备阶段文件					
A1类	决策立项文件	项目建议书	建设单位			●	●
		项目建议书的批复文件	建设行政管理部门			●	●
		可行性研究报告及附件	建设单位			●	●
		可行性研究报告的批复文件	建设行政管理部门			●	●
		关于立项的会议纪要、领导批示	建设单位			●	●
		工程立项的专家建议资料	建设单位			●	●
		项目评估研究资料	建设单位			●	●
A2类	建设用地文件	选址申请及选址规划意见通知书	建设单位规划部门			●	●
		建设用地批准文件	土地行政管理部门			●	●
		拆迁安置意见、协议、方案等	建设单位			●	●
		建设用地规划许可证及其附件	规划行政管理部门			●	●
		国有土地使用证	土地行政管理部门			●	●
		划拨建设用地文件	土地行政管理部门			●	●

续表 A.2.1

工程资料类别		工程资料名称	工程资料来源	施工单位	监理单位	建设单位	城建档案馆
A3类	勘察设计文件	岩土工程勘察报告	勘察单位	●	●	●	●
		建设用地钉桩通知单(书)	规划行政管理部门	●	●	●	●
		地形测量和拨地测量成果报告	测绘单位		●	●	●
		审定设计方案通知书及审查意见	规划行政管理部门			●	●
		审定设计方案通知书要求征求有关部门的审查意见和要求取得的有关协议	有关部门			●	●
		初步设计图及设计说明	设计单位			●	●
		消防设计审核意见	公安机关消防机构	○	○	●	●
		施工图设计文件审查通知书及审查报告	施工图审查机构	○	○	●	●
		施工图及设计说明	设计单位	○	○	●	●
A4类	招投标及合同文件	勘察招投标文件	建设单位 勘察单位			●	
		勘察合同*	建设单位 勘察单位			●	●
		设计招投标文件	建设单位 设计单位			●	
		设计合同*	建设单位 设计单位			●	●
		监理招投标文件	建设单位 监理单位		●	●	
		委托监理合同*	建设单位 监理单位		●	●	●
		施工招投标文件	建设单位 施工单位	●	○	●	
		施工合同*	建设单位 施工单位	●		●	●
A5类	开工文件	建设项目列入年度计划的申报文件	建设单位			●	●
		建设项目列入年度计划的批复文件或年度计划项目表	建设行政管理部门			●	●
		规划审批申报表及报送的文件和图纸	建设单位 设计单位			●	●
		建设工程规划许可证及其附件	规划部门			●	●
		建设工程施工许可证及其附件	建设行政管理部门	●	●	●	●
		工程质量安全监督注册登记	质量监督机构	○	○	●	●
		工程开工前的原貌影像资料	建设单位	●	●	●	
		施工现场移交单	建设单位	○	○	○	

续表 A.2.1

工程资料类别		工程资料名称	工程资料来源	施工单位	监理单位	建设单位	城建档案馆
A6类	商务文件	工程投资估算资料	建设单位			●	
		工程设计概算资料	建设单位			●	
		工程施工图预算资料	建设单位			●	
A类其他资料							
B类		监理资料					
B1类	监理管理资料	监理规划	监理单位		●	●	●
		监理实施细则	监理单位	○	●	●	●
		监理月报	监理单位		●	●	
		监理会议纪要	监理单位		●	●	●
		监理工作日志	监理单位		●		
		监理工作总结	监理单位		●	●	●
		工作联系单(表B1.1)	监理单位 施工单位	○	○		
		监理工程师通知(表B1.2)	监理单位		●		
B1类	监理管理资料	监理工程师通知回复单*(表C.1.7)	施工单位	○	○		
		工程暂停令(表B1.3)	监理单位		●	●	●
B2类	进度控制资料	工程复工报审表*(表C.3.2)	施工单位	●	●	●	
		工程开工报审表*(表C.3.1)	施工单位	●	●	●	●
		施工进度计划报审表*(表C.3.3)	施工单位	○	○		
B3类	质量控制资料	质量事故报告及处理资料	施工单位	●	●	●	●
		旁站监理记录*(表B3.1)	监理单位	○	●		
		见证取样和送检见证人员备案表(表B3.2)	监理单位或建设单位	●	●	●	
		见证记录*(表B3.3)	监理单位	●	●	●	
		工程技术文件报审表*(表C.2.1)	施工单位	○	○		
B4类	造价控制资料	工程款支付申请表(表C.3.6)	施工单位	○	○		
		工程款支付证书(表B4.1)	监理单位		○	○	
		工程变更费用报审表*	施工单位	○	○		
		费用索赔申请表	施工单位	○	○		
		费用索赔审批表(表B4.2)	监理单位		○	○	
B5类	合同管理资料	委托监理合同*	监理单位		●	●	●
		工程延期申请表(表C.3.5)	施工单位	●	●	●	●

工程资料类别		工程资料名称	工程资料来源	施工单位	监理单位	建设单位	城建档案馆
B5类	合同管理资料	工程延期审批表（表B5.1）	监理单位	●	●	●	●
		分包单位资质报审表*（表C.1.3）	施工单位	●	●		
B6类	竣工验收资料	单位(子单位)工程竣工预验收报验表*	施工单位	●	●	●	
		单位(子单位)工程质量竣工验收记录**	施工单位	●	●	●	●
		单位(子单位)工程质量控制资料核查记录*	施工单位	●	●	●	●
		单位(子单位)工程安全和功能检验资料核查及主要功能抽查记录*	施工单位	●	●	●	●
		单位(子单位)工程观感质量检查记录*	施工单位	●	●	●	●
		工程质量评估报告	监理单位	●	●	●	●
		监理费用决算资料	监理单位			○	●
		监理资料移交书	监理单位		●	●	
	B类其他资料						
C类	施工资料						
C1类	施工管理资料	工程概况表（表C.1.1）	施工单位	●	●	●	●
		施工现场质量管理检查记录*（表C.1.2）	施工单位	○	○		
		企业资质证书及相关专业人员岗位证书	施工单位	○	○		
		分包单位资质报审表*（表C.1.3）	施工单位	●	●	●	
		建设工程质量事故调查、勘查记录（表C.1.4）	调查单位	●	●	●	●
		建设工程质量事故报告书	调查单位	●	●	●	●
		施工检测计划	施工单位	○	○		
C1类	施工管理资料	见证记录*	监理单位	●	●		
		见证试验检测汇总表（表C.1.5）	施工单位	●	●		
		施工日志（表C.1.6）	施工单位	●			
		监理工程师通知回复单*（表C.1.7）	施工单位	○	○		
C2类	施工技术资料	工程技术文件报审表（表C.2.1）	施工单位	○	○		
		施工组织设计及施工方案	施工单位	○	○		
		危险性较大分部分项工程施工方案专家论证表（表C.2.2）	施工单位	○	○		
		技术交底记录（表C.2.3）	施工单位	○			
		图纸会审记录**（表C.2.4）	施工单位	●	●	●	●
		设计变更通知单**（表C.2.5）	设计单位	●	●	●	●
		工程洽商记录(技术核定单)**（表C.2.6）	施工单位	●	●	●	●
C3类	进度造价资料	工程开工报审表*（表C.3.1）	施工单位	●	●	●	●
		工程复工报审表*（表C.3.2）	施工单位	●	●	●	●
		施工进度计划报审表*（表C.3.3）	施工单位	○	○		
		施工进度计划	施工单位	○			
		人、机、料动态表（表C.3.4）	施工单位	●			
		工程延期申请表（表C.3.5）	施工单位	●	●	●	
		工程款支付申请表（表C.3.6）	施工单位	●		●	
		工程变更费用报审表*（表C.3.7）	施工单位	●		●	
		费用索赔申请表*（表C.3.8）	施工单位	●		●	
C4类	施工物资资料	出厂质量证明文件及检测报告					
		砂、石、砖、水泥、钢筋、隔热保温、防腐材料、轻集料出厂质量证明文件	施工单位	●	●	●	●
		其他物资出厂合格证、质量保证书、检测报告和报关单或商检证等	施工单位	●	○	○	
		材料、设备的相关检验报告、型式检测报告、3C强制认证合格证书或3C标志	采购单位	●	○	○	
		主要设备、器具的安装使用说明书	采购单位	●			
		进口的主要材料设备的商检证明文件	采购单位	●	○	○	●
		涉及消防、安全、卫生、环保、节能的材料、设备的检测报告或法定机构出具的有效证明文件	采购单位	●	●	●	●
		进场检验通用表格					
		材料、构配件进场检验记录*（表C.4.1）	施工单位	○	○		
		设备开箱检验记录*（表C.4.2）	施工单位	○	○		
		设备及管道附件试验记录*（表C.4.3）	施工单位	●		●	
		进场复试报告					
		钢材试验报告	检测单位	●	●	●	●
		水泥试验报告	检测单位	●	●	●	●
		砂试验报告	检测单位	●	●	●	
		碎(卵)石试验报告	检测单位	●	●	●	
		外加剂试验报告	检测单位	●	●	○	●
		防水涂料试验报告	检测单位	●		○	●
		防水卷材试验报告	检测单位	●		○	●

工程资料类别		工程资料名称	工程资料来源	工程资料保存			
				施工单位	监理单位	建设单位	城建档案馆
C4类	施工物资资料	砖(砌块)试验报告	检测单位	●	●	●	●
		预应力筋复试报告	检测单位	●	●	●	●
		预应力锚具、夹具和连接器复试报告	检测单位	●	●	●	●
		装饰装修用门窗复试报告	检测单位	●	○	●	
		装饰装修用人造木板复试报告	检测单位	●	○	●	
		装饰装修用花岗石复试报告	检测单位	●	○	●	
		装饰装修用安全玻璃复试报告	检测单位	●	○		
		装饰装修用外墙面砖复试报告	检测单位	●	○		
		钢结构用钢材复试报告	检测单位	●	●	●	●
		钢结构用防火涂料复试报告	检测单位	●	●	●	●
		钢结构用焊接材料复试报告	检测单位	●	●	●	●
		钢结构用高强度大六角头螺栓连接副复试报告	检测单位	●	●	●	●
		钢结构用扭剪型高强螺栓连接副复试报告	检测单位	●	●	●	●
		幕墙用铝塑板、石材、玻璃、结构胶复试报告	检测单位	●	●	●	●
		散热器、采暖系统保温材料、通风与空调工程绝热材料、风机盘管机组、低压配电系统电缆的见证取样复试报告	检测单位	●	○	●	
		节能工程材料复试报告	检测单位	●	●	●	
C5类	施工记录	通用表格					
		隐蔽工程验收记录*（表C.5.1)	施工单位	●	●	●	●
		施工检查记录(表C.5.2)	施工单位	○			
		交接检查记录(表C.5.3)	施工单位	○			
		专用表格					
		工程定位测量记录*（表C.5.4)	施工单位	●	●	●	●
		基槽验线记录	施工单位	●	●	●	●
		楼层平面放线记录	施工单位	○			
		楼层标高抄测记录	施工单位	○			
		建筑物垂直度、标高观测记录*（表C.5.5)	施工单位	●		●	
		沉降观测记录	建设单位委托测量单位提供	●	○	●	●

工程资料类别		工程资料名称	工程资料来源	工程资料保存			
				施工单位	监理单位	建设单位	城建档案馆
C5类	施工记录	基坑支护水平位移监测记录	施工单位	○	○		
		桩基、支护测量放线记录	施工单位	○	○		
		地基验槽记录**（表C.5.6)	施工单位	●	●	●	●
		地基钎探记录	施工单位	●	●	●	●
		混凝土浇灌申请书	施工单位	●			
		预拌混凝土运输单	施工单位	●			
		混凝土开盘鉴定	施工单位	●			
		混凝土拆模申请单	施工单位	●			
		混凝土预拌测温记录	施工单位	●			
		混凝土养护测温记录	施工单位	●			
		大体积混凝土养护测温记录	施工单位	●			
		大型构件吊装记录	施工单位			●	●
		焊接材料烘焙记录	施工单位	●			
		地下工程防水效果检查记录*（表C.5.7)	施工单位	●	○	●	●
		防水工程试水检查记录*（表C.5.8)	施工单位	●	○	●	●
		通风(烟)道、垃圾道检查记录*（表C.5.9)	施工单位	●	○	●	●
		预应力筋张拉记录	施工单位	●		●	●
		有粘结预应力结构灌浆记录	施工单位	●		●	●
		钢结构施工记录	施工单位	●		●	●
		网架(索膜)施工记录	施工单位	●		●	●
		木结构施工记录	施工单位	●		●	●
		幕墙注胶检查记录	施工单位	●			
		自动扶梯、自动人行道的相邻区域检查记录	施工单位	●			
		电梯电气装置安装检查记录	施工单位	●			
		自动扶梯、自动人行道电气装置检查记录	施工单位	●			
		自动扶梯、自动人行道整机安装质量检查记录	施工单位	●			
C6类	施工试验记录及检测报告	通用表格					
		设备单机试运转记录*（表C.6.1)	施工单位	●	○	●	●
		系统试运转调试记录*（表C.6.2)	施工单位	●	○	●	●
		接地电阻测试记录*（表C.6.3)	施工单位	●	○	●	●
		绝缘电阻测试记录*（表C.6.4)	施工单位	●	○	●	●
		专用表格					
		建筑与结构工程					

続表 A.2.1

工程资料类别	工程资料名称	工程资料来源	工程资料保存 施工单位	监理单位	建设单位	城建档案馆
C6类 施工试验记录及检测报告	锚杆试验报告	检测单位	●	○	●	●
	地基承载力检验报告	检测单位	●	○	●	●
	桩基检测报告	检测单位	●	○	●	●
	土工击实试验报告	检测单位	●	○	●	●
	回填土试验报告(应附图)	检测单位	●	○	●	●
	钢筋机械连接试验报告	检测单位	●	○	●	●
	钢筋焊接连接试验报告	检测单位	●	○	●	●
	砂浆配合比申请单、通知单	施工单位	○			
	砂浆抗压强度试验报告	检测单位	●	○	●	
	砌筑砂浆试块强度统计、评定记录(表C.6.5)	施工单位	●		●	●
	混凝土配合比申请单、通知单	施工单位	○	○		
	混凝土抗压强度试验报告	检测单位	●	○	●	●
	混凝土试块强度统计、评定记录(表C.6.6)	施工单位	●		●	●
	混凝土抗渗试验报告	检测单位	●	○	●	●
	砂、石、水泥放射性指标报告	施工单位	●	○	●	●
	混凝土碱总量计算书	施工单位	●		●	●
	外墙饰面砖样板粘结强度试验报告	检测单位	●	○	●	●
	后置埋件抗拔试验报告	检测单位	●	○	●	●
	超声波探伤报告、探伤记录	检测单位	●	○	●	●
	钢构件射线探伤报告	检测单位	●	○	●	●
	磁粉探伤报告	检测单位	●	○	●	●
	高强度螺栓抗滑移系数检测报告	检测单位	●	○	●	●
	钢结构焊接工艺评定	检测单位	○	○	●	
	网架节点承载力试验报告	检测单位	●	○	●	●
	钢结构防腐、防火涂料厚度检测报告	检测单位	●	○	●	●
	木结构胶缝试验报告	检测单位	●	○	●	●
	木结构构件力学性能试验报告	检测单位	●	○	●	●
	木结构防护剂试验报告	检测单位	●	○	●	●
	幕墙双组分硅酮结构密封胶混匀性及拉断试验报告	检测单位	●	○	●	●
	幕墙的抗风压性能、空气渗透性能、雨水渗透性能及平面内变形性能检测报告	检测单位	●	○	●	●
	外门窗的抗风压性能、空气渗透性能和雨水渗透性能检测报告	检测单位	●	○	●	●
	墙体节能工程保温板材与基层粘结强度现场拉拔试验	检测单位	●	○	●	●
	外墙保温浆料同条件养护试件试验报告	检测单位	●	○	●	●
	结构实体混凝土强度检验记录*(表C.6.7)	施工单位	●	○	●	●
	结构实体钢筋保护层厚度检验记录*(表C.6.8)	施工单位	●	○	●	●

続表 A.2.1

工程资料类别	工程资料名称	工程资料来源	工程资料保存 施工单位	监理单位	建设单位	城建档案馆
C6类 施工试验记录及检测报告	围护结构现场实体检验	检测单位	●	○	●	
	室内环境检测报告	检测单位	●	○	●	●
	节能性能检测报告	检测单位	●	○	●	●
	给排水及采暖工程					
	灌(满)水试验记录*(表C.6.9)	施工单位	○	○	●	
	强度严密性试验记录*(表C.6.10)	施工单位	●	○	●	●
	通水试验记录*(表C.6.11)	施工单位	○	○	●	
	冲(吹)洗试验记录*(表C.6.12)	施工单位	●	○	●	●
	通球试验记录	施工单位	●	○	●	●
	补偿器安装记录	施工单位	●	○	●	●
	消火栓试射记录	施工单位	●	○	●	●
	安全附件安装检查记录	施工单位	●	○	●	●
	锅炉烘炉试验记录	施工单位	●	○	●	●
	锅炉煮炉试验记录	施工单位	●	○	●	●
	锅炉试运行记录	施工单位	●	○	●	●
	安全阀定压合格证书	检测单位	●	○	●	●
	自动喷水灭火系统联动试验记录	施工单位	●	●	●	●
	建筑电气工程					
	电气接地装置平面示意图表	施工单位	●	○	●	
	电气器具通电安全检查记录	施工单位	○	○	●	
	电气设备空载试运行记录*(表C.6.13)	施工单位	●	○	●	
	建筑物照明通电试运行记录	施工单位	●	○	●	
	大型照明灯具承载试验记录*(表C.6.14)	施工单位	●	○	●	
	漏电开关模拟试验记录	施工单位	●	○	●	
	大容量电气线路结点测温记录	施工单位	●	○	●	
	低压配电电源质量测试记录	施工单位	●	○	●	
	建筑物照明系统照度测试记录	施工单位	○	○	●	
	智能建筑工程					
	综合布线测试记录*	施工单位	●	○	●	●
	光纤损耗测试记录*	施工单位	●	○	●	●
	视频系统末端测试记录*	施工单位	●	○	●	●
	子系统检测记录*(表C.6.15)	施工单位	●	○	●	
	系统试运行记录*	施工单位	●	○	●	●
	通风与空调工程					

工程资料类别	工程资料名称	工程资料来源	施工单位	监理单位	建设单位	城建档案馆
C6类 施工试验记录及检测报告	风管漏光检测记录*（表C.6.16）	施工单位	○	○	●	
	风管漏风检测记录*（表C.6.17）	施工单位	●	○	●	
	现场组装除尘器、空调机漏风检测记录	施工单位	○	○	●	
	各房间室内风量测量记录	施工单位	●	○	●	
	管网风量平衡记录	施工单位	●	○	●	
	空调系统试运转调试记录	施工单位	●	○	●	●
	空调水系统试运转调试记录	施工单位	●	○	●	
	制冷系统气密性试验记录	施工单位	●	○	●	●
	净化空调系统检测记录	施工单位	●	○	●	●
	防排烟系统联合试运行记录	施工单位	●	○	●	●
	电梯工程					
	轿厢平层准确度测量记录	施工单位	○	○	●	
	电梯层门安全装置检测记录	施工单位	●	○	●	
	电梯电气安全装置检测记录	施工单位	●	○	●	
	电梯整机功能检测记录	施工单位	●	○	●	
	电梯主要功能检测记录	施工单位	●	○	●	
	电梯负荷运行试验记录	施工单位	●	○	●	●
	电梯负荷运行试验曲线图表	施工单位	●	○	●	
	电梯噪声测试记录	施工单位	○	○	○	
	自动扶梯、自动人行道安全装置检测记录	施工单位	●	○	●	
	自动扶梯、自动人行道整机性能、运行试验记录	施工单位	●	○	●	●
C7类 施工质量验收记录	检验批质量验收记录*（表C.7.1）	施工单位	○	○	●	
	分项工程质量验收记录*（表C.7.2）	施工单位	●	●	●	
	分部（子分部）工程质量验收记录**（表C.7.3）	施工单位	●	●	●	●
	建筑节能分部工程质量验收记录**（表C.7.4）	施工单位	●	●	●	
	自动喷水系统验收缺陷项目划分记录	施工单位	●	○	○	
	程控电话交换系统分项工程质量验收记录	施工单位	●	○	●	
	会议电视系统分项工程质量验收记录	施工单位	●	○	●	
	卫星数字电视系统分项工程质量验收记录	施工单位	●	○	●	
	有线电视系统分项工程质量验收记录	施工单位	●	○	●	

工程资料类别	工程资料名称	工程资料来源	施工单位	监理单位	建设单位	城建档案馆
C7类 施工质量验收记录	公共广播与紧急广播系统分项工程质量验收记录	施工单位	●	○	●	
	计算机网络系统分项工程质量验收记录	施工单位	●	○	●	
	应用软件系统分项工程质量验收记录	施工单位	●	○	●	
	网络安全系统分项工程质量验收记录	施工单位	●	○	●	
	空调与通风系统分项工程质量验收记录	施工单位	●	○	●	
	变配电系统分项工程质量验收记录	施工单位	●	○	●	
	公共照明系统分项工程质量验收记录	施工单位	●	○	●	
	给排水系统分项工程质量验收记录	施工单位	●	○	●	
	热源和热交换系统分项工程质量验收记录	施工单位	●	○	●	
	冷冻和冷却水系统分项工程质量验收记录	施工单位	●	○	●	
	电梯和自动扶梯系统分项工程质量验收记录	施工单位	●	○	●	
	数据通信接口分项工程质量验收记录	施工单位	●	○	●	
	中央管理工作站及操作分站分项工程质量验收记录	施工单位	●	○	●	
	系统实时性、可维护性、可靠性分项工程质量验收记录	施工单位	●	○	●	
	现场设备安装及检测分项工程质量验收记录	施工单位	●	○	●	
	火灾自动报警及消防联动系统分项工程质量验收记录	施工单位	●	○	●	
	综合防范功能分项工程质量验收记录	施工单位	●	○	●	
	视频安防监控系统分项工程质量验收记录	施工单位	●	○	●	
	入侵报警系统分项工程质量验收记录	施工单位	●	○	●	
	出入口控制（门禁）系统分项工程质量验收记录	施工单位	●	○	●	
	巡更管理系统分项工程质量验收记录	施工单位	●	○	●	

工程资料类别	工程资料名称	工程资料来源	施工单位	监理单位	建设单位	城建档案馆
C7类 施工质量验收记录	停车场(库)管理系统分项工程质量验收记录	施工单位	●	○	●	
	安全防范综合管理系统分项工程质量验收记录	施工单位	●	○	●	
	综合布线系统安装分项工程质量验收记录	施工单位	●	○	●	
	综合布线系统性能检测分项工程质量验收记录	施工单位	●	○	●	
	系统集成网络连接分项工程质量验收记录	施工单位	●	○	●	
	系统数据集成分项工程质量验收记录	施工单位	●	○	●	
	系统集成整体协调分项工程质量验收记录	施工单位	●	○	●	
	系统集成综合管理及冗余功能分项工程质量验收记录	施工单位	●	○	●	
	系统集成可维护性和安全性分项工程质量验收记录	施工单位	●	○	●	
	电源系统分项工程质量验收记录	施工单位	●	○	●	
C8类 竣工验收资料	工程竣工报告	施工单位	●	●	●	●
	单位(子单位)工程竣工预验收报验表*(表C.8.1)	施工单位	●	●	●	
	单位(子单位)工程质量竣工验收记录**(表C.8.2-1)	施工单位	●	●	●	●
	单位(子单位)工程质量控制资料核查记录*(表C.8.2-2)	施工单位	●	●	●	
	单位(子单位)工程安全和功能检验资料核查及主要功能抽查记录*(表C.8.2-3)	施工单位	●	●	●	
	单位(子单位)工程观感质量检查记录** 表C.8.2-4)	施工单位	●	●	●	
	施工决算资料	施工单位	○	○	●	
	施工资料移交书	施工单位	●		●	
	房屋建筑工程质量保修书	施工单位	●		●	
	C类其他资料					
D类 竣工图	竣工图					
D类 建筑与结构竣工图	建筑竣工图	编制单位	●		●	●
	结构竣工图	编制单位	●		●	●
	钢结构竣工图	编制单位	●		●	●
D类 建筑装饰与装修工图	幕墙竣工图	编制单位	●		●	●
	室内装饰竣工图	编制单位	●		●	●
	建筑给水、排水与采暖竣工图	编制单位	●		●	●
	建筑电气竣工图	编制单位	●		●	●
D类 竣工图	智能建筑竣工图	编制单位	●		●	●
	通风与空调竣工图	编制单位	●		●	●
D类 室外工程竣工图	室外给水、排水、供热、供电、照明管线等竣工图	编制单位			●	●
	室外道路、园林绿化、花坛、喷泉等竣工图	编制单位			●	●
	D类其他资料					
E类	工程竣工文件					
E1类 竣工验收文件	单位(子单位)工程质量竣工验收记录**	施工单位	●	●	●	●
	勘察单位工程质量检查报告	勘察单位	○	○	●	●
	设计单位工程质量检查报告	设计单位	●	●	●	●
	工程竣工验收报告	建设单位	●	●	●	●
	规划、消防、环保等部门出具的认可文件或准许使用文件	政府主管部门	●	●	●	●
	房屋建筑工程质量保修书	施工单位	●		●	
	住宅质量保证书、住宅使用说明书	建设单位			●	
	建设工程竣工验收备案表	建设单位			●	●
E2类 竣工决算文件	施工决算资料*	施工单位	○	○	●	
	监理费用决算资料*	监理单位		○	●	
E3类 竣工交档文件	工程竣工档案预验收意见	城建档案管理部门			●	●
	施工资料移交书*	施工单位	●		●	
	监理资料移交书*	监理单位		●	●	
	城市建设档案移交书	建设单位			●	
E4类 竣工总结文件	工程竣工总结	建设单位			●	●
	竣工新貌影像资料	建设单位	●		●	●
	E类其他资料					

注：1 表中工程资料名称与资料保存单位所对应的栏中"●"表示"归档保存"；"○"表示"过程保存"，是否归档保存可自行确定。

2 表中注明"*"的表，宜由施工单位和监理或建设单位共同形成；表中注明"**"的表，宜由建设、设计、监理、施工等多方共同形成。

3 勘察单位保存资料内容应包括工程地质勘察报告、勘察招投标文件、勘察合同、勘察单位工程质量检查报告以及勘察单位签署的有关质量验收记录等。

4 设计单位保存资料内容应包括审定设计方案通知书及审查意见、审定设计方案通知书要求征求有关部门的审查意见和要求取得的有关协议、初步设计图及说明、施工图及设计说明、消防设计审核意见、施工图设计文件审查通知书及审查报告、设计招投标文件、设计合同、图纸会审记录、设计变更通知单、设计单位签署意见的工程洽商记录(包括技术核定单)、设计单位工程质量检查报告以及设计单位签署的有关质量验收记录。

A.3 分部（子分部）工程代号索引

A.3.1 施工资料编制时，分部（子分部）工程代号应按表 A.3.1 填写，表中未明确的分部（子分部）工程代号可依据相关标准自行确定。

表 A.3.1 分部（子分部）工程代号索引表

分部工程代号	分部工程名称	子分部工程代号	子分部工程名称	分项工程名称	备注
01	地基与基础	01	无支护土方	土方开挖，土方回填	
		02	有支护土方	排桩，降水、排水、地下连续墙、锚杆、土钉墙、水泥土桩、沉井与沉箱、钢及混凝土支撑	单独组卷
		03	地基及基础处理	灰土地基、砂和砂石地基、碎砖三合土地基、土工合成材料地基、粉煤灰地基、重锤夯实地基、强夯地基、振冲地基、砂桩地基、预压地基、高压喷射注浆地基、土和灰土挤密桩地基、注浆地基、水泥粉煤灰碎石桩地基、夯实水泥土桩地基	复合地基单独组卷
		04	桩基	锚杆静压桩及静力压桩、预应力离心管桩、钢筋混凝土预制桩、钢桩、混凝土灌注桩（成孔、钢筋笼、清孔、水下混凝土灌注）	单独组卷
		05	地下防水	防水混凝土、水泥砂浆防水层、卷材防水层、涂料防水层、金属板防水层、塑料板防水层、细部构造、喷锚支护、复合式衬砌、地下连续墙、盾构法隧道、渗排水、盲沟排水、隧道、坑道排水、预注浆、后注浆、衬砌裂缝注浆	
		06	混凝土基础	模板、钢筋、混凝土、后浇带混凝土、混凝土结构缝处理	
		07	砌体基础	砖砌体、混凝土砌块砌体、配筋砌体、石砌体	
		08	劲钢（管）混凝土	劲钢（管）焊接、劲钢（管）与钢筋的连接、混凝土	
		09	钢结构	焊接钢结构、栓接钢结构、钢结构制作、钢结构安装、钢结构涂装	单独组卷
02	主体结构	01	混凝土结构	模板、钢筋、混凝土、预应力、现浇结构、装配式结构	
		02	劲钢（管）混凝土结构	劲钢（管）焊接、螺栓连接、劲钢（管）与钢筋的连接、劲钢（管）制作、安装、混凝土	
		03	砌体结构	砖砌体、混凝土小型空心砌块砌体、石砌体、填充墙砌体、配筋砖砌体	
		04	钢结构	钢结构焊接，紧固件连接，钢零部件加工，单层结构安装，多层及高层钢结构安装，钢结构涂装，钢构件组装，钢构件预拼装，钢网架结构安装，压型金属板	单独组卷
		05	木结构	方木和原木结构，胶合木结构，轻型木结构、木构件防护	单独组卷
		06	网架和索膜结构	网架制作，网架安装，索膜安装，网架防火，防腐涂料	单独组卷
03	建筑装饰装修	01	地面	整体面层：基层，水泥混凝土面层，水泥砂浆面层，水磨石面层，防油渗面层，水泥钢（铁）屑面层，不发火（防爆的）面层；板块面层：基层，砖面层（陶瓷锦砖、缸砖、陶瓷地砖和水泥花砖面层），大理石面层和花岗石面层，预制板块面层（预制水泥混凝土、水磨石板块面层），料石面层（条石、块石面层），塑料板面层，活动地板面层，地毯面层；木竹面层：基层，实木地板面层（条材、块材面层），实木复合地板面层（条材、块材面层），中密度（强化）复合地板面层（条材面层），竹地板面层	
		02	抹灰	一般抹灰，装饰抹灰，清水砌体勾缝	
		03	门窗	木门窗制作与安装，金属门窗安装，塑料门窗安装，特种门安装，门窗玻璃安装	
		04	吊顶	暗龙骨吊顶，明龙骨吊顶	
		05	轻质隔墙	板材隔墙，骨架隔墙，活动隔墙，玻璃隔墙	
		06	饰面板（砖）	饰面板安装，饰面砖粘贴	
		07	幕墙	玻璃幕墙，金属幕墙，石材幕墙	单独组卷
		08	涂饰	水性涂料涂饰，溶剂型涂料涂饰，美术涂饰	
		09	裱糊与软包	裱糊，软包	
		10	细部	橱柜制作与安装，窗帘盒、窗台板和暖气罩制作与安装，门窗套制作与安装，护栏和扶手制作与安装，花饰制作与安装	
04	建筑屋面	01	卷材防水屋面	保温层，找平层，卷材防水层，细部构造	
		02	涂膜防水屋面	保温层，找平层，涂膜防水层，细部构造	
		03	刚性防水屋面	细石混凝土防水，密封材料嵌缝，细部构造	
		04	瓦屋面	平瓦屋面，油毡瓦屋面，金属板屋面，细部构造	
		05	隔热屋面	架空屋面，蓄水屋面，种植屋面	

分部工程代号	分部工程名称	子分部工程代号	子分部工程名称	分项工程名称	备注
05	建筑给水排水及采暖	01	室内给水系统	给水管道及配件安装，室内消火栓系统安装，给水设备安装，管道防腐，绝热	
		02	室内排水系统	排水管道及配件安装，雨水管道及配件安装	
		03	室内热水供应系统	管道及配件安装，辅助设备安装，防腐，绝热	
		04	卫生器具安装	卫生器具安装，卫生器具给水配件安装，卫生器具排水管道安装	
		05	室内采暖系统	管道及配件安装，辅助设备及散热器安装，金属辐射板安装，低温热水地板辐射采暖系统安装，系统水压试验及调试，防腐，绝热	
		06	室外给水管网	给水管道安装，消防水泵接合器及室外消火栓安装，管沟及井室	
		07	室外排水管网	排水管道安装，排水管沟与井池	
		08	室外供热管网	管道及配件安装，系统水压试验及调试，防腐，绝热	
		09	建筑中水系统及游泳池系统	建筑中水系统管道及辅助设备安装，游泳池水系统安装	
		10	供热锅炉及辅助设备安装	锅炉安装，辅助设备及管道安装，安全附件安装，烘炉、煮炉和试运行，换热站安装，防腐，绝热	单独组卷
		11	自动喷水灭火系统	消防水泵和稳压泵安装，消防水箱安装和消防水池施工，消防气压给水设备安装，消防水泵接合器安装，管网安装，喷头安装，报警阀组安装，其他组件安装，系统水压试验，气压试验，冲洗，水源测试，消防水泵调试，稳压泵调试，报警阀组调试，排水装置调试，联动试验	单独组卷
		12	气体灭火系统	灭火剂储存装置的安装，选择阀及信号反馈装置安装，阀驱动装置安装，灭火剂输送管道安装，喷嘴安装，预制灭火系统安装，控制组件安装，系统调试	单独组卷
		13	泡沫灭火系统	消防泵的安装、泡沫液储罐的安装、泡沫比例混合器的安装、管道阀门和泡沫消火栓的安装、泡沫产生装置的安装、系统调试	单独组卷
		14	固定水炮灭火系统	管道及配件安装，设备安装，系统水压试验、系统调试	单独组卷
06	建筑电气	01	室外电气	架空线路及杆上电气设备安装，变压器、箱式变电所安装，成套配电柜、控制柜（屏、台）和动力、照明配电箱（盘）及控制柜安装，电线、电缆导管和线槽敷设，电线、电缆穿管和线槽敷设，电缆头制作、导线连接和线路电气试验，建筑物外部装饰灯具，航空障碍标志灯和庭院路灯安装，建筑照明通电试运行，接地装置安装	
		02	变配电室	变压器、箱式变电所安装，成套配电柜、控制柜（屏、台）和动力、照明配电箱（盘）安装，裸母线、封闭母线、插接式母线安装，电缆沟内和电缆竖井内电缆敷设，电缆头制作、导线连接和线路电气试验，接地装置安装，避雷引下线和变配电室接地干线敷设	单独组卷
		03	供电干线	裸母线、封闭母线、插接式母线安装，桥架安装和桥架内电缆敷设，电缆沟内和电缆竖井内电缆敷设，电线、电缆导管和线槽敷设，电线、电缆穿管和线槽敷线，电缆头制作、导线连接和线路电气试验	
		04	电气动力	成套配电柜、控制柜（屏、台）和动力、照明配电箱（盘）及安装，低压电动机、电加热器及电动执行机构检查、接线，低压电气动力设备检测、试验和空载试运行，桥架安装和桥架内电缆敷设，电线、电缆导管和线槽敷设，电线、电缆穿管和线槽敷线，电缆头制作、导线连接和线路电气试验，插座、开关、风扇安装	
		05	电气照明安装	成套配电柜、控制柜（屏、台）和动力、照明配电箱（盘）安装，电线、电缆导管和线槽敷设，电线、电缆穿管和线槽敷线，槽板配线，钢索配线，电缆头制作、导线连接和线路电气试验，普通灯具安装，专用灯具安装，插座、开关、风扇安装，建筑照明通电试运行	
		06	备用和不间断电源安装	成套配电柜、控制柜（屏、台）和动力、照明配电箱（盘）安装，柴油发电机组安装，不间断电源的其他功能单元安装，裸母线、封闭母线、插接式母线安装，电线、电缆导管和线槽敷设，电线、电缆穿管和线槽敷线，电缆头制作、导线连接和线路电气试验，接地装置安装	
		07	防雷及接地安装	接地装置安装，避雷引下线和变配电室接地干线敷设，建筑物等电位连接，接闪器安装	

分部工程代号	分部工程名称	子分部工程代号	子分部工程名称	分项工程名称	备注
07	智能建筑	01	通信网络系统	通信系统，卫星及有线电视系统，公共广播系统	单独组卷
		02	办公自动化系统	计算机网络系统，信息平台及办公自动化应用软件，网络安全系统	单独组卷
		03	建筑设备监控系统	空调与通风系统、变配电系统、照明系统，给排水系统，热源和热交换系统，冷冻和冷却系统，电梯和自动扶梯系统，中央管理工作站与操作分站，子系统通信接口	单独组卷
		04	火灾报警及消防联动系统	火灾和可燃气体探测与火灾报警控制系统，消防联动系统	单独组卷
		05	安全防范系统	电视监控系统，入侵报警系统，巡更系统，出入口控制（门禁）系统，停车管理系统	按分项单独组卷
		06	综合布线系统	综合布线系统	单独组卷
		07	智能化集成系统	集成系统网络，实时数据库，智能化集成系统与功能接口，信息安全	
		08	电源与接地	机房，智能建筑电源，防雷及接地	
		09	环境	空间环境，室内空调环境，视觉照明环境，电磁环境	单独组卷
		10	住宅（小区）智能化系统	火灾自动报警及消防联动系统，安全防范系统（含电视监控系统、入侵报警系统、巡更系统、门禁系统、楼宇对讲系统、住户对讲呼救系统、停车管理系统），物业管理系统（多表现场计量及远程传输系统、建筑设备监控系统、公共广播系统、小区网络及信息服务系统、物业办公自动化系统），智能家庭信息平台	单独组卷
08	通风与空调	01	送排风系统	风管与配件制作，部件制作，风管系统安装，空气处理设备安装，消声设备制作与安装，风管与设备防腐，风机安装，系统调试	
		02	防排烟系统	风管与配件制作，部件制作，风管系统安装，防排烟风口、常闭正压风口或设备安装，风管与设备防腐，风机安装，系统调试	
		03	除尘系统	风管与配件制作，部件制作，风管系统安装，除尘器与排污设备安装，风管与设备防腐，风机安装，系统调试	
		04	空调风系统	风管与配件制作，部件制作，风管系统安装，空气处理设备安装，消声设备制作与安装，风管与设备防腐，风机安装，风管与设备绝热，系统调试	

分部工程代号	分部工程名称	子分部工程代号	子分部工程名称	分项工程名称	备注
08	通风与空调	05	净化空调系统	风管与配件制作，部件制作，风管系统安装，空气处理设备安装，消声设备制作与安装，风管与设备防腐，风机安装，风管与设备绝热，系统调试	
		06	制冷设备系统	制冷机组安装，制冷剂管道及配件安装，制冷附属设备安装，管道及设备的防腐与绝热，系统调试	
		07	空调水系统	管道冷热（媒）水系统安装，冷却水系统安装，冷凝水系统安装，阀门及部件安装，冷却塔安装，水泵及附属设备安装，管道与设备的防腐与绝热，系统调试	
09	电梯	01	电力驱动的曳引式或强制式电梯安装	设备进场验收，土建交接检验，驱动主机，导轨，门系统，轿厢，对重（平衡重），安全部件，悬挂装置，随行电缆，补偿装置，电气装置，整机安装验收	单独组卷
		02	液压电梯安装	设备进场验收，土建交接检验，液压系统，导轨，轿厢，平衡重，安全部件，悬挂装置，随行电缆，电气装置，整机安装验收	单独组卷
		03	自动扶梯、自动人行道安装	设备进场验收，土建交接检验，整机安装验收	单独组卷

附录 B　监理资料用表

B.1　监理管理资料用表

B.1.1 监理单位和其他参建单位传递意见、建议、决定、通知等的工作联系单时可采用表 B.1.1 的格式。当不需回复时应有签收记录，并应注明收件人的姓名、单位和收件日期，并由有关单位各保存一份。

表 B.1.1　工作联系单

工程名称		编号	
致　　　　　　　　　　　　　　　（单位）			
事由：			
内容			
		单　位	
		负责人	
		日　期	

B.1.2 监理工程师通知单应符合现行国家标准《建设工程监理规范》GB 50319 的有关规定。监理单位填写的监理工程师通知单应一式两份，并应由监理单位、施工单位各保存一份。监理工程师通知单宜采用表 B.1.2 的格式。

表 B.1.2 监理工程师通知

工程名称		编 号	

致_____（施工总承包单位/专业承包单位）

事由：关于_____

内容：

附件：

监　理　单　位_____
总/专业监理工程师_____
日　　　　期_____

B.1.3 工程暂停令应符合现行国家标准《建设工程监理规范》GB 50319 的有关规定。监理单位签发的工程暂停令应一式三份，并应由建设单位、监理单位、施工单位各保存一份。工程暂停令宜采用表 B.1.3 的格式。

表 B.1.3 工程暂停令

工程名称		编 号	

致_____（施工总承包单位/专业承包单位）
　　由于_____原因，现通知你方必须于___年___月___日___时起，对本工程的_____部位（工序）实施暂停施工，并按要求做好下述各项工作：

监　理　单　位_____
总监理工程师_____
日　　　　期_____

B.2 进度控制资料用表

B.2.1 工程开工报审表、施工进度计划报审表内容应符合现行国家标准《建设工程监理规范》GB 50319 的有关规定。

B.3 质量控制资料用表

B.3.1 旁站监理记录应符合现行国家标准《建设工程监理规范》GB 50319 的有关规定。监理单位填写的旁站监理记录应一式三份，并应由建设单位、监理单位、施工单位各保存一份。旁站监理记录宜采用表 B.3.1 的格式。

表 B.3.1 旁站监理记录

工程名称			编 号	
开始时间		结束时间	日期及天气	
监理的部位或工序：				
施工情况：				
监理情况：				
发现问题：				
处理结果：				
备注：				
监理单位名称：_____		施工单位名称：_____		
旁站监理人员（签字）：_____		质检员（签字）：_____		

B.3.2 监理单位填写的见证取样和送检见证人员备案表应一式五份，质量监督站、检测单位、建设单位、监理单位、施工单位各保存一份。见证取样和送检见证人员备案表宜采用表 B.3.2 的格式。

表 B.3.2 见证取样和送检见证人员备案表

工程名称		编 号	
质量监督站		日 期	
检测单位			
施工总承包单位			
专业承包单位			
见证人员签字		见证取样和送检印章	
建设单位（章）		监理单位（章）	

B.3.3 监理单位填写的见证记录应一式三份，并应由建设单位、监理单位、施工单位各保存一份。见证记录宜采用表 B.3.3 的格式。

表 B.3.3　见证记录

工程名称			编　号	
样品名称		试件编号	取样数量	
取样部位/地点		取样日期		
见证取样说明				
见证取样和送检印章				
签字栏	取样人员		见证人员	

B.4　造价控制资料用表

B.4.1 工程款支付证书应符合现行国家标准《建设工程监理规范》GB 50319 的有关规定。监理单位填写的工程款支付证书应一式三份，建设单位、监理单位、施工单位各保存一份。工程款支付证书宜采用表 B.4.1 的格式。

表 B.4.1　工程款支付证书

工程名称		编　号	

致＿＿＿＿＿＿＿＿（建设单位）

　　根据施工合同＿＿条＿＿款的约定，经审核施工单位的支付申请及附件，并扣除有关款项，同意本期支付工程款共（大写）＿＿＿＿＿＿＿＿（小写：＿＿＿＿＿＿＿＿）。请按合同约定及时支付。

其中：

1. 施工单位申报款为：＿＿＿＿＿＿
2. 经审核施工单位应得款为：＿＿＿＿＿
3. 本期应扣款为：＿＿＿＿＿＿
4. 本期应付款为：＿＿＿＿＿＿

附件：

1. 施工单位的工程支付申请表及附件；
2. 项目监理机构审查记录。

监理单位＿＿＿＿＿＿

总监理工程师＿＿＿＿＿＿

日　　期＿＿＿＿＿＿

B.4.2 费用索赔审批表应符合现行国家标准《建设工程监理规范》GB 50319 的有关规定。监理单位填写的费用索赔审批表应一式三份，并应由建设单位、监理单位、施工单位各保存一份。费用索赔审批表宜采用表 B.4.2 的格式。

表 B.4.2　费用索赔审批表

工程名称		编　号	

致＿＿＿＿＿＿＿＿（施工总承包/专业承包单位）

　　根据施工合同＿＿条＿＿款的约定，你方提出的＿＿＿＿＿＿费用索赔申请（第＿＿号），索赔（大写）＿＿＿＿＿＿＿＿元，经我方核核评估：

□ 不同意此项索赔。

□ 同意此项索赔，金额为（大写）＿＿＿＿元。

同意/不同意索赔的理由：

索赔金额的计算：

监理单位＿＿＿＿＿＿

总监理工程师＿＿＿＿＿＿

日　　期＿＿＿＿＿＿

B.5　合同管理资料用表

B.5.1 工程延期审批表应符合现行国家标准《建设工程监理规范》GB 50319 的有关规定。监理单位填写的工程延期审批表应一式四份，并应由建设单位、监理单位、施工单位、城建档案馆各保存一份。工程延期审批表宜采用表 B.5.1 的格式。

表 B.5.1　工程延期审批表

工程名称		编　号	

致＿＿＿＿＿＿＿＿（施工总承包/专业承包单位）

　　根据施工合同＿＿条＿＿款的约定，我方对你方提出的＿＿＿＿＿＿工程延期申请（第＿＿号）要求延长工期＿＿日历天的要求，经过审核评估：

□ 同意工期延长＿＿日历天。使竣工日期（包括已指令延长的工期）从原来的＿＿年＿＿月＿＿日延迟到＿＿年＿＿月＿＿日。请你方执行。

□ 不同意延长工期，请按约定竣工日期组织施工。

说明：

监理单位＿＿＿＿＿＿

总监理工程师＿＿＿＿＿＿

日　　期＿＿＿＿＿＿

附录 C 施工资料用表

C.1 施工管理资料用表

C.1.1 施工单位填写的工程概况表应一式四份,并应由建设单位、监理单位、施工单位、城建档案馆各保存一份。工程概况表可采用表 C.1.1 的格式。

表 C.1.1 工 程 概 况 表

工程名称			编号	
一般情况	建设单位			
	建设用途		设计单位	
	建设地点		勘察单位	
	建筑面积		监理单位	
	工期		施工单位	
	计划开工日期		计划竣工日期	
	结构类型		基础类型	
	层次		建筑檐高	
	地上面积		地下面积	
	人防等级		抗震等级	
构造特征	地基与基础			
	柱、内外墙			
	梁、板、楼盖			
	外墙装饰			
	内墙装饰			
	楼地面装饰			
	屋面构造			
	防火设备			
机电系统名称				
其 他				

C.1.2 施工现场质量管理检查记录应符合《建筑工程施工质量验收统一标准》GB 50300 的有关规定;施工单位填写的施工现场质量管理检查记录应一式两份,并应由监理单位、施工单位各保存一份。施工现场质量管理检查记录宜采用表 C.1.2 的格式。

表 C.1.2 施工现场质量管理检查记录

工程名称		施工许可证(开工证)		编号	
建设单位			项目负责人		
设计单位			项目负责人		
勘察单位			项目负责人		
监理单位			总监工程师		
施工单位		项目经理		项目技术负责人	
序号	项 目		内 容		
1	现场质量管理制度				
2	质量责任制				

序号	项 目	内 容
3	主要专业工种操作上岗证书	
4	专业承包单位资质管理制度	
5	施工图审查情况	
6	地质勘察资料	
7	施工组织设计编制及审批	
8	施工技术标准	
9	工程质量检验制度	
10	混凝土搅拌站及计量设置	
11	现场材料、设备存放与管理制度	
12		

检查结论:

总监理工程师(建设单位项目负责人)　　　　　年 月 日

C.1.3 分包单位资质报审表应符合现行国家标准《建设工程监理规范》GB 50319 的有关规定。施工总承包单位填报的分包单位资质报审表应一式三份,并应由建设单位、监理单位、施工总承包单位各保存一份。分包单位资质报审表宜采用表 C.1.3 的格式。

表 C.1.3 分包单位资质报审表

工程名称		施工编号	
		监理编号	
		日 期	

致_____(监理单位)

　　经考察,我方认为拟选择的_____(专业承包单位)具有承担下列工程的施工资质和施工能力,可以保证本工程项目按合同的约定进行施工。分包后,我方仍承担总包单位的责任。请予以审查和批准。

　　附:1. □分包单位资质材料

　　　　2. □分包单位业绩材料

　　　　3. □中标通知书

分包工程名称(部位)	工程量	分包工程合同额	备注
合 计			

施工总承包单位(章)_____

项目经理_____

专业监理工程师审查意见:

专业监理工程师_____

日 期_____

总监理工程师审核意见:

监理单位_____

总监理工程师_____

日 期_____

C.1.4 调查单位填写的建设工程质量事故调查、勘查记录应一式五份，并应由调查单位、建设单位、监理单位、施工单位、城建档案馆各保存一份。建设工程质量事故调查、勘查记录宜采用表 C.1.4 的格式。

表 C.1.4　建设工程质量事故调查、勘查记录

工程名称		编　号		
		日　期		
调(勘)查时间	年　月　日　时　分至　时　分			
调(勘)查地点				
参加人员	单　位	姓　名	职　务	电　话
被调查人				
陪同调(勘)查人员				
调(勘)查笔录				
现场证物照片	□有　□无　共　张　共　页			
事故证据资料	□有　□无　共　条　共　页			
被调查人签字		调(勘)查人签字		

C.1.5 施工单位填写的见证试验检测汇总表应一式两份，并应由监理单位、施工单位各保存一份。见证试验检测汇总表宜采用表 C.1.5 的格式。

表 C.1.5　见证试验检测汇总表

工程名称			编　号	
			填表日期	
建设单位			检测单位	
监理单位			见证人员	
施工单位			取样人员	
试验项目	应试验组/次数	见证试验组/次数	不合格次数	备注
制表人(签字)				

C.1.6 施工单位填写的施工日志应一式一份，并应自行保存。施工日志宜采用表 C.1.6 的格式。

表 C.1.6　施工日志

工程名称		编号		
		日期		
施工单位				
天气状况		风力		最高/最低温度
施工情况记录：(施工部位、施工内容、机械使用情况、劳动力情况，施工中存在问题等)				
技术、质量、安全工作记录：(技术、质量安全活动、检查验收、技术质量安全问题等)				
记录人(签字)				

C.1.7 施工单位填报的监理工程师通知回复单应一式两份，并应由监理单位、施工单位各保存一份。监理工程师通知回复单宜采用表 C.1.7 的格式。

表 C.1.7　监理工程师通知回复单

工程名称		施工编号	
		监理编号	
		日　期	

致：_____(监理单位)

我方接到编号为_____的监理工程师通知后，已按要求完成了___工作，现报上，请予以复查。

详细内容：

专业承包单位_____ 项目经理/责任人_____

施工总承包单位_____ 项目经理/责任人_____

复查意见：

监　理　单　位_____

总/专业监理工程师_____

日　期_____

C.2 施工技术资料用表

C.2.1 施工单位填报的工程技术文件报审表应一式两份,并应由监理单位、施工单位各保存一份。工程技术文件报审表宜采用表 C.2.1 的格式。

表 C.2.1 工程技术文件报审表

工程名称		施工编号	
		监理编号	
		日　期	
致＿＿＿＿＿＿＿＿＿＿＿(监理单位) 　　我方已编制完成了＿＿＿＿＿＿＿＿＿技术文件,并经相关技术负责人审查批准,请予以审定。 　　附:技术文件__页__册 施工总承包单位＿＿＿＿＿＿＿＿ 项目经理/责任人＿＿＿＿＿＿＿ 专业承包单位＿＿＿＿＿＿＿＿ 项目经理/责任人＿＿＿＿＿＿＿			
专业监理工程师审查意见: 　　　　专业监理工程师＿＿＿＿＿＿＿ 　　　　日　期＿＿＿＿＿＿＿＿＿			
总监理工程师审批意见: · 审定结论: □同意 □修改后再报 □重新编制 　　　　监理单位＿＿＿＿＿＿＿ 　　　　总监理工程师＿＿＿＿＿＿＿ 　　　　日　期＿＿＿＿＿＿＿＿＿			

C.2.2 施工单位填报危险性较大分部分项工程施工方案专家论证表应一式两份,并应由监理单位、施工单位各保存一份。危险性较大分部分项工程施工方案专家论证表可采用表 C.2.2 的格式。

表 C.2.2 危险性较大分部分项工程施工方案专家论证表

工程名称					编　号	
施工总承包单位					项目负责人	
专业承包单位					项目负责人	
分项工程名称						
专家一览表						
姓名	性别	年龄	工作单位	职务	职称	专业
专家论证意见: 　　　　　　　　　　　　　　　年 月 日						
签字栏	组长: 专家:					

C.2.3 施工单位填写的技术交底记录应一式一份,并由施工单位自行保存。技术交底记录宜采用表 C.2.3 的格式。

表 C.2.3 技术交底记录

工程名称			编　号		
			交底日期		
施工单位			分项工程名称		
交底摘要			页　数	共页,第页	
交底内容: 					
签字栏	交底人		审核人		
	接受交底人				

C.2.4 施工单位整理汇总的图纸会审记录应一式五份，并应由建设单位、设计单位、监理单位、施工单位、城建档案馆各保存一份。图纸会审记录宜采用表C.2.4的格式。表中设计单位签字栏应为项目专业设计负责人的签字，建设单位、监理单位、施工单位签字栏应为项目技术负责人或相关专业负责人的签字。

表 C.2.4　图纸会审记录

工程名称			编　号		
			日　期		
设计单位			专业名称		
地　点			页　数	共　页,第　页	
序　号	图　号	图纸问题	答复意见		
签字栏	建设单位	监理单位	设计单位	施工单位	

C.2.5 设计单位签发的设计变更通知单应一式五份，并应由建设单位、设计单位、监理单位、施工单位、城建档案馆各保存一份。设计变更通知单宜采用表C.2.5的格式。

表 C.2.5　设计变更通知单

工程名称		编　号		
		日　期		
设计单位		专业名称		
变更摘要		页　数	共　页,第　页	
序　号	图　号	变　更　内　容		
签字栏	建设单位	设计单位	监理单位	施工单位

C.2.6 工程洽商提出单位填写的工程洽商记录应一式五份，并应由建设单位、设计单位、监理单位、施工单位、城建档案馆各保存一份。工程洽商记录宜采用表C.2.6的格式。

表 C.2.6　工程洽商记录（技术核定单）

工程名称		编　号		
		日　期		
提出单位		专业名称		
洽商摘要		页　数	共　页,第　页	
序　号	图　号	洽　商　内　容		
签字栏	建设单位	设计单位	监理单位	施工单位

C.3　进度造价资料用表

C.3.1 工程开工报审表应符合现行国家标准《建设工程监理规范》GB 50319 的有关规定。施工单位填报的工程开工报审表应一式四份，并应由建设单位、监理单位、施工单位、城建档案馆各保存一份。工程开工报审表宜采用表C.3.1的格式。

表 C.3.1　工程开工报审表

工程名称		施工编号	
		监理编号	
		日　期	

致_____（监理单位）
　我方承担的_____工程，已完成了以下各项工作，具备了开工条件，特此申请施工，请核查并签发开工指令。
附件：

　　　　　　　施工总承包单位（章）_____

　　　　　　　　　　　项目经理_____

审查意见：

　　　　　　　　　监理单位_____
　　　　　　　总监理工程师_____
　　　　　　　　　　日　期_____

C.3.2 复工报审表应符合现行国家标准《建设工程监理规范》GB50319 的有关规定。施工单位填报的工程复工报审表应一式四份，并应由建设单位、监理单位、施工单位、城建档案馆各保存一份。工程复工报审表宜采用表 C.3.2 的格式。

表应一式两份，监理单位、施工单位各保存一份。月度人、机、料动态表采用表 C.3.4 的格式。

表 C.3.2　工程复工报审表

工程名称		施工编号	
		监理编号	
		日　期	

致＿＿＿＿＿＿（监理单位）

　　根据＿＿＿号《工程暂停令》，我方已按照要求完成了以下各项工作，具备了复工条件，特此申请，请核查并签发复工指令。

附：具备复工条件的说明或证明

专业承包单位＿＿＿＿＿＿　项目经理/责任人＿＿＿＿＿＿

施工总承包单位＿＿＿＿＿＿　项目经理/责任人＿＿＿＿＿＿

审查意见：

　　　　　　　　　　监理单位＿＿＿＿＿＿
　　　　　　　　专业监理工程师＿＿＿＿＿＿
　　　　　　　　总监理工程师＿＿＿＿＿＿
　　　　　　　　　　　日　期＿＿＿＿＿＿

C.3.3　施工单位填报施工进度计划报审表应一式三份，并应由建设单位、监理单位、施工单位各保存一份。施工进度计划报审表宜采用表 C.3.3 的格式。

表 C.3.3　施工进度计划报审表

工程名称		施工编号	
		监理编号	
		日　期	

致＿＿＿＿＿＿（监理单位）

　　我方已根据施工合同的有关约定完成了＿＿＿＿＿工程总/年第＿季度＿月份工程施工进度计划的编制，请予以审查。

附：施工进度计划及说明

施工总承包单位（章）＿＿＿＿＿＿　项目经理＿＿＿＿＿＿

专业监理工程师审查意见：

　　　　　　　　专业监理工程师＿＿＿＿＿＿
　　　　　　　　　　日　期＿＿＿＿＿＿

总监理工程师审核意见：

　　　　　　　　　　监理单位＿＿＿＿＿＿
　　　　　　　　总监理工程师＿＿＿＿＿＿
　　　　　　　　　　日　期＿＿＿＿＿＿

C.3.4　施工单位填报的＿＿＿年＿月人、机、料动态

表 C.3.4　＿＿＿年＿月人、机、料动态表

工程名称			编号		
			日期		

致＿＿＿＿＿＿（监理单位）

根据＿＿年＿月施工进度情况，我方现报上＿＿年＿月人、机、料统计表。

劳动力	工种				合计
	人数				
	持证人数				
主要机械	机械名称	生产厂家	规格、型号	数量	
主要材料	名称	单位	上月库存量	本月进场量	本月消耗量	本月库存量

附件：

　　　　　　　　施工单位＿＿＿＿＿＿
　　　　　　　　项目经理＿＿＿＿＿＿

C.3.5　施工单位填报的工程延期申请表应一式三份，并应由建设单位、监理单位、施工单位各保存一份。工程延期申请表宜采用表 C.3.5 的格式。

表 C.3.5　工程延期申请表

工程名称		编号	
		日期	

致＿＿＿＿＿＿（监理单位）

　　根据施工合同＿＿＿条＿＿＿款的约定，由于＿＿＿＿＿＿的原因，我方申请工程延期，请予以批准。

附件：

1. 工程延期的依据及工期计算

　　合同竣工日期：

　　申请延长竣工日期：

2. 证明材料

专业承包单位＿＿＿＿＿＿　项目经理/责任人＿＿＿＿＿＿

施工总承包单位＿＿＿＿＿＿　项目经理/责任人＿＿＿＿＿＿

C.3.6 工程款支付申请表应符合现行国家标准《建设工程监理规范》GB 50319 的有关规定。施工单位填报的工程款支付申请表应一式三份，并应由建设单位、监理单位、施工单位各保存一份。工程款支付申请表宜采用表 C.3.6 的格式。

表 C.3.6　工程款支付申请表

工程名称		编号	
		日期	

致_____（监理单位）

　　我方已完成了_____工作，按照施工合同__条_款的约定，建设单位应在___年_月_日前支付该项工程款共（大写）_____（小写：____），现报上_____工程付款申请表，请予以审查并开具工程款支付证书。

附件：

　　1. 工程量清单；

　　2. 计算方法。

施工总承包单位（章）_____　　项目经理_____

C.3.7 施工单位填报的工程变更费用报审表应一式三份，并应由建设单位、监理单位、施工单位各保存一份。工程变更费用报审表宜采用表 C.3.7 的格式。

表 C.3.7　工程变更费用报审表

工程名称		施工编号	
		监理编号	
		日　期	

致_____（监理单位）

　　兹申报第__号工程变更单，申请费用见附表，请予以审核。

附件：工程变更费用计算书

专业承包单位_____　　项目经理/责任人_____

施工总承包单位_____　　项目经理/责任人_____

监理工程师审核意见：

　　　　　　　　　　监理工程师_____

　　　　　　　　　　日　期_____

总监理工程师审查意见：

　　　　　　　　　　监理单位_____

　　　　　　　　　　总监理工程师_____

　　　　　　　　　　日　期_____

C.3.8 费用索赔申请表应符合现行国家标准《建设工程监理规范》GB 50319 的有关规定。施工单位填报的费用索赔申请表应一式三份，并由建设单位、监理单位、施工单位各保存一份。费用索赔申请表宜采用表 C.3.8 的格式。

表 C.3.8　费用索赔申请表

工程名称		编号	
		日期	

致_____（监理单位）

　　根据施工合同__条_款的约定，由于_____的原因，我方要求索赔金额（大写）_____元，请予以批准。

附件：

　　1. 索赔的详细理由及经过

　　2. 索赔金额的计算

　　3. 证明材料

专业承包单位_____　　项目经理/责任人_____

施工总承包单位_____　　项目经理/责任人_____

C.4　施工物资资料用表

C.4.1 材料、构配件进场检验记录应符合国家现行有关标准的规定。施工单位填写的材料、构配件进场检验记录应一式两份，并应由监理单位、施工单位各保存一份。材料、构配件进场检验记录宜采用表 C.4.1 的格式。

表 C.4.1　材料、构配件进场检验记录

工程名称				编　号		
				检验日期		

序号	名称	规格型号	进场数量	生产厂家质量证明书编号	外观检验项目检验结果	试件编号复验结果	备注
1							
2							
3							
4							
5							

检查意见（施工单位）：

附件：共_页

验收意见（监理/建设单位）

□同意　　□重新检验　　□退场　　验收日期：

签字栏	施工单位		专业质检员	专业工长	检验员
	监理或建设单位		专业工程师		

C.4.2 施工单位填写的设备开箱检验记录应一式两份，并应由监理单位、施工单位各保存一份。设备开

箱检验记录宜采用表 C.4.2 的格式。

表 C.4.2　设备开箱检验记录

工程名称		编　号		
		检验日期		
设备名称		规格型号		
生产厂家		产品合格证编号		
总数量		检验数量		
进场检验记录				
包装情况				
随机文件				
备件与附件				
外观情况				
测试情况				
缺、损附备件明细				
序号	附备件名称	规格	单位	数量　备注
检查意见（施工单位）： 附：共__页				
验收意见（监理/建设单位）： □同意　□重新检验　□退场　验收日期：				
签 字 栏	供应单位		责任人	
	施工单位		专业工长	
	监理或建设单位		专业工程师	

C.4.3　设备、阀门、闭式喷头、密闭水箱或水罐、风机盘管、成组散热器及其他散热设备等在安装前按规定进行试验时，均应填写设备及管道附件试验记录，并应由建设单位、监理单位、施工单位各保存一份。设备及管道附件试验记录宜采用表 C.4.3 的格式。

表 C.4.3　设备及管道附件试验记录

工程名称			编　号	
使用部位			试验日期	
试验要求				
设备/管道附件名称				
材质、型号				
规格				
试验数量				
试验介质				
强度试验	公称或工作压力（MPa）			
	试验压力（MPa）			
	试验持续时间（s）			
	试验压力降（MPa）			
	渗漏情况			
	试验结论			
严密性试验	试验压力（MPa）			
	试验持续时间（s）			
	试验压力降（MPa）			
	渗漏情况			
	试验结论			
签 字 栏	施工单位		专业技术负责人　专业质检员　专业工长	
	监理或建设单位		专业工程师	

C.5　施工记录用表

C.5.1　隐蔽工程验收记录应符合国家相关标准的规定。施工单位填写的隐蔽工程验收记录应一式四份，并应由建设单位、监理单位、施工单位、城建档案馆各保存一份。隐蔽工程验收记录宜采用表 C.5.1 的格式。

表 C.5.1　隐蔽工程验收记录（通用）

工程名称		编　号		
隐检项目		隐检日期		
隐检部位	层	轴线	标高	
隐检依据：施工图号_____，设计变更/洽商/技术核定单（编号_____）及有关国家现行标准等。 主要材料名称及规格/型号：_____				
隐检内容：				
检查结论：				
□同意隐蔽　□不同意隐蔽，修改后复查				
复查结论：				
复查人：　　　复查日期：				
签 字 栏	施工单位	专业技术负责人	专业质检员	专业工长
	监理或建设单位		专业工程师	

C.5.2　施工单位填写的施工检查记录应一式一份，并由施工单位自行保存。施工检查记录宜采用表 C.5.2 的格式。

表 C.5.2　施工检查记录（通用）

工程名称		编　号	
		检查日期	
检查部位		检查项目	
检查依据：			
检查内容：			
检查结论：			
复查结论：			
复查人：　　　复查日期：			
签 字 栏	施工单位		
	专业技术负责人	专业质检员	专业工长

C.5.3 交接双方共同填写的交接检查记录应一式三份，并应由移交单位、接收单位和见证单位各保存一份。交接检查记录宜采用表 C.5.3 的格式。

表 C.5.3 交接检查记录（通用）

工程名称		编　号	
		检查日期	
移交单位		见证单位	
交接部位		接收单位	
交接内容：			
检查结论：			
复查结论（由接收单位填写）： 复查人：　　　　　复查日期：			
见证单位意见：			
签字栏	移交单位	接收单位	见证单位

C.5.4 施工单位填写的工程定位测量记录应一式四份，并应由建设单位、监理单位、施工单位、城建档案馆各保存一份。工程定位测量记录宜采用表 C.5.4 的格式。

表 C.5.4 工程定位测量记录

工程名称		编　号	
		图纸编号	
委托单位		施测日期	
复测日期		平面坐标依据	
高程依据		使用仪器	
允许误差		仪器校验日期	
定位抄测示意图：			
复测结果：			
签字栏	施工单位	测量人员岗位证书号	专业技术负责人
	施工测量负责人	复测人	施测人
	监理或建设单位		专业工程师

C.5.5 施工单位填写的建筑物垂直度、标高观测记录应一式三份，并应由建设单位、监理单位、施工单位各保存一份。建筑物垂直度、标高观测记录宜采用表 C.5.5 的格式。

表 C.5.5 建筑物垂直度、标高观测记录

工程名称		编　号	
施工阶段		观测日期	
观测说明（附观测示意图）：			
垂直度测量（全高）		标高测量（全高）	
观测部位	实测偏差（mm）	观测部位	实测偏差（mm）
结论：			
签字栏	施工单位	专业技术负责人	专业质检员　施测人
	监理或建设单位		专业工程师

C.5.6 地基验槽记录应符合现行国家标准《建筑地基基础工程施工质量验收规范》GB 50202 的有关规定。施工单位填写的地基验槽记录应一式六份，并应由建设单位、监理单位、勘察单位、设计单位、施工单位、城建档案馆各保存一份。地基验槽记录宜采用表 C.5.6 的格式。

表 C.5.6 地基验槽记录

工程名称		编　号	
验槽部位		验槽日期	
依据：施工图号＿＿＿＿＿＿、 　　　设计变更/洽商/技术核定编号＿＿＿＿＿及有关规范、规程。			
验槽内容： 1. 基槽开挖至勘探报告第＿＿＿层，持力层为＿＿＿＿＿层。 2. 土质情况＿＿＿＿＿＿＿＿＿＿＿＿＿＿＿＿＿。 3. 基坑位置、平面尺寸＿＿＿＿＿＿＿＿＿＿＿＿。 4. 基底绝对高程和相对标高＿＿＿＿＿＿＿＿＿＿＿。 　　　　　　　　　　　　　　申报人：			
检查结论：			
□无异常，可进行下道工序　　　　□需要地基处理			
签字公章栏	施工单位　勘察单位　设计单位　监理单位　建设单位		

C.5.7 地下工程防水效果检查记录应符合现行国家标准《地下防水工程质量验收规范》GB 50208 的有关规定。由施工单位填写的地下工程防水效果检查记录应一式三份,并应由建设单位、监理单位、施工单位各保存一份。地下工程防水效果检查记录宜采用表 C.5.7 的格式。

表 C.5.7　地下工程防水效果检查记录

工程名称		编　号	
检查部位		检查日期	
检查方法及内容:			
检查结论:			
复查结论:			
复查人:　　　　　　　复查日期:			
签字栏	施工单位	专业技术负责人　专业质检员　专业工长	
	监理或建设单位	专业工程师	

C.5.8 防水工程试水检查记录应符合现行国家标准《建筑地面工程施工质量验收规范》GB 50209、《屋面工程质量验收规范》GB 50207 的有关规定。由施工单位填写的防水工程试水检查记录应一式三份,并由建设单位、监理单位、施工单位各保存一份。防水工程试水检查记录宜采用表 C.5.8 的格式。

表 C.5.8　防水工程试水检查记录

工程名称		编　号	
检查部位		检查日期	
检查方式	□第一次蓄水　□第二次蓄水	蓄水时间	从 _年_月_日_时 至 _年_月_日_时
	□淋水　□雨期观察		
检查方法及内容:			
检查结论:			
复查结论:			
复查人:　　　　　　　复查日期:			
签字栏	施工单位	专业技术负责人　专业质检员　专业工长	
	监理或建设单位	专业工程师	

C.5.9 由施工单位填写的通风道、烟道、垃圾道检查记录应一式三份,并应由建设单位、监理单位、施工单位各保存一份。通风道、烟道、垃圾道检查记录宜采用表 C.5.9 的格式。

表 C.5.9　通风道、烟道、垃圾道检查记录

工程名称					编　号		
					检查日期		
检查部位	检查部位和检查结果					检查人	复检人
	主烟(风)道		副烟(风)道		垃圾道		
	烟道	风道	烟道	风道			
签字栏	施工单位						
	专业技术负责人		专业质检员		专业工长		

C.6　施工试验记录与检测报告用表

C.6.1 设备单机试运转记录应符合现行国家标准《建筑给水排水及采暖工程施工质量验收规范》GB 50242、《通风与空调工程施工质量验收规范》GB 50243、《建筑节能工程施工质量验收规范》GB 50411 的有关规定。施工单位填写的设备单机试运转记录应一式四份,并应由建设单位、监理单位、施工单位、城建档案馆各保存一份。设备单机试运转记录宜采用表 C.6.1 的格式。

表 C.6.1 设备单机试运转记录（通用）

工程名称		编号	
		试运转时间	
设备名称		设备编号	
规格型号		额定数据	
生产厂家		设备所在系统	
序号	试验项目	试验记录	试验结论
1			
2			
3			
4			
5			
6			
7			
8			
试运转结论：			

签字栏	施工单位	专业技术负责人	专业质检员	专业工长
	监理或建设单位		专业工程师	

C.6.2 系统试运转调试记录应符合现行国家标准《建筑给水排水及采暖工程施工质量验收规范》GB 50242、《通风与空调工程施工质量验收规范》GB 50243、《建筑节能工程施工质量验收规范》GB 50411 的有关规定。施工单位填写的系统试运转调试记录应一式四份，并应由建设单位、监理单位、施工单位及城建档案馆各保存一份。系统试运转调试记录宜采用表 C.6.2 的格式。

表 C.6.2 系统试运转调试记录（通用）

工程名称		编号	
		试运转调试时间	
试运转调试项目		试运转调试部位	
试运转调试内容：			
试运转调试结论：			

签字栏	施工单位	专业技术负责人	专业质检员	专业工长
	监理或建设单位		专业工程师	

C.6.3 接地电阻测试记录应符合现行国家标准《建筑电气工程施工质量验收规范》GB 50303、《智能建筑工程质量验收规范》GB 50339、《电梯工程施工质量验收规范》GB 50310 的有关规定。施工单位填写的接地电阻测试记录应一式四份，并应由建设单位、监理单位、施工单位、城建档案馆各保存一份。接地电阻测试记录宜采用表 C.6.3 的格式。

表 C.6.3 接地电阻测试记录（通用）

工程名称		编号		
		测试日期		
仪表型号		天气情况	气温（℃）	
接地类型	□ 防雷接地　　□ 计算机接地　　□ 工作接地 □ 保护接地　　□ 防静电接地　　□ 逻辑接地 □ 重复接地　　□ 综合接地　　□ 医疗设备接地			
设计要求	□ ≤10Ω　　　□ ≤4Ω　　　□ ≤1Ω □ ≤0.1Ω　　□ ≤ Ω　　　□			
测试部位：				
测试结论：				

签字栏	施工单位			
	专业技术负责人	专业质检员	专业工长	专业测试人
	监理或建设单位		专业工程师	

C.6.4 绝缘电阻测试记录应符合现行国家标准《建筑电气工程施工质量验收规范》GB 50303、《智能建筑工程质量验收规范》GB 50339、《电梯工程施工质量验收规范》GB 50310 的有关规定。施工单位填写的绝缘电阻测试记录应一式三份，并应由建设单位、监理单位、施工单位各保存一份。绝缘电阻测试记录宜采用表 C.6.4 的格式。

表 C.6.4　绝缘电阻测试记录（通用）

工程名称						编号					
						测试日期		年 月 日			
计量单位						天气情况					
仪表型号			电压				环境温度				

层数	箱盘编号	回路号	相间			相对零			相对地			零对地
			L_1-L_2	L_2-L_3	L_3-L_1	L_1-N	L_2-N	L_3-N	L_1-PE	L_2-PE	L_3-PE	$N-PE$
测试结论：												

签字栏	施工单位				
	专业技术负责人	专业质检员	专业工长		测试人
	监理或建设单位		专业工程师		

C.6.5　施工单位填写的砌筑砂浆试块强度统计、评定记录应一式三份，并应由建设单位、施工单位、城建档案馆各保存一份。砌筑砂浆试块强度统计、评定记录宜采用表 C.6.5 的格式。

表 C.6.5　砌筑砂浆试块强度统计、评定记录

工程名称				编号	
施工单位				强度等级	
统计期	年 月 日至 年 月 日			养护方法	
				结构部位	
试块组数 n	强度标准值 f_2 (MPa)	平均值 $f_{2,m}$ (MPa)	最小值 $f_{2,min}$ (MPa)		$0.75f_2$
每组强度值 (MPa)					
判定式	$f_{2,m} \geqslant f_2$		$f_{2,min} \geqslant 0.75f_2$		
结果					
结论：					

签字栏	批准	审核	统计
	报告日期		

C.6.6　施工单位填写的混凝土试块强度统计、评定记录应一式三份，并应由建设单位、施工单位、城建档案馆各保存一份。混凝土试块强度统计、评定记录宜采用表 C.6.6 的格式。

表 C.6.6　混凝土试块强度统计、评定记录

工程名称				编号	
				强度等级	
施工单位				养护方法	
统计期	年 月 日至 年 月 日			结构部位	
试块组 n	强度标准值 $f_{cu,k}$ (MPa)	平均值 m_{fcu} (MPa)	标准差 S_{fcu} (MPa)	最小值 $f_{cu,min}$ (MPa)	合格判定系数 λ_1　λ_2
每组强度值 (MPa)					
评定界限	□统计方法（二）		□非统计方法		
	$0.90f_{cu,k}$	$m_{fcu}-\lambda_1 \times S_{fcu}$	$\lambda_2 \times f_{cu,k}$	$1.15f_{cu,k}$	$0.95f_{cu,k}$
判定式	$m_{fcu}-\lambda_1 \times S_{fcu} \geqslant 0.90f_{cu,k}$	$f_{cu,min} \geqslant \lambda_2 \times f_{cu,k}$		$m_{fcu} \geqslant 1.15f_{cu,k}$	$f_{cu,min} \geqslant 0.95f_{cu,k}$
结果					
结论：					

签字栏	批准	审核	统计
	报告日期		

C.6.7　结构实体混凝土强度检验记录应符合现行国家标准《混凝土结构工程施工质量验收规范》GB 50204 的有关规定。施工单位填写的结构实体混凝土强度检验记录应一式四份，建设单位、监理单位、施工单位、城建档案馆各保存一份。结构实体混凝土强度检验记录宜采用表 C.6.7 的格式。

表 C.6.7　结构实体混凝土强度检验记录

工程名称		编　　号	
		结构类型	
施工单位		验收日期	
强度等级	试件强度代表值（MPa）	强度评定结果	监理/建设单位验收结果
结论：			
签字栏	项目专业技术负责人	专业监理工程师或建设单位项目专业技术负责人	

C.6.8　结构实体钢筋保护层厚度检验记录应符合现行国家标准《混凝土结构工程施工质量验收规范》GB 50204 的有关规定。结构实体钢筋保护层厚度检验记录应一式四份，并应由建设单位、监理单位、施工单位、城建档案馆各保存一份。结构实体钢筋保护层厚度检验记录宜采用表 C.6.8 的格式。

表 C.6.8　结构实体钢筋保护层厚度检验记录

工程名称				编　　号			
				结构类型			
施工单位				验收日期			
构件类别	序号	钢筋保护层厚度（mm）		合格点率	评定结果	监理/建设单位验收结果	
		设计值	实测值				
梁							
板							
结论：							
签字栏	项目专业技术负责人			专业监理工程师或建设单位项目专业技术负责人			

C.6.9　非承压管道系统和设备，在安装完毕后，以及暗装、埋地、有绝热层的室内外排水管道进行隐蔽前，应进行灌水、满水试验。施工单位填写的灌水、满水试验记录应一式三份，并应由建设单位、监理单位、施工单位各保存一份。灌水、满水试验记录宜采用表 C.6.9 的格式。

表 C.6.9　灌水、满水试验记录

工程名称		编　　号			
		试验日期			
分项工程名称		材质、规格			
试验标准及要求：					
试验部位	灌（满）水情况	灌（满）水持续时间（min）	液面检查情况	渗漏检查情况	
试验结论：					
签字栏	施工单位	专业技术负责人	专业质检员	专业工长	
	监理或建设单位	专业工程师			

C.6.10　强度严密性试验记录应符合现行国家标准《建筑给水排水及采暖工程施工质量验收规范》GB 50242、《通风与空调工程施工质量验收规范》GB 50243 的有关规定。室内外输送各种介质的承压管道、承压设备在安装完毕后，进行隐蔽之前，应进行强度严密性试验。施工单位填写的强度严密性试验记录应一式四份，并应由建设单位、监理单位、施工单位、城建档案馆各保存一份。强度严密性试验记录宜采用表 C.6.10 的格式。

表 C.6.10 强度严密性试验记录

工程名称		编 号	
		试验日期	
分项工程名称		试验部位	
材质、规格		压力表编号	
试验要求:			

试验记录		试验介质	
		试验压力表设置位置	
	强度试验	试验压力（MPa）	
		试验持续时间（min）	
		试验压力降（MPa）	
		渗漏情况	
	严密性试验	试验压力（MPa）	
		试验持续时间（min）	
		试验压力降（MPa）	
		渗漏情况	
试验结论:			

签字栏	施工单位		专业技术负责人	专业质检员	专业工长
	监理或建设单位			专业工程师	

C.6.11 通水试验记录应符合现行国家标准《建筑给水排水及采暖工程施工质量验收规范》GB 50242 的有关规定。室内外给水、中水及游泳池水系统、卫生洁具、地漏及地面清扫口及室内外排水系统在安装完毕后，应进行通水试验。施工单位填写的通水试验记录应一式三份，并应由建设单位、监理单位、施工单位各保存一份。通水试验记录宜采用表 C.6.11 的格式。

表 C.6.11 通水试验记录

工程名称		编 号	
		试验日期	
分项工程名称		试验部位	
试验系统简述:			
试验要求:			
试验记录:			
试验结论:			

签字栏	施工单位		专业技术负责人	专业质检员	专业工长
	监理或建设单位			专业工程师	

C.6.12 冲洗、吹洗试验记录应符合现行国家标准《建筑给水排水及采暖工程施工质量验收规范》GB 50242、《通风与空调工程施工质量验收规范》GB 50243 的有关规定。室内外给水、中水及游泳池水系统、采暖、空调水、消火栓、自动喷水等系统管道，以及设计有要求的管道在使用前做冲洗试验及介质为气体的管道系统做吹洗试验时，应填写冲洗、吹洗试验记录。施工单位填写的冲洗、吹洗试验记录应一式三份，并应由建设单位、监理单位、施工单位各保存一份。冲洗、吹洗试验记录宜采用表 C.6.12 的格式。

表 C.6.12　冲洗、吹洗试验记录

工程名称		编　号	
		试验日期	
分项工程名称		试验部位	
试验要求：			
试验记录：			
试验结论：			
签字栏	施工单位	专业技术负责人　专业质检员　专业工长	
	监理或建设单位	专业工程师	

C.6.13　施工单位填写的电气设备空载试运行记录应一式四份，并应由建设单位、监理单位、施工单位、城建档案馆各保存一份。电气设备空载试运行记录宜采用表 C.6.13 的格式。

表 C.6.13　电气设备空载试运行记录

工程名称		编　号		
设备名称		设备型号		设计编号
额定电流		额定电压		填写日期　年月日
试运时间	由　日　时　分开始至　日　时　分结束			

运行负荷记录	运行时间	运行电压（V）			运行电流（A）			温度（℃）
		L_1-N (L_1-L_2)	L_2-N (L_2-L_3)	L_3-N (L_3-L_1)	L_1 相	L_2 相	L_3 相	

试运行情况记录：	

签字栏	施工单位	专业技术负责人　专业质检员　专业工长
	监理或建设单位	专业工程师

C.6.14　大型照明灯具承载试验记录应符合现行国家标准《建筑电气工程施工质量验收规范》GB 50303 的有关规定。施工单位填写的大型照明灯具承载试验记录应一式三份，并应由建设单位、监理单位、施工单位各保存一份。大型照明灯具承载试验记录宜采用表 C.6.14 的格式。

表 C.6.14　大型照明灯具承载试验记录

工程名称		编　号		
楼层部位		试验日期		
灯具名称	安装部位	数量	灯具自重（kg）	试验载重（kg）
检查结论：				

签字栏	施工单位	专业技术负责人　专业质检员　专业工长
	监理或建设单位	专业工程师

C.6.15　智能建筑工程子系统检测记录应符合现行国家标准《智能建筑工程施工质量验收规范》GB 50339 的有关规定。施工单位填写的智能建筑工程子系统检测记录应一式四份，并应由建设单位、监理单位、施工单位、城建档案馆各保存一份。智能建筑工程子系统检测记录宜采用表 C.6.15 的格式。

表 C.6.15　智能建筑工程子系统检测记录

系统名称		子系统名称		序号		检测部位	
施工总承包单位					项目经理		
执行标准名称及编号							
专业承包单位					项目经理		

	系统检测内容	检测规范的规定	系统检测评定记录	检测结果		备　注
				合　格	不合格	
主控项目						
一般项目						
强制性条文						

检测机构的检测结论：	

检测负责人　　　年　月　日

注：1. 在检测结果栏中，左列打"√"视为合格，右列打"√"视为不合格。
　　2. 备注栏内填写检测时出现的问题。

C.6.16 风管漏光检测记录应符合现行国家标准《通风与空调工程施工质量验收规范》GB 50243 的有关规定。施工单位填写的风管漏光检测记录应一式三份，并应由建设单位、监理单位、施工单位各保存一份。风管漏光检测记录宜采用表 C.6.16 的格式。

表 C.6.16　风管漏光检测记录

工程名称		编　号	
		试验日期	
系统名称		工作压力（Pa）	
系统接缝总长度（m）		每 10m 接缝为一检测段的分段数	
检测光源			
分段序号	实测漏光点数（个）	每 10m 接缝的允许漏光点数（个/10m）	结　论
1			
2			
3			
4			
5			
6			
7			
8			
合　计	总漏光点数（个）	每 100m 接缝的允许漏光点数（个/100m）	结　论
检测结论：			
签字栏	施工单位	专业技术负责人　专业质检员　专业工长	
	监理或建设单位	专业工程师	

C.6.17 风管漏风检测记录应符合现行国家标准《通风与空调工程施工质量验收规范》GB 50243 的有关规定。施工单位填写的风管漏风检测记录应一式三份，并应由建设单位、监理单位、施工单位各保存一份。风管漏风检测记录宜采用表 C.6.17 的格式。

表 C.6.17　风管漏风检测记录

工程名称		编　号			
		试验日期			
系统名称		工作压力（Pa）			
系统总面积（m²）		试验压力（Pa）			
试验总面积（m²）		系统检测分段数			
检测区段图示：		分段实测数值			
		序号	分段表面积（m²）	试验压力（Pa）	实际漏风量（m³/h）
		1			
		2			
		3			
		4			
		5			
		6			
		7			
		8			
系统允许漏风量[m³/(m²·h)]			实测系统漏风量[m³/(m²·h)]		
检测结论：					
签字栏	施工单位	专业技术负责人	专业质检员	专业工长	
	监理或建设单位		专业工程师		

C.7　施工质量验收记录用表

C.7.1 检验批质量验收记录应符合现行国家标准《建筑工程施工质量验收统一标准》GB 50300 的有关规定。施工单位填写的检验批质量验收记录应一式三份，并应由建设单位、监理单位、施工单位各保存一份。检验批质量验收记录宜采用表 C.7.1 的格式。

表 C.7.1　_____检验批质量验收记录

工程名称			
分项工程名称		验收部位	
施工总承包单位	项目经理		专业工长
专业承包单位	项目经理		施工班组长
施工执行标准名称及编号			
施工质量验收规范的规定		施工单位检查评定记录	监理/建设单位验收记录
主控项目			
一般项目			
施工单位检查评定结果：			
	质量检查员　　　年　月　日		
监理或建设单位验收结论：			
监理工程师或建设单位项目专业技术负责人　　年　月　日			

C.7.2 分项工程质量验收记录应符合现行国家标准《建筑工程施工质量验收统一标准》GB 50300 的有关规定。施工单位填写的分项工程质量验收记录应一式三份，并应由建设单位、监理单位、施工单位各保存一份。分项工程质量验收记录宜采用表 C.7.2 的格式。

表 C.7.2 ＿＿＿分项工程质量验收记录

工程名称		结构类型		检验批数	
施工总承包单位		项目经理		项目技术负责人	
专业承包单位		单位负责人		项目经理	

序号	检验批名称及部位、区段	施工单位检查评定结果	监理或建设单位验收意见

说明：

检查结论	项目专业技术负责人 年 月 日	验收结论	监理工程师或 建设单位项目专业技术负责人 年 月 日

C.7.3 分部（子分部）工程质量验收记录应符合现行国家标准《建筑工程施工质量验收统一标准》GB 50300 的有关规定。施工单位填写的分部（子分部）工程质量验收记录应一式四份，并应由建设单位、监理单位、施工单位、城建档案馆各保存一份。分部（子分部）工程质量验收记录宜采用表 C.7.3 的格式。

C.7.4 建筑节能分部工程质量验收记录应符合现行国家标准《建筑节能工程施工质量验收规范》GB 50411 的有关规定。施工单位填写的建筑节能分部工程质量验收记录应一式五份，并应由建设单位、监理单位、设计单位、施工单位、城建档案馆各保存一份。建筑节能分部工程质量验收记录宜采用表 C.7.4 的格式。

表 C.7.3 ＿＿＿分部（子分部）工程质量验收记录

工程名称		结构类型		层数	
施工总承包单位		技术部门负责人		质量部门负责人	
专业承包单位		专业承包单位负责人		专业承包单位技术负责人	

序号	分项工程名称	（检验批）数	施工单位检查评定	验收意见

质量控制资料	
安全和功能检验（检测）报告	
观感质量验收	

验收单位	专业承包单位		项目经理	年 月 日
	施工总承包单位		项目经理	年 月 日
	勘察单位		项目负责人	年 月 日
	设计单位		项目负责人	年 月 日
	监理单位或建设单位	总监理工程师或建设单位项目专业负责人		年 月 日

表 C.7.4 建筑节能分部工程质量验收记录表

单位工程名称			结构类型及层数	
施工总承包单位		技术部门负责人	质量部门负责人	
专业承包单位		专业承包单位负责人	专业承包单位技术负责人	

序号	分项工程名称	验收结论	监理工程师签字	备注
1	墙体节能工程			
2	幕墙节能工程			
3	门窗节能工程			
4	屋面节能工程			
5	地面节能工程			
6	采暖节能工程			
7	通风与空气调节节能工程			
8	空调与采暖系统的冷热源及管网节能工程			
9	配电与照明节能工程			
10	监测与控制节能工程			
质量控制资料				
外墙节能构造现场实体检验				
外窗气密性现场实体检验				
系统节能性能检测				

验收结论：

其他参加验收人员：

验收单位	专业承包单位	施工总承包单位	设计单位	监理或建设单位
	项目经理	项目经理	项目负责人	总监理工程师或建设单位项目专业负责人
	年 月 日	年 月 日	年 月 日	年 月 日

C.8 竣工验收资料用表

C.8.1 单位（子单位）工程竣工预验收报验表应符合现行国家标准《建设工程监理规范》GB 50319 的有关规定。施工单位填写的单位（子单位）工程竣工预验收报验表应一式四份，并应由建设单位、监理单位、施工单位、城建档案馆各保存一份。单位（子单位）工程竣工预验收报验表宜采用表 C.8.1 的格式。

表 C.8.1　单位（子单位）工程竣工预验收报验表

工程名称		编　号	
致 _____（监理单位）			
我方已按合同要求完成了_____工程，经自检合格，请予以检查和验收。 附件： 　　　　　　　　　施工总承包单位（章）_____ 　　　　　　　　　项目经理 _____ 　　　　　　　　　日期 _____			
审查意见： 经预验收，该工程 1. 符合/不符合我国现行法律、法规要求； 2. 符合/不符合我国现行工程建设标准； 3. 符合/不符合设计文件要求； 4. 符合/不符合施工合同要求。 综上所述，该工程预验收合格/不合格，可以/不可以组织正式验收。 　　　　　　　　　监理单位 _____ 　　　　　　　　　总监理工程师 _____ 　　　　　　　　　日期 _____			

C.8.2 单位（子单位）工程质量竣工验收记录、单位（子单位）工程质量控制资料核查记录、单位（子单位）工程安全和功能检验资料核查及主要功能抽查记录、单位（子单位）工程观感质量检查记录应符合现行国家标准《建筑工程施工质量验收统一标准》GB 50300 的有关规定。表格填写应符合下列规定：

　　1　施工单位填写的单位（子单位）工程质量竣工验收记录应一式五份，并应由建设单位、监理单位、施工单位、设计单位、城建档案馆各保存一份。单位（子单位）工程质量竣工验收记录宜采用表 C.8.2-1 的格式。

　　2　施工单位填写的单位（子单位）工程质量控制资料核查记录应一式四份，并应由建设单位、监理单位、施工单位、城建档案馆各保存一份。单位（子单位）工程质量控制资料核查记录宜采用表 C.8.2-2 的格式。

表 C.8.2-1　单位（子单位）工程质量竣工验收记录

工程名称		结构类型		层数/ 建筑面积	
施工单位		技术负责人		开工日期	
项目经理		项目技术 负责人		竣工日期	
序号	项目	验收记录			验收结论
1	分部工程	共　分部，经查 符合标准及设计要求　分部		分部	
2	质量控制资料核查	共　项，经核查符合规范要求　项 经核定不符合规范要求　项			
3	安全和主要使用功能核查及抽查结果	共核查　项，符合要求　项 共抽查　项，符合要求　项 经返工处理符合要求　项			
4	观感质量验收	共抽查　项，符合要求　项 不符合要求　项			
5	综合验收结论				
参加验收单位	建设单位	监理单位	施工单位	设计单位	
	（公章） 单位(项目)负责人 年　月　日	（公章） 总监理工程师 年　月　日	（公章） 单位负责人 年　月　日	（公章） 单位(项目)负责人 年　月　日	

表 C.8.2-2　单位(子单位)工程质量控制资料核查记录

工程名称			施工单位			
序号	项目	资料名称		份数	核查意见	核查人
1	建筑与结构	图纸会审记录、设计变更通知单、工程洽商记录（技术核定单）				
2		工程定位测量、放线记录				
3		原材料出厂合格证书及进场检（试）验报告				
4		施工试验报告及见证检测报告				
5		隐蔽工程验收记录				
6		施工记录				
7		预制构件、预拌混凝土合格证				
8		地基、基础、主体结构检验及抽样检测资料				
9		分项、分部工程质量验收记录				
10		工程质量事故及事故调查处理资料				
11		新材料、新工艺施工记录				
12						
1	给排水与采暖	图纸会审记录、设计变更通知单、工程洽商记录（技术核定单）				
2		材料、配件出厂合格证书及进场检（试）验报告				
3		管道、设备强度试验、严密性试验记录				
4		隐蔽工程验收记录				
5		系统清洗、灌水、通水、通球试验记录				
6		施工记录				
7		分项、分部工程质量验收记录				
8						

工程名称			施工单位		
序号	项目	资料名称	份数	核查意见	核查人
1	建筑电气	图纸会审记录、设计变更通知单、工程洽商记录（技术核定单）			
2		材料、设备出厂合格证书及进场检(试)报告			
3		设备调试记录			
4		接地、绝缘电阻测试记录			
5		隐蔽工程验收记录			
6		施工记录			
7		分项、分部工程质量验收记录			
8					
1	通风与空调	图纸会审记录、设计变更通知单、工程洽商记录（技术核定单）			
2		材料、设备出厂合格证书及进场检(试)验报告			
3		制冷、空调、水管道强度试验、严密性试验记录			
4		隐蔽工程验收记录			
5		制冷设备运行调试记录			
6		通风、空调系统调试记录			
7		施工记录			
8		分项、分部工程质量验收记录			
9					
1	电梯	图纸会审记录、设计变更通知单、工程洽商记录（技术核定单）			
2		设备出厂合格证书及开箱检验记录			
3		隐蔽工程验收记录			
4		施工记录			
5		接地、绝缘电阻测试记录			
6		负荷试验、安全装置检查记录			
7		分项、分部工程质量验收记录			
8					
1	智能建筑	图纸会审、设计变更、工程洽商记录（技术核定单）、竣工图及设计说明			
2		材料、设备出厂合格证书及技术文件及进场检(试)验报告			
3		隐蔽工程验收记录			
4		系统功能测定及设备调试记录			
5		系统技术、操作和维护手册			
6		系统管理、操作人员培训记录			
7		系统检测报告			
8		分项、分部工程质量验收记录			

结论：

　　　　　　　　　　　　总监理工程师或
施工总承包单位项目经理　　建设单位项目负责人

　　　　　　年 月 日　　　　　　年 月 日

3 施工单位填写的单位（子单位）工程安全和功能检验资料核查及主要功能抽查记录应一式四份，并应由建设单位、监理单位、施工单位、城建档案馆各保存一份。单位（子单位）工程安全和功能检验资料核查及主要功能抽查记录宜采用表C.8.2-3的格式。

表C.8.2-3　单位（子单位）工程安全和功能检验资料核查及主要功能抽查记录

工程名称			施工单位			
序号	项目	安全和功能检查项目	份数	核查意见	抽查结果	核查(抽查)人
1	建筑与结构	屋面淋水试验记录				
2		地下室防水效果检查记录				
3		有防水要求的地面蓄水试验记录				
4		建筑物垂直度、标高、全高测量记录				
5		抽气（风）道检查记录				
6		幕墙及外窗气密性、水密性、耐风压检测报告				
7		建筑物沉降观测测量记录				
8		节能、保温测试记录				
9		室内环境检测报告				
10						
1	给排水与采暖	给水管道通水试验记录				
2		暖气管道、散热器压力试验记录				
3		卫生器具满水试验记录				
4		消防管道、燃气管道压力试验记录				
5		排水干管通球试验记录				
6						
1	电气	照明全负荷试验记录				
2		大型灯具牢固性试验记录				
3		避雷接地电阻测试记录				
4		线路、插座、开关接地检验记录				
5						
1	通风与空调	通风、空调系统试运行记录				
2		风量、温度测试记录				
3		洁净室洁净度测试记录				
4		制冷机试运行调试记录				
5						
1	电梯	电梯运行记录				
2		电梯安全装置检测报告				
1	智能建筑	系统试运行记录				
2		系统电源及接地检测报告				
3						

结论：

施工总承包单位项目经理　　总监理工程师或建设单位项目负责人

　　　　　年 月 日　　　　　　年 月 日

4 施工单位填写的单位（子单位）工程观感质量检查记录应一式四份，并应由建设单位、监理单位、施工单位、城建档案馆各保存一份。单位（子单位）工程观感质量检查记录宜采用表 C.8.2-4 的格式。

表 C.8.2-4 单位（子单位）工程观感质量检查记录

工程名称			施工单位						
序号	项 目		抽 查 质 量 状 况				质量评价		
							好	一般	差
1	建筑与结构	室外墙面							
2		变形缝							
3		水落管、屋面							
4		室内墙面							
5		室内顶棚							
6		室内地面							
7		楼梯、踏步、护栏							
8		门窗							
1	给排水与采暖	管道接口、坡度、支架							
2		卫生器具、支架、阀门							
3		检查口、扫除口、地漏							
4		散热器、支架							
1	建筑电气	配电箱、盘、板、接线盒							
2		设备器具、开关、插座							
3		防雷、接地							
1	通风与空调	风管、支架							
2		风口、风阀							
3		风机、空调设备							
4		阀门、支架							
5		水泵、冷却塔							
6		绝热							
1	电梯	运行、平层、开关门							
2		层门、信号系统							
3		机房							
1	智能建筑	机房设备安装及布局							
2		现场设备安装							
3									
	观感质量综合评价								
检查结论	施工总承包单位项目经理 年 月 日			总监理工程师或建设单位项目负责人 年 月 日					

附录 D 竣工图绘制

D.0.1 竣工图按绘制方法不同可分为以下几种形式：利用电子版施工图改绘的竣工图、利用施工蓝图改绘的竣工图、利用翻晒硫酸纸底图改绘的竣工图、重新绘制的竣工图。

D.0.2 编制单位应根据各地区、各工程的具体情

况，采用相应的绘制方法。

D.0.3 利用电子版施工图改绘的竣工图应符合下列规定：

1 将图纸变更结果直接改绘到电子版施工图中，用云线圈出修改部位，按表 D.0.3 的形式做修改内容备注表；

表 D.0.3 修改内容备注表

设计变更、洽商编号	简要变更内容

2 竣工图的比例应与原施工图一致；

3 设计图签中应有原设计单位人员签字；

4 委托本工程设计单位编制竣工图时，应直接在设计图签中注明"竣工阶段"，并应有绘图人、审核人的签字；

5 竣工图章可直接绘制成电子版竣工图签，出图后应有相关责任人的签字。

D.0.4 利用施工图蓝图改绘的竣工图应符合下列规定：

1 应采用杠（划）改或叉改法进行绘制；

2 应使用新晒制的蓝图，不得使用复印图纸。

D.0.5 利用翻晒硫酸纸图改绘的竣工图应符合下列规定：

1 应使用刀片将需更改部位刮掉，再将变更内容标注在修改部位，在空白处做修改内容备注表；修改内容备注表样式可按表 D.0.3 执行；

2 宜晒制成蓝图后，再加盖竣工图章。

D.0.6 当图纸变更内容较多时，应重新绘制竣工图。重新绘制的竣工图应符合本规程第 4.2.4 条第 5 款、D.0.3 条第 2 款、第 3 款的规定。

附录 E 竣工图图纸折叠方法

E.0.1 图纸折叠应符合下列规定：

1 图纸折叠前应按图 E.0.1 所示的裁图线裁剪整齐，图纸幅面应符合表 E.0.1 的规定；

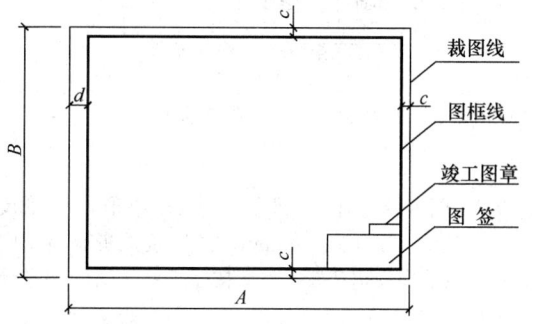

图 E.0.1 图框及图纸边线尺寸示意

表 E.0.1 图幅代号及图幅尺寸

基本图幅代号	0#	1#	2#	3#	4#
B (mm) $\times A$ (mm)	841×1189	594×841	420×594	297×420	297×210
c (mm)	10			5	
d (mm)	25				

2 折叠时图面应折向内侧成手风琴风箱式；

3 折叠后幅面尺寸应以 4# 图为标准；

4 图签及竣工图章应露在外面；

5 3#~0# 图纸应在装订边 297mm 处折一三角或剪一缺口，并折进装订边。

E.0.2 3#~0# 图不同图签位的图纸，可分别按图 E.0.2-1、图 E.0.2-2、图 E.0.2-3、图 E.0.2-4 所示方法折叠。

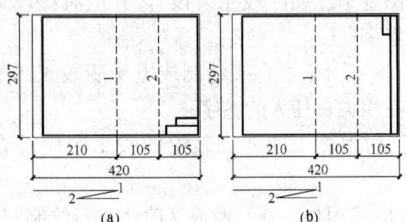

E.0.2-1 3# 图纸折叠示意

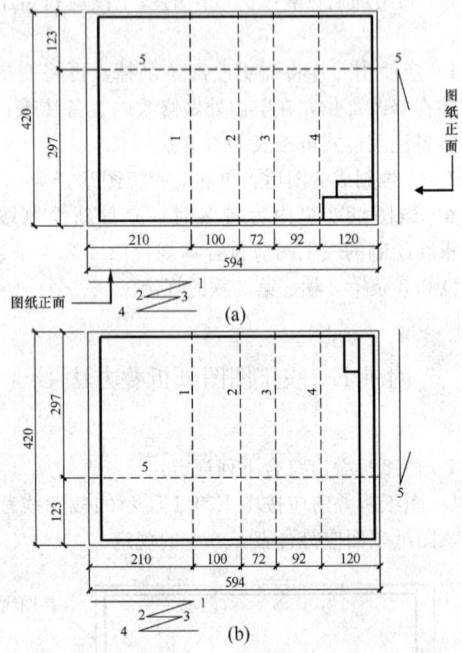

E.0.2-2 2# 图纸折叠示意

E.0.3 图纸折叠前，应准备好一块略小于 4# 图纸尺寸（一般为 292mm×205mm）的模板。折叠时，应先把图纸放在规定位置，然后按照折叠方法的编号顺序依次折叠。

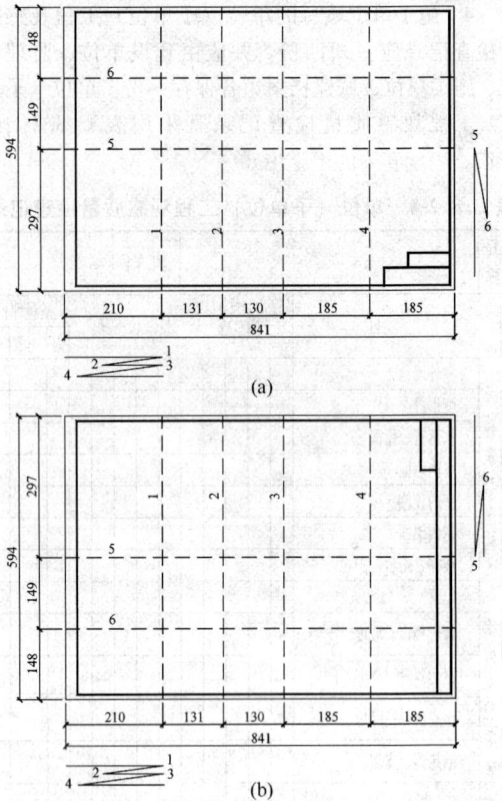

E.0.2-3 1# 图纸折叠示意

E.0.2-4 0# 图纸折叠示意

本规程用词说明

1 为便于在执行本规程条文时区别对待,对要求严格程度不同的用词说明如下:

　　1)表示很严格,非这样做不可的:

　　　正面词采用"必须";反面词采用"严禁"。

　　2)表示严格,在正常情况下均应这样做的:

　　　正面词采用"应";反面词采用"不应"或"不得"。

　　3)表示允许稍有选择,在条件许可时首先应这样做的:

　　　正面词采用"宜";反面词采用"不宜"。

　　4)表示有选择,在一定条件下可以这样做的,采用"可"。

2 条文中指明应按其他有关标准执行的写法为:"应符合……规定"或"应按……执行"。

引用标准名录

1　《建筑地基基础工程施工质量验收规范》GB 50202

2　《混凝土结构工程施工质量验收规范》GB 50204

3　《屋面工程质量验收规范》GB 50207

4　《地下防水工程质量验收规范》GB 50208

5　《建筑地面工程施工质量验收规范》GB 50209

6　《建筑给水排水及采暖工程施工质量验收规范》GB 50242

7　《通风与空调工程施工质量验收规范》GB 50243

8　《建筑工程施工质量验收统一标准》GB 50300

9　《建筑电气工程施工质量验收规范》GB 50303

10　《电梯工程施工质量验收规范》GB 50310

11　《建设工程监理规范》GB 50319

12　《建设工程文件归档整理规范》GB/T 50328

13　《智能建筑工程质量验收规范》GB 50339

14　《建筑节能工程质量验收规范》GB 50411

中华人民共和国行业标准

建筑工程资料管理规程

JGJ/T 185—2009

条 文 说 明

制 订 说 明

《建筑工程资料管理规程》JGJ/T 185-2009 经住房和城乡建设部 2009 年 10 月 30 日以第 419 号公告批准、发布。

本规程制订过程中，编制组对国内建筑工程资料管理情况进行了广泛的调查研究，总结了我国建筑工程资料管理的实践经验，对工程全过程的资料管理作出了规定，明确了工程准备阶段文件、监理资料、施工资料、竣工图、工程竣工文件管理的责任主体，文件（资料）形成主要步骤及文件（资料）主要管理要求。

为便于广大建设、监理、施工等单位有关人员在使用本规程时能够正确理解和执行条文规定，《建筑工程资料管理规程》编制组按章、节、条顺序编制了本规程的条文说明，对条文规定的目的、依据以及执行中需要注意的有关事项进行了说明。但是，本条文说明不具备与标准正文同等的法律效力，仅供使用者作为理解和把握标准规定的参考。

目　次

1 总 则

1.0.2 本规程工程资料管理包含了工程进度控制、质量控制、造价管理等内容。由于施工安全资料仅针对施工过程中的安全控制与管理，不需要长期保存，且已有专门的法规和标准规范其要求，故本规程所定义的工程资料不包括施工安全资料。

本规程涵盖整个工程建设项目管理全过程，明确规定了建筑工程资料质量控制的各主要环节，适用于参与建筑工程建设的建设、勘察、设计、监理、施工、检测、供应等单位的工程资料管理，也适用于各级建设行政主管部门、工程质量监督机构、城建档案管理部门监督管理和检查。

勘察、设计资料是工程资料的一部分，考虑到其内容另有专门规定，故本规程仅将其纳入，未列出对其形成、管理的具体要求。

1.0.4 执行本规程时，除应与相关规范协调、配套使用外，尚应注意本规程附表依据专业规范要求制定，因此当相关专业规范修订时，应注意涉及工程资料的规定有无改变，必要时应进行相应修改，使其协调一致。

2 术 语

2.0.1～2.0.7 《建设工程文件归档管理规范》GB/T 50328 从档案管理的角度，将工程文件划分为工程准备阶段文件、监理文件、施工文件、竣工图、竣工验收文件等五类。本规程侧重工程资料的过程管理与应用，因此在保持与《建设工程文件归档管理规范》GB/T 50328 协调的同时，根据目前国内工程资料管理的现状，对术语进行了适当调整。其中："监理资料"即《建设工程文件归档管理规范》GB/T 50328 中的"监理文件"；"施工资料"即《建设工程文件归档管理地规范》GB/T 50328 中的"施工文件"；"工程竣工文件"包括《建设工程文件归档整理规范》GB/T 50328 提出的"竣工验收文件"，还包括"竣工决算文件、竣工交档文件、竣工总结文件"等内容。

2.0.10 各地对于档案部门的用语不够统一，本规程将其表述为"档案管理部门"，包含了城建档案管理部门和企业档案管理部门两层含义。

3 基 本 规 定

3.0.1 工程资料与工程建设同步是保证工程资料真实性的必要手段。"同步"的含义，是"共同推进"或"及时跟进"，即工程建设进展到哪个环节，工程资料的形成与管理就应当跟进到哪个环节。只有这样，才能够使资料的真实性得到基本保证，发挥资料

在工程建设过程中的作用，起到提高建筑工程管理水平，规范建筑工程资料管理，从而保证工程质量的目的。

另外，"同步"与"同时"有所区别，本条所要求的"同步"，并不是非常严格的"同时"，而是要求工程资料与工程进度应基本保持对应、及时形成。

3.0.3 工程资料的形成情况比较复杂，造成工程资料管理的责任划分也比较复杂，本条给出了工程资料形成过程中责任划分和对资料质量的基本要求：

1 针对资料形成单位规定了"各负其责"的原则，即：由一方单独形成的资料，由形成单位自己负责；由两方以上形成的资料，按照"谁形成谁负责"的原则，由各方对自己签署内容的真实性、完整性、有效性负责。

2 在工程资料管理过程中，有时存在资料提交或签署不及时的现象，影响工程进度。本条规定工程资料的"填写、编制、审核、审批及签认"等"应及时进行"，其含义为"当有合同约定时，应执行合同约定；当合同未约定时，应以不影响工程进度为前提"。

3 "工程资料不得随意修改"是指原则上工程资料不应进行修改，以保证工程资料的真实性。但有时由于笔误等原因需要对资料的个别内容进行更正，本款规定此时应执行划改（也称"杠改"），划改人应签署并承担责任。

3.0.4 原件是原始记录，能够真实反映资料的原始内容，使资料的真实性得到有效保证。但是工程施工过程中，原件数量往往难以满足对资料份数的需求，因此在工程资料中，允许采用复印件。本条规定了对复印件的基本要求，并明确规定"提供单位应对资料的真实性负责"，旨在保持复印件便利性的前提下，最大程度地提高复印件的可靠性。

3.0.5 本条对工程资料的内容、结论、签认手续等提出要求。这些要求关系到资料的合法性、有效性和责任追溯，十分重要，是对于工程资料的最基本要求。

工程资料应内容完整，是要求资料中对其有效性有决定性影响的项目和内容应填写齐全，不应空缺。

工程资料应结论明确，是指当资料中需要给出结论时，例如某些检验报告中的"试验结果"或验收记录中的"验收意见"，应当按照相关设计或标准的要求给出明确结论，不应填写成"基本合格"，"已验收"，"未发现异常"等不确切词语。

工程资料应签认手续齐全，是指应该在资料上签字、审核、批准、盖章等的相关人员和单位应当及时签认，不应出现空缺、代签、补签或代章等。

4 工程资料管理

4.1 工程资料分类

本节依据工程资料管理责任及工程建设阶段，将工程资料划分为工程准备阶段文件、监理资料、施工资料、竣工图、工程竣工文件等五类；在每一大类中，又依据资料的属性和特点，将其划分为若干小类。

4.2 工程资料填写、编制、审核及审批

4.2.4 竣工图编制及审核：

第1款 竣工图是建筑工程资料和竣工档案重要的组成部分，是对工程进行维护、管理、灾后鉴定、灾后重建、改建、扩建的主要依据。因此不仅新建工程要编制竣工图，改建、扩建的工程也要编制竣工图。竣工图必须真实，才有利用价值。特别是已经隐蔽的地基基础、结构工程、地下管线等部位的竣工图，如果与工程实体不一致，将会给工程使用单位造成很大的困难和损失。

第3款 工程洽商记录（技术核定单）中涉及图纸内容改变的这些洽商（技术核定单）内容要改绘到施工图上；与图纸内容改变无关的洽商如：商务洽商等，不必反映到施工图上。

4.3 工程资料编号

4.3.3 施工资料有多种来源且种类繁多，对其进行科学、规范的编号，其目的是便于整理、组卷、查找、利用，尤其是采用计算机管理时更为便利。

1 施工资料采用四组代码进行编号。
举例如下：

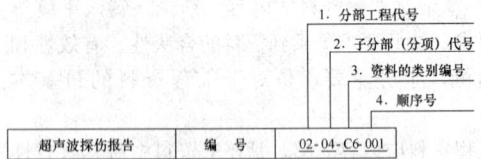

| 超声波探伤报告 | 编　号 | 02-04-C6-001 |

1. 分部工程代号
2. 子分部（分项）代号
3. 资料的类别编号
4. 顺序号

2 单位工程施工组织设计、施工方案、图纸会审、设计变更、洽商记录、施工日志、工程竣工验收资料等类资料的内容适用于整个单位工程，难以划分到某个分部（子分部）中，因此组合编号中分部、子分部工程代号可用"00"代替。

3 同一材料用于多个分部工程时，产品合格证、检测报告、复验报告编号可选用主要分部代号。但为了方便对用于其他部位的材料进行追溯、查找，宜在复验报告空白处或编目时记录具体使用部位。

4.4 工程资料收集、整理与组卷

4.4.1 本条第1款明确了工程准备阶段文件和工程竣工文件收集、整理与组卷的责任人是建设单位。在工程建设过程中，建设单位是组织者，勘察、设计、监理、施工单位与建设单位是合同关系，为建设单位提供服务，就工程整体而言，他们提供的只是一部分服务。在工程准备阶段，建设单位办理各项工程建设前期手续，并进行监理、设计、施工招标等工作，形成工程准备阶段文件。工程竣工后，建设单位组织竣工验收，办理工程整体资料的备案、交档手续，形成工程竣工文件。因此，只有建设单位能够进行工程准备阶段文件、工程竣工文件的收集、整理与组卷。

4.4.2 本条第1款中组卷时应"保证卷内文件、资料内在联系"的含意是：例如：工程资料中同一事项的请示与批复，应组合在一起，按批复在前、请示在后排列。施工资料中的设计变更、洽商记录中有正文及附图，应组合在一起，按正文在前、附图在后顺序排列。同一厂家、同一产品质量合格证与检测报告，应组合在一起，按合格证在前、检测报告在后顺序排列。

本条第4款中规定施工资料应按单位工程组卷。由专业承包单位独立施工的应单独组卷，每一专业、系统再按照资料类别从C1～C8。当相关标准或合同要求单独组卷时，要进行单独组卷。

第4款第4）项主要是指：一个建设项目，有多个单体工程共用施工组织设计，图纸会审记录、设计变更、产品质量证明文件时，可按建设项目组卷。

第4款第5）项本款中目录属于施工资料过程管理必不可缺少的内容，组卷时与内容同等重要。

4.5 工程资料移交与归档

4.5.2 本条第4款规定了工程资料移交手续必须齐全，这是明确各方资料责任的必要手段。在移交时，接收单位应按照移交目录对移交的资料内容进行核对，无误后双方应在移交书上签字盖章。

本条第5款所称"有条件时"是指当工程资料中有原件时，应优先考虑将原件移交城建档案管理部门；但是当工程资料中的原件同时有正本和副本时，宜将副本原件移交城建档案管理部门，而将正本原件留在建设单位归档保存。

4.5.3 本条第2款从质量责任追溯的角度对工程资料的保存期限作出了规定。

第2款第1）项在《建设工程文件归档整理规范》GB/T 50328中，对于归档资料的保存期限给出了规定，其中保管期限分为永久、长期、短期三种期限。其中永久是指工程档案需要永久保存；长期是指工程档案的保存期限等于该工程的使用寿命。短期是指工程档案保存20年以下。对于一些保存期限少于20年的工程资料没有作出规定。

本规程在此基础上，为适应施工过程中对资料使用和保存的要求，提出了"过程保存"的概念。所谓

"过程保存"是指某些重要的工程资料，如由监理批准的施工方案等技术资料，反映了施工的方法手段，并可追溯施工过程中的责任，但这些资料的价值主要体现在施工过程中，竣工后不需要长期保存，因此本规程将其定义为应当在施工过程中保存，简称"过程保存"。

第2款第3）项依据《建设工程质量管理条例》第四十条编写，原文如下：

"第四十条 在正常使用条件下，建设工程的最低保修期限为：

（一）基础设施工程、房屋建筑的地基基础工程和主体结构工程，为设计文件规定的该工程的合理使用年限；

（二）屋面防水工程、有防水要求的卫生间、房间和外墙面的防渗漏，为5年；

（三）供热与供冷系统，为2个采暖期、供冷期；

（四）电气管线、给排水管道、设备安装和装修工程，为2年。

其他项目的保修期限由发包方与承包方约定。

建设工程的保修期，自竣工验收合格之日起计算。"

因此该部分资料的保存期限应满足以上期限的需要。

附录A 工程资料形成、类别、来源、保存及代号索引

A.1 工程资料形成

依据工程建设的特征，将工程资料形成划分为三个阶段：

第一阶段为工程准备阶段，从项目申请开始，到办完开工手续为止；在这个阶段建设单位应负责形成工程准备阶段文件。

第二阶段为工程实施阶段，从监理单位、施工单位进场开始，到完成竣工验收为止；在这个阶段，监理单位履行各项监理职责，形成监理资料；施工单位按合同施工，形成施工资料。

第三阶段为工程竣工阶段，从工程竣工验收开始，到工程档案移交为止；在此阶段，形成工程竣工文件和竣工图。

对于工程准备阶段文件的要求，系依据以下规定编写：

1 关于征地手续的办理：依据《中华人民共和国城乡规划法》第三十六、三十七、三十八条编写。

2 关于建设规划申报：依据《中华人民共和国城乡规划法》第四十条编写。关于消防内容审查，依据《建设工程消防监督管理规定》和《城市消防规划

建设管理规定》编写。关于环保部门审查意见，依据《建设项目环境保护管理条例》编写。

3 关于施工图报审，依据《建设工程质量管理条例》第二章 第十一条和《建筑工程施工图设计文件审查暂行办法》第六条编写。

4 关于施工许可证的办理：依据《建筑法》第二章 第七条、第八条编写。

对于工程竣工文件的要求，系依据以下规定编写：

1 关于规划验收：依据《中华人民共和国城乡规划法》第四十五条编写。

2 关于消防验收：依据《建设工程消防监督管理规定》编写。

3 关于竣工验收应具备的资料，依据《房屋建筑工程和市政基础设施工程竣工验收暂行规定》第五条编写。

4 工程竣工验收步骤包含了单位（子）单位工程质量竣工验收和专项验收两部分内容。其中专项验收包括规划、消防、环保等验收。

图A.1.1规定了工程资料形成过程中的关键步骤和应形成的主要文件，体现了各个关键步骤之间的逻辑关系。在实施中，可根据各地具体情况进行适当调整。当相关法规修订时，应注意涉及工程资料的规定有无改变，必要时应进行相应调整，使其协调一致。

A.2 工程资料类别、来源及保存要求

本附录中给出了每个小类所包含的具体内容，体现了工程参建各方在资料管理过程中具体负责的内容。

A.3 分部（子分部）工程代号索引

表A.3.1是在《建筑工程施工质量验收统一标准》附录B的基础上，赋予分部、子分部工程代号，以便于进行施工资料编号及管理。

附录B 监理资料用表

本规程中所列出的监理资料用表只是整个监理资料用表中最基本的一部分。主要依据《建设工程监理规范》GB 50319中的B类表设置，根据工程实践经验进行了适当调整；并依据《房屋建筑工程施工旁站管理办法》（试行）增加了《旁站监理记录》；依据《房屋建筑工程和市政基础设施工程实行见证取样和送检的规定》（建建［2000］211号）设置了《见证取样和送检见证人备案表》和《见证记录》。

附录 C　施工资料用表

本规程所给出的施工资料用表，是根据《建筑工程施工质量验收统一标准》GB 50300 和专业验收规范的要求，并结合各地目前实际使用的表格形式确定。本规程只给出了整个施工资料用表中最基本的一部分，其他可由各地根据实际需要确定。

其中《施工现场质量管理检查记录》引用了《建筑工程施工质量验收统一标准》GB 50300 附录 A 中的表。《分包单位资质报审表》、《监理工程师通知回复单》、《工程技术文件报审表》、《工程开工报审表》、《工程复工报审表》、《施工进度计划报审表》、《工程延期申请表》、《工程款支付申请表》、《工程变更费用报审表》、《费用索赔申请表》依据《建设工程监理规范》GB 50319 表格设置；《检验批质量验收记录》、《分项工程质量验收记录》、《分部（子分部）工程质量验收记录》、《建筑节能分部工程质量验收记录》引用了《建筑工程施工质量验收统一标准》中附录 D、E、F 的表，并进行了适当调整。《单位工程竣工预验收报验表》依据《建设工程监理规范》GB 50319 第 5.7.1 条设置，监理单位完成竣工资料审查、工程质量预验收后签署此表格，向建设单位提请竣工验收。竣工验收资料用表引用了《建筑工程施工质量验收统一标准》GB 50300 附录 G 中的表 G.0.1-1～4，并根据本规程需要，进行了适当调整。其余表格依据专业验收规范的要求设置。

在使用本规程给出的样表时，可根据各地情况进行调整，但不应缺少本规程所给样表的主要内容。当相关专业规范改变要求时，应相应地调整，以保持协调。

附录 D　竣工图绘制

D.0.1　"利用电子版施工图改绘竣工图"是指利用计算机绘图软件，将图纸会审记录、设计变更通知单、工程洽商记录（技术核定单）的内容改绘到设计单位提供的电子版施工图上，然后用绘图仪等电子输出设备打印出图的方法。

D.0.4　"采用杠（划）改或叉改法进行绘制"是指在要修改的内容上划斜杠或划叉，并将修改后的内容标注在旁边，划索引线至图纸空白处，注明更改依据。

中华人民共和国行业标准

施工企业工程建设技术标准化管理规范

Code for management of technical standardization of
project construction of construction enterprises

JGJ/T 198—2010

批准部门：中华人民共和国住房和城乡建设部
施行日期：２０１０年１０月１日

中华人民共和国住房和城乡建设部
公　告

第 513 号

关于发布行业标准《施工企业工程建设技术标准化管理规范》的公告

现批准《施工企业工程建设技术标准化管理规范》为行业标准，编号为 JGJ/T 198-2010，自 2010 年 10 月 1 日起实施。

本规范由我部标准定额研究所组织中国建筑工业出版社出版发行。

中华人民共和国住房和城乡建设部

2010 年 3 月 15 日

前　言

本规范是根据原建设部《关于印发〈2006 年工程建设标准规范制订、修订计划〉（第一批）的通知》（建标［2006］77 号）的要求，由中国工程建设标准化协会建筑施工专业委员会和中天建设集团有限公司会同有关单位共同编制而成。

本规范共分 7 章和 3 个附录。主要内容包括：总则、术语、基本规定、工程建设标准化工作体系、工程建设标准实施、工程建设标准实施的监督检查和施工企业技术标准编制等。

本规范由住房和城乡建设部负责管理，由中国工程建设标准化协会建筑施工专业委员会负责具体技术内容的解释。请各单位在执行本规范的过程中，随时将有关意见和建议寄中国工程建设标准化协会建筑施工专业委员会（地址：北京市海淀区三里河路 9 号，邮编：100835，E-mail：sgbz@fyi.net.cn），以供今后修订时参考。

本规范主编单位、参编单位、主要起草人和主要审查人员名单：

主　编　单　位：中国工程建设标准化协会建筑施工专业委员会
　　　　　　　　　中天建设集团有限公司
参　编　单　位：北京建工集团有限责任公司

上海建工（集团）总公司
北京城建集团有限责任公司
宁波建工集团有限公司
中国第一冶金建设有限公司
浙江大东吴集团建设有限公司
河北建设集团有限公司
福建省九龙建设集团有限公司
歌山建设集团有限公司
中国建筑业协会工程建设质量监督分会

主要起草人员：金德钧　吴松勤　楼永良
　　　　　　　艾永祥　范庆国　徐贱云
　　　　　　　乌家瑜　武钢平　江遐龄
　　　　　　　罗　劲　张岩玉　吴仲清
　　　　　　　高秋利　张党生　蒋金生
　　　　　　　姚晓东　张益堂　曹建华
　　　　　　　蒋伟平　陈　川　杨玉江
　　　　　　　潘如莉　李水明　姚新良
主要审查人员：杨嗣信　高本礼　杨建康
　　　　　　　贾　洪　韩乾龙　李秀堂
　　　　　　　李水欣　李世永　赵宏彦

目　次

Contents

1 总　　则

1.0.1 为加强施工企业工程建设技术标准化工作，规范企业标准化工作的管理，提高科学管理水平，制定本规范。

1.0.2 本规范适用于施工企业开展工程建设技术标准化的管理活动。

1.0.3 国家鼓励施工企业技术创新，不断提高工程建设技术标准及工程建设标准化工作水平。

1.0.4 施工企业工程建设技术标准化工作的活动，除应符合本规范外，尚应符合国家现行有关法律、法规和标准的规定。

2 术　　语

2.0.1 施工工艺标准　process standards

为有序完成工程的施工任务，并满足安全和规定的质量要求，工程项目施工作业层需要统一的操作程序、方法、要求和工具等事项所制定的方法标准。

2.0.2 施工操作规程　operation specifications

对施工过程中为满足安全和质量要求需要统一的技术实施程序、技能要求等事项所制定的有关操作要求。

2.0.3 施工企业工程建设技术标准化管理　management of technical standardization of project construction of construction enterprises

施工企业贯彻有关工程建设标准，建立企业工程建设标准体系，制定和实施企业标准，以及对其实施进行监督检查等有关技术管理的活动。

3 基本规定

3.0.1 施工企业工程建设技术标准化工作的基本任务应是贯彻执行国家现行有关标准；建立和实施企业工程建设标准体系；编制和实施企业标准；对标准的实施进行监督检查。

3.0.2 施工企业工程建设技术标准化管理，应以提高企业技术创新和竞争能力，建立企业施工技术管理的最佳秩序，获得好的质量、安全和经济效益为目的。

3.0.3 施工企业应设置工程建设技术标准化工作领导机构和工作管理部门，领导协调本企业的工程建设标准化工作。企业各职能部门和工程项目经理部应确定负责标准化工作的人员。

3.0.4 施工企业应依据国家现行有关法律法规，制定与本企业发展相适应的工程建设技术标准化工作长远规划，并纳入企业总体发展规划。企业工程建设标准化工作应与企业发展相协调。

3.0.5 施工企业应在年度财务预算中设立专项资金，支持企业工程建设标准化工作和相关科研工作的开展。

3.0.6 施工企业工程建设技术标准化体系的建立应与企业的工程技术管理体系、企业技术研发中心、企业的质量保证体系相协调。

3.0.7 施工企业工程建设技术标准化工作管理应与企业科研和技术创新相结合，并应及时将科技创新成果转化为企业技术标准。

3.0.8 施工企业应制定工程建设标准化工作教育计划，对企业职工开展标准化工作的培训，形成一支技术水平高的标准化工作队伍，提高企业标准化水平，提高执行国家标准、行业标准和地方标准的能力和自觉性。

3.0.9 施工企业在开展工程建设技术标准化工作过程中，应加强自身的监督检查和定期总结工作，发现不足，及时改进，增强企业自身纠错能力和持续改进能力。

3.0.10 施工企业应根据本企业施工范围建立和实施企业工程建设技术标准体系表。施工企业工程建设技术标准体系表应包括所贯彻和采用的国家标准、行业标准、地方标准和本企业的企业技术标准，并应及时更新，动态管理。

3.0.11 施工企业应建立完善的检查制度和管理办法，保证国家标准、行业标准和地方标准的有效执行。

3.0.12 施工企业应鼓励技术人员、操作人员参加企业工程建设标准化工作，宜奖励在企业标准化工作中有贡献的部门和人员。

4 工程建设标准化工作体系

4.1 工 作 机 构

4.1.1 施工企业应建立工程建设标准化委员会，主任委员应由本企业的法定代表人或授权的管理者担任。

4.1.2 施工企业工程建设标准化委员会的主要职责应符合下列要求：

　　1 统一领导和协调企业的工程建设标准化工作；贯彻执行国家现行有关标准化法律、法规和规范性文件，以及工程建设标准；

　　2 确定与本企业方针目标相适应的工程建设标准化工作任务和目标；

　　3 审批企业工程建设标准化工作的长远规划、年度计划和标准化活动经费；

　　4 审批工程建设标准体系表和企业技术标准；

　　5 确定企业工程建设标准化工作管理部门、人员及其职责；

6 审批企业工程建设标准化工作的管理制度和奖惩办法；

7 负责国家标准、行业标准、地方标准和企业技术标准的实施，以及企业技术标准化工作的监督检查。

4.1.3 施工企业应设置工程建设标准化工作管理部门。主要职责应符合下列要求：

1 贯彻执行国家现行有关标准化法律、法规和规范性文件，以及工程建设标准；

2 组织制订和落实企业工程建设标准化工作任务和目标；

3 组织编制和执行企业工程建设标准化工作长远规划、年度计划和标准化工作活动经费计划等；

4 组织编制和执行企业工程建设标准体系表，负责企业技术标准的编制及管理；

5 负责组织协调本企业工程建设标准化工作，以及专、兼职标准化工作人员的业务管理；

6 组织编制企业工程建设标准化工作管理制度和奖惩办法，并贯彻执行；

7 负责组织国家标准、行业标准、地方标准和企业技术标准执行情况的监督检查；

8 贯彻落实企业工程建设标准化委员会对工程建设标准化工作的决定；

9 参加国家、行业有关标准化工作活动等。

4.1.4 施工企业工程建设标准化委员会和标准化工作管理部门应配备相应的专（兼）职工作人员。工作人员应具备工程建设标准化知识和相应的专业技术知识。

4.1.5 各职能部门的标准化职责应符合下列要求：

1 组织实施企业标准化工作管理部门下达的标准化工作任务；

2 组织实施与本部门相关的技术标准；

3 确定本部门负责标准化工作的人员；

4 按技术标准化工作要求对员工进行培训、考核和奖惩。

4.1.6 各工程项目经理部应配置专（兼）职标准员负责标准的具体实施工作。

4.2 企业工程建设标准体系表

4.2.1 施工企业应建立本企业工程建设标准体系表。

4.2.2 施工企业工程建设标准体系表应符合企业方针目标，并应贯彻国家现行有关标准化法律、法规和企业标准化规定。

4.2.3 施工企业工程建设标准体系表的层次结构通用图，宜符合本规范第 A.0.1 条的规定。

施工企业工程建设技术标准体系表层次结构基本图，宜符合本规范 A.0.2 条的规定。

施工企业应将本企业工程建设技术标准体系表层次结构基本图中每个方框中技术标准列出明细表，明细表宜符合本规范 A.0.3 条的规定。

4.2.4 施工企业工程建设标准体系表应编制标准编码，编码规则可结合企业标准体系中标准种类、数量等情况确定，并应在本企业内统一。

4.2.5 施工企业建立的工程建设标准体系表应进行标准的符合性和有效性评价。评价应分为自我评价和水平确认。

4.2.6 施工企业工程建设标准体系表的编制应符合下列要求：

1 施工企业工程建设标准体系表的组成应包括企业所贯彻和采用的国家标准、行业标准和地方标准，以及本企业的企业技术标准。所有标准都应为现行有效版本；

2 施工企业应积极补充完善国家标准、行业标准和地方标准的相关内容；

3 施工企业编制工程建设标准体系表应符合质量管理体系 GB/T 19001 等的要求；

4 施工企业工程建设标准体系表，宜与企业所涉及范围的其他标准相互配套；

5 施工企业工程建设标准体系表应动态管理，及时将新发布的工程建设国家标准、行业标准和地方标准列入体系表内。

4.3 组织管理工作

4.3.1 施工企业工程建设标准化工作管理部门应根据本企业的发展方针目标，提出本企业工程建设标准化工作的长远规划。长远规划应包括下列主要内容：

1 本企业标准化工作任务目标；

2 标准化工作领导机构和管理部门的不断健全完善；

3 标准化工作人员的配置；

4 标准体系表的完善；

5 标准化工作经费的保证；

6 贯彻落实国家标准、行业标准和地方标准的措施、细则的不断改进和完善；

7 企业技术标准的编制、实施；

8 国家标准、行业标准、地方标准和企业技术标准实施情况的监督检查等。

4.3.2 施工企业工程建设标准化工作管理部门应根据本企业工程建设标准化工作长远规划制定工程建设标准化工作的年度工作计划、人员培训计划、企业技术标准编制计划、经费计划，以及年度和阶段技术标准实施的监督检查计划等，并应组织实施和落实。

4.3.3 施工企业工程建设标准化工作年度计划应包括长远规划中的有关工作项目分解到本年度实施的各项工作。

4.3.4 施工企业工程建设标准化工作年度企业人员培训计划，应包括不同岗位人员培训的目标、培训学时数量、培训内容、培训方式等。

4.3.5 施工企业工程建设标准化工作年度企业技术标准编制计划，应包括企业技术标准的名称、编制技术要求、负责编制部门、编制组组成、开编及完成时间以及经费保证等。

4.3.6 施工企业工程建设标准化工作年度及阶段技术标准实施监督检查计划，应包括检查的重点标准、重点问题，检查要达到的目的，以及检查的组织、参加人员、检查的时间、次数等。每次检查应写出检查总结。

4.3.7 施工企业工程建设标准化工作应明确标准化工作管理部门、工程项目经理部和企业内各职能部门的工作关系，以及有关人员的工作内容、要求、职责，并应符合下列要求：

　　1 标准化工作管理部门和企业各职能部门及有关人员的工作内容和职责应是本规范第 4.1.3 条各项内容的细化。并采取措施保证国家标准、行业标准和地方标准在本部门贯彻落实；

　　2 施工企业内部各职能部门应将有关标准化工作内容、要求落实到有关人员。

　　3 施工企业内部各职能部门、工程项目经理部和人员，应接受标准化工作管理部门对标准化工作的组织与协调。

4.3.8 施工企业工程建设标准化工作管理部门，应负责本企业有关人员日常标准化工作的指导。在实施标准的过程和日常业务工作中，应及时为有关人员提供标准化工作方面的服务。

4.3.9 施工企业应建立工程建设标准化工作人员考核制度，对每项标准的落实执行情况和每个工作岗位工作完成情况进行考核。

4.3.10 施工企业工程建设标准化委员会，应对企业工程建设标准化工作管理部门的工作进行监督检查。

4.4　信息和档案管理

4.4.1 施工企业工程建设标准化信息和档案，应由企业工程建设标准化工作管理部门或资料管理部门负责收集、整理、登记和保管，并应达到技术标准档案完整、准确和系统，以及有效利用。

4.4.2 施工企业工程建设标准化信息资料分类整理后，应加盖资料专用章、编目建卡，并方便借阅。资料应为纸质文档和电子文档，并应逐步向电子文档发展。有条件的宜建立企业网站、企业标准资料库。

4.4.3 施工企业工程建设标准化工作开展情况的信息，应按时向企业主管领导报告，重要情况或重大问题应向当地住房和城乡建设主管部门报告。

4.4.4 施工企业工程建设标准化信息应包括下列内容：

　　1 国家现行有关标准化法律、法规和规范性文件，以及工程建设标准的信息；

　　2 本企业技术标准化工作任务和目标，技术标准化工作长远规划，以及年度工作计划等；

　　3 本企业工程建设标准化组织机构、管理体系和有关工作管理制度及奖惩办法等；

　　4 国家标准、行业标准和地方标准现行标准目录、发布信息及有关标准；

　　5 国家现行有关标准化法律、法规和规范性文件执行情况；

　　6 本企业工程建设标准化体系表及执行情况；

　　7 国家标准、行业标准和地方标准执行情况；

　　8 本企业技术标准编制及实施情况；

　　9 企业工程建设技术标准化工作评价情况；

　　10 主要经验及存在问题等。

4.5　工作评价

4.5.1 施工企业应每年进行一次工程建设标准化工作的评价，不断改进标准化工作，并应根据评价绩效进行奖惩。对在企业标准化工作中成绩突出的部门和人员应给予表扬或奖励；对贯彻标准不力或造成不良后果的应进行批评教育，对造成事故的应按规定进行处理。

4.5.2 施工企业工程建设标准化工作评价宜符合本规范附录 B 的规定。

4.5.3 企业标准属科技成果，施工企业可将具有显著经济效益、社会效益、环境效益的企业标准作为科技成果申报相应的科技奖励。

5　工程建设标准实施

5.1　国家标准、行业标准和地方标准的实施管理

5.1.1 施工企业工程建设标准化工作应以贯彻落实国家标准、行业标准和地方标准为主要任务。

5.1.2 施工企业应将从事工程项目范围内的相关技术标准，都列入企业工程建设标准体系表进行系统管理。施工企业应有计划、有组织地贯彻落实国家标准、行业标准和地方标准。并应符合下列要求：

　　1 施工企业应对新发布的工程建设标准开展宣贯学习，了解和掌握新标准的内容，并对标准中技术要点进行深入研究；

　　2 施工企业在工程项目施工前应制定每一项技术标准的落实措施或实施细则；并应将相关技术标准的要求落实到工程项目的施工组织设计、施工技术方案及各工序质量控制中；

　　3 施工企业工程项目技术负责人应结合工程项目的要求，在工程项目施工前对贯彻落实标准的控制重点向有关技术管理人员进行技术交底；

　　4 施工企业工程项目技术管理人员在每个工序施工前，应对该工序使用的技术标准向操作人员进行操作技术交底，说明控制的重点和保证工程质量及安

全的措施；

　　5　施工企业应经常组织开展对技术标准执行情况及技术交底有效性的研究，以便不断改进执行技术标准的效果。

　　5.1.3　施工企业工程建设标准化工作管理部门应将有关的技术标准逐项落实到相关部门、工程项目经理部，明确任务、内容和完成时间，并督促各相关部门制定落实措施。

　　5.1.4　施工企业工程建设标准化工作管理部门，应组织对新颁布的技术标准的落实措施和实施细则进行检查，并应对首次首道工序执行的情况进行检查；当工程质量达到标准要求后，在其后的工序应按首道工序执行的措施和细则进行。

　　5.1.5　施工企业工程建设标准的贯彻落实应以工程项目为载体，充分发挥工程项目管理的作用。

5.2　工程建设强制性标准的实施管理

　　5.2.1　施工企业应对有关国家标准、行业标准和地方标准中的强制性条文和全文强制性标准进行重点管理，在标准宣贯学习中，应组织有关技术人员制定落实措施文件。施工组织设计、施工技术方案审查批准和技术交底的内容应包括落实措施文件。

　　5.2.2　施工企业对国家标准、行业标准和地方标准中的强制性条文和全文强制性标准应落实到每个相关部门和工程项目经理部。项目经理、项目技术负责人及有关人员都应掌握相关强制性条文和全文强制性标准的技术要求，并应掌握控制的措施、工程质量指标和判定工程质量的方法。

5.3　施工企业技术标准的实施管理

　　5.3.1　施工企业技术标准的实施管理应与国家标准、行业标准和地方标准的实施管理协调一致。企业技术标准的编制应与标准的实施协调一致。

　　5.3.2　施工企业技术标准从编制开始就应在各方面考虑为标准的实施创造条件。

　　5.3.3　施工企业技术标准批准后，属施工技术标准的，应由参与该标准编制的主要技术人员演示其技术要点，并应达到企业有关技术人员能掌握该项技术标准；属施工工艺标准或操作规程的，应由参与编制的主要技术人员或技师演示该项技术，并应达到操作人员能执行该标准。

6　工程建设标准实施的监督检查

　　6.0.1　施工企业对国家标准、行业标准和地方标准实施情况的监督检查，应分层次进行，由工程项目经理部组织现场的有关人员以工程项目为对象进行检查；由企业工程建设标准化工作管理部门组织企业内部有关职能部门以工程项目和技术标准为对象进行

检查。

　　6.0.2　施工企业工程建设标准实施监督检查，应以贯彻技术标准的控制措施和技术标准实施结果为检查重点。在工程施工前，应检查相关工程技术标准的配备和落实措施或实施细则等落实技术标准措施文件的编制情况；在施工过程中，应检查有关落实技术标准及措施文件的执行情况；在每道工序及工程项目完工后，应检查有关技术标准的实施结果情况。

　　6.0.3　施工企业工程建设标准的监督检查应符合下列要求：

　　1　每项国家标准、行业标准和地方标准颁布后，对在企业工程项目上首次首道工序上执行时，应由企业工程建设标准化工作管理部门组织企业内部有关职能部门重点检查；

　　2　在正常情况下每道工序完工后，操作者应自我检查，然后由企业质量部门检验评定；在每项工程项目完工后，由企业质量部门组织系统检查；

　　3　施工企业对每项技术标准执行情况，可由企业工程建设标准化工作管理部门组织按年度或阶段计划进行全面检查；

　　4　施工企业工程建设标准化工作管理部门，还可以对工程项目和技术标准随时组织抽查。

　　6.0.4　施工企业工程建设标准监督检查，宜以工程项目为基础进行。每个工程项目应统计各工序技术标准落实的有效性和标准覆盖率，并应对工程项目开展工程建设标准化工作情况进行评估；

　　施工企业应统计所有工程项目技术标准执行的有效性和标准覆盖率，并应对企业开展工程建设标准化工作情况进行评估。

　　6.0.5　施工企业工程建设标准监督检查发现的问题，应及时向企业工程建设标准化工作管理部门报告，并应督促相关部门和项目经理部及时提出改进措施。

7　施工企业技术标准编制

7.1　基　本　要　求

　　7.1.1　施工企业应将下列内容制定为企业技术标准：

　　1　补充或细化国家标准、行业标准和地方标准未覆盖的，企业又需要的一些技术要求；

　　2　企业自主创新成果；

　　3　有条件的施工企业为更好地贯彻落实国家标准、行业标准和地方标准，也可将其制定成严于该标准的企业施工工艺标准、施工操作规程等企业技术标准。

　　7.1.2　施工企业技术标准编制应贯彻执行国家现行有关标准化法律、法规，符合国家有关技术标准的要求。

　　7.1.3　施工企业技术标准编制应积极采用新技术、

新工艺、新设备、新材料，合理利用资源、节约能源，符合环境保护政策的要求；纳入标准的技术应成熟、先进，并且针对性强、有可操作性。

7.1.4 施工企业技术标准编制应符合工程建设标准编写的有关规定。

7.2 标准编制

7.2.1 施工企业应根据企业工程建设标准体系表编制企业的技术标准制（修）订年度计划，提出企业技术标准制（修）订项目。

7.2.2 施工企业每项企业技术标准编制时，编制组首先应组织学习工程建设标准编写的有关规定，遵循编写程序，保证编写质量。施工企业技术标准编写程序应符合本规范附录C的规定。

7.2.3 企业技术标准编制组的人员应由了解有关标准化法律、法规，掌握和精通该项工程技术、经过培训的人员组成，包括工程技术人员、操作层的操作人员。

7.2.4 施工总承包企业和专业承包企业编制的企业技术标准除应符合本规范第7.1.1条规定外，还应以企业所涉及的主要施工技术范围编制企业技术标准。包括企业施工技术标准、施工工艺标准或施工操作规程及相应的工程质量检验评定标准。

总承包企业编制的企业技术标准除了满足指导本企业施工外，还应对相应专业分包施工单位的施工具有可控制性和指导性。

7.3 审批与发布

7.3.1 施工企业技术标准编制要突出标准的针对性、可操作性和实施效果，必要时应在工程上进行试用，并写出试用报告，这些应作为企业技术标准审批的首要条件。

7.3.2 施工企业技术标准应由企业工程建设标准化工作管理部门审查，企业工程建设标准化委员会主任批准，企业工程建设标准化工作管理部门统一编号印刷，发布实施。

7.3.3 施工企业技术标准批准发布实施后，企业工程建设标准化工作管理部门应按有关规定到当地住房和城乡建设主管部门备案。

备案材料应包括备案申报文件、标准批准文件、标准文本及编制说明等。

7.4 复审与修订

7.4.1 施工企业技术标准实施后应由企业工程建设标准化工作管理部门跟踪检查应用效果，并结合企业技术发展和工程建设需要，以及国家科学技术发展要求，由企业工程建设标准化工作管理部门适时组织有关职能部门，对企业技术标准进行复审。复审可采取会议审查或函审的方式，复审应3～5年进行一次，

必要时可以随时复审。

7.4.2 施工企业技术标准复审后，企业工程建设标准化工作管理部门应当提出继续有效或者予以修订、废止的意见，报企业工程建设标准化委员会批准。

7.4.3 对确认继续有效的企业技术标准，当再版时应在其封面或扉页上的标准编号下方增加"××××年××月××日确认继续有效"。

对确认有效和予以废止的企业技术标准应由企业发文公布。

对需要修订的企业技术标准，应列入标准制（修）订计划按程序进行修订。

附录A 施工企业工程建设标准体系表

A.0.1 施工企业工程建设标准体系表层次结构通用图宜符合图A.0.1的规定。

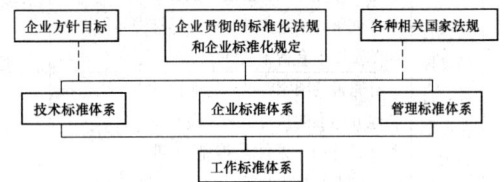

图A.0.1 施工企业工程建设标准体系
表层次结构通用图

A.0.2 施工企业工程建设技术标准体系表层次结构基本图宜符合图A.0.2的规定。

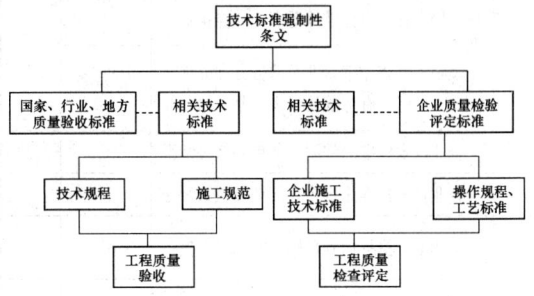

图A.0.2 施工企业工程建设技术标
准体系表层次结构基本图

A.0.3 施工企业工程建设技术标准体系表层次结构基本图中每个方框中的技术标准宜符合表A.0.3的规定。

表A.0.3 ××层次工程建设技术标准名称表

序号	编码	标准代号和编号		标准名称	实施日期	被代替标准号	备注
		国际、行标、地标	企标				

序号	评价标准		分值	实得分
12	对工程建设标准化工作投入资金情况	能满足企业技术标准化工作需要	10	
		基本满足企业技术标准化工作需要	5	
13	标准化工作绩效管理评价	有制度定期进行绩效评价	5	
综合得分		优秀	95 及以上	
		良好	85 及以上	
		合格	75 及以上	
		不合格	75 以下	

注: 特级施工企业应有自己独立的企业技术标准体系; 一级施工企业应有自己的企业技术标准(可以是自己独立、也可以是自己所打品牌的企业技术标准)。

附录 C 施工企业技术标准编制程序

C.0.1 施工企业技术标准的编制应按准备阶段、征求意见阶段、审查阶段和报批阶段的程序进行。

C.0.2 准备阶段应符合下列规定:

1 施工企业工程建设标准化工作管理部门应根据企业年度技术标准制(修)订计划,进行技术标准编制的调查和筹备工作,协调企业技术标准主编部门(职能部门、工程项目经理部)和有关部门组成编制组,协助编制组提出编写提纲和进度计划。

2 企业工程建设标准化工作管理部门组织召开编制组工作会议。会议应安排学习相关标准化法律法规、工程建设标准编写规定等,宣布编制组成员,讨论编写提纲、进度计划、编写分工等,并形成会议纪要。

3 编制组的工作应由企业工程建设标准化工作管理部门领导,并在管理部门的组织下开展有关编制工作。

C.0.3 征求意见阶段应符合下列规定:

1 编制组根据编制组工作会议纪要及分工,按企业技术标准编写提纲开展工作,需调研的项目调查对象应具有代表性,调研工作结束后,应及时提出调研报告。原始调查记录和收集到的国内外有关资料由企业工程建设标准化工作管理部门统一归档。

2 企业工程建设标准化工作管理部门对需要测试验证的工作应统一组织进行,落实负责单位、制定测试验证方案。测试验证结果应组织有关专家进行鉴定。

附录 B 施工企业工程建设技术标准化工作评价表

表 B 施工企业工程建设技术标准化工作评价表

序号	评价标准		分值	实得分
1	企业工程建设标准化领导机构是否健全		5	
2	企业工程建设标准化工作管理部门是否健全		5	
3	企业工程建设标准化实施等管理制度是否健全		5	
4	企业决策层及最高管理层对企业技术标准化工作的认知度情况		5	
5	执行国家标准、行业标准和地方标准情况	有完善的国家标准、行业标准和地方标准的执行措施,强制性条文逐条有措施文件,其他标准70%及以上有措施文件	20	
		有完善的国家标准、行业标准和地方标准的执行措施,强制性条文有措施文件,其他标准50%以上有措施文件	15	
		有基本的国家标准、行业标准和地方标准的执行措施,强制性条文有措施文件	10	
6	企业技术标准体系完善程度	完善,涉及主要分部分项工程,有标准体系表,并能执行	10	
		较完善,涉及部分分部分项工程,有标准体系表,基本执行	8	
7	企业技术标准的编制、复审和修订情况		5	
8	企业技术标准化宣传、培训及执行情况		5	
9	工程项目执行技术标准情况	执行达到目标,95%以上执行	15	
		基本达到目标,75%以上执行	10	
		一般化	8	
10	工程建设标准资料档案管理情况	较好,有制度能执行		
		一般,无制度或有制度执行不好	2	
11	工程建设标准化的奖罚情况	设立奖励基金,制定奖罚办法并运行良好	5	
		有奖罚措施,运行一般	2	

3 企业工程建设标准化工作管理部门对所编制的企业技术标准中的重大问题或有分歧的问题，应当根据需要召开专题会议。专题会议应邀请企业内有关部门和有经验的专家参加，并应当形成会议纪要。

4 编制组在做好上述各项工作的基础上，编写企业技术标准的初稿、讨论稿及征求意见稿。

5 编制组对征求意见稿进行自审。自审应包括下列内容：

　　1） 标准适用范围应与技术内容协调一致；

　　2） 技术内容应体现国家的技术经济政策；

　　3） 企业技术标准应准确反映操作、施工的实践经验和代表企业的实际技术水平；

　　4） 标准的技术数据和参数有可靠的依据，并与相关标准相协调；

　　5） 编写格式应符合工程建设标准编写的规定。

6 征求意见稿应由企业工程建设标准化工作管理部门印发企业工程建设标准化委员会主任委员、企业相关职能部门、相关工程项目经理部和相关人员征求意见，也可召开征求意见会议。征求意见的期限通常不应少于 30 天，必要时，对其中的重要问题，可以采取走访或召开专题会议的形式征求意见。

7 编制组应将征求意见阶段收集到的意见，逐条归纳整理，在分析研究的基础上提出处理意见，逐条修改标准的征求意见稿，形成施工企业技术标准送审稿。

C.0.4 审查阶段应符合下列规定：

1 编制组应将企业技术标准送审文件报送企业工程建设标准化工作管理部门。

2 施工企业技术标准送审文件应包括下列内容：

　　1） 送审报告；

　　2） 企业技术标准送审稿及条文说明；

　　3） 主要问题的专题报告；

　　4） 征求意见汇总和采用处理情况表。

3 送审报告应包括下列内容：

　　1） 施工企业技术标准任务的来源；

　　2） 编制标准过程中所作的主要工作；

　　3） 标准中重点内容确定的依据及其技术成熟程度；

　　4） 与国内外相关技术标准水平的对比；

　　5） 预计标准实施后的经济效益和社会效益以及对标准的初步评价；

　　6） 标准中尚存在的主要问题和今后需要进行的主要工作等。

4 施工企业技术标准送审文件应经企业工程建设标准化工作管理部门审查符合要求后，发出召开审查会议的通知，在开会之前 30 天将企业技术标准送审稿发至企业工程建设标准化委员会主任委员、参加审查会议的相关职能部门、相关工程项目经理部和相关人员。

5 施工企业工程建设标准化工作管理部门主持召开审查会。参加会议的代表应包括企业相关职能部门、相关工程项目经理部和相关有经验的专家代表或企业外部聘请的专家代表等。审查会议必要时可以成立会议领导小组，负责研究解决会议中提出的问题，对有争议的问题应当进行充分讨论和协商，集中代表的意见，对一些问题不能取得一致意见时，应当提出倾向性审查意见，审查会议应当形成会议纪要。

6 会议纪要应包括下列内容：

　　1） 审查会议概况；

　　2） 标准送审稿中的重点内容及有争议问题的审查意见；

　　3） 对技术标准送审稿的评价；

　　4） 会议代表和领导小组成员名单等。

7 审查会议的程序应符合下列规定：

　　1） 审查会议开始；

　　2） 施工企业工程建设标准化工作管理部门领导宣布审查组人员名单，有领导小组的还应宣布领导小组名单；

　　3） 审查组组长主持会议；

　　4） 编制组汇报编制情况；

　　5） 逐条审查条文；

　　6） 形成审查会议纪要；

　　7） 审查整改意见汇总表；

　　8） 会议人员名单。

C.0.5 报批阶段应符合下列规定：

1 施工企业技术标准编制组应根据审查会议的意见，对标准送审稿逐条进行修改，形成标准报批稿，将报批文件报企业工程建设标准化工作管理部门。由企业工程建设标准化工作管理部门审核，并报企业工程建设标准化委员会主任委员批准。

2 报批文件应包括下列内容：

　　1） 报批报告；

　　2） 企业技术标准报批稿及条文说明；

　　3） 审查会议纪要；

　　4） 主要问题的专题报告；

　　5） 试施工或生产试用报告等。

3 施工企业技术标准报批审核应符合下列要求：

　　1） 标准的水平是否适合企业的技术发展，标准是否具有可操作性；

　　2） 与国家标准、行业标准、地方标准是否协调；

　　3） 重点内容确定依据及技术成熟程度；

　　4） 标准实施后的经济效益和社会效益情况；

　　5） 主要问题的处理情况等。

本规范用词说明

1 为便于在执行本规范条文时区别对待，对要求严格程度不同的用词说明如下：

    1）表示很严格，非这样做不可的用词：

        正面词采用"必须"；反面词采用"严禁"。

    2）表示严格，在正常情况下均应这样做的用词：

        正面词采用"应"；反面词采用"不应"或"不得"。

    3）表示允许稍有选择，在条件许可时首先这样做的词：

        正面词采用"宜"；反面词采用"不宜"。

    4）表示有选择，在一定条件下可以这样做的，采用"可"。

    2 本规范中指明应按其他有关标准执行的写法为："应符合……的规定"或"应按……执行"。

中华人民共和国行业标准

施工企业工程建设技术标准化管理规范

JGJ/T 198—2010

条 文 说 明

制 订 说 明

本规范是从施工企业工程建设技术标准化管理方面着手来改进和提高企业技术管理水平，从工程建设标准化工作的基本任务来看主要是五个方面：一是执行国家现行有关标准化法律法规和规范性文件，以及工程建设技术标准；二是实施国家标准、行业标准和地方标准；三是建立和实施企业工程建设技术标准体系表；四是制订和实施企业技术标准；五是对国家标准、行业标准、地方标准和企业技术标准实施的监督检查。

根据当前施工企业对上述标准化工作的贯彻落实情况，本规范从五个方面作出规定，以促进施工企业标准化工作的进一步开展。

1 在第三章中规定了施工企业技术标准化工作的作用、任务和与企业有关技术工作的协调发展；

2 建立施工企业技术标准化体系。从五个方面来建立有关组织和管理工作：一是建立领导和日常工作管理机构，解决工作的组织机构，包括人员、经费及与各部门协调等，这是开展标准化工作的基础；二是建立企业工程建设技术标准体系表，将企业应贯彻执行的有关技术标准列成表，包括国家标准、行业标准和地方标准以及企业技术标准，使贯彻标准制度化，方便技术标准的贯彻落实；三是开展标准化管理工作，包括计划工作、管理工作、标准化培训、评价等；四是对技术标准的实施进行监督检查；五是信息和档案管理等；

3 工程建设技术标准实施管理，从三个方面来进行落实。一是对国家标准、行业标准和地方标准实施步骤提出了要求；二是对强制性标准条文和全文强制性标准实施进行重点管理；三是对企业标准实施提出补充要求；

4 对技术标准实施的监督检查做出具体要求；

5 规定了施工企业技术标准编制管理工作；从基本要求、编制、审批与发布、复审与修订等过程做了规定，并附录了编制程序；

6 附录中提出了《施工企业工程建设技术标准化工作评价表》，基本上包括了施工企业工程建设标准化的主要工作内容，便于检查施工企业工程建设技术标准化工作的开展情况和成效。

本条文说明不具备与标准正文同等的法律效力，仅供使用者作为理解和把握标准规定的参考。

目 录

1 总　　则

1.0.1　规定了本规范编制的宗旨，根据目前施工企业技术管理方面的情况，目的是要从技术标准化方面来加强企业的施工技术管理，提高企业的科学技术管理水平，首先从技术标准化方面做起。这是企业改进管理，提高综合技术水平，确保工程质量和安全管理的重要途径。

1.0.2　规定了本规范的适用范围。本条规定既是对施工企业工程建设标准化工作的指导，也便于行业管理部门检查施工企业工程建设标准化工作，促进其落实。

1.0.3　规定了施工企业工程建设标准化工作是动态发展的，要随着科学进步，不断发展和改进。鼓励企业编制自己的企业技术标准和施工工艺标准、施工操作规程等，并不断创新提高。既能保证工程质量安全，又促进企业技术管理水平不断提高，并形成协调发展的良性循环机制。

1.0.4　规定了施工企业工程建设标准化工作主要依据本规范开展，同时，除了本规范外，还应符合国家现行有关标准化法律法规和标准规范的要求。

2 术　　语

本章规定了 3 个术语，这些术语只适用于本规范，在其他地方使用，仅供参考。

3 基 本 规 定

本章是本规范承上启下的一章，是将本规范的主要内容、原则、程序，标准的实施，以及一些共性的要求，作一个总体的说明，以加强本规范的整体有机联系，说明本规范的作用及重要性。

3.0.1　规定了工程建设标准化工作的基本任务是：执行国家现行有关标准化法律法规；实施国家标准、行业标准和地方标准；建立企业工程建设技术标准体系表；编制和实施企业技术标准；对标准的实施进行监督检查。企业标准化工作是落实有关标准化法律法规的具体措施，也是贯彻落实国家标准、行业标准和地方标准的有力措施。

3.0.2　规定了施工企业工程建设标准化工作是企业取得最佳技术管理秩序的重要手段，以获得好的质量、安全和经济效益。是企业科学管理的重要内容，是企业的一项基础性工作，它是以有效贯彻落实有关国家标准、行业标准和地方标准为主线，以及用企业技术标准来提升企业的技术管理水平，增强企业的技术创新能力和市场竞争能力。

3.0.3　规定了施工企业工程建设标准化工作的开展必须有强有力的领导，建立领导机构和工作管理机构，领导协调和组织本企业的工程建设标准化工作，是搞好工程建设标准工作的首要条件。

施工企业工程建设标准化工作机构应与企业内部各职能部门和工程项目经理部的标准化工作人员建立紧密的联系，组成企业工程建设标准化工作的队伍。

3.0.4　规定了施工企业应该依据国家现行有关标准化法律法规制订企业技术标准化工作的长远规划，作为企业发展规划的重要内容，使企业技术标准化工作与企业的发展协调发展。

3.0.5　规定了施工企业工程建设标准化工作的开展应有必要的条件，其中必要的经费投入是保证工作开展的基本条件。在企业年度财务预算中应设立专项资金，来支持和保证技术标准化工作及相关科研工作的正常开展。

3.0.6　规定了施工企业工程建设技术标准化体系的建立，是企业技术管理的一项中心工作。但企业的技术工作面是较宽的，不能一项工作设一个机构，应该将企业的工程技术管理、工程质量保证体系和企业技术研发中心等有关机构协调起来，互相协调分工，互相促进。

3.0.7　规定了施工企业工程建设标准化工作要与企业的科研、技术创新协调互补，相互促进。以技术标准化工作促进科研和创新工作，又以企业的科研和创新成果支持技术标准化工作，及时将其转化为企业的技术标准，转化为生产力，为企业增强技术力量。提高企业的技术水平，增加企业经济效益。这样企业的技术标准化工作就能体现企业的技术创新、技术管理和工程质量的水平。

3.0.8　规定了施工企业工程建设标准化工作是施工企业全体人员的事情，企业工程建设标准化工作管理机构应鼓励全体职工参加到标准化工作中来。企业的标准化教育十分重要，是动员、发挥企业职工做好标准化工作的基础，是落实企业标准化工作的重要措施。

通过企业标准化工作培训来提高企业领导对标准化工作的认知度及提高企业人员标准化知识和执行标准的自觉性。

3.0.9　规定了施工企业工程建设标准化工作在贯彻各项技术标准时，应加强自身的监督检查。施工企业工程建设技术标准化工作的关键是落实。对国家标准、行业标准和地方标准凡是采用的必须落实。有条件的企业在编制企业技术标准时，不在制定了多少项，而是制定一项落实一项，制定了就要执行，这才是技术标准化工作的关键。企业技术标准制定一定要考虑技术标准的贯彻落实，这是企业技术标准化工作的中心工作。同时，在执行过程中，要及时发现不足，及时得到改进，这是企业自身纠错能力、持续改进能力和创新能力等技术水平的体现。

3.0.10 规定了施工企业工程建设标准化工作应建立企业的工程建设技术标准体系表，将采用和贯彻的国家标准、行业标准和地方标准，以及企业技术标准都列入标准体系表。根据体系表来全面贯彻落实国家标准、行业标准和地方标准，编制和实施企业技术标准。监督检查技术标准的执行情况，是企业技术标准化工作的一项中心工作，也是发展、补充和完善国家标准、行业标准和地方标准的基础。体系表的管理要动态管理，及时更新技术标准，使体系表中的各项技术标准都应是现行有效版本。

3.0.11 规定了施工企业应有完善的检查制度和管理办法，在贯彻落实国家标准、行业标准和地方标准时，可制订有关落实措施和实施细则直接执行，并应有完善有效的检查制度，以保证这些标准的有效执行。

3.0.12 规定了施工企业工程建设标准化工作是企业全体职工的事，只有全体人员积极参加，技术标准化工作才能做好，企业为了鼓励职工积极参加企业技术标准化工作，宜适时奖励对企业标准化工作作出贡献的部门和有关人员。

4 工程建设标准化工作体系

4.1 工 作 机 构

4.1.1 规定了施工企业应建立本企业工程建设标准化工作的领导机构。建立企业工程建设标准化委员会负责领导工作，其主任委员应由企业法定代表人或授权的管理者担任，以便于此工作的开展，这是企业工程建设标准化工作体系的重点，没有领导的支持和重视，标准化工作就不能很好地开展起来。

4.1.2 规定了施工企业工程建设标准化委员会的主要工作职责，概括为七个方面。

这些内容实际上是全部企业工程建设标准化工作，抓住技术标准化工作就抓住了施工企业的主要技术工作，抓住了企业技术工作的系统化、标准化的管理。

4.1.3 规定了施工企业应设置工程建设标准化工作管理部门，负责企业标准化工作的日常管理工作，这是落实标准化工作的关键。管理部门的设置应与企业整体的组织结构相适应，与工程技术管理、质量保证体系等相协调。这个管理部门是工程建设标准化工作的具体组织、落实和执行部门。通常一些企业是以原技术部门为主，组成标准化工作管理部门，将其他相关部门的负责人也组织进来，便于开展工作。目前一些大型施工企业都在组建企业技术研发中心，也应协调起来。规定了管理部门的主要职责，概括为九个方面。这些内容实际上是管理部门对施工企业技术工作系统化、规范化管理。

4.1.4 规定了施工企业应配备与企业工程建设标准化工作相适应的专兼职工作人员，确保施工企业工程建设标准化工作各项具体业务顺利开展。标准化工作人员的素质是标准化工作成败的关键，没有高素质、热爱此项工作的标准化工作人员就做不好标准化工作。提出了标准化工作人员的条件，要有专业知识、标准化知识和热心此项工作的人员，而且还要进行培训和考核，使这项工作更好的开展起来。企业标准化工作人员应具备的能力和知识：

1 企业标准化管理人员应具备与所从事标准化工作相适应的专业知识、标准化知识和工作技能，经过培训取得标准化管理的上岗资格；

2 熟悉并执行国家有关标准化的法律法规和技术标准；

3 熟悉本企业生产、技术、经营及管理状况，具备一定的企业管理知识；

4 具备一定的组织协调能力、计算机应用及文字表达能力。

4.1.5 规定了施工企业内各职能部门的标准化职责，企业工程建设标准化工作是全企业的事情，要求各职能部门的配合，因为企业标准化工作是全企业的工作，应由各部门分工协作完成。并规定了各职能部门的具体工作。

4.1.6 本条规定了工程项目部标准化机构的要求，配置人员落实工作。

4.2 企业工程建设标准体系表

4.2.1 规定了施工企业工程建设标准体系表是企业开展标准化工作的基础。企业技术标准体系表是企业技术标准体系的一种表现形式，体系表是企业所涉及技术标准按一定形式排列起来的图表。企业开展技术标准化管理就必须建立企业技术标准体系，建立企业技术标准体系应首先研究和编制企业技术标准体系表。体系表的编制应符合国家有关规定，主要是GB/T 13016、GB/T 13017等的要求。

4.2.2 规定了施工企业工程建设标准体系表是在企业方针目标和企业贯彻国家现行有关标准化法律法规和企业标准化规定的基础上建立的，以及企业适用的法律法规的指导下形成的，是体现施工企业工程建设标准化工作水平的形式。

4.2.3 施工企业工程建设标准体系表应包括企业贯彻和采用的上层标准，即国家标准、行业标准和地方标准。企业工程建设标准体系表层次结构通用图，其组成形式通常如图 A.0.1。标准体系表应包括技术标准、管理标准和工作标准等。这是各施工企业都可适用的通用的层次结构图。此图表明了技术标准体系是企业标准体系中的一部分。

施工企业工程标准体系包括技术标准体系、管理标准体系和工作标准体系。

图中的技术标准和管理标准两个分体系间的连线表示两者之间的相互制约作用。

图中的工作标准必须同时实施技术标准和管理标准中的相应规定，是技术标准和管理标准共同指导制约下的下层次标准。

图中技术标准方框的标准将单列为一个层次结构基本图。本规范重点讨论技术标准体系部分。

施工企业工程建设技术标准体系表层次结构基本图，如图 A.0.2。这是一个基本图式，各企业可根据实际情况具体展开。

技术标准体系表基本图中各方格的技术标准可用明细表的形式列出，并给出层次编号，每个层次编号可列为一张表。其表格及内容如表 A.0.3。

4.2.4 规定了施工企业工程建设技术标准体系中标准编码的编码规则可结合企业标准体系标准种类和数量的多少而定，但应在企业内统一。一般情况下可用 4~5 位编码。前两位层次编码第一位可为 0~9；第二位可为 1~9，后二位的顺序号可为 01~99。如果标准种类较多，可用 5 位编码，第三位也可为 1~9。

4.2.5 规定了施工企业工程建设技术标准体系表编制以后，应对标准体系表的符合性和有效性进行评价，以便不断改进企业技术标准体系。

评价分为自我评价和水平确认两个阶段。

自我评价是企业内部评价，主要目的是：企业为确定其建立和实施技术标准体系所涉及的各项技术标准，以及相关联的各种标准化工作是否达到规定目标，能否满足企业工程建设中各工种都能做到有标施工。同时其能否达到适用性、充分性和有效性，并应不断研究改进，不断完善。

水平确认由相关机构评价即社会确认，可由专门机构或协会来确认，目的是：判定企业建立和实施的技术标准体系，以及相关联的标准化工作是否满足企业预定要求，是否满足标准化有关规定，对企业开展技术标准化工作的发挥程度等。

评价的原则、依据，评审的条件、方法和程序，评价的内容和要求及评价后的改进等，应符合《企业标准体系评价与改进》GB/T 19273 的规定，并应形成评价文件。

4.2.6 规定了施工企业工程建设技术标准体系表编制的要求，应符合国家有关规定和企业的实际情况。国家规定主要是 GB/T 13016 和 GB/T 13017 的规定。具体要求有：

1 施工企业工程建设标准体系表的组成应包括企业所贯彻和采用的国家标准、行业标准和地方标准，以及本企业的技术标准，所有标准都应是现行有效版本；

2 施工企业积极补充和完善国家标准、行业标准和地方标准的相关内容，补充和发展技术标准体系表，以消除企业无标施工的情况；

3 施工企业编制企业工程建设技术标准体系表应符合《质量管理体系要求》GB/T 19001 等标准的要求；

4 施工企业工程建设技术标准体系表，应与企业所涉及工程范围的标准互相配套，用表的形式列出；

5 施工企业工程建设技术标准体系表应动态管理，及时更新，及时将新发布的国家标准、行业标准和地方标准列入体系表内。

4.3 组织管理工作

4.3.1 规定了施工企业开展工程建设标准化工作应制定企业技术标准化工作长远规划，并纳入企业发展规划。同时提出了技术标准化工作长远规划的主要内容。

4.3.2 规定了施工企业工程建设标准化工作管理部门应根据企业标准化工作长远规划制定企业的各项年度工作计划，做到系统管理。年度计划包括企业工程建设标准化工作年度工作计划、年度人员培训计划、企业技术标准编制计划、经费计划，以及年度、阶段各项技术标准实施监督检查计划等。

4.3.3 施工企业工程建设标准化工作的年度计划是长远规划的落实，长远规划的全部内容在本年度来完成的工作就是本年度计划，并进行细化。计划还包括提出落实措施和标准化工作经费的具体落实，检查计划完成和执行情况的效果等。

4.3.4 施工企业工程建设标准化工作培训计划包括企业所有相关人员，包括领导及全体员工。施工企业人员标准化知识的多少、企业领导对技术标准化工作的认知程度、相关人员技术标准化工作知识了解的程度，决定了企业标准化工作开展的水平。对企业人员标准化知识的培训是标准化工作的重点，应编制专门的培训计划。包括针对不同对象提出培训学时、培训内容、培训方式、要求达到的目标等。人员培训和落实监督检查是保证技术标准化工作落实的重要措施。

4.3.5 施工企业工程建设标准化工作年度企业技术标准编制计划，是指导企业标准化工作的一个方面，应包括全年编制技术标准的数量、名称、编制要求、负责编制部门、编制人员、完成时间以及经费保证等。

4.3.6 规定了施工企业工程建设标准化工作年度及阶段技术标准实施监督检查计划。技术标准实施情况的检查，是企业技术标准化工作的一项重点工作。对检查计划的内容也提出了要求，并要求每次检查应写出检查总结。

4.3.7 规定了施工企业工程建设标准化工作管理部门和企业内各职能部门的工作关系。工作内容是本规范第 4.1.3 条内容的细化和落实，重点是保证国家标准、行业标准和地方标准的贯彻落实；企业内各职能部门应将承担的标准化工作及时落实到相关人员，并保证完成。

4.3.8 规定了施工企业工程建设标准化工作管理部门负责本企业有关人员的标准化工作的培训和日常工作中标准化工作的指导。标准化工作的指导是在实施各项技术标准的过程中和日常标准化业务工作中，为企业各职能部门和项目经理部及有关人员提供帮助，协助解决执行中遇到的问题。如创造工作条件、资金的催办落实、互相之间的协调、人员的到位、工作深度的解释，以及资料供应、信息联系等。

4.3.9 规定了施工企业工程建设标准化工作管理部门人员及企业内部参加标准化工作的全部人员的工作职责和考核制度。这是企业内部技术标准化工作开展的基础，明确每个工作岗位的职责、工作内容、程序及要求，并对完成工作情况进行考核，只有这些人员按规定工作到位，企业技术标准体系表才能落实，国家标准、行业标准和地方标准的执行才能落实，企业的标准化工作才能正常有序的开展起来。

4.3.10 施工企业工程建设标准化委员会是企业标准化工作的最高领导，应对企业的标准化工作全面负责，其主要工作就是经常监督检查企业标准化工作管理部门的工作，对他们的职责和相应的权限落实情况进行监督检查。这是企业标准化工作的龙头。只有他们按计划做好有关工作，企业的标准化工作才能有保证。

4.4 信息和档案管理

4.4.1 规定了施工企业工程建设技术标准化信息的作用，是企业工程建设标准化工作的重要成果，是不断改进企业标准化工作的一项重要手段，做好标准化工作，系统完善的信息是必不可少的。信息包括有关标准化法律法规及规范性文件、各类标准、刊物、宣贯资料、工法、论文、标准化图册等，应分别收集、整理、登记管理。因为技术标准化工作是一个连续性很强的工作，没有很好的信息资料的收集整理、分析改进，很难保证标准化工作快速发展。这些资料也是企业发展的展现。应重视其收集、整理、登记保管，并保证其完整、准确和系统，目的是使技术标准档案达到有效利用。这些工作由施工企业工程建设标准化管理部门协调管理。

4.4.2 规定了施工企业工程建设技术标准化工作资料整理的要求，有关技术标准资料要分别整理，加盖资料专用章、登记、编目建卡。每个企业都应有自己资料档案的管理规定，按其规定进行资料管理，以便查找和供借阅等。

资料有纸质文档和电子文档，国家提倡逐步向电子文档发展。有条件的单位应建立标准资料库及企业内部网站。

4.4.3 规定了施工企业工程建设标准化工作开展情况的信息，应及时向企业主管领导报告。重要情况或重大问题应向当地住房和城乡建设主管部门报告，以便沟通情况，取得企业领导及当地住房和城乡建设主管部门对本企业技术标准化工作的指导。

4.4.4 规定了企业工程建设技术标准化信息的主要内容。

4.5 工作评价

4.5.1 规定了施工企业应定期或不定期进行企业工程建设标准化工作绩效评价，以检查企业工程建设技术标准化工作的绩效。为了统一内容便于比较，推荐了一个"施工企业工程建设技术标准化工作评价表"（附录 B）。这个表是基本内容，可以反映一个施工企业工程建设技术标准化工作的开展情况和施工技术管理水平情况。通过评价找出不足及时改进，促进企业工程建设技术标准化水平不断提高。把评价根据得分分为优秀、良好、合格、不合格四个档次，不足 75 分为不合格，75 分及以上为合格，85 分及以上为良好，95 分及以上为优秀。可以用数据来描述施工企业工程建设技术标准化工作的开展情况。

评价方法是用表列出评价项目，形成以定量为主的指标来进行评价。首先企业应定期自行检查评价，同时也可委托工程建设管理协会等有关机构来评价。

4.5.2 规定了施工企业工程建设标准化工作实施中，为了能达到应有的效果，应明确各部门的权限及职责，每年应对各单位及有关人员进行一次评价，形成一种制度。企业及上级部门也可根据评价绩效情况进行奖励和惩处。对企业标准化工作中有贡献的单位和个人进行奖励。

同时，对使用限制和禁用的技术、或违反技术标准化工作管理规定造成事故的有关人员进行处罚。

4.5.3 规定了施工企业技术标准属科技成果，施工企业应将取得显著经济效益、社会效益和环境效益的企业标准作为科技成果申报国家和地方的有关科技进步奖项。

5 工程建设标准实施

5.1 国家标准、行业标准和地方标准的实施管理

5.1.1 规定了施工企业工程建设标准化工作的主要任务是贯彻落实国家标准、行业标准和地方标准，这是施工企业技术标准化工作必须做的。

5.1.2 规定了施工企业贯彻落实国家标准、行业标准和地方标准应有计划、有组织地进行。其方法是：凡在施工企业从事工程业务范围内的有关技术标准，包括国家标准、行业标准和地方标准，以及企业技术标准等，都应列入本企业的技术标准体系表，进行系统管理。主要措施有：

1 学习标准。凡是企业从事的业务范围内的每项国家标准、行业标准和地方标准颁布施行后，企业都应组织有关人员全面学习、了解和掌握标准的内容，对关键技术和控制重点还应列出专题研究。

2 应用标准。施工企业在每项标准应用到工程上时，要组织技术人员研究技术标准的关键技术和工程实际的结合，针对各项技术标准规定和工程实际质量要求及设计要求，编制落实措施文件或实施细则，并将标准落实到工程项目的施工组织设计或施工技术方案中去，落实到各项技术措施和实施细则。施工组织设计、施工技术方案应经过企业技术负责人审查批准，其审查的重点就是各项标准的落实措施、实施细则的针对性和可操作性。

3 工程项目技术交底。施工企业工程项目技术负责人要结合工程实际，将技术标准的规定，施工组织设计、施工技术方案的要求，以及针对其制定的技术措施或实施细则，工程施工中控制的重点向参与工程项目的有关技术管理人员进行技术交底，将技术标准的执行落实到管理层。

4 施工操作技术交底。施工企业负责工程项目的有关技术人员，在每个工序（工种）施工前应将施工程序、技术要求、施工过程的注意事项、工序工程的质量要求、技术标准规定、控制的重点和保证质量的措施、技术安全操作要点向操作人员进行操作技术交底，将技术标准的执行落实到操作层。

5 不断完善落实标准的措施。施工企业还应将有关培训的资料、施工组织设计、施工技术方案资料、技术交底的资料做到全面整理和保存。在每项工程完工后，应评估技术标准的落实效果，并分析这些措施的有效性，作为不断改进施工技术标准管理的基础。

上述是从标准实施的程序步骤上进行落实管理。

5.1.3 规定了施工企业工程建设技术标准化工作管理部门应将年度计划中列入重点落实的技术标准，逐项落实到相关部门、项目经理部。明确落实标准的任务、内容和完成时间，督促其制订落实措施，落实完成任务的组织及负责人。本条是从标准实施落实到有关部门和岗位。

5.1.4 规定了施工企业执行技术标准过程中，工程建设技术标准化工作管理部门应组织对新颁布的技术标准，在第一个工程第一个工序上执行时的情况进行检查，以验证所制订措施、细则的有效性，有效性差的应改进。第一个工程第一个工序质量达到标准要求后，再按其落实措施大面积施工，这样就保证了标准贯彻落实的有效性。

5.1.5 规定了施工企业在贯彻落实工程建设技术标准时，要充分发挥工程项目经理部的作用。这样具有周期短，可操作性强，容易落实责任的优点。并可短期见到技术标准落实效果。

5.2 工程建设强制性标准的实施管理

本节规定了工程建设强制性标准的实施管理。工程建设强制性标准是指直接涉及工程质量、安全、卫生及环境保护等方面的工程建设强制性标准条文和全文强制性标准。5.1节的规定都适用强制性条文和全文强制性标准。强制性条文和全文强制性标准除了按5.1节实施管理外，还应重点进行管理。我国的强制性条文和全文强制性标准相当于国外的技术法规，是高于技术标准的，贯彻落实技术标准，首先应落实好有关强制性条文和全文强制性标准。这些要求都应落实到施工组织设计、施工技术方案中。作为审查施工组织设计、施工技术方案和技术交底文件的主要内容。

5.2.1 规定了施工企业对有关国家标准、行业标准和地方标准实施管理的要求，其中应重点突出对强制性条文和全文强制性标准的管理。

第一，在学习有关标准过程中，对其中的强制性条文和全文强制性标准要逐条编制系统的落实文件，这些文件比落实措施具体全面。一般包括下列内容：

1 掌握强制性条文及全文强制性标准的含义，领会其要领；

2 制订系统的控制措施文件；

3 列出条文中含有的检查项目及质量要求，这些是必须达到的质量要求；措施要针对这些内容；

4 明确检查方法和检查时间；

5 规定判定合格的条件；这样就把落实措施细化了。

第二，强制性条文和全文强制性标准的控制措施文件是施工组织设计、施工技术方案审批检查的主要内容，也是技术交底的主要内容。

5.2.2 规定了强制性条文和全文强制性标准的贯彻落实应逐级落实到实处，企业标准化工作管理部门应将其要求进行分解落实，分别将责任落实到企业内的各职能部门，如材料、构配件、设备的质量应落实到材料供应部门；技术措施制订落实到技术部门；质量验收落实到质量检查部门等。同时，最终责任必须落实到每个项目经理部，项目经理及项目技术负责人。项目经理部的有关人员应把好质量关，不合格的材料不能用于工程，上道工序质量达不到设计要求，不得进入下道工序施工。所以，项目经理部的有关职能部门和人员应了解强制性条文和全文强制性标准的要求，掌握其控制措施并进行落实，掌握质量指标和判定质量方法等。

5.3 施工企业技术标准的实施管理

5.3.1 规定了施工企业企业技术标准的实施管理，除与国家标准、行业标准和地方标准的实施管理相协调一致外，还应在技术标准编制开始时就考虑标准实施的问题,编制组应有熟悉该项技术的技术人员和操作人员参加,为该标准的实施打下基础。通常企业标准应是补充、完善国家标准、行业标准和地方标准,是贯彻相关标准的技术措施。

5.3.2 规定了在企业技术标准审批时,为便于技术标准批准后能迅速投入使用,应重视企业技术标准的针对性、可操作性,特别是试用效果,试用能达到使用效果要求,再批准。这也是编制标准的目的。

5.3.3 规定了企业技术标准批准实施后,属施工技术标准的可由参加该标准编制的技术人员演示其技术要求,培训有关技术人员迅速掌握该标准。属于施工工艺或操作规程的,可由参加该标准编制的技术人员或技师演示该项标准,并能带领班组人员执行该标准。这条是企业标准贯彻的有利条件,要充分利用起来。这也是企业技术标准与国家标准、行业标准和地方标准贯彻执行不同的主要地方。

6 工程建设标准实施的监督检查

6.0.1 规定了施工企业工程建设标准化工作管理部门对国家标准、行业标准和地方标准实施情况的监督检查,为达到有效全面突出重点,应分层次进行。工程项目经理部以工程项目为重点检查;企业工程建设标准化管理部门组织有关职能部门以工程项目和技术标准为重点进行检查,这样比较全面又能达到落实责任。

6.0.2 规定了施工企业对技术标准实施检查应以控制措施和实施结果为重点。工程质量的特点是过程性,过程控制是检查的重点之一。在施工前应检查措施、细则的编制情况及其可操作性、针对性等;施工过程中检查其落实情况;每道工序完工后,检查其实施结果情况。控制和结果检查,二者都不能少。通常工程质量出了问题,一定是控制措施出了问题,或有措施而不认真执行。必须对控制措施和措施的执行情况进行检查。对实施结果的检查也是通过实施结果达到的程度,来验证措施的有效性和执行情况。

6.0.3 规定了施工企业工程建设技术标准实施监督检查应分层次进行。这样监督检查更落实更有效。

    1 每项国家标准、行业标准和地方标准颁发后,在企业工程项目上第一次第一个工序上执行时,企业的工程建设标准化工作管理部门应组织有关职能部门进行重点检查。主要检查企业制订的技术落实措施、实施细则的针对性、有效性和质量达到标准的情况。完全符合标准后,才能按首道工序使用的实施细则大面积施工。

    2 正常情况下每道工序完工后,先由操作者自我检查合格,质量检查人员检验评定合格;然后由企业组织抽查。主要检查质量检查人员检验评定掌握标准的正确情况。在每个工程项目完工后,由项目经理部对整个工程进行系统检查,企业也可组织抽查。了解工程项目技术标准落实的情况。

    3 企业每年应按标准化工作年度计划,按年度和阶段对技术标准执行情况进行全面检查,掌握企业技术标准实施结果的情况。

    4 企业工程建设标准化工作管理部门随时了解技术标准执行情况及采取的措施。

6.0.4 规定了施工企业进行技术标准监督检查宜以工程项目为基础进行,这样可操作性强,各项技术标准的落实宜落到实处。其好处是:

    1 按工程项目来统计各工序技术标准落实措施情况,包括措施的针对性及有效性;

    2 按工程项目来落实标准的覆盖率,检查工程施工中有没有无标准施工的工序,以标准覆盖率说明工程项目标准化开展的水平。

    施工企业以全企业的工程项目技术标准执行的有效性和标准的覆盖率,说明企业标准化开展的水平。

    以标准的有效性和标准覆盖率来说明工程项目执行标准的评价,综合施工企业的所有工程项目的评估情况,就能知道企业工程建设标准化工作的有关情况了。

6.0.5 规定了施工企业在技术标准实施监督检查后,应定期进行总结分析,检查工作情况应及时向企业标准化委员会报告,对发现的问题除报告外,还应督促相关部门和项目经理部提出改进措施。

7 施工企业技术标准编制

7.1 基 本 要 求

7.1.1 规定了施工企业技术标准编制的内容首先应是补充或细化国家标准、行业标准和地方标准没有覆盖到的企业施工又需要的技术项目,以杜绝企业无标准施工的现象;企业自己的一些科研成果,为更好地发挥作用,取得效益,也应及时转化为企业技术标准。

    其次是有条件的施工企业,为了更好地贯彻落实国家标准、行业标准和地方标准,可将这些标准转化为严于该标准的企业施工工艺标准、施工操作规程等企业技术标准。这样做的重点也是为了细化国家标准、行业标准和地方标准。特别是制订操作规程方面的标准,用操作质量来保证工程质量。

7.1.2 规定了施工企业技术标准的编制,应贯彻执行国家有关标准化法律法规和有关技术标准的要求;符合国家、行业有关技术基础标准;有关质量技术标准的内容和要求应满足质量管理体系 GB/T 19001 对技术文件的要求;有关职业健康安全和环境管理的内容和要求应满足《职业健康安全管理体系规范》GB/T 28001 和《环境管理体系要求及使用指南》

GB/T 24001 的要求。

施工企业技术标准编制要针对性强，有可操作性，能很好的结合实际，方便使用。

7.1.3 规定了施工企业应将新技术、新工艺、新材料等及时编制成企业技术标准；将一些合理利用资源、节约能源、符合环保政策的技术编制成企业技术标准；这些新技术一定要经过地市级以上专业部门评定认可，是成熟的先进的。

7.1.4 规定了施工企业企业技术标准编制应遵守的一些基本规则，应符合工程建设标准编写的有关规定，其深度、体例、术语、符号、计量单位应符合有关规定，标准用词应统一。

7.2 标准编制

7.2.1 规定了施工企业应按照企业的工程建设技术标准体系表编制年度的企业技术标准制（修）订项目，来建立和完善企业技术标准体系。年度计划要量力而行，结合企业实际，要有完成计划的措施，包括人员、技术条件、经费等。

7.2.2 规定了施工企业技术标准编制中，企业工程建设技术标准化工作管理部门的组织、安排、指导等很重要，是标准编制的保证条件。组织符合要求的编制组，将编制程序等要求进行详细交底，以保证编制效果和技术标准编制质量。企业技术标准的编制阶段程序，本规范附录 C 给出了规定。

7.2.3 规定了施工企业技术标准编制组的组成人员素质，包括技术人员和操作层人员，对编好标准非常重要，并直接涉及标准的贯彻落实。施工企业应有一批技术标准化的骨干队伍，来保证企业技术标准的编制和贯彻落实，来推动企业技术标准化工作的更好发展。不少施工企业都成立了技术研发中心，企业应充分发挥这些技术部门或技术研发中心的力量来做好这项工作。

7.2.4 规定了施工总承包企业和专业承包企业各自编制企业技术标准的范围和要求，是该企业涉及的施工技术范围内相关的技术标准。企业技术标准主要包括：企业施工技术标准、工艺标准或操作规程和相应的质量检验评定标准。而总承包企业编制的企业技术标准，还应对相应的分包单位具有可控性和指导性。

7.3 审批与发布

7.3.1 规定了施工企业审查技术标准时应重点审查

标准的针对性、可操作性和实施效果，经过试用的应写出试用报告，达到编制目的，方便使用的才批准。

7.3.2 规定了施工企业技术标准编制完成后，由企业工程建设标准化工作管理部门审查，然后提出审查意见。由企业工程建设标准委员会主任批准。由企业工程建设标准化工作管理部门统一编号印刷，发布实施。由企业内各部门贯彻执行。

7.3.3 规定了施工企业技术标准批准发布实施后，企业工程建设标准化工作管理部门应按相关规定到当地住房和城乡建设主管部门备案。

备案文件包括申报文件、标准批准文件、标准文本及条文说明等。

7.4 复审与修订

7.4.1 规定了施工企业技术标准实施后应跟踪检查标准的应用效果，根据企业技术发展和工程建设的需要，以及国家科学技术发展的要求，组织有关人员定期进行复审，复审一般应 3～5 年进行一次，或必要时可随时进行。复审可召开会议审查也可函审。由参加过本标准审查的人员、对此标准熟悉的人员、也可请企业外的有关人员参加。复审要给出是否修订或继续使用的结论。

7.4.2 规定了施工企业企业技术标准复审后，企业工程建设标准化工作管理部门要提出标准是继续有效使用或者修订、废止的意见，报企业工程建设标准化委员会批准。

7.4.3 规定了对批准复审继续使用的标准，再版时应在封面或扉页上的标准编号下注明"××××年××月××日确认继续有效"。对确认有效和予以废止的企业技术标准应由企业发文公布；对需修订的标准，按修订程序进行修订。一般有下列情况之一的企业技术标准应当进行修订：

　　1 国家标准、行业标准和地方标准进行重大变更的；

　　2 企业技术标准的部分规定已制约了企业科学技术的发展和新成果的推广应用的；

　　3 企业技术标准的部分规定经修订后可取得明显的经济效益、社会效益和环境效益的；

　　4 企业技术标准的部分规定有明显缺陷或与相关的国家标准相抵触的；

　　5 企业技术标准需要做补充的。

中华人民共和国行业标准

建筑施工企业管理基础数据标准

Standard for basic data of construction enterprise management

JGJ/T 204—2010

批准部门：中华人民共和国住房和城乡建设部
施行日期：2010年07月01日

中华人民共和国住房和城乡建设部
公　告

第 478 号

关于发布行业标准《建筑施工
企业管理基础数据标准》的公告

现批准《建筑施工企业管理基础数据标准》为行业标准，编号为 JGJ/T 204 - 2010，自 2010 年 7 月 1 日起实施。

本标准由我部标准定额研究所组织中国建筑工业出版社出版发行。

中华人民共和国住房和城乡建设部
2010 年 1 月 8 日

前　言

根据住房和城乡建设部《关于印发〈2009 年工程建设标准规范制订、修订计划〉的通知》（建标〔2009〕88 号）的要求，标准编制组通过广泛调查和研究，认真总结实践经验，参考国内外有关的先进标准，并在广泛征求意见的基础上，制定本标准。

本标准主要技术内容是：1. 总则；2. 术语；3. 数据元分类；4. 数据元描述；5. 数据元标识符；6. 数据元集。

本标准由住房和城乡建设部负责管理，由中国建筑第七工程局有限公司负责具体技术内容的解释。执行过程中如有意见或建议，请寄送中国建筑第七工程局有限公司（地址：河南省郑州市城东路 116 号，邮编：450004）。

本标准主编单位：中国建筑第七工程局有限公司

本标准参编单位：中国建筑股份有限公司

易建科技（北京）有限公司
广东同望科技股份有限公司
中国建筑第五工程局有限公司
建研科技股份有限公司
梦龙科技有限公司

本标准主要起草人员：焦安亮　黄延铮　张立强　吴耀清　黄如福　江　雄　鞠成立　刘洪舟　谭　青　毛振华

本标准主要审查人员：叶可明　方天培　倪江波　马智亮　蒋学红　戴建中　谢东晓　蔡魁元　史亚雄　李存斌

目　次

Contents

1 总　则

1.0.1 为实现建筑施工企业管理基础数据的标准化和规范化，便于建筑施工企业管理基础信息交换和资源共享，制定本标准。

1.0.2 本标准适用于建筑施工企业在管理过程中的基础数据标识、分类、编码、存储、检索、交换、共享和集成等数据处理工作。

1.0.3 基础数据的管理应遵循系统性、实用性、可扩展性和科学性的原则。

1.0.4 基础数据宜采用数据元描述。

1.0.5 数据元的注册应符合现行国家标准《信息技术　数据元的规范与标准化》GB/T 18391 的规定。

1.0.6 本标准规定了建筑施工企业管理基础数据的基本技术要求。当本标准与国家法律、行政法规的规定相抵触时，应按国家法律、行政法规的规定执行。

1.0.7 建筑施工企业管理基础数据除应按本标准执行外，尚应符合国家现行有关标准的规定。

2 术　语

2.0.1 建筑施工企业管理基础数据　basic data code of construction enterprise management

建筑施工企业管理中需要交换和共享的基本的数据，简称基础数据。

2.0.2 数据元　data element

用一组属性描述其定义、标识、表示和允许值的数据单元。

2.0.3 数据元名称　name of data element

用于标识数据元的主要手段，由一个或多个词构成的命名。

2.0.4 属性　attribute

某个对象或实体的一种特性。

2.0.5 数据类型　data type

由数据元操作决定的用于采集字母、数字和符号的格式，以描述数据元的值。

2.0.6 数据元值的表示格式　representational format of data element value

用字符串表现数据元值的格式，简称表示格式。

2.0.7 值域　value domain

允许值的集合。

2.0.8 内部标识符　internal identifier

分配给数据元唯一的标识符。

3 数据元分类

3.0.1 数据元类目的设置应遵循保证性、发展性和均衡性原则。

3.0.2 数据元的分类应以建筑施工企业管理业务现状及发展需求为基础，且应以国家现行有关标准为依据。

3.0.3 数据元分类代码及分类名称应符合表 3.0.3 规定。

表 3.0.3　数据元分类代码及分类名称

分类代码	分类名称
01	企业基本信息
02	工程施工招投标管理
03	建设工程合同管理
04	施工进度管理
05	建筑施工科学技术管理
06	施工质量管理
07	施工安全管理
08	建筑材料管理
09	建筑机械设备管理
10	建筑施工节能环保管理
11	人力资源管理
12	财务管理
13	资金管理
14	风险管理
15	档案管理
16	企业文化管理
99	其他信息
—	—

4 数据元描述

4.0.1 数据元的描述内容应包括内部标识符、名称、中文全拼、定义、数据类型、表示格式、值域、计量单位、版本标识符等属性。

4.0.2 数据元的内部标识符、名称和定义应保持唯一性。

4.0.3 数据元的内部标识符应以数据元分类代码和数据元在该分类内的编号组成（图 4.0.3）。

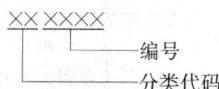

图 4.0.3　数据元内部标识符组合方式

4.0.4 数据元的编号宜由 4 位自然数组成，且宜从 0001 开始按顺序由小到大连续编号。

4.0.5 数据元命名规则宜按现行国家标准《电子政务数据元》GB/T 19488 的规定执行。

4.0.6 数据元的定义应符合下列规定：

    1 应保证描述的确定性；

    2 应用描述性的短语或句子阐述；

    3 当需要使用缩略语时，应采用人们普遍理解的缩略语；

    4 表述中不应加入不同的数据元定义或引用下层概念。

4.0.7 数据元的中文全拼应由该数据元名称中每个汉字的拼音全拼组成，并应在每个汉字的拼音全拼之间用连字符"-"连接。拼音字母宜全部使用小写。

4.0.8 数据类型应为字符型、数字型、日期型、日期时间型、布尔型、二进制型等六种类型之一，且各种数据类型的可能取值应符合表 4.0.8 的规定。

表 4.0.8 数据类型的可能取值

数据类型	可 能 取 值
字符型	通过字符形式表达的值
数字型	通过从"0"到"9"数字形式表达的值
日期型	符合现行国家标准《数据元和交换格式 信息交换 日期和时间表示法》GB/T 7408 的规定，并通过 YYYYMMDD 形式表达的值
日期时间型	符合现行国家标准《数据元和交换格式 信息交换 日期和时间表示法》GB/T 7408 的规定，并通过 YYYYMMDDhhmmss 形式表达的值
布尔型	两个且只有两个表明条件的值
二进制型	上述无法表示的其他数据类型

4.0.9 数据元值的表示格式及含义应符合表 4.0.9 的规定。

表 4.0.9 数据元值的表示格式及含义

数据类型	表示格式	含 义
字符型	am	表示确定 m 个字数的字符
	ap..q	表示从最小长度为 p 位至最大长度为 q 位的字符
	a..ul	表示不确定字数的字符
	anp..q	表示从最小长度为 p 位至最大长度为 q 位的字符和数字
	anm	表示确定 m 个字数的字符和数字
	an..ul	表示不确定字数的字符和数字

续表 4.0.9

数据类型	表示格式	含 义
数字型	nm	表示确定 m 个长度的数字
	n..ul	表示不确定长度的数字
	np..q, s	表示从最小长度为 p 位至最大长度为 q 位、小数点后为 s 位的数字
	np..q	表示从最小长度为 p 位至最大长度为 q 位的数字
日期型	YYYYMMDD	表示年月日的格式
日期时间型	YYYYMMDDhhmmss	表示年月日时分秒的格式
布尔型	true/false	表示真/假、是/否、正/负、男/女等一一对应的两组数据
二进制型	文本格式、音像格式等	表示 txt、bmp、mpeg、dwg 等二进制型的具体格式

注：1 表中 a 表示字符，符合现行国家标准《信息交换用汉字编码字符集 基本集》GB 2312；

    2 表中 n 表示数字；

    3 表中 p..q 表示从最小长度为 p 位到最大长度为 q 位。当 p 省略不写时，代表可允许取的最小长度位数；

    4 表中 ..ul 表示位数长度不确定；

    5 表中 m、p、q、s 为自然数，且 p 不大于 q。

4.0.10 数据元值域的给出宜符合以下规定：

    1 宜由国家现行有关标准规定的值域注册机构给出；

    2 当值域注册机构没有给出时，宜通过国家现行有关标准规定的规则间接给出。

4.0.11 数据元版本标识符的编写格式及版本改变规则宜按下列规定执行：

    1 数据元版本标识符宜由一个小数点字符和至少两个自然数组成，且宜用小数点字符前的自然数表示主版本号、用小数点字符后的自然数表示次版本号。

    2 数据元初始注册时，代表主版本号的自然数宜为"1"、代表次版本号的自然数宜为"0"。

    3 当一个数据元的某些属性发生了变化时，该数据元的版本标识符应进行相应改变。

    4 数据元的版本标识符改变规则宜按现行国家标准《电子政务数据元》GB/T 19488 的有关规定

执行。

4.0.12 本标准所列的数据元版本标识符为"1.0"。

5 数据元标识符

5.0.1 建筑施工企业管理需要交换的数据应采用本标准规定的数据元标识符编制规则。

5.0.2 数据元标识符的编制格式（图 5.0.2）应由内部标识符和行业标识符组成。

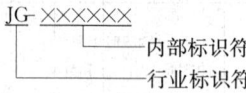

图 5.0.2 数据元标识符的编制格式

5.0.3 建筑施工企业管理数据元的行业标识符宜统一采用"JG"两个大写字母。

6 数据元集

6.1 企业基本信息

6.1.1 企业基本信息应包括建筑施工企业管理过程中需要在施工企业之间或与行业主管部门之间交换和共享的基本信息数据元。

6.1.2 企业基本信息数据元宜包含表 6.1.2 中的内容。

表 6.1.2 企业基本信息数据元

内部标识符	数据元名称	中文全拼	定 义	数据类型	表示格式	值域	计量单位
010001	组织机构代码	zu-zhi-ji-gou-dai-ma	由组织机构代码登记主管部门给每个企业、事业单位、机关、社会团体和民办非企业单位颁发的在全国范围内唯一的、始终不变的法定代码	字符型	an9	按现行国家标准《全国组织机构代码编制规则》GB/T 11714 的规定执行	
010002	单位名称	dan-wei-ming-cheng	经有关部门批准正式使用的单位全称	字符型	an..255		
010003	法定代表人姓名	fa-ding-dai-biao-ren-xing-ming	依照法律或者法人组织章程规定，代表法人行使职权的负责人姓名	字符型	an..255		
010004	单位所在地	dan-wei-suo-zai-di	企业法人营业执照中注册的营业地点	字符型	an..255		
010005	单位联系电话号码	dan-wei-lian-xi-dian-hua-hao-ma	单位对外公布的用于联系的电话号码	字符型	an..255		

续表 6.1.2

内部标识符	数据元名称	中文全拼	定 义	数据类型	表示格式	值域	计量单位
010006	行业类别	hang-ye-lei-bie	根据从事的社会经济活动性质对各类单位进行的分类	字符型	an10	按现行国家标准《国民经济行业分类》GB/T 4754 的规定执行	
010007	登记注册机关名称	deng-ji-zhu-ce-ji-guan-ming-cheng	企业办理登记注册手续的机关名称	字符型	an..255		
010008	登记注册号	deng-ji-zhu-ce-hao	工商、编制和民政部门办理审批、登记注册的号码	字符型	an15		
010009	企业登记注册类型代码	qi-ye-deng-ji-zhu-ce-lei-xing-dai-ma	企业在工商行政管理机关登记注册类型对应的代码	字符型	an3	按文件《关于划分企业登记注册类型的规定》（国统字〔1998〕200号）的规定确定	
010010	企业经济组织类型代码	qi-ye-jing-ji-zu-zhi-lei-xing-dai-ma	企业的经济所有制构成类型对应的代码	数字型	n2	按文件《关于统计上划分经济成分的规定》（国统字〔1998〕204号）的规定确定	
010011	隶属关系代码	li-shu-guan-xi-dai-ma	单位隶属于哪一级行政单位的管理关系对应的代码	数字型	n2	按现行国家标准《单位隶属关系代码》GB/T 12404 的规定执行	
010012	开业时间	kai-ye-shi-jian	领取营业执照或批准成立的日期	日期型	YYYYMMDD		
010013	营业状态代码	ying-ye-zhuang-tai-dai-ma	单位的生产经营状态对应的代码	数字型	n1	按本标准第 A.0.1 条的规定采用	
010014	执行会计制度类别代码	zhi-xing-kuai-ji-zhi-du-lei-bie-dai-ma	法人单位执行的会计制度类别的代码	数字型	n1	按本标准第 A.0.2 条的规定采用	
010015	年末从业人员数量	nian-mo-cong-ye-ren-yuan-shu-liang	在本单位工作并取得劳动报酬或收入的年末实有人员数量	数字型	n..10		人

内部标识符	数据元名称	中文全拼	定义	数据类型	表示格式	值域	计量单位
010016	企业资质等级代码	qi-ye-zi-zhi-deng-ji-dai-ma	根据《建筑业企业资质等级标准》核定的企业等级对应的代码	字符型	an4	按《建筑业企业资质等级编码》的规定执行	
010017	企业信用等级	qi-ye-xin-yong-deng-ji	基于评估企业信用、品质、偿债能力以及资本等的指标级别	字符型	a.3	按现行国家标准《企业信用等级表示方法》GB/T 22116 的规定执行	
010018	建筑业企业资质证书编号	jian-zhu-ye-qi-ye-zi-zhi-zheng-shu-bian-hao	住房和城乡建设部颁发的企业资质证书编号	字符型	an16		
010019	经营范围	jing-ying-fan-wei	国家允许企业法人生产和经营的商品类别、品种及服务项目	字符型	an.ul		

注：凡表内值域栏空格者，均表示该数据元有不可穷举的值域。

6.2 工程施工招投标管理

6.2.1 工程施工招投标管理信息应包括建筑施工企业招标、投标管理过程中需要交换与共享的数据元。

6.2.2 工程施工招投标管理数据元宜包含表 6.2.2 的内容。

表 6.2.2 工程施工招投标管理数据元

内部标识符	数据元名称	中文全拼	定义	数据类型	表示格式	值域	计量单位
020001	招标人名称	zhao-biao-ren-ming-cheng	对依法确定的建设工程项目进行招标的法人或者其他组织名称	字符型	an.255		
020002	投标人名称	tou-biao-ren-ming-cheng	响应招标、参加投标竞争的法人或者其他组织名称	字符型	an.ul		
020003	授权代理人姓名	shou-quan-dai-li-ren-xing-ming	由法定代表人授权委托代理投标事宜的人员姓名	字符型	an.255		
020004	招标方式代码	zhao-biao-fang-shi-dai-ma	招标人使用的招标方式对应的代码	数字型	nl	按本标准第 A.0.3 条的规定采用	
020005	资金来源	zi-jin-lai-yuan	招标人用于投资项目资金的来源	字符型	an.ul		

内部标识符	数据元名称	中文全拼	定义	数据类型	表示格式	值域	计量单位
020006	招标范围	zhao-biao-fan-wei	招标文件中所列招标的对象	字符型	an.ul		
020007	评标方式代码	ping-biao-fang-shi-dai-ma	对投标文件的评审和比较的方式所对应的代码	数字型	nl	按本标准第 A.0.4 条的规定采用	
020008	开标时间	kai-biao-shi-jian	公开开启标书的具体时间	日期时间型	YYYYMMDDhhmmss		
020009	开标地点	kai-biao-di-dian	公开开启标书的具体地点	字符型	an.255		
020010	中标日期	zhong-biao-ri-qi	中标通知书签发的日期	日期型	YYYYMMDD		
020011	中标金额	zhong-biao-jin-e	中标通知书上注明的完成中标内容所需的金额	数字型	n.20,2		元
020012	中标内容	zhong-biao-nei-rong	中标通知书中所列中标的内容	字符型	an.ul		

注：凡表内值域栏空格者，均表示该数据元有不可穷举的值域。

6.3 建设工程合同管理

6.3.1 建设工程合同管理信息应包括建筑施工企业在供应商分类管理、合同谈判、合同履行、合同备案过程中需要交换与共享的数据元。

6.3.2 建设工程合同管理数据元宜包含表 6.3.2 的内容。

表 6.3.2 建设工程合同管理数据元

内部标识符	数据元名称	中文全拼	定义	数据类型	表示格式	值域	计量单位
030001	合同当事人名称	he-tong-dang-shi-ren-ming-cheng	发包人和承包人的单位名称或人员姓名	字符型	an.255		
030002	发包人名称	fa-bao-ren-ming-cheng	具有工程发包主体资格和支付工程价款能力的当事人以及取得该当事人资格的合法继承人名称	字符型	an.255		
030003	承包人名称	cheng-bao-ren-ming-cheng	与发包人签订承包合同协议书的单位名称或人员姓名	字符型	an.255		
030004	承包人项目经理姓名	cheng-bao-ren-xiang-mu-jing-li-xing-ming	受承包人的法定代表人委托对工程项目施工过程全面负责的项目管理者姓名	字符型	an.255		

内部标识符	数据元名称	中文全拼	定　义	数据类型	表示格式	值域	计量单位
030005	分包人名称	fen-bao-ren-ming-cheng	从承包人处分包合同中某一部分工程，并与其签订分包合同的单位名称	字符型	an.255		
030006	总监理工程师姓名	zong-jian-li-gong-cheng-shi-xing-ming	由监理人委派常驻施工场地对合同履行实施管理的全权负责人姓名	字符型	an.255		
030007	监理人名称	jian-li-ren-ming-cheng	在专用合同条款中指明的，受发包人委托对合同履行实施管理的法人或其他组织名称	字符型	an.255		
030008	合同开工日期	he-tong-kai-gong-ri-qi	合同中写明的工程开工日期	日期型	YYYYMMDD		
030009	合同工期	he-tong-gong-qi	承发包双方在承包合同中确认的建设工期	数字型	n.4		天
030010	合同竣工日期	he-tong-jun-gong-ri-qi	合同约定工期届满时的日期	日期型	YYYYMMDD		
030011	签约合同价	qian-yue-he-tong-jia	签定合同时合同协议书中写明的合同总金额	数字型	n.20,2		元
030012	工程费用	gong-cheng-fei-yong	为履行合同所发生的或将要发生的所有合理开支	数字型	n.20,2		元
030013	暂列金额	zan-lie-jin-e	已标价工程量清单中所列的用于在签订协议书时尚未确定或不可预见变更的施工及其所需材料、工程设备、服务等的金额	数字型	n.20,2		元
030014	质量保证金	zhi-liang-bao-zheng-jin	约定用于保证在质量缺陷责任期内履行缺陷修复义务的金额	数字型	n.20,2		元
030015	暂估价	zan-gu-jia	发包人在工程量清单中给定的用于支付必然发生但暂时不能确定价格的材料、设备以及专业工程的金额	数字型	n.20,2		元
030016	合同业务类别	he-tong-ye-wu-lei-bie	按合同标的物业务类型划分的类别	字符型	an.255		
030017	合同编号	he-tong-bian-hao	为区别不同合同按一定规则构成的一组编号	字符型	an.255		

内部标识符	数据元名称	中文全拼	定　义	数据类型	表示格式	值域	计量单位
030018	合同签定日期	he-tong-qian-ding-ri-qi	合同中双方法定代表人或其委托代理人签字生效的日期	日期型	YYYYMMDD		
030019	合同签订地点	he-tong-qian-ding-di-dian	合同中注明的双方法定代表人或其委托代理人签字的地点	字符型	an.255		
030020	合同备案单位名称	he-tong-bei-an-dan-wei-ming-cheng	对合同实施备案的单位名称	字符型	an.255		
030021	合同备案日期	he-tong-bei-an-ri-qi	合同备案时批准备案的日期	日期型	YYYYMMDD		

注：凡表内值域栏空格者，均表示该数据元有不可穷举的值域。

6.4　施工进度管理

6.4.1　施工进度管理信息应包括建筑施工企业在工程项目进度计划、工期履约方面需要交换与共享的数据元。

6.4.2　施工进度管理数据元宜包含表 6.4.2 的内容。

表 6.4.2　施工进度管理数据元

内部标识符	数据元名称	中文全拼	定　义	数据类型	表示格式	值域	计量单位
040001	进度计划名称	jin-du-ji-hua-ming-cheng	为实现某项工作任务所编制的进度计划的名称	字符型	an.255		
040002	进度计划起始日期	jin-du-ji-hua-qi-shi-ri-qi	进度计划对应工作的开始日期	日期型	YYYYMMDD		
040003	进度计划结束日期	jin-du-ji-hua-jie-shu-ri-qi	进度计划对应工作的结束日期	日期型	YYYYMMDD		
040004	进度计划编制日期	jin-du-ji-hua-bian-zhi-ri-qi	进度计划编制完成的日期	日期型	YYYYMMDD		
040005	进度计划编制人姓名	jin-du-ji-hua-bian-zhi-ren-xing-ming	编制进度计划的人员姓名	字符型	an.255		
040006	进度计划编制单位名称	jin-du-ji-hua-bian-zhi-dan-wei-ming-cheng	编制进度计划的单位名称	字符型	an.255		
040007	进度计划报审日期	jin-du-ji-hua-bao-shen-ri-qi	进度计划申请审核的日期	日期型	YYYYMMDD		

续表6.4.2

内部标识符	数据元名称	中文全拼	定义	数据类型	表示格式	值域	计量单位
040008	进度计划监理单位审查意见	jin-du-ji-hua-jian-li-dan-wei-shen-cha-yi-jian	监理单位对进度计划审查后形成的结论和建议	字符型	an.ul		
040009	进度计划监理单位审查日期	jin-du-ji-hua-jian-li-dan-wei-shen-cha-ri-qi	监理单位审核批准进度计划的日期	日期型	YYYYMMDD		
040010	进度计划建设单位审查意见	jin-du-ji-hua-jian-she-dan-wei-shen-cha-yi-jian	建设单位对进度计划审查后形成的结论和建议	字符型	an.ul		
040011	进度计划建设单位审查日期	jin-du-ji-hua-jian-she-dan-wei-shen-cha-ri-qi	建设单位审核批准进度计划的日期	日期型	YYYYMMDD		
040012	进度检查单位名称	jin-du-jian-cha-dan-wei-ming-cheng	对进度实施情况进行检查的单位名称	字符型	an.255		
040013	进度检查人员姓名	jin-du-jian-cha-ren-yuan-xing-ming	对进度实施情况进行检查的人员姓名	字符型	an.255		
040014	进度检查日期	jin-du-jian-cha-ri-qi	对进度实施情况进行检查的日期	日期型	YYYYMMDD		
040015	进度检查记录编号	jin-du-jian-cha-ji-lu-bian-hao	对进度实施情况进行检查形成的记录的编号	字符型	an.255		
040016	进度纠偏措施	jin-du-jiu-pian-cuo-shi	为了纠正进度偏差所采取的措施	字符型	an.ul		
040017	进度纠偏结果	jin-du-jiu-pian-jie-guo	对进度偏差进行纠正所产生的结果	字符型	an.ul		
040018	进度纠偏负责人姓名	jin-du-jiu-pian-fu-ze-ren-xing-ming	对进度纠偏的过程及结果负责的人员姓名	字符型	an.255		
040019	进度纠偏复查日期	jin-du-jiu-pian-fu-cha-ri-qi	对进度纠偏结果进行复查的日期	日期型	YYYYMMDD		
040020	进度纠偏复查人姓名	jin-du-jiu-pian-fu-cha-ren-xing-ming	对进度纠偏情况进行复查的人员名称	字符型	an.255		
040021	进度记录人姓名	jin-du-ji-lu-ren-xing-ming	记录进度情况的人员姓名	字符型	an.255		

注：凡表内值域栏空格者，均表示该数据元有不可穷举的值域。

6.5 建筑施工科学技术管理

6.5.1 建筑施工科学技术管理信息应包括建筑施工企业在施工科学研究、新技术推广应用、培育科技成果过程中需要交换与共享的数据元。

6.5.2 建筑施工科学技术管理数据元宜包含表6.5.2的内容。

表6.5.2 建筑施工科学技术管理数据元

内部标识符	数据元名称	中文全拼	定义	数据类型	表示格式	值域	计量单位
050001	新产品产值	xin-chan-pin-chan-zhi	报告期内企业生产的新产品的价值	数字型	n.25,2		元
050002	新产品销售收入金额	xin-chan-pin-xiao-shou-shou-ru-jin-e	报告期内企业销售新产品实现的销售收入	数字型	n.25,2		元
050003	新产品销售利润金额	xin-chan-pin-xiao-shou-li-run-jin-e	报告期内企业销售新产品实现的利润	数字型	n.25,2		元
050004	科技活动类型	ke-ji-huo-dong-lei-xing	在科学技术领域，为增加知识总量，以及运用这些知识去创造新的应用而进行的系统的、创造性的活动所属类型	字符型	an.255		
050005	科技投入比例	ke-ji-tou-ru-bi-li	以百分比表示的企业报告期内科技活动经费占报告期内营业额比例	数字型	n.5,2		%
050006	工法名称	gong-fa-ming-cheng	用于概括性描述工法主要内容的名称	字符型	an.255		
050007	工法级别代码	gong-fa-ji-bie-dai-ma	工法按审定机构划分的级别对应的代码	字符型	nl	按本标准第A.0.5条的规定采用	
050008	工法编号	gong-fa-bian-hao	工法审定机构公布的工法的编号	字符型	an.255		
050009	工法完成单位名称	gong-fa-wan-cheng-dan-wei-ming-cheng	完成工法编写工作的单位名称	字符型	an.255		
050010	工法完成人姓名	gong-fa-wan-cheng-ren-xing-ming	完成工法编写工作的人员姓名	字符型	an.255		

内部标识符	数据元名称	中文全拼	定 义	数据类型	表示格式	值域	计量单位
050011	工法审定机构名称	gong-fa-shen-ding-ji-gou-ming-cheng	审定并公布工法的机构的名称	字符型	an.255		
050012	工法审定日期	gong-fa-shen-ding-ri-qi	审定机构公布工法的日期	日期型	YYYYMMDD		
050013	专利名称	zhuan-li-ming-cheng	申请或授权专利的名称	字符型	an.255		
050014	专利类型代码	zhuan-li-lei-xing-dai-ma	按内容划分的专利种类名称对应的代码	数字型	nl	按本标准第A.0.6条的规定采用	
050015	专利申请号	zhuan-li-shen-qing-hao	国家知识产权局在专利申请受理通知书中给出的申请号	字符型	an12		
050016	专利申请人名称	zhuan-li-shen-qing-ren-ming-cheng	专利申请书中填写的申请人的人员姓名或单位名称	字符型	an.255		
050017	专利申请日	zhuan-li-shen-qing-ri	向国家知识产权局提出专利权申请的日期	日期型	YYYYMMDD		
050018	授权专利号	shou-quan-zhuan-li-hao	国家知识产权局在授予专利权时给出的编号	字符型	an14		
050019	专利发明人姓名	zhuan-li-fa-ming-ren-xing-ming	研发专利的人员姓名	字符型	an.255		
050020	专利权人名称	zhuan-li-quan-ren-ming-cheng	国家知识产权局授予的拥有专利权的单位名称或人员姓名	字符型	an.255		
050021	专利授权日期	zhuan-li-shou-quan-ri-qi	国家知识产权局进行专利授权的日期	日期型	YYYYMMDD		
050022	科学技术奖奖名称	ke-xue-ji-shu-jiang-ming-cheng	科学技术奖奖项的名称	字符型	an.255		
050023	科学技术奖获奖项目名称	ke-xue-ji-shu-jiang-huo-jiang-xiang-mu-ming-cheng	获得科学技术奖的项目的名称	字符型	an.255		
050024	奖励级别代码	jiang-li-ji-bie-dai-ma	按颁奖机构行政级别区分的奖项级别所对应的代码	数字型	n2	按本标准第A.0.7条的规定采用	
050025	奖励等级代码	jiang-li-deng-ji-dai-ma	同一个奖励级别中不同奖励等级所对应的代码	数字型	nl	按本标准第A.0.8条的规定采用	
050026	科学技术奖颁奖机构名称	ke-xue-ji-shu-jiang-ban-ji-gou-ming-cheng	颁发科学技术奖证书的机构名称	字符型	an.255		
050027	科学技术奖颁奖日期	ke-xue-ji-shu-jiang-ban-jiang-ri-qi	颁发科学技术奖证书的日期	日期型	YYYYMMDD		
050028	科学技术奖获奖单位名称	ke-xue-ji-shu-jiang-huo-jiang-dan-wei-ming-cheng	获得科学技术奖称号的单位名称	字符型	an.ul		
050029	技术标准名称	ji-shu-biao-zhun-ming-cheng	批准发布的国际标准、国家标准、行业标准、地方标准或企业标准的名称	字符型	an.255		
050030	技术标准编号	ji-shu-biao-zhun-bian-hao	由标准代号、发布顺序号和发布年号按规定的格式组成,标识技术标准身份的一组符号	字符型	an.255		
050031	技术标准类别代码	ji-shu-biao-zhun-lei-bie-dai-ma	按制定、批准机构划分的技术标准类别所对应的代码	数字型	nl	按本标准第A.0.9条的规定采用	
050032	技术标准发布机构名称	ji-shu-biao-zhun-fa-bu-ji-gou-ming-cheng	批准技术标准发布的机构名称	字符型	an.255		
050033	技术标准发布日期	ji-shu-biao-zhun-fa-bu-ri-qi	发布技术标准公告的日期	日期型	YYYYMMDD		
050034	技术标准实施日期	ji-shu-biao-zhun-shi-shi-ri-qi	标准发布公告中规定的实施日期	日期型	YYYYMMDD		

内部标识符	数据元名称	中文全拼	定义	数据类型	表示格式	值域	计量单位
050035	技术标准主编单位名称	ji-shu-biao-zhun-zhu-bian-dan-wei-ming-cheng	主要承担标准编写任务的单位名称	字符型	an.255		
050036	技术标准参编单位名称	ji-shu-biao-zhun-can-bian-dan-wei-ming-cheng	参与承担标准编写任务的单位名称	字符型	an.ul		
050037	施工组织设计名称	shi-gong-zu-zhi-she-ji-ming-cheng	用于概括性描述施工组织设计主要内容的名称	字符型	an.255		
050038	施工组织设计批准人姓名	shi-gong-zu-zhi-she-ji-pi-zhun-ren-xing-ming	批准施工组织设计的人员姓名	字符型	an.255		
050039	施工组织设计审核人姓名	shi-gong-zu-zhi-she-ji-shen-he-ren-xing-ming	审核施工组织设计的人员姓名	字符型	an.255		
050040	施工组织设计编制人姓名	shi-gong-zu-zhi-she-ji-bian-zhi-ren-xing-ming	编制施工组织设计的人员姓名	字符型	an.255		

注：凡表内值域栏空格者，均表示该数据元有不可穷举的值域。

6.6　施工质量管理

6.6.1　施工质量管理信息应包括建筑施工企业在质量策划、保证措施、监督检查、问题处理、奖优罚劣等工程质量管理过程中需要交换与共享的数据元。

6.6.2　施工质量管理数据元宜包含表 6.6.2 的内容。

表 6.6.2　施工质量管理数据元

内部标识符	数据元名称	中文全拼	定义	数据类型	表示格式	值域	计量单位
060001	质量目标	zhi-liang-mu-biao	工程质量预期达到的目标	字符型	an.ul		
060002	优质工程获奖项目名称	you-zhi-gong-cheng-huo-jiang-xiang-mu-ming-cheng	获得优质工程称号的项目名称	字符型	an.255		
060003	优质工程获奖日期	you-zhi-gong-cheng-huo-jiang-ri-qi	获得优质工程称号的日期	日期型	YYYYMMDD		
060004	自年初累计验收鉴定的单位工程个数	zi-nian-chu-lei-ji-yan-shou-jian-ding-de-dan-wei-gong-cheng-ge-shu	从年初到统计截止日已验收鉴定的单位工程数量	数字型	n.20		个
060005	自年初累计验收鉴定的房屋建筑竣工面积数量	zi-nian-chu-lei-ji-yan-shou-jian-ding-de-fang-wu-jian-zhu-gong-mian-ji-shu-liang	从年初到统计截止日已验收鉴定的房屋建筑竣工面积的数量	数字型	n.20		m²
060006	自年初累计验收鉴定优良的单位工程个数	zi-nian-chu-lei-ji-yan-shou-jian-ding-you-liang-de-dan-wei-gong-cheng-ge-shu	从年初到统计截止日已验收鉴定为优良质量等级的单位工程数量	数字型	n.20		个
060007	自年初累计验收鉴定优良的房屋建筑竣工面积数量	zi-nian-chu-lei-ji-yan-shou-jian-ding-you-liang-de-fang-wu-jian-zhu-jun-gong-mian-ji-shu-liang	从年初到统计截止日已验收鉴定为优良质量等级的房屋建筑竣工面积的数量	数字型	n.20		m²
060008	按单位工程个数计算优良品率	an-dan-wei-gong-cheng-ge-shu-ji-suan-you-liang-pin-lü	已验收鉴定为优良质量等级的工程个数占全部已验收单位工程的百分比	数字型	n.5,2		%
060009	按竣工房屋建筑面积计算优良品率	an-jun-gong-fang-wu-jian-zhu-mian-ji-ji-suan-you-liang-pin-lü	已验收鉴定为优良质量等级的房屋建筑面积占全部已验收房屋建筑面积的百分比	数字型	n.5,2		%
060010	本季合计质量事故次数	ben-ji-he-ji-zhi-liang-shi-gu-ci-shu	统计期所在季度发生的质量事故次数	数字型	n.10		次
060011	本季重大质量事故次数	ben-ji-zhong-da-zhi-liang-shi-gu-ci-shu	统计期所在季度发生的重大质量事故次数	数字型	n.10		次
060012	自年初累计质量事故次数	zi-nian-chu-lei-ji-zhi-liang-shi-gu-ci-shu	从年初到统计截止日发生的质量事故次数	数字型	n.10		次
060013	自年初累计重大质量事故次数	zi-nian-chu-lei-ji-zhong-da-zhi-liang-shi-gu-ci-shu	从年初到统计截止日发生的重大质量事故次数	数字型	n.10		次

内部标识符	数据元名称	中文全拼	定义	数据类型	表示格式	值域	计量单位
060014	本季合计质量事故损失金额	ben-ji-he-ji-zhi-liang-shi-gu-sun-shi-jin-e	统计期所在季度因质量事故造成的损失金额	数字型	n.20		万元
060015	本季合计重大质量事故损失金额	ben-ji-he-ji-zhong-da-zhi-liang-shi-gu-sun-shi-jin-e	统计期所在季度因重大质量事故造成的损失金额	数字型	n.20		万元
060016	自年初累计质量事故损失金额	zi-nian-chu-lei-ji-zhi-liang-shi-gu-sun-shi-jin-e	从年初到统计截止日因发生质量事故造成的损失金额	数字型	n.20		万元
060017	自年初累计重大质量事故损失金额	zi-nian-chu-lei-ji-zhong-da-zhi-liang-shi-gu-sun-shi-jin-e	从年初到统计截止日因发生重大质量事故造成的损失金额	数字型	n.20		万元
060018	按单位工程计算一次交验优良品率	an-dan-wei-gong-cheng-ji-suan-yi-ci-jiao-yan-you-liang-pin-lü	一次交验评定为优良质量等级的单位工程占已验收工程的百分比	数字型	n.5,2		%
060019	按竣工房屋建筑面积计算一次交验优良品率	an-jun-gong-fang-wu-jian-zhu-mian-ji-ji-suan-yi-ci-jiao-yan-you-liang-pin-lü	一次交验评定为优良质量等级的房屋建筑面积占已验收房屋建筑面积的百分比	数字型	n.5,2		%
060020	试验项目名称	shi-yan-xiang-mu-ming-cheng	试验检测机构对样品进行某项试验的名称	字符型	an.255		
060021	样品编号	yang-pin-bian-hao	试验检测机构对送检样品的统一编号	字符型	an.255		
060022	样品名称	yang-pin-ming-cheng	送检或提取的样品的名称	字符型	an.255		
060023	样品属性	yang-pin-shu-xing	送检或提取的样品的相关属性	字符型	an.255		
060024	样品数量	yang-pin-shu-liang	送检或提取的样品的数量	数字型	n.10		个
060025	取样送检方式	qu-yang-song-jian-fang-shi	样品提取及送检的方式	字符型	an.255		
060026	取样见证人编号	qu-yang-jian-zheng-ren-bian-hao	样品取样见证人的上岗证编号	字符型	an.255		
060027	取样见证人姓名	qu-yang-jian-zheng-ren-xing-ming	样品取样见证人的姓名	字符型	an.255		

内部标识符	数据元名称	中文全拼	定义	数据类型	表示格式	值域	计量单位
060028	质量监督员编号	zhi-liang-jian-du-yuan-bian-hao	质量监督人员的上岗证编号	字符型	an.255		
060029	质量监督员姓名	zhi-liang-jian-du-yuan-xing-ming	质量监督人员的姓名	字符型	an.255		
060030	试验委托单位名称	shi-yan-wei-tuo-dan-wei-ming-cheng	委托进行试验检测的委托方名称	字符型	an.255		
060031	检测单位名称	jian-ce-dan-wei-ming-cheng	对样品进行试验检测的单位名称	字符型	an.255		
060032	见证单位名称	jian-zheng-dan-wei-ming-cheng	对取样和送检进行见证的单位名称	字符型	an.255		
060033	收样日期	shou-yang-ri-qi	检测单位收取样品的日期	日期型	YYYYMMDD		
060034	检测日期	jian-ce-ri-qi	试验检测单位对样品进行试验检测的日期	日期型	YYYYMMDD		
060035	报告日期	bao-gao-ri-qi	试验检测报告发出的日期	日期型	YYYYMMDD		
060036	质量检查人姓名	zhi-liang-jian-cha-ren-xing-ming	检查质量的人员姓名	字符型	an.255		
060037	质量检查单位名称	zhi-liang-jian-cha-dan-wei-ming-cheng	进行质量检查的单位名称	字符型	an.255		
060038	质量检查日期	zhi-liang-jian-cha-ri-qi	进行质量检查的日期	日期型	YYYYMMDD		
060039	质量检查结果	zhi-liang-jian-cha-jie-guo	通过质量检查所得到的结果	字符型	an.ul		
060040	质量检查依据	zhi-liang-jian-cha-yi-ju	进行质量检查时所依据的标准或规定	字符型	an.ul		
060041	质量问题描述	zhi-liang-wen-ti-miao-shu	检查发现的质量问题的描述	字符型	an.ul		
060042	质量问题发现日期	zhi-liang-wen-ti-fa-xian-ri-qi	发现质量问题的日期	日期型	YYYYMMDD		

注：凡表内值域栏空格者，均表示该数据元有不可穷举的值域。

6.7 施工安全管理

6.7.1 施工安全管理信息应包括建筑施工企业在安全策划、制度措施、监督管控等安全生产管理过程中需要交换与共享的数据元。

6.7.2 施工安全管理数据元宜包含表6.7.2的内容。

表6.7.2 施工安全管理数据元

内部标识符	数据元名称	中文全拼	定义	数据类型	表示格式	值域	计量单位
070001	安全管理目标	an-quan-guan-li-mu-biao	预期达到的安全生产目标	字符型	an.ul		
070002	安全生产许可证编号	an-quan-sheng-chan-xu-ke-zheng-bian-hao	安全生产许可证上由发证机关赋予的编号	字符型	an.255		
070003	安全生产许可范围	an-quan-sheng-chan-xu-ke-fan-wei	安全生产许可证上所列的许可范围	字符型	an.ul		
070004	安全生产许可证有效期	an-quan-sheng-chan-xu-ke-zheng-you-xiao-qi	安全生产许可证上所列的证件生效起止日期	字符型	an.255		
070005	安全生产许可证发证机关名称	an-quan-sheng-chan-xu-ke-zheng-fa-zheng-ji-guan-ming-cheng	颁发安全生产许可证的机关全称	字符型	an.255		
070006	安全生产许可证发证日期	an-quan-sheng-chan-xu-ke-zheng-fa-zheng-ri-qi	颁发安全生产许可证的日期	日期型	YYYYMMDD		
070007	安全生产许可证延期核准有效期	an-quan-sheng-chan-xu-ke-zheng-yan-qi-he-zhun-you-xiao-qi	核准安全生产许可证继续有效的起止日期	字符型	an.255		
070008	安全生产许可证延期核准机关名称	an-quan-sheng-chan-xu-ke-zheng-yan-qi-he-zhun-ji-guan-ming-cheng	核准安全生产许可证延长有效期的机关名称	字符型	an.255		
070009	安全生产许可证延期核准日期	an-quan-sheng-chan-xu-ke-zheng-yan-qi-he-zhun-ri-qi	安全生产许可证上延期核准机关的盖章日期	日期型	YYYYMMDD		
070010	安全事故名称	an-quan-shi-gu-ming-cheng	发生生产安全事故的名称	字符型	an.255		
070011	安全事故等级代码	an-quan-shi-gu-deng-ji-dai-ma	依据《生产安全事故报告和调查处理条例》判定的事故等级所对应的代码	数字型	n1	按本标准第A.0.10条的规定采用	
070012	安全事故发生时间	an-quan-shi-gu-fa-sheng-shi-jian	发生生产安全事故的具体时间	日期时间型	YYYYMMDDhhmmss		
070013	安全事故发生地点	an-quan-shi-gu-fa-sheng-di-dian	发生生产安全事故的具体地点	字符型	an.255		
070014	安全事故发生地域类型代码	an-quan-shi-gu-fa-sheng-di-yu-lei-xing-dai-ma	生产安全事故发生地域的城市或乡村类别所对应的代码	数字型	n1	按本标准第A.0.11条的规定采用	
070015	安全事故发生区域类型代码	an-quan-shi-gu-fa-sheng-qu-yu-lei-xing-dai-ma	生产安全事故发生区域的园区类别所对应的代码	数字型	n1	按本标准第A.0.12条的规定采用	
070016	安全事故发生部位代码	an-quan-shi-gu-fa-sheng-bu-wei-dai-ma	发生生产安全事故的具体部位所对应的代码	数字型	n2	按本标准第A.0.13条的规定采用	
070017	安全事故类型代码	an-quan-shi-gu-lei-xing-dai-ma	以生产安全事故发生的要因来区分的事故分类名称所对应的代码	数字型	n2	按本标准第A.0.14条的规定采用	
070018	事故简要经过	shi-gu-jian-yao-jing-guo	事故发生过程的简要描述	字符型	an.ul		
070019	事故原因分析	shi-gu-yuan-yin-fen-xi	可能造成事故发生的原因进行分析的内容	字符型	an.ul		
070020	基本建设程序履行情况	ji-ben-jian-she-cheng-xu-lü-xing-qing-kuang	已办理的行政许可手续情况的描述	字符型	an.ul		
070021	安全生产监管单位名称	an-quan-sheng-chan-jian-guan-dan-wei-ming-cheng	对工程实施安全生产监督管理的单位名称	字符型	an.255		
070022	安全检查单位名称	an-quan-jian-cha-dan-wei-ming-cheng	实施安全检查的单位名称	字符型	an.255		

内部标识符	数据元名称	中文全拼	定 义	数据类型	表示格式	值域	计量单位
070023	安全受检单位名称	an-quan-shou-jian-dan-wei-ming-cheng	接受安全检查的单位名称	字符型	an.255		
070024	事故死亡人数	shi-gu-si-wang-ren-shu	事故造成的死亡人数	数字型	n.10		人
070025	事故重伤人数	shi-gu-zhong-shang-ren-shu	事故造成的重伤人数	数字型	n.10		人
070026	事故直接经济损失金额	shi-gu-zhi-jie-jing-ji-sun-shi-jin-e	事故造成可直接计算的损失金额	数字型	n.20		万元
070027	事故报告单位名称	shi-gu-bao-gao-dan-wei-ming-cheng	报告事故发生情况的单位全称	字符型	an.255		
070028	事故报告人姓名	shi-gu-bao-gao-ren-xing-ming	报告事故发生情况的人员姓名	字符型	an.255		
070029	职工平均人数	zhi-gong-ping-jun-ren-shu	报告期内平均的人数	数字型	n.10		人
070030	伤亡事故件数	shang-wang-shi-gu-jian-shu	报告期内发生伤亡事故的数量	数字型	n.10		件
070031	本月死亡人数	ben-yue-si-wang-ren-shu	报告期所在月份因事故死亡的人员数量	数字型	n.10		人
070032	自年初累计死亡人数	zi-nian-chu-lei-ji-si-wang-ren-shu	从年初到统计截止日因事故死亡的人员数量	数字型	n.10		人
070033	本月重伤人数	ben-yue-zhong-shang-ren-shu	报告期所在月份因事故受重伤的人员数量	数字型	n.10		人
070034	自年初累计重伤人数	zi-nian-chu-lei-ji-zhong-shang-ren-shu	从年初到统计截止日因事故受重伤的人员数量	数字型	n.10		人
070035	受伤害人损失工作日天数	shou-shang-hai-ren-sun-shi-gong-zuo-ri-tian-shu	事故受害人不能参加工作的天数	数字型	n.10		天
070036	本月直接经济损失金额	ben-yue-zhi-jie-jing-ji-sun-shi-jin-e	报告期所在月份因事故造成可直接计算的损失金额	数字型	n.20		万元

内部标识符	数据元名称	中文全拼	定 义	数据类型	表示格式	值域	计量单位
070037	自年初累计直接经济损失金额	zi-nian-chu-lei-ji-zhi-jie-jing-ji-sun-shi-jin-e	从年初至统计截止日因事故造成的可直接计算的损失金额	数字型	n.20		万元

注：凡表内值域栏空格者，均表示该数据元有不可穷举的值域。

6.8 建筑材料管理

6.8.1 建筑材料管理信息应包括建筑施工企业在采购与运输、计量与验收、进出库与保管等材料管理过程中需要交换和共享的数据元。

6.8.2 建筑材料管理数据元宜包含表 6.8.2 的内容。

表 6.8.2 建筑材料管理数据元

内部标识符	数据元名称	中文全拼	定 义	数据类型	表示格式	值域	计量单位
080001	材料名称	cai-liao-ming-cheng	建筑材料的名称	字符型	an.255		
080002	材料规格型号	cai-liao-gui-ge-xing-hao	建筑材料的规格和型号	字符型	an.255		
080003	材料计量单位名称	cai-liao-ji-liang-dan-wei-ming-cheng	用以计量建筑材料的单位的名称	字符型	an.20		
080004	材料数量	cai-liao-shu-liang	建筑材料的数量	数字型	n.10,2		
080005	材料单价	cai-liao-dan-jia	用金额表示单个材料的价格	数字型	n.10,2		元
080006	材料总价	cai-liao-zong-jia	用金额表示的指定材料的合计价格	数字型	n.20,2		元
080007	混凝土强度等级代码	hun-ning-tu-qiang-du-deng-ji-dai-ma	根据混凝土标准试件用标准试验方法测得的抗压强度平均值划分的强度级别所对应的代码	数字型	nl	按本标准第A.0.15条的规定采用	
080008	砌筑砂浆强度等级代码	qi-zhu-sha-jiang-qiang-du-deng-ji-dai-ma	根据砌筑砂浆标准试件用标准试验方法测得的抗压强度平均值划分的强度级别所对应的代码	数字型	nl	按本标准第A.0.16条的规定采用	

内部标识符	数据元名称	中文全拼	定义	数据类型	表示格式	值域	计量单位
080009	材料分类编码	cai-liao-fen-lei-bian-ma	标识建筑材料所属的分类对应的代码	数字型	n8	按现行国家标准《全国主要产品分类与代码》GB/T 7635 的规定执行	
080010	材料入库单编号	cai-liao-ru-ku-dan-bian-hao	与入库材料相对应的入库单编号	字符型	an.255		
080011	材料仓库名称	cai-liao-cang-ku-ming-cheng	储存建筑材料的仓库名称	字符型	an.255		
080012	入库材料名称	ru-ku-cai-liao-ming-cheng	放进仓库或库房贮存的材料名称	字符型	an.255		
080013	材料入库数量	cai-liao-ru-ku-shu-liang	放进仓库的材料数量	数字型	n.10,2		
080014	材料入库日期	cai-liao-ru-ku-ri-qi	材料放进仓库的日期	日期型	YYYYMMDD		
080015	材料出库单编号	cai-liao-chu-ku-dan-bian-hao	与出库材料对应的出库单编号	字符型	an.255		
080016	出库材料名称	chu-ku-cai-liao-ming-cheng	从仓库或库房取出的材料名称	字符型	an.255		
080017	材料出库数量	cai-liao-chu-ku-shu-liang	从仓库或库房取出的材料数量	数字型	n.10,2		
080018	材料出库日期	cai-liao-chu-ku-ri-qi	从仓库或库房取出材料的日期	日期型	YYYYMMDD		

注：凡表内值域栏空格者，均表示该数据元有不可穷举的值域。

6.9 建筑机械设备管理

6.9.1 建筑机械设备管理信息应包括建筑施工企业在采购与使用、统计与备案等机械设备管理过程中需要交换和共享的数据元。

6.9.2 建筑机械设备管理数据元宜包含表 6.9.2 的内容。

表 6.9.2 建筑机械设备管理数据元

内部标识符	数据元名称	中文全拼	定义	数据类型	表示格式	值域	计量单位
090001	机械设备总台数	ji-xie-she-bei-zong-tai-shu	施工机械、生产设备、运输设备以及其他设备的数量总数	数字型	n.20		台

内部标识符	数据元名称	中文全拼	定义	数据类型	表示格式	值域	计量单位
090002	自有机械设备年末总功率	zi-you-ji-xie-she-bei-nian-mo-zong-gong-lü	企业自有施工机械、生产设备、运输设备以及其他等列为在册固定资产的生产性机械设备年末总功率	数字型	n.20		kW
090003	机械设备原值	ji-xie-she-bei-yuan-zhi	企业自有施工机械、生产设备、运输设备以及其他等列为在册固定资产的生产性机械设备原有价值	数字型	n.20,2		元
090004	机械设备净值	ji-xie-she-bei-jing-zhi	企业自有施工机械、生产设备、运输设备以及其他设备等经过使用、磨损后实际存在的价值，即原值减去折旧后的净额	数字型	n.20,2		元
090005	动力装备率	dong-li-zhuang-bei-lü	建筑业企业自有机械设备总功率与全部员工人数的比值	数字型	n.10,2		kW/人
090006	技术装备率	ji-shu-zhuang-bei-lü	企业自有机械设备净值与全部员工人数的比值	数字型	n.10,2		元/人
090007	机械设备名称	ji-xie-she-bei-ming-cheng	施工机械、生产设备、运输设备以及其他设备的名称	字符型	an.255		
090008	机械设备规格型号	ji-xie-she-bei-gui-ge-xing-hao	施工机械、生产设备、运输设备以及其他设备的规格和型号	字符型	an.255		
090009	机械设备生产厂家名称	ji-xie-she-bei-sheng-chan-chang-jia-ming-cheng	生产该机械设备的厂家的名称	字符型	an.255		
090010	机械设备出厂年月	ji-xie-she-bei-chu-chang-nian-yue	机械设备的出厂年份和月份	日期型	YYYYMM		
090011	机械设备出厂号	ji-xie-she-bei-chu-chang-hao	机械设备生产厂家为所出厂的机械设备标识的统一编号	字符型	an.255		

内部标识符	数据元名称	中文全拼	定义	数据类型	表示格式	值域	计量单位
090012	机械设备调入年月	ji-xie-she-bei-diao-ru-nian-yue	调入机械设备的年份和月份	日期型	YYYYMM		
090013	机械设备技术状况	ji-xie-she-bei-ji-shu-zhuang-kuang	机械设备的技术性能现状描述	字符型	an.255		
090014	动力设备名称	dong-li-she-bei-ming-cheng	为生产活动提供动力的设备名称	字符型	an.255		
090015	动力设备功率	dong-li-she-bei-gong-lü	为生产活动提供动力的设备的额定功率	数字型	n.10		kW
090016	动力设备出厂号	dong-li-she-bei-chu-chang-hao	动力设备生产厂家为所出厂的动力设备标识的统一编号	字符型	an.255		

注：凡表内值域栏空格者，均表示该数据元有不可穷举的值域。

6.10 建筑施工节能环保管理

6.10.1 建筑施工节能环保管理信息应包括企业在工程建设实施阶段采取的节水、节地、节能、节材及环境保护等管理活动中需要交换与共享的数据元。

6.10.2 建筑施工节能环保管理数据元宜包含表6.10.2的内容。

表 6.10.2 建筑施工节能环保管理数据元

数据标识符	数据元名称	中文全拼	定义	数据类型	表示格式	值域	计量单位
100001	能源名称	neng-yuan-ming-cheng	提供能量的物质资源的名称	字符型	an.255		
100002	能源消耗量	neng-yuan-xiao-hao-liang	所消耗的提供能量的物质资源数量	数字型	n.20,2		万吨标煤
100003	空气质量类别代码	kong-qi-zhi-liang-lei-bie-dai-ma	按空气污染程度划分的类别所对应的代码	数字型	n1	按本标准第A.0.17条的规定采用	
100004	空气污染物浓度	kong-qi-wu-ran-wu-nong-du	统计期平均每立方米空气中污染物的含量	数字型	n.6,4		mg/m³
100005	污水排放达标率	wu-shui-pai-fang-da-biao-lü	符合污水排放标准的排放量占污水总排放量的百分比	数字型	n.5,2		%

数据标识符	数据元名称	中文全拼	定义	数据类型	表示格式	值域	计量单位
100006	室内环境污染物质名称	shi-nei-huan-jing-wu-ran-wu-zhi-ming-cheng	污染室内环境的物质名称	字符型	an.255		
100007	室内空气质量参数名称	shi-nei-kong-qi-zhi-liang-can-shu-ming-cheng	室内空气中与人体健康有关的物理、化学、生物和放射性参数的名称	字符型	an.255	按现行国家标准《室内空气质量标准》GB/T 18883 的规定执行	
100008	地下水质量分类代码	di-xia-shui-zhi-liang-fen-lei-dai-ma	依据地下水水质现状、人体健康基准以及地下水质量保护目标，将地下水质量划分的分类代码	字符型	n1	按本标准第 A.0.18 条的规定采用	
100009	地表水水域功能分类代码	di-biao-shui-shui-yu-gong-neng-fen-lei-dai-ma	依据地表水水域环境功能和保护目标依次划分的分类代码	字符型	n1	按本标准第 A.0.19 条的规定采用	
100010	土地利用率	tu-di-li-yong-lü	已利用的土地面积占土地总面积的百分比	数字型	n.5,2		%
100011	建筑垃圾数量	jian-zhu-la-ji-shu-liang	施工过程产生建筑垃圾的数量	数字型	n.20,2		t
100012	建筑垃圾回收利用率	jian-zhu-la-ji-hui-shou-li-yong-lü	回收利用的建筑垃圾占建筑垃圾总数的百分比	数字型	n.5,2		%
100013	施工噪声值	shi-gong-zao-sheng-zhi	施工产生噪声的测量结果	数字型	n.3		dB
100014	钢材消耗量	gang-cai-xiao-hao-liang	统计期内所消耗钢材的数量	数字型	n.20,2		t
100015	木材消耗量	mu-cai-xiao-hao-liang	统计期内所消耗木材的数量	数字型	n.20,2		m³
100016	水泥消耗量	shui-ni-xiao-hao-liang	统计期内所消耗水泥的数量	数字型	n.20,2		t
100017	平板玻璃消耗量	ping-ban-bo-li-xiao-hao-liang	统计期内所消耗平板玻璃的数量	数字型	n.20,2		重量箱
100018	铝材消耗量	lü-cai-xiao-hao-liang	统计期内所消耗铝材的数量	数字型	n.20,2		t
100019	煤炭消耗量	mei-tan-xiao-hao-liang	统计期内所消耗煤炭的数量	数字型	n.20,2		t

数据标识符	数据元名称	中文全拼	定 义	数据类型	表示格式	值域	计量单位
100020	汽油消耗量	qi-you-xiao-hao-liang	统计期内所消耗汽油的数量	数字型	n.20, 2		t
100021	柴油消耗量	chai-you-xiao-hao-liang	统计期内所消耗柴油的数量	数字型	n.20, 2		t
100022	电力消耗量	dian-li-xiao-hao-liang	统计期内所消耗电力的数量	数字型	n.20, 2		kWh
100023	水资源消耗量	shui-zi-yuan-xiao-hao-liang	统计期内所消耗水资源的数量	数字型	n.20, 2		m³

注：凡表内值域栏空格者，均表示该数据元有不可穷举的值域。

6.11 人力资源管理

6.11.1 人力资源管理信息应包括建筑施工企业在人力资源战略规划、岗位分析与岗位评价、招聘培训、绩效考核、薪酬管理、人事管理、员工健康与安全等管理过程中需要交换和共享的数据元。

6.11.2 人力资源管理数据元宜包含表 6.11.2 的内容。

表 6.11.2 人力资源管理数据元

内部标识符	数据元名称	中文全拼	定 义	数据类型	表示格式	值域	计量单位
110001	人员类别	ren-yuan-lei-bie	人员的角色类别	数字型	nl	按现行国家标准《全国干部、人事管理信息系统数据结构》GB/T 17538 的规定执行	
110002	人员姓名	ren-yuan-xing-ming	人员的姓氏和名字	字符型	an.255		
110003	性别代码	xing-bie-dai-ma	人员性别所对应的代码	数字型	nl	按现行国家标准《个人基本信息与分类代码》GB/T 2261 的规定执行	
110004	身份证号码	shen-fen-zheng-hao-ma	公安机关颁发的人员身份证件号码	字符型	an18	按现行国家标准《公民身份证号码》GB 11643 的规定执行	
110005	证件代码	zheng-jian-dai-ma	证明人员身份的证件所对应的代码	数字型	nl	按现行行业标准《常用证件代码》GA/T 517 的规定执行	

内部标识符	数据元名称	中文全拼	定 义	数据类型	表示格式	值域	计量单位
110006	证件号码	zheng-jian-hao-ma	按一定规则统一登记和编写的人员证件的号码	字符型	an.255		
110007	人员籍贯代码	ren-yuan-ji-guan-dai-ma	人员籍贯所属行政区划所对应的代码	字符型	a6	按现行国家标准《中华人民共和国行政区划代码》GB/T 2260 的规定执行	
110008	人员出生地代码	ren-yuan-chu-sheng-di-dai-ma	人员出生地所属行政区划所对应的代码	字符型	a6	按现行国家标准《中华人民共和国行政区划代码》GB/T 2260 的规定执行	
110009	工种类别	gong-zhong-lei-bie	人员从事的工作种类	字符型	an.255		
110010	语种名称代码	yu-zhong-ming-cheng-dai-ma	使用语言种类的名称所对应的代码	字符型	an2	按现行国家标准《语种名称代码》GB/T 4880 的规定执行	
110011	婚姻状况代码	hun-yin-zhuang-kuang-dai-ma	人员婚姻状况所对应的代码	数字型	n2	按现行国家标准《个人基本信息与分类代码》GB/T 2261 的规定执行	
110012	国籍代码	guo-ji-dai-ma	世界各国和地区的名称所对应的代码	字符型	an3	按现行国家标准《世界各国和地区名称代码》GB/T 2659 的规定执行	
110013	联系地址	lian-xi-di-zhi	可以联系到指定人员或组织的具体地址	字符型	an.255		
110014	招聘职位名称	zhao-pin-zhi-wei-ming-cheng	招聘职位的具体名称	字符型	an.255		
110015	招聘人数	zhao-pin-ren-shu	招聘的人员数量	数字型	n.10		人
110016	招聘时间	zhao-pin-shi-jian	进行招聘的具体时间	日期时间型	YYYYMMDDhhmmss		
110017	招聘条件	zhao-pin-tiao-jian	应聘指定职位所需具备的条件	字符型	an.ul		

内部标识符	数据元名称	中文全拼	定义	数据类型	表示格式	值域	计量单位
110018	招聘地点	zhao-pin-di-dian	进行招聘活动的具体地点	字符型	an.255		
110019	招聘者联系方式	zhao-pin-zhe-lian-xi-fang-shi	组织招聘的单位或人员的联系方式	字符型	an.255		
110020	招聘者名称	zhao-pin-zhe-ming-cheng	组织招聘的单位名称或人员姓名	字符型	an.255		
110021	绩效考核时间	ji-xiao-kao-he-shi-jian	对业绩进行考核的具体时间	日期时间型	YYYYMMDD hhmmss		
110022	绩效考核内容	ji-xiao-kao-he-nei-rong	对业绩进行考核的具体内容	字符型	an.ul		
110023	绩效考核结果	ji-xiao-kao-he-jie-guo	对绩效考核项目进行考核的结果	字符型	an.ul		
110024	绩效考核对象名称	ji-xiao-kao-he-dui-xiang-ming-cheng	接受绩效考核的单位名称或人员姓名	字符型	an.255		
110025	绩效考核组织者名称	ji-xiao-kao-he-zu-zhi-zhe-ming-cheng	组织实施绩效考核的单位名称或人员姓名	字符型	an.255		
110026	工资发放日期	gong-zi-fa-fang-ri-qi	单位向所属员工发放劳动工资的日期	日期型	YYYYMMDD		
110027	企业工资总额	qi-ye-gong-zi-zong-e	企业在报告期内发放的工资金额的总数	数字型	n.20,2		千元
110028	奖励时间	jiang-li-shi-jian	评奖机构颁发奖励的日期	日期型	YYYYMMDD		
110029	奖励原因	jiang-li-yuan-yin	受到奖励的原因	字符型	an.ul		
110030	奖励内容	jiang-li-nei-rong	受到奖励的具体内容	字符型	an.ul		
110031	奖励经办人	jiang-li-jing-ban-ren	颁发奖励的经办人员姓名	字符型	an.255		
110032	处罚时间	chu-fa-shi-jian	发布处罚通知的日期	日期型	YYYYMMDD		

内部标识符	数据元名称	中文全拼	定义	数据类型	表示格式	值域	计量单位
110033	处罚原因	chu-fa-yuan-yin	受到处罚的原因	字符型	an.ul		
110034	处罚措施	chu-fa-cuo-shi	受到处罚的具体措施	字符型	an.ul		
110035	处罚经办人姓名	chu-fa-jing-ban-ren-xing-ming	具体办理处罚事项的当事人姓名	字符型	an.255		
110036	培训机构代码	pei-xun-ji-gou-dai-ma	组织机构代码注册机构分配给培训机构的标识代码	字符型	an9	按现行国家标准《全国组织机构代码编制规则》GB/T 11714 的规定执行	
110037	培训管理机构代码	pei-xun-guan-li-ji-gou-dai-ma	组织机构代码注册机构分配给对培训机构负有管理责任的管理机构的标识代码	字符型	an9	按现行国家标准《全国组织机构代码编制规则》GB/T 11714 的规定执行	
110038	培训地点	pei-xun-di-dian	实施培训的具体地点	字符型	an.255		
110039	培训机构地址	pei-xun-ji-gou-di-zhi	培训机构的注册地址	字符型	an.255		

注：凡表内值域栏空格者，均表示该数据元有不可穷举的值域。

6.12 财务管理

6.12.1 财务管理信息应包括建筑施工企业在财务核算、资产统计、成本管理、利润分配等管理过程中需要交换和共享的数据元。

6.12.2 财务管理数据元宜包含表 6.12.2 的内容。

表 6.12.2 财务管理数据元

内部标识符	数据元名称	中文全拼	定义	数据类型	表示格式	值域	计量单位
120001	存货金额	cun-huo-jin-e	企业在生产经营过程中为销售或耗用而储备的各种资产金额	数字型	n.20		千元
120002	资产总计	zi-chan-zong-ji	企业拥有或控制的能以货币计量的经济资源金额	数字型	n.20		千元
120003	流动资产合计	liu-dong-zi-chan-he-ji	可以在一年或者超过一年的一个营业周期内变现或耗用的资产金额	数字型	n.20		千元

内部标识符	数据元名称	中文全拼	定义	数据类型	表示格式	值域	计量单位
120004	长期投资金额	chang-qi-tou-zi-jin-e	企业直接向其他单位投资的回收期限在一年以上的现金、实物和无形资产以及购入的不准备在一年内变现的股票和债券金额	数字型	n.20		千元
120005	固定资产合计	gu-ding-zi-chan-he-ji	使用期超过一年的房屋及建筑物、机器、机械、运输工具以及其他与生产经营有关的设备、器具、工具等以货币计量的金额	数字型	n.20		千元
120006	固定资产原价	gu-ding-zi-chan-yuan-jia	企业在建造、购置、安装、改建、扩建、技术改造某项固定资产时所支出的全部货币总额	数字型	n.20		千元
120007	生产经营用固定资产金额	sheng-chan-jing-ying-yong-gu-ding-zi-chan-jin-e	参加企业生产经营过程或直接服务于企业生产经营过程的各种固定资产金额	数字型	n.20		千元
120008	累计折旧金额	lei-ji-zhe-jiu-jin-e	企业从固定资产投入使用月份的次月起，按月计提的固定资产折旧费累计金额	数字型	n.20		千元
120009	本年折旧金额	ben-nian-zhe-jiu-jin-e	反映企业年度内累计提取的折旧费金额	数字型	n.20		千元
120010	无形资产金额	wu-xing-zi-chan-jin-e	企业长期使用但没有实物形态的资产金额	数字型	n.20		千元
120011	递延资产金额	di-yan-zi-chan-jin-e	不能全部计入当年损益、应当在以后各年度内分期摊销的各项费用金额	数字型	n.20		千元
120012	负债合计	fu-zhai-he-ji	企业所承担的能以货币计量、将以资产或劳务偿付的债务	数字型	n.20		千元
120013	流动负债合计	liu-dong-fu-zhai-he-ji	将在一年或者超过一年的一个营业周期内偿还的债务金额	数字型	n.20		千元
120014	实收资本金额	shi-shou-zi-ben-jin-e	企业实际收到的投资人投入的资本金额	数字型	n.20		千元

内部标识符	数据元名称	中文全拼	定义	数据类型	表示格式	值域	计量单位
120015	主营业务收入	zhu-ying-ye-wu-shou-ru	本企业承包工程实现的工程价款结算收入以及向发包单位收取的除工程价款以外按规定列作营业收入的各种款项金额	数字型	n.20		千元
120016	主营业务成本	zhu-ying-ye-wu-cheng-ben	在报告期内与发包单位办理工程价款结算的已完工程实际成本	数字型	n.20		千元
120017	工程结算税金及附加金额	gong-cheng-jie-suan-shui-jin-ji-fu-jia-jin-e	因从事建筑业生产活动，取得工程价款结算收入而按规定应该交纳的营业税、城市维护建设税等以及随同营业税金一并计算交纳的教育费附加等金额	数字型	n.20		千元
120018	工程结算利润	gong-cheng-jie-suan-li-run	已结算工程实现的利润金额	数字型	n.20		千元
120019	营业收入	ying-ye-shou-ru	与企业生产经营直接有关的各项收入	数字型	n.20		千元
120020	经营费用	jing-ying-fei-yong	企业从事施工生产活动过程中发生的各项费用	数字型	n.20		千元
120021	管理费用	guan-li-fei-yong	企业行政管理部门为组织和管理生产经营活动而发生的各项费用	数字型	n.20		千元
120022	财务费用	cai-wu-fei-yong	企业为筹集生产经营所需资金而发生的费用	数字型	n.20		千元
120023	营业利润	ying-ye-li-run	企业生产经营活动所实现的利润	数字型	n.20		千元
120024	营业外收入	ying-ye-wai-shou-ru	企业经营业务以外的收入金额	数字型	n.20		千元
120025	营业外支出	ying-ye-wai-zhi-chu	企业经营业务以外的支出金额	数字型	n.20		千元
120026	利润总额	li-run-zong-e	企业在报告期实现的利润合计金额	数字型	n.20		千元
120027	劳动失业保险费	lao-dong-shi-ye-bao-xian-fei	企业向社会保障部门和保险公司为本单位职工支付的劳动保险、失业保险的费用	数字型	n.20		千元

内部标识符	数据元名称	中文全拼	定义	数据类型	表示格式	值域	计量单位
120028	本年应付工资总额	ben-nian-ying-fu-gong-zi-zong-e	企业在报告期内支付给本单位职工的全部工资总额	数字型	n.20		千元
120029	本年应付福利费总额	ben-nian-ying-fu-fu-li-fei-zong-e	企业报告期内提取的福利费金额	数字型	n.20		千元
120030	应收工程款	ying-shou-gong-cheng-kuan	建筑业企业在报告期末应向发包单位收取而未收取的工程款	数字型	n.20		千元
120031	劳务收入	lao-wu-shou-ru	劳务分包人与承包人签定劳务分包合同后，按照合同规定应收取的各项收入	数字型	n.20		千元
120032	从业人员劳动报酬金额	cong-ye-ren-yuan-lao-dong-bao-chou-jin-e	在报告期内支付给本单位从业人员的全部劳动报酬金额	数字型	n.20		千元
120033	概预算额	gai-yu-suan-e	在工程建设过程中，根据不同设计阶段的设计文件的具体内容和有关定额、指标及取费标准，预先计算和确定建设项目的全部工程费用	数字型	n.20,2		元
120034	决算额	jue-suan-e	预算执行的金额总数	数字型	n.20,2		元
120035	计划成本	ji-hua-cheng-ben	根据计划期内的各种消耗定额和费用预算以及有关资料预先计算的成本	数字型	n.20,2		元
120036	实际成本	shi-ji-cheng-ben	取得或制造某项财产物资时所实际支付的现金或其他等价物金额	数字型	n.20,2		元
120037	预算成本	yu-suan-cheng-ben	企业按照预算期的特殊生产和经营情况所编制的预定成本	数字型	n.20,2		元
120038	计划成本降低额	ji-hua-cheng-ben-jiang-di-e	预算成本与计划成本的差额	数字型	n.20,2		元

内部标识符	数据元名称	中文全拼	定义	数据类型	表示格式	值域	计量单位
120039	计划成本降低率	ji-hua-cheng-ben-jiang-di-lü	计划成本降低额与预算成本的百分比	数字型	n.5,2		%
120040	人工费	ren-gong-fei	列入概算定额的直接从事建筑安装工程施工的生产工人和附属辅助生产单位的工人开支的各项费用	数字型	n.20,2		元
120041	材料费	cai-liao-fei	在施工过程中耗用的构成工程实体的原材料、辅助材料、构配件、零件、半成品的费用和周转使用材料的摊销（或租赁）费用	数字型	n.20,2		元
120042	机械费	ji-xie-fei	施工过程中使用的各种施工机械发生的中小型维修费、机械租赁费、大型机械进退场费、燃料费以及机械操作人员工资	数字型	n.20,2		元
120043	施工措施费	shi-gong-cuo-shi-fei	在施工中发生的不构成工程实体部分的直接费	数字型	n.20,2		元
120044	间接费	jian-jie-fei	由规费和企业管理费组成的费用	数字型	n.20,2		元
120045	规费	gui-fei	政府和有关权力部门规定必须缴纳的费用	数字型	n.20,2		元
120046	企业管理费	qi-ye-guan-li-fei	建筑安装企业组织施工生产和经营管理所需费用	数字型	n.20,2		元
120047	现场经费	xian-chang-jing-fei	为施工准备、组织施工生产和管理所需的费用	数字型	n.20,2		元
120048	临时设施费	lin-shi-she-shi-fei	施工企业为进行建筑安装工程施工所必需的生活和生产用的临时建筑物、构筑物和其他临时设施费用	数字型	n.20,2		元

续表 6.12.2

内部标识符	数据元名称	中文全拼	定义	数据类型	表示格式	值域	计量单位
120049	管理人员工资	guan-li-ren-yuan-gong-zi	由管理人员的基本工资、工资性补贴、职工福利费、劳动保护费等构成的费用	数字型	n.20,2		元
120050	办公费	ban-gong-fei	现场管理办公用的文具、纸张、账表、印刷、邮电、书报、会议、水、电、烧水和集体取暖煤等费用	数字型	n.20,2		元
120051	差旅交通费	chai-lü-jiao-tong-fei	职工因公出差期间的旅费、住勤补助费,市内交通费和误餐补助费,职工探亲路费,劳动力招募费,职工离退休、退职一次性路费,工伤人员就医路费,工地转移费以及现场管理使用的交通工具的油料、燃料、养路费及牌照费等费用	数字型	n.20,2		元
120052	固定资产使用费	gu-ding-zi-chan-shi-yong-fei	现场管理及试验部门使用的属于固定资产的设备、仪器等的折旧、大修理、维修或租赁费等费用	数字型	n.20,2		元
120053	工具用具使用费	gong-ju-yong-ju-shi-yong-fei	现场管理使用的不属于固定资产的工具、器具、家具、交通工具和检验、试验、测绘、消防用具等的购置、维修和摊销费等费用	数字型	n.20,2		元
120054	保险费	bao-xian-fei	施工管理用财产、车辆保险,高空、井下、海上作业等特殊工种安全保险等费用	数字型	n.20,2		元
120055	工程保修费	gong-cheng-bao-xiu-fei	工程竣工交付使用后,在规定保修期以内的修理费	数字型	n.20,2		元
120056	工程排污费	gong-cheng-pai-wu-fei	工程项目按规定交纳的排污费用	数字型	n.20,2		元

注:凡表内值域栏空格者,均表示该数据元有不可穷举的值域。

6.13 资 金 管 理

6.13.1 资金管理信息应包括建筑施工企业在筹资管理、投资管理、资金运营等资金管理过程中需要交换与共享的数据元。

6.13.2 资金管理数据元宜包含表 6.13.2 的内容。

表 6.13.2 资金管理数据元

数据标识符	数据元名称	中文全拼	定义	数据类型	表示格式	值域	计量单位
130001	银行账户名称	yin-hang-zhang-hu-ming-cheng	企业在银行开立的户头名称	字符型	an.255		
130002	银行账号	yin-hang-zhang-hao	企业在银行开立户头,银行所给予的具有唯一性的户头号码	字符型	an.255		
130003	开户银行名称	kai-hu-yin-hang-ming-cheng	企业在银行开立账户的所在银行名称	字符型	an.255		
130004	开户日期	kai-hu-ri-qi	企业在银行开立账户成功的当时日期	日期型	YYYYMMDD		
130005	账户余额	zhang-hu-yu-e	企业在银行开立的账户的昨日、当日或即时可用余额	数字型	n.20,2		元
130006	银行对账日期	yin-hang-dui-zhang-ri-qi	企业每月的银行存款日记账和银行对账单核对,并勾销已达账,生成银行存款余额调节表的日期	日期型	YYYYMMDD		
130007	贷款银行名称	dai-kuan-yin-hang-ming-cheng	提供贷款的银行名称	字符型	an.255		
130008	贷款金额	dai-kuan-jin-e	获得贷款的金额	数字型	n.20,2		元
130009	贷款日期	dai-kuan-ri-qi	获得贷款的日期	日期型	YYYYMMDD		
130010	借款金额	jie-kuan-jin-e	获得的借款的金额	数字型	n.20,2		元
130011	借款利率	jie-kuan-li-lü	借款时确定的利率	数字型	n.5,2		%
130012	借款期限	jie-kuan-qi-xian	借款生效的起止日期	字符型	an.255		
130013	借款单位名称	jie-kuan-dan-wei-ming-cheng	申请借款的单位名称	字符型	an.255		

数据标识符	数据元名称	中文全拼	定义	数据类型	表示格式	值域	计量单位
130014	当期余额	dang-qi-yu-e	截止日期的余额	数字型	n.20,2		元
130015	承兑汇票出票票银行名称	cheng-dui-hui-piao-chu-piao-yin-hang-ming-cheng	承兑汇票的出票银行名称	字符型	an.255		
130016	承兑汇票票面金额	cheng-dui-hui-piao-piao-mian-jin-e	承兑汇票到期需承兑的金额	数字型	n.20,2		元
130017	承兑协议编号	cheng-dui-xie-yi-bian-hao	办理承兑时的协议编号	字符型	an.255		
130018	承兑汇票起始日期	cheng-dui-hui-piao-qi-shi-ri-qi	承兑汇票出票日	日期型	YYYYMMDD		
130019	承兑汇票结束日期	cheng-dui-hui-piao-jie-shu-ri-qi	承兑汇票到期日	日期型	YYYYMMDD		

注：凡表内值域栏空格者，均表示该数据元有不可穷举的值域。

6.14 风 险 管 理

6.14.1 风险管理信息应包括建筑施工企业在风险识别、分级管控和控制效果中需要交换与共享的数据元。

6.14.2 风险管理数据元宜包含表6.14.2的内容。

表6.14.2 风险管理数据元

内部标识符	数据元名称	中文全拼	定义	数据类型	表示格式	值域	计量单位
140001	风险管理目标	feng-xian-guan-li-mu-biao	对风险进行管理后预期达到的目标	字符型	an.ul		
140002	风险评估文件名称	feng-xian-ping-gu-wen-jian-ming-cheng	记录风险评估过程和结果的文件的名称	字符型	an.255		
140003	风险评估单位名称	feng-xian-ping-gu-dan-wei-ming-cheng	实施风险评估的单位名称	字符型	an.255		
140004	风险名称	feng-xian-ming-cheng	根据风险产生的原因、部位、范围等因素对风险的命名	字符型	an.255		

内部标识符	数据元名称	中文全拼	定义	数据类型	表示格式	值域	计量单位
140005	风险来源	feng-xian-lai-yuan	可能发生风险的原因、部位、范围的描述	字符型	an.ul		
140006	风险状态	feng-xian-zhuang-tai	风险所处的状态描述	字符型	an.ul		
140007	风险类别	feng-xian-lei-bie	根据风险产生的原因、部位、范围等因素进行的分类所属的类别	字符型	an.255		
140008	风险等级代码	feng-xian-deng-ji-dai-ma	根据风险对工程或合同主体产生影响的大小进行分级的代码	字符型	an.255	按本标准第A.0.20条的规定采用	
140009	风险发生概率	feng-xian-fa-sheng-gai-lü	可能发生风险的概率	数字型	n.5,2		%
140010	风险处理措施	feng-xian-chu-li-cuo-shi	应对风险所采取的措施	字符型	an.ul		
140011	风险处理效果	feng-xian-chu-li-xiao-guo	风险处理后产生的效果或影响	字符型	an.ul		

注：凡表内值域栏空格者，均表示数据元有不可穷举的值域。

6.15 档 案 管 理

6.15.1 档案管理信息应包括建筑施工企业在工程资料、文书资料立卷和归档管理过程中需要交换和共享的数据元。

6.15.2 档案管理数据元宜包含表6.15.2的内容。

表6.15.2 档案管理数据元

内部标识符	数据元名称	中文全拼	定义	数据类型	表示格式	值域	计量单位
150001	档案馆代号	dang-an-guan-dai-hao	国家给定的档案馆的编号	字符型	an.255	按文件《编制全国档案馆名称代码实施细则》（国档发〔1987〕4号）的规定执行	
150002	文件编号	wen-jian-bian-hao	文件的文号或图号	字符型	an.255		
150003	文件题名	wen-jian-ti-ming	文件标题的全称	字符型	an.255		
150004	档号	dang-hao	由分类号、项目号和案卷号组成一组符号表示的档案编号	字符型	an.255		

内部标识符	数据元名称	中文全拼	定　义	数据类型	表示格式	值域	计量单位
150005	归档文件页数	gui-dang-wen-jian-ye-shu	每一件归档文件的页码总数	数字型	n.10		
150006	文件页次	wen-jian-ye-ci	文件在卷内所排的起止页号	字符型	an.255		
150007	档案保管期限代码	dang-an-bao-guan-qi-xian-dai-ma	按保管对象的价值划定的存留年限对应的代码	数字型	n1	按本标准第 A.0.21 条的规定采用	
150008	档案密级代码	dang-an-mi-ji-dai-ma	保管对象保密程度的等级对应的代码	数字型	n1	按本标准第 A.0.22 条的规定采用	
150009	文件载体名称	wen-jian-zai-ti-ming-cheng	记录文件的载体名称	字符型	an.255		
150010	归档日期	gui-dang-ri-qi	文件立卷归档的日期	日期型	YYYYMMDD		
150011	备注内容	bei-zhu-nei-rong	注释文件需说明情况的内容	字符型	an.ul		
150012	工程名称	gong-cheng-ming-cheng	单项工程或单位工程的全称	字符型	an.255		
150013	工程地点	gong-cheng-di-dian	工程所处的具体位置	字符型	an.255		
150014	结构类型	jie-gou-lei-xing	工程按主要结构材料和结构受力方式分类所属的类型	字符型	an.255		
150015	建筑面积	jian-zhu-mian-ji	按《建筑工程建筑面积计算规范》规定的规则计算得出的面积	数字型	n.20		㎡
150016	工程造价	gong-cheng-zao-jia	进行某项工程建设所花费的全部费用	数字型	n.20,2		元
150017	建设工程规划许可证号	jian-she-gong-cheng-gui-hua-xu-ke-zheng-hao	由建设主管部门颁发的建设工程规划许可证的编号	字符型	an.255		
150018	建设工程施工许可证号	jian-she-gong-cheng-shi-gong-xu-ke-zheng-hao	由建设主管部门颁发的建设工程施工许可证的编号	字符型	an.255		
150019	建设工程项目名称	jian-she-gong-cheng-xiang-mu-ming-cheng	经批准按照一个总体设计进行施工，实行统一核算，行政上具有独立组织形式，实行统一管理的工程基本建设单位的名称	字符型	an.255		
150020	单项工程名称	dan-xiang-gong-cheng-ming-cheng	在一个建设项目中，具有独立的设计文件，能够独立组织施工，竣工后可以独立发挥生产能力或效益的工程名称	字符型	an.255		
150021	单位工程名称	dan-wei-gong-cheng-ming-cheng	具有独立的设计文件，竣工后可以发挥生产能力或效益的工程，并构成建设工程项目的组成部分的工程名称	字符型	an.255		
150022	分部工程名称	fen-bu-gong-cheng-ming-cheng	单位工程中可以独立组织施工的工程名称	字符型	an.255	按现行国家标准《建筑工程施工质量验收统一标准》GB 50300 和《建筑节能工程施工质量验收规范》GB 50411 的规定执行	
150023	分项工程名称	fen-xiang-gong-cheng-ming-cheng	分部工程的组成部分，施工图预算中最基本的计算单位的名称	字符型	an.255	按现行国家标准《建筑工程施工质量验收统一标准》GB 50300 和《建筑节能工程施工质量验收规范》GB 50411 的规定执行	
150024	建设单位名称	jian-she-dan-wei-ming-cheng	建设工程项目投资主体的单位全称	字符型	an.255		
150025	施工单位名称	shi-gong-dan-wei-ming-cheng	承担建设工程项目施工任务的单位全称	字符型	an.255		

内部标识符	数据元名称	中文全拼	定 义	数据类型	表示格式	值域	计量单位
150026	勘察单位名称	kan-cha-dan-wei-ming-cheng	承担建设工程项目勘察任务的单位全称	字符型	an.255		
150027	设计单位名称	she-ji-dan-wei-ming-cheng	承担建设工程项目设计任务的单位全称	字符型	an.255		
150028	监理单位名称	jian-li-dan-wei-ming-cheng	承担建设工程项目监理任务的单位全称	字符型	an.255		
150029	城建档案管理机构名称	cheng-jian-dang-an-guan-li-ji-gou-ming-cheng	负责本行政区域市建设档案管理的机构名称	字符型	an.255		

注：凡表内值域栏空格者，均表示该数据元有不可穷举的值域。

6.16 企业文化管理

6.16.1 企业文化管理信息应包括建筑施工企业在职工的价值观念、道德规范、思想意识和工作态度培育过程中需要交换和共享的数据元。

6.16.2 企业文化管理数据元宜包含表 6.16.2 的内容。

表 6.16.2 企业文化管理数据元

内部标识符	数据元名称	中文全拼	定 义	数据类型	表示格式	值域	计量单位
160001	企业宗旨	qi-ye-zong-zhi	关于企业存在的目的或对社会发展的某一方面应作出贡献的陈述	字符型	an.ul		
160002	企业价值观	qi-ye-jia-zhi-guan	企业及其员工的价值取向	字符型	an.ul		
160003	企业营销理念	qi-ye-ying-xiao-li-nian	企业根据产品生命周期的不同阶段采取不同的营销指导思想	字符型	an.ul		
160004	企业经营理念	qi-ye-jing-ying-li-nian	企业基本设想与科技优势、发展方向、共同信念和企业追求的经营目标	字符型	an.ul		
160005	企业发展理念	qi-ye-fa-zhan-li-nian	企业不断谋求壮大、寻求发展的思想观念	字符型	an.ul		
160006	企业人才理念	qi-ye-ren-cai-li-nian	企业对人才的指导思想和价值观念	字符型	an.ul		

内部标识符	数据元名称	中文全拼	定 义	数据类型	表示格式	值域	计量单位
160007	企业科技理念	qi-ye-ke-ji-li-nian	企业科技发展的思想观念	字符型	an.ul		
160008	企业质量方针	qi-ye-zhi-liang-fang-zhen	企业管理者对质量的指导思想和承诺	字符型	an.ul		
160009	企业安全理念	qi-ye-an-quan-li-nian	企业寻求安全发展、科学防范机制和措施的系统性理论和观念	字符型	an.ul		
160010	企业作风	qi-ye-zuo-feng	企业员工在核心价值观的指导下，在实现企业目标过程中通过工作态度和行为方式所表现出来的一贯风格	字符型	an.ul		
160011	企业发展战略	qi-ye-fa-zhan-zhan-lüe	对企业发展整体性、长期性、基本性的发展谋划	字符型	an.ul		
160012	企业发展目标	qi-ye-fa-zhan-mu-biao	企业在某一经营时段内要达到的目标	字符型	an.ul		
160013	企业员工行为规范	qi-ye-yuan-gong-xing-wei-gui-fan	员工在职业活动过程中，为了实现企业目标、维护企业利益、履行企业职责、严守职业道德，从思想认识到日常行为应遵守的职业纪律	字符型	an.ul		

注：凡表内值域栏空格者，均表示该数据元有不可穷举的值域。

附录 A 数据元值域取值代码集

A.0.1 营业状态代码宜符合表 A.0.1 规定。

表 A.0.1 营业状态代码

代 码	营业状态	代 码	营业状态
1	营业	4	当年关闭
2	停业	5	当年破产
3	筹建	6	其他

A.0.2 执行会计制度类别代码宜符合表 A.0.2 规定。

表 A.0.2 执行会计制度类别代码

代码	执行会计制度类别	代码	执行会计制度类别
1	企业会计制度	3	行政单位会计制度
2	事业单位会计制度	—	—

A.0.3 招标方式代码宜符合表 A.0.3 规定。

表 A.0.3 招标方式代码

代码	招标方式	代码	招标方式
1	公开招标	3	其他招标方式
2	邀请招标	—	—

A.0.4 评标方式代码宜符合表 A.0.4 规定。

表 A.0.4 评标方式代码

代码	评标方式	代码	评标方式
1	最低投标价法	3	其他评标方式
2	综合评估法	—	—

A.0.5 工法级别代码宜符合表 A.0.5 规定。

表 A.0.5 工法级别代码

代码	工法级别	代码	工法级别
1	国家级	3	企业级
2	省部级	—	—

A.0.6 专利类型代码宜符合表 A.0.6 规定。

表 A.0.6 专利类型代码

代码	专利类型	代码	专利类型
1	发明专利	3	外观设计专利
2	实用新型专利	—	—

A.0.7 奖励级别代码宜符合表 A.0.7 规定。

表 A.0.7 奖励级别代码

代码	奖励级别	代码	奖励级别
10	国家级	30	地（市、州）级
20	省（直辖市）部级	40	企业级

A.0.8 奖励等级代码宜符合表 A.0.8 规定。

表 A.0.8 奖励等级代码

代码	奖励等级	代码	奖励等级
0	未评等级	4	三等奖
1	特等奖	5	四等奖
2	一等奖	6	其他
3	二等奖		

A.0.9 技术标准类别代码宜符合表 A.0.9 规定。

表 A.0.9 技术标准类别代码

代码	标准类别	代码	标准类别
1	国家标准	4	企业标准
2	行业标准	5	国际标准
3	地方标准	6	国外标准

A.0.10 安全事故等级代码宜符合表 A.0.10 规定。

表 A.0.10 安全事故等级代码

代码	安全事故等级	代码	安全事故等级
1	特别重大事故	3	较大事故
2	重大事故	4	一般事故

A.0.11 安全事故发生地域类型代码宜符合表 A.0.11 规定。

表 A.0.11 安全事故发生地域类型代码

代码	事故发生地域类型	代码	事故发生地域类型
1	直辖市（计划单列市）及省会城市	3	县级城市（含县城城关镇）
2	地级城市	4	村镇（指村庄和集镇）

A.0.12 安全事故发生区域类型代码宜符合表 A.0.12 规定。

表 A.0.12 安全事故发生区域类型代码

代码	事故发生区域类型	代码	事故发生区域类型
1	高校园区	3	经济开发区
2	工业科技园区	4	非园区

A.0.13 安全事故发生部位代码宜符合表 A.0.13 规定。

表 A.0.13 安全事故发生部位代码

代码	事故发生部位	代码	事故发生部位
01	土石方工程	08	外用电梯
02	基坑	09	施工机具
03	模板	10	现场临时用电线路
04	脚手架	11	外电线路
05	洞口和临边	12	墙板结构
06	井架及龙门架	13	临时设施
07	塔吊	99	其他

A.0.14 安全事故类型代码宜符合表 A.0.14 规定。

表 A.0.14　安全事故类型代码

代码	事故类型	代码	事故类型
01	物体打击	07	坍塌
02	车辆伤害	08	中毒和窒息
03	机具伤害	09	火灾和爆炸
04	起重伤害	10	淹溺
05	触电	99	其他
06	高处坠落	—	—

A.0.15　混凝土强度等级代码宜符合表 A.0.15 规定。

表 A.0.15　混凝土强度等级代码

代码	混凝土强度等级	代码	混凝土强度等级
01	C15	08	C50
02	C20	09	C55
03	C25	10	C60
04	C30	11	C65
05	C35	12	C70
06	C40	13	C75
07	C45	14	C80

A.0.16　砌筑砂浆强度等级代码宜符合表 A.0.16 规定。

表 A.0.16　砌筑砂浆强度等级代码

代码	砌筑砂浆强度等级	代码	砌筑砂浆强度等级
1	M2.5	4	M10
2	M5	5	M15
3	M7.5	6	M20

A.0.17　空气质量类别代码宜符合表 A.0.17 规定。

表 A.0.17　空气质量类别代码

代码	空气质量类别	代码	空气质量类别
1	优	5	中度污染
2	良	6	中度重污染
3	轻微污染	7	重污染
4	轻度污染	—	—

A.0.18　地下水质量分类代码宜符合表 A.0.18 规定。

表 A.0.18　地下水质量分类代码

代码	地下水质量分类	代码	地下水质量分类
1	I 类	4	IV 类
2	II 类	5	V 类
3	III 类		

A.0.19　地表水水域功能分类代码宜符合表 A.0.19 规定。

表 A.0.19　地表水水域功能分类代码

代码	地表水水域功能分类	代码	地表水水域功能分类
1	I 类	4	IV 类
2	II 类	5	V 类
3	III 类	—	—

A.0.20　风险等级代码宜符合表 A.0.20 规定。

表 A.0.20　风险等级代码

代码	风险等级	代码	风险等级
1	很大	4	较小
2	较大	5	很小
3	一般	—	—

A.0.21　档案保管期限代码宜符合表 A.0.21 规定。

表 A.0.21　档案保管期限代码

代码	档案保管期限	代码	档案保管期限
1	永久	3	短期
2	长期	—	—

A.0.22　档案密级代码宜符合表 A.0.22 规定。

表 A.0.22　档案密级代码

代码	档案密级	代码	档案密级
1	绝密	4	内部
2	机密	5	公开
3	秘密	—	—

本标准用词说明

1　为便于在执行本标准条文时区别对待，对要求严格程度不同的用词说明如下：

　　1）表示严格，非这样做不可的：

　　　　正面词采用"必须"，反面词采用"严禁"；

　　2）表示严格，在正常情况下均应这样做的：

正面词采用"应",反面词采用"不应"或"不得";

   3）表示允许稍有选择,在条件许可时首先应这样做的:

正面词采用"宜",反面词采用"不宜";

   4）表示有选择,在条件下可以这样做的,采用"可"。

2 条文中指明必须按其他标准、规范执行的写法为"应按……执行"或"应符合……的规定。"

引用标准名录

1 《建筑工程施工质量验收统一标准》GB 50300

2 《建筑节能工程施工质量验收规范》GB 50411

3 《中华人民共和国行政区划代码》GB/T 2260

4 《个人基本信息与分类代码》GB/T 2261

5 《信息交换用汉字编码字符集 基本集》GB 2312

6 《世界各国和地区名称代码》GB/T 2659

7 《国民经济行业分类》GB/T 4754

8 《语种名称代码》GB/T 4880

9 《数据元和交换格式 信息交换 日期和时间表示法》GB/T 7408

10 《全国主要产品分类与代码》GB/T 7635

11 《公民身份证号码》GB 11643

12 《全国组织机构代码编制规则》GB/T 11714

13 《经济类型分类与代码》GB/T 12402

14 《单位隶属关系代码》GB/T 12404

15 《全国干部、人事管理信息系统数据结构》GB/T 17538

16 《信息技术 数据元的规范与标准化》GB/T 18391

17 《室内空气质量标准》GB/T 18883

18 《电子政务数据元》GB/T 19488

19 《企业信用等级表示方法》GB/T 22116

20 《常用证件代码》GA/T 517

21 《建筑工程建筑面积计算规范》GB/T 50353

22 《建筑工程项目管理规范》GB/T 50326

中华人民共和国行业标准

建筑施工企业管理基础数据标准

JGJ/T 204—2010

条 文 说 明

制 订 说 明

《建筑施工企业管理基础数据标准》（JGJ/T 204 - 2010），经住房和城乡建设部 2010 年 01 月 08 日以第 478 号公告批准发布。

本标准编制过程中，编制组对建筑施工企业管理基础数据使用情况进行了调查研究，总结了建筑施工企业管理信息交流经验，同时参考了国外先进技术法规、技术标准。

为便于广大施工、科研、学校等单位有关人员在使用本标准时能正确理解和执行条文规定，《建筑施工企业管理基础数据标准》编制组按章、节、条顺序编制了本规范的条文说明，对条文规定的目的、依据以及执行中需注意的有关事项进行了说明。但是，本条文说明不具备与标准正文同等的法律效力，仅供使用者作为理解和把握标准规定的参考。

目　次

1 总 则

1.0.1 随着国家和建筑行业信息化建设的不断推进，城乡建设的迅猛发展，建筑行业管理科学化、信息化的需求日益增长，建筑行业在信息资源开发利用过程中，越来越需要统一的数据标准，以提高数据的规范化程度，构筑数据共享的基础，实现多元信息的集成整合与深度开发。因此，本标准的编制目的，是为了实现建筑施工企业管理基础数据的标准化和规范化。

1.0.3 系统性、实用性、可扩展性和科学性的含义：

系统性：是指建筑施工企业管理基础数据应覆盖建筑施工企业管理的全部内容，且应自成体系。

实用性：是指对建筑施工企业管理基础数据实施标准化和规范化管理后，应取得减少沟通的误差、提高数据的共享性、提高管理效率等效果。

可扩展性：是指对基础数据的管理应预留一定的可扩展空间。包括可根据建筑行业信息资源的变化及时添加数据元、为数据元表示格式预留合适的字段长度、注册版本信息可根据数据元属性的改变进行更新等。

科学性：是指根据建筑行业管理的需求，对基础数据制定了统一的分类与编码规则，建立了建筑施工企业相对独立的基础数据体系，可以实现数据共享和交换的目的。

1.0.4 数据元是组织和管理数据的基本单元，通过对数据元的描述可以对基础数据进行本质上的以及形式上的规范化，并对基础数据进行全面、完整、唯一性的定义，为数据交换提供一个统一的可以共同遵守的数据交换规范，真正使信息资源达到互通、互连的要求，所以建筑施工企业管理基础数据宜以数据元来描述。

3 数据元分类

3.0.1 保证性原则、稳定性原则、发展性原则和均衡性原则的含义：

1 保证性原则

每个类目所代表的事物必须是客观存在的，同时还必须保证设置的每个类目有一定数量的属于该类目的数据元。例如：人力资源管理、建筑施工科学技术管理等，其类目中均包含一定数量的数据元。

2 稳定性原则

为了保证类目的稳定性，分类时应尽量使用稳定的因素作为类目划分的标准。稳定因素包括行业内或社会上一致认同的类目名称，例如：财务管理、档案管理等。

3 发展性原则

类目的设置不仅要考虑当前的实际，而且还要有

一定的预见性，充分参考建筑行业一些新学科的发展趋势以及由此产生的信息，为某些新事物编列必要的类目，或留出发展余地。

4 均衡性原则

在分类中应充分考虑到类目之间的均衡性，使分类长度不至于相差悬殊，防止某些局部过于概括或过于详细，以方便使用。

3.0.3 本标准数据元分类的主要依据：

依据《中华人民共和国招投标法》的有关规定设置了工程施工招投标管理的类别；依据《中华人民共和国合同法》的有关规定设置了合同管理的类别；依据《建设工程项目管理规范》GB/T 50326 的有关规定设置了施工进度管理的类别；依据《中华人民共和国科学技术进步法》的有关规定设置了建筑施工科学技术管理的类别；依据《中华人民共和国建筑法》、《建设工程质量管理条例》、《建设工程安全生产管理条例》的有关规定设置了施工质量管理、施工安全管理、建筑材料管理、建筑机械设备管理的类别；依据《中华人民共和国环境保护法》的有关规定设置了建筑施工节能环保管理类别；依据《中华人民共和国劳动法》的有关规定设置了人力资源管理类别；依据《中华人民共和国公司法》的有关规定设置了财务管理类别；依据财政部《企业国有资本与财务管理暂行办法》的有关规定设置了资金管理类别；依据国资委《中央企业全面风险管理指引》的有关规定设置了风险管理类别；依据《中华人民共和国档案法》的有关规定设置了档案管理类别；依据国务院国有资产监督管理委员会文件《关于加强中央企业企业文化建设的指导意见》的有关规定设置了企业文化管理类别。

4 数据元描述

4.0.1 本标准数据元描述方法依据现行国家标准《信息技术 数据元的规范与标准化》GB/T 18391 确定。《信息技术 数据元的规范与标准化》规定数据元的基本属性中，本标准采用其中的 9 个，即每个数据元包括内部标识符、中文名称、中文全拼、定义、数据类型、表示格式、值域、计量单位、版本标识符等属性内容。数据元属性描述的选择，应根据实际需要进行，数据元名称、中文全拼、定义、数据类型、表示格式、版本标识符为必选属性描述，计量单位为备选属性描述，只有在需要时才对数据元的计量单位属性赋值。

4.0.2 保持唯一性是指任意两个数据元之间，不能有相同的内部标识符、名称和定义。

4.0.3 数据元内部标识符由分类代码和数据元在该分类中的编号共 6 位数字代码组成，以保证数据元内部标识符的唯一性。

4.0.4 编号统一规定为 4 位数字码，一是为了保持

数据元内部标识符长度的一致；二是考虑了发展的需要，为今后可能增加的数据元预留一部分编号空间。编号从 0001 开始递增可使数据元内部标识符的编码具有一定的规律性，可充分利用编号空间且避免会出现重号。

4.0.6 数据元定义的有关规定含义如下：

1 描述的确定性指编写定义时，要阐述其概念是什么，而不是仅阐述其概念不是什么。因为，仅阐述其概念不是什么并不能对概念作出唯一的定义。

2 用描述性的短语或句子阐述是指用短语来形成包含概念基本特性的准确定义。不能简单地陈述一个或几个同义词，也不能以不同的顺序简单地重复这些名称词。

3 缩略语通常受到特定环境的限制，环境不同，同一缩写语也许会引起误解或混淆。因此，在特定语境下使用缩略语不能保证人们普遍理解和一致认同时，为了避免词义不清，应使用全称。

4 表述中不应加入不同的数据元定义或引用下层概念，是指在主要数据元定义中不应出现次要的数据元定义。

4.0.7 数据元的中文全拼用小写字母表示，是为了格式统一且符合人们阅读习惯。

4.0.9 为便于对表示格式的理解，举例说明如下：

例 1：an3　表示定长 3 个字母数字字符。如：数据 C20、MU5 的表示格式均为 an3；

例 2：n3，2　表示最大长度为 3 位数字，其中小数点后有两位。如：数据 2.98、5.47、6.23 的表示格式均为 n3，2；

例 3：n..3　表示最小长度为 1，最大长度为 3 的不定长的数字，其值为 0～999 之间的任意一个数，如：数据 168、26、8 均可用 n..3 的表示格式。

4.0.10 数据元值是指允许值集合中的一个值，是值域中的一个元素。值域可分为两种方式：非穷举域和穷举域。

1 非穷举域

比如数据元"新产品销售收入"的值域是一个数字型表达的有效值集。这是一个非穷举域的集合。例如：2008559.90、2990335.54、6342123.52、……

2 穷举域

如国籍代码这个数据元中，值域为《世界各国和地区名称代码》GB/T 2659-1994，其中穷举域为"中国、巴西、美国……"，在此，每个数据值可以有一个他们的唯一的代码（如：CHN 代表中国、BRA 代表巴西、USA 代表美国……）。这种代码的用处在于为与数据实例相关的名称在各种语言系统和不同系统之间交换提供可能。

4.0.11 原数据元和更新后的数据元之间可以进行有效的数据交换时，宜保持数据元的主版本号不变、次版本号为自然数递增。

原数据元和更新后的数据元之间无法进行有效的数据交换时，宜同时改变数据元的主版本号和次版本号，且主版本号宜为自然数递增，次版本号同时改为"0"。

5　数据元标识符

5.0.2 本条规定了数据元标识符应包含的内容及其格式。对数据元标识符的举例说明如下：

数据元"组织机构代码"的行业标识符为"JG"，其内部标识符为"010001"，则"组织机构代码"的数据元标识符为"JG-010001"。

5.0.3 "JG"是建筑行业数据元区别于其他行业数据元的标识符。

6　数 据 元 集

本章所列的数据元主要依据国家法律、法规及国家现行有关标准提取。

中华人民共和国行业标准

建筑产品信息系统基础数据规范

Code for basic data of construction products
information system

JGJ/T 236—2011

批准部门：中华人民共和国住房和城乡建设部
施行日期：2 0 1 1 年 8 月 1 日

中华人民共和国住房和城乡建设部
公　告

第 892 号

关于发布行业标准《建筑产品信息系统
基础数据规范》的公告

现批准《建筑产品信息系统基础数据规范》为行业标准，编号为 JGJ/T 236 - 2011，自 2011 年 8 月 1 日起实施。

本规范由我部标准定额研究所组织中国建筑工业出版社出版发行。

中华人民共和国住房和城乡建设部

2011 年 1 月 11 日

前　言

根据住房和城乡建设部《关于印发〈2009 年工程建设标准规范制订、修订计划〉的通知》（建标〔2009〕88 号）的要求，规范编制组经广泛调查研究，认真总结实践经验，参考有关国际标准和国外先进标准，并在广泛征求意见的基础上，制订了本规范。

本规范的主要技术内容是：1. 总则；2. 术语和符号；3. 基本规定；4. 结构专业建筑产品专用基础数据；5. 建筑专业建筑产品专用基础数据；6. 设备专业建筑产品专用基础数据。

本规范由住房和城乡建设部负责管理，由中国建筑标准设计研究院负责具体技术内容的解释。执行过程中如有意见和建议，请寄送中国建筑标准设计研究院（地址：北京市海淀区首体南路 9 号主语国际 2 号楼，邮编：100048）。

本 规 范 主 编 单 位：中国建筑标准设计研究院

本 规 范 参 编 单 位：华升建设集团有限公司
中国标准化研究院
中国电子工程设计院
北京金土木软件技术有限公司
北京华思维泰克科技有限公司

本规范主要起草人员：曹　彬　罗文斌　王玉辉
谢　卫　孙广芝　李楚舒
董　胤　张　萍　魏素巍
吕静刚

本规范主要审查人员：王　丹　马智亮　倪江波
谢东晓　张增寿　水浩然
高　萍　秦如玉　罗　英
张晓利

目　　次

Contents

1 总　　则

1.0.1 为实现建筑产品信息交换、共享，促进建筑产品信息化，制定本规范。

1.0.2 本规范适用于建筑产品信息系统的数据库建设。

1.0.3 建筑产品信息系统数据库建设，除应符合本规范外，尚应符合国家现行有关标准的规定。

2　术语和符号

2.1　术　　语

2.1.1 建筑产品　construction product
　　指建筑工程建设和使用过程中所涉及的建筑材料、构配件及设备。

2.1.2 基础数据　basic data
　　描述建筑产品的基本参数、物理性能、功能以及基本特性的数据。

2.1.3 通用基础数据　general basic data
　　建筑产品共有的基础数据。

2.1.4 专用基础数据　special basic data
　　建筑产品个性化的基础数据。

2.1.5 属性　attribute
　　描述建筑产品的一种特性。

2.1.6 值域　value domain
　　允许值的集合。

2.1.7 属性值　attribute value
　　某一属性的具体取值。

2.2　符　　号

2.2.1 数据类型
　　BIN——二进制，无法用以下数据类型表示的其他数据类型，比如图像、音频等；
　　B——布尔型，两个且只有两个表明条件的值，如 On/Off、True/False；
　　C——字符型，默认为国家标准《信息交换用汉字编码字符集　基本集》GB 2312 规定内容；
　　D——日期型，采用国家标准《数据元和交换格式　信息交换　日期和时间表示法》GB/T 7408 中规定的 YYYYMMDD 格式；
　　DT——时间日期型，采用国家标准《数据元和交换格式　信息交换　日期和时间表示法》GB/T 7408 中规定的 YYYYMM-DDThhmmss 格式；
　　ENUM——枚举型，通过预定义列出所有值的标识符来定义一个有序集合，如性别：

男、女；
　　N——数值型，用"0"到"9"数字形式表示的数值。

2.2.2 约束条件
　　C——数据内容在符合代码括弧内注明条件时应选择；
　　M——数据内容为必选项；
　　O——数据内容为可选项。

2.2.3 缩略语
　　ICS——International classification for standards，国际标准分类法；
　　UDC——Universal decimal classification，国际十进位分类法；
　　XML——Extensible markup language，可扩展标记语言，是一种数据存储语言。

3　基　本　规　定

3.1　基础数据分类

3.1.1 建筑产品基础数据宜分为通用基础数据和专用基础数据。

3.1.2 通用基础数据应包括建筑产品生产厂家信息、建筑产品执行标准信息和建筑产品性能通用信息。

3.1.3 专用基础数据应包括建筑产品性能专用信息。

3.2　基础数据技术要求

3.2.1 建筑产品基础数据的属性应包括中文字段名称、数据类型、数据格式，宜包括计量单位、值域、约束条件。

3.2.2 基础数据质量应符合下列要求：
　　1 准确性原则：数据应根据建筑产品相关标准的规定确定；当无相关规定时，可按实际需要确定统一数据采集规则。
　　2 完整性原则：对一个建筑产品的各类数据，在数据采集时应一次性完成。
　　3 一致性原则：基础数据应满足属性一致、格式一致、精度一致。

3.2.3 基础数据交换格式宜采用 XML 格式，数据交换规则及定义应符合现行国家标准《电子政务数据元　第1部分：设计和管理规范》GB/T 19488.1 的规定。

3.2.4 基础数据应使用属性和属性值表示。

3.2.5 当规范规定不能满足实际使用需求时，基础数据扩展规则应符合下列要求：
　　1 建筑产品基础数据属性的扩展应满足现行国家标准《电子政务数据元　第1部分：设计和管理规范》GB/T 19488.1 的规定。
　　2 基础数据属性值内容的扩展应符合下列要求：
　　　1）唯一性原则：在某一个建筑产品的基础数

据范围内，属性值应唯一。

2) 对象明确原则：在数据录入的过程中，录入数据应与属性值一一对应。

3.3 通用基础数据

3.3.1 建筑产品生产厂家信息应符合表 3.3.1 的规定。

表 3.3.1 建筑产品生产厂家信息

中文字段名称	数据类型	数据格式	计量单位	值 域	约束条件
厂家中文名称	字符型	C..40	—	—	M
厂家英文名称	字符型	C..40	—	—	O
组织机构代码	字符型	C..20	—	—	M
注册资本	数值型	N..12	元(人民币)	—	M
法定代表人姓名	字符型	C..20	—	—	M
厂家类型	枚举型	C..20	—	按本规范表 A-1 厂家类型表	M
地址	字符型	C..60	—	—	M
电话	字符型	C..14	—	—	M
传真	字符型	C..14	—	—	O
获得体系认证	枚举型	C..40	—	按本规范表 A-2 体系认证种类表	O

3.3.2 建筑产品执行标准信息应符合表 3.3.2 的规定。

表 3.3.2 建筑产品执行标准信息

中文字段名称	数据类型	数据格式	计量单位	值 域	约束条件
标准类别	枚举型	C..8	—	按本规范表 A-3 标准类别表	M
分类符号	字符型	C..15	—	按 UDC、ICS 以及中国标准文献分类号执行	O
标准名称	字符型	C..60	—	—	M
英文译名	字符型	C..80	—	—	O
标准编号	字符型	C..20	—	—	M
发布日期	日期型	D8	—	—	O
实施日期	日期型	D8	—	—	M
发布机构	字符型	C..80	—	—	M
标准备案号	字符型	C..10	—	—	C(除国家标准外，均应包含备案号)
替代标准号	字符型	C..20	—	—	O

3.3.3 建筑产品性能通用信息应符合表 3.3.3 的规定。

表 3.3.3 建筑产品性能通用信息

中文字段名称	数据类型	数据格式	计量单位	值 域	约束条件
类目名称	字符型	C..40	—	按现行行业标准《建筑产品分类与编码》JG/T 151 规定的小类执行	M
类目英文名称	字符型	C..50	—	按现行行业标准《建筑产品分类与编码》JG/T 151 规定执行	M
类目代码	字符型	C..12	—	按现行行业标准《建筑产品分类与编码》JG/T 151 规定执行	M
产品中文名称	字符型	C..30	—	—	M
产品英文名称	字符型	C..40	—	—	M
产品条形码	字符型	C..40	—	—	M
适用范围	字符型	C..300	—	—	O
产品图片	二进制	JPEG、GIF	kB	—	O
产品简介	字符型	C..300	—	—	O
型号	字符型	C..40	—	—	O
规格尺寸	字符型	C..16	—	按现行国家标准《国际贸易计量单位代码》GB/T 17295 规定	O
出厂日期	日期型	D8	—	—	M
价格	数字型	N..20	—	宜采用国际通行的结算货币	M
数据来源	字符型	C..100	—	—	M

4 结构专业建筑产品专用基础数据

4.1 混 凝 土

4.1.1 混凝土产品基本材料和应用产品应包括水泥、集料、外加剂、掺合料、养护材料、预拌混凝土产品，产品基础数据应符合表 4.1.1-1～表 4.1.1-6 的规定。

表 4.1.1-1　水泥基础数据

中文字段名称	数据类型	数据格式	计量单位	值　域	约束条件
种类	字符型	C..24	—	符合现行国家标准《通用硅酸盐水泥》GB 175 和《铝酸盐水泥》GB 201 要求	M
混合材料品种	字符型	C..16	—	—	M
混合材料掺量	数值型	N..6	%	—	M
石膏品种	字符型	C..16	—	—	M
石膏掺量	数值型	N..6	%	—	M
助磨剂品种	字符型	C..16	—	—	M
助磨剂掺量	数值型	N..6	%	—	M
比表面积	数值型	N..6	m²/kg	—	O
细度	数值型	N..6	%	—	O
压蒸安定性	字符型	C..6	—	—	M
氧化镁	数值型	N..6	%	—	M
氯离子	数值型	N..6	%	—	M
强度等级	数值型	N..8	—	符合现行国家标准《通用硅酸盐水泥》GB 175 和《铝酸盐水泥》GB 201 要求	M

表 4.1.1-2　集料基础数据

中文字段名称	数据类型	数据格式	计量单位	值　域	约束条件
种类	字符型	C..18	—	—	M
细度模数	数值型	N..8	—	—	M
粒径	数值型	N..8	mm	—	M
堆积密度	数值型	N..8	kg/m³	—	O
空隙率	数值型	N..4	%	—	O
压碎值	数值型	N..8	—	—	O
含泥量	数值型	N..8	%	—	M

表 4.1.1-3　外加剂基础数据

中文字段名称	数据类型	数据格式	计量单位	值　域	约束条件
种类	字符型	C..18	—	—	M
掺量	数值型	N..6	%	—	M
适用范围	字符型	C..60	—	—	M
减水率	数值型	N..4	%	≥5	O
泌水率比	数值型	N..4	%	≤100	O
含气量	数值型	N..4	%	≤3.0	O
抗压强度比	数值型	N..4	%	≥100	O
收缩率比	数值型	N..4	%	≤120	O

表 4.1.1-4　掺合料基础数据

中文字段名称	数据类型	数据格式	计量单位	值　域	约束条件
种类	字符型	C..18	—	—	M
细度(80μ方孔筛筛余)	数值型	N..4	%	—	M
活性指数	数值型	N..4	—	—	M
烧失量	数值型	N..4	%	—	O
三氧化硫	数值型	N..4	%	—	M
游离氧化钙	数值型	N..4	%	—	M
放射性	字符型	C..30	—	—	O

表 4.1.1-5　养护材料基础数据

中文字段名称	数据类型	数据格式	计量单位	值　域	约束条件
种类	字符型	C..18	—	符合现行行业标准《水泥混凝土养护剂》JC 901 要求	M
有效保水率	数值型	N..4	%	≥75	C(表面成膜型)
抗压强度比	数值型	N..4	%	≥90	C(表面成膜型)
磨耗量	数值型	N..4	kg/m²	≤3.0	C(表面成膜型)
固含量	数值型	N..4	%	≥20	C(表面成膜型)
成膜后浸水溶解性	枚举型	C..4	—	按本规范表A-4成膜后浸水溶解性表	C(表面成膜型)
成膜耐热性	字符型	C..20	—	—	C(表面成膜型)

表 4.1.1-6　预拌混凝土基础数据

中文字段名称	数据类型	数据格式	计量单位	值　域	约束条件
分类	枚举型	C..18	—	按本规范表A-5预拌混凝土分类表	M
强度等级	字符型	C..4	—	—	M
坍落度	数值型	N..4	mm	—	M
含气量	数值型	N..4	%	—	M
氯离子含量	数值型	N..4	—	—	M
放射性核素放射性比活度	字符型	C..30	—	—	O

4.1.2 混凝土配筋和配件产品应包括钢筋、焊接钢筋网、钢纤维、预应力配筋和混凝土结构配件，产品基础数据应符合表 4.1.2-1～表 4.1.2-5 的规定。

表 4.1.2-1　钢筋基础数据

中文字段名称	数据类型	数据格式	计量单位	值　域	约束条件
种类	枚举型	C..16	—	符合现行国家标准《钢筋混凝土用钢》GB 1499 要求	M
公称直径	数值型	N..4	mm	6≤d≤50	M
截面面积	数值型	N..6	mm²	—	O
理论重量	数值型	N..6	kg/m	—	O
屈服强度	数值型	N..6	MPa	≥335	O
抗拉强度	数值型	N..6	MPa	≥455	O
断后伸长率	数值型	N..6	%	≥13	O
最大力总伸长率	数值型	N..6	%	≥7.5	O

表 4.1.2-2　焊接钢筋网基础数据

中文字段名称	数据类型	数据格式	计量单位	值　域	约束条件
分类	枚举型	C..14	—	按本规范表 A-6 焊接钢筋网分类表	M
公称直径	数值型	N..4	—	5～16	M
纵向钢筋间距	数值型	N..4	—	≥100（50 的整数倍）	O
横向钢筋间距	数值型	N..4	—	≥100（25 的整数倍）	O
焊点抗剪力	数值型	N..4	—	不小于受拉钢筋屈服值的 0.3 倍	O

表 4.1.2-3　钢纤维基础数据

中文字段名称	数据类型	数据格式	计量单位	值　域	约束条件
材质	字符型	C..12	—	符合现行行业标准《混凝土用钢纤维》YB/T 151 要求	M
纤维直径	数值型	N..10	mm	—	M
纤维长度	数值型	N..10	mm	—	M
表面处理	字符型	C..20	—	—	O
弹性模量	数值型	N..6	MPa	—	O
掺量	数值型	N..6	kg/m³	—	M
抗拉强度	数值型	N..15	MPa	≥380	O

表 4.1.2-4　预应力配筋基础数据

中文字段名称	数据类型	数据格式	计量单位	值　域	约束条件
预应力筋种类	字符型	C..20	—	符合现行国家标准《预应力混凝土用钢丝》GB/T 5223 要求	M
公称直径	数值型	N..4	mm	—	M
抗拉强度	数值型	N..6	MPa	—	M
最大力总伸长率	数值型	N..6	%	—	O

表 4.1.2-5　混凝土结构配件基础数据

中文字段名称	数据类型	数据格式	计量单位	值　域	约束条件
种类	字符型	C..20	—	—	M
材质	字符型	C..20	—	—	M
用途	字符型	C..20	—	—	M
抗拉强度	数值型	N..6	MPa	—	O
抗剪强度	数值型	N..6	MPa	—	O
弯曲强度	数值型	N..6	MPa	—	O

4.1.3　现浇混凝土产品应包括轻质混凝土和预应力混凝土，产品基础数据应符合表 4.1.3-1、表 4.1.3-2 的规定。

表 4.1.3-1　轻质混凝土基础数据

中文字段名称	数据类型	数据格式	计量单位	值　域	约束条件
种类	字符型	C..20	—	符合现行行业标准《轻骨料混凝土技术规程》JGJ 51 要求	M
强度等级	枚举型	C..5	—	按本规范表 A-7 轻质混凝土强度等级表	M
密度等级	枚举型	C..4	—	按本规范表 A-8 轻质混凝土密度等级表	O
抗冻标号	字符型	C..6	—	—	O

表 4.1.3-2　预应力混凝土基础数据

中文字段名称	数据类型	数据格式	计量单位	值　域	约束条件
强度等级	字符型	C..5	—	—	M
坍落度	数值型	N..4	mm	—	O
含气量	数值型	N..4	%	—	O
氯离子含量	数值型	N..4	%	—	O
弹性模量	枚举型	N..4	N/mm²	按本规范表 A-10 预应力混凝土弹性模量表	O

4.1.4　预制混凝土制品基础数据应符合表 4.1.4 的规定。

表 4.1.4　预制混凝土制品基础数据

中文字段名称	数据类型	数据格式	计量单位	值　域	约束条件
预应力筋种类	字符型	C..20	—	—	M
构件规格	字符型	C..20	mm	—	M
用途	字符型	C..100	—	—	M

4.1.5　灌注浆产品应包括水泥基灌注浆和高分子材料灌注浆，产品基础数据应符合表 4.1.5-1、表 4.1.5-2 的规定。

表 4.1.5-1　水泥基灌注浆基础数据

中文字段名称	数据类型	数据格式	计量单位	值　域	约束条件
粒径	数值型	N..4	mm	≤2.0	O
凝结时间(初凝)	数值型	N..6	min	≥120	M
30min流动度保留值	数值型	N..6	mm	≥230	M
抗压强度	数值型	N..10	MPa	≥22	O
竖向膨胀率	数值型	N..6	%	≥0.020	M
钢筋握裹强度(圆钢)	数值型	N..6	MPa	≥0.4	M

表 4.1.5-2　高分子材料灌注浆基础数据

中文字段名称	数据类型	数据格式	计量单位	值　域	约束条件
材质	字符型	C..20	—	—	M
可操作时间	数值型	N..6	min	>30	M
初始流动度	数值型	N..6	mm	—	M
抗压强度	数值型	N..6	MPa	—	O
粘接强度	数值型	N..6	MPa	—	O

4.2　砌　体

4.2.1 砌体基本材料和应用应包括砌筑砂浆、砌体用灌芯混凝土和砌体锚固件，产品基础数据应符合表 4.2.1-1～表 4.2.1-3 的规定。

表 4.2.1-1　砌筑砂浆基础数据

中文字段名称	数据类型	数据格式	计量单位	值　域	约束条件
干密度	数值型	N..8	kg/m³	—	M
分层度	数值型	N..4	mm	—	O
强度等级	枚举型	C..4	—	按本规范表 A-11 砌筑砂浆强度等级表	M
抗冻性	字符型	C..40	—	—	O
导热系数	数值型	N..6	W/(m·K)	—	M
粘结强度	数值型	N..6	MPa	—	O
收缩值	数值型	N..4	mm/m	—	M

表 4.2.1-2　砌体用灌芯混凝土基础数据

中文字段名称	数据类型	数据格式	计量单位	值　域	约束条件
种类	枚举型	C..20	—	—	M
密度	数值型	N..6	kg/m³	—	O
集料最大粒径	数值型	N..4	mm	—	O
坍落度	数值型	N..10	mm	—	M
抗压强度	数值型	N..20	MPa	—	M

表 4.2.1-3　砌体锚固件基础数据

中文字段名称	数据类型	数据格式	计量单位	值　域	约束条件
材质	字符型	C..20	—	—	M
用途	字符型	C..20	—	—	M
拉拔力	数值型	N..10	kN	—	O

4.2.2 砌筑块材产品应包括免烧砖、烧结砖、蒸压砖、混凝土砌块、硅酸盐砌块、玻璃砌块和石膏砌块，产品基础数据应符合表 4.2.2-1～表 4.2.2-7 的规定。

表 4.2.2-1　免烧砖基础数据

中文字段名称	数据类型	数据格式	计量单位	值　域	约束条件
种类	枚举型	C..20	—	符合现行行业标准《粉煤灰砖》JC 239 要求	M
规格	字符型	C..20	mm	—	M
强度等级	字符型	C..4	—	—	M
抗冻性	字符型	C..40	—	—	O
干燥收缩	数值型	N..4	mm/m	≤0.75	M

表 4.2.2-2　烧结砖基础数据

中文字段名称	数据类型	数据格式	计量单位	值　域	约束条件
种类	枚举型	C..12	—	符合现行国家标准《烧结普通砖》GB 5101 要求	M
强度等级	字符型	C..4	—	—	M
抗冻性	字符型	C..40	—	—	O
孔洞率	数值型	N..4	%	—	C(烧结多孔砖)
导热系数	数值型	N..8	W/(m·K)	—	O
泛霜等级	枚举型	C..6	—	按本规范表 A-12 烧结砖泛霜等级表	O

表 4.2.2-3　蒸压砖基础数据

中文字段名称	数据类型	数据格式	计量单位	值　域	约束条件
种类	枚举型	C..12	—	符合现行国家标准《蒸压灰砂砖》GB 11945 和行业标准《蒸压灰砂空心砖》JC/T 637 要求	M
强度等级	字符型	C..4	—	—	M
抗冻性	字符型	C..40	—	—	O
孔洞率	数值型	N..4	%	≥25	C(蒸压灰砂空心砖)
导热系数	数值型	N..8	W/(m·K)	—	

表 4.2.2-4　混凝土砌块基础数据

中文字段名称	数据类型	数据格式	计量单位	值域	约束条件
种类	字符型	C..12	—		M
强度等级	字符型	C..4	—		M
密度	数值型	N..6	kg/m³	≤850	O
空心率	数值型	N..4	%	≥25	O
吸水率	数值型	N..4	%	≤20	O
抗冻性	字符型	C..40			O
抗渗性	字符型	C..26			O
干燥收缩	数值型	N..4	mm/m	≤0.80	C（蒸压加气混凝土砌块）
导热系数	数值型	N..4	W/(m·K)	≤0.16	O
碳化系数	数值型	N..6	—	≥0.8	C（加入粉煤灰等火山灰质掺合料）
软化系数	数值型	N..6	—	≥0.75	C（加入粉煤灰等火山灰质掺合料）
放射性	字符型	C..60			C（轻集料混凝土小型空心砌块）

表 4.2.2-5　硅酸盐砌块基础数据

中文字段名称	数据类型	数据格式	计量单位	值域	约束条件
类别	字符型	C..12	—		M
规格	字符型	C..20	mm		M
强度等级	字符型	C..4	—		M
密度	数值型	N..6	kg/m³	≤850	O
抗冻性	字符型	C..40			O
干燥收缩	数值型	N..4	mm/m	≤0.80	O
导热系数	数值型	N..8	W/(m·K)		O
放射性	字符型	C..60			O

表 4.2.2-6　玻璃砌块基础数据

中文字段名称	数据类型	数据格式	计量单位	值域	约束条件
类别	枚举型	C..12	—	符合现行行业标准《空心玻璃砖》JC/T 1007要求	M
规格	字符型	C..20	mm		M
抗压强度	数值型	N..30	MPa	≥6.0	M
抗冲击性	字符型	C..30			O
抗热震性	字符型	C..40			O

表 4.2.2-7　石膏砌块基础数据

中文字段名称	数据类型	数据格式	计量单位	值域	约束条件
分类	字符型	C..20	—	符合现行行业标准《石膏砌块》JC/T 698要求	M
表观密度	数值型	N..6	kg/m³	≤1000	O
平整度	数值型	N..4	mm	≤1.0	O
断裂荷载	数值型	N..6	kN	≥1.5	O
软化系数	数值型	N..6	—	≥0.6	O
抗压强度	数值型	N..6	MPa	≥3.5	M
隔声量	数值型	N..6	dB	35~45	O
耐火极限	数值型	N..4	h	1.5~3	O
放射性	字符型	C..60			O

4.2.3　石材基础数据应符合表4.2.3的规定。

表 4.2.3　石材基础数据

中文字段名称	数据类型	数据格式	计量单位	值域	约束条件
用途	字符型	C..30	—		M
种类	字符型	C..30	—		O
材质	字符型	C..40	—		M
物理性能	字符型	C..50	—		O
力学性能	字符型	C..50	—		O
化学性质	字符型	C..50	—		O

4.2.4　耐火砌体产品应包括耐火砖，产品基础数据应符合表4.2.4的规定。

表 4.2.4　耐火砖基础数据

中文字段名称	数据类型	数据格式	计量单位	值域	约束条件
种类	枚举型	C..20	—	符合现行国家标准《高铝质隔热耐火砖》GB/T 3995和行业标准《黏土质耐火砖》YB/T 5106要求	M
化学组成	字符型	C..20	—		M
体积密度	数值型	N..6	g/cm³		O
常温耐压强度	数值型	N..4	MPa		M
荷重软化温度	数值型	N..6	℃		O

4.2.5　耐腐蚀砌体产品应包括耐化学腐蚀砖，产品基础数据应符合表4.2.5的规定。

表 4.2.5　耐化学腐蚀砖基础数据

中文字段名称	数据类型	数据格式	计量单位	值域	约束条件
种类	字符型	C..20	—		M
强度等级	字符型	C..4	—		M
抗冻性	字符型	C..40			O
耐酸	字符型	C..40			O
耐碱	字符型	C..40			O
耐盐	字符型	C..40			O
耐化学药品	字符型	C..40			O

4.3 金 属

4.3.1 金属制品应包括金属楼梯和爬梯、金属栏杆和扶手及金属格栅，产品基础数据应符合表 4.3.1-1～表 4.3.1-3 的规定。

表 4.3.1-1 金属楼梯和爬梯基础数据

中文字段名称	数据类型	数据格式	计量单位	值 域	约束条件
材质	字符型	C..20	—	—	M
宽度	数值型	N..6	mm	—	M
坡度	数值型	N..6	mm	—	M
耐腐蚀性	字符型	C..60	—	—	O

表 4.3.1-2 金属栏杆和扶手基础数据

中文字段名称	数据类型	数据格式	计量单位	值 域	约束条件
扶手高度	数值型	N..20	mm	—	M
材质	字符型	C..20	—	—	M
耐腐蚀性	字符型	C..60	—	—	O

表 4.3.1-3 金属格栅基础数据

中文字段名称	数据类型	数据格式	计量单位	值 域	约束条件
材质	字符型	C..20	—	—	M
表面处理	字符型	C..20	—	—	O

4.3.2 伸缩缝制品基础数据应符合表 4.3.2 的规定。

表 4.3.2 伸缩缝制品基础数据

中文字段名称	数据类型	数据格式	计量单位	值 域	约束条件
适用部位	字符型	C..40	—	—	M
适用缝宽	数值型	N..20	mm	—	M
装置类型	字符型	C..20	—	—	O

4.4 木 和 塑 料

4.4.1 木和塑料基本材料和应用应包括纤维板和胶合板产品，产品基础数据应符合表 4.4.1-1、表 4.4.1-2 的规定。

表 4.4.1-1 纤维板基础数据

中文字段名称	数据类型	数据格式	计量单位	值 域	约束条件
种类	字符型	C..20	—	—	M
密度	数值型	N..6	g/cm³	—	O
静曲强度	数值型	N..6	MPa	—	O
内结合强度	数值型	N..6	MPa	—	O
表面结合强度	数值型	N..6	MPa	—	C（家具型）
甲醛释放量	数值型	N..10	mg/L	—	C（室内型）

表 4.4.1-2 胶合板基础数据

中文字段名称	数据类型	数据格式	计量单位	值 域	约束条件
种类	字符型	C..20	—	符合现行国家标准《胶合板 第1部分：分类》GB/T 9846.1 要求	M
适用环境	字符型	C..20	—	—	O
含水率	数值型	N..6	%	—	O
胶合强度	数值型	N..6	MPa	—	O
甲醛释放量	数值型	N..10	mg/L	—	C（室内用时）

4.4.2 粗木工产品应包括预制木构件，产品基础数据应符合表 4.4.2 的规定。

表 4.4.2 预制木构件基础数据

中文字段名称	数据类型	数据格式	计量单位	值 域	约束条件
名称	字符型	C..20	—	—	M
用途	字符型	C..20	—	—	M
规格	字符型	C..20	mm	—	M

4.4.3 建筑木制品应包括木楼梯和扶手、木制建筑装饰制品、木制格栅、遮阳板、百叶窗，产品基础数据应符合表 4.4.3-1～表 4.4.3-3 的规定。

表 4.4.3-1 木楼梯和扶手基础数据

中文字段名称	数据类型	数据格式	计量单位	值 域	约束条件
种类	字符型	C..50	—	—	M
楼梯宽度	数值型	N..10	mm	—	M
扶手高度	数值型	N..20	mm	—	M
踏步宽度	数值型	N..10	mm	—	O
踏步高度	数值型	N..10	mm	—	O
表面处理	字符型	C..20	—	—	O

表 4.4.3-2 木制建筑装饰制品基础数据

中文字段名称	数据类型	数据格式	计量单位	值 域	约束条件
用途	字符型	C..100	—	—	M
尺寸	字符型	C..20	mm	—	M
表面处理	字符型	C..20	—	—	O

表 4.4.3-3 木制格栅、遮阳板、百叶窗基础数据

中文字段名称	数据类型	数据格式	计量单位	值 域	约束条件
用途	字符型	C..100	—	—	M
尺寸	字符型	C..20	mm	—	M
防火等级	字符型	C..4	—	—	O
表面处理	字符型	C..20	—	—	O

4.4.4 塑料制品应包括人造大理石和玻璃钢制品，产品基础数据应符合表4.4.4-1、表4.4.4-2的规定。

表4.4.4-1　人造大理石基础数据

中文字段名称	数据类型	数据格式	计量单位	值　域	约束条件
材料组成	字符型	C..60	—	—	M
颜色	字符型	C..10	—	—	O
光泽度	数值型	N..10	—	≥80	O
巴氏硬度	数值型	N..10	—	≥40	M
耐冲击性	数值型	N..20	—	—	O
吸水率	字符型	C..20	%	—	O

表4.4.4-2　玻璃钢制品基础数据

中文字段名称	数据类型	数据格式	计量单位	值　域	约束条件
种类	枚举型	C..20	—	—	M
弯曲强度	数值型	N..5	MPa	—	O
用途	字符型	C..20	—	—	M

4.4.5 建筑竹制品应包括竹制建筑板材和装饰品，产品基础数据应符合表4.4.5的规定。

表4.4.5　竹制建筑板材和装饰品基础数据

中文字段名称	数据类型	数据格式	计量单位	值域	约束条件
用途	字符型	C..20	—	—	M
含水率	数值型	C..20	%	—	M
静曲强度	数值型	N..20	MPa	—	O
弹性模量	数值型	C..20	MPa	—	O

5　建筑专业建筑产品专用基础数据

5.1　围护结构和防护材料

5.1.1 防水和防潮产品应包括防潮材料、防水卷材、防水涂料、改性水泥基防水材料和憎水剂，产品基础数据应符合表5.1.1-1～表5.1.1-5的规定。

表5.1.1-1　防潮材料基础数据

中文字段名称	数据类型	数据格式	计量单位	值　域	约束条件
材质	字符型	C..12	—	—	M
性状	字符型	C..8	—	—	M
用途	字符型	C..30	—	—	M

表5.1.1-2　防水卷材基础数据

中文字段名称	数据类型	数据格式	计量单位	值　域	约束条件
卷材种类	字符型	C..12	—	—	M
适用部位	字符型	C..30	—	—	M

续表5.1.1-2

中文字段名称	数据类型	数据格式	计量单位	值　域	约束条件
胎体	字符型	C..12	—	—	C（除无胎自粘卷材外）
幅宽	数值型	N..10	mm	—	M
不透水性	字符型	C..20	—	—	M
耐热度	字符型	C..20	—	—	O
低温柔度	数值型	N..8	—	—	M
横向拉力	数值型	N..8	N/50mm	—	M
纵向拉力	数值型	N..8	N/50mm	—	M
横向最大拉力时延伸率	数值型	N..8	%	—	M
纵向最大拉力时延伸率	数值型	N..8	%	—	M

表5.1.1-3　防水涂料基础数据

中文字段名称	数据类型	数据格式	计量单位	值　域	约束条件
种类	字符型	C..12	—	—	M
主要成分	字符型	C..12	—	—	M
适用部位	字符型	C..12	—	—	M
抗拉强度	数值型	N..20	MPa	—	O
断裂伸长率	数值型	N..20	%	—	O
低温弯折性	数值型	N..10	℃	—	O
固体含量	数值型	N..10	%	—	O
加热伸缩率	数值型	N..10	%	—	O
潮湿基面粘结强度	数值型	N..10	MPa	—	O

表5.1.1-4　改性水泥基防水材料基础数据

中文字段名称	数据类型	数据格式	计量单位	值　域	约束条件
改性剂材质	字符型	C..12	—	—	O
适用部位	字符型	C..30	—	—	M
粘结强度	数值型	N..6	MPa	—	O
吸水率	数值型	N..6	%	—	O
抗压强度	数值型	N..6	MPa	—	O
抗折强度	数值型	N..6	MPa	—	O
抗渗性	数值型	N..6	MPa	—	O
干缩率	数值型	N..6	%	—	O

表5.1.1-5　憎水剂基础数据

中文字段名称	数据类型	数据格式	计量单位	值　域	约束条件
主要成分	字符型	C..12	—	—	M
用途	字符型	C..30	—	—	M

5.1.2 保温隔热产品应包括屋面和楼面保温、房屋外保温系统、蒸汽隔层和防空气渗透层，产品基础数据应符合表5.1.2-1～表5.1.2-4的规定。

表5.1.2-1 屋面和楼面保温基础数据

中文字段名称	数据类型	数据格式	计量单位	值 域	约束条件
材质	字符型	C..12	—		M
导热系数	数值型	N..30	W/(m·K)		M
表观密度	数值型	N..30	kg/m³		O
压缩强度	数值型	N..30	kPa		O
抗压强度	数值型	N..30	MPa		O
吸水率	数值型	N..20	V/V,%		O

表5.1.2-2 房屋外保温系统基础数据

中文字段名称	数据类型	数据格式	计量单位	值 域	约束条件
种类	字符型	C..30			M
系统组成	字符型	C..100			M
适用地区	字符型	C..30			O
耐候性	字符型	C..20			M
抗风压性能	数值型	N..20	kPa		O
抗冲击性	字符型	C..20			O
水蒸气渗透系数	数值型	N..20	ng/(Pa·m·s)		O
传热系数	数值型	N..8	W/(m²·K)		O

表5.1.2-3 蒸汽隔层基础数据

中文字段名称	数据类型	数据格式	计量单位	值 域	约束条件
材质	字符型	C..12			M
厚度	数值型	N..16	mm		M
应用部位	字符型	C..30			M
水蒸气渗透阻	数值型	N..6			O

表5.1.2-4 防空气渗透层基础数据

中文字段名称	数据类型	数据格式	计量单位	值 域	约束条件
材质	字符型	C..12	—	—	M
厚度	数值型	N..16	mm		M
设置位置	字符型	C..30			M

5.1.3 瓦屋面产品应包括烧结瓦和混凝土瓦，产品基础数据应符合表5.1.3-1、表5.1.3-2的规定。

表5.1.3-1 烧结瓦基础数据

中文字段名称	数据类型	数据格式	计量单位	值 域	约束条件
表面状态	字符型	C..10	—	—	M
弯曲破坏荷重	数值型	N..10	N		M
吸水率	数值型	N..10	%		M

表5.1.3-2 混凝土瓦基础数据

中文字段名称	数据类型	数据格式	计量单位	值 域	约束条件
颜色	字符型	C..10	—		M
断面形状	字符型	C..20			O
承载力	数值型	N..10	N		M
吸水率	数值型	N..10	%		M

5.1.4 屋面板和墙板产品应包括金属屋面板和墙板、复合屋面板和墙板以及木屋面板和墙板，产品基础数据应符合表5.1.4-1～表5.1.4-3的规定。

表5.1.4-1 金属屋面板和墙板基础数据

中文字段名称	数据类型	数据格式	计量单位	值 域	约束条件
材质	字符型	C..10			M
断面形状	字符型	C..30			M
密度	数值型	N..20	kg/m³		O

表5.1.4-2 复合屋面板和墙板基础数据

中文字段名称	数据类型	数据格式	计量单位	值 域	约束条件
面板材质	字符型	C..10			M
系统组成	字符型	C..60			M
密度	数值型	N..20	kg/m³		O

表5.1.4-3 木屋面板和墙板基础数据

中文字段名称	数据类型	数据格式	计量单位	值 域	约束条件
厚度	数值型	N..10	mm		O
密度	数值型	N..20	kg/m³		O

5.1.5 金属屋面和泛水应包括金属屋面、金属泛水和盖缝条及柔性泛水，产品基础数据应符合表5.1.5-1～表5.1.5-3的规定。

表5.1.5-1 金属屋面基础数据

中文字段名称	数据类型	数据格式	计量单位	值 域	约束条件
系统组成	字符型	C..60			M
构造类型	字符型	C..60			M

表5.1.5-2 金属泛水和盖缝条基础数据

中文字段名称	数据类型	数据格式	计量单位	值 域	约束条件
材质	字符型	C..10			M
用途	字符型	C..60			M
截面形式	字符型	C..30			O

表5.1.5-3 柔性泛水基础数据

中文字段名称	数据类型	数据格式	计量单位	值 域	约束条件
材质	字符型	C..10	—		M
用途	字符型	C..60			M

5.1.6 屋顶专用制品和附件基础数据应符合表 5.1.6 的规定。

表 5.1.6 屋顶专用制品和附件基础数据

中文字段名称	数据类型	数据格式	计量单位	值 域	约束条件
材质	字符型	C..10	—	—	M
用途	字符型	C..60	—	—	M

5.1.7 防火和防烟产品应包括防火阻燃材料、防火板、防火、防烟密封材料和防烟屏障，产品基础数据应符合表 5.1.7-1～表 5.1.7-4 的规定。

表 5.1.7-1 防火阻燃材料基础数据

中文字段名称	数据类型	数据格式	计量单位	值 域	约束条件
材质	字符型	C..10	—	—	M
用途	字符型	C..60	—	—	M
原理	字符型	C..60	—	—	O
耐火极限	数值型	N..10	h	—	O

表 5.1.7-2 防火板基础数据

中文字段名称	数据类型	数据格式	计量单位	值 域	约束条件
材质	字符型	C..10	—	—	M
适用部位	字符型	C..60	—	—	M
密度	数值型	N..20	kg/m³	—	M
耐火极限	数值型	N..10	h	—	O

表 5.1.7-3 防火、防烟密封材料基础数据

中文字段名称	数据类型	数据格式	计量单位	值 域	约束条件
种类	字符型	C..10	—	—	M
原理	字符型	C..60	—	—	O
用途	字符型	C..60	—	—	M
耐火极限	数值型	N..10	h	—	O

表 5.1.7-4 防烟屏障基础数据

中文字段名称	数据类型	数据格式	计量单位	值 域	约束条件
材质	字符型	C..10	—	—	M
形状	字符型	C..20	—	—	O

5.1.8 接缝、密封和堵漏材料应包括接缝密封材料、密封膏和堵漏材料，产品基础数据应符合表 5.1.8-1～表 5.1.8-3 的规定。

表 5.1.8-1 接缝密封材料基础数据

中文字段名称	数据类型	数据格式	计量单位	值 域	约束条件
种类	字符型	C..10	—	—	M
材质	字符型	C..10	—	—	M
用途	字符型	C..100	—	—	M
适用材质	字符型	C..50	—	—	M

表 5.1.8-2 密封膏基础数据

中文字段名称	数据类型	数据格式	计量单位	值 域	约束条件
材质	字符型	C..10	—	—	M
用途	字符型	C..60	—	—	M
表干时间	数值型	N..20	h	—	O
流动性	数值型	N..10	mm	—	O
低温柔性	数值型	N..20	℃	—	O

表 5.1.8-3 堵漏材料基础数据

中文字段名称	数据类型	数据格式	计量单位	值 域	约束条件
种类	枚举型	C..10	—	按本规范表 A-13 堵漏材料种类表	M
主要成分	字符型	C..10	—	—	O
用途	字符型	C..60	—	—	M
初凝时间	数值型	N..20	min	—	O
终凝时间	数值型	N..20	min	—	O
抗压强度	数值型	N..20	MPa	—	O
抗折强度	数值型	N..20	MPa	—	O
粘结强度	数值型	N..20	MPa	—	O
耐热性	字符型	C..30	—	—	O

5.2 门窗和幕墙

5.2.1 门窗和幕墙基本材料和应用应包括钢门窗型材、铝门窗型材及塑料和塑料复合门窗型材，产品基础数据应符合表 5.2.1-1～表 5.2.1-3 的规定。

表 5.2.1-1 钢门窗型材基础数据

中文字段名称	数据类型	数据格式	计量单位	值 域	约束条件
钢材种类	字符型	C..20	—	—	M
型材壁厚	数值型	N..10	mm	—	M
表面处理	字符型	C..20	—	—	M

表 5.2.1-2 铝门窗型材基础数据

中文字段名称	数据类型	数据格式	计量单位	值 域	约束条件
型材壁厚	数值型	N..10	mm	—	M
表面处理方式	枚举型	C..10	—	按本规范表 A-14 铝门窗型材表面处理方式表	M
精度等级	枚举型	C..10	—	按本规范表 A-15 铝门窗型材精度等级表	M
材质	字符型	C..20	—	—	M

表 5.2.1-3 塑料和塑料复合门窗型材基础数据

中文字段名称	数据类型	数据格式	计量单位	值 域	约束条件
型材材质	字符型	C..40	—	—	M
型材腔体数量	数值型	N..5	个	—	M
表面处理	字符型	C..50	—	—	M

5.2.2 金属门和门框基础数据应符合表 5.2.2 的规定。

表 5.2.2 金属门和门框基础数据

中文字段名称	数据类型	数据格式	计量单位	值 域	约束条件
型材材质	字符型	C..20	—	—	M
表面处理	字符型	C..20	—	—	M
抗风压性能等级	枚举型	N..2	—	按本规范表 A-16 抗风压性能等级表	O
水密性能等级	枚举型	N..2	—	按本规范表 A-17 水密性能等级表	O
气密性能等级	枚举型	N..2	—	按本规范表 A-18 气密性能等级表	O
保温性能等级	枚举型	N..2	—	按本规范表 A-19 保温性能等级表	O
空气隔声性能等级	枚举型	N..2	—	按本规范表 A-20 空气隔声性能等级表	O
撞击性能	字符型	C..40	—	—	O
启闭力	数值型	N..10	N	—	O
反复启闭性能	数值型	N..4	万次	—	O

5.2.3 木和塑料门及门框基础数据应符合表 5.2.3 的规定。

表 5.2.3 木和塑料门及门框基础数据

中文字段名称	数据类型	数据格式	计量单位	值 域	约束条件
材质	字符型	C..12	—	—	M
老化时间	数值型	N..5	h	—	C (塑料门)
抗风压性能等级	枚举型	N..2	—	按本规范表 A-16 抗风压性能等级表	O
气密性能等级	枚举型	N..2	—	按本规范表 A-18 气密性能等级表	O
保温性能等级	枚举型	N..2	—	按本规范表 A-19 保温性能等级表	O
空气隔声性能等级	枚举型	N..2	—	按本规范表 A-20 空气隔声性能表	O

5.2.4 特殊门基础数据应符合表 5.2.4 的规定。

表 5.2.4 特殊门基础数据

中文字段名称	数据类型	数据格式	计量单位	值 域	约束条件
材质	字符型	C..12	—	—	M
启闭方式	字符型	C..20	—	—	M
用途	字符型	C..40	—	—	M

5.2.5 入口和商店铺面产品应包括自动入口大门和旋转入口大门，产品基础数据应符合表 5.2.5-1、表 5.2.5-2 的规定。

表 5.2.5-1 自动入口大门基础数据

中文字段名称	数据类型	数据格式	计量单位	值 域	约束条件
门体尺寸	字符型	C..20	—	—	M
门体开启方式	字符型	C..40	—	—	M
门体材料	字符型	C..20	—	—	M
电机功率	数值型	N..8	kW	—	O
电源	枚举型	C..16	—	按本规范表 A-68 电源种类表	O

表 5.2.5-2 旋转入口大门基础数据

中文字段名称	数据类型	数据格式	计量单位	值 域	约束条件
门体尺寸	字符型	C..20	—	—	M
种类	字符型	C..40	—	—	M
门体材料	枚举型	C..20	—	按本规范表 A-21 旋转入口门门体材料表	M
电机功率	数值型	N..8	kW	—	O
电源	枚举型	C..16	—	按本规范表 A-68 电源种类表	O

5.2.6 窗应包括钢窗、铝窗、木窗、塑料窗、复合窗和特殊功能窗，产品基础数据应符合表 5.2.6-1～表 5.2.6-6 的规定。

表 5.2.6-1 钢窗基础数据

中文字段名称	数据类型	数据格式	计量单位	值 域	约束条件
表面处理	字符型	C..50	—	—	M
玻璃种类	字符型	C..20	—	—	M
五金件	字符型	C..50	—	—	M
密封胶条	字符型	C..30	—	—	M
开启方式	字符型	C..20	—	—	M
抗风压性能等级	枚举型	N..2	—	按本规范表 A-16 抗风压性能等级表	O

中文字段名称	数据类型	数据格式	计量单位	值域	约束条件
水密性能等级	枚举型	N..2	—	按本规范表 A-17 水密性能等级表	O
气密性能等级	枚举型	N..2	—	按本规范表 A-18 气密性能等级表	O
保温性能等级	枚举型	N..2	—	按本规范表 A-19 保温性能等级表（5 级~10 级）	O
空气隔声性能等级	枚举型	N..2	—	按本规范表 A-22 窗空气隔声性能分级表	O
采光性能等级	枚举型	N..2	—	按本规范表 A-23 窗采光性能分级表	O

表 5.2.6-2　铝窗基础数据

中文字段名称	数据类型	数据格式	计量单位	值域	约束条件
表面处理	字符型	C..50	—	—	M
玻璃种类	字符型	C..20	—	—	M
五金件	字符型	C..50	—	—	M
密封胶条	字符型	C..30	—	—	M
开启方式	字符型	C..20	—	—	M
抗风压性能等级	枚举型	N..2	—	按本规范表 A-16 抗风压性能等级表	O
水密性能等级	枚举型	N..2	—	按本规范表 A-17 水密性能等级表	O
气密性能等级	枚举型	N..2	—	按本规范表 A-18 气密性能等级表	O
保温性能等级	枚举型	N..2	—	按本规范表 A-19 保温性能等级表	O
空气隔声性能等级	枚举型	N..2	—	按本规范表 A-20 空气隔声性能表	O
遮阳性能等级	枚举型	N..2	—	按本规范表 A-24 窗遮阳性能分级表	O
采光性能等级	枚举型	N..2	—	按本规范表 A-23 窗采光性能分级表	O

表 5.2.6-3　木窗基础数据

中文字段名称	数据类型	数据格式	计量单位	值域	约束条件
型材材质	字符型	C..20	—	—	M
表面处理	字符型	C..50	—	—	M
玻璃种类	字符型	C..20	—	—	M

中文字段名称	数据类型	数据格式	计量单位	值域	约束条件
五金件	字符型	C..50	—	—	M
密封胶条	字符型	C..30	—	—	M
开启方式	字符型	C..20	—	—	M
抗风压性能等级	枚举型	N..2	—	按本规范表 A-16 抗风压性能等级表	O
水密性能等级	枚举型	N..2	—	按本规范表 A-17 水密性能等级表	O
气密性能等级	枚举型	N..2	—	按本规范表 A-18 气密性能等级表	O
保温性能等级	枚举型	N..2	—	按本规范表 A-19 保温性能等级表	O
空气隔声性能等级	枚举型	N..2	—	按本规范表 A-20 空气隔声性能表	O

表 5.2.6-4　塑料窗基础数据

中文字段名称	数据类型	数据格式	计量单位	值域	约束条件
玻璃种类	字符型	C..20	—	—	M
五金件	字符型	C..50	—	—	M
密封胶条	字符型	C..30	—	—	M
开启方式	字符型	C..20	—	—	M
分类	字符型	C..30	—	—	M
型材老化时间	数值型	N..5	h	—	M
抗风压性能等级	枚举型	N..2	—	按本规范表 A-16 抗风压性能等级表	O
水密性能等级	枚举型	N..2	—	按本规范表 A-17 水密性能等级表	O
气密性能等级	枚举型	N..2	—	按本规范表 A-18 气密性能等级表（3 级~5 级）	O
保温性能等级	枚举型	N..2	—	按本规范表 A-25 塑料窗保温性能等级表	O
空气隔声性能等级	枚举型	N..2	—	按本规范表 A-22 窗空气隔声性能分级表（2 级~6 级）	O
采光性能等级	枚举型	N..2	—	按本规范表 A-23 窗采光性能分级表	O

表 5.2.6-5　复合窗基础数据

中文字段名称	数据类型	数据格式	计量单位	值域	约束条件
型材材质	字符型	C..20	—	—	M
表面处理	字符型	C..50	—	—	M

中文字段名称	数据类型	数据格式	计量单位	值 域	约束条件
玻璃种类	字符型	C..20	—	—	M
五金件	字符型	C..50	—	—	M
密封胶条	字符型	C..30	—	—	M
开启方式	字符型	C..20	—	—	M
抗风压性能等级	枚举型	N..2	—	按本规范表 A-16 抗风压性能等级表	O
水密性能等级	枚举型	N..2	—	按本规范表 A-17 水密性能等级表	O
气密性能等级	枚举型	N..2	—	按本规范表 A-18 气密性能等级表	O
保温性能等级	枚举型	N..2	—	按本规范表 A-19 保温性能等级表	O
空气隔声性能等级	枚举型	N..2	—	按本规范表 A-20 空气隔声性能表	O
采光性能等级	枚举型	N..2	—	按本规范表 A-23 窗采光性能分级表	O

表 5.2.6-6　特殊功能窗基础数据

中文字段名称	数据类型	数据格式	计量单位	值 域	约束条件
型材材质	字符型	C..20	—	—	M
用途	字符型	C..12	—	—	M
开启方式	字符型	C..20	—	—	M
玻璃种类	字符型	C..20	—	—	O
五金件	字符型	C..50	—	—	M
密封胶条	字符型	C..30	—	—	M

5.2.7　天窗和采光屋顶产品应包括屋顶窗、采光屋顶和金属框采光屋顶，产品基础数据应符合表 5.2.7-1～表 5.2.7-3 的规定。

表 5.2.7-1　屋顶窗产品基础数据

中文字段名称	数据类型	数据格式	计量单位	值 域	约束条件
型材材质	字符型	C..20	—	—	M
玻璃种类	字符型	C..20	—	—	O
五金件	字符型	C..50	—	—	O
密封胶条	字符型	C..30	—	—	O
开启方式	字符型	C..20	—	—	M
水密性能等级	枚举型	N..2	—	按本规范表 A-17 水密性能等级表	O
气密性能等级	枚举型	N..2	—	按本规范表 A-18 气密性能等级表	O
抗风压性能	数值型	N..4	kPa	≥1.0	O

中文字段名称	数据类型	数据格式	计量单位	值 域	约束条件
采光性能等级	枚举型	N..2	—	按本规范表 A-26 屋顶窗采光性能分级表	O
保温性能等级	枚举型	N..2	—	按本规范表 A-27 屋顶窗保温性能等级表	O

表 5.2.7-2　采光屋顶产品基础数据

中文字段名称	数据类型	数据格式	计量单位	值 域	约束条件
型材材质	字符型	C..20	—	—	M
五金件	字符型	C..50	—	—	O
密封胶条	字符型	C..30	—	—	O
开启方式	字符型	C..20	—	—	M
采光材料	字符型	C..20	—	—	M
气密性能等级	枚举型	N..2	—	按本规范表 A-28 采光屋顶气密性能等级表	O
水密性能等级	枚举型	N..2	—	按本规范表 A-17 水密性能等级表	O
抗风压性能	数值型	N..4	kPa	≥1.0	O
采光性能等级	枚举型	N..2	—	按本规范表 A-26 屋顶窗采光性能分级表	O
保温性能等级	枚举型	N..2	—	按本规范表 A-27 屋顶窗保温性能等级表	O

表 5.2.7-3　金属框采光屋顶产品基础数据

中文字段名称	数据类型	数据格式	计量单位	值 域	约束条件
型材材质	字符型	C..20	—	—	M
五金件	字符型	C..50	—	—	O
密封胶条	字符型	C..30	—	—	O
开启方式	字符型	C..20	—	—	M
采光材料	字符型	C..20	—	—	M
气密性能等级	枚举型	N..2	—	按本规范表 A-28 采光屋顶气密性能等级表	O
水密性能等级	枚举型	N..2	—	按本规范表 A-17 水密性能等级表	O
抗风压性能	数值型	N..4	kPa	≥1.0	O
采光性能等级	枚举型	N..2	—	按本规范表 A-26 屋顶窗采光性能分级表	O
保温性能等级	枚举型	N..2	—	按本规范表 A-27 屋顶窗保温性能等级表	O
金属框架	字符型	C..20	—	—	M

5.2.8 门窗五金配件应包括门五金配件、门窗密封件、电动门五金、窗五金和特殊功能五金，产品基础数据应符合表 5.2.8-1～表 5.2.8-5 的规定。

表 5.2.8-1　门五金配件产品基础数据

中文字段名称	数据类型	数据格式	计量单位	值域	约束条件
种类	字符型	C..40	—	—	M
功能	字符型	C..50	—	—	M
静态荷载	数值型	N..6	N	2400～11450	O
启闭力	数值型	N..2	N	≤50	O
反复启闭性能	数值型	N..6	次	—	O
冲击性能	数值型	N..2	N	≤120	O

表 5.2.8-2　门窗密封件产品基础数据

中文字段名称	数据类型	数据格式	计量单位	值域	约束条件
材料	字符型	C..40	—	—	M
硬度（邵氏 A）	字符型	C..4	—	—	O
拉伸强度	数值型	N..4	MPa	≥5	O
热空气老化性能	字符型	C..100	—	—	O
回弹恢复等级	枚举型	N..2	—	按本规范表 A-29 回弹恢复等级表	O
加热收缩率	数值型	N..4	%	<2	O
老化性能	字符型	C..100	—	—	O

表 5.2.8-3　电动门五金产品基础数据

中文字段名称	数据类型	数据格式	计量单位	值域	约束条件
种类	字符型	C..40	—	—	M
材质	字符型	C..20	—	—	M
功能	字符型	C..40	—	—	M
反复启闭性能	数值型	N..6	次	—	O
承载质量	数值型	N..4	kg	—	C（铰链）
转动力	数值型	N..4	N	—	C（铰链）
启闭力	数值型	N..4	N	—	O
操作力	数值型	N..4	N·m	—	O
强度	数值型	N..6	N	—	C（插销）
自定位力	数值型	N..4	N	—	C（滑撑）
悬端吊重	数值型	N..4	N	—	C（滑撑）
刚性	数值型	N..6	N	—	C（滑撑）
电机功率	数值型	N..8	kW	—	O
电源	枚举型	C..16	—	按本规范表 A-68 电源种类表	O

表 5.2.8-4　窗五金产品基础数据

中文字段名称	数据类型	数据格式	计量单位	值域	约束条件
种类	字符型	C..40	—	—	M
材质	字符型	C..20	—	—	M
功能	字符型	C..40	—	—	M
反复启闭性能	数值型	N..6	次	—	O
承载质量	数值型	N..4	kg	—	C（铰链）
转动力	数值型	N..4	N	—	C（铰链）
启闭力	数值型	N..4	N	—	O
操作力	数值型	N..4	N·m	—	O
强度	数值型	N..6	N	—	C（插销）
自定位力	数值型	N..4	N	—	C（滑撑）
悬端吊重	数值型	N..4	N	—	C（滑撑）
刚性	数值型	N..6	N	—	C（滑撑）

表 5.2.8-5　特殊功能五金产品基础数据

中文字段名称	数据类型	数据格式	计量单位	值域	约束条件
种类	字符型	C..40	—	—	M
材质	字符型	C..20	—	—	M
功能	字符型	C..60	—	—	M

5.2.9 玻璃和配件应包括玻璃产品，产品基础数据应符合表 5.2.9 的规定。

表 5.2.9　玻璃产品基础数据

中文字段名称	数据类型	数据格式	计量单位	值域	约束条件
用途	字符型	C..50	—	—	M
种类	字符型	C..30	—	—	M
可见光透射比	数值型	N..10	%	—	O
可见光反射比	数值型	N..10	%	—	O
太阳光直接透射比	数值型	N..10	%	—	O
太阳能总透射比	数值型	N..10	%	—	O
传热系数	数值型	N..8	W/(m²·K)	—	O
遮阳系数	数值型	N..6	—	—	O
隔声性能	数值型	N..6	dB	—	O
抗风压性能	数值型	N..3	kPa	—	O

5.2.10 幕墙应包括金属幕墙和玻璃幕墙，产品基础数据应符合表 5.2.10-1、表 5.2.10-2 的规定。

表 5.2.10-1　金属幕墙基础数据

中文字段名称	数据类型	数据格式	计量单位	值域	约束条件
面板材质	字符型	C..20	—	—	M
表面处理	字符型	C..50	—	—	M
构造	字符型	C..30	—	—	M

续表 5.2.10-1

中文字段名称	数据类型	数据格式	计量单位	值域	约束条件
抗风压性能	数值型	N..3	kPa	≥1.0	O
气密性能	数值型	N..4	m³/(m·h)	≤2.5	C(开启部分)
气密性能	数值型	N..4	m³/(m²·h)	≤2.0	C(幕墙整体)
水密性能	数值型	N..6	Pa	≥250	C(可开启部分)
水密性能	数值型	N..6	Pa	≥500	C(固定部分)
热工性能	数值型	N..6	W/(m²·K)	—	O
空气声隔声性能	数值型	N..6	dB	≥25	O
密封胶	字符型	C..30	—	—	O
耐撞击性能	字符型	C..50	—	—	O

表 5.2.10-2 玻璃幕墙基础数据

中文字段名称	数据类型	数据格式	计量单位	值域	约束条件
构造	字符型	C..30	—	—	M
玻璃种类	字符型	C..40	—	—	M
抗风压性能	数值型	N..3	kPa	≥1.0	O
气密性能	数值型	N..4	m³/(m·h)	≤2.5	C(开启部分)
气密性能	数值型	N..4	m³/(m²·h)	≤2.0	C(幕墙整体)
水密性能	数值型	N..6	Pa	≥250	C(可开启部分)
水密性能	数值型	N..6	Pa	≥500	C(固定部分)
热工性能	数值型	N..6	W/(m²·K)	—	O
空气声隔声性能	数值型	N..6	dB	≥25	O
耐撞击性能	字符型	C..50	—	—	O
密封胶	字符型	C..30	—	—	O
五金件	字符型	C..30	—	—	O

5.3 室内外装饰

5.3.1 金属龙骨系统基础数据应符合表 5.3.1 的规定。

表 5.3.1 金属龙骨系统基础数据

中文字段名称	数据类型	数据格式	计量单位	值域	约束条件
材质	字符型	C..20	—	—	M
用途	字符型	C..20	—	—	M
截面形状	字符型	C..20	—	—	O
平直度	数值型	N..6	mm/1000mm	—	O
抗冲击性试验	字符型	C..20	—	—	C(非承重墙龙骨系统)
静载试验	字符型	C..20	—	—	C(非承重墙龙骨系统)
双面镀锌量	数值型	N..10	g/m²	—	O
耐火性	字符型	C..40	—	—	O

5.3.2 抹面灰浆和非承重隔墙产品应包括石膏基抹面灰浆、水泥基抹面灰浆、石膏板、薄板龙骨隔墙和轻质条板隔墙，产品基础数据应符合表 5.3.2-1～表 5.3.2-5 的规定。

表 5.3.2-1 石膏基抹面灰浆产品基础数据

中文字段名称	数据类型	数据格式	计量单位	值域	约束条件
种类	枚举型	C..16	—	按本规范表A-30石膏基抹面灰浆产品分类表	M
抗折强度	数值型	N..6	MPa	≥2	C(面层粉刷石膏,底层粉刷石膏)
保水率	数值型	N..6	%	—	O
剪切粘结强度	数值型	N..6	MPa	≥0.3	C(面层粉刷石膏,底层粉刷石膏)
凝结时间	数值型	N..6	min	≥60,≤480	O

表 5.3.2-2 水泥基抹面灰浆产品基础数据

中文字段名称	数据类型	数据格式	计量单位	值域	约束条件
种类	枚举型	C..6	—	按本规范表A-31水泥基抹面灰浆产品分类表	M
标号	字符型	C..20	—	—	M
收缩率	数值型	N..6	%	≤0.15	O
保水率	数值型	N..6	%	—	O
粘结强度	数值型	N..6	MPa	≥1.0	O

表 5.3.2-3 石膏板产品基础数据

中文字段名称	数据类型	数据格式	计量单位	值域	约束条件
种类	枚举型	C..20	—	按本规范表A-32石膏板产品分类表	M
规格	字符型	C..20	mm	—	M
面密度	数值型	N..6	kg/m²	≤25	M
断裂荷载	数值型	N..6	N	≥1400	O
硬度	数值型	N..4	N	≥70	O
抗冲击性	字符型	C..20	—	—	O
吸水率	数值型	N..4	%	≤10	C(耐水纸面石膏板、耐水耐火纸面石膏板)
表面吸水量	数值型	N..4	g/m²	≤160	C(耐水纸面石膏板、耐水耐火纸面石膏板)

表 5.3.2-4　薄板龙骨隔墙产品基础数据

中文字段名称	数据类型	数据格式	计量单位	值　域	约束条件
面板材质	字符型	C..20	—		M
面板规格	字符型	C..20	mm		M
面板密度	数值型	N..6	g/cm³		M
面板抗折强度	数值型	N..4	MPa		M
龙骨材质	字符型	C..20	—		M
龙骨规格	字符型	C..20	mm		M
构造	字符型	C..100	—		O
隔声量	数值型	N..4	dB	≥35	O
耐火极限	数值型	N..20	h		O

表 5.3.2-5　轻质条板隔墙产品基础数据

中文字段名称	数据类型	数据格式	计量单位	值　域	约束条件
材质	字符型	C..20	—		M
抗弯破坏荷载	数值型	N..10	kN		O
隔声量	数值型	N..4	dB	≥35	O
防火性能	字符型	C..8	—		O
放射性核素限量	字符型	C..40	—		O

5.3.3 面砖应包括陶瓷面砖和玻璃马赛克,产品基础数据应符合表 5.3.3-1、表 5.3.3-2 的规定。

表 5.3.3-1　陶瓷面砖产品基础数据

中文字段名称	数据类型	数据格式	计量单位	值　域	约束条件
成型方法	字符型	C..16	—		M
材质	字符型	C..6	—		M
用途	字符型	C..40	—		M
规格	字符型	C..40	mm		O
吸水率	数值型	N..2	%		O
破坏强度	数值型	N..6	N	≥600	O
断裂模数	数值型	N..4	N	≥7	C
耐磨性	字符型	C..40	—		O(地砖)
摩擦系数	字符型	C..40	—		O(地砖)
抗冻性	字符型	C..40	—		O(室外)
耐污性	字符型	C..40	—		O
放射性核素限量	字符型	C..40	—		O

表 5.3.3-2　玻璃马赛克产品基础数据

中文字段名称	数据类型	数据格式	计量单位	值　域	约束条件
材质	字符型	C..16	—		M
热稳定性	字符型	C..40	—		O
化学稳定性	字符型	C..40	—		O
抗冻性	字符型	C..40	—		O

5.3.4 水磨石产品应包括预制水磨石,产品基础数据应符合表 5.3.4 的规定。

表 5.3.4　预制水磨石产品基础数据

中文字段名称	数据类型	数据格式	计量单位	值　域	约束条件
种类	字符型	C..20	—		M
树脂种类	字符型	C..30	—		C(树脂型水磨石)
光泽度	字符型	C..20	—		O
表面吸水值	数值型	N..4	g/cm²	<0.4	O
总吸水率	数值型	N..4	%	<8	O
抗折强度	数值型	N..6	MPa	≥3.92	O

5.3.5 吊顶应包括吸声吊顶、装饰吊顶、木吊顶和装饰格栅吊顶,产品基础数据应符合表 5.3.5-1～表 5.3.5-4 的规定。

表 5.3.5-1　吸声吊顶基础数据

中文字段名称	数据类型	数据格式	计量单位	值　域	约束条件
种类	字符型	C..40	—	—	M
材质	字符型	C..20	—	—	M
涂层性能	字符型	C..40	—	—	O
降噪系数	数值型	N..6	—	—	M
耐污染性能	字符型	C..30	—	—	O
甲醛释放量	数值型	N..4	—	—	O
可燃物含量	数值型	N..10	—	—	O
耐光色牢度	字符型	C..20	—	—	O
静曲强度	数值型	N..10	—	—	O
燃烧性能	字符型	C..10	—	—	O

表 5.3.5-2　装饰吊顶产品基础数据

中文字段名称	数据类型	数据格式	计量单位	值　域	约束条件
种类	字符型	C..40	—	—	M
材质	字符型	C..20	—	—	M
耐污染性能	字符型	C..30	—	—	O
抗拉强度	数值型	N..10	—	—	O
甲醛释放量	数值型	N..10	—	—	O
可燃物含量	数值型	N..10	—	—	O
耐光色牢度	字符型	C..20	—	—	O
静曲强度	数值型	N..10	MPa	—	O
燃烧性能	字符型	C..10	—	—	O

表 5.3.5-3　木吊顶产品基础数据

中文字段名称	数据类型	数据格式	计量单位	值　域	约束条件
种类	字符型	C..40	—	—	M
材质	字符型	C..20	—	—	M
耐污染性能	字符型	C..30	—	—	O
抗拉强度	数值型	N..10	—	—	O
甲醛释放量	数值型	N..10	—	—	O
可燃物含量	数值型	N..10	—	—	O
耐光色牢度	字符型	C..20	—	—	O
静曲强度	数值型	N..10	MPa	—	O
燃烧性能	字符型	C..10	—	—	O

表 5.3.5-4　装饰格栅吊顶产品基础数据

中文字段名称	数据类型	数据格式	计量单位	值　域	约束条件
种类	字符型	C..40	—	—	M
材质	字符型	C..20	—	—	M
涂层性能	字符型	C..40	—	—	O
耐污染性能	字符型	C..30	—	—	O
抗拉强度	数值型	N..10	—	—	O
甲醛释放量	数值型	N..10	—	—	O
可燃物含量	数值型	N..10	—	—	O
耐光色牢度	字符型	C..20	—	—	O
静曲强度	数值型	N..10	MPa	—	O
燃烧性能	字符型	C..10	—	—	O

5.3.6　地面装饰材料包括砖石地面、竹地面、木地面、弹性地面、抗静电地面和地毯，产品基础数据应符合表 5.3.6-1～表 5.3.6-6 的规定。

表 5.3.6-1　砖石地面产品基础数据

中文字段名称	数据类型	数据格式	计量单位	值　域	约束条件
材质	字符型	C..20	—	—	M
用途	字符型	C..60	—	—	M
加工处理方式	字符型	C..40	—	—	O
铺设方式	字符型	C..80	—	—	O

表 5.3.6-2　竹地面产品基础数据

中文字段名称	数据类型	数据格式	计量单位	值　域	约束条件
种类	字符型	C..50	—	—	M
含水率	数值型	N..4	%	6～15	O
静曲强度	数值型	N..4	MPa	≥75	O
磨耗值	数值型	N..4	g/100r	≤0.15	O

中文字段名称	数据类型	数据格式	计量单位	值　域	约束条件
表面漆膜附着力	字符型	C..10	—	—	O
甲醛释放量	数值型	N..4	mg/L	≤1.5	O
表面抗冲击性能	字符型	C..20	—	—	O

表 5.3.6-3　木地面产品基础数据

中文字段名称	数据类型	数据格式	计量单位	值　域	约束条件
种类	字符型	C..20	—	符合现行国家标准《实木地板技术要求》GB/T 15036.1 要求	M
木材种类	字符型	C..50	—	—	M
含水率	数值型	N..4	%	—	O
漆板表面耐磨	数值型	N..4	g/100r	≤0.15	O
漆膜附着力	数值型	N..2	—	—	O

表 5.3.6-4　弹性地面产品基础数据

中文字段名称	数据类型	数据格式	计量单位	值　域	约束条件
种类	字符型	C..20	—	—	M
成分	字符型	C..10	—	—	M
耐磨级别	字符型	C..10	—	—	O
防滑性能	字符型	C..10	—	—	O
抗污性能指数	数值型	N..2	—	—	O

表 5.3.6-5　抗静电地面产品基础数据

中文字段名称	数据类型	数据格式	计量单位	值　域	约束条件
种类	字符型	C..10	—	符合现行行业标准《防静电活动地板通用规范》SJ/T 10796 要求	M
基材	字符型	C..30	—	—	M
承载类型	字符型	C..10	—	—	O
电阻值	字符型	C..10	Ω	—	M

表 5.3.6-6　地毯产品基础数据

中文字段名称	数据类型	数据格式	计量单位	值　域	约束条件
种类	字符型	C..20	—	符合现行行业标准《地毯分类命名》QB/T 2213 要求	M
用途	字符型	C..60	—	—	M
纤维种类	字符型	C..40	—	—	M
织造方式	字符型	C..20	—	—	M
色牢度	字符型	C..20	—	—	O

5.3.7　墙面装饰材料基础数据应符合表 5.3.7 的规定。

表 5.3.7 墙面装饰材料基础数据

中文字段名称	数据类型	数据格式	计量单位	值 域	约束条件
材料	字符型	C..20	—		M
功能	字符型	C..80	—		M
做法	字符型	C..100	—		M

5.3.8 音响处理产品应包括吸声体及吸声材料和密封膏，产品基础数据应符合表 5.3.8-1、表 5.3.8-2 的规定。

表 5.3.8-1 吸声体产品基础数据

中文字段名称	数据类型	数据格式	计量单位	值 域	约束条件
材质	字符型	C..20	—		M
做法	字符型	C..60	—		O
面密度	数值型	N..20	kg/m^2		O
降噪系数	数值型	N..6	—		M

表 5.3.8-2 吸声材料和密封膏产品基础数据

中文字段名称	数据类型	数据格式	计量单位	值 域	约束条件
材质	字符型	C..20	—		M
种类	字符型	C..20	—		O
降噪系数	数值型	N..6	—		M
体积密度	数值型	N..6	kg/m^3	≤500	O
含水率	数值型	N..20	%	≤3.0	O
受潮挠度	数值型	N..6	mm	≤1.0	O

5.3.9 油漆和涂料产品应包括油漆、着色和透明涂层、装饰涂层、高性能涂料、钢结构涂料及混凝土和砌体涂料，产品基础数据应符合表 5.3.9-1～表 5.3.9-6 的规定。

表 5.3.9-1 油漆基础数据

中文字段名称	数据类型	数据格式	计量单位	值 域	约束条件
基料种类	字符型	C..20	—	符合现行行业标准《溶剂型聚氨酯涂料（双组分）》HG/T 2454 要求	M
用途	字符型	C..20	—		M
分散剂	字符型	C..8	—		M
光泽	数值型	N..6	—		O
硬度	字符型	C..2	—		O
耐水性	字符型	C..20	—		O
耐磨性	字符型	C..20	—		O
干燥时间(表干)	数值型	N..4	h		O
TVOC含量	数值型	N..6	mg/kg		O

表 5.3.9-2 着色和透明涂层产品基础数据

中文字段名称	数据类型	数据格式	计量单位	值 域	约束条件
基料种类	字符型	C..20	—	符合现行行业标准《硝基清漆》HG/T 2592 要求	M
用途	字符型	C..20	—		M
光泽	数值型	N..6	—		O
硬度	字符型	C..2	—		O
耐水性	字符型	C..20	—		O
耐磨性	字符型	C..20	—		O
干燥时间(表干)	数值型	N..4	h		O
TVOC含量	数值型	N..6	mg/kg		O

表 5.3.9-3 装饰涂层产品基础数据

中文字段名称	数据类型	数据格式	计量单位	值 域	约束条件
基料种类	字符型	C..60	—		M
用途	字符型	C..20	—		M
对比率	数值型	N..4	—		O
干燥时间(表干)	数值型	N..4	h		O
耐碱性	字符型	C..20	—		O
耐水性	字符型	C..20	—		O
耐洗刷性	数值型	N..4	次		O
耐人工气候老化性	字符型	C..20	—		O
TVOC含量	数值型	N..6	mg/kg		O

表 5.3.9-4 高性能涂料产品基础数据

中文字段名称	数据类型	数据格式	计量单位	值 域	约束条件
基料种类	字符型	C..60	—		M
用途	字符型	C..20	—		M
对比率	数值型	N..4	—		O
干燥时间(表干)	数值型	N..4	h		O
耐碱性	字符型	C..20	—		O
耐水性	字符型	C..20	—		O
耐洗刷性	数值型	N..4	次		O
耐人工气候老化性	字符型	C..20	—		O
TVOC含量	数值型	N..6	mg/kg		O

表 5.3.9-5 钢结构涂料产品基础数据

中文字段名称	数据类型	数据格式	计量单位	值 域	约束条件
基料种类	字符型	C..60	—		M
种类	字符型	C..60	—		M
耐火极限	字符型	C..60	h		O
干燥时间	数值型	N..4	h		O
粘结强度	数值型	N..8	MPa		O
耐碱性	字符型	C..20	—		O
耐水性	字符型	C..20	—		O

表 5.3.9-6 混凝土和砌体涂料产品基础数据

中文字段名称	数据类型	数据格式	计量单位	值 域	约束条件
基料种类	字符型	C..60	—	—	M
用途	字符型	C..20	—	—	M
干燥时间	数值型	N..4	h	—	O
粘结强度	数值型	N..4	MPa	—	O
耐碱性	字符型	C..20	—	—	O
耐水性	字符型	C..20	—	—	O
耐火极限	字符型	C..60	—	—	O

5.4 专用建筑制品

5.4.1 旗杆产品基础数据应符合表 5.4.1 的规定。

表 5.4.1 旗杆产品基础数据

中文字段名称	数据类型	数据格式	计量单位	值 域	约束条件
材质	字符型	C..10	—	—	M
升旗方式	字符型	C..20	—	—	O
高度	数值型	N..10	mm	—	M

5.4.2 隔断应包括折叠门、可拆卸隔断、活动隔断、屏网和隔板，产品基础数据应符合表 5.4.2-1～表 5.4.2-3 的规定。

表 5.4.2-1 折叠门产品基础数据

中文字段名称	数据类型	数据格式	计量单位	值 域	约束条件
材质	字符型	C..20	—	—	M
自动启闭力	数值型	N..4	N	≤180	O
手动开启力	数值型	N..4	N	≤100	O
启闭速度	数值型	N..4	mm/s	≤350	O
反复启闭次数	数值型	N..8	次	—	O
水密性	数值型	N..4	Pa	≥100	O
气密性能等级	枚举型	N..2	—	按本规范表 A-18 气密性能等级表	O

表 5.4.2-2 可拆卸隔断产品基础数据

中文字段名称	数据类型	数据格式	计量单位	值 域	约束条件
材质	字符型	C..20	—	—	M
规格	字符型	C..20	—	—	O
耐腐蚀性	字符型	C..20	—	—	O
安全稳定性	字符型	C..20	—	—	O
抗侧撞性	数值型	N..4	N	—	O
变形极限	字符型	C..20	—	—	O
耐久性	字符型	C..20	—	—	O
耐火性	字符型	C..20	—	—	O
耐撞击性	字符型	C..20	—	—	O
隔声性能	数值型	N..4	dB	—	O

表 5.4.2-3 活动隔断、屏网和隔板产品基础数据

中文字段名称	数据类型	数据格式	计量单位	值 域	约束条件
材质	字符型	C..20	—	—	M
耐腐蚀性	字符型	C..20	—	—	O
安全稳定性	字符型	C..20	—	—	O
抗侧撞性	数值型	N..4	N	—	O
变形极限	字符型	C..20	—	—	O
耐久性	字符型	C..20	—	—	O
耐火性	字符型	C..20	—	—	O
耐撞击性	字符型	C..20	—	—	O
隔声性能	数值型	N..4	dB	—	O

5.4.3 门窗外部遮挡装置包括外部遮挡装置和外部百叶窗，产品基础数据应符合表 5.4.3-1、表 5.4.3-2 的规定。

表 5.4.3-1 外部遮挡装置产品基础数据

中文字段名称	数据类型	数据格式	计量单位	值 域	约束条件
材质	字符型	C..20	—	符合现行行业标准《建筑用遮阳天篷帘》JG/T 252 要求	M
耐候性	字符型	C..20	—	—	O
遮阳系数	字符型	C..20	—	—	O
耐腐蚀性	字符型	C..20	—	—	O
耐火性	字符型	C..20	—	—	O
强度	字符型	C..20	—	—	O
抗风性能	数值型	N..20	N/m²	—	O
机械耐久性	数值型	N..6	次	—	O

表 5.4.3-2 外部百叶窗产品基础数据

中文字段名称	数据类型	数据格式	计量单位	值 域	约束条件
材质	字符型	C..20	—	符合现行行业标准《建筑用遮阳天篷帘》JG/T 252 要求	M
耐候性	字符型	C..20	—	—	O
耐腐蚀性	字符型	C..20	—	—	O
耐火性	字符型	C..20	—	—	O
强度	字符型	C..20	—	—	O
抗风性能	数值型	N..20	N/m²	—	O
机械耐久性	数值型	N..6	次	—	O

5.5 家具和装饰品

5.5.1 家具产品基础数据应符合表 5.5.1 的规定。

表 5.5.1　家具产品基础数据

中文字段名称	数据类型	数据格式	计量单位	值　域	约束条件
材质	字符型	C..20	—	—	M
力学性能	字符型	C..60	—	—	O
有害物质限量	字符型	C..60	—	—	O

5.5.2 并联座椅产品基础数据应符合表 5.5.2 的规定。

表 5.5.2　并联座椅产品基础数据

中文字段名称	数据类型	数据格式	计量单位	值　域	约束条件
材质	字符型	C..20	—	—	M
力学性能	字符型	C..60	—	—	O
耐老化性能	字符型	C..80	—	—	O
功能	字符型	C..80	—	—	O

5.5.3 组合家具产品基础数据应符合表 5.5.3 的规定。

表 5.5.3　组合家具产品基础数据

中文字段名称	数据类型	数据格式	计量单位	值　域	约束条件
材质	字符型	C..20	—	—	M
力学性能	字符型	C..60	—	—	O
有害物质限量	字符型	C..50	—	—	O

5.6　特殊建筑和系统

5.6.1 太阳能热水器产品应包括全玻璃真空太阳集热管和平板型太阳能集热器，产品基础数据应符合表 5.6.1-1、表 5.6.1-2 的规定。

表 5.6.1-1　全玻璃真空太阳集热管基础数据

中文字段名称	数据类型	数据格式	计量单位	值　域	约束条件
产品标记	字符型	C..30	—	—	M
内玻璃管外径	数值型	N..5	mm	—	M
罩玻璃管外径	数值型	N..5	mm	—	M
全玻璃真空太阳集热管长度	数值型	N..6	mm	—	M
玻璃管材料	字符型	C..5	—	—	M
玻璃管太阳透射比 τ	数值型	N..5	—	≥0.89	M
太阳选择性吸收涂层的太阳吸收比 α	数值型	N..5	—	≥0.86	M
太阳选择性吸收涂层的半球发射比 ε_n	数值型	N..5	—	≤0.080 (80℃±5℃)	O
空晒性能参数	数值型	N..5	m²·℃/kW	Y≥190	O
平均热损系数	数值型	N..5	W/(m²·℃)	U_{LT}≤0.85	M

表 5.6.1-2　平板型太阳能集热器基础数据

中文字段名称	数据类型	数据格式	计量单位	值　域	约束条件
产品标记	字符型	C..30	—	—	M
吸热体材料	字符型	C..10	—	—	M
涂层种类	字符型	C..20	—	—	M
吸热体结构型式	字符型	C..10	—	—	M
外形平面尺寸	字符型	C..10	—	—	M
进出口管径	数值型	N..5	mm	—	O

5.6.2 灭火系统应包括自动喷水灭火系统、水幕灭火系统、泡沫灭火系统和气体灭火系统，产品基础数据应符合表 5.6.2-1～表 5.6.2-4 的规定。

表 5.6.2-1　自动喷水灭火系统基础数据

中文字段名称	数据类型	数据格式	计量单位	值　域	约束条件
系统名称	枚举型	C..30	—	按本规范表 A-33 自动喷水灭火系统名称表	M
系统类型	枚举型	C..30	—	按本规范表 A-34 自动喷水灭火系统类型表	M
报警阀类型	字符型	C..10	—	—	M
喷头类型	字符型	C..20	—	—	M
系统工作压力	数值型	N..6	MPa	—	M
系统配水管道充水时间	数值型	N..5	—	$t≤60s$（干式系统）；$t≤120s$（预作用系统）	C

表 5.6.2-2　水幕灭火系统基础数据

中文字段名称	数据类型	数据格式	计量单位	值　域	约束条件
系统名称	字符型	C..20	—	—	M
系统类型	枚举型	C..20	—	按本规范表 A-35 水幕灭火系统类型表	M
水幕尺寸	字符型	C..20	—	—	M
雨淋阀类型	字符型	C..20	—	—	M
喷头类型	枚举型	C..20	—	按本规范表 A-36 水幕灭火系统喷头类型表	M
系统工作压力	数值型	N..6	MPa	—	M

表 5.6.2-3　泡沫灭火系统基础数据

中文字段名称	数据类型	数据格式	计量单位	值　域	约束条件
系统名称	字符型	C..20	—	按本规范表 A-37 泡沫灭火系统名称表	M
系统类型	字符型	C..20	—	按本规范表 A-38 泡沫灭火系统类型表	M
泡沫液类型	字符型	C..20	—	—	M
淹没体积	数值型	N..10	m³	—	M
泡沫发生器型号	字符型	C..20	—	—	M
比例混合器型号	字符型	C..20	—	—	M
泡沫液贮灌	字符型	C..20	—	—	M
泡沫液泵	字符型	C..20	—	—	M

表 5.6.2-4　气体灭火系统基础数据

中文字段名称	数据类型	数据格式	计量单位	值　域	约束条件
系统名称	字符型	C..20	—	按本规范表 A-39 气体灭火系统名称表	M
系统类型	字符型	C..20	—	按本规范表 A-40 气体灭火系统类型表	M
灭火剂组分	字符型	C..20	—	—	M
灭火剂用量	数值型	N..10	kg	—	M
灭火浓度	数值型	N..10	—	—	O
最小设计浓度	数值型	N..10	—	—	O
存贮状态	字符型	C..10	—	—	M
喷头类型	枚举型	C..20	—	—	M
灭火剂贮瓶	字符型	C..20	—	—	O
驱动瓶组	字符型	C..20	—	—	O

6 设备专业建筑产品专用基础数据

6.1 专 用 设 备

6.1.1 建筑物维护设备应包括擦窗系统，产品基础数据应符合表 6.1.1 的规定。

表 6.1.1　擦窗系统产品基础数据

中文字段名称	数据类型	数据格式	计量单位	值　域	约束条件
型式	字符型	C..15	—	—	M
应用场合	字符型	C..100	—	—	M
材质	字符型	C..10	—	—	O
额定载重量	数值型	N..10	kg	—	O
电机功率	数值型	N..8	kW	—	O
电源	枚举型	C..16	—	按本规范表 A-68 电源种类表	O

6.1.2 给水和水处理设备应包括给水加压设备、给水和水处理泵、水净化设备、药品添加设备以及水软化设备，产品基础数据应符合表 6.1.2-1～表 6.1.2-5 的规定。

表 6.1.2-1　给水加压设备基础数据

中文字段名称	数据类型	数据格式	计量单位	值　域	约束条件
设备名称	字符型	C..20	—	—	M
型号	字符型	C..20	—	—	M
型式	字符型	C..20	—	—	M
流量 Q	数值型	N..10	m³/h	—	M
扬程 H	数值型	N..10	m	—	M
介质温度	数值型	N..6	℃	≥0	M
工作压力	数值型	N..10	MPa	≥0	M
水泵台数	数值型	N..6	—	2≤水泵数量≤6	O
额定电压	数值型	N..10	V	—	M
额定电流	数值型	N..10	A	—	O
额定功率	数值型	N..10	kW	—	O
外观尺寸	字符型	C..20	—	—	O
重量	数值型	N..10	kg	—	O

表 6.1.2-2　给水和水处理泵基础数据

中文字段名称	数据类型	数据格式	计量单位	值　域	约束条件
设备名称	字符型	C..20	—	—	M
型号	字符型	C..20	—	—	M
型式	字符型	C..20	—	—	M
驱动装置	字符型	C..20	—	—	M
流量 Q	数值型	N..10	m³/h	—	M
扬程 H	数值型	N..10	m	—	M
效率 η	数值型	N..10	—	0<η<1	O
额定电压	数值型	N..10	V	—	M
额定电流	数值型	N..10	A	—	O
额定功率	数值型	N..10	kW	—	C(电动水泵)
转速 n	数值型	N..10	r/min	—	M
必需气蚀余量（NPSH）	数值型	N..3	—	—	O
额定工作温度	数值型	N..20	℃	—	O
泵壳额定压力	数值型	N..10	MPa	—	O
外观尺寸	字符型	C..20	mm	—	O
重量	数值型	N..10	kg	—	O

表 6.1.2-3　水净化设备基础数据

中文字段名称	数据类型	数据格式	计量单位	值域	约束条件
设备名称	枚举型	C..20	—	按本规范表A-41 水净化设备名称表	M
型号	字符型	C..20	—	—	M
设备类型	字符型	C..20	—	—	M
水处理量	数值型	N..20	m³/h	—	M
额定电压	数值型	N..10	V	—	M
额定电流	数值型	N..10	A	—	O
额定功率	数值型	N..10	kW	—	C(电气化设备)
外形尺寸	数值型	N..20	mm	—	O
重量	数值型	N..10	kg	—	O

表 6.1.2-4　药品添加设备基础数据

中文字段名称	数据类型	数据格式	计量单位	值域	约束条件
设备名称	字符型	C..20	—	—	M
型号	字符型	C..20	—	—	M
设备类型	字符型	C..20	—	—	M
额定电压	数值型	N..10	V	—	M
额定电流	数值型	N..10	A	—	O
额定功率	数值型	N..10	kW	—	O
外形尺寸	数值型	N..20	mm	—	O
重量	数值型	N..10	kg	—	O

表 6.1.2-5　水软化设备基础数据

中文字段名称	数据类型	数据格式	计量单位	值域	约束条件
设备名称	枚举型	C..20	—	按本规范表A-42 水软化设备名称表	M
型号	字符型	C..20	—	—	M
设备类型	字符型	C..20	—	—	M
水处理量	数值型	N..20	m³/h	—	M
出水残余硬度	数值型	N..10	mmol/L	<0.03	M
运行流速	数值型	N..10	m/h	—	O
再生流速	数值型	N..10	m/h	—	O
盐耗	数值型	N..10	g/mol	<100	O
树脂年耗损率	数值型	N..10	%	—	O
额定电压	数值型	N..10	V	—	M
额定电流	数值型	N..10	A	—	O
额定功率	数值型	N..10	kW	—	O
外形尺寸	数值型	N..20	mm	—	O
重量	数值型	N..10	kg	—	O

6.1.3　废(污)水处理设备应包括污水和污泥泵、筛分研磨设备、沉淀池设备、浮渣清理设备、化学和生化处理设备、污泥处理设备、除油设备、污泥过滤脱水设备、充氧设备、污泥消化设备及成套污水处理设备，产品基础数据应符合表 6.1.3-1～表 6.1.3-11 的规定。

表 6.1.3-1　污水和污泥泵基础数据

中文字段名称	数据类型	数据格式	计量单位	值域	约束条件
设备名称	枚举型	C..20	—	按本规范表 A-43 污水和污泥泵名称表	M
型号	字符型	C..20	—	—	M
流量 Q	数值型	N..10	m³/h	—	M
扬程 H	数值型	N..10	m	—	M
转速 n	数值型	N..10	r/min	—	M
额定电压	数值型	N..10	V	—	M
额定电流	数值型	N..10	A	—	O
轴功率	数值型	N..10	kW	—	O
额定功率	数值型	N..10	kW	—	M
效率 η	数值型	N..10		$0<\eta<1$	O
允许吸上真空高度 H_S	数值型	N..10	mm	—	O
噪声	数值型	N..10	dB(A)	—	M
外形尺寸	数值型	N..20	mm	—	O
重量	数值型	N..10	kg	—	O

表 6.1.3-2　筛分研磨设备基础数据

中文字段名称	数据类型	数据格式	计量单位	值域	约束条件
设备名称	字符型	C..20	—	—	M
型号	字符型	C..20	—	—	M
材质	字符型	C..20	—	—	M
额定电压	数值型	N..10	V	—	M
额定电流	数值型	N..10	A	—	O
轴功率	数值型	N..10	kW	—	O
额定功率	数值型	N..10	kW	—	O
噪声	数值型	N..10	dB(A)	—	M
外形尺寸	数值型	N..20	mm	—	O
重量	数值型	N..10	kg	—	O

表 6.1.3-3　沉淀池设备基础数据

中文字段名称	数据类型	数据格式	计量单位	值域	约束条件
设备名称	枚举型	C..20	—	按本规范表 A-44 沉淀池设备名称表	M
型号	字符型	C..20	—	—	M
材质	字符型	C..20	—	—	M
池子直径	数值型	N..10	m	—	M
周边池深	数值型	N..10	m	—	M
运行速度	数值型	N..10	m/s	—	C(刮泥机)
额定电压	数值型	N..10	V	—	M
额定电流	数值型	N..10	A	—	O
额定功率	数值型	N..10	kW	—	O
噪声	数值型	N..10	dB(A)	—	M
外形尺寸	数值型	N..20	mm	—	O
重量	数值型	N..10	kg	—	O

表 6.1.3-4　浮渣清理设备基础数据

中文字段名称	数据类型	数据格式	计量单位	值域	约束条件
型号	字符型	C..20	—	—	M
材质	字符型	C..20	—	—	O
池子直径	数值型	N..10	m	—	M
运行速度	数值型	N..10	m/s	—	O
额定电压	数值型	N..10	V	—	M
额定电流	数值型	N..10	A	—	O
额定功率	数值型	N..10	kW	—	O
噪声	数值型	N..10	dB(A)	—	M
外形尺寸	数值型	N..20	mm	—	O
重量	数值型	N..10	kg	—	O

表 6.1.3-5　化学和生化处理设备基础数据

中文字段名称	数据类型	数据格式	计量单位	值域	约束条件
设备名称	枚举型	C..20	—	按本规范表 A-45 化学和生化处理设备名称表	M
种类	字符型	C..20	—	—	M
型号	字符型	C..20	—	—	M
设计处理量	数值型	N..10	m³/d	—	M
额定电压	数值型	N..10	V	—	M
额定电流	数值型	N..10	A	—	O
额定功率	数值型	N..10	kW	—	O
噪声	数值型	N..10	dB(A)	—	M
外形尺寸	数值型	N..20	mm	—	O
重量	数值型	N..10	kg	—	O

表 6.1.3-6　污泥处理设备基础数据

中文字段名称	数据类型	数据格式	计量单位	值域	约束条件
设备名称	枚举型	C..20	—	按本规范表 A-46 污泥处理设备名称表	M
种类	字符型	C..20	—	—	M
型号	字符型	C..20	—	—	M
运行速度	数值型	N..10	m/s	—	O
额定电压	数值型	N..10	V	—	M
额定电流	数值型	N..10	A	—	O
额定功率	数值型	N..10	kW	—	O
噪声	数值型	N..10	dB(A)	—	M
外形尺寸	数值型	N..20	mm	—	O
重量	数值型	N..10	kg	—	O

表 6.1.3-7　除油设备基础数据

中文字段名称	数据类型	数据格式	计量单位	值域	约束条件
设备名称	枚举型	C..20	—	按本规范表 A-47 除油设备名称表	M
种类	字符型	C..20	—	—	M
型号	字符型	C..20	—	—	M
材质	字符型	C..20	—	—	M
处理能力	数值型	N..10	m³/d	—	M
额定电压	数值型	N..10	V	—	M
额定电流	数值型	N..10	A	—	O
额定功率	数值型	N..10	kW	—	O
噪声	数值型	N..10	dB(A)	—	M
外形尺寸	数值型	N..20	mm	—	O
重量	数值型	N..10	kg	—	O

表 6.1.3-8　污泥过滤脱水设备基础数据

中文字段名称	数据类型	数据格式	计量单位	值域	约束条件
设备名称	枚举型	C..20	—	按本规范表 A-48 污泥过滤脱水设备名称表	M
种类	字符型	C..20	—	—	M
型号	字符型	C..20	—	—	M
材质	字符型	C..20	—	—	M
处理能力	数值型	N..10	m³/d	—	M
额定电压	数值型	N..10	V	—	M
额定电流	数值型	N..10	A	—	O
额定功率	数值型	N..10	kW	—	O
噪声	数值型	N..10	dB(A)	—	M
外形尺寸	数值型	N..20	mm	—	O
重量	数值型	N..10	kg	—	O

表 6.1.3-9 充氧设备基础数据

中文字段名称	数据类型	数据格式	计量单位	值 域	约束条件
设备名称	枚举型	C..20	—	按本规范表 A-49 充氧设备名称表	M
种类	字符型	C..20	—	—	M
型号	字符型	C..20	—	—	M
充氧能力 q_c	数值型	N..10	kg/h	—	M
额定电压	数值型	N..10	V	—	M
额定电流	数值型	N..10	A	—	O
额定功率	数值型	N..10	kW	—	O
噪声	数值型	N..10	dB(A)	—	O
外形尺寸	数值型	N..20	mm	—	O
重量	数值型	N..10	kg	—	O

表 6.1.3-10 污泥消化设备基础数据

中文字段名称	数据类型	数据格式	计量单位	值 域	约束条件
种类	字符型	C..20	—	—	M
型号	字符型	C..20	—	—	M
处理能力	数值型	N..10	m^3/d	—	M
额定电压	数值型	N..10	V	—	O
额定电流	数值型	N..10	A	—	O
额定功率	数值型	N..10	kW	—	O
外形尺寸	数值型	N..20	mm	—	O
重量	数值型	N..10	kg	—	O

表 6.1.3-11 成套污水处理设备基础数据

中文字段名称	数据类型	数据格式	计量单位	值 域	约束条件
种类	字符型	C..20	—	—	M
型号	字符型	C..20	—	—	M
处理能力	数值型	N..10	m^3/d	—	M
额定电压	数值型	N..10	V	—	O
额定电流	数值型	N..10	A	—	O
额定功率	数值型	N..10	kW	—	O
噪声	数值型	N..10	dB(A)	—	O
外形尺寸	数值型	N..20	mm	—	O
重量	数值型	N..10	kg	—	O

6.2 传 输 系 统

6.2.1 电梯产品应包括电梯和液压电梯，产品基础数据应符合表 6.2.1-1、表 6.2.1-2 的规定。

表 6.2.1-1 电梯产品基础数据

中文字段名称	数据类型	数据格式	计量单位	值 域	约束条件
种类	字符型	C..20	—	—	M
速度	数值型	N..4	m/s	—	O
额定载重量	数值型	N..10	kg	—	O
噪声	数值型	N..4	dB(A)	—	O
启动加速度和制动减速度	数值型	N..4	m/s	—	O
平均无故障工作次数	数值型	N..6	次	—	O
功能	字符型	C..30	—	—	O
最大提升高度	数值型	N..10	—	—	O
最大停站数	数值型	N..4	—	—	O
额定功率	数值型	N..8	kW	—	O
电源	枚举型	C..16	—	按本规范表 A-68 电源种类表	O

表 6.2.1-2 液压电梯产品基础数据

中文字段名称	数据类型	数据格式	计量单位	值 域	约束条件
种类	字符型	C..20	—	—	M
速度	数值型	N..4	m/s	—	O
额定载重量	数值型	N..10	kg	—	M
噪声	数值型	N..4	dB(A)	—	O
启动加速度和制动减速度	数值型	N..4	m/s	—	O
平均无故障工作次数	数值型	N..6	次	—	O
功能	字符型	C..30	—	—	O
最大提升高度	数值型	N..10	—	—	O
最大停站数	数值型	N..4	—	—	O

6.2.2 自动扶梯和移动走道产品基础数据应符合表 6.2.2 的规定。

表 6.2.2 自动扶梯和移动走道产品基础数据

中文字段名称	数据类型	数据格式	计量单位	值 域	约束条件
种类	字符型	C..28	—	—	M
提升高度	数值型	N..4	m	—	O
输送长度	数值型	N..4	m	—	O
倾斜角度	数值型	N..4	°	—	O
额定速度	数值型	N..4	m/s	—	O
名义宽度	数值型	N..10	mm	—	O
额定功率	数值型	N..8	kW	—	O
电源	枚举型	C..16	—	按本规范表 A-68 电源种类表	O

6.3 水暖、通风和空调

6.3.1 生活管道系统应包括管材、阀门、管件、泵和消防管道系统，产品基础数据应符合表 6.3.1-1～表 6.3.1-5 的规定。

表 6.3.1-1　管材基础数据

中文字段名称	数据类型	数据格式	计量单位	值域	约束条件
名称	枚举型	C..20	—	按本规范表 A-50 管材名称表	M
连接方式	字符型	C..20	—	—	M
制造工艺	字符型	C..20	—	—	M
颜色	字符型	C..10	—	—	C(塑料管材)
适用介质种类	字符型	C..20	—	—	M
适用温度	数值型	N..5	℃	—	M
不圆度	数值型	N..10	—	—	C(塑料管材)
弯曲度	数值型	N..10	—	—	C(塑料管材)
适用压力	数值型	N..10	MPa	—	C(塑料管材)
壁厚	数值型	N..5	mm	—	C(塑料管材)

表 6.3.1-2　阀门基础数据

中文字段名称	数据类型	数据格式	计量单位	值域	约束条件
种类	枚举型	C..20	—	按本规范表 A-51 阀门分类表	M
驱动方式	枚举型	C..20	—	按本规范表 A-52 阀门驱动方式表	M
额定电压	数值型	N..10	V	—	C(电动阀门)
额定电流	数值型	N..10	A	—	C(电动阀门)
功率	数值型	N..10	W	—	C(电动阀门)
阀体材质	字符型	C..20	—	—	M
阀杆材质	字符型	C..10	—	—	O
阀板材质	字符型	C..10	—	—	C(带阀板的阀门)
密封材料	字符型	C..10	—	—	M
连接方式	字符型	C..20	—	—	M
外形尺寸	数值型	N..20	mm	—	M
适用介质种类	字符型	C..20	—	—	M
适用温度	数值型	N..5	℃	—	M
工作压力	数值型	N..10	MPa	—	O

表 6.3.1-3　管件基础数据

中文字段名称	数据类型	数据格式	计量单位	值域	约束条件
产品分类	字符型	C..20	—	—	M
材质	字符型	C..20	—	—	M
连接方式	字符型	C..20	—	—	M
制造工艺	字符型	C..100	—	—	M
颜色	字符型	C..10	—	—	C(塑料管材)
适用介质种类	字符型	C..20	—	—	M
适用温度	数值型	N..5	℃	—	M
工作压力	数值型	N..10	MPa	—	O

表 6.3.1-4　泵基础数据

中文字段名称	数据类型	数据格式	计量单位	值域	约束条件
型号	字符型	C..20	—	—	M
型式	字符型	C..20	—	—	M
驱动装置	枚举型	C..20	—	按本规范表 A-53 驱动装置表	M
流量 Q	数值型	N..10	m³/h	—	M
扬程 H	数值型	N..10	m	—	M
效率 η	数值型	N..10	—	$0<\eta<1$	O
额定电压	数值型	N..10	V	—	M
额定电流	数值型	N..10	A	—	O
额定功率	数值型	N..10	kW	—	C(电动水泵)
转速 n	数值型	N..10	r/min	—	M
必需气蚀余量(NPSH)	数值型	N..3	—	—	O
额定工作温度	数值型	N..20	℃	—	O
泵壳额定压力	数值型	N..10	MPa	—	O
外形尺寸	数值型	N..20	mm	—	O
重量	数值型	N..10	kg	—	O

表 6.3.1-5　消防管道系统基础数据

中文字段名称	数据类型	数据格式	计量单位	值域	约束条件
系统名称	字符型	C..20	—	—	M
系统类型	字符型	C..20	—	—	M
建筑类型	字符型	C..20	—	—	M
管道材质	字符型	C..20	—	—	M
连接方式	字符型	C..20	—	—	M
系统压力	数值型	N..10	MPa	>0	M
消防用水量	数值型	N..10	L/s	—	M

6.3.2 给水设备、设施和洁具应包括管道泵、装配式水箱、家用水处理设备、家用水过滤装置和家用热水器，产品基础数据应符合表 6.3.2-1～表 6.3.2-5 的规定。

表 6.3.2-1　管道泵基础数据

中文字段名称	数据类型	数据格式	计量单位	值　域	约束条件
型号	字符型	C..20	—	—	M
型式	字符型	C..20	—	—	M
驱动装置	枚举型	C..20	—	按本规范表 A-53 泵驱动装置表	M
流量 Q	数值型	N..10	m³/h	—	M
扬程 H	数值型	N..10	m	—	M
效率 η	数值型	N..10	—	$0<\eta<1$	O
额定电压	数值型	N..10	V	—	M
额定电流	数值型	N..10	A	—	O
额定功率	数值型	N..10	kW	—	C(电动水泵)
转速 n	数值型	N..10	r/min	—	M
必需气蚀余量 (NPSH)	数值型	N..3	—	—	O
额定工作温度	数值型	N..20	℃	—	O
泵壳额定压力	数值型	N..10	MPa	—	O
外形尺寸	数值型	N..20	mm	—	O
重量	数值型	N..10	kg	—	O

表 6.3.2-2　装配式水箱基础数据

中文字段名称	数据类型	数据格式	计量单位	值　域	约束条件
水箱箱体板材材质	枚举型	C..20	—	按本规范表 A-54 水箱箱体板材材质表	M
组装方式	枚举型	C..20	—	按本规范表 A-55 水箱组装方式表	M
公称容积	数值型	N..10	m³	—	O
有效容积	数值型	N..10	m³	—	M
外形尺寸	数值型	N..20	mm	—	M
防腐蚀处理要求	字符型	C..30	—	—	M
卫生要求	字符型	C..30	—	—	M

表 6.3.2-3　家用水处理设备基础数据

中文字段名称	数据类型	数据格式	计量单位	值　域	约束条件
型号	字符型	C..20	—	—	M
设备类型	字符型	C..20	—	—	M
水处理量	数值型	N..10	m³/h	—	M
额定电压	数值型	N..10	V	—	M
额定电流	数值型	N..10	A	—	O
额定功率	数值型	N..10	kW	—	C(电气化设备)
外形尺寸	数值型	N..20	mm	—	O
重量	数值型	N..10	kg	—	O

表 6.3.2-4　家用水过滤装置基础数据

中文字段名称	数据类型	数据格式	计量单位	值　域	约束条件
设备名称	字符型	C..20	—	—	M
型号	字符型	C..20	—	—	M
设备类型	字符型	C..20	—	—	M
滤速	数值型	N..20	m/s	—	O
额定电压	数值型	N..10	V	—	M
额定电流	数值型	N..10	A	—	O
额定功率	数值型	N..10	kW	—	C(电气化设备)
外形尺寸	数值型	N..20	mm	—	O
重量	数值型	N..10	kg	—	O

表 6.3.2-5　家用热水器基础数据

中文字段名称	数据类型	数据格式	计量单位	值　域	约束条件
设备名称	枚举型	C..20	—	按本规范表 A-56 家用热水器名称表	M
型号	字符型	C..20	—	—	M
热源类型	字符型	C..20	—	—	M
控制方式	字符型	C..20	—	—	M
额定热负荷	数值型	N..20	kW	—	M
额定产水能力	数值型	N..20	L/min	—	M
额定电压	数值型	N..10	V	—	M
额定电流	数值型	N..10	A	—	O
额定功率	数值型	N..10	kW	—	C(电气化设备)
适用水压	数值型	N..10	kPa	—	M
最低动作水压	数值型	N..10	kPa	—	C(气源型产品)
热效率	数值型	N..10	—	>80%	M
噪声	数值型	N..10	dB(A)	—	M
水箱容积	数值型	N..10	L	—	C(带水箱容积型产品)
外观尺寸	数值型	N..20	mm	—	O
重量	数值型	N..10	kg	—	O

6.3.3 供热设备应包括供热锅炉、烟道、烟囱，产品基础数据应符合表 6.3.3-1、表 6.3.3-2 的规定。

表 6.3.3-1　供热锅炉基础数据

中文字段名称	数据类型	数据格式	计量单位	值　域	约束条件
种类	枚举型	C..18	—	符合现行行业标准《工业锅炉 通用技术条件》JB/T 10094 要求	M
燃料品种	枚举型	C..10	—	符合现行行业标准《工业锅炉 通用技术条件》JB/T 10094 要求	M
热媒种类	枚举型	C..14	—	按本规范表 A-57 热媒种类表	M

续表 6.3.3-1

中文字段名称	数据类型	数据格式	计量单位	值域	约束条件
材质	字符型	C..10	—	—	O
重量	数值型	N..10	kg	—	O
额定热功率	数值型	N..6	MW	—	M
锅炉设计热效率	数值型	N..6	%	符合现行行业标准《工业锅炉 通用技术条件》JB/T 10094 要求	M
供水温度	数值型	N..4	℃	—	C(热媒为热水时)
回水温度	数值型	N..4	℃	—	C(热媒为热水时)
额定蒸汽压力	数值型	N..8	MPa	—	C(热媒为蒸汽时)

表 6.3.3-2　烟道、烟囱基础数据

中文字段名称	数据类型	数据格式	计量单位	值域	约束条件
种类	枚举型	C..18	—	按本规范表 A-58 烟道种类表	M
材料	枚举型	N..6	—	符合现行国家标准《烟囱设计规范》GB 50051 要求	M
口径	数值型	N..14	mm	—	M
高度	数值型	N..6	m	—	M

6.3.4 制冷设备应包括制冷压缩机、蒸发器、冷凝器、冷水机组、冷却塔，产品基础数据应符合表 6.3.4-1～表 6.3.4-4 的规定。

表 6.3.4-1　制冷压缩机基础数据

中文字段名称	数据类型	数据格式	计量单位	值域	约束条件
压缩机类型	枚举型	C..20	—	按本规范表 A-59 制冷压缩机类型表	M
制冷剂种类	枚举型	C..16	—	符合现行国家标准《制冷剂编号方法和安全分类》GB/T 7778 要求	M
额定制冷量	数值型	N..16	kW	—	M
容积效率	数值型	N..16	—	—	M
额定功率	数值型	N..8	kW	—	M
性能系数	数值型	N..16	—	—	M
外形尺寸	数值型	N..20	mm	—	O
重量	数值型	N..18	kg	—	O
电源	枚举型	C..16	—	按本规范表 A-68 电源种类表	M

表 6.3.4-2　蒸发器、冷凝器基础数据

中文字段名称	数据类型	数据格式	计量单位	值域	约束条件
种类	字符型	C..18	—	—	M
冷却方式	枚举型	C..10	—	按本规范表 A-63 蒸发器、冷凝器冷却方式表	M
冷凝温度	数值型	N..6	℃	—	O
蒸发温度	数值型	N..6	℃	—	O
进水温度	数值型	N..6	℃	—	O
出水温度	数值型	N..6	℃	—	O
压力损失	数值型	N..6	MPa	—	O
换热面积	数值型	N..6	m²	—	O
重量	数值型	N..14	t	—	O
外形尺寸	数值型	N..20	mm	—	O

表 6.3.4-3　冷水机组基础数据

中文字段名称	数据类型	数据格式	计量单位	值域	约束条件
机组种类	枚举型	C..10	—	按本规范表 A-60 冷水机组种类表	M
制冷剂种类	字符型	C..14	—	—	M
性能系数	数值型	N..4	—	—	M
额定制冷量	数值型	N..14	kW	—	M
冷却方式	枚举型	C..10	—	按本规范表 A-61 冷水机组冷却方式表	M
蒸发器工作压力	数值型	N..5	MPa	—	O
冷凝器工作压力	数值型	N..5	MPa	—	O
水阻	数值型	N..6	MPa	—	O
噪声	数值型	N..4	dB(A)	—	O
冷冻水进水温度	数值型	N..4	℃	—	O
冷冻水出水温度	数值型	N..4	℃	—	O
额定功率	数值型	N..10	kW	—	M
电源	枚举型	C..16	—	按本规范表 A-68 电源种类表	M
外形尺寸	数值型	N..20	mm	—	O
重量	数值型	N..14	t	—	O

表 6.3.4-4　冷却塔基础数据

中文字段名称	数据类型	数据格式	计量单位	值域	约束条件
种类	枚举型	C..18	—	按本规范表 A-62 冷却塔种类表	M
直径	数值型	N..6	m	—	O
冷却水量	数值型	N..6	m³/h	—	M
风量	数值型	N..6	m³/h	—	O

中文字段名称	数据类型	数据格式	计量单位	值域	约束条件
进水温度	数值型	N..6	℃	—	O
出水温度	数值型	N..6	℃	—	O
淋水密度	数值型	N..10	m³/(m³·h)	—	O
噪声	数值型	N..4	dB(A)	—	O
额定功率	数值型	N..6	kW	—	M
外形尺寸	数值型	N..20	mm	—	O
重量	数值型	N..14	kg	—	O
电源	枚举型	C..16	—	按本规范表 A-68 电源种类表	M

6.3.5 采暖、通风和空调产品应包括热交换器、空气处理机、户式集中空调机组、热泵、湿度控制设备、散热器、地板采暖和化雪设备及能源回收设备（空气热回收设备），产品基础数据应符合表 6.3.5.1～表 6.3.5-8 的规定。

表 6.3.5-1　热交换器基础数据

中文字段名称	数据类型	数据格式	计量单位	值域	约束条件
种类	枚举型	C..18	—	按本规范表 A-64 热交换器种类表	M
一次侧热媒	字符型	C..8	—	—	M
二次侧热媒	字符型	C..8	—	—	M
一次侧阻力	数值型	N..10	kPa	—	O
二次侧阻力	数值型	N..10	kPa	—	O
一次侧进水温度	数值型	N..6	℃	—	O
一次侧出水温度	数值型	N..6	℃	—	O
二次侧进水温度	数值型	N..6	℃	—	O
二次侧出水温度	数值型	N..6	℃	—	O
工作压力	数值型	N..6	MPa	—	M
材质	字符型	C..20	—	—	O
换热面积	数值型	N..16	m²	—	M
换热量	数值型	N..16	kW	—	M
传热系数	数值型	N..16	W/(m²·K)	—	O
外形尺寸	数值型	N..20	mm	—	O
重量	数值型	N..14	kg	—	O

表 6.3.5-2　空气处理机基础数据

中文字段名称	数据类型	数据格式	计量单位	值域	约束条件
种类	枚举型	C..18	—	按本规范表 A-65 空气处理机种类表	M
材质	字符型	C..14	—	—	M
额定风量	数值型	N..16	m³/h	—	M
噪声	数值型	N..6	dB(A)	—	M
制冷量	数值型	N..14	kW	—	O
制热量	数值型	N..14	kW	—	O
额定功率	数值型	N..14	kW	—	M
风机全压	数值型	N..14	Pa	—	O
机外余压	数值型	N..14	Pa	—	O
盘管水阻	数值型	N..10	kPa	—	O
外形尺寸	数值型	N..20	mm	—	O
电源	枚举型	C..16	—	按本规范表 A-68 电源种类表	M
重量	数值型	N..14	t	—	O

表 6.3.5-3　户式集中空调机组基础数据

中文字段名称	数据类型	数据格式	计量单位	值域	约束条件
种类	枚举型	C..18	—	按本规范表 A-66 户式集中空调机组种类表	M
制冷剂种类	枚举型	C..10	—	符合现行国家标准《制冷剂编号方法和安全分类》GB/T 7778 要求	M
机组型式	枚举型	C..16	—	按本规范表 A-67 机组型式表	M
制冷能效比	数值型	N..4	—	—	M
制热性能系数	数值型	N..4	—	—	M
额定制冷量	数值型	N..4	kW	—	M
制冷功率	数值型	N..4	kW	—	M
额定制热量	数值型	N..4	kW	—	M
制热功率	数值型	N..4	kW	—	M
室外机噪声	数值型	N..6	dB(A)	—	O
室内机噪声	数值型	N..6	dB(A)	—	O
室外机重量	数值型	N..14	kg	—	O
室内机重量	数值型	N..14	kg	—	O
室外机外形尺寸	数值型	N..20	mm	—	O
室内机外形尺寸	数值型	N..20	mm	—	O
电源	枚举型	C..16	—	按本规范表 A-68 电源种类表	M

表 6.3.5-4　热泵基础数据

中文字段名称	数据类型	数据格式	计量单位	值　域	约束条件
热泵种类	枚举型	C..16	—	按本规范表 A-69 热泵种类表	M
制冷剂种类	枚举型	C..10	—	符合现行国家标准《制冷剂编号方法和安全分类》GB/T 7778 要求	M
制冷能效比	数值型	N..4	—	—	M
制热性能系数	数值型	N..4	—	—	M
额定制冷量	数值型	N..14	kW	—	M
制冷功率	数值型	N..14	kW	—	O
额定制热量	数值型	N..14	kW	—	M
制热功率	数值型	N..14	kW	—	O
冷却方式	枚举型	C..10	—	按本规范表 A-61 冷水机组冷却方式表	M
噪声	数值型	N..6	dB(A)	—	O
蒸发器工作压力	数值型	N..5	MPa	—	O
冷凝器工作压力	数值型	N..5	MPa	—	O
水阻	数值型	N..6	MPa	—	O
冷冻水进水温度	数值型	N..4	℃	—	O
冷冻水出水温度	数值型	N..4	℃	—	O
外形尺寸	数值型	N..20	mm	—	O
重量	数值型	N..14	kg	—	O
电源	枚举型	C..16	—	按本规范表 A-68 电源种类表	M

表 6.3.5-5　湿度控制设备基础数据

中文字段名称	数据类型	数据格式	计量单位	值　域	约束条件
种类	枚举型	C..10	—	按本规范表 A-70 湿度控制设备种类表	M
额定除湿量	数值型	N..14	kg/h	—	C(设备为除湿机时)
额定加湿量	数值型	N..14	kg/h	—	C(设备为加湿器时)
额定风量	数值型	N..16	m³/h	—	O
额定功率	数值型	N..14	kW	—	M
噪声	数值型	N..6	dB(A)	—	O
电源	枚举型	C..16	—	按本规范表 A-68 电源种类表	O
外形尺寸	数值型	N..20	mm	—	O
重量	数值型	N..14	kg	—	O

表 6.3.5-6　散热器基础数据

中文字段名称	数据类型	数据格式	计量单位	值　域	约束条件
种类	枚举型	C..30	—	按本规范表 A-71 散热器种类表	M
散热量	数值型	N..10	W	—	M
适用介质	字符型	C..10	—	—	O
金属热强度	数值型	N..6	W/(kg·℃)	—	O
工作压力	数值型	N..6	MPa	—	M
介质温度	数值型	N..4	℃	—	O
材质	字符型	C..16	—	—	O
散热面积	数值型	N..10	m²	—	O
电源	枚举型	C..14	—	按本规范表 A-68 电源种类表	C(电采暖散热器)
外形尺寸	数值型	N..20	mm	—	O
重量	数值型	N..14	kg	—	O

表 6.3.5-7　地板采暖和化雪设备基础数据

中文字段名称	数据类型	数据格式	计量单位	值　域	约束条件
种类	字符型	C..30	—	—	M
额定线功率	数值型	N..10	W/m	—	C(发热电缆时)
加热管管径	枚举型	C..5	—	按本规范表 A-72 加热管管径表	C(热水地板采暖时)
电源	枚举型	C..14	—	按本规范表 A-68 电源种类表	C(电加热设备时)
外形尺寸	数值型	N..20	mm	—	O

表 6.3.5-8　能源回收设备(空气热回收设备)基础数据

中文字段名称	数据类型	数据格式	计量单位	值　域	约束条件
种类	枚举型	C..30	—	按本规范表 A-73 空气热回收装置种类表	M
换热芯体材质	字符型	C..20	—	—	O
效率种类	枚举型	C..6	—	按本规范表 A-74 空气热回收装置效率种类表	M
热交换效率	数值型	N..4	％	—	M
额定风量	数值型	N..10	m³/h	—	O
静压损失	数值型	N..10	Pa	—	O
出口全压	数值型	N..10	Pa	—	O
额定功率	数值型	N..10	W	—	O
噪声	数值型	N..10	dB(A)	—	O
电源	枚举型	C..14	—	按本规范表 A-68 电源种类表	O
外形尺寸	数值型	N..20	mm	—	O
重量	数值型	N..14	kg	—	O

6.3.6 空气分配产品应包括通风管道、风管配件、风机、风机盘管机组、风口和空气净化设备，产品基础数据应符合表 6.3.6.1～表 6.3.6-6 的规定。

表 6.3.6-1 通风管道基础数据

中文字段名称	数据类型	数据格式	计量单位	值 域	约束条件
种类	枚举型	C..20	—	按本规范表 A-75 通风管道种类表	M
板材燃烧性能	枚举型	C..3	—	符合现行国家标准《建筑材料及制品燃烧性能等级》GB 8624要求	M
导热系数	数值型	N..6	W/(m·K)	—	O
板材厚度	数值型	N..4	mm	—	M
风管阻力系数	数值型	N..6	—	—	O
工作压力	数值型	N..6	Pa	—	O
重量	数值型	N..14	kg/m²	—	O

表 6.3.6-2 风管配件基础数据

中文字段名称	数据类型	数据格式	计量单位	值 域	约束条件
种类	字符型	C..20			M
材质	字符型	C..10			M
应用场合	字符型	C..100			M
控制方式	枚举型	C..20		按本规范表 A-76 风管配件控制方式表	C(风阀)

表 6.3.6-3 风机基础数据

中文字段名称	数据类型	数据格式	计量单位	值 域	约束条件
种类	枚举型	C..20	—	符合现行行业标准《工业通风机、透平鼓风机和压缩机名词术语》JB/T 2977要求	M
风量	数值型	N..10	m³/h	—	M
全压	数值型	N..8	Pa	—	M
转速	数值型	N..8	r/min	—	O
额定功率	数值型	N..5	kW	—	O
轴功率	数值型	N..5	kW	—	O
噪声	数值型	N..3	dB(A)	—	M
适用温度	数值型	N..5	℃	—	O
电源	枚举型	C..14		按本规范表 A-68电源种类表	O
外形尺寸	数值型	N..20	mm	—	O
重量	数值型	N..14	kg	—	O

表 6.3.6-4 风机盘管机组基础数据

中文字段名称	数据类型	数据格式	计量单位	值 域	约束条件
种类	枚举型	C..10	—	按本规范表 A-77 风机盘管种类表	M
安装形式	枚举型	C..4	—	按本规范表 A-78 风机盘管安装形式表	M
出口静压	枚举型	C..14	—	按本规范表 A-79 风机盘管出口静压表	M
制冷量	数值型	N..10	W	—	M
制热量	数值型	N..10	W	—	M
风量	数值型	N..10	m³/h	—	M
额定功率	数值型	N..8	W	—	O
噪声	数值型	N..3	dB(A)	—	M
水阻	数值型	N..3	kPa	—	O
电源	枚举型	C..14		按本规范表 A-68 电源种类表	O
外形尺寸	数值型	N..20	mm	—	O
重量	数值型	N..14	kg	—	O

表 6.3.6-5 风口基础数据

中文字段名称	数据类型	数据格式	计量单位	值 域	约束条件
种类	枚举型	C..14	—	符合现行行业标准《通风空调风口》JG/T 14 要求	M
风量	数值型	N..10	m³/s	—	M
用途	字符型	C..60		—	O
风口风速	数值型	N..3	m/s	—	O
压力损失	数值型	N..3	Pa	—	O
噪声	数值型	N..3	dB(A)	—	O

表 6.3.6-6 空气净化设备基础数据

中文字段名称	数据类型	数据格式	计量单位	值 域	约束条件
类别	字符型	C..20			M
过滤效率	数值型	N..12			M
滤料更换方式	字符型	C..20			O
滤料种类	字符型	C..20			O
额定风量	字符型	C..20	m³/h		M
容尘量	数值型	N..20	g		O
初阻力	数值型	N..6	Pa		M
迎面风速	数值型	N..5	m/s		O
外形尺寸	数值型	N..20	mm		O

6.3.7 采暖、通风、空调控制装置应包括热量计量仪表和阀门控制装置，产品基础数据应符合表6.3.7-1、表6.3.7-2的规定。

表6.3.7-1 热量计量仪表基础数据

中文字段名称	数据类型	数据格式	计量单位	值域	约束条件
种类	枚举型	C..20	—	按本规范表A-80热量计量仪表种类表	M
公称直径	字符型	C..6	—	—	C(热量表时)
温度传感器种类	字符型	C..10	—	—	C(热量表时)
常用流量	数值型	N..10	m³/h	—	C(热量表时)
最大流量	数值型	N..10	m³/h	—	C(热量表时)
最小流量	数值型	N..10	m³/h	—	C(热量表时)
额定工作压力	数值型	N..10	MPa	—	C(热量表时)
最大压力损失	数值型	N..10	MPa	—	C(热量表时)
温度范围	数值型	N..10	℃	—	O
温差范围	数值型	N..10	℃	—	C(热量表时)
测量管尺寸	字符型	C..30	mm	—	C(热分配表时)
精度	字符型	C..8	—	—	M
防护等级	枚举型	C..6	—	符合现行国家标准《低压电器外壳防护等级》GB/T 4942.2要求	C(热分配表时)
电源	枚举型	C..14	—	按本规范表A-68电源种类表	O

表6.3.7-2 阀门控制装置基础数据

中文字段名称	数据类型	数据格式	计量单位	值域	约束条件
种类	枚举型	C..12	—	按本规范表A-81阀门控制装置种类表	M
驱动力	数值型	N..5	N	—	M
最大行程	数值型	N..4	mm	—	M
电源	枚举型	C..14	—	按本规范表A-68电源种类表	C(电动驱动器时)
防护等级	枚举型	C..6	—	符合现行国家标准《低压电器外壳防护等级》GB/T 4942.2要求	C(电动驱动器时)
气源压力	数值型	N..5	MPa	—	C(气动驱动器时)

6.4 电气和电子

6.4.1 线路工程应包括电线和电缆、布线管道，产品基础数据应符合表6.4.1-1、表6.4.1-2的规定。

表6.4.1-1 电线和电缆基础数据

中文字段名称	数据类型	数据格式	计量单位	值域	约束条件
种类	枚举型	C..16	—	按本规范表A-82电线和电缆种类表	M
芯材材质	枚举型	C..8	—	按本规范表A-83电线和电缆芯材材质表	M
应用对象	字符型	C..20	—	—	M
功能	字符型	C..100	—	—	M
标称截面	数值型	N..10	mm²	—	M
额定电压	数值型	N..10	V	—	M
芯数	数值型	N..4	—	—	M
绝缘材料	字符型	C..30	—	—	O

表6.4.1-2 布线管道基础数据

中文字段名称	数据类型	数据格式	计量单位	值域	约束条件
管材种类	枚举型	C..16	—	按本规范表A-84布线管道管材种类表	M
管径	字符型	C..6	—	—	M
管壁厚度	数值型	N..4	mm	—	O

6.4.2 发电设备应包括电压表、电流表、电能表、电动机、发电机和蓄电池设备，产品基础数据应符合表6.4.2-1～表6.4.2-5的规定。

表6.4.2-1 电压表、电流表基础数据

中文字段名称	数据类型	数据格式	计量单位	值域	约束条件
种类	字符型	C..20	—	—	M
电压	数值型	N..4	V	—	M
电流	数值型	N..6	A	—	M
测量精度	字符型	C..6	—	—	O
频率	数值型	N..3	Hz	—	O
量程	字符型	C..30	—	—	O

表 6.4.2-2　电能表基础数据

中文字段名称	数据类型	数据格式	计量单位	值　域	约束条件
种类	字符型	C..20	—	—	M
电压	数值型	N..4	V	—	M
电流	数值型	N..6	A	—	M
测量精度	字符型	C..6	—	—	O
额定功率	数值型	N..3	kW	—	O
频率	数值型	N..3	Hz	—	O

表 6.4.2-3　电动机基础数据

中文字段名称	数据类型	数据格式	计量单位	值　域	约束条件
种类	字符型	C..20	—	—	M
工作制式	字符型	C..30	—	—	M
额定功率	数值型	N..10	kW	—	M
额定电流	数值型	N..6	A	—	M
启动电流	数值型	N..5	A	—	O
噪声	数值型	N..5	dB(A)	—	O

表 6.4.2-4　发电机基础数据

中文字段名称	数据类型	数据格式	计量单位	值　域	约束条件
种类	字符型	C..20	—	—	M
额定功率	数值型	N..10	kW	—	M
额定电流	数值型	N..6	A	—	M
蓄电池容量	数值型	N..5	A·h	—	O
进排风面积	数值型	N..5	m²	—	O

表 6.4.2-5　蓄电池设备基础数据

中文字段名称	数据类型	数据格式	计量单位	值　域	约束条件
种类	字符型	C..20	—	—	M
额定电压	数值型	N..4	V	—	M
额定输出功率	数值型	N..8	W	—	M
电池容量	数值型	N..5	A·h	—	M
备用时间	数值型	N..5	h	—	O
功能	字符型	C..100	—	—	O

表 6.4.3-1　高压开关设备和保护装置基础数据

中文字段名称	数据类型	数据格式	计量单位	值　域	约束条件
种类	字符型	C..28	—	—	M
额定电压	数值型	N..6	kV	—	M
额定电流	数值型	N..6	A	—	M
额定短路分断电流	数值型	N..6	kA	—	M
额定短路关合电流	数值型	N..6	kA	—	M
额定热稳定电流	数值型	N..6	kA	—	O
额定热稳定电流	数值型	N..6	kA	—	O
母线系统	字符型	C..20	—	—	O
外壳防护等级	字符型	C..6	—	—	M
间隔板防护等级	字符型	C..6	—	—	O

表 6.4.3-2　变压器基础数据

中文字段名称	数据类型	数据格式	计量单位	值　域	约束条件
种类	枚举型	C..20	—	按本规范表 A-85 变压器种类表	M
额定容量	数值型	N..10	kVA	—	M
额定电压	数值型	N..6	V	—	M
连接组标号	字符型	C..10	—	—	O
短路阻抗	数值型	N..5	%	—	O
空载损耗	数值型	N..10	kW	—	O
负载损耗	数值型	N..10	kW	—	O
空载电流	数值型	N..6	A	—	O
阻抗电压	数值型	N..6	%	—	O

表 6.4.3-3　整体式变电站基础数据

中文字段名称	数据类型	数据格式	计量单位	值　域	约束条件
种类	枚举型	C..28	—	按本规范表 A-86 整体式变电站种类表	M
电压等级	枚举型	C..100	—	按本规范表 A-87 整体式变电站电压等级表	M
高压侧额定电压	数值型	N..6	kV	—	M
低压侧额定电压	数值型	N..6	kV	—	M
变压器额定容量	数值型	N..10	kVA	—	M
外壳防护等级	字符型	C..6	—	—	M
重量	数值型	N..6	t	—	O

6.4.3　输配电产品应包括高压开关设备和保护装置、变压器、整体式变电站，产品基础数据应符合表 6.4.3-1～表 6.4.3-3 的规定。

6.4.4　低压供配电产品应包括低压开关和低压变压器，产品基础数据应符合表 6.4.4-1、表 6.4.4-2 的规定。

表 6.4.4-1　低压开关产品基础数据

中文字段名称	数据类型	数据格式	计量单位	值域	约束条件
种类	字符型	C..28	—	—	M
额定电压	数值型	N..6	kV	—	M
额定电流	数值型	N..6	A	—	M
额定频率	数值型	N..3	Hz	—	M
柜体外壳防护等级	字符型	C..6	—	—	M
额定短时耐受电流	数值型	N..6	kA	—	O

表 6.4.4-2　低压变压器产品基础数据

中文字段名称	数据类型	数据格式	计量单位	值域	约束条件
种类	枚举型	C..20	—	按本规范表 A-85 变压器种类表	M
额定容量	数值型	N..10	kVA	—	M
额定电压	数值型	N..6	V	—	M
连接组标号	字符型	C..10	—	—	O
短路阻抗	数值型	N..5	%	—	O
空载损耗	数值型	N..10	kW	—	O
负载损耗	数值型	N..10	kW	—	O
空载电流	数值型	N..10	A	—	O
阻抗电压	数值型	N..6	%	—	O

6.4.5　照明产品应包括室内照明、室外照明和应急照明，产品基础数据应符合表 6.4.5-1、表 6.4.5-2 的规定。

表 6.4.5-1　室内照明、室外照明产品基础数据

中文字段名称	数据类型	数据格式	计量单位	值域	约束条件
光源种类	字符型	C..20	—	—	M
灯具类型	字符型	C..20	—	—	M
额定功率	数值型	N..6	W	—	M
额定工作电压	数值型	N..5	V	—	M
色温	数值型	N..5	K	—	O
光通量	数值型	N..5	lm	—	O
显色指数	数值型	N..3	R_a	—	O
光强分布	二进制	JPEG、GIF	KB	—	O

表 6.4.5-2　应急照明产品基础数据

中文字段名称	数据类型	数据格式	计量单位	值域	约束条件
供电型式	字符型	C..20	—	—	M
光源种类	字符型	C..20	—	—	M
用途	字符型	C..50	—	—	M
额定功率	数值型	N..6	W	—	M
额定工作电压	数值型	N..5	V	—	M
应急转换时间	数值型	N..2	s	—	M
供电时间	数值型	N..5	min	—	M

6.4.6　特殊系统包括不间断电源、电磁屏蔽及阴极保护，产品基础数据应符合表 6.4.6-1、表 6.4.6-2 的规定。

表 6.4.6-1　不间断电源基础数据

中文字段名称	数据类型	数据格式	计量单位	值域	约束条件
种类	枚举型	C..18	—	按本规范表 A-88 不间断电源种类表	M
额定电压范围	字符型	C..20	V	—	M
额定容量	数值型	N..6	kVA	—	M
输出电压	字符型	C..10	V	—	M
转换时间	数值型	N..6	ms	—	M

表 6.4.6-2　电磁屏蔽及阴极保护基础数据

中文字段名称	数据类型	数据格式	计量单位	值域	约束条件
种类	字符型	C..20	—	—	M
适用场合	字符型	C..60	—	—	M
使用方法	字符型	C..200	—	—	O
导电效应	数值型	N..6	Ω/cm^2	—	O
屏蔽效能	数值型	N..4	dB	—	O
保护电位	数值型	N..10	mV	≥-950	O
阴极极化值	数值型	N..4	mV	≥100	O

6.4.7　通信产品应包括通信线路和设施、电话和内部通信设备、通信和数据处理设备、有线传输和接收设备、广播传输和接收设备及微波传输和接收设备，产品基础数据应符合表 6.4.7-1～表 6.4.7-6 的规定。

表 6.4.7-1　通信线路和设施基础数据

中文字段名称	数据类型	数据格式	计量单位	值域	约束条件
种类	字符型	C..30	—	—	M
功能	字符型	C..20	—	—	M
色散	字符型	C..60	—	—	C(光纤)
衰减系数	数值型	N..100	—	—	O
直径	数值型	N..6	μm	—	O

表 6.4.7-2　电话和内部通信设备基础数据

中文字段名称	数据类型	数据格式	计量单位	值　域	约束条件
种类	字符型	C..30	—	—	M
用途	字符型	C..30	—	—	M
频率范围	数值型	N..10	MHz	—	O
网络接口	字符型	C..10	—	—	O
供电方式	字符型	C..30	—	—	O

表 6.4.7-3　通信和数据处理设备基础数据

中文字段名称	数据类型	数据格式	计量单位	值　域	约束条件
种类	字符型	C..30	—	—	M
功能	字符型	C..20	—	—	M
容量	字符型	C..20	—	—	M
速率	数值型	N..8	kbps	—	O

表 6.4.7-4　有线传输和接收设备基础数据

中文字段名称	数据类型	数据格式	计量单位	值　域	约束条件
种类	字符型	C..30	—	—	M
功能	字符型	C..60	—	—	M
速率	数值型	N..8	kbps	—	O
连接电缆类型	字符型	C..30	—	—	O

表 6.4.7-5　广播传输和接收设备基础数据

中文字段名称	数据类型	数据格式	计量单位	值　域	约束条件
种类	字符型	C..30	—	—	M
功能	字符型	C..60	—	—	M
工作电压	数值型	N..5	V	—	O
传输频率	数值型	N..8	Hz	—	O

表 6.4.7-6　微波传输和接收设备基础数据

中文字段名称	数据类型	数据格式	计量单位	值　域	约束条件
种类	字符型	C..30	—	—	M
功能	字符型	C..60	—	—	M
工作电压	数值型	N..5	V	—	O
接口	字符型	C..30	—	—	O
频段	字符型	C..30	GHz	—	O
速率	数值型	N..8	kbps	—	O

表 6.4.8-1　视听线路与设备基础数据

中文字段名称	数据类型	数据格式	计量单位	值　域	约束条件
种类	字符型	C..30	—	—	M
功能	字符型	C..60	—	—	M
电源电压	字符型	C..12	—	—	O
接口	字符型	C..30	—	—	O
频段	字符型	C..30	GHz	—	O
速率	数值型	N..8	kbps	—	O

表 6.4.8-2　扩音设备基础数据

中文字段名称	数据类型	数据格式	计量单位	值　域	约束条件
种类	字符型	C..30	—	—	M
功能	字符型	C..60	—	—	M
功率	数值型	N..6	W	—	M
重量	数值型	N..4	kg	—	O
灵敏度	数值型	N..10	dB	—	O
输出阻抗	数值型	N..10	Ω	—	O
频率	数值型	N..10	kHz	—	O
电源电压	字符型	C..12	—	—	O
动态范围	数值型	N..4	%	—	O

表 6.4.8-3　电视设备基础数据

中文字段名称	数据类型	数据格式	计量单位	值　域	约束条件
种类	字符型	C..30	—	—	M
功能	字符型	C..60	—	—	M
用途	字符型	C..100	—	—	M
功率	数值型	N..6	W	—	M
屏幕尺寸	数值型	N..4	inch	—	M
分辨率	字符型	C..14	—	—	M
像素	数值型	N..10	—	—	O

附录 A　值域取值表

表 A-1　厂家类型表

代码	公司类型	代码	公司类型
01	有限责任公司	99	其他
02	股份有限公司		

表 A-2　体系认证种类表

代　码	认证名称
01	ISO9001 质量管理体系认证
02	ISO14001 环境管理体系认证
03	OHSAS18000 职业健康安全管理体系认证
04	ISO27000 信息安全管理体系认证
99	其他体系认证

6.4.8　视听设备应包括视听线路与设备、扩音设备和电视设备，产品基础数据应符合表 6.4.8-1～表6.4.8-3 的规定。

表 A-3 标准类别表

代码	标准类别	代码	标准类别
01	国家标准	05	协会标准
02	行业标准	06	国际标准
03	地方标准	99	其他
04	企业标准		

表 A-4 成膜后浸水溶解性表

代码	成膜后浸水溶解性	代码	成膜后浸水溶解性
01	溶	02	不溶

表 A-5 预拌混凝土分类表

代码	预拌混凝土分类	代码	预拌混凝土分类
01	通用品	02	特制品

表 A-6 焊接钢筋网分类表

代码	焊接钢筋网分类	代码	焊接钢筋网分类
01	定型钢筋焊接网	02	定制钢筋焊接网

表 A-7 轻质混凝土强度等级表

代码	轻质混凝土强度等级	代码	轻质混凝土强度等级
01	LC5.0	08	LC35
02	LC7.5	09	LC40
03	LC10	10	LC45
04	LC15	11	LC50
05	LC20	12	LC55
06	LC25	13	LC60
07	LC30	99	其他

表 A-8 轻质混凝土密度等级表

代码	轻质混凝土密度等级	干表观密度的变化范围（kg/m³）
01	600	560～650
02	700	660～750
03	800	760～850
04	900	860～950
05	1000	960～1050
06	1100	1060～1150
07	1200	1160～1250
08	1300	1260～1350
09	1400	1360～1450
10	1500	1460～1550
11	1600	1560～1650
12	1700	1660～1750
13	1800	1760～1850
14	1900	1860～1950
99	其他	其他

表 A-9 预应力混凝土强度等级表

代码	预应力混凝土强度等级	代码	预应力混凝土强度等级
01	C30	07	C60
02	C35	08	C65
03	C40	09	C70
04	C45	10	C75
05	C50	11	C80
06	C55	99	其他

表 A-10 预应力混凝土弹性模量表

代码	预应力混凝土弹性模量（×10⁴N/mm²）	代码	预应力混凝土弹性模量（×10⁴N/mm²）
01	3.00	07	3.60
02	3.15	08	3.65
03	3.25	09	3.70
04	3.35	10	3.75
05	3.45	11	3.80
06	3.55	99	其他

表 A-11 砌筑砂浆强度等级表

代码	砌筑砂浆强度等级	代码	砌筑砂浆强度等级
01	M5	05	M20
02	M7.5	06	M25
03	M10	07	M30
04	M15	99	其他

表 A-12 烧结砖泛霜等级表

代 码	烧结砖泛霜等级	泛霜要求
01	优等品	无泛霜
02	一等品	不允许出现中等泛霜
03	合格品	不允许出现严重泛霜

表 A-13 堵漏材料种类表

代 码	堵漏材料种类	代 码	堵漏材料种类
01	缓凝型	99	其他
02	速凝型		

表 A-14 铝门窗型材表面处理方式表

代 码	表面处理方式	代 码	表面处理方式
01	氟碳喷涂	04	氧化
02	粉末喷涂	99	其他
03	电泳		

表 A-15 铝门窗型材精度等级表

代 码	精度等级	代 码	精度等级
01	超高精级	03	普精级
02	高精级		

表 A-16 抗风压性能等级表

代 码	抗风压分级	分级指标值 P_3
01	1	$1.0 \leqslant P_3 < 1.5$
02	2	$1.5 \leqslant P_3 < 2.0$
03	3	$2.0 \leqslant P_3 < 2.5$
04	4	$2.5 \leqslant P_3 < 3.0$
05	5	$3.0 \leqslant P_3 < 3.5$
06	6	$3.5 \leqslant P_3 < 4.0$
07	7	$4.0 \leqslant P_3 < 4.5$
08	8	$4.5 \leqslant P_3 < 5.0$
09	9	$P_3 \geqslant 5.0$

表 A-17 水密性能等级表

代 码	水密性能分级	分级指标 ΔP
01	1	$100 \leqslant \Delta P < 150$
02	2	$150 \leqslant \Delta P < 250$
03	3	$250 \leqslant \Delta P < 350$
04	4	$350 \leqslant \Delta P < 500$
05	5	$500 \leqslant \Delta P < 700$
06	6	$\Delta P \geqslant 700$

表 A-18 气密性能等级表

代码	气密性能分级	单位缝长分级指标值 q_1	单位面积分级指标值 q_2
01	1	$4.0 \geqslant q_1 > 3.5$	$12 \geqslant q_2 > 10.5$
02	2	$3.5 \geqslant q_1 > 3.0$	$10.5 \geqslant q_2 > 9.0$
03	3	$3.0 \geqslant q_1 > 2.5$	$9.0 \geqslant q_2 > 7.5$
04	4	$2.5 \geqslant q_1 > 2.0$	$7.5 \geqslant q_2 > 6.0$
05	5	$2.0 \geqslant q_1 > 1.5$	$6.0 \geqslant q_2 > 4.5$
06	6	$1.5 \geqslant q_1 > 1.0$	$4.5 \geqslant q_2 > 3.0$
07	7	$1.0 \geqslant q_1 > 0.5$	$3.0 \geqslant q_2 > 1.5$
08	8	$q_1 \leqslant 0.5$	$q_2 \leqslant 1.5$

表 A-19 保温性能等级表

代 码	保温性能分级	分级指标值 K
01	1	$K \geqslant 5.0$
02	2	$5.0 > K \geqslant 4.0$
03	3	$4.0 > K \geqslant 3.5$
04	4	$3.5 > K \geqslant 3.0$
05	5	$3.0 > K \geqslant 2.5$
06	6	$2.5 > K \geqslant 2.0$
07	7	$2.0 > K \geqslant 1.6$
08	8	$1.6 > K \geqslant 1.3$
09	9	$1.3 > K \geqslant 1.1$
10	10	$K < 1.1$

表 A-20 空气隔声性能等级表

代码	空气隔声性能分级	外门、外窗的分级指标值	内门、内窗的分级指标值
01	1	$20 \leqslant R_w + C_{tr} < 25$	$20 \leqslant R_w + C < 25$
02	2	$25 \leqslant R_w + C_{tr} < 30$	$25 \leqslant R_w + C < 30$
03	3	$30 \leqslant R_w + C_{tr} < 35$	$30 \leqslant R_w + C < 35$
04	4	$35 \leqslant R_w + C_{tr} < 40$	$35 \leqslant R_w + C < 40$
05	5	$40 \leqslant R_w + C_{tr} < 45$	$40 \leqslant R_w + C < 45$
06	6	$R_w + C_{tr} \geqslant 45$	$R_w + C \geqslant 45$

表 A-21 旋转入口门门体材料表

代 码	门体材料	代 码	门体材料
01	铝合金型材	04	木材
02	不锈钢	99	其他
03	彩色涂层钢板		

表 A-22 窗空气隔声性能分级表

代 码	空气隔声性能分级	分级指标值 R_w
01	1	$20 \leqslant R_w < 25$
02	2	$25 \leqslant R_w < 30$
03	3	$30 \leqslant R_w < 35$
04	4	$35 \leqslant R_w < 40$
05	5	$40 \leqslant R_w < 45$
06	6	$R_w \geqslant 45$

表 A-23 窗采光性能分级表

代 码	采光性能分级	分级指标值 T_r
01	1	$0.20 \leqslant T_r < 0.30$
02	2	$0.30 \leqslant T_r < 0.40$
03	3	$0.40 \leqslant T_r < 0.50$
04	4	$0.50 \leqslant T_r < 0.60$
05	5	$T_r \geqslant 0.60$

表 A-24 窗遮阳性能分级表

代 码	遮阳性能分级	分级指标值 SC
01	1	$0.8 \geqslant SC > 0.7$
02	2	$0.7 \geqslant SC > 0.6$
03	3	$0.6 \geqslant SC > 0.5$
04	4	$0.5 \geqslant SC > 0.4$
05	5	$0.4 \geqslant SC > 0.3$
06	6	$0.3 \geqslant SC > 0.2$
07	7	$SC \leqslant 0.2$

表 A-25　塑料窗保温性能等级表

代　码	保温性能分级	分级指标值
01	7	$3.0 > K \geqslant 2.5$
02	8	$2.5 > K \geqslant 2.0$
03	9	$2.0 > K \geqslant 1.5$
04	10	$K < 1.5$

表 A-26　屋顶窗采光性能分级表

代　码	采光性能分级	分级指标值 T_r
01	Ⅰ	$T_r \geqslant 0.70$
02	Ⅱ	$0.60 \leqslant T_r < 0.70$
03	Ⅲ	$0.50 \leqslant T_r < 0.60$
04	Ⅳ	$0.40 \leqslant T_r < 0.50$
05	Ⅴ	$0.30 \leqslant T_r < 0.40$
06	Ⅵ	$0.20 \leqslant T_r < 0.30$

表 A-27　屋顶窗保温性能等级表

代　码	保温性能分级	分级指标值
01	1	$K \geqslant 5.5$
02	2	$5.5 > K \geqslant 5.0$
03	3	$5.0 > K \geqslant 4.5$
04	4	$4.5 > K \geqslant 4.0$
05	5	$4.0 > K \geqslant 3.5$
06	6	$3.5 > K \geqslant 3.0$
07	7	$3.0 > K \geqslant 2.5$
08	8	$2.5 > K \geqslant 2.0$
09	9	$2.0 > K \geqslant 1.5$
10	10	$K < 1.5$

表 A-28　采光屋顶气密性能等级表

代　码	气密性能分级	单位缝长分级指标值 q_1	单位面积分级指标值 q_2
01	1	$6.0 \geqslant q_1 > 4.0$	$18.0 \geqslant q_2 > 12.0$
02	2	$4.0 \geqslant q_1 > 2.5$	$12.0 \geqslant q_2 > 7.5$
03	3	$2.5 \geqslant q_1 > 1.5$	$7.5 \geqslant q_2 > 4.5$
04	4	$1.5 \geqslant q_1 > 0.5$	$4.5 \geqslant q_2 > 1.5$
05	5	$q_1 \leqslant 0.5$	$q_2 \leqslant 1.5$

表 A-29　回弹恢复等级表

代　码	回弹恢复分级	回弹恢复分级指标值（D_r）
01	1	$30\% < D_r \leqslant 40\%$
02	2	$40\% < D_r \leqslant 50\%$
03	3	$50\% < D_r \leqslant 60\%$
04	4	$60\% < D_r \leqslant 70\%$
05	5	$70\% < D_r \leqslant 80\%$
06	6	$80\% < D_r \leqslant 90\%$
07	7	$90\% < D_r$

表 A-30　石膏基抹面灰浆产品分类表

代　码	代　号	石膏基抹面灰浆产品类别
01	F	面层粉刷石膏
02	B	底层粉刷石膏
03	T	保温层粉刷石膏
99	其他	其他

表 A-31　水泥基抹面灰浆产品分类表

代　码	代　号	水泥基抹面灰浆产品类别
01	Ⅰ	干粉类
02	Ⅱ	乳液类
99	其他	其他

表 A-32　石膏板产品分类表

代　码	代　号	石膏板产品类别
01	P	普通纸面石膏板
02	S	耐水纸面石膏板
03	H	耐火纸面石膏板
04	SH	耐水耐火纸面石膏板
99	其他	其他

表 A-33　自动喷水灭火系统名称表

代码	名　称	代码	名　称
01	湿式自动喷水灭火系统	04	重复启闭预作用灭火系统
02	干式自动喷水灭火系统	05	雨淋系统
03	预作用灭火系统	99	其他

表 A-34　自动喷水灭火系统类型表

代码	自动喷水灭火系统类型	代码	自动喷水灭火系统类型
01	闭式自动喷水灭火系统	99	其他
02	开式自动喷水灭火系统		

表 A-35　水幕灭火系统类型表

代码	类　型	代码	类　型
01	防火分隔水幕	99	其他
02	防护冷却水幕		

表 A-36　水幕灭火系统喷头类型表

代码	喷头类型	代码	喷头类型
01	缝隙式水幕喷头	99	其他
02	冲击式水幕喷头		

表 A-37　泡沫灭火系统名称表

代码	名　称	代码	名　称
01	低倍数泡沫灭火系统	03	高倍数泡沫灭火系统
02	中倍数泡沫灭火系统	99	其他

表 A-38　泡沫灭火系统类型表

代码	类型	代码	类型
01	固定式	04	泡沫喷淋
02	半固定式	99	其他
03	移动式		

表 A-39　气体灭火系统名称表

代码	名称	代码	名称
01	贮压式七氟丙烷灭火系统	06	高压二氧化碳灭火系统
02	备压式七氟丙烷灭火系统	07	低压二氧化碳灭火系统
03	三氟甲烷灭火系统	08	气溶胶灭火系统
04	混合气体灭火系统	99	其他
05	氮气灭火系统（IG-100）		

表 A-40　气体灭火系统类型表

代码	类型	代码	类型
01	半固定式（预制灭火系统）	05	全淹没灭火系统
02	固定式气体灭火系统（管网灭火系统）	06	局部应用灭火系统
03	单元独立灭火系统	99	其他
04	组合分配灭火系统		

表 A-41　水净化设备名称表

代码	水净化设备名称	代码	水净化设备名称
01	氯消毒器	06	膜处理设备
02	紫外线消毒器	07	砂滤罐
03	二氧化氯发生器	08	活性炭过滤罐
04	次氯酸钠消毒器	99	其他
05	臭氧发生器		

表 A-42　水软化设备名称表

代码	水软化设备名称	代码	水软化设备名称
01	全自动软水器	05	移动床软水器
02	顺流再生固定床软水器	06	流动床软水器
03	逆流再生固定床软水器	99	其他
04	浮动床软水器		

表 A-43　污水和污泥泵名称表

代码	污水和污泥泵名称	代码	污水和污泥泵名称
01	潜水排污泵	05	卧式双吸离心式污水泵
02	立式长轴液下式污水泵	06	卧式单吸离心式污水泵
03	立式双吸离心式污水泵	07	污泥泵
04	立式单吸离心式污水泵	99	其他

表 A-44　沉淀池设备名称表

代码	沉淀池设备名称	代码	沉淀池设备名称
01	污水处理用辐流沉淀池周边传动刮泥机	04	沉淀池机械搅拌机
02	辐流式二次沉淀池吸泥机	99	其他
03	沉淀池虹吸排泥机		

表 A-45　化学和生化处理设备名称表

代码	化学和生化处理设备名称	代码	化学和生化处理设备名称
01	一体式膜生物反应器	06	曝气生物滤池
02	膜生物反应器	07	氧化沟
03	活性污泥法处理设备	08	生物处理一体机
04	生物转盘法处理设备	99	其他
05	接触氧化法处理设备		

表 A-46　污泥处理设备名称表

代码	污泥处理设备	代码	污泥处理设备
01	重力式污泥浓缩池悬挂式中心传动刮泥机	03	污泥浓缩带式脱水一体机
02	污泥脱水用带式压滤机	99	其他

表 A-47　除油设备名称表

代码	除油设备名称	代码	除油设备名称
01	隔油器	03	气体分离罐
02	油脂分离器	99	其他

表 A-48　污泥过滤脱水设备名称表

代码	污泥过滤脱水设备	代码	污泥过滤脱水设备
01	重力式污泥浓缩池悬挂式中心传动刮泥机	03	污泥浓缩带式脱水一体机
02	污泥脱水用带式压滤机	99	其他

表 A-49　充氧设备名称表

代码	充氧设备	代码	充氧设备
01	罗茨鼓风机	06	转碟曝气机
02	回转式鼓风机	07	倒伞型表面曝气机
03	水下射流曝气机	08	氧化沟水平轴转刷曝气机
04	自吸式曝气机	99	其他
05	转刷曝气机		

表 A-50　管材名称表

代码	管材名称
01	球墨铸铁管
02	焊接钢管
03	螺旋缝埋弧焊钢管

代码	管 材 名 称
04	薄壁不锈钢管
05	建筑铜水管
06	热镀锌钢管
07	建筑排水柔性接口铸铁管
08	涂塑复合钢管
09	衬塑复合钢管
10	钢塑复合压力管
11	内衬不锈钢复合钢管
12	混凝土排水管
13	钢筋混凝土排水管
14	预应力钢筋混凝土管
15	自应力钢筋混凝土管
16	预应力钢筒混凝土管
17	硬聚氯乙烯管
18	氯化聚氯乙烯管
19	聚乙烯管
20	聚丙烯管
21	丙烯腈-丁二烯-苯乙烯（ABS）管
22	聚丁烯管
23	交联聚乙烯管
24	耐热聚乙烯管
25	铝塑复合压力管
26	玻璃纤维增强塑料夹砂管
27	建筑排水中空壁消声硬聚氯乙烯（PVC-U）管
28	建筑排水硬聚氯乙烯内螺旋管
29	排水用芯层发泡聚氯乙烯管
30	排水用聚氯乙烯玻璃微珠复合管
31	无压埋地排污、排水硬聚氯乙烯管
32	聚乙烯双壁波纹管
33	聚乙烯缠绕结构壁管
34	建筑排水用高密度聚乙烯（HDPE）管
35	聚丙烯静音排水管
99	其他

表 A-51　阀门分类表

代码	阀门分类	代码	阀门分类
01	闸阀	07	旋塞阀
02	截止阀	08	止回阀和底阀
03	节流阀	09	安全阀
04	蝶阀	10	减压阀
05	球阀	11	疏水阀
06	隔膜阀	99	其他

表 A-52　阀门驱动方式表

代码	阀门驱动方式	代码	阀门驱动方式
01	电磁驱动	07	伞齿轮
02	液动	08	气动
03	涡轮驱动	09	气-液动
04	电磁-液动	10	电动
05	电-液动	99	其他
06	正齿轮		

表 A-53　泵驱动装置表

代码	泵驱动装置	代码	泵驱动装置
01	电动机	99	其他
02	柴油机水泵驱动装置		

表 A-54　水箱箱体板材材质表

代码	水箱箱体板材材质	代码	水箱箱体板材材质
01	普通钢板	05	热浸镀锌钢板
02	不锈钢板	06	钢筋混凝土
03	搪瓷钢板	99	其他
04	玻璃钢		

表 A-55　水箱组装方式表

代码	组装方式	代码	组装方式
01	拼装焊接	99	其他
02	拼装螺栓密封成型		

表 A-56　家用热水器名称表

代码	家用热水器名称	代码	家用热水器名称
01	贮水式电热水器	04	燃气容积式热水器
02	即热式电热水器	05	太阳能热水器
03	燃气快速式热水器	99	其他

表 A-57　热媒种类表

代码	热媒种类	代码	热媒种类
01	热水	99	其他
02	蒸汽		

表 A-58　烟道种类表

代码	烟道种类	代码	烟道种类
01	砖烟囱	04	套筒式烟囱
02	钢筋混凝土烟囱	05	多管式烟囱
03	钢烟囱	99	其他

表 A-59　制冷压缩机类型表

代码	制冷压缩机类型	代码	制冷压缩机类型
01	活塞式	04	离心式
02	涡旋式	99	其他
03	螺杆式		

表 A-60　冷水机组种类表

代码	冷水机组种类	代码	冷水机组种类
01	活塞式电动压缩冷水机组	05	溴化锂吸收式冷水机组
02	涡旋式电动压缩冷水机组	06	直燃式溴化锂吸收式冷水机组
03	螺杆式电动压缩冷水机组	99	其他
04	离心式电动压缩冷水机组		

表 A-61　冷水机组冷却方式表

代码	冷却方式	代码	冷却方式
01	水冷	99	其他
02	风冷或蒸发冷却		

表 A-62　冷却塔种类表

代码	冷却塔种类	代码	冷却塔种类
01	逆流式冷却塔	04	喷射式冷却塔
02	横流式冷却塔	99	其他
03	封闭式冷却塔		

表 A-63　蒸发器、冷凝器冷却方式表

代码	冷却方式	代码	冷却方式
01	水冷	99	其他
02	风冷		

表 A-64　热交换器种类表

代码	热交换器种类	代码	热交换器种类
01	管壳式	04	半即热式
02	套管式	05	容积式
03	板式	99	其他

表 A-65　空气处理机种类表

代码	空气处理机种类	代码	空气处理机种类
01	空调机组	04	净化机组
02	新风机组	05	溶液调湿型空气处理机组
03	变风量机组	99	其他

表 A-66　户式集中空调机组种类表

代码	户式集中空调机组种类	代码	户式集中空调机组种类
01	风管式空气源热泵机组	06	户式直燃型溴化锂冷热水机组
02	风管式水源热泵机组	07	变频（变转速）控制空气源热泵机组
03	空气源热泵冷热水机组		
04	水源热泵冷热水机组	08	数码脉冲控制空气源热泵机组
05	空气源冷水机组	99	其他

表 A-67　机组型式表

代码	机组型式	代码	机组型式
01	单冷型	03	电热型
02	热泵型	99	其他

表 A-68　电源种类表

代码	电源种类	代码	电源种类
01	AC220V/50Hz	04	AC6kV/50Hz/3N
02	AC380V/50Hz/3N	05	AC10kV/50Hz/3N
03	DC24V/50Hz	99	其他

表 A-69　热泵类别表

代码	热泵类别	代码	热泵类别
01	空气源热泵	03	水环式热泵
02	地源热泵	99	其他

表 A-70　湿度控制设备种类表

代码	湿度控制设备种类	代码	湿度控制设备种类
01	机械制冷式除湿机	06	电极加湿器
02	转轮式除湿机	07	超声波加湿器
03	溶液除湿机	08	湿膜加湿器
04	蒸汽加湿器	99	其他
05	电热加湿器		

表 A-71　散热器种类表

代码	散热器种类	代码	散热器种类
01	铸铁散热器	04	金属复合型散热器
02	钢制散热器	99	其他
03	铝制散热器		

表 A-72　加热管管径表

代码	加热管管径	代码	加热管管径
01	$dn20$	03	$dn32$
02	$dn25$	99	其他

表 A-73 空气热回收装置种类表

代码	空气热回收装置种类	代码	空气热回收装置种类
01	板式	05	液体循环式
02	板翅式	06	溶液吸收式
03	热管式	99	其他
04	转轮式		

表 A-74 空气热回收装置效率种类表

代码	效率种类	代码	效率种类
01	温度效率	99	其他
02	焓效率		

表 A-75 通风管道种类表

代码	通风管道种类	代码	通风管道种类
01	镀锌钢板风管	08	防火板风管
02	无机玻璃钢风管	09	玻镁复合风管
03	硬聚氯乙烯风管	10	氯氧镁水泥复合风管
04	玻纤铝箔复合风管	11	挤塑复合风管
05	酚醛铝箔复合风管	12	铝箔与阻燃布软管
06	聚氨酯铝箔复合风管	99	其他
07	彩钢板保温复合风管		

表 A-76 风管配件控制方式表

代码	控制方式	代码	控制方式
01	手动	03	电动
02	气动	99	其他

表 A-77 风机盘管种类表

代码	风机盘管种类	代码	风机盘管种类
01	卧式	04	卡式
02	立式（含低矮式）	05	壁挂式
03	柱式	99	其他

表 A-78 风机盘管安装形式表

代码	风机盘管安装形式	代码	风机盘管安装形式
01	明装	99	其他
02	暗装		

表 A-79 风机盘管出口静压表

代码	风机盘管出口静压	代码	风机盘管出口静压
01	<30Pa（低静压型）	02	≥30Pa（高静压型）

表 A-80 热量计量仪表种类表

代码	热量计量仪表种类	代码	热量计量仪表种类
01	机械式热量表	04	蒸发式热分配表
02	超声波式热量表	05	电子式热分配表
03	温度法热量分配表	99	其他

表 A-81 阀门控制装置种类表

代码	阀门控制装置种类	代码	阀门控制装置种类
01	气动	03	手动
02	电动	99	其他

表 A-82 电线和电缆种类表

代码	电线和电缆种类	代码	电线和电缆种类
01	BVV	05	YJV
02	BV	06	YJV_{22}
03	VV	07	JHS
04	VV_{22}	99	其他

表 A-83 电线和电缆芯材材质表

代码	芯材材质	代码	芯材材质
01	铜	99	其他
02	铝		

表 A-84 布线管道管材种类表

代码	布线管道管材种类	代码	布线管道管材种类
01	焊接钢管	04	电线管
02	扣压式金属管	05	硬质塑料管
03	紧定式金属管	99	其他

表 A-85 变压器种类表

代码	变压器种类	代码	变压器种类
01	干式	99	其他
02	油浸式		

表 A-86 整体式变电站种类表

代码	整体式变电站种类	代码	整体式变电站种类
01	户内式	99	其他
02	户外式		

表 A-87 整体式变电站电压等级表

代码	整体式变电站电压等级	代码	整体式变电站电压等级
01	高压（6kV～35kV）	99	其他
02	低压（220V/380V）		

表 A-88　不间断电源种类表

代　码	不间断电源种类	代　码	不间断电源种类
01	后备式	03	在线互动式
02	在线式	99	其他

本规范用词说明

1 为便于在执行本规范条文时区别对待，对要求严格程度不同的用词说明如下：

　1）表示很严格，非这样做不可的用词：
　　正面词采用"必须"，反面词采用"严禁"；
　2）表示严格，在正常情况均应这样做的用词：
　　正面词采用"应"，反面词采用"不应"或"不得"；
　3）表示允许稍有选择，在条件许可时首先应这样做的用词：
　　正面词采用"宜"，反面词采用"不宜"；
　4）表示有选择，在一定条件下可以这样做的用词，采用"可"。

2 条文中指明应按其他有关标准执行的写法为"应符合……的规定"或"应按……执行"。

引用标准名录

1 《烟囱设计规范》GB 50051
2 《通用硅酸盐水泥》GB 175
3 《铝酸盐水泥》GB 201
4 《钢筋混凝土用钢》GB 1499
5 《信息交换用汉字编码字符集　基本集》GB 2312
6 《高铝质隔热耐火砖》GB/T 3995
7 《低压电器外壳防护等级》GB/T 4942.2
8 《烧结普通砖》GB 5101
9 《预应力混凝土用钢丝》GB/T 5223
10 《数据元和交换格式　信息交换　日期和时间表示法》GB/T 7408
11 《制冷剂编号方法和安全分类》GB/T 7778
12 《建筑材料及制品燃烧性能等级》GB 8624
13 《胶合板　第 1 部分：分类》GB/T 9846.1
14 《蒸压灰砂砖》GB 11945
15 《实木地板技术要求》GB/T 15036.1
16 《国际贸易计量单位代码》GB/T 17295
17 《电子政务数据元　第 1 部分:设计和管理规范》GB/T 19488.1
18 《轻骨料混凝土技术规程》JGJ 51
19 《溶剂型聚氨酯涂料（双组分）》HG/T 2454
20 《硝基清漆》HG/T 2592
21 《工业通风机、透平鼓风机和压缩机名词术语》JB/T 2977
22 《工业锅炉　通用技术条件》JB/T 10094
23 《粉煤灰砖》JC 239
24 《水泥混凝土养护剂》JC 901
25 《蒸压灰砂空心砖》JC/T 637
26 《石膏砌块》JC/T 698
27 《空心玻璃砖》JC/T 1007
28 《通风空调风口》JG/T 14
29 《建筑产品分类与编码》JG/T 151
30 《建筑用遮阳天篷帘》JG/T 252
31 《地毯分类命名》QB/T 2213
32 《防静电活动地板通用规范》SJ/T 10796
33 《混凝土用钢纤维》YB/T 151
34 《黏土质耐火砖》YB/T 5106

中华人民共和国行业标准

建筑产品信息系统基础数据规范

JGJ/T 236—2011

条 文 说 明

制 定 说 明

《建筑产品信息系统基础数据规范》JGJ/T 236-2011，经住房和城乡建设部 2011 年 1 月 11 日以第 892 号公告批准、发布。

本规范制订过程中，编制组进行了广泛的调查研究，总结了我国工程建设中建筑产品信息系统应用的实践经验，同时参考了国外先进技术法规、技术标准。

为便于广大施工、科研、学校等单位有关人员在使用本规范时能正确理解和执行条文规定，《建筑产品信息系统基础数据规范》编制组按章、节、条顺序编制了本规范的条文说明、对条文规定的目的、依据以及执行中需注意的有关事项进行了说明。但是，本条文说明不具备与标准正文同等的法律效力，仅供使用者作为理解和把握标准规定的参考。

目　次

1 总　则

1.0.1　由于信息化时代的到来，在工程建设和商务交流中，建筑产品的信息化交互需求日益增强。当前国内相关部门和单位在实际工作当中，为了满足建筑产品信息的交换、共享，适应行业发展，都投入了大量人力、财力建设建筑产品数据库。而不同部门和单位所建立的数据格式与数据库类型没有统一标准，各系统之间不能直接进行数据共享，这样就在数据交换过程中产生大量的重复投入和数据转换工作，严重降低了工作效率。为了减少信息交换过程中的转换问题，降低数据交换成本，避免重复投入、建设，制定本规范。

1.0.2　本规范适用于建筑及相关领域的建筑产品数据库的建设。本规范涉及的建筑产品涵盖了现在工程建设中常用的建筑材料、部品和设备，但不包括软件、服务、图纸、维修、施工机具等内容。本规范中涉及编入的建筑产品，是根据《建筑产品分类与编码》JG/T 151 - 2003 所列出的建筑产品为基础的，选择了常用的建筑材料和部品、设备。《建筑产品分类与编码》JG/T 151 - 2003 中涉及的内容非常广泛，产品涉及面非常广，本规范选择了常用的、主要的一部分建筑产品给出了相关的基础数据要求。对于其他建筑产品基础数据，本规范给出了编写的方法和依据，可根据这些方法和依据扩充相关内容。

1.0.3　建筑产品基础数据，基础数据内容的采集应从其他相关标准规范中规定的内容中取得，例如产品名称、类型等。同时建筑产品的通用数据列出了一些建筑产品相关的数据，这些数据应符合其他相关标准的规定。例如：企业信息部分，应符合企业信息化标准的规定。这些标准是本规范数据采集的依据，因此，其他现行国家有关标准、规范我们在数据建设过程中也应该严格执行。

2　术语和符号

2.1　术　语

本章给出的 7 个术语，是在本规范的章节中所引用的。本规范的术语是从本规范的角度赋予其相应的涵义，但涵义不一定是术语的定义。同时，对中文术语还给出了相应的推荐性英文术语，供参考。

2.1.1　建筑产品所指设备不包括施工机械。

2.1.2　基础数据是描述某个对象属性特征的内容。为了描述的方便，本规范将建筑产品的部分共有属性提取出来作为基本属性内容。针对不同领域的应用，需求可能会有所增加，本规范同时给出了相应的属性扩展规定。

2.1.3　建筑产品共有的数据，例如生产企业信息。

2.1.4　建筑产品个性化的数据，例如水泥的强度等级与制冷机组的制冷量。

2.1.5　根据《信息技术　数据元的规范与标准化第 1 部分：数据元的规范与标准化框架》GB/T 18391.1 - 2009 定义 3.1.1 确定。

2.1.6　根据《信息技术　数据元的规范与标准化第 1 部分：数据元的规范与标准化框架》GB/T 18391.1 - 2009 定义 3.3.38 确定。

2.1.7　是描述属性的具体数据信息。

3　基　本　规　定

3.1　基础数据分类

3.1.1　建筑产品种类繁多，为了描述的方便，根据实际工作的需要，按照数据内容的不同类型，将基础数据划分为几个常用的大类：建筑产品生产厂家，建筑产品性能信息，建筑产品执行标准信息。基础数据结构见图 1。

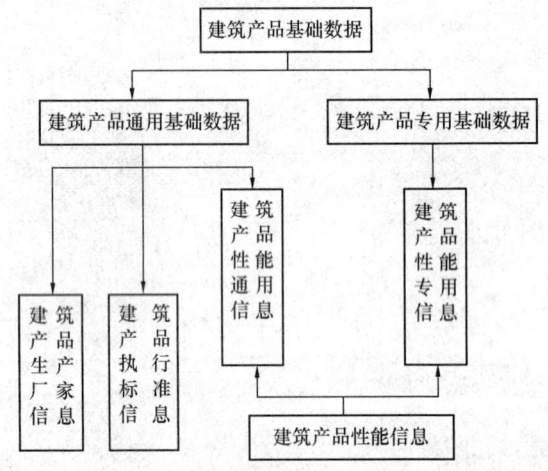

图 1　数据结构图

3.1.2　建筑产品基础数据对于每个不同的产品来说可能都是不尽相同的，但是有一部分的数据内容是一致的，例如：企业的相关信息，建筑产品的名称，执行标准等信息，其描述的格式与内容是相同的。为了能够更加简单、清晰的表示，把建筑产品共有的基础数据提取出来做统一说明，称为通用基础数据。通用基础数据应包括建筑产品生产厂家信息，建筑产品执行标准信息和建筑产品性能通用信息。

3.1.3　除通用基础数据外的数据应列为专用基础数据。这里所指的通用基础数据外的数据是指本规范所列出的数据。

3.2　基础数据技术要求

3.2.1　给出了用于描述基础数据的主要属性，属性的选取依据国家标准《电子政务数据元　第 1 部分：设计和管理规范》GB/T 19488.1－2004 以及建筑产品的特性。

3.2.2　基础数据质量应按照规定的三个原则执行，在实际操作当中做好对应的规定和操作流程。避免由于人为因素导致数据误差等问题。

3.2.3　XML 格式便于数据的储存与交流，是现在数据交换的公共语言。数据交换规则及定义按照《电子政务数据元　第 1 部分：设计和管理规范》GB/T 19488.1－2004 的相关规定执行。对于 XML 的表示方法以本规范表 3.3.1 为例说明。

表 3.3.1　建筑产品生产厂家信息

中文字段名称	数据类型	数据格式	计量单位	值　域	约束条件
厂家中文名称	字符型	C..40	—	—	M
厂家英文名称	字符型	C..40	—	—	O
组织机构代码	字符型	C..20	—	—	M
注册资本	数值型	N..12	元(人民币)	—	M
法定代表人姓名	字符型	C..20	—	—	M
厂家类型	枚举型	C..20	—	按本规范表 A-1 厂家类型表	M
地址	字符型	C..60	—	—	M
电话	字符型	C..14	—	—	M
传真	字符型	C..14	—	—	O
获得体系认证	枚举型	C..40	—	按本规范表 A-2 体系认证种类表	O

XML 格式说明

```
<xsd: schema xmlns: xsd = "http: //www. w3. org/2001/
XMLSchema">
 <xsd: element name = "DataElements">
  <xsd: complexType >
   <xsd: sequence >
    <xsd: element name = "DataElement" type = "cde:
DataElementStructure"/>
   </xsd: sequence >
  </xsd: complexType >
 </xsd: element >
  <xsd: complexType name = "DataElementStructure">
   <xsd: sequence >
    <xsd: element name = "公司中文字段名称" use = "required">
    <xsd: simpleType >
    <xsd: restriction base = "xsd: string" >
     <xsd: minLength value = "2"/>
     <xsd: maxLength value = "40"/>
    </xsd: restriction >
    </xsd: simpleType >
   </xsd: element >
    <xsd: element name = "公司英文名称" >
    <xsd: simpleType >
    <xsd: restriction base = "xsd: string" >
     <xsd: minLength value = "2"/>
     <xsd: maxLength value = "40"/>
    </xsd: restriction >
```

```
   </xsd: simpleType >
  </xsd: element >
  <xsd: element name = "注册资本" use = "required" >
   <xsd: simpleType >
    <xsd: restriction base = "xsd: integer" >
         <xsd: length value = "12"/>
    </xsd: restriction >
   </xsd: simpleType >
   <xsd: attribute name = "计量单位" type = "xsd: string"
default = "元(人民币)"/>
  </xsd: element >
  <xsd: element name = "法定代表人姓名" use = "required">
   <xsd: simpleType >
    <xsd: restriction base = "xsd: string" >
     <xsd: minLength value = "2"/>
     <xsd: maxLength value = "20"/>
    </xsd: restriction >
   </xsd: simpleType >
  </xsd: element >

  <xsd: element name = "公司类型" type = "表 A-1 公司类型
表" use = "required">
  </xsd: element >
  <xsd: element name = "地址" use = "required" >
   <xsd: simpleType >
    <xsd: restriction base = "xsd: string" >
     <xsd: minLength value = "2"/>
     <xsd: maxLength value = "60"/>
    </xsd: restriction >
   </xsd: simpleType >
  </xsd: element >
  <xsd: element name = "电话" use = "required">
   <xsd: simpleType >
    <xsd: restriction base = "xsd: string" >
     <xsd: minLength value = "2"/>
     <xsd: maxLength value = "14"/>
    </xsd: restriction >
   </xsd: simpleType >
  </xsd: element >
  <xsd: element name = "传真" >
   <xsd: simpleType >
    <xsd: restriction base = "xsd: string" >
     <xsd: minLength value = "2"/>
     <xsd: maxLength value = "14"/>
    </xsd: restriction >
   </xsd: simpleType >
  </xsd: element >
  <xsd: element name = "获得体系认证" type = "表 A-2 体系认
证种类表" >
  </xsd: element >

  </xsd: sequence >
  <xsd: attribute name = "uid" type = "xsd: integer" use =
"required"/>
 </xsd: complexType >
 <xsd: simpleType name = "表 A-1 公司类型表">
  <xsd: restriction base = "xsd: string" >
   <xsd: enumeration value = "有限责任公司"/>  <xsd:
```

```
enumeration value="股份有限公司"/>
  </xsd：restriction>
 </xsd：simpleType>
 <xsd：simpleType name="表 A-2 体系认证种类表">
  <xsd：restriction base="xsd：string">
   <xsd：enumeration value="ISO9001 质量管理体系认证"/>
<xsd：enumeration value="ISO14001 环境管理体系认证"/><
xsd：enumeration value="OHSAS18000 职业健康安全管理体系认
证"/><xsd：enumeration value="ISO27000 信息安全管理体系认
证"/> <xsd：enumeration value="其他体系认证"/>
  </xsd：restriction>
 </xsd：simpleType>
</xsd：schema>
```

3.2.4 基础数据的表示采用属性和属性值表示，以本规范表 3.3.1 为例。属性是描述建筑产品的一种特性，属性值是这种特性的具体描述。

基础数据描述格式的表示方法，包括数据类型表示方法和字符长度表示方法。具体应用示例如下：

应用示例

C 字符型（包括各种字符：字母、数字字符和汉字等）

C12 固定长度为 12 个字符（相当于 6 个汉字）长度的字符

C..12 可变长度，最大为 12 个字符长度的字符

C4..12 可变长度，最小为 4 个字符，最大为 12 个字符长度的字符

C..40X3 3 行最大长度为 40 个字符长度的字符

N 数值型

N3 固定长度为 3 位数字

N..3 最大长度为 3 位数字

N9,2 最大长度为 9 位的十进制小数格式（包括小数点），小数点后保留 2 位数字

D 日期型

D8 采用 YYYYMMDD 格式（8 位定长）表示年月日。

如 1998 年 1 月 8 日，应表示为 19980108

D15 采用 YYYYMMDDThhmmss 格式（15 位定长）表示年月日时分秒

在日和时之间加大写字母"T"

如 2004 年 3 月 25 日 9 时 8 分 5 秒为 20040325T090805。

对于枚举型数据类型在进行描述时，应根据填入的数据类型按以上方法进行。如本规范表 3.3.2 中，标准类别为枚举型数据类型，标准类别有表 A-3 所列的国家标准、行业标准、地方标准、企业标准、协会标准、国际标准。填入的内容为字符型数据类型，最大长度 8 个字符，因此数据格式应表示为 C..8。

约束条件为三种类型，必选（M）、可选（O）、条件可选（C）。当数据字段为条件可选时，约束条件为 C，并注明选用的条件。例如：

表 3.3.2 建筑产品执行标准信息

中文字段名称	数据类型	数据格式	计量单位	值　域	约束条件
标准类别	枚举型	C..8	—	按本规范表 A-3 标准类别表	M
分类符号	字符型	C..15	—	按 UDC、ICS 以及中国标准文献分类号执行	O
标准名称	字符型	C..60	—		M
英文译名	字符型	C..80	—		O
标准编号	字符型	C..20	—		M
发布日期	日期型	D8	—		O
实施日期	日期型	D8	—		M
发布机构	字符型	C..80	—		M
标准备案号	字符型	C..10	—		C(除国家标准外，均应包含备案号)
替代标准号	字符型	C..20	—		O

上表中的标准备案号，应按照条件"除国家标准外，均应包含备案号"进行选择填写，即行业标准、地方标准、企业标准均应填写备案号。

3.2.5 随着建筑行业的发展，技术的进步，对于数据的要求也是在不断的进步，为了尽可能地满足实际需求，给出了数据扩展的基本要求和规则。本规范从属性和属性值两方面给出了扩展规则。

1 属性扩展的依据标准。《电子政务数据元 第 1 部分：设计和管理规范》GB/T 19488.1 - 2004 给出了各种属性的定义、表示方法以及描述方法。

2 对于属性值，扩展应遵循的原则。对于标识类属性(中文字段名称)，其作用在于明确标识出所描述的对象，因此唯一性原则、对象明确原则是必须遵守的。否则在数据建设的过程中，容易出现混乱，最终导致系统建设的失败。

3.3 通用基础数据

3.3.1 厂家注册资本根据《中华人民共和国公司登记管理条例》第三章第十三条规定，"公司的注册资本和实收资本应当以人民币表示，法律、行政法规另有规定的除外。"采用人民币"元"为计量单位。

3.3.2 为了满足对外交流的需求，本规范将 UDC、ICS 分类信息、标准英文译名纳入到属性值当中。

3.3.3 属性表中类目名称、类目英文名称、类目代码应严格按照《建筑产品分类与编码》JG/T 151 最新版本中的相关规定执行。价格宜采用 FOB 价格。

4 结构专业建筑产品专用基础数据

本章对结构专业建筑产品进行了详细规定，详细规定的建筑产品类别与《建筑产品分类与编码》JG/T 151-2003 中规定的建筑产品分类对应关系见表1。

表1　结构专业建筑产品对应关系

章节号	章节名称	分类号	分类名称
4.1	混凝土	G2	混凝土
4.1.1	基本材料和应用	G2050	基本材料和应用
4.1.2	混凝土配筋和配件	G2200	混凝土配筋和配件
4.1.3	现浇混凝土	G2300	现浇混凝土
4.1.4	预制混凝土制品	G2400	预制混凝土制品
4.1.5	灌注浆	G2600	灌注浆
4.2	砌体	G3	砌体
4.2.1	基本材料和应用	G3050	基本材料和应用
4.2.2	砌筑块材	G3200	砌筑块材
4.2.3	石料	G3400	石料
4.2.4	耐火砌体	G3500	耐火砌体
4.2.5	耐腐蚀砌体	G3600	耐腐蚀砌体
4.3	金属	G4	金属
4.3.1	金属制品	G4500	金属制品
4.3.2	伸缩缝制品	G4800	伸缩缝制品
4.4	木和塑料	G5	木和塑料
4.4.1	基本材料和应用	G5050	基本材料和应用
4.4.2	粗木工	G5100	粗木工
4.4.3	建筑木制品	G5400	建筑木制品
4.4.4	塑料制品	G5600	塑料制品
4.4.5	建筑竹制品	G5700	建筑竹制品

5 建筑专业建筑产品专用基础数据

本章对建筑专业建筑产品进行了详细规定，详细规定的建筑产品类别与《建筑产品分类与编码》JG/T 151-2003 中规定的建筑产品分类对应关系见表2。

表2　建筑专业建筑产品对应关系

章节号	章节名称	分类号	分类名称
5.1	围护结构和防护材料	J1	围护结构和防护材料
5.1.1	防水和防潮	J1100	防水和防潮
5.1.2	保温隔热	J1200	保温隔热
5.1.3	瓦屋面	J1300	瓦屋面
5.1.4	屋面板和墙面板	J1400	屋面板和墙面板

续表2

章节号	章节名称	分类号	分类名称
5.1.5	金属屋面和泛水	J1600	金属屋面和泛水
5.1.6	屋顶专用制品和附件	J1700	屋顶专用制品和附件
5.1.7	防火和防烟	J1800	防火和防烟
5.1.8	接缝、密封和堵漏材料	J1900	接缝、密封和堵漏材料
5.2	门窗和幕墙	J2	门窗和幕墙
5.2.1	基本材料和应用	J2050	基本材料和应用
5.2.2	金属门和门框	J2100	金属门和门框
5.2.3	木和塑料门及门框	J2200	木和塑料门及门框
5.2.4	特殊门	J2300	特殊门
5.2.5	入口和商店铺面	J2400	入口和商店铺面
5.2.6	窗	J2500	窗
5.2.7	天窗和采光屋顶	J2600	天窗和采光屋顶
5.2.8	门窗五金配件	J2700	门窗五金配件
5.2.9	玻璃和配件	J2800	玻璃和配件
5.2.10	幕墙	J2900	幕墙
5.3	室内外装饰	J3	室内外装饰
5.3.1	金属龙骨系统	J3100	金属龙骨系统
5.3.2	抹面灰浆和非承重隔墙	J3200	抹面灰浆和非承重隔墙
5.3.3	面砖	J3300	面砖
5.3.4	水磨石	J3400	水磨石
5.3.5	吊顶	J3500	吊顶
5.3.6	地面装饰材料	J3600	地面装饰材料
5.3.7	墙面装饰材料	J3700	墙面装饰材料
5.3.8	音响处理	J3800	音响处理
5.3.9	油漆和涂料	J3900	油漆和涂料
5.4	专用建筑制品	J4	专用建筑制品
5.4.1	旗杆	J4350	旗杆
5.4.2	隔断	J4600	隔断
5.4.3	门窗外部遮挡装置	J4700	门窗外部遮挡装置
5.5	家具和装饰品	J5	家具和装饰品
5.5.1	家具	J5500	家具
5.5.2	并联座椅	J5600	并联座椅
5.5.3	组合家具	J5700	组合家具
5.6	特殊建筑和系统	J6	特殊建筑和系统
5.6.1	太阳能热水器	J6640	太阳能热水器
5.6.2	灭火系统	J6900	灭火系统

6 设备专业建筑产品专用基础数据

本章对设备专业建筑产品进行了详细规定，详细规定的建筑产品类别与《建筑产品分类与编码》JG/T 151－2003 中规定的建筑产品分类对应关系见表3。

表3　设备专业建筑产品对应关系

章节号	章节名称	分类号	分类名称
6.1	专用设备	S1	专用设备
6.1.1	建筑物维护设备	S1010	建筑物维护设备
6.1.2	给水和水处理设备	S1200	给水和水处理设备
6.1.3	废(污)水处理设备	S1300	废(污)水处理设备
6.2	传输系统	S2	传输系统
6.2.1	电梯	S2200	电梯
6.2.2	自动扶梯和移动走道	S2300	自动扶梯和移动走道
6.3	水暖、通风和空调	S3	水暖、通风和空调
6.3.1	生活管道系统	S3100	生活管道系统
6.3.2	给水设备、设施和洁具	S3400	给水设备、设施和洁具
6.3.3	供热设备	S3500	供热设备
6.3.4	制冷设备	S3600	制冷设备

续表3

章节号	章节名称	分类号	分类名称
6.3.5	采暖、通风和空调	S3700	采暖、通风和空调
6.3.6	空气分配	S3800	空气分配
6.3.7	采暖、通风、空调控制装置	S3900	采暖、通风、空调控制装置
6.4	电气和电子	S4	电气和电子
6.4.1	线路工程	S4100	线路工程
6.4.2	发电设备	S4200	发电设备
6.4.3	输配电	S4300	输配电
6.4.4	低压供配电	S4400	低压供配电
6.4.5	照明	S4500	照明
6.4.6	特殊系统	S4600	特殊系统
6.4.7	通信	S4700	通讯
6.4.8	视听设备	S4800	视听设备

中华人民共和国行业标准

建筑与市政工程施工现场专业人员
职业标准

Occupational standards for construction site technician
of building and municipal engineering

JGJ/T 250—2011

批准部门：中华人民共和国住房和城乡建设部
施行日期：２０１２年１月１日

中华人民共和国住房和城乡建设部
公　告

第 1059 号

关于发布行业标准《建筑与市政工程
施工现场专业人员职业标准》的公告

现批准《建筑与市政工程施工现场专业人员职业标准》为行业标准，编号为 JGJ/T 250 - 2011，自 2012 年 1 月 1 日起实施。

本标准由我部标准定额研究所组织中国建筑工业出版社出版发行。

中华人民共和国住房和城乡建设部

2011 年 7 月 13 日

前　言

根据住房和城乡建设部《关于印发〈2009 年工程建设标准规范制订、修订计划〉的通知》（建标〔2009〕88 号）的要求，标准编制组经广泛调查研究，认真总结实践经验，参考有关国际标准和国外先进标准，并在广泛征求意见的基础上，制定本标准。

本标准的主要技术内容是：1. 总则；2. 术语；3. 职业能力标准；4. 职业能力评价。

本标准由住房和城乡建设部负责管理，中国建设教育协会负责具体技术内容的解释。执行过程中如有意见或建议，请寄送中国建设教育协会（地址：北京市海淀区三里河路九号，邮编：100835）。

本 标 准 主 编 单 位：中国建设教育协会
　　　　　　　　　　苏州二建建筑集团有限公司

本 标 准 参 编 单 位：住房和城乡建设部标准定额研究所
　　　　　　　　　　四川省建设系统岗位培训与建设执业资格注册中心
　　　　　　　　　　青岛市建筑工程管理局
　　　　　　　　　　中国建筑业协会机械管理与租赁分会
　　　　　　　　　　中国建筑一局（集团）有限公司
　　　　　　　　　　山西建筑工程（集团）总公司
　　　　　　　　　　湖南省建筑工程集团总公司
　　　　　　　　　　青建集团股份公司
　　　　　　　　　　四川建筑职业技术学院
　　　　　　　　　　黑龙江建筑职业技术学院
　　　　　　　　　　徐州建筑职业技术学院
　　　　　　　　　　湖北城市建设职业技术学院
　　　　　　　　　　成都航空职业技术学院

本标准主要起草人员：李竹成　李建华　胡兴福
　　　　　　　　　　熊君放　于周军　尤　完
　　　　　　　　　　危道军　任卫华　吴明军
　　　　　　　　　　李　健　冯光灿　李大伟
　　　　　　　　　　卫顺学　刘周学　高本礼
　　　　　　　　　　赵　研　吴文钢　齐书俊
　　　　　　　　　　邵　华

本标准主要审查人员：张兴野　刘晓初　杜学伦
　　　　　　　　　　丁传波　商丽萍　龚　毅
　　　　　　　　　　刘哲生　俞　敏　林　华
　　　　　　　　　　吴松勤　符里刚　钱大治
　　　　　　　　　　程华安

目　次

Contents

1 总　则

1.0.1 为了加强建筑与市政工程施工现场专业人员队伍建设，规范专业人员的职业能力评价，指导专业人员的使用与教育培训，促进科学施工，确保工程质量和安全生产，制定本标准。

1.0.2 本标准适用于建筑业企业、教育培训机构、行业组织、行业主管部门进行人才队伍规划、教育培训、评价、使用等。

1.0.3 建筑与市政工程施工现场专业人员应包括施工员、质量员、安全员、标准员、材料员、机械员、劳务员、资料员。其中，施工员、质量员可分为土建施工、装饰装修、设备安装和市政工程四个子专业。

1.0.4 本标准为建筑与市政工程施工现场相关专业人员规定了所应履行的职责，所需的专业知识和专业技能的基本要求。有关地区和企业可根据自身实际，对本地区及企业的相关专业人员提出更高的要求。

1.0.5 建筑与市政工程施工现场专业人员的岗位设置、工作职责确定、教育培训和职业能力评价，除应符合本标准外，尚应符合国家现行有关标准的规定。

2 术　语

2.0.1 职业标准　occupational standards

在职业岗位分类的基础上，对从业人员应履行的工作职责、所需专业知识和专业技能，及其考核评价的方式、方法的规范性要求。

2.0.2 工作职责　roles

职业岗位的工作范围和责任。

2.0.3 专业技能　technical skills

通过学习训练掌握的，运用相关知识完成专业工作任务的能力。

2.0.4 专业知识　technical knowledge

完成专业工作应具备的通用知识、基础知识和岗位知识。

2.0.5 通用知识　general knowledge

在建筑与市政工程施工现场从事专业技术管理工作，应具备的相关法律法规及专业技术与管理知识。

2.0.6 基础知识　basic knowledge

与职业岗位工作相关的专业基础理论和技术知识。

2.0.7 岗位知识　job knowledge

与职业岗位工作相关的专业标准、工作程序、工作方法和岗位要求。

2.0.8 职业能力评价　competency assessment guidelines

通过考试、考核、鉴定等方式，对专业人员职业能力水平进行测试和判断。

2.0.9 施工现场专业人员　site technician

在建筑与市政工程施工现场从事技术与管理工作的人员。

2.0.10 施工员　foreman

在建筑与市政工程施工现场，从事施工组织策划、施工技术与管理，以及施工进度、成本、质量和安全控制等工作的专业人员。

2.0.11 质量员　quality controller

在建筑与市政工程施工现场，从事施工质量策划、过程控制、检查、监督、验收等工作的专业人员。

2.0.12 安全员　safety supervisor

在建筑与市政工程施工现场，从事施工安全策划、检查、监督等工作的专业人员。

2.0.13 标准员　standardization supervisor

在建筑与市政工程施工现场，从事工程建设标准实施组织、监督、效果评价等工作的专业人员。

2.0.14 材料员　materialman

在建筑与市政工程施工现场，从事施工材料计划、采购、检查、统计、核算等工作的专业人员。

2.0.15 机械员　machinery supervisor

在建筑与市政工程施工现场，从事施工机械的计划、安全使用监督检查、成本统计核算等工作的专业人员。

2.0.16 劳务员　labourer supervisor

在建筑与市政工程施工现场，从事劳务管理计划、劳务人员资格审查与培训、劳动合同与工资管理、劳务纠纷处理等工作的专业人员。

2.0.17 资料员　data processor

在建筑与市政工程施工现场，从事施工信息资料的收集、整理、保管、归档、移交等工作的专业人员。

3 职业能力标准

3.1 一般规定

3.1.1 建筑与市政工程施工现场专业人员应具有中等职业(高中)教育及以上学历，并具有一定实际工作经验，身心健康。

3.1.2 建筑与市政工程施工现场专业人员应具备必要的表达、计算、计算机应用能力。

3.1.3 建筑与市政工程施工现场专业人员应具备下列职业素养：

　　1 具有社会责任感和良好的职业操守，诚实守信，严谨务实，爱岗敬业，团结协作；

　　2 遵守相关法律法规、标准和管理规定；

　　3 树立安全至上、质量第一的理念，坚持安全生产、文明施工；

4 具有节约资料、保护环境的意识；

5 具有终生学习理念，不断学习新知识、新技能。

3.1.4 建筑与市政工程施工现场专业人员工作责任，可按下列规定分为"负责"、"参与"两个层次。

1 "负责"表示行为实施主体是工作任务的责任人和主要承担人。

2 "参与"表示行为实施主体是工作任务的次要承担人。

3.1.5 建筑与市政工程施工现场专业人员教育培训的目标要求，专业知识的认知目标要求可按下列规定分为"了解"、"熟悉"、"掌握"三个层次。

1 "掌握"是最高水平要求，包括能记忆所列知识，并能对所列知识加以叙述和概括，同时能运用知识分析和解决实际问题。

2 "熟悉"是次高水平要求，包括能记忆所列知识，并能对所列知识加以叙述和概括。

3 "了解"是最低水平要求，其内涵是对所列知识有一定的认识和记忆。

3.2 施 工 员

3.2.1 施工员的工作职责宜符合表 3.2.1 的规定。

表 3.2.1 施工员的工作职责

项次	分类	主要工作职责
1	施工组织策划	(1)参与施工组织管理策划。 (2)参与制定管理制度。
2	施工技术管理	(3)参与图纸会审、技术核定。 (4)负责施工作业班组的技术交底。 (5)负责组织测量放线、参与技术复核。
3	施工进度成本控制	(6)参与制定并调整施工进度计划、施工资源需求计划，编制施工作业计划。 (7)参与做好施工现场组织协调工作，合理调配生产资源；落实施工作业计划。 (8)参与现场经济技术签证、成本控制及成本核算。 (9)负责施工平面布置的动态管理。
4	质量安全环境管理	(10)参与质量、环境与职业健康安全的预控。 (11)负责施工作业的质量、环境与职业健康安全过程控制，参与隐蔽、分项、分部和单位工程的质量验收。 (12)参与质量、环境与职业健康安全问题的调查，提出整改措施并监督落实。

续表 3.2.1

项次	分类	主要工作职责
5	施工信息资料管理	(13)负责编写施工日志、施工记录等相关施工资料。 (14)负责汇总、整理和移交施工资料。

3.2.2 施工员应具备表 3.2.2 规定的专业技能。

表 3.2.2 施工员应具备的专业技能

项次	分类	专 业 技 能
1	施工组织策划	(1)能够参与编制施工组织设计和专项施工方案。
2	施工技术管理	(2)能够识读施工图和其他工程设计、施工等文件。 (3)能够编写技术交底文件，并实施技术交底。 (4)能够正确使用测量仪器，进行施工测量。
3	施工进度成本控制	(5)能够正确划分施工区段，合理确定施工顺序。 (6)能够进行资源平衡计算，参与编制施工进度计划及资源需求计划，控制调整计划。 (7)能够进行工程量计算及初步的工程计价。
4	质量安全环境管理	(8)能够确定施工质量控制点，参与编制质量控制文件、实施质量交底。 (9)能够确定施工安全防范重点，参与编制职业健康安全与环境技术文件、实施安全和环境交底。 (10)能够识别、分析、处理施工质量缺陷和危险源。 (11)能够参与施工质量、职业健康安全与环境问题的调查分析。
5	施工信息资料管理	(12)能够记录施工情况，编制相关工程技术资料。 (13)能够利用专业软件对工程信息资料进行处理。

3.2.3 施工员应具备表 3.2.3 规定的专业知识。

表 3.2.3 施工员应具备的专业知识

项次	分类	专 业 知 识
1	通用知识	(1)熟悉国家工程建设相关法律法规。 (2)熟悉工程材料的基本知识。 (3)掌握施工图识读、绘制的基本知识。 (4)熟悉工程施工工艺和方法。 (5)熟悉工程项目管理的基本知识。

续表3.2.3

项次	分类	专 业 知 识
2	基础知识	(6)熟悉相关专业的力学知识。 (7)熟悉建筑构造、建筑结构和建筑设备的基本知识。 (8)熟悉工程预算的基本知识。 (9)掌握计算机和相关资料信息管理软件的应用知识。 (10)熟悉施工测量的基本知识。
3	岗位知识	(11)熟悉与本岗位相关的标准和管理规定。 (12)掌握施工组织设计及专项施工方案的内容和编制方法。 (13)掌握施工进度计划的编制方法。 (14)熟悉环境与职业健康安全管理的基本知识。 (15)熟悉工程质量管理的基本知识。 (16)熟悉工程成本管理的基本知识。 (17)了解常用施工机械机具的性能。

3.3 质 量 员

3.3.1 质量员的工作职责宜符合表3.3.1的规定。

表3.3.1 质量员的工作职责

项次	分类	主要工作职责
1	质量计划准备	(1)参与进行施工质量策划。 (2)参与制定质量管理制度。
2	材料质量控制	(3)参与材料、设备的采购。 (4)负责核查进场材料、设备的质量保证资料，监督进场材料的抽样复验。 (5)负责监督、跟踪施工试验，负责计量器具的符合性审查。
3	工序质量控制	(6)参与施工图会审和施工方案审查。 (7)参与制定工序质量控制措施。 (8)负责工序质量检查和关键工序、特殊工序的旁站检查，参与交接检验、隐蔽验收、技术复核。 (9)负责检验批和分项工程的质量验收、评定，参与分部工程和单位工程的质量验收、评定。
4	质量问题处置	(10)参与制定质量通病预防和纠正措施。 (11)负责监督质量缺陷的处理。 (12)参与质量事故的调查、分析和处理。
5	质量资料管理	(13)负责质量检查的记录，编制质量资料。 (14)负责汇总、整理、移交质量资料。

3.3.2 质量员应具备表3.3.2规定的专业技能。

表3.3.2 质量员应具备的专业技能

项次	分类	专 业 技 能
1	质量计划准备	(1)能够参与编制施工项目质量计划。
2	材料质量控制	(2)能够评价材料、设备质量。 (3)能够判断施工试验结果。
3	工序质量控制	(4)能够识读施工图。 (5)能够确定施工质量控制点。 (6)能够参与编写质量控制措施等质量控制文件，实施质量交底。 (7)能够进行工程质量检查、验收、评定。
4	质量问题处置	(8)能够识别质量缺陷，并进行分析和处理。 (9)能够参与调查、分析质量事故，提出处理意见。
5	质量资料管理	(10)能够编制、收集、整理质量资料。

3.3.3 质量员应具备表3.3.3规定的专业知识。

表3.3.3 质量员应具备的专业知识

项次	分类	专 业 知 识
1	通用知识	(1)熟悉国家工程建设相关法律法规。 (2)熟悉工程材料的基本知识。 (3)掌握施工图识读、绘制的基本知识。 (4)熟悉工程施工工艺和方法。 (5)熟悉工程项目管理的基本知识。
2	基础知识	(6)熟悉相关专业力学知识。 (7)熟悉建筑构造、建筑结构和建筑设备的基本知识。 (8)熟悉施工测量的基本知识。 (9)掌握抽样统计分析的基本知识。
3	岗位知识	(10)熟悉与本岗位相关的标准和管理规定。 (11)掌握工程质量管理的基本知识。 (12)掌握施工质量计划的内容和编制方法。 (13)熟悉工程质量控制的方法。 (14)了解施工试验的内容、方法和判定标准。 (15)掌握工程质量问题的分析、预防及处理方法。

3.4 安　全　员

3.4.1 安全员的工作职责宜符合表 3.4.1 的规定。

表 3.4.1　安全员的工作职责

项次	分类	主要工作职责
1	项目安全策划	(1)参与制定施工项目安全生产管理计划。 (2)参与建立安全生产责任制度。 (3)参与制定施工现场安全事故应急救援预案。
2	资源环境安全检查	(4)参与开工前安全条件检查。 (5)参与施工机械、临时用电、消防设施等的安全检查。 (6)负责防护用品和劳保用品的符合性审查。 (7)负责作业人员的安全教育培训和特种作业人员资格审查。
3	作业安全管理	(8)参与编制危险性较大的分部、分项工程专项施工方案。 (9)参与施工安全技术交底。 (10)负责施工作业安全及消防安全的检查和危险源的识别,对违章作业和安全隐患进行处置。 (11)参与施工现场环境监督管理。
4	安全事故处理	(12)参与组织安全事故应急救援演练,参与组织安全事故救援。 (13)参与安全事故的调查、分析。
5	安全资料管理	(14)负责安全生产的记录、安全资料的编制。 (15)负责汇总、整理、移交安全资料。

3.4.2 安全员应具备表 3.4.2 规定的专业技能。

表 3.4.2　安全员应具备的专业技能

项次	分类	专业技能
1	项目安全策划	(1)能够参与编制项目安全生产管理计划。 (2)能够参与编制安全事故应急救援预案。
2	资源环境安全检查	(3)能够参与对施工机械、临时用电、消防设施进行安全检查,对防护用品与劳保用品进行符合性审查。 (4)能够组织实施项目作业人员的安全教育培训。

续表 3.4.2

项次	分类	专业技能
3	作业安全管理	(5)能够参与编制安全专项施工方案。 (6)能够参与编制安全技术交底文件,实施安全技术交底。 (7)能够识别施工现场危险源,并对安全隐患和违章作业提出处置建议。 (8)能够参与项目文明工地、绿色施工管理。
4	安全事故处理	(9)能够参与安全事故的救援处理、调查分析。
5	安全资料管理	(10)能够编制、收集、整理施工安全资料。

3.4.3 安全员应具备表 3.4.3 规定的专业知识。

表 3.4.3　安全员应具备的专业知识

项次	分类	专业知识
1	通用知识	(1)熟悉国家工程建设相关法律法规。 (2)熟悉工程材料的基本知识。 (3)熟悉施工图识读的基本知识。 (4)了解工程施工工艺和方法。 (5)熟悉工程项目管理的基本知识。
2	基础知识	(6)了解建筑力学的基本知识。 (7)熟悉建筑构造、建筑结构和建筑设备的基本知识。 (8)掌握环境与职业健康管理的基本知识。
3	岗位知识	(9)熟悉与本岗位相关的标准和管理规定。 (10)掌握施工现场安全管理知识。 (11)熟悉施工项目安全生产管理计划的内容和编制方法。 (12)熟悉安全专项施工方案的内容和编制方法。 (13)掌握施工现场安全事故的防范知识。 (14)掌握安全事故救援处理知识。

3.5 标　准　员

3.5.1 标准员的工作职责宜符合表 3.5.1 的规定。

表 3.5.1 标准员的工作职责

项次	分类	主要工作职责
1	标准实施计划	(1)参与企业标准体系表的编制。 (2)负责确定工程项目应执行的工程建设标准，编列标准强制性条文，并配置标准有效版本。 (3)参与制定质量安全技术标准落实措施及管理制度。
2	施工前期标准实施	(4)负责组织工程建设标准的宣贯和培训。 (5)参与施工图会审，确认执行标准的有效性。 (6)参与编制施工组织设计、专项施工方案、施工质量计划、职业健康安全与环境计划，确认执行标准的有效性。
3	施工过程标准实施	(7)负责建设标准实施交底。 (8)负责跟踪、验证施工过程标准执行情况，纠正执行标准中的偏差，重大问题提交企业标准化委员会。 (9)参与工程质量、安全事故调查，分析标准执行中的问题。
4	标准实施评价	(10)负责汇总标准执行确认资料、记录工程项目执行标准的情况，并进行评价。 (11)负责收集对工程建设标准的意见、建议，并提交企业标准化委员会。
5	标准信息管理	(12)负责工程建设标准实施的信息管理。

3.5.2 标准员应具备表 3.5.2 规定的专业技能。

表 3.5.2 标准员应具备的专业技能

项次	分类	专业技能
1	标准实施计划	(1)能够组织确定工程项目应执行的工程建设标准及强制性条文。 (2)能够参与制定工程建设标准贯彻落实的计划方案。
2	施工前期标准实施	(3)能够组织施工现场工程建设标准的宣贯和培训。 (4)能够识读施工图。
3	施工过程标准实施	(5)能够对不符合工程建设标准的施工作业提出改进措施。 (6)能够处理施工作业过程中工程建设标准实施的信息。 (7)能够根据质量、安全事故原因，参与分析标准执行中的问题。

续表 3.5.2

项次	分类	专业技能
4	标准实施评价	(8)能够记录和分析工程建设标准实施情况。 (9)能够对工程建设标准实施情况进行评价。 (10)能够收集、整理、分析对工程建设标准的意见，并提出建议。
5	标准信息管理	(11)能够使用工程建设标准实施信息系统。

3.5.3 标准员应具备表 3.5.3 规定的专业知识。

表 3.5.3 标准员应具备的专业知识

项次	分类	专业知识
1	通用知识	(1)熟悉国家工程建设相关法律法规。 (2)熟悉工程材料的基本知识。 (3)掌握施工图绘制、识读的基本知识。 (4)熟悉工程施工工艺和方法。 (5)了解工程项目管理的基本知识。
2	基础知识	(6)掌握建筑结构、建筑构造、建筑设备的基本知识。 (7)熟悉工程质量控制、检测分析的基本知识。 (8)熟悉工程建设标准体系的基本内容和国家、行业工程建设标准化管理体制。 (9)了解施工方案、质量目标和质量保证措施编制及实施基本知识。
3	岗位知识	(10)掌握与本岗位相关的标准和管理规定。 (11)了解企业标准体系表的编制方法。 (12)熟悉对工程建设标准实施进行监督检查和工程检测的基本知识。 (13)掌握标准实施执行情况记录及分析评价的方法。

3.6 材 料 员

3.6.1 材料员的工作职责宜符合表 3.6.1 的规定。

表 3.6.1 材料员的工作职责

项次	分类	主要工作职责
1	材料管理计划	(1)参与编制材料、设备配置计划。 (2)参与建立材料、设备管理制度。

续表 3.6.1

项次	分类	主要工作职责
2	材料采购验收	(3)负责收集材料、设备的价格信息,参与供应单位的评价、选择。 (4)负责材料、设备的选购,参与采购合同的管理。 (5)负责进场材料、设备的验收和抽样复检。
3	材料使用存储	(6)负责材料、设备进场后的接收、发放、储存管理。 (7)负责监督、检查材料、设备的合理使用。 (8)参与回收和处置剩余及不合格材料、设备。
4	材料统计核算	(9)负责建立材料、设备管理台账。 (10)负责材料、设备的盘点、统计。 (11)参与材料、设备的成本核算。
5	材料资料管理	(12)负责材料、设备资料的编制。 (13)负责汇总、整理、移交材料和设备资料。

3.6.2 材料员应具备表 3.6.2 规定的专业技能。

表 3.6.2 材料员应具备的专业技能

项次	分类	专业技能
1	材料管理计划	(1)能够参与编制材料、设备配置管理计划。
2	材料采购验收	(2)能够分析建筑材料市场信息,并进行材料、设备的计划与采购。 (3)能够对进场材料、设备进行符合性判断。
3	材料使用存储	(4)能够组织保管、发放施工材料、设备。 (5)能够对危险物品进行安全管理。 (6)能够参与对施工余料、废弃物进行处置或再利用。
4	材料统计核算	(7)能够建立材料、设备的统计台账。 (8)能够参与材料、设备的成本核算。
5	材料资料管理	(9)能够编制、收集、整理施工材料、设备资料。

3.6.3 材料员应具备表 3.6.3 规定的专业知识。

表 3.6.3 材料员应具备的专业知识

项次	分类	专业知识
1	通用知识	(1)熟悉国家工程建设相关法律法规。 (2)掌握工程材料的基本知识。 (3)了解施工图识读的基本知识。 (4)了解工程施工工艺和方法。 (5)熟悉工程项目管理的基本知识。
2	基础知识	(6)了解建筑力学的基本知识。 (7)熟悉工程预算的基本知识。 (8)掌握物资管理的基本知识。 (9)熟悉抽样统计分析的基本知识。
3	岗位知识	(10)熟悉与本岗位相关的标准和管理规定。 (11)熟悉建筑材料市场调查分析的内容和方法。 (12)熟悉工程招投标和合同管理的基本知识。 (13)掌握建筑材料验收、存储、供应的基本知识。 (14)掌握建筑材料成本核算的内容和方法。

3.7 机 械 员

3.7.1 机械员的工作职责宜符合表 3.7.1 的规定。

表 3.7.1 机械员的工作职责

项次	分类	主要工作职责
1	机械管理计划	(1)参与制定施工机械设备使用计划,负责制定维护保养计划。 (2)参与制定施工机械设备管理制度。
2	机械前期准备	(3)参与施工总平面布置及机械设备的采购或租赁。 (4)参与审查特种设备安装、拆卸单位资质和安全事故应急救援预案、专项施工方案。 (5)参与特种设备安装、拆卸的安全管理和监督检查。 (6)参与施工机械设备的检查验收和安全技术交底,负责特种设备使用备案、登记。
3	机械安全使用	(7)参与组织施工机械设备操作人员的教育培训和资格证书查验,建立机械特种作业人员档案。 (8)负责监督检查施工机械设备的使用和维护保养,检查特种设备安全使用状况。 (9)负责落实施工机械设备安全防护和环境保护措施。 (10)参与施工机械设备事故调查、分析和处理。

项次	分类	主要工作职责
4	机械成本核算	(11)参与施工机械设备定额的编制,负责机械设备台账的建立。 (12)负责施工机械设备常规维护保养支出的统计、核算、报批。 (13)参与施工机械设备租赁结算。
5	机械资料管理	(14)负责编制施工机械设备安全、技术管理资料。 (15)负责汇总、整理、移交机械设备资料。

3.7.2 机械员应具备表 3.7.2 规定的专业技能。

表 3.7.2 机械员应具备的专业技能

项次	分类	专业技能
1	机械管理计划	(1)能够参与编制施工机械设备管理计划。
2	机械前期准备	(2)能够参与施工机械设备的选型和配置。 (3)能够参与核查特种设备安装、拆卸专项施工方案。 (4)能够参与组织进行特种设备安全技术交底。
3	机械安全使用	(5)能够参与组织施工机械设备操作人员的安全教育培训。 (6)能够对特种设备安全运行状况进行评价。 (7)能够识别、处理施工机械设备的安全隐患。
4	机械成本核算	(8)能够建立施工机械设备的统计台账。 (9)能够进行施工机械设备成本核算。
5	机械资料管理	(10)能够编制、收集、整理施工机械设备资料。

3.7.3 机械员应具备表 3.7.3 规定的专业知识。

表 3.7.3 机械员应具备的专业知识

项次	分类	专业知识
1	通用知识	(1)熟悉国家工程建设相关法律法规。 (2)了解工程材料的基本知识。 (3)了解施工图识读的基本知识。 (4)了解工程施工工艺和方法。 (5)熟悉工程项目管理的基本知识。

项次	分类	专业知识
2	基础知识	(6)了解工程力学的基本知识。 (7)了解工程预算的基本知识。 (8)掌握机械制图和识图的基本知识。 (9)掌握施工机械设备的工作原理、类型、构造及技术性能的基本知识。
3	岗位知识	(10)熟悉与本岗位相关的标准和管理规定。 (11)熟悉施工机械设备的购置、租赁知识。 (12)掌握施工机械设备安全运行、维护保养的基本知识。 (13)熟悉施工机械设备常见故障、事故原因和排除方法。 (14)掌握施工机械设备的成本核算方法。 (15)掌握施工临时用电技术规程和机械设备用电知识。

3.8 劳 务 员

3.8.1 劳务员的工作职责宜符合表 3.8.1 的规定。

表 3.8.1 劳务员的工作职责

项次	分类	主要工作职责
1	劳务管理计划	(1)参与制定劳务管理计划。 (2)参与组建项目劳务管理机构和制定劳务管理制度。
2	资格审查培训	(3)负责验证劳务分包队伍资质,办理登记备案;参与劳务分包合同签订,对劳务队伍现场施工管理情况进行考核评价。 (4)负责审核劳务人员身份、资格,办理登记备案。 (5)参与组织劳务人员培训。
3	劳动合同管理	(6)参与或监督劳务人员劳动合同的签订、变更、解除、终止及参加社会保险等工作。 (7)负责或监督劳务人员进出场及用工管理。 (8)负责劳务结算资料的收集整理,参与劳务费的结算。 (9)参与或监督劳务人员工资支付、负责劳务人员工资公示及台账的建立。
4	劳务纠纷处理	(10)参与编制、实施劳务纠纷应急预案。 (11)参与调解、处理劳务纠纷和工伤事故的善后工作。

项次	分类	主要工作职责
5	劳务资料管理	(12)负责编制劳务队伍和劳务人员管理资料。 (13)负责汇总、整理、移交劳务管理资料。

3.8.2 劳务员应具备表 3.8.2 规定的专业技能。

表 3.8.2 劳务员应具备的专业技能

项次	分类	专业技能
1	劳务管理计划	(1)能够参与编制劳务需求及培训计划。
2	资格审查培训	(2)能够验证劳务队伍资质。 (3)能够审验劳务人员身份、职业资格。 (4)能够对劳务分包合同进行评审，对劳务队伍进行综合评价。
3	劳动合同管理	(5)能够对劳动合同进行规范性审查。 (6)能够核实劳务分包款、劳务人员工资。 (7)能够建立劳务人员个人工资台账。
4	劳务纠纷处理	(8)能够参与编制劳务人员工资纠纷应急预案，并组织实施。 (9)能够参与调解、处理劳资纠纷和工伤事故的善后工作。
5	劳务资料管理	(10)能够编制、收集、整理劳务管理资料。

3.8.3 劳务员应具备表 3.8.3 规定的专业知识。

表 3.8.3 劳务员应具备的专业知识

项次	分类	专业知识
1	通用知识	(1)熟悉国家工程建设相关法律法规。 (2)了解工程材料的基本知识。 (3)了解施工图识读的基本知识。 (4)了解工程施工工艺和方法。 (5)熟悉工程项目管理的基本知识。
2	基础知识	(6)熟悉流动人口管理和劳动保护的相关规定。 (7)掌握信访工作的基本知识。 (8)了解人力资源开发及管理的基本知识。 (9)了解财务管理的基本知识。

项次	分类	专业知识
3	岗位知识	(10)熟悉与本岗位相关的标准和管理规定。 (11)熟悉劳务需求的统计算方法和劳动定额的基本知识。 (12)掌握建筑劳务分包管理、劳动合同、工资支付和权益保护的基本知识。 (13)掌握劳务纠纷常见形式、调解程序和方法。 (14)了解社会保险的基本知识。

3.9 资 料 员

3.9.1 资料员的工作职责宜符合表 3.9.1 的规定。

表 3.9.1 资料员的工作职责

项次	分类	主要工作职责
1	资料计划管理	(1)参与制定施工资料管理计划。 (2)参与建立施工资料管理规章制度。
2	资料收集整理	(3)负责建立施工资料台账，进行施工资料交底。 (4)负责施工资料的收集、审查及整理。
3	资料使用保管	(5)负责施工资料的往来传递、追溯及借阅管理。 (6)负责提供管理数据、信息资料。
4	资料归档移交	(7)负责施工资料的立卷、归档。 (8)负责施工资料的封存和安全保密工作。 (9)负责施工资料的验收与移交。
5	资料信息系统管理	(10)参与建立施工资料管理系统。 (11)负责施工资料管理系统的运用、服务和管理。

3.9.2 资料员应具备表 3.9.2 规定的专业技能。

表 3.9.2 资料员应具备的专业技能

项次	分类	专业技能
1	资料计划管理	(1)能够参与编制施工资料管理计划。
2	资料收集整理	(2)能够建立施工资料台账。 (3)能够进行施工资料交底。 (4)能够收集、审查、整理施工资料。
3	资料使用保管	(5)能够检索、处理、存储、传递、追溯、应用施工资料。 (6)能够安全保管施工资料。

续表3.9.2

项次	分类	专 业 技 能
4	资料归档移交	(7)能够对施工资料立卷、归档、验收、移交。
5	资料信息系统管理	(8)能够参与建立施工资料计算机辅助管理平台。 (9)能够应用专业软件进行施工资料的处理。

3.9.3 资料员应具备表3.9.3规定的专业知识。

表3.9.3 资料员应具备的专业知识

项次	分类	专 业 知 识
1	通用知识	(1)熟悉国家工程建设相关法律法规。 (2)了解工程材料的基本知识。 (3)熟悉施工图绘制、识读的基本知识。 (4)了解工程施工工艺和方法。 (5)熟悉工程项目管理的基本知识。
2	基础知识	(6)了解建筑构造、建筑设备及工程预算的基本知识。 (7)掌握计算机和相关资料管理软件的应用知识。 (8)掌握文秘、公文写作基本知识。
3	岗位知识	(9)熟悉与本岗位相关的标准和管理规定。 (10)熟悉工程竣工验收备案管理知识。 (11)掌握城建档案管理、施工资料管理及建筑业统计的基础知识。 (12)掌握资料安全管理知识。

4 职业能力评价

4.1 一般要求

4.1.1 建筑与市政工程施工现场专业人员的职业能力评价,可采取专业学历、职业经历和专业能力评价相结合的综合评价方法。其中专业能力评价应采用专业能力测试方法。

4.1.2 专业能力测试包括专业知识和专业技能测试,应重点考查运用相关专业知识和专业技能解决工程实际问题的能力。

4.1.3 建筑与市政工程施工现场专业人员参加职业能力评价,其施工现场职业实践年限应符合表4.1.3的规定。

表4.1.3 施工现场职业实践最少年限(年)

岗位名称	土建类本专业专科及以上学历	土建类相关专业专科及以上学历	土建类本专业中职学历	土建类相关专业中职学历	非土建类中职及以上学历
施工员、质量员、安全员、标准员、机械员	1	2	3	4	—
材料员、劳务员、资料员	1	2	3	4	4

4.1.4 建筑与市政工程施工现场专业人员专业能力测试的内容,应符合本标准第3章相关规定。

4.1.5 建筑与市政工程施工现场专业人员专业能力测试,专业知识部分应采取闭卷笔试方式;专业技能部分应以闭卷笔试方式为主,具备条件的可部分采用现场实操测试。专业知识考试时间宜为2h,专业技能考试时间宜为2.5h。

4.1.6 建筑与市政工程施工现场专业人员专业能力测试,专业知识和专业技能考试均采取百分制。专业知识和专业技能考试成绩同时合格,方为专业能力测试合格。

4.1.7 已通过施工员、质量员职业能力评价的专业人员,参加其他岗位的职业能力评价,可免试部分专业知识。

4.1.8 建筑与市政工程施工现场专业人员的职业能力评价,应由省级住房和城乡建设行政主管部门统一组织实施。

4.1.9 对专业能力测试合格,且专业学历和职业经历符合规定的建筑与市政工程施工现场专业人员,颁发职业能力评价合格证书。

4.2 专业能力测试权重

4.2.1 施工员专业能力测试权重应符合表4.2.1的规定。

表4.2.1 施工员专业能力测试权重

项次	分类	评价权重
专业技能	施工组织策划	0.10
	施工技术管理	0.30
	施工进度成本控制	0.30
	质量安全环境管理	0.20
	施工信息资料管理	0.10
	小计	1.00

续表 4.2.1

项 次	分 类	评价权重
专业知识	通用知识	0.20
	基础知识	0.40
	岗位知识	0.40
	小计	1.00

4.2.2 质量员专业能力测试权重应符合表 4.2.2 的规定。

表 4.2.2 质量员专业能力测试权重

项 次	分 类	评价权重
专业技能	质量计划准备	0.10
	材料质量控制	0.20
	工序质量控制	0.40
	质量问题处置	0.20
	质量资料管理	0.10
	小计	1.00
专业知识	通用知识	0.20
	基础知识	0.40
	岗位知识	0.40
	小计	1.00

4.2.3 安全员专业能力测试权重应符合表 4.2.3 的规定。

表 4.2.3 安全员专业能力测试权重

项 次	分 类	评价权重
专业技能	项目安全策划	0.20
	资源环境安全检查	0.20
	作业安全管理	0.40
	安全事故处理	0.10
	安全资料管理	0.10
	小计	1.00
专业知识	通用知识	0.20
	基础知识	0.40
	岗位知识	0.40
	小计	1.00

4.2.4 标准员专业能力测试权重应符合表 4.2.4 的规定。

表 4.2.4 标准员专业能力测试权重

项 次	分 类	评价权重值
专业技能	标准实施计划	0.20
	施工前期标准实施	0.30
	施工过程标准实施	0.30
	标准实施评价	0.10
	标准信息管理	0.10
	小计	1.00
专业知识	通用知识	0.20
	基础知识	0.40
	岗位知识	0.40
	小计	1.00

4.2.5 材料员专业能力测试权重应符合表 4.2.5 的规定。

表 4.2.5 材料员专业能力测试权重

项 次	分 类	评价权重
专业技能	材料管理计划	0.10
	材料采购验收	0.20
	材料使用存储	0.40
	材料统计核算	0.20
	材料资料管理	0.10
	小计	1.00
专业知识	通用知识	0.20
	基础知识	0.40
	岗位知识	0.40
	小计	1.00

4.2.6 机械员专业能力测试权重应符合表 4.2.6 的规定。

表 4.2.6 机械员专业能力测试权重

项 次	分 类	评价权重
专业技能	机械管理计划	0.10
	机械前期准备	0.20
	机械安全使用	0.40
	机械成本核算	0.20
	机械资料管理	0.10
	小计	1.00
专业知识	通用知识	0.20
	基础知识	0.40
	岗位知识	0.40
	小计	1.00

4.2.7 劳务员专业能力测试权重应符合表 4.2.7 的规定。

表 4.2.7　劳务员专业能力测试权重

项　　次	分　　类	评价权重
专业技能	劳务管理计划	0.10
	资格审查培训	0.20
	劳动合同管理	0.40
	劳务纠纷处理	0.20
	劳务资料管理	0.10
	小计	1.00
专业知识	通用知识	0.20
	基础知识	0.40
	岗位知识	0.40
	小计	1.00

4.2.8 资料员专业能力测试权重应符合表 4.2.8 的规定。

表 4.2.8　资料员专业能力测试权重

项　　次	分　　类	评价权重
专业技能	资料计划管理	0.10
	资料收集管理	0.30
	资料使用保管	0.20
	资料归档移交	0.20
	资料信息系统管理	0.20
	小计	1.00

续表 4.2.8

项　　次	分　　类	评价权重
专业知识	通用知识	0.20
	基础知识	0.40
	岗位知识	0.40
	小计	1.00

本标准用词说明

1 为了便于在执行本标准条文时区别对待，对要求严格程度不同的用词说明如下：

1）表示很严格，非这样做不可的：

正面词采用"必须"，反面词采用"严禁"；

2）表示严格，在正常情况下均应这样做的：

正面词采用"应"，反面词采用"不应"或"不得"；

3）表示允许稍有选择，在条件许可时首先应这样做的：

正面词采用"宜"，反面词采用"不宜"；

4）表示有选择，在一定条件下可以这样做的，采用"可"。

2 条文中指明应按其他有关标准执行的写法为："应符合……的规定"或"应按……执行"。

中华人民共和国行业标准

建筑与市政工程施工现场专业人员职业标准

JGJ/T 250—2011

条 文 说 明

制 定 说 明

《建筑与市政工程施工现场专业人员职业标准》JGJ/T 250-2011，经住房和城乡建设部 2011 年 7 月 13 日以第 1059 号公告批准、发布。

本标准制定过程中，编制组进行了广泛深入的调查研究，总结分析了我国建设行业企事业单位基层专业管理人员岗位培训、考核评价的实践经验，同时参考了国外建设行业专业人员职业标准体系框架，编制了本标准。

为了方便有关人员正确理解和执行条文规定，《建筑与市政工程施工现场专业人员职业标准》编制组按章、节、条、款顺序编制了本标准的条文说明，对条文规定的目的、依据以及执行中需注意的有关事项进行了说明。但是，本条文说明不具备与正文同等的法律效力，仅供使用者作为理解和把握标准规定的参考。

目　次

1 总 则

1.0.1 建筑与市政工程施工现场专业人员队伍素质是影响工程质量和安全的关键因素。我国从20世纪80年代开始，在建设行业开展关键岗位培训考核和持证上岗工作，对于提高从业人员的专业技术水平和职业素养，促进施工现场规范化管理，保证工程质量和安全，推动行业发展和进步发挥了重要作用。本标准的核心是建立新的职业能力评价制度。该制度是关键岗位培训考核工作的延续和深化。实施本标准的根本目的是，提高建筑与市政工程施工现场专业人员队伍素质，确保施工质量和安全生产。

1.0.2 本标准适用范围是：(1)建筑业企业聘任、使用、评价施工现场专业人员；(2)建筑业企业、教育培训机构、行业组织开展教育培训；(3)行业主管部门、行业组织开展施工现场专业人员职业能力评价；(4)行业主管部门、建筑业企业制定人才队伍建设规划。

1.0.3 目前，各地建筑与市政工程施工现场专业人员的岗位名称、工作职责不尽一致，给职业培训考核的统一、规范造成了困难，制定、施行本标准的目的之一，就是引导这类人员的名称逐步统一、规范。经过广泛调研和科学论证，并兼顾传统习惯，本标准将建筑与市政工程施工现场专业人员岗位名称确定为施工员、质量员、安全员、标准员、材料员、机械员、劳务员、资料员等。本标准不作为岗位设置的依据，工程项目经理部可根据实际需要设置职业岗位，不排除一岗多人和一人多岗的设置方式。

根据量大面广，通用性、专业性强，技能要求高的原则，现编制施工员等8个职业岗位的职业标准，其他职业岗位的职业标准逐步编制开发。鉴于土建施工、装饰装修、设备安装、市政工程专业的施工员、质量员工作差异较为明显，本标准将其分为土建施工、装饰装修、设备安装和市政工程四个子专业。有关单位可在本标准基础上，分类编写施工员、质量员相应的教育培训及考核评价大纲。

在本标准所列8个职业岗位中，标准员是新设的岗位。鉴于工程建设标准是工程建设的重要技术依据，能否严格执行工程建设标准直接影响到工程质量、安全及人身健康，《中华人民共和国建筑法》、《建设工程质量管理条例》、《建设工程安全生产管理条例》等法律法规对执行标准都作出了明确的规定。施工现场专业人员是建设工程施工阶段的直接管理者，设置标准员岗位，可以促进标准实施，保障工程质量和安全，同时强化工程建设标准化工作。

2 术 语

2.0.1 国家对职业标准尚无统一的定义和统一的编

写体例。本标准从建筑与市政工程项目经理部各职业岗位专业人员的工作职责、专业知识、专业技能和职业能力评价方式方法等方面，提出规范性要求。

2.0.3 专业技能是通过专门训练才能掌握的技能，不包括诸如表达能力等一般技能。

2.0.4~2.0.7 专业知识是完成专业工作应具备的专门知识。本标准将其分为通用知识、基础知识和岗位知识。通用知识是建筑与市政工程施工现场专业人员应具备的共性知识，基础知识、岗位知识是与本岗位工作相关的知识。

2.0.9 建筑与市政工程施工现场专业人员特指建筑与市政工程项目经理部内从事专业技术与管理工作的专职人员，如施工员、质量员、安全员、标准员、材料员、机械员、劳务员、资料员等，不包括项目经理、副经理、项目总工程师等管理人员，也不包括技术工人和一般行政、后勤人员。

2.0.10~2.0.17 施工员、质量员、安全员、标准员、材料员、机械员、劳务员、资料员特指建筑与市政工程项目经理部内从事该项工作的专职人员，是项目经理部的组成人员。

3 职业能力标准

3.1 一般规定

3.1.1 本条规定中等职业教育学历是申请参加职业能力评价人员的最低学历要求，各岗位对学历可以有不同要求。

本条不作为对施工现场从业人员的学历限制。

3.1.2 本条规定了建筑与市政工程施工现场专业人员的基本能力结构，但不作为职业能力评价中的测试内容。

3.1.3 本条规定了建筑与市政工程施工现场专业人员的基本职业素养，但不作为职业能力评价中的测试内容。

3.2 施 工 员

3.2.1 本条明确了施工员的主要职责，即主要负责施工进度协调，参与施工技术、质量、安全和成本等管理。

"施工员"岗位，不论是名称还是工作职责，全国各地都有较大不同。一些地方"施工员"与"技术员"的职责没有明确的界限，只设"施工员"或"技术员"岗位。而另一些地方则有"施工员"和"技术员"两个岗位，"技术员"主要从事技术管理等工作，"施工员"主要负责进度协调等工作，但各地一般都设置"技术负责人"(即"项目总工程师")。编制组在调研的基础上，确定本标准不设"技术员"这一岗位，施工员在技术负责人的主持下参与技术管理等工作。

1 施工组织管理策划主要指施工组织管理实施规划(施工组织设计)的编制,由项目经理负责组织,技术负责人实施,施工员参与。编制完成后应经企业技术部门及技术负责人审批后,报总监理工程师批准后实施。

2 图纸会审、技术核定、技术交底、技术复核等工作由项目技术负责人负责,施工员等参与。

施工员组织测量放线,有两方面的工作职责,一是要为测量员具体进行测量工作时提供支持和便利,二是在测量员测量工作完成后组织技术、质量等有关人员进行"验线"。

技术核定是项目技术负责人针对某个施工环节,提出具体的方案、方法、工艺、措施等建议,经发包方和有关单位共同核定并确认的一项技术管理工作。

技术交底由项目技术负责人负责实施。技术交底必须包括施工作业条件、工艺要求、质量标准、安全及环境注意事项等内容,交底对象为项目部相关管理人员和施工作业班组长等。对施工作业班组的技术交底工作应由施工员负责实施。重要或关键分项工程可由技术负责人分别进行质量、安全和环境交底,质量员、安全员协助参与。

技术复核是指技术人员对工程的重要施工环节进行检查、验收、确认的过程。主要包括工程定位放线,轴线、标高的检查与复核,混凝土与砂浆配合比的检查与复核等工作。

3 施工员协助项目经理和技术负责人制定并调整施工进度计划,负责编制作业性进度计划,协助项目经理协调施工现场组织协调工作,落实作业计划。

施工平面布置的动态管理是指建设规模较大的项目,随着工程的进展,施工现场的面貌将不断改变。在这种情况下,应按不同阶段分别绘制不同的施工总平面图,并付诸实施,或根据工地的实际变化情况,及时对施工总平面图进行调整和修正,以便适应不同时期的需要。

4 施工员协助技术负责人做好质量、安全与环境管理的预控工作,参与安全员或质量员的安全检查和质量检查工作,并落实预控措施和检查后提出的整改措施。

3.2.2 施工员可分为土建施工、装饰装修、设备安装、市政工程四个子专业,表3.2.2所列专业技能均为针对本专业的要求。例如,编制施工组织设计,土建施工专业主要为土建工程施工组织设计,装饰装修专业主要为装饰装修工程施工组织设计,设备安装专业主要为设备安装工程施工组织设计,市政工程专业主要为市政工程施工组织设计。

质量控制点是指施工过程中需要对质量进行重点控制的对象或实体。

3.2.3 施工员的专业知识,应按土建施工、装饰装修、设备安装、市政工程四个子专业突出本专业的

要求。

1 通用知识包括法律法规、工程材料、工程识图、施工工艺、项目管理五个方面的内容,是建筑与市政工程施工现场各岗位专业人员应具备的共性知识,但对其深度和广度的要求各岗位可以有所不同。

2 土建施工、装饰装修、设备安装、市政工程四个子专业的施工员,对力学知识的要求是不一样的,应根据专业实际提出相应要求。

对于建筑与市政构造、结构以及建筑设备的基本知识,土建施工、装饰装修专业应以建筑构造、建筑结构知识为重点,市政工程专业应以市政构造、结构知识为重点,设备安装专业应以建筑设备知识为主。

3.3 质 量 员

3.3.1 本条明确了质量员的主要职责,即质量计划准备、材料质量控制、工序质量控制、质量问题处置和质量资料管理。

1 施工质量策划是质量管理的一部分,是指制定质量目标并规定必要的运行过程和相关资源的活动。质量策划由项目经理主持,质量员参与。

2 材料和设备的采购由材料员负责。质量员参与采购,主要是参与材料和设备的质量控制,以及材料供应商的考核。这里材料指工程材料,不包括周转材料;设备指建筑设备,不包括施工机械。

进场材料的抽样复验由材料员负责,质量员监督实施。进场材料和设备的质量保证资料包括:

1)产品清单(规格、产地、型号等);

2)产品合格证、质保书、准用证等;

3)检验报告、复检报告;

4)生产厂家的资信证明;

5)国家和地方规定的其他质量保证资料。

施工试验由施工员负责,质量员进行监督、跟踪。施工试验包括:

1)砂浆、混凝土的配合比,试块的强度、抗渗、抗冻试验;

2)钢筋(材)的强度、疲劳试验、焊接(机械连接)接头试验、焊缝强度检验等;

3)土工试验;

4)桩基检测试验;

5)结构、设备系统的功能性试验;

6)国家和地方规定需要进行试验的其他项目。

计量器具符合性审查主要包括:计量器具是否按照规定进行送检、标定;检测单位的资质是否符合要求;受检器具是否进行有效标识等。

3 工序质量是指每道工序完成后的工程产品质量。工序质量控制措施由项目技术负责人主持制定,质量员参与。

关键工序指施工过程中对工程主要使用功能、安全状况有重要影响的工序。特殊工序指施工过程中对

工程主要使用功能不能由后续的检测手段和评价方法加以验证的工序。

检验批、分项分部工程和单位工程的划分见《建筑工程施工质量验收统一标准》GB 50300。

4 本标准将质量通病、质量缺陷和质量事故统称为质量问题。质量通病是建筑与市政工程中经常发生的、普遍存在的一些工程质量问题，质量缺陷是施工过程中出现的较轻微的、可以修复的质量问题，质量事故则是造成较大经济损失甚至一定人员伤亡的质量问题。

质量通病预防和纠正措施由项目技术负责人主持制定，质量员参与。

质量缺陷的处理由施工员负责，质量员进行监督、跟踪。

对于质量事故，应根据其损失的严重程度，由相应级别住房和城乡建设行政主管部门牵头调查处理，质量员应按要求参与。

5 质量员在资料管理中的职责是：

1）进行或组织进行质量检查的记录；

2）负责编制或组织编制本岗位相关技术资料；

3）汇总、整理本岗位相关技术资料，并向资料员移交。

3.3.2 质量员的专业技能，应按土建施工、装饰装修、设备安装、市政工程四个子专业突出本专业的要求。

1 质量计划是针对特定的产品、项目或合同规定专门的质量措施、资源和活动顺序的文件。质量计划通常是质量策划的一个结果。

2 要求质量员能够根据质量保证资料和进场复验资料，对材料和设备质量进行评价；能够根据施工试验资料，判断相关指标是否符合设计和有关技术标准要求。

3.3.3 质量员的专业知识，应按土建施工、装饰装修、设备安装、市政工程四个子专业突出本专业的要求，具体说明同本标准第3.2.3条条文说明。

3.4 安 全 员

3.4.1 本条明确了安全员的主要职责，即项目安全策划、资源环境安全检查、作业安全管理、安全事故处理、安全资料管理。

1 项目安全策划是制定工程项目施工现场安全生产管理计划的一系列活动。

施工项目安全生产管理计划包括安全控制目标、控制程序、组织结构、职责权限、规章制度、资源配置、安全措施、检查评价和奖惩制度以及对分包的安全管理；复杂或专业性项目的总体安全措施、单位工程安全措施及分部分项工程安全措施；非常规作业的单项安全技术措施和预防措施等。同时，对项目现场，尚应按照《环境管理体系　要求及使用指南》GB/T 24001的要求，建立并持续改进环境管理体系，以促进安全生产、文明施工并防止污染环境。

施工项目安全生产管理计划及安全生产责任制度均由施工单位组织编制，项目经理负责，安全员参与。

施工现场安全事故应急救援预案，应包括建立应急救援组织、配备必要的应急救援器材、设备，其编制由施工单位组织，项目经理负责，安全员应参与。

2 开工前安全条件审查是建设行政主管部门负责进行的工作，现场监理人员和现场安全员主要参与现场安全防护、消防、围挡、职工生活设施、施工材料、施工机具、施工设备安装、作业人员许可证、作业人员保险手续、项目安全教育计划、现场地下管线资料、文明施工设施等项目的检查。

施工防护用品和劳保用品的符合性审查是指对于施工防护用品和劳保用品的安全性能是否达到或符合施工安全要求的检查与审验。

3 危险性较大的分部、分项工程专项施工方案由总承包单位或专业承包单位组织编制，安全员要参与审核，因方案涉及施工安全保证措施，安全员一般应参与专项施工方案的编制。

安全技术交底是由项目技术负责人负责实施。安全技术交底必须包括安全技术、安全程序、施工工艺和工种操作等方面内容，交底对象为项目部相关管理人员和施工作业班组长等。对施工作业班组的安全技术交底工作应由施工员负责实施，安全员协助、参与。

施工作业安全检查包括日常作业安全检查、季节性安全检查、专项安全检查等，检查内容按《建筑施工安全检查标准》JGJ 59的要求执行。

施工现场环境监督管理是施工生产管理的重要环节，由项目经理负责，主要目标是保持现场良好的作业环境、卫生条件和工作秩序，做到污染预防，并预防可能出现的安全隐患，确保项目文明施工；有效实施现场管理，保护地下管线、发现文物古迹或爆炸物时及时报告，切实控制污水、废气、噪声、固体废弃物、建筑垃圾和渣土，正确处理有毒有害物质。这一工作中，安全员参与到涉及安全施工和环境安全的工作，包括污染预防、报告发现的爆炸物、控制污水废气和噪声、处理有毒有害物质等。

4 项目安全生产事故应急救援演练是项目部根据项目应急救援预案进行的定期专项应急演练，由项目经理负责。安全员监督演练的定期实施、协助演练的组织工作。当安全生产事故发生后，项目经理负责组织、指挥救援工作，安全员参与组织救援。

安全生产事故发生后，施工单位要及时如实报告、采取措施防止事故扩大、保护事故现场。安全生产事故主要由政府组织调查。项目部的职责主要是协助调查。因此，安全员的职责就是协助调查人员对安全事故的调查、分析。

3.5 标 准 员

3.5.1 本条规定了标准员的主要工作职责，即标准实施计划、施工前期标准实施、施工过程标准实施、标准实施评价、标准信息管理。

1 工程建设标准包括工程建设国家标准、行业标准、地方标准和企业标准。标准员确定工程项目应执行的工程建设标准，是指从现行的标准里，根据所承建的工程项目类别、结构形式、地域特点等确定应执行的工程建设标准。标准有效版本，一是指经法定程序批准发布、备案，并由指定出版机构正式出版的标准；二是指所选用的标准文本应在有效期内。工程建设标准一般实施一段时间后进行修订，颁布新的版本，标准员应关注工程建设标准制修订动态，掌握最新版本。

工程建设标准是编制施工组织设计、专项施工方案、质量计划和安全生产管理计划的重要依据，工程建设标准中所规定的技术要求也是方案、计划编制的重要目标之一，如何落实工程建设标准的要求是制定方案和计划的重要内容之一，特别是质量验收标准、安全标准、施工技术标准等。标准员参与制定主要工程建设标准贯彻落实的计划方案及管理制度，是指协助各项方案、计划编制的负责人，提出主要标准贯彻落实的技术管理措施及管理制度，确保工程项目建设达到工程建设标准的各项技术要求。

2 标准员参与编制施工组织设计、专项施工方案等，是指对于涉及工程建设标准相关内容的编制提供支持。

工程建设标准实施交底是指标准员向施工现场的其他专业人员就标准实施事项进行的交底，对象为施工员、质量员、安全员、材料员、机械员等，交底的内容是所承建的工程项目应执行工程建设标准的主要技术要求。

3 工程建设标准实施的信息管理，是指标准员利用信息化手段对工程建设标准实施情况进行监管。

对工程项目执行标准的情况进行评价，是指按照分部工程的划分，对不同分部工程施工过程中执行标准的情况分别进行评价，得出各分部施工是否符合标准要求的结论，对于没有达到标准的要求，要分析原因。

3.5.3 工程建设标准体系是某一工程建设领域的所有工程建设标准，按其客观存在的联系，相互依存，相互衔接，相互补充，相互制约，构成一个科学有机整体。

3.6 材 料 员

3.6.1 本条明确了材料员的主要职责，即材料管理计划、材料采购验收、材料使用存储、材料统计核算和材料资料管理。

1 材料管理计划的制定一般由工程项目部项目经理组织，项目技术负责人负责，材料员等参与编制。

材料、设备配置计划是指为了实现建筑与市政工程项目施工的目标，根据工程施工任务、进度，对材料、设备的使用作出具体安排和搭配方案途径。

本节所提到的材料包括工程材料和周转材料；设备指建筑设备、小型施工设备和工器具，不包括大中型施工机械设备。

2 材料采购验收工作一般包括材料采购与验收两大部分工作。材料采购工作中对供应单位的评价、选择及材料采购合同签订、管理一般由项目经理负责，材料员与其他相关人员参与。

3 剩余材料、设备回收和处置，及不合格材料、设备处置由工程项目部负责，材料员参与。

4 材料成本核算由工程项目部主管经济负责人组织，材料员参与。

3.7 机 械 员

3.7.1 本条明确了机械员的主要工作职责，即机械管理计划、机械前期准备、机械安全使用、机械成本核算和机械资料管理。

1 机械管理计划，包括施工机械的采购和租赁、使用、维修保养、装卸等计划，机械员主要参与使用计划和维修保养计划的制定。使用计划和机械设备管理制度由机械管理部门组织制定，机械员参与，以便充分了解项目施工过程中机械设备使用的整体需要和管理要求；维护保养计划是在使用计划的基础上，由机械员负责制定。

2 机械前期准备，是项目施工前的一项重要工作，一般由项目经理负责，技术负责人具体安排指导，机械员根据需要参与相关工作，但向建设主管部门备案、登记使用特种设备的工作，由机械员负责。

"特种设备"是指涉及生命安全、危险性较大的锅炉、压力容器（含气瓶）、压力管道、电梯、起重机械、客运索道、大型游乐设施和场（厂）内专用机动车辆及其所用的材料、附属的安全附件、安全保护装置和与安全保护装置相关的设施。

协助特种设备安装、拆卸的安全管理和监督检查，是指机械员在机械设备安装及拆卸单位作业时，在安装及拆卸现场进行巡视，协助项目安全负责人监督、检查。

参与施工机械设备的检查验收，是指对新购置、租赁、安装、改造的机械设备的产品质量、安全控制可靠性、调试试运行等进行全面检查验收，机械员须在场参与工作。

施工机械设备的安全技术交底，一般与分部、分项安全技术交底同步并逐级进行。项目技术负责人对机械员交底，机械员对机械作业班组作业人员进行交底。安全技术交底主要内容包括：工程项目和分部、分项工程的概况；工程项目和分部、分项工程的危险部位；针对危险部位采取的具体预防措施；作业中应注意的安全事项；作业人员应遵守的安全操作规范和规程；作业人员发现事故隐患应采取的措施和发生事故后应及时采取的躲避和急救措施。

3 施工机械设备安全使用需要重点控制的环节是：加强操作人员的培训，把好特种机械设备作业人员的就业准入关；加强施工机械设备的维护和保养，保证机械设备的规范操作；确保施工机械设备安全防护装置、安全警告标识的设置到位。

重大机械设备事故一般由各级建设主管部门根据事故等级进行分级调查、分析和处理，机械员按要求协助。

4 机械成本管理中定额的编制，一般由项目财务部门负责，机械员参与。施工机械设备台账是企业为了加强机械设备的管理、更加详细地了解机械设备方面的信息而设置的一种辅助账本。施工机械设备租赁结算，一般由财务部门负责结算，机械员参与。

5 施工机械设备资料，一般包括机械设备的数据报表、监测、检查、维修记录等。

3.8 劳 务 员

3.8.1 本条明确了劳务员的主要职责，即劳务管理计划、资格审查培训、劳动合同管理、劳务纠纷处理、劳务资料管理。

1 劳务管理计划的制定、组建项目劳务管理机构、制定劳务管理制度等工作，一般由项目经理组织，劳务员等各有关管理人员参与。

2 劳务资格审查主要包括劳务企业资质审查和劳务人员职业资格审查。审查具体要求参见住房和城乡建设部的有关规定。具体工作一般由项目经理主持，劳务员等各有关管理人员参与。

3 劳动合同管理在工程项目上有两种情况：对劳务分包队伍的管理和对自有劳务人员的管理。因此对本款(6)、(7)、(9)项中的职责，对劳务分包队伍行使"监督"职责，对自有劳务人员则直接负责。劳务费的结算分劳务分包费结算和劳务工人工资结算两种情况。一般由项目经理组织，劳务员等各有关管理人员参与。

4 劳务纠纷处理有两项主要工作：一是制定劳务纠纷应急预案，一般由企业相关部门编制总纲要，项目经理组织对预案进行细化和责任分工，并组织实施；二是调解、处理劳务纠纷和工伤事故的善后工作，根据情况的严重程度由企业或项目经理组织有关人员处理，劳务员协助进行。

3.9 资 料 员

3.9.1 本条明确了资料员的主要职责，即资料计划管理、资料收集整理、资料使用保管、资料归档移交、资料信息系统管理。

1 资料员应协助项目经理或技术负责人制定施工资料管理计划，建立施工资料管理规章制度。施工资料是建筑与市政工程在施工过程中形成的资料，包括施工管理资料、施工技术资料、施工进度及造价资料、施工物资资料、施工记录、施工试验记录及检测报告、施工质量验收记录、竣工验收资料等。施工资料管理计划的内容包括资料台账，资料管理流程，资料管理制度以及资料的来源、内容、标准、时间要求、传递途径、反馈的范围、人员及职责和工作程序等。

2～4 项次资料员应收集、审查施工员、质量员等项目部其他专业人员，以及相关单位移交的施工资料，并整理、组卷，向企业相关部门和建设单位移交归档。

施工资料交底的内容包括资料目录，资料编制、审核及审批规定，资料整理归档要求，移交的时间和途径，人员及职责等。

5 资料员应协助企业相关部门建立施工资料管理系统。施工资料管理系统包括资料的准备、收集、标识、分类、分发、编目、更新、归档和检索等。

3.9.2 安全保管施工资料包括严格遵守国家和地方的有关法律、法规和规定，建立完善的资料管理制度和安全责任制度，坚持全过程安全管理，采取必要的安全保密措施，包括资料的分级、分类管理方式，确保施工资料安全、合理、有效使用。

4 职业能力评价

4.1 一 般 要 求

4.1.1 职业能力评价采取综合评价方式进行，由专业学历、职业经历和专业能力评价三部分组成。专业学历以文化程度为评价指标，职业经历以施工现场职业实践年限为评价指标，专业能力以专业能力测试成绩为评价指标。

4.1.2 建筑与市政工程施工现场专业人员专业能力测试不同于学历教育的学业考核，不应过分强调基本概念、基本原理的考查，而应重点考查运用相关专业知识和专业技能解决工程实际问题的能力。实际操作中，宜采用诸如工程案例等形式的测试题目。

4.1.3 依据国务院学位委员会《学位授予和人才培养学科目录(1997年)》和教育部《普通高等学校本科专业目录(1998年)》、《普通高等学校高职高专教育指导性专业目录(2004年)》、《中等职业学校专业目录(2010年修订)》，各职业岗位对应的土建类本专业、相关专业见表1。

表1　各职业岗位的土建类本专业、相关专业对应表

序号	学历层次	施工员、质量员、标准员、安全员、机械员	材料员、劳务员、资料员
1	土建类研究生本专业	土木工程（一级学科）、建筑与土木工程（工程硕士）	土木工程（一级学科）、管理科学与工程、建筑与土木工程（工程硕士）
2	土建类本科本专业	土木工程、建筑环境与设备工程、给水排水工程、工程管理	土木工程、建筑环境与设备工程、给水排水工程、工程管理
3	土建类专科本专业	建筑设计类、土建施工类、建筑设备类、工程管理类、市政工程类	建筑设计类、土建施工类、建筑设备类、工程管理类、市政工程类、房地产类
4	土建类研究生相关专业	建筑学（一级学科）、管理科学与工程	建筑学（一级学科）
5	土建类本科相关专业	建筑学、城市规划	建筑学、城市规划、电气工程及其自动化
6	土建类专科相关专业	城镇规划与管理类、房地产类、公路监理、道路桥梁工程技术、高速铁道技术、电气化铁道技术、铁道工程技术、城市轨道交通工程技术、港口工程技术、管道工程技术、管道工程施工、水利工程与管理类	城镇规划与管理类、房地产类、公路监理、道路桥梁工程技术、高速铁道技术、电气化铁道技术、铁道工程技术、城市轨道交通工程技术、港口工程技术、管道工程技术、管道工程施工、水利工程与管理类
7	土建类中职本专业	建筑工程施工、建筑装饰、古建筑修缮与仿建、土建工程检测、建筑设备安装、供热通风与空调施工运行、给排水工程施工与运行、楼宇智能化设备安装与运行	建筑工程施工、建筑装饰、城镇建设、工程造价、古建筑修缮与仿建、土建工程检测、建筑设备安装、供热通风与空调施工运行、给排水工程施工与运行、工程施工机械运用与维修
8	土建类中职相关专业	城镇建设、道路与桥梁工程施工、市政工程施工、铁道施工与养护、水电工程建筑施工	道路与桥梁工程施工、铁道施工与养护、水电工程建筑施工、市政工程施工、物业管理、房地产营销与管理

4.1.4 本标准第3章规定了建筑与市政工程施工现场专业人员专业能力测试的框架性内容。为了保证本标准的可操作性，还将编制与本标准配套的考试大纲。

4.1.5 现场实操是最能反映专业技能测试真实水平的形式。但是，建筑与市政工程施工现场专业人员职业能力评价是一项量大面广的工作，专业技能测试全部采用现场实操不现实。因此，本标准规定专业技能测试以闭卷笔试方式为主，但鼓励具备条件的地区部分采用现场实操测试。

4.1.6 建筑与市政工程施工现场专业人员专业能力测试成绩不实行滚动制，只有在同一次测试中，专业知识和专业技能都合格，方为专业能力测试合格。

4.1.7 在本标准所列职业岗位中，施工员、质量员所涉及的专业知识面相对较宽，要求也相对较高。为了减轻参加职业能力评价人员不必要的学习负担，本标准规定，凡通过施工员或质量员职业能力评价的专业人员，参加其他岗位的职业能力评价，可以免试部分专业知识。

4.1.8 建筑与市政工程施工现场专业人员职业能力评价，是一项事关施工现场专业人员队伍建设的重要制度，涉及面广，政策性强，该工作应在住房和城乡建设部统一领导下，由省级住房和城乡建设行政主管部门统一组织实施。

中华人民共和国行业标准

建筑施工企业信息化评价标准

Standard for evaluating the informatization
of construction enterprises

JGJ/T 272—2012

批准部门：中华人民共和国住房和城乡建设部
施行日期：2 0 1 2 年 5 月 1 日

中华人民共和国住房和城乡建设部
公　告

第 1226 号

关于发布行业标准《建筑施工企业信息化评价标准》的公告

现批准《建筑施工企业信息化评价标准》为行业标准，编号为 JGJ/T 272-2012，自 2012 年 5 月 1 日起实施。

本标准由我部标准定额研究所组织中国建筑工业出版社出版发行。

中华人民共和国住房和城乡建设部

2011 年 12 月 26 日

前　　言

根据原建设部《关于印发〈2007 年工程建设标准规范制订、修订计划（第一批）〉的通知》（建标〔2007〕125 号）的要求，标准编制组经过深入的调查研究，认真分析和总结国内外建筑施工企业信息化成果，结合实践经验，并在广泛征求意见的基础上，编制了本标准。

本标准的主要技术内容是：总则、术语和符号、基本规定、评价指标与评分、评价规则。

本标准由住房和城乡建设部负责管理，由中国建筑业协会负责具体技术内容的解释。执行过程中如有意见和建议，请寄中国建筑业协会（邮编：100081；地址：北京市中关村南大街 48 号九龙商务中心 A 座 7 层）。

本标准主编单位：中国建筑业协会
　　　　　　　　　中建国际建设有限公司

本标准参编单位：中国建筑科学研究院
　　　　　　　　　清华大学
　　　　　　　　　中国建筑工程总公司
　　　　　　　　　中国铁路工程总公司
　　　　　　　　　哈尔滨工业大学
　　　　　　　　　中国交通建设集团有限公司
　　　　　　　　　中国建筑一局（集团）有限公司

中博建设集团有限公司
北京广联达梦龙软件有限公司
易建科技有限公司
广联达软件股份有限公司
广东同望科技股份有限公司
金蝶软件（中国）有限公司

本标准主要起草人员：吴　涛　黄如福　王小莹
　　　　　　　　　　　马智亮　崔惠钦　李　虎
　　　　　　　　　　　高　峰　常成一　邓小姝
　　　　　　　　　　　江　雄　鞠成立　王要武
　　　　　　　　　　　王爱华　景　万　刘宇林
　　　　　　　　　　　李孝文　陈岱林　许海民
　　　　　　　　　　　井振威　李洪东　张铁城
　　　　　　　　　　　王　建　彭书凝　陈于玲
　　　　　　　　　　　安维红　黄　昀

本标准主要审查人员：崔俊芝　王　毅　符　建
　　　　　　　　　　　丘亮新　陈小平　刘长滨
　　　　　　　　　　　戴建中　许海涛　李东风
　　　　　　　　　　　王文天　骆汉宾　雪明锁
　　　　　　　　　　　郑晓生

目 次

Contents

1 总 则

1.0.1 为引导建筑施工企业科学、合理、有效地进行信息化建设，提高建筑施工企业信息化水平，制定本标准。

1.0.2 本标准适用于建筑施工企业信息化水平的综合评价。

1.0.3 建筑施工企业信息化水平的综合评价除应符合本标准外，尚应符合国家现行有关标准的规定。

2 术语和符号

2.1 术 语

2.1.1 企业信息化 enterprise informatization

企业利用现代信息技术，通过深入开发和广泛利用信息资源，不断提高企业的生产、经营、协同管理、决策的效率和水平，提高企业工作效率和管理效益，提升企业竞争力的过程，也是企业利用信息技术改进企业经营管理方式的过程。

2.1.2 应用系统 application system

直接应用于企业生产和管理的应用软件及硬件系统。

2.1.3 应用集成 integration of applications

将服务于企业的相互独立的应用软件整合为一个统一协调的应用系统。

2.1.4 数据集成 data integration

指实现应用系统之间共享数据，并且当应用系统中某些数据发生改变时，所有与这些数据有关的数据，会即时、准确、一致地随之变化。

2.1.5 数据管理 data management

指利用计算机及其相关技术进行数据收集、传输、处理和存储等。

2.1.6 企业门户 enterprise portal

企业为其员工、业主、客户、供应商、承包商和监理单位等在因特网上访问本企业各种信息资源提供的单一的入口。

2.1.7 灾难恢复系统 disaster recovery system

用于防灾备份、灾后恢复信息系统的软件和硬件系统。

2.1.8 安全认证系统 security authentication system

用于保证系统的用户按所拥有的权限安全、正确地访问信息系统的软件和硬件系统。

2.1.9 防病毒系统 virus protection system

用于监控识别、扫描和清除电脑病毒、特洛伊木马和恶意软件等的软件系统。

2.1.10 入侵检测系统 intrusion detection system

是一种对网络传输进行即时监视，在发现可疑传输时发出警报或者采取主动反应措施的网络安全设备。

2.1.11 安全审计系统 safety audit system

主要用于监视、记录用户对网络系统的各类操作，并通过分析记录数据，实现对用户操作行为的监控和审计，最大限度地保障企业信息系统安全运行。

2.1.12 CAD(计算机辅助设计) computer aided design

工程技术人员以计算机为工具，对产品和工程开展设计、绘图、造型、分析和编写技术文档等设计活动的总称。

2.2 符 号

2.2.1 各评价指标的评价及评价结果的计算符号：

F——企业信息化水平的综合评价得分；

K_1——信息化应用范围系数；

K_2——信息化应用成效系数；

s_{ij}——第 i 方面的第 j 个评价指标的得分；

α——信息化水平评价总得分；

α_i——第 i 个评价者给出的信息化水平评价总得分。

3 基 本 规 定

3.0.1 参评企业应满足下列条件：

1 具有法人资格；

2 企业的主要应用系统连续使用 6 个月以上；

3 已形成本标准第 5.2.2 条规定的相关资料。

3.0.2 建筑施工企业信息化水平应对参评企业业务、技术、保障、应用、成效等 5 个方面的指标进行评价。

表 3.0.2 建筑施工企业信息化水平评价指标

方面序号	方面	指标序号	指标
1	业务	1	经营性业务信息化程度
		2	生产性业务信息化程度
		3	综合性业务信息化程度
2	技术	1	数据管理水平
		2	数据集成水平
		3	应用集成水平
3	保障	1	信息化建设投入程度
		2	信息化建设规划编制与实施状况
		3	信息化制度制定与执行状况
		4	信息化组织健全度
		5	信息化安全保障度
4	应用	1	信息化应用范围
5	成效	1	管理标准化程度
		2	管理创新程度
		3	总体应用效果

3.0.3 建筑施工企业信息化水平等级应依据综合评价得分按表3.0.3确定。

表 3.0.3 建筑施工企业信息化水平等级标准

序号	信息化水平等级	企业信息化水平的综合评价得分（F）范围
1	A 级	$90 \leqslant F \leqslant 100$
2	B 级	$80 \leqslant F < 90$
3	C 级	$65 \leqslant F < 80$
4	D 级	$50 \leqslant F < 65$
5	E 级	$30 \leqslant F < 50$

4 评价指标与评分

4.1 一般规定

4.1.1 应根据参评企业提交的相关资料，核查企业的实际情况，按本标准规定的方法，使用本标准附录A提供的评价用表，对信息化水平评价指标逐一进行评价。

4.1.2 应在对各评价指标进行评分的基础上，计算出信息化水平评价总得分。

4.2 业务方面

4.2.1 业务方面应包括经营性业务信息化程度、生产性业务信息化程度、综合性业务信息化程度3个评价指标。

4.2.2 经营性业务信息化程度应按表4.2.2评分，本评价指标得分应为各评价点得分之和。

表 4.2.2 经营性业务信息化程度（s_{11}）的评分标准

序号	评价点	要点	评分范围
1	市场经营管理	市场信息管理、客户关系管理、工程项目资信管理、雇主信用管理、竞争对手管理、市场营销绩效管理、统计分析等	0~27
2	全面预算管理	业务预算、财务预算、资本预算和筹资预算	0~7
3	财务会计管理	科目配置、制单记账（录入记账凭证的内容、制单、审核、记账）、账簿管理（自动生成所有账簿）、编制财务报表（含企业各级组织）等	0~26
4	资金管理	资金计划与支付监控、资金成本管理、资金上划、下拨及存款管理、网银系统等	0~26

续表 4.2.2

序号	评价点	要点	评分范围
5	固定资产管理	固定资产购置、日常管理、折旧管理、重点资产管理、报表统计等	0~7
6	电子商务	供需方数据交换、电子采购、网上结算等	0~7

4.2.3 生产性业务信息化程度应按表4.2.3评分，本评价指标得分应为各评价点得分之和。

表 4.2.3 生产性业务信息化程度（s_{12}）的评分标准

序号	评价点	要点	评分范围
1	投标管理	投标资料管理、投标评审管理等	0~7
2	招标管理	招标计划管理、分包商管理、招标文件管理、招标评审管理、中标资料管理等	0~5
3	成本管理	责任成本、目标成本、计划成本、实际成本、成本分析等	0~17
4	合约管理	合同台账、变更、索赔、结算、收支、统计分析等	0~17
5	进度管理	总进度计划（总进度计划分解为分进度计划）、分进度计划（分进度计划汇总为总进度计划）、进度对比分析等	0~7
6	物料管理	需求计划、采购计划、招标采购（采购、比价）、日常业务管理、供应商管理、统计分析、库存管理、网上封样等	0~5
7	设备管理	需求计划、供应计划、采购租赁管理、供应商管理、合同管理、台账管理、使用管理、维修保养管理、报废管理、成本核算分析等	0~5
8	质量管理	质量目标计划、质量台账（重大质量安全事故、竣工工程质量记录）、工程质量检查评价、统计分析等	0~5
9	安全职业健康管理	安全目标计划、安全投入管理、安全台账、安全质量检查评价、统计分析等	0~5

序号	评价点	要点	评分范围
10	协同管理	信息收集、管理、查询等	0～5
11	工程资料管理	资料分类、数据采集整理编目、收发、归档、借阅、审批、跟踪、检索查询等	0～5
12	科技与试验管理	施工组织设计及技术方案、设计变更与技术复核、项目技术研发管理、检验与试验、工程测量等	0～5
13	辅助设计、施工技术应用	从下列应用系统中任选5个：设计施工管理集成应用、虚拟施工系统、远程视频监控系统、远程视频会议和教学系统、施工安全设计、工程量计算、工程计算机辅助设计（CAD）系统、企业定额管理等	0～12

4.2.4 综合性业务信息化程度应按表4.2.4评分，本评价指标得分应为各评价点得分之和。

表4.2.4 综合性业务信息化程度（s_{13}）的评分标准

序号	评价点	要点	评分范围
1	风险管理	企业经营的风险识别、风险分析、风险防范与对策、风险管理决策等	0～8
2	人力资源管理	人事管理、合约管理、薪资管理、人力资源计划管理、培训管理、绩效管理等	0～30
3	办公管理	收发文管理、会议管理、邮件管理、公文流转管理、工作计划管理、任务管理、企业制度管理、行业动态、发布信息等	0～30
4	网站及企业内网门户	宣传和沟通信息等	0～7
5	档案资料管理	档案分类目录、文档资料录入、档案资料归档、查询、借阅管理等	0～7

序号	评价点	要点	评分范围
6	企业知识管理	施工组织设计数据库、市场信息数据库、质量安全知识数据库、施工常用技术规范工法数据库、工程项目竣工结算数据库等	0～7
7	综合报表管理	包括企业生产经营管理的：信息采集、分类汇总、制表、统计分析、查询等	0～11

4.3 技术方面

4.3.1 技术方面应包括数据管理水平、数据集成水平和应用集成水平3个评价指标。

4.3.2 数据管理水平应按表4.3.2评分。

表4.3.2 数据管理水平（s_{21}）的评分标准

层次	特征	评分取值范围
1	企业数据经过系统规划、设计，实现数据集中管理	$80 \leqslant s_{21} \leqslant 100$
2	企业数据经过系统规划、设计，部分实现数据集中管理	$60 \leqslant s_{21} < 80$
3	企业数据经过系统规划、设计，未实现数据集中管理	$50 \leqslant s_{21} < 60$
4	企业部分数据经过系统规划、设计，未实现数据集中管理	$30 \leqslant s_{21} < 50$
5	只是基于应用系统实现了企业数据的封装管理	$0 \leqslant s_{21} < 30$

4.3.3 数据集成水平应按表4.3.3评分，本评价指标得分应为各评价点得分之和。

表4.3.3 数据集成水平（s_{22}）的评分标准

序号	评价点	层次	特征	评分取值范围
1	信息化标准	1	建立了较完整的企业信息分类与编码标准体系	30～50
		2	部分业务建立了企业信息分类与编码标准体系	20～29
		3	部分业务遵循了已有的信息分类与编码标准	0～19

续表 4.3.3

序号	评价点	层次	特征	评分取值范围
2	集成方式	1	实现了实时的数据集中管理	40～50
		2	以汇集数据的方式实现了数据集中管理	30～39
		3	实现了点对点数据交换	10～29
		4	以电子介质、电子邮件等实现数据上报	0～9

注：企业信息分类与编码标准包括企业人、财、物、合同、组织机构等的编码。

4.3.4 应用集成水平应按表4.3.4评分。

表 4.3.4 应用集成水平（s_{23}）的评分标准

层次	特征	评分取值范围
1	实现了针对合约管理、成本管理、办公管理、资金管理、市场营销管理、财务会计管理、人力资源管理等业务的应用集成	$95 \leqslant s_{23} \leqslant 100$
2	实现了针对合约管理、成本管理、办公管理、资金管理、市场营销管理、财务会计管理、人力资源管理中6项业务的应用集成	$85 \leqslant s_{23} < 95$
3	实现了针对合约管理、成本管理、办公管理、资金管理、市场营销管理、财务会计管理、人力资源管理中5项业务的应用集成	$80 \leqslant s_{23} < 85$
4	实现了针对合约管理、成本管理、办公管理、资金管理、市场营销管理、财务会计管理、人力资源管理中4项业务的应用集成	$70 \leqslant s_{23} < 80$
5	实现了针对合约管理、成本管理、办公管理、资金管理、市场营销管理、财务会计管理、人力资源管理中3项业务的应用集成	$50 \leqslant s_{23} < 70$
6	实现了针对合约管理、成本管理、办公管理、资金管理、市场营销管理、财务会计管理、人力资源管理中2项业务的应用集成	$30 \leqslant s_{23} < 50$
7	其他任意两个或两个以上应用的集成	$0 \leqslant s_{23} < 30$

4.4 保 障 方 面

4.4.1 保障方面应包括信息化建设投入程度、信息化建设规划编制与实施状况、信息化制度制定与执行状况、信息化组织健全度和信息化安全保障度5个评价指标。

4.4.2 信息化建设投入程度应按表4.4.2评分，其中，信息化建设投入率应按下式计算：

$$\mu = \frac{\sum_{i=1}^{5} q_i}{\sum_{i=1}^{5} t_i} \times 100\% \qquad (4.4.2)$$

式中：μ——信息化建设投入率；

q_i——第i年的企业信息化建设投入（万元），包括：公司、直属分公司、事业部及其项目部的信息化基础设施和系统软件购置、应用系统建设、信息化工作人员工资和用于办公场地、员工信息化培训、信息化咨询以及信息系统日常运行与维护等费用；

t_i——第i年企业营业收入额（万元）；

i——年份：$i=1$代表企业申请信息化评价的上一年，$i=2$代表上上一年，以此类推最近5年。

表 4.4.2 信息化建设投入程度（s_{31}）的评分标准

层次	特征（信息化建设投入率 μ 的取值）	评分取值范围
1	$0.1\% \leqslant \mu \leqslant 0.3\%$	$80 \leqslant s_{31} \leqslant 100$
2	$0.07\% \leqslant \mu < 0.1\%$	$60 \leqslant s_{31} < 80$
3	$0.04\% \leqslant \mu < 0.07\%$	$30 \leqslant s_{31} < 60$
4	$0.01\% \leqslant \mu < 0.04\%$	$10 \leqslant s_{31} < 30$
5	$0 \leqslant \mu < 0.01\%$	$0 \leqslant s_{31} < 10$

注：信息化建设投入率 μ 大于0.3%时取100分。

4.4.3 信息化建设规划编制与实施状况应按表4.4.3评分。

表 4.4.3 信息化建设规划编制与实施状况（s_{32}）的评分标准

层次	特征	评分取值范围
1	编制了信息化建设规划，且实施情况良好	$75 \leqslant s_{32} \leqslant 100$
2	编制了信息化建设规划，且实施情况较好	$50 \leqslant s_{32} < 75$
3	编制了信息化建设规划，且部分得到实施	$25 \leqslant s_{32} < 50$
4	编制了信息化建设规划，且少数得到实施	$10 \leqslant s_{32} < 25$
5	无信息化建设规划	$0 \leqslant s_{32} < 10$

4.4.4 信息化制度制定与执行状况应按表 4.4.4 对每一评价点评分，本评价指标得分应为各评价点得分之和。

表 4.4.4　信息化制度制定与执行
状况（s_{33}）的评分标准

序号	评价点	评分取值范围
1	机房及设备管理制度制定与执行	0~10
2	信息系统安全管理制度制定与执行	0~10
3	运行维护管理制度制定与执行	0~10
4	信息化组织管理制度制定与执行	0~10
5	信息化采购管理制度制定与执行	0~10
6	信息化培训管理制度制定与执行	0~10
7	信息化建设管理制度制定与执行	0~10
8	数据采集管理制度制定与执行	0~10
9	应用与绩效管理制度制定与执行	0~10
10	信息化相关技术资料管理制度制定与执行	0~10

4.4.5 信息化组织健全度应按表 4.4.5 对每一评价点评分，本评价指标得分应为各评价点得分之和。

表 4.4.5　信息化组织健全度（s_{34}）的评分标准

序号	评价点	评分取值范围
1	设有企业信息化领导小组和企业首席信息官（CIO）或类似岗位	0~20
2	设有独立的信息化管理职能部门	0~20
3	设有明确的信息化管理岗位	0~20
4	接受过信息化培训人员达企业管理和技术人员之和的 80% 以上	0~20
5	80% 以上项目部有明确的信息管理工作责任人	0~20

4.4.6 信息化安全保障度应按表 4.4.6 对每一评价点评分，本评价指标得分应为各评价点得分之和。

表 4.4.6　信息化安全保障度（s_{35}）的评分标准

序号	评价点	评分取值范围
1	具备灾难恢复系统	0~30
2	具备安全认证系统	0~20
3	具备防病毒系统	0~15
4	具备入侵检测系统	0~15
5	具备安全审计系统	0~20

4.5　应 用 方 面

4.5.1 应用方面应包括信息化应用范围 1 个评价指标。

4.5.2 信息化应用范围（s_{41}）的得分应按下式计算：

$$s_{41} = \frac{\sum_{i=1}^{3} X_i}{\sum_{i=1}^{3} Y_i} \times 100 \qquad (4.5.2)$$

式中：X_1——公司总部部门信息化覆盖数；

X_2——公司直属分公司、事业部信息化覆盖数；

X_3——评价时开工已超过 6 个月公司在建工程项目信息化覆盖数；

Y_1——公司部门实设总数；

Y_2——公司直属分公司、事业部实设总数；

Y_3——评价时开工已超过 6 个月公司在建工程项目实设总数。

4.6　成 效 方 面

4.6.1 成效方面应包括管理标准化程度、管理创新程度和总体应用效果 3 个评价指标。

4.6.2 管理标准化程度应按表 4.6.2 对每一评价点评分，本评价指标得分应为各评价点得分之和。

表 4.6.2　管理标准化程度（s_{51}）的评分标准

序号	评价点	评分取值范围
1	信息化业务流程的标准化程度	0~35
2	信息化业务流程支持企业发展战略及核心管理业务程度	0~35
3	与信息化业务流程相配套的管理制度标准化程度	0~30

4.6.3 管理创新程度应按表 4.6.3 对每一评价点评分，本评价指标得分应为各评价点得分之和。

表 4.6.3　管理创新程度（s_{52}）的评分标准

序号	评价点	评分取值范围
1	管理模式优化程度	0~35
2	业务模式优化程度	0~35
3	技术应用优化程度	0~30

4.6.4 总体应用效果应按表 4.6.4 对每一评价点评分，本评价指标得分应为各评价点得分之和。

表 4.6.4　总体应用效果（s_{53}）的评分标准

序号	评价点	评分取值范围
1	信息化产生的企业竞争力	0~35
2	信息化产生的企业经济效益	0~35
3	信息化产生的企业社会效益	0~30

4.7 信息化水平评价总得分计算方法

4.7.1 信息化水平评价总得分应按下列公式计算：

$$\alpha = K_1 \cdot K_2 \cdot [0.5s_1' + 0.3(0.3s_{21} + 0.3s_{22} + 0.4s_{23}) + 0.2(0.3s_{31} + 0.1s_{32} + 0.2s_{33} + 0.1s_{34} + 0.3s_{35})] \quad (4.7.1-1)$$

$$K_1 = s_{41}/100 \quad (4.7.1-2)$$

$$K_2 = (0.4s_{51} + 0.3s_{52} + 0.3s_{53})/100 \quad (4.7.1-3)$$

$$s_1' = \begin{cases} 100 & \text{当 } s_1 > 56 \text{ 且 } K_2 > 0.90 \\ & \text{且 } s_1 + 400(K_2 - 0.9) > 100 \\ s_1 + 400 \cdot (K_2 - 0.9) & \text{当 } s_1 > 56 \text{ 且 } K_2 > 0.90 \\ & \text{且 } s_1 + 400(K_2 - 0.9) \leqslant 100 \\ s_1 & \text{当 } s_1 \leqslant 56 \text{ 或 } K_2 \leqslant 0.90 \end{cases} \quad (4.7.1-4)$$

$$s_1 = 0.35s_{11} + 0.4s_{12} + 0.25s_{13} \quad (4.7.1-5)$$

式中：α——信息化水平评价总得分；

K_1——信息化应用范围系数；

K_2——信息化应用成效系数；

s_{21}——数据管理水平得分；

s_{22}——数据集成水平得分；

s_{23}——应用集成水平得分；

s_{31}——信息化建设投入程度得分；

s_{32}——信息化建设规划编制与实施状况得分；

s_{33}——信息化制度制定与执行状况得分；

s_{34}——信息化组织健全度得分；

s_{35}——信息化安全保障度得分；

s_{41}——信息化应用范围得分；

s_{51}——管理标准化程度得分；

s_{52}——管理创新程度得分；

s_{53}——总体应用效果得分；

s_1——调整前企业业务信息化程度得分；

s_1'——调整后企业业务信息化程度得分；

s_{11}——经营性业务信息化程度得分；

s_{12}——生产性业务信息化程度得分；

s_{13}——综合性业务信息化程度得分。

5 评 价 规 则

5.1 评 价 方 式

5.1.1 建筑施工企业信息化水平的综合评价可分为企业自我评价及第三方评价两种方式。

5.1.2 当企业进行自我评价时，应组建由企业最高管理者代表参加的信息化评价小组，成员包括企业相关业务部门的负责人和技术骨干，必要时也可聘请外部专家，并从成员中确定一名组长和一名副组长。

5.1.3 当采取第三方评价方式时，应组建不少于5人的信息化评价小组。该小组成员应具有相关专业及信息化知识，熟悉建筑施工企业业务过程。应从信息化评价小组成员中选举产生组长和副组长各一名，并确定采用记名评价或无记名评价。

5.1.4 评价时，信息化评价小组每一位成员应对每一评价指标、评价点进行打分并应符合本标准附录A的要求。当出现未填写或未评价项或违反本标准的评分原则时，则该评价者的评价应视为无效评价。

5.1.5 第三方评价宜采用现场评价形式，条件具备时可采用远程评价形式。

5.1.6 当采用现场评价时，评价前评价者应阅读参评资料，并应到参评企业现场进行调查和访谈，观看企业信息系统应用演示。

5.1.7 当采用远程评价时，应远程操作企业的应用系统。

5.2 评价程序及综合评价得分

5.2.1 企业信息化水平综合评价，应遵循下列程序：

1 参评企业准备并提交相关资料；

2 成立信息化评价小组；

3 参评企业针对参评资料进行口头汇报；

4 信息化评价小组针对参评资料进行核查；

5 信息化评价小组实施评价；

6 信息化评价小组撰写评价报告。

5.2.2 参评企业应准备并提交下列资料：

1 企业组织结构情况，宜按本标准附录B表B.0.1-1准备；

2 企业应用系统的建设及应用情况，宜按本标准附录B表B.0.1-2准备；

3 企业工程项目信息系统的建设及其在在建项目中的应用情况，宜按本标准附录B表B.0.1-3准备；

4 对应于不同业务的企业数据的集成情况，宜按本标准附录B表B.0.1-4准备；

5 企业信息化建设投入情况，宜按本标准附录B表B.0.1-5准备；

6 企业信息化规划编制情况，宜按本标准附录B表B.0.1-6准备；

7 企业信息化管理制度建设情况，宜按本标准附录B表B.0.1-7准备；

8 企业信息化组织建设情况，宜按本标准附录B表B.0.1-8准备；

9 企业信息化安全措施情况，宜按本标准附录B表B.0.1-9准备；

10 企业信息化标准及规范的编制及使用情况，宜按本标准附录B表B.0.1-10准备；

11 企业实施信息化过程中梳理业务流程情况，宜按本标准附录B表B.0.1-11准备；

12 信息化推动企业管理创新的情况，宜按本标

13 信息化产生企业核心竞争力的情况，宜按本标准附录B表B.0.1-13准备；

14 信息化产生企业经济效益的情况，宜按本标准附录B表B.0.1-14准备；

15 信息化产生企业社会效益的情况，宜按本标准附录B表B.0.1-15准备；

16 评价组织单位规定需要提供的其他资料。

5.2.3 企业信息化水平的综合评价得分应按下式计算：

$$F = \frac{1}{n} \cdot \sum_{i=1}^{n} \alpha_i \qquad (5.2.3)$$

式中：F——企业信息化水平的综合评价得分；

α_i——第 i 个评价者给出的信息化水平评价总得分；

n——信息化评价小组中的评价者数。

附录 B 参评企业应提交资料格式

B.0.1 参评企业应提交资料格式见表B.0.1-1～表B.0.1-15。

表 B.0.1-1 企业组织结构情况

公司总部部门、直属分公司和事业部总数：

单位	序号	单位名称	负责人
公司总部部门	1		
	2		
	3		
公司直属分公司	4		
	5		
公司直属事业部	6		
	7		

注：可根据需要加行。

表 B.0.1-2 企业应用系统的建设及应用情况

序号	信息化主要应用系统	应用情况	启用时间	企业职能部门、分公司及事业部名称	系统负责人
1		□经常使用 □基本不用			
2		□经常使用 □基本不用			
3		□经常使用 □基本不用			
4		□经常使用 □基本不用			

注：可根据需要加行。

表 B.0.1-3 企业工程项目信息系统的建设及其在在建项目中的应用情况

公司直属项目部以及分公司（含事业部）所属项目部总数

上级管理单位	序号	在建项目部名称	负责人	是否应用了信息系统
公司总部	1			□是 □否
	2			□是 □否
	3			□是 □否
以下按分公司、事业部列出在建项目部名称				
	4			□是 □否
	5			□是 □否
	6			□是 □否
	7			□是 □否
	8			□是 □否
	9			□是 □否

注：可根据需要加行。

表 B.0.1-4 对应于不同业务的企业数据的集成情况

序号	被集成的业务名称	集成方式	集成时间	应用情况
1		□数据集中管理 □汇集数据 □点对点数据交换		□经常使用 □不常使用 □基本不用
2		□数据集中管理 □汇集数据 □点对点数据交换		□经常使用 □不常使用 □基本不用
3		□数据集中管理 □汇集数据 □点对点数据交换		□经常使用 □不常使用 □基本不用
4		□数据集中管理 □汇集数据 □点对点数据交换		□经常使用 □不常使用 □基本不用

注：可根据需要加行。

表 B.0.1-5 企业信息化建设投入情况

年份	信息化建设投入（万元）	企业营业额（万元）	证明文件编号

注：企业信息化建设投入包括：公司、直属分公司、事业部及其项目部的信息化基础设施和系统软件购置、应用系统建设、信息化工作人员工资和用于办公场地、员工信息化培训、信息化咨询以及信息系统日常运行与维护等费用。

表 B.0.1-6　企业信息化规划编制情况

序号	信息化规划	企业信息化规划名称	编制年月	签发、监督部门	执行情况说明
1	总体规划				
2	实施规划				
3					

注：可根据需要加行。

表 B.0.1-7　企业信息化管理制度建设情况

序号	信息化制度	企业信息化制度名称	编制年月	签发、监督部门	执行情况说明
1	机房及设备管理制度制定与执行				
2	信息系统安全管理制度制定与执行				
3	运行维护管理制度制定与执行				
4	信息化组织管理制度制定与执行				
5	信息化采购管理制度制定与执行				
6	信息化培训管理制度制定与执行				
7	信息化建设管理制度制定与执行				
8	数据采集管理制度制定与执行				
9	应用与绩效管理制度制定与执行				
10	信息化相关技术资料管理制度制定与执行				

注：可根据需要加行。

表 B.0.1-8　企业信息化组织建设情况

序号	组织建设事项	证明文件编号
1	企业信息化领导小组成立时间	
2	设立企业首席信息官或信息主管时间	
3	建立企业信息化管理职能部门的时间	
4	企业拥有专职信息化人员数	
5	企业拥有兼职信息化人员数	
6	已参加信息化培训员工数量	
7	企业管理和技术人员总数	
8	拥有明确的信息管理责任人的项目部总数	

表 B.0.1-9　企业信息化安全措施情况

序号	措施	主要功能、技术指标简介	应用情况	证明材料编号
1	灾难恢复			
2	安全认证系统			
3	防病毒系统			
4	入侵检测系统			
5	安全审计系统			

表 B.0.1-10　企业信息化标准及规范的编制及使用情况

序号	信息化标准及规范名称	应用系统名称	标准类别	证明材料编号
1			□国家标准 □行业标准 □企业标准	
2			□国家标准 □行业标准 □企业标准	
3			□国家标准 □行业标准 □企业标准	
4			□国家标准 □行业标准 □企业标准	

注：可根据需要加行。

表 B.0.1-11　企业实施信息化过程中梳理业务流程情况

序号	梳理的流程		处理流程的信息系统名称	信息系统上线时间	应用情况	配套管理制度	
	名称	是否核心业务				名称	编制时间
1		□是 □否			□经常使用 □基本不用		
2		□是 □否			□经常使用 □基本不用		
3		□是 □否			□经常使用 □基本不用		
4		□是 □否			□经常使用 □基本不用		
5		□是 □否			□经常使用 □基本不用		
6		□是 □否			□经常使用 □基本不用		

注：可根据需要加行。

用 表

	评分范围	得分	评价指标	评价点		评分范围	得分
	0～7		信息化组织健全度 s_{34}	设有企业信息化领导小组和企业首席信息官(CIO)或类似岗位		0～20	
	0～11						
	0～100			设有独立信息化管理职能部门		0～20	
	0～50			设有明确的信息化管理岗位		0～20	
	0～50			接受过信息化培训人员达企业管理和技术人员之和的80％以上		0～20	
	0～100						
	q_1			80％以上项目部有明确的信息管理工作责任人		0～20	
	q_2						
	q_3		信息化安全保障度 s_{35}	具备灾难恢复系统		0～30	
	q_4			具备安全认证系统		0～20	
	q_5			具备防病毒系统		0～15	
				具备入侵检测系统		0～15	
	0～100			具备安全审计系统		0～20	
定与执行	0～10		信息化应用范围 s_{41}	X_1	Y_1		
制定与执行	0～10			X_2	Y_2		
与执行	0～10			X_3	Y_3		
定与执行	0～10		管理标准化程度 s_{51}	信息化业务流程的标准化程度		0～35	
定与执行	0～10			信息化业务流程支持企业发展战略及核心管理业务程度		0～35	
定与执行	0～10			与信息化业务流程相配套的管理制度标准化程度		0～30	
定与执行	0～10		管理创新程度 s_{52}	管理模式优化程度		0～35	
与执行	0～10			业务模式优化程度		0～35	
定与执行	0～10			技术应用优化程度		0～30	
理制度制定	0～10		总体应用效果 s_{53}	信息化产生的企业竞争力		0～35	
				信息化产生的企业经济效益		0～30	
				信息化产生的企业社会效益		0～35	
			评价日期	年　　　　月　　　　日			

表 A 评价

评价指标	评价点	评分范围	得分	评价指标	评价点
经营性业务信息化程度 s_{11}	市场经营管理	0～27		综合性业务信息化程度 s_{13}	企业知识管理
	全面预算管理	0～7			综合报表管理
	财务会计管理	0～26		数据管理水平 s_{21}	
	资金管理	0～26		数据集成水平 s_{22}	信息化标准
	固定资产管理	0～7			集成方式
	电子商务	0～7		应用集成水平 s_{23}	
生产性业务信息化程度 s_{12}	投标管理	0～7		信息化建设投入程度 s_{31}	t_1
	招标管理	0～5			t_2
	成本管理	0～17			t_3
	合约管理	0～17			t_4
	进度管理	0～7			t_5
	物料管理	0～5		信息化建设规划编制与实施状况 s_{32}	
	设备管理	0～5		信息化制度制定与执行状况 s_{33}	机房及设备管理制度制
	质量管理	0～5			信息系统安全管理制度
	安全职业健康管理	0～5			运行维护管理制度制定
	协同管理	0～5			信息化组织管理制度制
	工程资料管理	0～5			信息化采购管理制度制
	科技与试验管理	0～5			信息化培训管理制度制
	辅助设计、施工技术应用	0～12			信息化建设管理制度制
综合性业务信息化程度 s_{13}	风险管理	0～8			数据采集管理制度制定
	人力资源管理	0～30			应用与绩效管理制度制
	办公管理	0～30			信息化相关技术资料
	网站及企业内网门户	0～7			与执行
	档案资料管理	0～7			
参评企业				评价人签名	

表 B. 0. 1-12　信息化推动企业管理创新的情况

序号	改进项目	创新点		
		编目号	名　称	摘要说明
1	管理模式优化程度	一		
		二		
		三		
2	业务模式优化程度	四		
		五		
		六		
3	技术应用优化程度	七		
		八		
		九		
创新点说明：（按编目号、名称顺序说明）				

注：可根据需要加行。

表 B. 0. 1-13　信息化产生企业核心竞争力的情况

序号	评　价　点	效　　果
1	企业信息化得到企业领导、员工的认同和支持	□85%以上支持　□基本支持　□不太支持
2	企业高层领导能随时获得企业的财务、人力资源和经营等信息	□能　□基本上能　□不能
3	支持企业组织变革管理（例如企业快速复制）	□能　□基本上能　□不能
4	支持员工学习	□能　□基本上能　□不能
效果说明：		

注：可根据需要加行。

表 B. 0. 1-14　信息化产生企业经济效益的情况

序号	评　价　点	效果说明
1	提高合同风险管控能力，企业营业额、利润率稳定或持续增长	
2	提高现金管控能力，统一会计政策、会计科目、信息标准、成本标准、组织体系，实现了会计集中核算、资金集中管理、资本集中运作、预算集约调控、风险在线监控	
3	提高企业资源（人、财、机、物资、信息）快速协调应用能力	

续表 B. 0. 1-14

序号	评　价　点	效果说明
4	同一工作，单位工作时间是否缩短；同一业务，处理周期是否缩短，即是否提高了工作效率	
5	企业的销售成本、管理成本、沟通成本、办公成本、生产成本、库存成本等是否降低，即是否降低了成本	
6	增加企业知识积累，提高企业业务工作依赖信息化程度	
7	市场响应速度加快，市场经营活动更加规范	

表 B. 0. 1-15　信息化产生企业社会效益的情况

序号	评　价　点	效果说明
1	提高了企业知名度和企业形象	
2	具有稳定的合作关系（稳定上下游企业，即供应商和分包商）	

本标准用词说明

1　为便于在执行本标准条文时区别对待，对于要求严格程度不同的用词说明如下：

1）表示很严格，非这样做不可的：

正面词采用"必须"；反面词采用"严禁"；

2）表示严格，在正常情况下均应这样做的：

正面词采用"应"；反面词采用"不应"或"不得"；

3）表示允许稍有选择，在条件许可时首先应这样做的：

正面词采用"宜"；反面词采用"不宜"；

4）表示有选择，在一定条件下可以这样做的，采用"可"。

2　条文中指明应按其他有关标准执行的写法为"应按……执行"或"应符合……的规定"。

中华人民共和国行业标准

建筑施工企业信息化评价标准

JGJ/T 272—2012

条 文 说 明

制 定 说 明

《建筑施工企业信息化评价标准》JGJ/T 272 -2012，经住房和城乡建设部 2011 年 12 月 26 日以第 1226 号公告批准、发布。

本标准制定过程中，编制组经过深入调查研究，结合实践经验，认真分析和总结了国内外建筑施工企业信息化水平评价成果。

为了便于施工企业和第三方评价时，正确理解和执行条文规定，《建筑施工企业信息化评价标准》编制组按章、节、条顺序，编制了本标准的条文说明。但是，本条文说明不具备与标准正文同等的法律效力，仅供使用者作为理解和把握标准规定的参考。

目 次

1 总　则

1.0.1 信息化对切实增强建筑施工企业的市场竞争能力和可持续发展能力，提高行业的整体素质，推动行业发展和进步具有重要作用。规范建筑施工企业信息化水平评价，对指导建筑施工企业建设有效益的信息化，提高企业信息化水平，具有重要意义。

2　术语和符号

2.1　术　语

2.1.1　企业信息化是企业利用现代信息技术，通过深入开发和广泛利用信息资源，不断提高企业的生产、经营、管理、决策的效率和水平，提高企业工作效率和管理效益，提升企业竞争力的过程，也是企业利用信息技术改造传统的经营管理方式的过程。企业信息化有很多不同的定义，以上是对它比较一致的看法。

2.1.11　安全审计系统能够针对网络中的访问与操作行为制定一定的行为策略与约束条件，以关注重要的网络操作行为风险。安全审计系统一般包括采集各种操作系统的日志、日志管理、日志查询、入侵检测、自动生成安全分析报告、网络状态实时监视、事件响应机制等功能。作为一个独立的软件，它和其他的安全产品（如防病毒系统、入侵检测系统等）在功能上互相独立，但是同时又能互相协调、补充，保护网络的整体安全。

2.1.12　CAD即计算机辅助设计，是一种人与计算机结合的技术。它让人与计算机紧密配合，发挥各自所长，从而使其工作优于每一方。目前，最普遍的应用是，工程技术人员以计算机为工具，对产品和工程开展设计、绘图、造型、分析和编写技术文档等设计活动。

3　基本规定

3.0.1　企业完成一个信息化建设目标后，信息系统本身需要一个稳定应用时期，其成效也需要经过实践才能得到检验。因此，企业主要信息系统至少应连续投入使用6个月以上才能参评。

参加建筑施工企业信息化评价的企业应具备法人资格，在信息化水平评价时，应提交信息化评价相关资料，供评价者核查。

3.0.2　为了简化企业信息化评价指标，在综合评价建筑施工企业信息化水平时，对企业信息化的基础设施（包括计算机硬件、网络等）不作专门评价。一般来说，如果一个企业的信息化建设达到了一定的高

度，必定会具备相应的基础设施。反之，如果企业具备较高的基础设施水平，而信息化水平和成效不高，那么，对这样的基础设施也没有评价的价值。因此，本标准主要是从业务、技术、保障、应用及成效5个方面综合评价企业信息化水平。

3.0.3　我国施工企业众多，信息化建设水平参差不齐，为了能够较好地区分我国建筑施工企业信息化水平，将建筑施工企业信息化水平分为5个等级，即A级、B级、C级、D级和E级，其中A级为最高级别。

4　评价指标与评分

4.1　一般规定

4.1.2　信息化水平评价总得分是评价小组的任意一位评价者按本标准对企业信息化水平综合评价得出的总分值；综合评价得分是汇总评价小组每一位评价者的信息化水平评价总得分后的平均值。

4.3　技术方面

4.3.1　数据管理水平表示企业管理数据实现管理集中化的水平，数据集成水平表示企业管理数据实现标准化及集成化的水平，应用集成水平表示企业主要业务的集成水平。

建筑施工企业实施信息化的关键是实现企业数据的有效采集、快速加工处理和传输应用。因此，本标准用企业的数据管理、数据集成和应用集成水平来表示企业信息化的技术水平。

4.3.3　数据集成是实现企业协同管理的关键，而数据的标准化是数据集成的基础。因此，在实现企业数据集成的过程中，有条件的企业应建立自己的信息分类与编码标准，否则，也应遵循国家或行业信息分类与编码标准，从而实现数据管理与应用的标准化。

在数据集成方式上，应采用数据集中管理的方式，否则，也应采用汇集数据的方式，对原有的少数系统也可以采用点对点数据交换方式。其中，数据集中管理表示被集成的业务的相关数据经过统一设计，按照系统规划存储，并由集成应用系统统一调度、加工处理和管理；汇集数据表示集成系统中某一业务系统，需要用到另一业务系统的数据时，应先将所需数据汇集到本地，然后再进行加工处理和管理；点对点数据交换方式表示业务系统相互提供接口，以此交换数据，实现数据集成。

4.3.4　以合约管理为主线、以成本管理为核心是现代建筑施工企业管理的重要特征，因此，合约管理和成本管理的信息化最为重要。建筑施工企业实施企业信息化时，一般是在实现合约管理和成本管理信息化的基础上，逐步集成其他业务（例如办公管理、资金

管理、市场营销管理、财务会计管理、人力资源管理等），形成企业集成应用信息系统。

因此，对该评价指标的评价是，被集成的业务越多，得分越高。

4.4 保障方面

4.4.2 对企业信息化建设投入，既要考虑均衡投入，也要考虑一次性投入。因此，信息化建设投入率应按企业近 5 年（信息化评价那一年的最近前 5 年）信息化总投入额（包括人、财、物的投入）与公司近 5 年经营总收入之比算出。

4.4.3 企业信息化建设规划应是结合企业发展战略、企业需求以及企业资源制定出的企业信息化建设大纲，是企业信息化建设的指导性文件。该文件应包括：信息化建设总体目标、建设内容、阶段目标和内容、建设方法、组织措施以及投入计划。企业信息化建设规划制定完成后，还应根据企业内外部环境和企业发展情况，对信息化建设规划适时作出调整。信息化建设规划的正式调整方案是信息化建设规划的组成部分。

4.4.4 企业信息化基本管理制度应包括机房及设备管理制度（如果外包，应提供委托管理合同）、信息系统安全管理制度、运行维护管理制度、信息化组织管理制度、信息化采购管理制度、信息化培训管理制度、信息化建设管理制度、数据采集管理制度、应用与绩效管理制度、信息化相关技术资料管理制度。在相关制度存在的前提下，制度越完善、严谨，评价得分应越高。

4.4.5 企业应根据企业信息化建设和运行的需要，建立相应的管理组织，包括：建立信息化领导小组，指定信息化主管领导，条件成熟时应成立独立的信息化管理职能部门，项目部应有明确的信息化管理责任人，明确企业各信息化管理人员的工作岗位和责任，组织企业员工进行信息化知识培训。

4.4.6 企业应根据信息建设的需要采取必要的安全措施。原则上，信息技术应用系统规模越大，覆盖的业务和组织越多，安全措施应越完备。安全措施主要包括建立防病毒体系、灾难恢复系统、安全认证系统、入侵检测系统和安全审计系统。

4.5 应用方面

4.5.2 信息化应用范围用于反映企业应用了信息系统的组织个数与企业实际设置的组织个数之比，企业实设组织包括公司、分公司、事业部及其工程项目部（信息化评价时开工超过 6 个月在建工程项目）；企业应用了信息系统的组织，指的是企业某一组织应用了本标准表 4.2.2~表 4.2.4 中的某一业务信息系统。

4.6 成效方面

4.6.1 管理标准化和管理创新是企业信息化最直接的成果。因此，管理标准化程度、管理创新程度以及总体应用效果是评价企业信息化水平的重要评价指标。

4.6.2 管理标准化程度表示企业在实施信息化过程中，对业务流程实现规范化管理的程度。为实现业务流程的规范化管理，企业首先应梳理企业业务流程，尤其是支持企业发展战略的核心业务流程。另外，一旦针对流程实施信息化后，一定要有制度保证，即建立与流程相配套的企业管理制度。

4.6.3 管理创新程度主要通过企业应用信息化改进企业管理模式、业务模式以及技术应用方面的程度来反映。具体可从如下几方面进行说明和评价。

1 在管理模式改进方面的要点包括：一是，企业在信息化过程中，是否明晰了自身的管理模式（如，财务管控模式、战略管控模式、经营管控模式或混合管控模式），且这一管理思想在企业信息化中实施情况如何；二是，企业信息化是否支持企业供需链管理或是否建立了虚拟企业；三是，是否梳理出了清晰的管理流程，设置了相应的工作岗位，明确了工作职责，提高了企业总部的监督能力，分公司和事业部的服务、控制能力以及基层组织的执行力。

2 在业务模式改进方面的要点包括：企业在信息、资金、采购、合同等管理方面是否有所改进，并支持企业集约化管理。

3 在技术应用改进方面的要点包括：是否建设了虚拟施工系统、远程视频监控系统、远程视频会议和教学系统、施工安全设计、工程量计算、工程CAD、企业定额管理等工具软件，改进了企业生产手段，提高了企业生产效率。

4.6.4 总体应用效果包括提升企业的核心竞争力的效果、提升企业经济效益的效果以及提升社会效益的效果。

1 对于提升企业核心竞争力的效果，可从以下几方面进行评价：

1）企业信息化建设是否得到企业领导、员工的认同和支持；

2）通过信息化建设，企业高层领导是否能随时获得企业的财务、人力资源和经营等信息；

3）信息化建设是否能够支持企业组织变革管理（如，企业快速复制）；

4）信息化建设是否支持员工学习。

评价时，企业应按表 B.0.1-13 提供提升企业核心竞争力说明材料。

2 对于信息化提升企业经济效益的成果，可从以下几方面进行评价：

1）提高合同风险管控能力，企业营业额、利润率稳定或持续增长；

2）提高现金管控能力，统一会计政策、会计科目、信息标准、成本标准、组织体系，实现了会计集中核算、资金集中管理、资本集中运作、预算集约调控、风险在线监控；

    3）提高企业资源（人、财、机、物资、信息）快速协调应用能力；

    4）同一工作，单位工作时间是否缩短；同一业务，处理周期是否缩短，即是否提高了工作效率；

    5）企业的销售成本、管理成本、沟通成本、办公成本、生产成本、库存成本等是否降低，即是否降低了成本；

    6）增加企业知识积累，提高企业业务工作依赖信息化程度；

    7）提高市场响应速度加快，市场经营活动更加规范。

  3 对于信息化建设提升企业社会效益的效果，可从以下几方面进行评价：

    1）企业知名度和企业形象是否提高；

    2）企业是否具有稳定的合作伙伴关系（稳定的上下游企业，即供应商和分包商）。

4.7　信息化水平评价总得分计算方法

4.7.1　各评价指标的权重系数是在专家评判的基础上，利用模糊数学方法计算得到的。确定各指标的权重系数的原则是，对于那些能够量化、相对能够客观评价的定性指标以及明显重要的指标，权重稍高一些；对于那些人为影响因素较大且不影响全局的评价指标，权重稍低一些。

  信息化应用范围和成效的评价结果均采用系数方式表达，即，企业信息化水平评价总得分等于"基本分×信息化应用范围系数×信息化应用成效系数"，其中基本分等于加权后业务、技术和保障方面得分之和。这样评价的结果可以对企业信息化水平做出立体式的反映，而不是只反映一个点或一个面。

5　评　价　规　则

5.1　评　价　方　式

5.1.1　企业可根据信息化建设和管理工作需要自行决定企业信息化评价方式。无论采取哪种方式，原则上均应参照本标准组织实施评价。

5.1.2　自我评价是企业全面系统地调查、分析本企业信息化建设程度、建设水平以及存在的问题或需要改进的地方的一种评价方式。

5.1.3　第三方评价是企业通过第三方，组织参评企业以外的专家，全面系统地分析参评企业信息化的建设程度、建设水平以及存在的问题或需要改进的地方的一种评价方式。

中华人民共和国行业标准

建筑工程施工现场视频监控技术规范

Technical code for video surveillance on
construction site

JGJ/T 292—2012

批准部门：中华人民共和国住房和城乡建设部
施行日期：2 0 1 3 年 3 月 1 日

中华人民共和国住房和城乡建设部
公　告

第 1503 号

住房城乡建设部关于发布行业标准
《建筑工程施工现场视频监控技术规范》的公告

现批准《建筑工程施工现场视频监控技术规范》为行业标准，编号为 JGJ/T 292-2012，自 2013 年 3 月 1 日起实施。

本规范由我部标准定额研究所组织中国建筑工业出版社出版发行。

中华人民共和国住房和城乡建设部

2012 年 10 月 29 日

前　言

根据住房和城乡建设部《关于印发〈2010 年工程建设标准规范制订、修订计划〉的通知》（建标〔2010〕43 号）的要求，规范编制组经过广泛调查研究，认真总结实践经验，参考有关国际标准和国外先进标准，并在广泛征求意见的基础上，编制本规范。

本规范的主要技术内容是：1. 总则；2. 术语和缩略语；3. 基本规定；4. 捕影要求；5. 传输要求；6. 显示要求；7. 系统验收；8. 系统维护保养。

本规范由住房和城乡建设部负责管理，由南通建筑工程总承包有限公司负责具体技术内容的解释。执行过程中如有意见或建议，请寄送南通建筑工程总承包有限公司（地址：江苏南通海门常乐镇中南大厦，邮编：226124）。

本 规 范 主 编 单 位：南通建筑工程总承包有限公司

本 规 范 参 编 单 位：中国建筑一局（集团）有限公司

路桥集团国际建设股份有限公司

北京建科研软件技术有限公司

广联达软件股份有限公司

神州数码网络（北京）有限公司

本 规 范 参 加 单 位：中国建筑科学研究院

北京华建互联科技发展有限公司

温州建设集团有限公司

上海源和系统集成有限公司

本规范主要起草人员：陈小平　张亦华　曹仕雄
高小俊　任红武　王雪莉
王玉恒　房　华　陈国增
张志峰

本规范主要审查人员：杨富春　张春晖　蒋景曈
李洪鹏　邓小姝　蒋学红
王文天　杨士元　毕咏力
郭晓川

目　次

Contents

1 总 则

1.0.1 为规范建筑工程施工现场视频监控系统的设计、安装、验收和维护保养，加强对建筑工程施工现场的监管，规范施工现场的作业行为，促进文明施工，提高管理水平，制定本规范。

1.0.2 本规范适用于建筑工程施工现场视频监控系统的设计、安装、验收及维护保养。

1.0.3 建筑工程施工现场视频监控系统的设计、安装、验收及维护保养，除应符合本规范外，尚应符合国家现行有关标准的规定。

2 术语和缩略语

2.1 术 语

2.1.1 视频服务器 video server

一种对视音频数据进行压缩、存储及处理的专用嵌入式设备。视频服务器采用 MPEG4 或 MPEG2 等压缩格式，在满足技术指标的前提下对视音频数据进行压缩编码，以满足存储和传输的要求。

2.1.2 带宽 band width

在固定的时间内可传输的数据量，即在传输管道中可以传输数据的能力。

2.1.3 网络延时 network latency

报文在传输介质中传输所用的时间，即从报文开始进入网络到它开始离开网络之间的时间。

2.1.4 球机 spherical video camera

一种组合了一体化摄像机、电动云台、球罩和解码器的摄像设备，可以在控制端发送控制信号实现摄像机上下左右转动和镜头缩放。

2.1.5 模拟摄像机 analog video camera

一种可以将视频信号采集元件采集的模拟视频信号转换成数字信号进行信号传输显示，并可通过编码器进行压缩编码和图像信号存储的摄像机。

2.1.6 网络摄像机 IP video camera

一种将传送来视频信号数字化后由高效压缩芯片压缩，网络用户可以使用监控软件观看远程视频图像，或根据授权控制摄像机云台镜头操作的摄像机。

2.1.7 硬盘录像机 digital video recorder

利用标准接口的数字存储介质，采用数字压缩算法，实现视音频信息的数字记录、监视与回放的视频设备。

2.1.8 网络视频录像机 network video recorder

一种对网络摄像机采集、压缩编码后传输的视频信号进行管理和存储的网络硬盘录像机。

2.1.9 路由器 router

连接因特网中各局域网、广域网的设备，它会根据信道的情况自动选择和设定路由，以最佳路径，按前后顺序发送信号。

2.1.10 防火墙 firewall

用来分割网域、过滤传送和接收资料，防止外网用户以非法手段进入内网、访问内网资源，保护内网操作环境的网络设备。

2.1.11 交换机 switch

一种基于硬件/网卡地址识别，能完成封装转发数据包功能的交换级、控制和信令以及其他功能单元的网络设备。

2.1.12 视频显示设备 video display unit

能够将视频信号展示在显示载体上的设备。

2.1.13 图像控制器 graphic controller

可以处理控制室中的所有可显示数据信号源，并将这些信号源处理成可在任意阵列的物理显示单元组成的单一逻辑显示墙上，并以任意开窗的方式移动、放大、缩小，预置显示方式及位置的专用设备。

2.1.14 视频矩阵切换器 video matrix switch

通过阵列切换的方法将 m 路视频信号任意输出至 n 路监看设备上的电子装置。

2.1.15 数字解码器 digital decoder

能够对按照特定格式压缩的数字信号进行解压缩的解码设备。

2.1.16 流明 lumen

光通量的单位。即发光强度为 1 坎德拉（cd）的点光源，在单位立体角（1 球面度）内发出的光通量为"1 流明"，英文缩写为 lm。

2.1.17 信噪比 signal to noise ratio

在规定的条件下，传输信道特定点上的有用功率与和它同时存在的噪声功率之比，通常以分贝表示。

2.2 缩 略 语

3G——第三代移动通信技术 Third Generation;

ADSL——非对称数字用户环路 Asymmetric Digital Subscriber Line;

AP——访问接入点 Access Point;

ARP——地址解析协议 Address Resolution Protocol;

BNC——刺刀螺母连接器 Bayonet Nut Connector;

CIF——标准化图像格式 Common Intermediate Format;

CPU——中央处理器 Central Processing Unit;

DDR——双倍速率同步动态随机存储器 Double Data Rate;

DDoS——分布式拒绝服务 Distributed Denial of Service;

DLP——数字光处理 Digital Light Procession;

DoS——拒绝服务 Denial of Service;

DRAM——动态随机存储器 Dynamic Random Access Memory;

DVI——数字视频接口 Digital Visual Interface;

HDMI——高清晰度多媒体接口 High Definition Multimedia Interface;

HTTP——超文本传输协议 Hyper Text Transfer Protocol;

HTTPS——以安全为目标的超文本传输协议通道 Hypertext Transfer Protocol over Secure Socket Layer;

IEEE——美国电气及电子工程师协会 Institute of Electrical and Electronics Engineers;

IP——因特网互联协议 Internet Protocol;

IPSec——互联网协议安全性 Internet Protocol Security;

IR——红外线 Infrared Ray;

L2TP——第二次隧道协议 Layer 2 Tunneling Protocol;

M-JPEG——运动静止图像（或逐帧）压缩技术 Motion-Join Photographic Experts Group;

MPEG-4——动态图像专家组标准 Moving Pictures Experts Group-4 Standard;

MTBF——平均无故障时间 Mean Time Between Failure;

NAT——网络地址转换 Network Address Translation;

NTSC——国家电视标准委员会 National Television System Committee;

PAL——逐行倒相 Phase Alternating Line;

POE——基于局域网的供电 Power Over Ethernet;

QCIF——四分之一通用中间格式 Quarter Common Intermediate Format;

QOS——服务质量 Quality of Service;

RADIUS——远程用户拨号认证系统 Remote Authentication Dial In User Service;

RAID——独立磁盘冗余阵列（磁盘阵列）Redundant Array of Inexpensive Disks;

SATA——串行高级技术附件 Serial Advanced Technology Attachment;

SDH——同步数字体系 Synchronous Digital Hierarchy;

SDK——软件开发工具包 Software Development Kit;

SNMP——简单网络管理协议 Simple Network Management Protocol;

TCP——传输控制协议 Transmission Control Protocol;

TMDS——最小化差分信号传输 Transition Minimized Differential Signaling;

UDP——用户数据包协议 User Datagram Protocol;

UPS——不间断电源 Uninterruptible Power System;

VGA——视频图形阵列 Video Graphics Array;

VPN——虚拟专用网络 Virtual Private Network;

WEP——有线等效保密 Wired Equivalent Privacy;

WPA——网络安全存取 Wi-Fi Protected Access。

3 基 本 规 定

3.1 系 统 架 构

3.1.1 建筑工程施工现场视频监控系统应由捕影部分、传输部分和显示部分构成。

3.1.2 捕影部分应通过摄像机获取施工现场的视频信号。模拟摄像机采集的视频信号通过有线传输方式传输给视频服务器或硬盘录像机，由视频服务器或硬盘录像机对视频信号进行压缩与编码；网络摄像机采集的视频信号可通过有线或无线传输方式传输到网络视频录像机进行存储和管理。

3.1.3 传输部分应通过网络连接施工现场显示部分或异地的监控中心，监控中心应能访问和管理位于施工现场的视频服务器、硬盘录像机或网络视频录像机。

3.1.4 显示部分应通过视频解码软件或数字解码器将位于施工现场的视频服务器、硬盘录像机或网络视频录像机上的各种视频信号、数字信号进行处理并展示在视频显示设备上；施工指挥场所也可通过网络视频录像机或硬盘录像机的视频输出端口，将视频信号输出到监视器、电视墙等显示设备。

3.2 系 统 要 求

3.2.1 视频信号应采用分布式存储方式，当位于异地的监控中心需要调看施工现场的历史视频信号时，可通过连接到视频服务器、硬盘录像机或网络视频录像机的网络远程访问，进行视频录像回放。

3.2.2 系统应具有良好的兼容性和可扩充性。

3.2.3 系统应提供与视频会议系统、办公自动化系统以及与远程语音对讲系统的接口。

3.2.4 使用权限应统一管理，用户权限管理应在监控中心由系统管理员统一分配。权限设定应分为监控点图像和全项目图像浏览权和控制权。

3.2.5 系统应具有远程管理功能。

3.2.6 在建设捕影部分系统时，应实现设备的可移位和再利用，应合理选择捕影部分的视频信号传输方式。

3.2.7 在选择传输部分的网络时，应根据施工现场所在地已有的网络资源情况，合理选择通信运营商。

3.2.8 显示部分宜选择设备供应商提供的视频解码软件。

3.2.9 视频监控系统验收所用的仪器应有计量检测合格证书。

4 捕 影 要 求

4.1 一 般 规 定

4.1.1 施工现场视频监控捕影部分应由图像采集传输单元和图像压缩存储单元组成。

4.1.2 图像采集传输单元的信号传输方式可分为有线传输与无线传输方式。对易发生变化的监控点位置，宜采用无线传输方式传输视频信号；对不易发生变化的监控点位置，宜采用有线传输方式传输视频信号。

4.1.3 施工现场视频监控捕影部分可分为有线信号传输和无线信号传输，并应符合下列规定：

    1 有线信号传输的主要设备可包括摄像机、云台、球罩、视频服务器或硬盘录像机。常用的传输介质可包括视频线、光纤和双绞线。

    2 无线传输方式采用的设备应遵循 IEEE 802.11a/b/g/n 标准协议，可选用下列两种设备组合方式之一：

      1）模拟摄像机、视频服务器或硬盘录像机、无线 AP、交换机；

      2）网络摄像机、无线 AP、交换机。

4.2 主要设备的技术指标

4.2.1 模拟摄像机可分为枪式摄像机和一体化摄像机，并应符合下列规定：

    1 枪式摄像机应具有下列功能：

      1）具有彩色黑白自动转换功能；

      2）镜头采用红外齐焦镜头，具有夜间焦点不偏移功能；

      3）全黑环境设计，具有自动感应红外线功能；

      4）配备防护罩的摄像机具备防水、防尘功能，达到 IP65 防护等级；

      5）室内枪机平均无故障时间（MTBF）不应小于 10000h，室外枪机平均无故障时间（MTBF）不应小于 20000h。

    2 一体化摄像机应具有下列功能：

      1）具有彩色黑白自动转换功能；

      2）具有内置预置位、巡视组，可以存储多个预置点的功能；

      3）支持两点扫描、360°扫描、扇形扫描、看守位、90°自动翻转功能；

      4）具有自动光圈，自动聚焦，自动白平衡功能；

      5）室内一体机平均无故障时间（MTBF）不应小于 10000h，室外一体机平均无故障时间（MTBF）不应小于 20000h。

4.2.2 网络摄像机应符合本规范第 4.2.1 条的要求，同时应具备压缩编码模拟视频信号，并具备通过 RJ45 或 3G 接口进行网络传输的功能。

4.2.3 视频服务器应由视频压缩编码器、网络接口、视频接口、RS422/RS485 串行接口、RS232 串行接口构成，应具有多协议支持功能，可与计算机设备进行连接和通信。视频服务器应符合下列规定：

    1 视频压缩编码器时延不应超过 300ms；

    2 视频压缩标准：MPEG4/H.264；

    3 分辨率：所有通道支持 CIF 352×288，部分通道支持 D1 720×576；

    4 视频输入：BNC 接口，NTSC，PAL 制式自动识别；

    5 音频输入：线性音频输入接口；

    6 视频帧率 PAL：25 帧/秒/路图像，NTSC：30 帧/秒/路图像；

    7 占用带宽 64k～2Mbps/路图像；

    8 报警输入：报警输入及报警输出端口；

    9 本地录像：SATA 接口。

4.2.4 无线 AP 应符合下列规定：

    1 具备防水、防雷、防尘功能，达到 IP65 防护等级；

    2 支持 IEEE802.11a/b/g/n 标准；

    3 支持无线信号的桥接及覆盖模式；

    4 支持 WEP、WPA、WPA2 数据加密；支持内建防火墙，可防止拒绝服务（DoS）攻击；支持病毒自动隔离；

    5 支持服务质量（QoS）安全机制、基于局域网的供电（POE）；天线可拆接；

    6 工作温度应在 -40℃～60℃之间；

    7 工作的相对湿度应在 5%～95% 之间。

4.2.5 视频分配器应具有阻抗匹配、视频增益的功能。

4.2.6 视频放大器应具有增强视频的亮度、色度和同步信号的功能。

4.2.7 云台应选用匀速云台，并应具有密封性能好、防水、防尘的性能。

4.3 技 术 要 求

4.3.1 摄像机应具有下列功能：

    1 摄像机应具备在低照度环境下捕影的功能；

2 摄像机应根据环境条件，增加防雨、防水、防雷、防高温、红外灯等辅助功能；

3 摄像机应加装防护罩，保证摄像机在高温、多尘、潮湿的条件下正常工作；

4 摄像机宜配备云台，保证摄像机水平及垂直运动；

5 主出入口处的摄像机捕影的图像分辨率应达到 D1 格式标准；宜具有对车牌、人物相貌、运动物体的捕影功能；

6 摄像机的自动光圈调节应提供视频驱动或直流驱动模式；光圈自动调节后应保证画面的亮度等级不小于 10 级，灰度等级不小于 10 级；

7 摄像机的聚焦功能包括手动聚焦和自动聚焦；自动聚焦功能的摄像机的聚焦过程不应大于 2 次，聚焦后画面清晰度不应小于 480 线；

8 一体化摄像机的变倍倍率应满足 $10\times/18\times/26\times/27\times/36\times$ 等倍率等级；

9 标清图像的垂直分辨率不应小于 576 像素；高清图像的垂直分辨率不应小于 720 像素；

10 标清图像的水平分辨率不应小于 704 像素；高清图像的水平分辨率不应小于 1280 像素。

4.3.2 云台应具有下列功能：

1 云台水平方向应具有 360° 连续旋转功能，可以全范围监控无死角；

2 云台垂直方向应具有 90° 可翻转功能，可以连续追踪监控对象。

4.3.3 视频服务器或硬盘录像机应具有下列功能：

1 应采用 M-JPEG、MPEG4、H. 264 编码技术以及 MPEG4 压缩格式的视频服务器；

2 视频服务器或硬盘录像机应具有 RJ45 接口，能实现 IP 组网及采用 TCP/IP 协议实现数据传输和控制管理；

3 视频服务器或硬盘录像机应具有 RS422/RS485 串形接口，方便外接云台、快球等各种摄像设备；

4 视频服务器或硬盘录像机应配备计算机控制与监视软件；

5 视频服务器或硬盘录像机应具有多通道、录像与回放等功能，录像功能应支持定时录像、报警录像、手动录像等录像模式；定时录像应该能够设置录像模板管理；报警录像应该支持视频移动报警、端口报警等报警类型；

6 视频服务器或硬盘录像机的存储空间应保证录制施工现场的视频信号时长不应少于 7d；

7 视频服务器或硬盘录像机应具有用户管理功能。

4.3.4 在模拟视频信号分配给多个接收源的情况下，应加装视频分配器。

4.3.5 在视频信号传输距离超过 300m 的情况下，应采用更高性能的传输介质或加装视频放大器，链路中串联的视频放大器不宜超过 2 台。

4.4 施工现场的部署要求

4.4.1 施工现场摄像机的部署应符合下列规定：

1 在施工现场的作业面、料场、出入口、仓库、围墙或塔吊等重点部位应安装监控点，监控部位应无监控盲区；

2 在需要监控固定场景（如出入口、仓库等）的位置，宜安装固定式枪机；

3 在需要监控大范围场景（如作业面、料场等）的位置，宜安装匀速球机；

4 施工现场的重点监控部位如需要在低照度环境下采集视频信号，应采用红外摄像机、低照度摄像机或配备人造光源，人造光源的最低照度不应低于 100lx；

5 工作温度应在 -30℃~65℃ 之间；

6 工作相对湿度应在 5%~95% 之间。

4.4.2 施工现场视频服务器或硬盘录像机的部署应符合下列规定：

1 宜安装在建筑工程施工现场办公室内；

2 安装部位应满足责任管理的要求；

3 工作温度应在 0℃~40℃ 之间；

4 工作相对湿度应在 5%~95% 之间；

5 视频服务器或硬盘录像机应配置一台 UPS 电源，断电后 UPS 供电时间不应少于 20min；

6 安装在室外的视频服务器或硬盘录像机，应放置于防水等级不低于 IP65 的箱体内。

4.4.3 施工现场监控点数量部署应符合下列规定：

1 建筑面积在 $5\times10^4 m^2$ 以下的项目，监控点位数量不应少于 3 个；

2 建筑面积在 $5\times10^4 m^2$~$10\times10^4 m^2$ 的项目，监控点位数量不应少于 5 个；

3 建筑面积在 $10\times10^4 m^2$ 以上的项目，监控点位数量不应少于 8 个。

4.4.4 施工现场不同监控点传输方式选择应符合下列规定：

1 在安装位置不易发生变化的监控点（如出入口、仓库等），宜采用有线线缆进行信号的传输；

2 在安装位置易发生变化的监控点（如塔吊、围墙等），宜采用以下两种设备组合的方式：网络摄像机，通过无线 AP 进行视频信号的传输；普通模拟摄像机，结合视频服务器或硬盘录像机，通过无线 AP 进行信号传输。

4.4.5 施工现场视频监控应符合下列规定：

1 需远程传输视频信号的施工现场接入的互联网，网络带宽不宜小于 2M；

2 摄像头应设置在专用线杆或施工期间永久建筑物上；

3 视频传输线宜采取地面敷设方式；

4 摄像头供电方式应采用集中供电，当与主机距离超过 300m 时，可选择就近供电，但应保证供电稳定。

5 传 输 要 求

5.1 一 般 规 定

5.1.1 施工现场视频监控传输部分应将捕影部分输出的数字信号通过无线信号或有线信号方式传输到显示部分。对具备有线网络接入或存在严重无线信号干扰的施工现场，宜采用有线信号传输方式；在偏远区域且有线网络不能到达或者有线传输成本过高的施工现场宜采用无线信号传输方式。

5.1.2 施工现场视频监控传输部分由有线网络设备或无线网络设备以及通信运营商提供的网络组成。

5.2 有线信号传输

5.2.1 有线信号传输方式宜采用互联网或 SDH 专线进行传输。

5.2.2 有线信号传输方式的主要设备有路由器、防火墙和交换机。

5.2.3 有线信号传输方式的网络应符合下列规定：

1 捕影现场的网络带宽不应小于允许并发接入的视频信号路数乘以单路视频信号的带宽；

2 总部监控中心的网络带宽不应小于并发显示视频信号路数乘以单路视频信号的带宽；

3 传输的视频信号和视频显示图像分辨率不应低于 CIF 显示格式的分辨率；

4 传输单路 CIF 格式的图像所需要的视频信号网络带宽不应小于 128kbps，传输单路 4CIF 分辨率的图像所需要的视频信号网络带宽不应小于 512kbps；

5 当信息经由数据网络传输时，端到端的信息延迟时间（双向）不应大于 3s，对多级监控中心的系统，每一级转达延时不应大于 100ms；包括发送端信息采集、编码、网络传输、信息接收端解码、显示等过程所经历的时间；

6 传输网络端到端丢包率：采用 TCP 传输协议的丢包率不应大于 3/100，采用 UDP 传输协议的丢包率不应大于 3/1000；

7 当采用互联网传输时，应保证数据传输的安全性。

5.2.4 有线信号传输方式采用的路由器应具有下列功能：

1 CPU 主频不应低于 150MHz；包转发率不应低于 90kbps；

2 支持拥塞管理、流量分类、拥塞避免策略；

3 支持 L2TP、IPSec VPN；

4 支持 ARP 攻击及病毒防范；

5 支持基于源地址、目的地址和时间段的过滤访问控制列表；

6 支持 NAT、端口映射、上网行为管理。

5.2.5 有线信号传输方式采用的防火墙应具有下列功能：

1 支持透明模式、L2/L3 混合模式接入；

2 支持网络层攻击防护：DoS 和 DDoS 防护、端口扫描防护；

3 支持安全管理接入、接入控制列表、接入方式控制、集中式验证、Radius 接入认证；

4 支持 Telnet、HTTP、HTTPS、SNMP 多种管理方式；

5 支持双链路或多链路接入。

5.2.6 系统线缆敷设应符合现行国家标准《综合布线系统工程设计规范》GB 50311 的有关规定。

5.3 无线信号传输

5.3.1 无线信号传输方式宜采用 3G 的无线传输方式。

5.3.2 无线信号传输方式采用的 3G 路由器应具有下列功能：

1 支持 IPSec VPN；

2 支持防 ARP 攻击及防病毒功能；

3 具有支持访问控制列表，基于源地址、目的地址和时间段的过滤功能；

4 支持 NAT 和端口映射；

5 具有上网行为管理功能。

6 显 示 要 求

6.1 一 般 规 定

6.1.1 施工现场视频监控显示部分可分为单路和多路两种显示方式。单路显示方式可采用单个视频显示设备显示单路或多路视频信号；多路显示方式可采用多个视频显示设备显示单路或多路视频信号。

6.1.2 单路显示方式的视频显示设备宜有监视器电脑屏幕、投影仪或移动终端等。

6.1.3 多路显示方式的视频显示设备宜有拼接大屏、电视墙或投影机组合等。

6.1.4 多路显示方式的视频显示设备应符合下列规定：

1 视频显示设备的要求：应具有高分辨率、高亮度、高对比度，色彩还原真实，图像失真小，亮度均匀，显示清晰，整屏图像均匀性不应小于 95%，对比度不应小于 1400：1，亮度不应小于 750lm，并应具有良好的可视角度；

2 多个视频显示设备的整合要求：每一个视频窗可独立控制色调、亮度、对比度及饱和度；图像输出分辨率不应小于 1600×1200，刷新率不应小于 60Hz；视频传输的图像与视频图像显示设备数量的比例不宜低于 16：1；DLP 大屏之间的拼接缝不宜大于 1mm，等离子和液晶大屏之间的拼接缝不宜大于 10mm。

6.2 多路显示方式的组成

6.2.1 多路显示方式应由监控管理平台、图像处理、监控软件、数据存储、VGA 矩阵、数字解码器、视频矩阵切换器、AV 矩阵、图像控制器和视频显示设备组成。

6.2.2 显示部分监控中心设计应符合下列规定：

1 设备应安装在空间较为宽敞的监控中心大厅内，应装设在固定机架上，机架背面和侧面与墙面的净距不应小于 0.8m，安装在机架内的设备应采取适当的通风散热措施，设备垂直偏差不应超过 1‰；

2 屏幕的安装位置应避免日光或人工光直射影响，屏幕表面背景光照度不应高于 400lx；

3 设备应做好防雷接地措施，宜采用一点接地方式，接地电阻不应大于 1Ω；

4 监控中心应有稳定的电力供应，宜采用在线式 UPS 供电；环境温度应保持在 16℃～28℃，相对湿度应控制在 50%～70%；应安装烟感和温感自动报警和气体灭火系统，消防措施应达到一级防火等级。

6.3 多路信息显示的要求

6.3.1 多路信息显示应由图像控制、监控软件和数据存储构成。

6.3.2 多路信息显示的主要设备应包括图像控制器、视频矩阵切换器、VGA 矩阵切换器、数字解码器、软件系统服务器和数据存储服务器。

6.3.3 图像处理的设备参数应符合下列规定：

1 图像控制器基本配置参数应符合表 6.3.3-1 的规定；

表 6.3.3-1　图像控制器基本配置参数

设备名称	配置参数要求
CPU	Intel Pentium 4 2.8G 以上
内存	1G DDR DRAM 及以上
专用板卡	支持 4 路以上图像输出，4 路以上复合视频输入，2 路 RGB 输入

2 视频矩阵切换器基本配置参数应符合表 6.3.3-2 的规定；

3 VGA 矩阵切换器基本配置参数应符合表 6.3.3-3 的规定；

表 6.3.3-2　视频矩阵切换器基本配置参数

参数名称	参数值要求
带宽	350M（-3dB），满载
串扰	-50dB@10MHz
输入/出信号类型	RGBHV、复合视频、S-视频、分量视频
连接器	BNC 插座
串口控制	RS-232 或 RS-422
串口连接器	9 针 D 形插座

表 6.3.3-3　VGA 矩阵切换器基本配置参数

参数名称	参数值要求
信号类型	数字 VGA，数字 TMDS
支持分辨率	高清 480i～1080p/640×480～1600×1200（60Hz）
输入输出接口	HD15PIN（VGA）
控制方式	RS-232、红外、键盘面板

4 数字解码器基本配置参数应符合表 6.3.3-4 的规定。

表 6.3.3-4　数字解码器基本配置参数

参数名称	参数值要求
视频解码	MPEG4/H.264/1080p/720p/D1/CIF
音频解码	G.711/G.726/G.729
网络协议	TCP/IP、UDP/IP、HTTP
内嵌	多媒体网关；Web Server；PPPoE
网络接口	Ethernet LAN interface；RJ45（10M/100M 自适应）
解码通道	1 路
解码输出	AV/BNC/VGA/HDM

6.3.4 监控软件系统可由软件和软件系统服务器组成，软件应具有下列功能：

1 应具备预置点的定时录像功能；

2 应具备视频图像、声音和文字相结合的提示功能；

3 宜具备远程管理功能，具备对云台、镜头等摄影设备的预置和遥控功能；

4 应具备对视频图像的切换、处理、存储、检索和回放的功能；

5 宜具备施工现场视频录像的快照、检索和回放功能；

6 宜具备数据的导入、导出功能，并开放接口；

7 宜具备对图像的亮度、对比度和清晰度的调整功能；

8 应具备设备的 IO 报警和移动侦测报警功能；

9 服务器视频转发速度不应大于 0.3s，控制信令的响应速度不应大于 0.1s；

10 宜支持手机浏览方式，将监控视频图像发给指定用户的手机，满足移动监控的需要；

11 宜支持通过 AV 矩阵或图像控制器，可将多路视频信号同时显示在多路显示设备上的多画面显示模式；画面显示模式应支持 1、4、9、16、25、36 等画面分割显示，应支持单屏画面切换，视频群组切换等功能，应可以设置切换序列、切换时间、开始、结束切换功能；

12 应具备多级权限管理，可以增加、删除、编辑用户，可以精确到某个用户对某个设备的权限设置，每个用户的权限设置不少于 5 个；用户登录系统后，应根据用户权限自动屏蔽用户不具有权限的操作，并在窗口上显示出来，避免非法用户的误操作；

13 应具备管理设备的名称、网络参数、视频参数、镜头参数、音频参数、485 参数、232 参数和存储参数的功能；

14 应具备日志查询功能，可以在指定的时间内查询用户信息、设备状态、报警信息和服务器信息等。

6.3.5 数据存储由存储软件和数据存储服务器组成，应具有下列功能：

1 应具备断电数据备份和灾备恢复机制；

2 应具备重要视频数据归档和迁移管理功能；

3 数据存储系统宜具备容量扩展功能；

4 在进行海量视频数据存储和处理时，应支持对施工现场视频数据的调取和阶段性保存；

5 系统应具有 RAID 0/1/5/6 等数据冗余保护功能，集中存储系统应采用开放的网络协议，支持多种品牌的网络摄像机接入，支持视频转发功能，支持多用户的录像文件回放功能，支持视频录像不少于 4 种倍率的播放。

7 系统验收

7.0.1 施工现场设备的部署，应符合本规范第 4.4.1～4.4.5 条的规定。

7.0.2 视频监控系统的图像质量可按表 7.0.2 进行五级损伤制评级，图像质量不应低于 4 级。

表 7.0.2 五级损伤制评级

图像质量损伤的主观评价	评分分级
图像上不觉察有损伤或干扰存在	5
图像上稍有可觉察的损伤或干扰，但可令人接受	4
图像上有明显的损伤或干扰，令人较难接受	3
图像上损伤或干扰较严重，令人难以接受	2
图像上损伤或干扰极严重，不能观看	1

7.0.3 视频监控系统的图像质量的主观评价项目可按表 7.0.3 进行评定。

表 7.0.3 主观评价项目

项 目	损伤的主观评价现象
随机信噪比	噪波，即雪花干扰
同频干扰	图像中纵、斜、人字形或波浪状的条文，即网纹
电源干扰	图像中上下移动的黑白间置的水平横条，即黑白滚条
脉冲干扰	图像中不规则的闪烁、黑白麻点或跳动

7.0.4 视频监控系统捕影部分功能应符合本规范第 4.3.1～4.3.3 条的规定；传输部分功能应符合本规范第 5.2.3 条的规定；显示部分应符合本规范第 6.3.4、6.3.5 条的规定，各部分功能可按表 7.0.4 进行验收。

表 7.0.4 系统功能验收表

分类	项 目	设计要求	设备序号				
			1	2	3	4	5
捕影部分	云台水平转动						
	云台垂直转动						
	自动光圈调节						
	调焦功能						
	变倍功能						
	红外功能						
	切换功能						
	录像功能						
	垂直分辨率						
	水平分辨率						
捕影部分结论							
传输部分	网络带宽						
	网络延时						
	网络丢包率						
传输部分结论							
显示部分	权限管理						
	视频监控功能						
	系统控制功能						
	设备管理功能						
	日志查询功能						
	集中存储功能						
	接口要求						
	系统服务器响应速度						
显示部分结论							
其他							
最终结论							

8 系统维护保养

8.0.1 施工现场应对视频监控摄影部分、传输部分和显示部分所涉及的设备、网络和软件部分进行维护保养。

8.0.2 维护保养的设备应包括摄影部分的摄像头、云台球罩、视频服务器、硬盘录像机或网络视频录像机，传输部分的路由器、防火墙和无线 AP，显示部分的视频显示设备、图像控制器、视频矩阵切换器、VGA 矩阵切换器和数字解码器。

8.0.3 在维护保养过程中，摄像头、视频服务器、硬盘录像机、网络视频录像机、无线 AP、路由器、防火墙和视频显示设备等关键设备如指标不达标，处理机制应符合下列规定：

    1 当摄像机直连监视器的图像质量低于本规范表 7.0.2 中的 4 级时，应及时维修或更换；

    2 视频服务器、硬盘录像机和网络视频录像机的视频压缩编码器时延超过 300ms，应及时维修或更换；

    3 路由器、防火墙和无线 AP 任一接口故障或不能正常工作，应及时维修或更换；

    4 视频显示设备如出现不能正常开机、分辨率下降、图像显示不稳定、有持续干扰信号等故障，应及时检查、维修或更换。

8.0.4 维护保养应分常规巡检、季度检查和年度检查，并应符合下列规定：

    1 常规巡检应检查设备的运行状态及对近期维修过的设备进行复检；对网络线路进行检查与测试；

    2 季度检查除包含常规巡检内容外，还应进行各类设备内外部的清洁工作，清洁工作宜为每季度一次；

    3 年度检查除包含季巡检内容外，还应进行设备盘点、固定资产登记、设备与软件运行情况的评估及下一年度系统升级的合理化建议。

本规范用词说明

    1 为便于在执行本规范条文时区别对待，对要求严格程度不同的用词说明如下：

      1) 表示很严格，非这样做不可的：

        正面词采用"必须"，反面词采用"严禁"；

      2) 表示严格，在正常情况下均应这样做的：

        正面词采用"应"，反面词采用"不应"或"不得"；

      3) 表示允许稍有选择，在条件许可时首先应这样做的：

        正面词采用"宜"，反面词采用"不宜"；

      4) 表示有选择，在一定条件下可以这样做的，采用"可"。

    2 条文中指明应按其他有关标准执行的写法为："应符合……的规定"或"应按……执行"。

引用标准名录

    1 《综合布线系统工程设计规范》GB 50311

中华人民共和国行业标准

建筑工程施工现场视频监控
技术规范

JGJ/T 292—2012

条 文 说 明

制 订 说 明

《建筑工程施工现场视频监控技术规范》JGJ/T 292-2012 经住房和城乡建设部 2012 年 10 月 29 日以第 1503 号公告批准、发布。

本规范制订过程中，编制组进行了深入的调查研究，总结了我国建筑工程施工现场视频监控的实际经验，同时参考了现行国家标准《安全防范工程技术规范》GB 50348，重点对系统的捕影部分、传输部分、显示部分的系统架构、设备组成、技术参数等方面作出了具体规定。

为便于广大设计、施工、科研、学校等单位有关人员在使用本规范时能正确理解和执行条文规定。《建筑工程施工现场视频监控技术规范》编制组按章、节、条顺序编制了本规范的条文说明，对条文规定的目的、依据以及执行中需要注意的有关事项进行了说明。但是，本条文说明不具备与规范正文同等的法律效力，仅供使用者作为理解和把握规范规定的参考。

目　次

1 总 则

1.0.1 建筑工程施工现场由于存在施工地点分散、人员流动频繁、各级管理人员经常移动办公等特点，因此要求可以在任意时间和地点随时打开任意前端的实时视频图像，以便及时掌控施工现场的施工进度、安全管理和施工工艺等现场情况。对施工过程中的重要施工流程、操作工艺、各类安全保卫工作以及文明安全施工都要求监控系统必须具备本地录像、检索回放功能。利用视频服务器和 IP 网络架构进行视频信号传输的监控系统能够很好地满足这样的需求。

为监督各施工操作流程是否符合各项技术规范，加强施工企业对建筑工程施工现场的监管，规范施工现场的作业行为、促进文明施工，提高安全和管理水平，需要根据监控对象和监控目的的不同，选择合适的前端捕影设备。

为实现在远程监控中心实时监控项目施工现场并对视频信号进行相应的处理和存储的功能，需要选择施工现场到监控中心的网络传输方式。

本规范针对建筑行业工程项目管理的特点以及对监控信息的需求，设计了适用于建筑工程施工现场的视频监控系统，并对系统的捕影部分、传输部分、显示部分的设计、安装、验收和维护保养进行了规范。建筑工程施工现场视频监控系统以网络为基础，采用先进的视频压缩技术和网络传输技术，使监控系统实现了信息的数字化、系统的网络化、应用的多媒体化、管理的智能化，对基于 IP 网络的多媒体信息（视频/音频/数据）提供一个综合、完备的管理控制平台。

2 术语和缩略语

2.1 术 语

2.1.3 影响网络延时的主要因素是路由的跳数和网络的流量。

2.1.11 交换机可以"学习"硬件/网卡地址，并把其存放在内部地址表中，通过在数据帧的始发者和目的接受者之间建立临时的交换路径，使数据帧直接由源地址到达目的地址。

3 基本规定

3.1 系统架构

3.1.3 建筑工程施工现场视频监控系统架构示意图见图 1，其中传输部分采用的网络主要包括各通信运营商的光纤网络、SDH 电路、3G 网络。通过上述网络，使得监控中心能够访问、配置、管理位于异地施工现场的视频服务器或硬盘录像机，进行数据的读取和视频信息的显示。

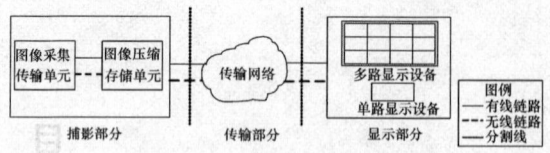

图 1 系统架构示意图

3.2 系统要求

3.2.1 视频信号的分布式存储方式指：把视频信号存储在位于建筑工程施工现场的视频服务器或硬盘录像机内。

3.2.2 系统良好的兼容性指：保证捕影、传输和显示设备都能够在系统中正常运行；系统良好的可扩充性指：整个系统在不影响现有的系统架构和业务应用的前提下，能够增加视频监控点的数量和系统提升的能力。

3.2.3 为更好地利用建筑工程施工现场的视频信号信息，保证今后系统进一步的提升，视频监控系统应具备与视频会议系统、办公自动化系统以及与远程语音对讲系统的接口。

3.2.4 视频图像的浏览权限指：按照分配的权限浏览监控点的视频图像；视频图像的控制权指：对云台、照明联动以及图像自动轮巡的控制，内容包括存储格式、保存时间、图像查询、图像回放、图像导出、音视频参数的设置。

3.2.5 系统的远程管理功能指：具备规定权限的账号使用人，可以远程管理位于建筑工程施工现场的摄像头、云台、视频服务器或硬盘录像机。

3.2.6 根据建筑工程施工现场的特点，在建设捕影部分时，应按照施工工况、施工进度布设监控点，做好设备的安装、调试、检查、拆除、保管和再利用，实现设备资源的最优化利用。根据施工现场的实际情况，合理选择捕影部分的有线、无线或无线有线相结合的视频信号传输方式。

3.2.8 具有 SDK 包的监控软件可以保证建筑工程施工现场视频监控信号能进行后续处理，是进行应用软件开发的必要条件；并能保证系统的良好的可扩充性和兼容性，具备能够与视频会议系统、办公自动化系统对接的能力。

4 捕影要求

4.1 一般规定

4.1.1 施工现场视频监控捕影部分系统架构示意图见图 2。

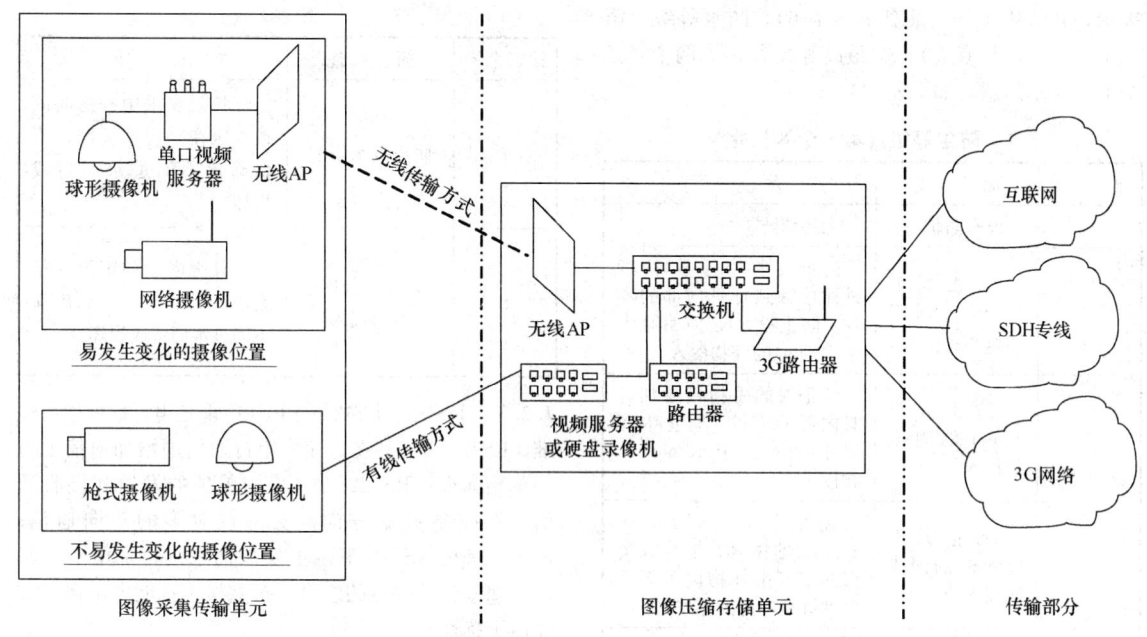

图2 捕影部分系统架构示意图

图像采集传输单元，由安装在建筑工程施工现场的摄像头及传输视频信号的无线 AP 等设备组成。摄像头采集的图像信息，通过有线或无线的传输方式，将视频信号传输到图像压缩存储单元。

图像压缩存储单元，由一台或多台视频服务器或硬盘录像机组成。将上一单元采集到的模拟视频信号进行编码压缩并转换为数字信号；视频服务器或硬盘录像机根据预先设定的存储格式、存储时长等参数，将采集到的视频信号存储到自带的存储介质（硬盘或SD卡）中。

4.1.2 建筑工程施工现场监控点不易发生变化的情况是指：在监控点位置选定并安装结束后至施工结束，该监控点位置无需发生变化或极少发生变化，如：出入口、仓库等位置；监控点易发生变化的情况是指：在监控点位置选定并安装结束后至施工结束，监控点的安装位置需要经常随着工程的进度而发生变化，如塔吊、料场等位置。

对于监控点位置易发生变化的部位宜使用无线 AP 传输视频信号；对于监控点位置相对固定，不易发生变化的部位宜采用有线信号传输方式。在易发生变化的位置采用无线 AP 信号传输方式，可以避免由于施工工况发生变化而带来有线传输方式的高维护成本。

4.1.3 捕影部分的设备主要包括用于视频信号采集的摄像机、用于传输无线信号的无线 AP 和用于视频信号压缩编码及存储的视频服务器或硬盘录像机。摄像机分为模拟摄像机和网络摄像机，配合摄像机的设备还包括云台、防护罩、支架等。捕影部分各个设备的工作过程为：由摄像机采集视频信号，通过有线网络或无线信号发射，传输到施工现场的视频服务器或

硬盘录像机，再由视频服务器或硬盘录像机对视频信号进行压缩解码和信号存储。

IEEE 802.11a 标准是 802.11b 无线联网标准的后续标准。它工作在 5GHzU-NII 频带，物理层速率可达 54Mbps，传输层可达 25Mbps。

IEEE802.11b 标准采用 2.4GHz 直接序列扩频，最大数据传输速率为 11Mbps，无须直线传播。动态速率转换当射频情况变差时，可将数据传输速率降低为 5.5Mbps、2Mbps 和 1Mbps。

IEEE802.11g 标准是 IEEE 为了解决 802.11a 与 802.11b 的互通而出台的一个标准，它是 802.11b 的延续，两者同样使用 2.4GHz 通用频段，互通性高，速率上限已经由 11Mbps 提升至 54Mbps，它同时与 802.11a 和 802.11b 兼容，802.11g 产品可以在与 802.11b 网络兼容的情况下，最高提供与 802.11a 标准相同的 54Mbps 连接速率。

IEEE802.11n 标准是 802.11a/b/g 的后续无线传输标准，该标准可将无线局域网的传输速率由目前 802.11a 及 802.11g 提供的 54Mbps，提高至 300Mbps 甚至高达 600Mbps。

无线 AP 信号传输方式的两种组合方式的工作原理：组合方式 1 是将视频服务器前置，即：模拟摄像机采集并输出模拟视频信号至视频服务器，由视频服务器压缩编码并转换成数字信号，由发射端的无线 AP 进行信号发射，由接收端无线 AP 接收信号后传输到交换机。组合方式 2 由网络摄像机代替了组合方式 1 中的模拟摄像机和视频服务器。

4.2 主要设备的技术指标

4.2.1 IP×× 防尘防水等级，防尘等级（第一个×

表示，其值从0~6，最高等级为6)，防水等级（第二个×表示，其值从0~8，最高等级为8)。两个×各个值所表示的意义如下表：

表1 防尘等级（第一个×）定义

第一个×	简 述	含 义
0	没有防护	无特殊防护
1	防止大于50mm的固体物侵入	防止人体（如手掌）因意外而接触到灯具内部的零件。防止较大尺寸（直径大于50mm）的外物侵入
2	防止大于12mm的固体物侵入	防止人的手指接触到灯具内部的零件，防止中等尺寸（直径大于12mm）外物侵入
3	防止大于2.5mm的固体物侵入	防止直径或厚度大于2.5mm的工具、电线或类似的细节小外物侵入而接触到灯具内部的零件
4	防止大于1.0mm的固体物侵入	防止直径或厚度大于1.0mm的工具、电线或类似的细节小外物侵入而接触到灯具内部的零件
5	防尘	完全防止外物侵入，虽不能完全防止灰尘进入，但侵入的灰尘量并不会影响灯具的正常工作
6	尘密	完全防止外物侵入，且可完全防止灰尘进入

表2 防水等级（第二个×）定义

第二个×	简 述	含 义
0	无防护	没有防护
1	防止滴水侵入	垂直滴下的水滴（如凝结水）对灯具不会造成有害影响
2	倾斜15°时仍可防止滴水侵入	当灯具由垂直倾斜至15°时，滴水对灯具不会造成有害影响
3	防止喷洒的水侵入	防雨或防止与垂直的夹角小于60°的方向所喷洒的水进入灯具造成损害
4	防止飞溅的水侵入	防止各方向飞溅而来的水进入灯具造成损害
5	防止喷射的水侵入	防止来自各方向喷嘴射出的水进入灯具内造成损害
6	防止海浪	承受猛烈的海浪冲击或强烈喷水时，电器的进水量应不致达到有害的影响

续表2

第二个×	简 述	含 义
7	防止浸水影响	灯具浸在水中一定时间或水压在一定的标准以下能确保不因进水而造成损坏
8	防止沉没时水的侵入	灯具无限期的沉没在指定水压的状况下，能确保不因进水而造成损坏

4.2.3 RS232、RS422与RS485都是串行数据接口标准。RS232为一种在低速率串行通信中增加通信距离的单端标准；RS422接口采用单独的发送和接收通信，不控制数据方向，支持点对多的双向通信；RS485是从RS232基础上发展而来的，采用平衡驱动器和差分接收器的组合，抗共模干扰能力增强，抗噪声干扰性好。

H.264是一种高性能的视频编解码技术。

5 传 输 要 求

5.1 一 般 规 定

5.1.1 施工现场视频监控传输部分的主要功能，将捕影部分输出的数字信号通过无线网络或有线网络传输到显示部分。传输部分应根据建筑工程施工现场网络的实际情况，确定传输方式、合理选择电信运营商提供的传输网络，传输部分系统架构示意图见图3。

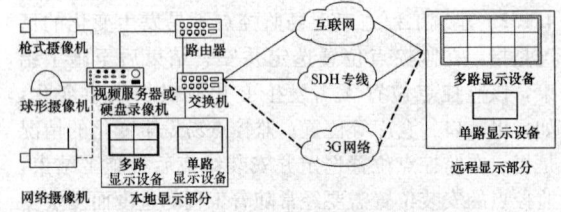

图3 传输部分系统架构示意图

为保证信号传输的稳定性和较高的带宽，宜采用有线网络进行传输。当建筑工程施工现场存在大功率的干扰源，如电视发射塔、大功率的无线发射站、产生无线干扰的厂矿生产设备等，必须采用有线网络传输，以保证信号传输的稳定和保真。特殊地区，如城郊野外、戈壁沙漠等偏远地区，在施工现场无有线网络接入的情况下，必须采用无线传输方式，如3G网络传输或卫星信号传输。

在使用有线网络传输时，应考虑南北电信的互联互通。由于国内目前存在南北电信互联互通网络带宽互通瓶颈的问题，在建筑工程施工现场与监控中心之间，宜使用同一网络运营商的网络，以保证信号传输的通畅。

5.1.2 有线网络设备指：交换机、路由器、防火墙；无线网络设备指：交换机、3G 路由器；网络运营商提供的网络指：互联网、SDH 专线网络、3G 网络。

5.2 有线信号传输

5.2.3 施工现场的网络带宽应按以下方式计算：施工现场有 n 个监控点，需要同时并发传输 n 路 CIF 格式的图像，施工现场和总部监控中心的网络带宽均不应小于 $n \times 128k$，如需要传输 4CIF 格式的图像，施工现场和总部监控中心的网络带宽均不应小于 $n \times 512k$。

6 显示要求

6.1 一般规定

6.1.3 电视墙是由多台监视器安装在同一机架拼接而成的电视墙体，可以同时显示多路视频信号，但一般不能跨屏显示同一路视频信号。相比其他几种多路显示设备造价较低。

投影仪组合是利用 2 台或 2 台以上的投影仪，通过拼接融合技术显示多路或单路视频信号的设备组合。一般用在展示厅，监控中心采用较少。

6.2 多路显示方式的组成

6.2.1 显示部分系统架构示意图见图 4。

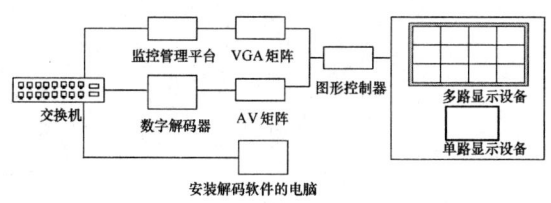

图 4　显示部分系统架构示意图

多路显示方式视频显示设备的拼接大屏有液晶显示单元拼接屏、DLP 投影单元拼接屏、LED 拼接屏以及等离子显示单元拼接屏，优缺点见表 3。

建筑工程施工单位可根据自身实际需求和以上设备的优缺点选择多路显示方式的视频显示设备。

表 3　四种拼接屏优缺点对比表

	LCD 液晶拼接屏	DLP(数码微镜)拼接屏	LED 全彩拼接屏	等离子拼接屏
图像分辨率	高清	高清	标清	高清
画面细腻度	很高	较差	较差	很高

续表 3

	LCD 液晶拼接屏	DLP(数码微镜)拼接屏	LED 全彩拼接屏	等离子拼接屏
可视角度	178°	120°～160°	160°	160°
灼屏问题	极轻微	无	无	严重
安装体积	轻薄	厚重	厚重	轻薄
整机功耗	低	高	低	高
维护成本	低	高	较高	高

6.3 多路信息显示的要求

6.3.2 图像控制器、视频矩阵切换器、VGA 矩阵切换器和数字解码器，主要是将接收到的视频信号进行解码、切换和拼接。监控软件安装在软件系统服务器上，主要对图像处理后的视频信号进行控制。数据存储通过存储服务器对图像处理后的视频信号进行存储。

6.3.3 RJ45 接口通常用于数据传输，最常见的应用为网卡接口。

6.3.4 远程管理功能是指：通过软件远程登录到视频服务器上，配置各项参数、对视频服务器进行远程升级和重启等功能。

7 系统验收

7.0.1 由于建筑工程施工现场的环境一般比较复杂，变化较快(如挖基坑、回填土、道路变化等)，为保证现场监控能够持续有效运行，尽量降低故障率，延长使用寿命，需要在安全保护方面做出充分准备工作。同时监控设备的安装要建立在保证施工现场的正常生产和人员安全的前提下，只有以上各方面都能兼顾到，才能达到施工现场监控安全保护方面的验收要求。

7.0.2 图像质量是指图像信息的完整性，包括图像帧内对原始信息记录的完整性和图像帧连续关联的完整性，它通常按照如下指标进行描述：像素构成、分辨率、信噪比、原始完整性等。

8 系统维护保养

8.0.1 维护保养的网络包括捕影部分的局域网和传输部分的公用网络。维护保养的软件指显示部分的监控软件。

8.0.4 常规巡检工作内容：

1 检查摄像头、云台、视频服务器或硬盘录像机等捕影部分设备的工作状态；

2 检查网络和交换机、路由器、防火墙、无线

AP 等网络设备的工作状态；

　　3　检查监控中心数字解码器、AV 矩阵、图像控制器等设备的工作状态；

　　4　检查监控中心视频显示拼接墙、监视器等显示设备的工作状态；

　　5　对近期维修过的设备进行复检。

　　季度巡检工作内容：除包含常规巡检内容，此外还应对各类设备进行每季度一次的内外部清洁工作。

　　年度巡检工作内容，除包含季度巡检内容，此外还应进行：

　　1　全面检查摄像头、云台、视频服务器或硬盘录像机等捕影部分设备；网络及交换机、路由器、防火墙、无线 AP 等网络设备；监控中心视频显示拼接墙、监视器等显示设备的工作状态；

　　2　盘点系统的设备清单，做好固定资产登记工作；

　　3　对系统运行情况的评估报告和合理化建议；

　　4　准备下一年度设备的更新升级等。

中华人民共和国行业标准

建设电子文件与电子档案管理规范

Code for management of electronic construction
records and archives

CJJ/T 117—2007
J 725—2007

批准部门：中华人民共和国建设部
施行日期：2008年1月1日

中华人民共和国建设部
公 告

第 712 号

建设部关于发布行业标准《建设电子文件与电子档案管理规范》的公告

现批准《建设电子文件与电子档案管理规范》为行业标准，编号为 CJJ/T 117-2007，自 2008 年 1 月 1 日起实施。

本规范由建设部标准定额研究所组织中国建筑工业出版社出版发行。

中华人民共和国建设部
2007 年 9 月 5 日

前 言

本规范是根据建设部"关于印发《二〇〇二至二〇〇三年度工程建设国家标准制订、修订计划》的通知"（建标〔2003〕102 号）的要求，由广州市城建档案馆和建设部城建档案工作办公室会同有关单位编制而成的。

在标准编制过程中，编制组开展了专题研究，进行了深入的调查研究，总结了近几年来建设电子文件与电子档案管理的经验，参考借鉴了国家档案局制定的电子文件归档与管理的有关标准，并以多种方式广泛征求了全国有关单位的意见，对主要问题进行了反复修改，最后经有关专家审查定稿。

本规范主要内容包括：电子文件的代码标识、格式与载体，建设电子文件的收集与积累，建设电子文件的整理、鉴定与归档，建设电子档案的验收与移交，建设电子档案的管理。

本规范由建设部负责管理，由建设部城建档案工作办公室负责具体技术内容的解释。

本规范在执行过程中，请各单位注意总结经验，积累资料，将有关意见和建议反馈给建设部城建档案工作办公室（地址：北京市海淀区三里河路 9 号，邮政编码：100835），以供今后修订时参考。

本规范主编单位、参编单位和主要起草人：

主 编 单 位：广州市城建档案馆
　　　　　　　建设部城建档案工作办公室

参 编 单 位：北京市城建档案馆
　　　　　　　南京市城建档案馆
　　　　　　　杭州市城建档案馆
　　　　　　　珠海市城建档案馆

主要起草人：郑向阳　姜中桥　张　华　刘志清
　　　　　　　周健民　赵立芳　黄伟明　肖　妍

目　次

1 总 则

1.0.1 为加强建设电子文件的归档与管理，建立真实、准确、完整、有效的建设电子档案，保障建设电子文件和电子档案的安全保管与有效开发利用，制定本规范。

1.0.2 本规范适用于建设系统业务管理电子文件和建设工程电子文件的归档和管理。

1.0.3 建设电子文件归档与电子档案管理除执行本规范外，尚应执行国家现行有关标准的规定。

2 术 语

2.0.1 建设电子文件 electronic construction records

在城乡规划、建设及其管理活动中通过数字设备及环境生成，以数码形式存储于磁带、磁盘或光盘等载体，依赖计算机等数字设备阅读、处理，并可在通信网络上传送的文件。主要包括建设系统业务管理电子文件和建设工程电子文件两大类。

2.0.2 建设系统业务管理电子文件 electronic records of construction professional administration

建设系统各行业、专业管理部门（包括城乡规划、城市建设、村镇建设、建筑业、住宅房地产业、勘察设计咨询业、市政公用事业等行政管理部门，以及供水、排水、燃气、热力、园林、绿化、市政、公用、市容、环卫、公共客运、规划、勘察、设计、抗震、人防等专业管理单位）在业务管理和业务技术活动中通过数字设备及环境生成的，以数码形式存储于磁带、磁盘或光盘等载体，依赖计算机等数字设备阅读、处理，并可在通信网络上传送的业务及技术文件。

2.0.3 建设工程电子文件 electronic records of construction engineering

在工程建设过程中通过数字设备及环境生成，以数码形式存储于磁带、磁盘或光盘等载体，依赖计算机等数字设备阅读、处理，并可在通信网络上传送的文件。建设工程电子文件主要包括工程准备阶段电子文件、监理电子文件、施工电子文件、竣工图电子文件和竣工验收电子文件。建设工程电子文件可简称为工程电子文件。

2.0.4 建设电子档案 electronic construction archives

具有参考和利用价值并作为档案保存的建设电子文件及相应的支持软件、参数和其他相关数据。主要包括建设系统业务管理电子档案和建设工程电子档案。

2.0.5 真实性 authenticity

电子文件的内容、结构和背景信息等与形成时的原始状况一致。

2.0.6 完整性 integrity

电子文件的内容、结构、背景信息、元数据等无缺损。

2.0.7 有效性 utility

电子文件的可理解性和可被利用性，包括信息的可识别性、存储系统的可靠性、载体的完好性和兼容性等。

2.0.8 元数据 metadata

描述电子文件的背景、内容、结构及其整个管理过程的数据。

2.0.9 在线式归档 on-line filing

通过计算机网络，将电子文件及相关数据向档案部门移交的过程。

2.0.10 离线式归档 off-line filing

将应归档的电子文件及相关数据存储到可脱机存储的载体上向档案部门移交的过程。

2.0.11 固化 fixing

为避免电子文件因动态因素造成信息缺损的现象，而将其转换为一种相对稳定的通用文件格式的过程。

2.0.12 迁移 migration

将原系统中的电子文件向目标系统进行转移存储的方法与过程。

2.0.13 建设电子文件归档与管理系统 filing and management system of electronic construction records

对建设电子文件进行整理归档及管理的信息系统，具有确定归档范围与保管期限、登记、分类、著录、存储、保管、利用及数据交换等功能。该系统包括两个类型，即建设系统业务管理电子文件归档与管理系统和建设工程电子文件归档与管理系统。

3 基 本 规 定

3.0.1 建设系统业务管理电子文件形成单位和建设工程电子文件形成单位应加强对电子文件归档的管理，将电子文件的形成、收集、积累、整理和归档纳入文件管理工作程序，明确责任岗位，指定专人管理。

3.0.2 建设系统业务管理电子文件形成单位的档案部门应负责监督和指导本单位建设系统业务管理电子文件的收集、整理和归档，并定期向当地城建档案馆（室）移交建设系统业务管理电子档案。

3.0.3 在建设工程电子文件的整理归档与电子档案的验收移交中，建设单位的工作应符合下列规定：

    1 在建设工程招标及与勘察、设计、施工、监理等单位签订协议、合同时，对工程电子文件的套数、质量、移交时间等提出明确要求；

    2 收集和积累工程准备阶段、竣工验收阶段形成的电子文件，并进行整理归档；

3 组织、监督和检查勘察、设计、施工、监理等单位工程电子文件的形成、积累和整理归档工作；

4 收集和汇总勘察、设计、施工、监理等单位形成的工程电子档案；

5 在组织工程竣工验收前，提请当地建设（城建）档案管理机构对工程纸质档案进行预验收时，应同时提请对工程电子档案进行预验收；

6 对列入城建档案馆（室）接收范围的工程，按规定向当地城建档案馆（室）移交工程电子档案。

3.0.4 勘察、设计、施工、监理及测量等单位应将本单位形成的工程电子文件整理归档后向建设单位移交。建设（城建）档案管理机构应对建设工程电子文件的整理归档工作进行监督、检查、指导和预验收。

3.0.5 对具有永久保存价值的可输出打印型电子文件，建设电子文件形成单位必须将其制成纸质文件或缩微品等。归档时，应同时保存文件的电子版本、纸质版本或缩微品，并在内容、格式、相关说明及描述上保持一致，且二者之间必须建立关联。

3.0.6 建设电子文件形成单位应建立建设电子文件归档与管理系统，实现建设电子文件自形成到归档、保管、利用过程中电子文件及其著录数据、元数据的连续管理。

3.0.7 建设电子文件形成单位和建设电子档案保管单位应采取措施，保证建设电子文件的真实性、完整性、有效性和安全性，并应符合下列规定：

1 应建立规范的制度和工作程序并结合相应的技术措施，从建设电子文件形成开始不间断地对有关处理操作进行管理登记，保证建设电子文件的产生、处理过程符合规范。

2 应采取安全防护技术措施，保证建设电子文件的真实性。

3 应建立建设电子文件完整性管理制度并采取相应的技术措施采集背景信息和元数据。

4 应建立建设电子文件有效性管理制度并采取相应的技术保证措施。

5 建设电子文件的处理和保存应符合国家的安全保密规定，针对自然灾害、非法访问、非法操作、病毒等采取与系统安全和保密等级要求相符的防范对策。

3.0.8 建设电子文件形成单位与建设（城建）档案管理机构应对建设电子文件加强前端控制，实行全过程的管理与监控，保证管理工作的连续性。

3.0.9 建设（城建）档案管理机构应根据建设行业信息化现状，及时提出建设电子文件归档的技术性指导意见。建设电子文件形成单位据此明确规定各类建设电子文件归档的具体要求，保证归档质量。

4 电子文件的代码标识、格式与载体

4.0.1 电子文件的代码应包括稿本代码和类别代码，并应符合下列规定：

1 稿本代码应按表4.0.1-1标识。

表4.0.1-1 稿本代码

稿　　本	代　　码
草稿性电子文件	M
非正式电子文件	U
正式电子文件	F

2 类别代码应按表4.0.1-2标识。

表4.0.1-2 类别代码

文件类别	代　　码
文本文件（Text）	T
图像文件（Image）	I
图形文件（Graphics）	G
影像文件（Video）	V
声音文件（Audio）	A
程序文件（Program）	P
数据文件（Data）	D

4.0.2 各种不同类别电子文件的存储应采用通用格式。通用格式应符合表4.0.2的规定。

表4.0.2 各类电子文件的通用格式

文件类别	通用格式
文本文件	XML、DOC、TXT、RTF
表格文件	XLS、ET
图像文件	JPEG、TIFF
图形文件	DWG
影像文件	MPEG、AVI
声音文件	WAV、MP3

4.0.3 各种不同类别电子文件的存储亦可采用国务院建设行政主管部门和信息化主管部门认可的，能兼容各种电子文件的通用文档格式。

4.0.4 脱机存储电子档案的载体应采用一次写光盘、磁带、可擦写光盘、硬磁盘等。移动硬盘、优盘、软磁盘等不宜作为电子档案长期保存的载体。

5 建设电子文件的收集与积累

5.1 收集积累的范围

5.1.1 凡是在城乡规划、建设及其管理等活动中形成的具有重要凭证、依据和参考价值的电子文件和数据等都应属于建设系统业务管理电子文件的收集范围。

5.1.2 凡是记录与工程建设有关的重要活动，记载工程建设主要过程和现状的具有重要凭证、依据和参考价值的电子文件和相关数据等都应属于建设工程电子文件的收集范围。各类建设工程电子文件的具体收集范围应符合现行国家标准《建设工程文件归档整理规范》GB/T 50328 的有关规定。

5.2 收集积累的要求

5.2.1 建设电子文件形成单位必须做好电子文件的收集积累工作。

5.2.2 建设电子文件的内容必须真实、准确。工程电子文件内容必须与工程实际相符合，且内容及其深度必须符合国家有关工程勘察、设计、施工、监理、测量等方面的技术规范、标准和规程。

5.2.3 记录了重要文件的主要修改过程和办理情况，有参考价值的建设电子文件的不同稿本均应保留。

5.2.4 凡是属于收集积累范围的建设电子文件，收集积累时均应进行登记。登记时应按照本规范附录A、附录B的要求，填写建设电子文件（档案）的案卷级和文件级登记表。

5.2.5 应采取严密的安全措施，保证建设电子文件在形成和处理过程中不被非正常改动。积累过程中更改建设系统业务管理电子文件或建设工程电子文件应按本规范附录C的要求，填写《建设电子文件更改记录表》。

5.2.6 应定期备份建设电子文件，并应存储于能够脱机保存的载体上。对于多年才能完成的项目，应实行分段积累，宜一年拷贝一次。

5.2.7 对通用软件产生的建设电子文件，应同时收集其软件型号、名称、版本号和相关参数手册、说明资料等。专用软件产生的建设电子文件应转换成通用型建设电子文件。

5.2.8 对内容信息是由多个子电子文件或数据链接组合而成的建设电子文件，链接的电子文件或数据应一并归档，并保证其可准确还原；当难以保证归档建设电子文件的完整性与稳定性时，可采取固化的方式将其转换为一种相对稳定的通用文件格式。

5.2.9 与建设电子文件的真实性、完整性、有效性、安全性等有关的管理控制信息（如电子签章等）必须与建设电子文件一同收集。

5.2.10 对采用统一套用格式的建设电子文件，在保证能恢复原格式形态的情况下，其内容信息可不按原格式存储。

5.2.11 计算机系统运行和信息处理等过程中涉及与建设电子文件处理有关的著录数据、元数据等必须与建设电子文件一同收集。

5.3 收集积累的程序

5.3.1 收集积累建设电子文件，均应进行登记，并应符合下列规定：

1 工作人员应按本单位文件归档和保管期限的规定，从电子文件生成起对需归档的电子文件性质、类别、期限等进行标记。

2 应运用建设电子文件归档与管理系统对每份建设电子文件进行登记，电子文件登记表应与电子文件同时保存。

5.3.2 对已登记的建设电子文件必须进行初步鉴定，并将鉴定结果录入建设电子文件归档与管理系统。

5.3.3 对经过初步鉴定的建设电子文件应进行著录，并将结果录入建设电子文件归档与管理系统。

5.3.4 对已收集积累的建设电子文件，应按业务案件或工程项目来组织存储。

5.3.5 对存储的建设电子文件的命名，宜由三位阿拉伯数字或三位阿拉伯数字加汉字组成，数字是本文件保管单元内电子文件编排顺序号，汉字部分则体现本电子文件的内容及特征或图纸的专业名称和编号。建设电子文件保管单元的命名规则可按照建设电子文件的命名规则进行。

5.3.6 建设电子文件与相应的纸质文件应建立关联，在内容、相关说明及描述上应保持一致。

6 建设电子文件的整理、鉴定与归档

6.1 整 理

6.1.1 建设电子文件的形成单位应做好电子文件的整理工作。

6.1.2 对于建设系统业务管理电子文件或建设工程电子文件，业务案件办理完结或工程项目完成后，应在收集积累的基础上，对该案件或项目的电子文件进行整理。

6.1.3 整理应遵循建设系统业务管理电子文件或建设工程电子文件的自然形成规律，保持案件或项目内建设电子文件间的有机联系，便于建设电子档案的保管和利用。

6.1.4 同一个保管单元内建设电子文件的组织和排序可按相应的建设纸质文件整理要求进行。

6.1.5 建设电子文件的分类应按照《城建档案分类大纲》进行。

6.1.6 建设电子文件的著录应按照现行国家标准《城建档案著录规范》GB/T 50323进行，同时应按照保证其真实性、完整性、有效性的要求补充建设电子文件特有的著录项目和其他标识信息与数据。

6.2 鉴 定

6.2.1 鉴定工作应贯穿于建设电子文件归档与电子

档案管理的全过程。电子文件的鉴定工作，应包括对电子文件的真实性、完整性、有效性的鉴定及确定归档范围和划定保管期限。

6.2.2 归档前，建设电子文件形成单位应按照规定的项目，对建设电子文件的真实性、完整性和有效性进行鉴定。

6.2.3 建设电子文件的归档范围、保管期限应按照国家关于建设纸质文件材料归档范围、保管期限的有关规定执行。建设电子文件元数据的保管期限应与内容信息的保管期限一致。

6.3 归 档

6.3.1 建设电子文件形成单位应定期把经过鉴定合格的电子文件向本单位档案部门归档移交。

6.3.2 归档的建设电子文件应符合下列要求：

1 已按电子档案管理要求的格式将其存储到符合保管要求的脱机载体上。

2 必须完整、准确、系统，能够反映建设活动的全过程。

6.3.3 建设电子文件的归档方式包括在线式归档和离线式归档。可根据实际情况选择其中的一种或两种方式进行电子文件的归档。

6.3.4 建设系统业务管理电子文件的在线式归档可实时进行；离线式归档应与相应的建设系统业务管理纸质或其他载体形式文件归档同时进行。工程电子文件应与相应的工程纸质或其他载体形式的文件同时归档。

6.3.5 建设电子文件形成单位在实施在线式归档时，应将建设电子文件的管理权从网络上转移至本单位档案部门，并将建设电子文件及其元数据等通过网络提交给档案部门。

6.3.6 建设电子文件形成单位在实施离线式归档时，应按下列步骤进行：

1 将已整理好的建设电子文件及其著录数据、元数据、各种管理登记数据等分案件（或项目）按要求从原系统中导出。

2 将导出的建设电子文件及其著录数据、元数据、各种管理登记数据等按照要求存储到耐久性好的载体上，同一案件（或项目）的电子文件及其著录数据、元数据、各种管理登记数据等必须存储在同一载体上。

3 对存储的建设电子文件进行检验。

4 在存储建设电子文件的载体或装具上编制封面。封面内容的填写应符合本规范附录 D 的要求，同时存储载体应设置成禁止写操作的状态。

5 将存储建设电子文件并贴好封面的载体移交给本单位档案部门。

6 归档移交时，交接双方必须办理归档移交手续。档案部门必须对归档的建设电子文件进行检验，

并按照本规范附录 E 的要求，填写《建设电子档案移交、接收登记表》。交接双方负责人必须签署审核意见。当文件形成单位采用了某些技术方法保证电子文件的真实性、完整性和有效性时，则应把其技术方法和相关软件一同移交给接收单位。

6.4 检 验

6.4.1 建设系统业务管理电子文件形成部门在向本单位档案部门移交电子文件之前，以及本单位档案部门在接收电子文件之前，均应对移交的载体及其技术环境进行检验，检验合格后方可进行交接。

6.4.2 勘察、设计、施工、监理、测量等单位形成的工程电子档案应由建设单位进行检验。检验审查合格后向建设单位移交。

6.4.3 在对建设电子档案进行检验时，应重点检查以下内容：

1 建设电子档案的真实性、完整性、有效性；

2 建设电子档案与纸质档案是否一致、是否已建立关联；

3 载体有无病毒、有无划痕；

4 登记表、著录数据、软件、说明资料等是否齐全。

6.5 汇 总

6.5.1 建设单位应将勘察、设计、施工、监理、测量等单位移交的工程电子档案及相关数据与本单位形成的工程前期电子档案及验收电子档案一起按项目进行汇总，并对汇总后的工程电子档案按本规范 6.4.3 条的要求进行检验。

7 建设电子档案的验收与移交

7.1 建设系统业务管理电子档案的移交

7.1.1 建设系统业务管理电子档案形成单位应按照有关规定，定期向城建档案馆（室）移交已归档的建设系统业务管理电子档案。移交方式包括在线式和离线式。

7.1.2 凡已向城建档案馆（室）移交建设系统业务管理电子档案的单位，如工作中确实需要继续保存纸质档案的，可适当延缓向城建档案馆（室）移交纸质档案的时间。

7.2 建设工程电子档案的验收与移交

7.2.1 建设单位在组织工程竣工验收前，提请当地建设（城建）档案管理机构对工程纸质档案进行预验收时，应同时提请对工程电子档案进行预验收。

7.2.2 列入城建档案馆（室）接收范围的建设工程，建设单位向城建档案馆（室）移交工程纸质档案时，

应当同时移交一套工程电子档案。

7.2.3 停建、缓建建设工程的电子档案，暂由建设单位保管。

7.2.4 对改建、扩建和维修工程，建设单位应当组织设计、施工单位据实修改、补充、完善原工程电子档案。对改变的部位，应当重新编制工程电子档案，并和重新编制的工程纸质档案一起向城建档案馆（室）移交。

7.3 办理移交手续

7.3.1 城建档案馆（室）接收建设电子档案时，应按照本规范 6.4.3 条的要求对电子档案再次检验，检验合格后，将检验结果按照本规范附录 E 的要求，填入《建设电子档案移交、接收登记表》，交接双方签字、盖章。

7.3.2 登记表应一式两份，移交和接收单位各存一份。

8 建设电子档案的管理

8.1 脱机保管

8.1.1 建设电子档案的保管单位应配备必要的计算机及软、硬件系统，实现建设电子档案的在线管理与集成管理。并将建设电子档案的转存和迁移结合起来，定期将在线建设电子档案按要求转存为一套脱机保管的建设电子档案，以保障建设电子档案的安全保存。

8.1.2 脱机建设电子档案（载体）应在符合保管条件的环境中存放，一式三套，一套封存保管，一套异地保存，一套提供利用。

8.1.3 脱机建设电子档案的保管，应符合下列条件：

1 归档载体应做防写处理，不得擦、划、触摸记录涂层；

2 环境温度应保持在 17～20℃ 之间，相对湿度应保持在 35％～45％ 之间；

3 存放时应注意远离强磁场，并与有害气体隔离；

4 存放地点必须做到防火、防虫、防鼠、防盗、防尘、防湿、防高温、防光；

5 单片载体应装盒，竖立存放，且避免挤压。

8.1.4 建设电子档案在形成单位的保管，应按照本规范 8.1.3 条的要求执行。

8.2 有效存储

8.2.1 建设电子档案保管单位应每年对电子档案读取、处理设备的更新情况进行一次检查登记。设备环境更新时应确认库存载体与新设备的兼容性，如不兼容，必须进行载体转换。

8.2.2 对所保存的电子档案载体，必须进行定期检测

及抽样机读检验，如发现问题应及时采取恢复措施。

8.2.3 应根据载体的寿命，定期对磁性载体、光盘载体等载体的建设电子档案进行转存。转存时必须进行登记，登记内容应按本规范附录 F 的要求填写。

8.2.4 在采取各种有效存储措施后，原载体必须保留三个月以上。

8.3 迁 移

8.3.1 建设电子档案保管单位必须在计算机软、硬件系统更新前或电子文件格式淘汰前，将建设电子档案迁移到新的系统中或进行格式转换，保证其在新环境中完全兼容。

8.3.2 建设电子档案迁移时必须进行数据校验，保证迁移前后数据的完全一致。

8.3.3 建设电子档案迁移时必须进行迁移登记，登记内容应按本规范附录 G 的要求填写。

8.3.4 建设电子档案迁移后，原格式电子档案必须同时保留的时间不少于 3 年，但对于一些较为特殊必须以原始格式进行还原显示的电子档案，可采用保存原始档案的电子图像的方式。

8.4 利 用

8.4.1 建设电子档案保管单位应编制各种检索工具，提供在线利用和信息服务。

8.4.2 利用时必须严格遵守国家保密法规和规定。凡利用互联网发布或在线利用建设电子档案时，应报请有关部门审核批准。

8.4.3 对具有保密要求的建设电子档案采用联网的方式利用时，必须按照国家、地方及部门有关计算机和网络保密安全管理的规定，采取必要的安全保密措施，报经国家或地方保密管理部门审批，确保国家利益和国家安全。

8.4.4 利用时应采取在线利用或使用拷贝件，电子档案的封存载体不得外借。脱机建设电子档案（载体）不得外借，未经批准，任何单位或人员不得擅自复制、拷贝、修改、转送他人。

8.4.5 利用者对电子档案的使用应在权限规定范围之内。

8.5 鉴定销毁

8.5.1 建设电子档案的鉴定销毁，应按照国家关于档案鉴定销毁的有关规定执行。销毁建设电子档案必须在办理审批手续后实施，并按本规范附录 H 的要求，填写《建设电子档案销毁登记表》。

8.6 统 计

8.6.1 建设电子档案保管单位应及时按年度对建设电子档案的接收、保管、利用及鉴定销毁等情况进行统计。

附录 A　建设电子文件（档案）
案卷（或项目）级登记表

文件特征	内容		
	工程地点		
	单位	名　称	
		联系方式	
	归档时间		
	载体类型	载体编号	
设备环境特征	硬件环境（主机、网络服务器型号、制造厂商等）		
	软件环境（型号、版本等）	操作系统	
		数据库系统	
		相关软件（文字处理工具、浏览器、压缩或解密软件等）	
文件记录特征	记录结构（物理、逻辑）	记录类型 □定长 □可变长 □其他	记录总数
			总字节数
	记录字符、图形、音频、视频文件格式		
	文件载体	型号：数量：备份数：	□一件一盘 □多件一盘 □一件多盘 □多件多盘
制表审核	填表人（签名）		年　月　日
	审核人（签名）		年　月　日

附录 B 建设电子文件（档案）
文件级登记表

文件编号	文件名	文件稿本代码	文件类别代码	形成时间	载体编号	保管期限	备注

附录 C 建设电子文件更改记录表

序号	电子文件名	更改单号	更改者	更改日期	备注

附录 D　建设电子文件（档案）载体封面

载体编号：_____　　　　类别：_____

档　　号：_____　　　　套别：_____

内　　容：_____

地　　址：_____

编制单位：_____　　　　编制日期：_____

保管期限：_____　　　　密级：_____

文件格式：_____

软硬件平台说明：_____

_____

附录 E　建设电子档案移交、接收登记表

载体编号			载体标识		
载体类型			载体数量		
载体外观检查	有无划伤			是否清洁	
病毒检查	杀毒软件名称			版本	
	病毒检查结果报告：				
载体存储电子文件检验项目	载体存储电子文件总数			文件夹数	
	已用存储空间				字节
载体存储信息读取检验项目	编制说明文件中相关内容记录是否完整				
	是否存有电子文件目录文件				
	载体存储信息能否正常读取				
移交人（签名）　　　　　　年　月　日			接收人（签名）　　　　　　年　月　日		
移交单位审核人（签名）　　　年　月　日			接收单位审核人（签名）　　　年　月　日		
移交单位（印章）　　　　　　年　月　日			接收单位（印章）　　　　　　年　月　日		

附录 F 建设电子档案转存登记表

存储设备更新 与兼容性检验 情况登记	
光盘载体 转存登记	
磁性载体 转存登记	

填表人（签名）： 　　年 月 日	审核人（签名）： 　　年 月 日	单位（盖章）： 　　年 月 日

附录 G 建设电子档案迁移登记表

原系统 设备情况	硬件系统： 系统软件： 应用软件： 存储设备：
目标系统 设备情况	硬件系统： 系统软件： 应用软件： 存储设备：
被迁移归档 电子文件情况	原文件格式： 目标文件格式： 迁移文件数： 迁移时间：
迁移检验情况	硬件系统校验： 系统软件校验： 应用软件校验： 存储载体校验： 电子文件内容校验： 电子文件形态校验：

迁移操作者（签名）： 　　年 月 日	迁移校验者（签名）： 　　年 月 日	单位（盖章）： 　　年 月 日

附录 H 建设电子档案销毁登记表

序号	文件名称	文件字号	归档日期	页次	销毁原因	销毁人签字	备注

本规范用词说明

1 为了便于在执行本规范条文时区别对待，对要求严格程度不同的用词，说明如下：

1）表示很严格，非这样做不可的用词：

正面词采用"必须"；

反面词采用"禁止"。

2）表示严格，在正常情况下均应这样做的用词：

正面词采用"应"；

反面词采用"不应"或"不得"。

3）表示允许稍有选择，在条件许可时，首先应这样做的用词：

正面词采用"宜"；

反面词采用"不宜"；

表示有选择，在一定条件下可以这样做，采用"可"。

2 条文中指定按其他有关标准、规范执行时，写法为："应符合……的规定"或"应按……执行"。

中华人民共和国行业标准

建设电子文件与电子档案管理规范

CJJ/T 117—2007

条 文 说 明

目　次

1 总　则

1.0.1 "加强建设电子文件的归档与管理，建立真实、准确、完整、有效的建设电子档案，保障建设电子文件和电子档案的安全保管与有效开发利用"，既是制定本规范的目的，也是制定本规范的指导思想。

真实、准确、完整、有效是尊重和保持建设电子档案历史原貌的科学要求。保障建设电子文件和电子档案的安全保管与有效开发利用是档案归档与管理的目的。

1.0.2 本规范对从事城乡规划、建设及其管理活动的部门与机构产生的建设系统业务管理电子文件和建设工程电子文件的归档和管理具有普遍的适用性。

1.0.3 建设电子文件归档与电子档案管理除执行本规范外，尚应执行现行《CAD 电子文件光盘存储、归档与档案管理要求 第一部分：电子文件归档与档案管理》GB/T 17678.1、《电子文件归档与管理规范》GB/T 18894、《城建档案分类大纲》、《城建档案密级与保管期限表》等规范或文件的规定。

2 术　语

2.0.1 建设电子文件主要包括建设系统业务管理电子文件和建设工程电子文件两大类。其中建设系统业务管理电子文件主要产生于建设系统各行业、专业管理部门（包括城乡规划、城市建设、村镇建设、建筑业、住宅房地产业、勘察设计咨询业、市政公用事业等行政管理部门，以及供水、排水、燃气、热力、园林、绿化、市政、公用、市容、环卫、公共客运、规划、勘察、设计、抗震、人防等专业管理单位）；建设工程电子文件产生于工程建设活动中，主要包括工程准备阶段电子文件、监理电子文件、施工电子文件、竣工图电子文件和竣工验收电子文件。

2.0.7 有效性，也可以称作可用性，可用的文件指文件可以查找、检索、呈现或理解，能够表明文件与形成它的业务活动和事件过程的直接关系。

2.0.8 元数据被称作数据之数据，它主要描述电子文件的数据属性。它是一种信息资源组织和管理工具，可以对文件进行详细、全面、规范的描述，保证电子文件能够被准确理解与有效检索，支持电子文件的管理、利用和长期存取，也是检验电子文件真实性、完整性和有效性的依据之一。

2.0.9 运用计算机技术和网络通信技术将电子文件及相关数据进行远程的传递和移交，这种在线式归档，是随着电子文件的产生而产生的新的档案工作方式，它有别于传统的文件、档案的传递和移交。

2.0.10 离线式归档是通过中间载体的转存，来达到将应归档的电子文件及相关数据从原电子文件管理、应用或存储设备传递到档案部门的电子文件管理、应用或存储设备中。

2.0.11 固化是指针对内容信息是由多个电子文件或数据链接组合而成的城建电子文件，为避免其因动态因素造成信息缺损的现象，而将其转换为一种相对稳定的通用文件格式的过程。另外，针对同一保管单元内的各种不同格式的建设电子档案，由于格式复杂多样性给今后电子档案的保管和迁移带来很大的难度和工作量，因此，也可考虑采用信息固化的方式将其转换为一种相对稳定的通用格式。

2.0.13 建设电子文件归档与管理系统是对建设电子文件进行整理归档及管理的信息系统。对建设电子文件的管理，不同于传统的纸质文件，从其形成到利用，都必须依靠一定的技术设备，包括硬件设备和管理软件。功能齐全合理的建设电子文件归档与管理系统能使管理人员对建设电子文件主动管理，保证电子文件归档、检测、安全保管和有效利用。

3 基 本 规 定

3.0.3 建设（城建）档案管理机构是城乡建设（或规划）行政主管部门设置的负责全市城建档案管理工作的机构，或者是受城乡建设（或规划）行政主管部门委托负责全市城建档案管理工作的城建档案馆（室）。

3.0.5 建设电子文件形成单位是指产生建设电子文件的单位，如城乡规划、建设、房地产、市政公用、园林绿化、市容环卫、水务、交通等建设系统行政管理部门，供水、排水、燃气、热力、园林绿化、风景名胜等专业管理单位，以及建设、设计、施工、监理、测量等参与工程建设的单位。

3.0.7 建设电子文件的安全技术措施主要有：网络设备安全保证；数据安全保证；操作安全保证；身份识别方法等。具体应该包括以下方面：

　　1）建立对电子文件的操作者可靠的身份识别与权限控制。

　　2）设置符合安全要求的操作日志，随时自动记录实施操作的人员、时间、设备、项目、内容等。

　　3）对电子文件采用防错漏和防调换的标记。

　　4）对电子印章、数字签署等采取防止非法使用的措施。

4 电子文件的代码标识、格式与载体

4.0.4 适用于脱机存储电子档案的载体，按照保存寿命的长短和可靠程度的强弱，依次为：一次写光盘、磁带、可擦写光盘、硬磁盘等。

5 建设电子文件的收集与积累

5.2.4 各类建设系统业务管理（或建设工程）电子文件管理登记表（见附录 A、附录 B）是建设电子文件归档与管理过程中的业务用表。在建设系统各专业业务部门，该表是建设系统业务管理电子文件管理登记表；在参与工程建设的各建设、设计、施工、监理、测量等单位，该表是建设工程电子文件管理登记表。

5.2.9 "电子签章"的含义是，泛指所有以电子形式存在，依附在电子文件并与其逻辑关联，可用以辨识电子文件签署者身份，保证文件的完整性，并表示签署者同意电子文件所陈述事实的内容。目前，最成熟的电子签章技术就是"数字签章"，它是以公钥及密钥的"非对称型"密码技术制作的电子签章。

6 建设电子文件的整理、鉴定与归档

6.1.5 《城建档案分类大纲》是由建设部办公厅 1993 年 8 月 7 日以"建办档［1993］103 号"印发的文件。

7 建设电子档案的验收与移交

7.2.2 建设单位向城建档案馆（室）移交建设工程电子档案光盘时可只移交一套，城建档案馆在接受该建设工程电子档案后，应将其导入档案管理系统，补充有关著录数据，并及时刻录光盘三套。

8 建设电子档案的管理

8.2.2 对电子档案载体的定期检测及抽样机读检验应制定详细的计划和严格的制度，一般而言，磁性载体每满 2 年、光盘每满 4 年须进行一次抽样机读检验，抽样率不低于 10％。

8.2.3、8.3.1 转存和迁移都是保证电子档案永久保存的技术手段。在实际工作中，应将二者有机结合起来，以减少工作量，提高工作效率。

附　　录

附录 A、附录 B、附录 C、附录 D、附录 E、附录 F、附录 G、附录 H 的表格名称中，"建设电子文件（档案）"可根据文件（档案）的内容确定是"建设系统业务管理电子文件"还是"建设工程电子文件（档案）"。如：附录 C"建设电子文件更改记录表"在针对建设系统业务管理电子文件时，表格名称可确定为"建设系统业务管理电子文件更改记录表"，在针对建设工程电子文件时，表格名称可确定为"建设工程电子文件（档案）更改记录表"。

附录 A 在针对建设系统业务管理电子文件时，该表是"案卷级登记表"；在针对建设工程电子文件时，该表是"项目级登记表"。

总　目　录

第 1 册　地基与基础、施工技术

1　地基与基出

2　施工技术

第2册　主体结构

3　主体结构

第3册 装饰装修、专业工程、施工管理

4 装饰装修

5　专业工程

6　施工组织与管理

第 4 册　材料及应用、检测技术

7　材料及应用

8　检测技术

第5册　质量验收、安全卫生

9　质量验收

10 安全卫生